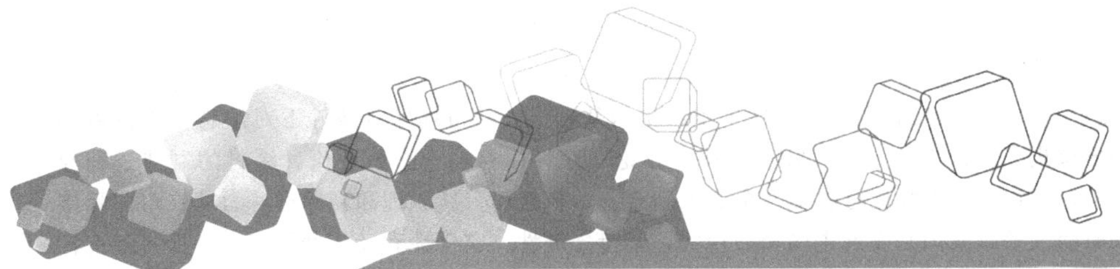

COATINGS TECHNOLOGY

涂料工艺

第四版 上册

刘登良 主编

化学工业出版社

·北京·

《涂料工艺》第四版在保持第三版基本结构的基础上，从市场经济条件下对涂料技术发展和管理的要求出发进行修订。全书共分五篇：导论、涂料原材料、涂料各论、涂料的制造过程控制、涂装过程控制。涂料原材料篇尽量引入新观念、新材料、新原理和新标准，力求在与国际接轨的同时而又兼顾我国是发展中国家的现实，坚持先进性、实用性和经济性的统一。涂料各论篇按用途进行编写，涵盖涂料的基本品种，力求反映其现代技术水平，除提供实用的基础配方外重点讲述配方原理。涂料的制造过程控制篇介绍了涂料生产设备、涂料工厂设计、原料与产品的标准和检验，更加强调法规要求。涂装过程控制篇增加了涂料涂装工艺一体化的理念，强调了涂装现场管理和技术服务的重要性。

全书从涂料的基础知识、基本理论、原材料和产品性能要求和检测标准、配方原理、涂料生产过程控制、涂装工艺要求、涂装技术服务和涂装缺陷控制等方面对涂料工艺进行系统和全面的论述，帮助涂料行业从业人员树立涂料工艺的整体观，为涂料技术创新拓展思路。同时新版力求保持第三版实用性特点，所列配方翔实可靠，并标明原材料规格和供应商。本书可供涂料和涂装行业的工程技术人员、管理人员和技师阅读，也可作为大专院校相关专业师生的参考书。

图书在版编目（CIP）数据

涂料工艺/刘登良主编. —4版. —北京：化学工业出版社，2009.12（2022.6重印）

ISBN 978-7-122-06676-3

Ⅰ.涂… Ⅱ.刘… Ⅲ.涂料-工艺学 Ⅳ.TQ630.1

中国版本图书馆CIP数据核字（2009）第165727号

责任编辑：顾南君　　文字编辑：冯国庆、王琪、向东、昝景岩、林丹、李玥
责任校对：宋　夏　　装帧设计：张　辉

出版发行：化学工业出版社（北京市东城区青年湖南街13号　邮政编码100011）
印　　装：北京盛通数码印刷有限公司
787mm×1092mm　1/16　印张129　字数3428千字　2022年6月北京第4版第11次印刷

购书咨询：010-64518888　　售后服务：010-64518899
网　　址：http://www.cip.com.cn
凡购买本书，如有缺损质量问题，本社销售中心负责调换。

定　　价（上、下册）：280.00元

涂料工艺编委会

前　言

《涂料工艺》自1970年问世，历经1992～1996年改版为6个分册，1997年再改为第三版的合订两册。《涂料工艺》第二版于1997年获第八届全国优秀科技图书二等奖；于1998年获国家石油和化学工业局科技进步二等奖。作为涂料行业集体智慧的结晶和权威的专著哺育了两代涂料专业技术和管理人员，功不可没。但是，对涂料工艺的认识基本上还处在计划经济的思维体系和框架中。最近十几年来，在改革开放和国民经济快速稳定增长，以及中国成为“世界制造基地”，在经济全球化和市场国际化的推动下，中国涂料行业的发展进入了快车道。从20世纪90年代的100万吨/年猛增至2008年的600多万吨/年，中国已成为世界第一大涂料生产和消费国。世界排名前二十位的跨国公司都已进入中国市场并完成了本地化生产的战略布局，成为中国涂料行业重要组成部分。再加上大批原材料、涂料设备和检测仪器供应商的进驻，中国涂料行业的技术发展水平、产品结构和管理水平迅速与国际接轨，融入国际化竞争的大环境。与此同时，在涂料研发和生产工艺控制中，ISO 9001质量管理体系、ISO 14001环境管理体系、ISO 18000安全和职业健康管理体系等先进的管理理念在行业中实践了十多年。而可持续发展的科学发展观对行业的技术发展方向提出更高的要求：节能、减排、省资源、安全和环保，以及日益从紧的法律法规。涂料行业与涂装行业紧密结合，为用户提供满意的服务和最终效果，实现由涂料制造业向“加工服务业”转变的理念将推动涂料行业技术迈向新的台阶。此外，新版中还引入技术经济的观念。作为工艺学，处理好技术发展的先进性、实用性、可行性、经济性和可靠性-风险分析等之间的关系，并适当地介绍现代技术研发R&D的项目管理的基础要求，以提高研发的效率和效益。以上所述正是《涂料工艺》第四版编写的宗旨。

在整体结构保持第三版基本框架的基础上，按新的涂料分类标准GB/T 2705—2003向国际标准靠拢，全书分为五篇：导论——涂料基础知识和原理、涂料工艺范畴；原材料篇——介绍了成膜物、颜料、分散介质和助剂；涂料各论篇——按用途叙述，充实内容、拓展领域；涂料制造过程控制篇——涂料原材料、中间体和成品检测与质量控制，突出法律和法规的要求，补充现代质量管理体系；涂装过程控制篇——突出涂料涂装一体化的理念、涂装现场管理和技术服务。帮助工程技术人员建立系统的涂料工艺观——从原材料控制、涂料配方设计理论、涂料生产工艺、涂料性能检测至涂装工艺研发和涂装技术服务体系等。

本次改版工作得到中国涂料工业协会全力支持。以中涂协专家委员会为基础，动员了七十多位专家参与写作，力求从国际化视野反映我国目前涂料行业的技术水平，并对未来国际化竞争环境下涂料工艺的发展趋势加以阐述。同时聘请涂料行业的资深专家担任编委对各篇进行把关，其具体分工如下：虞兆年和洪啸吟负责原材料树脂、分散介质的审定，钱伯容负责颜填料、助剂、卷材涂料的审定，石玉梅负责建筑涂料的审定，叶汉慈负责不饱和树脂、木用涂料和塑料涂料的审定，沈浩负责涂料原材料和产品检验、汽车涂料、涂料生产设备、工厂设计的审定，刘国杰负责有机硅树脂、航空航天涂料的审定，刘会成负责集装箱涂料、涂装过程控制篇的审定，王健和李荣俊负责海洋涂料和重防腐涂料的审定，刘登良负责导论编写及其余部分的审定并通审全稿。希望广大读者一如既往地支持《涂料工艺》新版发行，多提宝贵意见，以利于不断改进，办成精品，保持其在涂料行业的权威地位，为推动中国涂料行业的发展继续做贡献。

海洋化工研究院、中海油常州涂料化工研究院、江苏兰陵化工集团有限公司等对编委会的工作提供大力支持，在此表示衷心感谢！

《涂料工艺》编委会

2009 年 9 月

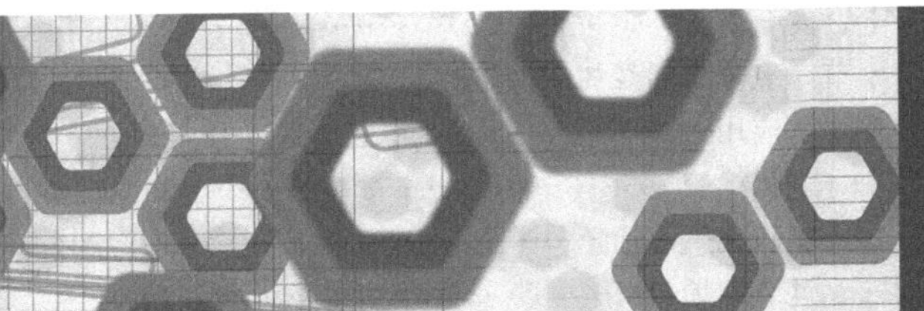

上册目录

第一篇　导　　论　　刘登良

第二篇　涂料原材料

第三章　分散介质和溶剂 …… 刘宪文 567

第四章　助剂 …… 640

第三篇　涂料各论

第一章　建筑涂料 …… 720

第一篇 导论

第一章 涂料、涂层及涂料工艺的范畴

第一节 涂料及涂层的功能和应用

我国使用天然大漆的历史可追溯至2000多年前的西汉时期，但是涂料作为化工产品的生产仅有100多年，直到20世纪初涂料用的主要成膜物树脂还来源于植物油（包括合成醇酸树脂）、沥青及煤焦油等天然产物，而且以溶剂型液态产品供应市场，俗称“油漆”，并沿用至今，对应于英文 paint。近代涂料通常对应于 coatings，不仅意味着使用更为广泛的合成材料作为成膜物树脂，而且实质上包含将不同形态的涂料通过涂装过程 coatings 转变成涂层材料而发挥其功能。严格来讲，涂料公司生产的涂料产品只是“半成品”，只有涂层或涂膜才是满足用户需求的最终产品。从这个意义上讲，涂料应称为涂层材料，涂料行业不完全是制造业，某种意义上，应归属于“加工服务业”。涂料和涂装是不可分割的整体，涂料生产商有责任帮助用户选择适用的涂料和配套体系，同时指导用户正确涂装和使用涂料，直到获得满足用户需求的涂层。

广义上讲，涂层材料包括无机和金属涂层（例如热喷涂，等离子喷涂铝、锌及耐高温贵金属合金涂层，电镀和高真空金属镀膜，无机富锌涂层等）；有机涂层，以有机聚合物为成膜物的涂层材料是市场上涂料的主体；近年来正在发展的有机-无机杂化涂层材料，例如以 sol-gel 法制备的有机改性硅氧烷杂化树脂材料等。所有的涂层材料都必须采用适当的涂装设备和涂装工艺将其转变成适用的涂层或涂膜。本书主要讨论有机涂料，适当涉及以无机成膜物、有机-无机杂化树脂为主的特种涂料。

涂料形成的涂层对被涂装的底材——金属、木材、混凝土、塑料、皮革、纸张、玻璃等具有保护、装饰和功能化的作用。

一、保护作用——涂层的基本功能

暴露在大气环境中的物体会遭受多种腐蚀因素的侵蚀。氧、水和电解质、酸雨、盐雾等引起金属电化腐蚀，紫外线引起塑料、木材和纸张降解，空气中的二氧化碳和酸雨导致混凝土风化变质，微生物及代谢产物对所有底材具有很大的破坏作用，并污损其外观。

接触各种腐蚀介质的容器内壁（油罐，溶剂贮罐，水、酸、碱、盐等贮运设施，油、气、水等管道），污水处理池，海港设施等常年处于侵蚀状态，最为典型的是船舶及沿海设施处于十分严酷的腐蚀环境，涂层防腐是延长其使用期最基本的要求。涂层能够隔离和屏蔽腐蚀介质与底材作用，或者通过特殊添加剂延缓腐蚀而达到保护底材的目的。家具和塑料制品经常接触洗涤剂、酒精、醋等腐蚀介质，也需要适当的保护。

所有的产品和设备经常受到各种机械冲击、划伤、狂风暴雨的冲刷、风沙的磨损等，均需要涂层进行保护。

二、装饰作用

涂层可以充分改变底材的外观，赋予其绚丽灿烂的色彩、不同的光泽、丰富的质感、表面花纹等美术和装饰效果，满足用户日益多样化和个性化的需求。汽车、塑料、家具、仪器仪表、皮革和高级纸张等高装饰性涂层往往是产品附加值的重要组成部分。涂料的性能和涂装工艺的结合是达到预定装饰效果的基础。

三、功能作用

保护和装饰本身也是一类功能，这里所指的是特种功能——特种涂层材料的功能，集中体现在与国防军工相关的应用领域。例如，电磁屏蔽，吸收雷达波，吸收声呐波，吸收和反射红外线等隐形和伪装涂层，太阳热反射或吸收涂层，舰船防污涂层，防火涂层，耐高温涂层（200～2000℃），隔热绝热、烧蚀涂层，阻尼降噪声涂层，甲板防滑、防结冰涂层，自清洁热反射船壳涂层等。市场对特种功能涂料的需求越来越多，例如，建筑涂料中的屋顶防水、隔热、热反射涂料，内墙用的防水、防虫、防霉涂料等。

不同的底材，被涂产品的使用环境、使用要求、性价比不同，对涂层材料的性能要求侧重点不同，它们均体现在涂料性能的技术指标上，与保护作用相关的如耐水性、耐油性、耐化学介质性、耐盐雾性、耐湿热性、耐人工和大气老化性等；与装饰性有关的如光泽、透明度、硬度、耐划伤性、色差、雾影等。特种涂层都有特殊的功能指标及测试方法，技术指标的确定可以采用或参考已颁布的各种标准（国际标准、国家标准、行业标准、企业标准、与用户的协议或合同标准等）。市场经济条件下，用户需求更加多样化和个性化，更重要的是与用户充分沟通，尽可能准确辨识和把握用户的需求，从而采用更合理指标。但是，测试方法必须标准化，必须采用 ISO、ASTM 或国家标准方法进行涂层性能检测。

涂层发挥其作用的基础是具备一定的物理机械性能。涂层的强度（压缩、拉伸、断裂等）、柔韧性、耐冲击性、硬度、弹性、耐高低温循环性、耐磨性和耐划伤性等也是不可缺少的性能要求。

涂料必须经过涂装成膜是涂料发挥功能的前提，因此与施工、涂装和成膜相关的涂料性能要求也至关重要。其中包括以下几点。

① 涂料对底材润湿和渗透性；涂料与底材及涂层之间的附着力，与涂装间隔相关的可重涂性、涂装间隔时间；干燥时间（表干、硬干等）等。

② 涂料的流变性及对涂装工艺的适应性，这对于在线涂装的 OEM 涂料尤其重要，涂料施工流平、防流挂、干燥时间控制是成膜关键。

③ 涂层配套体系和涂层厚度、单位面积涂料量控制和优化。

④ 涂料施工性能对施工环境的适应性。环境的温度、湿度、通风条件及底材清洁度等对涂料成膜具有重要影响。

涂料产品本身，液体涂料或粉末涂料应保证出厂性能指标，如固体含量、颜色、分散稳定性、贮存稳定性（剪切、冻融循环、定期贮存）等。俗称涂料的“开罐性能”——液体涂料呈现良好的流动性和分散性。

在市场日益规范，法律法规更加严格的环境下，满足环保要求、安全要求是涂料产品进入市场的许可证。

当然，在激烈的市场竞争条件下，技术经济指标——产品的性价比也是不可忽视的因素。

此外，单一涂层使用并不多，主要是以配套体系为主——底漆、中间层和面漆等。涂装配套体系设计也是涂料工艺的重要内容，它一般体现为各种涂装规范和标准。

综上所述，涂料的研发、选用、涂装过程涉及多种复杂甚至矛盾的性能要求因素，这是一个不断优化的过程，需要从整体上去把握和平衡各种性能要求，从而达到较好的结果。

涂料行业在我国属于精细化工领域，专业上与胶黏剂、油墨相近。涂层无处不在，大至飞机、船舶、车辆、建筑物、桥梁，小至玩具、文具，如同人要穿衣服一样，几乎所有的物体都需要涂层保护。随着我国国民经济的快速稳定的发展，涂料行业以高于国家 GDP 增长速度的增速发展，据不完全统计，2008 年我国涂料总产量达到 638 万吨，仅次于美国居世界第二位。但是，人均涂料消费水平远远低于发达国家，随着国民经济发展和人民消费水平提高，中国涂料市场具有巨大的发展潜力。中国加入 WTO 后，市场国际化和经济全球化，成为“世界制造基地”，为中国涂料行业发展提供了巨大的空间和机遇。与此同时，在中国涂料市场的竞争中体现得特别明显，世界排名前十位的涂料跨国公司均已进入中国。国外先进的技术和产品、管理理念和制度对中国涂料行业的技术进步和管理水平提升具有重大的推动作用。

第二节 涂料的组成和分类

涂料是由成膜物、分散介质、颜填料及助剂组成的复杂的多相分散体系，涂料的各种组分在形成涂层过程中发挥其作用。

一、涂料的基础成分

1. 成膜物

也称树脂，黏合剂或基料。它将所有涂料组分黏结在一起形成整体均一的涂层或涂膜，同时对底材或底涂层发挥润湿、渗透和相互作用而产生必要的附着力，并基本满足涂层的性能要求（清漆或透明的涂层主要由成膜物组成），因此成膜物是涂料的基础成分。

涂料成膜是十分复杂的过程，下节将详细讨论。绝大多数涂料都是由液态湿膜转变为固体涂层（粉末涂料也是先熔化成液态，成膜后冷却固化）。有机成膜物树脂的化学组成和结构、分子量大小及分布，溶解度参数，极性及极性基团的结构和分布，交联反应型树脂的活性基团的含量及分布，玻璃化温度 T_g 等基本性质直接决定了涂层的性能，而且与液体分散体系的分散稳定性、流变特性乃至成膜的整体均一性密切相关。选择适当的成膜物并充分了解其特性是开发涂料新产品关键的第一步。

近半个多世纪以来，化学工业和材料科学的迅猛发展，成膜物树脂产品层出不穷，推动涂料行业的不断升级。成膜物习惯上可按如下方式分类。

(1) 按有机、无机分类

① 有机成膜物 天然和合成聚合物，化学改性的天然树脂等，它们是涂料的主体——构成有机涂层材料。

② 无机成膜物 以聚合硅酸盐或磷酸盐为黏合剂主体，例如高模数硅酸钾、硅酸锂、聚合磷酸锌等。

③ 有机-无机杂化树脂 近十几年发展起来的新型树脂成膜物，以硅、钛溶胶改性有机聚合物，具有纳米结构的成膜物体系为代表，还有环氧改性的聚合磷酸盐等。

(2) 按热塑性、热固性分类

① 热塑性（thermoplastic）树脂成膜物 分子量较大的天然或合成的聚合物树脂，例如聚合改性松香、沥青、虫胶、硝基纤维素、醋酸丁酸纤维素 CAB、氯化橡胶等天然及化学改性树脂，丙烯酸、氯磺化聚乙烯、过氯乙烯、高氯化聚乙烯及聚丙烯等合成氯化聚烯烃树脂、聚乙烯缩甲醛、聚醋酸乙烯、聚醋酸乙烯-乙烯树脂等合成线型聚合物树脂等。通常将它们溶解在适当溶剂体系中配成树脂溶液制备涂料，通过溶剂蒸发后固化成膜。树脂的化学结构成膜前后基本不变（物理状态，分子缠绕等可能有变化）。热塑性树脂的玻璃化温度 T_g 控制在室温以上，不能太高，树脂发脆，达到 T_g 后树脂呈橡胶态发黏。其特点为涂层可熔、可溶。热塑性树脂的溶解度有限，很难制备高固体分涂料，VOC（有机挥发物）含量比较高，难以符合环保法规要求，将会越来越限制其应用范围。但是热塑性溶剂涂料具有单组分、快干、施工对环境条件变化不敏感、涂层装饰效果好等优点，仍占有相当大的市场份额。

② 热固性（thermosetting）或交联型树脂 它们是分子量较低、带有一定数量的可参加交联成膜反应的基团的低聚物（oligomer）树脂，在成膜过程中与外加固化剂反应交联成膜（环氧、聚氨酯、不饱和聚酯及聚脲涂料等），或者吸收空气中氧与醇酸树脂不饱和键氧化交联，或者吸收湿气的单组分聚氨酯交联，以及空气中二氧化碳与硅酸盐反应为基础的无机树脂成膜机理，还有常温下惰性，高温烘烤反应成膜的氨基树脂，粉末涂料中的环氧、环氧聚酯、聚酯树脂等。反应交联形成三维网状、分子量趋于无穷大的体型聚合物，生成的涂层不溶、不熔，比热塑性涂层具有更高的机械强度、更好的保护和装饰性能。热固性树脂大量应用于高性能工业涂料和特种功能涂料领域。由于热固性树脂分子量相对较低，并且可以溶解于可参与交联反应的活性溶剂，因此可加工成高固体含量、低 VOC 及无溶剂型涂料，也是环境友好型（environment-friendly）涂料发展方向之一。大多数反应型树脂与固化剂分别包装，使用前混合，存在施工使用期问题，而且固化成膜过程与施工环境关系很大，对涂装控制要求较高。

(3) 按分散方式分类

① 水分散型树脂——乳液（latex） 以建筑乳胶涂料的基础乳液（纯丙烯酸、苯乙烯-丙烯酸、醋酸乙烯-丙烯酸、EVA 等乳液）为代表，它们用乙烯基类单体经乳液聚合工艺制备，以水为分散介质，VOC 较低，为分子量较大的热塑性树脂。在水分蒸发过程中树脂乳胶粒子聚结，搭接后成膜。涂层由于亲水乳化剂或亲水基团存在，其耐水性不如相应的溶剂型树脂涂层。乳液也可经树脂溶解于溶剂后外加乳化剂经机械分散后脱溶剂的工艺制备，称为后乳化工艺。近年来采用将亲水基团（—COOH、—OCH_2CH_2—等）引入树脂结构中制备可自乳化的树脂。同时热固性树脂乳液在工业涂料中的应用发展很快。乳液的稳定性、水稀释性、耐电解质性、剪切及冻融稳定性、流变特性、抗起泡性及成膜性等对制备涂料和成膜过程至关重要。乳液的形态及粒子大小和分布决定其稳定性和流变特性。一般乳液平均粒度 0.5～1μm，微乳（microemulsion）小于 100nm，即纳米乳液呈半透明带蓝、黄荧光状态。

② 水可稀释型树脂（water-reducibe） 通常先将单体溶解在亲水性较高的溶剂——丙二醇醚、丙酮、丁醇、*N*-甲基吡咯烷酮等中进行聚合反应，然后进行中和，并用水稀释。它们的 VOC 比相应的溶剂型涂料低，但比乳液型涂料高。

③ 有机分散型树脂 将树脂溶解在强溶剂中，再加脂肪烃在特种表面活性剂存在下稀释而成的有机乳液。它们的成膜性优于水乳液，而且主体分散介质为低毒的脂肪烃，可制备 VOC 较低的涂料。这类成膜物体系正在开发之中。

④ 气-固分散型树脂 以粉末涂料为代表。树脂具有较高的软化点，与颜料和助剂加工粉碎成一定粒度的细粉，经静电喷涂于加热的底材上熔化交联成膜。粉末涂料为环境友好型涂料的代表之一，几乎无 VOC。

(4) 按树脂成膜物的化学结构和来源分类 我国涂料行业一直采用这种分类法，并写入国家标准，共 17 大类：油脂、天然树脂、酚醛树脂、沥青、醇酸树脂、氨基树脂、硝基纤维素、纤维素酯、纤维素醚、过氯乙烯树脂、烯类树脂、丙烯酸树脂、聚酯树脂、环氧树脂、聚氨酯树脂、元素有机化合物、橡胶及其他。但是，近年来成膜物树脂发展很快，上述分类已不能反映现实，本书在尊重历史和习惯的同时，尽可能与国际接轨，介绍更多、更新的成膜物树脂。

现代涂料工艺配方中采用单一成膜物树脂的不多，往往将几种树脂共混改性以提高涂料性能。因此，树脂的混溶性成为人们关注的重点，以此保证形成均一的涂层。但是，不同的树脂并非一定要在涂料中保持均一混溶状态。为了制备单组分热固性涂料，可以将树脂和固化剂做成互不相溶的两个相，在成膜时借助加热或其他方式使二者混溶反应成膜。还有正在发展的一涂分层涂料，其树脂混合物或在涂料中混溶，在交联成膜过程中发生分相和分层；或者是混合的互不相溶的稳定分散相，成膜时一相向涂层表面迁移，一相朝底材迁移，发生分相成膜。

2. 颜料和填料

颜料是色漆或有色涂层的必要组分。颜料赋予涂层色彩、着色力、遮盖力，增加机械强度，具有耐介质性、耐光性、耐候性、耐热性等。颜料以微细固体粉末分散在成膜物中，颜料的细度与粒度分布、晶型、吸油度、表面物理化学活性等，直接与其着色力、遮盖力，与树脂相互作用、分散稳定性、流变特性紧密相关。化学结构相同，但来源（天然或合成）不同，或生产工艺，甚至批次不同，颜料的上述性能指标可能有差别，这往往导致配色中的色差。

颜料的品种很多，大体上可分为如下几种。

(1) 着色颜料 二氧化钛（钛白）、立德粉为代表的白色颜料，炭黑、氧化铁黑等黑色颜料，以及无机和有机黄色、红色、蓝色、绿色等颜料。有机颜料的着色力、鲜艳度及装饰效果优于无机颜料，但其耐候性、耐热性、耐光性等不如无机颜料。

(2) 体质颜料或填料 它们以天然或合成的复合硅酸盐（滑石粉、高岭土、硅藻土、硅灰石、云母粉、石英砂等）、碳酸钙、硫酸钙、硫酸钡等为代表，细度范围 200～1200 目的产品均有，而且也有经过不同表面处理以适应溶剂型或水性涂料的产品。一般填料遮盖力和着色力较差，主要起填充、补强作用，同时也降低成本。但是，随着新改性的体质颜料出现，人们对它们与成膜物树脂相互作用认识的深入，体质颜料在涂层中的作用将重新定位。

(3) 功能性颜料 它们除了着色、填充等基本性能外，主要赋予涂层特种功能，种类繁多。其中防腐、防锈颜料为一大类，它们是金属防腐底涂层的必要成分，通过牺牲阳极、金属表面钝化、缓蚀、屏蔽等作用防止金属底材腐蚀。给予涂层特殊装饰效果的金属闪光颜料、珠光颜料、纳米改性随角异色颜料等。其他的防海生物附着的防污颜料，导电颜料，热敏、气敏颜料，电磁波吸收剂，防火、阻燃填料等结合各种特殊功能涂层的要求就不一一枚举了。

尽管颜料种类很多，上述分类及特征并非绝对的，往往一种颜料兼有多种功能。例如，绢云母一般归类填料，但其具有良好的紫外线屏蔽功能，也兼有一定的遮盖力；云母氧化铁是熟知的防锈颜料，同时又是高耐候的面涂颜料。充分认识和全面把握各种颜料的性能，发挥其技术和经济潜能还有很多工作要做。而且绝大多数情况下都是几种颜色混合使用，优化颜料组合保证涂料的分散稳定性、合理流变性及良好的成膜性需要做大量的筛选和优化工作。

颜料必须均匀地分散在分散介质中成为稳定的分散体才能发挥功能。因此，颜料的分散及分散稳定性至关重要。固体颜料粉末是多分散的颜料初级晶体的聚集体（粒度 0.1～100nm），在分散过程中借助机械剪切力将聚集体打开，同时发生与分散介质和成膜物之间（往往在分散、润湿助剂存在的条件下）的相互作用——润湿、分散、稳定过程，形成具有一定流变特性的稳定分散体系。颜料的分散性是颜料的重要特性之一，它与颜料的晶型、粒子大小及粒度分布有关。更重要的是其表面特性——表面张力、极性基团及活性、表面改性的程度以及含水量等。颜料的表面活性决定其与成膜物、助剂及分散介质之间的相互作用程度。通常无机颜料具有高表面张力和极性中心，而有机颜料表面张力低；有机溶剂表面张力为 $(30\sim40)\times10^{-3}$N/m，而水为 76×10^{-3}N/m，它们与不同颜料的相互作用完全不同。成膜物的分子大小不同，化学结构不同，它们与颜料的相互作用也不同，再加上助剂的结构和作用原理的差别，优化分散体系需要做大量的工作，这将在涂料制造工艺中详细研讨。

透明清漆和涂层往往采用醇溶性或油溶性——溶于有机溶剂的染料作为着色剂。通常染料的耐热性和耐光性不如颜料。近年来纳米分散的颜料用于透明涂层着色日益受到人们的重视。

3. 分散介质

涂料作为分散体系（液-液、液-固、气-固、固-固），分散介质的作用是确保分散体系的稳定性、流变性，同时在施工和成膜过程中起重要作用。溶剂型液体涂料中的分散介质一般称为溶剂，它们首先将成膜物树脂溶解成适合配方要求的溶液，涂料制备过程中调节产品的黏度及流变特性，在涂装过程中调节施工黏度和控制成膜速率及流变特性，这类溶剂又称稀料或稀释剂。溶剂的作用是多方面的，在热固性涂料中，溶剂的极性、亲质子性等对交联反应速率起调节作用。因此全面了解溶剂的溶解力、挥发性、黏度、表面活性、电性能（静电喷涂）等对选择正确的溶剂十分重要。传统的溶剂型涂料成膜后溶剂不留存于涂层中，挥发到大气中成为污染源之一，而且绝大多数有机溶剂都有毒性，易燃易爆。因此，了解溶剂的毒性和安全性是必要的，发达国家的产品说明中要求提供材料的卫生安全数据 MSDS。随着 VOC 和 HAPS（有害空气污染物）法规要求日益严格，对涂料中溶剂的用量和种类限制是涂料工艺面临的巨大挑战之一。高固体和无溶剂液体涂料，包括光固化涂料为降低 VOC 主要采用反应型或活性溶剂，它们参与交联成膜不挥发到大气环境中。但是，它们仍然具有一定的蒸气压，如接触皮肤会引起炎症。

水乳和有机分散系中分散介质为水或溶解力较弱的脂肪烃。它们通常不溶解成膜物树脂，成膜后挥发到大气中。树脂借助乳化剂和分散剂以超细液滴分散在介质中，在水等分散介质蒸发过程中通过毛细管作用凝聚，聚结成膜。对于热塑性的聚合物乳液往往将借助于成膜助剂——高沸点有机溶剂成膜。因此，虽然分散介质是环境友好的，但成膜助剂的种类和用量仍然受到法规限制。在标准条件下，温度23℃，相对湿度50%，乳胶涂料的干燥速率可能高于溶剂型涂料，这是因为成膜物不溶于水，没有分散介质遗留在涂层中。但是水性涂料的干性受环境条件（温度、相对湿度、通风等）的影响比溶剂型涂料大，因此对施工工艺的要求更高。

4. 助剂

助剂，又称涂料辅助材料，其开发和应用是现代涂料工艺的重大技术成就之一。它们用量很少，在现代涂料的制备、贮运和涂装过程中对保证涂料和涂装性能起到重要的作用。水性及高性能、高装饰涂料中的助剂是不可或缺的组分。助剂在涂料成膜后一般留在涂层中成为其组分之一，所以在认识其主要功能的同时还应注意其对最终涂层的负面影响。例如，乳化剂是乳液不可缺少的成分，但残留涂层中的乳化剂的迁移性和亲水性势必影响涂层耐水性和附着力。

(1) 助剂种类繁多，通常按助剂的功能分类 润湿、分散剂，乳化剂，消泡剂，流平剂，防沉、防流挂剂，催干剂，固化剂及催化剂，增塑剂，防霉剂，平光剂，增稠剂，阻燃剂，导静电剂，紫外线吸收剂，热稳定剂，防结皮剂，以及用量较大的增塑剂，乳胶涂料的成膜助剂，防冻剂，防霉剂等。

(2) 也有按其在涂料制备和涂装过程的作用分类

① 涂料生产过程调节涂料性能助剂 润湿、分散剂，乳化剂，消泡剂，流变调节剂——增稠剂、防流挂剂等。

② 保证涂料贮存运输过程性能稳定性的助剂 防沉淀剂，防结皮剂，防霉剂，防浮色、分色剂等。

③ 调整涂料施工涂装，改善成膜性的助剂 流平剂、消光剂、防流挂剂、成膜助剂、固化剂及催干剂等。

④ 改进涂层特殊性能，提高耐久性的助剂 紫外线吸收剂、热稳定剂、防霉剂、耐划伤剂、憎水或亲水处理剂等。

迄今为止，助剂的作用原理并不十分清楚，而且往往多种助剂在一种涂料中使用，由于助剂的结构和理化性质不同，而且大多数助剂都是不同类型的表面活性剂，它们在一起可能起协同作用，也可能起拮抗作用。此外，助剂与成膜物树脂、颜料及分散介质之间也存在复杂的相互作用，因此选择正确的助剂组合需要助剂供应商与配方师共同努力，进行大量的筛选工作。

还应注意，助剂不是万能的，涂料或涂层出现缺陷主要还是主体材料的问题或涂装工艺的不足，用尽可能少的助剂制备符合用户要求的涂料是合格配方师的基本要求。

二、涂料的分类

近代涂料经过100多年的发展，种类特别繁杂，由于地域和国家民族文化差异，涂料命名、专业用语至今难以统一。涂料分类方式很多，我国1981年颁布国家标准GB 2705—1981，1992年又进行了修订和增补GB 2705—1992。分类主要依据成膜物，涂料全名由成膜物名称代码、基本名称、涂料特征和用途、型号等组成。其中涂料采用习惯叫法——漆，例如底涂与底漆，面涂与面漆。为了适应与国际接轨和市场经济的要求，新颁布的标准GB 2705—2003主要采用以涂料市场和用途为基础的分类法，同时对原分类法进行适当简化。主要包括如下几大类。

(1) 建筑涂料 建筑外墙面、内墙面涂料，防水涂料，地坪涂料，建筑防火涂料，功能涂料等。

(2) 工业涂料 汽车涂料，木器涂料，铁路公路车辆涂料，轻工涂料（自行车、家用电器、仪表、塑料及纸张涂料等），防腐涂料（桥梁、管道、集装箱、耐高温涂料等）。

(3) 其他涂料及辅助材料等。

以上几大类涂料中每一类中又按主要成膜体系细分，如建筑涂料分为合成乳液墙面涂料和溶剂型涂料两类。

新的涂料名称＝颜色或颜料名＋成膜物名＋基本名称。省略代码要求，适应市场中企业自行编号状况。目前市场中还有习惯沿用的其他分类法，例如以下几种。

(1) 按成膜方式分 挥发型涂料、热熔型涂料、热塑性或热固性涂料。

(2) 按包装分 单组分涂料、双组分涂料。

(3) 按涂装方法分 刷涂、辊涂、喷涂、浸涂、淋涂、幕涂、电泳涂料等。

(4) 按配套要求分 腻子、着色剂、底漆、中间层、面涂与面漆（包括透明漆、色漆、罩光面漆）。

(5) 按涂层光泽和艺术效果分 高光、有光、半光、亚光、无光涂料。锤纹、橘纹、浮雕涂料等。

(6) 按涂层功能及具体使用对象分 蒸馏釜耐高温涂料、电子车间导静电地坪涂料等。这种名称再加上涂料公司的产品代码是目前市场上最通行的做法，既突出产品的特征，又便于用户理解并兼顾习惯和通行标准的要求。

第三节 涂料的附着

涂层与底材，配套涂层之间良好的附着力是涂料发挥功能的基础。涂层的附着力与底材的特性（金属、木材、玻璃、混凝土和砖石、塑料和橡胶以及底涂层等），包括机械强度、多孔性、表面张力、含水量、表面清洁度、粗糙度等密切相关；同时涂料对底材的润湿、渗透性，以及涂料与底材的相互作用强度也至关重要；还有涂料在成膜过程中及在使用环境中产生的各种应力都对涂层附着力带来不利的影响，甚至导致涂层剥离或开裂等涂层缺陷和失效。涂料附着力的产生和发展与涂料成膜过程息息相关，因此必须全面了解和认识附着和成膜原理。

一、附着力的本质及影响附着力的因素

尽管附着力的重要性早为人所知，而且人们采用现代仪器分析手段进行了大量的基础研究，但是令人遗憾的是，对附着力本质的科学认识尚不充分，所提出的各种假说缺乏统一的基础。现在讨论的主要是经验的总结和似乎合理的推论。附着力是涂料与底材或涂层之间的界面相互作用力，在一定的条件下保持界面不分离，宏观上就是在涂层上施加垂直的拉力至涂层剥离时的拉力代表附着力。这也是拉开法测定涂层附着力的理论基础。还有划格、划圈、胶带粘贴和拉开等测定附着力的方法，它们作用力的方式和方向不同，测试结果缺乏可比性。

1. 底材的表面处理

涂料对底材附着的基础是涂料充分地润湿底材，涂料的表面张力必须小于底材的表面张力。最大的涂料铺展要求涂料与底材的接触角为0°，即自由铺展。同时涂料对粗糙或多孔

底材表面进行渗透并取代表面吸附的空气和湿气，并完成填充过程。涂料的施工黏度，以及成膜过程中黏度的变化和成膜物的分子大小对润湿和渗透过程起决定性的作用。而界面之间的相互作用力来自分子间的作用力（范德华力）、氢键、金属与成膜物功能团之间的螯合力以及化学键结合等。由于底材种类和表面结构不同，涂料与底材之间的相互作用非常复杂，很难界定以哪些力为主。另外，底材的表面粗糙度对于涂层的机械锚固作用的贡献也不可忽视。

除了 OEM（原装设备制造）涂装线或控制条件下的酸洗、磷化或喷砂可能对底材进行达到一定标准的预处理外，许多现场施工面对底材的清洁度和表面状况千差万别，因此涂装前底材预处理十分必要。

(1) 金属底材的预处理和涂料附着　用量最大的金属底材是钢材，包括不锈钢、镀锌板(热浸或热喷锌)，还有各种铝合金、铜合金底材等。金属底材的机械强度高，坚硬致密，热膨胀率较高，热导率、电导率高，以及很高的表面活性（清洁的金属表面张力高达数百达因每厘米❶）。实际涂装中遇到的底材表面却是千差万别。钢材表面会氧化或电化腐蚀生成氧化铁，新轧钢板存在四氧化三铁层，它们会导致下层钢进一步腐蚀。而铝和锌表面生成较为致密的氧化层，从而有更好的保护作用，但一旦机械破损或化学介质侵蚀氧化层脱离后会引起进一步的腐蚀。大气环境中各种污染物——灰尘、油脂、润滑油、表面活性剂等吸附在金属表面形成弱介质层，它们必须在涂装前除去。通常 OEM（原装设备制造）涂装线前面有底材处理线，即清洁和化学钝化处理流程。钢材经脱脂、除油、除锈、清洗后进入以磷酸盐为主的磷化槽。在特殊配方处理液中，钢材表面转化为磷酸铁/磷酸亚铁层，并与磷酸锌形成由不同晶体组成的具有一定防腐性能和促进涂料附着的钝化层。以前使用铬酸盐处理液，虽然防腐效果更佳，但是由于重金属铬污染环境，在发达国家已经被禁用。磷化钝化层对涂层附着力的促进作用的机理尚未搞清楚，至少高表面张力的无机表面及可渗透的晶体结构有利于涂料的润湿、渗透和附着。

由于大气污染，尤其是酸雨和沿海地区盐雾腐蚀的加剧，使得铝合金表面采用涂料保护日益普遍。通常铝合金表面有致密氧化铝层，但表面抛光后导致涂层附着困难。虽然普遍采用含铬酸盐的底漆对附着力有改进作用，但仍不理想。迄今为止，大多数铝材处理仍使用铬酸盐为主的处理液，正在开发无铬、无氰化物的铝钝化层。已开发出有机-无机杂化纳米结构铝合金处理层。它由硅酸乙酯预聚物与含氨基的硅烷偶联剂处理铝合金表面，它们水解聚合为硅溶胶，其中硅羟基与铝水合物缩水形成化学键结合，而氨基功能团可与环氧封闭层形成化学交联，从而生成以纳米二氧化硅为主体，与底材和封闭层化学结合的高性能涂层，配合聚氨酯面涂层其总体性能优于传统的铬酸盐底涂加环氧中间层和聚氨酯面涂。

镀锌钢板通常表面光洁，属于难附着的底材。在汽车厂内通常经过磷化处理可以改进与电泳底漆的附着力。在现场涂装条件下也可采用特殊的磷化液进行表面处理，或者用磷酸锌底漆以改进附着力。不锈钢是最难进行表面处理的金属底材之一。既难氧化也难转化的不锈钢表面，可以采用打磨或浅喷砂方法提高表面粗糙度以改进涂料附着力。正在发展的活性烷氧基硅烷处理剂也有希望对不锈钢表面处理发挥作用。

在现场施工和设施维护保养作业的情况下，最常用、最有效的预处理金属底材的方法是喷砂。采用适当的磨料和施工工艺达到一定的标准要求，例如，美国腐蚀防护协会 SSPC，瑞典船级社 Sa，或 ISO 标准。近年来由于环保法规日益严格，湿喷砂和高压水除锈等表面处理技术发展很快。但是，它们很容易引起底材表面“闪蚀”，对涂料的附着和防腐产生负

❶　$1dyn/cm=10^{-3}N/m$。

面影响。同时许多结构不允许采用喷砂工艺，只能用机动工具或手工进行表面处理，其清洁度和表面粗糙度难以达到喷砂处理的标准，近年来低处理表面用涂料（surface-tolerant coatings）发展很快。低处理表面指带一定程度的锈、湿气、油污等干扰涂料附着和引起后续腐蚀的弱介质表面。通过涂料配方调整，改进其与底材的附着力，后面有关章节将会详细介绍。

(2) 木材的表面处理和涂料附着　木底材比金属底材的结构和表面状态复杂得多。天然木材主要由纤维素、木质素、天然树脂、多糖及蛋白质等组成。由于树种、生长环境乃至部位不同，其结构、成分组成、致密程度（多孔性和密度）、含水量、表面张力、内聚强度等差别很大。富含羟基的纤维素结构提供高极性和形成氢键结合力基础。但是高的含水量在涂层“呼吸性”不足的条件下将破坏涂层的附着力。在保证涂料对底材的润湿前提下，表面的多孔性有利于涂料的渗透填充而促进涂料的附着，同时填充多孔粗糙的表面也是涂层装饰性的要求。

从软木到硬木，其致密性、密度和内聚强度差别很大，它们与涂层的刚性匹配很重要。涂层在成膜过程中及使用环境变化时产生的应力如果不能适当耗散，它可能引起附着缺陷。

还有用合成树脂与木屑、锯末等加工而成的人造板、层压板、颗粒板等底材，它们的表面状态更加接近于塑料底材。

木材疖子或结疤是富含松脂的部位，涂料难以附着，也不挂色。应预先用松节油和溶剂处理，或者采用碱液处理。木材预先干燥并保持合理水分含量后，通常采用砂纸打磨达到要求的平整度，必要时经过氧化氢或次氯酸钠溶液漂白。再经过底涂、上色等过程进行表面处理。不同材质及涂装配套和要求不同，其底材处理工艺也不同。

(3) 混凝土底材预处理和表面附着　混凝土结构无论是民用建筑，还是工业地坪、道路和桥梁等的涂层保护，近年来发展迅速。混凝土是水泥、砂石填充料与水经充分的水化反应形成的以水合硅酸盐为主体的结构材料。其中以钢筋增强的称为钢筋混凝土，是应用量最大的结构材料。混凝土的表面特征为高碱性，多孔性和高含水率（<10%），低机械强度，吸收空气中二氧化碳产生的碳化层、抹浆层等弱介质层，以及混凝土上各种油污、灰尘和风化层等不利于涂料附着。新浇筑的混凝土表面还可能存在脱模剂，而且表面过于光滑而不利于附着，必须进行表面预处理。最常用、最有效的方法是浅喷砂处理，在除去表面弱介质层的同时达到一定的粗糙度要求。也有采用稀酸（1%～5%乙酸或盐酸）对其表面进行处理的工艺，但应注意一定要用清水彻底清洗掉残留的酸，否则会引起涂层附着失效。机械加工车间、机库等被油脂严重污染的混凝土地面，经喷砂处理后还应用洗涤剂彻底除油并采用低处理表面用涂料封闭才能达到适当的附着要求。清洁混凝土表面是高表面张力的无机表面，对溶剂型和水性成膜物——丙烯酸树脂、环氧、聚氨酯、氯化聚烯烃、聚脲、不饱和聚酯等成膜物具有良好的附着力。

混凝土涂层附着失效往往与混凝土的含水率及蒸汽压变化有关。一旦涂层内外蒸汽压失衡，附着界面的蒸汽压力超过附着力就会导致涂层剥离。因此，涂层应当具有一定的“呼吸性”以防止该缺陷。另外，混凝土中含有相当数量的水溶性无机盐，它们是产生渗透压起泡和脱层的主要原因，所以对混凝土表面进行适当的封闭是必要的。但是，要处理好涂层封闭性和“呼吸性”之间的合理平衡，避免产生附着缺陷。

(4) 涂层在塑料底材上的附着　塑料属于聚合物底材，包括热塑性、热固性塑料，化学结构、分子量大小和构型、结晶程度等不同的各种塑料，是表面状况最具多样性的底材之一。从某种意义上讲，树脂纤维板和旧的有机涂层表面可以归于塑料底材范围。

与其他底材相比，塑料底材最突出的特征为表面能低，一般为 $(15\sim40)\times10^{-3}$N/m，例如，聚乙烯（PE）、聚丙烯（PP）属于典型的难附着底材。塑料表面机械强度低，有韧性，不适宜喷砂、打磨。一般而言，塑料不耐温，T_g 在 100℃左右。塑料底材预处理的主要目的在于提高其表面张力达到涂料可充分润湿的要求。电晕、等离子、化学氧化、紫外线照射等方法可促进其表面氧化，产生羧基、=C=O 基等极性基团，而表面活性剂处理可对其表面改性从而改进对涂料的附着。

塑料制品的表面往往存在各种脱模剂等弱介质层，它们干扰涂料的润湿和附着。溶剂清洗是比较有效的方法，但受到环保法规的限制。现在越来越多地采用水性洗涤剂与适当磨料相结合的方法，以达到清洁和产生粗糙度的双重目的。

涂料的溶剂体系在促进塑料底材附着方面起着十分重要的作用。对于热塑性塑料底材具有一定溶胀能力的溶剂体系的选择是涂料配方设计中必须考虑的关键因素之一。溶胀的塑料表面有利于与成膜物大分子之间的互相缠绕而促进涂层附着。

PP、PE 等低表面能、难附着底材的涂装在预处理技术发展的同时，近年来开发出以改性氯化聚烯烃、特殊丙烯酸树脂为代表的附着力促进剂。它们的作用原理尚不十分清楚，由于底材状况变化较多，通常经实验进行筛选。

目前塑料涂料绝大多数是 VOC 高的溶剂型涂料，未来将受到严格限制。对于高表面张力的水性涂料而言，对塑料底材的润湿是首要难题，而紫外光固化涂层的快速固化产生的应力对附着力的不利影响也是开发环境友好型塑料涂料面临的挑战。

在施工中经常碰到在已有涂层上涂装，即产生层间附着力的要求。热塑性涂层只要配套相似的成膜物树脂体系和具有一定溶胀能力的溶剂体系的涂料均可保证良好的层间附着。对于环氧、聚氨酯等热固性涂层，尤其是交联密度高和光洁的涂层表面再涂装将会导致重涂困难。虽然重涂前对其打磨增加粗糙度是有效的方法，但费时费工，增加成本。为了满足可重涂性要求，最好是严格控制重涂间隔时间，在底涂层尚未完成交联反应前涂装面层，所谓的“湿碰湿”涂装，底层中尚未反应的官能团还可能与面层产生共价键结合而提高层间附着力。还可以尽量提高底涂层的颜料体积浓度 PVC，达到半光或无光的效果，通过提高表面粗糙度而促进附着。另外，也有在底涂层的成膜物树脂结构中引入可被某些溶剂溶胀的成分，例如烃改性的环氧涂料，它们即使充分固化后仍能被面漆中的强溶剂适当溶胀。但是，涂层的其他性能可能受到影响。

其他的玻璃、纸张、纺织品、皮革等底材都各有特点，就不在此一一讨论了。

2. 影响涂层附着力的主要因素

前面重点叙述了不同底材特征，包括它们的化学结构和组成，表面性能，清洁度，多孔性，粗糙度等与涂料附着相关的因素。而涂料对底材的润湿、渗透、填充能力是涂料的成膜物和活性颜料与底材相互作用的基础，其中涂料黏度或流动性、细度、固化时间是关键参数。涂料与底材相互作用过程是与成膜过程同时完成的。这是一个动力学控制过程，涂装工艺及环境条件的变化都对此过程产生直接的影响。迄今为止，仅限于按照标准方法，在标准条件下测定某种涂料在指定的底材上的附着力。由于方法自身的限制，包括制板程序等，测试结果并不完全代表工业涂装后涂层的附着力。近年来在现场涂装开始使用可现场监测的仪器和方法，例如手提式拉开法附着力测试仪。

涂层的附着力在使用过程中，受环境因素的影响实际上是不断变化的。Funke 在研究涂层防腐性能时提出，除了涂层低透氧率、透水率——屏蔽性之外，“湿附着力”起着十分重要的作用。这是最早将附着力概念扩展到使用条件下加以科学认识的开拓性工作。涂层的湿附着力尚无标准的测试方法。通常将样板浸水一定时间后，擦干用划格和胶带拉开方法进行评价。具有良好湿附着力的涂层在浸水条件下，渗透至界面的水不能取代成膜物与底材的结合，也不能引起水解或皂化而破坏涂层的附着力。这个概念对于浸渍使用的涂层（水、盐水、溶剂等化学介质）防腐性能评估很有价值。

涂层在特殊使用环境中受到冷热交变、湿度剧变引起的体积变化、外力冲击等产生的各种应力，它们是涂层失效的主要原因之一，而失效的重要表现之一就是涂层附着力降低，乃至消失。许多特种涂料性能往往要求测定其在特定老化循环程序后的附着力降低程度。所以涂料配方师应具备从涂料开发、生产、涂装、使用全过程中认识和把握涂层附着力的概念的能力，将附着力缺陷降低到最低水平。

二、提高涂层附着力的技术途径

涂层附着力主要包括底漆对底材的附着和涂层之间的层间力，它们既有区别又相互联系，必须达到相互匹配。

底材按标准方法进行表面处理达到必要的清洁度、粗糙度标准以满足涂装要求，这是大规模 OEM 流水线作业的基本模式。然而许多涂装须现场完成，或产品批量小不值得采用喷砂或磷化等表面处理方法，于是出现“低处理表面”（在一定程度上带锈、带油和带湿涂装）的要求，需求低处理表面用通用型涂料。国外一般称为 Surface-Tolerant Coatings。由于可省去费时费工的喷砂处理，代之以手工或机械清理，可节省施工时间和费用。目前许多大公司有此类产品。但是应该注意如何界定“带锈、带油、带湿”标准，因为涂料只具备一定的承受限度。

还有所谓的“难粘底材”，即低表面能底材。目前大量使用聚乙烯（PE)、聚丙烯(PP)、尼龙等塑料材料等。由此衍生出系列的附着力促进剂产品。其中包括氯化聚烯烃、不含氯附着力促进剂等，它们在塑料涂料中将详细叙述。还有一类“难附着底材”指光洁度很高的金属表面——不锈钢、铝合金、热浸锌板等。它们涂装前不允许喷砂或拉毛处理，简单清洁后采用偶联剂或有机-无机杂化附着力促进底涂处理。

涂层之间的“层间附着”在某种意义上理解类似塑料底材上的附着，但影响因素更为复杂，尤其是与涂装工艺关系十分密切。在涂装间隔越来越短，乃至湿碰湿涂装条件下，人们对层间附着力的认识还很不够，评价方法跟不上。至少目前对重涂间隔和涂料的“可重涂性”在很多涂装标准中有了明确的要求。尤其是涉及环氧、聚氨酯等热固性涂料配套体系，往往超过一定重涂间隔后，面涂层或中间涂层出现附着力缺陷和层间剥离。目前在一些防腐涂装规范或技术条件中要求涂料的可重涂性大于 15 天。

第四节 涂料的成膜及控制因素

涂料的成膜就是将涂料（液体或粉末）转变成连续完整涂层的过程，它是通过选择适当的涂装方法，按照严格的施工工艺完成的复杂的物理化学过程。成膜过程的控制决定了涂层的质量和性能。粉末涂料经静电喷涂、热喷涂、流化床喷涂后加热使粉末熔化成膜并交联成膜，其过程将在粉末涂料中专门讨论。本节主要讨论液体涂料的成膜。不同的成膜物的成膜机理不同，同时与涂料的组成有关。而且成膜过程受成膜条件——温度、湿度、通风、膜厚、时间等影响，决定了涂装方法和涂装工艺的选择。通常将成膜物分为物理成膜方式——成膜前后其化学结构不发生变化（热塑性树脂溶剂蒸发或热熔成膜，非交联乳液成膜)，以及化学成膜方式——成膜物经化学反应交联成三维大分子成膜。事实上现代涂料很多都是多种成膜方式的结合，例如，溶剂型双组分环氧或聚氨酯涂料的成膜就是物理和化学方式的结合。自交联丙烯酸乳液先物理成膜后化学交联。特别应强调成膜过程中存在动力学控制，多组分相容混合，扩散控制等因素，它们直接影响成膜的质量。

一、与成膜过程有关的基本概念

1. 黏度

液体涂料流变特性的宏观指标。涂料的流变性不同，其测定方法和表示参数也不同。一般要保证涂料良好的润湿、流平性、防流挂性，其施工黏度根据涂装方法不同，在高剪切下应为0.05～1Pa・s。液体涂料成膜就是将低黏度的液体“湿膜”转变成固体“干膜”，俗称干燥过程。成膜过程中涂层的黏度逐步增大，Burrell等认为黏度大于10^3Pa・s时达到手触干，而要达到抗粘连的要求其黏度约大于10^7Pa・s。热塑性成膜物的涂层黏度变化取决于溶剂挥发速率及其玻璃化温度，反应交联成膜物的情况复杂得多，下面将详细讨论。黏度的变化直接反映涂层内自由体积的变化，即聚合物链的迁移自由度，它又与成膜质量息息相关。调整适当的施工黏度，严格控制成膜条件，保证成膜过程中黏度正常增长是涂装工艺的基本要求之一。

2. 干燥时间

是液体涂料转变成固态涂层经历的时间。我国的标准［GB/T 1728—1979（1989)］将其划分为表面干燥、实际干燥和完全干燥三个阶段，即表干、实干和硬干。实际上只测定表干和实干，硬干耗时太长，除有特殊要求一般不测试。美国ASTM D1640—95将干燥过程分为八个阶段：指触干、不粘尘干、指压干、干至可触、硬干、干透、干可重涂、干至无压痕。涂层的干燥时间受干燥条件的制约，常温干燥标准条件为23℃、相对湿度50%；高温烘烤都有相应的温度范围。溶剂挥发型成膜过程的干燥时间与通风条件直接相关。涂层的厚度也是重要的因素，必须确定干膜和湿膜厚，否则干燥时间毫无意义。溶剂型涂料往往通过溶剂体系的调整来实现干燥时间的控制，而反应交联型成膜过程还应控制反应动力学，其交联干燥程度往往通过其耐溶剂溶胀性或耐溶剂擦洗性做直观和快速判断。可以采用红外、核磁共振、差热分析等仪器分析方法监测其反应交联程度。

3. 成膜物的玻璃化温度 T_g 和最低成膜温度 MFT

反应交联型成膜物都是小分子低聚物，T_g很低，交联后的大分子随着交联密度的增加T_g增高至100℃以上。热塑性的成膜物具有一定的玻璃化温度，常温条件下成膜物的T_g必须高于25℃以上才能形成有一定强度的涂层。但是，在温度T_g以上不可能成膜。只有在远低于温度T_g下涂料才具备必要的流动性和成膜性。溶剂和增塑剂，乳液聚合物中的成膜助剂可以降低成膜温度，涂料成膜后溶剂和成膜助剂挥发，成膜物逐步接近其T_g值，即固化成膜，增塑剂留在涂层中。成膜物T_g是与涂层物理机械性能有关的特征参数，可以用标准方法测定。而最低成膜温度是与成膜过程控制相关的参数，它可以按要求在较大范围内调整。

二、物理方式——溶剂挥发成膜

传统的热塑性溶剂型涂料，例如氯化聚烯烃、硝基纤维素、丙烯酸树脂、CAB和聚乙烯醇缩甲醛等成膜物溶解于一定的溶剂体系制备成小于50%固体分的涂料，涂装后经溶剂挥发固化成膜。事实上，成膜过程比想象的复杂得多。溶剂挥发引起的涂料流变特性的变化与流平和防流挂性平衡，溶剂滞留对涂层性能乃至涂层的结构均有重大影响。

聚合物大分子，通常线型结构的分子在溶液中以线团缠绕形态存在，在溶解力不同的溶剂中其形态不同。当溶剂蒸发时，聚合物分子线团移动程度降低，尤其是使用强溶剂与弱溶剂混合体系时，不同溶剂蒸发速率之差必然影响大分子线团及相互缠绕的形态，从而导致涂层结构和性能差别。

一般认为，溶剂蒸发分为两个阶段。第一阶段即成膜开始时，成膜物大分子对溶剂蒸发影响较小，主要决定于溶剂的蒸气压或溶剂的相对挥发速率。随着溶剂蒸发，涂膜黏度增加到一定程度，自由体积减小，溶剂从涂层中扩散至表面受阻，溶剂蒸发由涂层表面挥发控制转变为扩散控制，挥发速率显著变慢，即为第二阶段。此阶段可能持续很长时间，例如，某些氯化聚烯烃涂层 2 年后仍然有 2%～3%的残留溶剂，称为溶剂滞留。事实上它们转变为增塑剂了。扩散速率取决于自由体积，其最重要的影响因素是 T 和 T_g。干燥温度 T 高于 T_g，则扩散控制不起作用；若 T_g 高于 T，则溶剂挥发受控于扩散速率。所以要将溶剂从涂层中彻底清除，必须在高于成膜物温度 T_g 下烘烤。尽管近年来对溶剂挥发模型的定量化处理做了不少的工作，但至今尚未取得满意的结果。溶解力和相对挥发速率不同的混合溶剂体系的蒸发速率控制及对成膜质量的影响更加复杂，目前只能通过实践确定。

高固体分涂料中溶剂比常规涂料低得多，其溶剂蒸发速率对涂层流挂性的影响更加重要。一般而言，高固体分涂料溶剂挥发更慢，不仅由于大多采用高压无气喷涂施工而雾化损失少，而且主要由扩散控制溶剂挥发。高固体分涂料主要是化学成膜，交联引起涂膜黏度增大，自由体积减小也是重要影响因素。

三、聚合物分散体系的成膜

聚合物分散体系包括以水为分散介质的乳液，以及非水分散的有机溶胶等，聚合物不溶于介质，以微粒状态稳定分散在分散介质中。成膜时分散介质挥发，在毛细管作用力和表面张力推动下，乳液粒子紧密堆集，并且发生形变，粒子壳层破裂，粒子之间界面逐步消失，聚合物分子链相互渗透和缠绕，从而形成连续均一的涂膜。乳液成膜机理曾进行很多研究，提出几个理论，有的划分三个阶段，也有的提出四个阶段，多少有点武断。时至今日成膜的动力是以毛细管作用力，还是表面能降低为主仍在争议之中。

涂层良好的物理机械性能和耐沾污性要求成膜物有高于常温的 T_g，而成膜需要尽可能低的最低成膜温度 MFT。这个矛盾目前是采用成膜助剂来解决的。它们是一类对成膜物溶解力强的高沸点溶剂，成膜后缓慢蒸发。不同的成膜物应选择不同的助剂组合，其效率差别较大。亲水性强的聚合物可吸水溶胀，水可作为成膜助剂，最多可降低 T_g 5℃。

但是成膜助剂是乳液聚合物中 VOC 的主要组成部分，随着环保法规日趋严格，开发超低 VOC 或零 VOC 乳液成为重要方向。近年来，采用高 T_g 为核、低 T_g 为壳的核-壳结构乳液，或不同 T_g 乳液混拼；采用纳米颜料增强低 T_g 乳液；合成低 T_g 乳液，成膜时发生交联固化提高涂层 T_g 等多种方法制备低 VOC 乳液，取得相当大的进展。其中以液体环氧和醇酸作为活性成膜助剂与丙烯酸单体采用杂化乳液聚合工艺制备的超低 VOC 乳液具有环境友好和性能优势。

乳液成膜过程中涉及乳化剂的迁移，即小分子乳化剂成膜过程及成膜后向底材和涂层表面两个界面迁移，对涂层的附着力、耐水性、耐沾污性带来不利影响。开发无皂乳液（不用乳化剂），以及采用可聚合乳化剂和非迁移型聚合物乳化剂的工作正在展开，还有很多问题有待解决。

四、化学方式成膜

成膜物在成膜过程中发生化学反应，分子间交联生成具有三维结构体型大分子的连续涂层称为化学方式成膜。可能发生交联的化学反应几乎包括成膜物中所有化学反应，根据成膜条件和施工工艺的不同要求，有常温固化、加热固化、紫外光固化型，也有单组分和双组分成膜方式。而交联基团和成膜物结构、交联密度的设计则按照最终涂层性能和施工工艺要求变化多端。通常，经化学方式成膜的涂层综合性能优于物理方式成膜的涂层。这类成膜物常称为热固性树脂，除粉末涂料外，它们都是低分子量的低聚物，施工黏度低，随着交联密度增大，黏度增大，自由体积减小，T_g 增大，直至生成连续均一的固体涂层。

1. 单组分热固性成膜物体系

单组分涂料施工便利，省工、省时、省料，很受市场欢迎。醇酸及改性醇酸、环氧酯、氨酯油即聚氨酯改性醇酸等通过吸收空气中的氧引起不饱和脂肪侧链氧化交联是典型代表。单组分湿气固化聚氨酯吸收空气中的水，与成膜物中过剩的—NCO 反应生成聚脲聚氨酯涂层。高模数硅酸钾、硅酸锂吸收空气中二氧化碳转变为硅醇发生缩水交联等是常温固化交联型。以三聚氰胺甲醛树脂与含羟基、羧基的丙烯酸、醇酸、环氧、聚酯组成的氨基树脂成膜物体系是高温烘烤固化的典型。还有封闭异氰酸酯成膜物体系，它们在常温下足够稳定，加热并在催化剂作用下释放出—NCO 快速反应交联成膜。反应交联型的粉末涂料也可以归入单组分涂料。

开发这类涂料最大的技术挑战在于确保生产、贮运相当期限内产品的稳定性，采取各种措施将交联反应抑制到可接受的限度；同时保证在成膜过程中足够快和充分的反应交联。近年来在开发水性丙烯酸自交联型乳液和涂料过程中，采用羟甲基丙烯酰胺、含羰基丙烯酸单体、不饱和硅氧烷等功能单体改性等多种手段，它们将在以后各章节中详细讨论。

2. 自由基聚合反应成膜

以不饱和聚酯、丙烯酸或烯丙基化的环氧、聚氨酯、聚酯低聚物及环氧化合物与活性稀释剂等组成的成膜物在自由基引发剂作用下，或者紫外线、电子束等高能光束引发光敏剂分解产生的自由基或活性离子作用下发生聚合交联成膜，整个过程在几秒至几分钟内完成。成膜过程几乎没有有机溶剂挥发，环境友好和节能，这是目前涂料行业发展最快的领域之一。自由基引发剂一般与不饱和聚酯分开包装，为双组分；而光固化涂料是单包装。空气中的氧对聚合反应具有阻滞作用，必须解决氧阻问题。

具有挥发性和刺激性的活性稀释剂对职业安全和健康的评估尚待完成。

3. 双组分涂料的成膜过程

环氧树脂与胺固化剂，聚合物多元醇或多元胺与多异氰酸酯固化剂之间发生加成聚合交联成膜，它们都是双组分包装，使用前按比例混合，涂装成膜。双组分涂料一般不存在贮存稳定性，但是异氰酸酯固化剂对湿气敏感，生产、包装贮存时要加小心。

影响双组分涂料成膜过程的因素很多，首先是双组分的混合和混溶性。例如，环氧树脂与低分子量的脂肪多胺、脂环多胺的分子结构和分子大小差别较大，混溶性差影响混合和扩散效率，混合后需放置一定时间称为“熟化”期。环氧预聚物固化剂或腰果酚酚醛胺固化剂与环氧树脂的混溶性好得多。溶剂体系的选择对改进双组分混溶性同样重要，当然溶剂的极性、电负性、亲质子性对交联反应的影响也应考虑。双组分的比例不应差别太大，配方时应适当调整以便提高混合效率。

功能团之间的反应速率主要受反应动力学控制和成膜物扩散速率双重控制。动力学因素主要是反应物浓度和反应速率常数，而反应速率常数又与反应温度密切相关。与小分子之间的反应不同，聚合物分子链上官能团是按一定结构分布的，它们的反应活性受立体构型等影响有差别，而且聚合链要有必要的移动性将反应基团配合到一起，所以成膜物的扩散速率至关重要。当扩散速率大于反应速率时（反应开始并且低黏度态），反应受动力学控制。随着交联密度增加，涂膜黏度增大，自由体积减小，扩散速率逐步减小低于动态反应速率，成膜过程变成扩散控制。一旦涂膜的 T_g 高于室温，扩散已不可能，反应实际中止。这就是为什么有的室温固化涂层需要几周乃至数月才能彻底固化。其中温度对两种控制因素都有重要影响。根据不同的成膜条件，适当控制成膜反应速率，避免成膜初期黏度增长过快对保证成膜质量非常重要。双组分混合后黏度增长至无法施工的时间称为施工适用期（pot life）。这是涂料重要的施工性能参数，也与环境条件有关。水性双组分涂料的成膜过程更加复杂。两种乳液粒子的混合，成膜过程中聚结、混溶、反应等存在更多的控制因素。如果在双组分尚未混溶好之前发生反应，则不可能得到高质量的涂层。

4. 非均相一涂分层成膜过程

传统的涂料工艺要求成膜物形成均相的连续的涂层，而且不同涂层通过分层涂装和配套完成。20 世纪 90 年代初开始开发一道涂装形成两层以上涂层的涂料，可以大大节省施工时间和费用。这类涂料应满足几个前提条件：不同的成膜物彼此不相溶，或者成膜前以稳定的分散体系共存，或者在成膜过程中发生分相，例如，环氧-漆酚体系成膜时环氧固化与漆酚分相，后者迁移至涂层表面后再发生氧化交联，分相过程有足够的时间，还有合理的分相迁移的推动力，密度、表面张力梯度等。一涂分层成膜技术处于发展阶段，前景看好。

在特种涂层材料的开发中发现非均相成膜结构涂层在表面活性、电磁性能、声学性能以及力学性能等方面具有特殊的表现。例如，由憎水-亲水部分组成并呈现仿生海岛结构的表面具有很好的防止海生物附着的功能。

还有正在发展的自组装涂层，它们自身组成就是多相体系，在成膜过程中经自组装形成分相结构。

第五节 涂料工艺的范畴

传统对涂料工艺的认识主要集中在成膜物化学方面，而且配方师着重于以经验为基础的配方的调整。科学界和技术界对涂料科学的复杂性认识和重视程度不足，科学院所和大专院校涉足涂料行业和涂料应用基础研究的很少，与精细化工其他领域相比，人们对涂料的科学理解相对滞后。涂料作为复杂的分散体系，涉及有机化学、无机化学、物理化学、高分子化学和工艺学、界面物理学、界面化学、流变学、材料力学、成膜反应动力学等学科，而每一种特种功能涂料的开发包括多学科领域的交叉。正是由于涂料成分的多样性、可变性决定了常规的配方筛选方法难以胜任如此庞大艰巨的任务，形成配方师的技艺胜于科学的局面。现代涂料工艺应建立在对从涂料开发至满足用户需求的涂层的全过程认识基础上，以技术创新适应激烈的市场竞争，涂料涂装整体解决方案，以技术经济为引导的系统观念。涂料技术应贯穿在涂料开发、生产制造、涂装服务、涂层维护和质量保障的全过程中，忽视任何一个环节都会违背现代质量和技术管理的要求。

现代涂料工艺至少应包括如下内容。

1. 涂料原材料的开发和质量控制

涂料的成膜物、溶剂、颜料和助剂品种繁多，最近欧盟 REACH 法规要求注册的化学品中与涂料相关的近万种，而且还在迅速发展。原材料的开发依托于整个基础化工行业，并朝着专业化方向发展。除了少数专用的树脂、颜料和助剂外，涂料厂都采用外购，而且普遍采用全球采购的模式运行。

在高性能、环境友好和可持续发展目标的推动下，涂料原材料的开发非常活跃，新材料和新产品层出不穷。高性能水性成膜物、高固含量成膜物、紫外光固化和粉末树脂、氟硅树脂以及纳米材料等新材料在涂料行业应用日益增多。在新产品开发过程中应特别强调其工艺的可靠性、产品质量的稳定性和适用性，不必过分追求个别指标的高性能，同时强化产品的技术服务。许多跨国公司的原材料供应商具有成熟的经验。

原材料供应商的资质认证和管理、原材料进货标准和检验方法的制定是涂料生产质量控制的第一关。尤其是颜填料的细度及其分布、吸油度、分散性等各批次之间都可能存在差别，必要时应打小样验证。

2. 基础配方和配方设计

配方是涂料生产的基础。前面谈到涂料应满足多方面的性能要求和符合法律法规，同时面对如此多的原材料可选择性，而目前尚无处理如此复杂体系的科学实验设计方法，配方师大多从经验积累的一些基础配方出发，结合对涂料的基本科学理解采用“差试”方法，在有限的时间内对已有的配方进行调整满足用户的基本要求。随着人们对涂料科学认识的深入和研究方法的改进将会逐步减小盲目性和经验性。

准确认识和把握用户对涂料技术性能、施工性能、性价比以及法规要求是配方设计的前提，基础配方和配方原理是基础。要记住配方总是要不断改进的（用户需求多样化、个性化和原材料不断变化），配方的管理是动态的。没有最好的配方和产品，只有适合用户需求的产品。配方设计就是一个不断优化或选优的过程。涂料合理的分散性和流变性控制，成膜速率和成膜性控制，原材料的选择和配比等是重要的配方参数。特别须强调的是各种成分在复杂体系中的交互影响，应更多地采用科学的数理统计实验方法和数据分析方法。

色漆配方设计中正确认识和把握颜料体积浓度 PVC 的概念非常重要。当涂层 PVC 超过临界颜料体积浓度 CPVC 时，涂层的物理机械性能和保护性能将发生突变。理论上讲，PVC 与颜料粒子的形状和堆积方式有关，例如，均一的球形粒子呈正方形排列时的 PVC 为 54%，而呈菱形填充时为 72%。实际情况要复杂得多，首先，颜料的晶型多样化，其中片状颜料可能达到最大限度的空间填充；其次，颜料的粒度分布对其 PVC 影响很大；颜料与成膜物的相互作用及吸附层厚度等都与涂层的 PVC 相关，目前尚无系统的理论处理。特殊的超 CPVC 涂层，例如，富锌涂层、导电和雷达波隐身涂层等要求高电导率、磁导率，成膜物不能全部包覆颜料表面。

涂料往往是配套使用的，涂层配套体系的设计和评价应该是产品设计开发的重要组成部分。涂料产品有限，而适应不同需求的配套体系却无限。涂料的层间附着力和可重涂性已成为涂料必须考虑的性能指标。

3. 涂料制造工艺和设备

涂料生产包括混合、分散、过滤、包装、检验、贮存等过程的管理和控制。近年来各种设备朝高效、节能的方向发展，制漆工艺更加精细，尤其是电脑配色和色浆工艺的推广不仅提高了生产效率和产品质量，而且缩短了生产周期，加快了对市场的反馈，增强了公司的竞争力。

涂料生产工艺规程，产品标准是以国家标准、行业标准、企业标准以及用户协议标准制定的，检验方法的标准化，安全和环境管理等是产品质量的基本保障。在市场经济条件下，国家标准和行业标准更着重于符合法律法规的强制性标准，技术要求主要体现在符合用户需求的企业标准和合同标准中。例如项目招标中所列的技术要求。

4. 涂装工艺和技术服务

用户需要的最终产品不是涂料而是涂层，涂料供应商有责任帮助和解决用户在使用涂料中遇到的问题，保证涂装质量。涂料出厂检验指标都是在标准条件下按标准方法测试的，与实际涂装环境和涂装工艺存在差别，现场涂装的涂层质量必须依靠有效的技术服务和管理加以保证。

在船舶、汽车、家具等涂料应用领域十分重视涂装技术服务。俗话说："三分涂料，七分涂装"。从产品说明书的编写、施工工艺的制定，到现场服务人员的培训、资质认定，以及现场服务工作程序等都比较规范。牢固地树立服务的理念至关重要，在了解用户需求时就应帮助他们选择适用的涂料和配套体系，进行涂装设计。

5. 涂料、涂装缺陷和涂层失效分析

涂料生产和贮存过程中可能发生分散不良引起的分色、浮色、起泡、沉底、分层等涂料缺陷；涂装过程中发生刷痕、流平不良、流挂、气泡、针孔、露地、起皱、裂纹等涂装缺陷；而这些缺陷最终导致涂层在使用过程中提前失效。对涂料缺陷及涂层失效原因的分析，认识和提出合理的解决办法对保障涂层质量非常重要。随着仪器分析技术的发展，人们对涂料、涂装缺陷和涂层失效原因的科学理解进一步深入，有助于预防它们的发生。

6. 涂料原材料、涂料产品和涂层性能的检测方法和标准化

涂料产品和涂层性能指标可能因其用途不同，要求各异。但是，它们的检测方法必须统一和标准化。我国制定的国家标准 GB 已经逐步与国际通用的美国 ASTM 标准和国际标准化组织的 ISO 标准接轨。

受涂料科学发展水平的限制，目前许多检测方法尚不够完善。聚合物树脂溶液和液体涂料的黏度测定根据其流变性不同采用流出法、落球法、旋转黏度计、斯托默旋转黏度计等不同方法，它们的测试结果不存在相关性。涂层的耐久性（例如耐候性、耐盐雾性与防腐性等）至今尚未找出其测试结果与自然老化之间密切相关性。涂层耐酸雨性，各种特种功能涂料的特殊功能测定方法都在建立和发展中，有待标准化。

产品标准和标准方法制定的政策性和科学性很强，需要做大量的基础研究工作。我国的标准制定和管理基本沿袭计划经济的模式，属于政府行为。以国家标准化委员会和原政府部门管辖的行业标准化委员会进行监管。现有的许多标准不适应市场经济的要求，正在进行清理。按国际惯例，行业标准的制定主要依托行业协会，而标准方法应由国家统一管理。

第六节 涂料开发、生产和服务过程的管理

一、质量管理体系

计划经济时代的国营大中型涂料企业一贯重视产品质量管理，1960 年以后实施的全面质量管理 TQ 对提高企业管理水平起到很大的推动作用。民营企业大都借鉴国营企业的管理制度。1995 年以后我国开始推行 ISO-9000 系列质量保证体系，包括 ISO-9001—1994 年版设计、开发、生产和服务质量保证体系，以及不包括产品开发的 ISO-9002 质量保证体系，以期与国际接轨。20 世纪 90 年代末，国内绝大多数涂料企业实现贯标和认证。从 2001 年

开始又开展了 ISO-9001—2000 年版产品设计、开发、生产和服务质量管理体系的换版和认证。它更加突出了顾客第一，持续改进，系统和过程管理的理念，强调了管理者的职责和员工全员参与质量管理的重要性和主体意识。该体系是现代质量管理实践的科学总结，具有普遍性和适用性。

在企业质量方针和质量目标激励下，从用户需求出发，对产品设计开发，原材料供应商控制，生产，检验，贮存运输，用户服务至涂装全过程进行监控，通过完整的制度、工作程序和质量记录进行保证，从而达到预防和减少不合格品的目的。整个管理体系具有自我完善、持续改进的要求，体现了不断管理和制度创新的内涵。技术和工艺的发展与管理紧密相关，质量管理是技术创新和发展的基础和保障。市场要求企业不断地开发高质量、高性能、性价比好的产品满足市场不断变化、多样化和个性化的需求。

二、环境管理

按照可持续发展战略和科学发展观的要求，经济发展必须与环境保护和生态改良同步，绝对不能以牺牲环境作为代价。涂料生产和涂装过程中涉及许多危害环境的因素。溶剂型涂料中的有机溶剂——有机挥发物（VOC），其中苯、甲苯和二甲苯、卤代烃等对人体和环境危害很大，有害空气污染物（HAPS）破坏大气臭氧层，欧美国家对 VOC 和 HAPS 的限制排放的法规日趋严格。涂料原材料中含铅、铬、砷、汞等有毒有害重金属也逐步禁用，至 2008 年全球将禁止在船底防污涂料中使用三丁基锡防污剂。在涂料生产过程中的粉尘、噪声、废水、废气、废弃物等，涂装和底材表面处理过程中喷砂粉尘、噪声，有害废涂层，挥发的 VOC 等都是环境污染因素，必须加以控制。

ISO-14001 环境管理体系的认证已经在中国涂料行业推行。根据国家颁布的有关环境保护、三废排放、化工生产中有毒有害物质管理的法律法规，国家对室内装饰材料的相关标准，正逐步与国际相应法规接轨。确定涂料生产和涂装过程，乃至废弃涂层的主要环境因素，制定环境管理方针和目标，采用与 ISO-9001 质量管理体系相似的程序和制度对产品开发、生产和服务全过程进行控制。为了方便管理，通常将 ISO-9001 质量管理体系和 ISO-14001 环境管理体系文件进行整合，认证机构一次进行两个体系的认证。

从 2004 年开始我国将贯彻 ISO-14020 系列环境标志产品认证，以及职业健康和安全管理认证等，在此就不详细介绍了。所有法规和管理要求对涂料行业的技术创新和涂料工艺的发展提出更高的要求。开发环境友好型涂料是发展的重要方向。低污染和高效率的湿喷砂、高压水、空泡清理等环保表面处理设备和技术将越来越受到重视。

第二章 涂料工艺的发展

第一节 涂料工艺发展的推动力

一、经济发展的需求是涂料行业和涂料工艺进步的原动力

涂料对底材的保护、装饰功能早已为人所知，人类使用天然树脂成膜制备和使用涂料的历史可追溯到7000多年前。中国的大漆和桐油装饰的漆器在2000多年前的汉朝就已达到相当高的水平，后来传入日本，成为传统漆器工艺品。天然沥青、阿拉伯胶、蜂蜡等曾被古埃及、古希腊、古印度等作为成膜物制备涂料。由于生产力发展的限制，古代涂料主要用于木材、竹器的装饰和保护，涂料用量和生产长期处于手工作坊形态。欧洲工业革命以后，人类生产力空前解放，大量钢铁材料的应用对防腐涂料的性能和用量提出前所未有的要求，汽车工业的发展要求配套高装饰和高性能的汽车涂料，房地产业的兴旺刺激了建筑涂料的发展等，与此同时化学工业的发展为涂料提供了新型成膜物和原材料，至19世纪末在欧美涂料行业初步成型。世界排名前五十位的跨国涂料公司中许多都创立于那个年代。第二次世界大战后的半个世纪是世界经济快速发展期，也是涂料行业跨越式发展和逐步成熟期。建筑涂料、工业涂料和特种功能涂料上千种涂料产品涵盖了国民经济各个部门，进入千家万户，包括木材、金属、混凝土、玻璃、纺织品、纸张等各种底材。据统计，1996年全球涂料产量达2300万吨，2005年我国涂料产量达380万吨，美国600万吨。近十年来，我国涂料以高于国家GDP增长速度的增速快速发展，尤其是经济发达的珠江三角洲和长江三角洲占有全国涂料产量的70%。我国目前人均消费涂料量不足发达国家的1/10，涂料行业具有巨大的发展空间。快速增长和变化的市场，日趋多样化和个性化的市场需求永远是涂料工艺进步的原动力。

二、科学和技术进步是涂料工艺发展的推动力

近代有机化学、高分子化学、物理化学和材料科学的发展为科学认识涂料奠定了理论基础。聚合物工艺学迅猛发展为涂料行业提供了品种齐全的合成高性能成膜物，从常规的醇酸、酚醛、环氧、聚氨酯、乙烯基树脂、聚酯到有机硅、氟碳树脂等，而且新的功能树脂还在不断涌现。无机化学、表面化学和表面物理学以及无机工艺学的进展为涂料行业提供了高性能、高分散性的颜料和填料。有机合成工艺学的技术发展推出高着色力、耐高温、耐候、耐介质的有机颜料。而助剂的开发和应用是涂料工艺发展的里程碑之一，极大地改进了涂料和涂层的性能。因此，新材料科学的发展推动和引导涂料行业向高性能、高装饰和功能化方向前进。

人们对涂料体系流变学、涂料附着机理、涂料成膜机理和反应动力学、涂层失效机理和评价方法等应用基础研究的不懈努力也不断加深对涂料工艺学的科学理解，同时将推进涂料技术进步。

三、涂料工艺与涂装工艺相互促进

通常将涂料开发和制备技术称为涂料工艺，属于精细化工领域；涂料施工应用和涂装称为涂装工艺，属于工程领域。从提供高质量涂层，服务用户的现代涂料涂装整体观出发，涂料工艺与涂装工艺的发展紧密相关。涂料必须具备必要的施工性能以满足施工工艺的要求，尤其是 OEM 流水线涂装，涂装性能某种意义上甚至比技术性能更重要。工业和特种涂料涂装行业历来高度重视涂装工艺的研发。

涂装工艺的革新和发展极大地驱动涂料工艺的技术进步。卷材涂装线的速度由每分钟几十米提高至 100m/min 以上，要求卷材涂料具有更快的干燥速率。汽车涂装工艺调整和对高质量涂层的要求促进了厚膜型阴极电泳漆的发展。家具制造和涂装工艺的革新拓展了紫外光固化涂料的应用范围。造船工艺整体改革促使船舶涂装在造船总成本和制造周期所占比重大幅度上升，对低处理表面涂料的需求迫切。还有高压水除锈工艺的推广催生了配套的防闪蚀涂料的开发应用等。正在研发的新型涂装工艺需要同步开发配套涂料。

相应的环境友好型水性工业涂料、紫外光固化涂料、粉末涂料、无溶剂涂料以及聚脲喷涂弹性体等的应用与相应的涂装设备开发、涂装工艺和涂装线设计紧密结合，相互促进。

四、符合可持续发展战略和法律法规要求

可持续发展战略要求社会经济与环境协调发展，绝对不能以牺牲环境作为代价。同时要求最大限度地合理使用资源，促使资源的循环使用。涂料产品作为消耗品，尤其是传统的低固体分溶剂型涂料面临巨大的挑战，必须彻底地变革才可能符合可持续发展战略的要求。节省资源、提高效率是发展的基本要求。采用高效率静电喷涂、高压无气喷涂减少废弃物，单层或厚膜涂装节约原材料。制漆、涂装、成膜全过程中开发节能工艺，例如降低成膜温度、提高分散效率等。其中开发应用可再生的天然资源，例如植物油和醇酸再度引起人们的重视。

环境友好型涂料的开发随着环保法规日趋严格已成为涂料工艺发展的主流方向。履行蒙特利尔保护大气臭氧层国际公约，斯德哥尔摩禁止使用永久性化学污染物公约，国际海事组织禁止生产和使用三丁基锡船底防污涂料等国际公约，VOC、HAPS 法规，对甲醛、氨、放射性物质放射量限制，以及重金属含量的限制成为开发高性能、高装饰和功能化涂料的前提。必须在强化科学发展观的同时，大力宣传和提倡科学消费观，不要片面追求涂料的高性能。

涂料及涂层在涂装过程中的废弃物的处理在发达国家都有严格的法规，不能对环境造成污染。这就要求从涂料开发就应将无害化的要求置于重要位置。开发生物可降解的成膜物，选择无毒颜料，适当回收和处置表面处理产生的有害旧涂层（含铅，含有机锡的防腐、防污涂层等）也是人们面临的挑战。

第二节　涂料工艺的发展

与发达国家相比，我国的涂料行业相对不够成熟，涂料市场不够规范。但是，在国民经济快速发展的拉动下，未来十几年我国涂料行业将步入发展“快车道”。我国加入 WTO 后进一步加快了涂料市场全球化和与国际接轨的步伐，大批外企的进入大大缩短了我国涂料行

业在工艺水平和管理水平上与它们的差距。信息技术的发展促进了行业内外的沟通，事实上我国涂料行业已经进入国际化竞争环境。因此涂料工艺的发展必须以提高行业的全球整体竞争力为出发点。2006 年中国涂料工业协会组织行业专家制定了“十一五”涂料行业科技创新和发展规划，其要点如下。

一、应用基础研究是创新和发展的基石

受涂料体系的复杂性制约，基础和应用基础研究相对薄弱，投入资源不足，致使涂料科学的发展滞后于涂料工艺和应用技术的发展的要求。迄今为止，人们对涂料的科学理解还不够深入，这将制约涂料工艺，尤其是技术创新和核心技术的发展。涂料配方的科学筛选和评价方法，配方原理，涂层耐久性评价方法，涂层附着和失效机理，涂料流变学，涂料固化机理和反应动力学，成膜物结构的分子设计，颜料表面改性、表面物理学和表面化学，人们对底材与底涂层、涂层间、颜料与成膜物、涂装表面与介质等界面之间的相互作用的本质的认识不够深入和系统。以及助剂的作用机理和结构设计等诸多课题需要认真加以研究和解决。

树脂和材料改性涉及的相容性，成膜过程中相分离，杂化树脂及多重或复合固化机理及反应动力学的研究等对高性能树脂成膜物的开发具有促进作用。

科学原理的探索和思考是科技创新之源泉，创造条件并鼓励研发人员开展新原理的研究，例如以下几个方面。

① 界面化学和界面物理学及分散原理。

② 仿生防污，减阻机理，导电防腐和防污机理。

③ 新型抗沾污建筑涂料及原理研究。

④ 极端腐蚀环境中长效高性能防腐涂料及新防腐原理研究。

⑤ 能够达到修旧如旧目标的文物保护涂料和保护原理。

⑥ 纳米材料改性涂料原理，纳米分散方法和状态表征，作用机理及评价方法的研究。

二、涂料原材料的发展

在市场开放和行业集约度日趋集中的条件下，原材料供应商的产品研发和供应更加专业化，更贴近市场的需求。供应商的技术服务更加完善，并且不同品种供应商联手以实现互相促进。

颜料和填料表面处理工艺和功能化将进一步发展，超细分散和纳米改性材料的应用日益普遍，在开发高性能和功能颜料的同时，强调符合环保法规的要求，大力发展清洁生产工艺，减少和避免环境污染。逐步限制和禁用含铅、铬、镉等有害重金属颜料的生产和使用，并加快相关法规的制定。适应不同用途的电脑配色技术和色浆工艺也是制漆工艺的重要发展方向。颜料行业今后十年将面临激烈的国际化竞争，面对跨国公司在中国市场的扩张，行业的集约度和结构，产品结构调整和质量提升，生产工艺的创新等涉及核心竞争力的领域将会加速发展。

成膜物的研发从来就是涂料工艺发展最重要、最活跃的领域。配合环境友好型的水性涂料、无溶剂和高固体分涂料，紫外光固化涂料和粉末涂料发展所需求的新型成膜物将不断进入市场。特种涂层配套的功能高分子材料——导电、智能高分子材料，吸收和透波树脂，耐高温树脂，耐极端腐蚀环境的成膜物等；有机-无机杂化成膜物等高性能和功能成膜物；水性工业涂料——汽车漆、水性防腐涂料，水性木器和塑料涂料，水性集装箱涂料等配套的水性树脂，它们的技术性能和涂装工艺性的匹配；高固体分涂料成膜物分子设计及流变性能控制；具有自组装性能的复合树脂体系；超支化树脂及高固体分涂料；非—NCO 聚氨酯树脂

和原料；粉末，水性氟碳树脂；适应不同用途和施工工艺的聚脲树脂及原材料；有机-无机杂化高固体分、高性能树脂成膜物；通用型成膜物的合成工艺、性能提升等将进一步发展。适合高性能要求的汽车罩面装饰效果的多功能复合树脂成膜物的开发将引起人们的关注。粉末涂料树脂，塑料和木器用低温成膜粉末树脂，符合 VOC 和 HAPS 法规要求的安全环保溶剂的开发和应用会更加受到重视。至少目前溶剂型涂料在高性能和装饰涂料市场还占有相当大的市场份额。其中大力推广 VOC、HAPS 法规允许使用的脂肪烃、乙醇、丙酮、丙二醇醚、乙酸叔丁酯等溶剂，控制其 VOC 量，同时在室内环境中重视溶剂的气味及持续时间对人员健康的影响。加强对天然或可再生溶剂——脂肪酸甲酯、松节油等的综合利用和应用开发。

助剂的多功能化，助剂的作用机理，助剂体系的协同作用和高性能助剂品种的开发也是涂料行业发展的重要方面。

三、涂料产品的结构调整

国民经济的快速发展对涂料的质量和品种提出更高的要求，为涂料提供了更加广阔的应用领域。以可持续发展战略为引导，涂料产品的开发将进入新时代。除了满足多样化、个性化和快速变化的市场对产品性能需求外，更加重视法律法规的要求。开发涂料新产品就是产品性能、质量、价格、服务和法规要求之间进行优化和平衡的过程。在准确识别用户需求基础上开发出满足其用途的产品就是最佳的选择。同时应引导市场，确立科学的消费观，强化环保和安全意识。除传统的钢铁、木材等底材之外，混凝土、纺织品、纸张、塑料、玻璃、橡胶等底材用的涂料将进一步发展，而且对装饰性、功能性提出更高的要求。家庭装饰涂料随着人们生活水平的提高，逐步升华为生活方式的组成部分，即时尚涂装——性能和美学的结合。混凝土结构（建筑、桥梁、水利工程、沿海设施等）的重防腐涂层配套体系及钢筋防腐涂层的开发和应用日益引起人们的重视。高性能的卷材涂料在家电行业中替代粉末涂料，达到节能和高效目的。涂料工程师对涂料技术创新的追求将永无止境。

四、涂料和涂层性能检测方法的科学化和标准化

耗时长、费用高的耐候性、防腐性等涂层耐久性测试评价方法的研究和标准化将进一步加强。评价模型的选择，加速实验方法的可靠性、可信度，实验数据与现场实验的相关性等在现代计算机技术和仪器分析技术的支撑下必将取得突破性进展。

特种功能涂料的性能检测方法，以及性能随使用年限变化评估方法的研究，例如，防火涂料耐火性与大气老化时间的关系，耐高温涂料防腐性、耐久性评价方法等应深入研究。

五、涂料工艺与涂装工艺的发展密切结合、相互促进

汽车涂装工艺正朝高效、节能方向发展，经济涂装、生态涂装工艺成为主流，正朝底涂无铅化、高泳透和低加热减量方向发展；加快中涂水性化，罩光漆高固体分和粉末涂料应用研究，新水性汽车涂料，水性集装箱涂料涂装线的建设为水性工业涂料的应用开辟道路。船舶涂料涂装中为简化配套底涂料的品种，提高劳动生产率正在开发多用途的通用底漆。

不同行业的涂料涂装规范和工程验收标准的编制和颁布实施步伐将加快。迄今为止，我国已颁布船舶、舰船、油气管道、钻井平台、汽车、铁路车辆和钢桥梁、石油化工厂钢结构等行业涂装规范。即将颁布石油贮罐、火力发电厂地下钢结构等行业涂装规范等。这将突出为满足用户需求，提供整体解决方案的理念。

六、环境友好型涂料成为涂料工艺发展的主流

近三十年来，我国涂料行业在改革开放的推动下，法规意识和环保意识增强，尤其是跨国公司进入中国市场促进产品结构发生巨大的变化。环境友好型的水性乳胶建筑涂料已占有70%的市场份额。粉末涂料依托电冰箱、洗衣机、电风扇等家电行业，2005年达到20多万吨规模。紫外光固化涂料在木地板、缝纫机面板、钢琴等高装饰性涂装领域得到广泛的应用。高固体分防腐涂料、家具涂料、醇酸磁漆在溶剂型涂料中所占的份额稳步上升。无溶剂环氧防腐涂料、喷涂聚脲弹性体在工程中的应用已经起步。

但是，与发达国家的市场和产品结构相比还存在相当大的差距。首先是环保法规的制定和环境指标的确定相对滞后，许多工作在2001年前后为进入WTO做准备而开展，同时工业基础和经济发展水平及行业的技术发展基础和巨大的地区发展不平衡等制约了环境友好型涂料的发展。

坚持可持续发展、保护环境、注重职业健康和安全是涂料工艺发展的根本要求。因此，开发环境友好的水性涂料、紫外光固化和电子束固化涂料、高固体分和无溶剂型涂料、粉末涂料等环境友好型涂料成为涂料工艺发展的主流方向。其中，涂料技术和涂装工艺的发展紧密结合是前提。仅仅考虑开发水性涂料适应原来的溶剂型涂料的涂装线是不现实的。

同时，环境友好型涂料的几个领域可能互相渗透，技术集成而形成新的方向。例如，为减轻活性稀释剂的刺激性开发水分散型的紫外光固化涂料、粉末紫外光固化涂料等，还有水性粉末涂料正在发展之中。此外，为适应多重需求和涂装工艺，复合固化体系的开发将成为关注的重点。将化学交联与紫外光固化相结合解决复杂形状产品的涂装，无溶剂聚脲快速固化与聚氨酯后固化相结合的高装饰性耐划伤涂料等。今后其重点发展方向如下。

① 加快水性汽车涂料、水性防腐涂料、水性木器和塑料涂料等工业涂料发展的步伐。制定适应市场需求的产品标准，优化性价比，加快涂装工艺和标准开发，开展涂装工技能培训，促进产品进入市场。开发常温固化，单组分和双组分，低温和高温烘烤，以及适合不同需求的产品线。

② 紫外光固化进一步开发高性能、耐黄变的脂肪族丙烯酸聚氨酯树脂、环氧系列紫外光固化树脂。开展适合复杂形状加工的复合固化机理的研究，高颜基比和厚涂层适用的光敏体系和固化机理。更加安全和低黏度、低挥发性的活性稀释剂，乃至水分散型的紫外光固化体系走向实用化。应用范围扩大到纸加工、卷材、塑料等。

③ 粉末涂料朝汽车、木器加工、塑料、卷材等领域拓展，新型的低温固化树脂和交联体系，高装饰性和薄层涂装成为主要的研发方向。在保持高生产率的同时，节能也是重要的目标。

④ 目前传统的醇酸调合漆在溶剂型涂料中占有最大的份额，提升高固体分涂料的比重，及相关的低黏度树脂和催干体系的开发十分重要。高固体分防腐涂料，木器和塑料涂料，及配套的涂装工艺的开发将深入开展。无溶剂环氧、聚氨酯防腐涂料及涂装工艺，100%喷涂聚脲，不饱和聚酯地坪涂料等无溶剂体系开始在工程中应用。随着配套原材料和涂装设备工艺的完善，它们将占有更大的份额。

七、生产流程和管理创新促进高效、安全和环保涂料生产

随着颜料行业提供多品种、超细粉碎、经功能性表面处理的颜填料，高效分散设备的研发和使用，色浆工艺和电脑配色系统、工厂和零售终端的日益普及，现代物流管理和ERP管理系统的实施等，涂料生产和管理过程将更加高效、简单和可靠。未来的乳胶漆和醇酸通

用性涂料的生产厂简化为基础色浆的加工厂，在实现零库存的目标下，集装箱和高速公路成为原料及成品仓库，而零售店成为配色车间和产品终端。

在工业涂料和特种功能涂料领域，专业化和为用户提供完整的涂料及涂装解决方案成为竞争力的核心。从材料创新至产品创新，应用开发和涂装工艺，直至完善的技术服务体系的建立，涵盖了涂料工艺的系统内容，即流程和系统的创新将成为主流。

参考文献

[1] 涂料工艺编委会. 涂料工艺. 第3版. 北京：化学工业出版社，1997.

[2] [美] Zeno W. 威克斯等. 有机涂料科学和技术. 经桴良，姜英涛等译. 北京：化学工业出版社，2002.

[3] Parsons P，Waldie J M. Surface Coatings. Australia：Southwood Press Pty Limited，1987.

[4] 中国涂料工业协会专家委员会. 中国涂料行业"十一五"科技创新发展纲要. 中国涂料，2006，12.

[5] 中国涂料工业协会. 中国涂料行业"十一五"发展规划思路. 中国涂料，2005，10.

[6] 中国涂料工业协会和全国涂料工业信息中心编. 刘登良主编. 中国涂料工业年鉴. 2002—2007.

[7] 刘登良编著. 塑料橡胶涂料与涂装技术. 北京：化学工业出版社，2001.

[8] 刘登良编著. 海洋涂料与涂装技术. 北京：化学工业出版社，2002.

[9] 刘登良编著. 涂层失效分析方法和工作程序. 北京：化学工业出版社，2004.

[10] 马庆麟主编. 涂料工业手册. 北京：化学工业出版社，2001.

第二篇 涂料原材料

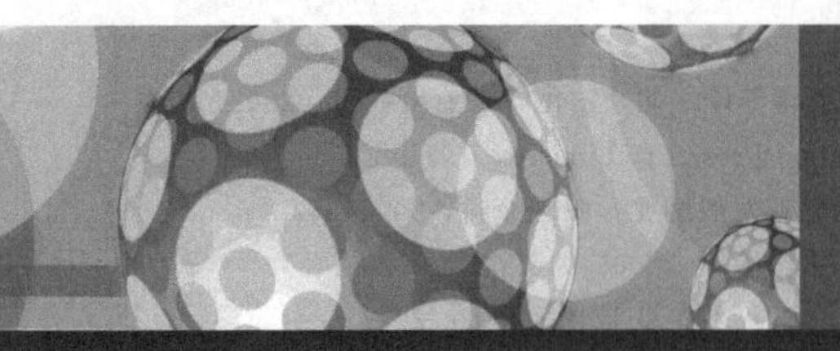

第一章 涂料成膜物树脂

第一节 松香树脂

松香是一种来源广泛可再生的天然树脂，主要来源于松树，割开松树后，收集到的油状物，即为松脂，主要由树脂酸和萜烃组成，还含有少量杂质与水分。其成分因树种、产地、采脂方法等而有所不同，松脂经加工处理后可得到松香，松树能在恶劣环境中生长，有利于综合利用。随着煤炭、石油等一次性资源的逐渐枯竭，可再生松香的重要性必然上升，我国是松香生产大国，年产量约 70 万吨，怎样充分利用优势资源，是值得进行深入研究的课题。

松香主要由各种树脂酸组成，树脂酸含有三环骨架结构，含有两个双键和一个羧基两种活性中心，通过与羧基的酯化、中和及与双键的加成、氢化、歧化、聚合等，可改变松香的理化性能，拓展其应用领域，这些经过改性的产物，统称为改性松香树脂，在涂料、油墨、胶黏剂等行业有广泛应用。

一、原料

改性松香树脂生产过程中，除使用松香外，根据不同的改性工艺，还需使用其他原料，比较常见的有：多元醇（主要有甘油、季戊四醇）、醛类（主要有甲醛）、多元酸（主要有顺丁烯二酸酐）、酚类（主要有苯酚、双酚 A、对叔丁酚）、催化剂（主要有次磷酸、乌洛托品、氧化锌）等，这里主要针对松香和催化剂做一些介绍。

1. 松香

松香按其来源可分为三类：脂松香（由松脂经蒸馏得到）、木松香（松树干和根切碎后，用溶剂萃取得到）、浮油（妥尔油）松香（由减压蒸馏纸浆厂的副产品松浆油得到）。我国以脂松香为主，发达国家因造纸业的发展和环保的严格控制，加上劳动力成本的原因，脂松香产量最少，浮油松香产量最大。但由于生产浮油松香和木松香的原料来源日渐减少，就需要脂松香来满足市场需求。

树脂酸有多种同分异构体，可分为两类：①枞酸型酸，主要有枞酸、新枞酸、长叶松酸、脱氢枞酸、左旋海松酸等；②海松酸型酸，主要有海松酸、右旋海松酸、异右旋海松酸等，所占含量因松树产地、种类、松香加工工艺的差异而不同。树脂酸的主要异构体结构如下。

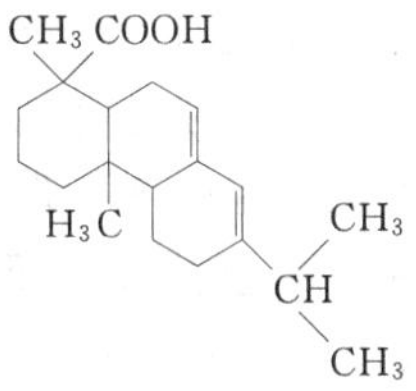

枞酸
熔点：172～174℃

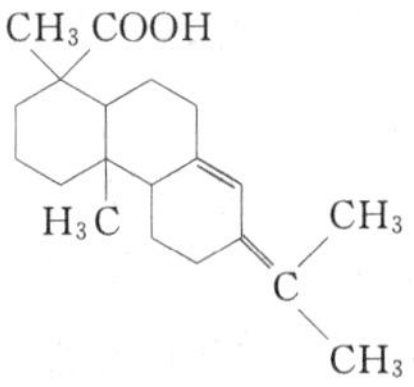

新枞酸
熔点：167～169℃

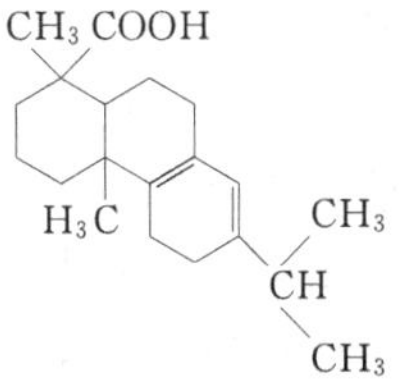

长叶松酸
熔点：162～167℃

共轭双键具有较高的化学活性，在松香中，含有共轭双键的树脂酸占总量70%以上，因此这类树脂酸的化学反应研究最多；共轭双键树脂酸含量高的松香，有利于进行加成反应。

生产松香树脂时，酯化反应温度一般要达到270℃，树脂酸在此温度下易分解，生成松脂烃与二氧化碳。

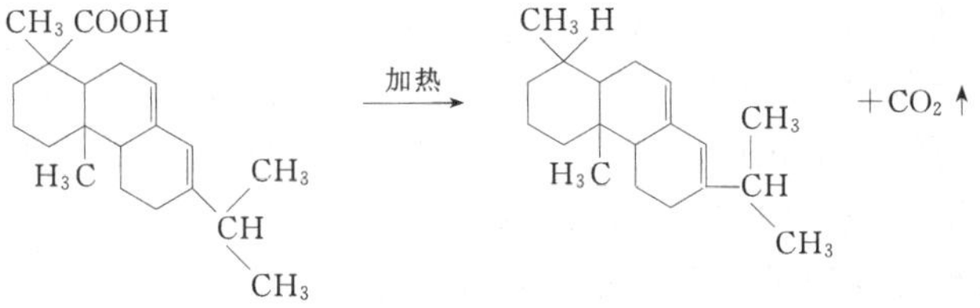

加热 $+CO_2\uparrow$

松脂烃为黏稠状液体，树脂若含有松脂烃会使树脂软化点下降，使得漆膜硬度下降，干燥缓慢，耐水性变差，因此松香树脂生产的最后阶段，都有一段时间的减压维持阶段，来达到尽可能减少树脂中松脂烃含量的目的。

我国的松香（脂松香）国家标准为GB 8145—1987《脂松香》，见表2-1-1。

表2-1-1 松香（脂松香）国家标准

项目		指标					
		特级	一级	二级	三级	四级	五级
外观		透明体					
颜色		微黄	淡黄	黄色	深黄	黄棕	黄红
		符合松香色级玻璃标准色块的要求					
软化点(环球法)/℃	≥	76		75		74	
酸值/(mgKOH/g)	≥	166		165		164	
不皂化物量/%	≤	5		5		6	
乙醇不溶物/%	≤	0.03		0.03		0.04	
灰分/%	≤	0.02		0.03		0.04	

国内现行的松香分级方法，是以松香的色泽来区分的，简单的色泽分级不能适应用户的要求；不同类型松香制品对松香的具体要求是不同的，如含有共轭双键树脂酸比例大的松香，容易进行加成反应，有利于松香顺酐树脂的合成。

2. 催化剂

改性松香树脂中常用的树脂品种是：多元醇酯、顺酐多元醇酯和酚醛树脂。由于酚醛树脂中含有醌式结构和游离酚，酯化反应并非影响色泽的主要因素，缩合反应起主导作用，主要采用不用或少用六亚甲基四胺的办法来适当降低色泽。相关内容在本书酚醛树脂中叙述。

松香的羧基处在叔碳位置上，空间位阻大，反应活化能高，酯化反应要在长时间（6～10h）、高温（约 270℃）反应，为加快酯化反应速度，需要加入合适的催化剂。早前生产松香树脂，通常使用金属氧化物（氧化锌、氧化镁等）作为酯化反应催化剂，但生产得到的树脂色泽较深，一般都在 10 号（Fe-Co）以上，松香改性酚醛树脂的色泽要达到 12 号。随着对松香酯化反应的研究进展，松香酯化反应的催化剂开始向酸催化、亚磷酸类和硫酚系列发展，国外在 20 世纪 80 年代初期开始采用新型催化剂，我国在 20 世纪 90 年代中期开始在工业化生产中大规模采用。

(1) 酸催化　常用的有对甲苯磺酸、次磷酸等，国内多采用次磷酸，其工艺技术成熟，但反应时会生成有毒气体 PH_3，对环境产生一定影响；使用次磷酸要注意加入温度，过高时极易发生燃烧现象。

(2) 亚磷酸盐、亚磷酸胺和亚磷酸酯类　常用有金属的［Na_2PO_3、$(NH_4)_2PO_3$］、一苯基二异辛酸酯、亚磷酸三（2,4-二叔丁苯基）酯（168）、三壬苯基亚磷酸酯（TNPP）等，与酸催化比，单独使用时，减色效果要差一些。

(3) 硫酚系列化合物和低聚物　常用的有 4,4-二（6-叔丁基-间甲苯基）硫酚（300）等。与前两类相比，可加快酯化反应速度，减少不溶物的产生，但单独使用这一类催化剂，容易出现树脂外观透明，但苯中清浑浊的现象。

目前采用的几类酯化反应催化剂，单独使用都有局限性，会出现：①松香树脂不透明；②树脂透明但有细小不溶物；③树脂透明、苯中清浑浊。为解决上述问题，一般采取两种或两种以上不同类型的催化剂进行配合。

从多元醇分子结构上看，甘油含有一个仲羟基，而季戊四醇与三羟甲基丙烷全部为伯羟基，甘油羟基全部接在分子主链上，而季戊四醇与三羟甲基丙烷羟基全部接在分子支链上，由于支链对羟基的影响，甘油空间位阻明显大于季戊四醇与三羟甲基丙烷，酯化反应活化能高，酯化反应活化能：甘油酯＞季戊四醇酯＞三羟甲基丙烷酯；羟基接在主链上的甘油酯化反应控制要求高，控制不当容易出现树脂不透明，或树脂透明但苯中清浑浊的现象。松香顺酐甘油酯，由于树脂结构中顺酐的影响，反应活化能降低，酯化反应顺利进行，容易得到合格的松香顺酐甘油酯。

综合各种因素并通过试验确认，生产松香甘油酯，选择亚磷酸酯类的 168 与硫酚系列的 300 配合；生产松香季戊四醇酯，选择酸性催化剂中的次磷酸与硫酚系列的 300 配合；生产松香顺酐甘油酯，选择酸性催化剂中的次磷酸与硫酚系列的 300 配合；生产松香顺酐季戊四醇酯，选择酸性催化剂中的次磷酸与亚磷酸酯类的一苯基二异辛酸酯配合。确定了复配催化剂的组合后，还要根据生产实际，通过试验来确认催化剂复配比例，以达到降低色泽的效果。

二、松香树脂生产设备

松香改性树脂的生产，以前一般采用直接火加热形式，现在已很少采用这种方式，目前大都采用高温导热油循环加热的形式。反应釜采用不锈钢制作，使用浆式搅拌（附刮沫器），配备直冷凝器、横冷凝器（附分水器）、高位槽、泄爆口、真空泵和造粒机（或切片机）等附件。用不锈钢保温球阀保证底部出料时顺畅，为加快出料速度，可用蒸汽或惰性气体压料，出料后立即用蒸汽降温，避免内壁沾附料过热变深，影响下一批色泽。反应釜内壁沾附料难以避免，有可能会污染影响下一批料，可抛光反应釜内壁，减少摩擦系数，使树脂不易黏附。

不同类型松香树脂，对附件的要求是不同的；如生产松香钙皂时，可不用冷凝器，但其他品种是需要的。用高位槽滴加丙烯酸单体和分水器来维持回流，是丙烯酸改性松香树脂需要的，其他品种可以不用，因此生产设备，应根据所生产松香树脂的类型来建设。

改性松香树脂生产的设备简图如图 2-1-1 所示。

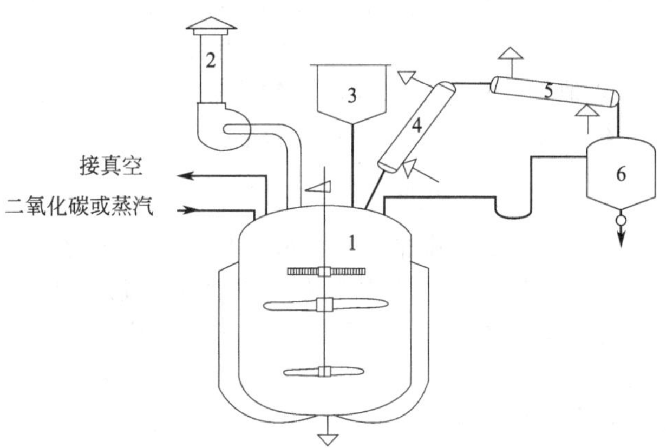

图 2-1-1 改性松香树脂生产设备

1—反应釜；2—吸风机；3—高位槽；4—直冷凝器；5—横冷凝器；6—分水器

三、松香树脂的质量指标

松香树脂常规指标主要是色泽、酸值、软化点、溶解性、外观等五项，油墨用的松香酚醛树脂还有亚麻油中黏度及正庚烷值两项指标。

由于原料来源的差异、生产工艺的不同，会出现检验结果相近，但树脂分子量和分子量分布相差较大，这说明目前的这些指标，未能完全体现树脂的性能情况。不少国外松香树脂，除了常规的产品指标外，还出现黏度指标；油墨用松香改性酚醛树脂一般也采用油中黏度的方式，其他树脂一般采用溶剂溶解后的黏度，液体的二元醇酯一般直接测旋转黏度。对常规指标相同的同一品种不同批次树脂进行检测，结果显示黏度和分子量及分子量分布体现出很大的相关性，如果树脂建立黏度指标，可更好地满足用户要求，提高产品的品质。

四、松香树脂分类与合成

松香的羧基处在叔碳结构上，空间位阻大，反应活化能高，与羧基的酯化反应一般要在高温、适当的催化剂下才能顺利进行，根据生产松香树脂使用的原料和工艺路线，可将改性松香树脂分成五类。

1. 松香皂

树脂酸具有一元羧酸特征，可进行一系列羧基反应；和金属氧化物或氢氧化物在高温下中和，生成树脂酸的金属盐，也称松香皂。常用的松香皂是松香钙皂（又称石灰松香）。松香钙皂透明度较差，若在生产时加入少量碳酸锂，可改善成品的透明度。

$$2C_{19}H_{29}COOH + Ca(OH)_2 \longrightarrow (C_{19}H_{29}COO)_2Ca + 2H_2O$$

生产注意事项：加石灰前应开启防爆管，防止加石灰时突然溢锅；维持温度不宜超过230℃，过高容易造成树脂胶结，若发现树脂有结锅的趋势，可立即投入少量松香来避免结锅；要尽量使用新制得的熟石灰。

配方实例：100 石灰松香操作规程

配方

松香	5000kg	熟石灰	300kg

成品指标

酸值/(mgKOH/g)	≤100	软化点(环球法)/℃	≥100

操作工艺

① 吸入熔化后的松香，开动搅拌；在160℃以下，均匀地加入熟石灰，加完后维持1h。

② 维持结束，升温到约220℃后维持1h。

③ 取样，进行终点控制（软化点、酸值）；若酸值未到则继续维持反应。

④ 合格后，放料、冷却、包装。

2. 松香多元醇酯

涂料和黏合剂中采用多元醇与松香进行酯化，生成多元醇酯，最常用的是松香甘油酯和松香季戊四醇酯，主要用于生产黏合剂、硝基漆、油墨等。1,3-丙二醇酯是高黏性液体树脂，能与弹性体及其他树脂相容，可作为增黏树脂使用，主要用于生产高黏结力、高弹性的热熔胶和压敏胶，也可用作硝基漆增塑剂。乙二醇酯为固体树脂，软化点约60～65℃，可用作黏合剂和增塑剂。在松香产地生产改性松香树脂，可将未冷却成型的液态松香直接投入树脂反应釜，然后升温到一定温度，并减压维持一段时间，脱除松香含有的氧化松香、松节油与其他杂质，然后降温，再用多元醇酯化，由于多了一步精制松香的工序，若使用特级松香生产，可得到1号（Fe-Co）色的松香多元醇酯，产品的灰分也很低，可用于食品行业。

在松香多元醇酯中，最常用的是甘油酯和季戊四醇酯，其软化点大小为：季戊四醇酯＞甘油酯＞三羟酯，配制成清漆季戊四醇酯硬度高、干燥快，若生产黏合剂则甘油酯黏结强度好。由于松香酸中羧基活化能大，因此反应要使用适当的催化剂才可顺利进行。生产多元醇酯的化学反应如下：

$$C_{19}H_{29}COOH + \begin{matrix} CH_2OH \\ | \\ CHOH \\ | \\ CH_2OH \end{matrix} \longrightarrow \begin{matrix} C_{19}H_{29}COOCH_2 \\ | \\ C_{19}H_{29}COOCH \\ | \\ C_{19}H_{29}COOCH_2 \end{matrix} + H_2O$$

松香甘油酯反应示意式

$$C_{19}H_{29}COOH + HOH_2C-\begin{matrix} CH_2OH \\ | \\ C \\ | \\ CH_2OH \end{matrix}-CH_2OH \longrightarrow C_{19}H_{29}COO-H_2C-\begin{matrix} CH_2-OOCH_{29}C_{19} \\ | \\ C \\ | \\ CH_2-OOCH_{29}C_{19} \end{matrix}-CH_2-OOCH_{29}C_{19} + H_2O$$

松香季戊四醇酯反应示意式

生产注意事项：加甘油时必须注意泡沫上升情况，加入速度及升温应作适当控制，以免突然溢锅；加季戊四醇时要缓慢均匀加入反应釜中部，以免季戊四醇不能及时溶化黏于锅壁而产生焦化；减压时，真空应逐渐开大，以免树脂溢出；取样时若酸值过高，应补加多元醇。

配方实例：138松香甘油酯操作规程

配方

松香	5000kg	甘油	560kg
300抗氧剂	5.0kg	168抗氧剂	5.0kg

成品指标

外观	透明固体	色泽(Fe-Co)	≤5
酸值/(mgKOH/g)	≤10	软化点/℃	≥85
苯中清	清		

操作工艺

① 吸进松香、开动搅拌，投入甘油（加料时应注意泡沫上升情况，防止溢锅），同时开启横、直冷凝器冷却水。然后在140℃以下，加入300与168抗氧剂。

② 维持15min，升温至200℃后，维持1h。

③ 维持结束，升温到270℃后维持6h，关闭直冷凝器冷却水，在维持温度下抽真空2h。

④ 取样，进行终点控制（软化点、酸值）；若酸值未到则继续维持反应。

⑤ 合格后，放料、冷却、包装。

配方实例：145松香季戊四醇酯操作规程

配方

松香	5000kg	季戊四醇	575kg
次磷酸	2.5kg	300抗氧剂	2.5kg

成品指标

外观	透明固体	酸值/(mgKOH/g)	≤25
色泽(Fe-Co)	≤5	苯中清	清
软化点(环球法)/℃	≥85		

操作工艺

① 投入熔化后松香，开动搅拌；在100℃以下，加入次磷酸和300抗氧剂，维持0.5h，然后升温到约180℃投入季戊四醇，加料时应注意泡沫上升情况，防止溢锅。

② 打开直冷凝器、横冷凝器冷却水，升温到约200℃后维持1～2h。

③ 维持结束，升温到270℃维持6～10h，关直冷凝器冷却水，并在维持温度下减压2h。

④ 取样，进行终点控制（软化点、酸值）；若酸值未到则继续维持反应。

⑤ 合格后，放料、冷却、包装。

3. 松香酚醛树脂

甲醛和酚类的缩合产物与松香加成后，并与多元醇酯化改性而成的合成树脂。松香酚醛树脂将在本书酚醛树脂章节中专门介绍，这里予以省略。

4. 松香顺酐多元醇酯

松香和顺酐经加成反应形成高酸值三元酸，由于反应后共轭双键消失，化学性质稳定，氧化反应倾向降低，造纸行业可作为施胶剂使用。加成时若顺丁烯二酸酐含量高，多元醇酯化后的软化点高、油溶性差，产品没有实际使用价值。生产不同用途的松香顺酐多元醇酯，需要选择不同用量的顺酐和酯化多元醇。水性或醇溶性油墨用的松香顺酐多元醇酯，树脂酸值较大，顺酐比例自然要高很多。松香顺酐多元醇酯主要用于硝基漆、塑料油墨、电化铝等行业。

松香所含树脂酸中，左旋海松酸共轭双键在同一环上，有利加成反应进行；除左旋海松酸常温下可加成外，其他树脂酸只有在一定的条件下，异构化为左旋海松酸后，再进行加成，高温下，其他树脂酸与左旋海松酸处于动态平衡，左旋海松酸不断被顺酐消耗，又不断的生成。

松香顺酐甘油酯反应示意式

生产注意事项：顺酐应迅速加入、如有结块，应事先粉碎后再投，如与顺酐升华蒸气接触，立即用水冲洗；加季戊四醇要缓慢均匀加入反应釜中部，以免不能及时溶化黏于锅壁产生焦化；加甘油必须注意泡沫上升情况，加入速度，升温应适当控制，以免突然溢锅。

配方实例：422 松香顺酐甘油酯操作规程

配方

松香	4500kg	300 抗氧剂	7.0kg
次磷酸	2.5kg	甘油	830kg
顺酐	500kg		

成品指标

外观	透明固体	色泽(Fe-Co)	≤5
酸值/(mgKOH/g)	≤30	软化点/℃	≥128
苯中清	清		

操作工艺

① 吸进松香、开动搅拌，在 150℃以下，迅速加入顺酐，温度会自升，并维持 1.0h；打开直冷凝器、横冷凝器冷却水，缓慢加入甘油；加料时应注意泡沫上升情况，防止溢锅。

② 加入甘油，不要升温，在 140℃以下，加入次磷酸和 300 抗氧剂；然后升温至 200℃，并在 200℃维持 2.0h。

③ 维持结束，升温到 270℃维持 4.0h，关闭直冷凝器冷却水，然后抽真空 2h。

④ 取样，进行终点控制（软化点、酸值)。

⑤ 合格后，放料、冷却、包装。

配方实例：424 松香顺酐季戊四醇酯操作规程

配方

松香	4700kg	一苯基二异辛酸酯	5kg
次磷酸	5kg	季戊四醇	685kg
顺酐	155kg		

成品指标

外观	透明固体	色泽(Fe-Co)	≤6
酸值/(mgKOH/g)	≤16	软化点/℃	≥120
苯中清	清		

操作工艺

① 吸进松香、放去真空，开动搅拌；在 150℃以下，迅速加入顺酐及次磷酸、一苯基二异辛酸酯；温度会自然上升，维持 0.5h 后，升温到 200℃维持 1.0h。

② 打开直冷凝器、横冷凝器冷却水，加入季戊四醇；加料时应注意均匀加入，防止溢锅。

③ 加完后维持 1.0h，升温到 270℃维持 8.0h，关闭直冷凝器冷却水，然后抽真空 4.0h。

④ 取样，进行终点控制（软化点、酸值)。

⑤ 合格后，放料、冷却、包装。

5. 丙烯酸改性松香树脂

松香、顺酐、乙二醇在一定温度与条件下进行酯化反应，然后在引发剂的作用下与丙烯酸单体进行共聚反应，最后得到丙烯酸改性的松香顺酐树脂，属热塑性树脂，可冷却造粒、也可用溶剂溶解。通过顺酐、乙二醇比例的调整，更可通过丙烯酸单体种类和改性程度的调整，得到多种不同应用性能的丙烯酸改性松香树脂。

为提高产品的性能，反应后期要将未反应的多元醇从产物中除去，因此选择乙二醇或1,3-丙二醇等能与后加入的二甲苯形成共沸的多元醇。松香、顺酐和多元醇酯化反应的同时，松香与顺酐的加成反应也使双键减少，若采取熔融酯化，由于温度高，反应物浓度大，松香与顺酐加成反应倾向大，消耗双键过多，难以保证酯化产物与丙烯酸单体加成顺利进行，因此采用溶剂法进行酯化反应，为加快反应，要加入酯化催化剂。

(1) 工艺路线和基本原理

顺酐、TNPP　乙二醇　甲苯　单体、引发剂

松香→熔化→酯化反应→脱水→加成→放料→包装

(2) 生产注意事项　滴加乙二醇和丙烯酸单体时应控制好滴加速度及温度，切忌温度波动大和速度不均匀；回流脱水时，要确保水和残余乙二醇顺利脱尽；若生产固体成品，脱溶剂前要消耗掉补加的引发剂（注意引发剂在反应温度下半衰期），溶剂要降温后减压脱。

配方实例：丙烯酸改性松香树脂操作规程

配方

松香	2700kg	顺酐	415kg
乙二醇	620kg	甲苯	190kg
过氧化二叔丁基	①16kg　②4kg	TNPP	2kg
二甲苯	250kg	甲甲酯	1200kg
苯乙烯	2000kg		

成品指标

外观	透明固体	色泽(Fe-Co)	≤5
酸值/(mgKOH/g)	≤25	软化点(环球法)/℃	100～120
苯中清	清		

操作工艺

① 投入熔化后的松香，开动搅拌；在150℃以下，迅速加入顺酐、TNPP和二甲苯；等温度稳定后维持在180～185℃。

② 滴加乙二醇，控制滴加温度180～185℃，滴加时间2～3h。

③ 滴加完成后，在180～185℃维持反应，并取样测酸值，等酸值≤50后，结束维持。

④ 加入二甲苯，回流，脱出酯化反应生成水和残留的乙二醇。

⑤ 滴加混合好的甲甲酯、苯乙烯、过氧化二叔丁基①，控制滴加温度135～140℃，滴加时间8～10h。

⑥ 滴加完成后，在135～140℃维持2～4h，补加过氧化二叔丁基②，继续维持反应并取样，直至反应到规定的黏度为止。

⑦ 减压脱尽溶剂后，冷却后造粒包装或加入适当的溶剂，稀释到规定的浓度后包装。

五、松香树脂的应用

改性松香树脂主要有松香皂、松香多元醇酯、松香酚醛树脂、松香顺酐多元醇酯、丙烯酸改性松香树脂五大类，不同的类别，树脂分子结构差异很大，性能也不同，应用的领域也不同。

1. 松香皂

最常用的松香皂产品是松香钙皂（亦称石灰松香）。是最简单的改性松香树脂，可作为底漆用树脂，目前单独制漆已很少采用。

2. 松香多元醇酯

最常用的是甘油酯和季戊四醇酯，甘油酯主要用于生产热熔胶、压敏胶，也有用于生产硝基漆；季戊四醇酯主要用于生产热熔胶、压敏胶，也有用于生产热熔标线漆。特性黏结力好、与石蜡与橡胶的混溶性好，涂膜硬度高。

丙二醇酯和乙二醇是高黏性液体树脂，与弹性体及其他树脂有良好的相容性，可作为增黏性树脂使用，用于生产热熔胶和压敏胶，也可用作硝基漆的增塑剂。

3. 松香酚醛树脂

最常用的是采用苯酚的酚醛树脂，主要用于生产酚醛漆和酚醛胶黏剂，目前国内生产此类酚醛树脂，采用的缩合反应催化剂有六亚甲基四胺和熟石灰，采用前者，成品颜色约 12 号，采用后者成品颜色约 10 号，用于生产酚醛漆时，二者相差不大，但用于生产酚醛胶黏剂时，使用六亚甲基四胺的酚醛树脂，胶黏剂性能要好些。

采用双酚 A、叔丁基苯酚的酚醛树脂主要用于生产胶印油墨。为进一步提高树脂的性能，采用辛基酚、壬基酚、十二烷基酚等碳链较长烷基酚生产树脂，使得树脂具有更好的溶解性、较大的黏度、较高的分子量，提高与颜料润湿分散性，使胶印油墨可大量使用脂肪烃矿物油，改善流平性和光泽。

配方实例：酚醛调合漆配方实例

50%白酚醛调合浆：

原料名称	用量/kg	原料名称	用量/kg
酚醛漆料	434	超细高岭土	92
B101 钛白粉	58	200[#]溶剂	66
立德粉	350		

白色酚醛调合漆：

原料名称	用量/kg	原料名称	用量/kg
50%白酚醛调合浆	800	催干剂	8
酚醛漆料	178	200[#]溶剂	2
群青调合浆	2		

20%黑酚醛调合浆：

原料名称	用量/kg	原料名称	用量/kg
酚醛漆料	590	超细高岭土	140
中色素炭黑	60	200[#]溶剂	200
催干剂	10		

黑色酚醛调合漆：

原料名称	用量/kg	原料名称	用量/kg
20%黑酚醛调合浆	500	催干剂	35
酚醛漆料	455	200[#]溶剂	10

注：酚醛漆料由 210 酚醛树脂与桐油等干性油熬炼而成。

4. 松香顺酐多元醇酯

松香和顺酐加成后，共轭双键消失，化学性质稳定，氧化变色倾向降低，可以应用于造纸、油墨、黏合剂、绝缘材料等场合。造纸工业可用作强化施胶剂。采用多元醇酯化，大幅度降低了产物的酸值，酯化产物软化点提高，拓展了产品的应用。

酯化选用的多元醇不同，顺酐加成量的不同，产品性能就会不同，应用领域也不同，这类树脂主要用于热熔标线漆、硝基漆等，在塑料油墨、水可洗油墨、电化铝等行业也有应用。

配方实例：热熔型道路标线漆（白）配方实例

混合料：

原料名称	用量/kg	原料名称	用量/kg
石油树脂	150	424 树脂	150
EVA 胶	25	石蜡	30
200# 溶剂	13	增塑剂	12

配漆（白）：

原料名称	用量/kg	原料名称	用量/kg
混合料	380	体质颜料	380
钛白粉	100	玻璃微珠	16

注：增塑剂采用低分子量无溶剂醇酸树脂，也有采用二丁酯或二辛酯。

5. 丙烯酸改性松香树脂

此类树脂可冷却造粒，也可用溶剂溶解。可用于生产热熔涂料和溶剂型涂料，在水泥、沥青、工程塑料、木材等基材上附着力突出、硬度大、耐磨性和柔韧性好。可用于道路标志漆、塑料漆、木器漆等。

第二节　醇酸树脂

一、概述

从 1927 年醇酸树脂问世以来，至今已有 80 多年的历史。它的出现打破了以干性油和天然树脂为传统涂料的生产工艺，使涂料生产走上了现代化学合成的工业化道路，开创了涂料生产的新纪元。

我国生产醇酸树脂也有 60 多年的历史。几十年来，醇酸树脂已成为我国涂料工业中最重要的合成树脂之一。自 20 世纪 80 年代以来，我国醇酸树脂不仅产量稳定提高，而且品种、质量、生产工艺、规模及基础理论的研究都有很大提高，与国外同类产品差距越来越小。

醇酸树脂是以多元醇、多元酸（一般）经脂肪酸（或油）改性共缩聚而成的线型聚酯，分子结构是以多元醇的酯为主链、以脂肪酸酯为侧链。在工艺上，20 世纪 60 年代以前，醇酸树脂生产基本上采用熔融法，60 年代以后溶剂法在我国涂料行业得到广泛应用，到 80 年代末，醇酸树脂开始实现商品化，生产规模大型化，很多企业的反应釜都达到 $12m^3$ 以上，而脂肪酸法生产工艺也得以普及。目前醇酸树脂油度越来越短、颜色越来越浅、固体分越来越高、品种越来越多。这一时期是我国醇酸树脂快速发展时期。21 世纪以来，由于能源和环境保护问题，对醇酸树脂的发展提出新的课题，高固体分、低 VOC、水性化醇酸树脂方面的研究，受到各国涂料界普遍重视。

涂料行业很多合成树脂原料基本来源于石油化工，而醇酸树脂最基础原料之一是植物油。随着科学技术的发展，如能实现醇酸树脂的水性化或高固体分化，以脂肪酸酯等为活性稀释剂，依靠这些可再生资源，醇酸树脂今后还将会得到更大的发展。

二、醇酸树脂的分类

由于醇酸树脂的组分和性能可在很大范围内调整，所以醇酸树脂的品种很多。例如：在醇酸树脂配方设计时，可选择不同的多元醇、多元酸；变化醇和酸的官能度之比及调整支化度；醇酸树脂分子上又具有羟基、羧基、双键和酯基，为醇酸树脂的化学改性提供了基础。醇酸树脂分子上还具有极性的主链和非极性的侧链，又可进行物理改性。

油度不仅是醇酸树脂一个重要指标，而且醇酸树脂命名和分类也常用油度这一概念。油度通常以 *OL* 表示。醇酸树脂按含油多少（或含苯二甲酸酐）分为极长、长、中、短等几种油度。可根据油度和油的种类称谓醇酸树脂，如长油度豆油醇酸树脂、短油度椰子油醇酸树脂等。

$$\text{油度}(\%)=\frac{\text{“油”的质量}}{\text{醇酸的质量}-\text{析出水}}\times 100\%$$

$$\text{油度}(\%)=\frac{1.04\times\text{脂肪酸质量}}{\text{醇酸的质量}-\text{析出水}}\times 100\%$$

如用脂肪酸为原料，则脂肪酸质量×1.04 代替油质量（当使用十八碳脂肪酸时）。系数 1.04 不能作为所有植物油酸与三甘油酯换算。醇酸树脂的质量是多元酸的质量、多元醇的质量和油脂或脂肪酸的质量之和，减酯化时所产生水的量。按油度分类，见表 2-1-2。

表 2-1-2 油度分类

油度	油量/%	苯二甲酸酐/%	油度	油量/%	苯二甲酸酐/%
短	35～40	＞35	长	56～70	20～30
中	45～55	30～35	极长	＞70	＜20

注：在各种文献中按油度分类界限有所差别。

除以油度分类外，还可分为氧化型和非氧化型醇酸，改性和未改性醇酸等。

三、醇酸树脂的有关化学反应与相关理论

醇酸树脂的有关化学反应包括酯化反应、醇解反应、酸解反应、酯交换反应、醚化反应、不饱和脂肪酸的加成反应、不饱和脂肪酸与其他化学物的加成反应、缩聚反应。其中酯化反应、醇解反应、加成反应、缩聚反应尤为重要。

1. 醇解反应

油（即甘油三脂肪酸酯）与醇共热（加入催化剂或不加入催化剂），因有过量的羟基存在，就发生羧基重新分配现象。醇酸树脂生产中常用的多元醇如甘油、季戊四醇等。由于羧基重新分配的缘故，随多元醇用量、反应条件的变化，生成产物为不同数量比的油、甘油一酸酯、甘油二酸酯的混合物。其他多元醇与油反应也得到类似的结果。油不能直接用于醇酸树脂的制造，所以必须经过醇解这一步骤，使之成为不完全酯，能溶解于苯二甲酸酐与甘油的混合物，形成均相反应。醇解反应对醇酸树脂的制造和改性极为重要。

```
H2—C—OOR'      H2—C—OH          H2—C—OOR'     H2—C—OH
   |              |                 |             |
 H—C—OOR''  +   H—C—OH   ⇌       H—C—OH    +   H—C—OOR''
   |              |                 |             |
H2—C—OOR'''    H2—C—OH          H2—C—OH       H2—C—OOR'''
```

醇解反应通常是在较高的温度和催化剂的作用下进行的，常用的催化剂有黄丹、氢氧化锂等。

```
           O                            O                    O
           ‖                            ‖                   //
H2—C—O—C—R      H2—C—OH O          H2—C—O—C—R      H2—C—O—C—R
   |               |     ‖             |                 |      O
 H—C—OH          H—C—O—C—R          H—C—OH    O       H—C—O—C//—R
   |               |                   |      //         |
H2—C—OH         H2—COH              H2—C—O—C—R        H2—C—OH

α-甘油一酸酯     β-甘油一酸酯     α,α-甘油二酸酯     α,β-甘油二酸酯
```

2. 加成反应

干性油或半干性油含有数目不等的双键或共轭双键，因此醇酸树脂制造中，在加热条件下，就有可能发生加成反应。若油的不饱和双键位于分子中间，产物大致为二聚体。加成反应表现为体系的黏度增高。由于桐油脂肪酸含三个共轭双键，加成反应剧烈，不宜单独用来制造醇酸树脂。亚麻油、豆油结构中有隔离双键，因此制造醇酸树脂较多地使用豆油、亚麻油。

不饱和双键还可以和顺丁烯二酸酐、烯烃基化合物、酚-甲醛缩合物进行加成反应。在一般醇酸树脂生产中，可加少量的顺酐以提高黏度；也可以利用双键和顺酐加成反应以实现醇酸树脂的水性化；或用苯乙烯单体改性醇酸树脂，提高其干性和耐水性；用丙烯酸酯等单体和醇酸树脂接枝或改性，以满足市场对醇酸树脂漆的各种特殊性能的要求。

(1) 油的二聚化反应：

$$2\ {-}CH_2{-}CH_2{-}CH{=}CH{-}CH_2{-}CH{=}CH{-}CH_2{-}$$

$$\big\downarrow \triangle\ \text{异构化}$$

$${-}CH_2{-}CH_2{-}CH{=}CH{-}CH{=}CH{-}CH_2{-}CH_2{-}$$

$$+$$

$${-}CH_2{-}CH_2{-}CH_2{-}CH{=}CH{-}CH_2{-}CH_2{-}CH_2{-}$$

$$\big\downarrow$$

$$\begin{array}{c}{-}CH_2{-}CH_2\quad CH{=}CH\quad CH_2{-}CH_2{-}\\ \quad\diagdown\ CH \qquad\quad CH\ \diagup\\ {-}CH_2{-}CH_2{-}CH_2{-}CH{-}CH{-}CH_2{-}CH_2{-}CH_2{-}\end{array}$$

(2) 与顺丁烯二酸酐的加成反应　顺丁烯二酸酐与不饱和脂肪酸会发生加成反应。

① 与含有共轭双键的脂肪酸形成下述的加成物：

$$R{-}CH{=}CH{-}CH{=}CH{-}R'{-}COOH+\begin{array}{c}HC{=}CH\\ |\qquad|\\ O{=}C\quad C{=}O\\ \diagdown\ \diagup\\ O\end{array}\longrightarrow\begin{array}{l}R{-}CH{-}CH{=}CH{-}CH{-}R'{-}COOH\\ \quad\ |\qquad\qquad\quad\ |\\ \quad HC{-}{-}{-}{-}{-}{-}CH\\ \quad\ |\qquad\qquad\quad\ |\\ O{=}C\qquad\qquad C{=}O\\ \qquad\diagdown\quad\ \diagup\\ \qquad\quad O\end{array}$$

② 非共轭双键的脂肪酸与顺酐形成下述的加成物：

$$R{-}CH{=}CH{-}CH_2{-}CH{=}CH{-}R'{-}COOH+\begin{array}{c}HC{=}CH\\ |\qquad|\\ O{=}C\quad C{=}O\\ \diagdown\ \diagup\\ O\end{array}\longrightarrow\begin{array}{r}R{-}CH{=}CH{-}CH{=}CH{-}CH{-}R'{-}COOH\\ |\qquad\qquad\quad\\ CH{-}CH_2\qquad\quad\\ |\qquad|\qquad\qquad\\ O{=}C\quad C{=}O\qquad\quad\\ \diagdown\ \diagup\qquad\qquad\\ O\qquad\qquad\quad\end{array}$$

③ 只有一个双键的脂肪酸与顺酐形成下述的加成物：

$$R{-}CH{=}CH{-}CH_2{-}R'{-}COOH+\begin{array}{c}HC{=}CH\\ |\qquad|\\ O{=}C\quad C{=}O\\ \diagdown\ \diagup\\ O\end{array}\longrightarrow\begin{array}{r}R{-}CH{=}CH{-}CH{-}R'{-}COOH\\ |\qquad\qquad\quad\\ CH{-}CH_2\qquad\quad\\ |\qquad|\qquad\qquad\\ O{=}C\quad C{=}O\qquad\quad\\ \diagdown\ \diagup\qquad\qquad\\ O\qquad\qquad\quad\end{array}$$

(3) 不饱和脂肪酸与酚-甲醛缩合物的加成反应　不饱和脂肪酸与酚-甲醛缩合物可发生加成反应，其反应非常复杂，被认为是属于色满（chroman type）结构。引进酚醛树脂结构可以改进醇酸树脂漆的耐水性与耐化学药品性。

3. 酸解反应

油和其他的有机酸共热反应，与醇解相似，有过量的羧基存在，将产生羟基重分配现象。酸解法多在间苯二甲酸制造醇酸树脂时使用。

4. 醚化反应

两个羟基缩合脱除一个分子的水，使原来两个含羟基的化合物以醚键连接起来称为醚化。

$$HOH_2C{-}\underset{CH_2OH}{\overset{CH_2OH}{C}}{-}CH_2OH + HOH_2C{-}\underset{CH_2OH}{\overset{CH_2OH}{C}}{-}CH_2OH \longrightarrow HOH_2C{-}\underset{CH_2OH}{\overset{CH_2OH}{C}}{-}CH_2{-}O{-}CH_2{-}\underset{CH_2OH}{\overset{CH_2OH}{C}}{-}CH_2OH + H_2O$$

在醇酸树脂制造中反应温度为 200～250℃并有酸、碱存在，不同的多元醇可有不同程度的醚化反应。

5. 酯化反应

酯化反应是制造醇酸树脂最主要的化学反应。是醇分子中羟基上的氢原子与酸分子上的氢氧基团缩合生成水与酯。

$$R{-}\overset{O}{\overset{\|}{C}}{-}OH + H{-}OR' \rightleftharpoons R{-}\overset{O}{\overset{\|}{C}}{-}OR' + H_2O$$

酯化反应是可逆的，要使酯化反应完全，必须将副产物——水引出体系，这是醇酸树脂生产工艺的关键之一。酯化在常温下进行缓慢，通常醇酸树脂酯化温度在 180～240℃之间，酯化速率和程度与酸和醇的结构有关。伯醇反应快且有最高的平衡值；仲醇较慢；叔醇反应最慢、产率也低。催化剂可以加快酯化速率，但不能改变酯化程度。芳香酸或酸酐与醇也能发生酯化，生成酯。在催化的情况下酸酐与一个醇（羟基）反应生成半酯，此为放热反应。第二个羧基与醇反应则需较高的温度。在生产醇酸树脂时绝大多数选用苯二甲酸酐，它和多元醇形成半酯时是放热反应，反应温度较低。

$$C_6H_4(CO)_2O + R{-}OH \xrightarrow{\triangle} C_6H_4(COOR)(COOH)$$

半酯

$$C_6H_4(COOR)(COOH) + R{-}OH \xrightarrow{\triangle} C_6H_4(COOR)_2 + H_2O$$

间苯二甲酸或对苯二甲酸的酯化不像邻苯二甲酸酐那样容易，需要较高的温度。间苯二甲酸代替邻苯二甲酸酐制造醇酸树脂时，其官能度应按大于邻苯二甲酸酐考虑。对苯二甲酸制造醇酸树脂较邻苯二甲酸、间苯二甲酸，有更好的热稳定性，但对苯二甲酸很少用来制造一般醇酸树脂。三元芳香酸，如偏苯三甲酸（1,2,4-苯三甲酸）所制的醇酸树脂比相同油度的邻苯二甲酸、间苯二甲酸制的干燥快而硬度高。调整偏苯三甲酸在醇酸树脂中的用量，可制得含有剩余羧基的醇酸树脂，中和成铵盐，可制成水性醇酸树脂。均苯三甲酸（1,3,5-苯三甲酸）因无邻位，可制得高热稳定性的醇酸树脂。同样可制成水性醇酸树脂。

6. 缩聚反应

缩聚是一种或几种两个以上官能团的单体，化合成聚合物同时析出低分子副产物。合成醇酸树脂是醇和酸之间发生缩聚反应，同时产生水。也就是说，醇酸树脂是由多元醇、多元酸（一般）经脂肪酸改性共缩聚而成的线型聚酯。

在了解缩聚反应之前，首先要明确“官能团”和“官能度”的概念。官能团是决定化合物化学特性的原子或原子团，如—COOH、—OH、—NCO、—C ═C—等。官能度是在特定的反应条件下，单体中具有反应能力的活性基团数。如甘油有 3 个羟基，官能度是 3；苯二甲酸酐有两个羧基，官能度是 2；乙烯有一对双键，官能度是 2。如果参加缩合的反应物单体分子都有两个官能团，有相同的反应能力，而且数量相等，则产生缩聚反应。如二元酸分子与二元醇分子的缩合、脱水反应如下：

$$\mathrm{HOOC{-}R{-}COOH + HO{-}R'{-}OH \rightleftharpoons HOOC{-}R{-}COOR'{-}OH + H_2O}$$

所得的酯分子的两端仍有羧基与羟基，其官能度仍然是 2，可再进行反应。连续反应将形成聚酯分子链 。说明缩聚反应是逐步反应，分子量随反应时间而逐渐增大。

缩聚反应分为两类：线型（二向）缩聚反应和体型（三向）缩聚反应。

四、醇酸树脂的性质和配方计算

（一）醇酸树脂的性质

1. 油的品种对醇酸树脂性能的影响

用来制造醇酸树脂的油，通常按碘值分为干性油、半干性油和不干性油。碘值是指 100g 油中，使双键饱和所需碘的克数。碘值大于 $140gI_2/100g$ 的为干性油，碘值介于 140～$125gI_2/100g$ 之间的为半干性油，碘值小于 $125gI_2/100g$ 的为不干性油。虽然碘值可作为质量控制的规格，但不很有用。它可能会对干性油的定义或反应性的判断产生误导。Zeno W. 威克斯在《有机涂料科学和技术》一书中引入干性指数的概念。

$$干性指数=1\times 亚油酸(\%)+2\times 亚麻酸(\%)$$

当非共轭油的干性指数大于 70 时即为干性油。例如，亚麻油的脂肪酸的组成中，亚油酸占 16%，亚麻酸占 52%，其干性指数为 120；大豆油的脂肪酸的组成中，亚油酸占 51%，亚麻酸占 9%，其干性指数为 69，所以，亚麻油是干性油，而大豆油是半干性油（常见油的脂肪酸的组成见“油基树脂漆”一章）。这里起干燥作用的活性基团是二烯丙基（—CH ═CHCH$_2$CH ═CH—），在每个亚油酸或亚麻酸分子上分别有 1～2 个二烯丙基，判断干燥能力大小的通用准则是，干性与每个分子中所含二烯丙基的平均值有关。如果这个值大于 2.2，即为干性油。如果低于 2.2，即为半干性油。半干性油和不干性油之间无明显界限。这个准则也适于合成干性油和天然油。因为二烯丙基所在的位置，即交联的位置，所以很容易将每个分子的烯丙基的平均数与三甘油酯或合成干性油的平均官能度 $\bar{f}_n$ 联系起来。

在非共轭干性油中，被两个双键相连的烯丙基激活的亚甲基，与仅有一个双键的烯甲基的亚甲基相比，其反应活性更强。这一论断可通过甘油三油酸酯、甘油三亚油酸酯、甘油三亚麻酸酯的自动氧化合成反应相对速率的差异来加以证实。它们的速率比为 1∶120∶330。

这三种三酸酯的二烯丙基数目（$\overline{f}_n$）分别为 0、3、6，理论碘值依次为 $86gI_2/100g$、$173gI_2/100g$ 和 $262gI_2/100g$。自动氧化的速率与双键间二烯丙基的数目（$\overline{f}_n$）的关系比碘值更密切。亚麻油的 $\overline{f}_n$ 为 3.6，属干性油；大豆油的 $\overline{f}_n$ 为 2.07，属半干性油。干性油的 $\overline{f}_n$ 越高，那么暴露于空气中越耐溶剂，交联漆膜的速率越快。

习惯上称碘值 $130gI_2/100g$ 以上的油为干性油，用来制造室温自干的醇酸树脂。碘值高的油制成的醇酸树脂不仅干得快，而且硬度高、光泽较高。亚麻油醇酸树脂干燥快，但易于黄变。桐油因 90%的脂肪酸含共轭三烯，反应快，不宜单独用来制造醇酸树脂。梓油是我国的特产，其干性接近亚麻油，也用于制造干性醇酸树脂。豆油和豆油脂肪酸，虽然碘值较低，但制造醇酸树脂可得到较满意的干性且不易泛黄，故适于做白色及浅色漆。季戊四醇的官能度高于甘油，制造醇酸树脂可以提高干性。

蓖麻油是不干性油，但含有约 85%的蓖麻酸（12-羟基十八碳烯-9-酸），在 260℃以上及酸性催化剂存在下，分子上的羟基和邻近碳原子上的氢原子结合而脱去一分子水。这样每个蓖麻酸分子增加了一个双键，而且 20%～30%为共轭双键。

$$\text{—}\underset{\displaystyle\boxed{H}}{\overset{|}{CH}}\text{—}\underset{\displaystyle\boxed{OH}}{\overset{|}{CH}}\text{—}\underset{\displaystyle H}{\overset{|}{CH}}\text{—CH═CH—} \xrightarrow{-H_2O} \text{—}CH_2\text{—CH═CH—CH═CH—}$$

$$\text{或}\quad \text{—CH═CH—}CH_2\text{—CH═CH—}$$

脱水后的蓖麻油变成干性油，碘值虽不高，但含有共轭双键的比例较大，干得较快。不过有发黏的毛病，其泛黄性略逊于豆油。脱水蓖麻油可制成干性醇酸树脂。蓖麻油不经脱水（200℃低温酯化）可制成不干性醇酸树脂。如果未脱水蓖麻油在生产时脱水和酯化同时进行，也可以制得干性醇酸树脂。

关于用蓖麻油生产醇酸树脂问题，蓖麻油虽然是一种油脂，但结构上又是一种羟基脂肪酸形成的油脂，它可直接与多元酸酯化形成醇酸树脂，从而表现出一种多元醇的性质。一般其脂肪酸组成中有 87%带有—OH 的蓖麻油酸，从理论上与检测分析数据，可以推算它作为多元醇的—OH 官能度约为 2.75。现在市售蓖麻油羟基值往往偏低，例如，羟基值 150mgKOH/g 的工业蓖麻油，可以估计蓖麻油含量在 90%左右，其名义官能度为 2.5。在生产醇酸树脂时，蓖麻油被当成一种多元醇（不用醇解），但在配方计算时却把它等同于普通油脂，忽略它的—OH。因而配方计算不能实际反映工艺特点与产品的性质。关于蓖麻油醇酸树脂的配方计算，将在后面再讨论。油类对醇酸树脂性能的影响见表 2-1-3。

表 2-1-3 油类对醇酸树脂性能的影响

油或脂肪酸	碘值/($gI_2/100g$)	漆膜性能①		
		干率	保色性	保光性
桐油	160～165	↑	↓	↑
亚麻油	170～190			
脱水蓖麻油	125～144			
豆油	130～140			
松浆油酸	125～150			
棉籽油	110			
花生油	108			
蓖麻油	85			
椰子油	8			

① 表中箭头方向表示性能改进趋势。

用不干性油如蓖麻油、椰子油、月桂酸及中、短碳链的合成脂肪酸，制成不干性醇酸树脂，并和其他树脂合用，用氨基树脂或聚氨酯交联或作增塑剂等用。除正规的油以外，几乎所有的油（甘油三脂肪酸酯）都能制成醇酸树脂。

2. 油度（脂肪酸含量）对醇酸树脂性能的影响

① 醇酸树脂油度划分及对醇酸树脂性能的影响　前已介绍油度的计算公式。醇酸树脂油度分为短、中、长、超长油度。我国涂料行业的习惯分类见表 2-1-4。

表 2-1-4　我国涂料行业的习惯分类

油度	油度值/%	苯二甲酸酐/%	油度	油度值/%	苯二甲酸酐/%
短油度	35～45	>35	长油度	56～70	20～30
中油度	46～55	30～35	超长油度	>70	<20

油度决定醇酸树脂的很多性能。油度为 0（即 100%的聚酯）是硬而脆的玻璃状物，油是低黏度液体，醇酸树脂介于两者之间。醇酸树脂随油度长短溶于脂肪烃、脂肪烃与芳香烃混合物和芳香烃溶剂。这是因为醇酸树脂以聚酯为主链，脂肪酸为侧链，主链属极性，侧链属非极性。中、长油度的醇酸树脂脂肪酸侧链较多，脂肪酸基可以在非极性溶剂中任意舒展得到很好溶解。在极性溶剂中，醇酸树脂的主链能很好舒展，因而也得到很好溶解。

油度（脂肪酸含量）对醇酸树脂性能的影响见表 2-1-5。

表 2-1-5　油度（脂肪酸含量）对醇酸树脂性能的影响

<table>
<tr><th rowspan="2">树脂性质</th><th colspan="5">油　度</th></tr>
<tr><th>30%</th><th>40%</th><th>50%</th><th>60%</th><th>70%</th></tr>
<tr><td>溶剂</td><td colspan="5">芳香烃溶剂　混合溶剂　脂肪烃溶剂</td></tr>
<tr><td>脂肪烃溶剂容忍度</td><td colspan="5">→</td></tr>
<tr><td>醇容忍度</td><td colspan="5">←</td></tr>
<tr><td>黏度</td><td colspan="5">←</td></tr>
<tr><td>溶解度</td><td colspan="5">→</td></tr>
<tr><td>漆膜凝定时间</td><td colspan="5">←</td></tr>
<tr><td>自干时间</td><td colspan="5">→　←</td></tr>
<tr><td>漆膜硬度</td><td colspan="5">←</td></tr>
<tr><td>树脂玻璃化温度(T_g)</td><td colspan="5">←</td></tr>
<tr><td>刷涂性</td><td colspan="5">→</td></tr>
<tr><td>流平性，流挂性</td><td colspan="5">→</td></tr>
<tr><td>漆膜原始光泽</td><td colspan="5">←</td></tr>
<tr><td>保光性</td><td colspan="5">←</td></tr>
<tr><td>保色性</td><td colspan="5">←</td></tr>
<tr><td>漆膜泛黄性</td><td colspan="5">→</td></tr>
<tr><td>户外耐候性</td><td colspan="5">→　←</td></tr>
<tr><td>贮存稳定性</td><td colspan="5">→</td></tr>
<tr><td>耐水性</td><td colspan="5">→　←</td></tr>
</table>

注：表中箭头方向表示性能改进趋势。

在选择常温自干醇酸树脂时都希望双键尽量多些，又希望聚酯部分适度。为了氧化交联性强、硬度大，常温自干醇酸树脂的油度可在 50%左右。

醇酸树脂的油度不同，它们所含的低分子物的数量也不同。对 43%～70%油度的亚麻油醇酸树脂进行苯萃取试验证明，油度为 48%～53%的醇酸树脂低分子较少，漆膜硬度也以 48%油度最高。所以中油度醇酸树脂大量用于涂料工业，既可以用于常温自干，又可以烘干。缺点是刷涂性稍差。

醇酸树脂的黄变性来源于脂肪酸部分，尤其是亚麻油。油度减少变色情况减轻。醇酸树脂漆漆膜的硬度及耐久性与干燥方式有关。常温自干醇酸树脂完全是空气氧化作用，没有进一步缩合作用，所以在一定限度内，含油较多者干率与耐久性较好。烘干醇酸树脂漆漆膜除氧化外还可能有进一步聚合作用，所以漆膜的硬度及耐久性以油度较短者较好。刷涂性随油度的增加而改善，结合干率及耐久性以油度60%～65%为宜。醇酸树脂有残留的未反应的羟基和羧基，所以耐水性较差，烘干较自干好。

醇酸树脂可用半干性油制得，并能较快地干燥，这是醇酸树脂的特点。由于中、长油度醇酸树脂分子量较大，每个分子结构上比油含有更多的脂肪酸基，总的不饱和度大大提高，官能团提高，所以用豆油、松浆油酸等碘值不高的油或脂肪酸，也能制造干性较好的醇酸树脂。提高温度可使脂肪酸自动氧化加速，因而催干剂用量很少。醇酸树脂漆可以烘干，没有诱导期形成碳-碳链，漆膜比常温干燥者耐久性好。用于烘漆的醇酸树脂的油度一般为40%～50%。

原来油度的定义是植物油（或脂肪酸）用量在醇酸树脂中的含量，但随着醇酸树脂的原料、品种、规格的日益多样化，对油度的表征意义也应有所扩展。醇酸分子中侧链不完全是植物油或脂肪酸而可能是其他的一元酸。那么油度的定义变为醇酸树脂分子中侧链质量占醇酸树脂总质量的百分数，OL_f。

② 醇酸树脂油度和其溶度参数的关系　溶度参数法是高聚物选择良溶剂重要的方法，也与附着力有密切关系。而油度是醇酸树脂的一个重要参数。因此有必要研究油度和溶度参数的相关性。但醇酸树脂和聚酯等合成树脂相比，其分子量低，其主要溶剂仍然是脂肪烃。

由于要建立描述溶度参数和油度的关联式，需要测定许多不同油度的溶度参数。工作量很大，而且一些理想化的醇酸树脂实际上很难制备。但不论是溶度参数及其分量，还是摩尔体积，都可以根据重复单元的分子结构按照基团加合法计算。

3. 醇酸树脂分子上的羧基、羟基对漆膜性能的影响

这些极性基团使醇酸树脂漆膜有良好的附着力，羧基提供对颜料的润湿力。羟基与羧基同时还结合钙催干剂形成共价化合物，促进漆膜的初干和实干。羧基可由酸值来确定，一般自干醇酸树脂的酸值在10mgKOH/g左右，否则酯化程度太低，分子量小，且与碱性颜料反应性过强易发生胶化。用于氨基漆的醇酸树脂，羧基有催化作用，而且参与反应，可根据需要设定一定的酸值。水性醇酸树脂为取得水溶性，也要保留一定的酸值与羟基。

有人做过醇酸树脂羟基值对漆膜性能影响的试验。结果见表2-1-6、表2-1-7。醇酸树脂的漆膜硬度及拉伸强度随羟基值的增大而降低。说明同样油度的醇酸树脂，不论制造方法与黏度如何，其漆膜耐候性、硬度、拉伸强度、低分子物含量（丙酮萃取物量）均与羟基含量有关，同样调整甘油过量数量，也影响醇酸树脂的分子量分布。所以在生产工艺可行及树脂贮存性良好的情况下，多元醇不要过量太多。

表2-1-6　不同羟基值醇酸树脂的干率

醇酸树脂的羟基值/(mgKOH/g)	指触干/h	不粘尘干/h	干硬/h
30	1.5	2	13
40	1.5	3	15
50	1.5	3.5	15
75	2	6	16
100	2	12	21

注：75μm制膜器涂在玻璃板上，温度23℃、相对湿度43%下测定。

表 2-1-7　不同羟基值醇酸树脂的漆膜硬度

醇酸树脂的羟基值/(mgKOH/g)	斯氏(Sward hardness)硬度					
	干 1 天	干 2 天	干 5 天	干 7 天	干 14 天	干 30 天
30	6	9	10	12	16	24
40	6	12	12	14	18	24
50	5	11	14	14	18	26
75	7	12	12	16	22	28
100	4	10	14	18	22	29

如果以 50%的亚麻油醇酸树脂为例，并通过调整季戊四醇与新戊二醇的比例调整羟基值，而保持多元醇与多元酸的摩尔比不变，羟基值控制在 30～100mgKOH/g。试验证明，增加羟基值可以增加黏度，提高耐汽油性，并与氨基树脂的固化好，常温干燥有较高的硬度；但耐水性差；反之，低羟基值的醇酸树脂则干燥快，有较好的弹性与耐水性。如果用该树脂制成色漆（以白色为例），则 KU 黏度随羟基值的增加而增大；光泽度和硬度则随羟基值的增大而提高；结皮性随羟基值的增大而减轻；保光性随羟基值的增大而降低；反之，干燥时间则随羟基值的增大而延长；羟基值增加而耐擦洗性下降。

4. “有效用”的羟基起着影响醇酸树脂性能的作用

醇酸树脂分子上留有一些活性基团，例如，羟基、羧基，但醇酸树脂分子上所有的理论基团数（此处指羟基）不等于“有效用”基团。当醇酸树脂与氨基树脂反应时，共缩聚是通过醇酸树脂分子上的羟基完成的，因分子位阻作用，起作用的仅仅是“有效用”的羟基，而不是理论上的全部羟基。羟基对醇酸树脂性能影响很大，如羟基可以增加水性醇酸树脂的稳定性。其重要性甚至超过羧基。在平均官能度大于 2 和缩聚程度较高的情况下，“有效用”的羟基的含量不一定与理论羟基含量一致。

5. 醇酸树脂的特性黏度

高分子物的分子量可通过测量黏度来推算。特性黏度通常是由测定不同浓度的黏度 η，算出 η_{sp}（增比黏度）和 η_t（相对黏度），然后用 η_{sp}/c 对 c（浓度）作图，或 $\ln\eta_t/c$ 对 c 作图，外推得 $[\eta]$。

(1) 特性黏度与聚合度的关系　醇酸树脂的数均聚合度（$\bar{X}_n$）可按下式计算：

$$\bar{X}_n=\frac{1}{1-P_A}$$

P_A 为酸反应程度，可由滴定法求得。特性黏度与聚合度的关系为：

$$[\eta]=K\bar{X}_n^a$$

(2) 不同级分的特性黏度与分子量分布　合成树脂的分子量分布非常宽，醇酸树脂也是如此。以分级沉淀法分成不同级分。然后测定各级分的特性黏度。观察各特性黏度，发现聚合度高的醇酸树脂含有极高分子量级分，而且分子量分布更宽。所以对每个醇酸树脂的树脂-溶剂系统的特性黏度的测定也是一个跟踪合成进展、确定最佳点的方法。

6. 醇酸树脂的分级分离

醇酸树脂是一种复杂的混合物，由不同分子量、不同形状、不同极性程度的分子组成，可将它分离为不同级分进行研究。可用不同的溶剂进行分级，极性溶剂将按极性程度分离，非极性溶剂将按分子量大小、形状分离。在深冷下醇酸树脂各级分的溶解度不同，所以也可以用冷冻法分离。表 2-1-8 是 70%油度亚麻油醇酸树脂分级的结果。

表 2-1-8 70%油度亚麻油醇酸树脂以苯-甲醇分级的结果

项目	质量分数/%	酸值/(mgKOH/g)	羟基值/(mgKOH/g)	油度/%	数均分子量	重均分子量
原树脂	—	17.2	47.6	70	1940	59000
级分 1	23.2	40.8	28.9	69	1030	7900
级分 2	14.1	17.1	28.9	74	1500	8000
级分 3	22.5	16.2	26.1	70	2540	22000
级分 4	11.7	8.7	26.5	69	8500	46000
级分 5	7.7	8.6	34.6	69	9800	49000
级分 6	14.3	8.7	49.4	68	17000	400000
级分 7	6.5	8.2	41.1	67	35000	含有微胶粒

虽然这一醇酸树脂被分为 7 个级分，但每个级分仍然是非常不均匀的多分散体。

通过分级分离可知醇酸树脂是一种非常复杂的混合物，不同的级分都对漆膜产生不同的影响。生产醇酸树脂的重要工作之一在于增加性能优良的级分，减少性能不良的级分，改进提高醇酸树脂的产品质量。

表 2-1-8 中的级分 7 中含有微胶粒，Moore 推测“微胶粒”可促进醇酸树脂干燥。

如果用两个不同聚合度的醇酸树脂做试验：一个醇酸树脂 DP 为 10；另一个 DP 为 34。高 DP 的醇酸树脂以不同比例加入低 DP 的醇酸树脂中，如果加高 DP 的醇酸树脂仅 20%，就使低 DP 的醇酸树脂的干燥时间缩短为原来的 15%。继续增加高 DP 的醇酸树脂，则相对提高不大。按 Flory 理论，酯化反应开始产生微胶粒即是凝胶点，因此在工业生产醇酸树脂时，要酯化反应到接近凝胶点，即制造大量的成核胶粒；苯乙烯改性醇酸树脂干燥快，除挥发干燥外，也是由于其氧化部分构成胶体粒子；高聚物法合成醇酸树脂也是先生成高分子预聚物，然后再补加脂肪酸，也是引入成核效应。

7. 合成工艺与醇酸树脂性质的关系

(1) 混合甘油酯的成分、醇酸树脂的分子量分布与微胶粒假说　醇酸树脂的性质受合成工艺的影响，如甘油和油比例、反应温度、催化剂、时间、脂肪酸的种类等，都会影响醇酸树脂的分子量分布。为使每批醇酸树脂的生产都有重复性，就必须要求：①生产工艺条件完全相同；②甘油与油反应后的化学成分达到一致。

(2) 醇解物的甘油酯成分对氨基醇酸烘漆的影响　为提高氨基烘漆的耐候性和耐过烘烤性，通常采用饱和脂肪酸醇酸树脂，并缩短油度。由于油度缩短，体系的官能度增高，其复杂性加大。若采用醇解法生产醇酸树脂，醇解物含有甘油一亚油酸酯、甘油二亚油酸酯、甘油三亚油酸酯和游离甘油。醇解物的成分会影响醇酸树脂的分子量分布，所以醇酸树脂虽然配方相同，但由于醇解物的成分不同，所得的醇酸树脂也不同。醇解法和脂肪酸法不同，后者在酯化反应中，脂肪酸、多元醇、二元酸同时起反应，所得的醇酸树脂的分子量分布和醇解法不同，因为酯交换反应相对非常慢。

(3) 关于蓖麻油醇酸树脂与氢化蓖麻油醇酸树脂　蓖麻油的脂肪酸主要是 12-羟基十八碳烯-9-酸，氢化蓖麻油为 12-羟基十八碳酸。用蓖麻油生产醇酸树脂其特点是：①可与甘油、苯二甲酸酐融合成均相，不必先醇解，在反应过程中有很大程度的醇解作用，分子量分布与以前的醇酸树脂有所不同；②蓖麻油酸上的羟基与甘油的羟基竞相反应，随着醇解反应程度不同，导致不同分子结构和分子量分布；③重要的是醇酸树脂制造都希望醇解达到尽可能高的甘油一酸酯含量，但在工业生产蓖麻油醇酸树脂时，都采取用油直接反应，而免去醇解阶段。

(4) 脂肪酸法与脂肪酸甘油一酸酯法的比较 醇酸树脂合成主要有三种方法：脂肪酸法、醇解法、脂肪酸甘油一酸酯法。后者是脂肪酸先与甘油反应，然后再与苯二甲酸酐反应。醇解法和脂肪酸甘油一酸酯法制得的醇酸树脂及其漆膜，较软、较黏；树脂对脂肪烃溶剂容忍度高，且黏度低；制得的清漆漆膜干燥较慢而且较黏；酯化速率较低，且胶化时酸值较高。试验证明，不同的合成方法，如脂肪酸法与脂肪酸甘油一酸酯法，会影响树脂的分子量分布、漆膜玻璃化温度及交联度，在树脂合成时，影响凝胶化时的酯化程度。

(5) 醇酸树脂合成时酯化温度控制程序对分子量分布的影响 日本某公司生产月桂酸醇酸树脂时，生产方法采用两种：第一种是先在170℃保温酯化1h，然后再升温到230℃保持酯化；第二种是直接升温到230℃保持酯化，然后观察两种生产方法对分子量分布的影响。采用分级的方法，测定其分子量。结果表明，第二种方法生产醇酸树脂分子量分布更宽。由于醇酸树脂合成工艺的变化对醇酸树脂的结构和分子量分布的影响很大，在实际生产中以酸值、黏度、颜色来进行控制是不能表示树脂的结构和分子量分布的意义的。为生产均一、恒定质量的醇酸树脂，必须建立严格的原料考核与精确的、不能随意改动的工艺规程。

(6) 醇酸树脂的凝胶色谱（GPC）分析法 采取分级沉淀等方法测定醇酸树脂的分子量分布，步骤非常烦琐，需时很长。1964年，Moore研究出凝胶色谱法，使聚合物的分级分离和分子量分布的测定得到突破性的进展。用这一方法测定只需几十分钟，比较准确，用样品量也少。

用GPC法测定高聚物的分子量分布和经典方法的结果是一致的，但速度快，采用高效凝胶色谱法来测定试样的分子量分布只需20min左右。如果联结上电子计算机做数据处理，就可以立即得到分子量分布的数据。现在GPC法已用于涂料用合成树脂。1966年，David G. Lesini介绍了用GPC法对醇酸树脂进行分级和测定分子量分布，认为GPC法对多分散度的树脂是一个良好的分析方法。张泉福等以高效色谱柱对醇酸树脂的分子量分布做了广泛而深入的研究。

对我国某厂生产的几个典型的醇酸树脂在生产中的酯化反应阶段连续取样进行测定，并讨论醇酸树脂在酯化合成各阶段的分子量及分子量分布的变化规律与反应程度和黏度的关系，还讨论了分子量分布与分子量的关系。醇酸树脂分子量按低（$M<1300$）、中（$1300<M<10^5$）、高（$M>10^5$）分为三个区段，并列出其百分含量。酯化初期低分子物较多，高分子物较少。随酯化程度的提高，高分子成分增加，但直至反应终点，始终存留有低分子物。因此醇酸树脂最终产物分子量分布是非常宽的。

对于一定的醇酸树脂配方，分子量参数随酸值下降及反应程度增大而增大。在酯化前期酸值下降迅速，反应程度很快达到80%以上，而M_w、M_n、分散度d及黏度η随反应慢慢平稳增长。反映了酸与醇之间的小分子酯化反应；在酯化后期η和M_n急剧上升，d也随之很快增大。在GPC谱图t_r约15.8min处已可见$M>370000$的高分子物产生，该阶段是大分子之间的聚酯化反应，是决定产物分子量分布和性能的重要阶段。试验表明，在缩聚中M_w增长比M_n快得多，在凝胶点下分子量趋于无限大的是重均分子量而不是数均分子量；η随M_w的变化更灵敏；目前生产中采用加氏管控制酯化终点，实质上反映了M_w。油度越短、羟基过量越大，其分子量分布越窄。张泉福等还对国内几个著名品牌的醇酸树脂做了GPC分析，分短油度、中油度、长油度三种类型，列出其M_w、M_n及其分子量分布等（表2-1-9），供参考。

表 2-1-9 几个典型醇酸树脂分子量参数测定值

品种		批号	M_w	M_n	分散度 d	分子量分布/%			M_{Nvpo}	η_G	η_H
						$M>1\times10^5$	$1300<M<10^5$	$M<1300$			
短油度醇酸	1	12-2	4520	1340	3.37	4.0	69.0	27.0	1810	3.8	26.5
		12.3	5520	1500	3.67	8.8	68.3	23.0	1880	4.1	30.7
	2	2-5	26600	2520	10.6	5.8	78	16.2	2530	3.6	17.5
		5-1	38500	2850	13.5	10.3	75.4	14.3	1900		
		5-2	24900	2290	10.9	5.8	76.2	18.0	2050		
	3	138	11000	1950	5.64	0.9	79.9	19.2	2400		
		139	18000	2200	8.18	2.7	80.0	17.3	2220		
		140	17800	2300	7.74	2.2	81.4	16.4	2410		
	4	3-1	44300	3720	11.7	13.1	75.5	11.4	1760		
		3-2	38760	2090	4.2	10.0	77.8	12.2	1780		
中油度醇酸	5	1	93700	3080	30.4	27.7	54.6	17.7	2080		
	6	2-1	71900	4610	15.6	23.3	67.7	9.0	1970		
	7	3-1	67800	4220	16.1	23.8	67.8	8.4	2610	4.5	21.5
	8	1-1	47000	4080	11.5	14.1	75.6	10.3	1860		
		1-2	34900	3450	10.1	8.9	78.1	13.0	1600		
	9	4-3	42000	3820	11.1	10.9	80.7	8.4	2240	4.9	
		5-2	42600	3080	11.2	11.4	74.8	13.8	2250	4.4	
		3-1	54800	3720	14.7	19.1	71.2	9.7	2310	4.8	15.3
		3-3	51500	3420	15.1	17.7	72.4	9.9	2340	4.6	14.1
		3-6	54600	3740	14.6	17.9	72.5	9.6	2290	4.7	15.2
		4-1	35300	3460	10.2	10.3	78.2	11.5	2290	3.8	14.6
		日进	54000	3700	14.7	17.2	75.3	7.5	1840		
长油度醇酸	10	98	45500	3120	14.6	12.5	76.0	11.5	2560		
		99	47600	3260	14.6	13.2	76.3	10.5	2560		
		144	56400	3660	15.4	18.1	72.8	9.2	2580		
	11	0-1	57200	4030	14.2	17.4	72.8	9.8	1730		
		0-2	48500	3880	12.5	14.1	74.8	11.1	1730		
	12	5-1	69100	4000	17.3	24.2	67.1	8.7	2780	2.5	28.3
		5-2	62700	3820	16.4	21.5	69.4	9.1	2800	2.3	26.5
		5-3	77300	4260	18.1	26.6	65.8	7.6	2730	2.6	44.9
		5-4	75000	4170	18.0	25.4	66.1	8.5	2580	2.3	44.4
	13	3-1	70500	3390	20.9	22.8	64.8	12.4	2563	4.0	37.9
		3-2	71400	3260	21.9	23.0	65.2	11.8	2610	4.3	51.4
	14	1	93800	4390	21.4	28.3	62.9	9.2	2080		

（二）醇酸树脂配方计算

醇酸树脂是一种复杂的聚合物，要求在合成时，反应尽量完全而又不至于凝胶。制造工艺稳定，并且满足制漆要求。醇酸树脂配方计算只是根据理论的推导作为起点，还要经过试验反复修正，并在生产实践中不断完善配方。目前人们进行醇酸树脂配方计算，仍基于 Carothers 方程。

$$P_g=\frac{m_0}{e_A}$$

是一个重要的公式，可以改写为：

$$K=\frac{m_0}{e_A}$$

式中　e_A——酸的总当量数；

m_0——总摩尔数；

P_g——胶化时酯化程度；

K——醇酸常数。

$K=1$ 是理想常数，即酯化反应可达标 100%。Carothers 方程计算的数值偏高，而且任何醇酸树脂配方也不可能设计到恰是凝胶点，但加一些安全系数是必要的。不同的原料和油度长短都有其独立的“工作常数”，根据 K 值来比较、分析配方，推测是否早期凝胶化。大于工作常数则树脂分子量将过小，性能不能令人满意。两者之差不要超过 0.05。

K 值在配方的应用只适合于溶剂法，因为溶剂法生产醇酸树脂时醇和酸的损失都很少，基本保持它们之间的比例不变。对醇酸树脂常数经验地做以下调整见表 2-1-10。

表 2-1-10　醇酸树脂常数的调整（理论 $K=1$）

原　料	K 值调整数	原　料	K 值调整数
一元酸(脂肪酸)		二元酸	
豆油酸、亚麻油酸、红花油酸、松浆油酸	不调整	苯二甲酸酐	加 0.01
月桂酸、椰子油酸	减 0.01	间苯二甲酸	加 0.05
松香	减 0.03	多元醇	
脱水蓖麻油酸	加 0.02	甘油、乙二醇、季戊四醇	不调整
桐油酸	作二官能酸考虑	三羟甲基乙烷、三羟甲基丙烷	减 0.01
		醇酸树脂酸值(AN)	减$(AN-8)\times 0.0025$

注：一般醇酸树脂的制备都酯化至酸值在 8mgKOH/g 左右。如欲制高酸值醇酸树脂，可在高于酸值 8mgKOH/g 后每 4 个单位减 K 值 0.01。

生产醇酸树脂时需要一个恰当的配方以达到所要求的酯化程度、羟值和酸值。在设计醇酸树脂配方时，有三个条件必须确定：①用什么油、油度为多少；②K 值为多少；③多元醇过量多少。油与油度为已知，K 值按下列公式计算：

$$K=\frac{m_0}{e_A}=\frac{e_{A_1}+e_{A_2}/2+e_{A_1}/3+re_{A_2}/x}{e_{A_1}+e_{A_2}}$$

式中　e_{A_1}——油的当量数；

e_{A_2}——苯二甲酸酐的当量数；

r——多元醇对苯二甲酸酐的比值；

x——多元醇的官能度。

r 值可由公式计算而得：

$$r=[K(e_{A_1}+e_{A_2})-e_{A_1}-e_{A_2}/2-e_{A_1}/3]\frac{x}{e_{A_2}}$$

设每次配方计算都以苯二甲酸酐为 1mol，即 e_{A_2} 为 2，则：

$$r=\left[e_{A_1}\left(K-\frac{4}{3}\right)+2K-1\right]\frac{x}{2}$$

如多元醇为甘油，$K=1$ 则：

$$r=\frac{3}{2}-\frac{e_{A_1}}{2}$$

如多元醇为季戊四醇，$K=1$ 则：

$$r=2-\frac{2}{3}e_{A_1}$$

关于醇酸树脂的计算，近来有人做了进一步研究，提出一些新观点。把油脂的 m_0、e_A、

e_B 列为两项，G 表示甘油，F 表示脂肪酸，举例见表 2-1-11(a)、(b)。

表 2-1-11（a） 614# 短油度豆油醇酸树脂

序号	原料名称	缩写	质量分数/%	m_0	e_A	e_B
1	豆油		31.5	G0.036		0.108
				F0.108	0.108	
2	一缩二乙二醇	DEG	2.5	0.024		0.047
3	甘油	GL	6.7	0.073		0.218
4	氢氧化锂		0.019			
5	甘油	GL	3.3	0.036		0.108
6	季戊四醇	PE	12.5	0.085		0.353
7	苯甲酸	BA	12.0	0.098	0.098	
8	苯酐	PA	31.5	0.213	0.426	
合计			100.0	0.673	0.632	0.834
	脱水		5.60	Wr94.40		

表 2-1-11（b） FA142# 短油度豆油脂肪酸醇酸树脂

序号	原料名称	缩写	质量分数/%	m_0	e_A	e_B
1	豆油脂肪酸		30.0	0.110	0.110	
				F0.108	0.108	
2	甘油	GL	7.0	0.076		0.228
3	季戊四醇	PE	17.5	0.118		0.494
4	松香	R	11.0	0.033	0.033	
5	苯甲酸	BA	9.5	0.078	0.078	
6	苯酐	PA	25.0	0.169	0.338	
合计			100.0	0.584	0.559	0.722
	脱水		7.0	Wr93.0		

在表 2-1-11(a) 配方中，一缩二乙二醇（DEG）是聚酯的构成部分，是极性的，但它又是软组分；在表 2-1-11(b) 配方中，松香（R）是弱极性的，但它又是刚性的，这和豆油脂肪酸相近。两个配方中都有苯甲酸（BA）的情况和松香相近。所以 OL_f 或 OL 就不能确切地表征树脂的弱极性与柔性成分的比例。为此有必要扩展 OL_f 或 OL 的含意，提出表征刚柔性与极性的新“油度”：“柔性组分含量” OL_r 与 OL_j “弱极性组分”。上述 A、B 两个树脂的有关参数见下表。

参数	A 树脂	B 树脂
OL (OL_f)	$\frac{31.5}{94.40}=33.4\%$	$\frac{30.0}{93.0}=32.2\%$
OL_r	$\frac{31.5+2.5}{94.40}=36.0\%$	$\frac{30.0}{93.0}=32.2\%$
OL_j	$\frac{31.5+12.0}{94.40}=46.1\%$	$\frac{30.0+11.0+9.5}{93.0}=54.3\%$

借助 OL_r 与 OL_j 的引入，来深入地了解树脂 B，单从 OL_f 看，油度很短，但由于有大量的松香和苯甲酸，OL 高达 54.3%，所以树脂的极性不高，可溶性好，流平刷涂性也好。所以 OL_r 与 OL_j 的引入，对于已有配方的解析和新配方的设计都是有用的。

按照传统的计算方法举例如下。

【例】 计算一个 55% 油度亚麻油醇酸树脂的配方。K 值为 1，多元醇为甘油。

解：按式 $r=\frac{3}{2}-\frac{e_{A_1}}{2}$

$$油度=\frac{293e_{A_1}}{2\times74\times293e_{A_1}+r\times2\times31-18}$$

$$0.55=\frac{293e_{A_1}}{130+293e_{A_1}+\left(\frac{3}{2}-\frac{e_{A_1}}{2}\right)2\times31}$$

$$e_{A_1}=0.824$$

树脂配方为：

亚麻油　0.824×293=241.4

甘油　$(3-e_{A_1})\times31=67.46$

苯二甲酸酐　2×74=148.00

配方分析见表 2-1-12。

表 2-1-12　配方分析

组分	加料量/kg	e_A	e_B	m_0	树脂成分/%
亚麻油	241.4	0.824		0.824	55.00
甘油(油内)			0.824	0.275	
甘油	67.5		2.176	0.725	15.38
苯二甲酸酐	148.0	2.000		1.000	33.72
总计	456.9	2.824	3.000	2.824	104.10
理论出水量	18.0				4.10
醇酸树脂的量	438.9				100.00

$$R=\frac{3.000}{2.824}=1.062\qquad r=\frac{2.176}{2}=1.088\qquad K=\frac{m_0}{e_A}=\frac{2.824}{2.824}=1$$

这样简单的 $K=1$ 的甘油醇酸树脂可由再简化的公式，令 $e_{A_2}=2$ 直接算出：

$$e_{A_1}=\frac{293-262\times油度}{223\times油度}$$

【例】 计算一个脂肪酸含量为 62%的豆油脂肪酸醇酸树脂的配方。设 $K=1$，季戊四醇的当量值为 34.5。

解：令 $e_{A_2}=2$

$$K=\frac{e_{A_1}+e_{A_1}/4+e_{A_2}/2+re_{A_2}/4}{e_{A_1}+e_{A_2}}$$

$$1=\frac{\left(1+\frac{1}{4}\right)e_{A_1}+1+\frac{1}{2}r}{e_{A_1}+2}$$

$$\frac{1}{4}e_{A_1}=1-\frac{1}{2}r$$

$$r=2-\frac{1}{2}e_{A_1}$$

$$0.62=\frac{280e_{A_1}}{280e_{A_1}+e_{A_1}\times34.5-e_{A_1}\times18+e_{A_2}\times74+r(e_{A_2}\times34.5)-e_{A_2}\times9}$$

$$0.62=\frac{280e_{A_1}}{280e_{A_1}+e_{A_1}\times34.5-e_{A_1}\times18+2\times74+\left(2-\frac{1}{2}e_{A_1}\right)\times2\times34.5-2\times9}$$

$$0.62=\frac{280e_{A_1}}{262e_{A_1}+268}$$

$$e_{A_1}=\frac{268\times0.62}{280-262\times0.62}$$

$$e_{A_1}=1.413$$

树脂配方为：

豆油脂肪酸　1.413×280=395.6

苯二甲酸酐　2×74=148.0

季戊四醇　4×43.5=138.0

配方解析见表 2-1-13。

表 2-1-13　配方解析

组分	加料量/kg	e_A	e_B	m_0	树脂成分/%
豆油脂肪酸	395.6	1.413		1.413	61.99
季戊四醇	138.0		4	1.000	21.62
苯二甲酸酐	148.0	2.000		1.000	23.19
总计	681.6	3.413		3.413	106.80
理论出水量	43.4				6.80
醇酸树脂得量	638.2				100.00

$$K=\frac{3.413}{3.413}=1.000\qquad R=\frac{4}{3.413}=1.172$$

对蓖麻油醇酸树脂的配方的计算提出一个新的观点。季戊四醇是醇酸树脂最常用多元醇，季戊四醇（PE）的官能度问题，不同的看法是：由于工业季戊四醇并非纯品，它由单季戊四醇（MPE）和二季戊四醇（DPE）组成，单季戊四醇是四元醇，羟基当量为 34.0，二季戊四醇是六元醇，羟基当量为 42.33。一般涂料用季戊四醇是单季戊四醇和二季戊四醇的混合物，单季戊四醇占 86%（质量），二季戊四醇占 12%左右。工业季戊四醇的羟基当量在 35.5%左右。平均官能度 f 在 4.15 左右。所以在醇酸树脂的配方计算时，不应当把季戊四醇的官能度视为 4.0，工业季戊四醇的官能度定为 4.15 更符合实际。在工艺实践中，如果只把蓖麻油当成普通油脂，把它的组成部分分为甘油（G）和脂肪酸（F）两个基团，这样就忽略了它的—OH 的存在。而实际工艺上，蓖麻油可以不经过醇解，把它作为多元醇直接进行酯化。在直接酯化法的工艺中，蓖麻油中的酯键并无变化，只是脂肪链上的—OH 进行了反应。蓖麻油醇酸树脂常用于氨基漆的成分或聚氨酯漆的羟基组分，—OH 的存在对这两类树脂是十分重要的，所以蓖麻油脂肪链上的—OH 在配方设计中应得到反映。修正的办法是，在蓖麻油基团分解时，除 G（相表示甘油）、F（相表示脂肪酸）两项外，增加“H”项。而相应于直接酯化法（以及半酯化法）工艺，则可以称为蓖麻油醇酸树脂的配方计算的“聚酯式”。

【例】 蓖麻油醇酸树脂配方的计算。

解：下面举例说明，配方中的蓖麻油规格为羟基值 165mgKOH/g，平均官能度以 2.75 计。

40.1%、29.8%和 78.4%油度醇酸树脂见表 2-1-14～表 2-1-16。

表 2-1-14 40.1%油度蓖麻油甘油苯酐醇酸树脂

序号	配方	质量分数/%	醇解式			聚酯式		
			m_0	e_A	e_B	m_0	e_A	e_B
1	蓖麻油	38.05	G0.041		0.122	0.041		0.112
			F0.122	0.122				
			H		0.112			
2	甘油 98%	22.43	0.239		0.717	0.239		0.717
3	苯酐	39.52	0.267	0.534		0.267	0.534	
	合计	100	0.669	0.656	0.951	0.547	0.534	0.829

配方参数：

$K_1=\frac{0.669}{0.656}=1.02$ $K_2=\frac{0.547}{0.534}=1.024$

$R_1=\frac{0.951}{0.656}=1.45$ $R_2=r_2=\frac{0.829}{0.534}=1.552$

$r_1=\frac{0.717}{0.534}=1.343$

OH%：5.268 固体树脂 OH%：5.268

表 2-1-15 29.8%油度蓖麻油甘油苯酐苯甲酸醇酸树脂

序号	配方	质量分数/%	醇解式			聚酯式		
			m_0	e_A	e_B	m_0	e_A	e_B
1	蓖麻油	28.0	G0.030		0.090	0.030		0.082
			F0.090	0.090				
			H		0.082			
2	甘油	25.0	0.272		0.815	0.272		0.815
3	苯酐	41.0	0.277	0.544		0.277	0.554	
4	苯甲酸	6.0	0.049	0.049		0.049	0.049	
	合计	100	0.718	0.693	0.987	0.628	0.603	0.897

配方参数：

$K_1=\frac{0.718}{0.693}=1.036$ $K_2=\frac{0.628}{0.603}=1.041$

$R_1=\frac{0.987}{0.693}=1.424$ $R_2=r_2=\frac{0.897}{0.603}=1.488$

$r_1-\frac{0.815}{0.603}=1.352$ OH%：5.31

表 2-1-16 78.4%油度蓖麻油季戊四醇苯酐醇酸树脂

序号	配方	质量分数/%	醇解式			聚酯式		
			m_0	e_A	e_B	m_0	e_A	e_B
1	蓖麻油	73.2	G0.078		0.235	0.078		0.215
			F0.235	0.235				
			H		0.215			
2	季戊四醇	9.3	0.064		0.263	0.064		0.263
3	苯酐	17.5	0.118	0.236		0.118	0.236	
	合计	100.0	0.495	0.471	0.713	0.260	0.236	0.478

配方参数：

$K_1=\frac{0.495}{0.471}=1.051$ $K_2=\frac{0.26}{0.236}=1.102$

$$R_1=\frac{0.713}{0.471}=1.513 \qquad R_2=r_2=\frac{0.478}{0.236}=2.205$$

$$r_1=\frac{0.263}{0.236}=1.114 \qquad OH\%：4.203$$

五、醇酸树脂的制造

（一）醇酸树脂的原料

醇酸树脂的主要原料是多元醇、多元酸、植物油（脂肪酸），在生产过程中还需加少量助剂，并用适当溶剂兑稀成液体树脂。

1. 多元醇

通式为 ROH（R 是烃基），系由饱和烃类分子上一个氢原子为羟基所取代而构成。由于羟基取代的烃类分子上的氢原子的位置不同，可以生成三类不同的醇：

① 伯醇　连接羟基的碳原子上有两个氢原子；

② 仲醇　连接羟基的碳原子上有一个氢原子；

③ 叔醇　连接羟基的碳原子上没有氢原子。

如丁醇可有以下三种结构：

$CH_3—CH_2—CH_2—CH_2—OH$

正丁醇（伯醇）

$CH_3—CH_2—CH(OH)—CH_3$（中心碳原子上连 H 与 OH）

仲丁醇

$CH_3—C(CH_3)(OH)—CH_3$

叔丁醇

三种醇的化学反应活性不同。在与有机酸酯化时，伯醇反应最容易、最快；仲醇较伯醇稍难、稍慢；叔醇则反应甚难，而且易于在酸存在下脱水醚化。

烷烃分子有一个以上的碳原子，其氢原子被羟基取代，这种多羟基化合物称为多元醇。几个羟基称为“几元”。表 2-1-17 为与制备醇酸树脂有关的多元醇的物性。

表 2-1-17　常用多元醇的物性

多元醇	当量值①	状态	熔点/℃	沸点/℃	相对密度
二元醇					
乙二醇	31.0	液		198	1.12
1,3-丁二醇	45.0	液		205	1.01
新戊(基)二醇	52.1	固	125	204	1.06
二乙二醇	67.1	液		232	1.02
三元醇					
甘油	30.7	液	17.9	290	1.26
甘油(99%)	31.0	液			
甘油(95%)	32.3				
三羟甲基丙烷	44.7	固	60	295	1.14
四元醇					
季戊四醇	34.0 35.1①	固	262		1.38
六元醇					
二季戊四醇 $[C(CH_2OH)_3CH_2]_2O$	42.4 43.5①	固	222		1.37

① 一般工业品的当量值。醇酸树脂一章中出现的当量值有特殊的意义，在计算醇酸树脂配方时是有用的数值。它是指与一个羟基（当量值为 17）化合时所需的质量。

2. 有机酸与多元酸

含有羧基的有机化合物称为有机酸。羧基基团具有活性，能离解成离子。含有一个以上的羧基者为多元酸。与醇酸树脂制造有关的有机酸与多元酸列于表 2-1-18。

表 2-1-18　与醇酸树脂制造有关的有机酸与多元酸的物性

有机酸	当量值	熔点/℃	沸点/℃	相对密度
一元酸				
松香(酸值 165mgKOH/g)①	340	65		1.07
苯甲酸	122.1	122	249	1.27
对叔丁基苯甲酸	178.1	165		1.15
合成脂肪酸				
低碳酸(酸值 360～385mgKOH/g)				
中碳酸(酸值 220～240mgKOH/g)				
2-乙基己酸	144.2		230	0.91
月桂酸(十二烷酸)	200.3	45	300	0.88
辛酸	144.2		240	0.91
癸酸	172.3	32	270	0.90
椰子油脂肪酸	205			0.88
油酸	282.5			0.90
亚油酸	280.4			0.90
亚麻酸	278.4			0.91
蓖麻油酸	297			0.94
脱水蓖麻油酸	280			0.90
松浆油酸				
酸值为 195mgKOH/g	288			0.90
酸值为 192mgKOH/g	292			0.90
二元酸				
己二酸	73.1	152		1.37
富马酸	58	升华		1.63
顺丁烯二酸酐	49	55	200	1.47
苯二甲酸酐	74.1	131	284	1.52
间苯二甲酸	83.1	354		1.54
癸二酸	101.1	135		1.11
三元酸				
偏苯三甲酸	70	216		1.56
偏苯三甲酸酐	64	165		1.55
四元酸				
均苯四甲酸酐	54.5	286	400	1.68

① 合成脂肪酸系混合酸，酸值是一个馏分的平均值。

3. 油类（甘油三脂肪酸酯）

醇酸树脂也可采用酯交换的方法直接使用油。常用油类的品种和物化性能见表 2-1-19。

表 2-1-19　常用油类的品种和物化性能

品种	当量值	状态	碘值(韦氏)/(gI_2/100g)	相对密度
椰子油	218	固	7.5～16.5	0.92
蓖麻油	310	液	80～90	0.96
棉籽油	289	液	99～113	0.92
豆油	293	液	130～140	0.92

续表

品种	当量值	状态	碘值(韦氏) /(gI_2/100g)	相对密度
脱水蓖麻油	293	液	125～140	0.94
亚麻油	293	液	170～200	0.93
梓油	293	液	170～187	0.93
桐油	293	液	160～165	0.94
葵花油	293	液	124～140	0.92
红花油	293	液	130～150	0.92

4. 溶剂、助剂

(1) 溶剂 除水性醇酸树脂外，自产或商品醇酸树脂，大部分是溶剂型醇酸树脂。有机溶剂在醇酸树脂成分中，占有很大比例，真正的高固体分醇酸树脂还比较少。所以溶剂对醇酸树脂性能、用途以及生产工艺与施工应用，甚至安全和劳动保护都有很大影响。大力发展水性醇酸树脂和高固体分醇酸树脂，减少醇酸树脂的有机溶剂的排放，降低醇酸树脂的VOC的含量，仍然是涂料工业的发展方向。

200#油漆溶剂油，是醇酸树脂使用最多、最广的一种溶剂。200#油漆溶剂油来源于石油化工，是由C_4～C_{11}的烷烃、烯烃、环烷烃和少量的芳香烃组成的混合油，主要成分是戊烷、己烷、庚烷和辛烷。沸程范围145～200℃，很少一部分可达到210℃。长油度醇酸树脂可以全部用200#油漆溶剂溶解；中油度醇酸树脂则需要用少量的芳香烃和200#油漆溶剂油配合兑稀；而短油度醇酸树脂则不溶于200#油漆溶剂油。

根据醇酸树脂的油度和用途来选择溶剂，常用于醇酸树脂生产的溶剂还有甲苯、二甲苯、重芳香烃、高沸点芳香烃、正丁醇和异丁醇、乙酸酯等。

(2) 醇酸树脂及醇酸树脂漆用助剂 醇酸树脂制造过程中，常用助剂有醇解催化剂（油脂为原料）、酯化催化剂、减色剂等。20世纪90年代，国产酯化催化剂如506催化剂、AC-1催化剂等，进口的ATO化学的催化剂都有较广泛的应用。水性醇酸树脂生产过程还需加乳化剂等多种的助剂。

醇酸树脂漆特别是氧化（干燥）型醇酸漆必须加催干剂、防结皮剂。醇酸树脂制漆用的分散剂、防沉剂等和其他合成树脂漆所用助剂相似，只是醇酸树脂漆对颜、填料有较好的润湿性，相对而言，助剂应用较少。其中催干剂和防结皮剂在氧化干燥醇酸漆应用非常广泛。

(3) 催干剂 DIN 55901催干剂的定义：催干剂在溶液中也称干料，是可溶于有机溶剂和基料的金属有机化合物，化学上它们属皂类，将它们加入不饱和油或基料中，能显著缩短固化时间。所谓固化是指涂层转变成固体状态。

催干剂都是金属皂类，其有机酸部分主要有环烷酸、2-乙基己酸、松浆油酸，还有松香、亚油酸等。传统的催干剂在“油性漆”和“涂料助剂”两章中已做过介绍。国内涂料工业对催干剂应用趋势之一是由多品种到少品种，甚至只加一种复合催干剂。稀土催干剂已得到普遍应用，铅类催干剂趋于淘汰。国外对催干剂的研究十分活跃，尤其用于水性醇酸和高固体分醇酸漆的催干剂。从某种意义上说，催干剂的研究及其进展代表了醇酸树脂漆的发展方向。

传统的催干剂根据其催干过程中的作用分为两类：一类为主催干剂，以多种氧化态存在，而不进行还原反应的金属皂；钴、锰、钒和铈均属主催干剂；另一类为助催干剂，只以一种氧化态存在的金属皂，并且只有和主催干剂并用时才有催化作用，铁、锌、钡和锶属此类。还有一类催干剂称为协同催干剂（co-ordination driers），也称配位体聚合催干剂。催化干燥作用是基于漆基中的羟基或羧基的反应，这类催干剂称为协同催干剂，如锆（Zr），锆催干剂本身成为漆膜的一部分。

水性涂料的催干剂，本质上水性和溶剂型气干基料具有相同的干燥机理，然而干燥性能却很不一样。除了溶剂组成不同外，水性涂料中基料体系会产生各种各样的干燥缺陷，如干燥时间长、干性下降、实干不好和硬度较差。

水会使基料水解，导致干性下降。水也会减缓对氧的吸收，从而使自氧化过程减缓。水还会影响催干剂的稳定性，作为强配位体，水可和钴等金属离子络合，生成钴的络合物具有较弱的氧化电势（潜能），因而钴作为自氧化催化剂的作用降低，而且该复合物不稳定。补偿由于水解导致催干剂损失的实用方法是加入较多的主催干剂钴或锰。

国内水性催干剂市场几乎是空白，上海涂料有限公司技术中心开发出双酮络合物水性催干剂，即：

$$R-\overset{\overset{O}{\|}}{C}-CH-\overset{\overset{O}{\|}}{C}-R'$$

含氧双酮配位体

羧酸盐金属皂经乳化后在水性体系中的混溶性很好，但当水性体系 $pH>7$ 时，金属离子会水解，引起树脂“失干”。经菲咯啉、联吡啶络合的催干剂能很好地抑制金属离子的水解，但菲咯啉、联吡啶的价格昂贵。双酮络合物水性催干剂因其耐水解性、催干性和经济实用性，而成为一种新型水性催干剂。以特定长链羧酸酯与短链的甲基酮为原料，用醇钠为催化剂，自制双酮络合剂，对金属钴、锆、铈、锰、铁、锌、镁、钙进行络合，得到系列催干剂。这些催干剂既能溶解于水性体系，又能溶解在溶剂体系中。

$$RCOOCH_3+CH_3COCH_3 \longrightarrow RCOCH_2COCH_3+CH_3OH$$

$$2CH_2COCH_2COCR+Co^{2+} \longrightarrow (CH_2COCHCOCR)_2Co^{2+}$$

高固体分醇酸树脂漆应用的催干剂：高固体分是减少 VOC 有效途径之一。但普通催干剂都含大量溶剂，不能满足高固体分醇酸树脂漆的要求，这类催干剂已经问世，这方面国内研究较少。

(4) 防结皮剂　醇酸树脂漆，尤其氧化干燥型醇酸树脂漆，在使用和贮存过程中会发生结皮。结皮现象不但造成大量的损耗，而且影响漆膜外观，产生粗粒、粗糙等缺陷，所以气干型醇酸树脂漆，往往加入防结皮剂。防结皮剂主要是两类化合物：一类是酚类抗结皮剂；另一类是肟类抗结皮剂。应用较广泛的是肟类抗结皮剂，如甲乙酮肟、丁醛肟、环己酮肟。在醇酸树脂漆及环氧酯漆中多使用甲乙酮肟。

具有$-C=NOH$ 的化合物都称为肟类。肟类抗结皮机理有三个方面：抗氧化作用，肟类化合物易氧化，能阻止漆的氧化聚合成膜；溶解作用，液态的肟类化合物为强溶剂，能延迟胶凝体的形成而产生抗结皮作用；络合作用，能和催干剂的金属部分形成络合物，从而使催干剂失去催干性，而延迟结皮。在成膜过程中肟类挥发而络合物趋向分解，而催干剂又恢复催干作用。

甲乙酮肟结构式如下：

$$CH_3-\underset{\underset{CH_3}{|}}{C}=NOH$$

无色透明液体，沸点 151～155℃，闪点 52℃，相对密度 0.908。

（二）制造醇酸树脂的方法

制造醇酸树脂有四种基本方法，脂肪酸法、脂肪酸-油法、油稀释法、醇解法，其中脂肪酸法和醇解法是最主要的方法。

1. 脂肪酸法制造醇酸树脂

由于油脂化工的进步，油脂分解成纯度很高的各种脂肪酸，这不仅为脂肪酸法生产醇酸树脂提供了充足的原料，而且大大提高了醇酸树脂的质量。为醇酸树脂的商品化、生产大型化打下基础，使得醇酸树脂的用途更广泛，例如现在的木器漆，较传统的醇酸清漆质量上升一个档次。从而促进了我国涂料工业的发展。

脂肪酸法制造醇酸树脂可以直接将多元醇与多元酸、脂肪酸进行酯化生产。因为脂肪酸对多元醇、苯二甲酸酐可起溶解作用，即酯化是在均相体系完成的。脂肪酸法又可分为以下几种。

(1) 常规法 将全部反应物同时加入反应釜内，在不断地搅拌下升温，在规定温度(200～250℃)下保持酯化，中间不断地定期测定酸值与黏度，直至达到规定要求时停止加热，将树脂溶解成溶液、过滤净化。

(2) 高聚物法 在理论上往往认为，不论投料顺序如何，由于酯交换作用的关系，同一配方最终都将得到一个平衡结构的产物，实际并不如此。多元醇不同位置的羟基、脂肪酸的羧基、苯二甲酸酐的酐基、苯二甲酸酐形成半酯的羧基，它们之间的反应活性不同，而且形成的酯结构之间的酯交换非常缓慢、轻微，因此制造醇酸树脂时，不同的原料加入顺序不同，生产的最终产物的结构也不一样，所以原料加入顺序对生产工艺是非常重要的。配方的讨论只涉及了合适的配量，至于这个醇酸树脂如何化学结合成最好的组成，则是制造工艺的问题了。

Kraft 提出了高聚物法制造醇酸树脂工艺，其方法为：①先将全部多元醇、苯二甲酸酐与一部分脂肪酸反应至低酸值，制成高分子量链状成分。②然后加入其余量的脂肪酸再反应成为低酸值树脂。制成的树脂黏度较常规者为高，颜色较浅，漆膜干率与耐碱性有所提高。此法对松浆油酸长油度醇酸树脂改进较多。

【例】 豆油脂肪酸醇酸树脂。

配方：苯二甲酸酐：季戊四醇：豆油脂肪酸＝1.07：1：1.5（摩尔比）

如果采用常规法：

豆油脂肪酸	58.6kg	苯二甲酸酐	21.6kg
季戊四醇（过量10%）	19.8kg		

一起加入反应釜，搅拌、升温，以溶剂法酯化至酸值10mgKOH/g以下。

如果采用高聚物法：

豆油脂肪酸(58.6×70%)	41.0kg	苯二甲酸酐	21.6kg
季戊四醇	19.8kg		

以上三种原料先在230℃酯化至酸值7.0mgKOH/g，再加入豆油脂肪酸（58.6×30%）17.6kg，继续酯化（230℃）至酸值9mgKOH/g以下。

常规法与高聚物法所制醇酸树脂性能比较见表2-1-20。

表 2-1-20 常规法与高聚物法所制醇酸树脂性能比较

项 目	常规法	高聚物法	项 目	常规法	高聚物法
总酯化时间(230℃)/min	250	300	干28天	14	20
黏度(60% 200# 油漆溶剂,加氏管)/s	5(N)	33(Z)	浸冷水(恢复时间)/h	立刻	0.05
颜色(加氏色度)/号	4	4	浸热水(恢复时间)/h	0.25	0.25
室温干燥(湿膜75μm,加0.3% Pb,0.03%Co)凝定/min	80	15	浸30% NaOH溶液		
			开始侵蚀/h	0.25	0.42
指触干/min	190	70	剥落/h	2	48
斯氏硬度(Sward)			浸1%海水		
干1天	10	10	开始侵蚀/h	0.25	1.25
干7天	12	16	剥落/h	24	96

【例】 松浆油酸制醇酸树脂漆干燥较慢，但用以下方法可以改进。

配方：苯二甲酸酐：季戊四醇：松浆油酸=1.038：1：1.41（摩尔比）；油度 65.5%

季戊四醇	20.55kg(0.142mol)	苯二甲酸酐	21.70kg(0.146mol)
松浆油酸	34.7kg(0.121mol)		

以上三者先一起在反应釜内以溶剂法酯化至酸值为 7mgKOH/g，再加入松浆油酸 23.05kg（0.080mol），继续在 230℃酯化至酸值达 7mgKOH/g 以下。制成 50%石油油漆溶剂油溶液，黏度为加氏 V～Y。加入 0.5%Pb、0.05%Co（金属量）催干剂后漆膜干率可超过相同脂肪酸含量的豆油醇酸树脂。

如何选定脂肪酸的分批比例可参考表 2-1-21。

表 2-1-21 第一阶段脂肪酸加量对树脂性能的影响①

性能	第一阶段脂肪酸加量					
	100%	80%	70%	65%	63%	60%
开始酸值/(mgKOH/g)	—	9.2	8.1	6.7	8	8.9
最后酸值(固体)/(mgKOH/g)	5.7	5.7	6.1	7	7.4	8.4
50%石油油漆溶剂油溶液黏度(加氏)	B	D	D	S	Q	V
颜色(加氏色度)/号	6−	6+	6−	5−	5−	
室温干燥						
凝定/h	3.15	3.15	3.15	1.31	1.31	②
指压干/h	6.45	4.3	4.44	4.21	4.16	—
斯氏硬度(Sward)						
干 1 天	14	16	14	14	14	—
干 7 天	18	20	18	18	16	—
浸 3% NaOH 溶液						
开始侵蚀/min	19	19	7	26	21	—
剥落/h	1	55min	51min	1.5	1.88	—
烘干						
斯氏硬度(Sward)	12	12	10	10	10	—
浸 3% NaOH 溶液						
开始侵蚀/min	10	10	10	10	10	—
剥落/h	1.92	6.33	14.33	44	70	—

① 配方为：苯二甲酸酐：季戊四醇：松浆油酸=1.035：1：1.41（摩尔比）；第一阶段酯化温度 230℃，第二阶段酯化温度 245℃。

② 有胶粒，未测定。

第一阶段的酯化达到的酸值，即酯化程度，影响制成的醇酸树脂的干率（表 2-1-22）。

表 2-1-22 第一阶段的酯化程度对醇酸树脂干率的影响①

性能	第一阶段酯化脂肪酸用量			
	60%	60%	60%	60%
开始酸值/(mgKOH/g)	8.9	10.8	15.5	19.2
最后酸值/(mgKOH/g)	8.4	5.2	7.3	4.1
50%油漆溶剂油溶液黏度(加氏)	V	P+	M+	E+
颜色(加氏色度)/号	5+	6+	7+	8+
干燥时间				
凝定/min	③	50	50	60
指压干/h	②	4.08	4.5	8

① 配方为：苯二甲酸酐：季戊四醇：脂肪酸=1.035：1：1.41（摩尔比）；油度 65.5%。

② +号表示上限。

③ 有胶粒，未测定。

高聚物法的目的是先构成高分子量链状物以提高醇酸树脂的分子量，改善醇酸树脂的性能。Kraft 对高聚物法醇酸树脂进行分级分离。表 2-1-22 为分子量分布及不同级分的性能。

(3) 酯化过程中脂肪酸的聚合　在醇酸树脂制造的酯化过程中，因所用的脂肪酸不同，有时也有热聚合发生（二聚化）。热聚合反应速率与油（脂肪酸）的种类有关。脂肪酸的聚合温度与其原始油相同。二聚化的发生相当于增加二元酸。所以酯化温度要随油的种类和油度而变动。聚合快的油类、油度短的配方温度要低些（如 200～210℃），生产工艺选溶剂法。

脂肪酸法的优点如下。

① 因为使用的是脂肪酸，不含甘油，所以可以制含有甘油的醇酸树脂，也可以制不含甘油的醇酸树脂。

② 脂肪酸由油分解而得，可以进行分离、精馏、选取其中需要的脂肪酸而排除不需要的脂肪酸。如可以使用纯亚油酸，而不使用亚麻酸以减弱黄变性，弃去饱和脂肪酸以提高碘值等，这是使用原料油所不能做到的。

③ 生产上可以分步加脂肪酸进行酯化，用原料油只能一次全部投入不能改变。

脂肪酸法的缺点如下。

① 较直接使用油增加了工序、提高了成本。

② 脂肪酸有腐蚀性，需要有耐腐蚀的设备。

③ 脂肪酸熔点较高，需有保温装置以保证其处于液体状态。

④ 贮存期间脂肪酸的颜色易变深。

2. 醇解法制造醇酸树脂

因为油在加热的情况下不能溶解甘油和苯二甲酸酐，也不能形成均相，所以应采取有效步骤改变这种状态使之成为均相，然后再进行化学反应。这种方法就是制造醇酸树脂最常用的醇解法。

在工艺中首先表现为在醇解温度下的均相化，也就是“热透明”，进一步才是完成醇解。如应用几种醇之间以及醇解物之间的共溶效应，来促进体系均相化，从而也促进醇解。例如，一缩二乙二醇（DEG）本身可以看成介于油脂和甘油之间的溶剂，又易于醇解，在油脂和甘油体系中加入少量的一缩二乙二醇，可以加速体系的热透明，更快地完成醇解。至于一缩二乙二醇的加量，当然还要考虑树脂的性能的需求。在有甘油、一缩二乙二醇的豆油醇酸树脂的配方中，在醇解时，甘油、一缩二乙二醇和豆油三者可以一起加入，醇解很快。在实验室，升温至 240℃，5min 即可热透明，并完成醇解。若不加一缩二乙二醇，则要 20min。要注意一缩二乙二醇的沸点低，在醇解温度下易于挥发。新戊二醇（NGE）等二元醇也有促进油和甘油的醇解作用。

醇解工序是以油脂为原料制造醇酸树脂中非常重要的步骤，它影响醇酸树脂的分子结构和分子量的分布。醇解的目的是制成甘油的不完全脂肪酸酯，主要是甘油一酸酯。实质上是一个改性的二元醇。用来制造醇酸树脂的油必须经过精制，特别要经过碱漂以除去蛋白质、磷脂等杂质，还要洗净残余的碱以免影响催化作用和颜色。

油（甘油三酸酯）与甘油在 200～250℃和催化剂存在下，发生脂肪酸的再分配作用。

$$\begin{matrix} H_2-C-OOR' & & H_2-C-OH & & H_2-C-OOR' & & H_2-C-OH \\ | & & | & & | & & | \\ H-C-OOR'' & + & H-C-OH & \rightleftharpoons & H-C-OH & + & H-C-OOR'' \\ | & & | & & | & & | \\ H_2-C-OOR''' & & H_2-C-OH & & H_2-C-OH & & H_2-C-OOR''' \end{matrix}$$

(1) 醇解在油与甘油的混溶相中进行　醇解反应发生在油与甘油的混溶相中。油、甘油、催化剂三者之间的比例为1∶(0.2～0.4)∶(0.04～0.2)(质量比)，工艺操作是先把油加入反应釜中，再加入甘油和催化剂。催化剂和油反应生成皂，一方面帮助反应，另一方面帮助甘油混溶于油相中。在惰性气体保护下，加热至200～250℃。最后将达到一个“平衡点”，游离的甘油与结合的甘油的量不再变化。高温增加了甘油与油的混溶性，有利于反应的进行。没有参加反应的甘油另成一相。豆油、亚麻油、梓油、桐油、红花油等分子量都和棉籽油相近，和甘油的混溶度相差不多。椰子油分子量较小，则和甘油混溶度相对大得多。混溶度是随温度增加而增加，醇解程度与甘油量和反应温度有关，催化剂只加速醇解反应。

醇解反应与酯化反应相似，在均相之中形成平衡状态的混合物，所得到的是甘油一酸酯、甘油二酸酯、油和游离甘油的混合物。通过醇解反应希望得到更多的甘油一酸酯，又分为α-甘油一酸酯和β-甘油一酸酯，α-甘油一酸酯可以用过碘酸法测量出来。由于醇解反应是个可逆反应，它服从质量定律，甘油量增加，可使甘油一酸酯的量增加，但此时游离甘油量也增加。在实际生产时，甘油量的多少不是可以随意增加的，它取决于要生产的醇酸树脂的油度，亦即苯二甲酸酐的用量。当醇解反应完成后，稍稍降温到规定加苯二甲酸酐的温度即可加苯二甲酸酐进行酯化。如果需冷却保存，醇解向逆向进行，甘油或其他醇也将部分析出。可以在醇解温度下，加入些磷酸破坏催化剂，则可使物料成分不变。

(2) 在不加催化剂时醇解反应　即使在高温下也进行得很慢，醇解程度很低，所以醇解反应需加入催化剂。常用的醇解催化剂有氧化钙(也可用氢氧化钙、环烷酸钙)、氧化铅(也可用环烷酸铅)、氢氧化锂。钙、铅、锂三种催化剂对油在不同温度下进行的醇解反应的结果表明，催化剂可使醇解速率与深度大为提高，但催化剂的用量应控制在一个限度内，过多的催化剂将会造成酯化工序完成后，过滤困难而降低漆膜的耐候性。钙和铅催化剂都易使树脂发浑。另外，过多地增加催化剂的浓度，并不能增加醇解速率和提高甘油一酸酯的含量，况且铅是一种对人体有害的重金属。CaO在低温与低浓度时效率较高，LiOH是效率最高的催化剂，PbO是三者中效率最后一位。

在醇酸树脂制造中可能有醇的醚化反应发生，生产过程中的酯化出水量多于理论酯化出水量及甘油所含的游离水的总和。多余的水是由于发生了醚化，醚化主要发生在醇解阶段。

(3) 影响醇解反应的外界因素

① 油未精制好，含有脂肪酸等杂质，将消耗催化剂而使醇解缓慢，而且反应程度降低。

② 空气中的氧，生产醇酸树脂时，通常在惰性气体保护下进行，以防止氧化致使油氧化聚合及颜色变深。氧化也不利于醇解反应的进行。

③ 不同的油类的碘值不同，碘值大的油类，其醇解深度相对较大。甘油一酸酯的收率较高，是由于甘油在不饱和度高的油内溶解度较大的缘故。

④“过量”甘油对甘油一酸酯生成有影响。在固定的条件下，即固定的催化剂用量和固定的温度下，试验证明，增加过量的甘油并不能提高醇解反应的速率。

(4) 醇解反应程度与醇酸树脂性质的关系　用醇解法生产醇酸树脂时要求：第一，油经过醇解反应后可以与苯二甲酸酐成均相反应；第二，醇解反应进行到最大深度，甘油二酸酯、甘油三酸酯和游离甘油尽量减少。因为醇解物的成分对以后酯化制成的醇酸树脂结构与分子量分布极其重要。有人曾用萃取法、色谱分离法等方法试图分析醇解物的成分，但都不够理想。Tawn以硅胶为吸收体，用氯仿与丙酮分级流出法来分离醇解物，取得较好的效果。

虽然醇解反应达到一定程度后，即可与苯二甲酸酐成均相反应，但醇解深度不同，所制得的醇酸树脂的漆膜性能也是有很大差别的，因此醇解反应必须达到很大的深度。

在醇解时油和甘油摩尔比相同，催化剂不同，所得的醇解物中甘油一酸酯含量基本相同，但甘油二酸酯、甘油三酸酯的含量则不同，这也会影响醇酸树脂的漆膜性能。

另外，温度对醇解反应也有影响，200℃反应太慢，260℃有分解和聚合。从生产来看，反应时间越短越好；从技术角度来看，没有副反应而且达到平衡状态最好。在一般条件下工业生产，油和甘油的反应并没有达到平衡状态。

(5) 醇解程度的测定

① 醇（甲醇或乙醇）容忍度测定法　这是一种粗略的测定法。随着醇解反应的进行，油逐步转变为甘油一酸酯、甘油二酸酯，极性增大。甘油一酸酯越多，与醇的混溶度越大。具体测试步骤是：取 1g（或 1mL）醇解物，在25℃以无水甲醇或95%的乙醇（也可规定其他浓度）滴定至浑浊不消失为终点。滴定速度会影响滴定结果，慢滴有利于得到偏高一些的数值。此法是目前生产中最普遍使用的方法，但此法不能确切地表示甘油一酸酯的含量。

② 发浑点法　醇解物在较高的温度溶于乙醇中，温度下降会析出。随醇解物中甘油一酸酯的含量的增加，醇解物在乙醇中的溶解度将增加，其析出的温度将降低，利用这一特性来测量醇解程度。做法是在试管中放 5mL 乙醇，加 2mL 热醇解物，立即将一个 100℃刻度的温度计插入试管中，并搅动醇解物，使其均匀地冷却，注意醇解物溶液变浑时的温度。

③ 电导率测定醇解程度　在生产醇酸树脂时，还可以采用测定醇解物的电阻变化的方法。在 80℃，亚麻油的电阻率为甘油的 6000 倍。在醇解过程中由于亚麻油与甘油的反应，甘油部分酯的成分增大，电阻率迅速下降，逐渐达到一个恒定的最低值。我国自行研发的醇解仪在涂料行业推广应用，取得较好的效果。

一般认为电阻达到最低值，并保持不变时，即醇解反应达到平衡，其实并不如此。开始电阻达到最低时，是因高温甘油溶于油内增大了电导率。以后醇解逐渐进行，成分不断变化。从醇解物可与苯二甲酸酐的融合性试验得到证明，此时并不是醇解反应达到平衡。

至今在生产时还没有一个科学、快捷的指示醇解物成分的控制方法。所以对醇解反应要综合考虑，如醇解物成分分析、醇酸树脂颜色及发浑问题、生产条件（温度、时间、催化剂、反应物的摩尔比），把试验和生产结合起来，以找出醇解反应平衡点，生产出理想的醇酸树脂。

(6) 季戊四醇醇解问题　季戊四醇是制造醇酸树脂的主要多元醇，近年来季戊四醇在醇酸树脂制造中用量已超过甘油的用量。季戊四醇是一个含有四个伯羟基的四元醇，外观是白色结晶，纯季戊四醇的熔点为 263℃，微溶于水。前面已提到工业品季戊四醇含有不同程度的二季戊四醇，平均羟基当量为 35.5%，平均羟基官能度为 4.15。杂质以灰分表示，灰分过高会影响醇解反应。国内季戊四醇Ⅰ型或Ⅱ型标准规定，一级品灰分含量都在 0.1%以下，而德国某公司季戊四醇灰分（以 CaO 计）≤0.002%～0.004%。季戊四醇含有钙的甲酸盐，少量能引起醇酸树脂浑浊；钠的甲酸盐则易使醇酸树脂颜色变深。钠、钙的硫酸盐会成为小粒沉于釜底。未处理净的硫酸会影响醇解。少量二季戊四醇的存在使季戊四醇的熔点降低、醇解稍快、酯化时黏度上升稍快，对成品性能没有明显的影响。

季戊四醇作为多元醇制造醇酸树脂时，由于较甘油的官能度大，而且结构对称，制得的醇酸树脂较同类型、相近油度的甘油醇酸树脂结构紧密、黏度较大、干燥较快、漆膜硬度较高，但柔韧性较低，光泽和保光性较好，耐热性、耐黄变性较好，耐化学药品性、耐水性、户外耐久性较好。

用季戊四醇进行醇解反应较甘油复杂。因油的组成中原没有季戊四醇，醇解物是油的脂肪酸重新分配于两种多元醇，其组成状况还不完全清楚。以摩尔比 1∶1 的油和季戊四醇为例，反应如下：

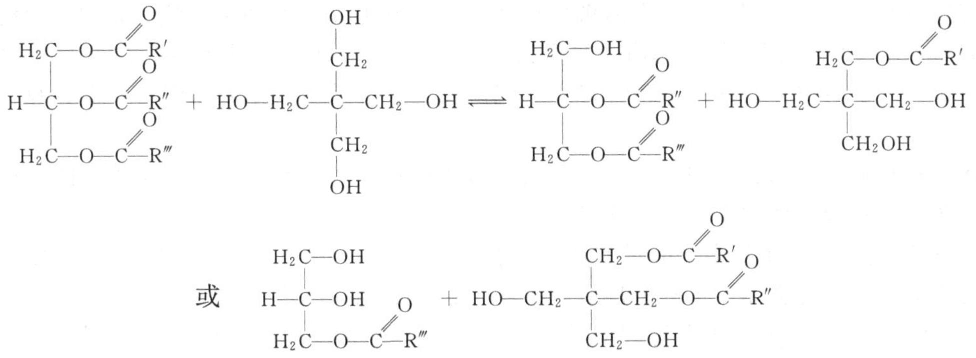

$$\begin{array}{l} H_2C-O-\overset{O}{\overset{\|}{C}}-R' \\ \quad | \\ H-C-O-\overset{O}{\overset{\|}{C}}-R'' \\ \quad | \\ H_2C-O-\overset{O}{\overset{\|}{C}}-R''' \end{array} + HO-H_2C-\underset{\underset{OH}{|}}{\underset{CH_2}{\underset{|}{\overset{\overset{OH}{|}}{\overset{CH_2}{\overset{|}{C}}}}}}-CH_2-OH \rightleftharpoons \begin{array}{l} H_2C-OH \\ \quad | \\ H-C-O-\overset{O}{\overset{\|}{C}}-R'' \\ \quad | \\ H_2C-O-\overset{O}{\overset{\|}{C}}-R''' \end{array} + HO-H_2C-\underset{\underset{CH_2OH}{|}}{\overset{\overset{H_2C-O-\overset{O}{\overset{\|}{C}}-R'}{|}}{C}}-CH_2-OH$$

$$或\quad \begin{array}{l} H_2C-OH \\ \quad | \\ H-C-OH \\ \quad | \\ H_2C-O-\overset{O}{\overset{\|}{C}}-R''' \end{array} + HO-CH_2-\underset{\underset{CH_2-OH}{|}}{\overset{\overset{CH_2-O-\overset{O}{\overset{\|}{C}}-R'}{|}}{C}}-CH_2-O-\overset{O}{\overset{\|}{C}}-R''$$

季戊四醇不同于甘油，它是固体而且熔点很高，醇解时要加入催化剂，所需温度也比较高，为230～250℃。一般将油与催化剂先混合，在惰性气体的保护下升温到醇解温度，在不断地搅拌下将季戊四醇分批加入。也可将季戊四醇全部加入油中，然后搅拌升温。此法可使树脂颜色浅些，可避免在加入季戊四醇时带入空气产生氧化。但必须搅拌良好，否则季戊四醇将粘在釜底炭化。在实验室用反应瓶观察季戊四醇醇解过程可以看到，季戊四醇先形成一个“壳”粘在瓶壁上，有些季戊四醇还升华到反应器上部。在反应进行中，“壳”渐渐熔化，升华的季戊四醇渐渐被回流的油所冲下。此时还不透明，因为有的季戊四醇还悬浮于反应混合物中。未反应的油与所形成的少量的不完全酯也不相混溶，随着反应程度的加深，形成的不完全酯多了，两相混合，季戊四醇也完全溶解，整个体系变得透明，此时称为热透明阶段。冷却仍有固体物析出，反应物变浑。继续保持醇解向深度进展，其醇解进程可通过测醇容忍度与电阻变化来观察。

试验证明，从测量电导率的变化与甲醇容忍度、未反应的季戊四醇的含量的变化是一致的，但季戊四醇醇解反应因季戊四醇和油的摩尔比不同及季戊四醇规格不同，甚至含不同无机杂质，其电导率的曲线表现都不同。电导率的变化与甲醇容忍度、未反应的季戊四醇的含量，都不能说明醇解反应是否达到平衡。所以醇解反应的控制要结合最终制出的醇酸树脂来确定反应应控制哪个阶段工时最省、产品性能最佳。

现在国内生产季戊四醇醇酸树脂还是采用测量醇容忍度的方法。

表 2-1-23　不同的油度在不同反应时间所达到的容忍度

油度/%	80	70	65	62	56
时间/min	40	40	30	30	20
甲醇容忍度	0.5	1	2	2.75	3.35

① 说明油度不同其醇解反应与容忍度数值不同，油度短醇解反应快，甲醇容忍度大（表 2-1-23）。

② 季戊四醇醇解反应比较复杂，醇容忍度作为观察醇解反应程度的指标仅是相对的，并不能说明其内部变化。醇容忍度值由醇解反应开始时上升，当达到一个较高数值后，又开始下降（比甘油显著），下降幅度比较大。醇容忍度降低可能是由于季戊四醇发生醚化。长时间的醇解，不但醇容忍度降低，而且在酯化阶段黏度上升也较快（表 2-1-24）。

表 2-1-24　230℃醇解反应保持期间醇容忍度的变化

时间/min	10	30	60	90	120	180	240
容忍度(95%乙醇)①	5.6	5.6	5.6	5.0	4.6	4.0	3.6
容忍度(20℃)②	2.3	2.6	2.3	2.15	2.15	2.15	2.0

① 亚麻油：季戊四醇=1：1.3（摩尔比）。

② 亚麻油：季戊四醇=1：1（摩尔比）。

(7) 醇解法生产醇酸树脂，在醇解反应完成后，其酯化阶段和脂肪酸法相同 醇解物稍稍降温至180～200℃即可加入苯酐，再升温至200～250℃进行酯化反应。酯化反应中控制好反应条件，定时取样，测定酸值与黏度。当酸值与黏度达到规定要求时，降温、兑稀、调整黏度、过滤、包装。

(8) 对醇解反应的新认识 经过对季戊四醇醇解过程的观察，有的专家提出醇解反应中的介质效应及不同活性的多元醇的递进醇解的新概念。

① 介质效应 油脂与多元醇进行醇解反应的产物——多元醇的脂肪酸不完全酯，作为醇解反应的介质，可进而促进醇解反应的进行，这种作用称为介质效应。

② 递进醇解 由于不同多元醇的结构、官能度、分子极性、分子量等差别，其醇解的难易程度不一。如几种多元醇一起参与醇解，易醇解的多元醇先醇解，其形成的不完全酯为以后的醇解反应提供了良好的介质，从而使整个醇解反应得以迅速完成，称为递进醇解。如一些短油度醇酸树脂，以容易醇解的一缩二乙二醇（DBE）、三羟甲基丙烷（TMP）先行与甘油、季戊四醇构成递进醇解，大大加快了整个醇解反应的进行。

高羟值短油度或超短油度的醇酸树脂在醇解阶段节制多元醇的投入量，安排一部分多元醇直接参与酯化，有利于节能增效并提高树脂的质量。

3. 脂肪酸-油法制醇酸树脂

将脂肪酸、油、多元醇、多元酸（苯二甲酸酐）一同加入反应釜中，升温至210～280℃保持酯化至达到规定要求。此法制得的醇酸树脂较醇解法制得的面干快而干透慢。而油的用量必须有一个正确的比例，否则将产生胶粒。有人认为，在有油脂（简记为O）又有脂肪酸（简记为F）的O/F体系的醇解，O/F体系的醇解的核心问题是形成以F的单甘油酯为代表的不完全多元醇酯体系。O/F体系的醇解，必然是油的酯交换和脂肪酸的酯化两个反应的综合。脂肪酸的酯化形成的单甘油酯，又为油和甘油相溶创造了环境条件，促进油的醇解。试验表明，在以不同比例的亚麻油/亚麻油酸混合物与甘油在不同的催化条件下，进行醇解反应，把油的酯交换和脂肪酸的酯化结合起来，才能更好地完成O/F体系的醇解。ZnO不是酯交换的良好催化剂，但对酯化有良好催化作用；LiOH是典型的酯交换催化剂，对酯化没有明显的作用。对O/F体系来说，ZnO和LiOH的配合，才能取得最佳效果。

（三）醇酸树脂的生产工艺

1. 醇酸树脂的酯化工艺

脂肪酸法或醇解法生产醇酸树脂酯化工艺上都是采用溶剂法脱水。因为醇酸树脂最基本的化学反应是酯化反应，反应产生的水必须及时除去，酯化反应才得以深度进行。熔融法靠不断通入惰性气体以帮助搅拌，排出酯化反应产生的水汽和防止反应物氧化。而溶剂法是利用有机溶剂作为共沸液体带出水帮助酯化。

在酯化阶段加入反应物量的3%～5%的溶剂（主要是二甲苯）。脂肪酸法制醇酸树脂时，在投入多元酸、多元醇、脂肪酸的同时加入溶剂，升温进行酯化，共沸脱水。醇解法生产醇酸树脂是在完成醇解反应加完苯酐后，加回流二甲苯。溶剂法反应温度比较容易控制，通过增减溶剂量来进行调节（表2-1-25）。

表 2-1-25 用量与沸点的关系

溶剂	用量/%	沸点/℃
二甲苯	3	251～260
二甲苯	4	246～251
二甲苯	7	204～210

溶剂法生产醇酸树脂，在反应釜上装有蒸汽加热的分馏柱，柱内装有填料。这个设备有利于含有低沸点成分的配方，如含有苯甲酸（沸点249℃）、乙二醇（沸点198℃），如果没装分馏柱则损失太大。

另一个优点是有利于溶剂和水的分离，加快酯化反应的进行。分馏柱用蒸汽加热，可使酯化生成的水蒸出，而其他醇和酸、部分溶剂回流回收。

注意经冷凝器回到反应釜内的二甲苯温度不可过高，这是因为在较高的温度下，水在二甲苯中的溶解度将增大（表 2-1-26）。

表 2-1-26 水在二甲苯中的溶解度

温度/℃	25	40	55	70
溶解度/(g/100mL)	0.018	0.06	0.090	0.118

表 2-1-27 苯二甲酸酐在二甲苯中的溶解度

温度/℃	10	25	40	55	70
溶解度/(g/100mL)	0.88	1.50	2.60	4.25	5.85

如果带回反应釜的水增多，不利于酯化反应的进行。特别是在酯化反应的后期出水很少，二甲苯带回的水将延长反应时间。反之，低温会使苯酐在二甲苯中的溶解度下降，有造成冷凝器被堵塞的危险（表 2-1-27）。返回反应釜的二甲苯应控制在 25～40℃。反应生成的水，应收集计量，以便了解酯化反应进行程度。

醇酸树脂的酯化工艺的改进：传统的酯化流程为蒸出管→冷凝器→分水器→反应釜。如采用改进工艺则由填料塔→回流冷凝器→分水器→填料塔→反应釜，最后回到反应釜的二甲苯温度为 110～125℃，高于二甲苯-水的共沸温度 92℃。由于回到反应釜的二甲苯温度高，含水少，甚至不含水，这样既节约能源，又缩短脱水时间。按试验装置测算，整个酯化过程节柴油率为 47.3%，整个醇解和酯化流程节柴油率为 23.6%，每吨醇酸树脂节柴油 14.2kg。虽然建填料塔一次性投入较大，但是节能效果明显，还是值得推广的。

溶剂法与熔融法相比有以下优点。

① 树脂颜色较浅且比较均匀。

② 收率较高，因无苯二甲酸和多元醇的损失，多元醇、多元酸的比例保持基本不变。

③ 酯化温度比较低，酯化反应周期比较短。

④ 温度容易控制。

⑤ 反应釜容易清洗。

熔融法已基本不用，仅个别醇酸树脂如间苯二甲酸醇酸树脂还采用熔融法。

2. 醇酸树脂的生产设备

醇酸树脂的反应温度通常为 200～250℃，在涂料行业中，醇酸树脂属高温合成树脂。醇酸树脂的生产设施中最重要的设备是反应釜。我国从 20 世纪 80 年代从国外引进多套 6～12m^3 大型醇酸树脂反应釜及 60～200 251～837J/h 热媒锅炉。现在我国 12m^3 以上大型醇酸树脂反应釜已很普遍，并已国产化，最大的反应釜甚至达到 50m^3。一些专业醇酸树脂生产厂家，采用先进的 DCS 集散自动控制系统，醇酸树脂生产的自动化程度大大提高。反应釜上配备搅拌器、通入惰性气体的装置、分馏柱、冷凝器、油水分离器、温度计和记录仪、自动取样器、人孔、液体原料加入管路、取样装置、打沫器、真空装置等。

随着醇酸树脂反应釜大型化，其加热方式都是采用热导油加热。大型化反应釜和热导油加热有助于提高热能利用率及醇酸树脂的质量。传统的直接火加热，热效率在 40%左右，引进热媒锅炉热效率达到 80%以上。直接火加热每吨醇酸树脂耗柴油平均 60kg，热媒锅炉加热每吨醇酸树脂耗柴油平均 40kg，节约 1/3。在反应釜上有热导油进出口。热导油通过安在反应釜壁上“半管”加热，而且加热分为 2～3 个独立的区域，既可自控，又可冷却，安全而又无过热问题，使物料受热均匀，颜色较浅。以搅拌器搅拌使物料充分混合均匀，对于溶剂法生产醇酸树脂回流二甲苯带水更为重要。搅拌叶片的直径为反应釜直径的 35%～60%，透平叶片线速度 185～250m/min。

(1) 分馏柱 以 $4m^3$ 反应釜为例，分馏柱为 31mm×2100mm，顶部有加热-冷却盘管，盘管是由 1.27cm（1/2in）不锈钢管制成的双环形，表面积为 $1.8m^2$，自动控制供汽或水。柱内填充 1.905cm（3/4in）拉希格环（Rashig），填充高度在 1m 左右。反应开始时出水较多，分馏柱顶部温度保持在 100～105℃以减少损失，特别是减少低沸点物的损失。此时二甲苯回流量并不大，约 2.5～3.5kg/min（$4m^3$ 反应釜）。釜温可以增减二甲苯量。在反应接近完成时出水量大减，回流二甲苯量可增至 11～14kg/min（$4m^3$ 反应釜），分馏柱顶部温度可提高至 125℃。蒸馏冷凝器的温度也要降低以利于最后分水。

(2) 蒸馏冷凝器 为列管式，管外通水冷却，$4m^3$ 容积的反应釜冷却面积至少为 $18m^2$。

(3) 油水分离器 溶剂法生产醇酸树脂需要油水分离器。由冷凝器凝缩并冷却的水和溶剂，流入分离器中，分成两层，上层为溶剂，溢回反应釜中，下层为水，也自动溢流收集到接收器中。在溶剂回到反应釜的管路上，装有流量计，以测量回流速度。在反应釜上还有温度计口、取样口、回流二甲苯入口等。

(4) 稀释罐 其容积至少为反应釜的 2 倍。装有透平式搅拌，稀释时如有溶剂蒸气，可由冷凝器凝缩回来。罐内有盘管加热或冷却。稀释罐应装有重衡传感器，直接读出罐内物料的质量。稀释罐区必须具备防火安全措施。

(5) 过滤净化设备 过滤设备种类很多，常用的有水平或立式平板过滤器。可将硅藻土（助滤剂）约 0.2%分散于树脂内或少量树脂内，在过滤时在滤布（纸）上形成"滤衣"，既可助滤，又防止滤孔堵塞降低过滤速率。

3. 生产工艺举例

溶剂法生产醇酸树脂如下。

【例】 豆油醇酸树脂

62%油度豆油季戊四醇醇酸树脂见表 2-1-28。

表 2-1-28 62%油度豆油季戊四醇醇酸树脂

配 方	投料量/kg	投料比/%	当量值	e_A	e_B	官能度	m_0
豆油(双漂)	1250.0	57.42	293	4.26		1	4.26
季戊四醇(工业品)	327.0	15.02	35.5		9.21	4	2.30
苯二酸酐	600.0	27.56	74.0	8.11		2	4.05
甘油(油内)					4.26	3	1.42
合计	2177.0	100.00		12.37	13.47		12.02

氧化铅：0.52kg

多元醇过量 $R=\frac{13.47}{12.37}=1.089$ $r=\frac{9.21}{8.11}=1.136$

$$K=\frac{m_0}{e_A}=\frac{12.03}{12.37}=0.973$$

油度：62%

规格要求：

黏度(25℃,加氏管)/s	7～9	不挥发分/%	55±2
酸值/(mgKOH/g)	≤15		

生产工艺如下。

① 将豆油加入反应釜中，升温，通入 CO_2，搅拌，在 45～55min 内升温到 120℃，停止搅拌，加入氧化铅，开始搅拌。

② 升温到 220℃分批加入季戊四醇，再继续升温到 240℃，保温醇解，至取样测定 95%乙醇容忍度（25℃）为 5 作为醇解终点。在醇解时准备好油水分离器中垫底二甲苯及回流二甲苯。

③ 降温到 220℃加入苯二甲酸酐，加完停止通入 CO_2，立即加入总加料量 5%的二甲苯（约 108kg）。

④ 继续升温到 200℃保温 1h，升温到 220℃保温 2h，测酸值、黏度（黏度测定：样品：200# 油漆溶剂油＝10：7.3，以加氏管测定）。接近终点时每隔 0.5h 测一次。当黏度达到 7s，酸值达到 18mgKOH/g 以下时，立即停止加热，抽入或放入稀释罐进行冷却。当温度降到 150℃以下，加入 200# 油漆溶剂油 1567kg 溶解成醇酸树脂溶液，再冷却至 60℃以下过滤。

【例】 椰子油醇酸树脂

短油度椰子油醇酸树脂见表 2-1-29。

表 2-1-29　短油度椰子油醇酸树脂

配　方	投料量/kg	投料比/%	当量值	e_A	e_B	官能度	m_0
椰子油(单漂)	648	36.00	218	2.97		1	2.97
甘油,95%(第一份)	304	16.89	30.7		9.41	3	3.14
甘油,95%(第二份)	98	5.44	30.7		3.03	3	1.01
苯二甲酸酐	750	41.67	74	10.13		2	5.06
甘油(油内)					2.97	3	0.99
合计	1800	100.00		13.10	15.41		13.17

氧化铅：0.13kg

油度：38%

甘油过量：$R=\frac{15.41}{13.10}=1.176$　　$r=\frac{12.44}{10.13}=1.228$　　$K=\frac{m_0}{e_A}=\frac{13.17}{13.10}=1.005$

规格要求：

黏度(25℃,加氏管)/s	13～25	不挥发分/%	65±2
酸值/(mgKOH/g)	≤17		

生产工艺如下。

① 先将椰子油、第一份甘油加入反应釜中，升温，同时通入 CO_2，到 120℃时停止搅拌加入氧化铅，继续搅拌。

② 在 2h 内升温到 230℃，保持醇解至无水甲醇容忍度（25℃）达到 5 为醇解终点。

③ 降温到 220℃，在 20min 内加完苯二甲酸酐。

④ 停止通入 CO_2，从油水分离器加入总投料量 6%的二甲苯（108kg），升温。

⑤ 在 2h 内升温到 195～200℃，保持 1h，加入第二份甘油，继续酯化。

⑥ 保持 1h 后，开始测酸值、黏度（样品：二甲苯＝12：6.9，在 25℃以加氏管测定）。当黏度达到 10s 时停止加热，立即抽出或放出至稀释罐，冷却至 110℃以下，加入甲苯 804kg，溶解成醇酸树脂溶液，再冷却过滤。

【例】 61%油度豆油脂肪酸树脂

大多数醇酸树脂是以苯酐生产的，而只要是醇酸树脂就有一定的酸值。由于苯酐的第二个羧基，即半酯化开环后释放出来的—COOH，其反应活性比第一个羧基低，也比脂肪酸、苯甲酸低，后两者空间位阻都小于苯酐的第二个羧基，只是松香的空间位阻大于苯酐的第二个羧基，所以一般来说，醇酸树脂的酸值是苯酐的第二个羧基未完全反应的表现。也就是说，那一部分未完全反应的苯酐，只起到一元酸的作用。在计算设计终点 $AV\geqslant0$ 的醇酸树脂配方时，应把苯酐分为一元酸和二元酸两部分来处理。以 K_t 代表理论 K 值，以 K_p 代表实际醇酸常数。

试以 61%油度豆油脂肪酸树脂为例，做配方分析。

产品设计固体分：50%；固体树脂酸值：12mgKOH/g（50%的液体树脂为 24mg KOH/g），只起到一元酸作用的苯酐数量近似计算值为：(24/56100)×96.6×148＝6.12 份。

61%油度豆油脂肪酸树脂见表 2-1-30。

表 2-1-30 61%油度豆油脂肪酸树脂

配　方	质量分数/%	m_0	e_A	e_B
豆油	58.24	G0.066		0.199
		F0.199	0.199	
季戊四醇	13.82	0.094		0.390
苯酐				
Ⅰ二元酸	21.82	0.147	0.295	
Ⅱ一元酸	6.12	0.41	0.41	
合计	100.00	0.548	0.535	0.589

脱水量：0.147×18＝2.65

理论树脂产量：97.35

计算反应终点（固体树脂）：

$$AV=\frac{0.041\times56100}{97.35}=23.8 \qquad K_p=\frac{0.548}{0.535}=1.024$$

$$R=1.099 \qquad r=1.158$$

习惯计算方法：

脱水量 0.189×18＝3.40，树脂理论得量 96.60。

$$K_t=\frac{0.548}{0.577}=0.950$$

$$R=1.020 \qquad r=1.029$$

$$K_p>K_t$$

$K_t=0.950$，似乎工艺不安全，但由于终点 AV 为 24，$K_p=1.024$，所以工艺是安全的，按照这种方法，配方参数 R、r 和羟基值都有提高。

如果配方设计中有较多的松香，树脂最后的酸值可认为是未反应的松香，应把松香分为反应和未反应两部分计算。

4. 醇酸树脂生产的质量控制

(1) 酸值与黏度　酸值与黏度是醇酸树脂生产中质量控制的主要技术指标。在生产过程中不断、定期地取样测定酸值与黏度，它反映反应釜内反应进行的情况。

① 酸值　是指中和 1g 试样所需的氢氧化钾的毫克数，标志着酯化反应的速率和程度。制造醇酸树脂希望分子量高，酸值低，即酯化反应要完全。控制酸值要比凝胶化时高 2～5mgKOH/g，这样的树脂（常温、自干型）制得的漆膜性能与稳定性都比较好。大多数醇酸树脂的酸值都控制在 10mgKOH/g 以下，对不同的醇酸树脂另做规定。

②黏度　表示醇酸树脂的缩聚程度与分子量的增长。现场测定的方法是将固体树脂溶于一定数量的指定溶剂，在规定的温度下以加氏管测定。加氏管有两种表示方法：一种是与装有标准黏度液体的并行比较，以加氏管规定的英文字母表示黏度档次；另一种用时间 s 表示黏度。标准的加氏管可以和绝对黏度对应换算。

③ 酸值-黏度关系　以黏度的对数值和酸值对反应时间作图 2-1-2，这个曲线可以直观地反映反应进行情况。从实验室制得的树脂的反应曲线与在生产时制得的反应曲线两者比较，可以看出实验室与大型生产的差别。同一配方、相同工艺、相同原料生产时所得的曲线应是一致的。在理论上酸值联系着数均分子量，黏度联系着重均分子量。实际上每一个配方与特定工艺都有其自身的变化曲线，而不是一个标准的变化曲线。

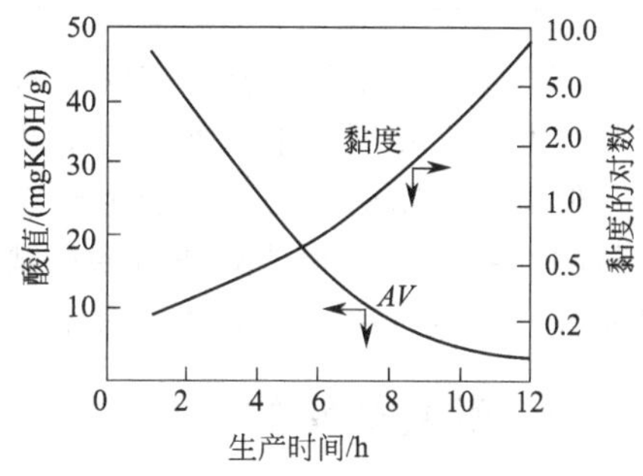

图 2-1-2　酸值、黏度与生产时间的关系

另外，将酸值对黏度的倒数作图可得直线（图2-1-3）。由直线的走向可观察配方、工艺是否合理。延长直线可以外推到凝胶时的酸值，所以是生产控制的有力工具。对于油度小于45%的配方来说，这种推测方法更有用。因为短油度者反应快，现场测定酸值、黏度需时较长，不易控制。

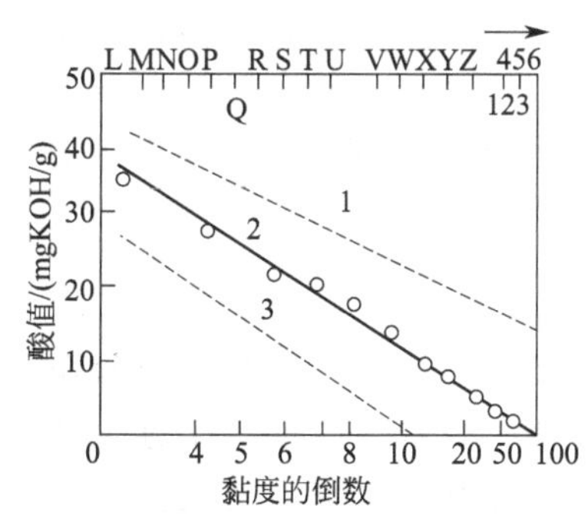

图 2-1-3　酸值对黏度的倒数作图外推凝胶化时酸值

1—反应不完全；2—设计适当的配方；3—不适用的高分子结构

(2) 固化时间　有的醇酸树脂反应过快，测酸值、黏度法来不及控制，则采取测固化时间法。就是将一块特制钢板加热到 200℃，滴一滴树脂于钢板上，记录树脂胶化时间。固化时间在 10s 左右的树脂是不稳定的，生产时终点控制一般不要小于 10s。

(3) 颜色　醇酸树脂要求颜色很浅，而很多厂家做不到，原因是原料不净、设备材料不良、操作带入杂质、空气氧化等诸多因素的影响。树脂颜色深浅将影响漆的色泽，特别是白色、浅色漆；有的还将影响漆膜的耐久性。

(4) 化学分析　在实验室做醇酸树脂的分析一般包括分离与分析。测定醇酸树脂所含游离酸、羟基含量、不皂化物、多元酸种类、多元醇种类、脂肪酸种类和是否有其他改性剂如松香、苯乙烯、丙烯酸类、酚醛树脂、氨基树脂等。先以红外吸收光谱定性地进行测定，可大量简化以后的分析工作。特别是可以先鉴定出是否为苯二甲酸或其他多元酸所制得的醇酸树脂，是否含有酚醛、氨基、苯乙烯等改性剂。分离方法为将醇酸树脂以乙醇、氢氧化钾皂化，这样可将多元酸作为钾盐分离出来、滤出。脂肪酸在滤液中，稀释、酸化，以溶剂（石油醚或苯）萃取出来。多元醇存留在残留溶液中，分析方法可用经典的容量法、重量法、色谱法等。采用纸色谱、薄层色谱、气相色谱等来分离、分析，可大大简化分析工作。

现在醇酸树脂是一种原料，也是一种商品，对醇酸树脂技术指标做快速分析是很必要的。已有一种醇酸树脂的植物油的成分快速分析法，采用 PEG20M 毛细管柱色谱质谱联用仪，对醇酸树脂水解甲酯化产物进行色谱和质谱分析，结果表明，植物油脂肪酸同分异构体得到较好的快速分离。总离子流图的分析时间在 10min 内，可用于醇酸树脂的工业快速分析。例如，对大豆油醇酸树脂水解甲酯化产物中脂肪酸峰面积与大豆油组分文献值的对比（表 2-1-31）。

表 2-1-31 大豆油醇酸树脂水解甲酯化产物中脂肪酸峰面积与大豆油组分文献值的对比 单位：%

组分	棕榈酸	硬脂酸	油酸	亚油酸	亚麻油酸	花生酸
大豆油	11	4	25	51	9	量中
水解产物	26.99	10.34	23.06	33.56	4.43	0.96

(5) 醇酸树脂的规格　在醇酸树脂生产中，主要控制酸值、黏度及颜色，用同一配方、相同的原料、相同的生产条件所生产的醇酸树脂都应控制到相同的指标，以保持产品的稳定性。但醇酸树脂的规格不限于生产控制指标，尤其是醇酸树脂已经商品化，更应向用户提供完整的产品规格。商品醇酸树脂的规格包括：牌号（或型号）、油品、油度、苯二甲酸酐、多元醇、颜色、酸值、黏度、固体分及兑稀溶剂名称等规格。

六、醇酸树脂的应用

醇酸树脂是涂料工业用途最广的合成树脂之一。醇酸树脂作为成膜物质可以制成清漆、色漆，既可制成通用性漆，也可以生产工业专用漆。按照醇酸树脂的油品和油度的不同，可概括为三种用途。

① 干性油醇酸树脂，在空气中自动氧化成膜，可制成各种清漆、色漆及各种类型涂料，成为涂料工业中很重要的一大类涂料。

② 和氨基树脂配合，制成氨基醇酸烘漆；与脲醛树脂合用，以酸催化做家具漆；也可和多异氰酸酯一起，制成双组分聚氨酯涂料。

③ 醇酸树脂作为增塑剂与热塑性树脂合用，如硝基漆、乙基纤维素、氯化橡胶、过氯乙烯树脂等合用，以改进挥发性涂料的性能。

1. 醇酸树脂的种类及用途

(1) 干性油短油度醇酸树脂　短油度醇酸树脂，含油 30%～40%，含苯二甲酸酐大于 35%。所用的油通常有亚麻油、桐油（部分）、豆油、梓油、脱水蓖麻油等干性油或它们的脂肪酸。这类醇酸树脂黏度比较高，需用芳香烃溶剂如二甲苯溶解，制成漆后，宜喷涂或浸涂；既可自动氧化干燥，也可烘干成膜；漆膜有较好的光泽、较高的硬度、保光性和保色性及户外耐久性较好。可用于汽车、玩具、机器零件等金属制品。既可做底漆，也可做面漆。还可与氨基树脂混合制成烘漆；也可与脲醛树脂合用，以酸为催化剂做成自干漆。

(2) 干性中油度醇酸树脂　干性中油度醇酸树脂，含油 46%～55%，含苯二甲酸酐 30%～35%，是最常用的一类醇酸树脂。由干性油、甘油（或季戊四醇）、苯二甲酸酐制成。由季戊四醇取代部分或全部甘油制得的醇酸树脂，结构紧密而且官能度高，油度稍长，比甘油制得的漆膜干率与耐久性都好。62%左右油度的季戊四醇醇酸树脂与 55%左右油度的甘油醇酸树脂可相互代用。

用干性油中油度醇酸树脂制出的漆可以刷涂、喷涂或辊涂。漆膜干燥快，有很好的光泽、柔韧性和耐候性。可以制成自干或烘干的清漆、底漆、磁漆、腻子等。施工于金属、木材及其他材质上，如汽车修补漆、卡车漆、家具漆、农机漆及水线以上的船舶漆等其他机械或建筑用漆。

(3) 不干性油醇酸树脂　不干性油醇酸树脂用椰子油、蓖麻油、壬酸、月桂酸、叔碳酸以及其他饱和脂肪酸和中、低碳合成脂肪酸等制成。不论短油度不干性油醇酸树脂，还是中油度蓖麻油醇酸树脂，由于极性较大，必须用芳香烃溶剂。

① 用于硝基漆的不干性油醇酸树脂　中、短油度的不干性油醇酸树脂用于硝基漆作增

塑剂。其作用如下。

a. 增加漆膜的附着力。因为硝基纤维素本身的附着力很差，醇酸树脂比增塑剂更能增加硝基漆的附着力，而漆膜的硬度降低并不明显，且加量大可达到与硝基纤维素相同的量。

b. 提高硝基漆的光泽。硝基纤维素单独制漆，光泽很低，如加入醇酸树脂可以大幅度提高硝基漆的光泽。

c. 增加硝基漆的丰满度。

d. 加入醇酸树脂可以提高硝基漆的固体分，且不增加黏度，从而也增加一次漆膜的厚度。

e. 防止漆膜收缩。因为硝基纤维素制得的漆膜随溶剂的挥发，漆膜将收缩，若加入醇酸树脂可防止硝基漆漆膜的收缩。

f. 提高硝基漆的耐候性。用醇酸树脂取代松香酯，从而大大提高了硝基漆的耐候性。

用椰子油、蓖麻油、壬酸、月桂酸所制得的短油度甘油或季戊四醇醇酸树脂，都可用于硝基漆，但椰子油季戊四醇醇酸树脂以较长油度而达到与甘油者相同的硬度，而前者的黏度低，使硝基漆具有较高的固体分、较好的耐水性、耐醇性、抛光性及柔韧性。其他不干性油的季戊四醇醇酸树脂也具备这些优点。

② 用于氨基醇酸漆的不干性油醇酸树脂　醇酸树脂上的游离羟基与羧基可与氨基分子上的羟基、烷氧基起缩合反应。少量的氨基树脂（3%左右）可改善自干醇酸树脂漆的起皱性，较多的氨基树脂（如为醇酸树脂的 1/5～1/2），则需烘干。氨基树脂起交联固化作用，而醇酸树脂则起提供缩聚基团和增塑、增加附着力的作用。氨基醇酸漆比醇酸树脂漆有更好的硬度、耐碱性、户外耐久性。

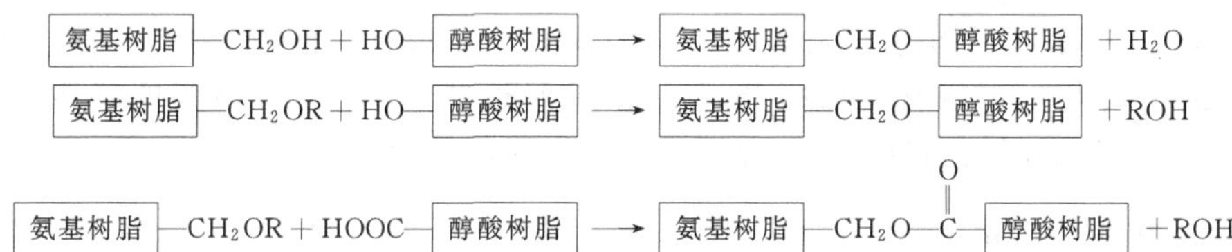

短油度的不干性油醇酸树脂-氨基树脂烘漆可得到硬而坚韧的漆膜，具有良好的保光性、保色性、户外耐久性和一定的抗潮性、耐溶剂性与耐中等强度的酸、碱溶液的能力。中油度的不干性油醇酸树脂硬度相对低一些，但有相对较好的柔韧性和力学性能。短油度醇酸-氨基漆主要用于汽车、电冰箱、金属制品、玩具等，这类用途要求漆膜力学性能良好，保光、保色、耐污染、耐油、耐洗涤剂，长期使用而能保持漆膜完好。目前醇酸-氨基漆是主要的汽车面漆品种之一。该漆的醇酸树脂部分为短油度饱和脂肪酸（油）醇酸树脂或无油醇酸树脂。醇酸树脂的类型和质量对醇酸-氨基漆的性能影响很大，两者的极性、官能度要相适应，才会有良好的融合性和共缩合性。如果含有未反应的苯二甲酸酐或酸值过高，将使漆膜发暗。

(4) 长油度醇酸树脂　长油度醇酸树脂，油度为 60%～70%，苯二甲酸酐含量 20%～30%。长油度醇酸树脂的漆膜有好的干燥性能，漆膜有弹性，有良好的光泽、保色性与耐候性，但硬度、抗磨损性略比中油度者差。长油度醇酸树脂的突出优点是易于涂刷施工，流平性好，因此可用于钢结构和户内外建筑涂料、船舶涂料、氯化橡胶涂料，也可用以增强油基树脂漆和乳胶漆。

(5) 极长油度醇酸树脂　极长油度醇酸树脂，油度大于 70%，苯二甲酸酐含量小于 20%。溶于脂肪烃溶剂，可与油基树脂漆混合。此种树脂干燥慢，但有良好的涂刷性与耐候性，主要用于油墨，也可作调色基料，户外房屋用漆或增强乳胶漆。

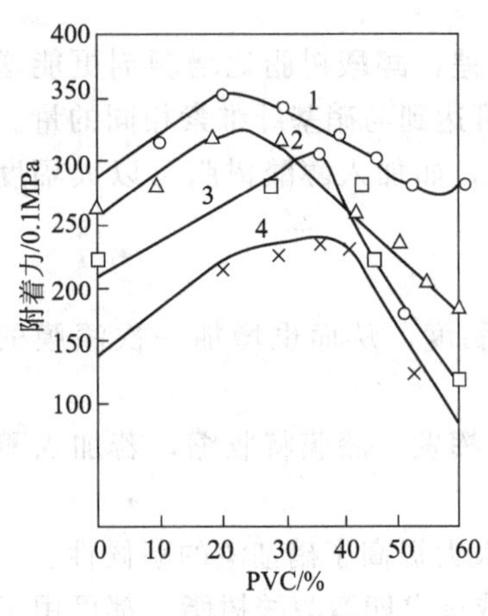

图 2-1-4　PVC 与附着力的关系
1—50%；2—55%；3—60%；4—66%

(6) 醇酸树脂色漆的颜料体积浓度（PVC）及对漆膜力学性能的影响　不同油度的醇酸树脂分别制成的清漆，干燥时间随油度的降低而缩短，附着力、拉伸强度等力学性能则随油度的降低而增强。不同油度的醇酸树脂分别以不同 PVC（0～60%）制成色漆，在碳钢板上制得厚度为 35～40μm 漆膜，干燥 7 天，测定漆膜在碳钢板上的附着力，则 PVC 与附着力的关系如图2-1-4 所示。

由图 2-1-4 可以看出，油度的下降。聚合物分子上的极性基团如羟基、羧基和酯基增加，这些基团提供了漆膜的附着力。油度增加，漆膜在干燥过程中交联密度增加，导致内应力增加和漆膜收缩，因而附着力下降。加入颜料可以提高附着力。树脂不同，达到某一颜料体积浓度时，附着力达到最高值，越过此点，颜料再多加，则附着力下降。上述 66%、60%、55%、50%油度的四种醇酸树脂和氧化铁红制成的色漆，其最大附着力及 CPVC 见表 2-1-32。

表 2-1-32　四种色漆最大附着力及 CPVC

油度/%	66	60	55	50
CPVC/%	45	38	30	25
附着力(最大值)/MPa	24.51	30.40	32.36	35.30

高于或低于 CPVC 则附着力急剧下降，但此 CPVC 值低于按吸“醇酸树脂”量法测得的 CPVC 值。氧化铁红醇酸树脂漆，虽在 CPVC 时达到最高值，但漆膜的拉伸强度与坚韧度很差，正确选择颜料的用量以达到漆膜的各项性能都符合要求。

2. 醇酸树脂漆的品种

现代涂料工业发展不断出现一些新的合成树脂，但醇酸树脂漆仍占有不可替代的重要地位。这是由于醇酸树脂漆品种多、用途广，从利用可再生资源和环境保护意义上讲，醇酸树脂漆仍有很大发展空间。

醇酸树脂漆的品种有清漆、磁漆、调合漆、底漆、二道底漆、防锈漆、腻子等品种。按漆膜光泽又分为高光、亚光、无光等。设计醇酸树脂漆的配方时应注意如下几点。

① 清漆　清漆由中油度或长油度亚麻油、豆油醇酸树脂溶于适当的溶剂，加入催干剂，过滤净化制成。醇酸清漆一般不用铅催干剂，因为醇酸树脂中游离的苯二甲酸酐能结合铅盐析出，从而使清漆发浑。醇酸清漆中应加入防结皮剂，松节油也有防结皮作用。

② 色漆　色漆配方设计的重点是成膜物质和颜、填料的体积比。我国涂料企业习惯于按质量比计算设计配方。实际在漆膜中，各组分是按相互占据的体积影响着漆膜的性能。在设计醇酸树脂色漆配方时，在注意树脂、颜料、溶剂、助剂这些成分的质量分数的同时，还需考虑到该配方的 PVC 值。PVC 与漆膜光泽粗略对应关系为：PVC 3%～20%，有光磁漆；PVC 40%～55%，光泽度 20%～30%；PVC 55%～60%，光泽度 5%以下。

在醇酸树脂色漆中，醇酸磁漆是非常成熟、应用很广的一种面漆。它的 PVC 较低，一般为 3%～20%，不加或加极少量的填料，这也是与醇酸调合漆的主要差别。醇酸磁漆具有良好的装饰性和户外耐久性，既可常温干燥，也可烘干，既是一种通用的民用漆，也可制成各种工业漆，如卡车、农机、建筑机械用漆。在醇酸磁漆的基础上，通过增大 PVC 或加入消光剂可以生产出亚光或无光漆。传统的C04-64醇酸半光漆的光泽度（30±10）%，PVC为30%～40%，而C04-83醇酸无光磁漆的光泽度<10%，PVC为40%～50%。

其他醇酸色漆，如长油度醇酸色漆，醇酸树脂质量分数在70%以上，颜料分较低，PVC在10%左右。

醇酸底漆，如铁红醇酸底漆，通常用中油度醇酸树脂，质量分数在35%左右，PVC在40%左右。

醇酸二道底漆，特点是颜料少而填料多，应用于底漆之上，以填充底漆的孔隙，PVC为45%～50%。

醇酸腻子，刮涂施工，以滑石粉、碳酸钙等填料为主，PVC在70%以上。

水性醇酸树脂漆、醇酸树脂和其他树脂制备的硝基漆、氨基漆等，在其他章节叙述。

七、醇酸树脂的改性

1. 新材料的应用

随着新材料的发展和市场对新产品的需求，醇酸树脂的品种更加多样化。新材料的应用主要是多元醇和多元酸的改换。

(1) 多元醇　如三羟甲基丙烷、乙二醇、一缩二乙二醇、新戊二醇等。

① 三羟甲基丙烷　有三个伯羟基，一个烃基支链，可增加醇酸树脂在烃类溶剂中的溶解度。三羟甲基丙烷原先主要用于聚氨酯涂料，用于醇酸树脂可采取三种方式：a. 保持苯二甲酸酐不变；b. 保持油度不变；c. 三羟甲基丙烷与甘油按等量置换。三羟甲基丙烷制成的醇酸树脂烘漆有以下优点：烘干时间较短，漆膜硬度较大，漆膜耐碱性、保光性、保色性、耐烘烤性较好，但抗冲击性比甘油醇酸树脂差。

② 乙二醇和一缩二乙二醇、新戊二醇　都是二元醇，若与高官能度的多元醇合用，可以调节平均官能度。如与季戊四醇合用，按摩尔比1∶1时其平均官能度为3。乙二醇能调节季戊四醇的官能度，可代替甘油制作短油度醇酸树脂，基本维持油度和苯二甲酸酐含量不变，产品性能不低于甘油制作者。但乙二醇沸点低（198℃），所以在醇酸树脂生产时应采取蒸汽保温回流分馏柱。脂肪酸法生产醇酸树脂，如采用乙二醇，配料多加4%～6%的二甲苯。

另外，某些端羟基聚合物作为多元醇，用于醇酸树脂的生产，可提高醇酸树脂的某些性能。例如，端羟基聚丁二烯改性醇酸树脂可以使醇酸树脂漆的双摆硬度达到0.7以上。端羟基聚丁二烯（hydroyl-terminated polybutadiene）结构式如下：

$$\mathrm{HO{-}(CH_2{-}\overset{H}{\overset{|}{C}}{=}\overset{H}{\overset{|}{C}}{-}CH_2)_x{-}(CH_2{-}\overset{H}{\overset{|}{C}}H)_y{-}(CH_2{-}\underset{\underset{\underset{CH_2}{\|}}{CH}}{\underset{|}{C}}{=}\underset{H}{\underset{|}{C}}{-}CH_2)_z{-}OH}$$

它是一种以丁二烯为主链结构，带有羟基官能团的遥爪型预聚物。常温下为淡黄色透明液体，常温下密度为0.89～0.92g/cm³。用此树脂分别制成清漆和色漆，各项力学性能合格，硬度达到0.7，有较大幅度提高。该树脂适于制作要求硬度高、耐油性好、平滑、有光泽的工程机械漆。

(2) 多元酸

① 松浆油酸　松浆油酸来自松木造纸的废料，工艺不同，分馏出的松浆油酸的成分也不同。要求松香含量越少越好，最好不超过0.3%，一般在0.1%左右。松浆油酸的成分和豆油脂肪酸接近，可以制成自干性醇酸树脂。因为不含亚麻酸，所以黄变性甚低，适于制作

白漆、浅色漆，可以自干与烘干。松浆油酸更适宜采用高聚物法制造醇酸树脂。

② 间苯二甲酸 间苯二甲酸在酯化时表现出官能度大于苯二甲酸酐。在处理配方时，其 K 值应有所增加，如 1.05。间苯二甲酸在酯化时表现与苯二甲酸酐不同，它的熔点高，在脂肪酸和甘油中不溶解，开始酯化很慢，所以酯化需用高温（如 245～260℃）。还可以用酸解法，其温度要在 280℃以上。

2. 改性醇酸树脂

改性醇酸树脂是指经过化学反应构成的新的醇酸树脂。醇酸树脂经过改性效果可归纳见表 2-1-33。

表 2-1-33 醇酸树脂改性效果

改性剂	优 点	缺 点
松香与松香酯	快干，易刷涂，增加硬度，增加附着力	用量过多时易黄变，耐候性下降
苯甲酸、对叔丁基苯甲酸	调整醇酸树脂官能度，增加硬度，快干，改进颜色、光泽及耐化学药品性	溶解度与柔韧性降低
酚醛树脂	增加硬度，提高耐水性、耐碱性、耐溶剂性及耐化学药品性	黄变性高，稳定性差
乙烯单体[苯乙烯、甲基丙烯酸(酯)]	快干，改善光泽、颜色，提高耐候性(甲基丙烯酸酯)，提高耐水性(苯乙烯)	耐溶剂性差，耐候性降低(苯乙烯改性)
有机硅(指少量有机硅改性)	提高防潮性，提高耐候性	降低耐溶剂性，改性过多干燥困难
多异氰酸酯(芳香族、脂肪族)	提高干率，提高耐水性，提高附着力，提高耐磨性、耐化学药品性、耐候性(脂肪族异氰酸酯)	芳香族异氰酸酯易黄变、粉化，双组分使用时限短

本章不讨论醇酸树脂与其他合成树脂如硝酸纤维素、过氯乙烯树脂、氯化橡胶等的合用。

(1) 松香改性醇酸树脂 松香的主要成分为松香酸，是链终止剂，可以把它简单作为一元酸来使用。因松香分子体积和空间位阻很大，所以可以减缓体系的胶化。配方设计时 K 值要减小一些。松香可使醇酸树脂更容易溶于脂肪烃溶剂，增加漆膜的附着力，减少漆膜起皱，提高漆膜的耐水性、耐碱性和光泽度，降低黏度。漆膜释放溶剂较快，干率提高，干透加快。但松香本身含有共轭双键，不耐老化，用量过多影响耐候性，还会引起变色、发脆，所以应根据需要来确定用量。

松香及其酯类常用来生产醇酸调合漆。近几年来，我国豆油脚脂肪酸资源丰富。大豆油脚，先加酸进行酸化，然后在催化剂的存在下高压水解。使油脚中的油脂和磷脂完全水解。脂肪酸、甾醇进入油相，为粗脂肪酸；甘油、肌醇、磷酸盐、胆碱、乙醇胺等磷酸组分进入水相。粗脂肪酸经减压蒸馏制得工业豆油脚脂肪酸，其规格为：酸值 195～205mgKOH/g；碘值 110～120gI_2/100g；色泽（铁钴比色计）2～4 号；凝固点 24～32℃；豆油脚脂肪酸含量≥99%。用豆油脚脂肪酸生产醇酸树脂，既充分利用可再生资源，又降低了生产成本。用松香改性豆油脚脂肪酸醇酸树脂的目的是：提高其干性（豆油脚脂肪酸的碘值较低），并改善其极性和溶解性，以制备分子量适中的醇酸树脂。鉴于豆油脚脂肪酸在涂料行业应用比较广，所以这种松香改性豆油脚脂肪酸醇酸树脂具有一定代表性。

现把这种树脂作为松香改性醇酸树脂的一个例子加以介绍。

【例】 利用豆油脚脂肪酸-松香-苯酐，采用脂肪酸法制备松香改性醇酸树脂。由于豆油脚脂肪酸是半干性脂肪酸，用松香调整其分子官能度，并改善其干性。松香和豆油脚脂肪酸之间的比例，计算配比结果为：豆油脚脂肪酸∶松香＝72∶28。

松香、豆油酸进料配比见表 2-1-34。甘油（醇）配比量的选择见表 2-1-35。

表 2-1-34　松香、豆油酸进料配比

品　　名	分子量 M	碘值/(mgKOH/g)	分子官能度 f	松香加入量/%	豆油脂肪酸加入量/%
亚麻油酸	280	175	3.86		
豆油脚酸	311.67	138	3.04		72
松香	330	220	5.72	28	

表 2-1-35　甘油（醇）配比量的选择

甘油(醇)超量范围(R)	1.05	1.06	1.10	1.15	1.20
平均官能度	3	3	3	3	3
有效官能度	2.86	2.83	2.73	2.6	2.5

油度 63%，选择甘油过量，R=1.053，树脂产量为 100kg，酯化出水 6.81kg。原料配比如下：m_A 为一元酸用量；m_B 为松香用量；m_C 为豆油酸用量；m_D 为苯酐用量；m_E 为甘油用量；E_B 为松香酯化当量，330；E_C 为豆油酸酯化当量，311.67。

$$m_A(\text{一元酸用量})=63\%\div 1.053=60\%$$

$$m_B(\text{松香用量})=\frac{m_A}{E_C}\times 28\%\times E_B$$

其中：E 为酯化当量，$E_B=330$；$E_C=311.67$；$E_D=74$；$E_E=18.55$；$E_F=18$。

下标：A 表示一元酸；B 表示松香；C 表示豆油脚脂肪酸；D 表示苯酐；E 表示甘油；F 表示水。

$$m_C(\text{豆油酸用量})=m_A-m_B$$

$$m_D(\text{苯酐用量})=\frac{E_D\left[100-(RE_E+E_C-E_F)\dfrac{W_C}{E_C}+(RE_E+E_B+E_F)\dfrac{W_B}{E_B}\right]}{RE_E+E_D-9}$$

$$m_E(\text{甘油用量})=m_E=(100+m_F)-(m_A+m_D)$$

其中：$m_F=100+18\dfrac{m_C}{E_C}+18\dfrac{m_B}{E_B}+9\dfrac{m_D}{E_D}$

原材料规格与配方见表 2-1-36。

表 2-1-36　原材料规格与配方

序号	原料	规　　格	用量/%
1	豆油脂肪酸	棕色黏液体；碘值(韦氏法)120～140gI_2/100g；酸值 175～180mgKOH/g；水抽出反应中性	24～54
2	松香	滴水法 1 级	0.10
3	苯二甲酸酐	99.2%	15.77
4	顺丁烯二酸酐	99.2%	0.31
5	甘油	99.9%	10.64
6	二甲苯	工业	3.07
7	松香水	工业	35.57

脂肪酸法制备工艺如下。

① 将豆油脚脂肪酸、松香、苯酐、顺丁烯二酸酐、甘油及回流二甲苯加入酯化釜中，升温至 150℃，开动搅拌，升温至 175～180℃，恒温回流 1h。

② 继续升温到 200～230℃，回流酯化，待黏度、酸值合格后，抽入反应釜中。

③ 降温到 160℃兑稀，在 80℃过滤。

选用顺丁烯二酸酐作为催化剂，加快豆油脚脂肪酸的酯化速率，其用量为投料的 0.5%。

产品规格：

黏度(涂-4杯)/s 90～150 固体分/% 57～67

酸值/(mgKOH/g) 11～15

采用凝胶渗透法测定醇酸树脂分子量分布见表 2-1-37。

表 2-1-37 醇酸树脂分子量分布

项目	总数	数均分子量 M_n	质均分子量 M_w	Z均分子量 M_z	黏均分子量 M_v	M_w/M_n	M_z/M_n
数值	16472	2361.01	15641.6	51892.2	12051.2	6.62496	21.9

(2) 苯甲酸改性醇酸树脂 近年来常采用苯甲酸或对叔丁基苯甲酸代替部分脂肪酸来制造醇酸树脂。苯甲酸是一元酸，分子量较小，而且有一个苯环结构，引入醇酸树脂结构之后可使漆膜快干、光泽度高、硬度大，耐水性、耐盐雾性、保光性、耐候性均好，耐溶剂性比改性苯乙烯好，不怕咬底；但较脆，耐冲击性与弯曲性比未改性者差。它与其他醇酸树脂或氨基树脂的混溶性也很好，可以拼用，先以未改性者研磨色浆，再与改性者合并。与氨基树脂合用可以快干，同时还可减少氨基树脂的用量。

苯甲酸是一元酸，配方处理简单，按一般原则取代一定当量比例的脂肪酸（一般取代30%左右；若50%则树脂漆膜过脆），所制醇酸树脂都是中、短油度醇酸树脂。配制成各种磁漆，漆膜坚固、美观、耐久，用于卡车、拖拉机、机械部件等物品涂装。

制造工艺如下：将豆油脂肪酸、多元醇、苯二甲酸酐、苯甲酸全部加入反应釜中，通入CO_2，升温至150℃保持0.5h，升温到180℃保持2h，升温到230℃以溶剂法（加入二甲苯）酯化。保持到酸值小于10mgKOH/g，以200#油漆溶剂油溶解成50%树脂溶液。

表 2-1-38、表 2-1-39 为苯甲酸、对叔丁基苯甲酸改性醇酸树脂与未改性醇酸树脂配方及漆膜性能比较。

表 2-1-38 苯甲酸、对叔丁基苯甲酸改性醇酸树脂与未改性醇酸树脂配方比较

配 方	苯甲酸改性	对叔丁基苯甲酸改性	未改性
苯二甲酸酐/%	35.6	34.7	33.1
豆油脂肪酸/%	41.2	40.1	50.9
季戊四醇/%	17.5	17.0	16.2
乙二醇/%	7.7	7.5	7.2
苯甲酸/%	5.9	—	—
对叔丁基苯甲酸/%	—	8.4	—
黏度(按1∶1,溶于200#油漆溶剂油,25℃,加氏管)/s	9.0	3.3	3
颜色(铁钴比色计)/号	5～6	5～6	5～6
酸值/(mgKOH/g)	9.7	9.4	9.9

表 2-1-39 改性醇酸树脂与未改性醇酸树脂漆膜性能比较

漆 膜 性 能	未改性	苯甲酸改性	对叔丁基苯甲酸改性②
清漆(0.5%Pb,0.05%Co),常温干			
全干/h	12	7.8～5.8	—
斯氏硬度(干14天)	20	30～40	—
耐热水	无变化	无变化	0
耐冷水	无变化	无变化	0
清漆(0.02%Mn)105℃,0.5h烘干			
斯氏硬度	20	32	0
耐热性	无变化	无变化	0

续表

漆　膜　性　能	未改性	苯甲酸改性	对叔丁基苯甲酸改性[②]
耐水性	无变化	无变化	0
耐3%NaOH溶液，剥蚀时间/h	0.33	2.33	0
色漆[①](0.5%Pb，0.05%Co)，常温	—	—	
全干/h	9.00	6.75	0
斯氏硬度(干14天)	24	30	0
耐热水	无变化	无变化	0
耐冷水	无变化	无变化	0
耐3%NaOH溶液，剥蚀时间/h	1.00	3.00	+
光泽度/%	90	91	0
保光性(老化器100h)/%	68	74.5	+
色漆[①](0.02%Mn)，105℃，0.5h烘干			
斯氏硬度	18	30～40	—
耐热水	无变化	无变化	0
耐冷水	无变化	无变化	0
耐3%NaOH溶液，剥蚀时间/h	5.50	7.41～8.00	+
光泽度/%	89	89	0
保光性(老化器100h)/%	94.6	92.1～95.5	0
原始颜色	6.6	5.1～6.8	+
保色性(老化器100h)	4.2	1.9～3.8	+
光泽度(多烘1h)/%	92.3	87.4～89.0	+
颜色(烘前)	6.5	4.8～6.1	+
颜色(烘1h后)	14.1	11.0～12.5	+

① 色漆配方：二氧化钛：成膜物＝1：1。

② 此栏数值相比于苯甲酸改性：＋表示比苯甲酸改性者优；－表示比之较劣；0表示相等。

(3) 酚醛树脂改性醇酸树脂　以酚醛树脂改性醇酸树脂，它们之间的化学反应过程尚不完全清楚。酸性催化剂制成的酚醛树脂（线型酚醛树脂）与松香改性酚醛树脂、醇酸树脂很容易融合，可以提高干率与耐水性，但将使耐候性降低，而酚醛树脂并没有与醇酸树脂结合进入醇酸树脂的结构之中。酚醛树脂耐候性不良，引入松香使耐候性进一步降低。用碱性催化剂制成的热固性酚醛树脂本身固化过快，不能得到满意的结果。于是采用对位取代的酚（如对叔丁基苯酚）以碱性催化剂制成低分子量的缩合物，这样的酚醛树脂有较好的油溶性并易与各种醇酸树脂反应。改性时用量一般为5%，最多不能超过20%。虽然用量不大，但能明显地改进漆膜的抗水性、抗酸性、抗碱性、抗烃类溶剂性等，耐候性没有显著降低，黏度比未改性前增加很多。

酚醛树脂中有酚醇结构，在加热情况下脱水生成亚甲基醌，它能与油中的不饱和双键发生加成反应，所以改性的同时也降低了油的不饱和度。酚醇还可以在酸存在下与羟基发生醚化反应。

酚醛树脂可在醇酸树脂制造的后期加入。醇酸树脂已酯化完毕，降温至200℃时将对叔丁基苯酚甲醛树脂的碎块加入。不能加得过快，因为加入酚醛树脂后会起沫。加完升温至200～240℃，保持至黏度达到要求，停止反应，溶解成醇酸树脂溶液。注意加酚醛树脂后黏度上升得很快，需要小心操作。

(4) 无油醇酸树脂　无油醇酸树脂即不含脂肪酸的醇酸树脂，也即涂料用聚酯。它不以脂肪酸来改性，而从其他方面来平衡醇酸树脂的结构以满足制作涂料的要求。如使用一元酸（主要为对叔丁基苯甲酸）、二元醇来调整官能度；使用脂肪族长链二元酸（如己二酸）以调整柔韧性；使用带支链的三元醇（三羟甲基丙烷或乙烷）、二元醇（新戊二醇及其他带支链的二元醇）以提高溶解性、混溶性。这样可制成低反应活性（含游离羟基较少）和高反应活性（含游离羟基较多）的无油醇酸树脂。前者与硝酸纤维素合用，后者与氨基树脂合用，用于制作烘漆。

无油醇酸树脂改进了常规不干性油醇酸树脂氨基烘漆的缺点。如附着力、稳定性、柔韧性、硬度、光泽及在高达 200℃过度烘烤中的保色性。在相同柔韧度的情况下，无油醇酸树脂氨基漆可较常规者硬度高一倍，另外，特别是漆层之间的附着力非常强。

表 2-1-40　低反应活性无油醇酸树脂配方

原　　料	当　　量	原　　料	当　　量
三羟甲基丙烷 新戊二醇	2.29 9.17 } 11.46 羟基	间苯二甲酸 己二酸 对叔丁基苯甲酸	4.19 4.36 } 10.90 羧基 1.63

无油醇酸树脂主要用于氨基烘漆，用于汽车、机器设备、家用电器、金属家具，也用于卷材涂料等。

① 低反应活性的无油醇酸树脂　表 2-1-40 为低反应活性无油醇酸树脂配方。树脂的结构与制造方法有关，可采取高聚物法，如先不加三羟甲基丙烷与一元酸，使二官能度反应物先反应，促进链的增长，最后再加三羟甲基丙烷与一元酸进行反应，使支链处于主链的末端。或开始时保持一部分三羟基甲基丙烷以限制链上的支链度。一元酸总是在最后阶段加入，使树脂的链能尽量地增长至最大链长。按配方先酯化反应至酸值为 20mgKOH/g (220℃，约 8h)，后加己二酸与一元酸再酯化至酸值为 2.4mgKOH/g。该树脂可用于制作纤维素漆，也可与氨基树脂合用制作烘漆。

与醋酸丁酸纤维素合用制作再流平闪光漆配方（质量分数）/%

半秒醋酸丁酸纤维素	52	溶剂[甲苯：乙醇：乙酸乙酯：异丁醇：丁基乙二醇醚＝44：13：13：19：11(质量比)]
无油醇酸树脂(70%)	43.3	
铝粉	2.2	
酞菁蓝色浆(60%)	2.5	
	100	

磷化钢板涂两道环氧底漆，140℃烘 30min，用 400# 砂纸湿磨，再涂上面漆，厚度约为 50μm。漆膜光泽和耐久性极好，开始光泽度（60°）为 90%，于佛罗里达州曝晒 2 年后仍可保持光泽度为 75%。

② 高反应活性的无油醇酸树脂　羟基值为 40～200mgKOH/g，常与氨基树脂合用。有较高含量的二元醇、三元醇，就有较多的游离羟基与氨基树脂缩合，可示意如下：

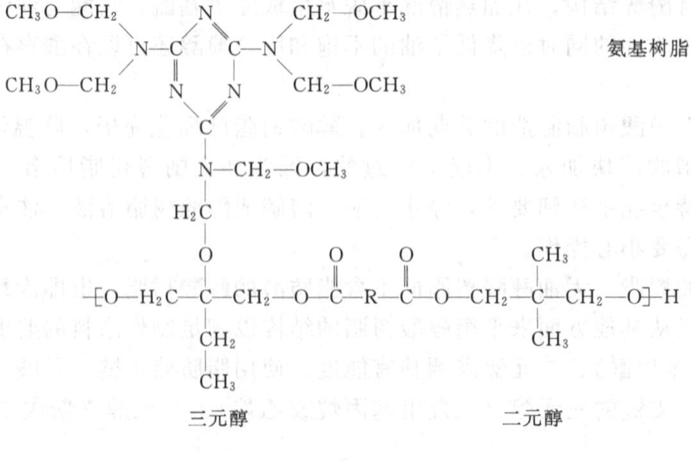

```
CH3O—CH2       N        CH2—OCH3
        \   //  \\     /
         N—C      C—N              氨基树脂
        /   |     |    \
CH3O—CH2    N     N     CH2—OCH3
             \\  /
               C
               |
               N—CH2—OCH3
               |
              H2C
               |
               O              O        O                 CH3
               |              ‖        ‖                  |
  —[O—H2C—C—CH2—O—C—R—C—O—CH2—C—CH2—O]—H
               |                                          |
              CH2                                        CH3
               |
              CH3
             三元醇                                      二元醇
```

能用的二元醇品种很多，它们对光泽、硬度、柔韧性等方面的影响不大，但从耐洗涤剂、抗沾污性、耐过度烘烤性、热稳定性等方面综合考虑还是新戊二醇最佳。

己二酸或壬二酸的用量影响着抗沾污性与柔韧性，用量低，抗沾污性好，用量高，则柔韧性好。抗沾污性在家用电器方面较重要，柔韧性则在工业部件上非常重要。表 2-1-41 介绍美国几个著名公司高活性无油醇酸树脂的配方与漆的性能。

表 2-1-41　高性能无油醇酸树脂的配方与漆的性能

项　　目	Amoco Chemicals		Union Carbide Corp		Eastman Chemical Products Inc.			Trojan Powder Company		Amoco Chemicals	
无油醇酸树脂	—	—	—	—	—	—	—	11.64	11.8	—	—
三羟甲基乙烷	12.2	12.42	14	14	12.5	6.6	6.6	—	—	8.3	10.1
三羟甲基丙烷	19.0	19.26	—	—	14.6	—	—	18.4	18.8	12.8	15.7
新戊二醇	—	—	—	—	—	28.0	28.0	—	—	—	—
三甲基戊二醇酯二醇-204①	—	—	29	29	—	—	—	—	—	—	—
己二酸	6.7	13.56	—	—	13.6	13.6	13.6	6.94	14.1	—	—
间苯二甲酸	30.3	23.1	34.8	34.8	19.4	19.35	19.35	31.6	24.0	4.5	24.4
对叔丁基苯甲酸	—	—	—	—	8.3	—	—	—	—	—	—
苯基茚满二酸(PIDA)	—	—	—	—	—	—	—	—	—	40	16.5
二甲苯	36	36	—	—	36	36	36	36	36	36	36
乙二醇单丁醚	4	4	—	—	4	4	4	—	—	4	4
乙基苯	—	—	7.7	7.7	—	—	—	—	—	—	—
乙酸异丁酯	—	—	22.1	22.1	—	—	—	—	—	—	—
丁醇	—	—	—	—	—	—	—	4	4	—	—
出水	−8.2	−8.34	−7.6	−7.6	−8.4	−7.55	−7.55	−8.58	−8.7	−5.6	−6.7
净总得量/%	100	100	100	100	100	100	100	100	100	100	100
羟基超量/%	43	38.7	43	43	20	20	20	37	37	31.6	32.5
磁漆系统 氨基树脂(牌号)	Cymel 248-8		Cymel 301	Ufor mite MM-47	Cymel 300		Plaskom 3382	Cymel 301 Cymel 247-10		Cymel 248-8	
催化剂	无	无	Cyzac 1010	Cyzac 1010	Cyzac 1010	Cyzac 1010	Cyzac 1010	Cyzac 1010	Cyzac 1010	无	无
醇酸：氨基(质量比)	75∶25	75∶25	—	—	80∶20	85∶15	85∶15	—	—	80∶20	85∶15
颜料：成膜物(质量比)	0.91∶1	0.91∶1	19.3②	19.4②	0.66∶1	0.66∶1	0.66∶1	—	—	0.9∶1	0.9∶1
不挥发分/%	55	55	67	71	60	60	60	50.8	50.8	55	58
黏度(福特-4 杯)	—	—	140	148	—	—	—	—	—	—	—
烘干(30min)/℃	149	149	177	177	177	177	177	149	149	—	—
60°光泽度/%	84	88	90	90+	100	90	97	—	—	93	93
铅笔硬度	2H	2H	—	—	6H	2H	H	—	—	3H	2H
正面冲击/N·m	1.70	7.91	3.39③	13.56③	11.30④	11.30④	11.30④	9.04	6.78	2.26	7.91
反面冲击/N·m	0.23	3.96	2.26	16.95③	7.91④	11.30④	7.91④	3.96	2.26	0	2.26
锥形轴棒弯曲	P	VG	P	E	E	E	E	—	—	P	E
过度烘烤稳定性(60°光泽度)/%											
4h,230℃	60	72	—	—	—	—	—	—	—	88	88
16h,162℃	—	—	—	—	85	85	78	—	—	—	—

续表

项 目	Amoco Chemicals		Union Carbide Corp		Eastman Chemical Products Inc.			Trojan Powder Company		Amoco Chemicals	
耐沾污性/h											
芥末	0.5	0.5	24	24	24	24	24	—	—	24	24
	(150℃)	(150℃)						—	—		
	E⑤	F	E	E	P	F	P			E	—
碘	VG	P	—	—	E	F	P	—	—	E	—
黑墨水	VG	F	E	E	E	E	E	—	—	G	—
玉米油-油酸	—	—	—	—	E	P	P	—	—	—	—
口红	E	E	—	—	—	—	—	—	—	—	—
耐溶剂性											
二甲苯	E	F	—	—	—	—	—	—	—	E	—
丙酮,1h	—	—	E⑥	E⑥	—	—	—	—	—	E	—
甲基乙基甲酮,擦50次	—	—	E	E	—	—	—	—	—	—	—

① 三甲基戊二醇酯二醇-204 结构式为 $HOCH_2C(CH_3)_2CH_2OOCC(CH_3)_2CH_2OH$。

② 按体积比。

③ Bomderite 1000 钢板。

④ 20# Bomderite 37 钢板。

⑤ E 表示优；VG 表示很好；G 表示好；F 表示可；P 表示劣。

⑥ 24h 试验。

每个公司两个配方，第一个为高耐沾污性配方，第二个为高柔韧性配方。这些公司彼此并无联系，表内数据不能对比评价，但它们提供了高性能涂料的技术线索，很有参考价值。

不仅无油醇酸树脂的成分与合成工艺影响漆的性能，氨基树脂的选择也非常重要，因为很多丁醇醚化的三聚氰胺甲醛树脂商品有着不同的聚合度、不同的烷氧基化程度、不同量的羟甲基和不同的残留氨基氢原子。这些因素影响氨基树脂与醇酸树脂的融合性、本身的自聚性和与醇酸树脂的共缩聚性。自聚和与醇酸树脂的共缩聚是竞相进行的，氨基树脂自聚如下：

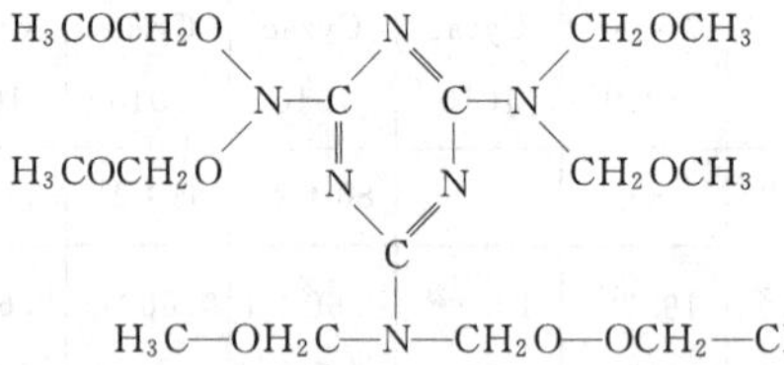

```
H3COCH2O          N          CH2OCH3
        \       //  \       /
         N—C         C—N
        /   |        |   \
H3COCH2O    N        N    CH2OCH3
             \\    //
                C
                |
   H3C—OH2C—N—CH2O—OCH2—CH3
```

则减少与醇酸树脂的缩聚。虽然自聚也可以增加漆膜硬度和耐化学药品性，但将很大程度地降低柔韧性与光泽度。使用六甲氧亚甲基三聚氰胺可以得到较好的柔韧性，因为它基本上没有自聚。只有在 150℃以上，有酸催化剂存在下才会有自聚发生。

表中所述的氨基树脂只有商品牌号，不能确知其成分。Cymel 300 则是已熟知的六甲氧亚甲基三聚氰胺。

在施工时须控制流平性及消除缩孔。为此设备必须非常清洁，被涂表面也必须清洁。有机硅助剂可以控制流平性。加入树脂的 10%～20%醋酸丁酸纤维素（EAB-551-0.2），作为增稠剂可以消除缩孔。

无油醇酸树脂的配方中都有对叔丁基苯甲酸以提高溶解性、混溶性；间苯二甲酸的添加可减少苯二甲酸酐内酯的形成，有利于链的增长。表 2-1-42 介绍三个配方，分别为：树脂 A 含对叔丁基苯甲酸和间苯二甲酸；树脂 B 只含间苯二甲酸，不含对叔丁基苯甲酸；树脂 C

两者皆不含，以苯二甲酸酐代替间苯二甲酸。经比较树脂A性能最好。

反应釜装有蒸汽保温分馏柱。树脂A含有一元酸（对叔丁基苯甲酸），可采用高聚物法。先将除对叔丁基苯甲酸以外的原材料加入反应釜中，用1h的时间升温至180℃。升温的同时通入惰性气体和进行搅拌，保持1h内升温至205℃，保持1h内升温至220℃。酯化至出水量达到理论的75%，降温至150℃，加对叔丁基苯甲酸，升温至205℃，保持30min，再升温至230℃，保持至黏度合格，降温至150℃，加入二甲苯与乙二醇单丁醚（9∶1）混合溶剂制成60%溶液。

表 2-1-42　醇酸树脂配方与性能

组成与性能	树脂A	树脂B	树脂C
组成/%			
三羟甲基丙烷(当量)	6.0	5.75	—
三羟甲基乙烷	—	—	5.375
新戊二醇	6.0	6.75	7.125
己二酸	4.0	4.0	3.00
间苯二甲酸	5.0	6.00	—
苯二甲酸酐	—	—	7.00
对叔丁基苯甲酸	1.0	—	—
树脂性质			
酸值/(mgKOH/g)	16	22	40
加氏黏度(50%二甲苯溶液,25℃)/s	W	W	Z
羟基过量/%	20	25	25
漆膜性能			
Tukon 硬度	17.4	19.6	25.9
60°光泽度/%	94	90	85
反面冲击/N·cm	490.3	686.42	49.03
柔韧性/cm	0.635	0.635	0.635
附着力(划格)/MPa	10	7	9
烘干后,再在177℃烘16h	白,光泽好	白,光泽尚可	淡黄,光泽低

树脂B不含一元酸，可以将全部原料一次加入反应釜中。用1h升温至180℃，升温同时通入惰性气体和进行搅拌，再以1h升温至205℃，保持1h，再以1h升温至230℃，保持至酸值达到25mgKOH/g，降温至150℃以二甲苯与乙二醇单丁醚（9∶1）混合溶剂溶成60%溶液。

树脂C不含间苯二甲酸，制法与一般脂肪酸法相同。

(5) 水性醇酸树脂　近年来水性醇酸树脂的技术有很大的发展，它节省大量的有机溶剂，既节约资源，又减轻环境污染，还减小火灾的危险。水性醇酸树脂可制成在水中可分散型与水溶型的树脂。

① 水中可分散型醇酸树脂　最早英国ICI公司申请了将醇酸树脂乳化于干酪素溶液中制成有光泽的醇酸树脂漆的专利。1950年美国PPG公司首先申请了将聚乙二醇引入醇酸树脂的分子结构中，可使醇酸树脂具有水中自分散性的专利，此后此项课题研究者较多，屡有专利发表。聚乙二醇的脂肪酸酯可制成广泛范围的表面活性剂，属非离子型，不受pH与无机盐的影响。

聚乙二醇酯可依其亲水的氧乙烯基与憎水的脂肪酸基在分子中的比例分为三类。如以H表示亲水基团，L代表憎水基团，H=L时则此脂肪酸对水与油都有相近的溶解度；H>L时则主要为油溶。油溶型虽然不溶于水，但它往往可以分散于水形成稳定的乳液。将聚乙二醇引入醇酸树脂分子结构之中可形成类似非离子型表面活性剂的结构而具有水中自分散性。

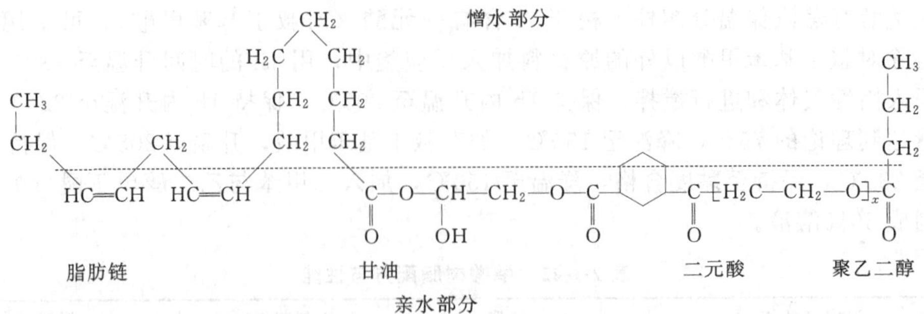

几个应注意的影响因素如下。

a. 聚乙二醇用量大，醇酸树脂分散性强，但引起漆膜发黏。所以只要能使分散体稳定，聚乙二醇量应尽量低。

b. 其他原料的类型与数量影响亲水、憎水基团的比例，所以也影响分散性。例如增加油度降低分散性，原因是憎水基团增多。

c. 溶剂的作用，两性溶剂（可溶于水与烃类）有很大作用，它可降低分散粒度，提高分散体稳定性，同时可减少聚乙二醇在醇酸树脂中的比例，因此可提高漆膜硬度与耐水性。溶剂的效果可进行以下试验：在搅拌下向含有分散不良的树脂的水中慢慢加入溶剂（水与树脂之比为 1∶1），溶剂缓缓增加，树脂由粗颗粒变成均匀白色圆粒乳液，颗粒继续变小至 0.5μm 以下，再变成半透明直至最后透明。溶剂用量随溶剂的种类、树脂的种类而异。一般情况正丁醇和乙二醇单丁醚较好。虽然聚乙二醇改性醇酸树脂可以自分散，但加入少量溶剂有很大好处。如上述苯乙烯和聚乙二醇醇酸树脂的 50%水混合物加入树脂量 10%的乙二醇单丁醚，黏度为 2dPa·s，粒度 0.5～1μm。可耐多次冻融循环，稀释至固体分为 10%没有析出。不加溶剂，只把树脂加入水中加热，或树脂以氨或胺中和，同样都可以制成相同颗粒的乳液，但稀释不稳定。

制备醇酸水分散体乳液，转相乳化的操作有两种方法：a. 温度转相法（phase inversion temperature，PIT），即先将乳化剂与树脂均匀混合，然后在高于 PIT 温度条件下，滴加水制成油包水乳液，再降低至 PIT 温度以下而转相成水包油乳液；b. 转相乳化点法（emulsion inversion point，EIP），即先将乳化剂与树脂均匀混合，然后滴加水制成油包水乳液，提高水的含量而转相成水包油乳液。醇酸树脂的乳化一般采用 EIP 法，因为该法有如下优点：尽可能降低乳胶粒的尺寸、窄的粒径分布、泡沫少、操作容易、更低的乳化剂用量及良好的稳定性等。

a. 工艺参数的确定　如乳化剂对醇酸树脂乳液稳定性的影响，乳化剂需要与树脂有相匹配的亲水亲油平衡（RHLB）。用于醇酸树脂乳化的乳化剂有离子型乳化剂（大多数为阴离子）或非离子型乳化剂。经过筛选非离子型乳化剂 A 和阴离子型乳化剂 B 按 35∶65 的比例混合使用，总用量为 8%，制得稳定的醇酸树脂乳液。

b. 搅拌转速及方式对乳液性能的影响　合适的乳化机械不仅可提高乳化的效率，还可以制得更微细的分散颗粒从而提高乳液的稳定性。将水分散在树脂中，重要的是搅拌的模式而不是速度，使整个物料混合均匀而不能有死角。常用的是锚式搅拌桨，它与釜底和釜壁间隙小，转速为 3000r/min。

c. 乳化温度对乳液性能的影响　乳化温度也是制备稳定乳液的一个关键因素。EIP 法是在 W/O 乳液形成后继续提高水的含量到转相成 O/W 乳液。转相时的水/油称为乳液转相点（EIP），用非离子型乳化剂时，EIP 与温度有关。用离子型乳化剂时，EIP 与温度无关。

用含聚乙二醇链段的离子型乳化剂时，EIP 也受温度影响，但可以利用此影响来提高必要的操作温度。水体积分数和温度与相的关系如图 2-1-5 所示。

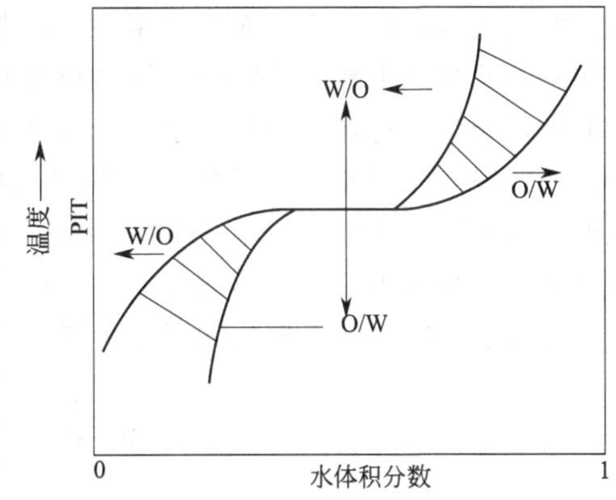

图 2-1-5　水体积分数和温度与相的关系

图中描述了转相时水相体积分数与温度的关系。图中有一个很宽的滞后区，这会使转相后的乳液有不同的固含量。在接近温度转相点（PIT）时界面张力极小，用 EIP 法可制得分散良好的 O/W 乳液。由于在 PIT 前后，体系的电导、黏度和界面张力均有突变，可用电导率仪测得 PIT，在比它稍低的温度（70℃）下进行 EIP 法乳化，可得到分散良好的 O/W 乳液。采用 EIP 法制成的稳定的醇酸树脂乳液，其成膜性能与油性醇酸树脂相当。

水分散的醇酸漆比乳胶漆有本质上的优越性，乳胶漆的聚合物是热塑性的，必须加成膜助剂来降低颗粒黏度，以获得良好的成膜品质。而水分散的醇酸漆的颗粒黏度低，能很好地聚结、融合和链段的相互扩散；氧化交联速率很慢，因而不干扰成膜品质，所以漆膜的整体性好。水性醇酸漆的缺点，主要是贮存稳定性差，贮存后的干性失落较大。醇酸树脂含有易水解的酯键，水还能与催干剂中的金属离子配合，降低了催干剂的效果。

改性醇酸树脂可按照一般制色漆方法制成色漆。水分散性漆有较好的贮存性，虽贮存略有增稠，但稍稀释就能施工，而且性能良好。改变配方和制造方法可制成不同品种树脂和漆。

② 水可分散性醇酸树脂　水性醇酸树脂大多是阴离子型。使树脂具有侧链羟基的方法有多种。

NR_2（不溶） $\underset{OH}{\overset{RCOOH}{\rightleftharpoons}}$ $RCOO^- \cdot HNR$　溶解，阳离子树脂

或 $COOH$（不溶） $\overset{NR_3}{\rightleftharpoons}$ $COO^- \cdot NN^+R_3$　溶解，阴离子树脂

a. 使醇酸树脂脂肪酸的不饱和双键与含羟基烯类单体（甲基丙烯酸、丙烯酸）共聚。此法含有丙烯酸的自聚物，可与醇酸树脂在水中共溶，但漆膜不透明或浑浊。

b. 使用 2,2-二羟甲基丙酸（DMPA）$CH_3—C(CH_2OH)_2—COOH$。有两个羟甲基可以在酯化中参加反应形成链状结构，而其羧基却由于位阻效应不参加合成树脂的酯化反应，这样在合成醇酸树脂时起到二元醇的作用而且提供侧链羧基，可惜此原料来源还不多。

c. 使用偏苯三甲酸酐或均四苯甲酸酐。偏苯三甲酸酐（TMA）有三个羧基，其中两个羧基形成酐与苯二甲酸酐相似，第三个羧基与间苯二甲酸、对苯二甲酸的第二个羧基相似，结构式如下：

（偏苯三甲酸酐结构式：苯环上连有环状酸酐 —C(=O)—O—C(=O)—，另一位置连有 COOH）

偏苯三甲酸酐酯化反应速率比间苯二甲酸或对苯二甲酸快 ，介于邻苯二甲酸酐与顺丁

烯二酸酐之间，顺序为：对苯二甲酸＜间苯二甲酸＜邻苯二甲酸酐＜偏苯三甲酸酐＜顺丁烯二酸酐。偏苯三甲酸酐或均四苯甲酸酐的官能度很高，如果与其他多元醇、多元酸一起在高温下进行酯化必将导致胶化。水可分散性醇酸树脂的制造方法与一般溶剂型醇酸树脂有所不同。先将偏苯三甲酸酐以外的原材料进行酯化，至酸值达到 10mgKOH/g 以下，制成预聚酯再加偏苯三甲酸酐在 160～170℃反应。此时偏苯三甲酸酐的酐基具有活性可以开环反应，而其另一羧基并不反应，形成带有侧链羧基的醇酸树脂，经氨或胺中和后先溶于助溶剂中，然后分散于水中。加入催化剂可以干燥。结构式如下：

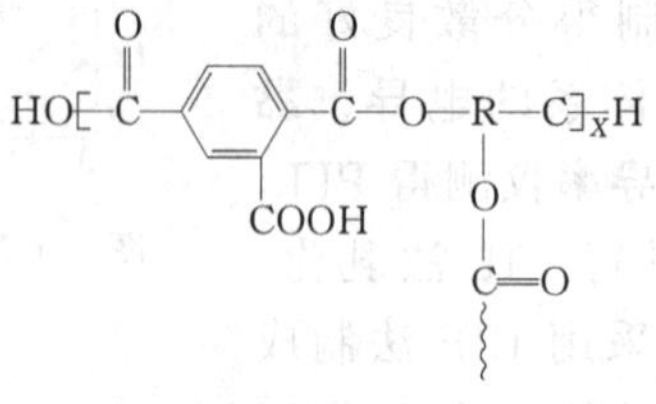

~~~~代表脂肪酸基

如为不饱和脂肪酸（如亚麻油脂肪酸），则水可分散性醇酸树脂可以空气氧化自干；如为无油或饱和脂肪酸，则醇酸树脂可以氨基树脂烘烤固化。此时醇酸树脂含羟基较多，所以固化也通过两个树脂之间的酯化反应完成。均四苯甲酸酐有两个酐基，即使在低温下也要凝胶化，所以用量要谨慎。

下述为溶剂型与水可分散性醇酸树脂的比较。

水可分散性醇酸树脂与常规醇酸树脂的比较见表 2-1-43。

表 2-1-43 水可分散性醇酸树脂与常规醇酸树脂的比较

项 目	常规中油度亚麻油醇酸树脂	水可分散性中油度亚麻油醇酸树脂	项 目	常规中油度亚麻油醇酸树脂	水可分散性中油度亚麻油醇酸树脂
组分/%			油漆溶剂油	140	—
碱漂亚麻油	550	—	水	—	485
亚麻油脂肪酸	—	456	氨水(28%)	—	25
三羟甲基丙烷	179	277	环烷酸钴(6%)	3	4
氧化铅	0.2	—	环烷酸铅(24%)	4	—
间苯二甲酸	294	264	环烷酸锰(6%)	—	2
偏苯三甲酸酐	—	87	活性剂 Active-8①	—	1
苯甲酸	48	—	防结皮剂	1	—
合计	1071.2	1084	性质		
反应出水	−71.2	−84	开始 pH	—	7.5～8.5
树脂得量	1000.0	1000.0	不挥发分/%	56	42
性质			黏度(福特-4 杯)/s	35～40	40～50
酸值(固体)/(mgKOH/g)	11～13	55～60	颜料：成膜物质	0.8：1.0	0.8～1.0
颜色(加氏)	6～8	6～8	漆膜性能		
不挥发分/%	50	80	指触干/h	1.5	0.5
挥发分	油漆溶剂	丙基丙二醇	指压干/h	3.4	4.0
凝胶化点(200℃)/s	18～22	18～22	干硬/h	5.0	5.0
制白磁漆			铅笔硬度,干 1 天	5B	5B
配方			铅笔硬度,干 7 天	B	HB
二氧化钛	244	192			
醇酸树脂	560(50%)	321(80%)			

① Active-8 为 1,10-菲咯啉溶液（溶于 50%正丁醇中），为助催干剂。
~~~~

a. 原料变动的影响　三羟甲基丙烷、三羟甲基乙烷效果相同；但甘油制成的醇酸树脂稳定性不佳。在二元酸方面，间苯二甲酸较好，邻苯二甲酸酐使醇酸树脂分子量降低，干燥时间长且硬度较低。用间苯二甲酸的醇酸树脂虽然附着力较苯酐稍差，但硬度、耐冲击性、耐水性都有所提高。如用顺丁烯二酸酐改性，可与不饱和脂肪酸加成，增加了漆膜的交联度，提高硬度，降低吸水率。但顺丁烯二酸酐的用量不宜超过10%，以6%（质量分数）最佳。

豆油脂肪酸和苯甲酸的摩尔比为1∶1，水接触角为96.3°，耐水性较好。

b. 中和剂与助溶剂的影响　以亚麻油脂肪酸和亚麻酸制作为例，见表2-1-44、表2-1-45。挥发性低的胺作为中和剂时干燥慢；助溶剂应有好的溶解性，挥发性大者，干燥快。

表2-1-44　中和剂的影响

中和剂	脂肪酸	指触法/min	指压法/h	干硬/h	铅笔硬度	
					干1天	干7天
NH_4OH	亚麻油脂肪酸	25	4	6	5B	HB
	亚油酸	25	4	6	5B	HB
三乙胺	亚麻油脂肪酸	35	5	10	5B	HB
	亚油酸	35	5	10	5B	HB
二甲基乙醇胺	亚麻油脂肪酸	45	7	14	5B	2B
	亚油酸	45	7	14	5B	2B

表2-1-45　助溶剂的影响①

助溶剂	脂肪酸	指触法/min	指压法/h	干硬/h	铅笔硬度	
					干1天	干7天
乙二醇单丁醚	亚麻油脂肪酸	25	4	6	5B	HB
	亚油酸	25	4	6	5B	HB
丙二醇单甲醚	亚麻油脂肪酸	20	1.5	4	5B	HB
	亚油酸	20	1.5	4	5B	HB
丙二醇单丙醚	亚麻油脂肪酸	20	1.5	4	5B	HB
	亚油酸	20	1.5	4	5B	HB

① NH_4OH中和。

c. 油度变化的影响　将前面油度50%的水可分散性醇酸树脂改为油度为40%。短油度水性醇酸树脂，树脂以NH_4OH为中和剂，以丙基丙二醇醚为助溶剂。可见缩短油度改进了干率与硬度，但需要脂肪酸有较高的不饱和度，如亚油酸、亚麻油脂肪酸。豆油脂肪酸则对干率的改进不多。

【例】 40%油度水可分散性醇酸树脂氨基漆

水性醇酸树脂的合成分成两步：缩聚反应与水性化。缩聚反应是将苯酐、月桂酸、间苯二甲酸、三羟甲基丙烷及二甲苯，加入四口瓶中并通氮气保护，加热升温至140℃，慢速搅拌，1h升温至180℃保温约1h，继续升温到230℃，1h后测酸值，当酸值降至小于10mgKOH/g时，蒸发溶剂，降温至170℃，加入偏苯三甲酸酐，酸值控制在50～60mgKOH/g，停止反应降温至120℃。

水性化：按85%固含量加入乙二醇单丁醚溶解，继续降温至70℃，按羧基80%的物质的量加入二甲基乙醇胺，中和1h；按50%固含量加入蒸馏水，搅拌0.5h，过滤得水性醇酸树脂。

水性醇酸树脂的技术指标见表2-1-46。

表 2-1-46 水性醇酸树脂的技术指标

项 目	技术指标	项 目	技术指标
外观	淡黄色透明液体,无可见杂质	黏度(涂-4 杯)/s	100～150
固含量/%	50	油度/%	40
pH	7.5～8.5		

制漆工艺：将 HMMM 加入计量好的水中，搅拌下依次加入除增稠剂以外的助剂、钛白粉混合均匀，加入水分散性醇酸树脂，研磨至 20μm 以下，过滤后，加增稠剂调整黏度。烘烤条件是 180℃、30min。

原材料的选择：偏苯三甲酸酐与苯酐之比为 1∶3（摩尔比）；三羟甲基丙烷有三个伯羟基，活性大，反应平稳，烷基支链对酯基的屏蔽作用，提高了树脂的水解稳定性；水性化单体选择偏苯三甲酸酐，其用量可根据最终酸值的要求计算或优化；研究发现油度以 40%为好，此时的羟值约为 120mgKOH/g；最终酸值控制在 50～60mgKOH/g 较好；此试验的水性醇酸树脂和 HMMM 的质量比为 1∶0.3；水性涂料体系助剂的选择和用量非常重要，应优选并确定最佳用量。

【例】 自干水可分散性醇酸树脂涂料

自干水可分散性醇酸树脂合成工艺：按配方将亚麻油酸、苯甲酸、三羟甲基丙烷、间苯二甲酸、顺丁烯二酸酐和回流二甲苯投入反应釜中，升温到 180℃保温 1h；当出水量变慢时，以 10℃/h 的升温速度均匀升温到 230℃左右保温酯化，至酸值不大于 12mgKOH/g，冷却降温至 170℃时，加入偏苯三甲酸酐，在 170～180℃保温至酸值 50～55mgKOH/g；降温真空抽去回流二甲苯，冷却后加入乙二醇单丁醚兑稀备用。

水性醇酸树脂涂料主要技术指标见表 2-1-47。

表 2-1-47 水性醇酸树脂涂料主要技术指标

项 目	检测结果	项 目	检测结果
黏度[(涂-4 杯,(25±1)℃)]/s	72	附着力(划圈法)/级	1
表干/min	40	耐盐水性	48h 不起泡、不生锈
实干/h	15	耐盐雾性	240h 不起泡、不生锈
硬度(摆杆)	0.45		

分析与讨论：综合考虑油度以 45%～50%较好；苯甲酸的用量为 4%～7%；顺丁烯二酸酐用量不宜超过 10%；确定树脂的酸值为 50～55mgKOH/g，用氨或胺中和能溶于水且漆膜有较好的性能。

③ 水性醇酸树脂的配方设计及实验优化　水性醇酸树脂的配方设计是在溶剂型醇酸树脂配方基础上，结合水性化的具体条件设计出来的，主要适于成盐法合成水性醇酸树脂。在水性醇酸树脂的配方设计中，醇酸树脂常数 K、油度 OL 和醇超量 r 是三个重要的工艺参数。树脂的最终酸值 AN 可用来检验该体系所得的醇酸树脂具有水溶性。

醇酸树脂常数 K 表示树脂凝胶时间的酯化程度。

$$K=\frac{n_0}{n(\mathrm{A})}=1 \tag{2-1-1}$$

式中 n_0——体系中酸和醇的总物质的量；

n(A)——酸总物质的量。

$K=1$ 意味着理论上酯化反应可以进行到 100%；$K>1$ 意味着理论上该醇酸树脂体系不会发生凝胶化；$K<1$ 则过早凝胶。通常的醇酸树脂体系采用的 K 在 1～1.05 之间。

油度 OL 表示不饱和脂肪油（酸）在所得树脂产量中所占的质量百分比。

$$脂肪油(脂肪酸)=\frac{OL}{1-OL}(多元醇用量+多元酸用量-理论生成的水) \quad (2\text{-}1\text{-}2)$$

醇超量 r 是醇酸树脂原料中多元醇羟基对多元酸羧基过量的物质的量比，设 R 为多元醇羟基对多元酸羧基的物质的量比，则：

$$r=R-1=\frac{n(\text{—OH})}{n(\text{—COOH})}-1 \quad (2\text{-}1\text{-}3)$$

树脂的最终酸值 AN 主要由偏苯三甲酸酐中不参与反应的第三个羧基提供，另外还包括酯化反应中未反应的羧基。AN 一般控制在 40～70mgKOH/g。

设 n_{A1} 表示油的物质的量，n_{A2} 表示二元酸的物质的量，n_{A3} 为偏苯三甲酸酐的物质的量，M_{oil} 为油的摩尔质量，R 为羟基与羧基的物质的量比，x 为多元醇的官能度，p 为酯化反应程度，则有以下几项。

a. $K=n_0/n(A)=(n_{A1}+n_{A2}+3n_{A1}+2Rn_{A2}/x)/(2n_{A2}+3n_{A1})$

$$R=[K(2n_{A2}+3n_{A1})-n_{A1}n_{A2}-3n_{A1}]x/2n_{A2}$$

若配方中多元酸用量 $n_{A2}=1$mol，则：

$$R=[n_{A1}(3K-4)+2K-1]x/2n_{A2} \quad (2\text{-}1\text{-}4)$$

若多元醇为三元醇，则 $x=3$，当 $K=1$ 时，可得：

$$R=3/2(1-n_{A1}) \quad (2\text{-}1\text{-}5)$$

若多元醇为四元醇，则 $x=4$，当 $K=1$ 时，可得：

$$R=2(1-n_{A1}) \quad (2\text{-}1\text{-}6)$$

b. 油度 $OL=(n_{A1}M_{oil})/$树脂理论产量 (2-1-7)

c. 最终酸值 $M=[n_{A3}+2Rn_{A2}(1-p)]\times 56100/$树脂理论产量 (2-1-8)

由$\frac{式(7)}{式(8)}$得：

$$AN/O^{2-}=[n_{A3}+2Rn_{A2}\times(1-p)]\times 56100/(n_{A1}\times M_{oil})$$

则

$$n_{A3}=\frac{1}{56100}\times\frac{AN}{OL}\times n_{A1}\times M_{oil}-2n_{A1}\times(1-p) \quad (2\text{-}1\text{-}9)$$

设 $n_{A2}=1$mol，则 $n_{A3}=\frac{1}{56100}\times\frac{AN}{OL}\times n_{A1}\times M_{oil}-2\times(1-p)$ (2-1-10)

最终酸值可以根据水分散性的要求自己设定；在溶剂型醇酸树脂的合成中，短油度的反应程度 p 一般为 0.85，中油度一般为 0.9，长油度一般为 0.95。这样，对于原料确定，已知油度的醇酸树脂，就可以根据以上 K 值、油度 OL 和酸值 AV 三个方程，计算出水性醇酸树脂的理论配方。

如果采用熔融聚合成盐法，按以上理论配方合成水性醇酸树脂，则性能很差。经多次试验，40%油度的蓖麻油合成醇酸树脂，醇超量在 25%，PA/TMA=5 时，配方的综合性能较好。调整后的配方见表 2-1-48。

表 2-1-48 调整后的配方

成分		加料量/g	n(A)/mol	n(G)/mol	n_0/mol	树脂成分/%
蓖麻油	甘油部分	166.01		0.179	0.179	40
	脂肪酸部分		0.537		0.537	
三羟甲基丙烷		111.67		2.500	0.833	26.91
苯酐		123.28	1.667		0.833	29.70
偏苯三甲酸酐		32.06	0.334		0.167	7.72
理论出水量		18				4.34
树脂得量		415.02				100

④ 水性醇酸树脂水解稳定性的研究进展　水性醇酸树脂的一个缺点是由于它的主链中的酯键易水解，贮存稳定性不好。鉴于此，涂料行业探索“核-壳”醇酸树脂技术，使用丙烯酸聚合物包覆醇酸。试验表明，提高壳聚合物的含量，水解率明显降低。然而，通过这个方法完全阻止水解却不大可能。降低酯键水解最有效的办法是在它的周围制造一个憎水的环境，使水分子难以进入酯键中。研究表明，通过使用仲醇和叔醇可以大大降低水解率。W. 威克斯在《有机涂料科学和技术》一书中也提到使用仲醇提高水性醇酸树脂的稳定性。

伯羟基形成的酯易水解　　仲、叔羟基形成的酯阻碍水解

虽然使用叔醇会赋予醇酸最好的水解稳定性，然而仲醇易得，并且与酸易反应。

用仲醇对其测试的结果显示，随仲醇基成分的增加，酯键的水解率相应下降（图 2-1-6）。通过在“核-壳”形态的醇酸树脂合成中，引入仲醇的酯结构，可制备具有优异贮存稳定性的水性醇酸树脂。这种新型树脂制备的涂料在加热贮存数周后，各项性能均没下降，并且比传统的溶剂型醇酸涂料的性能好。在兼有传统的醇酸体系高光泽外观和优异流平性的同时，此种新型树脂与传统的水稀释性醇酸树脂相比，还有更低的 VOC、更好的黏度稳定性和水解稳定性。这为水稀释性醇酸树脂的发展提供了新的途径。

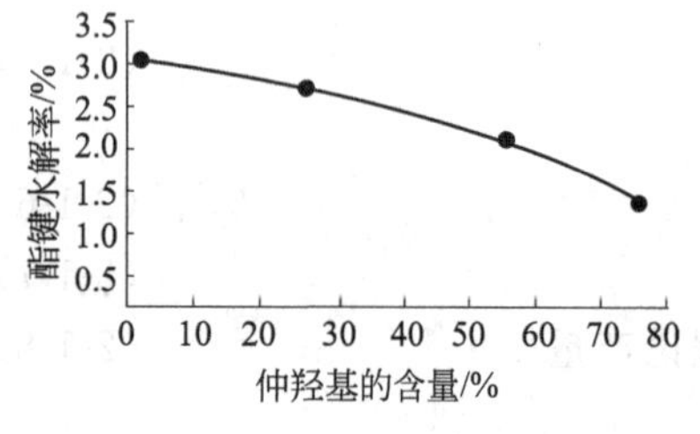

图 2-1-6　仲羟基的含量对酯键水解的影响

(6) 苯乙烯改性醇酸树脂　醇酸树脂的漆膜有良好的耐候性、附着力，但干燥慢，耐水性、耐化学药品性差。聚苯乙烯树脂具有优良的耐水性、耐化学药品性、电绝缘性。如以苯乙烯单体来改性醇酸树脂将使醇酸树脂兼有两种材料的特性。聚苯乙烯不溶于油及醇酸树脂，但苯乙烯单体则易与含共轭双键的脂肪酸共聚，反应甚快，而与非共轭双键的脂肪酸反应则共聚很慢，反应程度很低。例如：苯乙烯与桐油很快地共聚、胶化；与脱水蓖麻油（含共轭双键 25%左右）共聚较慢；与亚麻油、豆油（无共轭双键）则共聚极慢，苯乙烯将自聚成聚苯乙烯而与油分离。在共聚反应时几个反应可能同时发生，即自聚与共聚，以反应最快的为主反应。一般认为苯乙烯自己先聚合，使链增长至一定的程度，增长的聚苯乙烯链又与油的脂肪酸上的不饱和基相联结；也可能这个增长的聚苯乙烯链与两个油的脂肪酸基相联结。共聚机理是以苯乙烯与共轭双键的狄尔斯-阿尔德（Diels-Alder）反应为基础，其反应主要为 1，4 及 1，2 加成，以 1，4 为主。如引发剂为过氧化苯甲酰，先分解：

$$C_6H_5-\overset{O}{\overset{\|}{C}}-O-O-\overset{O}{\overset{\|}{C}}-C_6H_5 \longrightarrow 2\,C_6H_5-\overset{O}{\overset{\|}{C}}-O\cdot \longrightarrow 2\,C_6H_5\cdot + 2CO_2$$

引发苯乙烯单体：

$$C_6H_5\cdot + CH_2{=}CH-C_6H_5 \longrightarrow C_6H_5-CH_2-\dot{C}H-C_6H_5$$

$$2\left[\begin{array}{c}|\cdot\\ CH\\ \|\\ CH\\ |\\ CH\\ \|\\ CH\\ |\\ CH\\ \|\\ CH\\ |\end{array}\right] + C_6H_5-CH_2-\overset{H\cdot}{\underset{C_6H_5}{C}} + 2n\,C_6H_5-CH=CH_2 \longrightarrow C_6H_5\left[CH_2-\underset{C_6H_5}{CH}\right]_n-\begin{array}{c}|\\ CH\\ |\\ CH\\ \|\\ CH\\ |\\ H-C-\\ |\\ CH\\ \|\\ CH\\ |\end{array}\left[CH_2-\underset{C_6H_5}{CH}\right]_n-\begin{array}{c}|\\ -CH\\ |\\ CH\\ \|\\ CH\\ |\\ CH\\ |\\ CH\\ \|\\ CH\end{array}$$

桐油脂肪酸与苯乙烯的共聚物中，苯乙烯与桐油脂肪酸的摩尔比平均为 4.75∶1，上式为 1，4 加成。对于脱水蓖麻油也是 1，4 加成。因为脱水蓖麻油脂肪酸内有 25%左右的脂肪酸为共轭双键。桐油脂肪酸 90%以上具有共轭双键结构，所以共聚胶化很快。亚麻油脂肪酸、豆油脂肪酸无共轭双键则共聚困难。人们也可以看到在共聚的同时消耗了脂肪酸的双键，亦即降低了脂肪酸的不饱和度，影响以后的氧化聚合的交联程度。

在生产苯乙烯改性醇酸树脂时，可采取两种方法：一种为先以苯乙烯改性原料，即改性脂肪酸和醇解后的油　再制成醇酸树脂；另一种为先制好醇酸树脂，然后再以苯乙烯改性。一般多采用后者，因易于控制，产品性能好。按后一方法制的苯乙烯改性醇酸树脂，又按脂肪酸分为两类：一类是含有共轭双键的脂肪酸，此方法有双键的损耗；另一类是不含共轭双键的脂肪酸，如亚麻油、豆油等，加入一些顺丁烯二酸酐，以顺丁烯二酸的双键与苯乙烯共聚。

聚苯乙烯与油、醇酸树脂都不融合，所以在苯乙烯自聚之前至少要把一部分苯乙烯结合到醇酸树脂结构中去，这样可以增加对小分子量的聚苯乙烯的溶解性。共聚效果好的标志为完全透明，不浑浊。

共聚前的醇酸树脂的分子量不能制得过大，要酯化程度稍低，酸值稍大，否则将在共聚过程中胶化或贮存时不稳定。

① 共轭双键脂肪酸的油　用含共轭双键脂肪酸的油，制苯乙烯改性醇酸树脂。设计配方时不需使含共轭双键的油的用量过大，应用其他油类将其冲淡，如豆油与脱水蓖麻油 3∶1（质量比）。*K* 值也要大一些，可用到 1.04，因苯乙烯改性后黏度要增加很多。

配方（质量分数）/%

豆油	45.5	苯二甲酸酐	23.0
脱水蓖麻油	15.5	季戊四醇	16.0

酯化时酸值不要过低，15mgKOH/g 即可。如果要用大量的含共轭双键的油，则 *K* 值还要增大，以免黏度过大或胶化。

配方（质量分数）/%

脱水蓖麻油	60.0	甘油	14.3
苯二甲酸酐	25.7	*K*	1.09

表 2-1-49 是苯乙烯改性亚麻油、桐油醇酸树脂的配方和性能举例。

在实验室内苯乙烯改性的操作可以在装有温度计、搅拌器、取样管、回流冷凝器等的三口瓶内进行。先将醇酸树脂、二甲苯加入三口瓶内，升温，搅拌，至反应物产生回流。将二叔丁基过氧化物（苯乙烯量的 2.5%）溶于新蒸馏的苯乙烯中，自回流冷凝器的上口滴入反应器中。在 1h 内加完，保持回流，回流温度逐渐升到 150℃保持不变。在此期间，不断取样测转化率。测定方法为取样在 150℃通风烘箱中烘 30min，测其残留物的质量。此质量与理论苯乙烯100%聚合时应有的质量的比值，即为转化率。保持6h后再滴入为苯乙烯量的0.5%的二叔丁基过氧化物二甲苯溶液，继续保持至转化率达到95%以上。表2-1-50为苯乙烯改性醇酸树脂。

表2-1-49 亚麻油、桐油醇酸树脂配方和性能

项　目	醇酸树脂-1	醇酸树脂-2	项　目	醇酸树脂-1	醇酸树脂-2
配方/%			时间/min	75	80
亚麻油	570.0	563.0	酯化		
桐油	30.0	29.0	温度/℃	240	240
季戊四醇	140.0	140.0	酸值/(mgKOH/g)	15.3	15.3
氧化铅	0.5	0.5	黏度(溶于二甲苯,加氏管,25℃)/s		
间苯二甲酸	210.0	—	66%树脂溶液	7	3
苯二甲酸酐	—	208.0	50%树脂溶液	3	—
醇解					
温度/℃	240	240			

表2-1-50 苯乙烯改性醇酸树脂

项　目	醇酸树脂-1	醇酸树脂-2	项　目	醇酸树脂-1	醇酸树脂-2
配方/%			颜色(铁钴比色计)/号	7	7
醇酸树脂	200	200	酸值/(mgKOH/g)	9.0	8.7
苯乙烯	133	133	反应时间/转化率	3.25h/73.4%	1.85h/28.2%
二甲苯	222	222		5.85h/80.2%	5.50h/86.2%
二叔丁基过氧化物①	3.99	3.99		7.10h/87.0%	8.40h/93.3%
反应终止时黏度(加氏管,25℃)/s	68～90	19～26	改性树脂中苯乙烯含量/%	36.70	38.2
黏度(50%不挥发分)/s	19	8			

① 二叔丁基过氧化物系苯乙烯量的3%，第一小时先加2.5%，6h后再加0.5%。

以上两个醇酸树脂溶液加入0.03% Co催干剂，涂成漆膜在25℃干燥，性能见表2-1-51。

表2-1-51 苯乙烯改性醇酸树脂的性能

项　目	醇酸树脂-1	醇酸树脂-2	项　目	醇酸树脂-1	醇酸树脂-2
干燥时间			干硬/min	44	48
凝定/min	9	12	弯曲试验(干15天后)/min	3	3
表干/min	14	14	斯氏硬度(干15天后)	44	44

增加苯乙烯的用量将使硬度、干率提高，也使漆膜发脆。改变苯乙烯用量对醇酸树脂的影响见表2-1-52。

表2-1-52 苯乙烯含量对改性醇酸树脂性能的影响

苯乙烯含量/%	黏度(50%二甲苯溶剂,25℃)/s	干硬时间/min	斯氏硬度(干15天)	弯曲试验
47.6	21	14	58	脆裂
36.7	19	44	44	3mm,合格
29.8	16	295	38	3mm,合格

聚苯乙烯系热塑性，同时降低了氧化交联的官能度，因此苯乙烯改性醇酸树脂漆膜对溶剂敏感，敏感程度随苯乙烯含量下降而下降。聚苯乙烯的耐水性与耐碱性好，因此赋予改性醇酸树脂漆膜以较好的耐水性与耐碱性。由于共聚消耗了一部分双键，因此改性醇酸树脂的氧化交联度降低，其程度随苯乙烯含量的增加而增加。在干率方面随苯乙烯含量增加，干燥

时间短。对干燥后的漆膜进行苯萃取发现，改性醇酸树脂比未改性者苯萃取量大，苯乙烯含量较高者可萃取量也较大。如果用苯乙烯改性醇酸树脂作为底漆，必须使底漆充分交联干透，否则涂刷面会引起咬底。

② 用顺丁烯二酸酐制苯乙烯改性醇酸树脂　顺丁烯二酸酐制苯乙烯改性醇酸树脂的优点是：a. 可不用含共轭双键的油类，使用亚麻油、豆油及其他油类；b. 共聚不消耗不饱和双键。顺丁烯二酸酐在制造醇酸树脂时酯化反应与其他二元酸相同，但本身具有双键可以与苯乙烯共聚。制造醇酸树脂时不能使用含有共轭双键的脂肪酸或油，否则将与顺丁烯二酸酐起加成反应，减弱与苯乙烯聚合的能力，而且在酯化时还将引起胶化。顺丁烯二酸酐的用量较灵敏，过少则双键量不够，产品发浑，或不能共聚，过多则聚合过度以至于胶化。对苯二甲酸酐制醇酸树脂而言，最适宜的量为一个醇酸树脂分子有 1/3 个顺丁烯二酸酐官能度。换言之，即三个醇酸树脂分子具有一个顺丁烯二酸双键，这样可得到均匀透明的苯乙烯改性醇酸树脂。计算方法如下。

设在缩合反应中每消失一个羧基（酯化），同时在总摩尔数中也消失 1mol，于是在反应到 p 程度时，F_{mA} 可写成：

$$F_{mA}=\frac{m_{mA}}{m_0-(p_A)}$$

如反应程度 p 以酸值来表示，则：

$$p=\frac{AN_0-AN}{AN_0}=1-\frac{AN}{AN_0}$$

将上两式合并解 F_{mA} 得：

$$m_{mA}=F_{mA}\left(m_0e_A+\frac{e_A AN}{AN_0}\right)$$

上式还可改写成：

$$m_{mA}=F_{mA}e_A\left[(K-1)+\frac{AN}{AN_0}\right]$$

式中　m_0——反应物总摩尔数；

m_{mA}——顺丁烯二酸酐摩尔数；

e_A——计算的总当量数；

AN_0——反应起始时的酸值（计算值）；

AN——反应至 p 程度时，测得的醇酸树脂的酸值；

F_{mA}——反应至 p 程度时醇酸树脂的顺丁烯二酸酐官能度，即每摩尔醇酸树脂的平均顺丁烯二酸酐基；

p——反应程度。

$$\text{顺丁烯二酸酐用量(mol)}=\frac{1}{3}e_A\left[(K-1)+\frac{\text{欲达到的酸值}}{\text{起始时的酸值}}\right]$$

醇酸树脂欲在酸值 10mgKOH/g、20mgKOH/g 时，用苯乙烯改性，则顺丁烯二酸酐用量的计算见表 2-1-53。

表 2-1-53　豆油醇酸树脂

组　　分	加料量/g	当量值	e_A	e_B	官能度	m_0
豆油脂肪酸	840	280	3.00	—	1	3
苯二甲酸酐	444	74	6.00	—	2	3
甘油(98%)	300	31.2	—	9.60	3	3.2
合计	1584		9.00			9.20

$$R=\frac{9.60}{9.00}=1.07 \qquad K=\frac{9.20}{9.00}=1.02$$

$$开始时酸值=\frac{9\times 56100}{1584}=319$$

酸值为 10mgKOH/g 时顺丁烯二酸酐的用量为：

$$1/3\times 9\times\left[1.021-1+\frac{10}{319}\right]=0.15\text{mol}$$

酸值为 20mgKOH/g 时顺丁烯二酸酐的用量为：

$$1/3\times 9\times\left[1.021-1+\frac{20}{319}\right]=0.25\text{mol}$$

计算之后，苯二甲酸酐的量中要减去相当于顺丁烯二酸酐摩尔数的苯二甲酸酐。表 2-1-54 为酸值分别为 10mgKOH/g、20mgKOH/g 时配方。

表 2-1-54 顺丁烯二酸酐醇酸树脂配方

原 料	酸值 10mgKOH/g		酸值 20mgKOH/g	
	加料量/g	摩尔数/mol	加料量/g	摩尔数/mol
豆油脂肪酸	840	3.00	840	3.00
甘油(98%)	300	3.20	300	3.20
苯二甲酸酐	422	2.85	407	2.75
顺丁烯二酸酐	14.7	0.15	24.5	0.25

醇酸树脂的制备可用溶剂法在 200℃酯化，约用 8%的二甲苯为回流溶剂，反应 11.5h，酸值为 10mgKOH/g（固体树脂），顺丁烯二酸酐的官能度为 0.325。苯乙烯改性如下：

醇酸树脂(含 8%溶剂)	324g	二甲苯	126g
苯乙烯	300g		

反应装置与以前相同，将以上混合物加热至 125℃，并每隔 1h 加异丙苯过氧化氢 1.45mL（约 1.5g）。共加六次，并使聚合反应放热，使回流温度升至 145～150℃，保持回流至第六次引发剂加完，转化率可达 95%。再加入 145g 二甲苯，可调整不挥发分至 65%即完毕。

$(H_3C)_2$—COOH（苯环）

醇酸树脂的改性可通过改变醇酸树脂的配方，调整苯乙烯用量，选用不同的引发剂，选用不同的加苯乙烯与引发剂的方式，制出多种苯乙烯改性醇酸树脂。

其通性为：a. 降低了耐烃类溶剂性，但有涂第二道被稍强溶剂如二甲苯咬起的缺点，因此两道漆间的时间要相隔很近；b. 耐水性、耐碱性、干率、硬度都有很大的提高；c. 降低了柔韧性与耐候性。苯乙烯改性醇酸树脂可以与颜料配合，制作快干、耐潮、光亮、美观的室内用防护与装饰磁漆、农机用漆。苯乙烯改性醇酸树脂与未改性醇酸树脂不能融合，故不能相并使用；但可加氨基树脂烘烤固化，制作快干、高硬度磁漆。

(7) 丙烯酸（酯）改性醇酸树脂 用丙烯酸酯，主要是甲基丙烯酸酯改性醇酸树脂，干燥快，保色性与耐候性都有很大提高。丙烯酸改性醇酸树脂除了氧化干燥成膜外，还可以与氨基树脂或多异氰酸酯树脂进行交联成膜，拓宽了醇酸树脂的应用领域。

改性的方法可分为共聚法与酯化法。

① 共聚法 丙烯酸酯单体与苯乙烯单体相同，可以共聚的方法改性醇酸树脂。同样需要带有共轭双键的脂肪酸。其加成也是 1，4 或 1，2 加成。例如一个油度为 40%的醇酸树

脂进行共聚改性试验。豆油与脱水蓖麻油的用量分别为：100∶0；70∶30；50∶50；30∶70；0∶100，以二叔丁基过氧化物为引发剂与相当于醇酸树脂量40%的甲基丙烯酸甲酯共聚。100%豆油者极浑并有结晶物，结晶物系单体自聚物；脱水蓖麻油30%者共聚后发浑但无结晶物；50%者共聚后依然发浑但制的漆膜是透明的，说明脱水蓖麻油的量不能少于总油量的50%。

共聚方法：反应装置与苯乙烯共聚改性醇酸树脂相同。将醇酸树脂加入三口瓶内，搅拌，升温至125℃保持15min，自冷凝器上口滴加甲基丙烯酸甲酯与过氧化二苯甲酰以等量的二甲苯制成的溶液。加完保持回流至转化率达95%以上，停止反应。真空蒸出未反应的单体和二甲苯，再与二甲苯溶解成50%固体含量溶液。改性醇酸树脂加颜料与催干剂用于制造各种自干型丙烯酸改性醇酸树脂磁漆。

② 酯化法　共聚法制丙烯酸改性醇酸树脂，必须使用含共轭双键的脂肪酸或油类，其他油类特别是饱和脂肪酸制成的醇酸树脂则不能共聚改性。而且共聚改性的醇酸树脂是一个自聚与共聚的混合物，成分不均匀，保色性与烘烤不变色性差。采用酯化法则可以用酯化方法将醇酸树脂用丙烯酸酯改性，而不受油及其他成分的限制。酯化法为先制出分子量较小的聚丙烯酸酯，它们含有羟基、环氧基、羧基，可以与醇酸树脂上的羧基或羟基酯化反应而达到改性的目的。干性油制成的改性醇酸树脂有极好的自干性，因为没有不饱和度的损耗。而且抗再涂二道咬起性也比共聚法制者好。丙烯酸改性醇酸树脂-氨基烘漆作汽车面漆有极好的户外耐久性。丙烯酸酯用量可达30%，过多将发脆。

改性方法为先制分子量较低的含有活性官能团的聚（甲基）丙烯酸酯，即（甲基）丙烯酸酯与带活性官能团的（甲基）丙烯酸单体。如甲基丙烯酸缩水甘油酯提供环氧基，甲基丙烯酸羟乙酯提供羟基，甲基丙烯酸提供羧基以及顺丁烯二酸酐提供羧基等单体的共聚物。官能团量过多容易在酯化时胶化，一般用量为总原料量的4%～6%（摩尔分数）。环氧基者可在150℃低温酯化，但单体价格太贵，而且来源也不充足；含羟基者单体也稍贵而且反应较慢。所以实际生产多采用含羧基的聚丙烯酸酯。如使用含羧基聚丙烯酸酯与醇酸树脂直接反应，醇酸树脂本身残留的羧基与羟基也竞相反应（温度220℃），反应难以控制。聚丙烯酸酯与醇酸树脂的缩合程度，可取样滴在玻璃板上看是否透明来观察，但达到透明点的时间与成胶点很接近。因此较好的方法为用“甘油-酸酯法”，即与甘油（或其他多元醇）先行醇解；再将含羧基的聚丙烯酸酯与它进行酯化反应；然后加苯二甲酸酐、甘油（或其他多元醇），继续酯化制成改性醇酸树脂。此法较成功，产品质量较好。可以下图简示：

[聚丙烯酸酯]—COOH ＋ CH_2(—OH)—CH(—OH)—CH_2—O—C(=O)—R ⟶ [聚丙烯酸酯]—C(=O)—O—CH_2—CH(—OH)—CH_2—O—C(=O)—R $\xrightarrow{\text{邻苯二甲酸酐}}$

[聚丙烯酸酯]—C(=O)O—CH_2—HC(—O—C(=O)—C_6H_4—C(=O)—O—CH_2—HC(—OH)—H_2C—OH)—H_2C—O—C(=O)—R

制备举例：

a. 自干型丙烯酸改性醇酸树脂

【例】

聚丙烯酸酯配方（质量分数）/%

甲基丙烯酸甲酯	384	过氧化二苯甲酰	8
甲基丙烯酸	16		

将过氧化二苯甲酰溶于以上两单体的混合物中。将混合单体滴加到加热回流与单体总量相等的二甲苯中，以4h加完。继续回流2h。得到共聚物固体分为47%，加氏黏度Y。

改性醇酸树脂配方（质量分数）/%

豆油	747	聚丙烯酸酯(固体)	300
季戊四醇	172	苯二甲酸酐	316
环烷酸铅(12%)	2.5		

豆油、季戊四醇与环烷酸铅在245℃进行醇解至3倍95%乙醇。冷却，加入聚丙烯酸酯，升温蒸出一部分二甲苯，保持在220℃酯化至酸值约为2mgKOH/g，冷却，加入苯二甲酸酐。在220℃继续酯化。酯化完毕以油漆溶剂油溶解。固体分为58.5%，加氏黏度V，酸值19.8mgKOH/g。

此树脂加催干剂按油量的0.1%Co、0.7%Pb（以金属计）。放置过夜，涂膜检测，湿膜厚100μm，干率2.5h，可涂二道时间为0.5h，清漆的石油溶剂容忍度为12mL/10g。涂第二道咬起问题与油含量有关，油量少则交联度低易被咬起。此配方采取油度50%，丙烯酸酯20%，聚酯30%，来减少咬起并平衡其柔韧性与附着力。此树脂可制各种磁漆。

据报道，采用单甘油酯法，即先合成含一定量羧基的分子量低的丙烯酸预聚物，然后再与单甘油酯反应，再加入二元酸进一步酯化，合成出表干快、硬度高的自干型丙烯酸改性醇酸树脂。并对影响树脂性能的多种因素进行了探讨。对丙烯酸改性醇酸树脂进行红外线表征。影响自干型丙烯酸改性醇酸树脂性能的因素如下。

第一，丙烯酸预聚物分子量大小及其分布是控制改性醇酸树脂的关键。分子量过大，后续的酯化反应容易凝胶化；分子量太小，树脂快干但保色、保光等漆膜性能达不到要求。丙烯酸预聚物分子量一般控制在3000～3500。分子量分布过宽，说明预聚物中单体含量较高，酯化反应过程中有一定量的单体的自聚体产生，这将影响树脂的透明度。

第二，植物油的选择及油度的影响。采用亚麻油（干性油）与豆油（半干性油）相混合，使树脂具有合适的交联密度。适宜的油度为55%～60%。

第三，丙烯酸树脂改性量的影响，大量试验表明，适宜的丙烯酸树脂改性量为20%～30%。

第四，第一步酯化反应的程度在一定程度上反映了丙烯酸酯预聚物的接枝率。第一步酯化反应的程度可以通过酯化反应过程中酸值的变化来确定，酸值的变化对表干时间影响不大，而对漆膜的硬度和耐冲击性影响大，酸值在5～10mgKOH/g较好。但当第一步酯化反应的酸值小于20mgKOH/g时，黏度急剧增大，而最终树脂的酸值也很难降到20mgKOH/g以下。

自干型丙烯酸改性醇酸树脂清漆的表干为1h，实干为5h，硬度达到0.7，均有较大提高。

【例】 用丙烯酸改性快干醇酸树脂制成磁漆和底漆也取得较好的效果。自干型丙烯酸改性醇酸树脂性能的合成也是采用酯化法。参考配方见表2-1-55。

表 2-1-55 丙烯酸改性醇酸树脂配方

原料名称	规格	质量分数/%	原料名称	规格	质量分数/%
豆油酸	工业级	20～25	苯甲酸	工业级	1～4
季戊四醇	工业级	8～12	催化剂	试剂级	0.05～0.10
丙烯酸共聚物	自制	15～30	二甲苯	工业级	16.92～36.98
苯酐	工业级	10～14			

丙烯酸改性醇酸树脂性能的技术指标：

外观	淡黄清澈透明	酸值/(mgKOH/g)	≤16
颜色(Fe-Co)/号	≤8	固体分/%	60±2
黏度[格氏管,(25±1)℃]/s	20～40		

在共聚物的分子中，用甲基丙烯酸引入羧基。经过试验，确定α-甲基丙烯酸用量为2.5%～4%。用十二烷基硫醇作为链转移基，其用量为0.05%～0.10%。丙烯酸共聚物用量占丙烯酸改性醇酸树脂的25%，是既经济性能又好的比例。

改性醇酸树脂中加入催化剂，反应时间由12h可缩短至6～7h，催化剂用量为0.05%～0.10%。制成底漆和磁漆后，表干约15min，实干为15h，而快干磁漆的表干则为0.5～1h，实干为6～8h，硬度和耐水性都有较大提高。

b. 丙烯酸改性醇酸树脂氨基烘漆　丙烯酸改性醇酸树脂氨基烘漆具有醇酸树脂氨基烘漆的附着力，还具有丙烯酸树脂的耐久性与可打磨性。

- 丙烯酸酯预聚物　为调节聚丙烯酸酯的硬度与柔韧性，丙烯酸酯单体可有不同的配比。
- 改性醇酸树脂　改性醇酸树脂由丙烯酸酯预聚物40份、氢化蓖麻油31份、甘油9.5份、苯二甲酸酐19.5份制成。先将氢化蓖麻油与总量63%的甘油混合加热，在150℃加入环烷酸铅（油量的0.1%），升温至200℃，保持1h。冷却至180℃加入丙烯酸酯预聚物。升温至220℃（中间脱出溶剂）以溶剂法酯化反应至酸值小于3mgKOH/g（AV_1）。降温至约180℃加苯二甲酸酐和所余的33%的甘油，继续在220℃酯化至要求的酸值（AV_2）与黏度。

(8) 有机硅改性醇酸树脂　所谓的有机硅改性醇酸树脂是指用少量有机硅树脂与醇酸树脂共缩聚而得的改性醇酸树脂。即使用含有一定羟基的醇酸树脂和分子量低的有机硅中间体按照一定的工艺进行接枝反应。①有机硅在树脂中的含量一般不超过30%。有机硅加入量过多将影响干性及耐烃类溶剂性。改性后的醇酸树脂仍然用于原来的各种磁漆。有机硅改性醇酸树脂漆为单组分自干漆，施工方便。②应注意合成有机硅树脂的单体组成（R/Si值）及合成的有机硅树脂的规格。③醇酸树脂的结构中要有足够的游离羟基以备与有机硅树脂共缩聚。以少量醇酸（聚酯）树脂和有机硅树脂共缩聚以改进有机硅树脂的干率、附着力等性能者不同，后者需烘干，专用于高温、电绝缘等方面。

因为有机硅树脂具有耐紫外线性、强憎水性，所以将有机硅树脂引入醇酸树脂的结构中，将使醇酸树脂漆膜的保光性、抗粉化性、保色性、耐候性有很大的改进，提高了醇酸树脂的户外使用价值。可用于户外钢结构件和器具的耐久性涂料，如船壳漆、桥梁漆等。以有机硅改性醇酸树脂制舰船涂料，取得了很好的效果。耐5%的NaOH溶液，30天漆膜不起泡、不脱落；耐中性盐雾1000h；与普通醇酸、氯化橡胶、丙烯酸改性醇酸相比，耐候性均有很大提高。普通醇酸、丙烯酸改性醇酸耐紫外线老化265h后，光泽度急剧下降，有机硅改性醇酸树脂耐紫外线老化则为500～1000h，特别是当有机硅含量达到25%～30%时，漆膜耐紫外线老化性能超过美国军标要求。

有机硅改性醇酸树脂接枝上的有机硅的含量及分子量分布，采用的分析方法有薄层色谱（TLC）、凝胶渗透色谱（GPC）、红外光谱（FTIR）、核磁共振（NMR）等，对有机硅接枝含量有了较精确的分析。

用于改性的有机硅树脂等都是分子量较低的，最好能与醇酸树脂融合。与醇酸树脂共缩聚有两种方法。一种是有机硅单体先制成硅醇再与醇酸树脂上的羟基共缩聚。硅醇的结构式如下：

$$-\!\!\left[\underset{R}{\overset{R}{Si}}-O-\underset{OH}{\overset{R}{Si}}-O-\underset{O-}{\overset{R}{Si}}-O\right]_X$$

$R=CH_3$ 或 C_6H_5

与醇酸树脂的缩聚反应：

$$\equiv Si-OH + -[O-CH_2-CH-CH_2-O-C(=O)-C_6H_4-C(=O)]_n- \longrightarrow -[O-CH_2-CH(-O-Si\equiv)-CH_2-O-C(=O)-C_6H_4-C(=O)]_n- + H_2O$$

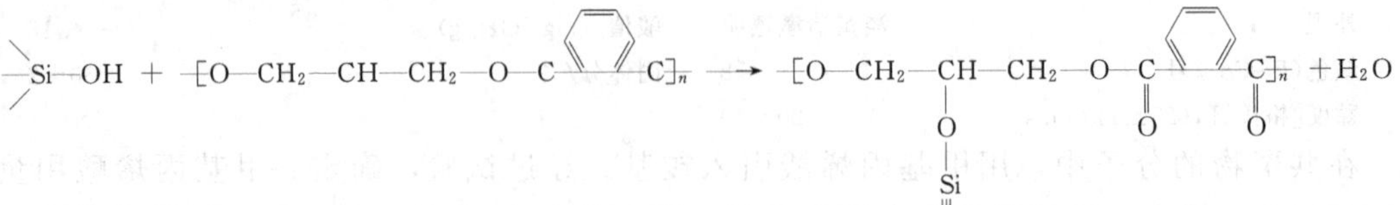

反应时将醇酸树脂与硅醇加在一起（加溶剂）在200℃左右共热缩合，至完全融合，黏度合格即得。在缩聚时同时有两个反应发生。一个为：

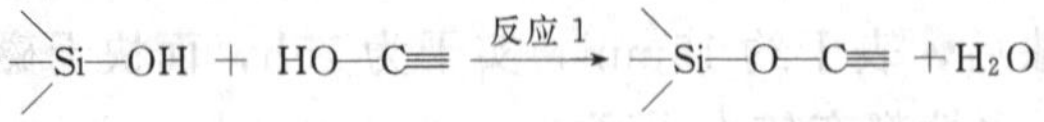

$$\equiv Si-OH + HO-C\equiv \xrightarrow{\text{反应1}} \equiv Si-O-C\equiv + H_2O$$

另一个为：

$$\equiv Si-OH + HO-Si\equiv \xrightarrow{\text{反应2}} \equiv Si-O-Si\equiv + H_2O$$

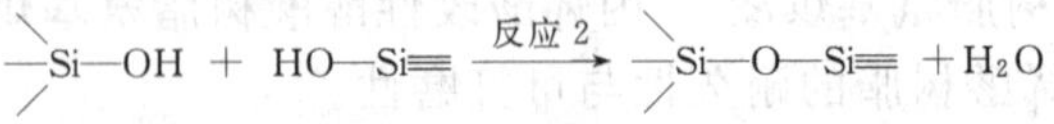

增加醇酸树脂的羟基有利于反应1；增加惰性溶剂有利于反应2。增加酸值或提高温度可使反应加快但不能改变反应的比例。另一方法是含甲氧基或乙氧基的聚硅烷与醇酸树脂上的羟基缩合。甲氧基硅烷结构式如下：

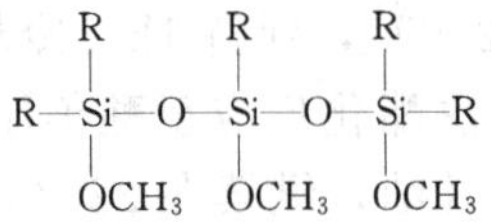

$$R-Si(R)(OCH_3)-O-Si(R)(OCH_3)-O-Si(R)(OCH_3)-R$$

$R=CH_3$ 或 C_6H_5

与醇酸树脂的缩聚反应：

$$\equiv Si-OCH_3 + -[O-CH_2-C(H)(OH)-CH_2-O-C(=O)-C_6H_4-C(=O)]_n- \longrightarrow -[O-CH_2-C(H)(-O-Si\equiv)-CH_2-O-C(=O)-C_6H_4-C(=O)]_n- + CH_3OH$$

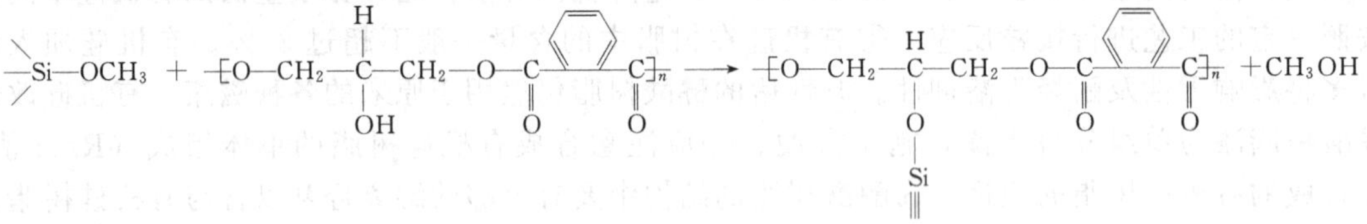

【例】 改性醇酸树脂合成

① 30%有机硅长油度豆油季戊四醇醇酸树脂

a. 硅醇规格

固体分/%	80	黏度(加氏,25℃)	L～V
溶剂	二甲苯	相对密度(25℃)	1.13
羟基含量/%	5～6	颜色(加氏)	≤1

b. 豆油季戊四醇醇酸树脂A

配方/%

豆油脂肪酸	58.80	三苯基亚磷酯	0.25
苯二甲酸酐	21.10	二甲苯	3.00
季戊四醇	20.10		

设备与溶剂法生产醇酸树脂相同。将配方中原材料都加入反应釜中；在惰性气体的保护下升温、搅拌；在230～250℃回流酯化反应；酸值达到5～10mgKOH/g，黏度（25℃，60%固体分于200# 油漆溶剂油中）达到加氏J～L时停止反应，以油漆溶剂油溶解，制成66%固体分溶液。

c. 有机硅改性醇酸

配方/%

	固体配比	液体配比
硅醇(75%不挥发分)	30	27.4
醇酸树脂A(66%不挥发分)	70	72.6

将配方中原料加入反应釜中，升温至回流温度（173～175℃）并共沸分水。反应至加氏黏度（60%固体分于油漆溶剂油中）达到 V～X 时停止反应，用油漆溶剂油溶解，制成固体分为 60%的溶液。

d. 灰色半光磁漆

配方/%

二氧化钛	16.3	辛酸钴/6%	0.3
炭黑	0.3	环烷酸锰/6%	0.2
石棉粉	21.4	环烷酸钙/5%	0.3
卵磷脂	1.0	防结皮剂	0.1
悬浮助剂	0.3	硅油溶液/%	0.1
30%有机硅改性醇酸树脂 A	45.5		100.0
200# 油漆溶剂油	14.2		

先混合悬浮助剂和 30%有机硅改性醇酸树脂 A；再加入二氧化钛、炭黑、石棉粉、卵磷脂混合并分散至细度在 30μm 以下；加上述配方的其余原料混合，包装。

磁漆性能

不挥发分(按质量)/%	67.4	60°光泽度/%	35～45
不挥发分(按体积)/%	47.4	干率/h	
PVC/%	36.3	指触干	2
黏度/KU	70～80	干硬	8

② 30%有机硅短油度脱水蓖麻油醇酸树脂

a. 脱水蓖麻油醇酸树脂 B

配方/%

三羟甲基乙烷	32.7	顺丁烯二酸酐	0.25
苯二甲酸酐	36.7	二甲苯	3.00
脱水蓖麻油酸	30.6		
	100.0		

将配方中全部原料装入溶剂法反应釜，在共沸脱水下升温至 250℃。反应至固体树脂酸值达到 9～12mgKOH/g，加氏黏度（60%于二甲苯中）为 Z_1～Z_3，并在 200℃热盘上胶化，时间为 19～22s。以二甲苯溶解成 68%～69%溶液。

b. 有机硅改性醇酸树脂

配方/%

	按固体质量配比	按溶液质量配比
硅醇(80%,同树脂 B)	30	26.9
醇酸树脂 B(68.5%)	70	73.1
	100.0	100.0

在溶剂法反应釜中加入配方中硅醇和醇酸树脂并加热至回流以共沸脱水。于 200℃热盘上反应至固化时间为 11s，加氏黏度（60%二甲苯中）为 Z_1～Z_2。以二甲苯溶解，制成 60%溶液。

c. 灰色有光快干有机硅醇酸树脂漆

配方/%

二氧化钛	26.66	分散助剂	0.11
氧化铁红	0.20	悬浮助剂	0.28
炭黑	0.22	润湿助剂	0.11
铬黄	1.01	二甲苯	14.06
30%有机硅改性醇酸树脂 B	26.21		

把上述组分混合，分散至细度达 20μm，加下列组分：

30%有机硅改性醇酸树脂 B	24.97	防结皮剂	0.06
二甲苯	5.31	助催干剂	0.02
环烷酸钴(6%)	0.22		100.0
环烷酸钙(5%)	0.56		

磁漆性能

不挥发分(按质量)/%	59.8	黏度/KU	75～85
不挥发分(按体积)/%	42.5	60°光泽度/%	≥75
PVC/%	21.4	干率/h	2～3

催干剂的选用以钙、钴配合为好；铅催干剂对性能有降低的作用。

有机硅改性后的醇酸树脂漆对耐候性、户外耐久性有很大的提高，特别是在保光性、抗粉化性等方面。因此用于防护性底漆上作为面漆，如火车车皮、卡车修补、桥梁等涂饰。

③ 丙硅豆油醇酸树脂的合成

a. 简介　醇酸树脂广泛地应用于室外涂料的基料，未经改性的醇酸树脂，在热带地区气候由于紫外线照射、热波动、高温和风引起的盐雾，在 10～12 个月时就会明显的粉化、褪色和失光。文献中已经报道了一些用不同的单体，例如乙烯基、丙烯酸、硅丙烷等来改性醇酸树脂的方法。有机硅豆油醇酸树脂，与豆油醇酸树脂相比，它显示出了很好的耐候性。保光性是室外涂料的一项重要特性，据报道，醇酸树脂与丙烯酸酯反应也能提高这项性能。在目前的研究中，在树脂结构中含有有机硅和丙烯酸单元的醇酸树脂已经合成，这种类型改性树脂期望能得到这两种结构单元在抗紫外线和保光性方面的优势。合成的改性醇酸树脂的性能比得上现有用在涂料配方中的有机硅醇酸树脂。

由豆油醇酸树脂、有机硅中间体及甲基丙烯酸-2-羟乙酯（HEMA）合成的聚合物用于长效室外涂料的基料组分。实际上硅丙单体（SAM）是由端羟基有机硅与 HEMA 制备的，用不同含量的 SAM 合成新型的豆油醇酸树脂。与有机硅改性醇酸树脂相比，硅丙豆油醇酸树脂制得的清漆漆膜具有良好的力学性能和室外耐久性。

b. 试验

• 原材料　未经任何提纯的甲基丙烯酸-2-羟乙酯（HEMA，兰卡斯脱）、端羟基硅氧烷（Z-6018，道康宁）及钛酸四异丙酯（TPT）应用于当前的研究中。从印度 Jayant 榨油厂得到的环烷酸铅、豆油、季戊四醇、邻苯二甲酸酐及从印度 Loba 化学有限公司得到辛酸钴已被用于当前的试验研究中。

• 合成　分为硅丙单体（SAM）的合成；豆油醇酸树脂的合成；硅丙豆油醇酸树脂的合成。

$$HO\!-\!(Si(Ph)(CH_2CH_2CH_3)\!-\!O\!-\!Si(Ph)(CH_2CH_2CH_3))_n\!-\!OH + HO\!-\!CH_2CH_2\!-\!O\!-\!C(=O)\!-\!C(CH_3)\!=\!CH_2$$

Z-6018 (0.38mol)　　HEMA (0.38mol)

△　120℃，$CuCl_2$ TPT，甲苯，$-H_2O$，2h

$$HO\!-\!(Si(Ph)(CH_2CH_2CH_3)\!-\!O\!-\!Si(Ph)(CH_2CH_2CH_3))_n\!-\!O\!-\!CH_2CH_2\!-\!O\!-\!C(=O)\!-\!C(CH_3)\!=\!CH_2$$

$$HO\!-\!(CH(OCOR)\!-\!CH_2\!-\!O\!-\!C(=O)\!-\!C_6H_4\!-\!C(=O)\!-\!O\!-\!CH_2\!-\!C(CH_2OCOR)_2\!-\!CH_2)_m\!-\!OH$$

豆油醇酸树脂　　R＝长链不饱和脂肪酸

$$\mathrm{HO{+}\underset{CH_3CH_2CH_2}{\overset{Ph}{Si}}{-}O{-}\underset{CH_2CH_2CH_3}{\overset{Ph}{Si}}{)_n}O{-}CH_2CH_2{-}O{-}\overset{O}{\overset{\|}{C}}{-}\underset{CH_3}{C}{=}CH_2}$$

硅丙单体

$$\xrightarrow[6h\quad 二甲苯]{-H_2O\ |\ 150℃,\ TPT,\ CuCl_2}$$

$$\mathrm{HO{+}\overset{OCOR}{CH}{-}CH_2{-}O{-}\overset{O}{\overset{\|}{C}}{-}C_6H_4{-}\overset{O}{\overset{\|}{C}}{-}O{-}CH_2{-}\underset{CH_2OCOR}{\overset{CH_2OCOR}{C}}{-}CH_2{)_m}OR'}$$

硅丙单体-豆油醇酸树脂

c. 结论 将甲基丙烯酸-2-羟乙基通过化学反应加入硅丙豆油醇酸树脂中能提高醇酸树脂的力学性能和保光特性。通过 C-NMR 分析和 FTIR 测量证实 HEMA 和有机硅中间体反应形成的 SAM 随后与豆油醇酸树脂之间存在反应。加入 30% SAM 的豆油醇酸树脂已经证实比加入 10%和 20% SAM 的树脂具有更好的耐候性。还可以证明 30%硅丙豆油醇酸树脂的拉伸强度比有机硅豆油醇酸树脂更高，这为 SAM 豆油醇酸树脂提供更多的韧性范围。总体来说，相比有机硅豆油醇酸树脂，30%的硅丙豆油醇酸树脂为长效涂料配方提供了一种基料。

(9) 异氰酸酯改性醇酸树脂 氨基甲酸酯改性醇酸也称氨酯醇酸。应用较多的是 TDI，它部分地代替苯酐。氨酯醇酸是由异氰酸酯与植物油醇解后的单甘油酯反应而成的。在工艺的末期加入醇，确保没有N ═ C ═ O 的残留。氨酯醇酸比制造它们的干性油干得快，因为它们有较高的平均官能度。TDI 的芳香环的刚性也促进干燥，提高了树脂的 T_g。氨酯醇酸优于醇酸涂料的两个主要优点是优良的耐磨损性和耐水解性，缺点是低劣的保色性（用 TDI）。脂肪族二异氰酸酯制造的氨酯醇酸保色性较好，但价格贵且 T_g 低。

① TDI 改性醇酸树脂 醇酸树脂都不同程度地含游离羟基，特别是中、短油度醇酸树脂，都可以与多异氰酸酯反应改性。常用的多异氰酸酯芳香族有甲苯二异氰酸酯与三羟甲基丙烷的加成物。现举例说明。原料及配方见表 2-1-56。

表 2-1-56 原料及配方

原料及名称	质量分数/%	原料及名称	质量分数/%
植物油(双漂,工业品)	20～30	TDI(工业品)	5～10
季戊四醇(工业品)	4～7	200# 溶剂汽油(工业品)	30～40
催化剂(化学纯)	适量	二甲苯(工业品)	4～10
苯酐(工业品)	5～10	丁醇(工业品)	2～5

合成工艺：将植物油、多元醇升温至 120℃加 LiOH，在 240℃保温醇解至终点。降温加苯酐和回流二甲苯进行酯化至达到要求指标。用 200# 溶剂汽油兑稀备用。降温至 40℃左右，滴加混合好的二甲苯、TDI 溶液。加完后在 60℃保温 1h，然后在 90℃保温至合格。黏度合格后，降温至 60℃，加入丁醇，搅拌 0.5h，过滤包装。

主要技术指标：

黏度(涂-4 杯,25℃)/s	150～200	酸值/(mgKOH/g)	1～2
固体含量/%	50±2		

讨论：

a. TDI/苯酐摩尔比 过低则没有体现改性的作用，过高则反应后期不易控制。TDI/苯酐摩尔比控制在（2～3）：1 较合适。

• TDI的滴加方式 用先兑稀而后滴加的方法，先将酯化产物用200[#]溶剂汽油兑稀，然后滴加TDI和二甲苯的混合液，滴加速度为50～100滴/min。这样反应比较平稳而性能稳定。

• 反应温度的控制 TDI改性醇酸树脂的合成过程分两步进行。第一步先合成分子量低的醇酸树脂，在此反应中，即醇解反应控制在240℃，酯化温度控制在210℃为宜。第二步是TDI与醇酸树脂的—OH的反应，此反应属放热反应。温度高于100℃时，异氰酸酯与氨基甲酸酯反应生成脲基甲酸酯支链而引起树脂胶化。因此，滴加反应阶段，控制温度不高于60℃，滴加完以后，反应温度为90～100℃。

b. —NCO/—OH摩尔比的影响 如果—NCO/—OH摩尔比大于1，树脂不稳定；如果—NCO/—OH摩尔比小于1，树脂残余的—OH基多，耐水性下降。为此选择—NCO/—OH摩尔比的理论值等于1。

c. 稳定剂加入量对树脂贮存性的影响 尽管在配方工艺理论上—NCO/—OH摩尔比为1∶1，但实际反应不可能达到100%，最后仍不可避免地存在未反应的—NCO，它的存在对树脂的稳定性以及涂料的性能产生不良影响。因此在反应结束后加入醇类以封闭—NCO。当TDI/苯酐摩尔比控制在（2～3）∶1，—NCO/—OH摩尔比的理论值等于1，稳定剂丁醇的加入量为3%。

d. TDI改性醇酸树脂的干性探讨 TDI改性醇酸树脂的结构中含有植物油的不饱和双键和氨酯键，在空气中氧化干燥除发生双键的氧化聚合外，氨酯键之间还可能形成氢键，对漆膜干性和硬度也有贡献。用TDI改性醇酸树脂制成的清漆和磁漆的面干在0.5h，实干在4h左右，硬度在0.5以上，说明TDI改性后对醇酸树脂漆的干性、硬度以及耐水性都有明显提高。

甲基-3,5,5-三甲基环己烷异氰酸酯（IPDI），（结构式：CH_3，NCO(仲)，H_3C，CH_3 CH_2—NCO(伯)）

② IPDI改性醇酸树脂 适于作常温自干型醇酸树脂改性剂的多异氰酸酯是异佛尔酮二异氰酸酯和3-异氰酸酯的聚合体，其结构式基本为三聚体。因为是脂肪族异氰酸酯，所以有极好的不黄变性与耐候性。固体分为70%时—NCO的含量约为12%。它溶于芳香烃溶剂或芳香烃与脂肪烃混合溶剂，如二甲苯与油漆溶剂油（1∶1）的混合溶剂油中。适用于改性醇酸树脂，最好用于中油度醇酸树脂。加入IPDI（三聚体）可有以下改进：①可缩短表干时间至原来的1/3，约为20min；②干硬快，增加硬度与耐油性；③提高耐候性。因此增加了该漆的使用范围，宜于作户外用漆。

(10) 高固体分醇酸树脂漆 醇酸树脂漆一般含40%左右溶剂，施工后挥发到大气之中，既污染环境，又浪费大量有机原料，于是人们重视研制含溶剂很少（高固体分）的醇酸树脂漆。人们对高固体分醇酸树脂漆做了很多研究，但至今还没有达到满意的结果。提高醇酸树脂漆的固体分途径很多，但也各有不足。

① 提高醇酸树脂固体分的途径 溶剂的改变可以稍微提高固体分。脂肪烃（含芳香烃较少），能促进分子间的氢键，特别是羧酸之间和羟基之间的缔合，从而提高黏度。使用一些氢键受体溶剂如酯或醇，相同的固体分会使黏度显著下降。同样醇酸树脂结构上的极性官能团的浓度也会影响醇酸树脂溶液的黏度。羟基与羧基是氢键供体，酯基与羧基是受体，这些基团浓度增高时引起分子之间的力增大而黏度上升。加少量低分子量醇类、酮类，虽然它们的溶解度参数和树脂相差很远，但它们作为氢键供体或受体可使黏

度降低。

增加固体分的另一个途径是降低分子量。提高油度、减少二元酸/多元醇的比例，这可以轻易完成，但会增加干燥时间。

制造窄分子量分布的树脂，可增加固体分。例如接近醇酸熬炼的终点，添加一个酯交换催化剂，会给出一个更均匀的分子量分布和更低黏度的醇酸树脂。为了研究分子量效应，使用二环己基碳化二亚胺（DCC），它可低温酯化，合成有很窄分子量分布的模型树脂。以低温法可制出模型醇酸树脂，没有副反应，分子量较低，分子量分布（PDI）较窄，结构较均匀，黏度较常规法制者为低。但低温法固体分提高的幅度仅为 2%～10%。虽不是工业生产法，但按此法可制出模型醇酸树脂。单纯以降低分子量来制高固体分自干型醇酸树脂漆尚行不通，应另辟途径。

高固体分醇酸树脂漆的关键是黏度，可修改配方以制取低分子量的醇酸树脂来降低黏度。但要牺牲醇酸树脂的性能。醇酸树脂的平均分子量不能低于一定水平，否则影响漆膜的性能。分子量分布对醇酸树脂的黏度影响很大。醇酸树脂按 GPC 分析有极宽的分子量分布，其中按质量的分子量比数均分子量（M_n）要大 100 倍以上。高分子量的部分被认为是成膜部分，而低分子量的部分则起溶剂与增塑剂的作用。

制造方法的不同也影响分子量分布。醇酸树脂溶液的黏度取决于高分子量部分，存有一定数量的高分子量馏分（约为 $100 \times M_n$ 以上）将使溶液黏度大为增加。分子量分布的宽度也影响溶液的黏度，分子量分布很窄则树脂溶液的黏度较低，溶液的固体分较高。脂肪酸的不饱和程度对黏度也有影响，不饱和—C ═ C—越多黏度越低。

在醇酸树脂制造的同时有一些副反应，如醚化、酯交换、不饱和脂肪酸之间的交联、酯化时形成内酯合环等。酯化增加多元醇的官能度，使黏度增高。虽然有惰性气体防止氧化，但酯化在 200℃以上高温进行，脂肪酸的交联难以避免。

② 活性溶剂稀释醇酸树脂漆　为争取醇酸树脂有较高的固体分以减少溶剂的挥发和提高醇酸树脂漆的使用率，曾试用活性稀释剂。它一方面起溶剂作用，另一方面在漆膜固化时，特别是在室温干燥时，转化于漆膜整体之中，成为漆膜的一部分。这种活性稀释剂必须是挥发性很低、低毒、低臭并与大多数树脂可融合；同时还要价格合理，所得漆膜应具有厚涂层性，有良好的力学强度和耐介质性。但至今还没有找到能完全取代溶剂的活性稀释剂。

20 世纪 80 年代初 D. B. Larson 与 W. D. Emons 提出甲基丙烯酸二环戊烯氧乙基酯（dicyclopententyoxyethyl methacrylate）。美国 Rohm and Hass Company 商品名 QM-657，结构式如下。

$$CH_2{=}\overset{\displaystyle CH_3}{\overset{|}{C}}-\overset{\displaystyle O}{\overset{\|}{C}}-O-CH_2-CH_2-O-$$

产品规格：

外观	透明液体	折射率(22℃)	1.496
颜色(APHA)	100～300	沸点(101.3kPa)/℃	350
黏度(25℃)/dPa·s	0.15～0.19	溶解度参数	8.6
密度(25℃)/(g/cm³)	1.064	闪点(片斯基-马丁闭杯)/℃	>93
固化膜硬度(努氏)	15	玻璃化温度(均聚物)/℃	16～38
固化收缩率/%	8.7	阻聚剂(对苯二酚)/(mg/L)	50

QM-657 的合成是先由乙二醇与环戊二烯在强酸下反应，然后与甲基丙烯酸甲酯进行酯

交换制得。沸点高，毒性低，适于作活性稀释剂。

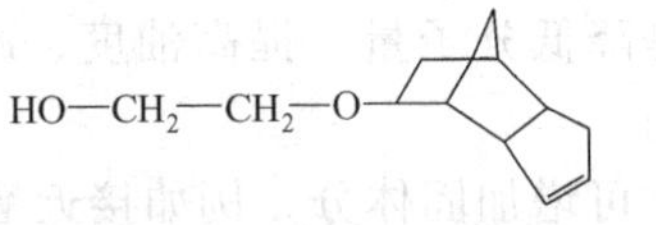

$HO—CH_2—CH_2—O—$

QM-657 分子上有丙烯酸双键和烯丙基双键，在有普通金属催干剂与氧存在下可成为自由基源，不仅可自聚成固体分，也可与不饱和性树脂如干性油醇酸树脂、不饱和聚酯、多官能团丙烯酸聚酯共聚。QM-657 单体在无催干剂存在下很稳定，如有催干剂（如钴），两天之内自行完成固化。但加入少量甲基、乙基酮肟可以配制成含钴催干剂而且非常稳定的产品。可能是因为甲基、乙基酮肟与 Co 催干剂构成复合物，降低了 Co 催干剂的活性。QM-657 可代替部分溶剂制高固体分醇酸树脂。

在有些情况下，使用最佳化的树脂和活性稀释剂，能配制 VOC 含量为 280～350g/L 的气干和烘干醇酸涂料。只有在施工和涂膜上作些牺牲才能配制 250g/ L VOC 含量。

在提高醇酸树脂漆的固体分时，还有一个因素不可忽视，即催干剂中的溶剂问题。用不饱和高沸点脂肪酸酯作为活性稀释剂代替普通溶剂，在高固体分醇酸树脂漆中得到应用。这种活性稀释剂含有短链油酸及亚油酸的脂肪酸酯，以及少量棕榈酸酯和硬脂酸酯。这种活性稀释剂显示出很低的蒸气压，沸点在 280℃以上，闪点高于 170℃，本书将在催干剂一节讨论。

(11) 触变性醇酸树脂漆　“触变”这个名词是用来描述由于剪切（如搅拌）而产生的黏度可逆的现象。醇酸树脂经过处理可具有触变性，制成触变性涂料。触变性漆的优点为：在漆刷上不滴落；在垂直面施工不流挂；颜料悬浮性好；刷涂性好；改善发花性颜料，有较好的遮盖力。

黏度不受外力影响的液体为理想液体或牛顿液体。水、有机溶剂和某些低黏度树脂溶液等可视为牛顿液体。

① 塑性流动　某些液体在大于一定的剪切应力（屈服值）作用之后方能流动，而且是按牛顿液体流动，其剪切应力对剪切速率所作的图是不通过原点的直线。一般磁漆多属于此类。

② 假塑性流动　假塑性流动是混合性的流动。在高剪切速率时像塑性流动；在低剪切速率时像牛顿流动。其变化是逐渐没有明显界限，表现为剪切应力增加黏度下降，剪切应力对剪切速率作图是一个凹面向上的曲线，其斜率取决于剪切应力，但不服从公式 $\eta=\frac{\rho}{\gamma}$。许多高颜料分色漆属于此类。

③ 膨胀流动　与假塑性流动相反，前者增加剪切应力，黏度下降；膨胀流动则是增加剪切应力，黏度反而升高。剪切应力对剪切速率作图也是一条曲线，但是凹面向下。此种现象在涂料中很少见。

④ 触变性流动　对以上三种流动来说，所加剪切速率不论是递增还是递减，测得快或慢，其黏度曲线总是同样的一条曲线。但触变性流动以剪切速率递增与剪切速率递减测定的黏度曲线则不同，形成两条曲线。两条曲线之间的面积谓之触变环，表示触变性大小。图 2-1-7 为各种液体流动，图 2-1-8 为触变性流动。

触变性漆表现为在静止时黏度很高，甚至为胶冻状；在受剪切作用时，如搅拌或刷子刷涂，黏度降低形成低黏度液体；剪切停止，如停止搅拌或刷完，黏度又逐渐增高，恢复到原来的黏度。中间有一个滞后期，它们形成两条曲线，此种滞后现象有利于刷后流平。

不要将触变与假稠相混淆，颜料体积浓度很高形成假塑性流动，漆曲线只有一条，没有滞后期，刷痕很重。

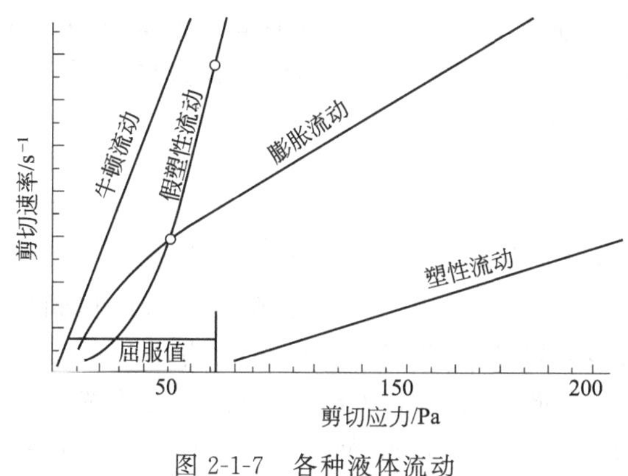

图 2-1-7　各种液体流动

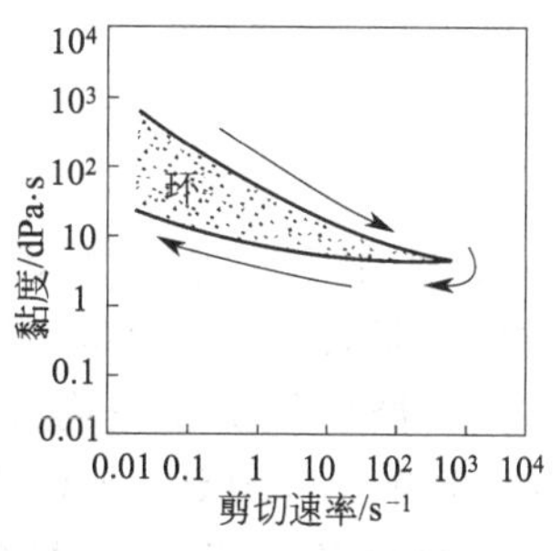

图 2-1-8　触变性流动

a. 触变性醇酸树脂漆的制备　触变性醇酸树脂漆料是由醇酸树脂与聚酰胺树脂反应制得的。所用的聚酰胺树脂是不饱和脂肪酸的二聚酸与二元胺的缩合物。二聚酸的结构式如下：

$$
\begin{array}{l}
CH_3—(CH_2)_5—CH—HC—CH{=}CH—(CH_2)_7—COOH \\
H_3C—(CH_2)_5—CH \qquad CH—(CH_2)_7COOH \\
\qquad\qquad\qquad HC{=}CH
\end{array}
$$

例如，德国 Schering 公司的三种触变性醇酸树脂的聚酰胺树脂，其规格如下：

Ertelon	934	935	900
相对密度	0.98	0.98	0.98
酸值/(mgKOH/g)	≤7.0	≤7.0	7.0
胺值/(mgKOH/g)	≤7.0	≤7.0	7.0
颜色(加氏)	≤10.0	≤10.0	10.0
软化点(环球法)/℃	105～115	110～120	180～190

前两种用于改性长、中油度醇酸树脂，改性的醇酸树脂，溶于 200# 油漆溶剂油；后者用于改性短油度醇酸树脂，溶于芳香烃溶剂。

b. 熔融法改性醇酸树脂　将醇酸树脂在惰性气体下搅拌，加热至需要的温度，加入需要量的聚酰胺树脂，保持温度恒定。定期取样溶于 200# 油漆溶剂油（40%），测定触变性。触变性开始时增长，至一最大点又开始下降。聚酰胺树脂是不溶于 200# 油漆溶剂油与芳香烃溶剂的，随改性反应的进展，反应物逐渐溶解透明，达到透明时谓之“透明点”。

c. 容积法改性醇酸树脂　一般改性都以熔融法进行，但也可以溶剂法进行。在 185℃即石油油漆溶剂的沸点反应，反应时间较长。

d. 触变性醇酸树脂的应用　触变性醇酸有两种用途：一种是自己作为漆料制触变性漆；另一种是作为其他漆的改性剂增加在罐内表观黏度、防止颜料沉底、改进施工性。以触变性漆料制触变性漆，视要求不同而掌握其改性程度。如用量最大的建筑漆并不需要很高的胶化性，只需一定程度的改性，如用 2%～4%聚酰胺树脂改性，使颜料不沉底、刷涂性好、不流挂即可。如果要求一次涂厚度 1250μm 的红丹底漆，则要制成很高胶化性的漆料。触变性漆料还可制富锌漆，有良好的罐内稳定性。

(12) 其他类型的改性醇酸树脂漆

① 醇酸树脂由于价格较低、加工性能好，可改性的研究领域非常广　如环氧磷酸酯复合改性醇酸树脂可在卷材涂料背涂应用。由于在醇酸树脂中引入环氧基团，改善了漆膜与底材的附着力，在醇酸树脂中加入磷酸酯，促进了漆膜和底面形成磷化膜，提高了涂层的防腐能力。用红外谱图分析，醇酸树脂的主链上接枝有环氧基团和磷酸酯基团。改性醇酸树脂的

平均分子量为4441，数均分子量为3808，质均分子量为19206，分子量分布系数为5.04。引用的主要单体材料是工业级环氧烷基酯和异丙基三（二辛基焦磷酸酯）磷酸酯。

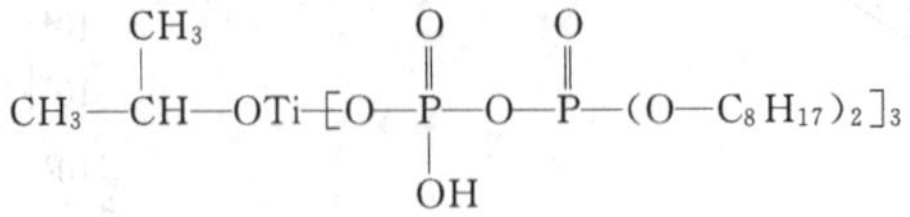

$$CH_3-\underset{CH_3}{\overset{|}{CH}}-OTi-[O-\underset{OH}{\overset{O}{\overset{\|}{P}}}-O-\overset{O}{\overset{\|}{P}}-(O-C_8H_{17})_2]_3$$

② 关于利用废料生产醇酸树脂　在工程塑料、合成树脂以及纺织和服装业有一种数量很大的废料，即涤纶——对苯二甲酸乙二醇酯（PET），用来生产改性醇酸树脂已得到广泛应用，对发展循环经济也是有益的。一般用多元醇进行降解，也可将聚酯片和一元酸在250～270℃降解。降温到100℃以下加入多元醇和催化剂进行酯化。其他原料还有松香、二甘醇、季戊四醇等。涤纶废料的用量为15%～25%，催化剂可选用氧化锌，用量为0.05%～0.08%。若用二丁基氧化锡，用量为0.02%～0.08%。

八、醇酸树脂的发展趋势

我国以油脂为原料的涂料产量在行业总产量中占有很大的比重，其中醇酸树脂漆占大部分。以油脂为原料开发环境友好型涂料及环境友好型催干剂，是涂料技术发展的前沿，植物油是可再生资源，扩大涂料用非食用油在我国有很大潜力。因此，从涂料行业可持续发展的角度来看，醇酸树脂漆发展空间是很大的。我国对于环境友好型醇酸树脂及环境友好型催干剂的研究，与国外的差距很大。现代醇酸树脂的发展要求降低VOC排放量，以适应环保要求。欧盟涂料产品指令要求达到的VOC限定量，第二阶段（2010年开始）为300g/L（溶剂型体系）。对于传统的醇酸光泽涂料，在满足欧盟VOC指令方面面临的问题是：当溶剂含量降到300g/L时，黏度变得很高，产品难以接受。如果将分子量降低，同时增加油含量，可获得可接受的黏度，但可能出现流挂、干燥慢、抗粘连性差、黄变。开发高固体分醇酸体系是趋向于这种需要的一种可行方法。而随着水性醇酸树脂体系和水乳化预复合催干剂的发展，人们现在已能制造出性能达到溶剂型涂料要求的水性（醇酸）涂料。不论自干性高固体分醇酸体系还是水性醇酸树脂体系，新型催干剂都是必须研究的问题之一。而开发高固体分醇酸漆，有一个重要途径是关于活性稀释剂的研究。

1. 催干剂问题

对于气干性醇酸树脂漆，催干剂的作用是至关重要的。Stewart检验了35种作为催干剂不同的皂，其中只有10种化合物对干燥过程中具有一定程度的加速作用，可以看到钴性能最佳，而锰相对较差，很多金属都有负面性能，如毒性、稀有、放射性、无活性等，而不适合作为催干剂。国外对醇酸树脂的发展，如高固体分醇酸树脂和醇酸树脂水性化的研究，都是和催干剂的研究相关的。

(1) 高固体分醇酸体系用催干剂　催干剂中加入溶剂的目的是提供一种液态产品，这样便于加工和应用，但催干剂中的溶剂带来固体分的下降。同时催干剂溶液中含有少量的芳香烃，这些挥发性有机物VOC，成为发展高固体分的障碍。

① 活性脂肪酸酯催干剂　参与基料反应的零VOC的活性稀释剂是达到高固体分醇酸体系的有效方法。这种新的催干剂是溶于不饱和高沸点的脂肪酸酯这种活性稀释剂中，这种“溶剂”中含大量的短链油酸和亚油酸的脂肪酸酯以及少量的棕榈酸酯和硬脂酸酯。这种活性稀释剂蒸气压很低，沸点在280℃以上，闪点高于170℃，不属于毒性分类范围。这种活性稀释剂催干剂的特点是：a. 不含芳香族溶剂；b. 是可生物降解的无害溶剂；c. 不含挥发性成分，因此无VOC排放；d. 允许最高可能的固体分含量；e. 与传统的溶剂型干料相比

有同样的活性；f. 提供适宜的性价比。

这种零 VOC 的催干剂，提供了重要的生态和经济优势。通过这种方式人们可以降低配方中的 VOC 含量而增加固体分，而又不影响其他性能，如干燥性等。

它具有健康和安全优势。非常高的沸点的脂肪酸酯类意味着不会发生吸入蒸气的危险，使用这种催干剂不需要按照废气标准或使用复杂的通风系统；由于高闪点，使得空气和溶剂混合构成潜在爆炸性降低，在使用、贮存、运输产品过程中更为方便；脂肪酸酯类溶剂也不会导致亚急性和慢性中毒症状；它们也能很快完全地降解，并溶于土壤和水中。

用于催干剂产品的溶剂分类见表 2-1-57。

表 2-1-57　用于催干剂产品的溶剂分类

项　目	200# 溶剂汽油	二甲苯	脱芳香烃 200#	脂肪族开链烷烃	脂肪烃酯类
芳香烃含量/%	15.20	100	<1	<0.01	—
分类	Xu/R65	Xu/R10-20	Xu/R65	Xu/R65	—
闪点/℃	>65	32	>65	>65	>170
VBF	AⅢ	AⅡ	AⅢ	AⅢ	—
空气质量控制技术规范	Ⅲ类	Ⅱ类	Ⅲ类	Ⅲ类	—
蒸气压	5Pa/37.8℃	5Pa/37.8℃	5Pa/37.8℃	5Pa/37.8℃	—
皮肤接触过敏	可能	有	可能	没有	没有

由于这种溶于活性稀释剂的新型催干剂的使用量急剧上升，在建筑涂料和工业漆中都有应用，成为内外墙建筑涂料以及酯基印刷油墨不可缺少的部分。

- 高固体分锰基复合催干剂：Borcherb、Dry Vpo237。它溶于活性稀释剂，零 VOC，用于高固体分涂料，这种产品含有一种特殊协同作用的金属化合物，它们同时含有主催干剂和辅助催干剂时，成为全能催干剂。
- 高固体分体系的锰基单一金属催干剂：Borcherb、Dry Vpo410 和 Dry VP0411 HS。这是通过改性羧酸链配合金属和混合有机螯合剂来完成的 Dry VP0411 HS，是溶于脂肪酸酯活性稀释剂，并用于高固体分体系的，用于水性体系的正在开发中，和其他无钴主催干剂相比，共用之处是它们高的催干能力和很少的添加比例。

调漆时还加入不同催干剂和防结皮剂 0.4%丁酮（MEKO）。涂料做好后静止 24h 进行性能测试。干燥时间按 ASTM D 5895 在标准条件下以干燥时间记录仪测定，漆涂在玻璃上，湿膜厚度 100μm，对照样品：钴/锆/钙催干剂（0.1%钴、0.5%锆%、0.2% 钙，均以固体计）总添加量 3.3%。

② 快干无钴高固体分醇酸漆的新的固化机理　以巯基/烯类单体化学的高固体分醇酸体系快速干燥，是以硫醇树脂和醇酸树脂合成为基础，通过可见光引发剂和无钴金属催干剂，而得到的快干高固体分醇酸漆。

氧化还原干燥在醇酸漆中应用很广泛，在较低的温度（5～10℃）下氧化交联非常慢。

巯基/烯类单体化学的机理是逐步聚合的反应机理：一个硫醇自由基加硫到不饱和碳链上，产生一个碳自由基能从硫醇中夺取一个氢原子，从而聚合继续进行。巯基/烯类单体聚合物的一个独特性是它不受氧抑制作用的影响，就硫醇聚合而言，过氧自由基仍然能从硫醇中夺取一个新的氢原子，产生巯基自由基，使得聚合继续进行，巯基/烯类单体在有氧存在下更活泼，使得它在氧化干燥涂料中应用更广。巯基/烯类单体反应遵循逐步聚合机理，假定这个机理有两个聚合阶段。阶段一为巯基/烯类单体与高固体分醇酸树脂中脂肪酸单元的快速反应；阶段二是醇酸通过生成和分解过氧化氢自由基的标准氧化干燥反应。形成最终的化学品，不受氧的抑制。

(2) 水性醇酸体系的催干剂 水性涂料的组成和传统的石油溶剂稀释的醇酸漆有很大的不同，尤其在溶剂、基料和中和剂使用等方面都有很大的差别。而且水性涂料的干燥过程，伴随着由极性向非极性转变，为了适应这些特殊要求，有必要对干燥体系的组成和金属浓度等方面进行调整。在大多数情况下，水性氧化干燥涂料的基料是由醇酸树脂乳液或高度胶体分散的醇酸树脂组成的，及以物理干燥的聚合物分散体。通过水分以及仍存在漆膜中溶剂和中和剂的挥发达到物理干燥，接下来醇酸树脂发生氧化聚合与溶剂体系相同，并被催干剂大大加速。

由于水和中和剂的特性，水性涂料的干燥过程会发生水相向溶剂相的转变，这会对催干剂产生显著影响。

在水性涂料中，加入催干剂会导致如下问题：初期干燥不良，贮存过程中催干剂的抑制，催干剂与树脂的不相容。表面缺陷，胶体体系下降，光泽度较低等。

由于水性醇酸体系和水乳化预配合复合催干剂的发展，现在已经能够制造出性能达到溶剂型涂料的水性涂料。

在水性涂料中配位体用于增加催干剂活性和避免干燥下降。采用使主催干剂具有水乳化能力配位体的又一优点是，不仅提高乳化效果，而且催干剂和水性涂料的相容性显著提高。这种干料标记如下：WEBC（水可乳化），FSC（水不可乳化）的预络合干料。

(3) 水性催干剂的螯合配位体 羧酸钴是最有效的金属催干剂，钴与钴盐被报道有致癌和遗传毒性，在立法的压力下迫使涂料制造商寻找替代钴的金属催干剂，异辛酸锰与异辛酸钴相比，仅有辅助催干行为，但通过加入 2,2-双吡啶（bpy），异辛酸锰的催干能力能明显提高，但遗憾的是即使加入少量 bpy，漆膜的白度和硬度也会受到很大影响。所以必须寻求比 bpy 更好的其他的螯合配位体。两种新的螯合配位体 2-氨基甲基吡啶（amp）和 2-羟甲基吡啶（hmp）在提高异辛酸锰干性方面优于或至少相当于 2,2′-双吡啶。

实验采用 2%（体积）亚油酸乙酯（EL）的水乳液，用于水性醇酸漆的催干剂是 Saslserro（新西兰 Delden）提供的 Nuoden Mn9（9%异辛酸锰，并含有表面活性剂）。

实验结果证明 hmp 和 amp 两种配位体对异辛酸锰催干剂能使诱导期和反应速率比 bpy 更好。用 FTIR 时间分辨描述证明了这一点。用 SEC 和 GC-MS（气相色谱-质谱法）也证明了这一点。在水性体系中 amp 比 hmp 有更好的效果，在反应中表现的活性与实际醇酸漆干性一致。

缺点是仍解决不了锰催干剂的泛黄性，硬度也不够理想，amp 和 hmp 加到醇酸乳液中会产生絮凝。

2. 高固体分醇酸树脂用的活性稀释剂

活性稀释剂（RD）必须符合下列条件。

- 低挥发性（沸点＞300℃）。
- 适当的反应速率，与醇酸树脂干燥速率相当。
- 可聚合的，与亚麻油可进行均聚或共聚。

3. 醇酸乳胶漆的性能、问题及解决的办法

(1) 醇酸乳胶漆的稳定性 醇酸乳胶漆，其稳定性主要受基料和颜料颗粒间渗透及静电排斥所影响。基料分散体的流变性可以采用增稠剂来调节，这类增稠剂的憎水性聚合物链段与亲水性聚合物链段要适当搭配。醇酸乳胶漆的成膜性能，取决于成膜过程，主要参数有黏度、混溶性以及基料的交联能力。醇酸乳胶漆的干性稳定性通过选择合适的催干剂来解决。

醇酸乳液是醇酸树脂在水中的分散体，该体系的稳定性持续到涂料开始成膜。过去人们普遍认为，静电排斥法适合于水性体系，而空间位阻排斥法较适合于有机溶剂体系；但最近这种意见已经发生改变，在水性体系中采用空间位阻排斥法则更普遍了。醇酸乳液是采用非离子型乳化剂来确保其空间位阻排斥作用的。位阻排斥与静电排斥相比，优点是受离子存在影响很小，缺点是需要较大用量的非离子型乳化剂来达到最大的稳定性。而近来醇酸乳液稳定性更好一些，它是通过小颗粒与静电及空间位阻排斥两方面作用来实现稳定性。给予颜料颗粒与乳液液滴以相同的稳定性的聚合物分散剂，在漆的贮存过程中不会产生颜料或乳液的沉淀或絮凝。最终漆膜的性能，如光泽、硬度、干性、颜色等均很优良。

满足醇酸乳液稳定性的分散剂的物理化学的基本要求如下。

- 该聚合物被牢固地吸附在颜料颗粒表面上。
- 它使颜料带上负电荷。
- 位阻排斥的类型与乳液液滴位阻排斥类型相同。
- 在漆膜形成的过程中（由亲水性的变为憎水性的），确保胶体稳定。

该分散剂是完全水溶性的，不含有机溶剂，也不含憎水链段。由于不含憎水链段，使分子中不具备较多润湿剂所含的皂的结构，因此该分散剂的稳泡倾向较小。由于这种分散剂有很多锚固点结构，所以浮游于水相中的游离分散剂是很少的。

进一步改进分散剂的方面是使它在最终漆膜中起到增塑剂的作用。要开发这样的游离分散剂，在湿膜中它是水溶的（提供空间位阻作用），当成膜时，它转变为憎水链段结构并能参与到醇酸树脂同氧的交联反应，变成憎水网络的一部分。

(2) 醇酸乳胶漆的流变性 水分散体系，它的黏度在整个切变速率范围内都太低，在刷涂施工高剪切速率下黏度太低，所以得到的漆膜很薄。有较好的流平性和消泡性，但易发生流挂。用缔合型增稠剂增稠的乳胶漆有很多缺点，其黏度的增长效应更加依赖体积固体分，所以最好的乳胶漆增稠剂是一种只要漆膜湿态时，几乎是完全水溶的聚合物。一旦物理成膜，并接着发生氧化干燥，增稠剂的亲水部分则必须马上变成憎水的，以消除漆膜对水的影响，理想的这种增稠剂可以构筑到醇酸漆氧化干燥形成的网络中去。在这种情况下，增稠剂就不会表现出一点热塑性。这种具有“响应性”的体系目前正在开发，而具有“响应性”的乳化剂已经商品化了。

(3) 醇酸乳液漆干燥性 醇酸乳液漆在施工后必须经过两个过程，即物理成膜与经氧化干燥加成交联，以后和溶剂型醇酸的交联过程是一样的。在贮存过程中要加甲乙酮肟防止漆在贮罐中的交联。在醇酸乳胶漆中，醇酸树脂被封在液滴中，因此从理论上讲，醇酸树脂同罐中的空气并不接触。实际上，为防止在贮存时因温度高至50℃时出现结皮，加入防结皮剂也是必要的。当醇酸乳液的胶体足够好时，局部的聚结和加成交联作用可以防止。新近开发的醇酸乳胶漆已没必要加防结皮剂，人们发现酮肟型防结皮剂对醇酸乳胶漆在较高温度贮存的干燥稳定性有不良影响。肟在水中，特别是在高温下所发生的反应，正是合成肟时应防止的反应。肟在水中分解，接着羟基胺与钴络合而失去其催干活性。所以结论是在醇酸乳液的胶体稳定性很好时，在该漆中应避免使用酮肟作防结皮剂。

用于溶剂型醇酸漆的催干剂并不十分适合醇酸乳胶漆，因此，主要催干剂供应商，Vianova、Servo、Jager、OMG和Borchers的产品，或多或少可以看成传统的金属催干剂的乳液形式。用于醇酸乳液氧化干燥的理想催干剂应该是憎水性的，以便它能保留在醇酸相中，能防止由于水解、吸附或同其他助剂形成络合物，使催干剂性能下降。

(4) 成膜性 醇酸乳液的成膜过程在某些方面和丙烯酸分散体的成膜过程相似，如成膜第一阶段水的蒸发，醇酸液滴的彼此接触，并发生醇酸链的部分界面扩散，但两者又有很大差别。水包油乳液经过一个亚稳态均匀体阶段，变成油包水乳液。这个过程用醇酸乳液清漆涂在一个玻璃板上，就可以很容易观察到这四个不同的阶段：水包油乳液—亚稳过渡态—油包水乳液—醇酸。

醇酸树脂黏度低，不能阻止相转变，这一点和丙烯酸分散体不同。发生相转变后，水分继续蒸发，漆膜变得透明起来。醇酸乳液形成连续的漆膜的临界点比丙烯酸分散体要低，是因为醇酸树脂有较宽的混溶范围和较低的黏度，甚至低温下也是如此。醇酸乳液的成膜过程同丙烯酸分散体的成膜过程的主要区别是，在醇酸乳液的情况下，基料液滴之间原界面在几秒内就可以消失。

丙烯酸分散体和醇酸乳液的优点比较见表 2-1-58。

表 2-1-58　丙烯酸分散体和醇酸乳液的优点比较

丙烯酸分散体	醇酸乳液
1. 快干物理性干燥	1. 没有共溶剂
2. 耐久	2. 没有聚结剂
抗黄变	3. 抗粘连
耐水解	4. 可打磨
耐紫外线	5. 光泽好
3. 稳定的柔韧性	6. 对底材渗透好
	7. 漆膜的低透过性

(5) 欧盟 2010 年 VOC 法规对醇酸光泽涂料的影响　满足欧盟 VOC 法规，是将其转化为水体系，这种制备光泽涂料的方法带来的问题如下。

- 货架稳定性。
- 黄变。
- 耐水性和耐化学品性。

柏斯托精细化学品公司已推出一类气干性表面活性剂，将脂肪酸和表面活性剂结合到单个分子中，在干燥时，脂肪酸部分会与已分散醇酸中的脂肪酸发生相互反应，这样就减少了表面活性剂的迁移。表面活性剂的迁移会吸受水分而导致光泽度变低或者发白。Croda 公司发表了应用非迁移表面活性剂克服这些问题的报道。所有的表面活性剂具有一个不饱和的主链，能参与氧化固化反应的过程。

将丙烯酸和醇酸结合起来似乎是克服使用单一聚合物面临问题的合理途径。巴斯夫公司和 Nuplex 树脂公司报道了通过降低表面硬度提高单一丙烯酸聚合物光泽度水平的丙烯酸/醇酸复合乳液技术进展。涂膜的垂直切割 TEM 图像说明乳胶漆的表面上有一些颜料暴露在外，而在溶剂型醇酸涂料中颜料会被树脂的表面层完全包覆。

通过使用一层透明的表面涂层也可以获得乳胶漆光泽涂料的相同效果，这在汽车工业中很普遍，但是建议装饰涂料用户额外使用一个涂层实际上是不现实的。新型丙烯酸/醇酸乳液通过将醇酸组分迁移到表面形成一个透明涂层也实现了相同的效果。新型的基料可以用于配制光泽度达 70%（20°）的涂料，相比较而言，典型的丙烯酸光泽涂料的光泽度为 40%～60%（20°），典型的溶剂型醇酸涂料的光泽度为 70%～85%（20°）。

纽佩斯树脂公司也在开发丙烯酸/醇酸复合技术，以获得比传统丙烯酸更长的开放时间。开放时间的定义是一个时间过程，该过程中湿涂膜的涂料缺陷可以得到修复而不会留下刷痕。

纽佩斯树脂公司开发的技术在固化过程中涉及相的转化。通过相转化实现的成膜，不同于胶膜的聚集，其固化的阶段和溶剂型涂料的最后固化阶段相似。在相转化点，体系从水包油相转化成油包水相，此后水分开始蒸发。聚合物的形态包括一个聚氨酯-丙烯酸核以及一个与其相连的相转化的醇酸部分。聚氨酯的引入是为了获得更好的力学性能。用这种技术可能使开放时间达 10～20min，通过应用水溶性溶剂如一缩二乙二醇和乙二醇单醚还可以进一步延长开放时间。

当配制复杂体系的时候，配方中需加入的其他组分需要仔细选择以便获得最优化的性能，例如，分散剂对于开放时间有很重要的影响，而且推荐结合应用两种缔合性增稠剂，可获得流动性、抗流挂和流平性的适当平衡。

4. 纳米材料改性醇酸涂料

近几年来，纳米复合材料已在涂料中得到应用。纳米复合涂料指的是将纳米粒子用于涂料中获得某些特殊功能的涂料。一方面纳米复合涂料在常规的力学性能如附着力、耐冲击性、柔韧性方面得到提高，另一方面有可能提高涂料的耐老化性、耐腐蚀性、抗辐射性。此外纳米复合涂料还可能呈现出某些特殊功能，如自清洁、抗静电、隐身吸波、阻燃等性能。但纳米材料在涂料中不易分散，易发生一次团聚的问题。

在纳米 SiO_2 改性醇酸涂料中，采用 KH-570 硅烷偶联剂和超分散剂，并以机械分散为主、超声波分散为辅的方法进行改性和分散。经过一系列筛选试验，使纳米 SiO_2 改性醇酸涂料的性能有明显提高。

纳米有机防腐涂料原理如下。

① 体积效应　纳米粒子尺寸，一般为 1～100 nm。固化后的漆膜的微观结构是一个高分子网状结构。一般常规涂料的成膜物质“结构孔”的微孔（10^{-7}～10^{-5}cm），如果在成膜物质中含有纳米粉体材料，正好填充了有机涂层无法避免的“结构孔”（孔径在 1nm 以上），这是常规涂层无法实现的。因为这些“结构孔”被纳米材料所填充，所以可防止各种腐蚀性介质的渗透。

② 表面效应　纳米材料的巨大的比表面积和表面能，对涂层最直接的效应，就是大大提高了被保护金属和涂层之间的不饱和键的结合程度。即由纳米粒子的表面活性在涂层-金属界面发生一系列化学作用而形成涂层和金属表面无明显界面。在纳米涂层中，所形成的涂层-基体金属表面的结合力，远远大于腐蚀电化学反应物对涂层与金属表面的扩张力，使电解液和氧所形成电化学反应，在涂层-基体金属表面失去向四周延伸的空间。

③ 光学效应　纳米材料的光学效应能有效地抵御紫外线照射对有机高分子涂层的降解作用，而使涂层的防腐寿命得到延长。

纳米 SiO_2 为白色鳞片粉末，比表面积为 $640m^2/g$，粒度为 10～20nm。试验方案采用正交试验。分散方法如下：

经过正交试验极差分析，纳米 SiO_2 的最佳用量为 3%～4%；超分散剂最佳用量为 2%；分散时间为 60min，KH-570 的用量为 1%。此时纳米材料改性醇酸涂料的硬度最高，耐水性、耐碱性也明显提高。其中纳米 SiO_2 的用量对漆膜性能影响最显著。

5. 超支化聚合物改性醇酸树脂

超支化聚合物的初步理论是 Flory 在 1953 年提出的。1987 年 Du Pont 公司的 Kim 申请了第一个专利，1990 年 Kim 报道了超支化聚合物的合成与表征方法。现在很多世界著名公司如 IBM 公司、Du Pont 公司、Dow 化学工业公司和 Perstorp 公司都投入巨资开展该领域的研究，并已在合成、表征理论研究方面取得很大进展。

超支化聚合物是一类新型的具有三维立体结构高度支化的合成高分子，许多具有近似分子量和窄分子量分布的支化结构从核向四周延伸。它和线型聚合物不同，具有高官能度，球形对称三维结构，分子间、分子内不发生链缠结的结构特点。其结构紧密性赋予了特殊的物理性质和化学性质，如高溶解性、低黏度、高流变性等，使超支化聚合物在很多领域，都有广阔的开发前景。在涂料中，作为成膜物的黏度改性剂、引发剂、交联固化剂等，改善涂料的流变性，降低 VOC 含量及提高漆膜的性能。采用端基为羟基的超支化聚合物代替醇酸树脂中的多元醇，可以对醇酸树脂进行改性。

超支化聚合物的合成与醇酸树脂的改性，首先将多元醇、二羟甲基丙酸、催化剂对甲基苯磺酸按设计配方加入反应器，用二甲苯回流，一定时间后减压蒸馏脱去溶剂和水，得到超支化聚合物。在醇酸树脂的合成过程中，以超支化聚合物代替多元醇与脂肪酸和苯酐等单体反应，升温到 200℃，用二甲苯回流。反应达到一定酸值后，降温兑稀。超支化聚合物改性后的醇酸树脂比商业树脂的摆杆硬度高，与固化剂 TDI 加成物和三聚体的相容性好。改性后的醇酸树脂的其他特殊性能还有待进一步研究。

在醇酸树脂合成中，试图将超支化聚合物的一些特殊性质和结构赋予醇酸树脂，除了利用它可以提高反应活性和降低黏度外，期待所合成的具有高度支化结构的醇酸树脂在应用黏度下的配方中有更高的固含量，在溶剂型高固体分涂料中有着广泛的应用前景。

结语：

由 2010 年 1 月 1 日开始实施的 VOC 含量限定新法规将给欧洲甚至世界涂料市场带来重大的影响，因为届时在欧洲将不可能再应用传统醇酸技术。原材料供应商和涂料生产商正在实验室开展大量的工作以便开发可行的解决方案。目前受到关注的主要技术为：①丙烯酸和丙烯酸聚氨酯共聚物；②醇酸乳液和水稀释醇酸；③丙烯酸/醇酸复合乳液；④高固体分醇酸树脂。

最后，在竞争中获胜的技术必须能够最准确地反映目标市场的需求。根据采购标准，终端用户可按照早期涂装经验中新配方涂料是否能为满足其期望而决定接受还是拒绝该产品。因此，对于新型的光泽涂料，具有可接受的施工性能（开放时间）和外观性能（光泽、流动性和成膜性能）比后期评估的力学性能更为重要。

如果力学性能为次要，那么就需要对在顺序加料聚合方面投入众多努力以及应用昂贵的聚氨酯化学品提出疑问。如果目标是符合欧盟指令，那么零 VOC 涂料的需求也值得怀疑，因为 VOC 的水平已经只占传统醇酸光泽涂料 VOC 水平的一小部分。

如果每升涂料的价格对于终端用户而言非常重要，那么高固体分醇酸就将处于劣势，因为使用昂贵的反应性稀释剂将使成本急剧提高。高固体分醇酸的另一个劣势是其在进一步降低 VOC 含量方面存在固有的限制。着色剂的加入可能带来额外的问题。

最终，获胜的技术不仅只会优化单一的性能，而是会使所有的性能参数表现良好，这就为原材料供应商和涂料配方师共同设定了一个极具难度的挑战。

第三节 酚醛树脂

一、概述

酚醛树脂作为世界上最早发现及应用的合成树脂，有着相对低廉的价格和简单的合成工艺，但酚醛树脂有良好的耐热性、电绝缘性和阻燃性，因而广泛应用于涂料、胶黏剂、复合材料等领域。随着社会经济的快速发展，人们对酚醛树脂的性能要求也愈来愈高，如航空航天等尖端技术领域，对酚醛复合材料的耐热、防腐等提出了更高的要求，要求酚醛树脂行业能在新技术开发和应用上取得进展，生产出满足各种应用性能的新型酚醛复合材料。

酚醛树脂是由醛类和酚类在酸性或碱性条件下，通过缩合反应得到的合成树脂，小分子量酚醛树脂可溶于水中，伴随着缩合反应进行，树脂聚合程度上升，酚醛树脂的分子量也增大，树脂的水溶性逐渐下降，有机溶剂中的溶解性会上升，若缩合反应继续进行，会逐步生成固体的酚醛树脂。

酚的羟基与苯环直接相连接，酚羟基中氧原子的未共用电子对与苯环上的大π电子构成共轭体系产生电子的离域作用，使电子向苯环方向转移，导致苯环上电子云密度增加，特别是邻、对位增加的更多。因此苯环容易发生亲电取代反应，取代基主要是酚羟基的邻、对位。利用羰基化合物（醛类）与酚羟基邻位或对位的氢原子发生缩合生成酚羟基苯甲醇，进一步缩合下去，最终可形成高分子产品——酚醛树脂。酚与醛的摩尔比对酚醛树脂结构起决定作用，醛的用量多，有利于酚羟基的邻、对位都引入羟甲基，使缩合反应可以继续进行下去。

当醛与酚的摩尔比小于1时，平均每个酚分子结构上形成的羟甲基不到一个，使分子间的缩合反应难以持续进行，不能形成热固性酚醛树脂；当醛与酚的摩尔比大于1时，平均每个酚分子结构上形成的羟甲基超过一个，使分子间的缩合反应可以继续进行；当醛与酚的摩尔比大于等于2时，平均每个酚分子成结构上形成的羟甲基也大于等于2个，从理论上说，若不设法中止反应，分子间的缩合反应可以无限进行。因此，醛与酚的摩尔比对酚醛树脂的形成非常关键，一般酚醛树脂所采用的醛与酚摩尔比在1～2之间，不同酚具有不同官能度，所形成的酚醛树脂性能和用途也不尽相同。

利用亚甲基（—CH_2—）将酚连接组成的酚醛树脂，结构中含有苯环，树脂刚性大、柔韧性较差；若羟甲基进一步固化，会形成由C—C键构成、结构紧密的网状结构，它对于各种化学物质较为稳定，因此酚醛涂料的防腐蚀性能较好，其特点是耐酸性突出，但由于分子结构中有大量极性酚羟基，容易和碱反应生成酚盐，所以耐碱性较差。酚醛缩合物既可成为独立的纯酚醛树脂，也可通过改性来改进酚醛树脂的性能，从而扩展酚醛树脂的适用范围。

火灾产生的有毒烟雾已成为火灾事故的最大危害因素，开发低烟无毒的建筑材料能够很好地缓解这一问题，由于酚醛树脂强度大、固定碳率高、高温可形成牢固的碳-碳结构，耐火性能突出，与各种有机物和石墨的结合性好，可用于含碳耐火材料的结合剂。用以加工的酚醛材料不加阻燃剂，也具有较好的阻燃性，同时也具有良好的低烟雾性。可以预计，酚醛复合材料在大型建筑、隧道、交通工具等防火要求高的场合应用会愈来愈广。

二、原料

合成酚醛树脂最基本的原料是醛和酚，产品工艺中若涉及萃取步骤的，还要使用能将酚醛树脂溶解的溶剂，若生产改性酚醛树脂，需要使用改性酚醛树脂所涉及的原料等。

1. 醛

分子结构中含有羰基官能团，且羰基与一个氢原子和一个烃基（或氢原子）相连的化合物称为醛；与两个烃基相连的羰基化合物称为酮。根据与羰基相连的烃基不同，分为脂肪族醛、脂环族醛、芳香族醛，由烃基是否饱和可分为饱和醛、不饱和醛，由醛所含羰基的数目可分为一元醛、二元醛等。常用醛的物理常数见表2-1-59。

表 2-1-59 常用醛的物理常数

名 称	结构式	熔点/℃	沸点/℃	密度 D_4^{20}
甲醛	HCHO	−92	−21	0.815
乙醛	CH_3CHO	−123	20.8	0.780
丙醛	CH_3CH_2CHO	−81	48.8	0.807
丙烯醛	$CH_2{=}CHCHO$	−87	52.7	0.841
丁醛	$CH_3(CH_2)_2CHO$	−99	75	0.817
2-丁烯醛	$CH_3CH{=}CHCHO$	−76.5	104	0.857
戊醛	$CH_3(CH_2)_3CHO$	−91.5	103.4	0.819
苯甲醛	C_6H_5CHO	−55	179	1.050

醛羰基中的氧原子可以与水形成氢键，低碳链的醛如甲醛、乙醛等都可以与水混溶，随着碳链的增长，水中溶解性逐渐减小，C_5 以上的醛水中溶解性已很低或不溶于水。目前生产涂料用酚醛树脂，一般都采用最简单的醛——甲醛，其他醛类很少采用。甲醛在常温下是气体，因此工业生产采用甲醛的水溶液，常规含量为 37%。

考虑到甲醛水溶液含有大量水分，会产生较大的污染源，近年来，开始出现采用多聚甲醛生产酚醛树脂，但酚醛树脂利润较低，而多聚甲醛成本较高，因而进展不大。

2. 酚

羟基直接与芳环相连的化合物称为酚，根据芳环上所连羟基的数目可分为一元酚和多元酚，由于分子中饱和羟基，其物理性质与醇相似，沸点、熔点较相应的烃高，能溶于乙醇、乙醚等有机溶剂中，除少量烷基酚为液体，大部分酚为结晶固体，酚还具有较强腐蚀性。

酚的分子结构中含有直接相连的羟基与芳环，相互之间有较大的干扰和影响，因此酚分子上羟基与芳环的化学性质，与醇、芳烃的化学性质虽具有共性，但更重要的是它们具有与醇和芳烃不同的特性。酚分子苯环的邻、对位容易发生亲电取代反应，合成酚醛树脂主要就是利用这一特性反应来完成的。常用酚的物理常数见表 2-1-60。

表 2-1-60 常用酚的物理常数

名 称	分子式	熔点/℃	沸点/℃	水溶性/(g/100g)
苯酚	C_6H_6O	40.8	181.8	8 热水
邻甲酚	C_7H_8O	30.5	191	2.5
间甲酚	C_7H_8O	11.9	202.2	2.6
对甲酚	C_7H_8O	34.5	201.8	2.3
α-萘酚	$C_{10}H_8O$	94	279	—
对苯二酚	$C_6H_6O_2$	170	286.2	8
对叔丁酚	$C_{10}H_{14}O$	98.4	239.7	—
对叔辛酚	$C_{14}H_{22}O$	83.5	276	—
对壬基酚	$C_{15}H_{24}O$	—	315	—
对苯基酚	$C_{12}H_{10}O$	161.5	—	—
双酚 A	$C_{15}H_{16}O_2$	157.3	251	—

酚类的品种较多，但并不是所有的酚都会用于生产酚醛树脂，应根据拟生产酚醛树脂的

特性和要求，选择合适的酚类进行配合，目前涂料行业用酚醛树脂中较常用的酚有：苯酚、双酚 A、对苯基苯酚、对叔丁酚、对壬基酚、十二烷基酚等。

3. 其他

酚醛树脂的合成是由酚与醛在酸性或碱性条件下进行的，因此除最基本的醛与酚外，还需要酸性或碱性催化剂。目前最常用碱性催化剂有熟石灰（氢氧化钙）、液碱（30%氢氧化钠）、乌洛托品（六亚甲基四胺）等；目前最常用酸性催化剂有盐酸（30%）、草酸等。

为保证生产的酚醛树脂的品质，在一些纯酚醛树脂的生产工艺中，常使用甲苯等溶剂，对酚醛树脂进行萃取，使树脂溶解其中，然后利用甲苯与水不相容的特性，进行水洗，以去除所夹带的杂质，提高树脂质量。

若生产改性酚醛树脂，要使用改性剂，如生产松香改性酚醛树脂要使用松香与酚醛产物进行加成反应，然后还要与多元醇酯化（常用甘油、季戊四醇等）；生产酚醛醚化浆应根据要求使用丁醇或乙醇与酚醛产物进行醚化反应，以完成改性的目的。

三、酚醛树脂合成的基本化学反应

酚类和醛类的缩聚产物通称酚醛树脂，它是最早合成的一大类热固性树脂。1909 年 L. H. Backeland 首先合成了有应用价值的酚醛树脂合成体系，从此开始了酚醛树脂的工业化生产。

1. 合成酚醛树脂的条件

酚醛树脂是由酚类（苯酚、对叔丁基酚、二甲酚等）和醛类（甲醛、乙醛、糠醛等）在酸或碱等催化下合成的体型结构的缩聚物。

(1) 单体的官能度及原料选择 为了能生成体形结构的聚合物，必须有支化交联点，即体系中至少一种单体有三个反应活性点（官能度），由于醛类（生产中主要使用甲醛）作为二官能度的单体参与缩聚反应，所用的酚类一般要求有三个可反应的官能团（官能度）。酚分子中的羟基和芳环是直接相连接的，彼此间有较大的影响。其中的氧原子容易与苯环大 π 共轭，使苯环上的电子云密度增加，特别是邻、对位增加得更多。因此苯环容易发生亲电取代反应，并且取代基主要在酚羟基的邻、对位，因此它有三个活性点，可视作三官能度的单体。间甲酚和 3,5-二甲酚也具有三个活性点。而对甲酚和邻甲酚只有两个活性点，在一般情况下难以形成体型结构的聚合物。

(2) 体系的平均官能度和加料方式 当体系中某单体具有三个官能度时，大分子便可向三个方向生长，得到三维网状结构的体型聚合物。这种类型的聚合物具有高强度和耐热、耐腐蚀的特性。但是不能溶解和熔融，难以加工使用。因此，如果单体中含有多官能度单体，生产实践中一般只制备低分子量的聚合物，称为低聚物，成型使用时再进一步交联反应。

如何制备含有三个官能度以上单体的缩聚物是一个重要的问题，因为这种缩聚反应如果控制不当，进行到一定程度时，反应体系的黏度会突然增加，形成不溶不熔的凝胶，这种现象称为凝胶化，出现凝胶时的反应程度（p_c）称凝胶点。碱催化条件下的酚醛树脂缩聚反应容易产生凝胶，防止出现凝胶具有特别重要的意义。

关于凝胶点的预测，有很多方法，其中 Carothers 方程式(2-1-11) 最为简便。

出现凝胶时的反应程度 $$p_c = 2/f \qquad (2\text{-}1\text{-}11)$$

定义体系的平均官能度 f=参与反应的官能团数/总单体分子数

假如有两种官能团 A 和 B 个数不相等，且 $B>A$。那么，参与反应的官能团数为 $2A$，原因是 A 和 B 逐一反应后，多余的 B 成为不能参与反应的官能团。

因为，官能团个数＝单体分子数×该单体官能度

即，$A=N_A f_A$

$B=N_B f_B$

所以，平均官能度 $f=2A/(N_A+N_B)=2N_A\times f_A/(N_A+N_B)$

表 2-1-61 是常用酚醛树脂配方及其平均官能度、凝胶点的计算举例。配方 1 预测最大反应为 83%。而配方 2 则不存在凝胶点（反应程度>100%）。值得注意的是：在类似配方 2 这样不会产生凝胶的体系，要注意加料方式，即官能团个数比较少的组分（这里为甲醛）往苯酚中滴加才能避免凝胶，若反向滴加，反应活性较大时容易产生凝胶。例如，当苯酚滴加到 60%时，即为配方 3，计算得到 $p_c=0.83$。

表 2-1-61 酚醛树脂配方及其平均官能度计算

项 目	配方 1(催化:pH>7)		配方 2(催化:pH<3)		配方 3	
	单体分子数	官能度	单体分子数	官能度	单体分子数	官能度
苯酚	1	3	1	3	1×60%	3
甲醛	1.5	2	0.9	2	0.9	2
苯酚官能团个数	1×3=3		1×3=3		0.6×3=1.8	
甲醛官能团个数	1.5×2=3		0.9×2=1.8		0.9×2=1.8	
总单体数	1+1.5=2.5		1+0.9=1.9		0.6+0.9=1.5	
参与反应官能团数	2×3.0=6.0		2×1.8=3.6		2×1.8=3.6	
平均官能度	$f=2\times3.0/(1+1.5)=2.4$		$f=2\times1.8/(1+0.9)=1.89$		$f=2\times1.8/(0.6+0.9)=2.4$	
凝胶点	$p_c=2/f=0.83$		$p_c=2/f=1.06$		$p_c=2/f=0.83$	

(3) 反应介质及其酸碱性　酚醛树脂合成必须有酸或碱催化。实验发现，pH＝3～3.1 称为“中性点”，甲醛和苯酚的混合物在中性点加热至沸腾也不发生反应，若加入酸使 pH<3，或加入碱使 pH>3，则反应立刻发生。

在酸或碱催化下，甲醛和苯酚缩聚反应的特点是反应的平衡常数很大（$K=4000$），缩聚反应的速度受排除反应副产物水的影响不大，甚至在水溶液中合成酚醛树脂也能顺利进行。

2. 热固性酚醛树脂的合成原理（pH>7）

热固性酚醛树脂，是控制合成反应至一定条件后得到的树脂，如果合成反应程度不加限制，缩聚反应一直进行到底，它将形成不溶不熔的具有三维网状结构的体型树脂。一般合成阶段在树脂处于可溶可熔的 A 阶就停止反应，成型加工时再加热固化。

(1) 反应历程　苯酚（碱催化）→酚钠（负离子）→邻、对位电负性大大增加→甲醛（$CH_2═O$）上的碳在酚钠邻、对位取代加成→质子转移→生成邻、对位的羟甲基苯酚→继续与甲醛加成生成多羟甲基苯酚→同时羟甲基苯酚之间缩合（或羟甲基苯酚与苯酚邻、对位缩合）→聚合产物

(2) 动力学　在加成反应中，酚羟基的对位活性比邻位大（1.07∶1），对羟甲基苯酚再加成的活性将降低 40%。但反应中苯酚有两个邻位，而且邻羟甲基苯酚再加成的活性是提高的。因此易于形成多羟甲基苯酚，造成体系中甲醛紧缺，游离酚含量居高不下。

缩聚反应主要通过对位的羟甲基进行，分子中留下较多的邻位羟甲基。产物中苯酚部分主要由次甲基连接。虽然两个羟甲基相互缩聚可以生成甲醚键（$—CH_2—O—CH_2—$），但在碱性条件下容易分解逸出甲醛，又生成次甲基键（$—CH_2—$）。

在碱性条件下，加成反应比缩聚反应快，所以降低反应温度有利于加成反应，同时也容易控制产品在可溶可熔的 A 阶。

3. 热塑性酚醛树脂的合成原理（pH<3）

热塑性酚醛树脂，在合成中得到的是线型结构，必须在进一步的成型过程中加入固化剂，它才能获得三维网状结构。

(1) 反应历程　甲醛（酸催化、水分子）→生成 CH_2OH→主要在苯酚对位亲电取代→生成对位的羟甲基苯酚→快速与游离苯酚缩合（主要在对位）→二酚基甲烷→在酚基邻位继续加成→线型聚合产物

(2) 动力学　在强酸性条件（pH<3）下，缩聚反应的速率大体上正比于氢质子（酸）的浓度。缩聚比加成快 5 倍，如果甲醛分子的个数不比苯酚多的话，可合成线型酚醛树脂，它是热塑性的，分子内不含羟基。例如，当甲醛/苯酚为 0.8，数均分子量 $M_n \approx 500$ 时，平均每个分子链中大约含有五个苯环，产物是可溶可熔的，须加入六亚甲基四胺等才能固化使用。

若甲醛过量，可导致支化，甚至凝胶。二酚基甲烷和甲醛反应的速度大致与苯酚相同。

4. 高邻位酚醛树脂的合成原理（pH＝4～7）

高邻位酚醛树脂，在合成中使用锰、钴等金属碱盐作催化剂，得到苯酚部分主要通过邻位连接的热塑性树脂。固化速度快，最终产品热刚性好。

(1) 反应历程　甲醛（水分子）→甲二醇＋二阶金属离子（催化剂）→与苯酚氧原子螯合，并在邻位亲电取代→生成邻羟甲基苯酚＋二阶金属离子（催化剂）→继续与游离苯酚氧原子螯合，并在邻位亲电取代→形成 o,o'-二羟基二苯基甲烷→高邻位线型聚合产物

(2) 动力学　可用的催化剂中，锰、钴、镉、铬最为有效，其次可以用镁和铅，铜、镍的氢氧化物也很有效。二阶金属离子在反应历程中，与酚羟基形成螯合物，因此优先生成邻位加成的 o,o'-二羟基二苯基甲烷。o,o'-二羟基二苯基甲烷在异构体中活性最大（表 2-1-62），由此扩展而成的高邻位酚醛树脂固化比一般的热塑性酚醛树脂快 2～3 倍。

表 2-1-62　二羟基二苯基甲烷异构体的反应活性

异构体	凝胶时间/s①	异构体	凝胶时间/s①
o,o'-二羟基二苯基甲烷	60	p,p'-二羟基二苯基甲烷	175
o,p-二羟基二苯基甲烷	240		

① 固化剂：15%六亚甲基四胺，温度 160℃。

四、酚醛树脂

1. 酚醛树脂分类

酚醛树脂是开发应用较早的一类树脂，如酚醛调合漆长时间占据了人们的日常生活，其中就使用松香改性酚（苯酚）醛树脂，胶印油墨中使用松香改性酚（双酚 A、对叔丁酚）醛树脂，酚醛胶黏剂中使用纯酚（对叔丁酚）醛树脂等。酚醛缩合物可作为独立的纯酚醛树脂使用，也可用其他化合物改性来调整酚醛树脂原有的性能特点，从而拓展酚醛树脂用途。

由酚醛树脂的分子结构特征按以下两类划分是比较适宜的。

第一类，纯酚醛树脂：在催化剂的作用下，通过酚（常用的是对叔丁酚、苯酚等）与醛（最常用的是甲醛）的缩合反应，可产生满足各种性能需要的酚醛树脂。

第二类，改性酚醛树脂：酚醛树脂结构中的酚羟基在树脂合成中通常不参与反应，因此

酚醛树脂中存在大量酚羟基，酚羟基和亚甲基容易被氧化，致使颜色变深，使材料的性能发生变化，采用化学反应引入除酚、醛之外的其他成分，接入到酚醛树脂的分子链上，起到保护酚羟基或亚甲基、改善和突出某种性能的目的。通常由松香改性、醇改性、环氧改性、醇酸改性等。目前应用较多的是松香改性酚醛树脂、醇类（主要为丁醇）醚化酚醛树脂。

2. 生产工艺和工艺过程

酚醛树脂合成最重要工艺过程是酚醛缩合，这是不同类型酚醛树脂共同点，与其他涂料用合成树脂不同的是，目前酚醛树脂在涂料行业中，改性酚醛树脂的用量要大于纯酚醛树脂，其中使用最大的是松香改性酚醛树脂。同样是酚醛树脂，不同的类型，其生产工艺相差很大，尤其在改性酚醛树脂上更为明显，不同的改性剂，改性工艺完全是两回事。

(1) 纯酚醛树脂 酚基的对位被烃基取代后，酚由三官能度成为二官能度，缩合反应的反应程度更容易控制，而且烃基取代酚制得的树脂具有更好的性能，涂料行业通常用于合成纯酚醛树脂，如对叔丁基酚、对苯基酚和对叔辛基酚等。

合成的工艺路线如下：在碱性或酸性条件下，烃基取代酚与甲醛缩合反应达到一定程度后，终止反应，缩合产物经水洗后，采用先常压、后减压的方法脱去反应水，中控合格后出料。

在碱性条件下酚醛缩合生成热固性纯酚醛树脂，根据其特性，主要用于生产重防腐蚀涂料、酚醛胶黏剂等；使用时可利用酸性催化或加热使之交联固化。在酸性条件下酚醛缩合生成热塑性纯酚醛树脂，根据其特性，也可用于生产防腐蚀涂料、黏合剂、橡胶添加剂等；使用时可利用碱性催化或加热使之交联固化。

碱或酸 ↓
酚、甲醛 → 缩合反应 → 脱水 → 放料 →

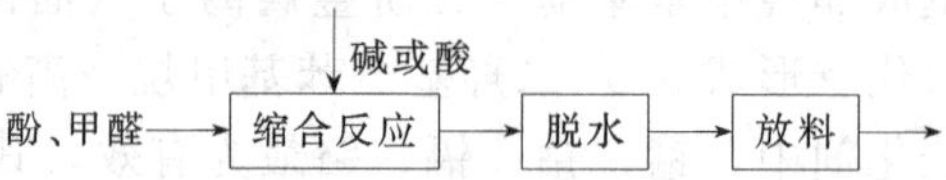

(2) 松香改性酚醛树脂 甲醛和酚在碱性条件下缩合后，再与松香进行加成，并与多元醇酯化可得到松香改性酚醛树脂。由于松香特有的结构特征，用松香改性使酚醛树脂与颜料润湿分散性有很大改善，可广泛用于制造酚醛调和漆与平版胶印油墨。松香改性苯酚酚醛树脂主要用于生产酚醛调和漆，而采用烷基取代酚的松香改性酚醛树脂主要用于生产平版胶印油墨。

要进一步提高松香改性酚醛树脂性能，目前主要采用改变酚类结构的方法，即使采用碳链较长的烷基酚如辛基酚（POP）、壬基酚（PNP）、十二烷基酚（PDDP）等，可使树脂具有良好的脂肪烃溶剂溶解性（正庚烷值）、较高的黏度与分子量；用于制造的印刷油墨可使用高沸点脂肪烃溶剂，有利于减少高速印刷时产生的飞墨，提高涂层的流平性和光泽，改善颜料的润湿分散性。

由于酚基对位取代基的增大，影响缩合反应进行，取代基碳链越长，树脂亚麻油黏度越低，但正庚烷值越高；因此若用对壬基酚或十二烷基酚生产酚醛树脂，由于分子量难以增大，油中黏度难做高，通过加入适量顺酐、引入高支链化结构，并采用较高的酚醛比例，才能得到合适的酚醛树脂。

烷基取代基的结构对缩合的反应性、树脂的软化点、油溶性有较大影响。酚与醛的结构、摩尔比，酚醛在整个体系中的比例，反应体系的酸碱性、催化剂的选择、对松香酚醛树脂的性能有极大影响，从而应用在不同领域。涂料行业将松香改性酚醛树脂应用于酚醛调合漆与重防腐涂料，能取得良好的性能；但随着行业的发展与涂料品种的性能提升，及市场对成本的要求，目前松香改性苯酚甲醛树脂使用量较以前已下降较多。

要得到合适的松香改性酚醛树脂，若采用不同分子结构的酚与多元醇，酚醛在树脂体系中的比例也不同，随着酚醛比例的上升，树脂的软化点、耐酸碱性、耐水性都有所提高，但油溶性和脂肪烃溶剂溶解性会下降。如使用苯酚的树脂，酚醛比例约为14%～15%；使用双酚A的树脂，酚醛比例约为15%～16%；使用辛基酚、壬基酚的树脂，酚醛比例约为28%～30%，使用十二烷基酚的树脂，酚醛含量约为32%～35%。生产松香酚醛树脂可采用一步法或二步法，二步法生产树脂色泽较浅，但工艺设备多，控制要求高，酚醛浆贮存期短、易报废，目前松香酚醛树脂生产，大部分都采用一步法生产。

在酸性介质中，酚与甲醛产生的酚醇很容易进一步缩合成分子量更高的缩合物，有可能完全胶化或不溶于松香；在碱性介质中，反应平稳，容易控制，生成的树脂软化点也高，因此松香改性酚醛树脂一般都采用碱性催化剂，使用一步法生产松香酚醛树脂时，常用的催化剂是乌洛托品，在生产浅色松香（苯）酚醛树脂时，也有采用氢氧化钙作催化剂的。

不同的酚具有不同的官能度，在实际生产中最终采用的酚与醛摩尔比就不同；采用苯酚的酚醛树脂，其酚与醛的摩尔比一般为1∶(1.5～1.7)；采用（叔丁酚、辛基酚、壬基酚）的酚醛树脂，其酚与醛的摩尔比一般为1∶(2.5～3.0)；采用双酚A的酚醛树脂，其酚与醛的摩尔比一般为1∶(5.2～5.4)。

工艺路线及基本原理：

(3) 酚醛醚化浆（醇醚化酚醛树脂）　为改善酚醛树脂的韧性、溶剂溶解性及其他物理性能，可采用醚化的方法对酚醛树脂进行改性，醚化后的酚醛树脂由于降低了极性，使得树脂更容易溶解于芳烃溶剂中，改善了树脂的柔韧性，从而扩大树脂的应用领域。用低碳链醇醚化酚醛树脂，对树脂性能的改善作用不大，一般采用丁醇、乙二醇、丙三醇、聚乙烯醇等改性酚醛树脂，得到各种不同用途的醇醚化酚醛树脂。

合成的工艺路线如下：在碱性条件下，酚与甲醛缩合反应达到一定程度后，中止反应并调整到酸性，经水洗后，加入丁醇，进行回流脱水反应，反应完成后，脱出过量丁醇，中控合格后出料。酚醛醚化浆可用搪瓷反应釜生产，制造纯酚醛树脂的反应釜可通用。

涂料行业常用的丁醇来改性酚醛树脂，制得热固性酚醛醚化浆，可提高酚醛树脂的溶剂溶解性，与环氧树脂配合，交联成膜，主要用于耐腐蚀漆。

工艺路线及基本原理：

丁醇
液碱、酚、甲醛→缩合→脱水→放料→过滤包装

(4) 其他类型的改性酚醛树脂　除了上述常见的改性酚醛树脂外，为了适应不断发展的应用需求，也有采用其他化学组分来对酚醛树脂改性，从而达到改善或突出性能的目的，较为常见的还有下列改性酚醛树脂。

硼（钼）改性酚醛树脂：利用酚醛树脂的羟基与硼（钼）酸进行酯化反应，从而将硼（钼）元素引入酚醛树脂的结构，硼（钼）改性酚醛树脂具有更为优异的耐热性、瞬间耐高温性和加工性，有良好的芳烃类溶剂溶解性，主要应用于耐高温材料、摩擦材料，航空航天领域可作为耐烧蚀材料使用。

环氧改性酚醛树脂：环氧树脂中的环氧基和酚醛树脂中的酚羟基进行醚化反应、环氧树脂中的环氧基及羟基和酚醛树脂中的羟甲基进行缩合开环反应，从而交联形成体型结构的环氧改性酚醛树脂（也有称为酚醛改性环氧树脂），改性后树脂兼有酚醛树脂与环氧树脂的良好性能，大大拓展了其应用领域和范围。

3. 生产设备

生产酚醛树脂的主要设备是反应釜，但针对不同类型的酚醛树脂，如纯酚醛树脂与改性酚醛树脂等，由于生产工艺的差异，为满足不同的工艺要求，相应的配套装置是不同的。

松香改性酚醛树脂由于酯化反应温度高达270℃，因而目前一般采用高温导热油循环加热的形式，为满足对加热的要求，反应釜的内置盘管与夹套都通导热油，反应釜采用不锈钢制作，使用浆式搅拌器（附刮沫器），配有直冷凝器、横冷凝器（附分水器）、真空泵等，采用底部出料方式，可根据需要对成品进行造粒或切片后，即可包装。

与松香改性酚醛树脂相比，纯酚醛树脂的反应温度不高，回收溶剂阶段的温度最高也不超过130℃，采用饱和蒸汽加热的形式可满足工艺的要求，不需要内置盘管，反应釜的夹套可通蒸汽与冷却水，根据工艺控制要求进行冷热切换。酚醛缩合与回收溶剂后的出料一般在两个反应釜内分别操作，酚类有较强的腐蚀性，因此对反应釜材质有相应要求，缩合反应釜可采用搪瓷或不锈钢反应釜，回收溶剂后的出采用不锈钢反应釜，两个反应釜都需配备横冷凝器（附分水器），出料到放料盘中，冷却后包装。

生产酚醛醚化浆，缩合反应完成后，调整酸性、加入丁醇即进入醚化反应，最终成品树脂以一定固体分的酚醛丁醇溶液出现，整个工艺可在单釜内完成。专业生产酚醛树脂的单位，可用生产纯酚醛树脂的缩合反应釜来完成丁醚化酚醛树脂的生产操作。只要安排好生产计划，没必要专门设置生产酚醛醚化浆的设备。

4. 配方实例

配方1：210松香改性苯酚甲醛树脂

(1) 配方

a. 210松香改性酚醛树脂

松香	4500kg	甲醛	700kg
甘油	410kg	H促进剂	25kg
苯酚	540kg	氧化锌	7kg

b. 浅色210松香改性酚醛树脂（亦称2210或210-10松香改性酚醛树脂）

松香	4500kg	甲醛	840kg
甘油	390kg	氧化镁	5.2kg
苯酚	570kg	氧化锌	7.6kg

(2) 质量标准

外观	透明	色泽(Fe-Co)210	≤12
苯中清	清	2210(或210-10)	≤10
酸值/(mgKOH/g)	≤20	软化点	135～150℃

(3) 操作

① 吸进松香，放去真空，开动搅拌，加入苯酚、氧化锌、氧化镁、H促进剂，加料时应均匀地加入，防止溢锅。

② 当温度下降至110℃以下时，打开直冷凝器冷却水，可逐渐加入甲醛，加入速度以不溢锅为原则；加完甲醛后在温度98～102℃维持3.5h。

③ 维持毕，关闭直冷凝器冷却水，开横冷凝器冷却水；同时升温脱水（升温时注意液面情况，防止溢锅），温度逐渐上升。

④ 当温度升至约220℃时，打开直冷凝器冷却水，逐渐加入甘油，加完后升温；升温至265℃，并保温维持4h。关闭直冷凝器冷却水，保持原温度并抽真空1h。

⑤ 取样，进行终点控制（软化点、酸值）；若终点未到则继续维持减压反应，若维持过程中酸值下降慢，难以达到产品的酸值，则应补加一定量甘油后继续维持，至酸值达到为止。

⑥ 合格后，放料冷却后包装。

配方 2：2116 松香改性双酚 A 甲醛树脂

(1) 配方

松香	3500kg	氧化锌	10kg
甘油	375kg	甲醛	720kg
双酚 A	375kg		

(2) 质量标准

外观	透明	酸值/(mgKOH/g)	≤18
软化点/℃	151～162	黏度(35℃)/mPa·s	1300～2000
色泽(Fe-Co)	≤12	苯中清	清

(3) 操作

① 吸进松香、放去真空，开动搅拌后，加入双酚 A、氧化锌，加料时应均匀地加入，防止溢锅。

② 当温度下降至 110℃以下时，打开直冷凝器冷却水，可逐渐加入甲醛，加入速度以不溢锅为原则；加完甲醛后在温度 98～102℃维持 4h。

③ 维持毕，关闭直冷凝器冷却水，开横冷凝器冷却水；同时升温脱水（升温时要注意液面情况，防止溢锅），逐渐升温至（175±2)℃，维持 0.5h 后升温。

④ 当温度升至约 220℃时，打开直冷凝器冷却水，逐渐加入甘油，加完后升温；升温至 265℃，在 265～270℃维持 4h。

⑤ 取样，进行终点控制（软化点、酸值、黏度)。

⑥ 若软化点、酸值未到则继续维持反应；在软化点、酸值接近合格时，可开启真空，在减压下维持反应；有利于加快反应进程，缩短反应时间。

⑦ 及格后，放料冷却后包装。

配方 3：2118 松香改性双酚 A 甲醛树脂

(1) 配方

松香	3500kg	氧化锌	10kg
季戊四醇	425kg	甲醛	750kg
双酚 A	400kg		

(2) 质量标准

外观	透明	酸值/(mgKOH/g)	≤20
软化点/℃	157～165	黏度(35℃)/mPa·s	2000～3500
色泽(Fe-Co)	≤12	苯中清	清

(3) 操作

① 吸进松香、放去真空，开动搅拌后，加入双酚 A、氧化锌，加料时应均匀地加入，防止溢锅。

② 当温度下降至 110℃以下时，打开直冷凝器冷却水，可逐渐加入甲醛，加入速度以不溢锅为原则；加完甲醛后在温度 98～102℃维持 7h。

③ 维持毕，关闭直冷凝器冷却水，开横冷凝器冷却水；同时升温脱水（升温时要注意液面情况，防止溢锅），逐渐升温至（200±2)℃维持 1h 后升温。

④ 当温度升至约 220℃时，打开直冷凝器冷却水，逐渐加入季戊四醇，加完后升温；升温至 265℃，在 265～270℃维持 7h。

⑤ 取样，进行终点控制（软化点、酸值、黏度)。

⑥ 若软化点、酸值未到则继续维持反应；在软化点、酸值接近合格时，可开启真空，在减压下维持反应；有利于加快反应进程，缩短反应时间。

⑦ 及格后，放料冷却后包装。

配方 4：2135 松香改性叔丁酚甲醛树脂

(1) 配方

松香	2800kg	叔丁酚	775kg
季戊四醇	320kg	轻质氧化镁	6kg
甲醛	1180kg	甘油	50kg
H 促进剂	2kg		

(2) 质量标准

外观	透明	酸值/(mgKOH/g)	≤22
软化点/℃	165～175	黏度(35℃)/mPa·s	2000～3500
色泽(Fe-Co)	≤12	苯中清	清

(3) 操作

① 吸进松香、放去真空，开动搅拌后，加入叔丁酚、轻质氧化镁、H 促进剂；加料时应均匀地加入，防止溢锅。

② 当温度下降至 110℃以下时，打开直冷凝器冷却水，可逐渐加入甲醛，加入速度以不溢锅为原则；加完甲醛后在温度 98～102℃维持 6h。

③ 维持毕，关闭直冷凝器冷却水，开横冷凝器冷却水；同时升温脱水（升温时要注意液面情况，防止溢锅），逐渐升温至（200±2)℃维持 1.0h 后升温。

④ 当温度升至约 220℃时，打开直冷凝器冷却水，逐渐加入甘油、季戊四醇，加完后升温；升温至 265℃，在 265～270℃维持 5h。

⑤ 取样，进行终点控制（软化点、酸值、黏度)。

⑥ 若软化点、酸值未到则继续维持反应；在软化点、酸值接近合格时，可开启真空，在减压下维持反应；有利于加快反应进程，缩短反应时间。

⑦ 及格后，放料冷却后包装。

配方 5：2402 纯酚醛树脂

(1) 配方

叔丁酚	500kg	甲苯	700kg
冰乙酸	6kg	熟石灰	3kg
甲醛	550kg	草酸	少量

(2) 质量标准

外观	透明	色泽(Fe-Co)	≤8
软化点/℃	85～110	苯中清	清

(3) 操作

① 先将甲醛投入反应锅，开搅拌后投入叔丁酚、熟石灰，打开分水器下与反应釜的联通阀，升温直至回流。

② 回流（温度约 100～105℃）1h 后，取样，用 20℃水冲洗样品后，观察样品反应程度是否到达（一般要 1.5h）。

③ 反应结束后，加入冰醋酸（pH 调整到 3～4）中止反应，然后加入甲苯搅拌 15min 后静置，0.5h 后分水。

④ 加入清水，搅拌 15min 后静置，0.5h 后分水；重复进行四次。每次加水时要注意液面情况，防止溢锅，水洗后，溶液体系 pH 应接近中性。

⑤ 将物料打入脱苯锅，进行减压蒸馏；先减压脱水（起始回流温度约 60℃），到水基本脱清（此时约 80℃），开始减压脱甲苯。

⑥ 随着甲苯脱出，反应釜内物料逐渐增厚，温度也同步上升；当反应釜中心出现鼓泡

时（温度 115～120℃），取样并用手捏揉，观察是否到达终点；在接近终点时，若颜色呈棕红色，根据深浅加入适量草酸，进行还原脱色（由于草酸含结晶水，加入后一定要注意将水脱净，否则会影响树脂透明度）。

⑦ 取样，反应到达终点后放料，冷却后粉碎包装。

(4) 注意事项

若水洗过程中，出现静置后分层不好，可适量补加甲苯，减小树脂层密度，帮助分层。

配方 6：284 酚醛醚化浆

(1) 配方

甲酚	800kg	10%磷酸	12kg
5%盐酸	250kg	10%液碱	170kg
甲醛	1050kg	丁醇	1100kg

(2) 质量标准

固体分	48%～52%	苯中清(1：4 甲苯)	透明
干性(150℃)	≤45min	涂 4 黏度(25℃)	20～30s

(3) 操作

① 将甲酚、液碱投入反应釜，开动搅拌将物料混合均匀。

② 加入甲醛，然后加热，注意反应放热，控制反应温度在 70～75℃，维持 0.5h 后开始取样测发浑点，发浑点控制在 25～35℃为宜。

③ 到发浑点后冷却，逐步加入盐酸调节 pH 到 6.0～6.5，并尽量控制 pH 接近上限。

④ 静置 0.5h 后吸去上层水，再用清水洗涤，重复进行四次，每次加水时要注意液面情况，防止满锅。水洗时，若出现分层不好，可用少量冷水冲一下。

⑤ 加入丁醇将物料溶解，再用磷酸调节 pH 到 5～6。

⑥ 升温至回流并脱水，随着水分脱出，温度逐渐上升，当釜内温度升到 105℃以上，水分已很少时，取样测苯中清。

⑦ 苯中清后，开始回流蒸出丁醇，脱到一定程度后，开始取样：要求控制涂 4 黏度（25℃）24～26s。

⑧ 达到要求后，冷却过滤包装。

五、酚醛树脂的应用

酚醛树脂是最早投入实际应用的合成树脂，作为一种高分子化合物，具有：①分子量较大；②分子量分布宽；③分子结构多变，有热固性的，也有热塑性的；可形成线型结构树脂，也可形成支链型结构树脂；④酚醛树脂具有良好的加工性能；⑤生产酚醛树脂工艺简单等特点。酚醛树脂交联固化后的特性，能满足多种应用要求，因此在工业上得到广泛的应用，如生产酚醛膜塑料和酚醛复合材料用胶黏剂，生产酚醛层压材料用浸胶，生产酚醛泡沫塑料、保温材料、阻燃材料等酚醛特种材料，生产酚醛涂料、油墨和胶黏剂，酚醛树脂基纤维增强塑料还可用于生产酚醛玻璃钢制品。

涂料行业以酚醛树脂为主要树脂与干性油配合制漆，使涂料在硬度、光泽、干性、耐水性、耐腐蚀性、电绝缘性等有良好表现。可广泛应用于木器、建筑、电气等方面。但酚醛树脂漆耐候性较差，不宜用于生产浅色漆与白漆。目前主要使用纯酚醛树脂、松香改性酚醛树脂、醇醚化酚醛树脂等。

1. 纯酚醛树脂漆

纯酚醛树脂漆有良好耐水性、耐酸性、耐溶剂性和电绝缘性能，可生产底漆、磁漆、清漆等品种，施工方便。还可生产分散型酚醛树脂漆，这是一种附着力佳，漆膜耐久性好、耐磨性好、防潮性能突出的酚醛树脂漆。

2. 松香改性酚醛树脂漆

是目前用量最大、品种最多的酚醛树脂漆，酚醛树脂与桐油等干性油炼制后与颜料、溶剂、助剂等组成，漆膜硬度高、干燥迅速、漆膜耐久、耐腐蚀、绝缘性能好，产品价格低。缺点是漆膜易泛黄。主要用于建筑、机械、船舶和绝缘材料等行业。

3. 醇醚化酚醛树脂漆

主要为丁醇醚化酚醛树脂，可溶于芳烃类溶剂。单独制漆，漆膜耐水、耐酸性较好，但涂膜较脆，需高温交联。为改善这种情况，一般与其他树脂配合使用，若与环氧树脂配合，涂膜柔韧好，耐腐蚀性好，可用于罐头涂料和防腐蚀要求高的行业。

第四节 氨基树脂

一、概述

本节涉及的涂料用氨基树脂，是以氨基化合物（含—NH_2 官能团）与醛类（主要为甲醛）经缩聚反应得到的（含—CH_2OH 官能团）产物，再与脂肪族一元醇部分醚化或全部醚化得到的产物，能与多种类型树脂交联成膜、并有良好混溶性的树脂，涂料行业将其列为氨基树脂。

氨基树脂是一种多官能度的聚合物，作为漆膜若单独用氨基树脂，得到的涂膜附着力差、硬度高、涂膜发脆，没有应用价值。氨基树脂容易与带有羟基、羧基、酰氨基的聚合物反应，因此可作为大部分涂料基体树脂，如醇酸树脂、丙烯酸树脂、饱和聚酯树脂、环氧树脂、环氧酯等树脂的交联剂，交联成膜后得到有韧性三维网状结构的涂膜，根据氨基树脂及基体树脂的不同，所得的涂膜也各有特点。

用氨基树脂作交联剂的涂膜具有优良的光泽、保色性、硬度、耐化学性、耐水及耐候性等，因此，氨基树脂漆广泛地应用于汽车、工程机械、钢制家具、家用电器和金属预涂等领域。氨基树脂漆在酸催化剂作用下，可大幅度降低烘烤温度，这种性能可用于二液型木材涂料和汽车修补涂料。

氨基树脂作为涂料行业的主要交联剂已有六十多年，它与工业涂料的发展密切相关，丁醇改性的脲醛树脂于20世纪30年代发明，开创了氨基醇酸烤漆的应用；40年代初，三聚氰胺甲醛树脂被发明，生产出了综合性能更优异的氨基漆，使氨基树脂在涂料行业飞速发展；60年代发明了苯代三聚氰胺甲醛树脂，以它作为交联剂获得的涂膜，具有优异的耐化学性和初期光泽，从而拓展了氨基涂料的应用。

60年代合成出单体型的六甲氧基三聚氰胺交联剂（HMMM），并通过四十多年的发展，奠定了在涂料用树脂中的重要作用，70年代发展出部分甲醚化三聚氰胺甲醛树脂，与丁醚化树脂相比，反应活性大、交联反应温度低、与基体树脂有更好的相容性、树脂具有一定的水溶性，因此可用于生产水性涂料和溶剂型低温快干涂料。

各种类型的氨基树脂生产中，醛类化合物一般采用甲醛，为使反应顺利进行，甲醛都是过量的，因此反应过程中会排出一定量的含醛废水（同时含有醇类等有机物），成品的氨基树脂中也会含有少量的游离醛，甲醛有相当的毒性，对人体有强烈的刺激作用，卫生部制订的《高毒物品目录》将甲醛归为高毒物品的一种，因此氨基树脂生产和使用过程中可能产生的危害，应引起重视。全部或部分采用多聚甲醛可大幅度减少氨基树脂生产中产生的废水，又可改善氨基树脂的品质，从而达到降低污染的目的。采用合适的工艺，降低氨基树脂的游离醛，可减少氨基漆固化时甲醛的排放，从而改善施工条件。

为了避免和减少涂料施工过程中有机溶剂（VOC）对环境造成的影响，近年来高固体分涂料和水性涂料发展很快，从而带动了甲醚化氨基树脂的应用，目前在卷材涂料、低温快干涂料、水性涂料中有各类甲醚化树脂的应用。甲醚化树脂与丁醚化树脂相比，生产工艺复杂，单釜产量低，生产成本高，因此目前在涂料行业中，仍然是丁醚化氨基树脂最为常用，但甲醚化树脂的应用呈现增长态势，前景广阔。

二、氨基树脂所用的原料

合成氨基树脂，最基本的原料是氨基化合物（主要为尿素、三聚氰胺、苯代三聚氰胺等）、醛类（主要为各种规格的甲醛）、醇类（主要为脂肪族一元醇，如甲醇、丁醇、异丁醇、乙醇、异丙醇等），为使反应生成水顺利脱除，一般采用二甲苯作为带水剂来帮助脱水。合成氨基树脂的各种反应要在酸性或碱性条件下进行，需要调整反应时的 pH，为降低和保证树脂的色泽，有时需要轻质碳酸镁来脱色。

1. 氨基化合物

含有氨基（—NH_2）的化合物就是氨基化合物。氨基是氨分子（NH_3）中去掉一个氢原子形成的基团，氨基化合物可看成是 NH_3 的衍生物，即 NH_3 中的氢原子被烃基取代的衍生物。胺类可根据烃基的性质分为脂芳族胺和芳香族胺，也可根据分子中氨基的数目分为一元胺、二元胺、三元胺等，合成氨基树脂所使用的氨基化合物都属于二元胺以上的多元胺。常用氨基化合物的参数见表 2-1-63。

表 2-1-63　常用氨基化合物的参数

项　　目	工业级优等品			
	尿素	三聚氰胺	苯代三聚氰胺	甲代三聚氰胺
外观	白色颗粒	白色结晶粉末	白色晶体状粉末	白色晶体状粉末
总氮(N)(以干基计)/% ≥	46.5			
含量(升华法)/% ≥		99.8		
缩二脲/% ≤	0.5			
水分/% ≤	0.3	0.1	0.2	0.2
灰分/% ≤		0.03	0.05	0.1
铁(Fe)/% ≤	0.0005			
游离氨(NH_3)/% ≤	0.01			
硫酸盐(SO_4^{2-})/% ≤	0.005			
水不溶物/% ≤	0.005			
熔点/℃	132.6		224～228	272～276
甲醛溶解性(80℃/10min)		全溶	全溶	全溶
Pt-Co 色泽(甲醛溶液) ≤		20	30	40
游离碱/% ≤		0.02	0.05	0.1

尿素，又称脲、碳酰胺，相当于碳酸的二酰胺，相对分子质量 60.06，结构式

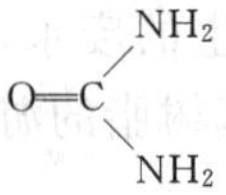

$$O{=}C(NH_2)_2$$

，密度 1.335g/cm³。熔点 132.7℃，溶于水、低碳醇，不溶于乙醚、氯仿。是弱碱性物质，可与酸作用生成盐。在高温下可进行缩合反应，生成缩二脲、缩三脲和三聚氰酸。尿素加热至 160℃会分解，产生氨气同时变为氰酸，工业上采用液氨和二氧化碳，在高温、高压下来合成尿素。尿素是最早在氨基树脂中应用的氨基化合物。

三聚氰胺，简称三胺，学名 2,4,6-三氨基-1,3,5-三嗪、1,3,5-三嗪-2,4,6-三胺，俗称蜜胺。是一种三嗪类含氮杂环有机化合物，重要的氮杂环有机化工原料，相对分子质量 126.12，结构式（三嗪环上 2,4,6 位各连一个 NH_2），密度 $1.573g/cm^3$（16℃），熔点 354℃（分解），升华温度 300℃。比热容 1.473kJ/(kg·℃)。溶于热水，微溶于冷水，极微溶于热乙醇，不溶于醚、苯和四氯化碳，可溶于甲醇、甲醛、乙酸、热乙二醇、甘油、吡啶等。低毒。一般情况下较稳定，但高温下可能会分解放出氰化物，同时放出氮气，因此可作阻燃剂，此外三聚氰胺还可以作减水剂、甲醛清洁剂等。

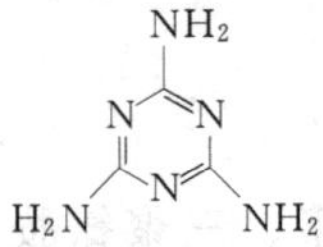

三聚氰胺早期合成使用双氰胺法：由电石（CaC_2）制备氰胺化钙（$CaCN_2$），氰胺化钙水解后二聚生成双氰胺，再加热分解制备三聚氰胺，该工艺生产成本高，目前已被淘汰。目前采用尿素法合成三聚氰胺。尿素以氨气为载体，在催化剂作用下，于 380～400℃反应，先分解生成氰酸，并进一步缩合生成三聚氰胺。

$$6CO(NH_2)_2 \longrightarrow C_3N_6H_6 + 6NH_3 + 3CO_2$$

生成的三聚氰胺气体经冷却捕集后得粗品，然后经溶解，除去杂质，重结晶得成品。

按照反应条件不同，三聚氰胺合成工艺又可分为高压法（7～10MPa，370～450℃，液相）、低压法（0.5～1MPa，380～440℃，液相）和常压法（<0.3MPa，390℃，气相）三类。国外三聚氰胺生产企业采用高压法、低压法和常压法三种工艺都有，我国三聚氰胺生产企业一般采用半干式常压法工艺，以尿素为原料，0.1MPa 以下，约 390℃时，生成三聚氰胺。

苯代三聚氰胺，俗称苯鸟粪胺、BG 三聚氰胺，学名 2,4 二氨基-6-苯基-1,3,5-三嗪，相对分子质量 187.22，结构式（三嗪环上 6 位连 C_6H_5，2,4 位各连一个 NH_2）是苯基置换三聚氰胺一个氨基的化合物，与三聚氰胺性质类似，相对密度 1.40（25℃/4℃），常温下不溶于水中，沸水中可溶解 1g/100g。由于结构中带有一个苯环，生产出的氨基树脂交联剂，可给涂膜更好的光泽、更高的硬度、更好的耐化学性，与基体树脂有更好的混溶性。

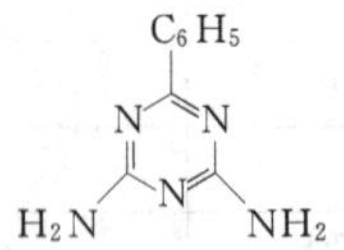

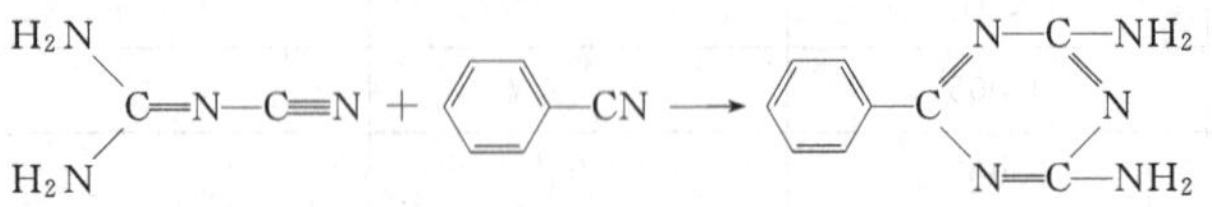

$$(H_2N)_2C{=}N{-}C{\equiv}N + C_6H_5{-}CN \longrightarrow C_6H_5{-}C_3N_3(NH_2)_2$$

苯代三聚氰胺合成反应式

在碱性（氢氧化钾）条件下，以丁醇或丙二醇甲醚作溶剂，采用双氰胺和苯甲腈合成，经洗涤和干燥后得到苯代三聚氰胺成品。采用丙二醇甲醚作溶剂比采用丁醇作溶剂，苯代三聚氰胺得率可高 1%～2%，但考虑溶剂回收工艺水平与溶剂损耗，由于丁醇价格低于丙二醇甲醚，目前国内苯代三聚氰胺生产企业都采用丁醇作溶剂。合成使用的苯甲腈国内采用甲

苯胺氧化工艺来生产。

甲代三聚氰胺，别名乙酰胍胺、AG三聚氰胺，学名2,4二氨基-6-甲基-1,3,5-三嗪或6-甲基-1,3,5-三嗪-2,4二胺，相对分子质量125.13，结构式（甲基取代的三嗪环，两个NH_2）是甲基置换三聚氰胺一个氨基的化合物，与三聚氰胺性质类似，其闪点>270℃，因此在通常条件下相当稳定，甲代三聚氰胺能溶于水。它是一种应用广泛的特殊化学中间体，可以和苯代三聚氰胺以一定比例搭配，生产丁醇醚化、甲醇醚化的甲醛树脂，所得到的氨基树脂交联剂，与适当的基体树脂配合，可形成耐久性很好的涂膜。

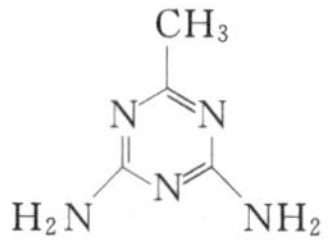

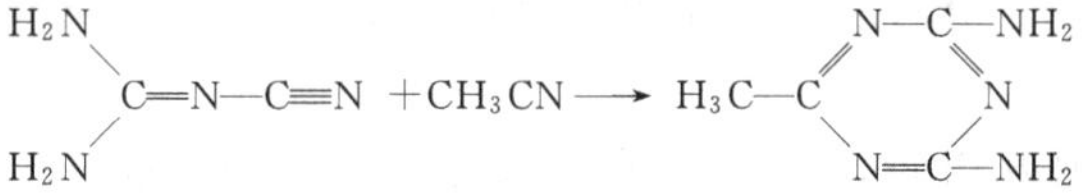

$$(H_2N)_2C{=}N{-}C{\equiv}N + CH_3CN \longrightarrow H_3C{-}C\!\left\langle\begin{matrix}=N{-}C{-}NH_2\\ \quad\quad\ \ \| \ N\\ -N{=}C{-}NH_2\end{matrix}\right.$$

甲代三聚氰胺合成反应式

甲代三聚氰胺：在碱性条件下，以丁醇作溶剂，采用双氰胺和乙腈合成，经洗涤和干燥后可得到成品，由于产品在水中有一定溶解性，其后处理工艺与苯代三聚氰胺后处理工艺相比复杂很多，目前国内只有江苏启东一家企业已投入工业化生产。

2. 醛类

分子结构中羰基（$-\overset{O}{\overset{\|}{C}}-$）官能团与一个氢原子和一个烃基相连或与两个氢原子相连的化合物称为醛（醛基$-\overset{O}{\overset{\|}{C}}-H$），甲醛分子中羰基的两端都与氢原子相连，比其他醛更活泼，有更大的反应性，因此合成氨基树脂采用最简单的脂肪族醛——甲醛，结构式为$H-\overset{O}{\overset{\|}{C}}-H$，相对分子质量为30.03。甲醛采用甲醇氧化脱氢的工艺生产，纯甲醛常温下是无色有特殊的刺激气味气体，熔点－92℃，沸点－19℃，与空气混合能形成爆炸混合物，爆炸极限为7%～73%。甲醛在常温下会自聚成三聚甲醛，60%～65%的甲醛水溶液用硫酸催化、在煮沸条件下，也可得到三聚甲醛。

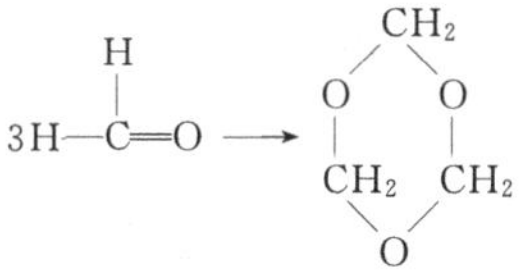

$$3H-\overset{H}{\overset{|}{C}}{=}O \longrightarrow (CH_2O)_3\ \text{（环状：}CH_2{-}O{-}CH_2{-}O{-}CH_2{-}O\text{）}$$

三聚甲醛合成反应式

甲醛易溶于水，一般以不同浓度的水溶液保存，方便使用，甲醛水溶液（俗称福尔马林）低温下容易聚合产生白色沉淀，少量甲醇的存在可减缓聚合反应的发生，因此市售的福尔马林中都含有一定量的甲醇。几种形式甲醛的性质见表2-1-64。

表2-1-64　几种形式甲醛的性质

项　目	37%甲醛水溶液	50%甲醛水溶液	多聚甲醛	甲醛丁醇溶液
采用标准	GB/T 9009—1998	ASTM D 2373—84		
外观	透明	透明	白色	透明
甲醛含量/%	37.0～37.4	49.75～50.5	91～93或≥95	39.5～40.5
甲醇含量/%	供需双方协商	≤1.5%		

续表

项　目	37%甲醛水溶液	50%甲醛水溶液	多聚甲醛	甲醛丁醇溶液
酸度(以甲酸计)	≤0.02%	0.05%		
色度(Pt-Co)	≤10	≤10		≤10
密度 ρ_{20}/(g/cm³)	1.075～1.114	1.1470～1.1520		
铁含量/%	≤0.0001	≤0.0001	≤0.0001	≤0.0001

合成涂料用氨基树脂时，生产时需要将原料中带入的水分（主要为甲醛）与反应生成水脱去，因此使用甲醛水溶液生产氨基树脂将产生大量废水，以生产常规的丁醚化三聚氰胺甲醛树脂 582-2 为例，每生产 1t 树脂，将产生废水约 600～650kg，对环境造成很大压力。

采用多聚甲醛合成氨基树脂，虽然工艺技术要求高，但成品树脂品质高，又可减少原料中带入的水分，从而减少废水总量。由于原料成本有一定上升，而且不同产地聚合甲醛，解聚的工艺条件又有差异，对生产工艺的制定影响较大，目前国内氨基树脂市场利润很薄、各地环保工作的力度又有差异，因此目前的氨基树脂生产还是以采用甲醛水溶液为主。采用甲醛丁醇溶液生产氨基树脂，也是很好的选择，但国内甲醛丁醇溶液尚未形成规模化生产，会使产品成本上升过高，目前无法大量应用。

3. 醇类和二甲苯

氨基化合物与甲醛反应的产物含有大量羟甲基，有较强极性，不溶于有机溶剂，与其他类型树脂混溶性极差，无法配合使用，因此涂料用氨基树脂需要用醇类改性，醚化后的氨基树脂能溶于有机溶剂，与匹配的树脂交联反应，形成有应用价值的涂膜。醚化采用脂肪族一元醇，可以采用甲醇、乙醇、异丙醇、正丁醇、异丁醇等，目前涂料行业采用最多的是甲醇、正丁醇、异丁醇。常用脂肪族一元醇参数见表 2-1-65。

表 2-1-65 常用脂肪族一元醇参数

项　目		工业级优等品				
		异丙醇	正丁醇	异丁醇	甲醇	无水乙醇
外观		透明液体	透明液体	透明液体	透明液体	透明液体
色度(Pt-Co)	≤	5	10	10	5	5
密度(20℃)/(g/cm³)		0.784～0.786	0.809～0.811	0.801～0.803	0.791～0.792	0.789～0.790
纯度/%	≥	99.7	99.5	99.3	99.5	99.7
水分/%	≤	0.15	0.1	0.15	0.1	0.2
酸含量(以乙酸计)/%	≤	0.002	0.003	0.003	0.0015	0.002
蒸发残渣/%	≤	0.002	0.003	0.004	0.001	0.0025
沸程(在 101325Pa 下)						
初馏点/℃	≥	81.8	117.0	107.0	64.0	78.0
干点/℃	≤	82.8	118.0	108.4	65.0	79.0

二甲苯不溶于水，与水分层，在氨基树脂的生产中作为带水剂使用，在反应过程中，溶剂与水共沸，通过冷凝器回到分水器内中，二甲苯的存在很容易使水与溶剂分层，上层的溶剂回进反应釜，水分可脱去，从而达到了将反应水带出反应釜的目的，起到了带水剂（脱水剂）的作用。石油混合二甲苯参数见表 2-1-66。

表 2-1-66　石油混合二甲苯参数

项　　目	工业级优等品	
	3℃混合二甲苯	5℃混合二甲苯
外观	透明液体	透明液体
色度(Pt-Co)　　⩽	20	20
密度(20℃)/(g/cm^3)	0.862～0.868	0.860～0.870
总硫含量/(mg/kg)　　⩽	3	3
蒸发残渣/(mg/100mL)　　⩽	5	5
沸程(在 101325Pa 下)		
初馏点/℃　　⩾	137.5	137
干点/℃　　⩽	141.6	143
总馏程范围/℃　　⩽	3	5

三、氨基树脂的分类

涂料用氨基树脂的分类方法主要有两种，一是按采用氨基化合物的不同来区分，采用三聚氰胺的称为三聚氰胺甲醛树脂，采用尿素的称为尿素甲醛树脂（简称脲醛树脂），采用苯代三聚氰胺的称为苯代三聚氰胺甲醛树脂，采用甲代三聚氰胺的称为甲基三聚氰胺甲醛树脂，几种氨基化合物混合使用的，称为共聚树脂。

二是按醚化时采用醇类的不同来区分，主要有：丁醚化氨基树脂（采用正丁醇醚化，根据醚化程度的差异，可分为高醚化程度与低醚化程度），异丁醚化氨基树脂（采用异丁醇醚化，根据醚化程度的差异，也分为高醚化程度与低醚化程度），甲醚化氨基树脂（采用甲醇醚化，根据醚化程度的差异，可分为高甲醚化与部分甲醚化），混合醚化氨基树脂（一般采用甲醇与正丁醇混合醚化，正丁醇与异丁醇混合醚化，也有采用甲醇与乙醇混合醚化的）。

氨基树脂的分类可用如下示意表示：

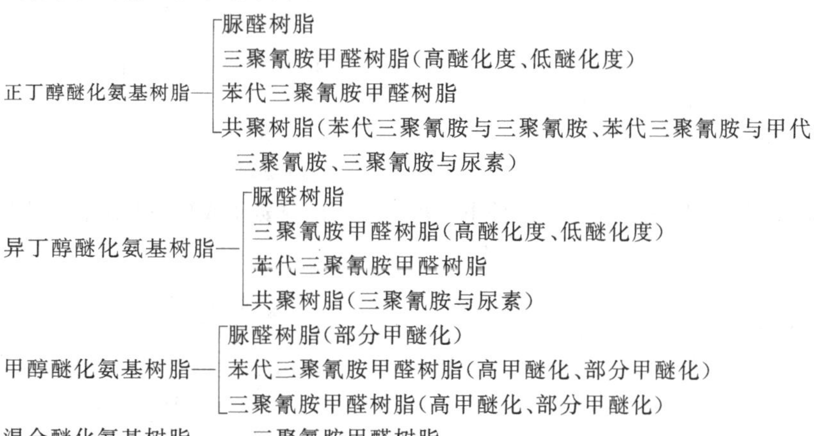

从氨基树脂的结构上看：丁醇醚化的氨基树脂主要属于部分烷基化类型的树脂，这一类树脂羟甲基含量较高，醚化程度相对较低，属于目前最常用的氨基树脂。甲醇醚化的氨基树脂可分为：聚合型部分烷基化氨基树脂、聚合型高亚氨基高烷基化氨基树脂、单体型高烷基化氨基树脂。

四、氨基树脂的合成

1. 丁醇醚化氨基树脂

（1）正丁醇醚化脲醛树脂　脲醛树脂是最早发明及投入使用的丁醚化氨基树脂，在氨基-

醇酸烤漆体系中有广泛应用，但以脲醛树脂为交联剂的烤漆耐候性、耐水性相对较差，随着三聚氰胺甲醛树脂发明，涂膜性能得到很大的改善。由于脲醛树脂采用的氨基化合物——尿素其价格远低于其他氨基化合物，因此脲醛树脂价格低廉，具有较大的成本优势，常规的氨基-醇酸烤漆中还有一定的应用，主要用于底漆和室内用漆。

近年来，国内预涂卷材市场得到飞速发展，全国各地方各种规模的卷材流水线有数百条，也引发了卷材涂料行业的高速发展。作为直接涂在预处理层上的底漆，主要为面漆提供基础和提高卷材的防腐蚀性，目前主要采用的：丁醚化脲醛树脂-高分子量环氧树脂的配方体系，极大地推动了脲醛树脂的应用。

① 脲醛树脂特点

a. 是成本最低的丁醚化氨基树脂，生产工艺也无特殊要求。

b. 脲醛树脂结构中的羰基含有极性氧原子，对基材有良好附着力，可用于底漆，也可用于中间涂层，提高面漆与底漆的层间结合力。

c. 加入酸催化剂后，可常温交联，因此可生产常温固化涂料。

d. 与其他氨基化合物相比，尿素反应性高，脲醛树脂活性大，因此丁醚化脲醛树脂的储存稳定性相对较差。

② 反应机理　尿素与甲醛的等摩尔比、其在反应物中的浓度、反应体系的酸碱性（pH）、反应温度、反应时间等条件的变化，都会对脲醛树脂的反应进程与结果造成影响。

a. 加成反应（羟甲基反应）　尿素和甲醛的加成反应可在酸性或碱性条件下进行，脲醛树脂合成时的加成反应是在碱性条件下进行的。在弱碱性和一定温度下，尿素和甲醛不同的等摩尔比，通过加成反应可生成单羟甲基脲，也可生成二羟甲基脲。

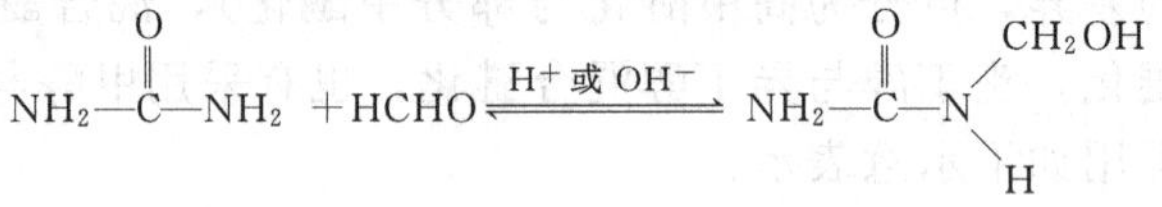

$$NH_2-\overset{\overset{\large O}{\|}}{C}-NH_2 + HCHO \xrightleftharpoons{H^+\text{或}OH^-} NH_2-\overset{\overset{\large O}{\|}}{C}-N(H)-CH_2OH$$

单羟甲基脲

$$NH_2-\overset{\overset{\large O}{\|}}{C}-NH_2 + 2HCHO \xrightleftharpoons{H^+\text{或}OH^-} HOH_2C-N(H)-\overset{\overset{\large O}{\|}}{C}-N(H)-CH_2OH$$

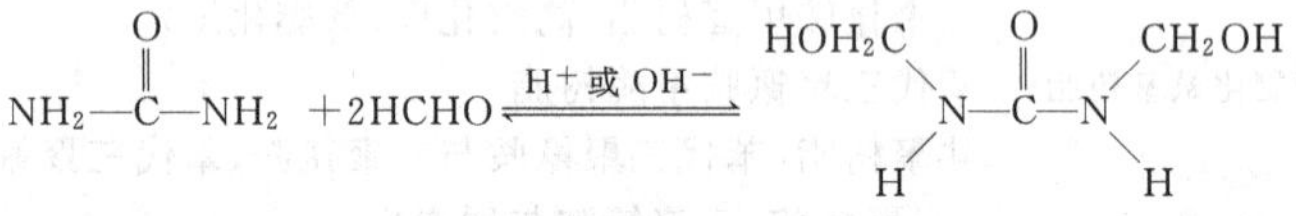

二羟甲基脲（常温不稳定）

b. 缩聚反应　羟甲基脲在酸性条件下，可与尿素的酰氨基或羟甲基缩合，生成亚甲基键。

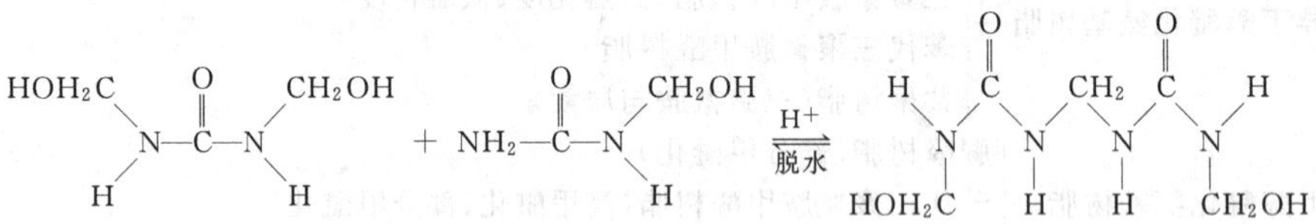

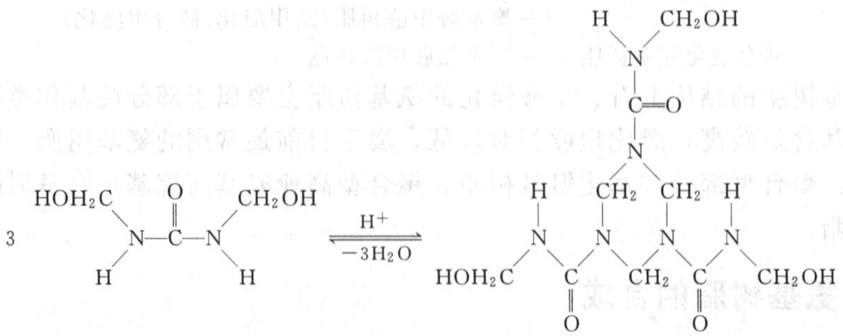

$$HOH_2C-N(H)-\overset{\overset{\large O}{\|}}{C}-N(H)-CH_2OH + NH_2-\overset{\overset{\large O}{\|}}{C}-N(H)-CH_2OH \xrightleftharpoons[\text{脱水}]{H^+} HOH_2C-N(H)-\overset{\overset{\large O}{\|}}{C}-N(H)-CH_2-N(H)-\overset{\overset{\large O}{\|}}{C}-N(H)-CH_2OH$$

$$3\ HOH_2C-N(H)-\overset{\overset{\large O}{\|}}{C}-N(H)-CH_2OH \xrightleftharpoons[-3H_2O]{H^+} \text{（环状缩聚产物）}$$

从基团的反应活性上看，尿素中的酰氨基比单羟甲基脲中的酰氨基活性大，单羟甲基脲中的羟甲基比二羟甲基脲中的羟甲基活性大。低聚合度的羟甲基脲具有水溶性，不溶于有机溶剂，继续缩聚可形成支链型结构，可用于塑料、黏合剂、织物整理剂等行业。

c. 醚化反应　尿素甲醛反应的产物羟甲基脲含有大量羟甲基，有较强极性，不溶于有机溶剂，与基体树脂混溶性差，无法匹配，因此要用醇类改性。醚化后的脲醛树脂溶于有机溶剂，与基体树脂交联反应，形成有应用价值的涂膜。

醚化采用脂肪族一元醇，若以甲醇醚化，树脂分子中将引入甲氧基，与丁醇醚化形成的含丁氧基的树脂相比，甲醚化树脂具有一定的水溶性，可作为水性涂料的交联剂，部分甲醚化的脲醛树脂，可用于水性超薄型钢结构防火涂料，用于溶剂型涂料可作为低温烘烤涂料的交联剂。丁醇醚化后的树脂不具有水溶性，但在有机溶剂中有良好的溶解性，作为交联剂使用时，其固化交联速度要高于部分甲醚化的树脂。与甲醚化树脂的生产相比，丁醚化树脂的生产没有大量的醇类（甲醇）需要回收，生产工艺相对简单，生产成本低，与溶剂型的基体树脂匹配时，混溶性好，涂膜性能能满足要求，因此目前还是丁醚化氨基树脂的用量大。

为了保证丁醇对羟甲基脲的醚化反应顺利进行，需要使用过量的丁醇，醚化需要弱酸性的条件，反应结束后，过量的丁醇可留在体系中，作为溶剂使用，以控制树脂达到一定固体含量，方便使用，若要提高固含量也可以脱出一部分溶剂。

在弱酸性下，醚化反应和缩聚反应是同时进行的：

$$HOH_2C(H)N-C(=O)-N(H)CH_2OH + C_4H_9OH \xrightleftharpoons{H^+} \left[H_9C_4OH_2C(H)N-C(=O)-N(CH_2-) \right]_n + H_2O$$

③ 反应工艺　尿素分子中有两个氨基，每个氨基有两个氢原子，由于空间位阻等原因，不可能与甲醛完全反应，据测定，每个氨基对甲醛的官能度约为 1.2。在丁醇中，尿素和甲醛在碱性条件下进行羟甲基反应，然后将反应体系调节到酸性，进行醚化反应和缩聚反应，通过控制酸性的强弱和丁醇过量程度，可以控制好醚化反应和缩聚反应的反应倾向和程度，羟甲基脲的醚化反应较慢，因此与其他氨基树脂的生产相比，醚化时酸性催化剂的用量要大得多。

随着醚化反应进行，脲醛树脂在脂肪烃溶剂中的溶解性会增加，实际生产中利用这个原理，通过测定脂肪烃溶剂的容忍度来控制醚化程度。与其他氨基树脂不同的是，由于树脂极性的缘故，脲醛树脂在脂肪烃溶剂的溶解性较差，与 200# 溶剂的容忍度很低，生产中采用 200# 溶剂与二甲苯 1：1 混合，再去测定脲醛树脂的容忍度。

a. 容忍度的测定　玻璃烧杯（100mL）；托盘天平或电子天平（感量 0.1g）；测试试剂[200# 溶剂汽油：二甲苯＝1：1（质量）混合]。

b. 测定方法　称取树脂约 3g（G）于玻璃烧杯中，用滴管将 200# 溶剂汽油逐步滴入试样内，不断搅拌，至试样显示乳浊并在 15s 内不消失时，即为终点，称取总重量（W）。1g 脲醛树脂可容忍混合溶剂的量（g）即为容忍度，容忍度＝$(W-G)/G$。

④ 配方实例　578-1 脲醛树脂

配方：

尿素	700kg	NaOH(10%)	适量
丁醇	2000kg	二甲苯	390kg
甲醛	2250kg	苯酐	7～11kg

指标：

外观	透明	T-4 黏度(25℃)	50～110s
色泽(Fe-Co)	≤1	苯中清	清
固体分	(60±2)%	容忍度(二甲苯：200# 溶剂＝1：1)	1：(3～8)浑
酸值/(mgKOH/g)	≤2		

操作：

a. 先投入甲醛，以10% NaOH 调节 pH 至8，然后投入尿素，再调整 pH 至8。

b. 升温至40～50℃维持，待溶液透明后，投入丁醇，升温至回流，全回流约0.5h。

c. 投入二甲苯与溶剂（无溶剂时不投），再加入苯酐，继续升温至回流，全回流1.5h。

d. 关闭蒸汽、停止搅拌，静止1h后，从反应锅底部分去废水。

e. 开搅拌并升温至回流，开始回流脱水；随着水分逐渐脱去，温度会逐渐上升，并在102～103℃时取样测试（容忍度、黏度）。此时测试结果一般为（25℃）：

T-4 黏度	18～28s	容忍度	1∶(2～3)浑

若容忍度偏高，脱溶剂要快（过分高时，可考虑减压脱溶剂）。

f. 不断脱出溶剂，并进行终点控制，要求达到：

T-4 黏度(25℃)	70～90s	苯中清	清
容忍度	1∶(3～8)浑		

g. 达到要求后，冷却到80℃以下（若树脂颜色偏深，可加入适量轻质碳酸镁脱色，一般加入量在300～500g），过滤包装。

(2) 正丁醇醚化三聚氰胺甲醛树脂　一个三聚氰胺分子上含有三个氨基，与尿素相比，多了一个氨基，用以合成氨基树脂。与丁醚化的脲醛树脂相比，交联度大，而且三聚氰胺是杂环化合物，与其他基体树脂匹配时，其交联速度，固化后涂膜的综合性能都优于脲醛树脂。因此三聚氰胺甲醛树脂发明后，很快就占据了大部分原有脲醛树脂的市场。

① 三聚氰胺甲醛树脂特点

a. 是目前最常用的丁醚化氨基树脂，生产工艺也无特殊要求。

b. 三聚氰胺甲醛树脂结构中含有杂环，交联密度有大，主要用于面漆，有良好的装饰性能。

c. 能与很多基体树脂，如醇酸、环氧和丙烯酸等配合，得到性能优良的涂膜。

d. 与脲醛树脂相比，丁醚化后的三聚氰胺甲醛树脂性能稳定，贮存稳定性良好。

② 反应机理　氨基树脂生产工艺有一步法和二步法两种。一步法：在弱酸性的条件下，羟甲基化反应、醚化反应及缩聚反应同时进行，一步完成。一步法工艺简单、但 pH 控制严格，使三种反应均衡的进行，一步法生产的树脂稳定性稍差，目前一般采用二步法生产工艺。二步法：先在弱碱性条件下进行羟甲基反应，然后在酸性条件下进行醚化反应和缩聚反应。

三聚氰胺甲醛的等摩尔比、其在反应物中的浓度、反应体系的酸碱性（pH）、反应温度、反应时间等条件的变化，都会对三聚氰胺甲醛树脂的反应进程与结果造成影响。

a. 加成反应（羟甲基反应）　一个三聚氰胺分子上有三个—NH_2，六个活泼氢，在酸性或碱性条件下反应，有1～6个甲醛分子可与之发生羟甲基反应，生产相应的羟甲基三聚氰胺，羟甲基反应进程与反应物浓度与比例、反应时的酸碱性、反应温度、反应时间等关联。在弱碱性条件下，生成的羟甲基三聚氰胺稳定，因此，三聚氰胺甲醛树脂合成时的加成反应是在碱性条件下进行的。

$$\text{三聚氰胺 } C_3N_3(NH_2)_3 + HCHO \xrightarrow{OH^-} H_2N\text{—}C_3N_3(NH_2)\text{—}NH\text{—}CH_2OH$$

一羟甲基化反应

$$\ce{H2N-C(=N-C(NH2)=N-C(NH2)=N) + 3HCHO ->[OH^-] (HOH2C)HN-C(=N-C(NH(CH2OH))=N-C(NH(CH2OH))=N)}$$

三羟甲基化反应

$$\ce{H2N-C(=N-C(NH2)=N-C(NH2)=N) + 4HCHO ->[OH^-] (HOH2C)HN-C(=N-C(N(CH2OH)2)=N-C(NH(CH2OH))=N)}$$

四羟甲基化反应

若一个三嗪环上生成的羟甲基数超过三个，需要有过量的甲醛投入才有可能形成，反应为可逆的，在一定条件下未反应的甲醛与已反应的甲醛形成动态平衡，甲醛过量的越多，三嗪环上生成的羟甲基数也越多。反应时间对羟甲基反应也影响很大，若时间太短，羟甲基化进行的不好，不利于醚化反应的进行，若时间过长，羟甲基之间缩合反应倾向会大幅增加，达到一定程度可能引起凝胶。涂料用氨基树脂一个三嗪环上生成的羟甲基数一般为4～5个。

b. 缩聚反应　多羟甲基三聚氰胺进一步缩聚反应可使分子量增大，缩聚反应分为两种方式进行。

三嗪环氨基上未反应的氢与另一三嗪环上的羟甲基进行反应，形成亚甲基。

$$-CH_2OH + HN\langle \rightleftharpoons -CH_2-N\langle + H_2O$$

两个三嗪环上的羟甲基之间进行缩合反应，形成醚键，然后脱去一个甲醛后也形成亚甲基。

$$-CH_2OH + HOH_2C- \rightleftharpoons -CH_2OCH_2- + H_2O$$

$$-CH_2OCH_2- \xrightarrow{\triangle} -CH_2- + HCHO$$

两个三嗪环之间的反应，一个是一步反应生成亚甲基键，另一个二步反应生成亚甲基键，羟甲基少的三嗪环上含有未反应的氢原子多，因此，缩聚反应速率高，羟甲基多的三嗪环上含有未反应的氢原子少，缩聚反应进行的就慢。

c. 醚化反应　三聚氰胺甲醛反应的产物多羟甲基三聚氰胺的低聚物含有大量羟甲基，有较强极性，不溶于有机溶剂，与基体树脂混溶性差，用醇类改性可改进分子的极性，形成丁氧基，三嗪环上基团的类型和数量不同，氨基树脂的性能也不相同。

羟甲基和丁氧基的变化对树脂性能的影响见表2-1-67。

表2-1-67　羟甲基（$-CH_2OH$）和丁氧基（$-CH_2OC_4H_9$）的变化对树脂性能的影响

项　目	容忍度	混溶性	黏度	反应性
羟甲基↑	↑	↑	↓	↑
醚化度↑	↑↑	↑↑	↓↓	↓↓
分子量↑	↓	↓	↑↑	↓

羟甲基化反应和醚化反应进程对最终产品性能影响都很大，其中醚化反应影响更大，醚化反应后，得到了性能稳定的氨基树脂，并与基体树脂有良好的混溶性。丁醇醚化氨基树脂易溶于有机溶剂，不溶于水，而甲醇醚化氨基树脂有较广的溶解范围，既可溶于水，也可溶

于有机溶剂。

为使丁醇与多羟甲基三聚氰胺的醚化反应顺利进行，需要使用过量的丁醇，并在弱酸性的条件下进行醚化反应，同时还发生羟甲基之间的缩合反应。若反应时间过短，树脂醚化度低、分子量小、稳定性差；若反应时间过长，树脂分子量过大，分水时易沉淀，影响分水操作。过量的丁醇反应后可留在体系中，作为溶剂使用，以控制树脂固体含量，要提高固含量可以脱出一部分溶剂。

在弱酸性下，多羟甲基三聚氰胺醚化反应和缩聚反应是同时进行的：

```
HOH2C         N        CH2OH                     ┌ H9C4OH2C        N        CH2OC4H9            ┐
     \      //  \       |                        │        \      //  \       |                    │
      N—C          C—N—CH2OH  +C4H9  ⇌(H+)       │         N—C          C—N—CH2O—                 │
     /    ‖        ‖                             │        /    ‖        ‖                         │
HOH2C     N        N                             │   HOH2C     N        N                         │
            \    //                              │               \    //                          │
              C                                  │                 C                              │
              |                                  │                 |                              │
          H—N—CH2OH                              │             H—N—CH2O—                          │
                                                 └                                                ┘n
```

③ 反应工艺 合成丁醚化三聚氰胺甲醛树脂的工艺较为简单，目前一般采用二步法、分水的工艺进行，整个生产过程可分为四个步骤。

a. 反应 采用全回流（不脱水）进行羟甲基反应及醚化反应。

三聚氰胺、甲醛、丁醇，在弱碱性条件下进行羟甲基反应，反应进行到一定程度，形成稳定的水溶性的多羟甲基三聚氰胺，加入酸性催化剂，将反应体系转入酸性，在弱酸性条件下进行醚化反应和缩聚反应，反应物随着极性的降低水溶性逐渐降低，体系呈浑浊状。整个反应过程在全回流（不脱水）状态下进行，工艺控制简单。

b. 脱水 采用先静置分水、后常压脱水的工艺。

通常采用的工业甲醛含量只有37%，另外63%是水，原料中引入的水量很大，再加上进行醚化反应和缩聚反应的同时，又有水生成，采用静置分水办法，可一次性快速去除大量的水，同时水溶性小分子等杂质通过分水被去除，对树脂透明度的提高有所帮助。

通过静置，浑浊的体系分为两层，上层为树脂溶液，下层为水层，通过反应釜底部的视孔将水层放出掉，然后再采取回流脱水的方法脱出剩余的水分。丁醚化氨基树脂生产产生的废水约含7%～8%丁醇、4%～5%甲醛和其他杂质，一般采取蒸馏的方法先回收丁醇，回收丁醇后的废水再用其他方法处理，目前国内有将此废水套用到工业甲醛的生产中，比较合理。

c. 脱溶剂 常压脱出溶剂（主要成分丁醇、二甲苯、水），进行中控测试。

为保证醚化反应顺利进行，需要采用过量的丁醇，因此，脱水完成后，需要脱出一定量的溶剂，使树脂控制在一定的指标范围内。一般在常压状态下，回流脱出溶剂，若脱溶剂前中控容忍度偏大，也可采用减压的方式脱出溶剂，脱溶剂量由脱溶剂后中控测试结果进行增减。脱出的溶剂下次生产时可套用，其成分大致为：丁醇70%、二甲苯20%、水10%。

d. 后处理 利用过滤设备去除树脂中杂质，使树脂清澈透明。

如果树脂中小分子的水溶性的杂质过多，贮存过程中会有絮凝状物析出，过滤后又会析出，影响树脂的透明度。为解决这一问题，可采取水洗的方法，将水溶性杂质去除，方法如下：往待处理的树脂中加入树脂总量20%丁醇、5%二甲苯、75%水，加热回流一段时间后，静置分水后，再脱水、脱溶剂，并调整到树脂指标后，过滤包装。

采用这一方法会加大丁醇的损耗，又导致废水的增加，随着技术的进步，三聚氰胺等原料质量的提高，再加上氨基树脂生产工艺的日渐成熟，目前正常生产中已不采用水洗的工艺，也能保证产品质量达到要求。

要得到清澈透明的树脂，还需要经过过滤这一步骤，用以去除树脂中的各种杂质。目前一般采用γ过滤机，助滤剂采用硅藻土，若过滤前树脂色泽不佳，可在树脂中适当加些轻质碳酸镁，然后在70～80℃维持一段时间进行脱色，然后过滤，过滤温度以70～80℃为好。

丁醚化三聚氰胺甲醛树脂测试容忍度，直接采用200#溶剂进行，容忍度反映的是树脂在脂肪烃溶剂中的溶解性，不同批次200#溶剂的芳香烃含量是不同的，用于测试同一树脂结果就不同，为避免这一状况，一般采用芳香烃含量9%～11%的200#溶剂去测试氨基树脂的容忍度。

④ 配方实例　低容忍度的582-2氨基树脂

配方：

三聚氰胺	600kg	轻质碳酸镁	2.1kg
丁醇	2130kg	二甲苯	360kg
甲醛	2430kg	苯酐	1.9kg

指标：

外观	透明	T-4黏度(25℃)	60～100s
色泽(Fe-Co)	≤1	苯中清	清
固体分	(60±2)%	容忍度(200#溶剂)	1:(2～7)浑
酸值/(mgKOH/g)	≤1		

操作：

a. 先投入丁醇、二甲苯、溶剂（无溶剂时不投），然后加三聚氰胺和轻质碳酸镁，再投入甲醛；逐渐升温，当温度达到80℃时，停止加热，维持0.5h，再升温至回流。

b. 全回流反应（约92℃）2.5h，关闭蒸汽、等回流停止后关搅拌。

c. 加苯酐后开搅拌加热，并继续保持全回流反应1.5h。

d. 关闭蒸汽、停止搅拌，静止1h后，从反应锅底部分去废水。

e. 开搅拌，升温至回流，开始脱水，注意控制脱水速度；随着水分逐渐脱去，温度会逐渐上升，约100～101℃时取样第一次中控，整个回流脱水阶段一般控制在4～5h。

f. 中控测试（容忍度、黏度）。此时测试结果一般为（25℃）：

T-4黏度	25～30s	容忍度	1:(2～3)浑

g. 不断脱出溶剂，并进行终点控制，要求达到：

T-4黏度(25℃)	70～90s	苯中清	清
容忍度	1:(3～6)浑		

若容忍度偏高，脱溶剂要快（过分高时，可考虑减压脱溶剂）。

h. 达到要求后，冷却到80℃以下（若树脂颜色偏深，可加入适量轻质碳酸镁脱色，一般加入量在300～500g），过滤包装。

⑤ 配方实例　高容忍度的590-3氨基树脂

配方：

三聚氰胺	600kg	轻质碳酸镁	2.0kg
丁醇	2250kg	二甲苯	360kg
甲醛	2430kg	苯酐	2.4kg

指标：

外观	透明	T-4黏度(25℃)	50～80s
色泽(Fe-Co)	≤1	苯中清	清
固体分	(60±2)%	容忍度(200#溶剂)	1:(10～20)浑
酸值/(mgKOH/g)	≤1		

操作：

a. 先投入丁醇、二甲苯、溶剂（无溶剂时不投），然后加三聚氰胺和轻质碳酸镁，再投入甲醛；逐渐升温，当温度达到80℃时，停止加热，维持1.0h，再升温至回流。

b. 全回流反应（约92℃）2.5h，关闭蒸汽、等回流停止后关搅拌。

c. 加苯酐后开搅拌加热，并继续保持全回流反应1.5h。

d. 关闭蒸汽、停止搅拌，静止1h后，从反应锅底部分去废水。

e. 开搅拌，升温至回流，开始脱水，注意控制脱水速度；随着水分逐渐脱去，温度会逐渐上升，约105～106℃时取样第一次中控，整个回流脱水阶段一般控制在4.0～5.0h。

f. 中控测试（容忍度、黏度）。此时测试结果一般为（25℃）：

T-4 黏度	20～30s	容忍度	1∶(4～8)浑

g. 不断脱出溶剂，并进行终点控制，要求达到：

T-4 黏度(25℃)	60～70s	苯中清	清
容忍度	1∶(12～18)浑		

h. 达到要求后，冷却到80℃以下（为避免容忍度的突变，590-3 氨基树脂一般不允许加轻质碳酸镁脱色），过滤包装。

(3) 正丁醇醚化苯代三聚氰胺甲醛树脂　苯代三聚氰胺是三聚氰胺分子中一个氨基被苯环取代后产物，苯代三聚氰胺分子中含有两个氨基，与三聚氰胺和尿素相比，反应活性介于二者之间。丁醚化苯代三聚氰胺甲醛树脂的反应机理与丁醚化三聚氰胺甲醛树脂的反应机理基本相同。

本产品是丁醇醚化的苯代三聚氰胺甲醛树脂在丁醇中的溶液，主要用于氨基醇酸烘漆、印刷油墨和软管滚涂油墨的生产。

① 苯代三聚氰胺甲醛树脂特点

a. 树脂结构中含有苯环，故制得的树脂耐热性增加，制得涂膜初期光泽高、硬度高、丰满度好，有优良的抗化学性。

b. 树脂结构中含有苯环，降低了官能度，因此，涂料的交联速率降低，固化的条件要高于三聚氰胺树脂。

c. 树脂结构中含有苯环，降低了分子的极性，增加了树脂在有机溶剂中的溶解性，能与饱和聚酯树脂混溶，与基体树脂混溶性优于三聚氰胺树脂。

d. 树脂结构中含有苯环，交联后涂膜的耐候性不如三聚氰胺树脂。

② 反应机理　先在碱性条件下进行羟甲基反应，然后在酸性条件下进行醚化反应和缩聚反应。

苯代三聚氰胺甲醛的等摩尔比、反应时的浓度、体系的酸碱性（pH）、反应温度、反应时间等条件的变化，都会对苯代三聚氰胺甲醛树脂的反应进程与结果造成影响。

a. 加成反应（羟甲基反应）　一个苯代三聚氰胺分子上有两个—NH_2，四个活泼氢，在酸性或碱性条件下进行，有1～4个甲醛分子可与之发生羟甲基反应，生产相应的羟甲基苯代三聚氰胺，加成反应是在碱性条件下进行的。由于苯环的存在，降低了树脂极性，使羟甲基化产物不溶于水。苯代三聚氰胺甲醛树脂的一个三嗪环上生成的羟甲基数一般为2～3个。

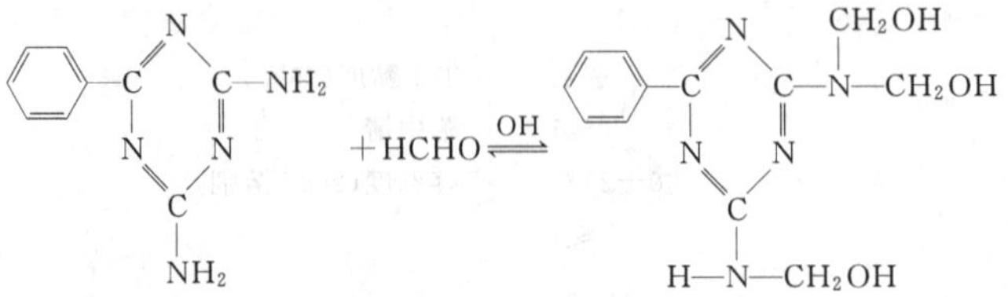

$$C_6H_5-C_3N_3(NH_2)_2 + HCHO \overset{OH}{\rightleftharpoons} C_6H_5-C_3N_3[N(CH_2OH)_2][NH-CH_2OH]$$

b. 缩聚反应　多羟甲基苯代三聚氰胺进一步缩聚反应可使分子量增大，缩聚反应分为两种方式进行。

三嗪环氨基上未反应的氢与另一三嗪环上的羟甲基进行反应，形成亚甲基。

$$—CH_2OH + HN\langle \rightleftharpoons —CH_2—N\langle + H_2O$$

两个三嗪环上的羟甲基之间进行缩合反应，形成醚键，然后脱去一个甲醛后也形成亚甲基。

$$—CH_2OH + HOH_2C— \rightleftharpoons —CH_2OCH_2— + H_2O$$

$$—CH_2OCH_2— \xrightarrow{\triangle} —CH_2— + HCHO$$

c. 醚化反应　多羟甲基苯代三聚氰胺需要用醇改性后，才能用于生产涂料，为使丁醇与多羟甲基三聚氰胺的醚化反应顺利进行，需要使用过量的丁醇，并在弱酸性的条件下进行醚化反应，同时还发生羟甲基之间的缩合反应，过量丁醇反应后部分留在体系中，另一部分则蒸馏脱出体系。

③ 反应工艺　合成丁醚化苯代三聚氰胺甲醛树脂的工艺采用二步法工艺进行，整个生产过程可分为四个步骤。

a. 反应　采用全回流（不脱水）进行羟甲基反应及醚化反应。

苯代三聚氰胺、甲醛、丁醇、在碱性条件下进行羟甲基反应，反应进行到一定程度，加入酸性催化剂，将反应体系转入酸性，在弱酸性条件下进行醚化反应和缩聚反应。

b. 脱水　采用先静置分水、后常压脱水的工艺。

与三聚氰胺树脂相比，由于树脂结构中多了苯环，树脂溶液密度变大，与水的密度更接近，使浑浊体系通过静置分为两相的时间变长，若生产过程中操作不当或原料有差异，极易导致分水操作无法完成，而被迫采用脱水的方法继续生产，因此在生产中要做到操作规范。

为避免这一状况，也有采用全脱水的工艺：刚达到回流时，即开始脱水，脱水达到一定量后，加入酸性催化剂，继续脱水，直至水基本脱尽后，脱溶剂至结束。此工艺的好处是没有分水这一步骤，工时相对较短，但一些小分子水溶性杂质不能通过分水被带出体系，少了一个去除杂质的途径，有可能对最后的过滤操作造成困难。

c. 脱溶剂　常压脱出溶剂（主要成分丁醇、二甲苯、水），进行中控测试。

为保证醚化反应顺利进行，采用过量的丁醇，因此，脱水完成后，需要脱出一定量的溶剂，使树脂控制在一定的指标范围内，一般在常压状态下，回流脱出溶剂。

d. 后处理　利用过滤设备去除树脂中杂质，使树脂清澈透明。

(4) 正丁醇醚化共聚树脂　三聚氰胺树脂是目前应用最广泛的氨基交联剂。与苯代三聚氰胺树脂比：与基体树脂的混溶性、涂膜的初期光泽、抗水性、耐化学性都有差距，但耐候性好、原料来源广、产品成本低；与脲醛树脂相比：产品成本高、附着力有差距，但耐候性、抗水性、光泽等涂膜综合性能好。因此，三大类氨基树脂，各有其长短处，也有其最适宜应用的场合。

为避免氨基树脂在应用中可能遇到的问题，采用共聚方法，使氨基树脂结构中含有两种氨基化合物，从而使产品兼具多种树脂的长处，得到综合性能平衡、优异的树脂，更好的满足市场需求。

① 共聚树脂特点

a. 以少量尿素替代部分三聚氰胺，可提高涂膜的附着力和干性、并降低成本，若替代量过多，会影响涂膜耐候性与干性。

b. 以苯代三聚氰胺替代部分三聚氰胺，可改善氨基树脂与饱和聚酯树脂等基体树脂的混溶性，明显改善涂膜的初期光泽、抗水性、耐化学性，但氨基树脂的成本上升，耐候性有所下降。

c. 以甲代三聚氰胺替代部分苯代三聚氰胺，可改善氨基树脂的耐候性、柔韧性，与其他共聚树脂相比，两种氨基化合物官能度相同，反应活性接近，树脂贮存稳定性好。避免了氨基化合物竞聚率不同，而产生的共聚树脂工艺难控制、树脂品质不稳定。

② 反应机理　先在碱性条件下进行羟甲基反应，然后在酸性条件下进行醚化反应和缩聚反应。

控制好竞聚率不同的各种氨基化合物与甲醛的反应，以使反应均衡的进行，保证树脂稳定。

氨基化合物的比例、反应物浓度、反应的酸碱性、反应温度、反应时间，都会对共聚树脂反应进程与结果造成影响。

③ 反应工艺　丁醚化共聚树脂采用二步法进行，整个生产工艺与合成丁醚化苯代三聚氰胺树脂相同。

④ 配方实例　苯代三聚氰胺与三聚氰胺共聚的树脂

配方：

三聚氰胺	600kg	甲醛	1800kg
丁醇	2700kg	苯甲酸	12kg
苯代三聚氰胺	225kg	二甲苯	500kg
液碱	适量		

指标：

外观	透明	T-4 黏度(25℃)	70～110s
色泽(Fe-Co)	≤1	苯中清	清
固体分	(50±2)%	容忍度(200# 溶剂)	1∶(5～10)浑
酸值/(mgKOH/g)	≤1		

操作：

a. 先投入甲醛与苯代三聚氰胺，用液碱调节 pH 到 8±0.1。

b. 投入丁醇、二甲苯、溶剂（无溶剂时不投）及三聚氰胺；逐渐升温，并在 80～85℃ 维持 1.0h，然后升温至回流。

c. 回流脱水反应，并记录出水量；当出水达到 570kg 时，关闭蒸汽、等回流停止后关搅拌。

d. 加苯甲酸后开搅拌维持 15min，加热并继续保持回流脱水，控制脱水速度。

e. 水分逐渐脱去，温度会逐渐上升，等水分基本脱尽（约 107～108℃），开始脱溶剂。

f. 不断脱出溶剂，并进行中控测试（容忍度、黏度）。此时测试结果一般为（25℃）：

T-4 黏度(25℃)	80～100s	苯中清	清
容忍度	1∶(6～9)浑		

g. 达到要求后，冷却到 80℃以下（若树脂颜色偏深，可加入适量轻质碳酸镁脱色，一般加入量在 300～500g），过滤包装。

2. 异丁醇醚化氨基树脂

采用异丁醇醚化的氨基树脂与相应的正丁醇醚化的氨基树脂相比：干性优于正丁醇醚化的树脂，通常情况下异丁醇价格低于正丁醇，因此异丁醇醚化的树脂成本低，异丁醇的醚化反应速度要低于正丁醇，因此酸性催化剂用量要大些。目前国内异丁醇醚化氨基树脂规模生产的是：异丁醇醚化三聚氰胺甲醛树脂和异丁醇醚化三聚氰胺和尿素共聚树脂。

(1) 异丁醇醚化三聚氰胺甲醛树脂　以异丁醇作为醚化醇类与溶剂时，由于异丁醇沸点比正丁醇低近10℃，三聚氰胺与甲醛羟甲基化反应温度低，对反应造成影响，羟甲基化程度低，未反应活泼氢多，对进一步的醚化反应也会造成影响，为弥补反应温度低造成的影响，一般采取适当延长反应时间的办法来解决。

① 异丁醇醚化三聚氰胺甲醛树脂特点

与正丁醇醚化的树脂相比：

a. 相同含量与容忍度情况下，树脂黏度要高；

b. 生产反应工时长；

c. 低温固化时，反应活性高于正丁醇醚化树脂；

d. 相同黏度与容忍度时，异丁醇醚化树脂聚合程度要低。

② 反应机理　采用二步法生产工艺。先在弱碱性条件下进行羟甲基反应，然后在酸性条件下进行醚化反应和缩聚反应，与正丁醇醚化氨基树脂反应机理相同。

③ 反应工艺　异丁醇醚化三聚氰胺树脂采用二步法进行，整个生产工艺与正丁醇醚化三聚氰胺树脂相同。

④ 配方实例　低容忍度的585-1氨基树脂

配方：

三聚氰胺	600kg	轻质碳酸镁	2.1kg
异丁醇	2200kg	二甲苯	360kg
甲醛	2450kg	苯酐	2.3kg

指标：

外观	透明	T-4黏度(25℃)	100～150s
色泽(Fe-Co)	≤1	苯中清	清
固体分	(60±2)%	容忍度(200#溶剂)	1∶(3～10)浑
酸值/(mgKOH/g)	≤1		

操作：

a. 先投入异丁醇、二甲苯、溶剂（无溶剂时不投），然后加三聚氰胺和轻质碳酸镁，再投入甲醛；逐渐升温，当温度达到80℃时，停止加热，维持1.0h，再升温至回流。

b. 全回流反应（约92℃）3.0h后，关闭蒸汽，等回流停止后关搅拌。

c. 加苯酐后开搅拌加热，并继续保持全回流反应2.0h。

d. 关闭蒸汽、停止搅拌，静止1h后，从反应锅底部分去废水。

e. 开搅拌，升温至回流，开始脱水，注意控制脱水速度；随着水分逐渐脱去，温度会逐渐上升，约100～101℃时取样第一次中控，整个回流脱水阶段一般控制在4～5h。

f. 中控测试（容忍度、黏度）。此时测试结果一般为（25℃）：

T-4黏度	30～40s	容忍度	1∶(2～3)浑

g. 不断脱出溶剂，并进行终点控制，要求达到：

T-4黏度(25℃)	110～140s	苯中清	清
容忍度	1∶(4～9)浑		

若容忍度偏高，脱溶剂要快（过分高时，可考虑减压脱溶剂）。

h. 达到要求后，冷却到80℃以下（若树脂颜色偏深，可加入适量轻质碳酸镁脱色，一般加入量在300～500g），过滤包装。

⑤ 配方实例　高容忍度的585-2氨基树脂

配方：

三聚氰胺	600kg	轻质碳酸镁	2.1kg
异丁醇	2300kg	二甲苯	360kg
甲醛	2450kg	苯酐	2.6kg

指标：

外观	透明	T-4 黏度(25℃)	90～140s
色泽(Fe-Co)	≤1	苯中清	清
固体分	(60±2)%	容忍度(200#溶剂)	1∶(10～20)浑
酸值/(mgKOH/g)	≤1		

操作：

a. 先投入异丁醇、二甲苯、溶剂（无溶剂时不投），然后加三聚氰胺和轻质碳酸镁，再投入甲醛；逐渐升温，当温度达到80℃时，停止加热，维持1.0h，再升温至回流。

b. 全回流反应（约92℃）3.0h后，关闭蒸汽，等回流停止后关搅拌。

c. 加苯酐后开搅拌加热，并继续保持全回流反应2.0h。

d. 关闭蒸汽、停止搅拌，静止1h后，从反应锅底部分去废水。

e. 开搅拌，升温至回流，开始脱水，注意控制脱水速度；随着水分逐渐脱去，温度会逐渐上升，约103～104℃时取样第一次中控，整个回流脱水阶段一般控制在4～5h。

f. 中控测试（容忍度、黏度）。此时测试结果一般为（25℃）：

T-4 黏度	30～40s	容忍度	1∶(5～8)浑

g. 不断脱出溶剂，并进行终点控制，要求达到：

T-4 黏度(25℃)	100～130s	苯中清	清
容忍度	1∶(12～18)浑		

若容忍度偏高，脱溶剂要快（过分高时，可考虑减压脱溶剂）。

h. 达到要求后，冷却到80℃以下（为避免容忍度的突变，585-2氨基树脂一般不允许加轻质碳酸镁脱色），过滤包装。

(2) 异丁醇醚化三聚氰胺与尿素共聚树脂　正丁醇醚化三聚氰胺树脂作为氨基树脂中重要的品种，应用很广，不同的应用领域对氨基树脂的要求是有差异的，为了降低成本，并满足一些低端用户的要求，目前国内部分氨基树脂生产单位，以异丁醇作为改性用的醇，尿素与三聚氰胺共聚生产氨基树脂，其产品表观质量指标与正丁醇醚化的582-2相同，只是容忍度数值接近582-2氨基树脂的下限。

① 异丁醇醚化共聚树脂特点

a. 成本比正丁醇醚化的582-2要低（与1t正丁醇与异丁醇差价相近）。

b. 用于生产氨基烤漆，耐候性低于582-2氨基树脂。

c. 生产氨基烤漆时，干性比582-2氨基树脂好。

d. 贮存稳定性低于正丁醇醚化的582-2氨基树脂与异丁醇醚化的585-1氨基树脂。

② 反应机理　采用二步法生产工艺。先在弱碱性条件下进行羟甲基反应，然后在酸性条件下进行醚化反应和缩聚反应，与一般氨基树脂反应机理相同。

③ 反应工艺　异丁醇醚化共聚树脂采用二步法进行，整个生产工艺与正丁醇醚化三聚氰胺树脂相同。

④ 配方实例　异丁醇醚化共聚树脂

配方：

三聚氰胺	175kg	甲醛	2200kg
异丁醇	2100kg	二甲苯	360kg
尿素	425kg	苯酐	2.3kg
轻质碳酸镁	2.0kg		

指标：

外观	透明	固体分	(60±2)%
色泽(Fe-Co)	≤1	酸值/(mgKOH/g)	≤1

T-4 黏度(25℃)	60～100s	容忍度(200#溶剂)	1∶(2～7)浑
苯中清	清		

操作：

a. 先投入异丁醇、二甲苯、溶剂（无溶剂时不投），然后加三聚氰胺、尿素和轻质碳酸镁，再投入甲醛；逐渐升温，当温度达到 80℃时，停止加热，维持 1.0h，再升温至回流。

b. 全回流反应（约 92℃）2.5h 后，关闭蒸汽，等回流停止后关搅拌。

c. 加苯酐后开搅拌加热，并继续保持全回流反应 2.0h。

d. 关闭蒸汽、停止搅拌，静止 1h 后，从反应锅底部分去废水。

e. 开搅拌，升温至回流，开始脱水，注意控制脱水速度；随着水分逐渐脱去，温度会逐渐上升，约 100～101℃时取样第一次中控，整个回流脱水阶段一般控制在 4～5h。

f. 中控测试（容忍度、黏度）。此时测试结果一般为（25℃）：

T-4 黏度	20～30s	容忍度	1∶(2～3)浑

g. 不断脱出溶剂，并进行终点控制，要求达到：

T-4 黏度(25℃)	70～90s	苯中清	清
容忍度	1∶(2～6)浑		

若容忍度偏高，脱溶剂要快（过分高时，可考虑减压脱溶剂）。

h. 达到要求后，冷却到 80℃以下（若树脂颜色偏深，可加入适量轻质碳酸镁脱色，一般加入量在 300～500g），过滤包装。

3. 甲醇醚化氨基树脂

是指甲醇醚化生成的氨基树脂，以氨基化合物不同可分为甲醚化脲醛树脂、甲醚化三聚氰胺树脂、甲醚化苯代三聚氰胺树脂、甲醚化尿素三聚氰胺共缩聚树脂等。按照树脂结构不同可分为三类。

① 部分甲醚化氨基树脂　未醚化的羟甲基较多、醚化程度较低、树脂分子量较大、水溶性较好，可用于水溶性氨基漆的交联剂及低温氨基漆的交联剂。属于聚合型部分烷基化类型。

② 高亚氨基、高甲醚化氨基树脂　未醚化的羟甲基较少、有一定量亚氨基存在、醚化程度相对较高、树脂分子量相对低些。属于聚合型高亚氨基高烷基化类型。

③ 低亚氨基、高甲醚化氨基树脂　未醚化的羟甲基很少、亚氨基很少、醚化程度更高、树脂分子量更低（基本上是单体）。属丁单体型高烷基化类型。

甲醚化氨基树脂中产量最大，应用范围最广的是高甲醚化三聚氰胺树脂（HMMM），它属于单体型高烷基化的三聚氰胺树脂，主要应用于卷材涂料行业。

① 反应机理　合成甲醚化氨基树脂的反应可分为两步。第一步：氨基化合物与过量的甲醛在碱性条件下进行羟甲基化反应，生成氨基化合物的羟甲基产物；第二步：羟甲基产物在酸性条件下与过量甲醇进行醚化反应。甲醚化氨基树脂合成需要上述两个反应，但同时还有缩聚反应发生，使分子量增大。

羟甲基化程度、醚化程度及缩聚程度，与甲醛及甲醇的配比、反应温度、反应时间、pH 等密切相关。按不同规格和工艺的甲醚化氨基树脂生产方式，羟甲基化和醚化的二步反应可以两个反应釜中分开进行，也可在一个反应釜中分段进行。

以甲醚化三聚氰胺树脂的合成为例，反应示意如下。

a. 加成反应（羟甲基反应）　三聚氰胺与甲醛的加成反应，是在碱性条件下进行的，甲醛和三聚氰胺不同的等分子比，可以生成含羟甲基数不同的羟甲基三聚氰胺，与甲醇进行醚化反应，从而得到不同醚化程度、不同规格的甲醚化三聚氰胺树脂。若甲醛过量到一定程度，理论上可形成6个羟甲基。

表 2-1-68 甲醛用量对羟甲基反应影响

每个三嗪环结合的羟甲基数	甲醛/三聚氰胺(等分子比)							
	1∶1	1∶2	1∶3	1∶4	1∶5	1∶6	1∶7	1∶8
	0.9	1.7	2.9	3.7	4.6	5.3	5.7	5.9

从表 2-1-68 可以看出，甲醛用量越高，每个三嗪环结合的羟甲基数也就越大，要得到六羟甲基三聚氰胺，甲醛与三聚氰胺的等分子比，必须在 1∶8 以上，考虑到生产中可能存在的不确定因素，可放大到 1∶10 以上。

羟甲基反应是在碱性条件下进行的，pH 小于 7.5 时，反应缓慢，而且羟甲基之间容易缩聚，pH 大于 9.5 时，反应过快，多羟甲基产物很快结晶，反应不完全。因此 pH 控制在 8.0～9.0 较为适宜，实际生产一般控制为 8.8～9.0 之间。

当温度低于 50℃时，三聚氰胺在甲醛中溶解很慢，影响羟甲基反应，但温度高于 70℃时，已形成的多羟甲基三聚氰胺分子之间容易缩聚成聚合物，影响醚化反应，羟甲基化反应温度一般选择在 55～65℃。

$$\text{三聚氰胺}\ C_3N_3(NH_2)_3 + HCHO\ (\text{过量}) \xrightarrow{pH9\sim10} C_3N_3(NHCH_2OH)_3\ (\text{三羟甲基三聚氰胺})$$

$$\text{三聚氰胺}\ C_3N_3(NH_2)_3 + HCHO\ (\text{过量}) \xrightarrow{pH9\sim10} C_3N_3[N(CH_2OH)_2]_3\ (\text{六羟甲基三聚氰胺})$$

b. 缩聚反应　多羟甲基三聚氰胺进一步缩聚反应可使分子量增大，缩聚反应分为两种方式进行。

三嗪环氨基上未反应活泼氢与另一三嗪环上的羟甲基进行反应，一步反应形成亚甲基键。

$$-CH_2OH + HN\lt \rightleftharpoons -CH_2-N\lt + H_2O$$

两个三嗪环上羟甲基进行缩合反应，形成醚键，再脱去一个甲醛，二步反应形成亚甲基键。

$$-CH_2OH + HOH_2C- \rightleftharpoons -CH_2OCH_2- + H_2O$$

$$-CH_2OCH_2- \xrightarrow{\triangle} -CH_2- + HCHO$$

含羟甲基少的三嗪环上含未反应氢原子多，缩聚反应速率高，羟甲基多的三嗪环上含有未反应的氢原子少，缩聚反应进行的慢。为增加树脂水溶性和减少多聚体生成，生产中要尽可能使羟甲基化反应完成后再进行醚化反应，否则容易生成白色针状的多聚体，影响醚化反应的进行。

c. 醚化反应　甲醇与多羟甲基三聚氰胺的醚化反应是在酸性条件下进行，为使醚化反应顺利进行，使用过量的甲醇参与反应，在酸性条件下，多羟甲基三聚氰胺醚化反应和缩聚反应是同时进行的，六羟甲基三聚氰胺与过量甲醇完全醚化可生成六甲氧基甲基三聚氰胺树脂（HMMM），图示如下：

```
HOH2C        N      CH2OH                                H3COH2C        N      CH2OCH3
    \     //  \     /                                        \     //  \     /
     N—C        C—N—CH2OH                                     N—C        C—N—CH2OCH3
    /   |       ‖          +CH3OH(过量)  ==pH2~3==>           /   |       ‖       (HMMM)
HOH2C   N       N                                    H3COH2C   N       N
          \\   /                                                 \\   /
            C                                                      C
            |                                                      |
    HOH2C—N—CH2OH                                        H3COH2C—N—CH2OCH3
```

六甲氧基甲基三聚氰胺，简称 HMMM 或 HM_3，它是六官能度的单体化合物，纯的 HM_3 是白色针状晶体，熔点 55℃，水中溶解度为 10%（25℃）、15%（40℃），可溶于大部分有机溶剂，有良好的热稳定性。合成 HMMM 采用：先在碱性条件下三聚氰胺与过量甲醛进行羟甲基化反应，得到晶体状六羟甲基三聚氰胺（HMM），去除水分和未反应甲醛，然后在酸性条件下和过量甲醇反应，得到六甲氧基甲基三聚氰胺（HMMM）。

由于合成氨基树脂发生的羟甲基化反应、醚化反应、缩聚反应是可逆反应，反应的影响因素又很多，因此，工业上难以制得纯净的 HM_3，只能得到不同反应程度的混合物，其成分因反应条件和工艺配方的变化而有所不同。

② 配方实例　六甲氧基甲基三聚氰胺（HMMM）

第一步：合成六羟甲基三聚氰胺（HMM）

配方：

三聚氰胺	600kg	甲醛	3860kg
去离子水	500kg	10%NaOH	调节 pH 用

操作：

a. 先投入甲醛、去离子水，第一次调节 pH，用 10%NaOH 调节 pH 为 8.8～9.0。

b. 加入三聚氰胺，逐步升温至约 50℃停止升温，温度因放热而自升，要勤取样，认真观察反应变化状况，它是一个由浑浊逐渐变清，再由清变浑浊的过程，若不注意，三聚氰胺溶解、体系变清的现象就无法观察到。维持反应控制在 60～65℃时进行。

c. 体系透明后，第二次调节 pH，用 10%NaOH 调节，控制 pH 为 8.8～9.0。

d. 于 60～65℃维持至结晶析出，继续维持 3.5h。

e. 冷却，出料至放料盘，分离出水分和未反应甲醛后，低温（要低于熔点）干燥至固体分≥90%，备用。

第二步：合成六甲氧基甲基三聚氰胺（HMMM）

配方：

HMM	1200kg(100%)要根据 HMM 含量折算后得出实际投入量	甲醇	2500kg
		10%NaOH、盐酸	调节 pH 用

指标：

外观	透明	黏度(25℃)	1500～5000mPa·s
色泽(Fe-Co)	≤1	游离醛	≤0.5%
固体分	≥98.0%		

操作：

a. 先投入甲醇，第一次调节 pH，用盐酸调节，要求控制 pH 为 1.8～2.0。

b. 加入 HMM 后升温，升温至约 40℃，并于 40～45℃维持，HMM 溶解透明后，第二次调节 pH，用盐酸调节，要求控制 pH 为 2.5～2.8。

c. 维持醚化反应 1.0h；第三次调节 pH，用 10%NaOH 调节，控制 pH 为 8.8～9.0。

d. 打开真空泵，减压条件下脱出过量甲醇和水分，并控制釜内温度≤60℃（真空度≥－0.09MPa）。

e. 脱到无甲醇馏出为止，结束。

f. 无溶剂的 HMMM 过滤除盐极其不便，而且蜡状的成品使用也极其不方便，因此，可采用丁醇等溶剂稀释到一定固体分后，再过滤除盐。

(1) 甲醇醚化脲醛树脂 目前投入使用的甲醚化脲醛树脂都属于部分甲醚化（聚合型部分烷基化）的氨基树脂，具有良好的水溶性、溶剂溶解性，配合适当的基体树脂制成的涂膜具有快干性、良好的附着力。

工业品有两种型号：一种有相对高的聚合程度，分子量较大，树脂采用芳烃溶剂与脂肪族醇（常用丁醇、异丁醇或异丙醇）的混合物为溶剂，主要用于短油度醇酸树脂配合，干性较快，涂膜有良好的光泽、耐冲击性。一种有相对低的聚合程度，分子量较小，涂膜的干性相对较慢，但与醇酸、环氧和饱和聚酯等有良好的混溶性，也可作为水性防火涂料的主要成膜物质。

① 部分甲醚化脲醛树脂特点

a. 水溶性极佳，优于部分甲醚化的三聚氰胺甲醛树脂。

b. 涂膜有良好的光泽、耐冲击性。

c. 与很多基体树脂，如醇酸、环氧和饱和聚酯等有良好的混溶性。

d. 与脲醛树脂相比，丁醚化后的三聚氰胺甲醛树脂性能稳定，贮存稳定性良好。

② 反应工艺 合成部分甲醚化脲醛树脂的工艺的生产过程可分为四个步骤。

a. 羟甲基化反应 采用全回流（不脱水）进行羟甲基反应。

三聚氰胺、甲醛在碱性条件下进行羟甲基反应，反应进行到一定程度，形成多羟甲基三聚氰胺。若采用多聚甲醛，参与反应前要先进行解聚，然后才能羟甲基化反应。不同产地的多聚甲醛聚合度有差异，表面处理情况也不同，多聚甲醛溶解透明，并不表示已完成解聚，要保证充分的解聚时间以完成解聚，否则可能引起胶结。

b. 醚化反应 采用二次醚化的方式保证醚化反应的进程。

为保证醚化反应的进程，采用二次醚化的方式来进行醚化反应，第一次醚化：有较高的羟甲基含量，醚化反应速率相对较高，在相对较弱的酸性下，也能顺利进行醚化反应。第二次醚化：醚化反应进行到一定程度后，已消耗了大量的羟甲基，醚化反应速率下降，采取提高反应体系酸性的方法来加快反应速率，从而保证醚化反应顺利进行。

c. 回收甲醇 减压脱出甲醇（主要成分甲醇、水）。

为保证醚化反应顺利进行，需要采用过量的甲醇，反应完成后，需要脱出未参与反应的甲醇、醚化反应生成水、原料中带入的水分。回收甲醇的操作一般在减压状态下进行，需要生产装置有良好的密封性能，减少泄漏，以保证较高的真空度，并在适当的温度下进行，若真空度低，只能以提高温度来保证回收甲醇顺利完成，温度上升，会引起缩聚程度的上升，树脂水溶性的下降，因此必须保证一定的真空度。脱出的回收甲醇经过精馏提纯后，以后生产时可使用。

d. 后处理 利用过滤设备去除树脂中杂质，使树脂清澈透明。

脱出甲醇后，树脂要用溶剂稀释到一定含量，然后经过过滤这一步骤，用以去除树脂中的各种杂质，目前一般采用γ过滤机，助滤剂采用硅藻土，若过滤前树脂色泽不佳，可适当加些轻质碳酸镁，然后维持一段时间进行脱色，最后过滤。

③ 配方实例 部分甲醚化脲醛树脂

配方：

尿素	1025kg	丁醇	850kg

甲醇	2500kg	多聚甲醛(91%～93%)	1700kg
液碱、乙酸酐、盐酸	调节 pH 用		

指标：

外观	透明	T-4 黏度(25℃)	280～350s
色泽(Fe-Co)	≤1	水溶性	≥1(树脂)∶8(水)
固体分	(70±2)%		

操作：

a. 先投入甲醇与多聚甲醛，第一次调节 pH，用液碱调节要求控制 pH 为 8.8～9.0，务必调节准确。

b. 缓慢升温，温度到达 45～50℃时维持，聚甲醛溶解透明后，维持 1h，然后加入尿素，并逐渐升温到回流。并在回流温度下维持 0.5h。

c. 第二次调节 pH，用乙酸酐调节，控制 pH 为 5.0～5.2，然后维持回流反应 2h。

d. 冷却到 35℃以下，第三次调节 pH，用盐酸调节要求控制锅内物料 pH 为 1.9～2.1，务必调节准确（反应物在盐酸作用下，物料会逐渐透明）；调节后维持 1h。

e. 第四次调节 pH，用液碱调节，要求控制 pH 为 8.8～9.0。

f. 打开真空泵，在减压条件下将过量的甲醇和反应生成水脱出，要适当控制锅内温度（不超过 75℃）。

g. 当将过量的甲醇和反应生成水脱完后，加入丁醇，搅拌均匀后（若树脂颜色偏深，可加入适量轻质碳酸镁脱色，一般加入量在 300～500g），过滤包装。

(2) 部分甲醇醚化三聚氰胺甲醛树脂 从树脂结构上讲，作为氨基交联剂使用时，参与反应的甲氧基甲基与羟甲基，与目前使用量最大的部分丁醚化三聚氰胺树脂（582-2、590-3）结构类似，与基体树脂的羟基进行缩聚反应时，自身也会发生缩聚反应。

与丁醚化三聚氰胺树脂相比，它与醇酸树脂、饱和聚酯树脂、环氧树脂、羟基丙烯酸树脂等具有更好的混溶性，使用部分甲醚化树脂还可降低涂膜的烘烤温度，有较好的耐化学性；树脂还具有一定的水溶性，可用于生产水性烤漆。

部分甲醚化三聚氰胺树脂在工业上投入应用，主要有两个方面：一是生产溶剂型烤漆，二是生产水性烤漆。为改善涂膜的耐水性，目前市场供应的树脂分别侧重溶剂漆和水性漆两种方向，侧重溶剂型漆用途的聚合度稍大。树脂不具有水溶性或水溶性很差；侧重水性漆用途的聚合度稍小些，并具有良好的水溶性。两种型号满足不同的应用需求。

① 部分甲醚化三聚氰胺甲醛树脂特点

a. 与部分丁醚化三聚氰胺树脂相比，具有快干性、水溶性及更好的耐化学性。

b. 与部分甲醚化脲醛树脂相比，涂膜有更好的光泽、丰满度。

c. 与很多基体树脂：醇酸、环氧、羟基丙烯酸和饱和聚酯等具有良好混溶性。

d. 与部分甲醚化脲醛树脂相比，具有更好的耐候性和贮存稳定性。

② 反应工艺 合成部分甲醚化三聚氰胺甲醛树脂的工艺的生产过程可分为四个步骤。

a. 羟甲基化反应 采用碱性条件下进行羟甲基反应。

三聚氰胺、甲醛在碱性下进行羟甲基反应，反应进行到一定程度，形成多羟甲基三聚氰胺。有采用液体工业甲醛，也有采用多聚甲醛，更有混合使用的，全部采用液状工业甲醛，由于含大量水分，反应物浓度较低，对羟甲基化、醚化、缩聚反应的进程造成影响，树脂的黏度会上升，水溶性会下降。从生产工艺和树脂性能上看，混合采用甲醛还是可行的。

b. 醚化反应 采用酸性条件下进行醚化反应。

要注意观测三聚氰胺溶解透明，及时进行下一步操作。过高的醚化反应温度，能加快醚化反应速率、缩短醚化反应时间，但过快的醚化反应速率，不利于醚化反应进程，不利于树脂产品的稳定，因此，根据产品的要求，设定合理的醚化反应温度区间，以保证醚化反应顺利进行。

c. 回收甲醇 减压脱出甲醇（主要成分甲醇、水）。

反应完成后，回收甲醇的操作是在减压状态下进行的，反应釜良好的密封性能，使用足够排气量的真空泵，适当的回收温度，可以保证回收甲醇顺利完成，若真空不足，会使回收温度上升，从而引起缩聚程度的上升，必须保证足够真空度。回收甲醇经过精馏提纯后，以后生产时可使用。

d. 后处理 利用过滤设备去除树脂中杂质，使树脂清澈透明。

脱出甲醇后，树脂稀释到规定含量，再用过滤来去除树脂中的各种杂质，目前一般采用γ过滤机，助滤剂采用硅藻土，若过滤前树脂色泽不佳，可适当加些轻质碳酸镁，然后维持一段时间进行脱色，最后过滤。

③ 配方实例 部分甲醚化三聚氰胺甲醛树脂

配方：

三聚氰胺	700kg	丁醇	850kg
甲醇	①550kg ②2700kg	甲醛	1080kg
多聚甲醛(91%～93%)	425kg	液碱、盐酸	调节 pH 用

指标：

外观	透明	固体分	(60±2)%
色泽(Fe-Co)	≤1	T-4 黏度(25℃)	40～70s

操作：

a. 先投入甲醛、甲醇①，第一次调节 pH，用液碱调节要求控制 pH 为 8.8～9.0。

b. 加入多聚甲醛后升温，升温度到约 70℃时停止升温，放热自升，并维持温度 75～80℃，多聚甲醛溶解透明后，维持 1.0h；维持结束后，冷却降温至 35℃以下。

c. 第二次调节 pH，用液碱调节，控制釜内物料 pH 为 8.5～8.8。

d. 加入三聚氰胺，逐步升温至约 50℃停止升温，温度因放热而自升，要勤取样，认真观察反应变化状况，它是一个由浑浊逐渐变清，再由清变浑浊的过程，若不注意，三聚氰胺溶解、体系变清的现象就无法观察到。维持反应控制在 58～63℃时进行。

e. 反应物全部溶解后，继续维持 30～45min，加入甲醇②，第三次调节 pH，用盐酸调节，控制釜内物料 pH 为 4.8～5.0，同时控制温度 45～50℃（温度不得超过 50℃，否则会使醚化反应时间过短，从而影响醚化反应进程）。

f. 反应物在盐酸作用下，物料逐渐透明，待完全透明后，维持 30min，第四次调节 pH，用液碱调节 pH，要求控制 8.8～9.0。

g. 打开真空泵，在减压条件下将过量的甲醇和反应生成水脱出，要适当控制锅内温度（不超过 75℃）。

h. 当将过量的甲醇和反应生成水脱完后，加入丁醇，搅拌均匀后（若树脂颜色偏深，可加入适量轻质碳酸镁脱色，一般加入量在 300～500g），过滤包装。

(3) 低亚氨基、高甲醚化氨基树脂 此类高甲醚化树脂结构中未醚化的羟甲基很少、亚氨基很少，从树脂结构上讲，基本上是单体，六甲氧基三聚氰胺（HMMM）属于这类树脂。由于合成 HMMM 的反应复杂，甲醇、甲醛等原料消耗极大，工业生产又受很多因素影响，事实上要得到纯粹的 HMMM 很难。另外，HMMM 外观呈白色晶体状，用以制漆也有很多不便，目前涂料行业极少使用纯粹的 HMMM。

目前大规模应用的是液体状的低亚氨基、高甲醚化氨基树脂，与 HMMM 相比，分子结构中含有少量的羟甲基和亚氨基，甲醚化程度稍低，分子量稍大。用作交联剂时，固化温度要高于常用的丁醚化氨基树脂，为改善固化条件，通常情况下，还需加入有机酸催化剂。

① 低亚氨基、高甲醚化氨基树脂特点

a. 不含溶剂，有利于制作高固体分涂料，减少有机溶剂的使用量。

b. 与部分甲醚化三聚氰胺树脂相比，具有极佳的柔韧性，但固化温度要高。

c. 与配套使用的基体树脂，如羟基丙烯酸和饱和聚酯等具有良好的混溶性。

d. 与其他氨基树脂相比，硬度和柔韧性能很好地平衡。

② 反应工艺　合成部分甲醚化三聚氰胺甲醛树脂的工艺的生产过程可分为四个步骤。

a. 羟甲基化反应　采用碱性条件下进行羟甲基反应。

三聚氰胺、甲醛（一般混合采用液体工业甲醛与多聚甲醛）在碱性下进行羟甲基反应，反应进行到一定程度，形成多羟甲基三聚氰胺，用酸性催化剂将体系调整为酸性后，即可进行醚化反应。HMMM 合成时，是将羟甲基产物 HMM 取出，分离水分和未反应甲醛并且干燥后，再进行醚化反应。

b. 醚化反应　采用二次醚化的方式保证醚化反应的进程。

为保证醚化反应的进程，可采用二次醚化的方式来进行醚化反应。第一次醚化：醚化反应进行到一定程度后，已消耗了大量的羟甲基，体系酸性也减弱，醚化反应速率下降，采取补加甲醇、增加甲醇浓度，继续调整体系酸性的方法来加快反应速率，从而保证醚化反应顺利进行。

c. 回收甲醇　减压脱出甲醇（主要成分甲醇、水）。

反应完成后，回收甲醇的操作是在减压状态下进行，反应釜良好的密封性能、足够的真空度，可以保证回收甲醇顺利完成（若真空不足，会使回收温度上升，从而引起缩聚程度的上升）。回收甲醇经过精馏提纯后，以后生产时可使用。

d. 后处理　利用过滤设备去除树脂中杂质，使树脂清澈透明。

脱出甲醇后，用过滤来去除树脂中的各种杂质，目前一般采用 γ 过滤机，助滤剂采用硅藻土，若过滤前树脂色泽不佳，可适当加些轻质碳酸镁，然后维持一段时间进行脱色，最后过滤。

③ 配方实例　低亚氨基、高甲醚化氨基树脂

配方：

三聚氰胺	650kg	液碱、盐酸	调节 pH 用
甲醇	①1600kg　②1000kg　③1600kg	甲醛	850kg
多聚甲醛(91%～93%)	1290kg		

指标：

外观	透明	黏度(25℃)	1500～5000mPa·s
色泽(Fe-Co)	≤1	游离醛	≤0.5%
固体分	≥98.0%		

操作：

a. 先投入甲醛、甲醇①，第一次调节 pH，用液碱调节要求控制 pH 为 8.8～9.0。

b. 加入多聚甲醛后升温，升温度到约 70℃时停止升温，放热自升，并维持温度 75～80℃，多聚甲醛溶解透明后，维持 1.0h；维持结束后，冷却降温至 35℃以下。

c. 第二次调节 pH，用液碱调节，控制釜内物料 pH 为 8.8～9.0。

d. 加入三聚氰胺，逐步升温至约 50℃停止升温，温度因放热而自升，要勤取样，认真观察反应变化状况，它是一个由浑浊逐渐变清，再由清变浑浊的过程，若不注意，三聚氰胺溶解、体系变清的现象就无法观察到。维持反应控制在 58～63℃时进行。

e. 反应物全部溶解后，继续维持 3.5h，加入甲醇②，第三次调节 pH，用盐酸调节，

控制釜内物料 pH 为 2.0～2.2，同时控制温度 50～55℃。

f. 反应物在盐酸作用下，物料逐渐透明，待完全透明后，维持 1.5h，第四次调节 pH，用液碱调节 pH，要求控制 9.8～10.0。

g. 打开真空泵，减压条件下脱出未反应甲醇和水分，并控制釜内温度≤75℃。

h. 加入甲醇③，用盐酸第五次调节 pH，控制 pH 2.0～2.2，升温到 60℃醚化 1.5h。

i. 第六次调节 pH，用液碱调节，控制 pH 9.8～10.0，过滤除盐。

j. 除盐后，物料投入釜内，减压下脱出未反应甲醇和水分，并控制釜内温度≤100℃（真空度≥－0.09MPa），回收完成后，过滤包装。

(4) 高亚氨基、高甲醚化氨基树脂 此类高甲醚化树脂分子结构中，三嗪环的氨基上有一定量亚氨基存在，醚化反应完全，未醚化的羟甲基较少，再经过缩聚反应，结构中羟甲基含量极低，与部分烷基化的氨基树脂结构类似，能与基体树脂进行类似的交联反应，也能进行自缩聚反应。此类氨基树脂与含羧基、羟基、酰氨基的基体树脂进行交联反应时，基体树脂的酸性可催化交联反应，若加入有机酸作酸催化剂可加速交联反应。

树脂中亚氨基的存在，当其作为交联使用时，可较快的固化交联。当交联温度小于 120℃时，自缩聚反应速率要高于交联反应速率，从而使涂膜硬而脆，韧性极差；当交联温度大于 150℃时，交联反应速率加快，因而能得到性能优异的涂膜。而且此类氨基树脂交联时，释放出的甲醛相对较少，即使厚涂层施工也不易产生缩孔。

此类氨基树脂分子量比部分甲醚化氨基树脂要低，但比低亚氨基、高甲醚化氨基树脂要高，易与芳烃溶剂、脂肪族一元醇及水相容，适宜作高固体分涂料的交联剂，也可用于卷材涂料的交联剂。三种三聚氰胺甲醛树脂对比见表 2-1-69。

表 2-1-69 三种三聚氰胺甲醛树脂对比

项 目	部分丁醚化树脂	部分甲醚化树脂	高亚氨基甲醚化树脂
外观	无色透明	无色透明	无色透明
分子量	较高	中	较低
主要反应基团	羟甲基、丁氧基	羟甲基、甲氧基	亚氨基、甲氧基
交联反应催化剂	有机酸性催化剂	—	有机酸性催化剂
溶解性	溶有机溶剂、不溶水	溶于部分醇及水	溶于醇、芳烃、水
应用范围	溶剂型涂料	溶剂型涂料、水性涂料、卷材涂料	高固体涂料、卷材涂料

(5) 甲醚化苯代三聚氰胺甲醛树脂 目前在涂料行业应用的甲醚化苯代三聚氰胺甲醛树脂大都属于高甲醚化氨基树脂，其合成反应机理与甲醚化三聚氰胺甲醛树脂相似。

由于使用苯代三聚氰胺，因而每个三嗪环上都有一个苯环，使这类树脂在脂肪烃溶剂、芳烃溶剂、脂肪族一元醇中有良好的溶剂溶解性，与基体树脂有更好的混溶性，用于生产溶剂性涂料、高固体分涂料、水性涂料、卷材涂料等。苯环的存在使涂膜具有优异的耐化学性、抗沾污性，可应用于易拉罐内壁涂等。与适当的基体树脂配合，还具有优异的电泳性能，可用于生产电泳涂料。

① 甲醚化苯代三聚氰胺甲醛树脂特点

a. 与甲醚化三聚氰胺树脂相比，具有更好的硬度与初期光泽，但交联温度要高。

b. 与甲醚化三聚氰胺树脂相比，具有更好的耐化学性、抗沾污性。

c. 与甲醚化三聚氰胺树脂相比，与基体树脂具有更好的混溶性。

d. 与甲醚化三聚氰胺树脂相比，成本更高。

② 反应工艺　合成甲醚化苯代三聚氰胺甲醛树脂的工艺与合成甲醚化三聚氰胺树脂相似。

a. 羟甲基化反应　采用碱性条件下进行羟甲基反应。

多聚甲醛解聚后与苯代三聚氰胺在碱性下进行羟甲基反应，反应进行到一定程度，形成多羟甲基苯代三聚氰胺。

b. 醚化反应　采用酸性条件下进行醚化反应。

为保证醚化反应的进程，采用过量的甲醇进行醚化反应，与甲醚化三聚氰胺树脂相比，醚化反应的温度要高一些。

c. 回收甲醇　减压脱出甲醇（主要成分甲醇、水）。

反应完成后，回收甲醇的操作是在减压状态下进行的，要保持反应釜良好的密封性能、足够的真空度，从而保证回收甲醇顺利完成。回收甲醇经过精馏提纯后，以后生产时可使用。

d. 后处理　利用过滤设备去除树脂中杂质，使树脂清澈透明。

脱出甲醇后，用过滤来去除树脂中的各种杂质，目前一般采用γ过滤机，助滤剂采用硅藻土，若过滤前树脂色泽不佳，可适当加些轻质碳酸镁，然后维持一段时间进行脱色，最后过滤。

③ 配方实例　甲醚化苯代三聚氰胺甲醛树脂

配方：

苯代三聚氰胺	800kg	多聚甲醛(91%～93%)	590kg
甲醇	①700kg　②2600kg	液碱、盐酸	调节 pH 用

指标：

外观	透明	黏度(25℃)	3000～5000mPa・s
色泽(Fe-Co)	≤1	游离醛	≤0.5%
固体分	≥98.0%		

操作：

a. 先投入多聚甲醛、甲醇①，第一次调节 pH，用液碱调节要求控制 pH 为 8.8～9.0。

b. 升温度到约 70℃时停止升温，放热自升，并维持温度 75～80℃，多聚甲醛溶解透明后，维持 1.0h；维持结束后，冷却降温至 50℃以下。

c. 第二次调节 pH，用液碱调节，控制釜内物料 pH 为 8.8～9.0。

d. 加入苯代三聚氰胺，逐步升温至约 55℃停止升温，温度因放热而自升，要勤取样，认真观察反应变化状况，它是一个由浑浊逐渐变清，再由清变浑浊的过程，若不注意，苯代三聚氰胺溶解、体系变清的现象就无法观察到。维持反应控制在 68～72℃时进行。

e. 反应物全部溶解后，继续维持 2.0h，加入甲醇②，第三次调节 pH，用盐酸调节，控制釜内物料 pH 为 1.5～2.0，同时控制温度 50～55℃。

f. 反应物在盐酸作用下，物料逐渐透明，待完全透明后，维持 1.5h，第四次调节 pH，用液碱调节 pH，要求控制 8.8～9.0。

g. 打开真空泵，减压条件下脱出未反应甲醇和水分，并控制釜内温度≤75℃（真空度≥－0.09MPa），回收完成后，过滤包装。

4. 混合醚化氨基树脂

为适应层出不穷的涂膜性能对氨基树脂的要求，发展出混合醚化的氨基树脂，主要为甲醇与丁醇混合醚化的三聚氰胺甲醛树脂、异丁醇与丁醇混合醚化的三聚氰胺甲醛树脂，使树脂能兼有不同醇类醚化的氨基树脂特点，满足不同的生产需要。

(1) 混合醚化三聚氰胺甲醛树脂特点　主要特性介于单独使用各种醇类醚化的氨基树脂之间。

(2) 反应机理　采用二步法生产工艺。先在弱碱性条件下进行羟甲基反应，然后在酸性条件下进行醚化反应和缩聚反应，与正丁醇醚化氨基树脂反应机理相同。

(3) 反应工艺　混合醚化三聚氰胺树脂采用二步法进行，整个生产工艺与正丁醇醚化三聚氰胺树脂相同。

(4) 配方实例　正异丁醇混合醚化氨基树脂

配方：

三聚氰胺	600kg	正丁醇	1100kg
异丁醇	1300kg	苯酐	2.5kg
轻质碳酸镁	2.3kg	二甲苯	360kg
甲醛	2450kg		

指标：

外观	透明	T-4 黏度(25℃)	100～150s
色泽(Fe-Co)	≤1	苯中清	清
固体分	(65±2)%	容忍度(200# 溶剂)	1∶(5～10)浑
酸值/(mgKOH/g)	≤1		

操作：

① 先投入正丁醇、异丁醇、二甲苯、溶剂（无溶剂时不投），然后加三聚氰胺和轻质碳酸镁，再投入甲醛；逐渐升温，当温度达到80℃时，停止加热，维持1.0h，再升温至回流。

② 全回流反应（约92℃）2.5h，关闭蒸汽，等回流停止后关搅拌。

③ 加苯酐后开搅拌加热，并继续保持全回流反应1.5h。

④ 关闭蒸汽、停止搅拌，静止1h后，从反应锅底部分去废水。

⑤ 开搅拌，升温至回流，开始脱水，注意控制脱水速度；随着水分逐渐脱去，温度会逐渐上升，约100～101℃时取样第一次中控，整个回流脱水阶段一般控制在4～5h。

⑥ 中控测试（容忍度、黏度）。此时测试结果一般为（25℃）：

T-4 黏度	30～40s	容忍度	1∶(2～3)浑

⑦ 不断脱出溶剂，并进行终点控制，要求达到：

T-4 黏度(25℃)	110～140s	苯中清	清
容忍度	1∶(6～9)浑		

若容忍度偏高，脱溶剂要快（过分高时，可考虑减压脱溶剂）。

⑧ 达到要求后，冷却到80℃以下（若树脂颜色偏深，可加入适量轻质碳酸镁脱色，一般加入量在300～500g），过滤包装。

五、氨基树脂的生产设备

生产氨基树脂的主要设备有反应釜、真空泵、压滤机，根据工艺特点，一般采用单釜间隙式生产工艺。以反应釜为主，配套有直冷凝器（若不配，可直接安装立管）、横冷凝器、分水器、压滤机。氨基树脂生产设备简图如图2-1-9所示。

氨基树脂反应过程中，有需要加热的工序，也有需要冷却的工序，反应进行到某一阶段，需要降温来快速减缓反应速度，以便进入另一阶段操作，若不能及时降温，会影响整个反应进程，所以必须选用合适的加热和冷却方式。氨基树脂反应温度，一般最高不超过120℃，采用饱和蒸汽加热的方式可满足生产工艺的要求。

常见的是有夹套（或半管）反应釜，蒸汽和冷却水都从夹套进出，根据工艺需要进行切换，也有采用内置盘管、外部夹套的形式，一般夹套通蒸汽而内置盘管通冷却水。反应釜内搅拌的作用是保证参与反应的物料充分混合，使反应体系成为均相，氨基树脂在生产时黏度不大，通常采用桨式搅拌器或锚式搅拌器。

氨基树脂生产过程中产生盐分，还有原料中可能带入的机械杂质，这些都要通过过滤去除，目前一般采用垂直网板式过滤机（行业内一般称为γ过滤机）过滤。为保证过滤效果，避免一些机械杂质对不锈钢丝网造成影响，可在反应釜和过滤机之间安装袋式过滤的装置（内置不锈钢丝网），分离掉比较大的固体颗粒，以避免损坏过滤机。

氨基树脂生产过程中，有很长的回流反应过程，若设置直冷凝器，上半部设置成冷凝器，经过分水器的回流溶剂从冷凝器上进入，下半部设置为有一定数量填充料的分馏柱，上半部分流出的冷凝液，流到下半部分放置了填充料的分馏柱内，进行传质和传热，有利于共沸液的分离，减少热量消耗，但不少生产氨基树脂企业不设置直冷凝器。与其他涂料用树脂的生产相比，氨基反应釜横冷凝器面积配置较高，一般每 $1m^3$ 体积至少配置 $6\sim7m^2$ 面积横冷凝器，足够的横冷凝器面积可减少反应与回收溶剂过程中的溶剂损耗，降低消耗。

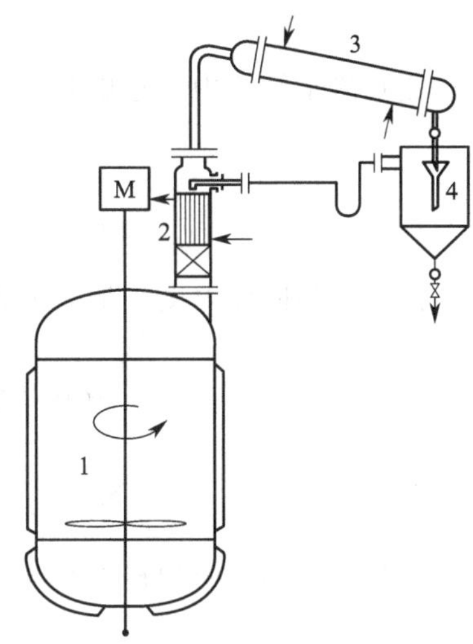

图 2-1-9　氨基树脂生产设备简图
1—反应釜；2—直冷凝器；
3—横冷凝器；4—分水器

冷凝器下的分水器，收集冷凝下来的反应水和溶剂共沸物，由于互溶性有限，可依靠密度不同分层，上层溶剂，经回流管重新进入反应釜，水则从分水器底部排出。考虑到氨基树脂出水量较大，为简化和均衡操作，可利用密度和液位的原理，安装自动脱水装置，在脱水阶段从自动脱水装置脱水，可避免定时或不定时脱水的麻烦，也保证了操作的均衡与稳定。

六、涂膜固化反应

氨基漆涂膜固化时，与氨基交联反应的基团一般是：羟基（—OH）、羧基（—COOH）、酰氨基（—CO—NH_2）、环氧基（$\overset{—CH—CH_2}{\underset{O}{\diagdown\ \diagup}}$）。基体树脂中，可能存在一种基团，也可能存在两种以上的基团。氨基树脂参与反应的基团主要是羟甲基（═N—CH_2OH）、亚氨基（═NH）、烷氧基甲基（═N—CH_2OR）三种基团。

氨基树脂中的烷氧基甲基是主要的交联基团，与基体树脂的羟基之间进行醚交换反应是主要的固化反应，需要在一定温度下完成交联反应固化成膜，羟甲基之间既会自缩聚，也能与基体树脂发生交联。羟甲基的反应性比烷氧基甲基大，亚氨基主要是自缩聚基团，容易与羟甲基自聚，也能进行双烯加成反应。

部分烷基化氨基树脂结构中主要含有烷氧基甲基和羟甲基。

高亚氨基、高醚化氨基树脂结构中主要含有烷氧基甲基和亚氨基。

低亚氨基、高醚化氨基树脂结构中主要含有烷氧基甲基和极少量的亚氨基、羟甲基。

1. 酸催化反应

氨基树脂与基体树脂所含羟基、羧基、酰氨基进行共缩聚反应，这是交联时的主要反应，羧基对交联时的反应起催化作用，对氨基树脂的自缩聚反应也有催化作用，而基体树脂本身在涂膜中起增塑作用。

氨基树脂结构中的羟甲基、烷氧基甲基与基体树脂结构中的羟基交联反应。

$$\rangle NCH_2OH + HO{\sim}R' \xrightleftharpoons{H^+} \rangle NCH_2O{\sim}R' + H_2O$$

$$>NCH_2OR + HO\sim R' \xrightleftharpoons{H^+} >NCH_2O\sim R' + HOR$$

氨基树脂结构中的羟甲基、亚氨基之间发生自缩聚反应。

$$>NCH_2OH + HN< \xrightleftharpoons{H^+} >N-CH_2-N< + H_2O$$

$$>NCH_2OH + HOCH_2N< \xrightleftharpoons{H^+} >N-CH_2-N< + HCHO + H_2O$$

提高交联固化温度、加大酸催化剂用量后，也能与羧基发生反应。

$$>NCH_2OH + HOOC\sim R' \xrightleftharpoons{H^+} >NCH_2O-\overset{\overset{O}{\|}}{C}\sim R' + H_2O$$

$$>NCH_2OR + HOOC\sim R' \xrightleftharpoons{H^+} >NCH_2O-\overset{\overset{O}{\|}}{C}\sim R' + ROH$$

氨基树脂结构中的羟甲基与基体树脂结构中的酰氨基交联反应。

$$>N-CH_2OH + H_2N-\overset{\overset{O}{\|}}{C}\sim R' \rightleftharpoons >N-CH_2-NH-\overset{\overset{O}{\|}}{C}\sim R' + H_2O$$

氨基树脂结构中的羟甲基、烷氧基甲基与环氧基的交联反应。

$$>NCH_2OH + H_2C\underset{O}{\underbrace{—}}CH\sim R' \longrightarrow >NCH_2OCH_2-\underset{\underset{OH}{|}}{CH}\sim R'$$

$$>NCH_2OR + H_2C\underset{O}{\underbrace{—}}CH\sim R' \longrightarrow >NCH_2OCH_2-\underset{\underset{OH}{|}}{CH}\sim R'$$

氨基树脂结构中的羟甲基、烷氧基甲基、亚氨基之间也有可能发生自缩聚反应。

$$>NCH_2OR + HN< \xrightleftharpoons{H^+} >N-CH_2-N< + ROH$$

$$>NCH_2OR + HOCH_2-N< \xrightleftharpoons{H^+} >N-CH_2-N< + ROH + H_2O$$

$$>NCH_2OR + ROCH_2-N< \xrightleftharpoons{H^+} >N-CH_2-N< + H_2C\begin{matrix}OR\\OR\end{matrix}$$

外加酸催化剂，可促进氨基树脂与基体树脂的交联反应，但必须选择合适的酸催化剂；若在通常的贮存条件下，采用的酸催化剂已开始释放酸性，氨基漆的贮存稳定性等势必受到影响，如采用涂装前加入的方式，可能造成使用量的不确定性，影响氨基漆的性能。

可以采用具有潜伏性特点的潜酸催化剂或称封闭型催化剂，即在通常的贮存条件下，酸催化剂不释放酸性，保持稳定，在交联固化的条件下，迅速释放酸性，从而促进氨基树脂与基体树脂的交联反应，这一类型的酸催化剂可称为潜催化剂。

目前卷材涂料中通常使用的封闭型酸催化剂为对甲苯磺酸吡啶盐，对甲苯磺酸作为有机强酸，有很高的酸性，不宜直接用于氨基漆中，采用有机强碱（高挥发性的有机胺，如吡啶等）与对甲苯磺酸形成胺盐，在氨基漆交联固化的烘烤条件下，封闭剂挥发，又释放出酸性，从而起到酸催化剂作用，采用不同的封闭剂形成的酸催化剂，所需的解封温度是不同的。对甲苯磺酸极性较大，用于酸催化剂，会影响涂膜耐水性，目前通常采用极性较低的磺酸，如二壬基萘磺酸、二壬基萘二磺酸、十二烷基苯磺酸等，目前市场上有多种封闭好的酸催化剂可供选择，不必自己封闭。

2. 双烯加成反应

醚化三聚氰胺树脂中的羟甲基和烷氧基甲基在酸性条件下，容易成为亚氨基。

$$\text{>C}{-}\text{N}{=}\text{C}{<}\ \text{—N(H)—CH}_2\text{OR(H)} \xrightarrow{H^+} \text{>C}{-}\text{N}{=}\text{C}{<}\ \text{—N}{=}\text{CH}_2$$

亚氨基与基体树脂中的共轭双键进行双烯加成反应。

$$\text{—N}{=}\text{CH}_2 + \text{—C}{=}\text{C—C}{=}\text{C—} \longrightarrow \text{环状加成产物（—N—CH}_2\text{—C—C}{=}\text{C—C—）}$$

大多数干性油醇酸树脂中含有共轭双键，亚油酸与亚麻油酸中存在的双键在酸性条件下，通过异构化成为共轭双键，这些树脂均能通过双烯加成反应，增加涂膜的交联密度，但氨基的交联反应还是以酸催化的共聚和自聚为主，双烯加成反应为次。

从醚化氨基树脂可进行的交联反应看，能与大部分基体树脂进行交联，从而改善涂膜性能，不同的氨基树脂，所含的官能团有所差异，对基体树脂的反应活性不同。采用亚氨基含量高的氨基树脂作交联剂，能提高涂膜硬度，采用高醚化氨基树脂，能提高涂膜柔韧性，因此不同用途的烤漆，应选择不同类型的氨基树脂作交联剂。

七、氨基树脂的应用

涂料行业中，醚化的氨基树脂主要作为交联剂，与基体树脂交联成膜，选择不同的基体树脂，得到不同的漆膜性能，应用于不同的领域；同样的基体树脂，配以不同的氨基树脂，也会得到不同的涂膜性能。不同的应用领域，基体树脂（醇酸树脂、饱和聚酯树脂、羟基丙烯酸树脂、环氧树脂等）要选择相适应的氨基树脂来配合。

1. 氨基-醇酸

氨基树脂与醇酸树脂匹配生产的烤漆，是涂料行业应用最早、最普遍的烤漆，形成的涂膜有良好的硬度、光泽、耐酸碱性、耐水性和耐候性，应用于汽车、自行车、洗衣机、缝纫机、小型家电、灯具外饰等轻工产品的涂装，采用合适的消光粉或体质颜料，氨基-醇酸烤漆还可制成哑光漆和半光漆。常用的氨基-醇酸属于溶剂性体系，用部分甲醚化氨基树脂配合水性醇酸树脂，可生产水性氨基-醇酸烤漆。

中、长油度醇酸树脂主要用于生产自干性醇酸磁漆，应用于氨基-醇酸烤漆体系的，通常采用短油度醇酸树脂，短油度醇酸树脂要保证生产稳定，一般需要相对较高的醇超量，树脂羟值也相对高些，从而有利于氨基树脂交联，涂膜硬度高。但羟值过大，会影响涂膜的抗水性。采用低醚化度的三聚氰胺树脂，配合中油度干性油醇酸树脂，用二甲苯稀释，可生产电机、电器用氨基绝缘漆。

(1) 氨基-344-2（短油度豆油醇酸树脂）烤漆

氨基清漆配方见表 2-1-70。

表 2-1-70　氨基清漆配方

原　料　名　称	用量/kg	原　料　名　称	用量/kg
344-2	320	二甲苯	30
582-2	118.5	1%甲基硅油	1.5
丁醇	30		

氨基白漆配方见表 2-1-71。

表 2-1-71 氨基白漆配方

原 料 名 称	用量/kg	原 料 名 称	用量/kg
40%白浆	625	二甲苯	20
344-2	155	35%群青浆	2
590-3	175	1%甲基硅油	3
丁醇	20		

注：40%白浆组成为40%钛白粉、58%344-2、2%二甲苯。

35%群青浆组成为35%群青、63%344-2、2%二甲苯。

配方实例：344-2 醇酸树脂

配方：

豆油	1051kg	顺酐	15kg
苯酐	1000kg	对稀二甲苯	1781kg
回流二甲苯	170kg	氢氧化锂	0.5kg
甘油	566kg	次磷酸	2.5kg

指标：

外观	透明	T-4 黏度(25℃)	200～400s
酸值/(mgKOH/g)	≤11	色泽(Fe-Co)	≤5
固体分	(55±2)%		

操作：

① 将豆油、甘油投入反应釜，开搅拌加入氢氧化锂，加热升温，并在 240～250℃醇解维持。

② 醇解 1h 后，取样测试醇解是否完成，测试方法（样品：无水甲醇＝1：3 清/室温），一般醇解时间不超过 3h。

③ 醇解到终点后，冷却到 180℃以下，加入苯酐、顺酐、次磷酸（与少量甘油混匀后加入）及回流二甲苯，打开直冷凝器及横冷凝器冷却水，升温至回流，进行酯化反应。

④ 酯化 1h 后，关闭直冷凝器冷却水，注意控制脱水及升温速度，最高酯化温度≤220℃。

⑤ 酯化反应 2h 后，开始取样测黏度、酸值。

中控取样 11.7g 样品＋8.3g 二甲苯

要求控制

加氏黏度（25℃） 15～19s

酸值/(mgKOH/g) ≤11

⑥ 酯化反应达到规定要求后，冷却到 180℃以下放料到对稀锅中（对稀锅中先加入部分对稀二甲苯）；反应锅中加入剩余对稀二甲苯，洗锅后放入对稀锅中，搅拌均匀、复测调整黏度。符合要求后过滤包装。

(2) 氨基-3150（中油度蓖麻油醇酸树脂）烤漆

氨基清漆配方见表 2-1-72。

表 2-1-72 氨基清漆配方

原 料 名 称	用量/kg	原 料 名 称	用量/kg
3150	510	二甲苯	72
582-2	340	1%甲基硅油	3
丁醇	75		

配方实例：3150 醇酸树脂

配方：

蓖麻油	1280kg	回流二甲苯	210kg
次磷酸	2.5kg	苯酐	915kg
甘油	520kg	对稀二甲苯	1500kg

指标：

外观	透明	T-4 黏度(25℃)	300～600s
酸值/(mgKOH/g)	≤15	色泽(Fe-Co)	≤3
固体分	(60±2)%		

操作：

① 先将蓖麻油、甘油投入反应锅，开搅拌加入苯酐、顺酐、次磷酸（与少量甘油混匀后加入）；加热升温并在 150～165℃维持 1h。

② 升温到 195～205℃维持反应，维持到取样合格后冷却（取样在玻璃上，冷至室温后要达到透明，一般要 1～2h），同时分去分水器中水。

③ 冷却到 160℃以下，加回流二甲苯，打开直冷凝器及横冷凝器冷却水，升温至回流；酯化反应 1h 后，关闭直冷凝器冷却水。

④ 注意控制脱水及升温速度，最高酯化温度≤205℃。在实际控制时，当酸值符合要求时，黏度接近下限最理想，控制时应根据黏度上升情况，来放分水器中水，以免温度过高，黏度上升过快。

⑤ 酯化反应 2h 后，开始取样测黏度、酸值。

中控取样　　12.7g 样品＋7.3g 二甲苯

要求控制

加氏黏度（25℃）　　18～22s

酸值　　≤15

⑥ 酯化反应达到规定要求后，冷却到 180℃以下放料到对稀锅中（对稀锅中先加入部分对稀二甲苯）；反应锅中加入剩余对稀二甲苯，洗锅后放入对稀锅中，搅拌均匀、复测调整黏度。符合要求后过滤包装。

(3) 氨基-343-3（短油度桐亚油醇酸树脂）烤漆

氨基锤纹漆配方见表 2-1-73。

表 2-1-73　氨基锤纹漆配方

原料名称	用量/kg	原料名称	用量/kg
343-3	803	二甲苯	10
582-2	129	非浮型银浆	25
丁醇	33		

配方实例：343-3 醇酸树脂

配方：

桐油	110kg	苯酐	1050kg
氢氧化锂	0.4kg	对稀二甲苯	2370kg
回流二甲苯	260kg	甘油	580kg
亚麻油	1040kg		

指标：

外观	透明	T-4 黏度(25℃)	200～300s
酸值/(mgKOH/g)	≤12	色泽(Fe-Co)	≤13
固体分	(50±2)%		

操作：

① 将桐油、亚麻油、甘油投入反应釜，开搅拌加入氢氧化锂，加热升温，并在 240～250℃醇解维持。

② 醇解 1h 后，取样测试醇解是否完成，测试方法（样品：无水甲醇＝1∶3 清/室温），一般醇解时间不超过 3h。

③ 醇解到终点后，冷却到 180℃以下，加入苯酐及回流二甲苯，打开直冷凝器及横冷凝器冷却水，升温至回流，进行酯化反应。

④ 酯化 1h 后，关闭直冷凝器冷却水，注意控制脱水及升温速度，最高酯化温度≤200℃。

⑤ 酯化反应 2h 后，开始取样测黏度、酸值。

中控取样　11.0g 样品＋9.0g 二甲苯

要求控制

加氏黏度（25℃）	10～11s
酸值	≤11

⑥ 酯化反应达到规定要求后，冷却到 180℃以下放料到对稀锅中（对稀锅中先加入部分对稀二甲苯）；反应锅中加入剩余对稀二甲苯，洗锅后放入对稀锅中，搅拌均匀、复测调整黏度。符合要求后过滤包装。

(4) 氨基-合成脂肪酸改性醇酸树脂烤漆　使用植物油合成的醇酸树脂通常都有较高的色泽，不利于生产颜色要求高、色彩纯正的浅色漆，而且大部分用于生产氨基烤漆的醇酸树脂使用的动植物油都含有一定量的不饱和键，容易被氧化，涂膜的耐黄变性不理想，限制了产品的应用。

用合成脂肪酸替代植物油来生产醇酸树脂，配合适宜的抗氧剂，可得到色泽接近水白色的树脂，树脂结构中又不含不饱和键，可用于对耐候性要求高、颜色鲜艳的场合，若用来生产罩光漆，能得到良好的装饰效果。氨基-醇酸烤漆的氨醇比通常为 1∶(2～3)，用来罩光的高光漆涂膜柔韧性要求不高，但要求很高的光泽，氨基用量要高了许多，氨醇比可达到 (1.5～2.5)∶1。

配方实例：合成脂肪酸改性醇酸树脂

配方：

十六酸	550kg	苯甲酸	202kg
三羟	925kg	兑稀二甲苯	1790kg
回流二甲苯	180kg	苯酐	950kg
顺酐	35kg	次磷酸	3.0kg

指标：

外观	透明	T-4 黏度(25℃)	300～360s
酸值/(mgKOH/g)	≤10	色泽(Fe-Co)	≤1
固体分	(56±1)%		

操作：

① 将十六酸、顺酐、苯酐、三羟、苯甲酸、次磷酸、回流二甲苯投入反应锅，加热到能搅拌时开搅拌；同时打开直冷凝器及横冷凝器冷却水。

② 逐步升温至回流进行酯化反应，注意控制脱水及升温速度，酯化反应 1h 后，关闭直冷凝器冷却水，并继续进行反应，最高酯化温度≤220℃。

③ 酯化反应 3h 后，开始取样测黏度、酸值。

中控取样　11.9g 样品＋8.1g 二甲苯

要求控制

加氏黏度（25℃）	17～20s
酸值	≤10

④ 酯化反应达到规定要求后，冷却到180℃以下放料到对稀锅中（对稀锅中先加入部分对稀二甲苯）；反应锅中加入剩余对稀二甲苯，洗锅后放入对稀锅中，搅拌均匀、复测调整黏度。符合要求后过滤包装。

2. 快干氨基-醇酸

常规的氨基-醇酸烤漆的烘烤条件为：温度120～150℃、时间60～120min，相对较高的温度和较长的时间，对树脂体系的耐烘烤、颜填料的耐温性都提出了相应的要求，若能在更低温度、更短时间内得到有同样装饰效果的涂膜，会有不错的应用前景。

要降低涂膜的烘烤温度与时间可采用如下方法：①在氨基-醇酸的烘漆体系中，加入酸催化剂；②用部分甲醚化氨基树脂代替部分丁醚氨基树脂；③以特制的快干醇酸树脂代替常规醇酸树脂。

外加酸催化剂的方便之处是在不改变涂料配方的前提下，改变固化条件，但要控制好酸催化剂的类型和用量，否则极易干扰涂墨性能，并影响涂料的贮存稳定性。采用脲醛树脂匹配合适的醇酸树脂，施工前加入一定量的酸催化剂，涂膜不烘烤也可交联固化，这种酸催化的氨基-醇酸体系可常温固化，因而可用作木器漆。

使用部分甲醚化氨基树脂作为交联剂，也可以改变烘烤条件，但成本与价格比丁醚化氨基要高出不少，需要平衡和估算产品的成本压力，采用部分甲醚化氨基树脂作交联剂，涂膜柔韧性比使用丁醚化氨基树脂稍差，因此，相对应的醇酸树脂要作出适当调整。

对醇酸树脂做一些调整，也能改变烘烤条件，可采取如下方法：①设计高酸值的醇酸树脂，保留较多的羧基，涂膜固化时，起酸催化的作用，达到降低温度和缩短时间的目的。不少颜料本身偏碱性，若醇酸树脂酸值过高，无法匹配，使这一类树脂的应用受到局限。②采用其他原料，如丙烯酸硬单体、甲苯二异氰酸酯等对醇酸树脂进行改性，从而得到改性醇酸树脂，再与丁醚化氨基树脂交联，也可达到降低烘烤温度、缩短烘烤时间的目的。但改性树脂的生产工艺较为复杂，技术要求高，况且醇酸树脂改性后，成本也会增加，对产品应用会有影响。

以下是高酸值快干醇酸树脂与丙烯酸改性醇酸树脂配方示例。

配方实例：快干醇酸树脂

配方：

十六酸	625kg	苯甲酸	175kg
苯酐	1010kg	兑稀二甲苯	2260kg
回流二甲苯	200kg	三羟	280kg
甘油	530kg	次磷酸	3.0kg

指标：

外观	透明	T-4黏度(25℃)	250～350s
酸值/(mgKOH/g)	20～25	色泽(Fe-Co)	≤1
固体分	(50±2)%		

操作：

① 将十六酸、甘油、苯酐、三羟、苯甲酸、次磷酸、回流二甲苯投入反应锅，加热到能搅拌时开搅拌；同时打开直冷凝器及横冷凝器冷却水。

② 逐步升温至回流，进行酯化反应；注意液面情况，泡沫可能较高，要防止溢锅，放出回流出水。

③ 注意控制脱水及升温速度，酯化反应 1h 后，关闭直冷凝器冷却水，并继续进行反应，最高酯化温度≤200℃。

④ 维持酯化反应 3h 后，开始取样测固体酸值（不兑稀）；控制酸值 25～30。

⑤ 冷却到 170℃以下；打开倒门，快速投入偏苯三酸酐，升温，控制回流温度≤180℃。

⑥ 酯化反应 0.5h 后，开始取样测黏度、酸值。

中控取样　11.0g 样品＋9.0g 二甲苯

要求控制

加氏黏度（25℃）	15～19s
酸值	20～25

⑦ 酯化反应达到规定要求后，冷却到 180℃以下放料到对稀锅中（对稀锅中先加入部分对稀二甲苯）；反应锅中加入剩余对稀二甲苯，洗锅后放入对稀锅中，搅拌均匀、复测调整黏度。符合要求后过滤包装。

配方实例：丙烯酸改性醇酸树脂

预聚物配方：

月桂酸	700kg	次磷酸	3.0kg
顺酐	85kg	兑稀二甲苯	1640kg
回流二甲苯	200kg	苯酐	920kg
三羟	1250kg		

指标：

外观	透明	T-4 黏度(25℃)	50～70s
酸值/(mgKOH/g)	4～6	色泽(Fe-Co)	≤1
固体分	(62±2)%		

操作：

① 将月桂酸、苯酐、三羟、顺酐、次磷酸、回流二甲苯投入反应锅，加热到能搅拌时开搅拌；同时打开直冷凝器及横冷凝器冷却水。

② 逐步升温至回流，进行酯化反应；注意液面情况，泡沫可能较高，要防止溢锅，放出回流出水。

③ 注意控制脱水及升温速度，酯化反应 1h 后，关闭直冷凝器冷却水，并继续进行反应，最高酯化温度≤220℃。

④ 维持酯化反应 3h 后，开始取样测固体酸值（不对稀）；

酸值　7～10

⑤ 达到规定要求后，冷却到 180℃以下放料到对稀锅中（对稀锅中先加入部分对稀二甲苯）；反应锅中加入剩余对稀二甲苯，洗锅后放入对稀锅中，搅拌均匀、复测调整黏度。符合要求后过滤包装。

改性树脂配方：

预聚物	3400kg	丙烯酸丁酯	495kg
甲甲酯	675kg	羟丙酯	200kg
α-甲基苯乙烯	10kg	过氧化苯甲酰(BPO)	①70kg　②15kg

指标：

外观	透明	加氏黏度(25℃)	20～25s
酸值/(mgKOH/g)	4～6	色泽(Fe-Co)	≤1
固体分	(70±2)%		

操作：

① 将丙烯酸丁酯、甲甲酯、羟丙酯、BPO①、α-甲基苯乙烯投入滴加槽，搅拌均匀后，

待滴加用。

② 将预聚物投入反应釜，升温至约130℃开始滴加单体，同时打开直冷凝器冷却水，控制滴加温度 (130±2)℃；滴加时间控制为 (75±15)min，不可过快或过慢。

③ 滴加完毕，在 (130±2)℃维持1.0h，补加BPO。

④ 加完BPO后，升温至回流；回流1h后开始取样黏度。

要求控制	
加氏黏度 (25℃)	20～25s

⑤ 反应达到要求后，冷却到100℃以下放料到对稀锅中；搅拌均匀后复测黏度，符合要求后过滤包装。

3. 氨基-聚酯

聚酯树脂是由多元醇与多元酸合成的线型结构高聚物，树脂结构中含有羟基与羧基，能与氨基树脂交联，得到性能优异的涂膜，由于各种不同结构的多元醇与多元酸，能合成出适应多种不同涂膜性能要求的树脂，因此，氨基-饱和聚酯烘漆体系能适应多种场合的装饰要求。

目前这一烘漆体系，主要应用在发展迅速的卷材涂料行业，所生产的面漆、背面漆、底漆等，都有采用氨基-饱和聚酯烘漆体系的，使用高温短时间的交联成膜，板温通常为190～230℃之间，烘烤时间通常为45～90s。

以下为快速线海蓝面漆配方，供参考。

酞菁蓝浆：

原料名称	用量/kg	原料名称	用量/kg
酞菁蓝	100	气相二氧化硅	2
聚酯树脂	725	DBE	70
BYKP104S	2	S-100	100
流平剂	1		

白聚酯浆：

原料名称	用量/kg	原料名称	用量/kg
聚酯树脂	410	气相二氧化硅	1.5
金红型钛白粉	502	乙二醇丁醚	43
流平剂	1.5	S-100	42

消光剂浆：

原料名称	用量/kg	原料名称	用量/kg
聚酯树脂	450	S-100	360
气相二氧化硅	190		

海蓝浆落料：

原料名称	用量/kg	原料名称	用量/kg
酞菁蓝浆	537	流平剂	2
聚酯树脂	135	气相二氧化硅	4
中黄粉	5.7	BYKP104S	2
柠黄粉	15.3	DBE	14
金红型钛白粉	280	S-100	5

海蓝配漆：

原料名称	用量/kg	原料名称	用量/kg
高甲醚化氨基	159	铁红浆	8.3
聚酯树脂	351	白聚酯浆	31
海蓝浆	1000	永固紫浆	1

原料名称	用量/kg	原料名称	用量/kg
消光剂浆	330	流平剂	2
15%磷酸丁醇	31	醋酸丁酯	52

配方实例：饱和聚酯树脂

配方：

原料	用量	原料	用量
新戊二醇	2380kg	对苯二甲酸	300kg
己二酸	600kg	单丁基氧化锡	3.0kg
回流二甲苯	270kg	乙二醇丁醚	490kg
间苯二甲酸	1500kg	100#溶剂	805kg
偏苯三酸酐	500kg	150#溶剂	1500kg

指标：

项目	指标	项目	指标
固体分	58%～62%	加氏黏度(25℃)	15～20s
色泽(Fe-Co)	≤1	酸值/(mgKOH/g)	2～5

操作：

① 新戊二醇、间苯二甲酸、对苯二甲酸、偏苯三酸酐、己二酸投入反应釜，通氮气、升温。

② 加热到能搅拌时，开动搅拌，投入单丁基氧化锡，打开直冷凝与横冷凝冷却水，反应出水后，停止通氮气。

③ 逐步升温，控制气相温度≤105℃，釜内温度最高≤235℃。

④ 当釜内温度到达230℃后，取样在玻璃上，冷却到室温后，要达到透明，透明后维持30～45min。冷却到180℃以下，加入二甲苯。

⑤ 关闭直冷凝冷却水，边脱水边升温进行回流酯化反应，控制反应温度≤220℃。

⑥ 回流反应1h后，进行中控，检验黏度、酸值（注意反应后阶段黏度上升趋势）。

取样比例　12.7g样品＋7.3g稀释溶剂

要求控制　加氏黏度（25℃）　15～20s

酸值/(mgKOH/g)　2～5

⑦ 中控符合要求后，冷却到180℃以下，放料到对稀釜中（对稀釜中先加入部分对稀溶剂）；反应釜中加入剩余的对稀溶剂，回流一段时间后放入对稀釜中，搅拌均匀后复测黏度，达到要求后过滤包装。

4. 氨基-丙烯酸树脂

丙烯酸树脂是由丙烯酸酯类、甲基丙烯酸酯类及其他烯类单体共聚组成的树脂，不同的单体组合可得到性能各异的树脂，满足各种需要。与氨基树脂匹配使用的丙烯酸树脂，树脂结构中含有羟基和羧基官能团，与氨基树脂交联成膜，主要应用于汽车、摩托车、卷铝、油墨等行业，涂膜有良好的丰满度、光泽、硬度、耐候性、耐化学性等。以下为卷铝涂料面漆配方。

轧浆：

原料名称	用量/kg	原料名称	用量/kg
羟基丙烯酸树脂	500	紫红粉	8
金红型钛白粉	45	二甲苯	70
中铬黄	180	S-150#	30
钼铬红	30	丁醇	20

配漆：

原料名称	用量/kg	原料名称	用量/kg
582-2	115	附着力促进剂	18

配方实例：羟基丙烯酸树脂

配方：

苯乙烯	700kg	丙烯酸异辛酯	620kg
丙烯酸羟丙酯	420kg	二甲苯	①2070kg ②660kg
BPO	①14kg ②7kg ③3.5kg	丙丁酯	690kg
甲甲酯	280kg	丙烯酸	52kg

指标：

固体分	48%～52%	加氏黏度(25℃)	20～25s
色泽(Fe-Co)	≤1	酸值/(mgKOH/g)	≤9

操作：

① 将全部单体投入滴加槽，并加入 BPO①，搅拌均匀后，待滴加用。

② 将二甲苯①投入反应釜，升温至 85℃，打开直冷凝器冷却水，开始滴加单体，滴加速度要控制均匀，滴加时间约 4.0～4.5h，滴加温度 85～90℃。

③ 滴加完毕后，于 85～90℃维持 2.0h；补加 BPO②，同温维持 1.0h。

④ 补加 BPO③，同温维持 1.0h，取样观测黏度。

⑤ 关闭直冷凝器冷却水，同时打开横冷凝器冷却水，升温至回流，维持回流 1.0h。

⑥ 进行中控，检验黏度。

	取样比例	17.5g 样品+2.5g 二甲苯
要求控制	加氏黏度（25℃）	20～25s

⑦ 中控符合要求后，冷却到 100℃以下，加入二甲苯②，搅拌均匀后复测黏度，达到要求后过滤包装。

5. 氨基-环氧树脂

环氧树脂是热塑性的，分子结构中的环氧基与氨基树脂中的羟甲基及烷氧基交联，形成了性能优异的涂膜，有很好的应用价值。涂膜有良好的耐盐雾性、耐水性，又有良好的附着力、硬度，但耐候、耐黄变性较差，因此，氨基-环氧烘漆体系适用于生产底漆。目前应用较为广泛的是卷钢涂料底漆中采用的脲醛树脂与环氧树脂固化体系。以下为卷铜环氧底漆配方。

轧浆：

原料名称	用量/kg	原料名称	用量/kg
50%609 环氧溶液	441	DBE	7
锌黄粉	89	大豆磷酯	6.5
锶铬黄粉	18	乙二醇丁醚	163
锐钛型钛白粉	224	醋酸丁酯	17.5
超细滑石粉	34	Σ	1000

配漆：

原料名称	用量/kg	原料名称	用量/kg
环氧底漆浆	1000	醋酸丁酯	74
50%609 环氧溶液	612	乙二醇丁醚	86
丁醚化脲醛树脂	79	环己酮	29
15%磷酸丁醇	7		

八、氨基树脂生产和使用时的 VOC

溶剂型涂料生产中，稀释剂大多用二甲苯、甲苯、丁醇、200# 汽油等有机溶剂。合成树脂生产也会采用易挥发的甲醛、醇类、酯类等为原料，即使整个过程是在封闭系统中进行，考虑到原料和设备等各种因素，生产、施工环境中有毒害的气体挥发，VOC 的污染还是在所难免。近年来，涂料的生产和施工过程中，挥发性有机物（VOC）产生的环境污染问题，引起人们的重视。低 VOC、低污染涂料（如水性涂料、高固体分涂料、粉末涂料）已成为涂料行业主要发展方向，随着高固体分涂料及水性涂料的发展，甲醚化氨基树脂得到了迅速发展。

生产氨基树脂时，甲醛和醇是过量的，因此生产过程中排出的废水中，含有醇类、二甲苯和甲醛等有机物，其污染源是反应生成水和原料甲醛中带入的水，废水总量远远超过其他合成树脂。氨基树脂在涂料应用中，具有很重要的地位，因此要尽可能从工艺上减少氨基树脂生产中产生的污染，缓解对环境造成的压力。氨基树脂废水可采用先蒸馏脱醇，使废水 COD_{cr} 大幅下降，然后将含醛废水用于生产工业甲醛，既使废水中的少量甲醛得到充分利用，又解决了废水的排放问题。生产酚醛树脂的企业，可将含酚废水与脱醇后的含醛废水以一定比例混合，利用酚醛缩合反应，来达到降低 COD_{cr} 目的。

氨基树脂在涂料行业主要用于生产氨基烤漆，涂装时产生的主要污染物是：树脂所含有的有机溶剂和少量游离甲醛，在高温交联成膜时挥发，如何进行回收或处理，是涂装工艺要解决的问题。目前预涂卷材的生产线中，采用焚烧的方法来处理排出的含有机溶剂的废气，但大部分常规氨基烤漆涂装施工时，并没有相应的处理装置，所产生的废气大都直接排放，造成污染。若能结合实际涂装条件，可采取活性吸附、焚烧处理、高空排放、冷凝收集、生化处理等方法进行应对，以减少排放量。

我国 1997 年 1 月 1 日开始实施新的 GB 8978—1996《污水综合排放标准》和 GB 16297—1996《大气污染物综合排放标准》，对造成水污染和大气污染的各种挥发性有毒有害物质都作了限值规定。要降低或消除污染，必须改进工艺、从配方着手。如：适当降低投料温度、使用无毒低挥发性原料、采用计算机控制操作减少人为失误、采用先进生产设备来替代原有设备、使生产尽可能在无泄漏无污染系统中进行等，这些对于有效控制污染是有必要的。

为了避免和减少涂料施工过程中有机溶剂（VOC）对环境造成的影响，近年来高固体分涂料和水性涂料发展很快，从而带动了甲醚化氨基树脂的应用，目前在卷材涂料、低温快干涂料、水性涂料中有各类甲醚化树脂的应用。甲醚化树脂与丁醚化树脂相比，生产工艺复杂，单釜产量低，生产成本高，因此目前在涂料行业中，仍然是丁醚化氨基树脂最为常用，但甲醚化树脂的应用呈现增长态势，前景广阔。

第五节 饱和聚酯树脂

一、概述

本节涉及的是涂料用聚酯树脂，采用多元醇与多元酸经酯化反应得到的高分子物，与不饱和聚酯相对应的是分子结构中不含非芳烃的不饱和键，习惯上称为聚酯树脂。

饱和聚酯树脂是一种线性结构的热塑性高聚物，涂料行业的实际应用中，需要与另一类树脂（氨基树脂、聚氨酯树脂等）配合，交联成膜。饱和聚酯树脂与醇酸树脂结构类似，发展的渊源又深，在涂料用树脂的分类上，称其无油醇酸树脂，属于醇酸树脂的特例。

1847 年 Berzelius 用甘油和酒石酸通过化学反应合成最早的聚酯树脂，1901 年 Watson Smith 采用邻苯二甲酸酐与甘油制成了无油醇酸树脂，即聚酯树脂，1929 年 Kienle 用甘油和苯酐反应并用不饱和脂肪酸改性合成了最早的醇酸树脂，从而迎来了醇酸树脂在涂料行业的应用，并得到了飞速发展。随着合成树脂行业的不断发展与进步，饱和聚酯树脂与涂料也在不断研究与发展中，20 世纪 60 年代后期，出现了工业化生产的涂料用饱和聚酯树脂与饱和聚酯涂料。

多年来，为适应市场需要，有不少特殊多元醇、多元酸及功能性树脂被开发成功，使饱和聚酯树脂的原料来源极为丰富，大量各种性能的聚酯树脂品种得到应用，从而满足不同应用领域对涂料提出的性能要求，在家电、汽车、罐头等行业得到广泛应用。

二、聚酯树脂所用的原料

合成饱和聚酯树脂最基本的原料是多元醇与多元酸，为保证树脂生产和加工的正常进行，需要使用溶剂来帮助脱水和稀释，工业生产为达到缩短工时的目的，需要使用催化剂来加快反应速度，为降低和保证树脂的色泽，需要抗氧剂的帮助。生产改性饱和聚酯需要相应的改性剂，如合成脂肪酸、环氧树脂、有机硅材料、丙烯酸单体或树脂等。

1. 多元醇

多元醇是指分子中含有多个与脂肪族碳链直接相连羟基（—OH）的化合物，其化学性质主要由羟基官能团决定，同时也受到烃基一定的影响。由于羟基所连接的碳原子性质不同，如伯碳、仲碳、叔碳，这些羟基又可分为伯羟基、仲羟基、叔羟基。脂肪族碳链所处烃基的不同结构特征将会对羟基的反应活性产生不同的影响，以伯羟基反应活性最高，而叔羟基反应活性最低。因此在选择多元醇时，要根据树脂的性能要求选择一些合适的多元醇进行配合，使聚酯树脂达到所要求的性能。

饱和聚酯树脂生产过程中，一般选用有一定烃基结构的、含有伯羟基的多元醇。环状的烃基结构，如对苯二甲酸与 1,4-环己烷二甲醇，都能为聚合物提供硬度，但有脂肪族环状结构的 1,4-环己烷二甲醇，又具有柔韧性、耐候性和耐黄变优势。直链的烃基结构，如 1,6-己二醇的长碳链结构，使树脂的弯曲性好、柔韧性好、耐水性好。一些含有大支链烃基结构的多元醇（如羟基新戊酸羟基新戊酯、2-丁基-2-乙基-1,3-丙二醇等）往往能为树脂提供很好的应用性能，从而满足高性能涂料的应用要求。常用多元醇的参数见表 2-1-74。

表 2-1-74 常用多元醇的参数

原料名称	简称	状态	分子量	熔点/℃	羟基含量/%
新戊二醇	NPG	固	104.2	124～126	≥30.0
季戊四醇	PENT	固	136.1	261～262	≥48.30
三羟甲基丙烷	TMP	固	134.1	57～59	37.5～38.2
1,4-环己烷二甲醇	CHDM	固	144.2	42～44	≥23.5
1,6-己二醇	HDO	固	118.2	41～42	≥28.5
羟基叔戊酸新戊二醇酯	HPHP	固	189.2	49.5～50.5	≥16.3
乙基丁基丙二醇	BEPD	固	161.0	42～44	≥21.0
2,2,4-三甲基-1,3-戊二醇	TMPD	固	146.2	46～55	≥23.0
甲基丙二醇	MPD	液	90.2	−91	≥37.5

设计聚酯树脂配方时，若要满足性能的要求，应综合考虑树脂柔韧性、硬度、弯曲等性能的平衡，并结合成本因素，一般选用两种或两种以上的多元醇。

2. 多元酸

多元酸指分子中含有多个与烃基直接相连羧基（$-\overset{O}{\overset{\|}{C}}-OH$）的化合物，根据烃基种类，可分为脂肪族酸（如己二酸）、脂环族酸（如1,4-环己烷二羧酸）和芳香族酸（如间苯二甲酸），根据烃基是否含不饱和键，可分为饱和羧酸和不饱和羧酸。其化学性质，主要由羧基官能团决定，但烃基的结构特征对多元酸羧基的反应也产生影响，不同的烃基结构，会赋予聚酯树脂不同的性能，因此配方设计时，要选择含适宜的烃基结构多元酸来配合聚酯树脂所要求的性能。

多元酸的化学反应主要发生在羧基上，合成饱和聚酯树脂主要是利用羧基与多元醇中的羟基进行酯化反应。烃基结构为脂肪族碳链的多元酸（如己二酸）能为涂膜提供韧性；烃基结构为苯环的多元酸（如间苯二甲酸、邻苯二甲酸酐）能为涂膜提供硬度；脂环结构的多元酸（如1,4-环己烷二羧酸）既可取得韧性和硬度平衡，又有良好的耐候性。根据合成树脂所要求的性能，调整好各种多元酸的比例，以取得所要求的树脂性能，最常用的多元酸是己二酸、间苯二甲酸、邻苯二甲酸酐等。常用多元酸的参数见表2-1-75。

表 2-1-75 常用多元酸的参数

原料名称	简称	状态	分子量	相对密度	熔点/℃	酸值
己二酸	AD	固	146.15	1.360	153～154	768
间苯二甲酸	IPA	固	166.18	1.507	345～347	676
对苯二甲酸	PTA	固	166.13	1.510	＞300℃升华	676
偏苯三酸酐	TMA	固	192.13	1.680	165～167	876
1,4-环己烷二甲酸	CHDA	固	172.1	1.380	164～167	652
邻苯二甲酸酐	PA	固	148.2	1.520	131	758

3. 溶剂

用于溶解和稀释树脂，使体系形成稳定的均相，能单独溶解树脂的称为溶剂，不能单独溶解树脂，但能与溶剂配合将树脂稀释成溶液的称为稀释剂。同一物质对不同树脂的溶解性并不相同，因此有时属于溶剂，有时会属于稀释剂。在涂料行业内，习惯上并不严格区分溶剂与稀释剂，而是统称为溶剂。

聚酯树脂生产中溶剂所起的作用为，一是带水（脱水），在回流脱水阶段与水共沸，将水带出来；二是溶解与稀释树脂作用。

聚酯树脂生产中有回流脱水的过程，溶剂与水共沸，然后在分水器内将酯化反应生成的水分去，而溶剂又回流进反应釜，从而达到了将反应水带出反应釜的目的，起到了带水剂（脱水剂）的作用。需要选择与水不溶且沸点合适的溶剂，一般选择沸点比回流温度低30～60℃的溶剂为宜，使用量约为5%～6%投料量，最常用的是二甲苯，若要求树脂中不含苯类溶剂，可采用100#重芳烃溶剂，若要求树脂中不含芳烃类溶剂，可采用脂肪烃的D40溶剂。

反应完成后，要用溶剂稀释，才能过滤包装，溶剂对树脂的溶解性会影响树脂溶液均匀性、黏度和贮存稳定性等，因此选择溶剂要了解溶剂溶解性、挥发性、安全性、价格等参数。为满足各方要求，在生产中采用各类溶剂混合的办法来平衡。合适的溶剂体系应具备：①溶解性；②容易挥发，无不挥发残留物；③低毒性、低闪点；④易与其他溶剂配合。

溶剂可分为含氧溶剂与不含氧溶剂，含氧溶剂的溶解性好，大部分树脂都能溶解其中，主要有：①醇醚类溶剂，目前常用的醇醚类溶剂有乙二醇醚类和丙二醇醚类；②酯类溶剂，目前采用DBE（三种二元酸二甲酯的混合物）和高碳醇醋酸酯（醋酸己酯、醋酸庚酯等）等居多；③酮类溶剂，一般与其他溶剂混合使用，选择沸点较高的异佛尔酮、环己酮等酮类溶剂；④醇类溶剂，主要与其他溶剂配合使用，有丁醇和异丁醇等。

不含氧溶剂一般不能单独溶解树脂（属于稀释剂），需要与含氧溶剂配合使用达到理想的溶解能力，主要有：①重芳烃溶剂，与含氧溶剂配合使用，主要有100#重芳烃溶剂（主要成分C_9）与150#重芳烃溶剂（主要成分C_{10}）；②芳烃溶剂，常用的是二甲苯，主要作为回流溶剂使用，也有作为稀释剂用。饱和聚酯生产中常用溶剂的参数见表2-1-76。

表2-1-76　饱和聚酯生产中常用溶剂的参数

名　称	外观	密度/(g/cm³)	沸点/℃	闪点/℃	挥发速率
乙二醇丁醚	无色透明	0.9015	170.6	61.1	10
环己酮	无色透明	0.947	155.6	54	25
异氟尔酮	无色透明	0.923	215.2	96	3
醋酸丁酯	无色透明	0.8826	126.3	33	100
DBE(MADE)	无色透明	1.085～1.095	190～226	100	3
正丁醇	无色透明	0.8109	117.7	35	45
醋酸己酯	无色透明	0.875	162～176	54	16
醋酸庚酯	无色透明	0.874	176～200	66	7
二甲苯	无色透明	0.860	137～141	28	68
100#溶剂	无色透明	0.865～0.880	155～185	44	19
150#溶剂	无色透明	0.875～0.890	180～210	63	4
D40溶剂	无色透明	0.770	164～192	43	12

4. 催化剂和抗氧剂

工业化生产饱和聚酯树脂，需要在一定时间内完成，而不同的多元酸和多元醇其反应活性是不同的，若配方体系中有一些反应活性较低的原料（如对苯二甲酸等），酯化反应速度将很慢，即达到反应要求的酸值、黏度需要的时间很长，从技术经济角度就很不划算，失去了实际应用的价值，为了缩短反应工时，需要使用催化剂来达到目的。

一个化学反应由于局外物质的参与而使起反应速率发生变化，这种局外的物质称为催化剂。催化剂与反应物接触，并参与化学反应过程，但反应之后，又退出反应体系，并不参与到反应最终的产物中去。催化剂所以能改变化学反应速率是因为，催化剂的参与改变了化学反应的途径和机理，催化剂可以是一种化合物，也可以是由几种化合物组成的一个体系。

选择催化剂，主要考虑两个方面的作用。①加快反应速率：有些原料的反应活性较小，使用催化剂可加快反应速率，将生产工时缩短在合理范围内。②使反应定向进行：在进行我们所希望的化学反应同时，往往还有副反应发生，反应的进程、产品的质量造成影响，利用催化剂的选择性，引导反应的进行，从而达到控制反应的目的。

选择的催化剂应符合：①接近中性，对设备无腐蚀作用；②催化剂不参与到反应产物中，但残留在体系之中，要考虑其与聚酯树脂相容性，不能影响最终产品质量；③能明显缩短酯化反应时间，但要在可控的范围内；④选择性要好，能使反应向酯化反应方向进行，减少多元醇间的脱水及氧化等副反应；⑤反应生成水不会使其失效；⑥选定某种催化剂后，一般不宜轻易更换，不同企业生产的同一类型催化剂会有一些差异，没有通过试验，不可直接替代，以免造成生产控制的困难。

目前国内外酯化反应催化剂采用的大多数是有机锡化合物。一般采用的是丁基氧化锡或丁基氧化锡的衍生物，是一类抗水解、加入量少、催化活性高的酯化反应催化剂。目前国内常用有以下几种。

(1) 二丁基二月桂酸锡 浅黄色或无色油状液体，低温成白色结晶体，溶于甲苯、乙醇、丙酮等有机溶剂，不溶于水，锡含量17%～19%，一般使用量为反应物的0.20%～0.25%。

(2) 单丁基氧化锡 白色粉末，不溶于水和大部分有机溶剂，单溶于强碱和矿物酸中，锡含量≥56%，一般使用量为反应物的0.05%～0.10%。

目前的市场价格，单丁基氧化锡约为二丁基二月桂酸锡一倍。单丁基氧化锡在使用量为二丁基二月桂酸锡1/3～1/2的情况下，其酯化反应时间可比使用二丁基二月桂酸锡缩短1/4～1/3。有机锡有毒，使用需注意，其中：丁基二月桂酸酯毒性稍低。

生产过程中，可以根据聚酯树脂的生产状况，选择合适催化剂，并确定加入量，一般情况下，以选择单丁基氧化锡为主。

我们通常指的催化剂是加快反应速率的物质，但实际上有减缓反应速率的催化剂。生产、贮存和使用过程中，由于温度的变化、与光和空气接触，可能导致树脂的色泽变深、贮存稳定性下降、结构和性能上发生变化等，为延缓这一过程，使用抗氧剂是比较常见的。抗氧剂是一类能抑制或减缓高分子材料氧化反应速率的物质，是减缓氧化反应的催化剂。我们合成树脂行业习惯上将这一类减缓反应速率物质单列，并称之为抗氧剂。

抗氧剂是一种可降低氧化速率，进而减缓聚合物老化的化学助剂，通常只要加入微小的抗氧剂就非常有效。树脂合成中引入催化剂主要起：①减缓氧化反应速率，可达到降低树脂色泽的目的；②提高树脂贮存稳定性，实际上也提高了涂料的稳定性。

目前饱和聚酯树脂使用的抗氧剂类型如下。

(1) 酸性抗氧剂 主要有硼酸、亚磷酸、次磷酸等，以次磷酸的效果要好些。次磷酸抗氧效果明显，价格相对低廉，但次磷酸酸性较强，要考虑对设备材质的抗腐蚀性。

(2) 亚磷酸酯类 常用的有亚磷酸三苯酯、亚磷酸三（2,4-二叔丁苯基）酯（168）、三壬苯基亚磷酸酯（TNPP）等，具有分解过氧化物产生结构稳定物质的作用，有抗氧效果。

从实际生产情况看，将亚磷酸酯类抗氧剂、酸性抗氧剂单独或复配使用，效果理想。

选择聚酯树脂抗氧剂要注意以下几点。

① 使用抗氧剂后的减色效果上，小试和车间生产会有差异，需要仔细确认。

② 抗氧剂最后会残留在体系之中，因此需要考虑与聚酯树脂相容性，即不能影响最终树脂性能。如生产389-9大豆油醇酸树脂，若加入次磷酸，树脂色泽可≤4(Fe-Co)，但会影响磁漆的干性；生产344-2大豆油醇酸树脂，若加入次磷酸，树脂色泽可≤4(Fe-Co)，但会对树脂的压滤造成影响。

③ 若同时使用催化剂与抗氧剂，要考虑催化剂与抗氧剂的性能是否相互抵触，如单丁基氧化锡和次磷酸若同时使用时，会影响聚酯树脂的透明度，导致涂膜光泽下降。

三、聚酯树脂合成的基本化学反应

聚酯树脂通常由二元醇、三元醇和二元酸、三元酸等混合物通过缩聚反应制得，一般是低分子量、无定形、含有支链可交联的聚合物。多元醇过量得到端羟基的聚酯树脂，可以用氨基树脂或多异氰酸酯进行交联。多元酸过量得到端羧酸基的聚酯树脂，可以用氨基树脂或环氧化合物进行交联，我们着重讨论端羟基的聚酯树脂。

1. 酯化反应

能够形成酯基的有机合成反应称为酯化反应。酯化反应通常指醇或酚和含氧酸类作用生成酯和水的过程，也就是在醇或酚羟基的氧原子上引入酰基的过程，亦可称为*O*-酰化反应。酯化的方法很多，其化学反应通式为：

$$R'OH+RCOZ \longrightarrow RCOOR'+HZ \tag{2-1-12}$$

式(2-1-1)中RCOZ为酰化剂，可以根据实际需要选用羧酸、羧酸酐、酰氯等作为酰化剂。常用酰化剂活性顺序：酰氯＞酸酐＞酰胺＞酯＞羧酸。羟基活性顺序：伯羟基＞仲羟基＞叔羟基。聚酯树脂生产中，需要使用三官能团多元醇时，一般采用三羟甲基丙烷而不用甘油，其原因在于保证所有羟基都是伯羟基，活性一致，而且活性比较高。酰化剂及其反应见表2-1-77。非羟基化合物酯化反应见表2-1-78。

表 2-1-77 酰化剂及其反应

酰化剂	化学反应	酰化剂	化学反应
羧酸	$R'OH+RCOOH \longrightarrow RCOOR'+H_2O$	腈	$R'OH+RCN+H_2O \longrightarrow RCOOR'+NH_3$
羧酸酐	$R'OH+(RCO)_2O \longrightarrow RCOOR'+RCOOH$	酰胺	$R'OH+RCONH_2 \longrightarrow RCOOR'+NH_3$
酰氯	$R'OH+RCOCl \longrightarrow RCOOR'+HCl$	烯酮	$R'OH+CH_2=CO \longrightarrow CH_3COOR'$
酯	$R'OH+RCOOR'' \longrightarrow RCOOR'+HOR''$	酮	$R'OH+RCOCCl_3 \longrightarrow RCOOR'+CHCl_3$

表 2-1-78 非羟基化合物酯化反应

主要试剂	化学反应
炔、酸	$CH\equiv CH+RCOOH \longrightarrow RCOOCH=CH_2$
醚、一氧化碳	$CH_3OCH_3+CO \longrightarrow CH_3COOCH_3$
醛、丙二酸单酯	$RCHO+HOOCCH_2COOR' \longrightarrow RCH=CHCOOR'$
酯、酸	$R''COOR'+RCOOH \longrightarrow RCOOR'+R''COOH$
酯、酯	$R''COOR'+RCOOR''' \longrightarrow RCOOR'+R''COOR'''$

2. 缩聚与逐步聚合

通过酯化反应，利用各个单体（简单单元、小分子试剂）上固有的多个官能团（例如羟基和羧基）进行反应，连接成高分子聚合物（聚酯树脂）。由于类似的聚合反应与小分子缩合反应相同，称为缩合聚合。缩聚反应的研究表明：反应体系中分子是逐步进行聚合的，即每一步反应的速率和活化能大致相同。所以，根据反应动力学，大多数缩聚反应以及合成聚酯的反应都属于逐步聚合，可以利用逐步聚合所揭示的机理特征和规律性，指导如何控制聚酯树脂合成的聚合速率、分子量等重要指标。

3. 官能团等活性概念

在逐步聚合反应早期，大部分单体很快聚合成二、三、四聚体等低聚物，短期内转化率就很高。低聚物继续相互反应，分子量缓慢增加，转化率很高（＞98%）时，分子量（聚合度）才达到较高的数值，如图2-1-10所示。

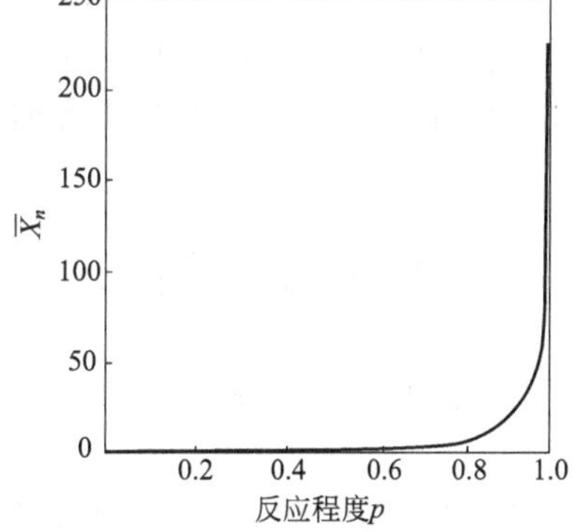

图 2-1-10 聚合度与反应程度的关系

在逐步聚合的全过程中，体系由单体和分子量递增的一系列中间产物所组成，中间产物任何两分子间都能反应。所以使用官能团的反应程度（p）来描述反应深度。

设：t_0 时体系中的官能团总数为 N_0，t 时体系中的官能团总数为 N。

则： p=已反应的官能团数/起始官能团数=$(N_0-N)/N_0=1-N/N_0$ (2-1-13)

当二元醇和二元酸进行聚合反应时，由于产物聚酯也是两个官能团，所以平均每个大分子中的单体数 X_n（定义为聚合度）与 p（反应程度）的关系为：

$$X_n=\text{单体总数}/\text{大分子个数}=N_0/N=1/(1-p) \quad (2\text{-}1\text{-}14)$$

式(2-1-14) 与图 2-1-10 是一致的。

使用官能团的反应程度（p）来描述反应的深度，就会考虑到官能团的活性与分子量的关系。目前的研究水平以为官能团是等活性的，其理由如下。

表 2-1-79 羧酸系列与乙醇的酯化速率常数

n	$H(CH_2)_NCOOH$ $K\times10^4$	$(CH_2)_n(COOH)_2$ $K\times10^4$	n	$H(CH_2)_nCOOH$ $K\times10^4$	$(CH_2)_n(COOH)_2$ $K\times10^4$
1	22.1		8	7.5	
2	15.3	6.0	9	7.4	
3	7.5	8.7	11	7.6	
4	7.5	8.4	13	7.5	
5	7.4	7.8	15	7.7	
6		7.3	17	7.7	

① 用一元酸系列和乙醇的酯化研究表明（表 2-1-79），n=1～3 时，速率常数确实在迅速降低。但诱导效应只能沿碳链传递 1～2 个原子，对羧基的活化作用也只限于 n=1～2。n=3～17 时，速率常数趋向定值。二元酸系列与乙醇的酯化情况也相似，并与一元酸的酯化速率常数相近。

② 体系黏度愈大，则分子链的移动愈困难，但端基活性并不取决于整个大分子质心的平移，而与端基链段的活动有关。大分子链构象（空间形态）改变，链段活动以及端基相遇的速率要比质心平移速率高得多，而且两链段一旦靠近，适当的黏度反而不利于分开，有利于持续碰撞，因此产生了等活性现象。

当然，官能团等活性概念还有待于进一步深化。

4. 反应速率（时间和温度）

以羧酸和醇的聚酯化反应为例，属于酸催化反应，羧酸先质子化，然后质子化种与醇反应成酯，应用等活性概念，反应式可简化为：

$$-COOH + HO- \longrightarrow -OCO- + H_2O$$

生产实践中，在减压条件下，及时排除副产物水，使反应不可逆。而且外加强酸（常数）催化，反应向聚酯化方向移动，形成聚酯树脂。根据质量作用定律，得：

$$\frac{-d[COOH]}{dt}=k[COOH][OH] \quad (2\text{-}1\text{-}15)$$

若两种官能团浓度相等，式(2-1-15) 可简单地写成：

$$-dc/dt=kc^2 \quad (2\text{-}1\text{-}16)$$

式(2-1-16) 积分，得：

$$1/c-1/c_0=kt \quad (2\text{-}1\text{-}17)$$

式(2-1-17) 中 c_0 为一种官能团的起始浓度；c 表述了 t 时体系中反应物的浓度。即反应速率方程。

聚合反应从热力学角度衡量，总是放热反应，但聚酯反应聚合热不大（10～25kJ/mol），而活化能较大（40～100kJ/mol），反应需要在较高温度下进行，低的聚合热难以弥补高温体系的热损失，另外，排除缩合出来的小分子也引起热量损失，所以生产是在不断供热的条件下进行的。

温度影响的定量描述，测取不同温度下的 k 值确定，或者使用阿累纽斯方程讨论。

5. 分子量

聚酯树脂大量用作涂料，材料的基本要求是强度，聚合物强度随分子量的变化如图 2-1-11。A 点是初具强度的最低分子量，A 点以上的强度则随分子量而迅速增加，到临界点 B 以后，强度的增加逐渐减慢；C 点以后，强度不再显著增加，过高分子量反而会影响涂料的工艺性能。在平均分子量相同的情况下，较宽的分子量分布，会有较好的工艺性能，而强度可能下降。合成影响分子量的因素主要有平衡常数、反应程度、官能团摩尔比。

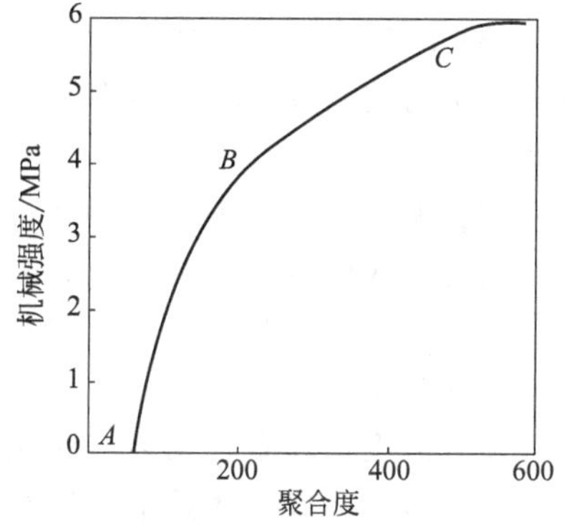

图 2-1-11　聚合物强度-分子量关系

(1) 平衡常数　聚酯合成的平衡常数很小（$K=4$），对于线型产物，必须要在高真空（<70Pa），充分脱去残留水分（$<4\times10^{-4}$ mol/L）的条件下，才能获得有用的产品。

(2) 反应程度　反应程度对分子量影响由式(3) 定量表述。由于 $N_0/N=c_0/c$，将式(2-1-14) 代入式(2-1-17)，得：

$$X_n=kc_0t+1 \tag{2-1-18}$$

式(2-1-18) 说明聚酯分子量（聚合度）在两种官能团等摩尔数的条件下，可以随着反应时间而不断增加。

(3) 官能团的摩尔比　由于原料的含量，计量和投料误差，以及脱羧等副反应的发生，生产实践总在两种官能团非等摩尔数的条件下操作进行。

设 N_a、N_b 分别为两种官能团（a 和 b）的数量，规定官能团的摩尔比 $r=N_a/N_b\leqslant1$，即 b 官能团过量。如果 a 的反应程度为 p，因为（a 和 b）成对反应，所以（a 和 b）的官能团残留总数为（$N_a+N_b-2pN_a$）。在单体和每个大分子都是 2 个官能度的情况下（若有 3 个官能度，则大分子端基不断增加直至凝胶），可得：

$$X_n=\frac{\text{单体总数}}{\text{大分子个数}}=\frac{N_0}{N}=\frac{N_a+N_b}{N_a+N_b-2p\,N_a}=\frac{1+r}{1+r-2rp} \tag{2-1-19}$$

当 $r=1$ 时，式(2-1-19) 还原为式(2-1-20)。当 $r<1$，而反应完全时（$p=1$），则式(2-1-19) 简化为

$$X_n=\frac{1+r}{1-r} \tag{2-1-20}$$

由上式，可以方便地计算出一定摩尔比条件下的分子量上限。

6. 体型聚合物强度与凝胶点

聚合物在外力作用下的破坏，往往由克服分子之间作用力引起，即分子之间发生滑移。如果分子之间具有键合，强度将大大提高。分子之间具有键合的聚合物是三维网状结构的，称为体型聚合物。体型聚合物是不溶不熔的热固性材料，为了方便成型加工，从单体到体型聚合物制品的整个生产过程，可以分为合成和成型两个阶段，树脂或预聚物

合成既要保证一定的分子量，又必须严格防止因凝胶而影响后续成型加工。

(1) 线型树脂 用线型高分子聚合方法合成，然后在成型时加入过氧化物引发剂或者辐射产生游离基合成体型聚合物。线型树脂结构中，有叔碳结构的比较容易产生游离基。

(2) 微凝胶 一般使用三官能团以上的多种单体逐步聚合而成，使用乳液聚合或者反相乳液聚合的方法，控制微相颗粒尺寸，合成微凝胶。微凝胶可以提高聚合物强度等性能。微凝胶的研究引起很多关注，其理论和实践结果，将会促进聚酯树脂及其产品的进一步发展。

(3) 结构预聚 许多体型聚合物先合成基团结构比较清楚的进行了分子设计的预聚物，具有特定的端基或侧基，结构预聚物本身一般不能交联固化，成型时，须另外加入催化剂或其他反应性物质。

(4) 无规预聚 多官能度（若>2 个官能度）体系进行缩聚时，先形成支化，进一步反应，则交联成体型聚合物。合成中控制其反应程度在支链型预聚物阶段，可溶可塑化。体系中含有尚可反应的基团，预聚物基团是无规则分布的。可以在成型阶段进一步受热反应，交联固化成体型聚合物。

多官能度单体聚合到某一反应程度，开始交联，黏度暴增，体系中气泡很难上升，出现了不溶不熔的凝胶。体系中出现凝胶时的临界反应程度，定义为凝胶点（p_c）。凝胶相当于许多线型大分子交联成一整体，各个线型大分子不能再发生相对位移。凝胶点的预测和控制很重要。预聚合成时，如超过凝胶点，产品将固化在聚合釜内报废。

凝胶点预测主要使用著名的 Carothers 方程，试推导如下。

① 平均官能度（f）

$$f=\frac{\text{参与反应的官能团数}}{\text{总单体分子数}}$$

表 2-1-80 是两个聚酯配方及其平均官能度计算举例。其中，因为羟基和羧基的反应是一对一进行的，多余官能团无法参加反应，所以，参与反应的官能团数按照羟基数或者羧基数中比较小的官能团数两倍计算。

表 2-1-80 聚酯配方及其平均官能度计算

项 目	配方 1		配方 2	
	单体分子数	官能团数	单体分子数	官能团数
三羟甲基丙烷			1.9	5.7
新戊二醇	1.5	3.0	3.6	7.2
间苯二甲酸	0.9	1.8	3.0	6.0
己二酸	0.3	0.6	2.0	4.0
偏苯三酸酐	0.3	0.9		
羟基数	3.0		5.7+7.2	
羧基数	1.8+0.6+0.9		6.0+4.0	
总单体数	1.5+0.9+0.3+0.3		1.9+3.6+3.0+2.0	
参与反应的官能团数	2×3.0		2×10.0	
平均官能度	f=2×3.0/(1.5+0.9+0.3+0.3)		f=2×10.0/(1.9+3.6+3.0+2.0)	

② Carothers 方程 设体系中起始分子数为 A_0，则起始官能团数为 A_0f。令 t 时体系中

分子数为 A，则凝胶点以前反应的官能团数为 $2\times(A_0-A)$。系数 2 代表体系中每减少一个分子，必有两个官能团反应（成键）。则：

$$p=\frac{\text{已反应的官能团数}}{\text{起始官能团数}}=2\,\frac{A_0-A}{A_0 f} \tag{2-1-21}$$

因为聚合度 X_n＝单体总数/大分子个数＝A_0/A，代入上式，则得

$$p=\left(\frac{2}{f}\right)\left(1-\frac{1}{X_n}\right) \tag{2-1-22}$$

发生凝胶点时，考虑 X_n 趋向于无穷大，则凝胶时的临界反应程度 p_c 为

$$p_c=\frac{2}{f} \tag{2-1-23}$$

由于式(2-1-22) 中的 X_n 都是有限值，并非无穷大。所以由式(2-1-23) 计算所得到的临界反应程度往往偏大。如果使用实验测定具体体系凝胶时的 X_n 参数校正，则式(2-1-22) 计算结果与真实值相近。不仅如此，式(2-1-23) 非常简洁，具有重要的理论指导意义，例如，当 $f\leqslant 2$ 时，$p_c\geqslant 100\%$，即体系不会发生凝胶。

7. 聚合实施方法

逐步聚合重点要考虑官能团摩尔比和反应程度问题，以保证聚合达到一定的分子量。

(1) 熔融聚合　反应在单体和聚合物熔点温度以上进行。经济，产物纯净。主要问题是反应温度比较高。要求产品有较高的热稳定性。脱羧等副反应容易造成非等摩尔比，影响分子量。随着反应体系中聚合物分子量的提高，黏度增加。缩合小分子的脱除可能需要抽真空。

(2) 溶液聚合　行业内我们习惯称之为回流聚合，反应在适当的溶剂中进行，反应平稳而副反应少。缩合小分子可以和溶剂共沸脱除。由于使用溶剂，体系中反应物浓度下降。溶剂会引起污染和成本增加。

(3) 界面聚合　反应在两种溶剂的界面进行。要求单体有极高的反应活性。特点是反应对官能团摩尔比没有要求。

8. 立体因子

聚酯容易合成，单体也很丰富，因而性能具有很大的可调性，然而酯基不耐水。聚合时，二元醇中以新戊二醇较为理想，与乙二醇比较，可以大大改善树脂的耐水性能，它们的结构示意如图 2-1-12。

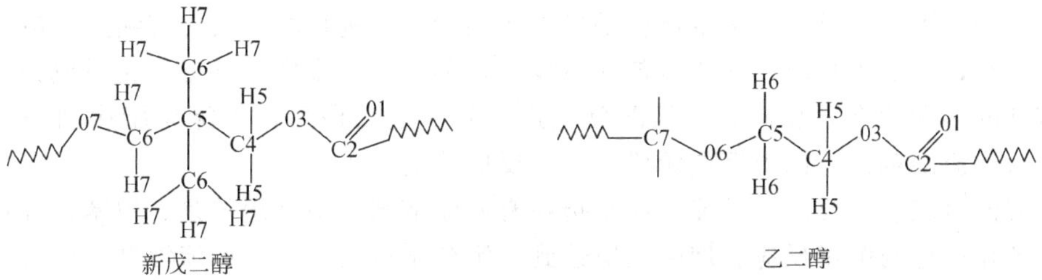

图 2-1-12　新戊二醇聚酯和乙二醇聚酯的结构

将其结构中羰基上的氧作为起点，逐次将原子标上位数，数出 6 位和 7 位的原子数，然后按式(2-1-24) 计算立体因子：

$$\text{立体因子}=4\times(6\text{ 位的原子数})+(7\text{ 位的原子数}) \tag{2-1-24}$$

新戊二醇 6 位和 7 位的原子数分别为 3 个和 9 个，立体因子为 21；而乙二醇的聚酯只有

3个6位原子和1个7位原子，立体因子为13。根据6，7位经验规律，立体因子值愈高，水解稳定性愈好。因此，新戊二醇聚酯的耐水性远超过乙二醇。同理，如果使用支化的二元醇，则水解稳定性将大大提高。

四、聚酯树脂的生产工艺

1. 生产工艺和工艺过程

聚酯树脂合成常用的新戊二醇、甲基丙二醇等多元醇，升华温度较低，若反应起始时采取熔融酯化的工艺，没有沸腾的溶剂，直冷凝器中的气相温度可通过控制冷却水来控制，可减少多元醇的升华损失，避免不必要的原料消耗。若反应起始就采用将回流溶剂与多元醇、多元酸同时投入的工艺，在回流反应时，溶剂处于沸腾的状态，气相温度较高，且受沸腾溶剂的影响，难以下降，多元醇很容易升华而损耗，影响了与多元酸反应状况，难以得到清澈透明的树脂。要解决这个问题，只有增加多元醇的投料量才有可能，这势必增加聚酯树脂的原料成本，从技术经济的角度看，极不合理。

多元醇分子链上的羟基与多元酸分子链上的羧基，需要到达一定温度，才会发生酯化反应。不同烃基结构的多元酸与多元醇反应活性不同，发生反应的温度也不同，饱和聚酯树脂合成中常用的多元酸为对苯二甲酸和间苯二甲酸等，与多元醇的起始反应温度都高于苯酐。刚开始酯化反应时，有大量的反应水生成，再加上回流溶剂的存在，会降低整个体系的温度，反应温度很可能达不到羟基与羧基发生反应所需的适宜温度，反应无法顺利进行，若采用先不加溶剂熔融反应工艺，反应温度高，这个问题就不存在了。因此目前聚酯树脂合成一般采用先熔融反应、再加溶剂回流反应的工艺。

合成聚酯树脂所采用的各种结构不同的多元酸，与多于醇反应的竞聚率不同，因此与多元醇反应时，竞聚率高的多元酸与多元醇反应快，而竞聚率低的多元酸与多元醇反应慢，难以顺利的接到聚酯分子链上。当然多元酸的反应活性与多元酸所占比例也有关系。

为得到均衡的树脂分子链，保证树脂有优异的性能，根据树脂所采用的多元酸的情况，为保证竞聚率低的多元酸与多元醇的充分反应，一般可采用将竞聚率高的多元酸后投料（二次投入）的方式，这样刚开始反应时，没有竞聚率高的多元酸参与竞争，可保证竞聚率低的多元酸与多元醇反应顺利进行，反应到达一定程度后再加入反应性强的多元酸，可得到分子链结构分布适宜的饱和聚酯树脂。

根据配方中多元酸反应活性的差异情况，多元酸可采用一次投料或二次投料，使用对苯二甲酸的配方，多元酸大多采用二次投料。

(1) 熔融（聚合）反应　熔融反应是指无溶剂状态下进行酯化反应与缩聚反应，生产饱和聚酯树脂时，起始投料时，回流溶剂并不投入，多元醇、多样化升温熔化后成为均相，体系在无溶剂的熔融状态下反应，等熔融反应进行到一定阶段后，聚酯树脂达到一定分子量后，再加入回流溶剂进行回流反应阶段，直至反应达到要求。

(2) 回流（聚合）反应　回流反应是指在有回流溶剂（最常用的是二甲苯）存在的情况下，进行酯化反应与缩聚反应。熔融反应达到一定分子量后，加入回流溶剂，反应进入回流反应阶段。由于树脂合成的反应为可逆反应，若采用全部熔融反应的工艺，没有回流溶剂沸腾的帮助，反应生成的水从反应物中分离比较困难，对于反应的进程不利，会影响反应产物的品质、延长聚酯树脂达到规定要求的时间。

加入回流溶剂后，由于溶剂的沸腾，整个反应体系——反应釜、冷凝器、分水器等形成一个循环，反应生成的水通过回流溶剂的循环，从反应系统中分离出来，使可逆反应可以顺利的向正反应方向移动，有利于反应进程。由于溶剂的存在，反应物流动性好，容易成为均匀的液相，反应温度及聚酯树脂的黏度容易控制，反应进展顺利，树脂质量可以得到保证。

(3) 生产工艺过程　饱和聚酯树脂的生产由几个相对独立的单元操作所组成，一般可分为以下几个单元操作，投料、反应、中控、稀释、压滤。

① 投料　开始生产的第一步，这个步骤最重要是：投料准确；按工艺要求的顺序投料。同样的配方不同的投料次序会对产品造成影响，多元醇和多元酸熔点各异、熔化快慢不同，最合适的次序是将容易熔化的多元醇分为两份分别投在反应釜底部和上部，多元酸投在物料的中间，升温时多元醇与多元酸可尽快融合为均相，使反应顺利进行。

② 反应　树脂合成牵涉到的化学反应是酯化反应和缩聚反应，反应工艺、反应温度、催化剂的类型都对反应进程有影响。从反应控制上看，要及时将反应水从反应釜中脱出，使反应朝我们控制的方向进行，避免副反应的发生。

③ 中控　通过取样后的检验来衡量反应是否达到了规定的要求，这一过程要求取样后用来稀释的溶剂，与生产时对稀溶剂成分完全相同，以保证测试准确。样品溶解时，溶剂会挥发，溶解后应复称，减少的分量用稀释溶剂补足，可提高测试的准确性。

④ 稀释　反应达到终点后，放料到对稀釜中稀释，另外，反应釜中应加入部分强溶剂洗锅，将黏附在反应釜内壁的树脂洗下，这一步骤的要求是搅拌均匀。

⑤ 压滤　原料引入与反应产生的杂质都留在树脂体系中，但聚酯树脂加工的涂料都有细度要求，因此要用过滤的方法将树脂中的杂质滤掉，保证树脂产品清澈透明。

2. 反应控制

饱和聚酯树脂的生产过程有多个单元操作组成，每个单元操作承担的功能不同，对产品质量影响程度也不同，如何按工艺要求控制好反应，将直接影响到树脂的品质与性能。如果我们将反应这一单元操作继续细分，可分为熔融反应和回流反应两个阶段。

针对两个不同的反应阶段，各有工艺操作目标，工业生产会提出不同的控制要求，以达到生产出符合应用性能要求的树脂。

熔融酯化：多元醇、多元酸、催化剂投入反应釜后，在无溶剂状态下，逐步升温熔化，变频搅拌先慢速启动，视熔化情况加速，完全融化形成统一均相后，继续升温，进入熔融反应阶段。这是整个工艺最关键的阶段，有几个关键工序要注意。

(1) 气相温度的控制　在熔融反应的温度下，总有些易升华的原料会升华损耗，若升华量的加大，气相温度会升得很快，显然，控制好气相温度是减少升华的必然措施，但气相温度与反应釜釜内温度是有关联的，气相温度控制的越低，会导致釜内温度无法升高，从而对反应造成影响。考虑到起始反应时，原料浓度高，升华倾向大，反应剧烈，开始生成的反应水从反应釜内脱出，也会对升华有帮助，因此起始反应时的气相温度应控制的低一些。而随着反应进行，树脂分子逐渐形成，原料浓度逐渐降低，升华倾向逐渐减少，反应水也逐渐减少，此时，气相温度可控制的高些。如果将熔融反应气相温度的控制分为三段，建议按如下温度分别控制，99～102℃、102～105℃、105～108℃。

(2) 釜内熔融反应温度的控制　工艺文件会设置一个熔融反应允许的最高温度，反应温度过低会直接影响反应进程，温度过高会使反应速度过快，导致气相温度失控，这个温度要通过小试验证，平衡各方因素，确认合适熔融温度。一般将最高允许温度设置为比适宜的熔融反应温度高5℃，实际生产时，随着反应水脱出，釜内温度会逐渐上升，整个釜内温度的变化控制趋势与气相温度的控制趋势是同步的。

(3) 惰性气体（CO_2 或 N_2）的保护　反应釜与大气通过平衡管（放空管）连通，维持压力平衡，保证熔融反应在常压下进行。熔融反应开始前，已有较高的温度，反应物与大气直接接触，易产生氧化聚合反应，造成物料色泽变深。为避免这种情况，可在投料完毕后，升温同时通入惰性气体，利用惰性气体来隔绝反应物与空气的接触，防止氧化的发生，直到熔融酯化发生，反应水生成，由水蒸气来起隔绝空气作用时，才停止通入惰性气体。为保证隔绝空气效果，通入惰性气体前，反应釜先抽真空，以尽量排除空气，然后再通入惰性气体。

回流酯化：如果全部采用熔融反应的工艺，随着酯化反应进行，聚酯树脂分子量逐渐上升，体系的黏度也日益上涨，反应生成水要从体系中脱出，也变得愈发困难；而且在无溶剂状态下，随着树脂分子量和黏度上升，液相反应的进行也越来越难，反应的中间控制也难以进行。

若在熔融反应进行到一定程度后，加入一定量的与水不相溶的溶剂，与水共沸时，较为容易的将酯化反应生成水带出了反应釜，有利于酯化反应的进行；溶剂的存在使中间控制相对容易进行，体系的黏度有一定程度下降，有利于液相反应继续进行。在这个工艺阶段，需要注意以下问题。

① 进入回流反应后，随着反应进行，反应生成水被带出反应釜，体系的温度会逐渐上升，温度高低能影响反应速度的快慢，因此要设定最高反应温度。这与回流溶剂的加入量有很大关联，回流溶剂量大，在共沸状态下体系温度受溶剂影响难以升得很高；回流溶剂量小，溶剂的干扰少，在共沸状态下体系温度容易升高。因此要根据反应工时、控制情况、加热状况等来设计好工艺最高控制温度，以利于生产正常进行。

② 树脂的最终成型，离不开中间控制，这关系到树脂生产能否达到规定的要求。在反应后期，取样后，按生产使用的溶剂种类、稀释比例加入溶剂并搅均匀，一般测试黏度和酸值，观测是否达到工艺控制的指标。这一步骤关键的是，取样后的测试一定要准确无误，否则后患无穷。

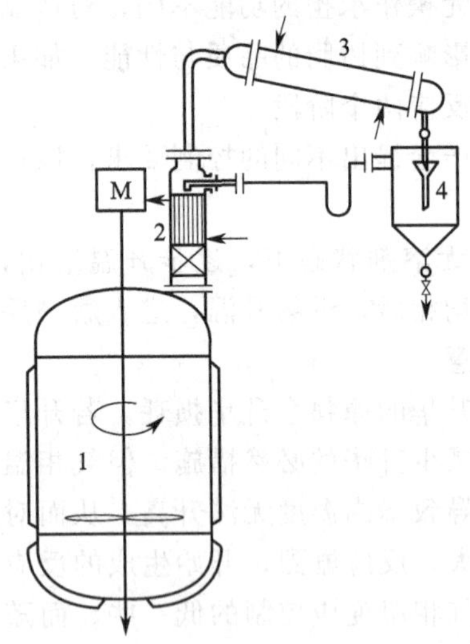

图 2-1-13　聚酯树脂生产设备简图
1—反应釜；2—直冷凝器；3—横冷凝器；4—分水器

3. 生产设备

生产饱和聚酯树脂的主要设备有反应釜、稀释釜、压滤机，根据工艺特点，采用单釜间隙式生产工艺。以反应釜为主，配套有直冷凝器、横冷凝器、分水器、压滤机及稀释釜。聚酯树脂生产设备如图 2-1-13 所示。

在聚酯树脂反应过程中，有需要加热的工序，也有需要冷却的工序，从工艺控制上说，要求加热与冷却的速度都要快，以减少过程时间，尽快达到工艺控制要求。根据工艺的要求，一般采用间接加热方式，配置高温导热油炉，采用适当的燃料，将导热油加热，依靠循环供热系统强制循环，达到加热反应釜内物料目的。

反应釜可采用夹套通导热油、内置盘管通冷却水方式，也可采用夹套内进冷却水、内置盘管通导热油的方式。加热和冷却设置方式，对加热和冷却效果有一定影响，聚酯树脂生产过程中，需要冷却的工序有：①反应结束后的中止反应；②熔融反应向回流反应转换时的冷却。无论采用何种方式，都能满足工艺要求。

主要考虑的是工艺对加热的要求，生产开始时，要尽快将多元醇、多元酸熔化并形成均相，使反应顺利进行。采用夹套加热方式，热量通过反应釜壁传递给釜内的物料外围，再逐渐向内传递；而采用内置盘管方式加热，盘管处于物料中，热量传递要快，物料容易熔化。

因此生产时采用内置盘管加热、外部夹套或半管冷却的方式更好。若生产一些后阶段黏度上升很快，需要及时冷却来中止反应的聚酯树脂，可考虑采用内置盘管冷却的方式。

不同聚酯树脂由于分子量、黏度等有较大差距，同样的搅拌很难适应不同工艺状况，若有多个反应釜生产树脂，宜采用不同的搅拌形式，来适应不同的工艺要求。多元醇、多元酸熔化需要过程，为防止开始时过快转速对搅拌造成损坏，搅拌电机应采用变频电机。常用的桨式搅拌器有单层式或双层式，一般采用倾斜安装，可产生一定轴向液流，搅拌效果较好，适应树脂黏度或分子量不很大的品种。若合成高分子量、高黏度的线型聚酯，反应后阶段黏度很大，斜桨式搅拌难以使釜内物料形成均相，产生中控黏度与对稀后黏度的较大偏差，影响生产正常进行。

为解决高黏度聚酯树脂生产中出现的后阶段物料不均匀状况，采用结合旋桨式搅拌器和框式搅拌器特点的复合搅拌器是很好的方法。由三片花瓣形桨叶组成的旋桨式搅拌器外，加上平置的有一定宽度的框组成，框外沿基本接近反应釜内的浸入式盘管，一般安装在反应釜筒身与下封头接口略下一些的水平面上。与常用的旋桨式搅拌不同的是，桨叶采用将轴向液流向上扫的形式安装，比将轴向液流向下扫的安装形式效果要好。

目前树脂生产企业，液体树脂过滤一般都采用垂直网板式过滤机（行业内一般称为γ过滤机），为保证过滤效果，避免一些机械杂质对不锈钢丝网造成影响，可在反应釜和过滤机之间安装袋式过滤的装置（内置不锈钢丝网），分离掉比较大的固体颗粒，以避免损坏过滤机。

考虑饱和聚酯树脂生产特点和工艺操作要求，聚酯树脂反应釜的直冷凝器，上半部设置成冷凝器，经过分水器的回流溶剂从冷凝器上进入，下半部设置为有一定数量填充料的分馏柱，上半部分流出的冷凝液，流到下半部分放置了填充料的分馏柱内，进行传质和传热，有利于共沸液的分离，加快酯化反应，减少热量消耗，减少升华引起的原料损失，避免因升华造成的冷凝器堵塞。

在直冷凝器与横冷凝器连接处，应安装监控温度计来显示气相温度、控制升华情况。考虑到有些树脂合成时，分馏柱中的填充料会造成沸腾困难，可在蒸出管的下部开手孔，必要时，可将填充料从手孔处取出。

冷凝器下的分水器，用于收集冷凝下来的反应水和回流溶剂共沸物，依靠各自密度不同进行分层，上层回流溶剂，经回流管重新进入反应釜，水则从分水器底部排出。一般分水器为立式圆筒状贮罐，顶部采用平顶或椭圆形封头，底部为锥形结构。分水器中部有两个对称圆形视镜，一个放置视镜灯，一个供观察使用，为方便观测，视镜中心部位与回流管低点等高，保持分水器液面高度处于圆形视镜的中间部位。

分水器进来的水和溶剂共沸物直接落在液面上，可能发生未充分沉淀，即走近路从回流管返回反应釜。回流溶剂中夹带过多的水，会对聚酯树脂的酯化反应造成不良影响，使反应有向逆反应方向进行的倾向。为使溶剂在分水器中有充足的时间沉降分层，且不直落在液面上，可通过一个漏斗将引冷凝液引至液面下一定深度，延长了回流溶剂在分水器内停留时间，有利于水与溶剂分离。分水器的容积以略大于反应釜内酯化反应所能产生的水量为宜。

五、饱和聚酯树脂的分类与制备

1. 饱和聚酯树脂分类

饱和聚酯树脂是树脂行业非常重要的一大类产品，在人们的日常工作和生活中应用很广，如纤维用聚酯、薄膜用聚酯、塑料用聚酯等用量都很大。涂料用饱和聚酯树脂仅仅是其中用量较少的一种，常见的涂料用树脂主要有松香树脂、氨基树脂、环氧树脂、醇酸树脂、异氰酸树脂，不饱和聚酯树脂、丙烯酸树脂、酚醛树脂、乙烯类树脂等，还有近年来发展迅速的有机硅树脂和氟树脂。

涂料用树脂的分类时，饱和聚酯树脂在涂料行业内的研发与应用很少，因此未将饱和聚酯树脂列为一个大类，而从其结构特点及产品的发展应用看，与醇酸树脂有千丝万缕关系，只是不含动植物油脂，因此将其归为特殊的醇酸树脂——无油醇酸树脂。按分子量大小可分为高分子量、中等分子量和小分子量三类，从涂料用饱和聚酯的产品研发和实际应用分析，由树脂的分子结构按以下三类划分是比较适宜的。

第一类，直链结构的饱和聚酯树脂。若使用直链结构的二元醇与二元酸（如新戊二醇、1,6-己二醇、甲基丙二醇、间苯二甲酸、己二酸等），可得到直链结构饱和聚酯树脂，如果采用的二元酸和二元醇中不含芳香烃结构，可得到脂肪烃直链结构的饱和聚酯树脂。高分子量直链结构的饱和聚酯树脂柔韧好、附着力好，可用于卷材涂料底漆。

第二类，网状结构的饱和聚酯树脂。若使用了三官能团或三官能团以上结构多元酸或多元醇（如三羟甲基丙烷、偏苯三酸酐等），会在支链上发生反应，产生含网状结构的饱和聚酯树脂。中等分子量网状结构的饱和聚酯树脂活性高、综合性能突出，可用于卷材涂料面漆和背面漆。

第三类，改性饱和聚酯树脂。采用化学反应引入除多元醇、多元酸之外的其他成分，来达到改善和突出某种性能的目的，由此产生改性聚酯树脂。目前应用比较多的是环氧改性、丙烯酸改性、有机硅改性饱和聚酯树脂。

2. 饱和聚酯树脂配方设计

多元醇与多元酸合成的聚酯树脂并不是纯粹、可用化学结构式准确描述的化合物，而是由各种不同分子量的树脂分子混合而成的高分子聚集物，树脂的数均与重均分子量、分子量分布的宽窄、离散度（重均分子量/数均分子量）、活性基团（羟基、羧基等）的不同，产生了不同应用性能、适应不同需要的树脂。这些参数的变化，与所采用多元醇、多元酸的品种和用量、酯化反应条件和方式、反应的控制等密切相关。如何控制和调整这些因素，是配方设计需要关注的重点。

如果把配方设计这项工作进一步分解的话，可由以下几个步骤构成：①设计依据；②原料选择；③设计依据；④配方估算；⑤生产调整。

(1) 设计依据　作为涂料中的主要成膜物质，涂料的性能主要由树脂来体现，因此，进行配方设计前，首先根据掌握的各种信息，必须要了解要生产的树脂所应用涂料使用在什么场合；有什么性能要求；涂料生产企业对树脂的成本有何要求，这些都是配方设计的前提，然后才能进行基础配方设计。不同用途的涂料，要求不同性能的树脂来匹配，树脂的分子结构也有差异，采用的原料也有不同。

要求柔韧好的树脂，树脂的结构应采用直链的分子结构为宜，选用的原料应是长链多元醇、多元酸为主。对硬度要求高的树脂，树脂的结构以体型结构、含刚性基团的为宜，选用容易形成体系结构的多官能团原料（三官能团和三官能团以上）、含苯环的原料来配合。以卷材涂料用聚酯树脂为例：对用于面漆、背面漆、底漆的树脂，要求肯定各不相同的。

因此，树脂的性能、用途、分子结构、所采用的合成工艺，相互关联并相互影响。聚酯涂料的用途，饱和聚酯所要达到的性能将决定树脂的结构与组成，有什么结构就有什么性能，也决定了最终具有什么用途。上述这些设计开发时需要考虑的问题，就是饱和聚酯树脂配方设计的依据。

(2) 原料选择　常用的饱和聚酯树脂是含端羟基官能团的聚酯树脂，通过与异氰酸酯、氨基树脂等树脂交联固化成膜。决定树脂性能的关键因素是所使用的多元醇和多元酸的特性，不同的原料对树脂性能提供不同的贡献，选择原料要从满足涂膜性能要求，选择相应的、能对树脂所要求性能有帮助的原料，一般从官能度、硬度、柔韧性、成本等多方面来考虑选择原料。

选择原料和确定配方时要了解所用原料的特性和它们的反应机理，才能进行好配方设计，并掌握它们之间反应速率的相异，确定试验工艺。含苯环的原料能为树脂提供硬度；使用三官能团及以上的多元醇或多元酸，有利于形成具有网状结构的聚合物，也具有较高硬度；但快速增长的网状结构，易造成树脂黏度增加过快，甚至引起树脂胶化，因此要适当控制三官能团及以上原料用量。

配方设计时要考虑：①二元醇升华损耗；②反应完成后，过量羟基的封端可控制树脂分子链的增长，为交联固化保留了活性基团。因此必须有适当的醇超量。常见的多元醇和多元醇见表 2-1-81。

表 2-1-81　常见的多元醇和多元酸

类别	名　　称	官能度	当量	特点
多元醇	新戊二醇	2	52	硬度
	甲基丙二醇	2	45	溶解性
	1,4-丁二醇	2	45	韧性
	1,6-己二醇	2	59	韧性
	1,4-环己烷二甲醇	2	88	硬度、耐候性
	羟基特戊酸新戊二醇酯	2	102	韧性、硬度
	乙基丁基丙二醇	2	80	韧性、硬度
	2,2,4-三甲基-1,3-戊二醇	2	73	硬度
	三羟甲基丙烷	3	44.7	韧性、硬度
	季戊四醇	4	34	硬度
多元酸	间苯二甲酸	2	83	硬度、耐候性
	对苯二甲酸	2	83	硬度、溶解性
	苯酐	2	74	硬度
	己二酸	2	73	韧性
	奎二酸	2	101	韧性
	四氢苯酐	2	76	耐候性、硬度
	偏苯三酸酐	3	64	硬度

(3) 设计依据　饱和聚酯树脂是由不同分子量的树脂分子组成的混合物，从理论上讲很难精确的计算配方，只能根据前人的总结和传授、加上自己的实践来进行设计推算。通过树脂试验与应用试验来矫正起始的配方设计，完善树脂的性能，满足涂料的要求，从而丰富自己的配方设计经验，逐步提高自己的设计水平。配方设计前，要尽可能将要求具体化，掌握的信息越多，设计出的基础配方偏差就越小，产品开发周期就越短些。

官能度是产品分子所含官能团的数目，而聚酯树脂是各种分子量的树脂分子聚集物，很难精确计算，但从使用的原料可以计算出理论平均官能度作为参考。从理论上说，平均官能度为 2 的配方体系不会胶化，若有 3 官能团或以上的原料存在，理论平均官能度大于 2，试验时应注意反应情况。卷材涂料用饱和聚酯树脂，面漆用树脂分子量相对小些，醇超量稍大些，平均官能度一般为 2.05～2.10；底漆用树脂分子量相对大些，醇超量稍小些，平均官能度一般为 2.0～2.05。

在设计配方时，醇超量是聚酯配方设计时要考虑的重要参数，它牵涉生产工艺的稳定，其数值的大小能影响树脂官能度和分子量，而这些指标影响活性基团（羟基）含量和树脂的性能。不同的用途，醇超量的设置也不相同，用于卷材涂料面漆的饱和聚酯树脂，醇超量一般为 1.15～1.25，用于卷材涂料底漆的饱和聚酯树脂，醇超量一般为 1.05～1.10，这些参数会影响树脂的性能。醇超量可表述如下：

$$R=\frac{e_B}{e_A}$$

式中　R——醇超量；

e_A——配方中多元醇当量数；

e_B——配方中多元酸当量数。

配方设计时，还有一个重要参数必须考虑——工作常数，它表示了树脂达到胶化状态时的反应程度，配方设计时一般都设计为大于 1，以保证树脂从理论上不会胶化。工作常数可表述如下：

$$K=\frac{m_0}{e_A}$$

式中　K——工作常数；

m_0——配方中多元醇与多元酸的总摩尔数；

e_A——配方中多元酸当量数。

① 树脂的羟值（—OH）　羟值是饱和聚酯树脂的关键参数，这是因为树脂中的羟基要与氨基树脂或异氰酸酯树脂交联。羟值的大小、分布情况、种类是影响交联情况的关键因素。从实际生产的饱和聚酯树脂分析羟值大小，用于制备卷材快速线面漆的树脂羟值一般在 60～80mgKOH/g，用于制备卷材低速线面漆和背面漆的树脂羟值一般在 45～65mgKOH/g，用于制备卷材涂料底漆的树脂羟值一般在 5～20mgKOH/g。考虑到反应过程中多元醇的升华损耗等，理论设计时的羟值应大于上述推荐的实测羟值。大量的树脂生产积累了理论羟值与实测羟值的偏差，一般实测羟值/理论羟值≈70%～80%，若升华损耗小些，实测羟值/理论羟值>80%，若升华损耗大些，实测羟值/理论羟值<70%。

从羟基分布来看，分子链两端的羟基具有更高的反应活性。从羟基的种类分析，伯羟基具有更高的反应活性。根据树脂的应用方向，合理设计树脂的羟值，是我们在设计配方时要考虑的问题。

② 树脂的分子量（M_n）　树脂分子量的大小、分布情况是影响涂料性能的一大因素。低分子量的树脂能够提供高的涂膜硬度和高的反应活性，但在韧性方面则稍显不足；相同分子量的树脂的离散度愈大，溶剂稀释性就愈差，黏度愈高，反之树脂黏度愈小。高分子量的树脂具有突出的韧性和附着力，在反应活性方面则有所欠缺。一般来说，使用在面漆中的饱和聚酯其数均分子量一般在 10000 以内（其中快速线上使用的树脂分子量略低一些，低速线上使用的树脂分子量略高一些），而用于底漆的饱和聚酯树脂分子量一般在 10000 以上（用于底漆的高分子量线型聚酯树脂分子量一般可达 15000 以上）。

③ 树脂的玻璃化温度（T_g）　树脂的玻璃化温度是影响涂料韧性、硬度、耐划伤性的关键因素。高的玻璃化温度能赋予涂膜较好的硬度和耐划伤性，较低的玻璃化温度能为树脂提供抗冲击性。一般来说玻璃化温度在 20～40℃的树脂用于生产卷材涂料，其中，面漆所用的树脂玻璃化温度较底漆用树脂稍高，这是因为面漆要考虑涂膜的硬度和耐划伤性，而底漆

柔韧性则较为关键。

(4) 配方估算 配方设计依据是我们估算配方的依据。除此以外，原料的性能、特点及相关理化数据也是我们估算配方的依据。另外，工艺条件情况在估算配方时也要考虑，比如加热方式、冷却效果、搅拌情况对估算配方都有一定程度的影响。下面举例对此加以说明。

设计一个用于卷材涂料面漆（快速线）的饱和聚酯树脂。

① 指标要求 含量要求60%，酸值要求≤6mgKOH/g，分子量要求5000～7000。

② 原料的确定 根据卷材涂料快速线耐候性、柔韧性和硬度的要求，根据不同原料对树脂性能的贡献，首先确定合成树脂需要的原料。

新戊二醇：无β位氢原子，耐候性好。

甲基丙二醇：溶解性好，价格相对低廉。

间苯二甲酸：羧基位阻小，有利于提高分子量、耐候性好。

己二酸：具有较长的无支链的直链结构，分子链旋转角度大，柔韧性与耐候性好。

苯酐：溶解性好，价格相对低廉、也有利于硬度。

偏苯三酸酐：形成体型缩聚产物，能提高交联密度，有利于硬度和耐MEK擦洗。

催化剂：单丁基氧化锡。

回流与对稀溶剂：回流脱水与调整树脂含量、黏度用。

③ 树脂参数的确定 按前文提供的经验数据，羟值取中间值70mgKOH/g，按实测羟值/理论羟值≈70%～80%经验值，理论羟值按90～100mgKOH/g计，平均官能度按2.075计，醇超量按1.20计。

④ 配方的确定 整个配方多元酸的当量按1.0计，则多元醇当量按1.2计。根据快速线用聚酯树脂柔韧性和硬度平衡性方面的要求，初定己二酸用量为酸总量的15%，按0.15计；根据树脂平均官能团2.075的设计，初定偏苯三酸酐用量为总量的10%，按0.22计；考虑到间苯二甲酸与苯酐的性能和特点，确定间苯二甲酸用量应大于苯酐，还剩下的多元酸当量中，间苯二甲酸用60%约0.37，苯酐用40%约0.26。综合考虑成本等原因，新戊二醇用2/3约0.8，MPD用1/3约0.4。

根据上述测算结果，再按事先设定的理论羟值、平均官能度等对配方微调，具体配方见表2-1-82（按10m³反应釜计）。

表2-1-82 配方（kg）估算结果

新戊二醇	2560	MPD	1150	间苯二甲酸	1920
苯酐	1280	己二酸	640	偏苯	880
单丁基氧化锡	5	回流二甲苯	440	对稀溶剂	4640
总酸当量 e_A	62.9331	总醇当量 e_B	74.8024	总摩尔数 m_0	66.5758
平均官能度	2.07	工作常数 K	1.0579	理论羟值	95.39
醇超量	1.1886				

3. 饱和聚酯树脂配方实例

确定了配方和生产工艺，车间的任务就是严格按照技术部门下达的工艺文件组织生产。从工业化生产的实际情况看，影响产品质量的重要原因在于工艺控制水平，这又涉及操作工的操作技能、工作态度、设备的完好情况等。工艺文件是产品开发试验成果与车间生产实践的有机结合，从生产到试验、再从试验到生产，才能保证工艺文件的合理性与可操作性，以下几个配方实例供参考。

配方1：可用于快速线卷材面漆的聚酯配方（kg）实例

配方：

新戊二醇	3800	单丁基氧化锡	5.0
己二酸	960	乙二醇丁醚	780
回流二甲苯	430	100#溶剂	1300
间苯二甲酸	2400	150#溶剂	2400
偏苯三酸酐	800		
对苯二甲酸	480		

指标：

固体分	58%～62%	加氏黏度(25℃)	15～20s
色泽(Fe-Co)	≤1	酸值/(mgKOH/g)	2～5

操作：

① 新戊二醇、间苯二甲酸、对苯二甲酸、偏苯三酸酐、己二酸投入反应釜，通氮气、升温。

② 加热到能搅拌时，开动搅拌，投入单丁基氧化锡，打开直冷凝与横冷凝冷却水，反应出水后，停止通氮气。

③ 逐步升温，控制气相温度≤105℃，釜内温度最高为235℃。

④ 当釜内温度到达230℃后，取样在玻璃上，冷却到室温后，要达到透明，透明后维持30～45min。冷却到180℃以下，加入二甲苯。

⑤ 关闭直冷凝冷却水，边脱水边升温进行回流酯化反应，控制反应温度≤220℃。

⑥ 回流反应1h后，进行中控，检验黏度、酸值（注意反应后阶段黏度上升趋势）。

取样比例　12.7g样品+7.3g稀释溶剂

要求控制　加氏黏度（25℃）　15～20s

酸值/(mgKOH/g)　2～5

⑦ 中控符合要求后，冷却到180℃以下，放料到对稀釜中（对稀釜中先加入部分对稀溶剂）；反应釜中加入剩余的对稀溶剂，回流一段时间后放入对稀釜中，搅拌均匀后复测黏度，达到要求后过滤包装。

配方2：0T弯卷材面漆的聚酯配方（kg）实例

配方：

新戊二醇	2080	己二酸	1320
BEPD	630	回流二甲苯	250
单丁基氧化锡	5.0	150#溶剂	3200
乙二醇丁醚	780	1,6-己二醇	240
三羟甲基丙烷	240	间苯二甲酸	2760

指标：

固体分	58%～62%	加氏黏度(25℃)	25～35s
色泽(Fe-Co)	≤1	酸值/(mgKOH/g)	2～6

操作：

① 新戊二醇、间苯二甲酸、三羟甲基丙烷、1,6-己二醇、BEPD投入反应釜，通氮气、升温。

② 加热到能搅拌时，开动搅拌，投入单丁基氧化锡，打开直冷凝与横冷凝冷却水，反应出水后，停止通氮气。

③ 继续缓慢升温，气相温度按如下要求控制：

第1小时，气相温度102～105℃；

第2～3小时，气相温度108～112℃；

第4小时，气相温度105～108℃。

釜内按如下要求控制：

前 1.5 小时，釜内温度≤190℃；

后 2.5 小时，釜内温度 190～210℃。

④ 熔融酯化反应 4h 后，取样在玻璃上，冷却到室温后，要达到透明，透明后维持 30～45min。冷却到 170℃以下，加入已二酸和二甲苯。

⑤ 关闭直冷凝冷却水，边脱水边升温，进行回流酯化反应，控制反应温度≤220℃。

⑥ 回流反应 2h 后，进行中控，检验黏度、酸值（注意反应后阶段黏度上升趋势）。

取样比例　12.7g 样品＋7.3g 稀释溶剂

要求控制　加氏黏度（25℃）　25～35s

酸值/(mgKOH/g)　2～6

⑦ 中控规定要求后，冷却到 180℃以下，放料到对稀釜中（对稀釜中先加入部分 150# 溶剂）；反应釜中加入剩余 150# 溶剂，回流一段时间后，放入对稀釜中，搅拌 0.5～1.0h 后，加入乙二醇丁醚，搅拌均匀后复测黏度，达到要求后过滤包装。

配方 3：可用于慢速线卷材面漆的聚酯配方（kg）实例

配方：

MPD	2880	苯酐	3150
己二酸	760	150# 溶剂	3320
回流二甲苯	380	间苯二甲酸	975
乙二醇丁醚	1230	单丁基氧化锡	5.0
季戊四醇	380		

指标：

固体分	58%～62%	加氏黏度(25℃)	20～30s
色泽(Fe-Co)	≤1	酸值/(mgKOH/g)	3～8

操作：

① MPD、季戊四醇、苯酐、间苯二甲酸、己二酸投入反应釜，通氮气、升温。

② 加热到能搅拌时，开动搅拌，投入单丁基氧化锡，打开直冷凝与横冷凝冷却水，反应出水后，停止通氮气。

③ 继续缓慢升温，控制气相温度≤105℃，釜内温度最高为 200℃。

④ 熔融酯化反应 3h 后，取样在玻璃上，冷却到室温后，要达到透明，透明后维持 30～45min。冷却到 180℃以下，加入二甲苯。

⑤ 关闭直冷凝冷却水，边升温边脱水，进行回流酯化反应，控制反应温度≤200℃。

⑥ 回流反应 2h 后，进行中控，检验黏度、酸值（注意反应后阶段黏度上升趋势）。

取样比例　12.7g 样品＋7.3g 稀释溶剂

要求控制　加氏黏度（25℃）　20～30s

酸值/(mgKOH/g)　3～8

⑦ 中控符合要求后，冷却到 180℃以下，放料到对稀釜中（对稀釜中先加入部分对稀溶剂）；反应釜中加入剩余对稀溶剂，回流一段时间后，放入对稀釜中，搅拌均匀后复测黏度，达到要求后过滤包装。

配方 4：用于生产聚酯聚氨酯卷材底漆的聚酯配方（kg）实例

配方：

MPD	2890	回流二甲苯	500
单丁基氧化锡	6.0	丁醇	120
环己酮	970	间苯二甲酸	2300
苯酐	2500	100# 溶剂	2920

指标：

固体分	58%～62%	加氏黏度(25℃)	15～25s
色泽(Fe-Co)	≤1	酸值/(mgKOH/g)	2～6

操作：

① MPD、间苯二甲酸、苯酐投入反应釜，通氮气、升温。

② 加热到能搅拌时，开动搅拌，投入单丁基氧化锡，打开直冷凝与横冷凝冷却水，反应出水后，停止通氮气。

③ 继续缓慢升温，气相温度按如下要求控制：

第 1～3 小时，气相温度 95～98℃；

第 4～5 小时，气相温度 98～102℃；

第 6～7 小时，气相温度 102～105℃。

釜内温度要求≤220℃，一般熔融反应 6～7h，可达到透明。

④ 熔融酯化反映 5h 后，取样在玻璃上，冷却至室温后，要达到透明，透明后维持 30～45min。冷却到 180℃以下，加入二甲苯。

⑤ 关闭直冷凝冷却水，边升温边脱水，进行回流酯化反应，控制反应温度≤200℃。

⑥ 回流反应 1h 后，进行中控，检验黏度、酸值（注意反应后阶段黏度上升趋势）。

取样比例　13.0g 样品＋7.0g 稀释溶剂

要求控制　加氏黏度（25℃）　15～25s

酸值/(mgKOH/g)　2～6

⑦ 中控符合要求后，冷却到 180℃以下，放料到对稀釜中（对稀釜中先加入部分对稀溶剂）；反应釜中加入剩余对稀溶剂，回流一段时间后，放入对稀釜中，搅拌均匀后复测黏度，达到要求后过滤包装。

配方 5：用于生产卷材底漆的线性高分子量聚酯配方（kg）实例

配方：

新戊二醇	1500	己二酸	1230
1,6-己二醇	420	回流二甲苯	440
单丁基氧化锡	7.0	150# 溶剂	4680
环己酮	1150	三羟甲基丙烷	90
MPD	440	间苯二甲酸	2380

指标：

固体分	43%～47%	加氏黏度(25℃)	25～30s
色泽(Fe-Co)	≤1	酸值/(mgKOH/g)	3～8

操作：

① 新戊二醇、MPD、间苯二甲酸、1,6-己二醇、三羟甲基丙烷投入反应釜，通氮气、升温。

② 中控符合要求后，停止加热，慢慢放入高位槽事先备好的部分环己酮，充分搅拌后放料到对稀釜中（对稀釜中先加入部分 150# 溶剂）；反应釜中加入剩余的对稀溶剂，回流一段时间后，放入对稀釜中，搅拌均匀后复测黏度，要求达到：

加氏黏度（25℃）　26～29s

符合要求后过滤包装。

4. 粉末涂料用聚酯树脂

粉末涂料是 20 世纪后半叶开始发展起来的，无溶剂污染的涂料品种，一般以粉末状态涂装并形成涂层，综合性能优良，目前大规模应用的粉末涂料以热固性为主，热塑性的应用相对较少。粉末涂料发展初期，采用双酚 A 环氧体系的较多，随着发展也有采用丙烯酸树脂体系、聚氨酯树脂体系等，但由于性能、价格、环保等方面原因，近年来采用聚酯树脂体系上升很快，涂层兼有环氧、丙烯酸、聚氨酯粉末涂料的长处，有良好的装饰性、耐候性，适用于户外耐候性要求高的场合。

粉末涂料的贮存稳定性、交联时的粉末流动性、固化后的涂膜性能，都与采用的树脂体系有关，饱和聚酯树脂是粉末涂料采用的一种树脂体系。与生产溶剂型涂料的饱和聚酯树脂采用端羟基结构树脂不同的是，生产聚酯粉末涂料采用端羧基结构的树脂，可使用异氰脲酸三缩水甘油酯（TGIC）通过开环式加成反应与聚酯树脂交联，形成硬度高、耐候、耐腐蚀的热固性聚合物网络。

R—COOH（聚酯树脂） + TGIC [1,3,5-三(CH$_2$—CH—CH$_2$(O 环氧))异氰脲酸酯环，环上三个 C═O] ⟶

[异氰脲酸酯环（三个 C═O），三个 N 上各连 CH$_2$—CH(OH)—CH$_2$—O—C(═O)—R]

聚酯-TGIC 聚酯粉末涂料固化反应式

聚酯/TGIC 体系的粉末涂料，TGIC 有一定毒性，对皮肤有刺激作用，一些欧美国家开始限制使用，因而开发了其他类型的同化交联方式，其中以 β-羟烷基酰胺（HAA）通过酯化反应与聚酯树脂交联的方式较为普遍。HAA 的反应活性比 TGIC 大，因此固化温度低、用量小，用 HAA 的涂料贮存稳定性好，但涂料耐候性、耐热性差些，固化交联时有低分子化合物放出，涂层易出现针孔等，需要根据粉末涂料要求选择合适的固化体系。

R—COOH（聚酯树脂） + (HO—CH(R^1)—CH$_2$)$_2$N—C(═O)—R^2—C(═O)—N(CH$_2$—CH(R^1)—OH)$_2$（XL-552） ⟶

(R—C(═O)—O—CH(R^1)—CH$_2$)$_2$N—C(═O)—R^2—C(═O)—N(CH$_2$—CH(R^1)—O—C(═O)—R)$_2$

聚酯-HAA 聚酯粉末涂料固化反应式

端羟基饱和聚酯树脂采用多异氰酸酯加成物交联，也可生产粉末涂料，但习惯上将其划入聚氨酯粉末涂料。

将饱和聚酯树脂、固化剂、颜填料按比例混合后，由研磨设备粉碎后，经熔融挤出、粉碎过筛，可得到聚酯粉末涂料。聚酯粉末涂料生产工艺流程如下。

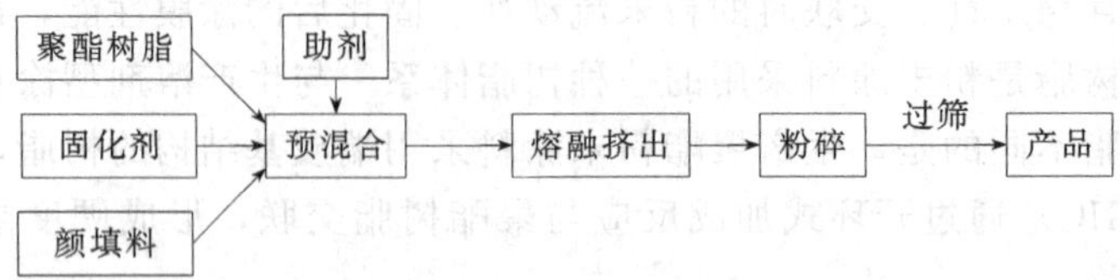

粉末涂料贮存过程中，要保持自由流动的细分散状态，但交联固化前的一定温度范围内必须熔融，保证充分及时的流动，涂装时可形成性能优异的涂膜。聚酯组分玻璃化温度（T_g）必须高于粉末涂料贮存温度，否则会使细分散状态的颗粒聚集、结块，影响施工。聚酯组分的 T_g，与粉末涂料贮存稳定性、熔融黏度有很大关联，T_g 大小主要与所采用原料结构相关，含苯环或高支链化结构的多元醇和多元酸用量大，树脂的 T_g 就高，线型直链结构的多元醇和多元酸用量大，树脂的 T_g 就小；综合评估，T_g 设计成 55～65℃较为合适。远高于生产溶剂型涂料所用端羟基聚酯树脂的 T_g，考虑所选多元醇与多元酸的结构，酯化反应催化剂的加入量要相对多一些。

考虑到工业生产中检验项目测试的难易程度，目前针对固体聚酯树脂建立比较容易检测的项目——软化点，其实测数据比树脂的 T_g 值要高，一般高出约 40℃。树脂的软化点与分子量存在近似的递增线性关系，树脂分子量大小对粉末涂料生产时的粉碎情况、粉末涂料结晶性产生直接影响。分子量增大时，聚酯树脂的强度和硬度也增大，树脂粉碎为细分散状态的难度增大，若分子量过大，细分散后的涂料熔融难、流动性差；分子量减小时，聚酯树脂的软化点下降，粉末涂料生产利贮存过程中，结块倾向增大，若分子量过小，粉末涂料生产困难、贮存稳定性差。根据应用需要，数均分子量确定为 2000～4000 较为合适。

粉末涂料用饱和聚酯树脂是端羧基结构的，因而配方设计为多元酸过量，从聚酯树脂合成原理可以知道，多元酸过量的树脂反应到一定程度后会胶化，因此必须在到达此反应程度前中止反应进程。生产中为避免胶化这一状况发生，采取将部分多元酸后投，先合成端羟基聚酯树脂，即起始投料时，部分多元酸（一般是三官能团多元酸）不投入，使得开始反应仍能保持多元醇过量，等反应到一定程度（生产中以酸值来控制），再加入起始投料时留出来的多元酸，继续反应一段时间，达到规定的指标后，结束反应，并加入添加剂（主要是固化交联促进剂等），搅拌均匀，在熔融状态下由切片机制成聚酯薄片。根据粉末涂料的生产需要，控制聚酯树脂酸值 50～80mgKOH/g 较为合适。

由粉末涂料用聚酯树脂 100%固体分的特点，合成时宜采用熔融酯化的工艺，便于反应终止后的成型。与溶剂型端羟基聚酯树脂合成相比，采用全熔融的酯化工艺，没有回流酯化过程，不用回流溶剂，为使酯化反应水及时从反应釜中被移走，可往反应釜底部通入惰性气体，将酯化反应水从反应物料中赶出，达到帮助脱水的目的。因此，增加通往反应釜底部，用来通入惰性气体的管道后，生产溶剂型端羟基饱和聚酯树脂的反应釜可用于生产粉末涂料用端羧基饱和聚酯树脂。

5. 水溶性聚酯树脂

在当今社会环境下，涂料应当向无污染、低污染的方向发展，习惯上称为环境友好型涂料，主要涵盖无溶剂及高固体分涂料、水性涂料、粉末涂料和辐射固化涂料等。与粉末涂料和辐射固化涂料相比，水性涂料由于不需要特殊涂装设备，适用面大，有利于推广应用，水性涂料主要有水分散性涂料、水乳化涂料与水溶性涂料等，目前建筑装潢行业广泛的应用乳胶漆，属于水分散性涂料。水溶性聚酯树脂可与水溶性氨基树脂配合生产水性烘漆，也可与亲水性多异氰酸酯配合生产双组分水性自干性漆，可用于金属和木器表面的装饰与保护，涂膜光泽高、附着力强、丰满度好、耐冲击性优良等。

要使得原本不溶于水的聚酯树脂能“溶于水”，需要在聚酯树脂分子链上引入可溶于水的基团，使树脂分子溶于水，从而得到水溶性聚酯树脂。目前采取先合成酸值相对较高（一般约为 40～60mgKOH/g）的树脂，溶解于助溶剂中（一般采用醇醚类溶剂或醇类溶剂），然后有机胺与羧基中和反应生成水溶性的铵盐，完成了将水溶性基团引入聚酯分子链的目的。通过控制树脂酸值，来控制水溶性的铵盐，调整好树脂的“水溶性”，满足涂料的性能要求。

水溶性聚酯树脂具有相对较高的酸值，为保证交联反应后的涂膜性能，又必须有合适的羟值，配方体系的醇超量不会很高，设计配方时，要注意多元醇、多元酸之间的比例。为防止合成过程中发生胶化，可采取与合成粉末涂料用端羧基聚酯树脂同样的工艺，即预留部分多元酸后加，使开始反应时多元醇过量的多些，保证反应的稳定，等反应到一定程度后，加预留的多元酸，继续反应一段时间，再用有机胺中和。

可用的有机胺有乙二胺、三乙胺、乙醇胺、二乙醇胺等，考虑醇胺含有的羟基对水溶性有帮助，一般选用醇胺，目前最常用的是二乙醇胺。若中和反应程度不到，形成的铵盐不够，树脂水溶性下降，体系稳定性也下降；若中和反应程度过大，体系易增稠，要达到涂料施工黏度，必须增加水的添加量，会降低体系固体分，影响涂膜丰满度。一般中和时控制体系的 pH 为 7～8。

树脂的相对分子量的大小，影响着树脂的性能，是合成树脂时必须要控制的重要指标。水溶性聚酯涂料是以交联固化后来形成涂膜的，若分子量过小，需要较高的交联树脂用量来保证涂膜性能，使涂料的成本增加，而且贮存稳定性会下降。若分子量过大，树脂的黏度增大，需要较大的助溶剂用量来溶解树脂，增加了有机溶剂用量，增加了涂料的 VOC。

水性氨基树脂可选用全甲醚化或部分甲醚化三聚氰胺树脂，一般来讲，采用全甲醚化三聚氰胺甲醛树脂（HMMM），涂装时的烘烤温度要高些，涂膜的硬度低些，但涂膜柔韧性好；采用部分甲醚化三聚氰胺甲醛树脂（HMM），涂装时的烘烤温度可低些，涂膜的硬度高些，但涂膜柔韧性要差些。我们要根据涂膜的性能和涂装条件，来选择合适的交联树脂。

6. 改性饱和聚酯树脂

由于分子结构的差异，涂料用树脂性能和应用领域有较大不同，采用改性的方法，将多元醇、多元酸之外的成分引入聚酯分子链，调整树脂分子链的组成，来改善和突出某些性能，得到综合性能优良的改性聚酯，满足日益发展的高性能涂料要求。有不少单体或树脂可用于改性，本章主要涉及使用环氧、合成脂肪酸、丙烯酸、有机硅等改性聚酯树脂，用于改性的单体或树脂，有各不相同的分子结构，所含的活性基团也不同，需要被改性的聚酯提供能与之反应的活性基团，以达到对聚酯树脂进行改性的目的。

① 若聚酯树脂用丙烯酸单体来改性，聚酯树脂要提供活性基团（一般可在合成聚酯树脂时引入含双键的原料，如顺酐或衣康酸等），与丙烯单体中的双键进行自由基聚合反应，从而完成对聚酯的改性。

② 若聚酯树脂用丙烯酸树脂来改性，聚酯树脂要提供活性基团（羟基）与丙烯酸树脂中的羧基进行酯化反应，从而完成对聚酯的改性。

③ 若聚酯树脂用有机硅树脂来改性，聚酯树脂要提供活性基团（羟基），与有机硅树脂中的羟基进行缩合反应，从而完成对聚酯的改性。

④ 若聚酯树脂用合成脂肪酸来改性，合成脂肪酸与多元醇、多元酸进行酯化反应时，合成脂肪酸也参与其中，接枝到了聚酯的分子链上，得到了脂肪酸改性聚酯树脂。

⑤ 若聚酯树脂用环氧树脂来改性，多元醇与多元酸进行酯化酯时，环氧树脂链端的环氧基开环形成羟基，参与了酯化反应，接枝到了聚酯的分子链上，得到了环氧改性聚酯树脂。

(1) 环氧改性 目前环氧改性聚酯树脂，一般采用固体状的双酚 A 型环氧树脂。在一定条件下，环氧树脂分子链两边的环氧基开环，形成羟基，被作为含羟基的多元醇，在合成环氧改性聚酯树脂时，与多元醇、多元酸同时投料，在聚酯分子主链上接枝了环氧树脂分子，使改性树脂同时具有环氧树脂和聚酯树脂优良的特性。聚酯树脂用环氧改性后提高了涂膜对底材的附着力、耐化学性、耐碱耐热性等，大大拓展了改性聚酯树脂涂料的应用范围。

环氧树脂中的环氧基开环形成羟基，才能与多元酸发生酯化反应，但环氧基开环有一定的条件，若改性反应不顺利（因为环氧树脂溶解性较差），未反应的环氧树脂，容易造成改性聚酯的透明性下降。用不同型号的环氧树脂改性，其反应速率也不相同，因而接枝方式、最大改性量、反应条件等，都因为采用不同环氧树脂而有所不同，改性聚酯性能也有所差异。

环氧树脂一般选用双酚 A 型环氧树脂，常用的是 609、604、6101 等牌号。环氧树脂分子量大，与多元酸的反应活性低，工艺控制困难，容易造成改性后的树脂透明度差，因此改性量不可过大。环氧树脂分子量小，环氧基开环形成的羟基与多元酸的反应活性大，反应也容易进行，一般会在熔融反应完成后，与回流溶剂一起投入；但由于环氧树脂分子量小，对改性聚酯的性能改善不如分子量大的环氧树脂。

以卷材涂料底漆为例，环氧底漆一般采用大分子量 609 环氧树脂，用脲醛树脂固化，环氧体系硬度高、耐腐蚀性好、附着力好，但柔韧性低、T 弯较差。聚酯底漆采用饱和聚酯树脂为主，可用甲醚化氨基树脂或封闭型聚氨酯来交联，聚酯体系柔韧性、T 弯好，但硬度、附着力、耐腐蚀性比环氧体系要差。综合了环氧树脂与聚酯树脂特点的环氧改性聚酯，可生产出综合性能平衡、优良，适应多种底材，应用广泛的卷材涂料底漆。

配方 6：环氧改性聚酯配方（kg）实例

配方：

MPD	2440	1,6-己二醇	300
己二酸	900	乙二醇丁醚	840
回流二甲苯	400	609 环氧树脂	350
150# 溶剂	5200	单丁基氧化锡	4.0
间苯二甲酸	3500		

指标：

固体分	48%～52%	加氏黏度(25℃)	20～30s
色泽(Fe-Co)	≤3	酸值/(mgKOH/g)	3～8

操作：

① MPD、间苯二甲酸、1,6-己二醇、609 环氧树脂投入反应釜，通氮气、升温。

② 加热到能搅拌时，开动搅拌，投入单丁基氧化锡，打开直冷凝与横冷凝冷却水，反应出水后，停止通氮气。

③ 继续缓慢升温，气相温度按如下要求控制：

气相温度 100～105℃；

釜内温度一般控制 180～210℃（≤215℃），一般熔融反应 4～5h 后，可达到透明。

④ 熔融酯化反应 3h 后，取样在玻璃上，冷却到室温后，要达到透明，透明后维持 30～45min。冷却到 170℃以下，加入己二酸和二甲苯。

⑤ 关闭直冷凝冷却水，升温脱水进行回流酯化反应，控制反应温度≤200℃。

⑥ 回流反应 1h 后，进行中控，检验黏度、酸值（注意反应后阶段黏度上升趋势）。

取样比例　10.6g 样品＋9.4g 稀释溶剂

要求控制　加氏黏度（25℃）　20～30s

酸值/(mgKOH/g)　3～8

⑦ 中控符合要求后，冷却到 180℃以下，放料到兑稀釜中（兑稀釜中先加入部分兑稀溶剂）；反应釜中加入剩余兑稀溶剂，回流一段时间后，放入兑稀釜中，搅拌均匀后复测黏度，达到要求后过滤包装。

(2) 脂肪酸改性　改性聚酯树脂所用的脂肪酸，从聚酯树脂的应用看，含有不饱和键，对涂膜性能没有益处，因此使用烃基碳链上不含不饱和键的饱和脂肪酸。目前采用长碳链的脂肪酸，都是人工合成的，因此也称为合成脂肪酸。通过羟基与羧基间的反应，将脂肪酸的碳链引入聚酯树脂分子链上，①改善聚酯树脂与其他树脂的混溶性，扩大了应用领域；②以卷材涂料面漆为例，板温一般为 224～232℃，温度较高，采用改性聚酯树脂后，可降低烘烤温度；③合成脂肪酸的价格比较低廉，用于改性聚酯树脂，可降低树脂成本。

合成脂肪酸是一元酸，接入树脂主链后，不能继续提供活性基团，有链封闭剂的作用，用量过大，会影响饱和聚酯树脂分子链的增长，用量过小，起不到改善性能的作用。不同合成脂肪酸碳链长度不同，羧基的含量不同，同样用于改性，反应活性也不同，最终树脂的贮存稳定性不同，并非所有规格都能用于改性，要从性能与工艺要求来选择碳链长度合适的合成脂肪酸用于改性，并确定改性比例，这是改性聚酯树脂成功的关键，综合各种因素，目前一般采用月桂酸（十二酸）来改性饱和聚酯树脂。

配方 7：合成脂肪酸改性聚酯配方（kg）实例

配方：

月桂酸	2080	回流二甲苯	400
次磷酸	8	乙二醇丁醚	290
100#溶剂	3680	甘油	2050
苯酐	2960		

指标：

固体分	58%～62%	加氏黏度(25℃)	30～40s
色泽(Fe-Co)	≤1	酸值/(mgKOH/g)	3～8

操作：

① 月桂酸、甘油、苯酐、次磷酸投入反应锅后，通氮气、升温。

② 加热到能搅拌时，开动搅拌，打开直冷凝与横冷凝冷却水，反应出水后，停止通氮气。

③ 继续缓慢升温，气相温度按如下要求控制：

气相温度 100～105℃；

釜内温度一般控制 180～205℃(≤210℃)，一般熔融反应 4～5h 后，可达到透明。

④ 熔融酯化反应 3h 后，取样在玻璃上，冷却到室温后，要达到透明，透明后维持 15～30min。冷却到 180℃以下，加入二甲苯。

⑤ 关闭直冷凝冷却水，升温脱水进行回流酯化反应，控制反应温度≤220℃。

⑥ 回流反应1h后，进行中控，检验黏度、酸值（注意反应后阶段黏度上升趋势）。

取样比例 12.6g样品+7.4g稀释溶剂

要求控制 加氏黏度（25℃） 30～40s

酸值/(mgKOH/g) 3～8

⑦ 中控符合要求后，冷却到180℃以下，放料到兑稀釜中（兑稀釜中先加入部分兑稀溶剂）；反应釜中加入剩余兑稀溶剂，回流一段时间后，放入兑稀釜中，搅拌均匀后复测黏度，达到要求后过滤包装。

(3) 丙烯酸改性 丙烯酸酯类改性饱和聚酯树脂是在聚酯树脂分子链上接枝丙烯酸酯类，起到分子内增塑作用，调整树脂分子链结构，使改性后聚酯具有丙烯酸树脂的优点，因此，丙烯酸酯的改性量与改性树脂性能密切相关，丙烯酸酯类的选择对改性聚酯树脂性能也有很大影响。

丙烯酸酯类改性聚酯时，经常采用高 T_g 的甲基丙烯酸酯类单体。若改性量过小，无法体现树脂被改性后的特点，未达到改善和突出某些性能的目的；若改性量大，丙烯酸树脂的特性容易体现，但聚酯树脂的特点被掩盖了，且涂膜容易变脆，柔韧性不好；若采用含高支链结构的丙烯酸酯类，如甲基丙烯酸月桂酸酯、甲基丙烯酸异冰片酯等，利用高支链来增加分子链韧性，即使改性量大些，也能得到柔韧性和硬度高度平衡的涂膜。因此在设计树脂配方时，应选用结构合适的单体来改善聚酯树脂的应用性能。

丙烯酸改性聚酯树脂主要有两种工艺路线。

第一种工艺路线是接枝共聚的工艺，采用多元醇、多元酸、不饱和二元酸（常用的有衣康酸和顺丁烯二酸酐）来合成能提供足够活性基团的低分子量聚酯树脂。一定温度下，滴加丙烯酸酯类及引发剂（常用过氧化二叔丁基，温度135～140℃时半衰期约3h），丙烯酸酯类中的双键与聚酯树脂中的双键进行自由基聚合反应，得到了一种兼有饱和聚酯树脂和丙烯酸树脂综合性能的产品。

第二种工艺路线是酯化反应的工艺，采用丙烯类单体，在引发剂作用下，合成含有一定羧基的丙烯酸树脂，同时用多元醇、多元酸合成含有羟基与羧基的低分子量聚酯，然后丙烯酸树脂与低分子量聚酯进行酯化反应，从而得到兼有聚酯树脂和丙烯酸树脂特点、性能优异的改性聚酯。由于先合成两种半成品，然后进行酯化反应，只要控制好两个半成品分子量大小、使用比例，容易得到分布均匀的改性聚酯。

采用不同工艺路线生产得到的改性聚酯树脂，产品性能和操作工艺有所差异，接枝共聚的工艺生产控制相对容易、改性的聚酯与颜料润湿分散性更好些；酯化反应的工艺生产控制相对复杂，但所得改性聚酯生产的涂料光泽、流平性好。开发产品究竟选择怎样的工艺路线，要从工艺控制情况和用户的性能要求来选择。

饱和聚酯树脂用丙烯酸酯类改性后，①能与丁醚化氨基在内的大部分氨基树脂相配合，可根据顾客对涂膜性能与施工条件的要求，扩大氨基树脂的选择范围，拓展了改性聚酯树脂的应用领域；②能改善聚酯树脂对颜料的润湿分散性，若用于生产高档油墨，可改善聚酯对颜料的润湿分散性，生产出高品质的印刷油墨；③聚氨酯聚酯涂料中，使用丙烯酸改性聚酯树脂，可取得更好的涂膜流平性和光泽。

(4) 有机硅改性 有机硅树脂是以Si—O—Si为主链的元素有机聚合物，具有高度交联结构的热固性聚硅氧烷体系。有机硅树脂体系中的 R^1、R^2 是与硅相连的烷基，可根据性能要求引入各种官能团来改善润湿分散性、耐热性、硬度等性能，常见的是甲基、乙基、丙基、苯基等。硅树脂分子链间作用力较小，因此加工性差、耐溶剂性不好、固化温度高，饱和聚酯树脂丰满度好、耐溶剂性好、硬度高、加工性能好，但耐水性差，两种树脂特性正好互补。若将有机硅树脂接枝到聚酯树脂的分子链上，就能得到具有两类树脂的特性、综合性能平衡的有机硅改性聚酯树脂。

有机硅改性聚酯树脂，一般采用硅烷（含硅氧基 Si—OR 或硅羟基 Si—OH）与聚酯树脂（含羟基—OH）进行缩合反应来合成，如图 2-1-14 所示。

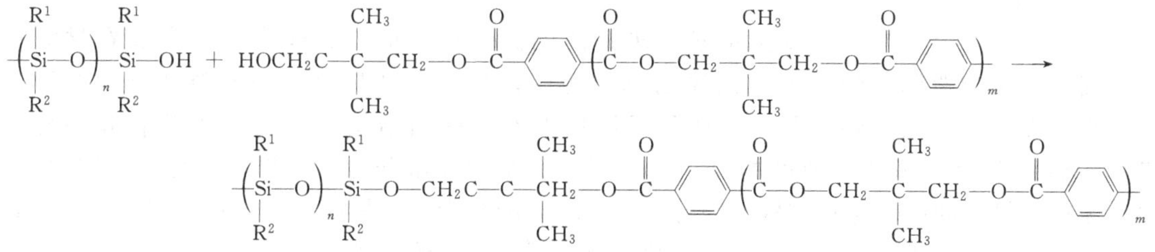

$$\text{—}\!\left(\text{Si}(R^1)(R^2)\text{—O}\right)_n\text{—Si}(R^1)(R^2)\text{—OH} + \text{HOCH}_2\text{C—C}(\text{CH}_3)_2\text{—CH}_2\text{—O—C}(=\text{O})\text{—C}_6\text{H}_4\text{—}\left(\text{C}(=\text{O})\text{—O—CH}_2\text{—C}(\text{CH}_3)_2\text{—CH}_2\text{—O—C}(=\text{O})\text{—C}_6\text{H}_4\right)_m \longrightarrow$$

$$\text{—}\!\left(\text{Si}(R^1)(R^2)\text{—O}\right)_n\text{—Si}(R^1)(R^2)\text{—O—CH}_2\text{C—C—C}(\text{CH}_3)_2\text{H}_2\text{—O—C}(=\text{O})\text{—C}_6\text{H}_4\text{—}\left(\text{C}(=\text{O})\text{—O—CH}_2\text{—C}(\text{CH}_3)_2\text{—CH}_2\text{—O—C}(=\text{O})\text{—C}_6\text{H}_4\right)_m$$

图 2-1-14 有机硅改性聚酯树脂合成反应示意

硅改性树脂的性能处于有机硅树脂与聚酯树脂之间，有机硅含量增加，性能向有机硅树脂倾斜，但产品成本高；若聚酯树脂含量高，就没有有机硅树脂性能，产品的电绝缘性、耐候性、耐热性就下降，因此要根据产品性能要求，设计合适的改性比例。

有机硅改性聚酯生产，一般采取先合成含羟基的聚酯树脂，再加入含有羟基的有机硅树脂，不同树脂的羟基间进行缩合反应，在反应时利用回流溶剂将缩合反应生成的水带出，使得缩合反应正常进行，反应达到规定的要求后，即可兑稀、过滤、包装。生产时要注意以下几点。

① 聚酯树脂的生产和控制，涂料对涂膜的要求，主要依靠能够提供适宜性能的合成树脂来满足，聚酯分子链的结构、分子量分布等，会对改性树脂的性能造成影响。合成聚酯树脂若采用直链结构的多元醇和多元酸，改性聚酯树脂的柔韧性更好些，若采用含苯环结构的多元酸等，改性聚酯树脂的硬度会更好些，与其他树脂的混溶性也会更好。

② 有机硅树脂预聚物的结构与组成，决定了硅树脂的产品性能与要求，进入聚酯树脂的分子链后，将影响硅改性聚酯树脂的性能，最终影响涂料的涂膜性能。要求有较高的耐热性，应选择侧链为苯基的有机硅树脂来改性；若要求有更高的抗水性、耐候性，应选择侧链为乙基、丙基等长链烷基的有机硅树脂来改性。

③ 从有机硅改性聚酯树脂的工艺控制上看，聚酯树脂达到一定分子量后，才能加入有机硅树脂，通过缩合反应完成接枝聚合。聚酯树脂反应程度，对改性树脂的形成非常关键，它直接影响到缩合反应的进行，并将影响产品的性能。应通过试验确定聚酯树脂反应程度，确保改性顺利进行。

有机硅改性聚酯树脂具有良好的加工性能，生产的涂料具有优良的耐候性、抗腐蚀性、阻燃性、耐温性、电绝缘性及柔韧性，对基材附着力好、干燥快，不易粉化。有机硅改性聚酯树脂尽管成本要高一些，但比有机硅树脂、有机氟树脂要低很多，而且综合性能优异，有不亚于纯有机硅树脂、有机氟树脂的良好性能，有很好的市场前景。目前主要应用于高性能卷材涂料、绝缘涂料、重防腐涂料、耐高温涂料等。

六、饱和聚酯树脂的应用

饱和聚酯树脂是涂料行业近年来发展迅速的树脂品种，与合适的交联剂配合形成综合性能优异的涂膜，有良好的户外耐候性和保光保色性，有较高的硬度、良好的韧性与附着力。与氨基或聚氨酯配套主要用于卷材涂料、汽车涂料，与环氧树脂配套主要用于生产粉末涂料。

预涂卷材以冷轧钢板、镀锌钢板、铝板及其他金属板材为基板，厚度在 0.1～0.5mm 之间，经表面清洗、预处理后，经涂料涂装，烘烤成膜形成的复合材料。目前以辊涂方式进行涂装的居多，按卷材涂料所涂布的位置，习惯上可分为三类。

1. 面漆

涂布在底漆上，与大气直接接触要求最高的涂层称为面漆。国内绝大多数卷材涂料生产商采用聚酯树脂作卷材涂料面漆的基体树脂，它通过选择合适的原料和合理的设计配方来平衡卷材面漆的各个要求。从分子结构上看，树脂结构中脂肪族和芳香族的合理搭配能够平衡涂料韧性和硬度的要求，分子中大量的酯基既为涂料提供了良好的附着力，也为涂料提供了韧性，这些结构上的特点是饱和聚酯树脂在卷材面漆中大量应用的保证。聚酯树脂可以和氨基树脂交联固化形成韧性和硬度平衡性好的涂膜，也可以选择封闭型聚氨酯作交联剂得到柔韧性和耐久性更好的涂膜。面漆通常采用的树脂体系有：氨基树脂-饱和聚酯体系、封闭型聚氨酯-饱和聚酯体系、氨基树脂-改性聚酯体系、氨基树脂-丙烯酸树脂体系等。

2. 背面漆

涂布在处理过的金属卷材背面的涂料，一般不涂底漆，也可以涂装约 5μm 的底漆后再涂背面漆，主要起保护作用。它要求不高，但是相对于底漆，它对耐候性、柔韧性和硬度有一定的要求。在被用于生产夹心板时，背面漆形成的涂层能否与夹心材料（常用聚氨酯发泡材料）很好的粘接，是评价背面漆性能的关键指标。通常采用的树脂体系有：氨基树脂-饱和聚酯体系、氨基树脂-环氧树脂体系等。

3. 底漆

直接涂布于预处理层之上的涂料称为底漆，需要考虑附着力、干性及成本，并具有适当的柔韧性和硬度。对耐候性、耐酸碱性、耐洗刷性无特别高的要求，主要为面漆提供基础和提高卷材的防腐蚀性。通常采用的树脂体系有：丁醚化脲醛树脂-环氧树脂体系、封闭型聚氨酯-饱和聚酯体系、高甲醚化氨基树脂-饱和聚酯体系等。

上述按涂布位置分类的方法对于铝箔用卷铝涂料来讲不恰当，铝箔上的卷铝涂料通常采用单涂层涂装工艺，一般没有底漆、面漆之分。目前市场此类用途的卷铝涂料，主要采用的树脂体系：氨基树脂-丙烯酸树脂体系、氨基树脂-合成脂肪酸改性聚酯树脂体系、氨基树脂-聚酯体系等。

卷材涂料与一般涂料不同，其客户有一定的针对性，在生产涂料过程中，一定要了解不同用户的要求。不同卷材流水线的状况不同，对涂膜性能、涂装工艺、施工条件等的要求各不相同，只有了解到客户要求，才能在生产涂料时有针对性的调整，对不同的用户要有相应的涂料配方，避免因用户的差异造成的影响。

卷材涂料的生产要经过一定工序，研磨分散是生产卷材涂料的第一道工序，调漆是生产卷材涂料的第二道工序，原料投入顺序是有一定要求的，一些原料在调漆时加入，一些原料在研磨分散时加入，研磨分散的要求、调漆的过程都是必须关注的。实际生产中，首先关注的是卷材涂料配方，同样的树脂体系，不同的配方组合，能生产出不同性能的涂料，卷材涂料的性能是设计配方时要注重的问题。

在设计卷材涂料配方时要综合考虑几个因素：原料的选择、各成分的比例、卷材流水线的条件等，以下提供几个卷材涂料配方供参考。

配方 8：聚酯底漆

原料名称	用量/kg	原料名称	用量/kg
配方 4 树脂	250	BYKP104S	1.0
B101	60	747	20
锌铬黄	25	BL3175	10
超细滑石粉	7.5	20%1051	2.0
DBE	15	ADP	15
乙二醇丁醚	20	Σ	455.5
S-100#溶剂	30		

配方 9：环氧改性聚酯底漆

原料名称	用量/kg	原料名称	用量/kg
配方 6 树脂	300	S-100#溶剂	25
R930	60	S-150#溶剂	20
超细滑石粉	7.5	904S	1.0
锶铬黄	25	747	25
硫酸锌	15	20%1051	2.5
DBE	20	ADP	15
乙二醇丁醚	25	Σ	541

配方 10：可用于快速线的海蓝面漆

原料名称	用量/kg	原料名称	用量/kg
配方 1 树脂	260	乙二醇丁醚	20
R930	70	S-150#溶剂	30
BS 酞菁蓝	17.5	904S	2
耐高温黄粉	0.5	747	30
蜡粉	1.5	20%1051	3.0
醋酸丁酯	10	3777(或 BYK310)	1.0
DBE	15	Σ	460.5

配方 11：慢速线用低成本海蓝面漆

原料名称	用量/kg	原料名称	用量/kg
配方 7 树脂	275	S-150#溶剂	35
R930	60	904S	1.5
BS 酞菁蓝	15	747	35
超细高岭土	25	717	10
硫酸钡	10	20%1051	5.0
丁醇	10	3777(或 BYK310)	1.0
乙二醇丁醚	15	Σ	508.5
DBE	20		

配方 12：淡黄环氧底漆

原料名称	用量/kg	原料名称	用量/kg
50%609 环氧溶液	115	50%609 环氧溶液	156
B101	57.5	578-1 氨基树脂	20
锌黄粉	23	8%磷酸丁醇溶液	4.0
锶铬黄粉	4.5	醋酸丁酯	15.3
超细滑石粉	8.8	乙二醇丁醚	19.4
DBE	6.0	环己酮	7.5
大豆磷脂	1.6	Σ	483.6
乙二醇丁醚	45		

配方 13：T 弯可达 0～1T 的海蓝面漆

原料名称	用量/kg	原料名称	用量/kg
配方 2 树脂	270	S-100# 溶剂	20
R930	70	S-150# 溶剂	35
BS 酞菁蓝	17.5	BYKP104S	1.0
耐高温黄粉	0.5	747	15
消光粉	10.0	717	7.5
蜡粉	1.0	20%1051	3.0
醋酸丁酯	15	3777(或 BYK310)	1.0
乙二醇丁醚	30	Σ	496.5

配方 14：环氧改性聚酯背面漆

原料名称	用量/kg	原料名称	用量/kg
配方 6 树脂	250	S-150# 溶剂	15
B101	125	BYK110	1.5
超细滑石粉	10	747	15
超细高岭土	30	578-1	40
黄粉	0.5	10%磷酸	3.0
铁红	1.0	20%1051	3.6
碳黑	适量	ADP	15
DBE	15	Σ	554.6
S-100# 溶剂	30		

配方 15：可用于慢速线的海蓝面漆

原料名称	用量/kg	原料名称	用量/kg
配方 3 树脂	270	S-150# 溶剂	30
R930	75	BYKP104S	1.5
BS 酞菁蓝	16	BYK163	1.5
耐高温黄粉	0.5	747	40
消光粉	7.5	20%1051	2.5
醋酸丁酯	15	3777(或 BYK310)	1.0
DBE	10	BYK354	2.0
乙二醇丁醚	25	Σ	522.5
S-100# 溶剂	25		

第六节 丙烯酸树脂

一、概述

丙烯酸树脂由丙烯酸酯类或甲基丙烯酸酯类及其他烯属单体（图 2-1-15）共聚而成。通过选用不同的丙烯酸树脂、不同的颜料、助剂、溶剂及交联剂，可合成类型多样、性能各异和应用广泛的丙烯酸涂料。

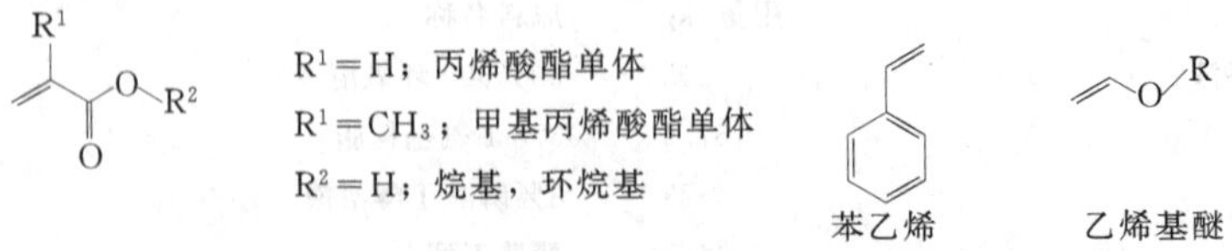

R^1=H；丙烯酸酯单体
R^1=CH_3；甲基丙烯酸酯单体
R^2=H；烷基，环烷基
苯乙烯
乙烯基醚

图 2-1-15 用于丙烯酸树脂合成的主要单体结构

丙烯酸涂料是 20 世纪 50 年代开始发展起来的涂料品种，而丙烯酸酯单体早在 1843 年就已发现。1927 年 Rohm & Hass 公司开始了丙烯酸酯的工业生产。1932～1934 年，英、美等国逐步发展了甲基丙烯酸酯的工业化生产，1937 年 ICI 公司实现甲基丙烯酸甲酯的工业化生产。50年代初期，美国Du Pont公司开始研究聚丙烯酸酯漆并成功试用于汽车涂装。由于乙炔法（Reppe）合成丙烯酸酯的工业化生产获得成功，为聚丙烯酸酯提供了丰富的原料资源，使得丙烯酸酯涂料得到不断发展。到60年代末，丙烯氧化制造丙烯酸取得成功，进一步降低了原料成本。目前世界各大公司所生产的丙烯酸酯多数采用丙烯氧化方法，少数厂家仍采用改进了的Reppe法生产，甲基丙烯酸酯则一般采用丙酮氰醇法生产。2005年全球酯化级丙烯酸生产能力达到412.1万吨/a，丙烯酸酯生产能力373.4万吨/a。

我国的丙烯酸涂料研究始于60年代，80年代开始工业化过程。1984年，北京东方化工厂从日本触媒引进丙烯两步氧化技术及成套设备建成了我国第一套大型丙烯酸酯生产装置。90年代初吉林石化电石厂和上海高桥石化先后引进日本三菱化学技术，建成了两套装置。

丙烯酸类单体由于具有碳链双键和酯基的独特结构，共聚形成的丙烯酸树脂对光的主吸收峰处于太阳光谱范围之外，所以制得的丙烯酸涂料具有优异的耐光性及耐候性能。丙烯酸涂料有如下显著的特点。

① 色浅、透明、水白、透明性好。

② 耐候性：户外曝晒耐久性强，耐紫外光照射，不易分解或变黄，能长期保持原有的光泽及色泽。

③ 耐热性：在170℃下不分解、不变色，在230℃左右或更高的温度下仍不变色。

④ 耐化学品性：有较好的耐酸、碱、盐、油脂、洗涤剂等化学品的沾污及腐蚀性能。

⑤ 优异施工性能：由于酯基的存在，能防止丙烯酸涂料结晶，多变的酯基还能改善在不同介质中的溶解性以及各种树脂的混溶性。

由于优越的耐光性能与耐户外老化性能，丙烯酸涂料最大的市场为轿车漆。此外，轻工、家用电器、金属家具、铝制品、卷材工业、仪器仪表、建筑、纺织品、塑料制品、木制品、造纸等工业均有广泛应用。

丙烯酸涂料种类繁多，目前通常分成溶剂型丙烯酸涂料、水性丙烯酸涂料和无溶剂丙烯酸涂料等，它们的主要用途见表2-1-83。

表2-1-83 丙烯酸涂料品种及主要用途

涂料品种		主要用途
溶剂型丙烯酸涂料	热塑性丙烯酸涂料	塑料用涂料、汽车修补漆、建筑外墙涂料
	热固性丙烯酸涂料	依据固化剂的不同有不同的应用
	羟基丙烯酸涂料	氨基树脂为固化剂，烘烤交联。主要用于汽车面漆、家用电器、五金工具等 多异氰酸酯为固化剂，常温干燥。主要用于汽车面漆及修补漆，塑料、外墙、机器等面漆
	环氧丙烯酸涂料	多元酸、多元胺固化，常温或烘烤，用于罐头涂料
	羧酸丙烯酸涂料	环氧或氨基树脂为固化剂，烘烤交联，主要用于罐头涂料
	N-羟甲基丙烯酰胺涂料	氨基树脂为固化剂，烘烤交联，主要用于金属底材
水性丙烯酸涂料	水稀释型丙烯酸涂料	汽车电泳涂料、家用电器涂料、皮革涂料
	乳液型丙烯酸涂料	建筑内外墙涂料、木器涂料
无溶剂型丙烯酸涂料	紫外光固化丙烯酸涂料	木器漆、纸张涂料、光纤涂料
	丙烯酸粉末涂料	家用电器涂料、铝材轮毂涂料

二、溶剂型丙烯酸树脂

1. 树脂合成所用原材料

溶剂型丙烯酸树脂合成所用的原材料主要有四大类：单体、引发剂、溶剂和链转移剂，下面分别讨论。

(1) 单体

① 单体的分类与物理性质　丙烯酸树脂合成所采用的单体主要有丙烯酸酯和甲基丙烯酸酯及其他含有乙烯基团的单体等。最常见的单体有丙烯酸、丙烯酸乙酯、丙烯酸丁酯、甲基丙烯酸、甲基丙烯酸甲酯、甲基丙烯酸丁酯、甲基丙烯酸羟乙酯等。丙烯酸酯类按分子结构与应用可分为通用型丙烯酸酯和特种丙烯酸酯，像丙烯酸甲酯、丙烯酸乙酯、丙烯酸丁酯、丙烯酸-2-乙基己酯都有大规模工业化装置生产，属于通用丙烯酸酯；而丙烯酸异丁酯、丙烯酸羟乙酯、丙烯酸羟丙酯等生产规模相对较小，属于特种丙烯酸酯。它们的一些物理性能如分子量、折射率、沸点、相对密度、均聚体的玻璃化温度等列入表 2-1-84 中。

表 2-1-84　丙烯酸酯单体的物理性质及均聚物的玻璃化温度

名称及英文缩写	分子量	折射率(25℃)	沸点/℃	相对密度(25℃)	玻璃化温度 T_g/K
丙烯酸(AA)	72.06	1.4185	141.6	1.045	379
丙烯酸甲酯(MA)	86.09	1.401	80.3	0.950	281
丙烯酸乙酯(EA)	100.12	1.404	100	0.917	251
丙烯酸丁酯(*n*-BA)	128.17	1.416	147.4	0.894	219
丙烯酸异丁酯(*i*-BA)	128.17	1.412	62(6.7kPa)	0.884	249
丙烯酸-2-乙基己酯(EHA)	184.27	1.433	213.5	0.881	203
丙烯酸正辛酯	184.27	—	222	—	258
丙烯酸-*β*-羟乙酯(*β*-HEA)	116.06	1.446	82(0.7kPa)	1.104	258
丙烯酸-*β*-羟丙酯(*β*-HPA)	130.08	1.445(20℃)	77(0.7kPa)	1.057	266
丙烯酸缩水甘油酯(GA)	128.12	1.449	57(0.3kPa)	1.107	—
丙烯酸异冰片酯(IBOA)	208.30	1.504		0.984	363～373
甲基丙烯酸(MAA)	86.10	1.4288	163	1.015	458
甲基丙烯酸甲酯(MMA)	100.12	1.4118	101	0.940	378
甲基丙烯酸乙酯(EMA)	114.15	1.4115	117	0.911	338
甲基丙烯酸异丙酯(*i*-PMA)	128.18	—	120	—	354
甲基丙烯酸正丁酯(*n*-BMA)	142.20	1.4220	163	0.889	295
甲基丙烯酸异丁酯(*i*-BMA)	142.20	1.4172	155	0.882	326
甲基丙烯酸己酯(*n*-HMA)	170.30	1.4920	184	0.880	268
甲基丙烯酸月桂酯(LMA)	254	1.444	160(0.9kPa)	0.866	208
甲基丙烯酸十八酯	338.6	1.450	205(0.7kPa)	0.858	311
甲基丙烯酸-*β*-羟乙酯(*β*-HEMA)	130.08	1.4517	95(1.333kPa)	1.079	328
甲基丙烯酸-*β*-羟丙酯(*β*-HPMA)	144.1	1.446	96(1.333kPa)	1.027	299
甲基丙烯酸缩水甘油酯(GMA)	142.15	1.4482	75(1.333kPa)	1.073	319
甲基丙烯酸异冰片酯(IBOMA)	222.33	1.475	117(0.93kPa)	0.985	约 411

注：对于单体的一些物理性质，不同的书籍与文献有的差异甚大。

根据在树脂中的作用及对涂膜的贡献，丙烯酸类单体可以分为软单体和硬单体。软单体，例如丙烯酸甲酯、丙烯酸丁酯、丙烯酸-2-乙基己酯等。硬单体，例如甲基丙烯酸甲酯、甲基丙烯酸丁酯、苯乙烯和丙烯腈等。

丙烯酸类单体的分子中含有某些活性基因，如羟基、羧基、环氧基、氨基等，称为功能性单体。功能性单体可分为以下几类。

a. 含羧基单体，有丙烯酸、甲基丙烯酸、丁烯酸等。

b. 含羟基单体，有丙烯酸羟丙酯、丙烯酸羟乙酯、甲基丙烯酸羟丙酯、甲基丙烯酸羟乙酯、丙烯酸羟丁酯、甲基丙烯酸羟丁酯等。

c. 含环氧基单体，有丙烯酸缩水甘油酯、甲基丙烯酸缩水甘油酯等。

d. 含叔氨基单体，有丙烯酸二甲氨基丙酯、丙烯酸二乙氨基丙酯、丙烯酸二甲氨基乙酯、甲基丙烯酸二甲氨基丙酯、甲基丙烯酸二乙氨基丙酯、甲基丙烯酸二甲氨基乙酯等。

e. 含酰氨基单体，有丙烯酸胺、*N*-羟甲基丙烯酸胺等。

f. 酯基碳链上含不饱和双键单体，有丙烯酸烯丙酯、甲基丙烯酸烯丙酯等。

g. 含杂环单体，有丙烯酸四氢呋喃甲酯、甲基丙烯酸四氢呋喃甲酯、丙烯酸乙氧化双环戊二烯酯等。

h. 含其他元素单体，有丙烯酸-2-氰基乙酯、丙烯酸羟乙基磷酸酯、丙烯酸氟烷基酯等。

② 单体与树脂性能关系　丙烯酸涂料的涂膜性能主要取决于丙烯酸树脂合成用单体的结构与配比，表 2-1-85～表 2-1-88 列出了丙烯酸酯单体在聚合物中的作用，对于配方的设计有一定的参考作用。

表 2-1-85　单体在树脂中的作用

单　　体	在树脂中的作用
苯乙烯、丙烯腈、丙烯酸、甲基丙烯酸、甲基丙烯酸甲酯、甲基丙烯酸异冰片酯	提高硬度、附着力，提高抗污染性
丙烯腈、丙烯酸、丙烯酰胺	提高耐油、耐溶剂性
丙烯酸乙酯、丙烯酸丁酯、丙烯酸-2-乙基己酯、丙烯酸十八烷基酯	提高柔顺性
丙烯酸十二烷基酯、丙烯酸十八烷基酯、苯乙烯	提高耐水性
甲基丙烯酰胺、丙烯腈	提高耐磨性、抗划伤性
甲基丙烯酸酯	提高耐候性、透明性
丙烯酸、甲基丙烯酸、丙烯酰胺、甲基丙烯酰胺、羟甲基丙烯酰胺、丙烯酸羟乙酯、甲基丙烯酸缩水甘油酯	提高硬度、附着力、耐水性、耐油性、涂膜强度等
甲基丙烯酸芳香酯	增加光泽、提高鲜映性

表 2-1-86　苯乙烯与甲基丙烯酸甲酯物理性能比较

物理性能	苯乙烯	甲基丙烯酸甲酯	物理性能	苯乙烯	甲基丙烯酸甲酯
硬度	高	极高	耐光性	低	优
耐湿性	良好	低	保光性	尚好	优
耐污染性	良好	尚好	稀释性	良好	不好

表 2-1-87　丙烯酸乙酯、丙烯酸丁酯和丙烯酸异丁酯的性能比较

物理性能	比较	物理性能	比较
硬度	异丁酯=乙酯>丁酯	伸长率	异丁酯=乙酯<丁酯
增塑效果	异丁酯=乙酯<丁酯	耐芳烃性	异丁酯=丁酯<乙酯
拉伸强度	异丁酯=乙酯>丁酯	耐碱性	异丁酯=丁酯>乙酯
耐水性	异丁酯=丁酯>乙酯		

表 2-1-88 各类聚合物涂层物理性能

物理性能	甲基丙烯酸甲酯	甲基丙烯酸丁酯	丙烯酸乙酯	丙烯酸丁酯	丙烯酸-2-乙基己酯
黏性	没有	稍软,有塑性	有	很黏	极黏
硬度	硬	低	软、有塑性	很软	很软,无塑性
拉伸强度	高	低	低	很低	异常低
伸长率	低	高	很高	异常高	
附着力	低	良好	优良	还好	低
耐溶剂性	耐汽油好	良好	很好	还好	低
耐湿热性	低	优	劣	一般	优
保光性	优	很好	良好	尚可	劣
抗冷冻性	很坏	低	坏	良好	优
抗紫外线	优	很好	尚可	良好	良好

除了表中列举的相应关系外，我们补充说明讨论如下。

a. 耐候性　丙烯酸酯含有叔氢原子，而甲基丙烯酸酯不含叔氢原子，因此甲基丙烯酸酯对光和氧的作用较丙烯酸酯稳定，耐候性也优于丙烯酸酯类。

在各种异构体丙烯酸酯中，叔碳是最稳定的，异丁酯不如正丁酯稳定。因为异丁基上叔碳原子上的氢原子容易被提取，聚合时易产生分支，也较易光老化。同样，丙烯酸 2-乙基己基酯也存在同样的问题。

丙烯酸酯和甲基丙烯酸酯均不含共轭双键，因此它们的耐候性优于苯乙烯。将甲基丙烯酸甲酯与苯乙烯比较，苯乙烯赋予漆膜光泽、丰满度和鲜映度；甲基丙烯酸甲酯赋予漆膜耐候性和透明性。由于苯乙烯价格较丙烯酸酯类单体便宜，在配方设计时，常用一些苯乙烯单体代替甲基丙烯酸甲酯。但在苯乙烯中，与苯环相连的碳原子容易被氧化，引起主链断裂生成发色基团，因此含苯乙烯单体多的丙烯酸树脂容易发黄、保色性也要差。

苯乙烯的含量对其最终产品的耐候性影响极大，在使用时，要正确地把握好它的用量范围。一般情况下，在用作汽车之类对户外耐候性、装饰性要求较高的场合，丙烯酸类共聚物中苯乙烯的含量不得高于 15%。

b. 漆膜硬度　漆膜的硬度与单体均聚物的玻璃化温度有密切关系，一般玻璃化温度越高，漆膜的硬度越高；反之，则越柔软。定性上，均聚物的玻璃化温度与其单体结构有如下的规律。

(a) 聚甲基丙烯酸酯的 T_g 一般比相应的聚丙烯酸酯高，原因在于聚甲基丙烯酸酯中 α-甲基的存在使碳-碳链的旋转位阻增大，刚性增强，从而玻璃化温度较高。

(b) 对于聚合物烷基异构体，一般异构化程度越高，T_g 越高。例如聚丙烯酸丁酯有四个酯基异构体：正丁酯、异丁酯、仲丁酯和叔丁酯，它们的脆化温度（使聚合物在冲击载荷作用下变为脆性破坏的温度，称为脆化温度。脆化温度是聚合物能够正常使用的温度下限，低于脆化温度的聚合物丧失其柔韧性，性脆易折，无法正常工作）分别为：－45℃、－24℃、－10℃和 40℃。

(c) 聚合物的玻璃化温度随烷基碳原子数的变化而变化。对于聚甲基丙烯酸酯，其脆化温度随着烷基碳原子数的增加而下降，但以十二碳酯为最低，然而又重新升高。聚丙烯酸酯的脆化温度的最低点是八碳酯。

(d) 聚苯乙烯的 T_g 为 100℃与聚甲基丙烯酸甲酯相近，因此用苯乙烯代替部分甲基丙烯酸甲酯，漆膜硬度相近，但延展性会变差。

涂膜的硬度与树脂的玻璃化温度密切相关，在单体组成相同时，树脂的玻璃化温度与树脂的分子量有关，一般分子量越大，T_g 越高，但分子量超过一定值时，T_g 趋于恒定，参见图2-1-16。

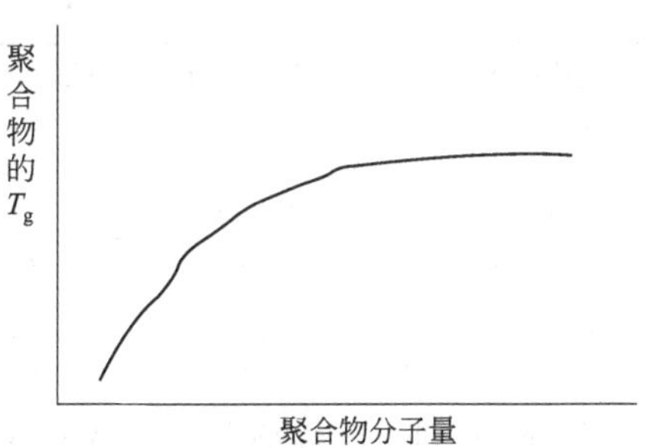

图 2-1-16　分子量与玻璃化温度关系

c. 伸长率和拉伸强度　树脂的拉伸强度会随着烷基碳链的增长而下降，但伸长率则会大幅度增长。聚丙烯酸酯的拉伸强度比聚甲基丙烯酸酯小，但伸长率则要高许多。一般而言，聚甲基丙烯酸甲酯的拉伸强度可达到50～77MPa 水平，弯曲强度可达到90～130MPa，而其断裂伸长率仅2%～3%。侧基长度对聚合物性能的影响见表 2-1-89。

表 2-1-89　侧基长度对聚合物性能的影响

聚合物	拉伸强度/MPa	断裂伸长率/%	聚合物	拉伸强度/MPa	断裂伸长率/%
聚丙烯酸甲酯	6.93	750	聚甲基丙烯酸甲酯	68.9	1
聚丙烯酸乙酯	0.23	1800	聚甲基丙烯酸乙酯	37.2	25
聚丙烯酸丁酯	0.02	2000	聚甲基丙烯酸丁酯	3.44	300

d. 耐介质性能　丙烯酸酯类单体其侧基可以有不同的功能基团，导致其极性及溶解性差异较大。

树脂的耐水性与侧基碳数的多少有很大关系。丙烯酸酯的主链是不会被水解的，但其侧链上许多酯基则有较大的水解性。酯基碳链越长，极性越小，亲水性越小，耐汽油性变差，但耐水性变好；酯基碳链越短，极性越大，耐汽油性越好，但耐水性越差。甲基丙烯酸酯类单体的耐水性比丙烯酸酯类单体好。

聚丙烯酸酯含有叔氢原子，反应活性高，因此，其水解稳定性比聚甲基丙烯酸酯差。

丙烯酸正丁酯、异丁酯和叔丁酯玻璃化温度相差很远，化学性能也差别很大，异丁酯的耐水性优于正丁酯，而叔丁酯对酸水解十分敏感。

树脂的耐酸雨性能是大家所关心的问题。从单体的角度看，一般说来丙烯酸酯单体中高碳酯（4 个碳原子以上）比低碳酯有利；（甲基）丙烯酸环烷酯、芳烃酯比直链烃有利；叔碳酸缩水甘油酯等改性丙烯酸树脂也能明显提高耐酸雨性；羟基单体中（甲基）丙烯酸羟丙酯比（甲基）丙烯酸羟乙酯有利；苯乙烯、甲基苯乙烯比丙烯酸单体为好。

e. 单体功能基的作用　若在树脂中引入功能基团，可以进一步改进树脂的性能。引入极性较大的羟基、羧基、氰基等可以不同程度地改进树脂的附着力、耐汽油性及耐溶剂性。但要注意引入功能基的种类和数量要与树脂的应用相结合。若引入过多的羟基或羧基往往会降低树脂的耐水性；过多的氰基则会降低树脂的溶解性。

此外，含叔氨基丙烯酸类聚合物可赋予聚合物良好的混溶性能，使该品种的丙烯酸类聚合物可与绝大多数涂料用合成树脂混溶，利用该类树脂的这一特征，可把它用作所谓“通用色浆”的研磨树脂等。

表 2-1-90 给出了丙烯酸树脂与其他树脂的相容性。根据极性相似相容原理，若丙烯酸树脂的极性与被混合树脂极性相似时，容易混溶。一般来说，用硬单体合成的树脂其相容性不如软单体合成的树脂好，但在配方中引入部分苯乙烯对改进树脂的相容性有增进作用。

表 2-1-90 丙烯酸树脂与其他树脂的相容性

其他树脂	硬丙烯酸树脂	软丙烯酸树脂	其他树脂	硬丙烯酸树脂	软丙烯酸树脂
醋丁纤维	部分相容	相容	氯醋共聚体	部分相容	相容
硝化棉	部分相容	相容	氯化橡胶	不相容	不相容
乙基纤维	不相容	不相容	丙烯酸改性醇酸	不相容	相容
聚氯乙烯	相容	相容			

③ 阻聚剂 丙烯酸酯类单体在强光照射下及受热情况下很容易发生聚合反应，若不加阻聚剂只能在10℃以下的环境贮存数个星期，因此为了方便贮存及运输，单体中往往加入一定量的阻聚剂来防止单体聚合。最常用的阻聚剂是酚类化合物，但它们必须在有氧存在下才能发挥作用。目前较常用的酚类阻聚剂是对甲氧基苯酚。对甲氧基苯酚阻聚剂的用量比用对苯二酚少些（用量常可少至 10～30mg/kg），聚合反应时诱导期较短，可很快消失阻聚作用，聚合反应的重现性好；在碱性条件下，这种阻聚剂不会出现着色现象。在单体含水分等杂质少的情况下，用量可少些，但当有活性官能团取代的单体时，用量要多些。在丙烯酸酯或甲基丙烯酸酯连续蒸馏过程中，如注入氧气仍不能阻止聚合时，则可预先加对苯二酚和苯醌，两者配合使用时阻聚效果特别好。

除酚类阻聚剂外，还有吩噻嗪、亚甲基蓝、对羟基二苯胺、N,N'-二苯基对苯二胺、2,5-二叔丁基氢醌等，后几种常在高温情况下应用。

含适量对甲氧基苯酚的单体在进行聚合反应时一般不必除去，原因是在不长的诱导期后，聚合反应能正常进行；在必须除去对苯二酚或对甲氧基苯酚等阻聚剂时，可以使用蒸馏法、碱洗法或离子交换树脂法等。

④ 单体贮存 在丙烯酸酯单体贮存过程中，应着重注意：防火防爆，防聚合，防毒。由于绝大多数单体系低毒或微毒，所以防火、防爆以及防聚合是贮运中的关键。丙烯酸酯单体可以桶装运，也可以槽装运，所有单体均应使用不透光的桶包装；贮槽可用低碳钢或铝制造，贮槽应安装温度报警、通风装置、干燥器，以及配备各种工艺管道及装置以保持空气流通、防止潮气及水分进入，保证安全。丙烯酸酯单体常用 200L 铁桶装运，酸类单体使用的铁桶内部衬以聚乙烯，防止酸的腐蚀。桶装单体应避免阳光直接照射，如在户外存放应搭建凉棚遮阳。放置单体的建筑物应符合防火防爆安全规定。苯乙烯和甲基丙烯酸甲酯容易聚合，存放时间短，贮存时应加以注意。气候寒冷时，丙烯酸及其甲基丙烯酸应在 16～24℃存放，防止结晶；若发生结晶，结晶体中不含阻聚剂及氧气，容易聚合。

⑤ 单体的检验 工业生产的丙烯酸酯单体常常含有少量杂质或阻聚剂，因此丙烯酸酯的含量一般达不到 99%，某些杂质如水分、聚合物等含量超过一定标准会影响成品树脂的品质，应该加以严格控制。

单体检验是制造丙烯酸树脂前的重要步骤，直接影响到树脂制造的质量。单体的检验一般包括纯度、酸值、阻聚剂以及单体中聚合物的测定，可采用仪器分析或化学分析方法等。

a. 纯度的测定 丙烯酸酯的纯度可用全酯值或不饱和度来表示，全酯值包括丙烯酸酯以及其他酯的含量，因此如果原料中含有其他饱和羧酸酯时，应该用不饱和度数来复验。

• 方法 1——全酯值测定法。皂化值的测定：准确称量 0.5～3.0g 试样放在锥形瓶中，并加入 50mL 0.5mol/L KOH 乙醇溶液，在锥形瓶上安装上回流冷凝器，缓缓加热使溶液沸腾 1h；将锥形瓶冷却到室温，用酚类指示剂及 0.5mol/L 盐酸水溶液滴定至粉红色消失为止。

计算公式：

$$皂化值=\frac{(A-B)\times 0.5\times 56.05}{m}$$

式中　A——空白试验盐酸耗用量，mL；

B——加入试样盐酸耗用量，mL；

m——试样质量，mg。

$$酯值=皂化值-酸值$$

$$全酯值=酯值\div 理论酯值\times 100\%$$

● 方法 2——全不饱和度分析法。全不饱和度的分析原理如下：丙烯酸酯与吗啉反应会生成叔胺：

$$\text{O}\langle\rangle\text{NH} + H_2C{=}C(R){-}COOR' \longrightarrow \text{O}\langle\rangle\text{N}{-}CH_2CHRCOOR'$$

过量的吗啉与醋酐反应生成酰化物。

$$\text{O}\langle\rangle\text{NH} + (H_3C{-}CO)_2O \longrightarrow \text{O}\langle\rangle\text{N}{-}COCH_3 + CH_3COOH$$

生成的叔胺在非水溶液中例如乙二醇甲醚溶剂中用高氯酸滴定。

0.5mol/L 高氯酸乙二醇甲醚溶液配制。将 40mL 70%～72%的高氯酸加入装有 50mL 乙二醇甲醚的 1000mL 容量瓶中，用乙二醇甲醚稀释到刻度，摇匀；将 1.2g 三羟甲基氨基甲烷溶于纯水作为标准溶液；用 1%的溴甲酚氯的甲醇溶液做指示剂标定。

百里酚蓝、二甲苯蓝混合指示剂的配制。称取 0.3g 百里酚蓝和 0.08g 二甲苯蓝溶于 100mL 二甲基甲酰胺备用。

实验方法：用量筒分别量取 10mL 吗啉并加入到试样瓶与空白瓶中，称取 1～4g 试样加入到瓶中（精确到 0.1mg），混合均匀；在各瓶中加入无水甲醇 10mL，室温放置 10min，再用量筒向各瓶中分别加入 50mL 乙二醇甲醚，边搅拌边用量筒在各瓶中加入 20mL 精制的醋酐，冷却至室温；各瓶中加入混合指示剂 6～8 滴，用 0.5mol/L 高氯酸乙二醇甲醚溶液滴定至绿色消失为终点。

$$全不饱和度(质量分数)=\frac{(A-B)\times 0.5\times 0.1\times M}{m}$$

式中　A——试样所消耗的高氯酸体积，mL；

B——空白所消耗的高氯酸体积，mL；

M——酯单体的分子量；

m——试样质量，g。

上述方法适于分析丙烯酸酯；如要分析甲基丙烯酸酯及酸类单体时，则用醋酸作为催化剂，分析操作时称样 1.3～1.5g，不加甲醇而改为加入 50%的醋酸水溶液 7mL，然后在(98±2)℃水浴中保温半小时，冷却后按以上例子类似步骤进行操作。

$$丙烯酸含量(质量分数)=\frac{(A-B)\times 0.5\times 7.206}{m}$$

式中符号意义与上式相同。

b. 酸值测定　称 10～15g 试样放入锥形瓶中，用移液管加入 100mL 80～90℃蒸馏水，加盖并摇匀，放置 2h，过滤并置于锥形瓶。用移液管吸取 25mL 滤液放入另一锥形瓶中，加酚酞指示剂 2～3 滴，用 0.04mol/L 氢氧化钠-乙醇溶液滴定，直至试液呈粉红色，10s 内不消失为滴定终点。

酸值计算公式为：
$$K=\frac{NV\times 56.1\times 100}{G\times 25}$$

式中 K——酸值，mg KOH/g；

N——氢氧化钠-乙醇溶液浓度，mol/L；

V——滴定氢氧化钠-乙醇溶液体积，mL；

G——试样质量，g。

测定时两次平行试验结果之差与平均值之比应小于 3%。

c. 对甲氧基苯酚含量的测定　在酸性条件下对甲氧基苯酚与亚硝酸盐生成黄色的亚硝基化合物，这种化合物在 405nm 波长时有最大吸光度，不过为避免亚硝酸所造成的背景干扰，一般在 420nm 波长处进行测定。

操作时将试样溶于二甲基甲酰胺中，用亚硝酸及盐酸进行处理，生成亚硝基化合物，然后在 420nm 波长下进行比色分析。丙烯酸丁酯及丙烯酸-2-乙基己酯在二甲基甲酰胺中溶解度很小，可用氯仿将对甲氧基苯酚萃取出来，再进行亚硝化及比色测定。

d. 单体的气相色谱法分析　利用气相色谱仪可以分析各种单体的纯度以及甲酸酯、醋酸酯、醛、醇等各种杂质的含量，通过标准曲线的绘制或色谱分析资料查阅等，对丙烯酸酯进行纯度分析。目前在中等规模的树脂合成厂利用气相色谱对丙烯酸酯进行纯度检验是一项常规工作。

e. 单体中聚合物的测定　由于单体会发生聚合，因此单体中或多或少有聚合物存在，单体中聚合物的测定可利用聚合物在某些溶剂中不溶解产生浑浊来加以判断。检验单体中聚合物时选用的溶剂可参见表 2-1-91。

表 2-1-91　检验单体中聚合物时选用的溶剂

单　体	溶剂	单体：溶剂（体积比）	放置时间/min
丙烯酸甲酯、丙烯酸乙酯	醋酸-水(体积比 1：1)	2：98	5
丙烯酸丁酯	甲醇	2：98	5
丙烯酸-2-乙基己酯	甲醇	3：10	5
甲基丙烯酸甲酯、甲基丙烯酸乙酯、甲基丙烯酸丁酯、甲基丙烯酸月桂酯	甲醇	2：98	5
甲基丙烯酸	25%氯化钠水溶液	10：10	15
苯乙烯	甲醇	1：5	5

⑥ 单体的毒性　毒性通常用急性毒性、亚慢性毒性、慢性毒性、致突变作用、致癌作用、生殖发育毒性等来综合评价。

丙烯酸和甲基丙烯酸对眼睛腐蚀严重，吞食时尽管较温和，但它可能严重烧伤肠道及损伤消化系统。丙烯酸的蒸气对眼睛、黏膜和皮肤都有刺激作用；而甲基丙烯酸仅适度地刺激眼睛，对鼻、喉、皮肤稍有刺激性影响，高浓度接触可能引起肺部病变，可引起肺、肝、肾的慢性损伤。

丙烯酸酯类单体属于微毒至中毒性。关于慢性口服毒性，用狗和兔做长期非致死剂量的给药试验证明，丙烯酸酯单体无积累作用。在吞入、与眼黏膜接触或通过皮肤吸收时，实验证明液体丙烯酸甲酯及乙酯属中毒类，眼角膜特别敏感易受损伤；高级酯的毒性较温和；甲基丙烯酸甲酯属低毒类，但对皮肤的敏感性较强，接触时间长可致麻醉作用。

丙烯酸甲酯及乙酯的蒸气有催泪及刺激黏膜的作用，即使空气中的浓度低至 50～

70mg/m^3 时，长时期作用也会造成不良后果，如角膜损伤以及嗜睡、头痛、恶心等神经系统中毒症状；高浓度接触严重者可因肺水肿而死亡。丙烯酸甲酯误服急性中毒者，会出现口腔、胃、食管腐蚀症状，并有虚脱、呼吸困难等；丙烯酸乙酯误服强烈刺激口腔和消化道，可出现头晕、呼吸困难和神经过敏。

官能团取代的酯类毒性较大，例如丙烯酸羟丙酯的毒性大于丙烯酸乙酯而接近于丙烯酸甲酯；甲基丙烯酸羟丙酯的毒性较低，接近高级酯类。羟基酯应用很广，目前国内各生产厂对羟基酯的毒性无足够的认识，防范不够，应引起重视。丙烯酸缩水甘油酯是丙烯酸酯类单体中毒性最大的，1%的稀溶液也会严重地损伤眼膜，其蒸气会灼伤眼睛，接触皮肤时将有严重刺激或灼伤，吸入其蒸气尽管不是极大量，有时也是致命的。由于丙烯酸缩水甘油酯在生产中使用有明显增加趋势，因此丙烯酸缩水甘油酯的容器上应该有毒品警告标志。甲基丙烯酸缩水甘油酯的毒性稍低，与丙烯酸乙酯相似，有时会引起皮炎或过敏。

氨基烷基取代酯兼有胺及丙烯酸化合物的毒性，既有口服毒性，又会对眼睛和皮肤造成灼伤；其甲基丙烯酸酯的毒性稍低。

车间中容许的丙烯酸酯类单体最高浓度见表 2-1-92。

表 2-1-92 车间中容许的丙烯酸酯类单体最高浓度

物质名称	最高容许浓度/(mg/m^3)	物质名称	最高容许浓度/(mg/m^3)
丙烯酸	6	丙烯酸正丁酯	10
丙烯腈	2	丙烯酸乙酯	10
丙烯酸甲酯	20	甲基丙烯酸	20
甲基丙烯酸甲酯	30	α-氰基丙烯酸甲酯	8
甲基丙烯酸环氧丙酯	5	苯乙烯	40
顺丁烯二酸酐	1	丙烯酰胺	0.3(皮)
丙烯酸异丁酯	10		

(2) 引发剂 引发剂的分解速率常用半衰期即引发剂分解到起始浓度的一半所需要的时间来表示。常见的引发剂以及在一定温度下的半衰期列入表 2-1-93。

表 2-1-93 一些引发剂的半衰期和最佳使用温度

引发剂	温度/℃	半衰期	最佳温度范围/℃
偶氮二异丁腈	64	10h	75～90
	82	60min	
	100	6min	
	120	1min	
过氧化苯甲酰	80	4h	90～100
	90	1.25h	
	100	25min	
	110	8.5min	
叔丁基过氧化新戊酰	60	6h	70～80
	70	1.25h	
	80	20min	
	90	9min	

续表

引发剂	温度/℃	半衰期	最佳温度范围/℃
叔丁基过氧化苯甲酰	110	5.5h	115～130
	120	1.75h	
	130	35min	
	140	12min	
	150	4.5min	
过氧化二叔丁基	130	6h	140～150
	140	2h	
	150	40min	
	160	15min	

引发剂的分解反应式如下：

偶氮二异丁腈

$$R-\underset{CN}{\overset{R}{C}}-N=N-\underset{CN}{\overset{R}{C}}-R \longrightarrow 2\ R-\underset{CN}{\overset{R}{C}}\cdot + N_2$$

过氧化苯甲酰

$$C_6H_5-\overset{O}{\overset{\|}{C}}-O-O-\overset{O}{\overset{\|}{C}}-C_6H_5 \longrightarrow C_6H_5-\overset{O}{\overset{\|}{C}}-O\cdot \longrightarrow C_6H_5\cdot + CO_2$$

过氧化叔丁基苯甲酰

$$H_3C-\underset{CH_3}{\overset{CH_3}{C}}-O-O-\overset{O}{\overset{\|}{C}}-C_6H_5 \longrightarrow H_3C-\underset{CH_3}{\overset{CH_3}{C}}-O\cdot + C_6H_5-\overset{O}{\overset{\|}{C}}-O\cdot$$

$$C_6H_5-\overset{O}{\overset{\|}{C}}-O\cdot \longrightarrow C_6H_5\cdot + CO_2$$

过氧化二叔丁基

$$H_3C-\underset{CH_3}{\overset{CH_3}{C}}-O-O-\underset{CH_3}{\overset{CH_3}{C}}-CH_3 \longrightarrow 2H_3C-\underset{CH_3}{\overset{CH_3}{C}}-O\cdot$$

叔丁基过氧化氢

$$H_3C-\underset{CH_3}{\overset{CH_3}{C}}-O-OH \longrightarrow H_3C-\underset{CH_3}{\overset{CH_3}{C}}-O\cdot + OH\cdot$$

常用的引发剂有两大类：有机过氧化物和偶氮化合物。有机过氧化物品种繁多，热分解活性范围很宽，在不同的聚合温度均能找到合适活性的品种，同时多数为液体，也有固态。固体类引发剂也能较好地溶解在丙烯酸单体或溶剂中。所以，有机过氧化物引发剂是主要的自由基聚合引发剂，约占引发剂总量的90%左右。常用的有机过氧化物引发剂有以下几种。

① 酰类　如过氧化乙酰、过氧化月桂酰、过氧化苯甲酰。

② 醚类　如过氧化二叔丁基醚、过氧化二叔戊基醚、过氧化二异丙苯醚。

③ 酯类　如过氧化乙酸叔丁酯、过氧化苯甲酸叔丁酯、过氧化苯甲酸叔戊酯、过氧化-2-乙基己酸叔丁酯、过氧化-2-乙基己酸叔戊酯。

④ 酮类　如过氧化甲乙酮、过氧化环己酮。

⑤ 过氧化氢类　如叔丁基过氧化氢、异丙苯基过氧化氢。

适用于丙烯酸溶液聚合的偶氮化合物引发剂多为腈类偶氮化合物，常用的有偶氮二异丁腈（AIBN）、2,2-偶氮二（甲基丁腈）、2,2-偶氮（2,4-二甲基戊腈）等。

不同的引发剂有不同的分解温度和半衰期。在确定的反应体系中，引发剂的分解温度过高或半衰期过长会造成聚合反应的时间过长，不利于生产。反之，引发剂的分解温度过低或半衰期过短，单位时间内产生自由基的数量过多，反应速度加快。由于自由基聚合反应是一个放热反应，因而会导致反应温度难以控制而产生爆聚或过早停止反应。

在选择引发剂时，应考虑引发剂的引发效率，以 BPO 和 ABIN 为例：引发剂分解生成的自由基并非全部参与链增长反应，因为部分引发剂自由基可能发生相互结合的副反应生成一种新的化合物，从而使部分引发剂失效。

偶氮系引发剂分解后产生弱夺氢反应能力的选择性自由基。这类自由基的活性较低，不太容易发生向溶剂链转移之类的副反应，所以相对比较简单，如偶氮二异丁腈的副反应如下：

$$2CH_3-\underset{CN}{\overset{CH_3}{\underset{|}{\overset{|}{C}}}}-N\cdot \longrightarrow CH_3-\underset{CN}{\overset{CH_3}{\underset{|}{\overset{|}{C}}}}-\underset{CN}{\overset{CH_3}{\underset{|}{\overset{|}{C}}}}-CH_3$$

偶氮类引发剂的热解，生成自由基的反应较简单，不发生诱导分解，在不同溶剂中的分解速率常数相差不大，均呈一级反应，所以在某些诱导分解作用较明显的溶剂中，带氨基的官能团单体中，或用硫醇为链转移剂时，采用偶氮引发剂能取得更好的效果。

有机过氧化物的情况就稍微复杂一些，它们除了相互间结合的副反应外还可能发生诱导分解反应，$C_6H_5COO\cdot$ 和 $C_6H_5\cdot$ 这两种自由基自身以及相互间都可能发生结合反应。这些结合反应一部分使自由基还原成过氧化苯甲酰，一部分则生成了新的稳定化合物。

$$2C_6H_5-\overset{O}{\overset{\|}{C}}-O\cdot \longrightarrow C_6H_5-\overset{O}{\overset{\|}{C}}-O-O-\overset{O}{\overset{\|}{C}}-C_6H_5$$

$$2C_6H_5\cdot \longrightarrow C_6H_5-C_6H_5$$

$$C_6H_5-\overset{O}{\overset{\|}{C}}-O\cdot + C_6H_5\cdot \longrightarrow C_6H_5-\overset{O}{\overset{\|}{C}}-O-C_6H_5$$

另外，自由基 $C_6H_5\cdot$ 还能使过氧化苯甲酰发生以下诱导反应：

$$C_6H_5-\overset{O}{\overset{\|}{C}}-O-O-\overset{O}{\overset{\|}{C}}-C_6H_5 + C_6H_5\cdot \longrightarrow 2C_6H_5-\overset{O}{\overset{\|}{C}}-O\cdot + C_6H_5-\overset{O}{\overset{\|}{C}}-O-C_6H_5$$

显而易见，这些可能发生的副反应在消耗了自由基的同时，也在一定程度上减缓了自由基生成的速率，降低了引发效率。

BPO 分解的自由基很容易进攻聚合物，提取氢原子，因此，由 BPO 引发的聚合物分支较多，在制备高固体丙烯酸树脂时应避免使用。AIBN 分解的自由基则不易夺取氢原子。此外，BPO 可在聚合物端基中引入可吸收紫外线的苯环，ABIN 在聚合物端基中引入 $(CH_3)_3$，因此，ABIN 的耐候、保光、保色性能比 BPO 好。

同一种引发剂在不同的溶剂中有不同的分解速率。在使用量和温度相同的情况下，其半衰期一般有如下的规律：

醇＞醚＞脂肪烃＞芳烃＞高卤素溶剂

同一种引发剂在不同的单体中其半衰期也有较大的差异，例如在 80℃，二氧六环为溶剂时，过氧化二苯甲酰对苯乙烯、甲基丙烯酸甲酯的半衰期分别为 4.6h 和 5h，而对醋酸乙烯和顺丁烯二酸酐的半衰期分别为 0.57h 和 1.50h。

引发剂大多为易爆易燃物品，遇热、还原剂、强碱强酸和金属杂质时都可能加速分解，产生爆炸等现象，因此在贮存和使用时要引起注意。

引发剂的生产厂家常在产品（如 BPO 引发剂）中加入 30%左右的水分以确保贮存和运输的安全。使用时应将水分除去，但不可烘烤，较方便可行的方法是称量后溶于二甲苯，静置澄清后分出水分，再计算出溶液中引发剂的实际用量。对于偶氮二异丁腈，如贮存温度太高或时间太久会产生少量不溶物，如遇此现象，使用前可用乙醇溶解，重结晶净化后使用。

(3) 溶剂和链调节剂 溶剂是丙烯酸树脂的重要组成部分。良溶剂可使树脂清澈透明，黏度降低，树脂及其涂料的成膜性能好。

溶剂对树脂的溶解能力可参考溶解度参数 δ。丙烯酸树脂的 δ 一般在 8.5～11 之间，根据相似相溶原理，甲苯、二甲苯、醇类、酯类、酮类等是常用的溶剂。更准确的推测可根据溶剂和树脂的三维溶解度参数。此外，选择时应考虑溶剂的成本、挥发速度、毒性等。

为了得到较高固体分和低黏度的树脂，常采用链转移剂。常见的有十二烷基硫醇、2-巯基乙醇、3-巯基丙醇、巯基丙酸、巯基戊酸、巯基琥珀酸、3-巯基丙酸-2-羟乙酯等。通常，在链调节剂中，随碳链的增长，链调节功能增强，到十二碳时达到最大值。碳链进一步增长链调节功能反而下降。此外，选用不同的链调节剂虽然可制得表观黏度相近的树脂，但分子量分布范围不尽相同。制漆以后漆膜的丰满度也有差异。就漆膜的丰满度来说，以十二烷基硫醇做链调节剂为最佳。

2. 丙烯酸酯聚合

(1) 自由基溶液聚合机理 单体在溶液状态下通过自由基聚合反应合成的丙烯酸树脂是溶剂型丙烯酸酯树脂。自由基聚合是个不可逆的连锁反应，其反应过程包括链的引发、链的增长和链的终止 3 个阶段，这 3 个阶段的反应中有着较复杂的理论，在有关的高分子书籍中已有详述。与反应机理相对应的聚合反应经历四个时期（见图 2-1-17）。

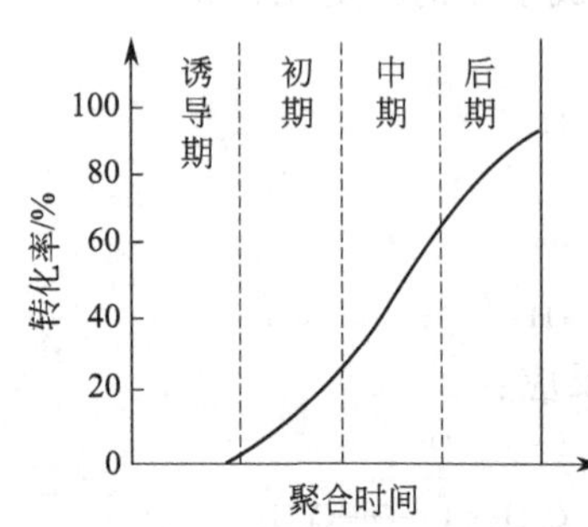

图 2-1-17 聚合反应的四个时期

① 诱导期 由于反应物中有阻聚剂或可能有阻聚作用的杂质及氧气存在，引发剂分解所产生的初级自由基会被它们所终止而生成低分子化合物，所以这段时间内实际上聚合反应没有开始，称之为诱导期。随阻聚杂质的多少，诱导期可长可短，如果希望缩短诱导期加快聚合速度就必须严格控制原料的阻聚杂质含量，使之减少至最低量。此外，已知氧气阻聚作用很大，要缩短诱导期，就应在反应系统中通入氮气等惰性气体以驱除含氧的空气。

② 聚合初期及聚合中期 当反应体系中阻聚杂质与初级自由基反应尽后，诱导期结束，继续产生的新自由基与单体的引发聚合开始，聚合反应进入初期，此时称为等速阶段。转化率达到接近 20%时，其聚合速度自动加快，这时为聚合中期。由于反应放热，此时往往出现反应温度自然上升现象。为了保证安全生产，防止冲锅溢料以及保证质量的稳定，应仔细地控制温度，开启夹套冷水排除热量。丙烯酸树脂的工业生产中为了防止聚合中期大量放热所引起的冲料或暴聚，常采用慢速滴加单体的投料方法，这样可以控制反应时的单体浓度，滴加速度控制恰当时可以减缓放热及黏度突增现象，同时延长其聚合速度加快的历程，使滴入的单体可以较均匀地快速聚合。

③ 聚合后期 聚合中期之后，一大半单体已经转化，反应物的黏度大大提高，单体的

浓度迅速下降，链自由基的活动受到高黏度的阻滞而减缓，所以聚合速度明显下降。此时新的自由基也越来越少，常需补加引发剂才能达到较高的转化率，称之为聚合后期。

(2) 影响丙烯酸树脂聚合反应的因素　从溶液聚合反应的机理看出：反应温度、单体种类和浓度、引发剂种类和浓度以及杂质等条件对聚合物反应均有一定的影响。根据自由基聚合动力学研究结果，聚合反应的数均聚合度 X_n 按下式规律变化：

$$X_n=\frac{K_p}{2(fK_dK_e)^{1/2}}\frac{[M]}{[I]^{1/2}}$$

式中　K_p，K_d，K_e——增长速率常数、引发速率常数和终止速率常数；

f——引发效率；

[M]，[I]——单体浓度和引发剂浓度。

速率常数 K（K 分别代表 K_p，K_d，K_e）与温度的关系遵守阿累尼乌斯方程：$K=Ae^{-E/(RT)}$，式中 A 为频率因子；E 为反应活化能；R 为气体常数；T 为热力学温度。

① 温度影响因素　丙烯酸树脂合成的反应温度一般控制在 80～160℃较为适宜，但如何确定某一种聚合反应的反应温度，应根据引发剂的类型和溶剂的沸点温度来确定。一般的原则是：理想的反应温度为溶剂的沸点温度，因为在溶剂的回流状态下进行聚合，反应容易控制，得到树脂也较为理想。但由于某种需要，选择的引发剂分解温度明显低于溶剂回流温度时，就要调整反应温度。例如选用偶氮二异丁腈引发剂，这种引发剂分解温度较低，聚合反应温度可适当降低到 110～120℃之间。另外，为防止空气中氧气对聚合反应的阻聚，需采用惰性气体如氮气进行保护。

聚合反应温度的高低，直接影响树脂的分子量。在固定其他条件时，反应温度愈高，引发剂分解愈快，单位时间内生成的自由基愈多，聚合速度愈快，聚合度愈低，相应的树脂分子量也愈低。反之，反应温度愈低，合成得到的丙烯酸树脂的分子量愈大。因此，在实际合成中可采用控制温度的办法来调节丙烯酸树脂的分子量。

聚合温度与引发剂的选择有关。如从反应温度的角度来选择引发剂，在一次投量的情况下，一般选择半衰期为反应总时间 1/3 的引发剂为好。此时，单体转化率比较高，而且树脂中残留的引发剂量较少。如果引发剂与单体同时滴加，聚合反应温度一般选择在半衰期为 10～60min 为好，单体转化率可达 98%以上，树脂中残留的引发剂量一般可低于加入引发剂量的 1%。

聚合反应温度对聚合物分子量分布有一定的影响，提高聚合反应的温度，明显提高溶剂的链转移系数，平均分子量降低，生成的共聚物的组成分布更均一。

从实际生产的角度考虑，温度的升高应在一个合理范围内，若温度升得过高则会使聚合反应产生的热不易排除，生产难以控制。而且温度过高，易引起聚合物的支化、交联度增加，从而导致树脂中出现不溶颗粒，树脂质量不易控制。反应温度过低，反应前的诱导期延长，聚合反应的初期转化率低，但进入中期后聚合加快，放热激烈，反应体系温度会迅速升高，溶剂大量气化，有时夹套中冷却水来不及降温而导致冲锅溢料。

此外，聚合反应温度对聚合物颜色有一定的影响。一般情况下丙烯酸树脂的颜色 APHA 应该低于 50。如果单体或溶剂自身是易变色的基团，或混有易变色的杂质，在高温下更会使树脂颜色加深。所以，聚合反应温度也不是越高越好。

② 单体影响因素　单体的品种和用量可根据被合成的树脂性质来决定。在聚合体系中，单体的一般用量控制在 40%～75%之间。聚合反应是放热反应，因此为了控制聚合反应，一般采取滴加方式加入单体。

滴加速度决定树脂分子量的大小及树脂结构。匀速滴加单体可使树脂分子量分布较为均匀；慢慢滴加使滴加时间较长时，树脂分子量会降低，分子结构趋于均匀；滴加时间较短，滴加速度加快时，树脂分子量会增大，分子量分布变宽，分子结构均匀度较差。生产实践证明，一般单体滴加时间控制在2～4h为宜。

混合单体在较低的加料速度、较高的引发剂浓度和温度下，加入到反应器中的物料瞬间发生反应，反应器中的单体浓度低，即处于所谓的"饥饿"或"半饥饿"状态，所以在此条件下单体的聚合行为不同于一般的间歇反应器中的聚合行为。很多研究表明，饥饿加料法是控制聚合物分子量及其分布的有效方法。但在实际生产中，加料速度太慢会降低生产率，延长劳动时间。

单体浓度大小对树脂分子量的影响特别明显。单体浓度大时合成出的树脂分子量也大；反之则小。在溶液聚合中，往往通过调节单体浓度来控制树脂的分子量大小及分布。一般来说，反应体系中溶剂用量少时，单体浓度大，合成出树脂的分子量也大；溶剂用量多时，单体浓度小，合成出树脂的分子量也小，而且不易产生凝胶效应、支化和交联反应，保证聚合物性能稳定。在实际生产中，为了得到具有较高分子量的树脂，采用二步法加入溶剂：单体先在少量溶剂中聚合，完毕后，再补加溶剂。采用补加溶剂的方法不仅可得到较理想的树脂分子量，还可缩短聚合反应的时间。

单体的分子结构对聚合度也有影响。随着取代烷基碳原子数的增加，聚合愈趋困难，聚合度相应降低。除了聚合物外，单体的结构还影响其反应能力及聚合速率，这和单体是否对称及共轭程度等有关。一些常用单体聚合速率的顺序如下：

氯乙烯＞醋酸乙烯＞丙烯腈＞甲基丙烯酸甲酯＞苯乙烯＞丁二烯。

单体的纯度对聚合有很大的影响，因为许多杂质的作用与分子量调节剂、缓聚剂、阻聚剂差不多，对聚合速率和分子量均有影响。实践证明单体纯度越高越有利于聚合反应。

③ 引发剂　在聚合反应过程中，若仅以光和热来引发丙烯酸酯聚合速率太慢，需要加入引发剂加速链引发反应，因此引发速率对聚合速率有决定性影响。在一定温度下，可认为聚合速率主要由引发速率决定。在许多情况下，聚合速率与引发剂浓度平方根成正比。

引发剂的用量对树脂的分子量、黏度及转化率产生影响。一般来说，引发剂的用量越高，树脂的分子量及黏度会越低。一般规律是分子量与引发剂用量的平方根成反比。在溶液聚合反应时，如要得到较高的分子量的树脂，引发剂用量可低些，一般可控制在0.2%～0.5%范围内；如要得到较低分子量树脂，引发剂用量可高些，一般可控制在0.6%～2%范围内，最高时可达4%～5%。引发剂用量过大会在生产过程中涉及热量的排除问题以及会影响聚合物的力学性能、热稳定性以及抗老化性能等。

不同品种，活性氧或氮的含量是不同的，评价引发剂对分子量、黏度、转化率等的影响时，应该采用相同的活性氧含量和分解速率。

引发剂的种类对分子量分布影响较大。如前所述，偶氮腈类引发剂分解成活性自由基后，副反应较有机过氧化物少得多，所以所得聚合物的分子量分布相对较窄，所得聚合物的黏度也相对较低。

有机过氧化物引发剂的分解过程相对复杂，如叔丁基过氧化物分解生成的自由基的活性较高，具有较强的夺氢反应能力，容易参与一些结合反应之类的副反应，使分子量分布趋宽。而叔戊基过氧化物分解生成的自由基活性较低，此自由基不太容易向溶剂转移生成小分子，使分子量分布趋窄，系统黏度下降等。在相同配方、聚合反应工艺的条件下，通过引发剂的选择可以在一定程度上改变聚合物的某些性能。

引发剂的加入方式对树脂分子量有很大影响。一般均采用滴加方法加入引发剂。目前有两种滴加形式：一种是引发剂和反应单体先混合均匀，一起匀速滴加到反应体系中；另一种是引发剂和单体以不同滴加速度分别滴加到反应体系中。两种滴加方法各有利弊。前一种在工业生产上使用起来较为方便，缺点是可能有部分引发剂在未来得及引发单体时就消失，降低了引发剂引发单体的效率，也增加了成本。后一种方法可通过调节引发剂滴加速度充分引发单体聚合，可以较为完全地引发聚合，缺点是生产装置较复杂，操作有一定的难度。因此，采用何种滴加方式应视生产条件而定。

在树脂合成中，投料方式是一个影响因素，在制备大分子量的热塑性丙烯酸树脂时，溶剂、单体和引发剂等一次投入反应并在反应温度下，引发剂分解半衰期为1h以上，使引发剂缓慢分解，制备较高分子量的聚合物。而合成热固性丙烯酸树脂时，多数情况是采用单体和引发剂同时滴加的工艺，使整个聚合过程中单体和引发剂的浓度能基本保持稳定。

利用引发剂进行聚合反应，在反应经过一段时间后，活性自由基浓度已降低到极点，部分单体未被引发聚合，如果此时终止聚合反应，所得到的树脂转化率较低，仅在70%～80%之间，自由单体含量较高，而丙烯酸酯类单体一般都有特殊臭味，影响到丙烯酸树脂的质量。为了提高产品转化率，降低自由单体含量，往往在单体滴加完毕后的1～2h后再补加0.1%～0.2%的引发剂。补加引发剂也采取滴加方法，一般是将引发剂与反应用溶剂混合在一起。用1～2h匀速补加，补加完毕后在经过1～2h即可终止聚合反应。利用补加引发剂的方法，产品的转化率可达到96%以上，如果反应控制得好，转化率可达到100%。补加的引发剂种类可与反应主体用引发剂是同一种，也可以不同，可根据引发剂性质决定。如果是过氧化物，两种引发剂可以是同一种；但如果使用偶氮二异丁腈，由于引发剂在溶剂中溶解性较差，就不能用作补加引发剂。考虑到产品的稳定性，一般都是用偶氮二异丁腈作主体反应用引发剂，补加引发剂则选用过氧化物，但此时应考虑到过氧化物引发剂的分解温度较高，因此补加过程中应适当提高补加时的反应温度。

④ 阻聚剂和氧气　活性较小的阻聚剂称为缓聚剂，表2-1-94列出了添加剂对聚合反应的影响。

表2-1-94　添加剂对聚合反应和聚合度的影响

添加剂	对聚合速率的影响	对聚合度的影响
一般溶剂或链调节剂	没有	降低
调节剂	没有	剧降
缓聚剂	降低	降低
阻聚剂	剧降	剧降

在聚合反应中，阻聚作用的发生来源有两种。一种是单体中的阻聚剂，在使用前未处理或处理不干净；另一种是空气中的氧。前者在生产过程中容易引起人们的注意，也较容易解决。目前市购原料大多使用对甲氧基苯酚类阻聚剂，该阻聚剂受热分解，使用时可不必除去，它的存在只增加了聚合反应的诱导期，对整个聚合反应影响不大。但后者较容易被人们忽视，空气中氧的阻聚作用在聚合反应温度较低时，作用比较明显。氧气的存在，会导致聚合物的分子量小，黏度低，反应诱导期延长，反应速率减慢，反应转化率降低等现象。具体的反应机理为：

$$R\cdot + O_2 \longrightarrow R{-}O{-}O\cdot \xrightarrow{R\cdot} R{-}O{-}O{-}R$$

即反应生成的活性自由基很容易与空气中的氧结合生成一种新的过氧化物，降低了反应体系中自由基的浓度。不过研究发现，在高温下一般氧的阻聚作用表现不出来，这可能是因为生成的过氧化物在高温下分解产生新的自由基，仍可使单体聚合：

$$ROOR \longrightarrow 2RO\cdot$$

为了防止在聚合反应过程中氧的阻聚作用发生，尤其是聚合温度低于溶剂沸点的情况下，在生产过程中应吹入氮气用以隔绝空气；但应注意，吹氮气后树脂分子量会增大，此时应适当增加引发剂用量来平衡树脂的分子量。例如，在聚苯乙烯合成时，常温下在空气介质中，苯乙烯的聚合度为2000；在氮气的保护下，其聚合度为6000。吹氮气还有一个优点是合成出的树脂颜色很浅，呈水白色。如果在生产过程中现有设备不具备吹氮气条件，进行溶液聚合时，反应温度应控制在溶剂介质回流温度内。

⑤ 溶剂和链调节剂　溶剂的选择在丙烯酸树脂合成中是十分重要的，溶剂的选择首先应考虑是单体和聚合物的良溶剂。在不同溶解能力的溶剂中，聚合物链分子的形态是有差别的。在良溶剂中，聚合物链呈舒展状，树脂溶液清澈透明；反之，聚合物链将紧缩而卷曲，树脂溶液浑浊甚至析出。

溶剂对丙烯酸酯单体的溶解能力与单体的结构有关，低级醇构成的丙烯酸酯能溶于芳烃、酯类、酮类和氯代烃等，但不溶或微溶于脂肪烃、醚类和醇类。四碳以上醇构成的丙烯酸酯可以溶于脂肪烃中。

溶剂应对引发剂不产生诱导分解作用，同时对引发剂具有良好的溶解性。过氧化物引发剂在各类溶剂中的分解速率按下述次序增大：芳烃、烷烃、酯类、醚类、醇类、胺类等。表2-1-95列举了溶剂对过氧化苯甲酰分解速率的影响。

表 2-1-95　溶剂对过氧化苯甲酰分解速率的影响（80℃）

溶剂品种	分解速率/%		
	10min	1h	4h
氯仿		14.5	43.7
乙苯		15.0	45.5
苯		15.5	50.4
甲苯		17.4	49.5
苯乙烯		19.0	
丙酮		28.0	71.8
环已烷		51.0	84.3
醋酸乙酯		53.5	85.2
二氧六环		82.3	
乙醇	81.8		
异丙醇	95.1		
叔丁醇	16.2		
正丁醇	34.8		
苯胺、三乙胺	爆炸式分解		

由表2-1-95可知：胺类化合物对引发剂分解速率的影响很大，哪怕少量的胺类化合物也有影响，这可能与它们形成氧化还原体系有关。在单体中引入带氨基官能团的单体，多数改用偶氮类引发剂。醇、醚化合物对引发剂分解速率的影响也比较大，特别是醇类在过氧化物引发的聚合反应中应尽量避免，否则将得不到预期的反应结果，甚至导致反应失败。例如用乙醇作溶剂时，由于BPO极快的分解速率，使引发反应的笼蔽效应大大增强，引发效率急剧下降，从而使反应转化率极低，导致反应失败。所以在溶液聚合反应中，考虑引发剂分解速度时，必须了解溶剂的影响，它不仅影响引发剂分解速率，同时还影响引发剂的引发效率。

考虑溶剂的链转移反应常数对聚合反应的影响，高链转移常数的溶剂会使聚合物分子量降低，可根据对聚合物分子量的要求来选择合适的溶剂。

溶剂的选择对树脂的分子量和黏度有一定的影响。一定的溶剂有一定的链转移常数，在聚合反应链增长过程中带有自由基的聚合物分子可能向溶剂转移自由基而使聚合物链终止反应。溶剂的链转移参数越大，树脂的分子量及黏度就越低；反之，则越高。它们的相关式可表示如下：

$$\frac{1}{X_n}=\frac{1}{(X_n)_0}+C_s\frac{[S]}{[M]}$$

式中　X_n，$(X_n)_0$，C_s——聚合度、无溶剂时的聚合度及溶剂链转移常数；

[S]、[M] ——溶剂浓度和单体浓度。

溶剂的链转移常数与其结构有关，对于芳烃，C_s 一般有：异丙基苯＞乙苯＞甲苯＞叔丁基苯＞苯。

而对于醇类，则 C_s 有如下关系：R_2CHOH＞RCH_2OH＞CH_3OH。

例如在 MMA/BA/HPMA/AIBN 体系中在其他因素固定的情况下考察四组溶剂苯/醋酸丁酯，甲苯/醋酸丁酯，乙苯/醋酸丁酯，异丙苯/醋酸丁酯获得的聚合物的分子量分别为 86800，79500，70500，58600。这是由于异丙苯的链转移常数最大的缘故。

一般溶剂的链转移常数在 10^{-5}～10^{-4}之间，对分子量不会有很大的影响，但在溶剂聚合时溶剂占 30%～60%，特别在反应后期，溶剂的浓度大大超过单体的浓度时，溶剂的链转移作用是不容忽视的。

溶剂的选择还要考虑到树脂的制漆过程和涂料的施工工艺。在聚合过程中由溶液的回流和冷凝来控制聚合热量使聚合反应较为平稳地进行，一般溶剂在聚合反应体系中的含量至少在 30%～40%，以确保体系黏度较低、搅拌和热量传递效果良好。

链调节剂如十二烷基硫醇、巯基乙醇等具有较大的链转移常数，可以终止正在增长的链反应。链调节剂用量越高，分子量越小，黏度越低。

研究表明，以 3-巯基丙酸为链转移剂时获得最低的分子量和最窄的分子量分布。采用含有官能团的引发剂和链转移剂，有利于合成遥爪聚合物。如采用 4，4-偶氮（4-氰基戊酰）和链转移剂巯基乙醇，可以使 30%的大分子链含有两个端羟基，这样只需加入少量的官能团。以钴为基础的链转移剂，能在很低浓度下产生高链转移效应，使合成丙烯酸聚合物的分子量低且分子量分布较狭窄。

⑥ 分子量分布和共聚物的组成　在一个共聚反应中，往往同时选用几种单体进行共聚，由于单体结构特征各异，导致在共聚体系中相对反应活性各有差异。在一个反应体系中如果每一个反应的反应速率常数相近，则单体进行无规共聚，分子链结构为无规分布；如果反应速率常数差别较大，开始形成的分子链含很多的活泼单体单元，反应后期形成的分子链则含有较多的活泼性差的单体单元。作为涂料用丙烯酸树脂，树脂结构越均匀，一般其性能越好。因此在进行单体选用时，每种单体间的相对反应活性都要考虑，以便通过对聚合工艺的调整，合成出理想的、符合设计要求的树脂。

现在简单以二元共聚体系为例，讨论在聚合体系中两种单体间的相对活性。

在二元共聚体系中，两种单体存在四种反应形式：

$$M_1+M_1 \longrightarrow M_1M_1 \quad 速率\ R_{11}$$

$$M_1+M_2 \longrightarrow M_1M_2 \quad 速率\ R_{12}$$

$$M_2+M_1 \longrightarrow M_2M_1 \quad 速率\ R_{21}$$

$$M_2+M_2 \longrightarrow M_2M_2 \quad 速率\ R_{22}$$

两种单体的相对反应速率为：$\gamma_1 = R_{11}/R_{12}$，$\gamma_2 = R_{22}/R_{21}$，其物理意义是 γ_1 表示以 M_1 单体为端基的自由基与 M_1、M_2 两种单体反应速率比；γ_2 表示以 M_2 单体为端基的自由基与 M_2、M_1 两种单体反应速率比。通过对 γ 的分析评价可以确定两种单体的相对反应性，γ 存在以下 4 种形式。

a. $\gamma_1 > 1$，$\gamma_2 > 1$：说明两种单体在共聚体系中，利于自聚反应，这是不希望的反应。

b. $\gamma_1 < 1$，$\gamma_2 < 1$：说明两种单体在共聚体系中，利于共聚反应，γ 值比 1 小得多，共聚得越好，这是希望的反应。

c. $\gamma_1 = \gamma_2 = 1$ 时，说明两种单体在共聚体系中，自聚和共聚的机会相等，这也是不希望的反应。

d. $\gamma_1 = \gamma_2 = 0$ 时，说明两种单体在聚合体系中，只进行共聚反应，这是一种理想的状态。

表 2-1-96 常见单体的相对反应性

M_1 单体	M_2 单体	γ_1	γ_2
苯乙烯	丙烯酸丁酯	0.4572	0.0797
	甲基丙烯酸甲酯	0.5174	0.4579
	甲基丙烯酸丁酯	0.4495	0.3999
	丙烯酸羟乙酯	0.3643	0.3070
	丙烯酸	0.2476	0.3433
	甲基丙烯酸	0.1340	0.9118
丙烯酸丁酯	甲基丙烯酸甲酯	0.3662	1.8594
	甲基丙烯酸丁酯	0.3886	1.9837
	丙烯酸羟乙酯	0.8588	2.0755
	丙烯酸	0.3437	2.7336
	甲基丙烯酸	0.1494	5.8357
甲基丙烯酸甲酯	甲基丙烯酸丁酯	0.9914	0.9965
	丙烯酸羟乙酯	0.9853	0.9383
	丙烯酸	0.7461	1.1688
	甲基丙烯酸	0.3495	2.6879
甲基丙烯酸丁酯	丙烯酸羟乙酯	1.0127	0.9594
	丙烯酸	0.7744	1.2069
	甲基丙烯酸	0.3580	2.7091
丙烯酸羟乙酯	丙烯酸	0.7765	1.2774
	甲基丙烯酸	0.3517	2.8406
丙烯酸	甲基丙烯酸	0.4481	2.1998

表 2-1-96 中列出了几种常见单体的竞聚率值。根据表中数据，可以归纳出 4 点。

a. 苯乙烯反应活性很大，不论端基自由基是何种单体，都能与之进行共聚反应。

b. 丙烯酸丁酯在聚合反应中有选择地进行共聚，只有当端基自由基为本身时，才能与其他单体共聚，而本身难以与其他单体自由基共聚。

c. 甲基丙烯酸甲酯、甲基丙烯酸丁酯、丙烯酸羟乙酯这 3 种单体在共聚体系中，都表现出选择性共聚。尤其当甲基丙烯酸丁酯与丙烯酸羟乙酯共聚时，只能是甲基丙烯酸丁酯共聚到丙烯酸羟乙酯上，反过来则不能发生共聚反应。

d. 值得注意的是，丙烯酸或甲基丙烯酸在共聚中表现出特殊反应性，本身不但容易与其他单体共聚，而且也容易发生自聚反应，而这种自聚反应是不希望发生的反应。

通过上述分析讨论，在选定单体进行树脂合成时，一定要调整聚合工艺，才能使合成的树脂结构较均匀，否则树脂的性能达不到预期的设计效果。

在工业上，改善共聚物组成分布的方法有：①在单体转化率比较低时，终止反应，生成共聚物的组成会均匀些，但单体的回收太复杂，不经济；②按单体的竞聚率，计算分批投料量的比例，但当共聚物单体组成比较多，如 4～6 个不同单体时，计算太复杂。

现在，聚合中常常采取以下三种方法来控制聚合物链结构。

a. 增加聚合反应的温度　竞聚率是两单体与同一种自由基的反应速率常数的比值，反应速率慢的往往反应的活化能大，根据 Arrhenius 方程式，活化能愈大，反应速率受温度的影响愈大。通常单体的活性比为 50～60℃测定，如果将反应温度提高到 140℃以上，低活性单体的反应速率常数增加更快，也就是说，升高同样的温度，低活性单体的反应速率常数增加得更快，因此高低活性单体的活性相差减小，聚合单元的分布变得均匀。这种效应也可称之为聚合反应的“温度拉平效应”。醋酸乙烯在 60℃时几乎不能与丙烯酸酯单体共聚，但当将反应温度提高到 160℃以上时，叔碳酸乙烯酯也有可能与丙烯酸酯单体共聚合，只是需要将它与溶剂一起先加入反应器，而后滴加丙烯酸酯单体，可制得均一、透明的丙烯酸酯树脂。在高温条件下聚合，与其他丙烯酸酯单体的活性更接近。

b. 采用单体的饥饿滴加方式　如果聚合反应很快，单体的供应跟不上，那么活性低的单体也会及时聚合到聚合物的链段之中，这样也就强迫活性低的单体与活性高的单体可以均匀地聚合在聚合物长链之中，这也是实际反应之中常常采用的方法。如上述，采用同时滴加单体混合物和引发剂，使滴入的单体在引发剂的引发下，很快发生聚合，同时又及时补充新单体，单体混合物组成会很快建立平衡。单体混合物的组成稳定了，生成共聚物的组成也会比较均一。

对于像丙烯酸或甲基丙烯酸这样的单体，在使用时往往采用分批投料的方法来控制自聚反应。开始时酸的含量较低，逐渐增加其含量。这样合成出的树脂，初始聚合物的酸含量与最终聚合物中的含酸平均值容易符合配方的比例，树脂结构组成比较均匀。

c. 加入不能均聚的单体　如果一种单体不能均聚，那么它就可以很好地与其他单体共聚，从而可以得到需要的共聚产物。

树脂分子量分布的宽窄对漆膜的性能有较大的影响。可以用重均分子量 M_w 和数均分子量 M_n 的比值 M_w/M_n 来表示。M_w/M_n 值越大，分子量分布越宽；M_w/M_n 值越小，分子量分布越窄。从涂料性能来看，分子量分布窄，性能稳定。对于常规的热固性丙烯酸树脂，由于在成膜过程中树脂将进一步交联，对 M_w/M_n 值要求低一些；但对于热塑性丙烯酸树脂以及高固体分丙烯酸树脂，M_w/M_n 值大，会明显地影响漆膜的硬度、耐候性、耐水、耐碱和耐溶剂等性能。

在树脂合成过程中，要保持工艺的稳定性；工艺稳定性包括稳定的温度、单体均匀、滴加匀速等，这些是保证分子量分布窄的重要因素。

⑦ 树脂的聚合度对性能的影响　树脂的聚合度或分子量对树脂的性能具有很大的影响。分子量高，则聚合物的拉伸强度、弹性、延伸率等力学性能优越；但分子量太高时，聚合物具有溶解性差、施工性能差、施工固体分低等缺点，例如聚丙烯酸乙酯，随着聚合度的增加，其玻璃化温度也增加，分子量小时呈油状，为黏性液体，随着分子量的增加，逐渐强韧起来，近似橡胶状，但达到 10000～20000 时，再增加下去，T_g 和物性都变化不大。

3. 丙烯酸树脂生产工艺和安全生产

(1) 生产工艺 目前工业上所用的丙烯酸树脂多数是间歇式反应釜生产的。反应釜除夹套可通蒸汽和冷水外，还应带有盘管，以便迅速带走反应热，大釜还应设计防爆聚的安全膜。

丙烯酸树脂生产设备主要有：反应釜、冷凝器、分水器、高位槽、过滤器、热煤炉、压缩空气系统、真空系统。以及配套的物料输送装置、计量装置等。

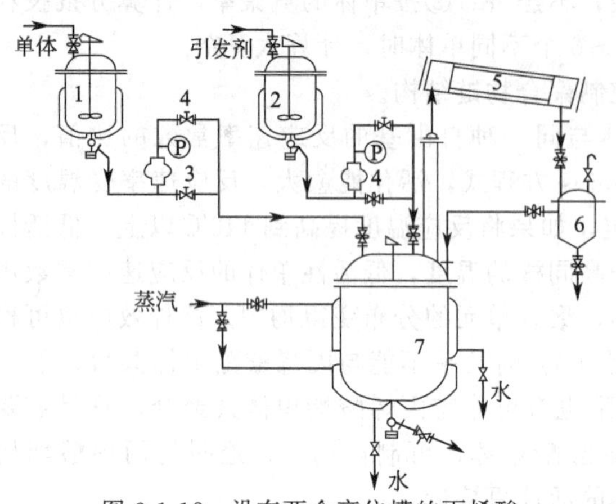

图 2-1-18 设有两个高位槽的丙烯酸类树脂生产工艺流程

1，2—高位槽；3，4—流量计；5—冷凝器；6—分水器；7—反应釜

流程的示意图如图 2-1-18 所示。

一般的操作步骤如下。

① 按工艺配方，将规定数量的单体通过不锈钢过滤器过滤后，加入单体配置器中，待混合均匀后，放置待用。

② 将引发剂投入引发剂配制器中，用少量聚合溶剂溶解，过滤待用。如系 BPO 等含水过氧化物，则应除去水分。

③ 空釜时，先打开氮气（或二氧化碳）通管，赶走釜内空气。然后按配方规定加入溶剂。有时，可先加入部分单体和引发剂。

④ 继续通惰性气体，开动搅拌，打开蒸汽阀加热，并打开回流加热和冷却两个冷凝器的冷却水，待升到离规定的反应温度前 20～30℃时（可视具体情况而定）即可关闭蒸汽，待其慢慢自升到反应温度。

⑤ 开始加入单体和引发剂溶液，一般在 2～4h 内加完，但应视反应热的除去情况而稍加调整。单体和引发剂的加入速度应均衡，在此期间温度也要保持恒定。

⑥ 加完单体和引发剂后，保温 1.5～2h，追加第一次引发剂（可溶于溶剂中一次投入），再追加第二次引发剂，继续保温到转化率和黏度达到规定指标。整个反应时间约在 6～15h 完成，视品种配方不同而异。

⑦ 反应完成后，可加热升温蒸出少部分溶剂，借以脱除自由单体。然后，补加新鲜溶剂以调整固体含量。这样可减少成品中丙烯酸酯单体的气味。但蒸出部分的利用，必须在小心试验后才可做原料加入下一釜聚合。

⑧ 冷却后，出料。

操作中应注意以下事项。

① 单体和引发剂加入速度不可太快，以免引起冲料。

② 反应温度要控制好，如由于单体的加入而使温度下降过多时，要停止加入单体，慢慢地小心升温到反应温度再继续加料，否则，会造成未反应的单体在反应釜中积累，紧接而来的就是剧烈聚合和冲料。

(2) 质量控制 对于一般的溶剂型丙烯酸树脂，可通过测定下列项目来进行质量控制。

① 固体含量 称取一定数量的树脂，于规定的适当温度下（视溶剂品种而定）烘烤一定的时间，再称量，即可计算出固体分。如用二甲苯-丁醇为聚合溶剂，可于 120℃，烘两个小时测定。对于高固体低黏度的树脂按上述条件测定结果往往偏低，经验表明此时可将温度降低至 105℃，烘烤 4h。严格地说，测定固体含量应烘到恒重为止，但工业上用前述方法已足够了。

② 黏度 一般用涂-1和涂-4黏度计测定。如果黏度很大，可用落球法测定。也可使用加氏管测定，树脂的黏度对漆膜的物理性能及光泽、丰满度等都会带来很大影响，要小心控制。

③ 色泽 采用常见的铁-钴比色或铂-钴比色都可以，一般丙烯酸树脂色泽都很浅。呈水白色或微黄色。

④ 酸值 采用一般氢氧化钾乙醇溶液滴定，用酚酞作指示剂。

⑤ 分子量分布 如具备仪器条件，或对要求较高的产品，可以做一下凝胶渗透色谱分析，它的分子量分布可以很快测定，通过与标准样对比，可以了解聚合反应进行的情况。

(3) 安全生产

① 防火、防爆 低级丙烯酸酯及甲基丙烯酸酯类的闪点较低，属易燃液体，有些单体与空气在一定比例下形成爆炸混合物，遇火可能引起爆炸。表2-1-97列举了部分单体的爆炸极限。

表 2-1-97 单体的爆炸极限

单体	爆炸极限(对空气容量)/%(体积)		单体	爆炸极限(对空气容量)/%(体积)	
	上限	下限		上限	下限
丙烯酸甲酯	2.8	25.0	甲基丙烯酸甲酯	2.12	12.5
丙烯酸乙酯	1.8	饱和	甲基丙烯酸乙酯	1.8	饱和
苯乙烯	1.1	6.1			

有些单体如丙烯酸丁酯及丙烯酸虽然在标准状态下（25℃及101.325kPa)，其饱和蒸气压浓度低于爆炸极限的下限值，但在温度足够高或压力降低时，还会形成爆炸混合物。

在贮运及操作过程中要排除一切可能产生的火花、明火的因素。阻火器、避雷针、接地装置、防止静电的贮槽中的浸深管等装置都是必要的，并应定期检查其可靠性。

② 防护 对可能接触单体的职工要进行系统的教育，使之认识到丙烯酸酯在防火、防爆、防毒各方面的重要性及防护知识。由于丙烯酸酯刺激眼睛，应坚持戴防护眼镜操作。丙烯酸酯会刺激或灼伤皮肤，当衣服手套上沾上单体时应立即更换，洗净后才能穿，皮肤上直接接触丙烯酸酯后应用大量清水冲洗，然后用肥皂洗净。如有较重刺激、灼伤、腐蚀或中毒现象时应立即治疗。

车间及仓库应通风。管道、泵、容器等应严格管理防止渗漏以保持蒸气浓度不超过允许浓度。

凡有丙烯酸酯的污水不可直接排入市政污水管，必须处理后才能排放。

4. 溶剂型丙烯酸树脂合成

(1) 丙烯酸树脂配方的设计及有关计算 丙烯酸树脂及涂料的应用范围十分广泛，从底材来分，可应用于金属如铁、铝、铜、锌等金属和合金，塑料如ABS、HIPS、PS、PC等，水泥板，胶木，玻璃钢，玻璃，木材，皮革等；从产品来分，可应用于飞机、汽车、自行车、机器、家用电器、玩具、家具、建筑等的表面装饰。因此，在设计配方时首先要考虑树脂的应用对象。

一般的程序如下。

① 确定树脂的类型是热塑性的还是热固性的。

② 确定树脂用来制造何种涂料。

③ 确定树脂聚合方法。

④ 确定设计的树脂和涂料应达到的主要技术指标及施工性能。

⑤ 根据涂料产品特性来选择单体。

⑥ 对选择的单体互相间反应性加以论证，选择有利于共聚反应的单体。

⑦ 确定聚合工艺条件。

⑧ 模拟单体配比，进行树脂合成。

⑨ 根据模拟单体配比合成的结果，对单体配比进行反复调整。

⑩ 确定合成树脂工艺规程，包括聚合方法，树脂配方，聚合工艺，树脂质量指标等。

在按上述程序对某一产品进行设计时，单体的选择及使用是很关键的设计步骤，这种设计的合理性一是通过分析计算加以验证；二是要依靠大量的实验加以分析评价。

上面是树脂合成的一般过程，对树脂的评价一般包括固体分、黏度、酸值、羟基含量、平均分子量以及重均分子量 M_w 和数均分子量 M_n 的比值 M_w/M_n 等。树脂的上述指标仅仅反映一个方面，一个树脂要真正成为一个产品，还要重视它的应用评价，即评价由该树脂和相应的溶剂、助剂、颜料、固化剂等做成的涂料包括清漆和色漆的性能。通过其涂料的性能可以知道在一定条件下，该树脂所呈现的耐候性、光泽、丰满度、硬度、附着力、干性以及各种耐介质等性能以及它的施工性能。考虑到很多物件的涂装是多层涂装，如汽车的涂装有底涂、中涂、面涂、罩光，在评价树脂时要考虑该树脂与其他树脂的配套性。此外，在喷涂物件出现次品需要返工时还要考虑涂料的返工性能。

根据单体结构特征及聚合反应机理，可以认为丙烯酸树脂在聚合反应过程中，反应只在乙烯基双键上进行，而单体侧链基无论是非极性还是极性都不参与反应。根据上述推定，我们可根据树脂单体组成，在合成树脂前计算出有关树脂的某些特征值，便于修改树脂配方，指导实验，对树脂进行检测分析，确定树脂性能指标。

丙烯酸树脂的特征值一般包括分子量、玻璃化温度、极性、亚甲基含量、酸值、羟基含量、固体含量等七个指标。其中除树脂分子量难以用简单的计算方法外，其余都可通过简单计算得到，结果与实验测定基本符合。

下面通过配方（表 2-1-98）为例进行计算。

表 2-1-98 树脂单体组成

单体	组成		均聚体 T_g/K	均聚体 δ	亚甲基含量/%
	%	mol			
苯乙烯	20.0	0.1923	373	9.3	0
丙烯酸丁酯	5.0	0.0391	219	8.7	32.8
甲基丙烯酸甲酯	20.0	0.2000	378	9.5	0
甲基丙烯酸丁酯	40.0	0.2817	295	8.7	29.5
丙烯酸羟乙酯	10.0	0.0862	258	10.6	12.1
甲基丙烯酸	5.0	0.0581	458	13.1	0
合计	100.0				

① 玻璃化温度　均聚物的玻璃化温度可从表 2-1-98 查得，共聚物的 T_g 可从配方中的单体均聚物的玻璃化温度利用 FOX 方程式近似求得。

$$1/T_g = \Sigma w_i / T_{gi}$$

式中　T_g——共聚物的玻璃化温度，K；

w_i——不同单体的质量分数；

T_{gi}——单体 i 均聚物所得的聚合物的玻璃化温度。

利用上式计算所得的聚合物的玻璃化温度为44.9℃。

通过计算，可预测所设计配方树脂的 T_g 值，分析评价合成树脂的机械强度。树脂的 T_g 值高时，其力学性能好，树脂的 T_g 低时，其力学性能较差，但弹性较好。同时还可通过上述计算，剖析某一树脂中单体组成。也可根据树脂特征值设计配方进行原料代用。

② 极性（SP）的计算　计算 SP 的公式为：

$$SP=\Sigma\delta_i w_i$$

式中　SP——树脂的极性；

δ_i, w_i——树脂组成中单体均聚物的极性及单体的百分组成。

由上式计算出该合成树脂的 SP 值为9.39。

利用上述计算，可预测所设计配方 SP 值，初步了解树脂的极性。在进行树脂稀释或与其他树脂拼用时可根据此计算，按极性相似者互溶的原理选择各种稀释用溶剂及拼用树脂。

③ 亚甲基（CH_2,%）含量的计算　计算公式为：

$$CH_2\%=\Sigma(m_i/100)CH_2\%_i$$

式中　m_i——树脂组成中单体均聚物的含量；

$CH_2\%_i$——树脂组成单体均聚物亚甲基的含量。

由上式计算出合成树脂的亚甲基含量为14.65%。

利用上述计算，可分析评价树脂中侧链酯基含量。可用此方法剖析某一树脂中单体的组成。

④ 酸值的计算　在合成涂料用丙烯酸或甲基丙烯酸的主要目的是为了增加树脂的极性，羧基本身并不参与聚合反应。因此树脂合成前后，在其组成中总的含酸平均量是一定的。这样我们可通过计算事先确定出所设计配方的含酸量。

酸值（mgKOH/g树脂）的表示方法：

酸值＝（$NM_{KOH}/100$）×1000

式中　N——羧酸的百分摩尔数；

M_{KOH}——氢氧化钾分子量。

该树脂酸值计算为：酸值＝(0.0581×56.1/100)×1000＝32.59mgKOH/g

⑤ 羟基含量（—OH%）的计算　在合成丙烯酸树脂时，引进羟基的主要目的是为固化成膜提供交联基团，羟基本身并不参与聚合反应。在树脂合成前后，其组成中羟基含量是不变的。通过计算，我们可事先确定所设计配方的羟基含量。羟基含量计算方法如下：

$$—OH\%=NM_{OH}$$

式中　N——树脂配方中羟基摩尔数；

M_{OH}——羟基的分子量。

该树脂的羟基含量为—OH%＝0.0862×17＝1.46

(2) 热塑性丙烯酸树脂　热塑性丙烯酸树脂在成膜过程中不发生进一步交联，这类树脂不含有羟基、环氧基等可参与交联反应的活性基团。这类树脂中，大多以甲基丙烯酸酯类单体为主，也含有丙烯酸丁酯、苯乙烯等单体。它的分子量较大，一般在75000～120000之间。在施工黏度下，其施工固体分一般在10%～25%。热塑性丙烯酸树脂分子量增加，漆膜力学性能也会提高，但树脂溶液的黏度提高会导致施工固体分下降；分子量太高，树脂溶解性变差，喷涂时会出现拉丝现象；分子量太低，漆膜的物理性能往往不好。因此，为了保持漆膜的性能，树脂的分子量分布要尽可能窄，一般 M_w/M_n 控制在 2.1～2.3 为宜，若大于或等于 4～5 时，就不能使用。因此在合成时要严格控制反应条件，尽量使聚合过程保持恒定的温度、引发剂浓度、单体浓度和溶剂浓度等。

热塑性丙烯酸树脂具有可熔可溶、良好的保光、保色性能，耐水、耐化学品性能，干燥快、施工方便，易于重涂和返工。制备铝粉漆时，铝粉的白度好、定位性好；用作清漆时，只要溶剂挥发就可以达到干燥目的。和热固性丙烯酸树脂相比，热塑性丙烯酸树脂的涂膜厚度及丰满度较差；对温度的敏感性较差；树脂的玻璃化温度提高时，涂膜易开裂；玻璃化温度低时，树脂遇热易软化及发黏。由于涂料助剂目前发展十分快速，树脂的许多不足之处如颜料的分散性、喷涂时溶剂的释放性、膜的流展性等可以通过添加助剂来调控。

热塑性丙烯酸树脂可与其他成膜物如硝基纤维素、醋丁纤维素、过氯乙烯等拼用来进一步提高和改善涂膜性能。对于这类热塑性丙烯酸树脂，分子量可稍低些。

在实际应用中，常用硝酸纤维素来改性丙烯酸树脂，添加量没有明显的限制，可根据实际需要而定，一般在 2%～20%。研究发现，硝酸纤维素能明显改善涂膜的热敏感性、溶剂释放性、流展性、硬度、耐溶剂性能、耐湿热性能，防止涂膜开裂和浮色，能提高涂膜的抛光打磨性能；在金属闪光漆中，硝酸纤维素能提高铝粉的定位性，增加铝粉的白度，提高装饰效果。但是，用硝酸纤维素改性后的热塑性丙烯酸树脂，施工时涂料的固体分下降，涂膜的光泽、延展性以及保光、保色性能、耐候性均下降。

醋丁纤维素也常用来与热塑性丙烯酸树脂拼用以改善涂膜性能，醋丁纤维素与热塑性丙烯酸树脂拼用，涂料的耐候性、保光性能优良。喷涂性、溶剂释放性好，可防止开裂；并减少色漆中浮色。在金属漆中，加入醋丁纤维素后铝粉的定位性提高，效果一般比硝基纤维素要好。但缺点是价格高，树脂的相容性差，对溶剂溶解性能要求提高。

热塑性丙烯酸树脂的柔韧性可以通过加入少量的增塑剂如邻苯二甲酸二丁酯等来改善，加入增塑剂改性后，涂膜的光泽、伸长率会提高，而硬度、耐汽油性、耐湿性等会下降；加入含有氨基的单体如甲基丙烯酸二甲基氨基乙酯等可以改善涂膜的附着力。在实际应用中也通过拼用少量的环氧树脂以改善树脂的柔韧性和对金属底材的附着力；在浅色漆中，环氧树脂的易黄变性应引起注意。

过氯乙烯树脂与丙烯酸树脂有极好的相容性，与之拼用后涂料的户外耐候性很优良；对热敏感性能明显改善，对流展性、施工性能及溶剂释放性均有改进，但效果不如纤维素酯。拼用时要注意过氯乙烯树脂不宜使用醇类溶剂；过氯乙烯用量稍大时黏度增高明显，易出现拉丝现象。

热塑性丙烯酸树脂在汽车、机械、电器、建筑等领域应用广泛，要根据树脂的应用对象，从理论和实践两方面加以考虑来选择何种树脂较为适合。一般来说，单纯的聚甲基丙烯酸甲酯玻璃化温度太高，涂膜太脆，对底材或底漆的附着力差，溶剂不易挥发尽，因此不会选用纯聚甲基丙烯酸甲酯来配制涂料，但可用丙烯酸乙酯、丙烯酸丁酯等单体通过共聚来降低玻璃化温度，改善涂膜的脆性和脱溶剂能力、增加附着力；还可通过引进丙烯腈类高极性的单体提高涂料的耐溶剂性；也可用少量含极性基团的单体如（甲基）丙烯酸、（甲基）丙烯酸羟乙（丙）酯等来改善涂膜的附着力、对颜料的分散性以及提高涂膜的稳定性。若在树脂制造中加入适量的丙烯酸异冰片酯或甲基丙烯酸异冰片酯能显著提高树脂的硬度、耐醇性和耐热性，并能提供较好的柔顺性。

下面举例说明热塑性丙烯酸树脂的配方、合成工艺及应用。

配方 1

原料名称	用量/%	原料名称	用量/%
丙烯酸丁酯	6.0	甲基丙烯酸丁酯	30.0
甲基丙烯酸	1.5	过氧化苯甲酰	(0.4+0.15)
甲基丙烯酸甲酯	12.5	醋酸丁酯	50

制造工艺：将溶剂醋酸丁酯按配方量的 90%加到反应釜中，然后加热升温到 110℃；将 100%的混合单体及 0.4%的过氧化苯甲酰事先混合好，用 2.5～3h 均匀滴加到反应系统中，滴加完毕后，再将反应温度调整到回流状态，在回流温度下保温 2h；将剩余的 10%醋酸丁酯与 0.15%的过氧化苯甲酰事先混合好，再用 1～2h 的匀速补滴加到烧瓶中深化聚合。当转化率达 95%以上时即可降温出料。

该树脂具有较好的柔韧性、耐寒性、耐湿热及耐候等性能。和过氯乙烯树脂拼用所制成的磁漆，可用于桥梁等表面的装饰；如将上述树脂配方中的甲基丙烯酸的用量减少（酸值降低），该树脂可用作轿车金属修补漆；为了增加铝粉的定位性和涂膜的干性，可拼用部分醋丁纤维素；在配方中可加入部分高极性的丙烯腈，以提高树脂的耐油性；加入部分丙烯酸乙酯以提高树脂的耐寒性、耐溶剂性及附着力等。

热塑性丙烯酸树脂在建筑涂料中的应用十分广泛。由于是户外涂料，对其耐候性要求很高，因此，在配方中尽可能少用苯乙烯单体，多用带甲基的丙烯酸酯单体，如甲基丙烯酸丁酯等。树脂合成中在确保质量的前提下，成本是优先考虑的问题，对于耐候性要求不太高的场合，即可用苯乙烯代替甲基丙烯酸甲酯。溶剂一般要求挥发比较慢，可用一些芳香油溶剂。树脂的玻璃化温度一般控制在 10～40℃。

配方 2

原料名称	用量/%	原料名称	用量/%
甲基丙烯酸	1.5	过氧化苯甲酰	(0.4+0.15)
丙烯酸丁酯	7.0	甲苯	25
甲基丙烯酸甲酯	20.5	醋酸丁酯	25
苯乙烯	20.5		

制造工艺：合成方法、步骤与配方 1 相似。

热塑性丙烯酸树脂在塑料表面的涂装应用很多，最普遍的是 ABS 塑料。上述配方树脂通过硝化棉的改性，制成的涂料在 ABS 塑料上有良好的附着力和硬度，而且可耐汽油、乙醇等溶剂的擦洗。

在涂料的实际应用中，涂层在很多情况下是复合层，即底漆-中涂-面漆（或清漆），为了达到施工、成本及装饰效果最佳，底漆或中涂采用单组分热塑性丙烯酸树脂体系，为面漆采用双组分聚氨酯体系，但两者往往存在层间结合力的问题。通常的解决办法是在合成热塑性丙烯酸树脂时加入少量的含羟基单体（羟基含量一般在 0.3%～0.7%）。

(3) 热固性丙烯酸酯涂料　热固性丙烯酸树脂是指在树脂中带有一定的官能团（例如羟基等），在制漆时通过和加入的三聚氰胺树脂、环氧树脂、异氰酸酯等中的官能团反应形成网状结构。热固性丙烯酸树脂的分子量一般低于 30000，在 10000～20000 之间，控制 M_w/M_n 在 2.3～3.3。通过高固体树脂的合成工艺，树脂的分子量可低至 2000。因此在施工黏度下，涂料的固体分可达 30%～70%。使用时黏度较低，分子本身和交联聚合物的官能度大于 2，官能单体的含量在分子骨架中占 5%～25%。热固性丙烯酸涂料有优越的丰满度、硬度、光泽、耐溶剂性、耐候性，在高温烘烤时不变色、不泛黄，具有优异的保色性能。

① 热固性树脂官能团及交联剂　热固性丙烯酸树脂所含的官能团参见如下。

羧基 $\sim R-COOH$　羟基 $\sim R-CH_2-OH$　环氧基 $\sim R-\overset{O}{CH-CH_2}$　氨基 $\sim R-NH_2$　酰氨基 $\sim R-CO-NH_2$　*N*-羟甲基 $\sim R-CO-NH-CH_2-OH$

热固性丙烯酸树脂的交联是通过聚合物链上的功能基团来进行的，所以聚合物链上的功能基团是决定采用何种交联途径的先决条件。通常的反应有如下几类。

a. 丙烯酸树脂中的羧基与氨基树脂交联

$$>N-CH_2OR + HO-\overset{O}{\overset{\|}{C}}- \longrightarrow >N-CH_2-O-\overset{O}{\overset{\|}{C}}- + ROH\uparrow$$

(R=H，$-CH_3$，$-CH_2CH_2CH_2CH_3$)

b. 丙烯酸树脂中的羧基与环氧树脂交联

$$\sim CH_2-\overset{O}{CH-CH_2} + HO-\overset{O}{\overset{\|}{C}}- \longrightarrow \sim CH_2-\underset{OH}{\underset{|}{CH}}-CH_2-O-\overset{O}{\overset{\|}{C}}-$$

固化温度较高，一般在170℃左右，加入适量的碱作催化剂时，固化温度可降至150℃。其涂膜光亮丰满、硬度高，尤其是耐污染、耐磨性好和附着力极好，但其涂膜的保色性稍差。

c. 丙烯酸树脂中的羟基与氨基树脂交联

$$>N-CH_2OR + HO- \longrightarrow >N-CH_2-O- + ROH\uparrow$$

最为常用的氨基树脂有两种，一种是完全甲醚化（也可丁醚化）的，在强酸催化下，该类体系可以在125～135℃下30min内体系可完全固化；另一种是部分羟甲基化的，该交联剂的活性较高，在弱酸性催化剂催化下，110～115℃下30min内体系可完全固化。

d. 丙烯酸树脂中的羟基与环氧树脂交联

$$\sim CH_2-\overset{O}{CH-CH_2} + HO- \longrightarrow \sim CH_2-\underset{OH}{\underset{|}{CH}}-CH_2-O-$$

芳香族环氧与羟基没有足够的反应活性，但脂肪族环氧在适当的催化剂作用下可与羟基进行反应，在120℃下可以交联成膜，涂料性能优异。

e. 丙烯酸树脂中的羟基与异氰酸酯交联

$$\sim CH_2-N=C=O + HO- \longrightarrow \sim CH_2-\underset{H}{\underset{|}{N}}-\overset{O}{\overset{\|}{C}}-O-$$

异氰酸酯与羟基可在常温下进行反应，涂膜丰满，光泽高，耐磨耐刮伤性好，耐水、耐溶剂和耐化学腐蚀性好。若采用HDI三聚体或缩二脲这类脂肪族异氰酸酯为固化剂，其耐候耐热性、保色保光性和柔韧性极好。

f. 丙烯酸树脂中的环氧基与氨基交联

$$\sim CH_2-NH_2 + \overset{O}{CH_2-CH}-R- \longrightarrow \sim CH_2-NH-CH_2-\overset{OH}{\overset{|}{CH}}-R-$$

$$\longrightarrow \text{—R—}\underset{}{\overset{\text{OH}}{\text{CH}}}\text{—CH}_2\text{—}\underset{\underset{\vdots}{\text{CH}_2}}{\text{N}}\text{—CH}_2\text{—}\overset{\text{OH}}{\text{CH}}\text{—R—}$$

胺与环氧基反应的影响因素较多，它们的反应可以在室温下进行，也可在较低的温度下进行，也可在较高的温度下进行，这与多胺的结构有直接的关系。

g. 丙烯酸树脂中的环氧基自身交联

$$\text{—R—}\overset{\text{O}}{\text{CH—CH}_2} + \overset{\text{O}}{\text{CH}_2\text{—CH}}\text{—R—} \xrightarrow{\triangle} \text{—R—(1,4-二氧六环)—R—}$$

h. 丙烯酸树脂中的酰氨基与氨基树脂交联

$$\text{>N—CH}_2\text{OR} + \text{H}_2\text{N—}\overset{\text{O}}{\overset{\|}{\text{C}}}\text{—} \longrightarrow \text{>N—CH}_2\text{—O—NH—}\overset{\text{O}}{\overset{\|}{\text{C}}}\text{—} + \text{ROH}\uparrow$$

i. 丙烯酸树脂中的 *N*-羟甲基与尿素交联

$$2\ \text{—N—CH}_2\text{—OH} + \text{H}_2\text{N—}\underset{\text{O}}{\underset{\|}{\text{C}}}\text{—NH}_2 \xrightarrow{\triangle} \text{—N—CH}_2\text{—HN—}\underset{\text{O}}{\underset{\|}{\text{C}}}\text{—NH—CH}_2\text{—N—}$$

j. 丙烯酸树脂中的 *N*-羟甲基自身交联

$$2\ \text{—N—CH}_2\text{—OH} \xrightarrow[<110^{\circ}\text{C}]{} \text{—N—CH}_2\text{—O—CH}_2\text{—N—} \xrightarrow[>110^{\circ}\text{C}]{} \text{—N—CH}_2\text{—N—}$$

目前热固性丙烯酸涂料有丙烯酸-氨基烘烤型涂料、丙烯酸-聚氨酯涂料、含环氧基丙烯酸酯类涂料、含羧基丙烯酸酯类涂料、丙烯酸改性醇酸类涂料和含硅氧烷基丙烯酸酯类涂料等。在这里着重讨论含羟基的丙烯酸树脂。

② 羟基丙烯酸树脂与氨基树脂的交联　这类烘漆的主要交联反应为丙烯酸树脂中的羟基及羧基与氨基树脂中的烷氧基反应，反应温度一般在 100～140℃。此类氨基树脂固化的丙烯酸热固性树脂具有较好的硬度、耐候性、保光性、保色性、耐化学品性等，在汽车、摩托车、自行车、五金等工业上应用十分广泛。

这类树脂可能的反应为：

a. $$\text{>N—CH}_2\text{—OCH}_3 + \text{—OH} \overset{\text{H}^+}{\rightleftharpoons} \text{>N—CH}_2\text{—O—} + \text{CH}_3\text{OH}$$

b. $$\text{>N—CH}_2\text{—OCH}_3 + \text{—COOH} \overset{\text{H}^+}{\rightleftharpoons} \text{>N—CH}_2\text{—O—}\overset{\text{O}}{\overset{\|}{\text{C}}}\text{—} + \text{CH}_3\text{OH}$$

c. $$\text{>N—CH}_2\text{—OC}_4\text{H}_9 + \text{—OH} \overset{\text{H}^+}{\rightleftharpoons} \text{>N—CH}_2\text{—O—} + \text{C}_4\text{H}_9\text{OH}$$

d. $$\text{>N—CH}_2\text{—OC}_4\text{H}_9 + \text{—COOH} \overset{\text{H}^+}{\rightleftharpoons} \text{>N—CH}_2\text{—O—}\overset{\text{O}}{\overset{\|}{\text{C}}}\text{—} + \text{C}_4\text{H}_9\text{OH}$$

e. $$\text{>N—CH}_2\text{—OH} + \text{—OH} \overset{\text{H}^+}{\rightleftharpoons} \text{>N—CH}_2\text{—O—} + \text{H}_2\text{O}$$

f. $$\text{>N—CH}_2\text{—OH} + \text{—COOH} \overset{\text{H}^+}{\rightleftharpoons} \text{>N—CH}_2\text{—O—}\overset{\text{O}}{\overset{\|}{\text{C}}}\text{—} + \text{H}_2\text{O}$$

g. $\gt N-CH_2OH + \gt N-CH_2OH \xrightleftharpoons{H^+} \gt N-CH_2-N\lt + CH_2O + H_2O$

h. $\gt N-CH_2OH + \gt N-CH_2OH \xrightleftharpoons{OH^-} \gt N-CH_2-O-CH_2-N\lt + H_2O$

i. $\gt N-CH_2OH + \gt NH \xrightleftharpoons{H^+} \gt N-CH_2-N\lt + H_2O$

其中，a.～d. 的反应为主要反应。

丙烯酸树脂中提供的交联基团主要是羟基（—OH），其类型有伯羟基和仲羟基两类。丙烯酸羟乙酯（HEA）、甲基丙烯酸羟乙酯（HEMA）中的羟基属于伯羟基，甲基丙烯酸羟丙酯（HPMA）、丙烯酸羟丙酯（HPA）中的羟基属于仲羟基。实验发现，伯羟基的反应活性比仲羟基大。用 HPMA 代替 HEMA 的热固性丙烯酸树脂与三聚氰胺-甲醛树脂反应，达到一定的交联密度需要提高 10～20℃的烘烤温度。商品级的 HEMA 和 HEA 中含有少量的双酯，在 HEMA 中含乙二醇二甲基丙烯酸酯。单酯和双酯因沸点接近难以完全分离，因此在配方中，羟基单体量大时会使树脂分子量偏高，分布偏宽，甚至会出现凝胶。在 HPMA 中，双酯的含量一般较低，是以仲羟基占主导的异构体混合物。由于 HPMA 含有叔碳氢原子，因此其抗氧化性低于 HEMA。

将含羟乙酯类单体的丙烯酸类树脂用于丙烯酸-氨基系统中，应注意此类涂料的贮存期将非常有限，一般在 2～3 个月，超过这段时间涂料在贮存过程中将逐渐增稠，严重时甚至凝胶。

热固性丙烯酸树脂中经常带有一定数量的羧基，它能与氨基树脂交联，具有一定的催化作用，也能减少涂料中颜料的絮凝。目前在市场上树脂的酸值一般在 2～30mg KOH/g 之间，酸值小，有利于金属漆配制，漆中的闪光粉在贮存时不容易变暗，但固化速率会变慢；酸值高有利于树脂的颜料分散性，固化速度也会提高。

氨基树脂的品种与用量对烘烤漆的性能、固化速度等有明显的影响，氨基树脂是醚化了的三聚氰胺甲醛树脂。最活泼又最容易交联反应的基团为羟甲基；亚氨基的存在能增进氨基树脂分子间的交联反应，烷氧甲基中无论甲醇或丁醇醚树脂的交联反应活性均低于羟甲基，完全醚化的品种中，烷基链较长时其活性低于短的，丁氧甲基的反应温度要比甲氧甲基高 30℃左右才能达到相仿的交联转化程度。但如果氨基树脂是部分烷基化而具有一定比例羟甲基时，其反应速度将明显高于任何完全醚化的品种。烷基化部分无论是甲氧基或丁氧基都不会明显地影响反应活性。二者具有相似的反应曲线。高甲氧基化［如六甲氧基甲基三聚氰胺(HMMM)］而基本不含羟甲基的三聚氰胺树脂排除了 c.～i. 7 种反应的可能性，不存在氨基树脂内部的自缩聚，只有氨基树脂与丙烯酸树脂之间的交联反应，反应活性大大降低，应用此类氨基树脂时就必须大大提高反应温度或延长反应时间，常要求在 160℃或更高的温度下烘干或采用强酸催化剂来降低固化温度，而含一定比例羟甲基的部分醚化的品种则可以在 120～130℃下与丙烯酸树脂交联固化。

高羟基化、高醚化的三聚氰胺甲醛树脂是高固体分的重要方向之一，树脂一般聚合度小于 2，自身固体分在 90%以上；产品贮存稳定性好；有很好的平衡硬度和弹性等物理性能。

用甲醇醚化的产品活性大、硬度高、耐溶剂好及较好的户外耐久性；用丁醇部分代替甲醇或全部用丁醇醚化，产品有很高的疏水性、黏度低、层间附着力强，表面张力低，易润湿底材、流平性好。

醚化程度高，产品稳定性好，黏度低，活性低。

三聚氰胺环聚合度增加，分子的官能度增大，涂层的柔韧性、层间的附着力提高，减少发生缩孔的可能性，减少高温烘烤时树脂的挥发。

考虑到氨基丙烯酸涂料的实际应用，羟基丙烯酸树脂与氨基树脂的交联速度常是考虑的问题，尤其是高羟甲基化、高醚化的三聚氰胺甲醛树脂，它是高固体分涂料重要品种，经充分交联能得到性能优异的涂层，但烘烤温度较高。在应用时常要加入酸性催化剂。酸性催化剂的选择对烘烤温度，烘烤时间，涂膜性能以及涂料储存时间影响非常明显。目前使用广泛的有两种潜催化剂：一种为离子型，由磺酸与胺生成离子键，是可逆的；另一种为非离子型，封闭剂与磺酸以共价键结合，反应是不可逆的。

第一种最普遍的是磺酸胺盐，中性，在氨基丙烯酸涂料中起催化作用，

$$R-S(=O)_2-OH + R_3N \rightleftharpoons \left[R-S(=O)_2-O\right]^- [NHR_3]^+$$

涂料贮存期间是稳定的。在涂料固化过程中磺酸胺盐分解生成胺和磺酸，胺随着溶剂溢出涂层，使反应向左移动，生成的磺酸催化氨基丙烯酸涂层固化反应。由于反应是可逆的，生成磺酸的速率取决于胺在涂层中的迁移和挥发速率，一般胺的碱性越强，潜催化的分解速率和生成的胺在涂层中迁移速率越慢，贮存越稳定。胺的沸点低，挥发速率快，利于生成磺酸。挥发速率太快，在涂层中形成浓度梯度太大，使涂层表面固化交联速率大于底部固化交联速率，涂层表面易出现起皱等病态。

第二种主要有环氧化合物封闭的磺酸化合物。催化效果接近对甲苯磺酸，贮存基本稳定。如采用对甲苯磺酸与叔碳酸缩水甘油酯的加成物，与基料有很好的混溶性，得到的涂层外观明显优于离子型潜催化剂，耐化学性能也有所提高。

在丙烯酸氨基涂料中，通常拼入其他树脂进行改性以提高某一方面的性能，例如，通过加入环氧树脂以提高对金属底材的附着力，提高涂膜的柔韧性，耐盐雾性能；通过加入聚酯以提高涂膜的丰满度及柔韧性；通过加入醋丁纤维素以提高金属漆中的铝粉排列定位性；通过拼入醇酸树脂以降低成本以及提高涂膜的丰满度。

用于与氨基树脂交联的丙烯酸树脂的玻璃化温度较低，一般为－10～30℃，视氨基树脂的不同而不同。

热固性丙烯酸树脂配方及合成方法举例如下。

配方 1

原料	用量/%	原料	用量/%
甲基丙烯酸	2	苯乙烯	10
甲基丙烯酸甲酯	22	过氧化苯甲酰（BPO）	2
甲基丙烯酸羟丙酯	18	二甲苯	38
丙烯酸丁酯	8		

合成工艺：

a. 将配方中二甲苯总量的 75％投入装有滴液漏斗、球形冷凝器、分水器和温度计的四口反应瓶中，加热升温至回流温度。

b. 预先将单体混匀后，置于滴液漏斗里；再将配方中 90％的引发剂 BPO 和 20％的二甲苯溶解并均匀混合。

c. 当反应瓶回流后，开始同时滴加混合单体和引发剂，在 4h 左右滴完。

d. 回流保温 1h，再补加剩余的 10％引发剂和 5％溶剂的混合液。

e. 继续回流保温 2h，测定树脂指标，合格后降温、过滤、出料。

技术指标：

外观	无色或微黄透明液体	固体分/%	59～61
颜色（Fe-Co 法）/号	≤2	酸值/（mgKOH/g）	8～13
黏度（加氏管，25℃）/s	25～50		

该树脂与丁醇改性三聚氰胺甲醛树脂，以质量比 3.5∶1 混合，加入流平剂、溶剂等后制成丙烯酸烘干清漆；或加入颜料、分散剂、丁醇改性三聚氰胺甲醛树脂交联剂、流平剂、润湿剂和溶剂制成色漆。

配方 2

原料	用量/g	原料	用量/g
1 芳烃（150～180℃）	308	6 苯乙烯	220
2 丁醇	22	7 过氧化二叔丁基	11
3 丙烯酸	14	8 芳烃	97
4 甲基丙烯酸-2-乙基己酯	177	9 丁醇	23
5 甲基丙烯酸羟乙酯	128		

操作工艺：组分 1～2 加入反应瓶，通氮气，搅拌，加热至 146～148℃，在 5h 内均匀滴加组分 3～6，滴加完毕后，并再分别保温 5～6h，降温，加入组分 8～9。

技术指标：

固体分/%	55.3	羟值/（mg KOH/g）	102
酸值/（mg KOH/g）	20.4	黏度（25℃）/mPa·s	1950

该树脂与丁醚化氨基树脂交联，可得到耐酸性能良好的涂层。

对于低温快干丙烯酸树脂，可选用伯羟基的单体如丙烯酸羟乙酯、甲基丙烯酸羟乙酯，并适当加大丙烯酸或甲基丙烯酸的量，调整引发剂的用量。合成出的树脂与氨基树脂组成的烘漆在 100℃烘烤 30min 能得到理想的涂膜性能。

对于用于烘漆的丙烯酸树脂，除了硬度、附着力外，其耐水性和耐盐雾性往往是重点。要提高这方面的性能，除了考虑单体的性能外，涂膜交联密度高、分子量分布窄、羟基官能团在高分子中的分布均匀性是关键，要避免因工艺及竞聚率等原因生成部分不含官能团的热塑性丙烯酸聚合物。

③ 羟基丙烯酸树脂与异氰酸酯的交联　由羟基丙烯酸树脂和多异氰酸酯（即丙烯酸聚氨酯漆）交联，可常温干燥或低温（通常为 60～80℃）烘烤，涂膜丰满，光泽高，鲜映度好，有良好的物理性能，耐候性好，耐介质（如水、酸、盐、碱、酒精、油、苯类、酯类等）优越，因此，该类涂料在飞机、汽车、摩托车、建筑等户外表面装饰应用广泛。在机械、电器、家具等方面也有良好的用途。

这类涂料的主要反应为：

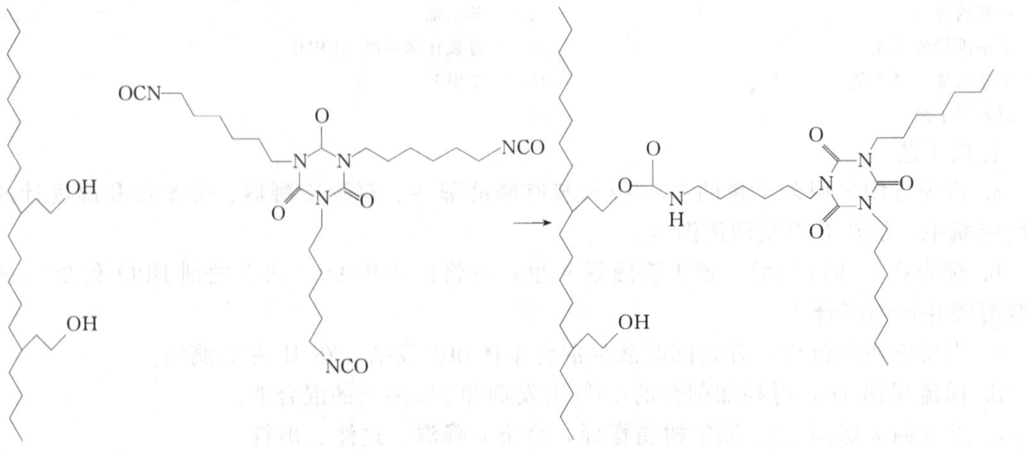

羟基丙烯酸树脂　　多聚异氰酸酯　　聚氨酯交联

这类丙烯酸树脂的玻璃化温度一般在 10～60℃，比用于烘漆的树脂的 T_g 高。

多异氰酸酯的选择对涂膜的性能影响十分明显。异氰酸酯固化剂分为两大类，一类是芳香族异氰酸酯固化剂，在光和氧的作用下，苯环打开，异氰酸酯基直接与苯环形成对苯醌型，而对苯醌含有发色基团，故呈黄色。因此，以芳香族异氰酸酯为原料的聚氨酯漆易变黄，只能用在底层或中间层或室内颜色较深的涂层。另一类是脂肪族异氰酸酯固化剂如德国拜尔的 Desmodur N75、HDI 三聚体 3390 以及德国 Huse 公司异氟尔酮三聚体 T1890 等，这类固化剂组成的聚氨酯漆在耐黄变、耐化学性能、耐候性、丰满度等方面具有优越的性能。

羟基丙烯酸树脂中的—OH 基团与固化剂中的—NCO 基团的配比对涂膜的性能有较大的影响。在一般情况下，[—OH] 与 [—NCO] 的比例在 1∶(1.1～1.4) 为宜。如 [—OH]∶[—NCO]＜1，则涂膜固化不完全，干燥时间慢，耐水及耐化学品性能差；[—OH]∶[—NCO]＞1.4，则涂膜易发脆，有裂纹，而且使产品成本上升。由于树脂及固化剂的内在结构差异较大，最适合的比例范围应通过实验来确定。

为了缩短涂膜干燥时间，增加涂膜硬度，需添加催干剂来加速—NCO 和—OH 的反应。常用聚氨酯催化剂一般有三类：叔胺类、有机锌化合物和有机锡化合物。叔胺类催干剂使用期短，对涂膜的耐候性有不利的影响；锌催干剂是一种助催干剂，能保持涂膜较长开放时间，使涂膜彻底干燥，但其用量较大，涂膜表干时间较长，对生产不利；有机锡化合物能与异氰酸酯和羟基化合物形成配合物，使异氰酸根和羟基相互作用接近，使反应容易进行，同时减少氨酯键裂解的不利反应，对涂膜耐候性有一定的稳定作用。因此在配方中，常采用有机锡作催干剂。

下面举例说明配方与合成方法。

配方：

原料名称	用量/%	原料名称	用量/%
苯乙烯	8	丙烯酸丁酯	16.7
甲基丙烯酸	0.3	BPO	1.6+0.4
甲基丙烯酸甲酯	20	二甲苯	32
甲基丙烯酸羟乙酯	13	丙二醇甲醚醋酸酯	8

制造工艺：将处理好的单体、部分引发剂投入到高位槽混合均匀。将配方中溶剂的 90%投入反应釜，升温到回流温度，开始滴加混合单体，控制滴加速度，使其在 3～4h 内将高位槽中的混合单体滴完。保温 1h 后，滴加剩余的引发剂（先将引发剂用于留下的 10%溶剂中），控制在 30min 左右滴完。然后再保温至黏度、固体分合格后，冷却、过滤，包装。

技术指标：

项目	指标	项目	指标
外观	无色或微黄透明液体	固体分/%	59～61
颜色（Fe-Co 法）/号	≤1	酸值/（mgKOH/g）	2～6
黏度（加氏管，25℃）/s	25～50	羟基含量（100%固体分）/%	2.8

该树脂与脂肪族异氰酸酯固化剂拼用，具有良好的硬度、干性、力学性能，耐候及耐介质性能，曾被用于防腐工程、外墙面漆和汽车面漆，经过十年跟踪考察，性能良好。

根据涂料的性能要求和应用场合，树脂配方可以有很大变动，羟基酯品种及含量、树脂的玻璃化温度、各种单体的种类和配比对树脂的性能影响较大。

对于和脂肪族异氰酸酯交联，伯羟基反应快，仲羟基反应慢，对于 TDI 三羟甲基丙烷加成物，两者的差距不甚明显。

配方中苯乙烯含量偏高可能会缩短涂料的使用时间，尤其是缩二脲异氰酸酯固化剂，如拜尔 N-75 固化剂。此外，含有羟乙酯的树脂的活化期也比较短，尤其是高温季节，这类问题比较突出，在配方设计时应给予重视。

羟基丙烯酸类涂料主要依靠交联反应成膜，故其树脂的玻璃化温度范围略低于热塑性丙烯酸类树脂。在丙烯酸-聚氨酯系统中采用的羟基丙烯酸类树脂的玻璃化温度范围应参照所采用的固化剂的性能，如采用芳香族异氰酸酯类三聚体为固化剂时，玻璃化温度可设计得低一些（－20～20℃），而采用脂肪族异氰酸酯类固化剂时，则可以设计得高一些（20～60℃）。

表 2-1-99 羟基丙烯酸类树脂 T_g 对漆膜性能的影响

T_g/℃	表干时间/min	附着力/级	柔顺性/mm	铅笔硬度/H	冲击性/cm
33	30	2	＞5	2～3	＜50
20	30	2	3	2～3	＜50
2	25	1	3	2～3	＜50
－13	13	1	1	2	≥50(正反)
－20	10	1	1	2	≥50(正反)

注：采用 TDI 三聚体为固化剂，羟基丙烯酸类树脂：TDI 三聚体＝2.5：1。

从表 2-1-99 中所列的数据可知，羟基丙烯酸类树脂在与 TDI 三聚体之类芳香族异氰酸酯类三聚体匹配时，丙烯酸类树脂的玻璃化温度范围小于 0℃时，可得到比较理想的漆膜综合性能。由此可见，在设计树脂配方选择单体及其配比时，应根据不同使用场合、涂料系统中的其他成分等综合审定，然后按照 FOX 公式进行聚合物的 T_g 估算，看其是否符合上述框定的范围。

考虑到涂料的层间附着力，仲羟基可能比伯羟基更好些。在配方设计时可考虑伯羟基单体和仲羟基单体混合使用，比例可在（7：3)～(5：5）之间。当然，涂层间的附着力还可以从助剂、溶剂、施工条件、用其他树脂拼用等方面加以考虑。

树脂的羟基含量一般在 1.0%～6.0%之间，多数在 3.0%左右；羟基含量增大，漆膜的硬度、附着力、抗冲击、耐磨性、耐水性及耐溶剂性均有所提高，但树脂的黏度也会急剧上升，柔韧性下降。目前汽车面漆普遍关注的抗划伤性能与树脂的交联密度和 T_g 成正比关系。

树脂的酸值一般设计在 2～15mg KOH/g 之间。酸值高可提高漆膜的附着力、树脂的颜料分散性、树脂与多异氰酸酯的混溶性以及加快固化反应，但酸值太高会造成树脂的黏度明显上升，涂料活化期缩短。羧基与—NCO 基团反应释放的二氧化碳可能会导致涂膜表面产生气泡或针孔。

树脂分子量太高时，加入多异氰酸酯固化剂后，其使用寿命明显缩短，在夏季气温较高时常会导致不能适应施工周期的弊病。由于交联后的涂膜分子量将大大增加，树脂的分子量可以设计偏低一些，不必担心其物理性能。

考虑到和异氰酸酯交联，树脂中的溶剂一般不含有水、醇、酸等物质，在树脂合成时应加以注意。

配方中使用的硬单体一般为苯乙烯和甲基丙烯酸甲酯。若要进一步提高树脂的耐候性，可用侧链体积大的环烷基丙烯酸酯代替甲基丙烯酸甲酯，例如用甲基丙烯酸环己酯(CHMA)，它的 T_g 为 83℃，CHMA 的侧链碳原子较多，其吸湿性比甲基丙烯酸甲酯小得多，耐候性也有大幅度的提高。此外，含 CHMA 树脂的光泽、鲜映度比含甲基丙烯酸甲酯的树脂优异。

研究表明，在树脂配方中加入 Cardura E10（叔碳酸缩水甘油酯）可以使最终的涂料在加工性等多方面性能有所提高：在反应的初始阶段作为活性溶剂，能够得到高固体分树脂；Cardura E10 的大型叔碳结构能够降低涂料黏度，达到施工黏度时有高的丰满度及低的 VOC；Cardura E10 的空间位阻效应及疏水性使树脂具有很好的耐酸性。

④ 带羧基丙烯酸树脂与环氧化合物交联　与环氧树脂交联固化的丙烯酸树脂漆常具有环氧树脂漆所具有的附着力、耐化学药品、耐沾污优良等特点，户外耐久性不及羟基氨基型优良。但上述特点使它在另一些应用领域有较大市场及发展，如洗衣机、电冰箱、食品及化工厂的仪表装备、车辆及电梯的内部装饰等场合均能更好地发挥其特点。

此类涂料要求较高的烘烤固化温度，制造涂料时常加入适当的催化剂，一般是叔胺化合物，可以使固化温度由大于 170℃降到 150℃。

一般文献推荐的酸含量 10%～15%（酸值 77～117）使树脂有足够的交联度。含酸量低于 7 时各方面性能均不理想，高于 15 时，黏度及硬度均大大提高，而其他物理性能并没有进一步提高。

丙烯酸树脂与环氧树脂的混溶性有一定限度。大分子量环氧树脂（E-06 或 E-03）基本上不能与丙烯酸树脂相混溶，E-12 的混溶性也有限，所以一般常选用分子量 900（E-20）以下的环氧树脂。为了确保相当的交联度，丙烯酸树脂有较高的酸含量，并要求所有的羧基均能与环氧基交联反应，故一般环氧树脂的用量按羧基含量的当量计算，宜加入等当量的环氧基。

文献上的配方中常采用分子量在 350～470（E-51 或 E-42）的环氧树脂，一般选用环氧当量 182（即相当于 E-51）的环氧树脂作为交联剂，尽管环氧树脂的分子量较小，对其物理机械性能并无明显影响，仍具有优良的附着力及弹性。

也有文献采用 E-12 或 E-06 等较大分子量环氧树脂者，但均采用远低于等当量的环氧基，并在制造工艺中先把环氧树脂通过酯化反应与丙烯酸树脂结合，才能解决混溶性问题而获得透明的实用树脂。

⑤ 带酰氨基树脂自交联或与其他树脂交联　酰氨基团在酸催化剂存在下与甲醛缩合成羟甲基再进一步与丁醇醚化成丁氧甲基，在加热烘烤条件下丁氧甲基基团之间可以自交联，也可以与环氧树脂、氨基树脂等交联。

酰胺基团交联的丙烯酸酯涂料以其优良的附着力、抗擦伤性及耐碱性、耐沾污性著称，当它与环氧树脂拼和应用时，这些性能更为突出，但其抗大气老化性能低于羟基交联型的，故一般不用于户外。此类型涂料的固化烘烤温度要求 170～180℃，加入酸性催化剂后，可以降低至 150℃。

目前官能单体丁氧甲基丙烯酸胺及羟甲基丙烯酸胺均有市售产品，应用此种单体时，树脂合成工艺可以完全按一般溶液共聚合树脂工艺进行，但由于这些官能单体售价较高，而在共聚过程中甲醛缩合及丁醇醚化的工艺简单，可以在已参加共聚合丙烯酸胺侧链的酰胺基团上进行，而丙烯酸酰胺的原料价格远较羟甲基化的低廉，所以生产上常采用丙烯酰胺参加共聚，同时在树脂合成过程中进行甲醛缩合及丁醇醚化反应，制成的树脂质量很好。

人们常利用这类型树脂的耐化学药品性及耐沾污性能，用苯乙烯为其主要硬单体，并加有少量不饱和羧酸单体，它有助于甲醛与酰胺基团的缩合及以后树脂的交联固化。

酰胺型聚合物，不管有无催化剂存在，在受热的情况下都易于自行交联。当在聚合物中有少量丙烯酸或顺丁烯二酸存在时，即成为内部催化自交联型。以 0.5%的对二甲苯磺酸作为催化剂时，固化温度可降低 10℃。但仅以这些树脂进行物理的混合和固化时，由于固化不够充分，耐碱性不强，还缺乏诸如罐头漆之类所要求的极高的耐曲折性、耐热水性。为了消除这些缺点，可以将环氧树脂结合到聚合物分子以形成一种新型树脂。

使环氧树脂与丙烯酰胺在溶剂中反应，形成在末端持有可聚合双键的新单体。把上述新单体与苯乙烯、丙烯酸酯、丙烯酸（甲基丙烯酸）等乙烯基单体共聚。按此操作就可得到在同一分子中具有两个以上反应性官能团，在常温下稳定，而受热时则迅速进行热固化反应的树脂。

(4) 改性丙烯酸树脂 对丙烯酸树脂进行改性，可以获得特别要求的性能。改性方法主要有三种。第一种是树脂混合，即使用两种不同类型的树脂进行物理混合。该方法在某种程度上有一定的局限性，因为不同类型的树脂在很多情况下相互不混溶。第二种方法是固化法，采用新的固化机理把两种或多种不同官能度类型的树脂混合使用。方法需要全新的固化技术，这样与其相关的施工方法及操作问题也受到了限制。第三种方法是树脂改性，即把主要树脂同改性树脂或单体反应，以保留树脂原有的优点，弥补它的不足之处。该方法比较容易操作，可避免混合树脂的麻烦。

① 用氯化聚丙烯（CPP）树脂改性丙烯酸树脂 聚丙烯（PP）产量大，成本低，加工方便，被广泛地运用于农业、工业、国防和日用品方面。但由于聚丙烯为烃类聚合物，极性低，结晶化程度高，表面涂装困难较大。丙烯酸树脂虽然用途很广，但在极性较低的底材如PP塑料上附着力较差。通过用CPP改性后的丙烯酸树脂在聚丙烯塑料上附着力良好，可用于用PP塑料制成的汽车保险杠、内饰件等产品的底漆，效果良好。

a. 原料 甲基丙烯酸甲酯、甲基丙烯酸丁酯、苯乙烯、甲基丙烯酸、丙烯酸丁酯、CPP等，过氧化苯甲酰，甲苯，甲基异丁基酮。

b. 合成方法 在反应釜内加入CPP及70%溶剂加热至100℃，搅拌至完全溶解。将100%的混合单体及70%的BPO事先混合好，用4h均匀加到反应系统进行聚合反应。滴加完毕后，保温1h，然后将剩余30%的溶剂与30%的BPO事先混合好，分别补加三次，每次保温2h。整个反应温度保持在100～110℃之间。

目前市售的CPP产品中氯的含量在23%～65%之间，氯的含量高，在PP上的附着力会下降，反之附着力会提高，但CPP与丙烯酸树脂的混溶性会下降。经验表明：用于改性的CPP的氯含量选择在28%～32%，用量占单体的4%～20%。

一般认为，涂层能在PP塑料上附着，是由于有两种作用的存在。一种是物理机械作用，PP塑料制品表面具有均匀的微观粗糙结构，涂料喷涂到这种微观粗糙表面后，在液体状态时就能侵入微观粗糙的“孔”中，干燥后涂料发生交联，漆膜就像钉子一样“钉”在PP塑料制品上，这就是机械锚合锁扣效应。另一种就是化学键作用，经试验证明，PP分子中含有一定的极性基团，由于受涂料中溶剂的侵蚀，这些极性基团被激活，与涂料中的一些极性基团形成化学键，随着涂料的固化，二者发生交联。同时，涂料中的溶剂的侵蚀也使PP塑料表面产生凹坑，从而也为机械锚合锁扣效应创造了条件。由此表明，涂层在PP塑料上附着是物理和化学两种效应共同作用的结果，附着力是由涂层与PP塑料间物理机械结合及极性基团间的化学键合产生的。

② 聚酯改性丙烯酸树脂 聚酯树脂漆膜丰满，耐冲击性强，用聚酯来改性丙烯酸树脂可提高丙烯酸树脂的丰满度。目前在大型客车、中巴车等面漆中常在丙烯酸聚氨酯漆中拼用10%～30%的聚酯以使漆膜更加丰满，装饰效果更好。

用聚酯改性丙烯酸树脂常用两种方法：一种是合成具有一定酸值的聚酯和羟基丙烯酸树脂在160～240℃之间进行接枝反应，其主要反应是羟基和羧基的反应。或者先合成聚酯，然后与丙烯酸单体进行聚合反应。第二种方法是合成含有一定双键的聚酯，然后和丙烯酸酯单体一起进行自由基聚合反应。

配方及工艺举例如下。

a. 丙烯酸预聚物（质量份）

原料	用量	原料	用量
丙烯酸β-羟丙酯	4.6	BPO	2.2
丙烯酸丁酯	22.0	链转移剂	0.2
苯乙烯	27.0	二甲苯	40.0
丙烯酸	4.0		

合成工艺：将全部单体、链转移剂和配方中70%的BPO在高位槽中混合均匀。在反应釜内，投入溶剂和30%的混合单体，搅拌升温至回流温度（约120℃），保温30min，滴加混合单体，于3h左右滴完，并保温1h，补加剩余的BPO，继续回流保温2h，测定树脂的技术指标合格后，降温出料备用。

丙烯酸聚合物的技术指标

项目	指标	项目	指标
外观	无色或微黄透明液体	固体分/%	59～61
颜色（Fe-Co）/号	≤2	酸值/(mgKOH/g)	30～32
黏度/mPa·s	1900～2000		

b. 聚酯预聚物（质量份）

原料	用量	原料	用量
新戊二醇	31.6	邻苯二甲酸酐	27.0
三羟甲基丙烷	15.0	二甲苯	3.0
己二酸	26.4		

合成工艺：在反应釜内投放所有物料及回流溶剂，搅拌升温至160℃，保温3h，通氮气并逐步脱水至235℃，酯化直到酸值≤15mgKOH/g，黏度（醋酸丁酯稀释至60%固含量）30～50s为终点。

c. 丙烯酸-聚酯复合树脂的制备　将聚酯预聚物与丙烯酸预聚物按1.5：1投入反应釜内，升温（脱溶剂）至200℃，酯化至酸值<15mgKOH/g，黏度（醋酸丁酯稀释至60%固体分）50～80s为终点。在加入混合溶剂（二甲苯/醋酸丁酯＝2：1）兑稀至固含量59%～61%，降温过滤出料。其质量技术指标为：

项目	指标	项目	指标
外观	微黄透明液体	固体分/%	59～61
颜色（Fe-Co）/号	≤4	酸值/(mgKOH/g)	≤15
黏度（涂-4杯，25℃）/s	50～80		

③ 环氧改性丙烯酸树脂　用环氧树脂改性丙烯酸树脂可以改善丙烯酸树脂在金属上的附着力以及各种耐介质性能。此外，丙烯酸环氧树脂具有良好的辐射固化能力，因此成为辐射固化涂料中的重要一员。

环氧树脂改性丙烯酸树脂的主要反应为环氧树脂中的环氧基与丙烯酸树脂中的羧基进行反应：

$$CH_2{=}\overset{CH_3(H)}{\overset{|}{C}}COOH + \overset{O}{\overbrace{CH_2-CH}}CH_2O-C_6H_4-\underset{CH_3}{\overset{CH_3}{C}}-C_6H_4-OCH_2\overset{O}{\overbrace{CH-CH_2}}$$

$$\longrightarrow CH_2{=}\overset{CH_3(H)}{\overset{|}{C}}COOCH_2-\underset{OH}{\underset{|}{CH}}CH_2O-C_6H_4-\underset{CH_3}{\overset{CH_3}{C}}-C_6H_4-OCH_2\underset{OH}{\underset{|}{CH}}-CH_2OCO\overset{CH_3(H)}{\overset{|}{C}}{=}CH_2$$

文献对环氧树脂和丙烯酸反应生成环氧丙烯酸树脂做过详细的研究。该反应是在一定温度且有催化剂的存在下，环氧基和丙烯酸开环酯化的过程。反应过程中，丙烯酸活性单体也有可能发生自身的聚合反应。因此，反应温度、催化剂种类及其用量，以及合适的阻聚剂用量等都是影响合成的主要因素，而且这些因素之间有着一定的交互作用。

例如，E-51环氧树脂的分子链两端各有一个可以与甲基丙烯酸或丙烯酸反应的环氧基团，反应程度可以用反应物的酸值大小来表征。反应条件为：环氧树脂E-51为100g，甲基丙烯酸48g或丙烯酸36g，反应温度为110℃，阻聚剂对苯二酚0.3g，催化剂*N*,*N*-二乙基苯胺0.2g。酸值随反应时间的结果如表2-1-100所示，从表中结果可以看出，在反应6h后反应物的酸值基本稳定。

表2-1-100 甲基丙烯酸或丙烯酸酸值随时间的变化

时间/h	1	2	3	4	5	6	7	8
酸值Ⅰ/(mgKOH/g)	196.10	77.85	53.14	46.38	42.15	40.59	40.30	40.10
酸值Ⅱ/(mgKOH/g)	205.31	82.40	57.28	49.82	44.15	39.45	39.25	39.10

注：酸值Ⅰ为甲基丙烯酸酸值随反应时间的变化；酸值Ⅱ为丙烯酸酸值随反应时间的变化。

研究表明：温度是环氧丙烯酸树脂合成反应中极其重要的一个影响因素。当反应温度小于80℃时，即使反应时间长达十几小时，反应转化率依然小于80%；当反应温度较高时，在短时间内转化率即可达到较好的程度，但反应后期容易出现凝胶。

环氧树脂中环氧基开环与丙烯酸发生酯化反应，受催化剂种类及其用量的影响很大。不同的催化剂，催化效率不同，在四丁基溴化铵、*N*,*N*-二甲基苯胺、三乙醇胺三个催化剂中，催化效率依次为：*N*,*N*-二甲基苯胺＞四丁基溴化铵＞三乙醇胺。随着催化剂用量的增加，反应达到终点的时间缩短，转化率提高。但是随着催化剂用量的增加反应产物颜色加深，这可能是由于催化剂在较高温度下长时间受热而发黄的缘故。

在环氧树脂和丙烯酸反应的过程中，由于反应的温度较高，为防止丙烯酸和环氧丙烯酸自身的热聚合，反应体系中需加入适量的阻聚剂。以对苯二酚为例，研究发现：随着阻聚剂用量的增加，合成反应的转化率提高，但产物的颜色加深。推测其原因可能是：阻聚剂的用量影响了氧气对催化剂的氧化程度，从而提高了有效催化剂的含量。由于反应是在空气氛围下进行的，氧气对阻聚剂和催化剂都有氧化作用，因此当阻聚剂用量增加时，很可能会在一定程度上减小氧气对催化剂的氧化程度，从而使反应转化率提高。但是在较高的温度下，酚类阻聚剂因氧化而显色，会使合成产物的颜色加深。

双酚A型环氧树脂是应用最多的一类环氧树脂，其主链中含有脂族烃基和醚键，以及活泼的环氧基，其耐腐蚀性和力学性能优良。考虑到改性树脂的物理机械性能和玻璃化温度，选用一定分子量的环氧树脂，并考虑环氧基与丙烯酸的活泼氢发生开环反应，产生羟基引起耐水性差的问题，故选样环氧树脂的环氧值受到限制。经试验，选择分子量1000～2000、环氧值0.1～0.2的环氧树脂较为合适。

④ 有机硅改性丙烯酸树脂 涂料用有机硅树脂以Si—O—Si为主链。由于Si—O键的键能大于普通有机高聚物中C—C键的键能，因此，有机硅树脂具有良好的耐热性、耐臭氧、紫外光老化性；而且，由于表面张力小，水及其他污物不易附着，所以有机硅树脂具有良好的防潮性、抗水和水汽性。但有机硅树脂存在以下缺点：因固化温度较高（150～200℃）、固化时间较长，所以大面积施工不方便；对底层的附着力差、耐有机溶剂性差、温度较高时涂膜的机械强度不好、价格较贵等。通过改性可以弥补这些缺点。常用来改性的树脂有：醇酸树脂、聚酯树脂、环氧树脂、丙烯酸树脂、聚氨酯树脂、酚醛树脂等。

丙烯酸树脂的改性技术20%以上与有机硅有关。经有机硅改性的丙烯酸涂料比未改性的丙烯酸涂料具有更优异的耐候性、保光性、抗粉化性、抗污性和对无机材料表面的附着力，适于作户外装饰用耐候性涂料。用有机硅对丙烯酸树脂进行改性的方法主要分为冷拼法和化学法。冷拼法操作简便，但化学法效果较好，目前大多采用化学法改性。化学法改性按反应机理又分为：缩聚法、自由基聚合法和硅氢加成法。按反应原料形态分为：有机硅预聚体-丙烯酸酯预聚体法、有机硅预聚体-丙烯酸酯单体法、有机硅单体-丙烯酸酯单体法、有机硅单体-丙烯酸酯预聚体法。

a. 有机硅预聚体-丙烯酸酯预聚体法　以有机硅预聚体和丙烯酸酯预聚体为原料进行的化学法改性根据树脂中所含活性基团的不同，又分为缩聚法和硅氢加成法，其中缩聚法较为常用。缩聚法是通过丙烯酸树脂中的活性官能团（主要是羟基）与有机硅预聚体中的羟基、烷氧基（主要是甲氧基、乙氧基）进行缩聚反应将有机硅链引入丙烯酸树脂中。这种方法的主要特点是工艺比较简单。

硅氢加成法是通过含活泼氢的有机硅烷或有机硅氧烷与带有不饱和双键的丙烯酸酯树脂进行硅氢加成反应而将有机硅链引入丙烯酸树脂中。该反应条件温和、产率高，被广泛用于合成各种含硅高聚物，但用在涂料领域还不久。

b. 有机硅预聚体-丙烯酸酯单体法　在以有机硅预聚体和丙烯酸酯单体为原料进行的化学法改性中，有机硅预聚体中通常既含有硅羟基，又含有不饱和双键；其不饱和双键可在引发剂存在下与丙烯酸酯单体进行自由基聚合，得到接枝改性的聚有机硅氧烷。

c. 有机硅单体-丙烯酸酯预聚体法　该方法是以含有活性官能团的有机硅烷为固化剂，使其与丙烯酸树脂上的活性基团反应，交联成硅丙树脂。

d. 有机硅单体-丙烯酸酯单体法　该方法是通过在丙烯酸树脂的合成中，再接加入含不饱和双键的有机硅烷或有机硅氧烷，从而在丙烯酸树脂侧链引入有机硅烷或硅氧烷，基本形式为 $R^1Si(OR)_x$（R^1＝聚合物骨架，R＝甲基或烷基）。

可选择的有机硅烷有：γ-甲基丙烯酰氧丙基三甲氧基硅烷（TMSPM）、乙烯基三乙氧基硅烷、乙烯基三甲氧硅烷等。其中，TMSPM 最为常用，其结构为：

$$H_2C{=}C(CH_3){-}C({=}O){-}O{-}(CH_2)_3{-}Si(OCH_3)_3$$

以下是用 TMSPM 改性的两个实例。

实例一

配方

组分	质量份	组分	质量份
1 甲基丙烯酸甲酯	18.1	7 丙烯酸	0.20
2 丙烯酸丁酯	8.00	8 甲苯	28.00
3 甲基丙烯酸丁酯	5.00	9 偶氮二异丁腈	0.80
4 丙烯酸羟丙酯	11.20	10 偶氮二异丁腈	0.20
5 苯乙烯	14.50	11 甲苯	3.00
6 甲基丙烯酰氧丙基三甲氧基硅烷	2.00	12 二甲苯	8.00

工艺：将组分 1～7 全部单体和 9 混合均匀，备用。将组分 8 投入到三口瓶中，加热 75℃，稳定 10min 左右。在 3h 内均匀滴加单体混合溶液，滴完后保温 1h，补加组分 10 和 11，保温 8h，加入 12 兑稀，降温、出料。

技术指标：

指标	数值	指标	数值
不挥发分/%	60±1	黏度（涂-4 杯，23℃）/s	250～300
颜色（Fe-Co）/号	≤1		

按上述配方、工艺制得的树脂与异氰酸酯固化剂配合配制的涂料喷涂于玻璃表面，可获得良好的附着，而无需专用底漆。

实例二

部分 1

组分	用量/g	组分	用量/g
芳烃（solvesso 100）	1049.8	正丁醇	524.9

部分 2

组分	用量/g	组分	用量/g
苯乙烯	923.8	γ-甲基丙烯酰丙基三甲氧基硅烷	231.0
2-乙基己酯丙烯酸酯	706.7	ABIN	332.6
甲基丙烯酸羟乙酯	1479.1	芳烃（solvesso 100）	1417.2
甲基丙烯酸异丁酯	1071.6	正丁醇	182.7

部分 3

组分	用量/g	组分	用量/g
全氟烷基丙烯酸酯	69.3	γ-甲基丙烯酰丙基三甲氧基硅烷	138.6
ABIN	32.3	芳烃（solvesso 100）	69.3

部分 4

组分	用量/g	组分	用量/g
ABIN	36.9	正丁醇	105.0
芳烃（solvesso 100）	210		

总量：8579.8

工艺：将部分 1 加入反应瓶，开动搅拌，加热至回流温度。部分 2 混合后在 240min 滴加完毕，滴加期间温度控制在回流温度。部分 3 混合后，部分 2 同时滴加，时间为 230min。部分 2 滴加完后半小时补加部分 4，反应在回流温度下保持 60min，冷却至室温。

技术指标　黏度（加氏管）：J；平均分子量：2565；分散度：1.6。

该树脂可用于汽车的底漆或面漆，可改善泥土对汽车的附着力，使汽车更容易清洗。

⑤ Cardura E10 改性丙烯酸树脂　Cardura E10 又称叔碳酸缩水甘油酯（1,1-二甲基-1-庚基羧酸基缩水甘油酯），其结构式如下：

$$C_6H_{13}-\underset{CH_3}{\overset{CH_3}{C}}-\overset{O}{\overset{\|}{C}}-O-\underset{H}{\overset{H}{C}}-\overset{H}{C}-CH_2 \quad (\text{环氧基，C—CH}_2\text{ 间以 O 桥连})$$

Cardura E10 的环氧基具有较高的反应活性，可以和水、氢气、羟基、酚基、硫醇、羧基、氨基、酮基等多种基团反应。通过和羧基、羟基的反应，Cardura E10 可以对丙烯酸树脂进行改性。

利用丙烯酸共聚物分子上的羧基与 Cardura E10 上环氧基开环反应，连接上 Cardura E10，同时释放出羟基：

$$R-COOH + C_6H_{13}-\underset{CH_3}{\overset{CH_3}{C}}-\overset{O}{\overset{\|}{C}}-O-\underset{H}{\overset{H}{C}}-\overset{H}{C}-CH_2(\text{环氧}) \longrightarrow C_6H_{13}-\underset{CH_3}{\overset{CH_3}{C}}-\overset{O}{\overset{\|}{C}}-O-\underset{H}{\overset{H}{C}}-\underset{OH}{\overset{H}{C}}-\underset{H}{\overset{H}{C}}-O-\overset{O}{\overset{\|}{C}}-R$$

将 Cardura E10 分子引入丙烯酸树脂中，其优点主要表现在以下几点。

a. 在改性反应后，产物中含有伯羟基和仲羟基，这些羟基可与丙烯酸树脂进一步交联。同时伯羟基的存在，使交联反应保持足够的活性，而部分仲羟基的存在，又使涂料具有合适的使用期。

b. 由于 Cardura E10 分子带有一个非常大的烷基基因，所以使丙烯酸树脂具有更好的憎水性，同时由于其立体位阻效应，给丙烯酸树脂带来极好耐候性能以及耐水解、耐酸碱性能，涂膜更加柔韧、光亮。

c. 由于环氧基较高的活性，使 Cardura E10 分子与聚合物链的反应较为温和，这就避免了许多副反应，使最终的聚合物分子量较低，分子量分布较窄，为制备高性能的涂料提供了较好的基础。

d. Cardura E10 引入到聚合物中，相当于引入了一个双极性结构单元，其中高度支化的叔碳酸酯部分与烷烃相容性较好，而甘油酯和羟基部分具有较高的极性，可以与其他极性分子形成氢键。这就增进了改性的聚合物树脂与涂料的极性和非极性组分溶剂、填料和助剂的相容性，从而扩大了树脂的使用范围。

Cardura E10 对丙烯酸树脂进行改性，主要有以下三种方法。

a. 首先制备 Cardura E10 和丙烯酸单体的加成物 ACE 和 MACE。然后与丙烯酸酯单体共聚合制备 E10 改性的丙烯酸树脂。制备 ACE、MACE 的反应式如图 2-1-19 所示。

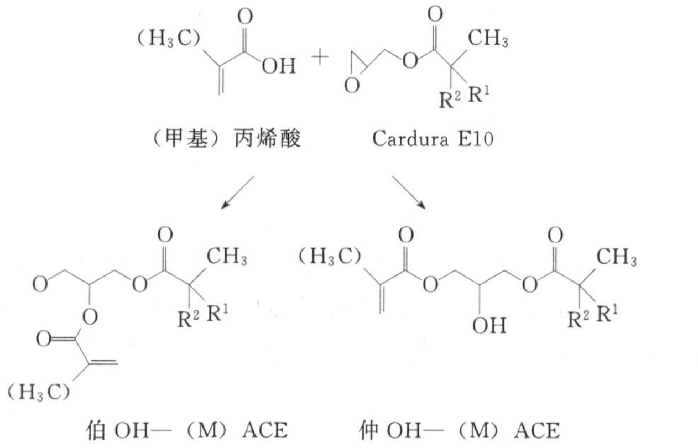

(H$_3$C)　O　OH　+　O　O　CH$_3$　R^2 R^1

（甲基）丙烯酸　　Cardura E10

O　CH$_3$　O　O　R^2 R^1　O　O　(H$_3$C)　　(H$_3$C)　O　O　O　O　CH$_3$　OH　R^2 R^1

伯 OH—（M）ACE　　仲 OH—（M）ACE

图 2-1-19　酯化过程中羟基的形成

上述单体的制备方法可简单描述为：在氮气保护的反应瓶中，加入等摩尔的（甲基）丙烯酸单体和 Cardura E10、适量的辛酸亚锡催化剂和自由基聚合阻聚剂，在 120℃下反应 3h，停止反应后除阻聚剂，即得到上述描述的单体。

用上述获得的单体，与其他丙烯酸酯单体或苯乙烯共聚，即可得到所需要的树脂。

b. 首先制备含羟基的丙烯酸酯聚合物，然后把 Cardura E10 接枝到已合成好的聚合物链上，完成 Cardura E10 对聚合物的改性。

聚合物链上的羧基可以全部或部分与 Cardura E10 反应，从而得到不同性能的改性丙烯酸树脂。

c. 让自由基聚合反应和羧基与 Cardura E10 的反应同时进行，这样可以大大节约制备时间。

由于反应情况比较复杂，下面的一些情况应予以注意。

a. 由于酸性单体在聚合反应前后与 Cardura E10 的反应活性有明显的差异，这样会导致聚合物链结构的巨大差异，从而影响聚合物的性能。

b. 溶剂的选择也必须注意，酮类溶剂不能使用，因为它能与 Cardura E10 反应，最好的溶剂是二甲苯，可以避免树脂的变色。醋酸丁酯、甲基异丁基甲醇、乙二醇丁醚可以作为该类树脂的稀释剂。

c. 为了减少树脂的变色，含苯环的自由基引发剂尽量避免使用，最好使用过氧化二叔丁酯和过氧化二叔戊酯。

d. 为了增加羧基和环氧基的反应程度，加入催化剂是一个很好的选择，因为在 160℃的反应情况下，自由基反应速率很快，而酯化反应的速率相对就慢一些。

e. 氧气的存在会使合成的树脂变色，所以制备时应先用氮气吹扫反应釜。另外，在含 Cardura E10 的体系中，大量使用甲基丙烯酸甲酯会使树脂轻微变黄，但使用苯乙烯却不会变黄，以下举例说明。

组分	树脂 1/g	树脂 2/g	树脂 3/g
Cardura E10	20	16	20
MAA	6.8	5.4	6.8
HEMA	8.5	24	28
St	30	25	25
MMA	34.7	30	20.2

树脂性能

羟基含量/%	2.4	4.2	5.0
T_g/℃	60	62	72
M_w/(g/mol)	2577	2456	2616
M_w/M_n	1.6	1.8	1.7
黏度(22.3℃)/mPa·s	2553	3600	2500
固体分/%	66.3	66.9	70.0
颜色(Pt/Co)	61	58	63
酸值/(mg KOH/g 固体)	6.4	4.8	4.8

上述三个树脂与 Desmodur N3600 固化剂配合，能得到较为满意的结果。树脂 2 在硬度和柔韧性方面表现优越的综合性能，有很好的耐酸性。树脂 1 有很好的耐酸性，硬度和柔韧性适中，羟基含量较低，成本下降。树脂 3 硬度很高，但耐酸性能有所下降。

合成实例

部分 1

组分	用量/g	组分	用量/g
Cardura E10	250	二甲苯	27.7

部分 2

组分	用量/g	组分	用量/g
丙烯酸	72	甲基丙烯酸甲酯	198.0
甲基丙烯酸羟丙酯	180.0	二新丁基过氧化物	40
苯乙烯	300.0		

部分 3

组分	用量/g
二新丁基过氧化物	10

工艺：将部分 1 放入反应釜，搅拌，氮气保护，加热至 165℃。部分 2 在 6h 内均匀滴加，温度保持 165℃，搅拌，氮气保护，滴加完毕后加入部分 3 继续反应 1h，冷却至 100℃，用醋酸丁酯调整固体分至 50%。

技术指标：

平均分子量	3800	酸值/(mgKOH/g)	5.78
分布系数	2.41		

⑥ 己内酯及碳酸酯改性丙烯酸树脂　己内酯改性的丙烯酸树脂具有更快的固化速度和更好的柔韧性。因为己内酯的羟基比一般的丙烯酸酯单体的羟基活性更高，同时己内酯的加入使丙烯酸酯含羟基的侧链变长，涂膜交联点的柔韧性增加，成功解决涂膜刚性和柔韧性的矛盾。合成的树脂具有高固体分，低黏度的特点。

己内酯对丙烯酸酯的改性可通过两种方法，一种是先制备丙烯酸树脂，然后利用丙烯酸树脂中的羟基引发己内酯开环，得到己内酯改性的丙烯酸树脂。其反应途径为：

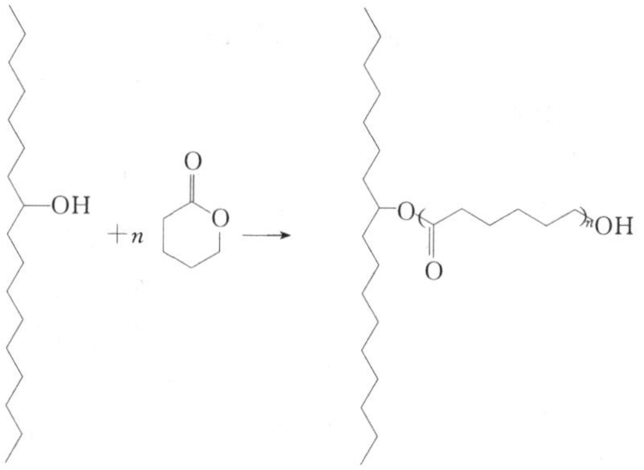

另一条合成路线为先制备己内酯改性丙烯酸酯单体，如用己内酯单体直接与甲基丙烯酸酯羟乙酯或羟丙酯反应，获得结构明确的含羟基的单体。其反应途径为：

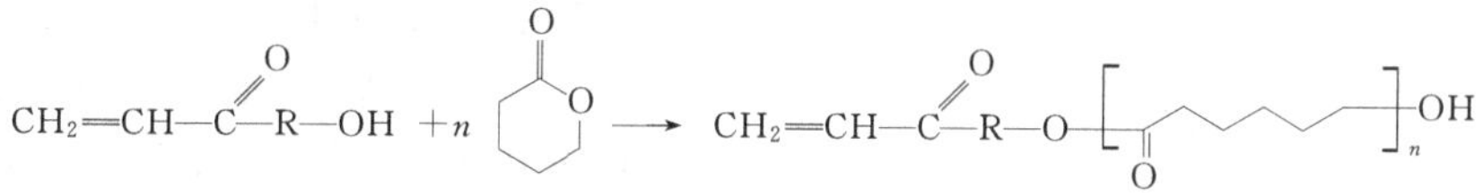

式中，R为乙基或丙基，n为1，2，3，…

利用丙烯酸类聚合物上的羟基与己内酯进行酯交换开环反应的技术路线又可细分为先聚合后开环以及聚合反应与开环反应同时进行的两种方法。其中聚合反应与开环反应同时进行的技术路线已经实现工业化生产。

碳酸酯也可用于改性热固性丙烯酸树脂，其涂料具有非常优异的环境腐蚀能力以及耐擦伤、耐刮伤能力。

碳酸酯有五元环和六元环两类，基本结构式为：

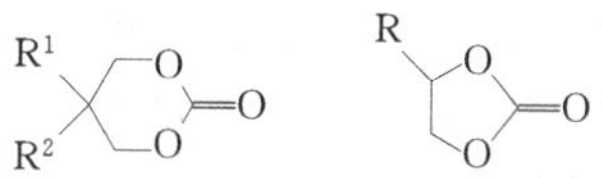

碳酸酯与羟基的反应在有机酸的催化作用下，碳酸酯很容易被羟基开环，具体反应式：

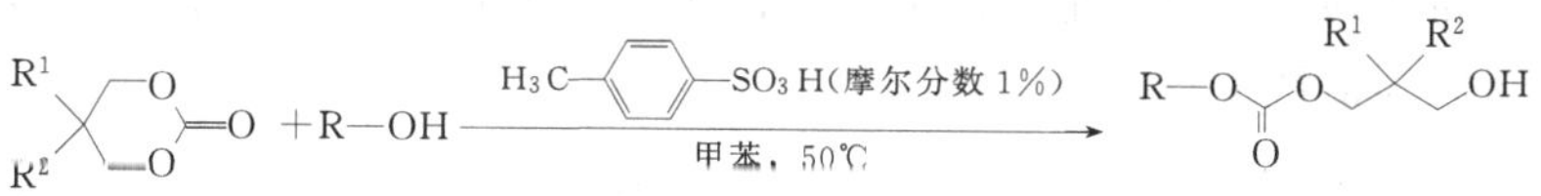

碳酸酯改性丙烯酸酯单体

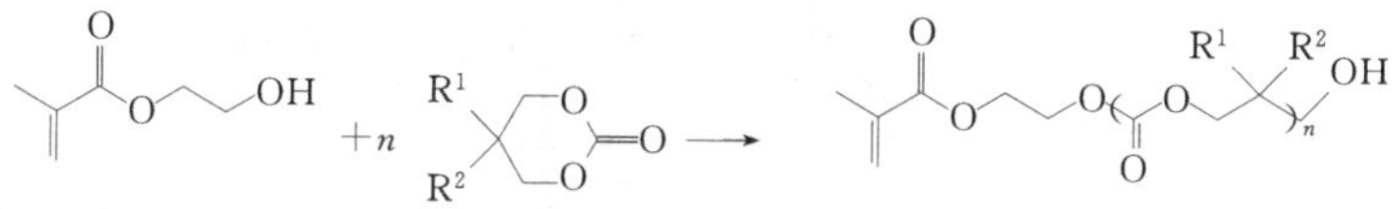

碳酸酯改性丙烯酸酯树脂

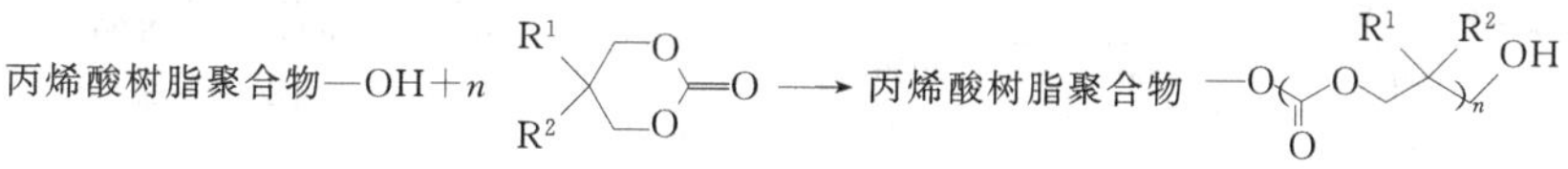

5. 高固体分丙烯酸酯涂料

高固体分涂料具有节省涂料生产和使用中的溶剂、低污染、涂膜厚、丰满度高、装饰效果良好等优点，因此受到人们的日益重视。对于高固体分涂料，一般公认的施工固体分应大于70%。高固体分涂料比溶剂型涂料的施工固体分能提高20%～30%。若固体分含量超过80%，可称为超高固体分涂料。

树脂的固体分（SC）与黏度（η）、平均分子量（M）存在如下关系：

$$\lg\eta = K\sqrt{\overline{M}}\,\mathrm{SC}$$

不同树脂的关系参见图 2-1-20。

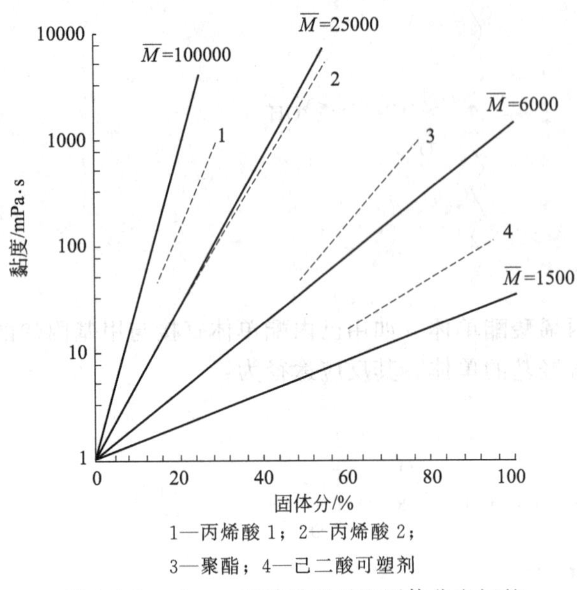

1—丙烯酸 1；2—丙烯酸 2；
3—聚酯；4—己二酸可塑剂

图 2-1-20　logη，平均分子量和固体分之间的线性关系

图 2-1-21 给出了固体分一定的情况下，树脂黏度与平均分子量的关系。

图 2-1-22 给出了在一定的黏度下，平均分子量与固体分的关系。

在设计高固体分丙烯酸涂料时除要考虑一般溶剂型丙烯酸涂料的各种因素外，实现基料的低黏度化和引入活性稀释剂提高固体分是要考虑的两个重要方面。聚合物的黏度与其分子量大小及分布有关。在固定的浓度下，溶液的黏度随聚合物分子量的降低而降低，其数均分子量需低至 2000～6000 时，才能使固体分达到 70%左右而黏度不太高。

此外，每个高分子链有两个以上的羟基才能保证与多异氰酸酯交联成体型大分子，以保证涂膜的质量。我们可以简单分析一下在确定的配方和数均分子量下，每个分子所含的羟基数。树脂的配方为 MMA：St：HEMA：BA：MA＝20：8：13：16.7：0.3，在数均分子量为 1000 时，每个分子平均含有 1.7 个羟基；数均分子量为 1500 时，为 2.5 个。但若分子量分布不均匀，每个分子平均有 2.5 个羟基并不意味着每个分子都有 2～3 个羟基，有些分子可能有 3 个以上的羟基，而有些只有一个或不含羟基。对于不含羟基的分子不能参加交联反应，它只能作为增塑剂或溶剂，在高温下可挥发掉；只含一个羟基的分子则起终止交联反应的作用。因此，在配方设计和合成时，既要保证含羟基单体的数量，又要保证一定的分子量，在合成时要求树脂的分子量分布要均匀。要满足上述条件，在配方设计中，含羟基的活性官能团单体的用量是理论需要量的 3 倍甚至更高。

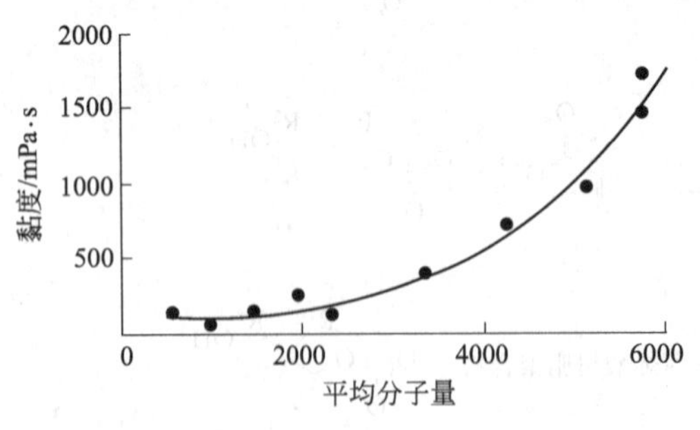

图 2-1-21　平均分子量与黏度关系（固体分 65%）

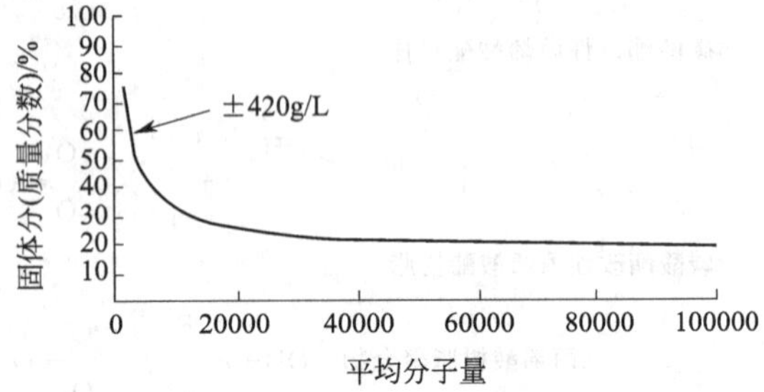

图 2-1-22　平均分子量与固体分关系（黏度固定为 50mPa·s）

此外，聚合物分子量的多分散性也会影响树脂的黏度。在高固体分涂料中，要求合成分子量较低的低聚物，它们的分子量有一定的分散性。分子量的分散性通常用分子量分布系数 d 来表示。

$$d=M_w/M_n$$

对于平均分子量相同的聚合物来说，其分子量分布不同，它们的黏度 η 也不同。通常分子量分布系数 d 越小，涂膜的性能越好，其黏度也越小。聚合物的黏度和其重均分子量 M_w 之间的关系：

$$\eta=KM_w^x=Kd^xM_n^x$$

式中　K,x——与体系性质有关的常数。

对于高固体分的低聚物，x 值较低，一般在 1～2 之间。树脂分子量的分布对黏度影响十分明显。图 2-1-23 给出了黏度、分子量及分子量分布系数的关系。

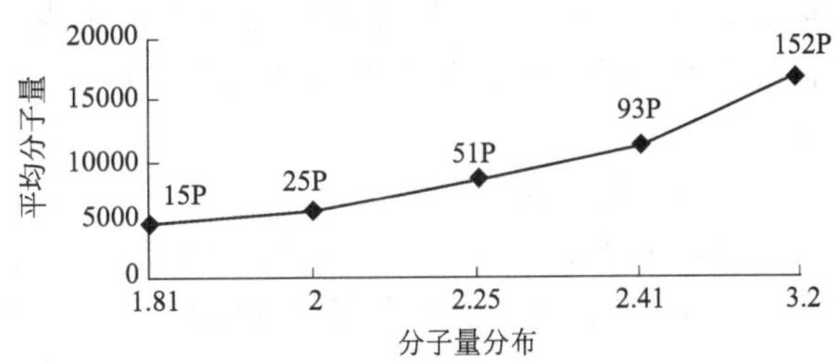

图 2-1-23　分子量、分子量分布对丙烯酸树脂黏度的影响

获得性能优异的高固体分丙烯酸酯涂料的关键是制造低分子量、低黏度、官能团分布均匀的丙烯酸树脂，因此在配方设计中以下因素需要仔细考虑。

(1) 选用合适的引发剂　影响丙烯酸高固体分树脂的分子量和聚合效率的主要因素有引发剂浓度、引发剂类型和所产生的自由基、引发剂分解速率、聚合反应温度、溶剂类型、单体组成和滴加速度等，因此引发剂在高固体丙烯酸树脂自由基合成中起着重要作用。

偶氮腈引发剂使羟基丙烯酸树脂获得窄分子量分布。偶氮腈引发剂分解可产生夺氢反应能力弱的自由基，减少自由基向溶剂转移而生产过小的分子，减少非官能团或单官能团的二聚体或多聚体，改进涂膜性能；但偶氮类产品在颜色、溶解性、效率和反应温度方面有局限。

叔丁基过氧化物一般不宜用于高固体分丙烯酸树脂的合成，叔丁基过氧化物能分解产生的自由基活性高，并且产生夺氢反应，使分子量分布趋宽。

叔戊基过氧化物能分解产生能量小、夺氢能力比传统有机过氧化物弱的自由基，在合成高固体分丙烯酸树脂中可以表现出如下优点：引发温度宽（103～145℃）；不带氧键可合成透彻度高、低颜色及低残留单体的树脂；溶解性强的液体；自由基分解效率高，但这类引发剂价格较高。

高固体分涂料聚合用新戊基过氧化物见表 2-1-101。

表 2-1-101　高固体分涂料聚合用新戊基过氧化物

化学品名称	半衰期温度/℃		
	10h	1h	15min
过氧化 2-乙基己酸新戊酯(L575)	75	92	103
1,1-二(过氧化新戊基)环己烷(L531)	93	112	124
过苯甲酸新戊酯(TAPB)	100	122	135
过氧化醋酸新戊酯(L555)	100	120	134
2,2-二(新戊基过氧化物)丙烷(L553)	108	128	142
丁酸-3,3-二(过氧化新戊基)乙酯(L533)	112	132	145
二新戊基过氧化物(DTAP)	123	145	157

引发剂的浓度越大，树脂的黏度越低。一般引发剂浓度可达4%或更高。在聚合反应中，高用量的引发剂在严格的温度和浓度的控制下，可使树脂的多分散性降至最低。但引发剂的浓度过大不仅会提高成本，降低固含量，增加生产上的不安全因素，而且会导致分解产物量的增多，从而影响产品的耐久性及气味。

新丁基过氧化物裂解形成新丁氧基自由基，β裂解反应慢且主要引发物是新丁氧基自由基，如果发生β裂解则是为甲基自由基。这两种基团都是反应性高、容易夺氢的。另一方面，叔戊基过氧化物裂解形成新戊氧基自由基。β裂解反应几乎是瞬间的不断产生丙酮和乙基自由基。乙基自由基是主要的引发物，并相对地稳定使夺氢作用降至最低。降低夺氢作用倾向导致较少长支化链的产生，给予分子量、分子量分布和黏度较好控制。

下面举例进行说明。

甲基丙烯酸甲酯40%，丙烯酸丁酯25%，丙烯酸羟乙酯25%，苯乙烯7.5%，甲基丙烯酸2.5%。溶液中单体和溶剂的比例为3.7：1（80%的理论固含量）。所使用的溶剂为Exxon Chemical公司的“Aromatic 100”。

所有的有机过氧化物估计在15min半衰期温度和相等活性［O］=0.42（等摩尔）按重量计，每100份单体的用量时进行，偶氮引发剂是按新戊基过氧化物在15min半衰期温度和等同活性［N］下估计的。

工艺：聚合反应在通氮配有隔套搅拌器、温度计和回流冷凝管的2L玻璃反应釜中进行。单体混合后加入引发剂，用5个小时在规定的温度下计量滴入有溶剂的反应釜中。单体和引发剂滴加完毕后，聚合反应再继续1h。

表2-1-102将新戊基过氧化物与新丁基过氧化物的同系物相比较，新戊基过氧化物产生的分子量较低，分子量分布较狭窄，溶液黏度较低。分子量性质的改进与所用有机过氧化物结构有直接关系，说明了自由基类型重要。

表2-1-102 高固体分丙烯酸树脂的分子量和黏度（新戊基过氧化物）

引发剂	聚合温度/℃	M_w	M_w/M_n	黏度/mPa·s
DTAP	157	2500	1.81	1500
DTBP	162	3200	2.60	3200
L533	145	2800	2.90	2500
L233	147	3700	2.30	5200
L531	124	4600	2.41	9300
L331	128	5300	3.20	15200

注：L531—1,1-二-（新戊基过氧化）环己烷；L331—1,1-二-（新丁基过氧化）环己烷；L533—3,3-二-（新戊基过氧化）丁酸乙酯；L233—3,3-二-（新丁基过氧化）丁酸乙酯。

表2-1-103比较了不同温度下由新戊基过氧化物与双偶氮甲基丁腈所生产的丙烯酸高固体涂料树脂溶液黏度与分子量、分子量分布。结果显示，用新戊基过氧化物比用偶氮腈的分子量、分子量分布和溶液黏度低。此外，新戊基过氧化物合成树脂的残留单体（在0.3%～0.8%）低于双偶氮化合物（在1.2%～1.5%），树脂色泽按APHA（美国公共卫生协会氯铂酸钾法标准溶液）（20～29）比较也低于双偶氮化合物（53～84）。

表 2-1-103　高固体丙烯酸树脂的分子量和黏度（双偶氮甲基丁腈）

引发剂	聚合温度	M_w	M_w/M_n	黏度/mPa·s
双偶氮甲基丁腈	157	2800	2.00	2800
	145	3400	2.04	4900
	134	3700	2.04	5000
	124	4800	2.15	10300
	103	6600	2.41	25000

(2) 提高合成温度　有资料表明，聚合反应的活化能约为 40kJ/mol，反应温度每提高 10℃，分子量约下降 40%。因此，反应温度对分子量影响十分明显。

一般反应温度越高，分子量越小。但树脂合成温度应和引发剂的半衰期相匹配。不同温度下丙烯酸单体在某一溶剂中聚合的链转移常数不同；在同一温度下，不同的溶剂也有不同的链转移常数。有些溶剂如 CCl_4 等在较高温度下控制分子量的能力较强，但温度较高，会使反应难以控制，且聚合中会出现链支化反应。

(3) 选择适当的溶剂　虽然高固体分丙烯酸酯涂料的固体分达到 60%～70%，有的甚至超过 80%，但仍需要一定量的溶剂。高固体分丙烯酸树脂合成温度一般较高，因此要求溶剂有较高的沸点，还要求选用的溶剂溶解力强、降低黏度效果好、毒性小、来源广、成本低等。

由于随着聚合温度的升高，链转移剂的能力减弱，溶剂的链转移能力增强，选择溶剂时应考虑其链转移系数。研究表明，溶剂分子中含有活泼氢原子数或卤素原子数越多（如烷基芳烃，高沸点醚及苄醇），转移反应越易发生。

溶剂对高分子成膜物质的溶解能力和溶液中氢键的形成情况对黏度有明显的影响。当溶剂的溶解参数 δ 和聚合物的溶解参数 δ 相近或相等时，溶剂的溶解能力最强。良溶剂时的聚合物的链段充分舒展，聚合物分子的自由度增大，从而使得溶液的黏度降低。表 2-1-104 为一个固体分为 89.5%的丙烯酸树脂（溶剂为二甲苯）用不同溶剂稀释到固体分为 55%时的黏度。此外，聚合物溶液含有大量的羧基和羟基，易形成氢键，黏度可能很高，因此加一些酮类溶剂可使溶剂黏度明显下降。因为酮类溶剂不提供氢键，是氢键的受体，能转移聚合物链之间的氢键作用力。

表 2-1-104　溶剂对树脂的溶解能力（25℃）

溶剂	黏度/mPa·s	溶剂	黏度/mPa·s
丁酮	80	乙二醇乙醚醋酸酯	920
醋酸乙酯	250	四甲苯	3480
甲苯	430	异丙醇	1650
醋酸丁酯	310	乙二醇单丁醚	2250

(4) 采用链转移剂　链转移剂通过链自由基的转移来调节平均分子量，并使分子量的分布趋于狭窄。使用羟基硫醇链转移剂不仅能降低分子量及使分子量分布狭窄，还能为聚合物的端基提供羟基。这类化合物主要有 2-巯基乙醇、3-巯基丙醇、3-巯基丙酸-2-羟乙酯等。这类含羟基硫醇合成出来的树脂的每一个分子链上至少有一个羟基，从而降低交联固化后自由基链末端的数量，使得涂膜性能更好。用氨基树脂交联的试验表明，含巯基硫醇对涂膜的硬度及耐溶剂性明显优于使用不含羟基的硫醇涂膜。但硫醇用量大会使得涂膜的耐水性、耐候

性等变差，且单体转化率低，残余硫醇的气味往往为用户所讨厌，还会在涂料中产生光不稳定性。表 2-1-105 所示为 3-巯基丙醇用量与聚合物分子量及溶液黏度的关系。

表 2-1-105　3-巯基丙醇用量与聚合物分子量及溶液黏度的关系

巯基丙醇用量	M_w	M_n	M_w/M_n	黏度(23.9℃)/mPa·s
0	20900	11400	1.9	19400
1.3	10800	6000	1.8	3850
2.6	7200	4300	1.7	1875
3.9	5700	3500	1.6	1300
5.2	4400	3000	1.5	720
6.6	3600	2400	1.5	460
7.9	3100	2200	1.4	300

(5) 玻璃化温度　树脂的玻璃化温度越低，分子链的流动性越高，溶液的黏度也越低。

玻璃化温度对温度的影响可以用自由体积的变化来解释。玻璃化温度降低，单位体积中分子间空隙即自由体积增加，使链段的运动更加容易，体系黏度降低。玻璃化温度和分子量间的关系可用下面的经验公式来描述：

$$\ln\eta=27.6-\frac{40.2\times(T-T_g)}{51.6-(T-T_g)}$$

式中　T——测定黏度时的温度。

对于用低聚物的高固体分涂料，可以用上式来估算黏度和玻璃化温度的关系。对于分子量相同的聚合物，其玻璃化温度越低，聚合物的黏度就越小，这显然对制备高固体分涂料有利。

研究表明，大幅度降低聚合物的 T_g 可提高丙烯酸树脂 10% 的体积固体分。然而，双组分丙烯酸聚氨酯涂料大都是在室温或低温固化，丙烯酸树脂成分对于干燥速度、固化速度和最终硬度所起的作用是关键性的，所以较低的 T_g 势必会影响涂膜的上述性质。

具有 4 个或更多个碳原子支化烷基（特别是叔烷基）的单体（表 2-1-106），具有和甲基丙烯酸甲酯或苯乙烯类似的很高的玻璃化温度，但极性低，耐久性较好。

表 2-1-106　带支化烷基或环烷基的单体

单体名称	烷基	均聚物的 T_g/℃	单体名称	烷基	均聚物的 T_g/℃
甲基丙烯酸环己基酯(CHMA)	C_6	83	甲基丙烯酸叔丁基环己基酯(TBCHMA)	C_{10}	98
甲基丙烯酸三甲环己基酯(TMCHMA)	C_9	98	甲基丙烯酸异冰片酯(IBOMA)	C_{10}	170

IBOMA　　TMCHMA　　CHMA

试验还表明，在恒定的 T_g、M_w、官能团和固含量下，在丙烯酸树脂配方中加入甲基丙烯酸环型酯单体（表 2-1-106）能有效降低树脂的黏度但不降低性能，并且黏度随着单体添加量的增加而下降。

表 2-1-107 给出了 MMA、IBOMA、TMCHMA 以及 CHMA 在单体中的不同比例（在合成时，溶剂为醋酸丁酯，引发剂为过氧化乙基己酸叔丁酯）对树脂性能的影响。

表 2-1-107　支化烷烃的单体用量对树脂性能的影响

单　体	百分比/%	MMA/%	BA/%	HEMA/%	MAA/%	M_n	M_w	D	黏度/mPa·s
IBMA	0	57	20	20	3	2670	7470	2.8	94500
	20	37	20	20	3	2360	6760	2.9	75500
	25	32	20	20	3	2320	6340	2.7	68800
	30	27	20	20	3	2210	6140	2.8	54100
TMCHMA	20	37	20	20	3	2990	7110	2.4	42800
	25	32	20	20	3	3000	7080	2.4	35700
	30	27	20	20	3	2870	6660	2.3	25200
CHMA	20	37	20	20	3	3450	8000	2.3	10300
	25	32	20	20	3	3420	8000	2.3	72500
	30	27	20	20	3	2240	7700	2.3	63500

可以看到，各种环形单体对黏度降低都有明显的作用。其次序为：TMCHMA＞IBMA＞CHMA。

目前，在实际应用中，IBMA 单体最为普遍。IBMA 是一种将硬度和柔顺性能极好体现出的优异单体，由于其特有的分子结构特点，使其聚合物具有优异的高光性、鲜映性、耐擦伤性、耐介质性和耐候性，其吸湿性明显低于甲基丙烯酸甲酯。而且，加有 IBMA 的丙烯酸树脂与聚酯、醇酸以及许多挥发性漆的成膜物质都有好的相容性。

(6) 官能团极性　为了降低聚合物的黏度，需要考虑单体中官能团的极性。官能团的极性低，可使链与链之间的氢键作用降低；相互作用减小，高聚物的黏度降低。如 MMA 赋予聚合物高极性和链刚性，使聚合物溶液的黏度增大，因此在高固体分树脂的合成中其用量需要严格控制。又如，不同的羟基单体的黏度也有差异，如丙烯酸羟乙酯、丙烯酸羟丙酯、丙烯酸羟丁酯的黏度依次降低。羧基官能团的含量增加会引起溶液黏度的显著提高。

通过降低官能团极性来合成高固体分树脂的一个成功例子是，采用硅氧烷预先封闭羟基(甲基)丙烯酸单体中的羟基。利用硅氧烷对丙烯酸低聚物中的羟基进行封闭，可以制备出性能良好的高固体分丙烯酸汽车用面漆。被封闭的羟基可以在催化剂或水分作用下解封释放出羟甲基和硅烷基。由于羟基被极性很低的硅氧基封闭，含羟基的丙烯酸低聚物极性降低，黏度比含有未封闭羟基的丙烯酸低聚物要小得多，可以将固体含量提高 20%。

(7) 引入 Cardura E 组分制备高固体分丙烯酸树脂　近来对含十碳的叔碳酸缩水甘油酯(Cardura E10)单体加入到树脂合成配方中的作用研究发现，Cardura E10 含量越高，越有利于提高固体分、聚合物溶解黏度也越低。

此外，也可使用由 Cardura E10 与多元醇进行醚化开环反应，制备出 Cardura E10 醚类活性稀释剂参见表 2-1-108。

表 2-1-108　Cardura E10 类活性稀释剂以及它们的性能指标

化　合　物	结　　构	M_w	M_w/M_n	黏度/mPa·s
三甲羟基丙烷单加成物	HO O OH O O CH_3 R^2 R^1 HO	502	1.05	25

续表

化 合 物	结 构	M_w	M_w/M_n	黏度/mPa·s
新戊二醇单加成物	HO O O O CH_3 OH R^2 R^1	400	1.02	3.2
新戊二醇双加成物	H_3C O O O O O O CH_3 R^1 R^2 OH OH R^2 R^1	700	1.08	4.8

(8) 使用带羟基的引发剂 有文献报道，采用带羟基的功能引发剂如过氧化二羟甲基异丁酰［$HOCH_2C(CH_3)_2OCOOCOC(CH_3)_2CH_2OH$］，合成出固体分为85%的羟基丙烯酸树脂。在施工黏度下（涂-4杯，20s），固体分在60%以上。从某种程度上缓解了树脂低分子量和羟基均匀分布的矛盾。

(9) 基团转移聚合反应 利用基团转移聚合反应可制备高固体低分子量的丙烯酸聚合物。其特点是分子量分布窄小，分散度 M_w/M_n 可降低至1.2以下。聚合反应对丙烯酸聚合物结构的控制十分严格，分子上官能团的分布可以很窄。

(10) 有机硅聚合物黏度低，在喷涂施工条件下，其固含量可达100%，并且具有优良的耐久性和抗酸雨性能。利用有机硅（聚二苯基甲基氢硅烷）的SiH基和含烷烯基的丙烯酸低聚物的双键发生氢化硅烷化反应，可得到耐久性和抗酸雨性能优异的涂膜，这是开发高固含量、高性能的丙烯酸汽车涂料的一个新途径。

(11) 高固体分丙烯酸树脂配方举例 下面是高固体分低黏度的羟基丙烯酸树脂合成实例，该树脂与拜尔N-3390室温或60℃固化，在硬度、干性、丰满度、鲜映性、耐候性、颜料分散性等方面表现优越的性能。曾用于公交大巴面漆6年，光泽保持良好。

配方

组成	用量/g	组成	用量/g
1 二甲苯	24	7 甲基丙烯酸丁酯	85
2 PMA	60	8 二新戊基过氧化物	12
3 苯乙烯	227	9 Cardura E10	75
4 IBMA	103	10 二新戊基过氧化物	2
5 3-巯基丙酸	30	11 二甲苯	20
6 甲基丙烯酸羟乙酯	164		

合成工艺：

将配方中的1、2投入反应釜作底料，通氮气，升温回流；开始滴加3～8混合单体（8单体和其他单体分开滴加），并在4h左右均匀滴加完毕。保温回流45min加入材料10。保温回流45min开始第一次补加9、10；继续保温回流1h开始第二次补加；再保温1.5h，温度降至80℃，出料、过滤、包装。

技术指标

指标	数值	指标	数值
固体分/%	69.7	酸值/(mgKOH/g)	4
黏度(格式管,25℃)/s	16	羟基含量(固体)/%	4.5

三、水性丙烯酸树脂

以水为溶剂或分散介质的涂料称为水性涂料。根据主要成膜物在水中的稳定状态，至少可以将水基型丙烯酸酯涂料分为：乳液型丙烯酸酯涂料，水乳化型丙烯酸酯涂料和水溶性丙烯酸酯涂料。从严格意义上讲，以水为溶剂的涂料才叫水溶性涂料，也就是生产水溶性涂料的树脂是以分子状态溶于水中而形成的溶液（$<0.01\mu m$），但这种真正的水溶性树脂很少作为涂料的主要成膜物质，一般用于保护胶或增稠剂等。涂料中用做主要成膜物的水溶性树脂实际上是可稀释型，是树脂聚集体在水中的分散体（$0.01\sim0.1\mu m$），属于胶体范围，由于分散微粒极细，分散体呈透明状，因此也有将该类树脂误称为“水溶性”树脂的。乳液涂料是以乳胶为基料的水性涂料，乳胶是通过乳液聚合而合成的固体树脂微粒在水中的分散体（$0.01\sim1\mu m$）。液态的聚合物或溶于有机溶剂而成为溶液的聚合物，在水中经乳化剂乳化而成为乳化液，以这种乳液为基料的水性涂料叫做水乳化涂料，这种乳化液不同于乳胶，它是一种液体在另一种液体连续相中的分散体。

水性涂料的名称有些混乱、同一种形态的涂料有多种说法，例如有把乳胶和乳液混用的，也有把水乳化涂料叫做水稀释性涂料、水分散涂料，有人还把水稀释性涂料归类为乳胶涂料，但从严格上讲水稀释性涂料不能称为乳胶涂料等。因此在阅读文献时要注意区分。

水性涂料的显著特征是以水为溶剂或分散介质、树脂作为分散相的涂料；由于以水代替了有机溶剂，它有利于环境保护和防止火灾。特别在建筑涂料中，世界发达国家的水性涂料已在逐步取代溶剂型涂料，水性涂料占建筑涂料份额的70%以上。当然，水性涂料并非一点有机溶剂都没有，但真正意义上的水性涂料，有机溶剂含量是很低的，完全用水稀释，几乎不存在安全隐患，而且器具清洗方便。其附着力、耐水性、防腐性、外观、施工性等都很优异，长期稳定性也非常好，适合流水线浸涂施工。

在水性涂料中应用最多的是丙烯酸酯类。其在使用中显示出以下优良性能：防腐、耐碱、耐水、成膜性好、保色性佳、无污染等，并且容易配成施工性良好的涂料，涂装工作环境好，使用安全。

水可稀释型丙烯酸酯涂料采用具有活性可交联官能团的共聚树脂制成，多系热固性涂料，用于涂料的水性树脂的分子量一般为2000～100000；单组分树脂的分子量一般为2000～10000，双组分体系用树脂分子量一般为5000～35000。水性涂料的应用领域主要为建筑涂料和工业涂料。以丙烯酸酯类为基料的水性涂料根据其用途或特点可分为如下几类：(a) 水性防腐涂料；(b) 水性防锈涂料；(c) 水性外墙涂料；(d) 水性木器涂料；(e) 水性纸品上光涂料；(f) 水性路标涂料；(g) 水性印刷油墨涂料等。

1. 水可稀释型丙烯酸树脂的组成与原材料

水可稀释型丙烯酸树脂的制备通过溶液聚合实现，在制备时可以选择含有羧基、磺酸基、醚键等官能团的不饱和单体与丙烯酸酯单体共聚后，用有机胺或氨水中和成盐，再溶解于水而获得水溶性丙烯酸树脂。若在体系中引入含羟基单体，则可以制成水性热固性丙烯酸树脂；与氨基树脂、多异氰酸酯配合，可分别制备水性单组分丙烯酸氨基树脂涂料和水性双组分丙烯酸聚氨酯涂料，这样制得的树脂由于提高了交联密度，涂料性能可与溶剂型丙烯酸树脂相比。

水可稀释型丙烯酸树脂实际在水中溶解度很小，树脂以粒子的形式分散在水相中。有人对含羟基丙烯酸树脂的水溶性规律进行了研究，发现羟基单体用量增加，水溶性增加；中和度越大，水溶性越好；羟基单体的用量对水溶性的影响比羧酸单体的影响小。

水可稀释型丙烯酸树脂的组成可以归纳于表2-1-109中。

表 2-1-109　水溶性丙烯酸树脂的组成

组　成		常用品种	作　用
单体	组成单体	丙烯酸乙酯、丙烯酸丁酯、丙烯酸乙基己酯、甲基丙烯酸甲酯、苯乙烯等	调整基础树脂的硬度、柔顺性及耐大气等物理性能
	官能单体	丙烯酸、丙烯酸羟乙酯、丙烯酸羟丙酯、甲基丙烯酸、甲基丙烯酸羟乙酯、甲基丙烯酸羟丙酯、顺丁烯二酸酐等	提供亲水基团及水溶性并为树脂固化提供交联反应基团
中和剂		氨水、二甲基乙醇胺、*N*-乙基吗啉、2-二甲氨基-2-甲基丙醇、2-氨基-2-甲基丙醇等	中和树脂上的羧基，成盐，提供树脂水溶性
助溶剂		乙二醇乙醚、乙二醇丁醚、丙二醇乙醚、丙二醇丁醚、仲丁醇、异丙醇等	提供偶联效率及增溶作用，调整黏度、流平性等施工性能

2. 聚合方法及机理

水可稀释性丙烯酸树脂的合成与溶剂型的基本相同，只是溶剂型丙烯酸树脂的聚合反应在制漆的溶剂中直接进行而水稀释性丙烯酸树脂不能在水中进行聚合反应，而是在助溶剂中进行，水则是在成盐时加入的。通常使树脂水性化有两条途径：(a) 成盐方法：共聚形成丙烯酸树脂后，加入胺中和，将聚合物主链上所含的羧基或氨基经碱或酸中和反应形成盐类，从而具有水溶性；(b) 醇解法：丙烯酸树脂在溶液中共聚后，进行水解，使聚合物具有水溶性。成盐法是最常使用获得水性丙烯酸树脂的方法。

3. 影响聚合反应的因素

丙烯酸树脂配方的关键是选用单体，通过单体的组合来满足涂膜特性的技术要求，但羧基含量、玻璃化温度也是很重要的因素。

(1) 羧基含量　羧基经胺中和成盐是树脂水溶的主要途径，所以羧基含量的多少直接影响到树脂的可溶性及黏度的变化。一般含羧基聚合物的酸值设计为 30～150mgKOH/g，酸值越高，水溶性越好，但会导致涂膜的耐水性变差。有人以一系列树脂固体含量为 10%（质量分数）、分子量 4500、中和度 100%的无规共聚物树脂进行研究发现：树脂的水溶性随着树脂中羧基的含量的增加而增加，当含羧基的单体含量为 10%～12%时，树脂临界水溶；但过高的羧基含量导致并不需要的高水溶性，会引起涂膜性能下降；实践证明在含丙烯酸 10% ～20% ，树脂的酸值在 50～100 并含有一定比例的羟基酯的共聚树脂，已具有足够的水溶性、足够的交联官能团度及良好的物理性能。

(2) 玻璃化温度　水溶性涂料在施工烘烤中比溶剂型涂料容易爆泡，特别是在希望得到较厚的涂膜和晾干时间较短的施工线上，爆泡问题更为突出。这个缺点也限制了水溶性涂料的应用。已有研究者发现，共聚物的玻璃化温度是水溶性丙烯酸酯漆涂膜爆泡的主要因素，此种水溶性漆无论用水或溶剂稀释都有此共同现象。试验中配制了 5 种不同的共聚物，分别有着不同的玻璃化温度，见表 2-1-110。

表 2-1-110　不同树脂配方的物理数据

共聚物	重均分子量	数均分子量	M_w/M_n	酸值/(mgKOH/g)	50%溶液黏度/Pa·s	T_g/℃
1	51800	15600	3.32	53	1.94	−28
2	108300	14200	7.63	52	5.29	−13
3	64600	14000	4.61	55	2.27	−8
4	73100	15100	4.84	55	28.1	14
5	61100	16800	3.64	54	127.3	32

5种树脂中加入甲氧基三聚氰胺甲醛树脂作为交联剂，并用金红石型钛白粉及对甲苯磺酸为催化剂制成白色磁漆，分别用水及溶剂稀释后喷涂在样板上，测定其涂膜不爆泡的最大膜厚（临界干膜厚度），发现在标准条件下的不爆泡的干膜厚度基本上随着玻璃化温度的上升而下降，同时发现水稀释树脂的不爆泡干膜厚度远较溶剂稀释型树脂为低。爆泡的临界干膜厚度见表2-1-111。

表2-1-111　不同 T_g 下树脂的临界干膜厚度

共聚物	玻璃化温度 T_g/℃	临界干膜厚度/μm		共聚物	玻璃化温度 T_g/℃	临界干膜厚度/μm	
		水稀释	溶剂稀释			水稀释	溶剂稀释
1	−28	50	≥120	4	14	10	55
2	−13	30	70～95	5	32	5	25
3	−8	20	70～95				

从以上实验看出，玻璃化温度与爆泡有着相当密切的关系，高玻璃化温度的树脂远较低玻璃化温度的树脂容易爆泡，而且水稀释的树脂又远较溶剂稀释的树脂容易爆泡。还应指出，共聚物的玻璃化温度影响第二阶段挥发的自由体积，而自由体积又影响挥发分从涂膜中扩散出来的速率。当然，玻璃化温度也绝对不是爆泡的唯一因素；涂膜的厚度、晾干的时间、机械搅拌生成的气泡等都是引起爆泡的因素。

(3) 助溶剂　助溶剂不仅对溶解性及黏度起着调节、平衡的作用，同时还对整个涂料体系的混溶性、润湿性及成膜过程的流变性起着极大的作用。

有机助溶剂对涂料的喷涂施工及流变性能的影响非常大。要得到一个具有理想的物理性能、光泽及平整度的涂膜，就必须使胺中和了的树脂能很好地溶解在水及有机助溶剂的混合物中，并保持互容性直至烘干为止。实践证明，水溶性丙烯酸树脂漆中效果最好并最常用的助溶剂为醇醚类溶剂和醇类溶剂。20世纪70年代至80年代初，较多文献主要介绍采用乙二醇乙醚类溶剂，但经很多环境保护及工业卫生单位的反复试验，证明乙二醇乙醚等溶剂除对血液及淋巴系统有影响外，还能严重损害动物的生殖机能，导致胎儿中毒、畸胎等后果。所以，20世纪80年代中期以后，世界各国先后对乙二醇乙醚类溶剂作出了警告、限制或禁用的条令，使用量逐年减少。同时，对照试验证明丙二醇醚不存在相类似的病理学变化，因此目前很多厂商采用丙二醇醚来取代乙二醇醚类溶剂，但仍有部分厂商使用乙二醇醚类溶剂。

① 助溶剂对黏度的影响　某树脂用二甲基乙醇胺100%中和并用乙二醇一丁醚：水为不同比例的溶剂进行稀释，研究发现：用100%乙二醇一丁醚为溶剂进行稀释的曲线基本为一直线随固体分的下降而下降；其他曲线因乙二醇一丁醚含量降低，其黏度与不挥发分间的关系成为非线性，例如乙二醇一丁醚：水为10：90溶剂的曲线及纯乙二醇一丁醚为溶剂的曲线在固体分为30%时，其黏度相差高达约300倍；而固体分为15%时，两者黏度相等；固体分低于1%时，黏度反而低于纯乙二醇一丁醚体系。若使用叔丁醇或1-丙二醇丙醚为助溶剂时实验结果类似。由此看出，树脂在稀释过程中，助溶剂含量高的树脂其黏度下降速度较助溶剂含量低的树脂为慢，到达某一个固体含量的转折点后，含水量高的树脂的黏度反而较含助溶剂含量高的树脂为低。

② 施工应用中的溶剂挥发　水溶性丙烯酸体系的黏度变化与助溶剂和水的比例及不挥发分高低有密切的关联。在施工应用过程中，以上两个条件在不断变化，水的挥发速率与施工现场空气的相对湿度又有着密切的联系。表2-1-112和表2-1-113说明两种相对湿度条件

下，在23℃喷涂施工过程中溶剂的挥发情况。

表 2-1-112 在45%相对湿度下喷涂施工时溶剂挥发情况（干膜厚20μm）

施工过程		稀释至喷涂	喷后瞬间	喷后5min	喷后10min	喷后15min
不挥发物/g		100	100	100	100	100
挥发物/g	水	169	119	102	88	76
	乙二醇一丁醚	40	35	33	32	31
不挥发分/%		32	39	43	45	48

表 2-1-113 在60%相对湿度下喷涂施工时溶剂挥发情况（干膜厚28μm）

施工过程		稀释至喷涂	喷后瞬间	喷后5min	喷后10min	喷后15min
不挥发物/g		100	100	100	100	100
挥发物/g	水	161	132	123	112	104
	乙二醇一丁醚	20	16	16	15	14
	仲丁醇	20	3	0.9	0.2	0
不挥发分/%		33	40	42	44	46

相对湿度为45%，在喷涂过程中挥发掉100×(169－119)/169份水，计算为29.6%的水；相对湿度为60%，喷涂过程中水仅挥发掉100×(161－132)/161＝18.0%，这说明较高的相对湿度降低了水的挥发。如果不补充易挥发的仲丁醇作为补偿，则喷在样板上涂层的不挥发分及黏度均会太低而导致流挂，补加了仲丁醇之后，可以看到表2-1-112和表2-1-113中喷在样板上涂层中不挥发分含量为相接近的39%及40%。另外，必须注意的是，黏度并不是完全取决于不挥发分含量，尽管两者在喷后瞬间时的不挥发分相当接近，但前者的流挂倾向远远高于后者，这主要是由于表2-1-112残留挥发物中的助溶剂含量为100×35/(119＋35)＝22.7%，而表2-6-45中则100×(16＋3)/(132＋16＋3)＝12.6%。前者虽然助溶剂仅多10%左右，但黏度将会数倍低于后者，从防止流挂的要求来看，显然是后者的情况较为有利。

通常加入醇醚溶剂来延缓挥发以改进流平性，但水溶性丙烯酸酯漆中，流平性一般不成问题，而流挂现象则常引起麻烦，所以与乙二醇一丁醚同时使用一些挥发较快的溶剂，例如仲丁醇既补偿在潮湿气候下水分挥发少的份数，也可以大大降低助溶剂与水的比例而达到防止流挂的作用。采取这一措施时应注意到水性漆中可能出现的快挥发溶剂所带来的爆泡问题，挥发较慢的溶剂能减少爆泡倾向，两者用量应注意平衡。还有试验证明：(a) 助溶剂的挥发与相对湿度有关，在相对湿度较高时（75%），随着喷后时间的延长，漆膜中未挥发掉的挥发分中，乙二醇丁醚的含量在不断下降；在相对湿度较低时（55%或低于55%），随着喷后时间的延长，其含量在不断增加；而在65%相对湿度时，其含量几乎始终不变，这种情况下的相对湿度被称之为临界相对湿度（CRH）。无论在CRH之上或之下，助溶剂的含量变化均不大。(b) 相同配方但不同分子量的树脂间，流挂倾向有所不同，在剪切率为$1s^{-1}$时，分子量为82000的树脂在低于60%的相对湿度下就不流挂了，而分子量为42000的树脂则在低于50%的相对湿度下才不流挂，此时二者的黏度均约为5Pa·s。

由此可以看出，控制施工场所的相对湿度在30%～70%是关键，再通过调整助溶剂与水的比例就可以很好地控制水性丙烯酸酯漆的流挂问题。

(4) 胺的增溶作用 水溶性丙烯酸酯涂料中使用胺中和侧链上的羧基成盐而能提供水可

稀释型性能，不同的胺对涂料的黏度变化、贮存稳定性、漆膜固化等有影响。

① 漆膜性能 使用不同胺中和对漆膜性能影响的实验如下：用 6 种不同的胺作成盐增溶剂，使用相同的树脂制成白色水溶性丙烯酸酯涂料，胺的用量按树脂中酸含量的中和程度100%的等当量计算，涂料稀释至福特 4 号杯 60s 的黏度，然后喷涂于经磷化处理不打底的钢板上，晾干 30min，175℃下烘 20min，干膜厚度 30～32μm。表 2-1-114 是使用不同胺时白色涂料的黏度，表 2-1-115 是在 175℃下烘 20min 后不打底钢板上的漆膜性能。

表 2-1-114 使用不同胺中和的白色涂料黏度

胺	原始黏度/Pa·s	5 个星期后黏度/Pa·s	稀释至喷涂黏度(福特杯 60s)/(g 水/100g 涂料)
氨	16	11.2	16
三乙基胺	2.6	2.1	10
N,*N*-二甲基乙醇胺	11	11.5	23
N-乙基吗啉	14.7	14.1	19
2-*N*,*N*-二甲基氨基-2-甲基丙醇	8.7	10	23
2-氨基-2-甲基丙醇	14.7	16.2	26

表 2-1-115 无底漆样板上白漆（175℃烘 20min）**的性能**

胺	60°光泽	Tukon 硬度	锥形轴棒弯曲/cm	抗洗涤剂性能/级	盐雾试验/级
氨	70	23.3	2.5	2	3
三乙基胺	3.5	表面粗糙不能测	5	1	2
N,*N*-二甲基乙醇胺	87	17.8	2	3	3
N-乙基吗啉	89	23.0	4	1	1
2-*N*,*N*-二甲基氨基-2-甲基丙醇	89	19.7	2	4	4
2-氨基-2-甲基丙醇	85	23.7	10	1	1

② 中和程度与 pH 按树脂的酸含量用胺中和的百分数称之为中和程度（EN），在水溶性丙烯酸酯树脂中，EN 在 60～100 之间常能获得水溶性的效果，一般极少中和至 100%，较常用的中和程度在 70%～85%之间。中和程度越高涂料的黏度将会越大，所以达到足够的水溶性及贮存稳定性要求后，没有必要进一步中和至 100%，以免徒然降低应用时的固体分。实验发现，即使中和程度仅为 50%或更低时，树脂的 pH 总是大于 7 的；当使用 *N*,*N*-二甲基乙醇胺或 2-氨基-2-甲基丙醇为中和剂，中和程度达 65%以上时，pH 常大于 8；有时使用上述两种胺中和时，以 pH 8.5 为中和程度的标准线，这一点可用滴定法求得，共聚物溶于叔丁醇：水＝30：70 的混合物中，用同一混合物溶解所选用的胺来滴定至 pH＝8.5。

③ 胺碱性强度的影响 每种胺由于结构与链长的不同有其不同的碱性，碱性强度常用 pK_a 表达，常用胺的 pK_a 如表 2-1-116 所示。

表 2-1-116 一些胺的 pK_a 值

胺	pK_a(20℃)	胺	pK_a(20℃)
氨	9.4	*N*-乙基吗啉	7.78
三乙基胺	10.88	2-*N*,*N*-二甲基氨基-2-甲基丙醇	10.20
N,*N*-二甲基乙醇胺	9.31	2-氨基-2-甲基丙醇	9.85

用碱性强的胺中和的树脂在用水稀释之前具有很高的黏度，黏度出现交叉现象，当稀释至低浓度时，黏度随着浓度的下降迅速下降，即重复出现稀释初期黏度随着碱强度而变化的现象。

④ 贮存稳定性 水性丙烯酸酯涂料必定使用氨基甲醛树脂为交联剂，胺的应用可以起着对氨基树脂自缩聚的稳定作用。不同羟甲基化或甲醚化程度对氨基树脂在贮存期间的自缩聚有不同的影响。完全醚化的六甲氧甲基氨基树脂在 pH 为 7～10 的碱性条件下非常稳定，不论使用什么胺都可以。有人研究以后认为，六甲氧甲基氨基树脂-丙烯酸型涂料用 2-氨基-2-甲基丙醇中和时，最好中和至 EN=90 或更高；而在部分甲醚化氨基树脂涂料中使用叔胺更可靠，并且丙烯酸酯树脂应选用低酸值的品种。

胺对水溶性丙烯酸树脂的水解稳定性亦有好处，在较高温度下贮存的水溶性丙烯酸涂料，pH 可以无变化而黏度则有所下降时，加入一些胺可以恢复其原有黏度。

4. 水性丙烯酸树脂合成及应用

水溶性丙烯酸树脂配方见表 2-1-117。

表 2-1-117 水溶性丙烯酸树脂配方

物质名称	质量分数/%	物质名称	质量分数/%
丙烯酸	8.4	甲基丙烯酸甲酯	40.8
丙烯酸丁酯	40.8	甲基丙烯酸羟乙酯	10

制造工艺：称取配方量（质量份）混合单体，加入单体量 1.2% 的偶氮二异丁腈引发剂，在氮气保护下将混合单体于 2.5h 内慢慢滴入丙二醇醚类溶剂（单体：溶剂的质量比为 2：1），继续在 101℃左右保温 1h，再加入总质量 20% 的丙二醇醚类溶剂，然后升温蒸出过量的溶剂，至固体分浓缩至 75%，树脂的酸值为 62，降温、过滤、出料。

制成的溶剂型树脂内含有少量助溶剂，其成盐及水化的过程一般不是在合成反应完毕后马上进行，因为如果该批量树脂是用以制造色漆的话，则“水溶性”的树脂对颜料的润湿分散性能是远远不如溶剂型树脂的。正常的工艺是必须先用溶剂型树脂研磨色浆，然后再加胺、加水进行成盐及水性化的处理。胺及水的用量会影响树脂的黏度、形态及应用性能等多种因素。

水性丙烯酸树脂可以通过改性获得，也可以通过复合配方技术获得。有文献对环氧/叔胺/丙烯酸树脂三元复合体系进行了研究。

① 复合水性丙烯酸树脂配方设计 选择环氧树脂、丙烯酸类树脂（丙烯酸、甲基丙烯酸、苯乙烯、丙烯酸酯类等单体共聚物），*N*,*N*-二甲基乙醇胺。从制备涂料样品的配比三角图的非凝胶区域选择 6 种不同配比，研究原料配比和涂料性能的关系。

② 复合水性树脂合成 在 1000mL 的四口瓶中，分别装有冷凝管，温度计，机械搅拌器。按表 2-1-118 中的具体配方量加入丙烯酸树脂溶液和环氧树脂溶液，在搅拌条件下，用甘油浴加热到 95℃，1～2min 内加入配方量的 *N*,*N*-二甲基乙醇胺，恒温反应，体系黏度逐渐增大，逐渐由浑浊变为透明的淡黄色，经 1.5h 后，黏度保持恒定，取样测环氧值为零，结束反应。

③ 经性能测试表明 1# 产品涂膜性能远较其他树脂性能优异，可以达到工业溶剂型防腐漆水平。5# 与 6# 产品涂膜性能相当，在耐盐水试验 42h 后，只出现不明显的锈斑；2#，3# 和 4# 产品在 42h 时，有明显锈斑。从研究结果可以总结如下：(a) 胺的含量高比例。

表 2-1-118　复合水性树脂的合成配方

样品编号	环氧树脂量(0.6mmol/mL)/mL	胺量(10mmol/mL)/mL	丙烯酸树脂(2.22mmol/g)/g	固含量(质量分数)/%	环氧占固形物的质量分数/%	胺占固形物的质量分数/%
1#	245	32.78	276	43.8	50.8	5.4
2#	139.5	38.9	322.5	41.9	33.5	7.0
3#	146.8	18.86	340	43.6	33.4	3.4
4#	76.7	10.1	413.6	43.3	17.7	1.8
5#	141.3	8.5	350.9	44.3	31.9	1.5
6#	191.3	16.7	298.5	44.4	42.7	3.0

2# 实验点的胺摩尔分数是环氧基团的 4 倍以上，由于环氧和丙烯酸树脂复合生成的酯化产物较少，样品的质均分子量不大，直接配制成涂料性能不太好。因为有较多的环氧和胺生成季铵阳离子型化合物，反而适合作为高分子型乳化剂，进一步进行乳液聚合反应。(b) 丙烯酸树脂含量高比例。4# 实验点中丙烯酸树脂中羧基大大过量，是环氧基的 20 倍，此时，胺和丙烯酸树脂发生酸碱反应，体系中游离的叔胺很少，胺只起催化剂作用，环氧基团多数和丙烯酸树脂中的羧基酯化，形成酯化接枝大分子，季铵型环氧化合物很少，造成 4# 比 2# 甚至比 3# 样品的质均分子量还高。但复合产物中引入的环氧链段较少，无法充分发挥环氧树脂的优势，虽然 4# 样品在硬度、耐水性方面显示出复合的优势，但耐腐蚀性能接近于单纯的丙烯酸树脂。样品清漆基本性能见表 2-1-119。

表 2-1-119　样品清漆基本性能测试

实验样品编号	涂膜厚度/μm	铅笔硬度/H	光泽(60°)	耐盐水性/h
1	19.4	＞6	142.5	＞240
2	15.6	＞6	149.6	18
3	22.1	＞6	154.3	24
4	40.5	＞6	101.3	36
5	32.8	＞6	154.2	42
6	24.6	＞6	155.6	42
对比样 1	61.0	HB	109.4	＜18
对比样-2	19.2	＞6	160.0	36

注：对比样-1 为可交联的丙烯酸酯类乳液；对比样-2 为自由基接枝的环氧丙烯酸复合乳液。

④ 环氧含量高比例　2# 和 4# 配方不是合适的防水、防锈涂料配方，作为涂料用复合水性树脂，丙烯酸树脂/环氧在 3～10 倍以内，胺/环氧在 1～3 倍以内，是较好的配方条件。在此范围内，丙烯酸树脂相对环氧过量越少，涂膜性能越好，如 1# 样品比 3# 样品的丙烯酸树脂过量少，1# 样品膜性能大大好于 3#。同样，胺相对环氧比例越少，如 3# 和 5# 样品，5# 胺的比例少于 3#，5# 的膜性能好于 3#。

四、丙烯酸乳液

在 1953 年之前，丙烯酸乳胶漆还没有在建筑涂料领域中应用；而 50 年后的 21 世纪它已经成为全球最流行的墙面涂料。丙烯酸乳胶漆之所以能得到迅速发展，主要是因为其干燥快速，容易操作和施工，易清理；人们对油性涂料健康和环境认识的进一步提高，使乳胶漆的应用越来越广泛。目前乳液涂料不仅在建筑领域占主导地位，也在迅速向工业涂料和维护涂料领域扩展。

1. 概述

(1) 丙烯酸乳胶漆的诞生　1953年Rohm & Haas公司推出了第一代100%纯丙烯酸乳液Rhoplex AC-33，它由丙烯酸酯和甲基丙烯酸合成。基于丙烯酸乳液的水性涂料沿袭了其他非丙烯酸水性涂料的特点，快干、低气味和容易清洗，同时丙烯酸乳液也为涂料生产企业带来了其他优势。纯丙烯酸Rhoplex AC-33乳液的涂膜更耐久，比丁苯橡胶和聚乙烯醇有更高的耐碱性。油性醇酸树脂漆能提供高光的涂膜，涂膜表面光滑，且附着力很好，在外墙涂料和装饰漆中得到了广泛应用；而当时的Rhoplex AC-33则仅仅局限于内墙的涂装。醇酸树脂漆的耐碱性很差，尤其是新砖石墙面基材上，Rhoplex AC-33的表现则较好，且砖石墙面基材对附着力的要求比木头基材低，因此Rhoplex AC-33成为在此领域中应用的首选。

(2) 丙烯酸酯乳液的特点

① 性能佳、功能多样、品种齐全。乳液涂料对水泥、混凝土等建筑基材的炭化和固化能起到很好的保护作用。还可以做成多种特种功能的涂料，例如弹性涂料、防水涂料、防火涂料、防霉涂料等。

② 色彩丰富，造型美观。在众多的建筑装饰材料中，乳液涂料的颜色最为丰富多彩，造型美观大方。

③ 自重轻、易施工、造价低。自重轻，就不必为涂层考虑加固基础地基；施工方便、灵活，无论基材的几何形状如何复杂，一般都能进行施工；涂料施工周期短，造价相对较低。

④ 重涂方便。不需要对旧涂层作很费工或很费钱的处理，就可以进行重涂。

⑤ 污染低。涂料的生产不需要高能耗、也不产生无用的废料。乳液涂料本身无毒、不燃、不污染环境、不对人的健康造成危害，因此丙烯酸酯乳液涂料称为环境友好型涂料产品。

丙烯酸酯乳液具有优异的耐候性、耐酸碱性和耐腐蚀性，但它存在着耐水性和附着性差及低温变脆、高温变黏等缺点，限制了其应用。近年来随着聚合理论和合成技术的不断完善和发展，以及人们对环境友好的绿色化工产品的需求愈来愈高，丙烯酸酯乳液的改性受到了广泛的重视和长足的发展。

(3) 乳液涂料的基本组成　乳液涂料由合成树脂乳液、颜料和填料、助剂、水等组成。

① 合成树脂乳液　合成树脂乳液是涂料的基料，是乳液涂料的主要成膜物质之一，在涂料中起黏胶剂的作用。涂料及其涂膜的几乎全部性能都与之相关。选择合适的合成树脂乳液的基料是十分关键的。a. 涂层的性能总是与聚合物的分子量有关，分子量愈高，涂层理化性能愈好。对于非反应型的基料，为了保证涂层质量，分子量必须做得很高。几十乃至几百万分子量的高聚物只有做成乳液，才能获得较低的黏度，达到应用要求。b. 合成树脂乳液可以做成许许多多的品种，因此选择合适的基料来满足供不同性能要求和成本档次的涂料产品。

丙烯酸酯乳液涂料按聚合物的组成可以分为：苯乙烯-丙烯酸酯共聚乳液、丙烯酸酯-叔碳酸乙烯酯共聚乳液、有机硅-丙烯酸酯共聚乳液、全丙烯酸酯共聚乳液等。按涂膜特征可分为热塑性乳液、热固性乳液和弹性乳液等。按粒子电荷性质可以分为阴离子型乳液、阳离子型乳液和非离子型乳液。按用途可以分为内用乳液、外用乳液和专用乳液。

对合成树脂乳液的要求：a. 外观应为胶质细腻，无粗粒子及机械杂质、色泽浅。b. 应具有实用意义的固体含量，一般而言，固体含量较高者黏结能力较强；反之，相反。c. pH

和黏度应在批次间无明显差异。d. 低的残余单体含量，越小越好，通常的规定不大于0.5%（质量）。e. 适宜的最低成膜温度（MFT）和玻璃化温度（T_g）。f. 较好的颜料亲和力和对基材的附着力。g. 优良的化学稳定性、机械稳定性和稀释稳定性。h. 优良的低温稳定性，低的涂膜吸水性，优良的耐老化性能。

合成树脂乳液的性能：a. 合成树脂乳液是环境友好型产品，不污染环境，不危害人体健康。b. 聚合物分子量高达数十万至上百万，物理性能较好。c. 体系的黏度较低。d. 乳液在形成涂膜过程中需要经过粒子聚集、蠕变和凝合的历程，因此乳液的成膜有一个最低成膜温度（MFT）。乳液对基材的渗透性远不如溶液型聚合物。e. 乳液是一个准稳定体系，需在一定的条件下，包括乳化剂、保护胶体、pH、温度、电解质和外加剪切力等适宜的条件下，才能在较长的时间内贮存，否则会产生破乳。f. 聚合工艺的不同会对乳液的性能有明显影响。

在丙烯酸酯链上引入羧基可赋予聚合物乳液以稳定性、增稠性，并提供交联点，加入交联单体可提高乳液聚合物的耐水性、耐磨性、拉伸强度、硬度、附着强度、耐溶剂性和耐蚀性等。合成聚丙烯酸酯乳液过程中，单体分散于水中而出现了单体相和水相，表面活性剂存在于两相之间，起到降低两相间界面张力的作用。表面活性剂对生产稳定乳液的物理性质有重要影响，决定着乳液的粒度。因此，当进行聚合时，要根据单体的组成对表面活性剂进行选择，进行充分的搅拌。选择了适当的表面活性剂，就应能得到稳定的乳液聚合物。

阴离子和非离子型表面活性剂在丙烯酸酯乳液聚合中得到了广泛的应用，非离子型表面活性剂对电解质等的化学稳定性良好，但使聚合速度减慢，而且乳化力弱，聚合中易生成凝块。阴离子型表面活性剂化学稳定性不那么好，但与非离子型比较，有生成乳液粒度小、乳液机械稳定好，聚合中不太容易生成凝块的优点。因此在使用阴离子型表面活性剂时，易得到浓度高而稳定的乳液。阳离子型表面活性剂则应用有限。在乳液聚合多数情形下，总是把阴离子和非离子型两种表面活性剂拼合使用，有效地发挥两者特点。

添加缓冲剂可以调节pH，使之维持在适合反应的pH＝4～5之间。反应时通过共聚物的水解，pH有降低的情况发生。所添加的缓冲剂有碳酸氢钠、磷酸氢二钠等盐；在使用酸性单体时，一般应追加缓冲剂。

在某些乳液聚合体系中，为有效控制乳胶粒尺寸、尺寸分布以及乳液稳定，常需加入水溶性保护胶；它们通过与聚合物粒子表面接触，把聚合物包围起来而起到防止凝聚作用。但这种保护胶会增加聚合物膜的亲水性，因此要尽可能地降低使用浓度。代表性的保护胶有：羟乙基纤维素、淀粉、明胶、甲基纤维素、聚乙烯醇、聚丙烯酸钠、阿拉伯胶等。保护胶的机能与表面活性剂有类似之处，在聚合开始前或聚合终了后都可以加入。一般来说，保护胶用量和品种的选择，要取决于表面活性剂的种类，关键是要保持两者之间的平衡。乳液的单体组成与浓度，对保护胶的选择也有很大的影响。对于丙烯酸酯乳液而言，较好的保护胶是聚丙烯酸钠、苯乙烯-丙烯酸的共聚物的钠盐、苯乙烯顺丁烯二酸酐共聚物的钠盐、双异丁烯-马来酸二钠共聚物等，它们除了用作保护胶外，还可用作涂料中颜料及其他的添加剂的分散剂。

② 颜料和填料　颜料和填料是乳液涂料主要成膜物质之一。在无光乳液涂料中，颜料和填料是用量最大的组分（除水外）。颜料主要提供遮盖力和色彩，并保持较长时间内不会丧失这种功能；填料的作用是提供粒度分布和对比率，以便改善施工性能，提高颜料的遮盖效率和增强涂层理化性能。乳液涂料中的颜填料的选择基本与溶剂型涂料体系一样，但丙烯酸乳液聚合物的pH一般在7～9之间，因此在配制建筑用内外墙乳胶漆时，若墙体为水泥砂浆制品（碱性基材表面），那么颜料应选择碱性为好，否则颜色不稳定，墙面容易出现发

花、不均匀退色和变色等现象。

③ 助剂 乳液涂料的配方特点之一是虽然绝对添加量不是很多，但应用的助剂品种较多。这是因为乳液涂料的介质是水，水的张力大，极性大，蒸发热高，因而造成许多缺陷；许多在溶剂型涂料中没有的问题，在乳液涂料中会表现得十分严重，如流变性能、泡沫、低温成膜、霉变等。克服这些缺陷主要是通过添加助剂来解决的，因此在乳液涂料中使用了多种助剂。由此可见，助剂是乳液涂料必不可少的原料，它主要满足乳液涂料在生产、贮运和施工期间的工艺操作要求，支持涂膜达到设计目标的指标。一旦形成涂层，助剂就完成了自己的使命，最好能够较快地逸出涂层，残留在涂层内的助剂应尽量不对涂层构成负面影响。

在乳液涂料配方中使用的助剂包括：颜料润湿分散剂、pH 调节剂、消泡剂、流变改性剂、增稠剂、杀菌防腐剂、助成膜剂、防霉抗藻剂、抗冻剂、触变剂、紫外线吸收剂等。当然，这些助剂并不是每个配方都必须加入的，而是根据配方设计师的意愿和实际情况加以选用。一般情形下，分散剂、增稠剂和防霉剂是必须添加的。

④ 水 水是乳液涂料的分散介质，占乳液涂料总量的 35%～50%。乳液涂料以水为分散介质占了很多优势，如生产、使用的安全和方便，贮运的安全性，环境保护的要求，劳动保护要求，来源丰富和价格便宜等。看起来水比较简单，在使用中应没有什么问题，但其实不然，水中如含有电解质（尤其是多价金属离子），就会影响乳液涂料的稳定性；假如水中含有微生物，乳液涂料就有霉变的危险等，因此水的问题要引起足够重视。在工业生产中乳液聚合应使用蒸馏水或去离子水，氯化钠的含量在 0.05mg/L 以下，水的电导值控制在 10mS 以下。

2. 所用原材料

(1) 单体 在工业生产中制造丙烯酸酯聚合物乳液常用的单体有：丙烯酸甲酯、丙烯酸乙酯、丙烯酸正丁酯、丙烯酸-2-乙基己酯、丙烯酸异丁酯、甲基丙烯酸甲酯、甲基丙烯酸丁酯等。除了丙烯酸酯均聚或共聚制造丙烯酸酯乳液以外，为了赋予乳液聚合物所要求的性能，常常要和其他单体共聚，制成丙烯酸酯共聚物乳液，常用的共聚单体有醋酸乙烯酯、苯乙烯、丙烯腈、顺丁烯二酸二丁酯、偏二氯乙烯、氯乙烯、丁二烯、乙烯等。在很多情形下还要加入功能单体（甲基）丙烯酸、马来酸、富马酸、衣康酸、（甲基）丙烯酰胺、丁烯酸等以及交联单体（甲基）丙烯酸羟乙酯、（甲基）丙烯酸羟丙酯、羟甲基丙烯酰胺、双（甲基）丙烯酸乙二醇酯、双（甲基）丙烯酸丁二醇酯、三羟甲基丙烷三丙烯酸酯、二乙烯基苯、用亚麻仁油和桐油等改性的醇酸树脂等。含羟基单体及交联单体的加入量一般为单体总量的 1.5%～5%。不同的单体将赋予乳液聚合物不同的性能。

(2) 引发剂 引发剂是乳液聚合中的重要组分。依据反应体系的差异可以选择水溶性引发剂或油溶性引发剂；也可按自由基生成体系的差异选择热分解型和氧化还原型引发剂。最为普遍使用的发生自由基的引发剂为水溶性的、经热分解的过硫酸钾、过硫酸铵、过氧化氢、过氧化氢衍生物以及水溶性的偶氮化合物等。使用浓度一般在 0.01%～0.2%之间。应用最多的氧化还原型引发剂有：过硫酸体系和氯酸盐-亚硫酸氢盐体系等，水溶性氧化还原引发剂系统由氧化剂和还原剂组成，由于可在低温下进行，故可制得高分子量聚合物。

(3) 乳化剂 用作聚合的乳化剂按亲水基团的性质有四类：非离子型、阴离子型、阳离子型和两性乳化剂。目前生产中使用的乳化剂大多为阴离子型乳化剂和非离子型乳化剂相结合。乳化剂的用量一般为单体总量的 2%～5%。

(4) 中和剂 树脂品种的不同，选用的中和剂也不同，阴离子型水性树脂使用碱性中和剂，如氨水、胺类；阳离子型水性树脂使用有机酸类中和剂，例如甲酸、乙酸和乳酸等。

(5) 助溶剂　常用的助溶剂主要为醇类溶剂，例如乙醇、异丙醇、正丁醇、叔丁醇、仲丁醇、丙二醇单乙醚等。

3. 聚合方法及机理

(1) 丙烯酸乳液聚合反应的三个阶段

第1阶段：乳胶粒生成阶段。在乳化剂和少量单体存在的水分散体系中，胶束的数量远比单体液滴的数量多，因此水溶性引发剂在水相中引发聚合反应。水中单体浓度低，形成的单体自由基也会进入到增溶胶束中去生长。增溶胶束就成了单体-聚合物的乳胶粒。这个阶段结束时，胶束消失，全部形成了乳胶粒。

第2阶段：匀速聚合阶段。这一阶段是从第一阶段末直到单体液滴消失为止，是聚合过程中极重要的阶段。在这个阶段中可以认为已经生成的乳胶粒数是不变的，而且只有单体的液滴存在。乳胶粒中单体浓度也可以认为是恒定的。引发剂在粒子中的终止占优势，水相中的终止可以略去不计，自由基的脱吸速度极小与吸附速率相比可以忽略处理。

第3阶段：降速阶段。这是从单体液滴消失后到反应结束的阶段，约占总转化率的50%。在第3阶段初期，乳胶粒中的单体的浓度下降很慢；而乳胶粒的体积不但不减小，还随着转化率增大而增大。这是因为单体液滴尽管消失了，但乳胶粒仍然能从水相吸收溶解的单体。当溶解在水相中的单体被耗尽时，乳胶粒中单体的浓度就随着转化率的增大而逐渐降低；随着转化率的增大，乳胶粒中单体的浓度才开始较快地下降，同时因为聚合物比单体密度大，所以乳胶粒的体积将随着转化率的增大而稍有收缩。在此阶段，乳胶粒内单体的浓度不断下降，由于黏度增加、终止速率减慢，会出现自动加速现象；随着转化率的提高，在乳胶粒内部中聚合物的浓度越来越大，大分子链彼此缠结在一起，致使乳胶粒内部黏度越来越高，自由基链扩散阻力越来越大，发生凝胶效应，会造成聚合反应速率的增大、分子量增大、分子量分布变宽。

(2) 核壳乳液聚合和无皂乳液聚合方法

① 核壳乳液聚合　核壳乳液聚合方法是预先用乳液聚合法制得高分子乳液粒子，以此做种核，再用与其同类或不同种类的单体在粒子内聚合，使粒子增长肥大的方法。在进行核壳乳液聚合时，随着粒子的逐渐增厚长大，为确保其稳定性，往往需要加入一些乳化剂。但是，此时需要特别注意乳化剂的加入量，若不严格控制乳化剂的加入量，则超过种核粒子的表面饱和吸附量的过剩乳化剂，将在水相中形成新的胶束，期望的核壳聚合便有可能在核粒子以外的新生态胶束中重新开始，而产生新的乳胶粒子。

通常情况下，核壳复合高分子乳液粒子，总是设计成核层为硬质聚合物，壳层为软质聚合物的结构形式。如为了提高丙烯酸乙酯（EA）-丙烯酸（AA）共聚乳液的离子型交联薄膜的机械强度，导入硬单体甲基丙烯酸甲酯（MMA），经共聚将MMA组分导入后几乎看不出什么效果；相反，以聚甲基丙烯酸甲酯作核进行EA组分和AA组分的核-壳乳液共聚，所制得的乳液则由于MMA组分的导入，漆膜的强度明显提高。

苯乙烯和丙烯酸乙酯（EA）共聚乳液的组分同乳液的最低成膜温度（MFT）之间有线性关系，即随着苯乙烯量的增加，MFT呈直线增加。以聚丙烯酸乙酯（PEA）为核，将苯乙烯进行核-壳乳液聚合，即使苯乙烯量增加到70%，其乳液仍然能在−6℃充分成膜。尽管进行的是以PEA为核的苯乙烯的核-壳乳液聚合，其结果却得到了核层为聚苯乙烯的富集芯层、壳层为聚丙烯酸乙酯分子富集层的核-壳乳液，在该粒子中产生了相转变。其原因可能为聚丙烯酸乙酯分子比聚苯乙烯分子对水有着更大的亲和力。Khan等研究了包含聚丙烯酸正丁酯-甲基丙烯酸甲酯-甲基丙烯酸共聚核结构和聚苯乙烯-丙烯腈，聚丙烯酸丁酯-甲基丙烯酸甲酯壳结构的系列核-壳乳液，合成方法为半连续法。结果表明，具有不同共聚物比例的壳对性质有较大影响，以苯乙烯/丙烯腈 60/40 的比例为最佳。

② 无皂乳液聚合法 无皂乳液聚合是指不加乳化剂或加入微量乳化剂的乳液聚合过程，即以水溶性低聚物为乳化剂，可使用的低聚物有顺丁烯二酸化聚丁二烯、顺丁烯二酸化醇酸、顺丁烯二酸化油，也可以用有聚合性表面活性剂进行共聚，如丙烯酸磺基丙醇酯、对苯乙烯磺酸钠等。在水性介质中先加少量亲水的丙烯酸或甲基丙烯酸酯单体进行聚合，形成粒径为 100～200nm 的聚合物粒子。然后，再加入憎水性单体进行聚合。憎水性单体在前述聚合物粒子表面上选择吸附，聚合就在这里发生。成核单体虽相对于憎水单体量的约 0.5%～2%，但利用此法可制得粒度为 0.08～0.4μm、分布窄、不含乳化剂和稳定剂的乳液。表 2-1-120 中是一个聚合配方，硫酸铜是为促进聚合而添加的。

表 2-1-120 无皂乳液配方

原 料	质 量 比	原 料	质 量 比
甲基丙烯酸甲酯	5	过硫酸钾(0.005mol/L)	0.4
硫酸铜(0.01mol/L)	7.5	硫代硫酸钠(0.005mol/L)	0.37
水	250	苯乙烯	120

上述配方在 60℃、pH＝3～4 的条件下，数分钟内聚合完成。生成的聚合物粒径为 104nm。然后，添加苯乙烯，大约用 5h 完成聚合，得到单体∶水相＝1∶2 的乳液。粒度为 287nm。

4. 影响聚合反应的因素

在乳液聚合中，乳化剂、引发剂、反应温度、反应均匀性和电解质等都对乳液聚合的过程、产量和品质产生重要影响。

(1) 乳化剂 乳化剂的种类和浓度对乳胶粒直径、数量、分子量、聚合反应速率和乳液的稳定性均有明显的影响。对于正常的乳液聚合，乳化剂的浓度在合理范围内，乳化剂浓度越大，胶束数目越多，按胶束机理生成的乳胶粒数目也越多，乳胶粒数目越大，乳胶粒直径就越小。对于不同种类的乳化剂，其特性参数临界胶束浓度（CMC）、聚集数及单体的增溶度等各不相同。当乳化剂用量和其他条件相等，临界胶束浓度值越小、聚集数越大或增溶度越大的乳化剂成核概率也大，所生成的乳胶粒多，即乳胶粒数目越大，乳胶粒直径越小，反应速率越大，聚合物分子量越大。

(2) 引发剂 当引发剂的浓度增大时，自由基生成速率增大，链终止的速率也增大，聚合物的平均分子量降低。同时，当引发剂浓度和自由基生成速率增大时，水相中自由基浓度增大，这将导致在聚合反应第一阶段自由基由水相向胶束中扩散速率增大，成核速率增大，也会导致水相中按低聚物机理成核速率增大，此两种情况均引起乳胶粒数目增大，直径减小及聚合反应速率增大。

(3) 反应温度 在乳液聚合过程中，反应温度高时，引发剂分解速率常数大，当引发剂速率一定时，自由基生成速率亦大，使乳液粒中链终止速率增大，聚合物平均分子量降低。同时，当反应温度升高，会导致乳胶粒数目增大，平均直径减小；乳液布朗运动加剧，乳胶粒之间碰撞和发生聚结的速率增大，致使乳液的稳定性降低；同时，乳胶粒表面上的水化层减薄，导致乳液稳定性下降。尤其当温度升高到等于或大于乳化剂的浊点时，乳化剂失去了稳定作用，导致破乳。

(4) 搅拌影响 搅拌在乳液聚合过程中的重要作用在于把单体分散成单体珠滴，并且有利于传热。搅拌强度太高时，容易使乳液粒数目减少，乳液粒直径增大，聚合反应速率降低，还会导致乳液凝胶、破乳。因此，在乳液聚合过程中应适度搅拌。

(5) 电解质影响　电解质的含量和种类直接影响乳液聚合体系的稳定性。有人认为体系中只要含电解质，其稳定性就会下降，甚至产生凝聚。但当电解质含量少时，它不但不会使聚合物乳液稳定性下降，反而会提高它的稳定性。这是因为有少量电解质时，在盐析作用下，乳化剂临界胶束浓度值降低。

(6) 凝胶现象　凝胶现象就是在乳液聚合过程中，聚合物乳液局部胶体稳定性差而引起的乳胶粒的聚结，形成宏观或微观的凝聚物。在搅拌下，这些凝聚物可以分散在乳液中，可以用沉降法或过滤法去除，微观凝胶颗粒的存在会使乳液的蓝光减弱，颜色发白，细腻感消失，外观粗糙。有时在乳液聚合过程中，整个体系失去稳定性，产生大量凝胶，甚至完全凝胶，使产品报废。另外一种情况，凝聚物沉积在反应器壁面、顶盖、挡板、搅拌轴、搅拌叶轮、内部散热器、温度计套管等反应釜内部构件上，越积越多，形成粘釜和挂胶，影响聚合物乳液的产品质量。

5. 丙烯酸乳液的合成工艺

(1) 生产工艺　乳液聚合工艺有以下多种：间歇工艺、连续工艺、半连续工艺、补加乳化剂工艺和种子乳液聚合工艺等。不同的聚合工艺对合成乳液的生产成本、质量和生产效益等均产生影响。

由于丙烯酸酯单体聚合反应放热量大，凝胶效应出现得早，很难采用间歇乳液聚合工艺进行生产，否则常会发生事故，也为产品质量带来不良影响。同时聚丙烯酸酯及其共聚物乳液一般用作涂料、黏合剂、浸渍剂、特种橡胶等，用于各行各业，其品种繁多，配方与生产工艺各异，大多为精细化工产品，产量都不是特别大，故很少采用连续操作。目前进行的丙烯酸酯乳液聚合一般采用半连续工艺。

(2) 乳胶漆生产　以年产 1 万吨乳胶漆为例，需要的主要原材料、工艺过程、设备和三废处理如下。

① 产品类型与主要原材料　以生产丙烯酸外墙涂料 2500t、内墙涂料 7500t 计算，需要的主要原材料为：纯丙乳液 750t；苯丙乳液 2000t；金红石型钛白粉 600t；锐钛型钛白粉 800t；填料 3000t；各种助剂 500t；色浆 40t 等。

② 主要生产设备　颜料混合罐 6 个；高速搅拌机 3 台；砂磨机 3 台；乳液配制罐 2 个；调漆罐、过滤机、输送泵、灌装机、调色机等。

③ 一般生产工艺　将计量过的水加入到与高速搅拌机配套的混合物配料罐中，加入配方量的分散剂、湿润剂、部分增稠剂、消泡剂、杀菌剂等助剂，低速下搅拌混合均匀，然后加入颜料、填料等，待颜填料润湿后提高搅拌速度，在高速下使粉体混合均匀。

用齿轮泵将混合均匀的浆料送入砂磨机中，进行研磨，直到细度符合要求。

将配方量的乳液送入基料配制罐，边搅拌边加入各种助剂：成膜助剂、部分消泡剂、杀菌剂等，充分混合均匀，过滤加入调漆罐。

将乳液基料送入调漆罐后开动搅拌，边搅拌边加入细度合格的研磨色浆。

乳液基料与色浆按配方量加入完毕后，搅拌 15～30min，混合均匀后调色，加入剩余增稠剂，补加配方水，合格后，出料包装。

④ 三废处理　生产废水每天估计约排放 10t，利用污水沉降池与污水处理排放系统处理。

(3) 质量控制　乳液质量的控制是通过对其性能的测试、合成严格按工艺配方和流程进行。通常测试的项目如下。①外观：乳白色黏稠液体。②固含量：测定方法为在已准确称量的瓶中，称取一定量的样品，放入110℃的烘箱中至恒重，则固含量（%）＝恒重后样品质量/样品湿重×100%。③黏度。④pH：可以用pH试纸或pH计测定。乳液聚合时的pH一般在4～6，出厂时为减少泡沫以及用户使用方便，一般加入了氨水，此时pH一般在8～9。⑤最低成膜温度：可以采用温度梯度板、温度计等来测量。⑥钙离子稳定性测量。⑦耐水性。将乳液均匀地涂布在玻璃板上，让其干燥后，把玻璃板浸水24h，若有涂膜缓慢发白，干燥后仍能附着在玻璃板上，涂料的耐水性较好；若不发白，耐水性很好。⑧残余单体测量：用气相色谱测定。

(4) 安全生产　在丙烯酸乳液生产中操作人员必须遵守劳动纪律，按照安全操作规程操作。操作人员上岗操作之前要戴好必要的劳动安全防护用品，做到认真交接班、仔细检查设备、物料以及安全设施等。在生产过程中要集中注意力、精心操作，严格按工艺操作规程以及岗位安全责任制度操作。对于搅拌设备、研磨设备等传动设备在处于运转状态时，不可接触转动等部件、防止物品落入容器，不许可对设备进行检修与清洁工作。对于生产设备的检查要落实安全责任措施，进入容器检修，必须申请得到批准、带好防护用具、进行安全隔绝、通风、规定时间安全检修、专人监护并坚守岗位和有救护与抢救措施等。设备要彻底检查，一切完备与安全后才能启用。严防火灾，配备足够的消防器材，人人均会使用。用电要防止触电事故。生产完成要先清洗、检查设备和工具，离开前切断水、电、气。

6. 丙烯酸乳液的合成及应用

丙烯酸乳液涂料就成膜物质来说，分为三种：一种是纯丙型涂料，它以丙烯酸共聚乳液为成膜物质，其性能最好，但价格较高。第二种是苯丙型，是以苯乙烯与丙烯酸类单体的共聚乳液为成膜物质。第三种是乙丙型，是以醋酸乙烯与丙烯酸单体的共聚乳液为成膜物质。后两者的成本比纯丙型低。根据使用要求，丙烯酸涂料有内墙和外墙涂料两种，它们又分为有光、平光和无光三种。因为纯丙烯酸类乳液的价格较高，所以丙烯酸类墙面涂料以共聚型为主。

(1) 苯丙乳液涂料　苯丙外墙和内墙涂料都以苯丙乳液为基料，但填料比例不同，配合剂也不同。外墙涂料性能要求较高，因而填料比例低些，还需配合一些特殊的添加剂，但价格较高。苯丙乳液涂料的最低成膜温度较高，施工温度一般不得低于10℃。苯丙有光乳液涂料可用于门窗涂装，涂膜坚韧牢固，光泽适度。平光涂料和无光涂料用于墙面，使墙面显得柔和平整。苯丙乳液为苯乙烯和丙烯酸酯共聚物乳液，典型配方见表2-1-121。

表 2-1-121　苯丙乳液配方

组　分		用量(质量比)			
		1	2	3	4
单体	苯乙烯	23	23	35	30
	丙烯酸		1	1	
	丙烯酸丁酯	23	23		10
	丙烯酸异辛酯			11	7
	甲基丙烯酸	0.5			0.5
	甲基丙烯酸甲酯	2			

续表

组　分		用量(质量比)			
		1	2	3	4
乳化剂	OP-10		2.5	1.5	2.0
	K12		1	1	1
	MS-1	2.4			
保护胶体	聚甲基丙烯酸钠	1.4			
	聚丙烯酸钠		1	1.5	
	聚苯乙烯-顺丁烯二酸酐共聚钠盐				1.5
分散剂	水	48.8	49.5	49	49
引发剂	过硫酸钾、过硫酸铵	0.24	0.24	0.24	0.24
缓冲剂	小苏打、磷酸氢二钠	0.22	0.22	0.22	0.22

生产工艺：将乳化剂溶解于水中，加入混合单体，在激烈搅拌下进行乳化。然后把乳化液的1/5投入反应釜中，加入1/2的引发剂，升温到70～72℃，保温至物料呈蓝色，此时会出现一个放热高峰，温度可能升至80℃以上。待温度下降后开始滴加混合乳化液，滴加速度以控制釜内温度稳定为准，单体乳液滴加完后，升温至95℃，保温30min，再抽真空除去未反应单体，最后冷却，加入氨水调pH至8～9，出料。

(2) 乙丙乳液涂料（或醋丙乳液）　醋丙乳液是以醋酸乙烯与丙烯酸单体共聚成的乳液。与苯丙乳液涂料相比乙丙乳液涂料的耐水性较差，但成本较低。配方中MS-1为兼有阴离子型和非离子型乳化剂特性的乳化剂，是最适合于乙丙乳液聚合体系的乳化剂。典型的配方见表2-1-122。

表2-1-122　乙丙乳液配方

组　分		用量(质量比)			
		1	2	3	4
单体	醋酸乙烯酯	81	90	85	75
	丙烯酸丁酯	10			23
	丙烯酸异辛酯		10	13	
	甲基丙烯酸	0.6			2
	丙烯酸		0.5	2	
	甲基丙烯酸甲酯	8.4		11	
乳化剂	OP-10	1.0	2	1	3
	K12		0.5		1
	MS-1	2.0		2	
保护胶体	聚甲基丙烯酸钠				1
	聚乙烯醇		3		
分散剂	水	120	120	120	120
引发剂	过硫酸钾、过硫酸铵	0.5	0.4	0.4	0.4
缓冲剂	小苏打、磷酸氢二钠	0.4	0.3	0.3	0.3

生产工艺：首先将规定量的水和乳化剂加入反应釜中，升温至65℃，把甲基丙烯酸一

次性投入反应体系，然后将混合单体的15%加入到釜中，充分乳化后，把25%的引发剂和缓冲剂加入釜内，升温到75℃进行聚合，当冷凝器中无明显回流时，将其余的混合单体、引发剂溶液及缓冲剂溶液在4～4.5h内滴加完毕。保温30min，将物料冷却至45℃，即可过滤、出料包装。

(3) 纯丙乳液　纯丙乳液是纯粹用丙烯酸系和甲基丙烯酸系单体所制成的共聚物乳液，典型配方实例见表2-1-123。

表2-1-123　纯丙乳液配方

组　分		用量(质量比)			
		1	2	3	4
单体	丙烯酸丁酯	65	23		10
	丙烯酸乙酯		23	35	30
	甲基丙烯酸甲酯	33			
	丙烯酸甲酯				0.5
	丙烯酸	2	1	1	
	丙烯酸异辛酯			11	7
乳化剂	OP-10		2.5	2.5	2.5
	K12		1	1	1
	烷基苯聚醚磺酸钠	3			
分散剂	水	125	49.5	49	49
引发剂	过硫酸钾、过硫酸铵	0.4	0.24	0.24	0.24
缓冲剂	小苏打、磷酸氢二钠	0.3	0.22	0.22	0.22

(4) 有机硅氧烷改性丙烯酸酯乳液　有机硅改性丙烯酸酯可以制备各种性能优异的建筑涂料，以该树脂为主要成膜物的硅丙涂料具有优越的耐候性、耐水性、耐光照、抗粉化、耐沾污性，成本则比氟改性丙烯酸乳液低，因此非常适于户外装饰用涂料。由于聚硅氧烷分子主链结构的Si—O键能很高，比C—C和C—O键高，分子体积大，内聚能密度低，因此具有良好的耐高低温性能、疏水性、透气性和耐候性；有机硅氧烷分子因其结构特性，使它具有低表面张力、特殊的柔顺性和化学惰性等特点。用有机硅氧烷对丙烯酸酯类乳液进行改性，能有效地结合有机硅与丙烯酸树脂各自的优点。有机硅氧烷对丙烯酸酯乳液的改性方法一般分为两种：物理方法和化学改性法。

① 物理共混方法　物理共混法比较简单但能使产物性能得到较大改善，将有机硅乳液或分散液直接加入到丙烯酸酯乳液中，两种乳液不发生化学反应。例如采用半连续乳液聚合的方法，将八硝苯基笼型硅倍半氧烷（ONPS）掺混入（甲基）丙烯酸酯乳液中，结果发现：当ONPS的加入量低达3%时，丙烯酸树脂的玻璃化温度明显提高，乳液涂膜的拉伸强度大幅上升，但断裂伸长率略有下降。

有机硅丙烯酸酯共混乳液的稳定性一般较差，容易发生分层，贮存期短。共混乳液的形态及物理性质主要由混合的两种聚合物的相容性决定，而相容性的好坏与各组分的浓度、相间的界面张力、聚合物的分子量和迁移能力等多种因素相关。有人提出可采用两种方法来改善共混乳液的混溶性：一是加入增溶剂降低两相间的表面张力；二是加入交联剂降低聚硅氧烷的分子迁移率。

② 化学改性法　通过化学反应使有机硅氧烷单体和丙烯酸酯单体之间形成化学键，可

明显改善两者之间的相容性。引入硅氧烷的丙烯酸酯体系具有聚硅氧烷-聚丙烯酸酯简单物理共混所没有的优良性能。

由于硅丙乳液体系制备困难和具有不稳定性，其研究进展较慢。主要研究方向有两类：一是用含羟基的丙烯酯类单体与有机硅氧烷（或硅醇）接枝缩聚；二是用含乙烯基官能团的有机硅单体或预聚体与丙烯酸酯类单体加成共聚。这两类聚合方法中有机硅的引入量都在10%左右（占聚合物的质量分数），对涂料性能的改善十分有限（一般有机硅的引入量低于15%，对性能的改善是有限的）。现有的硅丙乳液大多采用含双键的有机硅单体或聚硅氧烷与丙烯酸酯类单体加成共聚制得。其合成方法按加料方式不同有以下多种：一次加料法，预乳化全连续法，预乳化部分连续法，非预乳化全连续法，种子乳液法，单体乳液滴加法，引发剂滴加法。不同方法制备共聚物乳液时，聚合反应速率、对粒径的影响规律及胶膜的性能都有差异。其中种子乳液法和预乳化部分连续法所得乳液具有良好的相容性、稳定性、粒径分布均匀，乳胶成膜性好。近年来，有关聚硅氧烷/丙烯酸酯乳液共聚的研究逐渐增多，而且随着乳液聚合技术的不断创新，许多新的乳液聚合方法也运用到有机硅丙烯酸酯共聚乳液中。

常见的有机硅单体有有机硅乙烯基活性单体和具有环状结构的有机硅烷单体。有机硅乙烯基单体或带活性乙烯基的聚硅烷单体与丙烯酸酯共聚，能获得稳定的有机硅丙烯酸酯乳液。下面是一个有机硅改性的硅丙乳液的配方与合成。

配方中使用的主要材料为：甲基丙烯酸甲酯（MMA），丙烯酸丁酯（BA），α-甲基丙烯酸（MAA），过硫酸铵（APS），十二烷基硫酸钠（SDS），反应性乳化剂（Latemul S180A），助乳化剂（十六烷 HD），乙烯基三乙氧基硅烷（VTES），γ-甲基丙烯酰氧丙基三甲氧基硅烷（MPMS），羟基硅油等。

制造工艺：按表2-1-124中的配方，将乳化剂（SDS和Latemul S-180）溶解在去离子水中，制得水溶液；聚合单体、助乳化剂、有机硅单体等混合制得油溶液。在冰水浴中混合水溶液和油溶液，均匀搅拌（预乳化）2min，再超声15min，得到细乳液，超声完毕后将细乳液倒入四颈夹套釜中，在此之前夹套釜需先通氮排去釜中的空气。在氮气保护下，搅拌10min后，恒温水浴加热到60℃。加入引发剂开始反应，反应时间为3h。

表2-1-124　有机硅改性丙烯酸酯乳液配方

组分名称	质量含量/%	组分名称	质量含量/%
去离子水	80	SDS	MMA/BA总用量的2
MMA/BA	20(MMA∶BA=51∶49)	Latemul S-180	MMA/BA总用量的4.5
MAA	MMA/BA总用量的1	APS	去离子水的0.375
MPMS或VTES	MMA/BA总用量的1.5	助乳化剂	MMA/BA总用量的2
羟基硅油	MMA/BA总用量的10～30		

(5) 有机氟改性丙烯酸乳液　由于C—F键能大于Si—O与C—C键能，且氟原子有优异的物理化学特性，因此有机氟改性有助于提高乳液的综合性能。

有机氟改性乳液的合成工艺如下：采用过氧化物热分解引发体系及半连续方式加料。称取75g去离子水，与乳化剂、丙烯酸类单体混合，强力搅拌使之乳化成预乳化液。将过硫酸铵溶入适量水中制成引发剂溶液，预留5g引发剂溶液备用。在装有回流冷凝器、搅拌器和分压漏斗的四颈瓶中加入1/5的预乳化液，水浴加热至80℃，然后加入8g引发剂溶液，搅拌使之反应。待反应器中液体由白色变为蓝色说明聚合反应开始，此时开始滴加预乳化液和引发剂溶液。当预乳化液剩余1/3时将称取的有机氟单体混入预乳化液中，然后滴入反应器内，整个滴加时间控制在3～4h。当全部预乳化液滴完后，一次性加入预留的引发剂溶液，并在原温度下保温反应1h，然后降温至40℃以下，用氨水调节pH至7～8，过滤出料。

乳液性能：从性能测试表明，氟单体甲基丙烯酸氟烷基酯的加入能显著影响乳液涂膜的吸水率，涂膜的吸水率随着氟含量的增加而逐渐降低，但随着氟单体用量的增加，吸水率会回升，因此需要选择一个合适的加入量。氟单体的加入量与吸水率有关外，还显著影响涂膜水接触角，未进行氟改性的纯丙乳胶膜接触角小于90°，但氟改性以后的乳胶膜对水接触角大于90°，且随着氟单体的增加而增大，其原因是氟单体与丙烯酸类单体共聚，在聚合物主链上引入氟烷基侧链，氟烷基在乳液成膜过程中优先向外表面迁移，从而造成氟元素在表面的富集，大大降低了膜表面能，使水不能湿润涂膜。由此可见，氟改性能获得乳液较优异的憎水性能。

五、辐射固化丙烯酸酯涂料

辐射固化涂料［包括紫外光（UV）固化和电子束（EB）固化］从20世纪60年代问世，这种涂料品种由于符合现代环境保护的发展要求，因此十分受涂料界重视，应用时，以紫外光或电子束为能源对涂层中的活性成分激发而生成自由基，从而引发聚合。辐射固化涂料几乎无溶剂，减少了对大气污染、节省能源、固化速率快，特别适于不能受热的基材的涂装。辐射固化技术按辐射光源和溶剂类型可以分为紫外光固化技术、非紫外光固化技术、油性光固化技术、水性光固化技术，最常用的是紫外光固化。辐射固化技术产品中80%以上是紫外线固化技术，其成品不仅有液态型，还有粉末型、水分散剂型等。辐射固化涂料的快速发展需要克服以下一些障碍。

① 辐射固化过程大多系自由基聚合反应，反应易受氧气阻聚，所以最好在隔绝氧气的条件下进行。

② 紫外光固化型涂料作为清漆效果较好，但色漆中因加有颜料，紫外光不易透入漆层，所以尚未能获得较满意的固化效果。

③ 电子束固化型涂料需要用低能大功率电子加速器来产生电子束，这种设备投入较高，同时生产应用过程中射线防护问题也是安全生产需要关注的。

1946年美国Inmont公司获得第一个紫外光固化油墨专利，1968年紫外光固化涂料首先由德国拜耳公司开发成功并推向市场。辐射固化型涂料虽然在科研单位已取得大量成果，但在实际应用上与溶剂型及水性涂料相比在产量上有非常巨大的差距。下面对辐射固化型涂料的特点进行介绍。

1. 辐射固化丙烯酸酯涂料的特点

(1) 辐射固化型涂料的优点

① 节约能源，不需要高温烘烤，固化成膜所消耗的紫外光或电子束仅在瞬间，所以生产过程中只消耗极少的电力。不同的文献介绍的耗能效果有极大的差异，一般认为紫外固化的电耗约为烘干型漆的1/5，而电子束固化又比紫外光固化更低一倍左右。

② 无溶剂或溶剂用量很低。此类涂料的主要成膜物为不挥发的丙烯酸酯类，其稀释剂为可参与交联聚合反应的活性烯属单体，一经辐射聚合，全部组成成分均转化为体型分子的固体漆膜，其有机挥发物仅为涂饰过程中极少量的活性稀释剂在聚合前的挥发，故可称为100%固体分的无溶剂漆，对空气的污染程度极低，无溶剂爆炸危险。

③ 固化速率快，一般是零点几秒到十秒，大大缩短操作工时；适于高速生产线，生产效率高。

④ 漆膜性能好，丰满度及光泽尤其突出，具有良好的抗摩擦、抗溶剂、抗污染性能。

⑤ 对热敏感的材料具有较好的施工性能。

(2) 辐射固化型涂料的缺点

① 电子束固化设备投资大。

② 对几何形状复杂的构件固化困难。

③ 加有颜料的色漆应用紫外光固化工艺尚有一定的困难。

2. 辐射固化型丙烯酸酯涂料的组成

辐射固化型丙烯酸酯涂料与其他类型的涂料相似，主要由预聚物、光引发剂、活性稀释剂（特定单体）、稳定剂和颜填料等组成。

(1) 预聚物　预聚物是主要成膜物质，在整个体系中占有相当大比重，对涂膜的性能起决定性的影响。这类树脂含有 C═C 不饱和双键并具有低分子量，主要有不饱和聚酯和丙烯酸化的或甲基丙烯酸化的树脂如环氧丙烯酸酯、聚氨酯丙烯酸酯、多烯硫醇体系、聚醚丙烯酸酯、丙烯酸化聚丙烯酸酯等。固化速度快是这类树脂的特点，并能应用于各种辐射固化涂料与油墨的调配，其缺点是固化膜脆性大、柔顺性差。此类树脂中亦可加或不加活性稀释剂参与成膜时的聚合反应。

(2) 活性稀释剂亦称单体　活性稀释剂在光固化涂料中有重要应用，上述树脂的黏度较大，需要活性稀释剂来调节黏度、改善施工性能。选用活性稀释剂时应该考虑：稀释剂的黏度、溶解性、稀释能力、挥发性、气味、毒性、对光引发剂的活性、官能度、均聚物和共聚物的玻璃化温度等。光固化涂料在聚合反应时，一般会产生总体积收缩，在使用某些活性稀释剂时会导致更严重的体积收缩，这种收缩严重影响固化膜对基材的附着力，这一点必须引起重视。活性稀释剂可分为单官能度活性稀释剂和多官能度活性稀释剂。单官能度活性稀释剂主要起稀释功能，例如丙烯酸丁酯、丙烯酸羟乙酯等；多官能度活性稀释剂主要包括二官能度、三官能度、四官能度和五官能度等。

活性稀释剂在反应前起着溶剂作用，在聚合后成为涂膜的组分，因此正确选择一种活性稀释剂就成为确保涂膜质量的一个重要因素。早期的产品中多采用多官能丙烯酸酯单体如三羟甲基丙烷三丙烯酸酯（TMPTA）、季戊四醇三丙烯酸酯（PETA）、新戊二醇二丙烯酸酯（NPGDA）等，此类产品由于活性官能团较多，所以固化反应快，稀释效果好，但交联密度大、膜层易脆裂、体积收缩大、附着力不好，而且多官能单体对皮肤有刺激等不良作用。较理想的多官能单体应具有以下各方面的特点：低黏度；高反应速率；多官能团；稀释率好；溶解性好；颜料润湿性好；成膜性好；表面张力低；色泽水白；低毒性；对皮肤及眼睛刺激性小；气味小；不易雾化；膜层性能（拉伸强度、耐磨损性、延展性、耐溶剂性、光泽）良好；挥发速度适宜，不宜太快以免固化前大量挥发。

最近研究发现，在体系中加入少量含氟稀释剂，聚合时将富集在涂膜表面，可以大大提高涂膜的疏水性、耐化学品性能和抗划伤性。

(3) 光引发剂　光引发剂是光固化涂料的重要组成部分，是决定涂料固化程度和固化速度的主要因素。引发剂能吸收紫外光，经过化学变化可以产生能引发聚合能力的活性中间体。一般光引发剂在涂料中的浓度较低，但光引发剂是辐射固化涂料的主要组分之一，对UV 固化涂料的灵敏度起决定作用。光引发剂主要分为两类：自由基光引发剂和阳离子光引发剂。丙烯酸酯涂料体系中只能使用自由基光引发剂。在自由基光引发基中，主要有两种类型：单分子分解型光引发剂，引发剂受光激发后，引发剂分子发生分解，引发聚合反应；双分子反应型光引发剂，通过夺氢反应，形成自由基，引发聚合反应。

对光引发剂的要求：a. 在辐射光源的光谱范围内，具有较高的吸光效率；b. 具有较高的自由基量子效率；c. 在树脂基体中具有良好的溶解性；d. 具有长时间的保存性能，无色、放置过程中不变黄；e. 引发剂本身或其光化学反应的产物不对固化后树脂材料产生不良影响；f. 无气味、毒性低；g. 尽可能价廉易得、成本低。

常用的光敏引发剂主要有以下几种。

① 单分子分解型安息香及其醚类　安息香类光引发剂是最早商业化的单分子分解型光引发剂，它生成苯甲酰自由基和苯甲醚自由基，这两种自由基都可以引发丙烯酸类单体聚合。

由于苯甲醚碳上的氢原子比较活泼，因此早期的安息香醚引发剂稳定性较差；目前推出的是硫杂蒽酮、安息香双甲醚等光引发剂，但安息香双甲醚会使涂料黄变。

② α-酰肟酯类　通过紫外光照射也能分解出两种自由基进行聚合引发。

$+CO_2+R\cdot$

③ 二苯甲酮衍生物　二苯酮及其衍生物属于提氢型光引发剂，在光作用下，激发态的二苯酮可以从一个氢原子给予体上夺取氢原子，生成自由基引发聚合反应。

$N(CH_2CH_2OH)_3$

单线态　三线态

$+\cdot OCH_2CH_2NH(CH_2CH_2OH)_2$

低聚物 → 固化物

④ 新型光引发剂　一般光固化涂料是用紫外光源，但近年来已开发了利用可见光甚至近红外光的新型光引发剂，例如樟脑醌光引发剂，在 470nm 有最大吸收，与氢原子给予体配合在蓝光下可以产生活泼自由基，引发聚合反应；氟化二苯基二茂铁和双（无氟化苯基）二茂铁的吸收波长已延伸到 520nm，在可见光区内有较大的吸收，应用于引发丙烯酸酯的可见光聚合反应非常有效；又例如，利用高分子型光引发剂能避免未光解的光引发剂不在漆膜中残留、提高引发剂与树脂的相容性、不产生气味、提供无毒环境。水溶性光引发剂是努力发展的一类新引发剂，在普通引发剂基础上，引入铵盐或磺酸盐官能团，使其与水相溶，但目前水溶性光引发剂聚合反应效率不高，固化后涂膜耐水性不良，需要进一步加以改进。

(4) 助剂　为确保光固化涂料中各组分的相对稳定性，在光敏树脂合成过程中，需要加入相应的助剂，例如加入流平剂用于改善流动性；抗氧剂可用于改善涂膜稳定性能；热阻聚剂可以延长光敏树脂的有效期等。在使用助剂时，应选用能参加固化反应的活性助剂。不过由于大部分普通助剂不参与光固化反应而留在固化膜中，带来针孔、反黏等漆膜弊病。

光固化涂料的固化受到许多因素的影响，例如温度、湿度、活性增塑剂、亲水基团、中和剂、光强度、空气中氧等因素的影响。

3. 辐射固化型丙烯酸酯涂料举例

光固化涂料用途广泛，可以应用于木器涂料、塑料涂料、金属涂料以及纸张涂料等。

(1) 环氧丙烯酸酯　环氧丙烯酸酯在 UV 固化涂料中是最为常见、应用最为广泛的预聚物，其配方见表 2-1-125。

表 2-1-125　环氧丙烯酸酯配方

组分名称	质量份数	组分名称	质量份数
环氧树脂	100	三乙胺	0.2
丙烯酸	32	对苯二酚	少量

合成工艺：在带有搅拌、回流冷凝器和加热系统的反应釜中加入环氧树脂，缓慢升温到100℃，以三乙胺为催化剂，缓慢滴加丙烯酸，并控制反应温度在 120℃以下，滴加完毕以后，反应 2～4h，取样测定至酸值 10 以下，降温、出料、包装待用。

(2) 紫外光固化纸张罩光涂料　光固化纸张罩光涂料，具有高光泽度、高固化速度，不具有刺激性气味单体，特别适于彩色包装纸、课本、书刊封面的表面装饰等。紫外光固化纸张罩光涂料配方见表 2-1-126。

表 2-1-126　紫外光固化纸张罩光涂料配方

组分名称	质量份数	组分名称	质量份数
环氧丙烯酸酯	30～45	丙烯酸氨基酯	5～10
丙烯酸羟乙酯	55～40	助剂(流平剂、消泡剂等)	0.1～1
二苯甲酮	2～5		

制造工艺：将配方中的原料搅拌均匀、过滤即可。根据不同的上光剂，应选用合适的稀释剂来调节黏度；根据不同的光固化速度调节光引发剂的用量；根据涂层柔顺性的不同要求，调节各种稀释剂的比例。

4. 光固化涂料未来的发展方向

水性光固化涂料是未来一个方向。由于光固化涂料组分中使用的活性稀释剂仍含有机挥发物，有不同程度的毒性和刺激性；在一些多孔性基材上稀释剂容易扩散到孔隙中而不能固化，使被涂物长期有异味，而且稀释剂会强烈影响固化膜的性质。紫外光固化水性涂料使用水稀释剂，从而避免反应性稀释剂的毒性和刺激性。因此可以添加水和增稠剂调节体系的流变性和黏度，从而使涂料不含挥发性有机物，不易燃，生产安全，涂布设备容易清洗，可以得到超薄固化膜。UV 水性固化涂料还能有效地解决传统固化涂料的硬度和柔韧性这对矛盾。水性光固化材料的低聚物是高分子量的水性分散体，其黏度与高分子的分子量无关，只与固含量有关，因而在水性光固化材料中可以使用高分子量的低聚物，又不用低分子量的活性稀释剂，从而克服了高硬度和高柔韧性不能兼顾的矛盾。

紫外光固化粉末涂料也是一个重要发展方向。传统的热固化粉末涂料要求在 180～200℃下固化 15～30min，这就限制了它在热敏基材中的应用。目前正迅速发展的、熔点在100～120℃的紫外光固化粉末涂层解决了这个问题。紫外光固化粉末涂料具有粉末涂料和光固化涂料的优点，不仅可以在金属上使用，也可以在塑料和木制品及其他对热敏感的部件上使用，大大扩大了粉末涂料的使用范围，而且在今后的发展中，辐射固化在汽车上使用潜力最大，应该是努力开发的一个方向。

UV固化纳米涂料是一种集紫外光固化绿色技术与新兴纳米技术为一体从而赋予涂料某种新性能或者对其某种性能有明显提高而得到的涂料。由于纳米材料的表面活性相当高，如何将其分散到涂料基体中，是纳米材料在涂料中应用的主要技术关键。对紫外光固化纳米复合涂层的制备更是如此，因为紫外光固化体系的黏度较高，因此在传统制备方法的基础上，通常配合物理分散、化学分散和电化学方法进行UV固化纳米复合涂层的制备。

随着新的UV固化体系研究的不断深入，纳米技术在涂料工业中的应用，以及UV固化涂料新产品的不断开发，UV固化涂料将广泛应用于传统涂料的各个领域，并将积极推动涂料工业的绿色化和环境友好化。

第七节 环氧树脂与涂料

一、概况

由碳-碳-氧三原子组成的环称为环氧基团。此基团的英文名称较多：epoxy、epoxide、oxinane glycidyl group。

以上的glycidyl基称为缩水甘油基，在环氧树脂化学中常常出现：

$$\begin{array}{c}CH_2OH\\|\\CHOH\\|\\CH_2OH\end{array}\xrightarrow{-H_2O}\begin{array}{l}H_2C\diagdown\\\;|\quad\;O\\H_2C\diagup\\\;|\\\;CH_2OH\end{array}$$

甘油 glycerol　　缩水甘油 glycidol

以环氧树脂为主要成膜物质的涂料称为环氧树脂涂料。含有两个或两个以上环氧基团的树脂属于环氧树脂。环氧基团具有高度活泼性，使环氧树脂能与多种类型固化剂发生交联反应形成三维网状结构的高聚物。

1. 树脂分类

环氧树脂可分为两大类。

(1) 缩水甘油类　大多用环氧氯丙烷与多元酚或多元醇反应而得。

(2) 非缩水甘油类　用过醋酸等氧化剂与碳-碳双键反应而得。

在环氧树脂中，缩水甘油衍生物有以下3类。

① 缩水甘油醚(glycidyl ether)

$$\begin{array}{l}\;\diagup CH_2\\O\;\;|\\\;\diagdown CH\\\quad\;|\\\;CH_2-O-[\sim\sim\sim]_n\end{array}$$

大多数主要的环氧树脂属于此类。

② 缩水甘油酯(glycidyl ester)

$$\begin{array}{l}\;\diagup CH_2\\O\;\;|\\\;\diagdown CH\qquad\;\; O\\\quad\;|\qquad\qquad\|\\\;CH_2-O-C-[\sim\sim\sim]_n\end{array}$$

最典型的代表是粉末涂料中的TGIC(异氰尿酸三缩水甘油酯，triglcidyl isocyanurate)。

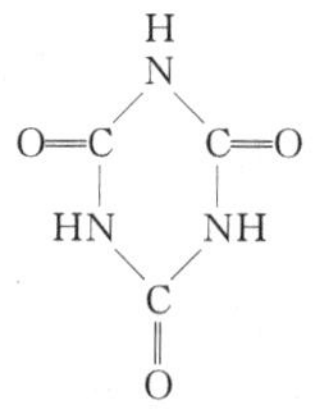

异氰尿酸 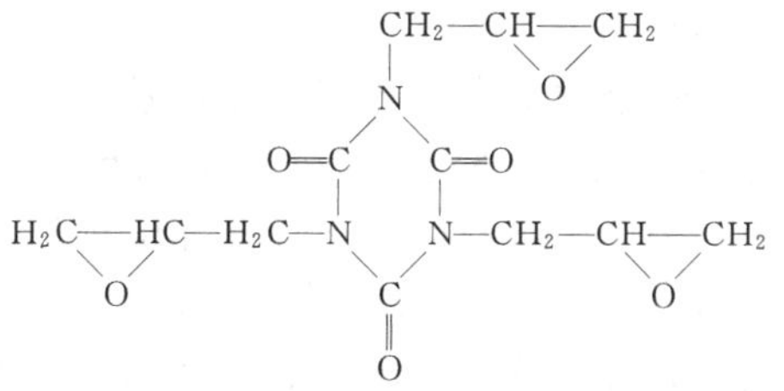　　　TGIC

③ 缩水甘油胺　由多元胺与环氧氯丙烷反应而得，涂料中不常用。

非缩水甘油类的环氧树脂是由氧化剂与环烯烃或聚丁二烯等碳-碳双键反应而得，例如：

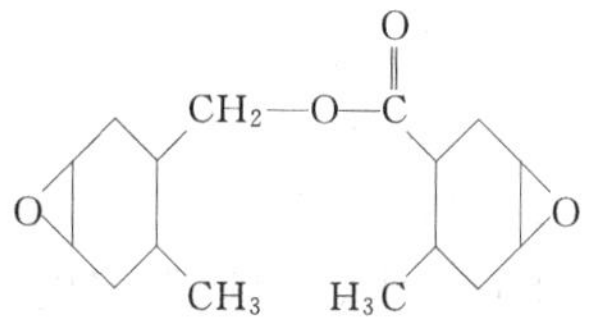

此类树脂产量颇少，近年来用于辐射固化的阳离子聚合涂料，性能良好。

在所有环氧树脂中，产量最大，最具代表性的是由二酚基丙烷（diphenylol propane）习称双酚 A（bisphenol A，缩写 BPA）与环氧氯丙烷（epichlorohydrim 缩写 ECH）缩合而成的树脂。

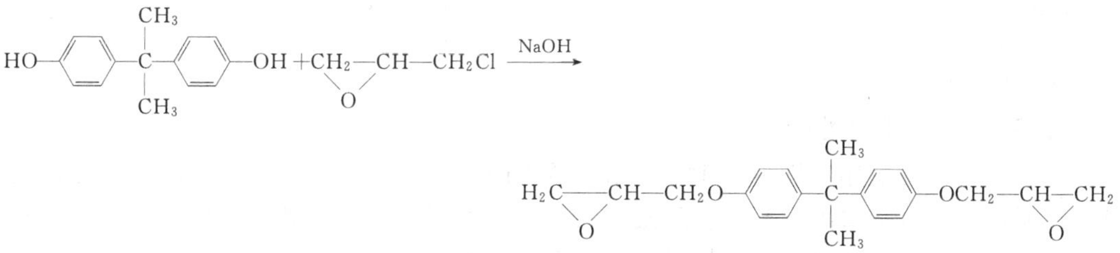

上示意式是代表最小分子量的二缩水甘油醚（BPADG）。工业生产按投料比不同，产得一系列分子量较大的树脂，其通式为：

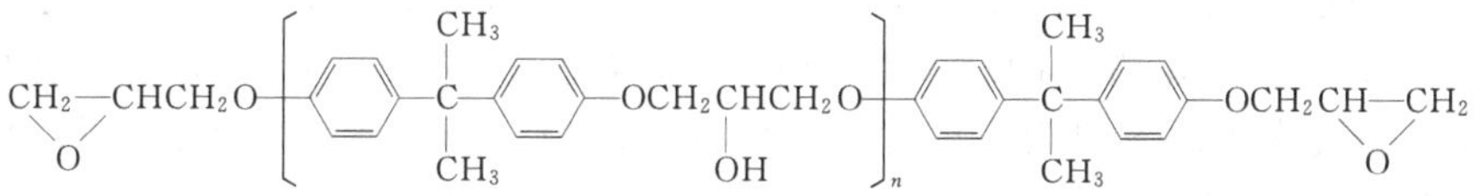

2. 环氧树脂发展史

回顾发展史可以使我们了解环氧树脂的发展历程，与我国环氧树脂生产的关系，既便于读者了解，又足以启迪改进和创新。

1934 年德国 I. G. Farben 公司的 P. Schlack 发现了双环氧化合物可以与胺反应，生成高分子量的胺。

1938 年瑞士 Gebr. de Trey 公司的 Pierre Castan 发现环氧化合物可以固化，生成低收缩率的塑料而取得瑞士专利，主要用作齿科材料。随后 Ciba 公司购得 Gebr. de Trey 公司技术而开发环氧树脂用于黏合剂、浇注灌封材料等。

同时，美国的 Devoe & Raynolds 公司的 Sylvan O. Greenlee 等致力于开发新型多元醇，以制备高性能涂料。在美国壳牌 Shell 公司提供环氧氯丙烷合作下，也制成了环氧树脂。在 1948 年美国 Shell 公司生产的环氧树脂，按不同分子量，主要有下列一些品种：Epon 828（在欧洲商品名为 Epikote）；Epon 834；Epon 1001；Epon 1004；Epon 1007；Epon 1009。

Ciba 公司生产的牌号为 Araldite，其后美国陶氏 Dow 化学公司也生产环氧树脂，称为

DER（Dow Epoxy Resin）。

以上三家公司是当年全球最大的环氧树脂制造企业。现今除 Dow 公司继续生产外，壳牌公司的环氧树脂转由 Hexion 公司生产，商品名保持 Epon，Epikote。Ciba 公司的环氧树脂转由美国 Huntsman 公司生产，商品名 Araldite 树脂及 Aradur 固化剂。现 Huntsman 的环氧部分也售给 Hexion。随着近年来科技发展，环氧树脂的用途除涂料外，大量应用于电子工业包封、层压板、黏合剂等，我国已成为全球消耗环氧树脂最大的市场。中国台湾的南亚公司是生产环氧树脂的全球大企业。无锡树脂厂、岳阳石化厂环氧树脂厂、上海树脂厂等和张家港 Dow 公司、广州宏昌公司都生产环氧树脂。后者是引进日本东都公司技术，其液体环氧树脂牌号尾数与 Epon 相近：

宏昌	GELR	128	壳牌	Epon	828
	GELR	134		Epon	834

环氧树脂发展至今已历时 60 年，产量不断增加，质量不断提高，新品种不断涌现，涂料工业所用的环氧树脂约占其总产量近一半，制得众多的高性能涂料，例如全世界每年生产几千万辆汽车，汽车的阴极电沉积底漆主要用环氧树脂制成，粉末涂料不论是纯环氧、或环氧/聚酯，或 TGIC 系均耗用大量环氧树脂，食品罐及软饮料罐内壁涂料、船舶及重防腐蚀涂料、工业地坪涂料、绝缘漆等均以环氧树脂为主要成分。

其中环氧树脂的品种构成是：

双酚 A 环氧树脂	81.76%	脂肪族环氧树脂	1.10%
溴化环氧树脂	12.15%	其他	2.20%
酚醛环氧树脂	2.76%		

3. 环氧树脂漆的性能

环氧树脂本身是热塑性的半制品，是环氧树脂漆的原料，要使环氧树脂漆具有优良性能，必须将环氧树脂与固化剂或脂肪酸进行反应，交联而成为网状结构的大分子。环氧树脂漆种类很多，也各有特点，下面概括介绍环氧树脂漆的优点。

① 漆膜对金属（钢、铝等）、陶瓷、玻璃、混凝土、木材等极性底材，均有优良的附着力。因为环氧树脂漆有许多羟基及醚键，能与底材吸引。而且环氧固化时体积收缩率低（仅2%左右），不像不饱和聚酯在固化时体积收缩率高达 11%，产生内应力而损及附着力。W. J. Bailey 等研究发现环氧树脂固化时收缩率低的理由：通常含双键单体未聚合时的间距较长（如苯乙烯单体之间），一旦聚合，生成共价键，间距缩短，体积收缩，所以不饱和聚酯的收缩率高。但是开环聚合则不同，因为聚合的原子间原先已由共价键连接，所以聚合后体积变化不大。

② 抗化学品性能优良，因树脂中仅有烃基及醚键，没有酯键，所以耐碱性尤其突出。一般的油脂系或醇酸防锈底漆，在金属腐蚀时阴极部位呈碱性，会被皂化破坏。环氧树脂漆耐碱而且附着力好，故大量用作防腐蚀底漆，例如汽车的阴极电沉积底漆等。又因环氧树脂漆固化后呈三维网状结构，又能耐油类等浸渍，大量应用于油槽、油轮、飞机的整体油箱内壁衬里等。

③ 与热固性酚醛树脂涂料相比较，环氧树脂漆含芳环而坚硬，但有醚键便于分子链的旋转，具有一定的韧性，不像酚醛树脂很脆（因其交联间距比环氧树脂短）。环氧树脂交联间距长，便于内旋转。

酚醛

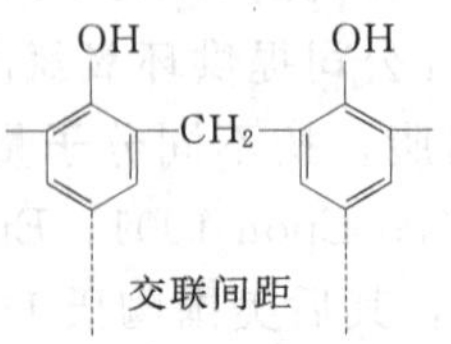

OH OH

CH_2

交联间距

环氧

$CH_2—CH—CH_2—O—C_6H_4—C(CH_3)_2—C_6H_4—O—CH_2—CH—CH_2$（两端为环氧基 O）

←——交联间距——→

上述结构示意图是以最小的环氧树脂为例，若用分子量较高的环氧树脂，则交联点间距更长。

④ 环氧树脂对湿面有一定的润湿力。

$H_3C\ \ CH_3$ / C / $—O—CH_2—CH(OH)—CH_2—O—C_6H_4—C—C_6H_4—O—CH_2—CH(OH)—CH_2—O—$

空气

水

尤其在使用聚酰胺树脂作固化剂时，可制成水下施工涂料，能排挤物面的水而涂布，用于水下结构的抢修和水下结构的防腐蚀施工。

⑤ 环氧树脂本身的分子量不高，能与各种固化剂配合制造无溶剂、高固体、粉末涂料及水性涂料，符合近年的环保要求，并能获得厚膜涂层。

⑥ 环氧树脂含有环氧基及羟基两种活泼基团，能与多元胺、聚酰胺树脂、酚醛树脂、氨基树脂、多异氰酸酯等配合，制成许多种涂料，既可常温干燥，也可高温烘烤，以满足不同的施工要求。

⑦ 环氧树脂具有优良的电绝缘性质，用于浇注密封、浸渍漆等。

环氧树脂漆具有很多优点，但也存在不足之处。

① 光老化性差　环氧树脂中含有芳香醚键，漆膜经日光（紫外线）照射后易降解断链，所以户外耐候性较差。

$\sim C_6H_4—O—CH_2—CH(OH)—CH_2\sim \xrightarrow[\text{紫外线}]{[O]} \sim C_6H_4—O—CH(OOH)—CH(OH)—CH_2\sim$

$\xrightarrow{\text{分解}} \sim C_6H_4—O—CH(O\cdot)—CH(OH)—CH_2\sim + \cdot OH \xrightarrow{\text{断链}} \sim C_6H_4—O—CH{=}O + \cdot CH(OH)—CH_2\cdots$

所以通常的双酚 A 系及双酚 F 系环氧树脂不耐户外日晒，漆膜易失去光泽，然后粉化，不宜用作户外的面漆。

以上所述是指双酚 A 或双酚 F 缩水甘油醚环氧树脂，若是缩水甘油酯环氧树脂（例如 TGIC）则户外耐久性极为优良。

② 低温固化性差　环氧树脂一般需在 10℃以上固化，在 10℃以下则反应缓慢而困难，对于大型物体如船舶、桥梁、港湾、油槽等寒季施工实为不便。虽可加些促进剂，或用多异氰酸酯作固化剂，但毕竟是弱点。

4. 环氧树脂的反应

环氧树脂含有环氧基及仲羟基，能进行许多反应。环氧基是三元环，环的键角约为 60°，比通常的四面体碳的 109.5°键角，或开链醚的二价氧的 110°键角小得多，按 Adolf von Baeyer 的张力理论是不稳定的，会发生开环反应。它的氧原子的电负性高，使碳原子呈正电性，易受亲核试剂进攻。

$$-CH_2-CH\underset{O}{-}\overset{\delta^+}{CH_2}\quad (O^{\delta^-})$$

(1) 环氧基与伯胺反应

$$\sim\sim CH\underset{O}{-}CH_2 + R-\ddot{N}H_2 \longrightarrow \sim\sim\underset{OH}{CH}-CH_2-\overset{H}{\ddot{N}}-R$$

(2) 环氧基与仲胺反应

$$\sim\sim CH\underset{O}{-}CH_2 + HNRR' \longrightarrow \sim\sim\underset{OH}{CH}-CH_2-NRR'$$

以上的环氧基与胺的加成反应是二级亲核反应 S_N2，是环氧涂料中最重要的反应。伯胺的反应速率比仲胺快，脂肪胺的反应速率比芳香胺快，且受催化剂和溶剂的影响。需指出的是胺的每一个氢原子与一个环氧基反应。

(3) 环氧基与羧酸反应

$$\sim\sim CH\underset{O}{-}CH_2 + RCOOH \longrightarrow \sim\sim\underset{OH}{CH}-CH_2-O-\overset{O}{\overset{\|}{C}}-R$$

此反应在“混合型”粉末涂料中广泛应用，产量占粉末涂料之冠。配方中往往含有少量碱性的咪唑，以催化羧基与环氧基反应。

(碱) $$B + RCOOH \rightleftharpoons BH^+ + RCOO^-$$

$RCOO^-$ 是强亲核试剂

$$RCOO^- + CH_2\underset{O}{-}CH\sim\sim \longrightarrow RCOOCH_2-\overset{O^-}{CH}\sim\sim$$

$$RCOOCH_2-\overset{O^-}{CH} + BH^+ \xrightarrow{快} RCOOCH_2\overset{OH}{CH}\sim\sim + B$$

$$RCOOCH_2-\overset{O^-}{CH} + RCOOH \xrightarrow{快} RCOOCH_2-\overset{OH}{CH}\sim\sim + RCOO^-$$

此类碱 B 催化剂，典型的如 2-苯基咪唑

$$\begin{array}{l} CH_2-N \\ |\qquad\ \| \\ CH_2\quad C-C_6H_5 \\ \quad\ \ N \\ \quad\ \ H \end{array}$$

类似促进羧基与环氧基反应的催化剂，还常用二甲基苄胺。

(4) 环氧基与羟基反应 常温下环氧基与羟基反应极慢。在制造多元醇缩水甘油醚时，环氧氯丙烷与多元醇以路易斯酸如三氟化硼乙醚配合物催化开环，然后再以 NaOH 闭环，制得活性稀释剂。

(5) 环氧基与碱及叔胺 环氧基与碱或叔胺，在加温下会自行缩聚成醚，并胶结。

$$Na^+OH^- + CH_2\underset{O}{-}CH\sim\sim \longrightarrow Na^+ + \underset{OH}{CH_2}-\underset{O^-}{CH}\sim\sim$$

$$\underset{OH}{CH_2}-\underset{O^-}{CH}\sim\sim + CH_2\underset{O}{-}CH\sim\sim \longrightarrow \underset{OH}{CH_2}-\underset{O-CH_2-\underset{O^-}{CH}\sim\sim}{CH}\sim\sim$$

笔者在 1956 年在实验室试制 601 环氧树脂时，最后洗涤除盐时，未将碱洗净，待升温脱水时，树脂胶结。

(6) 环氧树脂与酚羟基反应

$$\sim\sim\underset{\diagdown O \diagup}{CH-CH_2} + HO-C_6H_4\sim\sim \longrightarrow \sim\sim\underset{OH}{\underset{|}{CH}}-CH_2-O-C_6H_4\sim\sim$$

此反应在制造管道粉末涂料及以扩链工艺制造高分子量环氧树脂中很普遍。

(7) 环氧基与巯基反应

$$\sim\sim\underset{\diagdown O \diagup}{CH-CH_2} + RSH \longrightarrow \sim\sim\underset{OH}{\underset{|}{CH}}-CH_2-SR$$

反应时常加 DMP-30 催化。

(8) 环氧基与无机酸反应

$$\sim\sim\underset{\diagdown O \diagup}{CH-CH_2} + HBr \longrightarrow \sim\sim\underset{OH}{\underset{|}{CH}}-CH_2Br$$

$$\sim\sim\underset{\diagdown O \diagup}{CH-CH_2} + HCl \longrightarrow \sim\sim\underset{OH}{\underset{|}{CH}}-CH_2Cl$$

此反应可用以测定环氧基的含量，亦可用作聚氯乙烯的稳定剂，以吸除氯化氢阻缓聚氯乙烯降解。

(9) 环氧基与异氰酸酯反应，生成噁唑烷酮

$$\sim\sim\underset{\diagdown O \diagup}{CH-CH_2} + RNCO \longrightarrow RN\underset{\underset{\underset{O}{\|}}{C}-O}{\overset{CH_2}{\diagup\quad\diagdown}}CH\sim\sim$$

此反应用以制备耐高温产品。

(10) 环氧树脂的仲羟基与酚醛树脂、氨基树脂的羟甲基或烷氧基高温固化，制造烤漆。

$$\overset{|}{\underset{|}{HC}}-OH + HO\cdot H_2C-\overset{OH}{C_6H_3}\sim\sim \longrightarrow \overset{|}{\underset{|}{HC}}-O-H_2C-\overset{OH}{C_6H_3}\sim\sim + H_2O\uparrow$$

$$\overset{|}{\underset{|}{HC}}-OH + RO-H_2C-NH-\overset{O}{\overset{\|}{C}}-NH\sim\sim \longrightarrow \overset{|}{\underset{|}{HC}}-OH_2CNH-\overset{O}{\overset{\|}{C}}-NH\sim\sim + ROH\uparrow$$

(11) 仲羟基与异氰酸酯反应生成氨酯

$$\overset{|}{\underset{|}{HC}}-OH + RNCO \longrightarrow \overset{|}{\underset{|}{HC}}-O-\overset{O}{\overset{\|}{C}}-NH-R$$

(12) 仲羟基与硅醇（silanol）或其烷氧基缩合

$$\overset{|}{\underset{|}{HC}}-OH + RO\overset{CH_3}{\underset{CH_3}{Si}}-O\sim\sim \longrightarrow \overset{|}{\underset{|}{HC}}-O-\overset{CH_3}{\underset{CH_3}{Si}}-O\sim\sim + ROH\uparrow$$

(13) 仲羟基与脂肪酸反应，制造环氧酯

$$\overset{|}{\underset{|}{HC}}-OH + RCOOH \longrightarrow \overset{|}{\underset{|}{HC}}-O-\overset{O}{\overset{\|}{C}}-R + H_2O\uparrow$$

二、环氧树脂的特性指标和牌号

环氧树脂有多种型号，各具有不同性能，其特性指标表征各自性质。

1. 环氧树脂的特性指标

(1) 环氧基的指标 这是环氧树脂最重要的特性指标，表征树脂分子中环氧基的含量，曾有多种表达方式：

① 环氧值 A（epoxy value）；

② 环氧指数 B（epoxy index）；

③ 环氧当量 C（epoxy equivalent）；

④ 环氧基质量百分率 D；

⑤ 环氧基中的氧的质量百分率 E。

以上④⑤两种方式前苏联曾有采用，现较为少用。

① 是早期采用的方式，可参见本文的环氧树脂发展史一节，可见早期 Shell 公司的产品均以此方式表示，称之为环氧值，是指 100g 环氧树脂中含有的环氧基摩尔数。我国自 1958 年以来采用此方式，沿用迄今。现 Shell 公司所产环氧树脂则已兼用环氧当量表示，偶尔也用mmol/kg表示。现 Shell 公司的环氧树脂已改由 Hexion 公司生产。

② 环氧指数是 Ciba 公司所采用，表示每 1kg 环氧树脂中所含环氧基的摩尔数。相比之下，现今国际上均采用国际计量系统（SI 单位，我国称之为法定计量单位），应采用 kg、mol 的计量单位，则环氧指数应比环氧值更合适，环氧指数的数值比环氧值大 10 倍。

③ 环氧当量是指含有 1mol 环氧基的树脂的质量。确切些的名称常称为“环氧当量重量”（E. E. W. epoxy equivalent weight），更确切者称之为环氧当量质量（epoxy equivalent mass）现今许多公司常以环氧当量采用最广泛。Hexion 公司、Dow 公司、Huntsman 公司以及日本东都公司的环氧树脂产品均以此表示之。

下面为 3 种表示方式的相互换算公式：

$$\text{环氧当量}=\frac{1000}{\text{环氧指数}} \quad \text{即 } C=\frac{1000}{B}$$

$$\text{环氧当量}=\frac{100}{\text{环氧值}} \quad \text{即 } C=\frac{100}{A}$$

(2) 羟基含量 双酚 A 系环氧树脂的分子量愈大，则其羟基含量愈高，能与酚醛树脂、氨基树脂或多异氰酸酯交联，其羟基含量的表达方式也有 3 种：

① 原先 Shell 公司的羟基值 F（100g 树脂所含羟基摩尔数）；

② 原 Ciba 公司的羟基值 G（每 kg 树脂所含羟基摩尔数）；

③ 羟基当量 H 是指含有 1mol 羟基的树脂的克数。

三者的换算可参见前面环氧当量、环氧值的换算。

(3) 酯化当量 此是制造环氧酯时实用的数值，是指酯化 1mol 单羧酸（60g 醋酸或 280gC_{18}脂肪酸）所需环氧树脂的克数。

环氧树脂中羟基和环氧基都能与羧酸进行酯化反应。酯化当量可表示树脂中羟基和环氧基的总含量。酯化当量应由化学分析测定，一般通过羟基值和环氧值可计算出近似值：

$$\text{酯化当量}=\frac{100}{2A+F} \quad \text{或} \quad \frac{1000}{2C+G}$$

从上式中可见，在酯化反应时一个环氧基相当于 2 个羟基。

(4) 软化点 在规定的条件下，测得树脂的软化温度。

环氧树脂的软化点可以表示树脂的分子量大小，软化点高的分子量大，软化点低的分子量小。环氧树脂可按软化点不同分为：

低分子量环氧树脂　软化点　<50℃　聚合度　<2
中分子量环氧树脂　软化点　50～95℃　聚合度　2～5
高分子量环氧树脂　软化点　>100℃　聚合度　>5

在环氧树脂制造过程中可控制软化点，使产品质量一致，使用单位也可以参照软化点来控制黏度。软化点和分子量之间关系见图 2-1-24。

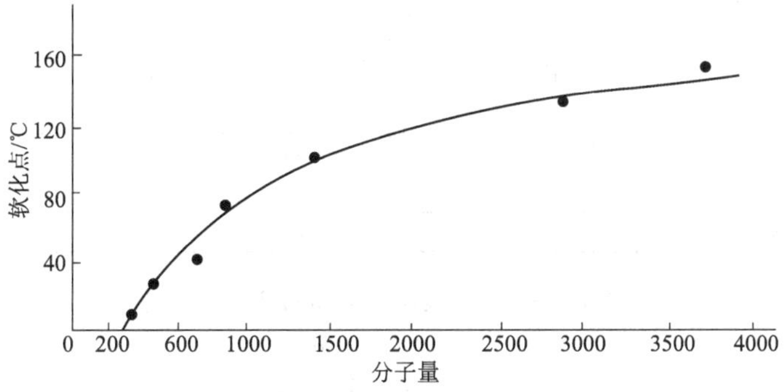

图 2-1-24　环氧树脂软化点与分子量的关系

(5) 氯值　环氧树脂中所含氯的摩尔数（包括有机氯及无机氯），称为氯值。有机氯来自制造环氧树脂时未充分闭环而残留者，称为易水解氧。

$$\sim\sim O-CH_2-\underset{\displaystyle OH}{\underset{|}{CH}}-CH_2Cl \xrightarrow[NaOH]{\text{闭环}} \sim\sim O-CH_2-\underbrace{CH-CH_2}_{O} + NaCl + H_2O$$

无机氯来自制造环氧树脂时未洗涤充分而残留的氯化钠。两者均有损于固化物的电性能，也不利于耐腐蚀性。

2. 国产环氧树脂的牌号及规格

表 2-1-127 为国产环氧树脂的牌号及规格，表 2-1-128 为烯烃类环氧化物的牌号及规格。

表 2-1-127　国产环氧树脂的牌号及规格

旧牌号	国家统一型号	规格				
		软化点/℃ (或黏度/Pa·s)	环氧值 /(eq/100g)	有机氯 /(mol/100g)	无机氯 /(mol/100g)	挥发分 /%
双酚 A						
616	E-55	(6～8)	0.55～0.56	≤0.02	≤0.001	≤2
618	E-51	(<2.5)	0.48～0.54	≤0.02	≤0.001	≤2
619		液体	0.48	≤0.02	≤0.005	≤2.5
6101	E-44	12～20	0.41～0.47	≤0.02	≤0.001	≤1
634	E-42	21～27	0.38～0.45	≤0.02	≤0.001	≤1
	E-39-D	24～28	0.38～0.41	≤0.01	≤0.001	≤0.5
637	E-35	20～35	0.30～0.40	≤0.02	≤0.005	≤1
638	E-31	40～55	0.23～0.38	≤0.02	≤0.005	≤1
601	E-20	64～76	0.18～0.22	≤0.02	≤0.001	≤1
603	E-14	78～85	0.10～0.18	≤0.02	≤0.005	≤1
604	E-12	85～95	0.09～0.14	≤0.02	≤0.001	≤1
607	E-06	110～135	0.04～0.07			
609	E-03	135～155	0.02～0.045			

续表

旧牌号	国家统一型号	规格				
		软化点/℃ (或黏度/Pa·s)	环氧值 /(eq/100g)	有机氯 /(mol/100g)	无机氯 /(mol/100g)	挥发分 /%
Novolac 环氧						
	F-51	(≤2.5)	0.48～0.54	≤0.02	≤0.001	≤2
648	F-46	≤70	0.44～0.48	≤0.08	≤0.005	≤2
644	F-44	≤40	≤0.44	≤0.1	≤0.005	≤2
TGIC						
695	A-95	90～95	0.90～0.95			
丙三醇环氧						
662	B-63	(≤0.3)	0.55～0.71		≤0.005	

表 2-1-128 烯烃类环氧化物的牌号及规格

国家统一牌号①	旧称	规格						
		外观	环氧值 /(eq/100g)	相对密度 (20℃)	熔点 /℃	黏度(20℃) /mPa·s	沸点 /℃	折射率 (20℃)
H-71	6201	淡黄色液体	0.62～0.67	1.121	—	<2000	185(400Pa)	—
R-122	6207	白色结晶	1.22	1.331	184	—	—	—
W-95	6300	白色固体	≥0.95	1.153	55	—	—	—
W-95	6400	琥珀色液体	≥0.95	1.153	—	—	—	—
YJ-118	6269	液体	1.16～1.19	1.0326	—	8.4	242	1.4682
Y-132	6206	液体	1.29～1.35	1.0986	—	7.7	227	1.4787
D-17	62000	琥珀色黏性液体	0.162～0.186	0.9012	—	碘值 180	—	羟基含量 2%～3%

①H—3,4-环氧基-6-甲基环己甲酸。
R—二氧化双环戊二烯。
W—二氧化双环戊二烯醚。
YJ—二甲基代二氧化乙烯基环己烯；Y—二氧化乙烯基环己烯。
D—聚丁二烯环氧树脂。

三、环氧树脂的制造

1. 双酚 A 及环氧氯丙烷

双酚 A 环氧树脂的基础原料，来源于石油化工的丙烯，丙烯可合成环氧氯丙烷。

$$CH_2{=}CH-CH_3 \xrightarrow{Cl_2} \underset{\text{氯丙烯}}{CH_2{=}CH-CH_2Cl} \xrightarrow{Cl_2+H_2O} CH_2Cl-CHCl-CH_2-OH \xrightarrow{NaOH} CH_2Cl-\underset{\diagdown O \diagup}{CH-CH_2}$$

丙烯与苯化合而得异丙苯，异丙苯经氧化而得异丙苯过氧化氢，由此而得苯酚和丙酮：

$$\underset{\text{异丙苯}}{C_6H_5CH(CH_3)_2} \xrightarrow{[O]} \underset{\text{异丙苯过氧化氢}}{C_6H_5C(CH_3)_2OOH} \longrightarrow \underset{\text{苯酚}}{C_6H_5OH} + \underset{\text{丙酮}}{(CH_3)_2C{=}O}$$

苯酚和丙酮缩合而得二酚基丙烷，习惯称为双酚 A。其 A 字来源于丙酮（Acetone）的 A。

$$2\,C_6H_5OH + (CH_3)_2C{=}O \xrightarrow{H^+} HO{-}C_6H_4{-}C(CH_3)_2{-}C_6H_4{-}OH + H_2O$$

因此国际上大规模生产环氧树脂的企业很多来自石油化工业，例如 Shell 公司和 Dow 公司。它们不仅出售许多牌号的环氧树脂，也出售环氧氯丙烷和双酚 A。下面介绍 Shell 公司生产的环氧氯丙烷的规格。

纯度	至少 99%	水分	最大 0.10%
d_{20}^{20}	1.181～1.184	蒸馏范围	113.0～118.0℃
d_{25}^{25}	1.1762～1.1792	(纯品沸点	116.2℃)
颜色(Pt-Co)	最大 15		

制造环氧氯丙烷，除了以丙烯为原料外，也可用甘油为原料，现法国 Solvay 公司，与 Diester 公司合作，后者用菜籽油制造生物柴油，有副产品甘油。Solvay 公司将甘油与 HCl 反应，制得二氯丙醇，再与 NaOH 反应，制得环氧氯丙烷。该公司在法国 Tavaux 生产基地建设 1 万吨/年环氧氯丙烷装置，定于 2007 年上半年投产，称之为 Epicerol 工艺，（来源自 Epichloro hydrin 和 Glycerol）。陶氏公司是全球最大的环氧树脂生产企业，在我国江苏省张家港设有工厂。陶氏公司在该地将首次使用陶氏专有的甘油转环氧氯丙烷技术，规模为 15 万吨/年，预计于 2009～2010 年间投产。

$$CH_2OH{-}CHOH{-}CH_2OH \xrightarrow{HCl} CH_2Cl{-}CHOH{-}CH_2Cl \xrightarrow{NaOH} \underbrace{CH_2{-}CH}_{\text{-O-}}{-}CH_2Cl$$

商品的双酚 A 有两种等级：

① 树脂级　纯度稍低，供制环氧树脂用；

② 聚碳级　纯度高，供制造聚碳酸酯塑料用。

双酚 A 是白色片状物，分子量为 228，沸点 220℃(533.3Pa)，冻点 156.5℃，d_{25}^{25} 为 1.195，每 100g 水中（25℃）溶解0.1g以下。兹举若干商品规格如下。

树脂级双酚 A：

	Dow 公司	Rhodia 公司
冻点	最低 154.0℃	155.5℃
游离酚	最高 0.15%	≤600mg/L(600ppm)
铁	最高 0.8mg/L(0.8ppm)	2mg/L(2ppm)
颜色 APHA	最高 100(50%溶液)	50(50%溶液)

聚碳级双酚 A：

	三井东压	联合碳化物公司	Rhodia 公司	Dow 公司 (Parabis 级)
冻点/℃	156.7	156.5	156.5	156.5
游离酚/(mg/L)	≤10	56	≤200	最高 0.02%
铁/(mg/L)	0.3	0.3	1	最高 0.5
色泽	7	35	40	最高 20
浸碱色泽				最高 50
三苯酚(trisphenol)含量/%				最高 0.2
邻、对(*o. p*)异构体含量/%				最高 0.25

双酚 A 和环氧氯丙烷都是二官能度化合物，所以合成所得的树脂是线型结构，聚合度一般在 0～14。由于分子量、分子量分布以及化学结构的不同，故其生产方法也有差别。

环氧树脂是由双酚 A、过量的环氧氯丙烷及 NaOH 反应而成。因为双酚 A 和环氧氯丙烷均为二官能度，为使其分子两端均成环氧基，所以环氧氯丙烷必须过量，反应式示意如下：

$$HO-C_6H_4-C(CH_3)_2-C_6H_4-OH + NaOH \xrightarrow{成离子} HO-C_6H_4-C(CH_3)_2-C_6H_4-O^- + Na^+ + H_2O$$

$$HO-C_6H_4-C(CH_3)_2-C_6H_4-O^- + \underset{\backslash O /}{CH_2-CH}-CH_2Cl \xrightarrow{开环} HO-C_6H_4-C(CH_3)_2-C_6H_4-O-CH_2-\underset{}{\overset{O^-}{\overset{|}{CH}}}-CH_2Cl$$

$$HO-C_6H_4-C(CH_3)_2-C_6H_4-O-CH_2-\overset{O^-}{\overset{|}{CH}}-CH_2Cl + NaOH \xrightarrow{闭环}$$

$$HO-C_6H_4-C(CH_3)_2-C_6H_4-O-CH_2-\underset{\backslash O /}{CH-CH_2} \xrightarrow[\underset{\backslash O /}{CH_2-CH}-CH_2Cl]{NaOH}$$

$$\underset{\backslash O /}{CH_2-CH}-CH_2O-C_6H_4-C(CH_3)_2-C_6H_4-O-CH_2-\underset{\backslash O /}{CH-CH_2}$$

（双缩水甘油醚）

依此进一步反应，最后的树脂通式为：

$$\underset{\backslash O /}{CH_2-CH}-CH_2O-\left[C_6H_4-C(CH_3)_2-C_6H_4-O-CH_2-\underset{OH}{\underset{|}{CH}}-CH_2O\right]_n-C_6H_4-C(CH_3)_2-C_6H_4-O-CH_2-\underset{\backslash O /}{CH-CH_2}$$

上式中 n 平均值的大小取决于投料时环氧氯丙烷 Epichlorohydrin（ECH）与双酚 A Bisphenol A（BPA）的比例，比例大则 n 值小。按上列化学结构式，则结合在树脂分子中的比例为$\frac{ECH}{BPA}=\frac{n+2}{n+1}$。

从上面反应式可见，双酚 A 不是直接与环氧氯丙烷反应，而是先与碱生成苯氧基离子。与环氧基的反应是亲核的 S_N2 反应，苯氧基离子是更强的亲核试剂，易进攻环氧基上的位阻较小的碳原子（α）：

$$\sim C_6H_4-O^- + \underset{\backslash O /}{\overset{\alpha}{CH_2}-\overset{\beta}{CH}}-CH_2Cl \longrightarrow \sim C_6H_4-O-\overset{\alpha}{CH_2}-\underset{O^-}{\underset{|}{\overset{\beta}{CH}}}-CH_2Cl$$

但也有极少量进攻在仲碳原子（β）上：

$$\sim C_6H_4-O^- + \underset{\backslash O /}{CH_2-CH}-CH_2Cl \longrightarrow \sim C_6H_4-O-\underset{CH_2O^-}{\underset{|}{CH}}-CH_2Cl$$

如此生成了不能闭环的含有机氯的端基，降低了环氧树脂的官能度，并有损电性能。

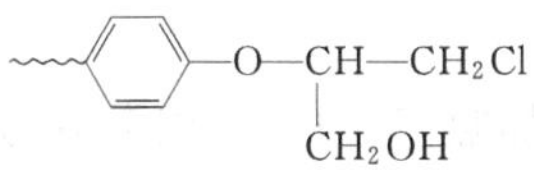

$$\sim\!\!\sim C_6H_4-O-CH(CH_2OH)-CH_2Cl$$

此外，在制造操作过程中往往有少量的环氧基水解破坏而生成二元醇（约 2%），也降低环氧树脂的官能度（理论上应该 $f=2$，实际工业产品 $f=1.9$ 左右）。

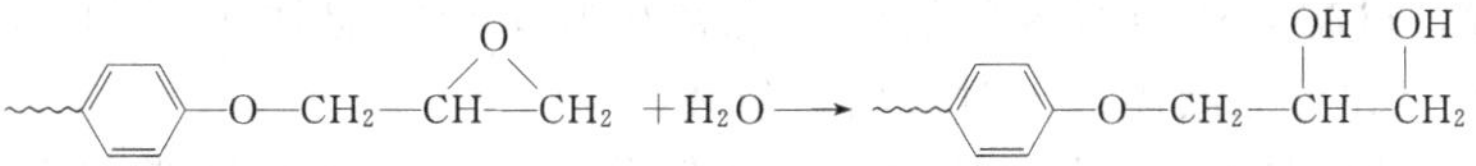

$$\sim\!\!\sim C_6H_4-O-CH_2-\underset{O}{CH-CH_2} + H_2O \longrightarrow \sim\!\!\sim C_6H_4-O-CH_2-CH(OH)-CH_2(OH)$$

下面介绍不同牌号环氧树脂的 n 值及其相应的环氧当量值和软化点。

树脂	n 值	环氧当量	软化点/℃
Epon828 或 DER331	0.13	190	液态
Epon1001	2	500	65～75
Epon1004	5.5	950	95～105
Epon1007	14.4	2250	125～135
Epon1009	16	3250	145～155

以上的 n 值是树脂的平均值，实际上树脂是不同分子量聚合物的混合物。以下为 Dow 公司的 3 种液态树脂经高效液相色谱分析的数据。

	DER332	DER330	DER331
平均分子量	345	363	366
环氧当量	172	176	182
黏度（25℃）/mPa·s	6500	9023	11560
$n=0$ 类树脂	98～99	92～93	92
$n=1$ 类树脂	0.76	6.2	6.6
$n=2$ 类树脂	0.03	0.35	0.42

① 液体双酚 A 型环氧树脂制造　液体环氧树脂（例如 Dow 公司的 D. E. R，331）乃是用途广泛的基础树脂，既可用于电子工业的包封和黏合剂，又可用扩链工艺（Advancement），使液体树脂与双酚 A 进一步反应，制造分子量较高的固体环氧树脂。

文献介绍的三段反应法，是因为 NaOH 在促使 ECH 和 BPA 化合的同时，也使 ECH 水解损耗，三段反应法使环氧氯丙烷单耗低（550～570kg/t），产品质量好，典型生产示例。

将双酚 A 和环氧氯丙烷按 1∶(3～5)（质量比）的比例加入反应釜中，升温至 50～80℃溶解，控制釜温为 60～70℃，分几次加入约为酚羟基当量 0.08～0.1 当量的液碱（1），常压反应 4～6h，控制釜内真空度为 0.075～0.085MPa，温度 60～70℃于 3～5h 滴加完约为酚羟基当量 0.8～0.9 的碱（2）（≥48.5%），维持回流反应 3～6h，回收过量的环氧氯丙烷，加入溶剂溶解，再加入约为酚羟基当量 0.08～0.1 的液碱（3）（10%～20%）进行精制反应，通过水洗、回流、脱溶剂等一系列后处理工序得到成品树脂：

环氧值/(eq/100g)	0.51～0.53	黏度(25℃)	4000～9000mPa·s
易皂化氯	100～200mg/L		

② E-44 环氧树脂的制造

配比：

双酚 A	1.0kgmol	NaOH（30%水溶液）	①1.435kgmol
环氧氯丙烷	2.7kgmol		②0.775kgmol
苯（或甲苯）	适量		

操作：

把双酚 A 投入溶解釜中，加入环氧氯丙烷，开动搅拌，用蒸汽加温至 70℃溶解。溶解后将物料送至反应釜中，在搅拌下于 50～55℃，4h 内滴加完第一份碱溶液，在 55～60℃下继续维持反应 4h。前阶段反应结束后减压回收过量的环氧氯丙烷（85℃，21.33kPa），冷凝收集后重新利用。

回收结束后加入苯溶解，搅拌加热至70℃。然后在68～73℃情况下，于1h内滴加第二份碱溶液，在68～73℃继续反应3h，然后冷却静置分层，将上层树脂苯溶液移至回流脱水釜，下层的盐脚尚可加苯再萃取一次后放掉。在回流脱水釜中回流至蒸出的苯清晰无水时止，冷却、静置、过滤后送至脱苯釜脱苯，先常压脱苯至液温达110℃以上，然后减压脱苯，至液温140～143℃无液体馏出时，出料包装。

早期Shell公司的E. C. Shokal等所述制造低分子量液体环氧树脂的方法与上述不同，介绍如下。

投料：

双酚A	5130g(22.5mol)	水	104g
环氧氯丙烷	20815g(225mol)	NaOH	1880g

操作：

双酚A、环氧氯丙烷和水投入反应釜并升温，NaOH的量为每摩尔双酚A投入NaOH 2.04mol，即过量2%。首先加入300gNaOH，反应放热，需冷却釜壁。逐步再加入NaOH，维持温度在90～100℃间。缩合完毕后，蒸馏回收多余的环氧氯丙烷（减压至6.67kPa，升温至150℃为止）。此蒸馏回收的得率很重要，冷凝器宜用低温的冷冻液以降低环氧氯丙烷逸失。将苯投入反应釜以溶解树脂，过滤以除去生成的盐，盐渣可再用苯冲洗以提高树脂得率，将苯溶液合并蒸馏，回收苯即得环氧树脂，软化点为9℃。

采用二步法制造低分子量环氧树脂，降低环氧氯丙烷的消耗，缩短工时：

$$HO-C_6H_4-C(CH_3)_2-C_6H_4-OH + 2\ \underset{O}{CH_2-CH}-CH_2Cl \xrightarrow{\text{季铵盐}}$$

$$\underset{Cl}{CH_2}-\underset{OH}{CH}-CH_2-O-C_6H_4-C(CH_3)_2-C_6H_4-O-CH_2-\underset{OH}{CH}-\underset{Cl}{CH_2} \xrightarrow{2NaOH}$$

$$\underset{O}{CH_2-CH}-CH_2-O-C_6H_4-C(CH_3)_2-C_6H_4-O-CH_2-\underset{O}{CH-CH_2}$$

2. 中分子量环氧树脂的制造工艺

中分子量环氧树脂是指类似于我国的601、604的品种，有两种制造工艺：

① 一步法　又称饴糖法（taffy process）；

② 二步法　又称扩链法（advancement process）。

早期只有一步法，其产物在后阶段水洗时很黏稠，像是“太妃糖”，故俗称taffy process，其产物的聚合度n有奇数，也有偶数。二步法是后期开发的工艺，其产物的聚合度n主要为偶数。二步法的工艺是将低分子量的环氧树脂与双酚A反应扩链而得中分子量或高分子量环氧树脂。此方法开发原因之一是国外制造环氧树脂与国内不同。国内往往低分子量液体环氧树脂比固体树脂的售价贵。国外则工艺先进，回收环氧氯丙烷完善，使单耗低，故液体树脂的售价低，因此首先大规模生产低分子量的环氧树脂（规模效益好），再按需要配入不同量的双酚A扩链，制得一系列的环氧树脂。现今中及高分子量环氧树脂大多采用扩链法生产。

兹举例介绍一步法制造工艺。

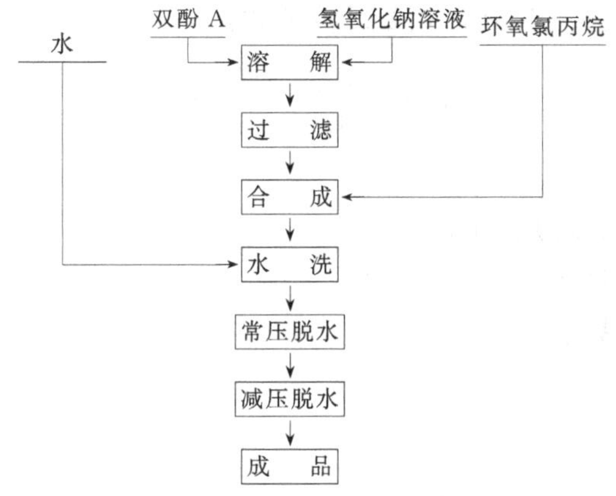

配比（以 E-12 为例）：

双酚 A	1kgmol	NaOH(30%)	1.185kgmol
环氧氯丙烷	1.145kgmol		

操作：

将双酚 A 和 NaOH 溶液投入溶解釜中，搅拌加热至 70℃使双酚 A 完全溶解，趁热过滤，滤液放入反应釜中冷却至 47℃时一次加入环氧氯丙烷，然后缓缓升温至 80℃。在 80～85℃反应 1h，然后在 85～95℃维持至软化点合格为止。加水降温，将废液水放掉，再用热水洗涤多次，至中性和无盐，最后用去离子水洗涤。先在常压脱水，液温升至 115℃以上时，减压至21.33kPa，逐步升温至 135～140℃。脱水完毕，出料冷却，即得固体环氧树脂。此法操作时必须将树脂的碱性洗净。若残留微量碱，往往在最后脱水阶段引起釜中树脂胶结。

3. 扩链法制中、高分子量环氧树脂

此法是用低分子量环氧树脂的环氧基，在加温和催化剂作用下，与双酚 A 的酚羟基反应而扩链。根据加入双酚 A 量的多少，可制得中分子量或高分子量环氧树脂。此法现广泛采用。此法的要点是选择合适的催化剂例如三苯基磷类衍生物，它必须具有优良的选择性，使环氧基与酚羟基反应，而不与中等分子量环氧树脂中的仲羟基反应，以制得线型的较高分子量的树脂。此法的另一要点是每批投料的环氧树脂的氯含量低，并必须精确分析其环氧基含量，然后计算所需加双酚 A 之量。反应一旦引发，发热剧烈，反应釜必须有足够的冷却面积和冷却能力。

现在国外环氧树脂制造公司（如 Hexion 公司、Dow 公司）有售专供扩链用的低分子量环氧树脂，其中已预先加入适量的催化剂。涂料工厂可用此树脂自行与双酚 A 反应，制得所需的中或高分子量环氧树脂。例如 Dow 公司出售的 DER343（环氧当量 192～203），Hexion 公司的 Epon829H，即预含选择性的催化剂。

兹举例介绍此法制备中、高分子量环氧树脂的工艺。

反应釜装有良好的冷凝器、冷水夹套及蛇管以吸收反应热。将低分子量环氧树脂（预含催化剂）及双酚 A 投入反应釜，通氮气，加热至 110～120℃，此时放热反应开始，控制釜温至 177℃左右。注意用冷却水控制反应，使之不超过 193℃以免催化剂失效。在 177℃所需保温的时间，取决于制得的环氧树脂的分子量：

环氧当量在 1500 以下 保持 45min

环氧当量在 1500 以上 保持 90～120min

笔者在大反应釜操作中观察到反应很剧烈，必须有足够的冷却。投入的环氧树脂的环氧当量必须是新近分析测定者。双酚 A 用量计算公式：

$$W=\frac{E_v1-E_v2}{0.8771+E_v2}Q$$

式中 W——双酚 A 用量，kg；

Q——液体环氧树脂投料，kg；

E_v1——基础树脂环氧值；

E_v2——成品树脂环氧值。

另例扩链法如下：

E-51 环氧树脂	248.6g
双酚 A	94.4g
乙基三苯基磷碘化物（ethyl triphenyl phosphonium iodide）	0.21g

渐渐升温至 170℃发生反应，保温。制成的环氧树脂的环氧当量为 693。

4. 线型环氧树脂的制造工艺

环氧树脂的分子量随着二酚基丙烷和环氧氯丙烷的摩尔比的变化而变化。一般说来，环氧氯丙烷过量越多，分子量越小。当制取分子量达数万的环氧树脂时，必须采用等摩尔比。

以 NaOH 作催化剂，比例略微过量，分批滴入以防反应过快，影响分子量分布的均匀性。先进行溶液聚合，采用乙醇作反应介质，原始单体得以均匀混合，并有助于反应温度的控制。随着反应进行分子量增大，树脂在乙醇中溶解度逐步降低，这时转入混合溶剂进行乳液聚合过程，以乙醇、丁醇和甲苯的混合溶剂作最后反应阶段的反应介质。当反应达到一定程度后，滴加苯酚封去环氧端基，使分子链增长告终。

配比：

原料	规格	数量/kg
二酚基丙烷	精制，熔点 155℃以上	11.414
环氧氯丙烷	精制，馏程 112～117℃	4.626
乙醇	95%工业品	13.50
氢氧化钠	20%工业品	①10.00
	20%工业品	②1.50
苯酚	100%工业品	0.46
混合溶剂	甲苯：丁醇＝2：1	40.00
环己酮	工业品	5.00

工艺过程：

先将二酚基丙烷、环氧氯丙烷溶解于乙醇中，滴加第一份氢氧化钠溶液，室温搅拌 16h，再加第二份氢氧化钠，升温回流，在 80℃反应半小时，加 5kg 混合溶剂。每隔半小时加混合溶剂 2.5kg1 次，共加 3 次。回流 4h 后，加苯酚，再加混合溶剂 5kg，继续回流 1.5h，再加冷水 10kg。弃去下层废液。树脂用热水洗涤，洗到 pH＝7～7.5 为止。加入余量的混合溶剂。真空回流脱水，水脱尽后加环己酮。过滤，即为成品。

成品技术条件：

外观	透明到微浑液体	黏度(25℃,涂-4 杯)	100～130s
固体含量	25%±2%	色泽(铁钴法)	3 以下

除了双酚 A 之外，尚有其他多元酚可制造环氧树脂，例如双酚 F。

双酚 F 是由苯酚和甲醛缩合而成，取甲醛（formaldehyde）字头 F，故称为双酚 F，有 3 种异构体的混合物：

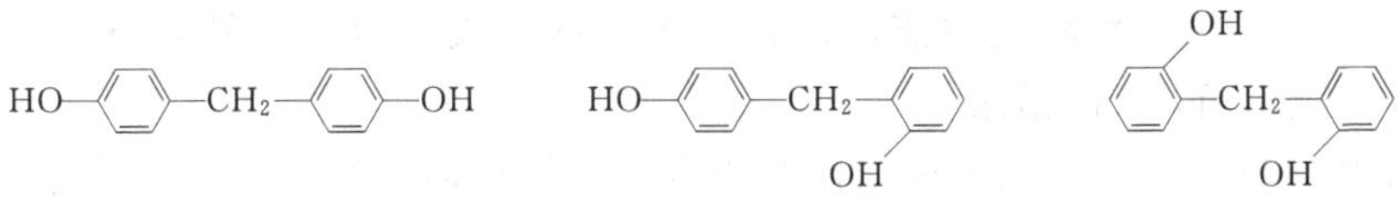

4，4′体　　4，2′体　　2，2′体

用双酚 F 与环氧氯丙烷制得的环氧树脂，因其亚甲基比双酚 A 的亚丙基易于旋转，故黏度较低，适合作无溶剂涂料。人们早期单独用双酚 A 制造最低分子量的环氧树脂（双缩水甘油醚），因为太纯，容易结晶，不便使用，必须加温熔化后使用。掺入若干量的双酚 F 环氧树脂之后，降低了纯度，不易结晶，黏度也较低，便于配制高性能无溶剂漆。

5. 双酚 F 环氧树脂

可能有 3 种异构体双酚 F 环氧树脂：

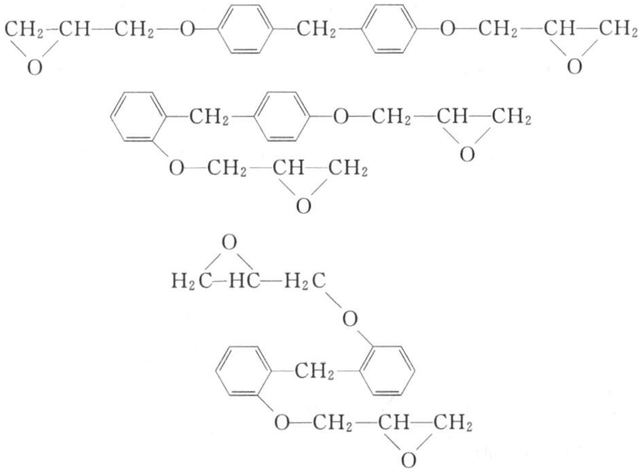

下面介绍一些典型的双酚 F 环氧树脂的性能指标，供参考。

Ciba 公司的 GY-281：

环氧当量	158～172	黏度(25℃)	5000～7000mPa·s

开发双酚 F 环氧树脂的目的是，双酚 A 型液体环氧树脂的黏度高（25℃达 12000mPa·s），应用于无溶剂涂料，尤以应用于电子工业的浇注包封，很不方便。制造商作了努力以降低双酚 A 环氧树脂黏度，如陶氏公司：

	环氧当量	黏度（25℃）/mPa·s	
D. E. R. 331	182～192	11000～14000	基础树脂
D. E. R. 330	176～183	7000～10000	低黏度树脂
D. E. R. 332	171～175	4000～6000	它是纯的双酚 A 的二缩水甘油醚

而双酚 F 环氧树脂，因其亚甲基比双酚 A 的亚丙基容易旋转，黏度较低，如：

D. E. R. 345　168～175　3500～4500mPa·s

降低黏度，即降低树脂分子量，接近于双酚 A 或双酚 F 的二缩水甘油醚，寒冷时会出现结晶问题。纯的双酚 A 二缩水甘油醚的熔点约 42℃，双酚 F 的二缩水甘油醚熔点约 55℃，使用很不方便。所以 D. E. R. 331 基础树脂，故意制成分子量分布较宽，以避免结晶出现。另一种避免结晶的方法是，将双酚 A 环氧树脂与双酚 F 环氧树脂混合，例如 D. E. R. 351 即是双酚 A 树脂与双酚 F 树脂 50/50 的混合物，其环氧当量为 169～181，黏度（25℃）为 4500～6500mPa·s，不会结晶。

6. 诺伏勒克环氧树脂

人们用虫胶（Shellac）溶于酒精制成涂料，以涂饰木器及钢琴。后来用苯酚与少量甲醛在酸性缩合，制得热塑性酚醛树脂，以代替天然的虫胶，溶于酒精制漆，称为 Novolac，诺伏勒克 Novo 表示新，Lac 指漆。

诺伏勒克环氧树脂是由苯酚或邻甲酚与甲醛反应制得诺伏勒克，再与环氧氯丙烷反应而成，其特点是每分子的环氧官能度大于 2，可使涂料的交联密度大，其耐热性和耐化学药品性高于双酚 A 型环氧树脂，但涂膜较脆，附着力稍低，并往往需较高的固化温度，故常与双酚 A 环氧树脂合用，或用双酚 A 环氧树脂作底漆，诺伏勒克环氧树脂作中涂层及面漆。其示意式如下，有两种苯酚型和邻甲酚型：

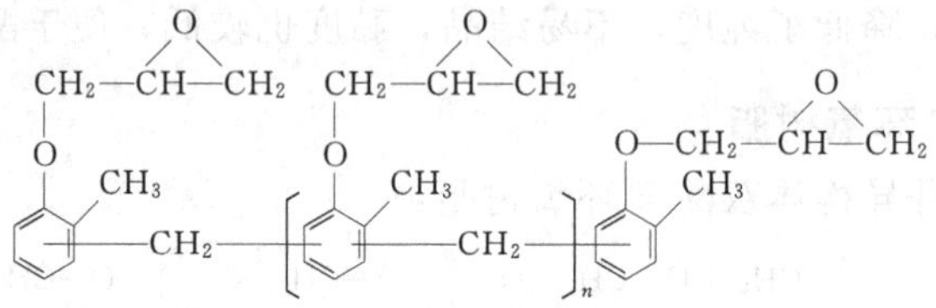

其典型的商品树脂性质如下所示：

Dow 公司	环氧当量	黏度/mPa·s	官能度
DEN431	172～179	1100～1700（52℃）	2.2
DEN438	176～181	20000～50000（52℃）	3.6
DEN439	191～210	半固体	3.8
Ciba 公司			
PY-307-1	165～170	30000～50000（25℃）	2.3
GY-1180	175～182	20000～50000（53℃）	3.6

Dow 公司的 DEN 表示 Dow Epoxy Novolac。

下面介绍环脂族环氧树脂的制造。

最典型代表的是 3,4-环氧基-6-甲基环己烷甲酸-3′,4′-环氧基-6-甲基环己烷甲酯，我国牌号为 H-71，陶氏公司牌号 UVR6110，供制造紫外光固化的阳离子固化型涂料。

合成路线：

$$CH_2{=}CH{-}CH{=}CH_2 + CH_3{-}CH{=}CH{-}CHO \longrightarrow$$

丁二烯　　　　丁烯醛

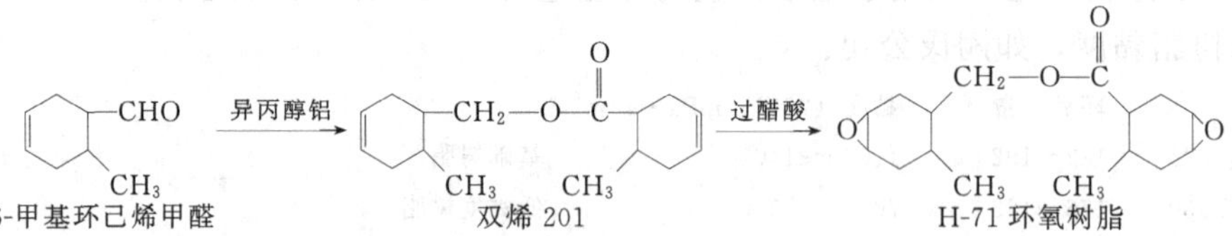

6-甲基环己烯甲醛 —异丙醇铝→ 双烯 201 —过醋酸→ H-71 环氧树脂

性能：

外观	淡黄色液体	环氧值	0.61～0.64
相对密度	1.121	黏度(55℃)	1000mPa·s

本品为黏稠液体，可溶于苯、甲苯、四氯化碳、乙醇、乙醚。

此涂料特点是光固化时不受空气阻聚，收缩较低，故附着力好，需用三芳基硫鎓六氟磷酸盐为光引发剂，价很贵。

7. 环氧树脂的进展

前面较多介绍了双酚 A 系的几种典型树脂。它们自 20 世纪 50 年代工业化生产以来，经过历年不断改进，产品的品质更纯净，颜色更浅淡，分子量分布更狭窄，品种牌号更多。

① 品种多 例如 Dow 公司在 661 型和 664 型之间增加了一些品种，以满足不同需要：

DER661	环氧当量 500～560	DER663U	环氧当量 730～820
DER662	环氧当量 575～685	DER664、664U	环氧当量 875～955

日本东都公司产环氧树脂也有类似情况：

YD-011	环氧当量 450～500	YD-013	环氧当量 800～900
YD-012	环氧当量 600～700	YD-014	环氧当量 900～1000

② 产品规格狭窄 东都公司某些高级牌号树脂的环氧当量范围很窄，例如：

YD-7011	环氧当量 480～500	YD-7014	环氧当量 940～960

③ 含氯量低 为了适应电气绝缘（以及阴极电泳漆）用途的环氧树脂，其含氯量限制得很低。Ciba、Dow、东都公司等均有优级产品，例如 Dow 公司的两种环氧树脂：

	DER331（标准商品）	DER361（低氯级）
环氧当量	182～190	186～190
易水解氯	$(200\sim300)\times10^{-6}$	50×10^{-6}

④ 色泽浅 在 20 世纪 50 年代，环氧树脂的色泽较深，其 40%溶液的色泽，例如 Epikote 828、834、1001 均为 8 档（Gardner 加氏）。至 80 年代降为 3 档，近年来各公司产品约为 1 档，其中 Dow 公司产品则颜色更浅，改采用 APHA 色度，例如 662E、663UE、664E、664UE 的色泽均极浅。

回顾 1948 年壳牌推出的 Epon 树脂仅 6 种，今则全球生产数十种不同性质品种，有溴化阻燃、二聚酸改性、脂环族辐射固化、水性环氧树脂等，供不同要求。有些黏稠半固体环氧树脂使用时倾倒麻烦，则制成溶液以利投料，而且固体环氧树脂制成片状以便投料溶解。下面是陶氏环氧树脂色泽的浅淡。

Dow 环氧树脂 D. E. R. 331 是该公司的基础液体树脂，规格如下。

E. E. W 环氧当量	182～192	易水解氯	500ppm(最大)
环氧基含量/(mmol/kg)	5200～5500	游离环氧氯丙烷	5ppm(最大)
即相当于环氧值	0.52～0.55/100g	色泽(Pt-Co)	75(最大)
环氧基质量	22.4～22.6%	贮藏期	24 月
黏度(25℃)	11000～14000mPa・s		

此外市上还有氢化双酚 A 型环氧树脂，其软化点在 80～105°之间，环氧当量 600～1100 之间，可制粉末涂料，具有良好的户外耐久性。

现 Hexion 集团是全球最大的环氧树脂生产企业，陶氏公司居其次，第三为我国台湾省的南亚塑胶公司，是全球三强。

四、环氧树脂的固化剂

前面章节已介绍环氧树脂可有许多反应。环氧树脂本身是热塑性，分子量不高，必须与固化剂交联成三维高分子膜，才成为优良的涂料。许多生产环氧树脂的大型石油化工公司，如 Dow 公司、前壳牌公司，生产固化剂的品种不多，现 Huntsman 公司生产一系列很多固化剂品种，其他有些专门公司生产近百种固化剂。兹就环氧涂料常用的固化剂介绍如下。

1. 脂肪族多元胺类固化剂

脂肪族多元胺能在常温下固化，固化速度快、黏度低，可用以配制常温下固化的无溶剂或高固体涂料，表 2-1-129 介绍涂料工业常用的脂肪族多元胺固化剂。

脂肪族多元胺类固化剂（尤其是其中分子量低者）有以下不足之处。

① 固化时放热量大，一次配漆不能太多，施工时限短。

② 活泼氢当量很低，配漆称量必须准确，过量或不足会影响性能。

表 2-1-129 常用的脂肪族多元胺固化剂

品名	分子式	分子量	活泼氢原子数	活泼氢当量①	商品黏度(25℃)/mPa·s
乙二胺	$H_2N-(CH_2)_2-NH_2$	60	4	15	
二亚乙基三胺	$H_2N-(CH_2)_2-NH-(CH_2)_2-NH_2$	103	5	20.6	5.5～8.5
三亚乙基四胺	$H_2N-(C_2H_4NH)_2-C_2H_4-NH_2$	150	6	24.3	19.5～22.5
四亚乙基五胺	$H_2N-(C_2H_4NH)_3-C_2H_4-NH_2$	201	7	27.1	55
己二胺	$H_2N-(CH_2)_6-NH_2$	116	4	29	
2,2,4-三甲基己二胺和2,4,4-三甲基己二胺的混合物(前 Hüls 公司商品)	$H_2N-CH_2-C(CH_3)_2-CH_2-CH(CH_3)-(CH_2)_2-NH_2$ $H_2N-CH_2-CH(CH_3)-CH_2-C(CH_3)_2-(CH_2)_2-NH_2$	158.3	4	39.6	5.6(20℃)

① 活泼氢当量为分子量/活泼氢原子数。活泼氢当量取决于商品胺的纯度，一般略高于此值。

③ 有一定蒸气压，有臭味及刺激性（尤其是乙二胺、二亚乙基三胺），影响工人健康。分子量较高者如三甲基己二胺的蒸气压较低，在 50℃时为小于 10^5Pa，三亚乙基四胺在 20℃时为小于 133Pa。

④ 有吸潮性，不利于在低温高湿下施工；又因其碱性会吸收空气中的 CO_2，易生成氨基甲酸盐，析出于涂膜表面而损及外观，并影响层间附着力。

⑤ 高度极性（水溶性），往往使它们与环氧树脂的混溶性欠佳，易引起涂膜缩孔、橘皮、泛白等弊病，所以施工时两个组分配合后须待熟化片刻后才应用，使部分胺与环氧树脂结合生成中间体，使两相互相混溶。

因此，在环氧涂料中脂肪族多元胺的使用不如聚酰胺或胺加成物广泛，须将其改性后使用。

此系脂肪胺是在常温固化的环氧漆中应用，它们由二氯乙烷与氨反应而得到混合多元胺，再分馏得各组分：

$ClCH_2CH_2Cl + NH_3 \longrightarrow H_2N-CH_2CH_2NH_2$(1,2-乙二胺)

$H_2NCH_2CH_2NHCH_2CH_2NH_2$(二亚乙基三胺)

$H_2NCH_2CH_2NHCH_2CH_2NHCH_2CH_2NH_2$(三亚乙基四胺)

$H_2N\cdot(CH_2CH_2NH)_4\cdot CH_2CH_2NH_2$(四亚乙基五胺)

有时商业上，常习称它们为二乙烯三胺、三乙烯四胺。实际上并无乙烯双键，来源于英语 ethylene 可译为亚乙基—CH_2CH_2—。

除了上述的脂肪多元胺之外，美国 Huntsman 公司生产的聚醚二胺或聚醚三胺也可用作环氧树脂固化剂，它的两端是氨基，中间是聚环氧丙烷，其特性是使涂膜富有挠曲性，而且黏度低，共有 22 个品种，供不同用途。德国 BASF 公司也生产类似聚醚二胺（D230，D400，D2000）和聚醚三胺（T403），还有脂环胺：异佛尔酮二胺（IPDA），熔点 10℃，分子量 170.3，以及 4,4′-二氨基二环己基甲烷，分子量 210.3；熔点 33.5～44℃；以及 4,4′-二氨基二苯基甲烷，熔点 89～91℃，分子量 198.3。还有 2-甲基咪唑（咪唑环，NH，2-位 —CH_3）（片状），熔点 136～138℃，分子量 82.1，应用于环氧粉末涂料。

2. 脂肪胺加成物类固化剂

它是将脂肪族多元胺与少量环氧树脂反应而成。用此种胺加成物时涂膜不易吸潮泛白，臭味小，配漆后不必经熟化可直接使用。例如用乙二胺与低（或中）分子量环氧树脂反应示意式（后面将详细叙述制法）如下：

$$\text{(环氧树脂，两端环氧基)} + 2\ H_2N—(CH_2)_2—NH_2 \longrightarrow$$

$$H_2N—(CH_2)_2—HN—\underset{OH}{|}—[\sim\sim\sim]—\underset{OH}{|}—NH—(CH_2)_2—NH_2$$

Dow 公司用二亚乙基三胺与液体低分子量环氧树脂反应制得加成物，下面为该加成物的性能规格。

活泼氢当量	42～47	相对密度 d_{25}^{25}	1.08
黏度(25℃)	5000～7000mPa·s	色泽(40%溶液)(加氏管)	3 以下

Anchor 公司将 1001 树脂与乙二胺加成，制得牌号为 870，含游离胺 1%以下，胺氢当量为 245 的固体，软化点约 110℃。此类提纯的加成物（isolated adduct）的毒性低，涂膜性能好，不需要熟化期，可用于饮用水槽的内壁涂料等。

上述的活泼氢当量或胺氢当量，例如二亚乙基三胺，经盐酸滴定分析共有三个胺氮原子的胺值，但仅有 5 个活泼氢可与环氧基反应，故常以胺氢当量（amine hydrogen equivalent weight AHEW）或 HEW 表示。

3. 酰氨基胺类固化剂（amidoamine）

酰氨基胺是用植物油脂肪酸（或塔油）与多元胺缩合而成，含有酰氨基及氨基：

$$RCOOH + H_2N—(CH_2)_2—NH—(CH_2)_2—NH_2 \longrightarrow$$

$$R—\overset{O}{\overset{\|}{C}}—NH—(CH_2)_2—NH—(CH_2)_2—NH_2$$

上式中有 3 个氨基活泼氢原子，可与环氧基反应。它固化涂料时对环境湿度不敏感，并对物面有良好的润湿性。

制造时若升高温度则脱水成为咪唑啉，黏度降低，是其优点。

$$C_{17}H_{69}—\overset{O}{\overset{\|}{C}}—\overset{H}{N}—CH_2—CH_2—NH—CH_2—CH_2—NH_2 \xrightarrow[\text{升温}]{-H_2O} C_{17}H_{69}—C\begin{matrix}=N—CH_2\\ \quad|\\ —N—CH_2\end{matrix},\ N—CH_2—CH_2—NH_2$$

商品的酰氨基胺中往往含有若干咪唑啉。

4. 氨基聚酰胺树脂固化剂（polyamide resin）

氨基聚酰胺树脂不是简单的化合物，而是黏稠的树脂，含有游离的氨基，能与环氧树脂固化，性质优良，应用广泛。它由不饱和脂肪酸加热聚合成为二聚酸，再与多元胺缩合而成，它是环氧涂料中应用最广泛的固化剂，后有详述。

$$\text{R}'\text{—(共轭二烯)—COOH} + \text{R}''\text{—(烯)—COOH} \xrightarrow[\triangle]{\text{狄尔斯-阿尔德反应}} \text{(环己烯，取代基 R}', \text{R}'', \text{COOH, COOH)}$$

（二聚酸）

$$HOOC-C_{34}H_{68}-COOH+H_2N-(CH_2)_2-\overset{H}{N}-(CH_2)_2-NH_2 \longrightarrow$$

$$H_2N-(CH_2)_2-HN-(CH_2)_2-HN-OC-C_{34}H_{68}-CO-NH-(CH_2)_2-NH-(CH_2)_2-NH_2$$

（聚酰胺树脂）

5. 环脂胺类固化剂

环脂胺类色泽浅淡，保色性好，黏度低是其特点，但反应迟缓，往往与其他固化剂拼用，或加促进剂，或制成加成物，或需加热固化。典型的如 BASF 公司的 Laromin C260：

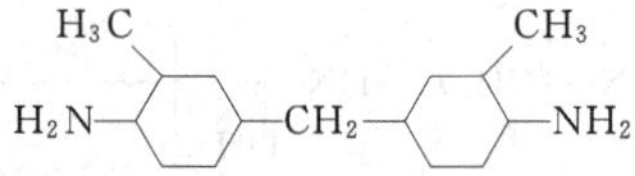

H_3C　　CH_3

H_2N—⬡—CH_2—⬡—NH_2

它是液体，密度 0.945，胺氢当量 60。

还有双（4-氨基环己基）甲烷，是固体，熔点 40℃。

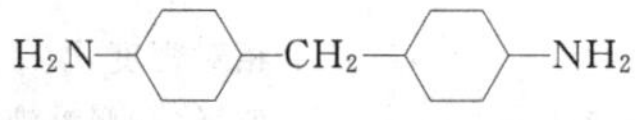

H_2N—⬡—CH_2—⬡—NH_2

Degussa 公司的异佛尔酮二胺 IPDA

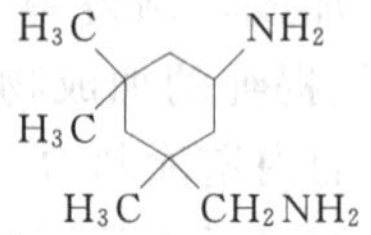

H_3C　NH_2

H_3C

H_3C　CH_2NH_2

胺氢当量 42.6；熔点 10℃；无色液体，黏度（20℃）18mPa · s。

6. 芳香胺类固化剂

芳香胺有 4,4′-二氨基二苯甲烷和间苯二胺。

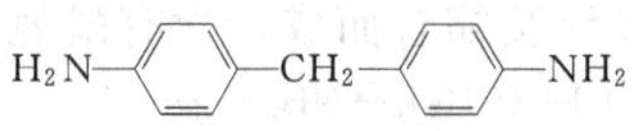

H_2N—⬡—CH_2—⬡—NH_2

（4，4′-二氨基二苯甲烷）

NH_2 ⬡ NH_2

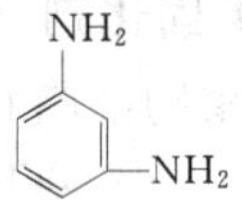

间苯二胺

活泼氢当量	50	熔点	86℃	活泼氢当量	27	熔点	63℃

以上两种芳香胺的熔点太高，使用不方便，常有将两者混合，（6∶4）制成低共熔混合物（eutectic mixture），如 Shell 公司的“Z 固化剂”，Anchor 公司的 Ancamine1482，其活泼氢当量为 37，在 25℃时的黏度为 900mPa · s，呈液态。

芳香胺与环氧基反应活性较弱，因为其第四对电子已部分地与苯环共享，其碱性常数 k_b 很小。一般的脂肪胺的 k_b 值约为 $10^{-3}\sim10^{-4}$，而苯胺的 k_b 值仅为 4.2×10^{-10}。

$$RNH_2+H_2O \rightleftharpoons RNH_3^{+}+OH^{-}$$

$$k_b=\frac{[RNH_3^{+}][OH^{-}]}{[RNH_2]}$$

以上两种是最常用的芳香胺，前者习称 DDM 是英文 diaminodiphenyl methane 的缩写，有时也称 methylene dianiline。间苯二胺习称 MPDA。

7. 芳脂胺类固化剂

芳脂胺类有间苯二亚甲基二胺（xylylene diamine，XDA），其性质介于脂肪胺及芳香胺之间，我国苏州曾生产。

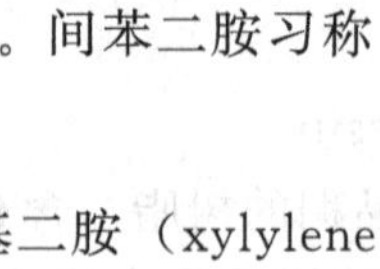

⬡—CH_2—NH_2

CH_2—NH_2

活泼氢当量为 34

8. 曼尼期碱类固化剂

曼尼期（Mannich）碱是经曼尼期反应而合成的，由酚（或酮）、甲醛及胺三者缩合而得，它的固化特点是即使在低温、潮湿环境下也能固化。制法示意如下：

$$\text{(OH)}C_6H_5 + HCHO \longrightarrow \text{(OH)}C_6H_4\text{—}CH_2\text{—}OH$$

$$\text{(OH)}C_6H_4\text{—}CH_2\text{—}OH + H_2N\text{—}CH_2\text{—}CH_2\text{—}\overset{H}{N}\text{—}CH_2\text{—}CH_2\text{—}NH_2 \longrightarrow$$

$$\text{(OH)}C_6H_4\text{—}CH_2\text{—}\overset{H}{N}\text{—}CH_2\text{—}CH_2\text{—}\overset{H}{N}\text{—}CH_2\text{—}CH_2\text{—}NH_2 + H_2O$$

分子中有酚羟基，能促进固化。我国涂料工厂也制造此类固化剂，习惯称为“酚醛胺”，常用于寒季需快速固化的环氧树脂漆。

采用相同的曼尼期反应，但不加多元胺，而加入单官能的二甲胺，则产品是叔胺：

$$\text{(OH)}C_6H_4\text{—}CH_2\text{—}OH + HN(CH_3)_2 \longrightarrow \text{(OH)}C_6H_4\text{—}CH_2\text{—}N(CH_3)_2 + H_2O$$

(DMP-10)

分子中既有酚羟基又有叔氨基，有催化作用。

最典型的是称为 DMP-30 的固化剂，分子式如下所述：

$$(H_3C)_2N\text{—}H_2C\text{—}C_6H_2(OH)\text{—}CH_2\text{—}N(CH_3)_2,\ \ \text{—}CH_2\text{—}N(CH_3)_2$$

它是叔胺，其氨基上没有活泼氢原子，不能与环氧基结合，但是它是强催化剂，能促进聚酰胺、硫醇等与环氧基交联。它还能单独促进环氧树脂自身的环氧基之间互相开环交联。Anchoc 公司类似商品名 K-54 的色泽（加氏管）为 6，密度（25℃）0.97g/cm^3，黏度（25℃）为 230mPa·s。

我国三木公司等生产的 T-31 即是酚醛胺固化剂。

近二十年来开发成功的另一类酚醛胺固化剂是用腰果壳油制得的腰果酚。

$$\text{(OH)}C_6H_4\text{—}C_7H_{14}CH\text{=}CH\text{—}CH_2\text{—}CH\text{=}CH\text{—}CH_2CH_2CH_3$$

用此酚与甲醛及多元胺反应，美国 Cardolite 公司制造了一系列酚醛胺固化剂，因腰果酚含有十五碳侧键，起内增韧效果，并降低了表面能，可在潮的微锈面施工，可用于船舶等防腐蚀涂料。典型的如 Cardolite2041 固化剂：

胺值/(mgKOH/g)	250	颜色(加氏管)	10
活泼氢当量	150	固体含量	75%
黏度(25℃)	400mPa·s		

近年我国工厂有类似产品。

9. 酮亚胺类固化剂

酮亚胺是由酮（例如甲基异丁基酮、甲基乙基酮等）与多元胺缩合脱水而成。施工时双组分并合涂布后吸收潮气，还原成多元胺，使环氧树脂固化。未吸潮之前它没有活泼氢原子，不会与环氧基反应，故施工时限较长，国外称之为半潜固化剂。又因为它分子中没有活泼氢原子，分子间不能形成氢键，故黏度低，利于制造高固体涂料。

$$2\ (CH_3)(C_2H_5)C{=}O + H_2N{-}(CH_2)_6{-}NH_2 \rightleftharpoons (H_3C)(H_5C_2)C{=}N{-}(CH_2)_6{-}N{=}C(CH_3)(C_2H_5) + 2H_2O$$

10. 双氰胺类固化剂

$$H_2N{-}\overset{\overset{\displaystyle NH}{\|}}{C}{-}NHCN \rightleftharpoons 2H_2N{-}C{\equiv}N$$

双氰胺在145～165℃能使环氧树脂在30min内固化。但在常温下双氰胺则是相当稳定的。将双氰胺充分粉碎成极细粉末，分散在液体树脂内，其贮存稳定性可达6个月。双氰胺在常温下是固体，可与固体树脂共同粉碎，制成粉末涂料，贮存稳定性良好。使用量为100份E-12树脂用2.5～4份双氰胺，固化条件为在145～180℃下烘半小时。商品的双氰胺固化剂有加少量促进剂（如2-甲基咪唑或2-苯基咪唑）以降低烘温，缩短时间，称为“加速双氰胺”，此外尚有“取代双氰胺”。

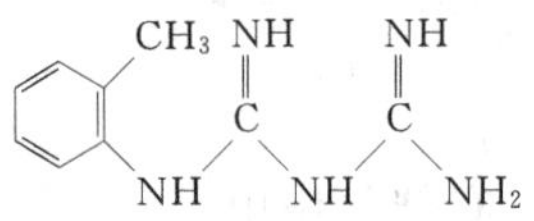

$$o\text{-}CH_3C_6H_4{-}NH{-}\overset{\overset{\displaystyle NH}{\|}}{C}{-}NH{-}\overset{\overset{\displaystyle NH}{\|}}{C}{-}NH_2$$

它与环氧树脂混溶性好，漆膜光亮。

五、胺固化环氧树脂漆

1. 环氧树脂涂料的分类

（1）双组分常温干燥涂料（环氧基反应）

溶剂型涂料
多元胺固化环氧涂料
加成物固化环氧涂料
聚酰胺固化环氧涂料
环氧沥青涂料
多异氰酸酯固化环氧涂料(羟基反应)
环氧酯涂料
无溶剂涂料

（2）单组分烘干涂料

环氧酚醛涂料
环氧氨基涂料
环氧/封闭多异氰酸酯涂料
环氧粉末涂料
羧基反应:混合型，TGIC型
双氰胺固化
酚醛固化

（3）水性环氧涂料　环氧树脂是分子量较低的热塑性树脂，不能形成合用的涂膜，即使是分子量稍高的E-12、E-06，其溶液涂布干燥后，其膜稍受弯曲，即出现细裂的“银纹”(Craging)，且不耐溶剂侵蚀。所以环氧树脂必须与固化剂反应，形成三维的大分子，才能生成良好的涂膜。但环氧树脂与固化剂混合后，发生反应，涂料黏度不断上升，经数小时或隔夜，变成黏稠不能使用而报废，所以商品的环氧漆必须与固化剂分开包装，临使用之前才混合，再施工涂装。其混合后可施工的时限，国外习称Pot life，指在配料小罐中的双组分混合后的寿期，本章称之为施工时限。

2. 多元胺固化环氧树脂漆

早期的涂料工业缺乏经验，很多采用脂肪族多元胺以固化环氧树脂，例如乙二胺、二乙烯三胺，三乙烯四胺。其中乙二胺很少单独使用，因为水溶性高，且有些乙二胺商品是80%水溶液，所以仅以它为原料制造加成物。多元胺的优点是黏度低，有利于制造无溶剂或高固体涂料。但脂肪族多元胺反应发热高，施工时限短，常改用环脂族或芳香族多元胺配制无溶剂涂料。

除了上述的二乙烯三胺等外，上海也有造漆厂曾用过己二胺，但它是固体，使用不方便。也用过间苯二甲胺，可作环氧树脂固化剂。

$$C_6H_4(CH_2NH_2)_2 \text{（间苯二甲胺，1,3-位）}$$

① 溶剂型双组分环氧漆，常选用 E-20（国内俗称 601）环氧树脂，因为它对溶剂要求不高，能溶解于芳烃和丁醇（4∶1）的混合物中，而且它是固体树脂，待涂层溶剂挥发后，涂膜即能凝定，有利于干燥，涂料工艺上称为“挥发干”。它的两个环氧基团有一定距离间隔，涂膜有良好的柔韧性。但若制造无溶剂或高固体涂料，则选用低分子量的树脂。

② 配方例中的脲醛树脂是涂膜的流平剂，也可选用其他如 BYK 等的流平剂。

③ 溶剂中不可含有酯类，以免与胺类固化剂发生反应（氨解）。

④ 配方的计算，一般是每个环氧当量配合一个胺氢当量的固化剂，可在此比例附近适当调节求最优化以满足不同要求。

简单配方示例如下。

(1) 清漆

甲组分		乙组分	
环氧树脂(E-20)	50.0g	二乙烯三胺	3.0g
脲醛树脂(60%),流平剂	2.5g	丁醇	3.5g
甲乙酮	10.0g	二甲苯	3.5g
甲基异丁基酮	15.0g		

(2) 白漆

甲组分		乙组分	
环氧树脂(E-20)	29.90g	己二胺	1.67g
滑石粉	4.95g	乙醇	1.67g
脲醛树脂(60%)	1.85g		
钛白	36.60g		
溶剂(甲苯/丁醇 4∶1)	24.00g		

以上涂料，涂布后经数小时初步干燥，但须经七天后才充分交联固化，达到优良的性能。双组分混合后黏度逐渐上升，其施工时限取决于固体含量（溶剂多则冲稀了反应基团浓度，吸收反应热施工时限长些），酮类溶剂阻缓反应速度，会与胺形成氢键。

$$R{-}NH_2 + O{=}CR_2 \longrightarrow RNH_2{\cdots}O{=}CR_2$$

以上介绍的环氧涂料的溶剂，常用的是芳香烃、酮类、醇、醚醇的混合物，唯一例外是醋酸叔丁酯，因位阻几乎不氨解。

$$(H_3C)_3C{-}O{-}\overset{\displaystyle O}{\overset{\|}{C}}{-}CH_3$$

Hanren 提出三维溶解参数，上述溶剂溶解参数见表 2-1-130。

表 2-1-130 溶剂的溶解参数

溶 剂	总参数	δ_d	δ_p	δ_h
甲苯	18.2	18.0	1.4	2.0
邻二甲苯	18.0	17.0	1.4	3.1
丁酮	19.0	16.0	9.0	5.1
甲基异丁酮	17.0	15.3	6.1	4.1
正丁醇	23.1	16.0	5.7	15.8
乙二醇丁醚	20.9	16.0	5.1	12.3

混合溶剂的参数可近似地以下式估计：

$$\delta_{混合}=\phi_1\delta_1+\phi_2\delta_2+\phi_3\delta_3+\cdots$$

式中 ϕ——个别溶剂的体积分数。

但环氧树脂商品系列中，分子量差别很大，从最低的 E-51 到最高的 E-03，溶解性有差别。E-51 可溶解于芳香烃中，E-03 树脂的分子量高，羟基含量也多，其分子间相互作用力也强，必须有酮类等强溶剂才能克服树脂分子间作用力。而中等分子量的 E-20 树脂，一般用芳香烃加少量丁醇也能溶解，所以 Hansen 的溶解参数，对于环氧树脂，尚须考虑树脂的分子量。

3. 加成物固化环氧涂料

采用多元胺作固化剂，有不少缺点，其挥发毒性，寒湿条件下施工涂膜会泛白，引起层间剥离等弊病，因此改用加成物固化剂，即将多元胺与少量环氧树脂或单环氧化合物加成，成为分子量较大（不易挥发）和较疏水的固化剂。制造加成物有两种方法。

(1) 现场配制的加成物 制备简便，但质量较低，例如：

环氧树脂 E-20	32.6g	正丁醇	30.0g
二乙烯三胺	7.4g	二甲苯	30.0g

将环氧树脂和胺分别溶解于溶剂中，在胺溶液中在搅拌下逐渐加入环氧树脂溶液，加毕搅拌 3h。此产物的固体分为 40%

配漆的配比，(固体分)：

环氧树脂 E-20	100g	加成物(固体计)	30～35g

(2) 提净的胺加成物

乙二胺(75%)	52kg	二甲苯	56kg
丁醇	56kg	环氧树脂 E-20	110kg

把乙二胺、丁醇、二甲苯置入反应釜，搅拌，慢慢地加入环氧树脂，加毕后，密闭反应釜，加热回流反应 2～3h，然后减压蒸出溶剂和过量的乙二胺，达到终点（产物的软化点约 96℃）降温出釜。

配漆：

甲组分

环氧树脂 E-20	50.0g	混合溶剂	47.5g
脲醛树脂(60%)	2.5g		

乙组分

提净胺固化剂	20.0g	混合溶剂	20.0g

此提净的胺加成物是经过减压蒸馏，所含游离胺很少，所以配漆时双组分混合后，不必等候即可施工，涂膜也不易泛白。涂料中加入钛白，应用于船舶的饮水舱（potable water tank）效果良好。

此胺加成物的示意式：

$$\begin{array}{cccccccccc} CH_2\text{—}NH\text{—}CH_2\text{—}CH\text{-}[R]\text{-}CH\text{—}CH_2\text{—}NH\text{—}CH_2 \\ | \quad\quad\quad\quad | \quad\quad | \quad\quad\quad\quad | \\ CH_2 \quad\quad OH \quad OH \quad\quad CH_2 \\ | \quad\quad\quad\quad\quad\quad\quad\quad | \\ NH_2 \quad\quad\quad\quad\quad\quad NH_2 \end{array}$$

除了用环氧树脂（上式中的R）与胺反应制造加成物外，也可用单环氧化合物，例如丁基缩水甘油醚与二乙烯三胺加成：

$$H_2NC_2H_4NHC_2H_4NHCH_2\underset{\displaystyle OH}{\underset{|}{C}H}CH_2OC_4H_9$$

市上出售的商品都是提净的胺加成物（应注明其胺氢当量）。现场配制的加成物都是自行配制，其性能不及提净加成物。

4. 聚酰胺固化环氧树脂漆

涂料工业的聚酰胺指含有活泼氨基的聚酰胺树脂，是在双组分环氧涂料中广泛应用的固化剂。它是继加成物之后，由美国 General Mills 公司在 20 世纪 60 年代开发成功的。商品名为 Versamid，amid 指 amide 酰胺，Versa 指 versatile "能泛用"。现今由 Cognis 公司生产，类似产品很多，我国也有生产。

早期 General Mills 用大豆油脂肪酸在高压釜聚合，制得二聚酸 Dimer acid。现今大多用松浆油酸聚合。

$$2CH_3(CH_2)_4CH{=}CHCH_2CH{=}CH(CH_2)_7COOH \xrightarrow{\triangle}$$

$$\begin{array}{l} \quad\quad\quad\quad\quad\quad\quad\quad (CH_2)_7COOH \\ \quad\quad\quad O \quad\quad\quad\quad\quad | \\ \quad\quad\quad \| \quad\quad\quad\quad\quad CH\text{—}CH\text{—}CH_2\text{—}CH{=}CH\text{—}(CH_2)_4CH_3 \\ HO\text{—}C\text{—}(CH_2)_7\text{—}CH \quad\quad\quad\quad\quad CH\text{—}(CH_2)_5CH_3 \\ \quad\quad\quad\quad\quad\quad\quad\quad\quad CH{=}CH \end{array}$$

二聚酸

此类二聚酸在国外均由专门工厂大量生产出售，我国也有生产二聚酸（华生化工厂）。Union Camp 公司产品示例见表 2-1-131。

表 2-1-131　Union Camp 公司产品

产品编号	酸值 /(mgKOH/g)	皂化值 /(mgKOH/g)	色泽（加氏管）	单羧酸 /%	二聚酸 /%	三聚酸 /%	运动黏度 (25℃) /($10^{-4}m^2/s$)
14 号	196	201	4^+	0.4	96	3	71
18 号	194	201	7	0.8	86	14	90

从表 2-1-131 可见，14 号的酸值高，色泽浅淡，二聚体含量高，是优质产品。在聚合过程中若温度太高会发生脱羧反应，使酸值降低，产生不皂化物，不能与多元胺缩合。

$$R\sim\sim CH_2COOH \xrightarrow{\triangle} R\sim\sim CH_3 + CO_2\uparrow$$

用二聚酸与多元胺（如二乙烯三胺）缩合成聚酰胺：

$$HOOC\text{-}[\sim\sim]\text{-}COOH + 2H_2NC_2H_4\text{—}\underset{H}{N}\text{—}C_2H_4NH_2 \longrightarrow$$

$$H_2NC_2H_4\underset{H}{N}C_2H_4NH\overset{O}{\overset{\|}{C}}\text{-}[\sim\sim]\text{-}\underset{O}{\underset{\|}{C}}\text{—}NHC_2H_4\overset{H}{N}C_2H_4NH_2$$

下列是商品 Versamid 的性质。

① Versamid 100 号

胺值	85～95mgKOH/g	色泽(加氏)	最高 9
每含 1mol 活泼氢的克数	525g	相对密度(25℃)	0.97
黏度(120℃)	3～5Pa·s		

与环氧（601 型）配比：

求最高 T_g(DSC 法) 时应为环氧：Versamid100 号＝100：100

施工时限(60％固体分)	16h	实干(25℃)	48h
表干(25℃)	1.5h		

② Versamid 115 号

胺值	230～246mgKOH/g	色泽(加氏)	最高 8
每含 1mol 活泼氢的克数	198g	相对密度(25℃)	0.97
黏度(75℃)	3.1～4.5Pa·s		

与环氧配比（828 型液体环氧）：

求最高 T_g(DSC 法) 时应为环氧：Versamid115 号＝100：104

T_g	62℃	表干(25℃)	4.25h
施工时限(60％固体分)	4h	实干	6h

③ Versamid 125 号

胺值	330～360mgKOH/g	色泽(加氏)	最高 8
每含 1mol 活泼氢的克数	103g	相对密度(25℃)	0.97
黏度(75℃)	0.65～0.95Pa·s		

与环氧（828 型）配比：

求最高 T_g(DSC 法) 时应为环氧：Versamid125 号＝100：54

T_g	84℃	实干	12h
施工时限(60％固体分)	2h	胶化时间(200g 量,25℃)	2.15h
表干	5h		

④ Versamid 140 号

胺值	370～400mgKOH/g	色泽(加氏)	最高 8
每含 1mol 活泼氢的克数	97g	相对密度(25℃)	0.96
黏度(25℃)	8～12Pa·s		

与环氧配比（828 型液体环氧）：

求最高 T_g(DSC 法) 时应为环氧：Versamid140 号＝100：51

T_g	93℃	表干(25℃)	6.5h
施工时限(60％固体分)	3.5h	实干(25℃)	12h

在前面示意式中共有 2 个伯氨基，2 个仲氨基，共有 6 个活泼氢原子。酰氨基不参加反应。胺值较高牌号的树脂则用三乙烯四胺作原料。

由于二聚脂肪酸的长链起到内增塑作用，使涂膜具有韧性。涂膜有酰氨基、羟基等，故附着力优良，而且其结构的一端有极性的氨基，另一端有非极性长链烃基，相似于典型的表面活性剂，故在潮湿表面有能附着并置换水膜的能力，甚至可用作水下施工涂料。

聚酰胺树脂是黏稠的树脂，不溶于水，不同于水溶性的胺类固化剂（如二亚乙基三胺）。后者与环氧树脂配漆时必须称量准确，太少则固化不足，太多则不利于抗水性，而聚酰胺与环氧的配比可在一定范围内变动而获得所需的性能。由于具有上述优点，聚酰胺树脂广泛应用于一般的环氧维护防腐蚀漆。但是它的干燥速率较慢，寒冷温度下更困难，必须酌加 DMP-30 等催干剂，其抗溶剂，抗化学品性亦稍逊于脂肪胺类固化剂，因为交联密度较低。

一般的溶剂型环氧涂料，常采用 E-20 环氧树脂和类似 Versamid115 的固化剂，应用广泛。有些大型民航飞机蒙皮，是采用含铬酸锶的环氧聚酰胺底漆，上罩脂肪族聚氨酯面漆。新开发的水性环氧漆也常与溶剂型环氧/聚酰胺涂料作参比标准，以证明水性环氧漆已达到溶剂型环氧漆的性能。此类涂料广泛应用作常温干燥的防腐蚀底漆等。对于公交车等大型车辆的环氧底漆则可采用强制干燥（Forced Dry）在 60～80℃烘干，不仅缩短工时，提高产量，而且大大提高涂层性能。表 2-1-132 为聚酰胺环氧树脂漆配方（质量份）。

表 2-1-132 聚酰胺环氧树脂漆配方

原料		底漆（刷用）	面漆（刷或喷）	清漆（喷涂）
甲组分	环氧树脂 E-20	12	33	50
	混合溶剂	40	34	50
	氧化铁红	38		
	锌黄	8		
	云母粉	2		
	钛白(金红石)		33	
	合计	100	100	100
乙组分	聚酰胺(胺值 200)	4.2	11.5	17.5
	混合溶剂	4.2	11.5	17.5
	合计	8.4	23.0	35.0

上述环氧树脂与聚酰胺的比例约为 3∶1，实际上聚酰胺树脂的胺值仅表示其碱性氮原子的浓度，并不反映其所含活泼氢原子的数量，所以环氧树脂与聚酰胺树脂的配比可按产品的技术要求而变动。

聚酰胺树脂的胺值是指其在用 HCl 滴定时所含碱性氮原子的量，用以控制每批制造产品的质量稳定。但氮原子可能为伯胺（含两个活泼氢）或仲胺（仅含一个活泼氢），所以其胺氢当量不同于胺值。配制环氧涂料时应按每个环氧基团配一个活泼氢，并可略予调动以求最优化。配漆时可用 Versamid 100、115、125，其中 115 应用较多。开林造漆厂用自制的 650 树脂，下面仅是示例。

① 环氧铁红底漆

甲组分

环氧树脂 E-20(50%溶液)	43.7g	滑石粉	12.8g
氧化铁红	16.6g		

乙组分

100 号聚酰胺	15.4g	丁醇	2.4g
甲乙酮	3.5g	二甲苯	5.6g

② 环氧富锌底漆

甲组分

环氧树脂 E-20(75%溶液)	61g	丙二醇甲醚	30g
甲基异丁基酮	30g	膨润土(Bentone27)	10g
二甲苯	30g	锌粉	920g

乙组分

聚酰胺 115 号(60%溶液)	41g	丙二醇甲醚	27g
甲基异丁基酮	22g	二甲苯	23g

此配方涂料 PVC 为 65.8%，溶剂中的醇羟基能促进固化，酮能与胺形成氢键，阻缓固化（延长施工时限），不可用酯类溶剂，以免被碱性胺所氨解，丙二醇甲醚水溶性大，若太多残留涂膜中会影响耐水性。乙二醇乙醚不可用，因会引起致畸之弊。

典型的聚酰胺环氧树脂漆配方（质量份）见表 2-1-133、表 2-1-134 举例。

表 2-1-133 聚酰胺环氧树脂漆配方（一）

原料	底漆	磁漆（天蓝色）	原料	底漆	磁漆（天蓝色）
成分一：			E-20 环氧树脂	17.18	36.35
柠檬铬黄	12.12	—	30%丁醇、70%二甲苯混合溶剂	17.18	36.35
锌铬黄	9.92	—	硅油溶液(1%)	—	0.50
氧化锌	7.45	—	合计	72.07	100
滑石粉(325 目)	2.72	—	成分二：		
铝粉浆(固体 60%)	5.50	—	聚酰胺树脂(胺值 200)	11.5	20
钛白粉(金红石型)	—	26.40	30%丁醇、70%二甲苯混合溶剂	11.5	20
酞菁蓝	—	0.40	合计	23.0	40

按上述配方制得聚酰胺环氧树脂漆的性能：

附着力(划圈法)	2 级	耐人造海水腐蚀	浸 6 个月涂膜无明显变化
弯曲试验	3mm	耐湿热性(42℃±1℃，相对湿度 95%)	6 个月后涂膜颜色发花，无气泡
冲击强度	490.3N·cm		

表 2-1-134 聚酰胺环氧树脂漆配方（二）

原料	底漆（刷用）	面漆（刷或喷）	清漆（喷用）	原料	底漆（刷用）	面漆（刷或喷）	清漆（喷用）
成分一：				钛白(金红石型)	—	33	—
环氧树脂（环氧当量 500）	12	33	50	合计	100	100	100
混合溶剂	40(A)	34(A)	50(B)	成分二：			
氧化铁红	38	—	—	聚酰胺(胺值 200)	4.2	11.5	17.5
锌　黄	8	—	—	混合溶剂	4.2(C)	11.5(C)	17.5(D)
云母粉	2	—	—	合计	8.4	23.0	35.0

一般的聚酰胺树脂常含有些游离的脂肪族多元胺，在寒冷气候下涂装时会与空气中的 CO_2 反应生成盐，使涂膜发雾，影响层间附着力，所以后来又开发了聚酰胺加成物（polyamide adduct），是将聚酰胺树脂与少量环氧树脂反应，减少游离胺，则双组分混合后不必熟化，并能在寒冷气候下施工，减少成盐之弊。国外典型商品例如 Huntsman 公司的 Aradur 450，Cognis 公司的 Versamid224、225、226、228、229、280 六种，Air Products 公司也生产了 7 种聚酰胺加成物。

此 Aradur450 聚酰胺加成物型固化剂，它的活泼氢当量 AHEW 为 115，与环氧树脂可配制高固体涂料，示例如下：

甲组分

E-20 环氧树脂(75%溶液)	17.8g	磷酸锌系防锈颜料	7.3g
双酚 A/F 液体环氧树脂	13.4g	滑石粉	24.5g
消泡剂 BYK057	0.5g	$BaSO_4$	9.6g
Fe_2O_3	4.9g		

乙组分

固化剂 450	11.1g	涂料的 PVC	约 29%
芳香烃溶剂	5.3g	涂料的 VOC	约 250g/L
混合后涂料的固体含量	约 85%(质量分数)		

5. 环氧沥青涂料

环氧沥青涂料是一种广泛应用的防腐蚀涂料。环氧涂料中配入煤焦沥青有下列特点：

① 提高了抗水性；

② 降低了成本，提高了固体含量；

③ 对除锈不够充分的钢铁表面，其适应性比纯环氧涂料较好些。

此类涂料附着力好，耐水浸渍，不能做浅色漆，涂膜受日光长期照射时会失光、龟裂，不宜用于受日晒表面，常用于水下结构，户内结构等，开林造漆厂用于南浦大桥的箱形结构的内壁。如必须着色，则用氧化铁红、炭黑等颜料，有助于耐日晒，遮蔽日光。

配制环氧沥青漆所用的环氧树脂大多选用 E-42（即 Epon834 DER337 等类似产品）较宜，因其分子量低，可制成高固体厚膜，对溶剂的溶解力要求亦较低，混溶性亦较好。但分子量太低的 Epon828 型近似纯的双酚 A 缩水甘油醚，分子中缺少羟基，不能催化环氧基与胺的反应，漆的固化较慢，若用 E-20 则固体含量低，溶剂要求较高。

我国选用软化点约 50℃左右的煤焦沥青，但因其来源性质差异，必须与环氧树脂配合良好者选用之。国外称此类涂料为焦油环氧（Tar epoxy）。若选用普通焦油，其中挥发分较多，日久会从涂膜中逸失。煤焦沥青中含有苯并芘等有毒害物质，以往环氧沥青涂料大量涂布于船舶的压载水舱内壁，现已国际上禁用，因船航行到港后，排出舱水，会将苯并芘等污染港湾。

涂料配方中环氧树脂与沥青的比例，以 1∶1 配制，则漆的性能较好。若采用 1∶2 配制，则性能稍差些，但成本降低，而且沥青多的漆，较能适应除锈不彻底的表面，故用于防腐蚀要求稍低的场合。

欧伯兴介绍了日本规格 JIS K5664 焦油环氧树脂涂料，分为 1 型、2 型，实质反映其中含环氧树脂的多少：

	1 型	2 型
耐烃类浸渍	耐(石油醚∶甲苯为 8∶12)48h 无异状	耐煤油 168h 无异状
耐 NaOH(50g/t)浸渍	168h 无异状	120h 无异状

从以上两个型号比较可看出，耐烃类浸渍，石油醚溶解力比煤油强，再加上 20%芳烃甲苯，其溶解力比煤油强得多，实质上限定 1 型涂膜中必须有足够的环氧树脂。在耐 NaOH 浸渍方面，因焦油中常含酚类，不耐碱，所以 1 型耐碱时间长，即限制其不可含沥青太多（表 2-1-135）。

表 2-1-135 环氧沥青漆配方 单位：质量份

原 料	底漆	中层漆	面漆	清漆	原 料	底漆	中层漆	面漆	清漆
组分一					组分二				
环氧树脂(E-20)	11.3	11.2	19.6	28.0	聚酰胺(胺值 300)	2.8	2.8	4.9	7.0
滑石粉	30.2	31.5	15.8	—	二甲苯	2.8	2.8	4.9	7.0
氧化铁红	11.3	10.5	5.2	—	配比				
四碱式锌铬黄	7.5	—	—	—	环氧/沥青(质量比)	1.7/1	0.8/1	0.8/1	0.8/1
煤焦沥青	6.7	14.0	24.5	35.0	环氧/聚酰胺(质量比)	4/1	4/1	4/1	4/1
混合溶剂①	27.4	27.2	25.1	23					

① 混合溶剂组成为：甲苯∶环己酮∶二甲苯∶醋酸丁酯=4∶3∶2∶1。

以上表中的配方，是环氧树脂与煤焦沥青混合作为一个组分，另一组分是胺类固化剂。国外也有推荐将环氧树脂作为一个组分，另一组分是沥青加固化剂，笔者见进口涂料有此种组合方法。其理由是煤焦沥青的成分复杂，取决于焦化时煤的种类和焦化条件，往往含有胺、酚等，可能与环氧树脂反应。选用沥青是否合用，须将其与环氧树脂混合后测其黏度，隔数星期后再测黏度，如明显上升则表示发生了反应。以下是 Dow 公司推荐的配方示例。

甲组分：

环氧树脂 DER 337(接近于我国的 E-42)(90%溶液)	283.5g	气相二氧化硅(增厚作用)	6.7g
滑石粉	250.0g	二甲苯	57.6g
			597.8g

乙组分：

二亚乙基三胺	39.0g	二甲苯	36.0g
煤焦沥青	367.5g		476.0g
正丁醇	33.5g		

可见沥青是与固化剂混合作为一个组分。配方中的二亚乙基三胺可用等摩尔的聚酰胺树脂或酚醛胺代替。

6. 环氧酚醛胺、环氧异氰酸酯涂料

上述的双组分涂料，在常温下固化良好，一般在 7 天后已大部固化，有些聚酰胺固化稍慢，须加 DMP-30 等催化。

但在实际应用施工时，往往环境温度较低，酚醛胺或多异氰酸酯即是供低温时用的固化剂。

酚醛胺中含有酚羟基，能促进胺与环氧基反应。

$$R_2NH + H_2C\overset{O\cdots H^+O^-C_6H_5}{—}CH\sim\sim \longrightarrow R_2\overset{+}{N}H—CH_2—\underset{OH}{CH}\sim\sim\ (O^-C_6H_5) \longrightarrow R_2N(\cdots HOC_6H_5)—CH_2—\underset{OH}{CH}\sim\sim$$

另一种低温固化剂是多异氰酸酯。

7. 多异氰酸酯固化环氧树脂漆

高分子量的环氧树脂的仲羟基与多异氰酸酯的交联反应，在室温或较低温度下即可进行。因此可以制成常温干型涂料。干燥的涂膜具有优越的耐水性、耐溶剂性、耐化学品性和柔韧性。可用于涂装耐水设备或化工设备等。

多异氰酸酯的异氰酸基和环氧树脂的羟基反应生成聚氨基甲酸酯，而使涂膜固化，其反应如下式所示：

$$\overset{|}{\underset{|}{HC}}—OH + R—NCO \longrightarrow \overset{|}{\underset{|}{HC}}—O—\overset{O}{\overset{\|}{C}}—NHR$$

异氰酸酯固化环氧树脂漆一般是双组分的。环氧树脂、溶剂（色漆应加颜料）为一个组分；多异氰酸酯为另一个组分。适用的环氧树脂为分子量 1400 以上的。固化剂一般用二异氰酸酯和多元醇的加成物。

多异氰酸酯环氧磁漆配方（质量份）如下。

组分一：

钛白	34.0	环己酮	21.5
环氧树脂(E-03)	21.0	丙二醇甲醚醋酸酯	10.75
环己酮树脂(流平助剂之用)	2.0	二甲苯	10.75

组分二：

TDI 加成物(75%)	18.0

TDI 加成物是甲苯二异氰酸酯和三羟甲基丙烷的加成物，其主要规格：

固体含量(醋酸乙酯溶液)	75%±1%	游离甲苯二异氰酸酯	0.5%以下
异氰酸基含量	13.0%±0.5%		

配比：

组分一	100	组分二	18

表 2-1-136 为用多异氰酸酯固化及用聚酰胺固化的环氧树脂性能比较。

表 2-1-136 用多异氰酸酯固化及用聚酰胺固化环氧树脂性能

环氧树脂	E-03 型	E-20 型	环氧树脂	E-03 型	E-20 型
固化剂	TDI/TMP 加成物	聚酰胺(#115)	固化剂	TDI/TMP 加成物	聚酰胺(#115)
硬度(摆杆 Persoz)/s			杯突试验/mm		
20℃,1d	190	158	20℃,7d 后	8.0～8.2	8.7～8.6
20℃,7d	355	330	60℃,180min 后	9.0	8.3～8.7
60℃,3h	355	387	120℃,90min 后	5.1～5.5	8.0～8.4
120℃,90min	405	390			

从表 2-1-136 可见，用多异氰酸酯固化的环氧树脂，经高温（120℃）处理后，其伸展性有所下降。

表 2-1-137 为用多异氰酸酯固化及用聚酰胺固化的环氧树脂漆涂膜的抗沸水性（98℃，4h)。

表 2-1-137 用多异氰酸酯及用聚酰胺固化的环氧树脂漆的抗沸水性

固化条件	多异氰酸酯固化	聚酰胺固化	固化条件	多异氰酸酯固化	聚酰胺固化
20℃,7d	无泡～微泡/失光	严重起泡/失光	120℃,90min	无泡/失光	严重起泡/失光
60℃,180min	无泡/失光	微泡/失光	150℃,60min	无泡/不失光	严重起泡/失光

表 2-1-138 为用多异氰酸酯固化及用聚酰胺固化的环氧树脂漆涂膜的抗溶剂性能比较（浸入二甲苯/丁醇混合物两天)。

表 2-1-138 用多异氰酸酯及用聚酰胺固化的环氧树脂漆的抗溶剂性

固化条件	多异氰酸酯固化	聚酰胺固化	固化条件	多异氰酸酯固化	聚酰胺固化
20℃,10d	15 个月后破坏	3 个月后破坏	120℃,90min	良好	3 个月后破坏
60℃,180min	3 个月后破坏	3 个月后破坏	150℃,60min	良好	3 个月后破坏

从表 2-1-138 可见，多异氰酸酯固化的环氧树脂的耐溶剂性优于聚酰胺固化的环氧树脂（当然，若改变环氧树脂的分子量及固化剂也可提高耐溶剂性)。上述结果是由于高分子量的环氧树脂，往往每分子中含有 10～15 个羟基，经多异氰酸酯固化，交联密度大。但每个环氧树脂分子中仅含两个环氧基供聚酰胺交联，交联密度较低。因此，多异氰酸酯固化的环氧树脂漆涂膜交联密度高，而对金属的附着力较低，经弯曲易剥落，尤其在光滑的铝板等表面，不及环氧/聚酰胺涂料。在寒冷气候施工，则多异氰酸酯的固化速度比聚酰胺的快，而且耐酸性也优于聚酰胺固化的涂膜。

除了上述方式固化之外，尚有一种方式是用二乙醇胺（或二异丙醇胺）先与环氧树脂反应，则环氧基会开环生成较多羟基，而胺的氮原子更具有催化作用，促进异氰酸基与羟基反应：

$$(HO-R)_2NH + \underset{\diagdown O \diagup}{CH_2-CH}[\sim\sim\sim]\underset{\diagdown O \diagup}{CH-CH_2} + NH(R-OH)_2 \longrightarrow (HO-R)_2N-CH_2-\underset{OH}{\underset{|}{CH}}[\sim\sim\sim]\underset{OH}{\underset{|}{CH}}-CH_2-N(R-OH)_2$$

8. 环氧酯涂料

环氧酯是环氧树脂与植物油脂肪酸反应酯化而成，实质上视环氧树脂作为优质的多元醇，故产品稍类似于醇酸树脂。它是单组分的，贮存稳定性好，有烘干型的，也有常温干型的，烘干温度也较低（约 120℃），施工方便。环氧酯漆可以由不同品种的脂肪酸以不同的配比与环氧树脂反应制得，因而涂膜性能是多样的。环氧酯可溶于价廉的烃类溶剂中，成本较低。环氧酯与其他树脂混溶性较好，如与氨基树脂或酚醛树脂并用，可制成性能不同的烘干型漆，因环氧酯中含有酯基，故耐碱性较弱。但比醇酸树脂漆的耐碱性好。环氧酯可以制成清漆、磁漆、底漆和腻子等。

环氧酯漆用途很广，是目前我国环氧树脂涂料中生产较大的一种。如各种金属底漆、化工厂室外设备防腐蚀漆等。环氧酯底漆对铁、铝金属有很好的附着力，大量用于拖拉机或其他设备打底。近年来我国水稀释性环氧酯底漆应用于阳极电泳涂漆工艺中。

(1) 酯化反应　脂肪酸的羧基与环氧树脂的环氧基和羟基发生酯化反应，生成环氧酯。以无机碱或有机碱作催化剂，反应可加速进行。

环氧基比羟基活泼，所以羧基与环氧基反应先发生，称为加成酯化，并无水析出。其次是羟基与羧基发生反应，反应过程如下式：

$$\begin{array}{l} CH_2 \\ |\quad\diagdown \\ |\quad\;\; O \\ |\quad\diagup \\ CH \\ | \end{array} + RCOOH \xrightarrow{130\sim180^\circ C} \begin{array}{l} CH_2\text{—}OOCR \\ | \\ CH\text{—}OH \\ | \\ \text{（半酯）} \end{array}$$

$$\begin{array}{l} CH_2\text{—}OOCR \\ | \\ CH\text{—}OH \\ | \\ \text{（半酯）} \end{array} + RCOOH \xrightarrow{200\sim240^\circ C} \begin{array}{l} CH_2\text{—}OOCR \\ | \\ CH\text{—}OOCR \\ | \\ \text{（全酯）} \end{array} + H_2O$$

$$\begin{array}{l} | \\ CH\text{—}OH \\ | \end{array} + RCOOH \xrightarrow{200\sim240^\circ C} \begin{array}{l} | \\ CH\text{—}OOCR \\ | \end{array} + H_2O$$

除了上述酯化反应外，环氧基和羟基还可能发生醚化反应，脂肪酸的双键还有聚合反应。

(2) 酯化程度　环氧酯的酯化程度的表示方法有两种，一种是以酯化物所用脂肪酸的酯化当量数表示。如 40%酯化脱水蓖麻油酸环氧酯；一种是以酯化物所含脂肪酸的含量百分比来表示，如 40%脱水蓖麻油酸环氧酯。两种表示方法以第一种较为确切通用。酯化当量与脂肪酸百分含量之间的关系如表 2-1-139 所示。

表 2-1-139　酯化当量与脂肪酸百分含量的关系

环氧树脂酯化当量数	脂肪酸/mol	脂肪酸占酯化物比例/%
1.0	0.3～0.5	32～44
1.0	0.5～0.7	44～53
1.0	0.7～0.9	53～59

在制备环氧酯时，通常是将环氧树脂部分地酯化，因为这样可以更多地保留环氧树脂的特性。环氧酯的酯化程度一般在 40%～80%。具体的酯化程度则应根据涂膜的性能要求决定。一般说来，制备空气干燥的环氧酯时，酯化程度在 50%以上，使环氧酯中含有足够的脂肪酸双键，以便进行氧化聚合而干燥。制备烘干的环氧酯时，酯化程度可在 50%以下。通过酯化物中的剩余羟基和并用树脂中活泼基团进行交联，而使涂膜干燥。

环氧酯的性能与脂肪酸用量有密切关系，当脂肪酸用量增加时，黏度、硬度降低，对溶剂的溶解性增加，刷涂性、流平性改善。干燥速度以中油度最好，一般室外耐久性也较好。但环氧酯涂料中因含大量醚键，耐晒性不如醇酸树脂漆好。

(3) 原料的选择

① 环氧树脂　适于酯化的环氧树脂分子量有：900、1400 和 2900。常用的环氧树脂规格见表 2-1-140。

表 2-1-140　用于酯化的环氧树脂规格

树脂型号	环氧值	酯化当量(约)	平均分子量(约)
E-20(旧 601)	0.18～0.22	130	900
E-12(旧 604)	0.09～0.14	175	1400
E-06(旧 607)	0.04～0.07	190	2900

通常如果环氧树脂的分子量大，其酯化物的耐化学品性能高。但是树脂中羟基较多，在加热酯化时，酯化物黏度上升快，在制造时操作控制困难。制成的清漆黏度大，与其他树脂的混溶性不好。通常以 E-12 (604 型) 树脂采用最普遍。国外的 Epon1004、Dow 公司的 DER664 中均预加有酯化的催化剂。

② 脂肪酸　制造常温干型环氧酯时，主要选用干性油脂肪酸，如亚麻油酸、桐油酸等。制造烘干型环氧酯时，常选用脱水蓖麻油酸、椰子油酸等。

(4) 环氧酯漆的配制

① 环氧酯漆配方的拟定　主要是改变所用脂肪酸的品种和配比，以满足涂料性能要求。通常，配制常温干燥漆时，应采用干性油脂肪酸，酯化程度以 60%～90%为宜。同时应加入催干剂使涂膜进行氧化聚合干燥，催干剂常用环烷酸钴，金属钴用量为环氧酯不挥发分的 0.04%左右。不宜使用铅催干剂，因短期贮存即会产生沉淀。配制烘干型漆时，宜采用不干性油脂肪酸，酯化当量在 0.5 以下。催干剂可不用或少量使用，金属钴用量为清漆不挥发分的 0.005%～0.01%。常与氨基树脂并用 (不超过 40%) 制成耐化学品性好的、颜色浅的漆。脱水蓖麻油酸的环氧酯 (40%酯化，习称为 D-4) 常用于烘干漆。

环氧酯清漆加入颜料、体质颜料等可以制成磁漆、底漆和腻子等品种，对颜料选用无特殊要求。

② 配方计算　50%酯化的亚麻油酸环氧酯的配方计算见表 2-1-141。

表 2-1-141　50%酯化的亚麻油酸环氧酯的配方

原　　料	每摩尔的质量/g	摩尔比	实用质量/g	质量/%
E-12 环氧树脂	175	1.0	175	55.6
亚麻油酸	280	0.5	140	44.4
合计			315	100.0

表 2-1-142 为环氧酯配方举例，表 2-1-143 为环氧酯氨基底漆配方。

表 2-1-142　环氧酯配方举例　　单位：质量份

原　料	A 长油度	B 中油度	C 中油度	D 短油度	E 中油度
E-12 环氧树脂	43.5	50.7	50	60	50
亚麻油酸	56.6	49.3			
脱水蓖麻油酸			40	40	
桐油酸			10		10
梓油酸					40
酯化程度	0.82	0.6	0.6	0.4	0.6

续表

原 料	A 长油度	B 中油度	C 中油度	D 短油度	E 中油度
200 号油漆溶剂油	100				
二甲苯		100	100	100	100
不挥发分/%	50	50	50	50	50
酸值(固体)	7～10	<3	<5	<5	<8
黏度					
(气泡法,25℃)/s	7～13	6～9	<8	<6	—
(涂-4,25℃)/s	—	—	—	—	200～400
应用范围	自干性底漆和磁漆	自干或烘干清漆、底漆、磁漆	自干或烘干底漆、腻子	烘干底漆、磁漆、清漆(可与氨基树脂并用)	自干底漆腻子

环氧酯氨基底漆性能：

干燥时间(120℃)	1h	弯曲试验	1mm
硬度	0.4	耐水性(50℃蒸馏水)	8h 不起泡
冲击强度	490.3N·cm		

表 2-1-143 中所述铁红环氧底漆适用于钢铁；锌黄环氧底漆适用于铝和铝合金表面打底。表中配方含有少量丁醚化三聚氰胺树脂是某造漆厂欲将此底漆作为既可常温干燥，又可烘烤干的涂料。若除去三聚氰胺树脂，则常温干燥会快些，因为三聚氰胺树脂在常温不会干燥。用作烤漆则氨基树脂又太少。

表 2-1-143 环氧酯氨基底漆配方 单位：质量份

原 料	烘干铁红环氧底漆	烘干锌黄环氧底漆	原 料	烘干铁红环氧底漆	烘干锌黄环氧底漆
铁红	9.9	—	丁醇醚化三聚氰胺甲醛树脂(50%)	4.6	5
锌黄	6.65	20	环烷酸钴(Co3%)	0.6	0.2
氧化锌	4.13	7	环烷酸钙(Ca2%)	0.6	2
氧化铅	0.14	—	环烷酸锌(Zn3%)	—	1
滑石粉	8.25	3	二甲苯	23.73	6.8
轻体碳酸钙	—	5			
40%酯化的脱水蓖麻油酸环氧酯(50%)	41.4	50	合计	100.0	100.0

③ 环氧酯炼制工艺举例

E-12 环氧树脂	300kg	二甲苯(回流用)	30kg
脱水蓖麻油酸	200kg	二甲苯(稀释用)	470kg

操作：

将树脂、脱水蓖麻油酸、回流二甲苯，催化剂 ZnO（为环氧酯量的 0.1%）投入釜中，升温至 150℃树脂熔化后，开动搅拌，升温至 200～205℃，保温酯化约 2h，开始取样，测黏度和酸值。

当酸值降到 5 以下时，停止加热，立即冷却降温，将酯化物抽入对稀罐中降温至 130℃以下，加入二甲苯稀释，至 60℃以下，过滤，贮存备用。

质量指标 酸值（固体） 5mgKOH/g
黏度（25℃，气泡法）6s 以下

9. 无溶剂环氧涂料

无溶剂环氧涂料是随着人们对 VOC 挥发性有机化合物的严重关注而发展的品种，以保护环境和工人健康，避免火灾危险，其涂膜很厚不必多道施工。

制造无溶剂环氧涂料最大的难点如下。

① 环氧树脂的黏度高，典型的液体环氧树脂E-51（或如DER331，Epon828）黏度约为12000mPa·s，即使采用双酚A/双酚F混合环氧树脂，其黏度仍约为6000mPa·s，而普通制漆用的亚麻油的黏度约仅为50mPa·s。

② 无溶剂涂料中，当环氧树脂与胺交联反应至某程度达到T_g近于环境常温时，反应不易继续进行。而在溶剂型涂料中，由于残留涂膜中溶剂的溶剂化作用，降低T_g，有利于反应继续固化。

③ 涂料中的环氧基和氨基浓度高，反应发热量没有溶剂冲稀并带走热量，所以须注意其调配批量（mixing batch size），有些胺类反应迅猛发热高，只能小批量调配，或施工时限短促，须用双口喷枪。

④ 低分子量树脂中，两个环氧基因位置较近，交联密度高，涂膜较脆不耐冲击。

⑤ 液体低分子环氧树脂中没有羟基，不能催化反应，需加入水杨酸等催化剂。

制造无溶剂环氧涂料，降低黏度的措施除选择低黏度的环氧树脂外，尚可加入不挥发的稀释剂，也有用常规的邻苯二甲酸酯等，但它们仅是混合在涂膜中并未结合，会被溶剂或油类萃出。所以较多是采用含有环氧基的活性稀释剂，在固化时参加反应，成为固化涂膜的一部分，在一般情况下，活性稀释剂的用量相当于树脂重量的15%以下，以免涂膜性能下降太多。若采用二元醇（例如丁二醇）的二缩水甘油醚，虽尚可保持交联程度和力学性能，但抗水性下降。

常用的商品活性稀释剂示于表2-1-144。这些活性稀释剂往往对人体皮肤有刺激性，使用时必须注意劳动保护。

表2-1-144 常用活性稀释剂

名称	环氧当量	黏度(25℃)/mPa·s	密度/(g/cm³)	CAS登记号
甲苯基缩水甘油醚	170～179	约8	1.08	2210-79-9
苯基缩水甘油醚	155～170	4～7	1.10	122-60-1
丁基缩水甘油醚	145～155	1～3	0.92	2426-08-6
烯丙基缩水甘油醚	约114	1.2		
异辛基缩水甘油醚	215～230	2～15	0.89	2461-15-6
对叔丁苯基缩水甘油醚	220～240	20～40	1.02	3101-60-8
新戊二醇二缩水甘油醚	135～145	15～35	1.04	17557-23-2
1,4-丁二醇二缩水甘油醚	120～140	15～20	1.10	2425-79-8
叔碳酸缩水甘油酯(Cardura E 10)	240～265	5～20		

从表2-1-144中可见，它们黏度较低，其中苯基、甲苯基、对叔丁苯基团保色性稍差。应用活性稀释剂时，固化剂用量须相应增加。

降低该涂料黏度的另一措施是选择低黏度的固化剂。普通的脂肪族多元胺虽黏度低，但施工时限短，发热量大，不方便，而环脂族胺的反应性稍缓，常被介绍用作固化剂，如异佛尔酮二胺以及Laromine C260（BASF公司）。

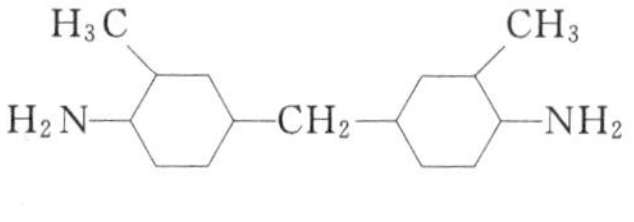

H_3C、CH_3、H_2N—环己基—CH_2—环己基—NH_2

熔点 −7℃

胺氢当量 60

Laromine C260

H_3C、NH_2、H_3C、H_3C、CH_2NH_2

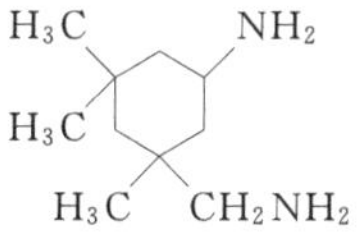

胺氢当量 42.6

熔点 10～14℃

黏度（20℃） 18mPa·s

异佛尔酮二胺（IPDA）

(1) 无溶剂涂料配方示例

第一步：先配固化剂溶液。

异佛尔酮二胺(Degussa 公司)	100g	水杨酸	12g
苯甲醇	88g		

所得溶液黏度（20℃）为 48mPa・s

第二步：制漆。

甲组分

环氧树脂(E-51)	100g	硫酸钡	120g
钛白	4g	石英砂(0.1～0.3mm)	240g
着色颜料	2g		

乙组分

固化剂溶液	4.5g

说明：

① 先将水杨酸溶解于苯甲醇，再加入异佛尔酮二胺，苯甲醇作为水杨酸的溶剂，又作为环氧树脂涂膜中的增塑剂，留在涂膜中赋予一定弹性，水杨酸是固化催化剂。

② 环脂胺固化的涂层保色性较好，若用芳香胺类固化剂，如 Huntsman 公司的 Aradur830/850 则易变色，但耐化学品性优良。

③ 涂膜很厚，少量颜料即可遮盖，填料选吸油量低者，如石英砂。涂料中若填料少者[1：(1～3)]，在地坪漆中称为自流平（self leveling)，填料很多者［1：(3～7)］不能流平称为砂浆。石英砂选粒状无破碎者。石英砂可选配采其粗、中、细组合，则填充更密实。

④ 上述的异佛尔酮二胺固化剂溶液（共 200g）在搅拌下逐滴加入 20g E-51 环氧树脂（此时稍有发热)，加完后继续搅拌 2h，制成"现场加成物" in situ adduct 固化剂，它在低温阴湿环境下施工，不会与空气中 CO_2 及潮气反应，生成氨基甲酸盐浮于涂层表面，涂膜发雾。而且加成物与环氧树脂的混溶性得到改善。

陶氏公司 D. H. Klein 等配制的固化剂有：

IPDA	45g	水杨酸	3g
IPDA 加成物	10g	苯甲醇	42g

共 100g，AHEW 约 86，黏度为 90mPa・s。用 86g 此固化剂，可配合等当量的环氧树脂，如 190g 的 D. E. R. 331。

(2) 另一种无溶剂环氧涂料示例（芳香胺固化）

第一步，先制备促进剂（苯乙烯苯酚）。

苯酚	30.1g	苯(溶剂)	33.3g
苯乙烯	41.3g	对甲苯磺酸	0.1g

升温至 95～100℃左右，回流 2～3h，进行 Friedel-Craft 反应，苯乙烯加成至苯酚上，生成苯乙烯苯酚，冷却至 50℃，加入 13.6g 碳酸氢钠以中和磺酸，过滤，常压蒸除苯，再减压蒸馏（175～180℃/4kPa）得棕色黏稠液体。

第二步：配制芳香胺固化剂。

间苯二酚	4.8g	苯乙烯苯酚(见上)	8.0g
4,4-二氨基二苯甲烷	3.2g		

第三步：轧漆浆（三辊机）

环氧树脂(E-44)	50.0g	灯黑	1.0g
邻苯二甲酸二丁酯	8.0g	重晶石粉	50.0g
TiO_2	20.0g	滑石粉	5.0g

将上述芳香胺固化剂与环氧浆拌匀即可刷涂。此涂料的固化剂虽是芳香胺，但因有苯酚促进，在室温下也能固化成膜。此涂料耐磨、耐水、耐化学品，且拌和后反应热不明显，可

较大的批量调配，而普通无溶剂环氧涂料，一旦拌入固化剂后常反应发热，缩短施工时限，因而只可小批量拌和后施工，此涂料的芳香胺固化剂会使涂膜稍泛黄。

无溶剂环氧漆在国内较多的用途是混凝土地坪和狭窄贮槽的内壁等。数十年来，我国工厂都是混凝土地坪。

10. 单组分烘干涂料

(1) 酚醛树脂固化的环氧树脂漆

① 酚醛树脂固化的环氧树脂漆　酚醛树脂固化的环氧树脂漆，是环氧树脂漆中耐腐蚀性很好的一种。涂膜具有优良的耐酸碱性、耐溶剂性、耐热性。但涂膜颜色很深，不能做浅色漆。

环氧酚醛漆主要用于涂装罐头、包装桶、贮罐、管道的内壁、石油化工设备换热器涂料等。

② 环氧树脂的选择　以选用高分子量（2900～4000）的环氧树脂为宜。这类树脂含羟基较多，羟基官能度较大，与酚醛树脂的羟甲基或烷氧基反应时，固化较快。高分子量环氧树脂具有较长的分子链，可提高涂膜的弹性。与酚醛树脂并用后可同时兼具耐酸性和耐碱性等优良性能。

③ 酚醛树脂的选择与用量　以丁醇醚化酚醛树脂较宜，如新华树脂厂的 284 树脂和丁醇醚化二酚基丙烷甲醛树脂均可与环氧树脂混溶，进行固化。

丁醇醚化二酚基丙烷甲醛树脂与环氧树脂并用时，可制得机械强度高和耐化学品性好的涂料。而且漆的贮存稳定性较好。酚醛树脂的用量为清漆总不挥发分的25%～35%。

④ 流平剂　环氧酚醛漆施工时，涂膜有时发生橘皮等弊病，可以加入流平剂解决。如用清漆不挥发分 2%～3%的脲醛树脂液，也可以加少量的 1%硅油溶液或 1%的聚乙烯醇缩丁醛。

⑤ 酸催化剂的使用　为了提高环氧酚醛漆的固化速率，常加入少量的酸来催化。常用的是磷酸，用量为清漆总不挥发分的 1%～2%。但这种催化剂的加入大大缩短了漆的贮存期限。最近多采用潜催化剂，这种催化剂在高温时才裂解起催化作用。如对甲苯磺酸的吗啉盐就是一例。用量为清漆总不挥发分的 0.5%左右。使用催化剂后固化温度一般可由 200℃降低到 150℃左右。

⑥ 环氧酚醛漆的烘干　多道施工可以提高漆膜性能和减少针孔等弊病。但应注意掌握烘烤温度，中间层烘烤过度，将引起层间附着力不好。中间层烘烤不足，将不能把溶剂除净，则最后一道烘干时会造成涂膜起泡。一般可采用以下烘干条件，中间层烘干温度 90～150℃、烘烤 10～30min，最后一道烘干温度 180℃、烘烤 60min。

⑦ 环氧酚醛漆配方

a. 耐酸碱腐蚀环氧酚醛清漆

配比（质量份）：

环氧树脂(E-06)	30	二甲苯	15
环己酮	15	40%二酚基丙烷甲醛树脂液	25
二丙酮醇	15		

性能：

冲击强度	490.3N·cm	耐酸碱性	
弯曲试验	1mm	常温 H_2SO_4,10%～15%	90d 漆膜不变
耐有机溶剂性		常温 NaOH,10%～20%	90d 漆膜不变
丙酮	浸 9d 漆膜起泡	沸腾 H_2SO_4,20%	18h 漆膜不变
纯苯	浸 9d 漆膜不变	沸腾 NaOH,10%	18h 漆膜不变
丁醇	浸 9d 漆膜不变	DDT、石灰硫黄合剂,硫酸铜溶液(40℃)	浸 44d 漆膜不变

b. 丁醇醚化二酚基丙烷甲醛树脂的制备

配比（质量份）：

双酚 A	16.7	H_2SO_4(53%)	13.0
甲醛(36%)	31.5	苯酐	0.4
NaOH(33%)	17.7	丁醇	20.0

工艺：

甲醛与双酚 A 在 NaOH 存在下于 40℃反应，产物以 H_2SO_4 中和水洗，加入苯酐、丁醇使之醚化，再经脱水（终点控制沸点 120℃）过滤即得成品，其不挥发分为 50%±2%，黏度（25℃，涂-4 杯）为 60～75s。

在耐腐蚀的环氧涂料中，一种是双组分胺固化涂料，常温干燥而涂膜厚，但弹性不甚高，供船舶及港湾等钢结构重防腐蚀等用途。另一种是本节所述酚醛树脂交联的环氧涂料。它不仅耐腐蚀性好，而且挠性好，但必须高温烘烤，涂膜薄，涂于金属薄板上烤干后可耐“后加工”(post forming)，供罐、桶等内壁衬里用，用量甚大。近年来，某些食品罐头在发展深冲的两片罐以取代常规的 3 片罐，对内壁涂料的延展性提出更高的要求。Dow 公司的 Massingill 等开发了环氧磷酸酯涂料，是将高分子量环氧树脂与浓磷酸反应，然后加水在高温高压下反应，产物除含有环氧树脂的磷酸单酯外，尚含有许多端二羟基树脂及少量游离磷酸。

下式为环氧磷酸酯制备的示意式：

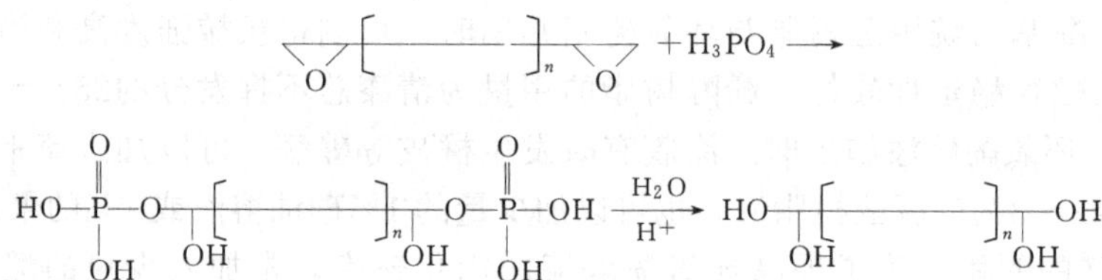

产物成分举例如下：

环氧磷酸单酯	26%	游离 H_3PO_4	0.1%以下
端二羟基树脂	52%		

环氧磷酸酯烘漆与常规的高分子量环氧烘漆相比，有如下优点。

a. 更好的挠曲性　特别适用于罐头内壁及底漆。这是因为常规的环氧树脂的交联基团是树脂链中间的仲羟基，反应活性低而有位阻，其树脂端的环氧基与酚醛或氨基树脂的羟甲基或烷氧基反应迟钝，不易扩链而提高弹性。

环氧磷酸酯的分子端含有多量伯羟基（上例中可见 52%组分含伯羟基），反应活性高，且无位阻，是遥爪聚合物（telechelic polymer），能与交联剂的羟甲基或烷氧基优先反应，使树脂链增加长度，提高挠性。

b. 提高附着力　涂膜的干附着力和湿附着力均优于常规的环氧烘漆。因为其磷酸酯基按 Fowkes 的解说：附着力是由于酸-碱间的作用。底板金属表面的氢氧化物呈弱碱性，涂膜中磷酸基与它相互作用，提高了附着力。常规环氧烘涂膜的附着力来自其仲羟基与底材间的氢键。在湿态时，当水透过漆膜到达底材时，水与金属表面间形成的氢键超过仲羟基的氢键而能置换之，湿附着力大为下降。但磷酸基与底材形成的氢键强于水的氢键，水不能置换，使环氧磷酸酯涂膜在湿态下仍保持较佳的附着力。Massinglill 采用 T 形板剥离法，将试样在 90℃水中浸 4 天后，用 Instron 仪器拉开，测定附着力，结果是环氧磷酸酯涂膜的湿附着力比常规的环氧烘漆提高 6 倍。

罐头内壁涂料配方举例如下。

环氧磷酸酯	40g(固体计)	丁氧基酚醛树脂	10g(固体计)
硅树脂(流平助剂)	0.2g	醚醇溶剂	约 50g

环氧酚醛烤漆应用于石油化工厂的许多换热器，获得良好实效，漆中添加氧化铬绿填充，可提高传热系数，我国石化厂中用量很大。一般烘四道，最后一道高温烘烤，膜总厚度180～200μm。

上述是用酚醛树脂固化高分子量环氧树脂，具有很高的耐蚀性。若耐腐蚀性要求稍低的场合，为了降低成本，笔者试过用短油度的环氧酯，以丁氧基酚醛树脂高温交联，也可获得优良的涂膜，而且不必用强溶剂，只需芳烃即可溶解，涂膜平整无需流平助剂。

(2) 氨基树脂固化环氧树脂漆 环氧氨基漆也具有较好的耐化学品性，但比环氧酚醛漆差些。涂膜的柔韧性很好，颜色浅、光泽强。适于涂装医疗器械、仪器设备、金属或塑料表面罩光等。

适用的环氧树脂分子量为2900和3750。

丁醇醚化脲醛树脂与环氧树脂有很好的混溶性。丁醇醚化三聚氰胺甲醛树脂和环氧树脂可混溶。三聚氰胺甲醛树脂具有更好的光泽和硬度。

环氧树脂与氨基树脂的配比（质量比）在70∶30时漆的性能最好。当环氧树脂比例增加时，涂膜的柔韧性和附着力提高。如增加氨基树脂的比例时，涂膜的硬度和抗溶剂性提高。氨基树脂的使用比例在30%以下时，则烘烤温度需提高很多。

在不用酸催化剂时，烘烤条件为190～205℃、烘30min。由于有些氨基树脂中含有酸，烘烤温度可降低。如加入清漆总不挥发分0.5%的对甲苯磺酸吗啉盐，烘烤温度可降低为150℃，烘30min。

环氧氨基漆配方（质量份）举例见表2-1-145。

表2-1-145 环氧氨基漆配方

原　　料	清漆	磁漆	原　　料	清漆	磁漆
钛白(金红石型)	—	29.4	二丙酮醇	26.0	17.6
环氧树脂	28.0	20.6	二甲苯	26.0	17.7
60%丁醇醚化脲醛树脂	20.0	14.7			

注：环氧树脂∶脲醛树脂=70∶30。

性能：

205℃、烘20min后涂膜的耐化学品性、光泽、硬度均好。

近十几年来我国卷材涂料发展很快，大多是环氧树脂/脲醛树脂底漆，聚酯树脂/甲醚化三聚氰胺为面漆。该体系在测试T弯时，往往底漆占相当关键。环氧树脂为609，脲醛树脂的量约为环氧树脂量的1/6～1/5。

11. 环氧粉末涂料

粉末涂料不含溶剂，不污染大气，较不易引起火灾。而且粉末涂料不需底漆，一次施工即可获得较厚的耐蚀厚的漆膜。但粉末涂料须高温烘烤，限用于不太大且耐烘烤的物体上。在热固性粉末涂料中，环氧粉末涂料应用最早，产量最广，我国发展最快，几乎占全球首位。本书粉末涂料章节中，专门分类介绍环氧粉末涂料的制造和应用，故本章从略。

六、水性环氧树脂漆

随着人们对环境保护的关注，环氧涂料除了以粉末及无溶剂形态出现外，也开发了水性涂料。实用的有烘干型的阴极电沉积漆CED、阳极电沉积漆AED，均以环氧树脂为主要基料。此外，软饮料的两片罐内壁衬里涂料，以Glidden公司（ICI公司所属）开发的水性丙烯酸接枝的环氧涂料最为成功，现已广泛应用。实用中常温固化型者大多是双组分水乳化涂料。一个组分为低分子量的环氧树脂，其环氧当量约 180～190，黏度（25℃）为 6000～8000mPa·s；另一组分为聚酰胺，例如 Ciba 公司的 HZ-340，为 50%水溶液，黏度（25℃）13000～23000mPa·s，色泽（加氏）≤14，含活泼胺 2.7～3.1mol/kg。通常水性涂料的施工时限较短。常规溶剂型双组分涂料的施工时限，常测定其黏度上升而不易施工的时间；但水性双组分环氧涂料的施工时限，常受制于涂膜的光泽，超过时限则涂膜失去光泽，时限很短。Anchor 公司的 S. Darwen 不用聚酰胺而用胺加成物为固化剂，制得的水性环氧涂料不仅施工时限延长，而且涂膜防腐蚀性能可接近于溶剂型的固体环氧树脂/聚酰胺涂料。

作为示例，举 Ciba 公司介绍的水性环氧漆的配方如下：

Araldite PY 340-2	1000g	去离子水	1745g
固化剂 HZ3982	990g	该漆施工时限(光泽下降不超过 10%时)	3h
TiO_2	1122g	不沾尘干燥	7h

以上 Araldite PY 340-2 是双酚 A/双酚 F 型环氧树脂，内含有非离子乳化剂，其黏度（25℃）为 6000～8000mPa·s，环氧指数为 5.5～5.8eq/kg。固化剂是多元胺的水溶液，固体含量为 80%，挥发分为 20%，是水与异丙醇的混合物（3∶1），含异佛尔酮二胺及间苯二甲二胺等，活泼氢当量 175，黏度（25℃）为 11000～15000mPa·s。

配制方法：将 TiO_2 分散于环氧树脂中，然后在搅拌下缓慢加水使乳化（但若操作温度太低或太高，或搅拌剪切太剧烈，则乳液会不稳定）。以此作为一个组分，另一组分为固化剂，施工前调和之。

制造双组分水性环氧涂料，一般分为 1 型和 2 型，或称为第 1 代和第 2 代，再进一步改进者，则称为第 3 代。最早第 1 代是采用液体环氧树，因它便于乳化，固化剂则较多是采用聚酰胺树脂，加以极少量醋酸使成盐而变成水溶液，使用时此胺盐既是固化剂又是乳化剂，在充分搅拌下使液体环氧树脂乳化。各生产公司稍有些差别，但均属于 1 型，一般只用于混凝土墙面或地坪底漆，因亲水性高，且含醋酸，不能用于金属底材。兹录数家公司配方供参考。

德国 UPPC 公司水性环氧涂料（现 UPPC 被 Dow 公司收购） 采用液体环氧树脂 Polypox E411，EEW 190。

采用固化剂是 Polypox 1 H 7005W，是聚酰胺加成物的商品，含游离胺 1%以下，不含溶剂，能溶解于水，黏度（25℃）约为 15000mPa·s。

它的性能：

胺值约	200	0℃会冻结,加温至 40℃复原,贮藏期 1 年	
胺氢当量	220g/eq	颜色(加氏管)	≤6

白色有光水性环氧漆配方：

甲组分：

固化剂 1H 7005W	23.0g	$BaSO_4$	22.0g
去离子水	12.0g	去离子水	24.8g
BYK 024(消泡剂)	0.2g	小计共	100.0g
TiO_2	18.0g		

乙组分：

环氧树脂 E411	21.0g

搅拌混合后

PVC	24%	施工时限	60min
固体分	62.9%	光泽(60°)%	88

可见，施工时限很短，超过时限其连续相水的黏度稍有上升，而搅拌乳化的颗粒逐步固化不易聚结 Coaleace 而光泽下降，一般以光泽下降 10%即作为时限。

(1) 白色无光水性环氧漆配方

甲组分

固化剂 1H 7005W	17.4g	$BaSO_4$	29.0g
去离子水	22.5g	滑石粉(特细)	10.7g
Disperbyk 190(分散剂)	0.2g	去离子水	10.5g
BYK 024 消泡剂	0.2g	小计共	100.0g
TiO_2	9.5g		

乙组分

环氧树脂 E411	15.8g

搅拌混合后

施工时限	60min	PVC	35.6%
光泽(60°)%	10	固体分	66.1%

(2) 水性环氧地坪涂料配方

固化剂采用 Polypoxw804，它的胺值约 290，黏度（25℃）约 5500mPa·s，胺氢当量 175。

甲组分

固化剂 W804	120g	$BaSO_4$	300g
去离子水	63g	石英砂(0.06～0.25mm)	450g
消泡剂	5g	去离子水	32g
TiO_2	30g	小计共	1000g

乙组分

环氧树脂 E411	140g

将乙组分混入甲组分中，搅拌 3min 以上。

混合后施工时限约 50min，固体分约 70%，密度（25℃）为 1.13g/cm^3，涂布浇于地坪上，括成 3mm 湿膜，用有刺滚子消泡并滚平。此水性涂料的优点是可直接涂于新筑的混凝土面上，而溶剂型环氧涂料必须待混凝土养护 28 天以后才可涂布。

Anchor 公司生产水性固化剂 Casamid 是聚酰胺，并不含醋酸而配方中含少量溶剂，示例如下。

(3) 半光地坪涂料

甲组分

Casamid 360	19.8g	分散助剂	0.4g
异丙醇	1.8g	滑石粉	9.8g
丙二醇甲醚	1.8g	重晶石粉	15.0g
去离子水	26.0g	消泡剂 BYK 031	0.4g
TiO_2	9.9g		

乙组分

液体环氧树脂(EEW 190)	15.1g

搅拌混合后

施工时限(20℃)	2h	VOC	49g/L
光泽(60°)	51%	耐磨性(CS17,1000 转,1kg)	90mg

(4) 平光墙面漆

甲组分

Casamid 362	20.8g	TiO_2	10.5g
异丙醇	6.3g	滑石粉	21.0g
水	25.0g	消泡剂 BYK 031	0.4g

乙组分

液体环氧树脂	16.0g

以上 Casamid 362 是将 Casamid 360 通以 CO_2 形成碳酸盐，使固化反应稍慢延长施工时限。以上液体环氧树脂是双酚 A/F 混合树脂，环氧当量 EEW 190，并含有活性稀释剂 C_{12}～C_{14} 失水甘油醚。

搅拌甲、乙组分后：

施工时限（20℃）	3.5h
光泽（60°）	20%

E. Almeida 等介绍水性环氧涂料，用于钢铁防腐蚀，配方是：

底漆	基料（环氧＋聚酰胺）	6.9g	膜厚 75μm
	锌粉	78.6g	
中涂层	基料（环氧＋聚酰胺）	24.0g	膜厚 85μm
	云母氧化铁	43.0g	
面层	基料（环氧＋聚酰胺）	24.0g	膜厚 100μm
	云母氧化铁	43.0g	
			总厚度 260μm

此涂层用于葡萄牙的 Sineo 地区，当地的环境是：

冷轧钢腐蚀率	388μm/年	SO_2 沉积率	22.6mg/(m^2·天)
氯化物沉积率	151.8mg/(m^2·天)	湿润时间	5107h/年

经海边天然暴晒两年，结果良好，经盐雾试验 1000h，结果良好。

第 2 代水性环氧涂料的不同点是采用固体环氧树脂（E-20，601）的乳化分散体，含有水溶性助溶剂，以取代第一代的液体环氧树脂，也采取憎水性的胺加成物的水分散体，以取代水溶性聚酰胺。这种固体分散体涂层，待水分和助溶剂挥发后即可初步指触干（因为树脂本身是固体，不像液体环氧树脂必须反应固化到一定程度后才指触干），国外称之为“Lacquer dry 挥发干”。固体环氧树脂的两个环氧基距离较远，交联密度适中，漆膜耐冲击。漆膜中缺少亲水组分，所以耐水性较好，不仅可用于混凝土墙面、地坪，也可用于钢铁防锈，涂料的施工时限也较第 1 代涂料长。但此涂料是树脂的分散体，必须考虑两个问题：①乳化剂；②聚结成膜（Coalesce）。

普通乳化剂在成膜后残留在涂膜中，是薄弱环节，有许多专利文献介绍，合成特殊的乳化剂，其结构近似于环氧树脂，成膜后混溶于涂膜中。该涂料中必须含有少量溶剂，以助树脂的颗粒聚结成膜，这不同于第 1 代涂料，示例如下。

甲组分

E-20 环氧树脂分散体(55%固体分)	330.0g	Fe_2O_3	71.1g
二丙酮醇	7.0g	防锈颜料	100.0g
消泡剂	3.5g	磁土	71.1g
水	60.0g	$BaSO_4$	71.1g
硅灰石	106.7g	水磨云母粉	7.5g

以上组分经高速搅拌后进行调稀：

加入 E-20 环氧树脂分散体（55%）	140.7g
水（预热至 40℃，缓慢加入）	14.2g
小计	989.2g

乙组分

胺加成物（60%）	60.0g
水	110.0g
小计	170.0g

搅拌混合后：

涂料施工时限	8h	耐甲乙酮擦拭	100 次
耐盐雾	1600h		

美国 Hexion 公司的第 2 代水性环氧涂料配方如下。

甲组分

环氧分散体 EPI-REZ3520-WY-551(近似 601 环氧,55%)	510.5g

乙组分

固化剂 EPI-CURE8537-WY-60	155.4g	消泡剂	4.0g
乙二醇丁醚	7.5g	TiO_2	250.0g
将以上投料高速分散再加水			149.8g
		小计	566.7g

甲、乙组分充分搅拌混合后：

VOC	180g/L	铅笔硬度	2H
施工时限	>6h	耐盐雾	24 天/7M
光泽(60°)	100%		

甲、乙组分的配比可按需调整，若多加环氧组分，则耐盐雾、耐潮性提高，若多加固化剂，则耐溶剂性提高。

Hexion 公司为了进一步提高第 2 代涂料性能，推出了该公司第 3 代产品，采用中等分子量的多官能度环氧树脂（普通双酚 A 环氧树脂仅有 2 官能度），以及多官能度的固化剂，示例如下。

甲组分

EPI-REZ 5522-WY-55(55%)	330.0g	消泡剂	3.5g
二丙酮醇	7.0g	水	60.0g

将以上搅匀，加入：

硅灰石	106.7g	硅酸铝	71.1g
Fe_2O_3	71.1g	$BaSO_4$	71.1g
防腐蚀颜料	100.0g	水磨云母粉	7.5g

将以上高速分散，再加入：

EPI-REZ 5522-WY-55(55%)		147.0g
水		14.2g
	小计	989.2g

乙组分

EPI-CURE 固化剂 8290-Y-60		60.0g
水		110.0g
	小计	170.0g

双组分混合后，稍加水至黏度大（60～70KU）

VOC	160g/L	MEK 擦拭	100 次
PVC	35.8%	盐雾通过	1560h
指触干	1.75h	潮湿试验通过	1100h
干透	8.0h		

陶氏公司的 D. H. Klein 和 K. Jorg 研究了水性环氧涂料。他们配制了第 1 代水溶性的胺加成物固化剂 EH-1 和环氧较多的憎水性加成物 EH-2，以及他们配制的 EH-3 固化剂［由聚（亚甲基环己胺）70%和苯甲醇 30%混合而成］。

NH_2 NH_2 NH_2 NH_2

—CH_2— —CH_2— —CH_2—

其氨基结合于仲碳原子上，反应性较缓，使其接触分散体中的环氧树脂颗粒，不致过早在表面局部固化，阻碍以后固化剂透入。苯甲醇既帮助成膜，且增韧漆膜。

固化后其羟基又促进固化反应。

三种固化剂成膜后性能比较如下：

	EH-1	EH-2	EH-3
潮湿试验7天（10分最好）	0	5	7
盐雾试验	350天	500天	1000天
潮湿后恢复24h，再试划格剥离残留	0%	99%	99%
光泽（85°）%	40	50	90
硬度Persoz/s	68	76	111

Air Products Co.（空气产品公司）生产的固体环氧树脂的水性乳液，商品名Ancarez AR 550，是用固体环氧树脂（EEW 715）分散于水中（不含有机溶剂），重量固体分为55%，外观乳白色，成膜后透明有光泽，黏度（25℃）为100mPa·s，乳液的环氧当量为1300。

该公司推荐的水性固化剂Anqua white性质如下：

它是树脂状胺的分散体，呈白色，

固体分(重量)树脂状胺	55%	黏度(25℃)	200mPa·s
水	41%	胺值	100
丙二醇甲醚	4%	胺氢当量	350

它与上述环氧树脂分散体配合，涂膜光亮而施工时限较长。

前述的水性环氧涂料，大多是双组分的常温固化涂料，通过环氧基团与胺氢反应而交联。印度的C. J. Patel等研究了阴极电沉积漆。普通的阴极电沉积漆是以环氧树脂为主体，用封闭异氰酸酯交联。但在烘烤时封闭剂会挥发，污染烘道生成积渣，且异氰酸酯有毒。烘烤时漆膜收缩，漆膜失重。Patel等开发的水性阴极电沉积漆不用异氰酸酯，而是在其体系中引入叔胺，在220℃高温烘烤时，会催化环氧基团间自聚交联，涂膜性能优良，且烘烤时涂膜几乎没有失重损耗。

此外尚有Glidden公司开发的用丙烯酸类单体接枝于环氧树脂制得水性树脂，用甲醚化三聚氰胺固化，用于二片铝罐内壁涂料，内装啤酒、可乐、果汁等。我国方允之、都绍萍等也试制并经急性毒性和致突变试验合格，耐4%醋酸及65%乙醇和正己烷。

我国周文涛、王兆安等介绍制备Ⅱ型水性环氧涂料的方法，其漆膜耐盐水通过168h。

七、环氧树脂的分析方法

环氧树脂的分析方法，包括环氧值、羟值、酯化当量、胺值、双酚A环氧树脂的定性分析、固体环氧树脂软化点的测定、环氧基的红外吸收峰等。具体分析方法，在本版涂料工艺中并入专门章节进行具体详细介绍，故在本节中从略。

第八节 聚氨酯与涂料

一、概况

聚氨酯漆即聚氨基甲酸酯漆，是指在其漆膜中含有相当数量[1]的氨酯键（$\overset{\text{H}}{\text{—N}}\text{—}\overset{\text{O}}{\overset{\|}{\text{C}}}\text{—O—}$）的涂料。

[1] 按美国ASTM D16-82对于聚氨酯漆的定义，漆料的不挥发分中至少含有10%结合的二异氰酸酯单体，若仅含少量单体，例如用少量单体制得的触变性醇酸，则不属于聚氨酯漆。

聚氨酯漆的树脂与其他树脂（如聚酯、聚醚等）不同。在聚酯树脂中除了烃基外只含有酯键，在聚醚中只含有醚键，但是在聚氨酯树脂中除了氨酯键以外，尚可含有许多酯键、醚键、脲键、脲基甲酸酯键、异氰脲酸酯键、油脂的不饱和双键，以及丙烯酸酯成分等，有时丙烯酸酯的数量甚至超过氨酯键，然而习惯上仍总称为聚氨酯漆，实际上近似嵌段共聚合物。

氨基甲酸（NH_2COOH）不稳定，实际上不能游离存在。它的铵盐虽然存在，但亦不稳定，在湿空气中分解。只有氨基甲酸酯（NH_2COOR）是稳定的。

聚氨酯漆的树脂不像丙烯酸漆那样，由丙烯酸酯单体聚合而成。聚氨酯漆的树脂并非由氨基甲酸酯单体聚合而成，却由多异氰酸酯（主要原料是二异氰酸酯）与多元醇结合而成。

$H-O-C\equiv N$	氰酸(烯醇式)	$R-N=C=O$	异氰酸酯
$H-N=C=O$	异氰酸(酮式)	$O=C=N-R-N=C=O$	二异氰酸酯

$$n\,OCN-R-NCO+n\,HO-R'-OH \longrightarrow \left[R-\overset{H}{N}-\overset{O}{\overset{\|}{C}}-O-R'-O-\overset{O}{\overset{\|}{C}}-\overset{H}{N} \right]_n$$

除了上述反应外，制备氨基甲酸酯的方法还有以下几种。

① 氯甲酸酯与胺反应

$$R-O-\overset{O}{\overset{\|}{C}}-Cl + R'NH_2 \longrightarrow R'-NH-\overset{O}{\overset{\|}{C}}-OR + HCl$$

② 氨基甲酰氯与醇反应

$$R-\overset{H}{N}-\overset{O}{\overset{\|}{C}}-Cl + R'OH \longrightarrow R-\overset{H}{N}-\overset{O}{\overset{\|}{C}}-OR' + HCl$$

③ 醇与脲加热反应

$$H_2N-\overset{O}{\overset{\|}{C}}-NH_2 + ROH \xrightarrow{\triangle} [HNCO+NH_3+ROH] \longrightarrow H_2N-\overset{O}{\overset{\|}{C}}-OR + NH_3$$

但是在工业上具有实用价值的还是1937年Otto Bayer等所研究的异氰酸酯与醇加成的路线。现在工业上所生产的聚氨酯高聚物的主要原料是多异氰酸酯，其涂膜固化时不论形成氨酯键或含有些脲键，均归属聚氨酯漆。在德国工业标准中有各种涂料树脂，如醇酸、丙烯酸、环氧树脂等，却没有聚氨酯树脂，只有多异氰酸酯树脂（DIN 53185），所以多异氰酸酯是聚氨酯漆的基础。

二异氰酸酯与多元醇生成高聚物的过程，既不是缩合，也不是聚合，而是在两者之间，称为逐步加成聚合。在此反应中，一个分子中的活性氢原子转移到另一个分子中去：

$$R-N=C=O+HO-R' \longrightarrow R-\overset{H}{N}-\overset{O}{\overset{\|}{C}}-O-R'$$

逐步加成聚合反应除了上述氢原子转移的特点之外，它与普通缩聚反应不同之处是没有副产物析出（例如酯化反应有水生成），因而在反应过程中并不需抽除副产物以促使平衡的转化。它的工业产品在固化过程中也没有副产物分离出来（例如酚醛树脂固化时分出的水和甲醛），因而体积收缩较少，并可制无溶剂涂料。而且缩合反应需加温（吸热）以促进酯化等，逐步加成聚合则是放热反应，必须引起注意。它一般是不可逆的，这也是与缩聚反应不同之处，例如醇酸树脂在反应釜中若接近胶凝时，尚可加入甘油抢救，而聚氨酯若发生胶凝则难以抢救。

逐步加成聚合反应与普通连锁反应不同之处是，它在链增长的过程中不是依靠能量的传递，而且它的每步产物本身是稳定的，虽隔了长时间后尚可继续反应。连锁反应都是C—C原子间结合成键，而逐步加成聚合的高聚物链中大多杂有氧、氮、硫等原子。

20世纪30年代后期，继美国制成了尼龙纤维之后，德国经过大量系统的研究，于1941

年制成了由己二异氰酸酯与丁二醇反应而成的聚氨酯纤维，当时性能不佳，经以后几十年研究开发，制成了弹性纤维，在我国称为氨纶。聚氨酯高聚物可以应用于黏合剂、涂料、泡沫塑料、橡胶、纺织、皮革等，尤其作为泡沫塑料，在50年代逐渐获得推广和发展，成为聚氨酯高聚物中最主要的用途。

聚氨酯漆具有许多优良特点。

① 氨酯键的特点是在高聚物分子之间能形成非环及/或环形的氢键：

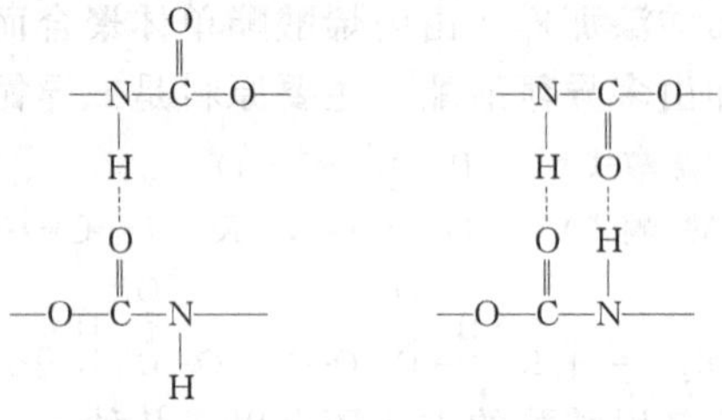

```
         O                        O
         ‖                        ‖
   —N—C—O—              —N—C—O—
    |                     |   ‖
    H                     H   O
    ⋮                     ⋮   ⋮
    O                     O   H
    ‖                     ‖   |
—O—C—N——             —O—C—N——
       |
       H
```

非环氢键　　　环形氢键

在外力作用下，氢键可分离而吸收外来的能量（每摩尔吸收 20～25kJ）。当外力除去后又可重新再形成氢键。如此的氢键裂开，又再形成的可逆重复，使聚氨酯漆膜具有高度机械耐磨性和韧性。与其他类涂料相比，在相同硬度条件下，由于氢键的作用，聚氨酯漆膜的断裂伸长率最高，所以广泛用作地板漆、甲板漆等。

② 涂料中有些品种（如环氧、氯化橡胶等）保护功能好而装饰性稍差；有些品种（如硝基漆等）则装饰性好而保护功能差。然而聚氨酯漆兼具保护和装饰性，可用于高级木器、钢琴、大型客机等的涂装。

③ 涂膜附着力强。聚氨酯像环氧一样，可配制成优良的黏合剂。因而涂膜对多种物面（金属、木材、橡胶、混凝土、某些塑料等）均有优良的附着力。笔者的经验认为：对某些金属表面，聚氨酯漆的附着力稍逊于环氧树脂漆；但对于橡胶则聚氨酯漆超过环氧树脂漆。

④ 涂膜的弹性可根据需要而调节其成分配比，可从极坚硬的调节到极柔韧的弹性涂层，而一般涂料如环氧、不饱和聚酯、氨基醇酸等只能制成刚性涂层，难以赋予高弹性。

⑤ 涂膜具有优良的耐化学药品性，耐酸、碱、盐液、石油产品，因而可作钻井平台、船舶、化工厂的维护涂料、石油贮罐的内壁衬里等。

⑥ 能在高温烘干，也能在低温固化。在典型的常温固化涂料：环氧、聚氨酯、不饱和聚酯 3 类中，环氧及不饱和聚酯在 10℃以下就难以固化，只有聚氨酯在 0℃也能正常固化，因此能施工的季节长。因为它在常温能迅速固化，所以对大型工程如大型油罐、大型飞机等可以常温施工而获得优于普通烘烤漆的效果。

⑦ 聚氨酯漆可制成耐－40℃低温的品种。也可制成耐高温绝缘漆，性能接近于聚酰亚胺。

⑧ 聚氨酯漆涂覆的电磁线，可以不需刮漆，能在熔融的焊锡中自动上锡，特别适用于电讯器材和仪表的装配。

⑨ 它可与聚酯、聚醚、环氧、醇酸、聚丙烯酸酯、醋酸丁酸纤维素、氯乙烯醋酸乙烯共聚树脂、沥青、干性油等配合制漆，可根据不同的要求制成许多品种。

⑩ 可制成溶剂型、液态无溶剂型、粉末、水性、单罐装、两罐装等多种形态，满足不同需要。

由于具有上述优良性能，聚氨酯漆在国防、基建、化工防腐、车辆、飞机、木器、电气绝缘等各方面都得到广泛的应用，新品种不断涌现极有发展前途。但它的价格较贵些，目前大多用于对性能要求较高的场所。有些聚氨酯漆中含有相当多的游离异氰酸酯，吸入人体有碍健康，必须抽除游离的二异氰酸酯，并加强通风。含异氰酸酯基的漆很活泼，遇水或潮气会胶凝，因此贮存时必须密闭。施工操作不慎易引起层间剥离、起小泡等弊病。总之，聚氨酯漆可获得高质量的涂层，但其性质较为敏感，所以制造和施工时必须严格遵守操作规程。

二、化学原理

1. 异氰酸酯的制备方法

Wurtz 于 1849 年首先用有机硫酸酯和氰酸钾合成了异氰酸酯。

$$R_2SO_4 + 2KCNO \longrightarrow 2RNCO + K_2SO_4$$

尚有其他制备异氰酸酯的方法，但是现今在工业上实际大量采用的是 1884 年亨切尔（Hentschel）提出的伯胺盐光气化法。

$$RNH_2 + COCl_2 \longrightarrow RNCO + 2HCl$$

光气要纯，不可含氯，否则会发生副反应，影响产品纯度：

(1) 甲苯二异氰酸酯　聚氨酯漆中最常用的原料是甲苯二异氰酸酯（TDI），有两种异构体。

2,4 体　　2,6 体

它是由甲苯经硝化成二硝基甲苯，还原成二氨基甲苯，再光气化而成。由于制造甲苯二胺的工艺不同，可得 3 种不同的产物，见图 2-1-25。

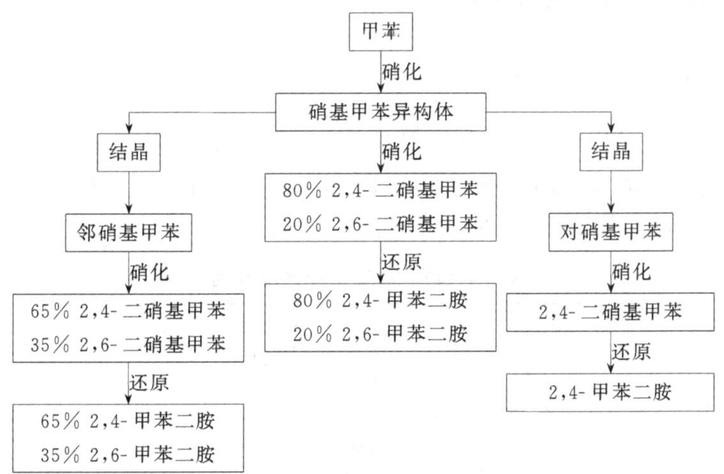

图 2-1-25　甲苯二胺的制造

由图 2-1-25 可见，用此 3 种甲苯二胺产物，经光气化可制得 3 种不同的 TDI 商品，一种为 2,4 体；一种为 80%的 2,4 体和 20%的 2,6 体的混合物；另一种为 65%的 2,4 体和 35%的 2,6 体的混合物。由上述甲苯二胺的制造过程可见 80/20 混合物最简便，所以 80/20TDI 供应和使用最普遍。工业产品的 3 种 TDI 的规格见表 2-1-146。

表 2-1-146 甲苯二异氰酸酯的规格

指标＼规格	65/35	80/20	2,4 体	指标＼规格	65/35	80/20	2,4 体
2,4 体含量/%	65±2	80±2	≥97.5	101kPa	246～247	246～247	246～247
2,6 体含量/%	35±2	20±2	≤2.5	折射率 n_D^{25}	1.5666	1.5663	1.5654
纯度/% ≥	99.5	99.5	99.5	密度(20℃)/(g/mL)	1.22	1.22	1.22
凝固温度/℃	4.0～6.0	12.5～14.5	≥21	黏度(25℃)/mPa·s	约 3	约 3	约 3
沸点/℃				总氯量/% ≤	0.1	0.1	0.1
0.67kPa	106～107	106～107	106～107	水解氯/% ≤	0.01	0.01	0.01
1.3kPa	120	120	120	闪点/℃	127	127	127
2.1kPa	131	131	131	外观	透明,无色到微黄色的液体		

以上 3 种商品在涂料工业中均可应用。2,4 体 TDI 4 位的 NCO 远比 2 位的 NCO 活泼，利用活性的差别，较易制造预聚物。65/35TDI 的活性较低，但凝固点也低，冷天不需熔融，较为方便。80/20TDI 的供应最多、最普遍，如无特殊注明，一般购到商品大多是 80/20 的混合物。

制造聚氨酯高聚物，常选用甲苯二异氰酸酯有以下几个原因。

① 甲苯的硝化速率比苯快得多（24∶1），即二硝基甲苯比二硝基苯易于生产。

② 甲苯二胺是芳香族胺，比脂肪族胺容易光气化制造二异氰酸酯。

③ 因为它是芳香族异氰酸酯，反应活性高，利于制造泡沫塑料、涂料等。

④ 由于甲基的位阻影响，4 位 NCO 的活性比 2 位 NCO 高，用它制造预聚物时便于控制，并使它黏度较低。

我国甘肃省白银化工、沧州大化等已生产 TDI。

TDI 的制造工艺是将甲苯二胺溶解于二氯化苯中，将光气通入此液相溶液中，前期是低温光气化，后期再升温光气化，如此可提高得率。最近拜耳公司改进成功，在后期的光气化中采用气相反应，可节约溶剂 80%，降低能耗 40%，装置尺寸大大减小，从而使投资节省 20%。

(2) 二苯甲烷二异氰酸酯 二苯甲烷二异氰酸酯（MDI）是由苯胺与甲醛缩合而成二氨基二苯甲烷（MDA），再光气化而成：

$$H_2N-C_6H_5 + HCHO + C_6H_5-NH_2 \longrightarrow$$

$$H_2N-C_6H_4-CH_2-C_6H_4-NH_2 + H_2O \xrightarrow{COCl_2} OCN-C_6H_4-CH_2-C_6H_4-NCO$$

它是固体，其 4,4′异构体的熔点为 39.5℃，其 4,2′异构体的熔点为 34.5℃，2,2′异构体的熔点为 46.5℃。典型的工业产品的性质见表 2-1-147 所述。

表 2-1-147 典型工业产品性质

指 标	规 格	指 标	规 格
分子量	250.1	沸点(0.67kPa)	190℃
NCO 当量	125.05	(0.7kPa)	196℃
纯度	≥99.5%(烟台产品 99.6%)	(2kPa)	215～217℃
凝固温度	≥38.0℃(烟台产品≥38.1℃)	折射率 n_D^{50}	1.5906
颜色 APHA	(烟台产品≤70)	闪点(开杯)	201℃
相对密度(50℃/4℃)	1.183	总氯量	≤0.1%
外观	白到黄色片状,并趋于粘在一起	水解氯	≤0.05%
		环己烷中不溶物	0.7%以下

Dow 公司纯 4,4′MDI 产品规格：

异氰酸酯当量	125.5	相对密度(43℃)	1.180
NCO 含量(质量)	33.5%	蒸气压(43℃)	1.33×10^{-2}Pa
黏度(43℃)	5mPa·s		

贮存稳定性（清澈熔融液，无需过滤）

−20℃	＞6 个月	43℃	25d

MDI 酯在涂料中的使用量比甲苯二异氰酸酯少，有以下几个原因。

① MDI 是固体，不便于管道输送和投料。

② MDI 的两个 NCO 基的反应活性相同，制造预聚物较为困难些，产品的分子量分布宽。

③ MDI 在贮藏过程中不稳定，自身会二聚，需冷冻贮存和运输，很不方便。经过二聚则 MDI 的纯度随着时间（以及温度）而下降，同时其在环己烷中的不溶解分也上升，见图 2-1-26。

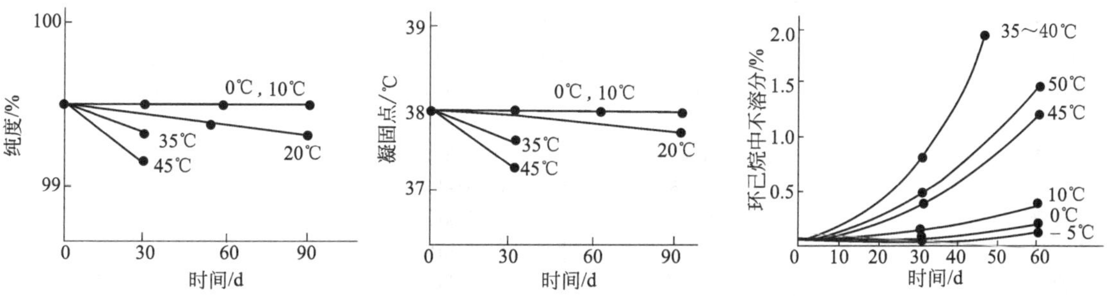

图 2-1-26　MDI 在贮藏过程中纯度、凝固点和环己烷中不溶解分的变化

④ MDI 涂料的泛黄比 TDI 更严重。

但是 MDI 涂料也有如下优点。

① 游离 MDI 的蒸气压远比 TDI 低，故毒性较低。

② MDI 的对称结构，使其漆膜的强度、耐磨性、弹性均优于 TDI 涂料，而且干燥迅速，国外颇多用于潮气固化的地板漆、防腐蚀底漆、弹性涂料。

MDI 在全球产量远比 TDI 大。我国万华公司在烟台和宁波的产能达 36 万吨/年。

(3) 聚合 MDI　它称为 Polymeric MDI，也称为 PAPI 多亚甲基多苯基多异氰酸酯。

PAPI 产品规格见表 2-1-148。

表 2-1-148　PAPI 产品规格

指　　标	规　格	指　　标	规　格
NCO 含量	29%～32%	相对密度(25℃)	1.2
黏度(20℃)	250～450mPa·s	平均分子量(冰点下降法)	300～400
酸值	0.2mgKOH/g 以下	水解氯	0.3%以下
挥发分(100℃/2.7kPa,半小时)	0.4%以下	总氯	0.8%以下
闪点(开口式)	218℃		

我国烟台万华厂生产的聚合 MDI，厂标 YH03-86 规格见表 2-1-149。

表 2-1-149 烟台万华生产的聚合 MDI 规格

指标	牌号 MR	牌号 C-MDI
NCO 含量	30.0%～32.0%	≥31.0%
酸分(以 HCl 计)	≤0.2%	≤0.1%
黏度(25℃)	0.1～0.2Pa·s	≤0.1Pa·s
相对密度(d_4^{25})	1.23～1.24	1.20～1.24
凝固点	<10℃	<20℃
外观	棕色液体	棕色液体或土黄色结晶

(4) 己二异氰酸酯　己二异氰酸酯（HDI）由己二胺通光气而制得，是脂肪族二异氰酸酯中最重要的单体。结构式为：$OCNCH_2CH_2CH_2CH_2CH_2CH_2NCO$。

其工业产品的规格见表 2-1-150。

表 2-1-150 HDI 工业产品规格

指标	规格	指标	规格
分子量	168.2	熔点	−67℃
NCO 当量	84.1	沸点(6.7Pa)	80～85℃
纯度	≥99.5%	(40Pa)	96～110℃
密度(20/4℃)	1.05g/mL	(0.13kPa)	92～96℃
折射率 n_D^{25}	1.4501	(0.36kPa)	101～103℃
n_D^{20}	1.4530	(0.67kPa)	112℃
总氯量	≤0.1%	(1.33kPa)	120～125℃
水解氯	≤0.01%	(1.60kPa)	130℃
闪点	130℃	(2.80kPa)	140～142℃
蒸气压 20℃	0.22Pa		

以上沸点数据采自不同文献，容有差异，供参考。

(5) 异佛尔酮二异氰酸酯　在脂肪族二异氰酸酯中，除了 HDI 外，异佛尔酮二异氰酸酯（IPDI）也很重要。它是由丙酮三聚制成异佛尔酮，再与氢氰酸反应，制成氰化异佛尔酮，经还原再与光气反应而成：

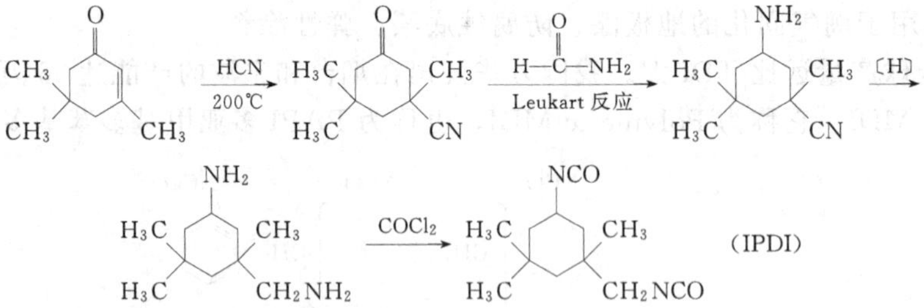

异佛尔酮 —HCN, 200℃→ 氰化异佛尔酮 —H—C(=O)—NH_2, Leukart 反应→ 氨基腈 —〔H〕→ 二胺 —$COCl_2$→ (IPDI)

IPDI 的工业产品是含顺式和反式异构体的混合物：

反式 25%　　顺式 75%

IPDI 产品的规格见表 2-1-151。

工业产品的纯度至少为 99.5%，NCO 含量至少为 37.5%，最高的水解氯含量为 0.02%，总氯量最高为 0.04%。

表 2-1-151　IPDI 产品规格

指　标	规　格	指　标	规　格
分子量	222.3	闪点(闭杯)	155℃
NCO 当量	111.1	自燃点	430℃
NCO 含量	37.8%	热分解温度	260℃以上
密度(20℃)	1.058g/mL	黏度(20℃)	15mPa·s
折射率　n_D^{25}	1.4829	熔点	约－60℃
n_D^{20}	1.4844	沸点(1.99kPa)	158℃
蒸气压　(20℃)	90mPa	(1.33kPa)	153℃
(50℃)	0.9Pa		

(6) 三甲基己二异氰酸酯　三甲基己二异氰酸酯（TMDI）也是由丙酮衍生而得，有两种异构体（50∶50）：

$$OCN-CH_2-CH_2-\underset{}{\overset{CH_3}{\overset{|}{C}H}}-CH_2-\underset{\underset{CH_3}{|}}{\overset{CH_3}{\overset{|}{C}}}-CH_2-NCO$$　2,2,4-三甲基己二异氰酸酯

$$OCN-CH_2-CH_2-\underset{\underset{CH_3}{|}}{\overset{CH_3}{\overset{|}{C}}}-CH_2-\overset{CH_3}{\overset{|}{C}H}-CH_2-NCO$$　2,4,4-三甲基己二异氰酸酯

TMDI 产品的规格见表 2-1-152。

表 2-1-152　TMDI 产品规格

指　标	规　格	指　标	规　格
分子量	210.3	黏度(20℃)	5mPa·s
NCO 含量	40%	沸点(0.13kPa)	144～148℃
NCO 当量	105.1	蒸气压(20℃)	0.09Pa
相对密度　d_4^{20}	1.012	闪点	136℃
折射率　n_D^{25}	1.460～1.461	熔点	－80℃

TMDI 有 3 个甲基，所以与其他树脂的混溶性好，水解稳定性好，弹性好。但它的价格较贵，应用量不甚广。

(7) 二环己基甲烷二异氰酸酯　二环己基甲烷二异氰酸酯（HMDI）是将二氨基二苯甲烷用钌催化剂，在 190℃、35MPa 压力下氢化，再光气化而得，原先由 Du Pont 公司生产，现归属 Bayer 公司称为 Desmodur W：

$$OCN-C_6H_{10}-CH_2-C_6H_{10}-NCO$$

制造 HMDI 的原料是二氨基二环己基甲烷，它是顺式-反式的混合物，工业生产上有将反式-反式异构体分离出来，用以制造 Qiana[1] 纤维。余下的胺含顺式和反式混合物，经光气化制得液体 HMDI 混合物。因用副产余下的胺，故较为经济。

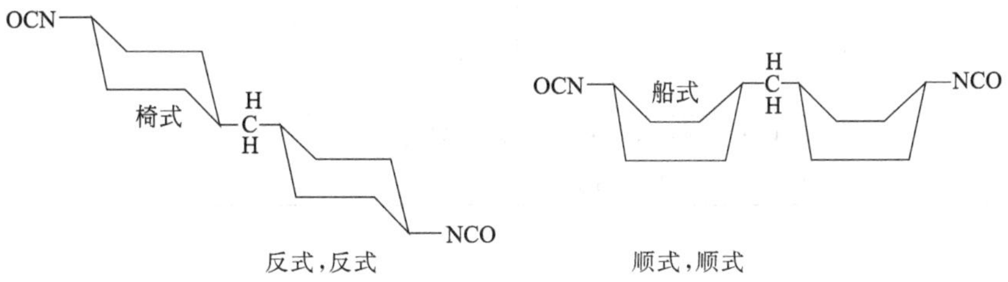

反式,反式　　顺式,顺式

[1] 奎阿纳（Qiana）为脂环族聚酰胺纤维。

反式，反式的两个 NCO 基距离较远，故涂膜的挠性较好且有结晶性。HMDI 又常称为 H_{12}MDI 或 PICM、SMDI、RMDI 等，但以 HMDI 较为常见。它应用于光固化地板漆、皮革漆、织物涂料、玻瓶粉末涂料等。其工业产品 4，4′异构体用气相色谱分析，含有下列组分：

反式，反式	22.7%	黏度(25℃)	(30±10)mPa·s
顺式，反式	62.2%	(50℃)	(12±4)mPa·s
顺式，顺式	15.1%	酸度	最高 0.005%
相对密度 d_4^{25}	1.07±0.02	闪点(Tag，闭杯)	202℃

工业产品的规格见表 2-1-153。

表 2-1-153 HMDI 工业产品规格

指标	规格	指标	规格
NCO 含量	最低 31.8%	熔融范围	19～23℃
水解氯(拜耳法)	≤0.0015%	蒸气压(ASTM 323)25℃	约 0.1Pa
纯度(拜耳，气相谱法)	≥99.3%	125℃	约 1.33Pa
Hazen 色度(DIN-53409)	≤35		

(8) 苯二亚甲基二异氰酸酯 苯二亚甲基二异氰酸酯（XDI）是由二甲苯（普通为 71% 间二甲苯、29%对二甲苯的混合物）与氨氧化制得苯二甲腈，加氢还原成苯二甲胺，再光气化而成，其物理常数见表 2-1-154。XDI 虽含苯环，但苯环与异氰酸酯基之间有亚甲基间隔，因而性质接近于脂肪族异氰酸酯，一般习惯上常并入脂肪族异氰酸酯类来考虑。它的反应性和干燥性比 HDI 快，但泛黄性和保光性比 HDI 稍逊，比 TDI 则优越。

表 2-1-154 苯二亚甲基二异氰酸酯产品规格

项目	间 XDI	对 XDI	工业产品
化学式	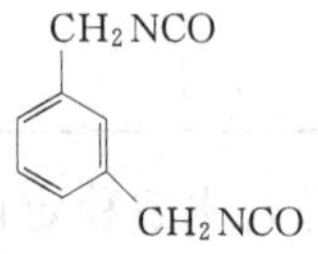 苯环 1,3-位各连 CH_2NCO	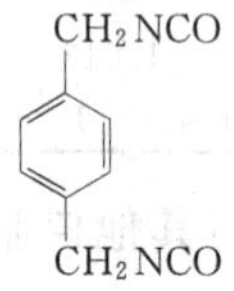 苯环 1,4-位各连 CH_2NCO	间 XDI 70%～75% 对 XDI 30%～25%
外观			无色透明液体
分子量			188.19
凝固点/℃	−7.2	45～46	5.6
沸点/℃	159～162(1.60kPa) 126(0.13kPa)	165 (1.60kPa) 129～138 (0.199～0.359kPa)	140(0.27～0.4kPa) 151(0.8kPa) 161(1.3kPa) 167(1.6kPa)
密度/(g/cm³)			1.202(20℃)
黏度/mPa·s			3.6(20℃)
表面张力/(mN/m)			37.4(30℃)
折射率 n_D^{12}			1.429
闪点/℃			185
溶解性			
易溶于	苯、甲苯、醋酸乙酯、丙酮、氯仿、四氯化碳、乙醚		
难溶于	环己烷、正己烷、石油醚		

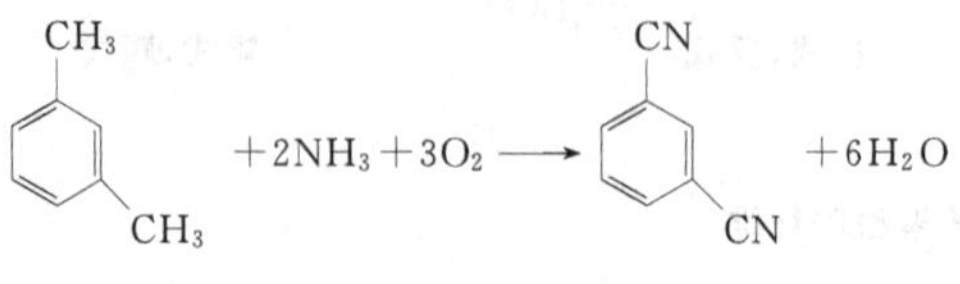

$$C_6H_4(CH_3)_2 \text{(间二甲苯)} + 2NH_3 + 3O_2 \longrightarrow C_6H_4(CN)_2 \text{(间苯二甲腈)} + 6H_2O$$

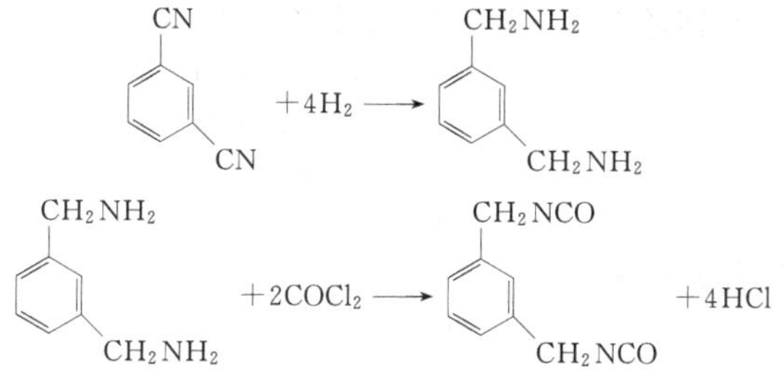

CN, CN（间苯二甲腈）$+4H_2 \longrightarrow$ CH_2NH_2, CH_2NH_2（间苯二甲胺）

CH_2NH_2, CH_2NH_2 $+2COCl_2 \longrightarrow$ CH_2NCO, CH_2NCO $+4HCl$

XDI的异氰酸基与芳环之间有亚甲基隔开而呈一定的脂肪性，但亚甲基处在苯环的 α 位，易被紫外线等老化，美国Cytec公司开发了四甲基苯二亚甲基二异氰酸酯，将XDI的两个亚甲基上的氢原子均以甲基取代。

(9) 四甲基苯二亚甲基二异氰酸酯（TMXDI）　四甲基苯二亚甲基二异氰酸酯结构如下所示（现试用于PUD水性分散体）。

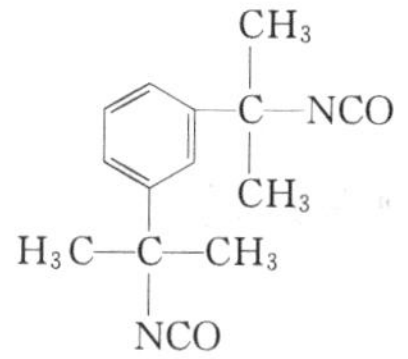

CH_3 — C(—NCO) — CH_3；H_3C—C—CH_3，NCO

此甲基取代了氢原子以后，提高了耐紫外线老化性，提高了水解稳定性，减弱了氢键作用，使延伸率增加，而且由于甲基的屏蔽影响，使NCO的反应性减弱，便于制造水性聚氨酯涂料。TMXDI产品规格见表2-1-155。

表2-1-155　TMXDI产品规格

指　标	规　格	指　标	规　格
分子量	244.3	黏度(0℃)	25mPa·s
NCO含量(理论值)	34.4%	(20℃)	9mPa·s
当量	122.1	自燃点	450℃
总氯量	<50mg/L	闪点(闭杯)	93℃
熔点	−10℃	相对密度	1.05
沸点(0.39kPa)	150℃	外观	无色液体
蒸气压(25℃)	0.39Pa		

为了提高XDI的耐曝晒性，也可将苯二甲胺氢化成为环己烷二甲胺，再光气化得两种异构体；不是芳脂族而是脂肪族二异氰酸酯：

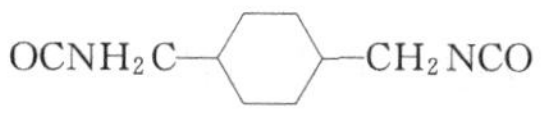

$OCNH_2C$—⬡—CH_2NCO　　　　⬡—CH_2NCO，$OCNH_2C$

1,4-BIC 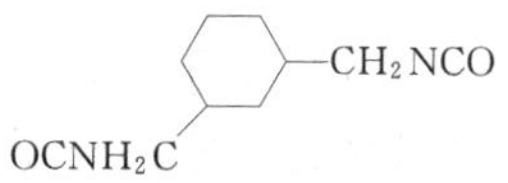　　　　1,3-BIC

(10) 甲基苯乙烯异氰酸酯（TMI）　美国Cytec公司尚开发了新的单体，既有乙烯基双键官能团，又有异氰酸酯官能团，结构式如下：

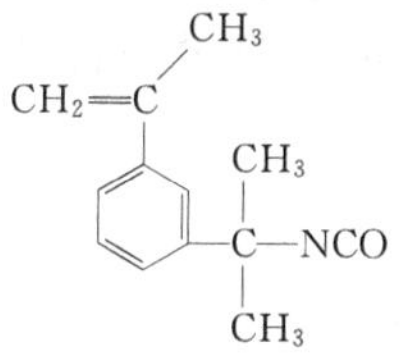

CH_2═C—CH_3；CH_3—C(—NCO)—CH_3

（*m*，间位）

此单体既可与其他乙烯基单体共聚，残留有NCO基供进一步交联，也可先以NCO基与其他含羟基组分加成，残留乙烯基，供进一步聚合。此单体工业产品的性质如下：

分子量	201.26	含稳定剂 BHT(二叔丁基对羟基甲苯)	50mg/L
理论 NCO 含量	20.9%	均聚体的 T_g	146℃
沸点(常压)	270℃	黏度(27℃)	3mPa·s
蒸气压(100℃)	0.26kPa	密度	1.01g/mL

Du Pont 公司还述及类似单体：

$$CH_2{=}C(CH_3)COOCH_2CH_2NCO$$

(11) 六氢甲苯二异氰酸酯（HTDI） 六氢甲苯二异氰酸酯是将甲苯二胺在氨存在下用钌催化剂在 25MPa 压力下氢化，再光气化而得，其沸点（0.13kPa）为87～90℃或 127～129℃(1.6kPa)。

（结构式：环己烷环上 CH_3、2 位 NCO、4 位 NCO）

以上叙述的都是二异氰酸酯。在制造聚氨酯漆之中，有时尚用一种单异氰酸酯-甲苯磺酰异氰酸酯：

$$H_3C-C_6H_4-SO_2NCO$$

表 2-1-156 介绍工业常用的异氰酸酯。

表 2-1-156 涂料工业常用的异氰酸酯

品　　种	简　称	当　量	沸　　点
甲苯二异氰酸酯	TDI	87	106～107℃(0.67kPa)
二苯甲烷二异氰酸酯	MDI	125	190℃(0.67kPa)
多亚甲基多苯基多异氰酸酯	PAPI	约 137	—
己二异氰酸酯	HDI	84	112℃(0.67kPa)
苯二亚甲基二异氰酸酯	XDI	94	151℃(0.80kPa)
四甲基苯二亚甲基二异氰酸酯	TMXDI	122.1	150℃(0.39kPa)
二环己基甲烷二异氰酸酯	HMDI	131	160～165℃(0.11kPa)
异佛尔酮二异氰酸酯	IPDI	126	153℃(1.33kPa)
三甲基己二异氰酸酯	TMDI	105	144℃(1.33kPa)
六氢甲苯二异氰酸酯	HTDI	90.1	87～90℃(0.13kPa) 127～129℃(1.6kPa)
甲基苯乙烯异氰酸酯	TMI	201.26	100℃(0.27kPa)

2. 异氰酸酯的反应

异氰酸酯 R—N═C═O 具有两个杂积累双键，非常活泼，极易与其他含活泼氢原子的化合物反应，它本身可以聚合。它的电子分布与 R 基有关。

$$R-\ddot{N}=C=\ddot{O}:$$

NCO 基上的氧原子和氮原子均呈电负性。俄国 S. E. Entelis 和 O. V. Nesterov 研究其偶极矩数据得知，NCO 基中的氮原子比氧原子的电负性更大。碳原子的电子密度最低，呈正电性，所以 NCO 基在反应时亲电子性的，易被亲核试剂所进攻。

(1) 异氰酸酯与醇反应

$$R-N=C=O+R'OH \longrightarrow R-\overset{-}{N}=\overset{+}{C}=\overset{-}{O}\;(\leftarrow O(R')H) \longrightarrow \left[R-N=C(OR')-OH\right] \longrightarrow R-NH-C(=O)-OR'$$

在上式中氧原子的电子密度高，吸引氢原子而成羟基，但是不饱和碳原子上的羟基不稳定，重排成为氨基甲酸酯。这是在聚氨酯漆领域中最重要的反应，对于制造加成物、预聚物、封闭物、氨酯油等，以及双组分漆的固化都起着主要的作用。

此反应是剧烈的放热反应，例如己二异氰酸酯与丁二醇的反应热为 218kJ/mol。因此制漆时要注意放热反应。必要时减缓投料速度，或用夹套冷却。笔者的经验，在某次生产投料后，突然因故障断电，搅拌器无法转动散热，造成局部过热而胶结，足见反应之热烈。

(2) 异氰酸酯与水反应　除了上述 NCO 基与 OH 基反应外，异氰酸酯基尚能与水反应生成不稳定的氨基甲酸，随即分解成胺而放出二氧化碳。

$$\mathrm{R{-}N{=}C{=}O + H_2O \xrightarrow{慢} \left[R{-}\overset{H}{N}{-}COOH \right] \longrightarrow R{-}NH_2 + CO_2\uparrow}$$

(3) 异氰酸酯与胺反应生成脲

$$\mathrm{R{-}N{=}C{=}O + R'{-}NH_2 \xrightarrow{快} R{-}N{=}C\begin{matrix} \diagup OH \\ \diagdown NHR' \end{matrix} \longrightarrow R{-}\overset{H}{N}{-}\overset{\overset{O}{\|}}{C}{-}\overset{H}{N}{-}R'}$$

以上第一、第二两个反应在聚氨酯漆中也很重要。潮气固化型聚氨酯漆就是通过上述两个反应固化成膜的。在制漆时若所用的原料或半制品含水，则会发生上述反应而胶凝。若成品含水则在漆罐中会产生二氧化碳而鼓气，涂料含水则涂膜会产生小泡。

(4) 异氰酸酯与脲反应　在高温下异氰酸酯与脲反应生成缩二脲，典型的如广泛应用的 HDI 缩二脲。

$$\mathrm{OCN(CH_2)_6NCO + H_2O \xrightarrow[-CO_2]{96℃} OCN(CH_2)_6NH_2 \xrightarrow[96℃]{HDI} \begin{matrix} NH(CH_2)_6NCO \\ | \\ C{=}O \\ | \\ NH(CH_2)_6NCO \end{matrix} \xrightarrow[130℃]{HDI} \begin{matrix} NH(CH_2)_6NCO \\ | \\ C{=}O \\ | \\ N(CH_2)_6NCO \\ | \\ C{=}O \\ | \\ NH(CH_2)_6NCO \end{matrix}}$$

(5) 异氰酸酯与氨基甲酸酯反应　异氰酸酯在高温（100℃以上）或在催化作用下也能与氨基甲酸酯反应，生成脲基甲酸酯。

$$\mathrm{RNCO + R'{-}\overset{H}{N}{-}\overset{\overset{O}{\|}}{C}{-}OR'' \longrightarrow R'{-}\underset{\underset{CO-NHR}{|}}{N}{-}\overset{\overset{O}{\|}}{C}{-}O{-}R''}$$

此反应说明：一般制造聚氨酯漆的温度均在 100℃以下，以防生成脲基甲酸酯支链而胶凝，也说明聚氨酯漆经烘烤后的交联密度高，比常温固化者耐化学品性好，就是因为除氨酯键外，尚形成了脲基甲酸酯键。

(6) 异氰酸酯与羧酸反应　异氰酸酯与羧酸反应生成脲胺并释放出二氧化碳，但此反应较慢。

$$\mathrm{R{-}NCO + R'COOH \longrightarrow R{-}\overset{H}{N}{-}\overset{\overset{O}{\|}}{C}{-}R' + CO_2\uparrow}$$

(7) 异氰酸酯与酰胺反应　异氰酸酯也能与酰胺反应生成酰基脲。

$$\mathrm{R''NCO + R{-}\overset{H}{\overset{|}{N}}{-}\overset{\overset{O}{\|}}{C}{-}R' \longrightarrow R{-}\underset{\underset{R''-\underset{\underset{H}{|}}{N}-C=O}{|}}{N}{-}\overset{\overset{O}{\|}}{C}{-}R'}$$

异氰酸酯与芳酰胺反应，会生成脒（amidine）。

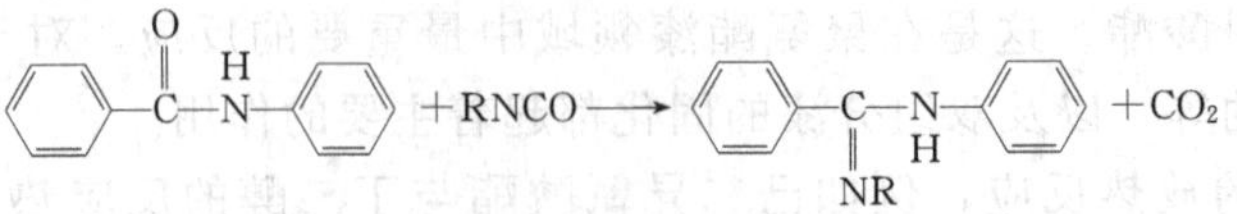

$$C_6H_5-C(=O)-NH-C_6H_5 + RNCO \longrightarrow C_6H_5-C(=NR)-NH-C_6H_5 + CO_2$$

(8) 异氰酸酯的高温催化反应　异氰酸酯在催化及高温下能生成碳化二亚胺。

$$2RNCO \xrightarrow{\triangle} R-N=C=N-R + CO_2$$

一般的温度范围约 140～200℃，催化剂如 1-乙基-3-甲基-3-磷二烯的氧化物（1-ethyl-3-methyl-3-phospholene oxide），结构式如下所述。

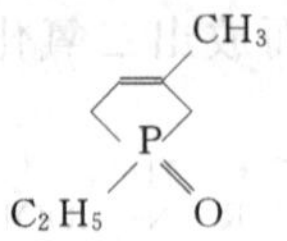

（1-乙基-3-甲基-3-磷杂环戊烯-1-氧化物结构式：五元环中含 P，P 上连 C_2H_5 和 =O，环上带 CH_3）

(9) 异氰酸酯与酸酐反应

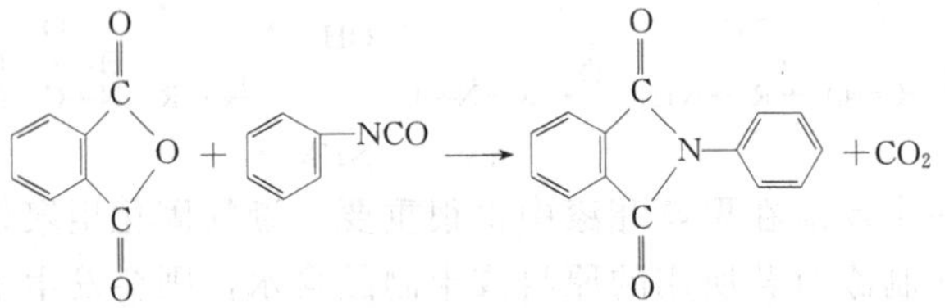

$$\text{邻苯二甲酸酐} + C_6H_5-NCO \longrightarrow \text{N-苯基邻苯二甲酰亚胺} + CO_2$$

异氰酸酯与酸酐反应生成酰亚胺。二异氰酸酯与二苯甲酮四羧酸二酐反应可制备耐高温树脂。

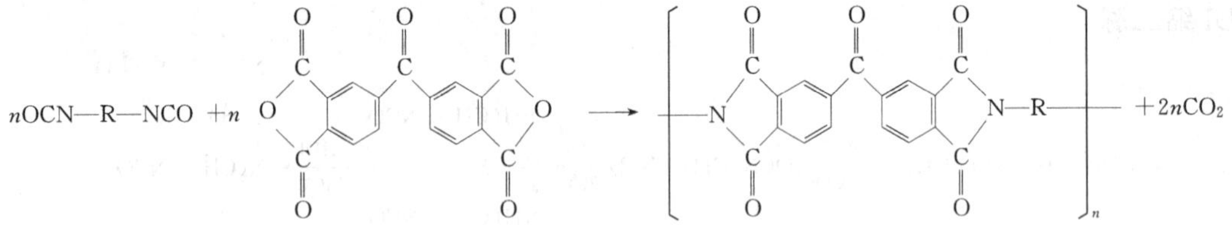

$$n\,OCN-R-NCO + n\,\text{二苯甲酮四羧酸二酐} \longrightarrow \left[-N(\text{二苯甲酮四甲酰二亚胺})N-R-\right]_n + 2nCO_2$$

(10) 异氰酸酯与环氧基反应

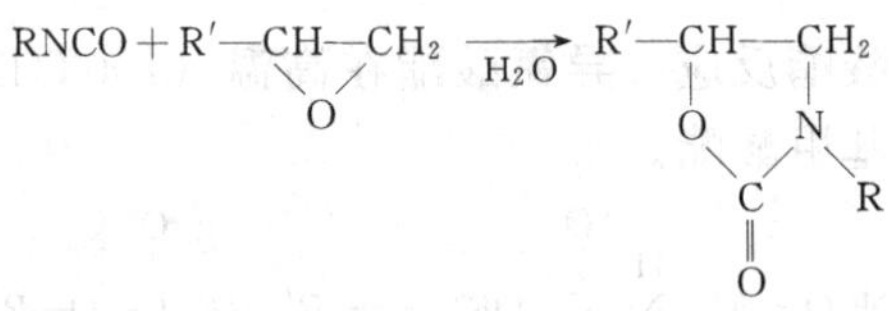

$$RNCO + R'-\underset{\diagdown O \diagup}{CH-CH_2} \xrightarrow{H_2O} R'-CH-CH_2 \text{（}-O-C(=O)-N(R)-\text{ 成环）}$$

异氰酸酯与环氧基反应生成噁唑烷。例如二环氧化合物与二异氰酸酯反应，生成聚噁唑烷酮耐高温树脂（polyoxazolidines）。

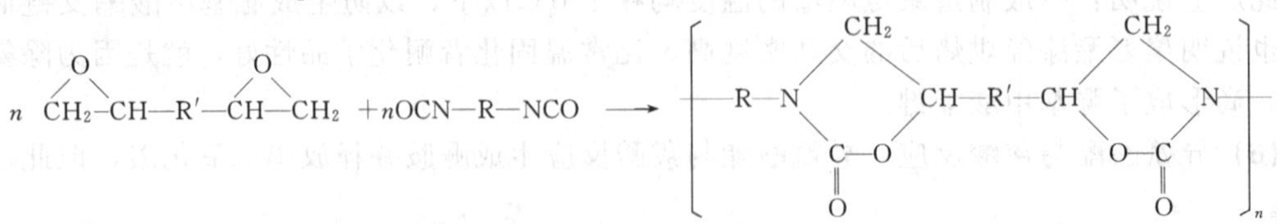

$$n\,CH_2\overset{O}{-}CH-R'-CH\overset{O}{-}CH_2 + n\,OCN-R-NCO \longrightarrow \left[-R-N(\text{噁唑烷酮环})CH-R'-CH(\text{噁唑烷酮环})N-\right]_n$$

(11) 芳香族二胺与氯代醋酸乙酯、异氰酸酯反应　芳香族二胺与氯代醋酸乙酯反应，再与二异氰酸酯反应，可制成耐高温的聚乙内酰脲（polyhydantoin）。

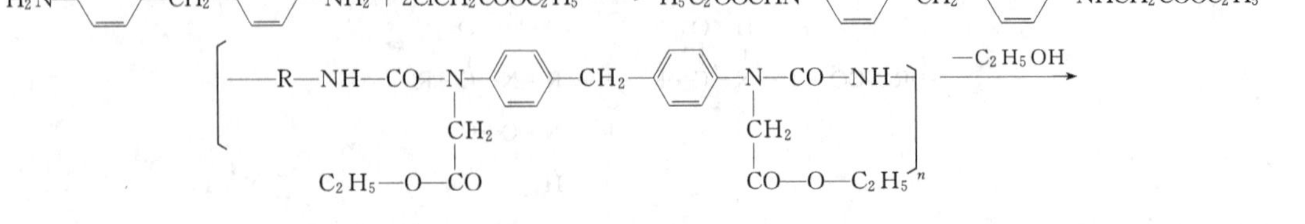

$$H_2N-C_6H_4-CH_2-C_6H_4-NH_2 + 2ClCH_2COOC_2H_5 \longrightarrow H_5C_2OOCHN-C_6H_4-CH_2-C_6H_4-NHCH_2COOC_2H_5 \longrightarrow$$

$$\left[-R-NH-CO-N(CH_2CO-O-C_2H_5)-C_6H_4-CH_2-C_6H_4-N(CH_2CO-O-C_2H_5)-CO-NH-\right]_n \xrightarrow{-C_2H_5OH}$$

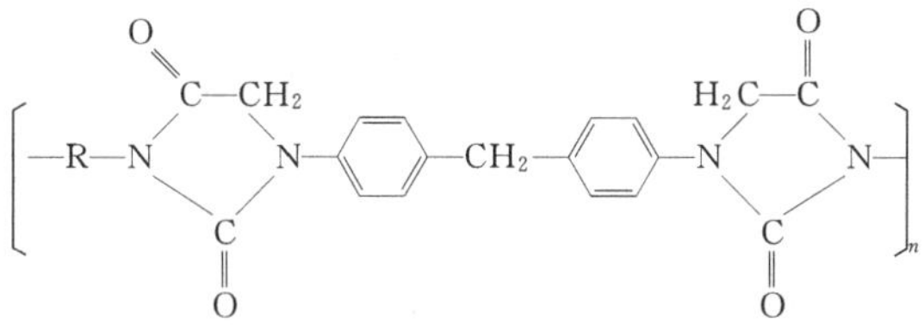

$$\left[-R-N\overset{C(=O)-CH_2}{\underset{C(=O)}{\diagup\diagdown}}N-C_6H_4-CH_2-C_6H_4-N\overset{H_2C-C(=O)}{\underset{C(=O)}{\diagup\diagdown}}N- \right]_n$$

异氰酸酯与α-羟基羧酸反应亦可制得含乙内酰脲（hydantoin）的耐热涂料，用作漆包线漆。

(12) 异氰酸酯二聚体　除了上述反应之外，异氰酸酯尚能本身聚合。异氰酸酯较易形成二聚体脲二酮（uretdione）。

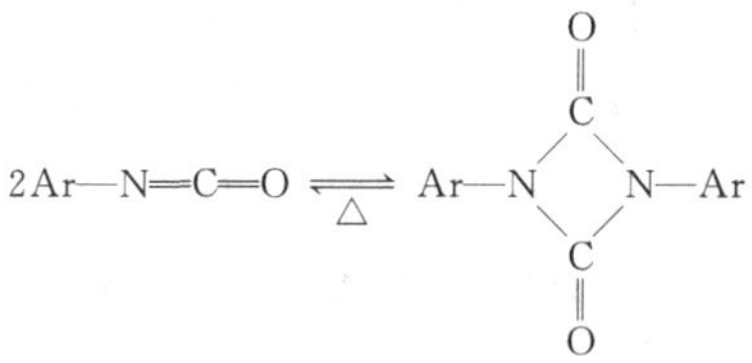

$$2Ar-N=C=O \underset{\triangle}{\rightleftharpoons} Ar-N\overset{C(=O)}{\underset{C(=O)}{\diagup\diagdown}}N-Ar$$

此二聚作用是一个可逆反应，二聚体在高温时可分解。在没有催化剂存在下，2,4-甲苯二异氰酸酯的二聚体在150℃开始分解，在175℃完全分解。IPDI的二聚体可用作粉末涂料的固化剂，在高温下分解使聚酯固化。HDI的二聚体用以制备高固体涂料。

(13) 异氰酸酯自聚成三聚体　在催化剂作用下，异氰酸酯会聚合成三聚体，称为异氰脲酸酯（isocyanurate），它性质稳定，涂膜具有快干、耐温、耐候性较好的特性。

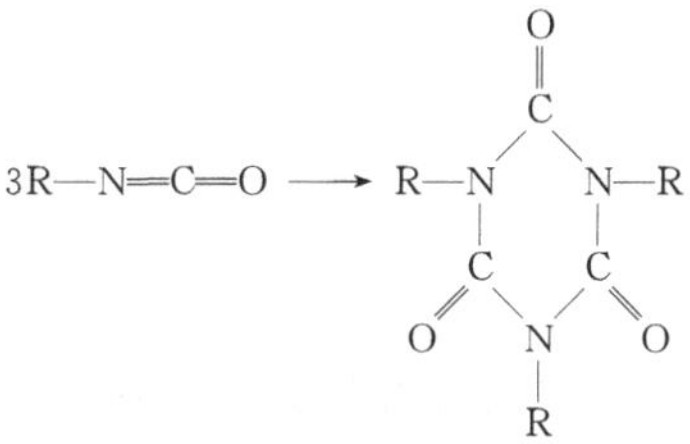

$$3R-N=C=O \longrightarrow (RNCO)_3 \text{（R—N、N—R、N—R 与三个 C=O 组成的六元环）}$$

三聚作用是不可逆的，三聚体在150～200℃稳定不分解。三烷基膦和叔胺、碱性羧酸盐等都是三聚作用的催化剂。单独芳香族异氰酸酯可制得三聚体，典型的如Desmodur IL是TDI的三聚体，脂肪族的三聚体如HDI三聚体（Desmodur 3390）和IPDI三聚体如Bayer公司的Z4470，以及不同异氰酸酯的共聚体如TDI-HDI的共聚体（Desmodur HL）和MDI＋TDI共聚的三聚体（用醋酸钠作催化剂）。

上述有关异氰酸酯的各种反应对聚氨酯漆都有重要意义，将在以后分别叙述。但是从上述许多反应可以看出：异氰酸酯的反应非常复杂，有些反应可同时进行。

多异氰酸酯与多元醇反应形成聚氨酯，如情况正常，大略可按Carothers公式的官能度来估计产物的平均聚合度。若原料中含水分（颜料、溶剂中的水分），或含有催化性的杂质，或操作温度错误，或投料次序不当，则虽然按计算比例投料，仍可引起副反应而发生胶凝，因此必须充分注意对原料、中间体的检验，投料准确，并遵守操作规程。

3. 异氰酸酯的反应性

因为异氰酸酯的反应是在带正电荷的碳原子上的亲核反应，所以吸电子基能促进异氰酸酯的活性，斥电子基能降低异氰酸酯的活性。苯异氰酸酯上取代了不同基团之后，它与醇的相对反应性就不同。

结构式	取代基	反应性	结构式	取代基	反应性
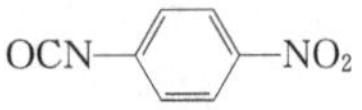 OCN— —NO_2	对硝基	>35	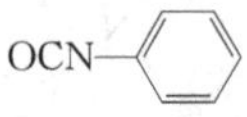 OCN—	不取代	1（作为参比标准）
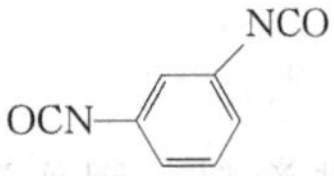 NCO OCN—	间异氰酸基	6	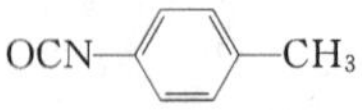 OCN— —CH_3	对甲基	0.5
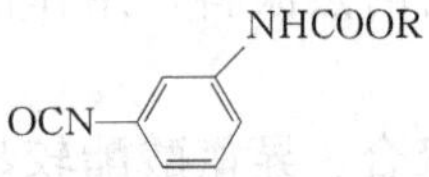 NHCOOR OCN—	间氨酯基	2	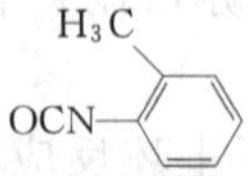 H_3C OCN—	邻甲基	0.08

因为硝基吸电子而使苯异氰酸酯的反应性显著提高，对甲基斥电子而使反应性下降，邻甲基除斥电子外，更因空间位阻而使反应性大为下降。间位取代了的异氰酸基使反应性提高；即使间异氰酸基反应成为氨酯基，它的反应活性较之未取代的苯异氰酸酯仍快一倍，因此二异氰酸酯的反应性比苯异氰酸酯高。见表 2-1-157。

表 2-1-157 异氰酸酯的反应速率

品 种	反应速率常数 $k/[\mu L/(mol\cdot s)]$	相对反应速率	品 种	反应速率常数 $k/[\mu L/(mol\cdot s)]$	相对反应速率
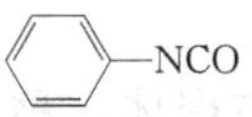 —NCO	2.5	1	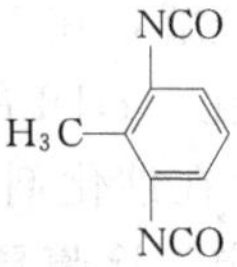 NCO H_3C— NCO	2.5	1
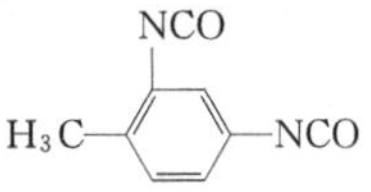 NCO H_3C— —NCO	10.7	4			

商品出售的甲苯磺酰异氰酸酯 H_3C— —SO_2NCO ，因磺酰基的强吸电子性，提高了相邻的 NCO 基的反应活性，超过了常用的芳香族异氰酸酯。

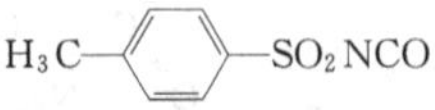

用己二酸与一缩乙二醇制得聚酯，取 0.2mol 聚酯与0.02mol的 2,4-TDI 在氯苯中反应，于不同温度求其反应速率常数，结果见表 2-1-158。

表 2-1-158 异氰酸酯基的反应速率（2,4-TDI）

异氰酸酯	反应速率常数 $k/[L/(mol\cdot s)]$			
	29℃	49℃	72℃	100℃
2-NCO 基	5.7×10^{-6}	1.8×10^{-5}	7.2×10^{-5}	3.2×10^{-4}
4-NCO 基	4.5×10^{-5}	1.2×10^{-4}	3.4×10^{-4}	8.5×10^{-5}
相差倍数	7.9	6.7	4.7	2.7

从表 2-1-158 可见：4 位 NCO 基和 2 位 NCO 基的反应性有相当大差距，但温度升高则两者的差距缩小，遵循一般化学反应因温升而速率差距缩小的规律。制造聚氨酯涂料常利用 TDI 的对位和邻位 NCO 两者的反应性的差距，使对位 NCO 基优先反应成为加成物、预聚体，留下邻位 NCO 基供涂膜固化。相对差距越大，产品的分子量分布越均匀，与其他树脂的混溶性越好，涂膜光亮透明，漆的贮藏稳定性也较佳。

涂料工业中常用的二异氰酸酯与聚醚的仲羟基的反应速率（70℃）见表 2-1-159 及表 2-1-160（30℃，甲苯中）。

表 2-1-159　异氰酸酯的相对反应速率

$$OCN—R—NCO+R'OH \xrightarrow{k_1} OCN—R—NHCOOR'$$

$$OCN—R—NHCOOR'+R'OH \xrightarrow{k_2} R'OOCHN—R—NHCOOR'$$

品种	相对反应速率		品种	相对反应速率	
	k_1	k_2		k_1	k_2
TDI(80/20)	353	32	HDI	1	0.5
XDI(1,3)	23.2	21			

表 2-1-160　异氰酸酯的相对反应速率

品种	相对反应速率(甲苯中,30℃)		品种	相对反应速率(甲苯中,30℃)	
	第一个 NCO 基	第二个 NCO 基		第一个 NCO 基	第二个 NCO 基
TDI(2,4)	42	1.7	XDI(1,4)	2.5	1.3
XDI(1,3)	2.8	1.1			

从以上两表可以看出以下 3 点。

① 芳香族异氰酸酯的反应速率远比脂肪族快。

② 芳脂族 XDI 的反应速率比脂肪族 HDI 快。

③ TDI 的 k_1、k_2 差距很大。因为甲基对 2 位 NCO 基的空间位阻大，故它较 4 位 NCO 基的反应速率慢。但 HDI、XDI 所有的两个 NCO 基反应速率差距很小，这在制造预聚物时会引起产物分子量分布不均匀，须加以注意并采取措施，即投料时提高 NCO∶OH 的比例，最后将多余过量的二异氰酸酯回收，以获得分子量低而较均匀的产品。图 2-1-27 为各种异氰酸酯反应速率的比较。

将 4 种二异氰酸酯与辛醇在 80℃反应，按 1∶10 摩尔比进行反应（醇大大过量），表 2-1-161数字表示已转化的异氰酸酯的百分率（%）。

表 2-1-161　4 种二异氰酸酯与辛醇的反应

反应时间/min	TDI	HDI	HMDI	IPDI
5	90	23	23	10
30	99	79	74	60
90	100	99	99	91

以上数据表明，芳香族异氰酸酯反应迅速，脂肪族异氰酸酯反应速率慢，IPDI 最慢。从图 2-1-27 可见 HDI、XDI 的反应速率与时间呈线性关系，而 TDI 则在反应达一半以上时曲线转折平坦，说明在 4 位 NCO 基反应完毕后，2 位的反应速率较为缓慢，这种特性便于制造预聚物时的控制，产品均匀而稳定。反之像 XDI、HDI 制预聚物时必须过量投料。

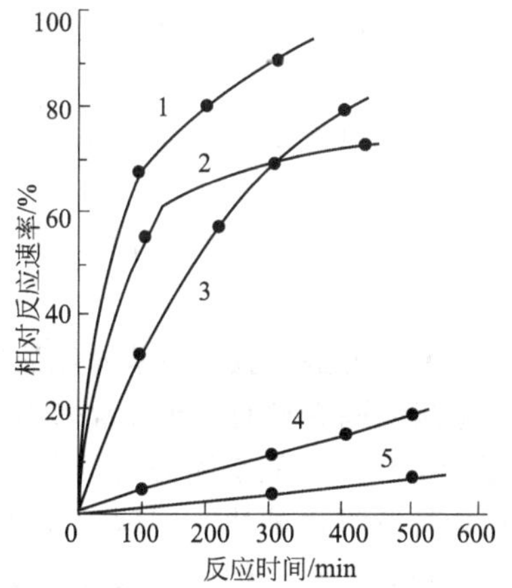

图 2-1-27　各种异氰酸酯的相对反应速率

1—MDI；2—TDI；3—XDI；4—HDI、TMDI；5—HMDI、HTDI、IPDI

异氰酸酯与醇的反应，常可认为是二级反应：

$$速率=k[RNCO][R'OH]$$

上式中 k 为在该温度下该反应体系的总表观速率常数。但经过动力学研究，认为实际情况更为复杂。在某些场合，认为是三级反应：

$$速率=k[RNCO][R'OH]^2$$

即在反应中是两个醇分子在起作用。可以按以下反应机理来解释：

$$R—N═C═O + R'OH \underset{k_{-1}}{\overset{k_1}{\rightleftharpoons}} R—\overline{N}—C═O(—O^+(H)R')$$

第一个醇　　生成两性离子

$$R\overline{N}(:)—C(=O)—O^+(H)R' + R'\ddot{O}H \xrightarrow{\text{生成六环中间体}} \text{六环中间体}$$

第二个醇

此中间体促成质子从氧原子转移到氮原子。

$$R—\overline{N}—C═O(—O^+(H)R') + R'OH \xrightarrow{k_2} R—NH—C(=O)—OR' + R'OH$$

此机理说明：双组分聚氨酯漆在反应至后期时，所余羟基浓度已很低，由于反应速率与羟基浓度的平方成正比，因此速率很慢，须使用催化剂或升高温度。

佐藤研究了各种异氰酸酯与甲醇反应的动力学，认为该反应属自动催化，对于脂肪族异氰酸酯自动催化更为重要。

对于 IPDI（结构式：环己烷环上带 H_3C、H_3C、H_3C，—NCO(仲)，CH_2NCO(伯)），它有一个伯 NCO 基和一个仲 NCO，按常规推想，它与羟基反应，应该是伯 NCO 基更活泼，但实践证明，在不加催化剂的条件下，仲 NCO 基在 20℃与正丁醇的反应速率比伯 NCO 基快 5.5 倍，若加入0.075%二月桂酸二丁基锡催化，20℃时仲 NCO 基比伯 NCO 基快 11.5 倍。但若加入 0.4%三亚乙基二胺（DABCO）催化，则伯 NCO 基比仲 NCO 基反应速率快。所以一切动力学的研究结果必须注明反应的各种条件。

4. 活性氢组分的反应性

活性氢组分的亲核性愈大，则与异氰酸酯的反应性愈高。因此斥电子基提高活性氢组分的反应性，吸电子基降低反应性。在一般情况下可列表如下：

$$CH_3NH_2 > C_6H_5—NH_2 > H_5C_2—NH—C(=O)—NH—C_2H_5 > CH_3OH$$

$$> CH_3CH(OH)CH_3 > H_2O > C_6H_5—OH > C_6H_5—NH—C(=O)—NH—C_6H_5 > RNHCOOR > RCOOH$$

伯醇、仲醇、叔醇与苯异氰酸酯反应的相对反应速率约为 1.0∶0.3∶(0.003～0.007)，因此制造聚氨酯涂料的三元醇常采用三羟甲基丙烷（本章中简称 TMP）$CH_3CH_2C(CH_2OH)_3$，而很少用甘油，就是因为它具有 3 个伯羟基，使反应迅速而完全。因此，丙烯酸羟乙酯的反应比丙烯酸羟丙酯快。同理，在某些双组分聚氨酯漆中，羟基组分的溶剂中含有二丙酮醇。此溶剂虽含羟基，但因是叔醇，反应速率很低而无妨：

$$(CH_3)_2C(OH)—CH_2COCH_3$$

在 80℃时（一般的制造加成物或预聚物的温度），按NCO∶OH＝1∶1，以二氧六环为溶剂，比较苯异氰酸酯与几种活性氢组分反应的相对反应速率如下：

苯氨基甲酸丁酯 $C_6H_5NHCOOC_4H_9$	1(氨酯)	二苯脲 $C_6H_5NHCONHC_6H_5$	80(芳脲)
N-乙酰苯胺 $CH_3CONHC_6H_5$	16(酰胺)	水 H_2O	98(水)
丁酸 $CH_3CH_2CH_2COOH$	26(羧酸)	丁醇 $CH_3CH_2CH_2CH_2OH$	460(伯醇)

可见在 80℃制漆反应时，异氰酸酯与伯羟基的反应速率很大，比与已生成的氨酯键反应的反应速率高 460 倍，即生成脲基甲酸酯的副反应的可能性并不大，但仍须防止其他杂质或太高的温度引起副反应而支化胶凝。

上述的伯醇、仲醇，若含有醚键（即醚醇），则其反应速率降低：

$$RCH_2OH > R_2CHOH > ROCH_2CH_2OH > ROCH_2-\underset{\underset{CH_3}{|}}{\overset{H}{C}}OH$$

这是因为醚醇的羟基可与另一分子醚醇的氧原子形成氢键。一般聚醚的羟基与异氰酸酯反应速率要比聚酯小。对于聚氨酯沥青漆常因施工时限太短，故采用聚醚以降低反应速度。

潮气固化型聚氨酯漆的成膜，第一步是异氰酸酯与水反应，是比较缓慢地生成胺，此不仅因速率小，而且水与预聚物（憎水性）并不相溶，必须经界面扩散进入。生成胺后，胺与异氰酸酯的反应性极强，迅速形成脲，即第二步很快。

异氰酸酯与脂肪胺的反应非常迅猛，仅用在聚脲涂料及弹性聚氨酯热塑性涂料制造中，作为高分子的扩链剂以求得良好的物理性能。此外，胺与酮反应制成酮亚胺，作为潜固化剂，可与多异氰酸酯配漆，施工后涂膜吸收空气中潮气，渐渐放出胺而生成脲键，不致太剧烈。

芳香胺的反应性稍低。弹性聚氨酯漆所常用的固化剂 4,4′-二氨基-3,3′-二氯二苯甲烷（简称 MOCA），由于它的对称芳环结构的刚性和它生成的脲键的氢键吸引力，使高聚物具有很高的机械强度。邻位取代氯原子的空间位阻和吸电子效应，降低了氨基的反应速率，使双组分漆有足够的施工时限，并形成结构规整的聚氨酯-聚脲高聚物。但 MOCA 有致癌的危险，经 Ames 试验呈阳性，有致畸的危险，必须慎用，并注意劳动保护，安全操作。

$$H_2N-C_6H_3(Cl)-CH_2-C_6H_3(Cl)-NH_2 \qquad \text{MOCA}$$

5. 氨酯键的反应和聚氨酯漆的泛黄

氨酯键中有个氢原子，使高分子链间形成氢键而具有良好的耐磨性、硬度和韧性，可制成弹性涂料。但是它具有一定的活性，化学上称之为不稳定氢原子，因而能引起下列反应。

(1) 氨酯与另一个异氰酸酯基反应，生成脲基甲酸酯，前节已介绍。因此在制造加成物或预聚物时，若温度过高，会生成脲基甲酸酯而黏度上升、胶结。同理，聚氨酯漆在高温烘烤时，也会生成脲基甲酸酯键，提高交联密度。

(2) 氨酯键的热裂解，这是一个很重要的反应，在聚氨酯漆的领域内与以下情况有关。

① 封闭型单组分聚氨酯漆的固化。例如聚氨酯漆包线漆、聚氨酯粉末涂料、阴极电沉积漆等的固化。

以下反应式反映了聚氨酯漆包线涂层的易焊锡特性。

$$R-\overset{\overset{H}{|}}{N}-\overset{\overset{O}{\|}}{C}-OR' \xrightleftharpoons{\triangle} R-N=C=O + R'OH$$

② 氨酯键的热稳定性。即裂解温度的高低取决于氨酯键邻近基团的影响、封闭剂的类型、催化剂的存在，以及羟基组分的影响。氨酯键的裂解温度见表 2-1-162。

表 2-1-162 氨酯键的裂解温度

品 种	裂解温度/℃	品 种	裂解温度/℃
芳族 Ar—NHCOO—Ar(酚封闭)	120	芳族 Ar—NHCOO—R(醇封闭)	200
正烷族 R—NHCOO—Ar(酚封闭)	180	正烷族 R—NHCOO—R(醇封闭)	250

从表 2-1-162 数据可见，脂肪族氨酯键的热裂解温度要比芳香族高。醇封闭者比酚封闭者裂解温度高。一般工业上酚封闭的聚氨酯漆包线在 360℃焊锡浴中数秒钟内即分解而镀上焊锡。己内酰胺封闭者与苯酚的裂解温度相近，丁酮肟封闭者的裂解温度较低，丙二酸二乙酯封闭者的裂解温度更低。加入二月桂酸二丁基锡等催化剂也能降低裂解温度，促进与羟基组分交联。

(3) 氨酯键在碱或酸的作用下会逐渐水解，但水解速率比酯键慢得多。其耐酸催化的水解稳定性优于碱催化的水解。脂肪族氨酯键耐碱的稳定性优于芳香族氨酯键。

$$RNHCOOR' + H_2O \xrightarrow{OH^-} RNH_2 + CO_2 + R'OH$$

键的水解稳定性序列如下：

单元	类型	稳定性
R—C(=O)—OR′	脂肪族酯	最差
Ar—C(=O)—OR′	芳香族、脂肪族酯	↓
Ar—NH—C(=O)—OR′	芳香族、脂肪族氨酯	↓
R—NH—C(=O)—OR′	脂肪族氨酯	↓
R—NH—C(=O)—NH—R~~~~R—NH—C(=O)—N(R)—C(=O)—NH~~~~	缩二脲	↓
~~R—N(—C(=O)—)₂N—R~~~~ 环（三个 C=O，第三个 N 上连 R）	异氰脲酸酯（三聚体）	最稳定

(4) 较弱的氨酯（例如芳香族异氰酸酯与苯酚制得的氨酯）可以被脂肪胺或脂肪醇所取代。此取代反应相仿于一般酯键的氨解和醇解。实用上苯酚封闭的预聚物可与脂肪胺配合，获得常温固化的密封剂，氨酯键转化为脲键。

$$ArNHCOOAr + RNH_2 \longrightarrow ArNHCONHR + ArOH$$

弹性聚氨酯挥发型涂料的溶剂中不可含有伯醇，以免贮藏中醇解反应使高聚物降解变质。

$$ArNHCOOAr + ROH \longrightarrow ArNHCOOR + ArOH$$

(5) 氨酯在高温下分解为胺和烯烃而断链。

$$—NHCOOCH_2CH_2 \xrightarrow{\triangle} —NH_2 + CO_2 + CH_2{=}CH—$$

上式中若为芳胺则易泛黄。

(6) 氨酯的光老化。

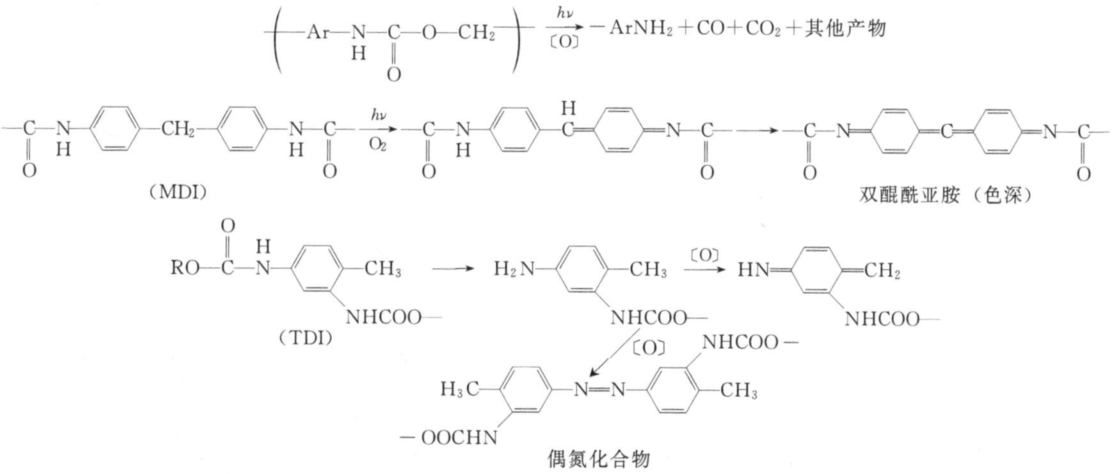

$$\left(\!-Ar-\underset{H}{N}-\underset{\|\atop O}{C}-O-CH_2-\right) \xrightarrow[\text{〔O〕}]{h\nu} -ArNH_2+CO+CO_2+\text{其他产物}$$

$$-\underset{\|\atop O}{C}-\underset{H}{N}-C_6H_4-CH_2-C_6H_4-\underset{H}{N}-\underset{\|\atop O}{C}- \xrightarrow[O_2]{h\nu} -\underset{\|\atop O}{C}-\underset{H}{N}-C_6H_4-\overset{H}{C}=C_6H_4=N-\underset{\|\atop O}{C}- \longrightarrow -\underset{\|\atop O}{C}-N=C_6H_4=C=C_6H_4=N-\underset{\|\atop O}{C}-$$

（MDI） 双醌酰亚胺（色深）

$$RO-\overset{O}{\overset{\|}{C}}-\overset{H}{N}-C_6H_3(NHCOO-)-CH_3 \longrightarrow H_2N-C_6H_3(NHCOO-)-CH_3 \xrightarrow{\text{〔O〕}} HN=C_6H_3(NHCOO-)=CH_2$$

（TDI）

$$\xrightarrow{\text{〔O〕}} H_3C-C_6H_3(-OOCHN)-N=N-C_6H_3(NHCOO-)-CH_3$$

偶氮化合物

氨酯受紫外线照射后分解生成胺。芳香胺氧化后生成醌发色团。MDI 氧化后生成双醌酰亚胺，泛黄比 TDI 的单醌更严重。脂肪族氨酯键比芳香族氨酯键稳定，而且即使分解成为脂肪胺，也不像芳香胺容易变色，因为没有苯环共轭作为助色团，脂肪胺又不易氧化，因而不泛黄。芳脂族的 XDI 虽有芳环，但氨酯键不直接连接于芳环，中间隔有亚甲基，阻止共轭的形成，所以也不会泛黄。

同样用芳香族 TDI 做原料，制成氨酯化合物（即加成物等）的变色比三聚体要强烈，原因如下。

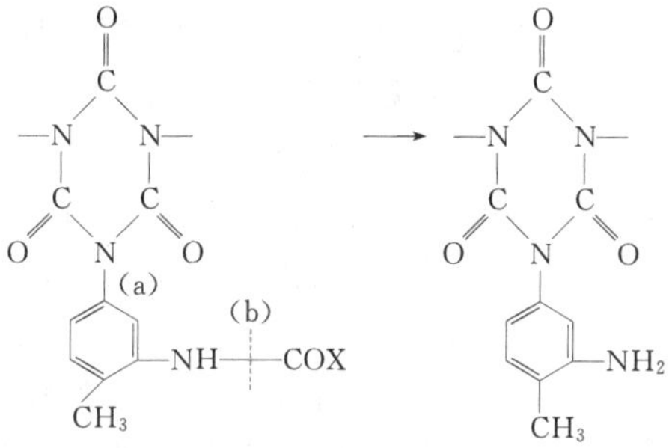

$$\text{异氰脲酸酯环}-N\overset{(a)}{-}C_6H_3(CH_3)-NH\overset{(b)}{\vdots}COX \longrightarrow \text{异氰脲酸酯环}-N-C_6H_3(CH_3)-NH_2$$

① 叔氮原子（a）上没有氢原子，并且被三聚的异氰脲酸酯环所稳定，在（a）处不会裂解。

② 即使在（b）处裂解，叔氮原子（a）阻止形成强力的助色团醌结构。

Vander Ven 和 Geurink 研究了不同结构的氨酯键（脂肪族多异氰酸酯/丙烯酸树脂）在人工老化机碳弧灯（照射 17min，淋水 3min）2500h 后的测试结果。

① 涂膜中含苯乙烯会泛黄而老化。

② 甲基丙烯酸羟乙酯耐老化性优于甲基丙烯酸羟丙酯。

③ 环脂族多异氰酸酯（IPDI 三聚体）的耐人工老化性优于脂肪族多异氰酸酯（HDI 三聚体）。

图 2-1-28 中，*A* 为 HDI 三聚体/含羟丙酯的丙烯酸树脂，*B* 为 HDI 三聚体/含羟乙酯的丙烯酸树脂，*C* 为 IPDI 三聚体的失重曲线。失重多者，涂膜收缩易开裂。

图 2-1-29 是几种不同异氰酸酯涂层在老化仪照射下变色的情况。

以上两图均是人工老化仪照射的结果仅供参考。按笔者经验，与天然日光曝晒可能有差距。例如用短波长的汞灯照射，环脂族的六氢苯酐比芳香族苯酐明显优越，但天然日光曝晒则差别并不大。

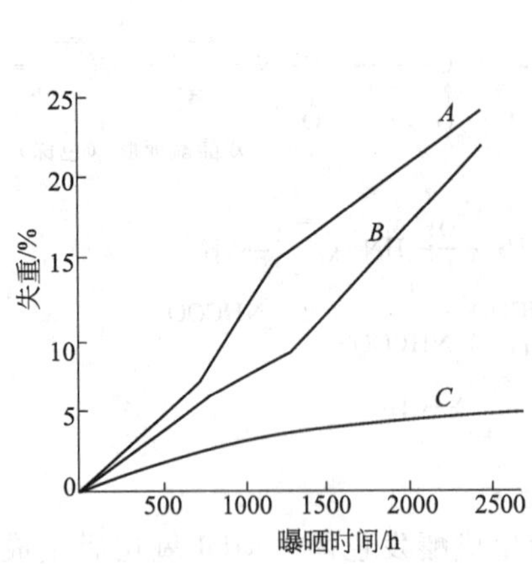

图 2-1-28 不同结构的氨酯键的老化失重

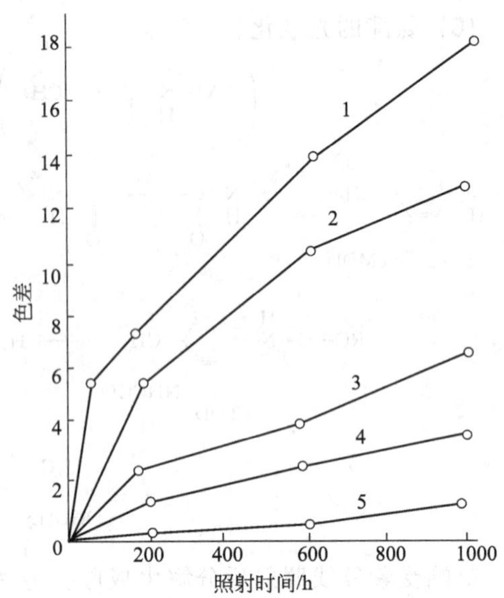

图 2-1-29 二异氰酸酯涂层的变色性（NCO/OH=1）

1—MDI；2—TDI；3—XDI；4—HDI，TMDI；5—HMDI，HTDI，IPDI

6. 催化剂

聚氨酯涂料不论在造漆或施工固化过程中，要能够恰当地控制异氰酸酯的反应。对于聚氨酯漆，微量的催化剂可降低活化能，促进异氰酸酯的反应，并引导反应沿着预期的方向进行。

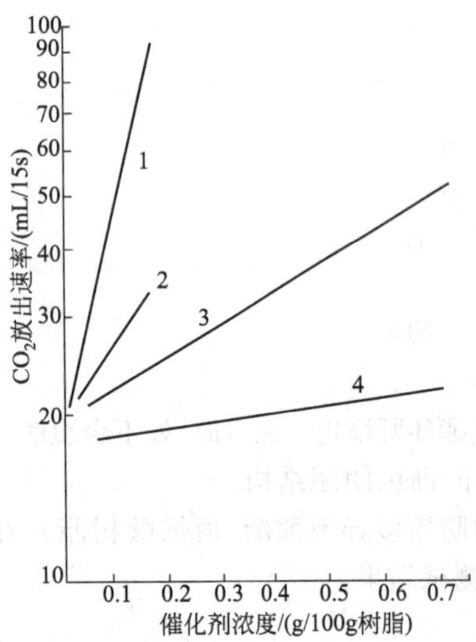

图 2-1-30 异氰酸基与 H_2O 的反应速率

1—三亚乙基二胺；2—三乙胺；3—二月桂酸二丁基锡；4—辛酸亚锡

图中三亚乙基二胺是指 1,4-二氮杂(2,2,2)双环辛烷

$$N\begin{matrix}CH_2-CH_2\\ -CH_2-CH_2-\\ CH_2-CH_2\end{matrix}N$$，

其 N 原子因无空间位阻影响，故其催化效力比三乙胺强。

聚氨酯漆中常用的催化剂有以下几种。

① 叔胺类 如甲基二乙醇胺、二甲基乙醇胺、三亚乙基二胺、*N*,*N*-二甲基环己胺、*N*-甲基吗啉等。

② 金属化合物 如二月桂酸二丁基锡、二醋酸二丁基锡、辛酸亚锡、环烷酸锌、环烷酸钴、环烷酸铅。

③ 有机膦 如三丁基膦、三乙基膦。

上述甲基二乙醇胺、二甲基乙醇胺都含有羟基，除了催化作用外，尚能与异氰酸酯基反应，本身结合在涂膜中，不会被萃取出来。其中甲基二乙醇胺具有两个官能度，能参与涂膜交联，常采用于催化潮气固化聚氨酯漆中。催化剂对异氰酸基与 H_2O 的反应速率的影响见图 2-1-30。

关于异氰酸酯的催化反应，可分下列几方面考虑。

① 芳香族异氰酸酯与羟基的反应

$$ArNCO+R'OH \longrightarrow ArNHCOOR'$$

② 脂肪族异氰酸酯与羟基的反应

$$RNCO+R'OH \longrightarrow RNHCOOR'$$

③ 异氰酸酯与水的反应

$$RNCO+H_2O \longrightarrow RNH_2+CO_2$$

$$RNCO+RNH_2 \longrightarrow RNHCONHR$$

④ 三聚反应

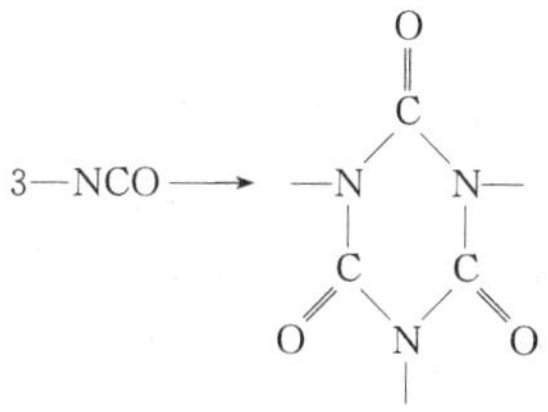

```
                     O
                     ‖
                     C
                   ╱   ╲
3—NCO ——→      —N       N—
                |       |
                C       C
              ╱╱  ╲   ╱  ╲╲
             O      N      O
                    |
```

⑤ 形成脲基甲酸酯和缩二脲

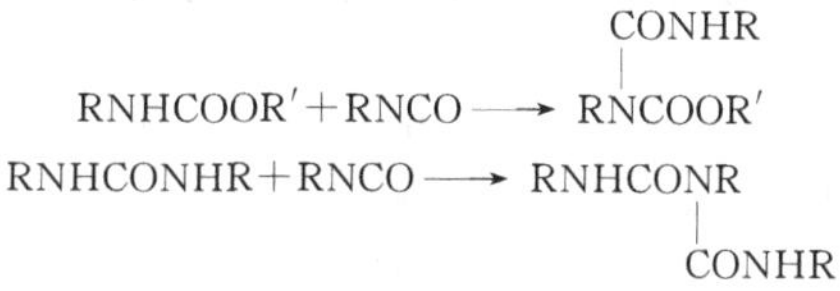

$$RNHCOOR'+RNCO \longrightarrow RN(CONHR)COOR'$$

$$RNHCONHR+RNCO \longrightarrow RNHCON(CONHR)R$$

⑥ 氨酯键的裂解

$$RNHCOOR' \longrightarrow RNCO+R'OH$$

各种催化剂对上述的 6 种反应都有不同程度的影响，但是各有其主要的作用范围，二月桂酸二丁基锡、辛酸亚锡对 NCO/ROH 型反应的催化能力比叔胺强得多，但对于 NCO/H_2O 型反应则以胺类较佳，可见表 2-1-163 和图 2-1-30。

表 2-1-163 异氰酸基与羟基的反应速率

催化剂品种	苯异氰酸酯与聚丙二醇在甲苯中 30℃反应达到 50%反应的时间/min	催化剂品种	苯异氰酸酯与聚丙二醇在甲苯中 30℃反应达到 50%反应的时间/min
无催化剂	>1600(慢)	辛酸亚锡	5(快)
三亚乙基二胺	100(较慢)	环烷酸铅	6(快)
二月桂酸二丁基锡	46		

因此在制造聚氨酯预聚物过程中，有时可加入少量的锡催化剂，以引导异氰酸酯与羟基反应使生成线型的氨酯化合物，若加入胺催化剂容易引起支化，在釜中胶凝。

但对于潮气固化型聚氨酯漆，寒天施工时异氰酸酯与潮气反应，加胺的催干作用却比锡强得多。

表 2-1-164 介绍的是催化剂对芳香族异氰酸酯的作用。对于脂肪族异氰酸酯，由于它同羟基反应力弱，就必须依赖催化剂的作用，才能使涂膜迅速固化。用三元醇和环氧丙烷制得的聚醚，在 70℃与 3 种异氰酸酯反应的情况见表 2-1-164。

表 2-1-164 各种催化剂的作用情况

催化剂	NCO/OH=1∶1 密封后胶凝时间/min			催化剂	NCO/OH=1∶1 密封后胶凝时间/min		
	TDI	XDI	HDI		TDI	XDI	HDI
无催化剂	>240	>240	>240	邻苯基苯酚钠	4	6	3
三乙胺	120	>240	>240	油酸钾	10	8	3
三亚乙基二胺	4	80	>240	三氯化铁	6	0.5	0.5
辛酸亚锡	4	3	4	环烷酸锌	60	6	10
二月桂酸二丁基锡	6	3	3	辛酸钴	12	4	4
辛酸铅	2	1	2				

从表 2-1-164 的 NCO/OH 反应情况可以看出，叔胺对芳香族 TDI 有显著的催化作用，但对脂肪族 HDI 的催化作用极弱。反之，金属化合物对芳香族或脂肪族异氰酸酯都有强烈的催化作用。其中环烷酸锌对芳香族的催化作用弱，对脂肪族的作用却很强，因此对于 HDI 缩二脲型多异氰酸酯，常用锌作双组分漆的催干剂，因为它的毒性较二月桂酸二丁基

锡低，而且施工时限也比锡长。

因为通常探讨异氰酸酯的催化研究，有上述凝胶试验，以及以 NCO 基消失的二丁胺滴定的动力学两种方法。Britain 和 Gemeinhardt 两人也做了凝胶试验法，用五种二异氰酸酯与聚酯三元醇反应，温度为 70℃，催化剂重量为 1%，混合物的固体含量为 70%，对多种催化剂作筛选试验，摘录部分结果列于表 2-1-165 中。

表 2-1-165　催化剂与凝胶时间关系

催化剂	凝胶时间/min				
	HDI	IPDI	HMDI	MDI	TDI
辛酸亚锡	8	90	15	4	10
DBTDL	2	15	5	<1	5
钴催干剂(6%)	10	120	90	5	25
铅催干剂(24%)	15	25	20	3	10
辛酸锌	30	120	120	30	90
顺丁烯二酸二丁基锡(DBTM)	1	6	3	1	4
二醋酸二丁基锡	1	5	2	<1	60
DABCO	25	30	40	<1	1
DBTDL 和 DABCO(1∶1)	1	7	3	<1	1
二氯化二甲基锡(DMTDC)	1	6	2	1	4
环烷酸亚锡	40	240	150	8	30

从以上结果也可得出以下结论

① 芳香族异氰酸酯反应较快。

② 脂肪族中 HDI 比 HMDI 及 IPDI 反应快些。

③ 辛酸亚锡比二丁基锡类反应慢，而环烷酸亚锡更慢。

④ DABCO 加 DBTDL 的混合物比单纯的 DABCO 或单纯的 DBTDL 快，表示有增效作用。

⑤ 对 HMDI 而言，DMTDC 比 DBTDL 的催化剂作用快，因为同样加入 1% 质量份，DMTDC 的分子量小，锡的含量高。

以上是学术性的探讨，在预先设定的条件下的结果示例。实际制造涂料时，尚须考虑到各有关因素，通过系列实际试验才能选出合适的品种和浓度。

环烷酸铅除了强力促进 NCO/OH、NCO/H_2O 反应以外，尚能生成脲基甲酸酯和引起 NCO 基的三聚作用，见表 2-1-166。

表 2-1-166　催化剂对苯异氰酸酯三聚作用的影响

催化剂	金属浓度/(mol/L)	三聚体产率(常温 48h 后)/%	催化剂	金属浓度/(mol/L)	三聚体产率(常温 48h 后)/%
环烷酸铅	7.7×10^{-5}	100	环烷酸锰	3.9×10^{-5}	5
环烷酸钴	6.1×10^{-5}	100	环烷酸锌	5.5×10^{-5}	0
环烷酸铁	4.6×10^{-5}	10			

除了铅以外，三烷基膦、强碱、碱性盐、钴、铁、叔胺等均能促进三聚体的形成。

通常有意识地加入微量催化剂以促使反应达到预期的效果。但有时往往也无意识地带进少量的杂质而引起强烈的催化作用，造成事故，其中要注意的有以下几点。

① 聚醚中残存的微量碱性。

② 某些颜料中残存的微量水溶性金属盐等。

③ 某些国产粗质环氧树脂中残存微量的碱性。

④ 某些国产三羟甲基丙烷以及季戊四醇中残存微量碱性。

因为这些化学品都是经由醇醛缩合及卡尼柴罗反应两步合成，均在碱性条件下生成，若精制不慎易残留微量碱性。

例如用聚丙二醇（分子量 2000）46g，甘油/环氧丙烷聚醚（分子量 3000）31g 及 TDI（80/20）23g，在 90℃反应 2h 制得预聚物，然后加入 1g 不同的催化剂和 9g 二氧六环（溶剂），封于试管内，在 70℃观察胶凝时间，结果见表 2-1-167。

表 2-1-167 催化剂对预聚物胶凝时间的影响

催化剂	胶凝时间/min	催化剂	胶凝时间/min
酚钠	立即胶凝	三氯化铁	60
环烷酸铅(37%Pb)	18	二月桂酸二丁基锡	>240
辛酸铁(6%Fe)	16		

从表 2-1-167 可见，碱性的酚钠具有强烈催化作用，而铁皂或水溶性铁盐催化胶凝的速率也比二月桂酸二丁基锡快得多。因此对含微量水溶性盐的颜料如铁蓝、锌黄等必须慎重，对铁质反应釜、容器等也须细心管理，避免腐蚀的锈液或铁皂混入漆中，影响稳定性。

酸、碱性的催化作用：在酸性条件下，异氰酸酯主要与羟基反应，生成氨酯预聚物；在碱性条件下，除了与羟基反应外，还与脲、氨酯反应生成缩二脲和脲基甲酸酯，自身还会三聚，生成三聚异氰酸酯而胶凝。酸、碱性的催化作用可见图 2-1-31。

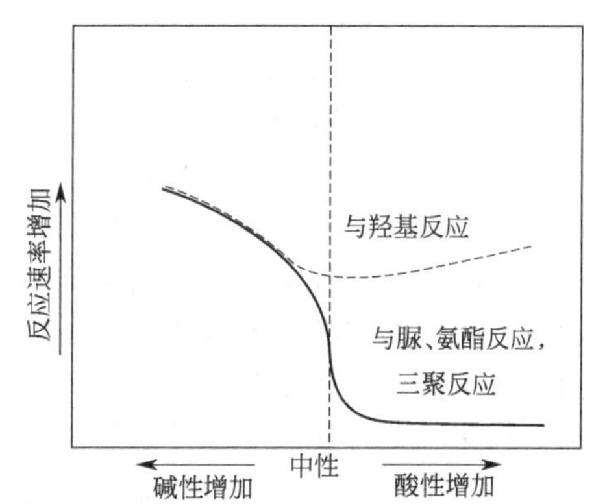

图 2-1-31 酸、碱性对异氰酸酯反应的影响

图 2-1-31 中可见：碱性增加则各种反应速率增加，酸性中仅形成氨酯，但尚须考虑空间位阻的影响。例如在苯异氰酸酯/丁醇反应体系中，比较两种胺的催化作用：

	pK_a	相对反应速率
三乙胺	10.8	0.9
三亚乙基二胺	8.2	3.3

虽然三乙胺的碱性比三亚乙基二胺强，但后者的两个氮原子都在端处，位阻小，催化作用更强。这种空间位阻的影响在锡催化剂中也存在。对于有位阻的异氰酸酯（例如四甲基苯二亚甲基二异氰酸酯 TMXDI），则二醋酸二甲基锡的催化作用优于二月桂酸二丁基锡。

$N(CH_2CH_3)_3$

（三乙胺）

$N(CH_2CH_2)_3N$

（三亚乙基二胺）

DABCO

$(H_9C_4)_2Sn[O-C(=O)-(CH_2)_{10}CH_3]_2$

$(H_3C)_2Sn[O-C(=O)-CH_3]_2$

日本的 Nakamichi 和 Ishidoya 研究了 HDI 缩二脲和羟基丙烯酸树脂间涂膜的反应动力学，认为是二级反应，且速率常数与温度之间关系符合 Arrhenius 公式。

$$速率=k[R-NCO][R'OH]$$

但也有文献认为，羟基除了参与反应以外，尚有催化作用，而成为三级反应。

$$速率=k[R-NCO][R'OH]^2$$

佐藤研究了多种异氰酸酯与甲醇的反应（无催化剂），可以下式表示：

$$R-N=C=O + R'OH \xrightarrow{k_1} R-\overset{-}{N}-C(=O)-\overset{+}{O}(H)R' \text{（中间产物）}$$

$$R-\overset{-}{N}-C(=O)-\overset{+}{O}(H)R' + R'OH \xrightarrow{k_2} R-NH-C(=O)-OR' + R'OH$$

$$\frac{dx}{dt}=k_1(a-x)(b-x)^2+k_2x(a-x)(b-x)$$

式中 x——生成的氨酯的浓度；

a——原始异氰酸酯浓度；

b——原始甲醇浓度；

k_1——生成中间产物的速率常数；

k_2——生成的氨酯引起的自动催化的速率常数。

在 Nakamichi 和 Ishidoya 的研究中，发现对 HDI 缩二脲/丙烯酸树脂反应中即使没有锡催化剂，树脂的羧酸表现出强烈的催化作用。我国刘启新试验结果也证明酸值的催化作用。当丙烯酸树脂中丙烯酸含量超过 2%时，涂料的施工时限很短，30min 内就胶化。对于没有酸值的树脂，二月桂酸二丁基锡具有良好的催化作用，但对于有酸值（$AV=7.8$）的树脂，锡的催化效果下降。经碳弧灯加速老化试验，发现锡催化剂会降低涂膜的保光性。因此对缩二脲/丙烯酸体系，既然单纯羧酸（$AV=7.8$）能快速催干，可不必加锡催化剂，以免降低耐候性。高桥等和 Osawa 等也证实了痕量的锡化合物会促进聚氨酯树脂的降解。

胺催化作用的机理，可用下式表示：

$$R-N=C=O + R_3N\cdots H-\ddot{O}-R' \longrightarrow R-\overset{-}{N}-C(=O)-O-R' + R_3\overset{+}{N}-H \longrightarrow R-NH-C(=O)-OR' + R_3N$$

即胺促进了羟基中的质子的转移，因为胺的碱性强。欲证明上述胺的作用，Farkas 等用巯基乙醇与异氰酸酯反应，其中巯基带酸性，而羟基的碱性较强，优先与 NCO 反应：

$$RNCO + HOCH_2CH_2SH \longrightarrow RN(H)-C(=O)-OCH_2CH_2SH$$

若加入叔胺催化剂，则胺的碱性促进了酸性 SH 基的质子转移，产品为：

$$RNCO + HSCH_2CH_2OH \xrightarrow{R_3N} RN(H)-C(=O)-SCH_2CH_2OH$$

关于锡的催化机理是锡化合物与羟基生成了络合物而促进了反应。Entelis 和 Nesterov、Vander Weij 等都作了报道，但迄今仍未普遍接受。锡与胺两者相加，有增效催化作用，其机理可参见文献（K. N. Edwards，Am. Chem. Soc. A. C. S. Symporium Series，1981，172，393.）。

在我国涂料工业的生产实践中，原料中微量碱性往往是引起胶凝的主要原因。上海、天津、杭州造漆厂均因遭过胶凝而进行了研究，结论是微量碱性物质的存在（例如三羟甲基丙烷中残存的甲酸钠达 300mg/L 即会使产品胶化，且使产品色深不合格，必须控制在 50mg/L 以下）。此外醇解催化剂环烷酸钙太多也会引起胶化，这些都是预聚物成胶的常见原因，应选用纯度高的三羟甲基丙烷、季戊四醇等。

消除微量碱的影响可加入少量的酸性中和剂，我国涂料工业中常加入些磷酸（约0.3%），效果颇好。其他也可加苯甲酰氯、邻硝基苯甲酰氯等，其醇解产生的盐酸可中和碱性杂质。例如聚丙二醇（分子量2000）与TDI反应（NCO/OH＝3：2）制造预聚物时，所含的可水解氯与胶凝的影响可见表2-1-168。

表 2-1-168　水解氯对胶凝的影响

编号	TDI中的水解氯	添加物	总水解氯/%	结果
1	0.01		0.01	正常反应
2	0.005		0.005	43min 胶结
3	0.001		0.001	16min 胶结
4	0.001	己二酰氯	0.01	正常反应

为了消除铅、膦等物质的影响，除了加入酰氯以外，可加入磷酸、硫酸二甲酯、对甲苯磺酸甲酯，或加入能螯合金属的酸（例如柠檬酸），可消除铅的作用。

聚氨酯漆的催化剂常用二月桂酸二丁基锡或辛酸锌。试验结果认为，在光照射下锡促进涂膜降解老化，而锌则影响小。图2-1-32是以不同的乙酰丙酮金属化合物，作为MDI-聚酯所成聚氨酯漆的催化剂，其涂膜经光老化后引起的拉伸强度的下降。可见Co^{2+}、Co^{3+}、Cu、Ti、Sn均明显促进老化，而Zn、Al和Ni几乎无影响。

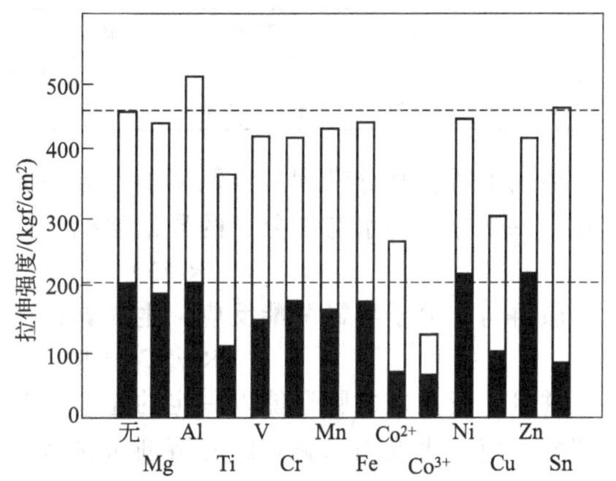

图 2-1-32　聚氨酯涂膜加入各种乙酰丙酮化合物，光照前后拉伸强度比较

金属含量为0.5%（质量），$1kgf/cm^2=9.806N/cm^2$

□—光照前；■—50h后

对于HMDI聚氨酯膜的耐潮性，与其反应时所加催化剂也有影响：

催化剂	原始拉伸强度/MPa	在95%相对湿度下/MPa 一星期后	两星期后
DMTDC	16.89	13.10	5.52
DBTDL	13.10	3.10	1.38

7. 溶剂

聚氨酯漆的溶剂选择，除了考虑溶解力，挥发速率等溶剂的共性以外，还需考虑漆中含NCO基的特性，故要注意以下两方面。

① 溶剂不含能够与NCO基反应的物质，使漆变质。

② 溶剂对NCO基的反应性的影响。

以上第一点是容易理解的。所以醇、醚醇类溶剂都不可采用。烃类溶剂虽然稳定，但溶解力低，常与其他溶剂合用。酯类溶剂采用最多。例如醋酸乙酯和醋酸丁酯，以往还常用醋酸溶纤剂（乙二醇乙醚醋酸酯），它的溶解力强，挥发速率适宜，最为合用。但20年前发现乙二醇醚类溶剂对人体有一定毒性，会使生育后代致畸变，所以国外的化工公司如Bayer均改用丙二醇甲醚醋酸酯，商品名常称MPA（methoxy propyl acetate，甲氧基醋酸丙酯），无生育致畸之患，它是醚酯。

$$H_3C-O-CH_2-\underset{}{\overset{CH_3}{\overset{|}{C}H}}-O-\overset{O}{\overset{\|}{C}}-CH_3 \quad \text{MPA}$$

酮类溶剂也可用，例如甲基异丁基酮、甲基戊基酮、环己酮等，后者以往国内应用颇多，虽溶解力强，但臭味较大。而且酮类可使聚氨酯漆色泽变深。

二丙酮醇由两个丙酮分子结合而成，虽具有羟基，但属叔羟基，与 NCO 基反应性极低，配漆时若用于乙组分（羟基组分）中无显著影响。

$$(CH_3)_2C(OH)-CH_2-C(=O)-CH_3$$

二丙酮醇

普通的工业级溶剂外观虽然透明，但实际上多少含些水分，这是因为溶剂和水分之间具有一定的溶解度，可见表 2-1-169。

表 2-1-169 水在 100g 溶剂中的溶解度

溶剂	溶解度/g	溶剂	溶解度/g	溶剂	溶解度/g	溶剂	溶解度/g
丙酮	全溶	醋酸乙酯	3.01(20℃)	环己酮	8.7(20℃)	醋酸丁酯	1.37(20℃)
丁酮	35.6(23℃)	甲基异丁酮	1.9(25℃)	醋酸溶纤剂	6.5(20℃)	苯	0.06(23℃)

溶剂中所含水分带到多异氰酸酯组分中会引起胶凝，使漆罐鼓胀，在涂膜中引起小泡和针孔，每 1 分子的水与 1 分子的异氰酸酯反应生成胺：

$$RNCO+H_2O \longrightarrow RNH_2+CO_2\uparrow$$

胺再与 1 分子异氰酸酯反应，生成脲：

$$R-NCO+RNH_2 \longrightarrow RNHCONHR$$

并且，所生成的脲还能以一定的速率（芳脲约为伯醇的1/6，脂肪脲则比伯醇还快）与异氰酸酯反应，生成缩二脲，因此溶剂所含水分不仅会引起生成脲和缩二脲的支链，而且同时消耗了不少的异氰酸酯。即 1molH_2O 消耗 1mol 以上的 TDI，即 18g 水消耗 174g 以上的甲苯二异氰酸酯，换言之，1 份水要消耗 10 份的 TDI，使投料配比失常，支化增加，迅速胶凝。因此，不论在树脂制造过程中，或稀释过程中都必须用无水的溶剂。

酯类溶剂，除了水分以外，还必须尽量减少游离的酸和醇的含量，以免与 NCO 基反应。所谓“氨酯级溶剂”就是指含杂质极少，可供聚氨酯漆用的溶剂，它们的纯度比一般工业品高，检验它是否合用的标准是抽样与过量的苯异氰酸酯反应，再用二丁胺分析残留的苯异氰酸酯量。消耗苯异氰酸酯多者不宜用，它表示酯中所含水、醇和酸三者消耗异氰酸酯的总值，以“异氰酸酯当量”表示之。“异氰酸酯当量”是指消耗 1mol NCO 基所需溶剂的克数，数值愈大，稳定性愈好。表 2-1-170 介绍 3 种“氨酯级”酯的数据，可供参考，一般“异氰酸酯当量”低于 2500 以下者不合格。

表 2-1-170 “氨酯级”酯的数据

溶 剂	纯度/%	沸程/℃	异氰酸酯当量
醋酸乙酯	99.5	76.0～78.0	5600
醋酸丁酯	99.5	122.5～128.0	3000
醋酸溶纤剂	99.0	150～160	5000

美国材料测试协会 ASTM D 3545 有用气相色谱法测定酯类溶剂的纯度及所含醇量的方法。D3726 为氨酯级醋酸丁酯的规格。D3727 为氨酯级醋酸乙酯的规格。D3729 为相应的甲乙酮的规格。用化学滴定法测定溶剂的“异氰酸酯当量”的方法可参见美国杂志。

关于第二点，溶剂对 NCO 基反应速率的影响，以苯异氰酸酯与甲醇在 20℃下反应为例，列于表 2-1-171。

表 2-1-171 溶剂对 NCO 基反应速率的影响

溶剂	k/[mL/(mol·s)]	溶剂	k/[mL/(mol·s)]
甲苯	0.12	甲乙酮	0.005
硝基苯	0.045	二氧六环	0.003
醋酸丁酯	0.018	丙烯腈	0.00017

从表 2-1-171 可见，溶剂的极性愈大，则 NCO/OH 的反应愈慢，甲苯与甲乙酮之间相差 24 倍，这是因为溶剂分子极性大则能与醇的羟基形成氢键而缔合，使反应缓慢。

对聚氨酯漆来讲，在制造树脂过程中，若用烃类溶剂（如二甲苯）则反应速率比酯、酮类快。在双组分配漆后，则酯、酮类溶剂的施工期限可长些。经涂布后，则溶剂挥发而影响相差不大。同理，在造漆时宜选用氨酯级的溶剂以保证贮存稳定性，但在施工期间的临时少量稀释，往往可用些普通级溶剂，因溶剂在涂布后迅速挥发，影响不大。

除了化学反应的影响以外，溶剂的表面张力对聚氨酯漆的成膜也有关系。聚氨酯漆如配制不良或施工失宜，涂膜往往产生微小的气泡，损害美观和保护力。尤其以潮气固化型更需注意。经研究表明，涂料的表面张力超过 35mN/m，就不易起泡。各种溶剂的表面张力不同，所以溶剂与涂膜起泡也有关系。几种常用溶剂的表面张力值如下所述：

环己酮	38.1mN/m	醋酸丁酯	27.6～28.9mN/m
二甲苯	32.8mN/m	甲基异丁酮	25.4mN/m
醋酸溶纤剂	31.8～32.7mN/m	醋酸乙酯	23.9～24.3mN/m
甲苯	30mN/m		

此等溶剂配入树脂基料之后，因树脂的表面张力高，所以溶液的表面张力也较高些。将潮气固化型聚氨酯树脂用不同品种的溶剂，配成不同不挥发分含量的清漆，测得的表面张力有明显的差异，可见表 2-1-172。

表 2-1-172 溶剂对聚氨酯漆表面张力的关系　　单位：mN/m

不挥发分含量/% \ 溶剂	环己酮	二甲苯	醋酸溶纤剂	醋酸丁酯
60	40.4	37.9	37.8	33.3
50	42.3	34.7	37.9	33.4
40	42.0	35.5	35.9	32.1

对于热塑性挥发型弹性聚氨酯涂料的溶剂，不可含伯醇，只可含仲醇或叔醇，以免使氨酯键断裂降解：

$$\sim\sim H_2C-\overset{H}{N}-\overset{\overset{O}{\|}}{C}-OCH_2\sim\sim + R'OH \longrightarrow \sim\sim H_2C-\overset{H}{N}-\overset{\overset{O}{\|}}{C}-OR' + HO-CH_2\sim\sim$$

三、制漆工艺

1. 聚氨酯漆的分类

异氰酸酯有高度反应活性，选用不同品种的异氰酸酯与不同的聚酯、丙烯酸树脂、聚醚或其他树脂配用，可制出许多品种的聚氨酯漆。以往颇多采用美国 ASTM 的分类法，早期分为 5 类的溶剂型涂料，见表 2-1-173。德国 Bayer 公司的 W. Wieczarrek 在 Ullmann 化学工业大全的涂料篇中的分类又略有不同。

后来 ASTM 又增添了第六类，是溶剂挥发型聚氨酯漆。它是经充分扩链，分子量大的弹性聚氨酯树脂的有机溶液。因已充分反应，故不含游离异氰酸酯，涂布后干燥迅速，施工时限长，弹性良好，但因无交联，所以抗化学药品性稍低，其弹性涂料主要用于皮革、织物、磁带、橡胶等。近年因环境保护，限止 VOC，又发展了水性聚氨酯涂料，其中分为水性聚氨酯分散体 PUD 和水性双组分 2K 聚氨酯涂料。

表 2-1-173 ASTM 聚氨酯漆分类

性质 \ 品种	单组分			双组分	
	氨酯油 氨酯醇酸	封闭型	潮气固化	催化固化	羟基固化
固化条件	氧固化	热烘烤氨酯交换	—NCO＋H_2O⟶聚脲	—NCO＋H_2O＋胺⟶聚脲及异氰脲酸酯	—NCO ＋—OH ⟶—NHCOO—
游离异氰酸酯	无	无	较多	较多	较少
颜料分散方法	常规	常规	困难，采取特殊操作	困难，采取特殊操作	羟基组分分散颜料
干燥时间/h	0.5～3.0	高温烘烤	按湿度大小，约数小时	约 0.5～4.0	2.0～8.0
耐化学药品	尚好	优异	良好到优异	良好到优异	优异
施工时限	长	长	约 1d	数小时	约 8h
主要用途	地板漆、一般维护漆	漆包线漆等电绝缘漆、防石击底漆、卷材涂料等	地板漆、耐腐蚀涂料	地板漆、耐腐蚀涂料	各种用途

表 2-1-173 所述“施工时限”是指双组分涂料在施工前混合后的可以使用的时限，太久则黏度上升、性能下降，甚至胶化而不能使用。英美等国普遍以“Pot Life”表示之，我国往往译为“活化期”，会与化学中“活化能”等概念混淆而不确切。本书中概称之为“施工时限”。表 2-1-174 为 Wieczorrek 的分类。

表 2-1-174 Wieczorrek 分类

单组分		单组分	
1. 氨酯油或氨酯醇酸，氧固化	溶剂型	6. 挥发型（水性）物理干燥或加三聚氰胺树脂固化	含水
2. 潮气固化	溶剂型	7. 用噁唑烷作潮气固化剂	溶剂型
3. 封闭型　须烘烤	溶剂型、无溶剂、粉末	双组分	
4. 微胶囊　须烘烤	无溶剂	8. 羟基固化	溶剂型、无溶剂、水性
5. 挥发型　物理干燥	溶剂型	9. 加入酮亚胺，遇潮生成胺与 NCO 反应	溶剂型

本书为了便于介绍，分类如下：①氨酯油、氨酯醇酸；②双组分（NCO/OH 型）；③封闭型（溶剂型、无溶剂、粉末）；④潮气固化型；⑤催化固化型；⑥聚氨酯沥青；⑦聚氨酯弹性涂料；⑧水性聚氨酯漆。

以上分类中，又可按所用异氰酸酯品种的不同，分为芳香族和脂肪族聚氨酯漆。

2. 氨酯油

氨酯油是先将干性油与多元醇进行酯交换，再与二异氰酸酯反应，加入钴、铅、锰等催干剂，以油脂的不饱和双键在空气中干燥的涂料。它的结构和计算方法和醇酸树脂相似，但反应温度比醇酸树脂为低，示意如下：

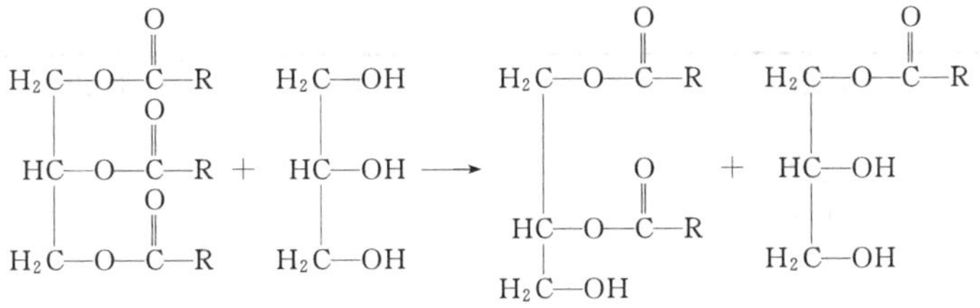

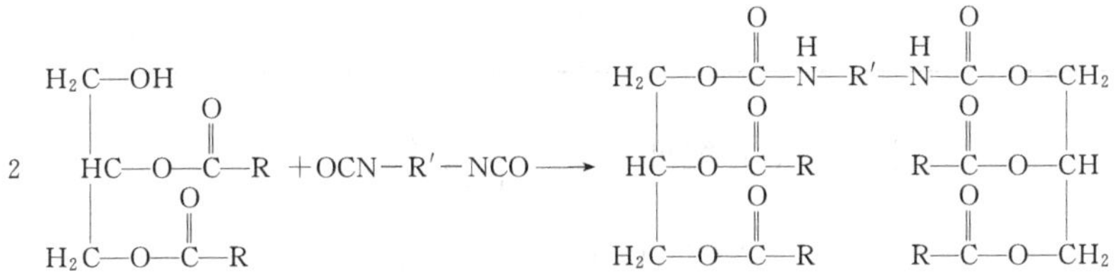

```
        O                             O               O
        ‖                             ‖               ‖
H2C—O—C—R      H2C—OH       H2C—O—C—R       H2C—O—C—R
 |      O        |            |                |
 |      ‖        |            |      O         |
HC—O—C—R  +  HC—OH  ——→    |      ‖    +  HC—OH
 |      O        |            HC—O—C—R         |
 |      ‖        |            |                |
H2C—O—C—R      H2C—OH       H2C—OH           H2C—OH
```

```
                                            O                       O
                                            ‖    H          H       ‖
    H2C—OH                        H2C—O—C—N—R′—N—C—O—CH2
     |      O                        |      O                  O       |
     |      ‖                        |      ‖                  ‖       |
2   HC—O—C—R  +OCN—R′—NCO ——→  HC—O—C—R              R—C—O—CH
     |      O                        |      O                  O       |
     |      ‖                        |      ‖                  ‖       |
    H2C—O—C—R                     H2C—O—C—R              R—C—O—CH2

    甘油二酸酯                                     氨酯油
```

氨酯油比醇酸树脂快干、硬度高，耐磨性好、抗水、抗弱碱性好，这主要是因为氨酯键之间可形成氢键，所以结膜快而硬，而醇酸的酯键间不能形成氢键，分子间的内聚力较低。

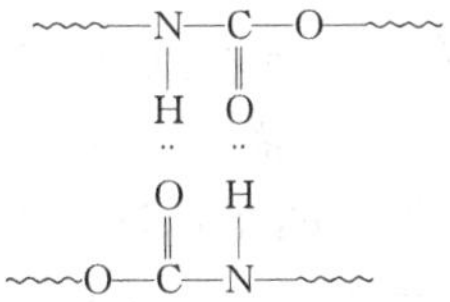

```
~~~~N—C—O~~~~
    |  ‖
    H  O
    ¨  ¨
    O  H
    ‖  |
~~~O—C—N~~~~
```

氨酯油涂膜的性能不及含 NCO 基的双组分或单组分潮气固化聚氨酯漆，但因为氨酯油中不含游离的异氰酸酯基，所以它的贮存稳定性良好，施工时限长，制造色漆的手续简单，施工应用方便，价格较低，也没有因含异氰酸酯引起中毒的问题，所以适用于要求比醇酸漆的耐磨性较好，干性较快，抗弱碱性较好，而价格比含 NCO 基的双组分或单组分潮气固化聚氨酯漆为廉的场合。氨酯油的润湿性稍低于醇酸。在美国的 DIY 涂料市场，氨酯油用量很大。

用芳香族二异氰酸酯制得的氨酯油比醇酸容易泛黄，用脂肪族二异氰酸酯制得的氨酯油与醇酸的泛黄性相似。

制造方法是将干性油、多元醇、催化剂（4%环烷酸钙，加入量为油量的 0.1%～0.3%，不宜用黄丹，否则黏度上升太快）加入反应釜，在 230～250℃间醇解 1～2h，待醇解符合指标后（以甲醇容忍度测定之），加入溶剂共沸脱水，在 50℃滴加入二异氰酸酯，搅拌半小时后，升温至 80～90℃，并加入催化剂（二月桂酸二丁基锡，为不挥发分总量的 0.02%），待充分反应，异氰酸酯基完全消失（以二丁胺法测定）后，加入少量醇（作为稳定剂，以防残留 NCO 基，在贮存时引起胶凝）及溶剂，过滤，加入抗结皮剂及催干剂。

一般投料 NCO/OH 比例在 0.9～1.0 之间，太高则成品不稳定，太低则残留羟基多，抗水性差，所以必须准确称量。一般氨酯油的油度较长，为 60%～70%，用亚麻油等。若配方的不挥发分中含 TDI 较多，超过 26%以上时，需用芳烃溶剂，含 TDI 低者可用石油系溶剂，示例见表 2-1-175。

表 2-1-175 含 TDI 低的配方

项　　目	质量/g	当量	当量数		官能度	摩尔数
碱漂亚麻油	1756	293	6.0		1	6.0
季戊四醇	288	36		8.0	4	2.0
环烷酸钙(4%Ca)	8					
甲苯二异氰酸酯	626	87	7.2		2	3.6

续表

项目	质量/g	当量	当量数	官能度	摩尔数
油中所含甘油			6.0	3	2.0
200 号油漆溶剂油(1)	2000				
二甲苯	160				
200 号油漆溶剂油(2)	450				
二月桂酸二丁基锡	2				
丁醇(蒸过脱水)	60				
总量	5350				13.6

$$\text{平均有效官能度}=\frac{(6.0+7.2)\times 2}{13.6}=1.94$$

$$NCO/OH=\frac{7.2}{8.0}=0.9$$

操作：将亚麻油、季戊四醇、环烷酸钙在 240℃醇解约 1h，使甲醇容忍度达到 1∶2。冷却至 180℃，加入第一批 200 号油漆溶剂油和二甲苯，搅匀，升温回流脱除微量水分，冷却至 40℃以下。将甲苯二异氰酸酯与第二批 200 号油漆溶剂油预先混合，在半小时内经漏斗渐渐加入，同时不断搅拌并通入氮气。加毕后加入锡催化剂，升温至 95℃，保温、抽样，待黏度达加氏管 5s 左右（约需 2～3h），冷却至 60℃，加入丁醇使与残存的 NCO 基反应，以免成品日后黏度上升。过滤，冷却后加入 0.1％丁酮肟抗结皮剂搅匀，再加入催干剂（按不挥发分计 0.3％金属铅，0.03％金属钴）即可装罐。此漆干燥迅速。其涂膜经 7 天后测之，坚韧耐磨，可供作地板清漆、金属底漆，以及塑料件真空镀铝前的“底油”等。漆的不挥发分约为 50％，其中含亚麻油 65.6％，含甲苯二异氰酸酯 23.4％。

另一种配料的氨酯油如下：

亚麻油(碱漂)	67.2g	季戊四醇(工业级)	4.9g
甘油(99％)	4.2g		

醇解如前所述，加入下列组分：

TDI(80/20)	23.7g	催干剂(含 6％钴)	0.5g
溶剂汽油	90g	(含 6％锆)	1.6g
二甲苯	10g	NCO/OH 比	0.94
黏度(加氏管)	C		

操作法可参见前述。若工业级季戊四醇含碱性杂质太多，则在加入 TDI 之前，宜酌加少量磷酸中和之。

有时为了降低成本，减少 TDI 用量，可制造氨酯醇酸，即从前述配方中减少一半 TDI 量，1.8mol 苯酐替代之。先将亚麻油与季戊四醇进行酯交换，达到甲醇容忍度后，再加入苯酐充分酯化后，按前述配方操作，加溶剂充分脱水，然后渐加入 TDI，使之与剩余的羟基反应。所获氨酯醇酸，快干而坚硬，一星期后可打磨。我国天津、上海等生产 TDI 改性醇酸，烟台生产 MDI 改性醇酸，效果颇好。此外，也可将氨酯油冷拼入醇酸中，以提高干性。

若所加二异氰酸酯不是芳香族的 TDI、MDI，而是环脂族的 IPDI 或芳脂族的 XDI，则泛黄性可以改善。例如：220g 红花油（我国新疆有产）(0.25mol) 与 34g 季戊四醇 (0.25mol) 在 235℃醇解，通入氮气，以辛酸钙为催化剂，约 50min 后达甲醇容忍度透明，加入 37g 苯酐酯化 (0.25mol)，在 235℃约 3h 后酸值降至 2.7，加入 XDI，以 0.63g 二月桂酸二丁基锡为催化剂，在 100℃反应约 2.5h，操作可参阅前述。催干剂为 0.2％环烷酸铅、0.02％环烷酸钴。本例中的红花油，较不易泛黄，因为它的成分中所含十八碳三烯酸含量仅 0.2％，而豆油含此酸 2.2％，亚麻油含 34.1％之多，故容易泛黄。

表 2-1-176 是将某较短油度醇酸与相似的氨酯醇酸配制成金属底漆，涂成 50μm 干膜的性能比较。

表 2-1-176　某较短油度醇酸与相似氨酯醇酸配制的金属底漆涂成 50μm 干膜的性能

性　能	氨酯醇酸	醇酸	性　能	氨酯醇酸	醇酸
硬度(König 摆杆,7d 后)/s	80	38	铝板(14d 后)	优	中
Erichsen 杯突(7d 后)/mm	3.5	2.0	石击试验(7d 后)	良	可
附着力(划格法,DIN,53151)			喷丸试验(DIN53154)	6000 丸	3700 丸
钢板(14d 后)	优	良～中	抗水性(1d 后,水迹)	良	劣

可见氨酯改性的醇酸，既硬又韧，耐石击、耐水，适用作车辆及工业产品底漆、内用的工业产品的面漆、浸渍底漆等。

氨酯油的催干剂也是常规的钴、锰、铅等金属皂，举以下配方示例：

氨酯油(48.5%不挥发分)	70g	丁酮肟	0.12g
石油溶剂	17g		

表 2-1-177 为加入不同催干剂的效果（均在 3h 内硬干）。

表 2-1-177　不同催干剂的效果

催干剂①	A	B	C	D	E	F	G
钴(金属)	0.02		0.01	0.02	0.04	0.03	0.02
锰(金属)		0.02	0.01	0.02			0.02
铅(金属)	0.10	0.10	0.20		0.40		0.40
钙(金属)					0.04		
锌(金属)				0.02			
一周后涂膜(sward)硬度	27	20	24	24	30	32	30
两月后涂膜(sward)硬度	40	34	38	32	34	38	38
浸水后涂膜							
光泽	好	好	好	发白	好	好	好
附着力	可	差	好	很好	差	差	可
恢复 1h 后	脆	很脆	微脆	很好	脆	脆	脆

① 催干剂添加量为质量份。

表 2-1-177 数据说明，氨酯油系涂膜的性质，不仅与其树脂的投料及操作有关，且与其催干剂、溶剂等有关。

3. 双组分聚氨酯漆（NCO/OH 型）

双组分聚氨酯漆分为甲、乙两组分，分别贮存。甲组分含有异氰酸酯基，乙组分一般含有羟基。使用前将甲乙两组分混合涂布，使异氰酸酯基与羟基反应，形成聚氨酯高聚物。这类双组分聚氨酯漆是所有聚氨酯漆中应用最广泛，调节适应性宽，最具代表性的品种。文献中常称为 2K 涂料（来自德文 2 kompomenten，双组分），又常见称为 DD 涂料（来自 Bayer 公司产品名称 Desmodur/Desmophen，其中 dur 来自拉丁字 duruo 为硬化剂之意，Desmo 来自希腊字，意为带子，起联结作用）。关于此两个组分的称谓，日本等称羟基组分为主剂，因含颜料等而体积大而重，称异氰酸酯组分为硬化剂。我们本书中则称异氰酸酯部分为甲组分，羟基部分为乙组分，因为在聚氨酯漆的调配及计算中，习惯上采用 NCO∶OH 之比，即 NCO 组分在先。此含 NCO 组分称之为多异氰酸酯 polyisocyanate，指含有 3 个或 3 个以上 NCO 基的低聚物，起扩链和交联作用。羟基组分常称之为多元醇 polyol，指含有多个羟基的齐聚物，但必须与甘油、季戊四醇等简单多元醇的 polyol 区分开来。

(1) 多异氰酸酯组分　多异氰酸酯组分应具备以下条件。

① 良好的溶解性以及与其他树脂的混溶性。

② 与羟基组分拼和后，施工时限较长。

③ 足够的官能度和反应活性，NCO 含量高。

④ 贮存稳定性长。

⑤ 低毒。

直接采用挥发性的二异氰酸酯（如 TDI、HDI 等）配制涂料，则异氰酸酯挥发到空气中，危害工人健康，而且官能团只有两个，分子量又小，不能迅速固化。所以必须把它加工成低挥发性的低聚物，使二异氰酸酯或与其他多元醇结合，或本身聚合起来。

加工成为不挥发的多异氰酸酯的工艺有 3 种。

① 二异氰酸酯与多元醇（例如三羟甲基丙烷等）加成，生成以氨酯键联结的多异氰酸酯，常称为加成物（adduct）。

② 二异氰酸酯与水等反应，形成缩二脲型多异氰酸酯，典型的如 HDI 缩二脲多异氰酸酯，在我国广泛应用。

③ 二异氰酸酯聚合，成为三聚异氰酸酯，化学名称为异氰脲酸酯 isocyanurate 的多异氰酸酯。一般的二聚体不稳定，较少用于涂料工业生产。IPDI 以及 HDI 的二聚体有工业产品，IPDI 作粉末涂料的固化剂，经烘烤解聚而起交联作用。HDI 的二聚体用作高固体涂料中的活性稀释剂。

兹将 3 种不同工艺分述如下。

① 加成物型　最常用的是 3 分子 TDI 与 1 分子三羟甲基丙烷（TMP）的加成物。因为 TDI 的 4 位 NCO 的活性比 2 位高，所以容易制造。

$$CH_3CH_2C(CH_2OH)_3 + 3\ CH_3C_6H_3(NCO)_2 \longrightarrow CH_3CH_2C\left[CH_2O\overset{O}{\overset{\|}{C}}-\overset{H}{N}-C_6H_3(NCO)(CH_3)\right]_3$$

以上仅是示意式，实际产品有分子量分布，含有比上式分子量更高者。早期工业产品尚含有相当多的游离 TDI，后经改进，将游离 TDI 降低至 0.7%以下（按固体分计）。这类加成物是双组分聚氨酯漆中常用的多异氰酸酯，广泛用作木器漆、耐腐蚀漆、地板漆等，产量大、用途广。

这种加成物的制备工艺各厂略有差异，一般是将 TDI 投入反应釜（也有投入一部分经脱水的溶剂），搅拌升温至 60℃，将熔融的三羟甲基丙烷（或加醋酸乙酯等溶剂），渐渐加入，使其充分反应，在 60～70℃保温 3h（用二丁胺法滴定，可测得 NCO 含量已趋稳定），加入其余溶剂，保温搅匀，冷却出料装罐。

以下是我国某厂早期简便的操作示例。

投料：

原料	规格	摩尔比	投料量/kg	百分比/%
三羟甲基丙烷		1	44.67	9.64
甲苯二异氰酸酯	98%	3.2	189.02	40.75
环己酮			25.40	5.47
醋酸丁酯	一级工业品		108.70	23.45
二甲苯	$CaCl_2$ 处理品		96.00	20.69
循环用纯苯(脱水用)	工业品		(15.00)	
			463.79	100.00

操作：

先将三羟甲基丙烷、环己酮和纯苯一起投入釜中，开动搅拌，升温至 80℃ 停止搅拌。继续升温至 140℃，蒸出苯水混合物，补加损失的环己酮量后，即得三羟甲基丙烷环己酮溶液。降温备用。

将甲苯二异氰酸酯和二甲苯全部投入反应釜中，再加入 9/10 量的醋酸丁酯于反应釜中，开动搅拌，升温至 40℃，在此温度下徐徐加入三羟甲基丙烷环己酮溶液，加料时控制反应釜内温度，若升温太快，可以停止加料，使反应温度维持在 40～50℃，最后全部加完后，加入 1/10 量的醋酸丁酯，升温至 75℃，在 (75±2)℃下保温 2h 后取样测定其 NCO 含量和不挥发分，当 NCO 含量为 8%～9.5%，不挥发分为 50%±2%时为合格，然后出釜过滤，包装。

此产品中尚含很多的游离甲苯二异氰酸酯，施工时有害于工人健康。为了降低游离的二异氰酸酯的含量，可以采用 3 种方法。

a. 薄膜蒸发法　上述加成物粗制品，若单凭简单蒸馏欲除去游离 TDI，则必须将整个粗制品长时间高温加热，但异氰酸酯在 100℃以上易生成脲基甲酸酯，而在 150℃以上更甚，使产品变质，可是游离 TDI 却仍残留很多。采用薄膜蒸发法可使受热时间缩短，蒸发面积大，游离的 TDI 蒸出快（图 2-1-33）。目前薄膜蒸发法是制造加成物脱除游离二异氰酸酯最常用的工艺，国外自 20 世纪 50 年代后期采用此法使产品游离 TDI 降至 0.7%以下。我国目前也在开发中。

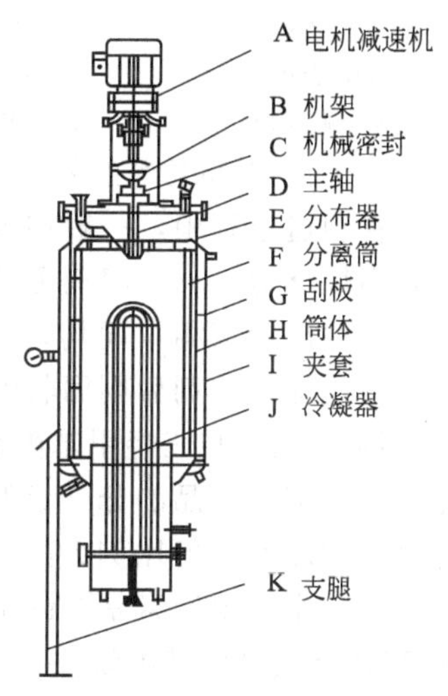

图 2-1-33　薄膜蒸发示意图

将加成物粗制品送入降膜式薄膜蒸发塔，由塔的上部被旋转的刮板刮成薄膜徐缓流下，塔内减压达0.11kPa,塔的夹套分为数段，按工艺要求以 0.8～1.4MPa 的蒸汽加热（亦可用其他加热介质），塔内各段温度按工艺要求，为 160～200℃。游离的 TDI 蒸出，冷凝回收。提净的加成物流至塔底排出，约含游离 TDI0.7%以下。配成 75%溶液后则含量为 0.5%以下。有些工艺为了促使微量 TDI 从加成物中蒸出，可在塔底通入二氯化苯蒸气。蒸出每份 TDI 约需通入0.02份二氯化苯。其他工艺则采用第二次短程内蒸发法，又称为分子蒸馏，第二次用内冷式短程蒸发器则可提高蒸除效率。

b. 溶剂萃取法　此法适用于萃取沸点高、蒸气压低的二异氰酸酯。因为 TDI、HDI 均有一定的蒸气压，易于用薄膜蒸发除去，而像 MDI、IPDI 等蒸气压低难以蒸除的二异氰酸酯，则可用溶剂萃取法，例如 Bayer 公司提及用萃取法以提去 IPDI。此法是用混合烃加入到加成物粗制品中，游离的二异氰酸酯能溶解于混合烃，而加成物不溶解而析出于底层。分去上层混合烃，再加新鲜混合烃，搅拌洗数次以萃取游离二异氰酸酯，以得提净的产品。此法不需薄膜蒸发塔和真空设备，也不需高压蒸汽，一般工厂容易投产。但是需多次洗提，手续稍烦，并必须注意消防安全，效率也不高，实用不多。

操作示例：将 3.5molTDI 及 200g 醋酸乙酯投入反应器，搅拌、升温至 60℃，渐渐滴加 1mol 熔融的三羟甲基丙烷，由于反应放热，要注意维持温度，如温度高可减缓加料速度或夹套冷却。加毕在 75℃维持 3h 左右，使之充分反应。加入 3 倍量的萃取溶剂（可用石油烃与芳烃的混合物，例如沸程 80～120℃的石油烃加 20%甲苯），反应器中的物料分为两层。分出上层液，留下的树脂层再以混合溶剂洗提 5 次，每次分出的上层液随即同时蒸馏，循环回收溶剂，供下一次洗提，余下的 TDI 及少量树脂状加成物可并入下一批投料。在反应器中的下层树脂，减压蒸除少量残留的萃取溶剂后，加入醋酸乙酯（或其他溶剂）以配成所需溶液。含游离 TDI 的量经多次萃洗可明显降低。上述投料比采用 3.5molTDI，则产品黏度低而稳定，如用 3mol，则产品黏度高而稳定性差。上述混合烃中，石油烃溶解力低，使树脂析出，芳烃溶解力较大，使树脂层软。在洗涤时如树脂层黏稠不易洗，可提高温度或芳烃含量，使树脂层软而易洗，若不易分层析出，可提高石油烃含量。

一般的 TDI 加成物的工业产品性质如下：

不挥发分	75%±1%	密度（20℃）	1.17g/mL
溶剂	醋酸乙酯或丙二醇甲醚醋酸酯：二甲苯=1：1	黏度（20℃）	2.5Pa·s左右（普通规格）
NCO 含量	13.0%±0.5%		0.7Pa·s左右
游离 TDI 含量	0.5%以下		（低黏度规格）
密闭贮存期	1～2年	外观	微黄澄清液

除了上述 75%溶液外，为适应各种需要，也有配成 67%溶液、60%溶液、50%溶液等。

在制造过程中，一般加入些醋酸乙酯等溶剂，也有不加溶剂，单使 TDI 与熔融的三羟甲基丙烷反应。加入溶剂可使反应物均匀，利于传出反应热，并能将溅于釜壁的三羟甲基丙烷小粒冲洗回液相中而均匀反应，避免在釜壁产生不溶的小颗粒，可避免过滤和洗釜的麻烦。但是加入溶剂后则回收溶剂工作较为困难，混在石油烃中不易分离回收。

制造 TDI 与三羟甲基丙烷的加成物的一个控制因素是 TDI 与三羟甲基丙烷之间的摩尔比。比例高则产品的分子量低，分子量分布均匀，与其他树脂的混溶性较好，黏度较低，贮存稳定性较好，但比例太高，则回收萃取游离 TDI 工作较烦。

另一个重要因素是 TDI 的规格。例如对于 2,4 体的 TDI 及 80/20 的 TDI 曾作过对比，用 TDI 及三羟甲基丙烷按 3：1 摩尔比在溶剂中于 40℃反应，溶剂占总重的 40%，由 2/3 的醋酸溶纤剂及 1/3 的甲苯所组成。产品性质如下：

2,4 体的 TDI 所得产品：含游离 TDI 3.3%　　　　80/20 的 TDI 所得产品：含游离 TDI 5.7%

我国涂料工业生产此类 TDI/TMP 加成物已历时 20 余年，近年来各厂不断改进，例如上海新华树脂厂为了改进该产品色泽，研究了 TDI 与多元醇的比例，使树脂中游离 TDI 降至最小值，以免其受热泛黄，选择合适的抗氧剂，减少使用易被氧化的溶剂，降低了反应温度，结果产品色泽从原先的 8 挡（加氏管）降低至 2 挡以下，有些抽样色泽接近水，为无色透明。

c. 三聚法　为了降低加成物中游离单体，尚可采用三聚法。加催化剂于加成物的粗产品中，则所含游离 TDI 的 4 位上的 NCO 基优先三聚成树脂状不挥发物，而达到降低游离 TDI 的效果。示例如下：将 TDI（65/35）1274g 及醋酸丁酯 500g 投入反应器，搅拌并升温至 50℃，另外将三羟甲基丙烷 160g 及 1,3-丁二醇 66g 预先加温混合，逐渐滴入反应器，在 1h 内加完，NCO/OH 投料比约为 3：1。在 50～60℃反应搅拌 5h，待反应完毕，再添加醋酸丁酯 1000g 稀释之。此混合物含 NCO 基 13.1%，游离的 TDI 达 12.5%。对此混合物加入 9g 三正丁基膦，在室温搅拌，黏度徐徐上升。经 6～7 天后，NCO 基含量为 7.2%～7.5%，而挥发性的游离 TDI 含量则下降到 0.2%～0.3%，此时加入 18g 苯甲酰氯，加温至 100℃保持片刻，使聚合反应中止，即得稳定溶液。

除了 TDI 以外，苯二亚甲基二异氰酸酯（XDI）、异佛尔酮二异氰酸酯（IPDI）等都有加成物的产品，具有不泛黄的优点。

XDI 的两个 NCO 基的反应活性很接近，因此制造加成物较为麻烦，若投料的摩尔比接近 3：1 时则产品的混溶性极劣，说明如下：2mol 的 TDI（2,4 体）与 1mol 的二元醇（例如1,4-丁二醇）在低温反应时，由于 4 位与 2 位的活性差异，所得产品基本上是下式低分子量化合物：

$$\text{H}_3\text{C}-\text{C}_6\text{H}_3(\text{NCO})-\overset{\text{H}}{\text{N}}-\overset{\text{O}}{\overset{\|}{\text{C}}}-\text{O}-(\text{CH}_2)_4-\text{O}-\overset{\text{O}}{\overset{\|}{\text{C}}}-\overset{\text{H}}{\text{N}}-\text{C}_6\text{H}_3(\text{NCO})-\text{CH}_3$$

但若某种二异氰酸酯（以Ⅰ表示之），它的两个NCO基是对称而具有相同的活性，它与二元醇（G）按2∶1比例反应时，产品并不是单纯的上式低分子量加成物，而是复杂的混合物，分子量分布极不均匀。按Flory的概率统计 $N_n=N_tP^{n-1}(1-P)$：

分子	摩尔分数	分子	摩尔分数
I	0.50	I—G—I—G—I—G—I	0.0625
I—G—I	0.25	I—G—I—G—I—G—I—G—I	0.03125
I—G—I—G—I	0.125		

若与三元醇反应，则分子量分布更复杂，因此对于像HDI、XDI、HMDI等两个NCO基活性相同的二异氰酸酯与三羟甲基丙烷反应，若单按3∶1摩尔比投料，产品分子量分布大、稳定性差、黏度高、混溶性差，涂膜甚至发浑不透明。必须提高摩尔比，才能获得满意的产品，示例如下。

投料：

XDI	1690g(9mol)	三羟甲基丙烷	134g(1mol)

操作：将XDI投入反应器，搅拌，在氮气流下升温至60℃，滴加熔融的三羟甲基丙烷，升温至70℃保持2h，再用混合烃萃取多余单体（见前）数次，制得75%的醋酸乙酯溶液。回收的过量XDI并入下次投料。

产品的胺当量为370，即含NCO基11.4%，与聚酯、丙烯酸酯树脂等混溶性良好。它的甲苯容忍度为240，如采用3∶1摩尔比，则产品的甲苯容忍度仅为10，不能与聚酯混溶。

甲苯容忍度测法：取样品2g（75%醋酸乙酯溶液）置入试管，从滴管滴加甲苯，直至发浑为终点。

$$\text{甲苯容忍度}=\frac{\text{加入甲苯的体积}}{\text{样品重(2.0g)}}\times 100$$

XDI加成物工业产品的性质如下：

胺当量	370	稀释率/%	
NCO含量	11.4%左右	甲苯	200
溶剂	醋酸乙酯	醋酸乙酯(或丁酯)	>1000
不挥发分	75%	醋酸溶纤剂	>1000
黏度(25℃,加氏管)	2.65s	甲基异丁酮	>1000
色泽(铁钴比色法)	1	石油溶剂	不溶
相对密度(d_4^{25})	1.15		

② 缩二脲多异氰酸酯　典型的工业产品例子是由3mol的HDI和1mol水所反应生成的具有三官能度的多异氰酸酯。示意式如下，实际产品则尚含些聚合度更高的组分。

$$\text{OCN(CH}_2)_6\text{N}\begin{cases}\text{CONH(CH}_2)_6\text{NCO}\\ \text{CONH(CH}_2)_6\text{NCO}\end{cases}$$

此多异氰酸酯不会泛黄，耐候性很好，可以与聚酯或聚丙烯酸酯配套，制造常温固化户外用漆，如飞机漆、火车漆、大型客车漆等，以及用于建筑外墙、海上平台上层漆等。我国目前以进口为主，典型的如Bayer公司的N-75，性质如下：

不挥发分	75%±1%	NCO含量	约16.5%
溶剂	醋酸乙酯(也有是丙二醇甲醚醋酸酯：二甲苯=1∶1)	黏度(23℃)	225mPa·s
		色泽(铁钴法)	1
胺当量	平均255	相对密度	约1.15

游离 HDI 含量：新品为 0.5%，久贮后会上升至 0.9%。

上述 N-75 为常用品种。近年各国对环境保护日益重视，限制溶剂释放，因此另有一种工业产品是不含溶剂的缩二脲多异氰酸酯，供制造高固体或无溶剂涂料，典型的如 Bayer 公司的 N-3200，其性质如下：

不挥发分	100%	黏度(23℃)	2500～3000mPa・s
NCO 含量	23%	游离 HDI 含量	0.7%(久贮升至 1.2%)
胺当量	183	熔融温度	约－19℃

缩二脲多异氰酸酯的制备：2560g（15.2mol）的 HDI 投入反应器，搅拌、升温到 97～99℃，在 6h 内逐渐加入水 56g（3.1mol），升温到 130～140℃，保持 3～4h，冷却，过滤除去少量的聚脲。滤液经薄膜蒸发回收过量的己二异氰酸酯，得缩二脲的透明黏稠液 1175g，固体分含 NCO 基 20.79%，加入溶剂稀释至所需固体量。

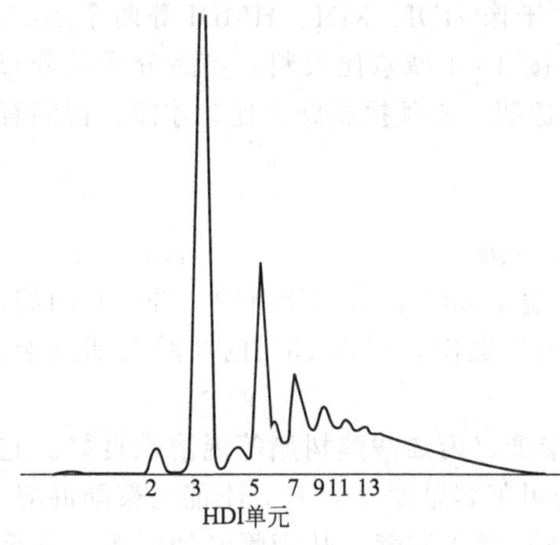

图 2-1-34 HDI 缩二脲的凝胶色谱图

以上是一种示例，实际上工业制造方法的专利报道极多，其要旨是减少聚脲的生成，有不加水而用蒸气者，有用胺者，有用三甲基醋酸者，有用溶剂将水溶入使反应均匀者，不胜枚举。例如日本专利所述：将 HDI1512g、水 18g 溶于 350g 的乙二醇甲醚醋酸酯，在 160℃反应 1h。然后经薄膜蒸发回收 HDI 及溶剂，得 HDI 缩二脲，其 NCO 含量为 23.7%，黏度（25℃）为 1200mPa・s，游离 HDI 0.2%。

图 2-1-34 是商品（100%固体分 HDI 缩二脲，Desmodur N-100）的凝胶色谱图，表征其分子量分布。可见其中主要是 3 个 HDI 单元的产品，但可见极少量含两个单元，以及稍多的较高聚合度的产物。

③“三聚体”型多异氰酸酯（isocyanurate polyisocyanate） 习惯上称为“三聚体”，实际上是不同聚合度的混合物，化学结构上称为异氰脲酸酯，由三个 RNCO 组成六环，故称为三聚体 Trimer。

异氰脲酸

典型的 TDI 工业产品的结构式示意如下：

上式由 5molTDI 聚合而成。工业产品为 50%醋酸丁酯溶液，约含 NCO 基 8%左右，游离 TDI0.7%以下，黏度（25℃）约 600mPa·s，其涂膜泛黄性比氨酯型加成物好些，干燥迅速，主要用作木材清漆，涂膜硬，配合乙组分后的施工时限较短。

a. 混合三聚体 类似的产品尚有 TDI/MDI 混合三聚体，还有 TDI/HDI 混合三聚体，结构式示意如下：

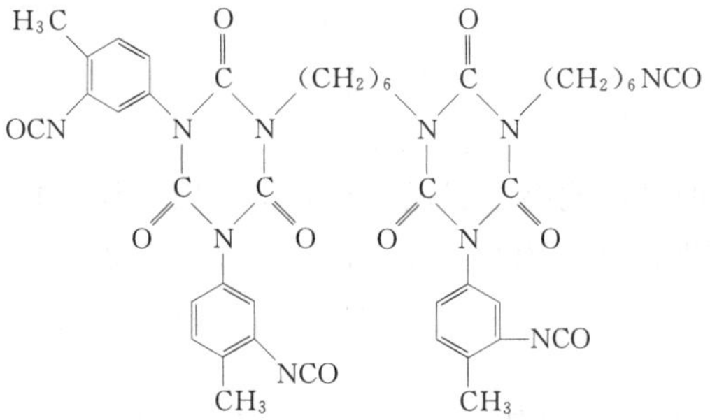

H_3C O O
C $(CH_2)_6$ C $(CH_2)_6NCO$
OCN N N N N
C C C C
O N O O N O
NCO NCO
CH_3 CH_3

上面示意式是由 3 分子甲苯二异氰酸酯和 2 分子己二异氰酸酯组成。它是 60%的醋酸丁酯溶液，约含 NCO 基 10.5%，干燥迅速，泛黄性较弱，耐候性好，既可作清漆，也可制色漆，用于木材连续涂装等。

制法示例：投料 TDI（2,4 体）170g，HDI330g 混合（摩尔比为脂肪族二异氰酸酯：芳香族二异氰酸酯为 2：1），升温至 60℃，加入 0.125g 三正丁基膦催化剂使之三聚，并略予冷却。约 4.5h 后，NCO 含量由原始的 49.3%下降至 36%，加入约0.1g对甲苯磺酸甲酯，0.1g 硫酸二甲酯，加温至 100℃，保持片刻使聚合反应停止。粗产物通过薄膜蒸发器（0.11kPa，加热介质如热煤油或蒸汽，保温 180～190℃）以除去游离未结合的二异氰酸酯。获得约 186g 脆而浅黄色树脂，含 NCO 基 19.8%，溶解于酯类溶剂成 67%溶液，黏度（20℃）为 725mPa·s。蒸馏回收的二异氰酸酯共 285g，回收液以折射率分析，含 HDI 约 89%，含 TDI 约 10%～12%。在三聚体中，脂肪族成分约占 40%。

按上列的化学式：

NCO 含量	推算值 19.6%	实测值 19.8%
分子量	推算值 858	实测值 850～870
含脂肪族异氰酸酯成分	推算值 39.2%	实测值 42%

红外光谱分析值：吸收峰 4.4μm、5.9μm、7.0μm，其中 4.4μm 表示端基的 NCO 基，5.9μm 及 7.0μm 表示三聚异氰酸酯的特征吸收峰。

三聚反应的催化剂，除了上述三丁基膦外，还可用其他三烷基膦，但芳基膦无效。尚可用叔胺（如五甲基二亚乙基三胺），叔胺加苯基缩水甘油醚效果更好。环烷酸铅、碱性的钾盐或钠盐（如酞酰亚胺钾、醋酸钾、碳酸钠、苯甲酸钠等）以及曼尼期碱等。抑制剂除上述两种外，尚可用苯甲酰氯。氯化氢（通入醋酸乙酯的饱和液）、磷酸等。

这种混合三聚体的保色性、保光性都很好，加速曝晒试验结果如下：

TDI 加成物	约 350h 开始粉化	HDI 缩二脲	约 3000h 开始粉化
TDI 三聚异氰酸酯	约 600h 开始粉化	TDI/HDI 三聚异氰酸酯	约 2500h 开始粉化

另一种 TDI 三聚体的简便制备法是，将 55gTDI（2,4 体）和 45g 醋酸丁酯投入反应烧瓶，按 TDI 的质量加入 0.1%的醋酸锂，升温至 100～110℃。保持 10～13h，至溶液所含 NCO 基降至 8%～9%为止。所得产品与聚酯配漆干燥迅速，含游离 TDI 约 2%～3%，溶液中所含三聚体的分子量约 1100～1200。

b. HDI 三聚体 HDI 的多异氰酸酯多年来以缩二脲形态被广泛采用，性能优良，实绩甚好。近年来则又发展了 HDI “三聚体”，严格名称是 HDI 异氰尿酸酯（Isocyanurate），实际上是 HDI 三聚体、五聚体、七聚体的混合物，以三聚体占多，商业上简称为“三聚体”，具有优良性能，采用量与日俱增，与缩二脲相比有下列优点。

$$\begin{array}{c} O \\ \| \\ C \\ HN \quad NH \\ C \quad\quad C \\ O \quad N \quad O \\ H \end{array}$$

异氰尿酸

• 三聚体多异氰酸酯的黏度比缩二脲低，有利于少用溶剂，制高固体涂料，降低大气污染，有利于环境保护。黏度低的原因是其分子间不能形成氢键（不含活泼氢原子）。

$$\begin{array}{c} O \\ \| \\ C \\ OCNCH_2CH_2CH_2CH_2CH_2CH_2-N \quad N-CH_2CH_2CH_2CH_2CH_2CH_2NCO \\ C \quad\quad C \\ O \quad N \quad O \\ | \\ CH_2CH_2CH_2CH_2CH_2CH_2NCO \end{array}$$

而缩二脲（或氨酯加成物）多异氰酸酯分子间可形成氢键，互相吸引使黏度增高，示意如下：

$$\begin{array}{c} (CH_2)_6NCO \\ OCN(CH_2)_6NH \quad N \quad N-(CH_2)_6NCO \\ H \\ C \quad O \quad C \quad O \\ \| \\ O \quad C \quad O \quad C \\ H \\ OCN(CH_2)_6N \quad N \quad N-(CH_2)_6NCO \\ H \\ (CH_2)_6NCO \end{array}$$

例如典型的工业产品的黏度比较（25℃）：

HDI 缩二脲（100%固体分） （9000±2000）mPa·s　　HDI 三聚体（100%固体分） （2500±500）mPa·s

• 三聚体的异氰脲酸酯环很稳定，不易变质，黏度久贮后变化不大，而缩二脲久贮后黏度会上升，其所含游离 HDI 的量也会增高。图 2-1-35、图 2-1-36 是 Rhodia 公司介绍新鲜制成的缩二脲漆贮存 6 个月后黏度出现上升，而新鲜制成的三聚体漆贮存 6 个月后黏度几乎没有变化。

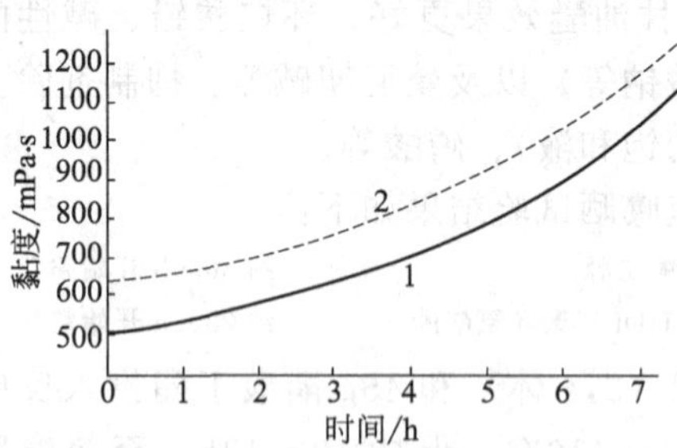

图 2-1-35　在 23℃室温时丙烯酸/缩二脲清漆的黏度变化

1—新鲜缩二脲；2—已贮存 6 个月的缩二脲

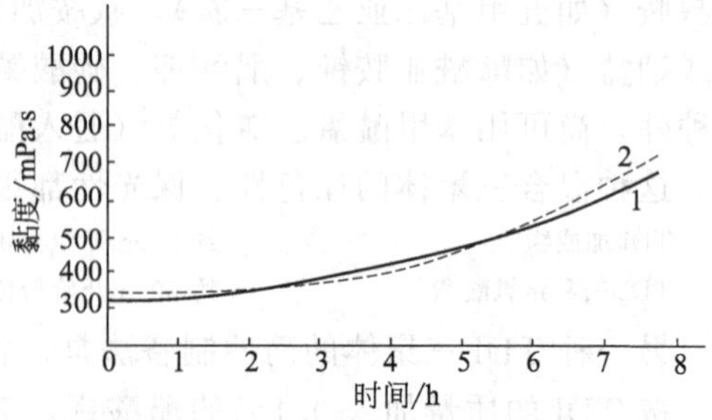

图 2-1-36　在 23℃室温，丙烯酸/三聚体清漆的黏度变化

1—新鲜的三聚体；2—已贮存 6 个月的三聚体

拜耳公司的 HDI 缩二脲，商品名叫 Desmodur N75，三聚体商品名叫 Desmodur N 3390，N 是指德文 Nicht Vergelbend 不泛黄。

日本旭化成株式会社介绍试验结果：将三聚体与缩二脲样品（固体分相同）分别密闭于容器中，经140℃加热1h后测其游离HDI含量的增加值：

三聚体　0.1%　缩二脲　0.65%

• 三聚体的耐候保光性高于缩二脲，这是Bayer公司在美国的子公司Miles公司的Luthra的长期曝晒试验结果，不论是含羟基聚酯或含羟基丙烯酸树脂，均有相似规律。

Rhodia公司将丙烯酸树脂分别与三聚体及缩二脲配白漆，经QUV（荧光凝露）加速试验，涂膜的保光性如图2-1-37所示，可见三聚体略优。

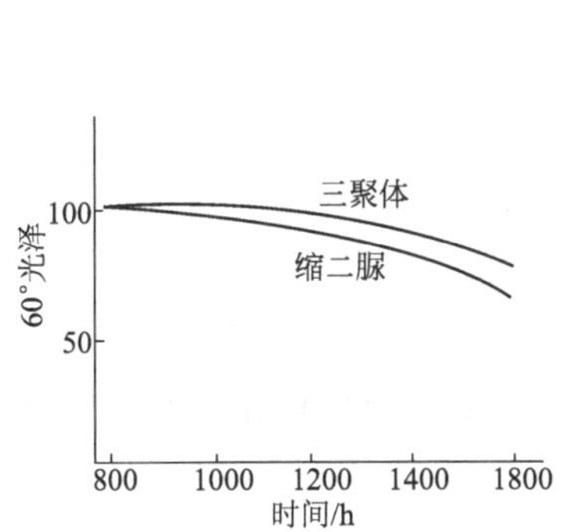

图 2-1-37　丙烯酸/三聚体白漆与丙烯酸/缩二脲白漆保光性能比较

图 2-1-38　HDI三聚体凝胶色谱图

• 三聚体涂料的施工时限稍长，从图2-1-37、图2-1-38中可见：经7.5h后，三聚体涂料的黏度约700mPa·s，而缩二脲涂料的黏度已达1100mPa·s以上。

• 三聚体涂料的硬度稍高，韧性与附着力与缩二脲相近。

HDI三聚体的制法示例：将1000gHDI投入四口烧瓶中，加入300g二甲苯，升温至60℃，在搅拌下将0.3g催化剂辛酸四甲基铵盐分为4份，每30分钟加入1份。加毕在60℃继续反应4h，测NCO含量（用滴定法或测折射率），至HDI有21%转化为异氰脲酸时，加入0.2g磷酸使反应停止。再在90℃保持1h，冷却至室温使催化剂四甲基铵磷酸盐结晶析出，过滤除去后经降膜式薄膜蒸发两次，第一次为0.11kPa 160℃，第二次为13Pa 160℃以回收溶剂及未反应之HDI单体。产品为微黄色透明液，收量为210g，黏度（25℃）为1300mPa·s，NCO含量23.5%，二聚体（脲二酮）含量低至1%以下，游离HDI 0.2%，其分子量分布经凝胶色谱分析，结果如图2-1-38所示。

从图2-1-38可见，产品主要是三聚体，含少量多聚体。

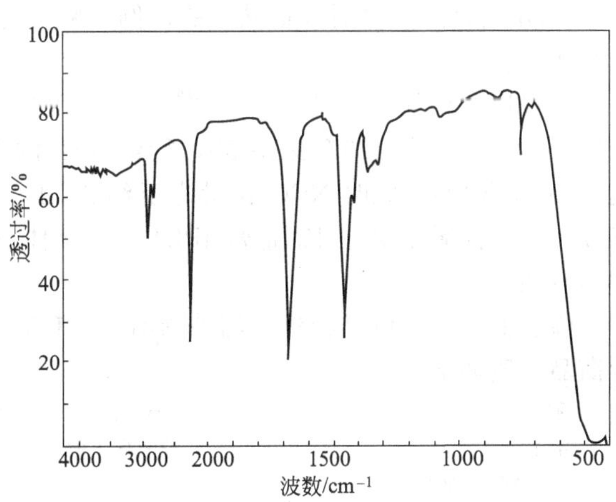

图 2-1-39　HDI三聚体红外光谱分析

$2270cm^{-1}$处为NCO吸收峰；$1460cm^{-1}$处为三聚环吸收峰；$1700cm^{-1}$处为—C═O基吸收峰；$3000cm^{-1}$附近为C—H伸缩；$750cm^{-1}$附近为C—H弯曲

其红外光谱分析如图 2-1-39 所示。

典型的 HDI 三聚体工业产品（例如拜耳公司 Desmodur 3390）性质如下：

固体含量(醋酸丁酯/芳烃 1∶1)	90%	游离二异氰酸酯	<0.15%
NCO 含量	20%±1%	黏度(25℃)	550±150mPa·s
NCO 当量	约 210g	密度(25℃)	1.120kg/L
色泽(APHA)	<60	闪点	41℃

c. IPDI 三聚体　IPDI 也可制成三聚体型的多异氰酸酯，具有优良的耐候保光性，不泛黄，其特点是溶解性优良，能溶于烃类溶剂中，能与醇酸及大多数树脂混溶，效果良好，其示意式如下：

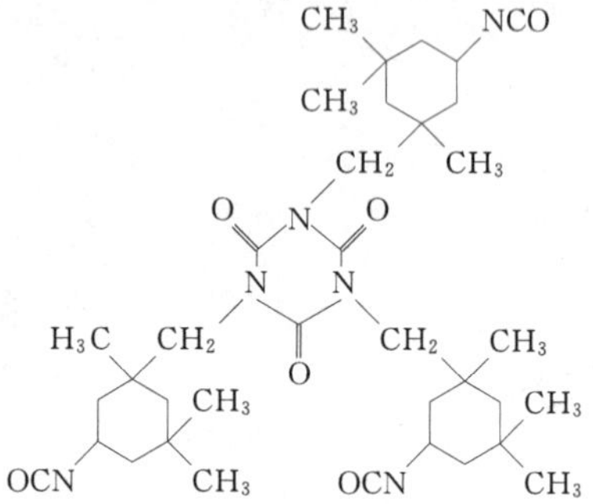

从上式可见，分子中有很多六元环，其结构较刚硬，故与其配伍之羟基组分以较柔韧者为宜。

典型的工业产品规格如下：

固体含量	70%±1%	IPDI 单体含量	0.5%
NCO 含量	12%±0.3%	贮存稳定性	12 个月

商品的黏度取决于所用的溶剂：

醋酸丁酯	23℃时黏度为(900±250)mPa·s
醋酸丁酯/芳烃(1∶2)	23℃时黏度为(1700±400)mPa·s
烃类溶剂	23℃时黏度为(4000±600)mPa·s

商品也有不含溶剂的 100%固体的三聚体出售，其 NCO 含量为 17.3%±0.3%，软化点为 100～115℃，其优点为不含溶剂便于运输，缺点为需热熔溶解，操作不便，故工业上采用 70%溶液者较多。

IPDI 三聚的催化剂常是碱性的，例如欧洲专利介绍催化剂是邻苯二甲酸单羟乙酯的碱土金属盐。

据报道三聚催化剂是 DABCO❶ 与环氧丙烷的混合物（质量比为 1∶2）。催化剂的量为 IPDI 的 0.5%。在 120℃保持 3h，待约 50%的 NCO 基三聚后（控制法为测其折射率、黏度、NCO 含量），此时 NCO 含量降至约 28.4%，降温至 40℃，通氮气半小时，NCO 降至 28.2%，经薄膜蒸发去除游离 IPDI。三聚体含 NCO 的理论值为 18.9%，实测产品含 16%～18%。

除了上述三聚体品种外，国外尚有 IPDI/TDI 的三聚体，以及 MDI/TDI 的三聚体；后者商品性质如下：

固体分	(51±1)%	颜色(加氏)	≤1
溶剂	醋酸异丁酯	闪点(ISO 1523)	17℃
黏度(25℃，加氏)	F～J	NCO	(7.98±0.1)%
黏度(25℃)	(200±50)mPa·s	当量	531
密度(20℃)	1.065g/cm³	游离 TDI 单体	≤0.7%

❶ DABCO 是 1,4-重氮二环〔2.2.2〕辛烷，即三亚乙基二胺的缩略词。

(2) 多羟基树脂　能与异氰酸酯反应的基团除了羟基以外，还有氨基等，但在聚氨酯漆的实际生产中，绝大多数还是采用含羟基的化合物。小分子的多元醇（例如三羟甲基丙烷等）只可作为制造预聚物或加成物，或制造聚酯树脂的原料，不能单独成为双组分漆中的乙组分，这是因为：①它是水溶性物质，与甲组分不能混合，两相互斥，造成缩孔，颜料絮凝；②分子量太小，结膜时间太长，即使结膜，内应力也大；③吸水性大，成膜过程中要吸潮，涂膜发白。所以必须将这些多元醇化合成分子量较大而疏水性的树脂。

作为双组分漆用的多羟基树脂，一般有：①聚酯；②丙烯酸树脂；③聚醚；④环氧树脂；⑤蓖麻油或其加工产品（氧化蓖麻油、甘油醇解物）；⑥其他树脂，如聚碳酸酯以及含羟基的氯醋共聚体，醋酸丁酸纤维素等。

① 聚酯　聚酯是与多异氰酸酯配制涂料最早使用的树脂。将二元酸（常用己二酸、苯酐、间苯二甲酸、对苯二甲酸等）与过量的多元醇（三羟甲基丙烷、新戊二醇、一缩乙二醇、1,3-丁二醇等）酯化，按不同配比可制得一系列的含羟基聚酯。因为支化主要靠三元醇的羟基，所以为了干燥迅速，大多采用三羟甲基丙烷，耐热可用THEIC异氰脲酸三羟乙酯，甘油含仲羟基，采用较少。如三元醇用量多，游离羟基多，则与甲组分并合后的涂膜交联密度高，涂膜坚硬而耐化学品强；如二元醇多，三元醇少，且游离羟基少，则与甲组分并合后的涂膜柔韧，富有挠性。如涂料要求耐热，则多元酸可用对苯二甲酸、偏苯三酸酐。要求弹性高则可用己二酸、壬二酸、癸二酸等，根据原料供应和成品性能而适当调节。也可为了提高对颜料的润湿性、流平性、丰满度、耐水性，用醇酸树脂代替聚酯，但其改性油不宜含不饱和双键，以免氧化生成过氧化物，促使氨酯键的降解、泛黄而降低耐候性。一般可用壬酸或月桂酸，以脂肪酸法合成醇酸树脂，因醇过量而留有适当数量的羟基。用己内酯聚合，以多元醇为引发剂可制得多羟基聚酯。它与多异氰酸酯配成涂料的耐候性比普通的聚酯好。这是因为普通聚酯在制造过程中由于羟基之间脱水而存在一些醚键（耐候性降低）。而己内酯的聚酯纯粹是酯键，而且酸值低、色泽浅、黏度低，游离的羧基、羟基少，所以水解稳定性比一般的聚酯好。

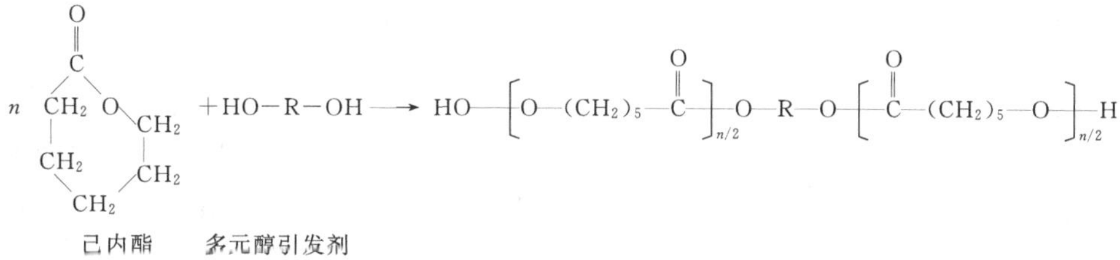

$$n\ \underset{\text{己内酯}}{\overbrace{\left[\begin{array}{c}\overset{O}{\overset{\|}{C}}\\ CH_2\quad O\\ CH_2\qquad CH_2\\ CH_2\quad CH_2\\ CH_2\end{array}\right]}} + \underset{\text{多元醇引发剂}}{HO-R-OH} \longrightarrow HO\left[O-(CH_2)_5-\overset{O}{\overset{\|}{C}}\right]_{n/2}O-R-O\left[\overset{O}{\overset{\|}{C}}-(CH_2)_5-O\right]_{n/2}H$$

己内酯　　多元醇引发剂

与其他羟基组分相比，聚酯形成的涂膜耐候性好、不泛黄、耐溶剂、耐热性好。与丙烯酸树脂相比，聚酯的分子量低，固体分高，其涂膜的挠性较好，因为其酯键上的氧原子容易旋转，而丙烯酸树脂的碳-碳键较不易旋转：

$$-\overset{O}{\overset{\|}{C}}-O- \qquad\qquad -CH_2-\underset{COOR}{\underset{|}{\overset{CH_3}{\overset{|}{C}}}}-$$

由于同样道理，丙烯酸/聚氨酯漆的硬度比相应的聚酯高，表干性也比聚酯好，可见图2-1-40、图2-1-41。

聚酯与聚醚相比，醚键比酯键更易旋转，所以聚醚的玻璃转化温度低，因而其涂膜的耐寒性好，耐碱性水解，黏度低。但是耐油性、耐水性、机械强度、干燥性、与NCO的反应速率均不及聚酯，所以在涂料中聚酯的应用量远超过聚醚。制造聚酯的反应温度一般是在达到160℃之后，渐渐升温至200℃左右，维持至酸值达4以下，羟值符合指标即可停止。投

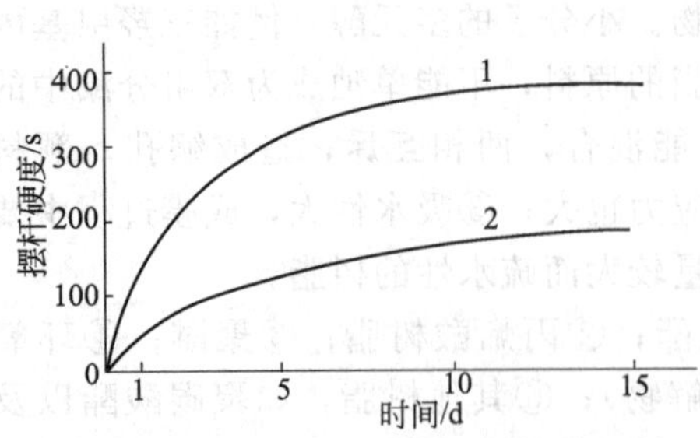

图 2-1-40 聚酯漆和丙烯酸涂膜硬度比较
1—丙烯酸配方（有催化剂）；
2—聚酯配方（有催化剂）

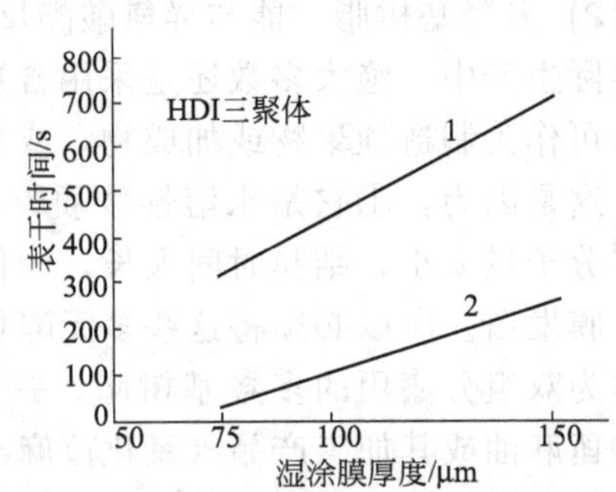

图 2-1-41 聚酯漆和丙烯酸涂膜表干时间比较
1—聚酯配方（有催化剂）；
2—丙烯酸配方（未加催化剂）

料中有二元醇，沸点较低，故不可骤然升温以免二元醇蒸出。现今的反应釜盖的上部，常具有直管，它的上端联结斜冷凝器及分水器。直管中装有不锈钢填料圈，管上端有分凝器，保持蒸气出口温度在100～105℃之间，使酯化水逸出，而二元醇回流入反应釜。在此酯化脱水操作过程中，测蒸出的酯化水层的折射率。水在常温的折射率应该为1.333左右。若折射率明显地超过此值，即表示有多元醇随水蒸出。因此制造聚酯时必须遵守操作规程，并经常分析废水的折射率及树脂的酸值。

根据需要，可以调节投料以制得不同支化度、分子量和羟基含量的聚酯，配漆时可选择一种或数种聚酯并用。为了示例，选择 Bayer 公司若干典型的聚酯供参考（表 2-1-178)。

表 2-1-178 Bayer 公司若干典型聚酯

Desmophen 聚酯	固体含量/%[①]	OH/%(约)	当量	高聚物结构
650	65(MPA)	5.2	327	分支
651	67(MPA：X=1：1)	5.4	315	分支
670	100	4.3	395	稍分支
680	70(BuAc)	2.2	800	分支
690	70(MPA)	1.3	1300	分支
800	100	8.6	198	分支
1100	100	6.5	262	分支
1200	100	5.0	340	稍分支
1300	100	4.0	425	分支
1700	100	1.3	1308	线型
1800	100	1.8	944	稍分支
RD181[②]	100	4.8	354	分支

① MPA 为溶剂甲氧基醋酸丙酯（或称丙二醇甲醚醋酸酯），X 为二甲苯，BuAc 为醋酸丁酯。
② RD181 为支链脂肪酸改性聚酯。

现列举文献中若干聚酯的投料配比，供参考。

800 号聚酯：

苯酐	0.5mol	三羟甲基丙烷	4.0～4.1mol
己二酸	2.5mol		

1100 号聚酯：

己二酸	3mol	三羟甲基丙烷	2mol
1,4-丁二醇	2mol		

1200 号聚酯：

己二酸	3mol	三羟甲基丙烷	1mol
1,3-丁二醇	3mol		

1600 号聚酯：

己二酸	3mol	三羟甲基丙烷	0.6mol
一缩乙二醇	2.82mol		

2200 号聚酯（弹性涂料用）：

己二酸	3mol	三羟甲基丙烷	0.29mol
一缩乙二醇	2.91mol		

下面介绍一种蓖麻油醇酸，含羟基 3.4%～4.8%，中等支化度，价廉而实用，通用范围较广，是天津油漆厂的 147 号树脂，其配方如下：

蓖麻油(土漂)	51.1kg	苯酐	32.3kg
甘油(98%)	16.6kg	二甲苯	100.0kg

制造聚酯的原料可以一次投料，也可分两次加入，例如：

苯酐	74.0kg	三羟甲基丙烷(2)	54.2kg
三羟甲基丙烷(1)	27.1kg	月桂酸	40.0kg

此树脂因基本上甚少双键，故泛黄性、耐候性均优于上述蓖麻油醇酸。

操作：将苯酐及 27.1kg 三羟甲基丙烷投入反应釜，在 180～200℃酯化，通入二氧化碳以带除水分，待酸值降到 220 左右，加入第二批三羟甲基丙烷 54.2kg 及月桂酸，继续酯化至酸值达 3.5 左右。产品是浅黄色固体，软化点 37～42℃，羟基当量为 310。

硬性聚酯配方：

苯酐	3.0mol	301g	二甲苯(回流脱水用)	60g
三羟甲基丙烷	3.5mol	315g		

操作：逐渐升温至 200℃，维持此温度使酯化至酸值 10 以下，减压蒸除低分子量挥发物，用 MPA、醋酸丁酯和二甲苯混合溶剂稀释成 50%溶液，其溶液羟值为 145～150。此聚酯可供与 HDI 的缩二脲配漆，具有优良的耐候性。因其固体分的羟基含量高，涂膜的交联密度高，故抗溶剂性好，若用于飞机蒙皮可耐磷酸酯液压油（Skydrol）的侵损。文献介绍含脂肪酸的聚酯，其黏度低而固体含量较高：

己二酸	2mol	三羟甲基丙烷	2mol
一缩丙二醇	1mol	椰子油脂肪酸	1mol

所得产品的羟值为 220。

除了上述聚酯外，尚有聚碳酸酯-聚酯型多元醇，耐热性、耐碱性等均较普通聚酯好，但价格较贵，用量较少。

② 丙烯酸树脂　含羟基的丙烯酸树脂与脂肪族多异氰酸酯配合，可制得性能优良的聚氨酯漆，其用途逐年上升，大量用作汽车的修补漆、高级外墙漆、海上钻井等平台的上层结构面漆等。

丙烯酸树脂耐候性优良，干燥快，因为它不吸收 300nm 以上的紫外线及可见光，其主链的碳-碳键耐水解。含羟基丙烯酸树脂与多异氰酸酯交联的涂膜，比单纯的丙烯酸树脂固体含量高，耐溶剂，而且力学性能提高。

	Erichsen 杯突/mm	Taber 磨耗/mg
丙烯酸涂膜	0.7	62
丙烯酸/HDI 缩二脲	8.9	30

我国南方地区气候炎热而潮湿，单纯的热塑性丙烯酸外墙涂料往往易沾尘，不雅观。以少量脂肪族多异氰酯交联的丙烯酸涂料则大有改善。

关于丙烯酸树脂的制造方法，本分册的丙烯酸漆一章中已有详述，下面仅是示例。

甲基丙烯酸羟乙酯	19.15g	偶氮二异丁腈	3.87g
丙烯酸乙酯	38.82g	MPA(甲氧基醋酸丙酯)	152.24g
甲基丙烯酸丁酯	38.82g		

上述配方在85℃反应5h。产品含羟基2.5%，固体含量为40%，黏度约2.5～3.0cm²/s，尚可加入硫醇等转链剂使聚合时分子量分布较为均匀，或采用高温聚合以降低黏度。配漆所用的多异氰酸酯，以往颇多用HDI缩二脲，现则转向，大多用HDI三聚体（如Desmodur 3390，Tolonate HDT90），因为其耐候性更好，而且黏度低，固体含量较高。

$$\left[-CH_2-\underset{\underset{\displaystyle O-CH_2CH_2OH}{|}}{\underset{CO}{\underset{|}{\overset{CH_3}{\overset{|}{C}}}}}-\right]_n + \sim RNCO \longrightarrow \left[-CH_2-\underset{\underset{\displaystyle O-CH_2CH_2-O}{|}}{\underset{CO}{\underset{|}{\overset{CH_3}{\overset{|}{C}}}}}-\right]_n \quad \underset{\underset{\displaystyle |}{CO}}{\underset{|}{NH}}-R\sim$$

此类涂料用于汽车漆者很多，可参见许多文献。

Hoechst公司制备供汽车修补漆的丙烯酸树脂的方法如下，供参考：

二甲苯	310g	叔碳酸缩水甘油酯*	180g

* 叔碳酸缩水甘油酯有工业产品，如Shell公司的Cardura E10，其经验式为$C_{13}H_{24}O_3$，平均环氧当量为245。

将两者加热至142℃，再配单体混合物，在3h内将它均匀加入到下述溶液中：

甲基丙烯酸甲酯	145g	苯乙烯	195g
甲基丙烯酸羟乙酯	135g	丙烯酸	57g
叔十二硫醇	6g(链转移剂)	二叔丁基过氧化物	15g

在135℃聚合4～5h，产品的固体含量约70%，若以MPA溶剂稀释至50%，则黏度(25℃，涂-4杯）约130s，含羟基4.24%（按固体计），酸值为10。固体的软化点为70～72℃。将上述丙烯酸树脂64.6g，加HDI缩二脲35.4g（均按固体计算），并加入必需的各色颜料，可制得优良的汽车修补漆，喷涂至（干膜）厚度45～50μm，可在40min内常温干燥，具有优良的性能，在美国Florida曝晒18个月后，光泽仅下降8%～10%。上述配方中含苯乙烯，其苯环的α位氢原子易被氧化而夺去，影响耐候性，若含量高会使清涂膜经曝晒开裂。上述叔碳酸改性可降低树脂极性，改进耐水性及涂料流动性。

一般供制聚氨酯漆的丙烯酸树脂的羟基约在2.5%～4.5%之间，典型的如Bayer公司的产品。下面摘录几种以供参考：

A 165（固体含量65%，BuAc：X=1：1）固体含羟基2.6%

A 265（固体含量65%，BuAc）固体含羟基3.4%

A 870（固体含量70%，BuAc）固体含羟基4.3%

其中羟基含量高者制汽车漆、火车漆；含量低者制外墙涂料等。我国武昌黄鹤楼、南昌滕王阁等名胜古迹的涂装均用HDI缩二脲/丙烯酸涂料，效果良好。

制造含羟基丙烯酸树脂的重要单体是羟基丙烯酸酯，常用者共有4种：甲基丙烯酸羟乙酯（HEMA）、甲基丙烯酸羟丙酯（HPMA）、丙烯酸羟乙酯（HEA）和丙烯酸羟丙酯(HPA)，各有优缺点，可供选用。

HEMA	含羟基13.07%，聚合物的T_g	45℃	HEA	含羟基14.65%，聚合物的T_g	4℃
HPMA	含羟基11.08%，聚合物的T_g	62℃	HPA	含羟基13.07%，聚合物的T_g	16℃

羟乙酯含伯羟基，反应速度快。羟丙酯中的1/3为伯羟基，2/3为仲羟基，反应速度较慢。甲基丙烯酸酯的抗水性、耐候性、硬度较高。丙烯酸酯的黏度较低，涂料的固体分高。此类丙烯酸酯的质量指标中尚须注意其双酯的含量，若双酯含量高，涂料会有凝胶小粒并引起缩孔。而且羟基丙烯酸酯有缓慢少量转化为双酯的反应倾向：

$$2\underset{\underset{\displaystyle COOCH_2CH_2OH}{|}}{CH_2=CH} \xrightleftharpoons{\text{慢}} \underset{\underset{\displaystyle COOCH_2CH_2OOC}{|}}{CH_2=CH} \quad \underset{\underset{\displaystyle }{|}}{CH=CH_2} + HOH_2CCH_2OH$$

此反应尤以羟乙酯（HEMA，HEA）比羟丙酯多些。表 2-1-179 是 Dow 化学公司产品的规格，供参考，注意其双酯含量。

表 2-1-179 Dow 化学公司产品的规格

指 标	HEA	HPA	指 标	HEA	HPA
纯度/%	最小 97.5	最小 97.0	环氧乙烷/(mg/L)	最大 10	环氧丙烷 10
其他酯类/%	最大 1.5	最大 1.8	双酯/%	最大 0.3	最大 0.2
酸(作为丙烯酸)/%	最大 0.98	最大 0.98	MEHQ/(mg/L)(对甲氧基苯酚)	350～650	350～650
水分/%	最大 0.15	最大 0.2			
			色泽(APHA)	最大 30	最大 50

除了上述羟乙酯、羟丙酯之外，尚有丙烯酸羟丁酯，例如 BASF 公司生产的 BDMA：

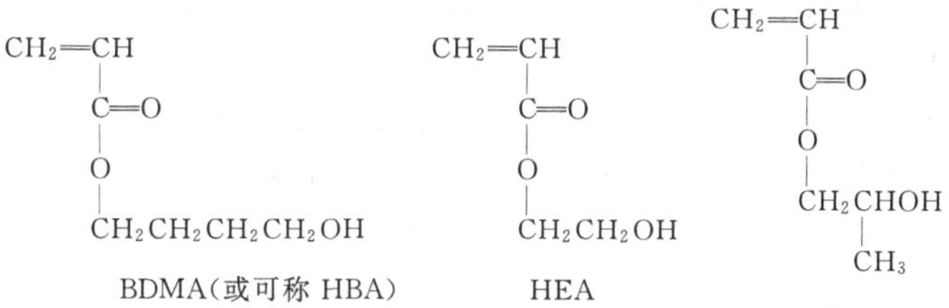

$CH_2{=}CH-C(=O)-O-CH_2CH_2CH_2CH_2OH$　　BDMA(或可称 HBA)

$CH_2{=}CH-C(=O)-O-CH_2CH_2OH$　　HEA

$CH_2{=}CH-C(=O)-O-CH_2CH(OH)CH_3$　　HPA

羟丁酯的 4 个亚甲基，除了可提高溶解性和混溶性，有利于涂膜的丰满度外，主要是其较长的支链便于旋转，利于端羟基的活动，更易与 NCO 基碰撞反应，即使在较低环境温度下，或与 T_g 较高的多异氰酸酯（例如 IPDI 的三聚体），均能充分反应。

有些聚氨酯漆配方采用聚丙烯酸树脂和聚酯树脂合用，例如固化剂为 HDI 三聚体，羟基组分为 80%丙烯酸树脂、20%聚酯树脂。聚酯能提高固体含量，并且润湿性好，是研磨颜料的优良介质。

③ 聚醚　聚醚的耐碱性、耐寒性、柔挠性优良，可用于防腐蚀涂料混凝土面涂料等。聚醚的主要用途在泡沫塑料。随着石油化工的发展，提供了环氧丙烷等原料，使其产量扩大、成本降低。在聚氨酯涂料中，聚醚因黏度低，可制无溶剂涂料等。但涂料中聚醚用量较少。

聚醚是端羟基的低聚物，链中的许多烃基以醚键联结。因为醚键的存在，在紫外线照射下易氧化成为过氧化物，涂膜降解，倒光粉化，所以宜用于室内抗化学腐蚀涂料、耐油涂料、地板漆等，若用于户外则需添加颜料屏蔽保护。氧分子是双基（diradical $\cdot\ddot{O}-\ddot{O}\cdot$），会与 C—H 键反应，聚醚中的叔碳与氢的键 $-CH_2-CH(CH_3)-O-$，因键能低，很易被氧化：

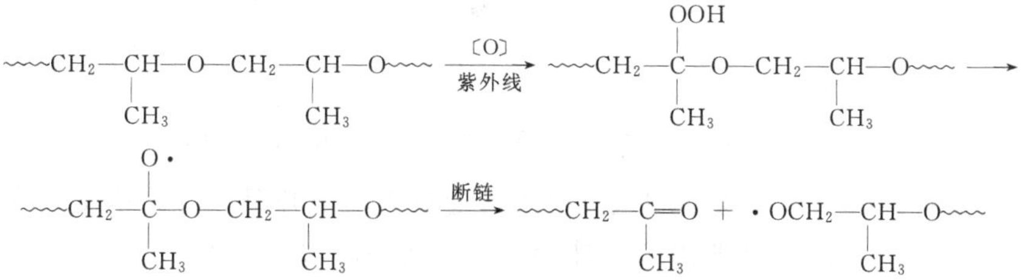

$$\sim CH_2-CH(CH_3)-O-CH_2-CH(CH_3)-O\sim \xrightarrow[\text{紫外线}]{[O]} \sim CH_2-C(OOH)(CH_3)-O-CH_2-CH(CH_3)-O\sim \longrightarrow$$

$$\sim CH_2-C(O\cdot)(CH_3)-O-CH_2-CH(CH_3)-O\sim \xrightarrow{\text{断链}} \sim CH_2-C(CH_3){=}O + \cdot OCH_2-CH(CH_3)-O\sim$$

聚醚是用 1,2-环氧化合物或四氢呋喃，以多元醇或胺为引发剂加聚而成。

1,2-环氧化合物有 3 种：①环氧乙烷；②环氧丙烷；③缩水甘油醚类。其中以环氧丙烷最重要。环氧乙烷加聚物的吸水性太高，降低涂料性能。缩水甘油醚成本高，仅用于特殊需要的场合。

多元醇有：①二元醇类；②甘油、三羟甲基丙烷、己烷三醇等三元醇等；③季戊四醇等四元醇类；④山梨醇等六元醇等。

胺类如乙二胺。

根据引发剂所含活性氢原子的数目，可制得不同官能度的聚醚。用二元醇制得二官能度的聚醚，用三元醇得三官能度的聚醚。用乙二胺可制得四官能度的碱性聚醚，由于它有叔氮原子存在，对 NCO 反应具有催化作用，可供配快干的双组分聚氨酯漆。

用环氧丙烷制得聚醚的羟基，大多是仲羟基，较少是伯羟基，所以反应性较弱。

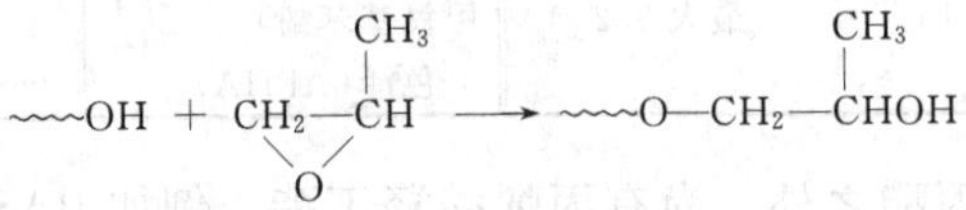

$$\sim\sim OH + CH_2\underset{O}{\diagdown\!\diagup}\overset{CH_3}{\overset{|}{CH}} \longrightarrow \sim\sim O-CH_2-\overset{CH_3}{\overset{|}{C}}HOH$$

环氧丙烷的加聚用碱催化，如产品聚醚中碱残留量高则在以后的 NCO 反应中有催化作用，易引起胶凝。如残留碱性极微，可用少量酰氯作稳定剂来中和。聚醚由专门工厂生产，一般涂料工厂只是选用。选用考虑的因素是：官能度和聚合度。聚合度愈大则羟基间的距离愈远，羟值愈低，与异氰酸酯反应的成品的挠性愈高，但耐溶剂性下降。

$$HO-\overset{CH_3}{\overset{|}{C}}HCH_2O-(CH_2-\overset{CH_3}{\overset{|}{C}}HO)_n-CH_2\overset{CH_3}{\overset{|}{C}}HOH$$

聚氨酯涂料中常将低分子量聚醚与二异氰酸酯反应，以提高分子量，制得氨酯聚醚，NCO/OH 的比例小于 1，示意如下：

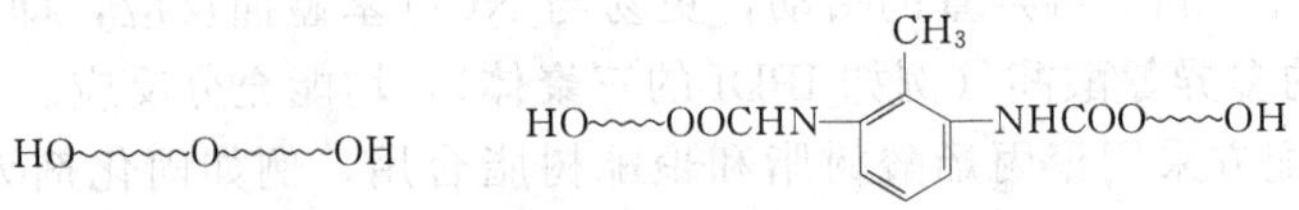

$$HO\sim\sim O\sim\sim OH \qquad HO\sim\sim OOCHN-C_6H_3(CH_3)-NHCOO\sim\sim OH$$

纯聚醚二元醇　　　用 TDI 扩链的聚醚二元醇

由 1molTDI 与 2mol 低分子量二元聚醚制得，NCO/OH＝0.5。此 TDI 扩链的聚醚与长度相近的纯聚醚二元醇相比较，虽分子量近似，但扩链聚醚的涂膜强度较高。这可以从分子内聚能的差别来理解：

—O—	醚键	分子内聚能 4.19kJ/mol
—COO—	酯键	分子内聚能 12.14kJ/mol
—NHCOO—	氨酯键	分子内聚能 35.46kJ/mol

所以聚酯比聚醚的强度大，黏度高。而氨酯之间能形成氢键，强度更高。链节中嵌入氨酯键，内聚力提高，使涂膜强韧。

其他扩链的示意如下：

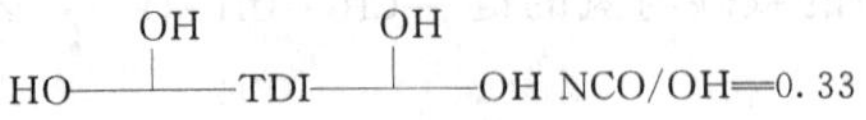

$$HO-\overset{OH}{\overset{|}{—}}-TDI-\overset{OH}{\overset{|}{—}}-OH \quad NCO/OH=0.33$$

三元聚醚 400～1500　三元聚醚 400～1500（分子量）

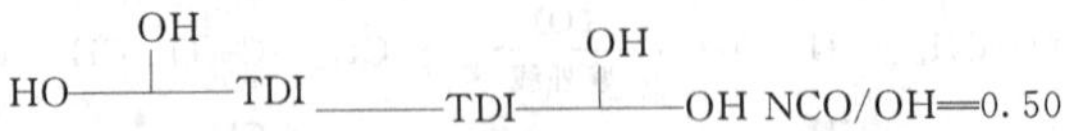

$$HO-\overset{OH}{\overset{|}{—}}-TDI-—-TDI-\overset{OH}{\overset{|}{—}}-OH \quad NCO/OH=0.50$$

三元聚醚 400～700　二元聚醚　三元聚醚 400～700

制造工艺是将聚醚和异氰酸酯加入反应釜，通氮气渐渐升温，待放热反应停止后升温至 80～90℃，加入 0.02％的辛酸亚锡或二月桂酸二丁基锡作为催化剂。

以上两例是中性的氨酯聚醚，反应性缓和，可进一步与过量的二异氰酸酯制造预聚物。亦可作为双组分涂料，但需酌加催化剂。

若用含胺的聚醚，则反应迅速，可作为双组分涂料，不需加催化剂。如欲将它进一步与过量的二异氰酸酯反应制造预聚物，则稳定性很差（仅 12～24h）。

$$(HO)_2N-N(OH)-TDI-TDI-(HO)N-N(OH)_2$$

一般的氨酯聚醚的分子量约为 1000～3000。兹择某些产品介绍如下。

a. 二羟基聚氧化丙醚

$$\begin{array}{l} H_2C-O\!\left[CH(CH_3)-CH_2O\right]_{n_1}H \\ \;|\\ H_2C \\ \;| \\ H_2C-O\!\left[CH(CH_3)-CH_2O\right]_{n_2}H \end{array} \quad 与 \quad \begin{array}{l} H_2C-O\!\left[CHCH_2O\right]_{n_3}H \quad (CH_3) \\ \;| \\ HC-O\!\left[CHCH_2O\right]_{n_4}H \quad (CH_3) \\ \;| \\ CH_3 \end{array}$$

二者的混合物

质量指标（表 2-1-180）。

表 2-1-180　二羟基聚氧化丙醚质量指标

牌　号	分子量	羟值 /(mg KOH/g)	酸值 /(mg KOH/g)	不饱和双键 /(mmol/g)	水分 /%
N-204	400±40	280±20	<0.15		<0.10
N-210	1000±100	100±10	<0.15		<0.10
N-215	1500±100	70±10	<0.15		<0.10
N-220	2000±100	56±4	<0.15	<0.07	<0.10
N-235	3000±4000	37～28	<0.15	<0.07	<0.10

b. 三羟基聚氧化丙醚

$$\begin{array}{l} H_2C-O\!\left[CH(CH_3)-CH_2O-\right]_{n_1}-H \\ \;| \\ HC-O\!\left[CH(CH_3)-CH_2O-\right]_{n_2}-H \\ \;| \\ H_2C-O\!\left[CH(CH_3)-CH_2O-\right]_{n_3}-H \end{array}$$

质量指标（表 2-1-181）。

表 2-1-181　三羟基聚氧化丙醚质量指标

牌　号	分子量	羟值 /(mg KOH/g)	酸值 /(mg KOH/g)	不饱和双键 /(mmol/g)	水分 /%
N-303	350±50	480±50	<0.10		<0.1
N-330	3000±200	56±4	<0.10	<0.07	<0.1

c. 四羟丙基乙二胺　牌号 N-403，结构式如下：

$$[HOCH(CH_3)CH_2]_2NCH_2CH_2N[CH_2CH(CH_3)OH]_2$$

质量指标（表 2-1-182）。

表 2-1-182 四羟丙基乙二胺质量指标

指标	规格	指标	规格
外观	淡黄色黏稠状透明液体	水分	<0.2%
分子量	294	羟值	770mgKOH/g

d. 二羟基聚四氢呋喃氧化丙醚（弹性体用）（表 2-1-183）。

表 2-1-183 二羟基聚四氢呋喃氧化丙醚质量指标

牌号	分子量	羟值 /(mg KOH/g)	酸值 /(mg KOH/g)	水分 /%
Ng-220	2000±100	56±4	<0.20	<0.10
Ng-235	3000±4000	37～28	<0.20	<0.10

国外许多化学公司生产聚醚。Dow 化学公司在我国宁波生产聚醚。Du Pont 公司生产的聚四氢呋喃二元醇，商品名为 Terathane 1000，分子量约 1021，羟值 109。Bayer 公司生产供涂料用的聚醚介绍如下（均为 100%固体分）：

250U	含羟基 22.0%	当量 77	线型，密封剂
550U	含羟基 11.0%	当量 162	分支，无溶剂防蚀漆
900U	含羟基 8.8%	当量 193	分支，防蚀漆
1600U	含羟基 3.4%	当量 500	线型，混凝土漆
1900U	含羟基 1.7%	当量 1000	线型，弹性涂料
1915U	含羟基 1.1%	当量 1545	分支

④ 聚碳酸酯多元醇 聚碳酸酯涂膜的性能优良，与聚酯比较：

$$-O-\overset{\overset{O}{\|}}{C}-O- \qquad\qquad -O\overset{\overset{O}{\|}}{C}-$$

（聚碳酸酯） （聚酯）

聚碳酸酯的抗水解性比聚酯好得多，但价较贵，在涂料中应用不多，拜耳公司的 Desmophen C 1200，即含碳酸键。日本旭化成公司的 PCDL 1000 是聚碳酸酯二元醇。

⑤ 环氧树脂 环氧树脂具有仲羟基和环氧基，仲羟基可以与异氰酸酯反应。

$$\overset{O}{\widehat{CH_2-CH}}-CH_2\left[O-C_6H_4-\underset{CH_3}{\overset{CH_3}{C}}-C_6H_4-O-CH_2-\overset{OH}{CH}-CH_2\right]_nO-C_6H_4-\underset{CH_3}{\overset{CH_3}{C}}-C_6H_4-O-CH_2-\overset{O}{\widehat{CH-CH_2}}$$

用环氧树脂作为含羟基组分，则涂膜的附着力、抗碱性等均有提高，适宜作耐化学品、耐盐水的涂料。如尿素造粒塔所用的聚氨酯漆中就有环氧树脂的产品，具有优良的化学稳定性。但是环氧树脂中的醚键，不耐户外曝晒。

在制造单组分聚氨酯漆时，若采用固体的环氧树脂（E-20，E-12 等），必须注意树脂中是否有催化性杂质，例如在“饴糖法（taffy process）”制环氧树脂时，若残留微量未洗净的酚钠，或在“扩链法（advancement process）”制环氧树脂时，若残留微量未除净的胺等，遇到异氰酸酯均有催化作用，能引起反应釜中胶凝。这些杂质往往可用漂土将树脂溶液过滤除去之。低分子量的液体环氧树脂杂质较少，无需处理。

采用环氧树脂作为羟基组分，一般可有 3 种方式。

a. 单纯使用环氧树脂作多元醇，配入漆中。例如有些潜水艇外壳涂料用含环氧树脂的双组分聚氨酯漆，可在寒冷潮湿环境下施工，效果很好，这种用法只有羟基参加反应，环氧基未结合。

b. 用酸性树脂的羧基，使环氧基开环，生成羟基。

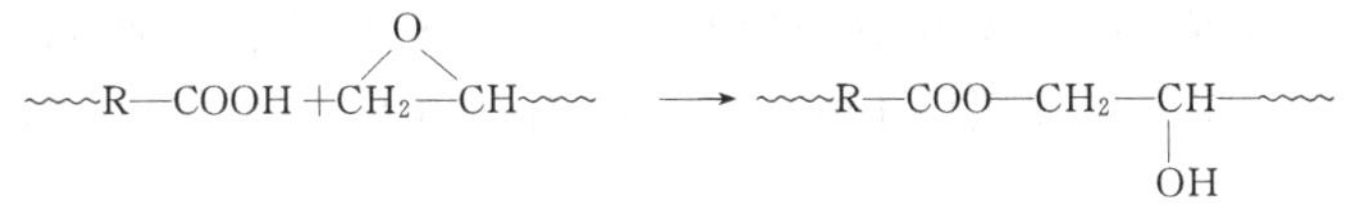

$$\sim\sim R-COOH+\overset{O}{\overbrace{CH_2-CH}}\sim\sim \longrightarrow \sim\sim R-COO-CH_2-\underset{OH}{\underset{|}{CH}}-\sim\sim$$

c. 与醇胺或胺反应，生成多元醇。

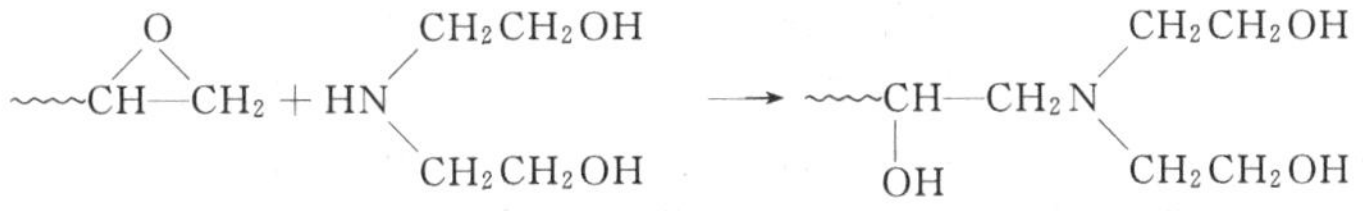

$$\sim\sim\overset{O}{\overbrace{CH-CH_2}}+HN\begin{matrix}CH_2CH_2OH\\CH_2CH_2OH\end{matrix}\longrightarrow\sim\sim\underset{OH}{\underset{|}{CH}}-CH_2N\begin{matrix}CH_2CH_2OH\\CH_2CH_2OH\end{matrix}$$

而且因有叔氮原子的存在，可加速 NCO 与 OH 间的反应。

⑥ 蓖麻油　蓖麻油是脂肪酸的三甘油酯。脂肪酸中 90%是蓖麻油酸（9-烯基-12-羟基十八酸，结构式如下），还有 10%是不含羟基的油酸和亚油酸。

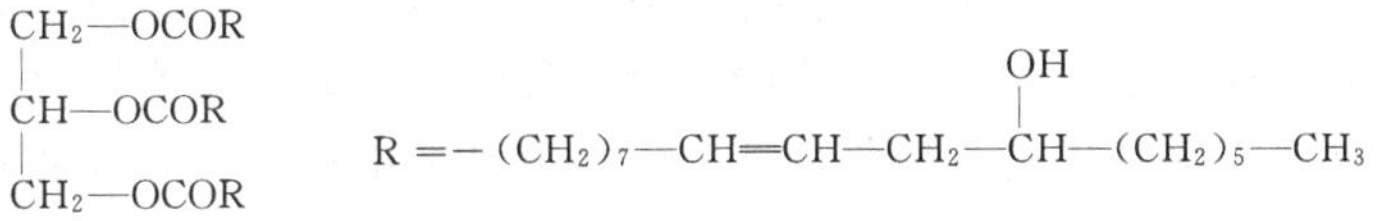

$$\begin{matrix}CH_2-OCOR\\|\\CH-OCOR\\|\\CH_2-OCOR\end{matrix}\qquad R=-(CH_2)_7-CH=CH-CH_2-\underset{}{\overset{OH}{\overset{|}{CH}}}-(CH_2)_5-CH_3$$

蓖麻油的羟值约为 163，即含羟基 4.94%；羟基当量 345。

按羟值推算，可认为蓖麻油是含 70%三官能度和 30%二官能度的物质。其组分中长链非极性的脂肪酸赋予涂膜良好的抗水性和可挠性，并且因为价廉而来源丰富，所以广泛应用于聚氨酯漆中，或直接使用，或经吹气，或与甘油经酯交换后制漆。可以制双组分漆，也可与异氰酸酯反应制成预聚物，再配制单组分或双组分漆。有些聚氨酯涂膜经长期浸水后容易起泡，用蓖麻油配制的聚氨酯漆就大有改善，是因为长链脂肪酸的疏水作用。

蓖麻油大多用于制造含羟基醇酸树脂等，也可配以填料等制造木面的填眼漆等。

以上介绍的是常规的羟基组分，性能更优越的是氟碳系的羟基组分。日本的永井昌宪等用 QUV 人工老化仪，对比了氟碳系聚氨酯与常规聚氨酯的老化性能，经 5000h 后氟碳系老化仅为常规系的 1/4。

(3) 配漆　配制双组分聚氨酯漆，包括选择 3 种组分和确定 NCO/OH 比。

3 种组分是多异氰酸酯、多羟基树脂、颜料和助剂等。

① 多异氰酸酯类型的选择

TDI 氨酯加成物：价廉，最常用，性质全面，但泛黄。

TDI 三聚体型：干性快，但施工时限短，供快干木器清漆之用，不宜作色漆，因颜料润湿性差。它与某些树脂混溶性差，光泽低。但因光泽低可节约消光剂用量。

MDI 液化体：蒸气压低、毒性较低，适用作无溶剂防腐蚀涂料等，泛黄严重。

TDI/HDI 三聚体型：干性快，施工时限短，泛黄性和耐候性较 TDI 系佳，清漆、瓷漆均可采用。

HDI 缩二脲：不泛黄、保光泽，制户外用高级涂料，成本较贵。

HDI 三聚体：不泛黄，保光耐候性比缩二脲更好，可制户外高级涂料。它的黏度低，固体含量高，稳定性好。

IPDI 三聚体：不泛黄，保光耐候性好。它的溶解性好，能与许多树脂混溶。它性较脆，羟基组分须软些。它的 T_g 高，涂膜物理干性快，但充分交联不快。

IPDI 氨酯加成物：也具有不泛黄及保光性。耐候性略低于三聚体，涂料厂易于自制而价较廉些。

此外，尚有用蓖麻油醇酸与过量的 TDI 制成预聚物，也可与含羟基蓖麻油醇酸配合，再外加松香季戊四醇酯，制造木器漆，价格低廉，在我国华东地区产量很大，习称 685 涂料。

为了比较脂肪族与芳香族聚氨酯漆的保光性，Potter 等用聚酯加 TiO_2，PVC 为 10%，以不同异氰酸酯比例，将漆层在美国 Florida 45°向南曝晒了 24 个月后，测定其 60°光泽，结果如下：

TDI/TMP 加成物含量 0%	HDI 缩二脲 100%	光泽保持 75%
TDI/TMP 加成物含量 20%	HDI 缩二脲 80%	光泽保持 35%
TDI/TMP 加成物含量 10%	HDI 缩二脲 90%	光泽保持 45%
TDI/TMP 加成物含量 40%	HDI 缩二脲 60%	光泽保持<20%

② 多羟基树脂的选择　耐户外曝晒以丙烯酸树脂为佳，它几乎不吸收紫外线，而且主链的碳-碳键能耐水解的降解，所以聚氨酯清漆均采用丙烯酸树脂。但是加入颜料制成单色漆（solid color），则聚酯与丙烯酸耐候性相差不大，可能因聚酯对颜料的润湿性较好。耐低温可用聚醚。耐化学腐蚀可选环氧、聚醚、含羟基氯醋共聚体。耐油可选用羟基较高的聚酯。聚酯的支化程度、聚醚的聚合度、丙烯酸树脂的内增塑程度、羟基含量等都能调节涂膜的柔韧性和硬度。聚酯中芳环含量多则提高其抗化学性。耐高温可选用对苯二甲酸聚酯。上述各组分又可互相并合调节。

除了上述羟基树脂外，尚有过氯乙烯、硝酸纤维素、醋酸丁酸纤维素，加入羟基树脂中，可加速聚氨酯漆的表干不沾尘，并可改善缩孔等弊病。但硝酸纤维素加入芳香族聚氨酯漆中，因硝酸基的氧化性，会使氨酯键氧化，使涂膜泛黄严重，只可用于深色木器漆。加入脂肪族聚氨酯漆中则泛黄不明显。普通硝酸纤维素为防止爆燃，含有乙醇或丁醇润湿，会与

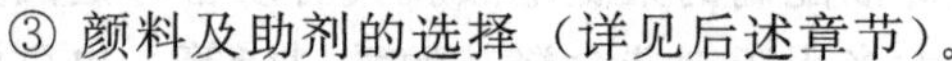
异氰酸酯反应，必须轧成漆片后配漆。

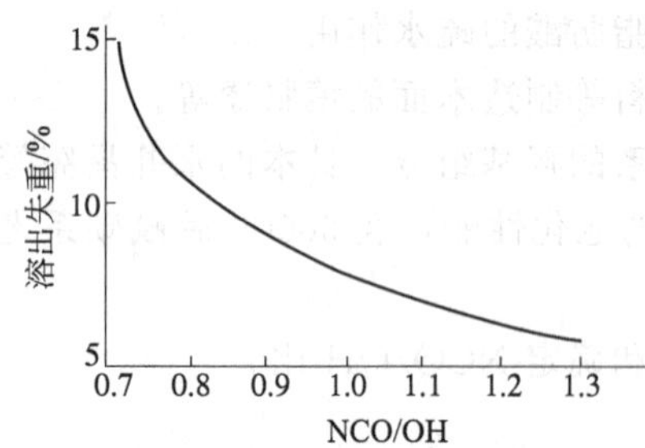

图 2-1-42　双组分聚氨酯清漆的交联程度与耐溶剂的关系

干燥：120℃/30min，再在室温放置 6 天

③ 颜料及助剂的选择（详见后述章节）。

④ NCO/OH 比例　双组分聚氨酯漆的制造技术之一是确定恰当的 NCO/OH 比例（习称 NCO index）。按常规，往往设定 NCO/OH＝1，使 1 个 NCO 基与 1 个 OH 基反应生成氨酯。但实际情况要通过试验研究，以确定恰当的比例，满足性能的要求。若多异氰酸酯加入太少，不足与羟基反应，则涂膜交联度较低，抗溶剂性、抗化学品、抗水性下降，甚至涂膜发软。若多异氰酸酯加入太多，则多余的 NCO 基吸收空气中潮气转化成脲，增加交联密度，提高抗溶剂性、抗化学品性，漆的施工时限较长，多余 NCO 太多时，涂膜较脆。图2-1-42～图 2-1-44 是 Bayer 公司 S. Günther 研究某脂肪族聚氨酯涂料 NCO/OH 比例对性能影响的示例。

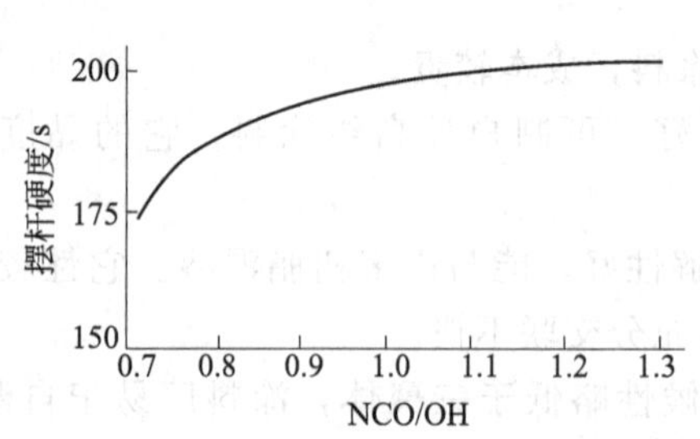

图 2-1-43　双组分聚氨酯清涂膜的摆杆硬度与交联程度关系

干燥：120℃/30min，再在室温放置 6d

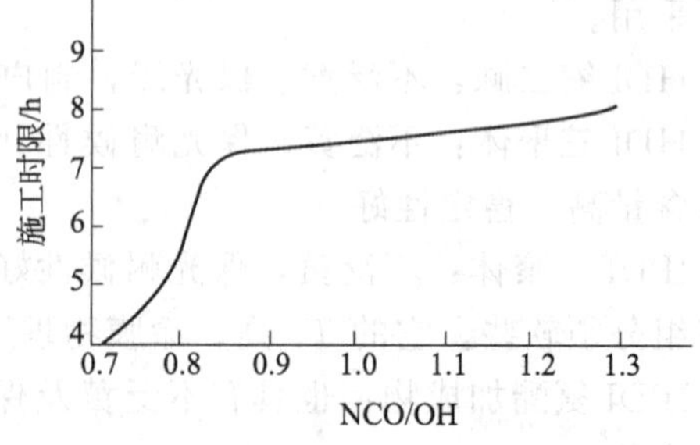

图 2-1-44　双组分聚氨酯清漆的施工时限与交联程度关系

图 2-1-42 表示涂膜浸溶剂后被溶出失重的情况，NCO/OH 低则溶出多。图 2-1-43 表示涂膜硬度与 NCO/OH 比例的关系。图 2-1-44 表示 NCO/OH 与涂料的施工时限的关系，NCO 太少则施工时限短。

一般双组分聚氨酯涂料的 NCO/OH 比例大多采用略高于 1 的数值，例如 1.05～1.10。Bishop 研究了双组分聚氨酯漆在室温下干燥情况，发现在 97%相对湿度下仅有 1/3 的异氰酸酯转化为氨酯(红外光谱分析)，2/3 生成了脲，这表明与空气中潮气发生了反应。日本坪田实等研究了双组分聚氨酯漆在不同湿度及不同温度下的固化行为，他们选用 Bayer 公司的 HDI 缩二脲 N-75 及 3 种含羟基丙烯酸树脂(羟值分别为 25、50 及 75.5)，在相对湿度为 0、55%、95%～97%以及温度为 20℃、70℃下反应，以红外光谱观察吸收峰。

NCO	吸收峰波数 2280cm^{-1}	氨酯键	吸收峰波数 1730cm^{-1}
脲键	吸收峰波数 1650cm^{-1}	CH_2 键(参比)	吸收峰波数 2930cm^{-1}

测定 NCO 吸收峰消失前后吸光度之比：

$$氨酯键/\%=\frac{1730cm^{-1}处吸光度}{2930cm^{-1}处吸光度}$$

$$脲键/\%=\frac{1650cm^{-1}处吸光度}{2930cm^{-1}处吸光度}$$

表 2-1-184 为不同温度和湿度下双组分聚氨酯涂料的固化行为。

表 2-1-184　在不同温度和湿度下的固化行为

温度/℃	相对湿度/%	氨酯键/%	脲键/%	2 个月后 NCO 余量/%	温度/℃	相对湿度/%	氨酯键/%	脲键/%	2 个月后 NCO 余量/%
20	0	55	8	30	70	0	85	15	0
20	55	41	50	8	70	95	20	80	0
20	97	11	85	0					

低湿条件下生成氨酯键较多，涂膜的弹性模量、拉伸强度、T_g、断裂伸长率均比高湿条件下（生成脲键多）的涂膜要高。高湿条件下涂膜浸入溶剂的溶失量多，这是因为 NCO 与潮气反应，至使许多丙烯酸树脂的羟基未能反应，交联点减少，分子量降低，未反应的丙烯酸树脂被溶出。扫描电子显微镜观察发现：低湿度下形成的涂膜致密强韧，而高湿度下形成的涂膜粗而脆弱，全体有无数微泡，由 CO_2 形成的多孔质。我国地域广大，西北干旱、东南潮湿，必须研究适宜的 NCO/OH 的比例。

4. 聚氨酯漆的助剂

(1) 防缩孔剂　双组分聚氨酯漆的两个组分的分子量往往不高，多属低聚物（oligomer），极性高，对微量油污敏感。两组分间的表面张力往往有些差异。涂布后因分子量不高，涂膜凝定（set）慢，仍呈易流动的液态，此时因表面张力之差（梯度）的驱动力，易引起缩孔，必须加入防缩孔剂。常用的防缩孔剂可分为两类：一类为热塑性树脂，对聚氨酯漆的混溶性较低。典型的如醋酸丁酸纤维素，例如 Eastman 化学公司的 CAB381-0.5 或 CAB551-0.2，其作用在于它在聚氨酯湿涂膜的两个组分中均呈很低混溶性，降低了两个组分的表面张力差，从而改善缩孔之弊。除了醋酸丁酸纤维素外，尚可用硝酸纤维素、聚醋酸乙烯、聚乙烯醇缩丁醛、氯醋共聚体 VAGH 等。其中硝酸纤维素虽有良好的流平作用，但其硝基的氧化性会使芳香族聚氨酯漆泛黄，用于脂肪族聚氨酯漆中则无泛黄之弊。所以聚氨酯漆中以采用醋酸丁酸纤维素较为普遍，除上述的两种 CAB 以外，我国无锡化工研究所的 CDS35-1 也可用。美国 Monsanto 公司的 Modaflow 等也有类似作用。

另一类的防缩孔助剂的作用机理不同，它往往含有机硅化合物，能降低聚氨酯漆的表面张力。因为一般涂装的通则，要求底材（如钢板等）的表面张力大于涂料的表面张力，以便涂料展布。若底材上不净，沾有微量油污，聚氨酯涂料的表面张力高于底材的表面张力，则涂料不易展布而缩孔。此类助剂典型的如BYK306。也可将此类助剂与CAB合用调节。

(2) 消泡剂　聚氨酯漆常有起泡之弊，需添加消泡助剂。通常分为非硅的树脂系及有机硅系助剂。树脂系是热塑性共聚树脂，例如乙烯基异丁醚和丙烯酸酯的共聚体等，其特性是与聚氨酯漆不相容，而能将存在于涂膜中的小气泡表面层破坏，使小气泡逐渐并成大气泡。则按Stoke定律，气泡上升的速度与其直径成平方比例，气泡越大，上升越快，升至涂膜表面。若聚氨酯漆涂于木材表面，消泡剂可消除木材缝隙的空气气泡。所以这类消泡剂常称之为消空气剂（Air release agent），典型的如BYK 052或Acronal 700L等。相容性更低者如BYK 053，则消泡力更高，但涂膜的清晰度稍下降。反之，相容性较高者如BYK 051，虽消泡力稍弱些，但涂膜清晰度较好，宜用于清漆。

有机硅系消泡剂也有使涂膜消除气泡的功能，气泡一旦升至表面，由于有机硅体系的表面张力很低，能在泡的表面展布，而使泡破裂，虽具有优良的消泡能力，但会使以后涂覆的漆层附着力降低。所以，有机硅系消泡剂适用于面漆，而树脂系消泡剂宜用于底漆中，不会损及层间附着力。在某些配方中，可同时酌加两种消泡剂，树脂系者（尤其在厚膜漆中）促使气泡浮至表面，硅系者则使气泡破坏。薄涂层则选用一种消泡剂即可。

(3) 催化剂　催化剂对异氰酸酯反应的影响，在化学篇中已有详述，以下是一些较常用的商品催化剂，供参考。

① 二月桂酸二丁基锡，简称DBTDL或DBTL，来自英文名dibutyl tin dilaurate，典型的如美国M&T化学公司产品，编号为T-12。

② 二醋酸二丁基锡（dibutyl tin diacetate），M&T化学公司编号为T-1，它与DBTDL的差别在于醋酸基比月桂酸基的体积小，所以对于有位阻的NCO基（例如TMXDI）则它的催化功效比DBTDL强。二醋酸二甲基锡则体积更小。

③ 辛酸亚锡（Stannous octoate），M&T公司商品名为T-9。以上几种锡催化剂均会降低涂膜的耐候性。

④ 三亚乙基二胺（triethylene diamine），化学名简称DABCO，是Air Products Corp.所属Houdry化学公司的产品名。

⑤ DABCO 33LV是三亚乙基二胺溶于一缩丙二醇的33%溶液。

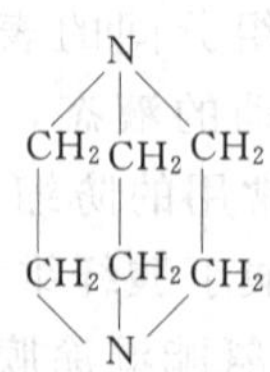

⑥ 环烷酸锌或辛酸锌，用于脂肪族聚氨酯漆，其毒性低于DBTDL，且施工时限亦比DBTDL稍长，用量约为基料的0.2%。

⑦ 叔胺，如Desmosapid PP是Borcher公司产品。

双组分聚氨酯涂料的催干剂需要选择优化，例如HDI缩二脲与651聚酯配成涂料，其催干剂的选择见表2-1-185（NCO/OH=1.0；固含量40%）。

表 2-1-185　催干剂的比较

项　　目		空白	PP 0.3%	PP 0.5%	锡 0.02%	锌 0.2%
黏度/s DIN4 号杯	0h	14	14	14	14	14
	2h	15	16	17	胶化	32
	4h	16	18	26		胶化
	6h	17	62	胶化		
干燥(指压干)/h		>8	5.0	4.6	5.0	6～7
硬度 König/s	1 天	22	110	67	22	24
	3 天	196	120	87	54	68
	7 天	215	145	107	87	94

从上列比较可见，选用 0.3% Desmosapid PP 最为合宜，DBTDL 胶化太快。以上仅是示例，按各种要求而优选。

(4) 光稳定剂　脂肪族聚氨酯清漆大量应用于车辆等，受太阳紫外光照射容易开裂剥落，必须添加光稳定剂，包括两种组分，一种是紫外光吸收剂，另一种是受阻胺（HALS），二者配合可延长清漆寿命。光稳定剂品种很多，聚氨酯清漆中最常用者是 Ciba 公司的紫外光吸收剂 Tinuvin 1130 和受阻胺 Tinuvin 292。Tinuvin 1130 是苯并三唑化合物。能吸收紫外光的能量，使转化为一般的热能。

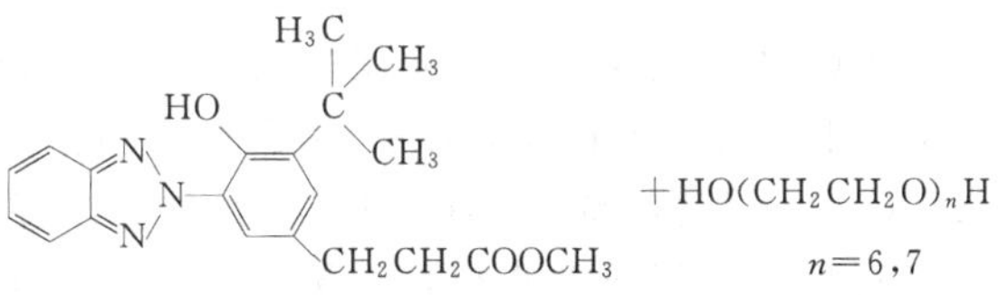

H_3C, CH_3, HO, C, CH_3, N, N, N, $CH_2CH_2COOCH_3$　$+HO(CH_2CH_2O)_nH$　$n=6,7$

它是黄色黏稠液体，能溶于有机溶剂中，密度为 1.17g/cm³。

Tinuvin 292 受阻胺光稳定剂简称 HALS（Hinderd Amine Light Stabilizer），能捕获涂膜老化的游离基，以终止链式分解。

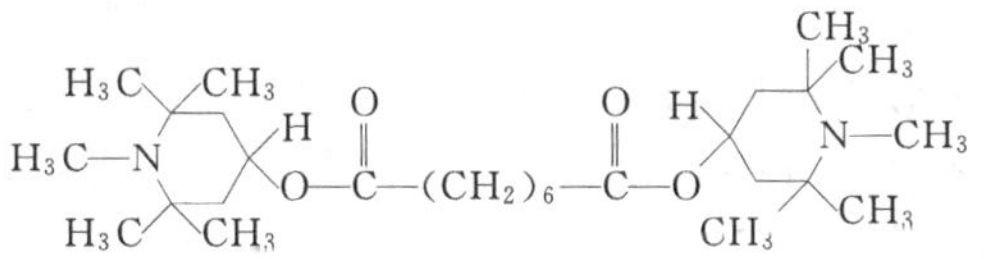

H_3C-N … $-O-\overset{O}{\overset{\|}{C}}-(CH_2)_6-\overset{O}{\overset{\|}{C}}-O-$ … $N-CH_3$

它是淡黄色液体，在 0℃下储存会结晶，稍热后即返成液体。密度 0.99g/cm³，可溶于有机溶剂。

(5) 吸潮剂　聚氨酯涂料中的多异氰酸酯会与水反应，产生脲和二氧化碳，使涂料罐鼓胀，涂膜起泡，黏度上升直至胶化。所以必须控制涂料所含水分，尤其是制造潮气固化漆及无溶剂漆时，必须消除颜料、溶剂等所带入的水分。采用的各种吸潮剂（moisture scavenger）如下。

① 甲苯磺酰异氰酸酯 $H_3C-C_6H_4-SO_2NCO$　甲苯磺酰异氰酸酯的反应活性因磺酰基的吸电子性而能反应迅速，超过一般的二异氰酸酯，能优先与水分反应而脱除，而且它是单官能化合物，不会导致黏度上升或胶化。但是它的蒸气压较高，具有一定毒性，配漆时若加入过量，其游离部分不利于劳动保护。

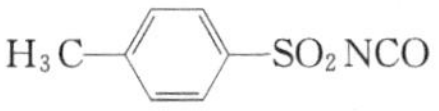

工业产品性质如下：

纯度	96%以上	凝固点	−2℃
密度(25℃)	1.29g/cm³	颜色(APHA)	≤30
沸点(0.13kPa)	99℃	闪点(ISO 1523)	145℃

一般每 20g 可吸除 1g 水。

② 原甲酸乙酯

$$HC(OC_2H_5)_3 + H_2O \longrightarrow HC(OH)(OC_2H_5)_2 + C_2H_5OH \xrightarrow{H_2O} HC(=O)OC_2H_5\ (\text{甲酸乙酯}) + C_2H_5OH$$

它能与水反应产生醇。醇虽会消耗一部分 NCO 基，但避免了涂膜起泡等之弊。

③ 分子筛，或其在蓖麻油中的浆。

④ 无水硫酸铝。

⑤ 噁唑烷，例如由甲基异丁基酮与醇胺缩合而成的噁唑烷具有良好的脱水功能：

$$\text{噁唑烷（环：}C_2H_5\text{—}HC\text{—}CH_2\text{—}O\text{—}C(CH_3)(CH_2CH(CH_3)CH_3)\text{—}HN\text{—）} + H_2O \rightleftharpoons C_2H_5\text{—}CH(NH_2)\text{—}CH_2OH\ (\text{醇胺}) + CH_3COCH_2CH(CH_3)_2\ (\text{甲基异丁基酮})$$

与其他吸潮剂相比：分子筛并不是与水反应而仅是吸收，水分仍留在该体系内，并有可能以后释出，甚至最终引致胶化。与甲苯磺酰异氰酸酯相比，噁唑烷的毒性低，搬运和使用较为方便。每 1 份水加入 18～22 份噁唑烷，同时加入二月桂酸二丁基锡催化剂，搅拌 1～2h，待水含量下降至令人满意程度，将研磨浆料降温至 80℃以下，投入其余部分完成配方。例如某潮气固化聚氨酯漆的吸潮剂试验结果：

	噁唑烷	甲苯磺酰异氰酸酯	分子筛
原始	0.32%水分	0.20%水分	0.23%水分
最终	0.05%水分	0.03%水分	0.05%水分（胶化）

以上虽强调了除水的重要性（尤其对于无溶剂漆及潮气固化单组分漆），但一般溶剂型双组分漆的微量水分，在不影响涂膜起泡的条件下，不必加入吸潮剂。聚氨酯漆若丝毫不含水往往干性稍慢。所以在羟基组分中微量水（如颜料带入等）会与异氰酸酯反应生成胺，胺具有催化作用，使干性较快。

其他类的涂料助剂，如颜料润湿分散剂、流平剂、流变剂、防擦伤剂等，与其他种类的涂料相类似，不另重复。

应用于闪光金属色罩光清漆的双组分聚氨酯清漆示例：

丙烯酸树脂 A870(70%固体)	48.38g	固化剂 Desmodur N 3390	18.14g
BYK331(50%溶液)	0.30g	以上 NCO/OH=1.0	
Tinuvin292(50%溶液)	1.00g	固体分	52%
Tinuvin1130(50%溶液)	2.01g	指压干(T-3)	7h
DBTDL(1%溶液)	1.51g	干膜厚度	45μm
溶剂(MPA : Xylene : BuAc=1 : 1 : 1)	28.66g	摆干硬度(könig)7 天后	198s

5. 封闭型聚氨酯漆

封闭型聚氨酯漆的成膜物质与前述的双组分聚氨酯漆相似，是由多异氰酸酯及多羟基树脂两部分组成。所不同之处是，多异氰酸酯已被苯酚或其他单官能的含活泼氢原子的物质所封闭，因此两部分可以合装而不反应，成为单组分涂料，具有极良好的贮存稳定性。

苯酚封闭：

$$R—N═C═O + HO—C_6H_5 \rightleftharpoons R—NH—\overset{O}{\overset{\|}{C}}—O—C_6H_5$$

己内酰胺封闭：

$$R—N═C═O + HN\begin{matrix}C(=O)—CH_2—CH_2 \\ CH_2—CH_2—CH_2\end{matrix} \rightleftharpoons R—NH—\overset{O}{\overset{\|}{C}}—N\begin{matrix}C(=O)—CH_2—CH_2 \\ CH_2—CH_2—CH_2\end{matrix}$$

丙二酸酯封闭：

$$R—N═C═O + CH_2(COOR')_2 \rightleftharpoons R—NH—\overset{O}{\overset{\|}{C}}—CH(COOR')_2$$

在加温下则氨酯键裂解生成异氰酸酯，再与多羟基树脂反应而成膜。

$$RNHCOOC_6H_5 \xrightarrow{\triangle} RN═C═O + C_6H_5OH\uparrow$$

因此，封闭型聚氨酯漆的成膜就是利用不同结构的氨酯键的热稳定性的差异，以较稳定的氨酯键来取代较弱的氨酯键。

$$RNH\overset{O}{\overset{\|}{C}}—OAr + R'OH \rightleftharpoons \left[R—NH—\underset{R'—OH}{\overset{O}{C}}—OAr \right] \rightleftharpoons R—NH—\overset{O}{\overset{\|}{C}}—OR' + ArOH\uparrow$$

文献介绍的封闭剂很多，但是芳香族聚氨酯漆实际生产中所采用的主要还是苯酚或甲酚，脂肪族聚氨酯漆则不用酚以免变色，主要采用己内酰胺等（用于粉末涂料等），也采用丁酮肟用于工业产品涂料以降低烘烤温度。例如，对于己二异氰酸酯的封闭剂曾研究过很多品种，择要介绍如表 2-1-186。

表 2-1-186 HDI 封闭氨酯化合物的裂解温度

封闭剂	化学式	裂解温度/℃	封闭剂	化学式	裂解温度/℃
己内酰胺	$\overline{(CH_2)_5—CONH}$（环）	160	邻苯二酚	$1,2\text{-}C_6H_4(OH)_2$	160
			丙二酸二乙酯	$C_2H_5OOCCH_2COOC_2H_5$	130～140
苯酚	C_6H_5OH	160	乙酰丙酮	$CH_3COCH_2COCH_3$	140～150
间硝基苯酚	$m\text{-} NO_2—C_6H_4—OH$	130	乙酰醋酸乙酯	$C_2H_5OOCCH_2COCH_3$	140～150
对氯苯酚	$p\text{-} Cl—C_6H_4—OH$	130			

近年开发了二甲基吡唑，裂解温度很低。

裂解的温度受下列因素所影响。

① 异氰酸酯的电负性大，则温度下降。

② 封闭剂的电负性大，则温度下降。

③ 催化剂，如二月桂酸二丁基锡、辛酸亚锡、叔胺或钙、锶的羧酸盐均能降低裂解温度。

被封闭的多异氰酸酯组分，工业上较多的是：

① 氨酯加成物型；

② 三聚异氰酸酯型。

除了上述两种封闭的多异氰酸酯以外，也有己内酰胺封闭的 HDI 缩二脲及其他多异氰酸酯，如异辛醇封闭的芳香族异氰酸酯可应用于阴极电泳漆，苯酚封闭的弹性多异氰酸酯应用于密封剂（sealant）等。下面叙述工业产品的典型例子。

① 苯酚封闭 TDI 加成物，由 3molTDI 与 1mol 三羟甲基丙烷加成，再以 3mol（或略过量）的苯酚或甲酚封闭。

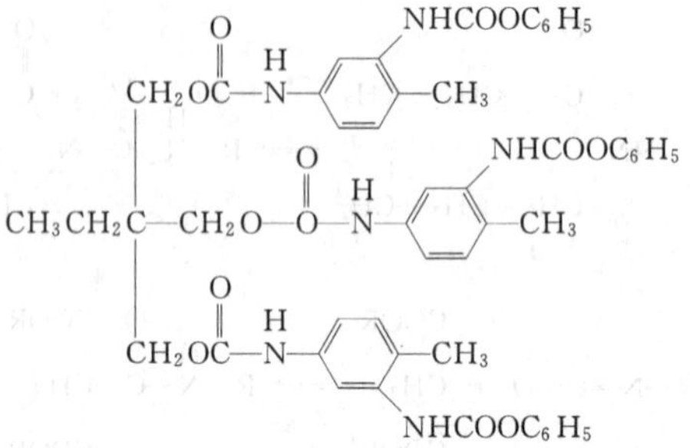

$NHCOOC_6H_5$
$CH_2OC(=O)-NH-$ … $-CH_3$
$NHCOOC_6H_5$
$CH_3CH_2C-CH_2O-C(=O)-NH-$ … $-CH_3$
$CH_2OC(=O)-NH-$ … $-CH_3$
$NHCOOC_6H_5$

制法是将苯酚溶于醋酸乙酯中，将 TDI/三羟甲基丙烷加成物的溶液，按当量加入混匀（或苯酚稍过量 2%～5%）。溶液加热至 100℃，保持数小时（或可加入少量叔胺以促进反应），抽样以丙酮稀释，到加入苯胺而无沉淀析出时，表示异氰酸酯已封闭完成，即可停止。蒸除溶剂，产品是固体，软化点 120～130℃，含 12%～13%有效 NCO 基，是封闭型中常用的交联剂。

② 苯酚封闭的 TDI 三聚异氰酸酯型，因含稳定的三聚异氰酸酯环，比上述苯酚封闭的 TDI 加成物的耐热性高，可先由 3molTDI 与 3mol 苯酚在 150℃反应，在 TDI 的 4 位上生成氨酯：

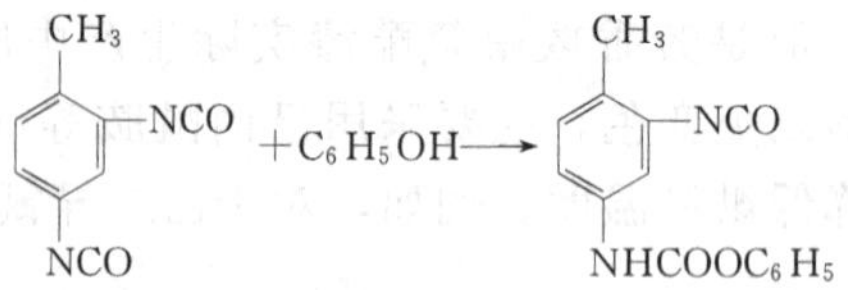

CH_3，NCO，NCO $+C_6H_5OH \longrightarrow$ CH_3，NCO，$NHCOOC_6H_5$

再将上述氨酯在 160℃加热，并加入催化剂使其三聚而成。产品全溶于醋酸乙酯、丙酮等。

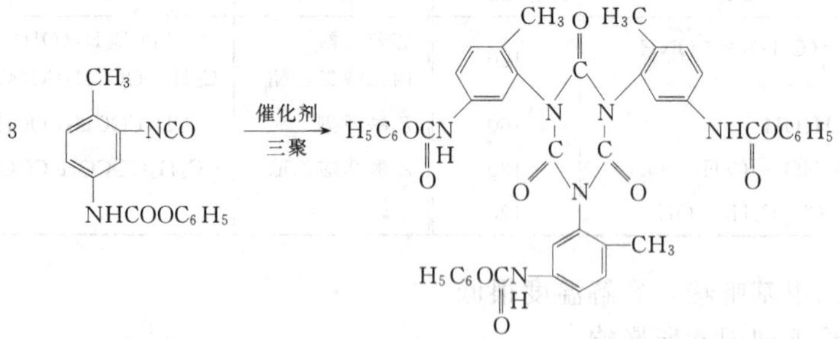

3 CH_3，NCO，$NHCOOC_6H_5$ $\xrightarrow[\text{三聚}]{\text{催化剂}}$ $H_5C_6OC(=O)NH$，CH_3，O，H_3C，$NHCOC_6H_5$（$=O$），N，C，O，CH_3，$H_5C_6OC(=O)NH$

封闭型聚氨酯漆的应用优点是单组分、施工烘烤不需改动设备，涂膜性能与双组分漆相同，可广泛调节。其缺点是常需高温烘烤，不能用于木材、塑料上，封闭剂在烘烤后挥发，污染大气，而且封闭剂（如己内酰胺、丁酮肟等）消失，也是浪费。

封闭型聚氨酯漆的主要应用场所如下：①电绝缘漆；②粉末涂料；③阴极电沉积漆（CED）；④卷材涂料；⑤汽车耐冲击底漆；⑥密封剂，环氧增韧剂。

(1) 电绝缘漆　封闭型聚氨酯漆用作电绝缘漆是由于其优良的绝缘性、耐溶剂性、耐水性、力学性能。一般的电工材料如铜、铝、砂钢片等均能耐烘烤，而且聚氨酯漆涂成的漆包线大多具有“自焊锡”的特点，在高温下氨酯键降解，裸露出铜、铝线，不必刮除漆层，易于焊锡，称为可焊锡漆包线漆（solderable wire enamel）。一般介绍的配方是：

苯酚封闭的TDI加成物	32.45	混合甲酚	20.4
聚酯（含羟基12%）	15.45	丙二醇甲醚醋酸酯	17.4
辛酸亚锡	0.1	甲苯	11.9
聚酰胺树脂*	2.4		

* 这里的聚酰胺树脂并非环氧树脂固化剂的油脂型聚酰胺，而是普通的热塑性聚酰胺树脂。

我国常州涂料研究院开发了MDI封闭型聚氨酯漆包线漆，制成漆包线的主要技术指标如下：

外观	光滑均匀	焊锡试验，375℃	≤4s
涂膜厚度	0.032～0.043mm	室温击穿电压	≥3500V
柔韧性	1d不裂	涂膜连续性	
热冲击（130℃±5℃，0.5h）	1d不裂	常态	≤2孔（JIS 3210）
软化击穿	170℃，2mm内不击穿	盐水针孔（3%）	≤5孔（盐水法）
单向刮漆/N	最小≥3.5，平均≥4.1	盐水针孔（5%）	≤3孔
耐溶剂性	≥2H		

(2) 粉末涂料（见本书第三篇第八章）

(3) 阴极电沉积漆　阴极电沉积漆与阳极电沉积漆相比有许多优点，现在各国汽车制造厂均采用阴极电沉积漆作为底漆，其中最典型的是美国的PPG公司和BASF公司的产品，其主链是环氧树脂用胺开环，烘烤时用封闭异氰酸酯固化，举例如下仅供理解。

① 反应瓶中加入174gTDI（80/20），搅拌通入氮气，升温至60℃，在2h内滴加90g二乙二醇乙醚，加毕在60℃保持2h，制成半封闭的TDI。

② 另一反应瓶中加入500g双酚A环氧树脂（Shell-1001）和100g甲苯，升温至80～100℃使溶解，在搅拌下滴加73g二乙胺，再升温至120℃，保持2h使充分开环。加入280g脱水蓖麻油酸及甲苯，采用溶剂法，在200℃酯化5h，减压蒸除甲苯，冷却至100℃，加300g醋酸丁酯，搅匀，保持100℃在1～1.5h内滴加上述①264g半封闭的TDI，加毕在120℃保持2h，冷却至50～60℃，加入醋酸60g及去离子水1550g，得乳液基料（固体含量为37%）。

配漆：上述乳液基料，加炭黑及铋皂、去离子水等。

加去离子水264g，漆液之固体含量为13%，pH为5.5～6。现今该类漆常制成黑色。

(4) 卷材涂料　卷材涂料具有生产效率高，涂装时挥发的溶剂可集中作为能源燃烧而不污染大气，涂装的卷材（钢或铝）可后加工弯曲（post forming）而涂膜不裂，使最终用户（如建筑板材和家用电器厂等）不必在厂中设涂漆车间，避免火灾及管理之麻烦。常用的底漆是高分子量环氧树脂加脲醛树脂和铬酸锶。若用封闭的TDI加成物与羟基树脂作底漆，则涂膜弯曲性提高。常用的卷材面漆是聚酯/三聚氰胺体系。封闭聚氨酯漆也可做卷材涂料。它是脂肪族，具有优良的弹性和耐候性。以下示例是一种商售的以羟基封闭的脂肪族IPDI多异氰酸酯：

固体含量	60%	密度（25℃）	1.05g/cm^3	
组成	饱和聚酯及上述IPDI多异氰酸酯	烘干时间（0.8mm铝片）	180℃	3min
溶剂	MPA/200号煤焦溶剂（1∶2）		200℃	2.5min
黏度（25℃）	(1.7±0.3) Pa·s		250℃	1min
色泽（加氏）2			300℃	45s

以上烘干时间的温度是指烘箱温度，并不是PMT（最高的金属板温度）。卷材涂料的配

方示例如下：

上述封闭聚氨酯树脂	59.0g	200 号煤焦溶剂	8.0g
TiO_2(金红石)(PVC=19%)	27.8g	流平剂 Byketol Special	1.0g
MPA 溶剂	4.0g	氟碳表面助剂 FC430(3M 公司)	0.1～0.2g

以上涂料烘烤后性能（涂膜 25μm）如下：

摆干硬度(König)	170s	T 弯(取决于底材及其预处理)	0～1
布氏硬度(Buchholz)	111	附着力(划格,DIN 53151)	0
铅笔硬度	H	光泽(ASTM D 523)	20° 70～75
杯突试验(Erichsen)	>10mm		60° 85～90
反冲	>9.04N·m		

以上可见，聚氨酯卷材涂料的突出优点是其 T 弯曲试验的性能优秀，耐候性也优良。但它的烘烤必须控制准确，不足则涂膜软，过度则 —NHCOO— 键易裂解。

Bayer 公司的 Mirgel 开发的封闭 HDI 多异氰酸酯 BL3175 与聚酯配合也可制成韧而耐久的卷材涂料，在我国实效良好。它是丁酮肟封闭的 HDI 三聚体，含封闭 NCO 11.1%，固体分 75%。

(5) 汽车耐石击底漆　现在汽车的车速提高，为了抵抗小石飞击，一般在车底有聚氯乙烯的塑溶胶厚涂层，而车身下侧部的二道底漆（primer surfacer），往往也含有封闭聚氨酯，具有缓冲石击的功效。通常二道底漆的基料大多由聚酯及三聚氰胺树脂所组成，耐冲击性有限，若将一部分三聚氰胺树脂用封闭多异氰酸酯取代，则耐冲击性提高。图 2-1-45、图 2-1-46是 Bayer 公司试验用封闭的 HDI 多异氰酸酯取代一部分三聚氰胺，烘干后涂膜的耐冲击性的曲线，可见性能大为提高，烘烤时若按基料固体分加入 1%二月桂酸二丁基锡，则可降低烘温，在 140℃约 30min 即可。

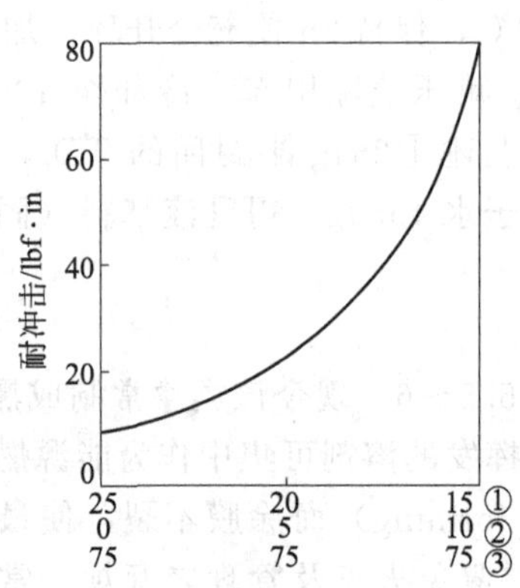

图 2-1-45　添加封闭的 HDI 多异氰酸酯后涂膜的耐冲击性

①氨基树脂质量；②封闭聚氨酯(Desmodur BL 3175) 质量；③聚酯质量；1lbf·in=4.44822N·cm。

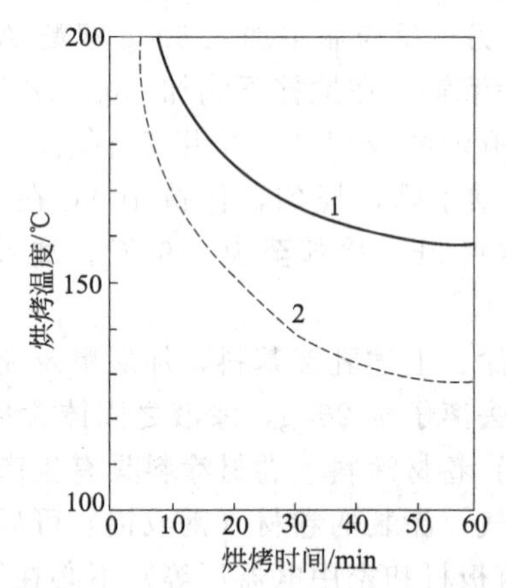

图 2-1-46　催化剂对烘烤温度的影响

1—无催化剂；2—按树脂固体分加 1%催化剂

近年来封闭聚氨酯研究的重点是以各种封闭剂降低烘烤温度，举例如下。

丁酮肟　$H_3C-C(=N-OH)-C_2H_5$

丙二酸二乙酯 3,5 二甲基吡唑（DMP）

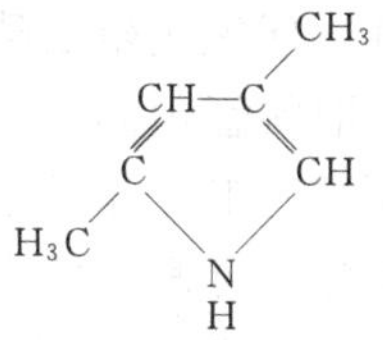

$$\begin{matrix} & & & CH_3 \\ & CH & — & C \\ & \| & & \| \\ H_3C — & C & & CH \\ & & N & \\ & & H & \end{matrix}$$

二异丙胺

$$\begin{matrix} H_3C & & & & CH_3 \\ & CH & & CH & \\ H_3C & & N & & CH_3 \\ & & H & & \end{matrix}$$

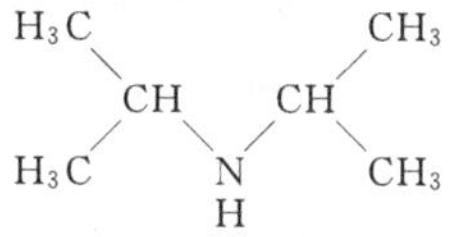

苄基叔丁基胺（BEBA）

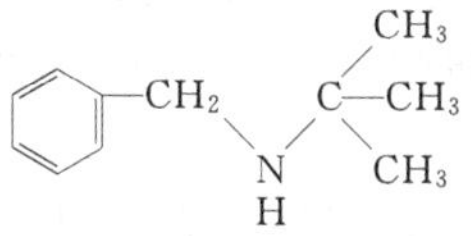

$$C_6H_5—CH_2—NH—C(CH_3)_3$$

人们做了不少研究，用热失重分析 TGA，用动态力学分析 DMA 等比较各种封闭剂的解封反应，但工业实践上必须根据实际应用来判断。当封闭聚氨酯与羟基组配合，用热失重分析比较几种封闭剂的开始解封的温度是：

己内酰胺	177℃	3,5-二甲基吡唑	167℃
丁酮肟	157℃	二异丙胺	140℃

但用动态力学分析，含 1%二月桂酸二丁基锡催化的几种封闭异氰酸酯开始与羟基交联的温度是：

己内酰胺	163℃	3,5-二甲基吡唑	112℃
丁酮肟	137℃	二异丙胺	115℃

工业实践上，己内酰胺、丁酮肟、二异丙胺是大量应用的封闭剂，因为价格不贵，而 3,5-二甲基吡唑及丙二酸二乙酯则较贵。例如拜耳公司通用的 HDI 系的 Desmodur BL 3175 含 NCO 11.1%是用丁酮肟封闭的，BL 表示封闭 Blocked。

(6) 密封剂、环氧增韧剂　环氧树脂在常温下能与多元胺固化，但涂膜硬而脆，弹性较低。若加入若干弹性较好的封闭多异氰酸酯，则此 3 个组分之间发生反应，多元胺既与环氧基反应，同时也与封闭多异氰酸酯反应生成脲，置换出来的封闭剂（例如甲酚）则残留在涂膜中，使成弹性冻胶状密封剂。

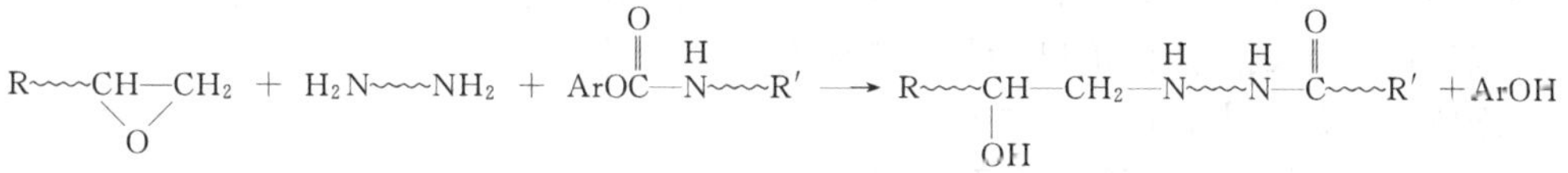

$$R\sim\sim CH\underset{\diagdown O \diagup}{—}CH_2 + H_2N\sim\sim NH_2 + ArO\overset{O}{\overset{\|}{C}}—\overset{H}{N}\sim\sim R' \longrightarrow R\sim\sim\underset{OH}{\underset{|}{CH}}—CH_2—\overset{H}{N}\sim\sim\overset{H}{N}—\overset{O}{\overset{\|}{C}}\sim\sim R' + ArOH$$

Zeno Wicks，Jr 和其子 D. A. Wicks 对于封闭异氰酸酯的化学，作了详尽的述评❶。

6. 潮气固化聚氨酯漆

潮气固化聚氨酯漆是含 NCO 端基的预聚物，通过与空气中潮气反应生成脲键而固化成膜。这种漆的优点是既具有聚氨酯漆的优良性能，又有单罐装涂料的施工方便的特点，不像双组分漆必须临时调配，在规定时限内用完，若调配得太多，则多余部分次日将胶结报废。配料的麻烦，从技术上看来，似乎非常简单，没必要费力气去制造单罐装涂料。但据笔者多

❶ 1. Z. W，Wicks，Jr. Prog. Org. Coatings，1975，(3)：73.
2. Z. W. Wicks，Jr. Prog. Org. Coatings，1981，(9)：3.
3. D. A. Wicks，Z. W. Wicks，Jr. Prog. Org. Coatings 1999，(36)：148-172.
4. D. A. Wicks，Z. W. Wicks，Jr，Prog. Org. Coatings 2001，(41)：1-85.

年参与两罐装型涂料（环氧或聚氨酯）的大规模现场施工实践，工地上人多手杂，往往不配备秤等计量器具，若配料管理偶一失慎不准，或粗心的施工人员甚至仅将其中的单一组分涂在构件上，酿成大规模返工，非常狼狈。而单罐装潮气固化聚氨酯漆则是在造漆厂内严格制造检验，不必临时调配，可避免此类事故。但是潮气固化型也有些不足之处。

① 干燥速率受空气中湿度影响，湿度太低就干得慢。冬季受到温度低和绝对湿度低的双重影响，因此对寒冬气候适应性不及双组分漆，届时须酌加催干剂。

② 加颜料制色漆较为麻烦。

③ 施工时每道漆之间的间隔时间不可太长，以免影响层间附着力。

④ 此漆成膜时形成脲键，同时产生许多 CO_2，所以涂膜不宜涂得太厚，不利于 CO_2 的逸出。

潮气固化涂料除单组分使施工方便外，尚有另一特点是其机械耐磨性往往比双组分聚氨酯漆好。例如 Hüls 公司用 IPDI 制成潮气固化清漆，也用 IPDI 制成双组分聚氨酯清漆，比较两者的力学性能如下：

	潮气固化清漆	双组分清漆
硬度（König）/s	50	60
断裂伸长/%	300	215
拉伸强度/MPa	48	30

涂膜抵抗机械破坏磨损的性能往往与其应力-应变曲线下所包覆的总面积有关，表征其破裂能量。从上面数据可见，潮气固化清漆的应力（48N/mm^2）与应变（300%）均较高，所以潮气固化聚氨酯涂料常用作地板清漆。

以下是美国所产 10 种不同类型的聚氨酯清漆的硬度及耐磨性的数据：

类型	Sward 硬度	耐磨性(失重)/mg (Taber 仪,1000g, 1000 次)	类型	Sward 硬度	耐磨性(失重)/mg (Taber 仪,1000g, 1000 次)
氨酯油	30	45	双组分 B(芳香族)	50	65
潮气固化 A(芳香族)	26	10	双组分 C(芳香族)	52	75
潮气固化 B(芳香族)	36	20	双组分 D(脂肪族)	40	40
潮气固化 C(芳香族)	40	20	双组分 E(脂肪族)	40	40
双组分 A(芳香族)	46	73	双组分 F(脂肪族)	15	10

上述数据是用 Taber 仪测得，可能与实际耐磨性稍有差距，但可初步看出：

① 潮气固化聚氨酯漆的耐磨性优于双组分聚氨酯漆；

② 涂膜硬度较低者，耐磨性较好。

制造预聚物潮气固化漆要考虑下列因素。

① 分子量要足够大，不需再加入其他配伍剂就能单独迅速干燥，并有满意的力学性能。这就是预聚物与前述双组分漆的加成物不同之处。加成物的分子量低，必须加入配伍剂才能获得良好力学性能。

② 交联密度高则涂膜抗溶剂性、抗药品性提高，交联密度低则挠性提高。

③ 在同等的交联密度下，增加聚合物中氨酯基含量则涂膜的硬度和韧性提高。

制造预聚物一般有 3 种方法。

① 用分子量较大的聚酯或聚醚（其中可含氨酯键）与二异氰酸酯反应，NCO/OH 为 2 以上，即把原有较复杂的大分子用异氰酸酯封端。

② 将二异氰酸酯与分子量较低的二元或三元的聚醚反应，NCO/OH 低于 2，一般在 1.2～1.8 之间。就是说，由于 NCO/OH 低于 2，在以异氰酸酯封端的同时，使预聚物的分子量提高，聚醚链段中嵌入氨酯键，提高机械强度，并保证迅速干燥。聚醚的羟基大多是仲

羟基，作为双组分漆则在常温下干性稍慢。若把它加工成潮气固化预聚物，可在反应釜中加温，使仲羟基充分反应，留出端基 NCO 可潮气固化。涂膜中没有酯键，耐碱性高，适用作耐腐蚀漆、耐磨地板漆等。但聚醚不耐户外紫外线，容易氧化降解，需加入紫外线吸收剂或抗氧剂。

第一种制造预聚物的方法举例如下：这是以聚酯和环氧树脂的混合物为基础，用过量的甲苯二异氰酸酯封端的预聚物。聚酯由己二酸、三羟甲基丙烷、一缩乙二醇缩合，并溶于溶剂制成溶液，不挥发分 47%，含羟基 3.6%左右。

第一步：制备聚酯，配方（质量百分数）及操作

己二酸	22.9%	环己酮	25.0%
一缩乙二醇	16.6%	二甲苯	25.0%
三羟甲基丙烷	10.5%		

将己二酸、一缩乙二醇、三羟甲基丙烷投入反应釜，通 CO_2，渐渐升温至 150℃，再以每小时 10℃的速度缓慢升温至 210℃，保持至酸值 5 以下，冷却至 140℃，加入环己酮及甲苯，搅拌半小时，过滤贮存。

第二步：制备环氧树脂溶液

E-12 环氧树脂	25%	环己酮	37.5%
甲苯	37.5%		

将环氧树脂和溶剂投入不锈钢反应釜升温溶解，开动搅拌，升温至回流，以充分溶解并除净微量水分，冷却。

第三步：制备预聚物

E-12 环氧树脂液（25%）	35.2kg	H_3PO_4（85%）	0.05kg
聚酯液（含羟基 3.6%）	35.2kg		

将上述溶液投入反应釜，加热至 123℃开始有水共沸脱出，逐渐升温至 142℃，脱水基本完成，冷却至 40℃，再加入：

TDI	27.5kg

搅拌 30min 后，缓慢升温至 90℃，保温 3h，加入醋酸丁酸纤维素（5%溶液）1.9kg，冷却至 40℃出料包装。

第二种制造法，用聚醚制造预聚物的方法按投料品种和配比，按操作工艺都可以有许多变化调节，以满足对成品各种不同的要求，以下仅是示例。

```
              (TDI)NCO                  (TDI)NCO
OCH(TDI)——┴——(TDI)——(TDI)——┴——(TDI)NCO
         三元聚醚    二元聚醚    三元聚醚
          N303        N204        N303
```

投料：

聚醚 N303	2mol	TDI	6mol
聚醚 N204	1mol		

操作：将聚醚 N303 投入反应釜，加入 5%苯脱水，冷却至 35℃，加入 TDI，通氮气，搅拌，升温至 60～70℃反应，加入 10%甲苯以调节黏度，然后加入二元聚醚 N204（预先用苯脱水），升温至 80～90℃，保持 2～3h，终点可抽样以二丁胺测 NCO 基含量决定之。然后加入溶剂、流平剂（醋酸丁酸纤维素，占全重的 0.5%，预先配成溶液）、抗氧剂（二叔丁基对甲酚，为全重的 0.9%，因为聚醚不耐氧化），包装密封。产品的 NCO 基含量（不挥发分计）为 7%左右。

投料的 NCO/OH 比为 1.5。

除了上例所述全部用聚醚外，也可用聚醚与多元醇的混合物（如三羟甲基丙烷），加入

小分子的多元醇则增加氨酯键密度，提高涂膜强度，举例如下。

投料：

三元聚醚	3mol	三羟甲基丙烷	1mol
TDI(2,4 体)	9mol		

以上 NCO/OH 比为 18/9+3=1.5

操作：加入聚醚、醋酸丁酯及苯，蒸出苯使脱水，于此聚醚液加入 TDI，自然升温至60℃，必要时可微热或冷却，以环已酮、醋酸丁酯为溶剂，保温 3～4h 使充分反应之后，降温至 40℃以下，加入三羟甲基丙烷（预先用苯脱水），升温至 70℃，维持3～4h，直至规定之 NCO 值，稀释出料。

必须指出：以上采用的聚醚中往往尚残留微量的碱，会导致产品的黏度或在制造过程中，或在贮存期间逐渐上升而胶凝。遇到这类情况，可在制备预聚物时酌情加入少量的磷酸或苯甲酰氯（0.03%～0.1%），以消除碱的影响。

以上制得的预聚物中尚含有相当多的游离二异氰酸酯，有碍健康。可加入少量的三丁基膦，在室温处理数日后，再以对甲苯磺酸甲酯、硫酸二甲酯等抑制，则游离的二异氰酸酯含量可降至 0.5%以下，并酌添溶剂调节至所需黏度。具体操作可参见加成物部分。

还可制造潮气固化的聚氨酯色漆、聚氨酯富锌底漆、聚氨酯云母氧化铁涂料。

7. 预聚物催化固化聚氨酯漆

预聚物催化固化聚氨酯漆的结构基本上与前述潮气固化型相似，与潮气固化型差别之处是其本身干燥较慢，施工时需加胺等催干剂以促进干燥，典型的是加少量甲基二乙醇胺。

$$H_3C-N\begin{matrix} \diagup CH_2CH_2OH \\ \diagdown CH_2CH_2OH \end{matrix}$$

其两个羟基均能与预聚物的 NCO 基交联，而叔氮原子又有催干作用。例如一种催化固化的预聚物用作体育馆地板漆，实效良好。

预聚物：

蓖麻油(土漂)	26.88kg	环烷酸钙(4%Ca)	0.05kg
甘油	1.97kg		

以上投料在 240℃醇解 2h 后，降温在 40℃以下，加入：

TDI	21.0kg	二甲苯(已脱水)	43.7kg
二甲苯(留洗加料斗)	6.3kg		

在 80℃充分反应后，黏度达加氏管 2～3s，冷却出料。

催化剂溶液：

甲基二乙醇胺	0.5kg	二甲苯	9.5kg

配漆比例，施工前把两组分混合：

预聚物(甲组分)	1000g	催化剂溶液(乙组分)	26g

以上制备预聚物的投料的 NCO/OH 为 1.7/1，如需消光，可酌加消光剂如 Syloid ED50 等。

除了蓖麻油的醇解物以外，也可用聚醚制预聚物。

下述是一种廉价的催化固化聚氨酯漆。

第一步：制造醇酸树脂。

投料：

蓖麻油	454.8kg	甘油(95%～98%)	43.0kg

苯酐	102.6kg	稀释用二甲苯	560.0kg
回流用二甲苯	30.0kg		

操作：在 210℃酯化至酸值 5 以下，压入对稀釜中稀释搅匀，冷却至 40℃出料，得醇酸树脂液，不挥发分 50%左右，羟基含量 1.7%。

第二步：制预聚物。

蓖麻油醇酸(50%,即上述醇酸树脂)	520kg	二甲苯	50kg
TDI(80/20)	90kg	甲苯	40kg

操作：将醇酸树脂及溶剂投入 $1m^3$ 搪瓷或不锈钢反应釜（带夹套），升温回流以驱除树脂中及反应釜壁所吸附微量水分至分水器，冷却至 40℃，加入 TDI，搅拌半小时，使与醇酸树脂的羟基反应，逐渐升温至 80℃，保持 2～4h（最后也可酌加少量 DBTL 催化）。此时 NCO 值及黏度均趋稳定（涂-4 杯 35～65s），即可冷却至 40℃装罐（为甲组分）。此漆本身干燥缓慢，须在施工时加 0.2%甲基二乙醇胺（乙组分）。施工时限约数小时，此时除 NCO 基与羟基交联外，叔胺能催化 NCO 与潮气反应而固化。

类似的蓖麻油预聚物涂料，在我国华东地区广泛用作木器漆。它是在 1968 年 5 月由上海家具涂料厂所开发，所以取名为“685 清漆”。685 清漆分为两个组分，甲组分是含 NCO 基的蓖麻油/甘油预聚物，乙组分是蓖麻油醇酸，并加入顺丁烯二酸改性松香季戊四醇酯，以提高抛光性及固体含量。甲、乙两组分并非按 NCO/OH 化学当量计算，而是甲组分过量甚多，所以其性质是：部分地是羟基固化，部分地是潮气固化。即使漆工配甲：乙的比例不准，亦能固化。因其价廉，销量甚广，但与国外木器用聚氨酯漆相比，则差距甚大。

8. 聚氨酯漆用的颜料和色漆的制造

对于氨酯油，因为已不含异氰酸酯基，其性质与醇酸树脂相近，可根据需要选用一般的颜料。

对于含有异氰酸酯基的聚氨酯漆，因对颜料有起反应的可能，应该选用合适的颜料。

一般颜料表面都吸附着一定量的水分，遇异氰酸酯基则反应生成聚脲，同时产生二氧化碳。若颜料含水分多，在潮气固化型涂料的贮存期间会引起胶凝和鼓罐。对于双组分漆，则施工时在涂膜中产生小气泡，影响涂层质量。

某些颜料除吸附水分外，尚含有某些成分能对异氰酸酯的反应起催化作用。例如碱性的红丹、氧化锌、碳氮化铅、铬橘黄；还有含水溶性成分的锌黄、铁盐以及某些槽法炭黑等，制漆时必须慎重试验后选用，以免影响贮藏稳定性或缩短双组分漆的施工时限。一般推荐的颜料有以下几种。

白色：钛白以及立德粉。

红色：铁红、镉红，某些钼铬红，若干有机颜料，如苝红、喹吖啉酮红等。

橙色：镉橙，某些有机橙。

黄色：铁黄、镉黄、有机黄颜料。普通铅铬黄经试验也可用于双组分漆，笔者经验铅铬黄用于脂肪族聚氨酯漆，具有优良耐候保光性。

绿色：氧化铬绿、酞菁绿。

蓝色：酞菁蓝（NCNF 型较佳)、群青。

黑色：铁黑、灯黑、炉法炭黑（某些槽法炭黑须经试验后才可用)、石墨可提高涂层的导电性，以导泄静电。

体质颜料：滑石粉、重晶石粉、沉淀硫酸钡、陶土、云母粉、碳酸钙、硅藻土、气相二氧化硅、沉淀硅胶消光剂等。

有些颜料虽会促进异氰酸酯基反应，但若将其分散于双组分的羟基组分中，配制合宜，则也可用。例如氧化锌能抗紫外线，兼有防霉效果。锌黄和锶黄对轻金属有优良的防腐蚀作用，实际上应用颇多；但对潮气固化型漆，则必须慎重选用。

制造氨酯油色漆的工艺与制造常规的醇酸色漆相仿。制造双组分聚氨酯漆时，将颜料分散在含羟基组分中作为一个组分，将多异氰酸酯作为另一组分，使用时互相配合。制造潮气固化型色漆时，因树脂中含有游离的异氰酸酯基，能与颜料的水分反应，若仍用常规工艺，则产品胶凝、鼓罐，不能贮存。为了克服此困难，可采用两种方法。

(1) 异氰酸酯除水法　即用单体的异氰酸酯预先与颜料及溶剂反应，脱除其所含水分，然后加入含 NCO 基的预聚物树脂充分研磨分散。此方法又可有两种工艺。

① 球磨法　将颜料、溶剂投入球磨中。预先用 Karl Fischer 法测其所含水量，计算出所需 NCO 基量，投入所需量之 MDI 或甲苯磺酰异氰酸酯 $H_3C-C_6H_4-SO_2NCO$，在球磨机中滚动分散，不时放 CO_2 气，待颜料溶剂所含水分完全消除，然后加入预聚物，充分研细后出料。此法需多次放气，很不方便，且球磨机换色也很困难，出料后球磨中残留漆浆中含 NCO 基，一旦胶凝在球磨机中，则甚为麻烦。以上所制得产品可贮藏 6 个月无变化。如不用异氰酸酯预先处理，则产品 7 天后胶化。

② 高速搅拌机法　云母氧化铁潮气固化漆配方：

a. 预聚体多异氰酸酯(61%)	32.90kg	g. 云母氧化铁	14.58kg
b. 甲苯磺酰异氰酸酯	1.67kg	h. 冲稀铝粉浆	6.75kg
c. 消泡剂(10%溶液)	0.21kg	i. 200 号芳烃溶剂	8.22kg
d. 膨润土浆(10%)	8.69kg	j. 原甲酸三乙酯	0.85kg
e. 滑石粉(细)	22.03kg	总计	100.00
f. 丙二醇甲醚醋酸酯	4.11kg		

操作：将 a.～d. 投入高速分散机搅匀 5min，然后加入 e～f，以 13m/s 线速度搅拌 15min，使滑石粉充分分散，再加入云母氧化铁，以 7m/s 线速度搅拌 5min，加入冲稀的铝粉浆，以 4m/s 的慢速搅拌 5min，停止。于漆浆上浇以 200 号芳烃溶剂和原甲酸三乙酯，静置过夜，次日搅拌均匀，装罐。此法中的甲苯磺酰异氰酸酯的反应活性高，优先与水分反应，虽与预聚体的 NCO 共存，仍能制得贮藏性好的产品。配方中的铝粉浆经预先搅拌冲稀，以便于分散：

商售铝粉浆(含铝粉 65%)	66.6kg	200 号芳烃溶剂	33.4kg

配方中的膨润土浆是制成预胶（Pregel）：

膨润土(Bentone34,国产品亦可)	10kg	二甲苯	85kg

两者拌匀后，再加入活化剂拌匀：

活化剂	5kg	成为胶,总计	100kg

以上活化剂不可用甲醇以免与 NCO 反应，可用 BYK 公司的 Anti-terra U。国产的碳酸丙烯酯亦可代用。

(2) 共沸脱水法　此法是笔者等于 20 世纪 60 年代后期制造潮气固化聚氨酯色漆时所开发，是将颜料与含羟基树脂（中间产品）预先研磨分散，连同全部溶剂一起加入反应釜中共沸脱水、冷却，加入二异氰酸酯，使与羟基树脂反应成潮气固化预聚物，可得稳定的色漆，而不需 Karl Fischer 测定水含量，也不需加入甲苯磺酰异氰酸酯，成本低而贮藏稳定性良好。配方示例如下：

蓖麻油醇酸(含羟基 1.4%,见前)	686kg	TDI	134kg
色浆	257kg	二甲苯	76kg
甲苯	63kg		

操作：先研磨色浆

钛白	71.2%	蓖麻油醇酸(羟基 1.4%,50%固体分)	27.6%
铁黄	1.2%		

把色浆加入反应釜（以夹套搪瓷釜为宜，有些不锈钢釜内壁不光滑，不易清洗），加入醇酸树脂搅拌均匀，再加入二甲苯和甲苯，搅拌升温，至128℃左右开始回流脱水，约经1～2h后脱净，分水器视孔中无水滴下，冷却至40℃，加入TDI，搅拌半小时，逐渐升温至70℃，保温，升温至100℃保温2～4h，测黏度涂-4杯（25℃）为40～50s，冷却到40℃，过筛并同时装罐。产品贮藏稳定性良好。使用时加入0.1%甲基二乙醇胺催干。

若干聚氨酯漆配方示例，供参考。

① 黑色聚氨酯瓷漆（双组分）

聚酯(181号,脂肪酸改性,75%溶液)	18.4g	分散剂(Disperbyk 161)	2.3g
特黑(6号,Degussa)	2.3g	醋酸丁酯	5.0g

将以上组分混合研细，然后调稀，加料：

聚酯181号(75%)	26.5g	二甲苯	15.0g
消泡剂 BYK 141	0.3g	MPA溶剂	9.0g
流平剂 BYK 306	0.3g	醋酸丁酯	16.9g
			总计 100.0g
高沸点流平溶剂 Byketol-OK	4.0g	固化剂:TDI/TMP加成物(75%)	32.0g
		醋酸丁酯	18.0g
			总计 50.0g

② 白色聚氨酯瓷漆（双组分）

聚酯181号(75%)	16.4g	分散剂 Disperbyk 110	1.1g
TiO_2(金红石)	27.5g	MPA溶剂	10.0g

将以上组分研磨后，调稀，加料：

聚酯181号(75%)	5.5g	固化剂:HDI缩二脲(75%)	8.2g
醋酸丁酯	18.5g	TDI/HDI三聚体(60%)	8.2g
流平助剂 BYK331	0.3g		总计 100.0g
消泡剂 BYK141	0.3g		
高沸点流平溶剂 Byketol-OK	4.0g		

以上固化剂亦可用等当量之HDI三聚体代替之。

③ 木器打磨底漆（特点是快干而易于打磨）

聚酯1300号	54.0g	消泡剂 BYK 052	0.3g
硝化棉片	1.5g	固化剂	
硬脂酸锌	4.0g	TDI三聚体(50%)	30.0g
分散剂 BYK P 104	0.4g	醋酸丁酯	20.0g
醋酸乙酯	9.0g		总计 150.0g
醋酸丁酯	14.5g		
甲苯	16.3g		

操作：先溶解硝化棉片于部分溶剂中；硬脂酸锌及P 104分散于聚酯中；混合硝化棉溶液和聚酯溶液。

说明：普通硝化棉商品含有35%醇以资安全，但醇会与NCO反应，所以改用硝化棉片。硬脂酸锌使涂膜易于打磨，但不易分散在树脂液中，往往尚附有空气未润湿，隔夜将在涂料面上浮有许多气泡。加入P104可助排除空气。硬脂酸锌的商品，各厂略有不同，必须选用。某些牌号会使施工时限缩短。涂料中加入硬脂酸锌后会稍呈混浊，但涂膜干燥经打磨后仍透明，木纹清晰。

9. 聚氨酯沥青漆

聚氨酯沥青漆是继环氧沥青漆之后较新的品种，由煤焦沥青与聚氨酯树脂所组成。煤焦沥青价廉而抗水性优良，含聚氨酯树脂后提高了耐油性，改善了热塑和冷裂的缺点。对于水利工程、原油贮罐、港湾码头、船舶、管道及一般化工腐蚀等都可采用。与环氧沥青漆对比，主要的差异见表 2-1-187。

表 2-1-187　环氧沥青漆与聚氨酯沥青漆的比较

性　　能	环氧沥青漆	聚氨酯沥青漆
施工温度	要求 10℃以上	0℃也可固化
施工时限	较长，一般可用 24h	较短，4～8h 内用完
贮存稳定性	较好，不易变质	较差，必须密闭以免胶凝
干性	稍慢	较快
涂膜耐寒性	较脆	较好
制造过程	简单	较复杂，沥青和溶剂要脱水
施工意外适应性	较好	涂层未干前遇雨易起泡
耐碱性	好	尚好
耐酸性	尚好	好

从表 2-1-187 可见两者最主要的差别在于施工温度，环氧沥青漆虽性能良好，但在寒冬季节难以固化。因此船舶漆制造厂常生产“冬用型环氧沥青漆”，即其固化剂不是用胺类，而是用多异氰酸酯，便于冬季施工，以求不影响造船周期。

煤焦沥青含有许多稠环和杂环化合物，呈芳香性，与聚氨酯及环氧树脂混溶性好。用 Zerewitinoff 分析法可测出煤焦沥青含活泼氢约 0.8%～1%（各地区产品差异很大），有酚基、醇基及氨基、亚氨基等，它们能与 NCO 基反应，而且氨基等又能催化 NCO 基反应，所以有些聚氨酯沥青漆在双组分拼和后，往往施工时限很短促。

聚氨酯沥青漆可制成双组分和单组分潮气固化型两种，双组分的涂层性能很好，较便于制造，所以工业产品以双组分型较多。单组分潮气固化聚氨酯沥青漆对其原料煤焦沥青和溶剂的脱水要求很高。双组分漆中的甲组分是含 NCO 基的芳香族多异氰酸酯预聚物，乙组分是煤焦沥青和多羟基树脂（聚醚、聚酯、环氧等）。如需耐户外曝晒，可加入铝粉、铁红等颜料以屏蔽紫外线的透入。制备时要注意在沥青搅拌下逐渐把多羟基树脂加入沥青中。若次序颠倒，则沥青容易析出，降低涂层的性能。此外，需注意对不同规格的煤焦沥青要试验筛选，由于其含氮、硫等元素，往往催化作用有差异，需挑选合用的品种。在沥青和羟基的乙组分中可加入分子筛及原甲酸乙酯等吸潮剂，以吸除微量水分。一般溶剂型聚氨酯沥青涂层的厚度约为 80μm。无溶剂型的聚氨酯沥青漆的涂膜厚度可达 400μm，可用液化的 MDI（如 Bayer 公司的 Desmodur VL）或 PAPI，但须仔细除去微量的水分，并加消泡助剂。

聚氨酯沥青漆中虽含大量沥青，但施工间隔期仍需接近，超过 3 天以上容易层间剥离，此时底层必须打毛后才能覆漆，所以最好每天一道以保证工程质量。

聚氨酯沥青漆示例。

(1) 制备预聚物　先将蓖麻油与甘油按 1∶0.48 摩尔比进行醇解，以环烷酸钙为催化剂，每公斤油加钙（按金属计）0.04g，在 240℃醇解 2h 后用 84%乙醇水溶液测容忍度，至大于 25 时为终点，冷却至 60℃，加入二甲苯共沸脱水并调整不挥发分至 70%，得溶液备用，其羟值为 150～165。

另将聚醚（羟值 460～470）用甲苯共沸脱水，并调整不挥发分至 80%，得溶液备用，其羟值为 360～380。

将甲苯二异氰酸酯 24kg 投入反应釜，开动搅拌并加热至 50℃，加入上述醇解物溶液 32kg，升温至 60～65℃，加入上述聚醚溶液 6.75kg，再加入甲苯 24kg，升温至 70℃，保温至 NCO 基含量为 6.0%～6.8%，黏度达加氏管 17～22s 为终点，加入 22g 稀磷酸溶液（磷酸 2%环己酮溶液）搅匀，降温至 50℃以下出料。加磷酸的效用可以提高贮存稳定性，抵消在醇解时加入环烷酸钙的催化作用。

(2) 制备沥青溶液　将煤焦沥青（软化点 45～55℃）400kg 投入釜内，加热使熔化，开动搅拌，升温至130～150℃后保温。每小时取样测软化点，至达 57℃±3℃范围内为终点，降温至 110～120℃，加入脱过水的混合溶剂 266kg（环己酮：甲苯：二甲苯=40：35：25），搅匀，降温至 50℃以下出釜，澄清或经离心机，不挥发分为 60%±2%。

(3) 沥青底浆研磨

配方：

沥青溶液（60%）	31.5kg	锌黄	33.2kg
634 环氧二甲苯溶液(80%)	4.5kg	云母粉	9.4kg
铁红	4.7kg	混合溶剂(见上)	16.7kg

研磨至 80μm 以下，用混合溶剂调整不挥发分至 75%。

(4) 配漆

清漆(面漆)		沥青溶液	50kg	—
底漆	38kg	沥青颜料浆	—	62kg
预聚物溶液	50kg			

(5) 施工　可用刷涂或喷涂，适用于金属或混凝土。每道厚度约50μm。对于防腐蚀涂层应刷二道底漆、二道面漆共 4 道，要求较高时应涂 5～6 道。

下面介绍一种聚氨酯沥青漆，该漆是由 TDI/TMP 加成物为甲组分，由煤焦沥青及聚醚（含8.5%羟基）组成乙组分。涂膜厚度 180μm，涂布后在 21 天内测其涂膜的摆杆硬度（König）。从图 2-1-47 可见在 20℃硬度较高，在 4℃时虽涂膜硬度稍低，但仍可超过 30s，表示该漆在低温仍有良好的干燥性。在 4℃时与环氧沥青漆比较，样板涂布经 24h 后浸入鼓空气的海水中，结果聚氨酯沥青漆的防腐蚀性优良得多，表示该漆在低温时良好的干燥性。经试验：聚氨酯沥青漆可用作船舶的阴极保护漆，在超电压电位 1250mV（$Cu/CuSO_4$ 电极）的海水浸渍 6 个月后，涂膜保持良好，并与各种车间底漆的配套性良好。

制造聚氨酯沥青漆的要点是其施工时限较短促，因此宜选用聚醚，因聚醚含仲羟基较多，反应性较慢。挑选较强的溶剂也可延长施工时限。有些煤焦沥青的催化作用很强，缩短了施工时限，对此可事先对该沥青加入少量的单官能异氰酸酯处理之（如甲苯磺酰异氰酸酯，或少量 MDI）则可延长施工时限（见图 2-1-48）。

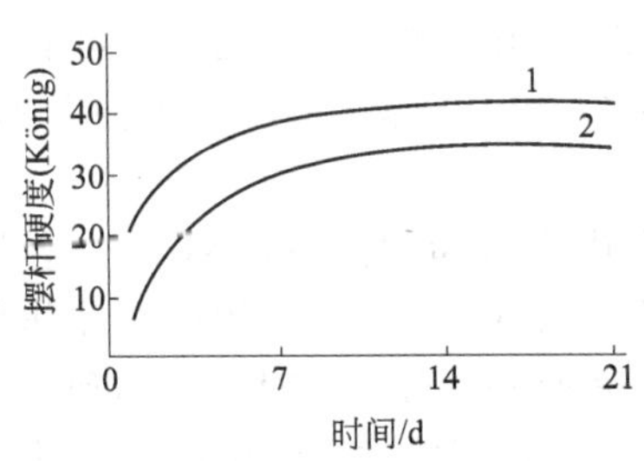

图 2-1-47　聚醚沥青/TDI 加成物涂料的固化硬度（膜厚 180μm）
1—在 20℃固化；2—在 4℃固化

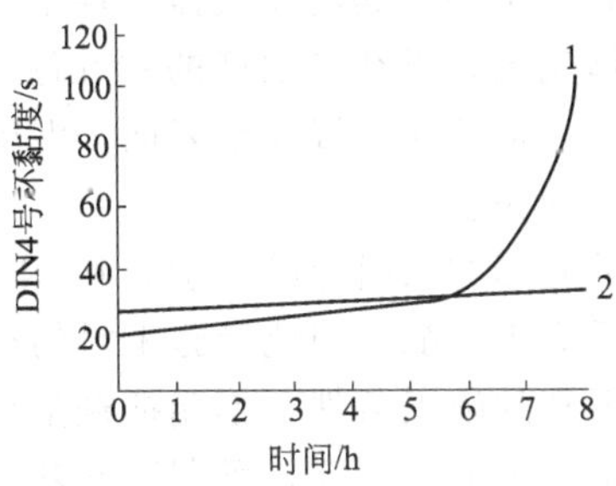

图 2-1-48　聚醚沥青/TDI 加成物涂料的黏度行为
1—未处理过的沥青；2—处理过的沥青

我国冯明霞试制了聚氨酯沥青涂料，应用于渔站压力输水管内壁、油田注水井下的钢管、水澄清槽内壁以及泵的叶轮防腐，性能较为理想。上海市涂料研究所顾根福、胡岳楠等试制了厚膜型聚氨酯沥青涂料，应用于重防腐系统，可在低温下固化，耐腐蚀性良好。聚氨酯沥青涂料不可用于船舶的压载水舱。

10. 弹性聚氨酯漆

前述各种聚氨酯漆大多供涂覆刚性底材（钢铁、铝、木材等），涂膜一般很坚硬，但弹性伸长率不大，涂膜处在玻璃态。对于挠性底材如纺织品、皮革、橡胶、软泡沫塑料等，则需要高弹性涂料，以适应变形扭曲。弹性聚氨酯漆的伸长率可达到300%～600%。涂膜的玻璃化温度低，涂膜在常温是处于高弹态。高弹态的特征表现在较小的外力作用下即发生很大的形变，并且当外力除去之后能够恢复原来的形状。要使聚氨酯漆具备高度弹性，则其结构必须是由线型长链大分子组成（分子量范围在几百至几千的各种类型树脂均不能显现出高弹性），并具有适度的交联（或称硫化）。线型大分子间存有弱的分子间力，在常温是柔顺无规线团，能够移动或转动。在柔性链段之间需有短的刚性链段，示意式如下：

$$\left[\left(R-\underset{H}{N}-\overset{\overset{O}{\|}}{C}-O-(G)-O-\underset{\underset{O}{\|}}{C}-\overset{H}{N}\right)_m\left(R-\overset{H}{N}-\underset{\underset{O}{\|}}{C}-O\sim\sim\text{长链}\sim\sim O-\underset{\underset{O}{\|}}{C}-\overset{H}{N}\right)_n\right]$$

上式中，短节的二元醇（G）所生成的氨酯链段呈刚性，在分子间氢键吸力大，可起到弱的交联点的作用，而长链部分的链段柔软。刚性部分的数量决定涂膜的硬度和高温性质。柔软部分的数量决定涂膜的弹性、低温性质、耐水解性、耐溶剂性。

制造弹性聚氨酯漆的方法可分为以下几类。

(1) 固化型

① 长链低支化度聚酯与多异氰酸酯反应。

② 长链预聚物与芳胺反应。

③ 长链聚酯-氨酯二醇与多异氰酸酯热固化。

(2) 挥发型

① 长链预聚物用二元醇扩链。

② 长链预聚物用二元胺扩链。

上述第一种方法是早就采用的。首先制备长链低支化度的聚酯，例如：

己二酸	3mol	一缩乙二醇	2.91mol
三羟甲基丙烷	0.291mol		

可制得聚酯，是流动液体，羟基含量1.8%左右。用此聚酯与TDI加成物配合，加环烷酸皂类催化剂，可获得柔韧的弹性涂层。用此聚酯与液化MDI或PAPI配合，可制无溶剂弹性涂料，适宜涂覆混凝土表面。混凝土收缩变形产生裂缝时，弹性涂层能延伸而不开裂，保持膜层的完整。

这类配套的双组分的反应，在NCO与OH结合形成聚氨酯的同时，NCO也会与周围的水分反应生成脲。因此受施工时的空气湿度、底材的含水量、混凝土的碱性催化作用等影响，在不利的施工条件下不能把羟基组分充分地连接起来形成大分子，对弹性不利。

为了改善上述情况，可利用氨基与NCO基反应活性极高（超过空气中潮气）的特点来制备聚氨酯弹性体，尽可能减少潮气等竞争反应，以获得高分子量的结构规整的线型分子。其方法是先制备线型的预聚物，再用芳香族二胺例如4,4′-二氨基-3,3′-二氯二苯甲烷（简称MOCA）或间苯二胺等来固化。脂肪族胺反应太快不宜用。

第一步：先制备聚酯。

	癸二酸聚酯	己二酸聚酯		癸二酸聚酯	己二酸聚酯
癸二酸	59.4kg		一缩乙二醇	38.6kg	46.1kg
己二酸		53.9kg	三羟甲基丙烷	2.0kg	

第二步：制备预聚物。

癸二酸聚酯	37.6kg	己二酸聚酯 SiO_2（9/1）色浆	6.3kg
己二酸聚酯 TiO_2（6/4）色浆	15.5kg	二甲苯	28.0kg
TDI(2,4 体)	12.6kg		

配漆：

预聚物色浆(72%固体溶液)	75.5%	涂膜伸长率	450%～550%
MOCA(30%醋酸乙酯溶液)	24.5%	涂膜拉伸强度	15～20MPa
	100.0%	NCO/NH_2	1/0.9
不挥发分	61.7%		

上面介绍的是冷固化涂料，供各种现场施工。纺织品的弹性聚氨酯涂料则都是加热干燥，分为两种，固化型和挥发型。

固化型示例：用 XDI（或其他二异氰酸酯）先制成长链的聚酯-氨酯-二元醇，再加入少量的交联剂，可获得似橡胶的弹性膜。首先制备羟基封端的长链聚酯-氨酯-二元醇：

聚酯(己二酸/1,4-丁二醇，分子量约1000，端羟基)	0.68mol	一缩乙二醇	0.35mol
		NCO/OH＝1.0/1.03	
XDI	1.00mol		

以上反应时可酌加一部分醋酸乙酯，最后再加醋酸乙酯稀释成 35%溶液，黏度（加氏管 25℃）为 10～12s。

配漆：

聚酯-氨酯-二元醇(35%溶液)	100g	丁醚化三聚氰胺树脂(50%溶液)	5.0g
TiO_2(金红石型)	17.5g	XDI/TMP 加成物(75%)	10.0g
MPA 溶剂	17.5g		

在 120℃烘 10min 左右，涂膜性能如下：

伸长率	340%	拉伸强度	33MPa
100%伸长时模量	6.5MPa	褪色仪照射 100h 后	不泛黄
表面状况	不发黏		

加 XDI/TMP 加成物及三聚氰胺树脂的量可酌量调节。在烘干过程中，NCO 基不仅与羟基交联，也能与氨酯键的氢原子交联。

挥发型聚氨酯弹性涂料涂覆在纺织品上，使用颇广。它不需固化，漆料配合后不会变稠，没有施工时限问题。涂布产品的质量好，可用转印法施工，涂成光亮的，或消光的，或呈压印花纹的人造革，耐磨、耐晒、耐油、耐低温、手感滑爽柔软，比聚氯乙烯人造革优良，可供作优级防雨布、帐篷、袋包、汽车坐垫、充气船等。

漆在成膜过程中并无交联固化，仅是溶剂挥发，因此树脂本身必须事先具备良好的物理机械强度，要有足够大的分子量，而且柔性长链和刚性短节的交替结构要有适当的比例。长链分子段之间的氨酯键，彼此间有氢键相吸，类似于橡胶的硫化键的作用。所不同者，后者是化学键，而前者只是次价键。但是它也能使这种聚氨酯漆具有弹性。

制造这种热塑性树脂，以对称的二异氰酸酯（例如 MDI）产物的性能较好。用二官能度的聚酯与 MDI 及 TDI 制造弹性涂料如下。

	MDI 型	TDI 型		MDI 型	TDI 型
二官能度聚酯	1.0mol	1.0mol	溶剂（二甲基甲酰胺/丁酮）	1∶1	1∶2
1,4-丁二醇	1.0mol	0.95mol		75%	70%
三羟甲基丙烷	—	0.05mol	涂膜伸长率/%	740	650
MDI	2.0mol	—	拉伸强度/MPa	28	3.4
TDI	—	2.0mol	300%伸长时模数/MPa	6.6	1.08
辛酸亚锡	0.01%	0.01%	耐磨性（Taber，磨耗量）/mg	1.1	5.5
不挥发分	25%	30%			

可见，由于 MDI 的对称结构，使高分子键之间容易敛集，所以其强度、耐磨性、伸长

率均远比 TDI 产品优越。对于要求装饰性的用途，MDI 容易泛黄不宜用，以 HMDI 较好。一般的制漆法是，先用长链的聚酯与 HMDI 反应，制成端基为 NCO 的预聚物，再用二元醇或二元胺扩链。用二元醇扩链的产品溶液稳定性较好，但需用二甲基甲酰胺等高价溶剂，而且涂膜在 100℃以上会发黏。上面介绍的 MDI 型，就是用二元醇（丁二醇）扩链的例子。用二元胺扩链的涂料的溶液稳定性较差，黏度逐渐上升，约于 25 天之后胶凝，但胶凝并非由于化学键产生三维立体结构，只是来自分子间的氢键，只要再加热回温搅拌，即可恢复原状供使用。

二元胺扩链涂层的耐热性可达 200℃不发黏，这是因为二元胺生成脲键，比醇产生的氨酯键多一个氢原子，能生成更多的氢键，分子间吸力大。示例如下。

投料：

二羟基聚酯	1.0mol 羟基	二月桂酸二丁基锡	0.001%
HMDI	1.9mol 氨酯基	溶剂（甲苯：异丙醇：丁酮＝35：30：35）	75%
乙二胺（无水）	0.81mol 氨基		
不挥发分	25%		

操作：将 HMDI 及锡催化剂投入 5L 反应烧瓶，搅拌、升温至 40℃，缓缓加入聚酯的甲苯溶液，渐渐升温至 80℃保持约 4h，或保持到 NCO 含量降至理论值为止。加甲苯稀释至 67%固体含量，冷却至室温，得预聚物液。用二丁胺分析法精确测定其 NCO 含量。将配方所需的乙二胺、丁酮、甲苯、异丙醇预先混合，在剧烈搅拌下迅速全部加入反应烧瓶，搅拌使充分反应即得弹性涂料溶液，在常温的贮藏稳定性约为 25 天。制造时，原料须充分共沸脱水，准确分析和称量。加入胺的量为预聚物 NCO 当量的 90%～95%，太少则强度下降，太多则溶液的稳定性差。聚酯的分子量约 2000 左右。采用聚酯而不用聚醚，是因为聚酯涂膜的耐溶剂性较好。溶剂用异丙醇，是因为它是仲醇，漆的稳定性较好。若采用伯醇，则会在长期贮存中与氨酯键、脲键起酯交换反应，使高聚物降解。现今溶剂型弹性涂料很多被水性涂料所替代。

11. 近年来的进展

聚氨酯涂料性能优良，但通常含有不少溶剂，污染大气，有损工人健康，有火灾爆炸危险，且溶剂挥发掉，也是资源浪费。全世界涂料发展方向是，降低这些有机挥发物 VOC，积极的努力方向是：①高固体或无溶剂涂料；②粉末涂料；③水性涂料，包括光固化。

聚氨酯耐磨自愈弹性涂料的自愈合机理如图 2-1-49 所示。

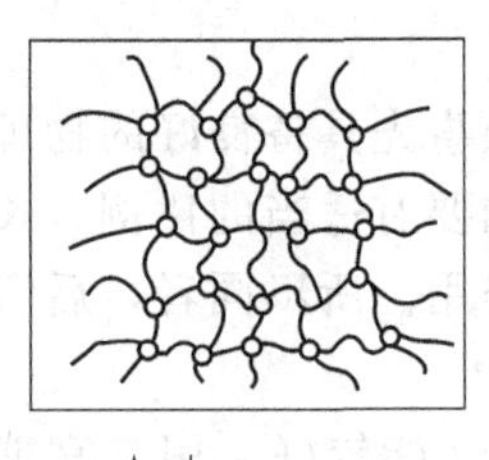

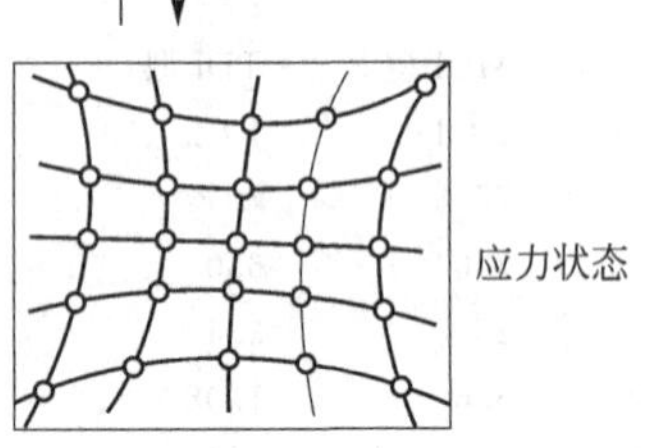

图 2-1-49 聚氨酯耐磨自愈弹性涂料的自愈合机理

(1) 高固体涂料 溶剂的作用是稀释成膜物质，以便于涂布施工。所以降低树脂的黏度即可减少溶剂需量（或完全不需溶剂）。降低聚氨酯系成膜物质黏度的措施，可分两方面探讨。

① 羟基组分降低黏度措施 在双组分聚氨酯涂料配方中，羟基组分占重量最多，对涂料黏度的贡献最大，应尽力降低聚酯或丙烯酸树脂的黏度。

PCI 2001 年 5 月报道，Ed Barsa 等采用 VOC 豁免的 TBAc（醋酸叔丁酯）作溶剂，配合低黏度的丙烯酸多元醇可制备超低 VOC 的高固体分聚氨酯涂料。

制备低黏度和高官能度的丙烯酸多元醇或聚酯多元醇的技术途径较多。其中选择适当的引发剂和高温反应

（>160℃）比较常用。另据报道，采用 $C_{13}\sim C_{16}$ 的叔碳酸缩水甘油酯与丙烯酸反应生成位阻型的—OH，极大减少了分子间生成氢键的能力，从而引起树脂黏度大大下降，由此可制备固含量>90%的丙烯酸多元醇。

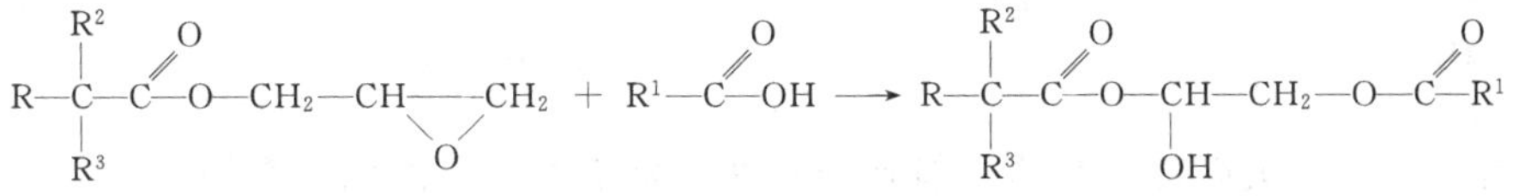

$$R-C(R^2)(R^3)-C(=O)-O-CH_2-\underset{\backslash O/}{CH-CH_2} + R^1-C(=O)-OH \longrightarrow R-C(R^2)(R^3)-C(=O)-O-CH(OH)-CH_2-O-C(=O)-R^1$$

$R = C_{13}\sim C_{16}$　烷基

其工艺过程可用丙烯酸单体与叔碳酸缩水甘油醚先反应制备预聚物后参与聚合反应；也可以待丙烯酸单体聚合后，再与叔碳酸缩水甘油醚反应。通常采用后一种工艺。

酮亚胺或醛亚胺是二元伯胺与酮或醛的羰基缩合，产生水和亚胺，前在环氧涂料章中已介绍作为潜固化剂。该漆涂布后遇空气中潮气会释出胺与 NCO 反应，这也是一类降低黏度的活性稀释剂，商品醛亚胺黏度（23℃）约 25mPa·s，酮亚胺约 80mPa·s。此外尚有一种活性稀释剂，是双噁唑烷，Industrial Copolymer 公司的商品名 Incozol LV。

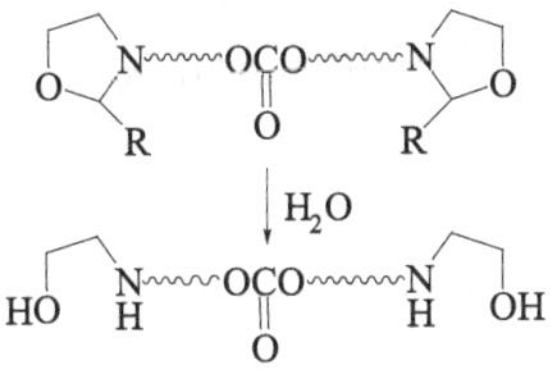

（噁唑烷环，N、O、R）N∼∼∼OC(=O)O∼∼∼N（噁唑烷环，O、R）

$\downarrow H_2O$

HO—CH₂CH₂—NH∼∼∼OC(=O)O∼∼∼NH—CH₂CH₂—OH

涂布后遇潮气析出氨基和羟基，会与 NCO 交联。配入涂料中可以提高固体含量（最多取代 30%）提高涂膜硬度和抗化学性，不产生 CO_2。

② 异氰酸酯组分的黏度降低　将 TDI、IPDI、HDI 等二异氰酸酯原料，加工成为缩二脲、加成物、异氰脲酸酯等多异氰酸酯，以配制双组分涂料。不同的加工工艺可控制产物的性质和黏度。例如拜耳公司用 HDI 制造缩二脲有三种规格。

	黏度（23℃）/mPa·s	固体分
Desmodur N100（标准品）	10000	100%
Desmodur N3200（低黏度品）	2500	100%
Desmodur N75	255（含溶剂）	75%

拜耳公司用 HDI 制成异氰脲酸酯也有不同规格。

	黏度（23℃）/mPa·s	固体分
Desmodur N3300（标准品）	3000	100%
Desmodur N3600（低黏度品）	1200	100%
Desmodur N XP2410（非对称品）	700	100%

上述的 3300 和 3600 都是对称的三聚体，而 XP2410 则是新产品非对称体，黏度很低，化学名称是 Iminooxadiazindione（亚胺氧杂二嗪二酮），其涂膜性质与对称体相似，但黏度低是其特点。

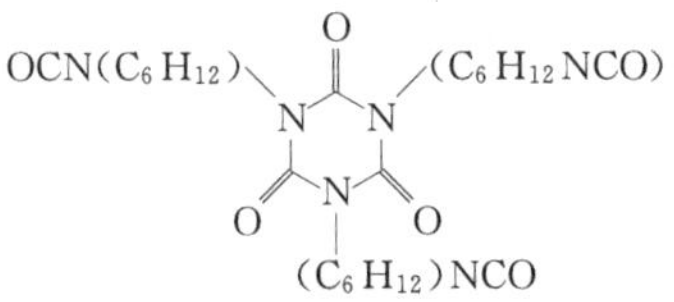

对称体：三个 N 原子分别连接 $OCN(C_6H_{12})$—、—$(C_6H_{12}NCO)$、$(C_6H_{12})NCO$，环上三个 C=O

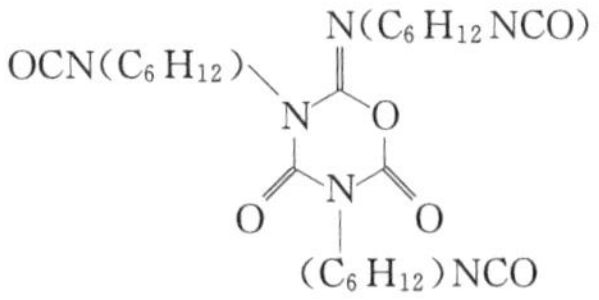

非对称体：环含 N、O，取代基 $OCN(C_6H_{12})$—、=$N(C_6H_{12}NCO)$、$(C_6H_{12})NCO$，环上两个 C=O

对称体　　非对称体

此不对称体的制备法是用苄基三甲基的氢氧化铵作催化剂，可参见拜耳公司 Richter 的美国专利 US 5717091。还有用 Phosphonium polyfluoside 催化剂，此外，尚可将 HDI 制成脲基甲酸酯 allophanate，黏度仅 300mPa·s，若制成二聚体脲二酮 Uretdione，黏度更低达 170mPa·s，后二者官能度低，只可作为活性稀释剂，掺入常规的三聚体中。商品 Trimer，简称三聚体，实际上是聚异氰尿酸酯的混合物：

	黏度23℃，mPa·s	干性	低聚体分布		
			$n=3$	$n=5$	$n>5$
高黏度牌号	15000	快	约30%	约20%	约50%
标准品牌号	3500	中	约50%	约20%	约30%
低黏度牌号	1200	慢	约70%	约15%	约15%

从上可见：商品虽简称三聚体，但其低黏度牌号所含三聚体也只有约70%。

因为异氰酸酯会与水反应产生CO_2，所以制造水性聚氨酯涂料较为困难，必须采取特殊工艺。水性聚氨酯涂料可分为：

① 单组分热塑性聚氨酯分散体PUD（polyurethane dispersion）；

② 单组分自交联聚氨酯分散体；

③ 双组分水性聚氨酯涂料。

单组分热塑性PUD的制法：在制造热塑性PUD的方法中，以D. Diterich等在1970年开发的采用二羟甲基丙酸（DMPA）以合成聚氨酯离子体乳液（Ionomer emulsion）（80）的方法最普遍。DMPA的羧基受到两个羟甲基的位阻保护，基本上不会与NCO反应而保留在产物链中。

$$
\begin{array}{c}
CH_3 \\
| \\
HOH_2C—C—CH_2OH \\
| \\
COOH
\end{array}
$$

制造的步骤如下。

a. 选择分子量约1000～2000的二元醇，如：

聚醚（EO/PO）	价廉，硬度和强度低；或选聚四氢呋喃
聚酯	价廉，硬度中，强度好
聚碳酸酯	价高，硬度和强度高，抗化学品好。

b. 选择异氰酸酯。

IPDI 是采用最多的原料。

HMDI 国外拜耳公司和EVONIK公司生产反式-反式4,4′-HMDI，价较贵，生产的PUD有结晶性，故强度高性能好。

TMXDI 是氰特Cytec公司产品，因其四甲基的特点，不必用NMP溶剂。

TDI 是芳香族异氰酸酯，与水反应太快，且会泛黄，国外很少采用。而我国研究者很多采用，因为价廉。

c. 二羟甲基丙酸必须先用NMP（N甲基吡咯烷酮）溶解或较多的丙酮溶解，然后投入到上述低聚物二元醇中，才可与IPDI等二异氰酸酯反应。因为DMPA的熔点高（185～190℃），必须溶解在NMP溶剂中，而NMP又有毒性。据报道二羟甲基丁酸（DMBA）可以代替DMPA。

$$
\begin{array}{c}
CH_3 \\
| \\
HOH_2C—C—CH_2OH \\
| \\
CH_2 \\
| \\
COOH
\end{array}
$$

它的熔点较低，易溶解于低聚物二元醇中，不需溶剂（或只需少量溶剂）。

d. 将上述低聚物二元醇、DMPA、二异氰酸酯等反应。因异氰酸酯过量，生成端NCO的预聚体，其分子链中含有DMPA的羧基。

e. 用三乙胺等叔胺，对上述的羧基中和成铵盐。

f. 加水高速搅拌使相反转成水分散体。

g. 水中含有乙二胺、肼等，与分散体中尚剩的 NCO 基反应扩链，提高性能。

我国研究此类 PUD 的报告很多，用环氧和三羟甲基丙烷等改性的 PUD，性能优良，示例如下：

TDI	155g	丙酮	23g
聚醚二元醇(N210)	122g	三乙胺	17g
DMPA	25g	乙二胺	3g
1,4-丁二醇	10g	水	605g
NMP	26g	合计	1000g
环氧树脂 E-20	15g		

操作：先将聚醚二元醇在减压下脱除水分，将它和 TDI 置入 2000mL 四口烧瓶，在 70～80℃反应 1.5～2h，加入丁二醇在 70～80℃反应 1.5h，加入 DMPA 的 NMP 溶液和环氧树脂溶液，在 60～65℃反应达到 NCO 理论值，降温至 40℃加入三乙胺中和，添加丙酮稀释，在常温水中乳化，用乙二胺扩链，减压脱去丙酮。此类配方中含有少量环氧或三羟甲基丙烷可提高抗水性及硬度。

上述的 PUD 在涂料应用中常配入丙烯酸乳液，可降低成本，并提高耐水性和机械强度，这种混合物常称为 PUA，表示 PU 分散体之中含有不少聚丙烯酸酯（Acrylic)。虽可将 PUD 与丙烯酸乳液简单混合，但其微相结构不均匀，最好是采用原位聚合，产物称为 Hybrid 杂交体。

TMXDI 的 PUD：TMXDI 是氰特公司（Cytec）的产品，它有两个叔异氰酸酯，因其甲基的空间位阻，与水反应非常缓慢。文献介绍叔异氰酸酯在 25℃时的相对反应速率（反应条件 OH∶NCO 为 10∶1）如下：伯丙醇 $1.02h^{-1}$；仲丙醇 $0.173h^{-1}$；水 $0.042h^{-1}$。可见其与水反应缓慢。

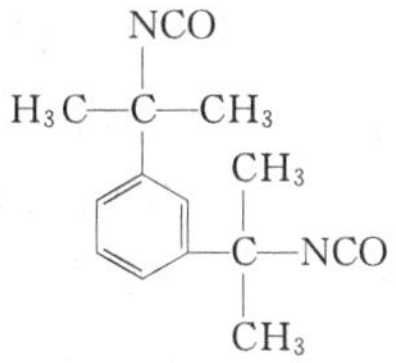

NCO
H_3C—C—CH_3
CH_3
C—NCO
CH_3

通常制造 PUD，其中用 DMPA，必须先用 NMP 或许多丙酮溶解，使残留有毒的 NMP，而 TMXDI 则不需溶剂，只要反应时升温至 95℃使 DMPA 熔化，此时 DMPA 的羧基不会与 TMXDI 的叔异氰酸酯反应，仍保留在链中，可与三乙胺等中和，制得不含溶剂的 PUD。配方示例如下：

聚酯(新戊二醇/己二酸)	38.9g	TMP	0.5g
TMXDI	52.1g	DMPA	4.5g
新戊二醇	4.0g	扩链剂 2-甲基戊二胺	10.4g

涂膜性质	抗拉强度	41.8MPa
	伸长率	30%
	Knoop 硬度	13.8

(2) 单组分自交联聚氨酯分散体　上述的热塑性 PUD，虽经多年研究发展，在皮革涂料、塑料涂料等应用领域，已有良好成绩，而在木器、细木工等领域仍在不断改进中，与传统的溶剂型聚氨酯涂料相比，在硬度、耐水性、耐醇、丰满度等方面，仍有差距，因为其涂膜没有交联，故耐热水、耐粘连性等方面尚须改进。为此开发了自交联的分散体，以保持单罐装的方便，而具有一定的交联度。

此单组分自交联的水性 PUD 报道很多，举两个例子说明。其一是将豆油、三羟甲基丙烷、

LiOH、季戊四醇在240℃醇解，至甲醇容忍度>1∶3透明，降温出料。在反应瓶中投入醇解物、共溶剂、端羟基环氧乙烷化合物及小分子二元醇，混匀后分批加入TDI，在70～80℃保温2h，加入由共溶剂溶解的DMPA反应2h，加入少量小分子醇醚以封闭残余NCO，用三乙胺中和，经过水分散得半透明的PUD。醇解时油与多元醇重量比为85∶15，油度为50%，引入DMPA的酸值约20mg KOH/g，NCO/OH为0.88。此PUD配入水性的金属催干剂，涂膜性能良好，室温干7天后，硬度达2H，与溶剂型氨酯油相等。

另一种单组分自交联PUD是在其分子链中，含有一些可辐射固化的丙烯酸基团，在紫外光照射和光引发剂的作用下，能快速固化成膜。以往常规的光固化涂料黏度高，必须加入活性稀释剂（常对人体有刺激过敏），涂膜刚脆，水性光固化PUD则不受高黏度之限，不需活性稀释剂，涂膜可调节柔韧性及厚度。国外拜耳公司的C. Irle和A. Wade介绍此类光固化水性PUD如Bayhydrol UV 2282。Cytec公司也有类似产品。我国也研究。

(3) 双组分水性聚氨酯涂料　双组分水性聚氨酯涂料的性能优良，比单组分的PUD好。但因其异氰酸酯组分会与水反应，所以有特殊的制造方法，不同于通常的溶剂型2K涂料，要制成水分散体。

a. 羟基组分大都是聚丙烯酸酯（因主链不会水解，贮藏稳定）。但它必须是由溶剂型树脂经过相反转工艺乳化而制成（称二级乳化）。

b. 异氰酸酯组分需要改性成亲水性，以便在应用施工前，可用手工搅拌，与羟基组分拌匀。

c. 异氰酸组分若未改成亲水性，则施工单位必须有强制的高压射流分散器才能将2K组分充分搅匀，否则不能施工。

d. 溶剂型2K PU涂料，混合后的时限是视其黏度上升。水性PU涂料的介质是水，其施工时限并非按黏度反映。而是涂膜光泽降低等其他参数。

a. 羟基组分　双组分水性聚氨酯涂料的羟基组分，不是普通的聚丙烯酸酯乳液，因为配漆后其外观欠佳，而且不易混合。工业上是先将含羟基单体、羧基单体等在溶剂中聚合(所以分子量较低)，完成后降温，减压蒸除溶剂，加入中和剂分散在水中。此种工艺称为二级乳化，产物称分散体。它能有助于将憎水的多异氰酸酯分散于水中，涂膜的外观良好。例如拜耳公司的Bayhydrol A145，固体分为45%，OH含量3.3%，酸值22，pH8.0，中和剂二甲基乙醇胺含助溶剂乙二醇丁醚4%，芳烃4%。除聚丙烯酸外，拜耳公司的Bayhydrol VPLS 2290是聚酯/丙烯酸，OH基含量3.8%，酸值29，中和剂同上，pH7.0，接近中性，以防酯键的水解。

b. 疏水多异氰酸酯　通常的异氰酸酯都是疏水的，为了尝试将其分散在水相中，人们尽力降低其黏度，可见前节所述的Desmodur N3600、NXP2410、脲二酮等。近来又报导有低分子量的三异氰酸酯壬烷，习称TIN（Triisocyanatononane）。

$$
\begin{array}{c}
\mathrm{CH_2NCO} \\
| \\
\mathrm{OCNCH_2CH_2CH_2CHCH_2CH_2CH_2CH_2NCO}
\end{array}
$$

它是高沸点无嗅液体，含NCO约48%～51%。各种疏水多异氰酸酯难以用手搅动分散于水中，必须有射流分散器，在100×10^5Pa的高压力剪切下，将羟基分散体和疏水多氰酸酯共同分散至约500nm的细度，才能充发反应交联成膜。

c. 亲水多异氰酸酯　这是将HDI三聚体与中等长度的聚环氧乙烷单醚亲水基连接，拜耳公司牌号为Bayhydur 3100。

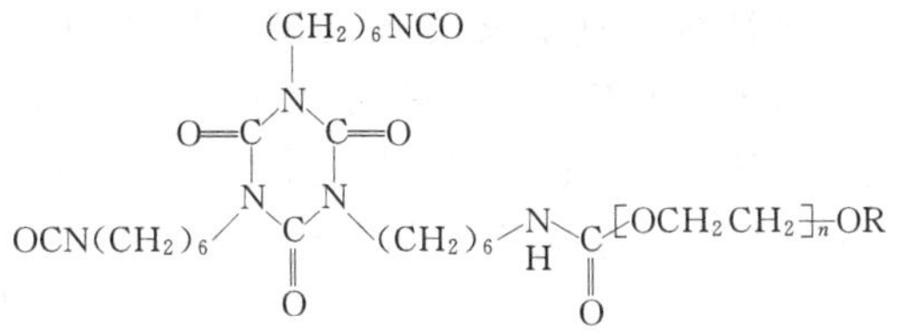

它的制法是，采用1000g的HDI三聚体（其NCO含量为21.6%，平均官能度3.3）加入80.8g，聚乙二醇单丁醚（分子量1145），在50℃反应，至110℃加热2h，冷却，所得产品含NCO 18.4%，黏度2500mPa·s，可在水中分散。

另一种产品叫Bayhydur 304，是将上述亲水性HDI三聚体的氨酯基的活泼氢原子与另一个HDI三聚体结合成脲基甲酸酯。

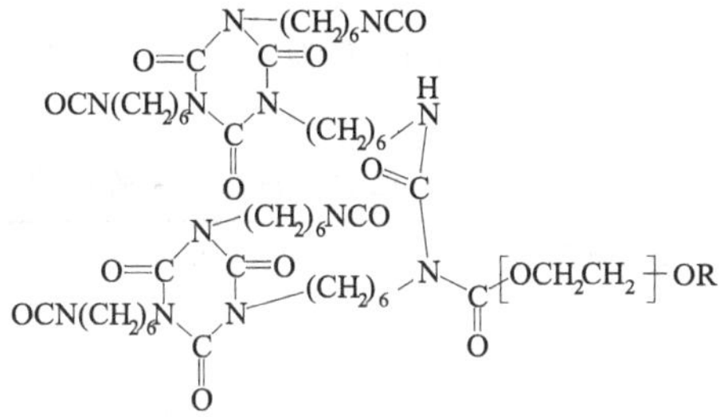

以上两种是聚醚改性、亲水的多异氰酸酯。含亲水基太多会影响涂膜抗水性。

新开发的是离子型亲水多异氰酸酯：

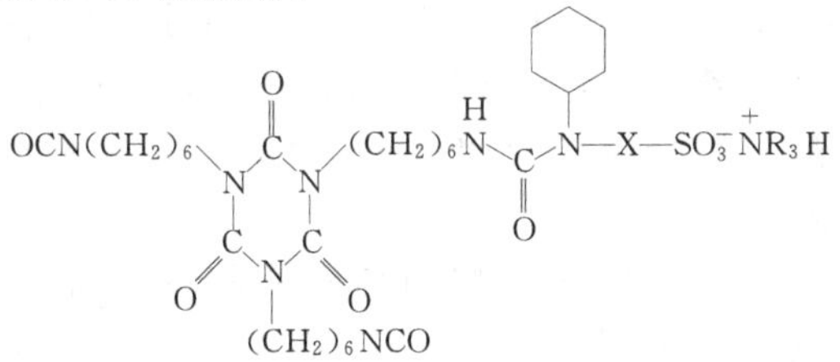

这种磺酸盐比上述聚醚改性异氰酸酯有以下优点：

前两种含亲水的醚氧分子较多，而磺酸盐分子量较低；

NCO含量更高；

提高涂膜硬度和干性；

改善耐化学品性。

拜耳公司共有两种磺酸盐商品：Bayhydur XP 2487/1；Bayhydur XP 2570，更亲水，易手工搅匀。

拜耳公司的IPDI三聚体也有非离子型亲水异氰酸酯，牌号为Bayhydur VPLS 2150/1。

兹将前述亲水性多异氰酸酯列于表2-1-188，XP表示experimental实验产品，VP表示德文Versuch Product实验产品。LS是表示涂料和特种产品。

表2-1-188 亲水性多异氰酸酯

项目	Bayhydur 3100	Bayhydur 304	Bayhydur XP 2487/1	Bayhydur XP 2570	Bayhydur VPLS 2150/1
类别	HDI三聚体 亲水非离子	HDI三聚体 脲基甲酸酯 亲水非离子	HDI三聚体 亲水磺酸盐	HDI三聚体 亲水磺酸盐	IPDI三聚体 亲水非离子
固体分/%	100	100	100	100	70
黏度/mPa·s	2800	4000	6000	3500	600
NCO含量/%	17.4	18.2	20.5	20.5	13.4
官能度	3.2	3.8	3.4	30	3.0

法国 Rhodia 公司生产亲水性的脂肪族多异氰酸酯，最初牌号为 Rhodocoat WT 2102，其后开发了 HDI 系的 Rhodocoat X EZM502，其后又开发了 Rhodocoat XEZ D401 和 X EZ D803。EZ 表示容易手工混合（Easy Mix），M502 是 HDI 系，D401 和 D803 是 HDI 和 IPDI 杂化系，因为 IPDI 的 T_g 高，所以 D 系的涂料物理干燥快，涂饰后的家具等物件，可以较快干燥堆放。

双组分水性涂料示例（表 2-1-189），选 3 种拜耳 Bayhydrol 示例。

表 2-1-189 3 种双组分水性涂料示例

A145	聚丙烯酸酯分散体	固体分约 45%	OH 基含量约 8.0%	高光，硬
VPLS 2058	聚酯/丙烯酸酯分散体	约 42%	约 2.0%	中
PT241	聚酯分散体	约 41%	约 2.5%	柔韧

它们用 Bayhydur 304 固化，按 NCO/OH 为 1.5/1.0，施工时限为 2h，涂膜性能见表2-1-190。

表 2-1-190 3 种双组分水性涂料涂膜性能

项 目	摆杆硬度/s	光泽 20°	耐沥青沾污(24h)ΔE
A145	168	86.1	1.4
VPLS 2058	88	85.6	10.9
PT 241	18	90.2	41.4

配制水性涂料，需加入 BYK，Air Product 公司等助剂，Rhodocoat 推荐的经验是 NCO/OH 比例不必 1.5/1.0，一般为（1.2～1.4)/1.0 即可，太高会缩短施工时限。双组分之间必须混溶良好。用助溶剂稀释，会影响分散体的粒径，如用乙二醇丁醚醋酸酯稀释，粒径为 100nm，用一缩丙二醇二甲醚粒径为 250nm，用丙二醇甲醚醋酸酯粒径为 280nm，粒径越细涂膜的外观，光泽越好。

举例拜耳的 Bayhydrol VPLS 2235 是聚丙烯酸分散体，固体分 45%，固体含 OH 基 3.3%，用二甲基乙醇胺中和，含助溶剂 8%，用它可配制水性涂料用于工具车，农机车。

投料	Bayhydrol VPLS 2235（45%）		34.56g
	助剂	Surfynol 104E	0.79g
		TiO_2	29.30g
		去离子水	4.67g

珠磨 15min，调稀加入：

	Bayhydrol VPLS 2235（45%）	13.88g
	增稠剂（10%水溶液）	1.55g
	有机硅助剂（1）	0.16g
	有机硅助剂（2）	0.31g
固化剂	Bayhydur 304	14.80g
	NCO/OH=1.5	100.00g

施工时，加去离子水至 30s 黏度，喷涂。

四、安全、计算

1. 异氰酸酯的劳动保护

异氰酸酯有毒，能与人体的蛋白质反应，必须注意劳动保护。异氰酸酯的口服毒性（动物试验）结果如下：

口服致死中量 LD_{50}	g/kg(大鼠)	XDI	0.84
TDI(80/20)	1.95～5.8	苯异氰酸酯	0.94

HDI	0.35～1.05	IPDI	1.0
IPDI	2.25	HDI	1.25
TDI(2,4 体)	4.9～6.7	苯异氰酸酯	3.5～4.4
HDI 缩二脲（75%溶液）	19.8	MDI	10
MDI	31.6	HDI 缩二脲（75%溶液）	15.8
经皮肤吸入致死中量 LD_{50}	g/kg（兔）	TDI（2,4 体）	16

对眼损伤（兔）：

严重：苯异氰酸酯、HDI、TDI　　中等：HDI 缩二脲（75%溶液）

轻微：MDI、IPDI

异氰酸酯对人体的最大危害是它的蒸气。二异氰酸酯的蒸气刺激眼黏膜，具有强烈的催泪作用。吸入后刺激呼吸系统，引起干咳、喉痛。长期吸入二异氰酸酯将损伤肺部，引起头痛、支气管炎和哮喘。对个别人员（例如患哮喘的过敏体质者）可能引起呼吸困难，应特别注意。在常用的几种二异氰酸酯中，MDI 的分子量较大，蒸气压低，对眼及呼吸系统的刺激就较小。表 2-1-191 列出几种二异氰酸酯的蒸气压（数据来自不同文献，略有参差）。

表 2-1-191　几种二异氰酸酯的蒸气压　　单位：Pa

温度/℃	TDI	MDI	HDI	IPDI	XDI	TMDI	HMDI
20	5.6		4.5		0.8	0.09	
25	3.3	0.012	1.4	0.04			约 0.1
30	10.7		8.7		1.6		
92～96			133				
129	2000						
130			约 1500				

表 2-1-192 介绍几种二异氰酸酯在 25℃（在空气中）的饱和浓度。

表 2-1-192　不同的异氰酸酯在 25℃时的饱和浓度

品种	ppm	mg/m³	品种	ppm	mg/m³
TDI	30	235	HMDI	0.9	10.6
HDI	13	96	MDI	<0.01	<0.1
IPDI	0.4	3.6			

为了避免异氰酸酯蒸气对人体的危害，各国均规定了空气中二异氰酸酯的最高容许浓度。先前曾规定为 0.01mg/m³（0.1ppm）以下，1961 年后改定为 0.02mg/m³（0.02ppm）以下，最近又改为 0.1mg/m³（0.1ppm）以下（按每日工作 8h 计），美国的政府工业卫生师会议（ACGIH）公布的经时加权平均 TWA 的临界限值 TLV 为 0.005mg/m³（0.05ppm）。美国的职业安全卫生署 OSHA 补充规定：短时曝露限值空气中浓度 0.02mg/m³（0.02ppm）。MAC 或 TLV 意义相同，取决于各不同国家所采用名称，指按工人每天工作 7～8h，每周工作 40h 的工作场所大气中所容许最高的浓度。通常或用体积比表示或以每立方米空气中所含异氰酸酯质量表示之（mg/m³，μg/m³），例如德国有：

TLV	ppm	mg/m³	TLV	ppm	mg/m³
TDI	0.01	0.07	IPDI	0.01	0.09
MDI	0.01	0.10	HMDI	0.01	0.11
HDI	0.01	0.07			

美国的 NIOSH 则更严格推荐工作场所的 TWA（按每周 40h 工作）的浓度极限值为 5μg/m³（5ppb），即每立方米大气中含 TDI 极限为 35μg，MDI 为 50μg，HDI 为 35μg，IPDI为 45μg，HMDI 为 55μg。

因此，贮罐、输送管道、反应釜都必须密闭良好以免漏泄，工作场所必须充分通风。若在密闭工作场所（例如油罐、油舱的内部涂漆）通风困难，必须戴有送风的面具。空气中的TDI浓度达0.1～1mg/m^3时就能被闻到，因此当闻到TDI气味时即表示浓度已超过了容许极限，不宜在此场所持续工作，并采取通风、戴面具等保护措施。刷涂或滚涂施工，挥发的蒸气较少。喷涂施工则不仅挥发的异氰酸酯蒸气多，且雾化漆滴呈气溶胶状态浮在周围空气中，漆滴均小于7μm，能透入肺中，更应引起注意。优质的多异氰酸酯（即聚氨酯漆的固化剂），在工厂制造过程中经减压薄膜蒸发，保持其中游离二异氰酸酯含量大多在0.5%以下，则在刷涂、滚涂过程中，随着排除溶剂的通风，可使空气中的异氰酸酯浓度在容许限度以下，喷涂则须注意气溶胶。

在欧洲共同体内，规定含TDI、HDI、IPDI、HMDI产品的容器外壁必须标明以下内容。

① 游离单体（二异氰酸酯）含量在0.5%以下者，外壁标明“含异氰酸酯”。

② 游离单体含量在0.5%～2.0%者，标明“有害”的警告标志及“含异氰酸酯”。

③ 游离单体含量在2%以上者，标明“有毒”，并附有骷髅及白骨交叉标志，也标明“含异氰酸酯”。

操作异氰酸酯液体时要戴防护镜，如溅到眼睛或皮肤，有刺激作用，必须立即洗除。眼睛用水充分冲洗，若情况严重则立即送医院。皮肤用乙醇和肥皂液洗涤。若异氰酸酯液体溅泼于地，可用三乙醇胺液或氨水等处理，能在数分钟内使之破坏。洗涤液配方如下：

水	90g	浓氨水(相对密度0.88)	8g
洗涤剂	2g		

含异氰酸酯的涂料经充分固化（如经高温烘烤，或在常温经长时间充分干燥）成为聚氨酯或聚脲涂膜后，对人体并无毒害。但在涂膜初干几天之内，膜中仍含有未反应而残留的异氰酸酯基，可用偶合试剂检测出来。因此对于初干涂膜经打磨散出的尘末，不可吸入人体，要戴口罩、排风，或采用其他保护措施。

检验空气中异氰酸酯含量，一般的方法是将抽样中所含异氰酸酯转化为胺，再经重氮化、偶合，产生色素，予以光电比色。

国外有仪器可连续测定空气中异氰酸酯含量。例如德国的GMD Autostep 920，PCM个人连续监察仪（DEHA Haan & Wittmer公司，D-7259，Friolzheim），英国MDA Scientific公司的7100型检测仪（在Ferndown Industrial Estate，Wimborne，Dorset BH 21 7RZ，UK）。

据介绍，快速的试纸法是将硝酸钠、醋酸铵、偶合试剂5-羟基-3′,4′-苯并咔唑-4-羧基-对酰-*N*-茴香胺(5-hydroxy-3′,4′-benzocarbazole-4-carboxy-p-anisilide)、邻苯二甲酸二乙酯、甲醇、水等配成溶液，将滤纸浸渍干燥，即成试纸。空气中含0.01～0.1mg/m^3（0.01～0.1ppm）的TDI时试纸立即变色。

汽车修补喷漆工场空气中游离的脂肪族二异氰酸酯，可用分光比色法（353nm处的吸光度）测出空气中2μg/m^3（2ppb)的浓度。

含异氰酸酯的罐听中若混入少量水，会产生CO_2而使听内产生压力而鼓胀，此时必须覆以油帆布，将鼓气的听刺小孔使泄气（戴面罩及防护手套服装），泄毕后用黑胶带将小孔密封。

2. 聚氨酯漆的计算方法

(1) 简单化合物当量数的计算　简单化合物当量数的计算见表2-1-193。

表 2-1-193 简单化合物与当量数计算

品　　名	分子量	官能度	当量	品　　名	分子量	官能度	当量
二异氰酸酯				含羟基化合物			
TDI	174.15	2	87.08	乙二醇	62.07	2	31.04
MDI	250.1	2	125.05	季戊四醇(纯)	136.15	4	34.04
HDI	168.1	2	84.05	蓖麻油	—	—	约 345
XDI	188.19	2	94.1	苯酚(封闭剂)	94.11	1	94.11
HMDI	262.3	2	131.15	甲酚(封闭剂)	108.13	1	108.13
IPDI	222.36	2	111.18	其他化合物			
TMXDI	201.26	2	100.63	乙二胺	60.10	2	30.05
含羟基化合物				MOCA	267.16	2	133.58
三羟甲基丙烷	134.17	3	44.9	己内酰胺(封闭剂)	113.16	1	113.16
甘油	92.1	3	30.7	丁酮肟(封闭剂)	87.124	1	87.124
丁二醇	90.12	2	45.06	丙二酸二乙酯(封闭剂)	160.17	1	160.17
一缩乙二醇	106.12	2	53.06				

对于聚酯、丙烯酸树脂、聚醚、环氧树脂、多异氰酸酯加成物、预聚物、缩二脲、三聚体等加工产品，它们都不是单纯的化合物，不能简单地通过计算其分子量及官能度求出其当量，必须通过分析测定其活泼基团含量再计算其当量数。一般表示多异氰酸酯产品的 NCO 含量的方式有两种：

A—NCO 含量的质量百分率；

B—胺当量数，是指含有 1eqNCO 基（或相当于 1eq 的二丁胺）的多异氰酸酯的质量数。

以上两种表示方式的数值之间的关系如下：

$$A=\frac{4200}{B}\ (\%) \quad 或 \quad B=\frac{4200}{A}$$

式中　*A*——NCO 百分含量，%；

　　　B——胺当量。

以上公式是通过下列计算得出：按每 *B*g 产品中含有 1eqNCO，即含有 NCO 基 42.02g

$$NCO/\%=\frac{42.02}{B}\times 100\%=\frac{4202}{B}\%\approx\frac{4200}{B}\%$$

对于加成物或预聚物类型的产品，胺当量数的理论值可按下式计算（不挥发分计算）：

$$B=\frac{投料质量}{[n-n']} \quad 或 \quad A=\frac{[n-n']\times 4200}{投料质量}\ (\%)$$

式中　*n*——投入的 NCO 的总当量数；

　　　n'——投入的 OH 的总当量数。

例如，TDI/TMP 加成物

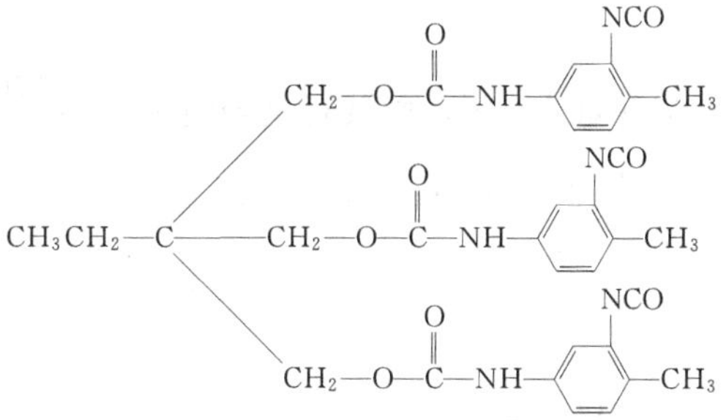

$$CH_3CH_2-C\left[CH_2-O-\overset{\overset{\displaystyle O}{\|}}{C}-NH-C_6H_3(NCO)-CH_3\right]_3$$

由 3molTDI（6eq）和 1mol 三羟甲基丙烷（3eq）组成。

$$B=\frac{投料质量}{[6-3]}=\frac{3\times174.15+134.17}{3}=219$$

$$A=\frac{[6-3]\times4200}{3\times174.15+134.17}=19.19\%$$

若加入溶剂稀释成75%溶液，则：

$$A=19.19\times75\%=14.39\%$$

实际工业产品的NCO%比计算值略低。

典型的多异氰酸酯工业产品的NCO含量如下，可供计算参考：

		HDI三聚体(无溶剂)	21.8
TDI加成物(75%溶液)	13%左右	HDI三聚体(90%溶液)	19.4%左右
TDI加成物(67%溶液)	11.6%左右	IPDI三聚体(70%溶液)	11.5%～12.0%
TDI加成物(50%溶液)	8.7%左右	TDI三聚体(51%溶液)	8%左右
XDI加成物(75%溶液)	11.4%左右	TDI/HDI三聚体(60%溶液)	10.5%左右
HDI缩二脲(75%溶液)	16.5%左右	苯酚封闭TDI加成物(固体)	12%～13%
HDI缩二脲(100%固体分)	22%～23%	己内酰胺封闭IPDI加成物(固体)	15%左右

羟基含量的表示方式有3种：

C—羟基含量的质量百分率；

D—羟基当量，即指含1mol（当量）的羟基的试样的质量数；

E—羟值，即表示酰化每克样品中所含羟基所需的羧酸，以其相当量的KOH毫克数表示之。

按以上定义，则每羟基当量（*D*）中含有1mol羟基，即含有17g羟基，则其质量百分率该为：

$$C(\%)=\frac{17}{D}\times100(\%)$$

$$C=\frac{1700}{D}或D=\frac{1700}{C}$$

按定义，羟值以每克样品相当量之KOH毫克数表示，羟值为1即表示1mgKOH（*E*值）。

但按*D*（羟基当量）应该相当于1mol羟基的试样的质量，即相当于1mol的KOH，即56100mgKOH。

即羟基当量≈56100mgKOH

$$\frac{D}{1}=\frac{56100}{E}，即D=\frac{56100}{E}$$

从而得到：

$$\frac{1700}{C}=\frac{56100}{E}$$

则：$C=\frac{E}{33}$或$E=C\times33$

例如：已知某聚酯的羟基含量为5%，则其羟基当量为$D=\frac{1700}{C}=\frac{1700}{5}=340$，

或其羟值为$E=C\times33=5\times33=165$（mgKOH/g）。

例如：聚醚N-210的羟值为100，

则其羟基含量$C=\frac{E}{33}=\frac{100}{33}=3\%$，

其羟基当量$D=\frac{56100}{E}=\frac{56100}{100}=561$。

我国造漆工业生产的聚酯大多用羟基含量（%）表示，而有些聚醚则习惯用羟值表示。它们之间可用上式相互换算。尚须特别指出，我国以往的环氧树脂羟值指标沿用 Shell 公司习惯，有其独特的表示方式，与其他大多数的油脂或树脂不同。它的羟值是指每 100g 树脂中所含羟基的摩尔数，例如：

E-42 环氧树脂羟值为	0.16mol/100g	E-06 环氧树脂羟值为	0.36mol/100g
E-20 环氧树脂羟值为	0.32mol/100g	E-03 环氧树脂羟值为	0.40mol/100g
E-12 环氧树脂羟值为	0.34mol/100g		

因此在聚氨酯漆中必须统一换算，以免错误。例如：E-20 环氧树脂，每 100g 树脂含羟基 0.32eq，即含羟基 0.32×17g。则羟基百分含量为：

$$\frac{0.32\times17\text{g}}{100}\times100\%=5.44\%$$

同理：

E-42 环氧树脂含 OH 基	2.72%	E-06 环氧树脂含 OH 基	6.12%
E-12 环氧树脂含 OH 基	5.78%	E-03 环氧树脂含 OH 基	6.8%

聚酯（固体分）的羟基含量的理论值可按下式计算：

$$\frac{[n_{\text{OH}}-n'_{\text{COOH}}]\times17}{\text{投料质量}-\text{出水量}}\times100\%$$

例如，1600 号聚酯是由下列原料组成：

己二酸	3mol	一缩乙二醇	2.82mol
三羟甲基丙烷	0.6mol		

可以计算出产品的羟基含量，见表 2-1-194。

表 2-1-194　1600 号聚酯产品羟基含量

原料名	摩尔数	分子量	质量/g	羧基摩尔数	羟基摩尔数
己二酸	3	146	438.0	6.00	
三羟甲基丙烷	0.6	134	80.4		1.80
一缩乙二醇	2.82	106	299.0		5.64
合计			817.4	6.00	7.44
出水	6	18	108.0		−6.00
			709.4①		1.44②

① 产品净重。

② 过量羟基。

$$\text{理论 OH}(\%)=\frac{1.44\times17\text{g}}{709.4\text{g}}\times100\%=3.5\%$$

又例如，147 号醇酸树脂是由 323g 苯酐、166g 甘油、511g 蓖麻油所组成。产品的羟基含量计算如下：

	羧基摩尔数	羟基摩尔数
苯酐　323g÷74	4.35	
甘油　166g÷30.7		5.40
蓖麻油　511g÷345		1.48
总投料　1000g	4.35	6.88
出水　39g (4.35×9)		−4.35
产品净重　961g	过量羟基	2.53

$$\text{理论 OH}(\%)=\frac{2.53\times17\text{g}}{961\text{g}}\times100\%=4.5\%$$

以上从聚酯的配方计算产品的羟基含量只提供一个参考数据，实际上产品的羟基含量往往低于计算值，因为在酯化制造过程中，多元醇的羟基之间会缩合成醚，或多元醇随水及溶剂蒸出。所以聚酯产品的羟基含量必须经过分析才能确定。

(2) 双组分配漆比例的计算　通常聚氨酯漆产品中活泼基团含量大多是采用质量百分数表示的。例如：

甲组分 TDI 加成物(50%溶液)　(含 NCO)8.7%　　乙组分聚酯(50%溶液)　(含 OH)2.0%

甲、乙两个组分之间配漆的质量配比可计算如下：

若取 NCO/OH＝1mol/1mol，

$$\text{则甲/乙质量比应为}=\frac{1\text{胺当量 (g)}}{1\text{羟基当量 (g)}}=\frac{B}{D},$$

$$\text{但 } B=\frac{4200}{A},\ D=\frac{1700}{C},$$

$$\text{代入上式}\quad \frac{\frac{4200}{A}}{\frac{1700}{C}}=\frac{4200}{1700}\times\frac{C}{A}=2.47\times\frac{C}{A},$$

因此，上例若取 NCO/OH＝1∶1 时

$$\frac{\text{甲}}{\text{乙}}=2.47\times\frac{2.0}{8.7}=\frac{0.57}{1.00}$$

即每 1kg 乙组分需配 0.57kg 甲组分。

若通过试验，得知该涂料在潮湿环境下施工，NCO/OH 比例（习称 Isocyanate index 异氰酸酯指数）f 以 1.2∶1.0 较佳，则：

$$\frac{\text{甲}}{\text{乙}}=f\times2.47\times\frac{C}{A}=1.2\times2.47\times\frac{2.0}{8.7}=\frac{0.68}{1.00}$$

即每 1kg 乙组分需配 0.68kg 甲组分。

同理，用上述 TDI 加成物溶液，与 E-12 环氧树脂配合，按 NCO/OH＝1.2∶1.0，则：

$$\frac{\text{甲}}{\text{乙}}=f\times2.47\times\frac{C}{A}=1.2\times2.47\times\frac{5.78}{8.7}=\frac{1.96}{1.00}$$

即每 1kgE-12 环氧树脂需配以 1.96kgTDI 加成物溶液。以上仅是示例，实际上 NCO/OH 比例会影响涂膜性质，有时 NCO/OH 比例显著超过 1∶1，有时不足 1∶1，必须通过实验而确定，以满足对涂膜性能的要求。举例如下：

某 IPDI 系粉末涂料，对其 NCO/OH 比作梯度试验（ladder test)，测其原始的性能，及经 3000 小时人工老化后的性能（氙光老化，相对湿度 80%～85%，每 17min 干照后，水淋 3min)，其杯突试验（Erichsen-Tiefung）结果如下：

NCO/OH	原始值/mm	3000h 老化后/mm	NCO/OH	原始值/mm	3000h 老化后/mm
0.8∶1.0	>10	3.1	1.1∶1.0	>10	9.6
0.9∶1.0	>10	5.5	1.2∶1.0	>10	9.8
1.0∶1.0	>10	>10			

又例如某快干（喷用）木器清漆配方（NCO/OH 为 0.5∶1.0)如下：

甲组分

TDI 三聚体溶液（51%）　　14.3g

乙组分

1300 号聚酯(75%溶液)	28.3g	甲基异丁基酮	10.2g
VAGH 氯醋共聚体(20%溶液)	10.0g	甲苯	6.0g
硅油(1%溶液)	0.6g	MPA 溶剂	3.4g
醋酸乙酯	27.2g		

对于在潮湿环境下施工的涂料，NCO/OH 常超过 1；对于需耐溶剂、耐化学品侵蚀的涂料，NCO/OH 也常超过 1。

为了简化配漆计算，可采用图算法（Nomogram）见图 2-1-50。

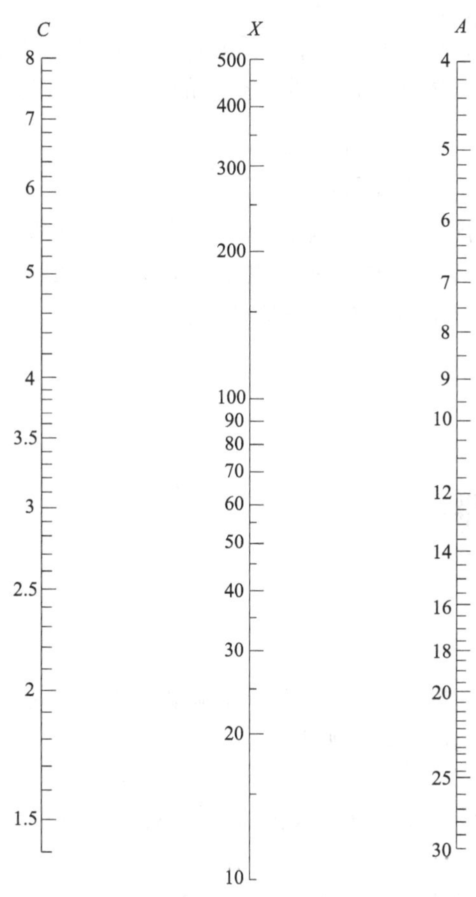

图 2-1-50 配漆图算图

C—羟基树脂的羟基含量，%；*A*—多异氰酸酯树脂 NCO 含量，%；

X—按 NCO/OH=1/1，每 100g 羟基树脂所需多异氰酸酯树脂，g

图算方法：选一支透明无色塑料尺，于其背面用刀刻划一直线，刻痕处涂红色墨水或漆，揩除多余部分，使成一条红色细线，即可应用。计算时，将尺下面的红线对准 *C* 线的羟基含量读数，移动此尺使红线再交 *A* 线于 NCO 含量数，则尺下红线所交 *X* 线的数目即是每 100g 羟基树脂所需甲组分（多异氰酸酯树脂）的克数。

例如，甲组分的 NCO 含量为 11.6%，乙组分的 OH 含量为 3%，则首先将红线对准 *C* 线的 3.0 点，再对准 *A* 线的 11.6 点，红线交中央 *X* 线之处为 64，即表示每 100g 羟基树脂（乙组分）需 64g 甲组分。

对于制备预聚物的配方中所需二异氰酸酯的量可按下例初步估计，但是主要尚需通过试验来确定最适当的NCO/OH的比例。

例如聚酯溶液的羟基含量为3.0%，用TDI制预聚物，取NCO/OH=2，则：

$$D=\frac{1700}{C}=\frac{1700}{3.0}=567$$

即每567g聚酯溶液相当于1mol OH，按NCO/OH=2，需2mol的NCO基，即需1mol的TDI。

$$\frac{\text{TDI（质量份）}}{\text{聚酯溶液（质量份）}}=\frac{174}{567}=0.307$$

即每1kg聚酯溶液需投料TDI 307g。

上例配比的产物是按NCO/OH=2计算，即每1mol TDI与羟基加成时，一个NCO基化合，另一个NCO基残留。因此，制成的预聚物的NCO含量为：

$$A=\frac{307\times\frac{42}{174}}{1000+307}\times100\%=5.66\%$$

关于封闭型聚氨酯漆的计算，它虽然是单罐包装，但是实质上含两种组分，可按上述双组分漆的同样方法计算。关于聚氨酯漆中的组分（聚酯、加成物、预聚物、弹性涂料的树脂等）的平均分子量可按Carothers公式大略估计。

3. 分析方法

见本书第四篇第三章。

第九节 聚脲树脂

一、概述

聚脲树脂是含有异氰酸基—NCO的单体或预聚物与含有氨基—NH_2、—NRH的单体或预聚物经加成缩合反应得到的聚合物树脂。

$$\text{Ⓟ—NCO}+\text{H}_2\text{N—Ⓟ}\longrightarrow\text{Ⓟ—NH—}\overset{\overset{\text{O}}{\|}}{\text{C}}\text{—NH—Ⓟ}$$

Ⓟ代表单体或预聚物。

通常—NH_2与—NCO的反应速率比—OH与—NCO的反应速率要快得多。例如，目前以氨基聚醚与MDI制备的喷涂聚脲体系，采用特种喷枪混合喷涂后，材料在几秒至十几秒之内即可胶化，几分钟完成交联反应。通过降低胺或—NCO的反应活性，可以得到从几分钟至几十分钟之内固化的聚脲材料。而且可以用含—OH的多元醇或环氧改性聚脲材料，制备具有不同技术性能和施工性能的聚脲聚氨酯、环氧改性聚脲等成膜物体系适应不同的性能要求。

聚脲树脂是一类具有高性能的材料，其力学性能可由弹性至刚性体在广泛的范围内变化，其耐磨性、防滑性和强度等综合性能是现有聚合物材料中最佳选择之一，因此在涂料领域具有广阔的应用前景。其中喷涂聚脲弹性体是20世纪90年代后期最早开发并开始应用推广的品种之一。随着天冬氨酸酯等受阻胺，低活性脂肪族和芳香族异氰酸酯预聚物的开发，慢固化、高装饰性及各种功能化的产品不断面世。

喷涂聚脲弹性体（spray polyurea elastomer，SPUA）技术是国外近二十年来，继高固体分涂料、水性涂料、辐射固化涂料、粉末涂料等低（无）污染涂装技术之后，为适应环保需求而研制、开发的一种新型无溶剂、无污染的绿色施工技术，与传统环保型涂装技术相比，SPUA 技术具有以下优点。

① 不含催化剂，快速固化，可在任意曲面、斜面及垂直面上喷涂成型，不产生流挂现象，5s 凝胶，1min 即可达到步行强度。

② 对水分、湿气不敏感，施工时不受环境温度、湿度的影响。

③ 100%固含量，不含任何挥发性有机物（VOC），对环境友好。

④ 可按 1：1 体积比进行喷涂或浇注，一次施工的厚度范围可以从数百微米到数厘米，克服了以往多次施工的弊病。

⑤ 优异的理化性能，如拉伸强度、伸长率、柔韧性、耐磨性、耐老化性、防腐蚀性等。

⑥ 具有良好的热稳定性，可在 120℃下长期使用，可承受 150℃的短时热冲击。

⑦ 可以像普通涂料一样，加入各种颜、染料，制成不同颜色的制品。

⑧ 配方体系任意可调，手感从软橡皮（邵尔 A30）到硬弹性体（邵尔 D65）。

⑨ 原形再现性好，涂层连续、致密，无接缝、无针孔，美观实用。

⑩ 使用成套设备，施工方便，效率极高；一次施工即可达到设计厚度要求，克服了以往多层施工的弊病。

由此可见，SPUA 技术是一种新型“万能”（国外称为 versatile）涂装技术，它集塑料、橡胶、涂料、玻璃钢多种功能于一身，全面突破了传统环保型涂装技术的局限。因此，该技术一问世，便得到了迅猛的发展。

SPUA 技术将聚脲的优异性能和快速喷涂、现场固化的施工技术有机地结合在一起，使其在工程应用中显示出无可比拟的优越性。目前在通用的高固体分涂料、水性涂料、光固化涂料、粉末涂料等环保型涂料中，有的施工一道后，至少需要 12～24h 的干燥时间，才能投入使用或进行下一道施工；有的一次施工的最大厚度小于 800μm，且不允许连续加厚，施工效率极低。SPUA 技术则不同。由于其快速的固化反应，层间施工间隔只需几分钟，即一道施工结束，就可立即进行下一道施工，对涂层最终的施工厚度没有限制，而且能够在垂直面连续施工不产生流淌现象。如施工 1000m^2 的平面涂层，仅需 6h 即可完成施工，2～3h 即可投入使用，深受广大用户的欢迎。

该技术还有一个显著特点就是 100%固含量，只要正确使用该技术，无论是施工期间，还是材料投入使用后，涂层均不产生有害物质和刺激性气味，对环境保护极为有益，属新型环境友好型材料。

鉴于 SPUA 技术具有卓越的物理性能和施工性能，它可以完全或部分替代传统的聚氨酯、聚氨酯/聚脲、环氧树脂、玻璃钢、氯化橡胶、氯磺化聚乙烯以及聚烯烃类化合物，在化工防腐、管道、建筑、舰船、水利、交通、机械、矿山耐磨等行业具有广阔的应用前景。

二、聚脲树脂所用原料

喷涂聚脲弹性体用的原料主要有三大类，即端氨基聚醚、异氰酸酯和扩链剂。除此之外，有时为了改善黏度、阻燃、耐老化、抗静电、外观色彩、附着力等性能，还需加入稀释剂、阻燃剂、抗氧剂、抗静电剂、颜料、硅烷偶联剂等助剂。在 SPUA 技术中，将异氰酸酯与聚醚多元醇生成的半预聚体（quasi-prepolymer）组分定义为 A 料；将含有端氨基聚醚、液体胺类扩链剂和其他助剂的组分定义为 B 料或者 R 料。

1. 异氰酸酯

异氰酸酯是聚脲弹性体 A 料的主要原料之一，合成 A 料用的异氰酸酯包括二异氰酸酯、三异氰酸酯以及它们的改良体。

在 SPUA 技术中，由于甲苯二异氰酸酯（TDI）的蒸气压低、气味大、毒性强，几乎无人使用，所以 A 料的合成中，通常选用 MDI 或 MDI 的改性物与聚合物二元或三元醇反应制得。

(1) 芳香族异氰酸酯

① 二苯基甲烷二异氰酸酯（MDI） 二苯基甲烷-4,4′-二异氰酸酯简称 MDI，纯 MDI 商品为白色或浅黄色固体。其主要化学结构为 4,4′-MDI，此外它还有另外两种异构体：2,4′-MDI 和 2,2′-MDI。

OCN—C₆H₄—CH₂—C₆H₄—NCO　　4,4′-MDI

2,4′-MDI

2,2′-MDI

MDI 主要物理性能指标列于表 2-1-195。

表 2-1-195 MDI 主要物理性能指标

项　目	指　标	项　目	指　标
外观	白色或浅黄色固体结晶	凝固点/℃	＞38
分子量	250.26	纯度/%	＞99.5
官能度	2	—NCO 含量/%	约 33.4
沸点/℃	196(5×133.32Pa)	总氯含量/%	＜0.1
相对密度(d_4^{50})	1.19	水解氯含量/%	＜0.05
黏度/mPa·s		蒸气压/kPa	
25℃	固体(常温)	100℃	0.013
50℃	49	175℃	0.13
100℃	1.6	2,4′-异构体含量/%	1.6～2.5
闪点/℃	202	酸度(以 HCl 计)/%	＜0.1
色度(APHA)	30～50		

MDI 合成方法是由苯胺与甲醛缩合成二苯基甲烷二胺（MDA），再光气化而得：

$$H_2N-C_6H_5 + CH_2O + C_6H_5-NH_2 \longrightarrow H_2N-C_6H_4-CH_2-C_6H_4-NH_2 + H_2O$$

MDA

$$\downarrow COCl_2$$

$$OCN-C_6H_4-CH_2-C_6H_4-NCO$$

MDI

根据原料配比、工艺合成路线的不同，蒸馏出来的 MDI 中 3 种异构体的含量也有差异，作为工业商品，通常蒸馏生产出的 MDI 产品中 3 种异构体的比例控制在如下比例：4,4′-MDI 60%～99.5%；2,4′-MDI 0.5%～40%；2,2′-MDI 0.0%～2.0%。烟台万华聚氨酯股份公司相应产品牌号为 MDI-100 和 MDI-50。

在聚氨酯工业中所用的 MDI 主要是指 4,4′-MDI，在 SPUA 技术中所用的 2,4′-MDI 与 4,4′-MDI 相比，具有常温下呈液体状态，便于生产和运输；结构不对称，反应活性平缓；生成的 SPUA 材料强度高、伸长率大、对底材附着力强等优点，是 SPUA 技术中非常重要的原材料。

MDI 在室温下长期贮存会产生自聚等反应，易生成不溶解的二聚体，使产品颜色黄变，溶解后液体将变得浑浊，出现不溶性细微颗粒，影响产品品质，并会对制品性能产生不利影响。故 MDI 不宜直接贮存于室温下，应在 15℃以下，最好是在 5℃以下贮运，并尽早使用。此外，添加稳定剂可改善 MDI 的贮存稳定性。甲苯磺酰异氰酸酯、亚磷酸三甲苯酯与 4,4′-二硫（6-叔丁基-3,3′-甲酚）混合物等可作为 MDI 贮存稳定剂。

② 多苯基甲烷多异氰酸酯（PAPI）　多苯基甲烷多异氰酸酯实际上是 MDI 和聚合 MDI 等的混合物。国外习惯按最早 UCC 公司命名的商品名称，简称其为 PAPI，也有人称其为聚合 MDI 或粗品 MDI。其结构式如下：

NCO　　NCO　　NCO

$$\text{C}_6\text{H}_4(\text{NCO})-\left[-\text{CH}_2-\text{C}_6\text{H}_3(\text{NCO})-\right]_n-\text{CH}_2-\text{C}_6\text{H}_4(\text{NCO})$$

式中，n=0，1，2，3…

PAPI 是一种含有不同官能度的多异氰酸酯混合物，其中 $n=0$ 的二异氰酸酯（MDI）占混合物总量的 50%左右，其余则是三官能度平均分子量为 350～420 的低聚合度异氰酸酯褐色透明液体。

PAPI 的生产方法与 MDI 相同，都是由苯胺与甲醛缩合生成二苯基甲烷二胺（MDIA），然后进行光气化制得。这些二胺的生成数量取决于工艺条件与原料配比。工业上一般采用 MDI 和 PAPI 联产的方式生产，不将缩合产物分离，而直接进行光气化反应合成出粗品 MDI，再经过脱气、高真空蒸馏、提纯、分离等后处理工作，从光气化液中分离出纯 MDI 和不同官能度的 PAPI。在实际生产中，根据产品使用目的、性能要求不同，控制反应工艺条件，可生产出不同的 PAPI 产品。如含纯 MDI 约 35%的高聚合度产品，官能度为 3～3.2；含纯 MDI 约 40%的中等聚合度产品，官能度约 2.7；含纯 MDI 约 65%的低聚合度产品，官能度约 2.3。烟台万华聚氨酯股份公司的 PM-200、PM-300、PM-400 即属该类产品。

PAPI 主要物理性能指标列于表 2-1-196 中。

表 2-1-196　PAPI 主要物理性能指标

项　目	指　标	项　目	指　标
外观	棕色透明液体	凝固点/℃	<10
分子量	131.5～140(胺当量)	纯度/%	—
官能度	2.7～2.8	—NCO 含量/%	30.0～32.0
沸点/℃	约 260,自聚放出 CO_2	水解氯含量/%	<0.13
相对密度(d_4^{25})	1.23～1.25(20℃)	酸度(以 HCl 计)/%	0.11
黏度/mPa·s	150～250(25℃)	蒸气压/×10^{-7}Pa	
闪点/℃	>200	10℃	3.20
色度(APHA)	—	25℃	2.13

③ 液化型二苯基甲烷二异氰酸酯（LMDI）　液化型二苯基甲烷二异氰酸酯简称液化 MDI，是一种改性 MDI。由于纯 MDI 的凝固点为 39.5℃，常温下为固体，在使用前必须进行加热熔融，不仅操作复杂，还给使用者带来诸多不便，同时还存在室温下贮存稳定性差等缺点。液化改性后的 MDI 产品，可有效地避免在贮存、运输时的苛刻条件，同时对制品性能的提高和改善提供了在 MDI 原料上进行大范围改性的基础。MDI 改性的方法较多，按制法划分有如下三种类型。

a. 掺混 MDI　苯胺与甲醛缩合时，借助固体酸性硅、改性硅黏土、硅铝等催化剂，提高产物中 2,4′-MDI 异构体的比例到 94%，然后经光气化得到液化 MDI。通常，在 MDI 中，当 2,4′-MDI 异构体的含量达到 25%以上时在常温下就成为液体。

b. 氨基甲酸酯改性 MDI（U-MDI） 该改性方法一般采用低分子量多元醇化合物、聚醚多元醇（如 PPG-600）或聚酯多元醇与过量的 4,4′-MDI 反应，生成带有端基为—NCO 基团的氨基甲酸酯改性 MDI。它实际上是一种半预聚物，常温下为液态，一般—NCO 基团含量在 20%以上，常温下黏度在 1000mPa·s 以下。

c. 碳化二亚胺改性 MDI（C-MDI） MDI 在磷化物存在下，加热至 200℃，部分缩合脱去 CO_2，生成含有碳化二亚胺结构的 MDI 改性产物，同时在反应中易生成少量脲酮亚胺，使 C-MDI 的官能度略大于 2。典型的 C-MDI 商品为浅黄色透明液体，—NCO 基含量为 28%～30%，25℃下的黏度在 100mPa·s 以下。用 C-MDI 制得的喷涂聚脲弹性体，其耐热性、耐水性、阻燃性均得到改善。表 2-1-197 列出了四家公司的 C-MDI 产品规格供参考。

表 2-1-197 碳化二亚胺改性 MDI 产品规格

商品牌号	Isonate-143L	Millionate-MTL-S	Suprasec 2020	MDI-100LL
生产厂家	日本化成厄普姜	日本聚氨酯公司	美国亨斯迈	烟台万华
外观	淡黄色液体	淡黄色液体	淡黄色液体	淡黄色液体
相对密度(25℃)	1.22	1.22	1.22	1.21～1.23
黏度(25℃)/mPa·s	25～30	30～70	35	25～60
—NCO 含量/%	28.1～29.6	28.5～29.5	29.3	28～30
酸度(以 HCl 计)/%	≤0.02	≤0.02	≤0.006	≤0.04
蒸气压(25℃)/Pa	3.8×10^{-2}	—	1.0×10^{-4}	—

在芳香族 SPUA 中，几乎全部采用 MDI 和改性 MDI，而不采用 PAPI。MDI 常被用来和聚醚多元醇合成预聚物。通过把 MDI 制成预聚物，可以改善原料体系的相容性，而且对于控制反应物的黏度、反应活性、反应放热和聚合物的结构也是有利的。目前一些公司销售预聚物，使用这些预聚体在某些生产上是有好处的。虽然购买预聚体要比自己合成贵一些，但是它可避免在操作过程中异氰酸酯的挥发，大规模工业化生产有利于产品质量的稳定，并且公司可提供对这些材料的服务。表 2-1-198 列出了美国 Huntsman 公司的系列预聚物产品，其商品牌号为 Rubinate®。国内烟台万华聚氨酯股份公司也开发了以 WANNATE 8312（—NCO%＝15.5）为代表的系列预聚体，详细情况可登陆该公司网站：www.ytpu.com。

表 2-1-198 Huntsman 公司系列预聚物产品

牌号	组成	官能度	—NCO 含量/%	当量	25℃时的黏度/mPa·s
Rubinate® 9009	普通 MDI 预聚物	2.1	16.0	262	1000
Rubinate® 9257	高官能度预聚物	2.9	30.2	139	900
Rubinate® 9258	高 2,4 体 MDI 预聚物	2.3	31.8	132	40
Rubinate® 9433	纯 2,4 体 MDI 预聚物	2.0	31.9	132	18
Rubinate® 9480	普通 MDI 预聚物	2.0	15.5	271	600
Rubinate® 9483	普通 MDI 预聚物	2.0	15.0	280	300
Rubinate® 9484	普通 MDI 预聚物	2.0	16.0	262	300
Rubinate® 9485	高 2,4 体 MDI 预聚物	2.6	31.2	135	130

如果准备合成预聚物，那么了解下面典型的操作程序是有帮助的。

a. 加热 690g（1.38 当量）的分子量为 1000 的聚醚，在 90℃下，真空搅拌 1～2h，除去所存在的湿气。

b. 氮气保护下冷却至 70℃。

c. 加入 435g（3.5 当量）的纯 MDI。

反应热将使温度升高至（80±4)℃，保持这个温度 1～2h，确保反应完全。整个反应要求在氮气保护下进行，生成的预聚物也必须充入氮气进行保护，用这种技术生产的预聚物，在室温下可贮存数月，甚至一年。

(2) 脂肪族异氰酸酯

① 六亚甲基二异氰酸酯（HDI）　六亚甲基二异氰酸酯（HDI）是典型的脂肪族异氰酸酯。结构式为 OCN—$(CH_2)_6$—NCO，属于不黄变的异氰酸酯，反应活性比芳香族异氰酸酯低得多。以 HDI 为代表的脂肪族异氰酸酯制成的 SPUA 具有光稳定性好、不黄变的突出优点。

HDI 是由己二胺与光气反应制得：

$$OCN—(CH_2)_6—NCO + 2COCl_2 \longrightarrow OCN—(CH_2)_6—NCO + HCl$$

HDI 主要物理性能指标见表 2-1-199。

表 2-1-199　HDI 主要物理性能指标

项　目	指　标	项　目	指　标
外观	无色或浅黄色透明液体	闪点/℃	130
分子量	168.2	纯度/%	>99.5
沸点/℃		折射率(n_D^{20})	1.4530
5×133.32Pa	112	水解氯含量/%	<0.03
14×133.32Pa	130	蒸气压/Pa	1.5(20℃)
相对密度(d_4^{20})	1.05		

HDI 产品反应活性低，因其挥发性较高，毒性也强，所以常以 HDI 与水反应生成的缩二脲三异氰酸酯和 HDI 的三聚体作为商品销售。

1958 年 Bayer 公司率先开发和生产的这种 HDI 缩二脲多异氰酸酯有溶剂型和非溶剂型两种，产品牌号为 Desmdur N-75（固含量 75%）和 Desmordur N-100（固含量 100%）。HDI 三聚体是后来开发的，它的黏度比 HDI 缩二脲低，含稳定的异氰酸酯环，不易变质，耐候性和保光保色性比 HDI 缩二脲更好，用量也与日俱增。HDI 三聚体产品规格见表2-1-200。

表 2-1-200　HDI 三聚体产品规格

项　目	指　标	项　目	指　标
固含量/%	00	色度(APHA,最大)	60
—NCO 含量/%	20±1	黏度(25℃)/mPa·s	550±150
游离 HDI 含量(最大)/%	0.2	密度(25℃)/(g/cm³)	1.12
—NCO 当量	210	闪点/℃	41

近年来，HDI 三聚体产量日益增加，很受用户的欢迎，它的主要优点如下。

a. HDI 的黏度比缩二脲低，有利于少用溶剂，可配制成高固含量产品，降低大气的污染，有利于环境的保护。

b. HDI 三聚体比较稳定，不易变质，长久贮存后黏度变化不大。

c. HDI 三聚体制品的耐光性较好，并且制品的硬度较高。

HDI 三聚体在 SPUA 技术中，主要用于制备聚天冬氨酸酯 SPUA 材料。它成为继普通脂肪族 SPUA 材料之后的第三代喷涂聚脲。

② 异佛尔酮二异氰酸酯（IPDI）　异佛尔酮二异氰酸酯学名为 3-异氰酸酯基亚甲基-3,5,5-三甲基环己基二异氰酸酯，简称 IPDI。IPDI 属于不黄变的脂环族异氰酸酯，耐光性同

六亚甲基二异氰酸酯（HDI）一样好。

IPDI是由丙酮三聚生成的异佛尔酮，与氢氰酸反应生成氰化异佛尔酮，然后经加氢还原和光气化反应制得。

$$3CH_3COCH_3 \longrightarrow \text{异佛尔酮} \xrightarrow[200℃]{HCN} \text{氰化异佛尔酮} \xrightarrow[\text{Leukart 反应}]{HCONH_2} \text{氨基氰} \xrightarrow{[H]} \text{二胺} \xrightarrow{COCl_2} \text{IPDI}$$

独特的化学结构使IPDI具有和其他异氰酸酯不同的特性，3个甲基的存在，使IPDI能与其他化学品极好地相溶，在SPUA原料制备中，不仅能与聚醚多元醇、端氨基聚醚有极好的相溶性，同时与各种配合助剂也能很好地相溶。IPDI的2个异氰酸酯基团活性差别极大，使得用IPDI制备SPUA预聚体A料的过程中能极好地选择所需产物的结构，同时也能大大降低单体IPDI的残留浓度，与聚醚多元醇或端氨基聚醚反应制成的半预聚物具有非常好的贮存稳定性。

IPDI的工业产品是含顺式异构体（占75%）和反式异构体（占25%）的混合物。其反应活性比芳香族异氰酸酯低，蒸气压比HDI低。IPDI主要物理性能指标见表2-1-201。

表2-1-201 IPDI主要物理性能指标

项　目	指　标	项　目	指　标
外观	无色或浅黄色液体	自燃点/℃	430
分子量	222.3	纯度/%	≥99.5
凝固点/℃	−60	—NCO含量/%	37.8
沸点/℃	158(10×133.32Pa)	总氯含量/%	≤0.04
密度/(g/cm³)	1.058(20℃)	水解氯含量/%	≤0.02
黏度/mPa·s		蒸气压/Pa	
0℃	37	20℃	0.04
20℃	15	50℃	0.9
闪点/℃	163	折射率(n_D^{25})	1.4829

用IPDI制备的脂肪族SPUA具有极好的光泽度、良好的丰满度、卓越的光学稳定性和耐化学药品性，但因价格较高，多用于高档SPUA产品的制备。

③ 苯二亚甲基异氰酸酯（XDI） 苯二亚甲基异氰酸酯（XDI）是由二甲苯（通常为71%的间二甲苯和29%的对二甲苯的混合物）与氨氧化制得苯二甲腈，经加氢还原成苯二甲胺，再光气化而成。

$$C_6H_4(CH_3)_2 + 2NH_3 + O_2 \longrightarrow C_6H_4(CN)_2 + 6H_2O$$

$$C_6H_4(CN)_2 + 4H_2 \longrightarrow C_6H_4(CH_2NH_2)_2$$

$$C_6H_4(CH_2NH_2)_2 + 2COCl_2 \longrightarrow C_6H_4(CH_2NCO)_2\ (\text{XDI}) + 4HCl$$

从 XDI 结构上看，由于—NCO 基团与苯环之间有一个亚甲基相隔，防止—NCO 基团与苯环形成共振，所以不会产生 SPUA 产品黄变现象。XDI 耐光性接近脂肪族异氰酸酯，不易黄变，而反应活性比 HDI 高，容易固化凝胶。

XDI 在室温下为无色透明液体，蒸气压较低，毒性较小，易溶于芳香烃、酯、酮等有机溶剂。XDI 的物理性能及质量指标见表 2-1-202。

表 2-1-202　XDI 的物理性能及质量指标

项　　目	间位 XDI	对位 XDI	工 业 产 品
外观	—	—	无色透明液体
分子量	188.19	188.19	188.19
化学式及组成			间位 XDI,70%～75% 对位 XDI,30%～25%
纯度/%	—	—	≥99.5
凝固点/℃	−7.2	45～46	5.6
沸点/℃	159～162(1.6kPa)	165(1.6kPa)	140(0.27～0.4kPa) 151(0.8kPa)
闪点/℃	—	—	185
密度/(g/cm^3)	—	—	1.202(20℃)
黏度/mPa·s	—	—	3.6(25℃)
蒸气压/Pa	—	—	0.8(20℃)
表面张力/(×10^{-3}N/m)	—	—	37.4(30℃)
折射率(n_D^{20})	—	—	1.429
溶解性	易溶于甲苯、乙酸乙酯、丙酮、氯仿、乙醚等		

④ 环己烷二亚甲基二异氰酸酯（H_6XDI）　环己烷二亚甲基二异氰酸酯又称氢化苯二亚甲基二异氰酸酯，简称氢化 XDI，写成 H_6XDI 或 HXDI。它是为了进一步改善 XDI 的耐黄变性而开发的。将生产 XDI 的中间体苯二甲胺氢化成环己烷二甲胺，再光气化就可制得氢化 XDI。所以它也和 XDI 一样，是约 70%的间位和约 30%的对位两种异构体的混合物。

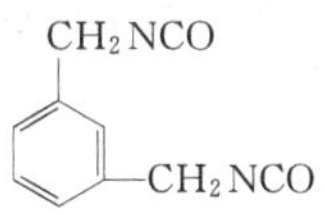

CH_2NCO　CH_2NCO　CH_2NCO　CH_2NCO

间位 XDI 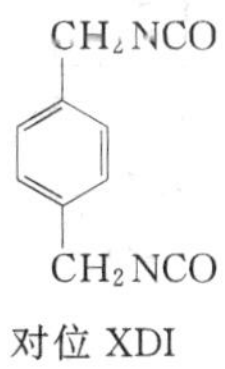　　对位 XDI

氢化 XDI 不仅光稳定性得到了改进，贮存稳定性也好，可用于脂肪族 SPUA 材料的制备。

日本武田药品公司生产氢化 XDI，分子量 194.2，相对密度（d_4^{25}）1.1，凝固点约−50℃，黏度 5.8mPa·s（25℃），蒸气压 53Pa（98℃），闪点 150℃。

⑤ 4,4′-二环己基甲烷二异氰酸酯（H_{12}MDI）　4,4′-二环己基甲烷二异氰酸酯简称氢化 MDI，简写为 H_{12}XDI 或 HDMI。结构式如下：

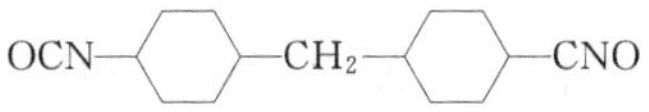

OCN—⬡—CH_2—⬡—CNO

氢化 MDI 分子内有两个环己基，是对称性的二异氰酸酯。它在化学结构上与 4,4′-二苯基甲烷二异氰酸酯（4,4′-MDI）相似，但氢化 MDI 是以六元环的脂环取代苯环。由于芳环被氢化，它的活性比 MDI 低得多。氢化 MDI 属于不泛黄的脂环族二异氰酸酯，它的蒸气压较高，是最有害的异氰酸酯之一。

HMDI 是以 4,4′-二氨基二苯基甲烷（MDA）为原料，在钌系催化剂存在下，经加氢和光气化制得。氢化 MDI 的物理性能及质量指标见表 2-1-203。

表 2-1-203 氢化 MDI 的物理性能及质量指标

项目	指标	项目	指标
分子量	262	密度/(g/cm³)	1.07±0.02
胺当量	≤132	酸度(以 HCl 计)/%	≤0.005
凝固点/℃	10～15	水解氯含量/%	≤0.005
黏度/mPa·s		色度(APHA)	≤35
25℃	30±10	闪点/℃	201
50℃	12±4	蒸气压/Pa	0.093(25℃)

氢化 MDI 主要生产厂家有 Du Pont 公司，牌号为 Hylene-W，现归属 Bayer 公司，其商品牌号为 Desmodur-W。

⑥ 四甲基苯二亚甲基二异氰酸酯（TMXDI） 四甲基苯二亚甲基二异氰酸酯简称 TMXDI，它是一种间位结构的二异氰酸酯，所以也有用 m-TMXDI 表示的。其分子结构是 XDI 的两个亚甲基上的氢原子被甲基取代，甲基取代了氢原子以后，提高了耐紫外线老化性和水解稳定性，减弱了氢键作用，使伸长率增加，而且由于甲基的屏蔽影响，使—NCO 基团的反应活性减弱，同时具有低毒、常温下是液体等特点，是早期的脂肪族 SPUA 材料使用最多的一种二异氰酸酯。结构式如下：

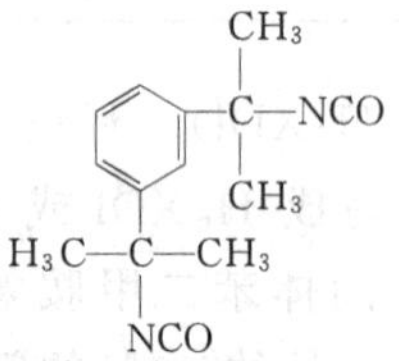

CH_3
—C—NCO
CH_3
H_3C—C—CH_3
NCO

美国氰特（Cytec）公司所生产的 TMXDI 的物理性能及质量指标见表 2-1-204。

表 2-1-204 美国 Cytec 公司所生产的 TMXDI 的物理性能及质量指标

项目	指标	项目	指标
外观	无色液体	熔点/℃	－10
分子量	244.3	蒸气压/Pa	0.39 (25℃)
—NCO 含量/%	34.4	闪点/℃	93
当量	122.1	黏度/mPa·s	
沸点/℃	150(0.4kPa)	0℃	25
自燃温度/℃	450	20℃	9
密度/(g/cm³)	1.05(20℃)		

2. 聚醚

在 SPUA 技术中用到的聚醚有两类：一类是用于芳香族 A 料合成的端羟基聚醚；另一类是用于脂肪族 A 料合成以及 B 料制备的端氨基聚醚。

(1) 端羟基聚醚

① 聚氧化丙烯醚多元醇 聚氧化丙烯醚多元醇（包括环氧乙烷封端的活性聚醚）是聚

脲芳香族A料合成中用量最多的端羟基聚醚，即人们常说的聚醚或PPG。这类聚醚是在起始剂和催化剂存在下，由环氧丙烷开环聚合制得的。SPUA用聚醚主要采用二元醇起始剂，如丙二醇等，有时也掺混部分三官能团多元醇。聚醚的官能度是由起始剂的官能度或活泼氢个数决定的。

$$YH + n\,\underset{\diagdown O \diagup}{CH_2 - \overset{R}{\overset{|}{C}H}} \xrightarrow{\text{催化剂}} Y\!-\!\!\left[\!\left(CH_2 - \overset{R}{\overset{|}{C}H} - O\right)_n H\right]_x$$

式中 n——聚合度；

x——官能度；

YH——起始剂主链；

R——烷基或氢。

聚氧化丙烯醚多元醇的品种很多，但能够用于SPUA材料中A料合成的品种规格不多，常用的几种见表2-1-205。

表2-1-205 用于SPUA技术的聚氧化丙烯醚二元醇物理性能指标

规格	官能度	羟值/(mgKOH/g)	酸值/(mgKOH/g)	平均分子量	pH	水分/%	相对密度	色度(APHA)	总不饱和度/(mmol/g)
PPG-400	2	270～290	≤0.05	约400	6～8	≤0.05	1.008	≤50	—
PPG-700	2	155～165	≤0.05	约700	6～7	≤0.05	1.006	≤50	≤0.01
PPG-1000	2	109～115	≤0.05	约1000	5～8	≤0.05	1.005	≤50	≤0.01
PPG-1500	2	72～78	≤0.05	约1500	5～8	≤0.05	1.003	≤50	≤0.03
PPG-2000	2	54～58	≤0.05	约2000	5～8	≤0.05	1.003	≤50	≤0.04
PPG-3000	2	36～40	≤0.05	约3000	5～8	≤0.05	1.002	≤50	≤0.01

聚醚的分子量越大，单羟基聚醚的含量越高。这些单羟基聚醚分子的存在如同链终止剂，势必阻碍与二异氰酸酯的链增长反应，影响最终产品的性能。为了降低聚醚中一元醇（即单羟基聚醚）的含量，提高SPUA材料的性能，近年来美国的Arco和德国的Bayer等公司，进行了大量的研究开发工作，1995年Arco公司推出了商品牌号为Acclaim，不饱和度仅为0.005mmol/g的聚醚。Acclaim聚醚的特点是在具备高分子量（2000～8000）的同时，具有极低一元醇含量，而且分子量分布很窄，分布系数M_w/M_n接近1，黏度低，贮存稳定性好，具有良好的工艺操作性能。将Acclaim聚醚用于SPUA材料，可赋予材料优良的力学强度和高回弹性。表2-1-206、表2-1-207列出了这些聚醚的性能指标。

表2-1-206 普通聚醚（PPG-2000）和Acclaim聚醚不饱和度等质量指标的比较

规格		不饱和度或一元醇含量/(mmol/g)	一元醇含量计算(摩尔分数)/%	实际官能度f(计算官能度)
M_n2000二元醇	普通PPG-2000	0.03	8	1.92
	Acclaim 2200	0.005	1	1.99
M_n4000二元醇	普通PPG-4000	0.09	30	1.70
	Acclaim 4200	0.005	2	1.98
M_n8000二元醇	Acclaim 8200	0.005	4	1.96

表 2-1-207 普通聚醚（PPG-2000）和 Acclaim 聚醚性能指标的比较

项目	普通聚醚		Acclaim 聚醚				
	PPG-2025	PPG-4025	2200	4200	8200	6300	3201
分子量	2000	4000	2000	40000	8000	6000	3000
标称官能度	2	2	2	2	2	3	2
黏度/mPa·s							
20℃	520	1685	465	1225	4215	1900	775
40℃	56	28	56	28	14	28	37
羟值/(mgKOH/g)	56	28	56	28	14	28	37
不饱和度/(mmol/g)	0.025	0.085	0.005	0.005	0.005	0.005	0.005
酸值/(mgKOH/g)	0.010	0.017	0.02	0.018	0.02	0.02	0.018
含水量/%	0.035	0.035	0.025	0.025	0.025	0.025	0.025
色度(Pt-Co,40℃)	30	50	20	20	20	20	20

② 聚四氢呋喃多元醇　聚四氢呋喃多元醇简称聚四氢呋喃（PTHF），又称聚四亚甲基醚二醇（PTMEG）、聚四亚甲基二醇（PTMG 或 PTG）、聚 1,4-氧四亚甲基二醇（POT-MD），聚丁二醇是由四氢呋喃开环聚合制得的较低分子量的聚醚二醇，其结构式如下：

$$HO\!\left[CH_2-CH_2-CH_2-CH_2-O\right]_nH$$

醚键氧原子相邻的碳原子易被空气氧化，也易受紫外线攻击。所以 PTMG 产品中需添加抗氧剂（如抗氧剂 264），添加量约为 200mg/kg。此外，还需采取防潮措施，注意密封保存。

③ 聚 ε-己内酯多元醇　聚 ε-己内酯多元醇简称聚己内酯（PCL），是 20 世纪 50 年代中期由美国 UCC 公司开发的，60 年代初用于聚氨酯合成。它是在起始剂和催化剂存在下由 ε-己内酯开环聚合制得的，常用的催化剂有四丁基钛酸酯、四异丙基钛酸酯、辛酸亚锡等。

UCC 公司生产的聚己内酯多元醇商品牌号为 Niax Polyol，有 4 种规格的分子量，主要用于聚氨酯弹性体，包括 TPU、CPU 和 MPU。主要物理性能指标见表 2-1-208。

表 2-1-208 聚 ε-己内酯多元醇商品牌号及规格

项目	Niax Polyol-D510	D520	D540	D560
平均分子量 M_n	530	830	1250	2000
羟值/(mgKOH/g)	210±10	135±7	90±5	56±3
酸值/(mgKOH/g)	0.3	0.3	0.3	0.3
凝固点/℃	30～40	35～45	40～50	45～55
密度(40℃)/(g/cm³)	1.083	1.083	1.082	1.081
黏度(40℃)/mPa·s	70	130	230	500
水分/%	<0.03	<0.03	<0.03	<0.03
色度(APHA)	<100	<100	<100	<100

据介绍，近年来国外推出了分子量分布很窄的聚 ε-己内酯二醇，其商品牌号为 PCL-210N 和 PCL-220N。前者分子量为 1000，后者分子量为 2000。与普通的 PCL-210 和 PCL-220 相比，其分子量分布（M_w/M_n），前者由 2.00 降至 1.24，后者由 1.88 降至 1.34。用 PCL-210N 或 PCL-220N 和 MDI 制得预聚物与 B 料反应生成的 SPUA 材料，其力学强度、耐磨性和回弹性都比普通聚醚好，适用于制造衬里、停车场和矿山输送设备等。

(2) 端氨基聚醚　端氨基聚醚（amine terminated polyether，或者 polyetheramine）是一类由伯氨基或仲氨基封端的聚氧化烯烃化合物，也是 SPUA 技术非常关键的原材料。由于大分子链的端氨基含有活泼氢，能与异氰酸酯基团和环氧基团反应，因此，近年来端氨基聚醚主要用于聚氨酯（聚脲）材料的合成原料和环氧树脂的交联剂。除此之外，端氨基聚醚还可在发动机燃油中用于抗浑浊、抗沉降添加剂。

根据端氨基相连烃基结构的不同，端氨基聚醚可分为芳香族和脂肪族两类；根据氨基基团中氢原子被取代的个数，又可分为端伯氨基和端仲氨基聚醚。以叔氨基为端基的聚醚没有反应活性，某些低分子量产物只能作为溶剂。另外，如果聚酯的分子链段末端被氨基封端，则称为端氨基聚酯。

端氨基聚醚应用于聚氨酯（聚脲）材料，基于两个主要优点：①氨基化合物与异氰酸酯反应速率比羟基快，可缩短反应的时间；②由氨基化合物与异氰酸酯反应生成的聚脲，在相邻的双氢键（bifurcated hydrogen bond）作用下，其极性要比羟基与异氰酸酯基反应所生成的氨基甲酸酯基强得多。因此，聚脲结构中分子间的作用力特别强，硬链段和软链段的相分离更加明显，聚合物中硬链段区域的熔融温度比起聚氨酯结构也更高，表现在弹性体制品的性能上，聚脲的物理性能和耐热性能远优于聚氨酯。

端氨基聚醚的合成方法，见诸报道的已有很多，用于工业生产的也有几种。下面分芳香族和脂肪族端氨基聚醚两类对几种具有代表性的端氨基聚醚的合成方法进行介绍。一般来说，芳香族的端氨基聚醚活性稍低，适用于 RIM 制品；脂肪族端氨基聚醚活性较芳香族的高，黏度较芳香族的低，更适合于 SPUA 工艺。这两类端氨基聚醚在合成方法上并没有严格的界限，有时是可以互换的。

① 芳香族端氨基聚醚的合成方法

a. Simons 法　早在 1957 年，杜邦公司的 D. M. Simons 就首次报道了芳香族端氨基聚醚的合成方法。在他的专利中，提出了芳香族端氨基聚醚的三种合成方法。第一种方法是，先用对硝基苯异氰酸酯对聚醚二元醇进行封端，然后通过加氢反应，使硝基转化为氨基。第二种方法是聚醚双氯甲酯与苯二胺反应，得到端氨基聚醚。反应式如下：

$$Cl-\underset{\underset{O}{\|}}{C}-O\sim\sim O-\underset{\underset{O}{\|}}{C}-Cl + H_2N-C_6H_4-NH_2 \longrightarrow$$

$$H_2N-C_6H_4-NH-\underset{\underset{O}{\|}}{C}-O\sim\sim O-\underset{\underset{O}{\|}}{C}-NH-C_6H_4-NH_2$$

Simons 在他的专利中还提出了第三种合成方法，即异氰酸酯预聚体经水解反应而得到端氨基聚醚的一些原则方法。这是 Simons 富有前瞻性的专利发现，因为后来工业化生产芳香族端氨基聚醚正是采用了这一思路。

b. 水解法　1982 年 Bayer 公司的 Rasschover 等提出了将聚醚或聚酯多元醇的 TDI 预聚体通过与碱性水溶液反应，生成含有氨基甲酸酯的中间体，然后再得到化合物的方法。这一方法的关键在于第一步反应必须在低温（18～20℃）下进行，以保证氨基甲酸酯的全部形成，第二步通过升高温度，使端氨基甲酸酯基团分解，形成氢键，并释放二氧化碳。

$$\underset{OCN}{H_3C-C_6H_3}-NHCO-O\sim\sim O-CONH-\underset{NCO}{C_6H_3-CH_3} \xrightarrow[-CO_2]{H_2O/OH^-}$$

$$\underset{H_2N}{H_3C-C_6H_3}-NHCO-O\sim\sim O-CONH-\underset{NH_2}{C_6H_3-CH_3}$$

该合成方法的优点是反应体系的黏度在反应过程中没有明显的增大。这是因为在第一步反应加碱水过程中，控制体系在低温下反应，抑制了聚脲的生成，因而没有明显的扩链反应。由于氨基甲酸酯键在此反应条件下较稳定，—NCO 基团的水解反应有很高的选择性，只有极少数的氨基甲酸酯因断裂而形成微量的游离甲苯二胺 TDA。因而可以说，最终产物的黏度和游离 TDA 的含量取决于预聚物的起始黏度和游离 TDA 的含量。

c. 氨苯氧基法 氯代硝基苯在强碱和极性溶剂（如二甲基亚砜）的作用下，与聚醚多元醇反应，得到聚醚被硝苯氧基封端的中间产物，然后再通过加氢反应，使硝苯氧基化合物还原为氨苯氧基化合物。

$$HO\sim OH + Cl-C_6H_4-NO_2 \xrightarrow[-NaCl/-H_2O]{NaOH/DMSO} O_2N-C_6H_4-O\sim O-C_6H_4-NO_2 \xrightarrow[-H_2O]{H_2/催化剂} H_2N-C_6H_4-O\sim O-C_6H_4-NH_2$$

在第一步反应中，活泼氢的亲核取代需要在强碱和极性溶剂条件下进行，否则难以获得高产率的硝苯基氧化物；而第二步的加氢反应则比较容易。利用这种方法得到的氨苯氧基封端的端氨基聚醚具有相当低的黏度，并且从反应活性看，能很好地满足 RIM 工艺对原料的要求。

② 脂肪族端氨基聚醚的合成方法

a. 氨解法 将醇、氨和氢气的气态混合物在 200℃左右和一定压力下，通过 Cu-Ni 催化作用而完成。整个反应过程包括醇的脱氢、醛的加成氨化、羟基胺的脱水和烯亚胺的加氢生成胺等步骤。

b. 离去基团法 氨解反应由于需要高温高压等条件，因此设备投资和操作成本都较高。Simons 提出了将胺与含有离去基团（leaving groups）的聚醚反应，可得到端氨基聚醚，而且成本较低。其过程是首先将聚醚多元醇与光气反应，在聚醚两端引入氯甲酸酯基团：

$$HO\sim OH + 2COCl_2 \xrightarrow{-HCl} ClOCO\sim OCOCl$$

然后用二元胺与聚醚氯甲酸酯进行反应。氨基与氯甲酸酯基团的摩尔比为 3∶1，便可得黏度极低的由氨基甲酸酯键连接的端氨基聚醚。过量的二元胺可作为 HCl 的吸收剂。

$$ClOCO\sim OCOCl + H_2N-R-NH_2 \xrightarrow{-HCl} H_2N-R-NHCOO\sim OCONH-R-NH_2$$

值得指出的是，在第一步氯甲酸酯的形成过程中，有可能存在羟基与氯的亲核取代副反应，特别是当反应物中含有二甲基甲酰胺（DMF）时，副反应就会变成主要的反应而生成端氯代烷基聚醚。

$$HO\sim OH + 2COCl_2 \xrightarrow[-CO_2,\ -HCl]{DMF} Cl\sim Cl$$

在 HCl 吸收剂存在下，端氯代烷基聚醚可与脂肪族的一元伯胺反应，得到由仲胺封端的聚醚：

$$Cl\sim Cl + 2RNH_2 \xrightarrow{-HCl} HN(R)\sim NH(R)$$

这种含仲氨基的端氨基聚醚，其黏度甚至比它的起始聚醚还低。氯化聚醚如果与二元伯胺反应，则端氨基聚醚的末端含有伯氨基。

后来还有人发现，甲磺酰基团是比氯更有效的离去基团，利用甲磺酰氯可非常容易地将甲磺酰基引入聚醚的两端，并且甲磺酰基团与胺的亲核取代反应也能很好地进行：

$$HO\sim OH + 2CH_3SO_3Cl \xrightarrow{-HCl} CH_3SO_3O\sim OSO_3CH_3 \xrightarrow[-CH_3SO_3H]{+RNH_2} HN(R)\sim NH(R)$$

c. 氨基丁烯酸酯法 与前两种脂肪族端氨基聚醚合成方法不同，利用氨基丁烯酸酯（aminocrotonates）法制备端氨基聚醚，可非常灵活地选择聚醚两端的氨基种类。首先用二烯酮（diketen）或者通过乙酰乙烯乙酯与聚醚多元醇的酯交换反应，在聚醚的两端接上乙酰乙酸乙酯基团，然后将被乙酰乙酸酯键封端的聚醚与一元伯胺、氨基醇胺或二元伯胺进行胺化，得到端基为氨基丁烯酸酯、黏度很低的亚胺化合物。

$$HO\sim\sim OH + 2CH_3COCH_3COOC_2H_5 \xrightarrow{-C_2H_5OH} OOCH_2COCH_3C\sim\sim OCOCH_2COCH_3 \xrightarrow[-2H_2O]{+2RNH_2} \underset{\displaystyle NHR}{CH_3C}=\!\!=\sim\sim OCOCH=\!\!=\underset{\displaystyle NHR}{H_2CC}$$

在第一步反应中，如果需要部分地将聚醚乙酰乙酸酯基化，则选用叔丁基乙酰乙酸（TBAA）作为封端基，能有效地进行定量反应。在这里，TBAA 不是直接与多元醇进行亲核取代反应，而是先通过消去-加成反应生成一个乙酰乙基酮中间体，再由这个中间体与聚醚多元醇反应，得到封端产物：

$$CH_3COCH_2COOC(CH_3)_3 \xrightarrow[-C(CH_3)_3OH]{} CH_3COCH=\!\!=C=\!\!=O$$

$$HO\sim\sim OH + CH_3COCH=\!\!=C=\!\!=O \longrightarrow OOCH_2COCH_3C\sim\sim OCOCH_2COCH_3$$

这个反应中的副反应特别少，生成的叔丁醇纯度很高，完全可以直接回收，用于TBAA 的再生。

在第二步的胺化反应中，所采用的氨基化合物可以是一元伯胺，也可以是二元伯胺，还可以是链烷醇胺，甚至还可以是芳香族伯胺。对于一元胺，胺化反应需要有催化剂（如质子酸或路易斯酸）的作用，并且要利用甲苯回流的方法除去生成的水；而对于脂肪族的二元胺，胺化反应虽然不再需要催化剂，但是两个氨基易于同时参加反应，从而引起扩链，黏度会有一定程度的增加。不过由这类反应得到的端氨基聚醚黏度已足够低，因此，黏度的适当增加在实际使用中是可以接受的。

氨基丁烯酸酯的反应活性取决于所用氨基化合物的活性，因而这类端氨基聚醚的活性范围可以覆盖很广。如果选择如 2-乙基戊二胺这样的无位阻作用的脂肪族二元胺作胺化剂，所得到的端氨基聚醚的活性可与活性非常高的 JEFFAMINE® 相当。另外，还应指出的是，虽然乙酰乙酸酯中酯键的稳定性不尽如人意，但是，由这类端氨基聚醚制得的聚氨酯弹性体具有非常稳定的物理特性，特别是它们的耐水解性尤为突出。这是因为氨基丁烯酸酯基团本身能够形成一个含有定位很好的氢键（well-positioned hydrogen bond）的环状结构，具有较高的稳定性。核磁共振谱图也已经证实了这种结构的存在。

~~~O—C(=O)—CH=C(CH₃)—N(R)—H···O（分子内氢键六元环结构）

以上介绍了芳香族与脂肪族端氨基聚醚几种典型的合成方法。与芳香族端氨基聚醚相比，脂肪族端氨基聚醚以其更低的黏度和更高的活性，在 SPUA 工艺中起了决定性的作用。但不管是芳香族端氨基聚醚，还是脂肪族端氨基聚醚，它们与异氰酸酯反应所形成的聚脲结构的优越性，已日益被人们所重视，因而端氨基聚醚在聚氨酯领域里的地位和作用已越来越重要。下面着重介绍端氨基聚醚在聚脲工业的应用情况。

20 世纪 70 年代，美国 Texaco（今 Huntsman）公司在世界上最先获得了端氨基聚氧化丙烯醚的专利生产权（商品牌号为 JEFFAMINE®），当时生产的目的主要是用于环氧树脂的增韧固化剂。到 20 世纪 80 年代初期，随着 RIM 技术的崛起，人们发现了将 JEFFAMINE® 用于快速成型的聚氨酯（脲）体系中的明显优势。而真正将它用于 SPUA 技术的是 Texaco 公司的化学家 Dudley J. Primeaux Ⅱ先生。他在当时 Texaco 公司的 Austin 实验室，发明了 SPUA 技术，并最早于 1989 年发表研究文章。

Huntsman 公司的 JEFFAMINE® 产品有两个系列（表 2-1-209），即三官能度的 T 系列（图 2-1-51）和二官能度的 D 系列（图 2-1-52）。
~~~

表 2-1-209 JEFFAMINE® 系列聚醚

牌　号	官能度	分子量	牌　号	官能度	分子量
T5000	3	5000	D4000	2	4000
T3000	3	3000	D2000	2	2000
T403	3	400	D230	2	230

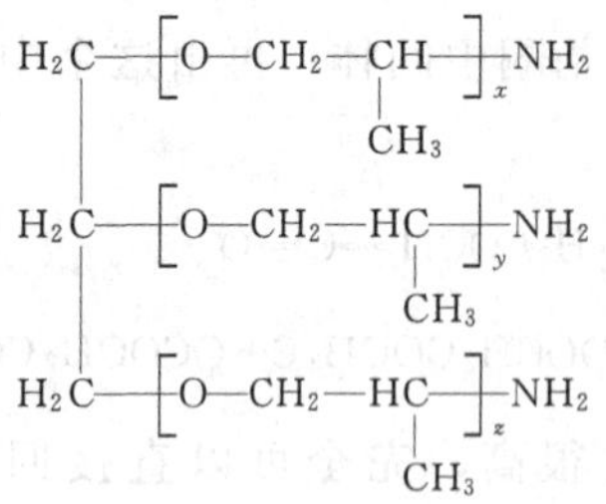

$H_2C-[O-CH_2-CH(CH_3)]_x-NH_2$

$H_2C-[O-CH_2-HC(CH_3)]_y-NH_2$

$H_2C-[O-CH_2-HC(CH_3)]_z-NH_2$

图 2-1-51 T 系列聚醚分子结构

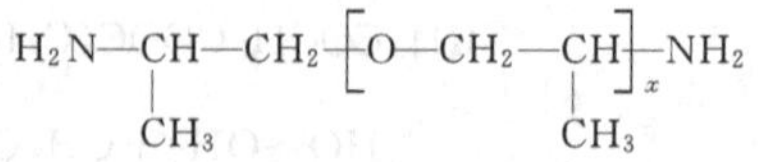

$H_2N-CH(CH_3)-CH_2-[O-CH_2-CH(CH_3)]_x-NH_2$

图 2-1-52 D 系列聚醚分子结构

由于 Huntsman 公司长期垄断 JEFFAMINE® 产品的制造权，使得该产品的价格一直居高不下。从发明 SPUA 产品的意义上讲，Huntsman 公司对世界聚脲工业的诞生和发展功不可没。但是，从发展的眼光来看，由于它的价格垄断策略，从某种意义上讲，也阻碍了 SPUA 技术的快速发展。2000 年以来，随着端氨基聚醚专利保护期的解禁，德国 BASF 公司利用其生产化工中间体的技术优势，迅速将端氨基聚醚产业化（表 2-1-210），并以较低的价格占领市场。

表 2-1-210 BASF 公司生产的端氨基聚醚

牌　号	黏度(25℃)/mPa·s	色泽 /Hazen	相对密度 (20℃)	当量	分子量
D230	9.4	≤30	0.95	60	230
D400	26.5	≤100	0.97	115	400
D2000	430.7	≤75	1.00	514	2000
T403	70	1	—	81	400

国内也在加紧研制端氨基聚醚，江苏化工研究所于 2002 年开发成功端氨基聚醚，并与扬州晨化科技集团公司合作生产出了系列产品（表 2-1-211）。

表 2-1-211 国产端氨基聚醚的性能指标

牌　号	黏度(25℃) /mPa·s	相对密度	色泽 /Hazen	活性氢当量	特　性	用　途
CGA-D230	5～50	0.95	≤30	60	色浅，黏度低，中温固化，柔软性好	涂料、灌注、胶黏剂、复合材料
CGA-D400	20～100	0.97	≤30	115	使涂料增加柔软性，耐磨性、冲击性好	涂料、灌注、胶黏剂
CGA-T403	50～100	0.98	≤100	81	三官能团，硬度高，耐候性、耐热性好	灌封、胶黏剂
CGA-D2000	200～500	0.99	≤100	514	与其他固化剂配合，赋予更好的柔韧性	环氧树脂增韧剂、聚脲
CGA-T5000	600～800	1.0	≤100	850	是一种 PU 用活性扩链剂，由于具有脂肪族长链结构，可降低硬度，在环氧工业中可用于增韧剂	环氧树脂增韧剂、聚脲

3. 扩链剂

喷涂聚脲弹性体配方多种多样，产品应用十分广泛，但其合成工艺过程一般使用一步半法。一步半法也称半预聚物法或半预聚体法。它是将二异氰酸酯和低聚物多元醇或氨基聚醚反应先合成半预聚物。通常这种半预聚物分子的端基为异氰酸酯基（—NCO），平均分子量较低，一般在5000以下。要将预聚物加工成制品，还需要加入胺类扩链剂和氨基聚醚的混合物与之反应。胺类扩链剂中的氨基与上述预聚物中的—NCO端基反应，生成氨基甲酸酯或脲，起扩链作用。活泼氢个数大于2的二胺化合物与上述半预聚物反应时，既可起扩链作用，又可起交联作用，可称为扩链交联剂。一般二胺类扩链剂有两个氨基，含4个活泼氢原子。它与半预聚物反应时，随着胺指数（$—NH_2$∶—NCO）的变化，可产生不同的化学反应。当$—NH_2$∶—NCO≥1时，在适宜的条件下，$—NH_2$基只与—NCO基反应起扩链作用。但当$—NH_2$∶—NCO<1时，$—NH_2$基上的一个氢原子与预聚物中的—NCO基反应生成脲结构，起扩链作用。多余的—NCO基在较高的温度下还能与上述生成的脲基上的活泼氢原子进一步反应，生成缩二脲支化或交联。生产喷涂聚脲弹性体时，通常将异氰酸酯指数（即—NCO∶$—NH_2$的当量比）定在1.05～1.1之间，其目的就是要使加工的制品具有适当的交联密度，以改善压缩永久变形和耐溶胀等性能。所以一般的二胺类扩链剂在实际使用中，除了起扩链作用外，还可在过量—NCO基存在下，在大分子之间产生缩二脲交联。

二胺是浇注型聚氨酯（CPU）的重要扩链剂，主要用于TDI系列预聚物的硫化剂。脂肪族二胺碱性强，活性高，与异氰酸酯反应十分剧烈，成胶速率太快，难以控制，在CPU生产中无使用价值。但在SPUA生产中，可用于脂肪族SPUA扩链剂使用。芳香族二胺的活性比较适中，并能赋予弹性体良好的物理机械性能，是在SPUA中使用最为广泛的扩链剂。

(1) 固体胺类扩链剂（MOCA）　讲到芳香族二胺扩链剂，首先应介绍3,3′-二氯-4,4′-二氨基二苯甲烷（MOCA）。MOCA是浇注型聚氨酯弹性体消耗量最大的一种扩链剂。它是聚氨酯弹性体中用量最多的品种，它的消耗量一直占绝对优势。虽然它在SPUA材料中很少采用，但它促进人们利用空间位阻效应开发了一系列的液体胺类扩链剂。

MOCA结构式如下：

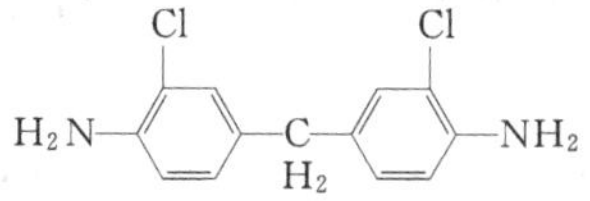

Cl　Cl

H_2N—⟨苯环⟩—$\underset{H_2}{C}$—⟨苯环⟩—NH_2

MOCA是40多年前由Du Pont公司开发的，它是由邻氯苯胺和甲醛缩合而成的。在缩合产物中除了上述反应生成的4,4′-对位二胺外，还有少量的异构体和三元胺生成，其含量一般在10%以下，实际上MOCA熔点范围的大小就反映了MOCA纯度的高低。

MOCA在高温或长时间加热时会氧化，使颜色变深，所以规定MOCA的加热温度不要超过135℃。20世纪60年代美国ACC公司对MOCA（牌号为Cyanaset-M）在不同温度下允许加热的时间做了如下规定：

加热温度/℃	110	120	132
允许加热时间/天	4	2	1

MOCA的价格比其他的液体胺类扩链剂要低得多，因此在SPUA中使用MOCA，主要为降低成本，同时还可降低反应速率，提高表观性能。其使用方法是将一定量的MOCA与氨基聚醚混合后加热至105℃左右，熔化后即可使用。为了改善扩链剂与MDI预聚物的配伍性，苏州市湘园特种精细化工有限公司于近年来开发出液体胺类扩链剂。

(2) 液体胺类扩链剂

① 二乙基甲苯二胺（DETDA）　虽然MOCA在聚氨酯工业中的作用很大，但其熔化加工工艺给SPUA的生产带来麻烦。20世纪80年代初美国Ethyl公司开发生产的二乙基甲苯二胺（DETDA），其商品牌号为ETHACURE® 100，是目前颜色最浅的已商品化的液体芳

香胺类扩链剂。它是由甲苯二胺和乙烯在三氯化铝催化下进行烷基化反应制得的。由 3,5-二乙基-2,4-甲苯二胺和 3,5-二乙基-2,6-甲苯二胺两种主要异构体组成。

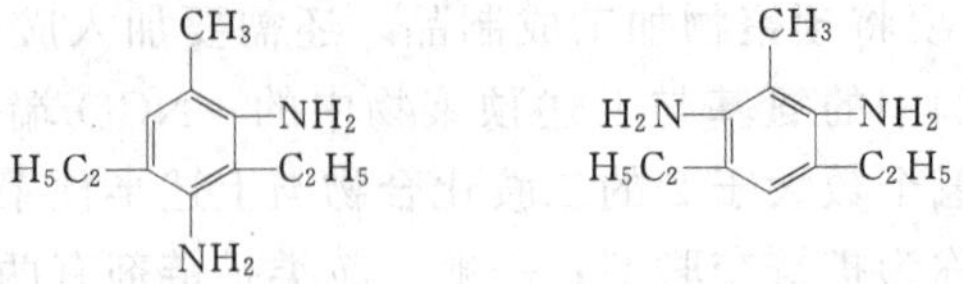

它的标准组成如下：

3,5-二乙基-2,4-甲苯二胺	75.5%～81.0%	其他三羟基间苯二胺	0～0.4%
3,5-二乙基-2,6-甲苯二胺	18.0%～20.0%	2,4,6-三乙基-1,3-二胺	0～0.1%
二羟基间苯二胺	0.3%～0.5%		

DETDA 的主要物理性能和质量指标见表 2-1-212。

表 2-1-212 DETDA 的主要物理性能和质量指标

项 目	指 标	项 目	指 标
外观	澄清的琥珀色液体	燃点(TCC 在热导池中)/℃	>135
分子量	178.28	黏度/mPa·s	
相对密度(20℃)	1.022	20℃	280
凝固点/℃	15	25℃	155

DETDA 常温下为液体，可在 100℃以下使用，是芳香族 SPUA 使用最广泛的扩链剂。它具有反应速率快、初始强度高、保色性好等特点，适用于生产浅色产品，同时还能提高产品拉伸强度、冲击强度和耐热性。

② 二甲硫基甲苯二胺（DMTDA 或 DADMT） Ethyl 公司后来开发的另一种类似结构的液体二胺扩链剂名为 3,5-二甲硫基甲苯二胺（DMTDA 或 DADMT），其商品牌号为 ETHACURE® 300。现美国雅宝公司（Albemarle）生产这种扩链剂，它由 3,5-二甲硫基-2,4-甲苯二胺和 3,5-二甲硫基-2,6-甲苯二胺两种异构体组成，比例为 80∶20，结构式如下：

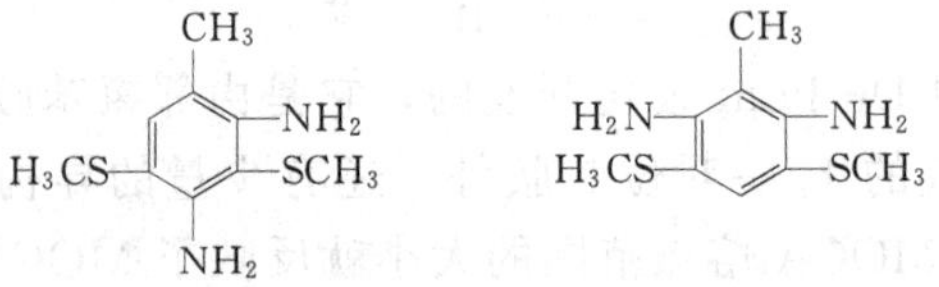

DADMT 的物理性能和质量指标见表 2-1-213。

表 2-1-213 DADMT 的物理性能和质量指标

项 目	指 标	项 目	指 标
外观	琥珀色液体	燃点(PMCC)/℃	176
分子量	214	凝固点/℃	4
相对密度		黏度/mPa·s	
20℃	1.208	20℃	690
60℃	1.18	60℃	22
100℃	1.15	100℃	5
蒸气压(2.23kPa)/℃	200		

DMTDA 与预聚物反应的速率比 DETDA 低很多，与 DETDA 混合使用，能赋予弹性体良好的表面流平性能，同时对力学性能影响不大。由于它是液体，且黏度不大，便于使用，是新开发的二胺类扩链剂中较有推广价值的品种之一。不足之处是它不能用于浅色制品，同时由于

其分子中含有甲硫基（—SCH_3），有刺激性异味，所生产出的 SPUA 也有这种味道，不适合于室内使用；在室外使用容易变色、泛黄，不能用于对保色性要求较高的场合。

使用平均分子量为 2000 的聚己二酸乙二醇酯与 TDI 制备预聚物，再分别与 TX-2、DADMT、MOCA 扩链生成聚氨酯弹性体，其综合性能比较见表 2-1-214。结果表明，TX-2 扩链剂的性能与 DADMT 很接近。

表 2-1-214　几种扩链剂的综合性能比较

项　目	TX-2	DADMT	MOCA	项　目	TX-2	DADMT	MOCA
混合温度/℃				断裂伸长率/%	600	560	490
预聚物	80	80	80	300%定伸强度/MPa	10.9	15.0	12.3
扩链剂	20	20	120	撕裂强度/(kN/m)	95	86	86
凝胶时间/min	8	5	9	硬度(邵尔 A)	86	90	89
拉伸强度/MPa	55.5	55.5	56.8	冲击弹性/%	12	18	14

③ *N*,*N′*-二烷基甲基二胺（UNILINK® 4200）　*N*,*N′*-二烷基甲基二胺（UNILINK® 4200）是美国 UOP（Universal Oil Products，Co.）公司开发的一种位阻型仲胺类扩链剂。UNILINK® 4200 结构式如下：

$$H_3C-\underset{C_2H_5}{CH}-NH-C_6H_4-CH_2-C_6H_4-NH-\underset{C_2H_5}{CH}-CH_3$$

其分子中含有一个不稳定的—H 基和一个烷基，烷基在分子中相当于内增塑剂，由于这种内增塑剂是化学键结合在弹性体中，所以不会迁移和挥发，其物理性能见表 2-1-215。与其他的芳香族液体胺类扩链剂相比，UNILINK® 4200 与异氰酸酯的反应速率要慢，可以获得较好的表面状态，同时可以降低硬度、提高抗冲击性和低温性能。单独使用 UNILINK® 4200 作为扩链剂，喷涂体系的凝胶时间可以延长到 40s 以上，也可以与 DETDA 混合使用，延长凝胶时间，提高附着力和表面状态。

表 2-1-215　UNILINK® 4200 的物理性能

项　目	指　标	项　目	指　标
外观	深琥珀色液体	密度(20℃)/(g/cm³)	0.996
分子量	310	黏度(38℃)/mPa·s	115
当量	155	闪点/℃	149

④ *N*,*N′*-二烷基苯二胺（UNILINK® 4100）　美国 UOP 公司还推出另外一种用于 SPUA 技术的位阻型仲胺类扩链剂 *N*,*N′*-二烷基苯二胺（UNILINK® 4100），虽然其结构与 UNILINK® 4200 有所不同，但也可用于 B 料的配方设计中，起到延长凝胶时间、降低反应速率的作用。UNILINK® 4100 结构式如下：

$$H_3C\!\!-\!CH_2\!-\!CH(CH_3)-HN-C_6H_4-NH-CH(CH_3)-CH_2-CH_3$$

UNILINK® 4100 的物理性能见表 2-1-216。

表 2-1-216　UNILINK® 4100 的物理性能

项　目	指　标	项　目	指　标
外观	深红色液体	密度(20℃)/(g/cm³)	0.94
分子量	220	黏度(38℃)/mPa·s	8.5
当量	110	闪点/℃	115

⑤ UNILINK® 4102 和 UNILINK® 4132 UNILINK® 4102 是一种用于聚氨酯的液态芳香族二胺扩链剂。UNILINK® 4102 结构式如下：

R—HN NH—R（苯环）

UNILINK® 4102 具有独特的性能：有很长的施工寿命，制品的硬度很低；UNILINK® 4132 是 70％的 UNILINK® 4102 和 30％的四羟基交联剂的混合体，两者的物理性能见表2-1-217。

表 2-1-217 UNILINK® 4102 和 UNILINK® 4132 的物理性能

项　目	UNILINK® 4102	UNILINK® 4132	项　目	UNILINK® 4102	UNILINK® 4132
形态	深色液体	深色液体	黏度(38℃)/mPa・s	8	28
当量	110	99	闪点/℃	130	118
相对密度(16℃)	0.94	0.96			

UNILINK® 4102 可以单独用于低硬度弹性体的扩链剂，同时 UNILINK® 4102 和 UNILINK® 4132 一般都能在扩链剂组分中起到提高弹性体物理性能的作用。两者的主要优点有：a. 与其他扩链剂组分相容性好；b. 液态化合物，使用方便；c. 性价比高，是 MDI 型弹性体理想的胺类扩链剂之一。和其他 UNILINK 扩链剂混合后，具有延长施工寿命、降低产品硬度、改善压缩变形等优点。

⑥ UNILINK® 4230 UNILINK® 4230 是一种易混合、易流动的液体扩链剂，能够使 SPUA 材料的扩链和交联达到很好的平衡。UNILINK® 4230 是 70％的 UNILINK® 4200 和 30％的四（2-羟丙基）乙二胺混合而成的，其中 UNILINK® 4200 给这个扩链剂以优异的扩链性能，而四官能度的多元醇赋予交联性能。

UNILINK® 4230 的主要优点有：a. 预先进行了混合，容易使用；b. 液态化合物，使用方便；c. 延长施工寿命；d. 不易吸潮；e. 同许多扩链剂都有较好的相容性等，其物理性能见表 2-1-218。

表 2-1-218 UNILINK® 4230 的物理性能

项　目	指　标	项　目	指　标
物理形态	深琥珀色液体	当量	130
组成	70％(eq)UNILINK® 4200	相对密度(16℃)	1.01
	30％(eq)四官能度多元醇	黏度(38℃)/mPa・s	265

(3) 脂肪族二胺扩链剂

① 异佛尔酮二胺（IPDA） 异佛尔酮二胺（IPDA）是一种通过异佛尔酮化学反应制成的脂环族二胺，是由 3-氨甲基-3，5，5-三甲基环己基胺的两种异构体形成的混合物，IPDA（3-aminomethyl-3，5，5-trimethylcyclohexylamine）是一种无色有轻微氨味的低黏度液体，IPDA 结构式如下：

NH_2

H_3C　CH_3

H_3C　CH_2NH_2

异佛尔酮二胺（IPDA）的物理性能见表 2-1-219。

表 2-1-219　IPDA 的物理性能

项　目	指　标	项　目	指　标
分子量	170.3	蒸气压(25℃)/Pa	1.467
异构体比例(邻位∶对位)	3.2∶1	熔点/℃	10
色度(APHA)	<15	沸点(101325Pa)/℃	247
胺值/(mgKOH/g)	644	闪点/℃	112
胺当量	85.1	自燃温度/℃	112
相对密度[25℃(77℉)]	0.920～0.925	反射系数(25℃)	1.4877
黏度[20℃(68℉)]/mPa·s	18	水溶性	可溶
蒸气相对密度(空气=1)	5.9		

IPDA 的反应速率比 DETDA 要快得多，因此不适合用于芳香族 SPUA，主要用于脂肪族 SPUA，所制得的产品收缩率小，色泽稳定性、耐化学品性和力学性能好。

② CLEARLINK™系列脂肪族胺类扩链剂　CLEARLINK™系列脂肪胺是美国 UOP 公司所开发的新型抗紫外线老化扩链剂，与异氰酸酯的反应速率比其他的脂肪胺类扩链剂要慢，可用于脂肪族 SPUA 材料的制备，产品的力学性能、耐热性能和抗紫外线老化性能均较好。

CLEARLINK™系列脂肪胺类扩链剂有两个品种：CLEARLINK™ 1000 和 CLEARLINK™ 3000，CLEARLINK™ 3000 的反应速率要比 CLEARLINK™ 1000 慢得多。

CLEARLINK™ 1000 结构式如下：

$$H_3C-\underset{}{CH}(C_2H_5)-NH-\langle C_6H_{10}\rangle-CH_2-\langle C_6H_{10}\rangle-NH-CH(C_2H_5)-CH_3$$

CLEARLINK™ 3000 结构式如下：

$$H_3C-CH_2-CH(CH_3)-NH-\langle C_6H_9(CH_3)\rangle-CH_2-\langle C_6H_9(CH_3)\rangle-NH-CH(CH_3)-CH_2-CH_3$$

CLEARLINK™系列脂肪胺的物理性能见表 2-1-220。

表 2-1-220　CLEARLINK™系列脂肪胺的物理性能

项　目	CLEARLINK™ 1000	CLEARLINK™ 3000	项　目	CLEARLINK™ 1000	CLEARLINK™ 3000
外观	无色透明液体	无色透明液体	含水量(质量分数)	$<600\times10^{-6}$	$<300\times10^{-6}$
相对密度	0.90	0.90	毒性(LD_{50})/(mg/kg)	482	523
凝固点/℃	−42	−30	分子量	322	350
闪点/℃	141	93	当量	161	175
黏度(25℃)/mPa·s	110	270	羟值/(mgKOH/g)	348	321

③ VERSALINK™系列扩链剂　VERSALINK™系列扩链剂是由 Air Products 公司所开发的脂肪胺类扩链剂，物理性能见表 2-1-221。

表 2-1-221　VERSALINK™系列脂肪胺的物理性能

牌　号	官能度	分子量	含水量	熔点/℃	黏度(40℃)/mPa·s	密度/(kg/m³)
VERSALINK™ 250	2	470	550×10^{-6}	56	<300(85℃)	1040～1100
VERSALINK™ 650	2	830	—	15	2500	1000～1050
VERSALINK™ 1000	2	1200	—	18～21	3000	1010～1060
VERSALINK™ 740M	2	314	—	125～128	—	1140(熔化)

其中 VERSALINK™ 740M 由于熔点太高，不适合于喷涂使用。而 VERSALINK™ 250、VERSALINK™ 650、VERSALINK™ 1000 是由聚四氢呋喃改性而成的二胺，既可用于脂肪族 SPUA 材料，又可用于耐磨型芳香族 SPUA 材料的制备。

④ JEFFLINK™系列胺类扩链剂　美国 Huntsman 公司所生产的 JEFFLINK™系列脂肪胺类扩链剂有如下几个牌号：JEFFLINK™ 555、JEFFLINK™ 754、JEFFLINK™ 7027，均可用于脂肪族 SPUA 材料的生产。

JEFFLINK™ 754 结构式如下：

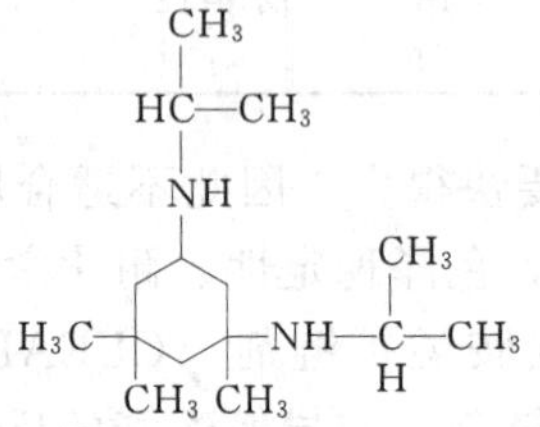

其中 JEFFLINK™ 555 由于含有羟基，因此反应速率相对较慢，适合于生产手工聚脲，与 UNILINK® 4200 相比，制品的伸长率提高明显，而硬度和拉伸强度有所下降。JEFFLINK™ 754 是一种脂环族仲胺，反应速率较慢，用于脂肪族 SPUA，可以提高表面状态和力学性能。JEFFLINK™ 7027 是一种位阻型胺类扩链剂的混合物，实际上是一种含有聚醚软段的反应型内增塑剂，具有反应速率较慢、弹性好、伸长率高等优点，主要用于手工灌注聚脲（例如黏合剂、密封剂、灌封料等）的生产。JEFFLINK™系列脂肪胺类扩链剂的物理性能见表 2-1-222。

表 2-1-222　JEFFLINK™系列脂肪胺类扩链剂的物理性能

项　目	JEFFLINK™ 555	JEFFLINK™ 754	JEFFLINK™ 7027
外观	无色到乳黄色微浑浊液体	无色透明液体	无色透明液体
色度(Pt-Co)	≤100	<50	20
密度/(g/mL)	1.09	0.858	0.917
黏度(25℃)/mPa·s	—	13	66
闪点/℃	170	104	116
总胺量/(mmol/g)	7.5～8.2	7.8	4.43
伯胺量/(mmol/g)	—	≤0.3	0.54
叔胺量/(mmol/g)	—	≤0.3	≤0.60
胺当量	—	127	226
含水量/%	≤0.25	—	≤0.15

⑤ 助剂　在 SPUA 材料的生产和贮存过程中，由于其自身的涂料特征，往往需要添加多种助剂来改善其工艺和贮存稳定性，提高产品质量，以及扩大应用范围。用于 SPUA 材料的助剂有很多，如稀释剂、分散剂、防沉降剂、着色剂、阻燃剂、脱模剂、填充剂、防霉剂、抗静电剂、抗氧剂、光稳定剂和增塑剂等，详细情况可参考《喷涂聚脲弹性体技术》等专业书籍及资料。

此外，通过引入不同的助剂，还能进一步赋予材料不同的特性和优点，比如用于户外施工的 SPUA 组合料，就可以在配方设计时加入一些紫外线稳定剂和抗氧剂；用于加油站地面等对防静电要求比较高的场合，就可以加入一些抗静电剂和阻燃剂。灵活地加入各种助剂，大大拓展了聚脲的使用范围，同时也较好地解决了聚脲施工与生产中的一些问题，并赋予聚脲更优异的性能。

在 SPUA 材料的助剂选用过程中，其基本思路与通常的涂料配方设计相同，但基于

SPUA 技术自身的特点，还需要在把握涂料配方设计基本概念的前提下，加以活学活用。近年来，国内外在研制、开发涂料助剂方面日益专业化、系列化和全球化，很多常规涂料配方设计所涉及的助剂品种，在 SPUA 技术中也同样适用。国外的一些大公司，例如美国的气体化工产品公司（Air Products & Chemicals）、康普顿公司（Crompton）、威科公司（Witco）和德国的毕克公司（BYK）、高施米特公司（Gold Schmidt）等，还生产聚氨酯专用助剂，目前，这些公司在国内都有经销商。

三、聚脲化学反应原理

1. 半预聚物合成

在聚脲化学中，一般把 A 组分的—NCO 含量作为区分预聚物和半预聚物的标准。预聚物的—NCO 含量一般在 12%以下；而半预聚物的—NCO 含量一般在 12%～25%之间。在喷涂聚脲弹性体中，A 组分一般采用的是半预聚物，主要原因有：黏度较低；固化产物的物理性能好；反应活性适中。

在合成半预聚物的过程中，有以下几种反应并存：①芳香族异氰酸酯同端羟基聚醚的反应；②脂肪族异氰酸酯与端氨基聚醚的反应；③异氰酸酯同端氨（或羟）基聚醚等原料中微量水分的反应；④异氰酸酯的自聚反应。

芳香族异氰酸酯同端羟基聚醚的反应是合成半预聚物最基本的化学反应，反应生成以氨基甲酸酯为特征结构的、—NCO 封端的聚氨酯半预聚物。在半预聚物的合成中，常用的羟基化合物有聚氧化丙烯醚多元醇、聚四氢呋喃多元醇（PTMEG）、聚 ε-己内酯多元醇、端羟基聚丁二烯等。其中最常用的是聚氧化丙烯醚多元醇，它的原材料来源广泛，价格低廉，合成的半预聚物黏度低，是 SPUA 技术应用最广的一种原材料，可以满足一般防水、防腐蚀、耐磨等领域的要求；在对耐磨性、力学强度等要求较高的场合，一般选择聚四氢呋喃多元醇，但其价格昂贵，并且合成的半预聚物黏度较大，贮存稳定性较差。为了提高聚脲弹性体力学性能并且降低成本，有资料介绍用一部分低不饱和度聚醚多元醇（如 Acclaim 2200、Acclaim 4200 等）代替部分聚四氢呋喃二元醇合成半预聚物，固化后的产物力学强度无明显降低，但伸长率成倍地提高，同时半预聚物的黏度大大降低，更适合于喷涂施工。虽然由聚酯多元醇合成的半预聚物具有很高的拉伸强度、撕裂强度，但由于其黏度太高，在喷涂聚脲弹性体中很少采用。用端羟基聚丁二烯合成的半预聚物的最突出的性能是水解稳定性、电绝缘性及低温柔顺性，但由于端羟基聚丁二烯的极性较低，与二异氰酸酯的相容性较差，合成的半预聚物容易浑浊。

$$\mathrm{R'{-}OH} + n\mathrm{R{-}NCO} \longrightarrow \mathrm{R}\underbrace{\boxed{\mathrm{{-}NH{-}\overset{\displaystyle O}{\overset{\|}{C}}{-}O{-}}}}_{\text{氨基甲酸酯基}}\mathrm{R'} + (n-2)\mathrm{R{-}NCO}$$

(1) 脂肪族异氰酸酯与端氨基聚醚的反应　由于芳香族异氰酸酯同端氨基聚醚的反应活性很高，半预聚物合成时只能在很低的温度下进行，并且对氨基聚醚的加入方式（滴加）和分散措施也要求很高，所得到的预聚物黏度大，贮存稳定性差，很少采用；而脂肪族异氰酸酯如 IPDI、TMXDI 等与端羟基化合物反应活性很低，固化产物力学性能差。为了提高生产效率及 SPUA 材料的力学性能，利用端氨基聚醚与脂肪族异氰酸酯反应合成半预聚物，并以此作为喷涂脂肪族聚脲弹性体的 A 组分，可以得到耐候性好、不粉化的高档装饰材料。其反应式如下：

$$n\mathrm{R{-}NCO} + \mathrm{R{-}NH_2} \longrightarrow \mathrm{RN{-}\overset{\displaystyle O}{\overset{\|}{C}}{-}N{-}R} + (n-2)\mathrm{R{-}NCO}$$

（式中两个 N 上各连一个 H）

(2) 异氰酸酯与水分的反应 聚醚、聚酯等多元醇以及其他原料中都难免有微量水分存在，所以异氰酸酯与水的反应是经常遇到的，而且该反应在异氰酸酯与多元醇的反应条件下会同时发生。

化学家伍尔兹（Wurtz）认为异氰酸酯与水的反应，先生成不稳定的氨基甲酸，然后很快分解生成胺和二氧化碳。1mol 水能生成 22.4L 二氧化碳气体（标准状态下）。

$$R—NCO+H_2O \longrightarrow RNH_2+CO_2\uparrow$$

$$R—NCO+R—NH_2 \longrightarrow RNH—CO—NH—R$$

$$R—NH—CO—NH— + RNCO \longrightarrow R—N(CO—NH—R)—CO—NH—$$

由上述反应可以看出，水可以产生两种作用：生成脲基使预聚物黏度增大；以脲基为支化点还能进一步与异氰酸酯反应，形成缩二脲交联，而使预聚物的贮存稳定性降低甚至凝胶。由此可见，如果对聚醚、聚酯等多元醇以及其他原料中的微量水分不加以控制，势必会出现半预聚物黏度过大，造成供料困难，混合效果变差等不良后果。为了确保预聚物质量，必须严格控制低聚物聚醚多元醇或聚酯中的水分含量，必要时要进行脱水处理，保证所用聚合物多元醇或聚酯的水分含量低于 0.05%。

(3) 异氰酸酯的自聚反应 二苯基甲烷二异氰酸酯（MDI）是 SPUA 技术中最常用的多异氰酸酯，但它具有很强的自聚倾向，易发生二聚体与三聚体的环化反应：

$$2R—N{=}C{=}O \longrightarrow R—N\langle(C{=}O)_2\rangle N—R$$

二聚环化反应

$$3R—N{=}C{=}O \longrightarrow (RNCO)_3 \text{（异氰脲酸酯环）}$$

三聚环化反应

二聚体受热时又能分解为初始单体。而三聚体含有异氰尿酸酯环，对热及许多化学药品稳定。因此，为了保证半预聚物的质量，MDI 最好在冷冻条件下（−5～5℃）贮运，并且在保质期内使用。MDI 精品保质期与贮存温度的关系见表 2-1-223。

表 2-1-223 MDI 精品保质期与贮存温度的关系

贮存温度	保质期	贮存温度	保质期
0℃	3 个月左右	20℃	4 天
5℃	30 天	70℃	1 天

温度越高，MDI 的自聚倾向越大，生成的半预聚物黏度越高，贮存稳定性越差，因此在合成半预聚物时，必须在较低的温度下进行。综合考虑生产效率及产品质量，合成温度一般控制在 60～80℃。

2. SPUA 材料的生成反应

SPUA 材料的特征反应是半预聚物同氨基聚醚与液体胺类扩链剂之间进行的，在高温时，还有半预聚物同脲基的副反应。

(1) 半预聚物同端氨基聚醚及伯胺扩链剂的反应 聚脲反应的实质是半预聚物与氨基聚醚及胺类扩链剂的反应。由于氨基聚醚活性很高以及 N 原子的碱性，反应不需要催化剂就在极短的时间内固化成型。因此，喷涂聚脲弹性体可以在极为苛刻的条件下施工，即使底材完全被水浸湿或空气中湿度很大时，SPUA 材料仍未有任何发泡的迹象。甚至在很低的温度下（如－20℃），SPUA 材料仍会固化。而喷涂聚氨酯弹性体 SPU 或喷涂聚氨酯（脲）SPU(A) 弹性体反应机理与 SPUA 材料截然不同，由于含有反应活性很低的端羟基化合物，要想达到较快的反应速率必须加入大量的催化剂，而催化剂的引入有如下缺点：①催化剂既可以加速端羟基聚醚与异氰酸酯的反应，同时也可以加速水与异氰酸酯的反应，因而容易发泡；②催化剂既可以加速弹性体的生成反应，同时也可以加速弹性体的降解，所得弹性体的耐老化性差；③在环境发生温度变化时，催化剂对反应的催化效果相差较大，体系不稳定；④在喷涂聚氨酯弹性体或喷涂聚氨酯（脲）弹性体时，一般采用有机金属类催化剂与叔胺类催化剂进行复配，但叔胺类催化剂在较高的温度下容易挥发，喷涂时气味大，损害人体健康。

$$R{-}NH_2 + R'{-}N{=}C{=}O \longrightarrow R'{-}\boxed{\underset{\text{脲基}}{\overset{H\quad O\quad H}{N{-}C{-}N}}}{-}R$$

从分子结构分析，SPUA 材料中的脲基呈现以 C ═O 基团为中心的几何对称结构，比聚氨酯材料的氨基甲酸酯基稳定，所以聚脲材料的耐老化、耐化学介质、耐磨、耐核辐射和耐高温等综合性能优于聚氨酯。

(2) 半预聚物同仲氨基聚醚及仲胺扩链剂的反应 芳香族异氰酸酯与常规的氨基聚醚（如 JEFFAMINE® 系列）、液体胺类扩链剂（如 ETHACURE® 100）反应速率极快，通常凝胶时间少于 3～5s，因而存在对底材的润湿能力弱、附着力低、层间结合不理想、涂层表观状态差、涂层内应力大等一系列缺点。如果在 SPUA 配方中，加入一部分仲氨基（尤其是位阻型）扩链剂（如 UNILINK® 4200）或仲氨基聚醚，可以把凝胶时间延长至 30～60s，涂层具有更好的流平性及附着力，同时减少了涂层的内应力。

$$R'{-}\underset{R''}{N}{-}H + R{-}NCO \longrightarrow R{-}\overset{H}{N}{-}\overset{O}{\overset{\|}{C}}{-}\underset{R''}{N}{-}R'$$

(3) 半预聚物的交联反应 SPUA 材料要满足使用要求，常常需要在大分子之间形成适度的化学交联。它可以提高 SPUA 材料的撕裂强度、耐介质性及压缩强度，降低压缩变形率，改善施工性能等。化学交联一般可以采用如下方法获得：①官能度大于 2 的多异氰酸酯合成的半预聚物；②官能度大于 2 的氨基聚醚与半预聚物反应；③过量的异氰酸酯与脲基反应生成缩二脲交联。反应生成三维立体网状结构（图 2-1-53）。

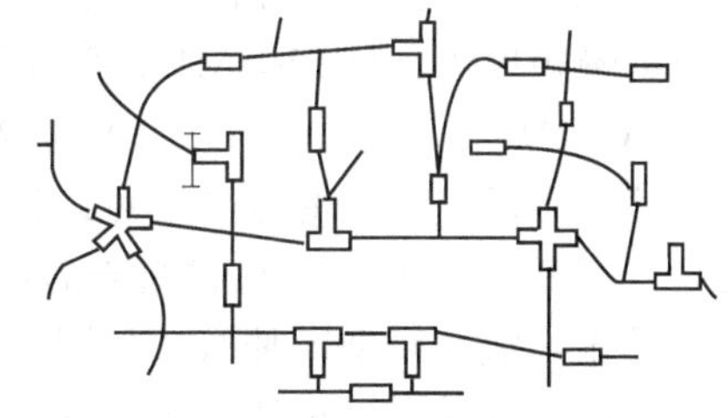

图 2-1-53 聚脲弹性体的立体网状结构

(4) 半预聚物同脲的副反应 半预聚物同氨基聚醚

或胺类扩链剂反应生成脲基。在100℃以上，异氰酸酯与脲基就有适中的反应速率，生成缩二脲支链或交联。缩二脲基团的生成，对弹性体的耐热性、低温柔顺性以及力学强度等带来不利影响。

$$R-\overset{H}{\underset{}{N}}-\overset{O}{\overset{\|}{C}}-\overset{H}{N}- + R'NCO \longrightarrow \underset{H-N-R'}{\underset{|}{\overset{O}{\overset{\|}{C}}}}-\overset{R}{N}-\overset{O}{\overset{\|}{C}}-\overset{H}{N}-$$

3. 反应速率

(1) 活泼氢化合物结构的影响　活泼氢化合物与异氰酸酯的反应速率主要取决于活泼氢化合物分子中亲核中心的电子云密度和空间效应。如与—OH或—NH_2相连接的R基系吸电子基，则降低O原子或N原子的电子云密度，从而降低—OH或—NH_2与—NCO的反应活性；反之，如果R基系推电子基，则促进—OH或—NH_2与—NCO的反应。表2-1-224是异氰酸酯同各种活泼氢化合物的相对反应速率。

表2-1-224　异氰酸酯同各种活泼氢化合物的相对反应速率①

活泼氢化合物	典型结构	相对反应速率	活泼氢化合物	典型结构	相对反应速率
脂肪族伯胺	R—NH_2	100000	仲醇	RR′CH—OH	30
脂肪族仲胺	RR′NH	20000～50000	脲	R—NH—CO—NH—R	15
芳香族伯胺	Ar—NH_2	200～300	叔醇	RR′R″C—OH	0.5
伯醇	RCH_2—OH	100	氨基甲酸酯	R—NH—CO—O—R	0.3
水	HOH	100	酰胺	RCO—NH_2	0.1
羧酸	RCOOH	40			

① 25℃，无催化剂。

由上表可知，醇、胺等活泼氢化合物与异氰酸酯的反应活性顺序可归纳如下：脂肪族NH_2＞脂肪族NH＞芳香族NH_2＞伯—OH＞水＞RCOOH（羧酸）＞仲—OH＞脲＞叔—OH＞氨基甲酸酯＞酰胺。脂肪族伯胺或仲胺与异氰酸酯的反应速率远远大于其与水分的反应速率，因而喷涂聚脲弹性体材料受环境湿度的影响小，材料性能稳定，不会产生发泡倾向。而在喷涂聚氨酯弹性体或喷涂聚氨酯（脲）弹性体材料的过程中，聚环氧丙烯醚多元醇（伯醇或仲醇）的反应速率与空气中水的反应速率在同一层次上，当这两种体系在潮湿环境下施工时，就会产生水、聚环氧丙烯醚多元醇同异氰酸酯之间强烈的竞争反应，这就是在湿度较大的情况下，喷涂聚氨酯弹性体或喷涂聚氨酯（脲）弹性体材料很容易发泡的根本原因。

(2) 喷涂聚脲弹性体常用氨基组分的反应活性　SPUA常用的氨基组分有：①端氨基聚醚，如JEFFAMINE® D-2000、JEFFAMINE® T-5000、JEFFAMINE® D-230、JEFFAMINE® T-403等，它们的反应活性一般遵循如下规律：即在相同分子量的前提下，官能度越高，反应速率越快；在官能度相同的条件下，分子量越低，反应速率越快。②扩链剂，如ETHACURE® 100、ETHACURE® 300、UNILINK® 4200等。根据表2-1-224的结论，由快到慢顺序为：JEFFAMINE® T-403＞JEFFAMINE® D-230＞JEFFAMINE® T-5000＞JEFFAMINE® D-2000＞ETHACURE® 100＞ETHACURE® 300＞UNILINK® 4200。根据氨基组分反应活性的差异，可以针对不同的需要设计出不同的配方。如果外观要求平整、光亮，或者需要在SPUA材料表面铺撒防滑粒子（如金刚砂、橡胶粒、石英砂等），该体系应选择化学活性较低的仲胺或位阻型伯胺（如UNILINK® 4200或E-300等）以降低反应速率，延长凝胶时间，保证有足够的时间使喷涂材料流平、铺撒防滑粒料。而对于在垂直壁、天花板上喷涂，须采用快速反应体系（伯氨基聚醚、E-100等），防止流挂；还可以利用其凝胶速率快的优点，利用喷涂技巧，人为地制造防滑粒子。

4. 异氰酸酯结构的影响

(1) 电子效应的影响 异氰酸酯基（—NCO）是以亲电子中心——正碳离子与活泼氢化合物的亲核中心配位产生极化导致反应进行的，所以与—NCO基连接的烃基（R）的电子效应对异氰酸酯活性的影响正好与R基对活泼氢化合物活性的影响相反，即R若系吸电子基（如芳环），则降低—NCO基中C原子的电子云密度，从而提高—NCO基的反应活性；若R系供电子基（如烷基），则降低—NCO基的反应活性。异氰酸酯基的反应活性按下列R基团的排列顺序递减：

O_2N—C₆H₄— ≫ —C₆H₄— > H_3C—C₆H₄— > H_3CO—C₆H₄— > 烷基

因为苯环是吸电子基，烷基是供电子基，所以芳香族异氰酸酯的活性比脂肪族异氰酸酯大得多。就芳香族异氰酸酯而言，苯环上引入吸电子基（如—NO_2基等），会使—NCO基中的C原子的正电性更强，从而促进它与活泼氢化合物的反应。反之，苯环上引入供电子基（如烷基），则增加—NCO基中C原子的电子云密度，使—NCO基的活性降低。

(2) 位阻的影响 除了上述苯环上的取代基的电子效应外，取代基的位阻效应同样会降低—NCO基的活性，特别是邻位取代基的位阻效应影响更大。因此同种二异氰酸酯的不同异构体的反应活性也是不同的，如二苯基甲烷二异氰酸酯（MDI）的两种异构体，4,4′-MDI和2,4′-MDI，其结构式如下：

OCN—C₆H₄—CH_2—C₆H₄—NCO　　OCN—C₆H₄—CH_2—C₆H₄(2-OCN)

4,4′-MDI　　2,4′-MDI

由于空间位阻影响，其2位的—NCO的反应活性约是4位的1/3，所以在喷涂聚脲弹性体A组分（半预聚物）的合成配方中，如果加入一定量的2,4′-MDI，则能有效地降低反应速率，延长凝胶时间，提高混合效果及表面状态。

(3) 喷涂聚脲弹性体常用芳香族多异氰酸酯反应性能 SPUA常用的芳香族多异氰酸酯主要有4,4′-MDI、高2,4′含量的MDI、液化MDI、PAPI等。其中PAPI的反应性能最为复杂，它是二苯基甲烷二异氰酸酯与多亚甲基多苯基异氰酸酯的混合物，其结构式如下：

NCO—C₆H₄—CH_2—[C₆H₃(NCO)—CH_2]$_n$—C₆H₄—NCO

PAPI　　$n=1,2,3$

就分子结构方面，主要有三个因素影响PAPI的反应性能：二苯环产物的含量、2,4′体含量和每种多苯环产物的含量。二苯环产物的空间位阻小，其第一个—NCO基团的反应活性不会受到附加苯环的供电效应的影响，故反应中表现出初期反应活性较高的特点。但当第一个—NCO基团反应生成氨酯基后，将对第二个—NCO基团产生一定的供电效应，使第二个—NCO基团的反应活性下降，故当PAPI中的二苯环产物含量较高时，表现出初期反应活性较高，但后固化较慢。2,4′体含量较高时，由于空间位阻的影响，反应活性将大大降低。在二苯环产物含量及2,4′体含量相同，多苯环产物中每种苯环产物的含量不同时，对反应活性也有一定的影响，这是因为：①苯环数越多，供电效应越大，导致第一个—NCO基团的反应活性降低。②苯环数越多，因中间以—CH_2—为间隔，导致其链传递作用迅速减弱，致使已反应掉的第一个—NCO基团形成的氨酯基对另一端的第二个—NCO基团的影响越小。故苯环数越多，其第二个—NCO基团的反应活性越高。③苯环数越多，最后一个

—NCO基团的反应活性越低。最后参与反应的—NCO基团是夹在链中间的位阻最大且受供电效应最大的邻位—NCO基团，因此其反应活性是较低的。因此，使用PAPI时，一定要注意其成分中主要组成分布，并要进行严格的对比试验，确认其反应性能后方可使用。液化MDI主要有三种，即氨酯改性MDI、碳化二亚胺改性MDI以及脲酮亚胺改性MDI，其中最常用的是碳化二亚胺改性MDI。它们的反应速率由快到慢的顺序为：液化MDI＞4,4′-MDI＞PAPI＞高2,4′-MDI。

(4) 脂肪族喷涂聚脲弹性体常用多异氰酸酯的反应性能 脂肪族SPUA常用的多异氰酸酯有异佛尔酮二异氰酸酯（IPDI）、六亚甲基二异氰酸酯（HDI）、4,4′-二环己基甲烷二异氰酸酯（H_{12}MDI）、TMXDI等，其中最常用的是IPDI、TMXDI。HDI的挥发性比TDI还要高，因此在SPUA中一般不采用HDI的单体合成半预聚物，而是使用其二聚体或三聚体，但合成的半预聚体黏度较大。IPDI的两个—NCO基团活性有一定差异，其连在六元环上—NCO基团的活性大约是连在亚甲基基团活性的1.3～2.5倍，因此与TDI一样，在合成半预聚物时，控制反应初期在较低的温度下进行，使活性较高的—NCO基团首先与氨基聚醚或聚合物多元醇反应，这样有利于生成分子结构规整、黏度较低的半预聚物。IPDI的反应性能较高，大约是HDI的4～5倍。TMXDI有两种异构体，包括p-TMXDI和m-TMXDI。其中p-TMXDI的反应活性和IPDI的反应活性相当，m-TMXDI的反应活性与HMDI相当。TMXDI的挥发性介于MDI与TDI之间。上述脂肪族多异氰酸酯耐紫外线老化性、保色性都很出色，但挥发性较强，给生产施工时的劳动保护提出了严格的要求。

5. 化学计算

在聚脲或聚氨酯配方计算中经常用当量这一化学量，因为一切化学反应都遵循等当量的反应原理。对于组成和结构单一的化合物，可由组成和官能度直接计算当量，如TDI、MDI、1,4-丁二醇等。但是，对于聚醚、聚酯、PAPI和预聚物，由于它们都是由多种分子量不同的化合物组成的，而且组成比例也不可能固定不变，所以，它们的当量只有通过官能团的分析才能计算出来，而且是一个数学平均值。

(1) 端异氰酸酯组成物的当量 属于这类组成物的主要有PAPI、液化MDI和端异氰酸酯预聚物等，其当量可通过—NCO基含量的分析，根据由部分求整体的数学原理进行计算。其计算公式为：

$$当量=\frac{42\times100}{—NCO基含量}$$

(2) 端羟基组成物的当量 各种聚醚、聚酯及各种多元醇的混合物都属于此类。根据羟值的定义（与每克试样中羟基含量相当的KOH的毫克数）和由部分求整体的数学原理，可按下列公式计算：

$$端羟基组成物的当量粒子=\frac{56.1\times1000}{羟值}$$

(3) 胺当量 胺当量即前面所述的所有端异氰酸酯基化合物的实际当量。因为是采用二正丁胺法分析测定的，所以称为“胺当量”，即与1mol二正丁胺反应的端异氰酸酯基化合物的质量。

(4) 胺值 胺值定义是每克端氨基聚醚、胺类扩链剂等含氨基（$—NH_2$）的物质的量，胺值分析值可反映该二胺的纯度或含量。

四、喷涂聚脲弹性体结构与性能的关系

1. 芳香族 SPUA 材料

芳香族 SPUA 材料是聚脲最早进行研究和投入商业应用的品种，对它的研究和开发经验比较丰富。本节重点介绍预聚物官能度、2,4′体 MDI 含量、减速剂对芳香族 SPUA 材料固化速率、固化效率和最终力学性能的影响等内容。

(1) 预聚物官能度 随着官能度的增加，预聚物的密度和黏度也随之增大。预聚物的黏度对 SPUA 材料的影响很大，因为 A、B 物料只有在很短的时间内进行混合、反应，如果它们的黏度差距很大，势必影响混合效果，导致材料的最终力学性能变差。

① 预聚物官能度对黏度的影响 A 料黏度太高的体系难以喷出，即使加入了稀释剂，在 75℃时，黏度仍很高。

因为 A、B 料的反应活性非常高，凝胶时间非常短，如果出现 A 料黏度过大，或者 A、B 料的黏度差值很大，势必难以在体积非常小的撞击混合室中实现充分混合，造成“五指状”、“麻绳状”液流喷出，固化的 SPUA 材料表面凹凸不平，力学性能较差。

② 预聚物官能度对固化时间的影响 评价 SPUA 材料固化时间的术语有两个：凝胶时间（gel time）和表干时间（tack-free time）。凝胶时间是指经喷枪喷射出的物料，在涂有脱模剂的 PVC 板表面产生不能流动或者拉丝现象时的时间；表干时间是指经喷枪喷射出的物料，在涂有脱模剂的 PVC 板表面产生不粘手或者有初始强度现象时的时间。

MDI 预聚物官能度的增加会对体系的反应活性产生强烈影响，随着 A 料官能度的增加，凝胶时间和表干时间相应缩短；但是，在缩短速率方面，表干时间比凝胶时间降低得更快。在实际的配方设计和产品开发过程中，除了需要考虑 A 料的因素外，B 料的化学组成对体系的整体固化时间具有更为重要的影响。

由于 A、B 料混合后的反应速率极快，加上商品化的测量仪器尚未开发出来，因此很难精确测定体系的凝胶时间和表干时间。所以，测量结果在很大程度上取决于操作者的经验，但是总的规律还是很容易发现的，即随着 MDI 预聚物官能度的提高，体系的反应速率加快；当官能度达到很高时，表干时间的缩短速率比凝胶时间的快。

有效地控制凝胶时间和表干时间，对研制、开发具有不同功能的 SPUA 材料具有重要意义，超重防腐材料（外壁）需要凝胶时间短，防止流挂；表干时间略长，增加对钢底材的附着力。屋面防水材料和工业地坪材料要求凝胶时间和表干时间中等，既要考虑到屋面和地坪大面积施工时的流平性和对底材的附着力，又要兼顾对女儿墙、屋檐等少数垂直部位施工时，不能产生流挂；当然两者在考虑其他性能的出发点上也略有差别，屋面防水材料重点强调耐日光老化、价廉物美；工业地坪材料侧重注意抗冲击、耐磨损。防滑铺地材料需要在喷涂 SPUA 材料之后，抛撒防滑粒料，因此对固化时间（尤其是凝胶时间）要求延长，配方设计时，A 料要选择高 2,4′体 MDI 含量、低官能度的预聚物，B 料应筛选长链、位阻型胺类扩链剂；超重防腐材料内壁对固化时间的要求与超重防腐材料外壁相似，但更注重提高交联密度，增加体系抵抗长期腐蚀介质侵蚀的能力和耐温性。SPUA-402 防腐保温材料用于大型贮罐、管道外壁聚氨酯泡沫保温层表面保护，配方设计比较简单，要求凝胶时间和表干时间都短，有利于提高施工速度。道具保护材料用于聚苯乙烯泡沫（EPS）雕塑物体表面保护，由于 EPS 耐热性不高，要求喷出的 SPUA 材料不能集中放热，否则会使 EPS 表面熔化，破坏原有的雕刻造型。因此它对固化时间的要求是，凝胶时间短，便于快速定型，防止

流挂；表干时间长，有利于均匀释放热量，防止集中放热将EPS雕刻制品烫坏变形。用于钢质管道的内外壁防腐的防腐材料，由于钢质材料是热量传递的良导体，反应产生的热量极易散失，容易导致后期固化不彻底、时间长，影响管道的下线码垛，因此需要它的凝胶时间和表干时间都短。

③ 预聚物官能度对断裂伸长率的影响　SPUA材料是一种集塑料、橡胶、玻璃钢和涂料多种功能于一身的高性能材料，因此衡量它的理化性能的指标和术语，往往需要涉及众多领域。例如，凝胶时间、表干时间、黏度、附着力、流平性、耐介质性等词汇是用来描述涂料特征的术语，而拉伸强度、断裂伸长率、模量、邵尔硬度、撕裂强度、耐磨性、抗冲击性等指标是用来表征塑料、橡胶、玻璃钢的专业词汇。所以，喷涂聚脲弹性体技术是一门综合技术，国外有人把它总结为“万能”（versatile）技术。

研究结果表明，随着预聚物官能度的提高，SPUA材料的断裂伸长率下降（图2-1-54）。在表2-1-54的三个B料中，虽然含有UNILINK® 4200的B-3慢固化样品的官能度只有2.09，但它在预聚物官能度较低时的断裂伸长率却达到了最高；但在预聚物官能度较低时的断裂伸长率却不及官能度只有2.0的B-1样品。

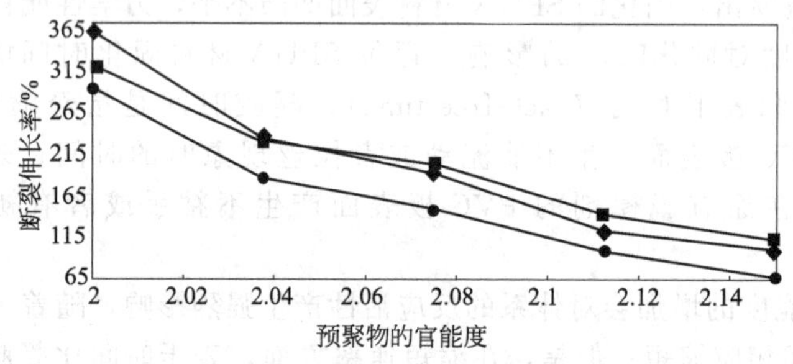

图2-1-54　预聚物官能度对断裂伸长率的影响

—◆—B-3，f_n=2.09；—■—B-1，f_n=2.00；—●—B-2，f_n=2.14

④ 预聚物官能度对邵尔硬度的影响　表征SPUA材料邵尔硬度的方法有两个：邵尔A和邵尔D，两者的测试方法是一样的，但所使用的仪器略有差异。邵尔A硬度计的顶针比较圆钝，适合于测试与橡胶、软塑料类似的材料；邵尔D硬度计的顶针比较尖锐，适合于测试与玻璃钢、硬塑料类似的材料。

研究结果表明，随着预聚物官能度的提高，SPUA材料的硬度几乎没有明显变化（图2-1-55）。

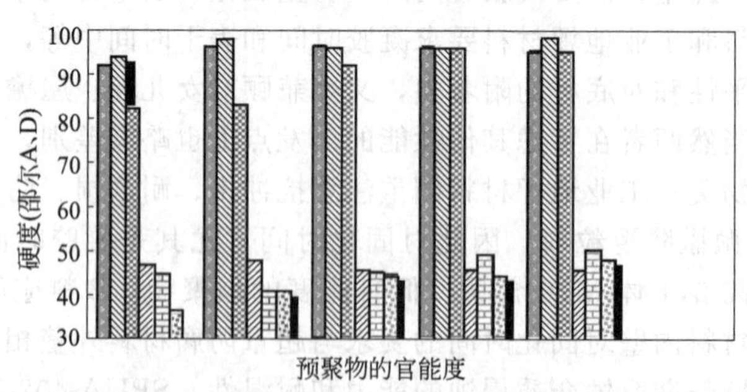

图2-1-55　预聚物官能度对邵尔硬度的影响

▨ 邵尔A，B-2；▧ 邵尔A，B-1；▩ 邵尔A，B-3

▨ 邵尔D，B-2；▭ 邵尔D，B-1；▣ 邵尔D，B-3

⑤ 预聚物官能度对撕裂强度的影响　研究结果表明，随着预聚物官能度的提高，

SPUA 材料的撕裂强度都出现不同程度的下降，这是由于 SPUA 材料中存在两种交联，即物理交联和化学交联。物理交联是聚脲材料的硬段之间，通过氢键相互吸引所产生的交联，也就是通常所说的微相分离；化学交联是通过官能度大于 2 的物质，产生化学结合力所产生的交联。多官能度物质的存在，影响了聚脲材料软、硬段的微相分离，因而效率没有充分发挥。

⑥ 预聚物官能度对拉伸强度的影响　研究结果表明，随着预聚物官能度的提高，SPUA 材料的拉伸强度都出现不同程度的下降，规律与撕裂强度相似。

⑦ 预聚物官能度对耐磨性的影响　预聚物官能度越低，体系的耐磨性越好（图2-1-56）。

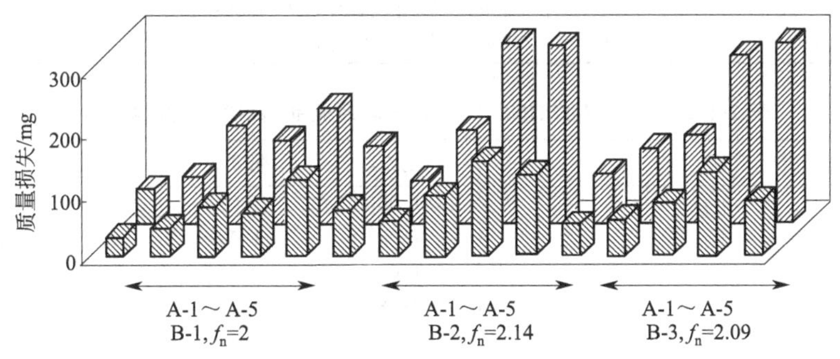

图 2-1-56　预聚物官能度对耐磨性的影响

⑧ 预聚物官能度对耐介质性的影响　分别以甲醇、丙酮、二甲苯、环己烷、刹车油、柴油、汽油、乙二醇为介质，根据 ASTM D 1308 方法，进行测试。测试结果表明，随着预聚物官能度的提高，材料的耐介质性下降。B-3 慢反应体系的耐介质性最差，但它对相应 A 料官能度的变化不太敏感。

(2) 2,4′体 MDI 含量　2,4′体 MDI 对提高 SPUA 材料的综合力学性能，降低 A、B 料的反应活性，延长凝胶时间，改善喷涂体系的流平性和表面状态，增加对底材的附着力等方面，都具有非常重要的作用。

(3) 碳酸丙酯（PC）的影响　将适量碳酸丙酯（PC）加入 A 料中，不仅降低了黏度，改善了混合和雾化效果，而且还能够部分提高材料的力学性能（表 2-1-225）。

表 2-1-225　碳酸丙酯对 SPUA 材料性能的影响

组成及性能	样品号			组成及性能	样品号		
	1#	2#	3#		1#	2#	3#
A 组分				A、B 质量比	1.15	1.15	1.16
MDI 基预聚物	100	95	90	物理性能			
JEFFSOL™PC	0	5	10	凝胶时间/s	2.5	3.0	4.0
—NCO 含量/%	15.8	15.1	14.3	表干时间/s	约 10	约 10	约 10
B 组分				硬度(邵尔 D)	60	60	59
JEFFAMINE® D-2000	71.1	72.9	74.5	拉伸强度/MPa	13.10	14.13	15.86
ETHACURE® 100	28.9	27.1	25.5	伸长率/%	210	240	270
参数				100%模量/MPa	2.20	2.10	2.00
异氰酸酯指数	1.10	1.10	1.10	撕裂强度/(kN/m)	56.9	57.1	57.4
A、B 体积比	1.0	1.0	1.0				

2. 脂肪族 SPUA 材料

(1) JEFFAMINE®氨基聚醚作为扩链剂 A料由m-TMXDI与高分子量的JEFFAMINE®氨基聚醚合成；B料由不同分子量的JEFFAMINE®氨基聚醚组合而成（表2-1-226）。这样，高分子量的JEFFAMINE®作为软段，低分子量的JEFFAMINE®作为硬段，由于软、硬段结构极其相似，造成了这类喷涂聚脲弹性体材料过于柔软（表2-1-227）。

表 2-1-226 JEFFAMINE®氨基聚醚规格

牌 号	官能度	分子量	牌 号	官能度	分子量
JEFFAMINE® T-5000	3	5000	JEFFAMINE® D-2000	2	2000
JEFFAMINE® T-3000	3	3000	JEFFAMINE® T-403	3	400
JEFFAMINE® D-4000	2	4000	JEFFAMINE® D-230	2	230

表 2-1-227 JEFFAMINE®扩链剂体系脂肪族 SPUA 材料性能

指 标	配方1	配方2	配方3	配方4
异氰酸酯指数	1.00	1.00	1.05	1.05
A、B体积比	1.00	1.00	1.00	1.00
A、B质量比	1.05	1.07	1.10	1.10
硬段含量/%	38.8	48.7	58.3	65.5
凝胶时间/s	5.0	3.0	2.0	1.5
拉伸强度/MPa	3.76	7.52	6.59	11.4
伸长率/%	319	319	327	111
撕裂强度/(kN/m)	19.4	45.5	46.7	58.5
硬度(邵尔D)	26	37	46	51
100%模量/MPa	1.65	3.61	4.78	9.47

由于不含催化剂，SPUA材料表现出优异的耐老化性。虽然在芳香族SPUA中，会出现泛黄和褪色，但绝无粉化和开裂现象出现。表2-1-228是芳香族SPUA材料经过50℃、3871h人工紫外线加速老化试验前后的性能变化。脂肪族SPUA材料的耐老化性则更是无与伦比（表2-1-229），在50℃、5280h人工紫外线加速老化后，材料不变色，说明它更适合在户外使用。

表 2-1-228 芳香族 SPUA 材料的耐老化性

项 目	老化前	老化后	项 目	老化前	老化后
拉伸强度/MPa	13.5	13.5	撕裂强度/(kN/m)	76.4	84.4
伸长率/%	137	110	硬度(邵尔D)	59	63

表 2-1-229 脂肪族 SPUA 材料的耐老化性

性 能	1#	2#	性 能	1#	2#
TiO_2 质量分数①/%	10.0	20.0	硬度(邵尔D)	22	46
拉伸强度/MPa	4.5	8.9	100%模量/MPa	1.5	5.4
伸长率/%	398	338	300%模量/MPa	3.3	8.0
撕裂强度/(kN/m)	18.9	52.9	颜色变化②	几乎没有	无

① 被测材料含 TiO_2。

② 紫外线老化试验，5280h材料颜色变化。

(2) 环脂肪二胺作为扩链剂 为了改善D-230、T-403这类低分子量JEFFAMINE®氨基聚醚作为扩链剂，造成喷涂聚脲弹性体材料过于柔软的缺点，Dudley Primeaux Ⅱ又试验了另外两种低分子环脂肪二胺扩链剂：1,4-环己二胺、异佛尔酮二胺（IPDA）（表2-1-230）。

表 2-1-230 环脂肪二胺扩链剂体系脂肪族 SPUA 材料性能

指 标	JEFFAMINE® 氨基聚醚	1,4-环己二胺	异佛尔酮二胺
异氰酸酯指数	1.05	1.05	1.05
A、B 体积比	1.00	1.00	1.00
A、B 质量比	1.07	1.06	1.06
硬段含量/%	48.7	33.7	37.9
凝胶时间/s	2.0	1.5	1.5
拉伸强度/MPa	6.56	6.90	6.45
伸长率/%	391	664	357
撕裂强度/(kN/m)	38.2	43.9	53.6
硬度(邵尔 D)	40	31	44
100%模量/MPa	2.90	2.86	5.26
300%模量/MPa	4.91	4.12	6.14

在脂肪族 SPUA 材料中引入环脂肪二胺扩链剂代替 JEFFAMINE® 氨基聚醚扩链剂后，能够改善材料的高温区力学性能。在低温区，用 JEFFAMINE® 氨基聚醚作为扩链剂的脂肪族 SPUA，在－50℃左右出现损耗峰；使用 1,4-环己二胺、异佛尔酮二胺作为扩链剂的样品，也在－50℃左右出现损耗峰。

(3) 新型脂肪二胺作为扩链剂　虽然 1,4-环己二胺、异佛尔酮二胺作为扩链剂对提高脂肪族 SPUA 材料的强度和硬度有所帮助，但是它的高反应活性使得在喷涂的过程中很难得到光滑的涂层表面效果。为了解决脂肪族 SPUA 材料存在的上述问题，有关原材料厂家开展了大量的研究和开发工作，其中较为有代表性的脂肪族二元胺扩链剂是 UOP 公司开发的 CLEARLINK® 1000 和 Huntsman 公司生产的 JEFFLINK™ 754。

UOP 公司生产出了 CLEARLINK® 1000 二元胺，解决了很多影响脂肪族聚脲弹性体走向商业化应用的实际问题，它是一种环脂肪仲胺，有一个六元环取代基团连在 N 原子上，基于这种空间位阻效应，它的反应速率比伯胺慢得多，从而带来凝胶时间的延长，有助于形成光滑的涂层表面。Huntsman 公司生产的 JEFFLINK™ 754 与 CLEARLINK® 1000 有相似之处。

3. 聚天冬氨酸酯 SPUA 材料

(1) 物理化学特性　聚天冬氨酸酯实际上是一种脂肪族仲胺，它最早于 1990 年由 Zwiener 等发现可以用于溶剂型聚氨酯涂料的反应型稀释剂，它能够与普通含有羟基的聚酯、聚丙烯酸酯共聚物混溶，从而降低涂料体系中的 VOC 含量。当它与同是脂肪族的 HDI 三聚体反应时，能够得到耐候性非常好的新型脂肪族 SPUA 材料，见表 2-1-231。具体表现在：聚天冬氨酸酯黏度低；与 HDI 三聚体的反应速率可以因不同的取代基团而不同，凝胶时间从 5min 延长至 120min；施工寿命可以从 5min 延长到 2h 以上；喷涂一道就可达到 0.6mm；涂层表面无气孔产生；配方体系的可调节范围很宽；对紫外线有很好的耐受性，光泽持久，色彩稳定，不泛黄；喷涂时的材料损耗少；固含量可以从 70%调节到 100%。

表 2-1-231 聚天冬氨酸酯 SPUA 材料组成

项 目	A 组分	B 组分	项 目	A 组分	B 组分
名称	HDI 三聚体	聚天冬氨酸酯	黏度/mPa·s	1000～3000(25℃)	240～1500(25℃)
组成	脂肪族	位阻型脂肪族仲胺	当量	195～205	230～325
固含量/%	100	100			

(2) 反应活性　表 2-1-232 的结果说明，聚天冬氨酸酯与 HDI 三聚体的反应活性远远低于以往的脂肪族、芳香族扩链剂。因此，人们就可以按照施工季节的户外环境温度，确定 B 料的组成，从而有效地掌握施工节奏和进度，大大提高施工效率，节约材料和费用。

表 2-1-232 几种聚天冬氨酸酯与 HDI 三聚体的反应活性

B组分	A组分	凝胶时间(22℃)	凝胶时间(0℃)
Desmophen NH XP-7068	Desmodur XP-7100①	40min	—
Desmophen NH 1420	Desmodur XP-7100①	20min	23min
Desmophen NH 1220	Desmodur XP-7100①	1.5min	2min
Desmophen NH XP-7161	Desmodur XP-7100①	1.5min	—
Desmophen NH XP-7068 与 NH 1420 按 50：50 混合	Desmodur XP-7100①	27min	27min
Desmophen NH 1420 与 NH 1220 按 50：50 混合	Desmodur XP-7100①	4min	6min
CLEARLINK® 1000	Desmodur XP-7100①	15s	—
ETHACURE® 100	Desmodur XP-7100①	15s	—

① HDI 三聚体，—NCO 含量 20.5%，黏度 1000mPa·s (25℃)。

表 2-1-233 几种天冬氨酸酯与芳香族预聚物的反应活性

B组分	A组分	凝胶时间(22℃)	凝胶时间(0℃)
Desmophen NH 1420	MDI 预聚物 —NCO 含量,16%	1min	4min
Desmophen NH 1220	MDI 预聚物 —NCO 含量,8%	0.5min	0.5min
Desmophen NH 1420	MDI 预聚物 —NCO 含量,16%	5min	—
Desmophen NH 1420	TDI 预聚物 —NCO 含量,3%	40～60min	90min
Desmophen NH 1220	TDI 预聚物 —NCO 含量,3%	5min	9min

从表 2-1-232、表 2-1-233 中可以发现，空间位阻效应、异氰酸酯种类对聚天冬氨酸酯的反应活性影响很大，据此，可以按照配方设计的需要，人为地制备出凝胶时间在几分钟至几小时的喷涂体系，满足不同使用场合的需求。

(3) 材料性能　所有喷涂样品需要在室温 22℃、相对湿度 55%的环境下养护 14 天，才能进行性能测试。

选择不同的聚天冬氨酸酯与—NCO 含量为 20.5%的 HDI 三聚体反应，所生成的 SPUA 材料的拉伸强度和伸长率差别很大（表 2-1-234）。它表明，含有环已烷结构的 Desmophen NH XP-7068 和 Desmophen NH 1420 样品的拉伸强度都在 45MPa 以上，但断裂伸长率只有 4%，基本上属于刚性材料。而含有直链烷烃结构的 Desmophen NH 1220 和 Desmophen NH XP-7161 样品的拉伸强度都只有 12～16MPa，但是，其断裂伸长率比环已烷结构有了显著的提高，特别是不含侧甲基的 Desmophen NH XP-7161 样品，其断裂伸长率达到了 84%，从而成为一种很有韧性的材料，这一点与通常的 MDI 基 SPUA 材料差别很大，主要原因是两者的相分离特性不同。

表 2-1-234 聚天冬氨酸酯对 20.5%的 HDI 三聚体力学性能的影响

B组分	A组分	拉伸强度/MPa	伸长率/%
Desmophen NH XP-7068	Desmodur XP-7100①	48.1	4
Desmophen NH 1420	Desmodur XP-7100①	46.6	4
Desmophen NH 1220	Desmodur XP-7100①	16.0	23
Desmophen NH XP-7161	Desmodur XP-7100①	12.6	84

① HDI 三聚体，—NCO 含量 20.5%，黏度 1000mPa·s (25℃)。

五、喷涂聚脲弹性体的性能

1. 力学性能

(1) 附着力 喷涂而成的SPUA材料对钢、铝和混凝土等底材，均具有良好的附着力。通过配方调节，即使是凝胶时间在3s左右的快体系仍具有很好的附着力。甚至可以调节配方得到附着力强度超过SPUA自身强度的体系。表2-1-235列出了芳香族SPUA与几种材料的附着力数据（GB 5210拉开法）。

表2-1-235 SPUA材料在不同底材上的附着力

底 材	底材处理方法	附着力/MPa	破坏形式
钢	表面清洁	2.4	从底材脱开
	喷砂	9.8	涂层剥离、黏合剂破坏
	涂底漆	13.6	涂层剥离、黏合剂破坏
铝	表面清洁	1.4	从底材剥离
	喷砂	4.5	局部从底材剥离
	涂底漆	5.2	局部从底材剥离
混凝土	表面干燥	2.2	混凝土破坏
	表面潮湿	1.4	从底材剥离
	涂底漆	2.6	混凝土破坏
木材	表面清洁	1.7	木材破坏
	涂底漆	3.5	木材破坏

(2) 耐交变压力性 采用SPUA技术，在密度只有0.28g/cm^{3}的聚异氰尿酸酯-噁唑烷酮轻质、高强度泡沫表面，喷涂“SPUA-401超重防腐材料”，制备水下300m机器人用的“SSB-300固体浮力材料”。技术指标要求耐4.5MPa水压，不吸水，不变形。

极限打压试验结果发现，当过载压力增加至12MPa时，尽管高强度泡沫芯材已经被打瘪、变形严重，但表面的SPUA封闭涂层仍然完整，没有丝毫破损和进水（图2-1-57、图2-1-58）。再继续进行加压、卸压疲劳试验，表层的SPUA材料仍完好无损，吸水率为零。

图2-1-57 打压12MPa前的“SSB-300固体浮力材料”

图2-1-58 打压12MPa后的“SSB-300固体浮力材料”

这表明，采用SPUA技术，能够对形状复杂的泡沫芯材进行整体包覆，所形成的新型固体浮力材料，具有厚度均匀、外观光顺、强度高、韧性好、耐疲劳变形、封闭性突出等特点。

(3) 耐磨性　聚脲弹性体被称为“耐磨橡胶”，具有优异的耐磨性，其耐磨性是碳钢的10倍，是环氧树脂的3～5倍。因此，SPUA技术特别适合用于经常有人员或车辆活动的工业重载地坪，加之SPUA材料具有良好的伸长率，其使用寿命比环氧地坪更长。聚脲弹性体还可用于解决各种环境下的耐磨损、抗冲击、防腐蚀等问题。

(4) 耐冲击性（11个月，上万次冲击、碾压）　为了考核SPUA材料的耐疲劳冲击性，用大锤将一块500mm×1000mm×50mm的钢筋混凝土板敲裂，在其表面喷涂3～4mm的“SPUA-102防水耐磨材料”，放置于车辆进出的必经之地。经过近一年、上万次的车辆冲击、碾压，除了表面有轻微划伤迹象外，涂层至今完好，没有出现断裂、开裂和破损现象（图2-1-59）。它表明，SPUA材料具有非常优异的抗冲击、抗疲劳破坏的能力。

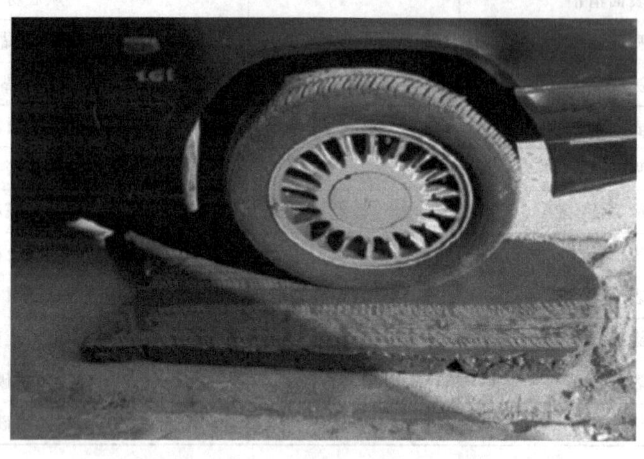

图2-1-59　SPUA材料耐冲击性试验

(5) 耐疲劳破坏性　在EVA不吸水泡沫芯材的外壁，喷涂“SPUA-601柔性防撞材料”进行包覆，然后放入万能材料试验机中，进行疲劳压缩试验，每次的压缩量为圆柱体原直径的1/2。在测试进行的100次疲劳压缩试验中，聚脲涂层仍能恢复到原来的形状，表面无任何开裂和破坏现象。

(6) 耐15m/s水流冲刷（1000h）　首先，将100mm×250mm×1.5mm钢板表面经过喷砂除锈至Sa2.5级后，临时用D-31底漆封闭；其次，再在其表面喷涂75mm×170mm×2.5mm（编号：2、3、4、5）和75mm×170mm×5mm（编号：6、7、8、9）的“SPUA-102防水耐磨材料”；最后，分别在聚脲涂层表面涂刷防污漆和船壳漆，数量各为4块（图2-1-60），按照GB 7789—1987方法进行耐15m/s水流冲刷试验。

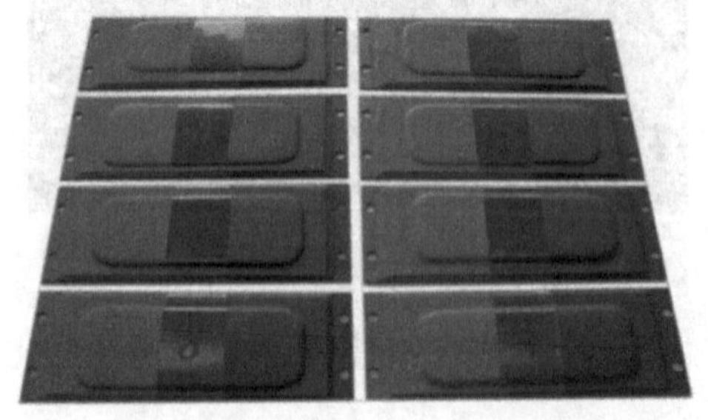

图2-1-60　耐15m/s水流冲刷试验前的样板

图2-1-61　耐15m/s水流冲刷试验后的样板

该试验方法规定旋转 200h 为一个周期。上述所有样板全部通过了五个周期（累计 1000h）的高速水流冲刷试验，两种不同厚度的“SPUA-102 防水耐磨材料”均完好无损；与之配套的防污漆、船壳漆附着良好（图 2-1-61）。但是，由于高速水流的冲击和空泡腐蚀，在“SPUA-102 防水耐磨材料”下面的 1.5mm 厚的钢板表面，出现了严重的锈蚀，钢板边缘固定区域还出现了断裂现象。说明 SPUA 材料具有优异的耐水性、耐疲劳冲击性、耐腐蚀性，并且能够在苛刻的海洋工作环境下，与钢板有良好的附着力。

(7) 耐空泡腐蚀性　诸如水力发电机的涡轮、舰船螺旋桨等高速旋转、推进装置，当其运转起来后，局部的气体会产生“空化”现象。那些被压缩出来的气泡，随着高速旋转的叶轮被甩出来，犹如坚硬的金属颗粒击打在叶轮上，形成比其他腐蚀情况更为严重的“空泡腐蚀”。传统的叶轮防护都采用环氧树脂等刚性材料作为保护层，大量的气泡长时间冲击刚性材料，会造成蜂窝状孔洞，并逐渐将保护层磨损掉（图 2-1-62），对叶轮的使用寿命造成极大危害。

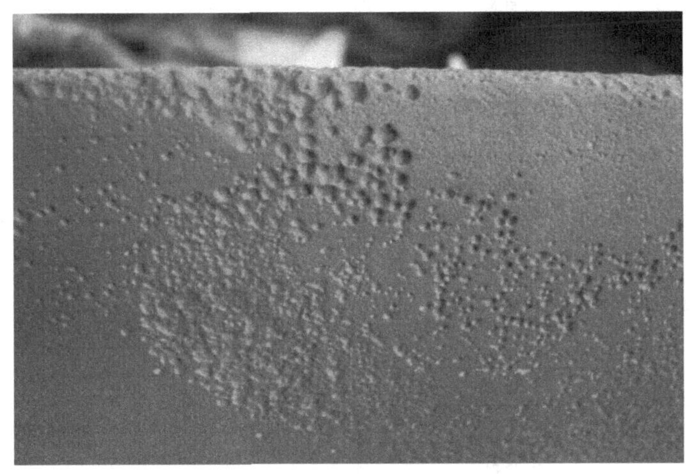

图 2-1-62　空泡腐蚀形成的蜂窝状孔洞

因此，在选择涡轮、螺旋桨等高速旋转装置表面的防护材料时，应杜绝以往硬碰硬的做法，而改用“以柔克刚”的策略，选择柔性材料的黏弹性来耗散冲击能量，是防止空泡腐蚀的有效措施。根据美国 ASTM 标准 G32—2003 的规定，分别对不同材料进行耐空泡腐蚀试验，结果见表 2-1-236。

表 2-1-236　耐空泡腐蚀测试数据

材　质	试验时间/min	质量损失/g	损失率/(g/min)	材　质	试验时间/min	质量损失/g	损失率/(g/min)
环氧树脂	45	91	2.02	SPUA(2.5mm)	600	9.4	0.016
乙烯基树脂	140	132.4	0.95	SPUA(1.25mm)	600	7.3	0.012

2. 耐受性能

(1) 耐介质性　SPUA 材料致密、连续、无接缝，其干燥、固化过程中，完全依靠的是化学反应，而不会像以往涂料的干燥过程中，需要向空气中挥发有机溶剂或者水分。因此就不会有针孔、气泡、缩孔等缺陷产生，实际上也就杜绝了外界腐蚀介质入侵的途径，所以防腐蚀性十分突出。同时，由于其优异的柔韧性，完全能够抵御昼夜、四季环境温度变化带来的热胀冷缩，不会产生开裂和脱落现象，使得 SPUA 材料表现出十分优异的耐化学介质性（表 2-1-237），在材料保护领域具有广泛的应用前景。

表 2-1-237 SPUA 材料的耐介质性

介质名称		浸泡结果	介质名称		浸泡结果
盐溶液	饱和盐水(130000μg/L)	良好	有机溶剂	苯	变色,发泡
	硝酸铵	良好		甲苯	变色,发泡
	氯化钠	良好		二甲苯	良好,轻微变色
	磷酸钠	良好		正己烷	良好
	过氯酸钠	良好		异丙醇	良好
酸溶液	乙酸(10%)	良好		丙酮	变色,发泡
	醋(乙酸)	良好		三氯乙烷	变色,发泡
	盐酸(5%,10%)	良好		甲醇	变色,发泡
	硝酸(20%)	变色,发脆		丙烷	轻微起皱
	硫酸(5%,10%,20%)	良好		二甲基甲酰胺	变色,发脆
	硫酸(50%)	变色,发脆	其他溶剂	汽油	良好
	磷酸(10%)	良好		柴油	良好
	磷酸(50%)	变色,发脆		矿物油	良好
	氢氟酸	变色,发脆		液压油	良好
	柠檬酸	良好		防冻液(50%乙醇)	良好
	乳酸	良好,轻微变色		电动机油	良好,轻微变色
	氯(在水中的浓度仅为 2000μg/L)	轻微发脆		液体尿素化肥	良好
碱溶液	氢氧化钠(5%,10%,20%)	良好		化肥(28-0-0)	良好
	氢氧化钠(50%)	良好,轻微变色		硬脂酸	良好
	氢氧化钾(10%)	良好		水	良好
	氢氧化钾(20%)	良好,轻微变色		铬酸砷(工作溶剂)	良好
	氨水(20%)	良好			

注：1. 未注明浓度的介质均为饱和溶液。
2. 样片在各介质中的浸泡时间均为 1 星期（24h×7 天），室温为 25℃，测试方法见 GB 1763—1979。
3. 在规定的浸泡时间内，若样片无起泡、起皱、变色（允许轻微变色）现象，结果定为良好。

(2) 耐浸泡性　合理的配方设计和喷涂工艺参数控制，能够获得耐水、耐油长期浸泡的高性能 SPUA 材料。

(3) 户外耐老化性　由于聚脲特定的分子结构以及体系中不含催化剂，SPUA 材料表现出优异的耐老化性。虽然在芳香族 SPUA 中会出现泛黄现象，但经过专门的配方设计，并添加适当的抗氧剂和紫外线吸收剂的聚脲材料不会粉化和开裂，脂肪族 SPUA 材料的耐老化性则更是无与伦比。

(4) 耐核辐照性　SPUA 材料具有很好的耐核辐照性，在 10^3Gy 中等剂量下，可以长期使用；在 10^5Gy 较高剂量下，也不失为一种中等弹性的高分子材料，可进行有限条件的使用（表 2-1-238）。

(5) 耐阴极剥离性　将涂有普通防锈底漆和 SPUA-406 管道防腐材料的样板，浸渍于设定电压为 1.5V 的电解质溶液中，经过 60 天的耐阴极剥离试验后，涂有 SPUA-406 管道防腐材料的样板无起泡、脱落、锈蚀现象，涂膜无法剥离，附着力良好（图 2-1-63）。这种优异的耐阴极剥离性，与SPUA材料自身的力学强度以及对底材良好的附着力有关，使得该材料能够长期应用于海洋、地下钢结构设施的腐蚀环境中，达到终身免维护的功能。

表 2-1-238 耐核辐照试验结果

材质	拉伸强度/MPa			伸长率/%			撕裂强度/(kN/m)		
	参比样	10^3Gy	10^5Gy	参比样	10^3Gy	10^5Gy	参比样	10^3Gy	10^5Gy
1#橘红	13.4	13.7	8.65	368	383	271	44.9	41.5	30.7
2#中灰	9.6	8.9	6.9	339	329	246	54.0	55.8	44.9
3#紫红	13.6	11.9	6.9	385	382	248	62.9	61.8	48.0
4#蛋黄	9.6	10.2	5.5	324	349	181	60.9	66.5	42.6

注：^{60}Coγ射线辐射源；检测环境条件：温度11℃，相对湿度75%。

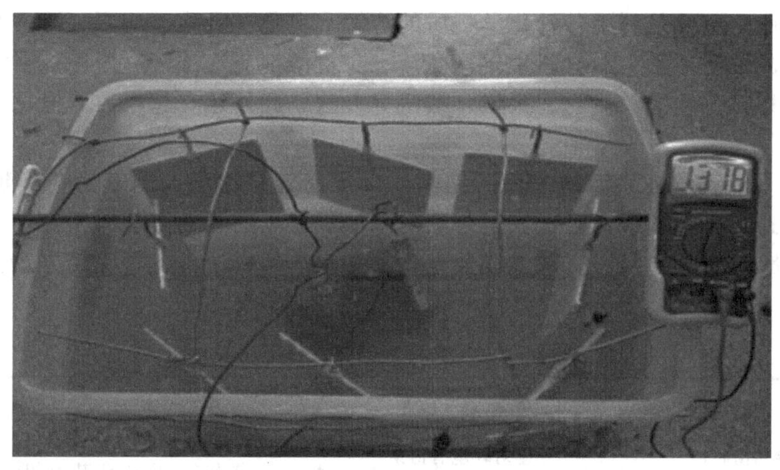

图 2-1-63 耐阴极剥离试验

而涂有普通防锈底漆的样板，经过3～5天即出现严重的鼓泡、脱落和腐蚀现象，与SPUA材料形成了鲜明的对比。

(6) 耐低温性 SPUA材料具有很好的低温韧性。这方面完全不像玻璃钢材料，虽然力学强度很高，但在低温条件下很脆，应用受限。

(7) 耐热氧老化性 SPUA材料经过热氧老化后的拉伸强度和撕裂强度都有较大提高，断裂伸长率略有下降。实际上，热氧老化过程相当于对SPUA材料进行后期加热熟化，更有利于材料强度的提高。这一点不同于通常的硫化橡胶，在热氧老化后会造成其力学性能的下降（表2-1-239）。

表 2-1-239 热氧老化试验前后的性能变化

测试项目	老化前	老化后	测试项目	老化前	老化后
拉伸强度/MPa	12.8	16.0	撕裂强度/(kN/m)	66.8	80.2
伸长率/%	412	395			

(8) 耐海洋环境性 海洋环境中钢结构和混凝土结构腐蚀防护问题一直是人们关注的热点。试验证明，聚脲材料具有优异的耐盐雾和耐海水腐蚀的能力，这种新型材料将在海洋腐蚀防护领域大显身手。

普通的管道防腐材料如熔结环氧粉末的耐盐雾试验一般不超过500h，实际使用寿命在10年以下。聚脲涂层由于致密、连续、无接缝，所以其耐盐雾性十分优异。

六、底材处理与施工工艺

1. 混凝土底材表面处理

清除混凝土表面杂质和缺陷的方法很多，国内外目前采用的有化学清理、碳氢化合物溶剂清理、蒸汽清理、化学剥离、抛丸处理、喷砂清理、耙路机处理、真空吸尘/压气吹洗、酸蚀和高压水冲洗等。施工时应根据工程的具体情况，选择合适的处理方法，使混凝土露出清洁、坚固的表面，应尽量避免锤击和粗琢，以免在混凝土表面以下约 9mm 范围内形成开裂区。

2. 钢材表面处理

(1) 除油　去除钢质底材表面的油污，可增强聚脲涂层的附着力。

除油（脱脂）主要是利用各种化学物质的溶解、皂化、乳化、润湿、渗透和机械等作用去除物体表面的油污，常用的材料主要是碱液、有机溶剂、清洗剂（脱脂剂）等，常用的清洗工艺主要有擦拭、浸泡、喷射、火焰、蒸汽等方法，此外还有超声波、电化学、辊筒和机械喷砂等方法。

(2) 除锈　细致地去除钢铁表面的锈垢，以提高聚脲涂层的附着力，可延长其使用寿命。这一做法通过不断实践，已经获得公众的承认。常用的除锈方法有手工、小型机械（风动、电动）、喷（抛）丸（砂）、酸洗以及电化学和火焰等方法。各种除锈方式特征比较见表 2-1-240。

表 2-1-240　各种除锈方式特征比较

除锈方式	优点	缺点	注意事项	处理质量	表面粗糙度
喷丸	①除锈彻底； ②处理效率高； ③磨料可回收	①对环境有污染； ②一般需在室内进行； ③辅助工作量大、投资大	操作时，应遮蔽其他相邻物体	优	优
喷砂	①除锈彻底； ②处理效率高； ③可以处理各种形状的表面； ④磨料价廉	①对环境污染极大； ②磨料不可回收； ③不能同时进行其他作业	①操作时，应遮蔽其他相邻物体； ②采取必要措施，减少粉尘污染危害	优	优
真空喷丸	①除锈彻底； ②不污染环境	①不能处理形状复杂的表面； ②除锈效率低	与其他小型工具配合使用	优	优
小型机械	①除锈彻底； ②机动性好； ③污染极小	①除锈效率低，尤其是去除氧化皮能力； ②劳动强度较大； ③表面粗糙度小	①根据不同对象选择相应的工具； ②用于对旧漆面打毛处理	一般	较差
纯手工	①工具简便； ②机动性好	①除锈效率低； ②表面粗糙度小； ③劳动强度大	主要用于小面积除锈和其他工具难以达到的边角除锈	差	差
酸洗	①除锈彻底； ②适用于各种零部件	①酸雾和废水排放造成环境污染； ②不能用于现场和大型部件处理； ③易返锈，尤其是酸残留时	①重视酸洗后冲洗和干燥工序； ②做好劳动保护和三废处理工作	较好	较差

3. 有色金属的表面处理

铜、锌、铝等有色金属及其合金器件表面在喷涂聚脲前同样需要表面处理。材质不同，表面处理方法也不同。

有色金属物件表面去除油污的方法基本与钢铁表面去油方法相同，但由于有色金属耐碱性差，不宜使用强碱性清洗液清洗，一般推荐采用有机溶剂除油、表面活性剂除油，或用由磷酸钠、硅酸钠配制的弱碱性清洗液。

为得到附着良好的表面，可采用手工或机械打磨、喷砂或酸洗方式处理表面，使其具有一定的粗糙度。通常采用表面化学处理在表面形成一层转化膜，不但可提高涂膜结合力，而且可提高涂层防腐蚀性。

4. 木材的表面处理

① 木材的干燥　在木质基材上对附着力影响最大的首推湿度。新木材含有很多水分，并从潮湿空气中继续吸收水分，所以在施工之前，必须对木材的含水率进行严格控制，在喷涂或封闭处理前应用湿度计测量木材的含水率，一般室外用木材的含水率要求小于9%～14%；室内用木材的含水率要求小于5%～10%；地板用木材的含水率要求小于6%～9%。所以喷涂前木材在室外过夜或雨淋湿后，湿度会上升，不宜进行涂装。木材的干燥方法一般采用自然干燥（自然挥发、风吹、日晒）或低温烘干两种。

② 污物的清除和封闭　基材表面的胶痕、油迹等污物，必须在涂装前完全除尽，可以采用砂纸、精刨、汽油、火燎等工具和方法进行清洁。当污物渗入木材管孔后，无法去除，可以用生胶、铝粉漆等封闭底漆进行处理。

③ 去松脂和封闭　大多数针叶类树木木材中都含有松脂，尤其是在有木节的地方，它会严重影响涂层的附着和均匀性，在高温时，有较强的溢出性，清除方法一是挖补，将松脂用刀挖去，再补以相同材质、相同纤维方向的木材。二是用汽油、松节油、甲苯、丙酮、酒精等有机溶剂或5%的烧碱清洗干燥后，涂刷1～2道虫胶漆（可加入少量铝粉增强虫胶漆的封闭效果）等封闭底漆，封闭的范围要大于松脂部位的2.5cm以上，以涂刷2道以上为佳。

④ 去毛刺　在木制品表面有很多细微的木质纤维，它们吸潮后，会因膨胀而竖起，如果此时喷涂，由于聚脲快干的特性，涂层会在木毛上堆积、固化，表面会出现很多小疙瘩，使表观变差，影响涂层的均匀和光滑性。一般采用下述方法去除。

a. 用湿布擦拭表面（可以加入一点骨胶），使毛刺竖起后用砂纸或研磨膏打磨。

b. 在表面上刷上稀虫胶清漆（15%乙醇溶液），毛刺竖起并发脆后打磨。

c. 刷上一层乙醇，用火燎一下，使毛刺发脆后打磨。

⑤ 表面刨平及打磨　用机械或手工进行刨平，然后开始打磨。首先将两块新砂纸的表面相互摩擦，以去除偶然存在的粗砂粒，然后再进行打磨，打磨的工具可用一小块长软木板（200cm×5cm×20cm）制成，板面胶黏上软的法兰绒、羊毛毡、软橡胶、泡沫塑料之类均可，然后裹上砂纸，打磨时用力要均匀一致。打磨完毕后用抹布擦净木屑等杂质。

⑥ 木材管孔的封闭　木材表面，尤其是横断面，存在很多吸收性极强的木质管孔、孔槽、钉眼等孔洞，对潮气有很大的吸收能力，必须进行封闭。封闭的方法是根据底材孔眼的大小用松节油调出不同稠度的腻子进行刷、刮等处理，用砂纸打磨平整后再涂刷封闭底漆。也可以在腻子前先刷一道封闭底漆，以增强封闭腻子的附着力。

5. 塑料、橡胶、玻璃钢等低表面能材料的表面处理

塑料常用的表面处理方法及特点见表2-1-241。

表 2-1-241 塑料常用的表面处理方法及特点

处理方法	效 果	药剂、工具	工艺条件	优点	缺点
溶剂清洗(蒸汽法)	去除油脂和增塑剂等	三氯乙烷	2min	自动化	效果一般
化学药品处理	引入极性基团	$H_2SO_4 \cdot K_2Cr_2O_7 \cdot H_2O$	2min(70℃)	适用面广	需三废处理
火焰处理	引入极性基团	氧化焰	<10s	处理简单	易过度变形
打磨	增加表面粗糙度	砂布、喷砂等	1～3min	处理简单	产生灰尘
等离子处理	引入极性基团	电	10～30s	时间短、效果好	设备费用高

6. 泡沫的表面处理

(1) EPS泡沫的表面处理

① 首先检查泡沫表面，看表面是否有缺陷和小孔，如果有，用刮刀将配套修补腻子刮涂到小孔及缺陷中，修理平整。

② 将修补的地方打磨平整，这一点十分重要。由于喷涂聚脲快速固化的特性，因此其原形再现性良好，即下面的底材是什么形状，喷出来就是什么形状。如果不能打磨平整，将会影响外观。

③ 将表面不需要的凸起部分打磨平整。

(2) PU（聚氨酯）泡沫的表面处理

① 首先将表面的脱模剂用溶剂擦掉，可用二甲苯、酒精等。作为道具的聚氨酯泡沫一般是在模具中成型，聚氨酯对大多数材料都有很强的黏合性，包括金属材料在内，因此必须使用脱模剂。常使用的是高熔点微晶蜡或水溶液以及聚乙烯分散液，也有采用长效模具处理剂，如各种硅、氟树脂等。由于脱模剂都是一些低表面能物质，如果不进行处理，会影响聚脲涂层与泡沫的附着力。

② 打磨泡沫表面，使表面的泡孔暴露出来。泡沫表面不可避免地会有一些孔洞，这是由于发泡而引起的，有些孔洞直接暴露在外，另外有些孔洞紧贴着表面，只有一层薄薄的表皮，需要进行打磨才能发现。打磨时一般不使用电动工具，以免控制不当损伤表面。通常使用砂纸进行手工打磨，将表面的泡孔彻底暴露出来。如果不这样处理，喷涂聚脲弹性体后会出现鼓泡现象，影响表面美观度。

③ 使用配套腻子修补泡沫表面。在打磨完成后进行修补，修补的部位包括打磨出的孔洞以及脱模时产生的缺陷，应尽量修补平整。

④ 打磨修补过的表面。打磨时应尽量平整，以免喷涂后影响表面美观度。打磨后可能会有一些新的泡孔暴露出来，已修补过的部位也可能会损坏，因此需要再次修补和打磨。

7. 施工工艺

(1) 混凝土底材

① 新水泥底材应完全水化，干燥28天后，待水分充分挥发后才能进行施工，否则，其内部所积蓄的水分在受热后会挥发，导致涂层鼓泡。

② 如前面混凝土底材处理及检测方法所述，进行底材处理及含水率检测，使混凝土底材表面无油污、灰尘及碎裂的水泥块等杂质。

③ 混凝土底材表面应保持干燥和完整。

④ 收头部位按图纸要求进行处理。

(2) 金属底材处理　如前面金属底材处理所述，选择合适的处理方法进行底材处理，然后按图纸要求对收头部位进行处理。

(3) 底漆、堵孔料、密封胶的施工

① 施工配套底漆。不要让底漆弄脏或者堵死收头部位的槽式结构。金属底材一般不需要底漆，如果喷涂 SPUA 材料用来作衬里，则金属底材表面需要涂刷底漆。

② 堵孔料填充底材上的孔洞，要堵实，否则，SPUA 固化过程中所释放的热量会使孔洞中的空气膨胀，造成涂层鼓泡。

③ 密封胶的施工。按施工图纸的要求施工密封胶：在施工根、孔、座、角等部位时，密封胶的剖面应是一个直角边为 5mm 的直角三角形；施工其他部位时，按图纸要求过渡下来就可以了。

(4) SPUA 材料的施工

① 施工时机和施工方法　尽量在增强层施工 12h 内施工 SPUA 材料，如超过 12h，应打磨增强层，刷涂或喷涂一道层间黏合剂，20min 后再施工 SPUA 涂层。施工 SPUA 涂层时，下一道要覆盖上一道的 50%，俗称“压枪”，同时下一道和上一道的喷涂方向要垂直，只有这样才能保证涂层均匀。施工前，底材上的渣子和杂物要尽量清理干净，可使用吸尘器进行清理。

② 特殊工艺处理　对于防滑要求较高的地方，可以在未干的涂层上人为造粒或手工铺撒防滑粒子（如橡胶粒、金刚砂等）。

人为造粒的具体操作如下：利用 SPUA 技术快速固化的原理，通过施工者对喷射角度和流量的控制，在最后一道涂层还没有完全固化前，在距离施工部位一定距离的地方，打开喷枪，让已混合雾化的喷涂料自由地降落在施工部位上，从而形成一定大小的颗粒，得到具有粗糙的防滑颗粒表面，起到防滑和消光（主要用于影视、娱乐业及室内灯光球场等场合）作用。人为造粒时应注意风向和风力，施工者应处于上风口，风力以 3 级以下为宜，以减小雾化粒子向施工人员和设备的飘落。

手工铺撒防滑粒子的具体操作如下：在最后一道涂层还没有完全固化之前，手工将防滑粒子均匀地抛撒在施工部位上，待涂层固化后，清扫撒防滑粒子的部位，将未粘上的防滑粒子清扫干净。

③ 平面施工　对于平面施工，除注意压枪和喷涂方向外，还要注意及时清理底材上未处理干净的渣子以及喷涂过程中落到底材上的杂物。在每一道喷涂完毕后，马上进行检查，找到缺陷并进行处理。对于针孔和大的缺陷，使用快速固化的堵孔料进行修补；对于表面因杂质而造成的凸起，可用裁纸刀割除。一般处理两次后，表面已基本无缺陷。

④ 垂直面和顶面施工　垂直面和顶面施工除进行以上步骤外，还要注意每道喷涂不要太厚，这既可以通过喷枪、混合室、喷嘴的不同组合来控制，也可以通过控制枪的移动速度来进行。

⑤ 复杂面的施工　像雕塑、道具、标本、护舷等复杂构件，需要有特殊的施工工艺。下面以小型护舷（直径小于 800mm）为例，阐明其加工方法。加工芯材时要在其中一端中心的部位留出一个圆柱孔，直径和深度为 100mm，以便用特制的叉子插入孔中，然后用专门的旋转装置将叉子连同护舷一起转动，同时进行喷涂。

(5) 面漆施工　芳香族 SPUA 材料经紫外线照射后会出现泛黄现象，这对有浅色要求的场合是不利的，因此，建议涂刷相应的耐黄变面漆。涂刷面漆应在 SPUA 涂层施工 12h 内进行。如果超过 12h，应打磨 SPUA 涂层，刷涂或喷涂一道层间黏合剂，然后再施工面漆。

(6) 修补　SPUA 材料本身的力学性能十分优良，正常使用时，一般不会损坏。一旦出现意外损坏（如重物砸落、撞击等），可用 SPUA-202S 修补料进行局部修补。具体步骤如下。

① 打磨待修补的表面，打磨的边缘要比待修补的表面向外扩展 150mm。

② 施工层间黏合剂。

③ 在已打磨的部位施工修补料。要注意使修补料的涂层平滑过渡到周围涂层。

④ 对于特殊应用，施工与之相匹配的面漆。

七、安全防护

1. 施工防毒

SPUA技术采用的化学原料如异氰酸酯（及A组分）、端氨基聚醚（及B组分）都带有一定的毒性，在喷涂施工中如果不注意安全与防护，很可能会造成施工人员出现一些不良症状。

SPUA所用的A组分通常是MDI或LMDI或PAPI的半预聚体（quasi-prepolymer），含有大量的未反应异氰酸酯单体，对眼睛、呼吸系统和皮肤均有一定的损害。

① 呼吸系统　对呼吸道有刺激作用，是一种潜在的呼吸道过敏源。吸入一定量的气体或浮游物会引发呼吸道感染，并对肺造成损伤，并可能会伴有喉干、胸闷、呼吸困难和/或类似感冒的症状。

② 皮肤接触　可能会造成皮疹、红肿、刺疼、化学灼伤，反复或长时间接触会造成皮肤过敏。动物试验的研究结果可以在一定限度内证明皮肤接触可能会引起呼吸道过敏。

③ 眼睛接触　浮游物、蒸气或液体会对人眼产生刺激，严重的可引起眼睛的化学灼伤。

(1) 喷涂聚脲弹性体生产及施工时安全防护　由于喷涂施工时物料温度较高（一般在60℃左右），又存在飞溅，因此施工人员一定要做好个人安全保护。

① 眼睛的保护　喷涂过程中可能接触其气雾时，应该佩戴化学安全护目镜。

② 呼吸系统的保护　喷涂过程中会产生大量的气雾，将对呼吸道有一定刺激性，故施工时，施工人员应佩戴经认证的呼吸防护设备。

③ 皮肤的保护　因喷涂时飞溅的气雾固化后形成的微小颗粒物易沾附到施工人员的皮肤、头发及衣物鞋袜上，虽不会造成伤害，但却不易清除，故仍须对身体采取必要的防护措施。对于手的防护可佩戴化学品手套，如氯丁橡胶、丁腈橡胶、丁基橡胶手套等。对于脚的防护则可以采取直接将塑料或布制鞋套套于所穿鞋外部的方法，此外也可以穿耐化学药品的长筒靴。对于身体的防护则应外穿一般的连体式防护工作服。

(2) 急救措施　如果生产或施工人员感觉到任何不适，应立即查询药物建议（如果可能，展示材料安全数据）。

① 吸入　将病人从现场撤出，让其在温暖处休息。接受药物治疗。治疗主要针对严重发炎或呼吸困难。如果呼吸十分困难，应在专业人员的照料下吸氧。在呼吸停止或即将停止的情况下，要进行人工呼吸抢救。

② 皮肤接触　替换受污衣物，用水和肥皂彻底清洗受污的地方。如果有发炎、发红或灼烧感等情况发生并持续，应进行药物治疗。在受污的衣物再次使用前，应彻底清洗干净。

③ 眼睛接触　立即用流动性水冲洗眼睛15min以上，冲洗时撑开眼帘。如果发炎不消除，应反复冲洗，并立即接受药物治疗。

④ 摄入　不要采用呕吐方法。保持病人一直处于清醒状态，先漱清口腔，然后再喝1～2杯水。并向专业医务人员请求迅速的药物治疗。

2. 施工防火防爆

SPUA技术采用的是低温（施工温度不超过70℃）施工喷涂技术，所用原材料100%固含量，无挥发性成分。因此它不像其他涂料一样，施工过程中伴随着大量溶剂的挥发，在涂装场所的高温、明火、冲击火花、电火花、静电等都可能引起这些易燃物质燃烧。SPUA材料的出现大大减轻了这些危害，是涂料涂装技术的一项重大革新。但是为了安全施工，还是需要一些防范措施，防患于未然。

（1）杜绝火源　在室内喷涂以及室外的工作区域内，必须做到严禁吸烟，禁止携带火种（如火柴、打火机）。严禁任意使用明火和易于燃烧的用具及装置。

（2）施工场所保证良好的通风　在室内喷涂时，每次喷涂完毕都要采用特定的清洗剂对喷枪进行清洗，而喷枪清洗剂是一种易挥发溶剂，具有挥发、易燃、易爆特性。

溶剂在室内挥发与空气混合后，达到一定温度时，遇火种就会引起突然闪光（初次开始闪光时的温度，称为闪点）。如果温度比闪点高，溶剂蒸气遇火种就会引起燃烧。如果溶剂蒸气与空气混合达到一定浓度，遇火种就会爆炸。

在室内施工时，必须注意保证通风良好。控制施工现场溶剂蒸发浓度不得越过规定标准；严禁溶剂接触高温，以防止接触温度高于该种溶剂闪点时遇明火引起燃烧。

施工场所良好的通风条件还可以将有害挥发物质及时带走，有利于施工人员的身体健康。

第十节　氯化聚烯烃树脂及应用

氯化聚烯烃树脂泛指主链为氯原子部分取代的脂肪烃树脂（chlorinated polyalefine resin，CPR）。主要品种有：氯化橡胶（CR）、氯磺化聚乙烯（CSPE）、过氯乙烯（HPVC）、高氯化聚乙烯（HCPE）、氯化聚丙烯（CPP）、氯化乙烯-醋酸乙烯共聚物（CEVA）以及氯乙烯-乙烯基异丁基醚共聚物等。含氯聚合物大分子中引入了氯元素，构成了极性较大的C—Cl键，具有优良的耐候性、耐臭氧、耐化学介质（酸、碱、盐）性及一定的耐脂肪烃溶剂和成品油、润滑油性等，可用于制备单组分涂料，施工方便，不受施工环境影响。因此它广泛地应用于防腐涂料；同时CPR对低表面能的塑料具有优良的附着力，也适用于一些装饰涂料领域。

经过半个世纪的发展，CR、CSPE、HPVC、HCPE、MP等含氯树脂已形成系列化的防腐涂料、装饰涂料产品，并有国家或行业的标准，在船舶、石油化工等重防腐领域形成了较为完整的产品配套体系。但随着人们环境保护意识的增强，卤代化合物对人体健康的“三致”效应以及卤代化合物对大气平流层中臭氧的破坏越来越引起人们的关注。如何减少使用或者替代卤代化合物的使用已经成为环保界、工商企业界以及政府等最为关心的课题之一。《蒙特利尔议定书》等ODS的相关法规中，明确了对卤代化合物的限制和淘汰计划；欧盟于2005年通过了关于限制使用含氯类溶剂使用的提案。诸多法律法规的设定对相关工业的发展提出了挑战。氯化聚烯烃树脂及涂料因为其具有独特的防腐性能而尚无法完全替代。

下面就氯化聚烯烃树脂的品种分别加以介绍。

一、氯化橡胶

1. 氯化橡胶的制备及特点

（1） 氯化橡胶的制备　氯化橡胶由天然橡胶经过炼解或合成异戊二烯橡胶溶于四氯化碳中，通入氯气反应而成。在氯化反应过程中有加成、取代和环化反应。为了使橡胶中的双键饱和，以免老化降解，必须通入足够多的氯使其含氯量达65%左右。所以原先的橡胶是弹性体，而制成的氯化橡胶则是脆硬的白色多孔性固体物质。除溶剂法，还有水相法、固相法和乳液法，通常含氯量在60%～67%。其化学结构示意如下：

```
   Cl     Cl              Cl     Cl
H—C——C—H             H—C——C—H
H3C—C—Cl    CH—Cl  H3C—C—Cl    CH—Cl                      Cl  Cl
 —C—C—CHCl—CHCl—C——C—CHCl—CHCl—CHCl—C—CH—
   Cl       CH3           Cl       CH3                      CH3
```

① 溶剂法　传统的溶剂法制备氯化橡胶是将橡胶切块，于50℃左右烘干排除水分和预热，经过双辊机和轧片塑炼切片后，按4.5%浓度的比例投入装有四氯化碳溶剂的专用反应釜中，在20℃以下的较低温度中碘催化剂存在下通入氯气进行氯化反应。同时经过反应釜的冷凝器、吸收塔不断吸收氯化氢得副产物盐酸。通氯气直到产物含氯量达到62%以上，而且氯化氢停止产生为止。将反应产物溶液经过中间贮槽后再喷射（雾化）进入80～90℃的热水沉淀锅中，氯化橡胶则呈细粉末状沉于热水中，而四氯化碳（沸点75.5℃）受热气化，由冷凝器回收循环利用。将沉淀物（氯化橡胶）送入离心机用清水洗涤数次，以除净其残剩的氯化氢至中性时再离心脱水，经过烘廊干燥，压缩、包装、入库。

② 水相法　20世纪80年代以来，四氯化碳对臭氧层的破坏及对人体有致癌作用引起全球的关注。1995年在联合国主持下通过了蒙特利尔公约，各国加紧了对氯化橡胶生产中四氯化碳释放量的控制，给含氯聚合物的生产企业和涂料行业带来巨大的冲击。目前世界各主要防腐涂料生产国都在花大力气进行含氯聚合物新技术、新工艺的研究。水相法氯化橡胶生产工艺就是在这种形势下发展起来的。

水相法氯化橡胶的制备就是采用天然橡胶乳液作为原料，加入适量助剂，排除蛋白质、脂肪酸和糖分等杂质，然后用浓盐酸水溶液进行酸化处理至一定pH值，20～40℃下通入氯气进行氯化反应一定时间，再在催化剂作用下，40～70℃深度氯化，通氯气直到产物含氯量达到60%以上。将反应产物溶液经过水洗脱酸。将沉淀物（氯化橡胶）送入离心机用清水洗涤数次，以除净其残剩的氯化氢至中性时再离心脱水，经过烘廊干燥，压缩、包装、入库。

③ 固相法　将100份天然橡胶和400份硫酸钠磨碎混合，在耐压容器中，20～25℃下用液氯氯化8h后，将氯化产品水洗除盐，可得到成品，固相氯化反应控制困难，工业化意义不大。

④ 乳液法　将天然橡胶与氯气加压分散于次氯酸钠溶液中，配成70%的乳液，通氯气4h后冷却加入20%氢氧化钠溶液（含氯6%），得到悬浮液。此时固体物氯含量为54%～56%。再通氯气2～3h后，洗涤、过滤、干燥，即得氯含量为62%～65%的氯化橡胶。此法反应体系稳定性差，且为非均相反应，存在胶粒内外氯化不均匀问题，产品稳定性差，因而工业生产也很少采用。

(2) 氯化橡胶的特性　氯化橡胶为无毒、无味、对人体皮肤无刺激性的白色粉末或细片状固体，溶液黏度因橡胶降解程度而异。

① 吸水率低，约为0.1%～0.3%（相对湿度80%，24h）

② 易溶于芳烃、卤烃、酯类和酮类，脂肪烃是其稀释剂。

③ 相对密度1.50～1.65，酸值≤0.2mgKOH/g。

涂膜特性如下。

① 由于分子结构规整、饱和、极性小，无活性化学基团，故涂膜化学稳定性高，耐酸、碱、盐、氯化氢、硫化氢、二氧化硫等化学品侵蚀，但不耐浓硝酸和氢氧化铵；长期与动物油、植物油和脂肪接触，涂膜软化和膨胀。

② 对光、热不稳定，130℃以上时开始分解，在潮湿条件下60℃就开始分解，所以使用温度低于60℃。即使达200℃以上也不熔、不软化、不燃烧，仅继续分解。

③ 与大部分合成树脂相比，水、水蒸气通过率低，抗渗透性好。

④ 无毒、快干、单组分、不受施工温度限制。

⑤ 附着力好，无层间附着问题。

⑥ 含氯量高，因此阻燃性好，且在潮湿条件下可防霉。

⑦ 氯化橡胶能和多种树脂混溶，如醇酸、环氧酯、环氧、煤焦沥青、热塑性丙烯酸以及乙烯-醋酸乙烯共聚树脂（EVA）等，以改进其柔韧性、耐候、耐腐蚀性等。

⑧ 单独用于涂料时，涂膜较脆，制漆时需加入增塑剂或其他塑性好的树脂，低分子量的增塑剂，如氯化石蜡、氯化联苯，或邻苯二甲酸酯类，常因其往表面迁移和亲水性而影响涂层性能。

⑨ 合成氯化橡胶时采用四氯化碳作溶剂，其成品也往往含有一定量的游离的四氯化碳，破坏大气中的臭氧层，目前从世界范围内正在禁止溶剂法的氯化橡胶的生产。正在大力发展水相法的氯化橡胶，但水相法氯化橡胶较溶剂法的氯化橡胶的性能尚有一定的差距。

氯化橡胶自问世以来，国外有较多品种，主要牌号如下。

英国：ALLOPRENE　　日本：ADEKA

德国：PERGUT　　德国：CHLORFAN

美国：PARLON　　意大利：CLORTEX

规格也较多，原来如 ICI 公司（英国帝国化学公司）根据黏度分为 6 个规格。参见表 2-1-242。

表 2-1-242　ICI 公司对氯化橡胶的分类

品种	黏度①/mPa·s	主要用途	品种	黏度①/mPa·s	主要用途
R-5	4～6	高固体分油漆油墨用	R-40	36～44	特种刷涂漆黏合剂用
R-10	9～12	喷涂漆和厚浆型漆用	R-90	85～119	特种刷涂漆黏合剂用
R-20	18～22	制刷涂漆用	R-125	120～180	特种黏合剂，耐水耐火用

① 系 20%甲苯溶液，以毛细管黏度计于 25℃测定。

随着蒙特利尔公约的实行，西欧原有的英国、意大利等国溶剂法氯化橡胶生产装置都已关闭，只有德国的 Bayer 公司还在采用溶剂法生产氯化橡胶，但 Bayer 公司的生产装置也进行了改进，与原方法不同点在于氯化结束后不是用传统的水洗分离或喷雾干燥，而是利用氯化橡胶在甲苯中的溶解度更大，将甲苯加入反应好的氯化液中，然后利用四氯化碳与甲苯的沸点不同把四氯化碳蒸馏出来，经处理后再回收利用，能满足蒙特利尔公约的要求。

2. 氯化橡胶涂料的组成

由于氯化橡胶有许多特点，因此氯化橡胶涂料仍然是目前重防腐涂料的一个重要品种。

(1) 成膜物　氯化橡胶可以与多种树脂混溶，因此可以组成不同的复合体系，满足其不同需要。可以与氯化橡胶混溶的树脂有中长油度醇酸树脂、聚氨酯树脂、氧茚树脂、氯化联苯、松香、甘油松香酯、季戊四醇松香酯、顺丁烯二酸酐改性甘油松香酯、丙烯酸树脂、酚醛树脂、萜烯树脂、环氧树脂等。

(2) 溶剂　氯化橡胶能溶于芳香烃、氯化烃、酯类及酮类等溶剂，脂肪烃是其稀释剂。对溶剂的选择是很重要的，同一种聚合度（分子量）的氯化橡胶在不同溶剂中所形成溶液的黏度差别很大。2# 氯化橡胶在不同溶剂中的黏度见表 2-1-243。

选择溶剂应从技术要求（生产、贮存性、施工和成膜性能）、环境因素及其他因素来考虑。氯化橡胶漆中常用的混合溶剂是二甲苯：200 号煤焦溶剂：200 号溶剂汽油＝45：40：15。

表 2-1-243 2# 氯化橡胶在不同溶剂中的黏度

溶剂品种	黏度①/mPa·s	溶剂品种	黏度①/mPa·s
甲乙酮	13	甲基异丁酮	20
甲苯	18	200号煤焦溶剂	30
二甲苯	19	200号溶剂汽油：煤焦溶剂=1：4	34
乙酸乙酯	19		

① 20%浓度，25℃奥氏计测。

其中200号溶剂汽油加入具有一定的降低新涂层对底层干膜的溶解作用，从而在一定程度上改进了漆的涂刷和重涂性，即可减轻咬底的弊病。

(3) 颜、填料 与一般涂料所用颜、填料用法相似，不详细介绍。

(4) 助剂

① 增塑剂 氯化橡胶的涂膜呈脆性，要制备涂料，一般都要添加增塑剂。正确选择和添加增塑剂对于改变涂膜的性能有着非常重要的作用。由于氯化橡胶是惰性树脂，因此对增塑剂的要求是增塑效果明显和能够基本上接近氯化橡胶的性能（呈惰性），以保证基料的稳定。因为许多增塑剂都能与氯化橡胶相容，所以选择的范围较广。例如：氯化石蜡、邻苯二甲酸二丁酯、邻苯二甲酸二辛酯、磷酸三甲酚酯、磷酸二苯基酯和干性油（亚麻仁油、桐油、豆油和环氧化豆油）等。其中以氯化石蜡应用最广泛，因为它除了具备上述要求外还具有极佳的颜料润湿性和分散性，与其他涂料用树脂的混溶性以及优良的耐化学品性能等。因此，氯化石蜡是氯化橡胶类漆中最广泛使用的增塑剂。另外需耐候性好的面漆中，也可选用邻苯二甲酸酯作为增塑剂。

氯化橡胶与氯化石蜡的比例对涂膜的拉伸强度、伸长率、柔韧度、水蒸气渗透性及附着力等性能均有很大的影响（见表2-1-244）。要得到能够使各项性能最好的平衡，最适宜的比例范围是很窄的。

表 2-1-244 增塑的氯化橡胶薄膜的水蒸气渗透性①

增塑剂品种＼配比	90：10	80：20	70：30	65：35	60：40
氯化石蜡(CP-42)	3.0	2.98	4	6.1	5.6
氯化石蜡(CP-52)		3.4	3.3	3.5	3.8
邻苯二甲酸二辛酯	3.5	4.0	9.8	16.3	
邻苯二甲酸二丁酯		21.5	21.5		24.9

① 单位为 10^{-7}kg/(m²·s)（干膜厚 25μm）。

② 稳定剂 氯化橡胶是高度氯化的聚合物，若漆液中存在有铁离子或含有铝、铜及其他氯化物（除氯化铝、氯化铜以外）等物质，则在贮存过程中漆液因受较高温度、水分等的作用，往往会发生化学反应生成如氯化铝、氯化铁等产物，放出氯化氢气体，并在分子中形成双键而发生交联，放出热量促使漆液温度升高，黏度迅速增加直至凝胶。为了保证漆液的贮存稳定性，生产配方中必须加入稳定剂，如氧化锌、氧化镁、环烷酸锌溶液、低碳酸钡、低分子环氧树脂、环氧化豆油、环氧氯丙烷、二月桂酸二丁基锡、顺丁烯二酸二丁基锡等物质。其用量一般为颜料量的1%。

③ 防沉剂 为了防止和改善氯化橡胶色漆内颜料的沉淀结块，漆液内应添加0.5%以内的防沉剂，如有机膨润土、气相二氧化硅、氢化蓖麻油等，其中氢化蓖麻油有明显的增厚防沉效用。

为了改善氯化橡胶漆的施工、成膜性能和增加每道涂膜厚度，在配制厚膜型漆时常采用酰胺改性氢化蓖麻油作为触变剂。而且使用了触变剂后则不必再使用其他的防沉剂。

二、氯磺化聚乙烯

1. 氯磺化聚乙烯的制备及特点

氯磺化聚乙烯是由分子量20000左右的高压聚乙烯溶解于四氯化碳，在偶氮二异丁腈的作用下与氯、二氧化硫进行氯化和磺化制得，反应产物的结构式是：

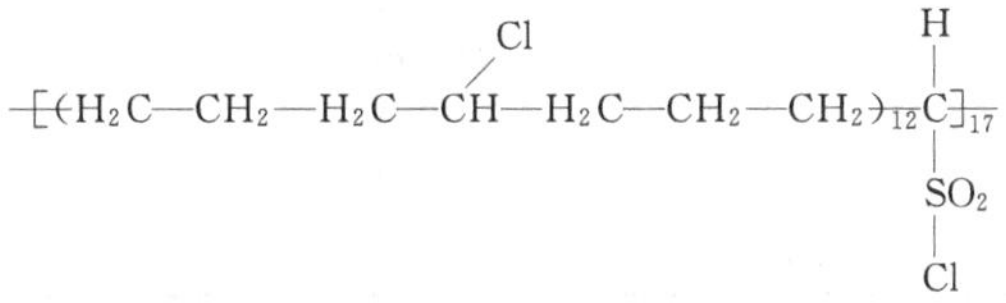

$$-\!\!\left[\left(\mathrm{H_2C{-}CH_2{-}H_2C{-}\overset{\overset{\large Cl}{/}}{CH}{-}H_2C{-}CH_2{-}CH_2}\right)_{12}\overset{\overset{\large H}{|}}{\underset{\underset{\underset{\large Cl}{|}}{\underset{\large SO_2}{|}}}{\mathrm{C}}}\right]_{17}$$

氯磺化聚乙烯含硫量为1.2%～1.5%，含氯量为26%～29%，相对密度为1.12，杜邦公司商品名为海泊隆（HAPOLON），聚乙烯的主链上每7个碳原子才有一个氯原子。大约每84～90个碳原子中有一个氯磺酰基。分子结构中有氯原子可增强涂膜的抗油性、耐燃、耐溶剂性及提高物理机械性能等。而氯磺酰基的存在可使聚合物在铅或其他金属氧化物作用下易于发生交联。由于氯磺化聚乙烯是聚乙烯的衍生物，是以聚乙烯作主链而不含双键结构的完全饱和型橡胶，因而与其他饱和型橡胶一样，耐气候性、抗老化性、耐臭氧性及耐化学品性，尤其是能耐氧化剂的性能远优于含有双键结构的不饱和型橡胶。氯磺化聚乙烯橡胶在低温下也能形成柔软的薄膜，此薄膜的透湿性和透气性明显地低于其他的大部分弹性体。因此可以配制成涂料，涂装于各种织物、纤维制品、泡沫制品等表面作为防护涂层。

2. 氯磺化聚乙烯橡胶漆

氯磺化聚乙烯橡胶漆是由固化剂与氯磺酰基反应交联而固化的。固化剂一般为氧化铅、氧化锰、氧化镁、三碱式马来酸铅、二酚基丙烷等联苯酚与六亚甲基四胺的缩合物、胺环氧加成物、聚酰胺树脂、氢化松香、芳烃二胺、二氰乙基化六亚甲基二胺、聚甲基氮硅烷、含氮有机硅化合物等。

涂料的特性与固化剂的关系见表2-1-245。

表2-1-245 涂料的特性与固化剂的关系

固化剂种类 / 特性	一氧化铅	碱式马来酸铅	氧化镁	环氧树脂	聚酰胺
耐水性	10	9	1	8	5
耐热性	8	8	10	9	7
耐化学品性	10	8	5	10	7
贮存稳定性(单组分)	7	10	1	9	1
干燥速度	9	7	8	7	10
对白色保色性	6	9	10	9	9
保色性	4	9	10	7	8
耐硫化物腐蚀性	3	5	10	10	10
澄清度	2	2	3	10	10
分散性	5	6	7	9	10

注：10=优秀；1=差。

3. 氯磺化聚乙烯橡胶漆参考配方

(1) 氯磺化聚乙烯灰色磁漆（双组分）

甲组分	含量/%	乙组分	含量/%
氯磺化聚乙烯 H-20	44.5	氧化铅	15.5
二甲苯	38.0	金红石型钛白	13.0
石油溶剂	14.3	炭黑	0.2
丁醇	3.2	沉淀硫酸钡	16.3
		巯基咪唑	1.0
		双甲苯胍	2.0
		氢化松香	4.0
		二甲苯	34.7
		石油溶剂	13.3
合计	100	合计	100

(2) 氯磺化聚乙烯黑色防腐蚀漆

甲组分	含量/%	乙组分	含量/%
氯磺化聚乙烯 H-20	48.2	炭黑	16.8
邻苯二甲酸	0.8	氧化铅	18.0
酸性陶土	1.0	酸性陶土	1.5
1%甲基硅油二甲苯液	1.6	二硫化二苯并噻唑	0.5
二甲苯	40.0	双甲苯胍	0.7
石油溶剂	3.7	氢化松香	4.0
丁醇	4.7	二甲苯	42.5
		丁醇	16.0
合计	100	合计	100

三、过氯乙烯

1. 过氯乙烯的制备及特点

过氯乙烯是将聚氯乙烯溶解于氯苯中再通入氯，使含氯量达 64%左右，即每 3 个氯乙烯分子中添 1 个氯原子。原先的聚氯乙烯不溶于酯类等溶剂，经再氯化后，降低了聚氯乙烯的规整性，使过氯乙烯能溶解于酯、酮及芳烃等溶剂中，便于制成涂料，过氯乙烯不含双键，而其侧基氯原子的体积小，高分子之间距离近，所以其膜致密，耐化学腐蚀优良，耐大气老化性也好。但因它的结构较氯化橡胶规整，所以涂膜的附着力差，必须有配套的底漆。过氯乙烯的溶解度低，所制涂膜薄，需涂多道才能达到所需厚度。

2. 过氯乙烯防腐蚀涂料的配方

过氯乙烯防腐蚀涂料配方见表 2-1-246。

表 2-1-246 过氯乙烯防腐蚀涂料配方

组分	质量分数/%				
	铁红底漆	锌黄底漆	清漆	白磁漆	红磁漆
过氯乙烯树脂	9.3	14.1	12.00	10.24	10.00
邻苯二甲酸二丁酯	2.9	4.7	1.25	2.49	2.68
五氯联苯			1.25		
磷酸三甲酚酯			1.00		
中油亚麻油醇酸	5.0	6.0		4.25	4.00
环氧氯丙烷			0.40		
蓖麻油酸钡				0.19	0.18

续表

组分	质量分数/%				
	铁红底漆	锌黄底漆	清漆	白磁漆	红磁漆
低碳合成脂肪酸钡		0.5			
钛白				10.93	
铁红	23.0				10.50
沉淀硫酸钡	13.3				
滑石粉	1.5	4.7			
锌铬黄		15.5			
氧化锌		7.5			
乙酸丁酯		10.0			
乙酸丁酯：丙酮：甲苯(10：15：75)	45.0	37.0	84.10	71.30	72.64
固体分/%	约55	63	16	29	27

过氯乙烯树脂漆目前主要用于机床涂料，在相关章节中有更详尽的介绍。

四、高氯化聚乙烯树脂

1. 高氯化聚乙烯树脂的制备和产品特点

高氯化聚乙烯 HCPE 是中国 20 世纪 90 年代率先开发并产业化的 CPR。HCPE 的制备首先实现工业化试验——500t/年规模的固相法氯化工艺。将聚乙烯粉末在反应器中处于悬浮状态下，在自由基引发剂和紫外光照射下通氯气进行取代反应至含氯量>60%，同时回收氯化氢制备盐酸。由于固相法产品分子量太大，反应不均一性，在溶剂中溶解性欠佳，黏度高，而且放置一段时间后发生“肝化”。至 1997 年后水相法 HCPE 产品问世后即退出市场。

水相法 HCPE 工艺过程为采用适当分子量和粒度的聚乙烯粉末，分散剂和水或稀盐酸-与 PE 比例为 1：(8～10)，均匀分散在搪瓷反应罐中，加入引发剂并在 UV 光照射下，搅拌下通氯气反应，控制温度程序和时间、压力，计量通氯量至氯含量>60%并停止反应。反应副产物氯化氢回收制备稀盐酸。HCPE 沉降后用水和碳酸钠漂洗至中性，离心脱水至气流干燥工段，检验包装入库。产品主要指标：含氯量 55%～65%，M_n 分子量 1 万～2.5 万，白色粉末，热分解温度>110℃，残留酸值<0.2mg/100g 产品。

与氯化橡胶结构不同，HCPE 主链是直链氯原子取代的线型大分了，不带侧链取代基，因此极性较低，与金属底材附着力较差，与其他改性树脂的混溶性不如 CR。为此可选用改性的带极性基团的 PE 为原料制备高性能的 HHCPE，如浙江奉化裕隆化工新材料公司产品(HHCPE)，以及日本制纸株式会社产品（HE-510），指标如下：

		HE-510	HHCPE
含氯量/%	>	65	65
黏度(25℃,20%二甲苯溶液)/mPa·s		180	200
溶解性		OK	OK
色数		2	3

2. HCPE 涂料应用和配方特点

HCPE 是国内最早替代溶剂法 CR 在涂料中应用的 CPR。普通的 HCPE 性能/价格比优于 CR。但在防腐底漆中必须使用酮醛树脂，环氧树脂，二甲苯树脂，芳烃石油树脂，古玛隆树脂等改性以增强其对底材的附着力。其他增塑剂、稳定剂、颜填料等要求与氯化橡胶涂料基本相同。

近十年来 HCPE 广泛地应用于船舶涂料、防火涂料、防腐涂料、装饰涂料等领域取代 CR，出现丙烯酸树脂、环氧丙烯酸树脂改性等众多新产品。

下面例举一个典型的高光耐候 HCPE 面漆配方。

原料名称	配比(质量比)	原料名称	配比(质量比)
HHCPE	13	BYK168 分散剂	0.2
60%B 特种丙烯酸树脂	18～26	金红石钛白粉	15
氯化石蜡 CP-42	5～6	云母粉	5
环氧 601	1～1.5	石英砂(600 目)	5～10
亚磷酸三苯酯	0.6	其他调色颜料	0.5～1.5
混合溶剂(二甲苯：S-100)	20：20(质量比)		

另例举一个典型的防腐底漆配方如下。

原料名称	配比(质量比)	原料名称	配比(质量比)
HCPE(30%二甲苯液)	25～30	云母氧化铁(320 目)	10～15
古玛隆树脂(50%二甲苯液)	10～15	有机陶土	0.5
氯化石蜡 CP-50	5～8	混合溶剂	适量
复合磷酸锌(三聚磷酸铝)	6～8		

上述底、面漆的性能指标可以达到或超过溶剂法氯化橡胶同类产品的水平。

五、氯醚树脂

1. 氯醚树脂的制备和产品特征

氯醚树脂由德国 BASF 公司 20 世纪 70 年代开发并推向市场，其商品名为 LAROFLEX MP 树脂，简写为 LMP 树脂。它是 75%的氯乙烯和 25%的乙烯异丁基醚经悬浮乳液聚合而得的共聚物。其产品规格按黏度大小分 5 个规格：MP15 为 12～18mPa・s；MP25 为 (25±4)mPa・s；MP35 为 (35±5)mPa・s；MP45 为 (45±8)mPa・s；MP60 为 (60±10)mPa・s。

一般性能：

K 值(fikentscher)(DIN53726)	约 35	软化点(DIN53460)	48～52
密度 d_4^{20}/(g/cm^3)(DIN53217)	1.24	含氯量/%	44

溶解性易溶于芳烃，氯代烃、酯类、酮类溶剂。脂肪烃和醇作为稀释剂（非）真溶剂。

混溶性可与聚丙烯酸酯、不饱和聚酯、马来酸改性醇酸树脂、环己酮树脂、古玛隆树脂、石油树脂、氨基树脂、焦油沥青等混溶或部分混溶。

由于分子中引入 25%的乙烯异丁基醚结构，LMP 树脂除具有氯化橡胶等 CPR 共有的耐臭氧、耐大气老化、耐化学介质和良好的施工性能外，具有内增塑性而不必使用迁移性增塑剂可达到足够的柔韧性。LMP 树脂极性更高，与底材附着力更佳。

2. 氯醚树脂的应用和配方原则

(1) 溶剂体系的选择 真溶剂和稀释剂的配比直接关系到溶液的黏度，成膜性能。下面列举一些参考数据（质量份）。

	MP25	MP35	MP25	MP35	MP25	MP35	MP25	MP35
稀释剂	松香水沸点 150～180℃		松香水沸点 65～95℃		异丁醇		乙醇	
真溶剂								
甲苯	▲	▲	80(L)	60	45(F)	23	45(L)	50
二甲苯	60(F)	22	○	○	60(L)	40	○	○
S-100	80(L)	50	○	○	60(L)	40	○	○

	MP25	MP35	MP25	MP35	MP25	MP35	MP25	MP35
乙二醇乙醚乙酸酯	170(F)	140	○	○	110(F)	90	90(L)	70
乙酸乙酯	▲	▲	200(F)	120	▲	▲	40(F)	25
乙酸异丁酯	100(F)	40	220(F)	150	120(F)	35	100(L)	80
乙酸丁酯	90(F)	35	220(L)	170	110(F)	80	100(L)	80
甲乙酮	▲	▲	240(F)	150	▲	▲	40(F)	25
环己酮	220(F)	90	○	○	160(F)	140	○	○

注：○—稀释剂挥发速率较慢，即使低比例可能引起涂料混浊。

▲—不予测定，实际中无意义。

(F)—稀释至一定程度后，浅色清漆可呈乳光。

(L)—稀释一定程度后，基料分离沉淀。

醇醚类与低挥发溶剂混用可显著降低黏度，但同时易产生溶剂滞留而影响耐水性，而且乙二醇醚类由于毒性较大已被禁用或限用，目前基本被丙二醇醚类取代。酮类溶剂尽量少用，它们易滞留在涂膜中影响力学性能。

(2) 涂料的黏度和流变性　涂料的黏度由 LMP 溶液黏度与溶剂体系、浓度及温度相关，颜料吸油度和颜基比，改性树脂的特性和配比，以及流变助剂的性能和用量等多种因素有关，配方时应综合平衡。以下例举几个参考配方。

① 云母氧化铁防腐底漆（质量份）

原料名称	MP25/纯酚醛树脂	MP25
LMP25	15.77	
LMP35		16.2
纯酚醛树脂 PA101	3.15	
触变剂	0.15	0.48
氯化石蜡,CP-50	3.94	1.62
CP-70		1.62
氧化铁红	9.46	8.60
Rs 锌白	1.26	1.30
滑石粉	9.46	
磷酸锌		8.33
云母氧化铁	11.04	24.31
非浮型铝粉	7.88	3.24
二甲苯	31.57	200 26.24
S-100 芳烃溶剂	6.32	40.0 7.00
颜料体积浓度/%	33.7	40.0
总不挥发分	59.3	65.6
产品密度/(kg/L)	1.32	1.52

② 面漆（质量份）

原料名称	白色厚涂面漆	耐化学品面漆
LMP35 树脂	18.79	21.23
K80 环己酮树脂		2.12
氯化石蜡 CP-50	1.87	2.12
二甲苯	32.45	36.66
S-100	10.80	12.20
触变剂	0.37	0.21
Bentone 34 浆	3.76	4.24
金红石钛白粉	13.16	10.61
重金石粉	5.64	10.61

原料名称	白色厚涂面漆	耐化学品面漆
滑石粉	11.28	
锌白	1.88	
颜料体积浓度/%	34.50	19.7
总不挥发分/%	53.3	47.3
产品密度/(kg/L)	1.25	1.15

六、其他的氯化聚烯烃树脂

氯化聚丙烯含氯20%～25%，目前仍采用四氯化碳法生产。其生产工艺禁用四氯化碳已列入国家环保总局履约办的第二期工作目标。它主要用于塑料油墨的基料。在涂料行业中仅限于聚乙烯或聚丙烯等低表面能难粘底材作为附着力促进剂，或底涂层，用量较少。由于在塑料涂料节中有详细叙述，在此不展开了。

第十一节 硝酸纤维素

一、概述

纤维素硝酸酯，通常称为硝酸纤维素、硝化纤维素、硝基纤维素，比起其他的纤维素产品，是唯一得到商业上重要、大量应用的纤维素的无机酸酯。它也是纤维素衍生物中最古老的一种。人们对于硝酸纤维素的兴趣原先是在炸药领域，其先行者包括法国的 Braconnet（1832 年），瑞士的 Schoenbein（1845 年），英国的 Parkes（1855 年）。第一次世界大战之后，氮含量为10.5%～12.2%的硝酸纤维素被迅速用于涂料工业，特别是用于汽车面漆；硝酸纤维素以其耐久性、坚固性、溶解性和在外界干燥条件下溶剂的快速释放性而成为传统和有效的涂料成膜物质。在我国，硝酸纤维素大多用短绒的棉花作为原料，产品称为硝化棉。2005 年，我国硝化棉的产量为75500t。

二、硝酸纤维素的生产工艺

1. 硝酸纤维素的合成反应

纤维素的化学结构是大量的无水葡萄糖单位（anhydroglucose units）用醚键连接起来，化学上纯净的纤维素分子里有500～2500个葡萄糖单位，而每个葡萄糖单位可被视为三元醇。硝酸纤维素是纤维素与硝酸和硫酸的混合酸进行酯化反应的产物。反应式如下：

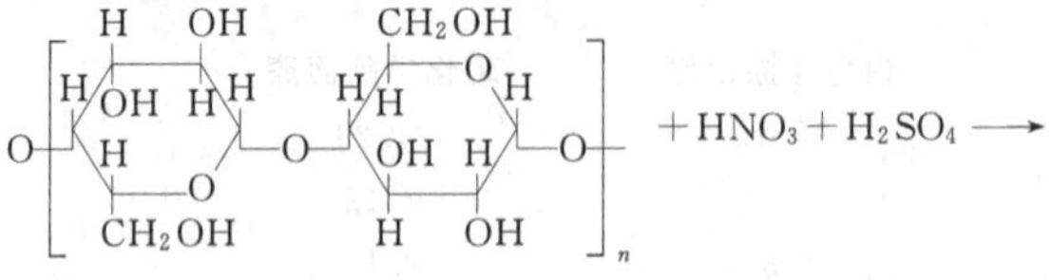

纤维素 $+ HNO_3 + H_2SO_4 \longrightarrow$

（纤维素　硝酸　硫酸）

硝酸纤维素 $+ H_2O + H_2SO_4$

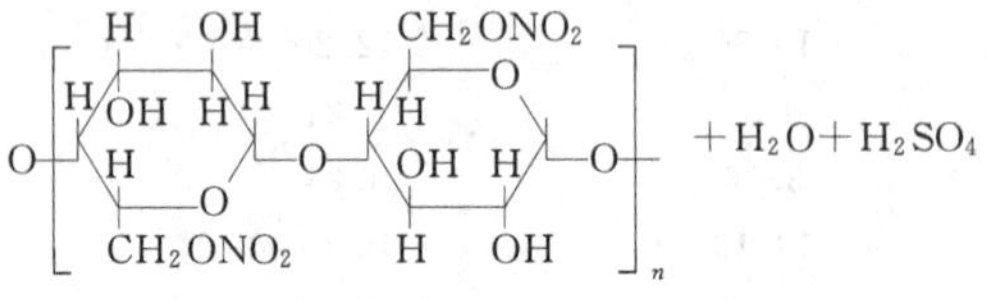

（硝酸纤维素　水　硫酸）

2. 生产工艺

(1) 纤维素的精制　以优质短绒棉（cotton linters）形式的纤维素在加入湿润剂（如松香皂）的苛性碱中隔离空气煮沸以除去脂肪、蜡、表皮质等脏物和不纯物，然后经漂洗、漂白处理、机械碾压和热空气烘干而成为精制脱脂棉，它含有98%以上的α纤维素。由木材制造纯纤维素有类似的过程，其手续更为复杂。

(2) 硝酸纤维素的生产　工业上生产硝酸纤维素分间歇式和连续式两类。

① 间歇式生产工艺　在间歇式的硝酸纤维素生产中，以脱脂棉为原料，用硝酸、硫酸的混合酸进行酯化。硝酸、硫酸和纤维素的反应是经过仔细和精确地控制的，直到达到预想的硝化度。硫酸用来带走反应中形成的水。再经驱酸、安定处理和加压降黏处理，脱水，再加湿润剂（乙醇、异丙醇或丁醇）驱水及混合、离心，所得的产品，称为硝化棉。目前市场上销售的硝化棉一般是以含70%的硝化棉、30%的醇湿润剂的形式供应的。

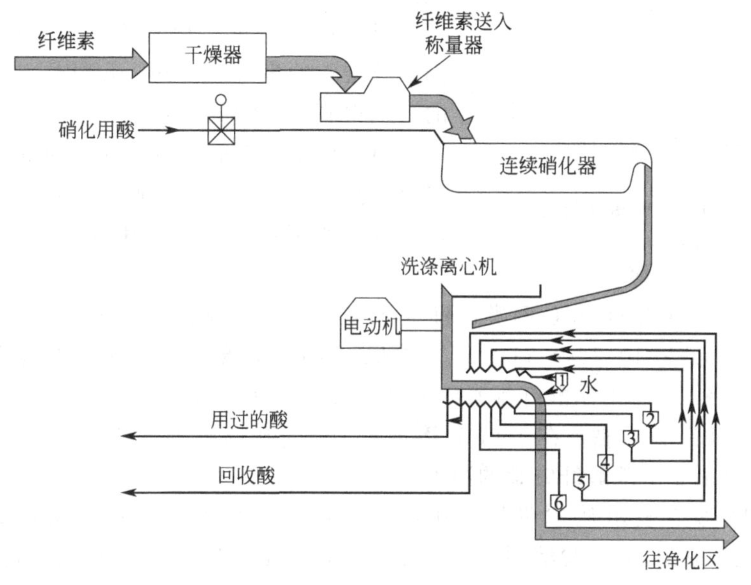

图 2-1-64　连续法纤维素硝化流程

② 连续式生产工艺　图2-1-64是美国HERCULES公司的连续式生产硝酸纤维素的简要流程。纤维素（主要是精制的木浆粕）与混合硝化酸被连续、同时地输送到一个容器中，并在其中发生纤维素的硝化，经过硝化以后和用过的酸被连续地输送进某一离心机中，该机被设计为分区进行，硝酸纤维素被断断续续地从一个区输送到下一区。在头一区，大多数硝化了的原酸被移走，在随后的各区，硝酸纤维素中的酸被更弱的酸所取代，在最后一区，则被水所取代。最后取代的酸和水洗的量正好足够前一个取代的有一点酸浓度的水的冲洗量，如此运行，最后离开系统的回收的酸的浓度与用过的酸的浓度相接近。

三、硝酸纤维素的分类及应用

硝酸纤维素一般按其氮含量和聚合度的不同而分类，置换度和聚合度是硝酸纤维素的两个特性，是将硝酸纤维素进行分类的重要依据。

在纤维素分子的结构中，每个葡萄糖单位有三个羟基存在，其反应活力有所不同，伯醇基活力最大，与其较近的仲醇基反应活力最差，活力较大的醇基在硝化反应中较先被硝基所置换。此外，混合酸浓度、硫酸和硝酸的比例不同，也影响硝酸纤维素氮含量的高低，一般而言，水分的增加会使氮含量提高，硫酸比例提高，可制得较高氮含量的硝酸纤维素。

① 置换度（degree of substitution，DS） 用硝基置换纤维素上的每一个无水葡萄糖单位（anhydroglucose unit）上的平均羟基数，1 个羟基被硝基置换 DS 为 1.0——氮含量 6.77%，两个羟基被硝基置换 DS 为 2.0——氮含量 11.13%，全部三个羟基被硝基置换 DS 为 3.0——氮含量 14.14%，实际上能达到的最大 DS 为 2.9，即氮含量 13.8%；用于漆、薄膜和塑料的工业硝化纤维素 DS 为 1.8～2.5，氮含量为 8.5%～12.2%（图 2-1-65）。

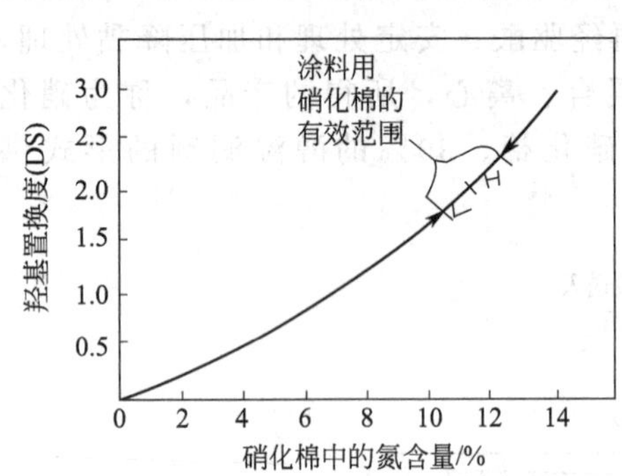

图 2-1-65 硝化棉的氮含量与羟基置换度的关系

② 聚合度（degree of polymerization，DP） 在硝酸纤维素分子中葡萄糖单位的平均数称为聚合度。在硝酸纤维素的生产过程中，硝酸纤维素被加水煮沸，会逐渐发生分子裂解，其聚合度减小，尤其是悬浮在水中而在不同的时间周期用水蒸气加热和加压，可降低聚合度，得到不同链长的硝酸纤维素。硝酸纤维素的聚合度越小，以相同浓度溶解于给定的溶剂得到的溶液的黏度就越小。

(1) 以 ICI 硝酸纤维素为代表的英制硝酸纤维素分类法 ICI 公司的工业硝酸纤维素，如果是用木浆制造的硝化纤维素，其型号加前缀 A，而用棉绒制造的则没有这一前缀。

ICI 硝酸纤维素分为 H 和 L 两类，H 表示高氮含量，氮含量为 11.3%～12.2%；L 表示低氮含量，氮含量为 10.7%～11.2%。这两大类又可以分成四种黏度的等级："H"为高黏，在 100mL 溶剂中 3g 干硝酸纤维素的浓度；"M"为中黏，在 100mL 溶剂中 10g 干硝酸纤维素的浓度；"L"为低黏，在 100mL 溶剂中 20g 干硝酸纤维素的浓度；"X"为超低黏，在 100mL 溶剂中 40g 干硝酸纤维素的浓度。

例如，AHX 3/5 表示从木浆粕中所制造的硝酸纤维素的等级，氮含量在 11.3%～12.2%之间，在 100mL 的试验溶剂中的 40g 棉的黏度在 0.3～0.5Pa・s 之间。

下面是 11 种常用的硝酸纤维素的规格。

- AHX 系列 AHX 3/5、AHX 8/13、AHX 30/50、AHX 120/170。
- ALX 系列 ALX 3/5、ALX 8/13、ALX 20/40。
- AHL 系列 AHL 30/40、AHL 120/170。
- AHM 系列 AHM 15/30、AHM 100/200。

(2) 以 HERCULES 的规格为代表的美制硝酸纤维素分类法 RS 类型的平均氮含量为 12%（11.8%～12.2%），AS 类型的平均氮含量为 11.5%（11.3%～11.7%），SS 类型有 11%（10.9%～11.2%）的平均氮含量。具体的牌号和黏度见表 2-1-247。

(3) 欧制的型号 依黏度、浓度值而定，表示溶于 25℃，100mL 溶剂（丙酮：水＝95：5），生成溶液黏度为 0.4Pa・s 硝酸纤维素溶液中的干硝酸纤维素克数。较高氮含量型由 1E 至 38E，较低氮含量型由 7A 至 35A。

(4) 我国工业用的硝化棉规范（WJ 9028—2005） 我国工业用硝化棉的分类方法类似美制的方法，都是通过测定落球时间来确定黏度的方法。我国涂料用的硝化棉分为低氮含量（10.7%～11.4%）的 L 型和高氮含量（11.5%～12.2%）的 H 型，其黏度的规格见表 2-1-248。

表 2-1-247　美制硝酸纤维素的分类

牌号	氮含量/%	12.2%溶液的黏度/mPa·s	时间/s		
			溶液浓度 12.2%	溶液浓度 20%	溶液浓度 25%
RS18-25cps	11.8～12.2	18～25	—	—	—
RS30-35cps		30～35	—	—	—
RS1/4-sec		—	—	—	4～5
RS3/8-sec		—	—	—	6～8
RS1/2-sec		—	—	3～4	—
RS 3/4-sec		—	—	6～8	—
RS5-6sec		—	5～6.5	—	—
RS15-20sec		—	15～20	—	—
RS30-40sec		—	30～40	—	—
RS60-80sec		—	60～80	—	—
RS125-175sec		—	125～175	—	—
RS600-1000sec		—	600～1000	—	—
RS1000-1500sec		—	1000～1500	—	—
RS1500-2000sec		—	1500～2000	—	—
AS 1/2-sec	11.3～11.7	—	—	3～4	—
AS5-6-sec		—	5～6.5	—	—
SS30-35cps	10.9～11.2	30～35	—	—	—
SS 1/4-sec		—	—	—	4～6
SS 1/2-sec		—	—	3.4	—
SS5-6-sec		—	5～6.5	—	—
SS40-60-sec		—	40～60	—	—

表 2-1-248　我国硝酸纤维素的分类

型号	规格	溶液浓度(品质百分浓度)		
		12.2%	20.0%	25.0%
L (低氮含量 10.7%～11.4%)	1/8			1.7～3.0
	1/4a			3.1～4.9
	1/4b			5.0～10.0
	1/2a		3.2～6.0	
	1/2b		6.1～8.4	
H (高氮含量 11.5%～12.2%)	1/16			1.0～1.6
	1/8			1.7～3.0
	1/4a			3.1～4.9
	1/4b			5.0～8.0
	1/4c			8.1～10.0
	1/2a		3.2～6.0	
	1/2b		6.1～8.4	
	1		8.5～16.0	
	3	2.0～4.0		
	10	5.0～12		
	15	13～20		
	30	21～40		
	60	41～80		
	120	81～160		

工业上生产硝基木器漆常常使用1/4s和1/2s的硝酸纤维素。低于1/4s的硝酸纤维素，如1/8s和1/16s，虽然可以制出黏度较低，固体分高，在硬度和耐打磨性上较好的漆，但其抗拉性、耐寒性、耐久性较差，在低温及冷热交替时易产生裂痕，涂膜易流挂，易在紫外线的作用下变脆。使用5s、20s或更高黏度的硝酸纤维素制成的漆，流平性差，易引起橘皮、针孔和拉丝等漆病，而且漆的固体分偏低，并增加了VOC的排放量。但是高黏度的硝酸纤维素制成的漆具有优良的柔韧性、拉伸强度及不易脆裂的特性，使其适于用在织物用漆、皮革漆、室外帆布用漆上（表2-1-249）。

表2-1-249 不同氮含量和黏度的硝化棉在涂料和油墨中的应用

型号	主要应用
L1/8	柔版油墨、凹版油墨、木器覆膜涂料、木器喷漆、皮革用水性乳液
L1/4、L1/2	柔版油墨、凹版油墨、木器抛光罩面漆、木器手扫漆、木器覆膜涂料、木器底漆、木器喷漆、日历、挂历、卡板纸、纸张覆膜涂料、包装纸、金属箔、订书钉、皮革用水性乳液
H1/32、H1/16、H1/8	柔版油墨、凹版油墨、木器覆膜涂料、木器喷漆、汽车漆、皮革用水性乳液
H1/4、H1/2、H1	柔版油墨、凹版油墨、木器抛光罩面漆、木器手扫漆、木器覆膜涂料、木器底漆、木器喷漆、日历、挂历、卡板纸、纸张覆膜涂料、包装纸、汽车漆、金属箔、订书钉、金属底漆、皮革用水性乳液、皮革底涂、指甲油、木材填孔剂、生物膜
H5、H20、H30	卡板纸、包装纸、皮革用水性乳液、皮革底涂、皮革顶涂、木材填孔剂
H60、H80、H120、H800	皮革用水性乳液、皮革顶涂、木材填孔剂、白炽灯涂料

(5) 硝酸纤维素的性质 涂料用硝酸纤维素的理化指标见表2-1-250。

表2-1-250 涂料用硝酸纤维素的理化指标（中国标准的规定）

指标名称		指标	
		一级	二级
硝酸纤维素溶液透光率/%		≥90	≥85
酸度(以硫酸计)/%	1/16s,1/8s	≤0.08	
	1/4s	≤0.07	
	其他	≤0.06	
80℃耐热试验/min	≥10		
爆发点/℃	≥180		
灰分/%	≤0.2		
水分试验	在混合溶剂中不显浑浊		
湿润剂含量(醇或水)/%	30±2		

① 酸度关系到游离酸 硝酸纤维素由脱脂棉与硝酸、硫酸之混合酸，进行酯化反应所得。有释放出NO_2成为游离酸的存在可能，如酸度超过指标，则会加剧NO_2的释放，而反应放出的热量如不能及时散发则会升温加速进一步的分解，甚至引发燃烧和爆炸，因此要控制游离酸值。

② 爆发点 是指硝酸纤维素自燃时的最低温度。这是硝酸纤维素产品质量必须检测的一个项目，但一般涂料生产厂家因多种原因而不予检测，这是存在的安全隐患之一。当然作为硝酸纤维素生产企业，“爆发点”是作为必须检测项目，爆发点低于180℃的硝酸纤维素，不能作为成品流入市场或进入下一道工序。

③ 耐热度（80℃耐热试验）　是指在 80℃时硝酸纤维素开始分解产生二氧化碳，使碘淀粉试纸变色所用的时间。同样也是硝酸纤维素产品质量的必须检测项目，它关系到硝酸纤维素的安全使用和安全贮存的问题。

硝酸纤维素的安定度，主要取决于以上耐热度、爆发点和酸度三项。

④ 灰分　水质较硬时，对硝酸纤维素的多次洗涤可使灰分增高，而灰分增高时，会引起清漆浑浊、透明度及光泽度下降等质量问题。

⑤ 水分　水分来自脱水时未能脱尽的残留部分，会随着硝酸纤维素进入涂料中。涂料中水分高时会使涂料浑浊，在干燥过程中水分还会引起涂膜发白，严重时导致部分硝酸纤维素或树脂沉淀以致涂膜破坏，从而影响涂膜性能。

⑥ 湿润剂　湿润剂多采用乙醇（也有加异丙醇的），是在脱水后加入的，按规定应加 30%。因配方设计及投料时是按 70%硝酸纤维素含量计算的，所以如果湿润剂含量不准确，就会引起配方与投料之间的偏差。硝化棉若用水作为湿润剂，得到的产品俗称“水棉”，多用于轧制硝基色片。

四、硝酸纤维素的溶解

1. 溶解硝酸纤维素的溶剂

溶解硝酸纤维素的溶剂包括活性溶剂、非活性溶剂和助溶剂。

能溶解硝酸纤维素漆的活性溶剂（或称真溶剂）（true or active solvents）有酯类、酮类、醚醇类、酮醇类等。考虑到溶解力和经济因素，酯类以乙酸乙酯、乙酸丁酯、乙酸异丁酯等应用得最多。近年来有些企业也较多地使用乙酸仲丁酯、碳酸二甲酯；酮类以丙酮、甲乙酮、甲基异丁酮应用得较多；常用的醚醇类和酮醇类有丙二醇乙醚、丙二醇丁醚和二丙酮醇等品种。

醇类常被用于溶解硝酸纤维素的助溶剂或潜溶剂（co-solvents），醇类具有潜在的溶解能力，它们往往不能单独溶解涂料用的硝酸纤维素，但与真溶剂配合时，能有同样或更大的溶解力。应用最多的醇类有丁醇、异丁醇、异丙醇和乙醇等。甲醇是例外，它本身能够溶解氮含量为 10.9%～12.2%的硝酸纤维素，但它属于有害大气污染物，其毒性和过高的挥发速率限制了甲醇的使用。

烃类、脂肪族或芳香族醚被称为稀释剂（diluents）或非溶剂（non-solvents），即非活性稀释剂。它们不能溶解硝酸纤维素。然而，只要稀释剂的成分不是太高，不致阻止硝酸纤维素的完全溶解，溶剂和助溶剂的混合物可以通过加入稀释剂而不会引起有害的影响。为了获得良好的干膜，必须保持溶剂和稀释剂的挥发平衡。稀释剂通常是硝基漆中树脂的良好溶剂，且价格比真溶剂便宜。因此，只要是切实可行，在清漆中通常采用含量尽可能高的稀释剂。最常用的稀释剂是甲苯和二甲苯，但是，甲苯和二甲苯也属有害大气污染物（HAPS），近年来，出于环保和健康的原因也用溶剂汽油等脂肪烃作为稀释剂。

2. 硝酸纤维素的溶解

硝酸纤维素在溶液中作为一种胶体（colloidal），不能形成真溶液而是形成亲油的溶胶。硝酸纤维素的溶解（国内称为“溶棉”），需使用一套合适的混合设备，把硝酸纤维素与溶剂、助溶剂和稀释剂的混合物进行混合。混合器的类型一般选用配有旋转搅拌的垂直缸。有些混合器仅装备推进器型的叶片，有些是涡轮型或碟式搅拌，能使溶液上下旋转运动。对于最快和最有效的溶解，高速搅拌是最有意义的（为了溶解的安全必须采取一定的措施）。假若同时使用现代的、高剪切力的搅拌机并具有正确的溶解技术，所有规格的硝酸纤维素都可以迅速地溶解。

正确溶解硝化纤维素的方法和要求如下。

① 先用非活性溶剂进行搅拌，打碎厚实的结块以形成均匀的糊状浆。

② 搅拌糊状浆并缓慢地加入活性溶剂，以便快速地溶解硝酸纤维素。

由于硝酸纤维素高度的活泼性，必须用这样的方法来溶解，否则可能会造成胶凝化或是延长溶解的时间，从而造成生产的损失、过滤的问题和硝酸纤维素的浪费。

为了得到有效的预湿润，1 份（质量）的硝酸纤维素需要至少 1.5～2 份（质量）的非活性稀释剂。

注意：如果混合溶液中有高比例的稀释剂，则建议留下多余的稀释剂，先加入真溶剂和助溶剂，让硝酸纤维素完全溶解后，再慢慢加入剩余的稀释剂，并加以充分搅拌。

为了保证高剪切力下溶解的安全，正在溶解的硝酸纤维素必须完全浸泡在溶剂中。

对于溶解的速率来说，加入的顺序和所用液体成分的量有重要的关系。假如硝酸纤维素先与助溶剂或者稀释剂相混合，又或者是先与稀释剂和一部分的活性溶剂相混合，随后才加入剩余的活性溶剂，溶解时所需的时间会明显减少。当使用低速、简单推进器型搅拌时，这一程序特别有效。

硝酸纤维素通常在存放一段时间后黏度会略有下降，这种现象被称为延迟溶液效应(delayed solution effect)。

表 2-1-251 给出硝酸纤维素在含有乙醇-甲苯-乙酸乙酯的混合溶剂中发生这一效应的数据。在硝酸纤维素被分散在混合溶液中后，最先测量到的这一下降值为最大。

表 2-1-251 RS 硝酸纤维素溶液的延迟溶液效应

加入溶液后的时间/h	标准黏度法的时间/s		
	1/2s(20%溶液)	5～6s(12.2%溶液)	15～20s(12.2%溶液)
1	3.8	5.3	—
4	3.7	5.2	19.4
8	3.6	5.0	19.0
24	3.5	4.8	18.8

3. 硝酸纤维素及其溶液的调黏

利用落球法公式 $\eta=K(a-b)t$，把纵坐标设为 η 的对数，可以作出适合我国硝酸纤维素用的调整黏度的混合图（图 2-1-66）。

如果有两种不同黏度规格的硝酸纤维素，可以利用混合图来定量地调配出所需黏度的硝酸纤维素的用量。图 2-1-66 是国产硝酸纤维素的黏度混合图，在图中的举例是从 1/4*b*s 和 10s 硝酸纤维素混合得到 1/2*b*s 的硝酸纤维素。代表前两种黏度等级的 100% 含量黏度的连线与代表 1/2*b*s 硝酸纤维素黏度区相交点的垂直线显示，低黏度的 1/4*b*s 产品的用量是 60%，高黏度的 10s 产品的用量是 40%，由此可算出这两种黏度等级产品所要求的投料量。

上述混合图的方法只是一个近似的计算方法，有一定的局限性，当高黏度和低黏度两个等级过于接近时，比值的误差较大，而当两个等级的黏度差过远时，有可能造成低黏度等级的硝酸纤维素快速溶解，消耗大量的活性溶剂，造成高黏度等级的硝酸纤维素不能完全地溶解，结果引起硝酸纤维素溶液的浑浊和“起胶粒”。

在硝基漆的生产中，为了稳定漆的质量，要求采用的硝化棉液的黏度被控制在尽可能小的范围内，有人利用落球法的公式和混合图的原理，推导出一个更为简单的公式，用于从黏度大小不一的两批硝酸纤维素中生产中间黏度的硝化棉液，也用于从两种黏度的硝化棉液调

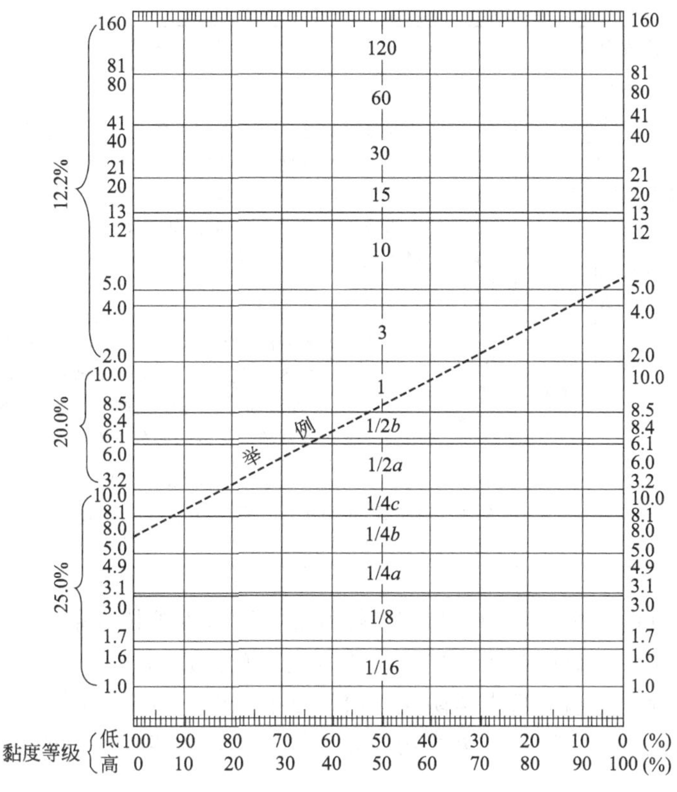

图 2-1-66　硝化棉黏度混合图

整出某一中间黏度的硝化棉液：

$$X_{大}=\frac{\lg t_{中}-\lg t_{小}}{\lg t_{大}-\lg t_{小}}$$

$$X_{小}=1-X_{大}$$

式中，$X_{大}$ 是黏度大的硝化棉分数；$\lg t_{中}$、$\lg t_{大}$、$\lg t_{小}$ 是落球经过中间黏度、大小黏度的同溶剂配方的硝化棉液所用秒数的对数，由多功能计算器则很容易算出对数值（也可列表供查看）。

五、硝酸纤维素的运输、贮存和应用的安全问题

硝酸纤维素属危险化学品，其运输、贮存和使用必须引起特别注意（表 2-1-252）。

表 2-1-252　硝酸纤维素的危险化学品分类及特性

危险货物类别	危险货物编号	名称	危　险　特　性	UN 号
GB1.1 类爆炸品	11032（干的或含水或乙醇<25%）	硝酸纤维素	能着火和爆炸，威力取决于氮含量的多少。干燥的硝酸纤维素易被点燃，松散的硝酸纤维素在空气中燃烧不留残渣，增大密度时，燃烧速率下降。大量硝酸纤维素在堆积或密闭容器中燃烧能转为爆轰。干燥的硝酸纤维素在较低温度下能自行缓慢分解，放出大量的有毒易燃气体并伴随放热，温度会迅速上升而自燃。自燃点 170℃，闪点约 13℃。如含水量或含醇量在 25%以上时较为安全。干燥的硝酸纤维素因摩擦而产生静电。由于成品中含有少量残酸，会加速其分解，甚至能自燃着火或爆炸	0340
GB1.1 类爆炸品	11032（含增塑剂<18%）			0341
GB1.3 类爆炸品	13014（含乙醇≥25%）			0342
GB1.3 类爆炸品	13015（含增塑剂≥18%）			0343

续表

危险货物类别	危险货物编号	名称	危险特性	UN号
GB4.1类 易燃固体	41031 （含水≥25％）	硝酸纤维素	脱敏爆炸品。该品遇到火星、高温、氧化剂以及大多数有机胺（对苯二甲胺等）会发生着火和爆炸。如温度超过40℃能分解自燃。该品干燥，久贮变质，极易引起自燃，一般加入水或乙醇作为湿润剂。如湿润剂挥发后，易发生火灾。氮含量在12.5％以下的为易燃固体	2555
GB4.1类 易燃固体	41031 （含氮≤12.6％）			2557
GB4.1类 易燃固体	41031 （含醇≥25％， 含氮≤12.6％）			2556
GB3.2 易燃液体	32190 （含氮≤12.6％，含硝化纤维素≤55％）	硝酸纤维素溶液	易燃。该溶液的火灾危险性与所用的溶剂（甲类溶剂）在同一等级。溶剂蒸气与空气能形成爆炸性混合物。遇明火、高热极易着火爆炸。与氧化剂混合，易引起着火爆炸。硝酸纤维素溶液卷入火内时会放出有毒烟雾	无
GB4.1类 易燃固体	41546	硝酸纤维素漆片	遇明火极易燃烧，燃烧时放出大量有毒烟雾，其火灾危险性仅次于硝化棉。该品受潮后品质变软。而且容易发霉，发霉时在积热不散的情况下，易引起自燃	无

根据《建筑设计防火规范》和《易燃易爆性商品贮藏养护技术条件》的规定：建硝酸纤维素贮存仓库必须是一级耐火等级，硝酸纤维素适宜的贮藏温度≤25℃，相对湿度≥80％。有关硝酸纤维素贮存、运输的重点是防止硝酸纤维素久贮、过干、过热、震动和混放。消防措施、安全注意事项以及泄漏物、废弃物的处理等，都要遵照有关法规和规定。

第十二节 有机硅树脂涂料

一、概述

1. 定义

有机硅树脂（silicone resin）是指分子中含Si—C键的有机聚合物，也称硅树脂、硅酮树脂。对硅氧烷（silicone）单体和它的预聚物及树脂，也可统称为有机硅，以它们为成膜物制备的涂料称为有机硅树脂涂料，也可简称为有机硅涂料（silicone paints）。

2. 发展简况

20世纪30年代，直接合成有机硅树脂中间体——有机氯硅烷的方法获得成功，为有机硅树脂工业化开创了新路，1943年正式开始工业化生产。由于有机硅材料（silicone materials）应用广、性能优良，因此发展较快。2003年全球有机硅材料的品种已达上万种，总消耗量达74万吨，比10年前增加了50％以上，整个消费构成为：橡胶、树脂、涂料、纤维、化妆品及相关行业占40％，电子、电气占20％，土木建筑占20％，其他占20％，总市场规模为80亿美元。

国内在20世纪50年代开始有机硅产品研发，20世纪90年代出现年产1万吨的企业，现已发展了年产数万吨至10万吨的企业。20世纪60年代开始有机硅树脂涂料研究，2007年全国溶剂型有机硅树脂涂料消耗量在1万吨以上，有机硅改性树脂涂料和水性硅丙涂料的用量较大，但未见统计数据。

3. 有机硅树脂涂料的分类及其性能

(1) 按涂料成膜物的类型分类　按成膜物的类型可分为纯有机硅树脂涂料和有机硅改性树脂涂料。纯有机硅树脂涂料耐热性与绝缘性突出，在较高温度的环境下显示出优良的耐候性、耐腐蚀性，也是优良的高温绝缘涂料。

有机硅改性树脂涂料包括有机硅改性酚醛、醇酸、聚酯、丙烯酸、环氧、聚氨酯树脂，根据有机硅材料用量多少，可以不同程度地提高改性树脂的耐热性、耐候性、耐腐蚀性、柔韧性及其他性能，同时也可改善有机硅树脂的成膜性能。

有机硅改性醇酸树脂涂料，有机硅用量适当时，耐候性可提高 4 倍；耐热性、耐腐蚀性明显改善，整个涂料档次提高。有机硅改性醇酸树脂涂料大量用于高压输电线路铁塔、铁路公路桥梁、货车、动力站、开采石油设备、室外化工装置、农业机械的涂装。还常用于金属及塑料防腐保护涂料、耐候和耐化学介质及附着力好的涂料、印刷油墨以及船舶的水线上涂料及工厂用耐候性涂料。

有机硅改性聚酯-氨基涂料，其使用温度从 120～150℃可以提高到 180～200℃，其耐候性、耐腐蚀性也明显提高。有机硅改性聚酯-氨基涂料的一个主要用途是用于卷材涂料，提高其抗酸雨腐蚀性和耐候性，扩大彩板建筑物外用范围。

有机硅改性丙烯酸树脂涂料，改进其耐寒性、耐水性、耐碱性和耐候性，并改善其电性能。用 3-甲基丙烯酰氧基丙基三甲氧基硅烷（MPTS）和丙烯酸丁酯、甲基丙烯酸甲酯、甲基丙烯酸正丁酯共聚，MPTS 用量占总单体量 30%时，耐候性优良，其物理性能与综合性能也较好。

上述有机硅改性树脂涂料，在国内外一些文献中都有详细报道，本章内不再赘述。

氟化改性有机硅涂料，可以进一步降低有机硅涂料的表面能，改进其防沾污性；可提高氟树脂耐热性，能够综合氟树脂与有机硅树脂二者的优点。在本章第三节专门阐述。

(2) 按是否属环境友好型涂料分类　按品种是否对环境友好来分类有溶剂型和环境友好型的有机硅树脂涂料，前述有机硅改性树脂均属于前一类。

环境友好型有机硅树脂涂料有高固体分的有机硅与有机硅改性树脂涂料、水性有机硅与有机硅改性树脂涂料、辐射固化有机硅涂料，在本章第四～六节分别介绍。

(3) 有机硅助剂　有机硅助剂在涂料中广泛应用，如对颜料的润湿分散；涂料的抑泡、消泡；湿膜的流平、消除涂膜弊端；涂膜的消光、增光。特别是硅烷偶联剂，可以作为多种用途的助剂，含官能基的硅氧烷偶联剂可以改性其他树脂，促进涂层对底材、层间的附着力，取代六价铬进行表面处理，对改进涂料与涂膜性能起着特殊作用。可参见本书助剂和表面处理部分。

二、有机硅功能与专用性树脂涂料

1. 有机硅树脂合成与成膜原理

(1) 合成与成膜原理　用于制备涂料的有机硅材料，90%以上是以硅氧键（—Si—O—Si—）为骨架组成的（聚）硅氧烷（silicone），由有机氯硅烷（如 $MeSiCl_3$、Me_2SiCl_2、$MePhSiCl_2$、$PhSiCl_3$、Ph_2SiCl_2）出发，经水解缩合及重排，制成室温下稳定的硅氧烷预聚物。制成的涂料，在涂装施工后，在空气中湿气作用下或加热催化下交联固化成膜。合成反应及固化反应过程如图 2-1-67 所示（R 代表 Me 或 Ph）。

(2) 结构与性能的关系　从图 2-1-67 可以看出，有机硅树脂是由硅氧键（—Si—O—Si—）为骨架（主链）、烷基为侧基，属半无机与半有机结构的聚合物，兼有有机/无机聚合物的特

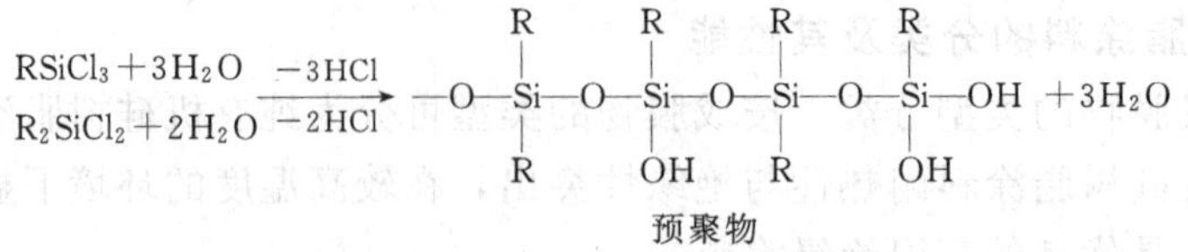

$$\left.\begin{array}{l}RSiCl_3+3H_2O \xrightarrow{-3HCl} \\ R_2SiCl_2+2H_2O \xrightarrow{-2HCl}\end{array}\right\} \text{—O—}\underset{R}{\overset{R}{Si}}\text{—O—}\underset{OH}{\overset{R}{Si}}\text{—O—}\underset{R}{\overset{R}{Si}}\text{—O—}\underset{OH}{\overset{R}{Si}}\text{—OH} + 3H_2O \qquad (2\text{-}1\text{-}25)$$

预聚物

(a) 预聚物制备

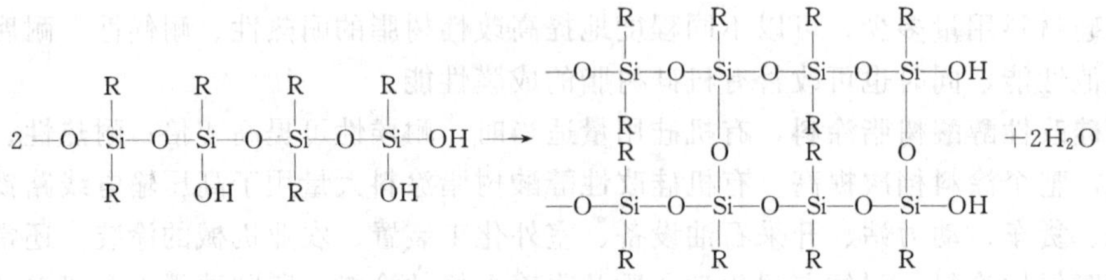

$$2\ \text{—O—}\underset{R}{\overset{R}{Si}}\text{—O—}\underset{OH}{\overset{R}{Si}}\text{—O—}\underset{R}{\overset{R}{Si}}\text{—O—}\underset{OH}{\overset{R}{Si}}\text{—OH} \longrightarrow \begin{array}{c}\text{—O—}\overset{R}{Si}\text{—O—}\overset{R}{Si}\text{—O—}\overset{R}{Si}\text{—O—}\overset{R}{Si}\text{—OH}\\ \quad\ \ R \qquad\ \ O \qquad\ \ R \qquad\ \ O \\ \text{—O—}\underset{R}{Si}\text{—O—}\underset{R}{Si}\text{—O—}\underset{R}{Si}\text{—O—}\underset{R}{Si}\text{—OH}\end{array} + 2H_2O \qquad (2\text{-}1\text{-}26)$$

(b) 交联固化成膜

图 2-1-67 有机硅预聚物的制备及其固化成膜的反应过程

性。在涂膜中是以 Si—O 键为主，Si 和 O 原子形成 d-pπ 键，具有高于 C—C 键、C—O 键的键能（Si—O 键 452kJ/mol；C—C 键 345.6kJ/mol；C—O 键 357.7kJ/mol），对热和氧化稳定，并对 Si 原子所连接的烷基起屏蔽作用。在 Si 原子上连接的取代基有甲基、苯基、其他的烷基或芳基，还可以是不饱和的烷基。侧基赋予树脂反应性能与固化速率、线型结构程度、耐化学药品性及柔韧性等。但侧基含量高，相对降低—Si—O—Si—基含量，影响树脂的耐热性与抗氧化性。侧基（R）与 Si 有一定的比例（R/Si），以满足不同性能要求。

侧基中的苯基（Ph）和甲基（Me）相对含量不同（Ph/Me 不同），树脂的性能也不同。Me 含量高，树脂固化快，力学性能、耐水性较好，但耐热性与其他有机树脂的混溶性差。

根据对树脂结构与性能关系的研究进展，按照各种应用要求，设计相应的配方，优化 R/Si 与 Ph/Me 的比值。R/Si、Ph/Me 对有机硅成膜物性能的影响如图 2-1-68、图 2-1-69 所示。

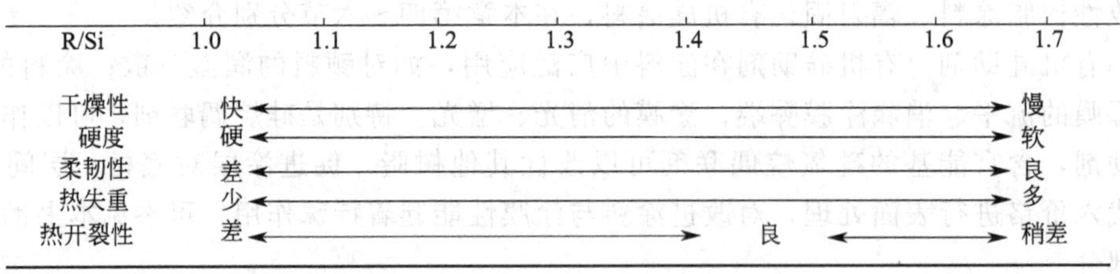

图 2-1-68 R/Si 对硅树脂性能的影响

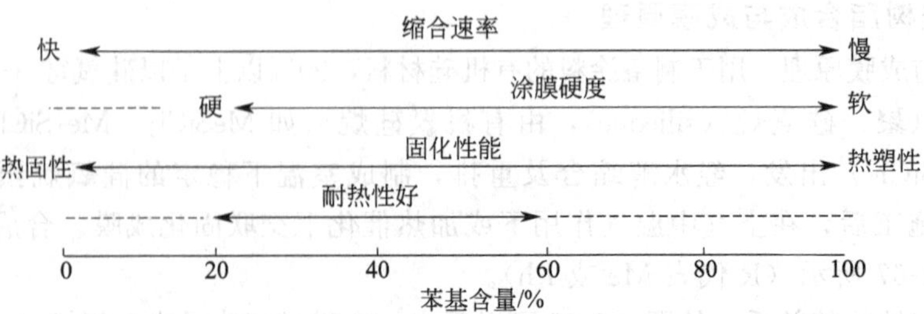

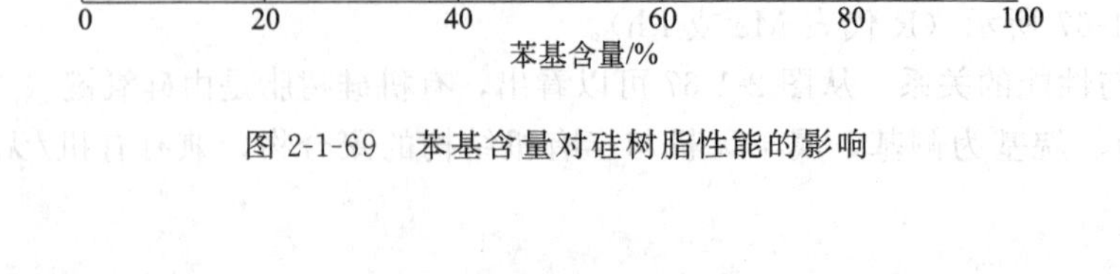

图 2-1-69 苯基含量对硅树脂性能的影响

(3) 固化成膜的催化剂 有机硅树脂借硅醇基、烷氧基等官能基之间缩合反应进行缩聚固化（图 2-1-70），反应速率较慢，需在 200～250℃下烘烤 1h，并且要用催化剂加速固化。胺、酸和碱也可以催化聚合，但这些催化剂对贮存稳定性和颜色有负面影响，一般不采用。

$$\equiv Si-OH + HO-Si\equiv \longrightarrow \equiv Si-O-Si\equiv + H_2O \tag{2-1-27}$$

$$\equiv Si-OH + RO-Si\equiv \longrightarrow \equiv Si-O-Si\equiv + ROH \tag{2-1-28}$$

R=Me 或 Ph

图 2-1-70 有机硅树脂的基团间的反应

较好的固化催化剂是有机金属，其催化活性按以下顺序降低：Pb＞Fe＞Co＞Mn＞Zn。其中，月桂酸锌是较好的催化剂，它虽不是活性最高的，但在涂料制造过程中不至于产生凝胶化。环烷酸锌也可使用，但对涂膜颜色不利影响大于月桂酸锌。有机酸铝与铁盐催化活性太高，故有机硅树脂涂料要用塑料容器或塑料衬里的金属容器包装，避免因金属离子催化而使涂料过快地增稠甚至胶化。钴和锰加深涂膜颜色，一般只能在对涂膜颜色要求不严的场合使用。

人们对催化剂的活性和有机硅涂料贮存性、涂料施工前的使用寿命的平衡进行了许多研究，催化剂要在涂料制造中加入，保证良好的混溶性。为保证涂料贮存稳定，如果留出部分催化剂在施工前加入，会产生混溶性不良现象，尤其是有机硅树脂含量在 75%以上的情况更严重，使最后所得涂膜产生失光。可以在有机硅涂料中加入少量抗氧化剂或正丁醇和戊二酮，以延长贮存时间。有机酸金属盐催化剂一般配制成 20%的溶液加入。不同固化剂对有机硅性能的影响列于表 2-1-253。

表 2-1-253 固化剂对有机硅树脂性能的影响

硅树脂类型	固化剂用量/%	固化时间(230℃)/min	适用期	热稳定性/h
高交联度甲基苯基硅树脂	无	约 180	无限	＞2000
	环烷酸铅 0.66	＞5	1 天	24
	环烷酸钴 2.0	约 60	数月	＞2000
	环烷酸锌 2.0	约 60	数月	＞2000
	环烷酸铅 0.66,环烷酸钴 2.66	＜5	14 天	＞2000
	环烷酸铅 0.05,环烷酸锌 2.0	10	＞3 个月	＞2000
低交联度甲基苯基硅树脂	无	约 1800	无限	＞2000
	环烷酸铅 0.66	10	4 天	100
	环烷酸钴 2.0	600	数月	＞2000
	环烷酸锌 2.0	600	数月	＞2000
	环烷酸铅 0.66,环烷酸钴 2.66	10	18 天	＞2000
	环烷酸铅 0.1,环烷酸锌 2.0	45	3 个月	＞2000

所有重金属固化剂对固化后涂膜的热稳定性有不利影响，而 Co 盐、Zn 盐、Fe 盐对涂膜热稳定性影响较小。使用 $MeCOCH_2COEt$、$MeCOCH_2COMe$、$HOOCC_3H_6COOH$ 等作为螯合剂，可大大提高铅盐催化剂的适用期。使用铝螯合物作为固化剂时，还具有低温稳定、高温固化活性高等优点。采用 Cu、Ni、Co、Cr 等金属为中心原子的胺类络合物作为固化剂，可低温固化，并可改善有机硅清漆的贮存稳定性，固化后的树脂热力学性能、耐热性、电性能优异。这类固化剂不仅有单核的络合物，也有多核的。

近年来出现的含磷、钛、硼的硅氮树脂或硅氮化合物是较有效的固化剂，如含硼的聚甲基苯基硅氮、含硼的聚甲基硅氮、含磷钛的甲基硅氮等固化剂，可以作为有机硅涂料的常温固化剂，并能改善涂料的热稳定性和耐油性。原化工部涂料工业研究所采用含羟基的聚有机硅氧烷、耐热颜料、填料、N-5 硅氮固化剂，研制出常温固化有机硅耐热防腐涂料，固化剂用量为 3%～5%时，涂膜性能最好。

2. 有机硅功能性涂料

(1) 耐高温涂料　有机硅树脂最突出的性能是优异的热氧化稳定性，主要是由于—Si—O—Si—为骨架，清漆可以在 200～250℃下长期使用而不分解或变色。在更高的温度下（如 400℃以上），Si 原子上连接的烷基分解（或燃烧）掉，分子间形成新的—Si—O—Si—键和—Si—O—M—键，而不是树脂的分解（图 2-1-71）。网络中的 M（金属离子）是来自耐高温颜料和金属底材。

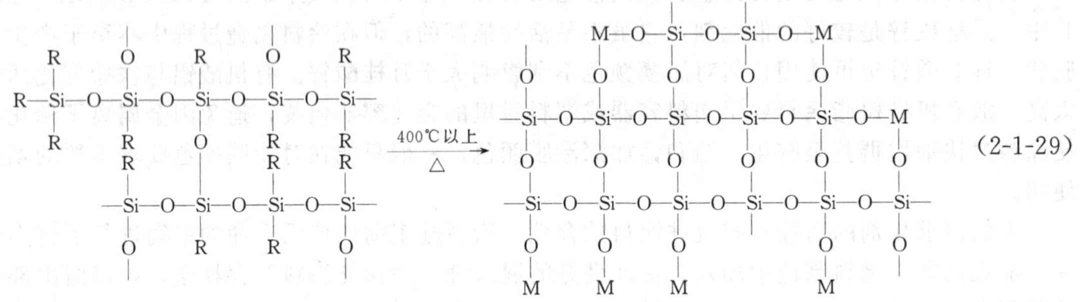

图 2-1-71　有机硅涂料在 400℃以上进一步产生交联

由于有这一特点，用甲基硅氧烷树脂和高含量铝粉（用量在 360g/L 左右）的涂料，使用温度可以达到 649℃。与陶瓷釉料或磁性瓷料配合，使用温度可以达到 816℃。这些耐高温的有机硅涂料代表性应用有排烟管、烤炉、马弗炉、高炉（燃烧室）、热交换器、锅炉、烤肉架及器皿、喷气发动机零部件、排气管和其他发动机设备。美国 Tempil 公司生产一种能耐 1370℃高温的有机硅消融隔热涂料，商品牌号为 Pyromark 2500，用于登月飞船的外表面保护。

适用于 288～316℃的白色和彩色的装饰性硅氧烷为基础的装饰性涂料，主要用于工业维护和用于高强度热轧钢设备、织物干燥器、烘炉以及用于需要耐高温和需要保光保色性好的场所。

耐高温的有机硅树脂涂料要求耐高温的颜料、填料与之匹配，并且对有机硅树脂无不良影响。白色颜料如使用 TiO_2，有机硅树脂涂料可在 350～400℃下使用。其他彩色颜料一般采用无机颜料如铁系、镉系、铬系等，但也要考虑重金属对环境的污染。金属颜料可用铝、锌、不锈钢及钛镁粉，对提高耐热性和耐腐蚀性有利。体质颜料可用滑石粉、云母粉、碳酸钙、硫酸钡、石膏、硅藻土、二氧化硅等。

有机硅各色耐高温涂料、高温防腐涂料、有机硅陶瓷涂料的配方与工艺参见国内有关专著。

(2) 绝缘涂料　有机硅树脂的另一突出性能是其优良的电绝缘性，属 H 级绝缘材料，其介电损耗角正切、体积电阻率在 0～250℃之间变化不大（图 2-1-72、图 2-1-73），是一种较好的耐高温电绝缘涂料，可长期在 200℃下使用。涂膜具有耐潮湿、耐酸碱、耐辐射、耐臭氧、耐电晕、耐燃、无毒等特性，广泛用于需要高温绝缘（H 级）的各种电动机、电器的绝缘与保护要求。

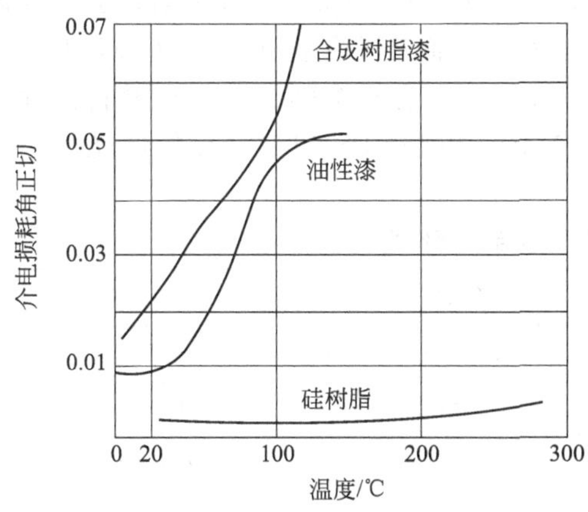

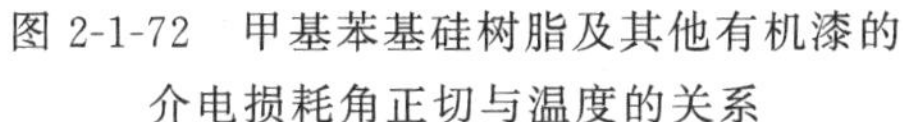
图 2-1-72　甲基苯基硅树脂及其他有机漆的介电损耗角正切与温度的关系

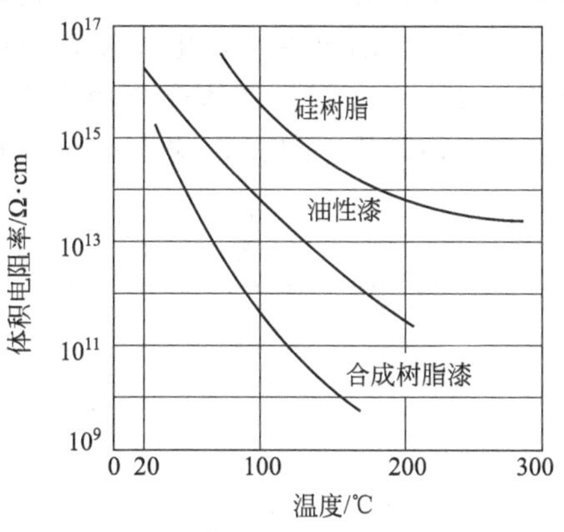

图 2-1-73　在 1000V 下甲基苯基硅树脂及某些有机漆的体积电阻率

(3) 防粘脱模涂料　除氟碳树脂外，有机硅树脂表面能低于其他各种有机树脂，制成防粘涂料，可长期在 250℃下使用。与聚四氟乙烯（特氟隆）或其他含氟树脂不粘涂料相比，虽然防粘性能稍逊，但是有机硅不粘涂料对铁、铝等基材具有较好的附着力，不产生有害的裂解产物，有机硅及其改性产品，也广泛用于炊具、食品加工机械的防粘涂料，成本也低于氟树脂不粘涂料。全国每年不粘涂料市场价值 2 亿多元，有机硅系列产品占有较大比例。

杜邦公司的特氟隆不粘涂料系列产品，由于在合成过程中使用了全氟辛酸铵，是否属于致癌物质尚无定论，但在国内外已被炒得沸沸扬扬，严重影响了其销路。使用有机硅系列防粘涂料，目前尚无此类问题产生。

用有机硅脱模涂料可通过喷涂、刷涂或者浸涂方法施涂于需要处理的表面上，烘烤固化，可获得一层坚韧、平滑、无色的半永久性涂膜。优点是省去脱模润滑剂和人工费，提高生产效率和产品质量，改善劳动条件，延长模具和型腔的使用寿命。

三、氟化基团改性有机硅涂料

1. 氟化基团改性有机硅涂料进展概况

如前所述，有机硅涂料具有许多优点，广泛用于工业与国防军工领域，用途不断扩大，受到了国内外涂料科技界高度重视。近年来，氟化有机硅已成为该类涂料中一个十分活跃的研究领域。其原因是有机硅涂料虽具有杰出的耐高温性、电绝缘性和柔韧性，以及低于一般树脂的表面能，但其耐溶剂性、耐油脂性、耐燃料油性并不理想。和“异军突起”的氟树脂涂料相比较，树脂的表面能较高，化学稳定性差，耐候性也逊色。用氟化烷基改性，可使氟碳树脂涂料和有机硅涂料二者优势互补，开发出一类新型的氟硅复合树脂涂料，满足高科技产业与国防工业发展的需要。

氟化硅氧烷（fluorosiloxane 或 fluorosilicone）是个歧义性术语，并不能明示硅和氟原子在树脂中的分布及二者的连接方式。树脂中以 Si—O、F—C 键为主，也有 Si—H、Si—C、C—H、C—O、O—H 键，但没有 Si—F 键。因为和 Si 原子连接的 F 原子很活泼，极不稳定，离子化趋向 70%。由于这个原因，在 Si 原子和 F—C 键之间要引入亚乙基桥—CH_2CH_2—以助稳定。

在氟碳树脂工业中代表性的品种是聚四氟乙烯（PTFE），而在有机硅工业中代表性的品种是聚二甲基硅氧烷（PDMS)。用氟化改性硅氧烷一般以 PDMS 作为对照物，进行性能对比，考察改性的效果。氟化硅氧烷的最早品种是聚二甲基三氟丙基硅氧烷（PMTFPS)，1950 年以不同分子量的液体聚合物用于密封胶或弹性体，在有机溶剂、油脂和燃料油存在的环境使用，取代 PDMS，减小树脂的溶胀率。PDMS、PMTFPS 和 PTFE 的性能列于表 2-1-254。

表 2-1-254 典型的硅氧烷工业产品与 PTFE 的性能

项 目	PDMS	PMTFPS	PTFE
分子式	$[(CH_3)_2Si—O]_n$	$\{CH_3[CF_3(CH_2)_2]SiO\}_n$	$[CF_2CF_2]_n$
密度/(g/cm³)	1.04～1.51	1.35～1.65	2.13～2.19
硬度(邵尔 A)	30～80	20～80	邵尔 D50～65
拉伸强度/MPa	1.55～9.0	5.5～11.7	27～41
伸长率/%	430～725	100～600	300～450
压缩永久变形(22h/177℃)/%	10	10～40	
撕裂强度(die B)/(kN/m)	4.9～37.7	10.5～46.6	140～350
巴肖尔弹性/%	30～65	10～40	
介电常数	2.8～3.7	7.0	<2.1
临界表面张力/(mN/m)	20～23	21.4	18.5
密度参数/MPa$^{1/2}$	15.1	17.9	
O_2 渗透系数①	7.0	1.6	

① 渗透系数单位为（35℃，100psi）$\times10^{-11}$cm³（STP）·cm/(S·cm²·Pa)。

虽然 PMTFPS 在使用中耐溶剂性、耐油性优于 PDMS，但从表 2-1-254 中可以看出，氟碳树脂的优点并不突出，如临界表面张力改进不明显。显然，氟化改性硅氧烷不能满足于低氟化的 PMTFPS 品种，还应包括高氟化改性。长期的研究实践已形成共识，树脂的表面张力随其氟原子含量增加而降低，如聚甲基九氟己基硅氧烷（PMNFHS)，其临界表面张力降到 16.3mN/m，比 PDMS 的临界表面张力降低了 5.1mN/m。

氟化改性的出发点主要是降低 PDMS 的表面张力、改进耐溶剂性，而不降低其稳定性和主链的柔韧性，这就是氟化改性硅氧烷的重点。当然，还要考虑其性价比。试验证实，不仅氟原子含量影响其表面张力，而且氟碳基结构及在树脂分子中所处位置对降低表面张力均有较大影响（表 2-1-255)。从表 2-1-255 中可以看出，全氟甲基—CF_3 的临界表面张力最低(6mN/m)，通常处于端基，引入树脂中对降低表面张力效果明显。如果让 H 取代一个 F 原子，变成—CF_2H，临界表面张力增加 1.5 倍（15mN/m)。如果全氟取代基在链中间—CF_2—，表面张力增加 2 倍。这为氟化改性硅氧烷提供了一个思路。

表 2-1-255 氟取代基的结构与其临界表面张力

取代基	临界表面张力/(mN/m)	取代基	临界表面张力/(mN/m)
—CF_3	6	—CH_2—	31
—CF_2H	15	—CHCHCl—	39
—CF_2—	18	聚酯	43
—CH_3	22		

2. 氟化改性聚硅氧烷的途径

(1) 主链、侧链同时氟化改性 较早的氟化聚硅氧烷的合成方法，是在主链和侧基上同时引入氟取代基和氟碳键，合成了均聚物和共聚物。

$$\left[\begin{array}{c}CH_3\\|\\SiC_2H_4C_6F_{12}C_2H_4\\|\\C_2H_4CF_3\end{array}\begin{array}{c}CH_3\\|\\SiO\\|\\C_2H_4CF_3\end{array}\right]_n$$

均聚物

$$\left[\left(\begin{array}{c}CH_3\\|\\SiC_2H_4C_6F_{12}C_2H_4\\|\\R^F\end{array}\begin{array}{c}CH_3\\|\\Si\\|\\R^F\end{array}\right)_x\left(\begin{array}{c}R^1\\|\\SiO\\|\\R^2\end{array}\right)_x\right]_n$$

共聚物

共聚物中，R^F 代表—CF_3 封端的不同碳数的侧链，R^1、R^2 代表—CH_3 或—CF_3 封端的不同链长的侧基。均聚物的热稳定性略优于共聚物。这种高氟化、高—CF_3 基的氟化改性硅氧烷虽然性能改进十分明显，但所用氟代硅氧烷单体昂贵，合成工艺复杂，所得产品成本较高，只是在基础研究上有意义，距离实际应用要求甚远。

(2) 氟化硅氧烷和 PMMA 嵌段改性 用氟化烷基硅氧烷如十三氟-1,1,2,2-四氢辛基硅氧烷（TFOS）、十七氟-1,1,2,2-四氢癸基硅氧烷（HFDS）和聚甲基丙烯酸甲酯（PMMA）合成嵌段共聚物；临界表面张力分别为 11mN/m 和 9mN/m，表面能明显降低，氟化硅氧烷含量在 18%左右，还可和 PMMA 掺混，使氟化硅氧烷用量进一步降低，但从性价比考虑，仍难以实用化。

(3) 用溶胶-凝胶法制备氟化硅氧烷

① 溶胶-凝胶法的应用 用溶胶-凝胶法制备新型有机-无机杂化涂料，由于工艺简便，获得具有纳米结构和纳米相的涂膜，赋予特殊性能，受到了国内外涂料界广泛重视。这里介绍用带支链的三乙氧基［4,4-(三氟甲基)-5,5,6,6,7,7,7-七氟庚烷］硅烷 $CF_3CF_2CF_2$—$C(CF_3)_2CH_2CH_2CH_2Si(OC_2H_5)_3$(D3Et) 和四乙氧基硅烷 $(C_2H_5O)_4Si$(TEOS)，进行溶胶-凝胶反应，其组成见表 2-1-256。

表 2-1-256 涂料的组成

组成	烷氧化物			溶剂		催化剂		
	D3Et	TEOS	MTM	乙醇	丁醇	HCl	H_3PO_4	H_2O
D3	0.1	1		7		0.07		11
MT			1	7	7		0.07	7
TS		1		7		0.07		11

注：1. 表中数据为摩尔比。
2. MTM 代表甲基三甲氧基硅烷。

以 R—Si—OC_2H_5 代表 TEOS，以 R_f—Si—OC_2H_5 代表 D3Et，在 HCl 催化下发生以下反应：

$$R—Si—OC_2H_5 \xrightarrow{HCl,\ H_2O} R—Si—OH$$

$$R_f—Si—OC_2H_5 \xrightarrow{HCl,\ H_2O} R_f—Si—OH$$

$$R—Si—OH + R_f—Si—OH \longrightarrow R—Si—O—Si—R_f + H_2O$$

$$R—Si—OH + R—Si—OH \longrightarrow R—Si—O—Si—R + H_2O$$

$$\begin{array}{c}R_f—Si—OC_2H_5\\或\\R—Si—OC_2H_5\end{array} + R—Si—OH \longrightarrow \begin{array}{c}R—Si—O—Si—R\\或\\R—Si—O—Si—R\end{array} + C_2H_5OH$$

含氟碳的涂膜形成历程如图 2-1-74 所示。

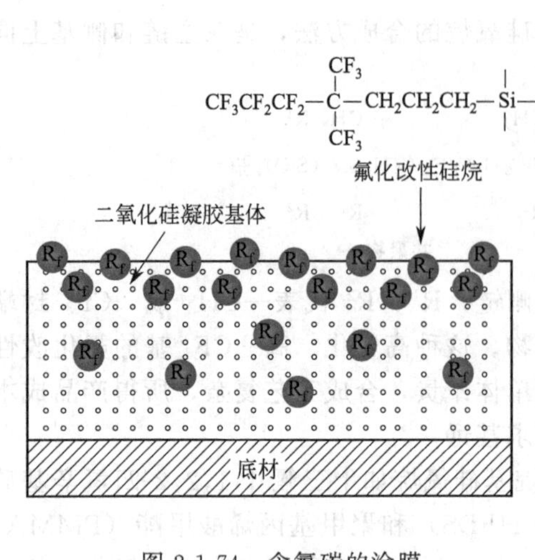

图 2-1-74 含氟碳的涂膜形成历程

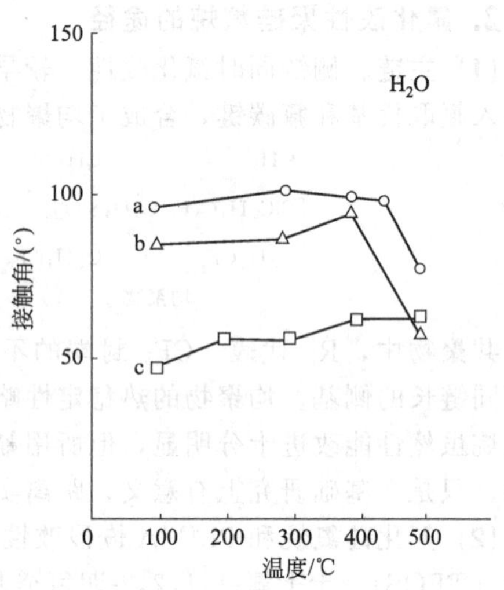

图 2-1-75 水的接触角
a—D3Et＋TEOS；b—TMT；c—TEOS

② 对表面的改性 图 2-1-75 中可以看出，二氧化硅-凝胶为网络基体，氟化硅烷 R_f 趋向富集于表面。对在不同的温度下烘烤的涂膜与水接触角测定结果示于图 2-1-76，在烘烤温度 400℃以下的 D3Et 与 TEOS 涂膜对水接触角大于100°，显示降低表面自由能明显。

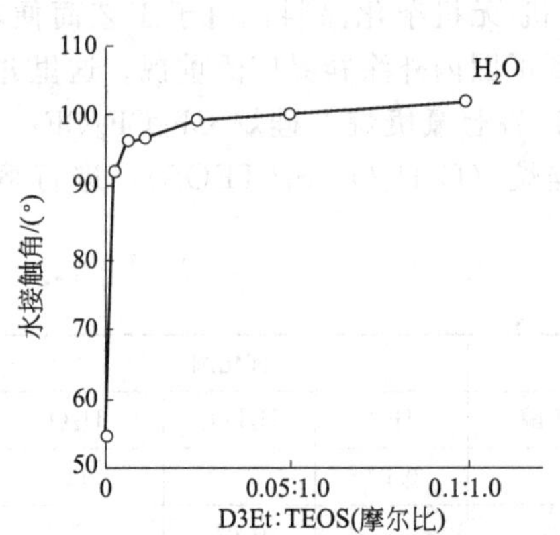

图 2-1-76 水在涂膜表面接触角与 D3Et：TEOS（摩尔比）的关系

引入 D3Et，在 D3Et：TEOS（摩尔比）＞0.02：1.0，水的接触角达到 101°，D3Et 用量继续增加，水的接触角平稳，说明少量 D3Et 就可以明显改进表面性能（图 2-1-76）。

这样的涂膜具有和 PTEF 同样的低表面能。经过 XPS 对表面组成分析，氟化改性二氧化硅-凝胶涂膜的低表面能是由于氟碳分子富集于涂膜最上层的缘故。

(4) 全氟代侧链改性 利用聚合物的氟化侧链自组装作用形成均一的三氟甲基（$—CF_3$）的有序排列特点，使表面能达到 8mN/m。

用官能性全氟化醚（PFE）对硅氧烷弹性体改性，PFE 用量 1.0%～1.5%，与水的接触角达到 140°，表面自由能降到 $8mJ/m^2$ 以下，而不影响弹性体的其他性能。全氟醚单体虽然价格不菲，但用量很少，有实用的前景。

含支链型聚氟化硅氧烷如三乙氧基［4,4-二(三氟甲基)-5,5,6,6,7,7,7-七氟庚基］硅氧烷（D3Et）和四乙氧基硅烷（TEOS）用溶胶-凝胶法实行氟化改性硅氧烷，D3Et：TEOS＝0.1：1.0（摩尔比），表面能降低到 $10mJ/m^2$ 以下。改性剂用量少，性价比高，有工业化意义。

本节重点叙述官能性全氟化醚对硅氧烷的改性。

3. 官能性全氟醚改性硅氧烷树脂的制备与表征

(1) 全氟醚改性硅氧烷树脂的制备 以乙烯基聚二甲基硅氧烷（PDMS）为改性对象物，用杜邦公司生产的 Krytox® 全氟醚烯丙基酰胺（PFE）为改性剂，在含 SiH 基的交联剂和铂催化剂存在下，SiH 加成到乙烯基与丙烯基上，产生氢硅烷化反应［图 2-1-77(a)］，

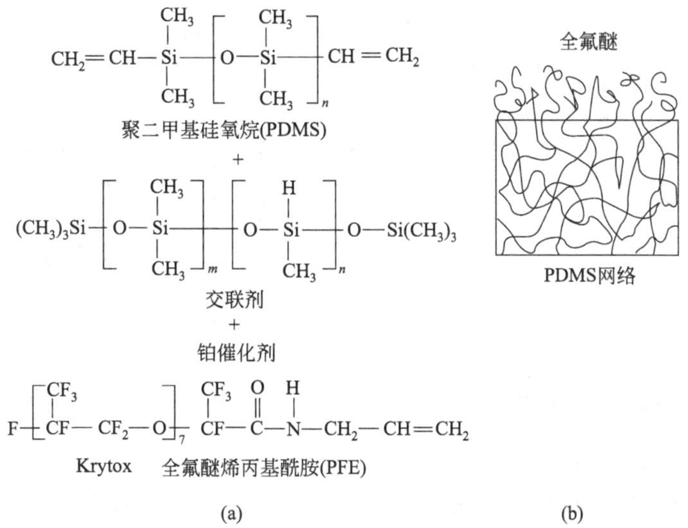

$CH_2{=}CH-Si(CH_3)_2-[O-Si(CH_3)_2]_n-CH{=}CH_2$

聚二甲基硅氧烷(PDMS)

+

$(CH_3)_3Si-[O-Si(CH_3)_2]_m-[O-SiH(CH_3)]_n-O-Si(CH_3)_3$

交联剂

+

铂催化剂

$F-[CF(CF_3)-CF_2-O]_7-CF(CF_3)-C(=O)-NH-CH_2-CH{=}CH_2$

Krytox 全氟醚烯丙基酰胺(PFE)

(a)

全氟醚

PDMS网络

(b)

图 2-1-77 全氟醚烯丙基酰胺对 PDMS 的加成改性

生成弹性网络结构［图 2-1-77(b)］。

加成反应步骤：先由乙烯基封端的 PDMS 和交联剂通过氢硅烷反应合成低聚物，该低聚物中仍含有部分 SiH 基，然后和少量 Krytox 全氟醚烯丙基酰胺（PFE）进行 SiH 基加成到烯丙基的双键上的反应（氢硅烷化反应），形成 PFE 改性的 PDMS 弹性网络［图 2-1-77(b)］。在合成过程中会遇到 PFE 在 PDMS 溶液中低溶解性问题，PFE 在混合物中含量小于 0.5%（质量分数，以下同）时，混合物透明，对于 PFE 含量为 0.5%～1.5%，混合物开始发雾（乳光），如加热到固化温度 70℃时，混合物变得很透明。在 PFE 含量大于 1.5%时，固化的涂膜也发雾，是不溶解的 PFE 所造成的。发雾的涂膜在分析测试之前，要将游离的涂膜用氯仿在索氏萃取器中萃取除去未反应的物料，然后将涂膜彻底干燥后再进行化学物理和抗粘性的测试分析。

(2) 全氟醚（PFE）改性硅氧烷树脂的表面性能及其表征 用 PFE 改性，是设想在铂催化剂存在下，甲苯作为反应介质，PFE 和含 SiH 基的 PDMS 低聚物在 75℃下进行氢硅烷化反应，生成 PDMS 弹性体。反应用 ^{1}HNMR 监测，由 $-SiCH_2CH_2NH{=}O$ 在 0.48δ 和 $-SiCH_2CH_2CH_2NH{=}O$ 在 1.66δ 出现特征峰，以 SiH 在 4.63δ 的特征峰的消失证实—SiH 加到烯内基酰胺的烯丙基双键上。

改性的和未改性的 PDMS 涂膜表面组成是用 X 射线光电光谱（XPS）分析测定的，所得到的谱线适用于涂膜表面下厚约 30Å（1Å＝0.1nm）的膜层区。碳（1s）区的光谱示于图 2-1-78。未改性的碳原子在形成的甲基中占统治地位，在 PFE 改性的 PDMS 涂膜的光谱中，结合能 294eV、292eV 是代表$-CF_3$ 和$-CF_2-$基团，在 PFE 含量为 2%时显示较大强度。改性的结果，氟碳基通过自组装富集在涂膜的表面上［图 2-1-77(b)］，提供了明显表面改性的证明。

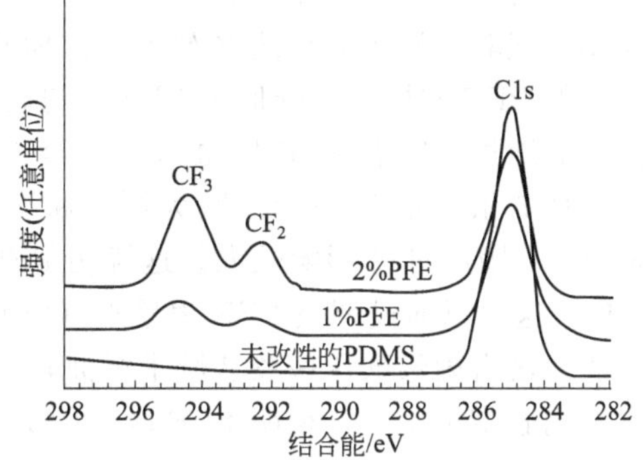

图 2-1-78 未改性和 PFE 改性的 PDMS 的 XPS 光谱

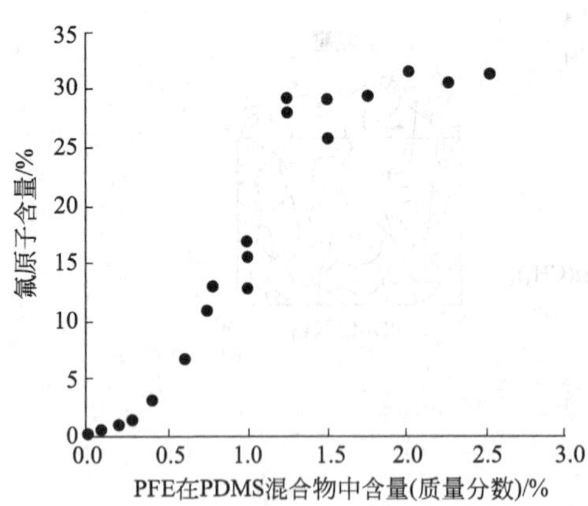

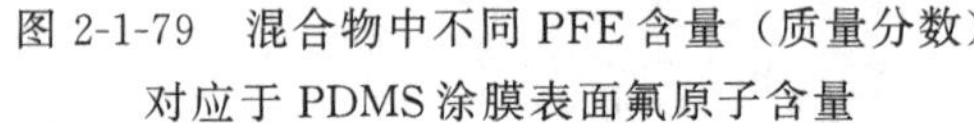
图 2-1-79 混合物中不同 PFE 含量（质量分数）对应于 PDMS 涂膜表面氟原子含量

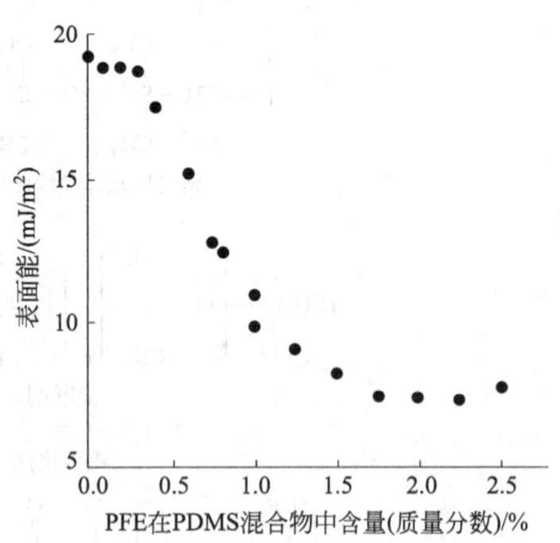

图 2-1-80 PFE 改性的 PDMS 的表面能（通过十六烷静态接触角测定）

图 2-1-79 证实，PDMS 涂膜表面氟原子含量随 PFE 在 PDMS 混合物中含量增加而增加，当 PFE 含量达到 1.5%时，氟原子含量达到平衡值（30%）。改性的 PDMS 表面自由能测定也证实 PFE 用量达 1.5%以上时，表面能从 $20mJ/m^2$ 降到最低点（$<8mJ/m^2$，图 2-1-80）。这些结果进一步证实 PFE 改性的结果。

在测定 PDMS 涂膜表面对水的接触角，随 PFE 含量从 0 增至 1.25%时，前进接触角从 120°增至 140°；在同样 PFE 浓度下，后退接触角从 90°降至 50°（图 2-1-81），也说明表面张力明显降低。滞后作用（前进接触角与后退接触角之差）从 30°增至 90°。这表明在 PDMS 涂膜中存在高能酰氨基（极性基团），它隐藏在 PFE 单分子层下面，在遇到极性大的水时，产生分子重组，显露出较大的滞后作用。与水接触角因引入 PFE 而增加 20°，改性效果明显。结合图 2-1-79～图 2-1-81，也证实 PFE 的用量在 1.5%（质量分数）左右较合适，这不会增加过多成本。

(3) 全氟醚对改性硅氧烷树脂（PDMS）其他性能的影响　在改性的 PDMS 弹性体中引入酰氨基，对于含氟碳基（尤其是—CF_3 基）的 PFE 趋向于表面富集和自组装排列，起推力作用，使 PDMS 的表面能有效地降低，而且 PFE 用量降低。但酰氨基是极性基团，尽管掩藏在低表面能的 PFE 分子层下面，但遇到含高能基（极性基）介质时就显露出作用力，增加改性的 PDMS 的黏结力，对于防粘作用可能带来影响。

采用丙烯酸做工业压敏胶（PSA）的胶带纸贴在 PFE 改性的 PDMS 涂膜上进行 90°静负荷剥离试验，测定剥离速率对每单位面积剥离断裂（开）能量的影响关系如图 2-1-82 所示。虽然 PFE 改性明显降低了 PDMS 的表面自由能，但剥离断裂（开）能量随 PFE 用量增加而明显增加。随着 PFE 用量从 0 增至 1.5%，对于剥离速率 1000μm/s，剥离断裂（开）能量增加 5 倍（图 2-1-82）。因为剥离断裂（开）能量与剥离速率遵循 $G=v^n$ 关系，v 为剥离速率，v 增加对 G 影响较大。这说明 PFE 改性 PDMS 对 PSA 胶带纸黏结力大于未改性的 PDMS。这可以通过调整 PFE 用量来有效调节 PDMS 的黏结力。对剥离的表面进行 XPS 分析证实，没有丙烯酸压敏胶从胶带纸面转黏附到 PDMS 表面上，也没有材料从 PDMS 表面转黏附到胶带纸面上，说明 PFE 改性的 PDMS 弹性体虽然略微增加了黏结性，但不影响它在防粘涂料中应用。

通过对未改性和改性的 PDMS 的动力机械分析证实，不论是聚合物的玻璃化温度还是动态剪切模量，都随 PFE 加入量变化而变化，但和未改性的 PDMS 相比较，模量（modulus）

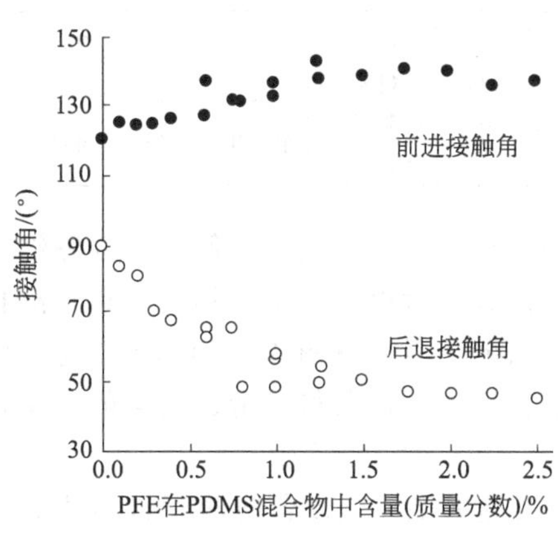

图 2-1-81　水的前进接触角和后退接触角

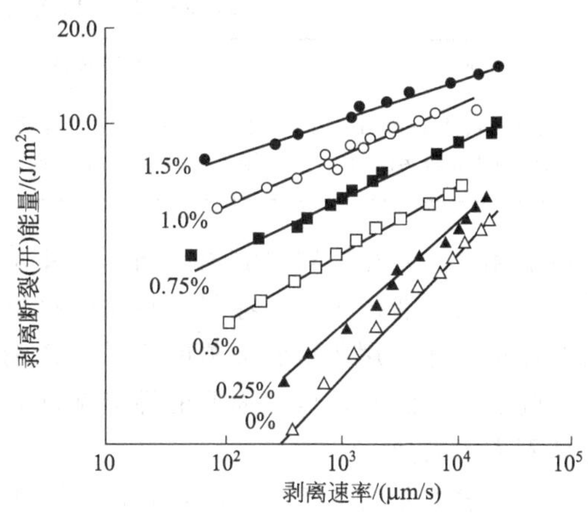

图 2-1-82　丙烯酸压敏胶在未改性和 PFE 改性的 PDMS 涂膜表面上的剥离试验

变化不大。聚合物模量反映它在外应力作用下抵抗形变能力的大小。模量越大越不易变形，表明材料的刚度越大。贮存模量（storage modulus）是模量的实数部分（E'），表示黏弹性材料在形变过程中由于弹性形变而贮存的能量；损耗模量（loss modulus）是模量的虚数部分（E''），表示黏弹性材料在形变过程中能量的损耗。从图 2-1-83 中可以看出，PFE 改性对 PDMS 的模量变化影响不大，说明改性对 PDMS 的弹性影响不明显。

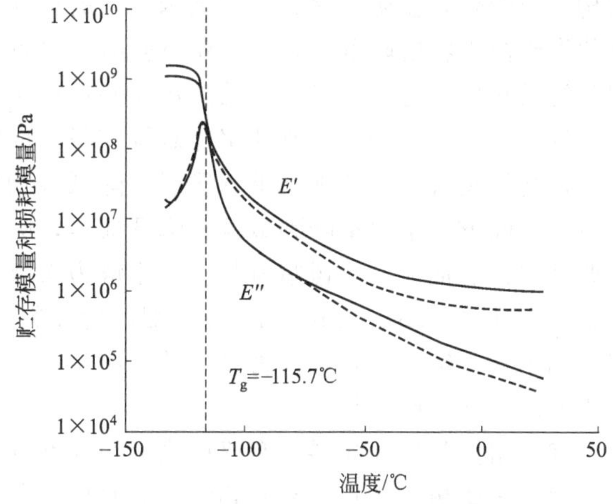

图 2-1-83　未改性和 PFE 改性的（分别用实线和虚线代表）PDMS 贮存模量 E' 和损耗模量 E''

(4) 小结　由烯丙基酰胺封端的全氟醚（PFE）和含 SiH 基的 PDMS 低聚物在铂催化剂存在下，通过氢硅烷化反应制得 PFE 改性 PDMS，只需用少量 PFE 改性剂（<1.5%）可明显改进 PDMS 表面性能而不影响 PDMS 网络的弹性和刚度，有合理的性价比。表面与水的接触角滞后作用是由于膜中酰氨基与水相互作用，虽然工业压敏胶带试验显示其断裂能量增加，但是结合剥离效果，通过调节 PFE 用量，不影响在不粘涂料中应用。酰氨基对于 PFE 基趋向表面富集与均匀排列起推斥作用，PFE 形成均一的单分子层，对设计易控制的不粘涂料提供了有益的设计思路。

4. 氟化聚硅氧烷在涂料中应用

氟化聚硅氧烷具有有机硅热稳定性、柔韧性，具有和聚四氟乙烯相同或更低的表面能，提高了有机硅的耐溶剂性和耐候性，使氟化聚硅氧烷在涂料中的应用范围日益扩大。氟化聚硅氧烷在涂料中应用领域列于表 2-1-257。

(1) 低表面能涂料　氟化聚硅氧烷具有低于有机硅和氟碳树脂的表面能，在许多低表面能的涂料品种中得到应用。最大的应用是防粘涂料，这与用于厨具、食品加工机械等的不粘涂料不同，不粘涂料主要功能是防食物黏附、易于清洗，要求耐高温、耐刮擦、防腐、与食

表 2-1-257 氟化聚硅氧烷在涂料中应用领域

低表面能涂料	耐大气腐蚀涂料	特种功能型涂料	助　　剂
不粘涂料、防沾污自洁涂料、海洋舰船底防污涂料	耐候性涂料、沙漠地区太阳能装置涂料、耐冰雪涂料	耐汽车、飞机用燃料油的涂料、抗菌涂料、电子敏感元件涂料、润滑、耐磨涂料	消泡剂、抛光剂、偶联剂、轿车专用防护脂、织物整理剂

品接触无毒。防粘涂料（剥离涂料）主要是用在两种材料之间的界面，以便防止强黏结而不易剥离。已制造出了脱膜涂料、自粘贴衬里、橡皮糖包装纸衬里涂层。防粘（剥离）涂料最大的市场是保护用压敏胶涂覆的产品，特别是适用于以聚二甲基硅氧烷（PDMS）为基础的压敏胶的剥离涂料，低表面能的性能帮助润湿衬垫塑料纸表面，获得平滑、均匀的涂层，满足易剥离的需要。

临界表面张力低于 8mN/m 的氟化烷基侧链改性聚硅氧烷，是制备防沾污自洁建筑涂料的成膜材料。防沾污涂料可以用于精密仪器、器具、医疗设备的表面涂料，减少沾污沾尘，并易于清洁。在传感器和电子敏感元件上也得到了应用。

用支化和超支化的氟化烷氧基改性聚硅氧烷可以达到超低表面张力（6mN/m），代替有机硅用于海洋舰船底部的自抛光无毒防污涂料，代替有机硅自抛光涂料，效果很好。和纳米结构材料配合，使防污涂料具有纳米尺寸的粗糙度，减少海洋微生物如藤壶、管状软体虫和其他海洋微生物的附着力，在舰船行驶时，借助海水的扰动与船底的摩擦，微生物被甩掉，起到防污作用。这为开发无毒的防污涂料提供了新途径。

利用全氟取代基侧链改性聚硅氧烷获得了成功，这是利用全氟侧链在涂膜中聚集于涂膜表面，自组装排列成氟碳基单分子层，降低表面能，提高整体涂膜的化学稳定性、耐候性，同时可使配方中氟含量降到最低，降低成本，吸引了国内外涂料工作者关注，发展了全氟侧链改性的低表面能的新树脂材料。如主链为聚酯、聚砜嵌段共聚，侧链为全氟烷基，可以得到临界表面张力小于 9mN/m。在舰船防污涂料、人体器官移植等特种涂料上得到应用。以聚苯乙烯为主链、全氟烷基为侧链的半氟化嵌段共聚物，得到临界表面张力接近 8mN/m 的低表面能的新树脂材料。

(2) 耐大气腐蚀涂料　有机硅涂料耐候性处于合成树脂涂料的中高档次，但逊于氟碳树脂涂料。氟碳树脂涂料虽具有超常的耐候性，由于价格偏高，影响推广。利用氟碳基团在涂膜中趋向富集于表面的特点，采用少量支化氟碳烷基硅氧烷改性有机硅涂料，可使其耐候性接近氟碳涂料，又有较易接受的性价比，这是一类有开发前途的品种。

氟化聚硅氧烷涂料表面疏水，具有较好热稳定性和低温柔韧性，制备电热涂料，用于铁轨融雪、飞机机翼除冰、高压电缆除冰去霜。

(3) 特种功能型涂料　有机硅涂料虽能耐高温，但耐油性、耐燃料油性比较差，限制了在航空、汽车中使用。氟化改性聚硅氧烷制备涂料提高了耐油性、耐溶剂性、耐燃料油性，用于飞机等航空器、汽车等发动机内壁、管路连接等防腐蚀，处于不可替代的位置。

润滑、耐磨涂料广泛用于矿山、冶金、建材、能源、农机、交通运输各种机械的零部件上，特别适用于航空、航天、军工器械上。这些要求涂料热稳定性好，表面能低，耐化学腐蚀，自润滑性和耐磨性好。聚四氟乙烯（PTFE）在润滑、耐磨涂料领域占有重要位置。氟化聚硅氧烷的出现，可以得到低于 PTFE 的表面能，具有更有效的润滑、耐磨作用，使润滑、耐磨涂料质量水平大为提高，更扩大了应用。

氟化聚硅氧烷涂料不支持霉菌生长，和纳米 TiO_2 配合制成抗菌涂料，效果优于其他同类品种。

5. 结论

氟化改性聚硅氧烷能保持有机硅热稳定性和主链柔韧性，能明显改进耐溶剂性，达到比聚四氟乙烯更低的临界表面张力，基本上综合了氟硅材料的优点。利用氟碳基尤其是全氟取代基具有趋向于表面、自组装排列成单分子层的特性，使改性聚合物临界表面张力可以降到10mN/m，甚至更低，少量的全氟改性剂就可以收到明显改性效果，而不影响改性的有机硅整体性能。这为尽量减少氟化改性剂用量、降低成本提供了十分有益的启示。

由于氟化聚硅氧烷综合了二者优点，在工业涂料、特种涂料、涂料助剂中得到了应用，并具有进一步扩大市场的巨大潜力。

四、有机硅高固体分涂料

1. 纯有机硅高固体分涂料

(1) 纯有机硅涂料高固体分化的趋势　有机硅高固体分涂料包括纯有机硅型和有机硅改性树脂型两种类别。纯聚有机硅烷或硅氧烷树脂主要用于耐高温涂料，最早是1934年用于电动机绝缘玻璃纸的耐热涂层，第二次世界大战后，有机硅树脂开发了数以百计的耐高温涂料配方。

耐高温涂料的定义有不同说法，国内文献认为能长期经受200℃以上温度，涂膜保光保色性较好，涂膜完整，没有碎裂现象，仍能保持适当的物理机械性能和起防护作用的涂料，称为耐高温涂料。有的认为，能满足123.6℃（250℉）～760℃（1400℉）的温度范围使用的涂料称为耐高温涂料。

国际上对涂料中VOC（volatile organic compouds，有机挥发物）的限值法规日趋严格，如美国1999年生效的《建筑涂料和工业维护涂料管制条例》规定工业涂料VOC为250～450g/L，水性涂料为VOC≤250g/L（扣水计算），随后进一步修订标准，工业涂料VOC向200g/L以下，水性涂料VOC向100g/L（扣水计算）以下的目标趋近。

有机硅耐高温涂料通常是固体分在50%左右的二甲苯液，虽属于特种涂料，但同样受到降低VOC法规的压力。1994年美国要求耐高温（1000℉，折合537.8℃）涂料的VOC要降至419.5g/L，比原来的VOC降低41.66%。但对于温度较低（204.4℃）的耐热涂料则要求降至299.6g/L。可见，作为特种涂料的有机硅耐高温涂料也要降低VOC，这就是纯有机硅涂料高固体分化的必要性。国内对特种涂料降低VOC要求也会很快提到日程上。

(2) 纯有机硅高固体分耐高温涂料

① 有机硅树脂高固体分化途径　传统的有机硅耐高温涂料的有机硅树脂分子量为40万～50万，配制成50%二甲苯液，施工时还要用芳香烃溶剂稀释至施工黏度，是低固体分高VOC涂料。要降低VOC，提高固体分，有效的途径是设计低分子量、高交联活性的有机硅树脂。一般有两种途径。

第一种途径是在有机溶剂中水解苯基甲基氯硅烷并部分缩合硅醇以形成部分水解物，是一种低分子量的高反应性的低聚物，可以大幅度提高固体分，如表2-1-258的A和C。树脂A中二官能度的硅氧烷多于树脂C，二者在同样固体分下，A的黏度低。涂料施涂后可借助锌、钴或铁的月桂酸盐进一步缩合固化成膜。

实行高固体分的第二种途径是由官能基烷氧基硅烷和聚有机硅烷，与硅醇官能基聚有机硅氧烷按一定比例混合，施涂后，通过钛酸酯催化固化或加热固化成膜，如树脂B。产品虽是无溶剂的，但加热固化时释放出部分甲醇属VOC，故固体分是90%（表2-1-258）。

表 2-1-258 有机硅树脂特性

树 脂	非挥发分(质量分数)/%	黏度/mPa·s	官能度
低 VOC			
A(软)	80	2000	SiOH(3%)
B(硬)	90	550	SiOH(2%) SiOMe(15%)
C(硬)	80	7000	SiOH(3%)
高 VOC			
D(软)	50	1250	SiOH(1%)
E(硬)	50	1250	SiOH(1%)

这两种方法制备高固体分涂料及涂膜固化的有关化学反应见有关文献。

② 高固体分有机硅耐热性白色涂料 用表 2-1-258 中所列五种有机硅树脂分别制备白色涂料，金红石型 TiO_2：有机硅树脂=45：45（质量比），另加云母粉 10 份，用 3200 r/min 高速搅拌分散 15min，用二甲苯稀释到喷涂黏度（2 号 Zahn 杯，30s），然后测试涂料特性与施工。将五种白色涂料喷涂在已喷砂处理的冷轧钢板上，在 232.2℃（450℉)/30min 下固化，涂膜附着力采用划格法检测，试验样板暴露在 250℃下，分别测定其光泽度、颜色和其他损坏情况。检测结果列于表 2-1-259 和表 2-1-260。

表 2-1-259 有机硅白色涂料特性

白涂料	非挥发分(质量分数)/%	密度/(kg/L)	VOC/(g/L)	60°光泽度/%	铅笔硬度	附着力/%	耐溶剂性(往返摩擦次数)/次	
							甲乙酮	甲苯
低 VOC								
A(软)	77	12.3	348	4	3B	100	100	100
B(硬)	83	12.3	252	25	H	100	18	27
C(硬)	74	12.3	383	23	F	100	8	9
高 VOC								
D(软)	54	10.3	575	54	2B	100	2	2
E(硬)	56	10.5	563	57	B	82	2	2

表 2-1-260 有机硅白色涂料耐热性比较

白色涂料	60°光泽度/%				色差(ΔE)			其他性能①		
	0	100h	300h	500h	100h	300h	500h	100h	300h	500h
低 VOC										
A(软)	4	5	5	5	1.1	1.2	1.0	10	10	10
B(硬)	25	18	17	16	0.9	0.8	0.7	10	10	10
C(硬)	23	27	26	26	1.3	1.0	0.9	10	10	10
高 VOC										
D(软)	54	31	32	31	0.9	0.8	1.0	10	10	10
E(硬)	57	52	54	51	1.2	1.0	1.0	10	10	10

① 10=无损坏。

从表 2-1-259 看出，A（软）和 D（软）相比，VOC 的量减少 227g/L，其固体分提高 20%以上；B（硬）和 E（硬）相比，固体分提高 27%，而 B（硬）的 VOC 只有 E（硬）的一半。A、B、C 三种有机硅树脂的 VOC 量均比美国标准规定的 419.5g/L 要低得多。B（硬）是多官能度的硅氧烷低聚物，交联活性大，其 VOC 量达到耐热涂料的 299.6g/L 的严格标准。

低 VOC 的 A（软）的涂膜光泽度很低，硬度也低，但耐溶剂性好；B（硬）和 E（硬）相比，涂膜硬度、附着力、耐溶剂性，前者优于后者。

表 2-1-260 的结果证实，样板在 250℃下试验 100h、300h、500h，涂膜光泽度、色差和其他损坏情况对比，低 VOC 的 A、B、C 三种白色涂料不比高 VOC 的 D、E 差。

综合以上情况，证实有机硅耐高温的高固体分涂料（250～537.8℃）在技术上是可行的。

③ 高固体分有机硅耐高温铝粉涂料　铝粉和有机硅树脂配合可以提高涂料的耐热性，可使涂膜在 500℃以上高温下应用。将表 2-1-258 中的 A、B、D、E 四种有机硅树脂分别制成铝粉涂料，有机硅树脂（以固体树脂计）：飘浮型铝粉＝1∶1（质量比），用二甲苯稀释至喷涂黏度 30s（2 号 Zahn 杯）。将制得的上述铝粉涂料分别喷涂在冷轧钢板（032）上，在 232.3℃（450℉）/30min 下固化，涂料 B 用 6%（以固体树脂计）的四丙基钛酸酯作为催化剂。有机硅铝粉涂料的特性及其涂膜的物性和耐热性列于表 2-1-261。涂膜耐热性试验是在喷砂的冷轧钢板上，在 232.2℃（450℉）/30min 下固化，样板放在 537.8℃（1000℉）的马弗炉中进行耐热性试验，考察涂膜在 100h、250h 和 500h 时的耐热性，以涂膜损失（失重）、开裂或其他变化来评价耐热性，评定为 10，是无损坏；9 是痕量损坏；8 是 1%～5%损坏（表 2-1-261）。

表 2-1-261　有机硅铝粉涂料特性及其涂膜性能

铝粉涂料	非挥发分/%	密度/(kg/L)	VOC/(g/L)	铅笔硬度	附着力(划格法)/%	耐溶剂性(来回摩擦次数)/次		耐热性		
						甲乙酮	甲苯	100h	250h	500h
低 VOC										
A(软)	58	1.09	455	2H	100	45	60	10	10	8
B(硬)	60	1.11	455	5H	100	56	90	10	10	9
高 VOC										
D(软)	39	1.04	635	2H	100	50	50	10	10	9
E(硬)	41	1.04	611	2H	100	32	52	10	10	8

从表 2-1-261 中的低 VOC 的 A（软）、B（硬）与高 VOC 的 D（软）、E（硬）的铝粉涂料特性及其涂膜性能对比检验结果，高固体分有机硅铝涂料的固体分提高了 19%，而 VOC 相应降低了 180g/L（软）和 156g/L（硬），而各种性能，尤其是耐热性不比传统的树脂 D、E 差，而耐溶剂性较优，证实可以开发出性能优良的较高固体分耐高温的有机硅耐热铝粉涂料。高固体分有机硅铝粉涂料的 VOC 虽然降到 455g/L，但离美国规定的 419.5g/L 仍有一定差距。

2. 有机硅改性丙烯酸树脂高固体分涂料

(1) 用硅氧烷封闭羟基的丙烯酸高固体分涂料

① 封闭的羟基丙烯酸酯合成　丙烯酸低聚物中羟基是交联用的官能基，极性大，使低聚物黏度提高。为降低树脂极性，采用硅氧烷预先封闭羟基（甲基）丙烯酸单体中的羟基：

$$\underset{\text{甲基丙烯酸羟乙酯}}{CH_2{=}C(CH_3)C({=}O)OC_2H_4OH} + \underset{\text{三甲基氯硅烷}}{Cl{-}Si(CH_3)_3} \xrightarrow{N(C_2H_5)_3} \underset{\text{TMSEMA(甲基丙烯酸三甲基硅氧乙基酯)}}{CH_2{=}C(CH_3)C({=}O)OC_2H_4OSi(CH_3)_3} + \overset{+}{N}H(C_2H_5)_3 \cdot Cl^-$$

将甲基丙烯酸-α-羟基乙基酯作为“捕获”反应中产生的 HCl 的三乙基胺、正己烷（溶剂）加入反应瓶中，然后在冷却状态下滴加三甲基氯硅烷。过滤去除所得铵盐。减压蒸馏得到甲基丙烯酸三甲基硅氧乙基酯（TMSEMA）。这是含有封闭羟基的甲基丙烯酸酯单体，用B—OH代表，可以和其他丙烯酸酯、乙烯基单体共聚制成丙烯酸酯低聚物。被封闭的羟基可以在催化剂或水分作用下解封释放出羟甲基和硅烷基。由于羟基被极性很低的硅氧基封闭，含B—OH的丙烯酸低聚物极性降低，黏度比含有未封闭羟基的丙烯酸低聚物要小得多，固体分却提高了20%。

② 丙烯酸低聚物合成

a. 丙烯酸低聚物配方　配方及有关技术参数见表2-1-262。

表2-1-262　丙烯酸低聚物配方及有关技术参数

项　目	单体	R-1	R-2	R-3	R-4	R-5	R-6
非官能性单体	St	20.4	20.4	2	0.4	26.2	29.6
	α-EHA	36.7	36.7	24	20.7	45.5	45.9
B—OH	TMSEMA	66.7		40.5	58.6		—
含—OH基	HEMA	—	42.9	—	—	—	—
含环氧基	GMA	—		35.6	41.2	—	—
二元酸	ITAn	—	—	—	—	28.3	—
	MAn	—	—	—	—	—	24.5
f/(1000g/mol)		3.3	3.3	2.5	2.9	2.5	2.5
M_n		1.0×10^3	1.1×10^3	0.86×10^3	0.76×10^3	1.2×10^3	1.2×10^3
M_w		1.6×10^3	1.7×10^3	1.5×10^3	1.4×10^3	2.0×10^3	2.0×10^3
M_w/M_n		1.6	1.6	1.7	1.3	1.7	1.7
T_g/℃		0	0	10	15	0	0

注：St为苯乙烯；α-EHA为丙烯酸-α-乙基己酯；TMSEMA为甲基丙烯酸三甲基硅氧乙基酯；B—OH为羟基被硅氧基封闭；HEMA为甲基丙烯酸-α-羟乙基酯；GMA为甲基丙烯酸缩水甘油酯；ITAn为反丁烯二酸酐；MAn为顺丁烯二酸酐。

b. 合成工艺　基本和一般丙烯酸树脂合成工艺相似。将单体混合物和α,α′-偶氮二异丁腈（按需要量配制成溶液）分别置于两个滴加器中，在140℃/6h搅拌下滴加到预先放置有二甲苯（总投料量75%）的反应釜中，物料滴加完后在140℃下保持5h，然后减压蒸去二甲苯。分别制得含B—OH基和—OH基的R-1与R-2；含B—OH基和环氧基而原料配比与官能度不同的R-3和R-4；含不同酸酐的低聚物R-5和R-6。这些低聚物的数均分子量为760～1200，多分散性均为1.6～1.7（GPC测定）。

③ 汽车清面漆（罩光漆）中应用

a. B—OH/—NCO体系交联固化反应　涂料是双包装体系，含封闭羟基（B—OH）的丙烯酸低聚物（R-1）为一包装，多异氰酸酯为另一包装，在140℃/20min下固化，经历以下反应（图2-1-84）：

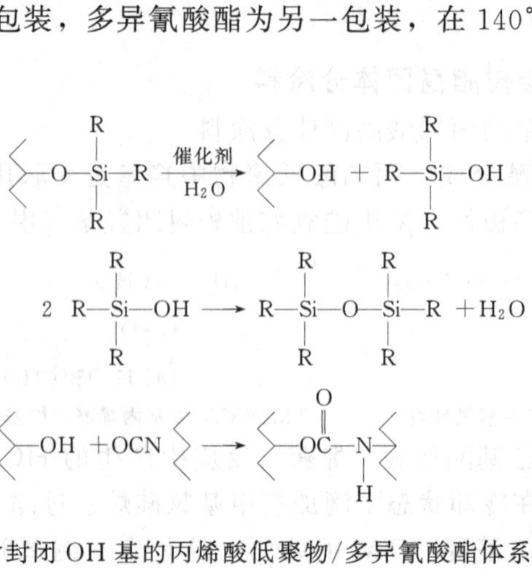

$$\sim O-SiR_3 \xrightarrow[H_2O]{催化剂} \sim OH + R_3Si-OH$$

$$2\ R_3Si-OH \longrightarrow R_3Si-O-SiR_3 + H_2O$$

$$\sim OH + OCN\sim \longrightarrow \sim OC(=O)-N(H)\sim$$

图2-1-84　含封闭OH基的丙烯酸低聚物/多异氰酸酯体系的反应机理

反应第一步是催化剂或水分存在下，封闭的羟基解封，释放出—OH 基和生成三烷基（甲基）硅醇，三烷基硅醇可以自缩合成硅氧烷留在涂膜中，对涂膜外观起调整作用，同时生成封闭羟基解封所需要的水分。第二步是熟悉的—OH/—NCO 反应，交联成涂膜。

b. B—OH/环氧/酸酐体系杂化交联固化　含 B—OH 的丙烯酸低聚物（R-1）、含 B—OH 与环氧基丙烯酸低聚物（R-3、R-4）和含酸酐的丙烯酸低聚物（R-5、R-6）配成清漆，进行杂化交联，在 140℃/20min 下固化反应机理如下（图 2-1-85）：

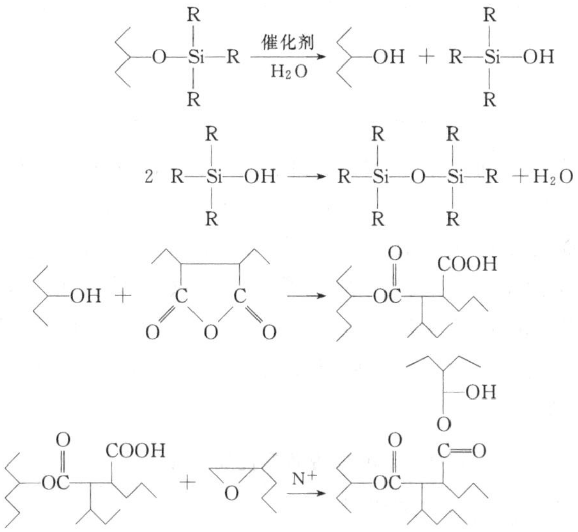

$$\text{—O—SiR}_3 \xrightarrow[H_2O]{\text{催化剂}} \text{—OH} + R_3Si\text{—OH}$$

$$2\ R_3Si\text{—OH} \longrightarrow R_3Si\text{—O—}SiR_3 + H_2O$$

图 2-1-85　B—OH/酸酐/环氧体系反应机理

反应第一步和图 2-1-84 的第一步相同，反应第二步是新释放出的—OH 基和酸酐开环反应，产生—COOH 基，—COOH 基再与环氧反应交联成涂膜。也是双包装体系，含 B—OH 的丙烯酸低聚物和含环氧基的丙烯酸低聚物为一包装，其他组分为另一包装。

c. 汽车清面漆性能　B—OH/—NCO 体系与—OH/—NCO、氨基丙烯酸体系的配方与性能列于表 2-1-263。

表 2-1-263　—OH/—NCO（HAS-1）、B—OH/—NCO（HAS-2）和氨基丙烯酸（HAS-3）三个体系的配方和 140℃/20min 下固化的涂膜性能

组　分	HAS-1	HAS-2	HAS-3	组　分	HAS-1	HAS-2	HAS-3
R-1	—	58.2	—	非挥发分[4]/%	66	83	47
R-2	58.2	—	—	耐二甲苯摩擦	好	好	好
A-345[1]	—	—	70	抗摩划性(保光率)[5]/%	73	76	23
DN-990S[2]	41.8	41.8	—	凝胶分数[6]/%	98.2	98.8	95.4
L-117-60[3]	—	—	30	固化涂膜 T_g/℃	85	85	110
烷基磷酸酯	2	2	—	M_C[7]	740	770	549

① A-345：汽车涂料通用的丙烯酸树脂，DIC 的产品。

② DN-990S：多异氰酸酯树脂，DIC 的产品。

③ L-117-60：三聚氰胺甲醛树脂，DIC 的产品。

④ 非挥发分（固体分）：在喷涂施工黏度（25℃，福特杯 20s）下的非挥发分（固体分）。

⑤ 抗摩划性：用质量 1.6kg 的清洁器摩擦 30min 后，测 20°的涂膜光泽度，对比计算保光率。

⑥ 凝胶分数：制得的游离涂膜用丙酮萃取 24h，然后在 60℃干燥 1h，根据萃取前后的涂膜质量计算凝胶分数。

⑦ M_C：涂膜交联点之间分子量，$1/M_C$ 表征交联密度。

从表 2-1-263 中的非挥发分、抗摩划性可以看出，HAS-2（含 B—OH）大大优于 HAS-

3 传统的氨基丙烯酸涂料，也优于未封闭—OH 基的 HAS-2。

B—OH/环氧/酸酐体系杂化交联的清漆配方与在 140℃/20min 下固化涂膜性能列于表 2-1-264。

表 2-1-264 B—OH/环氧/酸酐清漆配方和固化涂膜性能

组　分	HAS-4	HAS-5	HAS-6	组　分	HAS-4	HAS-5	HAS-6
R-3	50	—	—	1-甲基咪唑	1.0	1.0	1.0
R-4	—	46.3	46.3	凝胶分数/%	93.8	93.4	93.4
R-5	50	53.7	—	抗摩划性(保光率)/%	32.8	62.9	65.3
R-6	—	—	53.7	固化涂膜 T_g/℃	78.8	93.8	95.5
烷基磷酸酯	2	2	2	M_C	599	489	470

烷基磷酸酯和 1-甲基咪唑分别为 B—OH 解封和环氧/—COOH 反应的催化剂。

从表 2-1-264 中的抗摩划性、T_g 与交联密度可以看出，以 HAS-6 为优，说明顺丁烯二酸酐（HAS-6）优于反丁烯二酸酐（HAS-5），官能度高的低聚物 R-4 也起了作用。

从筛选的配方 HAS-2（含 B—OH 丙烯酸低聚物/—NCO 体系）、混合交联（B—OH/环氧/酸酐）的 HAS-6 和传统的氨基丙烯酸配方 HAS-3，都配成汽车清面漆，用氨基丙烯酸色漆作为底色漆，喷涂后接着分别喷三种清面漆，两喷一烘，在 140℃/20min 下固化，涂膜性能检测结果列于表 2-1-265。

表 2-1-265 汽车清面漆性能比较

检测项目	B—OH/—NCO (HAS-4)	杂化交联 (HAS-5)	氨基丙烯酸 (HAS-6)	检测项目	B—OH/—NCO (HAS-4)	杂化交联 (HAS-5)	氨基丙烯酸 (HAS-6)
铅笔硬度	HB	H	F	耐酸雨性	好	好	差
20°光泽度/%	86	87	88	凝胶分数/%	98.8	96.2	95.4
二甲苯摩擦	好	好	好	非挥发分/%	88	90	44
抗冲击性/cm	50	<50	30	固化膜的 T_g/℃	110	110	110
耐水性	好	好	好	贮存稳定性①(福特杯 4#)/s	胶凝	胶凝	—
抗摩划性(保光率)/%	74	94	25	M_C	596	240	549

① 23℃下贮存 24h 后测黏度变化。

检测结果证实，B—OH/—NCO 交联、杂化交联体系的施工黏度下非挥发分比氨基丙烯酸要高 44%以上，耐酸雨性优，抗摩划性也高于传统氨基丙烯酸清漆。

④ 小结　用硅氧烷封闭羟基，使丙烯酸低聚物极性大大降低，使施工黏度下的涂料固体分大为提高（80%以上）。取代传统氨基丙烯酸涂料，涂膜抗酸雨等性能好。封闭羟基的技术路线为开发耐酸雨侵蚀的高固体分硅-丙涂料提出了新的思路。B—OH/环氧/酸酐杂化交联的涂膜交联密度高（M_C=240），抵抗环境腐蚀性强，但户外耐久性尚未见数据，要达到工业化应用尚需进一步完善。

(2) 有机硅改性丙烯酸高固体分涂料　某些有机硅聚合物黏度很低，在喷涂施工黏度下，固含量可达 100%，并具有优良的耐久性和抗酸雨性。如何将有机硅聚合物通过化学反应引入丙烯酸树脂结构中是国内外涂料界思考的一个课题，用新的交联反应化学以取代传统的三聚氰胺甲醛树脂交联反应化学。

根据硅橡胶室温硫化在双键上产生氢化硅烷化反应的研究启示，可以设计含 SiH 基的有机硅聚合物和含双键的丙烯酸低聚物配合作为成膜物，用含双键的醚低聚物作为活性稀释剂的高固体分清漆配方。为使组分混溶性好，有机硅聚合物分子侧链要有苯基。丙烯酸和醚的低聚物分子中双键要在侧链，易于交联反应，涂膜性能好。

聚二苯基甲基氢硅烷（PMHS）是由 0.84mol 六甲基硅氧烷、0.16mol 聚甲基氢硅烷和 2.0mol 二苯基二甲氧基硅烷在 10℃反应 24h，硫酸作为催化剂。合成的 PMHS 结构式如下：

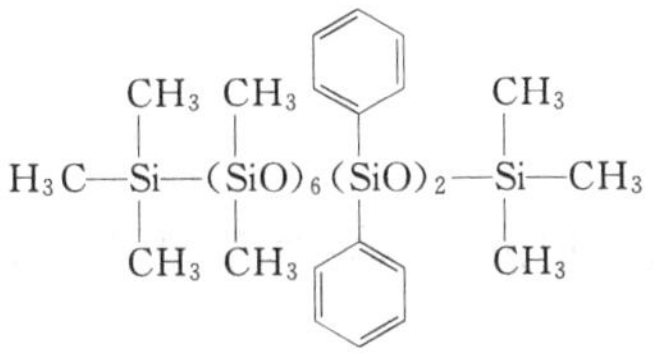

$$H_3C-\underset{CH_3}{\overset{CH_3}{Si}}-(\underset{CH_3}{\overset{CH_3}{SiO}})_6(\underset{C_6H_5}{\overset{C_6H_5}{SiO}})_2-\underset{CH_3}{\overset{CH_3}{Si}}-CH_3$$

含双键的丙烯酸低聚物有以下单体：

2MBA（甲基丙烯酸-α-丁烯酯）　$CH_2=C(CH_3)-COOCH_2CH=CH(CH_3)$

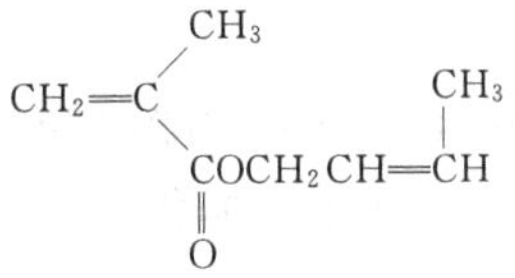

3M3BA（甲基丙烯酸-3-甲基-3-丁烯酯）　$CH_2=C(CH_3)-COOCH_2CHC(CH_3)=CH$

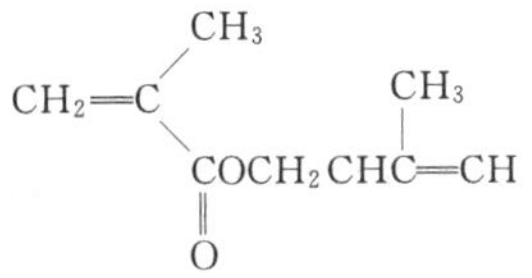

AMA（甲基丙烯酸烯丙基酯）　$CH_2=C(CH_3)-COOCH_2CH=CH$

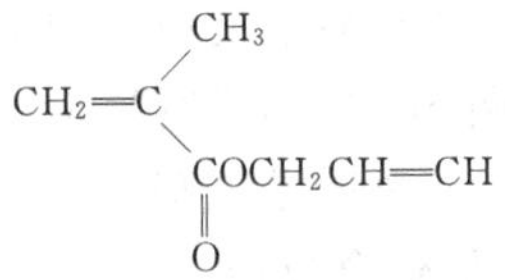

利用 2,2′-偶氮(2-甲基丁腈）作为引发剂，二甲苯作为溶剂，120℃下游离基聚合成含双键的丙烯酸低聚物。

固化交联反应式如下：

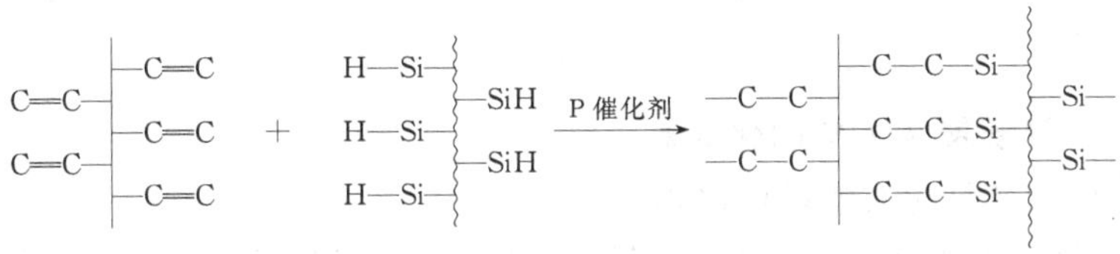

$$\text{含烷烯基的丙烯酸低聚物} + \text{含氢硅基的有机硅聚合物 (H—Si, SiH)} \xrightarrow{\text{P 催化剂}} \text{交联固化的涂膜 (—C—C—Si—)}$$

含烷烯基的丙烯酸低聚物　含氢硅基的有机硅聚合物　　交联固化的涂膜

用含双键的醚低聚物 HPE-1030 作为活性稀释剂，配制清漆在施工黏度（福特 4# 杯，20s/25℃）下固体分 70%～90%，在 140℃/30min 下固化，涂膜具有优良的物理机械性能和优良的抗溶剂性、抗酸雨性。

含双键的醚聚合物 HPE-1030 结构式如下：

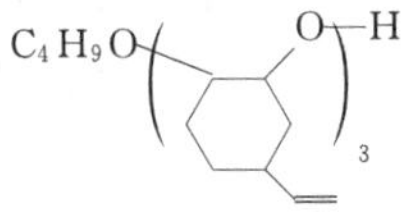

$$C_4H_9O-(\text{C}_6\text{H}_9(\text{CH}=\text{CH}_2)-O)_3-H$$

利用 SiH 基和双键的氢化硅烷化反应引入有机硅聚合物提高固体分、改进抗酸雨性，是开发抗酸雨性优良的高固体分丙烯酸汽车涂料的一个新途径。

五、辐射固化有机硅涂料

紫外线固化涂料（ultraviolet-curing coatings，简称 UV 固化涂料）和电子束固化涂料（electron beam curing coatings，简称 EB 固化涂料）统称辐射固化涂料，由于 UV 固化涂料的涂装设备投资低，应用推广比 EB 固化涂料迅速得多。

UV固化涂料具有固化速率快（以秒计）、VOC低、符合环保要求、效率高和节能等优点，尤其固化时放热少，适合各种对热敏感的材料如纸张、塑料、木材、皮革等涂装，所以UV固化涂料发展很快，UV固化的有机硅涂料也成为新发展的辐射固化涂料的一大类。

1. UV固化有机硅涂料

光固化的有机硅-丙烯酸酯低聚物按引入丙烯酰氧基 $CH_2{=}CHCOO{-}$ 的方式不同有四种合成路线。

① 用二氯二甲基硅烷单体和丙烯酸羟乙酯在碱催化下水解缩合，丙烯酰氧基作为端基引入聚硅氧烷链上。

② 由二烷氧基硅烷和羟基丙烯酸酯经酯交换反应，也是以丙烯酰氧基为端基引入。

③ 利用含羟基的硅烷和丙烯酸酯化，引入丙烯酰氧基。这三种合成路线获得相同的分子结构。

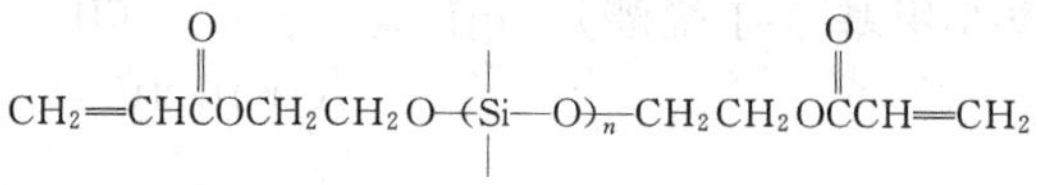

$$CH_2{=}CH\overset{\overset{O}{\|}}{C}OCH_2CH_2O{-}(\underset{|}{\overset{|}{Si}}{-}O)_n{-}CH_2CH_2O\overset{\overset{O}{\|}}{C}CH{=}CH_2$$

④ 用端羟基硅烷与二异氰酸酯反应，再利用—NCO基和羟基丙烯酸酯反应，或用端羟基硅烷与二异氰酸酯-丙烯酸酯半加成物反应，引入丙烯酰氧基，这是UV固化的有机硅-聚氨酯-丙烯酸酯低聚物，仍以丙烯酰氧基封端。

普通UV固化是自由基聚合反应，引入对光敏剂敏感的丙烯酰氧基是UV固化有机硅-丙烯酸酯低聚物的重要前提。这类低聚物具有较低的表面张力，作压敏胶的防粘纸中的离形剂。由于主链为硅氧键，有极好的柔韧性、耐高低温性、耐湿性、耐候性、电性能，常用于电器和电子线路的保护和密封，特别是用于光纤保护涂料。此外，也能用于玻璃和石英材质光学器件的胶黏剂。

2. 有机硅-环氧低聚物UV固化涂料

(1) 光可固化的环氧化有机硅低聚物

① 环氧化有机硅低聚物品种　比较了缩水甘油基环氧和环脂烷基环氧接枝的硅氧烷在UV下的反应活性，环己基环氧功能基的硅氧烷的UV聚合反应较有优势，它们有环氧基封端和环氧基在链段中的两种类型（图2-1-86）。

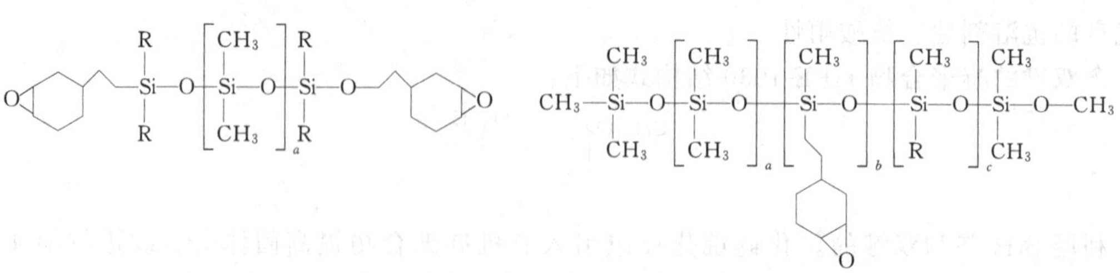

图2-1-86　环氧功能基封端的有机硅低聚物和环氧功能基在链段中的有机硅低聚物

对环氧化有机硅低聚物等及单体要求纯度较高，否则有氢硅烷存在易产生副反应发生胶凝，用新工艺技术已制备出纯度符合要求的有关产品和单体（表2-1-266）。

表2-1-266中所列的环氧化有机硅低聚物可以作UV固化的防粘涂料、剥离涂料的成膜物，可以作UV固化罩光清漆或油墨的稀释剂，可以在UV固化白色罐头涂料中作助剂。

表 2-1-266　环氧化硅氧烷低聚物的溶解性［M* ＝可混合的（100%）；N. M* ＝不混溶的（＜3%）］

组　分	黏度/mPa·s	环氧/(mmol/100g)	汉森溶解度参数/(J/cm³)$^{1/2}$			离球心距离 D(相对值)		溶解性/%	
			δ_d	δ_p	δ_h	②	D	②	D
光敏剂(CPI 1)	powder	0	17.1	14.3	9.7	1.5	1.11	＜5	＜10
光敏剂(FRPI 1)	5	0	17.7	6.1	12.0	1.1	0.46	＜5	M*
硅氧烷低聚物△	30	520	17.5	11.4	6.7	1.25	0.71	＜10	M*
硅氧烷低聚物☆	40	380	15.4	12.2	5.4	1.1	0.89	＜10	M*
环氧硅氧烷聚合物①	50	140	13.3	4.8	3.35	0.28	1	M*	＜10
环氧硅氧烷聚合物②	150～300	95	13.4	3.6	6.2	0	1.1	—	N. M*
环氧硅氧烷聚合物③	100～250	425	15.4	12.3	5.5	1.1	0.9	M*	M*
环氧硅氧烷聚合物④	100～500	300	15.9	9.2	6.3	0.83	0.45	M*	M*
环氧硅氧烷聚合物⑤	100～700	20	12.7	0.2	2.1	0.56	1.8	M*	N. M*
环脂基(A)	350	790	20.6	13	10.3	1.8	1.3	N. M*	M*
双酚 A 环氧(B)	11000	550	17.4	11.3	11.3	1.3	0.6	N. M*	M*
丙烯酸酯(C)	20000	0	16.3	10.4	11.4	1.1	0.4	＜5	M*
丙烯酸聚酯(D)	1000	0	16.5	8.1	10.5	0.91	0	＜5	—
丙烯酸环氧(E)	20000	0	16.5	6.9	11.8	0.89	0.25	N. M*	M*

①、⑤是环氧功能基封端的有机硅低聚物。②、③、④是环氧功能基在链段中的有机硅低聚物。A 为 3,4-环氧环己甲基-3′,4′-环氧环己烷碳酸酯；B 为双酚 A 环氧树脂 Araldit Gy 240；C 为二季戊四醇五丙烯酸酯 SR 399；D 为聚酯四丙烯酸酯 Ebecryl Resin 810；E 为双酚 A 环氧二丙烯酸酯 Ebecryl Resin 600。△代表①、⑤，☆代表②、③、④。

这些应用均明显改进体系的固化性能和物理性能。这将在后面应用实例中简介。

② 溶解性　通常 UV 固化涂料为克服氧抑制作用，液体光引发体系用量要达到涂料体系的 8%～12%，这样的体系虽具有低黏度，但增加了 VOC，并有刺激性气味，这种体系也不能考虑作为无溶剂体系。

采用环氧化有机硅低聚物作为稀释剂，可以减少光引发剂的用量。这些化合物是不燃性化合物，闪点高于 150℃。

表 2-1-266 中 D 是按汉森（Hansen）溶解度参数计算方程计算出的溶剂的溶解球之间的距离，当 D 值小于 1.0 时，化合物有高亲和力，作为溶剂或稀释剂是良性的。根据表 2-1-266 中 D 值和溶解度可以选择稀释剂及所列组分之间的匹配性。环氧化有机硅低聚物降低 UV 固化树脂黏度的作用如图 2-1-87 所示。

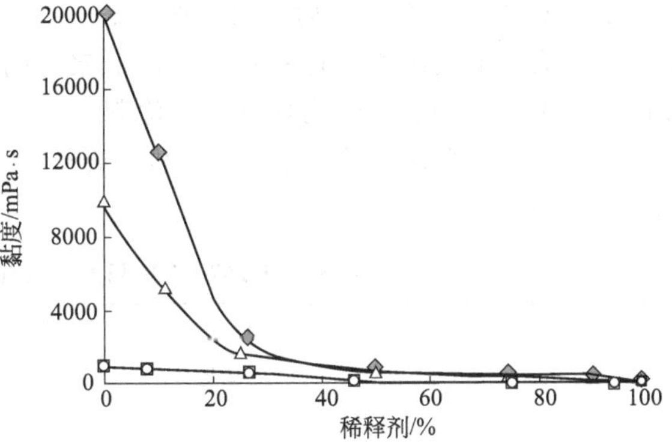

图 2-1-87　环氧化有机硅低聚物降低 UV 固化树脂黏度的作用

稀释剂：硅氧烷低聚物＝1∶1

◆ 季戊四醇丙烯酸酯；■ 丙烯酸聚酯；△ 双酚 A 环氧

稀释剂：环氧硅氧烷聚合物＝2∶3

○ 丙烯酸聚酯

(2) 阳离子型光引发聚合　前面介绍了 UV 固化涂料诸多优点，所以发展较快，但也存在氧抑制作用，使涂膜表面固化不完全，耐溶剂性、耐水性差。涂膜经受快速固化和突然终止固化，涂膜起皱。采用阳离子型光引发剂固化，可以克服这些不足。

阳离子型光引发剂吸收光能后到激发态，分子发生光解反应，产生超强质子酸或路易斯酸，从而引发阳离子低聚物和活性稀释剂进行阳离子聚合。阳离子光聚合的低聚物

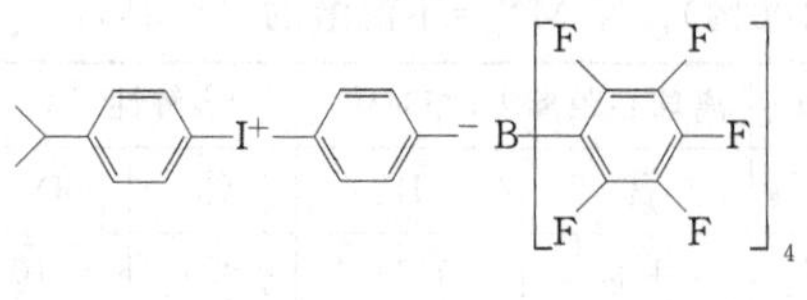

图 2-1-88 光引发剂 CPI 1 基本结构

和活性稀释剂主要有环氧化合物和乙烯基醚。环氧化有机硅低聚物适合进行阳离子型光引发聚合。

一种新开发应用的阳离子型光引发剂是甲苯基对异丙苯基(枯基)碘鎓基(五氟苯基)硼酸酯，结构如图 2-1-88 所示。它和光敏剂 FRPI 1（2-羟基-2-甲基-1-苯基-丙烷-1-酮）受光作用下发生光解反应，产生超强质子酸，引发环氧化有机硅低聚物聚合(图 2-1-89)。

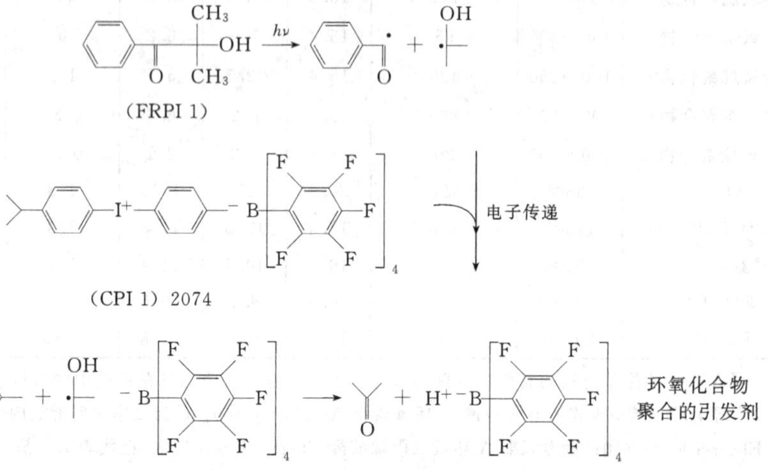

(FRPI 1)

电子传递

(CPI 1) 2074

环氧化合物聚合的引发剂

图 2-1-89 rhodorsil 阳离子光引发剂 2074（CPI 1）和光敏剂（FRI 1）的反应

(3) 应用实例

① UV 剥离涂料、防粘涂料 选择表 2-1-266 中的环氧化有机硅低聚物②、③、④或⑤作为剥离涂料的成膜物，环氧化有机硅低聚物的剥离力，远低于溶剂型丙烯酸树脂、天然橡胶；也低于水性和热塑性丙烯酸树脂涂料。

CPI 1 阳离子引发剂在环氧化有机硅低聚物中溶解性较好，配制的 UV 固化涂料的性能见表 2-1-267。

表 2-1-267 UV 阳离子固化可剥涂料的基本性能

项 目	指 标	项 目	指 标
涂料形成	单组分	固化速率/(m/min)	>200
黏度/mPa·s	300～600	剥离力/(mN/cm)	
挥发分(质量分数)/%	<1.5	TESA 4651	393.7
颜色	无色	TESA 4970	590.6～787.4
浑浊度	不浑浊	贮存期室温(<40℃)	6 个月
闪点(NFT 60103)/℃	>190		

对这种体系聚合（固化）速率不受限制，用三个 240W/cm 灯可以达到 750m/min 的高固化速率，获得几微米厚的干膜。环氧基部分对底材具有良好附着力，有机硅结构部分降低表面剥离力，可用于优良的剥离涂料、不粘涂料、脱模涂料。

② UV 罩光清漆 已设计出一种罩光清漆，可高速固化，不受空气中氧阻聚，涂膜具有较好的耐溶剂性和耐水性。

自由基光固化体系用光敏剂 FRPI 1 要达到 5%，而对于阳离子光固化体系，只需 0.5%

的阳离子型光引发剂 CPI 1，用量只相当于前者的 1/10。

将试验的样品分别配成清漆，在同样尺寸的铝板上，选择光固化速率 100m/min，在 24h 后做 MEK（甲乙酮）摩擦试验，结果列在表 2-1-268 中。

表 2-1-268 罩光清漆光固化（绕线棒刮涂器 2 个；160W/cm 汞灯 2 个）

有机树脂	固化速率/(m/min)	指压干	氧阻聚	24h 后附着力/%(划格法)	抗溶剂性
环氧丙烯酸酯(C)	100	不干	是	0	指纹痕迹
环氧丙烯酸酯(D)	100	不干	是	0	指纹痕迹
环氧丙烯酸酯(E)	100	好	不	0	>100
环脂烷基环氧(A)	50	5s	不	100	>100
环脂烷基环氧(A)	100	好	不	—	—
(A)60%(质量) (D)40%(质量)	100	好	不	100	100

注：表 2-1-268 中树脂（A）、(C)、(D)、(E) 同表 2-1-266。

从表 2-1-268 中看到，(A) 和 (D) 树脂混合综合性能比较好，由此设计环氧化硅氧烷低聚物作为稀释剂的光固化罩光清漆配方。

试验配方：

环氧丙烯酸酯(D)	85%	光敏剂 FRPI 1	4.5%
环氧硅氧烷稀释剂	10%	光引发剂 CPI 1	0.5%

在 160W/cm 汞灯固化速率 100m/min，MEK 来回摩擦通过 100 次，划格法附着力达到 80%（如固化速率 20m/min，划格法附着力可达 100%）。

③ UV 固化白色涂料　由于色漆中颜料吸收 UV，使 UV 辐射难以完全穿透涂层和活化光引发剂。如 UV 白油墨配方中含二氧化钛（TiO_2）40%～60%（质量分数），吸收全部 UV 直到 400nm 的辐射光。这给 UV 固化带来了较大困难。

为达到完全固化，采用阳离子型光引发剂 CPI 1（0.5%）和阳离子型光引发剂三芳基硫化物（CPI 2，1.0%）混合光引发剂，并加入少量光敏剂噻吨酮（trioxanthone），提高涂膜完全实干的性能和附着力。试验发现，用环氧化有机硅低聚物④预先处理 TiO_2，可以获得最高的性能，用于白色罐头涂料，环氧化有机硅低聚物④起助剂作用。

试验配方：

环脂烷基环氧(A)	36%	环氧化丙烯酸酯(C)	14%
TiO_2(金红石型，R960)	45%	阳离子型光引发剂(CPI 1)(CPI 2)	1.5%
环氧化有机硅低聚物④	1.5%	光敏剂(噻吨酮类)	0.5%

用 2Ga(镓)/Hg(汞) 200W/cm 灯，用 3～5μm 手动辊涂器得到几微米的涂膜，固化速率最高达到 60m/min，性能完全达到要求，涂料在常温下贮存 3 个月后，涂膜固化速率和物理性能没有变化。

3. 辐射固化有机-无机杂化涂料和固化方法

有机-无机杂化涂料可以综合有机树脂的优良成膜性、柔韧性、基材附着力及较低成本和无机树脂的高强度、对热和化学药品的高稳定性及超常耐久性，克服彼此不足，达到优势互补，这是涂料新材料重要发展方向之一。有机-无机杂化方法虽有物理掺混法，但该法对无机结构成分引入量受限制，改性不明显。采用的主要方法是化学键合法，有溶胶-凝胶法（sol-gel 法）、表面接触法、黏土插层法、聚倍半硅氧烷复合法等，但使用较多的是以含功能性硅氧烷结构单元的前驱体的溶胶-凝胶法，使用较为成功。采用辐照固化更是新发展的涂料品种。

(1) 辐射固化有机-无机杂化涂料的成膜物结构　溶胶-凝胶法的原理是利用 Si、Ti、Al、Zr 等烷氧化物作为无机前驱体，经水解、缩合形成无机网络溶胶，和加入的有机单体或低聚物聚合，形成有机-无机杂化凝胶体。其反应过程及杂化体基本机构如图 2-1-90 所示。

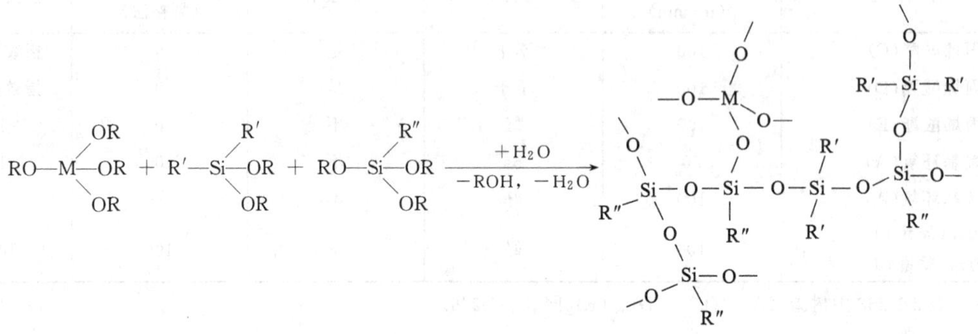

M＝Si、Ti、Zr；R′、R″＝反应性或非反应性有机基团

图 2-1-90　烷氧基单体的溶胶-凝胶反应

用于制备杂化涂料成膜物的普通单体有形成无机网络的化合物［图 2-1-91(1)～(4)］，形成有机网络的化合物［图 2-1-91(9)～(11)］及改进网络的化合物［图 2-1-91(5)～(8)］。

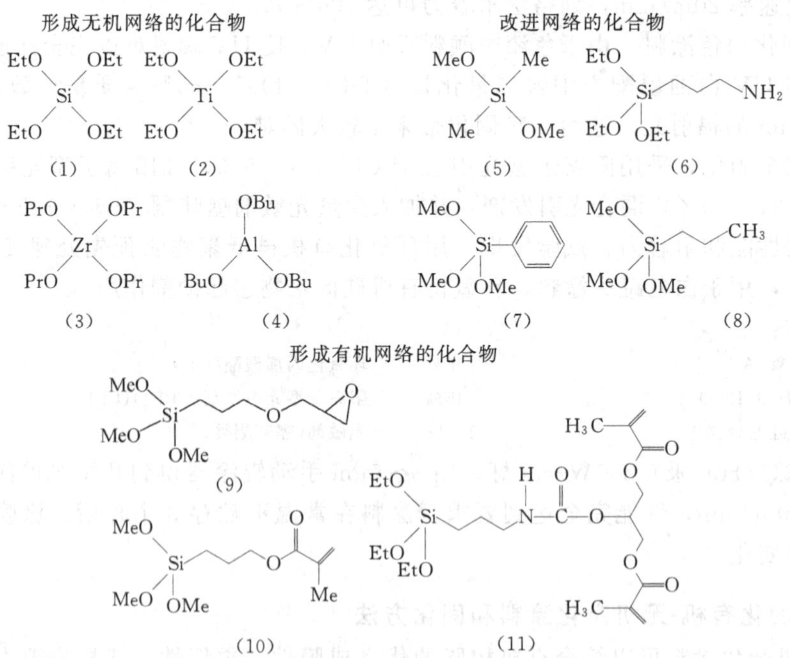

图 2-1-91　通常用于制备杂化涂料的单体

(2) UV 固化工艺　根据有机-无机杂化体系中引入的基团性质，采用阴离子或阳离子 UV 固化工艺，如果是丙烯酰氧基为主，用阴离子的 UV 固化工艺；如果是环氧基封端为主，则采用阳离子的 UV 固化工艺。

一个新的技术是采用大气压力的气溶胶促进等离子体工艺（aerosod assisted atmospheric plasma process，AAAP)，固化有机-无机杂化涂料，具有不用光敏剂，不受氧阻聚，可以固化 UV 不能固化和热不能固化的涂料，所得涂膜致密性强，性能良好，工艺成本低。

六、有机硅乳胶树脂涂料

1. 有机硅乳液涂料

有机硅水性涂料包括纯有机硅乳胶涂料和有机硅改性有机树脂水分散体涂料，后面将分别介绍。

(1) 有机硅乳胶树脂的合成　纯有机硅水分散体树脂的合成在国内报道较少，有的文献虽有涉及，但对具体合成的配方设计与工艺过程着墨不多。这有经济和技术上的原因。国内有机硅单体品种在逐步发展，新单体价格仍高昂；和一般水分散体树脂相比较，合成技术有较大难度。这些原因影响了纯有机硅水分散体树脂合成技术发展。国外早在 20 世纪 50 年代中期开始研究，并有专利申请，纯有机硅乳胶树脂在建筑外墙装饰、耐高温涂料、特种涂料中获得应用。由于特种功能性涂料的 VOC 限值的矛盾并不十分突出，从性价比考虑，纯有机硅水分散体涂料应用在国外也未得到大面积推广。

纯有机硅乳胶树脂早期采取后乳化技术，从二官能度氯硅烷 $(CH_3)_2SiCl_2$ (Ph_2SiCl_2)（以 D 表示）和三官能度氯硅烷 CH_3SiCl_3 $(PhSiCl_3)$（以 T 表示）出发，根据涂料的性能要求，用不同比例的 D 与 T 的甲基或苯基氯硅烷，经常规有机硅树脂合成方法合成有机硅树脂。利用官能度 D 与 T 的比例调节树脂分子量，在溶剂与水乳化剂存在下，乳化分散成水分散体有机硅树脂。这种工艺的不足是体系需含足够的溶剂，才可获得较低黏度，选择合适的乳化剂，用机械剪切方法乳化，然后除去部分溶剂，这种工艺不符合国外水性涂料 VOC 限值的法规要求。采用新的“热工艺”，可以获得接近零 VOC 的水分散体有机硅树脂。

对甲基硅烷为基础、经乳液聚合得到羟基有机硅水分散体树脂，具有反应性组分 40%，乳液粒径从 0.1μm 到几微米。近年来，纯硅氧烷微乳液得到发展，采用水不溶的低分子量硅氧烷乳化剂，微胶固体分可达到 100%，当用水稀释时，树脂转成微细尺寸乳液，具有优良稳定性，可以和溶剂型硅氧烷同样方法使用。

(2) 涂膜的固化　羟基化有机硅乳胶由羟基之间醚化交联成膜的固化速率与 pH 有关，添加 1%甲基硅酸钾 51T 可以作固化剂（同时提高 pH），可以加速固化反应，固化过程如图 2-1-92 所示。

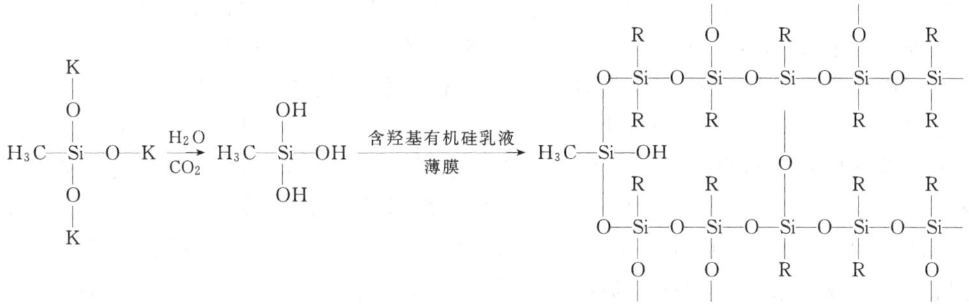

$$H_3C-Si(OK)_3 \xrightarrow[CO_2]{H_2O} H_3C-Si(OH)_3 \xrightarrow[\text{薄膜}]{\text{含羟基有机硅乳液}} H_3C-Si-OH \text{（交联网络）}$$

图 2-1-92　羟基有机硅乳液的固化过程

树脂羟基含量和固化剂对固化也有影响，对比检测结果列于表 2-1-269。

表 2-1-269 有机硅乳胶树脂羟基与固化剂对固化的影响

交联条件	含 2%—OH 基树脂	含 5%—OH 基树脂
乳液 pH<7	在干燥 7 天后，涂膜发黏	
用 NH_4OH 中和乳液 pH 为 9	在干燥 7 天后，涂膜发黏	
用甲基硅酸钾 51T 中和乳液，pH 为 9	涂膜 24h 干燥，涂膜干燥 8 天后，摆杆硬度 100s	涂膜 2h 干燥，涂膜干燥 24h 后，摆杆硬度 100s

从表 2-1-269 中看出，羟基 5% 的树脂比羟基 2% 的树脂的固化速率要快得多。用 NH_4OH 中和乳液提高 pH 至 9，但并不提高固化速率，只有用甲基硅酸钾 51T 中和乳液提高 pH 至 9，才大大提高涂膜固化速率，证实甲基硅酸钾 51T 明显起固化剂作用。

2. 有机硅乳胶树脂涂料的性能与应用

(1) 外墙保护 Künzel 理论 只有当透气性和吸水性达到某一合适值时，涂膜或其他材料才具有优越的保护功能。以吸水系数 ω 表示吸水性，则有：

$$\omega=\frac{Q}{t^{0.5}}$$

式中 ω——吸水系数，$kg/(m^2 \cdot h^{0.5})$；

Q——吸水量，kg/m^2；

t——吸水时间，h。

透气性是用水汽在涂层或其他材料扩散阻力来描述的，即用等效的静止空气层厚度表示透气性：

$$S_d=\mu S$$

式中 S_d——等效静止空气层厚度，m；

μ——扩散阻力系数，空气 $\mu=1$；

S——涂膜厚度，m。

使涂膜或其他保护材料达到吸水性和透气性的合适值要满足以下条件：

$$\omega \leqslant 0.5kg/(m^2 \cdot h^{0.5})$$

$$S_d \leqslant 2m$$

我国 JG 149—2003 标准规定 24h 吸水量 500g/㎡，相当于欧洲标准中的吸水系数 $\omega=0.1kg/(m^2 \cdot h^{0.5})$，属低吸水性的涂料标准。

有的涂料如溶剂型涂料，其涂膜致密性好，对水渗透的屏蔽性强，ω 小；但透气性差，S_d 大，因墙体水汽不能透过涂膜逸出，产生气泡、开裂，保护功能不理想；有的涂料如硅酸盐涂料，其涂膜孔隙率高，S_d 小，透气性好，但 ω 也大，保护性能也差；只有有机硅、丙烯酸酯等水分散体涂料，具有合适的 W、S_d 值，对墙体保护功能好。

(2) 有机硅乳胶树脂的透气斥水性能 纯有机硅乳液树脂粒径在 0.1μm 以上，成膜后有一定孔隙率，这是乳胶涂膜的共性，透气性优于溶剂型涂膜。但对于有机硅乳胶树脂分子具有表面活性剂作用，有助于水汽在涂层中扩散。用丙烯酸-苯乙烯共聚乳液 DS910 与有机硅乳液 865A 的不同比例混合，测定蒸汽渗透性，随着有机硅乳液 865A 的比例增加，蒸汽渗透性增加（图 2-1-93），说明纯有机硅乳液的透气性优于丙烯酸-苯乙烯共聚乳液。

有机硅低聚物乳液分子中硅烷基指向涂膜与空气的界面，如果是甲基硅烷基，自由表面会被甲基以紧密堆积的方式遮盖住，即在涂膜表面形成斥水层（图 2-1-94），故有机硅乳液涂膜的斥水性也较好。

试验选定丙烯酸-苯乙烯共聚乳液与有机硅乳液合适的质量比（40∶60），合适的颜料与基料比（PVC＝42％），这种复合乳胶涂料具有合适的 W、S_d 值，在 Künzel 理论图中处于最佳位置（图 2-1-95），涂料的 W、S_d 值越接近零越好。

(3) 有机硅乳液的应用 纯有机硅乳胶涂料完全可以达到溶剂型有机硅的优良的耐热性、绝缘性，良好的防粘性、耐候性。但是常温的固化性能仍需要改进，热固化可以改进涂膜性能，可以用于电镀钢板的预涂涂料、高档维护涂料及理想的黏结剂。但偏高的价格也限制了它的扩大应用。有机硅乳液的突出优点是透气性优良，同时有良好的斥水性，可以降低涂膜沾污性，为获得满意的性价比，一般是与丙烯酸酯类乳胶配合使用，这使有机硅改性丙烯酸酯乳胶涂料获得了迅速发展。

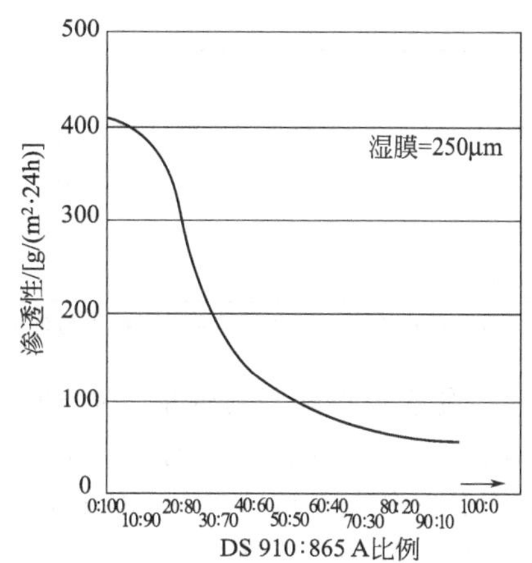

图 2-1-93 水汽对有机硅乳液涂膜的渗透性

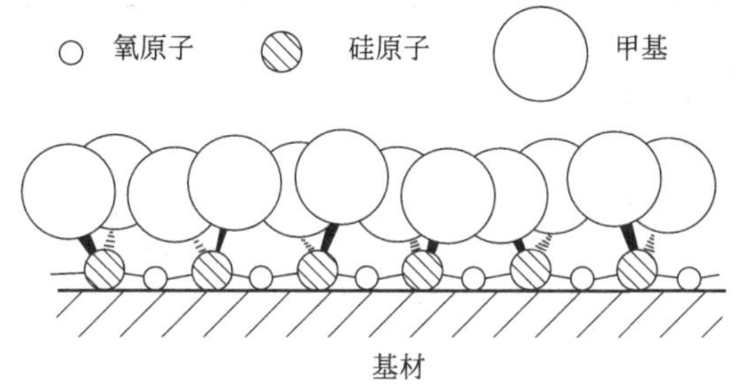

图 2-1-94 聚二甲基硅烷低聚物乳液涂膜斥水层

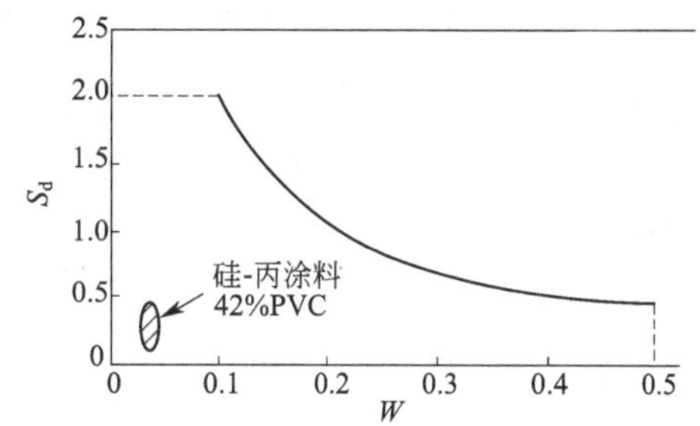

图 2-1-95 有机硅乳液-丙烯酸苯乙烯共聚乳液复合涂料的 W、S_d 值范围

3. 有机硅改性丙烯酸树脂水分散体涂料

(1) 硅-丙乳液及涂料

① 基本配方 参照常州涂料化工研究院发表的工作报告，基本配方见表 2-1-270。

表 2-1-270 有机硅改性丙烯酸乳液配方

原材料	规格	质量分数/%	原材料	规格	质量分数/%
甲基丙烯酸甲酯(MMA)	工业品	82.0	过硫酸铵	试剂纯	1.5～2.0
丙烯酸丁酯(BA)	工业品	120.0	$NaHCO_3$	试剂纯	2.0
丙烯酸(AA)	工业品	2.7	抑制剂 G	试剂纯	3.0～4.0
硅氧烷单体		68.0	去离子水		301.3
保护胶(25%)	自制品	9.0～10.0	合计		600
乳化剂 FM(25%)	自制品	11.2～12.0			

配方中，有机硅单体约占单体总量 24.94％，硬、软单体之比是 0.683∶1。

② 工艺 在装有冷凝器、搅拌器的三口烧瓶中加入水和保护胶，升温，搅拌。待温度达到 82℃时，加入 1/2 的引发剂过硫酸铵，保温 10min 后，加入 1/10 混合单体和 1/10 乳化剂，10min 后开始滴加剩余混合单体和剩余引发剂、缓冲剂 $NaHCO_3$ 和抑制剂 G 的混合溶液，在 82～84℃用 3h 滴加完，保温 1h，降温，过滤出料。

③ 乳液技术指标 乳液技术指标见表 2-1-271。

表 2-1-271　乳液技术指标

控制项目	指标	控制项目	指标
外观	乳白色,蓝光	残余单体含量/%	<0.5
固体分/%	46	5%$CaCl_2$ 稳定性	通过
MFT/℃①	24～26	机械稳定性	通过
粒径/μm	0.1～0.2	热稳定性	通过

① MFT 为最低成膜温度，该乳液树脂最低成膜温度为 24～26℃，比较高。

④ 乳液涂料配制与性能　按通常的丙烯酸乳液涂料配方，设计白色硅-丙乳液涂料配方。将水、分散剂、助溶剂、防霉剂和消泡剂等混合，在搅拌下加入颜、填料，混合均匀后，用砂磨分散至细度小于 60μm，过滤出料。加入有机硅改性丙烯酸乳液、成膜助剂等，用流变控制剂调整至适当黏度。涂刷施工后，按相关标准检测，涂膜性能比较优良，结果列于表 2-1-272。

表 2-1-272　硅-丙乳液涂料的性能与技术指标

检验项目	指标	检验项目	指标
容器中状态	搅拌后呈均匀状态	耐洗刷性/次	>10000
涂膜外观	平整	对比率	≥0.93
干燥时间/h	≤2	冻融稳定性	不变质
施工性	涂刷二道无障碍	耐温变性(10 次循环)	无异常
耐水性(7 天)	无异常	人工老化(1000h)	
耐碱性(7 天)	无异常	粉化/级	0
耐沾污性(15 次循环白度下降)	<10	变色/级	1～2

(2) 影响乳液聚合的因素

① 有机硅单体对乳液聚合的影响　聚合体系中，有丙烯酸单体间自聚、有机硅单体间自聚和二者之间的共聚反应的竞争，希望二者共聚反应达到要求的程度。特别是有机硅单体易水解、缩聚反应，产生凝胶性的不溶物质，影响乳液的稳定性。选用的有机硅单体在水中溶解度、空间位阻影响其水解、缩聚反应速率。含不同烷氧基的不饱和硅氧烷在 pH 为 3.5 时的水解速率和使用 3%硅烷改性丙烯酸乳液的稳定性见表 2-1-273。乙烯基三异丙氧基硅烷水解最慢（约 600min），乙烯基三甲氧基硅烷水解最快（约 2min），是空间位阻差异所致。

表 2-1-273　不同有机硅氧烷对乳液稳定性的影响

硅氧烷类型	水解时间/min	凝胶量/%	硅氧烷类型	水解时间/min	凝胶量/%
乙烯基三甲氧基硅烷	约 2	2.15	乙烯基-三(2-甲基乙氧基)硅烷	约 10	0.97
乙烯基三乙氧基硅烷	约 30	1.75	乙烯基三异丙氧基硅烷	约 600	0.015

② 反应条件对乳液聚合的影响

a. 反应温度的影响　反应温度对硅氧烷的水解、缩聚有明显影响，在固定硅氧烷单体品种与用量的条件下，反应温度对乳液聚合的影响见表 2-1-274。

表 2-1-274　反应温度对乳液聚合的影响

反应温度/℃	54～56	62～64	70～74	80～84
乳液状态	白色,残余单体气味重	乳白色,蓝光,无凝聚物	乳白色,蓝光,无凝聚物	乳白色,蓝光,凝聚物较多

b. pH 对乳液聚合的影响　通常情况下，碱性条件对硅氧烷的水解、缩聚交联有促进作用；但酸性条件对硅氧烷的水解、缩聚同样有促进作用。试验结果证实，反应体系 pH 为 6～7，乳液聚合稳定（表 2-1-275）。

表 2-1-275　反应体系 pH 对乳液聚合的影响

pH	3.1	4.2	5.4	6.0	7.1	7.6	10.0
乳液状态	乳白色，蓝光，凝聚物较多	乳白色，蓝光，少量凝聚物	乳白色，蓝光，少量凝聚物	乳白色，蓝光，无凝聚物	乳白色，蓝光，无凝聚物	乳白色，蓝光，少量凝聚物	乳白色，蓝光，凝聚物较多

c. 水解抑制剂的影响　采用二元醇如乙二醇、丙二醇、丙二醇丙醚等可有效抑制反应体系中硅氧烷的水解，使反应过程在较宽的 pH 范围（5～8）及较高的温度（80～88℃）反应，有利于工艺控制，因为硅氧烷基水解产生醇，添加二元醇使水解反应不易于向反应方程式的右边进行，因而能抑制水解反应。

d. 引发剂用量的影响　采用过硫酸钾（KPS）为引发剂，固定有机硅氧烷单体及配方中其他组分用量，不同 KPS 用量对乳液性能的影响见表 2-1-276，KPS 添加量以 0.6%～0.8%为佳。

表 2-1-276　不同引发剂用量对乳液性能的影响

KPS 用量(质量分数)/%	0.2	0.4	0.6	0.8
乳液粒径/nm	283.7	186.4	135.6	246.3
转化率/%	73	89	98	98
凝胶量/%	3.67	1.85	0.46	2.82
冻融稳定性	凝胶	凝胶	通过	通过

③ 有机硅氧烷含量的影响　如果不添加水解抑制剂，采用空间位阻大的 γ-甲基丙酰氧基三异丙氧基硅烷，其用量可占单体总量的 10%（质量分数），可得稳定的硅-丙乳液，其他位阻较小的硅氧烷，用量占单体总量的 5%（质量分数）以上时，乳液有凝胶产生。

改性的硅-丙乳液性能是与硅氧烷在单体总量中所占比例有关。采用水解抑制方法可使硅氧烷单体占单体总量的 30%（质量分数）以上。硅氧烷含量对涂料性能的影响见表 2-1-277。

表 2-1-277　硅氧烷在单体总量中的比例对涂料性能的影响

涂料性能	硅氧烷含量(质量分数)/%				
人工老化 500h(1000h)					
变色/级	3(—)	2(—)	1(1～2)	1(1～2)	1(1～2)
粉化/级	0(0)	0(0)	0(0)	0(0)	1(0)
耐洗刷性/次	>10000	>10000	>10000	>10000	>3000
耐沾污性(15 次循环白度下降)/%	10～15	10～15	10～15	<7	<7

从表 2-1-277 中可以看出，当硅氧烷单体占单体总量的 20%时，涂料性能改进明显，体现了高性能，人工老化 1000h，变色 1～2 级，这是普通纯丙烯酸乳液涂料无法达到的。在天然曝晒一年后，各色硅-丙乳液涂膜的变色 ΔE 为 0.48～0.85；而纯丙烯酸乳液涂膜变色 ΔE 为 0.95～1.80，硅-丙乳液涂膜抗变色性的改进明显。

虽然改性丙烯酸酯乳胶树脂性能是与树脂中硅氧烷含量成比例，但树脂的原料成本也随硅氧烷含量增加而明显上升，工艺控制难度也加大；添加二元醇抑制剂，可以解决工艺控制问题，但增加了涂料中的 VOC。另外，硅氧烷用量增加过多，控制稍不恰当，涂膜易开裂。综合考虑，在改进性能达到要求的前提下，硅氧烷单体用量应尽量减少。

近来浙江大学的 W. Zhang 和 M. J. Yang 针对硅氧烷用量对涂料性能的影响进行了研究，用丙烯酸丁酯（BA）、甲基丙烯酸甲酯（MMA）、丙烯酸（AA）、甲基丙烯酰氧丙基三甲氧基硅烷（MPTS）和聚二甲基硅氧烷（HDMPS）等单体，分别采用间歇法和半连续法聚合工艺聚合：

$$\underset{BA}{CH_2{=}C(H)COOR^1} + \underset{MMA}{CH_2{=}C(CH_3)COOR^2} + \underset{AA}{CH_2{=}C(H)COOH} + \underset{MPTS}{CH_2{=}C(CH_3)COO(CH_2)_3Si(OCH_3)_3} + \underset{HDMPS}{HO{-}\left[Si(CH_3)_2{-}O\right]_n{-}H} \longrightarrow$$

$$-\left[CH_2-C(H)(COOR^1)\right]_a-\left[CH_2-C(CH_3)(COOR^2)\right]_b-\left[CH_2-C(H)(COOH)\right]_c-\left[CH_2-C(CH_3)\right]_d- \quad COO(CH_2)_3-Si(OCH_3)_2-O-\left[Si(CH_3)_2-O\right]_n-H$$

样品经户外曝晒 15 个月后，保光率是随硅氧烷在单体总量中比例增加而增加，硅氧烷占 20%的配方的涂料保光率为 89%，硅氧烷占 8%的配方的保光率为 82%；UV 辐照 500h 后，保光率和户外曝晒试验结果相似，硅氧烷占 8%和 20%的配方的保光率分别为 83%和 88%。涂膜拉伸强度、耐沾污性均随硅氧烷用量增加而提高与改进。综合各方面考虑尤其是从涂料的性价比考虑，硅氧烷单体在单体总量中占 8%可以获得耐候性、耐沾污性优良的外墙装饰涂料，工艺上是半连续法优于间歇法。

单体组成中 MPTS 是含乙烯基的硅烷偶联剂，与丙烯酸酯单体中双键加成易于进行，IR 光谱分析证实，在乳液聚合过程中双键完全转化，表征 C═C 键特征峰 $1634cm^{-1}$ 在聚合后完全消失，这样反应会阻滞烷氧基、羟基间的自缩合反应。HDMPS 是半成品或预聚物，位阻较大，也有利于阻滞硅氧烷单体的自缩合反应。加上合理控制加料顺序，使乳化聚合能按设计方向进行，得到稳定的乳液。

第十三节 氟碳树脂

氟烯烃聚合物或氟烯烃与其他单体的共聚物称为氟碳树脂。氟碳树脂可以加工成塑料制品（通用塑料和工程塑料）、增强塑料（玻璃钢等）、合成橡胶和涂料（粉末、乳液、溶液）等产品。以氟碳树脂为主要成膜物制成的涂料，称为“氟碳涂料”。习惯上称为“含氟涂料”或“氟涂料”。目前，常见的氟碳树脂及由其制成的氟碳涂料按成膜物的化学组成大致分四类：①聚四氟乙烯（PTFE）氟碳树脂与氟碳涂料；②聚偏二氟乙烯（PVPF）氟碳树脂及氟碳涂料；③聚氟乙烯（PVF）氟碳树脂与氟碳涂料；④三氟氯乙烯(四氟乙烯)-乙烯基醚共聚物（PEVE）氟碳树脂与氟碳涂料。按物质的性状可分为：①溶剂型氟碳树脂与氟碳涂料；②水性氟碳树脂与氟碳涂料；③粉末氟碳树脂与氟碳涂料。本书就物质性状分类对涂料常用氟碳树脂进行介绍。

自1934年德国赫斯特公司发现聚三氟氯乙烯，特别是1938年美国杜邦公司R. J. Plunkett博士发明了聚四氟乙烯以来，氟碳树脂以其优异的耐热性、耐化学药品性、不粘性、耐候性、低摩擦系数和优良的电气特性，博得了人们的青睐。1946年杜邦公司将聚四氟乙烯商业化，商品名为特氟隆（Teflon）。同时氟碳树脂的成型加工、各种含氟单体及其聚合物的研究和开发也十分活跃，加工方法的进步和应用领域的发展，又推动了氟碳树脂的研究开发。

在氟碳树脂中，聚四氟乙烯树脂虽然占据主导地位，但是聚四氟乙烯树脂本身也存在某些缺点，如不粘性和熔融流动性差，从而限制了某些场合的应用。为了拓宽聚四氟乙烯酯的应用领域，通过改性研究开发了多种新型氟碳树脂和改性产品。近年来，各种氟碳树脂在涂料及涂装领域获得了广泛的应用。

氟碳树脂的生产和消费主要集中在美国、欧洲和日本，具体情况见表2-1-278～表2-1-280。2001年，全世界的氟碳树脂消费量达到了112kt，价值21亿美元，而且每年以5%左右的速度在增长。聚四氟乙烯继续统治着氟碳树脂市场，到2001年，在北美、西欧和日本的市场，聚四氟乙烯至少占所有氟碳树脂消费量的60%。在发展中的市场，这个百分数甚至更高。

表2-1-278 2001年氟碳树脂消费的种类和地区 单位：kt

国家或地区	PTFE	FEP	PVDF	PFA	ETFE	PVF	ECTFE	总计
美国	22	14	9	2	2	1	1	51
西欧	21	1	4	1	1			28
日本	8	1	2	2	1			14
其他	17	1	1	1				20
世界总量	68	17	16	6	4	1	1	113
世界需求量(百分数)	60%	15%	15%	4%	3%	2%	1%	100%

注：PTFE为聚四氟乙烯；FEP为聚全氟乙烯；PVDF为聚偏氟二乙烯；PFA为四氟乙烯-全氟乙烯基醚共聚物；ETFE为乙烯-四氟乙烯共聚物；PVF为聚氟乙烯；ECTFE为聚三氟氯乙烯。

表2-1-279 世界生产氟碳树脂的主要公司

氟碳树脂品种	生产公司	生产国家
聚四氟乙烯(PTFE,F4)	Ausiment	美国
	Asahi Glass/ICI	日本
	Daikin	日本
	Du Pont	美国、荷兰
	Du Pont/Mitsui	日本
	Hoechst	德国
	ICI	英国、美国
	Montefkuns	意大利
	其他	中国、印度、俄罗斯
可熔性聚四氟乙烯(PFA)	Asahi Glass	日本
	Daikin	日本
	Du Pont	美国、日本
	Hoechst	德国
	Montefkuns	意大利

续表

氟碳树脂品种	生产公司	生产国家
聚全氟乙丙烯(FEP,F46)	Ausiment	美国
	Asahi Glass	日本
	Daikin	日本
	Du Pont	美国、荷兰
	Hoechst	德国
	Montefkuns	意大利
乙烯-四氟乙烯共聚物(ETFE,F40)	Asahi Glass	日本
	Daikin	日本
	Du Pont	日本
	Hoechst	德国
	Montefkuns	意大利
聚偏二氟乙烯(PVDF,F2)	Atochem	法国
	Kureha	日本
	Daikin	日本
	Montefkuns	美国
	Pennwalt	美国
	Salay	法国
聚三氟氯乙烯(ECTFE,F30)	Ausiment	美国
特氟隆(Teflon,AF)	Du Pont	美国

表 2-1-280 美国、日本和欧洲氟碳树脂的消费结构 单位：%

应用领域	美国	欧洲	日本
化工	24	34	30
汽车和机械	17	22	31
电子和电器	45	20	23
其他	14	24	16
合计	100	100	100

在国内，氟碳树脂研究比国外落后 20 年左右。PVDF 树脂只有屈指可数的几家单位生产，而且生产量不大。近几年，我国在以三氟氯乙烯和四氟乙烯为原料合成常温固化涂料用树脂方面取得了一系列具有自主知识产权的科研成果，并研究成功一系列不同用途的氟碳涂料，已成功应用在体育场馆等大型标志性建筑工程的防腐涂装上。

氟碳树脂具有以下化学特性。

① 碳-氟键的高键能是氟碳树脂用于高耐候性涂料的基础，C—F 键能（451～485kJ/mol）>Si—O 键能（318kJ/mol）。阳光中的紫外线波长为 220～400nm，220nm 波长的光子的能量为 544kJ/mol，只有小于 220nm 波长的光子才能使氟碳树脂的 C—F 键破坏。在阳光中，小于 220nm 波长的光子比例很小，阳光几乎对氟碳树脂没有任何影响——显示了氟碳树脂的高耐候性。

② 氟碳树脂具有极高的化学稳定性，氟原子具有最高的电负性和较小的原子半径，碳-氟键的键能大，碳链上的氟原子排斥力大，碳链呈现螺旋状结构且被氟原子包围——屏蔽效

应，从而决定了氟碳树脂极高的化学稳定性。

一、常用氟化物单体

1. 四氟乙烯

四氟乙烯（TFE）单体可以通过氟氯甲烷脱卤化氢（工业生产）、四氟二氯乙烷脱氯、三氟醋酸钠脱二氧化碳、各种元素的氟化物与碳反应和聚四氟乙烯的热分解五种方法合成。20 世纪 60 年代，日本研究了二氟一氯甲烷和水蒸气共存下的热分解，用此法制备四氟乙烯，不仅转化率高，而且高沸点副产物少，易于提纯。纯四氟乙烯单体极易自动聚合，即使在黑暗的金属容器中也是如此，而且聚合是剧烈的放热（爆聚）反应。在室温下处理四氟乙烯很不安全，运输时更是如此。为了安全起见，通常在四氟乙烯单体中加入一定量的三乙胺以阻止发生自聚。四氟乙烯的主要物理常数见表 2-1-281。

表 2-1-281　四氟乙烯的主要物理常数

项　　目	指　标	项　　目	指　标
沸点/℃	−76.3	临界压力/MPa	3.94
熔点/℃	−142.5	临界密度/(g/cm³)	0.58
临界温度/℃	33.3		

2. 六氟丙烯

六氟丙烯（HFP）单体可以通过二氟一氯甲烷裂解、三氟甲烷裂解、四氟乙烯裂解、六氟一氯丙烷热分解、全氟丁酸的碱金属盐脱二氧化碳、八氟环丁烷热分解、四氟乙烯与八氟环丁烷共热分解和聚四氟乙烯热分解合成。实验室采取聚四氟乙烯热分解的方法制取六氟丙烯单体，而工业上则采取六氟一氯丙烷的热分解来制取。六氟丙烯的主要物理常数见表 2-1-282。

表 2-1-282　六氟丙烯的主要物理常数

项　　目	指　标	项　　目	指　标
沸点/℃	−29.4	蒸气压 $p(T=232\sim293K)$	$\lg p(mmHg)=7.44806-1060.757/(T-10.66)$
熔点/℃	−156.2		
临界温度/℃	105.8	液体密度 $d(-40℃)/(g/cm^3)$	1.583
临界密度/(g/cm³)	0.55		

3. 三氟氯乙烯

三氟氯乙烯（CTFE）单体可以通过三氟三氯乙烷脱氯、三氟二氯乙烷脱氯、氟氯代羧酸的碱金属盐脱二氧化碳、二氟一氯甲烷与一氟二氯甲烷的共热分解和聚三氟氯乙烯的热分解五种方法合成。虽然三氟氯乙烯单体可由多种方法合成，但是在工业上基本是采用三氟三氯乙烷脱氯来完成。三氟三氯乙烷可先由乙炔制取三氯乙烯，然后合成六氯乙烷，再在五氯化锑的存在下与无水氟化氢反应生成。三氟三氯乙烯具有醚类的气味，是无色气体，三氟氯乙烯的主要物理常数见表 2-1-283。

表 2-1-283　三氟氯乙烯的主要物理常数

项　　目	指　　标
沸点/℃	−27.9
熔点/℃	−157.5
临界温度/℃	105.8

续表

项　目	指　标
临界压力/MPa	4.06
临界密度/(g/cm^3)	0.55
蒸气压 p	
$T=-67\sim-11$℃	$\lg p(mmHg)=6.90199-850.649/(T+239.91)$
$T=25\sim105.8$℃	$\lg p(mmHg)=7.75412-1392.82/(T+319.70)$
液体密度 $d(T=-41\sim-40℃)/(g/cm^3)$	$d=1.38-0.0029T$

4. 氟乙烯

氟乙烯（VF）单体可以通过乙炔与氟化氢加成、氟（氯）乙炔脱卤化氢、氯乙烯或氯乙烷与氟化氢反应和乙炔与氟乙烷共热分解合成。工业上制备氟乙烯单体最常用的方法是乙炔的气相氢氟化。氟乙烯的主要物理常数见表 2-1-284。

表 2-1-284　氟乙烯的主要物理常数

项　目	指　标	项　目	指　标
沸点/℃	−72.0	蒸气压(21℃)/MPa	2.55
熔点/℃	−160.0	液体密度(21℃)/(g/cm^3)	0.636
临界温度/℃	54.7	水溶性(27℃,2.76MPa,100g 水中)/g	1.1
临界压力/MPa	5.24	爆炸范围(空气中)/%	2.6～21.7
临界密度/(g/cm^3)	0.32		

二、溶剂型氟碳树脂

氟碳（涂料）树脂发展经过热熔型、溶剂可溶型、常温/室温固化型、水性/高固体分、粉末涂料（树脂）几个阶段。最早出现的溶剂型氟碳树脂为聚偏二氟乙烯（PVDF）分散液。1982 年，日本旭硝子公司研究开发出溶剂可溶型三氟氯乙烯-乙烯基醚共聚物（FEVE）氟碳树脂，商品名为 Lumiflon，使溶剂型氟碳树脂由热塑性进入热固性（反应交联型）时代，这类氟碳树脂可广泛溶于芳香烃、酯类或酮类溶剂，可在室温到高温范围固化，由其制备的氟碳树脂涂料也广泛应用于多种领域。

1982 年后，Elf Altochem 公司研究成功偏二氟乙烯-四氟乙烯-六氟丙烯共聚物（VDF-TFE-HEP）和含偏二氟乙烯的功能性聚合物，特点是可以常温固化，但耐溶剂性差。Ausimont SPA 公司，研究成功端羟基全氟聚醚树脂，可以配制常温固化的自清洁型涂料。20 世纪 90 年代，美国华盛顿海军研究室的 F. B. Robert 研究成功聚四氟乙烯-含氟多元醇涂料，可以常温固化。

目前国内市场用量和影响最大的氟烯烃共聚物主要为溶剂可溶室温/中低温固化型氟烯烃-乙烯基醚/酯共聚物氟碳树脂。

1. 原料

制备溶剂型氟碳树脂的氟烯烃单体包括三氟氯乙烯（CTFE）、四氟乙烯（TFE）、六氟丙烯、偏氟乙烯、含氟丙烯酸酯等。溶剂型氟碳树脂包括氟烯烃单体的均聚物和共聚物。均聚物主要有聚偏二氟乙烯、聚氟乙烯等。烷基乙烯基醚类单体包括甲基乙烯基醚、乙基乙烯基醚、异丙基乙烯基醚、正丙基乙烯基醚、正丁基乙烯基醚、叔丁基乙烯基醚、异丁基乙烯基醚、环己基乙烯基醚等。烷基乙烯基酯类单体包括醋酸乙烯酯、丙酸乙烯酯、乳酸乙烯酯、新戊酸乙烯酯、己酸乙烯酯、辛酸乙烯酯、癸酸乙烯酯、月桂酸乙烯酯、豆蔻酸乙烯酯、棕榈酸乙烯酯、硬脂酸乙烯酯、叔碳酸乙烯酯 Veova-9 和 Veova-10（壳牌公司产品商品名）。羟基单体包括羟乙基烯丙基醚、羟丙基烯丙基醚、羟基异丙基烯丙基醚、羟丁基烯丙基醚、羟乙基乙烯基醚、羟丙基乙烯基醚、羟丁基乙烯基醚。烯酸单体包括丙烯酸、甲基丙烯酸、丁烯酸、油酸、富马酸、马来酸、乙烯基乙酸和十一碳烯酸等。

溶剂型氟碳树脂包括氟烯烃单体的均聚物和共聚物。均聚物主要有聚偏二氟乙烯、聚氟乙烯等。溶剂型氟烯烃-乙烯基醚/酯共聚物氟碳树脂主要由三氟氯乙烯/四氟乙烯、烷基乙烯基醚/烷基乙烯基酯、羟烷基烯醚、烯酸等单体共聚而成。由于以氟烯烃-乙烯基醚/酯共聚物氟碳树脂为基料的涂料主要是外用，一般不采用芳香基醚，也不采用丙烯酸酯。在多元共聚氟烯烃-乙烯基醚/酯共聚物氟碳树脂中，氟烯烃单体能够提供树脂超长耐候性和耐化学药品性，烷基乙烯基醚能够提供树脂在有机溶剂中溶解性，使氟碳树脂常温下可溶解在普通的溶剂中，给后期涂料施工带来很大便利，同时使氟碳树脂透明度提高，涂膜光泽改善。烯酸单体能够提高树脂对颜料的润湿性和对底材的附着力。羟烷基乙烯基醚使涂料在常温或中低温下可和多异氰酸酯固化剂或氨基树脂交联固化成膜。

近年来，由于多种含氟丙烯酸酯单体相继产业化，如甲基丙烯酸六氟丁酯、甲基丙烯酸-2,2,2-三氟乙酯、甲基丙烯酸十二氟庚酯和丙烯酸六氟丁酯等，使溶剂型含氟丙烯酸树脂及涂料也有较快发展，通过含氟丙烯酸酯与其他丙烯酸类单体共聚，提高氟碳树脂涂料（涂层）的光泽度和柔韧性，也可以降低氟碳树脂成本。

基于安全环保因素，国家近年来对芳香烃、脂肪烃和酮类等高毒性溶剂使用与排放限制越来越严格，很多溶剂型氟碳树脂、涂料领域的科技工作者已经开展了对低毒性溶剂型氟碳树脂的研究，用低毒性的溶剂，如汽油、正丁醇、乙醇和丙酮混合溶剂代替溶剂型涂料中的三苯溶剂（苯、甲苯和二甲苯）。采用碳酸二甲酯（DMC）等低毒性高效溶剂开展对高固体分溶剂型氟碳树脂的研究工作。

2. 制备方法简述

制备溶剂型氟碳树脂最常用、最成熟的聚合工艺就是溶液聚合。根据氟碳树脂性能和工艺需要，工业上也有采用悬浮聚合和乳液聚合工艺进行合成的。

聚偏二氟乙烯氟碳树脂主要可由两种聚合方法合成，即乳液聚合和悬浮聚合。界面聚合和辐射引发聚合也可用于聚偏二氟乙烯氟碳树脂的制备。在乳液聚合时，采用含氟表面活性剂、引发剂和链终止剂，反应终了后去除残余的引发剂和表面活性剂。然后乳胶干燥，研磨成平均粒径为 2～4μm 的细粉末。悬浮聚合可以在水介质中进行，在引发剂、胶体分散剂（不一定都需要）和控制分子量的链转移剂存在下聚合，得到颗粒状聚合物。一般用于生产溶剂型氟碳涂料的聚偏二氟乙烯树脂采用乳液聚合工艺生产。

溶剂可溶常温固化氟烯烃-乙烯基醚/酯共聚物氟碳树脂工业化生产大都采用溶液聚合工艺。由于氟烯烃（三氟氯乙烯和四氟乙烯）单体在常温下呈气态，聚合反应为高压聚合反应。聚合反应用引发剂一般为偶氮二异丁腈、过氧化二苯甲酰和有机过氧化酯类。

溶剂型含氟丙烯酸酯类氟碳树脂都是采用常压溶液聚合工艺生产。

3. 溶剂型氟碳树脂种类

溶剂型氟碳树脂包括溶剂分散型和溶剂可溶型两类。按成膜物的性质和成膜机理可分为单组分氟碳树脂与双组分氟碳树脂两类。溶剂型双组分氟碳树脂配制成涂料时，如果采用封闭异氰酸酯固化剂或三聚氰胺树脂固化，由于包装采用单包装桶，也被认为是溶剂型单组分氟碳涂料。常用溶剂型氟碳树脂有 FEVE、PVDF、含氟丙烯酸酯树脂等。

(1) 溶剂分散型氟碳树脂　主要是指聚偏二氟乙烯分散液，以溶剂分散体用于涂料，熔点在 160～170℃之间。美国 Elf Atochem 公司是首先向涂料（涂装）工业提供聚偏二氟乙烯树脂的公司之一，品牌为 Kynar 500，目前的产量最大，此外还有 Ausimont 公司的 Hylar 5000 和日本吴羽化学工业的 Kfpolymer。这类产品用以生产以聚偏二氟乙烯树脂为主要成分的外墙耐候性氟碳涂料。表 2-1-285 给出美国 Kynar 500 聚偏二氟乙烯树脂的部分性能。

表 2-1-285 美国 Kynar 500 聚偏二氟乙烯树脂的部分性能

项　目	指　标	测定方法和标准
氟含量(质量分数)/%	59	理论计算
密度/(g/cm³)	1.75～1.77	ASTM D 792
极限氧指数/%	43	ASTM D 2863
吸水率/%	≤0.04	ASTM D 570
折射率(25℃)	1.42	ASTM D 542
熔点/℃	160	ASTM D 3418
玻璃化温度(T_g)/℃	－40	动态机械分析法
分解温度/℃	382～393	热解重量分析法
拉伸强度/MPa	33～55	ASTM D 638
冲击强度/(J/m²)	800～4270	ASTM D 256
比热容/[J/(g·K)]	1.24	差示扫描量热法

(2) 溶剂可溶型氟碳树脂　包括单组分和双组分氟碳树脂两类，单组分氟碳树脂市场常见产品主要是溶剂型含氟丙烯酸酯树脂。溶剂型含氟丙烯酸酯树脂配制涂料主要应用于建筑外墙，含氟丙烯酸酯类氟碳树脂的含氟基团分布在聚合物侧链上，而氟烯烃-乙烯基醚/酯共聚物氟碳树脂含氟基团则存在于聚合物主链上，导致氟烯烃-乙烯基醚/酯共聚物氟碳树脂配制涂料的耐候性和耐化学药品性要优于含氟丙烯酸酯类氟碳树脂配制的涂料，因此也有人建议将含氟丙烯酸酯类氟碳树脂划归于氟改性丙烯酸酯树脂，不把它列入氟碳树脂范畴。但和普通聚酯、丙烯酸树脂配制涂料相比，溶剂型含氟丙烯酸酯涂料在自洁性、耐化学药品性等方面还是有很多优势。另外，由于含氟丙烯酸酯单体生产成本一直居高不下，也限制了单组分含氟丙烯酸酯树脂的应用。

溶剂可溶型双组分氟碳树脂主要是指溶剂型 FEVE 氟碳树脂。溶剂型氟碳树脂结构式（以氟烯烃-乙烯基酯共聚氟碳树脂为例）如下：

```
    ┌ F  F  H  H  F  F  H  H  F  F  H  H  F  F  H  H ┐
    │ |  |  |  |  |  |  |  |  |  |  |  |  |  |  |  | │
 * ─┼ C──C──C──C──C──C──C──C──C──C──C──C──C──C──C──C ┼─ *
    │ |  |  |  |  |  |  |  |  |  |  |  |  |  |  |  | │
    └ F  X  O  H  F  X  O  H  X  F  O  H  F  X  R4 H ┘n
            |              |           |        |
            R1             R2          R3     O═C
                                       |        |
                                       OH       OH
```

按采用含氟单体不同（三氟氯乙烯和四氟乙烯），分为“3F”型溶剂型氟碳树脂和“4F”型溶剂型氟碳树脂；按共聚单体类别不同，分为氟烯烃-乙烯基酯共聚氟碳树脂和氟烯烃-乙烯基醚共聚氟碳树脂；按应用领域不同，分为建筑用溶剂型氟碳树脂、钢结构用溶剂型氟碳树脂和卷材用溶剂型氟碳树脂等品种。从理论上分析，“3F”型氟碳树脂溶解性、相容性和硬度要比“4F”型氟碳树脂好一些；“4F”型氟碳树脂耐候性和耐化学药品性比“3F”型氟碳树脂好一些；氟烯烃-乙烯基醚共聚氟碳树脂是一个完全交替排列的共聚物，而氟烯烃-乙烯基酯共聚氟碳树脂是不完全交替排列的共聚物，氟烯烃-乙烯基醚共聚氟碳树脂耐候性和耐化学药品性比氟烯烃-乙烯基酯共聚氟碳树脂好一些。表 2-1-286 列出溶剂型双组分氟碳树脂技术指标，表 2-1-287 列出不同规格溶剂型双组分氟碳树脂技术指标。

表 2-1-286　溶剂型双组分氟碳树脂技术指标

项　目		技术指标	项　目	技术指标
氟含量/%		25～35①	分子量分布系数	1.5～2.5
密度/(g/cm³)		1.4～1.5	玻璃化温度③/℃	20～70
羟值/(mgKOH/g)		40～150	分解温度/℃	240～250
酸值/(mgKOH/g)		0～30	耐温性/℃	－30～150
分子量②	M_n	0.8×10^4～6×10^4	溶解度参数	8.8(计算)
	M_w	1.0×10^4～15×10^4		

① 以三氟氯乙烯（CTFE）为基础的树脂氟含量为 25%～29%（质量分数）；以四氟乙烯（TFE）为基础的树脂氟含量最高达 35%。

② 旭硝子公司早期发表的 Lumiflon 的分子量 M_n 为 0.2×10^4～10×10^4，M_w 为 0.4×10^4～20×10^4。表中采用的是 1997 年报道的数据。

③ 溶剂型双组分氟碳树脂玻璃化温度 T_g 依照引入烷基醚的结构和数量而变化。

表 2-1-287　不同规格溶剂型双组分氟碳树脂技术指标

项　目	技术指标			
	A	B	C	D
固含量/%	60	40	50	65
羟值/(mgKOH/g)	32	21	31	59
酸值/(mgKOH/g)	0～6.5	2.0	0	6.5
黏度(25℃)/Pa·s	4.0	0.40	0.65	3.00
数均分子量 M_n	20000	20000	200000	6000
玻璃化温度/℃	45～50	20	3	40～45

表 2-1-287 中列出的是用于不同目的的几种溶剂型双组分氟碳树脂规格，B 型和 C 型氟碳树脂是玻璃化温度较低的品种，它们能制成高韧性涂膜，适用于卷材涂料和塑料用涂料。分子量较低而羟值较高的 D 型树脂，活性较大，与固化剂交联反应快，交联密度大，涂膜具有高光泽度、高硬度及良好的耐溶剂性，适用于汽车及飞机涂料。A 型树脂玻璃化温度较高，分子量也较高，羟值不低，可作为通用型溶剂型双组分氟碳树脂用于建筑外墙涂料与工业维修涂料。

4. 溶剂型氟碳树脂制备过程

溶剂型氟碳树脂种类较多，下面以最为常见的聚偏二氟乙烯（PVDF）和氟烯烃-乙烯基酯共聚物（FEVE）氟碳树脂为例（实验室配方）来说明溶剂型氟碳树脂的制备过程。

(1) 聚偏二氟乙烯氟碳树脂的制备过程　聚偏二氟乙烯树脂是一种高分子量的半晶体聚合物。由 1,1-二氟乙烯（$H_2C=CF_2$）加聚而成。以下以乳液聚合为例说明聚偏二氟乙烯树脂的制备过程。

把 50g 偏氟乙烯、15mL 去离子水、0.5g 二异丙基过氧化碳酸盐、0.05g 甲基纤维素置于 300mL 的高压反应釜中，在 20℃聚合 20h，聚偏氟乙烯的收率大于 98%。偏氟乙烯的乳液聚合一般采用氟系表面活性剂，如5～15个碳的全氟、ω-氯全氟羧酸盐、氟磺酸盐、全氟苯甲酸类和全氟邻二苯甲酸类等。采用二异丙基过氧化物等为引发剂，以全氟辛酸盐为表面活性剂，在80～110℃和10.4～34.32MPa条件下进行乳液聚合。用1份无水全氯邻苯二甲酸、200份去离子水和0.2份过硫酸铵，在86℃和2.76MPa的条件下，也可以得到聚偏二氟乙烯乳液。

(2) 溶剂型氟烯烃-乙烯基酯共聚物氟碳树脂制备　在2L带有电磁搅拌的高压釜中加入200g乙酸丁酯、2.5g偶氮二异丁腈，将高压釜抽空，充氮，然后用计量泵加入126g环己基乙烯基醚（CHVE）、17.2g醋酸乙烯酯（VAc）、147.2g叔碳酸乙烯酯、116g羟丁基乙烯基醚（HBVE）、300g丙酮，然后通入四氟乙烯至反应釜压力为0.5MPa，将高压釜逐渐加温至70℃，通入四氟乙烯至反应釜压力为1.5MPa，维持压力，保持温度在70℃。反应时间为4.5h。降温出料。得到清澈透明的无色或浅黄色黏稠液体。该黏稠液体的固含量为55%（质量分数）。取部分该黏稠液体，用石油醚作为沉淀剂进行沉淀，然后将沉淀物在60℃下真空干燥24h得到样品。该样品氟含量为27.03%，羟值为56.3mgKOH/g，单体共聚比例为四氟乙烯∶环己基乙烯基醚∶羟丁基乙烯基醚∶醋酸乙烯酯∶叔碳酸乙烯酯＝48∶15.8∶16.3∶4.4∶15.5。

5. 溶剂型氟碳涂料配方实例和性能

以聚偏二氟乙烯树脂为基础的有机溶剂分散体涂料的主要组成为：聚偏二氟乙烯树脂、丙烯酸树脂、颜料、有机溶剂和添加剂（助剂）。制成溶剂型氟碳树脂涂料，其方法是将聚偏二氟乙烯制成粉末，然后分散在热塑性的丙烯酸树脂溶液中，实际是有机溶胶，涂覆后，在230℃以上加热，借助丙烯酸树脂和高沸点溶剂熔融聚偏二氟乙烯粉末，流平成涂膜。

丙烯酸树脂作为改性剂，其主要作用是改善树脂对颜料的分散性，提高对底材的附着力和改善涂膜的稳定性。比较常用的是以甲基丙烯酸甲酯为基础的热塑性丙烯酸树脂，也可采用热固性涂料用丙烯酸树脂。聚偏二氟乙烯系列树脂是热塑性树脂，和热塑性丙烯酸树脂配合使涂膜具有同一固化机理，树脂间相容性好，能形成高分子树脂合金，丙烯酸树脂也改进涂膜的硬度和光泽度。当丙烯酸树脂含量超过30%（质量分数）以上时，会导致涂膜的耐溶剂性及抗断裂拉伸性降低。

颜料筛选要和聚偏二氟乙烯树脂一样具有长期耐候性（20年以上）。通常可被选用的颜料包括耐候性金红石型二氧化钛、外用级的珠光云母颜料等。有机颜料、荧光颜料、锐钛型二氧化钛等耐候性差的颜料不推荐使用。

有机溶剂对固体组分（树脂、颜料和其他固体添加剂）起分散介质作用，改善涂料黏度以符合相应的施工要求，溶解聚偏二氟乙烯树脂和在涂膜烘烤过程中促进与丙烯酸树脂改性剂的熔融混合。用于以聚偏二氟乙烯树脂为基础溶剂型氟碳树脂涂料的有机溶剂分三类：活性溶剂、潜溶剂和非溶剂。溶剂分类见表2-1-288。

表2-1-288　聚偏二氟乙烯氟碳树脂所使用的溶剂分类

活性溶剂	潜溶剂(溶解温度)	非溶剂
丙酮	丁内酯(65℃)	己烷
四氢呋喃	异佛尔酮(75℃)	戊烷
甲乙酮	甲基异戊酮(102℃)	苯
二甲基甲酰胺(DMF)	环己酮(70℃)	甲苯

续表

活性溶剂	潜溶剂(溶解温度)	非溶剂
二甲基乙酰胺	邻苯二甲酸二甲酯(110℃)	甲醇
四甲脲	丙二醇甲醚(115℃)	乙醇
二甲基亚砜	碳酸丙烯酯(80℃)	四氯化碳
磷酸三甲酯	二丙酮醇(100℃)	邻二氯苯
N-甲基吡咯酮	甘油三醋酸酯(100℃)	三氯乙烯

其中，在一定温度下，5%～10%（质量分数）的聚偏二氟乙烯树脂可溶解于活性溶剂中，由此可制成有机溶胶型涂料。潜溶剂是 PVDF 的最常用溶剂，由其制成的分散体涂料固体分可达 40%～50%（质量分数）。在分散体涂料体系中，PVDF 树脂以粉末形态悬浮在其中，在室温下保持稳定的流体形态。在加热烘烤过程中，树脂被溶解，并随溶剂挥发而聚结成膜。非溶剂对 PVDF 树脂无溶解作用，主要作用为稀释涂料和改善涂料溶剂释放性能。在配制溶剂型聚偏二氟乙烯涂料时也要添加一些相应的助剂，来赋予涂料不同的性能。常用助剂包括防沉剂、消泡剂和抑泡剂、分散剂和乳化剂、防菌剂、流平剂、触变改性剂等。表 2-1-289 列出以聚偏二氟乙烯树脂为基础的氟碳涂料一般配方，表 2-1-290 列出具体实验室配方。

表 2-1-289　以聚偏二氟乙烯树脂为基础的氟碳涂料一般配方

原　　料	用量/%	备　　注
聚偏二氟乙烯树脂	20～25	占树脂总量 70%，总固体量中至少占 40%
丙烯酸树脂	8～11	热塑性树脂
颜料	12～16	
溶剂	50～60	Kynar 500 的潜溶剂

表 2-1-290　以聚偏二氟乙烯树脂为基础的氟碳涂料配方（实验室）

项　　目		指　标	项　　目		指　标
用量/%	聚偏二氟乙烯树脂	23.8	施工应用工艺条件	板面温度/℃	240～255
	Paraloib B44①	21.7		时间/s	烘烤 45～60
	异佛尔酮	28.1		底漆厚度/μm	5～7
	邻苯二甲酸二甲酯	4.8		面漆厚度/μm	20～25
	TiO_2-Pipure R960②	21.6			
	合计	100			
	固体分/%	54			

① Rohm & Hass 公司产品：40%的甲基丙烯酸甲酯树脂溶液。

② 杜邦公司钛白粉牌号。

聚偏二氟乙烯氟碳涂料具有超强的耐候性和优良的化学稳定性，具体表现为寿命长、不褪色、无污染和耐老化等。表 2-1-291 列出聚偏二氟乙烯树脂为基础的氟碳涂料的特殊性能总结。

表 2-1-291 以聚偏二氟乙烯树脂为基础的氟碳涂料的特殊性能总结

要求的涂料性能	聚偏二氟乙烯为基础的涂料的特殊性能
外用耐久性	抗 UV 降解，长期的保光保色性，高抗粉化性
能抗大气污染物、气体和液体腐蚀，低维护性	优良的抗化学药品酸和液碱性，不受臭氧攻击
污染物吸附性低	疏水表面，低表面能
表面无积存污点	低摩擦系数
低霉菌和细菌污染性	具有一定抗霉菌、细菌性
能抗机械损伤和磨损	抗摩擦性好，抗冲击性好
好的防腐蚀性	优良的抗化学药品性，对氧和湿气腐蚀离子低渗透性，高电阻，黏结性好
涂装后成膜性	在一定应力下力学性能、柔韧性、附着力好

溶剂型含氟丙烯酸酯树脂涂料配方及主要性能和普通丙烯酸树脂涂料类似，在此就不再做介绍。

下面以 ZB-F400 树脂为例，简单介绍溶剂型氟烯烃-乙烯基醚共聚氟碳树脂涂料配方实例与主要性能。表 2-1-292 列出 ZB-F400 溶剂型氟碳树脂白漆基本配方。表 2-1-293 列出 ZB-F400 溶剂型氟碳树脂涂料技术指标。

表 2-1-292 ZB-F400 溶剂型氟碳树脂白漆基本配方（实验室）

配比			白色高光氟碳面漆/%	白色亚光氟碳面漆/%
主剂	氟碳树脂	F400	68.9	60.0
	溶剂	乙酸丁酯	4.5	10.5
	助剂	消光剂	—	5.5
		防浮色剂	—	0.3
		润湿分散剂	1.1	1.2
		流平剂	0.5	0.5
	颜料	金红石型钛白粉	25.0	22.0
	总计		100.0	100.0
主剂：3390①（质量比）			15∶1	17∶1

① 3390 为拜耳公司多异氰酸酯固化剂商品牌号。

表 2-1-293 ZB-F400 溶剂型氟碳树脂技术指标

检验项目	技术指标	技术标准
附着力(划圈法)/级	1	GB/T 1720—1979(1989)
干燥时间(表干)/h	1	GB/T 1728—1979(1989)乙法
干燥时间(实干)/h	24	GB/T 1728—1979(1989)甲法
耐冲击性/cm	50	GB/T 1732—1993
铅笔硬度	3H	GB/T 6739—1996 A 法
柔韧性/mm	1	GB/T 1731—1993
光泽度(60°)/%	80	GB/T 9754—1988
耐酸性(浸入 15% HNO_3 溶液中 7 天)	无变化	GB/T 9274—1988 甲法
耐水性(浸 7 天)	无变化	GB/T 1733—1993 甲法

续表

检验项目	技术指标	技术标准
耐酸性(浸入15%HCl溶液中7天)	无变化	GB/T 9274—1988 甲法
耐酸性(浸入15%H_2SO_4溶液中7天)	无变化	GB/T 9274—1988 甲法
耐碱性(浸入15%NaOH溶液中7天)	无变化	GB/T 9274—1988 甲法
耐湿热性(1000h)	无变化	GB/T 1740—1979
耐盐雾性(2000h)	无变化	GB/T 1771—1991
耐人工老化试验(3000h)	失光1级,变色2级,粉化0级,龟裂0级	GB/T 1864—1997

6. 主要用途及方向

近年来，以三氟氯乙烯和四氟乙烯为主要原料合成常温固化涂料用树脂方面取得了很多成果，已经研究成功一系列不同用途的氟碳树脂涂料。溶剂型氟碳树脂涂料的应用涉及现代工业各领域：高档建筑和重点市政工程；新兴的海洋工程——海上设施、海岸和海湾构造物及海上石油钻井平台等；现代化的交通运输——桥梁、船舶、集装箱、火车、汽车、高速公路和铁路护栏等；重要的能源工业——油管、油罐、输变电设备、核电设备和煤矿设备等；大型工矿企业——化工、石油化工、钢铁、化肥等工厂的管道、贮槽、设备以及大型矿山的冶炼设备等。在化工、大气和海洋环境里溶剂型氟碳涂料一般可使用15年以上，在酸、碱、盐和有机溶剂介质里且有一定温度的腐蚀条件下，一般可使用5年以上。

随着环境保护意识的增强和各国对环境保护法规的健全，低毒性溶剂型、高固体分等环保型溶剂型氟碳树脂是今后溶剂型氟碳树脂重点研发的方向之一。

三、水性氟碳树脂

由于全世界对挥发性有机化合物（VOC）的排放做出了严格限制，涂料界面临严峻的挑战，大力推广环境友好型涂料已成为共识。因此，水性氟碳树脂的研究开发成为国内外关注和研究的重点课题。

水性氟碳树脂是以水为分散介质的一类氟碳树脂，呈乳白色或半透明状。水性氟碳树脂具有超耐久性、耐沾污性、耐化学介质性、热稳定性等，是继溶剂型氟碳树脂之后，因符合环境保护要求而重点开发研究的氟碳树脂品种。

1. 原料

制备水性氟碳树脂常用的含氟单体有四氟乙烯（TFE)、三氟氯乙烯（CTFE)、偏二氟乙烯（VDF)、氟乙烯（VF)、六氟丙烯（HFP)、含氟烷基乙烯基（烯丙基）酯或醚等。从产业化角度，制备氟碳树脂仅使用其中一种，以三氟氯乙烯使用最为常见，在文献报道中也有将几种氟烯烃单体放在一起使用，如VDF、TFE和CTFE三种氟烯烃的混合使用。它们的均聚或共聚的氟烯烃聚合物耐高温稳定、耐候、化学稳定、热稳定，但只能做成高温热塑性涂料。因此需引进非氟烯烃单体来降低结晶度，以获得在常温或中温条件下交联固化的氟碳树脂。

亲水性非氟烯烃单体包括乙烯基烷基醚（酯)、烯丙基烷基醚（酯)、不饱和羧酸等，如羟丁基乙烯基醚（HBVE)、乙基乙烯基醚（EVE)、环己基乙烯基醚、羟乙基烯丙基醚、醋酸乙烯酯、丁酸乙烯酯、叔碳酸乙烯酯（Veova-9和Veova-10)、丙烯酸乙酯、(甲基）丙烯酸丁酯等，不饱和烯酸包括巴豆酸、十一烯酸、(甲基）丙烯酸等。含羟基官能团单体可用来制备热固性氟碳树脂。根据性能要求，还可以引入其他不同的功能单体，如引进乙烯基烷氧基硅烷单体以提高对基材的附着力，若引进参与聚合的可适度交联单体，能够提高乳液薄膜的耐溶剂擦拭特性。

制备水乳型水性氟碳树脂需要使用乳化剂，在考虑聚合稳定性和后期使用性能方面，引入量要适当，种类以含氟乳化剂为最适宜，如全氟辛酸铵等；也可以采用常规乳化剂，一般采用阴离子乳化剂和非离子乳化剂混合使用，以保证乳液有良好的化学稳定性、机械稳定性以及冻融稳定性等，如十二烷基硫酸钠、烷基（苯）磺酸钠、脂肪醇聚氧乙烯醚、烷基酚聚氧乙烯醚等。

在进行溶液聚合-相反转法制备水性氟碳树脂时，引发剂通常选择偶氮类引发剂，如偶氮二异丁腈等，而乳液聚合过程通常选择水溶性过硫酸盐类引发剂，如过硫酸钾、过硫酸钠等；或者选择氧化还原引发体系，如过氧化氢-氯化亚铁、过硫酸钾-氯化亚铁等。为了稳定聚合体系 pH，保证引发过程正常进行，在聚合过程中要加入碳酸（氢）钠、磷酸氢钠等。

2. 制备方法简述

水性氟碳树脂制备方法一般包括溶液聚合-相反转法和乳液聚合法，其中乳液聚合法根据实施的特点可以分为常压聚合法、低压聚合法、核壳聚合法和无皂聚合法。

溶液聚合-相反转法是通过设计合适的羧基值、分子量以及调节聚合过程溶剂使用来制备有机溶剂可溶性氟碳树脂，在一定温度下蒸除大部分溶剂，同时通过氨化成盐法以及适量乳化剂存在下，使氟碳树脂稳定分散在水相中而获得水性氟碳树脂，也可称水可稀释性水性氟碳树脂。因溶液聚合法成熟，采用该方法相对简单，容易实施，树脂保留了溶剂型树脂性能特点，能够较好满足应用要求。不足之处在于溶剂气味重，生产过程中溶剂要进行回收利用，能源消耗较大。

乳液聚合法是将各种单体和乳化剂、调节剂等助剂混合在水相中，控制合理的工艺条件，即可制备贮存稳定、性能优异的氟碳树脂乳液。其中常压聚合法和低压聚合法是针对聚合过程所使用单体物理特性而定，如含氟烷基乙烯基（烯丙基）酯或醚等单体为液相，则采用常压乳液聚合法，相对容易实现，国内该方法的文献报道很多，而四氟乙烯（TFE）、三氟氯乙烯（CTFE）、偏二氟乙烯（VDF）等氟单体在常温常压下是气相，因此需要在压力状态下实施聚合，加之运输困难，在一定程度上限制了相关树脂产品的开发。核壳乳液聚合法也可称多段聚合法，在原料配方不变的情况下通过改变加料工艺方式，即先做核，再做壳，使乳液粒子结构改变，达到所要设计的性能，国外有很多专利报道。而无皂乳液聚合法则是避开常规乳液聚合过程中采用低分子乳化剂和保护胶体，而采用高分子乳化剂、聚合物分散液或可参与反应并对单体有乳化能力的乳化剂（包括具有内乳化作用的大分子单体）等，在含有引发剂的水相中进行乳液聚合制备水性氟碳树脂。该方法制备的水性氟碳树脂在耐水性、抗沾污性、光泽等性能上有很大改善，是当前重要发展方向。

此外，可通过分散（悬浮）聚合法制备水可分散型氟碳树脂，如聚三氟氯乙烯（PCTFE）水分散液、聚四氟乙烯（PTFE）水分散液等。以 PTFE 为例，可以在不锈钢压力容器中，以过硫酸盐为引发剂，加入全氟羧酸盐等含氟类分散剂，通入四氟乙烯气体，加入一定量活化剂，在一定温度下引发聚合，制备聚四氟乙烯分散液，再通过浓缩过程使分散液浓度达 60%，并通过非离子表面活性剂稳定而获得乳白色水分散液。分散（悬浮）聚合法有合成条件苛刻、操作烦琐、要使用有机溶剂等缺陷，要制备稳定性好、颗粒细微的悬浮液比较困难，目前逐渐呈现出被乳液聚合法所替代的趋势。表 2-1-294 是国内相关厂家水性氟碳树脂指标。

表 2-1-294 国内相关厂家水性氟碳树脂指标

项 目	指 标	
	上海市有机氟材料研究所氟树脂 301	晨光化工研究院二分厂
外观	乳白色或微黄色液体	白色均匀乳液
密度(20℃)/(g/cm³)	1.50	1.50～1.55
pH	9～10	≥8
黏度(25℃)/(mm²/s)	10～12	6～15
表面张力/(×10⁻⁵N/cm)	33～34	—
固含量/%	60±1	60±2

上述水性氟碳树脂制备方法各有其特点，应根据实际需要选择不同的合成方法、合适的氟烯烃单体及可聚合的不饱和烯烃单体，严格控制合成工艺，以制得结构可控、性能符合要求的水性氟碳树脂。

3. 水性氟碳树脂种类

水性氟碳树脂包括水乳型水性氟碳树脂、水溶性（或称水可稀释性）水性氟碳树脂和水分散型水性氟碳树脂三类。根据性能特点和涂料使用的要求，又可分为单组分热塑性乳液、双组分交联热固性乳液和单组分可交联型乳液，后两者乳液聚合物中要引进特殊的功能单体。而水乳化氟碳树脂按照氟单体种类，市场上出现两种：一种是以含氟丙烯酸单体（如丙烯酸六氟丁酯等）为氟化单体的氟碳树脂乳液，单体价格比较贵，引进的单体数量有限，氟含量低且氟原子存在于聚合物支链，通常将此类树脂称为氟改性丙烯酸乳液；另一种是以三氟氯乙烯为主要含氟单体的水性氟碳树脂，氟原子存在于聚合物主链，是目前国内市场上应用较多的水性氟碳树脂，比较有代表意义的是大连振邦生产的 F500、F600 两类产品。由于两种含氟单体物化性质不同，前者制备过程同普通丙烯酸乳液制备差异不大，很容易实施获得产品，本节不做详细介绍。而后者的制备过程则需要在压力状态下进行，生产工艺控制比较复杂。据报道，国内已合成出了以四氟乙烯单体为主要原料的聚四氟乙烯乳液，该乳液性能稳定，可用来制备性能优良且用途广泛的含氟涂料。下面以三氟氯乙烯为例介绍目前国内水性氟碳树脂的合成方法。

4. 水性氟碳树脂制备过程

典型热塑性水性氟碳树脂组成见表 2-1-295。

表 2-1-295 热塑性水性氟碳树脂配方（工业配方）

组 分	投料量(质量分数)/%	组 分	投料量(质量分数)/%
三氟氯乙烯	13.40	烷基酚聚氧乙烯醚	1.60
醋酸乙烯酯	20.32	碳酸氢钠	0.13
丙烯酸丁酯	11.33	过硫酸铵	0.03
甲基丙烯酸	0.53	去离子水	52.64
十二烷基苯磺酸钠	0.02	合计	100.00

操作方法：在高压反应釜中加入定量去离子水、部分乳化剂及碳酸氢钠，搅拌溶解均匀后，加入按一定预乳化工艺进行乳化的单体预乳化液 4%～6%，开动搅拌混合均匀后，开始升温，当温度达到 (60±2)℃，加入 20%引发剂溶液，因反应放热温度自行升高，控制

温度在75～85℃，当温度平稳时，滴加单体预乳化液和引发剂溶液，在2～4h内加完，当系统压力逐步下降直至平衡时，反应结束。冷却到40℃以下。加入中和剂，调节pH为7～8，过滤，包装。

若在聚合过程中引入双丙酮丙烯酰胺（DAAM）功能单体参与聚合，先制成含有活泼羰基的水性氟碳树脂，然后加入适量多元酰肼，由于活泼羰基能与酰肼基反应生成腙和水，是一个可逆反应，尤其是乳液中存在大量水时，该反应实际上是不能进行的，只有在干燥成膜过程中，随着水从涂膜中逸出，反应才可进行，因此用其可制成可交联的单组分氟碳树脂涂料，试验路线如图2-1-96所示。由于在成膜过程中聚合物发生交联固化反应，因而形成的膜具有更佳的力学性能、耐候性、耐溶剂性等。

CTFE、DAAM、共聚单体 —乳液聚合→ 含活泼羰基的水性氟碳树脂 —加入多元酰肼→ 可交联水性氟碳树脂

图2-1-96 试验路线

含羟基水性氟碳树脂制备可以采用乳液聚合方式，但按乳液聚合机理可用于乳液聚合的含—OH基单体并和含氟单体共聚的工业产品比较少见，目前主要采用溶液聚合-相反转法。典型组成见表2-1-296。

表2-1-296 含羟基水性氟碳树脂配方（工业配方）

组　分	投料量(质量分数)/%	组　分	投料量(质量分数)/%
基础氟碳树脂的制备		水可稀释性氟碳树脂的制备	
三氟氯乙烯	39.11	基础氟碳树脂	35.39
醋酸乙烯酯	21.04	OS-15	1.97
羟乙基烯丙基醚	6.2	烷基酚聚氧乙烯醚	1.97
功能单体	适量	氨水(25%)	适量
乙酸丁酯	32.59	去离子水	60.67
引发剂	1.06	合计	100
合计	100		

操作方法：除三氟氯乙烯外，将上述原料单体加入高压反应釜中，减压抽出空气，加入三氟氯乙烯，在65～75℃反应20h，得氟碳树脂产品，固含量56%～58%，涂-4杯黏度139s，羟值55～75mgKOH/g（以固体树脂计），羧值19mgKOH/g（以固体树脂计）。将基础氟碳树脂加入反应釜中，在搅拌状态下，加热升温，蒸除基础氟碳树脂中大部分溶剂，加入氨水调节pH为8，同时加入两种乳化剂和水，搅拌至半透明乳白色液体，获得水性氟碳树脂，固含量40%。

上述两种不同方法制备的水性氟碳树脂指标见表2-1-297。

表2-1-297 水性氟碳树脂指标

项　目	指　标	
	ZB-F500-1～3	ZB-F600
类型	热塑性	热固性
外观	乳白色液体	淡黄色半透明液体
不挥发分/%	42～47	40～42
氟含量/%	≥11	≥19

续表

项　　目	指　　标	
	ZB-F500-1～3	ZB-F600
pH	7～9	7～9
黏度/mPa・s	30～300	10～30
羟值/(mgKOH/g)	—	65±10
数均分子量	30000～50000	20000～30000
最低成膜温度/℃	10～30	—
贮存稳定性	无硬块，无絮凝，无明显分层和结皮	
机械稳定性	2500r/min，30min，不破乳，无明显絮凝物	
钙离子稳定性	5mL 乳液加 1mL 0.5%$CaCl_2$ 溶液，通过	

在国内市场上出现的国外产品主要是日本旭硝子公司推出的 FEVE 乳液以及日本大金公司的 ZEFFLE SE 系列水性含氟聚合物乳液。其中 FEVE 乳液包括热塑性和热固性两种。据报道，在制备过程中，为了获得稳定的 FEVE 共聚物乳液，在共聚物中引入了具有内乳化作用的聚氧乙烯基醚大分子单体 $CH_2{=}CHOR_4(C_2H_4)_nH$（EOVE）；ZEFFLE SE 系列水性含氟聚合物乳液是偏氟乙烯（VDF）共聚物与聚甲基丙烯酸甲酯（PMMA）的共聚物。由于 PMMA 的酯基与 PVDF 单元之间相互作用强烈，使酯基能受到 PVDF 的保护，因此涂膜具有良好的耐水性及优异的耐候性，产品指标见表 2-1-298。

表 2-1-298　ZEFFLE SE 系列水性含氟树脂指标

项　　目	FE-4100	FE-4200	ZEFFLE SE
类型	热塑性	热固性	热塑性
外观	乳白色液体	乳白色液体	乳白色液体
羟值/(mgKOH/g)	16	55	—
最低成膜温度/℃	35～55	38	45～60
不挥发分/%	≥51	≥40	≥50
pH	8.0±1.5		—
粒径/nm	100～200		—

5. 水性氟碳涂料配方实例和性能

以 ZB-F500 为例介绍水性氟碳涂料性能。基本参数为：颜基比（P/B）1.97，颜料体积浓度（PVC）35%～38%，体积固体分（NVV）37%，黏度 85～92KU，细度≤40μm。水性氟碳涂料配方见表 2-299。并依据国家标准（GB/T 9755—2001）进行检测，主要性能指标见表 2-1-300。

表 2-1-299　水性氟碳涂料配方（工业配方）

组　　分	投料量(质量分数)/%	备　　注
H_2O	14.0	
SN-5040	0.44	汉高助剂
PE-100	0.1	汉高助剂
NXZ	0.14	汉高助剂

续表

组　　分	投料量(质量分数)/%	备　　注
丙二醇	1.08	
钛白粉 2310	21.46	
重质碳酸钙	13.87	1250 目
高速分散、研磨,细度≤40μm,过滤		
水性氟碳树脂 ZB-F500	41.95	自制
醇酯-12	1.79	伊斯曼
F-111	0.10	汉高助剂
DSX2000	2.10	汉高助剂
SN-636	2.97	汉高助剂
低速分散 20～30min		

表 2-1-300 水性氟碳涂料主要性能

项　　目	GB/T 9755—2001 优等品指标	水性氟碳涂料
对比率	0.93	0.95
耐洗刷性/次	≥2000	≥20000
耐沾污性/%	≤15	≤5.1
耐人工老化性	600h,粉化小于 1 级,变色小于 2 级	2000h,粉化小于 0 级,变色小于 2 级

上述数据说明水性氟碳树脂具有优异的耐候性和耐污染性，利用其制备水性氟碳涂料，在建筑涂料方面具有很大应用优势。

若使用热固性水性氟碳树脂制备涂料时则需使用水性多异氰酸酯作为交联剂，如日本聚氨酯公司的 AQ 210 以及 Rhodia 公司的 WT 2102 等产品，形成的涂膜的机械强度、耐沾污性、耐溶剂性、耐热性、耐化学腐蚀性等方面都优于热塑性水性氟碳涂料。

6. 主要用途及发展方向

目前以水乳性或水可稀释性氟碳树脂为基料制备的水性氟碳涂料在建筑涂料等领域获得了极大应用。由于其特殊的表面性质，在医院、幼儿园、学校等公共场所内墙面以及生活用炊具上也获得成功应用。受合成技术、性能等因素影响，水性氟碳树脂在工业涂料领域的应用还十分有限，尤其是某些性能优于非交联型氟碳树脂的交联型水性氟碳树脂，应重点在工业和特殊领域进行开发应用，如卷材涂层、金属结构涂层、桥梁、镀锌铁板和钢铁表面等，以充分表现其防腐效果好、防护时间长等特性。单组分可交联型水性氟碳树脂属于适度交联，交联密度比双组分要小，但是施工简便，在木器等内用或外用涂料方面会得到很好的应用。

四、粉末氟碳树脂

粉末氟碳树脂是近十几年发展起来的新型粉末涂料用树脂，是无液体的纯固体氟碳树脂。由于环保和经济原因，粉末氟碳树脂用量近年来逐年增加。广义来讲，粉末氟碳树脂基本上分两类：一类是热塑性粉末氟碳树脂；另一类是热固性粉末氟碳树脂。在粉末氟碳树脂中，热塑性氟碳树脂占绝大部分。粉末氟碳树脂各项理化性能可以和溶剂型氟碳树脂相媲美，某些性能甚至超过溶剂型氟碳树脂。

1. 原料的选择

制备粉末氟碳树脂可用氟烯烃单体包括三氟氯乙烯（CTFE）、二氯二氟乙烯、四氟乙烯（TFE）、六氟丙烯、偏氟乙烯、氟乙烯、六氟异丁烯、全氟乙烯基醚等。

热塑性粉末氟碳树脂主要为上述氟烯烃单体的均聚物和共聚物。均聚物用量最大的氟烯烃单体为四氟乙烯和偏氟乙烯。在热塑性粉末氟碳树脂共聚物中，有几种氟烯烃单体共同使用，如四氟乙烯和六氟丙烯，也有用其他第二和第三单体对含氟共聚物进行改性，以降低含氟均聚物的熔点、结晶度和加工温度，提高其加工和施工应用性能，如采用乙烯和四氟乙烯共聚合成乙烯-四氟乙烯共聚物粉末氟碳树脂，乙烯和三氟氯乙烯共聚合成乙烯-三氟氯乙烯共聚物粉末氟碳树脂。

热固性粉末氟碳树脂一般为氟烯烃、脂肪酸乙烯基酯/脂肪族乙烯基醚、羟烷基烯丙基醚和烯酸的共聚物。氟烯烃在共聚组分中主要起到提高耐候性和耐化学药品性作用，氟烯烃所占比例太小，涂膜耐候性和耐化学药品性差；氟烯烃所占比例太大，涂膜硬度高，耐冲击和弯曲性能差。热固性粉末氟碳树脂中常用含氟单体为三氟氯乙烯和四氟乙烯，由于三氟氯乙烯单体均聚物硬度和玻璃化温度要高于四氟乙烯单体均聚物，因此在热固性粉末氟碳树脂中三氟氯乙烯单体更为常见。脂肪酸乙烯酯/脂肪族乙烯基醚单体在粉末涂料烘烤时可改善其熔融流动性。常见脂肪酸乙烯酯类单体包括醋酸乙烯酯、丙酸乙烯酯、乳酸乙烯酯、新戊酸乙烯酯、己酸乙烯酯、辛酸乙烯酯、癸酸乙烯酯、月桂酸乙烯酯、豆蔻酸乙烯酯、棕榈酸乙烯酯、硬脂酸乙烯酯、叔碳酸乙烯酯 Veova-9 和 Veova-10，脂肪酸乙烯酯结构式如下：

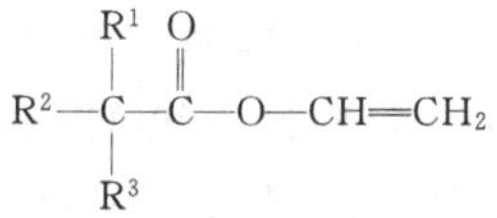

$$R^2-\underset{\displaystyle R^3}{\overset{\displaystyle R^1}{\underset{|}{\overset{|}{C}}}}-\overset{\displaystyle O}{\overset{\|}{C}}-O-CH=CH_2$$

常见脂肪族乙烯基醚单体包括甲基乙烯基醚、乙基乙烯基醚、异丙基乙烯基醚、正丙基乙烯基醚、正丁基乙烯基醚、叔丁基乙烯基醚、异丁基乙烯基醚、环己基乙烯基醚等。

羟烷基烯丙基醚和烯酸决定共聚物羟值和酸值，因此它们所占比例对涂膜性能也有很大影响。常见羟烷基烯丙基醚单体包括羟乙基烯丙基醚、羟丙基烯丙基醚、羟基异丙基烯丙基醚、羟丁基烯丙基醚、羟烷基烯丙基醚结构式如下：

$$H\text{-}(OC_nH_{2n})_x\text{-}O-CH_2-CH=CH_2$$

常见烯酸单体包括丙烯酸、甲基丙烯酸、丁烯酸、油酸、富马酸、马来酸乙烯基乙酸和十一碳烯酸，结构式如下：

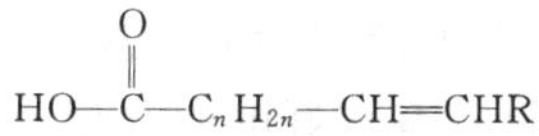

$$HO-\overset{\displaystyle O}{\overset{\|}{C}}-C_nH_{2n}-CH=CHR$$

其中，n 为整数，在 1～10 之间；R 为 H 或 CH_3。

根据选择聚合工艺方法的不同，在制备粉末氟碳树脂过程中要选择相应的引发剂和引发体系。主要聚合引发剂为过硫酸盐和有机过氧化物。用有机过氧化物引发剂制得的粉末氟碳树脂热稳定性较高。在粉末氟碳树脂聚合反应过程中，尤其在热塑性粉末氟碳树脂合成过程中，为了控制树脂分子量和其他性能，在聚合反应期间还需要加入链转移剂或自由基终止剂。链转移剂一般为含氟化合物。

2. 制备方法简述

一般来讲，粉末氟碳树脂可通过悬浮聚合、溶液聚合、溶液沉淀聚合和乳液聚合等工艺方法合成。

实际生产应用中，对于热塑性粉末氟碳树脂，如乙烯-三氟氯乙烯共聚物、乙烯-四氟乙烯共聚物，早期都是采用溶液聚合，以过氧化二氟丙酰之类的有机过氧化物为引发剂，以二氟二氯乙烷为溶剂，在温度60℃下聚合。后来采用过氧化二(三)氯乙酰类有机过氧化物为引发剂，在二氟二氯乙烷溶剂和少量氯仿调节剂的存在下，在0～5℃和0.49～0.98MPa下进行水相悬浮聚合。

近年来，也有专利文献报道采用溶液沉淀聚合方法来合成热塑性粉末氟碳树脂，如乙烯-三氟氯乙烯共聚物。聚合反应采用氟利昂溶液沉淀聚合体系，以三氟三氯乙烷和水作为反应介质，选用合适有机过氧化物为引发剂，加入适量的链转移剂，在一定温度和压力下自由基引发聚合，产物通过沉淀、分离、干燥、粉碎而成。

对于热固性粉末氟碳树脂，主要是指含羟基官能团的氟烯烃-乙烯基醚/酯共聚物，在自由基引发剂存在条件下，30～100℃之间，可通过溶液聚合、乳液聚合或悬浮聚合进行共聚反应。采用溶液聚合工艺时，制得共聚物树脂溶解在溶液中，通过沉淀剂进行沉淀，树脂从溶液中分离、干燥。采用乳液聚合或悬浮聚合时，制得共聚物氟碳树脂从乳液或悬浮液中分离、水洗、干燥。

3. 粉末氟碳树脂种类

如前所述粉末氟碳树脂按照成膜机理和性能主要有两大类：一类是热塑性粉末氟碳树脂，包括PTFE（聚四氟乙烯）、PVDF（偏氟乙烯）、PCTFE（聚三氟氯乙烯）、PVF（聚氟乙烯）、FEP（全氟乙丙烯）、PFA（四氟乙烯-全氟烷基醚共聚物）、ETFE（乙烯-四氟乙烯共聚物）、ECTFE（乙烯-三氟氯乙烯共聚物）等；另一类是热固性粉末氟碳树脂，主要是指树脂主链中含羟基官能团的三氟氯乙烯/四氟乙烯和乙烯基醚或乙烯基酯类共聚物。

热塑性粉末氟碳树脂中，生产量最大的是乙烯-四氟乙烯共聚物。乙烯-四氟乙烯共聚物粉末氟碳树脂是继聚四氟乙烯和聚全氟乙丙烯后开发的第三大氟碳树脂品种，也是第二个含四氟乙烯的可熔融加工聚合物，它既具有聚四氟乙烯的耐温性、耐介质性和耐老化性，又具有聚乙烯可热塑性加工特性。美国和日本先后于1974年和1976年投产，已经发展到上万吨的规模。20世纪末，美国和日本等国家大力开发应用领域，促使乙烯-四氟乙烯共聚物迅速发展。在国内，20世纪60年代，上海有机所开发了乙烯-四氟乙烯共聚物（FS-40），用于原子能工业的耐辐射材料，之后开展了共聚物结构改性和聚合方法的研究，80年代研究成功了乙烯-四氟乙烯共聚物氟塑料，其性能接近国外同类材料水平。

热固性粉末氟碳树脂软化点在80℃左右，100℃左右熔融，其颜料分散性优异，且可以用一般的粉末涂装工艺。四氟乙烯和乙烯基醚类单体共聚物玻璃化温度低（一般在0～35℃之间），采用这类单体合成热固性粉末氟碳树脂贮存稳定性差，树脂实用性差。三氟氯乙烯-乙烯基酯共聚物热固性粉末氟碳树脂具有较好的贮存稳定性，但其耐候性和耐化学药品性等主要性能与三氟氯乙烯-乙烯基醚共聚热固性粉末氟碳树脂相比要差一些。因此开发贮存稳定性好和耐候性、耐化学药品性优异的热固性粉末氟碳树脂，是今后粉末氟碳树脂开发工作者的研发重点之一。

4. 粉末氟碳树脂制备过程

粉末氟碳树脂种类很多，下面以工业生产应用较为广泛的乙烯-三氟氯乙烯共聚物粉末氟碳树脂和三氟氯乙烯-乙烯基酯共聚物粉末氟碳树脂为例，简单介绍粉末氟碳树脂的制备过程，实例为实验室配方。

(1) 乙烯-三氟氯乙烯共聚物热塑性粉末氟碳树脂的制备过程　采用2L带有电磁搅拌的高压反应釜，釜内设有夹套冷却，釜外壁附有电加热装置。试验前高压反应釜抽真空脱氧，氧气浓度为42μL/L，接着向高压反应釜中加入混合溶剂（1240g三氟三氯乙烷、20g脱氧去离子水)，开启搅拌，加热升温，初始进料槽混合三氟氯乙烯、乙烯反应单体进料（三氟氯乙烯：乙烯=52.1：47.9)，当温度升到50℃时用高压计量泵打入1.0g过氧化二碳酸环己酯，同时初始进料槽停止进料，此时初始混合反应单体共加入130g，补加进料槽中，将混合三氟氯乙烯、乙烯反应单体进料（三氟氯乙烯：乙烯=62.4：37.6)，反应温度控制在50～60℃，反应压力维持在1.55MPa，恒压反应，聚合时间1.0h，停止加料，补加混合反应单体共加入12.1g。

第二步反应，向高压反应釜中加入180g脱氧去离子水调整反应体系中混合溶剂配比，反应温度控制在60～85℃，补加进料槽中，将乙烯、三氟氯乙烯混合反应单体进料，继续反应，反应压力维持恒压1.55MPa，反应时间3.0h，补加入混合反应单体共加入31.2g，结束反应。

将聚合产物溶液投入蒸馏釜，加入1000g去离子水，开启搅拌，加热蒸馏回收有机溶剂，之后冷却，放料，干燥，得到粉状聚合物158g。

上述方法制备乙烯-三氟氯乙烯热塑性粉末氟碳树脂主要性能指标见表2-1-301。

表2-1-301　乙烯-三氟氯乙烯热塑性粉末氟碳树脂主要性能指标

项　　目	指　标	项　　目	指　标
熔点/℃	223.87	抗拉强度/MPa	25.84
结晶焓/(J/g)	19.714	断裂伸长率/%	203
熔体指数(230℃,5kg负荷)/(g/10min)	78.16		

(2) 三氟氯乙烯-乙烯基酯共聚物粉末氟碳树脂的制备过程　在一个带电磁搅拌2L不锈钢高压反应釜中加入270g醋酸乙烯酯、82g羟乙基烯丙基醚、8g乙烯基乙酸、4.6g 2-正丙基过氧化二碳酸酯、506g乙酸丁酯。高压反应釜中用氮气置换。加入576g三氟氯乙烯(CTFE)。将反应釜内温度逐渐升至40℃，在该温度下，聚合反应持续进行24h。反应结束后，从高压釜中排出未反应三氟氯乙烯，取出反应溶液。反应溶液倒入正己烷中沉淀得到氟碳树脂共聚物。氟碳树脂共聚物研磨粉碎，反复水洗后过滤。在40℃减压恒温真空干燥树脂。

最后得到氟碳树脂共聚物768g。

上述方法制备三氟氯乙烯-乙烯基酯共聚物热固性粉末氟碳树脂主要性能指标见表2-1-302。

表2-1-302　三氟氯乙烯-乙烯基酯共聚物热固性粉末氟碳树脂主要性能指标

项　　目	指　标	项　　目	指　标
数均分子量(凝胶渗透色谱法,GPC)	21500	酸值/(mgKOH/g)	6.0
氟含量(质量分数)/%	24	熔体黏度(100℃,剪切速率$10^2 s^{-1}$)/mPa·s	3.5×10^4
羟值/(mgKOH/g)	56		

5. 粉末氟碳涂料配方实例和性能

粉末氟碳树脂涂料配方和制造方法与一般热塑性和热固性粉末涂料类似，下面以乙烯-三氟氯乙烯共聚物粉末氟碳树脂和三氟氯乙烯-乙烯基酯共聚物热固性粉末氟碳树脂为例，分别简单介绍热塑性和热固性粉末氟碳涂料配方和性能。

(1) 乙烯-三氟氯乙烯共聚物粉末氟碳涂料配方实例和性能　乙烯-三氟氯乙烯共聚物粉末氟碳树脂属于高分子量热塑性氟碳树脂，熔点高，很难熔融挤出，分子量大，硬度高，韧性强，普通粉碎设备很难将其进行超细粉碎（粉碎细度一般大于100μm)。国外通常采用液氮粉碎设备在零下一百多摄氏度粉碎，粉碎设备昂贵，成本高。目前工业上一般采用树脂、颜料、填料、助剂干混法进行配漆。表 2-1-303 给出乙烯-三氟氯乙烯共聚物粉末氟碳涂料白色、黑色、绿色基本配方。表 2-1-304 给出乙烯-三氟氯乙烯共聚物粉末氟碳涂料主要性能指标。

表 2-1-303 乙烯-三氟氯乙烯共聚物粉末氟碳涂料白色、黑色、绿色基本配方

项　目	白色含量/%	黑色含量/%	绿色含量/%
二氧化钛	15.0		
炭黑		0.4	
氧化铬绿			15.0
粉末氟碳树脂	83.7	89.3	83.7
填料		8.0	
润湿剂	1.0	2.0	1.0
流平剂	0.2	0.2	0.2
消泡剂	0.1	0.1	0.1

表 2-1-304 乙烯-三氟氯乙烯共聚物粉末氟碳涂料主要性能指标

检验项目		技术指标	技术标准
筛余物(125μm)		全通过	HG/T 2597—1994
颜色及外观		颜色符合色差要求,涂膜平整,允许轻微橘皮	JG/T 3045.2—1998
相对密度		1.68～1.70	GB/T 1713—1989
吸水性(24h)/%		<0.1	HG/T 3344—1985
固化温度/℃		260±2	JG/T 3045.2—1998
固化时间/min		20	JG/T 3045.2—1998
干膜厚度/μm		100～150(二道,可多次喷涂)	GB/T 1764—1989
铅笔硬度(划破)		≥H	GB/T 6739—1996
光泽度(60°)/%		亚光,10～30	GB/T 9754—1988
附着力(划格法)/级		≤1	HG/T 9286—1998
耐冲击性/cm		≥40	HG/T 1732—1993
杯突试验/mm		≥7	HG/T 9753—1988
弯曲试验/mm		≤2	HG/T 6742—1986
耐酸性	98%浓硫酸,7 天	不起泡,不变色	GB 1763—1979
	37%浓盐酸,7 天	不起泡,不变色	GB 1763—1979
耐碱性	45%氢氧化钠,7 天	不起泡,不变色	GB 1763—1979
	30%氢氧化铵,7 天	不起泡,不变色	GB 1763—1979
三氯甲烷(7 天)		不起泡,不变色	GB 1763—1979
二甲苯(7 天)		不起泡,不变色	GB 1763—1979
丁酮(7 天)		不起泡,不变色	GB 1763—1979
耐湿热性(1000h)		≤1 级	JG/T 1740—1989
耐盐雾性(2000h)		不起泡,不脱落,允许轻微失光或变色	GB/T 1771—1991
耐人工老化试验(3000h)		失光 1 级,变色 2 级,粉化 0 级,龟裂 0 级	GB/T 1864—1997
耐温变性(10 次)		涂膜无变化	GB 9154—1988

注：浸泡试验，喷涂试棒做试验。

(2) 三氟氯乙烯-乙烯基酯热固性粉末氟碳涂料配方实例和性能　热固性粉末氟碳涂料生产工艺和普通环氧、聚酯树脂类似。表 2-1-305 给出三氟氯乙烯-乙烯基酯热固性粉末氟碳涂料白高光漆配方。表 2-1-306 给出三氟氯乙烯-乙烯基酯热固性粉末氟碳涂料主要性能指标。

表 2-1-305　三氟氯乙烯-乙烯基酯热固性粉末氟碳涂料白高光漆配方

项　目	质量分数/%	项　目	质量分数/%
氟碳粉末树脂	50.3	流平剂	1.5
封闭异氰酸酯固化剂	8.4	抗冲改性剂	5.0
消泡剂	1.2	钛白粉	33.0
安息香	0.5	合计	100.0
DBTDL	0.1		

表 2-1-306　热固性粉末氟碳涂料主要性能指标

项　目	技术指标	技术标准
膜厚/μm	50～70	GB/T 1764—1989
光泽度(60°)/%	10～80	GB/T 9754—1988
附着力(划格法)/级	1	GB/T 9286—1998
耐冲击性/cm	50	GB/T 1732—1993
杯突试验/mm	7	GB/T 9753—1988
铅笔硬度	≥2H	GB/T 6739—1996　A 法
耐盐雾性	3000h,无变化	GB/T 1771—1991
耐人工老化试验(UVA)	3000h,无粉化,无龟裂,失光率≤20%	GB/T 1864—1997
耐酸性(10%硫酸,10 天)	无变化	GB/T 1763—1979(1989)
耐碱性(10%氢氧化钠,10 天)	无变化	GB/T 1763—1979(1989)
二甲苯(7 天)	无变化	GB/T 1763—1979(1989)
耐湿热性	1000h 无变化	JG/T 1740—1989
耐湿热试验后附着力(划格法)/级	1	GB/T 9286—1998

上述数据表明，热塑性粉末氟碳涂料和热固性粉末氟碳涂料都具有优异的物理机械性能和耐候性、耐化学药品性，热固性粉末氟碳涂料还具有高装饰性和优异的耐沾污性。表 2-1-307 和图 2-1-97 给出热固性粉末氟碳涂料和几种耐候性粉末涂料的综合性能比较。

表 2-1-307　几种耐候性粉末涂料的综合性能比较

类别	外观	力学性能	耐化学药品性	耐候性	综合成本	应用举例
聚酯树脂	8	8	7	8	6	空调、建材
聚氨酯树脂	10	7	9	8	5	建材、汽车部件
丙烯酸树脂	9	9	8	9	6	建材、汽车面漆
氟碳树脂	8	8	10	10	5	建筑材料

注：1 级最差，10 级最好。

6. 主要用途及方向

热塑性粉末氟碳涂料综合性能优异，现已被广泛应用于化工、石油的排水、洗涤、污水

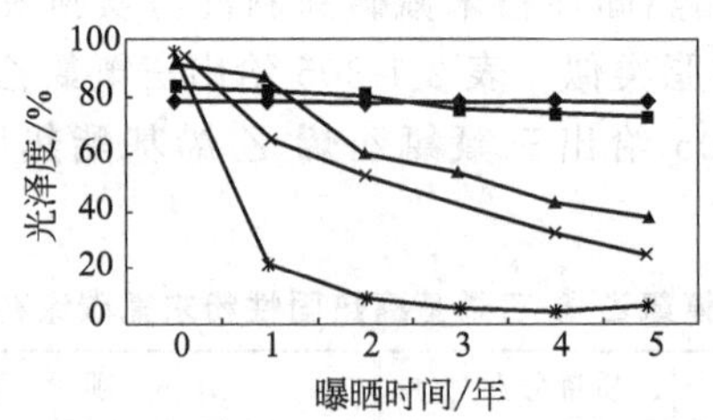

图 2-1-97 热固性氟碳粉末涂料与其他类型涂料耐候性试验比较结果

—◆— 热固性氟碳粉末涂料；—■— 溶剂型氟涂料；—▲— 丙烯酸粉末涂料；
—×— 聚酯粉末涂料；—✳— 环氧粉末涂料

处理系统，以及装置的化学清洗系统，化学药品的分配系统等。例如，在氯气洗涤塔里使用乙烯基树脂涂层，由于介质能渗透过树脂层的玻璃钢层，导致了腐蚀损坏，最多只能有 3 年使用寿命。如果采用了乙烯-三氟氯乙烯共聚物涂层，使用 8 年以后，设备仍保持完好。乙烯-三氟氯乙烯共聚物粉末氟碳涂料也可用于氢氟酸输送管路等重防腐领域，还可重新涂装或修复旧设备。乙烯-四氟乙烯共聚物涂层还可用于涂装罐体及反应釜衬里等。聚偏氟乙烯和乙烯-四氟乙烯共聚物、乙烯-三氟氯乙烯共聚物等热塑性粉末氟碳涂料虽然各项性能优异，但因其施工困难，烘烤温度高（一般为 250～300℃），静电喷涂较困难（一般需要热喷涂），而且其树脂颜料分散性差，光泽度低，表面铅笔硬度低，遮盖力差，表面质感和光洁度与普通环氧、聚酯粉末涂料相比有较大差距，用途较窄。涂料装饰性能较差，只能用于某些特殊用途，成为涂料中的“贵族”，在粉末涂料中所占的比重非常小。同时热塑性粉末氟碳涂料推广应用困难的主要原因是价格高和涂层制备困难，涂层的使用性能与氟碳树脂本身的性质不匹配，以致涂层产品的使用性能与价格不匹配，在国内还没有形成热塑性粉末氟碳涂料的系列产品。

热固性粉末氟碳涂料颜料分散性优异，烘烤温度和涂装工艺与普通粉末涂料相似，具有优异的耐化学药品性、耐候性及高装饰性，可满足更好保护工业装置和其他设施结构专用涂料日益增长的需要，广泛应用于桥梁、门窗、围墙、家用标色材料等建筑材料、汽车车体、家电产品等。

参 考 文 献

[1] Zeno W 威克斯．有机涂料科学和技术．北京：化学工业出版社，2002.
[2] 闫福安．中国涂料，2002，3.
[3] 方旭升．中国涂料，2002，2-3.
[4] 王兆勤．涂料工业，2007，8.
[5] 施良和编．凝胶色谱法．北京：科学出版社，1984.
[6] 丁奋．上海涂料，2008，10.
[7] 方旭升．第二届涂料用树脂研讨会论文集．2008：25-29.
[8] 李国起等．涂料工业，1990，15.
[9] 童国忠．上海涂料，2007，4.
[10] 李焕等．中国涂料，2007，11.
[11] 周波．涂料工业，2007，6.
[12] 孙凌等．上海涂料，2007，4.
[13] 姜英涛．上海涂料，2001，4.
[14] 闫福安．中国涂料，2003，1.
[15] 钟鑫．现代涂料与涂装，2007，8.

[16] 王国建．涂料工业，2008，3.
[17] 慈洪涛．现代涂料与涂装，2005，6.
[18] 赵其中．上海涂料，2006，12.
[19] 胡向阳．上海涂料，2007，12.
[20] 赵其中．上海涂料，2008，2.
[21] 肖玲．现代涂料与涂装，2007，11.
[22] Progress in Organic Coatings，2007，58.
[23] 何桂兰．现代涂料与涂装，2002，3.
[24] 秦宽彬等．第二届涂料用树脂研讨会论文集．2008：50-52.
[25] 祝丽等．上海涂料，2008，8.
[26] David Sykes．中国涂料工业，2008，7.
[27] Progress in Organic Coatings，2006，55：149-153；2004，49：103-108；2000，40：121-130、253-266.
[28] 陈颖敏等．涂料工业，2007，4.
[29] 魏伟等．涂料工业，2008，6.
[30] 王延飞等．上海涂料，2006，4.
[31] 王延飞等．第二届涂料用树脂研讨会论文集．2008：12.
[32] 苏慈生．涂料工业，2004，5.
[33] 黄发荣，焦杨声主编．酚醛树脂及其应用．北京：化学工业出版社，2003.
[34] 倪玉德主编．涂料制造技术．北京：化学工业出版社，2003.
[35] 潘祖仁主编．高分子化学．北京：化学工业出版社，2007.
[36] 唐路林，李乃宁，吴培熙编著．高性能酚醛树脂及其应用技术．北京：化学工业出版社，2008.
[37] 赵福君，王超编．高性能胶黏剂．北京：化学工业出版社，2006.
[38] 何曼君，陈维孝，董西侠编．高分子物理．上海：复旦大学出版社，2002.
[39] 张铸勇主编．精细有机合成单元反应．上海：华东理工大学出版社，2002.
[40] 洪啸吟，冯汉保编著．涂料化学．北京：科学出版社，2001.
[41] 李峰主编，朱铨寿副主编．甲醛及其衍生物．北京：化学工业出版社，2006.
[42] 李超，王满力，周元康，肖峰．高性能酚醛复合材料工艺研究及应用．贵州工业大学学报：自然科学版，2006，5.
[43] 刘发喜，徐庆玉，代三威，王洛礼．酚醛树脂改性研究新进展．粘接，2008，7.
[44] 于红卫，傅深渊，门全胜．酚醛树脂的浅色化研究．化学与黏合，2004，4.
[45] 薛斌，张兴林．酚醛树脂的现代应用及发展趋势．热固性树脂，2007，4.
[46] 张秀梅，吴伟卿编．涂料工业用原材料技术标准手册．第 2 版．北京：化学工业出版社，2006.
[47] 涂料工艺编委会编．涂料工艺．第 3 版．北京：化学工业出版社，2002.
[48] 吴伟卿，王二国，沈建国编．聚酯树脂实用技术问答．北京：化学工业出版社，2005.
[49] 刘国杰主编．特种功能性涂料．北京：化学工业出版社，2002.
[50] 蓝立文主编．功能高分子材料．西安：西北工业大学出版社，2002.
[51] 张铸勇主编．精细有机合成单元反应．上海：华东理工大学出版社，2002.
[52] [日] 大森英寿．丙烯酸酯及其聚合物．朱传译．北京：化学工业出版社，1985.
[53] Erbil Y H．Vinyl Acetate Emulsion Polymerization and Copolymerization with Acrylic Monomers．Boca Raton FL：CRC Press，2000.
[54] 汪长春，包启宇．丙烯酸酯涂料．北京：化学工业出版社，2005.
[55] 汪盛藻．丙烯酸涂料生产实用技术问答．北京：化学工业出版社，2007.
[56] Streiberger H J，Dossel K F．Automotive Paints and Coatings．KGaA：Wiley-Verlag GmbH Co.，2008.
[57] Ryntz R A，Yaneff P V．Coatings of Polymers and Plastics．Marcel Dekker，Inc.，2003.
[58] 陶子斌．丙烯酸生产与应用技术．北京：化学工业出版社，2007.
[59] 陆荣，黎冬冬，赵中．乳胶漆生产实用技术问答．北京：化学工业出版社，2004.
[60] 涂伟萍．水性涂料．北京：化学工业出版社，2006.
[61] 赵风清，赵北征，毕学振．环境友好涂料配方与制造工艺．北京：中国石化出版社，2006.
[62] 赵敏．涂料毒性与安全实用手册．北京：化学工业出版社，2004.
[63] 胡大明，曾燕勤．聚酯/聚丙烯酸酯复合树脂及涂料．涂料工业，1996，(1)：3-7.

[64] Graham W F, Anton D R, Johnson J W, Michalczyk M J, Quashie S K. Coating compositions containing a fluorinated organosilane polymer: US, 7288282. 2007.

[65] Henry N, Krebs A, Moerman M C, Uyterrhoeven G. High solids coating compositions: U S, 6069203. 2000.

[66] Hashimoto T, Kitamoto T. Aqueous siliconized acrylic resin dispersions and process for preparing the same: WO, 9722641, 1997.

[67] Chen M J, Osterhohz F D, Pohi E R, et al. Silane in high solids and waterborne coatings. J Coat Tech, 1997, 69 (870): 43-51.

[68] Park H S, Yang L M, et al. Synthesis of silicone-acrylic resins and their applications to super weather Able coatings. J Appl Polym Sci, 2001, 81 (7): 1614-1623.

[69] 郑平萍，王国建. 有机硅改性丙烯酸酯树脂的研究进展. 上海涂料，2004，42 (5)：16-19.

[70] Wada T, Uragami T. Preparation and characteristics of a waterborne preventive stain coating material with organic-inorganic composites. J Coat Tech Res, 2006, 3: 267-274.

[71] 张发爱，王云普，余彩莉，顾生玖. 含羟基丙烯酸树脂的水溶性研究. 精细化工，2005，22 (9)：717-720.

[72] Kwak Y, Goto A, Fukuda T, et al. A systematic study on activation processes in organotellurium-mediated living radical polymerizations of styrene, methyl methacrylate, methyl acrylate, and vinyl acetate. Macromolecules, 2006, 39 (14): 4671-4679.

[73] Tsarevsky N V, Matyjaszewski K. Green atom transfer radical polymerization: From process design to preparation of well-defined environmentally friendly polymeric materials. Chem Rev, 2007, 107 (6): 2270-2299.

[74] Braunecker W A, Matyjaszewski K. Controlled/living radical polymerization: Features, developments, and perspectives. Progress in Polymer Science, 2007, 32 (1): 93-146.

[75] Matyjaszewski K, Davis T P, Handbook of Radical Polymerization. Hoboken: John Wiley, 2002.

[76] Bongiovanni R, Montefusco F, Priola A, et al. High performance UV-cured coatings for wood protection. Progress in Organic Coatings, 2002, 45: 359-363.

[77] Sugimoto S. Aqueous water and oil repellent composition: JP, 131537. 2001.

[78] Munro C H, Kania C M, Coating compositions having a geometrically ordered arry of polymeric particals and substrates coated therewith: WO, 0190260. 2001.

[79] De Meijer M. Review on the durability of exterior wood coatings with reduced VOC-content. Progress in Organic Coatings, 2001, 43 (4): 217-225.

[80] 胡平，陈平绪，赖学军，曾幸荣. 水性聚丙烯酸酯改性研究进展. 涂料工业，2008，38 (1)：55-59.

[81] Ekstedt J. Influence of coating system composition on moisture dynamic performance of coated wood. J Coat Tech, 2003, 75: 27-37.

[82] Nguyen T, Martin J, Byrd E. Relating laboratory and outdoor exposure of coatings: Ⅳ. Mode and mechanism for hydrolytic degradation of acrylic-melamine coatings exposed to water vapor in the absence of UV light. J Coat Tech, 2003, 941: 37-50.

[83] Pardini O R, Amalvy J I, Di Sarli A R, et al. Formulation and testing of a waterborne primer containing chestnut tannin. J Coat Tech, 2001, 73: 99-106.

[84] 罗英武，许华君，李宝芳. 细乳液聚合制备有机硅/丙烯酸酯乳液及其性能. 化工学报，2006，57 (12)：2981-2986.

[85] Batdorf V H, et al. Ultraviolet light protective coating: US, 6342556. 2002.

[86] Studer K, Decker C, Beck E, et al. Overcoming oxygen inhibition in UV-curing of acrylate coatings by carbon dioxide inerting, Part Ⅰ. Progress in Organic Coatings, 2003, 48 (1): 92-100.

[87] Studer K, Decker C, Beck E, et al. Overcoming oxygen inhibition in UV-curing of acrylate coatings by carbon dioxide inerting: Part Ⅱ. Progress in Organic Coatings, 2003, 48 (1): 101-111.

[88] Ortiz R A, Sangermano M, Bongiovanni R, et al. Synthesis of hybrid methacrylate-silicone-cyclohexanepoxide monomers and the study of their UV induced polymerization. Progress in Organic Coatings, 2006, 57 (2): 159-164.

[89] 钱亦萍，强西怀，乔永洛，申亮. 核壳型丙烯酸树脂乳液聚合稳定性的研究. 化学建材，2006，22 (6)：4-6.

[90] 房俊卓，高继红，徐崇福. 有机氟丙烯酸乳液的合成及其膜表面性能的研究. 宁夏大学学报，2006，27 (3)：252-254.

[91] 易翔，杨辉琼，钟萍，邓友强. 环氧改性丙烯酸系亲水涂料的研究. 材料保护，2007，40 (7)：49-51.

[92] 孙绍晖，孙培勤，刘大壮. 环氧/叔胺/丙烯酸树脂三元配比对复合水性涂料性能影响的研究. 涂料工业，2007，37（7）：14-16.

[93] Naghash H J，Mallakpour S，Mokhtarian N. Synthesis and characterization of silicone-modified vinyl acetate-acrylic emulsion copolymers. Progress in Organic Coatings，2006，55：375-381.

[94] Khan A K，Ray B C，Dolui S K. Preparation of core-shell emulsion polymer and optimization of shell composition with respect to opacity of paint film. Pregress in Organic Coatings，2008，62：65-70.

[95] Decker Ċ，Masson F，Schwalm R. How to speed up the UV curing of water-based acrylic coatings. J Coat Tech，2004，1（2）：127-136.

[96] 付宗燕，王广勤. 光固化涂料生产技术及进展. 精细石油化工进展，2007，7（7）：52-56.

[97] 郝才成，肖新颜，万彩霞. 新型紫外光固化涂料的研究进展. 化工新型材料，2008，36（1）：4-6.

[98] Wicks Z，Jones F，Pappas S P. Organic Coatings，1994，2：155.

[99] Wicks Z，et al. Organic Coatings，1992，1：164.

[100] Meeus F. 表面处理技术和设备，1990，2（Sept）：33.

[101] Massingill J L，et al. Jour Coat Tech，1990，62：78.

[102] 张在利，刘守贵，王家贵. 涂层新材料，2006，(1)：1-5.

[103] 欧伯兴. 上海涂料，1999，(4)：41-46.

[104] 胡岳楠. 上海涂料，1990，(3)：5-14.

[105] 虞兆年. 防腐蚀涂料与涂装. 北京：化学工业出版社，2002：131.

[106] 黄建中，左禹. 材料的耐蚀性和腐蚀数据. 北京：化学工业出版社，2003：4.

[107] Klein D H，Jorgprog K. In Org Coatings，1997，32：119-125.

[108] Klein D H，et al. Surface Coatings International，1998，81（2）：588.

[109] 俞剑峰. 上海涂料，2006，(6)：1-4.

[110] 于晓辉，郭忠诚. 电镀与涂饰，2005，24（9）：53-57.

[111] Almeida E，et al. In Org Coatings，1999，37（3-4）：131.

[112] 王岚等. 上海涂料，2006，(7)：17-20.

[113] 中国化工信息，2006，4（3）：13A；2006，9（25）：38A.

[114] 陈铤，施珍，施生君. 上海涂料，2004，2：26-30.

[115] Patal C J，et al. Europ Coat J，2006，10：36-43.

[116] 王德中. 上海涂料，2000，1：36-38；2：28-31.

[117] 徐凯斌. 上海涂料，1999，2：4-6.

[118] 芮龚. 上海涂料，1999，1：6-10；3：9-11.

[119] 方允之，都绍萍，冯宝俊. 上海涂料，1990，1：2-5.

[120] 毕学振. 中国涂料，2006，12：43-45.

[121] 范亚平等. 涂料工业，2006，7：17-21.

[122] 石磊等. 涂料工业，2006，9：11-14.

[123] 周文涛. 上海涂料，2007，10，13.

[124] 王兆安等. 上海涂料，2007，10：15.

[125] 巩永忠，王雷，苑峰. 三氟氯乙烯-乙烯基醚为基体热固性氟粉末涂料的研制. 涂料工业，2007，(3)：8-11.

[126] Luthra S Hergenrother. J Protecting Coatings and Linings，1993，10（5）：24.

[127] Luthra S，Roesler R R. Modern Paint & Coatings，1994，84（2）：20.

[128] 永井昌宪等. 色材协会志，1993，66（12）：736.

[129] 巩永忠，黄之祥. 三氟氯乙烯-乙烯氟碳粉末涂料及其在化工重防腐领域中的应用. 现代涂料与涂装，2005，(5)：9-10.

[130] Günther S. Safety in the Application of 2 Pack PU Coatings（Bayer A. G.）.

[131] 突跃利. 上海涂料，1994，3：176.

[132] Lucas H R，Wu K. J Coat Tech，1993，65（820）：59.

[133] 胡岳楠等. 上海涂料，1990，1：5-14.

[134] Woo A L，et al. Modern Paint and Coatings，1992，82（7）：32-36.

[135] Polymer Paint Colour Jour，1991，178（4226）：860.

[136] Satguru R，et al. J Coat Tech，1994，66（830）：47.

[137] 张军科等．上海涂料，2004，11：9-11．
[138] 朱宁香等．上海涂料，2007，8：29-33．
[139] 谭海龙等．涂料工业，2008，38（2）：25-27．
[140] 董玉婷，赵其中．第六届水性木器涂料研讨会论文集．2008：209．
[141] 陈文等．表面技术，2005，34（3）：50-53．
[142] 张卫群等．上海涂料，2000，1：43-46．
[143] 第一届氯化聚烯烃树脂应用技术研讨会论文集．青岛：1997；第二届氯化聚烯烃树脂应用技术研讨会论文集．宁波：2006．
[144] Laroflex MP 树脂在涂料中的应用．巴斯夫公司技术服务手册．1995．
[145] 中华人民共和国兵器行业标准．WJ 9028—2005．涂料用硝化棉规范．
[146] GB 17914—1999．易燃易爆性商品储藏养护技术条件．．
[147] 巩永忠，王雷，肖瑞厚．国内外氟碳粉末涂料的开发现状与发展趋势．中国涂料，2005，(8)：18-20．
[148] 林雪南，张卓杰．试论国内外硝化纤维素的安全管理．2007 年广东安全生产研讨会论文集．2007．
[149] GB 50016—2006．建筑设计防火规范．
[150] 张爱霞，周勤，官长志．2003 年国外有机硅工业进展．有机硅材料，2004，18（4）：34-39．
[151] 刘国杰，耿耀宗编著．涂料应用科学与工艺学．北京：化学工业出版社．1999：331-365．
[152] 夏正斌，涂伟萍．含硅树脂水分散体涂料．北京：中国轻工业出版社．2004：355．
[153] 罗运军，桂红星编．有机硅树脂及其应用．北京：化学工业出版社，2002．
[154] Clive H Hare．Silicone resins—Ⅰ．Paintindia，1998，Feb：35-41．
[155] 战凤昌，李说良等编．专用涂料．北京：化学工业出版社，1998：106．
[156] 刘国杰主编．特种功能性涂料．北京：化学工业出版社，2002：19-35．
[157] 孙酣经主编．化工新材料．北京：化学工业出版社，2004．
[158] 冯圣玉，张洁，李美江，朱庆增编著．有机硅高分子及其应用．北京：化学工业出版社，2004．
[159] 刘国杰，夏正斌，雷智斌编著．氟碳树脂涂料及施工应用．北京：中国石化出版社，2005：21．
[160] Clive H Hare．Silicone resins—Ⅱ．Paintndia，1998，Mar：57-62．
[161] 白井伸佳等．涂料用湿气硬化型シリコーン～アクリル树脂にっして．色材，1990，63（6）：344-352．
[162] Ryntz R A，et al．Effect of siloxane modification on the physical attributes of an automotive coating．JCT，1992，64（813）：83-89．
[163] 王智和，丁鹤雁，任静．涂料用含硅丙烯酸树脂的研究进展．有机硅材料，2001，15（4）：29-33．
[164] Park H S，et al．Preparation and characterization of weather resistant silicone/acrylic resin coatings．JCT，2003，75（936）：55-64．
[165] Edwin P Plueddemann．Adhesion throuth silane coupling agents．J Adhesion，1970，2（7）：184．
[166] Ogarev VA，Selector S L．Organosilicon promotors of adhesion and their influence on the corrosion of metals．Prog Org Coat，1992，21：135-187．
[167] Calbo L J 主编．涂料助剂大全．朱传棨，段质美等译．上海：上海科学技术文献出版社，2000：194-203．
[168] Gerald L Witucki．A silane primer：Chemistry and applications of alkoxy．JCT，1993，65（822）：57．
[169] 林宣益主编．涂料助剂．第 2 版．北京：化学工业出版社，1990：555．
[170] 李桂林编著．环氧树脂与环氧涂料．北京：化学工业出版社，2003：121，381．
[171] 郭淑静，张秀梅编．国内外涂料助剂产品手册．第 2 版．北京：化学工业出版社，2005：1-33．
[172] 刘国杰．硅氧烷偶联剂的性能及在涂料中的应用．涂层新材料，2006，(6)：8；2007，(1)：9．
[173] Bernard Boutevin，et al．Hybrid fluorinated silicones，synthesis and thermal properties of homoplymers and copolymers．Macromol Chen Phys，1998，199：61-70．
[174] 刘国杰．氟化改性有机硅的性能及在涂料中的应用．涂层新材料，2005，(3)：22．
[175] Steffen Hofacker，et al．Sol-gel：A new tool for coatings．Chemistry Prog Org Coat，2002，45：159．
[176] Owen M J．A review of significant directions in fluorosiloxane coatings．Surface Coat Inter，2004，87（2）：71-76．
[177] Dr．Michael Owen．Fluorosilicone surfacace activity．Fluoropolymer Symposia，2000：10-17．
[178] ［日］山边正显，松尾仁主编．含氟材料的研究发展．闻建勋，闻宇清译．上海：华东理工大学出版社，2003．
[179] Hiroshi Inouo，et al．Surface characteristics of fluoroalkylsilicone—poly methyl（methacrylate）block copolymers and their PMMA blends．J Appl Polym Sci，1990，40：1917-1938．
[180] Shilpa K Thanawala，Manoj K Chaudhury．Surface modification of silicone elastomer using perfluororinated ether．

Langmuir，2000，16：1256-1260.
[181] 查春梅，高瑾，李久青，杜翠凤．溶胶-凝胶技术制备有机-无机杂化保护涂层的研究现状．涂层新材料，2004，(2)：24-29.
[182] Ray Fernado. Nanomaterial technology applications in coatings. TCT，2004，May：32.
[183] Pospiech D，et al. Surface structure of fluorinated polymers and block copolymers. Surface Coat Inter，2003，86 (B1)：43.
[184] 刘国杰．涂料发展趋势简评Ⅵ．有机硅材料黏结剂发展概况．涂层新材料，2006，(3)：13.
[185] William A Finzel. High solid polyorganoxane polymers for high temperature applications. JCT，1992，64 (809)：47.
[186] 刘国杰．涂料发展简评Ⅱ．环境友好型涂料——水性涂料．涂层新材料，2005，(5)：217.
[187] 魏杰，金养智编著．光固化涂料．北京：化学工业出版社，2005：52，141.
[188] 刘国杰．现代涂料工艺新技术．北京：中国轻工业出版社，2000：150-154.
[189] Gambut L，Breunig S，Frances J M. UV/EB—curable siloxane diluents. Surface Coatings International Part A，2005，182-187.
[190] 杨建，曾兆华，陈用烈编著．光固化涂料及应用．北京：化学工业出版社，2005：253-263.
[191] Rose K，et al. Radiation curing of hybrid polymer coatings. Surface Coatings International Part B，2005，89 (B1)：41-48.
[192] Amberg-Schwab S，et al. Barrier properties of inorganic-organic polymers ：Influence of starting compounds，curing conditions and storage-scaling up to industrial application. J Sol-Gel Sci Technol，2000，(19)：125-129.
[193] Pouchol J M，et al. Silicone resin emulsions：Binders for high performing façade coatings. JOCCA，1990，(9)：370.
[194] 林宣益编著．乳胶漆．北京：化学工业出版社，2004：340.
[195] 黄文润编著．硅油及二次加工品．北京：化学工业出版社，2004：29.
[196] [美] 萨塔斯，阿瑟编．涂料涂装工艺应用手册．第 2 版．赵风清，肖纪君等译．北京：中国石化出版社，2003：534.
[197] 王燕，张保利，朱柯等．丙烯酸有机硅共聚物乳液聚合工艺研究．涂料工业，2000，(6)：1；2000，(10)：1.
[198] 刘敬芹，张力，朱志博等．建筑涂料用硅丙乳液的研究进展．涂料工业，2002，(3)：21.
[199] 周子鹄，文秀芳，杨卓如．有机硅氧烷改性丙烯酸乳液合成研究．高功能涂料的开发与应用论文集 (1)．北京：2002：26.
[200] Zhang W，Yang M J. Study on siloxane-acrylic aqeous dispersions for use in exterior decorative. Surface Coatings International Part B，2005，88 (B2)：107.
[201] Lambourne R，Strivene T A. Paint and Surface Coatings. Theory and Practice. Woodhead Publishing Limited，1999：674.
[202] 洪啸吟，冯汉保编著．涂料化学．北京：科学出版社，1997：131-134.
[203] Ichiro Azuma，et al. Acrylic oligomer for high solid automotive top coating system having excellent acid resistance. Prog in Org Coat，1997，32：1-7
[204] Hisaki Tanabe，et al. A new resin system for super high solid coatings. Prog in Org Coat，1997，32：197-203.
[205] 刘国杰主编．现代涂料工艺新技术．北京：中国轻工业出版社，2000：378-379.
[206] 管从胜，王威强．氟树脂涂料及应用．北京：化学工业出版社，2004：17-24.
[207] 安静雯等．可溶型含氟涂料树脂及其制备方法：ZL，200310109383．8．2003-12-15.
[208] 刘国杰等．氟碳树脂涂料及施工应用．北京：中国石化出版社，2005：107-132.
[209] 刘洪珠，高达，金宇飞．涂料用氟碳乳液的制备．涂料工业，2002，32 (10)：9-10.
[210] 国家发明专利：CN，1362422A．2005.
[211] 刘洪珠，高达．水性氟 (碳) 树脂制备及应用研究．新型建筑材料，2005，(9).
[212] 国家发明专利：CN，10046822.9．2006.
[213] 国家发明专利：CN，1322275A．2004.
[214] EP 0556729A1.
[215] 刘国杰等．氟碳树脂涂料及施工应用．北京：中国石化出版社，2005：107-132.
[216] 章云祥等．乙烯-三氟氯乙烯共聚物的制备方法：ZL，200410058026.8．2003-8-9.
[217] 巩永忠，蔡玉波，孙艳．乙烯-三氟氯乙烯氟碳粉末涂料及耐化学腐蚀性研究．中国涂料，2004，(9)：20-22.

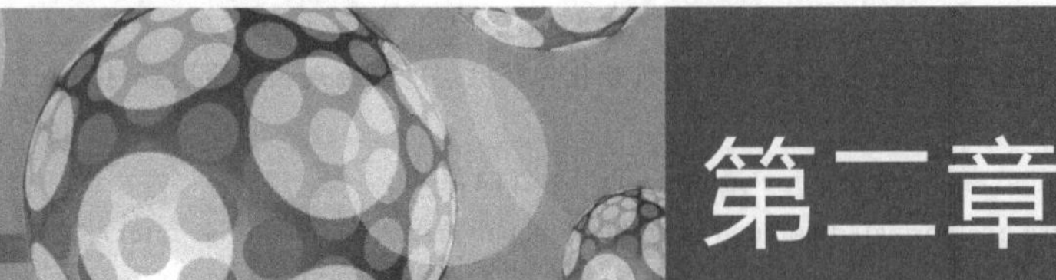

第二章

颜料与填料

第一节 颜料与填料的概述

颜料和填料是涂料的重要组成部分，根据涂料使用要求，颜料与填料的加入品种、数量有所不同，有用单一的，也有用两三种复合的，复杂时要用十多种搭配使用；添加数量从百分之几到百分之几十，甚至高达60%以上。这些颜料与填料不仅能保证涂料具有良好的遮盖力、丰富的色彩，还能赋予涂膜与施工各项其他特殊功效。作为涂料用的颜料与填料必须对分散性、白度、颜色、遮盖力、着色力、吸油量、粒度分布、耐酸碱性、耐光性、耐候性及耐温性等根据用途进行规定。

一、颜料与填料的定义

颜料是一类有色（含白色）的微细颗粒状物质，不溶于分散介质中，是以其“颗粒”展现其颜色（简称“颜料发色”）为特征的一类无机或有机物质。颜料的粒度范围通常介于30nm～100μm之间。颜料的颜色、遮盖性、着色性及其他特性与其在介质中的分散状态（颜料颗粒在介质中的存在状态）有极大的相关关系。

颜料中的有机颜料与染料有很多相似之处，其最根本的区别在于，“染料”是可溶解在分散介质中，以其“分子基团”展现其颜色（简称“分子发色”）的。

填料是一类在介质中以“填充”为主要作用的微细颗粒状物质，不溶于分散介质中，也称体质颜料。填料干粉的外观大多为白色或浅灰色，一般其在介质中遮盖力、消色力均很低。通过在介质中加入填料，可有效改变介质中的非颜色性的物理和化学性质。

二、颜料与填料的作用

1. 颜料的作用

颜料是涂料色漆生产中不可缺少的成分之一。其作用除了为涂膜提供色彩装饰外，还可以为涂料提供更多的物理和化学性能的改善，如遮盖性、耐光性、耐候性、耐温性、耐化学药品性、光泽及机械强度等。在涂料中使用功能性颜料可以赋予涂料特殊性能，如特种装饰效果（金属质感、珠光光泽、夜光、荧光等）、防腐、防火、导电、抗静电、示温等特种功能。

2. 填料的作用

填料在涂料中主要有两方面作用：一是“填充”作用，降低成本；二是通过加入填料改变涂膜或漆料的物理和化学性质。现代涂料技术更加重视填料的第二方面的作用，如通过选择不同种类和数量的填料，可有效改善涂料的贮存性能和施工性能，提高涂膜的机械强度、耐磨性、耐水性、抗紫外线性、隔热性和抗龟裂性等。

与颜料相比，大部分填料具有成本低、吸油量低和较易分散等优点。

颜料与填料在涂料中的作用见表 2-2-1。

表 2-2-1　颜料与填料在涂料中的作用

颜料类别	作用与功能
着色颜料	1. 赋予涂料与涂膜众多色彩，提高涂膜的装饰性与保护性(颜色的搭配性)； 2. 涂料遮盖力与鲜艳度的保证； 3. 颜色耐性(耐光、耐候、耐酸、耐碱、耐溶剂、耐温等)的保证； 4. 颜料在涂料中的分散性、展色性的保证； 5. 提供安全色(安全标志)
防锈颜料	能防止金属表面发生化学或电化学腐蚀(有物理防锈与化学防锈)，如非活性的铝粉、石墨、氧化铁红；活性的氧化锌、锌粉、碱式铬酸铅以及红丹、锌铬黄等
特殊功能颜料	赋予涂层特殊功能效果，如珠光颜料使涂膜具有绚丽的珍珠光泽效果；金属颜料使涂膜具有金属闪光效果；纳米颜料使涂膜具有抗紫外线、防霉、耐水及超耐候、耐温等效果；还有示温颜料、夜光颜料、荧光颜料、变色颜料和耐高温颜料等均能使涂膜获得相应的效果
填料	1. 提高涂料与涂膜的机械强度； 2. 填充作用，提高固体含量，减少树脂与溶剂用量，降低成本； 3. 赋予涂料好的流动性、开罐效果与施工性能，增加涂膜厚度； 4. 参与成膜，提供部分遮盖，耐磨性、抗紫外线作用，延长涂膜使用寿命； 5. 特殊功能性，如紫外线屏蔽、耐热、毒性极小； 6. 还可改善其他添加剂性能，如增稠剂、流变剂、抗静电剂、紫外线稳定剂等

三、颜料与填料的分类

颜料按化学组成分类，可分为有机颜料和无机颜料，无机颜料主要包括炭黑、铁、锌、铅、铬、镉和钛等金属的氧化物和盐；有机颜料可分为偶氮颜料类（单偶氮、双偶氮）、色淀类、铜酞菁类、稠环类及有机大分子颜料。根据来源可分为天然颜料与合成颜料，天然颜料主要来源于天然矿物，如朱砂、红土、黄土、赭石等；合成颜料如钛白粉、铁红、酞菁蓝及 DPP 红等。根据颜料功能分为发光颜料、防锈颜料、磁性颜料、珠光颜料、导电颜料、高温颜料及示温颜料等。按颜色分为白色颜料、黄色颜料、橙色颜料、红色颜料、蓝色颜料、绿色颜料、紫色颜料、棕色颜料、黑色颜料。按主化学元素分为铁系颜料、铬系颜料、钛系颜料、铅系颜料、锌系颜料等。按应用领域可分为涂料用颜料、油墨用颜料、塑料用颜料、橡胶用颜料、搪瓷用颜料。根据在涂料应用中所起的主要作用的应用，可分为着色颜料、体质颜料、防锈颜料及特殊功能颜料。颜料分类五花八门，不同领域均有其习惯的分类方式，很难统一。对于涂料领域，通常习惯按颜料的化学组成、颜色以及功能、性能进行分类。

第二节　颜料的特性和指标

丰富的涂料品种对所选用的颜料有着众多的性能要求，如颜料的颜色、装饰性、润湿性、分散性、着色力、消色力、吸油量、吸水性、耐光性、耐候性、耐酸性、耐碱性、化学组成、晶型、耐热性、密度、粒径、粒径分布、比表面积、界面张力、亲水亲油平衡性及制漆性能等。

一、颜料基本性能

1. 颜色

颜色是颜料（尤其是着色颜料）最为重要的性能指标之一，已经形成一门学科，它涉及光学、生理学及心理学等。颜料的颜色主要取决于其化学组成和结构、粒子的大小与晶型，同时还与光源环境、观测者等因素有关。颜料的颜色是构成涂料色彩多样化的基础。

颜色的品种数以万计，大致可分为红、橙、黄、绿、青、蓝、紫、黑、灰与白等诸色。它们并非孤立存在，各种颜色之间存在一定的内在联系，每种颜色都可通过自身的三种基础特质（色调、明度、饱和度）来完整表现。在表征颜色的立体模型中的每一部位各代表一个特定的颜色，目前，国际上已广泛采用孟赛尔颜色系统（将在第四节做详细描述），作为分类和标定表面色的方法，其表示方法符号为HV/C，H代表色调（hue），V代表明度（value），C代表彩度（chroma）。通过三者来描述颜色，可以准确地鉴别一个颜色，并区别于其他颜色。两个颜色完全相同的充要条件是H、V、C三要素的值都相同。

(1) 色调　色调是彩色彼此相互区别的特性，可见光波段的不同波长刺激人眼产生不同的色彩感觉，色调体现了颜色在“质”方面的关系。色调也称色相，即表示红、黄、蓝、紫等颜色的特性，是一种视觉感知属性。物体的色调取决于光源的光谱组成和物体表面所反射（或透射）的各波长辐射的比例对人眼所产生的感觉。

(2) 明度　明度是人眼对光源或物体明亮程度的感觉，能够表征出颜色明暗深浅的差别，受视觉感受性和过去经验的影响。明度体现了颜色在“量”方面的不同。即表征的是一个物体反射光线多少的知觉属性。明度与反射率有关，物体表面反射率越高，其明度越高，白比灰高，黄比红高。光源的亮度越大，明度越高；黑白图像用灰度、灰阶描述。

(3) 饱和度　饱和度是颜色在色调“质”的基础上所表现的色彩纯洁程度，所以饱和度又称“彩度”。它是光谱中波长段是否窄、频率是否单一的表示。当物体反射出光线的单色性越强，则饱和度越大。黑白色只用明度描述，不用色调、饱和度描述。

2. 润湿性与分散性

(1) 润湿性　润湿性是指颜料与树脂、溶剂或其他混合物的亲和性。颜料在使用时，原有的固/气界面（颜料颗粒/空气或潮气）消失，形成新的固/液界面（颜料颗粒/助剂或体系溶剂、水），这一过程称为“润湿”。润湿与颜料的表面能有关，当颜料粒子加入树脂或溶剂中，如果界面张力过大，就不能被树脂、溶剂所润湿，颜料将不能均匀地分布到树脂与溶剂中去，其结果是，颜料粒子从树脂、溶剂中离析，形成涂膜后将产生诸如颗粒、凹坑、颜色不均匀等涂膜病态，即使通过添加大量润湿剂也很难达到理想效果。

颜料的润湿性主要取决于颜料的表面化学物理特性。通过对颜料表面进行合理处理可以有效降低颜料的表面能，提高其表面活性，使颜料粒子获得良好的润湿性，如包膜钝化处理、表面活性剂处理等。

颜料润湿性好将十分有利于颜料在涂料树脂中的分散，从而避免色漆涂膜的多种弊病产生，如颜色不够鲜艳（饱和度低）、光泽低、容易浮色发花、抗絮凝性差、涂料贮存稳定性不好及颗粒过大等。

(2) 分散性　分散性就是颜料团粒（附聚体）在树脂和溶剂中分离成理想的原生粒子分散体的能力，并将这种分散状态尽可能稳定地维持，但事实上不可能达到原生粒子状态，往往是通过合理添加分散助剂和采用好的研磨设备与分散工艺，使颜料团粒打开，并被助剂分子充分润湿，从而形成稳定的、颜料颗粒极小的颜料分散体。

颜料的分散性，不仅取决于颜料粒子的粒度分布、聚集状态的可分散性，也取决于粒子表面状态（亲水性或亲油性）和涂料介质的特性。

一般分散好的颜料随贮存时间增加，絮凝程度也相应略有增加。

分散不好的颜料随贮存时间增加，絮凝程度会明显增加，形成较粗颜料颗粒，从而会导致颜料自身着色强度与遮盖力下降、颜料颗粒过粗、涂膜光泽降低等多种涂膜弊端。

要形成稳定的颜料分散体，添加分散剂是必要的，分散剂在颜料的分散过程中起到促进分散、润湿及防止凝聚的作用，分散剂被吸附于颜料颗粒表面，通过静电斥力或空间位阻作用，防止它们再结合，降低了研磨能耗，缩短了研磨时间。

3. 着色力与消色力

(1) 着色力 着色力又称着色强度（tinting strength），是表征某一种颜料与另一基准颜料混合后所显现颜色强弱的能力，通常以白色颜料为基准来衡量各种彩色或黑色颜料的着色能力。

着色力的量度是与标准样品做比较，以式(2-2-1) 所得百分数表示：

$$着色力=\frac{A}{B}\times 100\% \tag{2-2-1}$$

式中 B——标准颜料所需白色颜料数；

A——待测颜料所需白色颜料数。

着色力是颜料对光线吸收和散射的结果，主要取决于吸收，吸收能力越大，其着色力越高。着色力是控制颜料质量的一个重要指标，当颜料用于着色时，着色力高的颜料在获得同样着色强度时，颜料用量就比着色力低的颜料少。

着色力的强弱不仅与颜料的化学组成有关，还与颜料粒子大小、形状、粒径分布、晶型结构和颜料粒子在涂膜中的分散度等因素有关。

着色力一般随着颜料的粒径减小而加强，当超过一定极限后，其着色力会因粒径减小而减弱，所以存在使着色力最强的最佳粒径。

由于着色力主要取决于吸收，因此吸收系数越大，则着色力越高。

彩色颜料的着色力随颗粒大小波动情况远不如折射率大的白色颜料表现明显，而且在颗粒增大到一定程度后，着色力变得很低，从着色力曲线所表现的“左偏斜”，说明选用细颗粒颜料有助于着色力的提高。

图 2-2-1 为彩色颜料粒径与着色力关系，n 代表折射率，k 代表吸收系数。图 2-2-2 为白色颜料（金红石型钛白和硫化锌）粒径与着色力关系。

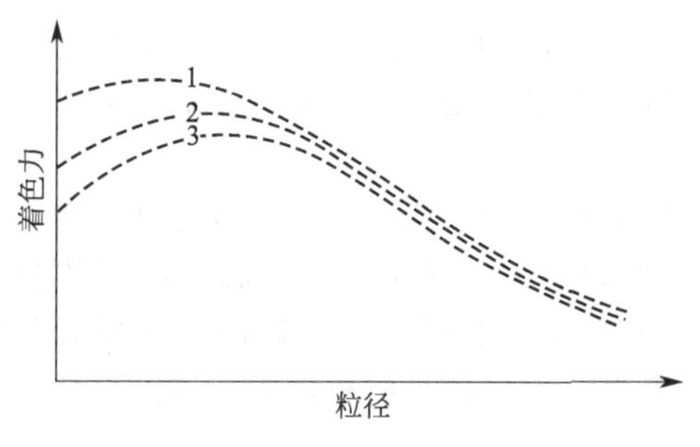

图 2-2-1 彩色颜料粒径与着色力关系

1—低 n 高 k；2—n、k 都中等；3—高 n 低 k

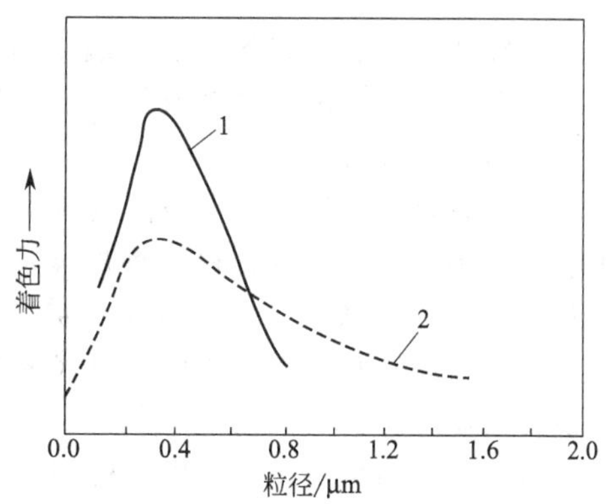

图 2-2-2 白色颜料粒径与着色力关系

1—金红石型 TiO_2；2—ZnS

从图 2-2-1 和图 2-2-2 可以看出，前者是彩色颜料，由于着色力主要取决于吸收，即主要决定于其化学物质的本质，因此和粒径关系不十分突出，但吸收系数作用较大，同样粒径下吸收系数 k 值大的着色力要强。后者是白色颜料，它的吸收作用是很小的，此时着色力主要取决于散射，由于散射和颗粒大小关系紧密，因此白色颜料着色力随颗粒粒径变化较明显，而且折射率越高，颜料随粒径变化越显著。

着色力与颜料粒子在涂膜中的分散程度有关，分散得越好，着色力越强，为了提高颜料本身的着色力，对颜料的加工、后处理要给予足够的重视，如预分散、研磨、助剂的添加及分散工艺等。

另外，不同化学组成的颜料，由于颗粒形状、结晶类型不同也影响了着色力，所以着色力的影响因素很多，评价着色力的高低要从多方面进行分析。

(2) 消色力 消色力是指一种颜色的颜料抵消另一种颜料颜色的能力。一般颜料的着色力越强，其消色力也越强，通常用于评定白色颜料。一般来说，颜料有较大的折射率，就有较高的消色力。金红石型钛白粉在白色颜料中的折射率最大，它的消色力也最高。几种常用白色颜料的折射率见表 2-2-2。

表 2-2-2 几种常用白色颜料的折射率

颜料名称	折射率	颜料名称	折射率	颜料名称	折射率
金红石型钛白粉	2.71	锑白	2.20	铅白	2.00
锐钛型钛白粉	2.55	锌白	2.01	锌钡白	1.84

4. 遮盖力

颜料加在透明基料之中使之成为不透明，完全盖住测试基片的黑白格所需的最少颜料量称为遮盖力，通常以每平方米底材面积所需覆盖干颜料克数来表示，单位为 g/m^2。

遮盖力（hiding power）是由于颜料和存在其周围介质的折射率之差造成的。当颜料和基料的折射率相等时就是透明的，当颜料的折射率大于基料的折射率时就出现遮盖，两者的差越大，则表现的遮盖力越强，几种常见物质的折射率见表 2-2-3。

表 2-2-3 几种常见物质的折射率

颜料名称	折射率	颜料名称	折射率	颜料名称	折射率
空气	1.0	碳酸钙	1.58	硫化锌	2.37
水	1.33	二氧化硅	1.55	金红石型钛白粉	2.71
油	1.48	立德粉	1.84	锐钛型钛白粉	2.55
树脂	1.55	氧化锌	2.02		

碳酸钙在湿的状态下涂刷在墙上时，由于它和水的折射率相差不多，看起来遮盖力很差，但干了以后，由于空气取代了水，此时两者折射率之差变大了，所以干后看起来遮盖力大大增加（干遮盖）。

本来涂料中颜料粒子应被漆基所润湿，为了增加遮盖力，可以增添一部分低遮盖力的体质颜料，例如，在建筑涂料中掺加体质颜料作适当的填充，其用量超过临界颜料体积浓度（CPVC）时，形成有一些颜料粒子被空气包围，不被漆基润湿，反而提高了这部分颜料的遮盖能力。用低遮盖力的体质颜料代替部分高遮盖力、价格较高的钛白粉，既降低成本，又不影响遮盖力。

遮盖力是颜料对光线产生散射和吸收的结果，主要是靠散射。对于白色颜料更是主要靠散射，彩色颜料则吸收能力也要起一定作用，高吸收的黑色颜料也具有很强的遮盖能力。由于遮盖力的产生和光学过程密切相关，因此当颜料化学组成固定后，颗粒大小 、分布、晶型、晶型结构就都与遮盖力大小有关。

白色颜料主要是散射，由散射而产生的遮盖力主要与洛伦兹（Lorentz）因子、颜料粒子大小和颜料浓度三个因素有关。洛伦兹因子反映颜料与成膜物的折射率关系，如式(2-2-2) 所示。

$$L=\frac{n_p^2-n_b^2}{n_p^2+2n_b^2} \tag{2-2-2}$$

式中　L——洛伦兹因子；

n_p——颜料折射率；

n_b——成膜物折射率。

经验表明，遮盖力与 L 的平方成正比。这说明颜料与成膜物的折射率差越大，遮盖力就越高。

颜料的遮盖力与粒径大小有关，一般高折射率颜料与粒径关系较大，低折射率颜料与粒径关系较小，通过图 2-2-3 可以看出，高折射率的颜料要比低折射率的颜料遮盖力强，每条随粒度而变的遮盖力曲线都存在一个最高值。在最佳粒径产生最大遮盖力的原因是由于光的衍射作用，当颜料粒径相当于波长的 1/2 时，效果最佳，粒径再小时，光线会绕过颜料粒子，发生衍射，就不能发挥最大遮盖作用，同时随着粒径变小，透明度增强，遮盖力下降。超过粒径的最佳状态时，随着粒径的变大，光的散射作用越来越差，遮盖力同样会下降。

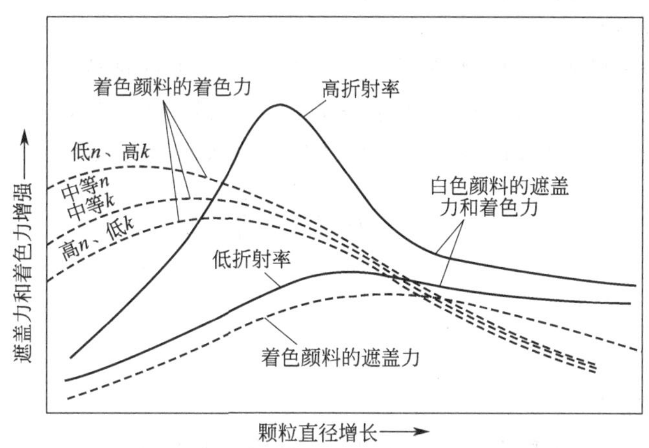

图 2-2-3　颜料粒径与着色力、遮盖力关系

n—折射率；k—吸收系数

粒径对散射有较大影响。当粒径很小时，散射很小。随着粒径的增大，金红石型钛白粉、锐钛型钛白粉和硫化锌的散射迅速提高，达到最大值，而氧化锌和立德粉的散射相对较慢地提高至最大值。随着粒径的进一步增大，散射下降。不同颜料的最佳散射粒径是不同的。当入射光为可见光的平均波长（λ=550nm），n_b=1.55 时，常用白色颜料的最佳散射粒径列于表 2-2-4。

表 2-2-4　常用白色颜料的最佳散射粒径

颜　料	最佳粒径/μm	颜　料	最佳粒径/μm
金红石型钛白粉 TiO_2	0.27	立德粉 $BaSO_4$·ZnS	1.20
锐钛型钛白粉 TiO_2	0.37	硫酸钡 $BaSO_4$	4.0
硫化锌 ZnS	0.40	气泡	0.70
氧化锌 ZnO	0.74		

由表 2-2-4 可以看出，金红石型钛白粉最佳粒径约为可见光平均波长的 1/2。这也是市售金红石型钛白粉粒径一般都处于 0.2～0.4μm 的原因所在。

颜料体积浓度对涂膜遮盖力有一定程度的影响。实验表明，当钛白粉含量低于 10% PVC 时，遮盖力随浓度提高而线性增加；当其浓度超过 10% PVC 时，遮盖力随浓度提高而增加，但非线性；当其浓度超过 30% PVC 后，由于钛白粉附聚，遮盖力不再随浓度提高而增加，甚至略有下降。

5. 吸油量与比表面积

(1) 吸油量　颜料的吸油量是指每 100g 干粉颜料所能吸收的精制亚麻仁油的最低值，单位为 g/100g，它反映颜料吸附油性介质的能力。

颜料的吸油量与颜料化学组成、粒径、形状、表面积、颗粒表面的微观结构、颗粒间的自由空隙大小等因素有关。颜料颗粒的平均粒径越小，比表面积越大，吸油量越大；反之亦然。

对于涂料制备来说，吸油量是重要指标。一般希望颜料有较低的吸油量，吸油量越小，所消耗的油性介质和树脂用量越少，可以适当节省成本；反之，当吸油量大时，油性介质和树脂用量也大，而且颜料浓度很难提高，性能也比较难以调整，成本还会提升。

(2) 比表面积　基于化学结构、生产工艺及后处理方法的不同，颜料产品具有不同的颗粒状态，并显示特定的比表面积。该数值越高，表明粒径越细，具有孔隙特征，表面积较大，使颜料的透明度较高。

不难想象颜料粒子的表面积与粒径成反比。这个最重要的理论关系，看似简单，却是理解颜料分散技术的关键。颜料粒子重量保持恒定时，粒径缩小一半，表面积则增大一倍。假定把颜料数学模型处理为球形时，则可以用式(2-2-3) 表示这种关系：

$$S=\frac{6}{\pi d^3\rho}\pi d^2=\frac{6}{d\rho} \tag{2-2-3}$$

式中　S——表面积；

d——粒径；

ρ——密度。

6. 耐光性与耐候性

颜料的耐光性和耐候性是衡量颜料应用性能的重要指标。耐光性主要是指耐日光照射（特指紫外线）的能力；耐候性则是指耐大气环境侵蚀（包括日光、雨水、湿气等）的能力。

颜料长期受到日光的曝晒，雨水等的侵袭，其化学组成会发生某种程度的变化（光化学反应），其结果是色彩发生迁移，一般有机着色颜料的色彩渐渐褪去，无机着色颜料的色彩会不断加深（偏暗）。决定颜料耐光性和耐候性的主要因素是颜料的化学组成和结构，还与周围介质、颜料粒径分布及表面处理等有一定关系。一般来说，无机颜料耐光性和耐候性比有机颜料好，但也不是绝对的。也有一些无机颜料受到光着色后其化学组成发生变化，颜色将会发生明显变化。铬黄、钼镉红的耐光性仅为 4～5 级，耐候性为 3 级，经表面包膜处理的铬黄、钼镉红的耐光性可达 8 级，耐候性为 4～5 级。一些多环有机颜料具有优异的耐光性、耐候性，甚至要高于多数无机颜料，例如，喹吖啶酮红（P. R. 122）、DPP 红（P. R. 254）、蒽醌红（P. R. 168）、异吲哚啉酮黄（P. Y. 109）、喹酞酮黄（P. Y. 138）等耐光性均可达 7～8 级，耐候性可达 4～5 级。同一结构的有机颜料因晶型、粒度分布、表面包覆及使用介质不同，耐光性、耐候性也略有所不同。

7. 耐酸碱性与耐化学药品性

颜料的耐酸碱性是指颜料耐酸（H^+）、耐碱（OH^-）的侵蚀能力。通常颜料耐酸性不好，就不能用于酸性介质中着色，耐碱性不好就不能在碱性环境下使用。

颜料耐酸碱性的测定是将颜料分别与酸溶液、碱溶液接触（浸泡）后，观察溶液的沾色与颜料本身的变色情况。

耐酸性较好的颜料有炭黑、钛白及多数多环类、缩偶氮类、酞菁类有机颜料。

耐碱性优良的颜料有炭黑、钛白、金属氧化物颜料及多数多环类、缩偶氮类、酞菁类有机颜料。

耐化学药品性是指在化学药品中，除去酸、碱等腐蚀性物质之外，还有如耐盐类、耐强氧化剂、耐油、耐强溶剂类等的腐蚀。盛装和输送这些物质的设备管道防腐涂料，应当考虑所选用的颜料必须能长期耐受这些物质的侵蚀。

8. 化学组成与晶型

颜料的化学组成是颜料间相互区分的主要标志，除了体现出颜料的一系列物理性能如颜色、遮盖力、着色力、表面电荷与极性等外，更为重要的是决定了化学结构的稳定性和各项牢度数据，如耐光性、耐候性、耐酸性、耐碱性、耐温性及耐化学药品性等。因此在选择颜料时，应根据应用要求，有针对性地对颜料的化学组成进行评估，选择符合要求的颜料。

晶体的几何形态特征称为晶型（crystal shape），同一化学结构的颜料有多种晶型，其化学稳定性、色光及色饱和度等有所不同。很多有机颜料同其他结晶物质一样，存在“同质多晶现象”（polymorphism）。晶体的晶格中由于分子排列不同，可以组成多种晶型，各种晶型可以根据其X射线衍射图谱所具特征加以区别。例如，钛白有金红石和锐钛型两种不同的晶型，颜料蓝15（酞菁蓝B）已知的有α、β、γ、δ、ε、Π、X、R、ρ九种晶型。商品有α型、β型、ε型。α型呈红光，β型呈绿光，ε型呈大红光。颜料紫19（喹吖啶酮红）有α、β、γ、θ、n五种晶型。

9. 耐热性

根据颜料在涂料中着色要求不同，很多涂料体系对颜料耐热性有一定要求，如粉末涂料、卷材涂料、亲水铝箔涂料、塑胶漆等在制造或施工过程中要耐受一定的温度，如一般要求耐140～250℃的温度不变色，高的要求耐300℃以上的高温。高温下，耐热性差的颜料就会严重地变色，为此颜料的耐热性测定能帮助选用能耐受一定温度范围的颜料。

10. 粒径与粒度分布

颜料粒径是指颜料粒子的形状与大小。粒度是颗粒大小的量度，而颜料是由成万上亿个颗粒组成的，颗粒之间大小互不相同，其大小需要用粒度分布来描述。所谓粒度分布，通常是指粉体样品中各种大小的颗粒所占颗粒总数的比例（如干粉粒度分布图）。一般用激光粒度分布仪进行测定，有干法与湿法两种形式。

颜料粒子的大小、形状会影响其遮盖力、着色强度、色光、耐性及牢度等。颜料对光的反射作用与其自身同周围介质的折射率之差有关，折射率差别越大，反射作用越强，遮盖力越高。在一定范围内，随粒度的降低，颜料的遮盖力增加，同时粒子变小，比表面积增大，着色强度也随之提高。但粒子过于细小时会发生光的绕射现象，遮盖力反而降低，因此粒子的大小应控制在适当的范围内。颜料粒子的分布对颜料的色光也有影响。通常，粒子粗大，粒度分布较宽，色光发暗；反之则色光鲜艳。粒径分布还会影响颜料的耐光性、耐候性、牢度等。

11. 临界表面张力

颜料临界表面张力（γ_c）是衡量颜料表面润湿难易程度的一个重要指标。

无机颜料临界表面张力较高，其表面属高能表面，所以较易分散在介质中。有机颜料临界表面张力较低，其表面属低能表面，$\gamma_c<100mN/m$，所以较难湿润分散。例如，酞菁蓝和甲苯胺红的临界表面张力分别为 31.3mN/m 和 27.5mN/m。

颜料临界表面张力可以 Zisman 法测定，采用几种具有不同表面张力的液体，分别测定它们与被测颜料的接触角。以接触角的余弦对表面张力作图，得一直线，外推至 $\cos\theta=1$，即接触角为 0°，此交点相对应的表面张力称为被测颜料的临界表面张力。

表面活性剂具有降低表面张力、改变粒子表面极性的功能，作为润湿剂、乳化剂等广泛应用于颜料的生产中。基本原理是：分子中含有亲水性及亲油性基团的表面活性剂可以依据电荷的特性吸附于颜料粒子表面上。以阴离子表面活性剂为例，亲油性烷基碳链吸附于颜料的非极性区域，亲水性基团扩散到水介质中，在粒子周围产生同性电荷形成保护壁垒；在油性介质中亦然。

12. 亲水亲油平衡性

亲水亲油平衡值（HLB）是在乳液聚合时为选择乳化剂而发展起来的。

使用 HLB 值的一般原则如下。

(1) 表面活性剂混合物的 HLB 值可按混合物中各个表面活性剂的 HLB 值与其质量分数加权平均求得。

(2) 表面活性剂混合物的稳定性优于单个表面活性剂。

(3) HLB 值正好匹配并不能保证最好的稳定性，它只能提供该表面活性剂体系可能得到的最大稳定性。

一般来说，多数无机颜料具有较高的亲水亲油平衡值，即显示出较强的亲水性，属于亲水性颜料。而与无机颜料相比，多数有机颜料属于亲油性颜料。不同结构有机颜料的 HLB 计算值见表 2-2-5。

表 2-2-5 不同结构有机颜料的 HLB 计算值

HLB 值≤8		HLB 值=8～12				HLB 值≥12	
颜料	HLB 值	颜料	HLB 值	颜料	HLB 值	颜料	HLB 值
P. Y. 81	7.6	P. Y. 14	8.4	P. R. 144	8.2	P. Y. 120	13.7
P. Y. 16	7.8	P. Y. 3	8.5	P. R. 166	8.3	P. Y. 180	13.9
P. Y. 13	8.0	P. Y. 12	8.8	P. R. 2	8.4	P. Y. 139	18.9
P. O. 5	7.5	P. Y. 1	9.1	P. R. 180	8.6	P. R. 175	12
P. R. 40	6.3	P. Y. 83	10.5	P. R. 8	8.7	P. R. 176	12.1
P. R. 6	6.6	P. Y. 97	11.2	P. R. 21	8.9	P. R. 112	12.6
P. R. 3	6.7	P. Y. 154	11.3	P. R. 23	9.3	P. R. 122	12.6
P. R. 1	7.1	P. Y. 65	11.7	P. R. 37	9.6	P. V. 19	13.4
P. R. 7	7.7	P. Y. 74	11.7	P. R. 170	11.6	P. B. 15∶2	11～13
P. R. 52∶1	6～8	P. O. 43	8.4	P. R. 146	11.8	P. B. 15∶3	14～16
P. R. 424	7.4	P. O. 13	8.7	P. R. 57∶1	10～12	P. G. 7	10～12
P. R. 214	7.5	P. O. 36	10.9	P. V. 23	9.4	P. G. 36	12～14

13. 颜料的毒性

(1) 含重金属的无机颜料大都是有毒的，如含铅 Pb、镉 Cd、锑 Sb、锡 Sn、硒 Se 及铬

酸盐 CrO_4^{2-} 等的颜料。部分无机有毒颜料品种及毒性见表 2-2-6。

表 2-2-6　部分无机有毒颜料品种及毒性

类　　型	主　要　品　种	毒　性　备　注
含铅颜料	铅白、红丹、黄丹	较大
含铬酸盐 CrO_4^{2-} 颜料	锌黄、锶黄、锌铬黄、锶铬黄	引起皮炎及致癌
含镉颜料	镉红、镉黄、钼镉红	较大，禁止用于食品、药物、化妆品
含硅酸盐颜料	石英(0.5～5μm)、石棉粉	较大
含可溶性锑、钡、砷等超标的无机颜料		均有较大毒性，随含量增加而增大

颜料作为着色剂，尤其是在民用装饰涂料中，其重金属含量等有害物质越来越引起人们的重视，在国内对涂料中一些有害物质都有相应的法律法规和标准要求。部分水性涂料中对有害物质限量要求见表 2-2-7。

表 2-2-7　部分水性涂料有害物质限量标准

产　品　种　类	内墙涂料	外墙涂料	墙体用底漆	水性木器漆、水性防腐涂料、水性防水涂料等	腻子(粉状、膏状)
挥发性有机化合物(VOC)的含量限值	≤80g/L	≤150g/L	≤80g/L	≤250g/L	≤10g/kg
卤代烃(以二氯甲烷计)/(mg/kg)	≤500				
苯、甲苯、二甲苯、乙苯的总量/(mg/kg)	≤500				
甲醛/(mg/kg)	≤100				
铅/(mg/kg)	≤90				
镉/(mg/kg)	≤75				
铬/(mg/kg)	≤60				
汞/(mg/kg)	≤60				

(2) 有机颜料则因化学结构比较稳定，相对都比较安全，但仍有一些合成中间体与杂质的存在，具有一定的毒性。如多氯联苯 (PCBs)、芳胺及一些重金属元素及其化合物等具有较大的毒性，甚至具有致癌作用。

(3) 涂料生产过程中产生的粉尘也是颜料毒性或污染的主要因素之一，不论是有机颜料还是无机颜料，都会产生一定的毒性。

二、颜料标准及检验方法

颜料标准及检验方法均在各颜料产品标准中直接引用。各通用的检验项目，只在颜料产品标准中记录下引用方法的标准号。进行检验时应完全按照标准中规定的方法、试剂、仪器进行检测。

标准及检验方法也是在不断改进的，随着科技的进步，会不断地引入新的测定方法和应用新的仪器，以改进原来的测定方法。

我国的国家标准 GB 与 ISO、ASTM、DIN 的颜料标准检验方法已经接轨。相应的标准大全中有详细的叙述。

三、颜料的特性

无机颜料与有机颜料性能见表 2-2-8。

表 2-2-8 无机颜料与有机颜料性能

性 能	无 机 颜 料	有 机 颜 料
色谱	较窄,颜色品种少	较宽,品种较多
颜色特性	颜色暗淡、多数不够鲜艳	明亮、鲜艳
着色强度	绝大多数低	高
遮盖强度	着色颜料强,体质颜料弱	略弱
可用着色品种	较少	较多
耐久性(耐光、耐晒、耐候)	多数品种较好	酞菁与稠环等高档品种优异
毒性(重金属)	部分品种较高	多数较低
毒性(二氯联苯胺 DCB)	无	酞菁与高档品种无,部分偶氮较低
耐酸碱性	部分变色、分解	多数品种优良
耐溶剂性	良好	多数品种优良
成本	较低	多数价格较高

第三节 颜料与填料各论

一、无机颜料

1. 白色颜料

(1) 钛白粉［C. I. Pigment White 6 (77891)］［13463-67-7］ 钛白粉是最为重要的白色颜料，化学名称为二氧化钛颜料（titanium dioxide pigment），分子式 TiO_2，分子量 79.90，是一种惰性极强的化合物。对大气中各种化学物质稳定，不溶于水和弱酸，微溶于碱。具有较高的消色力和遮盖力，白度好，耐光、耐晒、耐热等。

二氧化钛有三种结晶体：锐钛型、板钛型和金红石型。涂料产品中用得最多的是锐钛型（A 型）和金红石型（R 型），同属四方晶系，但晶体结构的紧密程度不同，锐钛型晶体空间空隙大，在常温下稳定，高温下则转变为金红石型；金红石型是最稳定的结晶形态，结构致密，比锐钛型有更高的硬度、密度、介电常数和折射率，在耐候性和抗粉化方面比锐钛型优越，但锐钛型的白度比金红石型好。金红石型钛白粉对靠近蓝端的可见光谱吸收稍多于锐钛型，因而色调略带黄相。A 型与 R 型性能比较见表 2-2-9。

表 2-2-9 A 型与 R 型性能比较

项 目	R 型	A 型	项 目	R 型	A 型
晶型	四方晶系	四方晶系	晶格常数 a/nm	0.458	0.378
折射率	2.74	2.52	晶格常数 c/nm	0.795	0.949
密度/(g/cm^3)	4.2	3.9	熔点/℃	1858	高温向金红石型转化
莫氏硬度	6.0～7.0	5.5～6.0	吸油量/(g/100g)	20～22	23～25
介电常数	114	48	耐光牢度	很高	偏低
遮盖力(PVC 20%)	414	333	抗粉化性	优	差
消色力	1700	1300			

钛白粉经表面包膜处理后，可提高其耐候性、分散性、光泽度及化学稳定性等。常用的无机表面处理剂为 SiO_2、Al_2O_3、ZrO_2。Al_2O_3 包膜能产生光泽，有利于分散，SiO_2 包膜能得到高耐候性，ZrO_2 包膜能改善 TiO_2 表面和包膜层之间的附着力，提高钛白粉抗粉化性和光泽度。应用有机表面处理主要是提高钛白粉在多种介质中的润湿分散性和流变性。

折射率是不透明度、遮盖力和着色力的物理基础，是取决于物质内部晶体结构的特性常数。折射率越大，遮盖力就越强，透明度越差。钛白粉是折射率最大，遮盖力最强，性能也最好的白色颜料。常用白色颜料的折射率和反射率见表 2-2-10。

表 2-2-10 常用白色颜料的折射率和反射率

颜料名称	折射率	反射率	相对不透明度	颜料名称	折射率	反射率	相对不透明度
钛白(R型)	2.71	8.26	100	锑白	2.01	2.11	26
钛白(A型)	2.55	6.70	81	铅白	2.00	2.04	25
锑白	2.20	3.58	43	锌钡白	1.84	1.04	13

钛白粉在涂料中起到遮盖、消色及保护作用，是效果最好的白色颜料，约占其总量的60%是在涂料中使用。随着涂料产量越来越大，品种越来越多，钛白粉的需要量也就越来越大，品种也越来越齐全。硫酸法和氯化法生产的二氧化钛颜料在不同要求的涂料中得到了广泛的应用。

国外主要钛白粉生产厂家有：杜邦（Du Pont）、美利联（Millennium）、克尔麦奇（Kerr-McGee）、亨茨曼（Huntsman）、克朗诺斯（Kronos）等。

普通二氧化钛的粒径为 0.2～0.3μm，对整个光谱都具有同等程度的强烈反射，外观呈白色，遮盖力很强，颗粒近似圆形。

纳米二氧化钛的粒径只有普通二氧化钛的 1/10（10～15nm），颗粒呈棒状。纳米 TiO_2 具有较强的紫外线吸收和散射性能，适量在涂料配方中添加纳米 TiO_2，可以有效提高涂料的抗紫外（耐老化）性。

超细二氧化钛和云母钛珠光颜料拼用时可以产生双色光效应，促进效应颜料的闪光效果。这种金属闪光涂层从不同方向观察，能看到不同随角异色的蓝光。如超细二氧化钛与银白色珠光颜料或铝粉颜料拼用，正视时涂膜呈金色金属外观，掠视或平视时则呈蓝色闪光，而金光和蓝光之间的连续变化会贯穿涂膜表面的所有弧面和棱角，能增加金属面漆颜色的丰满度和色彩美感。

(2) 氧化锌 [C. I. Pigment White 4 (77947)][1314-13-2] 氧化锌（zine oxide），又称锌白（zinc white）、锌白粉、锌氧粉，分子式 ZnO，分子量 81.37，为白色六角晶系结晶或粉末，无毒、无味，不溶于水和乙醇，易溶于无机酸，也溶于氢氧化钠和氨水中。氧化锌具有良好的耐热性和耐光性，不粉化，可用于外用漆。在含硫化物环境中使用尤为适合，因为氧化锌能与硫结合成硫化锌，这也是一种白色颜料。氧化锌主要物化指标见表 2-2-11。

表 2-2-11 氧化锌主要物化指标

项　目	指　标	项　目	指　标	项　目	指　标
外观	白色粉末	折射率	2.01	熔点/℃	1975
密度/(g/cm^3)	5.6	莫氏硬度	4	吸油量/(g/100g)	10～25

氧化锌的遮盖力和消色力低于钛白和立德粉。氧化锌呈碱性，能与漆基中游离的脂肪酸作用生成锌皂，从而使漆料增稠，并能使涂膜柔韧、坚固而不透水、阻止金属的锈蚀。氧化锌与钛白粉、立德粉等配合使用能改善涂层的粉化。

氧化锌按制造方法不同，分为直接法氧化锌、间接法氧化锌和含铅氧化锌。它们的颗粒状态、化学组成都有一定的区别，因此选用时要加以注意。

纳米氧化锌在阳光尤其在紫外线照射下，在水和空气中能分解出自由移动的电子(e^-)及带正电荷的空穴（h^+），这种空穴可以激活空气中的氧变成活性氧，活性氧具有极强的化学活性，能与多种有机物发生氧化反应（包括细菌内的有机物），从而把大量病菌和病毒消灭。将纳米 ZnO 与其他纳米材料配合用于涂料中，可使涂层具有屏蔽紫外线、吸收红外线及抗菌防霉作用，既能净化空气，又能抗菌除臭。

由于纳米 ZnO 吸收紫外线能力强，可作为涂料的抗老化添加剂。纳米氧化锌是采用湿法生产的粒径在 0.1μm 以下的活性氧化锌，具备常规块体材料所不具备的光、磁、电、敏感等性能，产品活性高，具有抗红外线、紫外线和杀菌的功能。

(3) 立德粉 [C. I. Pigment White 5 (77115)][1345-05-7] 立德粉 (lithoppne)，又称锌钡白。标准立德粉是硫酸钡和硫化锌的等分子混合物，分子式 $BaSO_4 \cdot ZnS$，分子量 330.8。

立德粉为白色的晶状物质，含有少量的氧化锌杂质，遮盖力为钛白粉的 25%左右，不溶于水，与硫化氢和碱溶液无作用，具有良好的化学惰性和耐碱性，遇酸类则使它分解而放出硫化氢。其缺点是在光的照射下，当含有可溶性盐时，可促使硫化锌分解成硫，同时伴有金属锌的析出，颜色变暗，为了提高其耐光性可添加少量的钴盐。立德粉还兼具价廉、无毒等优点。立德粉主要物化指标见表 2-2-12。

表 2-2-12 立德粉主要物化指标

项 目	指 标	项 目	指 标	项 目	指 标
外观	白色粉末	折射率	1.84～2.0	比表面积/(m^2/g)	4～5
密度/(g/cm^3)	4.3	莫氏硬度	4	安息角/(°)	40～50
平均粒径/μm	0.3～0.5	吸油量/(g/100g)	10～17		

立德粉属三大白色颜料之一，与钛白、锌白比较，它具有良好的分散性、耐碱性、耐热性和贮存性。在发达国家立德粉基本被钛白粉所取代，在我国广泛应用在水性涂料中，占消费总量的 50%以上，主要用于生产中、低档涂料。

(4) 锑白 [C. I. Pigment White 11 (77052)][1309-64-4] 锑白 (antimony white)，化学组成为三氧化二锑 (antimony trioxide)，分子式 Sb_2O_3，分子量 291.50。

锑白是白色结晶粉末，是一种两性化合物，不溶于水、醇、稀硝酸、苛性钠、硫化钠、酒石酸、乙酸、浓硫酸、浓硝酸。锑白赤热时像黄色液体，冷却后呈白色结晶。耐候性优于锌钡白，具有粉化性小、耐光、耐热、阻燃、无毒等特性。与脂肪酸不起反应，用在高酸值漆料中不会皂化。必须与氧化锌配合使用，方可提早干结期及使油膜坚韧。锑白主要物化指标见表 2-2-13。

表 2-2-13 锑白主要物化指标

项 目	指 标	项 目	指 标	项 目	指 标
外观	白色细微粉末	密度/(g/cm^3)	5.3～5.7	熔点/℃	656
折射率	2.0～2.09	吸油量/(g/100g)	11～14		

纯三氧化二锑是一种优良的白色颜料，可用于涂料、防火漆。

(5) 铅白 [C. I. Pigment White 1 (77597)][1319-46-6] 铅白 (white lead)，又称白铅粉，化学成分为碱性碳酸铅，分子式 $2PbCO_3 \cdot Pb(OH)_2$。呈无定形粉末，相对密度 6.4～6.8，折射率 1.94～2.09，不溶于水及乙醇，溶于乙酸、硝酸等。能与酸值高的油生成铅皂，加强涂膜，防止粉化。遇硫会变成黑色的硫化铅，所以不能与银朱、镉黄、群青等含硫颜料配用。

由于在应用过程中可能会带来铅中毒，以及用铅白制备的涂料易增稠，有与硫化氢长期接触白度降低、热稳定性差等缺点，使用受到很大限制。但用铅白制备的涂料涂膜致密坚固，具有优良的耐光性、耐候性、防锈性与耐潮湿性，常作为生产厚浆漆、防锈漆和户外漆使用。

2. 炭黑颜料 [C. I. Pigment Black 7 (77266)][1333-86-4] 炭黑 (carbon black)，又称乌烟、烟黑，化学式 C，分子量 12.01。炭黑的主要组成物是碳元素，含有少量的氢、氧、硫、灰分、焦油和水分。炭黑具有较高的绝热能力，主要应用于橡胶工业，作为补强填充剂。炭黑具有较好的化学惰性、耐光牢度、耐候牢度、耐热牢度及较强的着色力与遮盖力，也常作为着色剂使用，广泛应用于各类涂料、油墨、塑料和造纸的着色。

(1) 炭黑的分类 炭黑的分类，按照习惯，大体上可以按生产方式或用途来分。按生产方式，可把其分为灯黑、槽黑、炉黑和热裂黑等。按用途可把其分为色素用炭黑和橡胶用炭黑两大类。

四种主要类型炭黑的性能见表 2-2-14。

表 2-2-14 四种主要类型炭黑的性能

性 能	槽黑	炉黑	灯黑	热裂黑
平均粒径/nm	10～27	17～70	50～100	150～500
比表面积/(m^2/g)	100～125	20～200	20～95	6～15
DBP 值/(mL/100g)	60～100	67～195	105～115	30～46
pH	3～6	5～9.5	3～7	7～8
挥发分/%	3.5～16.0	0.3～2.8	0.4～9.0	0.1～0.5
氢含量/%	0.3～0.8	0.70～0.45	—	0.3～0.5
氧含量/%	2.5～11.5	0.2～1.2	—	0～0.1
硫含量/%	0～0.10	0.05～1.50	—	0～0.25
苯抽出物/%	0	0.01～0.18	0～1.4	0.02～1.70
灰分/%	0～0.1	0.1～1.0	—	0.02～0.38
真实密度/(g/cm^3)	1.75	1.80	—	—

(2) 色素炭黑 国际上根据炭黑的着色力，通常把它分为三类，即高色素炭黑、中色素炭黑和低色素炭黑，这个分类系统常用三个英文字母表示。前两个字母表示炭黑的着色能力。最后一个字母表示生产方法。国际通用代码如下：

分类	国际通用代码	分类	国际通用代码
高色素槽黑	HCC(High Color Channel)	中色素炉黑	MCF(Medium Color Furnace)
高色素炉黑	HCF(High Color Furnace)	低色素炉黑	LCF(Low Color Furnace)
中色素槽黑	MCC(Medium Color Channel)		

色素用炭黑分类见表 2-2-15。

表 2-2-15 色素用炭黑分类

类型	粒径/nm	黑度指数	比表面积/(m^2/g)	类型	粒径/nm	黑度指数	比表面积/(m^2/g)
HCC	10～14	260～188	1100～695	MCF	17～27	173～150	235～100
MCC	15～27	175～150	275～115	LCF	28～70	130～60	65～20

注：黑度指数为 260 则表明黑度最高，黑度指数为 0 则表明黑度最低。

(3) 色素炭黑的特性与应用关系

① 炭黑的粒径与应用性能关系 一般粒径越小，比表面积越大，炭黑的黑度越高。由于细粒子炭黑的吸光率比粗粒子炭黑的更高，所以着色力更强。细微原生粒子赋予炭黑更大的比表面积，同时增加分散难度和黏度，一般通过表面处理可调整润湿性和改善分散性。粒径减小时，由于蓝光被优先吸收，为此色调变成棕相。粒径减小，导电性提高。

② 炭黑的结构与应用性能关系 炭黑粒子不仅以原生粒子形式存在，而且在生产中熔

图 2-2-4 炭黑的结构

结成凝聚体，这种凝聚体是由原生粒子经化学键结合而形成的。在凝聚过程中，由大量链枝的原生凝聚体构成的炭黑称为高结构炭黑。而原生凝聚体由较少链枝原生粒子组成的炭黑则称为低结构炭黑（图 2-2-4）。炭黑结构与应用性能比较见表 2-2-16。

表 2-2-16 炭黑结构与应用性能比较

性 能	高结构	低结构	性 能	高结构	低结构
分散性	更易	更难	导电性	更高	更低
润湿性	更慢	更快	黏度	更高	更低
主色黑度	更低	更高	填充量	更低	更高
光泽	更低	更高	着色力	更低	更高

(4) 涂料用炭黑性质及对涂料性能的影响　涂料用炭黑的典型性质见表 2-2-17。炭黑性质与涂料性能变化对照见表 2-2-18。

表 2-2-17 涂料用炭黑的典型性质

炭黑类型	粒径/nm	比表面积/(m²/g)	黑度指数	pH	挥发分/%	DBP 值/(mL/100g)
HCC-1	10	1125	275	3	16	470
HCC-2	11	1065	240	3	14	366
HCC-3	13	900	220	3	13	278
HCC-4	13	750	216	4	7	240
HCC-5	13	900	220	3	14	275
HCC-7	13	600	220	3	14	117
MCC-1	14	700	190	3	11	168
MCC-2	16	275	175	5	5	139
MCF-4	18	190	170	6	1.8	73
MCC-3	20	160	166	5	5	122
MCF-3	21	125	166	7	1.3	68
MCF-1	24	100	160	7	1.0	70
MCF-2	27	80	150	7	1.0	75
MCF-5	28	123	160	8	2.0	85
MCF-6	28	96	150	8.7	0.7	75
LCF-1	29	65	130	8	1.2	113
LCF-2	33	60	126	7	1.4	85
LCF-3	55	35	95	7	1.2	29
LCF-5	60	35	93	8	0.7	68
LCF-4	62	30	77	9	0.5	79
LCF-6	70	23	58	9	0.3	74

表 2-2-18 炭黑性质与涂料性能变化对照

炭黑性质变化	涂料性能变化情况	
粒径减小或比表面积增大	黑度增加 黏度增加 分散性降低 光泽降低	光吸收更多，反射更少，使人觉得更黑； 基料需要量较多，自由流动的漆料量减少； 粒子间引力增大，需要更多的能量破坏附聚体； 较高的基料需要量，涂层中供光反射的基料量减少
结构增大	黑度降低 黏度增加 分散性增加 光泽降低	纤维状聚集体增多，相当于较粗粒子的效果； 基料需要量增加，自由流动的漆料量减少； 由于黏度增加，产生更大的剪切力破坏附聚体； 基料需要量增加，涂层表面上自由基料减少
表面酸度增加	黑度增加 黏度降低 分散性增加 光泽增加	对于大多数基料而言，表面酸值增加，相当于加入一种有效润湿分散剂，颜料被基料润湿的界面阻力得以降低，有助于基料渗透到颜料粒子簇中去

国外主要炭黑生产厂家有：卡博特（COBAT）、德固萨（DEGUSSA）、哥伦比亚（COLOMBIA）、印度伯拉（BIRLA）、日本东海（TOKAI）等，其中卡博特、德固萨和哥伦比亚三家顶级炭黑公司就占据了世界炭黑市场57%的份额。

国内规模较大的生产厂家有：江西黑猫炭黑股份、中橡化学工业、上海卡博特、上海焦化、河南鹤壁炭黑、天津海豚炭黑等。

3. 铁系颜料

(1) 氧化铁黄［C. I. Pigment Yellow 42（77492）］［51274-00-1］ 氧化铁黄（yellow iron oxide），又称铁黄，是一种化学性质比较稳定的碱性化合物颜料，分子式 $Fe_2O_3 \cdot H_2O$ 或 FeOOH，分子量 177.71。色泽带有鲜明而纯洁的赭黄色，并有从柠檬色到橙色一系列色光的产品。合成氧化铁黄主要物化指标见表 2-2-19。

表 2-2-19 合成氧化铁黄主要物化指标

项目	指标	项目	指标	项目	指标
外观	黄色粉末	密度/(g/cm³)	4.10	折射率	2.30～2.40
纯度(Fe_2O_3)/%	86～88	吸油量/(g/100g)	30～40	遮盖力/(g/m²)	10～15
平均粒径/μm	0.10～0.80	pH	5～8	结晶形状	针状

具有典型无机颜料特性，优异的耐光、耐候、耐溶剂、耐碱、无毒等特性，价格较低；其缺点是不耐高温、不耐酸，易被热的浓强酸溶解；在 135℃/h 或 177℃/5min 因逐渐失去结晶水而向红转变，不能应用于烘干温度较高的涂料中。

合成氧化铁黄着色力高、色光较亮，可按需要制造出各种色相的铁黄，研磨分散性也比较好，在紫外线以及可见的蓝色光谱段都有强烈吸收，具有屏蔽紫外线辐射的作用，使聚合物延缓降解，延长涂层使用寿命。可与稳定型酞菁蓝、铁蓝等配成绿色，与铁红、铁黑等配成棕色。

(2) 氧化铁红［C. I. Pigment Red 101（77491）］［1307-37-1］ 氧化铁红（red iron oxide），简称铁红或铁红粉。化学名称为三氧化二铁，分子式 Fe_2O_3，分子量 159.69。同样的化学成分，由于原料、生产工艺的不同，物理性能差异较大，用途也有所不同。

氧化铁红为红色粉末，其色光变化幅度较大，当颗粒度为 0.2μm 时，带黄相，比表面积、吸油量等也较大；颗粒度增大时，色相就从红向紫移动，比表面积、吸油量也随之变化。按粒子大小可分为普通氧化铁红、超细氧化铁红及纳米氧化铁红。合成氧化铁红主要物化指标见表 2-2-20。

表 2-2-20 合成氧化铁红主要物化指标

项目	指标	项目	指标	项目	指标
外观	亮橙色至深红紫色	密度/(g/cm³)	4.50～5.18	折射率	2.94～3.22
纯度(Fe_2O_3)/%	>96	吸油量/(g/100g)	15～35	遮盖力/(g/m²)	5～10
平均粒径/μm	0.20～0.90	pH	4～7	结晶形状	菱形

氧化铁红是一种最经济，遮盖力仅次于炭黑的颜料，具有很高的耐热性，在 500℃不变色，在 1200℃时也不改变化学结构，极为稳定；能吸收阳光中的紫外光谱，对涂层有保护作用；还具有极高的着色强度、耐光性、耐候性、耐碱性、耐水性、耐溶剂性及耐稀酸性，可广泛应用于各类涂料着色。缺点是不能耐强酸，颜色红中带黑，不够鲜艳。

铁红大量用于防锈涂料，具有物理防锈功能，使大气中的水分等不能渗透到金属中，增加涂层的致密性与机械强度。应用于防锈漆的铁红，水溶盐较低，有利于提高防锈效果；但经长期曝晒后，含有铁红的涂层容易产生粉化现象，特别是颗粒度较小的铁红，粉化速度更快。

(3) 氧化铁黑［C. I. Pigment Black 11 (77499)］［12227-89-3］ 氧化铁黑 (black iron oxide)，简称铁黑，分子式 Fe_3O_4 或 $Fe_2O_3 \cdot FeO$，化学名称为四氧化三铁，属于尖晶石型。具有饱和的蓝墨光黑色，遮盖力、着色力均很高，对光和大气的作用稳定性较好，不溶于碱，微溶于稀酸，在浓酸中则完全溶解，耐热性差，在较高温度下易氧化，生成红色的氧化铁。氧化铁黑主要物化指标见表 2-2-21。

表 2-2-21 氧化铁黑主要物化指标

项 目	指 标	项 目	指 标	项 目	指 标
外观	黑色粉末	密度/(g/cm³)	4.95	遮盖力/(g/m²)	7～10
纯度(Fe_3O_4)/%	>95	吸油量/(g/100g)	15～25	结晶形状	立方形
平均粒径/μm	0.20～0.60	pH	5～8		

氧化铁黑因遮盖力、着色力强，耐光性、耐候性及耐碱性好，广泛用于各种涂料及水泥制品着色。因具有很强的磁性，可用于生产金属底漆，其附着力和防锈性好。

(4) 氧化铁棕［C. I. Pigment Brown 6 (77492)］［52357-70-7］ 氧化铁棕，简称铁棕，是氧化铁红、氧化铁黄和氧化铁黑的混合物。色相随配料拼色比例的变化，可得到多种色光的氧化铁棕。其着色力和遮盖力很高，耐光性、耐碱性好，无水渗性和油渗性。氧化铁棕主要物化指标见表 2-2-22。

表 2-2-22 氧化铁棕主要物化指标

项 目	指 标	项 目	指 标	项 目	指 标
外观	棕色粉末	密度/(g/cm³)	4.4～5.0	遮盖力/(g/m²)	—
纯度(Fe_2O_3)/%	>80	吸油量/(g/100g)	25～35	结晶形状	混合形
平均粒径/μm	0.20～0.40	pH	5～7		

氧化铁棕主要用于水泥着色、配制木器漆、色漆以及皮革上色等。

(5) 纳米氧化铁 纳米级氧化铁颜料具有纳米粒子效应，当与光作用时产生小尺寸效应，表现在对可见光波的散射能力降低、遮盖力下降，呈现“透明”状态，对短波长的紫外线还具有较强的吸收能力。它保持了氧化铁颜料的化学组成和晶型，具有很好的化学稳定性，无毒、无味、价廉，以及很好的耐温性、耐候性、耐酸性、耐碱性及高彩度、高着色力、高透明度，同时克服了传统氧化铁颜料饱和度低，颜色不够鲜艳，在高档涂料中使用受到限制的缺点。

纳米粒径的透明氧化铁 (transparent iron oxide) 具有较强的吸收紫外线的能力，不但自身光学稳定，而且可以提高各类高聚物的抗老化性，广泛应用于高档工业、建筑及装饰涂料。透明氧化铁颜料正逐步替代传统氧化铁颜料，越来越受到人们的青睐。

德国的巴斯夫公司和美国的希尔顿戴维斯公司是世界上最大的透明氧化铁生产商。巴斯夫公司生产著名的 Sicotrans 系列透明氧化铁，最近又推出了两个新的预分散透明氧化铁产品：X Fast Yellow ED7800 和 X Fast Red ED7795，这两个产品能提高木材质感。近年来国内出现了几家规模生产透明氧化铁的高科技企业，如浙江省上虞市正奇化工有限公司、浙江神光材料科技有限公司等均有生产透明氧化铁的能力。透明氧化铁主要物化指标见表 2-2-23。

表 2-2-23 透明氧化铁主要物化指标

项 目	透明氧化铁黄	透明氧化铁红	透明氧化铁棕	透明氧化铁黑
外观	黄色粉末	红色粉末	褐色粉末	黑色粉末
纯度(Fe_2O_3)/%	≥82	≥90	≥90	≥93
平均粒径/μm	0.01～0.10	0.01～0.10	0.01～0.10	0.01～0.10
吸油量/(g/100g)	35～50	35～45	35～45	35～40
结晶形状	针状	菱形	混合形	混合形
水溶物/%	≤0.20	≤0.20	≤0.20	≤0.20
水悬浮液 pH	3～5	6～8	5～7	6～8
遮盖力/(g/m^2)	透明	透明	透明	透明
耐酸性/级	5	5	5	5
耐碱性/级	5	5	5	5
油渗性/级	5	5	5	5
耐水性/级	5	5	5	5
耐热性/℃	160	≥300	160	160
紫外线吸收能力/%	≥95	≥95	≥85	≥85

(6) 其他氧化铁

① 耐热级氧化铁 一般的氧化铁黄、氧化铁黑因含结晶水，在177℃下开始脱水或氧化变色，因此不能用于需要较高温度下加工的塑料和烘烤型涂料中。经包核处理后的耐热级氧化铁，可提高耐热性，适用于聚丙烯、汽车维修漆、卷材涂料、各种色浆和高光泽乳胶漆等。

② 低吸油量和高分散性氧化铁 为了方便使用，现代无机颜料也开始考虑制造高浓度色浆颜料，这就要求颜料具有较低的吸油量和很好的分散性。通过添加表面处理剂和机械粉碎，可以改变粒子形状、降低吸油量和提高分散性。

③ 天然云母氧化铁（micaceous iron oxide） 是天然矿石精选后，经过粉碎、水漂、干燥、过筛分级而成。具有金属光泽，呈云母状片晶，带有红相的灰色粉末，其主要成分的化学式为 $\alpha\text{-}Fe_2O_3$，其含量 85%～90%，密度 4.7～4.9g/cm^3，莫氏硬度 6.0，水悬浮液 pH 6.0～8.0，粒度 5～100μm，含有非片状粒子。由于具有良好的片状形态，化学稳定性好，用它制备的防锈涂料可起到屏蔽作用，防止腐蚀性介质渗入被保护底材，适用于各种钢结构的保护。

4. 铬酸盐颜料

(1) 铅铬黄［C. I. Pigment Yellow 34 (77600)］［1344-37-2］ 铅铬黄颜料的主要化学成分为 $PbCrO_4$、$PbSO_4$ 及 $PbCrO_4 \cdot PbO$。亮黄色单斜晶系结晶体，熔点 844℃。不溶于水、油和乙酸，溶于强酸或强碱。遇硫化氢变为黑色，遇碱变为橙红色。随原料配比和制备条件变化，颜色由柠檬黄色至橘黄色，形成一段连续的黄色色谱。着色力与遮盖力较强，经日光曝晒，色泽变暗，有毒，不能与立德粉、群青同时使用，可用于涂料着色。铅铬黄是用量最大的黄色颜料，随着禁用含铅颜料法规日益从紧，其替代品的开发已列入议事日程。铅铬黄主要物化指标见表 2-2-24。

(2) 钼铬红［C. I. Pigment Red 104 (77605)］［12656-85-8］ 钼铬红（molybdenium chromium red），又称 3710 钼酸红、107 钼铬红、3710 钼铬红。钼铬红分子式为 $xPbCrO_4 \cdot yPbSO_4 \cdot 2PbMoO_4$。钼铬红主要物化指标见表 2-2-25。

207 钼铬红主要成分为铬酸铅、硫酸铅、钼酸铅；107 钼铬红除与 207 钼铬红有相同的主要成分外，还有少量氢氧化铝、磷酸铝。

表 2-2-24 铅铬黄主要物化指标

项 目	柠檬铬黄	浅铬黄	中铬黄	深铬黄	橘铬黄
外观	柠檬黄色粉末	浅黄色粉末	中黄色粉末	深黄色粉末	橘黄色粉末
铬酸铅($PbCrO_4$)/%	≥50.0	≥60.0	≥90.0	≥85.0	≥55.0
密度/(g/cm^3)	5.51～5.73	5.44～6.09	5.58～6.04	5.58～6.04	6.62～7.07
吸油量/(g/100g)	20～30	20～30	16～22	16～22	9～15
遮盖力/(g/m^2)	≤95	≤75	≤55	≤45	≤40
耐光性/级	4～5	5	4～5	5	5～6
耐候性/级	1～4	2～4	2～4	2～4	3～4
耐酸性/级	3	3	3	3	3
耐碱性/级	3	3	3	3	3
油渗性/级	1	1	1	1	1
耐热性/℃	140	140	140	140	150
比表面积/(m^2/g)	7.2	7.2	4.0	4.0	1.28
折射率	2.11～2.40	2.11～2.40	2.30～2.66	2.30～2.66	2.40～2.70

表 2-2-25 钼铬红主要物化指标

项 目	指 标	项 目	指 标	项 目	指 标
外观	红色粉末	密度/(g/cm^3)	5.41～6.34	遮盖力/(g/m^2)	≤40
纯度($PbCrO_4$)/%	≥55	吸油量/%	15.8～40.0	耐碱性/级	1
平均粒径/μm	0.1～1.0	pH	4～8	耐热性/℃	140
耐晒性/级	3	耐酸性/级	1		
耐水性/级	5	耐油性/级	5		

钼铬红的颜色可以由橘红色至红色。具有较高的着色力及很好的耐光性和耐热性，能耐溶剂，无水渗性和油渗性，可与有机颜料混合应用；但耐酸性、耐碱性差，遇硫化氢气体变黑。

钼铬红用于涂料中，可与白色防锈颜料配合制成钼铬红防锈漆，与耐晒性好的有机颜料拼色，可得到耐溶剂、不泛金光、耐烘烤温度的大红色烘漆。其缺点在于晶型易变化、使色泽改变、耐光性和耐候性不很理想。现在使用锑或硅化合物对其进行表面处理，可以使钼铬红的耐光、耐候指标大大提高。

5. 镉系颜料

(1) 镉黄 [C. I. Pigment Yellow 37 (77199)][68859-25-6] 镉黄 (cadmiun yellow) 在化学组成上基本上为硫化镉 (CdS)，或硫化镉与硫化锌 (ZnS) 的固溶体，或该两种镉黄与硫酸钡 ($BaSO_4$) 组成的填充型颜料 ($CdS/BaSO_4$ 或 $CdS/ZnS/BaSO_4$)。镉黄主要物化指标见表 2-2-26。

表 2-2-26 镉黄主要物化指标

项 目	指 标	项 目	指 标	项 目	指 标
外观	黄色粉末	密度/(g/cm^3)	4.5～5.9	比表面积/(m^2/g)	7～8
平均粒径/μm	0.04～0.40	pH	5～8		

镉黄的颜色鲜艳而饱和，其色谱范围可以从淡黄、正黄直至红光黄。镉黄不溶于水、碱、有机溶剂和油类，微溶于 5%稀盐酸，溶于浓硫酸、稀硝酸及沸腾稀硫酸 (1∶5)，不受 H_2S 的影响。镉黄的研磨性好，易与胶黏剂黏合，但耐磨性差，着色力和遮盖力不如铬黄。耐光性、耐候性优良，不迁移，不渗色。有毒，在潮湿空气中可氧化为硫酸镉。

可用于耐高温涂料的着色，不宜与含铜或铜盐的颜料拼用，以免生成黑色的硫化铜或绿色的硫酸铜。

(2) 镉红［C. I. Pigment Red 108 (77202)］［12214-12-9］　镉红（cadmiun red），又称大红色素。硫硒化镉红是由硫化镉和硒化镉所组成的，其化学组成可用通式 nCdS·CdSe 或 $Cd(S_xSe_{1-x})$ 来表示。

镉红是最牢固的红颜料，颜色非常饱和而鲜明，色谱范围可从黄光红，经红色直至紫酱色。镉红中 CdSe 含量越高，红光越强，颜色越深。镉红颗粒形态基本上为球形，其晶体结构主要为六方晶型，也有立方晶型，其耐热性在 600℃左右。镉红在热分解时，固溶体变为 CdS 与 CdSe 的混合物，在高温下与氧作用，CdSe 可氧化成 CdO 和 SeO_2。镉红的耐候性和耐腐蚀性优良，遮盖力强，不溶于水、有机溶剂、油类和碱性溶剂，微溶于弱酸，溶解于强酸并放出有毒气体 H_2Se 和 H_2S。

镉红广泛用于搪瓷、陶瓷、玻璃、涂料、塑料、美术颜料、印刷油墨、造纸、皮革、彩色沙石建筑材料和电子材料等行业。

6. 其他无机着色颜料

(1) 钒酸铋［C. I. Pigment Yellow 184 (771740)］［14059-33-7］　钒酸铋是复相氧化物颜料，一般认为其通式为 $BiVO_4$。在通常使用比例下，遮盖力比有机颜料高很多，着色力则不如有机颜料，耐久性不管是深色还是浅色都极好。主要用于外墙涂料，但由于其价格较贵而用量较少。

(2) 钛镍黄［C. I. Pigment Yellow 53 (77788)］［8007-18-9］　钛镍黄是镍和锑在 1000℃左右高温下，通过热扩散的方式进入 TiO_2 的晶格中的。淡黄色粉末，TiO_2 含量为 78%～80%，为金红石结构。其化学性质十分稳定，不仅对酸碱都有优良的稳定性，而且对氧化剂、还原剂及硫化物都非常稳定。其耐候性和耐久性甚至超过金红石型钛白，可用于卷钢、汽车和航空涂料；也可用于标牌、路标涂料等；利用其优异的耐热性，可用于耐高温涂料；利用其化学稳定性，可用于化工厂的设备和墙壁涂料、水泥涂料、乳胶涂料和酸固化氨基树脂涂料；由于其无毒，故可用于玩具涂料、食品罐的印刷油墨等。

其缺点在于着色力低、粒度粗、分散性差，不宜单独作为黄色颜料。一般和其他有机黄色颜料配合使用，用于浅色耐候性外用涂料。

(3) 氧化铬绿［C. I. Pigment Green17 (77288)］［1308-38-9］　氧化铬绿（chromic oxide），又称搪瓷铬绿，其化学组成为三氧化二铬，分子式 Cr_2O_3，分子量 151.99。

氧化铬绿为六方晶系或无定形深绿色粉末，氧化铬（Cr_2O_3）含量大于 95%，具有金属光泽。熔点 (2266±25)℃，沸点 4000℃。不溶于水和酸，可溶于热的碱金属溴酸盐溶液中。其突出优点在于对光、大气及腐蚀性气体（SO_2、H_2S 等）极稳定，耐酸、耐碱，耐高温达 1000℃，具有磁性，但色泽不光亮。

氧化铬绿具有极高的热稳定性和化学稳定性，可用于高温漆的制造，以及化学环境恶劣条件下使用的防护漆；还用于搪瓷和瓷器的彩绘，人造革、建筑材料等作为着色剂；用于制造耐晒涂料和研磨材料、绿色抛光膏及印刷钞票的专用油墨。

(4) 钴蓝［C. I. Pigment Blue 28 (77346)］［1345-16-0］　钴蓝（cobaltous blue）的主要成分为铝酸钴，分子式 $Co(AlO_2)_2$，分子量 176.89。

钴蓝的主要组成是 CoO、Al_2O_3，其实际组成 Al_2O_3 为 65%～70%，CoO 为 30%～35%。钴蓝是带有尖晶石结晶的立方晶体，由于是高温煅烧，颜料颗粒度较高。钴蓝是一种带有绿光的蓝色颜料，有鲜明的色泽，有极优良的耐候性、耐酸碱性，能耐受各种溶剂，耐热可达 1200℃，着色力较弱。属无毒颜料。

主要用于耐高温涂料，陶瓷、搪瓷、玻璃和塑料着色及耐高温的工程塑料着色，还可以作为美术颜料。

(5) 群青［C. I. Pigment Blue 29（77007）］［57455-37-5］ 群青（uitramarine blue)，又称云青、石头青、洋蓝、佛青、群青蓝，分子式 $Na_6Al_4Si_6S_4O_{20}$，分子量 862.558。

蓝色粉末，色调艳丽、清新。折射率 1.50～1.54，密度 2.35～2.74g/cm^3。不溶于水和有机溶剂。具有极好的耐光性、耐碱性、耐热性、耐候性。在 200℃条件下长期不变色；有较好的亲水性，但易被酸的水溶液所破坏。

群青除蓝色以外，还有粉红色和绿色的，但无论是哪种颜色其遮盖力都很弱。群青的色调与它的颗粒大小有关，深色品种的颗粒大小为 3～5μm，冲淡后呈红相；浅色品种的颗粒大小为 0.5～1.0μm，着色力稍强，冲淡后呈绿相。

群青用在涂料中，可以消除或降低白色涂料或其他白色材料中含有黄色色光的效能。在灰、黑等色中掺入群青，可使颜色具有柔和的光泽。也可以用群青单独着色，但其遮盖力和着色力稍弱。

(6) 铁蓝［C. I. Pigment Blue 27（77510，77520）］［12240-15-2］ 铁蓝（iron blue）的几个品种都是以氰基配合物为基础的蓝色颜料，由于性能上的细小差异，而具有不同的名称，如华蓝、普鲁士蓝、铁蔚蓝、密罗里蓝、腾堡蓝、铜光蓝、非铜光蓝等。铁蓝是 $Fe_4[Fe(CN)_6]_3$ 与 $K_4Fe(CN)_6$ 或 $(NH_4)_4Fe(CN)_6$ 及水组成的复杂化合物。

深蓝色粉末，相对密度 1.8。不溶于水、乙醇和醚，遇碱分解，遇弱酸不发生化学变化，遇浓硫酸煮沸则分解。耐晒、耐光，吸油量大，遮盖力略差。在空气中加热到 140℃以上，即发生燃烧。

铁蓝的色光根据其成分组成不同介于暗蓝到亮蓝之间，含碱金属越多，同时 $Fe(CN)_6$ 原子团越多，水分越少，则其颜色越亮。

铁蓝着色力高、耐光性好且价格低廉，故大量应用于新闻油墨、磁漆、硝基漆、号码漆、商标漆、文教用品着色等。

二、有机颜料

有机颜料具有鲜艳的色泽，高的着色力，齐全的色谱，有些品种的性能十分优秀，但遮盖力相对较弱。主要用于油墨、涂料与塑料着色等。根据美国的统计，用于油墨、涂料、塑料和其他领域的有机颜料分别为 45%、26%、20%和 9%，具有一定的代表性，同世界性的消费结构大致相似。

有机颜料的产量比无机颜料小得多。据统计，2003 年世界颜料总产量为 630 万吨，其中 62%为钛白粉，18%为氧化铁，12%为颜料级炭黑，其他彩色无机颜料为 4%，有机颜料为 25.1 万吨，仅占 4%。无机颜料中的钛白在世界的颜料产值和产量中均占首要的地位，但有机颜料却在油墨、涂料与塑料等领域发挥重要作用。

近年来，我国有机颜料产量迅速增加。2006 年我国有机颜料产量约为 18 万吨，大约占全球有机颜料总产量的 60%以上，而且品种增多，并开发出特殊偶氮、多环类颜料高档新品种与专业剂型。

世界有机颜料生产以欧洲、美国、日本为主，如德国巴斯夫（BASF)、德国科莱恩(Clariant)、瑞士汽巴（Ciba)、德国拜耳（Bayer)、大日本油墨（Dinippon Ink）及美国太阳化学（Sun Chem）等。

随着有机颜料的应用越来越广泛，高档涂料、油墨的需求量不断增大，有机颜料也朝着高性能、低污染等方向发展，偶氮缩合、HPP 类产品增长迅猛，逐步取代有毒、性能较低的无机颜料与传统偶氮颜料。本节简单介绍以下涂料用有机颜料情况。按其分子化学结构中含有特定的发色团或官能团实施化学结构分类，可分为偶氮颜料（单偶氮、双偶氮）、酞菁颜料、多环颜料及其他颜料等。

1. 偶氮颜料

偶氮颜料是指化学结构中含有偶氮基（—N═N—）的颜料，其分子中的偶氮基是通过重氮化与偶合反应而引入的。偶氮颜料色泽鲜艳，色谱分布广，着色力强，密度小，体质软，耐性较好，广泛用于油墨、涂料、橡胶、塑料等。

(1) 单偶氮颜料

a. 耐晒黄 10G　耐晒黄 10G（hansa yelow 10G，segnele light yellow 10G），又称 1104 耐晒黄 10G、汉黄 10G、颜料黄 10G、1002 汉沙黄 10G。耐晒黄 10G 主要物化指标见表 2-2-27。

表 2-2-27　耐晒黄 10G 主要物化指标

项　目	指　标	项　目	指　标	项　目	指　标
C. I. Pigment	Yellow 3	色光	亮绿光黄	耐温性/℃	160
C. I. 结构号	11710	密度/(g/cm³)	1.60	耐酸性/级	5
CAS No	[6486-23-3]	熔点/℃	258	耐碱性/级	5
EU No	[229-355-1]	平均粒径/μm	0.48～0.57	耐水性/级	4
分子式	$C_{16}H_{12}Cl_2N_4O_4$	吸油量/(g/100g)	22～60	耐油性/级	4
分子量	395.20	耐光性/级	6	pH(10%水浆)	6.0～7.5

耐晒黄 10G 为带绿光的淡黄色粉末。色泽鲜艳，着色力强，高遮盖力，耐晒性、耐热性好，微溶于乙醇、苯和丙酮等有机溶剂。主要用于涂料、涂料印花、油墨、彩色颜料、文教用品和塑料制品着色。

b. 耐晒黄 5GX　耐晒黄 5GX（pigment yellow 5GX），又称颜料黄 5GX。是涂料与油墨的主要品种，国外各大公司都生产此品种，如德国巴斯夫（BASF）、德国科莱恩（Clariant）、瑞士汽巴（Ciba）等根据不同用途都有几个品种面向市场。属中等绿光黄，有遮盖型与透明型两种，着色力可与联苯胺黄相媲美，比一般单偶氮颜料要高。具有较好的耐光性、耐候性及耐溶剂性，是取代铬黄的重要品种之一。耐晒黄 5GX 主要物化指标见表 2-2-28。

表 2-2-28　耐晒黄 5GX 主要物化指标

项　目	指　标	项　目	指　标	项　目	指　标
C. I. Pigment	Yellow 74	色光	亮黄	耐温性/℃	160
C. I. 结构号	11741	密度/(g/cm³)	1.28～1.51	耐酸性/级	5
CAS No	[6358-31-2]	熔点/℃	275～293	耐碱性/级	5
EU No	[228-768-4]	平均粒径/μm	0.18	耐水性/级	4～5
分子式	$C_{18}H_{18}N_4O_6$	吸油量/(g/100g)	27～45	耐油性/级	5
分子量	386.36	耐光性/级	6	pH(10%水浆)	5.5～7.5

c. 永固黄 FGL　永固黄 FGL（permanert yellow FGL）是 20 世纪 60 年代开发的品种，各项牢度优异，耐热性、耐迁移性较好，除高档涂料外还用于各种油墨、塑料中。主要生产厂家有：德国巴斯夫（BASF）、德国科莱恩（Clariant）及杭州胜达、杭州新晨等。永固黄 FGL 主要物化指标见表 2-2-29。

① 芳基吡唑啉酮系颜料（表 2-2-30）　芳基吡唑啉酮系颜料耐光性良好，在醇类、芳香烃中有少量渗性。主要用于涂料、油墨中，目前市场品种较少。

表 2-2-29 永固黄 FGL 主要物化指标

项 目	指 标	项 目	指 标	项 目	指 标
C. I. Pigment	Yellow 97	色光	艳黄色	耐温性/℃	200
C. I. 结构号	11767	密度/(g/cm^3)	1.30～1.41	耐酸性/级	5
CAS No	[12225-18-2]	熔点/℃	330	耐碱性/级	5
EU No	[235-427-3]	平均粒径/μm	0.16	耐水性/级	5
分子式	$C_{26}H_{27}ClN_4O_8S$	吸油量/(g/100g)	40～52	耐油性/级	5
分子量	591.08	耐光性/级	7～8	pH(10%水浆)	7.0～8.0

表 2-2-30 芳基吡唑啉酮系颜料结构式

结 构 式	主 要 品 种	X	Y	Z
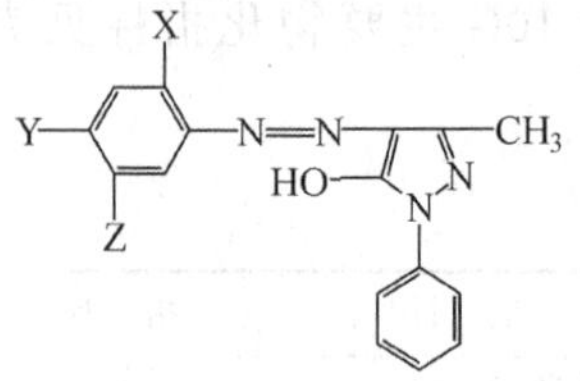	颜料黄 10 Hansa Yellow R	Cl	H	Cl
	颜料橙 6 Pigment Fast Orange 4G	NO_2	CH_3	H

② 乙萘酚系颜料（表 2-2-31） 甲苯胺红是此类的主要品种，商品有多种色光及牌号，大量用于油性漆和乳化漆中。由于耐溶剂性不佳，在醇酸树脂漆中使用受到限制。

表 2-2-31 乙萘酚系颜料结构式

结 构 式	主要品种	X	Y
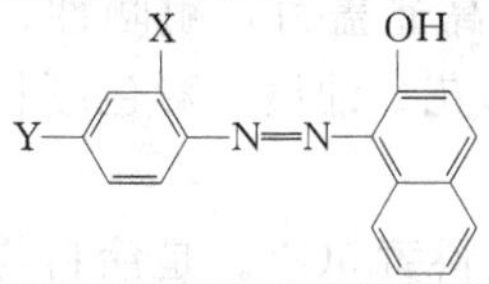	永固橙 RN	NO_2	NO_2
	甲苯胺红	NO_2	CH_3
	银朱 R	Cl	NO_2

银朱 R 是带黄相的大红，至今仍是重要的大红色品种，用于制漆及文教用品着色。

永固橙 RN 的牢度与颜料红 3# 相仿，是橙色中主要品种，用于制漆和油墨。其结构中含有两个硝基，在生产和使用时应当注意安全，不能和氧化铅并用，在干燥、粉碎和研磨过程中，要避免高温和冲击，以免发生危险。主要乙萘酚系颜料主要物化指标见表 2-2-32。

表 2-2-32 主要乙萘酚系颜料主要物化指标

项 目	甲苯胺红	银朱 R	永固橙 RN
C. I. Pigment	Red 3	Red 4	Orange 5
C. I. 结构号	12120	12085	12075
CAS No	[2425-85-6]	[2814-77-9]	[3468-63-1]
EU No	[219-372-2]	[220-562-2]	[222-429-4]
分子式	$C_{17}H_{13}N_3O_3$	$C_{16}H_{10}ClN_3O_3$	$C_{16}H_{10}N_4O_5$
分子量	307.30	327.72	338.27
色光	黄光红	黄光红	亮红光橙
密度/(g/cm^3)	1.34～1.52	1.45～1.60	1.48～2.00
吸油量/(g/100g)	33～80	34～70	35～50
耐光性/级	6	6	6～7
耐温性/℃	120	100	130
耐酸性/级	4	5	5
耐碱性/级	4	5	4
耐水性/级	3	5	4～5
耐油性/级	3	4	4
pH(10%水浆)	6.0～7.0	5.5～7.5	6.5

③ 色酚 AS 系颜料（表 2-2-33） 主要为红色品种居多，一般具有较好的牢度性能，特别是耐碱性尤为优越。

表 2-2-33 色酚 AS 系颜料结构式

结 构 式	主要品种	X	Y	Z	U	V	W
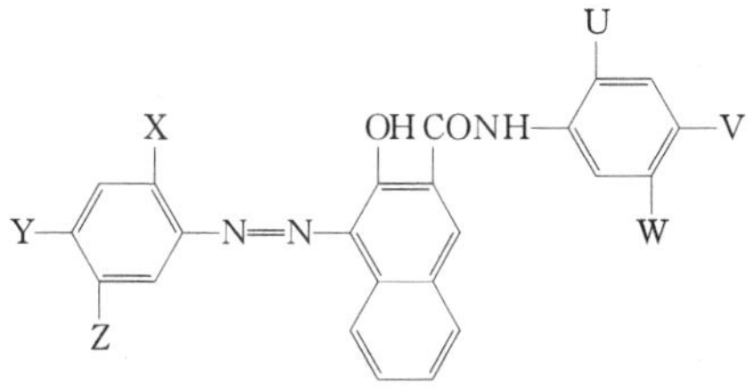 U, X, OH CONH, V, Y, N=N, W, Z	大红粉	H	H	H	H	H	H
	颜料亮红 N	CH_3	H	NO_2	H	H	H
	永固红 FGR	Cl	Cl	Cl	CH_3	H	H
	永固桃红 FBB	OCH_3	H	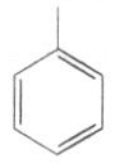 $NHCOC_6H_5$	OCH_3	Cl	OCH_3
	永固桃红 F3RK	H	$CONH_2$	H	OC_2H_5	H	H

其中，国内使用最多的是大红粉，大红粉广泛用于制造涂料。颜料永固红 FGR、永固红 F3RK、颜料亮红 N 是色彩鲜艳的大红色，牢度优异，主要用于涂料、水性涂料、涂料印花浆和人造丝的着色。永固桃红 FBB 带蓝光的红色，各项牢度优异，适用于涂料、汽车漆、橡胶、涂料印花浆和塑料中。色酚 AS 系颜料主要物化指标见表 2-2-34。

表 2-2-34 色酚 AS 系颜料主要物化指标

项 目	大红粉	颜料亮红 N	永固红 FGR	永固桃红 FBB	永固红 F3RK
C. I. Pigment	Red 21	Red 22	Red 112	Red 146	Red 170
C. I. 结构号	12300	12315	12370	12485	12475
CAS No	[6410-26-0]	[6448-95-9]	[6535-46-2]	[5280-68-2]	[2786-76-7]
EU No	[229-096-4]	[229-245-3]	[229-440-3]	[226-103-2]	[220-509-3]
分子式	$C_{23}H_{16}ClN_3O_2$	$C_{24}H_{18}N_4O_4$	$C_{24}H_{16}Cl_3N_3O_2$	$C_{33}H_{27}ClN_4O_6$	$C_{26}H_{22}N_4O_4$
分子量	401.84	426.42	485.76	611.04	454.48
色光	黄光红	黄光红	艳红	蓝光红	蓝光红
密度/(g/cm³)	—	1.30～1.47	1.38～1.65	1.35～1.40	1.25～1.36
吸油量/(g/100g)	57	34～68	35～88	65～70	59～81
耐光性/级	3～4	5	7	5	7～8
耐温性/℃	100	120	150	160	200
耐酸性/级	5	5	5	5	5
耐碱性/级	3	2	5	4～5	5
耐水性/级	3～4	4	5	5	4
耐油性/级	1	2	4～5	5	4
pH(10%水浆)	7	7	3.5～7.0	5.5～7.0	6.0～7.0

④ 苯并咪唑酮系颜料（表 2-2-35） 苯并咪唑酮系单偶氮颜料的结构中引入环状酰氨基团，提高分子的极性，使分子间形成较强的氢键，从而影响分子的聚集状态，降低了颜料在有机溶剂中的溶解度，增强了耐迁移性。氢键的存在，能提高颜料分子的稳定性，增强对光和热的抵抗能力，使耐光性、耐热性都有明显改善。苯并咪唑酮系颜料主要物化指标见表 2-2-36。

(2) 双偶氮颜料 双偶氮颜料是指颜料的分子中含有两个偶氮基的颜料，这类颜料的母体大多数为联苯胺和对苯二胺。

① 双芳胺类黄色双偶氮颜料结构式及主要品种（表 2-2-37）

表 2-2-35 苯并咪唑酮系颜料结构式

黄橙色结构式	主要品种	X	Y	Z	W
(结构式：W、X、Y、Z取代苯基—N═N—CH(COCH$_3$)—CONH—苯并咪唑酮)	永固黄 H4G	COOH	H	H	H
	永固黄 H3G	CF_3	H	H	H
	永固橙 HL	NO_2	H	Cl	H

红色结构式	主要品种	X	Y	Z
(结构式：X、Y、Z取代苯基—N═N—2-羟基-3-萘甲酰胺—CONH—苯并咪唑酮)	洋红 HF3C	OCH_3	H	邻甲氧基苯基-NHCO (C_6H_4(OCH$_3$)—NHCO)
	洋红 HF4C	CH_3	CH_3HNSO_2	

表 2-2-36 苯并咪唑酮系颜料主要物化指标

项　目	永固黄 H4G	永固黄 H3G	永固橙 HL	洋红 HF3C	洋红 HFC
C. I. Pigment	Yellow 151	Yellow 154	Orange 36	Red 176	Red 185
C. I. 结构号	13980	11781	11780	12515	12516
CAS No	[31837-42-0]	[68134-22-5]	[12236-62-3]	[12225-06-8]	[51920-12-8]
EU No	[250-830-4]	[268-734-6]	[235-462-4]	[235-425-2]	[257-515-0]
分子式	$C_{18}H_{15}N_5O_5$	$C_{18}H_{14}F_3N_5O_3$	$C_{17}H_{13}ClN_6O_5$	$C_{32}H_{24}N_6O_5$	$C_{27}H_{24}N_6O_6S$
分子量	381.34	405.33	416.81	572.57	560.63
色光	绿光黄	绿光黄	红光橙	艳蓝光红	艳蓝光红
密度/(g/cm^3)	1.57	1.57	1.62	1.45	1.45
吸油量/(g/100g)	52	61	80	70～88	97
耐光性/级	7～8	7～8	7～8	7～8	7～8
耐温性/℃	250	250	240	250	250
耐酸性/级	5	5	5	5	5
耐碱性/级	5	5	5	5	5
耐水性/级	5	5	5	5	5
耐油性/级	5	5	5	5	5
pH(10%水浆)	7.3	6.5	7	7	7.5

表 2-2-37 双芳胺类黄色双偶氮颜料结构式

结　构　式	(U、V、W取代苯基—NHCO—CH(COCH$_3$)—N═N—(X、Y取代联苯)—N═N—CH(COCH$_3$)—CONH—U、V、W取代苯基)			
主要品种	X	Y	U	V	W
联苯胺黄 G	Cl	H	H	H	H
永固黄 2GS	Cl	H	CH_3	H	H
永固黄 HR	Cl	H	OCH_3	Cl	OCH_3
联苯胺黄 DGR	Cl	H	H/H	H/OCH_3	H/H

② 吡唑啉酮类双偶氮颜料结构式及主要品种（表 2-2-38）

几种双偶氮颜料主要物化指标见表 2-2-39。

表 2-2-38　吡唑啉酮类双偶氮颜料结构式

结　构　式	主要品种	X	Y	U	V
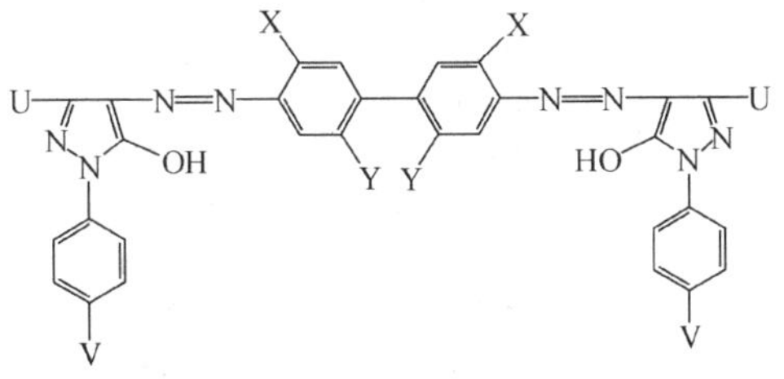	永固橘黄 G	Cl	H	CH_3	H
	永固橙 RL	Cl	H	CH_3	CH_3

表 2-2-39　几种双偶氮颜料主要物化指标

项　目	联苯胺黄 G	永固黄 2GS	永固黄 HR	永固黄 DGR	永固橘黄 G	永固橙 RL
C. I. Pigment	Yellow 12	Yellow 14	Yellow 83	Yellow 126	Orange 13	Orange 34
C. I. 结构号	21090	21095	21108	21101	21110	21115
CAS No	[6358-85-6]	[5468-75-7]	[5567-15-7]	[61815-08-5]	[3520-72-7]	[15793-72-4]
EU No	[228-787-8]	[226-789-3]	[226-939-8]	[228-787-8]	[222-530-3]	[239-898-6]
分子式	$C_{32}H_{26}Cl_2N_6O_4$	$C_{34}H_{30}Cl_2N_6O_4$	$C_{36}H_{32}Cl_4N_6O_8$	—	$C_{32}H_{24}Cl_2N_8O_2$	$C_{34}H_{28}Cl_2N_8O_2$
分子量	629.49	657.55	818.49	—	623.48	651.60
色光	黄色	红光黄	红光黄	绿光黄	红光橙	红光橙
密度/(g/cm^3)	1.40	1.14～1.52	1.27～1.50	1.38	1.31～1.60	1.30～1.40
吸油量/(g/100g)	25～80	29～75	39～98	77	28～85	43～79
耐光性/级	4	4	6	4～5	4～5	6
耐温性/℃	180	180	200	200	140	180
耐酸性/级	5	5	5	5	5	4
耐碱性/级	5	5	5	5	4	5
耐水性/级	5	5	5	5	5	4
耐油性/级	4	4	5	4	4	5
pH(10%水浆)	6～8	6～8	6～7	6～8	6～7	6～7

(3) 偶氮缩合颜料　偶氮缩合颜料结构式如图 2-2-5 所示。几种偶氮缩合颜料主要物化指标见表 2-2-40。

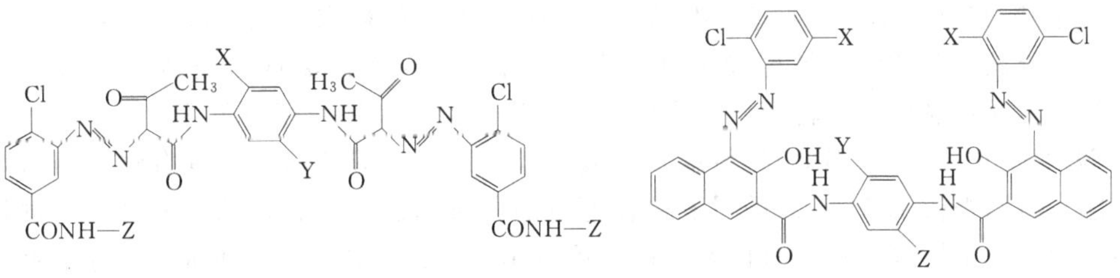

(a) 黄色缩偶氮颜料　　(b) 红色缩偶氮颜料

图 2-2-5　偶氮缩合颜料结构式

表 2-2-40　几种偶氮缩合颜料主要物化指标

项　目	黄 8GN	红 BRN	缩偶氮大红 R	缩偶氮大红 4RF
结构式中 X	CH_3	Cl	Cl	CF_3
结构式中 Y	Cl	Cl	H	Cl
结构式中 Z	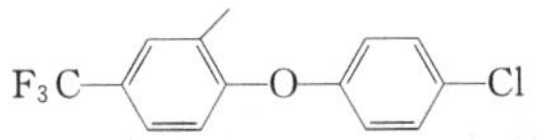 F_3C— —O— —Cl	H	H	Cl

续表

项目	黄 8GN	红 BRN	缩偶氮大红 R	缩偶氮大红 4RF
C. I. Pigment	Yellow 128	Red 144	Red 166	Red 242
C. I. 结构号	20037	20735	20730	20067
CAS No	79953-85-8	5280-78-4	3905-19-9	52238-92-3
EU No	279-356-6	226-106-9	223-460-6	257-776-0
分子式	$C_{55}H_{30}Cl_5F_6N_8O_8$	$C_{40}H_{23}Cl_5N_6O_4$	$C_{40}H_{24}Cl_4N_6O_4$	$C_{42}H_{22}Cl_4F_6N_6O_4$
分子量	1229.25	828.94	794.50	930.46
色光	绿光黄	蓝光红	黄光红	黄光红
密度/(g/cm³)	1.53	1.45～1.55	1.57	1.61
吸油量/(g/100g)	56～70	50～60	55	55
耐光性/级	7～8	7	7～8	7～8
耐温性/℃	200	250	250	200
耐酸性/级	5	5	5	5
耐碱性/级	5	5	5	5
耐水性/级	5	4	5	5
耐油性/级	5	4	5	5
pH(10%水浆)	5～6	6.8	7	6～7.5

2. 酞菁颜料

(1) 酞菁蓝 酞菁蓝主要组成是细结晶的铜酞菁（图 2-2-6）。具有鲜明的蓝色，耐光性、耐热性、耐酸性、耐碱性、耐化学药品性优良。着色力强，是当前性能最为优越的蓝色颜料。酞菁蓝分子式 $C_{32}H_{16}CuN_8$。

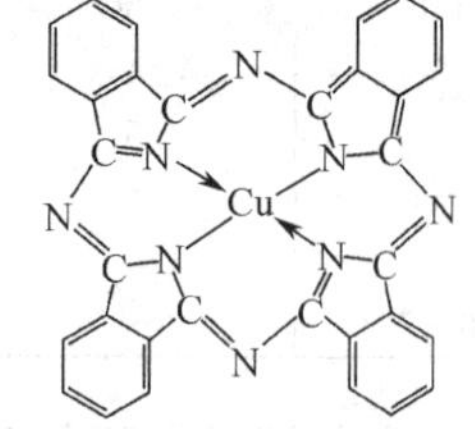

图 2-2-6 铜酞菁结构式

CuPc 最先是在 1935 年由 ICI 公司制造出来的，当时是以苯酐与尿素为原料，应用钼酸铵为催化剂提高了收率；1936 年 I. G. 染料公司在德国 Ludwishafen 开始了 CuPc 的生产；1937 年美国杜邦公司生产酞菁颜料并投放市场；1949 年稳定的 β 型铜酞菁问世。酞菁蓝 15 已知的有 α、β、γ、δ、ε、Π、X、R、ρ 九种晶型。晶型的不同可影响其应用性能，如着色强度、色光及耐热稳定性等。α 型呈红光，β 型呈绿光，ε 型呈大红光，其热力学稳定性：$\alpha \approx \gamma < \delta < \varepsilon < \beta$。

① 酞菁蓝 15（蓝 B）为亚稳 α 型酞菁蓝，带红光蓝色粉末，色泽鲜艳，着色力高，具有较高的性价比。此类颜料晶型稳定性较差，遇 200℃左右高温或芳香族溶剂会产生“结晶”现象，其颜料晶型发生转变，主要应用于油墨、涂料及涂料印花浆等。

② 酞菁蓝 15∶1（蓝 BS）为稳定 α 型酞菁蓝，带红光蓝色粉末，具有耐有机溶剂性和抗结晶性。与酞菁蓝 15 比较，透明度和着色力都有所降低。但有好的耐光性、耐候性、耐迁移性及耐热稳定性等，不具有抗絮凝性，可应用于各种涂料中，但不能应用于一些特殊要求的涂料体系。

③ 酞菁蓝 15∶2（蓝 BS）为抗结晶性、抗絮凝性的 α 型酞菁蓝，主要应用于涂料着色。

④ 酞菁蓝 15∶3（蓝 BGS），为 β 型酞菁蓝，这是一种稳定的晶型。色光明显偏绿，高着色力、易分散。具有较好的耐光性、耐候性和热稳定性，良好的耐溶剂性、耐皂化性及耐酸碱性，是涂料工业中最为重要的蓝色颜料品种。

⑤ 酞菁蓝 15∶4 为抗结晶性、抗絮凝性的 β 型酞菁蓝，主要应用于涂料着色。除分散性、抗絮凝性及流动性外，其他性能与酞菁蓝 15∶3 基本一致，应用于各类涂料，目前市场上量很少。

⑥ 酞菁蓝 15∶5 为 γ 型酞菁蓝，是一种不稳定酞菁蓝。酞菁蓝 15∶6 为 ε 型酞菁蓝，晶

型比较稳定，红光为所有酞菁蓝最强，着色力比 α 型酞菁蓝要高 20%以上，具有良好的流动性、耐光性、耐候性、耐溶剂性及耐热性等。有生产商，但产量均比较小。

(2) 酞菁绿 酞菁绿 G，化学组成为多氯代铜酞菁。色光呈蓝光绿色，具有良好的应用性能，如耐光性、耐候性、耐热稳定性及耐溶剂性等，是涂料的重要绿色品种。颜料绿 36 是氯溴混合取代的铜酞菁颜料。属黄光酞菁绿，耐性较好，酞菁绿 G，但着色力比酞菁绿 G 要低，档次价格要高，主要应用于高档涂料及油墨等。

重要的酞菁颜料品种主要物化指标见表 2-2-41。

表 2-2-41 重要的酞菁颜料品种主要物化指标

项 目	酞菁蓝 15	酞菁蓝 15：1	酞菁蓝 15：3	酞菁绿 G	颜料绿 36
C. I. Pigment	Blue 15	Blue 15：1	Blue 15：3	Green 7	Green 36
C. I. 结构号	74160(α 型)	74160(稳定 α 型)	74160(β 型)	74260	74265
CAS No	[147-14-8]	[12239-89-1]	[147-14-8]	[1328-53-6]	[14302-13-7]
EU No	[205-685-1]	[205-685-1]	[205-685-1]	[215-524-7]	[238-238-4]
分子式	$C_{32}H_{16}CuN_8$	$C_{32}H_{16}CuN_8$ $C_{32}H_{15}ClCuN_8$	$C_{32}H_{16}CuN_8$	$C_{32}HCl_{15}CuN_8$ $C_{32}HCl_{16}CuN_8$	$C_{32}Br_6Cl_{10}CuN_8$
分子量	576.07	576～610	576.07	1029～1127	1293.90
平均粒径/μm	0.08	0.05	0.07～0.09	0.03～0.07	0.03～0.06
色光	红光蓝	亮红光蓝	绿光蓝	蓝光绿	黄光绿
密度/(g/cm³)	1.50～1.70	1.50～1.70	1.55～1.65	1.80～2.40	2.31～3.19
比表面积/(m²/g)	30～90	53～92	38～90	41～62	30～54
吸油量/(g/100g)	32～70	30～80	45～60	22～50	20～46
耐光性/级	7～8	7～8	7～8	7～8	7～8
耐温性/℃	200	200	220	220	300
耐酸性/级	5	5	5	5	5
耐碱性/级	5	5	5	5	5
耐水性/级	5	5	5	5	5
耐油性/级	5	5	5	5	5
pH(10%水浆)	6.5～8.0	5.0～8.0	5.0～8.0	4.0～9.0	4.5～7.5

3. 多环颜料

(1) 喹吖啶酮类颜料（表 2-2-42） 喹吖啶酮颜料的化学结构是四氢喹啉二吖啶酮，习惯称喹吖啶酮。尽管其分子量比酞菁类颜料小得多，但它们像酞菁类颜料一样具有很好的耐晒牢度与耐候牢度等，主要色调为红紫色，通常也称为酞菁红或酞菁紫。主要应用于高档工业漆、水性装饰漆、建筑漆及户外广告漆等。几种喹吖啶酮类颜料主要物化指标见表 2-2-43。

表 2-2-42 多环颜料结构式

结 构 式	主要品种	X	Y	Z	U	V	W
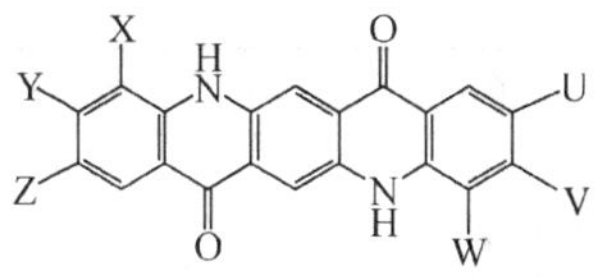	喹吖啶酮紫 P. V. 19	H	H	H	H	H	H
	喹吖啶酮品红 P. R. 122	H	H	CH_3	H	H	H
	喹吖啶酮品红 P. R. 202	H	H	Cl	CH_3	H	H
	喹吖啶酮红 P. R. 206	H	H	H	Cl	H	H
	喹吖啶酮红 P. R. 209	H	Cl	H	H	Cl	H

(2) 二噁嗪类颜料 二噁嗪类颜料的母体是三苯二噁嗪，该系列颜料主要为紫色，主要品种为颜料紫 23 与颜料紫 37。

表 2-2-43 几种喹吖啶酮类颜料主要物化指标

项 目	喹吖啶酮紫 P. V. 19	喹吖啶酮红 P. R. 122	喹吖啶酮红 P. R. 202	喹吖啶酮红 P. R. 206	喹吖啶酮红 P. R. 209
C. I. Pigment	Violet 19	Red 122	Red 202	Red 206	Red 209
C. I. 结构号	73900	73915	73907	73900/73920	73905
CAS No	[1047-16-1]	[980-26-7] [16043-40-6]	[3089-17-6]	[1503-48-6] [71819-76-6]	[3573-01-1]
EU No	[213-879-2]	213-561-3	[221-424-4]	[216-125-0]	—
分子式	$C_{20}H_{12}N_2O_2$	$C_{22}H_{16}N_2O_2$	$C_{20}H_{10}Cl_2N_2O_2$	$C_{20}H_{12}N_2O_2$ $C_{20}H_{10}N_2O_2$	$C_{20}H_{10}Cl_2N_2O_2$
分子量	312.32	340.37	381.22	—	381.22
色光	紫、黄光红	蓝光红	蓝光红	红褐色	品红色
密度/(g/cm³)	1.50～1.80	1.40～1.50	1.51～1.71	1.45～1.52	1.56
吸油量/(g/100g)	40～70	40～65	34～50	27～39	60
耐光性/级	7～8	7～8	7～8	7～8	7～8
耐温性/℃	200	250	250	250	250
耐酸性/级	5	5	5	5	5
耐碱性/级	5	5	5	5	5
耐水性/级	5	5	5	5	5
耐油性/级	5	5	5	5	5
pH(10%水浆)	6～9	6.2～6.7	3～6	3.5～9.0	5～7

① 颜料紫 23，又称 6520 永固紫 RL，还称为咔唑紫，分子呈对称性与平面性，使其十分稳定。在冲淡色情况下仍具有优异的耐光牢度、耐候牢度，是一种通用型紫色颜料，色调有蓝光与红光两种，色泽鲜艳，着色强度高，耐晒牢度好，耐热性比其他类多环颜料要低些，通常在 160℃左右就发生变化。它几乎耐所有有机溶剂，可在很多介质中使用。永固紫主要物化指标见表 2-2-44。

表 2-2-44 永固紫主要物化指标

项 目	指 标	项 目	指 标	项 目	指 标
C. I. Pigment	Violet 23	色光	蓝光紫	耐温性/℃	160
C. I. 结构号	51319	密度/(g/cm³)	1.40～1.60	耐酸性/级	5
CAS No	[6358-30-1]	熔点/℃	430～455	耐碱性/级	5
EU No	[228-767-9]	平均粒径/μm	0.04～0.07	耐水性/级	5
分子式	$C_{34}H_{22}Cl_2N_4O_2$	吸油量/(g/100g)	45	耐油性/级	5
分子量	589.50	耐光性/级	7	pH(10%水浆)	6.2

② 颜料紫 37 比颜料紫 23 色光要红得多，遮盖力强，着色力弱，具有较好的流动性与光泽。其他各项性能基本与颜料紫 23 一样。主要应用于高档汽车漆、工业漆，目前仅瑞士 Ciba 公司有生产，且产量较小。颜料紫 37 主要物化指标见表 2-2-45。

表 2-2-45 颜料紫 37 主要物化指标

项 目	指 标	项 目	指 标	项 目	指 标
C. I. Pigment	Violet 37	色光	蓝光紫	耐温性/℃	160
C. I. 结构号	51345	密度/(g/cm³)	—	耐酸性/级	5
CAS No	[57971-98-9]	熔点/℃	—	耐碱性/级	5
EU No	—	平均粒径/μm	—	耐水性/级	5
分子式	$C_{40}H_{34}N_6O_8$	吸油量/(g/100g)	—	耐油性/级	5
分子量	726.90	耐光性/级	—	pH(10%水浆)	6.2

(3) 异吲哚啉酮系颜料和异吲哚啉系颜料 异吲哚啉酮系颜料和异吲哚啉系颜料是20世纪60年代中期，继喹吖啶酮和二噁嗪颜料之后发展起来的一类新型高档有机颜料。此类颜料具有很好的耐溶剂性、耐迁移性、耐酸碱性、耐氧化还原性，耐热性高达400℃，耐晒牢度、耐光牢度也非常好，主要应用于高档工业漆及油墨。

① 颜料黄109呈亮绿光黄，着色力高，易分散，耐晒牢度随TiO_2的加入先升高再降低，如本色耐光性为6～7级，而深色（颜料∶TiO_2＝1∶1）时，耐晒牢度可达7级，按(1∶3)～(1∶25)用TiO_2冲淡耐晒牢度可达7～8级。冲淡比例再升高，耐晒牢度会明显下降。主要应用于高档工业漆、建筑涂料及油墨。颜料黄109主要物化指标见表2-2-46。

表2-2-46 颜料黄109主要物化指标

项 目	指 标	项 目	指 标	项 目	指 标
C. I. Pigment	Yellow 109	色光	绿光黄	比表面积/(m^2/g)	29
C. I. 结构号	56284	密度/(g/cm^3)	1.84	耐酸性/级	5
CAS No	[5045-40-9]	熔点/℃	301	耐碱性/级	5
EU No	—	吸油量/(g/100g)	40～55	耐水性/级	5
分子式	$C_{23}H_8Cl_8N_4O_2$	耐温性/℃	250	耐油性/级	5
分子量	655.96	耐光性/级	7～8	pH(10%水浆)	5.8

② 颜料黄110为红光较重的黄色，是异吲哚啉酮系颜料中重要品种，也被认为是所有有机颜料红光黄色中最为稳定的一种，广泛应用于高档汽车漆、工业漆、建筑漆。颜料黄110主要物化指标见表2-2-47。

表2-2-47 颜料黄110主要物化指标

项 目	指 标	项 目	指 标	项 目	指 标
C. I. Pigment	Yellow 110	色光	红光黄	耐酸性/级	5
C. I. 结构号	56280	密度/(g/cm^3)	1.82	耐碱性/级	5
CAS No	[5590-18-1]	吸油量/(g/100g)	36～77	耐水性/级	5
EU No	[226-999-5]	比表面积/(m^2/g)	40～65	耐油性/级	5
分子式	$C_{22}H_6Cl_8N_4O_2$	耐温性/℃	250	pH(10%水浆)	6.5～8.7
分子量	641.94	耐光性/级	7～8		

③ 颜料黄139为异吲哚啉系颜料中重要品种，红光黄色，其各项性能良好，广泛应用于高档涂料、油墨及塑料。其在水性体系中耐碱性不是很理想，一般不推荐用于水性装饰漆。颜料黄139主要物化指标见表2-2-48。

表2-2-48 颜料黄139主要物化指标

项 目	指 标	项 目	指 标	项 目	指 标
C. I. Pigment	Yellow 139	色光	红光黄	耐酸性/级	5
C. I. 结构号	56298	密度/(g/cm^3)	1.74	耐碱性/级	5
CAS No	[36888-99-0]	平均粒径/μm	0.15～0.35	耐水性/级	5
EU No	[253-256-2]	吸油量/(g/100g)	45～69	耐油性/级	5
分子式	$C_{16}H_9N_5O_6$	耐温性/℃	200	pH(10%水浆)	5.5～7.0
分子量	367.30	耐光性/级	8		

(4) 吡咯并吡咯二酮系颜料（表2-2-49） 吡咯并吡咯二酮系颜料（即DPP系颜料）是由瑞士Ciba公司在1983年研制的一类全新结构的高性能有机颜料。属氢键交叉共轭型发色体系，其分子结构具有很好的对称性，分子呈平面排列，显示强烈的π-π共轭作用，同时分子间形成氢键与范德华力，形成更大的分子。主要色谱为红色和橙色，该系列颜

料颜色鲜艳，着色力高，流动性好，同时具有良好的耐光性、耐候性和耐热性，但耐碱性不如其他类多环有机颜料。广泛应用于高档涂料中，尤其是汽车漆、工业漆及建筑漆等。

DPP红（P. R. 254）是Ciba公司在1986年开发的第一个DPP系颜料商品，具有很好的着色性能和牢度性能，色泽鲜艳，着色强度高。广泛应用于工业漆、水性漆等；DPP红（P. R. 255）呈黄光红色，具有较高的遮盖力，优异的耐候牢度，被推荐用于汽车漆和高级工业漆；DPP红（P. R. 264）呈蓝光红色，具有较高的透明度和着色强度，耐酸性、耐碱性均为5级，耐有机溶剂性为4～5级，主要推荐使用在汽车漆和高档工业漆中；DPP橙（P. O. 73）呈艳丽的橙色，耐芳香烃类溶剂牢度为5级，但耐酮、醇、酯类溶剂的牢度为3级或3～4级。几种DPP颜料主要物化指标见表2-2-50。

表2-2-49 吡咯并吡咯二酮系颜料结构式

DPP结构式	主要品种	X	Y
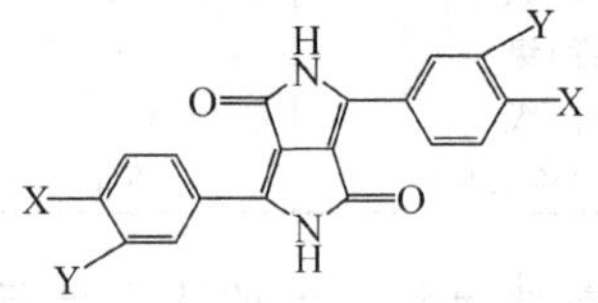	P. O. 73	$C(CH_3)_3$	H
	P. R. 254	Cl	H
	P. R. 255	H	H
	P. R. 264	Ph	H

表2-2-50 几种DPP颜料主要物化指标

项目	DPP橙 P. O. 73	DPP红 P. R. 254	DPP红 P. R. 255	DPP红 P. R. 264
C. I. Pigment	Orange 73	Red 254	Red 255	Red 264
C. I. 结构号	56117	56110	561050	—
CAS No	[71832-85-4]	[84632-65-5]	[120500-90-5]	—
EU No	[276-057-2]	[402-400-4]	—	—
分子式	$C_{26}H_{28}N_2O_2$	$C_{18}H_{10}Cl_2N_2O_2$	$C_{18}H_{12}N_2O_2$	—
分子量	400.52	357.19	288.30	—
色光	艳橙色	亮红色	黄光红	蓝光红
密度/(g/cm³)	1.3	1.60	1.41	1.35
吸油量/(g/100g)	53	60	40～59	57
耐光性/级	7～8	7～8	7～8	7～8
耐温性/℃	200	200	200	200
耐酸性/级	5	4～5	5	5
耐碱性/级	5	4～5	5	5
耐水性/级	5	4～5	5	5
耐油性/级	4～5	4～5	4～5	4～5

(5) 喹酞酮系颜料 喹酞酮本身是一类古老的化合物，但作为颜料的使用历史不长。是20世纪70年代由HF公司研制开发的新型高档有机颜料。该类颜料具有耐晒性、耐候性、耐热性、耐溶剂性及耐迁移性。色光主要为绿光黄色，颜色鲜艳，其中最为典型品种是BASF公司生产的P. Y. 138，具有高着色强度，优异的牢度。最近几年国内也有个别厂家生产。主要用于汽车漆、高档工业漆及塑料中着色。颜料黄138结构式如图2-2-7所示。颜料黄138主要物化指标见表2-2-51。

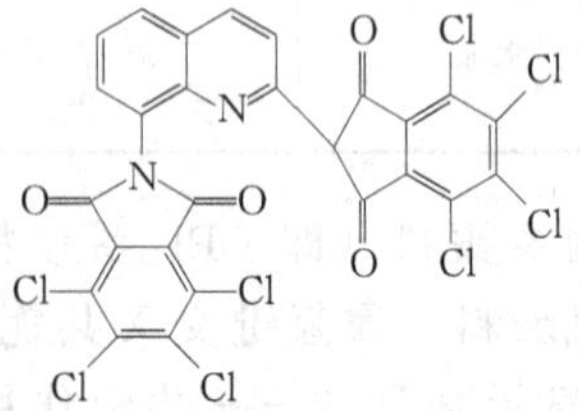

图2-2-7 颜料黄138结构式

表 2-2-51　颜料黄 138 主要物化指标

项　目	指　标	项　目	指　标	项　目	指　标
C. I. Pigment	Yellow 138	色光	红光黄	耐光性/级	7～8
C. I. 结构号	56300	密度/(g/cm^3)	1.82	耐酸性/级	5
CAS No	[30125-47-4]	平均粒径/μm	0.22～0.39	耐碱性/级	5
EU No	[250-063-5]	吸油量/(g/100g)	30～40	耐水性/级	5
分子式	$C_{26}H_6Cl_8N_2O_4$	熔点/℃	480	耐油性/级	5
分子量	693.94	耐温性/℃	250	pH(10%水浆)	7

(6) 蒽醌系颜料　蒽醌系颜料是指分子中含有蒽醌构造或以蒽醌为起始原料的一类颜料，是一类还原颜料。色泽非常稳定，色谱范围较广，但生产特别复杂，生产成本过高。其颜料具有优良的耐光牢度，很好的耐溶剂性与耐迁移性。几种蒽醌系颜料主要物化指标见表 2-2-52。

表 2-2-52　几种蒽醌系颜料主要物化指标

项　目	蒽醌黄 P. Y. 24	蒽醌红 P. R. 168	蒽醌红 P. R. 177	蒽醌蓝 P. B. 60
C. I. Pigment	Yellow 24	Red 168	Red 177	Blue 60
C. I. 结构号	70600	59300	65300	69800
CAS No	[475-71-8]	[4378-61-4]	[4051-63-2]	[81-77-6]
EU No	[207-498-0]	[224-481-3]	[223-754-4]	[201-375-5]
分子式	$C_{28}H_{12}N_2O_2$	$C_{22}H_8Br_2O_2$	$C_{28}H_{16}N_2O_4$	$C_{28}H_{14}N_2O_4$
分子量	408.42	464.11	444	442.42
色光	红光黄	黄光红	红光	红光蓝
密度/(g/cm^3)	1.55～1.65	1.40～1.99	1.45～1.53	1.45～1.54
吸油量/(g/100g)	39～49	40～58	55～62	27～80
耐光性/级	7	8	8	8
耐温性/℃	250	180	250	230
耐酸性/级	5	5	5	5
耐碱性/级	4	5	5	5
耐水性/级	5	5	5	5
耐油性/级	5	4～5	5	5

蒽醌黄（P. Y. 24）呈红光黄色，与铝粉浆复合使用，具有很好的耐候性与耐温性，非常适用于汽车面漆与其他多种涂料着色。

蒽醌红（P. R. 168）呈黄光大红色，颜色鲜艳，具有优异的各项应用牢度，其耐晒牢度与耐候牢度是已知有机颜料中最好的品种之一，几乎耐所有有机溶剂，主要应用于高档汽车漆与工业漆。但应用于烘烤温度过高的涂料中，耐重涂性不是非常理想，一般比较适合120～160℃烘烤条件。

蒽醌红（P. R. 177）主要应用于高档工业漆、塑料等。具有很好的透明度和各项应用牢度，但用 TiO_2 冲淡耐候牢度明显下降，同时会与铝或其他还原性物质起反应。

蒽醌蓝（P. B. 60）作为颜料使用前，一直当成还原染料使用。具有良好的透明性和耐候性，着色力强，但较酞菁蓝要低些。主要应用于轿车漆，特别是金属漆中着色。

(7) 苝系与芘酮颜料　苝系与芘酮颜料均属还原颜料。苝系颜料主要为红色品种，也称苝红颜料，有大红与紫红等色谱；芘酮颜料品种较少，主要有颜料黄 194 与颜料橙 43。其性能可与喹吖啶酮红相媲美，耐晒性、耐候性较好，耐热性高达 350℃以上。目前颜料品种较多，但商品化品种比较少，主要应用于高档工业漆、耐热要求较高的涂料产品。几种苝系与芘酮颜料主要物化指标见表 2-2-53。

苝红（P. R. 179）是苝系颜料中最为重要的品种，尤其适用于高档汽车漆（OEM）及末道漆，呈正红色，具有极好的耐候牢度和耐溶剂性，对碱十分稳定，可应用于各类水性漆。

苝红（P. R. 123）呈中红色，具有好的耐候牢度和耐溶剂性，比较适合应用于一般涂料或建筑乳胶漆着色。

苝红（P. R. 224）品种较多，主要适用于工业漆，尤其是轿车面漆，高透明性品种主要用于金属漆。由于它是一个酸酐，对碱十分敏感，一般不能用于碱性体系。

茈酮橙（P. O. 43）是反式异构体，呈红光橙色，比顺式异构体（颜料黄 194）商业价值要大得多。是涂料工业的一种重要橙色品种，本色与深色在户外曝晒容易变暗，用 TiO_2 冲淡具有较好的耐候牢度。

表 2-2-53 几种苝系与茈酮颜料主要物化指标

项目	苝红 P. R. 123	苝红 P. R. 179	苝红 P. R. 224	茈酮橙 P. O. 43
C. I. Pigment	Red 123	Red 179	Red 224	Orange 43
C. I. 结构号	711450	71130	71127	71105
CAS No	[24108-89-2]	[5521-31-3]	[128-69-8]	[4424-06-07]
EU No	[246-018-4]	[226-886-1]	[204-905-3]	[224-597-4]
分子式	$C_{40}H_{26}N_2O_6$	$C_{26}H_{14}N_2O_4$	$C_{24}H_8O_6$	$C_{26}H_{12}N_4O_2$
分子量	630.64	418.40	392.32	412.40
色光	红色	暗红色	蓝光红	红光橙
密度/(g/cm³)	1.43～1.52	1.41～1.65	1.58～1.75	1.49～1.87
吸油量/(g/100g)	45～49	17～50	25～50	96
耐光性/级	7	8	7～8	6～7
耐温性/℃	220	200	260	200
耐酸性/级	5	5	5	5
耐碱性/级	4	5	3	5
耐水性/级	5	5	5	5
耐油性/级	5	5	5	5

(8) 硫靛类颜料 靛类颜料也属于还原颜料。其色光鲜艳，着色力高，色谱主要为红色与紫色，常应用于汽车漆与高档塑料制品。由于对人体毒性较小，也可作为食用色素使用。

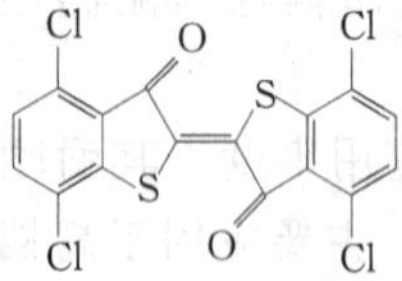

图 2-2-8 颜料红 88 结构式

硫靛红（P. R. 88）是硫靛的四氯代衍生物，主要应用于涂料中，呈鲜艳紫红色，具有较好的遮盖力、耐晒牢度及耐候牢度。硫靛红（P. R. 181）对人体几乎无毒，可作为食用色素使用。颜料红 88 结构式如图 2-2-8 所示。颜料红 88 主要物化指标见表 2-2-54。

表 2-2-54 颜料红 88 主要物化指标

项目	指标	项目	指标	项目	指标
C. I. Pigment	Red 88	色光	红光紫	耐光性/级	6～7
C. I. 结构号	73312	密度/(g/cm³)	1.47～1.90	耐酸性/级	5
CAS No	[14295-43-3]	平均粒径/μm	0.10	耐碱性/级	3～4
EU No	[238-222-7]	吸油量/(g/100g)	33～58	耐水性/级	5
分子式	$C_{16}H_4Cl_4O_2S_2$	熔点/℃	460	耐油性/级	5
分子量	434.14	耐温性/℃	180	pH(10%水浆)	7.0

三、填料（体质颜料）

在涂料中使用的体质颜料主要品种有天然的碳酸钙、重晶石粉、石英粉、滑石粉、高岭土、云母粉、硅灰石、白云石、凹凸棒土（含水硅酸镁铝）以及人工合成的轻质碳酸钙、沉淀硫酸钡、合成硅酸钙、硅铝酸钠等品种。

1. 碳酸钙

碳酸钙是无臭、无味的白色粉末，是应用最广的填料之一，化学式 $CaCO_3$，分子量 100.09。碳酸钙主要分为两大类（表 2-2-55）。

表 2-2-55　碳酸钙的分类

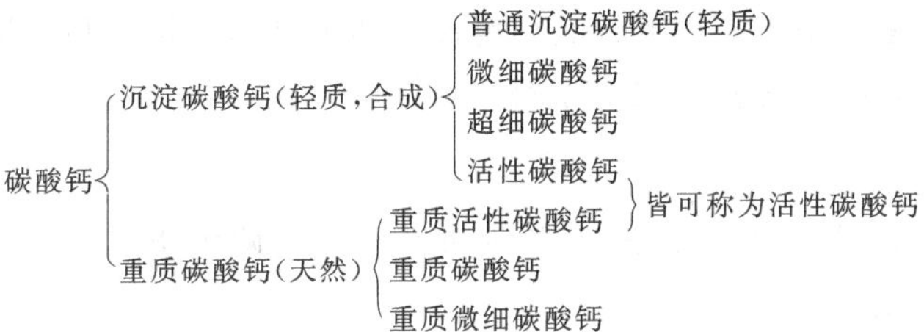

沉淀碳酸钙（轻质）是指用化学方法合成的碳酸钙，其白度在 90%左右，密度 2.6g/cm³。重质碳酸钙是以天然方解石、石灰石、白垩、贝壳为原料，用机械的方法将其磨碎，并达到一定的细度。碳酸钙性能见表 2-2-56。

表 2-2-56　碳酸钙性能

碳酸钙品种	沉降体积/(mL/g)	吸油值/(mL/100g)	比表面积/(m²/g)
沉淀碳酸钙(轻质)	2.4～3.3	60～90	5 左右
普通重质碳酸钙	1.2～1.9	27 左右	1 左右
重质微细碳酸钙	2.2～2.6	48 左右	1.45～2.1
微细、超细碳酸钙	2.6～8.0	150～300	27～87

在涂料工业中，因碳酸钙具有价廉、无毒、色白、资源丰富、易于在配方中混合及性质较为稳定等优点，被大量用于填充剂。具体来说，用于底漆中，可增强底漆对于基层表面的沉积性和渗透性；用于厚漆中，可以使涂料增稠、加厚，起填充和补平作用；在半光或无光漆中，则是理想的消光填料；在金属防锈涂料中，碳酸钙水解能生成氢氧化钙，可与铁表面形成氢键而增强涂膜的附着力，还可以吸收 H^+；重质碳酸钙用在建筑涂料中，吸油量较低，对乳液需要量低，既可以降低乳胶漆的成本，又起骨架作用，增加涂膜厚度，提高机械强度、耐磨性等，因而成为乳胶漆中最常用的体质颜料。

纳米碳酸钙具有细腻、均匀、白度高、光学性能好等优点，随着纳米碳酸钙的粒子微细化，填料粒子表面的原子数目占整个总原子数目的比例增大，使粒子表面的电子结构和晶体结构都发生变化，到了纳米级水平。纳米填料粒子会表现出常规粒子所没有的表面效应和小尺寸效应，具有一系列优良的理化性能。

将纳米碳酸钙添加到涂料中具有增强作用，并可提高涂料的透明性、触变性和流平性。同时，涂膜具有纳米粒子表面效应，形成屏蔽作用，从而达到抗紫外线老化的效果与提高涂料的机械强度等多种优点。

2. 硫酸钡

硫酸钡的化学成分是 $BaSO_4$，天然产品称为重晶石粉，合成产品称为沉淀硫酸钡。它对光的吸收能力高，可以吸收X射线，外观是致密的白色粉末，密度较大，为4.3～4.5g/cm^3，也有的资料认为在4.0～4.9之间。通常密度越大的体质颜料其折射率就越大，故硫酸钡的折射率也达到了1.63～1.65，表现出颜色较白，具有一定的遮盖力。

硫酸钡耐酸、耐碱、耐光、耐热，熔点高达1580℃，不溶于水，吸油量低，天然产品吸油量在9g/100g左右，合成产品为10～15g/100g。

天然产品硫酸钡纯度为85%～95%，粒度较粗，粒度分布宽，一般为2.0～30μm。

合成产品硫酸钡纯度通常都大于97%，粒度小，分布均匀，一般在0.3μm到几微米之间。

重晶石粉在涂料工业中主要用于底漆中，利用它的低吸油量，耗漆量少，可制成厚膜底漆，填充性好、流平性好、不渗透性好，增加涂膜硬度和耐磨性。

合成硫酸钡性能要优于天然产品，其白度高，质地细腻，抗起霜，抗铁锈污染，是建筑涂料常用填料之一。其缺点是密度大，漆料易沉淀。

3. 二氧化硅

二氧化硅的分子式是SiO_2，有天然产品和人造产品两大类，主要成分都是二氧化硅，部分品种是含水二氧化硅。

由于天然产品的来源和合成路线的不同已形成系列产品，在外观和使用性能上有很多差异。在化学属性上都具有SiO_2的特性，为白色粉末中性物质，化学稳定性较高，耐酸不耐碱，不溶于水，耐高温，但在物理状态上却有极大的差别。一般来讲，天然产品颗粒粗大，吸油量很低，颜色不够纯净，白色或近灰色，比较致密，质地硬，耐磨性强。

天然二氧化硅密度小，是体质颜料中折射率较低的品种，但比合成二氧化硅高，达1.54g/cm^3左右。合成产品颗粒一般较细，吸油量高，颜色白或略带蓝相，折射率较低，在1.45左右。

(1) 天然无定形二氧化硅 无定形是指非结晶形，颗粒大部分在40μm以下，为细白粉末，密度2.65g/cm^3，折射率1.54～1.55，吸油量29～31g/100g，熔点1704℃，pH为7。因其价廉和化学稳定性好，在涂料中广泛用于填料，如用于底漆、平光漆和地板漆等。

(2) 天然结晶形二氧化硅 天然结晶形二氧化硅即天然石英砂，经纯化、研磨和过筛制成。为白色粉末，吸油量24～36g/100g，密度2.65g/cm^3，折射率1.55，pH为7，粒径1.5～9.0μm。由于它色白、耐热、化学稳定性好，在涂料中不仅起到填充作用，而且涂料涂刷性及耐候性均好。粉状石英砂还大量用于真石漆和饰纹涂料中。

(3) 天然硅藻土 硅藻土为含水二氧化硅，水的数量不定，其分子式$SiO_2 \cdot nH_2O$。它是海生生物的遗骸，资源非常丰富。由于来源和制造方法不同，质量波动比较大，可由灰色粉末至细白粉末。其密度很小，为2g/cm^3，质轻，颗粒蓬松，折射率相当低（1.42～1.48），颗粒较粗，粒径为4～12μm，具有多孔性，吸油量高达120～180g/100g。它的多孔性特点具有提高遮盖力的作用，主要用于平光涂料和厚质涂料中。

(4) 沉淀法二氧化硅 沉淀法二氧化硅的外观为白色无定形（非晶体）粉末，密度2g/cm^3，吸油量110～160g/100g，折射率1.46，平均粒径0.02～0.11μm。其化学成分为$SiO_2 \cdot nH_2O$，其结合水含量通常为4.6%，具有吸湿性。产品中还有一定量的游离水分，在较高温度下灼烧可失去部分水分。在涂料工业中用于体质颜料、中性颜料，其稳定性好，但难以分散。

(5) 合成气相二氧化硅 合成气相二氧化硅又称白炭黑，是一种极纯的无定形二氧化硅，在不吸附水的情况下，其纯度超过98.8%。外观为带蓝相或白色松散粉末，密度2.2g/

cm^3，折射率1.45。粒度极为微细，平均粒径为0.012μm，粒度范围0.004～0.17μm，由于颗粒细，比表面积可达50～350m^2/g，吸油量高达280g/100g。化学稳定性强，除了氢氟酸和强碱外，不溶于所有溶剂。

气相二氧化硅比一般的二氧化硅性能优良。经表面处理后，按照用途不同形成系列产品，主要有疏水和憎水两大类。它主要用于黏结剂、涂料、制药、塑料、硅橡胶等行业。

气相二氧化硅在液体介质中呈现增稠性和触变性，在静止情况下形成一定的结构，从而使体系黏度提高，当受外界机械力作用时，形成的结构被破坏，体系的黏度降低，利用这个性能可使涂料呈现适度的触变结构，从而使较厚的涂膜不致出现流挂现象，一般加入1%～4%就可获得适宜的触变性。

气相二氧化硅还可防止颜料在涂料中下沉，因为二氧化硅颗粒可形成三维链状结构，轻微的触变性可改善涂料的涂覆性，减轻流挂及发花现象。由于颗粒极小，在涂料中不能起平光作用。使用憎水型气相二氧化硅可作为防沉降剂，同时提高涂膜的耐水性。

(6) 纳米二氧化硅　纳米二氧化硅是无定形白色粉末，表面存在不饱和的残键及不同键合状态的羟基，其分子状态呈三维链状结构，这种结构可以赋予涂料优良的触变性和分散稳定性。同时，纳米SiO_2具有极强的紫外线反射能力，在涂料中能形成屏蔽作用，达到抗紫外线老化的目的，同时增加涂料的隔热性。

纳米SiO_2是一种良好的涂料添加剂。在涂料中加入纳米二氧化硅可明显改善涂料的开罐效果，涂料不易分层，具有触变性，防流挂，施工性能良好，抗老化性、热稳定性、强度等都会有所提高。

4. 硅酸盐类

(1) 滑石粉　滑石粉是将天然滑石矿粉碎而成，其主要成分为水合硅酸镁，分子式$3MgO \cdot SiO_2 \cdot H_2O$，为白色鳞片状结晶，并含有纤维状物，含有杂质者呈淡黄色、淡绿色、淡蓝色等。滑石粉晶体属单斜晶系，呈六方形或菱形。滑石粉中与氧结合的镁原子夹在两个片状二氧化硅之间，形成层状结构，相邻层之间依靠弱的范德华力结合在一起，当有剪切力作用时，层间容易分离。滑石粉是已知矿物中最软的，莫氏硬度1，密度2.7～2.8g/cm^3，化学性质不活泼，在加热至900℃高温时仍稳定，非导电体，有滑腻感。

滑石粉其片状结构对其应用具有决定性的影响。其吸油量也比球状填料大，能影响涂料的黏度和流变性质，通常表现出结构黏度的性质。在临界PVC以下时，滑石粉几乎没有遮盖力，一旦超过临界PVC时，其遮盖力变大。与云母相比，滑石粉的增强效果没有那么显著，但却可以降低裂纹敏感性。

在用于典型的内墙涂料时，可提高耐擦洗性；用于防腐涂料时，由于延长了腐蚀物质的扩散路径，可改善防护效果；与沉淀硅酸盐相似，滑石粉也可以充当颜料的隔离剂，提高颜料的着色效果。其缺点在于易于粉化，因此必须选择适当用量。

(2) 高岭土　高岭土通常也称瓷土、中国黏土，主要矿物成分为高岭石，它是各种结晶岩破坏后的产物，分子式$Al_2O_3 \cdot SiO_2 \cdot nH_2O$，它也是片状结构。

由于其电荷分布的作用，高岭土在水介质中形成一种不很稳定的结构。电荷的分布是这样的，即在片状颗粒的边缘带正电，表面带负电。如果用量大，这种作用会形成凝胶，使涂料不能流动，且会受到浸润剂和分散剂的抑制。一般加入高岭土，可以改善触变性和抗沉淀性。煅烧黏土对流变性能没有影响，但却可以像没有经过处理的黏土一样，具有消光作用、增加遮盖性和增加白度，这些都类似于滑石粉。

高岭土一般吸水性较大，不适合提高涂料的触变性，不适合于制备憎水性涂膜。高岭土产品粒径在 0.2～1μm 之间。粒径大的高岭土吸水性小；消光效果好，粒径小的高岭土(1μm 以下)，可用于半光涂料和内用涂料。

高岭土可分为煅烧高岭土和水洗高岭土。一般来说，煅烧高岭土的吸油量、不透明性、孔隙率、硬度和白度都高于水洗高岭土。二者性能对比见表 2-2-57。

表 2-2-57　煅烧高岭土和水洗高岭土比较

性　能	煅烧高岭土	水洗高岭土	性　能	煅烧高岭土	水洗高岭土
折射率	1.62	1.56	吸油量/(g/100g)	50～95	30～45
相对密度	2.50～2.63	2.58	比表面积/(m^2/g)	8～16	6～20
莫氏硬度	3～4	2	赫格曼细度/μm	4～5.5	5～6
GE 白度/%	84～97	80～92	10%悬浮液的 pH	5.0～6.0	3.5～8.0
中位粒径/μm	0.8～2.9	0.2～4.8	粒子形状	片状	卷曲状/片状

(3) 硅灰石　硅灰石的主要成分为偏硅酸钙，理论组成是 $CaSiO_3$，分子量 116.4。硅灰石颜色为白色，莫氏硬度 4.5～5.0，相对密度 2.8，折射率 1.62。它具有湿膨胀性低、吸油率低、电耗率低等特性。硅灰石属三斜晶系，经常呈针状或纤维状，在一定程度上硅灰石可以代替石棉使用。它具有增强作用、降低裂纹敏感性及一定的增稠和触变作用。

硅灰石在涂料工业中可以作为体质颜料兼增量剂使用，它能增加白色涂料明亮的色调，在不使涂料白度和遮盖力下降的条件下，能取代部分钛白粉，并能长时间保持这种色调。硅灰石吸油量低，具有很高的填充量，可以降低涂料成本；硅灰石的针状结晶使它可以作为涂料良好的平光剂，并可改善涂料的流平性；硅灰石的粒子形状，使它还可以作为涂料良好的悬浮剂，使色漆的沉淀柔软易于再分散；硅灰石碱性大，非常适用于聚醋酸乙烯涂料，能使着色颜料分散均匀；硅灰石还具有改进金属涂料的防腐蚀能力，在自清洁型涂料中作为增强剂；除用于水性涂料外，还可以用于底漆、中间涂层、油性涂料、路标涂料等；在沥青涂料中可用来取代石棉；硅灰石用于涂料中，能提高涂料的耐磨性和耐候性，其原因是由于它的片状和纤维状结构，在涂膜中薄片相叠，除能增加涂膜的屏蔽性外，还有较强的反射紫外线的能力，因而提高了涂膜的耐老化性；硅灰石和二氧化硅一样，可增加涂膜的遮盖力。据资料介绍，用它代替 20%的钛白也不会改变涂膜的不透明性和其他性质；硅酸盐和二氧化硅的不透明度大，原因是粒子表面富有亲水性。水向这些颜料粒子中扩散要比向乳胶粒子中扩散容易得多，干燥以后在融合的乳液涂膜内形成微细的空气/二氧化硅界面，提高了涂膜的不透明性。

人工合成产品为水合硅酸钙，其化学组成为 $CaSiO_3 \cdot nH_2O$。它是由硅藻土与石灰混合后，高温下在水浆中形成，这种合成产品又可分为常规型和处理型。它是白色蓬松粉末，比天然硅灰石质轻、蓬松，具有较高吸附能力，粒度较小（10～12μm），高比表面积(175m^2/g)，吸油量高达 280g/100g，密度 2.26g/cm^3，折射率 1.55，pH 为 9.8。

(4) 云母粉　云母是复杂的硅酸盐类。从化学组成来看，云母就是滑石粉的晶格中的硅一部分被铝所取代，属单斜晶系，晶体常呈六方片状，属于片状填料，有玻璃光泽。云母的组成非常复杂，因为含有各种不同的金属盐，所以有不同的光泽。

云母粉是天然云母经过干式或湿式研磨后，除去杂质，经分级过滤、干燥而成。外观为银白色至灰色，密度在 2.82g/cm^3 左右，折射率 1.58，吸油量 40～70g/100g，硬度 2.5，粒径 5～20μm。

云母粉在涂料中的水平排列可阻止紫外线的辐射而保护涂膜，可以改善整个系统的光稳定性，还可防止水分透穿。云母粉具有优良的耐热性、耐酸性、耐碱性和电气绝缘性，能起阻尼、绝缘、减震的作用，能提高涂膜的机械强度、抗粉化性、耐久性，可用于阻尼漆、防火漆、乳胶漆等。

在含有滑石粉的配方中加入云母，涂料的抗腐蚀性提高，表面硬度增加，耐擦洗性提高，颜料的效率提高。

(5) 绢云母 绢云母是一种细粒的白云母，属层状结构的硅酸盐，结构是由两层硅氧四面体夹着一层铝氧八面体构成的复式硅氧层。分子式 $K_2O_3Al_2O_3 \cdot 6SiO_2 \cdot 2H_2O$，晶体为鳞片状，富弹性，可弯曲。其粒度 200～3000 目，吸油量 20～50g/100g，pH 为 5～8。绢云母具有良好的耐酸性、耐碱性，化学稳定性好，有中等的干遮盖力和较好的悬浮性。用在涂料中可提高涂料的耐候性，阻止水汽穿透，防止龟裂，延迟粉化。

(6) 合成硅酸铝 合成硅酸铝实际上是硅酸铝钠，是一种无定形高分散的体质颜料，密度 2.0～2.1g/cm^3，pH 为 9.5～10.5，它是一种优良的涂料原料。合成硅酸铝通常粒子粒径为 1.5μm，粒径小，粒度分布窄，没有沉淀分层现象，使涂料的悬浮性大大提高，使涂料色相纯正，着色力强，遮盖力提高，可提高涂料的分散性及细度指标，对涂料的外观、光泽度、丰满度、硬度都有良好的效果。

合成硅酸铝不会与磷酸盐分散剂作用，可使乳胶漆具有良好的分散稳定性。合成硅酸铝的超细性能及高分散性，能使乳胶漆稍微增稠，以防止颜料沉淀及表面分层现象。另外乳胶漆的涂膜耐擦洗性及耐候性不会因超细硅酸铝的加入而下降。合成硅酸铝也可用于无光和半光溶剂型漆及白二道漆等颜料体积浓度较高的配方中，替代钛白粉用量的 10%～20%，漆的遮盖力不会减弱。

合理采用硅酸铝替代部分钛白粉生产的乳胶漆具有以下特点。

① 由于粒径小、粒径分布窄，没有沉淀分层现象，填料的悬浮性大大提高，开罐效果良好。

② 涂料色相纯正，着色力强，遮盖力提高。

③ 由于改善了涂料的分散性及细度指标，对涂料的外观、光泽度、丰满度、硬度以及分散性都有良好效果。

④ 由于节省了 10%～20%金红石型钛白粉，从而大幅度降低涂料生产成本。此外，合成硅酸铝呈碱性，在涂料中对酸碱性起到缓冲作用，特别是在醋酸乙烯乳胶漆体系中，能防止在贮存过程中因醋酸乙烯酯水解导致乳胶漆 pH 下降。

由于其比表面积大，吸油量高达 75～150g/10g，而且必须彻底分散才能发挥其增效作用，否则容易造成后增稠。此外，它具有消光作用，故不宜用在高光漆中。

四、特种功能颜料

1. 珠光颜料

珠光颜料因其光泽强、装饰效果好、无毒、耐光性、耐候性、耐酸性、耐碱性、耐热性、分散性好、不导电、不导磁等优良特性，而使其广泛应用于汽车漆、摩托车漆、自行车漆及玩具、装饰品涂层等。珠光颜料是一种片状效应颜料，有高的折射率，由于光的干涉作用呈现珠光色泽。这种颜料呈现珠光色泽是依靠它的光学性能，所以常有化学组成不同的珠光颜料具有近似的珠光效果。

天然的珠光颜料来自珍珠、鱼鳞。人工合成的品种早期有含 Hg_2Cl_2、$PbHPO_4$ 或 $PbHAsO_4$ 的制品，后来出现了碱式碳酸铅型珠光颜料，均有一定毒性。在 20 世纪 60 年代初又出现毒性较低的氯氧化铋型（BiOCl）珠光颜料。

如今生产的珠光颜料以云母钛型为主，它是以云母、片状石英、片状氧化铝或片状玻璃粉末为基材，在其表面包覆一层高折射率的金属氧化物透明薄膜复合而成，当光照射到珠光颜料平整界面时，会产生反射光和折射-反射光，它们之间的相互干涉产生一种立体感强的珠光色彩。

云母钛型珠光颜料是以 TiO_2 沉积在玻璃光泽的白云母或金云母片上，一般呈银白色的珠光色泽，如改变 TiO_2 的厚度可以产生彩虹系列的珠光颜料。如在 TiO_2 中加入 Fe_2O_3 或少量的 Cr_2O_3，可以产生金色视觉的颜料，如全部以 Fe_2O_3 沉积于云母片可以得到青铜色或紫铜色等金属光泽。目前还有在沉积 TiO_2 后的珠光颜料配上各种颜料或色浆调色，可得到一系列的着色珠光颜料，如有红、蓝、绿、紫等深浅不同的品种。

金属氧化物包膜云母氧化铁珠光颜料是一种新型的合成珠光颜料，它以云母氧化铁粉末为基片，在其表面包上一层金属氧化物膜，利用二者对光的折射率的差异，干涉出五光十色，其作用的基本原理如下：当光线由低折射区域射向其表面时，部分光被反射而部分光被透射。透射光到达下一颜料片层时又被再次反射和透射，许多颜料层构成多层次的反射，而人的眼睛又不可能聚焦于任何一颜料层上，从而产生了多层光反射的交叉网络效果，这就是所谓的薄膜反射干涉原理（图 2-2-9）。

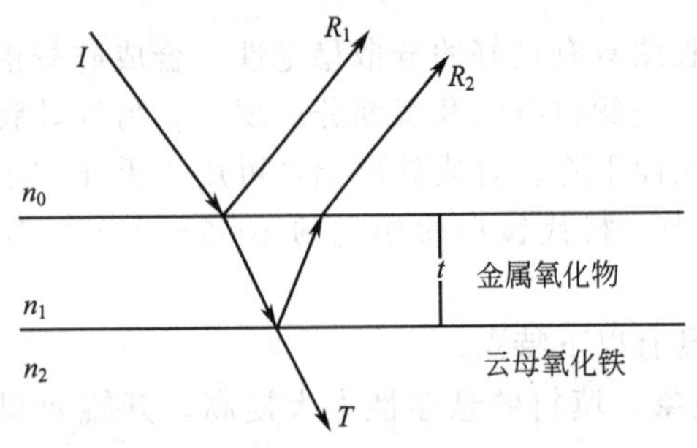

图 2-2-9 云母氧化铁颜料薄膜反射示意图
I—入射光；t—金属氧化物层的几何厚度；R_1—金属氧化物层的反射光；R_2—云母氧化铁的反射光；n_0—介质的折射率；n_1—金属氧化物薄膜的折射率；n_2—云母氧化铁的折射率；T—透射光

从图 2-2-9 可知，当入射光 I 照射到颜料表面时，一部分光被金属氧化物薄膜反射（R_1），另一部分光透过金属氧化物层到达云母氧化铁层界面，这时再次发生反射（R_2），反射光 R_1 和 R_2 之间的相互作用可产生光的干涉效应，这样就呈现出颜料的珠光光泽。

反射光的强弱及反射光的颜色，会随着入射角和观察角的不同而变化。云母氧化铁珠光颜料的颜色由金属氧化物层的光学厚度、折射率、几何厚度来决定。随着厚度的增加，颜色按顺序变化，而且这种变化可以呈周期性的重复。同时，所处的介质不同，所显示的颜色也不一样。一般对于相同粒径的云母氧化铁，随着包覆剂的沉积量的增加而显示不同的颜色变化：金黄色→红色→紫色。

珠光颜料可分为银白色型、彩虹色型和有机/无机物着色型。

(1) 银白色型 当云母表面 TiO_2 薄膜的光学厚度小于 200nm 时，呈银白色，其珠光色泽随云母的粒径和 TiO_2 包覆率（即比表面积上的 TiO_2 含量）的不同而呈现银白色丝光变化。粒度较粗的颜料因折射率高，光泽较强，而呈现星光闪烁的金属视感；粒度较细的颜料虽然遮盖力较强，但光泽较弱，而呈现丝绸或软缎一般细腻而柔和的珍珠光泽，而且 TiO_2 包覆率越高，颜料的珍珠光泽也越强烈。

(2) 彩虹色型 当云母表面所镀氧化物薄膜的厚度为 200～400nm 时，随着薄膜厚度的不同，产生的光学效应也不相同，从而引起不同的干涉色效应，使颜料呈现出绚丽多彩的色泽，从而拓宽了其色相范围，完善了色谱，提高了装饰性能，进而扩大了其应用领域。据报道，随着 Fe_2O_3 含量由 12.6%增至 59.1%，颜料的干涉色也发生了从银白色→绿色→金红色→红色→紫色的一系列变化。

(3) 着色型 在已制得的云母基珠光颜料表面再包覆一层透明或半透明的有色无机物或有机物（如铁的氧化物、铁蓝、铬绿、炭黑、有机颜料及染料等），利用这些着色物色谱广、色泽鲜艳、分散性好、色调饱和度高等优点，使颜料的珠光光泽和有色物质的光学性共同起作用，提高其着色性能。近年来还发展了以稀土氧化物包膜的新型珠光颜料，此方法可视作颜料的后处理。

2. 荧光颜料

有机荧光颜料也称为日光荧光颜料，是吸收可见光及紫外线后，能把原来人眼不能感觉到的紫外荧光转变成一定颜色的可见光，其总的反射强度高于一般普通有色颜料。荧光颜料分为荧光色素颜料和荧光树脂颜料两种类型。制成的荧光涂料可用于安全通道、安全门、消防器材、交通标志等，还有引人注目的广告、建筑物、装饰品等，起到警示，提高视觉效果等作用。

荧光的产生包括具有光学活性的原子或分子对光的吸收和再发射过程。普通材料在光照条件下，部分入射光被选择性地吸收变成热能而消耗掉，其余部分则散射回材料表面或透过材料，使其呈现出这部分散射或投射光的颜色。而荧光材料所吸收的辐射能中，除转变为热能而损耗的以外，其余部分激发产生新的辐射能。当激发产生的辐射波长在可见光范围时，便产生荧光现象。具有特定频率（γ_2）的入射光激发电子跃迁进入高能态，随后处于这种不稳定高能态的电子发射光子而重新回到低能态。发射能量与光子频率的关系为［式(2-2-4)］：

$$E=h\gamma_2 \tag{2-2-4}$$

式中　E——光子能量；

h——普朗克常数；

γ_2——光子频率。

由于在发射前有少量能量耗散，使发射光的能量减少，从而使发射光的频率低于所吸收的入射光的频率（图 2-2-10）。若要发射出可见光，即产生所谓日光荧光，则要求吸收较高频率的入射光，如紫外线辐射的长波段和可见光范围的蓝—紫色光谱段。从入射光的吸收到荧光发射，整个过程只需约 8～10s，入射光一旦消失，荧光现象也立即停止。

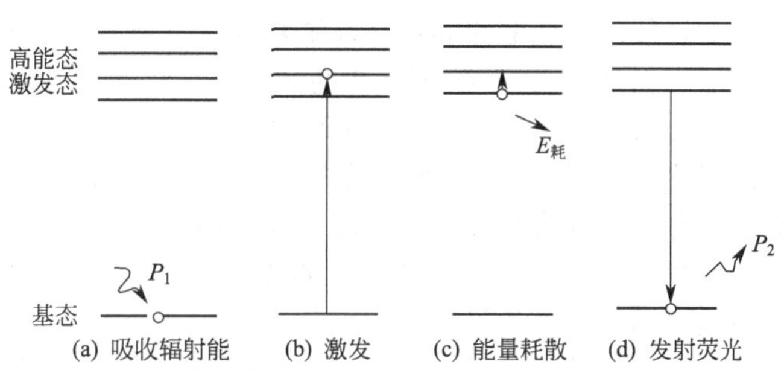

图 2-2-10　发射光与入射光关系

无机荧光颜料主要组成是 ZnS 和 CdS，并含有微量的 Cu、Ag、Mn 等金属化合物为激活剂，根据不同的激活剂可以呈现出绿、红、蓝、黄光。无机荧光颜料在日光下无色或呈微弱的颜色，也有只有在紫外线照射下才呈现颜色的品种。

3. 示温颜料

示温颜料即随温度变化可产生颜色变化的颜料。使用变色颜料做成示温漆，涂刷在不易测量温度变化的地方，可以从涂膜颜色的变化观察到温度的变化，这种颜料称为热敏性颜料或示温颜料。

这类颜料分为两类：一类为可逆性示温颜料，当温度升高时颜色发生变化，冷却后又恢复到原来的颜色；另一类为不可逆示温颜料，它们在加热时发生不可逆的化学变化，因此在冷却后不能恢复到原来的颜色，可用颜色的变化记录下经历的最高温度或温度分布。

(1) 常用的不可逆变色颜料　有铅、镍、钴、铁、镉、锶、锌、锰、钼、钡、镁等的硫酸盐、硝酸盐、磷酸盐、铬酸盐、硫化物、氧化物以及偶氮颜料、酞菁颜料、芳基甲烷染料等。其种类及变色温度列于表 2-2-58。

表 2-2-58　常用不可逆变化颜料的变色温度及颜色变化

变色颜料	变色温度/℃	颜色变化	变色颜料	变色温度/℃	颜色变化
$NiNH_4PO_4 \cdot 6H_2O$	120	亮绿色→灰蓝色	$PbCO_2$	290	白色→黄色
$C/CO_3(PO_4)_2 \cdot 8H_2O$	140	粉红色→天蓝色	CoC_2O_4	300	粉色→黑色
NH_4VO_3	150	白色→棕色	$C_{32}H_{16}N_8Cu$	460	绿色→无色
$(NH_4)_{30}PO_4 \cdot 12MoO_3$	160	黄色→黑色	Pb_3O_4	600	橙色→黄色
$Cd(OH)_2$	200	白色→黄色	$CdSO_4$	700	白色→棕色
$Fe_4[Fe(CN)_6]_2$	250	蓝色→棕色	$PbCrO_4$	800	黄色→绿色
$FeO \cdot OH$	280	黄色→红棕色	$CoO+Al_2O_3$	900	灰色→蓝色

值得注意的是所有活性颜料、偶氮染料、分散型染料在 60～300℃变色并不明显或由于渐变原因而导致失去使用价值。而某些碱性染料、配合物及无机盐类在 300℃以下存在变色点，所以可做温致变色（示温）颜料。

不可逆示温颜料的变色都是因为示温颜料受热时发生了物理或化学变化，改变了原来的物理化学性质，从而产生颜色变化，一般变化类型可分为以下几种情况。

① 升华　具有升华性质的某些示温颜料与填料配合显示一种颜色，但当加热到一定温度时（在一定压力下），它则由固态分子直接变为气态分子逸出连接料，此时只显示填料的颜色，可利用这种机理达到温致变色目的。

② 熔融　熔融型温致变色是根据纯结晶变色颜料具有固定熔点的原理设计的。结晶示温颜料在一定温度下由有色的固态物质经熔融变为透明的液态物质，外观颜色发生变化，起到温致变色的作用。例如，使用硬脂酸铅和乙基纤维素溶液研磨成白色色浆，喷涂或印刷在深色底材上形成白色涂层，当加热至100℃时，白色硬脂酸铅熔融而成透明的液体，立即显示出深色底材的颜色，由此可以确定加热所达到的温度。

③ 热分解　无论是有机物热敏材料，还是无机物热敏材料，在一定压力和温度下，大部分能发生分解反应。这种分解反应破坏了原来的物理结构，分解产物与原来物质的化学性质截然不同，呈现新的颜色。同时，伴随分解有气体放出，如 CO_2、SO_3、H_2O、NH_3 等。因此可以利用这种特性达到温致变色的目的。

④ 氧化　氧化反应是一种常见的化学变化。不少物质在氧化条件下加热可以发生氧化反应，生成一种与原组成不同的物质，同时产生一种新的颜色，达到温致变色的目的。

⑤ 固相反应　固相反应也是变色的一种机理，利用两种或两种以上物质的混合物，在特定温度范围内发生固相间的化学反应，并生成一两种或更多种新物质，从而显示与原来截然不同的颜色。例如，钢灰色的氧化钴与白色的氧化铝配成灰色的混合物，当加热至1000℃左右，此混合物则生成蓝色的铝酸钴。由于固相反应速率远比溶液中的反应速率慢，同时随着反应温度的升高或反应时间的延长，新物质在逐渐增多。颜色变化是逐渐变深的。所以这种涂料变色温度区间较宽，精确度也低。

(2) 常用的可逆示温颜料　主要是 Ag、Hg、Cu 的碘化物、配合物或复盐的钴盐、镍盐与六亚甲基四胺所形成的化合物等。

可逆性变色颜料在受热时变色物质发生了一定程度的改变，如复盐的变体、结晶水的失去，冷却后，物质结构又可恢复到原来的状态，或由于吸收空气中的水分又形成结晶水，因此可逆性变色颜料只能用于100℃以内温度变化的场合（表 2-2-59）。

表 2-2-59 常用的可逆变化颜料的变色温度及颜色变化

变色颜料	变色温度/℃	颜色变化
$CoCl_{12} \cdot 2C_6H_{12}N_4 \cdot 10H_2O$	35	粉红色→天蓝色
$CoBr_2 \cdot 2C_6H_{12}N_4 \cdot 10H_2O$	40	粉红色→天蓝色
$HgI_2 \cdot AgI$	45	暗黄色→暗褐色
Ag_2HgI_4	50	黄色→橙色
$CoI_2 \cdot 2C_6H_{12}N_4 \cdot 10H_2O$	50	粉红色→绿色
$CoSO_4 \cdot 2C_6H_{12}N_4 \cdot 10H_2O$	60	粉红色→紫色
$NiCl_2 \cdot 2C_6H_{12}N_4 \cdot 10H_2O$	60	亮绿色→黄色
$NiBr_2 \cdot 2C_6H_{12}N_4 \cdot 10H_2O$	60	亮绿色→天蓝色
$HgI_2 \cdot CaI$	65	胭脂红色→咖啡色
$CuHgI_4$	70	洋红色→红棕色
$Co(NO_3)_2 \cdot 2C_6H_{12}N_4 \cdot 10H_2O$	75	粉红色→绛红色
HgI_2	137	红色→蓝色

① 失去结晶水 含有结晶水的物质加热到一定温度后会失去结晶水，从而引起物质颜色变化；一经冷却，该物质又能吸收空气中的水汽，逐渐恢复原来的颜色。例如，粉红色的氯化钴、六亚甲基四胺，于35℃失去结晶水而变为天蓝色。

$$CoCl_{12} \cdot 2C_6H_{12}N_4 \cdot 10H_2O(\text{粉红色}) \longrightarrow CoCl_{12} \cdot 2C_6H_{12}N_4(\text{天蓝色}) + 10H_2O$$

② 晶型转变 有些变色颜料是一种结晶物质，在一定温度作用下其晶格发生位移，即由一种晶型转变为另外一种晶型，从而导致颜色的改变。当冷却至室温，晶型复原，颜色也随之复原。例如，正方体（红色）的碘化汞（HgI_2）当加热至137℃时变为蓝色斜方晶体。冷却至室温后，又恢复到正方体晶型，颜色复原。

必须指出，变色颜料的晶体位移变化比温度变化得慢，因而晶型改变所出现的颜色变化滞后于温度变化。而晶型恢复过程要比改变过程中的颜色变化滞后现象更为明显。

③ pH变化 某些物质与高级脂肪酸混合，当加热到一定温度时，酸中离解出的羧酸分子导致pH提高，产生变化，温度降低，pH又下降，物质颜色亦随之复原，因此，可以利用pH随温度变化而改变某种物质颜色的原理达到温致变色的目的。例如，硬脂酸与溴酚蓝在55℃时颜色由黄色变为蓝色，发生变色，冷却至室温颜色又复原。

4. 金属颜料

金属颜料是颜料中的一个特殊种类，其历史悠久。随着现代工业的发展，对金属粉的需求量越来越大，种类也随之增加。常见的金属粉有铝粉、锌粉、铅粉，合金形式的金属粉有铜锌粉（俗称金粉）、锌铝粉、不锈钢粉等。

与其他颜料相比较，金属颜料有它的特殊性。由于粉末状的金属颜料以金属或合金组成，有明亮的金属光泽和颜色，因此许多金属颜料用于装饰性颜料，如铜锌粉、铝粉等。

大多数金属颜料都是鳞片状粉末，它调入成膜物而且涂装成膜时，像落叶铺地一样与被涂物表面平行，互相搭接，互相遮掩，多层排列，形成屏障，金属鳞片阻断了成膜物的微细孔，产生“迷宫效应”阻止外界有害气体或液体在涂膜中的渗透，保护了涂膜及被涂装物品，提高了涂层物理屏蔽的防腐蚀能力；金属粉能反射日光中紫外线的60%以上，故又能防止涂膜因紫外线照射老化，有利于延长涂膜的寿命；同时其反射光能起到闪光、装饰功能。

金属颜料是极微细的粉末，多属鳞片状，但也有球形、水滴形、树枝形的，都与其制造方法有关。金属粉末须经过表面处理才具有颜料特性，如分散性、遮盖力等，不同的表面处理可使金属颜料表面呈亲油性或亲水性，以适应不同涂料的要求。

大多数金属颜料通过物理加工方式进行生产，使纯金属或合金成为特定的粉末，如从固态、液态及气态金属转化为粉末。

① 由金属的气相状态转化为粉末，如升华法制取锌粉、超细铝粉。

② 由金属的液相状态转化为粉末，如气动雾化法制取铝粉、锌粉及铜锌粉。

③ 由金属的固相状态转化为粉末，如切削法、球磨法制造镁粉、铝粉、锌粉、不锈钢粉及钛粉。

选用不同的粉末制造方法要根据被加工的金属的物理特性，如熔点、气化温度、硬度和延展性，还要按照产品粉末的构造特征，如颗粒度、形状等，从经济合理的角度出发，选取加工成本和耗能最低的方法。加工方法的选择还要注重它的安全性，多数金属粉有良好的还原性，急剧氧化会放出大量的热并产生高温，容易发生爆炸危险。金属粉末，尤其是重金属粉末对人的健康有危害，所以在选择加工方式上保证安全是一条重要原则。

对于各种纯金属及合金金属选取不同的加工方式见表 2-2-60。金属粉末颜料使用量最大的是铝粉（包括铝粉浆）、铜锌粉及锌粉，这几种金属粉末的生产工艺和步骤很近似，本节以铝粉浆生产工艺为典型介绍。

表 2-2-60 金属粉末的制取方法

加工类型	加工方法	适用的原材料	粉末类型	
			金属粉末	合金粉末
机械粉碎法	机械研磨	延展性金属	Al、Cu、Zn	铜合金
	旋涡研磨	金属或合金	Fe、Al	
	气流粉碎	金属或合金	Fe	不锈钢
雾化法	气流雾化	液态金属及合金	Al、Pb、Cu、Zn、Fe	黄铜、青铜、合金钢
	水流雾化	液态金属及合金	Al、Cu、Fe	黄铜、青铜
气相沉积法	金属蒸气冷凝	气态金属	Zn、Mg	
还原法	金属还原	金属化合物	Ti	

(1) 铝粉及铝粉浆

① 铝粉　又称铝银粉，化学式 Al，分子量 27，相对密度 2.55，熔点 685℃。铝粉由于用途广、需求量大、品种多，是金属颜料中的一大类。

颜料用的铝粉粒子是鳞片状的，也正是由于这种鳞片状的粒子状态，铝粉才具有金属色泽和屏蔽功能。铝粉的特性表现如下。

a. 鳞片遮盖　铝粉粒子呈鳞片状，其片径与厚度的比例大约为（40∶1）～（100∶1），铝粉分散到载体后具有与底材平行的特点，众多铝粉互相连接，大小粒子相互填补形成连续的金属膜，遮盖了底材，又反射涂膜外的光线，这就是铝粉特有的遮盖力。其大小取决于表面积的大小，即径厚比。

b. 屏蔽特性　分散在载体内的铝粉发生漂浮运动，其运动的结果总是使自身与被载体涂装的底材表面平行，形成连续的铝粉层，且在载体膜内多层平行排列。各层铝粉之间互相错开，切断了载体膜的毛细微孔，外界的水分、气体无法透过毛细孔到达底材，这使铝粉具有良好的物理屏蔽性。

c. 光学特性　铝粉表面光洁，能反射可见光、紫外线和红外线的 60%～90%，用含有铝粉的涂料涂装物体，其表面银白光亮。

d. 双色效应　铝粉由于具有金属光泽和平行于被涂物的特性，在含透明颜料的载体中，铝粉的光泽度和颜色深浅随入射光的入射角度和视角的变化而发生光和色的变化，产生随角异色效应。

e. 漂浮特性 铝鳞片表面的氧化膜是亲水性的，用脂肪酸包裹处理后是疏油性的，在油性涂料载体内不被浸润。当载体溶剂挥发时，带动铝粉浮向载体上表层。随着溶剂的蒸发和树脂的黏度上升，铝粉被固定在载体表面，形成一层金属膜，形成良好的屏蔽层。

铝粉遮盖力强，粒径越小遮盖力越强，耐候性良好，耐含硫气体。用于配制涂料，能起到屏蔽作用和反射一部分光波，可引起色调和金属光泽的变化，常用于配制锤纹漆、底面两用漆及美术漆等。

② 铝粉浆 由于铝粉质轻，易在空气中飞扬，遇火星易发生爆炸，为了消灭爆炸危险，常加入溶剂油，制成铝粉浆使用，又称铝银浆（一般铝银浆的固含量为65%）。其用途和特性与铝粉大致相同，使用起来更简便、更安全，其产量和用量更大。

根据使用目的的不同，常用的铝银浆溶剂有200#溶剂油（MS）、高沸点芳香烃溶剂（HA）、乙酸乙酯（EA）、乙酸丁酯（BA）等。除溶剂外，为了保证体系的稳定，通常还需加入各种表面活性剂和稳定剂。表2-2-61为各类铝粉浆的配料。

表 2-2-61 各类铝粉浆的配料

铝粉浆类型	溶剂	表面活性剂及其他助剂
漂浮型铝粉浆	脂肪烃溶剂、芳香烃溶剂	硬脂酸、软脂酸、二十二烷酸、钛酸酯、稳定剂、分散剂
非漂浮型铝粉浆	脂肪烃溶剂、芳香烃溶剂	油酸、亚油酸、亚麻油酸、金属皂类、分散剂
水分散型铝粉浆	脂肪烃溶剂、醇、水、酯	金属皂类、表面活性剂

常用铝粉浆规格见表2-2-62。

表 2-2-62 常用铝粉浆规格

类型	金属含量/%	水分/%	相对密度	平均粒度/μm
漂浮型铝粉浆	65	≤0.1	1.4	5～20
非漂浮型铝粉浆	65	≤0.1	1.5左右	10～30

(2) 铜锌粉 铜锌粉是铜锌合金制成的鳞片状细粉末，俗称金粉。这种金属粉有类似黄金的色光。

铜锌粉最早出现在德国，18世纪当地工匠制造出了像黄金一样的铜合金箔并粉碎成粉末，用于涂漆装饰，继而又用到印刷业上制造印金油墨。印金的印刷品华丽夺目，又显得贵重，所以发展非常迅速，印刷业的一些特殊要求又促进了铜锌粉的发展。目前，各种不同色光、细度和特性的铜锌粉种类繁多。

我国铜锌粉工业在20世纪60年代建立起来，生产数量、品种和生产厂家逐年增加，基本满足了需要。

铜锌粉是包覆着表面处理剂的铜合金鳞片粉末，有各种不同的色相，可分为青光、青红光和红光三种。

铜含量为75%～80%的称为青光铜锌粉，也称绿金色金粉。

铜含量为84%～86%的称为青红光铜锌粉，又称浅金色金粉，呈纯金色相。

铜含量在88%左右的称为红光铜锌粉，又称赤金色金粉，呈红金色相。

铜锌粉的一个特点是粒子为鳞片结构，铜锌合金有良好的延展性，在多次研磨之后形成平展、光洁的微细薄片。这种粒子结构决定了它有与被涂物平行排列的特性，当含铜锌粉的载体成膜后，铜锌粉鳞片径向互相连接，形成连续的金属膜，这层金属膜反射外来光线而呈现金色色光。

铜锌粉颜料粒子均包覆一层有机物膜，在铜锌粉鳞片形成过程中有机物如硬脂酸便吸附在粉的表面，硬脂酸包覆膜既减小粉的密度，又增加其表面张力，因此铜锌粉混入载体时具有漂浮性。

铜锌粉的粒子细度分布范围较窄，不同细度的粉末反光能力不同，色相不一致。在印刷中粗粒子不易从辊轴转移到纸张上去，造成漏印。所以，铜锌粉在生产过程中严格控制粒度分布。

铜锌粉主要用于装饰涂料的颜料，用于建筑物、装饰品的涂刷等。

(3) 锌粉及其他金属颜料

① 锌粉　纯锌是灰色金属，有金属光，熔点 419.5℃，沸点 918℃，密度 7.13g/cm^3。制造锌粉使用的原料是金属锌锭，其牌号为 ZN-4。纯度 99.5%（GB 470—1964）。锌在大气中具有相当高的耐腐蚀性，但在酸式盐、碱式盐中不耐腐蚀，当锌同正电性较强的金属接触时，锌首先被腐蚀，生成氧化物，所以锌可用于保护层，大量的锌粉在涂膜内互相连成导电层，当涂层遇到电化学腐蚀时，由于锌比铁具有负的电极电位差，首先被腐蚀，起到阴极保护作用，保护了钢铁底材；锌与酸性食物接触能生成锌盐有毒性，故不能用于食品设备的涂装。

锌粉在色漆中主要作为防锈颜料使用。一般用量较高，达到 60%～80%，制成富锌（底）漆。锌粉密度大、易沉淀，制漆时除加少量防沉剂外，一般与漆基分装，现用现配。

② 钛粉　钛在常温下对各种酸、碱类物质都有很好的耐腐蚀性，钛对氧的亲和力很强，在其表面生成致密的氧化膜，具有良好的化学稳定性。

钛粉的防腐蚀、化学稳定性优良和无毒的特点使之在化学工业、食品工业方面的涂装有广泛的使用范围。

③ 不锈钢粉　不锈钢粉具有良好的化学稳定性，能防止化学腐蚀。颜色浅、高光泽的金属粉还有保温能力，这类金属粉几乎不吸收光线，能反射可见光、紫外线，对于热辐射也是如此，因此可用于需要保温、防止光和热辐射的物品上，如贮存油品、气体的罐、塔上。

5. 防锈颜料

防锈颜料不以着色为目的，而是用于配制防锈漆的一类颜料，有保护金属表面不被腐蚀的作用。早期的品种是红丹、铬酸盐颜料，其防腐蚀的效果早已有定论，因含有铅及六价铬，属有毒颜料，当前应积极发展一些高效、无毒的防锈颜料，以取代早期的有毒品种。

(1) 红丹、黄丹及其他含铅防锈颜料　红丹（Pb_3O_4）是最重要的传统防锈颜料，它的防锈效果可靠。

黄丹（PbO）属生产红丹的中间产品，也是一种化工产品，统计产量时合在一起计算为红黄丹。

红丹因含铅而逐步退出防锈颜料的行列，但它本身是一种不能替代的化工原料，在蓄电池、玻璃、陶瓷、橡胶等行业广泛应用，总的产量不见减少。

为了节约用铅，现已有以部分钙取代铅的品种铅酸钙（Ca_2PbO_4），防锈效果据试验已达到红丹的防锈能力，因含有铅而未能推广应用。

硅铬酸铅也属红丹的代用品，它是一种包核颜料，铅同硅酸盐紧密结合，毒性较低，在部分地区得到推广应用。此外尚有氰氨（基）化铅、碱式硅酸铅、二碱式亚磷酸铅等含铅品种。

但由于铅对人体的毒性越来越受到社会的关注，目前已在多国（包括中国）制定了各种法规和标准，对涂料中含铅颜料的使用进行了限制或禁用。

(2) 铬酸盐类防锈颜料 锌铬黄、四碱式锌黄、锶铬黄、钡铬黄、钙铬黄等铬酸盐类防锈颜料均含有六价铬，属有毒颜料。其防锈机理在于六价铬在金属表面可形成钝化层，防锈效力很可靠，因毒性问题，这类颜料也逐步由无毒防锈颜料所取代。

(3) 磷酸盐类防锈颜料 磷酸锌是20世纪60年代才开始应用的，它是最重要的无毒防锈颜料。磷酸锌的水解产物能同钢铁表面反应并形成铁锌磷酸复合盐的保护膜，被认为是较理想的红丹替代品，不过它同红丹的防锈机理不尽相同。随后又出现了一些磷酸锌的改性品种，以及多种复合的磷酸盐防锈颜料新品种，如聚磷酸铝、磷酸铬、磷钼酸锌、磷钼酸钙锌、羟基亚磷酸锌、磷硼酸锌、磷化铁等。

德国、美国、法国、西班牙、英国、日本均有开发产品，这方面的开发工作相当活跃。我国自20世纪70年代开始用磷酸锌及其他磷酸盐类防锈颜料替代含铅、铬的颜料，取得一定的效果。

(4) 硼酸盐类防锈颜料 偏硼酸钡（$BaB_2O_4 \cdot H_2O$）是这类颜料的主要产品。美国开发这种产品，其目的是制备一种防霉、防锈的品种。

(5) 离子交换防锈颜料 这种颜料的主要组成是含钙离子的沸石或硅胶。它能以Ca^{2+}交换涂膜中的氢离子，从而使酸性物质得到中和，而Ca^{2+}又能同金属氧化物膜相结合，维持较高的pH，起到了防腐蚀的效果。这种颜料因不含重金属而无毒，受到一定的重视，英国于20世纪80年代起开发这类颜料。

(6) 屏蔽型防锈颜料 一般的防锈颜料的防锈作用均属化学性质，如与金属表面生成络合物、提高pH、起钝化作用等。

通过大量观察和研究，人们注意到片状颜料能在涂料中排列成层、层层叠加，形成交叉而封闭性良好的屏蔽层，使外界的水分、气体、紫外线无法侵入金属表面，起到防腐蚀的效果，其作用的性质属于物理性的。

天然云母氧化铁（Fe_2O_3），具有云母状的片状结构，属屏蔽型防锈颜料，为防锈底漆、重防腐涂料所选用。

合成云母氧化铁于20世纪80年代在英国投产，改变工艺参数可控制产品的片径、厚度，质量较天然产品更加符合配漆的要求，但生产成本较天然产品高。

目前云母氧化铁颜料主要是使用在防腐涂料体系的中涂层中。

6. 耐高温彩色复合颜料

耐高温彩色复合颜料为金属氧化物的混合相颜料，是在晶格中引入其他离子，这类颜料具有更高的耐热性（1000℃），耐光性、耐候性也很好，可应用于各种高温涂料中。

德国Bayer公司Light-Fast颜料品种和结构见表2-2-63。

表2-2-63 德国Bayer公司Light-Fast颜料品种和结构

产品名称	组 分	结晶结构	产品名称	组 分	结晶结构
Light黄8G	$(Ti,Ni,Sb)O_2$	金红石型	Light蓝100	$Co(Al,Cr)_2O_4$	尖晶石型
Light黄3G	$(Ti,Cr,Sb)O_2$	金红石型	Light蓝2R	$CoAl_2O_4$	尖晶石型
Light绿5G	$(Co,Ni,Zn)_2(TiAl)O_4$	尖晶石型	Fast黑100	$Cu(Cr,Fe)_2O_4$	尖晶石型

7. 含镍不锈钢片颜料

目前国外使用一种含镍不锈钢颜料，耐腐蚀性强，能通过500h的盐雾试验（ASTM法），即使在水性漆中也很稳定。

有浆状和粉状两种商品，可用于家电、自行车、办公家具用漆，比铅粉效果好，不变色，不与酸发生作用，也无释放出氢气的弊病。

另有 Brnnze 925 片状颜料，为高纯合金粉末，耐腐蚀性好，可用于粉末涂料及户外高耐久性涂料。

第四节 着色与配色原理——色彩学

一、色彩学的意义

颜色除了有它的物理学意义、生理学意义外，还有心理学意义。彩色涂料涂覆在物体表面后，除了能改善被涂覆物的某些特定性能外，还有一个很重要的功能就是赋予物体各色的装饰效果，给观测者不同的视觉和心理感受。

没有光就不会有色彩的感觉，光是物理学上客观存在的一种物质，光是产生色彩感觉的刺激物，因此，颜色具有物理属性。牛顿的光学实验告诉人们，色的概念实际上是不同波长的光刺激人眼的视觉反映。

色彩是视觉器官感觉的结果。人的眼睛是最精密、灵敏的感受器，世界万物的明暗、色彩、形状、空间是靠眼睛来认识和辨别的。但视觉功能不是万能的，有时候因视觉生理功能的局限性而产生错觉与幻觉，因而会导致主观感觉和客观现实之间存在一定差异。

色彩心理是指客观色彩世界引起的主观心理反映。不同色彩必然会产生某种感情的心理活动。事实上色彩生理与色彩心理是同时交替进行的，相互联系，相互制约。当色彩刺激引起生理变化时，必定伴随心理的变化。不同色调给人不同感觉，伴随人们不同心情的描述，如白色象征纯洁、朴素，黄色使人兴奋，红色是热情、喜庆、正义的象征，绿色是温柔、富有朝气，青色体现宁静，蓝色反映稳重、平和，黑色显得庄严。同时，颜色的韵律具有一定规律性，如有暖色、冷色与中性色，即红、橙、黄为暖色，绿、青、蓝、紫为冷色，中驼、浅灰、淡紫为中性色。

二、颜色基本概念

1. 光与色

光在物理学上是一种客观存在的物质（而不是物体），它是一种电磁波。电磁波包括宇宙射线、X 射线、紫外线、可见光、红外线和无线电波等。它们都各有不同的波长和振动频率，在整个电磁波范围内，并不是所有光的色彩肉眼都可以分辨，只有波长在 380～780nm 之间的电磁波才能引起人的色知觉，这段波长的电磁波称为可见光谱，在这段可见光谱内，不同波长的光会对人的眼睛产生不同的刺激，进而产生不同的颜色感觉。

光与色，光是人们感觉所有物体形态和颜色的唯一物质；色是由物体的化学结构和粒子形态决定的一种光学特征。

2. 光源色、固有色、环境色

光源色是指照射物体光线的颜色。不同的光源会导致物体产生不同的色彩，相同的景物在不同光源下会出现不同的视觉色彩。光线强弱会引起物体色调、纯度和饱和度的变化。光线强时，物体的明度会提高；光线弱时，物体的纯度和饱和度会降低。

固有色并非一个非常准确的概念，因为物体本身并不存在恒定的色彩，是一种习以为常的称谓。便于人们对物体的色彩进行比较、观察、分析和研究。光线强时，物体的固有色体现在接近受光部位和明暗转折之间的灰色中间区域；光线弱时，物体的固有色变得暗淡模糊。色彩学指出：物体在中等光线下（也可以说阳光间接反射或漫射光），其他色光影响较小时，物体可呈现的固有色最明显。

环境色也称“条件色”。自然界中任何事物和现象都不是孤立存在的，一切物体色均受到周围环境不同程度的影响。环境色是一个物体受到周围物体反射的颜色影响所引起的物体固有色的变化。物体呈现何种色彩，是光源色、固有色、环境色三个因素综合作用的结果。

3. 色彩的三要素

色调、明度与饱和度在色彩学上也称色彩的三要素、三属性或三特征。色调体现了颜色在“质”方面的关系；明度体现了颜色在“量”方面的不同；饱和度是表示颜色饱和和纯洁的一种特性（我们在第二节颜色中对颜色的三要素已有阐述）。

三、色彩基本理论

1. 色的混合——配色原理

(1) 原色理论　三原色也称三基色，就是指这三种色中的任意一色都不能由另外两种原色混合产生，而其他色可由这三色按照一定的比例混合出来，色彩学上将这三个独立的色称为三原色。国际照明委员会（CIE）将色彩标准化，正式确认色光的三原色（即 RGB 三原色）为红、绿、蓝（蓝紫色），颜料的三原色为红（品红）、黄（柠檬黄）、青（湖蓝）。

(2) 混色理论　由两种以上不同的色相混合会产生新的颜色，这就是混色。包括两种形式，加色法混色和减色法混色。这种现象在实际配色工作中起着很重要的作用，可以运用混色理论对三原色进行解释。

① 加色法混合理论　加色法混色指的是各色光的混合，其光亮度是各色光亮度的总和，随各色光混合量的增加，色光明度逐步提高，最后会产生白光。根据物理光学实验中得出光的三原色的红（700nm）、绿（546.1nm）、蓝（435.8nm）是不能通过其他光混合出来的，是加色比较理想的三原色，通过三原色可以混合出几乎所有的颜色。

从加色法混色规律图 2-2-11 可以得出：

红光＋绿光＝黄光

红光＋蓝光＝品红光

蓝光＋绿光＝青光

红光＋绿光＋蓝光＝白光

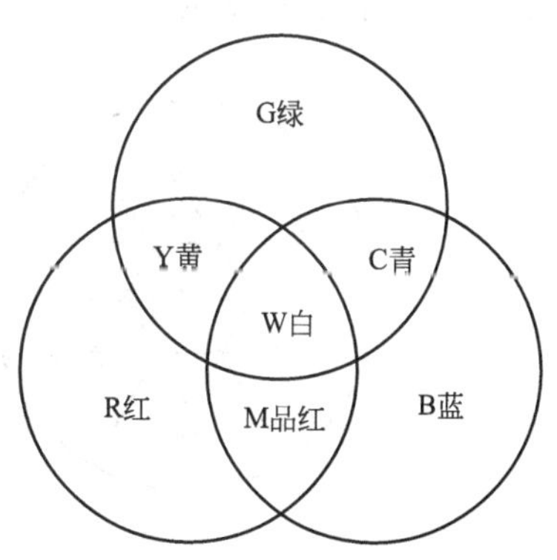

图 2-2-11　加色法混色规律

只要改变三原色光的混合比例就可得到不同色光。如红光与绿光通过不同比例可以得到橙、黄、黄绿等。

② 减色法混色理论　减色法混色指的是色料（着色剂）的混合，也就是颜料的混色。色料指的就是对不同波长的可见光进行了选择性吸收后，经反射呈现各种不同色彩的颜料或染料等有色物质。颜料的混色会变深变暗最后变为黑色，这称为减色法混色。理论上讲，颜料的三原色为品红、黄、青混合可以得出所有颜色，将两种不同原色混合称为间色，将间色与原色混合或间色与间色混合称为复色。

减色法混色的原理，只是为色料混合提供了一些规律，实际配色过程中，仅用三原色配色是非常困难的。这是因为目前生产的品红、青、黄等颜料的纯度、色调和饱和度远远达不到要求，从而大大缩小了三原色的混色范围。

从减色法混色规律图 2-2-12 可以得出：

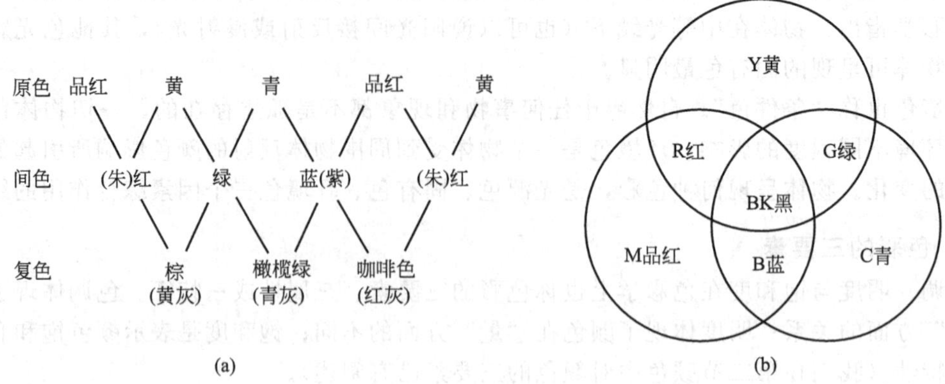

图 2-2-12 减色法混色规律

品红＋黄＝红

青＋黄＝绿

青＋品红＝蓝

品红＋青＋黄＝黑

同时改变三原色色料的比例可得到各种不同的颜色。如品红色料与黄色色料通过不同比例混合可以得到红、橙等不同色相、不同饱和度的颜色。若两种颜色相混呈现灰色或黑色时，那么这两种颜色被称为互补色。如红与绿，黄与紫，青与橙。

关于涂料的着色与配色，一般所指的都是减色法混色原理。

2. 牛顿色相环

三原色中任何一种原色都是其他两种原色之中间色的补色；也可以说，三间色中任何一种间色都是其他两种间色之原色的补色。在牛顿色相环上，表示色相的序列以及色相间的相互关系。将色圆环分为六等份，分别为红、橙、黄、绿、青、紫六个色相，通过图 2-2-13 可以很清晰表示三原色、三间色、邻近色、对比色及互补色的相互关系。

图 2-2-13 三原色与三间色之间的关系

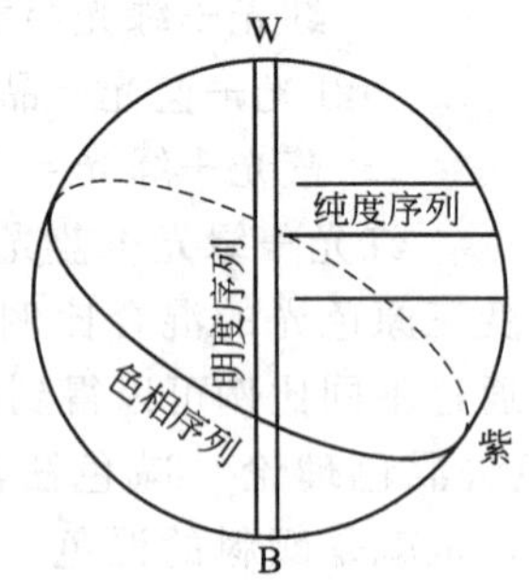

图 2-2-14 色球仪

3. 色立体

牛顿色相环建立了色相之间相互关系，而色彩的基本特性除了色相外，还有明度与纯度，显然用二维平面无法描述三个基本属性。而色立体是借助于三维空间来表示色相、纯度、明度的关系。色彩的关系可以用图 2-2-14 色球仪上的位置和结构来表示：赤道部分表示纯色相环；南北两极连成的中心轴为无彩色系的明度序列，B 极为黑，W 极为白，球心为正灰；南半球为深色系，北半球为明色系；球表面为清色系；球内为含灰色系（浊色系）；

球表面任何一个到球中心轴的垂直线上，表示着纯度序列；与中心轴相垂直的圆直径两端表示补色关系。这个色立体只是一个理想化的示意图，便于理解颜色三特性的相互关系。事实上纯度最大的黄色不在中等明度的赤道上，而是偏向白色一极；纯度最大的蓝紫色也不在赤道上，而是偏向黑色一极。孟赛尔颜色体系对此都做了相应的修正，使色彩关系的表达更加准确。在实际涂料配色中，色立体是一个非常实用的配色的工具。

4. 孟赛尔颜色体系

1905 年美术家孟赛尔（A. H. Mun. Sell）发明了一种用心理学三维空间的类似球体的模型把各种表面色的三种颜色参数——色调、明度、饱和度全部表现出来，在立体模型中的每一部位各代表一个特定的颜色，目前国际上已广泛采用孟赛尔颜色系统作为分类和标定表面色的方法，其表示方法符号为 HV/C，H 代表色调（Hue），V 代表明度（Value），C 代表彩度（Chroma）。

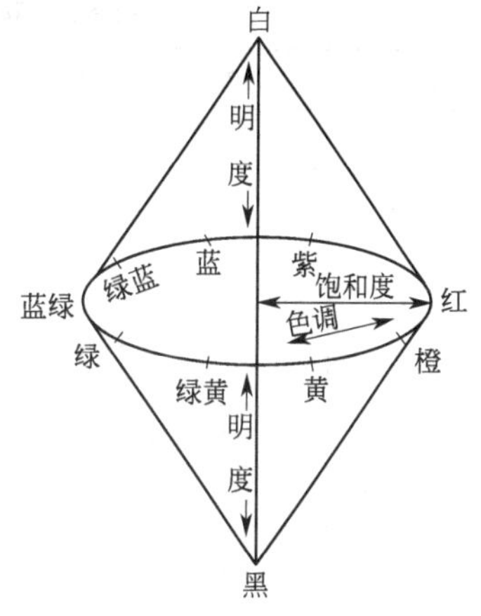

图 2-2-15　枣核形颜色立体

对于无彩色的黑白系列中性色用 N 表示，在 N 后面给出明度值 V，斜线后面不写彩度，以 NV/表示。

关于颜色 3 个参数之间的关系可用图 2-2-15 枣核形颜色立体来加以描述，但它只是一个过于简单化的模型。枣核形最大截面圆周上各点为色调的变化，其颜色的饱和度最大。最大截面的半径方向为饱和度的变化，越靠近圆心饱和度就越小，通过圆心与水平截面垂直的立轴为明度的变化，越向上明度就越大，颜色越白。

图 2-2-16 是孟赛尔颜色立体，它与枣核形颜色立体基本是相同的，只是又进一步从心理学角度，根据颜色的视觉特点制定颜色分类和标定系统，具体分类方法是：把明度分为 10 个等级，彩度也按视觉分成相等的等级，对每种色调彩度不尽相同，个别色调的彩度可达 20。通过图 2-2-17 孟赛尔颜色立体水平剖面可以看出，色调表示分成 5 个主色调，分别以红（R）、黄（Y）、绿（G）、蓝（B）、紫（P）表示，还有 5 个中间色调，分别以黄红（YR）、绿黄（GY）、蓝绿（BG）、紫蓝（PB）、红紫（RP）表示，为了更精细划分，每一色调又分成 10 个等级，每种颜色在孟赛尔系统中都可以用 3 个坐标值——色调、明度和彩

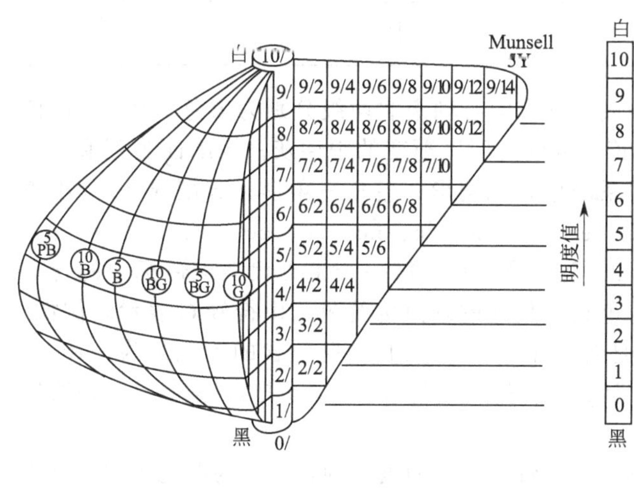

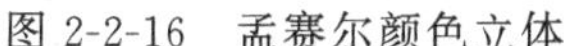
图 2-2-16　孟赛尔颜色立体

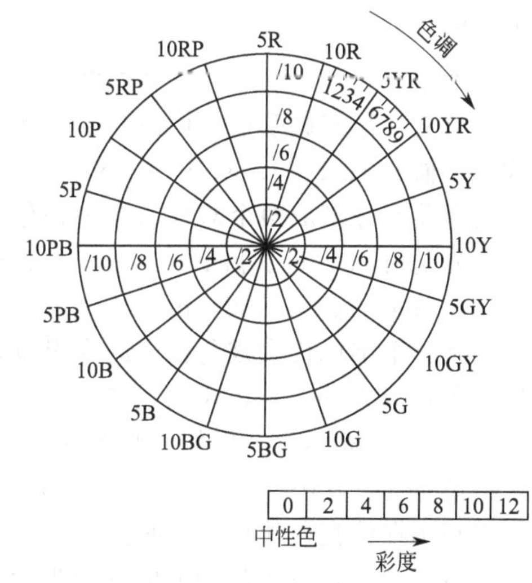

图 2-2-17　孟赛尔颜色立体水平剖面

度来表示。孟赛尔颜色立体比起理想的颜色立体更接近实际情况，虽然不是完善的，但对颜色性质的理解已更深入一步。

5. 奥斯特瓦尔德色相环

奥斯特瓦尔德（W. Ostwald，是曾获诺贝尔奖的德国化学家），创立了奥斯特瓦尔德色彩体系。其色相环由 24 个色组成，他以赫林（E. Hering）的四色学说为理论基础，在黄、红、蓝、绿四色基础上分出橙、紫、蓝绿、黄绿组成 8 个基本色。然后再将每种颜色分为三种，形成 24 个基本色相，并分别以符号表示（表 2-2-64）。

表 2-2-64 奥斯特瓦尔德色彩体系的色调、符号、编号与主波长

色调	符号	编号	主波长/nm	色调	符号	编号	主波长/nm
黄色	1Y	1	573	蓝色	1UB	13	464
	2Y	2	579		2UB	14	473
	3Y	3	582		3UB	15	479
橙色	1O	4	587	蓝绿	1T	16	483
	2O	5	593		2T	17	485
	3O	6	602		3T	18	488
红色	1R	7	617	绿色	1SG	19	490
	2R	8	494		2SG	20	494
	3R	9	508		3SG	21	503
紫色	1P	10	545	黄绿	1LG	22	543
	2P	11	557		2LG	23	556
	3P	12	403		3LG	24	566

全部色块都是由纯色与适量的白与黑混合而成的，其关系为“白量 W＋黑量 B＋纯色量 C＝100”（表 2-2-65）。

表 2-2-65 奥斯特瓦尔德色彩体系记号的白黑含量

记号	a	c	e	g	i	l	n	p
白量 W	89	56	35	22	14	8.9	5.6	3.5
黑量 B	11	44	65	78	86	91.1	94.4	96.5

奥斯特瓦尔德颜色立体由复圆锥体构成，垂直中心轴南北两级分别为黑色（B）和白色（W），轴上 a、c、e、g、i、l、n、p 8 个符号分别为明度渐变的中性灰；纵断面为菱形，中心轴将菱形分割成两个对称的互为补色关系的色相三角形；色相三角形又分割成 28 个小菱形，分别由 ca、ea、ga、ia、la、na、pa、ec、gc、ic、lc、nc、pc、ge、ie、le、ne、pe、ig、lg、ng、pg、li、ni、pi、nl、pl、pn 28 个符号表示，第一个字母代表该色标中的含白量，第二个字母代表该色标中的含黑量，色相三角形的顶点为纯色，由符号 C 表示。例如，某纯色色标为 nc，n 是含白量 5.6%，c 是含黑量 44%，则其中所包含的纯色量为：100－(5.6＋44)＝50.4%。再如，某纯色色标为 pa，p 是含白量 3.5%，a 是含黑量 11%，所以含纯色量为：100－(3.5＋11)＝85.5%。

在奥斯特瓦尔德色相三角形中，垂直于中心轴一边为明度系列，上边为明色系列，下边为暗色系列；被三边包围的内三角为含灰色的浊色系列；与中心轴线相平行的色组为等纯度系列，与上边线相平行的色组为等黑量系列，与下边线相平行的色组为等白量系列。每个色标的确定是根据该色中含有的纯色量、含白量、含黑量的比例在回旋板上通过快速旋转空间混合复制的（图 2-2-18）。

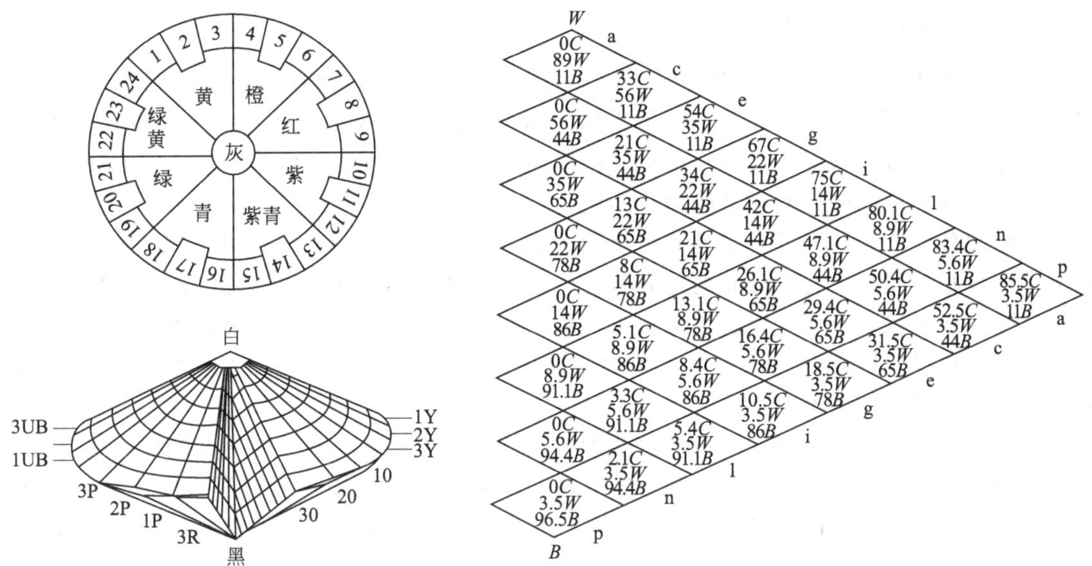

图 2-2-18　奥斯特瓦尔德色相三角形

奥斯特瓦尔德色彩体系中每一个色标都用色相号/含白量/含黑量表示，如 8ga 表示：8 号色为红色相，g 为含白量 22%，a 为含黑量 11%，那么此色为高明度的浅红色。

奥斯特瓦尔德色彩体系通俗易懂，它给调配使用色彩的人提供了有益的指示。在做色彩构成练习中的纯度推移时，其色相三角形不啻可以视为一种配方的指导，此外，色相三角形的统一性也为色彩搭配特性显示了清晰的规律性变化。

该色系的缺陷在于等色相三角形的建立限制了颜色的数量，如果又发现了新的、更饱和的颜色，则在图上就难以表现出来。另外，等色相三角形上的颜色都是某一饱和色与黑和白的混合色，黑和白的色度坐标在理论上应该是不变的。则同一等色相三角形上的颜色都有相同的主波长，而只是饱和度不同而已，这与心理颜色是不符的。目前采用混色盘来配制同色相三角形，以弥补这一缺陷。

6. CIE 标准色度体系

CIE（国际照明委员会，法文全称为“Commission Internationale de L'Eclairage”）体系是 1931 年建立的一种色彩测量国际标准，当中规定 700nm 的红、546.1nm 的绿和 435.8nm 的蓝为色光的三原色。由此衍生出来 1931CIE-*XYZ* 系统。其中，*X* 代表红原色，*Y* 代表绿原色，*Z* 代表蓝原色。由 *X*、*Y*、*Z* 所形成的三角形包含了整个光谱轨迹，使得光谱轨迹上和轨迹之内的色度坐标都成为正值（图 2-2-19）。

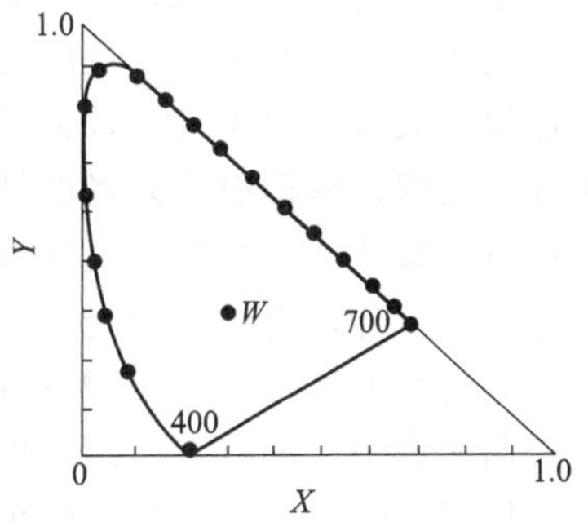

图 2-2-19　1931CIE-*XYZ* 色度图

1964CIE 补充了色度学系统。如果被观察或测定的颜色是大面积，视场角大于 4°时，由于视网膜黄斑以外的杆形细胞参与了刺激作用，颜色视觉将会发生一定的变化，使得所观察的颜色饱和度降低，颜色视场出现不均匀的现象。故为适合 10°大视场的色度测量系统。

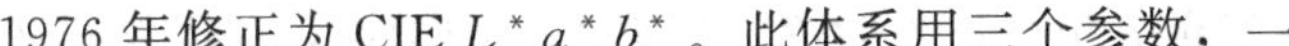

1976 年修正为 CIE $L^*a^*b^*$。此体系用三个参数，一

个是亮度 L（luminance），另两个是颜色分量，一个为 a，代表从绿（green）到红（red），另一个是 b，代表从蓝（blue）到黄（yellow）。

四、同色异谱颜色

当两个物体处于同一种照明条件（如日光）下颜色一致，但在另一种照明条件（如荧光）下颜色不相同时，这种现象人们把它称为同色异谱。这两个色样互称为同色异谱颜色，又称条件等色。虽然这两个色样在可见光范围内的光谱分布不同，但是对于特定的观察者和照明条件下具有相同的三刺激值的两个颜色。

评价颜色同色异谱程度有定性和定量两种表示方法，同色异谱图有相同的三刺激值，而光谱功率分布不同，从光谱分布的差异就可以定性描述出颜色同色异谱程度，如果颜色的光谱反射率曲线形状很不同，重合点又很少，那么同色异谱程度就高。相反，颜色之间的光谱反射率曲线很接近，重合点又很多，就表明同色异谱程度很低。用这种定性的方法虽然粗略，但有较实用的使用价值。

在大多数情况下，精确的同色异谱匹配。在特定的光源下观察原样与调配样，总会发现它们无论在明度、色相和饱和度上都可能有微小的差异。调配样与原样存在同色异谱差异。一般情况下，应允许有同色异谱差异存在，只是应尽量控制两个样品的色差，使之限制在足够小的范围内。

五、颜色的测量

1. 目测法

过去颜料色光的检测都采用目测法，规定在相同条件下将颜料分散至树脂或涂料中，然后涂布于铜版纸或玻璃片上，在日光下或标准光源下与标准样品进行平行比较，色光差异的评级分为：近似、微、稍、较四级。同时，颜料色光的测定对试验设备、光源条件、观测环境和观测者的比色条件都做了严格的规定。

在正常情况下凭肉眼观察虽然相当敏锐，而且分辨率高，但仍存在一定的局限性，对于不同色调饱和度的细微观察往往无能为力，而且目测法对色调或明度的比较结果只能做文字评述，很难做到准确。现在大多数国内外企业对颜料的测量都是通过目测法与仪器法测量相结合，来提高判断的准确性。

2. 仪器法测量

仪器法测量是运用现代先进的测色设备将制备颜料色样与标准色样用数字体现出来，通过数据与图表对待测颜料与标准颜料进行差异化描述。如通过色相、明度、饱和度及光谱反射率等对颜色进行描述，从而成为颜色沟通与传送的一种有效工具。

适用于染料和颜料以及应用染料和颜料加工的有色物测色仪器主要有分光光度计和光电测色仪两大类。分光光度计又随所测颜色是非透明物体的反射光，还是溶液透明色，分为反射分光光度计和透射分光光度计。也可分为单光束式分光光度计或双光束式分光光度计；还有单色扩散照明式分光光度计或多色扩散快速扫描式分光光度计；手动式分光光度计和自动式分光光度计，自动式分光光度计中又有光学平衡式分光光度计与电学平衡式分光光度计。

分光光度计生产厂家主要有 DATACOLOR、MINOLTA、MACBEATH 及 X-rite 等，其产品各有自己的特点，用户可以根据自身的需求进行选择。

仪器法测量的优点是：颜色描述数据化；颜色之间差异可以量化；配色过程具有指导性和配色成本分析功效，同时可提高配色人员的工作效率；提高配色准确性，利用仪器辅助人工配色成了主流的配色方式。

3. 色差的评定

在颜色测量过程中，人们一般把色差作为某物体色对比的数据表达。色差用 ΔE 表示差异。现在大多数仪器的颜色分类系统皆以 CIE 中 Lab 色空间为基础，即将由 L^*、a^*、b^* 构成的三维空间中，以合乎标准样品的色度点为中心，以容差 ΔL^*、Δa^*、Δb^* 的大小为边长确定一个小型的空间区域。

色差的差异不单纯可以判断两个颜色的差距，更重要的还是对颜色混合后效果的评价，可通过已知的若干种颜色的基础数据存储在测色仪中的计算机内，然后把要求的混合色的颜色数据输入计算机，就可计算出所需要的颜色比例配方。

色差的计算有很多种计算方法，但现在普遍得到认可的就是 CIE1976（$L^* a^* b^*$）计算方法，这是已知对用于表面颜色之间的色差定量最可靠的方法之一。

$$\Delta E\ \mathrm{CIE1976}(L^* a^* b^*)=[(\Delta L^*)^2+(\Delta a^*)^2+(\Delta b^*)^2]^{1/2}$$

第五节　色浆和电脑调色

一、色浆（颜料制备物）

传统的颜料通常以微细粉末状态供应用户，其优点是通用性强、稳定性好及运输方便等；缺点是不能直接单独使用，往往需要添加分散剂、润湿剂等进行强力机械研磨，同时使用时粉尘较多，污染环境，配色不便。除了研制高性能颜料品种外，如何改进现有产品应用性能，提高使用价值，扩大应用范围也是非常必要的。

当前人类对环境日益关注，“三废”污染是各涂料生产企业所关注的。而使用水浆颜料（色浆）与其他非粉末颜料制备物（如各类颜料分散体、色母粒、色膏、可分散颜料等）可有效地解决粉尘与污水的污染。使用便捷，便于配色；省去了费能、费力、费时的分散研磨工序；改善颜料应用性能（如提高展色性、有效防止浮色与发花等），提高工作效率。因此，颜料的新型制备物是颜料品种发展的主要方向之一。但通用性受到一定限制，专业性也越来越强，出现了多种剂型颜料制备物（如涂料色浆、皮革色膏、塑料色母粒、涂料印花浆、油墨色浆及工业色浆等）。

1. 涂料色浆的定义与分类

涂料色浆是指用于涂料调配色的一种着色剂，它是一种颜料制备物。是将粉末颜料、溶剂（水或有机溶剂）、树脂、颜料分散剂及多种功能稳定剂通过强力机械复合加工而成的，具有良好的分散性与稳定性，可流动，与涂料具有良好的相容性等。

涂料色浆按体系分为水性色浆、溶剂型色浆与水油两用色浆，还可分为含树脂色浆与无树脂色浆；按加工颜料特性分为无机颜料色浆与有机颜料色浆，耐晒型色浆与不耐晒型色浆，纳米色浆与普通色浆，透明色浆与遮盖型色浆；按用途分为工业漆色浆、建筑涂料（含乳胶漆色浆）色浆与装饰涂料色浆等；按颜色分为黄色色浆、蓝色色浆、红色色浆与黑色色浆等；按添加方式分为工厂调色（厂用）色浆与机械调色（机用）色浆；还可根据涂料用途、添加溶剂及树脂种类和环境要求（如重金属与 VOC 含量等）分类等。通常习惯按体系与添加方式进行分类。

2. 水性色浆

水性色浆是以水为分散介质的颜料浓缩浆，它是通过分散剂、润湿剂、稳定剂及其他功能剂来使颜料充分润湿分散，达到优化颜料应用性能、稳定体系的效果。主要是利用静电屏蔽与空间位阻作用原理来分散稳定颜料颗粒。

(1) 色浆加工的基本原理 颜料分散润湿稳定机理是：正确使用分散润湿助剂，降低颜料与体系的界面张力，使颜料达到充分解絮凝，从而有效改善颜料的应用性能。

一般无机颜料分散是用离子型助剂，具有较高的表面极性，对助剂的吸附比较容易。有机颜料的分散则多用非离子高分子聚合物助剂。有机颜料有一个非极性的表面，对常规助剂的吸附比较困难，高分子聚合物助剂具有树脂那样的特性，有很多吸附基团，从而可使有机颜料颗粒表面形成吸附层，通过聚合物链的空间屏蔽作用产生了稳定化作用，具体体现如下。

① 分散润湿助剂使颜料表面已吸附的空气和潮气排出，由原有的固/气界面（颜料颗粒/空气或潮气）转变为固/液界面（颜料颗粒/助剂或体系溶剂、水）。

② 颜料研磨过程，通过机械能（剪切力和冲击力）使颜料颗粒分数，并使助剂分子充分润湿颜料颗粒，形成更为细小的颜料分散体（图 2-2-20）。颜料分散体的粒径大小与粒度分布对水性色浆应用性能影响比较大，如色光、鲜艳度、分散性、耐光性及特殊薄漆膜要求等。

③ 利用特种阴离子分散助剂来增强颜料颗粒表面电荷，并通过同性电荷相斥的原理稳定颜料分散体（图 2-2-21）。在静电屏蔽稳定作用下，每个颜料颗粒都包围着一个双层离子电荷。一个颜料粒子先吸附负离子［－］，随后会被一个正离子［＋］层包围。当两个颜料颗粒彼此接近时，库仑排斥力占优势，从而改变它们的运行轨迹避免更接近。

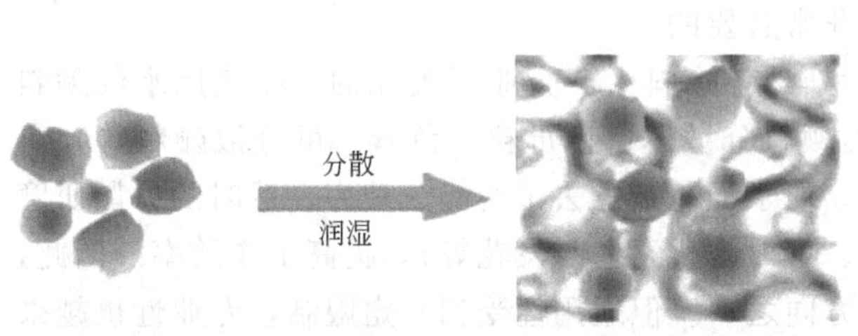

图 2-2-20 颜料颗粒的分散与润湿过程

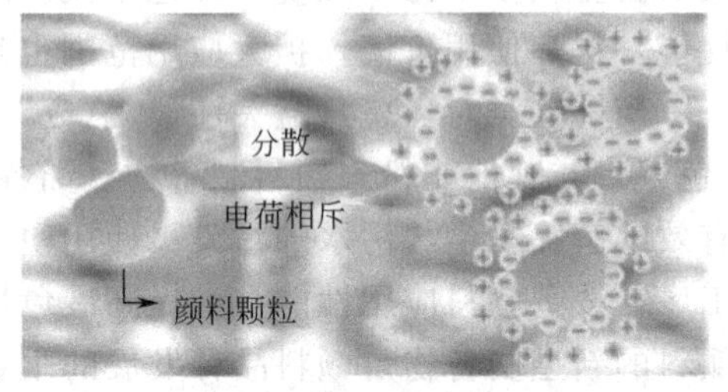

图 2-2-21 电荷稳定作用

④ 利用含有多个“亲颜料”（如锚定基团等）基团的分散剂中亲颜料基团对颜料颗粒表面牢固、持久吸附，大量的碳氢链段（分散剂链）从颜料颗粒表面伸向周围，通过这种较厚的吸附层（一般要大于 10nm），形成空间位阻作用，阻止颜料颗粒之间紧密接触，并形成一层保护膜“壳”，这种核-壳结构不仅能够改进颜料性能，还能有效降低颜料分散体之间吸附，提高色浆的稳定性（图 2-2-22）。位阻作用机理可以在极性（如水）和非极性（如石油醚）溶剂中发挥作用。当电介质存在时，会使颜料分散体颗粒变大，粒径分布不均匀，分散

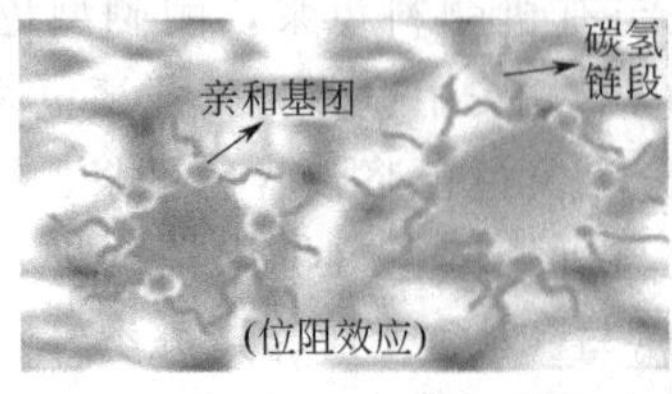

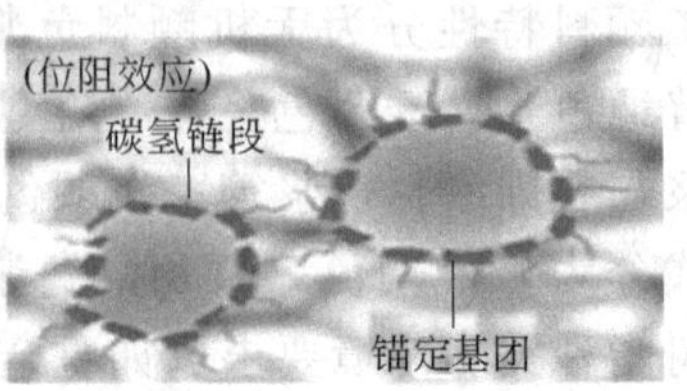

图 2-2-22 空间位阻效应

性变差，其中价电子越大的离子影响越大，随着价电离子的价数减少，影响变小，这可能是由于多价离子压缩了胶团表面的双电层厚度，使胶团带电量下降，减少颗粒之间排斥力，从而使分散性下降。因此，色浆体系中有电介质存在，会对颜料分散体的粒径及分散性有较大的影响。

颜料与润湿分散助剂是否相匹配，不仅影响颜料分散体的抗絮凝程度、在其他介质中的分散性、贮存稳定性及颗粒大小与粒径分布，同时还会影响色浆的鲜艳度、着色强度、耐水性及耐晒性等应用性能。

(2) 简单制备工艺　水性色浆与涂料生产工艺基本相似，分为：水、溶剂与助剂的预分散工艺（预混合）→投入颜料后高速分散（强力机械剪切）→添加功能添加剂后进行研磨工艺（循环研磨，要求控制粒度大小与分布控制）→搅拌控制与熟化工艺（色相、着色力、黏度、密度等的测定与调整及体系熟化）。

(3) 关键控制指标说明　水性色浆的分散性、相容性、颜色、着色强度、耐性（耐光性、耐候性、耐酸性、耐碱性）、料径（细度）与粒径分布、贮存稳定性（常温、热贮与冷冻）、黏度、密度、外观、流动性及批次重现性是每个使用色浆人员所关注的，它涉及产品的品质与使用成本。与颜料相同，颜色、着色强度、耐性等主要取决于使用颜料的结构特性；粒径与粒度分布、黏度、密度、外观、流动性是反映色浆稳定性的重要指标，一般在色浆厂作为出厂检验指标提供给用户。控制好分散性、相容性（通用性）、pH、粒度分布与细度、长时间稳定性及批次颜色差异是制备好色浆的关键技术，也是用户考察是否选用色浆的前提条件。

着色强度也称色浓度，是水性色浆的一个重要指标，反映色浆的颜料含量、展色性及颜料分散体絮凝情况。一般数据是按颜色以达到国际标准深度（ISD）的 1/25 所需颜料浆的份数来衡量，数值越小，着色力越高。也可按照颜料着色力检测方法进行评定。

相容性与分散性是最能体现色浆品质的指标之一，也是色浆的一个重要应用指标。相容性是指色浆加入基础涂料中的展色情况描述，如立即出现增稠、返粗及起粒等现象，则属色浆与该涂料的相容性极差。一般检测方法是将色浆按照一定比例加入基础涂料中达到同等深度对涂膜进行指研，目测与仪器测量色差越小越好，并要求色浆在尽可能多的涂料体系中有好的相容性。分散性是指色浆中颜料分散体的大小、分布及在水、各类水性树脂、醇醚中稀释的状态情况。分散性也是描述色浆中颜料颗粒的解絮凝程度。一般来说，颜料颗粒在体系中不可能达到完全解絮凝（即颜料颗粒在体系中成为均一稳定原级粒子），尽可能使颜料分散体小。这样还会直接影响色浆着色强度、展色性和贮存稳定性等。

粒度分布与细度是反映颜料、助剂的配伍及分散、研磨工艺合理性的一个综合性指标，也是用户选择色浆的重要依据之一。细度是从宏观角度描述颜料分散体大小，而粒度分布则是从微观角度反映了颜料分散程度的好坏。同时色浆在涂料中呈现出来的色光、鲜艳度、着色力及耐性与粒度分布有很大关系。

稳定性及批次颜色差异是用户比较关注的。如严重分层、沉降、絮凝、着色力下降等现象，导致用户很难稳定配色比例。一般对色浆稳定性测试是通过热贮、冷冻循环测试，比较着色力、细度、粒度分布差异及外观状态评估。批次颜色差异是指同一牌号色浆不同批次之间差异，一般用仪器法与目测法对待测样品与标准样品进行测量，比较差异。目测评级分为近似、微、稍、较四级；仪器测量用 ΔE、ΔH、ΔL、Δa、Δb 等进行描述。

涂料色浆在国内发展不到十年的时间，对色浆检测仪器设备及方法不多。选用色浆基本上还是以技术人员的经验判断、产品的品牌和进行简单的测试评估，导致一些用户在选用色浆时存在一定的盲目性。有的完全从众，有的也仅比较着色力，甚至对不同颜料索引号的颜料直接进行比较，还有的就是看看色浆厂家做的比较样板就选用。其实色浆在涂料中添加量与成本相对比较小，却起到关键作用（色彩效果、装饰效果、耐性效果）。因此，选择色浆必须慎重，多了解（多学习色浆颜料与助剂的知识），多试验，多比较。其关键在于掌握色浆与涂料自身配伍性（分散性、相容性）、色浆本身的耐性（制备色浆颜料结构号）及应用特性。

(4) 建筑涂料用水性色浆 随着涂料工业的飞速发展和调色新技术的应用，尤其是建筑涂料，涂料行业专业化分工将是未来的发展趋势。专业的色浆企业和涂料厂家间的密切合作让涂料厂家得益匪浅。目前建筑涂料用水性色浆形成一种除粉末外颜料的最为主要的剂型，并已自成体系。国内外产品品种繁多，为规范色浆行业发展，促进涂料工业进步，我国已于2006年由中国化工建设总公司常州涂料化工研究院、昆山市世名科技开发有限公司等5个主要起草单位拟定了化工行业标准 HG/T 3951—2007《建筑涂料用水性色浆》，对色浆的着色力、颜色、黏度、有机挥发分（VOC）与重金属的限量及在容器中状态等16项进行了规定。

建筑涂料用水性色浆按使用方式分为厂用色浆与机用色浆。机用色浆在色浓度、色差、着色力、黏度、密度及装机稳定性等方面提出了更高的要求。厂用色浆不受品种数量限制，有的仅黄色品种就有十几支，用于不同要求。只要符合颜色、耐性等要求的品种就可以加工制备色浆出售；而机用色浆受调色设备的限制，一般为10支、12支、14支或16支组，每组还要求尽可能大地覆盖色空间，颜色还要均匀分布在整个色区中，便于调配更多颜色。

(5) 市场主要产品 目前，市场水性色浆国际色浆生产企业主要有芬兰迪古里拉（TIKURILA）、瑞士汽巴精化（Ciba）、德国科莱恩（Clariant）、德国德固萨（Degussa）及德国巴斯夫（BASF）公司等。国内色浆生产企业规模相对比较小，技术力量比较薄弱，不过近几年发展速度比较快，涌现了几家具有一定规模的生产企业。如上海德固萨、上海希必思、昆山世名科技、深圳海川色彩及广州科迪色彩等。主要生产厂家及产品性能可参考各个厂家的产品说明书。其主要产品系列如下。

① 厂用色浆：汽巴色浆；科莱恩色浆；巴斯夫色浆；德固萨色浆；希必思色浆；昆山世名水性色浆；海川色浆。

② 机用色浆：芬兰迪克里拉（TIKURILA）色浆；世名机用色浆；德固萨机用色浆。

③ 超低VOC环保水性色浆：世名NV系列色浆；德固萨 COLORTREND PLUS 803系列色浆。

3. 溶剂型色浆

溶剂型色浆是以有机溶剂和树脂为分散介质，着色强度和流变性经严格控制的颜料浆。由颜料、油性树脂（如多羟基不饱和聚酯、酚醛树脂、醛酮树脂及丙烯酸树脂等）、颜料分散助剂、稳定剂、助溶剂及功能助剂等组成。由于溶剂型涂料应用范围广，不同应用对象对涂料的性能要求不同，其取决于制备涂料所选用的树脂和配方设计。溶剂型涂料所用的树脂与溶剂种类繁多，不同极性溶剂和不同反应活性的树脂对色浆要求是不同的。这样很大程度上限制了溶剂型通用色浆的发展。选择溶剂型色浆的关键不只是色浆与涂料的相容性，更为重要的是考虑添加色浆后，色浆中的分散介质（树脂）对涂料性能负面影响程度，尤其是高档工业涂料。因此，大多数有规模的溶剂型涂料厂采用定制加工或自行研磨。如德固萨 POLYTREND 850系列主要用于不饱和聚酯中着色。人们还是希望能制备通用性更为广泛的溶剂型色浆，以满足一些常见溶剂型涂料的配色要求。因此选择研磨树脂至关重要，它不仅影响色浆与涂料的相容性、涂膜性，还影响色浆的色浓度、鲜艳度（光泽）、稳定性及流变性等。目前，通过涂料行业人士不断试验，认为醛酮树脂具有很好的通用性和颜料润湿性，比较适合制备溶剂型通用色浆。目前，也有无树脂溶剂型色浆，其通用性更强，但要开发高颜料含量无树脂溶剂型色浆，困难较大。

4. 水油两用型色浆

水油两用型色浆是指既可以用于水性涂料着色，又可以用于溶剂型涂料着色的颜料浆。由于技术上不仅要解决色浆与水性涂料和溶剂型涂料相容性及分散性问题，还要解决色浆在水与其他多种有机溶剂中的稀释性（极性差异较大），该类色浆开发难度较大。国外有一些色浆生产厂商也推出了此类色浆，多数为二元醇色浆，主要推荐应用于水性建筑、装饰涂料和一些中长油度的醇酸、丙烯酸涂料。因此，水油两用色浆原则上是指用于部分水性涂料中和一些弱极性油性涂料着色的颜料浆。主要是为了方便一些民用涂料零售店家装涂料配色。这类色浆市场上比较少，需求量也不是非常大。如德固萨 COLORTREND 888 系列色浆、世名公司的 U 系列色浆。

二、配色

涂料配色是涂料制备的一个重要组成部分。主要分为人工配色和电脑配色。

1. 人工配色

人工配色是指根据对色样（色卡、实物及颜色数据描述等）进行目测后，选用着色剂（色浆或色膏）搭配涂料进行调配的一种配色方法。也可以通过测色设备对原样颜色与所调配颜色进行色差评定。

涂料配色主要是根据减色法混色原理。减法混合的三原色就是颜料的三原色，即品红、黄、青（湖蓝），它们的补色是绿、紫、橙。由于生产的三原色颜料色光、饱和度都偏暗，同时涂料对颜色性能（如耐晒牢度、耐碱性及耐溶剂性）与成本也有不同的要求，因此，在实际配色工作中直接采用三原色难度是非常大的。涂料着色颜料品种繁多，几乎覆盖色空间每个区域，大大增加了涂料配色的难度。人工配色对配色人员要求较高，既要了解涂料与着色剂性能，又要熟悉配色知识（主要配色原理在第四节色彩基本理论有详细介绍）。

人工配色步骤总体可分为：（1）接单（确定色样——色卡、实物及颜色数据描述）；（2）颜色分析（仪器或经验——类似留样比较分析，并确立着色剂品种）；（3）结合涂料要求，选用合适的着色剂做相容性实验（颜色选择——色相、饱和度、耐性）；（4）结合涂料配色小样（要求精确计量及记录配方，涂膜干燥条件，颜色比对时需考虑环境、涂料自身光泽等因素）；（5）批量调色（注意需预留基础涂料，出现其他非配色相关技术问题与涂料技术人员沟通，并给出解决办法）；（6）确认交单及存档管理（主管或用户确认、填写配色流程记录单并存档管理、留样保存）。

2. 电脑配色

电脑配色是一种基于现代色彩学、光学、计算机科学和仿真学理论，用数字化的软件形式取代传统依赖人工经验的一种配色模式。近年来电脑配色技术发展非常快，已经在纺织、印染、油墨及涂料行业广泛应用。目前，已有一些成型产品，如美国的 X-rite、Photo Research 公司、瑞士的 Textest 公司等，国内涂料用配色软件产品如昆山世名电脑配色系统。

(1) 涂料电脑配色的基础理论　电脑配色的理论基础是 Kubelka-Munk 理论，根据 K-

M 理论，涂层内表面处颜料的光谱反射率 R 为：

$$1+\frac{k}{s}-\frac{1}{21}\left[2\left(1+\frac{k}{s}\right)-1\right] \tag{2-2-5}$$

式中　k——颜料的吸收系数；

s——颜料的散射系数。

涂料中的颜料含量越大，对光的吸收量越多，反射量越少，即涂料的颜色浓度与光谱反射率有一定的关系。因此，可以用分光光度计测量不同试样的光谱反射率，进而计算出 k/s 总值，再存储于计算机中。

同时，在不发生干扰的情况下，涂膜颜色 k/s 值是各颜料组分的 k/s 值之和，即：

$$\left(\frac{k}{s}\right)m\lambda=\left[\left(\frac{k}{s}\right)a+\left(\frac{k}{s}\right)b+\left(\frac{k}{s}\right)c+\left(\frac{k}{s}\right)R\right]\lambda \tag{2-2-6}$$

式中　$(k/s)m$——涂料涂膜的 k/s；

$(k/s)a$，$(k/s)b$，$(k/s)c$——各颜料的 k/s；

$(k/s)R$——基料的 k/s；

λ——入射光波的波长。

配色时，先测出标样的三刺激值 X_s、Y_s、Z_s，再由计算机估算出配色仿样的三刺激值 X_m、Y_m、Z_m，继而将两组三刺激值进行比较，使 $X_s=X_m$、$Y_s=Y_m$、$Z_s=Z_m$（s 表示标样，m 表示仿样）。若两者的三刺激值不一致，可再进行校正计算，直至一致为止，同时可得到各着色剂（色浆）的添加量，即调色配方。

(2) 电脑配色系统的组成

① 电脑配色结构流程　配色结构流程如图 2-2-23 所示。

图 2-2-23　配色结构流程

② 配色软件主要构架　给出颜色准确与否主要取决于所选用的配色软件的配色算法，这也是整个电脑配色的核心部分。配色算法主要由以下三块组成。

a. 着色剂（色浆）库建库算法　实际上就是将着色剂的颜色属性用数学参数进行描述的过程，即数学建模过程。每种配色软件都有自己独特的建库过程与方法，目的就是尽量精确地描述着色剂的颜色属性（算法不做详细介绍）。

b. 配色算法　电脑配色软件，通常建立基于浓度的相对 K、S 参数模型，然后通过测量相关色料的 K、S 值来求解配方，其核心算法为：

$$\frac{C_0\left(\frac{K}{S}\right)_{白}+C_1\left(\frac{K_1}{S_{白}}\right)+\cdots+C_n\left(\frac{K_n}{S_n}\right)}{C_0+C_1\left(\frac{S_1}{S_{白}}\right)+\cdots+C_n\left(\frac{S_n}{S_n}\right)}=\left(\frac{K}{S}\right)_{样色} \tag{2-2-7}$$

其中，涂料的 K、S 值与白涂料的 S 值都是波长的函数，在可见光范围 400～700nm 每隔 10nm 列一个方程，共 31 个方程。

$$C_1+C_2+\cdots+C_n=100.0 \tag{2-2-8}$$

再加上以上方程［式(2-2-8)］共有32个方程。配色算法的基本思想是使 ΔE 最小，而 ΔE 与 $\Delta x\Delta y\Delta z$ 直接相关。故根据式(2-2-9)进行首次配色计算：

$$\left.\begin{aligned}
\Delta X &= \sum_{0}^{30} E\bar{x}\,\frac{\mathrm{d}R}{\mathrm{d}\left(\frac{K}{S}\right)}\left[\frac{K}{S_{色样}}-1\left(\frac{K}{S}\right)_{白}-\frac{C_1}{C_0}\left(\frac{K_1}{S_{白}}\right)-\cdots-\frac{C_n}{C_0}\left(\frac{K_n}{S_n}\right)\right]\Delta S\\
\Delta Y &= \sum_{0}^{30} E\bar{y}\,\frac{\mathrm{d}R}{\mathrm{d}\left(\frac{K}{S}\right)}\left[\frac{K}{S_{色样}}-1\left(\frac{K}{S}\right)_{白}-\frac{C_1}{C_0}\left(\frac{K_1}{S_{白}}\right)-\cdots-\frac{C_n}{C_0}\left(\frac{K_n}{S_n}\right)\right]\Delta S\\
\Delta Z &= \sum_{0}^{30} E\bar{z}\,\frac{\mathrm{d}R}{\mathrm{d}\left(\frac{K}{S}\right)}\left[\frac{K}{S_{色样}}-1\left(\frac{K}{S}\right)_{白}-\frac{C_1}{C_0}\left(\frac{K_1}{S_{白}}\right)-\cdots-\frac{C_n}{C_0}\left(\frac{K_n}{S_n}\right)\right]\Delta S\\
& C_0+C_1+\cdots+C_n=100.0
\end{aligned}\right\} \tag{2-2-9}$$

因为$\left(\frac{S_{涂}}{S_{白}}\right)$与$\left(\frac{K_{涂}}{S_{白}}\right)$都是浓度的函数，故式(2-2-9)得到的初始解需要代入式(2-2-10)迭代计算几次以便求出精确解。

$$\left.\begin{aligned}
\Delta X &= \sum_{0}^{30} E\bar{x}\,\frac{\mathrm{d}R}{\mathrm{d}\left(\frac{K}{S}\right)}\left[\frac{K}{S_{色样}}-\frac{C_0\left(\frac{K}{S}\right)_{白}+C_1\left(\frac{K_1}{S_{白}}\right)+\cdots+C_n\left(\frac{K_n}{S_n}\right)}{C_0+C_1\left(\frac{S_1}{S_{白}}\right)+\cdots+C_n\left(\frac{S_n}{S_n}\right)}\right]\Delta S\\
\Delta Y &= \sum_{0}^{30} E\bar{y}\,\frac{\mathrm{d}R}{\mathrm{d}\left(\frac{K}{S}\right)}\left[\frac{K}{S_{色样}}-\frac{C_0\left(\frac{K}{S}\right)_{白}+C_1\left(\frac{K_1}{S_{白}}\right)+\cdots+C_n\left(\frac{K_n}{S_n}\right)}{C_0+C_1\left(\frac{S_1}{S_{白}}\right)+\cdots+C_n\left(\frac{S_n}{S_n}\right)}\right]\Delta S\\
\Delta Z &= \sum_{0}^{30} E\bar{z}\,\frac{\mathrm{d}R}{\mathrm{d}\left(\frac{K}{S}\right)}\left[\frac{K}{S_{色样}}-\frac{C_0\left(\frac{K}{S}\right)_{白}+C_1\left(\frac{K_1}{S_{白}}\right)+\cdots+C_n\left(\frac{K_n}{S_n}\right)}{C_0+C_1\left(\frac{S_1}{S_{白}}\right)+\cdots+C_n\left(\frac{S_n}{S_n}\right)}\right]\Delta S
\end{aligned}\right\} \tag{2-2-10}$$

c. 配方修正算法　当按照配方配出的颜色与样卡相差较大时，可以使用配方修正算法，计算出着色剂的调整量，减少手工调整的工作量。配方修正的计算，首先假设色浆的参数不变，然后以仿样色卡与样卡的 $\Delta x\Delta y\Delta z$ 为已知量，配方的修正量为方程的另一边（算法不做详细介绍）。

● 配色软件的功能　电脑调色软件功能大致分为系统设置、着色剂库管理、样卡管理、配方管理、配色计算、误差评定、配方修正等。其中核心是具有配色能力的配色计算功能。

● 配色辅助设备　主要包括计算机和分光光度计等。

(3) 电脑调色一体化　电脑调色一体化是以电脑配色软件为核心，借助调色设备（如调色机、混合机）等，能够快速有效解决涂料颜色问题的一种配色系统，同时还可以进行颜色性能评估与成本分析。该系统主要包括色样［PANTONE色卡、国标色卡、建筑涂料色卡(GSB16-1629-2003)、各类涂料厂家色卡、颜色实物及标准数据描述］，可调色基础漆（不同消色力的涂料用来调配不同深度颜色漆），机用色浆（要求装机稳定性、性能保证、批次一致性），配色软硬件（分光光度计、软件、电脑等），调色设备（各类调色机12/16、混合机等）等几个组成部分。它能一体化地满足用户从选色、测色、配色到颜色实现的各个环节，是一种全面的调色解决方案。其工作模式如图2-2-24所示。

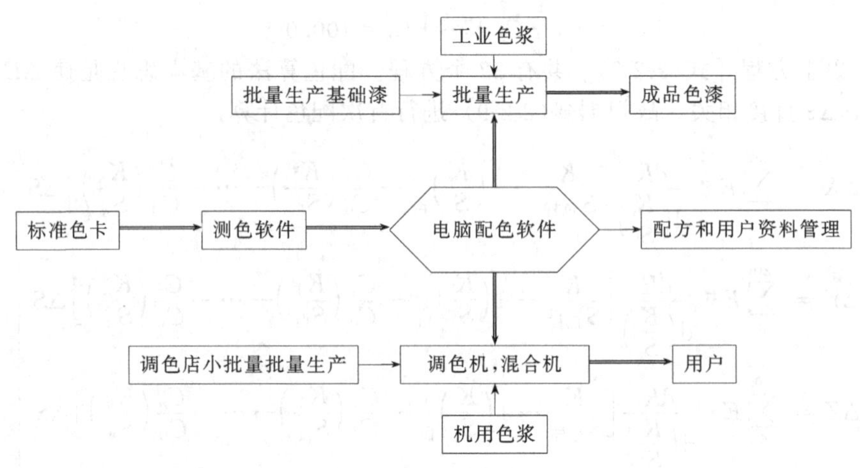

图 2-2-24 电脑调色工作模式

第六节 颜料和填料的发展趋势

一、开发高性能颜料品种

开发新型化学结构颜料品种的目的是提高颜料的耐久性、耐热性、耐溶剂性与耐迁移性等。主要途径是合成新型的多环结构颜料及稳定晶型结构，使其具有良好的分子平面性、对称性，含有特定取代基，改变分子极性，形成分子间氢键。

随着涂料工业的发展，高性能有机颜料（HPOP）应用越来越广泛。开发高性能有机颜料主要包括喹吖啶酮类颜料、特殊偶氮颜料［缩合偶氮颜料（大分子有机颜料）］、吡咯并吡咯二酮（DPP）类颜料、蒽醌类颜料、靛族与硫靛类颜料、苝系与芘系颜料、异吲哚啉酮及异吲哚啉类颜料和喹酞酮类颜料等。

二、颜料表面处理

为改进现有品种的性能，提高其使用价值，对现有颜料的颗粒表面进行表面处理，可以改变颜料的表面特性，使其满足更广泛的应用要求。经过表面处理后的颜料，用于涂料中可以改善颜料的分散性与着色性，提高颜料的耐候性、耐光性及耐化学药品性等。目前，颜料表面处理在我国仅处在初级阶段，颜料的应用性能与国外同结构产品差异较大。因此，如何提高颜料表面处理效果对提升我国颜料品质是至关重要的。主要表面处理技术简单介绍如下。

① 高分子聚合物包膜处理方法，可以改善颜料的分散性、鲜艳度、耐久性与耐溶剂性等。

② 有机硅、有机铝化合物对无机颜料进行表面改性处理技术，可以降低颜料的吸油量，提高其抗紫外线能力与耐溶剂性等。

③ 颜料衍生物（有色或无色）表面改性方法，可以提高颜料分散稳定性，提高抗絮凝性。

④ 无机氧化物与有机络合物沉淀改性技术，可以增强颜料的润湿性。

⑤ 合成复合性有机颜料技术，可以改善一些反应性颜料的性能。如化学型“混晶”DPP 颜料的制备。

⑥ 其他表面处理技术（超临界流体中颜料化技术、激光辐射颜料分散技术与等离子体

溅射颜料改性技术等)。

三、颜料与填料的超微粉碎或纳米化

通过超微粉碎技术使一些常用无机颜填料纳米化，使颜填料颗粒达到纳米范围(<100nm)的尺寸。纳米是一个长度计量单位，1nm 等于 10^{-9}m。纳米技术是以 0.1~100nm 尺寸的物质为研究对象，研究纳米材料的制备及其应用的高新科技。纳米材料(具有纳米尺寸的材料因表面富集原子及分子结构活性中心骤增)具有量子尺寸效应、小尺寸效应、表面效应、宏观量子隧道效应和介电限域效应等特殊效应。如果将纳米化后的颜料和填料，稳定分散(以纳米尺寸分散)在涂料基料中后，可赋予涂料许多新的特殊功能。

常见的在涂料工业中应用的纳米颜填料有纳米二氧化钛、纳米氧化锌、纳米二氧化硅、纳米碳酸钙、纳米氧化铁、纳米氧化锡、纳米氧化锆、纳米金属粉等。涂料中加入上述纳米材料后，可制成高级闪光汽车漆，防红外线、防声呐、防雷达和多种电磁波的伪装涂料，自抛光船舶防污涂料，自洁装饰涂料，杀菌涂料，静电屏蔽涂料，防紫外线涂料等，提高涂料的力学性能、耐候性和其他功能。

因此颜料和填料的纳米化(特别是无机颜填料)是近年来的发展趋势之一。但是实现颜填料纳米化后带来的问题是如何使这些颗粒极细，比表面积极高的材料能稳定地以纳米尺寸分散在色料中，这是纳米材料在涂料中应用的一个“瓶颈”。纳米化后的颜填料必须经表面修饰，再配合使用合适的分散剂助剂，才能保持分散体具有良好的稳定性，才能充分发挥上述的纳米颜填料的几大效应，使涂料的性能有“质”的飞跃，或具有特殊的功能。使其具有量子尺寸效应、小尺寸效应、表面效应、宏观量子隧道效应、介电限域效应等纳米粒子的特殊效应。颜料粒径变小、粒度分布变窄，可改善颜料的着色强度、色光、抗紫外线性(耐候性)、杀菌防霉性与透明性等。不同纳米材料在对涂料改性方面可起到不同的作用。因此，部分无机颜料纳米化是近年来发展的一大趋势。

四、颜料与填料的剂型化

传统的颜料通常以粉末状态供应给用户直接使用，其缺点是使用过程中容易产生粉尘飞扬，对整个生产车间环境污染比较大。用于涂料着色时还需要数道研磨分散工序，且不利于调色。而将粉末颜料加工成各种新剂型或专用剂型(即各类颜料制备物)，如色浆，膏状、流体颜料分散体及色母粒等。不仅可以避免粉尘飞扬，简化费时费力的研磨工序，同时还有利于配色，提高颜料的着色性(如着色力、鲜艳度及抗絮凝性等)。

五、颜料与填料的环保化

① 开发生产防尘颜料及颜料品种剂型化，可以减少粉尘飞扬，是颜料加工的一个重要发展方向。

② 开发生产无毒、无害的高性能有机颜料来取代含铅、铬、镉、汞等金属化合物及一些使用多氯联苯(PCBs)与多氯二苯等致癌物质为中间体的偶氮类有毒颜料。

③ 降低颜料中对人类有害的重金属含量。

④ 在生产过程中控制“三废”的产生，减少环境污染。

参 考 文 献

[1] 涂料工艺编委会. 涂料工艺. 第3版. 北京：化学工业出版社，2001.
[2] 朱骥良，吴申年. 颜料工业学. 第2版. 北京：化学工业出版社，2002.

[3] 周春隆，穆振义．有机颜料．北京：化学工业出版社，2002.
[4] 沈永嘉．有机颜料——品种与应用．第2版．北京：化学工业出版社，2002.
[5] 杜克生，李光源．颜料染料涂料检验技术．北京：化学工业出版社，2005.
[6] 徐扬群．珠光颜料的制造加工与应用．北京：化学工业出版社，2005.
[7] 周春隆，穆振义．有机颜料索引卡．北京：中国石化出版社，2004.
[8] [加] George Wypych 编．填料手册．程斌，于运花译．北京：中国石化出版社，2002.
[9] 周学良．颜料．北京：化学工业出版社，2002.
[10] 韩长日，宋小平．颜料制造与色料应用技术．北京：科学技术文献出版社，2001.
[11] 沈浩．制漆配色调制工．北京：化学工业出版社，2006.
[12] 黄国松．色彩设计学．北京：中国纺织出版社，2001.
[13] 全国涂料和颜料标准化技术委员会．化学工业标准汇编-涂料与颜料（上、下）.
[14] 林宣益．乳胶漆．北京：化学工业出版社，2004.
[15] 张红鸣，徐捷．实用着色与配色技术．北京：化学工业出版社，2001.
[16] 周震，武兵．印刷油墨的配方设计与生产工艺．北京：化学工业出版社，2004.
[17] 石玉梅．建筑涂料与涂装技术400问．第2版．北京：化学工业出版社，2002.
[18] 陈泽森，刘俊才．水性建筑涂料生产技术．北京：中国纺织出版社，2001.
[19] 吴立峰．塑料着色和色母粒．北京：化学工业出版社，1998.
[20] Hager Gregory Todd，Ashley Michael L，Pillars Darci. Method for making high tint strength pigment compositions：US，2007137526. 2007-06-21.
[21] Oyanagi，Takashi，Nakano. Pigment dispersed liquid，production method for the same，and light curable ink composition using the pigment dispersed liquid：EP，1798265. 2007-06-20.
[22] Cepria G，Roque J，Molera J. Electroanalytical study of the composition of the raw pigment mixtures that yield the metallic lustre on ceramics. A link between composition and final result. Electroanalysis，2007，19（11）：1167-1176.
[23] Criado Maria N，Romero Maria P，Motilva Maria J. Effect of the technological and agronomical factors on pigment transfer during olive oil extraction. Journal of Agricultural and Food Chemistry，2007，55（14）：5681-5688.
[24] Halova Jaroslava，Sulcova Petra，Kupka Karel. Computerized pigment design based on property hypersurfaces. Journal of Physics and Chemistry of Solids，2007，68（5-6）：744-746.
[25] Doering Georg Josef，Reisacher Hansulrich，Mauthe Uwe. Method for the dispersion of solid pigment preparations in liquid media：WO，2007065839. 2007-06-14.
[26] Jing Chen，Hanbing，Shi Xiaobo. The preparation and characteristics of cobalt blue colored mica titania pearlescent pigment by microemulsions. Dyes and Pigments，2007，75（3）：766-769.
[27] Karlis james，Zickell Thomas. Weatherproof underlayment with high filler content polymer asphalt layer：CA，2550172. 2007-06-01.

第三章 分散介质和溶剂

第一节 概述

涂料工业中，常用的分散介质有两种，即水和有机溶剂（以下简称溶剂）。其主要作用有以下几点：①溶解或分散成膜物成均一分散体系；②与颜料相互作用，与助剂和成膜物形成稳定的分散体系；③成膜过程中逐步挥发，调节最低成膜温度帮助成膜物流平成膜。涂料按分散介质可分为如下三类：①水性涂料（水溶型、水分散型、水乳化型）；②溶剂型涂料；③无溶剂涂料。其中水性涂料和无溶剂涂料的VOC挥发分较少或不含VOC，已成为今后涂料行业的发展趋势。

涂料中几乎所有的有机溶剂，对于人体来说都是毒性物质。有机溶剂接触人的皮肤会脱去表面的油脂，使皮肤失去保护层，导致皮肤在接触空气中毒性物质、细菌、真菌后会产生发红、皮疹，甚至皮炎等现象。有些有机溶剂，当人吸入后，还会对人体的循环系统、中枢神经系统、肺、肝等产生影响。总之，人类和各种动物对同样的有机溶剂会产生不同的反应和不同程度的伤害。从卫生学的观点上看，降低涂料中的有机溶剂的用量以及尽可能取代它们，肯定是有利的。从生态学的角度，烟雾的形成和森林的死亡都与有机溶剂有关。许多有机溶剂已被不同国家或组织，如美国、欧盟等的机构和条例认定为有害空气污染物HAPs，以限制这些有机溶剂在空气中的含量。

第二节 水的主要特性

水性涂料是以水作为溶剂或分散介质形成的涂料。进入20世纪90年代，水性涂料发展速度非常快，已形成多品种、多功能、多用途的产品体系。水性涂料具有无毒、无味、无污染等优点，这些特性已逐渐被人们所认识，在很多应用领域，已作为含溶剂涂料系统（简称溶剂涂料）的替代品。水与普通的溶剂相比，水有明显不同的性质（见表2-3-1）。

水性涂料按其树脂与水相溶的关系，可分为水溶型涂料、水分散型涂料和水乳化型涂料三种。最早的商品化水性涂料是在20世纪30年代出现的，当时在加拿大出现了以聚醋酸乙烯胶乳为粘接剂的商品涂料。随着合成树脂技术的不断发展和各种单体不断商品化，出现了多种树脂胶乳，包括聚丙烯酸酯胶乳、苯乙烯-丁二烯共聚胶乳、苯乙烯-丙烯酸酯共聚胶乳、醋酸乙烯-丙烯酸酯共聚胶乳和醋酸乙烯-乙烯共聚胶乳等。在水性涂料中，水作为溶剂和分散介质，与普通的溶剂和分散介质相比，水有以下明显的特点。

表 2-3-1 水与溶剂的性能比较

性 能	水	有机溶剂(二甲苯)	性 能	水	有机溶剂(二甲苯)
沸点/℃	100.0	144.0	相对挥发性(二乙醚=1)②	80.0	14.0
凝固点/℃	0.0	−25.0	25℃时的蒸气压/hPa	23.8	7
溶解度参数①/$(J/cm^3)^{1/2}$			比热容/[J/(g·℃)]	4.2	1.7
δ_d	12.6	17.8	挥发热/(J/g)	2300	390.0
δ_p	32.1	1.0	介电常数	78.0	2.4
δ_h	35.1	3.1			
综合	49.3	18.0	热导率/[$kW/(m^2·℃)$]	5.8	1.6
氢键指数	39.0	4.5	相对密度 d_4^{20}	1.0	0.9
偶极矩/D①	1.8	0.4	折射率 n_D^{20}	1.3	1.5
表面张力 σ/(mN/m)	73.0	30.0	闪点/℃	—	23
黏度/mPa·s	1.0	0.8			

① $1D=3.33564\times10^{-30}C·m$。

② 以二乙醚的挥发性为比较值。

① 水在0℃结冰，根据这一规律，水性涂料应保存在凝固点以上，应随时检查涂料的技术性能（稳定性、使用性、表面特性）是否因温度变化而变化。

② 水在100℃沸腾，单一的水挥发时其挥发性比溶剂低得多。对于含有机溶剂的涂料溶剂会随时间均匀挥发而形成光滑的涂料表面，而对于水性涂料要形成平整光滑的表面就很困难。

③ 水的表面张力明显比有机溶剂高。这就导致水性涂料对被涂基层的浸润较差。所以在使用水性涂料时必须提供清洁的基层，必要时需加入助剂来降低水的表面张力。

④ 与溶剂相比，水的汽化热很高。因此水性涂料的干燥需要更多的能量，也需更长的时间。对于没有吸收能力的基层比具有吸收能力的基层（与含溶剂涂料相比）干燥时需更多的能量。使用溶剂型涂料时，因为存在爆炸危险，总要保持通风，以保证有机溶剂与空气的比例不超过爆炸极限。使用水性涂料时，也需保证一定的通风量，以带走不燃的水蒸气和可能存在的辅助溶剂及凝聚物。

⑤ 水具有不燃性，这一优点可以降低保险费用，同时也有利于安全贮存和运输，使用时接触也安全得多。使用水性涂料最大好处之一就是使用过程中没有燃爆的危险。

⑥ 水具有有机溶剂完全不同的溶解度参数。它比有机溶剂具有明显的极性，能形成更多的氢键。树脂与水之间的相互作用在性质和强度方面都与溶剂型涂料不同。

⑦ 水的偶极矩和介电常数与有机溶剂有不同的值。

⑧ 水的电导率和热导率与有机溶剂有明显区别。

第三节 有机溶剂的主要特性指标及应用

溶剂包括能溶解树脂的溶剂（亦称为真溶剂），能增进溶剂溶解能力的助溶剂，能稀释树脂溶液的稀释剂和能分散树脂的分散剂4种。现代涂料产品又开发应用了一种既能溶解或分散树脂，又能在涂料成膜过程中和树脂发生化学反应，形成不挥发组分而留在涂膜中的化合物，它也属于溶剂的一种，称为反应性溶剂或活性稀释剂。至于在纤维素等涂料产品中所使用的旨在赋予涂膜以柔韧性和增加附着力的不挥发性液体，即我们通常所讲的增塑剂，不属于溶剂的范畴。

涂料中的有机溶剂兼有促进涂料的成膜和控制、改善涂料性能等多重作用，归纳起来溶剂在涂料中的具体作用有如下几点：

① 溶解树脂；

② 使组成成膜物的组分均一化；

③ 改善颜料和填料的湿润性，减少颜料的漂浮；

④ 延长涂料的存放时间；

⑤ 在生产中，调整操作黏度，用溶剂来优化涂料，减少问题的发生；

⑥ 改善涂料的流动性和增加涂料的光泽，对有特殊要求的表面，可调整其表面状态；

⑦ 在涂刷时，可以帮助被涂表面与涂料之间的浸润，特别是对未进行脱油及清洁处理的被涂表面，可增加与被涂表面的粘接；

⑧ 当涂刷垂直物体表面时，可校正涂料的流挂性及物理干燥性；

⑨ 减少刷痕、气孔、接缝及涂料的混浊；

⑩ 选择合适的活性溶剂，可以有效降低涂料在干燥过程中产生的 VOC。

溶剂的选择需要考虑的因素很多，主要有溶剂与树脂和涂料中其他成分间的物理化学作用；溶剂的黏度；溶剂的挥发理论；溶剂的电阻率；溶剂的表面张力及溶剂的毒性与安全性方面。

一、溶解力

在涂料工业中，溶剂的溶解力是指溶剂溶解树脂而形成均匀的高分子聚合物溶液的能力。溶剂将高聚物分散成小颗粒，形成均匀溶液的能力；一定浓度的树脂溶液形成的速度；一定浓度溶液的黏度以及溶剂之间的互溶性是我们设计色漆配方时选择溶剂首先要考虑的问题。

通过对物质溶解过程的研究表明，低分子化合物在液体物质中的溶解和高分子化合物溶解在有机溶剂中的机理是完全不同的。当把低分子的固体溶质加到溶剂中去，溶质表面上的分子或离子由于本身的热运动和受到溶剂分子更大的作用力的影响，克服了溶质内部分子或离子间的引力，逐渐离开溶质表面，并通过扩散作用均匀地分散到溶剂中去，成为均匀的溶液。例如将低分子量的葡萄糖溶于水中，很容易溶解，溶解过程能迅速完成。由于高分子聚合物内聚集的高分子链比低分子大得多，而且分子又存在多分散性，其溶解过程比低分子化合物要复杂得多。将高分子化合物溶解于溶剂中，首先是接触溶剂的表面上的分子链段最先被溶剂化，溶剂分子在高分子聚合物表面起溶剂化作用的同时，溶剂分子也由于高分子链段的运动，而能扩散到高分子溶质的内部去，使内部的链段（它是由若干个链节连接起来，具有独立活动功能的小区段，包括几个到几百个链节不等）逐步溶剂化，因此高分子聚合物在溶解前总会出现大量吸收溶剂、体积膨胀的阶段，这个阶段就是我们通常所讲的高聚物“溶胀”阶段。随着溶剂分子不断向内扩散，必然使更多的链段松动，外面的高分子链首先达到全部被溶剂化而溶解，里面又出现新表面进行溶剂化而使其溶解，最终形成均匀的高分子化合物溶液。这就是高分子聚合物溶解过程的特点。因此我们不难看出，溶剂对高分子聚合物溶解力的大小、溶解速度的快慢，主要取决于溶剂分子和高分子聚合物分子间亲和力的大小，溶剂向高分子聚合物分子间隙中扩散的难易，也即溶剂对于高聚物的溶解力不是溶剂单方面的性质。判断溶剂对高分子聚合物溶解能力大小的理论，也是由此基础逐步发展起来的。

（一）极性相似的原则

极性相似的原则是最早出现的判断溶剂对物质溶解能力大小的经典理论。依据该原则，图 2-3-1(a) 中的四氯化碳的分子是个对称的四面体，任何沿着 C—Cl 键中之一的应力都被其他的C—Cl 键所抵消。整个分子没有电性的不对称，因此测得这个溶剂的偶极矩等于零，称作非极性物质。而与四氯化碳形成对比的甲醇分子见图 2-3-1(b)。它的一端是羟基基团显电负性，另一端的甲基显电正性，由于分子中电性的不对称分布，应力不再平衡，分子两端各带有不同的电荷，因此这种物质可以测得其偶极矩的数值，我们称其为极性物质。偶极矩数值由零到越来越大，则构成非极性物质-弱极性物质-极性物质系列。

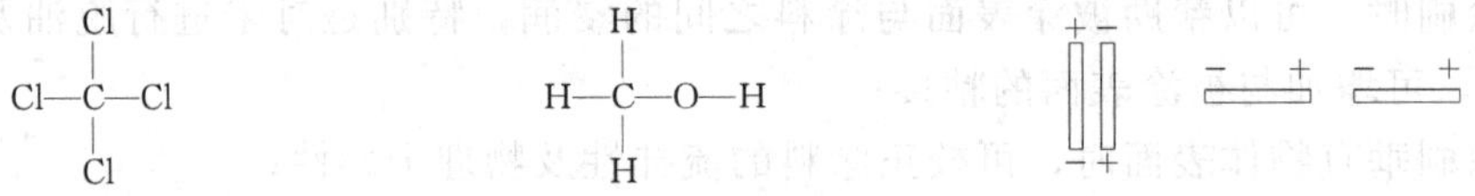

(a) CCl_4 的对称分子　(b) CH_3OH 的不对称分子　(c) 极性分子的缔合

图 2-3-1　分子结构与极性

这里所讲的偶极矩是指两个电荷中，一个电荷的电量与这两个电荷距离的乘积。即一个分子中的正电荷（$+\varepsilon$）与负电荷（$-\varepsilon$）的中心分别为 d_1 和 d_2 时，则偶极矩 $\mu=\varepsilon d_1 d_2$，用以表示一个分子中的极性大小。如果一个分子中的正电荷和负电荷排列不对称，则引起电性的不对称，分子中的一部分具有较显著的电正性而另一部分具有显著的电负性，这些分子彼此之间能够互相吸引，因此偶极矩的大小表示了分子极化程度的大小，是分子极性理论中判断物质是极性物质、弱极性物质还是非极性物质的依据。如图 2-3-1 中四氯化碳偶极矩是零，为非极性物质；甲醇的偶极矩为 1.7，是极性物质；而色漆中经常使用的二甲苯偶极矩为 0.4，是弱极性物质，表 2-3-2 中列出了一些溶剂的偶极矩数据。

表 2-3-2　溶剂的偶极矩

名称	偶极矩/10^{-30}C·m	名称	偶极矩/10^{-30}C·m	名称	偶极矩/10^{-30}C·m
苯	0.0	丙酮	8.97	乙二醇乙醚醋酸酯	7.50(25℃)
甲苯	1.23	环己酮	10.0	二氯甲烷	3.80
对二甲苯	0.0	二丙酮醇	10.8	1,1,1-三氯乙烷	5.24
间二甲苯	1.134	异佛尔酮	13.2(25℃)	三氯甲烷	1.2
邻二甲苯	1.47	醋酸乙酯	6.27	氯苯	1.6
甲醇	5.55	醋酸戊酯	6.37	环己烷	0.0
乙醇	5.6	醋酸正丁酯	6.14	石脑油	0.0
正丙醇	5.53	醋酸异丁酯	6.24	苯乙烯	0.0
异丙醇	5.60	醋酸异戊酯	6.07		
正丁醇	5.60	乳酸丁酯	1.9		
异丁醇	5.97	乙二醇乙醚	2.08(25℃)		

如图 2-3-1(c) 所示，在极性溶剂中，一个分子负极的一端很明显地倾向于被相邻的分子正极一端所吸引，形成“分子缔合”。当物质 A 加入物质 B 时，只有当 A 能够分散或至少能削弱分子 B 之间的吸引力，并让自己本身为 B 所吸引的时候，A 才会被溶解。如果 A 是非极性的，而 B 是极性的，A 在 B 中是不能溶解的。若 A、B 系液体时，则形成互不混溶的分层状态；相反，如果 A 的极性和 B 的极性相接近时，A 分子将被 B 分子吸引，A 就会溶解于 B 中。因此产生这样一条规律：非极性溶质溶于非极性或弱极性溶剂中，极性溶质溶于极性溶剂中，简单地讲就是：“同类溶解同类”——这就是极性相似原则的核心。

依此原则，由于乙醇是极性的，因此能够和极性的水完全混溶；而苯是非极性的，所以和水不能混溶。硝基纤维素是极性的，能够溶解于极性的酯和酮类化合物中，而不能溶于烃类化合物中，因为它们是非极性或弱极性的。再来看一下脂肪酸在水中的溶解情况，甲酸（HCOOH）和醋酸（CH_3COOH）是极性物质，极易溶于水中，不溶于烃类溶剂中。但是随着分子中烃链的增长，分子中非极性部分越来越大，而极性的羧基（—COOH）对维持分子的极性的作用越来越小，因此高级脂肪酸（如亚麻酸、亚油酸等）只有微弱的极性，因而不再溶于水中，反而溶于烃中。反之，当涂料厂为生产电泳漆而制备水溶性油时，将顺丁烯二酸酐通过1,4-加成反应，连接到亚麻酸和亚油酸的双键处，使得脂肪酸在其非极性烃链不变的情况下，增加了分子中的极性基团羧基的比例，从而增强了分子的极性，使原本不溶于水的脂肪酸又变成可以水溶。

尽管“同类溶解同类”的极性相似的原则至今仍被涂料工作者在阐述溶解问题时引以为据。但是，实践证明，这个规律仅仅是定性的，说法比较笼统，有时甚至是错误的。例如：硝基甲烷就不能溶解硝化纤维素，而混合溶剂对聚合物的溶解能力更不能以这种“同类溶解同类”的规律进行判断，比较科学的方法是用“溶解度参数相近的原则”进行判断。

（二）溶解度参数相近的原则

1. 溶解度参数的定义及其物理意义

根据赫尔德布兰德（Hildebrand）的定义，溶解度参数是内聚能密度（CED）的平方根，它是分子间力的一种量度，其数学表达式为

$$\delta=(\Delta E/V)^{1/2} \tag{2-3-1}$$

式中　δ——溶解度参数，$(\mathrm{cal/cm^3})^{1/2}$和$(\mathrm{J/m^3})^{1/2}$，$1(\mathrm{cal/cm^3})^{1/2}=2.046\times10^3(\mathrm{J/m^3})^{1/2}$；

ΔE——每摩尔物质的内聚能；

V——摩尔体积。

我们知道，溶质在溶剂中的溶解与溶质和溶剂分子自身的内聚力以及溶质和溶剂分子间的作用力大小有关，如果以A表示溶剂，B表示溶质。以F_{AA}表示溶剂分子间的自聚力，F_{BB}表示溶质分子间的自聚力，F_{AB}表示溶剂和溶质分子间的相互作用力。若同种分子间的自聚力大于不同分子间的作用力，即$F_{AA}>F_{AB}$或$F_{BB}>F_{AB}$，则两种分子趋于自聚，不相混溶。反之，如果$F_{AB}\geqslant F_{AA}$且$F_{AB}\geqslant F_{BB}$时，则溶质便可以溶解在溶剂中。物理化学领域的研究表明，作用于分子间的作用力通常包括范德华力和氢键力，范德华力又包括取向力、诱导力和色散力。在一种物质和另一种物质混合之前，必须克服这些吸引力，即作用于溶剂和溶质分子间的作用力相同时，最容易实现自由混合。而我们前面讲到的溶解度参数（δ）的定义，它是单位体积内全部分子的吸引力，既然如此，不难看出当溶剂和溶质的溶解度参数（δ）相同时，就表示其单位体积内全部分子的作用力相同，这时溶质在溶剂中便可以溶解，因此溶解参数作为物质分子间的吸引力的一种量度，可以作为表征物质溶解性的一个物理量。

从热力学的观点来看，溶质溶于溶剂中的溶解过程可以由体系的熵变和自由能的改变予以描绘。根据热力学方程式：

$$\Delta F_m=\Delta H_m-T\Delta S_m \tag{2-3-2}$$

式中　ΔF_m——混合自由能的变化；

ΔH_m——混合热焓的变化；

T——热力学温度，K；

ΔS_m——混合熵变。

对于完全自发的互溶体系，混合自由能的变化应当为负值，即 $\Delta F_m<0$，由于互溶体系的无规度增加，在溶解过程中，混合熵变总是增大的，即 ΔS_m 一定为正值。所以 $T\Delta S_m$ 一项恒小于零，为负值。因此，欲 ΔF_m 减小，则要求 ΔH_m 尽可能地小，也就是说混合热焓 ΔH_m 起着决定性的作用，ΔH_m 的变化在很大程度上控制着混合自由能变化的大小，决定着体系能否自溶。

通过溶解过程能量变化的研究和对非极性分子体系的能量变化公式的推导，可得溶解过程混合热焓变化的公式为

$$\Delta H_m=[(N_AV_A)(N_BV_B)/(N_AV_A+N_BV_B)][(\Delta E_A/V_A)^{1/2}-(\Delta E_B/V_B)^{1/2}]^2 \quad (2\text{-}3\text{-}3)$$

式中 ΔH_m——混合热焓的变化；

N_A，N_B——A，B 两种物质的摩尔分数；

V_A，V_B——A，B 两种物质的摩尔体积；

E_A，E_B——A，B 两种物质的摩尔蒸发能，即内聚能。

将式(2-3-1) 代入式(2-3-3) 中可得

$$\Delta H_m=[(N_AV_A)(N_BV_B)/(N_AV_A+N_BV_B)](\delta_A-\delta_B)^2 \quad (2\text{-}3\text{-}4)$$

由上论述可知，欲 ΔH_m 尽可能地小，最好是 $\Delta H_m=0$。从而保证式(2-3-2) 中的混合自由能变化量 ΔF_m 为负值，使体系中两组分充分互溶，那么就必须使式(2-3-4) 中的 $\delta_A=\delta_B$。这就是说，两种物质的溶解度参数相近，最好是相同时才可以互溶。这就是溶解度参数的物理意义以及我们依靠溶解度参数相近的原则预测体系能否互溶的理论依据。

把这个规律推广到高聚物的溶剂体系中时，上述式(2-3-4) 的混合热焓变化的表达式要进行修正。因为高分子化合物的体积要比小分子溶剂的体积大得多，在溶剂和高聚物混合时，溶剂是对以链段为体积对等单位的高聚物进行“单方面混合”渗入的。设高分子化合物体积比溶剂分子的体积大 r 倍，那么以 $V_B=rV_A$ 代入式(2-3-4) 中可得

$$\Delta H_m'=[N_AN_BrV_A/(N_A+N_B)](\delta_A-\delta_B)^2 \quad (2\text{-}3\text{-}5)$$

该式表明，对于高分子聚合物和有机溶剂的非极性分子体系，当高聚物的溶解度参数和溶剂的溶解度参数相同或接近时，高聚物就能溶解于该溶剂中，通常当 $(\delta_A-\delta_B)<1.3\sim1.8$ 时，就可以估计为能够溶解，当然，两者之差值越小越好。

2. 溶解度参数的测定

溶剂和高分子聚合物的溶解度参数 δ 的值，基本上可以通过 4 种方法进行测定，即：

① 从已知或可测得的物理常数进行计算求得；

② 从物质的化学结构计算求得；

③ 从物质对另一个已知 δ 值的物质溶解度参数相同或相近而求得；

④ 从反相色谱求得。

现简要叙述如下。

(1) 溶剂和混合溶剂的溶解度参数 溶剂的溶解度参数，通常可以通过汽化热、蒸气压及表面张力这些已知或可测得的物理常数进行计算求得。

由前所述，内聚能等于蒸发能，类似有机溶剂这样的可挥发物质，其蒸发能可以由汽化热而测得。

$$\Delta E=\Delta H_V-RT \quad (2\text{-}3\text{-}6)$$

式中 ΔE——内聚能；

ΔH_V——摩尔蒸发汽化热（蒸发热）；

R——气体常数，8.29J/(K·mol)；

T——热力学温度，K。

在 25℃时，

$$\Delta E_{25℃} \approx \Delta H_{V,25℃} - 600 \quad (2\text{-}3\text{-}7)$$

$\Delta H_{V,25℃}$可以从文献中查得，对于大多数溶剂如果不能直接测得其摩尔蒸发热，或者在文献中无法找到，那么最方便的办法，是采用 Hildebrand 的经验方程式：

$$\Delta H_{V,25℃} = 23.7T_b + 0.020T_b^2 - 2950 \quad (2\text{-}3\text{-}8)$$

式中 T_b——沸点，K。

但是式（2-3-8）仅适用于无氢键存在的有机溶剂，对于醇、酯、酮类形成氢键能力强的溶剂，如果其沸点在 100℃以下时，可以依下式进行校正：

醇 1.4+δ 计算值

酯 0.6+δ 计算值

酮 0.5+δ 计算值

ΔH_V 的值也可以通过克劳修斯-克拉伯龙（Clausius-Clapeyron）方程式，根据表征蒸气压随温度的改变计算求得，即由下式：

$$\Delta H_V/RT^2 = \mathrm{d}\ln p / \mathrm{d}T \quad (2\text{-}3\text{-}9)$$

当 p 值低于 5332.88Pa 时，ΔH_V 随 p 值从 133.322～5332.88Pa 范围内与温度是线性关系，采用外推法或内插法而求得。

由于溶解度参数 δ 的值与表面张力 γ 的值有关，通常具有高的溶解度参数 δ 的液体，必定产生高的表面张力 γ 值。因此，赫尔德布兰德和司考特（Hildebrand and Scott）首先提出了下述关系式：

$$\delta = K\gamma/(V^{1/3})^{\alpha} \quad (2\text{-}3\text{-}10)$$

式中 V——摩尔体积；

K，α——常数，列于表 2-3-3 中。

表 2-3-3 液体溶剂的 K，α 值

液体类型	K 值	α 值	液体类型	K 值	α 值
不含氧的碳氢化合物			所有不含氧的	4.21	0.43
脂肪族和饱和的	4.31	0.40	含氧化合物		
芳香族	4.56	0.37	酯、醚和酰胺	3.58	0.56
含卤素化合物	4.29	0.41	酮	5.96	0.26
胺类			醇	5.86	0.39
伯胺(除乙基胺)	3.93	0.47	羧酸	4.12	0.58
仲胺和叔胺	4.10	0.44			

通常，涂料工业常用的有机溶剂的溶解度参数的数据可以直接从有关文献资料中查得。现将涂料工业中常用有机溶剂的溶解度参数 δ 的数值列于表 2-3-4 中。

以上介绍了单一溶剂的溶解度参数，而在涂料工业中为了获得比较理想的溶解和挥发成膜的效果，往往使用混合溶剂，混合溶剂的溶解度参数可近似地用各组分的溶解度参数及其体积之和来表示，即：

$$\delta_{mix} = \phi_1\delta_1 + \phi_2\delta_2 + \phi_3\delta_3 + \cdots + \phi_n\delta_n = \sum_1^n \phi_i\delta_i \quad (2\text{-}3\text{-}11)$$

式中 ϕ——各组分的体积分数；

δ——各组分的溶解度参数。

表 2-3-4 涂料工业常用有机溶剂的溶解度参数及氢键值

名称	溶解度参数		氢键值	名称	溶解度参数		氢键值
	$(cal/cm^3)^{1/2}$	$10^3(J/m^3)^{1/2}$			$(cal/cm^3)^{1/2}$	$10^3(J/m^3)^{1/2}$	
苯	9.2	18.82	0.0	苯甲醇	12.1	24.76	18.7
甲苯	8.9	18.21	4.5	二丙酮醇	9.2	18.82	13.0
二甲苯	8.8	18.00	4.5	丙酮	9.9	20.25	9.7
乙苯	8.8	18.00	1.5	环已酮	9.9	20.25	—
Solvesso 100	8.6	17.60	1.5	异佛尔酮	9.1	18.62	—
Solvesso 150	8.5	17.39	—	甲乙酮(丁酮)	9.3	19.03	7.7
Solvesso 200	8.7	17.80	—	苯乙酮	10.6	21.69	—
石脑油	7.6	15.55	0.0	甲基正丁基酮	8.5	17.39	8.4
苯乙烯	9.3	19.03	1.5	甲基异丁基酮	8.4	17.19	7.7
正已烷	7.3	14.94	0.0	甲基正戊基酮	8.0	16.37	7.7
正庚烷	7.4	15.14	0.0	甲基异戊基酮	8.3	16.98	7.4
环已烷	8.2	16.78	0.0	二乙基酮	8.8	18.00	7.7
松节油	8.1	16.50	—	甲基丙基酮	8.9	18.21	8.0
双戊烯	8.5	17.39	—	甲基苯基酮	10.6	21.69	—
三氯甲烷	9.7	19.85	—	二异丁基甲酮	7.8	15.96	8.4
二氯乙烷	9.8	20.05	—	醋酸甲酯	9.6	19.64	8.4
1,1,1-三氯乙烷	9.6	19.64	—	醋酸乙酯	9.1	—	8.4
氯苯	9.6	19.64	1.5	醋酸正丁酯	8.5	17.39	8.8
硝基乙烷	11.1	22.71	2.5	醋酸异丁酯	8.3	—	8.8
2-硝基丙烷	10.7	21.89	2.5	醋酸戊酯	8.5	17.39	9.0
硝基苯	10.0	20.46	—	醋酸异戊酯	7.8	15.96	—
甲醇	14.6	29.67	18.7	乳酸丁酯	9.4	19.23	7.0
乙醇	12.9	26.39	18.7	γ-丁内酯	15.5	31.71	9.7
正丙醇	11.9	24.35	18.7	乙二醇乙醚	9.9	20.25	13.0
异丙醇	11.5	23.53	—	乙二醇乙醚醋酸酯	8.7	17.80	9.4
正丁醇	11.4	23.32	18.7	二甘醇乙醚	9.6	19.64	13.0
异丁醇	10.8	22.10	—	二甘醇丁醚	8.9	18.21	13.0
仲丁醇	11.1	22.71	—	二甘醇乙醚醋酸酯	8.5	17.39	9.1

【例题 2-3-1】 已知二甲苯的溶解度 $\delta=8.8$，γ-丁内酯（γ-Butyrolaetone）的溶解度 $\delta=12.6$，试问若以体积分数计，配制成 33%二甲苯和 67%的γ-丁内酯的混合溶剂，该混合溶剂的溶解度参数 δ_{mix}是多少？

解 依据式(2-3-11)

$$\delta_{mix}=\phi_1\delta_1+\phi_2\delta_2=0.33\times8.8+0.67\times12.6=11.3$$

(2) 高分子聚合物的溶解度参数 由于高分子聚合物是不挥发性物质，不能应用汽化热等参数通过计算而求得其溶解度参数，所以通常是通过物质的化学结构计算求得，从对已知溶解度参数的溶剂而求得及反相色谱法测定等途径而得到其溶解度参数。

关于物质结构的计算方法是基于 1928 年由 Dunkel 提出的物质内聚能具有基团加和性的理论，以及所推导出的在室温下化合物基团对液体内聚能贡献的数据。随后发展了 Small 方法（1961 年）、Van Krevelen 方法（1965 年）和 Hoy 方法（1970 年）等，由于有关文献有专门学术性的讨论，本节不再详述。

① 反相色谱法　将待测的聚合物在载体上制样，用低分子化合物作为探针分子，进行反相色谱法测定并进行一系列计算而求得溶解度参数的方法。

另一种以高分子聚合物和已知溶解度参数的溶剂相溶而求得其溶解度参数范围的方法，是目前用于确定高分子化合物溶解度参数比较简便直观的方法，通常分为“特性黏度法”和“平衡溶胀法”两种方法。

②“特性黏度法”　称取一定量的聚合物溶解于具有不同的溶解度参数的溶剂中，在一定温度下测定其特性黏度，所得最大的特性黏度的体系即认为聚合物的溶解度参数等于该体系的溶解度参数数值。如图 2-3-2 所示，聚醋酸乙烯酯的溶解度参数 δ=9.43。

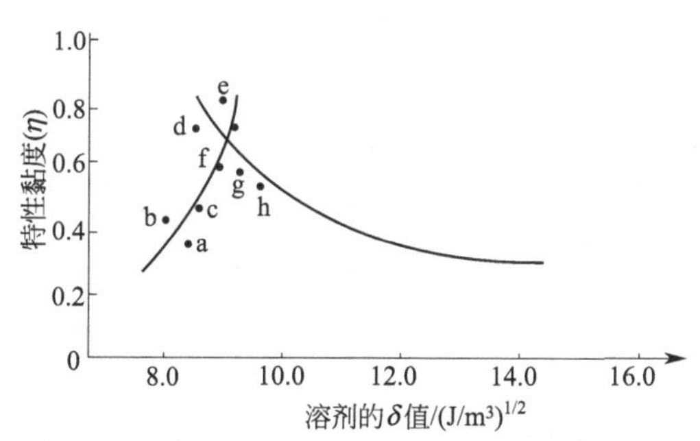

图 2-3-2　聚醋酸乙烯酯溶液的特性黏度
a—丁酮；b—甲基异丁基酮；c—甲苯；d—苯；e—氯仿；f—甲酸乙酯；g—氯苯；h—丙酮

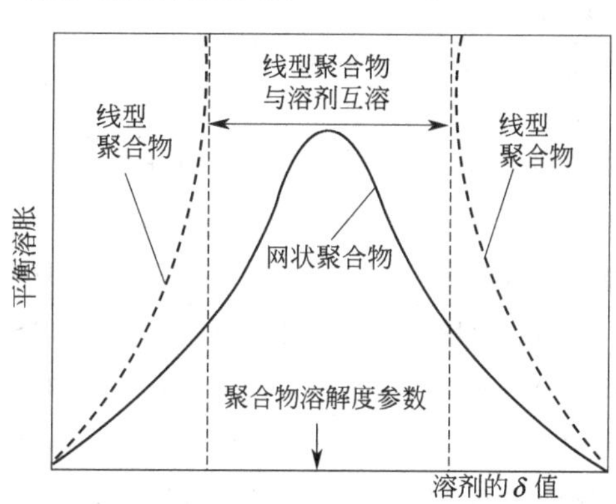

图 2-3-3　线型和交联聚合物和溶剂溶解度参数的函数关系

③“平衡溶胀法”　在一定温度下将交联的高分子聚合物放到具有不同溶解度参数的溶剂中进行溶胀，当达到平衡后，测定其溶胀度。最大溶胀度的体系，所对应的溶剂体系的溶解度参数即为该高聚物的溶解度参数，如图 2-3-3 所示。

以上介绍了测定高聚物溶解度参数的常用方法，涂料工业常见树脂的溶解度参数可以从文献中查得。现将涂料工业中常用树脂的溶解度参数 δ 值列于表 2-3-5 中。

如果说每一种溶剂的溶解度参数都具有其特定的数值的话，那么高分子聚合物的溶解度参数值则是一个范围，对于不同的树脂这一范围的宽度往往有很大差异。

3. 溶解度参数的应用

溶解度参数在涂料工业科研和生产实践中的应用，大致可以归纳为以下几个方面。

① 依据溶解度参数相同或相近互溶的原则，可以判断树脂在溶剂（或混合溶剂）中是否可以溶解。

【例题 2-3-2】 已知聚苯乙烯树脂的溶解度参数 δ= 8.5～9.3，聚醋酸乙烯酯树脂的溶解度参数 δ 的平均值为 9.4，试问前者在丁酮中，后者在苯、甲苯及氯仿中可否溶解？

解　查表 2-3-4 知丁酮的溶解度参数 δ_1=9.3，和聚苯乙烯树脂的溶解度参数 δ_2 的差 $|\delta_1-\delta_2|$=0～0.6，差值范围小于 1.3～1.8，所以聚苯乙烯树脂在丁酮中可以溶解。

由表 2-3-4 中同时可查得苯、甲苯及氯仿的溶解度参数 δ_1 分别为 9.2、8.9 和 9.7。和聚

表 2-3-5 涂料中常用树脂的溶解度参数

树脂名称	δ_p		δ_m		δ_s	
	$(cal/cm^3)^{1/2}$	$10^3(J/m^3)^{1/2}$	$(cal/cm^3)^{1/2}$	$10^3(J/m^3)^{1/2}$	$(cal/cm^3)^{1/2}$	$10^3(J/m^3)^{1/2}$
虫胶	0	0	10.0～11.0	20.46～22.50	9.5～14.0	19.44～28.64
天然橡胶	8.1～8.5	16.5～17.39	0	0	0	0
氯化橡胶	8.5～10.6	17.39～21.69	7.8～10.8	15.96～22.10	0	0
硝基纤维	11.1～12.7	22.71～25.98	7.8～14.7	15.96～30.08	12.7～14.5	25.98～29.67
醋酸纤维	11.1～12.5	22.71～25.58	10.0～14.5	20.46～29.67	0	0
醋酸丁酸纤维素(CAB 1/2s)	11.1～12.7	22.71～25.98	8.5～14.7	17.39～30.08	12.7～14.5	25.98～29.67
聚乙烯醇缩丁醛	0	0	9.0～11.0	18.41～22.50	9.0～15.0	18.41～30.69
聚氯乙烯	8.5～11.0	17.39～22.5	7.8～10.5	15.96～21.48	0	0
乙烯树脂 VYHH	9.3～11.1	19.03～22.71	7.8～13.0	15.96～26.60	0	0
氯乙烯-醋酸乙烯树脂 VAGH	9.0～11.1	18.41～22.71	7.0～14.0	14.32～28.64	0	0
松香甘油酯树脂	7.0～10.6	14.32～21.69	7.4～10.8	15.14～22.10	9.5～10.9	19.44～22.30
酚醛树脂	8.5～11.5	17.39～23.53	7.8～13.2	15.96～27.01	9.3～13.6	19.03～27.83
短油度醇酸树脂	8.0～11.0	16.37～22.5	7.0～12.0	14.32～24.55	9.0～11.0	18.41～22.5
中油度醇酸树脂	7.0～11.0	14.32～22.5	7.0～12.0	14.32～24.55	9.0～11.0	18.41～22.5
长油度醇酸树脂	7.0～11.0	14.32～22.5	7.0～10.0	14.32～20.46	9.0～11.0	18.41～22.5
聚酯树脂	8.0～11.0	16.37～22.5	7.0～12.0	14.32～24.55	9.0～11.0	18.41～22.5
三氯氰胺甲醛树脂	8.5～11.1	17.39～22.71	7.4～11.1	15.14～22.71	9.5～11.9	19.44～24.35
脲醛树脂[Beetle227-8(干)]	0	0	0		9.5～11.4	19.44～23.32
环氧树脂(环氧当量为 400～500)	10.0～11.0	20.46～22.5	8.0～13.0	16.37～26.60	0	0
环氧树脂(环氧当量为 800～900)	0	0	8.0～13.0	16.37～26.60	0	0
环氧树脂(环氧当量为 1700～2000)	0	0	8.0～13.0	16.37～26.60	0	0
环氧树脂(环氧当量为 2000～4000)	0	0	8.0～10.0	16.37～20.46	0	0
干性油脂肪酸环氧酯	8.0～11.0	16.37～22.5	7.0～10.0	14.32～20.46	0	0
聚氨基甲酸酯	8.0～11.0	16.37～22.5	8.0～12.0	16.37～24.55	0	0
不饱和聚酯	9.2～12.7	18.82～25.98	8.0～14.7	16.37～30.08	0	0
聚甲基丙烯酸甲酯	8.0～13.0	16.37～25.6	8.0～13.0	16.37～26.60	0	0
丙烯酸酯共聚物(Acyloid D-72)	10.6～12.7	21.69～25.98	8.9～13.3	18.21～27.21	0	0
有机硅树脂	7.0～9.5	14.32～19.44	9.3～10.8	19.03～22.10	9.5～11.5	19.44～23.53
聚苯乙烯	8.5～11.1	17.39～22.71	9.3～9.9	19.03～20.25		
聚四氯乙烯	5.8～6.4	11.87～13.09				
聚碳酸酯	9.5～10.6	19.44～21.69	9.5～10.0	19.44～20.46		

注：δ_p 表示弱氢键溶解度参数；δ_m 表示中等氢键溶解度参数；δ_s 表示强氢键溶解度参数。

醋酸乙烯酯溶解度参数 δ_2 的差值的绝对值分别为 0.2，0.5 和 0.3，差值范围小于 1.3～1.8，所以聚醋酸乙烯酯可以在这 3 种溶剂中溶解。

【例题 2-3-3】 今有环己酮、甲基苯基酮和甲基正丁基酮 3 种溶剂，试确定哪种可以溶解氯乙烯-醋酸乙烯酯共聚树脂？

解 查表 2-3-4 知环己酮、甲基苯基酮和甲基正丁基酮的溶解度参数 δ 值为 9.9、10.6 和 8.5。查表 2-3-5 知，氯乙烯-醋酸乙烯树脂的溶解度参数 δ 平均值为 10.5。由于 3 种溶剂和其溶解度参数差值的绝对值分别是 0.6，0.1 和 2.0。所以环己酮和甲基苯基酮的溶解度参数与氯乙烯共聚树脂的溶解度参数差值小于 1.3～1.8，可以溶解该树脂，而甲基正丁基酮和该树脂溶解度参数差值的绝对值大于 1.8，故不能溶解该树脂。

【例题 2-3-4】 已知天然橡胶的溶解度参数平均值为 8.2，正己烷的溶解度参数 δ 值为 7.3 与 8.2 相差很少（为 0.9），可以很好地溶解天然橡胶，但若加入适量的甲醇可以使其溶解增强，试求甲醇的最佳加入量是多少？

解 设加入甲醇后，在甲醇-正丁烷的混合溶剂中。甲醇所占的体积分数为 φ，正丁烷的体积分数为 $1-\varphi$。查表 2-3-4 知，甲醇的溶解度参数值为 14.6。根据式(2-3-11)，混合溶剂的溶解度参数为

$$\delta_{\text{mix}}=14.6\varphi+7.3(1-\varphi)$$

欲使此混合溶剂对天然橡胶有最大的溶解能力，混合溶剂和天然橡胶的溶解度参数值最好是相同，即 $\delta_{\text{mix}}=8.2$，代入上式得

$$8.2=14.6\varphi+7.3(1-\varphi)$$

解此方程得 $\varphi=0.125$，即在正己烷中加入 12.5%的甲醇（以体积计），所得的混合溶剂对天然橡胶的溶解力最强。

② 依据溶解度参数值相同或相近可以互溶的原则，预测两种溶剂的互溶性。

③ 依据溶解度参数可以估计两种或两种以上树脂的互溶性。如果这几种树脂的溶解度参数（或溶解度参数数值范围的平均值）彼此相同或相差不大于 1，这几种树脂就可以互溶。这将对预测混合树脂溶液的贮存稳定性及固体涂膜的物化性能（如透明度、光泽等）具有理论及实用价值。

④ 利用涂料用树脂在一系列已知溶解度参数的溶剂中的溶解情况，可以通过实验确定该树脂的溶解度参数的范围。

设有一组溶剂，其溶解度参数 δ 值分别为 7.0、7.5、8.0、8.5、9.0、9.5、10.0、10.5。将某树脂分别溶于这些溶剂中，假如在 δ 值为 7.0 和 7.5 的溶剂中不溶，在 δ 值为 9.5 以上的溶剂中也不溶，而在 8.0，8.5 和 9.0 的溶剂中可以溶解，那么，我们就可以断定，该树脂的溶解度参数值为 8.0～9.0。

⑤ 利用溶解度参数我们可以判断涂膜的耐溶剂性。如果涂料中所用的成膜物，其溶解度参数和某一溶剂（或混合溶剂）的溶解度参数数值相差较大，该涂膜对该溶剂而言，就有较好的耐溶剂性能。

⑥ 在涂料产品中，为了提高漆膜的柔韧性、附着力，克服硬脆易裂的缺点。常在树脂中加入增塑剂。增塑剂应具有与树脂混溶的性能，能溶于涂料用溶剂的性能。实践证明，增塑剂的选用，也可以用溶解度参数相同或相近时可以相溶的原则，若两种增塑剂混合使用时，混合物的溶解度参数 $\delta_{\text{混合}}$ 的计算方法和混合溶剂的计算方法相同。表 2-3-6 列出了一些常用增塑剂的溶解度参数。

表 2-3-6 一些常用增塑剂的溶解度参数 δ 值

增塑剂	δ值		增塑剂	δ值	
	$(cal/cm^3)^{1/2}$	$10^3(J/m^3)^{1/2}$		$(cal/cm^3)^{1/2}$	$10^3(J/m^3)^{1/2}$
石蜡油	7.5	15.35	邻苯二甲酸二(2-丁氧乙酯)	9.3	19.03
芳香油	8.0	16.37	邻苯二甲酸二丁酯	9.4	19.23
樟脑	7.5	15.35	磷酸三苯酯	9.4	19.23
己二酸二异辛酯	8.7	17.8	磷酸三甲苯酯	9.8	20.05
邻苯二甲酸二异癸酯	8.8	18.00	二苯甲醚	10.0	20.46
癸二酸二丁酯	8.9	18.21	甘油三醋酸酯	10.0	20.46
邻苯二甲酸二异辛酯	8.9	18.21	邻苯二甲酸二甲酯	10.5	21.48

⑦ 利用溶解度参数可以在研制塑料涂料过程中选用适当的树脂和溶剂。通常将塑料涂料涂装于塑料产品表面时，既要求涂料对塑料底材有较好的附着力，又不能出现涂料中所用的溶剂将被涂装的塑料咬起现象。这就要求塑料涂料中使用的树脂的溶解度参数要尽量接近塑料的溶解度参数值，以使涂膜有较好的附着力。但是涂料用溶剂的溶解度参数与塑料的溶解度参数相差得越大越好，以确保塑料表面不被溶解或咬起。同时也要求塑料涂料中树脂的溶解度参数与塑料底材中所使用的增塑剂的溶解度参数值相差得越大越好，以保证增塑剂不渗析。表 2-3-7 列出了一些常用塑料材料的溶解度参数的数据。

表 2-3-7 一些常用塑料材料的溶解度参数 δ 值

塑料材料	δ值		塑料材料	δ值	
	$(cal/cm^3)^{1/2}$	$10^3(J/m^3)^{1/2}$		$(cal/cm^3)^{1/2}$	$10^3(J/m^3)^{1/2}$
高压法聚乙烯	7.9	16.16	醋酸纤维素树脂	10.9	22.30
聚丙烯	7.8～8.0	15.96～16.37	聚碳酸酯	9.8	20.05
聚苯乙烯	8.6～9.7	17.60～19.85	聚酰胺	12.7～13.6	25.98～27.83
丙烯酸树脂	9.0～9.5	18.41～19.44	聚氨酯	10.0	20.46
聚氯乙烯(硬质)	9.5～9.7	19.44～19.85	聚酯	10.7	21.89
AS 树脂	11.3～12.5	23.12～25.58	酚醛树脂	11.5	23.53
ABS 树脂	9.6～11.4	19.64～23.32	脲醛树脂	9.6～10.1	19.64～20.66
聚甲醛树脂	11.2	22.91	三聚氰胺树脂	9.6～10.1	19.64～20.66

4. 溶解度参数和氢键力

如上所述，借助于溶解度参数相同或相近的原则，似乎就可以比较有把握地预测高分子聚合物在溶剂（或混合溶剂）中的溶解性了。但是实践证明，其预测的准确性仅为50%。这是因为赫尔德布兰德（Hildebrand）的推导是限于非极性分子混合时无放热或吸热的体系，对于强极性分子构成的体系，因为有氢键形成，混合时放热，则该推导结果不适合。因此，在表 2-3-4 中所列出的溶解度参数仅适用于非极性混合体系，而对于强极性分子体系，便会产生误差。

美国涂料化学家伯里尔（Burrell）在 1955 年提出的方法，将上述原则予以完善，使涂料工作者能对不同类型的体系较合理地判断某一聚合物的溶解能力。他提出对每一种液体有两个因素（或称参数）与液体的溶解能力有关。第一个因素是液体的氢键力。根据氢键力的强弱，伯里尔将溶剂分成 3 组：

第一组，弱氢键（烃类、氯化烷烃、硝基化烷烃）；

第二组，中氢键（酮类、酯类、醚类和醇醚类）；

第三组，强氢键（醇类和水）。

表 2-3-8 是伯里尔从各种溶剂中选出了 30 种溶剂，按其氢键力强弱和 δ 值递增顺序排列出的表格。

表 2-3-8 溶剂依氢键力强弱的分组表

第一组			第二组			第三组		
溶剂名称	δ①		溶剂名称	δ①		溶剂名称	δ①	
	$(cal/cm^3)^{1/2}$	$10^3 (J/m^3)^{1/2}$		$(cal/cm^3)^{1/2}$	$10^3 (J/m^3)^{1/2}$		$(cal/cm^3)^{1/2}$	$10^3 (J/m^3)^{1/2}$
正戊烷	7.0	14.32	乙醚	7.4	15.14	2-乙基己醇	9.5	19.44
正己烷	7.3	14.94	醋酸甲基戊酯	8.0	16.39	正辛醇	10.3	21.07
环己烷	8.2	16.78	醋酸丁酯	8.5	17.39	正戊醇	10.9	22.3
正戊烯	8.5	17.39	丁基卡必醇②	8.9	18.21	正丁醇	11.4	23.32
甲苯	8.9	18.21	邻苯二甲酸二丁酯	9.3	19.03	正丙醇	11.9	24.35
苯	9.2	18.82	溶纤剂	9.9	20.26	乙醇	12.7	25.98
四氯苯	9.5	19.44	环戊酮	10.4	21.28	甲醇	14.5	29.67
硝基苯	10.0	20.46	甲基溶纤剂	10.8	22.10			
1-硝基丙烷	10.7	21.89	碳酸丁烯酯	12.1	24.76			
硝基乙烷	11.1	22.71	碳酸丙烯酯	13.3	27.21			
乙腈	11.9	24.35	碳酸乙烯酯	14.7	30.08			
硝基甲烷	12.9	26.39						

① δ 为溶解度参数。

② 二乙二醇单丁醚。

雷伯曼（Lieberman）设想以氢键程度的表征平均值（相对值）来定量氢键力，依其设定，弱氢键力平均值为 0.3，中氢键力平均值为 1.0，强氢键力平均值为 1.7。且混合溶剂的氢键力的表征平均值，可以用下式计算：

$$混合溶剂氢键力表征平均值=\varphi_1 A+\varphi_2 B+\cdots \tag{2-3-12}$$

式中 φ_1，φ_2——溶剂 A，B 在混合溶剂中的体积分数；

A、B——溶剂 A，B 的氢键力表征平均值。

第二个因素是溶解度参数。溶剂的溶解度参数 δ 可按溶剂的氢键力大小分成 3 个等级，即强氢键溶解度参数（δ_s）、中氢键溶解度参数（δ_m）、弱氢键溶解度参数（δ_p）。醇类溶剂属于强氢键等级；酮类、醚类和酯类溶剂属于中氢键等级；烃类溶剂则属于弱氢键等级。表 2-3-9 是各类溶剂的溶解度参数的大致范围。

表 2-3-9 各类溶剂的溶解度参数的范围

溶剂的类型	3 种氢键等级的溶解度参数					
	强氢键 δ_s		中等氢键 δ_m		弱氢键 δ_p	
	$(cal/cm^3)^{1/2}$	$10^3(J/m^3)^{1/2}$	$(cal/cm^3)^{1/2}$	$10^3(J/m^3)^{1/2}$	$(cal/cm^3)^{1/2}$	$10^3(J/m^3)^{1/2}$
醇类	11～13	22.50～26.60				
酮类			8～10	16.37～20.46		
醚类			9～10	18.41～20.46		
酯类			8～9	16.37～18.41		
脂肪烃类					7～8	14.32～16.37
芳香烃类					8～9	16.37～18.41

依据伯里尔提出的方法，当判断一种树脂在一种溶剂（或混合溶剂）中是否溶解时，首先要确认该树脂和溶剂的氢键力大小的等级，然后依据树脂和溶剂在相同氢键等级内的溶解度参数大小是否相同或相近的原则，来判断该树脂在该溶剂中是否溶解。这样就将分子极性及氢键力对溶解性的影响考虑在内了，因此和单纯依据溶解度参数一个因素进行判断的方法相比，预测的准确程度可以提高到95%。将氢键力和溶解度参数结合起来考虑的方法就是通常讲的“两维方法”。

例如：E-20环氧树脂的中等氢键溶解度参数 δ_m 为8～13，因此可以溶解于具中等氢键溶解度参数的溶剂中，即第二组其溶解度参数相近的溶剂，如醋酸正丁酯（$\delta_m=8.5$），丙酮（$\delta_m=9.9$），乙二醇单丁醚（$\delta_m=9.5$）等。但是它不能溶于强氢键等级（即第三组）的醇类溶剂内，如正丁醇（$\delta_m=11.4$）和弱氢键等级（即第一组）的烃类溶剂内，如二甲苯（$\delta_p=8.8$），因为E-20环氧树脂的 δ_s 和 δ_p 的数值都是0。但是如果将70%（以体积计）的二甲苯和30%的正丁醇配成混合溶剂，该混合溶剂的氢键力$=0.7\times0.3+0.3\times1.7\approx0.8$属于中等氢键力范围。该混合溶剂的溶解度参数 $\delta_{混}=0.7\times8.8+0.3\times11.4\approx9.6$。

由计算结果可以看出，E-20环氧树脂和该混合溶剂属同一氢键等级，而溶解度参数又相近，故E-20环氧树脂可以溶于该混合溶剂中。

问题讨论到这里，我们便清楚地知道，高分子聚合物相对于表2-3-8中每一组溶剂都有一个溶解度参数范围，即 δ_p、δ_m 和 δ_s。这些数值可以通过计算而求得，但通常采用试验的方法来测得。根据伯里尔的方法，我们在“3. 溶解度参数的应用”项下④部分讨论过的。通过高聚物在已知溶解度参数的溶剂中的溶解情况，确定高聚物溶解度参数范围的方法，可以进一步完善。即对某一种要测定其溶解度参数的树脂，按照其实际使用的浓度（如对硝基纤维素其浓度为20%，对醇酸树脂则为50%）选择表2-3-8某一组内的溶剂进行试验，如果该树脂在表中同一组中两种溶剂都溶解，那么这一组内位于这两种溶剂之间的溶剂都能溶解该树脂，这就找出了该树脂在这种氢键力等级内的溶解度参数范围。

雷伯曼（Lieberman）在精辟地阐述了氢键概念的基础上，提出了一种用图示法来绘制各种树脂“溶解度的等高线”的方法，这一两维曲线的方法，在选择树脂良溶剂时，至今仍然常用。

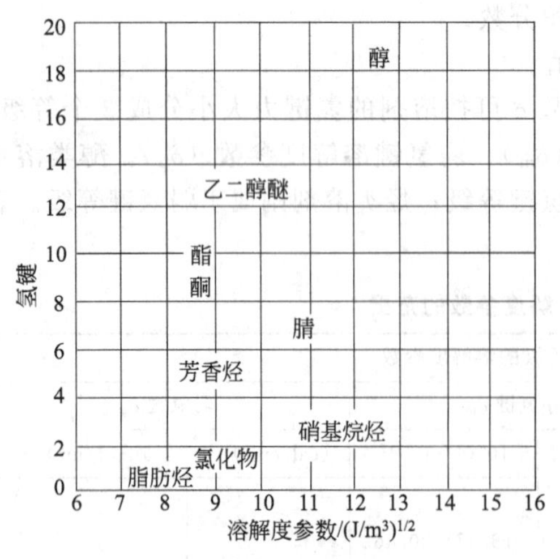

图 2-3-4 各类溶剂在溶解度参数图中的近似位置

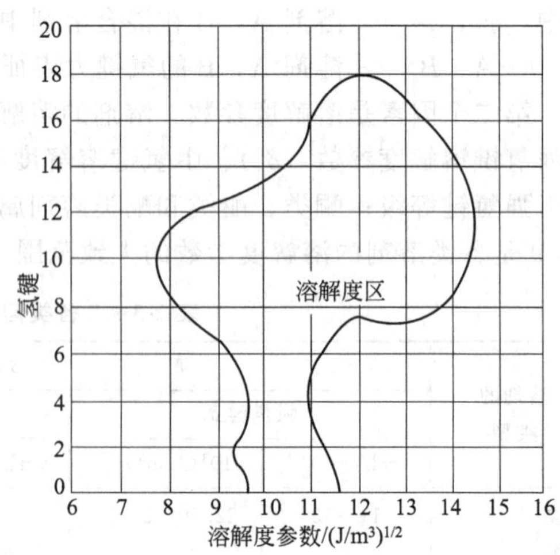

图 2-3-5 乙烯树脂的等高线图

在一个两维溶解度参数氢键图上，各种类型溶剂的近似位置如图2-3-4所示，每一种溶剂分别有一个特定的溶解度参数和一个氢键值。这些数据已在表2-3-4中列出，将表中数据标在图上，则如图 2-3-4 所示。

图 2-3-5 是乙烯树脂的等高线图，这种方法的第一个步骤在 ASTMD 3132 中有介绍，这是将树脂加入各种溶剂中，在适当混合及熟化后，就可以用完全溶解、边界溶液或不溶性溶液来对这些溶液进行评价。绘制出的树脂溶解度的等高线则将溶液划分为溶解和不溶解两种类型。我们可以从表 2-3-4 中所给出的溶解度参数和氢键数据，选择出在图中溶解度区内的溶剂，这些溶剂必定是该树脂的良溶剂。

图 2-3-6 和图 2-3-7 给出了利用“树脂溶解度等高线”选择混合溶剂的过程。图中丁醇、二甲苯和 2-硝基丙烷的溶解度参数和氢键值可以从表 2-3-4 中查得，并在图中标出 3 个点，连接这 3 个点形成一个三角形覆盖在乙烯树脂的等高线上，而混合溶剂的溶解度区如图 2-3-6 中的阴影部分所示。假设图 2-3-7 中的 E 点是溶解度图中选出的一个理想点，为了计算混合溶剂的组成，首先要从三角形的一个顶点通过 E 点向对面画直线，该线与对边的交点为 D。两相混合物的组成可以通过测量 BD 和 CD 的相对长度来确定。这样，所有 3 种成分的含量就全部确定了。用数学方式表示该过程如下：

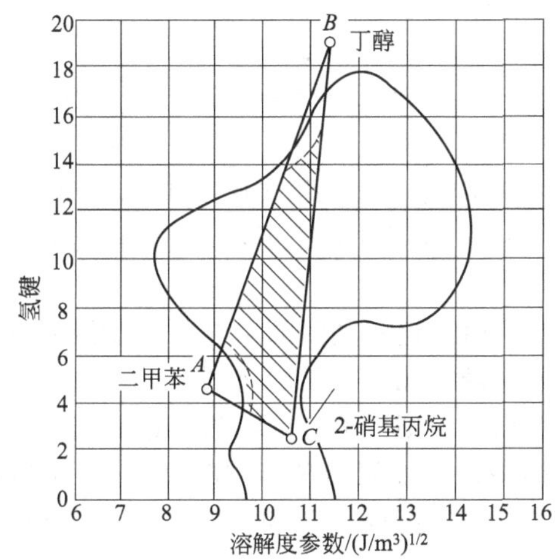

图 2-3-6 可能形成树脂良溶剂混合物的区域图

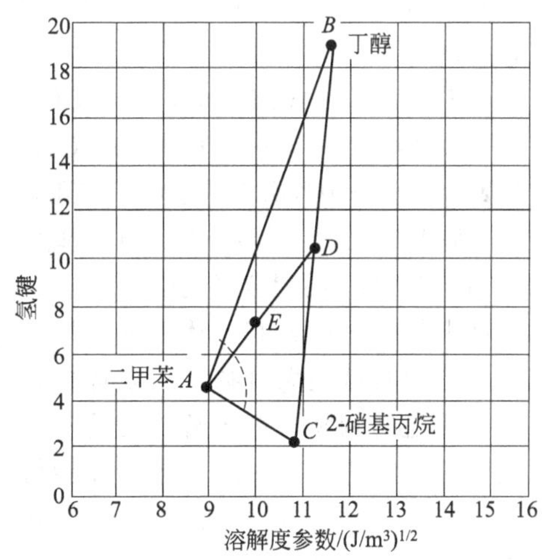

图 2-3-7 利用线性混合规则计算理想溶剂混合物组成

二甲苯的体积分数(φ_X)=(ED/AD)×100%−(1/2)×100=50%

丁醇的体积分数(φ_B)=100−(φ_X)×DC/BC=50%×2/4=25%

2-硝基丙烷的体积分数(φ_N)=100−($\varphi_X+\varphi_B$)=100%−(50%+25%)=25%

在多数情况下，利用溶解度参数和氢键值绘制的两维曲线所确定的树脂溶解度范围，或依已知的树脂溶解度等高线选择溶剂或混合溶剂的结果是令人满意的。

汉森（Hunsen）和嘉顿（Gardon）又进一步把分子间的相互作用力分为 3 种类型，即色散力 ΔE_d、诱导力 ΔE_p 和氢键力 ΔE_h。并且指出上述 3 种作用力对溶剂总的溶解度参数 $\delta_{总}$ 的贡献值为 δ_d、δ_p 和 δ_h，且推导出：

$$\delta_{总}=(\delta_d{}^2+\delta_p{}^2+\delta_h{}^2)^{1/2} \tag{2-3-13}$$

希望通过三维溶解度参数的方法使溶解度参数在应用方面更为精确。遗憾的是，这些新的修正几乎都使溶解度参数在实际应用上更为困难。而伯里尔最初提出的方法至今仍为涂料工作者所乐于采用。

现在，高聚物是否溶于混合溶剂的配方设计可采用计算机进行，即先制成一个可溶解的体系，设计一定的程序将所得的数据贮存在计算机中，即可进行计算，尤其当混合溶剂体系，要以某组分取代另一组分时，计算更为快捷准确。

（三）溶剂化原则

聚合物的溶胀和溶解与溶剂化作用有关，溶剂化作用是高分子聚合物和溶剂接触时，溶剂分子对高聚物分子相互产生的作用力，此作用力大于高聚物分子间的内聚力，故可以使高聚物分子彼此分离而溶解于溶剂中。极性溶剂分子和高聚物的极性基团相互吸引能产生溶剂化作用，使聚合物溶解。这种溶剂化作用主要是高分子上的酸性基团（或碱性基团）能与溶剂中的碱性基团（或酸性基团）起溶剂化作用而溶解。这里所指的酸、碱是广义的，酸就是指电子接受体（即亲电子体），碱就是电子给予体（即亲核体）。所以，把二者放到一起就会相互作用，发生溶剂化使高聚物溶解。不同的酸和碱其强弱有所不同，常见亲电、亲核基团的强弱次序列举如下：

亲电子基团

$—SO_2OH>—COOH>—C_6H_4OH>{=}CHCN>{=}CHNO_2—CH_2Cl>{=}CHCl$

亲核基团

$—CH_2NH_2>—C_6H_4NH_2>—CON(CH_3)_2>—CONH—>{\equiv}PO_4>—CH_2COH_2—>—CH_2OCOCH_2—>—CH_2—O—CH_2—$

如聚合物分子中含有大量亲电子基团，则能溶于含有给电子基团的溶剂中，如硝基纤维素含有亲电子基团 ONO_2，可溶于有给电子基团的溶剂，如丙酮、丁酮中，也可溶于醇醚混合物，即含有—OH 与—O—的混合溶剂中。

如高聚物分子中含有上述序列中的后几个基团时，由于这些基团的亲电子性或给电子性比较弱，要溶解这类聚合物，应该选择含有相反系列中最前几个基团的溶剂。

以上所述的判断溶剂溶解能力的三原则，即极性相似原则、溶解度参数相近原则和溶剂化原则，应用时应合在一起考虑，才能得到准确的结果。例如聚碳酸酯（$\delta=9.5$）、聚氯乙烯（$\delta=9.7$），它们的溶解度参数极为相近，如按“同类溶解同类”和“溶解度参数相近”的原则，应能溶于极性溶剂氯仿（$\delta=9.3$）、二氯甲烷（$\delta=9.7$）和环己酮（$\delta=9.9$）。实际上聚碳酸酯不溶于环己酮，只溶于氯仿和二氯甲烷。而聚氯乙烯，只溶于环己酮，不溶于氯仿和二氯甲烷中。这种现象可用溶剂化原则来解释：由于聚碳酸酯是给电子性聚合物，而聚氯乙烯是一个弱亲电子性聚合物，它们与其相应的良溶剂进行溶剂化作用，并与两种给电子性溶剂相吸，有利于溶解。它们之间的作用可以表示如下：

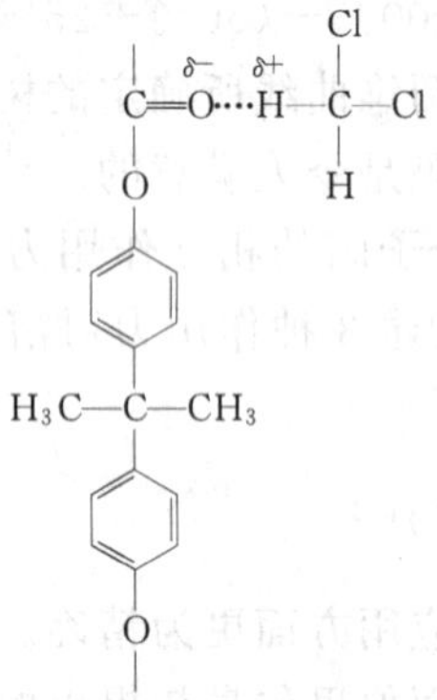

聚碳酸酯（给电子性） 二氯甲烷（亲电子性）

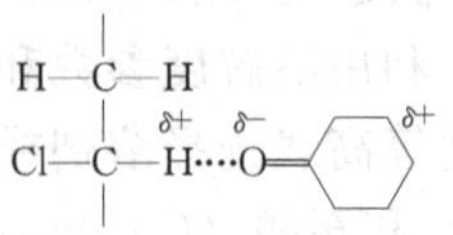

聚氯乙烯（弱亲电子性） 环己酮（给电子性）

(四) 其他测定溶剂溶解能力的方法

1. 贝壳松脂·丁醇值（KB值）试验

KB值是测定烃类溶剂溶解能力最常用的方法，即在一定量的贝壳松脂·丁醇溶液中滴加烃类溶剂至出现沉淀或浑浊时所需的毫升数。具体试验方法是将100g贝壳松脂溶于500g丁醇中配制成标准溶液，温度在25℃±2℃，取20g贝壳松脂·丁醇溶液滴加烃类溶剂至出现浑浊时，求所需烃类溶剂的毫升数，试验平均误差为±0.1mL。所需烃类溶剂的毫升数愈高，表示溶解能力越强。表2-3-10为烃类溶剂的平均贝壳松脂·丁醇试验值（KB值）。从表中可知，芳香烃溶剂的数值高，脂肪烃溶剂的数值低。

表 2-3-10　烃类溶剂的平均贝壳松脂·丁醇试验值

溶剂		KB值	溶剂		KB值
脂肪烃	石油醚	25	脂肪烃	辛烷	32
	戊烷	25		200号涂料溶剂油	37
	异己烷	27.5			
	己烷	30	芳香烃	苯	107
	异庚烷	35		甲苯	106
	庚烷	35.5		二甲苯	103
	异辛烷	38		重芳烃	100

对于涂料用烃类溶剂来说，可根据其KB值来估算溶解度参数。

脂肪烃　　$\delta=6.3+0.03\times \text{KB值}$　　(2-3-14)

芳香烃　　$\delta=6.9+0.02\times \text{KB值}$　　(2-3-15)

2. 苯胺点法

苯胺点法是用于测定脂肪烃溶剂的溶解能力的。它是相同体积的苯胺和溶剂相混得到清澈溶液的最低温度。该温度就是人们熟悉的“临界溶液温度”。此值越低说明溶解能力越高，反之则溶解能力越低。测试时将10mL溶剂与10mL苯胺在一个带有套管的测试管中混合起来，在测试中要连续不断地摇动溶液，如果混合物开始是清澈的，那么将其冷却到浑浊，这一由清澈变浑浊的转变点就是苯胺点。

3. 混合苯胺点法

混合苯胺点法是用来测定芳香烃溶剂的溶解能力的。除了将样品先与等体积的正庚烷混合，然后再将此混合物与等体积的苯胺混合测试外，其他方法与苯胺点法相似。这样最后被测试的混合物含有5mL的样品、5mL的正庚烷和10mL的苯胺。因为芳香烃溶剂与苯胺的混合物在和苯胺冰点一样的低温下能形成透明的均相混合物，所以在测试过程中需要进行调节。正庚烷能提高混合物的浊点，将比例调节以后对测试高溶解力的芳香烃溶剂更为方便。混合苯胺点值越低，表明溶剂的溶解能力越强，否则相反。表2-3-11是部分溶剂苯胺点（或混合苯胺点）的数据。

表 2-3-11　部分溶剂苯胺点（或混合苯胺点）数据

溶剂	苯胺点、混合苯胺点/℃	溶剂	苯胺点、混合苯胺点/℃	溶剂	苯胺点、混合苯胺点/℃	溶剂	苯胺点、混合苯胺点/℃
苯	−30	邻二甲苯	−20	丁烷	107.6	庚烷	70.0
甲苯	−30	异丙苯	−5	异戊烷	77.8	异丁烷	14.9
乙苯	−30	丙苯	−30	己烷	68.6		

4. 稀释比法

在涂料产品中，为了提高性能或降低成本，在配方中除了加入能溶解成膜物（树脂）的溶剂以外，还要加入一部分不能溶解成膜物质，只能稀释树脂溶液的稀释剂。稀释比即是用来测定溶解硝化纤维素的溶剂中，可以加入稀释剂的最大数量，以稀释剂和溶剂的比值表示，即：

溶剂稀释比＝稀释剂的加入量（呈浑浊点）/溶剂量　　(2-3-16)

测定时先配制成含量一定的硝化纤维素溶液，再用稀释剂滴定至开始出现浑浊为止，然后求出稀释比值。比值越大，即稀释剂允许加入的量越多，说明溶剂的溶解能力越强。

依据上面所讨论的溶剂对树脂溶解力的理论预测方法及试验测定方法，最终目的是选择合适的溶剂，纳入色漆配方，使其能溶解色漆中的树脂，形成均匀且稳定的溶液，这是保证漆液性能的基本前提。

二、黏度

在涂料工业中，我们不仅关心树脂能否溶解在溶剂中，形成均匀的溶液。同时也关心所形成的树脂溶液黏度，即希望相同浓度（或固体含量）的树脂溶液黏度越低越好。这样，当达到相同的施工黏度时，漆液的固体含量较高，从而使施工效率提高，而挥发到大气中的溶剂量较少，对环境的污染较轻。

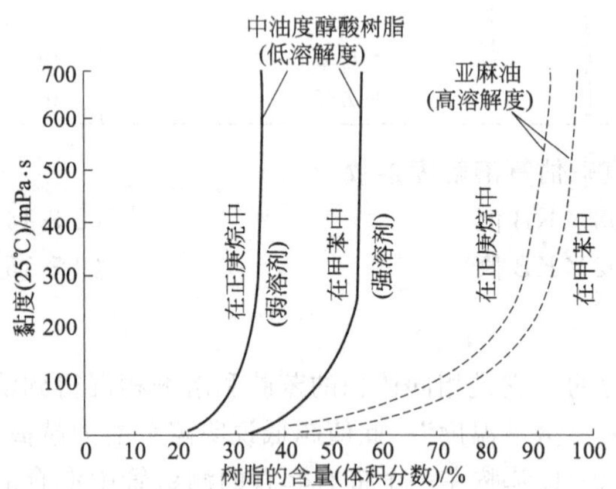

图 2-3-8　溶剂的溶解力对树脂溶液黏度的影响

溶剂通常是以如下两种方式影响着树脂溶液的黏度：①溶剂对高聚物的溶解力；②溶剂自身的黏度。

前者的作用为人们所普遍认识，而后者的作用往往为人们所忽视。

对于高聚物的浓溶液（涂料工业所用的树脂溶液均为此类型），溶剂的溶解力越强，所形成的树脂溶液黏度越低。如图 2-3-8 所示，由于甲苯对中油度醇酸树脂及亚麻油的溶解力比正庚烷强，故而所得树脂溶液在相同浓度时黏度较低。

惊人的事实是：往往被人们所忽视的溶剂自身的黏度，对树脂溶液黏度的影响十分显著，溶剂自身黏度相差不大于 1mPa・s 时，会使树脂溶液的黏度相差几百甚至上千 mPa・s。表 2-3-12 所示 3 种相同相对分子质量范围的烃类溶剂的性质。

分析表 2-3-12 中的数据可见，甲苯（KB 值 105，混合苯胺点 11℃）的溶解力优于甲基环己烷，甲基环己烷又优于正庚烷。但是从最低的溶液黏度的角度来看，正庚烷则是优选的溶剂，因为它的黏度最低。确实，上述 3 种溶剂的黏度相差不大（最大相差 0.3 mPa・s），而溶液的黏度却相差甚大。图 2-3-9 是这 3 种溶剂的黏度和它们的石灰松香溶液（固体含量为 50%）黏度的关系图。由图中可以看出，溶剂自身黏度对溶液黏度的影响是明显的，溶液黏度 η/溶剂黏度 $\eta_0=75$。而溶剂溶解力的影响仅为次要作用，如甲苯虽然溶解力大大优于正庚烷，但是，由于其自身黏度较高，致使树脂溶液的黏度仍然比以正庚烷作溶剂的树脂溶液高。

若溶剂类型保持恒定的话，溶剂和溶液黏度间的关系则更为密切。例如，图 2-3-10 为 3 种异链烷烃溶剂（其中 KB 值基本相同）的黏度和 40%（质量分数）长油度醇酸树脂溶液

表 2-3-12 具有相同相对分子质量范围的 3 种烃类溶剂的性质

项目	溶剂范围		
溶剂	（烷烃） 正庚烷	（芳香烃） 甲苯	（环己烷） 甲基环己烷
结构式	$CH_3CH_2CH_2CH_2CH_2CH_2CH_3$	（苯环）—CH_3	（环己烷环）—CH_3
相对分子质量	100	92	98
25℃下的黏度/mPa·s	0.39	0.56	0.69
黏度比	1.00	1.44	1.77
沸点/℃	98	110	101
KB值（贝壳松脂·丁醇值）	25	105	50
混合苯胺点/℃	70	11	54

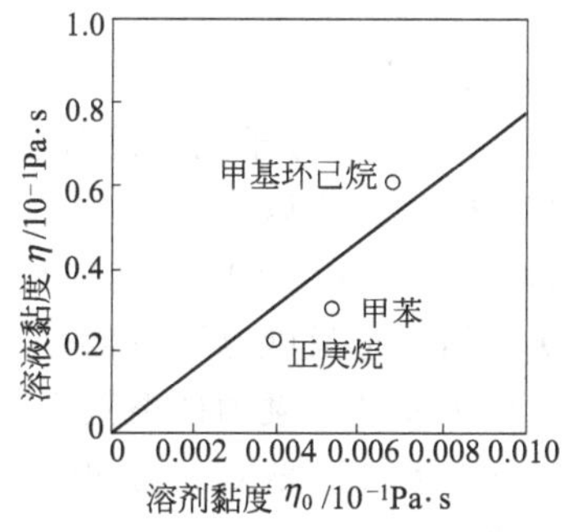

图 2-3-9 50%（质量分数）石灰松香在 3 种烃类溶剂中的溶液黏度和溶剂黏度的关系

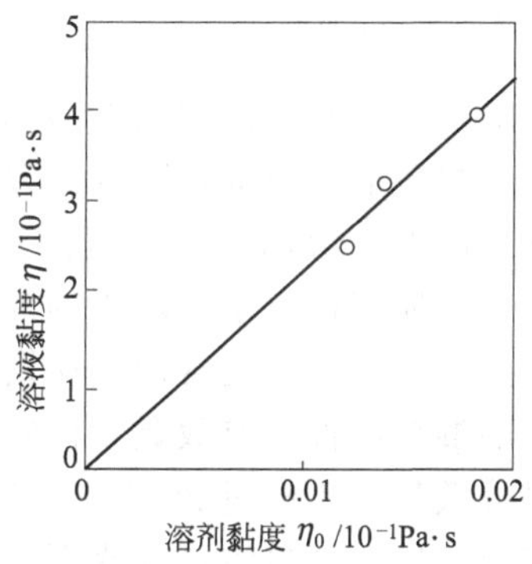

图 2-3-10 3 种异链烷烃溶剂的黏度和 40%（质量分数）长油度醇酸树脂溶液黏度的关系

黏度的关系。由图中可知，溶液黏度 η 和溶剂黏度 η_0 之比为 220。因此溶液黏度降低 0.5mPa·s 时，足可以使 40%（质量分数）浓度的树脂溶液的黏度下降 110mPa·s（220×0.5)。

因此，我们在配制任何一种涂料用树脂溶液（漆料）或涂料产品时，为使其黏度能满足预定的要求指标，在选择溶剂时，必须考虑溶剂的溶解力和溶剂的自身黏度这两个重要因素。

单一溶剂的黏度，可以由有关资料查得。表 2-3-13 列出了涂料常用溶剂的黏度。

但是涂料产品往往使用的是混合溶剂。理想的（即不相互作用的）混合溶剂的黏度可由式(2-3-17) 精确求得。即

$$\lg\eta=\sum(w\lg\eta)_i \tag{2-3-17}$$

式中 η——混合溶剂的黏度，mPa·s；

w_i——第 i 组分的质量分数,%；

η_i——第 i 组分的自身黏度，mPa·s。

【例题 2-3-5】 试计算由 48%丁酮（质量分数）（η=0.41 mPa·s)、32%（质量分数）醋酸正丁酯（η=0.68 mPa·s）和 20%（质量分数）甲苯（η=0.55 mPa·s）组成的混合溶剂的黏度。

解 由于酮类、酯类和烃类溶剂混合时不会发生相互作用，将已知数据代入式(2-3-17)，即可求得混合溶剂的黏度为

$$\lg\eta=0.48\times\lg 0.41+0.32\times\lg 0.68+0.20\times\lg 0.55$$

$$\eta=0.51\text{mPa·s}$$

表 2-3-13 常用溶剂的黏度（20℃）

名称	黏度/mPa·s	名称	黏度/mPa·s	名称	黏度/mPa·s	名称	黏度/mPa·s
苯	0.60	异丙醇	2.431	醋酸乙酯	0.449	乙二醇丁醚醋酸酯	1.80
甲苯	0.5866	正丁醇	2.95	醋酸正丁酯	0.734	正己烷	0.32
间二甲苯	0.579①	异丁醇	3.95	醋酸异丁酯	0.697	正庚烷	0.409
Solvesso 100	0.80	仲丁醇	4.210	醋酸正戊酯	0.924	二氯甲烷	0.425
Solvesso 150	0.10	丙酮	0.316	醋酸异戊酯	0.872	1,1,1-三氯乙烷	0.903①
Solvesso 200	2.80	甲基丙酮	0.423①	乳酸丁酯	3.58	硝基乙烷	0.661
苯乙烯	0.696	异佛尔酮	2.62	乙二醇乙醚	2.05	硝基丙烷	0.798①
甲醇	0.5945	环己酮	2.20	二甘醇乙醚	3.85		
乙醇	1.09	丁酮	0.423①	二甘醇丁醚	6.49		
丙醇	2.26	二丙酮醇	2.9	乙二醇乙醚醋酸酯	1.025①		

① 为 25℃时的黏度数值。

上述混合溶剂实际测定出的黏度为 0.49mPa·s，和计算值误差不大。

但是，很多混合溶剂，特别是含有羟基的溶剂（如醇类），由于分子间彼此有相互作用，故为非理想的混合溶剂，不能直接用式(2-3-17) 来计算其黏度。所以有必要对式(2-3-17) 进行修正，以使其适合于非理想的混合溶剂。因此，对含有两种相互作用溶剂的混合体系，有人提出把其中一种溶剂规定其所谓的有效黏度值，以便更精确地反映这两种溶剂在发生相互作用时的混合特性，有效黏度由实验数据确定。这种已规定有效黏度值的溶剂在有机溶剂中的质量分数规定不超过 20%～40%。表 2-3-14 和表 2-3-15 分别为醇类溶剂和烃类溶剂混合时的有效黏度及含氧溶剂和水混合时的有效黏度数据。研究结果表明，当已规定有效黏度的溶剂在混合溶剂中的质量分数不超过 20%～40%时，可以将式(2-3-17) 修正为式(2-3-18)。在式(2-3-18) 中将其中可以发生相互作用的溶剂以其有效黏度代替真实黏度。即

$$\lg\eta=\sum(w\lg\eta_a)_i+\sum(w\lg\eta_e)_j \tag{2-3-18}$$

上式同样适用于含氧有机溶剂与水的混合液。由于水的黏度值为 0.92mPa·s。将其直接代入式(2-3-18) 后，可简化为式(2-3-19)。

$$\lg\eta=\sum(w\lg 0.92)_{H_2O}+\sum(w\lg\eta_e)_j =(-0.0362w)+\sum(w\lg\eta_e)_j \tag{2-3-19}$$

表 2-3-14 各种醇类溶剂在 25℃的真实黏度和有效黏度

（与烃类溶剂混合，醇类溶剂的含量在 30%～40%以下）

醇类溶剂	黏度/mPa·s		黏度比 η_a/η_e	醇类溶剂	黏度/mPa·s		黏度比 η_a/η_e
	真实黏度 η_a	有效黏度 η_e			真实黏度 η_a	有效黏度 η_e	
乙醇	1.30	1.05	0.81	二丙酮醇	2.90	2.00	0.69
乙二醇单甲醚	1.60	1.20	0.75	异丁醇	3.40	1.80	0.53
乙二醇单乙醚	1.90	1.20	0.63	甲基异丁基甲醇	3.80	1.80	0.47
丙醇	2.00	1.40	0.70	一缩二乙二醇单丁醚	5.30	2.15	0.41
异丙醇	2.40	1.10	0.46	2-乙基己醇	7.78	3.30	0.42
丁醇	2.60	1.60	0.62				
仲丁醇	2.90	1.40	0.48	平均			0.59

【例题 2-3-6】 试计算甲苯(η=0.55mPa·s) 和异丙醇 70∶30（质量比）混合溶剂的黏度。

解 由于异丙醇在和烃类溶剂的混合溶剂中的含量没超过 40%，该混合溶剂的黏度可

表 2-3-15 含氧有机溶剂在 25℃的真实黏度和有效黏度

（与水混合，含氧有机溶剂含量在 20%～30%以下）

含氧溶剂	黏度/mPa·s		黏度比 η_a/η_e	含氧溶剂	黏度/mPa·s		黏度比 η_a/η_e
	真实黏度 η_a	有效黏度 η_e			真实黏度 η_a	有效黏度 η_e	
丙酮	0.31	6.06	19.5	一缩二乙二醇单乙醚	4.00	26.1	6.5
丁酮	0.41	9.8	23.9	叔丁醇	4.50	116.4	25.9
乙二醇单甲醚	1.60	14.0	13.0	一缩二乙二醇单丁醚	5.30	35.0	6.6
乙二醇单乙醚	1.90	24.4	8.8	乙二醇	17.4	10.0	0.57
异丙醇	2.10	59.3	28.2	二甘醇	28.9	15.6	0.54
二丙酮醇	2.90	22.2	7.7	己二醇	29.8	65.0	2.2
一缩二乙二醇单甲醚	3.08	17.3	4.6				

由式(2-3-18) 求得。异丙醇的有效黏度系采用表 2-3-14 中的数据。

$$\lg\eta = 0.70\times\lg 0.55 + 0.301\times\lg 1.10$$

$$\eta = 0.68\text{mPa}\cdot\text{s}$$

值得注意，醇类溶剂体系的有效黏度与真实黏度的比值（η_a/η_e）变化不大，平均为 0.59，而含氧溶剂和水混合的体系中这个比值的变化却相当大，由于水性体系在涂料工业中日益发展，能以适当的精度预测出水性混合溶剂的各种不同的黏度特性将日趋重要，故本节也将这方面的问题一并讨论之。

【例题 2-3-7】 试计算 10%（质量分数）的异丙醇、10%甲氧基乙醇（质量分数）和 80%水（质量分数）的混合溶剂的黏度。

解 将由表 2-3-14 中查得的有效黏度的数值代入式(2-3-19) 中得

$$\lg\eta = (-0.0362\times0.80) + 0.10\times\lg 59.3 + 0.10\times\lg 14$$
$$= -0.0290 + 0.1773 + 0.1146 = 0.263$$
$$\eta = 1.83\text{mPa}\cdot\text{s}$$

上述混合溶剂实测出的黏度为 1.81mPa·s 和计算值 1.83mPa·s 极为接近。

式(2-3-18) 和式(2-3-19) 仅适用于已规定了有效黏度值的那类溶剂，而且在混合溶剂中其含量为 30%～40%的体系。但是，可借助于另一公式来消除这种局限性。例如对水-醇二元混合体系而言，有人推荐采用式(2-3-20)，该式在任意混合范围内计算值均近似于实测值（式中 w 为溶剂的质量分数）。

$$\lg\eta = (1-w)\lg\eta_{H_2O} + w_2\lg\eta_2 + (w-w_2)\lg\eta_E \tag{2-3-20}$$

这种类型的公式也可推广到多元醇类组分的混合溶剂，得式(2-3-21)，式中 w_j 是 j 个醇类组分的质量分数。

$$\lg\eta = (1-w)\lg\eta_{H_2O} + \sum w_j w\ \lg\eta_{ai} + \sum w_j(1-w)\lg\eta_{ej} \tag{2-3-21}$$

【例题 2-3-8】 试计算 35%（质量分数）异丙醇、25%（质量分数）乙二醇和 40%（质量分数）水的混合溶剂的黏度。

解 把已知数据代入式(2-3-21)，（注意 $w=0.35+0.25=0.60$）

$$\lg\eta = 0.40\times\lg 0.92 + 0.35\times0.60\times\lg 2.10 + 0.25\times0.60\times\lg 17.4 +$$
$$0.35\times0.40\times\lg 59.3 + 0.25\times0.40\times\lg 10 = 0.588$$
$$\eta = 3.87\text{mPa}\cdot\text{s}$$

三、挥发速率

干燥的涂膜是在溶剂挥发过程中形成的。在这个过程中，溶剂的作用是控制涂膜形成时的流动特性，如果溶剂挥发太快，那么涂膜既不会流平，也不会对基材有足够的湿润，因而不能产生很好的附着力。挥发过于迅速的溶剂，还会导致由于迅速冷却而使湿膜表面的水蒸气冷凝而形成的涂膜发白。如果溶剂挥发太慢，不仅会延缓干燥时间，同时涂膜会流挂而变得很薄。如果溶剂组成在挥发过程中发生不理想的变化，就会产生树脂的沉淀和涂膜的缺陷。因此溶剂的挥发速率是影响涂料及涂膜质量的一个重要因素。

（一）溶剂从涂膜中的挥发速率

1．纯溶剂的挥发速率

尽管曾有人提出可将溶剂的沸点作为预测其挥发性的依据，可是只有同系物之间或石油溶剂之间符合这一规律，作为一种通用的方法并不科学，结果也不准确。例如，丁醇的沸点（118℃）比醋酸正丁酯（127℃）低9℃，而丁醇的挥发速率（0.4）比醋酸丁酯（1.0）却慢60%，因此，以溶剂沸点的低、中、高来预测挥发速率的快、中、慢是不准确的。

毫无疑问，预测纯溶剂挥发性最好的依据是其蒸气压。对于理想系统，其蒸气压和挥发速率的关系由拉乌尔定律来确定，其数学表达式如下所示：

$$p_1 = p_1^0 x_1 \tag{2-3-22}$$

式中　p_1——混合物中组分的分压，Pa；

p_1^0——纯组分的蒸气压，Pa；

x_1——液体组分的摩尔分数。

拉乌尔定律的这种最简单的形式说明了混合物中某一组分的分压等于其摩尔分数与其纯组分蒸气压的乘积。对于非理想系统，有必要在公式中加入活性系数这一概念。即

$$p_1 = r_1 p_1^0 x_1 \tag{2-3-23}$$

通过测量系统的总蒸气压和挥发相的组成，就可以直接得到挥发系统的活性系数。

涂料工业中，对纯溶剂挥发率的表示使用的是相对挥发速率的概念。依据ASTM D 3539—76（81）规定方法，用Shell薄膜挥发仪测定。将一定体积的溶剂分布在标准面积的滤板上，在一定的温度和湿度下，气流以一定的流量通过，记录一定时间间隔的挥发量，并将挥发量为90%的挥发时间（t_{90}）与醋酸丁酯挥发量为90%的时间（$t_{90}=456\text{s}$）的比值，称为该溶剂的相对挥发速率，即

$$R^0 = 456/t_{90} \tag{2-3-24}$$

式中　R^0——单一纯溶剂相对醋酸正丁酯的挥发速率；

t_{90}——溶剂试样依ASTM D 3539—76（81）规定的方法挥发90%体积所需的时间，s；

456——醋酸正丁酯的t_{90}时间，s。

因而，醋酸正丁酯的$R^0=1$。R^0的数值越大，表示该溶剂挥发得越快。表2-3-16列出了涂料常用溶剂的沸点及挥发速率的数据。

表2-3-16　涂料常用溶剂的沸点及挥发速率（醋酸正丁酯挥发速率=1.0）

名　　称	分子式	相对分子质量	沸点/℃	挥发速率
石油醚	低级烷烃混合物	—	30～120	—
200号涂料溶剂油	主要成分为戊烷、己烷、庚烷、辛烷	—	145～200	约0.18
正庚烷	C_7H_{16}	100.21	98.4	约0.2
正辛烷	C_8H_{18}	114.23	125.6	约0.2
苯	C_6H_6	78.11	79.6	5.0
甲苯	$C_6H_5CH_3$	92.13	111.0	1.95

续表

名　　称	分　子　式	相对分子质量	沸点/℃	挥发速率
二甲苯	$C_6H_4(CH_3)_2$	106.13	135.0	0.68
Solvesso 100	$C_6H_3(CH_3)_3$	—	157～174.0	0.19
Solvesso 150	$C_6H_3(CH_3)_3$	—	188.0～210.0	0.04
Solvesso 200	$C_{10}H_6(CH_3)_2$	—	226.0～279.0	0.04
溶剂石脑油	主要成分为甲苯、二甲苯、乙苯及异丙苯	—	120～200	—
松节油	由α-蒎烯及β-蒎烯组成	—	150～170	0.45
双戊烯	$C_{10}H_{16}$	—	160～190	—
甲醇	CH_3OH	32.04	64.65	6.0
乙醇	C_2H_5OH	46.07	78.3	2.6
正丙醇	$CH_3(CH_2)_2OH$	60.10	97.2	1.0
异丙醇	$(CH_3)_2CHOH$	60.09	82.5	2.05
正丁醇	$C_2H_5CH_2CH_2OH$	74.12	117.1	0.45
异丁醇	$(CH_3)_2CHCH_2OH$	74.12	107.0	0.83
仲丁醇	$CH_3CHOHC_2H_5$	74.12	99.5	1.15
醋酸甲酯	CH_3COOCH_3	74.08	59～60	10.4
醋酸乙酯	$CH_3COOC_2H_5$	88.10	77.0	5.25
醋酸正丙酯	$CH_3COOC_3H_7$	102.14	101.6	2.3
醋酸异丙酯	$CH_3COOCH(CH_3)_2$	102.13	89.0	4.35
醋酸正丁酯	$CH_3COOC_4H_9$	116.15	126.5	1.0
醋酸异丁酯	$CH_3COOCH_2CH(CH_3)_2$	116.15	118.3	1.52
醋酸戊酯	$CH_3COOC_5H_{11}$	130.18	130.0	0.87
醋酸异戊酯	$CH_3COOCH_2CH_2CH(CH_3)_2$	130.18	142.0	
乳酸丁酯	$CH_3CHOHCOOC_4H_9$	146.18	188.0	0.06
乙二醇乙醚	$C_2H_5OC_2H_4OH$	90.12	135.0	0.4
乙二醇乙醚醋酸酯	$CH_3COOCH_2CH_2OC_2H_5$	132.16	156.3	0.2
二甘醇乙醚	$C_2H_5O(CH_2)_2OC_2H_4OH$	134.17	201.9	<0.01
二甘醇丁醚	$C_4H_9OC_2H_4OC_2H_4OH$	162.2	230.4	<0.01
二甘醇乙醚醋酸酯	$CH_3COOC_2H_4OC_2H_4OC_2H_5$	176.51	217.4	<0.01
二甘醇丁醚醋酸酯	$CH_3COOC_2H_4OC_2H_4OC_4H_9$	204.26	246.8	<0.01
丙二醇甲醚	$C_4H_{10}O_2$	90.12	118～119	0.7
丙二醇乙醚	$C_5H_{12}O_2$	104.15	132.2	0.5
丙二醇丁醚	$HOC_3H_6OC_4H_9$	154	170.1	0.08
丙二醇甲醚醋酸酯	$C_6H_{12}O_3$	132.16	146	0.14
丙酮	CH_3COCH_3	58.08	56.1	7.2
环己酮	$CH_2(CH_2)_4CO$	98.14	155.0	0.25
二丙酮醇	$(CH_3)_2COHCH_2COCH_3$	116.15	166.0	0.15
丁酮	$CH_3COC_2H_5$	72.10	79.6	4.65
甲基异丁基酮	$CH_3COC_4H_9$	100.15	118.0	1.45
异佛尔酮	$C_9H_{14}O$	138.21	215.2	0.03
二乙基酮	$C_2H_5COC_2H_5$	86.10	102.0	2.8
甲基丙基酮	$CH_3COC_3H_7$	96.08	103.0	2.5
二氯甲烷	H_2CCl_2	84.94	39.8	29.0
1,1,1-三氯乙烷	CH_3CCl_3	133.41	74.0	1.5
2-硝基丙烷	$CH_3CHNO_2CH_3$	89.10	120.3	1.2

2. 影响溶剂挥发速率的因素

(1) 氢键的影响　溶剂分子间的相互作用，影响混合物中组分的挥发，特别是氢键的存在，将明显地限制溶剂的挥发速率。如表 2-3-16 所示，乙醇和苯的沸点接近，而苯的挥发速率为乙醇的2倍，正丁醇的沸点比醋酸正丁酯低，而挥发速率也低，由此可以看出氢键对限制溶剂的挥发起着重要作用。

(2) 温度的影响 溶剂的相对挥发速率与其蒸气压紧密相关。而蒸气压又随着温度的变化而变化，温度越高，蒸气压也越高，溶剂的挥发速率也越快，以质量为基础的溶剂挥发速率 E_W 和温度的关联式可以表示如下：

$$\lg(E_{W1}/E_{W2})=0.825\Delta H(1/T_2-1/T_1) \quad (2\text{-}3\text{-}25)$$

式中 E_{W1}——温度为 T_1 时溶剂的挥发速率（以质量为基础）；

E_{W2}——温度为 T_2 时溶剂的挥发速率（以质量为基础）；

ΔH——摩尔蒸发潜热，J/mol；

T_1，T_2——温度，K。

【例题 2-3-9】 25℃醋酸正丁酯的蒸发潜热为2.53 kJ/mol，假定此值在有关的温度变化内基本上是一个常数，试计算15℃及35℃时醋酸正丁酯的相对挥发速率。

解 根据定义 $t=25$℃（298K）时，醋酸正丁酯的相对挥发速率是1.00。依次将这些数值代入式（2-3-25）中，按所要求的温度15℃（288K）及35℃（308K）计算。

$$\because \lg(1/E_{W2})=0.825\times2.53\times10^3\times(\frac{1}{288}-\frac{1}{298})$$

$$\therefore E_{W2}=0.57(15℃)$$

$$又\because \lg(1/E_{W2})=0.825\times2.53\times10^3\times(\frac{1}{308}-\frac{1}{298})$$

$$\therefore E_{W2}=1.70(35℃)$$

从计算结果可以看出，相对小的温度变化，会导致溶剂挥发速率极为显著地变化，醋酸正丁酯在25～35℃温度范围内，温度每变化1℃，相对挥发速率则平均增长6%。因此，涂料产品中使用的混合溶剂在不同的季节，要调整其组成，以调节其挥发速率，如夏季需用部分挥发速率慢的溶剂，取代部分挥发速率快的溶剂，而冬季则反之。

(3) 表面气流的影响 由于多数溶剂蒸气比空气重，除非用空气气流将其带离溶剂层表面，它们趋于留在溶剂层表面，如果溶剂蒸气积聚使涂膜表面空间趋于饱和，则严重阻碍溶剂挥发，所以涂膜表面气流速率越大，溶剂挥发速率就越快。因此，保持空气流通对于涂膜的挥发过程起主要影响。

(4) 比表面积大小的影响 单位体积的表面积——比表面积越大，挥发速率越快，这是因为溶剂只在表面挥发的缘故。在涂料施工中，用喷枪喷涂，对溶剂挥发速率的要求就和用刷涂或浸涂方法施工要求不同，由于喷涂时漆液被雾化成小的液滴，比表面积很大，气流也较大，溶剂挥发速率就快。如果溶剂选择不当，譬如混合溶剂的挥发速率如果较快，则会导致喷涂时的"拉丝"、"干喷"现象，这时就需要增加挥发速率慢、而溶解能力强的溶剂组分，以调整溶剂的挥发速率。

(5) 高分子聚合物的影响 在涂料产品中，混合溶剂的挥发速率是不能从各个溶剂各自的挥发速率来准确预测的。这是因为，除了溶剂分子间的相互作用会延缓溶剂的挥发以外，高分子聚合物和溶剂分子之间的吸引力也会延缓溶剂的挥发，所以在高分子溶液中，溶剂的挥发将比预料的慢。但是稀释剂的挥发速率则不受高分子聚合物的影响，由此可见，各种溶剂的挥发速率数据至多只能作为涂料溶剂选择的粗略指导而已。因此有必要对某一涂料中选用的混合溶剂进行实际试验，以验证其挥发速率是否符合要求。

3. 混合溶剂的挥发速率

混合溶剂的挥发速率等于各溶剂组分的挥发速率之总和。大多数混合溶剂，由于其分子结构的不同，不能看作是理想溶液，因而溶剂在其混合物中的挥发速率不等于其纯组分时的挥发速率，两者的关系如下：

$$R_i/R_i^0=a_i \tag{2-3-26}$$

式中　R_i——溶剂 i 在混合溶剂中的挥发速率；

R_i^0——溶剂 i 在纯组分时的挥发速率；

a_i——溶剂 i 在混合溶剂中的活度。

混合溶剂的总挥发速率 $R_{总和}$ 表示为

$$R_{总和}=a_1R_1^0+a_2R_2^0+\cdots=\sum_{i=1}^{n}a_iR_i^0 \tag{2-3-27}$$

在非理想溶剂中引入以体积为依据的活性系数（又称释放系数）r，

$$r=a_i/c_i \tag{2-3-28}$$

式中　c_i——组分 i 在混合溶剂中的浓度。

联系式(2-3-27) 和式(2-3-28) 得：

$$R_{总和}=c_1r_1R_1^0+c_2R_2R_2^0+\cdots=\sum_{i=1}^{n}c_ir_iR_i^0 \tag{2-3-29}$$

严格地讲 $R_{总和}$ 只表示混合溶剂瞬间的挥发速率，但是实际混合溶剂（非理想系统）中，不同溶剂由于挥发到大气中的相对损失并不与原始溶剂组成相同。因此，当挥发过程进行时，留下来的溶剂组成在变化。剩余液体溶剂变化的方向可以定量测定。用其初期组成分数对比其在溶剂蒸气中的组成分数，就可以鉴别出随时间变化，滞留于涂膜中的溶剂分数是减少还是富集了。并且从此趋势可以定性地确定溶剂混合物中变化的方向。此方向可能是十分重要的，因为一旦有了这种趋势，此趋势就会加强，挥发溶剂蒸气的组成可以由式(2-3-29)左右两边皆除以 $R_{总和}$，即

$$1.00=c_1r_1R_1^0/R_{总和}+c_2R_2R_2^0/R_{总和}+c_nr_nR_n^0/R_{总和} \tag{2-3-30}$$

依次将其中某一溶剂在混合溶剂中的起始分数和其在溶剂蒸气中的分数进行比较，用以定性地描述挥发过程进行时溶剂组成的变化。

活性系数是混合溶剂中不同组分间相互作用（或相互亲和力）的量度，其值随混合溶剂中各溶剂组分的类型及浓度而变化。

图 2-3-11 提出了一种简洁的活性系数推算方法。这种方法是基于溶剂的活性系数主要取决于该溶剂官能团的性质，并且分子的官能团相似，则其活性系数也相似，与分子的大小和分子中碳氢结构无关。因而把溶剂分为 3 种类型——烃类、酯类/酮类和醇类/醚-醇类。

利用图 2-3-11 可以很容易地求得多组分混合溶剂的活性系数。但在使用时应注意以下几点。

① 图中所示的浓度（体积分数）代表给定的同一类型的溶剂的浓度之和［如混合溶剂中二甲苯占 20%，200 号涂料溶剂油占 30%，则在图 2-3-11(a)中按烃类体积分数 50%查找 r 值］。

② 对于一种类型的所有组分，假设有相同的 r 值。

③ 图中所示曲线代表两种类型的混合溶剂，当用于 3 种类型混合溶剂时，则用二元曲线的质量平均值。

【例题 2-3-10】 某硝化纤维素溶液的溶剂配方的体积分数为醋酸正丁酯（$R_V^0=1.0$）35%；甲苯（$R_V^0=2.0$）50%；乙醇（$R_V^0=1.7$）10%及正丁醇（$R_V^0=0.4$）5%。试计算该混合溶剂的相对挥发速率，并评述挥发进行时，滞留在涂膜中的溶剂组成的变化。

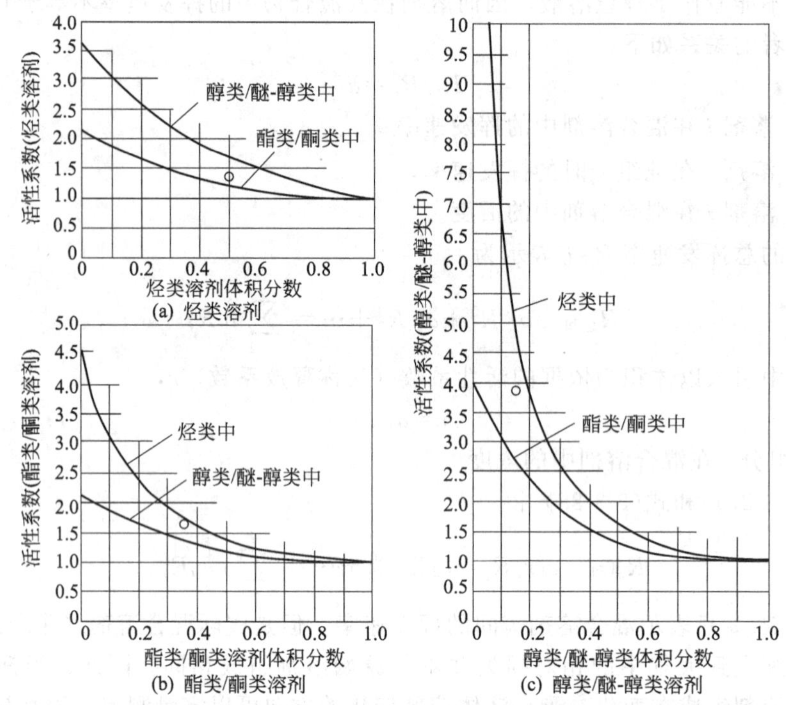

图 2-3-11 按溶剂类型分类的溶液浓度与溶剂的活性系数关系

解 从图 2-3-11(a)～(c) 中分别读出甲苯、醋酸正丁酯、乙醇和正丁醇的活性系数。为了便于确定数值，图中有圈的地方即为读数的位置，将此数据代入式(2-3-29) 中，

$R_{总和}$ =(0.35×1.6×1.0)+(0.50×1.4×2.0)+(0.10×3.9×1.7)+(0.05×3.9×0.4)

=0.56(醋酸正丁酯)+1.4(甲苯)+0.66(乙醇)+0.08(正丁醇)=2.7

依据式(2-3-30) 得

1.00=0.56/2.73+1.4/2.73+0.66/2.73+0.08/2.73

=0.21(醋酸正丁酯)+0.51(甲苯)+0.24(乙醇)+0.03(正丁醇)

从上述计算结果可知，醋酸正丁酯在蒸气相中的浓度低于原始溶剂混合物（0.21 对 0.35)，结果是挥发进行时，体系中此高溶解能力的组分富集起来。此富集作用部分地来自多挥发掉的甲苯稀释剂（甲苯在蒸气相中的浓度为 52%，其在混合溶剂中的起始浓度为 50%），同时，计算结果表明，混合溶剂的挥发速率较任何单一溶剂组分为快。故此硝化纤维素溶液的溶剂平衡良好。随着时间的推移可得到更高的溶解能力，因而可防止不良的效应，如针孔/缩孔及发白等。

由于混合溶剂的组成常常已知，初期相对挥发速率和初期起始组成随时间的变化趋势二者均可测定。一般可概括如下：

① 后期挥发速率低于初期挥发速率，但是等于或高于挥发速率最慢的溶剂；

② 初期溶剂体系组成的变化趋势并不会向相反方向变化，事实上应该加速。这些重要的观察对涂料科技工作者可以提供合理的基础进行判断，然而研究人员有必要更深入地研究变化中溶剂体系。目前，气相色谱分析是测定溶剂组成最简便的方法。

4. 混合溶剂从涂膜中的挥发

(1)“两阶段挥发”理论 溶剂从施工后的涂膜中挥发是一个相当复杂的过程，不少学者对此作过描述。但是最有实用价值的当属汉森（Hansen）提出的“两阶段挥发”理论，即溶剂从涂膜中挥发分为两个连贯而又重叠的阶段。在第一阶段即“湿”阶段，溶剂分子的挥发是受溶剂分子穿过涂膜液-气边界层的表面扩散阻力所制约，溶剂挥发的模式多少类似上述单纯的混合溶剂的挥发行为。在涂膜开始凝定后，即进入第二个阶段，即“干”阶段，在“干”阶段，溶剂挥发损失决定于溶剂从相对于的聚合物扩散到涂膜表面的能力，因此在“干”阶段溶剂的挥发速率明显降低。

图 2-3-12 所给出的干燥曲线是某假想的施工后涂料的挥发模式，分成初期湿阶段，挥发相对快，由表面来控制（溶剂由液态表面逃逸）；以及最后干燥阶段，溶剂损失很慢，完全由扩散所控制（溶剂首先扩散到涂膜表面，再从实际上干的涂膜表面逃逸）。应该看出，为了引人注意，溶剂初期及最后挥发中相对挥发时间完全不同，采用了对数时间坐标。

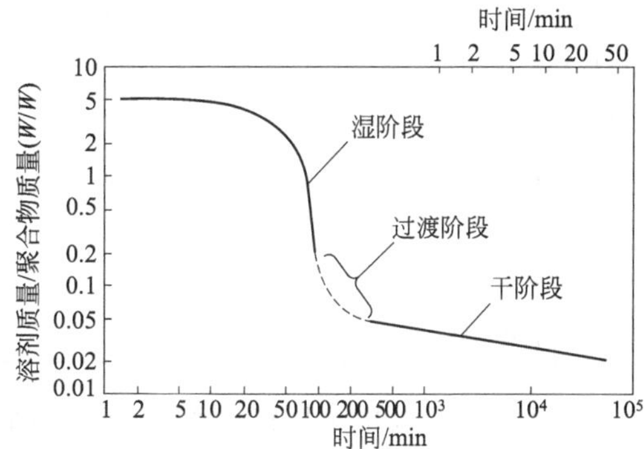

图 2-3-12　某假定的涂膜连续干燥模式湿、干特性图

(2) “湿”阶段的挥发速率　影响“湿”阶段的因素如前面在“影响溶剂挥发速率的因素”所讨论的那样。其中高分子聚合物对溶剂挥发速率的影响，一般来说倾向于阻滞与其有相似官能团的溶剂。例如醇酸树脂涂膜中，保留溶剂的数量按下列顺序增加：

饱和烃＜芳香烃＜醇和醇醚类＜酮和酯类

并且高分子聚合物对于溶剂挥发的影响主要发生在后期，随树脂溶液浓度的增加而提高。

据 Sletmoe 的实验表明，在“湿”阶段，混合溶剂从湿膜中的挥发速率近似值可以由式(2-3-29) 计算求得，所谓“近似”是依此式计算时作了如下假定：

a. 假定在湿阶段的挥发速率较大，且该阶段为恒速率挥发阶段，即 $R_{有效}=R_{总和}$（初始阶段)，事实是该阶段的溶剂挥发速率是个逐渐降低的过程；

b. 树脂对溶剂挥发的影响，主要考虑与官能团的相互作用；

c. 颜料对溶剂的挥发是惰性的。

(3) “干”阶段的挥发速率　“干”阶段的挥发是“降低速率”阶段。影响“干”阶段溶剂挥发速率的因素可以定性地归纳如下。

① 溶剂分子大小和形状的影响　如前所述，在“干”阶段，溶剂挥发损失决定于溶剂从相对于聚合物扩散到涂膜表面的能力。而底部溶剂的扩散是采取由一个孔隙跳到另一个孔隙，即从高分子聚合物产生的自由体系中扩散至表面而逸出。因此溶剂的分子越小、形状越规整、扩散就越容易。例如甲基丁基酮与甲基异丁基酮从表面挥发速率考虑，甲基异丁基酮比甲基丁基酮挥发速率快，而到干燥过程，从底部的扩散，甲基异丁基酮的分子支链多，其截面积比甲基丁基酮大，所以扩散速率慢。

② 溶剂在聚合物中保留能力的影响　溶剂释放并不表现出与溶剂挥发性和溶解能力相平行。这是出乎预料的。表 2-3-17 按在聚合物中保留能力增强的顺序所列出 22 种常见溶剂。

③ 聚合物和溶剂相互作用的影响　聚合物分子链上有极性基团如羟基、羧基，产生氢键时，会降低溶剂的扩散速率。聚合物的性质也对溶剂保留有肯定的作用，但是这仅是一般的影响。

表 2-3-17 聚合物中保留能力增强顺序列出的 22 种溶剂

溶剂	R_V^0	溶剂	R_V^0
甲醇(最不易保留)	4.1	甲苯	2.3
丙酮	10.2	2-硝基丙烷	1.5
乙二醇甲醚	0.5	二甲苯	0.8
甲乙酮	4.5	甲基异丁基酮	1.4
醋酸乙酯	4.8	醋酸异丁酯	1.7
乙二醇丁醚	0.4	2,4-二甲基戊烷	5.6
正庚烷	3.3	环己烷	5.9
醋酸正丁酯	1.0	二丙酮	0.1
苯	5.4	甲基环己烷	0.3
醋酸-2-甲氧基乙酯	0.4	甲基环己酮(最易保留)	0.2
醋酸-2-乙氧基乙酯	0.2		

④ 聚合物玻璃化温度的影响 如聚合物玻璃化温度的关系示意图（图 2-3-13）所示。假如有两个高分子聚合物体系，一个体系的 T_g 低于室温［图 2-3-13(a)］，另一个体系的 T_g 高于室温［图 2-3-13(b)］。对于 T_g 小于室温的高聚物，由于体系中存在溶剂，使 T_g 降低，即使在涂膜干燥的最后阶段，因为原来 T_g 就小于室温，所以还有一部分自由体积，使底部的溶剂可以扩散出来。而对于 T_g 高于室温的体系，随着溶剂的不断挥发，T_g 也不断增加，到达室温，由于 $T_g > T_{室温}$，体系的自由体积仍很少，底部溶剂的扩散就困难，从而导致溶剂容易残留下来。这些溶剂可以起到增塑作用，对涂膜性能产生一定影响。随着时间的延长，溶剂会慢慢挥发，涂膜性能也会慢慢变化，因此测定涂膜性能的时间很重要。

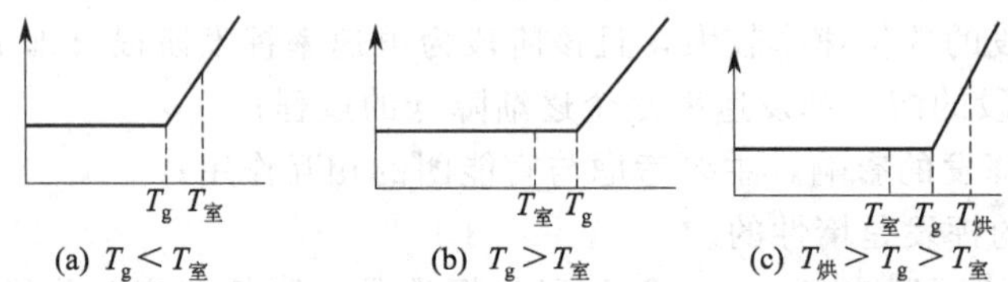

图 2-3-13 聚合物玻璃化温度的关系示意图

当然，这部分滞留下来的溶剂，也可以采取烘烤的办法，令 $T_{室温} > T_g$，使溶剂扩散并逸出，从而改善涂膜性能。这就是为什么室温干燥的涂膜经低温烘烤后性能有所改善的原因之一。同理，在涂料中使用增塑剂也有利于溶剂扩散逸出。

⑤ 水的影响 涂料产品中有高聚物，整个体系的黏度与混合溶剂的比例有关系。在低湿度时，水的挥发速率比等量溶剂挥发得快。而在高湿度时，水会残留下来，对整个体系的黏度有很大影响。

因此，在低湿度喷漆膜流平性很好，而防流挂性不好。在高湿度下施工时，流平性不好，而无流挂现象。对作业环境讲，湿度往往很难变动。因此，可酌情调整溶剂以求适应。即在高湿度施工时要用挥发速率慢的溶剂，而在低湿度施工时，为跟上水的挥发速率，可采用挥发速率快的溶剂。

⑥ 涂膜厚度的影响 残留溶剂多少和涂膜厚度的关系可以由式(2-3-31) 表示：

$$\lg c = A\lg(X^2/t) + B \tag{2-3-31}$$

式中　c——溶剂浓度（按溶剂质量与单位聚合物质量之比表示）；

X——膜厚，μm；

t——时间，h；

A，B——常数。

对于“干”阶段挥发速率而言，除了最后的溶剂痕迹损失之外，公式（2-3-31）是有效的，厚度的关键作用表现在式中，它以平方项出现。因此，对指定聚合物/溶剂体系而言，达到任何特定干燥阶段浓度 c 时，X^2/t 比率为常数，所以一般可以认为：保留时间与施工的涂膜厚度平方成反比。例如，假定涂膜厚度增加 1 倍，则保留时间增加 4 倍。

【例题 2-3-11】 热塑性氯乙烯/醋酸乙烯共聚树脂溶于甲基异丁基酮（MIBK）施工于底材上形成 7.0μm 干膜。1h 后，以聚合物计，保留溶剂为 12.2%（0.122），一天后为 8.6%（0.086）。试问两周后保留浓度 c 为多少？再者，假定涂膜厚度只有 3.0μm，则保留量为多少？

解　首先将已知数据依次代入式(2-3-31)，求得常数 A 和 B。

$$\lg 0.122 = A\lg(49/1) + B$$

$$\lg 0.086 = A\lg(49/24) + B$$

将上式减下式，消去 B，求解 A。然后将 A 代入任一方程，求解 B。将式(2-3-31）换写成已计算出的常数式：

$$\lg c = 0.11\lg(X^2/t) - 1.10 \tag{2-3-32}$$

将 $t=336$ 之值代入式(2-3-32)，求得两周后溶剂保留量。

$$\lg c = 0.11\lg(49/336) - 1.10$$

$$c = 0.064(6.4\%)$$

3.0μm 厚涂膜的保留量用相同方法计算：

$$\lg c = 0.11\lg(9/336) - 1.10$$

$$c = 0.053(5.3\%)$$

由上述计算结果可知，极薄的涂膜（如 3.0μm）在相当长的时间内（如 2 周）仍有持久的溶剂保留。

（二）溶剂平衡

溶剂平衡是指涂料在成膜过程中，混合溶剂的各组分相对挥发速率要与溶剂组成保持对应。换言之，从涂膜中逸出的混合溶剂蒸气的组成与混合溶剂的组成要大体保持一致。如果溶解能力强的溶剂组分比其他组分挥发得快，则在干燥后期树脂可能析出，涂膜表面产生颗粒，相反溶解能力强的组分挥发得太慢，又因树脂有阻滞与其结构相似的溶剂挥发特性，会增加该溶剂在涂膜中的残留量。

溶剂 i 在初始挥发阶段的蒸气组成 V_i 可用下式表示：

$$V_i = R_i/R_{总和} = c_i r_i r_i^0 / \sum_{i=1}^{n} c_i r_i R_i^0 \tag{2-3-33}$$

显然，$V_i = c_i$ 时，可以认为溶剂在初始阶段是处于相对平衡的挥发状态。如果 $V_i > c_i$（特别是溶解能力强的组分），则意味着可能有树脂颗粒析出。若 $V_i < c_i$ 则该溶剂在涂膜中的残留量将增加。

由于“湿”阶段为恒速挥发阶段，以及“湿”阶段的挥发决定“干”阶段开始时溶剂混合物的组成，因此，必须使混合溶剂在初始挥发阶段就处于平衡挥发状态。

四、表面张力

所谓“表面张力”应用于液体时指的是在液相和气相之间形成一个单位面积表面所需要的功。或者定义为，在液体表面上垂直作用于单位长度线段上的表面紧缩力。所以，表面张力的单位是以 J/m^2 或 N/m 来表示的。

在涂料中“表面张力”是个重要的指标，低的树脂溶液的表面张力和低的液体涂料的表面张力，无疑是有益的，表现在以下几方面：

① 低表面张力的树脂溶液（漆料），有利于对颜料的湿润，便于颜料在漆料中的分散，提高色漆制造研磨分散效率，并有利于漆浆的稳定；

② 低表面张力的液体涂料有利于涂膜对底材的湿润，因此便于涂膜的流平和提高涂膜对底材的附着力；

③ 高固体分涂料的表面张力对其喷涂时的雾化性能的影响比涂料黏度的影响更为重要，由于低表面张力的液体涂料喷涂时容易断裂和雾化，所以低表面张力的高固体分涂料容易获得满意的喷涂效果；

④ 某些漆膜病态也与表面张力有关，例如陷穴缩孔和镜框效应（Picture framins）。当涂料喷涂于表面玷污的底材上时会产生陷穴。这是由于类似灰尘和油污这样的污染物，通常都比周围表面的表面张力低些，因此，当涂料涂于该表面上时，玷污物就会溶于涂料中，使这部分涂料的表面张力降低，而表面张力低的地方的涂料会向附近表面张力高的地方流动，周围涂料增加，中间形成陷穴。镜框效应也是由类似的原因造成的。这是由于溶剂自底的四周边缘或弧形表面上的挥发速率比底材平面上的涂膜中的溶剂挥发速率快，随着固体分的提高，表面张力增加得也快。那么，底材平面上表面张力低的涂料就会移向边缘，使那里的涂膜增厚，而形成“镜框效应”。通常，最大限度地降低高固体分涂料的表面张力，可以使上述漆膜病态得到缓解。

既然漆料及涂料的表面张力对色漆制造、涂料喷涂施工及涂膜质量有如此密切的关系，那么降低漆料及涂料的表面张力就是十分重要的课题了，而认真选择溶剂是降低漆料及涂料表面张力的途径之一。

涂料配方中的成膜物——高分子聚合物的表面张力比较高，一般在 32～61mN/m（表 2-3-18 聚合物的临界表面张力），而各类溶剂的表面张力相对比较低，约在 18～35mN/m 范围内（表 2-3-19 各类溶剂的表面张力）。

表 2-3-18 聚合物的临界表面张力

聚合物	表面张力/(mN/m)	聚合物	表面张力/(mN/m)
聚甲基丙烯酸正丁酯	32	聚甲基丙烯酸甲酯	41
聚醋酸乙烯酯	36	环氧树脂	47
聚氯乙烯	39	尿素-甲醛树脂	61
三聚氰胺树脂	39		

表 2-3-19 各类溶剂的表面张力范围

溶剂类型	表面张力/(mN/m)	溶剂类型	表面张力/(mN/m)
醇类	21.4～35.1	乙二醇醚酯类	28.2～31.7
酯类	21.2～28.5	脂肪烃	18.0～28.0
酮类	22.5～26.6	芳香烃	28.0～30.0
乙二醇醚类	26.6～34.8	水	72.7

含有大量溶剂的传统涂料表面张力值都比较低。例如，典型的汽车涂料，其表面张力约

为 26 mN/m。传统的聚酯磁漆表面张力为 31.5mN/m，所以传统涂料很少遇到上述由于表面张力高所造成的各种问题。只有对于表面张力相当低的底材——聚乙烯或聚丙烯塑料等，才会遇到对底材湿润的问题。但是，由于涂料表面张力是随着其固体分的增加而增高的。因此，对于合成树脂涂料，特别是高固体分涂料而言，由于成膜材料成了主要成分，其表面张力又比较高，而溶剂比例又大幅度降低，以有限的溶剂，又要将树脂溶液的表面张力降低到尽量低的限度。这就要十分严格地选择溶剂的表面张力，如表 2-3-20 所示，以低表面张力的溶剂配制成涂料就可以获得比较低的表面张力。

表 2-3-20 含颜料丙烯酸/三聚氰胺涂料的表面张力（0.34kg 溶剂/L 涂料）

溶剂	溶剂的表面张力/(mN/m)	涂料的表面张力/(mN/m)	溶剂	溶剂的表面张力/(mN/m)	涂料的表面张力/(mN/m)
异丁酸异丁酯(IBIB)	23.2	26.5	Ektasolve EE 醋酸酯	28.2	32.0
甲基戊基酮	26.1	29.5	二甲苯	28.0	31.5

所以，在选择溶剂组成色漆配方时，除考虑前面所论述的溶解力、黏度、挥发速率等因素外，溶剂的表面张力也是一个重要的因素。在平衡各项因素的前提下，应当尽量选用低表面张力值的溶剂。表 2-3-21 介绍了一些溶剂的表面张力。

表 2-3-21 溶剂的表面张力①

名称	表面张力/(mN/m)	名称	表面张力/(mN/m)	名称	表面张力/(mN/m)
甲醇	22.55	二丙二醇甲醚	28	硝基苯	43.35
乙醇	22.27	二氯甲烷	28.12	醋酸正丙酯	24.2
丙醇	23.8	甲基丙基甲酮	24.1	醋酸异丙酯	21.2
异丙醇	21.7	二异丁基酮	22.5	醋酸丁酯	25.09
正丁醇	24.6	甲基异戊酮	25.8	醋酸异丁酯	23.7
异丁醇	23.0	甲基戊基甲酮	26.1	醋酸戊酯	25.68
仲丁醇	23.5	二异戊基酮	24.9	醋酸异戊酯	24.62
丙酮	23.7	环己酮	34.5	乳酸丁酯	30.6
甲基丙酮	23.97②	二丙酮醇	31.0	Ektasolve EE 醋酸酯	28.2
丁酮	24.6	苯	28.18	Ektasolve DB 醋酸酯	30.0
甲基异丁基酮	23.9	甲苯	28.53	乙二醇乙醚	28.2③
二甘醇乙醚	31.8③	间二甲苯	28.08	Solvesso 100	27.4③
二甘醇丁醚	33.6③	醋酸乙酯	23.75	Solvesso 150	34.0
乙二醇乙醚乙酸酯	31.8③	1,1,1-三氯甲烷	25.56	Solvesso 200	36.0
丙二醇甲醚醋酸酯	27③	硝基乙烷	31.0		

① 表中表面张力除标注的外皆为 20℃时数据。

② 为 24.8℃时的表面张力值。

③ 为 25℃时的表面张力值。

由表中的数据不难看出：通常挥发速率快的溶剂表面张力值相对低。在大多数情况，随着挥发速率的减慢，溶剂的表面张力也增加（只有乙二醇醚类溶剂例外）。同时带有支链的溶剂比与其相对应的直链溶剂的表面张力低。例如，20℃醋酸异丁酯的表面张力为 23.7mN/m，而醋酸丁酯的表面张力为 25.09mN/m，异丁醇的表面张力为 23.0mN/m，而正丁醇的表面张力为 24.6mN/m。

五、电阻率

由于静电喷涂施工具有：所获涂膜均匀、装饰性好、生产率高、适合批量生产、涂料利用率高、能减少溶剂扩散污染的优点，因此许多用户采用静电喷涂的方式进行涂料产品的涂装，在配制静电喷涂涂料时，电阻率则成为一个重要的指标，最佳的涂料电阻率是静电喷涂施工的必要的参数之一。

组成涂料的各个组分，包括树脂、颜料、添加剂和溶剂都会影响涂料的电阻率。但是选择树脂和颜料往往是出于对涂膜所需要的装饰性能、力学性能、耐老化性能等多方面考虑而确定的，而以变更这些组分来调节涂料的电阻率，在大多数情况下是不现实的，添加剂的用量一般较少，为达到特定的目的而选择特定的添加剂往往比较严格，因此，通过溶剂的选择来调整涂料的电阻率就显得十分必要了。

不同种类的溶剂，依据其极性程度不同，具有不同的电阻率。醇类溶剂、酮类溶剂和醇醚类溶剂极性较强，具有低的电阻率；烃类和酯类溶剂的极性较弱，具有较高的电阻率。当一种高电阻率溶剂和一种低电阻率溶剂混合时，产生中等的电阻率。混合溶剂的电阻率取决于溶剂的组成，如图 2-3-14 所示，将正丁醇（极性）加入二甲苯和 IBIB（非极性）溶剂内，电阻率迅速下降，而用甲基戊基酮与二甲苯及 IBIB 混合时，电阻率则呈较平稳的改变。

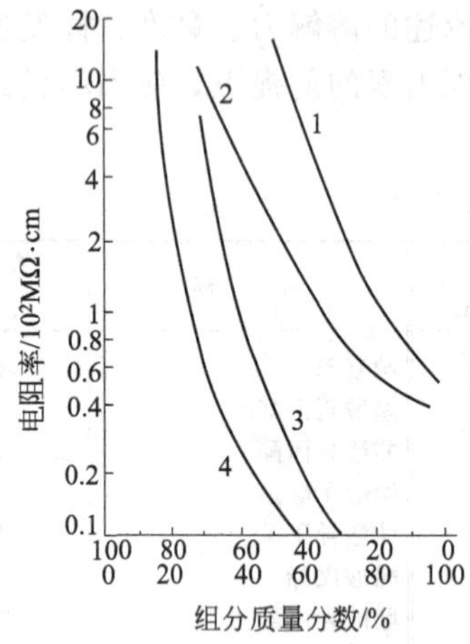

图 2-3-14 混合溶剂的电阻率

1—二甲苯/甲基戊基酮；2—IBIB/甲基戊基酮；3—二甲苯/正丁醇；4—IBIB/正丁醇

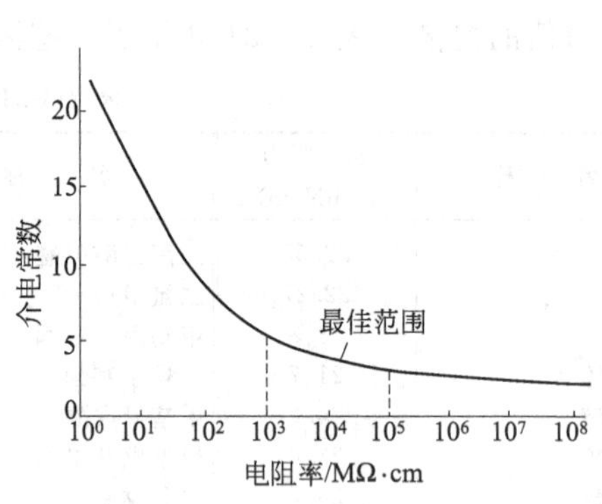

图 2-3-15 溶剂电阻率和介电常数之间的关系

如本节前面所述，溶剂分子极化程度大小（也即溶剂极性强弱）是由其偶极矩决定的，而偶极矩又与其介电常数有关。所谓介电常数是指在同一电容器内，用某一物质作为电介质时的电容（C）和为真空时的电容（C_0）的比值，即 $\varepsilon=C/C_0$，表示电介质在电场中贮存静电能的相对能力，介电常数愈小，绝缘性能愈好（即电阻率愈高）。溶剂电阻率和介电常数的关系，如图 2-3-15 所示。

表 2-3-22 列出了不同极性的常用溶剂；表 2-3-23 列出了常用溶剂的电阻值（涂料的电阻值可以用电导率仪或旋转兆欧表测定）。

表 2-3-22 依挥发速率由高到低排列的常用溶剂的极性

高极性	中极性	低极性	非极性
丙酮	醋酸戊酯	甲基戊醇	苯
醋酸乙酯	丁醇	乳酸丁酯	甲苯
甲醇	乙二醇乙醚	200 号涂料溶剂油	二甲苯
甲基乙基酮			Solvesso 100
甲基异丁基酮			高闪点石脑油
二丙酮醇			
醋酸丁酯			

表 2-3-23　常用溶剂的电阻值

溶剂名称	电阻值/MΩ	溶剂名称	电阻值/MΩ	溶剂名称	电阻值/MΩ
甲苯	400	醋酸丁酯	70	二甲苯	400
乙醇	12	二丙酮醇（92%以上）	0.12	乙二醇乙醚	0.15
醋酸乙酯	12	二丙酮醇（92%以下）	0.4	醛酯	500
仲丁醇	50	醋酸仲丁酯	300	醋酸甲酯	13
改性乙醇	60	环己酮	1.5	200 号涂料溶剂油	500
无水乙醇	100	一氯甲苯	100		

在涂料用静电喷涂方式施工时，首选的自然是容易带电的涂料，但是在实际工作过程中，往往遇到某些不易带电的涂料，这些难以带电的涂料分为两类：第一类是不易接受静电荷的涂料；第二类是具有特别高或特别低电阻值的涂料。对于第一类涂料，常采用的方法是控制性地加入极性溶剂，从而改变其带电性能，顺利地进行静电喷涂；对于第二类涂料则分别添加极性和非极性溶剂，将其电阻值调整到适当的范围。通常，使用非极性溶剂为主要溶剂，加入少量极性溶剂是一般的规律。例如，喷涂 A04-9 氨基烘漆时，其电阻值为 100MΩ 左右，加入少量极性溶剂二丙酮醇，使其电阻值下降到 5～15MΩ，然后用二甲苯调整到喷涂黏度，即可进行静电喷涂施工。

对于高固体分的涂料，由于溶剂加入量较少，调整其电阻值相对困难一些。但是通过正确的选择溶剂，将涂料调整到大多数静电喷涂设备所要求的电阻值范围内，是可以做到的。

六、毒性和安全性

在选择溶剂、设计色漆配方时，应十分重视溶剂的气味、对人体的毒性、空气污染限制和安全性。对于具有令人不愉快气味的溶剂、对人体毒性大的溶剂、易燃易爆的溶剂和不符合空气污染法限制的溶剂应尽量不选用。

1. 气味

溶剂的气味与对人体的毒性没有任何关系。例如氰乙酸乙酯是一种十分有毒的气体，它虽具有芳香气味，但却能导致死亡。环己酮尽管有难闻的臭味，但是却比具有芳香气味的苯的毒性低得多。涂料产品中所用的溶剂如果具有令人不悦的难闻气味，也是使用者所不愿接受的，特别是在这种气味短时间内难以扩散掉的情况下，将直接影响涂料产品的应用范围。

2. 毒性

毒性是一种物质对机体造成损害的能力。物质的毒性跟此种物质与机体接触的量、本身的理化性质及其与机体接触的途径有关。

溶剂可以通过皮肤、消化道和呼吸道被人体吸收而引起毒害。大多数有机溶剂对人体的共同毒性是在高浓度蒸气接触时表现的麻醉作用。一切有挥发性的物质其蒸气长时间、高浓度与人体接触总是有害的。随着中毒程度的加深和持续性的影响，会导致急性中毒和慢性中毒。常温下挥发速率高的溶剂在空气中的浓度比挥发速率低的溶剂高得多。因此，对人体毒性比较大、低挥发速率的溶剂相对比较安全，但是不慎内服或经皮肤吸收同样会引起中毒。

根据我国国家标准 GB 5044—85《职业性接触毒性危险程度分级》将毒性分为Ⅰ级（极度危害）、Ⅱ级（高度危害）、Ⅲ级（中度危害）、Ⅳ级（轻度危害）四个类型。联合国世界卫生组织推荐了一个五级急性毒性分级标准（表 2-3-24），用于对外来化合物的急性毒性进行评价。目前各种急性毒性分级标准还未完全统一，均存在不少缺点，因为它们主要是通过经验确定，客观性还不足。

表 2-3-24 外来化合物急性毒性分级（WHO）

毒性分级	大鼠一次经口 LD$_{50}$/(mg/kg)	6 只大鼠吸入 4h,死亡 2～4 只的浓度/10^{-6}	LD$_{50}$ /(mg/kg)	兔经皮 /(g/kg)	对人可能致死亡的估计量 /(g/60kg)
剧毒	＜1	＜10	＜5	＜0.05	0.1
高毒	1～	10～	5～	0.05～	3
中等毒	50～	100～	44～	0.5～	3
低毒	500～	1000～	350～	5～	250
微毒	5000～	10000～	2180～	＞15	＞1000

毒性是溶剂的危险性之一，了解溶剂的毒性，是涂料安全生产和使用的基础。溶剂的毒性通常可以进行如下分类。

(1) 根据溶剂对生理作用产生的毒性分类

① 损害神经的溶剂　如伯醇类（甲醇除外）、醚类、醛类、酮类、部分酯类、苄醇类等；

② 肺中毒溶剂　如羧基甲酯类、甲酸酯类等；

③ 血液中毒溶剂　如苯及其衍生物、乙二醇类等；

④ 肝脏及新陈代谢中毒的溶剂　如卤代烃类；

⑤ 肾脏中毒的溶剂　如四氯乙烷及乙二醇类。

(2) 根据溶剂对健康的损害分类

① 第一类　无害溶剂。

a. 基本上无害，长时间使用对健康没有什么影响，如戊烷、石油醚、轻质汽油、己烷、庚烷、200 号涂料溶剂油、乙醇、氯乙烷、醋酸乙酯等；

b. 稍有毒性，但挥发性低，在通常情况下使用基本无危险，如乙二醇、丁二醇等。

② 第二类　在一定程度上有害或稍有毒害的溶剂，但在短时间最大容许浓度下没有重大的危害，如甲苯、二甲苯、环己烷、异丙苯、环庚烷、醋酸丙酯、戊醇、醋酸戊酯、丁醇、三氯乙烯、四氯乙烯、氢化芳烃、石脑油、硝基乙烷等。

③ 第三类　有害溶剂，除在极低浓度下无危害外，即使是短时间接触也是有害的，如苯、二硫化碳、甲醇、四氯乙烷、苯酚、硝基苯、硫酸二甲酯、五氯乙烷等。

(3) 根据溶剂在工厂使用条件下的危险性进行分类

① 第一类　弱毒性溶剂，如 200 号溶剂油、四氢化萘、松节油、乙醇、丙醇、丁醇、戊醇、溶纤剂、甲基环己醇、丙酮、醋酸乙酯、醋酸丙酯、醋酸丁酯、醋酸戊酯等；

② 第二类　中毒性溶剂，如甲苯、环己烷、甲醇、二氯甲烷；

③ 第三类　强毒性溶剂，如苯、二硫化碳、氯仿、四氯化碳、氯苯、2-氯乙醇等。

为了避免溶剂通过呼吸道被人体吸收，而对健康造成危害，必须严格保证生产作业场所的溶剂蒸气浓度应在安全限度以下。表 2-3-25 所列出的数据，系我国 2007 年颁布的 GBZ 2.1—2007《工业场所有害因素职业接触限值》所公布的一部分内容，职业接触限值（Occupational exposure limit，OEL）是职业性有害因素的接触限制量值，指劳动者在职业活动过程中长期反复接触对肌体不引起急性或慢性有害健康的容许接触水平。化学因素的职业接触限值分为时间加权平均容许浓度、最高容许浓度和短时间接触容许浓度三类。时间加权平均容许浓度（Permissible concentration-time weighted average，PC-TWA）指以时间为权数规定的 8h 工作日的平均容许接触水平；最高容许浓度（Maximum allowable concentration，MAC）指工作地点、在一个工作日内、任何时间均不应超过的有毒化学物质的浓度；短时间接触容许浓度（Pemissible concentration-short term exposure limit，PC-STEL），在遵守

表 2-3-25 工作场所空气中有害物质的容许浓度

序号	中文名	英文名	化学文摘号(CAS No.)	OELs/(mg/m³)			备注
				MAC	PC-TWA	PC-STEL	
1	氨	ammonia	7664-41-7	—	20	30	—
2	苯	benzene	71-43-2	—	6	10	皮,G1
3	苯胺	aniline	62-53-3	—	3	—	皮
4	苯基醚(二苯醚)	phenyl ether	101-84-8	—	7	14	—
5	苯乙烯	styrene	100-42-5	—	50	100	皮,G2B
6	吡啶	pyridine	110-86-1	—	4	—	—
7	苄基氯	benzyl chloride	100-44-7	5	—	—	G2A
8	丙醇	propyl alcohol	71-23-8	—	200	300	—
9	丙酸	propionic acid	79-09-4	—	30	—	—
10	丙酮	acetone	67-64-1	—	300	450	—
11	丙酮氰醇(按 CN 计)	acetone cyanohydrin, as CN	75-86-5	3	—	—	皮
12	丙烯醇	allyl alcohol	107-18-6	—	2	3	皮
13	丙烯腈	acrylonitrile	107-13-1	—	1	2	皮,G2B
14	丙烯醛	acrolein	107-02-8	0.3	—	—	皮
15	丙烯酸	acrylic acid	79-10-7	—	6	—	皮
16	丙烯酸甲酯	methyl acrylate	96-33-3	—	20	—	皮,敏
17	丙烯酸正丁酯	*n*-butyl acrylate	141-32-2	—	25	—	敏
18	丙烯酰胺	acrylamide	79-06-1	—	0.3	—	皮,G2A
19	草酸	oxalic acid	144-62-7	—	1	2	—
20	抽余油(60～220℃)	raffinate(60～220℃)		—	300	—	—
21	碘仿	iodoform	75-47-8	—	10	—	—
22	碘甲烷	methyl iodide	74-88-4	—	10	—	皮
23	丁醇	butyl alcohol	71-36-3	—	100	—	—
24	1,3-丁二烯	1,3-butadiene	106-99-0	—	5	—	G2A
25	丁醛	butylaldehyde	123-72-8	—	5	10	—
26	丁酮	methyl ethyl ketone	78-93-3	—	300	600	—
27	丁烯	butylene	25167-67-3	—	100	—	—
28	对苯二甲酸	terephthalic acid	100-21-0	—	8	15	—
29	对二氯苯	*p*-dichlorobenzene	106-46-7	—	30	60	G2B
30	对茴香胺	*p*-anisidine	104-94-9	—	0.5	—	皮
31	对叔丁基甲苯	*p*-tert-butyltoluene	98-51-1	—	6	—	—
32	对硝基苯胺	*p* -nitroaniline	100-01-6	—	3	—	皮
33	对硝基氯苯	*p*-nitrochlorobenzene	100-00-5	—	0.6	—	皮
34	多亚甲基多苯基多异氰酸酯	polymetyhlene polyphenyl isocyanate(PMPPI)	57029-46-6	—	0.3	0.5	—
35	二苯胺	diphenylamine	122-39-4	—	10	—	—

续表

序号	中文名	英文名	化学文摘号（CAS No.）	OELs/(mg/m³)			备注
				MAC	PC-TWA	PC-STEL	
36	二苯基甲烷二异氰酸酯	diphenylmethane diisocyanate	101-68-8	—	0.05	0.1	—
37	二丙二醇甲醚	dipropylene glycol methyl ether	34590-94-8	—	600	900	皮
38	2-*N*-二丁氨基乙醇	2-*N*-dibutylamino ethanol	102-81-8	—	4	—	皮
39	二氟氯甲烷	chlorodifluoromethane	75-45-6	—	3500	—	—
40	二甲胺	dimethylamine	124-40-3	—	5	10	—
41	二甲苯(全部异构体)	xylene(all isomers)	1330-20-7；95-47-6；108-38-3	—	50	100	—
42	二甲基苯胺	dimethylanilne	121-69-7	—	5	10	皮
43	1,3-二甲基丁基醋酸酯(乙酸仲己酯)	1,3-dimethylbutyl acetate (*sec*-hexylacetate)	108-84-9	—	300	—	—
44	二甲基二氯硅烷	dimethyl dichlorosilane	75-78-5	2	—	—	—
45	二甲基甲酰胺	dimethylformamide(DMF)	68-12-2	—	20	—	皮
46	3,3-二甲基联苯胺	3,3-dimethylbenzidine	119-93-7	0.02	—	—	皮,G2B
47	*N*,*N*-二甲基乙酰胺	dimethyl acetamide	127-19-5	—	20	—	皮
48	二聚环戊二烯	dicyclopentadiene	77-73-6	—	25	—	—
49	1,1-二氯-1-硝基乙烷	1,1-dichloro-1-nitroethane	594-72-9	—	12	—	—
50	1,3-二氯丙醇	1,3-dichloropropanol	96-23-1	—	5	—	皮
51	1,2-二氯丙烷	1,2-dichloropropane	78-87-5	—	350	500	—
52	1,3-二氯丙烯	1,3-dichloropropene	542-75-6	—	4	—	皮,G2B
53	二氯二氟甲烷	dichlorodifluoromethane	75-71-8	—	5000	—	—
54	二氯甲烷	dichloromethane	75-09-2	—	200	—	G2B
55	二氯乙炔	dichloroacetylene	7572-29-4	0.4	—	—	—
56	1,2-二氯乙烷	1,2-dichloroethane	107-06-2	—	7	15	G2B
57	1,2-二氯乙烯	1,2-dichloroethylene	540-59-0	—	800	—	—
58	二缩水甘油醚	diglycidyl ether	2238-07-5	—	0.5	—	—
59	二硝基苯(全部异构体)	dinitrobenzene (all isomers)	528-29-0；99-65-0；100-25-4	—	1	—	皮
60	二硝基甲苯	dinitrotoluene	25321-14-6	—	0.2	—	皮,G2B(2,4-二硝基甲苯；2,6-二硝基甲苯)
61	4,6-二硝基邻苯甲酚	4,6-dinitro-*o*-cresol	534-52-1	—	0.2	—	皮
62	二硝基氯苯	dinitrochlorobenzene	25567-67-3	—	0.6	—	皮
63	2-二乙氨基乙醇	2-diethylaminoethanol	100-37-8	—	50	—	皮

续表

序号	中文名	英文名	化学文摘号（CAS No.）	OELs/(mg/m³)			备注
				MAC	PC-TWA	PC-STEL	
64	二亚乙基三胺	diethylene triamine	111-40-0	—	4	—	皮
65	二乙基甲酮	diethyl ketone	96-22-0	—	700	900	—
66	二乙烯基苯	divinyl benzene	1321-74-0	—	50	—	—
67	二异丁基甲酮	diisobutyl ketone	108-83-8	—	145	—	—
68	二异氰酸甲苯酯（TDI）	toluene-2,4 -diisocyanate（TDI）	584-84-9	—	0.1	0.2	敏,G2B
69	酚	phenol	108-95-2	—	10	—	皮
70	呋喃	furan	110-00-9	—	0.5	—	G2B
71	氟化氢（按F计）	hydrogen fluoride，as F	7664-39-3	2	—	—	—
72	氟化物（不含氟化氢）（按F计）	fluorides（except HF），as F		—	2	—	—
73	过氧化苯甲酰	benzoyl peroxide	94-36-0	—	5	—	—
74	过氧化氢	hydrogen peroxide	7722-84-1	—	1.5	—	—
75	环己胺	cyclohexylamine	108-91-8	—	10	20	—
76	环己醇	cyclohexanol	108-93-0	—	100	—	皮
77	环己酮	cyclohexanone	108-94-1	—	50	—	皮
78	环己烷	cyclohexane	110-82-7	—	250	—	—
79	环氧丙烷	propylene oxide	75-56-9	—	5	—	敏,G2B
80	环氧氯丙烷	epichlorohydrin	106-89-8	—	1	2	皮,G2A
81	环氧乙烷	ethylene oxide	75-21-8	—	2	—	G1
82	己二醇	hexylene glycol	107-41-5	100	—	—	—
83	1,6-己二异氰酸酯	hexamethylene diisocyanate	822-06-0	—	0.03	—	—
84	己内酰胺	caprolactam	105-60-2	—	5	—	—
85	2-己酮	2-hexanone	591-78-6	—	20	40	皮
86	甲苯	toluene	108-88-3	—	50	100	皮
87	*N*-甲苯胺	*N*-methyl aniline	100-61-8	—	2	—	皮
88	甲醇	methanol	67-56-1	—	25	50	皮
89	甲基丙烯腈	methylacrylonitrile	126-98-7	—	3	—	皮
90	甲基丙烯酸	methacrylic acid	79-41-4	—	70	—	—
91	甲基丙烯酸甲酯	methyl methacrylate	80-62-6	—	100	—	敏
92	甲基丙烯酸缩水甘油酯	glycidyl methacrylate	106-91-2	5	—	—	—
93	甲基肼	methyl hydrazine	60-34-4	0.08	—	—	皮
94	甲硫醇	methyl mercaptan	74-93-1	—	1	—	—

续表

序号	中文名	英文名	化学文摘号(CAS No.)	OELs/(mg/m³)			备注
				MAC	PC-TWA	PC-STEL	
95	甲醛	formaldehyde	50-00-0	0.5	—	—	敏,G1
96	甲酸	formic acid	64-18-6	—	10	20	—
97	甲氧基乙醇	2-methoxyethanol	109-86-4	—	15	—	皮
98	肼	hydrazine	302-01-2	—	0.06	0.13	皮,G2B
99	糠醇	furfuryl alcohol	98-00-0	—	40	60	皮
100	糠醛	furfural	98-01-1	—	5	—	皮
101	联苯	biphenyl	92-52-4	—	1.5	—	—
102	邻苯二甲酸二丁酯	dibutyl phthalate	84-74-2	—	2.5	—	—
103	邻苯二甲酸酐	phthalic anhydride	85-44-9	1	—	—	敏
104	邻二氯苯	*o*-dichlorobenzene	95-50-1	—	50	100	
105	邻茴香胺	*o*-anisidine	90-04-0	—	0.5	—	皮,G2B
106	邻氯苯乙烯	*o*-chlorostyrene	2038-87-47	—	250	400	—
107	磷酸	phosphoric acid	7664-38-2	—	1	3	—
108	磷酸二丁基苯酯	dibutyl phenyl phosphate	2528-36-1	—	3.5	—	皮
109	硫酸二甲酯	dimethyl sulfate	77-78-1	—	0.5	—	皮,G2A
110	硫酸及三氧化硫	sulfuric acid and sulfur trioxide	7664-93-9	—	1	2	G1
111	硫酰氟	sulfuryl fluoride	2699-79-8	—	20	40	—
112	六氟丙酮	hexafluoroacetone	684-16-2	—	0.5	—	皮
113	六氟丙烯	hexafluoropropylene	116-15-4	—	4	—	—
114	六氟化硫	sulfur hexafluoride	2551-62-4	—	6000	—	—
115	六氯丁二烯	hexachlorobutadine	87-68-3	—	0.2	—	皮
116	六氯环戊二烯	hexachlorocyclope nta-diene	77-47-4	—	0.1	—	—
117	六氯萘	hexachloronaphthalene	1335-87-1	—	0.2	—	皮
118	六氯乙烷	hexachloroethane	67-72-1	—	10	—	皮,G2B
119	氯苯	chlorobenzene	108-90-7	—	50	—	—
120	氯丙酮	chloroacetone	78-95-5	4	—	—	皮
121	氯丙烯	allyl chloride	107-05-1	—	2	4	—
122	β-氯丁二烯	chloroprene	126-99-8	—	4	—	皮,G2B
123	氯化氢及盐酸	hydrogen chloride and chlorhydric acid	7647-01-0	7.5	—	—	
124	氯甲基甲醚	chloromethyl methyl e-ther	107-30-2	0.005	—	—	G1
125	氯甲烷	methyl chloride	74-87-3	—	60	120	皮
126	氯联苯(54%氯)	chlorodiphenyl (54%Cl)	11097-69-1	—	0.5	—	皮,G2A
127	氯萘	chloronaphthalene	90-13-1	—	0.5	—	皮

续表

序号	中文名	英文名	化学文摘号（CAS No.）	OELs/(mg/m³)			备注
				MAC	PC-TWA	PC-STEL	
128	氯乙醇	ethylene chlorohydrin	107-07-3	2	—	—	皮
129	氯乙醛	chloroacetaldehyde	107-20-0	3	—	—	—
130	氯乙酸	chloroacetic acid	79-11-8	2	—	—	皮
131	氯乙烯	vinyl chloride	75-01-4	—	10	—	G1
132	煤焦油沥青挥发物（按苯溶物计）	coal tar pitch volatiles, as benzene soluble matters	65996-93-2	—	0.2	—	G1
133	萘	naphthalene	91-20-3	—	50	75	皮,G2B
134	萘烷	decalin	91-17-8	—	60	—	—
135	偏二甲基肼	unsymmetric dimethylhydrazine	57-14-7	—	0.5	—	皮,G2B
136	氢醌	hydroquinone	123-31-9	—	1	2	—
137	氢氧化钾	potassium hydroxide	1310-58-3	2	—	—	—
138	氢氧化钠	sodium hydroxide	1310-73-2	2	—	—	—
139	氰化物(按 CN 计)	cyanides, as CN	460-19-5 (CN)	1	—	—	皮
140	氰戊菊酯	fenvalerate	51630-58-1	—	0.05	—	皮
141	全氟异丁烯	perfluoroisobutylene	382-21-8	0.08	—	—	—
142	壬烷	nonane	111-84-2	—	500	—	—
143	溶剂汽油	solvent gasolines		—	300	—	—
144	乳酸正丁酯	*n*-butyl lactate	138-22-7	—	25	—	—
145	三亚甲基三硝基胺（黑索今）	cyclonite (RDX)	121-82-4	—	1.5	—	皮
146	三氟化氯	chlorine trifluoride	7790-91-2	0.4	—	—	—
147	三氟化硼	boron trifluoride	7637-07-2	3	—	—	—
148	三氟甲基次氟酸酯	trifluoromethyl hypofluorite		0.2	—	—	—
149	三甲苯磷酸酯	tricresyl phosphate	1330-78-5	—	0.3	—	皮
150	1,2,3-三氯丙烷	1,2,3-trichloropropane	96-18-4	—	60	—	皮,G2A
151	三氯甲烷	trichloromethane	67-66-3	—	20	—	G2B
152	三氯乙醛	trichloroacetaldehyde	75-87-6	3	—	—	—
153	1,1,1-三氯乙烷	1,1,1-trichloroethane	71-55-6	—	900	—	—
154	三氯乙烯	trichloroethylene	79-01-6	—	30	—	G2A
155	三硝基甲苯	trinitrotoluene	118-96-7	—	0.2	0.5	皮
156	双丙酮醇	diacetone alcohol	123-42-2	—	240	—	—
157	双氯甲醚	bis(chloromethyl) ether	542-88-1	0.005	—	—	G1
158	四氯化碳	carbon tetrachloride	56-23-5	—	15	25	皮,G2B
159	四氯乙烯	tetrachloroethylene	127-18-4	—	200	—	G2A
160	四氢呋喃	tetrahydrofuran	109-99-9	—	300	—	—
161	四溴化碳	carbon tetrabromide	558-13-4	—	1.5	4	—

续表

序号	中文名	英文名	化学文摘号（CAS No.）	OELs/(mg/m^3)			备注
				MAC	PC-TWA	PC-STEL	
162	松节油	turpentine	8006-64-2	—	300	—	—
163	羰基氟	carbonyl fluoride	353-50-4	—	5	10	—
164	五氟氯乙烷	chloropentafluoroe thane	76-15-3	—	5000	—	—
165	戊醇	amyl alcohol	71-41-0	—	100	—	—
166	戊烷(全部异构体)	pentane (all isomers)	78-78-4；109-66-0；463-82-1	—	500	1000	—
167	硝基苯	nitrobenzene	98-95-3	—	2	—	皮，G2B
168	1-硝基丙烷	1-nitropropane	108-03-2	—	90	—	—
169	2-硝基丙烷	2-nitropropane	79-46-9	—	30	—	G2B
170	硝基甲苯(全部异构体)	nitrotoluene (all isomers)	88-72-2；99-08-1；99-99-0	—	10	—	皮
171	硝基甲烷	nitromethane	75-52-5	—	50	—	G2B
172	硝基乙烷	nitroethane	79-24-3	—	300	—	—
173	辛烷	octane	111-65-9	—	500	—	—
174	溴甲烷	methyl bromide	74-83-9	—	2	—	皮
175	一甲胺	monomethylamine	74-89-5	—	5	10	—
176	乙胺	ethylamine	75-04-7	—	9	18	皮
177	乙苯	ethyl benzene	100-41-4	—	100	150	G2B
178	乙醇胺	ethanolamine	141-43-5	—	8	15	—
179	乙二胺	ethylenediamine	107-15-3	—	4	10	皮
180	乙二醇	ethylene glycol	107-21-1	—	20	40	—
181	乙二醇二硝酸酯	ethylene glycol dinitrate	628-96-6	—	0.3	—	皮
182	乙酐	acetic anhydride	108-24-7	—	16	—	—
183	乙基戊基甲酮	ethyl amyl ketone	541-85-5	—	130	—	—
184	乙腈	acetonitrile	75-05-8	—	30	—	皮
185	乙硫醇	ethyl mercaptan	75-08-1	—	1	—	—
186	乙醚	ethyl ether	60-29-7	—	300	500	—
187	乙硼烷	diborane	19287-45-7	—	0.1	—	—
188	乙醛	acetaldehyde	75-07-0	45	—	—	G2B
189	乙酸	acetic acid	64-19-7	—	10	20	—
190	2-甲氧基乙基乙酸酯	2-methoxyethyl acetate	110-49-6	—	20	—	皮
191	乙酸丙酯	propyl acetate	109-60-4	—	200	300	—
192	乙酸丁酯	butyl acetate	123-86-4	—	200	300	—
193	乙酸甲酯	methyl acetate	79-20-9	—	200	500	—
194	乙酸戊酯(全部异构体)	amyl acetate (all isomers)	628-63-7	—	100	200	—

续表

序号	中文名	英文名	化学文摘号(CAS No.)	OELs/(mg/m³)			备注
				MAC	PC-TWA	PC-STEL	
195	乙酸乙烯酯	vinyl acetate	108-05-4	—	10	15	G2B
196	乙酸乙酯	ethyl acetate	141-78-6	—	200	300	—
197	乙烯酮	ketene	463-51-4	—	0.8	2.5	—
198	2-乙氧基乙醇	2-ethoxyethanol	110-80-5	—	18	36	皮
199	2-乙氧基乙基乙酸酯	2-ethoxyethyl acetate	111-15-9	—	30	—	皮
200	异丙胺	isopropylamine	75-31-0	—	12	24	—
201	异丙醇	isopropyl alcohol(IPA)	67-63-0	—	350	700	—
202	*N*-异丙基苯胺	*N*-isopropylaniline	768-52-5	—	10	—	皮
203	异佛尔酮	isophorone	78-59-1	30	—	—	—
204	异佛尔酮二异氰酸酯	isophorone diisocyanate (IPDI)	4098-71-9	—	0.05	0.1	—
205	异氰酸甲酯	methyl isocyanate	624-83-9	—	0.05	0.08	皮
206	异亚丙基丙酮	mesityl oxide	141-79-7	—	60	100	—
207	茚	indene	95-13-6	—	50	—	—
208	正丁胺	*n*-butylamine	109-73-9	15	—	—	皮
209	正丁基硫醇	*n*-butyl mercaptan	109-79-5	—	2	—	—
210	正丁基缩水甘油醚	*n*-butyl glycidyl ether	2426-08-6	—	60	—	—
211	正庚烷	*n*-heptane	142-82-5	—	500	1000	—
212	正己烷	*n*-hexane	110-54-3	—	100	180	皮

注：1. 有（皮）标记者为除呼吸道吸收外，尚易于皮肤吸收的有毒物质；有（敏）标记者是指已被人或动物资料证实该物质可能有致敏作用。

2. G1：确认人类致癌物（carcinogenic to humans）；G2A：可能人类致癌物（probably carcinogenic to humans）；G2B：可疑人类致癌物（possibly carcinogenic to humans）；G3：对人及动物致癌性证据不足（not calssifiable as to carcinogenicity to humans）；G4：未列为人类致癌物（probably not carcinogenic to humans）。

3. 本表摘自 GBZ 2.1—2007《工业场所有害因素职业接触限值》。

PC-TWA 前提下容许短时间（15min）接触的浓度。为达到此标准则要求使用溶剂的设备尽量采取密闭操作，保持车间自然通风及安装强制换气设备。

另外，也应注意不用皮肤和溶剂直接接触，特别是不与高浓度的溶剂接触，以避免通过皮肤吸收中毒。

国际劳工组织于 1990 年 6 月讨论通过了《工作场所安全使用化学品》170 号公约，我国 1994 年 10 月 27 日第八届全国人大常委会第十二次会议讨论批准了 170 号公约。为贯彻 170 号公约，国家相关部委颁布了《工作场所安全使用化学品规定》，规定要求所有生产和经营化学品的企业，必须进行危险化学品登记，在包装上加贴安全标签和编印安全技术说明书。

3. 空气污染限制

空气污染限制是出于对生态环境保护的目的而提出的。第一个最著名的溶剂空气污染管理法是洛杉矶国家空气污染控制第 66 号区域管理法规（简称 66 法规），于 1967 年 7 月 1 日生效的。它的目的是在周围空气环境中减少臭氧量（烃类在太阳光下把氧催化而形成臭氧）。

66 法规是基于光学反应，并根据烃类促使臭氧形成的速率是根据分子类型而变化的概念而制定的，因此原始法规包括以下内容：光化学反应溶剂是指按下列分类的化合物总体积超过 20%，或各自组成超出下列极限的溶剂。

① 具有不饱和键的烃、醇、醛、酯、醚或酮混合的溶剂、烯烃或环烯烃：5%；

② 除乙苯外具有 8 个或 8 个以上碳原子的芳烃分子的混合溶剂：20%。

无论什么时候，任一有机溶剂或任何有机溶剂的组成，可根据其化学结构分成比上述有机化合物更多的类别，也应看成是最活性化合物分类的一种，它在溶剂总体积中也应占最小的百分数。

虽然洛杉矶的空气污染管理法吸收了南海岸空气质量管理法，而且在那个机构中 66 法规被 102 法规和 422 法规所替代，但 66 法规还是立刻被那些关心溶剂污染空气的人所确认。它被作为全国甚至世界某些地区许多法规的典范。

1976 年，美国环境保护局（EPA）确定光化学反应不是控制污染物的有效基础。因为所有溶剂都是反应的，它们的区别仅在于反应速率。新法规规定对于高固体分涂料，每立方米涂料中挥发性有机化学物含量不超过 0.34kg 的规定。因此，选用较低密度，而有较高的溶解力的溶剂是获得指定黏度下，每立方米涂料含有较少挥发性溶剂的有效途径，这也是涂料工作者为符合空气污染管理法，在选用溶剂时需要考虑的一个重要因素。

4. 安全性

众所周知，溶剂型涂料是易燃易爆的化学品，而决定其燃烧和爆炸危险程度的主要因素，是涂料产品中使用的溶剂，因此，溶剂的安全性直接影响着涂料产品在生产、贮存、运输及涂装过程中的起火及爆炸的危险程度。我们设计色漆配方时，在满足产品对溶剂的上述诸项要求的同时，充分考虑溶剂的安全性指标也是涂料工作者应当高度重视的一个问题。

(1) 燃烧及自燃　溶剂在安全性方面的主要危险是燃烧和爆炸。燃烧是一种放热发光的化学反应，物质燃烧必须同时具备 3 个条件：有可燃性的物质存在；有氧的存在及有火源存在。溶剂的燃烧不是液体溶剂本身的燃烧，而是溶剂液体的蒸气被氧化分解而形成燃烧。

闪点是用以评价溶剂燃烧危险程度的一个重要指标。闪点是可燃性液体受热时，其液体表面上的蒸气和空气的混合物接触火源发生闪燃时的最低温度。所谓“闪燃”是因为温度尚低，可燃性液体产生蒸气的速率尚慢，其上部蒸气一经燃烧，新的蒸气补充不上来，则造成燃烧现象一闪即逝，故称闪燃。可燃性液体能发生闪燃时的温度称作它的闪点。从发生着火的危险角度而言，达到闪点已经达到了可能燃烧的信息点，因此，将闪点作为评价溶剂燃烧温度的指标。

如果将达到闪点温度的可燃性液体继续加热，当温度上升到某一点，在该温度下，可燃性液体的蒸气和空气的混合物接触火源发生燃烧，而移去火源后仍能继续燃烧，那么这一温度就是该可燃性液体的燃点，或称作着火点。因为达到燃点时可燃性液体就可以形成连续燃烧了，所以作为火灾的危险的信息就为时太晚了，故规定以闪点作为物质火灾危险程度的评价指标。依据闪点可以将可燃性液体分为两类四级，闪点越低、危险性越大，而溶剂的密度越小、挥发速率越快、闪点就越低（见表 2-3-26）

自燃是有机溶剂发生火灾的另一种表现形式。这是由于其受热后发生氧化反应而产生的热量不能释放，导致温度继续升高及氧化反应加剧，最后自燃起火的现象。溶剂不需火源即可自行起火并继续燃烧的最低温度称作自燃点（或自行着火点）。在产生及使用溶剂的过程中，必须保持温度低于其自燃温度。浸有溶剂的物质不可随处丢放，以免导致自燃。

表 2-3-26 易燃和可燃液体的易燃性分级标准

类别		闪点/℃	举例
易燃液体	一级	<28	汽油、乙醇、苯
	二级	28～45	煤油、松节油
可燃液体	三级	45～120	柴油
	四级	>120	甘油

(2) 爆炸 爆炸和燃烧没有本质区别，可燃性液体的蒸气剧烈燃烧，产生的能量以冲击波的形式释放出来就叫爆炸。

可燃性液体的蒸气和空气的混合物不是在任何状况下都可以爆炸的，其蒸气浓度和空气的混合物必须达到一定范围，在这个范围内遇到火源才发生爆炸。这个浓度范围叫作爆炸浓度极限，简称爆炸极限。能发生爆炸的最低浓度称作爆炸下限，能发生爆炸的最高浓度称作爆炸上限。可燃性液体蒸气浓度在爆炸下限以下或在爆炸上限以上，由于热量不足或氧气量不够，不能发生燃烧和爆炸。只有在爆炸下限和爆炸上限这个浓度范围内方可以发生爆炸，这个区间称为爆炸极限范围。爆炸极限范围常以可燃性液体蒸气的体积分数表示。

可燃性液体蒸气的爆炸危险可以用爆炸危险度表示，即

爆炸危险度=(爆炸上限浓度－爆炸下限浓度)/爆炸下限浓度

上式说明，爆炸下限浓度越低，而爆炸上限越高，即爆炸极限范围越宽时，出现爆炸的机会就越多，爆炸危险性就越大。火灾爆炸的危险程度越高，工厂设计及建筑要求也越苛刻，项目投资也越大。因此，在设计溶剂型涂料选择溶剂时要在满足产品需要的情况下，尽量选取用火灾及爆炸危险性小的溶剂。以降低产品工业化的难度和提高规模化生产的安全性，表 2-3-27 列出了溶剂的闪点、爆炸极限及自燃点数据。

表 2-3-27 溶剂的闪点、自燃点及爆炸极限（体积分数）

名称	闪点(闭口)/℃	爆炸极限/%		自燃点/℃	名称	闪点(闭口)/℃	爆炸极限/%		自燃点/℃
		下限	上限				下限	上限	
石油醚	<0	1.4	5.9		甲基异丁基酮	23	1.4	7.5	459
200 号溶剂油	33	1.0	6.2		二丙酮醇	64	1.8	6.9	
苯	−11.1	1.4	21	562.1	丙二醇甲醚醋酸酯	48	1.5	7	333
甲苯	4.4	1.27	7.0	552	丙二醇甲醚	32	3.0	12.0	532
二甲苯	25.29	1.0	5.3	530	醋酸乙酯	−4.0	2.18	11.4	425.5
Solvesso 100	44	1.0	6.0	530	醋酸丁酯	27	1.4	8.0	421
Solvesso 150	63	1.0	6.0	463	醋酸异丁酯	17.8	2.4	10.5	422.8
松节油	35	0.8		253.3	醋酸戊酯	25	1.1	7.5	378.9
甲醇	12	6.0	36.5	470	醋酸异戊酯	25	1.0	7.5	379.4
乙醇	14	4.3	19.0	390～430	乳酸丁酯	71			382.2
丙醇	27(开)	2.6	13.5	440	乙二醇乙醚	45	1.8	14.0	238
异丙醇	11.7	2.02	7.99	460	二甘醇乙醚	94			
正丁醇	35.0	1.45	11.25	340～420	二甘醇丁醚	110			
异丁醇	27.5(开)	1.65			乙二醇乙醚醋酸酯	51	1.7		
仲丁醇	31(开)	1.7	9.8	406	乙二醇丁醚醋酸酯	88(开)			
丙酮	−17.8	2.55	12.80	561	硝基乙烷	41(开)	4.0		414
甲基丙酮	−7.2	1.81	11.5	5.6	硝基丙烷	37.8	2.6		421
异佛尔酮	96(开)			462	二氯甲烷	34(开)			622
环己酮	44	1.1	8.1	420	1,1,1-三氯乙烷	无	10.0		

由以上论述不难看出，目前大量应用的传统溶剂型涂料中，不可避免地要使用大量的有机溶剂，而在这些涂料产品形成涂膜的过程中，又要挥发到大气中去，这不仅造成对人体的毒害、对生态环境的污染、增加了生产及施工场所的火灾及爆炸危险，并且也是能源及资源的巨大浪费。因此，国内外涂料工业正在下大力气致力于研究及使用不含或少含有机溶剂的低污染涂料，如高固体分涂料、无溶剂涂料、水性涂料及粉末涂料。这些涂料产品的应用和发展，无疑会给人类社会带来福音。

以上我们阐述了溶剂的 6 个特性。其中溶解力和挥发速率是最主要的特性，表面张力和黏度对漆料及涂料性能的影响日趋重要，生态环境和人体健康的保护将对溶剂选用的限定更加严格。除此之外溶剂作为涂料生产的原料，其价格及资源也是不容忽视的因素。因此依据本节所论述的溶剂的溶解力、黏度、挥发速率、表面张力、电阻率、毒性和安全性，以及价格和资源诸项因素，科学地选择溶剂，组成涂料产品配方，是一个全面衡量及抉择的过程。

第四节 活性分散介质

现代意义上的无溶剂涂料系指采用活性溶剂作为溶解介质的涂料。在其成膜过程中，活性溶剂与树脂交联反应，成为涂膜的组成部分，而不像一般溶剂那样挥发逸出。与溶剂型涂料比较，特点是：一次涂装可得较厚涂膜，提高工效；无溶剂挥发到大气中，减少污染，避免溶剂中毒和火灾。常用的品种有：①无溶剂聚酯涂料，即不饱和聚酯涂料；②无溶剂环氧涂料（小分子缩水甘油醚类）；③光固化丙烯酸涂料（如季戊四醇三丙烯酸酯等）；④无溶剂聚氨酯涂料；⑤无溶剂有机硅涂料等。目前有关活性稀释剂的应用主要集中在无溶剂环氧涂料和光固化丙烯酸涂料，技术比较成熟。

一、无溶剂环氧涂料用活性稀释剂

环氧活性稀稀剂主要为小分子缩水甘油醚类，分为单环氧化物和多环氧化物，按其类型又分为脂肪族型和芳香族型。从理论上讲，单环氧活性稀释剂会使热变形温度降低，而多环氧活性稀释剂影响较小。脂肪族型比芳香族型稀释效果好，而芳香族型有更好的耐酸碱性。因此，应根据环氧涂料固化的性能（黏度、力学性能、耐酸碱性、耐热变形温度等）进行选择。单环氧活性稀释剂稀释能力大于多环氧活性稀释剂，而多环氧活性稀释剂对维持环氧涂料性能较好。而从热力学性能分析，热变形温度——物体受热开始发生变形的临界温度是衡量环氧固化物的一个重要指标，由于多环氧活性稀释剂交联密度高，因此热力学性能较单环氧活性稀释剂损失小，而芳香族活性稀释剂由于具有较好的刚性结构因此较脂肪族活性稀释剂热力学性能损失小。环氧活性稀释剂对力学性能和热力学性能的影响：多环氧活性稀释剂交联密度高，因此较单环氧活性稀释剂力学性能好，芳香族活性稀释剂由于具有较好的刚性结构因此较脂肪族活性稀释剂力学性能好，长分子链的活性稀释剂有很好的增韧能力，这对改进环氧产物刚性大、韧性低有很好的作用。以下介绍几种国内外主要环氧活性稀释剂品种。

1. 三羟甲基丙烷三缩水甘油醚

分子式：$C_{15}H_{26}O_6$，相对分子质量：398，密度为 1.16g/cm³，环氧当量为 135～160，具有三个羟基的环氧稀释剂，因为三个羟基及三个环氧基的存在使其在作为环氧树脂的稀释剂使用时，在降低环氧体系产品的耐温性方面有较强的优越性。

2. 新戊二醇二缩水甘油醚

分子式：$C_{11}H_{20}O_4$，相对分子质量：216，密度为1.04g/cm³，环氧当量为143～166，由新戊二醇与环氧氯丙烷脱水反应而成，无刺激性气味，沸点大于150℃，分子内含有两个环氧基团，固化时参与反应，形成链状及网状。稀释效果与单缩水甘油醚相当。但固化后树脂的拉伸强度，弯曲强度，抗压强度，冲击强度等力学性能以及适应期均优于单缩水甘油醚固化的树脂。作为环氧树脂的活性稀释剂可以在同样温度条件下降低环氧树脂与固化剂的反应活性，广泛用于地坪、无溶剂涂料、层压、胶黏剂和透明环氧体系及电工浇注成形的环氧体系。作为纤维素整理剂可增加纤维素的柔韧性、牢度、耐碱性、染色性等，可用于棉、麻，毛丝等织物整理。

3. 1,4-丁二醇二缩水甘油醚

分子式：$C_{10}H_{18}O_4$，相对分子质量：202，密度为1.10g/cm³，环氧当量为130～175，由正丁醇与环氧氯丙烷脱水反应而成，无刺激性气味，沸点大于150℃，分子内含有两个环氧基团，固化时参与反应，形成链状及网状。固化后树脂的拉伸强度，抗弯曲强度，抗压强度，抗冲击强度等力学性能以及适应期均优于单缩水甘油醚固化的树脂。由于是长链型环氧活性稀释剂通常作为环氧树脂的柔性增韧剂，广泛用于无溶剂涂料、层压、胶黏剂等环氧体系。

4. 聚丙二醇二缩水甘油醚

环氧当量为278～360，由聚丙二醇与环氧氯丙烷脱水反应而成，淡黄色液体，由于其独特的长链型分子结构因此完全可以取代通用的环氧柔性增韧剂，被广泛用于无溶剂涂料、层压、胶黏剂等环氧体系。作为纤维素整理剂可增加纤维素的柔韧性、牢度、耐碱性、染色性等，可用于棉、麻、毛丝等织物整理。可使纤维的拉伸强度提高。

5. 乙二醇二缩水甘油醚

分子式：$C_{10}H_{14}O_4$，相对分子质量：198，密度为1.08g/cm³，环氧当量为133～155，由乙二醇与环氧氯丙烷脱水反应而成，浅黄色透明液体，被广泛用于无溶剂涂料、层压、胶黏剂等环氧体系。

6. 苄基缩水甘油醚

密度为0.98g/cm³，环氧当量为130～175，由苯甲醇与环氧氯丙烷脱水反应而成，无色透明液体，黏度低、气味小、沸点高、固化物耐热性较好、韧性优良等诸多优越性，可广泛用于高要求环氧树脂灌封料、透明灌封树脂、无气味环氧地坪涂料等要求较高的环氧树脂，无溶剂稀释。

7. 丁基缩水甘油醚

分子式：$C_7H_{15}O_2$，相对分子质量：131，密度为0.87g/cm³，无色透明液体，低毒。其化学名称为环氧丙烷丁基醚，系丁醇与环氧氯丙烷经开环醚化再经环氧化而制得的缩水甘油型活性环氧稀释剂，分子内含醚键和环氧基，稀释环氧树脂效果好，固化时参与固化，形成均一体系，是常用的环氧树脂活性稀释剂。

8. 脂肪缩水甘油醚

密度为0.89g/cm³，环氧当量为285～330，无色透明液体，它是一种单官能基稀释剂，用于降低树脂体系的黏度，要达到理想的降黏效果，必须添加到最适比例。

9. 烯丙基缩水甘油醚

分子式：$C_6H_{10}O_2$，相对分子质量：114，密度为0.97g/cm^3，环氧当量为98～102，是一种单官能基稀释剂，用于降低树脂体系的黏度，与环氧树脂搭配使用，可以加入较高比例填料，具有较高的渗透性。

10. 苯基缩水甘油醚

由苯酚与环氧氯丙烷经开环醚化，再经环氧化而制得的缩水甘油醚型活性稀释剂，黏度较低（0.007Pa·s左右），能与环氧树脂以任意比例混溶。

11. 脂环族环氧树脂化合物

无色或淡黄色透明油状液体，对皮肤无刺激，无异味，能与苯、甲苯、丙酮等有机溶剂互溶，是环氧树脂很好的稀释剂。随着用量的增加，显著降低环氧体系黏度，热变形温度几乎不变，这是一般环氧稀释剂不能与之相比的。固化后交联度高，并保持原有环状结构，所以耐热温度高、力学性能好。

二、聚氨酯涂料用活性稀释剂

1. γ-丁内酯

无色油状液体，有类似丙酮气味，沸点范围201～206℃，凝固点约－43℃，密度（20℃）1.13g/cm^3，闪点104℃，能与水、醇、酯及芳烃混溶，有限溶解于脂肪烃和环脂烃。可用作聚氨酯的强度改性剂（活性稀释剂）以及聚氨酯和氨基涂料体系的固化剂。

2. 亚丙基碳酸酯

亚丙基碳酸酯是一种低黏度、高沸点化合物，具有生物降解性能，广泛应用于溶剂。可作为聚氨酯预聚体的降黏剂、活性稀释剂和增塑剂，用于喷涂聚氨酯弹性体体系等。

3. 噁唑烷

噁唑烷活性稀释剂的水解活性比醛（酮）亚胺低，稳定性较好，在固化环境下遇湿离解后产生羟基或仲氨基，参加固化反应，而生成的少量副产物酮（或醛）与树脂具有良好的相容性，慢慢挥发，不影响固化后树脂的外观。它不但不会像增塑剂那样降低硬度，而且可得到良好耐化学品性能、柔韧性、抗冲击性、耐磨性和附着力好的涂膜。噁唑烷与水反应快，因而体系中无CO_2气体生成，防止涂层发泡和针孔现象的发生。

三、光固化涂料用活性稀释剂

光固化涂料中的活性稀释剂通常称为单体（monomer）或功能性单体（functional monomer），它是一种含有可聚合官能团的有机小分子，在光固化涂料的各种组分中活性稀释剂都是一个重要的组成。它不仅溶解和稀释低聚物，调节体系的黏度，而且参与光固化过程，影响涂料的光固化速率和固化膜的各种性能，因此选择合适的活性稀释剂是光固化涂料配方设计的重要环节。

光固化涂料用活性稀释剂从结构上看，自由基光固化用的活性稀释剂都是具有C═C不饱和双键的单体，如丙烯酰氧基、甲基丙烯酰氧基、乙烯基、烯丙基，光固化活性依次为丙烯酰氧基＞甲基丙烯酰氧基＞乙烯基＞烯丙基。因此，自由基光固化活性稀释剂主要为丙烯酸酸类单体。阳离子光固化用的活性稀释剂为具有乙烯基醚CH_2═CH—O—或环氧基的单体。乙烯基醚类单体可参与自由基光固化，因此可用作两种光固化体系的活性稀释剂。

活性稀释剂按其每个分子所含反应性基团的多少，可以分为单官能团活性稀释剂、双官能团活性稀释剂和多官能团活性稀释剂。每个分子中含有官能团的数目为官能度，所以单官能团的活性稀释剂的官能度为 1，双官能团活性稀释剂的官能度为 2，多官能团的活性稀释剂的官能度可以是 3、4 或更多。活性稀释剂中含有可参与光固化反应的官能团越多，官能度越大，则光固化反应活性越高，光固化的速率越快。从光固化活性看：多官能团活性稀释剂＞双官能团活性稀释剂＞单官能团活性稀释剂。

随着光固化涂料用活性稀释剂官能度的增加，除了增加光固化反应活性外，同时增加固化膜的交联密度。单纯的单官能团的单体聚合后，只能得到线型聚合物，不发生交联。当官能度≥2 的活性稀释剂存在时，光固化后得到交联聚合物网络，官能度高的活性稀释剂可得到高交联度的网状结构。交联度的高低对固化膜的物理力学性能和化学性能产生极大的影响。表 2-3-28 列出了活性稀释剂官能度和分子量对固化膜性能的影响规律。

表 2-3-28　活性稀释剂官能度和分子量对固化膜性能的影响规律

固化膜性能	固化速率	交联度	伸长率	硬度	柔韧性	耐磨性	抗冲击性	热稳定性	耐化学性	收缩率
官能度提高	慢→快	低→高	高→低	软→硬	柔→脆	差→好	好→差	差→好	差→好	低→高
分子量增加	慢→快	高→低	低→高	硬→软	脆→柔	好→差	差→好	好→差	好→差	高→低

活性稀释剂自身的化学结构对固化膜的性能有很大影响，因此在制备光固化涂料时，要根据涂料性能要求，选择合适的活性稀释剂结构。表 2-3-29 列出活性稀释剂化学结构对固化膜性能的影响。

表 2-3-29　活性稀释剂化学结构对固化膜性能的影响

活性稀释剂结构	固化膜性能特点
链烷结构	耐高温，疏水性，耐候性，抗黄变，耐化学药品，促进附着力
酯结构	耐候性(耐高温、耐黄变、抗紫外线)，耐溶剂，但遇碱易水解，良好的附着力
芳香环结构	耐高温，耐化学药品，提供硬度、附着力、疏水性，易黄变
酯环结构	耐高温，耐候性，不黄变，耐化学药品，提供附着力、疏水性
醚结构	固化快，耐碱和链烷类溶剂，对环氧和聚氨酯溶解力良好，一旦氧化易黄变

活性稀释剂中随着官能团的增多，其分子量也相应增加，分了间相互作用力增大，因而黏度也增大，这样稀释剂作用就减少。从活性稀释剂的黏度看：多官能团活性稀释剂＞双官能团活性稀释剂＞单官能团活性稀释剂。从活性稀释剂的稀释作用看：单官能团活性稀释剂＞双官能团活性稀释剂＞多官能团活性稀释剂。在制备光固化涂料选择活性稀释剂时，应考虑以下因素：①低黏度，稀释能力强；②低毒性，低气味，低挥发，低刺激；③低色相，特别在无色体系、白色体系中必须加以考虑；④低体积收缩，增加对基材的附着力；⑤高反应性，提高光固化速率；⑥高溶解性，与树脂相溶性好，对光引发剂溶解性好；⑦高纯度，水分、溶剂、酸含量、聚合物含量低；⑧玻璃化温度适合涂层性能的要求；⑨热稳定性好，利于生产加工、运输和贮存；⑩价格便宜，降低生产成本。要根据光固化涂料涂装需要的黏度、固化速率、基层的附着性能、涂层所要求的物理力学性能综合考虑进行选择。单一的活性稀释剂不能满足上述要求，大多要选择两种或多种不同官能度的活性稀释剂搭配，以获得

综合性能最佳的涂料配方。

（一）单官能团活性稀释剂

单官能团活性稀释剂每个分子仅含一个可参与光固化反应的活性基材，分子量较低，因此具有如下的特点：①黏度低，稀释能力强；②光固化速率低，这是因为单官能团活性稀释剂的反应基团含量低，导致光固化速率低；③交联密度低，只含一个光活性基团，因此在光固化反应中不会产生交联点，使反应体系交联密度下降；④转化率高，由于单官能团活性稀释剂的碳碳双键的含量低，黏度小，容易参与聚合，故转化率高；⑤体积收缩率低，在自由基加成聚合时，碳碳双键转化成单键，由原来分子间距离变成碳-碳单键，距离变小、密度增大，造成体积收缩。但单官能团活性稀释剂因碳-碳双键含量低，所以体积收缩较少；⑥挥发性较大，气味大、易燃，毒性也相对较大。单官能团活性稀释剂从结构上的不同可分为丙烯酸烷基酯、(甲基）丙烯酸羟基酯、带有环状结构或苯环的（甲基）丙烯酸酯和乙烯基活性稀释剂。

1. 丙烯酸烷基酯

(1) 丙烯酸丁酯（BA） 低黏度，稀释效果好，早期作为活性稀释剂使用，但气味大、挥发性大、易燃，故现在已基本上不再使用。

(2) 丙烯酸异辛酯（2-EHA） 相对分子质量为184，沸点为213℃，密度为0.881g/cm^3，低黏度，稀释效果好，低玻璃化温度，有较好的增塑效果，早期作为活性稀释剂使用，有气味大、挥发性稍大等缺点。

(3) 丙烯酸异癸酯（IDA） 相对分子质量为212，沸点为158℃，密度为0.885g/cm^3，低黏度，稀释效果好，低玻璃化温度，有较好的增塑效果，挥发性较小。

(4) 丙烯酸月桂酯（LA） 相对分子质量为240，密度为0.88g/cm^3，低黏度，低挥发，有疏水性脂肪族长主链，低玻璃化温度，有较好的增塑效果。

2. (甲基）丙烯酸羟基酯

(1) 丙烯酸羟乙酯（HEA）和丙烯酸羟丙酯（HPA） 这两种活性稀释剂具有高沸点、低黏度、低玻璃化温度、反应活性适中，带有羟基，有利于提高对极性基材的附着力，是早期最常用的活性稀释剂，但皮肤刺激性和毒性较大，目前也较少使用。由于HEA和HPA分子带有丙烯酰氧基，又含有羟基，可与异氰酸基反应，现主要用于制备PUA的原料。

(2) 甲基丙烯酸羟乙酯（HEMA）和甲基丙烯酸羟丙酯（HPMA） 这两种活性稀释剂具有高沸点、低黏度，因是甲基丙烯酸酯，所以固化速率比HEA和HPA慢，但皮肤刺激性和毒性低于HEA和HPA，带有羟基，有利于提高对极性基材的附着力。

3. 带有环状结构或苯环的（甲基）丙烯酸酯

(1) 甲基丙烯酸缩水甘油酯（GMA） 相对分子质量为142，沸点为176℃，密度为1.0731g/cm^3，黏度较低，带有环氧基，有利于提高附着力，但价格较贵，因是甲基丙烯酸酯，所以固化速度较慢。

(2) 甲基丙烯酸异冰片酯（IBOA） 相对分子质量为208，沸点为275℃，密度为0.990g/cm^3，具有黏度较低、高折射率和高玻璃化温度、固化收缩率低（8.2%），有利于提高附着力，低皮肤刺激性，但价格高，又有气味，影响其使用。

(3) 甲基丙烯酸四氢呋喃甲酯（THFFA） 具有高沸点、黏度较低、玻璃化温度较低，含有极性的四氢呋喃环，有利于附着力的提高。

(4) 丙烯酸苯氧基乙酯（POEA） 相对分子质量为192，沸点为134℃，密度为1.10g/cm^3，具有高沸点、黏度低、玻璃化温度较低，反应活性较高，低皮肤刺激性，但有酚的气味。

4. 乙烯基活性稀释剂

(1) 苯乙烯（ST） 最早与不饱和聚酯配合作为第一代光固化涂料应用于木器涂料，虽然价格较低、黏度低、稀释能力强，但因其高挥发性、高易燃性、气味大、毒性大以及固化速率较慢等缺点，目前在光固化涂料中很少使用ST作活性稀释剂。

(2) 醋酸乙烯酯（VA） 价格便宜，低黏度，稀释能力强，反应活性较高，但低沸点、高挥发性、易燃易爆，实际上光固化涂料中不采用VA作为活性稀释剂。

(3) *N*-乙烯基吡咯烷酮（NVP） 低黏度，稀释能力强，反应活性高，低皮肤刺激性，曾是最受欢迎的活性稀释剂。但因价格较贵、气味大，特别是发现有致癌毒性，限制了它的使用。一般用量不能超过10%～20%，因NVP及其聚合物都是水溶性的，加入量大会影响涂料的耐水性。

（二）双官能团活性稀释剂

双官能团活性稀释剂每个分子中含有两个可参与光固化反应的活性基团，因此光固化速率比单官能团活性稀释剂要快，成膜时发生交联，有利于提高固化膜的力学性能和耐抗性。由于分子量增大，黏度也相应增加，但仍保持良好的稀释性，挥发性较小，气味较低，因此双官能团活性稀释剂大量应用于光固化涂料中。双官能团活性稀释剂从二元醇结构上可分为乙二醇类二丙烯酸酯、丙二醇类二丙烯酸酯和其他二醇类二丙烯酸酯。

1. 乙二醇类二丙烯酸酯

(1) 二乙二醇类二丙烯酸酯（DEGDA） 相对分子质量为214，沸点为100℃，密度为1.006g/cm^3，具有低黏度、光固化速率快的特点，但皮肤刺激性严重，故现在很少使用。

(2) 三乙二醇类二丙烯酸酯（TEGDA） 相对分子质量为258，沸点为162℃，密度为1.109g/cm^3，具有低黏度、光固化速率快等特点，因皮肤刺激性大，现在很少使用。

(3) 聚乙二醇二丙烯酸酯系列 包括聚乙二醇（200）二丙烯酸酯［PEG（200）DA］、聚乙二醇（400）二丙烯酸酯［PEG（400）DA］、聚乙二醇（600）二丙烯酸酯［PEG（600）DA］三种，随着分子量的增加，黏度变大，玻璃化温度下降，毒性和皮肤的刺激性降低，因此，漆膜的柔韧性增加，疏水性也相应增加。

2. 丙二醇类二丙烯酸酯

(1) 二丙二醇类二丙烯酸酯（DPGDA） 具有低黏度、稀释能力强、光固化速率快的特点，但皮肤刺激性稍大，是光固化涂料常用的稀释剂之一。

(2) 三丙二醇类二丙烯酸酯（TPGDA） 黏度较低，稀释能力强，光固化速率快，体积收缩较小，皮肤刺激性也较小，价格较低，是目前光固化涂料最常用的双官能团活性稀释剂。

3. 其他二醇类二丙烯酸酯

(1) 1,4-丁二醇二丙烯酸酯（BDDA） 相对分子质量为198，沸点为275℃，密度为1.057g/cm^3，低黏度，对低聚物溶解性好、稀释能力强，但对皮肤刺激性较大。

(2) 1,6-己二醇二丙烯酸酯（HDDA） 相对分子质量为226，沸点为295℃，密度为1.03g/cm^3，具有低黏度、稀释能力强、对塑料附着力好的特点，可改善固化膜的柔韧性，但对皮肤刺激性较大，价格较高，是光固化涂料常用的活性稀释剂之一。

(3) 新戊二醇二丙烯酸酯（NPGDA） 相对分子质量为212，密度为1.03g/cm^3，具有低黏度、稀释能力强、高活性、光固化速率快的特点，对塑料附着力好，玻璃化温度较高，但对皮肤刺激性较大，是光固化涂料常用的活性稀释剂之一。

(4) 邻苯二甲酸乙二醇二丙烯酸酯（PDDA） 价格便宜，光固化速率快，是我国自行开发的活性稀释剂，效果稍差。

(三) 多官能团活性稀释剂

多官能团活性稀释剂每个分子中含有三个或三个以上可参与光固化反应的活性基团，因此不仅光固化速率快，而且交联密度大，相应地固化膜硬度高，脆性大，耐抗性优异。分子量大，黏度高，稀释能力较差；高沸点，低挥发性，收缩率大。常用的多官能团活性稀释剂有以下几种。

(1) 三羟甲基丙烷三丙烯酸酯（TMPTA） 相对分子质量为296，密度为1.11g/cm^3，黏度较大，但在多官能团活性稀释剂中是最低的一种，光固化速率快，交联密度大，固化膜坚硬而发脆，耐抗性好。价格较便宜，虽然皮肤刺激性较大，但仍是光固化涂料中最常用的多官能团活性稀释剂。

(2) 季戊四醇三丙烯酸酯（PETA）和季戊四醇四丙烯酸酯（PETTA） 这两种活性稀释剂黏度大，稀释能力差；光固化速率快，交联密度大；固化膜硬而脆，耐抗性好。PETA有羟基，有利于提高附着力，但PETA毒性大，怀疑有致癌性，因而限制其使用。

(3) 二缩三羟甲基丙烷四丙烯酸酯（DTMPTTA） 相对分子质量为482，密度为1.11g/cm^3，具有高黏度，反应活性较高，高交联密度，极低的皮肤刺激性，固化膜较硬，富有弹性而不脆，耐拉伸性优良。在光固化涂料中不作活性稀释剂，而作为提高光固化速率和交联密度使用。

(4) 二季戊四醇五丙烯酸酯（DPPA）和二季戊四醇六丙烯酸酯（DPHA） 这两种活性稀释剂黏度高，极高的反应活性和交联密度，极低的皮肤刺激性；固化膜有极高的硬度、耐刮性和耐抗性。在光固化涂料中作为提高光固化速率和交联密度使用。

(四) 新型的活性稀释剂

乙烯基醚类活性稀释剂是20世纪90年代开发的一类新型活性稀释剂，它是含有乙烯基醚或丙烯基醚结构的活性稀释剂。氧原子上的孤电子对与碳-碳双键发生共轭，使双键的电子云密度增大，所以乙烯基醚的碳-碳双键是富电子双键，反应活性高，能进行自由基聚合、阳离子聚合和电荷转移复合物交替共聚。因此，乙烯基醚可在多种辐射固化体系中应用，例如，在自由基固化体系、阳离子固化体系以及混杂体系（自由基光固化与阳离子光固化同时存在）中作为活性稀释剂使用。另外，如与马来酰亚胺类缺电子双键配合，则乙烯基醚与马来酰亚胺形成强烈的电荷转移复合物，经光照后，可在没有光引发剂存在下发生聚合，这也是正在研究开发中的无光引发剂的光固化体系。

乙烯基醚与丙烯酸酯类活性稀释剂相比，具有低黏度、稀释能力强、高沸点、气味小、毒性小、皮肤的刺激性低、优良的反应活性等优点，但价格较高，影响了它在光固化涂料中的应用。目前商品化的乙烯基醚类活性稀释剂有：三甘醇二乙烯基醚（DVE-3）、1,4-环己基二甲醇二乙烯基醚（CHVE）、4-羟丁基乙烯基醚（HBVE）、甘油碳酸酯丙烯基醚（PEPC）、十二烷基乙烯基醚（DDVE）。

最新开发的第三代（甲基）丙烯酸酯类活性稀释剂为含甲氧端基的（甲基）丙烯酸酯活性稀释剂，它们除了具有单官能团活性稀释剂的低收缩性和高转化率外，还具有高反应活性。表 2-3-30 是沙多玛公司和科宁公司的几种甲氧基化丙烯酸酯活性稀释剂的物理性能。

表 2-3-30 甲氧基化丙烯酸酯活性稀释剂的物理性能

公司	活性稀释剂	黏度(25℃)/mPa·s	密度(25℃)/(g/cm³)	表面张力/(mN/m)	玻璃化温度/℃
沙多玛	CD550	19			−62
	CD551	22			
	CD552	39			−65
	CD553	50			
科宁	8016	8	0.99	30.1	
	8127	8	0.96	25.7	
	8148	28	1.08	35.2	

四、活性稀释剂的毒性

目前光固化涂料中常用的活性稀释剂大多数沸点很高，蒸气压很小，不易挥发，在光固化过程中又都参与固化反应，所以在生产和涂装中极少挥发到大气中，也就是说具有很低的挥发性有机物（VOC）含量，这就使光固化涂料成为低污染的环保型涂料。

从化学品的毒性看，光固化涂料所用的丙烯酸酯类活性稀释剂具有较低的毒性，但在生产和使用时，长时间暴露在丙烯酸酯的气氛下，则会引起皮肤、黏膜和眼睛的刺激，直接接触会产生刺激性疼痛，甚至出现过敏、灼伤；由于沸点高，室温下蒸气压很低，对呼吸系统没有明显伤害。

化学毒性通常用半致死计量 LD_{50}（lethal dose-50）来表示毒性程度，通过实验动物（鼠、兔）的经口吸收、皮肤吸收和吸入吸收造成死亡的 50% 来确定毒性大小，单位 mg/kg，见表 2-3-31。

表 2-3-31 半致死计量 LD_{50} 的毒性表示

LD_{50}/(mg/kg)	<1	1～50	50～500	500～5000	5000～15000	>15000
毒性程度	剧毒	高毒	中毒	低毒	实际上无毒	相当非毒品

皮肤刺激性可用初期皮肤刺激指数 PII（primary skin initiation index）来表示，见表2-3-32。

表 2-3-32 初期皮肤刺激指数 PII 的皮肤刺激性程度表示

PII	0.00～0.03	0.04～0.99	1.00～1.99	2.00～2.99	3.00～5.99	6.00～8.00
皮肤刺激性程度	无刺激	略感刺激	弱刺激	中刺激	刺激性较强	强刺激

表 2-3-33 和表 2-3-34 分别列出了部分活性稀释剂的半致死计量 LD_{50} 和初期皮肤刺激指数 PII。

表 2-3-33 部分活性稀释剂的半致死计量 LD_{50}

活性稀释剂		BA	2-EHA	IDA	HEA	HPA	IBOA	DEGDA	TMPTA	PETA	NGA(PO)₂DA
LD_{50}/(mg/kg)	经口	3730	5600	10885	600	1120	2300	1568	>5000	1350	15000
	皮肤	3000	7488	3133					5170	>2000	5000

在生产和使用过程中，应避免直接接触活性稀释剂，一旦接触应立即用清水冲洗有关部位。若发现出现红斑甚至水疱，应立即去医院进行治疗。

表 2-3-34 部分活性稀释剂的初期皮肤刺激指数 PII

活性稀释剂	NVP	IDA	POEA	IBOA	DEGDA	TEGDA	PEG(200)DA	PEG(400)DA	NPGDA
PII	0.4	2.2	1.5	1.8	6.8	6.0	3.0	0.9	4.96
活性稀释剂	DPGDA	TPGDA	BDDA	HDDA	TMPTA	PETA	PETTA	DTMPTTA	DPPA
PII	5.0	3.0	5.5	5.0	4.8	4.3	0.4	0.5	0.54

五、活性稀释剂的贮存和运输

1. 贮存容器

活性稀释剂要存放在不透明、深色、干燥的内衬酚醛树脂或聚乙烯的铁桶或深色的聚乙烯桶内。铁或铜类容器会引发聚合，因此应避免接触这类材料。注意容器中要留有一定空间，以满足阻聚剂对氧气的需要。

2. 贮存温度

贮存温度低于 30℃，最好 10℃左右。大批贮存推荐温度为 16～27℃。如果发生冻结，请将材料加热至 30℃，并低温搅拌混合，使阻聚剂均匀混在材料中。这些预防措施对于保持产品的性能指标是必要的，否则容易发生聚合反应，而使产品固化报废。

3. 贮存条件

贮存时除注意温度条件外，应避免阳光直射，避免与氧化剂、引发剂和能产生自由基的物质接触。贮存时需加入足量的阻聚剂对甲氧基苯酚或对苯二酚，以增强在贮存时的稳定性。注意定期检查阻聚剂含量及材料黏度的变化以防止聚合。产品在收到 6 个月内使用可得到最好的效果。

4. 运输

运输时，注意避免阳光直射，温度不要超过 30℃，要防止局部高温，以免发生聚合，同时不能与氧化剂、引发剂等物质放在一起。在生产过程中输送活性稀释剂时，必须要用不锈钢、聚乙烯管或其他塑料管道。

第五节 涂料常用有机溶剂

涂料用溶剂，除水以外，一般都是挥发性的有机溶剂。由于分类方法不同可以划分为不同的系列。如按沸点高低可以分为低沸点溶剂、中沸点溶剂和高沸点溶剂；按来源划分，可以分为石油溶剂、煤焦溶剂等；按化合物类型划分，可分为脂肪烃溶剂、芳香烃溶剂、萜烯类溶剂、醇类溶剂、酮类溶剂、酯类溶剂、醇醚及醚酯类溶剂和取代烃类溶剂 8 个系列。下面以化合物类型分类方法为序，对涂料常用的有机溶剂特性及其应用进行概述。

一、脂肪烃类溶剂

脂肪烃类溶剂的化学组成主要是链状烃类化合物，系石油分馏的产物。

1. 石油醚

石油醚是石油的低沸点馏分，为低级烷烃的混合物。我国按沸点不同分为 30～60℃、60～90℃和 90～120℃三类。外观为无色透明的液体，有类似乙醚的气味。工业石油醚中含有不饱和烃、芳香烃、硫化物、酸性物质和不挥发物等杂质。可以用浓硫酸、碱、水依次洗涤，经脱水剂干燥后，再经过精馏而得到精制品。

石油醚不溶于水，能与丙酮、醋酸已酯、苯、氯仿以及甲醇以上的高级醇类混溶。能溶解甘油松香脂，部分溶解松香、沥青和芳香烃树脂。不溶解虫胶、氯化橡胶、硝化纤维素、醋酸纤维素和苄基纤维素。所以石油醚在涂料中作为成膜物溶剂的用途不大，却往往被采用为萃取剂和精制溶剂。

2. 200号涂料溶剂油

溶剂汽油是由含 C_4～C_{11} 的烷烃、烯烃、环烷烃和少量芳香烃组成的混合物，主要成分是戊烷、已烷、庚烷和辛烷等。由原油直接蒸馏制得的直蒸汽油基本不含烯烃，通过裂化而得的汽油则含有相当量的烯烃，作溶剂使用的汽油要求不含裂化馏分和四乙基铅。200号油漆溶剂油是溶剂汽油中的一种，其沸程范围为145～200℃，但很少一部分可达210℃。

由于石油产地不同，其中烷烃、环烷烃和芳香烃含量不同，故来源不同的200号溶剂油的组成，特别是芳香烃含量也不同，所以其溶解力也不同。

200号涂料溶剂油开始是代替松节油在涂料工业中广泛使用的，故历史上也称作“松香水”，在国外也称作矿油精。它的溶解力属中等范围（苯胺点为65.6℃，贝壳松脂·丁醇值为36），可与很多有机溶剂互溶。可溶解生油、精制油，也可溶解低黏度的聚合油。但对高黏度的聚合油溶解能力差。酚醛树脂漆料、酯胶漆料、醇酸调合树脂及长油度醇酸树脂可以全部用200号涂料溶剂油溶解。中油度醇酸树脂需要和少量芳香烃一起使用。短油度醇酸树脂及其他合成树脂不能用200号涂料溶剂油溶解。除此之外，甘油松香脂、改性酚醛树脂、珐玛树脂、天然沥青和石油沥青都可以溶于200号涂料溶剂油，所以它在涂料工业中用途很大。

3. 抽余油

抽余油系石油裂解的烷烃经铂重整后，抽提芳香烃和萘烃后余下的组分，故称作抽余油。其成分是 C_6～C_9 的脂肪烃。主要是庚烷和辛烷，芳烃占2.07%～10%。在涂料工业中主要是代替苯和甲苯，在硝基漆中做稀释剂使用，以便降低溶剂的毒性。

工业品为无色透明液体，密度为0.725g/cm^3（20℃），馏程为初馏点≥55℃，50%体积馏分75℃±5℃，90%体积馏分≤100℃±10℃，终馏点150℃。

二、芳香烃类溶剂

芳香烃溶剂是目前涂料工业用溶剂中使用品种最多、用量最大的一类。由于其来源和分类比较复杂，加之历史上沿袭的名称及近年来规范化以后的名称混杂在一起使用，因此，从某种程度上造成了混乱。

根据来源不同，可将芳香烃分为焦化芳烃和石油芳烃两大类。焦化芳烃系由煤焦油分馏而得，石油芳烃系由石油产品经铂重整油、催化裂化油及甲苯歧化油精馏而得。

焦化芳烃和石油芳烃又根据其碳原子的多少，进一步分为轻芳烃和重芳烃，一般 C_8（包括 C_8）以下的称作轻芳烃，C_8 以上的，主要是 C_9～C_{10} 的组分称作重芳烃。焦化芳烃的轻芳烃溶剂，包括焦化苯、焦化甲苯、焦化二甲苯和溶剂石脑油。石油芳烃的轻芳烃包括石油苯、石油甲苯和石油二甲苯。

焦化芳烃的重芳烃在涂料中常用的有精重苯、重溶剂油和200号焦油溶剂。石油芳烃的重芳烃主要是抽提 C_8 馏分以后余下的 C_9 芳烃、C_{10} 芳烃和少量 C_{11} 组分。在我国开始是以未经分馏的混合物在涂料中使用，作二甲苯和200号涂料溶剂油的替代产品。主要是为利用资源和降低成本，通用名称叫做“重芳烃”。而以后又依其馏程不同将“重芳烃”进一步分成不同的窄馏程组分，得到不同牌号的产品，在涂料中使用不仅可以代替部分二甲苯以开发资源、降低成本，同时在烘漆及卷材涂料等产品中使用，还具有其独有的特点，是二甲苯不可比拟的。这些由混合重芳烃经精馏后而得到的石油芳烃的窄馏程产品，一般称作高沸点芳烃溶剂，如以美国Exxon公司的Solvesso 100，Solvesso 150，Solvesso 200为代表的一类产品。我国天津、北京、江都等地也相应开发了类似的产品，并且已在涂料中得到广泛的应用。

1. 苯

工业苯为无色透明液体，有芳香烃特有的气味，所含的杂质主要有芳香族同系物、噻吩及饱和烃等，必要时需精制除掉。苯难溶于水（偶极矩为零），除甘油、乙二醇、二甘醇、1,4-丁二醇等多元醇外，能与乙醇、氯仿、四氯化碳、二硫化碳、冰醋酸、丙酮、甲苯、二甲苯以及脂肪烃等大多数有机溶剂相混溶。苯能溶解松香、甘油松香脂、甘油醇酸树脂、乙烯基树脂、苯乙烯树脂、丙烯酸树脂等合成树脂。聚醋酸乙烯酯树脂部分溶于苯；乙基纤维素、苄基纤维素可溶于苯；醋酸纤维素和硝基纤维素难溶于苯。

苯在涂料中的主要用途是和醋酸丁酯（或醋酸乙酯）、丙酮和丁醇配合使用，作为硝基漆的稀释剂，由于苯蒸气对人体有剧毒，故现在多被其他溶剂代替，趋于淘汰。

2. 甲苯

工业甲苯为无色透明液体，有类似苯的气味，有时可能含有很少比例的相同沸程的脂肪烃。与苯相似，甲苯不溶于水，能和甲醇、乙醇、氯仿、丙酮、冰醋酸和苯多种有机溶剂混溶。甲苯能溶解干性油和除氯乙烯外的其他乙烯树脂、醇酸树脂。在甲苯中加入甲醇和乙醇可增加对醋酸纤维素的溶解能力。

由于甲苯挥发速度较快（约为二甲苯的3倍），故很少作为溶剂使用，目前主要用作乙烯类涂料和氯化橡胶涂料混合溶剂中的组分之一。在硝基纤维素涂料中则用作稀释剂。

3. 二甲苯

涂料用二甲苯系邻、间、对位二甲苯3种同分异构体的混合物，3种异构体的任何一种都不适于单独作为溶剂在涂料中使用。

工业混合二甲苯系无色透明液体，具有芳香烃特有的气味，有时会发出微弱的荧光。由于来源不同，又分为石油混合二甲苯和焦化二甲苯。前者按馏程不同又分为3°混合二甲苯和5°混合二甲苯；后者可分为3°、5°和10°二甲苯，其他参数基本相同。

依来源及加工路线不同，混合二甲苯中3种异构体的含量也不同，表2-3-35列出了3种路线制得的石油混合二甲苯的组成。同时混合二甲苯中往往含有乙苯、少量的甲苯、三甲苯、脂肪烃和硫化物。

表 2-3-35 混合二甲苯的组成 单位：%

异构体 \ 类别	铂重整油	催化裂化油	甲苯歧化油
邻二甲苯	16～23	10～19	23
间二甲苯	43～44	27～34	52
对二甲苯	18	12～16	22
乙苯	13～18	39～41	3

涂料产品往往要求使用无水二甲苯。除去混合二甲苯中的少量水分，可以使用氯化钙、

无水硫酸钠、五氧化二磷或分子筛作脱水剂。

二甲苯不溶于水，能与乙醇、乙醚、芳香烃和脂肪烃溶剂混溶。由于其溶解力强、挥发速率适中，是短油度醇酸树脂、乙烯树脂、氯化橡胶和聚氨酯树脂的主要溶剂，也是沥青和石油沥青的溶剂，在硝基纤维素涂料中可用作稀释剂。在二甲苯中加入 20%～30%的正丁醇，可提高二甲苯对氨基树脂漆料和环氧树脂等的溶解力。由于二甲苯既可以用于常温干燥涂料，也可用于烘漆，因此是目前涂料工业中应用面最广、使用量最大的一种溶剂。

4. 溶剂石脑油

溶剂石脑油为无色或浅黄色液体，系煤焦轻油分馏所得的焦化芳香烃类混合物。沸程为 120～200℃，主要由甲苯、二甲苯异构体、乙苯、异丙苯等组成。密度为（20℃/4℃）0.85～0.95g/cm^3，闪点为 35～38℃，化学性质和甲苯、二甲苯相似。能与乙醇/丙酮等混溶，能溶解甘油松香酯、沥青等，主要用作煤焦沥青和石油沥青的溶剂，在石脑油中加入脂肪烃溶剂可提高其溶解能力，其中高沸点馏分也可用作合成树脂及纤维树脂的稀释剂。

5. 高沸点芳烃溶剂

如前所述，石油芳烃的重芳烃是提取 C_8 馏分以后，余下的 C_9、C_{10} 等高沸点馏分的混合物。开始是以“重芳烃”的名称在涂料中应用，主要目的是开发二甲苯的代用资源及降低成本。但是，在实践过程中逐渐认识到，这种开发利用资源的方法实际上是一种浪费。因为将“重芳烃”通过进一步精细加工，不仅可以分离出偏三甲苯、均三甲苯、乙基甲苯和均四甲苯这些有着非常重要用途，而又难以合成的产品，同时将余下的混合物分馏成不同沸程的窄馏分的芳烃溶剂，在涂料中使用，可使涂料用芳烃溶剂的沸程范围延伸 50℃以上，它在溶解能力及挥发速率方面的特点都是二甲苯所不能比拟的，因此有其独特的用途。这类由石油“重芳烃”通过精馏后而制得的窄馏程产品，就是本文所述的“高沸点芳烃溶剂”，借此和粗品“重芳烃”予以区分。但是目前也有将“高沸点芳烃溶剂”称作“C_9 芳烃”、“C_{10} 芳烃”或仍然沿袭“重芳烃”名称的。

美国埃克森美孚公司生产的 Solvesso 系列高沸点芳烃溶剂是目前我国涂料工业使用较多的进口产品。该产品属窄馏程产品，依沸点不同分为 Solvesso 100、Solvesso 150 和 Solvesso 200 三种规格产品。Solvesso 系列高沸点芳烃溶剂是由带有烷基支链的苯环化合物组成。Solvesso 100 中 80%组分为 C_9 系列芳香烃，包括甲基乙基苯及三甲基苯、茚满；Solvesso 150 主要为 C_{10}～C_{11} 系列芳香烃，包括甲基茚满、萘；Solvesso 200 则主要含有二甲基萘。它们的主要物化性能见表 2-3-36。

表 2-3-36　Solvesso 100、150、200 的物化性能

项　　目	Solvesso 100	Solvesso 150	Solvesso 200
平均 C 原子数	9	10	11.3
馏程/℃	157～174	188～210	226～279
混合苯胺点/℃	14	16	13
贝壳松脂·丁醇值	91	90	—
溶解度参数	8.6	8.5	8.7
芳香烃含量(质量分数)/%	99	98	99
密度(15℃/4℃)/(g/cm^3)	0.872	0.895	0.985
折射率(20℃)	1.4993	1.5083	1.5920
颜色(赛波特色)	+30	+30	+10
闪点/℃	42	66	103
自燃温度/℃	471	443	484

续表

项目	Solvesso 100	Solvesso 150	Solvesso 200
相对挥发速率①	19	4	1
蒸发潜热/(kJ/kg)	322	312	310
黏度(25℃)/mPa·s	0.8	1.1	2.8
表面张力(25℃)/(mN/m)	34.0	34.0	36.0
铜片腐蚀	1	1	1

① 以醋酸丁酯为100。

我国各地利用自己的石油产品资源生产的高沸点芳烃溶剂，由于粗重芳烃组成不同和加工的精细程度不同，致使产品的规格不尽统一，质量差异较大。通常对于C_9重芳烃采用连续分馏的方法，截获145～200℃馏程范围内的较宽馏程的产品。而C_{10}重芳烃采用分馏段截取馏分的方法获得的是窄馏程产品。

表2-3-37为国产C_9重芳烃的代表性产品；表2-3-38为国产C_{10}高沸点芳烃溶剂。

表2-3-37 国产C_9重芳烃的代表性产品

项目＼产地	天津石化公司	鞍山化工三厂	北京前进化工厂
外观	无色透明液体	无色透明液体	无色透明液体
馏程/℃	145～185	145～200	157～200
密度(20℃)/(g/cm³)	0.85～0.87	0.86～0.875	0.878
闪点/℃		40	

表2-3-38 国产C_{10}高沸点芳烃溶剂

项目＼产地	天津石化公司			江都县化工厂	
	Ⅰ#	Ⅱ#	Ⅲ#	S-1500	S-2000
外观	水白色透明液体				
馏程/℃	180～195	190～205	208～236	170～205	180～215
芳烃含量(质量分数)/%	99.9	99.9	99.8	98	98
闪点/℃ ≥				43	58
混合苯胺点/℃	15.4	14.5	14.3		
密度(20℃)/(g/cm³)	0.869	0.889	0.925	0.875	0.889
色相	+30	+30	+27	+30	+27

高沸点芳烃溶剂具有以下的特点：

① 主要含量为芳香烃，在涂膜干燥、溶剂挥发的全部过程中都能保持高度溶解力；

② 在溶剂挥发的最后阶段，仍保持高度溶解力，故使涂膜无橘皮形成，并具有光泽；

③ 可与二甲苯混合，在保持溶解能力的前提下，调整挥发速率，也可与200号溶剂油混合，在保持挥发速率的情况下提高溶解性；

④ 闪点较高，较安全。

高沸点芳烃溶剂对醇酸树脂的溶解力比二甲苯低，故代替二甲苯用于醇酸树脂漆中仅具有经济价值。但对于丙烯酸树脂、氨基醇酸树脂、丙烯酸醇酸树脂等有较强的溶解能力。对于汽车涂料、自行车涂料、家用电器涂料、卷材涂料、罐头涂料等烘烤型漆，则有突出的溶解能力、适宜的挥发速率和后期涂膜的流平性能。因此，易得到平整高光泽的涂膜，使用时需认真考虑混合溶剂的组成和各组分的相对比例。

三、萜烯类溶剂

萜烯来源于松树，它是涂料中使用最早的溶剂。在涂料中有使用价值的有松节油和双戊烯。

1. 松节油

根据生产方法不同，可将松节油分为 4 类：松树脂松节油、木材松节油、分解蒸馏木材松节油和硫酸木材松节油。涂料生产中使用的为前两类。

采集松树脂得到的树汁，然后再经过水蒸气蒸馏得到的松节油，是由 60%～65%的 α-蒎烯和 3%～38%的 β-蒎烯组成。木材松节油是将树干经过破碎、溶剂萃取和蒸汽蒸馏提取的方法生产的，产品包含 80%的 α-蒎烯和很少的其他萜烯。

松节油曾是传统涂料产品中广为应用的溶剂，但是由于它比来源于石油的脂肪烃溶剂价格高，资源也相对少，加之气味较大、溶解力范围窄，故近年逐渐为 200 号油漆溶剂油所取代。但严格地讲，两者作为溶剂使用还是有所区别的，松节油的溶解力比 200 号溶剂油稍强，且 200 号溶剂油的作用是纯物理性的，当完成其作用后，几乎完全从涂膜中挥发除去，而松节油则有促进涂料干燥的作用，因为松节油所含的萜烯能和氧结合成过氧化物而促进干燥。目前松节油尚少量用于油基涂料和醇酸树脂涂料中，以提高涂料的贮存稳定性。

2. 双戊烯

双戊烯是由木材松节油分馏而得，分子式和蒎烯相同（$C_{10}H_{16}$），但没有旋光性。工业品中还含几种其他烃类，所以蒸馏范围比较宽（160～190℃），对大多数天然树脂和合成树脂的溶解力都很强。由于其挥发速率比较低，故可以延长涂膜干燥时间，可用以改变装饰性面及底漆的湿边时间，也可用于氧化干燥性涂料中起抗结皮作用。但是随着烃类溶剂的发展和防止结皮剂的应用，双戊烯在涂料中已很少应用。

3. 松油

松油是通过松树干、松树籽和松针的蒸汽蒸馏和分解蒸馏而得，其成分比较复杂，主要成分是萜二醇。松油的沸点比双戊烯高（约 204～218℃），因而具有相对低的挥发速率及较高的溶解力，在涂料中的应用主要是提高涂膜的流平性，然而，往往要和挥发速率快的溶剂混合使用。

四、醇类溶剂

醇、酮、酯和醇醚这 4 类溶剂常常被统称为含氧溶剂。所谓含氧溶剂就是分子中含有氧原子的溶剂。它们是涂料用溶剂中极其重要的一部分，因为它们能提供范围很宽的溶解力和挥发性。很多树脂不能溶于烃类溶剂中，但能溶于含氧溶剂，这些溶剂具有更大的极性，通过混合可以得到理想的溶解度参数和氢键值的混合溶剂。

含氧溶剂除个别情况外，很少单独使用，它们常和其他化合物混合而得到适宜的溶解力、挥发速率及较廉价的成本。

1. 甲醇

甲醇为无色透明有特殊气味的液体。有吸水性，与水和许多有机溶剂可以任意比相混溶，几乎不溶于脂肪和油，与脂肪烃溶剂仅部分相溶。大量的无机物（许多盐）溶于甲醇。甲醇对于极性树脂、硝基纤维素和乙基纤维素有良好的溶解力，也能溶解油改性醇酸树脂、聚醋酸乙烯酯、聚乙烯基醚、聚乙烯吡咯酮，但不能溶解其他聚合物。

2. 乙醇

乙醇俗称酒精，为无色透明，具有特殊芳香气味的液体。工业品是体积含量为95%的乙醇。能与水、乙醚、氯仿、酯和烃类衍生物等混溶，能溶解虫胶、聚乙烯醇缩丁醛树脂、苯酚甲醛树脂而制成相应的涂料。因其极性较弱，还可以溶解聚酯和聚醋酸乙烯树脂等。但乙醇一般很少单独使用，大多和其他溶剂配合，得到较好的综合性能。如乙醇和醚类溶剂混合可以提高对硝基纤维素的溶解能力，在硝基纤维素涂料中用作稀释剂可以降低溶液黏度。

3. 异丙醇

异丙醇和水能以任何比例混合，溶解力、挥发速率和乙醇相似。但它的臭味更强烈，现主要用作硝基纤维素和醋酯纤维素涂料的助溶剂。异丙醇与芳烃的混合物能溶解乙基纤维素。

4. 正丁醇

正丁醇为无色透明液体，有特异的芳香气味，它能和醇、醚、苯等多种有机溶剂混溶，能溶解尿素甲醛树脂、三聚氰胺甲醛树脂、聚醋酸乙烯树脂、短油度醇酸树脂等。正丁醇和二甲苯的混合溶剂广泛用于氨基烘漆及环氧树脂漆中。正丁醇是硝基纤维素树脂的助溶剂，由于其沸点较高、挥发较慢，故有“防白作用”。用在水性涂料中，可以降低水的表面张力，促进涂膜干燥，增加涂膜的流平性。正丁醇的一个弊端是具有较高的黏度，这对溶液的黏度影响较大。

正丁醇尚有另外3种异构体，即异丁醇、仲丁醇和叔丁醇。随着支链的增加，其沸点降低，挥发速率提高，溶解力下降。异丁醇往往可以应用于使用正丁醇的场合。仲丁醇是一种中沸点的助溶剂。叔丁醇则很少作溶剂使用。

5. 己醇

己醇较重要的异构体是正己醇、2-乙基-1-丁醇和甲基异丁基卡必醇（4-甲基-2-戊醇）。己醇是高沸点溶剂，故可用于提高涂料的流动性和表面性质。它也可用作脂肪、蜡和染料的溶剂。

6. 2-乙基己醇

无色液体，有特殊气味。实际上不溶于水，可与常用的有机溶剂混溶。是许多植物油和脂肪、染料、合成和天然树脂原材料的良溶剂。它也作为颜料的研磨助剂、表面浸渍剂使用，有利于颜料在非水溶剂中的分散。作为高沸点溶剂少量加入涂料配方中，可以提高烤漆的流平性和光泽度。

7. 苄醇

能与除脂肪烃外的有机溶剂混溶。它可以溶解纤维素酯和醚、脂肪、油、醇酸树脂和着色剂等。对聚合物都不溶解（低分子量聚乙烯基醇醚和聚醋酸乙烯酯除外）。少量的苄醇可以提高涂料的流动性和光泽，延长其他组分溶剂的挥发时间，并且在涂料的物理干燥过程中有增塑效应。它可用于圆珠笔油墨，可以降低双组分环氧体系的黏度。

8. 甲基苄醇（1-苯基乙醇）

甲基苄醇几乎无色，中性液体，与水混溶度有限，略带苦杏仁味。对醇溶性硝酸纤维素、醋酸纤维素酯、醋酸丁基纤维素酯、许多天然和合成树脂、脂肪以及油有很高的溶解力。与苄醇相比，它可与200号溶剂油混溶。

甲基苄醇可像苄醇一样使用，在烤漆中具有使用优势。在硝酸纤维素和醋酸纤维素清漆中，甲基苄醇可以帮助提高涂膜生成的流动性，阻止在相对高的空气湿度环境下涂膜发白。鉴于其溶解特性和较长的挥发时间，它也是非常有效的脱漆剂中的添加剂。甲基苄醇对着色剂的溶解力与苄醇类似。

9. 环己酮

像樟脑一样的味道，在水中溶解度为2%，可与其他溶剂混溶，可溶解脂肪、油、蜡和沥青，但不溶解纤维素衍生物。环己酮用于硝酸纤维素漆以及油基涂料中，可延长干燥时间，阻止发白，提高流平性和光泽。在面漆和清漆中，环己醇可能防止对底漆的溶解。环己醇也用于从矿物油中除去链烷烃，可作为蜡、清洁剂以及上光剂中的溶剂和喷雾液的润湿剂使用。

10. 甲基环己醇

市场上销售的是各种甲基环己醇异构体的混合物。樟脑味，不溶于水，但与所有有机溶剂混溶，溶解性质与环己醇类似。鉴于其对脂肪的溶解性，甲基环己醇可以提高涂料对涂装前不能完全脱脂的底材的黏结。

11. 四氢糠醇

无色液体，能与水和除脂肪烃以外的有机溶剂混溶。溶解硝酸和醋酸纤维素、氯乙橡胶、虫胶和许多树脂基料。

12. 二丙酮醇

二丙酮醇是一种无色无嗅的透明液体，其分子中含有一个酮基和一个羟基，分子式为$(CH_3)_2COHCH_2COCH_3$。因此是许多树脂，如醇酸树脂、环氧树脂、酚醛树脂、聚醋酸乙烯树脂、硝基纤维素等的良好溶剂，涂料中常用以配制静电稀释剂调节静电喷涂时的涂料导电性。

五、酮类溶剂

酮类溶剂是另一类含氧溶剂。涂料用重要的酮类溶剂有丙酮、甲乙酮、甲基异丁基酮、环己酮、异佛尔酮和二丙酮醇等。

1. 丙酮

丙酮是一种沸点低，挥发速率快的强溶剂。是挥发性涂料，如硝基纤维素涂料、过氯乙烯涂料、热塑性丙烯酸树脂涂料的良好溶剂。但是由于其快速挥发的冷却作用，能引起空气中水蒸气在涂膜表面的冷凝，而导致涂膜表面结霜发白，故常和能起防白作用的低挥发醇类和醇醚类溶剂共同使用。

2. 甲乙酮

甲乙酮（MEK）是广泛应用于涂料中的一种酮类溶剂。它的溶解能力和丙酮相同，但其挥发速率较慢，是硝基纤维素、丙烯酸树脂、乙烯树脂、环氧树脂和聚氨酯树脂常用的溶剂之一。

3. 甲基丁基酮

甲基丁基酮微溶于水，与有机溶剂混溶。作为中沸点溶剂可溶解硝酯纤维素、乙烯基树脂和其他天然和合成树脂等。它能增加非溶剂与稀释剂的稀释作用。作为涂料溶剂，甲基丁基酮仅在热喷涂和卷材涂料中使用较多。因为它为光化学惰性，故作溶剂使用时，不会有“光雾”生成。

4. 甲基异丁基酮

甲基异丁基酮（MIBK）是一种中沸点的酮类溶剂，用途和甲乙酮相似，但挥发速率稍慢一些，是一种溶解力强、性能良好的溶剂。甲基异丁基酮是一种无色有甜味的液体，与水部分相溶，但与有机溶剂完全混溶。它是许多天然与合成树脂，如硝酸纤维素、聚醋酸乙烯酯、氯乙烯共聚物、环氧树脂、大多数丙烯酸树脂、醇酸树脂、古马隆和茚树脂、氨基树脂、酚醛树脂、橡胶和氯化橡胶、松香、松香脂、天然树脂、珐玛树脂、松树胶和古巴酯、脂肪和油等的溶剂。甲基异丁基酮作为中沸点溶剂广泛用于涂料工业，它可赋予硝基纤维素清漆良好的流动性和光泽度，提高抗泛白能力，允许含有高比例廉价稀释剂的高浓缩溶液的生产。甲基异丁基酮与醇和芳香烃溶剂配合，是所有环氧树脂配方中的一个重要组分，是低分子量 PVC 和氯乙烯共聚物的良溶剂，可用来制备具有较高的芳烃可稀释度的低黏度溶液。甲基异丁基酮也作为中沸点溶剂组分用于钢、马口铁板或铝材的压花漆。可降低醇酸树脂漆的黏度，并用于丙烯酸漆中，是聚氨酯涂料中非常重要的无水和不含羟基的溶剂。

5. 甲基戊基酮和甲基异戊基酮

它们是高沸点溶剂，溶解力良好，与甲基异丁基酮有相似的溶解特性。

6. 乙基戊基酮

乙基戊基酮不溶于水，与有机溶剂混溶，属于高沸点溶剂，有良好的溶解力，可提高涂料的流动性。

7. 二异丙基酮

二异丙基酮是高沸点溶剂，用于涂装皮革的硝基纤维素乳液的生产和氯化橡胶涂料中，是聚氯乙烯有机溶胶的稀释剂。

8. 二异丁基酮

二异丁基酮为无色低黏度液体，由 2,6-二甲基-4-庚酮和 2,4-二甲基-6-庚酮这两个异构体的混合物组成。与水不相溶，但与所有常用有机溶剂可以任意比例相溶，为高沸点溶剂，对硝基纤维素、乙烯基树脂、蜡和许多天然合成树脂有良好的溶解力。

9. 环己酮

环己酮也是一种强溶剂，挥发速率较慢，对多种树脂有良好的溶解能力。主要用于聚氨酯涂料、环氧树脂涂料和乙烯树脂涂料。可提高涂膜的附着力，并使涂膜平整美观。当用作硝基喷漆的溶剂时，能提高涂料的防潮性及降低溶液的黏度。

10. 甲基环己酮

甲基环己酮是一种工业异构体的混合物，与环己酮的溶解力和混溶性相似，但不溶解醋酸纤维素酯。

11. 二甲基环己酮

二甲基环己酮为工业品，为顺、反异构体混合物，与甲基环己酮有相似的溶解力和混溶性。

12. 三甲基环己酮

三甲基环己酮为无色高沸点溶剂，具有薄荷醇的芳香余味，与水部分相溶，与所有有机溶剂可以任意比相混溶。三甲基环己酮可溶解硝酸纤维素酯、低分子量级 PVC、聚醋酸乙烯酯、氯乙烯-醋酸乙烯酯共聚物、氯化橡胶、醇酸树脂、不饱和聚酯树脂、环氧树脂、丙烯酸树脂等。

在涂料工业中，它用作气干和烘干体系的流平剂，以减少气泡和缩孔的生成，提高流动性和光泽。它的添加，使得有高含水量稀释剂存在的低分子量聚氯乙烯或氯乙烯共聚物的乙烯基涂料表现出良好的贮存稳定性。三甲基环己酮配合适宜的稀释剂也作为聚氯乙烯加工过程中的暂时增塑剂。在由聚氯乙烯和增塑剂组成的厚膜型涂料中，它作为具有低凝胶倾向的稀释剂使用。三甲基环己酮也用作涂装皮革的硝酸纤维素酯乳液中的溶剂，杀虫剂配方中的共溶剂。三甲基环己酮在气干型涂料中有防结皮作用。

13. 异佛尔酮

异佛尔酮（Isophorone）简称 IP，化学名称为 3,5,5-三甲基-2-环己烯-1-酮。为一种淡黄色的液体，有类似樟脑的气味，具有较高的沸点，很低的吸湿性，较慢的挥发速率和突出的溶解能力，能与大部分有机溶剂和多种硝基纤维素涂料混溶。特别是对硝化纤维素、乙烯树脂、三聚氰胺树脂、聚酯树脂、醇酸树脂、环氧树脂溶解力强，能赋予涂膜很好的流平性。因此，作为酮类溶剂应用范围很广。

六、酯类溶剂

酯类溶剂也是含氧溶剂的一种。涂料中常用的酯类溶剂大多数都是醋酸酯，也有少量其他有机酸的酯类。

酯是由醇和酸通过酯化反应而生成的，因此低碳醇的酯易水解。醋酸酯内常含有的醋酸、相应的醇及水等杂质可以通过洗涤-干燥剂干馏-蒸馏的方法进行精制。

作为溶剂常用的醋酸酯类化合物，其溶解力随分子量增大及分子中支链的增加而降低。而挥发速率则随分子量的增加而降低，但随着分子中支链的增加而增加。

1. 甲酸异丁酯

微溶于水，溶解脂肪、油、许多聚合物和氯化橡胶，但不溶解醋酸纤维素酯。商业上它作为涂料的混合溶剂中的组分。

2. 醋酸甲酯

与水部分混溶，易与大多数有机溶剂混溶，对纤维素酯和醚、松香、脲醛、三聚氰胺甲醛、酚醛树脂、聚醋酸乙烯酯、醇酸树脂以及其他树脂有良好的溶解力。但不溶解虫胶、玳玛树脂、古巴树脂或聚氯乙烯。醋酸甲酯单独作为高挥发性溶剂与醇、其他酯混合可降低涂料的黏度。

3. 醋酸乙酯

醋酸乙酯系一种无色透明液体，有水果香味。能与醇、醚、氯仿、丙酮、苯等大多数有机溶剂混溶，能溶解植物油、甘油松香酯、硝化纤维素、氯乙烯树脂及聚苯乙烯树脂等。在涂料中可以用作硝化纤维素、乙基纤维素、聚丙烯树脂及聚氨酯树脂的溶剂。

醋酸乙酯是快干涂料（硝酸纤维素木材漆）中最重要的溶剂之一。它也常用于聚氨酯涂料，能增加非溶剂与稀释剂的可稀释度。

4. 醋酸正丁酯

醋酸正丁酯系无色液体，有水果香味，与其低级同系物相比，醋酸正丁酯难溶于水，也较难水解。能与醇、醚等一般有机溶剂混溶，对植物油、甘油松香酯、聚醋酸乙烯树脂、聚丙烯醋酸酯、氯化橡胶等有良好的溶解能力，系硝基纤维素涂料、聚丙烯酸酯涂料、氯化橡胶涂料及聚氨酯涂料中常用的溶剂。系醋酸酯类溶剂中应用比较广泛的一种。

5. 醋酸异丁酯

醋酸异丁酯的性质和涂料中的用途与醋酸正丁酯类似，仅是闪点比较低（17.8℃，而醋酸正丁酯为 27℃），因此火灾危险性比前者大。

6. 高碳醇醋酸酯

醋酸己酯（Exxate 600）、醋酸庚酯（Exxate 700）和醋酸癸酯（Exxate 1000）是 3 种碳醇的醋酸酯，作为高沸点的酯类溶剂，它既有含氧溶剂的较高的溶解力，又保持有机烃类溶剂的性质。

用醋酸己酯和醋酸庚酯合成高固体分丙烯酸树脂时，不仅可以改进对树脂分子量大小及分子量分布的控制，以获得低分子量和较窄的分子量分布，从而得到交联能力高、涂膜光泽好和耐久能力强的高固体分涂料。另外，含有这类溶剂的配方也可以获得较高的电阻率，由于电阻率影响涂料的雾化特性和静电喷涂时的转移效率，一般将静电喷涂时的涂料电阻率调整到 0.6～1.0MΩ，但是这对于金属闪光涂料等却是一个难题，而使用具有接近烃类溶剂电阻率的高碳醇的醋酸酯溶剂不仅可获得高的电阻率，同时又可获得烃类溶剂难以提供的溶解能力，这无疑是解决此类难题的一个诱人途径。表 2-3-39 为以醋酸庚酯（Exxate 700）代替甲基戊基甲酮（MAK）用于金属闪光涂料时对涂料电阻率的提高和喷涂转移效率的影响的实例。

表 2-3-39 溶剂对转移效率的影响

最后挥发的溶剂	甲基戊基甲酮	醋酸庚酯
电阻率/MΩ	0.07	0.31
转移效率/%	73	83

与醇醚醋酸酯和高沸点酮类溶剂相比，将醋酸己酯用于对潮气敏感的各种气干型涂料中，不仅由于其较慢的挥发速率而有效地减少涂膜的“发白”倾向，而且由于其从涂膜中扩散逸出的速率比前者快，故可同时得到较快的干燥速率，实验证明在正常的温度条件下醋酸己酯比乙二醇乙醚醋酸酯的干燥速率要快 15%～30%，这一特性使其在硝基纤维素涂料、双组分聚氨酯涂料及挥发型丙烯酸树脂漆中应用时显示出独特的优势。表 2-3-40 列出高碳醇醋酸酯溶剂的特性指标。

表 2-3-40 高碳醇醋酸酯溶剂特性表

项 目	醋酸己酯	醋酸庚酯	醋酸癸酯
沸程/℃	164～176	176～200	230～248
密度(20℃)/(g/cm^3)	0.874	0.874	0.873
相对挥发速率(醋酸乙酯=1)	0.17	0.08	<0.01
颜色(赛波特色)	10	10	10
表面张力/(mN/m)	25.7	26.0	27.0
黏度(20℃)/mPa·s	1.05	1.24	2.27
溶解度(25℃)			
水在溶剂中(质量分数)/%	0.66	0.58	0.25
溶剂在水中(质量分数)/%	0.02	0.01	不溶
用 途	纤维素涂料、聚氨酯涂料、环氧聚酰胺涂料、卷材料涂料、罐头涂料、烘漆、高固体分丙烯酸酯涂料		卷材涂料、罐头涂料、烘漆

7. 乳酸丁酯

乳酸丁酯又称 2-羟基丙酸正丁酯，分子式为 $CH_3CH(OH)COOC_4H_9$。系由乳酸和正丁醇在硫酸催化下酯化的产物，乳酸丁酯是一种有轻微气味的无色液体，沸程 155～200℃，密度（20℃）0.974～0.984g/cm^3，闪点 71℃。溶解能力好，挥发速率慢，对多种溶剂及稀释剂的互溶性好。在涂料中使用可以提高涂膜的流平性，有利于得到高光泽、柔韧性好、附着力好的涂膜，对于清漆还可以提高涂膜的透明度，可以应用于氨基醇酸烘漆、氨基固化丙烯酸树脂漆和硝基纤维素漆中。

七、醇醚及醚酯类溶剂

将乙二醇和乙醇醚化反应，可制得乙二醇乙醚，如将乙二醇乙醚上的羟基（—OH）再与醋酸进行酯化反应，则会制得乙二醇乙醚醋酸酯。这是目前我国涂料工业常用的一类醇醚和醚酯类溶剂。

另一类则是以二乙二醇代替乙二醇而发展起来的，比如二乙二醇乙醚、二乙二醇丁醚、二乙二醇乙醚醋酸酯及二乙二醇丁醚醋酸酯等。如果以丙二醇代替乙二醇，则会发展出丙二醇乙醚、丙二醇丁醚、丙二醇乙醚醋酸酯及丙二醇丁醚醋酸酯等一类醇醚和醚酯类溶剂。其他，如 3-乙氧基丙酸乙酯和 4-丁氧基丙酸丁酯（BPB）等也属于醚酯类溶剂。

尽管乙二醇醚及醚酯类溶剂目前尚在我国的涂料产品中应用，但是自 20 世纪 80 年代以来，工业卫生专家郑重指出乙二醇醚及其酯类溶剂的毒性是十分严重的，它对血液循环系统、淋巴系统及动物的生殖系统均有极大危害，会导致雌性不育、胎儿中毒、畸形胎、胚胎消融、幼子成活率低及先天低智能等病状。美国政府已于 1982 年 6 月将乙二醇甲醚及乙醚的最低工作环境允许浓度限制在＜5mg/m^3，相当于我国毒性等级中“高毒”级，德国也已宣布禁止使用乙二醇醚类溶剂。实践证明丙二醇醚及其醚酯类溶剂在涂料中应用性能与乙二醇醚极为相似，而其毒性要比乙二醇乙醚小得多。因此本节虽然向读者也介绍了乙二醇醚及醚酯类溶剂，但提倡以丙二醇醚及其醚酯取代之。

1. 乙二醇乙醚

乙二醇乙醚又称甘醇乙醚或乙基溶纤剂。为无色液体，有温和的香味。能与水、醇、醚、丙酮等多种溶剂混溶。能溶解硝化纤维素、醇酸树脂、聚醋酸乙烯酯树脂，但不溶解醋酸纤维素及聚甲基丙烯酸甲酯。对松香、虫胶、甘油松香酯等也有一定的溶解能力。

乙二醇乙醚用作涂料溶剂，由于对水溶解能力大，单独使用容易发生乳化现象，因此在溶剂型涂料中往往和其他溶剂混合使用，它的作用是可以容忍较大量的稀释剂，并可在大多数溶剂挥发以后，来保持湿涂膜的流动性，而在水性涂料中则是很好的助溶剂。主要用作硝基纤维素涂料、电绝缘用硅氧烷改性聚酯涂料的溶剂及作为助溶剂用于水性涂料。

2. 乙二醇丙醚和乙二醇异丙基醚

与乙二醇乙醚有相当的溶解性和混溶性，但挥发更慢，并且对低极性树脂有较好的溶解力。比乙二醇乙醚毒性小，故正逐步替代乙二醇乙醚。

3. 乙二醇乙醚醋酸酯

乙二醇乙醚醋酸酯又称甘醇乙醚醋酸酯、乙基溶纤剂醋酸酯或醋酸-2-乙氧基乙酯。为无色液体，微有芳香味。

由于乙二醇乙醚醋酸酯的分子结构中存在醚和酯的结构，具有脂肪醚和脂肪酯的特性，它能与多种溶剂相混溶。能溶解油脂、松香、氯化橡胶、硝基纤维素、醇酸树脂、酚醛树脂、三聚氰胺甲醛树脂、聚醋酸乙烯酯、聚甲基丙烯酸甲酯及聚苯乙烯等多种涂料产品。由于其高溶解力及与其他溶剂的高比例混溶性，以及挥发速率较慢，因而便于涂膜的流平，使涂膜均匀、光泽及附着力提高。

由于乙二醇乙醚醋酸酯在水中溶解性能较好（20℃时在水中溶解度为22.9%，质量分数），对水相和油相都具有突出的亲和性，因而具有表面活性剂的作用，而成为水性涂料良好的助溶剂。乙二醇乙醚醋酸酯还是一种非光化学反应性的溶剂。

4. 乙二醇丁醚醋酸酯

乙二醇丁醚醋酸酯又称甘醇丁醚醋酸酯、丁基溶纤剂醋酸酯或醋酸-2-丁氧基乙酯。为无色液体，在水中溶解度比乙二醇乙醚醋酸酯低，20℃在水中溶解1.1%，水在其中溶解1.6%，能溶解乙基纤维素、聚醋酸乙烯酯、聚苯乙烯等，但不能溶解醋酸纤维素、聚甲基丙烯酸甲酯、聚乙烯醇缩丁醛等。

5. 丙二醇醚类溶剂

丙二醇醚类溶剂主要包括丙二醇甲醚、丙二醇乙醚、丙二醇丁醚及其酯类。

丙二醇醚具有两个强溶解功能的基团——醚键和羟基，前者具有亲油性，可溶解憎水性化合物，后者具有亲水性，可溶解水溶性化合物。丙二醇醚与相应的乙二醇醚类溶剂化学性质相似，但是毒性却低得多。由于丙二醇醚也具有醇醚类溶剂共同的特点——溶解能力强及挥发慢，因此作为溶剂可以提高涂膜的流平性、光泽和丰满度，克服某些涂膜常见的病态。可用作硝化纤维素涂料、氨基醇酸涂料、丙烯酸树脂涂料、环氧树脂涂料的良好溶剂。

丙二醇醚可以与水以任何比例互溶，因此又是水性涂料最佳的助溶剂及成膜助剂。在水溶性电泳漆中以丙二醇醚作为助溶剂，可以开发出高性能的电泳涂料。作为乳胶漆的成膜助剂可以显著地降低乳液的最低成膜温度。丙二醇醚类溶剂在涂料中的应用可以见表2-3-41。

表2-3-41 丙二醇醚类溶剂在涂料工业中的应用

用　途	应用的产品	作用与效果
溶剂型清漆和色漆的溶剂和助溶剂，如基料为聚丙烯酸、环氧、氨基、醇酸及硝化纤维素等树脂	丙二醇甲醚 丙二醇乙醚 二丙二醇甲醚 二丙二醇乙醚 丙二醇甲醚醋酸酯 丙二醇乙醚醋酸酯	1. 增加树脂的溶解均匀性 2. 促进涂料各组分间的偶联 3. 调节涂料溶剂的挥发速率 4. 改进涂膜的涂刷性 5. 改进涂膜的平整度和光泽、克服橘皮等涂膜弊病
水溶性树脂的助溶剂	丙二醇甲醚 丙二醇乙醚 二丙二醇甲醚 二丙二醇乙醚 丙二醇甲醚醋酸酯 丙二醇乙醚醋酸酯	1. 使树脂和水偶联 2. 调节涂料黏度 3. 改进涂料的流平性 4. 改进涂膜的流平性、光泽等
乳胶漆的成膜助剂	丙二醇丁醚 二丙二醇甲醚 二丙二醇乙醚	1. 使高分子链互相溶化凝结 2. 增加涂膜光泽
木材染色涂料（水基、油基助溶剂）	丙二醇甲醚 丙二醇乙醚 丙二醇甲醚醋酸酯 丙二醇乙醚醋酸酯	1. 完全溶解着色染料，使着色均匀 2. 控制蒸发速率，保证染色均匀无搭接痕迹 3. 增加对木材的渗透性，使木纹清晰

续表

用　　途	应用的产品	作用与效果
脱漆剂的组成溶剂	丙二醇甲醚醋酸酯 丙二醇乙醚醋酸酯	1. 溶解脱漆剂组分中的纤维素类增稠剂 2. 增加脱漆剂在旧漆中的渗透性使旧漆树脂溶胀
色浆用溶剂	二丙二醇甲醚 二丙二醇乙醚	增加水和有机物的偶联作用

6. 三乙二醇醚类溶剂

三乙二醇乙醚：几乎无色、中性、气味温和的液体，低吸水性，溶于水和大多数有机溶剂，但与芳香烃及脂肪烃仅部分相溶。三乙二醇乙醚可溶解硝酸纤维素、虫胶、松香、酮树脂、马来酸树脂、氯化橡胶、醇酸树脂以及许多其他涂料用树脂。但不溶解醋酸纤维素酯、聚氯乙烯、氯乙烯共聚物、脂肪、油和橡胶。

三乙二醇乙醚的用途与二乙二醇乙醚相似。它还可以作为不相溶液体的增溶剂，也可用于杀虫剂、手洗洗涤剂的制造。它也用于印刷油墨。木材漆中加入少量三乙二醇乙醚可以阻止涂刷过程中表面的木材纤维倒立。

三乙二醇丁醚：几乎无色、中性、气味轻微的液体，溶于水和大多数有机溶剂，但仅与芳香烃和脂肪烃溶剂部分相溶。其溶解性可与二乙二醇丁醚相比。三乙二醇丁醚可作为互不相溶液体的增溶剂，用于家具漆的生产、金属清洁剂以及木材防腐。它适宜作为高沸点溶剂用于烘漆，作为流平剂、木材漆中的助溶剂来阻止木材纤维从表面倒立。

7. 3-乙氧基丙酸乙酯

3-乙氧基丙酸乙酯是一种高性能的醚酯类溶剂，分子式为 $C_2H_5OC_3H_4OOC_2H_5$。相对分子质量 146.29，密度 0.95g/cm^3，相对挥发速率 0.12（醋酸正丁酯＝1），表面张力（23℃）27.0mN/m，电阻 20MΩ，溶解度参数为 8.8，黏度（20℃）1.0mPa·s，沸程为 165～172℃。3-乙氧基丙酸乙酯是配制优质烘漆及空气干燥涂料的有效溶剂，具有下述优良性能。

① 挥发速率慢　可防止纤维素涂料发白，提高涂膜流平性及投影光泽，以便获得高质量的涂膜。

② 溶解能力强　溶解范围广，作为线型醚酯类溶剂对硝化纤维素、醋酸纤维素、环氧树脂、丙烯酸树脂、三聚氰胺甲醛树脂、无油聚酯树脂、聚氨酯树脂都有很好的溶解性。加之，其溶解能力强及自身黏度低的原因，所得的树脂溶液黏度也较低。

③ 表面张力低及溶剂释放快　可以提高涂膜的防缩孔性、流平性、重涂性及对底材的湿润性，提高附着力，由于溶剂释放快，可提高涂膜“干”阶段的干燥性能，减少溶剂残留。

④ 电阻高　可以弥补高固体分涂料在静电喷涂时，由于配方中极性溶剂电阻低，而使涂料电阻达不到喷涂所要求的最佳电阻范围缺陷，方便地调整电阻值。因此，是一种值得推广应用及开发的溶剂品种。

8. β-丁氧基丙酸丁酯

β-丁氧基丙酸丁酯（BPB），是一种具有线型结构的醚酯类溶剂。分子式为 $C_4H_9OC_2H_3COOC_4H_9$。密度为 0.9g/cm^3，沸程为 170～230℃（纯品为 220～230℃）的无色液体，对丙烯酸树脂、氨基树脂、醇酸树脂、环氧树脂、聚氨酯树脂、硝基纤维素及 CAB 等都具有良好的溶解性能。由于挥发速率慢，一般仅适用于烘烤，对改善涂膜流平性、提高光泽有明显的效果。

八、取代烃类溶剂

取代烃类溶剂通常仅在特殊场合下才能独立使用，其中有价值的为氯化烃及硝基烃。

1,1,1-三氯乙烷是涂料中经常会遇到的氯化烃类溶剂。这种化合物会进行无光化学反应。氯化烃溶剂的一个优点是不易燃烧。它是比脂肪烃溶剂溶解力较强（溶解度参数为9.6），而又具有较低氢键值（为1.5）的溶剂，缺点是挥发较快。

硝基烃中属2-硝基丙烷应用量较大。它具有较高的溶解度参数（10.7）和较低的氢键值（为2.5），其挥发速率（为1.2）和醋酸正丁酯基本相当。

九、其他溶剂

1. 1,1-二甲基乙烷

中性液体，与水和有机溶剂混溶。它能溶解硝酸纤维素、纤维素醚、一些氯乙烯共聚物、合成和天然树脂。但不溶解聚氯乙烯、聚苯乙烯、氯化橡胶和醋酸纤维素酯。可用于涂料、黏合剂的生产。

2. *N*,*N*-二甲基甲酰胺（DMF）

与水和除脂肪烃外的所有有机溶剂混溶，是纤维素酯和醚、聚氯乙烯、氯乙烯共聚物、聚醋酸乙烯酯、聚丙烯腈、聚苯乙烯、氯化橡胶、聚丙烯酸酯和酚醛树脂等的良好的高沸点溶剂。但不溶解聚乙烯、聚丙烯、脲醛树脂、橡胶和聚酰胺。常作为溶剂用于印刷油墨、聚丙烯腈纺织溶液和乙炔的合成中。

3. *N*,*N*-二甲基乙酰胺（DMA）

与水和有机溶剂混溶，对许多树脂和聚合物有非常好的溶解力。用于丙烯酸纤维、薄膜、板材和涂料的生产，并且作为有机合成中的反应介质和中间体。

4. 二甲亚砜（DMSO）

为无色透明液体，有吸湿性。能与水、乙醇、乙醚、丙酮、乙醛、吡啶、乙酸乙酯、苯二甲酸二丁酯、二噁烷和芳烃化合物等任意互溶，不溶于乙炔以外的脂肪烃类化合物。是纤维素酯和醚、聚醋酸乙烯酯、聚丙烯酸酯、氯乙烯共聚物、聚丙烯腈、氯化橡胶和许多树脂的良好高沸点溶剂。也可用于聚丙烯腈纺丝溶液和脱漆剂，用作分散液的成膜助剂以及提取剂和有机合成中的反应介质。

5. 1-硝基丙烷

无色、非吸水性液体，气味温和。能溶解硝酸纤维素、纤维素醚、醇酸树脂、氯化橡胶、聚醋酸乙烯酯、氯乙烯共聚物等。但不溶解聚氯乙烯、松香、聚丙烯腈、蜡、橡胶和虫胶。作为共溶剂用于涂料中用来提高颜料的润湿、流动性和改善静电工艺，可减少涂料的干燥时间。

6. *N*-甲基吡咯烷酮

相当温和，氨味，能与水和大多数有机溶剂混溶。对纤维素醚、乙二醇-丙烯腈共聚物、聚酰胺、聚丙烯腈、蜡、聚丙烯酸酯、氯乙烯共聚物和环氧树脂有良好的溶解力。用于脱漆剂以及涂料可以降低涂料的黏度，提高涂料体系的润湿力。

7. 1,3-二甲基-2-咪唑烷酮

无色、高沸点、高极性、惰性质子溶剂。低毒，具有良好的化学和热稳定性。与水和大多数有机溶剂混溶。是制造甲油、圆珠笔油和涂料的原料。

8. 六甲基磷酸三胺

碱性、高极性、非可燃溶剂，有非常好的溶解能力。其溶解性可与DMSO和DMA相比。也可作为抗冻剂和抗静电剂。

第六节　有关环保法规

涂料中的溶剂对环境产生多方面影响，包括涂料生产中溶剂的释放；涂料施工中溶剂及有毒物质的释放；在涂层的使用期间、脱漆过程中溶剂的释放等，对环境造成了不同程度的污染。大多数国家和组织对挥发性有机物质（VOC）的定义是指沸点低于或等于 250℃的任何有机化合物，多达 900 多种。其部分已被列入致癌物，如氯乙烯、苯、多环芳烃等。涂料中的 VOC 是指在涂料的使用过程中，挥发到大气中的溶剂和一些化学物质，这些物质会危害环境。

一、国外涂料工业环保发展历程

1966 年 7 月，美国针对出现的环境污染问题，制定了限制光化学性挥发有机溶剂的 66 法规，开始对涂料中挥发性有机溶剂量进行限定。1970 年设立环境保护局（EPA），1977 年环境保护局对涂料生产和施工提出了管理要求（简称 CTG），对全美国各州规定了臭氧浓度限定值。更加严格的是，规定了 VOC 的上限。美国所有州均采用表 2-3-42 的规定。欧美和其他国家都采用相同措施来限制涂料中 VOC 的排放浓度。EPA 对溶剂型常温干燥涂料的规定 VOC 值为 420g/L。其中热塑性乙烯类、氯化橡胶类涂料中 VOC 均超标，因此欧洲一些国家已基本用其他品种来取代。相适应于 VOC 值为 340g/L 要求的品种有：无机富锌底漆、环氧、改性环氧、聚氨酯、醇酸树脂类涂料。相适应于 VOC 值为 210g/L 以下要求的品种有：改性环氧、焦油环氧树脂涂料。

表 2-3-42　美国环保局（EPA）规定涂料中的 VOC 值

CTG 对象分类	涂料品种	涂料中的 VOC 值	
		lb/gal	g/L
Ⅰ类范围			
轿车及轻型车用涂料	底涂漆	1.9	228
	面涂漆	2.8	336
	修补漆	4.8	575
罐头用涂料	底漆、面涂漆	2.8	336
	罐头内壁	4.8	564
	罐头接缝涂料	5.5	660
	终端密封涂料	3.7	444
卷材涂料	底漆、面漆、底面合一漆	2.6	312
金属家具	底漆、面漆、底面合一漆	3.0	360
大型机电产品涂料	底漆、面漆、底面合一漆	2.8	336
纤维用涂料	流水线涂装	2.9	348
	乙烯型涂装流水线	3.8	456
纸张涂料	流水线涂装线	2.9	348
磁导线涂料	流水线涂装线	1.7	204
Ⅱ类范围			
各种金属构件及其制品涂料	清漆	4.3	516
	90℃以下常温自干漆	3.5	420
	特殊品种	3.5	420
	其他涂料	3.0	360

1990年美国环保署颁布了CAAA90（空气净化法修正案）和HAPs（有害空气污染物）法规，对89种溶剂增加了排放标准，其中包括甲醇、甲乙酮、甲基异丁基酮、甲苯、二甲苯等涂料常用的溶剂。1996年5月美国环境保护署又在CAAA90中增加了危险品管理条例（RMP）。该条例对77种有毒物质和63种易燃易爆物质的管理作出了规定，即在任何贮存、使用、生产、运输以及废弃物质的处理过程中，条例规定的77种有毒物质的操作量不得超过500～20000lb（1lb=0.454kg），而易燃物质的操作量不得超过10000lb，并对各单元操作之间及工厂设备与周围环境之间应当保持安全距离，以及在发生意外事故、出现有毒有害和易燃易爆物质泄漏时的应急措施等都做了详细的规定。涂料生产设备在贮存和使用这些物质时必须严格遵守该条例中的规定，大型浸涂槽等设备也不例外。1996年美国环境保护署起草了AIM条例——建筑涂料和工业维护涂料管理条例，其重点在于管制涂料中的VOC，该条例于1999年生效。条例规定了70余种除工业涂料以外的几乎所有建筑和工业维护涂料品种的VOC上限值，对内外墙乳胶漆做出250g/L的限制规定。美国环境保护署于2002年设立了有关涂料行业有毒有害空气污染物的排放标准，并于2005年12月颁布最新版的《混合涂料生产的有毒有害气体排放标准》（40 CFR Part 63National Emission Standards for Hazardous Air Pollutants：Miscellaneous Coating Manufacturing；Final Rule）。

美国大气污染物排放法规体系中包括了对贮罐、工艺设备、废水收集和输送系统，输送系统及辅助设备等排放的HAPs的限值，规定了溶剂可使用品种。主要的HAPs为甲苯、甲醇、二甲苯、氯化氢、二氯甲烷等。HAPs法规豁免的只剩下乙醇、异丙醇、丙二醇醚、一缩乙二醇醚、醋酸丁酯、叔丁酯、丙酮、甲戊酮和脂肪烃等十余种溶剂。因此，未来涂料行业中可使用的溶剂种类十分有限。近年来HAPs法规也得到日本和欧盟等发达国家的认可。

欧洲装饰性涂料工业年销售量约330万吨，占其总的涂料市场份额的60%。过去几十年，在装饰性涂料市场中，水性产品的使用越来越广，到目前大约已增至为装饰性涂料总量的70%，这主要归因于水性涂料的特殊性能。与此同时，欧洲各国已对环境保护达成共识，并出台了涂料工业在其全世界范围的涂料管理方案（World-wide Coatings Care Programme）。

大多数溶剂型装饰性涂料在使用前不要求加入溶剂或稀释剂，溶剂经常用于清洗施工设备。这些产品中所用的溶剂和清洗设备用溶剂均为VOC。尽管水性涂料主要以水作为载体，但也常含少量的添加剂，如成膜助剂等。尽管这些添加剂常为VOC，但它们是达到所要求的性能和施工性所必不可少的。

装饰性涂料中所含的大多数VOC是在施工和干燥过程中排放出来的。由于装饰性涂料的使用，对VOC排放量有一定的影响，在欧洲人为总VOC排放量中，这部分占了不到3%。

在欧洲，民众对提高空气质量非常关注，对减少硫与氮的氧化物，氨和挥发性有机化合物的排放尤为关心，降低VOC的排放对涂料工业来说非常重要。1999年3月11日，欧盟委员会颁布了1999年第13号委员会命令（Council Directive 1999/13/EC），即所谓的溶剂释放标准。随着溶剂排放令（The Solvents Emission Directive）的实施，VOC排放会显著减少。欧洲CEPE（欧洲涂料、印刷油墨、颜料工业协会）下发了关于装饰性涂料中挥发性有机化合物指导书。

欧盟在1993年通过了《Existing Substances》法规，其目的在于对危险品进行评价和管理，从10万多种受法规限制的化学品中选出了100多种危险品，将其分配给各成员国，分别进行化学品的危险性评价。芬兰和丹麦等国提出，没有经过危险性评价的化学物质不能进入市场。

REACH 是欧盟规章《化学品注册、评估、许可和限制》（Regulation concerning the Registration，Evaluation，Authorization and Restriction of Chemicals）的简称，是欧盟建立的，并于 2007 年 6 月 1 日起实施的化学品监管体系。REACH 法规将欧盟自产或出口到欧盟市场上约 3 万种化工产品，以及涉及所有使用化工产品的下游产品，如纺织、轻工、玩具、机电等产品分别纳入注册、评估、许可等几个管理监控系统，以规范欧盟市场上化学品的制造、使用和流通。REACH 法规的实施将有助于改善人类的健康，避免环境的损害，优化产业结构、提高产品质量，促进我国涂料行业可持续发展。

另外，墨西哥政府规定所有涂料产品中的 VOC 含量不得超过 490g/L，并即将颁布对甲醇使用的限制法规。表 2-3-43～表 2-3-45 列出了有关 VOC 及限制重金属使用与排放的一些法规。

表 2-3-43　欧盟指令关于清漆和色漆 VOC 含量限量的要求

种类	类型/光泽范围	VOC 含量最大限值/(g/L)	
		第一阶段(2007 年)	第二阶段(2010 年)
内墙及天花板用涂料	水性涂料　光泽(60°)<25	75	30
	溶剂型涂料　光泽(60°)<25	400	30
	水性涂料　光泽(60°)>25	150	100
	溶剂型涂料　光泽(60°)>25	400	100
无机底材外墙涂料	水性涂料	75	40
	溶剂型涂料	450	450
室内外木器或金属装饰装修用涂料	水性涂料	150	130
	溶剂型涂料	500	400
室内外透明漆和清漆;半透明漆;木器及金属用木器着色料(Lasure)以及不透明木器着色料	水性涂料	150	130
	溶剂型涂料	500	400
室内外薄涂涂料	水性涂料	150	130
	溶剂型涂料	700	700
木器或墙面及天花板用封闭底漆	水性涂料	50	50
	溶剂型涂料	450	350
稳定底材或有疏水性的黏合底漆	水性涂料	50	50
	溶剂型涂料	750	750
单组分特性涂料	水性涂料	140	140
	溶剂型涂料	600	600
双组分反应性特性涂料	水性涂料	140	140
	溶剂型涂料	550	500
多彩涂料	水性涂料	150	100
	溶剂型涂料	400	100
美饰涂料	水性涂料	300	200
	溶剂型涂料	500	200

表 2-3-44 德国的 TA-Luft 法规

级 别	挥发性溶剂排放量/(kg/h)	最大容许浓度/(mg/m³)
Ⅰ	0.1～3	20
Ⅱ	3～6	150
Ⅲ	6	300
级 别	致癌性挥发溶剂排放量/(kg/h)	最大容许浓度/(mg/m³)
Ⅰ	0.3～5	0.1
Ⅱ	5～25	1
Ⅲ	25	5

表 2-3-45 日本限制铅使用和排放的有关法规

法 规	目 标
有毒有害物质控制法规	限制特种铅化合物的使用及处理
铅化合物的使用法规	限制含铅涂料的生产、含铅涂膜的处理、防止危害工人卫生
防止大气污染法规	＜0.1mg/m³(以铅计)(废物燃烧排放的废气)
防止水体污染法规	＜0.1mg/m³(以铅计)(废水)
与废物处理有关法规	埋于土壤中的可溶性铅 3mg/L,今后将降低至＜0.3mg/L

二、我国涂料工业环境保护现状

我国涂料工业的环境保护起步较晚，长期以来由于缺少相应的环保法律法规，涂料行业有毒有害物质的排放和管理以及危险化学品的管理处于无政府状态。1999 年国家环境保护局颁布了适合涂料行业的第一项标准，绿色标志涂料——水性涂料标准。2002 年 1 月 1 日国家质量监督检验检疫总局颁布实施《室内装饰装修材料有害物质限量》等 10 项强制性国家标准。这一标准从材料上规定了污染物限量，其中与涂料有关的标准有 GB 18582—2001《室内装饰装修材料 溶剂型木器涂料中有害物质限量》、GB 18581—2001《室内装饰装修材料 溶剂型木器涂料中有害物质限量》，这两个标准对涂料中的有害物都作了明确规定。按照标准要求，生产企业必须按强制性标准生产，有害物质含量超标的涂料则将一律禁止销售。对于水性涂料国家环保总局环保认证中心在原有水性涂料标准的基础上做了进一步规范，颁布了《环境标志产品技术要求 水性涂料》(标准号 HJ/T 201—2005)，标志为圆形、绿色，并标有“中国环境标志”。其中，对水性木器涂料、水性防腐涂料、水性防水涂料等产品，要求 VOC 含量应小于 250g/L，内墙涂料要求 VOC 含量应小于 80g/L，外墙涂料要求 VOC 含量应小于 150g/L，墙体用底漆要求 VOC 含量应小于 80g/L；产品生产过程中不得人为添加含有重金属的化合物，不得人为添加含有甲醛的化合物，对重金属和甲醛含量都作了严格的规定。近几年通过国家强制性标准的实施，加强对市场的监控力度，我国在环境保护方面取得了一定的成效。但是传统的高 VOC 的涂料仍占据着主要市场，其总量不少于 100 万吨，其 VOC 一般高于 550g/L，与发达国家现在要求的 420～450g/L 的差距还很大。

GB 18581—2001《室内装饰装修材料 溶剂型木器涂料中有害物质限量》规定的溶剂型木器涂料中有害物质限量值见表 2-3-46。水性木器涂料中对人体有害物质的含量比溶剂型涂料要少得多，是木器涂料的发展方向。

GB 18582—2001《室内装饰装修材料 内墙涂料中有害物质限量》的技术要求为：VOC 含量≤200g/L；游离甲醛≤0.1g/kg；重金属含量：可溶性铅≤90mg/kg，可溶性镉≤75mg/kg，可溶性铬不大于 60mg/kg，可溶性汞≤60mg/kg。

表 2-3-46　溶剂型木器涂料中有害物质限量

<table>
<tr><th colspan="2">项　目</th><th>硝基漆类</th><th>聚氨酯漆类</th><th>醇酸漆类</th></tr>
<tr><td colspan="2">挥发性有机化合物(VOC)/(g/L)</td><td>≤750</td><td>光泽(60°)≥80%：≤600
光泽(60°)<80%：≤700</td><td>≤550</td></tr>
<tr><td colspan="2">苯/%</td><td>≤0.5</td><td>≤0.5</td><td>≤0.5</td></tr>
<tr><td colspan="2">甲苯和二甲苯总和/%</td><td>≤45</td><td>≤40</td><td>≤10</td></tr>
<tr><td colspan="2">游离甲苯二异氰酸酯(TDI)/%</td><td>—</td><td>≤0.7</td><td>—</td></tr>
<tr><td rowspan="4">重金属(限色漆)/(mg/kg)</td><td>可溶性铅</td><td rowspan="4"></td><td colspan="2">≤90</td></tr>
<tr><td>可溶性镉</td><td colspan="2">≤75</td></tr>
<tr><td>可溶性铬</td><td colspan="2">≤60</td></tr>
<tr><td>可溶性汞</td><td colspan="2">≤60</td></tr>
</table>

随着改革开放的不断深入发展，我国政府和人民越来越重视对环境的保护，逐步建立起一系列与国际接轨的环保法规。环保法规的规定是涂料市场发生变革的主要原因。法规总是能催生变革，但现今的环保标准波动所造成的变革比以往都要大。环保法规变革的前沿就是要限制 VOC 排放到大气中去。基于上述原因，我们应该将研究力度集中在低溶剂和无溶剂的涂料产品的发展上。

第七节　发展趋势

由于传统涂料对环境与人体健康有影响，所以现在人们都在想办法开发环境友好型涂料。第一，人们努力降低涂料总有机挥发量（VOC），有机挥发物对我们的环境和人类自身构成直接的危害。除交通运输业带来的污染外（比如汽车尾气、油品渗透等），涂料是现代社会中的第二大污染源。因此，涂料对环境的污染问题越来越受到重视。美国洛杉矶地区在1967 年实施了限制涂料中挥发性有机溶剂量的 66 法规。自此以后，国外对涂料中溶剂的用量的限定也愈来愈严格。开始只对一些可发生光化学反应的溶剂实施限制，但后来发现几乎所有的溶剂都能发生光化学反应（除了水、丙酮等以外）。我们应该尽量减少这些溶剂的用量。第二，大家更加关注溶剂的毒性，那些和人体接触或吸入后可导致疾病的溶剂，如大家熟知的苯、甲醇便是有毒的溶剂。乙二醇的醚类曾是一类水性涂料常用的溶剂，在 20 世纪70 年代，它作为溶剂而被大量使用；但在 20 世纪 80 年代初发现乙二醇醚是一类剧毒的溶剂，目前，在涂料工业中正逐步被淘汰。有毒的溶剂对生产和施工人员都会造成直接危害。第三，使用安全问题也引起人们的极大注意，一般说来涂料干燥以后，它的溶剂基本上可以挥发掉，但这要有一个过程，特别是室温固化的涂料，有的溶剂挥发得很慢，这些溶剂的量虽然不大，但由于用户长时间的接触，也会造成对人体健康的伤害，因此在制备时一定要限制有毒溶剂的使用。20 世纪 70 年代以前，几乎所有涂料都是溶剂型的。70 年代以来，由于溶剂的昂贵价格和降低 VOC 排放量的要求日益严格，越来越多的低有机溶剂含量和不含有机溶剂的涂料得到了快速发展。尽管为满足日益苛刻的环保要求，低 VOC 的乳胶漆、水性涂料、UV 光固化涂料及粉体涂料得到了迅速地发展，但溶剂型涂料以其性能和施工优势仍在涂料领域中占有相当重要的地位。在中国涂料工业，溶剂正朝着以下方向发展。

1. 低毒甚至无毒化

美国国会在1990年列出了将要减少使用危害空气污染物（HAP）清单，其中包括MIBK、BCs、芳烃、甲醇、乙二醇及乙二醇醚等。

苯属中毒性溶剂，会导致造血系统的病害，不能用于涂料中，中国及国际上多数国家对溶剂苯含量都有严格的限制；乙二醇醚及其酯类溶剂（尤其是CAC）属高毒溶剂，应禁止使用；某些溶剂对于涂料来说仍必不可少，如甲苯、二甲苯、混合芳烃S-100、MIBK及乙二醇丁醚等。目前人们正积极寻找新的不在HAP清单上的溶剂。欧盟已立法在与人接触的产品中对某些物质设限，其中包含PAHs多环芳香烃。

2. 使用高效溶剂

除使用较多的正丁醇、异丁醇、异丙醇、丁酮、丙酮、醋酸丁酯、醋酸乙酯以外，其实有不少性能优良的溶剂可以采用。如甲戊酮（2-庚酮）用于硝基漆中可有效地改善漆膜延展性、防潮性和光泽性；三甲基环己酮在涂料中可用作气干和烘干体系的流平剂，可以减少气泡和缩孔的生成，提高流动性和光泽；将二异丁基酮（DIBK）用于以聚酯树脂为基材的卷材涂料和罐装涂料中可有效改进涂料的涂膜性能等。

3. 无苯化

人们正在努力减少芳烃溶剂的用量。减少甲苯、二甲苯及混合芳烃用量，一直是各油漆厂家努力的方向。

脱芳烃溶剂油有望用于替代甲苯、二甲苯及混合芳烃。目前国内市场的脱芳烃溶剂油主要以烷烃、环烷烃为主。烷烃分为正构和异构两类，在常温下其化学稳定性比较好，密度小。环烷烃的化学稳定性良好，与烷烃近似，凝点低、润滑性好并且无毒。混合烷烃又称D系列脱芳烃溶剂油，它们不含多环芳香烃，芳烃含量被控制在100～150ppm❶范围。对人基本无毒，性能稳定。但基本上由环烷烃和烷烃组成，无极性，与众多带极性基团的树脂混溶性差，对众多带极性基团的树脂基本无溶解力。直接在配方中用D系列脱芳烃溶剂油替代甲苯、二甲苯和三甲苯被证明难度大，开发与之配套的助溶剂有望提高其混溶性。随着混溶性改进、烷烃溶剂以其低毒性及相对稳定的成本会被更广泛使用。

碳酸二甲酯（Dimethyl carbonate，DMC）常温时是一种无色透明、略有气味、微甜的液体，熔点4℃，沸点90.1℃，密度1.069g/cm^3，难溶于水，但可以与醇、醚、酮等几乎所有的有机溶剂混溶。DMC毒性很低，在1992年就被欧洲列为无毒产品，是一种符合现代“清洁工艺”要求的环保型溶剂，近年来引起了广泛的重视。由于其分子结构中含有羰基、甲基、甲氧基和羰基甲氧基，作为溶剂，DMC可望部分替代甲苯、二甲苯等用于涂料中。目前DMC市场售价与甲苯、二甲苯处于相当范围。在涂料中的应用有望快速增长。

当然，由于高活性，碳酸二甲酯的贮存稳定性一直困扰着经销商。

总之，高效、低毒性及高性价比将是涂料溶剂发展的方向。

参 考 文 献

[1] 张兴华编著. 水基涂料——原料选择·配方设计·生产工艺. 北京：中国轻工业出版社，2000.

[2] 涂料工艺编委会. 涂料工艺. 上册. 第3版. 北京：化学工业出版社，1997.

[3] Greaves J H etc. PAINT TECHNOLOGY MANUALS；PART TWO；SOLVENTS，OILS，RESINS AND DRIES. LONDON：Chapman & Hall，1961.

❶ 非法定计量单位，1ppm＝10^{-6}。

[4] Hildebrand J, Scott R. The solubility of Non-electrolytes. Third Edition. New York: Reinhold publishing Corp, 1949.
[5] Burrell H. official DIGEST, 1995, 27: 369.
[6] Lieberman E P. official DIGEST, 1962, 34: 444.
[7] 孙信德. 涂料工艺, 1983, 2.
[8] [美] T. C. 巴顿著. 涂料流动和颜料分散. 郭隽奎, 王长卓译. 北京: 化学工业出版社, 1988.
[9] 赵敏主编. 涂料毒性与安全实用手册. 北京: 化学工业出版社, 2004.
[10] 李华昌, 符斌主编. 简明溶剂手册. 北京: 化学工业出版社, 2009.
[11] 魏杰, 金养智编著. 光固化涂料. 北京: 化学工业出版社, 2005.
[12] 刘振宇主编. 涂料涂装技术强制性标准认证全书: 第1, 2册. 吉林: 吉林摄影出版社, 2002.
[13] 刘泽曦. 涂料工业与环境保护. 精细与专用化学品, 2002, (17): 3-6.
[14] 刘秀娟, 陈千贵, 谢慧玲. 溶剂型涂料环境保护问题的变革. 中国涂料, 2006, (8): 35-47.
[15] 寇煇, 唐军. 水性涂料中 VOC 的危害与控制. 中国涂料, 2005, (9): 39-40.
[16] 杨向宏. 中国涂料业溶剂使用及发展趋势. hc360 慧聪网, 2009-6-9.

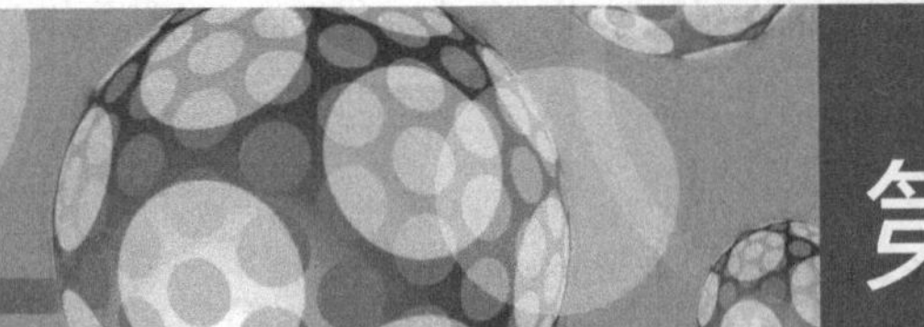

第四章

助 剂

第一节 助剂的分类、作用及整体匹配性

涂料生产工艺的强化、涂料贮运中的稳定性、涂层的配套性及涂膜缺陷的克服、涂装施工性能的改善和提高，都与涂料助剂的应用分不开。

为了更专业化和高效地从事涂料技术的研发，涂料工作者都必须掌握涂料助剂的化学、物理性质，功能特性及应用方法。

要涂料生产工艺和涂料性能达到某种特定要求而少量添加的一些辅助的特殊材料，称为涂料助剂。

涂料助剂在涂料中可发挥出 30 种以上的功能。任何一个优秀的涂料配方中都会包含几种助剂，至少也要有两种，多者达到 5 种以上。一般常规的溶剂型涂料助剂的应用总量是涂料质量的 1%～3%，特殊高档涂料有的甚至达到 10%。水性乳胶漆助剂的通常用量是涂料总量的 5%～8%。在国外高档漆中，助剂的价格成本可占到 30% 左右。

一、涂料助剂的作用及分类

涂料助剂作用广泛，品种繁多，其分类方法很多，通常是按其用途及作用位置和方式来分类。

1. 按用途分类

这种分类法是按涂料助剂在涂料生产、涂装等不同阶段的应用情况进行归纳分类。

(1) 在涂料制造时发挥作用的助剂　在这个阶段主要应用的助剂有润湿分散剂、消泡剂、脱泡剂、乳化剂、引发剂、催化剂、链终止剂等。其中乳化剂、引发剂、催化剂等是用于树脂合成及乳液制备过程，应属于涂料半成品的生产。颜料的润湿分散是涂料生产的技术关键，对涂料的性能有极大的影响。为了提高颜料与基料的亲和性及其在分散体中的稳定性，有时单独依靠树脂是不够的，必须使用润湿分散剂。它可以降低颜料与树脂之间的界面张力，提高润湿效率，减少研磨时间，降低能耗，还可以提高涂料贮存稳定性，防止涂膜浮色发花，增强颜料的着色力、展色力、遮盖力，降低成本。还可以赋予涂膜良好的耐候性及光泽。

消泡剂是水性涂料生产时必不可少的一种助剂，水性涂料特别容易起泡，若不及时消除，生产及包装就无法进行。

(2) 在贮运中发挥作用的助剂　在这个阶段产生作用的助剂有增稠剂、防沉剂、防结皮剂、杀菌防腐剂、防锈剂等。涂料在生产阶段属于高剪切速率的运动状态，在贮存中几乎没有剪切力，颜料容易产生絮凝、返粗、沉淀、结皮、增稠等不良现象。增稠剂、防沉剂、分散剂可防止颜料产生沉淀，使涂料分散体处于稳定状态。防结皮剂可以防止氧化干燥聚合的油性涂料产生结皮，减少浪费。分散剂还可以防止因颜料絮凝而产生增稠现象，影响涂料的颜色及光泽。

(3) 在涂料和涂膜干燥时发挥作用的助剂 在这个阶段发挥作用的助剂有流动和流平促进剂、表面状态控制剂、防浮色发花剂、防流挂剂、消泡剂、基材润湿剂、防闪锈剂、催干剂、固化促进剂等。

涂料在这个阶段理化性质会产生较大的变化。成膜前涂料是液态，成膜后变成固态。涂装后的表面积与涂装前罐中液态时的表面积相比，增加是巨大的，所以在涂装过程中涂料的流动性质是非常重要的。除此之外还有许多新问题，被涂物表面与涂料之间的界面张力会影响涂料的流平性，涂膜的附着力。涂膜干燥过程中，溶剂挥发，体积收缩率可达30%～70%，造成表面张力失衡，会产生强大的涡流作用，造成橘皮、缩孔、浮色发花等不良现象。

针对这些问题要选择不同的助剂帮助解决。用流平剂可解决涂料的流动和流平的问题；用基材润湿剂可解决基材与涂膜之间的界面张力；用表面状态控制剂可解决表面失衡、涡流问题。

为了提高涂膜的干燥速率，缩短干燥时间，氧化聚合干燥的涂料必须使用催干剂。交联固化型涂料，多用固化促进剂。对甲苯磺酸或其盐可降低氨基烘漆的固化温度，缩短干燥时间。又如聚氨酯涂料，特别是无溶剂的不饱和聚酯涂料、环氧涂料，除交联固化剂外，还经常使用固化促进剂提高干燥速率。乳胶漆要使用成膜助剂，光敏涂料要使用光引发剂。

帮助涂料固化成膜的助剂虽然称呼不同，但是作用目的却是相同的，全是为了加快涂膜的固化速率，缩短干燥时间。

在涂料进行立面涂装时，经常会发生不同程度的流挂现象，严重地影响了涂膜的装饰性。为了克服这种不良现象，人们常用的添加剂是触变剂，即在高剪切速率下，涂料的结构黏性被破坏，黏度下降，涂料具有流动和流平性，在低剪切速率下结构黏性恢复，起到防沉、防流挂的作用。

触变剂是乳胶漆必用的添加剂，主要是控制高中低剪切速率下的黏度，来达到防沉、防分水及涂膜流平的目的。现在甚至有人将缔合型的中剪切速率下的PU增稠剂称为“流平剂”。

涂料的涂装方法很多，有刷涂、喷涂、浸涂、辊涂、静电喷涂、电泳涂装等。无论采用哪种方法，涂膜难免产生缺陷，出现问题时一定要根据涂料的类型，并结合涂装方法来选择合适的助剂，在助剂应用时还要注意它们之间的整体匹配性。

(4) 在涂膜中发挥作用的助剂 在这个阶段体现出作用的助剂有紫外线吸收剂、光稳定剂、划痕防止剂、防粘连剂、防霉剂、导电剂、防污剂、阻燃剂等。这些助剂都在涂膜形成后在涂膜中发挥作用。

当涂膜在氧存在的条件下，树脂基料受紫外线的照射会发生光化学降解反应，涂膜遭受破坏。为了保护涂膜，人们采用紫外线吸收剂吸收紫外线，再将热能释放出来，抑制或减缓了化学反应的发生，保护了涂膜，延长了涂膜的使用寿命。防霉剂是一种能杀死霉菌和藻类的助剂，可以防止霉菌和藻类在涂膜表面上的生长，提高了涂膜的使用寿命和装饰性。防污剂也是一种助剂，含有防污剂的防污涂料涂在船舶水线和水线以下的船底部位，防止海生物的附着。涂料中添加阻燃剂可以防止或减缓火焰的蔓延，保护建筑物和人身的安全。导电涂料是一种功能型涂料，由于涂料中添加了导电剂，涂料具有导电性、抗静电性、屏蔽电磁波的功能。抗划伤、抗粘连剂，实际上是降低了涂膜的表面粗糙度，在涂层表面起到了润滑剂的作用，减少了摩擦阻力，产生滑爽感，起到抗划伤、抗粘连的作用。有机硅类和氟类的流平剂及蜡类助剂都具有这些作用。

有些助剂能够赋予涂料某些新的功能，涂料也常以其赋予的功能命名。例如，使用了阻燃剂的涂料常称为阻燃涂料，还有防污涂料、导电涂料、防霉涂料等都因助剂而得名。

有些助剂只能在某一方面发挥一种作用。例如阻燃剂、导电剂、防锈剂等。有些助剂在上述所有阶段都能发挥作用，有的助剂只能在一个或两个以上阶段发挥作用。有的只有一种作用，有的具有多种作用。例如，消泡剂可以在生产、贮运、施工中只发挥消泡作用。而流平剂和润湿分散剂能在每个阶段发挥出多种作用。对这些具有多功能的助剂在应用时要进行全面分析、实验、权衡利弊再作取舍。尤其是有负面作用的助剂，绝对不应因其在某些方面有缺欠而全面否定，要扬长避短，对各种助剂之间的作用功能要进行整体平衡。

2. 按作用位置和方式分类

还可按照助剂在涂料中起作用的位置和方式对它们进行分类。

(1) 具有界面活性的助剂　这类助剂是界面活性剂。它们拥有吸附基，吸附在相的界面处。它们的功能作用是在界面或接近界面的地方发挥的。比如润湿分散剂，依靠吸附基吸附在颜料的表面，降低颜料/基料的界面张力，从而起到润湿、分散、稳定的作用。流平剂会在涂膜表面定向排布，降低涂膜的表面张力，使表面张力趋于平衡，达到控制表面状态的目的。消泡剂在涂料中会在空气/基料的界面处排布，起到脱泡和消泡的作用。

具有界面活性的助剂有润湿剂、分散剂、防浮色发花剂、流动和流平剂、表面状态控制剂、基材润湿剂、附着力促进剂、表面调理剂、消泡剂、防结皮剂、乳化剂、防沉剂、抗静电剂等。

涂料生产和施工过程中使用的这类助剂很多，这些助剂还可以按结构划分成阴离子型、阳离子型、非离子型、两性、电中性和高分子聚合物型等。

具有界面活性的高分子润湿分散剂，它的研制开发受颜料浆稳定的空间位阻理论的影响是极大的。这种分散剂的结构完全不同于传统型的表面活性剂。分子中具有与颜料表面亲和的锚定基团，为提高与颜料表面吸附的牢度，亲和基团多到数十个甚至几百个。还有与分散介质相容的伸展链段。锚定基团牢牢地吸附在颜料的表面上，伸展基伸展在基料中，构成空间位阻，达到了颜料分散的稳定性。高分子活性分散剂有溶剂型的、水性的，还有水油两性的。这类分散剂近年来发展特别快，如受控游离基聚合制备的分散剂。这是在界面处发挥作用的一个典型代表。

(2) 非界面活性的助剂　非界面活性的助剂绝大部分是在涂料和涂膜中发挥作用的。多数是为了增强涂料和涂膜某些性能或强化某个工艺过程。这些助剂主要有催干剂、消光剂、增塑剂、防腐剂、防霉剂、防污剂、导电剂、阻燃剂、紫外线吸收剂、固化促进剂、增稠剂、触变剂、防流挂剂、防沉剂等。一般来讲，具有界面活性的助剂多在液态中发挥作用，用量相对比较低，占整体配方的0.05％～1.0％时就能产生很明显的效果。而非界面活性的助剂一般用量比较高，大约要占配方总量的1.0％～3.0％时才能获得较佳的效果。

涂料助剂的分类方法还有一些，在此只列举大家所熟悉的这两种。

现将涂料助剂在涂料的各个阶段所发挥的作用及作用的位置归纳于表 2-4-1。

表 2-4-1 涂料助剂发挥作用的阶段及位置

涂料助剂名称	发挥作用阶段	发挥作用位置
乳化剂	树脂，乳液聚合	单体/介质，界面
引发剂、催化剂、链终止剂	树脂合成	单体聚合反应相中
润湿剂、分散剂、消泡剂、脱泡剂	涂料生产、颜料分散 涂料生产、研磨、包装	颜料/基料，界面 涂料/空气，界面
触变剂、防沉剂、罐内防腐剂（杀菌剂）、缓冲剂、防结皮剂、pH 调节剂	贮存、运输	介质中（漆料）
防锈剂	贮存、运输	漆料/铁罐壁，界面
消泡剂、脱泡剂、表面状态控制剂（防缩孔剂、防橘皮剂、防发花剂）、流动与流平剂	涂装成膜过程	涂膜/空气，界面
颜料稳定剂（分散剂）		颜料/基料，界面
基材润湿剂、闪蚀抑制剂、附着力促进剂		基材/漆料，界面
催干剂、催化剂、固化剂、固化促进剂、成膜剂、消光剂		漆料中（涂膜中）
表面调整剂、增光剂、增滑剂、抗静电剂	在干燥的涂膜中	涂膜/空气，界面
消光剂、紫外线吸收剂、导电剂、防霉剂、热稳定剂		涂膜中

二、涂料助剂应用的整体匹配性

涂料是多种材料的组合体，助剂是涂料生产必不可少的材料。为了更好地发挥助剂的作用，一定要注意助剂的整体匹配性。主要注意的问题应有以下三方面：首先是助剂与基料之间的相容性；其次是助剂与助剂之间的协同性；最后是用助剂协调涂料性能要求之间矛盾的平衡性。

1. 涂料助剂与基料之间的相容性

涂料各组分之间的相容性是涂料配方设计中的首要问题，相容性不好会给涂料性能造成极大影响，轻者会影响涂料的透明性，重者会使涂料许多性能受到破坏。涂料助剂的应用也不例外，首先要与基料有良好的相容性。尤其是具有界面活性的助剂。

润湿分散剂、消泡剂、流平剂都要求与基料有良好的或一定限度的相容性。否则助剂不但不会发挥良好的功能作用，反而会造成负面影响，甚至起破坏作用。

关于消泡剂的相容问题，大家知道消泡剂若相容性太好，消泡能力会相对下降，消泡剂相容性不好往往消泡能力很强，但会造成许多弊病，如光泽不好，影响层间附着力等。所以消泡剂应用时一定要注意消泡能力与产生泡沫的活性物的匹配性，也就是说消泡剂的表面张力一定要比产生泡的活性物的表面张力低。另外要注意消泡剂在基料中应具有兼容性，既不能不容，又不能完全相容，应达到有限相容。

润湿分散剂特别是高分子型分散剂，若相容性不好，还不如不添加的好。高分子型分散剂如果与树脂基料相容不好，它的长链伸展基在分散剂中卷缩成线团状，伸展不开，即使吸附基吸附在颜料的表面上也构不成空间位阻效应，对颜料分散没有任何好处。会导致色浆的黏度高，展色力差，返粗增稠，涂膜光泽下降，所以应用时一定要首先检查助剂与树脂的相容性。另外当购买色浆配复色漆时，一定要注意色浆之间的相容性，如果相容性不好会导致浮色发花，多数原因是分散剂之间不相容，产生颜色的分离现象。也可能是其中某种分散剂与树脂基料不相容。可通过架桥的分散剂来连接不相容的双方进行解决，最好的办法是更换分散剂和色浆。当然更换树脂也是可行的，不过这种做法更复杂。

除上述的分散剂要与基料有良好的相容性外，还要注意分散剂之间的相容性。若要复配用两种以上分散剂制备的色浆时，选用的分散剂最好具有良好的相容性。

2. 尽量发挥正面作用，减少互相“拆台”的负面影响

所用助剂并不是只有发挥功能作用的正面影响，也时也有相互“拆台”的负面影响，在应用之中一定要注意助剂之间的协同性，减少和消除相互抵消的“拆台”作用。

聚醚改性的聚二甲基硅氧烷，有控制涂膜表面状态，降低界面张力，提高基材的润湿性，增强附着力和展布性的能力。但它还有稳泡，不利于涂料流动，影响层间附着力，过温烘烤容易分解变成长链硅氧烷等造成表面缺陷等负面影响。

分散剂，特别是传统型的，对颜料润湿分散有帮助，但却有起泡的负面作用。特别是在水性涂料中。还要注意分散剂所含成分与树脂的相互作用关系，比如含氨基的高分子分散剂对环氧涂料的贮存稳定性会产生影响。

水性涂料用的缔合型增稠剂，特别是PU类的增稠剂对分散剂、消泡剂、共存溶剂都有敏感性。其疏水基会与分散剂的疏水基、树脂的亲油基缔合，导致颜料分散性变差、增稠效果不佳，严重者会使涂料变稀。

助剂造成的负面影响是很多的，涂料工作者应平衡助剂对涂料的利害关系，使负面作用减到最低程度。有机硅类流平剂容易稳泡，可以改用丙烯酸类流平剂，既不稳泡还有助消泡作用。另外，即使同属硅类流平剂，其稳泡程度也不一致，可选择不稳泡和稳泡程度低的流平剂，还可选择硅类和丙烯酸类流平剂搭配使用。传统型分散剂易起泡，可选择高分子型分散剂。PU类增稠剂敏感，可以选用HASE（疏水改性的碱溶胀乳液）和HMPE（疏水改性聚醚）等。

如不能更换，可采用折中方法。根据要求增减助剂添加量，削弱一方，增强另一方。比如乳化剂、分散剂易起泡，可以增加消泡剂的用量或更换消泡能力更强的消泡剂。在这种情况下，选择消泡剂时，一定要在添加了分散剂、流平剂、基材润湿剂等之后，再通过实验来确定消泡剂的种类和用量。

3. 协调涂料性能要求之间矛盾的平衡性

涂料中有些性能要求是相互矛盾的。涂料的流平性与防流挂是相互矛盾的。低黏度的牛顿流体对流平是非常有利的。但这种涂料在立面涂装时是极易产生流挂的。为了防止流挂，要添加触变剂，使涂料变成触变流体。黏度变大有助于防流挂，但对流动和流平会产生影响。黏度太低又达不到防流挂的目的。为此一定要合理选择触变剂的种类和添加量，调整屈服值，控制结构黏度的恢复时间。也就是说黏度恢复到能够阻止流挂产生的程度时，恰好也是涂料完成了流平的时间。

触变剂是协调涂料流平与流挂关系的平衡助剂，可使矛盾双方达到统一，既可流平又不流挂。

氧化聚合干燥型涂料的干燥和防结皮，是干燥过程中的矛盾双方。加催干剂的目的是为了加速干燥成膜。但这类涂料在贮存中由于表面与空气接触，在短时间内就可以氧化聚合，形成干燥结皮，皮层会越结越厚，涂装施工时必须清除掉，一桶漆多次使用多次清除，造成极大浪费，因此人们提出了防结皮的要求。

不加催干剂，涂膜不干，行不通。最初采用高沸点溶剂盖面，后来又采用酚类化合物，这种化合物虽可达到防结皮的目的，但影响干率。最后人们开发了肟类化合物，特别是甲乙酮肟，在贮存中可以阻止氧化聚合反应达到不结皮的目的。但在成膜时它会很快离开涂膜挥发掉，所以对涂膜干燥构不成影响。

防结皮与干燥是将涂料的一个主要性能分解成矛盾的两方面，快干和不允许干。不需要干的时候就别干，需要干的时候再干。用两种助剂来分解这个主体性能，催干剂和防结皮剂，达到整体性能要求的匹配性。

另外，基材润湿与涂膜的流平也是矛盾的，这在溶剂型涂料中表现得不明显。但在水性涂料、高固体分涂料和无溶剂型涂料中就显得特别重要。这些涂料中几乎都没有溶剂，表面张力都比较高，都存在对基材润湿性差的问题。添加基材润湿剂可以提高涂料对基材的润湿性，但却会给流平带来负面影响。所以在选择基材润湿剂时要注意挑选对涂层表面影响不大的，能够多数趋向于液/固界面定向排布的基材润湿剂，如 Tego Wet KL 245。能够降低涂料的界面张力，具有很好的展布性，还能增加附着力。

对于这类矛盾的平衡，最好选择适宜的基材润湿剂配合不降低表面张力的丙烯酸类流平剂来促进表面的流动性。增强基材润湿性，平衡表面的流动性不伤害任何一方的性能来达到整体的匹配性。

前面讲过，涂料是多种材料的组合体，将许多材料组合到一起产生一些矛盾是很正常的。涂料工作者只有做好各种材料之间的匹配，做好各种性能之间的匹配，协调各种矛盾，才能做出好的涂料。

第二节 助剂各论

一、润湿分散剂

1. 引言

涂料与油墨制造过程中的颜料分散剂是指在机械力的作用下，颜料的二次团粒经过润湿、分散在展色剂中，得到一个稳定的颜料分散悬浮体。悬浮体的稳定性与颜料、树脂、溶剂三者的性质及其相互作用有关。要想制得一个良好的颜料分散体，有时必须要借助于润湿分散剂的帮助。

颜料的润湿、分散和稳定这三个过程是紧密相连、不可分离的。润湿是一个颜料表面置换的过程；分散是颜料的聚集体在外力作用下分离的过程；稳定是颜料经分散后不再发生絮凝（返粗）的过程。

润湿剂和分散剂都是界面活性剂，润湿剂能降低液/固之间的界面张力，增强颜料表面的亲液性，提高机械研磨效率，分散剂吸附在颜料的表面上构成电荷作用或空间位阻效应，使分散体处于稳定状态。

润湿和分散，尽管这两个词就词义而言是不完全相同的，但其作用达到的结果却是极其相似的，往往很难区分，尤其是高分子分散剂，同时兼具润湿和分散作用，因此，人们常称其为润湿分散剂。

2. 颜料的润湿性

颜料润湿是一个表面置换过程，将固/气界面变成固/液界面。只有在颜料与树脂溶液的亲和力大于基料中树脂之间的亲和力时才会实现。

(1) 接触角与润湿　当液体与固体接触时会形成一个夹角，这个角被称为接触角，它是液体对固体润湿程度的一个衡量标志。杨氏方程表示了接触角与界面张力的关系。

$$\gamma_{SG}=\gamma_{SL}+\gamma_{LG}\cos\theta \tag{2-4-1}$$

式中 γ_{SG}——固/气界面张力；

γ_{SL}——固/液界面张力；

γ_{LG}——液/气界面张力；

θ——液体与固体的接触角。

由式(2-4-1) 可导出式(2-4-2)：

$$\cos\theta = \frac{\gamma_{SG} - \gamma_{SL}}{\gamma_{LG}} \tag{2-4-2}$$

当 $\gamma_{SG} < \gamma_{SL}$，那么 $\cos\theta < 0$，$\theta > 90°$。不润湿。当 $\theta = 180°$时，完全不润湿，液体会形成水珠滚动现象。

当 $\gamma_{LG} > \gamma_{SG} - \gamma_{SL}$，则 $1 > \cos\theta > 0$，$\theta < 90°$。液体可以润湿固体，但不会完全润湿，铺展不好。

当 $\gamma_{LG} = \gamma_{SG} - \gamma_{SL}$，则 $\cos\theta = 1$，$\theta = 0°$。液体会完全润湿固体，形成良好的铺展现象。

既然润湿是颜料由固/气界面转换成固/液界面，润湿效率 BS 就应为：

$$BS = \gamma_{SG} - \gamma_{SL} \tag{2-4-3}$$

若将式(2-4-3) 代入式(2-4-1)，润湿效果则为：

$$BS = \gamma_{LG}\cos\theta \tag{2-4-4}$$

因为 γ_{LG} 和 θ 角都可以测定出来，所以润湿效率是可以计算的。但计算时要注意修正。

(2) 影响润湿效率的其他因素 影响润湿效率的因素除界面张力和接触角外，还有颜料集合体中空隙度的孔径和深浅，树脂基料的黏度。

Washborre 用公式表示了颜料粒子润湿的初始阶段，各种因素与润湿效果的关系。

$$润湿效率 = K\gamma_{F1}\cos\theta\frac{R^3}{\eta L} \tag{2-4-5}$$

式中 K——常数；

γ_{F1}——基料的表面张力；

R——颜料颗粒中的空隙半径；

L——颜料颗粒中的空隙长度；

η——基料黏度。

式(2-4-5) 中的 $\gamma_{F1}\cos\theta$ 就是式(2-4-4) 所述的润湿效率。除此之外，Washborre 把颜料粒子的状态、空隙度的大小及深浅，还有树脂基料的黏度等与润湿效率结合起来了。

综上分析，颜料润湿缓慢的原因如下。

(1) 扩散压力非常小（界面张力高，如疏水性颜料在水中分散）。

(2) 颜料颗粒中空隙度的孔径小而深（如絮凝体颜料粒子）。

(3) 基料黏度高（与研磨相反，在高黏度下可获得强的剪切力，能提高研磨效率，但对制造高浓度颜料色浆却不利）。

(4) 要提高润湿效率，采用润湿分散剂降低界面张力，减小接触角是一个非常有效的方法。

3. 颜料分散体的稳定性

分散体稳定性差主要表现在颜料分散粒子产生絮凝和沉降。这对涂料和油墨的光泽、着色力、遮盖力、耐候性会产生极大的影响。同时还会导致涂料浮色发花、开罐质量不佳，出现浮油、分层、沉淀等不良现象。

(1) 比表面积与稳定性的关系 颜料的聚集体被研磨分散成小粒子时，比表面积增加了。设颗粒的边长为 L，粉碎后小粒子的边长为 X。

那么小粒子的个数为 L^3/X^3 （个）。

分散后小粒子的总面积为：$6X^2(L^3/X^3) = 6(L^3/X)$。

假设把一个边长 5μm 的大颗粒粉碎成边长 0.5μm 的小粒子。粒子的个数、比表面积、边、角的变化情况见表 2-4-2。

表 2-4-2 边长由 5μm 变成 0.5μm 个数、总面积、边、角的变化情况

边长/μm	粒子个数/个	总边长/μm	总面积/μm^2	总角数/个
5	1	5×12=60	5×5×6=15	8
0.5	10×10×10=1000	0.5×12×1000=6000	0.5×0.5×6×1000=1500	8×1000=8000

由上表可知，由一个边长 5μm 的大粒子变成边长 0.5μm 的小粒子时，角增加了 1000 倍，边长增加了 100 倍，面积增加了 10 倍。

颜料粒子表面原子的价力饱和程度是有差异的。在棱、角、边及凹凸部位剩余价力较多，吸附力较强，具有很强的凝聚力。

另外，就热力学而言，粒子变得越小，比表面积（S）变得越大，表面自由能就越大，假设分散体内部的自由能没有变化，分散体系的自由能就受 $G_s=\gamma_s$ 支配。表面张力 γ 不会变，比表面积增大，表面自由能肯定增大，所以稳定性就变差了。

机械分散后微粒新增加面积、边、角都是疏液的，若得不到润湿及很好的能障保护，这些新分散的细小微粒更容易产生絮凝。

(2) 颜料沉淀　颜料分散体中的颜料粒子处于不停的运动状态，运动的速度是受粒径、形状、密度、絮凝度等诸多因素影响的。

在无限扩展的牛顿流体分散体系中，单一球形粒子的沉降速率可用 Stokes 公式求出：

$$v_s=\frac{2a^2(\rho-\rho^\circ)g}{9\eta} \tag{2-4-6}$$

式中　v_s——等速运动的终点速度；

a——粒子半径；

ρ——分散相的密度；

ρ°——分散介质的密度；

g——重力加速度。

Kersse 将 Stokes 公式简化成式(2-4-7)：

$$v=(\rho-\rho^\circ)a^2 \tag{2-4-7}$$

可用该式探讨设计涂料配方中的颜料是否有浮色的倾向，以便制定相应处理措施。如用醇酸树脂、TiO_2 和 Fe_2O_3 制造浅红色漆。

醇酸树脂密度，0.98g/cm^3；TiO_2，密度 4.20g/cm^3，细度 0.25μm；Fe_2O_3，密度 5.00g/cm^3，细度 0.25μm；TiO_2 的沉降速率，$(4.2-0.98)\times0.25^2=0.2005$；$Fe_2O_3$ 的沉降速率，$(5-0.98)\times0.05^2=0.01005$。

钛白的沉降速率大约是铁红的 20 倍，如果处理不当会浮红，表面颜色变深。如果色浆配方设计合理，选用恰当的醇酸树脂浓度或者使用适宜的润湿分散剂，该颜料分散体系还是比较稳定的。

制造天蓝色涂料时，经常采用钛白与酞菁蓝组合，该分散体的稳定性非常差，经常出现浮色发花现象，其原因是钛白密度高，粒径比较大，运动速度缓慢。酞菁蓝密度低，粒径小，运动速度快。当 TiO_2 沉降，酞菁蓝处于分散状态时，会浮蓝。因酞菁蓝运动速度快，碰撞概率大，若没有能有效保护，易于产生絮凝，颗粒变大，发生沉降，出现浮色现象。所以在这个体系中浮蓝、浮白或者发花是不固定的。比较有效的控制办法是选择适宜的钛白粉，配合恰当的润湿分散剂。如以 R-820 钛白配合国产的酞菁蓝，使用流平润湿剂和分散剂，混合后共同上磨研磨，可大大改善浮色发花问题。

在分散体系中沉降和布朗运动并不是等量运动。沉降会产生浓度差，布朗运动会使其均

一化。若沉降速率过大，就会出现沉降体积，出现浮色发花等不良现象。要减小沉降速率，只有减小粒径，粒径变小又会出现热力学的不稳定现象。为克服这些弊病只有借助于润湿分散剂的帮助。

4. 分散体系的稳定机理

分散体系的稳定机理主要有电荷斥力学说和空间位阻学说。

(1) DLVO 理论　颜料粒子在水性分散体中，甚至在油性分散体中会因不同原因而带电。由于粒子带电，在粒子界面的周围必然会吸附等量的反电荷，形成双电层结构。DLVO 理论是在扩散双电层基础上建立起来的理论，它是电荷斥力学说的中心。解释分散体稳定的原因主要有以下两点。

① 胶粒间引力是范德华力，因胶粒是由许多分子集聚而成的，胶粒间的引力是所有分子引力的总和，这种粒子间的引力是远程作用的范德华力，用 V_A 表示。它与距离的 3 次方成反比。与一般分子间的引力与距离的 6 次方成反比不同。

② 粒子间相互排斥的力是由带电粒子产生的，用 V_R 表示。

可以把一个带电粒子形成的双电层看成四周为离子氛包围的带电粒子（图 2-4-1）。

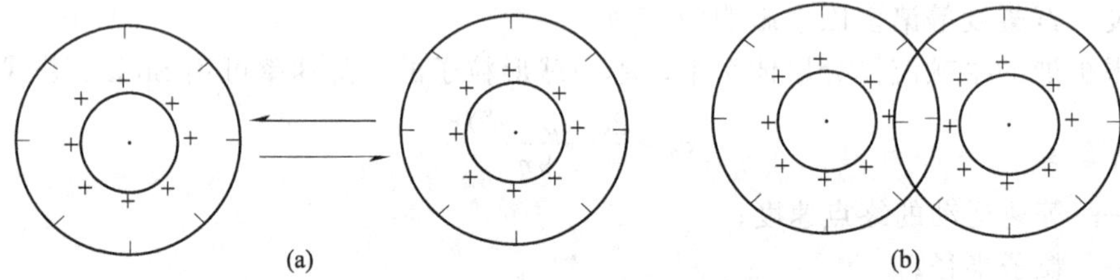

图 2-4-1　离子氛重叠

图中粒子带正电荷，虚线表示正电荷作用的范围，由于离子氛中反离子的屏障效应，虚线以外就不受电荷影响，当两个粒子接近时，如果离子氛尚未接触，粒子间并无排斥作用。当粒子相互接近到离子氛产生重叠时，重叠区域离子浓度变大，破坏了原先电荷分布的对称性，导致离子氛中电荷重新分布。即离子从浓度较大的重叠区域向外扩散，其结果正电荷离子产生斥力，使相近的粒子脱离。理论证明这种斥力为粒子间距离指数函数。其斥力用 V_R 表示。

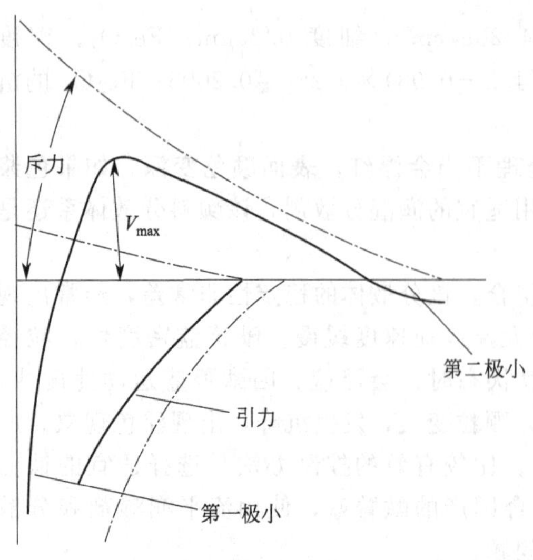

图 2-4-2　粒子间相互作用的电势能曲线

当分散体系中带相同电荷的粒子相互接近时体系的总能量 V 为 V_A+V_R。

随着距离的缩短，V_A 增加，V_R 亦增加，但两个能量的方向是相反的（图 2-4-2）。

由图 2-4-2 可知，单个粒子相距较远时，离子氛重叠，只有引力起作用。就是图中的第二极小区域，总势能为负值。

粒子间相吸产生的絮凝物是松软的、可逆的。随着距离缩短，离子氛重叠，如图 2-4-1 (b) 所示，斥力开始出现，总势能逐渐上升为正值。但此时引力也随距离变小而增大。在一定距离出现最大相斥势能 V_{max}。距离在缩小，引力又占据优势，势能开始下降，进入图 2-4-2 中的第一极小区域，粒子会形成坚硬的凝聚物。

如果小于动能（KT）的 2～3 倍，由于引力 V_A 的作用，粒子间将产生凝聚。若离子周围有高分子分散剂吸附层存在则情况就不相同了。如果 V_{max} 在（20～25）KT 以上时，粒子间由于斥力作用，凝聚不会发生。

$$KT=mV \tag{2-4-8}$$

式中 m——粒子质量；

V——粒子运动速度；

K——波耳兹曼常数；

KT——微粒热运动平均能量。

V_R 是斥力，其大小与扩散双电层的电势一样，随着距离增加成指数函数减少，其减少程度是由德拜长度决定的。

(2) 空间位阻稳定机理　由于空间位阻作用，吸附在胶体粒子表面上的高分子聚合物能有效地阻止胶体粒子的凝聚，使分散体处于稳定状态。这种稳定作用被称为空间位阻效应。

Mackor 首先指出位阻稳定，但他认为是由熵斥力决定的。$\Delta G=-T\Delta S$，这就是说永远是斥力，不可能产生絮凝。但实际并非如此。

Napper 认为位阻稳定的分散体系，色散力并不是其不稳定的主要原因。产生絮凝的原因是溶剂的溶解力，当溶剂的溶解力降至 θ 点以下时，分散介质中的高分子会相互吸引。这种引力作用会导致 θ 点附近的分散胶粒产生絮凝。

通过实践证实，具有最好空间位阻作用的分散剂应具有颜料锚定基团，通过化学或物理吸附牢固地锚定吸附在颜料粒子的表面上，以确保粒子运动时分散剂聚合物不会脱吸。还应具有与分散介质树脂溶液相容的自由伸展链部分。构成一定厚度的吸附层，可使粒子间保持一定距离。一旦吸附层重叠，可以靠重叠区域内产生的自由能将粒子斥开，达到远程排斥作用。

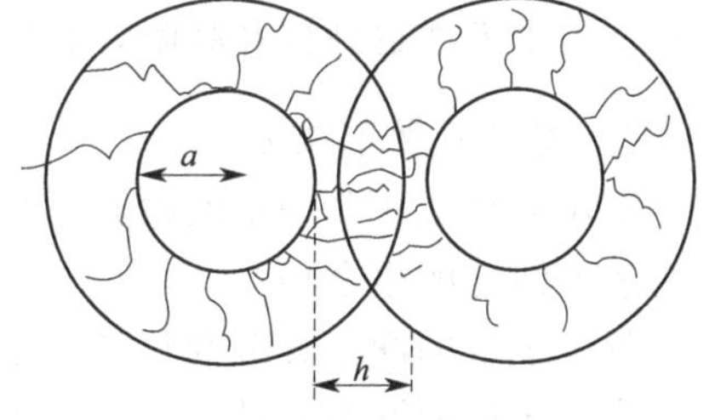

图 2-4-3　厚度为 S 的两个粒子接近时吸附层重叠情况

当两个带吸附层的粒子相互接近，还没有重叠时，相互之间不发生作用。吸附层重叠时会出现以下两种现象（图 2-4-3）：

① 渗透压效果或反溶剂化效果（ΔG_M）；

② 妨碍吸附层中高分子链运动的熵斥力（ΔG_V）。

根据赫西克（Hesselink）等的计算，Ottewill、Walker 得出了 ΔG_M 的计算公式：

$$\Delta G_M=\frac{4\pi KTc_a{}^2}{3V_1\rho_2^2}-(\Psi_1-K_1)\left(\delta-\frac{h}{2}\right)\left(3a+\delta+\frac{h}{2}\right) \tag{2-4-9}$$

式中 c_a——吸附层中聚合物的浓度；

V_1——溶剂分子的体积；

ρ_2——聚合物自身的密度；

Ψ_1-K_1——聚合物稀释之时热力学参数（Ψ_1 为熵项，K_1 为焓项）；

a——常数；

δ——吸附层厚度。

Ψ_1-K_1 是从测定聚合物黏度求出来的数值。在良溶剂中为正值，在贫溶剂中为负值。因此，在良溶剂中 $\Delta G_M>0$ 是正值。吸附层显示出排斥作用。而且这个作用是随着 c_a 增大而增大。如若 δ 变大就构成了远距离排斥作用。

关于 ΔG_V 还提不出像式(2-4-9) 那样的解析公式。其主要作用原理是熵斥力。当两个带着吸附层的粒子重叠时，在重叠区域内聚合物伸展在液相中的链节，运动的自由度就因位阻而消减，重叠区域内熵斥力减少。因为一个体系总是朝熵增加的方向自发变化，在熵斥力的作用下，颗粒有再次分开的倾向，根据计算，其数值与 ΔG_M 大体相同。

由位阻稳定的胶体分散体系对温度变化很敏感，尤其是在临界絮凝点附近。但对许多体系而言，可能在很大的浓度范围内都很敏感。絮凝通常是可逆的，在加热和冷却时都可以发生。絮凝能否发生取决于吉布斯自由能的正负。

$$\Delta G_f = \Delta H_f - T\Delta S_f$$

Napper 等使用吉布斯自由能分析了导致絮凝的热力学因素，当 $\Delta G_f > 0$ 时分散体系是稳定的，当 ΔG_f 是负值时会产生絮凝。为了保证分散体系的稳定性，可通过以下 3 种方法调整 ΔG_f 为正值。

(1) 当 $\Delta H_f > 0$，$\Delta S_f > 0$ 时，很明显焓增加有利于稳定，熵增加会对絮凝有利。是焓稳定。

(2) 当 $\Delta H_f < 0$，$\Delta S_f < 0$ 时，焓增加不利，熵增加有利于稳定。是熵稳定。

(3) 当 $\Delta H_f > 0$，$\Delta S_f < 0$ 时，肯定 $\Delta G_f > 0$ 是不会产生絮凝的，称为熵-焓共同稳定体系。

实验证明，水性分散体系中焓稳定更为普遍。而在非水分散体系中熵稳定则是常见的。

综上所述，两个具有吸附层的粒子间的力有以下几种，首先是范德华引力 V_A；容积限制的熵斥力 $G_V > 0$；渗透区或反溶剂化效果 $G_M > 0$ 或 $G_M < 0$；吸附链的吸附交联能 $G_{ad} < 0$；前面讲的电荷斥力 $G_e > 0$。G_V 熵斥力是正值，在良溶剂中 G_M 也是正值，只有 G_{ad} 是负值。只要使粒子表面达到饱和吸附，有足够厚的吸附层，基本可以保证分散体系的稳定性。

5. 润湿分散剂类别

润湿分散剂按分子量的差异可分成低分子量的传统型的表面活性剂和高分子量的新型的具有表面活性的聚合物。

低分子量的润湿分散剂是指分子量为数百（800～1000）的低分子化合物。

高分子量的润湿分散剂是指分子量在数千至几万的具有表面活性的高分子化合物。

按其应用领域，又被划分为水性润湿分散剂和油性润湿分散剂。还有既可在水性领域也可在油性领域中应用的水油两性润湿分散剂。

(1) 低分子量润湿分散剂 这类润湿分散剂属于传统型的表面活性剂，分子具有两亲结构，其活性是由非对称的分子结构决定的。

① 阴离子型，其亲水基是阴离子，带负电。例如油酸钠。主要亲水基有羧酸基、磺酸基、硫酸基、磷酸基等。

② 阳离子型，其亲水基是阳离子，带正电。例如油酸铵。主要是铵盐、季铵盐。

③ 非离子型，不电离、不带电。主要有聚乙二醇型和多元醇型两大类。例如脂肪族聚酯。$C_{17}H_{33}CO(OCH_2CH_2)_nOH$ 多用于水性体系。

④ 两性润湿分散剂，分散剂同时具有两种离子性质。例如卵磷脂。

⑤ 电中性是指化合物中阴离子和阳离子都有大小相同的有机基团，整个分子呈电中性，但却有极性。这种助剂在涂料中应用相当广泛，几乎每个涂料助剂生产厂家都有几个电中性的产品。例如$[CH_3—(CH_2)_x—CH_2—NH_3][OOC—CH_2—(CH_2)_x—CH_3]$。

按应用效果，可将这类分散剂划分成解絮凝型和控制絮凝型两大类。

解絮凝的润湿分散剂多数只有一个极性吸附基，能够牢固地吸附在颜料表面上。另一端伸展在分散介质中起稳定作用。这类分散剂多推荐用在面漆中，可降低涂料的黏度，改善涂料的流动性，提高涂膜光泽。

控制絮凝的润湿分散剂，是通过分散剂的架桥作用，把数个分散的颜料粒子连接在一起。一般是通过以下几种方式连接的。

a. 以游离的分散剂为桥，通过极性分散剂与吸附在颜料粒子上的分散剂的极性基相连接构成单元絮凝体。

b. 分散剂形成双重层，第二层分散剂通过极性基相连接构成单元絮凝体。

c. 通过吸附在颜料粒子上的分散剂的极性基直接连接在一起构成絮凝体。连接形成如图 2-4-4 所示。

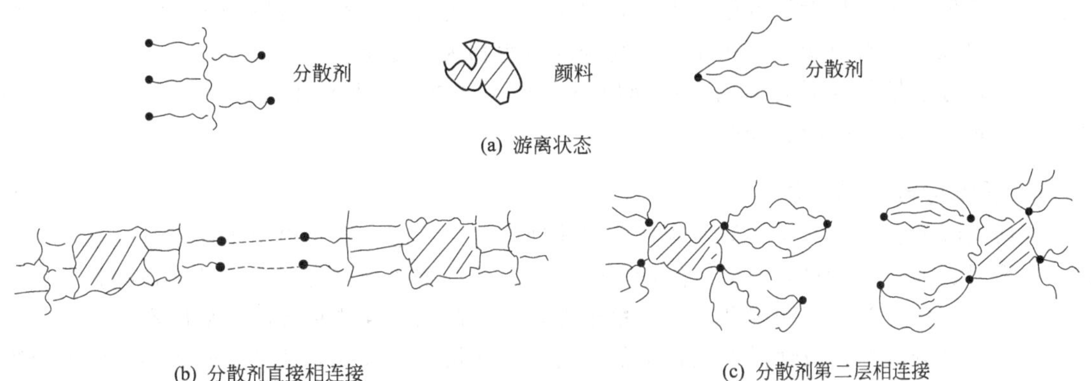

图 2-4-4　控制絮凝型分散剂的连接形式

这种絮凝是分散剂通过氢键力或范德华力把颜料粒子连接起来的，结合力比较弱，在高剪切速率下会受到破坏，结构黏性降低。当剪切停止时，黏性会恢复。正是这种微弱的触变性赋予了涂料许多良好的性能。能起到防沉、防浮色发花和防流挂的作用，弥补了因分子量低、空间位阻效应不足的缺陷。

低分子量润湿分散剂对无机颜料有很强的亲和力。因为无机颜料通常是金属氧化物或含有金属阳离子及氧阴离子的化合物，表面具有酸性、碱性或两性兼具的活性中心，它们与阴离子、阳离子表面活性具有很强的化学吸附作用，能够形成表面盐，牢固地锚定在无机颜料的表面上。

这种酸、碱基的相互作用对于有机颜料是不可能的。因为有机颜料的分子是由 C、H、O、N 等元素组成的。这些原子不能被电荷化，所以有机颜料表面没有像无机颜料那样的活性中心。因此，传统型的润湿分散剂不能稳定有机颜料分散体，而多数被推荐用于无机颜料的分散。对于有机颜料需要使用高分子量润湿分散剂。

(2) 高分子量润湿分散剂　传统型的低分子量的润湿分散剂有确定的分子结构和分子量。但高分子量分散剂却与其不同，分子结构和分子量都不固定。它是不同分子结构和不同分子量的分子集合。分子量大的在 5000～30000 之间，有的可能比这还高些。多数是嵌段共聚的聚氨酯和长链线型的聚丙烯酸酯化合物。它具有与颜料表面亲和的锚定基和构成空间位阻的伸展链。锚定基必须能够牢固地吸附在颜料表面上，伸展链又必须能与树脂溶液相容。很显然均聚物满足不了这两个常常是相互矛盾的要求，所以必须是某种形式的官能化聚合物或共聚物。

高分子量分散剂的伸展链多数是聚酯构成的，它能在多种溶剂中有效。较高分子量的聚酯在芳香烃类溶剂中可溶。而较低分子量的聚酯在酮、酯类溶剂及二甲苯/丁醇混合之类溶剂中有很好的溶解性。所以聚酯化合物会在诸多溶剂中提供良好的空间位阻效应。

制成一种与某种溶剂相容的聚合物稳定化链，并不是设计高分子量分散剂的最终结果。而是要设计出既能与溶剂相容又能与溶剂挥发后的树脂相容，而又不影响涂料各项性能指标的稳定化伸展链才是最重要的。所以在选择使用高分子量润湿分散剂时除要注意其与树脂溶液的相容性，同时还要测试加入分散剂后干涂膜的光泽与基材的附着力、耐久性等各项指标。

高分子量分散剂的锚定基是吸附在颜料粒子表面上的基团。是根据颜料表面的特殊性和吸附机理而设计的。对于具有酸、碱性吸附中心的颜料可以采用胺类、铵、季铵基团；羧基、磺酸基、磷酸基及其他盐类，酸式磷酸盐、磷酸酯等均可为锚定基。通过酸/碱或离子对吸附在颜料粒子表面上。对于具有氢键给予体和接受体的颜料表面可采用多胺和多醇为锚定基。对于依靠极性吸附和范德华力吸附的颜料可采用聚氨酯类化合物为锚定基。对于像酞菁蓝、二噁嗪紫类有机颜料可采用它们自身的衍生物为锚定基。

了解高分子量分散剂的结构对选择使用是至关重要的。要获得良好的涂料、油墨分散体，一定要选择适宜的润湿分散剂。

6. 润湿分散剂的应用

如何润湿颜料粒子？又如何使颜料分散体处于稳定状态？这是涂料工作者必须思考的问题。在涂料、油墨中颜料表面会产生竞争吸附。怎样调整树脂聚合物和分散剂在颜料表面上的吸附作用，保证颜料的润湿和分散的稳定性，是控制涂料性能指标的重要因素。

(1) 润湿分散剂在极性活性基料中的应用 当无机颜料和具有活性吸附团的树脂聚合物配合使用时，特别是像甘油和季戊四醇油改性的醇酸树脂，分子中含有大量活性官能团。分子量不算大，但具有很强的极性。应该说它们是一种具有润湿分散功能的基料。从测定炭黑及钛白在季戊四醇醇酸树脂中分散情况得知，分散体系的稳定性存在一个最佳树脂浓度值。

所谓最佳树脂浓度值，是指研磨色浆时所用树脂的固含量。含有活性基，而且分子量分布宽的树脂，如上所述的醇酸树脂。当其与无机颜料配合时，树脂浓度高，小分子量的极性强的醇酸树脂会优先吸附在颜料粒子表面上，形成的树脂吸附层薄，位阻效应差，不可能获得稳定的颜料分散体。如果降低树脂浓度，如选择20%或30%的树脂溶液为研磨基料，配合高颜基比。这样做有两个好处：①树脂浓度低会使色浆的黏度下降，有助于生产高浓度色浆，提高生产率；②树脂浓度低可限制极性强的、小分子量树脂的吸附，强制大分子量树脂的吸附，有利于空间位阻效应。

还应指出，颜料在具有少量活性官能团树脂溶液中的分散与具有大量活性官能团的树脂溶液中的分散是有区别的。前者必须借助于分散剂的帮助，提高润湿效率，增强分散的稳定性。后者因活性官能团多，只要选择适宜的树脂浓度、恰当的颜基比，可以不使用润湿分散剂。若使用润湿分散剂也可以缩短研磨时间、提高分散效率。

为了获得更好的涂料性能，在含活性基的树脂溶液中使用分散剂，最好要让润湿分散剂先吸附在颜料粒子的表面上，为此要注意以下几点。

① 色浆研磨料的添加顺序，最好是先加溶剂，而后加润湿分散剂，再加颜料，最后加树脂溶液。

② 颜料表面特性，无机颜料要知道其表面的酸、碱性。

③ 树脂的活性基是什么，是酸性的还是碱性的。

④ 再根据颜料表面的特性和树脂活性基及酸、碱强度来选择润湿分散剂。一定要注意两者之间的酸、碱性关系。

(2) 润湿分散剂在非活性基料中的应用 每种颜料的分散效率都是颜料、树脂溶液和助剂三者作用的结果。溶剂作用也很大，它主要是作为分散介质，对颜料的润湿和分散是间接起作用的。无机颜料在含活性基的极性树脂基料中分散时可以不用分散剂，而在不含活性基的非极性树脂基料中则不同，不加润湿分散剂是无法制成颜料分散体系的。

前苏联学者在过氯乙烯树脂中分散华蓝，经过 120h 的研磨，颜料细度还高于 130μm。若在该分散体系中添加占华蓝量 3%～4%的十八烷胺，24h 研磨分散，细度不超过 10μm，约有 85%的粒径是 5μm。如果助剂用量增加 2 倍，分散效果不再继续提高，如果超出华蓝的化学吸附量，分散效果会变坏。

华蓝颜料表面具有两种活性中心。但胺的吸附量高于酸的吸附量，因为华蓝表面存在大量能与胺发生吸附反应的 $[Fe(CN)_6]^{4-}$ 中心。十八烷胺和硬脂酸在华蓝表面都没有物理吸附，而十八烷醇只有物理吸附没有化学吸附。

这个实例说明，在非极性的无活性官能团的基料中分散颜料没有润湿分散剂是办不到的，不但要用润湿分散剂，还要根据颜料表面的特性来选择润湿分散剂的种类，种类选定了还要注意添加量。

涂料中使用的无活性官能团的非活性树脂是很多的，例如乙烯类树脂、热塑性丙烯酸树脂、过氯乙烯、高氯聚乙烯、橡胶树脂等。因为树脂聚合物缺乏活性官能团，很难在颜料表面产生牢固的吸附层，没有吸附层就无法产生空间位阻效应，所以分散体的稳定性不良。

在这种非极性树脂基料中，无机颜料可以采用低分子量的控制絮凝型润湿分散剂，色浆制造时也一定要注意树脂浓度和颜基比，这类助剂通过架桥达到控制絮凝，弥补了树脂和其自身分子量小的缺陷，能起到防沉、防浮色发花的作用。

有机颜料在这种基料中分散时最好选择高分子量分散剂，关键是要注意分散剂与树脂的相容性、添加量和添加顺序。

(3) 润湿分散剂的添加量及添加顺序　润湿分散剂的添加量应根据添加剂的种类、颜料的种类、颜料的特性而定。

无机颜料一般用低分子量的润湿分散剂就可以，用量可控制在颜料的 1%～5%。

有机颜料多使用高分子量分散剂。使用时首先要注意树脂与分散剂的相容性，相容性不好，高分子量分散剂的伸展链是卷缩的，造成吸附层薄，空间位阻效应差。

每种颜料在一个特定的分散体系中都存在一个最佳的浓度值。这个最佳值跟颜料的比表面积、吸油量、最终要求的细度，研磨时间和色浆中所有树脂聚合物的特性有关，要根据这些条件试验而定。在试验时一定要把设备因素考虑进去。

Ciba 公司关于高分子量分散剂添加量的确定推荐了许多方法。

① 无机颜料　高分子量分散剂固体分添加量，可按颜料吸油值的 10%计算。

② 炭黑　高分子量分散剂有效分的添加量，可按 DBP 吸附值的 20%计算。

③ 有机颜料　高分子量分散剂有效分的添加量，应是颜料 BET 的 20%～50%。BET 大的用量就要大些。

④ 分散剂添加顺序　无机颜料，极性含活性官能团的树脂，可在加树脂前后添加，影响不大，因为起作用的主要是树脂。

若无活性树脂，使用高分子量分散剂或低分子量分散剂，最好是先加颜料，再加分散剂，最后加树脂。

要使分散剂更好地发挥作用，应当让分散剂与颜料表面有最多的接触机会。所以使用树脂含量不宜多，一般控制在 10%左右，以免让树脂占据颜料更多的表面，树脂用量大了对色浆的黏度不利。

添加顺序是先将分散剂加到溶剂中，在搅拌的情况下添加颜料，加完后搅拌 5～10min，最后添加树脂溶液，搅拌均匀后上磨粉碎至 5μm 以下。

以上对润湿分散剂的种类、结构组成、应用机理等做了简要介绍，仅供读者参考。

二、流平和防流挂剂

1. 引言

涂膜的主要作用之一是保护性和装饰性。而涂膜的表面状态，会对这两项功能产生极大的影响。尤其是装饰性，如果涂膜表面状态不佳，这项功能就有可能完全丧失。所以涂膜的表面状态被视为涂料的主要考核指标之一。涂膜表面会经常发生的缺陷有橘皮、缩孔、波纹、浮色发花、气泡、针孔、刷痕、辊痕、流挂等弊病。其产生的原因与涂料配方组成和涂装工艺有关，特别是与涂料黏度、表面张力、溶剂、颜料的润湿分散、涂料对基材的润湿能力，涂装时动态表面张力是否平衡，涂装方法及环境等诸多因素有关。

黏度，通常的概念是黏度低流平性好，黏度高流平性差，调整黏度要用溶剂。但并不尽然，黏度是由涂料流变性决定的，要改善涂料的流动和流平性，就要改变涂料的流变性，通常使用黏度调整剂，构成结构黏性，来平衡流平与流挂的关系。调整触变指数改善刷痕和辊痕。

(1) 表面张力　表面张力是涂膜流动和流平的主要动力，如果出现表面张力差，不但对流平无益，还会产生许多弊病，如缩孔、波纹、贝纳尔涡流，涡流运动又会导致橘皮、发花等表面缺陷。

(2) 溶剂　溶剂是涂膜流平的主要支柱，是调节涂料黏度的主要材料。溶剂使用不当，对涂料的黏度、流动与流平、干燥及其他性能都会有极大影响，随之而来的会产生许多表面弊病，如橘皮、暗泡、波纹、刷痕等。所以配漆时一定要注意溶剂的三要素：溶解力、挥发速率和挥发平衡。

(3) 颜料分散　颜料润湿分散得好，涂料黏度低，结构黏性也小，流动与流平性就好，如果颜料润湿分散不好，就会产生颜料絮凝、分离，在涂膜表面形成浮色发花现象，所以良好的解絮凝型润湿分散剂，不仅可以使颜料处于稳定的分散状态，还可以提高和改善涂料的流动与流平性。

(4) 基材润湿　若涂料的表面张力高于被涂物的表面张力，涂料对基材润湿不良，会产生缩孔，严重者会出现不浸湿、不展布，大面积卷缩现象。遇到这种现象最好使用基材润湿剂，降低涂料与基材的界面张力，能够提高涂料的展布性，防止缩孔，增强附着力。

(5) 动态表面张力失衡　多发生在高表面张力的水性涂料中，当高剪切速率涂装时，在新的表面，表面活性剂来不及重新排布，造成动态下表面张力失衡，会产生大片缩孔，展布性不好的表面缺陷。可以采用在新表面能够快速定向排布并能迅速降低表面张力的表面活性剂。

(6) 气泡　涂料中进入空气，极性物或表面活性剂就会在气/液界面定向排布产生气泡，涂料若脱气不良，就会在涂膜表面产生针孔、鱼眼、暗泡等不良表面现象。最好的消除办法是使用消泡剂或脱泡剂。

(7) 涂装方法及涂装工艺控制　涂料对涂装方法的适应性，涂装工艺的控制，如涂装黏度、涂膜厚度、干燥条件等。如果这些条件控制不当都会产生涂膜缺陷。如辊痕、刷痕、流挂、爆泡等。

这样叙述并不是说一种病态只有一种原因，恰恰相反，一种病态往往会由多种原因所造成。所以要消除涂膜表面的弊病一定要找出其真正原因，再对症下药，选择适宜的助剂或方法进行克服。

以上仅对涂膜表面缺陷及产生的原因和解决的方法做了极其简要的介绍，关于涂料的黏度调整剂、消泡剂和脱泡剂、颜料的润湿分散剂都有专门章节进行详细论述，本书只论述与表面张力有关的表面状态控制剂——流平剂。

2. 流动与流平

黏度是液体流动特性的标识，当剪切力作用于液体时，该液体会在力的作用下产生流动，流动速度受液体内部阻力控制，不同液体的流变性是不同的，主要有以下几种类型。流动曲线如图 2-4-5 所示。

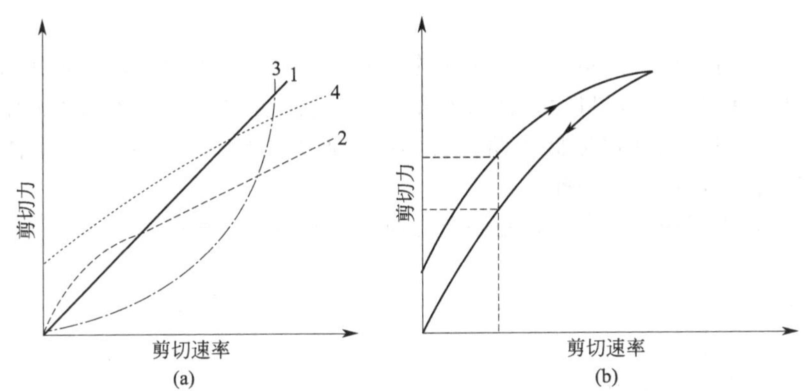

图 2-4-5 流动曲线

1—牛顿流体；2—假塑性流体；3—膨胀流体；4—塑性流体

(1) 牛顿流体 剪切力与剪切速率的比值是一个常数，黏度不受剪切速率变化影响。如水、矿物油、沥青等都是牛顿流体。这种流体有助于流平和流动，这并不等于所有牛顿流体在任何情况下都能得到一个光滑平整的表面状态。

(2) 塑性流体 这种流体具有结构黏性，剪切力必须达到破坏结构黏性的程度（“屈服值”），液体才开始流动。以后随剪切速率的提高，黏度开始下降，当剪切停止时，黏度会按先前路线返回原点。这类流体有润滑油、腻子、唇膏等。

(3) 假塑性流体 这种流体没有“屈服值”，剪切速率低时就开始流动，此时呈现牛顿流体特性。随着剪切速率进一步提高，黏度会急剧下降，当降到一定程度时，剪切速率再提高，黏度也不再变化，又呈现牛顿流体特性。低剪切速率段的牛顿流体和高剪切速率段的牛顿流体，分别称为第一牛顿段和第二牛顿段。许多涂料有这种流动特性。

(4) 膨胀流体 随剪切速率的增大，黏度也随之增加，如分散炭黑浆和搅拌水泥浆，初始剪切阶段黏度是很大的，尤其是研磨没有润湿分散剂的炭黑浆时，这种现象非常明显。

(5) 触变流体 该流体有“屈服值”，随剪切速率和剪切时间的增加，黏度不断下降。黏度下降路线和返回路线不相同，当剪切速率相同时，返回的黏度比下降时的黏度低。下降和返回之间有一个滞后区，滞后区内有无数黏度值。

这种流动特性给人们提供了一个非常好的控制涂膜表面状态的途径。如调整立面喷涂时的流平与流挂的关系，控制贝纳尔涡流产生，防止颜料沉降絮凝等。这是涂料中用途最大、最广泛的一种流体。

涂料在力的作用下，按其流动的特性流成涂膜，但液态涂膜在无外力作用下会自动流平，这种促使涂膜流平的力就是表面张力，所以涂料在成膜和成膜后流平时的力是不相同的。剪切的外加力使涂料通过流动变成涂膜，表面张力使涂膜通过流平由不规整的表面变成光滑平整的涂膜。不管是流动，还是流平，都是涂料的运动形式，都要受到涂料流动特性——黏度的影响。

黏度不仅决定了液体的流动特性，而且对涂膜的流平也有相当重要的作用。表面张力不仅是流平的动力，而且对流动也同样会产生影响。

由此可以得出这样的结论：流动与流平两个定义之间没有什么太大的区别，涂料要求达到光滑平整的表面，需要涂料具有良好的流动与流平性。

3. 表面张力与涂膜表面缺陷

涂膜流平的主要动力是表面张力，所以要想控制涂膜的表面状态，必须控制和调整涂膜的表面张力。

(1) 表面张力与缩孔的关系 产生缩孔的主要原因是涂膜表面出现了表面张力差。将产生缩孔的物质称为缩孔施体，将涂膜称为缩孔受体。也就是说缩孔施体的表面张力和缩孔受体的表面张力不平衡，当其远远低于缩孔受体的表面张力时，便会在缩孔受体上（涂膜表面）形成凹陷的孔穴，这就是缩孔。

可以用杨氏公式解释，产生缩孔的展布力与缩孔施体的表面张力和缩孔受体的表面张力之间的关系如下：

$$S=(r_{\mathrm{W}}-r_{1})-r_{\mathrm{L}} \tag{2-4-10}$$

式中 S——展布系数；

r_{W}——缩孔受体的表面张力；

r_{L}——缩孔施体的表面张力；

r_{1}——缩孔受体与缩孔施体之间的界面张力。

S 是正值时，才能自发展布，只有 $r_{\mathrm{L}}<r_{\mathrm{w}}$ 时 S 才是正值。也就是说只有缩孔施体的表面比缩孔受体小时才能产生缩孔。r_{L} 越小 S 值越大，缩孔越严重。涂膜产生缩孔的原因归纳为以下几种。

① 涂料组成物含有缩孔因素，缩孔的产生是来自涂料的组成物内部。主要原因有三个。a. 树脂中少量大分子聚合物聚集，产生溶剂所不溶的胶粒析出，其表面张力低于树脂溶液。涂料成膜后，会马上出现缩孔。b. 溶剂挥发不平衡。在溶剂的挥发过程中，某些溶剂挥发过快、过多，破坏了溶剂与混合树脂的溶解平衡，使部分溶解性差的树脂析出，这种缩孔多在涂膜干燥过程中出现。c. 涂料中含有表面张力低的活性物，如添加了相容性过差或过量的消泡剂及其他硅、氟类的助剂等，这种原因造成的缩孔，涂装后会马上出现。

② 外部污染，是指涂料涂装成膜后，由外部污染所致。如空气中飘浮的低表面张力的污染物，像硅粒子、油脂微粒等落到刚涂装完的涂膜上，使涂膜产生缩孔。另外涂装设施，像喷漆房、烘道、涂装物贮存室等地方的空气不干净，漆雾微粒或其他空气浮沉物等落到未干的湿膜表面上也会造成缩孔。

③ 基材表面张力低，涂料的表面张力高于被涂物的表面张力。其原因有三个。a. 材质本身的表面张力就比较低，如 PE 和 PP 塑料。b. 基材表面有涂覆物，如挤压成型的材质，表面有脱模剂没处理干净。或者表面涂覆了低表面张力的物质，如镀锌、镀镍铁板，涂覆了含硅或含氟的涂料等。c. 基材处理不合格，污染没有完全清除干净。这类情况，涂覆后马上就会出现缩孔。严重者无法成膜，即使勉强成膜，附着力也不好。

④ 动态表面张力失衡，采用高剪切速率涂装时，由于涂料的比表面积在瞬间大幅度增加，涂料中的表面活性剂来不及在新增的表面上重新排布，导致涂料表面张力不平衡，这种表面张力不平衡的涂料落到基材上便会出现满板的缩孔。如用刷子刷涂水性 PU 涂料，可能板面效果很好，光滑平整。若改用空气喷涂，可能满板都是缩孔，无法成膜。此时若添加 Tego Wet 500，它能迅速地降低涂料的动态表面张力。喷涂施工时，涂膜是光滑平整的，不再出现缩孔。若刷涂更不会出现问题，事实告诉人们，能够刷涂的水性涂料不一定适宜喷涂，但适宜喷涂的涂料，一定适宜刷涂。要保证水性涂料在不同的剪切速率下都可以涂装，

必须添加降低动态表面张力的表面活性剂。如 Tego Wet 500、505、510 等。

(2) 表面张力与波纹的关系　无论是平面涂装，还是立面涂装，在涂膜干燥过程中，表面时有波纹产生。这种波纹的产生与表面张力有着密切的关系。

① 平面涂装时的波纹，平面涂装后，涂膜的表面张力是 r，涂膜的平均厚度是 h（图 2-4-6）。在干燥过程中由于受热不均匀，表层溶剂挥发不平衡，右侧挥发速率大于左侧。因此，右侧的表面张力比左侧高，涂料就会自左向右流动，这是产生波纹的主要原因。其移动的力 F，可用式(2-4-11) 计算出来。

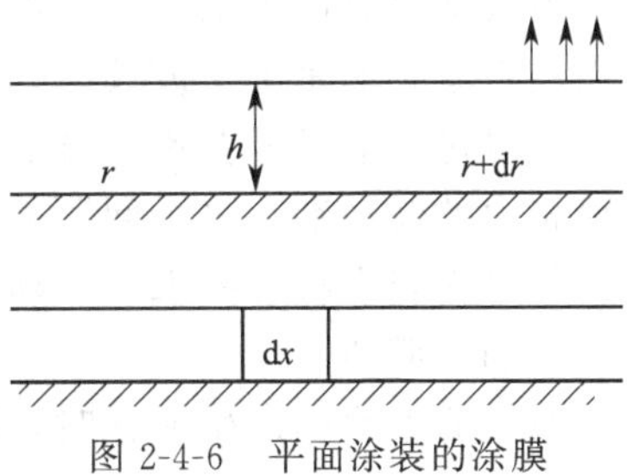

图 2-4-6　平面涂装的涂膜

图 2-4-6 中表面张力差促使涂膜中涂料的流动：

$$F=\frac{\mathrm{d}r}{\mathrm{d}x} \tag{2-4-11}$$

式中　F——推动涂料移动的力；

$\mathrm{d}r$——涂膜受热后左、右侧的表面张力差；

$\mathrm{d}x$——涂膜中涂料向右移动的距离；

r——涂装后涂膜的表面张力。

涂料的移动速度用 q 表示，可用式(2-4-12) 求出：

$$q=\frac{1}{2}\times\frac{F}{\eta}h^2 \tag{2-4-12}$$

将式(2-4-11) 带入式(2-4-12) 得出式(2-4-13)。

$$q=\frac{1}{2}\times\frac{h^2}{\eta}\times\frac{\mathrm{d}r}{\mathrm{d}x} \tag{2-4-13}$$

从式(2-4-13) 中可以得出这样的结论：涂膜中涂料的移动速度与涂膜厚度和涂膜的表面张力差成正比，跟黏度和移动距离成反比。为控制波纹的产生提供了技术方向。增加黏度和减少表面张力差都是可行的。平面涂装时最好不要改变黏度，只用表面状态控制剂，减少表面张力差即可。

② 立面涂装时的波纹，含有降低表面张力的流平剂的涂料，在立面喷涂时，经常出现上下波纹。如图 2-4-7 所示，这种波纹的产生与重力、表面张力差、涂膜的厚度、黏度有关。如果单纯是重力下垂，应该只有向下的帘幕式的流挂波纹，不会有向上的波纹，肯定还有一种向上的力，推动涂料向上移动。这种力应该是涂膜上下的表面张力差。

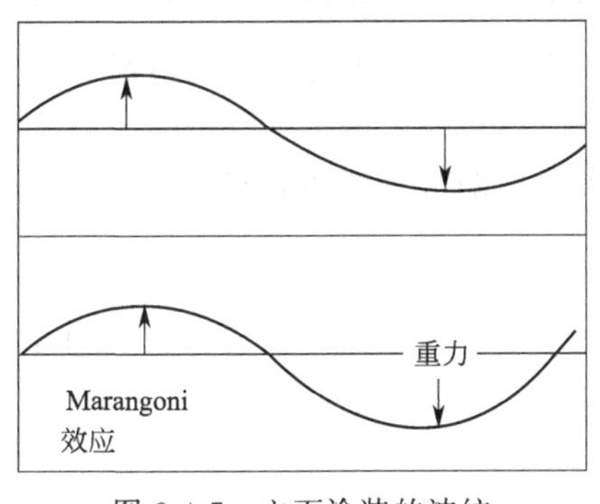

图 2-4-7　立面涂装的波纹

表面张力差产生的原因是，流平剂迁移至涂膜表面后，受重力作用，随涂料下坠，下面的流平剂会比上面多，那么下面的表面张力会比上面低，由于Marangoni作用表面活性剂会带动涂料由下向上移动。也就是说，下垂在先，上移在后，这样就会产生上下波纹。

牛顿流体涂料，涂装时涂膜流挂速度可用式(2-4-14) 表示。

$$V=\frac{\rho g h^2}{2\eta} \tag{2-4-14}$$

如果下垂和上移是同时发生的，就要视下垂的重力（ρg）和表面张力差产生的动力（F）之间的关系。如果两力大小相等就不会有波纹产生。两力相减，若重力大就只有下垂；若动力大就只有向上的波纹。但多半是先产生流挂，而后才有的表面张力差所产生的动力，所以经常看到的是上下波纹。

可以选用能微弱控制絮凝的分散剂，制成具有弱结构黏性的涂料，改用不降低或少降低表面张力的流平剂。这个问题就可以解决了。

如果涂料有特殊要求，必须选择有强降低表面张力的高滑爽度的流平剂，那就只好来调整涂料的屈服值了。

在立面上涂膜产生流挂时，涂膜厚度和屈服值的关系可用式(2-4-15) 表示。

$$h_0=\frac{S_0}{\rho g} \tag{2-4-15}$$

式中 h_0——流挂极限膜厚；

S_0——屈服值。

由上式可知，流挂的极限膜厚与屈服值成正比，屈服值越大，抗流挂性越好。但流平性未必好。若要使选择的流变助剂，既能达到防止波纹产生的目的，又要有良好的流平性，就必须要调整涂料的流变性。

室井、森野氏等概括了涂料的流变性与涂料涂装和涂膜形成时的流动和流平关系。列于表 2-4-3，即流变指数（低剪切速率时的黏度/高剪切速率时的黏度比）小或接近 1 的涂料，无论在涂装过程中，还是在成膜后，其流平性均极其优良。

表 2-4-3 流变特性与流动和流平的关系

涂料	流变特性			涂装过程		涂膜的流动和流平	
	低剪切速率时的黏度	高剪切速率时的黏度	触变指数	流动性	流平性	薄涂膜	厚涂膜
1	高	低	很大	不良	不良	极差	极差
2	低	低	中	不良	良	极差	良
3	高	高	中	良	不良	良	良
4	低	高	小	良	良	非常好	非常好
5	低	很高	很小(约 1.0)	非常好	良	非常好	非常好

以上论述说明，表面张力、重力都是促使涂膜流动和流平的力，借助黏度调整剂可以控制它们的平衡。

(3) 表面张力与刷痕的关系 将刷痕和辊痕的流平作为量纲解释时可借助于式(2-4-16) 进行分析：

$$\Delta t=\frac{\eta\lambda}{r} \tag{2-4-16}$$

式中 Δt——涂膜流平到一定状态时所需的时间；

λ——刷痕的波长。

这个公式说明只有表面张力高才能缩短流平时间，而且表面张力越大，流平时间越短。

是否能提出消除刷痕、辊痕的最好方法？提出单一的方法，恐怕还是解决不了。因为涂料许多性能之间都是相互矛盾的。必须采取“综合治理”的方法。可以改善涂膜的厚度；调整溶剂的挥发速率；使用高、低剪切的黏度调整剂，减小触变指数，改变流变性；最重要的是不要使用强降低表面张力的流平剂，最好使用不降低表面张力的流平剂，如 Tego

Flow 300。

4. 流平剂的种类及作用机理

表面状态控制剂是能定向排列到液/气界面的表面活性物质。它们在表面积聚的原理与传统的、亲水、亲油性的两亲结构表面活性剂不同。它们可能是树脂状的产品，是靠它们与树脂基料的有限相容性，迁移至界面与空气生成一层新的低表面能的界面，控制表面的状态。这种物质也称为表面活性剂。

属于这类表面状态控制剂的有树脂类型、有机改性聚硅氧烷类型和氟碳化合物类型的三大类。

(1) 丙烯酸聚合物流平剂　树脂型的表面流动控制剂，多数是线型树脂聚合物，主要有丙烯酸树脂、脲醛树脂及三聚氰胺甲醛树脂。在通用体系中这些树脂的相容性是受限的，它们会积聚至表面形成一层新的树脂膜层，使涂膜的表面张力趋于平衡，但它们不会降低表面张力，所以不影响涂料的流动，多被称为流动促进剂。这类流平剂中丙烯酸树脂是主体。

丙烯酸酯类流平剂不仅可以促进涂膜的流动和流平，还不会影响涂膜的层间附着力，并且还有消泡的作用。

丙烯酸酯类流平剂的相容性是其控制涂膜表面状态能力的一项重要指标。相容性太好，溶在涂膜中，不会在涂膜表面形成新的界面，提供不了流平作用；相容性太差，不可能均匀地分布在涂膜表面，会相互集聚在一起，容易产生类似缩孔状的缺陷。会使涂膜光泽下降，产生雾影等不良的副作用。只有理想的受控相容性，才会在涂膜表面形成新的界面层，起到流平的作用。

丙烯酸酯类流平剂的受控性是通过改变分子量和极性来实现的。均聚物的相容性就不如共聚物的好，如均聚的丙烯酸通常与环氧、聚酯、聚氨酯等涂料所用的树脂相容性较差，若将其以物理方法混合则将形成表面状态不良的无光涂膜，所以丙烯酸均聚物不太适宜作流平剂。理想的流平剂多采用共聚物，可以是三元共聚物，也可以是改性共聚物，只有共聚物才能通过不同的单体改变聚合物的极性和玻璃化温度。

通常丙烯酸酯类流平剂的数均分子量被控制在6000～20000之间，分子量分布比较窄，玻璃化温度控制在－20℃以下，表面张力在25～26mN/m以下。这种相容性受限的丙烯酸共聚物被认为是良好的流平剂。

丙烯酸酯类流平剂可以是均聚物，也可以是共聚物；可以是线型结构的，也可以是带支链的；可以是无规共聚的，也可以是嵌段共聚的。

① 氟改性的丙烯酸酯类流平剂　这类流平剂目前应用得比较广泛，用氟改性丙烯酸使氟和丙烯酸的优缺点互补，使这类流平剂更趋于完美。丙烯酸和氟类流平剂的优缺点见表2-4-4。

表 2-4-4　丙烯酸和氟类流平剂的优缺点

流　平　剂	优　　点	缺　　点
丙烯酸类流平剂	强的流平性，具有消泡能力，不影响层间附着力	基材润湿性差，不能消除缩孔
氟类流平剂	基材润湿性良好，防缩孔能力强	稳泡，层间附着力差，无法重涂，价格贵

通过改性的流平剂，具有较好的表面状态控制能力，不稳泡，可以重涂，具有良好的抗缩孔和基材润湿的能力。

Ciba公司提供的结构式如下：

$$-\left[CH(CH_2-O-CF_2-CF_2-CF_2-CF_3)\right]_m-\left[CH_2-CH(C(=O)-O-CH_2-CH_2-CH_2-CH_3)\right]_n-\left[CH_2-CH(C(=O)-O-CH_2-CH_2-CH_3)\right]_p-$$

结构式中的丙烯酸丁酯和丙酯是起流动和流平、消泡及改善层间附着力作用的。氟碳链是起控制表面状态、基材润湿及防缩孔作用的。该公司提供的产品有 EFKA 3777、3772、3600、3500。

② 丙烯酸酯类流平剂的应用　纯丙烯酸酯类流平剂因其对表面张力影响不大，所以多将其用于流动和流平助剂，特别是印铁涂料、卷材涂料，对消除辊痕是有益的。还有刷涂的木器漆对消除刷痕也是有帮助的。

应用时要特别注意与涂料的相容性，一般情况是分子量大的相容性差，但流动与流平性好；分子量小的相容性好，但流动与流平性要差些。

丙烯酸烷基酯类流平剂是粉末涂料常用的流平剂，这类流平剂多以粉体形式供货。可以将丙烯酸酯类流平剂分散在二氧化硅的粒子表面上，也可以用固体壳包裹丙烯酸酯类流平剂制成粉体形式的。在粉末涂料制造时混炼到粉体材料之中，在粉末涂料熔融固化成膜时起到流动和流平作用。

氟改性的丙烯酸烷基酯类流平剂，设计理念是兼具氟和丙烯酸两类流平剂的优点，几乎涵盖了流平剂的所有功能。尽管如此，在实际应用中，还要从实践出发，经过实践确定其应用和添加量。

丙烯酸酯类流平剂要在调漆时加入，因其有效分、结构不同，无法建议添加量，只能建议确定添加量实验时最好从漆量的0.03%～0.05%开始。

(2) 有机硅类流平剂　表面张力是涂膜流平的主要动力，但表面张力差，却是产生涂膜表面缺陷的主要根源。提高涂膜的表面张力，达到表面张力平衡，这对涂膜的流动和流平是非常有益的，但却办不到。所以人们只好采用降低涂膜的表面张力来消除表面张力差，控制涂膜的表面状态，消除表面缺陷。如消除贝纳尔涡流，防止发花和橘皮的产生。消除涂膜表面的表面张力梯度差，防止缩孔和波纹的产生。降低涂料与基材的界面张力，增强涂料的展布性，改善附着力，减少或消除因基材而造成的缩孔。硅油和有机改性聚硅氧烷是涂料行业使用较早、应用较为广泛的一种表面状态控制剂，基本可以消除因表面张力差而产生的表面缺陷。

① 硅油　通常使用的硅油有聚二甲基硅氧烷和聚甲基苯基硅氧烷。涂料、油墨中应用的是聚二甲基硅氧烷。聚甲基苯基硅氧烷虽然相容性好，但不具备表面状态控制能力，所以在流平剂中基本不使用，多用于耐高温方面。

聚二甲基硅氧烷虽然具备良好的表面状态控制能力，但有许多缺点，相容性不好，会影响涂膜的光泽，还会经常出现缩孔、层间附着力问题等。

聚二甲基硅氧烷分子量不同，其相容性和用途也不相同。

$$CH_3-Si(CH_3)_2-O-\left[Si(CH_3)_2-O\right]_n-Si(CH_3)_2-CH_3$$

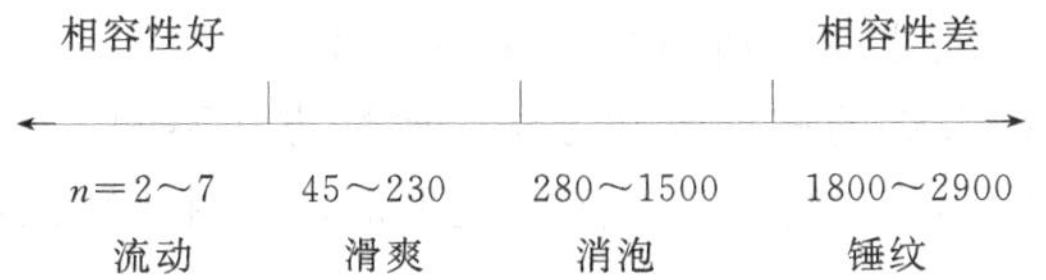

有机改性聚二甲基硅氧烷与硅油相比有明显的优越性，既保留了硅氧烷的优点，又用改性物克服了它的缺点，发挥出了许多特殊功能效应。

改性硅氧烷的性能及用途，关键是硅氧烷的分子量、类型、改性化合物的类别及在分子中的位置，改性的途径是很多的，本书根据涂料中常用的几种做简要的介绍。

② 聚醚聚酯改性的有机硅氧烷　结构式如下：

$$CH_3-Si-O-\left[\begin{array}{c}CH_3\\|\\Si-O\\|\\R\end{array}\right]_n-\left[\begin{array}{c}CH_3\\|\\Si-O\\|\\CH_3\end{array}\right]_m-\begin{array}{c}CH_3\\|\\Si-CH_3\\|\\CH_3\end{array}$$

由结构式可以看出这一系列产品是属于梳状结构的有机聚硅氧烷。

$n+m$ 约为 50～250，分子量控制在 1000～150000 之间。其相容性是依靠聚醚和聚酯来调整的。链越长相容性越好。这类产品中聚醚改性的最多，通常使用环氧乙烷和环氧丙烷。随乙氧基$\leftarrow\!\!(CH_2-CH_2-O)_n$含量的增加，其与水的相容性也随之提高，因此也完全可以合成水溶性的硅氧烷类的流平剂。环氧乙烷和环氧丙烷可以单独使用，也可以混合使用，用其来控制亲水、亲油性。如果同时含有乙氧基和丙氧基，就制成了水油两用的硅氧烷类的流平剂。

一般 R 为聚醚时称为聚醚改性的聚硅氧烷，R 为聚酯时称为聚酯改性的聚硅氧烷。无论是聚醚还是聚酯，其链段越长与树脂的相容性就越好，也就是说，"n"越大与树脂的亲和性越好。"m"越大表示其硅氧烷含量越多，其表面状态控制能力就越强，增滑性、抗粘连性就越好，与树脂的相容性就越差。

改性用的聚酯或聚醚与硅氧烷联结有两种方法：一种是硅氧键（—Si—O—）；另一种是硅碳链（—Si—C—）。一般来讲，前者的热稳定性和耐水性不如后者好。

用聚醚、聚酯改性硅氧烷与树脂的相容性得到了很大的改善，降低表面张力，控制表面流动的能力、增滑性、抗缩孔、抗粘连的效果也都很好，个别产品还有层间附着力问题。尤其是聚醚改性的聚硅氧烷，热稳定性不好，容易稳泡。在应用时一定要注意这些产品的负面影响。

③ 烷基改性的有机硅氧烷　前面提到了聚醚改性的聚硅氧烷有些不足之处；烷基改性的聚硅氧烷恰恰具备了这些方面的优点。

$$CH_3-\begin{array}{c}CH_3\\|\\Si-O\\|\\CH_3\end{array}-\left[\begin{array}{c}CH_3\\|\\Si-O\\|\\R\end{array}\right]_n-\left[\begin{array}{c}CH_3\\|\\Si-O\\|\\CH_3\end{array}\right]_m-\begin{array}{c}CH_3\\|\\Si-CH_3\\|\\CH_3\end{array}$$

式中，R 为烷基。

这一系列聚硅氧烷产品也属于梳状结构。这类产品的分子量比较小，在 10000 左右，$n+m$ 约为 30～50。用烷基改性的目的主要是为了提高热稳定性、相容性和不稳泡性，甚至有消泡功能。但随改性烷基链的增长，其降低表面张力的能力也随之下降。烷基链长度与表面张力的关系见表 2-4-5。

表 2-4-5　烷基链长度与表面张力的关系

改性的烷基链	$-CH_3$	$-CH_2-CH_3$	$-(CH_2)_9CH_3$
表面张力/(mN/m)	20.6	26.2	31.4

一般碳链控制在 $C_1 \sim C_{14}$之间，所以分子量不太大。

上面介绍了聚二甲基硅氧烷的三种改性方法，改性方法不同，改性剂的用量和结构不同，其产品的性能也不同，三种不同改性方法生产的流平剂，其耐热性也截然不同（表2-4-6）。

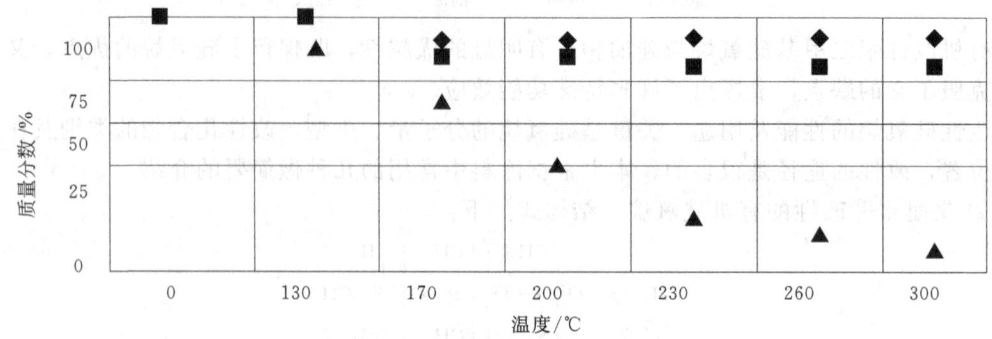

表 2-4-6　不同基团改性的有机硅的热稳定性

◆ 烷基改性；■ 聚酯改性；▲ 聚醚改性

从表中可以看出，热稳定性最好的是烷基改性的聚硅氧烷，最差的是聚醚改性的聚硅氧烷，在 170℃时已损失了 25%，烷基改性的聚硅氧烷在 300℃时才损失了 7%～8%。

Tego Glide 420、BYK-310、EFKA 3236、EFKA 3522 等有机改性聚硅氧烷都具有很好的耐热性，这些流平剂都可在 200～220℃的温度范围内使用。

④ 赋予优异滑爽性的端基改性有机硅　为了赋予涂膜良好的滑爽性，EFKA 公司推出了终端改性的有机硅。其结构式如下：

$$RO\left[CH_2-CH_2-O-\underset{CH_3}{\overset{CH_3}{\underset{|}{\overset{|}{Si}}}}\right]_m-O-\left[\underset{CH_3}{\overset{CH_3}{\underset{|}{\overset{|}{Si}}}}-O\right]_n-\underset{CH_3}{\overset{CH_3}{\underset{|}{\overset{|}{Si}}}}-CH_2-CH_2-CH_2-AOX-R$$

式中，$n=10 \sim 40$；$m=10 \sim 20$；分子量约为 2000～8000。产品有 EFKA 3232、EFKA 3033、EFKA 3288 等。

⑤ 反应性的流平剂　在辐射固化的涂料、油墨体系中，存在基材润湿不良、不够滑爽、易刮伤、流平性差的缺陷。针对这些问题，Degssa 公司提供了一系列的反应性的有机改性聚硅氧烷丙烯酸型流平剂，有 Tego Rad 2100、2200、2250、2600、2700 等产品，号码越小相容性越好，滑爽性越差；号码越大相容性越差，滑爽性越好。其结构式如下：

$$CH_3-\underset{CH_3}{\overset{CH_3}{\underset{|}{\overset{|}{Si}}}}-O-\left[\underset{CH_3}{\overset{CH_3}{\underset{|}{\overset{|}{Si}}}}-O\right]_m-\left[\underset{\underset{O-\underset{\underset{O}{\|}}{C}-CH=CH_2}{\sim\sim\sim}}{\overset{CH_3}{\underset{|}{\overset{|}{Si}}}}-O\right]_n-\underset{CH_3}{\overset{CH_3}{\underset{|}{\overset{|}{Si}}}}-CH_3$$

由结构式中可见改性的有机物是丙烯酸酯，用其调整它的流动性和相容性，它的滑爽性是由硅氧烷来决定的。丙烯酸基团的双键可以参加游离基的聚合反应，与树脂一起形成涂膜牢固地锚定在涂膜的表面上。

Ciba 公司 EFKA 也提出了系列反应性的永久增滑、抗划伤的流平剂。其结构式如下：

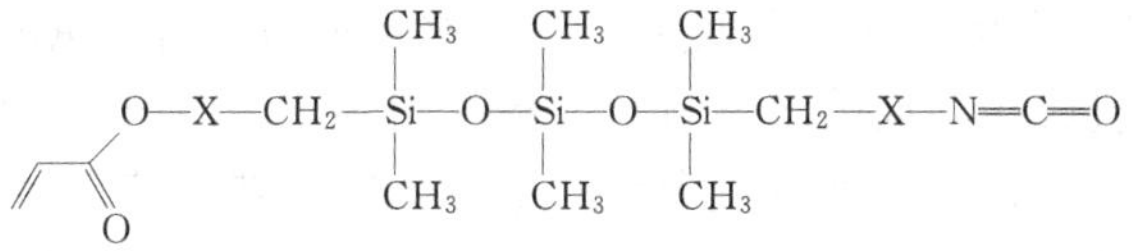

$$CH_2{=}CH{-}C({=}O){-}O{-}X{-}CH_2{-}Si(CH_3)_2{-}O{-}Si(CH_3)_2{-}O{-}Si(CH_3)_2{-}CH_2{-}X{-}N{=}C{=}O$$

从结构式中可以看出这个产品是两个端基改性的，具有两个反应活性基团：一端是丙烯酸酯基，可以参加游离基聚合反应；另一端是异氰酸酯基，可以与树脂中的羟基反应，在常温下即可进行，Ciba 公司这类产品有 EFKA 3883、EFKA 3886、EFKA 3888、EFKA 3835。

另外还有许多终端基改性的活性有机硅单体。这些单体的两端分别含有氨基、羧基、羟基、环氧基、丙烯酸酯基等反应活性基团。可与其单体进行聚合反应。生成含硅的树脂聚合物，这种树脂也具有增滑、抗粘连、防水、流动和流平作用。上述讲的活性单体，Degssa 公司全部都有产品供市。例如，其中的 Tegomer H-Si 2311 是端羟基改性的。

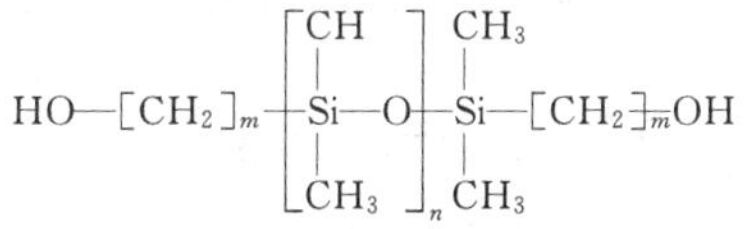

$$HO{-}[CH_2]_m{-}\left[\begin{matrix}CH\\ |\\ Si{-}O\\ |\\ CH_3\end{matrix}\right]_n{-}\begin{matrix}CH_3\\ |\\ Si\\ |\\ CH_3\end{matrix}{-}[CH_2]_m{-}OH$$

式中，$n=30$。分子量为 2500。

该单体可以与聚酯多元醇或/和聚醚多元醇一起与异氰酸酯单体反应制成水性的或溶剂型的 PUD 和 PU 树脂，用于皮革涂饰剂、制造合成革、制造木器漆等，具有良好的滑爽性、抗粘连性、防水性，手感也非常好。该单体还可用于制造醇酸树脂，改善醇酸树脂的耐候性、耐水性、抗粘连性等性能指标。

(3) 有机硅流平剂的应用　由上述可知，有机硅类流平剂的改性方法不同，改性材料不同，结构不同，分子量不同，用途也各异。因此在应用时要注意以下几点。

① 依据问题选择流平剂　硅类流平剂没有什么问题都能解决的“万能型”。如果选择不当会带来负面影响。如要消除表面张力差，最好选择降低表面张力强的、聚醚改性的聚硅氧烷，不要选择烷基改性的聚硅氧烷。要求耐高温烘烤的，就不能选择聚醚改性的，要选择烷基改性的或聚酯改性的。要求长期具有滑爽性，不能选择添加型的，要选择反应型的。要求改善界面关系，降低界面张力，最好选用小分子量的聚醚改性的基材润湿剂。

② 层间附着力问题　这类流平剂虽然经过改性，相容性和附着力问题都得到了改善，但有的还存在问题。迁移性差的流平剂，待涂膜完全干硬后再涂第二层就容易出问题。此外过热烘烤，破坏了流平剂的结构，极易出现附着力问题。要选择改性剂终端不含活性基的、迁移性好的有机硅流平剂。最著名的 Tego Glide 450 流平剂具有良好的迁移性，涂完第二层，它会很快由第一层的表面迁移至第二层的表面，两层之间没有流平剂薄膜存在，所以它不影响层间附着力。Tego Glide 450 控制表面状态能力强，滑爽性高，通用性好（水油两用），性价比好。

另外改善附着力还可选择小分子量的流平剂，因为，短链的硅氧烷，不易在气/液界面形成连续不断的膜，所以，增加了面漆和底漆的接触面积，改善了层间附着力。

③ 稳泡性　几乎是降低表面张力越强的流平剂稳泡性越强，特别是聚醚改性的聚硅氧烷，极易在气/液界面处定向排布，在涂料中的空气，被流平剂给“包裹”着就形成了气泡。在应用时要特别注意，可以选择不稳泡的，或者配合消泡剂一起使用。

④ 热稳定性　在加热固化型涂料中使用时，一定要注意流平剂的耐热范围，烘烤温度要在流平剂的耐热范围内，否则流平剂在过热烘烤时会产生分解，导致涂膜产生缩孔、重涂困难、光泽下降等负面影响。底漆或二道底浆，最好使用不降低表面张力的烷基改性的聚硅氧烷，面漆可采用能够重涂的聚酯改性的聚硅氧烷，例如 Tego Glide 420、BYK-310、EFKA 3239 等。

⑤ 用量及添加方法　用量要视需要而定，总的建议添加量为漆量的0.01%～1.0%，究竟多少为宜，这要视配方组成、溶剂的溶解力、树脂的相容性、助剂之间的相互作用关系等因素而定。添加量不足效果不明显，添加量过大会产生细皱纹，甚至缩孔。所以用量一定要适中。

面漆和罩光清漆最好选用有机硅类流平剂配合丙烯酸类流平剂一起使用，例如Tego Glide 450+Tego Flow 300。Tego Glide 450兑稀成12.5%加0.3%～0.5%；Tego Flow 300加0.2%～0.3%，效果极佳。

刷涂和辊涂为消除刷痕和辊痕，最好不要使用降低表面张力的流平剂，可用丙烯酸类流平剂或烷基改性的流平剂，尽量保持涂料的表面张力对流平是有帮助的，添加量为0.3%～0.5%，也可配合溶剂型流平剂一起使用。

作为流平剂最好在调漆时添加，若作为颜料润湿剂使用可在磨色浆时加入。

(4) 其他类流平剂　流平剂还有氟碳类和高沸点溶剂类。氟碳流平剂具有最高表面活性，可将涂料的表面张力降至16～18mN/m，因此具有最强的表面状态控制能力。概括来讲，有机硅流平剂所具备的功能，氟碳类流平剂全都具备，比有机硅类流平剂更好的是降低表面张力的能力更强，表面状态控制的效果就更好。但也有其负面作用，像层间附着力，稳泡就更难以克服。其价格也特别昂贵，影响了它的应用。最近杜邦公司推出了Zonyl系列氟碳类表面活性剂，据介绍可以和碳氢表面活性剂配合使用，大大降低了使用成本。

溶剂类流平剂多是高沸点溶剂的混合物，其主要作用机理是减缓溶剂挥发速率、降低涂料黏度、改善流平性。但其与环保、流挂控制、快干要求是相悖的，所以人们使用也不多。

关于这两类流平剂本书就不再多做介绍了。

三、防沉剂

涂料既是一个多相体系，又是一个粗分散体系。在热力学上是不稳定体系，颜料和填料在重力作用下会沉淀。如何延缓其沉淀，或即使产生沉淀，该沉淀也是疏松易重新分散的，这是涂料生产者必须面对的问题。加防沉剂就是解决此问题的方法之一。

1. 防沉机理

涂料中颜料、填料粒子的沉淀是一个复杂的问题。为讨论方便起见，从简化入手。对于单一球形粒子在牛顿液体中的沉降速率可用斯托克斯（Stokes）公式表示：

$$v=\frac{2r^2(\rho-\rho_1)}{9\eta} \tag{2-4-17}$$

式中　v——粒子沉降速率；

r——球形粒子半径；

ρ——粒子密度；

ρ_1——液相密度；

η——液体黏度。

由上式可知，粒子在液体中沉降速率与粒子半径的平方成正比，与粒子和液体的密度差成正比，与液体黏度成反比。据此，提高体系黏度，使分散体系稳定，降低密度差，也能使分散体系稳定。当然，减小颜料、填料粒径，更能达到稳定的目的。

上式还没有考虑界面层和粒子间的相互作用，二者都能大大降低沉降速率。

从流变学的角度看，结合涂料使用性能要求，防沉最理想的流变性就是触变性。提高涂料黏度，并使其具有一定的触变性。从而使颜料、填料粒子质量所产生的剪切力低于屈服应力，触变体不会流动，颜料和填料不会沉淀。这就是产生触变性的防沉剂防沉机理。

有的防沉剂是通过在颜料、填料表面的吸附，形成一定结构的界面层，降低颜料、填料粒子和液相的密度差，或产生相互作用等，达到防沉目的。

2. 分类

如上所述，按防沉机理分，防沉剂可分为触变型防沉剂和其他型防沉剂。触变型防沉剂有有机改性膨润土、气相二氧化硅、氢化蓖麻油蜡及其衍生物、部分金属皂类（二型稠厚剂）等。另一部分金属皂类，如一型稠厚剂，也有人称为絮凝型防沉剂。如按涂料分，可分为溶剂型涂料防沉剂和水性涂料防沉剂。但通常所说的防沉剂大都是指溶剂型涂料防沉剂。其实，未经有机改性的膨润土是亲水的，就是触变型水性涂料防沉剂。

3. 常用防沉剂和选用

(1) 有机改性膨润土　膨润土是亲水的，与溶剂型涂料不相容。因此，必须用季铵盐对膨润土进行改性，在其分子中引入憎水性的烷基，才可用于溶剂型涂料中。有机改性膨润土经过活化处理后，在溶剂中溶胀，通过边缘的—OH 形成氢键，产生触变性，达到防沉作用。

不同改性的膨润土，具有不同的极性。不同极性的涂料体系，应选用与之相应极性的有机膨润土。如海名斯特殊化工公司的 Bentone 34 适用于中至低极性溶剂型内外墙建筑涂料、船舶涂料和木器涂料等，而 Bentone 57 适用于高极性溶剂型工业涂料和维护涂料等。

李正莉等在铜系环氧导电涂料中使用有机改性膨润土防沉剂，结果很好地解决了铜粉沉降问题，从而极大地提高了涂层表面导电性，涂层表面电阻率最小可达到$6.0\times10^{-3}\Omega/cm^2$。

这种防沉剂通常用于颜料分较低的体系，高颜料分体系不宜使用，因为会造成过度增稠。

有机改性膨润土防沉剂也存在色泽深、透明度差、对光泽有影响、易产生刷痕、增加溶剂用量、漆液固含量难以保证等缺点。

(2) 气相二氧化硅　它是由四氯化硅在氧-氢焰中水解而成的，为无定形物质，粒径小，比表面积大。气相二氧化硅的颗粒为球形，表面有硅醇基，颗粒之间通过氢键互相结合，形成三维网络结构，赋予涂料触变性，产生防沉效果。

气相二氧化硅的防沉作用，在非极性涂料体系，如脂肪烃和芳香烃等，比较有效；而在极性体系，如醇类和水，则效果较差。

(3) 氢化蓖麻油蜡及其衍生物　蓖麻油是一种半干性油，是蓖麻油酸的甘油酯，分子中含有双键和羟基。蓖麻油氢化后，双键消失，状态由液态变成固态，外观为蜡状。成分为12-羟基硬脂酸三甘油酯。该分子是三维结构，含有可能形成氢键的羟基。

在非极性和低极性涂料中，如以烃类为溶剂的中油、长油醇酸树脂涂料中，氢化蓖麻油分散后就溶胀，形成凝胶结构而具有触变性，因此有防沉作用。在极性涂料中，氢化蓖麻油可能发生溶解，防沉效果较差。

(4) 金属皂　主要是锌皂和铝皂，特别是硬脂酸铝在溶剂型涂料中被用于防沉剂。它们被溶剂溶解成胶束并形成凝胶结构。防沉效果在很大程度上取决于铝和硬脂酸的比例。要想取得较强的防沉作用，就要将硬脂酸铝中所含铝的比例提高。在气干型醇酸漆中，催干剂会与硬脂酸铝产生强烈的相互作用，以致防沉作用消失。

(5) 触变树脂　聚酰胺或聚氨酯改性的醇酸树脂也可用于防沉剂。既可用于色漆，也可用于清漆。限制使用在短油醇酸体系和含极性溶剂体系中。触变树脂广泛使用于中、低

PVC 溶剂型建筑涂料中。过量也许会导致光泽下降和黄变。

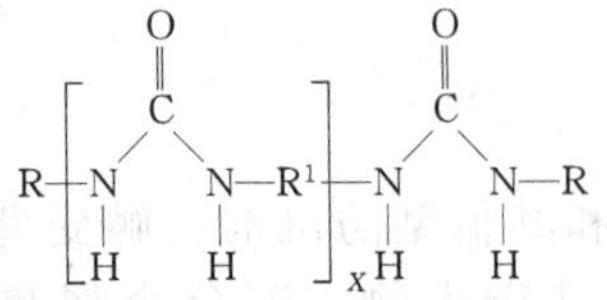

图 2-4-8　改性聚脲增稠剂结构式
R=低、中、高极性端基；
R^1=中间链（二元胺骨架）

(6) 改性聚脲增稠剂　改性聚脲增稠剂的结构如图 2-4-8所示。它的增稠防沉机理是：既有氢键的作用，也有端基的缔合作用。与一般增稠剂比较，它的防沉降和抗流挂性能好。根据端基的不同极性，改性聚脲增稠剂可分为三种：低极性聚脲增稠剂、中极性聚脲增稠剂和高极性聚脲增稠剂。前两种用于溶剂型涂料增稠防沉，而高极性聚脲增稠剂既可用于高极性溶剂型涂料中，也可用于水性涂料增稠。低极性、中极性和高极性聚脲增稠剂的商品分别有 BYK-411、BYK-410 和 BYK-420。

四、消泡剂

1. 概述

消泡剂是一种表面活性剂，在气/液界面处发挥作用。能消除涂料生产和施工时所产生的泡沫。

以往，溶剂型涂料的消泡问题并未引起人们太多的重视，其原因是传统型涂料起泡的概率并不高，再者消泡也比较容易。现在不同了，由于我国涂料工业的快速发展，涂料品种不断增加，档次不断升级，高档的汽车涂料、木器涂料、修补涂料、卷材涂料等层出不穷，人们对涂料的装饰性、保护性要求更高，所以消泡已成为高档产品必须考虑的技术措施。

再者，由于环保意识的强化，节约资源环保型涂料、绿色健康型涂料得以快速发展。这些涂料包括水性涂料、无溶剂型涂料、高固体分涂料、UV 涂料等。特别是水性涂料，还有水性油墨等。这些新产品不断出现，与传统溶剂型涂料相比更易起泡，而且难以消除，涂料工业的发展对消泡提出了更高层次的要求。

还有涂装技术的发展，当今的涂装技术是以高速、省力、自动化为主流。

这些技术的应用使涂料体系内发生紊流、飞溅和冲击、产生气涡的概率增大，容易产生传统工艺中不易出现的弊病，消泡也是其中一个急需解决的问题。

因此，不仅传统溶剂型涂料需要消泡剂，而且新型的涂料及新型的涂装工艺更为需要。消泡剂已成为当前涂料工艺必不可少的一种助剂，在涂料助剂的市场中占有相当大的比重。

2. 泡沫的形成及其稳定

(1) 泡沫及泡沫的产生　泡沫可以定义为空气泡在液体中的一种稳定分散形式。

用热力学解释，泡沫是一种热力学不稳定的两相体系，泡沫的表面积越大，体系的能量增加越多，当泡沫破灭后，体系的总面积大大减小，于是能量也相应降低，所以称为热力学不稳定体系。

当空气在含有表面活性剂的液体中填充时，表面活性剂就会在气/液界面处定向排布。疏水基朝向空气，亲水基朝向基料。包裹着空气，产生大量气泡，由于气体的密度远远小于液体的密度，所以气泡会很快地向液面迁移。被表面活性剂包裹着的气泡升至表面时，在液面定向排布的表面活性剂单分子层，就会再将其包裹形成中间夹着液体的泡沫双层膜。泡沫的形成如图 2-4-9 所示。

被较多液体包裹着的球形泡称为微泡，被薄层包裹着的大的球形或多角形的泡被称为宏泡。

多数泡沫是 3 个气泡相交，壁面棱边组合在一起，其组合角总是 120°，这就是所谓的

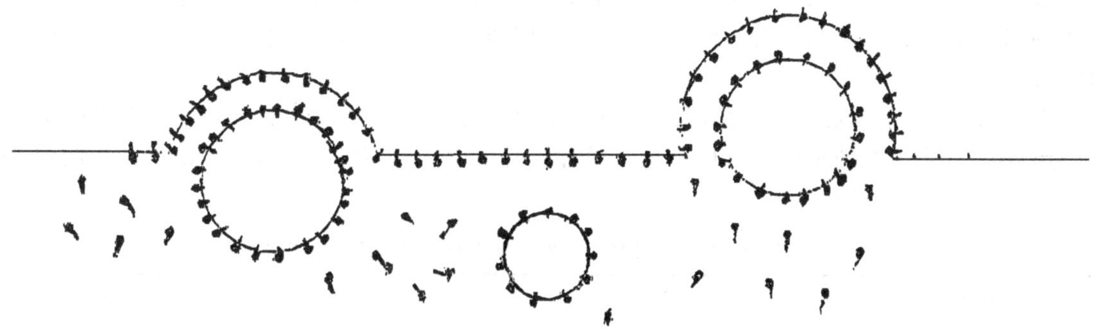

图 2-4-9 泡沫的形成

Plateau 交界（图 2-4-10）

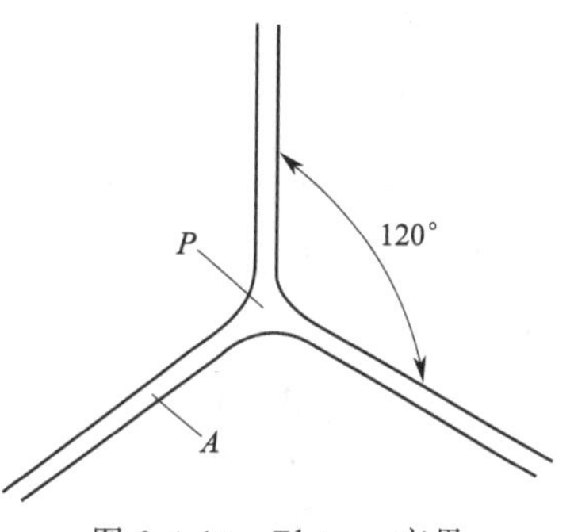

图 2-4-10 Plateau 交界

根据 Laplace 公式可知，液膜 P 处压力小于 A 处，于是液体会自动由 A 处流到 P 处，结果使液膜变薄，这就是液膜的排液过程。重力也会导致液膜排液，但这只能发生在厚液膜的条件下。无论哪种排液，液膜薄到一定程度都会导致泡沫自行破灭，但这时会受到 Marangoni 效应的影响，使泡沫趋向稳定。

在涂料及油墨中产生泡沫的原因如下。

① 涂料和油墨生产时由于机械搅拌会把空气夹带到涂料和油墨中。

② 涂料涂装过程中带入的空气，如刷涂、辊涂、高压无气喷涂，油墨的丝网印刷过程中等。

③ 双组分涂料，施工前混合时，搅拌混入的空气。

④ 被涂物的孔隙较多，由于涂料的渗入空气被赶出形成空气泡，如在多孔的木材和水泥墙上涂漆施工时。

⑤ 化学反应产生的气泡，如双组分 PU 涂料中的多异氰酸酯与微量水反应会产生 CO_2。

在涂料中泡沫的存在会导致针孔、缩孔、鱼眼、橘皮等不良现象，影响涂料的涂饰性和保护性。

特别是针孔，它是小气泡在涂膜干燥时逸出而产生的微细气孔。在干燥过程中，由于黏度增大，气孔微细管道不易闭合，而最终保留在干燥的涂膜中。这些针孔不但会影响装饰性，还会导致湿气和盐类物质的渗入引起腐蚀，使涂膜失去保护功能。

如果涂膜表层干得过快，气泡被截留在涂膜内表面，这就是平时经常提及的暗泡，类似“鱼眼”，导致该处涂膜厚度变薄，保护性变弱，还严重影响装饰性。

(2) 泡沫的稳定　泡沫的产生和稳定是两个概念，前者是指泡沫产生的过程及其量的多少，后者是指泡沫形成后的稳定程度。在涂料及油墨体系中影响泡沫稳定性的主要因素有以下几方面。

① 表面张力　泡沫的生成伴随着气/液界面的扩大，其所做的功可用“表面张力×表面积”表示，当起泡扩张的表面积相同时，表面张力小，形成泡沫所需要的功也小，也就是说，表面张力小的液体容易起泡。表面张力对泡沫的形成有影响，但并不一定是其稳定的因素。丁醇等醇类溶液的表面张力（约 25×10^{-5} N/m），比一般表面活性剂的水溶液还低（十二烷基硫酸钠水溶液的表面张力约 38×10^{-5} N/m）。但后者的起泡性、稳泡性都胜于前者。

又如蛋白质的水溶液表面张力比表面活性剂的水溶液高，但其却有较强的稳泡性。表面张力的稳泡性表现在：当表面膜有一定强度，能形成多面体的泡沫时，低表面张力才有助于泡沫的稳定。

② 表面黏度 液膜强度是稳定泡沫的主要因素之一，强度的大小又取决于表面吸附膜的坚固性，其坚固性的量度为表面黏度。通过实验证明，表面黏度较大的溶液所产生的泡沫寿命也较长（表 2-4-7）。

表 2-4-7 表面活性剂溶液、表面张力与泡沫稳定性的关系

表面活性剂	表面张力/(N/m)	表面黏度/mPa·s	泡沫寿命/min
Triton X-100	30.5×10^{-5}	—	60
Santomerse 3	32.5×10^{-5}	3	440
E607L	25.6×10^{-5}	4	1650
月桂酸钾	35.0×10^{-5}	39	2200
十二烷基硫酸钠	23.5×10^{-5}	55	6100

可见表面黏度越高，泡沫的寿命越长，但表面张力与泡沫的寿命并无明确的数学对应关系。

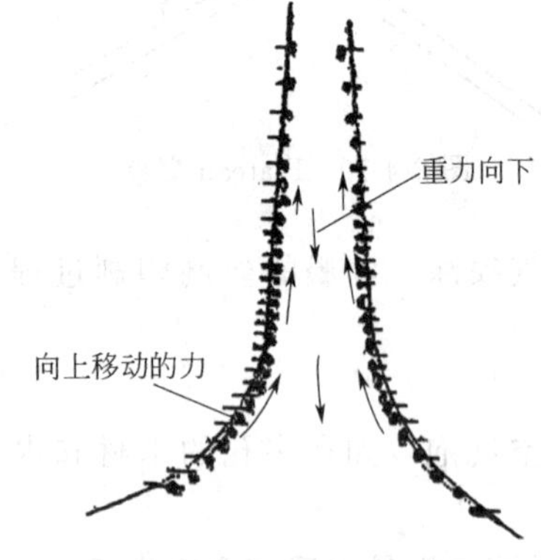

图 2-4-11 重力排液及 Marangoni 运动

吸附在液膜上的活性物，若其分子间作用力较强，排列得比较密，尤其是疏水基之间能形成氢键键合结构的表面活性化合物，其表面黏度较大，寿命长。也就是说，表面膜的强度与表面吸附分子之间的相互作用有关，相互间引力大者，膜的强度也大；反之则强度小。强度大者泡沫稳定性好，小者稳定性差。

③ 表面张力的“修复”作用 所谓表面张力的“修复”作用，实际上是 Marangoni 效应在起作用。也就是液体从低表面张力处向高表面张力处的流动现象。由图 2-4-11 中可知，排液是由 A 处向 P 处流动，由于表面活性物质在 P 处的积存，使 P 处的表面张力低于 A 处的表面张力，表面活性剂就会带着基部的液体由 P 处逆向返回到 A 处，使因排液变薄的液膜恢复到原来的厚度，这就是 Marangoni 效应。

重力排液，参见图 2-4-11，箭头表示在重力作用下液体向下流动。液体的流动也带动了吸附在液膜表面上的表面活性物质向下移动。于是膜底部表面活性物质的浓度增加，大于膜上部的浓度，也就是说，下部的表面张力低于上部，根据 Marangoni 理论，下部低表面张力处的表面活性物质会向上部高表面张力处迁移，并带动底部的液体同时向上部移动。这种活性物质沿膜壁向上移动的作用也是 Marangoni 运动。使因重力作用变薄的泡沫又恢复了厚度，从而使泡沫稳定下来，延长了泡沫的寿命。

当一破坏性的外力（该外力可以是机械力或热冲击力）作用于泡沫膜时，表面活性物质便会迅速改变泡沫膜的表面张力，以抵消该外力的作用，使泡沫膜恢复到稳定状态。当泡沫局部受到拉伸时，该处液膜变薄，表面积增大，吸附的表面活性物质浓度降低，表面张力增加（r_1 变成 r_2，$r_2>r_1$），如图 2-4-12 所示。

那么 r_1 处的表面活性物质就会向 r_2 处迁移。随着活性物质的迁移，液体也返回到 r_2 处使泡沫膜恢复到原来状态，这还是 Marangoni 效应。

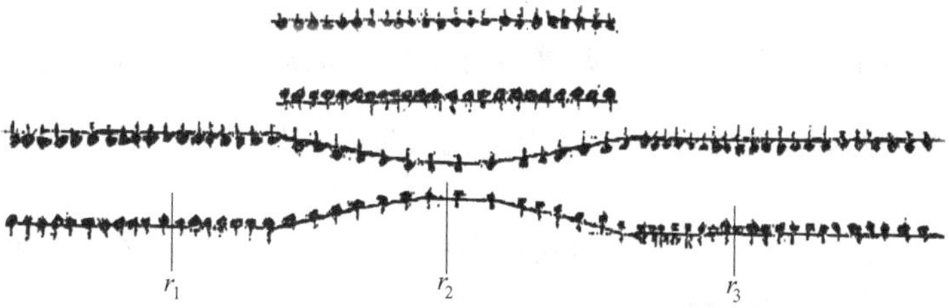

r_1　r_2　r_3

图 2-4-12　泡沫膜局部变薄引起表面张力的变化

用能量观点分析，吸附着表面活性剂的液膜，若表面扩大，其所吸附的分子浓度便会降低，表面张力也将随之增大，这需要做很大的功。若表面收缩，表面吸附的分子浓度会增大，同时表面张力下降，于是不利于进一步收缩。所以这种吸附着表面活性剂的液膜有反抗液膜表面扩张或收缩的能力。这就是表面弹性的基本原理，也是表面活性剂具有吸附“修复”作用的原因。

④ 溶液的黏度　它虽然不是稳泡的决定因素，但它对消泡的影响却很大。当涂料黏度高时，小气泡分布在其内部，浮力很难将其推向表面，它会长期悬浮在涂料内而不破灭，若留在涂膜中，将产生针孔、缩孔、鱼眼等弊病。另外，当外部溶液黏度高时，泡沫膜内的液体不易排出，泡沫膜厚度的减小很缓慢，所以泡沫的寿命较长。尤其是在高黏度的无溶剂型涂料中常会遇到这种现象。其次，在有孔隙的底材上涂装时，随着涂料向孔隙内渗入，孔隙内空气被挤出，若涂层较厚，表层溶剂挥发过快，黏度快速升高，气泡浮力无法克服黏度的阻滞作用，被截留在涂膜中形成鱼眼、缩孔、针眼等。在有孔的木材上涂装，这种现象很常见。

⑤ 表面活性剂的电荷排斥作用　泡沫双层液膜的表面活性剂是带有相同电荷的，在泡沫壁较厚时，静电不显示作用；当排液泡沫壁变薄时，双层表面活性剂的间距缩短，静电排斥产生作用，阻止了泡沫膜进一步变薄，限制了排液，延长了泡沫的寿命。

3. 消泡剂和脱泡剂的组成

具有消泡作用的助剂可分成消泡剂和脱泡剂。在水性涂料中主要使用消泡剂，在溶剂型和无溶剂型涂料中使用的多是脱泡剂。

（1）消泡剂的组成　一般来说，消泡剂是由三种基本成分组成的，即载体、活性剂、扩散剂（主要是润湿剂和乳化剂，也可以不用）。

在水性乳胶漆和水性油墨中，使用矿物油系消泡剂是很多的。这类消泡剂的活性剂主要有脂肪酸金属皂、有机磷酸酯、脂肪酸酰胺、脂肪酸酰胺酯、脂肪酸酯、多亚烷基二醇、疏水二氧化硅等。活性化合物可以是固体的，也可以是液体的，固体的必须是微细的颗粒，液体的必须是乳液液滴。有时是单一的一种，也有时是复合的，还有的加入少量的有机硅。

扩散剂大部分是乳化剂和润湿剂，用以保证活性物质的渗透性及扩散性，典型的扩散剂有脂肪酸酯、脂肪醇、辛基酚聚氧乙烯醚、脂肪酸金属皂、磺化脂肪酸、脂肪酸硫代琥珀酸酯等。

载体也可称为溶剂组分，通常是脂肪烃。但以往多用芳香烃，因其对人体健康和环保有危害，限制了它们的应用。脂肪烃毒害性小，但在水相中溶解性较低，对光泽有不利的影响。载体可将消泡剂所有成分组合到一起，便于添加，同时还可以降低成本。另外，载体的自身表面张力也很低，体现出了消泡的特性。但对泡沫体系来说，对载体是有选择性的。

有机硅系列是现代水性涂料和水性油墨所用消泡剂的主流产品。

其活性部分是聚硅氧烷链段，依靠改性的聚醚链段来控制其相容性。多数是采用疏水和/或部分亲水聚醚来改性聚硅氧烷。聚醚与有机硅是依靠 $-\mathrm{Si}-\mathrm{O}-\mathrm{C}-$ 键和 $-\mathrm{Si}-\mathrm{C}-$ 键相连接。后者耐温性和耐水解性更好些。其结构形式大致有嵌段共聚、枝状接枝共聚、梳状接枝共聚等。

产品有浓缩型的、100%活性物质和乳化型的。乳化型的必定含有乳化剂，载体多数是水。这些产品中有的含有疏水 SiO_2 粒子，有的不含。由于某些聚醚改性硅氧烷具有高的展布力，它不添加疏水性的固体粒子，也同样具有出色的消泡能力。例如 Tego Foamex 805 和 7447 就属这类不含固体疏水粒子的产品。

(2) 脱泡剂的组成 脱泡剂必须与涂料体系有一定的不相容性，相容性太好，会导致脱泡失效；相容性过差，会导致产生缩孔之类的负面作用。因为涂料体系是千差万别的，一种脱泡剂不可能与所有涂料体系都相匹配，所以脱泡剂不可能是通用的。

脱泡剂的活性物质有有机硅类、聚合物类、氟硅类、有机硅/聚合物混合类几大类。

有机硅类脱泡剂又可分为聚二甲基硅氧烷（硅油）、聚醚改性聚硅氧烷、烷基、芳基改性聚硅氧烷等。

有机硅类脱泡剂表面张力比较低，非常容易进入泡沫体系，添加量比较少，不易引起浑浊，脱泡能力好，可快速将微泡带至表面。这类脱泡剂的缺点是，当泡沫形成后，不易消除，抑泡能力比较低。

聚合物非硅类的脱泡剂主要有聚醚、聚丙烯酸酯、氟碳共聚物、氯醋共聚物、丙烯酸共聚物等。

这类脱泡剂一般对表面张力影响不大，向涂料中调入时不如硅类脱泡剂，需要时间较长。当泡沫形成后，非常容易消除，具有很强的抑泡性能。这类脱泡剂的缺点是，相容性差，容易引起浑浊，脱泡能力差。

通常是采用改变聚合物的化学结构，对脱泡剂进行平衡调整。

通过对聚合物极性的改变，可以使消泡剂拥有不同的相容性，具有不同的扩散能力；通过对聚合物分子量的改变，可以使消泡剂拥有不同的相容性，具有不同的消泡能力。

因脱泡剂多用于溶剂型涂料，其载体绝大部分是各类不同类型的有机溶剂，有酮类、酯类及芳香烃类化合物，还有些载体是由两种或两种以上的混合溶剂组成的。

扩散剂不常用，但用于水性涂料的脱泡剂也有乳化型的，乳化剂是少不了的。

对于消泡剂和脱泡剂来说，欲使其具有良好的效果，活性剂的表面张力必须比成泡介质低，并能进入和迅速扩散于成泡介质中，通常用渗透系数（E）和扩散系数（S）来表示。

$$E=r_F+r_{DF}-r_D \tag{2-4-18}$$

$$S=r_F-r_{DF}-r_D \tag{2-4-19}$$

式中 r_F——泡沫的表面张力；

r_{DF}——消泡剂与泡沫膜的界面张力；

r_D——消泡剂的表面张力。

当 $E>0$ 时，说明消泡剂或脱泡剂进入成泡介质中；当 $S>0$ 时，说明消泡剂或脱泡剂具有扩散性。也就是说，只有当 E 和 S 都是正值时，才能呈现消泡或脱泡效果，这也就说明了表面活性剂的表面张力越低，消泡和脱泡效果越好。

消泡剂和脱泡剂经常含有疏水的固体粒子，例如 SiO_2 粒子。其消泡原理是反润湿效果，稳定泡沫的表面活性剂的双分子膜层无法润湿疏水的固体粒子，造成局部区域表面张力失衡，形成膜层不稳定，导致泡沫破裂，提高了消泡效果。

4. 消泡和脱泡机理

无论是脱泡还是消泡都是由活性物质来完成的。在涂料中表面活性剂都应与体系具有一定的不相容性，选用哪种消泡剂和脱泡剂，在很大程度上是取决于涂料体系也就是成泡介质的性质。

(1) 消泡剂的消泡机理　消泡剂是指对已形成的泡沫的消除作用（图 2-4-13）。

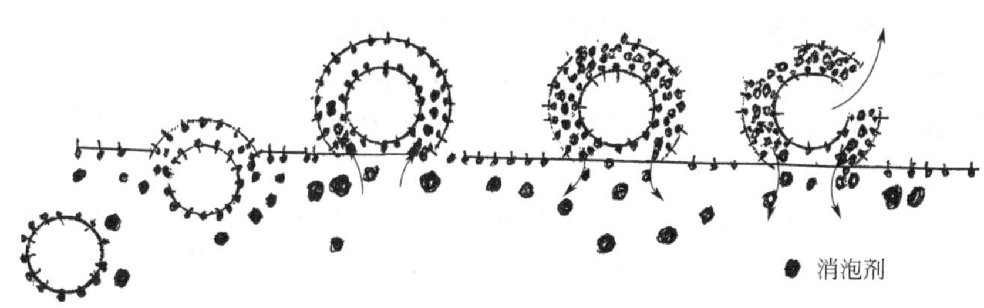

图 2-4-13　消泡剂的消泡过程

消泡剂的微小液滴迁移至液面，当被表面活性剂包裹着的气泡上升到表面时，消泡剂的活性物质便与稳定泡沫的表面活性剂层相结合，进入泡沫双层液膜内，消泡剂活性物质迅速扩散斥开稳定的表面活性剂，抵消了 Marangoni 效应，使失衡的泡沫的表面张力再也无法进行“修复”作用，消泡剂会穿过裂开的表面活性剂层，使泡沫的弹性大幅度降低。最后是稳定泡沫的双分子膜层完全破裂，达到消泡目的。泡沫破灭后，消泡剂再进入另一个泡沫液膜内重复上述过程。这个过程将循环往复地进行下去。

(2) 脱泡剂的脱泡机理　脱泡剂是分散在液态涂料中的非极性物质，与基料有一定的不相容性，促使其聚集在气/液界面处。减弱了包裹气泡的表面活性剂与基料之间的作用力。因此，加快了微泡向上迁移的速度。另外，当两个被脱泡剂包裹着的微泡相互靠近时，由于脱泡剂与基料之间的亲和力小于脱泡剂与脱泡剂之间的亲和力，受极性影响就必然会合并到一起。使小泡变成大泡。Stokes 定律指出，当黏度恒定时，气泡上升速度（v）与气泡半径（r）的平方成正比。

$$v \sim \frac{r^2}{\eta} \qquad (2\text{-}4\text{-}20)$$

式中　v——气泡上升速度；

r——气泡半径；

η——体系黏度。

气泡上升到表面，由于没有表面活性剂稳定就必然会破灭。

通过上述可以看出，消泡剂是在涂膜的表面发挥作用，破坏已生成的泡沫，避免空气截留于涂膜表面。脱泡剂是防止泡沫形成，使涂膜中的微泡变大泡，提高泡沫上升的速度，脱泡剂是在涂料内部发挥作用的，两者之间的差别，在一定程度上讲只是理论上的。在实际应用中，一种好的消泡剂也可以像脱泡剂那样阻止泡沫的生成。另外，脱泡剂和消泡剂的作用结果是一样的，都是消除涂料中的泡沫。

5. 选择及应用消泡剂和脱泡剂时应注意的因素

选用涂料的消泡剂和/或脱泡剂时，一定要注意涂料的种类、体系构成成分、起泡的原因、运输贮存条件、涂装方法等诸多因素与消泡剂和脱泡剂性能的关系。

要有良好的消泡效果，选用的消泡剂和脱泡剂的表面张力一定要比涂料的表面张力低。与涂料体系要有一定的不相容性，但不能产生负面作用。在涂料体系内还要有良好的分散性，也就是说，消泡剂和脱泡剂一定要有较高的渗透系数和扩散系数。消泡剂和脱泡剂不应与涂料组分发生反应。

在应用时还要注意消泡剂和脱泡剂的添加方法和添加时间。

(1) 破泡效果与涂料体系的关系 通过对多种消泡剂和脱泡剂的筛选评价实验，得出以下结论。

① 同一种消泡剂或脱泡剂在不同的涂料体系中消泡效果不同。

② 在同一种涂料体系中，不同的消泡剂或脱泡剂会表现出不同的消泡效果。

③ 涂料类别相同，但所用树脂结构不同（如聚酯氨基烘漆，所用部分聚酯树脂不同），消泡或脱泡效果也不一样。

④ 涂料所用树脂类型相同，若组成树脂的原料有所不同，对消泡或脱泡效果也会构成影响。例如，都是二元醇、甲苯二异氰酸酯组成的水性聚氨酯分散体，若改变其中二元醇的类型，消泡效果会产生明显的变化。

⑤ 同一种涂料体系，同一种消泡剂或脱泡剂在清漆和色漆中效果不一样。

这些结论说明，消泡剂或脱泡剂的应用效果与涂料体系及树脂的组成物有密切关系。因为不同树脂与溶剂组成的涂料的表面张力与消泡剂或脱泡剂的差别是不可能一样的，它们之间的相容性也不可能相同。另外，涂料构成不同，形成泡沫和稳泡的因素肯定不同，所以消泡剂和脱泡剂的破泡效果不相同那是必然的。

(2) 破泡效果与涂料起泡因素的关系 涂料体系不同，起泡程度不同。涂料体系相同，配方不同，起泡程度也不同。这就是说，在涂料配方中有许多因素对起泡和稳泡有影响，通过实验和生产实践可归纳出以下几方面。

① pH pH 会影响消泡剂的效果。例如，消泡剂是在某种 pH 范围内选定的，此时涂料可能偏碱性，经贮存或涂膜干燥过程，涂料变成偏酸性，这样消泡效果会有所下降。

② 表面张力 涂料表面张力的高低对消泡剂有较大的影响，消泡剂的表面张力必须比涂料的表面张力低，否则就无法起到消泡和抑泡作用。涂料的表面张力是一个可变因素，所以选用消泡剂时要恒定表面张力，再将表面张力变化因素考虑在内。

③ 其他助剂的影响 在涂料中使用的表面活性剂多数是与消泡剂趋向于功能不相容的关系。特别是乳化剂、润湿分散剂、基材润湿剂、流平剂等会对消泡剂的效果产生影响。因为这些助剂都有稳泡作用（在气/液界面定向排布），使消泡剂用量加大或性能下降。溶解性强的表面活性剂还有可能溶解消泡剂，使消泡剂经时失效。所以在各种助剂配合使用时一定要注意不同助剂之间的关系，选择最佳平衡点。

例如，在使用聚醚改性聚硅氧烷流平剂或基材润湿剂时，会导致稳泡性的提高，最好配合消泡剂使用。例如，使用 Tego Glide 450 流平剂，最好配合脱泡剂 Airex 931，也可以配合具有消泡作用的流平剂 Tego Flow 300。使用基材润湿剂 Wet KL-245，在水性涂料中最好配合消泡剂 Foamex 825、815N 及 822 等。因此，选择消泡剂时最好在配方各项材料都确定以后再进行筛选。

④ 烘烤温度 涂料在常温下进入高温烘烤，开始瞬间黏度会下降，气泡可移至表面，然而由于溶剂的挥发、涂料的固化、表面黏度的增加，会使泡沫更趋于稳定，截留在表面，产生缩孔和针孔，所以烘烤温度、固化速率、溶剂挥发速率对消泡剂的效果也有

影响。

⑤ 涂料的固含量、黏度、弹性 高固体分厚涂膜、高黏度、高弹性涂料都是非常难以消泡的，在这些涂料中消泡剂扩散困难，微泡变大泡速率缓慢，泡沫向表面迁移能力下降，泡沫膜黏弹性大等不利消泡因素很多。这些涂料中的泡沫是相当难以消除的。最好选用消泡剂和脱泡剂配合使用。以低表面张力的硅类消泡剂为好，脱泡剂对涂料的亲和性要好些，使其容易在涂料内扩散，抑泡性要强。

⑥ 涂装方法和施工温度 涂料施工涂装方法很多，包括刷涂、辊涂、淋涂、刮涂、高压无气喷涂、丝网印涂等。采用的涂装方法不同，涂料的起泡程度也不同。刷涂、辊涂泡沫多于喷涂和刮涂，泡沫最多的是油墨的丝网印刷，而且不好消除。温度高比温度低时泡沫多，但温度高时泡沫比温度低时好消除。

上述这些因素对涂料的起泡性、稳泡性都有某种不同程度的影响，在选择消泡剂、脱泡剂时一定要特别注意。

(3) 消泡剂和脱泡剂的添加方法 消泡剂多用于水性涂料，一般有三种类型：100%有效分的浓缩型；乳化型，消泡剂已被乳化或粒径理想的乳液液滴；还有一种就是在上述两种类型中分别含有疏水固体粒子，如气相 SiO_2。

供货形式不同，添加方法也有所区别。浓缩型的一定要经过充分分散，最好在研磨前添加，经过分散，使其具有良好的消泡粒径。消泡剂分散过细、过粗对消泡效果都不好。要控制在适宜的粒径，过细，消泡效果会降低；过粗，初期效果好，经时会下降，甚至会出现缩孔。也可以后添加，但要兑稀后加入，最好是用两性溶剂稀释到方便添加的浓度来添加。一定要现用现兑稀，以免失效。

经过乳化的消泡剂可以在生产的任何阶段添加，可在研磨前加入，也可在调稀时加入，很容易分散在水性涂料和水性油墨中。

脱泡剂多用于溶剂型涂料，绝大多数在调漆时加入，但对无溶剂、高固体分厚浆型涂料最好研磨前添加，也可分两次添加，研磨前加一部分，调漆时再加一部分。这种类型涂料可选择两种或三种脱泡剂和消泡剂配合使用。有的脱泡剂抑泡效果好，但消泡效果不强，为了避免泡沫遗留在表面，最好配上消泡剂，这种搭配使用效果更佳。

6. 消泡剂和脱泡剂应用效果的检测方法

选择消泡剂和脱泡剂时经常采用一些方法测定它们消除泡沫的效果，以便确定涂料配方。

(1) 水性涂料用消泡剂的检测方法

① 泡沫高度测试法 通常有两种做法：第一种方法是，取一定数量的涂料，倒入带有标线刻度的量杯里，用微型空气压缩机将空气导入涂料体系内，观察杯内含有不同类型消泡剂的涂料高度，涂料液面越高，消泡效果越差；第二种方法是，取一定数量的涂料，在一定条件下，用高速搅拌涂料数分钟，然后马上倒入带有标线刻度的量筒内，测量涂料的高度，同时称重，密度小、液面高的消泡效果不佳。

② 淋涂试验法 除可以评价消泡效果外，还可以评价消泡剂与涂料的相容性。将经高速搅拌的含有消泡剂的涂料，立刻倾倒在与框架成 25°角摆放的聚酯膜上，观察干膜的表面状态，检查消泡及脱泡效果。观察相容性时一定要用清漆。

③ 密度测定法测长效性 将经高速搅拌后的涂料倒进密度杯内，测定涂料密度，然后将涂料密封贮存，经过一定时间再测定密度，检查密度值是否有变化。若密度小，说明消泡剂有部分失效或全部失效。一定要在标准条件下进行。

④ 辊涂试验法 取一定数量的涂料，在一个不渗漆、无孔的底材上（玻璃或聚酯片），用海绵辊子，辊涂同样面积的涂膜，观察干燥后的涂膜表面状态。这种方法非常接近实际应用。

(2) 溶剂型涂料用脱泡剂效果检测方法 溶剂型涂料用脱泡剂效果检测方法与水性涂料的消泡剂有所不同，因为溶剂型涂料多数是微泡，所以密度测定法不太适宜。

① 涂膜观测法 用 3000r/min 以上的转速搅拌涂料一定时间，然后淋涂在与框架成 25°角摆放在玻璃板上的聚酯上，待其干燥后观察涂膜的表面状态。

② 模拟施工法 对于高黏度、厚浆型涂料采用上述方法不行。可事先模拟现场施工方法进行检测。例如，双组分的地坪环氧自流平涂料可按涂装厚度，将其浇注到一个可以脱出来的小型模具内，待其干燥后，取其观测是否有针孔等弊病。

③ Tego 的硫酸铜试验法 这种方法特别适用于防腐涂料，有些微小气泡用肉眼看不到，只好采用化学方法。将待测涂料以一定膜厚涂于磨砂钢盘上。待涂料固化后，把约 4mL 的 10%硫酸铜溶液倒入透明玻璃皿，将涂膜表面朝下盖在玻璃皿上，然后把盘和皿一起倒转 180°。24h 后，用清水冲洗涂膜表面。出现红点表明涂膜有微孔存在，这些红点是与铁起氧化还原反应还原出来的铜。

五、消光剂

消光剂就是能使涂膜表面光泽明显降低的物质。

光泽是涂膜的重要物理性能，光泽用光泽度来定量表征。其定义如下：从规定入射角照射涂膜表面的光束，其正反射光量与在相同条件下从标准板面上正反射光量之比，以百分数表示，称为涂膜的光泽度。

有时人们需要涂膜有光泽，而很多应用场合又不需要有光涂膜。因此，需要添加消光剂使涂膜表面光泽下降。

1. 涂膜表面的消光原理

涂膜表面光泽度下降是由于干燥的涂膜表面形成微小的凹凸不平，该表面对入射光线形成漫反射造成的。

涂装过程中，刚涂上的涂膜表面并不很平整，由于表面张力的作用，力图保持最小的表面积，从而就变成光滑的湿膜，流平剂的使用加速这一进程。在涂膜表干之前，由于溶剂的作用，光泽度往往很高。干燥时涂膜表面形成微小的凹凸不平，变成粗糙的固体表面，光泽度就下降了。

涂层表面要形成微小凹凸不平一般要有两个条件：一是湿膜中存在足够量的粒径适宜的消光剂粒子；二是涂膜干燥或固化过程中产生体积收缩。如果有一个条件不能充分满足，消光效果是不理想的。体积收缩主要由溶剂挥发造成，但涂料组分的化学反应对此也有影响。传统的溶剂型涂料，挥发物含量在 30%～80%之间，因而在干燥或固化过程中，随着挥发分的挥发，涂膜收缩明显，消光较容易。水性涂料用水作为稀释剂，在干燥或固化过程中，由于水分的蒸发，涂膜收缩也是明显的，因此消光并不难。随着环保要求的严格，涂料技术向逐渐减少挥发性有机物（VOC）含量方向发展，如高固体分涂料，固含量 70%～90%，消光难度不断增大；UV 光固化涂料，固含量 100%，固化收缩小于 10%，难以消光；而粉末涂料没有有机挥发分，固含量 100%，最难消光。对于这些涂料，在干燥或固化过程中，涂膜收缩很小甚至不收缩，消光要采用特殊消光剂，仍然要在涂层表面形成微小凹凸。

使用消光剂使涂层表面形成微小的凹凸，这只是光学上的不平整而已，肉眼是看不见的。

因此，当光线以一定角度照射到涂层表面上，如果其表面接近于光学平面，则会造成全反射，其反射角等于入射角，光泽度高。当入射光到达微小凹凸的表面时，随着涂层表面平均粗糙度的增大，散射光逐步代替反射光，使其光泽度不断下降，最终将形成无光涂层。

2. 消光剂特点

涂料用消光剂应具备以下特点。

(1) 化学惰性高，不与涂膜中任何组分发生反应。

(2) 对涂膜的透明性干扰小。

(3) 易于分散。

(4) 消光性能好，低加入量即可产生强消光性能。

(5) 在液体涂料中，悬浮性好，长时间贮存，不会产生硬沉淀。

(6) 不污染环境，不会对人体造成危害。

3. 涂料消光剂的主要品种

1947 年，美国 Grace 公司开发了第一个消光剂品种。半个多世纪以来，品种规格越来越多，用量越来越大。据德国 Degussa 公司统计，2000 年亚洲地区微米合成二氧化硅消光剂的用量超过 10kt/a，其中一半以上用于木器涂料。

(1) 微米级合成二氧化硅　目前微米级合成二氧化硅主要有以下三类。

① 微米级合成二氧化硅气凝胶　它是高孔隙率的二氧化硅凝胶（简称硅胶）经过严格控制的研磨工艺制成的微米级粒子。硅胶具有一次粒子形成的三维空间网状结构，骨架稳固，强度好。在涂料分散过程中，耐过度研磨。

硅胶类消光剂的另一特点是孔容积大。通常把孔容积大于 1.5mL/g 的硅胶，称为气凝胶。孔容积越大，消光效果越高。

此外，消光涂膜的透明度较高，对涂层干燥特性无影响，该类消光剂对涂膜力学性能、耐候性影响小也是其优点。

Grace 公司生产的 Syloid 系列二氧化硅气凝胶消光剂是这类消光剂的代表。Syloid ED 系列是 1981 年推向市场的，20 世纪 90 年代进入我国涂料市场，在高档亚光涂料中占有大部分市场。该公司 1997 年推出的 C 系列，性能更优异，消光效果更高。据称，可比 ED 系列节省用量 1/3。目前 ED 系列逐渐被 C 系列所代替。

英国 INEOS（Crosfield）公司也是微米级二氧化硅气凝胶消光剂的主要生产厂家，其产品牌号为 Gasil 和 HP 系列。日本 Fuji Sylysia 公司的 Sy 系列，韩国 OCI 公司的 ML 系列等也在国内有一定市场。

国内一些硅胶生产厂家也在研制该产品，但还只处于中试或试生产阶段，试制产品与 Grace 公司的 ED 系列还有差距，市场上还未见到与 Syloid C 系列相当的国产消光剂。

② 微米级沉淀二氧化硅　沉淀二氧化硅是由多个一次粒子絮凝而形成的，没有规则的三维空间网状结构。可以想象为葡萄串状物质。沉淀二氧化硅消光剂是由干燥后的产品经过研磨而成的。

此类典型的产品有 Degussa 公司的 HK 和 OK 系列。此外，还有美国 PPG 公司，代表的牌号为 Lover 系列，日本 Nippon Silica 公司的 Niposil 系列，法国 Rodia 公司也有生产。

国内这种类型消光剂产量最大，价格竞争激烈，质量更难以提高，只用于低档涂料。个别厂家选用固定来源的原料，粒度控制较好的可用于中档涂料。天津化工研究设计院开发的沉淀二氧化硅，平均粒径 5μm（激光衍射法），孔容积 1.8mL/g。

③ 气相合成二氧化硅 目前只有 Degussa 公司的 TS100 和 TT600 消光剂是气相合成的。气相合成二氧化硅是由四氯化硅在氢氧焰（1400℃）中水解生成的。目前最常用的是 TS100，用于高档家具漆和皮革的消光，消光性好，涂膜透明性高，消除蓝相。缺点是价格昂贵，为 OK 系列的 2 倍以上。且需与疏水气相二氧化硅 R972 合用，以防止生成硬沉淀。国内曾有厂家研制气相二氧化硅消光剂，但产品还未出现在市场上。

(2) 微粉蜡 微粉蜡主要有合成蜡和半合成蜡。合成蜡包括微粉聚乙烯蜡、微粉聚丙烯蜡、微粉聚乙烯/聚丙烯蜡、微粉聚四氟乙烯蜡等。半合成蜡由天然蜡人工改性而成，如微粉脂肪酸酰胺蜡、微粉聚乙烯棕榈蜡、微粉聚丙烯棕榈蜡等。

产品有德国 BYK 公司的 Ceraflour 系列微粉蜡，Shamrock 公司的 Uniflat 等系列，Micron Powder 公司的 Micropro 系列，Langer 公司的 Lanco-Wax 系列，Allied Signal（Honiver）公司的 Acumist 系列等。

国内微粉蜡刚刚起步，尚未达到与国外产品匹敌的水平。

(3) 硬脂酸盐 铝、钙、镁、锌的硬脂酸盐，应用开发较早，曾经是涂料的主要消光剂，在微米级合成二氧化硅进入市场后，其重要性大大降低。在底漆中应用较多，可以提高打磨性。

(4) Steamat（滑石粉/绿泥石粉） RIO TINTO Minerals 公司开发了装饰漆的消光剂，主要成分是滑石粉/绿泥石粉，称为 Steamat。当 Steamat 的用量在 10%以上时，亚光漆 85°的光泽度可降至 1%以下。

4. 消光剂的选用

除消光剂本身的物理化学性能外，用量、粒径、粒径分布、二氧化硅消光剂的孔容积等都是决定消光剂选用的重要因素。用量越多，光泽下降越多。粒径越大，消光越有效，当然，粒径要与涂膜厚度相适应。水性涂料、高固体分涂料、辐射固化涂料、粉末涂料等用消光剂与传统溶剂型涂料差别很大。

(1) 传统溶剂型涂料 由于含有有机溶剂，成膜收缩大，消光容易。虽然由于这类涂料树脂体系和涂膜厚度的不同，使用消光剂也有差别。但通用性大，主要是用于调整消光剂的用量和粒度上。高孔容积的合成二氧化硅凝胶最有效。为了防止消光剂在清漆中沉淀，优先选用蜡处理的二氧化硅消光剂。

如 Syloid C 803 粒径最小，涂膜手感细腻平滑，透明度高，适用于高质量的薄层涂料和木器涂料。

(2) 水性涂料 水性涂料很少用挥发性有机溶剂。干燥的水合二氧化硅消光剂不很合适，因为微米级合成二氧化硅消光剂是多孔性物质，吸水能力强。在水性涂料中会吸附作为稀释剂的水分，使涂料组分的比例发生变化，基料颗粒的稳定性变差，造成基料颗粒絮凝，从而影响涂膜连续性，使涂膜质量变差。

Grace 公司的 Syloid W 300、W 500、W 900 型消光剂是水凝胶型二氧化硅消光剂，含水量达到 55%，干燥后孔容积 1.2mL/g。外观仍然是流动性白色粉末。易于添加，润湿性强，分散容易，不吸水，无气泡产生，干燥后粒度分布不变。虽然 W 型消光剂孔容积较小，由于水性涂料在干燥时水的挥发使涂膜表面收缩，消光相对比较容易，所以对水性涂料是个较理想的消光剂。

Degussa 公司的 ACEMATT TS 100 也能用于水性涂料的消光。

(3) 卷材涂料 卷材涂料为烘干型涂料。为了降低烘干温度和缩短烘干时间，加入不同结构的磺酸（如对甲苯磺酸）作催化剂。一般合成二氧化硅消光剂的5%悬浊液pH为6～8，对磺酸催化剂有吸附作用。Grace公司的Syloid C 807、C 809就克服了这一缺点，其水悬浊液pH在3.5左右，对酸催化剂不吸附，不会影响卷材涂膜的干燥时间。除pH不同外，C 807、C 809的孔容积也由1.8mL/g上升至2.0mL/g，而且粒度分布窄，分散非常容易，消光效率高，加入量减少，对涂膜理化性能的负面影响小。

(4) 高固体分涂料　涂料固含量超过70%时，消光困难。对于高固体分醇酸涂料和聚氨酯涂料消光，粗二氧化硅消光剂最有效，且要较高用量。对于高固体分涂料消光，平均粒径达11μm，高孔容积（1.8～2.0mL/g），微米级合成二氧化硅气凝胶已商品化。

(5) UV光固化涂料　UV光固化涂料因不含挥发性有机溶剂，湿膜干燥后收缩很小，且干燥时间短。总体来说，消光困难。但反应活性低的涂料消光相对容易些，而反应活性高的涂料很难消光。

用原有的消光剂很难使其消光，经表面处理的消光剂有可能引起“稳泡”作用，影响涂膜透明度，甚至外观。Grace公司最近开发的Syloid RAD 2005和2105很好地解决了这方面的问题。这两个品种消光剂的平均粒度小（Malvern法测定为4.5～6μm），孔容积小，实际测定值只有0.9mL/g，表面处理剂（蜡）高达15%～20%，但不会引起“稳泡”，消光效率高。INEOS公司的Gasil UV 55C和UV 70C也是专门用于UV光固化涂料。Degussa公司的OK 500和OK 520也适合于UV光固化涂料。

(6) 粉末涂料　常用的消光剂有蜡型消光剂、非蜡型消光剂和消光固化剂。

蜡型消光剂是非反应性的，主要是通过与成膜物之间的混溶性等物理作用而产生消光。蜡型消光剂有聚乙烯蜡、聚丙烯蜡、聚乙烯共聚物蜡、聚丙烯共聚物蜡、改性聚氟乙烯蜡和脂肪族酰胺改性蜡等。

非蜡型消光剂如捷通达化工有限责任公司的SA 2065和SA 2066。

消光固化剂的消光原理是利用粉末涂料配方中两种不同反应活性固化剂，一种反应活性大，反应速率快，而另一种反应活性低，反应速率慢，由于反应速率差和反应产物间相容性的差别，产生微观上的粗糙表面，对光漫反射而达到消光。通过调节树脂和消光固化剂的用量，就能控制涂膜光泽，使用较方便。

六、防浮色发花剂

1. 引言

涂料的颜色多数是几种颜料拼配起来的复合色。涂料涂装后，涂膜在干燥过程中有时颜色会发生变化，造成涂膜表面颜色的缺陷，经常遇到的有以下几种：浮色（flooding）、发花（floating）、丝纹（silking）、花斑（motting）、条痕（striation）。

虽然称谓不同，但其根本原因是涂料中颜料组分的一种或几种产生沉降、絮凝，造成颜料分离，导致涂膜表面颜色发生变化。将其归纳，可分为“浮色”和“发花”。

发花，是指涂膜中颜料组分分布不均匀，呈现出条斑或蜂窝状的花纹，可以理解为颜料垂直方向的分离。

浮色，是指涂装后，涂膜中的颜料组分呈现出均匀层状分离现象，其中的一种或几种颜料以较高浓度均匀地分布在表层，上下层的颜色差距较大。可以理解为颜料水平方向的分离。

丝纹，是指浸涂或流涂后在涂膜表面呈现的条纹状的花纹。实际上也是发花的一种表现形式。

2. 浮色发花形成的原因

产生浮色发花的原因是很多的。一般认为，贝纳尔涡流、颜料粒子运动速度的差别、颜料粒子絮凝等是主要原因。但颜料组合匹配不当、添加剂运用不宜、容积不匹配、树脂拼合不合理等也会造成浮色发花。

(1) 贝纳尔涡流 涂料涂装后，涂膜表层溶剂挥发，表面温度下降，表层密度和表面张力增加，上层密度大，受重力作用向下沉。下层富含溶剂，表面张力低，受表面张力梯度作用，又推动涂料由下（表面张力低）向上（表面张力高）运动，新上来的富含溶剂的涂料表面张力比周边低，因此涂料又由中心被推向“边缘“，并在此堆积，向下沉降，形成了规整的六边形，这就是贝纳尔涡流（图 2-4-14）。

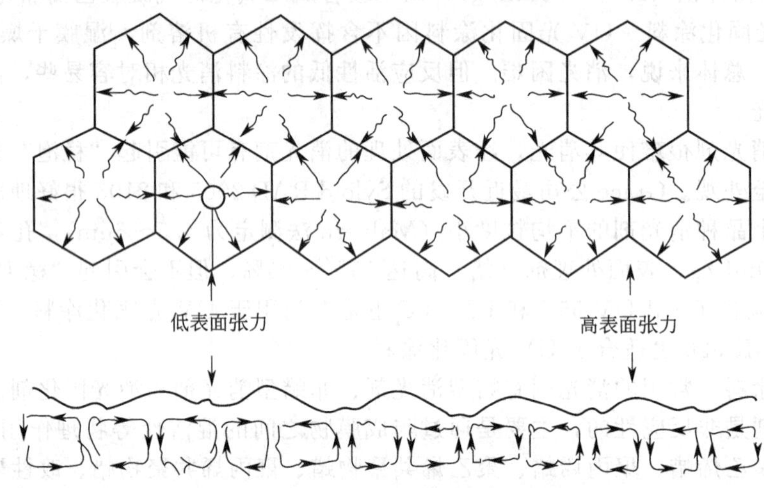

图 2-4-14 贝纳尔涡流作用原理

溶剂与其缔合的基料，携带颜料粒子一同由涡流的中心上升到涂膜的表面。但其所携带的各种颜料粒子的比率却不相同，比表面积大的，粒径小，比表面积小的，粒径大得多，这是因为小粒子运动速度快，其结果导致颜料的分级或重新分布，使一种颜料在表面呈现出较高的浓度。

由涡流中心携带颜料上升到表层的富含溶剂的涂料，因其表面张力比周边低，因此，它会向表面张力高的六边形的边缘处运动，并在此堆积，所以人们看到边缘处颜色深，并有“小丘”，这就是发花及橘皮的简单成因。

(2) 颜料粒子运动速度的差别 各种颜料粒子在分散体系中，布朗运动速度是不相同的。颜料粒子运动速度受粒径、形状、密度、絮凝度、电荷等各种因素影响。在显微镜下不同粒子的运动会看得很清楚。

Stokes 定律指出，球形颜料粒子下沉的速率主要与粒径有关：

$$v=\frac{2r^2(\rho_1-\rho_2)g}{q\eta} \tag{2-4-21}$$

式中，v 为沉降速率；ρ_1 为颜料的密度；ρ_2 为树脂基料的密度；r 为颜料粒子半径；η 为树脂基料黏度；g 为重力加速度。

该式说明粒径越大，沉降速率越快。为了计算方便，可将该式简化。Kresse 将其简化成下式：

$$v=(\rho_1-\rho_2)r^2$$

该式更便于讨论粒度对浮色发花的影响，可初步判断出某种颜料分散体系是否有浮色发花的倾向。

如醇酸树脂密度 0.92g/cm^3；TiO_2 密度 4.2g/cm^3，粒径 $r=0.25\mu m$；酞菁蓝密度

1.73g/cm^3，粒径 $r=0.05\mu m$。通过上式可以算出钛白的沉降速率大约是酞菁蓝的100倍以上，如果处理不当有浮蓝的倾向，表面颜色变深。

在制漆时钛白经常与彩色颜料组合，钛白与酞菁蓝组合经常会出现浮色发花，这是因为这两种颜料粒子的密度、粒径、运动速度都相差很大。在分散体系中，如果这两种颜料粒子都经过了良好的润湿分散，就不会出现浮色发花问题，但若对运动速度没有进行控制，有可能还会出现浮色发花现象，浮蓝的可能性大。钛白会因重力下沉。两种颜料粒子都没有经过良好的润湿分散，有可能浮蓝，也有可能浮白。若是浮白，因为酞菁蓝过度絮凝，受粒径影响，酞菁蓝下沉，钛白上浮。如两种颜料中有一种具有良好的分散润湿效果，而另外一种没有，那么浮在上边的多半是具有良好润湿分散效果的颜料粒子。

Stokes公式只说明沉降速率，但各种颜料粒子还有各自的运动特性，一般是密度低，比表面积大，粒径小的粒子运动速度快，例如，炭黑的运动速度是钛白的10000倍。一定会产生浓度差，造成浮色。而布朗运动会使分散体系均一化，但条件是颜料粒子表面必须要具备足够的能障保护，防止范德华引力而造成的絮凝。

(3) 颜料粒子絮凝 颜料混合物中若某种颜料产生过度絮凝会造成浮色发花。

实践经验证实，比表面积大、粒径小的有机颜料，比比表面积小、粒径大的无机颜料更容易产生絮凝，例如，酞菁蓝、有机红、炭黑等在与无机颜料组合的分散体系中更容易产生絮凝。絮凝的原因有很多，以下就几种主要原因做简要叙述。

① 颜料粒子的自体絮凝 颜料团粒经研磨分散后，比表面积、棱角个数及边线长度均大幅度增加。表面能也随之加大，在分散体系中的不稳定因素大大增加。没有能障保护的裸露粒子，在范德华引力作用下会很快地絮凝在一起。有机颜料的表面性质不同于无机颜料表面的特性。有机颜料表面的活性吸附基团少，树脂聚合物对其的润湿性差，加之其粒径小，运动速度快，碰撞的频率高，更容易产生絮凝。而无机颜料表面一般具有反应活性中心，容易与树脂和助溶剂的活性基团产生反应，使其锚定在颜料表面上，起到良好的润湿分散的作用。因此，在钛白复配彩色颜料的体系中，浮白或白中漂浮蓝、红、黄、黑等花斑的发花现象是常见的。

② 架桥絮凝 主要是依靠架桥剂将颜料粒子连接在一起，颜料粒子表面没有达到饱和吸附时，有剩余的活性中心，吸附在其他颜料上的聚合物分子的另一端，会通过颜料粒子上剩余中心将两个或多个颜料粒子连接起来，构成杂絮凝，如果这种絮凝是微量的，是有益的，若是严重的，则是有害的，会产生沉降、返粗、失光甚至报废等不良影响。

分散剂应用不当或者用量不足也会产生架桥絮凝。但有一种控制絮凝的分散剂，这种助剂是通过吸附在颜料粒子表面上的饱和吸附层，将一定量的颜料粒子连接起来，这种控制絮凝是有益的。还有电荷作用产生的絮凝，如果两种颜料粒子的表面所带的电荷不相同，会通过静电作用吸附到一起产生絮凝。产生电荷的原因是很多的，例如，氧化物颜料粒子在酸性或碱性介质中会带电，吸附离子型表面活性剂电离后会带电，带电的渠道是很多的。这种絮凝也可以认为是架桥絮凝。

③ 颜料和基料之间的絮凝 涂料的展色剂绝大多数是数种聚合物的混合体。一旦树脂之间极性不同，分子量不同，那么与颜料粒子的亲和性也就不同。极性大、分子量小的树脂会被颜料优先吸附（特别是无机颜料），如果颜料粒子吸附的聚合物分子量过低，能障小于范德华引力就会产生絮凝，过度絮凝就会造成浮色发花。

即使展色剂是单一的聚合物，假若分子量分布过宽，小分子量、极性大的聚合物也会优先吸附到颜料粒子的表面上，导致粒子的吸附层比较薄，没有足够厚的空间位阻作用，所以颜料粒子就会产生絮凝，在相同界面处浓集或沉淀、产生浮色发花。

④ 水性涂料中共溶剂的影响　在水性涂料中使用的有机溶剂对颜料分散的稳定性构成影响，这种影响主要取决于颜料与所用分散树脂的疏水部分相互作用的程度，这种相互作用的程度与“水/有机溶剂”之间的界面张力有关，界面张力越小，颜料吸附树脂的量就越少，这是因为树脂与有机溶剂的相互作用程度增大所致。所以当水性分散体系主要依靠树脂为颜料分散材质时，要注意选择水和所用有机溶剂之间的界面张力。以免颜料产生絮凝、分离等不良现象，造成浮色发花。

还有许多其他原因也能造成颜料絮凝，产生浮色发花现象。比如分散剂用量不够；与树脂聚合物不相容；分散剂带电与树脂电荷不相符；分散剂与分散剂之间不匹配，分散剂与其他助剂不匹配等都能造成颜料絮凝、产生浮色发花。

3. 防止浮色发花的对策

防止颜料絮凝，控制贝纳尔涡流，调整颜料粒子运动速度，注意粒子带电的一致性，就可以最大限度地防止浮色发花的产生。

(1) 防止贝纳尔涡流的产生　前面讲述贝纳尔涡流是产生浮色发花的主要原因之一，如能阻止贝纳尔涡流的形成就可以防止浮色发花的产生。

若能达到以下诸多条件，就可以防止贝纳尔涡流的产生。

溶剂溶解树脂的能力要强，溶剂的溶解度参数和氢键参数要与树脂的溶解度参数和氢键参数相同或相近。也就是说溶剂必须是树脂的真溶剂。

另外，溶剂与树脂的密度、溶剂与树脂的表面张力也要相接近。

在涂料配方中这些条件若能满足，贝纳尔涡流就不会产生。但这种匹配条件是困难的，很难得以实现，即使可以实现，成本往往也是人们所不能接受的。而加入流平剂工艺简单，成本低，是人们经常采用的控制贝纳尔涡流的有效方法。

控制贝纳尔涡流的流平剂必须具备降低涂料表面张力的能力。有机硅流平剂是人们经常使用的一种表面状态控制剂，具有较好的防止发花效果。这类流平剂通常有三种结构不同的产品，其降低表面张力的效果也各不相同。有些聚醚改性的聚硅氧烷，可以把水的表面张力降至 25mN/m 以下。

这种改性的聚硅氧烷与树脂聚合物的相容性是受限的，再加之有机硅的蠕变特性，涂装后有机硅流平剂会很快地由涂料内部迁移至涂膜表面，形成单分子膜层，降低涂膜的表面张力，使涂膜的表面张力趋于平衡，贝纳尔涡流无法把内部富含溶剂的涂料推到表面张力比较低的涂膜表面上来。贝纳尔涡流又无法把下面的颜料推上来。因此，达到了防止发花的效果。浮色与贝纳尔涡流无关，是颜料贮存稳定性的问题。所以流平剂只能防止发花，而不能防止浮色。防止浮色要靠分散剂或增稠剂等添加剂解决。

这类助剂很多，例如 Degussa 公司的 Tego Glide-410、450、Tego Flow ATF-2 等产品都有很好的防发花、增滑、防缩孔等表面控制效果。

(2) 使用润湿分散剂　使用润湿分散剂控制颜料浮色发花是一种非常有效的方法。无论是控制絮凝型的分散剂，还是解絮凝型的分散剂，应用得当，它们都会使分散体中的颜料处于稳定状态。

① 控制絮凝型分散剂　这类分散剂一般都是传统型的低分子量化合物。依靠自身把一定量的颜料粒子连接在一起，控制颜料粒子的运动性，防止颜料粒子过度絮凝，起到了防止浮色发花的目的。

特别是聚羧酸化合物类分散剂，其分子结构中含有较多羧基，通常会与含羧基的树脂聚合物有好的相容性。特别是与醇酸树脂、聚酯树脂等合成树脂涂料的相容性很好。在应用时如果配上有机硅流平剂，可以有效地控制以钛白为主，配合其他有机颜料制成的彩色涂料的浮色发花问题。

这是因为这种分散剂可以使钛白与有机颜料形成共絮凝。锚定吸附在钛白上的分散剂与吸附在有机颜料表面上的分散剂通过极性或氢键连接起来。颜料粒子以分散剂为桥形成一个网状的絮凝结构。粒子间，隔有分散剂，基本上还是处于分散状态。这种分散体系在静止状态下通常黏度有所增加，当高速剪切时分散剂之间的结合键遭到破坏，黏度下降，提高了涂料的流动性，当剪切停止时，结构重新恢复，黏度上升，起到了防止颜料沉降，控制粒子运动速度的作用。因此，对防止颜料浮色发花是相当有益的。颜料分散时添加的有机硅流平剂是颜料的润湿剂，能够降低颜料和基料之间的界面张力，有助于颜料粒子对分散剂及树脂聚合物的吸附作用。没有被颜料吸附的多余部分，还可以迁移至表面，发挥涂膜表面状态控制作用。也有防止发花的效果。

这类控制絮凝的分散剂很多，还有聚羧酸的长链胺的高分子化合物。属于电中性的。胺对有机颜料的吸附是有效的，与有机颜料表面通过氢键结合。羧基与钛白表面的碱性中心，进行酸碱吸附，形成表面盐化合物，牢牢地锚定在钛白的表面。吸附在有机颜料表面的分散剂与吸附在钛白表面的分散剂通过质子的授受形成氢键结构连接在一起。构成颜料粒子的控制絮凝，起到防止浮色发花的效果。

根据作者的经验，使用 R-820 钛白粉配上酞菁蓝，用聚羧酸化合物为分散剂，加上流平剂 Tego Glide 450，上磨混研，基本上可以控制浮色发花的现象；同样使用上面介绍的钛白配上有机黄颜料，加上聚羧酸长链胺盐类分散剂，例如 Tego、Dispers 630，再配上流平剂 Tego Glide 450，上磨混研，基本上也可以控制浅黄色或浅绿色涂料的浮色发花的现象。

② 解絮凝型分散剂 这类分散剂绝大多数是高分子聚合物型分散剂。其主要特点是分子量比较大，多数在 1 万～2.5 万之间。有锚定吸附链段，有与树脂相容的伸展链段，构成空间位阻稳定作用。目前市场上供应的产品主要有聚氨酯型和丙烯酸共聚物型两大类产品。多数是用于有机颜料的分散。锚定段通过许多锚定基牢固地吸附在有机颜料粒子的表面上。伸展基依靠伸展链段在颜料粒子的周围构成空间位阻，可使颜料粒子间的距离在 20nm 以上，处于稳定的分散状态。同时高分子聚合物分散剂能够控制颜料粒子的运动速度，使各种颜料粒子的运动速度达到平衡状态。还有学者指出，调整高分子聚合物分散剂的添加顺序，可让颜料粒子带有相同电荷，控制因电荷引起的絮凝，造成浮色发花的不良现象。

使用高分子聚合物分散剂要注意以下几点。

a. 要注意分散剂与树脂的相容性，若相容性不好，不但达不到防止浮色发花的效果，而且还会使分散体系处于不稳定状态，产生增稠、返粗、沉降等弊病。

b. 还要注意添加量，一定要使颜料表面达到饱和吸附。有机颜料按比表面积添加，比表面积越大，添加量越多，如添加量不足，还不如不加，既浪费成本，又达不到分散效果。

c. 还有一点就是要注意添加顺序，一般是先加溶剂（包括水）→分散剂→颜料（搅拌）→适量的树脂溶液（注意树脂浓度）。

高分子聚合物分散剂目前是最好的分散剂。它能够分散稳定各类颜料，彻底解决浮色发花问题。尤其对小粒径的颜料，特别是炭黑和有机颜料效果更显著；能够提高颜料的着色力、鲜艳度；不影响涂膜的光泽和透明性；在水性体系中具有优异的耐水性和耐皂化性。

(3) 采用增稠剂 使用增稠剂防止颜料浮色发花，也是常见的一种方法。在许多增稠的涂料体系中，由于黏度调整剂的应用，往往赋予涂料一种结构黏性，这种结构黏性可以控制颜料粒子的运动，能够防止沉降，减弱或消除贝纳尔涡流。所以利用增稠剂防止浮色发花也是一种有效的方法。但是要注意其对光泽和流动性等方面的影响。涂料增稠的方法还是很多的，可以使用高吸油量的颜填料，也可以利用碱性颜填料与树脂中残留的酸进行化学反应增稠。但这些方法会对涂料性能构成影响，所以在高档涂料中基本不采用，多数使用黏度调整剂来增稠。

① 在基料中膨润分散的增稠剂 这类增稠剂在树脂溶液中膨润分散，形成网状结构，赋予涂料结构黏性，使涂料变成触变流体。

主要产品有氢化蓖麻油，蓖麻油加氢成为12-羟基饱和脂肪酸的甘油三酸酯。依靠羟基在非极性溶剂中形成网状结构，起到增稠触变作用。在使用时要注意应用温度范围，以免温度过高熔融，冷却后产生结晶析出，丧失增稠效果，而且影响涂料的表观性能。

有机改性膨润土也是目前应用范围最广泛的一种产品。它是2∶1层状结构黏土，上下两层为硅氧结构四面体，中间一层是八面体，由铝或镁与6个氧原子或氢氧原子团配位。八面体中的高价带正电荷原子，被低价带正电荷原子取代。造成正电荷缺陷，负电荷过剩，提供了用有机阳离子表面活性剂改性的条件，生产出有机改性膨润土。

膨润土利用边缘的羟基或氧形成氢键结构形成网状体，赋予涂料良好的触变性。使用时注意溶剂的极性要与有机改性膨润土的极性相一致。例如，Benton 34是用于极低极性溶剂中的，Benton 38是用于中极性到极低极性溶剂中的。应用时最好先制成膨润土膏。活化时可以使用含微量水的乙醇。最好是用电中性的分散剂。

属于这类增稠剂的还有金属皂类化合物，但这类产品目前在涂料中使用很少。

② 分散性胶体构成的增稠剂 在涂料中以胶体状态分散，依靠分散胶体形成网状结构，使涂料黏度增加。当遇到高剪切速率时涂料的结构黏性破坏，黏度随之下降。

聚乙烯蜡是一种胶体分散体，是乙烯和其他单体在高压下经自由基聚合反应制得的。也可采用高分子量聚乙烯降解法生产。制造时可通过氧化处理方法引入羧基、羟基、醛基、酮基及过氧化基等极性基团。一般分子量控制在1500～3000。分子上含的极性基可以定向吸附在颜料粒子表面上，碳链伸展在漆料中。由于溶剂化作用，聚乙烯蜡与颜料粒子一起形成触变凝胶结构。起到了防沉、防浮色发花的效果。但分子结构极性和支化度不同，凝胶效果也有所差异。

聚乙烯蜡是一种非溶解性的，胶体溶胀分散体，对涂料黏度影响甚微，与其他增稠防沉剂有本质上区别，它不易受颜料和漆料的性能影响。

使用时可将其与溶剂一起加热制成糊状物添加到涂料中，也可将其直接加到色浆中与颜料一起研磨分散。

超细二氧化硅也是胶体分散体增稠防沉剂。其比表面积为150～380m^2/g。由于制造方法不同，表面所含硅醇基数量不同。硅醇基数量少的适宜作增稠剂，多的不适宜作增稠剂。原因是硅醇基多，羟基之间的距离太小，粒子上的羟基自己形成氢键结构，不能将粒子连接起来，形不成网状结构，没有增稠效果。硅醇基数量少的二氧化硅粒子之间通过羟基形成氢键结构，将粒子连接起来，形成网状结构，起到增稠防沉的作用。粒子之间的氢键结构越多，涂料的结构黏性就越大，防止浮色发花效果就越强。但会影响涂料的流动和光泽。所以对黏度要注意控制，以免影响涂料的其他性能。

二氧化硅在不同极性介质中，其触变结构效果不同。在烃、卤代烃类极低极性溶剂中，结构黏性破坏后，恢复极快，有的只要几分之一秒。在具有氢键键合倾向的极性液体中，黏度有时达数月之久才能恢复。当然这也与气相二氧化硅的浓度和分散程度有关。

使用时最好先制成母料，再将其分散到涂料中去。分散不好容易产生沉淀，在溶剂型涂料中最好使用经过表面处理的气相二氧化硅。

属于这类增稠防沉剂的产品还有焙烧型的超细的沉降碳酸钙。但应用并不广泛。综上所述，可以得出以下结论。

制造复色漆选择颜料时，要注意颜料的密度、粒子的比表面积。在条件许可的情况下最好是选用密度、粒径比较相近的颜料进行复配。如果条件不许可就要事先计算出是否会有絮凝浮色发花产生。若有这种危险性就要采取一定措施进行预防。

首先要选用恰当的分散剂，有机颜料最好选用高分子聚合物解絮凝型的分散剂。有机无机混合颜料，可选用控制絮凝的传统型分散剂，成本允许，当然最好选用高分子型分散剂。

增稠防沉剂也是人们常用的添加剂，除可以控制密度大的颜料沉降外，还可以控制贝纳尔涡流的产生及粒子的运动速度，对防止絮凝是有益的。

最后还要注意流平剂的应用。流平剂不但可以控制涂膜的表面状态，还可以防止贝纳尔涡流在涂料表面发生。是防止发花非常好的助剂。

4. 浮色发花的检测方法

浮色发花严重时用肉眼就可以看到，有时观察不到，特别是浮色，需要采用一些方法进行检测。

(1) 指擦法　制板后，待涂膜溶剂挥发至半干时，用食指在该涂膜上作划圈式研磨直至全干。如果指研区域颜色与未擦地方深浅不一，说明有浮色发花现象产生。单色漆也可以用该法检验，若指研地方颜色深，光泽高或更透明，也说明颜料产生了絮凝。若没有差别，说明颜料分散稳定性非常好。

除用肉眼观察外，还可以采用色差仪进行指擦色差试验，ΔE 值越小，表明色差越小，说明颜料分散稳定性越好。

(2) 揉摩法　实际与指擦法相似，将待查漆滴到玻璃板上，稍稍晾干后，用手指使劲揉摩湿态漆，直到粘手指状态，目的是为了破坏漆中的颜料絮凝物，待其干燥后将其与未揉摩的地方相比较，观察表面色相的差别，判断是否有浮色发花产生。

(3) 滴查法　将漆滴到玻璃板上，待其干燥后观察其表面是否有六角涡流现象。还可以查看漆滴上部和下部之间色相上的差别。

(4) 采用不同涂装方法，观察涂膜表面色相变化　喷涂、刷涂、辊涂、浸涂、淋涂各种施涂方法，涂装时的剪切应力不同，剪切速率也不同，对涂料结构黏性破坏程度不一。如制出的样板有色相差别，则可判定涂料有浮色发花现象。

七、增稠剂

水性涂料是以水为分散介质的涂料。而水的黏度很低，不能满足涂料涂装的要求。因此，生产时一般通过加增稠剂调节流变性，以满足各种要求。乳胶漆是使用面最广、使用量最多的水性涂料，下面以乳胶漆为主，介绍增稠剂。其他水性涂料可参照使用。

1. 乳胶漆对流变性的要求

乳胶漆在生产、贮存、施工和成膜过程中，都分别要求有与其相适应的流变性。

巴顿介绍，制造过程中，在高速分散机的分散盘附近，其剪切速率范围约为 1000～10000s^{-1}，而在容器顶部，剪切速率仅为 1～10s^{-1}，接近容器壁的涂料实际是静止的。乳胶漆泵送进贮槽或装灌至桶里后，剪切速率下降至 0.001～0.5s^{-1}。在施工时，蘸漆时的剪切速率估计为 15～30s^{-1}，而涂刷时的剪切速率与高速分散时差不多，约为 1000～10000s^{-1}。在施工后，乳胶漆会产生流平、流挂和渗透，这时典型的剪切速率在 100s^{-1}以下。

Jain 列出了涂料生产、贮存和施工等不同阶段的剪切速率，见表 2-4-8。对于同一阶段，不同的人介绍的剪切速率会有差别。

表 2-4-8 涂料生产、贮存和施工等不同阶段的剪切速率

工 序	剪切速率/s^{-1}	工 序	剪切速率/s^{-1}
贮存	0.001～0.01	流平和沉淀	0.01～1.0
运输	0.01～1.0	流挂	0.05～0.5
混合和搅拌	1.0～100	刷涂	10～100
泵送	1000～1500	辊涂	100～1000
分散	10000～100000	喷涂	10000～100000

为了提高生产率，得到优良的产品，人们提出了不同的流变性要求，见表 2-4-9。

表 2-4-9 乳胶漆对流变性的要求

过 程	剪切速率/s^{-1}	黏度/Pa·s	屈服值/Pa
贮存	0.1	>50	>1.0
漆刷蘸漆而不滴落	20	>2.5	>1.0
好的丰满度	10000	0.1～0.3	<0.25
流平和防止流挂	1.0	5～10	<0.25

2. 增稠剂种类及增稠特点

乳胶漆对流变性的要求，主要是通过增稠剂的使用而得到满足的。增稠剂多种多样，并具有各自的增稠特点。

(1) 纤维素醚及其衍生物

① 纤维素醚及其衍生物 目前，纤维素醚及其衍生物类增稠剂主要有羟乙基纤维素(HEC)、甲基羟乙基纤维素（MHEC)、乙基羟乙基纤维素（EHEC)、甲基羟丙基纤维素(MHPC)、甲基纤维素（MC）和黄原胶等，这些都是非离子增稠剂，同时属于非缔合型水相增稠剂。其中在乳胶漆中最常用的是 HEC。MHEC、EHEC、MHPC 具有一定的疏水性，在 ICI 黏度、抗飞溅和流平等方面，比 HEC 稍好。另外，聚阴离子纤维素（PAC）也开始在涂料中使用。

这类增稠剂的增稠机理是由于氢键使其有很高的水合作用及其大分子之间的缠绕。当其加入乳胶漆后，能立即吸收大量的水分，使其本身体积大幅度膨胀，同时高分子量的该类增稠剂互相缠绕，从而使乳胶漆黏度显著增大，产生增稠效果。

这类增稠剂的特点是：水相增稠，与乳胶漆中各组分相容性好，低剪切速率增稠效果好，对 pH 变化容忍度大，保水性好，触变性高。由于低剪切速率黏度高，触变性高，所以抗流挂性好，但流平性差，并且对涂膜光泽有影响。因为分子量较大，分子链较柔韧，高剪切速率时黏度又低，所以涂料辊涂抗飞溅性差。高剪切速率时黏度低，导致涂膜丰满度差。易受细菌侵蚀降解而使涂料黏度下降，甚至变质，因此，使用时体系中必须添加一定的防腐剂。

② 疏水改性纤维素（HMHEC） 疏水改性纤维素（HMHEC）是在纤维素亲水骨架上引入少量长链疏水烷基，从而成为缔合型增稠剂。由于进行了疏水改性，在原水相增稠的基础上又具有缔合增稠作用，能与乳液粒子、表面活性剂以及颜料等疏水组分缔合作用而增加黏度，其增稠效果可与分子量大得多的纤维素醚增稠剂品种相当。它提高了 ICI 黏度和流平性，降低了表面张力。HMHEC 使 HEC 的不足之处得到改善，可用于丝光乳胶漆中。

(2) 碱溶胀型增稠剂 碱溶胀增稠剂分为两类：非缔合型碱溶胀增稠剂（ASE）和缔合

型碱溶胀增稠剂（HASE），它们都是阴离子增稠剂。

① 非缔合型碱溶胀增稠剂　非缔合型的 ASE 是聚丙烯酸盐碱溶胀型乳液，它是由不饱和共聚单体和羧酸等共聚而成的。

ASE 增稠机理是在碱性体系中发生酸碱中和反应，树脂被溶解，羧基在静电排斥的作用下使聚合物的链伸展开，从而使体系黏度提高，达到增稠结果的。

其增稠效果受 pH 影响很大，pH 变化时，增稠效果随之变化。

② 缔合型碱溶胀增稠剂　缔合型 HASE 是疏水改性的聚丙烯酸盐碱溶胀型乳液。其骨架是由约 49%（摩尔分数）甲基丙烯酸、约 50%（摩尔分数）丙烯酸乙酯和约 1%（摩尔分数）疏水改性的大分子构成的。同时还有少量交联剂，在中和膨胀时，使聚合物保持在一起。选用甲基丙烯酸是因为其在低 pH 时能进入胶束，而丙烯酸乙酯是由于其低玻璃化温度和高亲水性而被采用。其中疏水基 R 对增稠效果等影响很大，R 可以是壬基苯等。

其增稠机理是在 ASE 的增稠基础上，加上缔合作用，即增稠剂聚合物疏水链和乳胶粒子、表面活性剂、颜料粒子等疏水部位缔合成三维网络结构，此外还有胶束作用，从而使乳胶漆体系的黏度升高。

其特点是增稠效率较高，因为本身的黏度较低，在涂料中极易分散。大多数品种有一定的触变性，也有高触变性的产品可供选择，同时也有适度的流平性，涂料辊涂抗飞溅性较好，抗菌性好，对涂膜的光泽无不良影响，价格便宜。但对 pH 敏感，即黏度随 pH 变化而变化。

由于含有大量甲基丙烯酸，所以 HASE 是电解质。这种增稠剂也有含聚氨酯和不含聚氨酯两类。

(3) 聚氨酯增稠剂和疏水改性非聚氨酯增稠剂

① 聚氨酯增稠剂　聚氨酯增稠剂简称 HEUR，是一种疏水基改性的乙氧基聚氨酯水溶性聚合物，属于非离子型缔合增稠剂。

HEUR 由疏水基、亲水链和聚氨酯基三部分组成。疏水基起缔合作用，是增稠的决定因素，通常是油基、十八烷基、十二烷苯基、壬酚基等。亲水链能提供化学稳定性和黏度稳定性，常用的是聚醚，如聚氧乙烯及其衍生物。HEUR 分子链是通过聚氨酯基来扩展的，所用聚氨酯基有 IPDI、TDI 和 HMDI 等。

缔合型增稠剂的结构特点是疏水基封端。

增稠机理是 HEUR 在乳胶漆水相中：一是分子疏水端与乳胶粒子、表面活性剂、颜料等疏水结构缔合，形成立体网状结构，这也是高剪黏度的来源；二是犹如表面活性剂，当其浓度高于临界胶束浓度时，形成胶束，中剪黏度（$1\sim100s^{-1}$）主要由其主导；三是分子亲水链与水分子以氢键起作用，从而达到增稠结果。

其特点是：由于低剪切速率黏度低，所以流平性较好，对涂料的光泽无影响。而高剪切速率黏度高，故涂膜丰满度高。分子量较低，并且高剪切速率黏度高，因此涂料辊涂施工抗飞溅性好。在这些方面一般优于碱溶胀型增稠剂。另外，抗菌性好，屈服值低。但是，配方中表面活性剂、乳液、溶剂等对其增稠效果都有很大影响。如乳液含量提高、表面张力降低和粒径减小，都会使增稠效果提高。因为疏水结构互相吸附缔合，所以体系中任一组分 HLB 值改变，增稠效果也随之改变。即对配方变动非常敏感。但配方中的水、湿润剂、钛白粉、填料和水溶性溶剂等，与缔合型增稠剂相互作用较弱，所以对黏度影响较小。

环境友好的缔合型聚氨酯增稠剂开发受到普遍重视，如不含 VOC 和 APEO 的缔合型聚氨酯增稠剂。

除了上面介绍的线型缔合型聚氨酯增稠剂外，还有梳状缔合型聚氨酯增稠剂。所谓梳状缔合型聚氨酯增稠剂是指每个增稠剂分子中间还有垂挂的疏水基。这类增稠剂有 SCT-200

和 SCT-275 等。

② 疏水改性非聚氨酯增稠剂 这类疏水基改性的乙氧基非聚氨酯水溶性聚合物，也属于非离子型缔合增稠剂，性能与 HEUR 相似。如疏水改性氨基增稠剂（hydrophobically modified ethoxylated aminoplast thickener，HEAT）、疏水改性聚醚增稠剂（HMPE）和改性聚脲增稠剂等。

(4) 无机增稠剂 目前用于乳胶漆的无机类增稠剂主要有膨润土、凹凸棒土和气相二氧化硅。

这三种无机增稠剂的共同特点是抗生物降解性好，低剪切速率增稠效果好，但辊涂抗飞溅性差。

(5) 络合型有机金属化合物类增稠剂 它的显著特点是抗流挂性、辊涂抗飞溅性、流平性等都优于纤维素醚类增稠剂。其增稠机理也是通过氢键作用。这种增稠剂对采用 HEC 保护胶体的乳液是有效的。

3. 增稠剂的选择

这里分如下几方面介绍增稠剂的选择。

(1) 增稠剂性能和比较 各种缔合型增稠剂的性能比较见表 2-4-10。

表 2-4-10 缔合型增稠剂的性能比较

性 质	HEUR	HASE	HMHEC
成本	最高	视品种而定	稍高于 HEC
抗飞溅性	优	很好	很好
流平性	优	尚好到优	好
高剪切速率黏度	很好	尚好到很好	尚好
高光泽潜力	很好	尚好到很好	尚好
抗压黏性	尚好	好到很好	好
对配方中表面活性剂和共溶剂的敏感性	很敏感	中度到很敏感	中度敏感
对 pH 的敏感性	不敏感	中度敏感	不敏感
耐水性	稍低于 HEC	低于 HEC	稍低于 HEC
耐擦洗性	很好	稍好到好	好
耐碱性	很好	不好到好	很好
抗腐蚀性	很好	不好	不详
对电解质的敏感性	不敏感	中度到很敏感	不敏感
微生物降解	无影响	无影响	可能发生

另外，Shay 等试验得出，对水分亲和性的一般次序是：酸形式的碱溶胀增稠剂＜非离子合成增稠剂（如 HEUR)＜纤维素增稠剂≈盐形式的碱溶胀增稠剂。

(2) 增稠剂和涂料其他组分的相互作用 增稠剂的选择不能仅考虑增稠剂，还要结合乳胶漆体系来选择增稠剂。尤其是采用缔合型增稠剂时，要考虑乳液、表面活性剂、成膜助剂和颜料等综合影响，因为它们之间具有交互作用。

林涛等在研究分散剂和缔合型增稠剂配合时得出，HASE 类增稠剂可将多元酸共聚物分散剂从颜料和填料表面置换出来，从而引起桥式絮凝，而 HEUR 类增稠剂在多元酸均聚物分散剂存在时会发生盐析。如 Tamol 1254 和 Tamol 850 是多元酸均聚物分散剂，Tamol

850 是甲基丙烯酸均聚物；而 Orotan 731A 是多元酸共聚物分散剂，二异丁烯和马来酸的共聚物。为了避免此类问题发生，建议将多元酸均聚物分散剂与 HASE 类增稠剂配合使用，而多元酸共聚物分散剂和 HEUR 类增稠剂配合使用。

张朝平试验得出如表 2-4-11 和表 2-4-12 的结果。HASE 类增稠剂与多元酸均聚物类分散剂配合使用最好，与亲水性（高酸含量）多元酸共聚物类分散剂搭配使用尚可，而不能与疏水性（低酸含量）多元酸共聚物类分散剂一起使用。HEUR 类增稠剂却宜与疏水性多元酸共聚物类分散剂配合使用。

表 2-4-11　HASE 类增稠剂与不同分散剂配合使用测试结果

增　稠　剂	分散剂类型	光泽度/%	贮存稳定性	对比率
三个不同公司的三个 HASE 类增稠剂	多元酸均聚物	20～30	无分层，无沉淀，黏度变化小	0.94
	亲水性多元酸共聚物	16～18	无明显分层，无沉淀	0.92
	疏水性多元酸共聚物	5～8	胶结干化	0.87

表 2-4-12　HEUR 类增稠剂与不同分散剂配合使用测试结果

增　稠　剂	分散剂类型	光泽度/%	贮存稳定性	对比率
三个不同公司的三个 HEUR 类增稠剂	小分子磷酸盐类	10～14	分层	0.78～0.85
	多元酸均聚物	19～22	分层	0.75～0.88
	亲水性多元酸共聚物	19～23	略有分层	0.88～0.90
	疏水性多元酸共聚物	21～25	无分层	0.92～0.95

Shaw 等研究了疏水改性纤维素（HMHEC）与乳胶漆组分的相互作用得出，对于颜料和填料，HMHEC 类增稠剂 Natrosol Plus Grade 330 与煅烧高岭土的缔合比钛白粉和碳酸钙都强。

对于乳液得出，在醋丙内墙平光乳胶漆中，Natrosol Plus Grade 330 的增稠效率与 HEC-250HBR 相同，而在丙烯酸内墙平光乳胶漆和外墙平光乳胶漆（不管乳液类型）中，Natrosol Plus Grade 330 的增稠效率比 HEC-250HBR 高 10%～20%。Natrosol Plus Grade 330 还提供比 HEC 更高的 ICI 黏度和较好的流平性。

对于不同 HLB 值的表面活性剂得出，表面活性剂的 HLB 值对 HEC 的增稠效率没有影响，而达 95KU 的 Natrosol Plus Grade 330 用量却随表面活性剂的 HLB 值升高而增加，ICI 黏度也有提高，见表 2-4-13。试验时表面活性剂用量为配方总量的 0.3%。

表 2-4-13　表面活性剂的 HLB 值对涂料流变性的影响

表面活性剂	HLB	HEC-250HBR			Natrosol Plus Grade 330		
		流平性	ICI	达 95KU 增稠剂用量/%	流平性	ICI	达 95KU 增稠剂用量/%
Igepal CO-430	8.8	5	0.6	0.74	7	1.0	0.80
Igepal CO-610	12.2	6	0.6	0.76	6	1.2	0.92
Igepal CO-730	15.0	6	0.7	0.77	5	1.2	0.99
Igepal CO-897	17.8	7	0.6	0.74	5	1.2	0.99

Ming-Ren Tarng 等研究了非离子表面活性剂和 HEUR 类增稠剂在无机物和有机物包膜的钛白粉上竞争吸附，得出钛白粉包膜影响分散剂的吸附量。

Mahli 等研究了表面活性剂对缔合型增稠剂溶液、增稠乳液分散体和乳胶漆的黏度影响。

Cackovich 等认为，在空间位阻稳定时，乳液吸附了乳化剂，指向水中的是亲水层，因此降低了缔合型增稠剂的增稠作用。

Kostansek 等用相图表示缔合型增稠剂、乳液和表面活性剂之间的相互作用。相图上分为桥式絮凝区（bridging flocculation region）、好分散区（good dispersion region）和空位絮凝区（depletion flocculation region）。把 HEUR 类增稠剂加入乳液中，它们就被吸附在乳胶粒上，并把乳胶粒连接起来，而产生桥式絮凝。在粒子之间，由于渗透压，未被吸附的增稠剂分子被排出，形成空位，由此而产生的絮凝称为空位絮凝。他们得出，对好分散区和絮凝区大小影响最大的是乳胶粒大小、电解质浓度以及成膜助剂的类型和浓度。在试验浓度范围内，采用聚氧乙烯类非离子表面活性剂时，如 Triton X-100，相图只有桥式絮凝区和好分散区，而没有空位絮凝区。

成膜助剂、助溶剂和缔合型增稠剂相互作用与其氢键作用参数有关。氢键作用参数大、水混溶性好的溶剂，与缔合型增稠剂的相互作用一般导致黏度下降，如丙二醇和乙二醇。氢键作用参数小、不溶于水的溶剂，一般使黏度上升，如 Texanol。

(3) 增稠剂的选择 从以上各类增稠剂的增稠机理及特性分析中，可以得到这样一个结论：任何一类增稠剂都有其特点，在涂料的增稠体系中，如果只用一种增稠剂，很难达到长久的贮存稳定性、良好的施工效果和理想的涂膜外观等的统一。通常，在涂料增稠体系中，大多数都是采用两种增稠剂搭配使用来达到较理想的效果。

纤维素增稠剂的选用原则见表 2-4-14。

表 2-4-14 纤维素增稠剂的选用原则

No.	要求性能	推荐纤维素增稠剂	No.	要求性能	推荐纤维素增稠剂
1	增稠效率	高分子量	6	流平性	低分子量
2	贮存稳定性	高分子量	7	抗流挂性	高分子量
3	防酶降解性	低分子量	8	涂刷性	高分子量
4	抗飞溅性	低分子量	9	开放时间	低分子量
5	耐洗刷性	高分子量			

结合乳胶漆的 PVC，可按如下原则选择增稠剂。

对于高 PVC 乳胶漆，由于乳液含量低，而颜料和填料用量高，为了保证贮存中不分层，其低剪切速率黏度和触变性应就高控制，因此可采用 HEC 和碱溶胀增稠剂配合，来调整黏度。PVC 越高，选用的 HEC 分子量也越大，这样配方中增稠剂的成本就可越低。

中等 PVC 和低 PVC 乳胶漆，由于乳液含量较高，可将黏度曲线不同的缔合型增稠剂配合使用，以达到贮存、施工、流平等方面较好的平衡。

也有人建议，在大多数情况下，以 HASE、HEUR 一起搭配 HEC，或者以 HASE 搭配 HEUR 来使用，均能取得满意的结果。仅以 HEC 和 HEUR 搭配使用，因为亲水亲油性差距太大，往往导致分水。

对于厚质和拉毛的涂料，可采用高触变性的纤维素增稠剂或碱溶胀增稠剂。

八、催干剂和防结皮剂

能加速涂膜氧化、聚合、干燥的有机酸金属皂称为催干剂。它主要是由具有变价功能的一些金属和其他金属与含7～22碳的一元羧酸反应而得的产物。

传统催干剂的使用形式一般是制成环烷酸、辛酸等有机酸的金属皂。其催干活性高，使用方便。在涂料生产中，将金属皂溶于有机溶剂中，配制成不同浓度的催干剂溶液使用，通称燥液。在油墨中，则将金属皂溶于油中，或与填充料轧制成膏状物使用，称为燥油。

1. 催干剂的作用机理

油基漆的成膜过程较复杂，一般认为有四个阶段：①诱导期；②过氧化物的形成；③过氧化物的分解；④聚合。这一过程虽能自发进行，但速度很慢，需几天时间。其中最慢的一步反应是过氧化物的分解。

催干剂对油基漆的氧化成膜有加速作用，但其加速机理尚不十分清楚。一般认为它有四个作用：①缩短诱导期；②加快吸氧和过氧化物的形成；③催化过氧化物分解成自由基；④促进聚合。也有人认为，钴和锰类催干剂的作用是：①加速氧的吸收；②催化过氧化物分解成自由基。而铅、锆、钙和铈类催干剂可能是通过催干剂的金属与成膜物中羧基和羟基互相作用而促进干燥。

对于催干剂加速氧化干燥的机理研究最多的是钴皂。Muller提出的机理是钴的价数的重复转换 $Co^{2+} \rightarrow Co^{3+} \rightarrow Co^{2+}$。Girard等用光谱方法证实了这一点。由数据得出，钴催干剂与酯键中的不饱和部分形成弱配位化合物，伴随着的是共轭化合键的增加。已经确认，这是决定酯吸收氧气快慢的关键。人们发现，在辛酸钴的存在下，吸收氧所需的活化能是5.44kJ/mol，而缺钴的情况下为43.10kJ/mol。这些研究进一步表明，钴对氧吸收和干燥过程有催化作用。钴皂是通过金属离子的变价而起催干作用，它通过本身的变价而催化氧的获取、质子的释放、双键的活化、酸的分解及过氧化物的分解。

一般把具有多种化合价的金属皂催干剂称为活性催干剂，它们都容易进行氧化还原反应。如钴皂以催化氧化聚合为主，铅皂以催化加聚为主。锆皂不但有一般的催干特性，而且具有配位能力，与醇酸树脂链上的极性基团如羟基形成配位键，生成更大分子的配位络合物。不但能加速干性，而且能改善涂膜性能。把一些不易变价的金属皂催干剂划分为辅助催干剂，如钙、锌等金属，它们单独使用不具有催干特性，但当与活性催干剂配合使用时，也能改进干性，其机理尚不清楚。有人提出，辅助催干剂能增强活性催干剂的溶解性。也有人认为，辅助催干剂能使活性催干剂保持在更有利的化合价，或者能降低变换化合价所需的能量。也有人提出，辅助催干剂有利于活性催干剂与漆料螯合，从而帮助干燥。

2. 催干剂的类型及其特性

催干剂有金属氧化物、金属盐、金属皂三类使用形式。金属氧化物和金属盐都是在熬漆过程中加入，形成油酸皂后才呈现催干作用。目前使用最多的还是金属皂这种形式，金属皂是有机酸与某些金属反应而成的。它的通式为RCOOMe，Me表示金属部分，RCOO表示有机酸部分。催干剂的特性决定于金属部分，而有机酸部分使金属成盐后溶解于醇酸树脂介质中，并对催干效果也有一定影响。实际使用最多的为钴、锰、锌、钙、铁；锆、铈/稀土是新型催干剂。

(1) 催干剂的阴离子部分——有机酸 有机酸的种类很多，有环烷酸、脂肪酸、2-乙基己酸（异辛酸）等，又发展了新癸酸和异壬酸。催干剂的有机酸决定金属皂在涂料中的溶解性和相容性。催干剂中有机酸虽不相同，但其呈现的催干特性基本相同，如环烷酸铅和亚油酸铅都以催底干为主，但亚麻酸皂因其溶解性差而降低其催干活性。

近年来，由于环烷酸的资源日益减少，而合成脂肪酸的化学纯度要比天然脂肪酸好得多，因而以合成羧酸皂混合物为基础的催干剂在市场上普遍供应，生产厂家常以其羧酸来命名其催干剂牌号，合成羧酸的高酸值使其金属皂具有较高的含量，黏度也低。由于其耗酸量低，成本与环烷酸皂相近。

石蜡氧化制取的合成脂肪酸，都为直链酸。其色泽较浅，价格低，但其金属皂的溶解性差。可将其 $C_6 \sim C_9$ 合成脂肪酸与环烷酸或支链脂肪酸拼用，以降低成本。

(2) 催干剂的阳离子部分——金属离子 催干剂可分为活性催干剂（或称为主催干剂）和辅助催干剂，其中活性催干剂又可分为氧化型和聚合型，见表 2-4-15。

表 2-4-15 催干剂的分类

活性催干剂	氧化型(表干型)： Co,Mn,V,Ce,Fe	钴是最活泼的氧化型催干剂,促进氧的吸收,过氧化物的形成和分解。锰、铈、铁也为氧化型催干剂,其活性比钴小得多。铈及铁为烘烤型催干剂。锰为氧化型及聚合型双功能催干剂
	聚合型(底干型)： Pb,Zr,La,Nd,Al,Bi,Ba,Sr	铅是最早用的聚合型催干剂,锆是用在不能用铅催干剂的配方中,稀土催干剂用于低温及高湿环境
辅助催干剂	辅助型(助催干型)： Ca,K,Li,Zn	钙能提高表干和底干催干剂的效果。锌能改善钴催干剂干性,防止皱皮

催干剂作用决定于其中的金属离子部分。因此涂料催干剂的用量都是以其所含的金属量来计算，各种催干剂都规定其金属离子浓度。在实际应用时，对于油基清漆是以植物油中的金属百分含量来表示，各种合成树脂涂料，则以树脂固体分中的金属百分含量来表示。

① 钴催干剂 它是催干活性最强的氧化型催干剂，因氧化作用是从涂膜表面开始，因而它使涂膜表面干燥加速，常作面催干剂。

钴催干剂一般与铅、锰、钙等催干剂配合使用，使涂层表里平衡干燥。如单独使用或用量过多，会使涂膜表面很快干结而收缩，产生皱皮和因底干不透而发软等各种涂膜缺陷。特别是其强烈的催化氧化性，促使涂膜过早老化并发脆。以钙、锌等助催干剂配合使用，可有效地调节其表面干燥速率。用量超过 0.08%则须注意，必须仔细进行试验评价。

钴催干剂也可用于热固性涂料如氨基烘漆中以提高其硬度，用量为 0.005%～0.02%，与铁、锰催干剂相比，不易变色，但硬度和坚韧性不及后者。在油墨中因涂膜极薄，故可单用钴催干剂。

钴皂与肟类抗结皮剂混用会形成金属-肟络合物而呈现红色至紫红色，各种肟产生不同的颜色，但涂膜干燥后其颜色即消失。

② 锰催干剂 锰催干性较钴催干剂弱，具有良好的底催干性能。一般与钴、铅皂配合使用。

锰催干剂在热固性涂料中使用可提高涂膜的坚韧性与硬度，其效果要比钴皂好，但色深并易泛黄，不宜用于白色漆中。其用量为 0.005%～0.02%。

锰催干剂在使用时，常会使涂膜出现一些反常现象，如皱皮、发霜等，须特别注意；特别是在铅存在下，锰催干剂的缺陷更为显著，配合钙催干剂可改善清漆发浑、色漆皱皮。

在低温时影响干性较小，在表干要求不高时，可用锰催干剂取代钴催干剂。但锰催干剂易变色，特别是在烘烤时更为严重。

锰催干剂虽能有效地催底干，但仍须与助催干剂拼用。

③ 钙催干剂 钙催干剂没有显著的催干作用，但与钴催干剂、锆催干剂配合使用，可以提高其催干效果，还可以使表干与底干平衡，消除起皱。钙催干剂对颜料有润湿和分散作用。它属于助催干剂。

④ 锌催干剂 锌催干剂为助催干剂，因它能保持涂膜有较长的开放时间，使涂膜能较彻底干燥，故在某些涂料中使涂膜具有较好的硬度。锌催干剂在很多涂料中使用，能延迟其

表干。它与环烷酸铅及钙一样，是优良的颜料润湿剂，因而在研磨阶段加入，能改进颜料的分散性，并能降低其失干性。也有报道锌催干剂能消除活性金属复合物的形成而产生的变色现象，因为先形成的锌复合物是无色的。

⑤ 铁催干剂　铁催干剂在室温时无明显的催干作用，130℃以上则具有强烈的聚合催干作用，使涂膜具有更大的硬度和坚韧性，主要用于热固性涂料。但铁催干剂颜色很深。

⑥ 钒催干剂　钒催干剂的活性很高，但由于其高价的化合态，贮存性极不稳定。并且由于其颜色深并有失干的倾向，故其应用受到了很大的限制。

⑦ 铈/稀土催干剂　稀土混合催干剂是铈、镧、钕、钇羧酸皂的混合物，其主要组分为铈羧酸皂，其催干特性与铈催干剂一致。而镧、钕、钇的羧酸皂没有明显的催干作用。因而稀土混合催干剂中的组分及含量的控制极为重要。

铈/稀土催干剂兼具表干及底干的催干性能，而且具有配位性，能促进醇酸树脂等涂料的实干。铈/稀土催干剂可取代铅、锰、锌、钙等催干剂，并且其活性比铅、锰等要高，其用量只相当于铅、锰、锌、钙等催干剂总量的40%～80%，可以降低涂料成本。

⑧ 锆催干剂　锆催干剂实际是聚合的锆氧基与合成有机酸的配位化合物，属于配位型聚合催干剂，能与连接料中的羟基或其他极性基团络合，生成更大分子量的配位络合物，锆催干剂本身成为涂膜的组成，因而具有独特的催干性。

锆催干剂对其他催干剂有较强的促催干作用，能有效地提高钴、锰皂的催干性，对铅、钙皂也有辅助作用，本身又具有类似铅皂的催底干性。由于锆催干剂的多功能性，在气干型涂料及烘干型涂料中采用锆催干剂能提高涂膜的全面性能，如硬度、光泽等。

⑨ 铅催干剂　铅催干剂为聚合型催干剂，在大多数醇酸涂料中能促进涂膜底层干燥而得到坚韧而硬的涂膜，并能提高涂膜的附着力及耐候性。但其氧化催干性低，必须与钴、锰催干剂配合使用。一般用量为钴用量的10倍，正常用量为0.5%～1%。

铅皂对颜料有润滑分散作用，颜料分较多的漆浆，在轧制前加入以降低其黏稠度，并能改善其失干倾向。铅皂具有抗腐蚀作用，在润滑油或润滑脂中使用有防老化性及抗腐蚀性。

铅皂的色泽较淡，一般为淡黄色液体，还可制得近于无色的精制品而用于白色漆中。

铅皂与醇酸树脂中游离的苯二甲酸酐形成溶解度较小的铅盐而析出，使清漆发浑。铅皂与空气中的硫化物作用而变色，因而使涂膜沾污而变暗。铝粉漆中若使用铅皂，铝粉表面的硬脂酸膜为铅皂取代而失去漂浮性，因而使铝粉漆涂膜亮度差而发灰。

铅皂有毒性，使用受到严格限制，尤其在玩具及儿童用品的涂料中严禁用铅皂作催干剂。常以铈或锆催干剂代之。

此外，还有其他催干剂，如铝催干剂、钡催干剂、铋催干剂、锂催干剂等。

催干剂是自动氧化的催化剂，它使涂料快干，但它残留在涂膜中，也可使涂膜老化降解和黄变。有人建议用^{58}Co同位素代替普通Co，由于其半衰期短，易退化掉。

3. 催干剂的选用

由于涂料体系的组分不同，对应的干燥速率要求也不同，因此，应选择不同的催干体系。

常用的催干剂是钴、锰、锌、钙等，近年来又逐步使用铈/稀土、锆催干剂。将几种催干剂配合使用，不但能使催干效力显著提高，而且使涂膜的表干及底干一致。如在醇酸滋漆中以钴、锆、钙3种催干剂配合使用，其催干性好，并能提高涂膜的性能。

影响干性的因素有温度、湿度、光线、树脂类型、溶剂、涂膜厚度、颜料等。因此，催干剂的选用应根据这些实际情况加以调整。

(1) 催干剂的推荐用量范围　催干剂的配比是以树脂固体分所需催干剂金属百分数表示。一些资料的推荐用量范围见表 2-4-16。不同树脂推荐催干剂组合见表 2-4-17。

表 2-4-16　催干剂的推荐用量范围

序号	催干剂	推荐用量(配比)/%				金属浓度/%	
		文献[1]	文献[2]	文献[2]最大用量	文献[3]	文献[1]	文献[3]
1	钙	0.05～0.2	0.2	0.4	0.05～0.1	4/6/10	3/6
2	钴	0.02～0.06	0.06	0.2	0.03～0.1	4～12	6/11
3	铅	0.5～1	0.5	1.0	0.5～2	12～36	12/18/24/32
4	锰	0.02～0.08	0.02	0.1	0.02～0.1		6/8
5	锌	0.03～0.2	0.2	0.4	0.05～0.1	6/8/16/18	6/12
6	锆	0.03～0.2	0.3	0.4	0.1～0.3	6/12/18/24	6/12
7	钡		0.2	0.4			
8	钒		0.03	0.05			
9	铋		0.3	0.5			
10	锶		0.4	0.6			
11	钾		0.03	0.08			
12	锂		0.03	0.05			
13	铈/稀土	0.2～0.5	0.2	0.6		6/8/12	

表 2-4-17　不同树脂推荐催干剂组合

序号	树　脂	主催干剂	辅催干剂
1	干性油	0.03Co 或 Mn	0.2Zr,0.1 Ca
2	中油醇酸树脂	0.04Co	0.2Zr,0.1Ca
3	长油醇酸树脂	0.05Co	0.3Zr,0.2Ca
4	环氧酯	0.03Co	0.1Ce
5	聚氨酯	0.02Co 或 Mn	0.1Zr,0.05Ca
6	含油系	0.03Co 或 Mn	0.2Zr,0.1Ca
7	聚酯	0.01Co	

(2) 铅催干剂的取代　由于铅催干剂有毒，其使用受到限制。一般用 Co-Zr-Ca 组合取代 Co-Pb-Ca 组合。取代采用如下步骤进行。

首先，用 60%的锆催干剂代替铅催干剂，如 0.3%的锆催干剂代替 0.5%的铅催干剂；其次，将钴催干剂增加 20%；接着，将钙催干剂增加 50%～100%；最后，还要考虑防失干问题。当然，计算的取代还要经实践检验。

(3) 催干剂配比筛选　一般筛选方法常以原来的配比作为对比依据，通过配漆、刷板、贮存及曝晒等方面的试验，以确定每种涂料的催干剂配比及用量。

气干型涂料的干燥速率是考核催干剂催干性能的主要指标。

对于涂料用户来说，涂膜的干燥时间短些，可使涂膜免遭尘埃沾污，并能缩短施工时间。但涂料生产厂家因使用材料的限制及施工时的温度及湿度变化，并要兼顾涂膜的其他性能，对各种类型涂料确定并考核不同的干燥时间。

一些用于筛选的试验做法如下。

① 干性 在马口铁皮上涂一道漆，测定其表干及硬干时间。

② 涂膜外观 在马口铁皮或打过底的木片上涂漆，以观察涂膜的保色性、保光性和起霜性。观察发雾和起霜，至少要继续一个月。

抗厚膜皱皮试验：在样板上称出漆的质量或是用注射器挤出一定体积的漆在小玻璃片或在马口铁样板（5cm×15cm）上涂漆样。将约 2g 漆在样板上四面倾斜使均匀散布，不使漆流出边缘。样板放在一个水平桌面上，干燥 3 天，若只在厚边缘上起皱，则可确定具有优良的抗厚膜起皱性。

③ 贮存性能 贮存一个月后重复检定一次干性及黏度。

④ 曝晒试验 在正常催干剂用量范围内，其耐候性相差不大。若钴、锰催干剂用量过多，则须进行天然曝晒试验。

综合考虑各种影响，通过各催干剂的复配和用量的筛选，得到了优化催干剂体系。

(4) 催干剂投量计算 催干剂投量=[树脂投量×树脂固含量(%)×催干剂配比(%)]÷催干剂金属浓度(%)。如某一醇酸清漆，亚油醇酸树脂投量 96kg，固含量 50%，钴催干剂配比 0.033%，锰催干剂配比 0.05%。使用的钴、锰催干剂浓度都为 2%，分别求催干剂的投量。

2%钴催干剂投量=96kg×50%×0.033%/2%=0.8kg

2%锰催干剂投量=96kg×50%×0.05%/2%=1.2kg

(5) 水性气干型涂料中的应用 传统催干剂不易分散于水性醇酸涂料的共溶剂中，可以在催干剂中加入适当的乳化剂和醇醚溶剂，如乙二醇或丙二醇醚等，制成水混溶性催干剂，然后再用于水性醇酸涂料中。阴离子（酸性部分）对催干剂的水解是否有影响尚有争议，但是现有数据显示，催干剂的水解是极轻微的，对催干剂性能的影响很小。水性气干型涂料以水为溶剂或分散介质，氧在水中的溶解度比在有机溶剂中的溶解度要小得多，水会减慢吸氧速率，延长诱导期，从而使干燥变慢。因此，催干剂用量大。传统的实干催干剂在水性气干型涂料中作用较小，可不用。

主催干剂的预配位能优化其在水性涂料中的催干性能。

4. 催干剂对生态影响和毒性

根据欧盟导则，催干剂的风险和安全分类见表 2-4-18。

表 2-4-18 催干剂的风险和安全分类

催干剂	明 示		化学文摘登录号 CAS No
钡 12.5	Xn-有害	R20/22(吸入和吞下有害) R36/38(对眼睛和皮肤有刺激) S28(与皮肤接触后，立即冲洗干净) S36/37(穿工作服和戴手套保护)	68876-86-8
钙 10	Xi-刺激	R38(对皮肤有刺激) S37(戴手套保护)	68551-41-7(碱性) 68409-80-3
铈 10	Xi-刺激	R38(对皮肤有刺激) S37(戴手套保护)	24593-34-8
钴 10	Xi-刺激	R43(皮肤接触可能过敏) R38(对皮肤有刺激) S24(避免与皮肤接触) S36/37(穿工作服和戴手套保护)	68409-81-4

续表

催干剂	明示		化学文摘登录号 CAS No
锰 10	Xi-刺激	R38(对皮肤有刺激) S37(戴手套保护)	68551-42-8
锶 10	Xi-刺激	R38(对皮肤有刺激) S37(戴手套保护)	2457-02-5
锌 12	Xi-刺激	R38(对皮肤有刺激) S37(戴手套保护)	68551-44-0
锆 6	Xn-有害	R38(对皮肤有刺激) R65(吞下可能对肺有害) S37(戴手套保护) S62(吞下不会呕吐,立即看医生并按标签明示处置)	22464-99-9
锆 12	Xn-有害	R38(对皮肤有刺激) R65(吞下可能对肺有害) S37(戴手套保护) S62(吞下不会呕吐,立即看医生并按标签明示处置)	22464-99-9
锆 18	Xi-刺激	R38(对皮肤有刺激) S37(戴手套保护)	22464-99-9
铅 36	T-有毒	R20/22(吸入和吞下有害) R33(有积聚危险) R61(也许对未出生孩子有害) R62(吞下不会呕吐,立即看医生并按标签明示处置) S36/37/39(穿工作服、戴手套和眼镜保护) S45(不舒服或紧急情况,立即看医生) S53(使用前获取专门指导)	15696-43-2(中性) 68603-83-8(碱性)
锂 2	Xi-刺激	R38(对皮肤有刺激) S37(戴手套保护)	27253-30-1
钾 10	Xi-刺激	R38(对皮肤有刺激) S37(戴手套保护)	68604-78-4
铁 6	Xi-刺激	R38(对皮肤有刺激) S37(戴手套保护)	68308-20-3
辛酸铬	Xn-有害	R22(吞下有害) R43(皮肤接触可能过敏) S24(避免与皮肤接触) S28(接触皮肤后,立即冲洗干净) S36/37(穿工作服和戴手套保护)	20195-23-7
铜	Xn-有害	R22(吞下有害)(R10 易燃) S24/25(避免与皮肤、眼睛接触) S36/37(穿工作服和戴手套保护) S46(吞下,立即看医生并按标签明示处置)	68308-19-0 或 1338-02-9
钒	Xi-刺激	R38(对皮肤有刺激) S37(戴手套保护)	68815-09-5
辛酸铋	Xi-刺激	R38(对皮肤有刺激) S37(戴手套保护)	67874-71-9
辛酸锡	Xi-刺激+N-环境风险	R36/38(对眼睛和皮肤有刺激) R52/53(对水生物有害,也许对水环境造成长期负面影响) S26(接触眼睛后,立即冲洗干净,看医生) S28(接触皮肤后,立即冲洗干净)	301-10-0
异辛酸镍	Xi-刺激	R38(对皮肤有刺激) R43(皮肤接触可能过敏) S24(避免与皮肤接触) S28(接触皮肤后,立即冲洗干净) S36/37(穿工作服和戴手套保护)	7580-31-6

根据欧盟导则 67/548 的第 21 次修订，铅催干剂是有毒的，并要在标签上标明 R61（也许对未出生孩子有害）和 Xi-刺激的。这适用于所有浓度等于和大于 0.5%的铅催干剂。

由于催干剂的金属离子不能生物降解，尤其是重金属，所以催干剂不能流入公共水域。而其合成酸组分一般是容易生物降解的。

5. 抗结皮剂

气干型涂料在使用及贮存过程中会结皮。抗结皮剂能有效地防止结皮。理想的抗结皮剂不但具有高效的抗结皮效果，而且无损害涂料性能的负面作用，如延迟干性、影响色泽及气味等。抗结皮剂有酚类及肟类两种。有些溶剂如双戊烯等具有一定的抗结皮作用，可配合酚类或肟类抗结皮剂使用。也可将几种抗结皮剂混合使用。

(1) 酚类抗结皮剂　酚类化合物都为抗氧化剂，本身易氧化而使油基漆的氧化结膜受阻以延迟其表面结膜。一般的酚类如对苯二酚与连接料的混溶性较差，而其氧化活性极强，使用时不易控制，常选择邻位、对位有取代基的酚类化合物作抗结皮剂，其氧化性较适宜，并与油基漆、醇酸漆有良好的混溶性。

酚类抗结皮剂价格较低，但对涂料的干性影响较大，用量稍不适宜，会使涂料涂刷后几天不结膜。酚类化合物易泛黄，与铁反应呈棕色，还具有一些刺激性气味，故一般的涂料不宜采用酚类抗结皮剂。酚类抗结皮剂能延迟油基漆的表干，因而使底干较彻底，适用于底漆及浸涂施工的烘干涂料，因这类涂料的干性较快，在施工过程中长期与空气接触而结皮。酚类抗结皮剂常用于油墨，因油墨的涂膜极薄，并能向纸张中渗透，因而对油墨施工后的干性影响较小。

最常用的是 2,6-二叔丁基苯酚，还有邻甲氧基苯酚和邻异丙基苯酚等。

拜耳公司生产的 Ascinin P 抗结皮剂为酚类抗结皮剂，是取代酚类在二甲苯及丁醇混合液（95∶5）中的 40%溶液。

(2) 肟类抗结皮剂　具有═C ═NOH 官能团的化合物称为肟类。常用的肟类抗结皮剂有甲乙酮肟、丁醛肟、环己酮肟和丙酮肟，其理化特性见表 2-4-19。

表 2-4-19　常用肟类抗结皮剂

肟类抗结皮剂	甲乙酮肟	丁醛肟	环己酮肟
分子结构	$H-CH_2-C(=N-OH)-CH_2-CH_2-H$	$C_3H_7-CH=NOH$	⬡=NOH
外观	清澈无色液体	清澈无色液体	浅灰红色粉末
沸点/℃	151～155	151.5～154	204
闪点/℃	52	69	112
相对密度	0.908	0.916	0.981
使用范围	醇酸漆	油基漆	低气味涂料

肟类抗结皮剂的抗结皮机理如下。

① 抗氧化作用　肟类化合物易氧化，能阻止漆的氧化聚合而成膜。

② 溶解作用　液态的肟类化合物为强溶剂，能延迟胶凝体的形成而抗结皮。

③ 络合作用　能与催干剂的金属部分形成络合物，使催干剂失去催干性而延迟其结皮。在涂装后，肟类快速挥发而使络合物分解，催干剂恢复其催干性。

肟类抗结皮剂与催干剂形成络合物的情况较复杂。在某些连接料中与钴催干剂能呈现较深的色泽，但在涂膜干结后则恢复原来色泽。抗结皮剂加入次序与呈色反应有关，在加催干剂以前加入则色深，因而抗结皮剂都在加催干剂后才加入。

在肟类抗结皮剂中，最常用的是甲乙酮肟。它抗结皮性好，用量低，无负面作用。甲乙酮肟蒸气压高，涂料涂装后，它能快速挥发，因此几乎不影响涂料的干燥。在传统醇酸漆中，其用量一般为0.1%～0.5%。另外，钴催干剂用量大，甲乙酮肟抗结皮剂用量也大。在高反应性的氧化干燥高固体分涂料中，其用量可达0.7%。

环己酮肟在使用时需先溶解于适当溶剂中，在室温较低时，易结晶析出。丁醛肟则适用于油基漆及酚醛漆中，甲乙酮肟则适用于醇酸漆及环氧酯涂料中。丙酮肟挥发比环己酮肟快，无气味，故可用于无气味涂料中。

九、防腐剂、防霉剂和防藻剂

涂料在生产和贮存中可能发生的微生物污染问题是罐中防腐问题，是细菌带来的问题，要通过加防腐剂（in can preservative）、环境净化和严格的生产管理来解决。

涂膜有亲水成分，有一定吸水性，同时含有微生物的养分，在湿热环境中，容易长霉，在有阳光的地方，还会生长藻类。因此，对涂膜来说，存在干膜防霉防藻问题，主要是通过加防霉防藻剂（dry film fungicide/algicide）来解决。

1. 防腐剂、防霉剂和防藻剂作用机理

对防腐剂、防霉剂和防藻剂作用机理的研究是揭示药剂通过何种方式和途径来影响病原菌状态和生理生化过程，这对于防腐剂、防霉剂和防藻剂的选用和合成都具有实际指导意义。

防腐剂、防霉剂和防藻剂对菌类、藻类的抑制和毒杀性能，不仅取决于其组成、结构、浓度和作用时间，还与菌类和藻类本身有关。

通常，根据作用方式和机理，防腐剂和防霉剂可分为三类。

(1) 膜活性防腐剂和防霉剂　它们能与菌类膜起作用，造成细胞内物质泄漏，导致细胞死亡。

(2) 亲电子防腐剂和防霉剂　它们与亲核细胞物（如氨基酸、蛋白质和酶）起反应，不可逆地阻止活细胞功能。

(3) 螯合型防腐剂和防霉剂　它们通过与新陈代谢起关键作用的金属离子螯合而发挥防腐和防霉作用。

防藻剂是通过阻断光合作用而达到防藻效果的。

2. 腐败和霉变的主要菌属及其最低抑制浓度MIC

据报道，导致涂料腐败的主要微生物是革兰阴性菌，尤其是大肠产氧菌属和假单胞菌属。表2-4-20是引起乳液和涂料腐败的主要菌属。表2-4-21是引起干膜霉变的主要菌属。不同地区造成腐败和霉变的主要菌属会有差异，内墙涂料霉变菌属与外墙也不一样。

表2-4-20　引起乳液和涂料腐败的主要菌属

国际生物腐败小组(涂料)		参考文献	
英文名称	菌株号 NCIMB	中文名称	英文名称
Providentia rettgeri	10842	铜绿色假单胞菌	*Pseudomonas aeruginosa*
Flavobacterium odoratum	13294	大肠杆菌	*Escherichia coli*
Enterobacter aerogenes	19192	阴沟肠杆菌	*Enterobacter cloacae*

续表

国际生物腐败小组(涂料)		参考文献	
英文名称	菌株号 NCIMB	中文名称	英文名称
Pseudomonas versicularis	13293	荚膜红假单胞菌	*Rhodopseudomonas capsulata*
Escherichia coli	12793	枯草杆菌	*Bacillus subtilis*
Alaligenes faecalis	13147	金黄色葡萄球菌	*Staphylococcus aureus*
		乳酸链球菌	*Sterephylococcus lactis*
		普通变形杆菌	*Proteus vulgaris*
NCIMB——National Collection of Industrial and Marine Bacteria, Aberdeen, UK. 即英国阿伯丁国家工业和海洋细菌收集中心		海生黄杆菌	*Flavobacterium marinum*
		黄色八叠球菌	*Sarcina flava*
		蕈状芽孢杆菌	*B. mycoiacs*
		念珠小球菌	*M. canaiaus*

表 2-4-21 引起干膜霉变的主要菌属

英 国		乳胶漆霉变的常见菌属	
中文名称	英文名称	英文名称	中译
链格孢霉	*Alternaria alternata*	*Alternaria alternata* (*Alternaria tenuis*)	链格孢霉
杂色曲霉	*Aspergillus versicolor*	*Aspergillus flavus*	黄曲霉
芽枝状枝孢菌	*Cladosporium cladosporioides*	*Aspergillus niger*	黑曲霉
球孢枝孢菌	*Cladosporium sphaerospermum*	*Aspergillus ustus*	
出芽短梗霉	*Aureobasidium pullulans*	*Aureobasidium pullulans*	出芽短梗霉
枝孢霉	*Cladosporium herbarum*	*Cladosporium herbarum*	枝孢霉
宛氏拟青霉	*Paecilomyces variot*	*Paecukimyces cariotl*	
产紫青霉	*Penicillium purpurogenum*	*Penicillium citrinum*	
茎点霉	*Phoma violacea*	*Stachybotrys chartarun*	

只有当防腐剂和防霉剂用量中其活性组分高于最低抑制浓度 MIC 时，才能达到有效的保护作用。搭配得好的活性组分具有协同作用。

一般认为，当 MIC 大于 500mg/kg 时，该防腐防霉剂对该微生物无效。

然而，不同来源的 MIC 测定数据常常存在差异，有的差异还相当大。原因是影响测试结果的因素比较多，如测试菌株、接种量、培养基、培养温度、培养时间、pH 等，而且这些因素很难恒定所致。当差异较大时，应从各方面比较判别其可靠性。

3. 常用防腐剂

现在市面上的防腐剂品种繁多，厂家牌号多得令人眼花缭乱。就其活性组分进行分析，较常用的如下。

(1) 1,2-苯并异噻唑啉-3-酮　1,2-苯并异噻唑啉-3-酮（1,2-benzisothiazolin-3-one），简称 BIT，化学文摘登录号 CAS No 2634-22-5，其结构式如下：

O
N—H
S

BIT 的优点是不释放甲醛，不含卤素，不挥发。具有热稳定性，180℃才开始轻微失重；对酸碱稳定，可在广泛的 pH 范围使用；化学稳定性好，与胺类相容。BIT 及其制剂对金属无腐蚀作用。

其缺点是，杀菌性较慢。抗菌谱中有空隙。遇强氧化还原剂时，防腐性降低。对皮肤有刺激。防霉性较差。

在使用时，由于 BIT 稳定性较好，应尽可能在打浆开始时就加入，这有利于防腐。

(2) 5-氯-2-甲基-4-异噻唑啉-3-酮/2-甲基-4 异噻唑啉-3-酮　5-氯-2-甲基-4-异噻唑啉-3-酮（化学文摘登录号 CAS No 26172-55-4）/2-甲基-4-异噻唑啉-3-酮（化学文摘登录号 CAS No 2682-20-4），英文名 5-chloro-2-methyl-4-isothiazolin-3-one/2-methyl-4-isothiazolin-3-one，简称 CMIT/MIT，其 3∶1 混合物化学文摘登录号 CAS No 55965-84-9，是一种性价比较高的常用罐内防腐剂，其结构式如下：

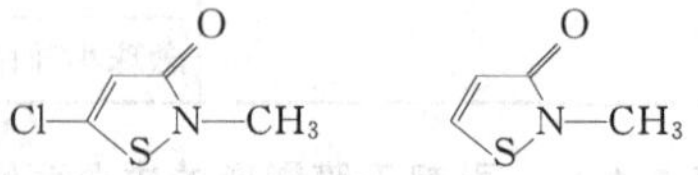

O　　　　　O
Cl—(S)N—CH_3　　(S)N—CH_3

通常，CMIT∶MIT＝3∶1。这是因为在合成过程中，分离这两种化合物的工艺非常复杂而不经济，所以该产品以混合物的形式生产和使用。

另外，防腐剂中一般还含硝酸盐和亚硝酸盐，以稳定活性组分。也有报道以铜盐或 1，6-二羟基-2,5-氧杂己烷等稳定的。

CMIT/MIT 抗菌谱广，其中 CMIT 是速效杀菌剂，其杀菌效力是 MIT 的 50～200 倍。

CMIT/MIT 的优点是，广谱杀菌，高效。不释放甲醛，不挥发，相容性好。

其缺点是，pH 大于 9.5 时，不稳定。热稳定性差，温度不宜长期高于 40℃。遇还原剂时，防腐性降低。与胺不相容，会降解。含氯，对皮肤有很强刺激。

为了避免打浆时温度高而分解，一般应在调漆后阶段加入这类防腐剂。

(3) 释放甲醛型防腐剂　众所周知，福尔马林是一种防腐剂。其实，福尔马林就是 35%～40%的甲醛水溶液。

甲醛，化学文摘登录号 CAS No 55-00-0，对各种微生物都具有高效杀灭作用，包括细菌繁殖体、芽孢、分枝杆菌、真菌和病毒，是一种常用的杀菌防腐剂。它对细菌的抑杀性能比霉菌强。

其优点是，快速广谱杀菌，高效，尤其是具有气相杀菌能力，使容器上部空间得到保护，这对于贮罐贮存和管道输送的大生产是需要的。价格适中。

其缺点是，甲醛被怀疑是第三类致癌物。热稳定性差。pH＜6 时，效率会降低。挥发并有强烈味道。

现在趋向采用释放甲醛型防腐剂（formaldehyde releaser，FR），它有甲醛的优点，而可减少甚至消除甲醛的缺点。释放甲醛型防腐剂是一种经过缩聚的羟甲基有机物，能够在一定时间内缓慢地解聚，释放出微量的甲醛，从而达到一定的杀菌和抑菌效果。

属于释放甲醛型防腐剂有 *N*-缩甲醛（*N*-formal）、*O*-缩甲醛（*O*-formal）。*N*-缩甲醛，如羟甲基脲、二羟甲基二甲基海因、三羟甲基-1-脲基间二氮杂环戊烷-2,4-二酮。*O*-缩甲醛，如苯基甲氧基甲醇、1,6-羟基-2,5-氧杂己烷。*O*-缩甲醛释放甲醛的速度高于 *N*-缩甲醛。

由于我国内墙涂料对游离甲醛含量要求比较严，释放甲醛型防腐剂在内墙中使用时应控制游离甲醛不能超标。

(4) 5-氯-2-甲基-4-异噻唑啉-3-酮/2-甲基-4-异噻唑啉-3-酮＋释放甲醛型防腐剂　在涂料工业中，不同的防腐组分可以不同的比例进行组合复配，以便优势互补，达到扩大抗菌谱、减少用量、降低成本和提高环境友好性等理想的结果，称为协同作用。5-氯-2-甲基-4-异噻唑啉-3-酮/2-甲基-4-异噻唑啉-3-酮＋释放甲醛型防腐剂，简称 CMIT/MIT＋FR，是一种很常用的组合复配方式，有协同作用。既具有容器上部空间保护，又具有高效广谱杀菌作用。而且释放甲醛型防腐剂会提高 CMIT 的稳定性。当然，涂料中甲醛含量不能超标。但并不是所有的复配都有协同作用。

(5) 1,2-苯并异噻唑啉-3-酮/2-甲基-4-异噻唑啉-3-酮　1,2-苯并异噻唑啉-3-酮/2-甲基-4-异噻唑啉-3-酮，英文名 1,2-benzisothiazolin-3-one/2-methyl-4-isothiazolin-3-one，简称 BIT/MIT，是在 1,2-苯并异噻唑啉-3-酮/2-甲基-4-异噻唑啉-3-酮（CMIT/MIT）罐内防腐剂受到环境限制后，开发出来的一种老活性组分、新复配组合的罐内防腐剂，具有协同作用。其结构式如下：

BIT/MIT 的优点是，抑菌谱比 BIT 广，也不释放甲醛，不含卤素，不挥发。稳定性较好，还原剂稳定，pH 不大于 9.5 时稳定。

其缺点是，杀菌性不如 CMIT/MIT，杀菌速率也不如 CMIT/MIT 快。

在使用时，由于 BIT/MIT 稳定性较好，热稳定性约为 80℃，可以在打浆开始时就加入，以利于防腐。用量一般为 0.2%～0.4%。

(6) 1,3,5-三(2-羟乙基)均三嗪　1,3,5-三(2-羟乙基)均三嗪［1,3,5-tris(2-hydroxyethyl)-triazine］的化学文摘登录号 CAS No 4719-04-4，其结构式如下：

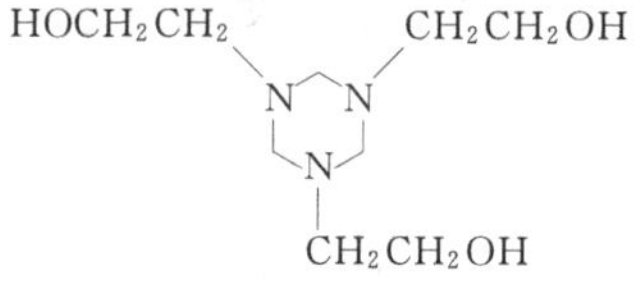

1,3,5-三(2-羟乙基)均三嗪是释放甲醛型防腐剂，对各种革兰阳性菌或阴性菌、霉菌和酵母菌都有较强的抑杀力。

(7) 其他防腐剂　防腐剂还有许多。如六氢-1,3,5-三乙基-三嗪（hexahydro-1,3,5-triethyl-triazine），化学文摘登录号 CAS No 7779-27-3。1-(3-氯烯丙基)-3,5,7-三氮杂-1-氮鎓金刚烷氯化物（chloroallyl-3,5,7-triaza-azonia-adamantane chloride），简称 CTAC，化学文摘登录号 CAS No 51229-78-8（>97%）/4080-31-3(67%)。2,2-二溴基-3-(三价)氮基丙酰胺（2,2-dibromo-3-nitrilopropionamide），简称 DBNPA，化学文摘登录号 CAS No 10222-01-2，是一个快速杀菌剂，如可用于涂料厂的循环使用废水杀菌，设备清洗等。它是 DBNPA 在水和聚乙二醇中的 20%溶液。Proxel TN 是 BIT＋FR 的复配防腐剂。BIT＋CMIT/MIT 复配的防腐剂能优势互补，性能和环境友好折中平衡。Myacide AS（Tektamer）的活性组分是 2-溴基-2-硝基-1,3-丙烷二醇（2-bromo-2-nitropropane-1,3-diol），简称 Bronopol，化学文摘登录号 CAS No 52-51-7，也会释放甲醛，这是一个既高效又安全的防腐剂，但价格较高。将其与 CMIT/MIT，或者与 1,2-二溴-2,4-二氰基丁烷组合复配，都取得了较好的结果。

4. 常用防霉防藻剂

防霉防藻剂的品种也很多，按活性组分，常用的如下。

干膜防霉防藻剂的关键是水溶性要低，否则会被水冲淋掉，影响防霉防藻时效性。当然，还有稳定性要好，包括紫外线稳定性、热稳定性和酸碱稳定性等。这样才能持久起作用。

另外，涂膜的致密性对防霉防藻时效性也有影响。亚光高 PVC 涂膜，因为孔隙大，防霉防藻剂易流失，防霉防藻时效性较短。半光中 PVC 涂膜其次。有光低 PVC 涂膜，致密性高，防霉防藻剂不易流失，防霉防藻时效性长。

(1) 苯并咪唑氨基甲酸甲酯 苯并咪唑氨基甲酸甲酯是常用的防霉剂，其英文名 carbendazim，学名 methyl-*N*-benzimidazol-2-yl-carbamate，别名多菌灵，简称 BCM，化学文摘登录号 CAS No 10605-21-7，其结构式如下：

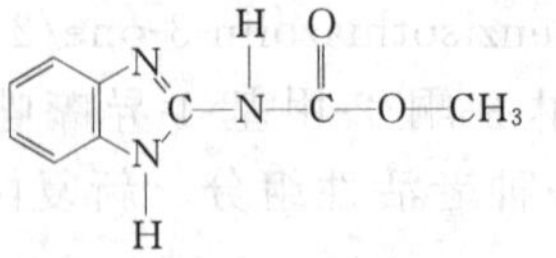

BCM 能杀死或抑制大部分霉菌生长，是一个很好的防霉剂。但在相对湿度大的情况下，对毛霉、交链孢霉和根霉等无效。对细菌和酵母菌也无效。

BCM 的优点是，水溶性低，在水中溶解度 8mg/kg，光稳定性好，热稳定性好，毒性低。

其缺点是，杀菌谱有缺陷。《欧洲危险物质导则》第 29 次技术修订将含量等于或大于 0.1%的苯并咪唑氨基甲酸甲酯防霉剂列为 2 类致变物（mutagen category 2）和 2 类重现毒性物（reprotoxic category 2)。在高 pH 时，即在养护期不够的新抹灰层上，有可能使白涂料变色。

在水性漆中，一般用量为 0.5%～1.0%。与其他防霉组分复配使用，效果更好。

(2) 2-正辛基-4-异噻唑啉-3-酮 2-正辛基-4-异噻唑啉-3-酮（2-octyl-4-isothiazolin-3-one）简称 OIT，也是一种常用的防霉剂，化学文摘登录号 CAS No 26530-20-1，其结构式如下：

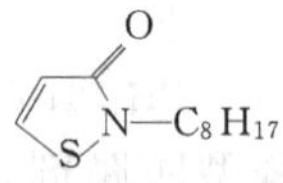

OIT 的优点是，广谱杀菌，既防霉又抗藻。稳定性好。

其缺点是，水溶性较大，在水中溶解度 480mg/kg，在涂膜中的防霉剂较易被雨水冲刷掉。对皮肤刺激性大。

(3) 3-碘-2-炔丙基丁基氨基甲酸酯 3-碘-2-炔丙基丁基氨基甲酸酯（3-iodopropargyl-*N*-butylcarbamate）简称 IPBC，是环境友好型防霉剂，化学文摘登录号 CAS No 55406-53-6，其结构式如下：

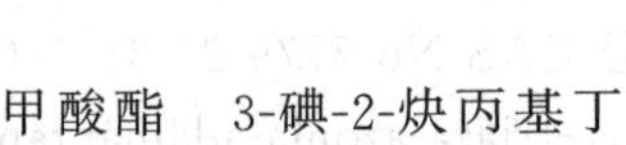

$$IC{\equiv}C{-}CH_2O{-}\overset{O}{\overset{\|}{C}}{-}NH{-}C_4H_9$$

这是用于涂料工业的唯一线型防霉剂。

IPBC 的优点是，具有均衡而高效的防霉能力，pH 稳定性好。

其缺点是，水溶性较大，在水中溶解度 190mg/kg。价格很贵，可能会造成变色。

(4) 四氯间苯二甲腈 四氯间苯二甲腈（tetrachloroisophthalonitrile）简称 TPN 或 CLT，俗名百菌清，化学文摘登录号 CAS No 1897-45-6，其结构式如下：

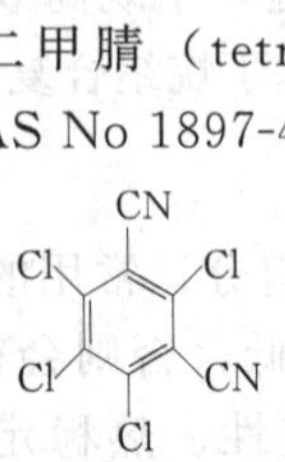

纯 TPN 是无色无味结晶体，在水中溶解度极低，约 0.5mg/kg。工业品（纯度约为

98%）为淡黄色结晶体，稍有刺激性气味。在通常情况下，对酸碱和紫外线都是稳定的，也不腐蚀容器。

TPN 的优点是，水溶性低，防霉性较好。而缺点是，抗菌谱有缺陷。它是一个含氯产品。

(5) 4,5-二氯-2-正辛基-4-异噻唑啉-3-酮　4,5-二氯-2-正辛基-4-异噻唑啉-3-酮的英文名 4,5-dichloro-2-octyl-4-isothiazolin-3-one，简称 DCOIT，化学文摘登录号 CAS No 64359-81-5，其结构式如下：

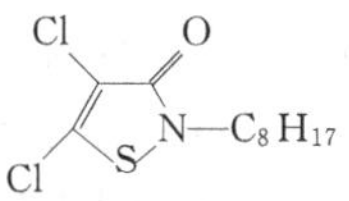

Cl　O
N—C_8H_{17}
Cl　S

4,5-二氯-2-正辛基-4-异噻唑啉-3-酮抗菌谱广。

DCOIT 的优点是，既能用于干膜防霉，又可用于罐内防腐，所试微生物的 MIC 都在 20mg/kg 以下，是广谱高效防腐防霉防藻剂。水溶性低，在水中溶解度 14mg/kg。

DCOIT 的缺点是，渗析较严重，对皮肤刺激性较大。

(6) 吡啶硫酮锌　吡啶硫酮锌是防霉防藻剂，英文名 zinc pyrithione，是锌的螯合物，简称 ZPT，化学文摘登录号 CAS No 13463-41-7，其结构式如下：

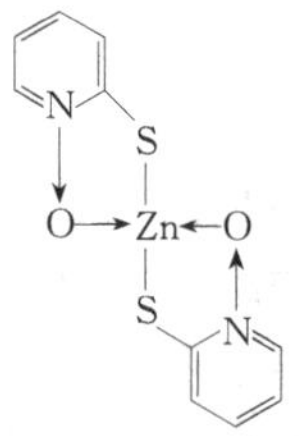

N　S
O→Zn←O
S　N

吡啶硫酮锌的优点是，抗菌谱广，毒性低，它不仅作为防霉防藻剂，而且还用在洗发剂和化妆品中，在洗发剂中用于去头皮屑。

吡啶硫酮锌既能用于干膜防霉，又可用于干膜防藻。在水中溶解度低，约 8mg/kg，在丙二醇中溶解度 200mg/kg。热稳定性好，在 100℃至少能稳定 120h。可在 pH 4.5～9.5 之间使用。

吡啶硫酮锌的缺点是，在紫外线下会逐步降解。贮存温度应在 10℃以上。当低于 1.5℃，吡啶硫酮锌会沉淀结块。

除上述防霉剂外，还有许多，如四甲基二硫化秋兰姆（thiram），俗名福美双，商品名 TMTD，化学文摘登录号 CAS No 137-26-8 等。

(7) 常用防藻剂　*N*′(3,4 二氯苯基)-*N*,*N*-二甲基脲（diuron）是一种常用的防藻剂，国内又称其为敌草隆，化学文摘登录号 CAS No 330-54-1，其结构式如下：

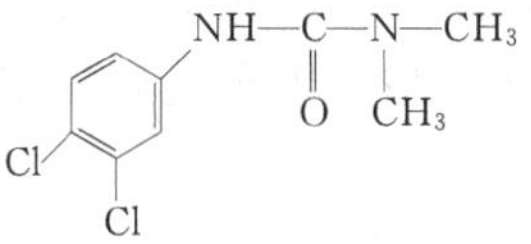

NH—C—N—CH_3
‖　|
O　CH_3
Cl
Cl

它防藻性能好，价格适中，如有防藻要求，往往需要加该组分。但它对其他作物也有同样的杀害作用，好在其水溶性低，约 32mg/kg。单组分的 *N*′-(3,4-二氯苯基)-*N*,*N*-二甲基脲产品有 Algicide D 500 和 Durashield F-500 等。

2-甲硫基-4-叔丁基氨基-6-环丙基氨基-三嗪（2-methylthio-4-tert-butyl amino-6-cyclopropylamino-s-triazine），或称 *N*-环丙基-*N*′-(1,1-二甲基乙基)-6-甲硫基-1,3,5-三嗪-2,4-二胺［*N*-cyclopropyl-*N*′-(1,1-dimethylethylene)-6-methylthio-1,3,5-triazine-2,4-diamine］，化学文摘登录号 CAS No 28159-98-0，简称 Irgarol 或 Cybutryne，及其变体 Terbutryne，都

是新开发的防藻剂，安全性好。Irgarol 或 Cybutryne 的结构式如下：

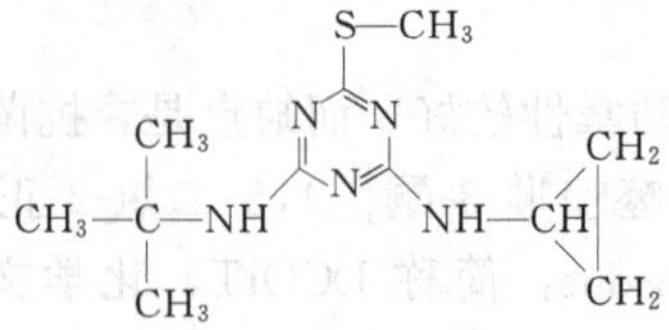

$S-CH_3$
N N
CH_3 CH_2
CH_3-C-NH N $NH-CH$
CH_3 CH_2

吡啶硫酮锌，除防霉外，还是很好的防藻剂。

(8) 复配防霉防藻剂　许多防霉防藻剂是复配的，以便能起互补和协同作用。例如，Rocima 350 是 DCOIT 和 IPBC 的复配。Rocima 361 是 BCM 与 *N*′-(3,4-二氯苯基)-*N*,*N*-二甲基脲的复配，具有防霉防藻的作用。Mycavoid DFP 和 Mycavoid DFS 是 OIT＋IPBC 与 *N*′-(3,4-二氯苯基)-*N*,*N*-二甲基脲的三组分复配。Mycavoid DFW 是 OIT＋BCM 和 *N*′-(3,4-二氯苯基)-*N*,*N*-二甲基脲的三组分复配。Mergal S 90 Paste 是 BCM＋OIT 和 2-甲硫基-4-叔丁基氨基-6-环丙基氨基-*S*-三嗪复配而成。而 Mycavoid DF3 是 OIT＋CMIT/MIT 的三组分复配，具有防腐防霉的功能等。

应注意的是，不是所有的复配都能起互补和协同作用。复配能否起互补和协同作用，关键看试验和实际使用结果。

5. 防腐剂、防霉防藻剂的选用

选择防腐剂、防霉剂和防藻剂的原则是高效、低毒、广谱、相容、稳定、持久和高性价比。首先要看防腐剂、防霉剂和防藻剂的组成，其次看其有效组分浓度，然后考虑价格。一般选择两个活性组分及其以上的复配防腐剂和防霉防藻剂。

防腐剂、防霉剂和防藻剂在涂料中的用量，应使其有效成分浓度至少等于或大于最低抑制浓度（MIC）。复配并具有协同作用的，根据复配后的 MIC 确定。

一般来说，按全配方质量计，防腐剂 0.1%～0.3%，防霉防藻剂 0.3%～1.2%。具体根据原料含菌情况，防腐剂和防霉剂中有效组分浓度，涂料所经受的温度，产品的 pH 和所含氧化还原剂情况，以及产品要求等，通过试验确定。同时还要注意所选的防腐剂和防霉剂在涂料体系中是稳定的，以保证防腐剂和防霉剂（防藻剂）持久地起作用。

据介绍，欧美 21 家公司对防腐剂试验表明，掺加 0.1%～0.2%的含 CMIT/MIT 释放甲醛型防腐剂都能达到防腐目的。

在生产中，防腐剂和防霉防藻剂通常在颜料和填料研磨分散阶段开始时就加入，以抑制或杀死水和原材料中的细菌。对于热稳定性差的防腐剂和防霉防藻剂，应在调漆后阶段加入，以防颜料和填料研磨分散时温度过高使其分解而失效。

筛选防腐防霉防藻剂时，或测定涂料防腐防霉防藻性时，往往都需进行防腐防霉防藻性试验。防霉防藻的时效性也可通过淋水和人工老化后测定防霉防藻性而得到，还可通过自然曝晒测定。

6. 防腐剂和防霉剂的发展

(1) 有机防腐剂和防霉剂的发展　有机防腐剂和防霉剂主要向不含氯、低毒高效、广谱、长效和降低挥发性有机物（VOC）方向发展。

防腐剂和防霉剂的发展受环保法规影响较大。一是对甲醛的限制；二是对含氯防腐剂和防霉剂的限制，例如，《欧洲危险物质导则》（European Dangerous Substances Directive）规定，当 5-氯-2-甲基-4-异噻唑啉-3-酮/2-甲基-4-异噻唑啉-3-酮（简称 CMIT/MIT）超过 15mg/kg 时，应贴危险品标签，因此，就有以 CMIT/MIT 和 1,2-苯并异噻唑啉-3-酮（简称

BIT）复合或 1，2-苯并异噻唑啉-3-酮/2-甲基-4-异噻唑啉-3-酮（简称 BIT/MIT）取代 CMIT/MIT 的发展趋势；三是对 VOC 的限制，促进低 VOC（甚至是零 VOC）、无气味防腐防藻剂发展。

《欧洲危险物质导则》第 29 次技术修订将含量等于或大于 0.1%的苯并咪唑氨基甲酸甲酯（carbendazim）防霉剂列为 2 类致变物（mutagen category 2）和 2 类重现毒性物（reprotoxic category 2），根据其在涂料中的含量，应明示。

(2) 无机抗菌剂的发展　除上面介绍的有机抗菌剂外，还有一类无机抗菌剂，目前也开始在涂料中应用。它抗菌谱广，抗菌期长，毒性低，不产生耐药性，耐热性好。

其中，一类是利用银、铜、锌、钛等金属及其离子的杀菌或抑菌能力制得的抗菌剂。引人注目的是无机金属离子型抗菌防霉剂。人们先后选择沸石、硅灰石、陶瓷、不溶性磷酸盐等与金属离子化学结合力较强的物质作载体，如负载银离子制备抗菌剂。

在涂料工业中，常见的无机金属氧化物抗菌剂是纳米 ZnO 和纳米 TiO_2。纳米 ZnO 和纳米 TiO_2 是一类光催化性无机抗菌剂。

纳米 TiO_2 光催化性无机抗菌剂一般采用锐钛型 TiO_2。它具有良好的抗菌、净化空气和降解有机物的作用。

十、光稳定剂

固化涂层，特别是处于户外的涂层经常遭受阳光（主要是紫外线和短波可见光）、热、潮湿、氧气、臭氧、油污、酸雾、废气中的芳香烃化合物及其他污染物的作用，可能发生涂层内部聚合物链化学转变，表现为涂层光泽度下降、褪色、发黄、粉化、变脆等。最终使涂层剥落，失去保护、装饰作用。化学键和聚合物链断裂反应是老化过程中最为常见的结构变化。老化过程还常表现为聚合物的复杂氧化反应，产生烷基过氧化氢、羟基、羰基等结构，伴随聚合物链断裂，羰基指数常作为衡量老化的指标。此外，以涂层的吸收光谱、光泽度、雾度、附着力、力学性能、热动态力学行为等指标变化来表征其抗老化性能。

有机涂层的老化过程非常复杂，可大致分为纯粹热老化、光老化及生物降解。此三种老化行为常常交织在一起，并可相互促进。一般常温环境下使用的有机涂料，光老化是主要老化形式，主要表现为聚合物的光氧化和光降解。在阳光中紫外线作用下，有机涂层中的结构基团，或吸光性添加剂和杂质，吸收光能，可能直接发生化学键断裂，也可能在氧的作用下，发生光氧化反应，最终导致聚合物链断裂，并在聚合物链上产生大量氧化基团和小分子氧化产物。常见聚合物中，只有聚四氟乙烯的光稳定性较高，绝大多数聚合物由于本身弱键、敏感基团的存在，以及催化性、光敏性杂质的存在，都存在不同程度的光老化倾向。因此，涂层的光稳定化是一项不可或缺的保护工程。

1. 光稳定剂和涂层的光稳定化

涂层光老化过程存在几个关键步骤：涂层中存在能够有效吸收阳光中紫外线的组分或结构，吸收光能后发生化学键断裂，产生自由基；光老化过程常伴随着光氧化反应，其中的单线态氧、臭氧以及基态氧的存在是该过程发生的关键；烷基过氧化氢、自由基（包括过氧自由基）是光氧化、光降解得以持续进行的重要环节。针对这些关键，通过添加不同功能助剂抑制或阻断这些步骤，将可大大缓解聚合物涂层的光老化，这种有助于提高涂层抗光老化性能的助剂称为光稳定剂。合适的光稳定剂应当满足良好相容性、低挥发性、长效性、低毒等基本特征。常见光稳定剂包括紫外线吸收剂（UVA）、自由基捕获剂（受阻胺 HALS）、激发态猝灭剂及过氧化氢分解剂，这四大类光稳定剂通过各自不同的功能在聚合物光老化的不同阶段发挥作用（图 2-4-15），抑制聚合物光老化过程，在高分子材料抗光老化领域有着举足轻重的作用。

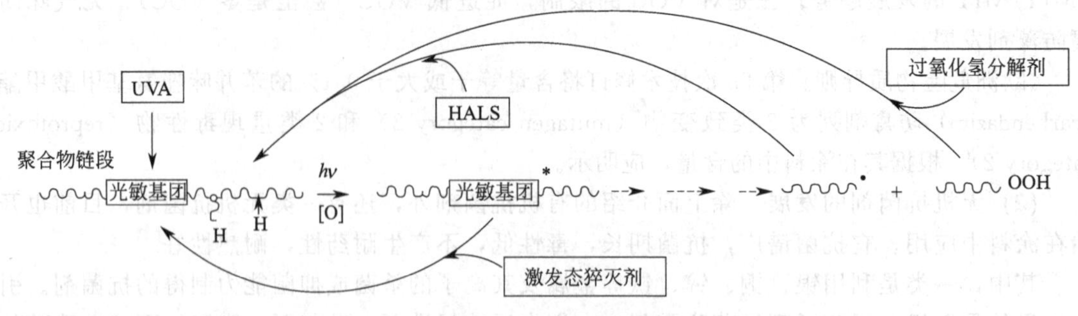

图 2-4-15 各类光稳定剂对聚合物作用示意图

(1) 紫外线吸收剂 紫外线吸收剂 UVA 的防护机理是基于吸收有害紫外线辐射，并将能量以热的形式耗散，而不致引起光敏化作用。UVA 除了本身应具有足够的吸光能力外，还应具有较高的光稳定性。否则，它将很快在非稳定性次级反应中消耗掉。常见 UVA 包括 2-羟基二苯甲酮类、苯并三唑类、羟基三芳基三嗪类等，母体分子上通常引入烷基或烷氧基以改善相容性，降低挥发和迁移。

2-羟基二苯甲酮类 UVA 的光稳定作用主要依靠 2-羟基与羰基氧原子之间的氢键，分子吸光达到激发态，羰基氧原子碱性增强，夺取羟基质子，形成不稳定的烯醇-醌式结构，再以热的形式将能量释放，烯醇-醌式结构重排回到原来的结构。作用过程如下：

苯并三唑（BTZ）类 UVA 应用范围更加广泛，母体化合物为 2-羟苯基苯并三唑，苯环上 5 位氯取代，以及 3′和 5′位烷基取代都将使吸收光谱最大波长吸收峰红移。基态 BTZ 电子结构较为复杂，可看成几种共振结构的混杂结果，存在分子内氢键，与 2-羟基二苯甲酮 UVA 的情形很相似，大致按如下方式发生光致异构化，起到吸光屏蔽保护作用。

基于羟基三苯基三嗪（HPT）的 UVA 在 280～380nm 之间有较宽紫外线吸收，作用机理也是通过三嗪环所连苯环邻位羟基与氮原子的氢键作用，经吸光、重排，化解有害紫外线。三嗪类 UVA 耐光性好，碱性弱，耐酸能力强，是涂料光稳定化理想的紫外线屏蔽助剂之一，具有比 BTZ 类 UVA 略低的吸光强度，作用期限更长，而且与 HALS 组合所获得的光稳定化效果通常高得多。在传统溶剂型涂料、粉末涂料及光固化涂料中都有广泛应用。

其他非主流 UVA 光稳定剂还有很多。涂料中添加炭黑、酞菁蓝等有色颜料也曾是较为常用的光稳定化方法，由于颜料本身强烈的吸光作用，可有效屏蔽紫外线，其光老化作用原理不仅仅是光屏蔽，还有更复杂的作用过程。

(2) 受阻胺光稳定剂 自由基捕获剂功能主要是捕捉涂层光老化时产生的自由基，包括烷基自由基、烷氧自由基、过氧自由基等，阻断这些活性种对聚合物网络的进一步氧化破坏作用。受阻胺光稳定剂（hindered amine light stabilizer，HALS）是目前聚合物材料防光老化工艺中应用最为广泛的光稳定剂。受阻胺包括哌啶系、咪唑烷酮系、氮杂环烷酮系等衍生物，其中以 2,2,6,6-四甲基哌啶及其取代衍生物系列为主。

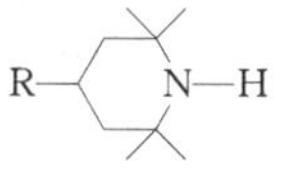

N-H 结构 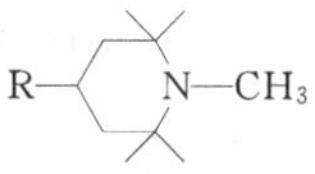　　N-甲基取代 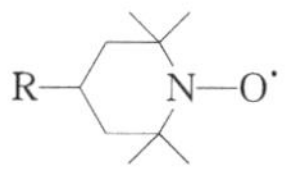　　受阻胺氮氧自由基

N-H 结构和 N-甲基取代 HALS 较为常见。四甲基哌啶结构中不存在共轭结构和生色基团，250nm 以上无吸收，其光稳定机理相当复杂。一般认为，真正对聚合物光稳定起直接作用的是受阻胺氮氧自由基，HALS 只是活性光稳定物种的前体，在光氧化条件下，N-H 和 N-甲基结构氧化为氮氧自由基，发挥自由基捕捉功能。在过氧自由基进一步作用下，氮氧自由基可自动再生，循环执行自由基捕捉功能，光稳定化功效大幅度增加。HALS 具有胺的特性，显示一定碱性，遇酸质子化，活性下降，碱性偏高的 HALS 不宜用在酸性或酸催化涂料配方中，对含卤素阻燃涂料亦然。碱性过强的 HALS 在聚酯类涂料体系中，还可能促使酯键缓慢水解，加剧涂层老化。

(3) 激发态猝灭剂　由于光老化过程必须经历光敏基团、光敏杂质的激发态，将其能量转移给猝灭剂分子，而聚合物体系中的受激基团（通常为羰基）和分子无损伤回到基态，猝灭剂分子接受能量后，再以热或冷光等形式释放能量。激发态猝灭剂主要包括镍的某些有机螯合物，通常要求使用浓度较高，因涉及能量匹配问题，适用对象具有明显选择性。

(4) 过氧化氢分解剂　烷基过氧化氢是聚合物光氧化过程中产生的一种关键中间体，如果任由其发展，将使聚合物链很快氧化分解，采用过氧化氢分解剂就可快速、有效清除该过氧化物，保护聚合物链免受进一步氧化攻击。主要包括二烷基二硫代氨基甲酸盐、二烷基二硫代磷酸盐和硫连双酚盐等含硫金属络合物等。

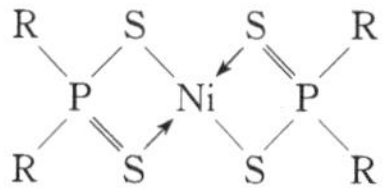

激发态猝灭剂与过氧化氢分解剂在涂层光稳定化工艺中应用相对较少。其他改进类型的光稳定剂还有很多，如反应型光稳定剂，UVA 或 HALS 中引入可聚合基团，参与涂层固化，使光稳定剂固着于涂层交联网络中，抑制迁移、挥发，提高光稳定化时效。

2. 常用光稳定剂

涂料常用紫外线吸收剂 UVA 与受阻胺光稳定剂 HALS 品种见表 2-4-22。

表 2-4-22 涂料常用紫外线吸收剂 UVA 与受阻胺光稳定剂 HALS 品种

名 称	结 构 式
Tinuvin 384-2/ Tinuvin 99-2	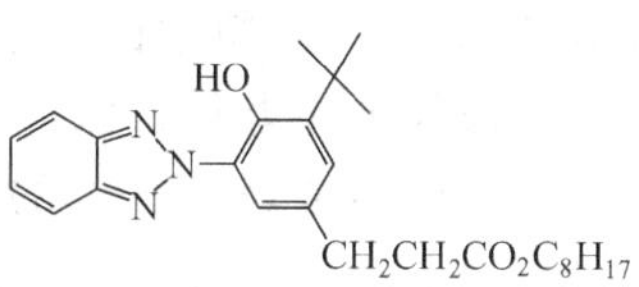 $CH_2CH_2CO_2C_8H_{17}$
Tinuvin 1130	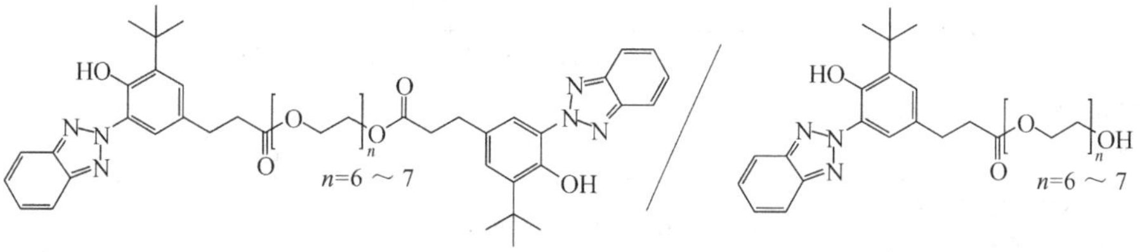 n=6～7 / n=6～7

续表

名 称	结 构 式
Tinuvin 400	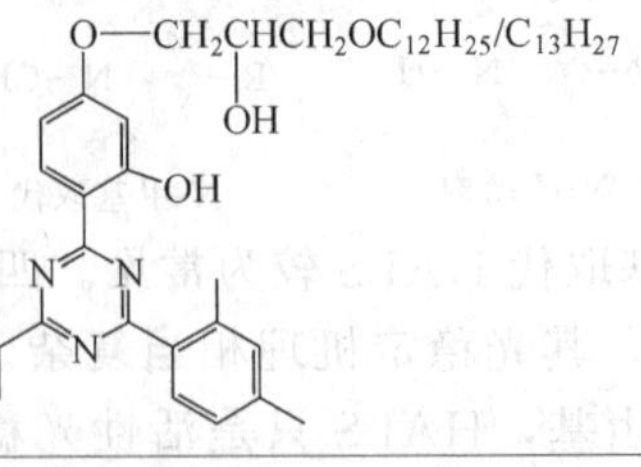 O—$CH_2CHCH_2OC_{12}H_{25}/C_{13}H_{27}$ OH OH
Tinuvin 292	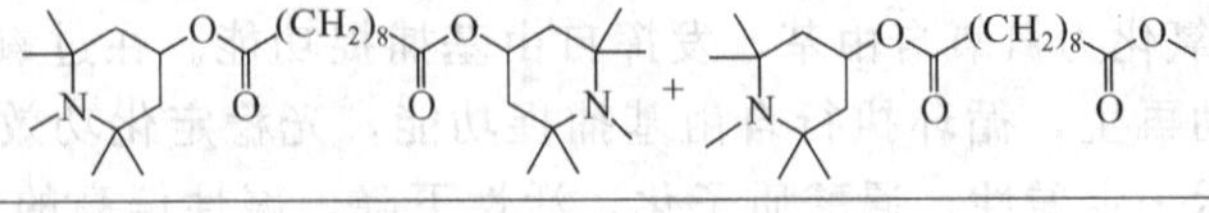 $(CH_2)_8$ + $(CH_2)_8$
Tinuvin 123	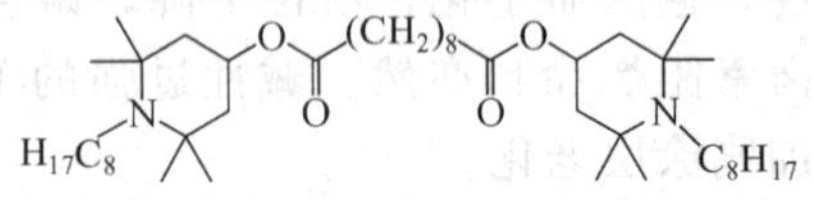 $(CH_2)_8$ $H_{17}C_8$ C_8H_{17}
Tinuvin 928	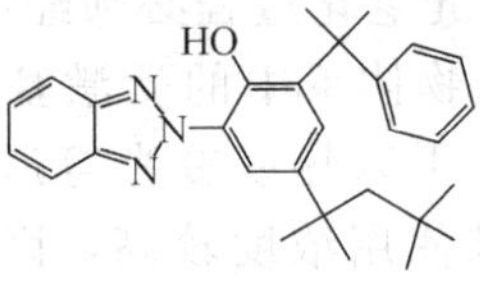 HO
Tinuvin 144	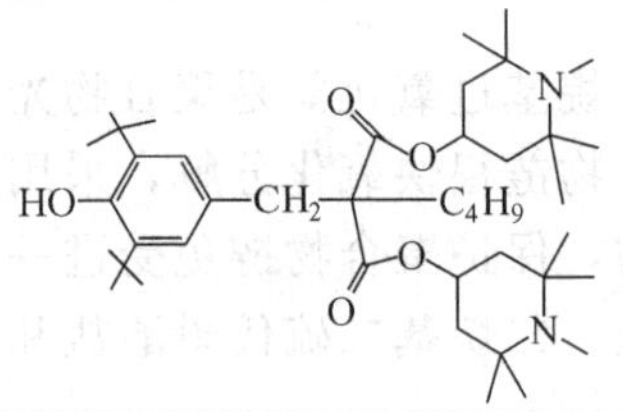 HO CH_2 C_4H_9

3. 光稳定剂的选用

各类光稳定剂作用原理不同，所针对的光老化阶段也不相同，单纯采用一类光稳定剂往往达不到理想的光稳定化效果，常需组合使用，经典工艺为UVA与HALS的组合，发挥各自特点，功能互补，相互保护，提高并延长光稳定化效能，如苯并三唑UVA（Tinuvin 234）与HALS（Tinuvin 292）组合可大幅度提高对脂肪族聚氨酯涂层的光稳定化效果。对清漆而言，UVA用量一般在1%～3%之间调整，对于较低干膜厚的涂层（小于20μm），可适当提高UVA用量，例如提高到6%。HALS用量通常为0.5%～2%（质量分数）。对于着色涂料，HALS用量一般为1%～3%，因涂料本身使用颜料，具有一定光屏蔽效应，可根据需要减免UVA。UVA与HALS在涂料中的溶解分散性非常重要，特别是在固化后涂膜内的良好分散抗聚结性能对保证其抗光老化、保护涂层具有直接意义。

常见类型涂料的光稳定化设计可参考表2-4-23的基本方案。

表2-4-23 常见涂料光稳定化设计方案

涂料类型	UVA				HALS	
	Tinuvin 99-2	Tinuvin 384	Tinuvin 1130	Tinuvin 400	Tinuvin 123	Tinuvin 292
环氧/羧基丙烯酸树脂(胺催化、金属催化)	—	—	—	推荐	推荐	—
常规热固性涂料(丙烯酸树脂、醇酸树脂、聚醚砜树脂/蜜胺)	推荐	可用	可用	可用	可用	推荐

续表

涂料类型	UVA				HALS	
	Tinuvin 99-2	Tinuvin 384	Tinuvin 1130	Tinuvin 400	Tinuvin 123	Tinuvin 292
酸催化热固性涂料(丙烯酸酯、醇酸/蜜胺)	推荐	可用	—	可用	推荐	—
低温固化双组分PU涂料(丙烯酸树脂、聚醚砜树脂/异氰酸酯)	可用	可用	推荐	可用	可用	推荐
水性涂料(丙烯酸分散系、双组分PU系)	可用	—	推荐	可用	可用	推荐
水性涂料(丙烯酸酯乳液)	推荐	可用	可用	—	推荐	可用
热塑性涂料(丙烯酸酯系、丙烯酸酯系/硝基纤维素、其他乙烯基树脂)	推荐	可用	—	—	推荐	—
氧化固化涂料(长油基醇酸、酚醛等)	推荐	可用	—	—	推荐	可用
光固化与电子束固化涂料(丙烯酸系、不饱和聚酯系)	—	可用	可用	推荐	可用	推荐

涂料涉及化学材料不同、加工工艺与固化方式不同，所选用的光稳定剂可能不一样，一般需要在推荐方案或文献基础上多次试验，确定光稳定剂品种、用量及添加方式等。

十一、成膜助剂

乳胶漆的涂膜通常是热塑性的，为了保证其性能，所以不能太软。实际上，希望乳液聚合物的玻璃化温度尽可能高，这样涂膜的性能，尤其是硬度和耐沾污性，就比较好。但事情总是两方面的，高性能的同时是乳胶漆的最低成膜温度（MFT）也比较高，就会给较低温度下施工和成膜带来问题。因此，往往要加成膜助剂，降低MFT，达到高性能与低施工温度之间的平衡。

1. 成膜助剂助成膜机理

成膜助剂的助成膜机理与自由体积紧密相关，因此，首先对自由体积做简单介绍。

(1) 自由体积 无定形材料的体积由两部分组成：一部分是被分子占据的体积，称为已占体积；另一部分是未被分子占据的体积，称为自由体积。以比容（单位质量的体积）对温度作图，结果如图2-4-16所示。阴影部分即为自由体积。

当高聚物冷却时，开始自由体积逐渐减小，到玻璃化温度T_g时，自由体积达到最小值，即为2.5%，这时高聚物进入玻璃态。但是快速冷却所得T_g值低于慢速冷却所得T_g值。在玻璃态下，自由体积被冻结，并保持恒值，分子链段运动亦被冻结。这时，没有足够的空间进行分子链扩散和构象调整。因此高聚物的玻璃态可视为等自由体积状态。

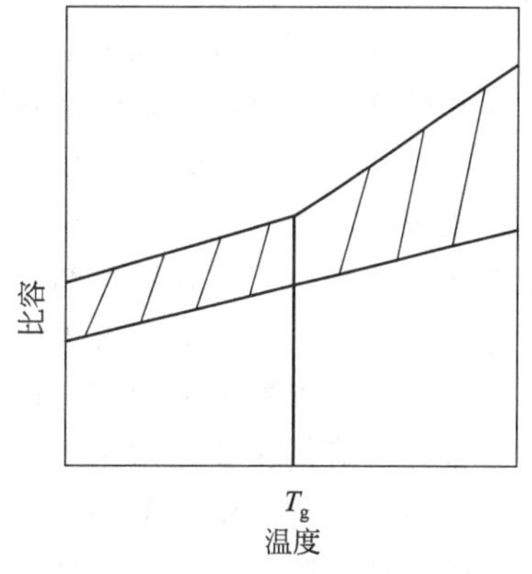

图2-4-16 自由体积

在玻璃态下，加热高聚物时，随着温度升高，分子已占体积膨胀，但自由体积没有膨胀。温度达到T_g后，两部分体积同时膨胀。高分子聚合物链段获得足够的动能和必要的自由空间，进行扩散和构象调整。因此玻璃化温度也可定义为高聚物温度膨胀（或收缩）系数改变点。

只有当温度高于T_g时，自由体积才超过2.5%，其大小取决于$T-T_g$温差和体积膨胀系数。

(2) 助成膜机理 乳胶漆的成膜是由水分挥发，乳胶粒变形和乳胶分子链段扩散缠绕而融合成连续膜。乳胶粒变形和分子链段扩散都要求乳胶聚合物体系中有大于2.5%的自由体积。这里所谓的乳胶聚合物体系，是指乳胶漆中除颜料和填料外的所有组分混合体。否则乳胶粒处于玻璃态而无法变形，乳胶分子链段和自由体积处于冻结状态而不能扩散。换言之，乳胶漆的成膜温度必须高于乳胶聚合物体系的 T_g。这里还要注意两个问题。一是在成膜过程中，乳胶聚合物体系的 T_g 是变化的，随着成膜助剂和水的挥发，乳胶聚合物体系的 T_g 会升高。二是实际上，由于颜料和填料的影响，乳胶漆的最低成膜温度还会高于乳胶聚合物体系的 T_g。也就是说，随着颜料和填料的加入，成膜难度会提高。乳胶漆的最低成膜温度是指乳胶漆形成不开裂的连续涂膜的最低温度。它不同于乳胶漆用乳液的最低成膜温度，在有颜料和填料的乳胶漆中，它高于乳胶漆用乳液的最低成膜温度。

可见，成膜助剂的助成膜机理就是在成膜过程中提供足够的自由体积，以使乳胶粒变形和乳胶分子链段扩散、缠绕而融合成连续膜。

2. 成膜助剂的要求

实际上，成膜助剂是高沸点、低 T_g 值、特慢挥发的极性溶剂。

(1) 高助成膜性 成膜助剂要求具有高助成膜性。一个聚合物，因其组成和结构不同而有其特征的 T_g 值。这个聚合物乳液还有一个相应于其 T_g 值的 MFT 值。如果在这个乳液中添加了成膜助剂，有效的成膜助剂一定是乳液聚合物的良好溶剂。因此，溶解度参数对理解、判别和选择成膜助剂具有指导意义。乳液聚合物的溶解度参数与成膜助剂的溶解度参数相同或相近时，成膜助剂才能具有较好的助成膜性。在乳胶漆中，处于聚合物粒子和水界面上的成膜助剂，因溶解作用而使乳胶粒子表面有所软化，从而使粒子变形容易，并在较小作用力下就能紧密靠拢。又因成膜助剂是低 T_g 的，在施工温度下，能提供较多的自由体积，使聚合物分子链互相扩散，融合而成膜。这就是说，一个 T_g 值较高的聚合物在使用了成膜助剂的情况下，就可以在较低的温度下成膜。从而使较高的涂膜性能和较低的施工温度得到统一。同时，人们要求成膜助剂能有效地降低体系的 MFT，即用量尽量低。

(2) 低挥发速率 成膜助剂要特慢挥发。在成膜前，成膜助剂不能挥发掉，所以要求其比水挥发慢得多。一旦成膜后，成膜助剂完成了它们的使命，就要挥发掉。有人认为，成膜助剂存留 100h 左右是比较合适的。实际上，成膜是一个较长的过程，成膜助剂存留可能要长得多，如 4 周左右。此外，实际成膜时间长短与 $T-T_g$ 温差及相对湿度等有关。

(3) 低分配系数 成膜助剂在水中的溶解度要很低，也就是说，要亲树脂乳液，这决定了成膜助剂在乳胶漆体系中处在乳胶粒表面，能发挥最大助成膜的作用。成膜助剂在水相中的浓度 C_w 和其在乳胶粒中的浓度 C_p 之比称为分配系数 D，即 $D=C_w/C_p$。

成膜助剂的分配系数要小，才有明显的助成膜效果。乙二醇、丙二醇等分配系数大，不能作成膜助剂，而只是助溶剂。烃类溶剂分配系数太小，成膜助剂不是处在乳胶粒表面，而是进入乳胶粒中，助成膜效果也不好。

氢键作用参数是表示溶剂通过氢键和水相作用的能力。它强烈地影响分配系数。氢键作用参数高的溶剂主要在水相中，即分配系数大，而氢键作用参数低的溶剂主要在乳液聚合物和水界面上，即分配系数小。因此，低氢键作用参数的成膜助剂助成膜效果好。

同一种成膜助剂，由于乳液的组成和结构不同，其分配系数也不同。

(4) 其他 成膜助剂还应有好的水解稳定性，和乳液相容性好，尽量无其他负面作用，低冰点，环保和低气味，最好是无气味。

3. 成膜助剂的组成和结构

因为材料的性能是由其组成和结构决定的，成膜助剂也一样。

常用的成膜助剂有 Texanol、Lusolvan FBH、Coasol、DBE-IB、DPnB、Dowanol PPh、醇酯 12 等，而 Texanol 是最常用的，也常被作为比较基准。

Alahapperuma 和 Glass 认为，已知某些成膜助剂是混合物，很可能所有商品成膜助剂都不是单组分的，而是混合物。

Texanol 化学名为 2,2,4-三甲基-1,3-戊二醇单异丁酸酯，是 Eastman 公司的产品，其结构式如下：

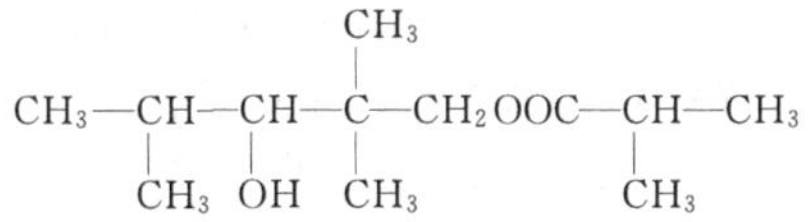

$$\begin{array}{c} \qquad\qquad\qquad\quad CH_3 \\ \qquad\qquad\qquad\quad | \\ CH_3-CH-CH-C-CH_2OOC-CH-CH_3 \\ \quad | \qquad | \qquad | \qquad\qquad\qquad | \\ \quad CH_3 \; OH \; CH_3 \qquad\qquad CH_3 \end{array}$$

Lusolvan FBH、Coasol 和 DBE-IB 都是丁二酸二异丁酯、戊二酸二异丁酯和己二酸二异丁酯的混合物，其结构式如下：

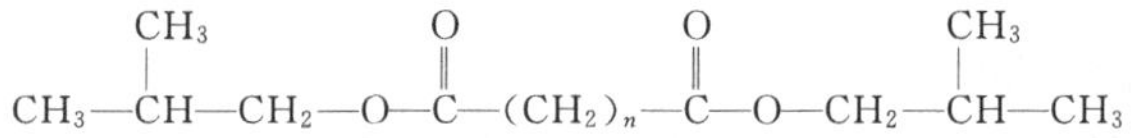

$$\begin{array}{c} \quad CH_3 \qquad\qquad\qquad O \qquad\qquad\quad O \qquad\qquad\quad CH_3 \\ \quad | \qquad\qquad\qquad\quad \| \qquad\qquad\quad \| \qquad\qquad\quad | \\ CH_3-CH-CH_2-O-C-(CH_2)_n-C-O-CH_2-CH-CH_3 \end{array}$$

$$n=2,3,4$$

Lusolvan FBH 是 BASF 公司的产品。Coasol 是英国 Chemoxy 公司的产品，丁二酸二异丁酯 15%～25%、戊二酸二异丁酯 55%～65%、己二酸二异丁酯 12%～23%的混合物。DBE-IB 是美国 Du Pont 公司的产品，丁二酸二异丁酯 15%、戊二酸二异丁酯 58%、己二酸二异丁酯 27%的混合物。

DPnB 是二丙二醇丁醚，是 Dow Chemical 公司的产品，其结构式如下：

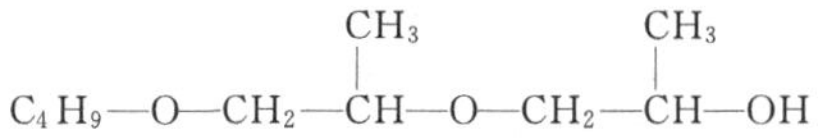

$$\begin{array}{c} \qquad\qquad\qquad CH_3 \qquad\qquad\qquad CH_3 \\ \qquad\qquad\qquad | \qquad\qquad\qquad\quad | \\ C_4H_9-O-CH_2-CH-O-CH_2-CH-OH \end{array}$$

Dowanol PPh 是丙二醇苯醚，也是 Dow Chemical 公司的产品，其结构式如下：

$$\begin{array}{c} \qquad\qquad\qquad\qquad OH \\ \qquad\qquad\qquad\qquad | \\ C_6H_5-O-CH_2-CH-CH_3 \end{array}$$

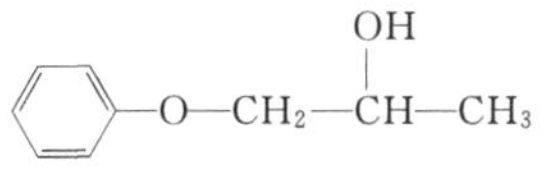

成膜助剂的结构特点见表 2-4-24。

表 2-4-24　成膜助剂的结构特点

成膜助剂	Texanol	Lusolvan FBH、Coasol 和 DBE-IB	DPnB	Dowanol PPh
结构特点	1 个羟基、1 个酯键	2 个酯键	1 个羟基、2 个醚键	1 个羟基、1 个醚键
碳原子数/个	12	12,13,14	10	9
分子量	216	230,244,258	190	152

4. 成膜助剂的分类

成膜助剂可按其在体系中所处的位置进行分类，见表 2-4-25。

经验表明，AB 型成膜助剂是目前使用中较有效的成膜助剂。

其实，乳胶粒表面吸附着乳化剂，AB 型成膜助剂是处在乳液聚合物和乳化剂之间，还是和乳化剂交错吸附在乳液聚合物上，或是其他方式，未见报道。

甲基吡咯烷酮（NMP）可作为聚氨酯涂料的成膜助剂。可再分散乳胶粉涂料的成膜助剂一般是固体，或将其吸附在填料上。

表 2-4-25 成膜助剂分类

类型	在体系中所处位置	物质类别	实例	说明
A 型	在乳液聚合物中	烃类	石油醚	
AB 型	在乳液聚合物和水的界面上	双酯类	DBE 二甲基酯 DBE 二异丁基酯 二异丁基己二酸酯 二异丙基己二酸酯 二丁基邻二甲酸酯	Estasol、Du Pont DBE 类 Coasol、Lusolvan、DBE-IB Chemoxy 新产品
		醇酯类	双醇单酯	Texanol
ABC 型	在聚合物颗粒间、边界上和水中	乙二醇酯与乙二醇酯醚	PnBS(原文可能有误) 2-丁氧基乙醇 MPG 双醚	Dow 产品 BASF 与其他公司 Proglides 与 Glymes
C 型	在水中	乙二醇	二乙二醇 二丙二醇 三乙二醇	

5. 成膜助剂的性能比较

对成膜助剂的各种性能进行比较，如性能参数、降低乳液 MFT 和相容性等。

(1) 成膜助剂性能参数 成膜助剂的性能参数见表 2-4-26。

表 2-4-26 成膜助剂的性能参数

性能参数		Texanol	DBE-IB	Coasol	Lusolvan FBH	DPnB	Dowanol PPh
闪点/℃		120	131	131	131	100	120
沸点/℃		255	271	274	>260	230	243
20℃蒸气压/Pa		1	0.1	0.4	1	0.04	0.01
水中溶解度/%		<1	<1	0.1	不溶	4.5	1.0
20℃密度/(g/cm³)		0.95	0.96	0.96	0.96	0.91	1.06
20℃黏度/mPa·s		13.5	21	5.3(25℃)	7(23℃)	4.9	24.5
比挥发速率(乙酸正丁酯为 100)		0.2	0.12	<1		0.6	0.2
汉森溶解度参数/MPa$^{1/2}$	δ_h	9.8	7.4			8.7	11.3
	δ_p	6.1	2.0			2.5	5.7
	δ_d	15.8	16.2			14.8	18.7

由表 2-4-26 可以看出，DPnB、Dowanol PPh 在水中的溶解度较大。

(2) 成膜助剂降低 MFT 成膜助剂的用量主要取决于乳液聚合物的最低成膜温度和成膜助剂的效能。降低乳液聚合物最低成膜温度是成膜助剂的重要指标。

表 2-4-27 是不同的乳液、采用不同量的 Texanol 所能达到的最低成膜温度。

表 2-4-27 不同用量的 Texanol 所能达到的最低成膜温度

以乳液固体量为基准的 Texanol 用量/%	纯丙 Rhoplex HG-74 /℃	苯丙 Acronal 296 D /℃	纯丙 Rhoplex AC-2507 /℃	醋丙 Flexbond 325 /℃
0	16	12	14	12
2	14	9	6	7
4	11	4	2	4
6	7	0	<0	1
8	4	<0	<0	<0

Texanol 和 DBE-IB 对不同乳液 MFT 的下降能力比较见表 2-4-28。

表 2-4-28 Texanol 和 DBE-IB 对不同乳液 MFT 的下降能力比较

乳液	内墙纯丙半光		外墙醋丙半光		外墙纯丙	
成膜助剂	DBE-IB	Texanol	DBE-IB	Texanol	DBE-IB	Texanol
成膜助剂用量/%	2.2	2.2	3.5	3.5	1.7	1.7
MFT/℃	−9.1	−6.2	−15.1	−13.3	−16.2	−16.2

由表 2-4-28 可以看出，与 Texanol 相比，DBE-IB 降低 MFT 的能力较强。

伊斯曼欧洲技术中心——Kirkby 实验室为了降低 Texanol 的气味，试验采用 TXIB (2,2,4 三甲基-1,3-戊二醇单异丁酸二酯) 和 TXIB∶Texanol＝1∶1 的混合成膜助剂。该试验以 Lusolvan FBH 和 Texanol 为比较基准，共采用九种不同乳液，分别从降低 MFT、光泽、低温颜色变化和耐洗刷性四个方面进行评价，降低乳液 MFT 的结果见表 2-4-29。

表 2-4-29 降低乳液 MFT 的比较

乳 液	类 型	生产企业	Lusolvan FBH	Texanol	TXIB∶Texanol＝1∶1	TXIB
Primal AC265	纯丙	Rohm & Haas	2	1	4	3
Acronal 296D	苯丙	BASF	1	4	3	2
Viking 5455	苯丙	Viking	1	2	3	3
Emultex VV563		Harlow	3	3	3	4
Emultex VV573		Harlow	1	2	3	4
Emultex VV574		Harlow	1	2	3	4
Vinamul 3650	醋酸乙烯-氯乙烯-乙烯-丙烯酸	Vinamul	1	2	3	4
Vinamul 3469	醋酸乙烯-氯乙烯-乙烯	Vinamul	2	1	3	4
Vinamul 7172		Vinamul	1	3	2	2

注：1 表示最好；2 表示好；3 表示中；4 表示差。

由表 2-4-29 可以看出，总体来说，这四种成膜助剂降低乳液聚合物 MFT 由强至弱的次序是 Lusolvan FBH、Texanol、TXIB 和 Texanol 混合物、TXIB。

对光泽、低温颜色变化和耐洗刷性主要与成膜性有关，四种成膜助剂相差不大。

表 2-4-30 是对于不同乳液聚合物，达到最低成膜温度为 0℃时，不同成膜助剂的用量。

表 2-4-30 达到最低成膜温度为 0℃ 时的成膜助剂用量 单位：%

乳液	固含量	Texanol	苯甲醇 BA	乙二醇丁醚 EB	丙二醇苯醚 PPh
6512 苯丙	49～51	6	4	11	7
B-96 苯丙	47～49	9	6	N	6
3518 醋丙	57～59	5	N	N	4
3501 叔醋	55～57	5	N	N	6

注：N 表示相容性不好，未测。

对于苯丙乳液，苯甲醇的用量比 Texanol 低，可能是因为相似相溶原理，苯甲醇能在最大限度上软化苯丙乳液粒子，使之以较少的用量将乳液的最低成膜温度降至 0℃。但苯甲醇毒性较大，与其他类型乳液相容性较差。乙二醇丁醚溶于水，且挥发速率高，所以用量大，助成膜效果差。丙二醇苯醚试验结果还是不错的。

表 2-4-31 是 Texanol、二丙二醇醚和二乙二醇二乙醚降低有机硅-苯丙乳液 MFT 的情况。

表 2-4-31 不同成膜助剂降低有机硅-苯丙乳液 MFT 单位：℃

成膜助剂用量/%	0	2	4	6	8	10
Texanol	20.4	13.2	8.5	7.6	3.5	−1.2
二丙二醇醚	20.4	13.1	7.3	4.2	0.3	−1.6
二乙二醇二乙醚	20.4	11.9	7.6	3.7	0	−3.5

对该试验中有机硅-苯丙乳液，三者中，二乙二醇二乙醚降低 MFT 最有效。

(3) 成膜助剂和乳液的相容性 成膜助剂和乳液的相容性是配方中必须考虑的问题之一，表 2-4-32 是几种成膜助剂对一些乳液的试验结果，此结果仅供选用时参考。

表 2-4-32 成膜助剂和乳液的相容性

乳 液	Texanol	苯甲醇 BA	乙二醇丁醚 EB	丙二醇苯醚 PPh
AC-261 纯丙	正常	絮凝	絮凝	絮凝
1118 纯丙	正常	絮凝	絮凝	絮凝
6512 苯丙	正常	正常	正常	正常
B-96 苯丙	正常	正常	絮凝	正常
3518 醋丙	正常	絮凝	絮凝	正常
3501 叔醋	正常	絮凝	絮凝	正常

从表 2-4-32 可以看出，Texanol 与不同类型乳液的相容性都很好，且添加方便。丙二醇苯醚和纯丙乳液会产生絮凝。苯甲醇只与苯丙乳液相容。而乙二醇丁醚仅与长兴 6512 苯丙乳液相容。

(4) 成膜助剂的负面作用 Schwartz 等认为，成膜助剂能降低 MFT 和提高耐洗刷性，但也会影响涂膜硬度的发展和整个使用期的表面黏性，亦即影响涂膜的耐沾污性。

通常，随着成膜助剂的加入，会降低乳液和乳胶漆的稳定性，这一点在成膜助剂和乳液的相容性介绍中已看得很清楚，尤其快速加入时，有的甚至会造成乳液破乳。

通常成膜助剂是 VOC，对环境友好不利，选用时要注意所在国家或地区对 VOC 的有关规定。

成膜助剂对缔合型增稠剂的增稠作用会有影响。因此使增稠系统调整较复杂。

6. 成膜助剂的使用

(1) 成膜助剂的用量 成膜助剂的用量主要应根据乳液的 MFT、乳胶漆的 MFT 和成膜助剂的助成膜效能，通过试验确定。

一般都认为，成膜助剂的用量按配方中乳液量考虑。其实不完全如此。低 PVC 时，应少于按配方中乳液量得到的结果。高 PVC 时，应多于按配方中乳液量而求到的数值。实际使用经验表明，确定成膜助剂用量的较方便方法是，根据乳液和乳胶漆的 MFT 高低，以及成膜助剂的助成膜效能，按配方总量来计算。因为随着 PVC 的提高，尽管乳液量减少，但体系颜料和填料增加，一方面成膜困难加大，另一方面颜料和填料黏附成膜助剂量也会增大，成膜助剂效能降低，所以需要更多的成膜助剂。

确定成膜助剂用量时，不仅要考虑乳液的低温成膜性，更应注意乳胶漆的低温成膜性，如在 5℃或较低温度下的成膜性，因为部分乳胶漆会在这种条件下施工。

(2) 成膜助剂的加料次序 通常，成膜助剂在调漆阶段加入，并在乳液加入后，应一边慢速加入一边不停地混合。

也有将成膜助剂在颜料和填料研磨分散前加入的，这对乳液比较安全。但憎水的成膜助剂会被润湿分散剂乳化，也有可能被颜料和填料黏着吸入了一部分。

(3) 成膜助剂的搭配使用　成膜助剂一般是单独使用的，但也可搭配使用，以便取得更好结果。如 Lusolvan FBH、Coasol 和 DBE-IB 本身就是混合成膜助剂，Texanol 和 TXIB 搭配在基本保证效能的前提下以降低气味，用较有效降低 T_g 的成膜助剂 Eastman EEH 和 Texanol 搭配使用（当然，Eastman EEH 也可单独使用）能降低 VOC 等。

(4) 成膜助剂的验收　由于我国市场还不成熟，通过试验确定所用成膜助剂后，对于每个批号的进货，通常还要进行验收检验。测试内容如折射率、馏程、密度、外观和气味等。

7. 成膜助剂的发展趋势

尽管成膜助剂对乳胶漆的成膜有很大作用，但成膜助剂是有机溶剂，对环境是有影响的，所以发展的方向是环境友好型的有效成膜助剂。

一是降低气味。Coasol、DBE-IB、Optifilm Enhancer 300（2,2,4-trimethyl-1,3-pentanediol diisobutyrate，即 2,2,4-三甲基-1,3-戊二醇二异丁酸酯）、TXIB 以及 TXIB 和 Texanol 的混合物都能降低气味。尽管 TXIB 在降低 MFT 和早期耐洗刷性稍差，但通过和 Texanol 的混用，能在这些方面得到改善。

二是降低挥发性有机物（VOC）。双子表面活性剂（gemini surfactants），如烷基酯、链烷二醇等，能降低乳液聚合物的 MFT，从而也降低了 VOC。低 HLB 值的双子表面活性剂更有效些。在欧洲，VOC 是指那些沸点等于或低于 250℃ 的化学物质。沸点超过 250℃ 的那些物质不归入 VOC 的范畴，所以使成膜助剂向高沸点发展。如 Coasol、Lusolvan FBH、DBE-IB、Optifilm Enhancer 300、Edenol EFC-100（丙二醇单油酸酯，科宁公司产品）、二异丙醇己二酸酯。

三是低毒、安全、可接受的生物降解性。

四是活性成膜助剂。丙烯酸双环戊烯基氧乙基酯（DPOA）是不饱和的可聚合有机物，均聚物 T_g=33℃，无气味。其结构式如下：

$CH_2{=}CHCOOCH_2CH_2O-$（双环戊烯基）

在较高 T_g 值的乳胶漆配方中，不需成膜助剂，而加 DPOA，并加入少量催干剂，如钴盐。DPOA 就可降低成膜温度，使乳胶漆在室温成膜。但 DPOA 不挥发，不仅环境友好，而且在催干剂作用下进行氧化自由基聚合，增加了涂膜的硬度、抗粘连性和亮度。因此，DPOA 被称为活性成膜助剂。

十二、乳化剂

乳化剂是表面活性剂中一员。表面活性剂分子结构中含亲水和亲油两部分，因此，加入少量就可显著改变气-液、液-液、液-固界面性质，起降低界面张力、渗透、润湿、乳化、增溶、分散、清洗、发泡等作用。在许多领域，它们被广泛应用。根据使用场合不同，分别称为乳化剂、去污剂、湿润剂、分散剂、发泡剂等。

2000 年北美通过乳液聚合的方式消耗掉 93000t 表面活性剂，市值约为 1.87 亿欧元。大约 52%是阴离子型表面活性剂，47%是非离子型表面活性剂。非离子表面活性剂现在主要还是烷基酚聚氧乙烯醚（alkyl phenol ethoxylates，APEOs），少量是脂肪醇聚氧乙烯醚。脂肪醇聚氧乙烯醚具有良好的生态毒性指标，又称绿色表面活性剂。

到目前为止，在 APEOs 中，壬基酚聚氧乙烯醚（NPEOs）是最重要的产品。1995 年欧洲消耗掉约 75000t。据估计整个乳液聚合工业消耗掉约 11000tAPEOs。由于该类产品的乳化效率高，经济，容易使用，并有 40 年以上的使用经验，因此被广泛应用。

1. 乳化剂的分类

乳化剂分子同时含有亲水基团和亲油基团，按其亲水基团性质的不同可将乳化剂分成四类，即阴离子型乳化剂、阳离子型乳化剂、非离子型乳化剂及两性乳化剂。

阴离子型乳化剂，亲水基团为阴离子，所接头部基团可为羧酸盐、磺酸盐、硫酸盐、醚硫酸盐、(醚) 磷酸盐、琥珀磺酸盐等。

阳离子型乳化剂，亲水基团为阳离子，如各种结构类型的季铵盐和胺盐。

非离子型乳化剂，该类表面活性剂在水溶液中不会离解成离子，它的效能与 pH 无关，分子结构有烷基芳基或者脂肪醇的聚氧乙烯醚、烷基糖苷、山梨醇酯等。

两性乳化剂，分子结构中同时包含阴离子和阳离子基团，通常它们在亲水基团部分含有氨基和羧基。

阴离子型乳化剂是乳液聚合工业中应用最广泛的乳化剂，通常是在 pH>7 的条件下使用。用它生产的乳胶粒子外层具有静电荷，能够防止离子聚集，因此乳液的机械稳定性好，但化学稳定性差，对电解质（包括水的硬度）非常敏感。与非离子型乳化剂相比，其产品乳胶粒子粒径较小，涂膜光泽好。

阳离子型乳化剂一般是在 pH<7 的条件下使用，最好低于 5.5。由于胺类化合物具有阻聚作用，且易被过氧化物引发剂氧化而发生副反应，因此阳离子型乳化剂的应用较少。但由于阳离子型乳化剂不怕硬水及可在酸性条件下应用等特点，其用途正日趋扩大。

非离子型乳化剂可适用于很宽的 pH 条件，且不怕硬水，化学稳定性好。该类乳化剂可以很方便地调节分子中亲水基团和亲油基团的比例，以满足不同的需要。一般而言，单纯用非离子型乳化剂进行乳液聚合反应，反应速率低于阴离子型乳化剂参加的反应，且生产出的胶乳粒子粒径较大，涂膜光泽差。几十年来，在乳液聚合中，烷基酚聚氧乙烯醚具有很好的乳化性。但近几年，由于其生态毒性不断招致批评，因此逐步被较环保的产品取代。

两性乳化剂分子中同时含有碱性基团和酸性基团，在酸性介质中可离解成阳离子，而在碱性介质中又可离解成阴离子，故该种乳化剂在任何 pH 下都有效。由于该类乳化剂的低毒性、低生物刺激性和杀菌抑霉性，目前在消毒剂、化妆品、香波、洗涤剂行业正得到极大的重视。但因其价格昂贵，尚未能在乳液聚合工业上体现其独特的性能优势，如良好的乳化分散性，与几乎所有类型乳化剂的配伍性，极好的耐硬水性，耐高浓度电解质性，良好的生物降解性等。但有理由相信，随着人们对高性能产品需求的提高和对生态环境污染问题的更加关注，两性乳化剂在高分子工业中必将发挥更大的作用。

此外，还有高分子乳化剂、聚合型乳化剂和分解型乳化剂等。高分子乳化剂是相对于常规乳化剂而言，常规乳化剂为低分子量化合物，其分子量一般在 300 左右，人们把分子量在 3000 以上的乳化剂称为高分子乳化剂。

聚合型乳化剂又称反应型乳化剂，分子结构中含有可聚合基团，如可参与自由基聚合的双键。在乳液聚合中，这种乳化剂不仅具有良好的乳化性能，而且作为共聚单体直接参与聚合反应，使乳化剂分子以共价键结合到乳液聚合物分子上，有效地提高成膜聚合物的耐水性、黏结性和涂膜性。

2. 乳化剂的主要特征参数

乳化剂的主要特征参数有临界胶束浓度、HLB 值、浊点、三相点、转相点等。这里仅介绍临界胶束浓度和 HLB 值。

(1) 临界胶束浓度　当浓度很低时，乳化剂以分子分散状态溶解在水中。当浓度达到某一值后，乳化剂分子就会形成一个球状、棒状或层状的聚集体，它们的亲油基团彼此靠在一起，而亲水基团则向外伸向水相，这样的聚集体称为胶束。能够形成胶束的最低乳化剂浓度称为临界胶束浓度（critical micelle concentration），简称 CMC 值。

(2) HLB 值 乳化剂亲水性和疏水性的相对大小将直接影响其使用效能，尤其是乳化效果的好坏。Griffin 提出的乳化剂亲水亲油平衡值 HLB（hydrophile lipophile balance）就是用来衡量乳化剂分子中亲水部分和亲油部分对其性质所做贡献大小的物理量。每一种乳化剂都具有某一特定的 HLB 值，对于大多数乳化剂来说，其 HLB 值落在 1～40 之间。油酸 HLB＝1，油酸钾 HLB＝20，十二烷基硫酸钠 HLB＝40。非离子型乳化剂 HLB 处在 1～20 之间，离子型乳化剂 HLB 处在 1～40 之间。HLB 越低，表明其亲油性越大；HLB 越高，表明亲水性越大。一般而言 HLB＝4～6，大都是 W/O 型乳液乳化剂。HLB＝8～18，则为 O/W 型乳液乳化剂。

3. 乳化剂的作用

并非所有的表面活性剂都可以用在乳液聚合中。只有那些对聚合物乳液体系有着有效的稳定作用，同时又不影响聚合反应的表面活性剂，才适合作乳液聚合的乳化剂。乳化剂在乳液聚合中的作用是多样的，例如，对水不溶单体的增溶作用，降低表面张力和界面张力，乳化、分散和稳定等作用，并对乳胶粒直径、数目、聚合物分子量、聚合反应速率和乳液的性能等均有明显的影响。

(1) 对聚合的作用 一般来说，阴离子型乳化剂负责胶粒的形成。在没有应用要求的情况下，阴离子型乳化剂的选择将依赖于所要求的粒径。高 CMC 的乳化剂，例如琥珀磺酸盐，比较容易形成较大的粒子，但是琥珀磺酸盐也能得到较窄的粒径分布。

非离子型乳化剂尽管有较低的 CMC，但是对胶束的形成没有显著的效果。这被归结于该类乳化剂优先进入单体相。

阴离子型乳化剂在水中的浓度大于 CMC 时会形成碗状的胶束，非离子型乳化剂在高于 CMC 时通常形成栅状结构胶束。乳液聚合中，常常把阴离子型乳化剂和非离子型乳化剂配合使用，这时会形成各种形状的胶束。

(2) 对稳定的作用 不同类型的乳化剂防止被乳化液滴或固体颗粒相互聚结而达到稳定的机理是不同的。

① 双电层静电排斥作用 吸附在乳胶粒表面的离子型乳化剂，在一定 pH 下是以离子的形式存在的，这就给乳胶粒表面带上一层电荷。根据乳化剂离子性质的不同，电荷可能为正，也可能为负。这一层电荷是不动的，称为固定层。在固定层周围，由于静电引力会吸附一层异性离子，称为吸附层。吸附层中的一部分带电离子将扩散到周围介质中。使乳胶粒表面（包括固定层和吸附层）带上与固定层离子符号相同的电荷，而在乳胶粒周围的介质中则带上异号电荷。这样的结构称为双电层。双电层重叠时的静电斥力和粒子间的长程范德华吸引力之间建立平衡，从而使聚合物乳液具有稳定性。

② 空间位阻保护作用 对于非离子型乳化剂和水溶性聚合物稳定的乳液而言，乳胶粒表面上吸附或接枝的大分子链的几何构型使得乳胶粒周围形成了有一定厚度和强度的吸附层，这种空间位阻保护作用阻碍了乳胶粒之间产生聚结而使乳液稳定。

一般而言，乳胶粒周围的双电层静电排斥作用使乳液具有较强的机械稳定性，但抗电解质性很差；而空间位阻保护作用则使乳液体系具有较强的电解质稳定性，而机械稳定性差。在实际应用中，往往是将两者结合起来。

(3) 负面作用 首先，由于乳化剂的存在，乳液在调漆时容易起泡，因此在调漆阶段一般要加消泡剂。处理不好，影响调制、输送和涂布施工，其结果甚至影响涂膜质量。

其次，乳化剂是亲水物质，乳胶漆成膜后，它们仍残留在涂膜中，对涂膜的耐水性和吸水性带来不良影响。而被雨水冲淋后，会在涂膜表面造成凹凸不平，影响光泽保持。采用聚合型乳化剂能降低此影响。

再者，乳化剂多半是低分子物质，对温度敏感，成膜后留在涂膜中，会影响涂膜耐沾污性。而且，乳化剂对工厂废水处理也是一个不易解决的问题。

4. 常用乳化剂

(1) 阴离子型乳化剂

① 烷基硫酸盐　烷基硫酸钠是乳液聚合反应中最广泛使用的乳化剂。原因主要是该类产品可以得到相对纯度高的成品，以及碳链分布方面的高度灵活性。该类产品的CMC取决于它们分子结构上的疏水部分，碳链数越高CMC就越低。

脂肪醇硫酸盐在乳液聚合的最初阶段就被用于乳化剂，而且以其较好的乳化性能和制得超细粒径乳液而闻名。部分不饱和的十八烷基/十六烷基硫酸盐可作为乳化剂用于低泡聚合物乳液的生产。

从工业化生产的角度来看，烷基硫酸盐有其不足之处，那就是它们的溶液在低温下很难保持液状，而且在酸性条件下会水解。

② 烷基芳基磺酸盐　这些是经济实惠的化学产品，因此广泛适用于乳液聚合。

烷基苯磺酸盐是表面活性剂和洗涤剂中最重要的一类。直链十二烷基苯磺酸盐，作为阴离子型乳化剂，常应用于聚氯乙烯的生产以及其他聚合物乳液，而支链的四丙基苯磺酸盐（TPS），则仅限于少量用途。原因之一就是该化学结构生物降解能力差，曾导致许多环境问题。

在乳液聚合中，烷基二苯醚二磺酸盐作为乳化剂稳定性较好。但比起简单的磺酸盐，该乳化剂的原料明显昂贵得多。

③ 琥珀磺酸盐　该类产品，由于链长度的不同而造成CMC的不同。短链的CMC高，已基二酯和环已基二酯是乳液聚合常用的乳化剂，尤其是要求大粒径的时候。

琥珀磺酸二酯在美国的乳液聚合配方中的地位是最重要的。它们很少作为主要乳化剂使用，只是用于辅助剂，例如，用于高固含量、低黏度的丙烯酸乳液的生产。支链的二-2-乙基已基琥珀磺酸钠被广泛使用，原因就是除了良好的乳化性能外，还有优良的润湿性能。

④ 醚硫酸盐　烷基酚醚硫酸盐、磷酸盐和琥珀磺酸盐主要作为基础阴离子型乳化剂，广泛用于丙烯酸酯、苯乙烯-丙烯酸酯和醋酸乙烯酯共聚物的生产。

(2) 非离子型乳化剂　正如前面提到的，烷基酚聚氧乙烯醚在乳液聚合中作为非离子型乳化剂使用已经有很多年了。由于丙烯和丁烯的价格优势，壬基（三聚丙烯）酚聚氧乙烯醚和辛基（二聚丁烯）酚聚氧乙烯醚已被广泛使用。一般来说，低乙氧基化程度的该类乳化剂，只能与阴离子型乳化剂配合使用；中乙氧基化程度的该类乳化剂，能较好地提高乳液机械稳定性；高乙氧基化程度的该类乳化剂，则能提高抗金属离子的能力。

脂肪醇聚氧乙烯醚和一些特别开发的产品，作为APEOs的替代型非离子型乳化剂已被使用。

聚烷基糖苷是绿色环保型表面活性剂，它完全起源于可再生资源淀粉和蔬菜油，而且也可以作为非离子型乳化剂，用于乳液聚合。

(3) 反应型乳化剂　在大多数场合，乳化剂是吸附于乳胶粒表面，与水处于动态平衡。在某些不利情况下，如聚合反应中的某些突变，冻融循环时温度变化，水相离子强度的变化，乳化剂可能解吸，随之乳液失去稳定。

为了避免这些情况的发生，目前有用聚合型乳化剂永久性地锚固在乳胶表面。这能提高乳液稳定性和降低涂膜对水的敏感性。业已商业化的有烷基烯丙基琥珀磺酸钠等。

5. 乳化剂的选择

合理选择乳化剂，优化其用量，并确定适宜加入方式，是获得优质乳液的前提条件之一。

(1) 所选乳化剂的 HLB 值应和乳液聚合体系相匹配　表 2-4-33 给出不同乳液聚合体系与乳化剂 HLB 的相关值。这些 HLB 值是在一定条件下得出的结果，可作为乳化剂粗选参考。

表 2-4-33　不同乳液聚合体系所要求乳化剂 HLB 值

乳液聚合体系	温度/℃	HLB 值	乳液聚合体系	温度/℃	HLB 值
聚苯乙烯		13.0～16.0	聚丙烯腈		13.3～13.7
聚醋酸乙烯		14.5～17.5	聚甲基丙烯酸甲酯/丙烯酸乙酯(50/50)		12.0～13.1
聚醋酸乙烯	70	15～18			
聚甲基丙烯酸甲酯		12.1～13.7	聚丙烯酸丁酯	40	14.5
聚丙烯酸乙酯		11.8～12.4	聚丙烯酸丁酯	60	15.5
聚丙烯酸乙酯	40	13.7	聚丙烯酸-2-乙基己酯	30	12.2～13.7
聚丙烯酸乙酯	60	15.5			

对于乳液共聚体系，所要求的 HLB 值可将各组分的 HLB 值按质量分数进行加权平均求取：

$$HLB = HLB_1 \times W_1 + HLB_2 \times W_2$$

式中　HLB_1，HLB_2——共聚组分 1、2 的均聚物所要求的 HLB 值；

W_1，W_2——共聚组分 1、2 的质量分数。

(2) 用于乳液聚合的乳化剂通常为阴离子型乳化剂和非离子型乳化剂的复配物，两者并用，能取得相得益彰的效果。

(3) 所选用的离子型乳化剂的三相点应低于反应温度。

(4) 所选用的非离子型乳化剂的浊点应高于反应温度。

(5) 对离子型乳化剂来说，一个乳化剂分子的覆盖面积 a_s 越大，乳胶粒表面电荷密度越小，乳液越不稳定，故应选用 a_s 尽量小的乳化剂；对非离子型乳化剂来说，a_s 越大时，其水化作用越强，对乳液稳定作用增强，所以应选用 a_s 大的乳化剂。

(6) 应选用临界胶束浓度尽量小的乳化剂。

(7) 应选用增溶度大的乳化剂。

(8) 所选用的乳化剂不应干扰聚合反应。

(9) 选择乳化剂时应考虑其后的生产工艺和聚合物乳液的应用，例如，某些乳化剂尽管乳化效果好，但是在生产条件下起泡沫严重，不宜选用。

6. 乳化剂的发展趋势

乳化剂的发展趋势之一是逐步取代聚氧乙烯烷基苯酚醚（APEO 或 APE）类湿润剂，原因是其生化毒性，如科宁公司产品按欧盟生化毒性分类（2002 年）见表 2-4-34。可见，随着 APE 的取代不断进展，毒性逐步降低。

表 2-4-34　科宁公司产品按欧盟生化毒性分类

科宁公司产品	是否含 APE	生化毒性
Dispolin NP 10	含 APE	Xn——有害； N——环境风险； R22——吞下有害； R41——对眼睛严重有害； R51——对水生物有毒； R53——可能给水环境造成长期负面影响

续表

科宁公司产品	是否含 APE	生化毒性
Dispolin A 1080	第一代取代品 Dispolin A 系列	Xn——有害； R22——吞下有害； R41——对眼睛严重有害； R51——对水生物有毒； R53——可能给水环境造成长期负面影响
Dispolin AFX 1080	第二代取代品 Dispolin AFX 系列	Xi——刺激性； R41——对眼睛严重有害

双子表面活性剂也是发展新热点。它是由间隔基连接的两个双亲分子。双子表面活性剂最显著的特点是临界胶束浓度（CMC）比其“单胞”表面活性剂低一个多数量级，其次是高效。TEGO Twin 4000，它就是双子硅氧烷表面活性剂，并具有不稳泡和消泡性。Air Products 开发了双子表面活性剂。传统的表面活性剂具有一个疏水基的尾和一个亲水基的头，而这种新表面活性剂却具有两个亲水基和两个或三个疏水基，是一种多功能表面活性剂，称为乙炔二醇类，产品如 Enviro Gem AD01。

还有就是开发了可降解的表面活性剂。

十三、特种功能添加剂

特种功能添加剂比较多，此处仅介绍纳米助剂和负离子添加剂。

1. 纳米助剂

所谓纳米助剂，是指大小在 1～100nm 之间，当其添加入涂料中后，能明显提高涂料性能或赋予涂料新功能的材料。

纳米材料具有小尺寸效应、表面效应、量子尺寸效应和宏观量子隧道效应等基本特性。因此，人们将其作为涂料助剂对涂料进行改性。如纳米二氧化硅和纳米三氧化二铝能提高涂膜硬度和抗刮伤性，纳米锐钛型二氧化钛可作光催化剂和自清洁剂，纳米金红石型二氧化钛、纳米二氧化硅、纳米云母和纳米氧化锌可赋予涂膜抗紫外线性，纳米锐钛型二氧化钛和纳米氧化锌具有抗菌防霉性，纳米磁性材料、纳米硼化物和纳米碳化物可用于隐身涂料，纳米三氧化二铁、纳米二氧化钛、纳米三氧化二铬和纳米氧化锌使涂膜具有抗静电性，无机纳米材料与聚合物杂化使黏结剂兼具有机和无机优点等。

在涂料中加入纳米助剂是一件不难的事，但要使其保持纳米状态，并起改性作用，从而大大改进和提高涂料性能，或产生新的应用性能，这才是纳米助剂的关键所在，难点所在。

王雪松等采用纳米级氧化锡锑粉，经选用合适的分散剂种类和用量以及分散工艺等，得到约 28nm 的分散体。再和聚丙烯酸乳液、其他颜料和填料等制成导电乳胶漆。当纳米分散体达到一定量时，涂膜达到导静电的要求，表面电阻率不大于 $10^9\Omega$，体积电阻率不大于 $10^8\Omega\cdot cm$。与微米级导静电粉相比，纳米级导静电粉在加量少时即可获得导静电效果。

自从 1972 年本田和藤岛昭发现二氧化钛的光催化性以来，光催化材料的制备和应用研究不断取得进展。人们以纳米锐钛型二氧化钛为光催化剂生产能净化空气的涂料。

混晶催化剂、掺杂不同价态金属离子、与其他半导体化合物或微结构矿物复合等能提高纳米锐钛型二氧化钛光催化活性。

据报道，用氮和碳等掺杂能使纳米锐钛型二氧化钛光催化活性移至可见光区。

纳米助剂的商品，如 BYK 公司的纳米氧化铝系列助剂 Nanobyk-3600、Nanobyk-3601、Nanobyk-3602，纳米二氧化硅助剂 Nanobyk-3650，纳米氧化锌紫外线吸收剂 Nanobyk-

3820、Nanobyk-3840、Nanobyk-3860。其中 Nanobyk-3820 用于水性木器涂料，Nanobyk-3860 用于建筑涂料。另外，还有我国浙江舟山明日纳米助剂公司的相关产品等。

2. 负离子添加剂

现代环境卫生学的调查研究表明，空气中负离子对人体健康有利。在内墙涂料中，加入负离子添加剂，从而使涂膜不断放出负离子，改善室内空气质量。

负离子添加剂是经过处理的天然矿物粉体，如奇冰石、电气石、神州奇石、麦饭石、桂阳石等。

在涂料成膜后，空气中的水分子可以通过涂膜与负离子添加剂接触，在负离子粉体颗粒电极附近的强电场作用下，电离成氢氧根离子和氢离子。氢氧根离子进入空气，吸收空气中水分子，形成水合羟基离子 $H_3O_2^-$，即为负离子。从而增加空气中负离子浓度，达到提高空气质量的目的。

另外，负离子添加剂还有去除空气中甲醛、氨等有害物质和抗菌抑菌作用。

该类负离子添加剂，如北京朗诺环保科技有限公司的负离子涂料添加剂。

尽管负离子添加剂已在涂料中应用，但在负离子释放性能上还有待进一步提高。目前所采用的手段是用稀土元素对负离子添加剂进行活化。

参 考 文 献

[1] 胡英，陈学识，吴树森. 表面化学：物理化学. 北京：人民教育出版社，1979：64.
[2] Capelle Dr A，Bieleman J H. Polymer Paint and Colour Journal，1979，169（407）：854.
[3] Peter Quednau. 非水系塗料における湿潤、分散. 塗装と塗料，1982，（347）：46-48.
[4] 大薮権昭. 颜料分散とその界面科学. 色材協会誌，1986，59（2）：23-24.
[5] 沈一丁. 表面活性剂的基本性质：高分子表面活性剂. 北京：化学工业出版社，2002：11-12.
[6] 顾国芳，浦鸿汀编著. 化学建材用助剂原理和应用. 北京：化学工业出版社，2003.
[7] 赵国. 表面活性剂物理化学. 北京：北京大学出版社，1984.
[8] 林宣益主编. 涂料助剂. 第 2 版. 北京：化学工业出版社，2006.
[9] ［美］巴顿 T C 著. 涂料流动与颜料分散. 郭隽奎等译. 北京：化学工业出版社，1988.
[10] ［美］卡文博 L C 等编著. 涂料助剂大全. 朱传棨等译. 上海：上海科技文献出版社，2000.
[11] 周大纲，谢鸽成编著. 塑料老化与防老化技术. 北京：中国轻工业出版社，1998.
[12] ［美］George Wypych 主编. 溶剂手册. 范耀华等译. 北京：中国石化出版社，2003.
[13] ［瑞典］霍姆博格 K 等著. 水溶液中的表面活性剂和聚合物. 韩丙勇，张学军译. 北京：化学工业出版社，2005.
[14] Bieleman J. Additives for Coatings. Weinheim：Wiley-VCH Verlag GmbH，2000.
[15] Gerry Davison，Bruce Lane. Additives in Water-borne Coatings. UK：The Royal Society of Chemistry，2003.
[16] Kent D J. Paintindia，2003，May：63-70.
[17] Bentley J，Turner G P A. Introduction to Paint Chemistry and Principles of Paint Technology. fourth edition. London：Published by Chapman & Hall，1998：173-174.
[18] Gite V V，Kulkarni R D，et al. Paintindia，2005，Nov：63-70.
[19] Paulus W. Directory of Mirobicides for the Protection of Materials A Handbook. The Netherlands：Springer，2005.
[20] 陈仪本等编著. 工业杀菌剂. 北京：化学工业出版社，2001：232-237.
[21] Valet A. Polym Paint Coat J，1995，（185）：31.
[22] 潘江庆. 高分子通报，1992，（3）：138.
[23] Decker C，Biry S，Zahouilly K. Polym Degrad Stab，1995，（49）：111.
[24] Fernandez A M，et al. New Generation of Alkyl Phenol-free Nonionic Surfactants for Emulsion Polymerization. 2005，（7）.
[25] Bieleman J. Surface Coatings International Part A，2004，（4）：173-178.
[26] 廖有为，熊平凡，赵舒超等. 现代涂料与涂装，2007，（7）：1-4，7.

第三篇 涂料各论

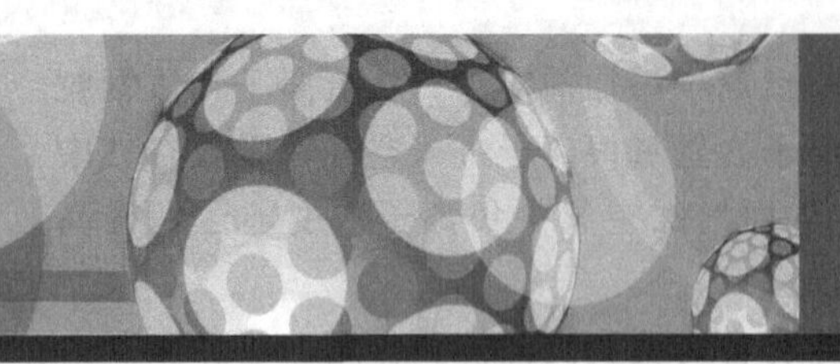

第一章 建筑涂料

第一节 乳胶漆

一、乳胶漆概述

1. 乳胶漆定义

在我国，人们习惯上把以合成树脂乳液为基料，以水为分散介质，加入颜料、填料和助剂，经一定工艺过程制成的涂料，叫做乳胶涂料，简称乳胶漆。

乳胶漆的关键特征是以合成树脂乳液为基料，以水为分散介质。乳胶漆是合成树脂固体微粒在水中分散体和颜料、填料颗粒在水（各种助剂的水溶液）中分散体的混合物。前一分散体属于胶体分散，而后一分散体属于悬浮分散或叫做粗分散。就乳胶漆而言，属于粗分散体系。乳胶漆一般都含有颜料和填料，但乳胶清漆不含颜料和填料，有光乳胶漆往往仅含颜料而不含填料。

乳液（emulsion）、乳胶（latex）和分散体（dispersion），都是指一种物质（分散相）在另一种物质（分散介质）中的分散体系。其中乳液是一种液体以极小的液滴形式分散在另一种互不相溶的液体中所构成的分散体，乳胶是由乳液聚合制得、不溶于水的合成树脂以微粒形式分散在水中而形成的分散体，而两者都可称为分散体。但在涂料界，往往不加以区别，读者自己心中要清楚，当然也有人是严格加以区别的。

2. 乳胶漆的特点

(1) 优点　乳胶漆具有一系列优点。

① 以水为分散介质，是一种既省资源又安全的环境友好型涂料。

② 施工方便，可刷涂、滚涂和喷涂。可用水稀释，涂刷工具可以很方便地用水立即清洗。

③ 涂膜干燥快，在合适的气候条件下，一般 4h 左右可重涂，1 天可施涂二三道。

④ 透气性好，对基层含水率的要求不如溶剂型涂料那么严，能避免因不透气而造成的涂膜起泡和脱落问题，还能大大缓解结露，或不结露。

⑤ 耐水性好，乳胶漆是单组分水性涂料，但其干燥成膜后，涂膜不溶于水，具有很好的耐水性。

⑥ 性能能满足保护和装饰等要求，所以使用范围不断扩大。

(2) 缺点　乳胶漆也存在一些不尽如人意的地方。

① 最低成膜温度高，一般为5℃以上，所以在较冷的地方冬季不能施工。

② 干燥成膜受环境温度、湿度和风速等影响较大。

③ 干燥过程长。前面已提到涂膜干燥快，这里又说干燥过程长，看似矛盾。其实涂膜干燥快是指表干，不到2h，当然是干燥快。干燥过程长是指实干，完全成膜，需几周。

④ 贮存运输温度要在0℃以上。

⑤ 光泽也比较低。

3. 乳胶漆的发展

乳胶漆的发展在涂料的发展长河中还只是短暂的一段。涂料的发展已有以千年计的历史，而乳胶漆的发展只有约60年的历史。

聚合物是涂料的最重要的组分，在某种意义上说，聚合物的发展水平就代表了涂料的发展水平。同样，乳液是乳胶漆的关键组分，所以也可以说乳液发展情况就是乳胶漆发展情况的缩影。

表3-1-1是罗姆哈斯公司的乳液开发史。罗姆哈斯公司是一家世界著名乳液生产和供应企业。因此，对于乳胶漆的发展，从中人们可以略见一斑。

表3-1-1　罗姆哈斯公司的乳液开发史

年　份/年	开发的乳液	特　点
1948	丁二烯-苯乙烯乳液	该乳液不是罗姆哈斯公司开发的，以下都是该公司开发的
1953	Rhoplex AC-33 纯丙乳液	全世界第一个乳胶漆用纯丙乳液
1961	Rhoplex AC-34 丙烯酸乳液	聚合时，加入功能单体，提高了附着力
1965	Rhoplex AC-35 丙烯酸乳液	好的附着力、抗粉化和保色性
1967	Rhoplex AC-388 丙烯酸乳液	好的丰满度和耐久性
1967～1970	Rhoplex AC-22 丙烯酸乳液 Rhoplex AC-490 丙烯酸乳液	较低成本的内墙平光乳胶漆用乳液 内墙半光乳胶漆用乳液
1970	Rhoplex AC-507 丙烯酸乳液	外墙半光乳胶漆用乳液
1974	Rhoplex AC-64 丙烯酸乳液	在粉化基面上具有好的附着力
1974～1978	Rhoplex AC-417 丙烯酸乳液	成本可接受的内墙半光乳胶漆用乳液
1979	Rhoplex MV-23 丙烯酸乳液	底涂用乳液
1980	Ropaque OP-42 不透明聚合物	引入气孔，产生遮盖力
1981～1983	Acrysol RM-4 和 RM-5 乳液 QR-708 和 Acrysol MR-825 乳液 Acrysol RM-1020	疏水改性碱溶胀增稠剂(HASE) 疏水改性聚氨酯增稠剂(HEUR) 高剪切黏度疏水改性聚氨酯增稠剂(HEUR)
1983	Rhoplex AC-829 丙烯酸乳液 Rhoplex HG-74 纯丙乳液 Rhoplex HG-44 纯丙乳液	与HEC、HASE和HEUR兼容 外墙高光乳胶漆用乳液 较硬的外墙高光乳胶漆用乳液
1984	Rhoplex HG-54 丙烯酸乳液 Rhoplex 2438 纯丙乳液	金属防腐蚀用乳液 弹性建筑乳胶漆用乳液
1987	Rhoplex ML-100 丙烯酸乳液	非球形粒子乳液
1989	Rhoplex ML-200 丙烯酸乳液	配色性更好
1990	Rhoplex SG-10M 丙烯酸乳液	内外墙半光乳胶漆用乳液
1991	Rhoplex 2020NPR 乳液 Acrysol RM-8W 乳液	水性疏水改性聚氨酯增稠剂(HEUR) 水性疏水改性聚氨酯增稠剂(HEUR)

续表

年　份/年	开发的乳液	特　　点
1993	Rhoplex HG-95P 纯丙乳液	具有氧化交联的外墙高光乳胶漆用乳液
1995	Rhoplex SF-3122 丙烯酸乳液	在正常情况下，不用成膜助剂的乳液
1996	Acrysol RM-12W 乳液	低剪切黏度水性疏水改性聚氨酯增稠剂(HEUR)
1998	Ropaque Ultra 不透明聚合物	改变粒径和粒子形态，使之更有效
2001	Rhoplex SG-30 丙烯酸乳液	低 VOC 半光乳胶漆用乳液
2002	Rhoplex HG-700 丙烯酸乳液	低 VOC 高光乳胶漆用乳液

另据报道，在 1930～1935 年，开发了漆用油性乳液。1946～1950 年，用乳液聚合法合成了丁二烯-苯乙烯乳液（简称丁苯乳液）和醋酸乙烯乳液。

1951 年，用乳液聚合法合成了丙烯酸乳液。丙烯酸聚合物性能优良。

以聚醋酸乙烯乳液作为基料时，必须进行增塑，但由于增塑剂的蒸发、迁移等缺点，所以在 1953～1954 年前后，开发了醋酸乙烯共聚乳液。起初与顺丁烯二酸二丁酯或反丁烯二酸二丁酯的共聚为主。

1957 年，瓦克化学品公司开发了醋酸乙烯均聚物可再分散乳胶粉。由于不耐碱，会皂化，不能用于对水泥改性。1959 年推出醋酸乙烯-乙烯共聚物可再分散乳胶粉。从此，开创了合成聚合物应用新天地，如对水泥改性和生产乳胶粉末涂料等。

进入 20 世纪 60 年代，突出的是醋酸乙烯-乙烯、醋酸乙烯-叔碳酸乙烯酯共聚物有所发展，产量也有所增加。20 世纪 60 年代末，开发了硅树脂复合乳胶漆。

20 世纪 70 年代以来，由于环境保护法强化，限制有机溶剂及有害物质的排放，而使溶剂型涂料使用受到种种限制。其中以美国加州著名的“66-法规”和美国环保局 1977 年提出的“四 E”原则（经济、效率、环保和节能四原则）为转折点，涂料的发展朝着省资源、省能源、无污染方向发展。借此东风，乳胶漆的发展驶上了快车道。

20 世纪 80 年代，合成了不透明聚合物、疏水改性碱溶胀增稠剂 HASE、疏水改性聚氨酯增稠剂 HEUR、金属防腐乳液和弹性乳液等功能性乳液。

20 世纪 90 年代以来，乳胶漆沿着低 VOC、零 VOC、低气味和环境友好型进一步发展。并开发了光催化涂料。20 世纪 90 年代末，又开发了含氟聚合物乳液，并制成了氟树脂乳胶漆。

21 世纪，乳胶漆将继续沿着提高性能、增加功能、降低成本、低 VOC、零 VOC、低气味和环境友好型方向发展。

随着新单体的开发，乳液聚合技术的进步，各种助剂的发展，乳胶漆配方技术的改进，乳胶漆逐渐地改进和发展。它不断地蚕食着溶剂型涂料的固有领地，在建筑涂装领域，乳胶漆已成为龙头老大。在防水涂料、工业涂料和维护涂料等范围内，也有非凡表现。

随着改革开放的春风，20 世纪 80 年代末，世界乳液生产企业罗姆哈斯（Rohm & Haas）、巴斯夫（BASF）和联碳（Union Carbide）来我国设厂生产乳液。世界著名的助剂供应商，如汉高（Henkel）、毕克化学公司（BYK）、联合胶体（Allied Colloids）等纷纷来我国设立代表处，销售助剂，并进而在国内生产助剂。同时，卜内门（ICI）、立邦（Nippon）、迪诺瓦（Dinova，现为 Sto 申得欧）和阿克苏·诺贝尔（Akzo Nobel）等“多国部队”，浩浩荡荡进入我国建厂生产乳胶漆。他们带来了新技术、新设备、新产品、新观念。他们投入大量的人力、物力资源，宣传推销自己的产品。与此同时，也就宣传推广了乳胶漆。我国乳胶漆的发展情况喜人，与发达国家的水平也基本接近。

二、乳胶漆的组成

通常，乳胶漆由合成树脂乳液、颜料与填料、助剂和水组成。

1. 合成树脂乳液

合成树脂乳液是由乳液聚合法制取的合成树脂在水中的稳定分散体。

(1) 特性和作用　乳液是乳胶漆的核心。涂料用的乳液聚合物具有很好的成膜性和黏结性。干燥成膜后，它把涂料的各组分黏结在一起，形成一层薄膜，并牢牢地附着在基层上。

乳液聚合物分子量高，大约在 $10^5 \sim 10^7$，同时乳液固含量处在比较高的水平，一般为50%左右，而黏度又比较低。高分子量赋予涂膜优良性能，低黏度给乳胶漆的生产、施工应用带来便利。

尽管乳液以水为分散介质，但乳液聚合物本身不溶于水，它仅以固体微粒形式分散在水中，并借助乳化剂而处于稳定状态。当水分蒸发，干燥融合成膜后，涂膜不溶于水，随着表面活性剂等亲水物质被水冲洗去以后，涂膜憎水性还会有所提高。

用于乳胶漆的乳胶粒径一般为 $0.05 \sim 0.5\mu m$。当处于偏细端时，乳液呈半透明。更细时，甚至可能是透明的。但通常是零点几微米，呈乳白色，其中较细时带蓝光，较粗时带红光。

目前绝大多数乳液聚合物都是线型热塑型聚合物。就是说，其干燥成膜后，涂膜会受热变软，遇冷变硬。因此，耐沾污性、抗粘连性和最低成膜温度之间存在难以调和的矛盾。目前的趋势是乳液聚合物玻璃化温度向较高方向发展。当然，开发常温交联型乳液也是解决此问题的方法之一。

(2) 分类　乳胶漆用热塑性聚合物乳液，通常是按其单体分类。

① 醋酸乙烯系聚合物乳液　该类乳液有醋酸乙烯酯均聚物乳液（简称醋均乳液）；醋酸乙烯-丙烯酸酯共聚物乳液（简称醋丙乳液，或乙丙乳液）；醋酸乙烯-叔碳酸乙烯共聚物乳液（简称醋叔乳液）；醋酸乙烯-乙烯共聚物乳液（简称 EVA 乳液）等。这类乳液基本上用于生产室内乳胶漆。叔碳酸乙烯含量等于或大于醋叔乳液总量的25%时，醋叔乳液可用于外用乳胶漆生产。EVA 乳液常用于生产可再分散乳胶粉。

② 丙烯酸系共聚物乳液　这类乳液有苯乙烯-丙烯酸酯共聚物乳液，简称苯丙乳液；纯（甲基）丙烯酸酯共聚物乳液，简称纯丙乳液；有机硅改性丙烯酸乳液，简称硅丙乳液等。该类乳液都可用于外用乳胶漆的生产，但苯丙乳液也大量用于内用乳胶漆生产。

③ 其他乳液　比如聚氨酯乳液、含氟聚合物乳液等。

2. 颜料和填料

颜料和填料是乳胶漆的四大组分之一。在亚光漆中，就数量而言，是用量最大的组分。

(1) 水浆化　生产的发展导致了工艺的变革，颜料和填料不再以粉态出现在制漆工艺中。钛白、碳酸钙等颜料或填料品种实现水浆化，它们以70%左右的固含量进入乳胶漆生产流程。

乳胶漆的生产流程演变为钛白和填料水浆散装罐车运入厂内，送入带有定时搅拌装置的贮罐，颜料浆、填料浆、乳液和助剂从各自的罐里直接按指令依顺序进入高速分散机，完成制漆后，过滤并进入成品贮罐，接到订单后，仅需配色就能交给客户。

(2) 表面处理和超细化　颜料有没有表面处理，这不仅关系到颜料的性能，也关系到颜料分散的难易和分散体系稳定性。涂料用颜料、填料需要有针对性的表面处理。

超细化是如今许多颜料、填料制造工艺的组成部分。超细化使乳胶漆制造企业放弃了高能耗的研磨机。但是，一般的乳胶漆不会像工业用漆那样要求极高的细度，因为细度越细，吸油量越高，乳液需用量越大，所以应综合考虑。

(3) 色浆　色浆的专业生产使乳胶漆制造简化，环境卫生改善，而产品质量得到提高。色浆行业在国外已经存在半个世纪，而在我国还是近几年的事。

为了适应自动调色的需要，发展了通用色浆。所谓通用色浆，是指颜色、着色力、流变性等都经过严格控制的色浆，具有较高的稳定性和批次之间的一致性。当然，这里所指的严格控制都是有具体容许误差要求的。比如，科莱恩（Colanyl）色浆，着色力要求与标准色浆比较，误差控制在±3%以内，即相对着色力为97%～103%。色调差 ΔH 控制在±0.5以内，彩度差 ΔC 控制在±0.8以内。希必思色浆的着色力控制在±1.5%以内，色差 $\Delta E<0.3$。当然希必思色浆的颜料含量低于科莱恩色浆，也就是说，其着色力低于科莱恩色浆，所以误差可以降低。

通用色浆的生产导致建筑涂料零售业发生革命性变革。由于有了通用色浆，零售商仅需库存12～16种色浆和2～3种待着色的基础漆，就能为客户提供上千种颜色。

此外，随着人们环保意识的提高和科学技术的发展，不含乙二醇，甚至无溶剂、低重金属含量、低甲醛释放的环境友好型色浆也已进入市场。

(4) 快速分散颜料　颜料一般是通过研磨分散和搅拌混合后，而加入涂料配色的。最近，开发了仅通过搅拌混合即可配色的快速分散颜料粉。这种颜料粉颗粒外有包裹层，极易分散。如巴斯夫的快速分散颜料粉（Xfast stir-in pigments）就是其中之一。

(5) 不透明聚合物　不透明聚合物是有机体质颜料，也称有机颜料。通常，它是苯丙共聚乳液，粒子呈中空球状，其中充满水。这是一种不成膜的乳液聚合物。当涂料成膜时，随着粒子中的水不可逆地挥发，中空部分被空气填充。不透明聚合物和空气的折射率分别为1.55和1.0，因而产生光的散射，使聚合物具有一定的遮盖力，故称不透明聚合物。

不透明聚合物除了具有一定的遮盖力外，还具有如下特点。

① 粒径较细，对其他颜料，尤其是钛白粉，具有很好的空间位隔作用，能提高这些颜料的效率。

② 粒子呈球形，相同体积的情况下表面积最小，因此乳液需要量最少，故能提高乳胶漆的临界颜料体积浓度CPVC。在相同乳液用量的情况下，能提高乳胶漆的性能。在相同性能的情况下，可减少乳液用量。

③ 粒子细而均匀，使乳胶漆膜表面平整，减少积灰，提高了耐沾污性。

④ 不需分散，只需搅拌混合均匀。

⑤ 密度低，自重轻。

3. 水和助溶剂

在乳胶漆中水起分散介质的作用。助溶剂具有四个功能：一是调节水挥发速率，防止接痕出现；二是协同成膜助剂促进乳胶漆成膜；三是降低乳胶漆的冰点，起防冻作用；四是降低水的表面张力，提高对颜料和基层的湿润能力。

(1) 水　水不仅是乳胶粒的分散介质，约占乳液总重量的50%，而且作为颜料和填料的分散介质，约占乳胶漆总重量的35%～50%。乳胶漆生产用水不像乳液聚合用水那样严格，自来水和饮用水都可以用，但应尽量注意多价离子含量。因为多价离子不仅压缩双电层有效厚度而影响乳胶漆稳定性，而且水的硬度还影响分散剂的用量。与普通溶剂相比，水具有明显不同的性质，详见表3-1-2。

① 水无毒无味，完全满足环境友好要求。

表 3-1-2 水和有机溶剂性能比较

性能	水	有机溶剂(二甲苯)
环境友好型	无毒无味	有毒有芳香气味
安全性	不爆炸、不燃烧	一级易燃、爆炸极限低
闪点(闭口)/℃	—	25.3
沸点/℃	100	135～143
凝固点/℃	0	−25
溶解度参数/($\times10^3 J^{1/2}/m^{3/2}$)		
δ_d	12.6	17.8
δ_p	32.1	1.0
δ_h	35.1	3.1
δ	49.3	18.0
氢键参数	39.0	4.5
偶极距①/D	1.8	0.4
表面张力(20℃)/(mN/m)	72.8	30.0
黏度(20℃)/mPa·s	1.0	0.8
相对蒸发速率(醋酸丁酯 $E=1$)	0.31(25℃,RH=0.5%) 0(25℃,RH=100%)	0.68
蒸气压(25℃)/$\times10^2$Pa	23.8	7
比热容/J/(g·℃)	4.2	1.7
蒸发潜热(101.3kPa)/(kJ/mol)	44	36
介电常数(20℃)	80.1	2.4
热导率/[kW/(m^2·℃)]	5.8	1.6
相对密度	1.0	0.9
折射率	1.3	1.5

① 1D=3.34×10^{-30}C·m。

② 水不爆炸，不燃烧，安全无害。

③ 尽管淡水仅占地球上总水量的0.73%，但相对于溶剂来说，水还是属于便宜易得。

④ 借助于助剂，以水为分散介质的乳胶漆性能可满足需要。

这四点就是选用水作为乳胶漆分散介质的原因，但以水为分散介质确实也有许多不利因素。

① 水的表面张力比有机溶机高得多，这就导致对颜料、填料和被涂基层湿润较差的问题。为此，需加入表面活性剂来降低表面张力。而表面活性剂的加入也会造成气泡的问题，所以又需加消泡剂，从而使配方复杂化。另外，乳胶漆成膜后，表面活性剂留在涂膜中，影响涂膜耐水性，并且可能成为渗透剂。

② 水具有与有机溶剂完全不同的溶解度参数。它与有机溶剂相比，具有明显的极性，形成很强的氢键。在乳胶漆中，水不是溶剂，它不能溶解乳液聚合物，在使用环境中也不允许它溶解乳液聚合物，它只是分散介质而已。而在溶剂型涂料中，溶剂是要溶解成膜物的。

③ 与有机溶剂相比，水的蒸发热高。因此乳胶漆干燥成膜时需要更多的热量，也需要更长的时间。

④ 水的挥发速率与环境的相对湿度和温度以及基层的温度关系甚大。25℃，RH=0～5%时，水在滤纸上的相对蒸发速率是0.31，当RH=100%，水的相对蒸发速率成为0。温

度愈高，水的挥发速率愈快。此外，还与风速有关。

⑤ 水在0℃结冰。尽管加入防冻剂、成膜助剂和溶质后，冰点会下降，以至乳胶漆能通过−5℃的低温贮存稳定性的检验。但为了保险起见，乳胶漆还是应贮存在水的凝固点0℃以上。

⑥ 水的介电常数高。可以通过静电斥力使体系稳定。而有机溶剂介电常数低，一般通过空间位阻稳定。当然，水性体系也有空间位阻稳定。

⑦ 水的电导率高，易使金属腐蚀，所以乳胶漆最好采用塑料桶包装。电导率高还使乳胶漆静电喷涂困难。

⑧ 与溶剂型涂料的基料相比，水的黏度低，所以乳胶漆需要增稠剂增稠，才能保持较好的贮存稳定性和施工性。

⑨ 水是微生物生存的温床，因此乳胶漆生产用水应注意杀菌、防腐、保洁。自动化程度越高，越要重视此问题。

(2) 助溶剂 这里所说的助溶剂是指丙二醇、乙二醇、200[#]溶剂油和埃克森化工公司(Exxon) D60等一些溶剂，有些书也把它们归入成膜助剂，但它们要么水溶性太大，要么一点也不溶于水，单独使用时，降低乳胶成膜温度的能力很有限，往往是与成膜助剂配合使用，所以称它们为助溶剂。

这些助溶剂能软化或溶解乳胶微粒，协同成膜助剂促进乳胶漆成膜。这些助溶剂挥发速度比水慢，所以有利于延长乳胶漆的开放时间和搭接时间，从而有利于乳胶漆在基面上的铺展，并且避免出现接痕。有些助溶剂如丙二醇、乙二醇等冰点较低，还能降低乳胶漆的冰点，提高乳胶漆的低温稳定性和防冻能力。有些助溶剂如乙二醇表面张力比水低，所以当其加入水中时，能降低水的表面张力，从而提高对颜料和基层的湿润能力。助溶剂还对乳胶漆的黏度有调节作用，如二醇类助溶剂的存在，会降低协和型增稠剂的增稠效果。一些助溶剂的性能列于表3-1-3。

表 3-1-3 助溶剂的性能

性能	乙二醇	1,2-丙二醇	200[#]溶剂油	Exxsol D60
沸程(101.3kPa)/℃	198	187	145～200	181～216
熔点/℃	12.6	59.5		
相对密度(20℃)	1.1155	1.0381	0.780	0.787
折射率(20℃)	1.4318	1.4329		
介电常数(20℃)	38.66	32.0		
偶极矩(30℃)/$\times10^{-30}$C·m	7.34	7.51		
黏度/mPa·s	25.66(16℃)	56.0(20℃)		1.28
表面张力/(mN/m)	46.49(20℃)	72.0(25℃)		24.9
闪点/℃	111.1	98.9(闭口)	≥33(闭口)	64
燃点/℃	118	421		
溶解性	能与水混溶	能与水混溶	不溶于水	不溶于水
蒸发热/(kJ/mol)	57.11	538.1kJ/kg		
爆炸极限(下限,体积分数)/%	3.2	2.6		
挥发速率			3～4.5	5
芳香烃含量/%			≤15	0.7

助溶剂的功能与许多因素有关，如极性、HLB值和挥发速率等，但有一点是很明显的，与其在乳胶漆中所处的位置紧密相关。如果较取向于在水中的话，则较多地表现为流变助剂、防冻剂、干燥调节剂和湿润剂的作用。如果较取向于在聚合物粒子中的话，则较多地表现为成膜助剂的作用。如200[#]溶剂油、D60和成膜助剂复配，对苯丙乳液的成膜很有帮助。

4. 助剂

乳胶漆以水为分散介质，具有环境友好和安全特点，但水也给其生产和应用带来一些问题。这些问题都是通过助剂来解决的。尽管助剂用量只有千分之几至百分之几，但它对乳胶漆的生产工艺、产品质量、稳定贮存、方便施工和涂膜性能等都有很大作用。乳胶漆所用助剂比较多，有湿润分散剂、消泡剂、增稠剂、成膜助剂、防腐防霉剂和 pH 调节剂等，从而致使乳胶漆的配方比较复杂，这也是乳胶漆的一个缺点。助剂详见第二篇第四章内容。

三、乳胶漆的配方设计

乳胶漆的配方设计是一项综合性的工作，目前还处于技艺至科学的转变过程中。配方设计首先要目标明确，其次是对原材料的了解，包括其价格，以及对各组分相互作用的知识。另外，还要有比较丰富的经验等，才能完成一个比较合理的乳胶漆配方设计。

1. 性能目标确定

当接受一项乳胶漆的配方设计任务时，首先要明确的是所设计乳胶漆品种的应用目标和性能要求，当然也包括环保方面的要求。无论所设计的是通用或专用品种，都要既定性又定量地列出要求达到的技术指标，并明确考核各项指标的检测方法。如果研制的是一个通用型品种，则很可能这些指标就是既有的国内外某个标准或层次的技术指标。如果研制的是一个特殊品种，则所罗列的技术指标将来会构成一个新的产品标准。

这里要注意的是：首先，不要盲目地把指标定得过高，因为高指标是要高成本支撑的，以够需要为度；其次，要兼顾性能的平衡，不要顾此失彼；最后，乳胶漆性能测试结果往往波动比较大，所以确定指标时，既要心中有数，又要留有余地。

2. 原料选择

目标确定后，接着就是选择原材料。有一点是共同的，就是不管什么原料，都要求其稳定，稳定对生产是十分重要的。原料选择关系到供应商的选择。一定要选择那些不仅能提供合格原料，而且能提供稳定合格原料与优质服务的供应商和生产厂家。

(1) 乳液选择　对于内墙乳胶漆，一般可选用苯丙乳液、醋丙乳液、醋叔乳液和醋酸乙烯-乙烯共聚乳液。国内用得较多的是苯丙乳液和醋丙乳液。醋丙乳液价格适中，苯丙乳液黏结颜料能力高。

对于外墙乳胶漆，硅丙乳液、纯丙乳液、苯丙乳液、醋叔乳液均可选择。国内目前用得最多的也是苯丙乳液，因为其性能价格比易于被人们接受。

玻璃化温度、最低成膜温度、平均粒径和粒径分布等是影响聚合物乳液选择的定量指标，如有光乳胶漆一般选用 T_g 较高的乳液，平均粒径较细的乳液对颜料、填料的黏结能力往往比较强。但真正决定乳液选择的往往是一些说明书上没有直接表达的定性和定量指标或因素。例如，聚合物的构成、残余单体含量、乳液对漆膜光泽、附着力、物理机械性能和室内外耐用性能的影响等。这些指标或因素，有的是厂家保密而难以提供，有的是配方影响因素太多，无法简单的定量。但是对产品说明书的全面消化，尤其是它们的配方举例，包括与乳液供应厂家技术人员的交流，加上自身对聚合物乳液的知识积累，能较准确地选出有资格进入筛选过程的备选品，然后通过试验比较确定。例如如下做法。

将乳液涂布在玻璃板上，如在 (50±2)℃放置 4h，观察乳液膜的透明度，越透明越好。

将上述玻璃板浸泡在蒸馏水中，观察其出现泛白所需的时间，时间越长说明耐水性越好。这可用于选择真石漆用乳液参考。当然，影响因素很多，应具体问题具体分析。

对外墙乳胶漆用乳液的选择，也可通过白石试验（Whitestone test）。所谓白石试验，就是以白色大理石屑片为填料配制乳胶漆，白色大理石屑片是易显色粒子，经人工加速老化或自然曝晒后，很易鉴别，从而确定乳液性能的一种试验方法。

白石试验乳胶漆的配方见表 3-1-4。

表 3-1-4 白石试验乳胶漆的配方

No	原 料	配 比
1	乳液(50%)	195
2	羟乙基纤维素(4%)	36
3	乙氧基醋酸丁酯(butyloxyethyl acetate)	15
4	防腐剂	2
5	白色大理石屑片(2mm)	750
6	消泡剂	2
	合计	1000

将该白石试验乳胶漆用 0.03% 酞菁蓝着色。试验表明，0.03% 酞菁蓝对乳液试验影响可以忽略。

选用白色大理石屑片，一是因为当蓝色乳液膜粉化脱落后，白色大理石就显示出来，很容易识别；二是减少填料吸收紫外线而对试验结果的影响。

加入乙氧基醋酸丁酯，是为了避免干燥时间的差异。

可在纤维水泥板上涂布白石试验乳胶漆进行试验。

据介绍，用白石试验法评估聚合物乳液光化学稳定性，可以比自然曝晒缩短 4～5 倍的试验时间。白石试验表明，如果一种聚合物乳液仅 6 个月就有可以看得出的降解，该乳液不应用于富含乳液的配方中，如有光漆和清漆。

(2) 颜料填料选择 一般乳胶漆所用的颜料，其所起作用不外是提供遮盖力和装饰性。对颜料的首要要求是具有尽可能高的遮盖力和明亮、美丽的颜色。但是，为了使颜料得以长远地履行其遮盖和装饰的作用，还必须十分地注意颜料的稳定性和易分散性。对光稳定可以保色性好，耐久性佳；对热稳定可以耐烘烤；物理化学性质的稳定可保乳胶漆黏度的稳定，耐候性好；分散状态稳定包括不沉淀、不絮凝、不浮色、不发花等。易分散性的重要性是不言自明的，它有助于控制工厂的投资，有助于降低生产的成本，并提高产品质量。

常规颜色包括红、黄、蓝、绿、白、黑、金属色等，对乳胶漆来说，一般白色用得较多。钛白粉，尤其是金红石钛白粉是最好的白色颜料。国外发达国家不仅外墙乳胶漆，而且内墙乳胶漆也用金红石型钛白粉。对水性漆和有光漆，厂商均有专品供应，配方师们也很熟悉，针对性地选用，必能受惠。在工业发达国家，生产乳胶漆时，不用立德粉。但是，国内在生产内墙乳胶漆时，也有使用立德粉的。立德粉配方平衡费力，遮盖力低，耐光耐候性差。氧化锌在乳胶漆中可部分地用于防腐蚀颜料或防霉，也有遮盖作用，对含游离羧基的聚合物不宜选用。彩色和黑色颜料其作用不过是配色而已。因此，着色力是否够强，着色牢度是否够高，色相是否纯正鲜明，就很重要。此外，墙漆的基材通常为水泥砂浆和混合砂浆，碱性较强，因而颜料的耐碱性也是重要的。这就是为什么建筑乳胶漆不使用铁蓝的原因。在我国，外用漆常采用深色调，红色、绿色也很普遍。这时，对颜料的耐晒牢度就有较高的要求。红色以氧化铁红为主。在当前的国内市场上，色相较鲜而耐晒优良的氧化铁红已不难得，它们也具有极佳的抗酸碱性。如果要求极鲜艳的红色，那就只能求诸价格昂贵的高级有机红了。如颜料红 254 和颜料红 168 等。黄色以氧化铁黄为主，如要比较鲜艳的黄色，有高价格的钒酸铋（颜料黄 184），或有机黄，如颜料黄 109 和颜料黄 110 等。绿色有酞菁绿，蓝色有酞菁蓝和钴蓝，黑色有氧化铁黑和炭黑。有机颜料和炭黑都是难分散的亲油性颜料。

乳胶漆对颜料的另一个要求就是遮盖力。金红石型钛白粉的遮盖力是最好的，其他颜料也有一定遮盖力，具体视其对光的散射和吸收能力而异。鲜艳的黄色和红色乳胶漆应特别注意其遮盖力是否达到要求。

在乳胶漆中使用填料亦称体质颜料，有如下结果：降低成本；增加乳胶漆的稠度，防止颜料填料的沉降；影响乳胶漆的流动性、流平性；影响漆膜的光泽；有助于漆膜染污的清除；增加漆膜的抗抛光性；影响漆膜的耐久性、粉化性和耐擦洗性；增加漆膜的整体性和屏蔽性等。填料的品种又非常多，选择起来确实比较复杂。但是，既然叫做填料，便宜当然是第一要义，光图便宜自然不行，还要根据主次，兼顾其他目的。作为填料，在乳胶漆中加得越多，成本降低越甚。但是，其添加量需视乳胶漆的性能要求、填料的细度、吸油量等而定，还要考虑黏结剂对颜料的黏结力。

填料的吸油量在许多手册中或产品说明书中可以查到。细度在产品说明书上会有记载。现在，许多填料也有超细分散的品种。它们白度好、沉降性低，在使用上有其有利之处。但价格较贵，吸油量高，用量上有时会受到限制。在给定的条件下，吸油量高，细度细，往往用量低；反之则高。定配方时，必须根据具体情况加以权衡。常用填料及其特性见表 3-1-5。

表 3-1-5　常用填料及其特性

填　料	特　　性
煅烧高岭土	干遮盖力好,悬浮性好,降低流挂,吸油量较高
石英粉	消光,抗抛光,耐磨,耐擦洗
滑石粉	易粉化,防沉降,提高漆膜屏蔽性和整体性,施工性好
重质碳酸钙	可改善保色性和抗粉化性,超细粒子能提供位隔作用,增加钛白粉遮盖效能
轻质碳酸钙	悬浮性较好,能提供位隔作用,吸油量高,室外耐久性稍差
沉淀硫酸钡	不易起白霜和染污,吸油量低,易沉降
硅灰石粉	耐候性好,耐洗刷,易沉降
云母粉	增强漆膜坚韧性,减少漆膜透水性,抗紫外线,防开裂

不同填料的粒子形状是不相同的，具有片状粒子的滑石粉能提高涂膜的整体性，从而也对耐水性、耐碱性等有利。具有圆形粒子的碳酸钙，则当粗细搭配使用时，容易发挥其填充效应。填料粒径较粗，具有对漆膜消光作用。

金红石型钛白粉虽有最高的散射能力，但价格也很高，如果其颗粒产生附聚，就会影响其遮盖能力的发挥。体质颜料，如碳酸钙、滑石粉和高岭土等，其折射率基本与乳液聚合物相同，因此没有遮盖力。但较细的体质颜料，通过调节钛白粉在涂膜中空间位置，使钛白粉不团聚，达到最大的光散射能力，从而得到最高的遮盖力。而粗的体质颜料，由于造成钛白粉在其粒隙中聚集，从而降低了钛白粉的遮盖效率。对遮盖力问题颇有研究的 Steig 认为，体质颜料粒径为钛白粉粒径的四倍（约 0.8μm）时，空间位隔作用十分有效，钛白粉能得到最有效的光散射。

在可取代钛白粉的填料中，应提及有机体质颜料或称为不透明聚合物，将其用于乳胶漆配方中，除达到取代部分钛白粉的作用外，对提高漆膜硬度、平滑度、内用漆的耐擦洗性、外用漆的抗积尘性均有明显效果。

填料选择时还应注意搭配使用。不同填料搭配得好，不仅能提高涂膜的密实度，还可降低乳液用量。从而达到降低成本、提高性能的目的。

(3) 助剂选择　乳胶漆配方中必须使用众多品种的助剂，这里仅提三点。

① 任何助剂，当使用得当时，就会发挥事半功倍的正面作用，但它们也必然会有副作用。如湿润分散剂，能降低水的表面张力，促进颜料、填料的湿润分散，提高其分散稳定性，同时有利于涂料对基面的湿润。但湿润分散剂在生产和施工中会产生气泡；乳胶漆成膜后，湿润分散剂留在涂膜中，就成为渗透剂，从而提高涂膜的吸水性，降低耐水性和耐洗刷性。

② 任何助剂，其用量均以能解决问题为度，超量使用是花钱买副作用。

③ 要十分注意助剂之间的相互作用，竞争吸附。要把助剂放在乳胶漆体系中考虑，如乳液的乳化剂，色浆的湿润分散剂和增稠剂等，都要统一考虑，不能就助剂论助剂。要使其相互增益，防止相互抵消，甚至出现麻烦。

因此，要从助剂的组成、结构和作用机理出发，通过试验和不断实践，积累经验，逐步进入“自由王国”。

(4) 水和助溶剂的选择 也许人们要问，水还要选择？水是乳胶漆的一个组分，应该注意其质量。尤其是多价离子和细菌，长期在水箱中静置的水要杀菌处理后才能用，尤其是在天热时。还有铁锈和杂质，应过滤掉。助溶剂的选择应注意性能与环保的统一，如目前的趋势是用丙二醇，尽管乙二醇性能不错，也不用乙二醇。

3. 颜料体积浓度（PVC）**和颜基比**（P/B）

(1) PVC 和 CPVC 颜料体积浓度是指涂膜中颜料和填料的体积占涂膜总体积的百分数，以 PVC 表示，如下式所示。

$$\mathrm{PVC}=\frac{V_p+V_e}{V_p+V_e+V_b}=\frac{\dfrac{W_p}{d_p}+\dfrac{W_e}{d_e}}{\dfrac{W_p}{d_p}+\dfrac{W_e}{d_e}+\dfrac{W_b}{d_b}} \tag{3-1-1}$$

式中，V_p 为颜料体积；V_e 为填料体积；V_b 为干乳液聚合物体积；W_p 为颜料质量；W_e 为填料质量；W_b 为干乳液聚合物质量；d_p 为颜料密度；d_e 为填料密度；d_b 为干乳液聚合物密度。

涂料中最主要的固体组分是颜料、填料和基料聚合物。它们也是构成干膜的关键组分。从某种意义上说，颜料和填料在涂膜中起骨架作用，而乳液聚合物起黏结作用。PVC 就是反映这三者在涂膜中的体积关系。PVC 高，说明黏结剂少，颜料填料多；反之，说明黏结剂多，颜料填料少。

PVC 可根据涂料性能要求来确定，也能按配方进行计算。

临界颜料体积浓度是指基料聚合物恰好覆盖颜料和填料粒子表面，并充满颜料和填料粒子堆积所形成空间时的颜料体积浓度，以 CPVC 表示。乳胶漆的临界颜料体积浓度一般以 LCPVC 表示。CPVC 的计算公式如下。

$$\mathrm{CPVC}=\frac{1}{1+\dfrac{\mathrm{OA}\rho}{93.5}} \tag{3-1-2}$$

式中 OA——吸油量，g/100g；

ρ——颜料密度，g/cm^3；

93.5——亚麻仁油密度，×100。

由式(3-1-2) 可以看出，颜料吸油量低些能提高涂料的 CPVC，从而在相同的原材料成本下，得到较好性能的涂料。或者在相同涂料性能时，降低成本，但有时也并非绝对如此。

最初选定亚麻仁油作为吸油量介质是很自然的，因为 20 世纪 20 年代，亚麻仁油是主要的涂料基料。现在涂料工业仍继续采用亚麻仁油来评价涂料颜料，但也出现了一些替代液体。

由于乳胶漆是以水为分散介质，所以也有以吸水量来评价乳胶漆用颜料。

乳胶漆一般由多种颜料和填料配制而成，CPVC 也可通过式(3-1-3) 计算。

$$\mathrm{CPVC}=\frac{\sum_{i=1}^{n}\frac{W_i}{\rho_i}}{\sum_{i=1}^{n}\frac{W_i}{\rho_i}+\sum_{i=1}^{n}\frac{\mathrm{OA}_i W_i}{93.5}} \tag{3-1-3}$$

式中 W_i——颜料 i 的质量，g；

ρ_i——颜料 i 的密度，g/cm^3；

OA_i——颜料 i 的吸油量，g/100g。

计算 CPVC 可供参考。计算例子见配方举例一节。

(2) LCPVC 的测定 LCPVC 可以通过涂膜性能在 LCPVC 附近小范围内突变来测定，例如，干膜应力、孔隙率、遮盖力和透水汽性等。

① 沥青 LCPVC 测定法（Gilsonite test） 该方法原理是利用涂膜对沥青溶液的不可逆吸收，同时孔隙率越大，吸收沥青溶液越多，变色越明显。因为在 LCPVC 处，涂膜孔隙率突然增大，所以测定一系列不同 PVC 涂膜试板在浸沥青溶液前后颜色变化，就能确定 LCPVC。

② 应力 LCPVC 测定法 该测定方法的原理是在 LCPVC 处涂膜中应力最大，因此卷曲也最厉害，从而就能确定 LCPVC。

测定 LCPVC 还有遮盖力法、透水汽法和消色力法等。

(3) 影响 LCPVC 的因素 乳胶漆的临界颜料体积浓度不同于溶剂涂料 CPVC，一般认为，在相同的颜料和填料时，LCPVC 小于溶剂涂料 CPVC。它不仅与颜料和填料包覆性有关，而且还和乳液、成膜助剂和成膜时的温度等有关。

① 乳液的影响 乳液对 LCPVC 的影响见表 3-1-6。这六种商品乳液的组成和结构互不相同。

表 3-1-6 乳液对 LCPVC 的影响

No.	乳液类型	固含量/%	平均粒径/μm	MFT/℃	稳定系统	LCPVC/%			
						沥青法	对比率法	透水汽法	平均
1	苯丙	50	0.15	22	乳化剂	58	59	61	59
2	苯丙	50	0.1	20	乳化剂	59	60	61	60
3	苯丙	50	0.1	7	乳化剂	59	58	61	59
4	苯丙	50	0.15	8	乳化剂	56	55	56	56
5	纯丙	50	0.1	13	乳化剂	59	61	62	61
6	醋酸乙烯-乙烯-氯乙烯三元共聚物	50	0.7	4	纤维素保护胶体	53	55	53	54

结合其他试验得出，相同组成和结构的乳液聚合物粒子变细，LCPVC 升高。不同组成和结构的聚合物乳液，既使聚合物粒径相同，LCPVC 也不同。乳液聚合物 T_g 下降，LCPVC 提高。从表 3-1-6 还可以看出，同类乳液，如 No. 1～No. 4 苯丙乳液，LCPVC 有变化，但不大。

② 钛白粉的影响 钛白粉对 LCPVC 的影响如图 3-1-1 所示。LCPVC 以沥青法测定，试验所用的金红石型钛白粉列于表 3-1-7。填料分别采用沉淀碳酸钙 Socal P2 和方镁石粉

Microdol 1。Socal P2 平均粒径 0.3μm，吸油量 26g/100g。Microdol 1 平均粒径 7μm，吸油量 11g/100g。钛白粉：填料=40：60。

表 3-1-7 试验所用的钛白粉

No.	钛白粉	TiO_2/%	吸油量/(g/100g)	No.	钛白粉	TiO_2/%	吸油量/(g/100g)
1	Kronos 2044	82	35	4	Kronos 2190	94	18
2	Kronos 2043	85	34	5	Kronos 2300	94	16
3	Kronos 2065	93	21	6	Kronos 2310	93	18

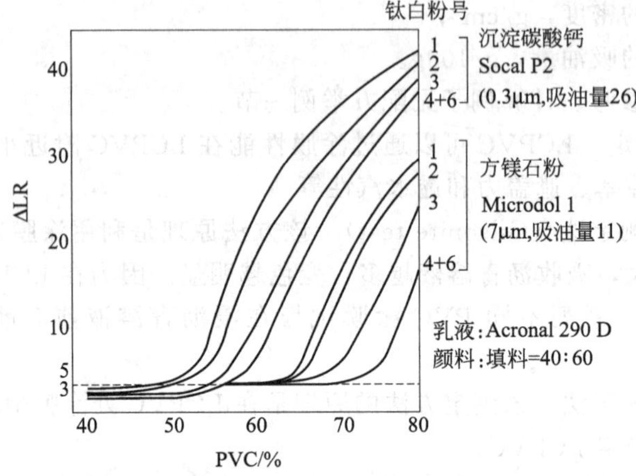

图 3-1-1 钛白粉 No. 1～No. 4、No. 6 对 LCPVC 的影响
ΔLR 为反射系数差

表 3-1-8 试验所用填料

No.	填 料	平均粒径/μm	吸油量/(g/100g)	No.	填 料	平均粒径/μm	吸油量/(g/100g)
1	重质碳酸钙，Durcal 2	3	18	4	滑石粉，Talcum N	5	32
2	沉淀碳酸钙，Socal P2	0.3	26	5	铝硅酸盐，P820	0.035	120
3	方镁石粉，Microdol 1	7	11				

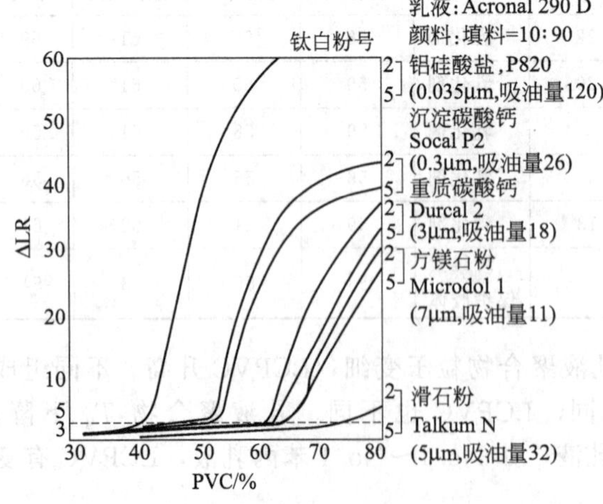

图 3-1-2 填料 No. 1～No. 5 对 LCPVC 的影响
ΔLR 为反射系数差

由图 3-1-1 可以看出，钛白粉的吸油量越低，LCPVC 就越高。

③ 填料的影响 填料对 LCPVC 的影响如图 3-1-2 所示。LCPVC 以沥青法测定，试验所用的钛白粉同样见表 3-1-7，填料见表 3-1-8。钛白粉：填料=10：90。

一般来说，填料的粒径越细，吸油量越大，LCPVC 就越低。如铝硅酸盐 P820，LCPVC 低至 40%。这是一种很容易使涂膜产生干燥裂缝的填料。

另外，片状滑石粉 Talcum N 的吸油量是 32g/100g，以沥青法测得的 LCPVC 却高达 74%，当然，这是一个偏高的数据。实际上，以应力法测得的 LCPVC 是

64%。这说明，一是高吸油量有时也不一定就得低 LCPVC；二是沥青 LCPVC 测定法存在一定的局限性。

表 3-1-9 是不同金红石型钛白粉和不同填料混合物的 LCPVC。

表 3-1-9 不同金红石型钛白粉和不同填料混合物的 LCPVC 单位：%

钛白粉	吸油量/(g/100g)	钛白粉/填料	沉淀碳酸钙,Socal P2		重质碳酸钙,Durcal 2		方镁石粉,Microdol 1	
			沥青法	应力法	沥青法	应力法	沥青法	应力法
Kronos 2043	34	10/90	50	50	61	62	64	66
Kronos 2065	21	10/90	50	50	61	62	64	66
Kronos 2190	18	10/90	51	52	62	64	65	66
Kronos 2300	16	10/90	52	52	62	62	64	64
Kronos 2044	35	40/60	50	48	57	56	62	60
Kronos 2043	34	40/60	52	50	59	58	64	62
Kronos 2065	21	40/60	56	54	63	60	66	65
Kronos 2190	18	40/60	57	54	65	62	70(偏高)	64
Kronos 2310	18	40/60	57	55	65	62	70(偏高)	66

从表 3-1-9 可见，当钛白粉：填料＝10：90 时，沥青法和应力法测得的 LCPVC 非常一致，而且影响 LCPVC 的主要是填料，因为其量大，不同钛白粉几乎没影响。当钛白粉：填料＝40：60 时，钛白粉和填料对其混合物 LCPVC 都有影响，而沥青法对低吸油量钛白粉和粗填料混合物 LCPVC 测定结果偏高。

④ 成膜助剂等的影响 合适的成膜助剂，当其用量达到最佳用量时，LCPVC 最大。成膜时的温度升高，LCPVC 也升高。

(4) PVC、LCPVC 和乳胶漆的性能关系 Asbeck 和 Van Loo 说明了各种涂料性能与颜料体积浓度的关系（图 3-1-3）。尽管该图有些过分简化，但还是显示了 CPVC 的基本特性。乳胶漆性能与 PVC 的关系如图 3-1-4 所示。Floyd 认为，和 Asbeck 关系图相似，其大多数性能在一个小的 PVC 范围内明显变化，该一小范围称为 LCPVC。有意义的是，少数几个性能，如光泽和耐腐蚀性，对 PVC 变化反应比其他性能敏感。CPVC，至少是 LCPVC，不简单是开始产生气孔，而是共连续相结构的相转变点，即由聚合物为主连续相转变为空气为主连续相。

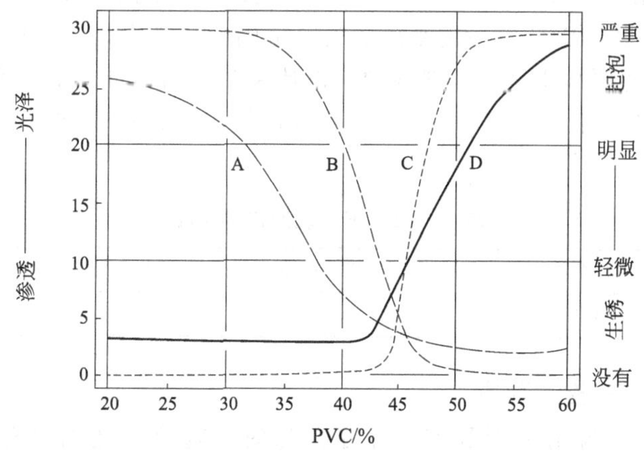

图 3-1-3 CPVC 对涂料性能的影响

A—光泽；B—起泡；C—生锈；D—渗透

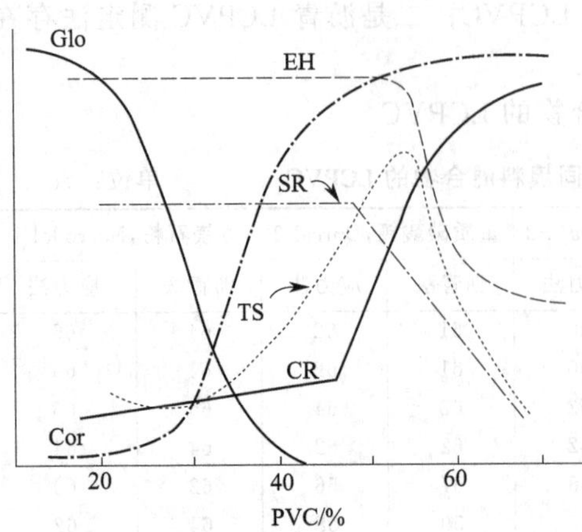

图 3-1-4 乳胶漆性能与 PVC 的关系
Glo 代表光泽；EH 代表瓷漆不渗性（enamel holdout）；SR 代表耐洗刷性；TS 代表拉伸强度；CR 代表对比率；Cor 代表耐腐蚀性

配制低 PVC 乳胶漆时，在干膜中，颜料和填料粒子分散在乳液聚合物的连续相里。随着颜料和填料的增加，PVC 提高，当其超过某一极限，即超过 LCPVC 时，乳液聚合物就不能将颜料和填料粒子间的空隙完全充满，这些未被填充的空隙就留在涂膜中，由空气来填充，涂膜的性能就急剧下降。乳胶漆的 PVC 也并非越低越好，要综合考虑性能、价格等因素确定。不同光泽乳胶漆的大致 PVC 列于表 3-1-10。

把 PVC/CPVC 的比值定义为对比 PVC。在进行涂料的配方时，对比 PVC 或 PVC 与 CPVC 的距离比 PVC 更能反映本质。它们不仅反映了乳胶漆中两个成膜物质——乳液和颜料填料——体积关系，而且反映了与 LCPVC 的距离，从而与乳胶漆的性能挂上了钩。有人建议建筑乳胶漆的 PVC/LCPVC 值见表 3-1-11。实际上，内用平光乳胶漆对比 PVC 有达 1.35 的，外用平光乳胶漆对比 PVC 也有超过 1 的。

表 3-1-10 不同光泽乳胶漆的 PVC

乳胶漆	有光	半光	蛋壳光	平光
PVC/%	10～18	18～30	30～40	40～80

表 3-1-11 建筑乳胶漆的 PVC/LCPVC

建筑乳胶漆	外用平光	内用平光	半光
PVC/CPVC	0.95～0.98	0.98～1.1	0.6～0.85

也有人认为配方设计时最好避开 PVC/CPVC=1.0，因为该点附近性能波动很大。

总之，乳胶漆最佳配方中的关键因素是 PVC/LCPVC。LCPVC 的大小与所用原料的种类及配比有关。最佳配方首先是通过调整 LCPVC 使之尽可能地高，并根据乳胶漆的性能要求，将 PVC 设定在离 LCPVC 有一定距离的安全范围内。其次是协调地用好助剂。

(5) 颜基比 所谓颜基比是指颜料和填料的质量分数对固体树脂（在乳胶漆中，指固体乳液聚合物）质量分数之比，以 P/B 表示。颜基比简单，还有不少人使用它。不同乳胶漆的 P/B 见表 3-1-12。

表 3-1-12 不同乳胶漆的 P/B

乳胶漆	有光乳胶漆	半光乳胶漆	外墙乳胶漆	内墙乳胶漆
P/B	0.4～0.6	0.6～2.0	0.4～5.0	0.6～7.0

4. 半个世纪前的乳胶漆配方

1953 年，第一个涂料用纯丙乳液诞生了。那时，乳液制造商推荐了一个配方，见表 3-1-13。这是一个半个世纪前的乳胶漆配方。

可以看出，那时乳胶漆的配方在助剂使用方面是十分简单的，只有分散剂和二乙二醇。虽然不完善，但它是环境友好型涂料，代表了涂料的发展方向。因此，很有生命力，终于经过半个世纪的演变和发展，成为现代的乳胶漆配方和今天人们所使用的乳胶漆。

表 3-1-13　世界上第一个纯丙乳胶漆配方

No.	原　　料	用量/质量份	制　造　商
1	钛白粉	267.0	
2	立德粉	76.3	
3	云母粉	51.7	
4	石英粉	81.0	
5	分散剂(Tamol N)	6.8	罗姆哈斯
6	二乙二醇	7.2	
7	水	190.0	
8	乳液[Phoplex AC-33,(46%)]	516.0	罗姆哈斯
	合计	1196.0	

5. 现代乳胶漆配方中各组分的作用及相互关系

表 3-1-14 是乳液制造商推荐的白色外墙乳胶漆的推荐配方。仅以此为例，说明各组分的作用及相互关系。因为该配方来自美国，所以一般有两种配比，质量和体积，体积总量为 100。这样做的原因是生产数量通常是 100 单位体积的倍数，另外，也便于人们比较配方组成的体积分数。另一方面，许多组分是以质量为基准加入的，所以也有质量配比。我国一般是采用质量配比。

表 3-1-14　白色外墙乳胶漆的推荐配方

序　号	原　　料	配比/%		原料供应商
		质　量	体　积	
1	Natrosol 250 MHR(2.5%)	120.0	14.40	Aqualon
2	乙二醇	25.0	2.68	
3	丙二醇	35.0	4.04	
4	Tamol 1124(50%)	4.6	0.47	Rohm & Haas
5	Triton CF-10	1.0	0.11	Union Carbide
6	Colloid 643	2.0	0.26	Rhodia
7	Ti-Pure R-902	150.0	4.50	Du Pont
8	Minex 4	50.0	2.30	Indusmin,Inc
9	Icecap K	15.9	0.68	Unimin Specialty Minerals,Inc
10	Celite 281	45.0	2.34	Johns Manville
高速分散机分散 20min,然后较低速度下加入以下组分				
11	Ropaque OP-62LO(36.5%)	120.0	13.96	Rohm & Haas
12	Rhoplex Multilobe 200(53.5%)	336.8	37.96	Rohm & Haas
13	Texanol	11.2	1.41	Eastman Chemical
14	Colloid 643	2.0	0.26	Rhodia
15	NH_4OH (28%)	0.6	0.08	
16	Natrosol MHR (2.5%)	49.0	5.88	Aqualon
17	水	72.3	8.67	
	合计	1039.5	100.00	
特性				
	PVC/%	47.0		
	体积固含量/%	36.4		
	质量固含量/%	46.7		
	pH	8.8～9.0		
	斯托默黏度(平衡值)/KU	88		
	ICI 黏度(平衡值)/Pa·s	0.095		
	VOC(扣水)/(g/L)	196		

Natrosol 250 MHR是羟乙基纤维素（HEC）增稠剂，在配方中的作用是增稠，提高乳胶漆在制造和施工过程中的外相黏度，并控制乳胶漆的最终黏度。黏度会影响乳胶漆的涂刷性、涂膜厚度、流平性、流挂性和贮存稳定性等。外相黏度还控制漆液渗透入多孔基层的速率。如果迅速渗透，多孔基面上乳胶漆的黏度和PVC就会上升，导致流平性变差，留在多孔基面上的涂膜质量下降。由于羟乙基纤维素保水性好，所以能延长开放时间。在序号1加入HEC，一是可以有足够的水来配制HEC水溶液，并使其有足够的时间溶胀和均匀分散；二是提高颜料、填料分散体的黏度，有利于分散。

乙二醇和丙二醇的主要作用有两个：一是防冻作用，提高乳胶漆的低温稳定性；二是调节乳胶漆干燥速率，延长湿边时间，防止产生接痕。从环保角度看，丙二醇比较环保，所以发展趋势是使用丙二醇，而不是乙二醇。

Tamol 1124是阴离子分散剂，促进颜料、填料分散稳定。Triton CF-10是一种非离子表面活性剂，能有效地降低表面张力，使颜料、填料较好地湿润，提高其分散稳定性。同时，由于乳胶漆表面张力降低，从而提高对基面的湿润能力，有利于获得较高的附着力，或湿润表面张力较低的基材。非离子表面活性剂和阴离子分散剂的搭配使用有利于提高系统稳定性。

Colloid 643是消泡剂，一般在打浆和制漆阶段分别加1/2。必须用尽可能少的消泡剂量来控制泡沫，过量的消泡剂会导致施工时缩孔。

Ti-Pure R-902是金红石型钛白粉，其作用是提供涂膜遮盖力。金红石型钛白粉价格高，在达到要求的情况下，能少用尽量少用。这里以不透明聚合物Ropaque OP-62LO为补充，以满足遮盖力的要求。

Minex 4是一种钠钾铝的硅酸盐填料，吸油量26.6g/100g。Icecap K是铝硅酸盐填料。Celite 281是硅藻土吸油量很大，139g/100g。它们的主要作用是降低成本，增加涂膜的体积，改善乳胶漆及其涂膜的性能。这些填料的折射率与涂料基料的折射率差不多，它们本身几乎没有遮盖力。但它们很细，具有位隔作用，能提高钛白粉的遮盖效率。

颜料、填料经高速分散，分散细度检验合格后，在低速搅拌的情况下，加入不透明聚合物Ropaque OP-62LO和乳液。Ropaque OP-62LO除了能提供遮盖力外，因其粒子细而均匀，能提高涂膜表面平整度，从而改善涂膜的耐沾污性。

乳液把乳胶漆各组分黏结在一起，形成涂膜，同时又使涂膜附着在基面上。它是乳胶漆的最主要组分。在低速搅拌下加入乳液是防止其破乳而影响乳胶漆的性能。

Texanol是成膜助剂，其化学名为2,2,4-三甲基-1,3-戊二醇单异丁酸酯。顾名思义，其作用是帮助乳液成膜，即降低乳胶漆的最低成膜温度，使乳液在施工的温度、湿度等条件下，尤其是冬天，形成连续膜。随着成膜过程的进行，成膜助剂会逐渐挥发，乳胶漆的最低成膜温度逐步升高，涂膜不断变硬，直至成膜过程结束。高浓度的成膜助剂易使乳液絮凝，因此，在此阶段加入时，应在低速搅拌的条件下，慢慢地加入，并搅拌均匀。也有将成膜助剂在打浆阶段加入的。其好处是可以避免乳液絮凝危险，但也有一些成膜助剂可能被颜料填料吸入颗粒中。至于成膜助剂的用量，绝大多数人认为，根据配方中乳液量来确定，因为其是帮助乳液成膜的。但事实是，随着颜料、填料的加入，乳液在乳胶漆中的最低成膜温度是不同于纯乳液的最低成膜温度的，它会升高。因此，根据配方中乳液量来确定成膜助剂用量时，如果采用同一比例的话，对于高PVC的乳胶漆，成膜助剂用量不够；而对于低PVC的乳胶漆，成膜助剂用量太多。综上所述，成膜助剂用量可根据其降低聚合物最低成膜温度的能力和对乳胶漆最低成膜温度的要求来确定，一般为乳胶漆总量的1.5％～3％。

NH_4OH，即氨水，是 pH 调节剂，当然是起调节 pH 值的作用。乳胶漆一般是偏碱性的。这使碱增稠剂充分发挥增稠作用，也有利于乳胶漆的防腐。当乳胶漆装在有涂层的马口铁桶中时，涂层难免有些损坏，在这种情况下，高 pH 还能使桶的腐蚀最小化。

最后两项是水和羟乙基纤维素（HEC）增稠剂，主要是用于调节乳胶漆的最终黏度。当然也可以用其他类型的增稠剂调节乳胶漆的最终黏度。不同类型的增稠剂搭配使用，可使乳胶漆的黏度曲线较符合实际要求。

配方中防腐剂是一定要加的，否则乳胶漆在贮存期内要变质，尤其是以纤维素为增稠剂的乳胶漆。一般可加 0.15%左右的防腐剂。热稳定性好的防腐剂可在打浆前加入，热稳定性差的防腐剂应在调漆后阶段加入，以防打浆时温度较高而使防腐剂分解失效。防霉剂可根据防霉要求，加或不加，或加多少。

该乳胶漆的 PVC 是 47%，比 LCPVC 低得多，所以是一种高性能的外墙乳胶漆。但就光泽来说，仍属于亚光乳胶漆。

乳胶漆的体积固含量是 36.4%，质量固含量是 46.7%。在计算乳胶漆干膜厚度时，可将单位面积的乳胶漆用量（mL/m^2）乘以其体积固含量而求得，而不是乘以其质量固含量。

ICI 黏度是高剪切速率黏度，基本反映刷涂、滚涂和喷涂时的黏度。乳胶漆的 ICI 黏度一般为 0.10～0.12Pa·s，该配方为 0.095Pa·s，处于下限。这是因为配方中仅采用羟乙基纤维素（HEC）增稠剂所致，因为羟乙基纤维素增稠剂的高剪切速率黏度较低。合适的 ICI 黏度是控制乳胶漆施工厚度的主要因素。

斯托默黏度是中低剪切速率黏度，也是建筑涂料工业常用的黏度。一般认为在 75～95KU。该配方实测结果是 88KU。

挥发性有机物（VOC）含量是环境友好型涂料的一个重要指标。该外墙乳胶漆扣水后 VOC 为 196g/L，未达到 HJ/T 201—2005《环境标志产品技术要求 水性涂料》的要求。

6. 提高遮盖力的措施

乳胶漆的遮盖力是乳胶漆装饰功能的基础。没有足够的遮盖力，就谈不上装饰作用。首先，遮盖力产生于颜料与介质的折射率差，差值越大，遮盖力越高。金红石型钛白粉折射率最高，所以遮盖力也最好。其次，遮盖力还与颜料的浓度有关。因此，要提高遮盖力，一般是多加钛白粉。金红石型钛白粉很贵，尤其是单位体积的价格，详见表 3-1-15。因此，在保证遮盖力的前提下，能节省就尽量节省。从而就产生了提高遮盖力的各种措施。

表 3-1-15 乳胶漆主要原料成本

原 料	价格/(元/吨)	密度(固体)/(g/cm^3)	单价/(元/kg 固体)	单价/(元/L 固体)
金红石型钛白粉	20000	4.0	20	80
纯丙乳液(50%)	11000	1.12	22	24.6
苯丙乳液(50%)	7500	1.12	15	16.8
填料	900	2.7	0.9	2.43

(1) 引进气孔提高遮盖力 如上所述，乳胶漆的遮盖力不仅取决于颜料的浓度，而且同颜料与介质的折射率差有关，差值愈大，遮盖力愈高。如果保持颜料的折射率不变，降低介质的折射率，差值增大，乳胶漆的遮盖力就可以提高。

在涂膜中，引进气孔，就能降低介质的折射率。空气和干乳胶的折射率分别为 1.0 和

1.5，假设介质的空隙率为 PI，则含气孔介质的折射率 n_b 见式(3-1-4)

$$n_b = 1.0PI + 1.5(1 - PI) = 1.5 - 0.5PI \tag{3-1-4}$$

由式(3-1-4) 可知，引进气孔越多，含气孔介质的折射率越低，颜料与该介质的折射率差越大，乳胶漆的遮盖力越好。

① PVC 大于 LCPVC　在配方时，通过将 PVC 提高至 LCPVC 以上，在涂膜中引进气孔，从而达到提高遮盖力的结果。价廉物美地高 PVC 乳胶漆，大多是内墙乳胶漆，也有外墙乳胶漆，就是以此来达到较好的遮盖力的。

表 3-1-16 是一个通过加入超细填料，降低 LCPVC，保持 PVC 不变，从而增大 PVC 与 LCPVC 的距离，在涂膜中引进气孔，达到降低钛白粉而保持遮盖力不变的例子。钛白粉用量从 16% 降至 10%，遮盖力基本保持不变。煅烧高岭土 PoleStar 400A 是 ECC 公司的产品。平均粒径为 0.5μm，小于 2μm 的粒径占 92%，吸油量是 95 g/100g。

表 3-1-16　引进气孔提高遮盖力　　单位：质量份

No.	原料	配方 1	配方 2	配方 3	配方 4
1	厚包膜钛白粉	16.0	14.0	12.0	10.0
2	煅烧高岭土 PoleStar 400A	0	2.0	4.0	6.0
3	不透明聚合物 Ropaque OP62	8.2	8.2	8.2	8.2
4	碳酸钙 Micocal Spa C120	24.5	24.5	24.5	24.5
5	湿润分散剂 Dispex N40	0.3	0.3	0.3	0.3
6	湿润分散剂 Calgon S	0.1	0.1	0.1	0.1
7	氨水	0.2	0.2	0.2	0.2
8	防腐剂 Acticide BX	0.2	0.2	0.2	0.2
9	丙二醇	0.8	0.8	0.8	0.8
10	消泡剂 Nopco NXZ	0.3	0.3	0.3	0.3
11	增稠剂 Natrosol 250MR(3%)	18.3	18.3	18.3	18.3
12	成膜助剂 Texanol	1.8	1.8	1.8	1.8
13	乳液 Vinamul 3469(55%)	16.6	16.6	16.6	16.6
14	水	12.7	12.7	12.7	12.7
	合计	100.0	100.0	100.0	100.0
涂料和涂膜					
1	PVC/%	70	70	70	70
2	质量固含量/%	53.5	53.5	53.5	53.5
3	体积固含量/%	35.4	35.6	35.8	36.0
4	密度/(g/cm³)	1.4	1.39	1.38	1.37
5	涂布率为 20m²/L 的对比率	94.0	93.9	93.9	93.8
6	颜色				
	L	97.7	97.6	97.6	97.5
	a	+0.09	+0.01	+0.01	−0.02
	b	+0.65	+0.72	+0.80	+0.85
7	85°光泽/%	7	7	7	8
8	ASTM 耐洗刷性/次	270	260	250	230
9	抗裂性/μm	850	850	850	825

② 不透明聚合物　不透明聚合物也是通过在涂膜中引进气孔，产生遮盖作用的，同时它粒径比较细，还有位隔作用，提高颜料的遮盖力。同样由于粒径比较细，用于外墙涂料，还能增加涂膜的表面平整度，而改善耐沾污性。

有关不透明聚合物在乳胶漆中的应用结果列于表 3-1-17。

表 3-1-17 不透明聚合物在乳胶漆中的应用结果 单位：质量份

序号	原 料	对照配方	配方 1	配方 2	配方 3	配方 4
1	水	100	100	100	100	100
2	X-405 湿润剂	1.5	1.5	1	1	1
3	丙二醇	25	25	25	25	25
4	5040 分散剂	6	6	5	5	4
5	681 F 消泡剂	2	2	2	2	2
6	LXE 防腐剂	1.5	1.5	1.5	1.5	1.5
7	R-706 钛白粉	245	225	205	185	165
8	煅烧高岭土	70	70	70	70	70
9	1500 目重钙	60	60	60	60	60
10	AC-261 纯丙乳液	350	350	350	350	350
11	醇酯-12 成膜助剂	14	14	14	14	14
12	8034L 消泡剂	1	1	1	1	1
13	250HBR 羟乙基纤维素增稠剂(2.5%)	60	60	60	60	60
14	水	59.5	59.5	61	61	41.5
15	不透明聚合物	0	20	40	60	100
16	TT-935 疏水改性碱增稠剂	1.5	1.5	1.5	1.5	1.5
17	SN-Thickener 612 聚氨酯增稠剂	3	3	3	3	3.5
	合计	1000.0	1000.0	1000.0	1000.0	1000.0
	性能					
	对比率	0.945	0.956	0.970	0.985	0.968
	60°光泽/%	76.2	76.0	76.0	75.8	73.6
	耐人工老化性/h	600	600	600	600	500
	耐沾污性/%	30	26	18	10	8
	耐洗刷性(2000 次)	一般	一般	较好	好	好
	原料成本/(元/kg)	10.5	10.0	9.8	9.4	9.2

由表 3-1-17 可以看出，随着不透明聚合物取代钛白粉的增加，直至 8%（质量分数），对比率、耐沾污性和耐洗刷性提高，原料成本略有降低。

亚洲热带地区的曝晒结果表明，在乳胶漆配方中，如含有 30% PVC 左右的 Ropaque OP-62，不管该配方的 PVC 是高于 CPVC，还是低于 CPVC，外墙乳胶漆的耐沾污性都能得到相当大的改善。

据报道，不透明聚合物取代钛白粉的最高量与钛白粉、不透明聚合物和乳液的价格有关。在大多数配方中，4% PVC 的 Rhopaque OP-62 约等于 1% PVC 钛白粉。如下一些使用不透明聚合物的经验可供参考。

钛白粉的 PVC 大于 22%时，可减少其中 25%的钛白粉。钛白粉的 PVC 小于 22%时，可减少其中 20%的钛白粉。

乳胶漆的 PVC 大于 55%时，以 5 倍量的 OP62 取代钛白粉，OP-62 的最大 PVC 为 15%，最小 PVC 为 8%。乳胶漆的 PVC 小于 55%时，以 4 倍量的 OP-62 取代钛白粉，OP-62 的最大 PVC 为 20%。

不透明聚合物也可取代超细填料。如果超细填料的 PVC 大于 10%时，可减少其中的 1/3。如果超细填料的 PVC 小于 10%时，可减少其中的 1/2。

如果原配方采用厚包膜 R3 钛白粉，且用量较低（3%～7%），而现在要在配方中加不透明聚合物，那么用通用型 R2 钛白粉等量取代 R3 钛白粉是有利的。

(2) 通过位隔作用提高遮盖力 粗的填料会使钛白粉在乳胶漆干膜中堆积在一起，从而使其遮盖力降低，而细的填料能把钛白粉分隔开，从而提高其遮盖力。人们把细填料的这种作用叫做位隔作用（spacing），把这种细填料叫做位隔填料（spacing extender 或 spacer），或钛白粉位隔剂，或钛白粉稀释剂。位隔作用可以用对钛白粉稀释效率（E_d）来表示。稀释效率定义为作为钛白粉位隔剂的那部分填料体积与该填料总体积之比，详见表 3-1-18。

表 3-1-18 不同粒径填料的稀释效率

填　料	稀释效率(E_d)	填　料	稀释效率(E_d)
12.5μm $CaCO_3$	0	2.0μm SiO_2	0.40
7.5μm 滑石粉	0.07	1.8μm 煅烧高岭土	0.74
5.5μm $CaCO_3$	0.15	1.0μm 煅烧高岭土	0.85
3.0μm $CaCO_3$	0.30	0.8μm $CaCO_3$	0.99

位隔作用提高遮盖力可通过式(3-1-5) 计算。

$$HP = W_t \times 101.88(0.9045 - PVC_e) \tag{3-1-5}$$

式中　HP——对比率等于 0.98 时的遮盖力，m^2/L；

W_t——钛白粉浓度，kg/L 涂料；

PVC_e——有效钛白粉体积浓度，小数表示。

$$PVC_e = \frac{V_t}{V_t + V_e E_d + V_b} \tag{3-1-6}$$

式中，V_t 为钛白粉体积；V_e 为填料体积；V_b 为干乳胶体积。

可以看出，填料变细，E_d 增大，PVC_e 降低，遮盖力提高。

7. 开放时间

在乳胶漆的涂刷过程中，前一道刚涂刷的湿涂膜，在一定的时间间隔内，将被后一道湿涂膜所搭接，干燥成膜后，看不出接痕的最长时间间隔就叫做该乳胶漆的开放时间。

乳胶漆的干燥成膜不仅与乳胶漆的组成有关，而且受周围环境的温度、湿度和基层的温度、吸水性强烈影响。为了便于比较，可把在（23±2）℃、RH＝(50±5)％和规定基层的标准条件下的开放时间称为标态开放时间。而将实际施工条件下的开放时间称为实际开放时间。实际开放时间随施工条件改变而变化。尤其是在夏天施工时，气温高，干燥快，实际开放时间短，很容易出现接痕。

为了避免出现接痕，乳胶漆实际开放时间应大于互相搭接的二道涂膜涂刷的时间间隔。但乳胶漆开放时间也不能过长，否则，既影响涂膜干燥时间，又容易造成涂膜被污染。对于外墙乳胶漆，还会推迟其涂膜耐雨淋的时间。据介绍，在涂刷底涂后的低吸水性基层上，最佳的开放时间是 10～12min。

乳胶漆的开放时间，可以通过加减二醇类溶剂、高沸点溶剂、成膜助剂和延长开放时间助剂等来调节。对于不含溶剂的零 VOC 乳胶漆，当然不能加入溶剂来调节其开放时间，因此，只能通过固含量和纤维素增稠剂等来调节。

8. 抗干燥收缩裂缝

抗干燥收缩裂缝（mud cracks）是指涂膜抵抗因干燥收缩而产生裂缝的能力。它是指在湿涂膜干燥成膜过程中出现的裂缝，而不是干燥成膜后，在使用过程中出现的裂缝。

(1) 测试方法　抗干燥收缩裂缝通常以带楔子缝隙涂布器涂布湿膜，如楔子缝隙涂布器的缝隙为 50～2000μm，宽度为 156mm，涂布后的湿膜在（23±2）℃、RH＝(50±5)％的标准条件下养护 48h，然后观测干膜在何一厚度开始开裂。这个开始开裂的干膜厚度就是该乳胶漆的抗干燥收缩裂缝的极限，叫做抗干燥收缩裂缝，以 μm 来表示，如图 3-1-5 所示。

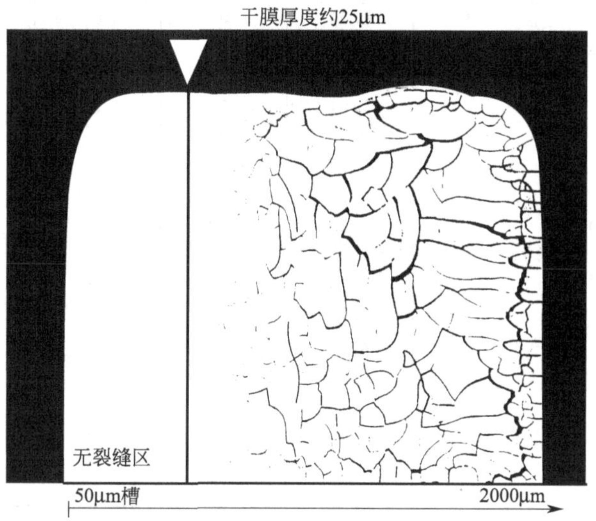

图 3-1-5　抗干燥收缩裂缝测定结果

(2) 抗干燥收缩裂缝的要求　对于内墙乳胶漆，抗干燥收缩裂缝的要求是 400μm。对于外墙乳胶漆，由于基层平整度较差，所以抗干燥收缩裂缝的要求提高至 900μm。这是德国对乳胶漆抗干燥收缩裂缝的要求。

由于我国施涂的涂膜一般比德国薄，质感又不强，抗干燥收缩裂缝的要求可以适当放宽一些。但对于浮雕漆上施涂的乳胶漆，抗干燥收缩裂缝的要求是绝对不能放宽的，而且还要提高。

(3) 干燥收缩裂缝产生原因　干燥收缩裂缝是由于涂膜干燥收缩应力大于其抗拉强度而产生。随着颜料和填料混合物的比表面积增加，涂膜干燥收缩应力提高，产生干燥收缩裂缝的可能性增大。成膜助剂用量不足、涂膜过厚、基层凹凸不平、干燥太快等都可能导致出现干燥收缩裂缝。

(4) 如何提高抗干燥收缩裂缝能力　由于涂膜干燥收缩应力过大而导致干燥收缩裂缝，因此，一切能降低涂膜干燥收缩应力的措施，都能提高乳胶漆抗干燥收缩裂缝能力。如适当提高填料的粒径，降低其吸油量，或增加成膜助剂用量，采用一些纤维状或片状填料等。

9. 配方设计举例

以下是一个美国东南部的内墙乳胶漆配方。主要通过触变型填料（structured extenders）和非触变型填料（non-structured extenders）组合来达到所要求的性能。触变型填料为煅烧高岭土和硅藻土。非触变型填料为碳酸钙和石英粉。因为涂料组分是以体积组成干膜的，所以配方都是以体积计算的，这一点与我国是不一样的。另外性能指标也与我国不同，对内墙乳胶漆，我国偏重耐洗刷性和对比率。

(1) 初始配方　根据经验和调查了解，选定原材料，见表 3-1-19。并确定配方参数，不包括助剂，乳胶漆的体积固含量为 33%，颜料体积浓度 PVC 为 63%。

在 100L 乳胶漆中，固体为 33L，颜料和填料总体积为 33×63%＝20.79（L），乳液固体体积 33－20.79＝12.21（L）。配方中乳液用量 12.21÷53.09%×1.08＝24.84（kg）。

表 3-1-19 原材料

序号	原料	密度/(kg/L)	质量固含量/%	体积固含量/%	吸油量/(g/100g)	成本/(美元/US gal)
1	水	1.00	0	0		
2	羟甲基纤维素 Celflow S-100	1.39	100	100		3.75
3	pH 调节剂 AMP-95	0.95	95	95		1.50
4	丙二醇	1.04	0	0		0.77
5	成膜助剂 Texanol	0.95	0	0		0.70
6	防腐剂 AMA 480	1.00	1.5	1.5		5.28
7	消泡剂 Colloid 643	0.84	100	100		0.55
8	湿润剂 Triton N 101	1.04	100	100		0.96
9	分散剂 Colloid 226(35%)	1.27	35	33.27		0.50
10	钛白粉	4.10	100	100	17	1.10
11	13μm 粗碳酸钙	2.71	100	100	12	0.06
12	3μm 细碳酸钙	2.71	100	100	16	0.09
13	1.5μm 煅烧高岭土	2.63	100	100	55	0.20
14	硅藻土	2.05	100	100	110	0.13
15	12.5μm 粗石英粉	2.66	100	100	28	0.10
16	3μm 细石英粉	2.66	100	100	30	0.15
17	醋丙乳液(55%)	1.08	55	53.09		0.40

注：1US gal=3.78dm^3。

根据经验，一般平光内墙乳胶漆中钛白粉为 18.09kg/100L（150lb/100gal）。则 100L 乳胶漆中钛白粉的体积为 18.09÷4.1=4.41（L）。填料的体积为 20.79－4.41=16.38（L），假定煅烧高岭土用量为 18kg，即体积为 18÷2.63=6.84（L），则碳酸钙体积为 16.38－6.84=9.54（L），用量为 9.54×2.71=25.85（kg）。

确定初始配方 ILF-01，见表 3-1-20。

表 3-1-20 初始配方 ILF-01

序号	原料	配比/kg	配比/L
打浆			
1	水	34.23	34.23
2	羟甲基纤维素 Celflow S-100	0.54	0.39
3	pH 调节剂 AMP-95	0.18	0.19
4	丙二醇	3.13	3.00
5	成膜助剂 Texanol	0.95	1.00
6	防腐剂 AMA 480	0.24	0.21
7	消泡剂 Colloid 643	0.36	0.39
8	湿润剂 Triton N 101	0.26	0.25
9	分散剂 Colloid 226(35%)	0.72	0.57
10	钛白粉	18.09	4.41
11	13μm 粗碳酸钙	25.85	9.56
12	1.5μm 煅烧高岭土	18.00	6.82
调漆			
13	水	14.61	14.53
14	羟甲基纤维素 Celflow S-100	0.27	0.20
15	消泡剂 Colloid 643	0.23	0.25
16	醋丙乳液(55%)	24.84	24.00
	合计	142.50	100.00

(2) 重要配方参数计算

① LCPVC LCPVC 按式(3-1-3) 计算。配方 ILF-01 计算情况列表 3-1-21。

表 3-1-21 LCPVC 计算

原　　料	密度 ρ_i/(kg/L)	吸油量 OA_i/(g/100g)	质量 W_i	W_i/ρ_i	$OA_i \cdot W_i$
钛白粉	4.10	17	18.09	4.41	307.53
13μm 粗碳酸钙	2.71	12	25.85	9.54	310.20
1.5μm 煅烧高岭土	2.63	55	18.00	6.84	990.00
合计			61.94	20.79	1607.73

$$\text{LCPVC}=\frac{20.79}{20.79+\dfrac{1607.73}{93.5}}=0.5474=54.74\%$$

② 对比 PVC　对比 PVC 以 λ 表示，λ＝PVC/LCPVC＝63/54.74＝1.15。说明干膜中孔隙还是比较低的。

③ 体积固含量　将初始配方 ILF-01 中的体积配比乘以原料的体积固含量就得乳胶漆的体积固含量 35.37%。乳胶漆的体积固含量也是一个重要的参数。单位面积的涂料体积用量乘以体积固含量就等于干膜厚度。

(3) 试验配方　在保持成本、钛白粉用量、对比 PVC、85°掠角光泽和 60°光泽、颜色、黏度基本不变的情况下，采用触变填料和非触变填料，设计如表 3-1-22 的试验配方。

ILF-01 就是初始配方。

ILF-16 仅用非触变碳酸钙，粗细碳酸钙搭配可达到预期的 85°掠角光泽和 60°光泽。碳酸钙吸油量低，LCPVC 高。为了保持对比 PVC 不变，所以 PVC 也高，固含量也高，乳液用量少。

ILF-13 用了两种触变填料。由于吸油量高，LCPVC 低。为了保持对比 PVC 不变，所以 PVC 也低，固含量很低，乳液用量多。

ILF-04 用单一非触变粗石英粉配制。

ILF-14 用两种粗细石英粉搭配。

表 3-1-22 试验配方

序号	原　　料	ILF-01	ILF-16	ILF-13	ILF-04	ILF-14
打浆						
1	水	34.23	34.23	34.23	34.23	34.23
2	羟甲基纤维素 Celflow S-100	0.54	0.54	0.54	0.54	0.54
3	pH 调节剂 AMP-95	0.18	0.18	0.18	0.18	0.18
4	丙二醇	3.13	3.13	3.13	3.13	3.13
5	成膜助剂 Texanol	0.95	0.95	0.95	0.95	0.95
6	防腐剂 AMA 480	0.24	0.24	0.24	0.24	0.24
7	消泡剂 Colloid 643	0.36	0.36	0.36	0.36	0.36
8	湿润剂 Triton N 101	0.26	0.26	0.26	0.26	0.26
9	分散剂 Colloid 226(35%)	0.72	0.72	0.72	0.72	0.72
10	钛白粉	18.09	18.09	18.09	18.09	18.09
11	13μm 粗碳酸钙	25.85	58.88	0	0	0
12	1.5μm 煅烧高岭土	18.00	0	14.18	0	0
13	3μm 细碳酸钙	0	35.01	0	0	0
14	硅藻土	0	0	4.79	0	0
15	12.5μm 粗石英粉	0	0	0	53.34	26.96
16	3μm 细石英粉	0	0	0	0	44.45
调漆						
17	水	14.61	0	20.26	9.22	7.53
18	羟甲基纤维素 Celflow S-100	0.27	0	0.42	0.24	0
19	消泡剂 Colloid 643	0.23	0.23	0.23	0.23	0.23
20	醋丙乳液(55%)	24.84	21.14	27.68	27.51	21.29
	合计	142.50	173.96	126.26	149.24	159.16

(4) 性能测试 试验配方的性能测试结果见表 3-1-23。

表 3-1-23 试验配方的性能测试结果

性能及参数	ILF-01	ILF-16	ILF-13	ILF-04	ILF-14
对比 PVC	1.15	1.14	1.19	1.17	1.38
赫格曼细度(ASTM D 1210)	$4\frac{1}{4}$	4	4	3	$3\frac{3}{4}$
密度(ASTM D 1475)	1.44	1.78	1.28	1.49	1.61
黏度/KU(ASTM D 562)	92	97	93	92	99
每升涂料 60g 氧化铁红着色后黏度/KU	93	99	95	93	100
pH	8.9	9.3	8.7	9.4	8.8
75μm 涂布器涂布的涂膜反射率,Y 值/%	91.10	90.68	90.49	85.62	88.02
75μm 涂布器涂布的涂膜对比率/%	95.75	95.82	94.94	93.76	97.34
150μm 涂布器涂布的涂膜反射率,Y 值/%	92.63	91.94	91.64	86.40	88.38
150μm 涂布器涂布的涂膜对比率/%	98.56	98.77	98.36	98.51	99.59
每升涂料 60g 氧化铁红着色后 75μm 涂布器涂布的涂膜反射率(Y 值)/%	26.78	26.12	26.53	23.14	27.29
相对着色强度/%	0.00	−4.20	−1.61	−21.23	3.34
75μm 涂布器涂布的涂膜散射系数	2.813	2.763	2.469	1.724	2.897
150μm 涂布器涂布的涂膜散射系数	2.582	2.573	2.253	1.633	2.691
平均散射系数	2.698	2.668	2.361	1.679	2.794
85°掠角光泽(ASTM D 523)	1.9	2.1	1.9	0.5	1.8
60°光泽(ASTM D 523)	2.6	2.6	2.6	2.0	2.5
150μm 涂布器涂布的涂膜孔隙率(Y 值保持率,ASTM D 3258)/%	87.57	85.36	88.53	95.38	80.55
耐洗刷性(ASTM D 2486)/次	1043	439	1402	2000+	843
流平性(ASTM D 4062)	5	3	4	5	4
抗流挂性(ASTM D 4400)/mil	10	14	12	14	14
辊涂抗飞溅性(ASTM D 4707)	8	8	8	7	7
均匀性(framing)	8.0	6.0	8.5	7.0	7.0
修补性(touch-up)	8.0	5.0	8.5	6.0	7.0
抗水迹性(water spotting)	10.0	10.0	10.0	10.0	10.0

注：1mil＝2.54×10^{-6}m。

其中国内较少见的试验项目简述如下。

① 白漆的着色强度和相对着色强度 该试验是测定白漆或基础漆达到给定深度颜色所需色浆量。正负百分数是相对于标准漆而言的。着色强度越高，所需色浆越多。着色采用工业标准含二醇类色浆，用量为每升涂料 60g 氧化铁红。在不透明干膜上测定反射率，相对着色强度按纽约钛白粉颜料公司 1955 年修订版手册第 92 页计算。

② 亚光内墙涂料的均匀性（framing） 这一试验是测试当采用辊涂法涂装墙面，用刷涂修边时，所得涂膜的均匀性。选用 0.14m² 或大于 0.14m² 的试板，先用被试涂料涂一遍，干燥 24h。涂料和试板都放置在约 25℃的环境中。然后用刷子在试板四周涂刷约 8cm 宽的涂膜，表干后即滚涂一遍试板，同时覆盖刷涂部分。干燥 24h 后，观测涂膜的均匀性，以0～10 打分，0 表示刷涂和辊涂之间无差别，即均匀性好，10 表示差别严重。

③ 亚光内墙涂料的修补性（touch-up） 这一试验是评估涂膜损坏后经修补和原涂膜的一致性。在均匀性（framing）测验后的试板上，立即用 2in（1in＝2.54cm）的刷子涂刷一个大“×”。干燥 24h 后，以×的明显度打分。0 表示看不出×，10 表示×十分明显。

④ 亚光内墙涂料的抗水迹性（water spotting resistance） 将修补性（touch-up）测验

后的试板直立，立即用 0.5mL 的水流过试板。24h 后观测水迹，以 0～10 打分，0 表示未见水迹，抗水迹性好，10 表示水迹十分严重，抗水迹性差。

综合试验结果虽然在表中没有列出，但由于相同的钛白粉使用量，湿遮盖力是一样的。因为石英粉的颜色较深，所以 ILF-04 和 ILF-14 两配方的反射率 Y 值较低。综合各项结果，ILF-01 配方把触变填料和非触变填料搭配使用的涂料性能比较好。

10. 配方的优化

配方优化的目的是达到乳胶漆的性能要求，寻求乳胶漆性能与其配方成本之间的最佳平衡点，举例说明如下。

(1) 内墙乳胶漆配方调整　高遮盖力平光内墙乳胶漆的配方调整优化见表 3-1-24。

表 3-1-24　高遮盖力平光内墙乳胶漆配方调整优化　　单位：质量份

原　料	A1 初始配方	A2	A3	A4
水	382.7	382.7	318	318
无机增稠剂 Bentone EW	3.3	3.3	—	—
无机增稠剂 Bentone LT	—	—	5	5
防腐剂 Parmentol A 23	2	2	1.5	1.5
湿润分散剂 Calgon N	0.5	0.5	0.5	0.5
湿润分散剂 Coatex P 90	2.5	2.5	—	—
湿润分散剂 Orotan 731	—	—	4	4
增稠剂 MC(30000mPa·s)	3	3	—	—
增稠剂 MC(2000mPa·s)	3	3	—	—
消泡剂 Agitan 280	2	2	1	1
钛白粉 Kronos 2190	180	180	170	—
钛白粉 Kronos 2043	—	—	—	180
硅铝酸盐 P820	55	55	40	—
重质碳酸钙 Durcal 5	235	—	—	—
重质碳酸钙 Industrie Spez	—	60	80	60
滑石粉 Talkum V70	—	75	—	—
滑石粉 Talkum N	—	—	100	150
微细滑石粉 Microtalc(3μm)	—	50	50	50
云母粉 Mica W160		50	—	—
湿磨云母粉 Glimmer 2038	—	—	25	25
氨水(25%)	1	1	1	1
水	—	—	100	100
增稠剂 MC(6000mPa·s)	—	—	3	3
成膜助剂 Texanol	10	10	20	20
丙二醇	20	20	—	—
消泡剂 Agitan 280	—	—	1	1
乳液 Acronal 290 D	100	100	80	80
合计	1000	1000	1000	1000
PVC/%	78	78	81	81
LCPVC/%	58	58	61	61
PVC 与 LCPVC 的差值	+20	+20	+20	+20
对比率 (100μm)	0.960	0.983	0.983	0.985
孔隙率	34.6	29.2	21.6	24.7
抗干燥收缩裂缝/μm	400	>900	>900	>800
耐洗刷性(DIN 53778)/次	3600	10000	9000	8000
原料成本(马克/kg)	1.43	1.57	1.39	1.39

调整说明如下。

A2 配方与 A1 配方相比，是以层状填料和 3μm 重质碳酸钙搭配组合代替 5μm 重质碳酸钙。结果是在保持 PVC 和 LCPVC 不变的情况下，对比率、抗干燥收缩裂缝、耐洗刷性都得到较大提高，而孔隙率下降。当然原料成本约提高了10%。

A3 配方在 A2 配方基础上，进一步进行优化，降低原料成本主要是通过减少钛白粉含量，同时提高 PVC 和 LCPVC，但保持 PVC 和 LCPVC 的距离不变。从而既保持 A2 配方的优良性能，又降低了原料成本，并使其比 A1 配方成本还低。说明成本低，并不一定代表质量差。

A4 配方和 A3 配方相比，首先是将 A3 配方中的钛白粉 Kronos 2190（吸油量为 18g/100g）用钛白粉 Kronos 2043（吸油量 35g/100g）取代，同时为了保持 LCPVC 和 PVC 不变，在 A4 配方中去掉了硅铝酸盐 P820，并稍微调整了钛白粉、滑石粉和 3μm 重质碳酸钙的含量。这说明，高遮盖力平光内墙乳胶漆既可以用正常表面包膜钛白粉生产，也可以用高表面包膜钛白粉生产，原料成本不变，性能相似。据钛白粉生产商介绍，高表面包膜钛白粉是专为生产高 PVC 涂料而设计的。在高 PVC 涂料生产中，采用高表面包膜钛白粉应有其优点，说明 A4 配方还可进一步优化。

又如一个低成本高 PVC 的内墙乳胶漆配方（表 3-1-25），在保持其他组分不变的情况下，提高乳液用量，能提高耐洗刷性，但会使对比率下降。配方调整应综合考虑各方面因素。

表 3-1-25 高 PVC 的内墙乳胶漆配方调整 单位：质量份

序号	原 料	配方 1	配方 2	配方 3
1	水	20.0	同配方 1	同配方 1
2	乙二醇	1.5		
3	分散剂	0.5		
4	湿润剂	0.1		
5	消泡剂	0.15		
6	立德粉 B301	20.0		
7	重钙(1250 目)	5.0		
8	轻钙(400 目)	12.0		
9	滑石粉(325 目)	8.0		
10	高岭土(TSP-88)	10.0		
11	Texanol 成膜助剂	0.7		
12	消泡剂	0.15		
13	乳液	11	13	15
14	增稠剂	0.60	同配方 1	同配方 1
15	氨水	0.1		
16	水	10.2	8.2	6.2
	合计	100.00	100.00	100.00
	PVC/%	75	71	70
	对比率	0.94	0.91	0.89

注：随着乳液用量增加，水减少，为了保持黏度不变，增稠剂用量要稍微降低。

(2) 外墙乳胶漆配方调整 平光外墙乳胶漆的配方调整优化见表 3-1-26。

表 3-1-26　平光外墙乳胶漆配方调整优化　　单位：质量份

配　方	B1 初始配方	B2	B3	配　方	B1 初始配方	B2	B3
水	174	207	201	成膜助剂 Texamol	20	20	20
无机增稠剂 Bentone LT	6	6	2	丙二醇	20	20	20
防腐剂 Parmentol A23	1.5	1.5	1.5	乳液 Acronal 290 D	320	267	267
湿润分散剂 Calgon N	1	1	1	增稠剂 Rheolate 278	—	—	10
湿润分散剂 Coatex 90	2.5	2.5	2.5	合计	1000	1000	1000
湿润剂 Genapol PN30	2	2	2	PVC/%	50	55	55
消泡剂 Agitan 280	2	2	2	LCPVC/%	58	66	66
钛白粉 Kronos 2310	—	205	205	PVC 与 LCPVC 的差值	−8	−11	−11
钛白粉 Kronos 2043	205	—	—	孔隙率	1.9	2.1	2.0
0.7μm 重质碳酸钙	100	120	120	对比率(150μm)	0.978	0.978	0.978
10μm 滑石粉	75	75	75	抗干燥收缩裂缝/μm	>900	>900	>900
3μm 滑石粉	50	50	50	耐洗刷性 (DIN 53778)/次	>10000	>10000	>10000
8μm 云母粉	20	20	20	原料成本/(马克/kg)	2.03	1.93	1.93
氨水(25%)	1	1	1				

调整优化说明如下。

对于 B1 初始配方，钛白粉选择有些欠妥，因为高表面包膜、高吸油量的钛白粉 Kronos 2043 一般用于高 PVC 乳胶漆，现平光外墙乳胶漆 PVC 不高，所以一般不应选该钛白粉。

B2 配方在 B1 配方基础上，将钛白粉 Kronos 2043 换成钛白粉 Kronos 2310，另外降低了乳液的用量，增加了 0.7μm 重质碳酸钙用量。从而 LCPVC 从 58%提高至 66%，PVC 与 LCPVC 的距离从 8%增至 11%。结果是原料成本下降，而乳胶漆性能提高。

B3 配方在 B2 配方基础上，调整了增稠系统，采用无机增稠剂与缔合型聚氨酯增稠剂结合，提高了高剪切力时的黏度、改善了流变性。使乳胶漆性能进一步提高。

(3) 利用数理统计和计算机技术进行配方设计和优化　在乳胶漆的配方设计和优化中，采用数理统计知识，如正交试验设计、回归分析等，结合计算机技术，进行试验设计和优化处理，往往能少做试验、较快较好地取得结果，即达到事半功倍的效果。目前，市场上已有该类计算机软件出售，且包括原材料管理等多项内容，使用十分方便。

(4) 通过生产调整配方　通过试验室试验确定的配方，在实际生产时，有时还难以保证试验结果重现，因为生产设备与实验设备不同，计量也不一样等，还应根据实际生产产品的检验结果进行调整，以达到预期结果。

谁都希望有一个最佳配方，但最佳配方不是从资料上找来的，不是由原材料供应商送的，也不是花钱买的。最佳配方应当是根据原材料的情况、设备的特点、管理水平、市场定位、有关标准和法规等因素，逐步调整完善而达到的一个适合本公司实际情况的动态折中和平衡，因为一是涂料的某些性能犹如跷跷板；二是情况总是变化发展的。

四、乳胶漆的生产

乳胶漆的生产过程包括颜料和填料分散、乳液漆的调制、配色、过滤、灌装和质量控制等工序。如果自己不合成乳液，乳胶漆的生产没有化学反应，只是物理的分散混合过程。在配方确定以后，剩下的问题就是准确地计量、有效地分散、均匀地混合、稳定地贮存和严格地控制等。在各组分的混合过程中，由于乳液和颜料填料的数量最大，所以，主要指这两种组分的混合方法。

1. 原料检验和控制

原料检验和控制是质量管理的重要环节，是乳胶漆生产第一关，一定要把好这一关。设置性能指标和允许波动范围，确定试验方法，建立验收程序。根据原材料在乳胶漆生产中的重要等级、检测难易程度和测试设备情况等，分别采取实际检测和验证供方提供的检验报告等方法。

(1) 乳液　配方确定后，乳液就是影响乳胶漆质量的最关键因素，因此要高度重视其质量。乳液的检验可参照 GB/T 20623—2006《建筑涂料用乳液》，要求见表 3-1-27，可选取其中某些项目检验控制。

表 3-1-27　建筑涂料用乳液性能要求

序号	性　能		要　求
1	容器中状态		乳白色均匀流体或膏状物，无杂质，无沉淀，不分层
2	不挥发物[(150±2)℃,15min]/%		45 或商定
3	pH 值		商定
4	黏度		商定
5	最低成膜温度/℃		商定
6	玻璃化温度/℃		商定
7	冻融稳定性[(−5±2)℃]/次		3
8	贮存稳定性[(50±2)℃,20h]		无硬块，无絮凝，允许有分层但易于搅匀
9	稀释稳定性[(3±0.5)%,72h]/%		
	上层清液体积	≤	5
	下层沉淀体积	≤	5
10	机械稳定性(ϕ40mm,2500rpm,0.5h)/%	≤	不破乳，无明显絮凝物
11	钙离子稳定性(0.5% $CaCl_2$)		48h 无分层、无沉淀、无絮凝
12	残余单体总和/%	≤	0.10
13	甲醛含量/(g/kg)	≤	0.08
14	挥发性有机物/(g/L)	≤	30

注：标准规定第 13 和第 14 项是仅对内墙乳胶漆用乳液的要求，但外墙涂料有害物质限量即将实施，因此，外墙乳胶漆用乳液也按此要求。

(2) 颜料填料　钛白粉在原料成本中所占比例大，我国市场目前有些不够规范，一定要有控制手段。一般可对遮盖力、吸油量或吸水量、细度、颜色等设置控制指标。

填料检验和控制在国内没有引起足够的重视。有些生产企业不检验，不控制；有些生产企业基本不检验，不控制；有些生产企业想检验，要控制，但又找不到合适的标准和测试方法。其实，ISO 3262 系列填料标准就是现成的标准，列于下面，可以参考选用。

ISO 3262-1：1997　色漆用体质颜料——规格和试验方法——1：总则和通用试验方法。

ISO 3262-2：1998　色漆用体质颜料——规格和试验方法——2：重晶石粉（天然硫酸钡）。

ISO 3262-3：1998　色漆用体质颜料——规格和试验方法——3：沉淀硫酸钡。

ISO 3262-4：1998　色漆用体质颜料——规格和试验方法——4：大白粉。

ISO 3262-5：1998　色漆用体质颜料——规格和试验方法——5：重质碳酸钙。

ISO 3262-6：1998　色漆用体质颜料——规格和试验方法——6：沉淀碳酸钙。

ISO 3262-7：1998　色漆用体质颜料——规格和试验方法——7：白云石。

ISO 3262-8：1999　色漆用体质颜料——规格和试验方法——8：天然瓷土。

ISO 3262-9：1997　色漆用体质颜料——规格和试验方法——9：煅烧瓷土。

ISO 3262-10：2000　色漆用体质颜料——规格和试验方法——10：天然薄片状滑石/绿泥石。

ISO 3262-11：2000　色漆用体质颜料——规格和试验方法——11：含碳酸盐的薄片状滑石。

ISO 3262-12：2001　色漆用体质颜料——规格和试验方法——12：白云母。

ISO 3262-13：1997　色漆用体质颜料——规格和试验方法——13：研磨过的天然石英。

ISO 3262-14：2000　色漆用体质颜料——规格和试验方法——14：方晶石。

ISO 3262-15：2000　色漆用体质颜料——规格和试验方法——15：透明二氧化硅。

ISO 3262-16：2000　色漆用体质颜料——规格和试验方法——16：氢氧化铝。

ISO 3262-17：2000　色漆用体质颜料——规格和试验方法——17：沉淀硅酸钙。

ISO 3262-18：2000　色漆用体质颜料——规格和试验方法——18：沉淀硅酸铝钠。

ISO 3262-19：2000　色漆用体质颜料——规格和试验方法——19：沉淀二氧化硅。

ISO 3262-20：2000　色漆用体质颜料——规格和试验方法——20：气相二氧化硅。

ISO 3262-21：2000　色漆用体质颜料——规格和试验方法——21：硅砂（未经粉碎的天然石英）。

现以 ISO 3262-5 重质碳酸钙为例来说明。其中化学分析（基本要求）见表 3-1-28，物理性能（条件要求）见表 3-1-29。

表 3-1-28　化学分析（基本要求）

特　　性		单位	一级	二级	三级	四级	试验方法
$CaCO_3$ 含量	≥	%	99	98	95	90	ISO 3262-1
105℃挥发物	≤	%	0.4				ISO 787-2
烧失量	≤	%	46				ISO 3262-1
水溶物	≤	%	0.5				ISO 787-3 或 ISO 787-8
pH			8～10				ISO 787-9
HCl 不溶物	≤	%	1	2	2	8	ISO 3262-5

表 3-1-29　物理性能（条件要求）

特　　性	单　　位	指　　标	试验方法
45μm 筛余	%	双方商定	ISO 787-7
粒径分布(仪器法)	%	双方商定	
颜色		双方商定	ISO 3262-1
明度		双方商定	
水萃取物电阻率	Ω·m	双方商定	ISO 787-14

可以根据企业实际情况，选择其中一些项目进行检验控制，尤其是表 3-1-29 的内容。

(3) 溶剂（成膜助剂和助溶剂）　可测试外观、颜色、折射率和馏程等，加以控制。这些项目测试简便，十分有效。

(4) 助剂　助剂可以功能为主，兼顾其他指标进行检验。功能检验是指在特定条件下，测试其功能，以便比较。如增稠剂，可测试某一浓度下的黏度。

(5) 水　对水可设置硬度或电导值进行控制。若有条件，细菌也可作为监测指标。

(6) 色浆　一般对色浆的着色力、相容性和色相等进行检验和控制。

为了对两种色浆的着色力进行比较，首先应选择一个适当的白色乳胶漆，称取同样重量分别置于两个容器中。在一个容器中加入一定量的色浆标准样，在另一个容器中加入同样量的色浆待测样。把容器固定在装有计时器的振动混合器上混合一定时间。混合后，平行地刮涂试板。分为马上和/或干燥后两次进行，目测着色力、色相和遮盖力。如有条件，可用测色仪测定。相容性可用指研法测定。

2. 颜料填料分散方法

无论是颜料还是填料，在买来的时候，都是由数百个到数千个一次粒子（primary particle）凝聚起来的二次粒子（secondary particle）组成的。在和乳液混合的时候，分为是将颜料和填料的二次粒子还原成一次粒子后再混合，还是将二次粒子直接加到乳液中后分散混合。据此，配制方法有明显的不同。前一种混合方法叫做研磨着色法（grinding pigmentation）；后一种方法叫做干着色（dry pigmentation）法。当配方中总用水量不足以采用研磨着色法时，可以在水中先加入部分乳液，然后将颜料和填料的二次粒子加入其中分散，分散达到要求后，将剩下的乳液加入混合均匀，此法称为半干着色法。

研磨着色法是对颜料和填料二次粒子施加大量的机械能，使其先在水中解聚、分散形成料浆，再与基料混合。与此相反，干着色法是将颜料和填料二次粒子直接加入到基料中进行分散搅拌，因此，两种配制方法所制造的乳胶漆，其固体分和颜料、填料的解聚、分散状态有所不同。

在不同 PVC 下计算得到的研磨着色法和干着色法的固含量见表 3-1-30。在计算时假定乳液固含量为 50%、聚合物密度为 1.0g/cm^3、颜料和填料的平均密度为 2.8g/cm^3。

表 3-1-30　乳胶漆的配制方法和固含量　　单位：%

PVC	研磨着色法		干着色法	PVC	研磨着色法		干着色法
	磨料固含量 65%	磨料固含量 55%			磨料固含量 65%	磨料固含量 55%	
20	55.2	51.9	63.0	50	60.2	53.6	79.2
30	57.2	52.6	68.8	60	61.5	54.0	83.9
40	58.8	53.2	74.1	70	62.5	54.3	88.3

因为在研磨着色法中磨料的调制受黏度的制约，所以打浆时磨料的固含量一般在 70% 以下。在磨料固含量为 65%的情况下，用该法制造的涂料在表 3-1-30 所列的实用 PVC 范围内，其固含量最高可达 62%左右。而用干着色法制造的涂料，其固含量可高达 88%。不管是研磨着色法，还是干着色法，乳胶漆的固含量都随 PVC 的增大而提高。

就颜料的分散状态来说，干着色法对于二次粒子的解聚不像研磨着色法那样充分，而且这种倾向在颜料粒子越小时越明显。因此，对于有光乳胶漆，一般均采用研磨着色法生产。

干着色法和半干着色法都要求乳液机械稳定性好，高速分散时不破乳。现在许多乳液能达此要求。

对于弹性乳胶漆、立体花纹饰面涂料和砂壁状饰面涂料等厚质涂料，因为其涂膜厚度厚，在干燥成膜时，容易产生收缩裂缝，为了避免此倾向，往往需要降低涂料含水量，并且尽量不使用太细颜料和填料。另外，作为厚质涂料，要求一次施涂厚度也比较厚，因此也需要提高其含固量。这就造成厚质涂料含水量低，无法采用研磨着色法生产，只能采取半干着色法和干着色法生产。

对于薄层涂料和配方中含水量足够采用研磨着色法生产的涂料，应采用研磨着色法生产。

在采用研磨着色法或半干着色法生产时，颜料和填料分散完成后，一般应将乳液慢速加入颜料和填料浆中调制成漆，而不是反之。

3. 乳胶漆的调制

乳胶漆的调制与传统的涂料生产工艺大体相同，一般分为预分散、分散、调和、过滤、包装等。但是就传统涂料来说，漆料作为分散媒在预分散阶段就与颜料、填料相遇，颜料、填料直接分散到漆料中，而对乳胶漆而言，由于乳液对剪应力通常较为敏感，在低剪力混合阶段，使之与颜料、填料分散浆相遇才比较安全。因而颜料、填料在分散阶段仅分散在水中，水的黏度低，表面张力高，因而分散困难，所以在分散作业中需加入润湿剂、分散剂、增稠剂。由于分散体系中，有大量的表面活性剂，容易产生气泡而妨碍生产进行。因而分散作业中，还必须加消泡剂。显然乳胶漆的调制较复杂。

乳胶漆生产线上直接生产的主要是白漆和基础漆，色浆一般是另行制备的。生产作业线主要考虑钛白粉等白色颜料和填料的分散。现代钛白粉中有专供乳胶漆使用的属于极易分散的品种，常用的填料一般也都是经过超细处理的。加之建筑乳胶漆对细度要求不高，所以乳胶漆生产线上通常只需装置高速分散机。高速分散机最好带有调速装置，这样分散和调漆就可以在一台高速分散机中完成。

当然，在特定条件下，为了适应对细度的较高要求，或适应可能遇到的较粗颜料和填料，除高速分散机以外，有些乳胶漆车间也装备有砂磨机和球磨机等设备。

乳胶漆生产中加料顺序是相当重要的，一般如下。

首先在搅拌缸中加入水、防腐剂、防霉剂、湿润分散剂、约 1/2 的消泡剂、增稠剂、助溶剂，充分混合均匀。如必需时，也可加入部分乳液。对于热稳定性差的防腐剂和防霉剂，应在调漆后阶段加入，以防制浆时温度过高使其分解而失效。

然后，将分散盘中心靠近搅拌缸底部，低速旋转，将颜料、填料逐渐加入纵深的漩涡中，先加细的颜料、填料，后加更粗的颜料、填料。这样加既有利于分散，又有利于消泡。随着颜料和填料的加入，磨料变稠，应提高分散盘的位置，使漩涡变浅，并相应提高转速。当所有的颜料和填料加完以后，将转速提高，使分散盘周边线速度为 20～25m/s 。

一般认为，在该转速下颜料和填料分散最好。研磨分散时间一般为 15min 左右，具体应以达到分散细度要求为度，对于丝光、半光和有光乳胶漆磨料，细度一般应少于 20μm，对于平光内墙乳胶漆磨料，细度一般可控制在 40μm 以下；对于平光外墙乳胶漆磨料，细度甚至可放至 100μm 以下。应注意分散时磨料的温度，温度太高，如超过 45℃时，黏度下降，分散将无法进行，可暂停下来，待冷却后，再分散。

分散细度合格后，在低速搅拌情况下，加入乳液、成膜助剂、部分增稠剂和另外约 1/2 消泡剂。

至于 pH 调节剂，如是 AMP-95，在颜料和填料分散前加入；如是氨水，可在乳液加入后加入；如为 NaOH、KOH，可在颜料和填料分散后，乳液加入前加入。

也有将成膜助剂在颜料和填料分散前加入的，这对乳液比较安全，但有可能被颜料和填料黏着吸入一部分。

这是一般的加料次序，具体可根据原料性能、分散设备、实际操作情况和对分散的要求等而定。

千万别将制备好的而未加乳液的颜料和填料浆放置超过 24h，尤其是有光乳胶漆的颜料和填料浆，以防止絮凝、结块和不稳定等。当制浆时还未加防腐剂、防霉剂时，由于温度较高，甚至有可能被细菌污染而报废的危险。

由于乳胶漆发展非常快，产量剧增，成为重要的涂料品种。钛白粉工业也相应发展了钛白水浆，碳酸钙工业也有碳酸钙浆。以水浆生产乳胶漆，不但使钛白粉工业和碳酸钙工业节省了干燥、气流粉碎和分级作业能耗，而且也使涂料工业缩短工时，提高工效，节省分散作业能耗。

现代乳胶漆专业生产厂的流程模式大致是这样的：用汽车槽车将乳液、钛白浆、散装填料送入厂内，用泵将其送到贮罐和粉料仓中。配料时，加水和助剂，并用泵等输送设备将钛白浆、填料通过计量器送至高速分散机，用高速挡进行分散作业。分散作业完成后，降低转速，将乳液通过流量计用泵送到高速分散机中，并加入其他助剂，搅拌均匀。这样制备完成的往往是白色乳胶漆和基础漆。

经检验合格后，白色乳胶漆和基础漆被送至贮罐。在接到订单后，即可灌装或配色，从而在最短时间内就能交货。

4. 生产过程控制

在生产过程中，对乳胶漆的半成品进行检验。经检验合格后，才能转序。这里所说的半成品，包括浆料（未加乳液）、基础漆和白乳胶漆。

(1) 分散细度　在打浆阶段完成后，乳液加入之前，要对分散细度进行检验，以确定是否达到分散要求。

(2) pH　pH 虽然不反映乳胶漆质量，但它与乳胶漆的稳定性，包括冻融稳定性、纤维素增稠剂和碱溶胀型增稠剂的增稠效果以及防腐等都存在一定关系，所以乳胶漆生产企业一般都将 pH 控制在一定的范围内。

(3) 固含量　在相同湿膜条件下，固含量较高的涂料能得到较厚的干膜厚度。在相同涂膜质量时，较厚的涂膜使用寿命一般较长。

另外，固含量的测试结果还能反映乳胶漆的批和批之间的稳定性及一致性。因此有些企业将固含量作为内控指标进行控制。

(4) 黏度　在特定的生产工艺中，黏度可以反映乳胶漆的贮存稳定性和施工性，还能检查计量情况和原材料的波动，生产企业通常检验并控制该指标。

(5) 密度　密度不是乳胶漆的质量指标，测试它也能反映批和批之间的稳定性。

(6) 细度　细度检验对于乳胶漆来说，是需要的，尤其是丝光乳胶漆、半光乳胶漆和有光乳胶漆。该项细度与分散细度有联系，但也有区别。它是加入乳液后制得的白乳胶漆和基础漆的细度。

可选择部分项目检验或对上述项目都进行检验。

5. 配色

色彩丰富是乳胶漆的一大特点。目前白色乳胶漆约仅占 20%以下，有色乳胶漆却占 80%以上。因此配色就成为乳胶漆生产中的重要环节。

(1) 色浆　配色首先就要选择色浆。

内用乳胶漆颜色可自由选择，因为室内紫外线很弱，又没有雨水等降解作用，所以保色性不成问题。

外用乳胶漆应尽量选择耐光和耐候好的色浆，最好是耐光性达 8 级，耐候性达 5 级；而且冲淡后还要保持较高的耐光性和耐候性，因为乳胶漆配色时，颜料浓度往往是比较低的。同时建筑乳胶漆涂刷的基面绝大多数是碱性较强的水泥砂浆和混合砂浆抹灰层，色浆的耐碱性也是必须考虑的。如无机类色浆和酞菁系列色浆，能达此要求。另外，对于相同的颜色，深色比浅色保色性好。也就是说，对有些保色性不是很好的色浆，配深色乳胶漆能用，但生产浅色乳胶漆就不能用。

色浆应稳定，包括贮存稳定、颜色稳定色强度稳定和批次之间稳定等。对于自动配色体系，颜色稳定色强度稳定和批次之间稳定尤其重要。

色浆应和被配色的乳胶漆具有良好的相容性，不絮凝、不浮色等。这主要是指色浆助剂和被配色的乳胶漆助剂之间没有负面作用。当出现相容性不好时，可通过选择相容性好的色浆或改变乳胶漆助剂的方法解决。

色浆应尽量与环境友好。挥发性有机物（VOC）低，重金属含量低，甲醛含量符合要求，不含烷基酚乙氧基酯（APEO），该类表面活性剂对人体的内分泌有干扰作用，用丙二醇而不用乙二醇等。

色浆还应有合理的性能价格比。

(2) 配色方法 目前乳胶漆生产企业大多采用全白色乳胶漆配色法和基础漆配色法两种。所谓基础漆配色法，指乳胶漆生产企业生产白色乳胶漆和透明乳胶漆（亦称基础漆），透明乳胶漆是指不含钛白粉等具有遮盖力颜料的乳胶漆，用白色乳胶漆和色浆配浅色漆，用透明乳胶漆和色浆配深色漆，用不同比例搭配的白色乳胶漆和透明乳胶漆同色浆配中色漆。

用透明乳胶漆和色浆配深色漆时，除了注意配色准确外，还要注意深色漆的遮盖力是否达到要求，尤其是配鲜艳的深黄色漆和深红色漆时。对于深色漆，尽管国家标准 GB/T 9755 和 GB/T 9756 都没有规定其对比率的指标要求，但实际使用时是需要达到一定遮盖力要求的。当遮盖力达不到要求时，可以钛白浆和含钛白粉的白色乳胶漆进行调整。

有些中小乳胶漆厂习惯采用全白色乳胶漆配色法。用白色乳胶漆来配深色甚至中色乳胶漆，必须加入大量的色浆才能达到一定的饱和度，其结果：大量色浆加入使配色成本大幅度提高，使乳胶漆性能下降，而产生不必要的遮盖力过剩。这是高成本而低质量的做法。

基础漆配色法，加上调色设备、混匀设备、通用色浆和计算机管理硬软件等，就构成现代调色系统。它可以把配色从涂料生产企业移至各零售店进行，达到就地配色，满足远程用户要求，并降低小批量配色成本。

(3) 库贝尔卡-芒克配色理论 传统上，加色法和减色法配色的称呼是用于区分色光的混合和着色剂的混合。加色法的原色是红、绿、蓝，而减色法的原色是绿、黄、蓝，或者是蓝绿、紫和黄。涂料配色是颜料混合，总是采用减色法。减色法配色是指除去物体上来自某个光源的部分光线。除去光线的方法包括吸收和散射。把仅使用吸收而不使用散射的方法称为简单减色法，而把同时使用吸收和散射的方法称为复杂减色法。颜料对光线一般既吸收又散射，所以涂料配色一般采用复杂减色法。库贝尔卡-芒克（Kubelka-Munk）方程就是广泛使用的描述复杂减色法配色的近似方程。

① 库贝尔卡-芒克方程 考虑一个薄膜，它既散射光，也吸收光，同时还有部分光透过。设膜厚为 X，背景反射率为 R_g。厚度变量在背景界面处的厚度为零，光入射界面处的厚度为 X，反射率为 R，则：

$$R=\frac{1-R_g(a-b\coth bSX)}{a-R_g+b\coth bSX} \tag{3-1-7}$$

$$a=1+\frac{K}{S} \qquad b=(a^2-1)^{\frac{1}{2}}$$

式中 K——吸收系数；

S——散射系数；

coth——双曲余切函数。

$$\coth bSX=[\exp(bSX)+\exp(-bSX)]/[\exp(bSX)-\exp(-bSX)] \tag{3-1-8}$$

式(3-1-7) 就是库贝尔卡-芒克方程（简称 K-M 方程）的基本形式。

a. 简化 K-M 方程 对于不透明薄膜，即在式(3-1-7) 中，使散射系数 S 或薄膜厚度 X 逐渐增加，则很快就可以发现 $\exp(-bSX)$ 对于 $\exp(bSX)$ 可以忽略，方程简化为：

$$R_\infty=1+\frac{K}{S}-\left[\left(\frac{K}{S}\right)^2+2\left(\frac{K}{S}\right)\right]^{\frac{1}{2}} \tag{3-1-9}$$

式中 R_∞——无限厚度的反射率。

所谓无限厚度，对涂料来说，是指涂膜具有的遮盖力足以使基层对其视在颜色产生的影响可忽略不计。涂料配色当然要达到该要求。

式(3-1-9) 表明此时厚度进一步增厚将不再影响薄膜的反射率。由式(3-1-9) 导出：

$$\frac{K}{S}=\frac{(1-R_\infty)^2}{2R_\infty} \tag{3-1-10}$$

式(3-1-9) 和式(3-1-10) 是对不透明样品普遍适用的，这里膜厚 X 和背景反射率 R_g 都没有在式中出现。式(3-1-10) 也称为简化库贝尔卡-芒克方程。

b. 双常数 K-M 理论　由于吸收系数和散射系数具有加和性。在基体中，当存在 n 种着色剂，并考虑基体的颜色时，则混合体系的吸收系数：

$$K=k_t+c_1k_1+c_2k_2+\cdots+c_nk_n \tag{3-1-11}$$

式中　k_t——没有着色剂的基体吸收系数；

$c_1,c_2,\cdots,c_n$——各种着色剂的浓度；

$k_1,k_2,\cdots,k_n$——各种着色剂的吸收系数，它们是光波长的函数。

同理，混合体系的散射系数：

$$S=s_t+c_1s_1+c_2s_2+\cdots+c_ns_n \tag{3-1-12}$$

式中　s_t——没有着色剂的基体散射系数；

$s_1,s_2,\cdots,s_n$——各种着色剂的散射系数，它们也是光波长的函数。

由式(3-1-11) 和式(3-1-12) 就可得出，对于混合体系：

$$\frac{K}{S}=\frac{k_t+c_1k_1+c_2k_2+\cdots+c_nk_n}{s_t+c_1s_1+c_2s_2+\cdots+c_ns_n} \tag{3-1-13}$$

这就是双常数 K-M 理论。双常数 K-M 理论常用于涂料的配色和塑料的染色。

c. 单常数 K-M 理论　当着色剂的散射性质与其介质相比可以忽略时，对于这样的材料，如织物、纸张和高钛白粉含量的涂料，可只用 k/s 一个参数来表征着色剂。当然，k/s 也是光波长的函数。

$$\frac{K}{S}=\left(\frac{k}{s}\right)_t+c_1\left(\frac{k}{s}\right)_1+c_2\left(\frac{k}{s}\right)_2+\cdots+c_n\left(\frac{k}{s}\right)_n \tag{3-1-14}$$

这就是单常数 K-M 理论。单常数 K-M 理论常用于织物和纸张的染色。对于钛白粉含量高的涂料，尽管其他颜料对光线也有散射，但当加入少量时，也可近似地以单常数 K-M 理论处理。

d. 对折射率不连续性的桑德森（Saunderson）修正　因为 K-M 理论假设折射率不发生变化，而实际上，折射率是不连续的。对此，采用桑德森修正。

$$R_m=\frac{K_1+[(1-K_1)(1-K_2)R_\infty]}{1-K_2R_\infty} \tag{3-1-15}$$

$$K_1=\frac{(n-1)^2}{(n+1)^2} \tag{3-1-16}$$

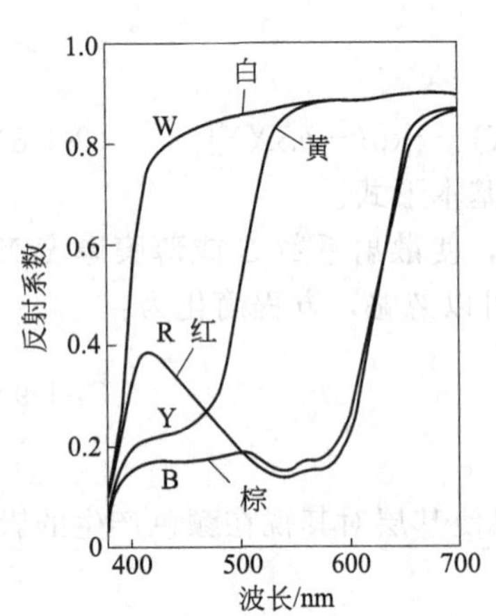

图 3-1-6　涂料反射率与波长的关系曲线

式中　R_m——光谱光度计测得的反射率；

K_1——平行光的菲涅尔（Fresnel）反射系数；

n——介质的折射率，对于大多数涂料聚合物，$n=1.5$，计算得 $K_1=0.04$；

K_2——从内部射向表面的漫射光的菲涅尔（Fresnel）反射系数，对于完全漫射光，K_2 的理论值为 0.6，K_2 通常在 0.4～0.6 之间变化。

式(3-1-15) 就是桑德森修正。

② 计算举例　利用 K-M 理论确定不透明涂料的颜料配方。该涂料 B 呈棕色，其反射率与波长的关系曲线如图3-1-6所示，由黄、红和白色颜料配成。试确定其颜料配比。

先配制白色涂料 W，仅含白色颜料；配制黄色涂料 Y，包含黄色颜料和白色颜料，黄色颜料占颜料总量的 18.5%；

配制红色涂料 R，包含深红色颜料和白色颜料，深红色颜料占颜料总量的 13.6%。这三种涂料反射率与波长的关系曲线如图 3-1-6 所示。

通常，双常数 K-M 理论应用于涂料配色。在本例中，做一个简化假定：与白色颜料相比，彩色颜料的散射量相对较小。因此，可以采用单常数 K-M 理论进行计算。

因为要确定两个未知含量，所以需要选择两个合适波长，如 420nm 和 560nm。根据光谱测试结果，由图 3-1-6 得波长为 420nm 和 560nm 的反射率，以分数表示，见表 3-1-31。

表 3-1-31 波长为 420nm 和 560nm 的反射率

涂料试样	W	Y	R	B
波长 420nm 的反射率	0.768	0.216	0.384	0.167
波长 560nm 的反射率	0.882	0.872	0.146	0.163

将表 3-1-31 的数据代入式(3-1-10)，得 K/S 值，列于表 3-1-32。

表 3-1-32 各涂料试样的 K/S 值

涂料试样	W	Y	R	B
波长 420nm 的 K/S	0.035	1.423	0.494	2.078
波长 560nm 的 K/S	0.007	0.009	2.498	2.149

在忽略没有颜料的基体 $(k/s)_t$ 值的条件下，将 R 和 Y 涂料试样中颜料的配比及表 3-1-32 中K/S 值代入式(3-1-14)，得各颜料的 k/s，见表 3-1-33。

表 3-1-33 各颜料的 k/s 值

颜料	白色	黄色	深红色
波长 420nm 的 k/s	0.035	7.538	3.410
波长 560nm 的 k/s	0.007	0.018	18.323

在 B 涂料试样中，有白色、黄色和深红色三种颜料。看起来有三个未知量，而相对于 420nm 和 560nm 两个波长，只能写出两个方程。但三种颜料的总和等于 100%，这里只有两个自由度。解决这类问题的常用方法是假定白色颜料的含量为 1。同样在忽略没有颜料的基体 $(k/s)_t$ 值的条件下，将各颜料的 k/s 值和 B 涂料试样 K/S 值代入式(3-1-14)，得二元一次联立方程组，解得黄色颜料含量为 0.218，深红色颜料含量为 0.117。化为百分比，白色、黄色和深红色三种颜料含量分别为：74.9%、16.3% 和 8.8%。

(4) 计算机配色简介 计算机自动配色设备由分光光度计、带配色软件的计算机和输出装置组成。其中大多数配色软件是基于库贝尔卡-芒克方程，涉及颜色试样的光谱反射率 $R(\lambda)$ 与吸收系数 K、散射系数 S 之间的关系，以及 K 值、S 值和色浆浓度 c 之间的加和特性。

① 数据库 配色软件最主要的组成要素是色浆的数据库。该数据库包括各种色浆的吸收和散射性能，以及理论浓度和有效浓度之间的关系，是对每个波长采用多项式或其他曲线拟合技术，作成 K/S 对浓度的曲线。数据库就等于配色师的经验。

② 光谱光度法色浆鉴别 所谓光谱光度法色浆鉴别，就是根据可见光光谱曲线，鉴别出所要配颜色样品中包含哪几种色浆。色浆本身的光谱反射比曲线对于鉴别色浆是很有用的，但是浓度变化会引起曲线形状发生较大变化。替代方法是把光谱反射比转化为 K/S 的对数。K/S 对数光谱曲线的形状几乎与浓度无关，因此可以鉴别所要配颜色样品中的色浆。

③ 光谱匹配法　光谱匹配法包括色浆选择、初始配方预测和整批校正。首先从数据库中选择能产生最近似光谱匹配的色浆。再进行最小二乘法计算，得到各色浆的有效浓度。使用数据库将有效浓度转变为理论浓度。

④ 色度匹配法　配色时，首先应考虑用多少种色浆，这就是自由度问题。对于乳胶漆，需要四种色浆，即三个自由度才能实现三刺激值的匹配，因为四种色浆总和等于1。

测定标样的三刺激值。假定浓度与色度坐标之间存在线性关系，则可以通过解三个联立方程求得四色浆的浓度。实际上，浓度与刺激值之间是高度非线性的。因此，要通过连续逼近的方法，求得真实浓度。色度匹配中最常用的连续逼近法是牛顿-拉夫逊（Newton-Raphson）法。

6. 填料对配色的影响

填料对配色的影响包括填料对LCPVC的影响、填料对遮盖力的影响、填料对消色力的影响和填料对保色性影响等。前两者前文已谈及，此处仅涉及后两者。

(1) 填料对消色力的影响　在配色过程中，要达到乳胶漆颜色的准确性和重复性，必须做到三准确和两稳定，即色漆配方、注浆和基础漆计量的准确，色浆和基础漆的稳定。以下就基础漆的稳定中，常被人们忽略的填料对消色力影响做一介绍。

消色力（lightening power或reducing power）是指在规定的条件下，白色颜料使有色颜料颜色变浅的能力。

一般来说，基础漆的消色力越高，遮盖力越好，但配制同一颜色所用色浆量越大。在乳胶漆中，对消色力影响最大的是钛白粉。填料几乎没有遮盖力，但对钛白粉的遮盖效率有影响，对消色力也有影响。

采用灰浆消色力的方法，即在白色乳胶漆中加入炭黑。本试验中，炭黑用科莱恩的炭黑浆Colanyl Black PR，乳液为巴斯夫的Acronal 290 D（这是在德国生产的，相当于在我国生产的Acronal 296 D），在白色乳胶漆中使用通用钛白粉Kronos 2300，试验所用填料见表3-1-34，钛白粉：填料＝40：60，乳胶漆的PVC为50%，低于LCPVC，这样就排除了填料的干遮盖力影响。因为是灰浆，填料的白度影响就可以忽略不计。

表3-1-34　试验所用填料

序号	填　料	商品名称	平均粒径/μm	吸油量/(g/100g)
1	重质碳酸钙	Durcal 10	10	13
2	重质碳酸钙	Calcider BL	7	14
3	重质碳酸钙	Durcal 2	3	18
4	重质碳酸钙	Calcider 2	2.7	18
5	重质碳酸钙	Hydrocarb	1.5	18
6	湿磨重质碳酸钙	Setacarb OG	0.7	21
7	沉淀碳酸钙	Socal P2	0.3	26
8	滑石粉	Luzenac OXO	10	33
9	细高岭土	Chinafill F86	1.7	43

填料对消色力的影响如图3-1-7和图3-1-8所示。在图3-1-7中，以钛白粉Kronos 2300：填料2（重质碳酸钙Calcider BL）＝40：60为基准，然后，重质碳酸钙Calcider BL与图示各种填料分别以75/25、50/50、25/75和0/100共混成填料混合物，并保持钛白粉：填料混合物＝40：60。如图3-1-8所示是以钛白粉Kronos 2300：填料8（滑石粉Luzenac OXO）＝40：60为基准对消色力的影响，填料混合物的配制方法与图3-1-7相同。

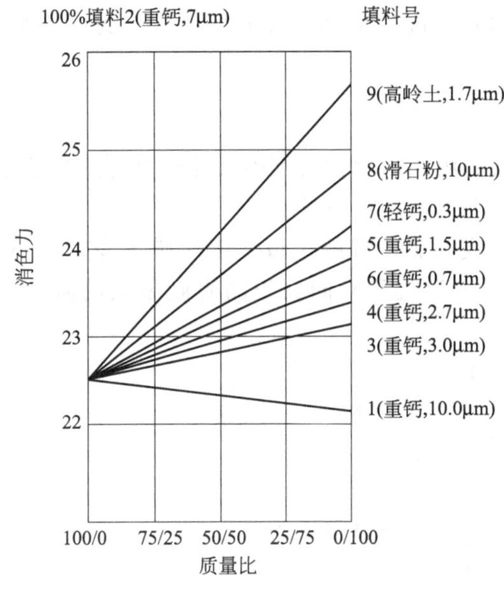

图 3-1-7　以填料 2 为基准，不同填料对消色力影响

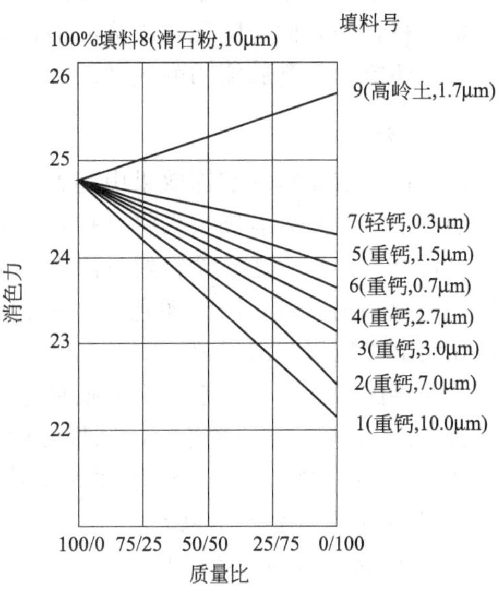

图 3-1-8　以填料 8 为基准，不同填料对消色力影响

由图 3-1-7 可以看出，钛白粉 Kronos 2300 和填料 2 以 40/60 比共混时，其消色力只有 22.5。当用更粗的球状重质碳酸钙 Durcal 10 取代填料 2 时，消色力进一步下降。用更细的填料取代填料 2 时，消色力提高。但填料 6 湿磨重质碳酸钙是一个例外，其平均粒径 0.7μm，却比平均粒径 1.5μm 的填料 5 重质碳酸钙消色力低。这说明，除了粒子的细度外，填料的粉磨工艺对消色力也有影响。填料粒子的形状不同，消色力也不相同，片状填料比球状填料更有效，以填料 9 细高岭土的消色力最高，达 25.7，填料 8 滑石粉的消色力其次，尽管填料 8 是很粗的。图 3-1-8 和图 3-1-7 是一致的。

这些试验结果可作为调整基础漆消色力和提高基础漆稳定性的参考。

(2) 填料对保色性的影响　在乳胶漆配色中，首先，填料吸油量越高，基础漆的消色力越高，配制相同颜色所用色浆量越大，有时甚至差二三倍。其次，填料吸油量越高，一般所配制的乳胶漆 LCPVC 就越低，尤其是配制高 PVC 乳胶漆时，即使在相同 PVC 下，PVC 与 LCPVC 距离也拉大，从而使乳胶漆对颜料的保护作用减少，乳胶漆的褪色加快，保色性明显降低。若该两项叠加，影响更大，如图 3-1-9 所示。图 3-1-9 中，左边的乳胶漆加 5%色浆，而右边乳胶漆的基础漆中加了煅烧高岭土，应加 15%色浆才配成同样深的颜色。两年自然曝晒后，两者褪色差十分明显。

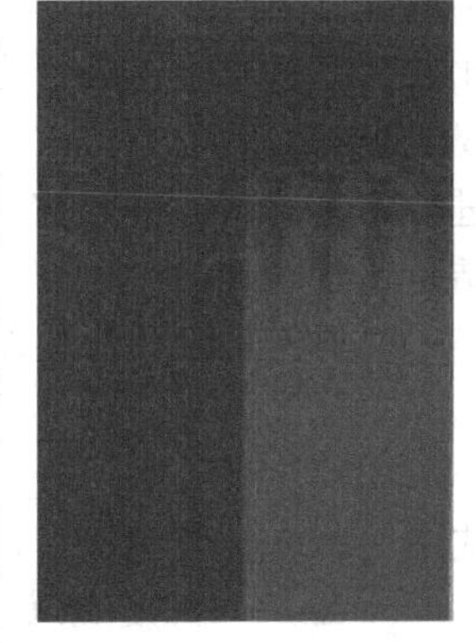

图 3-1-9　两年自然曝晒后

另外，填料吸油量越高，在高 PVC 乳胶漆中引进气孔提高遮盖力的效能越好。粒径细的填料，通过位隔作用提高遮盖力效果也较好。

应结合乳胶漆的要求特点，综合考虑各方面的影响，做出选择。

对于内墙乳胶漆，保色性要求不高，对装饰性要求较高，深色漆也用得不多，因此，可较多考虑采用细填料，保持遮盖力不变时，减少钛白粉用量。

对于外墙乳胶漆，保色性往往是其最薄弱环节，且深色漆也用得较多。因此，可考虑采用较粗填料，一方面，降低基础漆的消色力，从而降低配色成本，提高保色性；另一方面，较粗填料还能提高乳胶漆的耐久性。

7. 色差

颜色在建筑涂料的装饰效果中起着极其重要的作用，因此它特别引人注意是理所当然之事。如果出现色差，装饰效果将打折扣，所以应千方百计避免色差。

(1) 色差产生 建筑涂料经过涂布、干燥后形成涂膜。其颜色取决于涂膜本身的性质、基层、光源和观察者，因为颜色是一种视觉，所谓视觉就是不同波长的光刺激人的眼睛之后，在大脑中所引起的反映。

当这些因素变化时，都会产生视觉上的差异，如：

① 同一品种、同一颜色，不同批号的涂料往往会产生色差；

② 基层的材料、结构、吸水性等差异，会造成色差；

③ 光泽不同也会产生色差；

④ 先后涂刷时间间隔较长，先涂涂膜的褪色和沾污，也可能导致色差；

⑤ 当配色的色浆批号变化时，也有可能出现色差；

⑥ 当原材料变化时，也有可能导致色差；

⑦ 白色乳胶漆、基础漆和色浆计量不准，会导致色差；

⑧ 由于色卡属于印刷品，与实际墙面上涂膜的颜色在视觉上也不同；

⑨ 环境条件不同，同一颜色在视觉上也不一样等。

(2) 色差度量 大多数涂料生产企业是根据用户所选定的色卡上某一颜色或所给定的颜色样板进行生产的。生产后按国家标准 GB/T 9761—2008《色漆和清漆 色漆的目视比色》(eqv ISO 3668—1998) 进行两者间的目测对比，如果色差在允许范围内，则认为合格。否则继续调配至合格。

虽然一般用肉眼可以区分涂膜颜色的差别，而且实际涂刷后，有关色差以及色差大小都是以人眼观察的。但目测法标准难以统一，各人有各人掌握的尺度，人为影响因素比较大，基本上是属于定性的方法。所以一些大企业或质量控制比较严的企业采用测色仪，根据 GB/T 11186. 1～3—89《涂膜颜色的测量方法》，在 CIE LAB 色空间中，对颜色进行定量测试，并设置定量的色差指标，对色差进行控制。这样控制标准就可以统一，结果比较客观。

两颜色间的总色差 ΔE 是它们在 CIE LAB 色空间中两位置间的几何距离，以式计算：

$$\Delta E=\sqrt{(\Delta L)^2+(\Delta a)^2+(\Delta b)^2} \qquad (3\text{-}1\text{-}17)$$

式中 ΔL——明度差，$\Delta L>0$，表示比标准色浅，$\Delta L<0$，表示比标准色深；

Δa——红度-绿度差，$\Delta a>0$，与标准色比偏红，$\Delta a<0$，与标准色比偏绿；

Δb——黄度-蓝度差，$\Delta b>0$，与标准色比偏黄，$\Delta b<0$，与标准色比偏蓝。

色差的单位为 NBS (national bureau of standards unit)，原为美国国家标准局所制订，一个 NBS 单位表示一般目光能辨别的极微小颜色间的差别。该单位数值与人的感觉关系见表 3-1-35。

但测色仪测色也存在问题，因为肉眼对不同波长颜色具有不同敏感度。有些颜色，测色仪测出的 ΔE 已很小，但肉眼却感觉色差很大，不能接受。反之也一样。把肉眼与客观快速的仪器测试相结合，是度量色差最有效的方法。

表 3-1-35　色差数值与人的感觉之间关系及其评定级别

NBS 单位	相应于人的色差感觉	灰卡褪色评级/级	NBS 单位	相应于人的色差感觉	灰卡褪色评级/级
0～0.5	极轻微(trace)	5	3.0～6.0	严重(appreciable)	2
0.5～1.5	轻微(slight)	4	6.0～12.0	强烈(much)	1
1.5～3.0	明显(noticable)	3	>12.0	极强烈(very much)	—

(3) 色差控制范围　《建筑用氟涂料与喷涂技术》一文中谈及，对于铝幕墙板色差，美国建材协会标准（AAMA 2605—1998）控制 $\Delta E \leqslant 2.0$，日本最高标准 $\Delta E \leqslant 1.0$，国内先进标准 $\Delta E \leqslant 1.2$。

《电脑配色仪（ACS 系统）在汽车涂料中的应用》一文中写道，汽车行业已将颜色色差这一技术指标，由原来的定性要求变为定量指标，颜色色差 $\Delta E \leqslant 1 \sim 1.3$。

结合建筑涂料的实际和可能，对于用户的第一批订单，除特殊要求外，控制实际生产涂料的颜色和标准色板颜色之间的色差 $\Delta E \leqslant 2 \sim 3$，是既较经济又较合理的。对于补色，色差 ΔE 控制要严格得多。比如说，同一小区，不同幢建筑物，色差 $\Delta E \leqslant 1$；同一幢建筑物，不同墙面，$\Delta E \leqslant 0.6$；如果是同一墙面，一般不能用两批涂料，万不得已采用两批涂料时，$\Delta E \leqslant 0.4$。因为人眼对不同颜色的敏感程度是不一样的，另外，ΔE 中还包含三个分量，所以还要具体颜色具体对待。

8. 成品最终检验

成品最终检验一般包括出厂检验、形式检验和其他检验。

(1) 出厂检验　出厂检验项目包括容器中状态、施工性、干燥时间、涂膜外观和对比率等，按相关标准进行。但对比率的测试，试板需在标准条件下养护 24h，有时企业为了满足用户急需，不允许养护如此长的时间。可以在 40℃，烘干一定时间，其测试结果与标准条件下养护 24h 基本一致。这样做也是标准 GB/T 9755—2001 和 GB/T 9756—2009。许可的。

(2) 型式检验　可按有关标准进行，测试频率按规定和需要确定。所谓规定，是指标准的规定，如有的标准规定，在正常情况下，形式检验项目每年测定一次。因此就得每年有一次的型式检验。所谓需要，是指生产的要求，即不需要对全部项目进行检验，而要对薄弱环节加强控制。如某一高 PVC 的内墙合格品乳胶漆，若耐洗刷性富余不多，就要定期对它进行测试，以防不合格品出厂。

(3) 其他检验　这里所谓其他检验项目，是指型式检验项目外的检验项目。如自然曝晒、低温成膜性、保色性、涂刷性、辊涂性和溅落等。尽管国家标准或行业标准没有规定，但实际是需要了解和控制的。

总之，有选择地对产品性能进行检验控制，尤其是产品性能中的薄弱环节，要多检，确保出厂乳胶漆性能符合规定要求和使用要求，使施工人员容易施工，使用户满意。

五、乳胶漆的品种

乳胶漆的品种多种多样，并且还在不断发展，下面择其常用的做一介绍。这里主要介绍建筑乳胶漆。

1. 底涂

过去，人们主要使用溶剂型底涂。由于环境的原因和水性底涂性能的改进，水性底涂使用越来越多。据报道，1996 年，估计欧洲使用底涂 13 万吨，其中，2/3 是溶剂型底涂，1/3

是水性底涂。1998年，仅德国就生产了8.6万吨水性底涂。足见底涂从溶剂型转为水性之快。下面就底涂的作用、分类和标准做一介绍。

(1) 作用　底涂是涂膜系统的重要组成部分。其作用如下。

① 加固基层　对于比较疏松的基层，必须先用底涂处理，将其加固，然后才能施涂中涂料。这类似于对混凝土进行浸渍处理以提高混凝土的性能。

② 降低并均匀基层吸水性　建筑涂料的基层大多是水泥砂浆和混合砂浆抹灰层，吸水性较大。如果不涂底涂，就直接涂乳胶漆时，乳胶漆中的乳液粒子较细，流动性较好，就会被吸入基层中，留在表面的将是较高颜料填料、较高PVC的乳胶漆膜，影响其质量。其次，水分吸收过快，也不利于成膜。另外，吸水性不均匀，会造成涂膜厚度不均匀，并有可能导致色差。因此，应涂底涂以降低并均匀基层吸水性。

③ 提高中涂层在基层上的附着力　涂膜与基层的接触区是整个涂膜系统最薄弱的一环，因此，附着力就成为涂膜保护作用和装饰功能等的基础。乳胶漆涂膜主要通过机械咬合力和范德华力与基面结合的。底涂一般黏度低，表面张力适中，粒子细，流动性好，渗透性好。它能在较细的毛细孔中扎根，并且能渗入一定深度，从而产生较强的机械咬合力。当打磨基面时，难免在基面上还附有粉尘。直接涂刷涂料，就犹如在桌上打面时先撒一点面粉，尽管湿面粉很黏，是无论如何粘不到桌面上的。打面是不希望粘桌面而散一点面粉，而施涂涂料是希望粘得越牢越好，所以不能有粉尘。哪怕是一点粉尘，也会严重影响附着力，从而影响使用寿命。用底涂可以加固打磨而浮在基面上的粉尘。另据虞兆年介绍，他们曾在上海江宁路采用相同路标漆施工了四条路标线，其中三条都涂了底涂，只有一条未涂底涂。结果该未涂底涂的路标线投入使用两周后全面剥落，其余三条路标线用了两年。涂底涂的路标线使用寿命是未涂底涂的52倍。可见底涂对附着力的重要意义。

④ 封闭作用　底涂一方面填充了部分毛细孔；另一方面聚合物的表面张力低，憎水性比抹灰层高，所以降低了吸水性，并防止盐、碱随水分迁移，具有一定的封闭作用。当然，填充得越致密，聚合物的表面张力越低，憎水性越强，封闭作用越好。但还要兼顾中涂在其上的复涂性和一定的透气性。

(2) 分类　按有无颜料填料分，乳液型底涂一般可以分为两类，清漆型底涂和有色底涂。清漆型底涂是不含颜料和填料的，能较好地发挥上述底涂作用，尤其是微乳液或阳离子乳液制成的清漆型底涂。有色底涂是含有颜料和填料的，因此具有一定的遮盖力，但会牺牲上述底涂的部分功能。

按乳液离子性分，可将乳液型底涂分为阴离子底涂和阳离子底涂。

用阳离子乳液制成的底涂叫阳离子底涂。阳离子底涂可以是清漆型底涂，也可以是有色底涂。粒径小、表面张力低的阳离子乳液渗透性好。另外，阳离子表面活性剂对固体表面，尤其是硅酸盐类的固体表面，具有很强的附着力。因此，阳离子底涂附着力高，封闭性好。

(3) 标准　底涂性能一般要符合JG/T 210—2007《建筑内外墙用底漆》的规定。

2. 内墙乳胶漆

内墙乳胶漆是目前用得最多的建筑涂料之一。

(1) 内墙乳胶漆简介　内墙乳胶漆已成为室内墙面和顶棚装饰的首选材料。其主要产品有苯丙乳胶漆、醋丙乳胶漆和乙烯-醋酸乙烯乳胶漆。

醋丙内墙乳胶漆（亦称乙丙内墙乳胶漆）和苯丙内墙乳胶漆，由于性能好，价格适中，是目前最广泛使用的两种内墙乳胶漆。

乙烯-醋酸乙烯内墙乳胶漆，由于其所用的乳液聚合物经乙烯改性后，成膜性能好，高温下不回黏，因此提高了涂膜的耐水性、耐碱性和耐污性。乙烯-醋酸乙烯共聚乳液还能较方便地制成低 VOC（挥发性有机物）或零 VOC 内墙乳胶漆。

纯丙内墙乳胶漆，质量好，但比较起来价格较高，目前使用很少。

根据光泽不同，内墙乳胶漆还可分为平光内墙乳胶漆，丝光内墙乳胶漆，半光内墙乳胶漆和有光内墙乳胶漆等。我国没有具体划分标准，德国和欧盟有此类标准，如 EN 13300：2001。

光泽是涂膜表面对光的反射能力，以涂膜表面反射光和黑平玻璃表面（$n_D=1.567$）反射光之比乘以 100 表示。光泽与观察角、涂膜表面平整度和涂膜材料的折射系数等有关。通常，观察角为 20°、60°和 85°，特殊情况为 45°。

(2) 性能和环保要求　我国内墙乳胶漆的性能要求见 GB/T 9756—2009 合成树脂乳液内墙涂料。

我国内墙乳胶漆在环境友好方面尚需满足 GB 18582—2008（表 3-1-36）的要求，才能允许进入市场销售。挥发性有机化合物主要来自成膜助剂、助溶剂、乳液、色浆和其他助剂，苯、甲苯、乙苯、二甲苯主要来自溶剂油。游离甲醛超标时，首先检查防腐防霉剂，其次是乳液，这是容易出现问题的地方，不管生产和使用都应注意。重金属来自于颜料和填料，一般也不会超标。

表 3-1-36　GB 18582—2008 室内装饰装修材料　内墙涂料中有害物质限量

项　目		限量值	项　目			限量值
挥发性有机化合物(VOC)/(g/L)	≤	120	重金属/(mg/kg)	可溶性铅	≤	90
苯、甲苯、乙苯、二甲苯总和/(mg/kg)	≤	300		可溶性镉	≤	75
游离甲醛/(mg/kg)	≤	100		可溶性铬	≤	60
				可溶性汞	≤	60

3. 外墙乳胶漆

外墙乳胶漆全名为合成树脂乳液外墙涂料，它是目前最普遍使用的一种外墙涂料。

外墙乳胶漆的主要问题是最低成膜温度高，通常必须在 5℃以上施工才能保证质量，有的还要在 10℃以上。对于我国的北方，造成一年内可施工时期较短。

(1) 分类　外墙乳胶漆的分类有多种分法。

根据所使用乳液的不同，外墙乳胶漆又可分为硅丙乳胶漆、聚氨酯丙烯酸乳胶漆、纯丙乳胶漆、苯丙乳胶漆和醋叔乳胶漆等。其中苯丙乳胶漆和纯丙乳胶漆，因为性能能满足要求，价格适中，是目前广泛使用的两种乳胶漆。硅丙乳胶漆由于其拒水性、透气性好，耐沾污性和耐久性也好，当然价格也较高，在一些要求较高的工程中被使用。水性聚氨酯丙烯酸乳胶漆是由聚氨酯分散体、丙烯酸乳液、颜料、填料和助剂组成。脂肪族聚氨酯分散体耐光性和耐候性好，与水反应活性低，适用于水性外墙乳胶漆。聚氨酯分散体涂料流平性突出。脂肪族聚氨酯涂膜耐低温性、耐沾污性和耐酸性也很好。但聚氨酯分散体价格较高，配色性差。因此，将其和丙烯酸乳液一起使用，使水性聚氨酯丙烯酸乳胶漆优势互补，具有很好的保护作用和装饰功能。

另外，还有含氟树脂乳液涂料，简称含氟乳胶漆。

根据光泽不同，外墙乳胶漆可分为平光外墙乳胶漆、丝光外墙乳胶漆、半光外墙乳胶漆、有光外墙乳胶漆和高光外墙乳胶漆。我国没有具体划分标准，欧盟有此类标准，如：EN1062-1：2002。

根据质感不同，外墙乳胶漆可分为薄质外墙乳胶漆、厚质外墙乳胶漆、饰纹外墙乳胶漆和砂壁状外墙乳胶漆等。

根据黏结剂种类多少，外墙乳胶漆可分为普通单一黏结剂外墙乳胶漆和复合外墙乳胶漆。复合外墙乳胶漆，如硅溶胶丙烯酸复合外墙乳胶漆、硅酸盐丙烯酸复合外墙乳胶漆和硅丙复合外墙乳胶漆等。

(2) 性能要求 我国外墙乳胶漆性能要求如 GB/T 9755—2001 合成树脂乳液外墙涂料。

4. 弹性乳胶漆

弹性乳胶漆既可以用于外墙，也可以用于内墙。它是属于功能性建筑涂料。由于它能遮盖墙体的毛细裂缝和防止混凝土碳化，因此越来越受到用户的青睐，市场占有率不断扩大。弹性建筑乳胶漆的弱点是耐沾污性不够理想。

(1) 发展 Hill 等观察得出，一年后，用普通外墙涂料涂装的外墙面，基本上都出现裂缝。Schwartz 等认为，2mm 以内的裂缝虽对结构完整性无大影响，但会使水进入。因此，人们开发弹性建筑乳胶漆以解决此问题。起初，人们开发了以醋酸乙烯酯共聚物为黏结剂的弹性乳胶漆，由于其透气性不太好，涂膜容易起泡，所以逐步失去了市场。紫外线交联丙烯酸弹性乳胶漆由于其低温弹性好、透气性好、耐沾污性尚可等原因，从而取代了醋酸乙烯弹性乳胶漆，成为目前主要使用的弹性建筑乳胶漆。但是，在紫外线不足的地方，紫外交联丙烯酸弹性乳胶漆干燥较慢。硅丙弹性乳胶漆拒水性好，耐沾污性不错，且具有优异的耐候性。然而，硅丙弹性乳胶漆遮盖裂缝的能力不如紫外交联丙烯酸弹性乳胶漆。

有人预言，耐沾污性好的弹性乳胶漆是亚洲涂料的未来。

(2) 特点 弹性乳胶漆的生产与一般乳胶漆基本相似，但也有其自身的特点。

第一，是所用的乳液不同，弹性乳胶漆选用低玻璃化温度（T_g）弹性乳液，即在使用温度范围内，具有弹性的乳液。也就是说，即使在冬天，也应有弹性。而一般乳胶漆采用较高 T_g 乳液。

第二，是颜料和填料分散方法不同，弹性乳胶漆由于用水量较小，往往采取半干着色法，而一般乳胶漆则采用研磨着色法。

第三，弹性乳胶漆在配方设计上，也有一些特殊的考虑。例如，为了达到弹性要求，弹性乳胶漆是富乳液含量的，即具有较低 PVC。而一般亚光乳胶漆，PVC 较高。弹性乳胶漆通常黏度比较高，消泡比一般乳胶漆困难，要采用在高黏度下具有较好消泡能力的消泡剂。弹性乳胶漆一般也不用成膜助剂。

另外，为了达到较理想的遮盖裂缝能力，弹性乳胶漆的涂膜厚度往往比较厚。

(3) 弹性机理 高聚物由于温度不同而呈现三种力学状态——玻璃态、橡胶态和黏流态。玻璃化温度 T_g 是高聚物的特征指标。当高聚物在其玻璃化温度以下时，处于玻璃态，变成坚硬的固体，没有弹性，一般的涂膜基本就是这种情况。当高聚物在其玻璃化温度以上时，处于橡胶态，此时所呈现的力学性能是高弹性。弹性乳胶漆就是基于高聚物的这一力学性能而制成的。也可以说，弹性乳胶漆就是将使用温度置于成膜物质的橡胶态平台上的涂料。

由于涂膜使用温度是客观存在的，是人们无法改变的，所以要使涂膜的使用温度高于高聚物的玻璃化温度，唯一的方法就是降低成膜物质高聚物的玻璃化温度。所以说，生产弹性乳胶漆的乳液是玻璃化温度很低的弹性高聚物。比如说，有的甚至低至−45℃。不仅涂膜的最低使用温度要高于 T_g，而且最高使用温度也必须在橡胶态平台上，而一年内最高温度和最低温度差约 40～50℃，这就要求高聚物有一个足够宽的橡胶态平台。

此外，选择作为弹性乳胶漆的成膜物质，应既软又韧，弹性模量低，极限强度适中，延伸率高。

Wicks认为，把玻璃化温度作为柔性和脆性的分界点是错误的。柔性和脆性的分界点是脆化温度 T_b，而不是玻璃化温度 T_g。在 T_b 以下，聚合物是脆的；在 T_b 和 T_g 之间，聚合物是硬而可延展的；在 T_g 以上，聚合物是软的。

脆化温度（brittleness temperature）是塑料、橡胶在规定的冲击条件下出现脆性破坏的温度，是表征耐寒性的一个重要指标。

不同热塑性聚合物的 T_g 和 T_b 差别很大。聚苯乙烯的 T_b 比 T_g 约低10℃，而双酚A聚碳酸酯的 T_b 比 T_g 低350℃。聚丙烯酸酯和聚甲基丙烯酸酯的 T_b 和 T_g，有的是很接近的，而有的差别较大。

据此估计，弹性乳液聚合物的 T_b 约比 T_g 低10℃，具体视其组成和结构而定。这也就是说，当使用温度在 T_g 以下约10℃内时，弹性乳胶漆涂膜不是脆的，而是硬而有延展的。

(4) 遮盖裂缝的能力　弹性建筑乳胶漆的遮盖裂缝能力和乳液性能、颜料体积浓度PVC、涂膜厚度、延伸率保持率、使用温度等因素有关。

① 乳液性能　乳液性能是弹性建筑乳胶漆遮盖裂缝能力的基础。乳液聚合物的组成和结构在很大程度上决定了橡胶态的平台和遮盖裂缝的能力。聚合物分子间相互作用较弱，分子链柔顺性较好，易于变形，富有较高弹性。增塑类型对延伸率有明显影响，外增塑聚合物表现出很高的延伸率，但温度范围较窄，当增塑剂用量提高时，延伸率曲线形状基本不变，但曲线向低温侧移动。外增塑聚合物随着增塑剂的挥发，弹性降低。内增塑聚合物刚好相反，其最大延伸率比外增塑体系低，但温度范围较宽，没有增塑剂挥发问题。两者的比较如图3-1-10所示。一个适合一年四季变化的弹性温度范围对于使用来说，是十分重要的。因此弹性建筑乳胶漆一般采用内增塑。

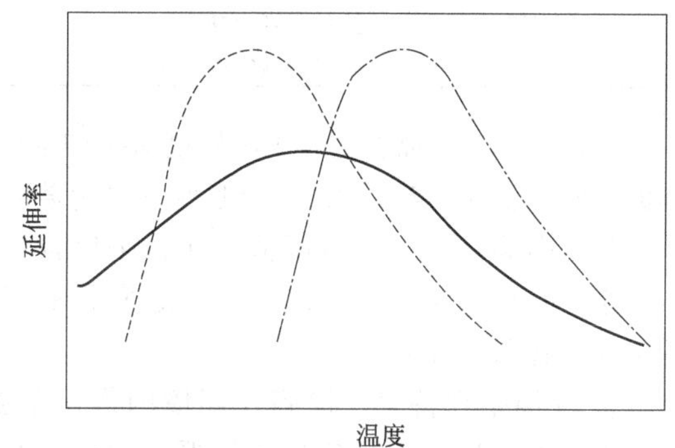

图3-1-10　内外增塑聚合物的延伸率

实线表示内增塑；点划线表示较低增塑剂外增塑；虚线表示较高增塑剂外增塑

有时，生产弹性建筑乳胶漆时，为了降低成本或改善耐沾污性，也可以把弹性乳液和普通乳液混用，但要注意其相容性。随着普通乳液的加入，乳胶漆遮盖裂缝能力降低，拉伸强度提高，尤其是在使用温度更低时。见表3-1-37。

表3-1-37　全弹性乳液和掺普通乳液的弹性乳胶漆延伸率和抗拉强度比较

PVC/%		30		40	
Primal 2438 /AC-261		100/0	70/30	100/0	70/30
延伸率/%	−10℃	510	87	262	29
	0℃	321	106	114	55
	25℃	530	535	341	245
	40℃	408	256	241	282
拉伸强度/MPa	−10℃	5.5	8.1	5.6	12.2
	0℃	3.0	5.5	2.9	9.4
	25℃	2.8	3.0	2.9	3.6
	40℃	2.4	2.0	2.0	2.7

弹性乳胶漆的PVC一般在25%～45%，具体视所要求的弹性而定。弹性要求高，PVC偏低控制，弹性要求低，PVC偏高控制。

② 涂膜厚度　为了达到遮盖裂缝的效果，弹性乳胶漆干膜必须有一定厚度。裂缝扩展涂膜受拉伸时，是要缩颈的。

不同干膜厚度的延伸率、拉伸强度和遮盖裂缝宽度见表 3-1-38。试验采用 Rhoplex EC-2848 弹性乳液，PVC=37%。

表 3-1-38　不同干膜厚度的延伸率、拉伸强度和遮盖裂缝宽度

干膜厚度/μm(mil)		127(5)	254(10)	508(20)
24℃	延伸率/%	432	490	510
	拉伸强度/MPa	1.16	1.21	1.08
	遮盖裂缝宽度/μm	889	1651	3429
−18℃	延伸率/%	208	204	262
	拉伸强度/MPa	5.24	5.91	5.13
	遮盖裂缝宽度/μm	330	711	1397

从表 3-1-38 可以看出，干膜厚度对拉伸强度没有影响，对延伸率有影响，但不大。随着干膜厚度增加，延伸率略有增加。干膜厚度对遮盖裂缝宽度作用重大，大致与其成正比例关系。

温度影响较大。温度降低，抗拉强度提高，延伸率和遮盖裂缝宽度下降。

综上所述，兼顾经济，弹性建筑乳胶漆干膜厚度：平涂 150～250μm，拉毛 250～350μm 是比较合适的。

③ 延伸率保持率　涂膜在环境的作用下是要老化的，老化后弹性建筑乳胶漆的弹性又如何变化呢？这对实际应用是需要知道的。将六组不同 PVC 的试样，人工 QUV 老化 1000h 前后，分别测定其延伸率。23℃时，六组试样延伸率平均保持率为 44%。−15℃时，六组试样延伸率平均保持率为 47%。当然，不同弹性涂料的延伸率保持率是不一样的。

④ 使用温度　如前所述，弹性建筑乳胶漆的使用温度应该在弹性乳液聚合物的橡胶态平台上。各种乳胶漆都有一个最大延伸率，但是不同乳胶漆达到最大延伸率的温度是不同的。在最高延伸率的两侧，不管是随着温度降低，还是随着温度升高，延伸率都将下降，低温侧下降更快。

(5) 耐沾污性　由于弹性乳胶漆必须使用很低 T_g 的弹性乳液，所以先天性的耐沾污性就比较差。比如说，采用 T_g=−15℃的乳液，在冬天使用温度为 T_g 时，耐沾污性系数为 1，而到夏天，使用温度升为 40℃时，涂膜就很软，耐沾污性系数就下降为 0.25，耐沾污性自然很差。

(6) 附着力　弹性乳胶漆的涂膜有时能被成条成片地撕下来，而亚光乳胶漆的涂膜却没有这种问题。于是有人以为弹性乳胶漆涂膜的附着力不如普通亚光乳胶漆。其实不然，它们的附着力是基本相同的。我国不同标准对粘接强度有不同规定，便于比较，将一些非涂料产品也列于表 3-1-39。

表 3-1-39　我国不同标准对粘接强度的规定

标　　准		粘接强度/MPa	
		标准状态	浸水后
JG/T 24—2000《合成树脂乳液砂壁状建筑涂料》		≥0.70	≥0.50
JG/T 157—2004《建筑外墙用腻子》		≥0.6	冻融循环≥0.4
JGJ/T 110—2008《建筑工程饰面砖粘接强度检验标准》		≥0.4	
JG 149—2003《膨胀聚苯板薄抹灰外墙外保温系统》	胶黏剂	≥0.10，破坏界面在膨胀聚苯板上	耐水≥0.10，破坏界面在膨胀聚苯板上
	抹面胶浆	≥0.10，破坏界面在膨胀聚苯板上	耐水、耐冻融≥0.10，破坏界面在膨胀聚苯板上

在外墙外保温体系中，最薄弱环节是胶黏剂和聚苯板的粘接面上，因为粘贴面积一般为40%，因此，粘接强度约只有0.1×40%=0.04MPa。即使在这种情况下，体系安全系数也是足够的。面砖粘接强度也只有0.4MPa。

弹性乳胶漆涂膜的附着力一般在0.7MPa以上，是足够安全的。但其涂膜的拉伸强度比较高，往往大于1MPa，高于弹性乳胶漆的附着力，所以就能成片撕下。有光乳胶漆涂膜也有类似情况。亚光乳胶漆涂膜就不一样，其拉伸强度与其粘接强度基本相同，因此一撕就碎，不会出现被成条成片撕下现象。

这并不是说弹性乳胶漆的涂膜一定会被成片撕下来。通过合适的底涂和基层处理，也可通过弹性乳胶漆本身的改进，提高涂膜附着力，使其与拉伸强度相当，就不会被成条成片撕下来。

5. 真石漆

真石漆属于合成树脂乳液砂壁状建筑涂料。它通常以合成树脂乳液为基料，以不同粒径的彩色砂、花岗岩和填料等为骨料，加助剂和水配制而成。通过喷涂和抹涂，在建筑物表面形成酷似大理石、花岗岩等天然石材质感的涂层，给人以返归自然的感觉。因此，亦称石头漆、仿石漆。

(1) 涂层组成和作用　真石漆涂层系统一般由封闭底漆、真石漆和罩面清漆组成。

封闭底漆的作用是加固基层，增强真石漆与基层的附着力，降低并均匀基层吸水性，对碱和盐的渗透迁移起封闭作用。

真石漆是形成图案和立体质感，达到足够高的硬度，并赋予涂层天然石材颜色的关键组分。

罩面清漆层处于涂层系统的最外面，它要拒水透气，抗污染，耐紫外线辐射，防霉防藻。

(2) 原料和生产　真石漆所用的乳液必须具有很好的耐水性、粘接强度和耐老化性。苯丙乳液、纯丙乳液和硅丙乳液都可选用。无皂乳液耐水性更好。据介绍，乳液的最低成膜温度不应低于20℃，其与施工温度之间的矛盾可通过成膜助剂来解决。

真石漆以彩色砂、普通石英砂、花岗岩、石粉等为骨料。真石漆的质感和颜色取决于这些骨料的大小、级配和颜色。彩砂可分为天然石英砂和人工着色石英砂。天然彩色砂资源丰富，价格便宜，但颜色一致性较差，色感灰暗，较鲜艳的颜色品种少。人工着色石英砂是采用陶瓷颜料和釉料，经煅烧而使石英砂着色的。色彩丰富，颜色一致性好，粒度均匀。天然花岗岩坚硬，不易粉化，颜色自然，保色性好。选择不同颜色和不同尺寸的骨料，能配制出丰富多彩的真石漆。大小骨料要搭配使用，形成合适的配比。当粗骨料太多时，会产生大量孔隙，容易积灰。细骨料太多时，会影响真石漆的质感。也有人在填料中选用一些玻璃微珠、云母粉和切片等。玻璃微珠可以提供真石漆透视性和反光效果，给涂膜增添意想不到的效果。云母粉可增加迷彩效果，还有防开裂作用。切片使色彩更多样化。

由于彩砂的可变性，控制真石漆色彩和质感的均匀一致性就是生产的重要一环。

真石漆的助剂选择与一般乳胶漆相似，但要特别注意协助达到施工时少掉砂，干燥时不开裂，遇水时不泛白。

真石漆的生产主要是混合均匀，而不是高速分散。因此，生产的设备是混合机，不是高速分散机。

(3) 性能要求　真石漆的性能一般要求按JG/T 24—2000《合成树脂乳液砂壁状建筑涂料》标准执行。

6. 硅酸盐乳胶涂料

硅酸盐乳胶涂料是以水玻璃或硅溶胶和乳液为基料，并同颜料、填料、助剂和水配制而成的涂料。它具有透气性好、耐热性佳、环境友好等特点。在我国、德国、奥地利和瑞士等有一定应用。

在生产硅酸盐乳胶涂料时，乳液的耐碱性、耐水解性以及和水玻璃的相容性是十分重要的，因为水玻璃的 pH 在 11 以上。相容性可通过试验确定，即将乳液和等量的水玻璃用调墨刀搅拌混合，当乳液和水玻璃都没有凝聚和结块时，认为相容性合格。凝聚和结块是乳液聚合物中羧酸功能单体和强碱作用的结果。

乳液的一般用量，以固体分计，约为总配方固含量的 4.5%。

生产硅酸盐乳胶涂料的加料次序也有自己的特点。水玻璃必须在最后加入，以防强碱使乳液凝聚和结块。

六、乳胶漆的成膜机理和涂膜结构

了解乳胶漆的成膜机理对于乳胶漆的研究开发、配方设计、生产和施工应用等都是十分重要的。

另外，涂膜的性能是由涂膜的组成和结构决定的。仅了解涂膜的组成是不够的，必须进一步了解涂膜的结构。尽管有关涂膜的结构的资料很少，但还是将其进行简单介绍，以利发展。

1. 乳胶漆的成膜机理

对于乳胶漆的成膜机理，有多种说法，还没有取得一致的结论，尚在形成发展之中。择其主要的作介绍。

(1) 乳胶漆的成膜过程　乳胶漆的成膜是一个从分散着聚合物颗粒和颜料填料颗粒相互聚结成为整体涂膜的过程。该过程大致分为三个阶段：初期、中期和后期。

① 初期　乳胶漆施工后，随着水分逐渐挥发，原先以静电斥力和空间位阻稳定作用而保持分散状态的聚合物颗粒和颜料、填料颗粒逐渐靠拢，但仍可自由运动。在该阶段，水分的挥发与单纯水的挥发相似，为恒速挥发。

② 中期　随着水分进一步挥发，聚合物颗粒和颜料、填料颗粒表面的吸附层被破坏，成为不可逆的相互接触，达到紧密堆积，一般认为此时理论体积固含量为 74%，即堆积常数是 0.74。该阶段水分挥发速率约为初期 5%～10%。

Hoy 等用悬臂梁重量法堆积测定仪［cantilevered gravimetric beam (CGB) packometer］测试后得出，均匀球形粒子优先堆积排列是随机的密堆积（Bernal 堆积），其堆积常数不是 0.74，而是 0.635；其最接近的平均粒子数不是 12，而是 8.5。

大致可以把涂膜表干定义为中期的结束。这时涂膜水分含量约为 2.7%，黏度为 10^3 Pa·s。

③ 后期　在缩水表面产生力的作用下，也有认为在毛细管力或表面张力等的作用下，如果温度高于 MFT，乳液聚合物颗粒变形，聚结成膜，同时聚合物界面分子链相互扩散、渗透、缠绕，使涂膜性能进一步提高，形成具有一定性能的连续膜。此阶段水分主要是通过内部扩散至表面而挥发的，所以挥发速率很慢。另外，还有成膜助剂的挥发。在此阶段初，成膜助剂的挥发，是由挥发控制的；随后，成膜助剂的挥发，是由扩散控制的，如图 3-1-11 所示。

(2) 乳胶漆的成膜条件　乳胶漆成膜条件之一是水分挥发。水分不挥发，乳胶漆就不会成膜。而水分挥发的速率，就乳胶漆来说，与其所含的成膜助剂和助溶剂等有关；就其施工应用来说，不仅与周围环境的温度、相对湿度和风速等有关，而且与基层的温度、含水率、

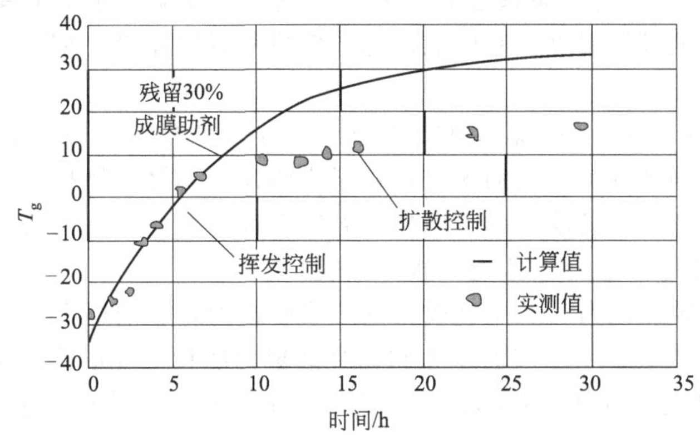

图 3-1-11　含成膜助剂的苯丙乳液膜在成膜过程中 T_g 值的变化

试验条件：23℃，25%RH，膜厚 38.1μm，风速 402.3m/h

成膜助剂：DPM、DPnP、苯甲醇、KP-140

吸水性有关。因此综合平衡诸因素，使其有一个合适的水分挥发速率，以获得优良的涂膜。不能太快，也不能太慢。

乳胶漆成膜条件之二是施工时的环境温度和基层温度必须高于乳胶漆的最低成膜温度。否则，尽管水分挥发，但乳胶漆还是不能成膜的。

因为成膜需要乳胶粒子变形，分子链相互扩散和渗透，以致相互缠绕，达到聚结的。而这些都要求乳胶漆体系中有大于 2.5%的自由体积。这里所谓的乳胶漆体系，是指乳胶漆中所有组分混合体。否则乳胶粒处于玻璃态而无法变形，乳胶分子链段和自由体积处于冻结状态而不能扩散。

Hill 等用正电子湮灭寿命光谱仪［positron annihilation lifetime spectroscopy (PALS)］和原子力显微镜，研究了乳胶膜结硬和成膜过程中自由体积的分布。从而得出，当温度低于 T_g 时，由于没有明显的相互扩散，结硬的乳胶膜是脆的。

另外，乳胶漆的最低成膜温度是指乳胶漆形成不开裂的连续涂膜的最低温度。它不同于乳胶漆用乳液（包含成膜助剂）的最低成膜温度。一般来说，由于颜料填料等影响，尽管表面活性剂也有一定的降低乳液最低成膜温度的作用，乳胶漆的最低成膜温度也高于其所用乳液的最低成膜温度。

2000 年 11 月初，上海市房地产科学研究院对“迎 APEC（亚太经济合作组织）会议”用外墙涂料质量进行了控制检验，结果见表 3-1-40。

表 3-1-40　迎 APEC 会议外墙涂料检验情况

项　目	总样品	5℃涂膜开裂	5℃涂膜达不到标准要求	不合格总计	合　格
样品/个	42	13	12	25	17
比例/%	100	31	29	60	40

从表 3-1-40 可以看出，这次检验的外墙涂料中，有 31%的涂料最低成膜温度高于 5℃，所以在 5℃时，尽管水分挥发，但不能形成连续膜。有 29%的涂料，虽然在 5℃时能成膜，但 T—MFT 值太小，所成涂膜质量达不到 GB/T 9755 的要求。这是因为随着乳胶漆成膜过程的进行，成膜助剂和二醇类溶剂的挥发，乳胶漆系统的 T_g 或最低成膜温度会逐步升高。如图 3-1-11 所示是含成膜助剂的苯丙乳液膜在成膜过程中 T_g 值的变化。当乳胶漆的最低成膜温度升高至环境温度时，成膜过程就无法进行。当然，GB/T 9755 要求养护条件是 23℃、

RH50%。但有时实际施工温度是远远低于 23℃，这对乳胶漆的成膜是有影响的。可见，所成涂膜质量与施工时的环境温度、基层温度与最低成膜温度差 $T-\mathrm{MFT}$ 有关。$T-\mathrm{MFT}$ 值大些有利于成膜。

乳胶漆表干在 2h 以内，是比较快的。然而，完全成膜的时间是比较长的，大约需要四周以上的时间。在相同条件下，软的聚合物粒子成膜比硬的聚合物粒子慢。在整个成膜过程中，尽管随着溶剂的挥发，乳胶漆的最低成膜温度会逐步升高，但在整个成膜过程中，都应保持 $T-\mathrm{MFT}$ 值大于零，这样，才能形成好涂膜。

(3) 乳胶漆的成膜驱动力 关于乳胶漆的成膜驱动力，目前还没有统一的看法。

Dillion 等认为，是聚合物的表面张力驱动乳液聚合物粒子变形而成膜。

巴顿和 Brown 认为，固体颗粒间的水溶液产生毛细管力，尽管该毛细管力绝对值不大，但其相对于乳胶漆粒子的重量来说，是很大的。正是该毛细管力，促使乳胶漆粒子聚结成膜。

Eckersley 等认为，仅毛细管力不足以驱使成膜，是界面张力和毛细管力一起促使乳胶粒子成膜。

Visschers 认为，缩水表面产生的力（the force by the receding water surface）是驱动乳胶漆成膜的主要动力。他根据乳胶漆粒子半径 $r_p=250\mathrm{nm}$，哈梅克（Hamaker）常数 $A=1.05\times10^{-20}\mathrm{J}$，表面电位 $U=-20\mathrm{mV}$，盐值（salt level）$S=1\mathrm{mmol/L}$，水表面张力 $\gamma=70\mathrm{mN/m}$，接触角 $\theta=0°$，聚合物模量 $E=10^7\mathrm{Pa}$，计算得乳胶膜干燥时，各作用力的典型值，如表 3-1-41 所示。

表 3-1-41 乳胶膜干燥时各作用力的大小

类 型	作 用 力	大小/N	类 型	作 用 力	大小/N
促使聚结	缩水表面产生的力	2.6×10^{-7}	阻碍聚结	弹性变形抗力	1.0×10^{-7}
	凹月面水的毛细管力	1.1×10^{-7}		静电斥力	1.8×10^{-10}
	范德华力	5.5×10^{-12}			
	重力	6.4×10^{-17}			

由表 3-1-41 可以看出，缩水表面产生的力、凹月面水的毛细管力和弹性变形抗力在同一数量级，而主要是缩水表面产生的力和毛细管力克服弹性变形抗力而聚结成膜。另外这里把乳胶粒子的变形看成弹性变形，其实乳胶粒子是黏弹体，还要考虑与时间相关的流变性，但这样处理相当复杂，故简化处理。

2. 乳胶漆的涂膜结构

乳胶漆是由乳液、颜料、填料、助剂和水组成。当环境温度和基层温度高于乳胶漆的最低成膜温度时，由于水分挥发而干燥聚结成膜。涂膜是由固体聚合物、颜料、填料、部分残留助剂和气孔组成的一个多相体系。

固体聚合物是乳液水分挥发后留下的部分。在合适的成膜条件下，乳液聚合物颗粒变形，聚结成连续涂膜，同时聚合物界面分子链相互扩散、渗透、缠绕，使乳胶粒子消失，成为整体。固体聚合物的数量按配方的不同约占涂膜总重量的 10%～50%。

颜料填料大小范围比较宽，颜料约为 0.1～10μm，填料是涂膜体系中最粗的组分，大多为 0.5～50μm，甚至达 100μm，质感涂料中填料也有达几毫米的。对于亚光乳胶漆膜，颜料和填料也是数量最多的组分，这一组分起骨架的作用。

助剂原来在乳胶漆中用量就比较少，成膜后留在涂膜中就更少了。水溶性的那一部分残留助剂对涂膜的耐水性、耐洗刷性和表面张力等有一定影响。对于外墙涂膜，随着雨水的冲洗，该部分残留助剂将逐渐被冲洗去，而逐步留下孔隙。

一般认为，当 PVC>CPVC 时，会产生气孔，其总孔隙率=1-CPVC/PVC。气孔随着 PVC 的增大而增大。也有研究者发现，不管 PVC>CPVC，还是 PVC<CPVC，都存在气孔。CPVC，至少是 LCPVC，不简单是开始产生气孔，而是共连续相结构的相转变点，即由聚合物为主连续相转变为空气为主连续相。

作为一个整体，多相组成的涂膜性能主要取决于界面结构，例如，颜料和填料/乳液聚合物、基层/乳液聚合物的界面。这是二个最主要的界面。

颜料颗粒填充在填料颗粒之间，小颗粒填充在大颗粒之间。固体聚合物主要是通过界面机械咬合力和范德华力把颜料填料黏结在一起，而形成涂膜。助剂的作用是双面刃。如湿润分散剂，一方面，它能降低表面张力，有利于乳液聚合物渗入颜料和填料表层，而产生较大的机械咬合力和范德华力；另一方面，成膜后，这些湿润分散剂会残留在颜料和填料/乳液聚合物界面，成为透湿剂，影响涂膜性能。因此，关键在于用量。用量适中，正面作用为主，负面作用为辅。涂膜中还有孔隙，这是一个非均相体系，是一个有机和无机的复合材料体系。薄层内墙涂膜厚度一般为 50～150μm，而薄层外墙涂膜厚度一般为 80～200μm。

涂膜通过固体聚合物附着在基层上。作为建筑乳胶漆，基层一般是水泥砂浆抹灰层、水泥石灰砂浆抹灰层和水泥粉煤灰砂浆抹灰层等，这些基层是多孔的。具有较低黏度、较细粒径和合适表面张力的底涂或乳胶漆，深深地渗入基层中，很细的毛细孔里也能渗透进去，当然主要是乳液渗入基层中，成膜后而产生附着力，其中主要是机械咬合力和范德华力，也可能存在少量化学键力、静电引力和扩散力等。由此可以看出，聚合物在涂膜中起着多么重要的作用。

底涂层、中涂层和面涂层共同构成涂膜整体。

七、外墙保护理论

外墙涂料是建筑物的外衣，穿上它，既能实现有效的保护，又能达到理想的装饰。装饰效果人人皆知，保护作用往往不太被人们重视。

建筑物损坏的大敌之一就是水。水能产生溶蚀破坏。渗入的水冬天结冰，体积膨胀 9%，从而产生膨胀应力，造成建筑物破坏。侵蚀性的气体如 CO_2、SO_2、SO_3 等，也是通过水变为酸而导致建筑物损坏的。如果建筑外墙涂料不透气，水汽扩散受阻，一是阻碍墙体向外排湿；二是产生应力，使涂膜起泡，脱皮；三是导致墙身含湿量逐步增加，产生冷凝水富集，从而给墙体热工、结构等性能带来不利影响。所以要讨论保护问题，就必须涉及水，要达到保护的目的，就必须拒水和透气。透气才能居住舒适；不透气，犹如晴天穿雨衣一样，使人不舒服。

1. Kuenzel 外墙保护理论

根据德国 Kuenzel 教授的外墙护理论，只有当透气性和吸水性达到某一合适值时，涂膜或其他材料才具有优越的保护功能。

通常，以吸水系数来表达吸水性，即：

$$W=\frac{Q}{t^{0.5}} \tag{3-1-18}$$

式中 W——吸水系数，kg/(m^2·h$^{0.5}$)；

Q——吸水量，kg/m^2；

t——吸水时间，h。

这里采用时间的开方，是因为在一定时间内，材料的吸水量与时间的平方根成正比。吸水性一般按 EN 1062-3：1998《色漆和清漆 抹灰层和混凝土基面上的外用涂料和涂料系统分类——3. 吸水性的测定和分类》测定。

用等效静止空气层厚度来描述水汽扩散阻力，即透气性。

$$S_d = \mu s \tag{3-1-19}$$

式中 S_d——等效静止空气层厚度，m；

μ——扩散阻力系数，空气 $\mu=1$；

s——涂膜厚度，m。

从保护的角度来说，吸水性越小越好，透气性越大越好。透气性一般按 EN ISO 7783-2：1999《色漆和清漆 抹灰层和混凝土基面上的外用涂料和涂料系统分类——2. 透水汽性的测定和分类》测定。

理想的外墙系统应既没有吸水性，又没有水汽扩散阻力，但事实上这是不可能的，只能两者兼顾和统一，即：

$$W \leqslant 0.5\text{kg}/(\text{m}^2 \cdot \text{h}^{0.5}) \tag{3-1-20}$$

$$S_d \leqslant 2\text{m} \tag{3-1-21}$$

$$WS_d \leqslant 0.1\text{kg}/(\text{m} \cdot \text{h}^{0.5}) \tag{3-1-22}$$

式(3-1-20) 是选材时对材料吸水性的要求，也就是说，必须选用拒水材料才能达到保护的目的。各种不同基层的吸水性见表 3-1-42。

表 3-1-42 基层材料吸水性 单位：kg/(m² · h^0.5)

材料	吸水系数	材料	吸水系数
纯石灰砂浆	7.0	混凝土	1.1～1.8
石灰水泥砂浆	2.0～4.0	灰砂砖	3.0～7.7
水泥砂浆	2.0～3.0	多孔砖	8.3～8.9
加气混凝土	4.4～7.7	实心砖	2.9～25.1
浮石混凝土	1.9～2.9		

正如表 3-1-42 所示，砖、砂浆、混凝土材料的吸水系数大，达不到该要求，因此难以起保护作用。没有保护层的房屋的东墙遇风雨时变湿就是一个例证。

式(3-1-21) 是选材时对透气性的要求，必须选用透气性好的材料，气密性太高也是达不到保护目的的。

式(3-1-22) 说明两者之间的平衡关系，即拒水性和透气性的统一，从而得到有效的保护功能。

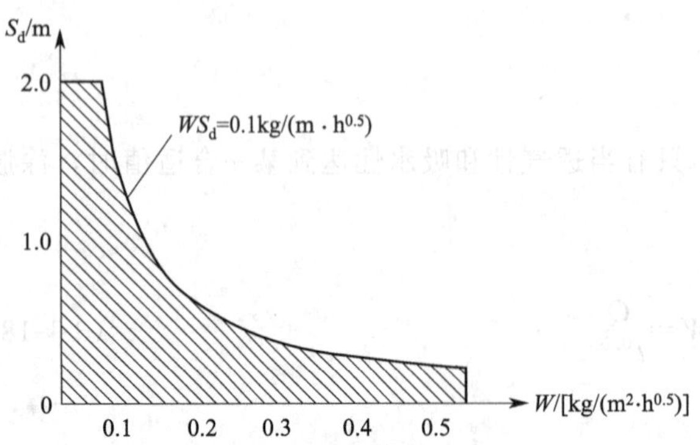

图 3-1-12 Kuenzel 外墙保护理论

式(3-1-20)～式(3-1-22) 的综合结果如图 3-1-12 所示，涂料的拒水和透气性必须落在阴影的面积中，才能有较好的保护功能。越接近原点，拒水透气性性能越好，保护功能越强。有机硅树脂涂料的拒水透气性就比较接近原点。

2. 外墙保护理论应用

涂料固然有好坏，但涂料的选择，涂料和基底的匹配也是非常重要的。好的涂料，匹配不好，用得不当，也得不到好效果。

选择涂料和施工时，要满足外墙保护理论提出的要求。两种涂料的性能参数见表3-1-43。

表 3-1-43 两种涂料的性能参数

性能	涂料 1	涂料 2	
涂层厚度 S/m	200×10^{-6}	200×10^{-6}	150×10^{-6}
吸水系数 W/[kg/(m^2·h$^{0.5}$)]	0.1	0.3	0.3
扩散阻力系数 μ	400	2000	2000
等效静止空气层厚度/m	0.08	0.4	0.3
WS_d/[kg/(m·h$^{0.5}$)]	0.008	0.120	0.09
结果	满足	不满足	满足

由表 3-1-43 可以看出，涂料 1 符合保护理论要求，而涂料 2 的气密性很好，如果施工时涂层厚度为 200μm，虽然透气性单项能满足 $S_d=0.4\text{m}\leqslant2\text{m}$ 要求，但综合起来 $WS_d=0.12\text{kg/(m}\cdot\text{h}^{0.5})$，不能满足 $WS_d\leqslant0.1\text{kg/(m}\cdot\text{h}^{0.5})$ 的要求。只有当涂层厚度为 150μm 时，才能满足要求。这表明，即使从保护角度来看，涂层厚度也不是越厚越好。

此外，墙体吸水性要由内向外逐层减少（这里所指的是相同材料层），以防水渗入墙内。墙体的扩散阻力也要求由内向外逐层递减，以便水汽顺利地由内向外扩散。这是因为我国所处的气候带，在寒冷的季节，水汽扩散始终是由内向外。扩散的推动力是由于屋内和屋外空气温度与湿度不同，扩散流试图要达到平衡。而在温暖季节，这一扩散就近乎停止，这是由于墙内外两侧情况近乎相等。当然，这是指没有空调的情况。

涂料生产时，也要考虑拒水和透气两个方面，做到拒水和透气的统一，虽然国标中对涂料拒水和透气没有规定，但这是两个重要指标。设计涂料配方时，应予以考虑。

欧洲标准 EN 1062-1：2002 待批稿按吸水性将涂料分为三类，高吸水性 $W>0.5\text{kg/(m}^2\cdot\text{h}^{0.5})$，中等吸水性 $0.5\text{kg/(m}^2\cdot\text{h}^{0.5})\geqslant W>0.1\text{kg/(m}^2\cdot\text{h}^{0.5})$，低吸水性 $W\leqslant0.1\text{kg/(m}^2\cdot\text{h}^{0.5})$。按透气性亦将涂料分为三类，高透气性 $S_d<0.14\text{m}$，中等透气性 $1.4\text{m}>S_d\geqslant0.14\text{m}$，低透气性 $S_d\geqslant1.4\text{m}$。

当然，Kuenzel 外墙保护理论也是一个涂膜使用寿命的预测理论。

在 Kuenzel 理论中，透气性条件对于夏热地区开空调房间的墙体，还未考虑。

另外，因为这是一个外墙保护理论，如果同时考虑装饰作用，即考虑耐沾污性，有些提法可能要加限制，即边界条件。

八、乳胶漆性能评价

乳胶漆产品质量的优劣，往往是在长期的使用过程中才能反映出来的。但是为了使用的科学性、合理性、经济性和可靠性，必须事先了解或知道乳胶漆质量，也就是乳胶漆性能评价。

1. 组成和结构

目前虽然还不能通过乳胶漆的组成和结构的设计而得到所要求性能的乳胶漆，但可以通过各组分的组成和结构以及它们之间关系的分析，来评价乳胶漆的性能。这种评价还是比较准确的。

乳胶漆的性能是由乳胶漆的组成及结构决定的。而对乳胶漆的组成及结构的影响最大的三个因素是乳液的组成和结构、颜料的组成和结构以及对比 PVC。

乳液和颜料是乳胶漆的主要成膜物。其组成和结构对乳胶漆的组成及结构的影响是不言而喻的。而对比 PVC 是乳液和颜料之间关系调节杠杆。

乳液聚合物的耐久性是乳胶漆耐久性的基础。其 T_g 反映涂膜的硬度、耐磨性和耐沾污性、其极性基与附着力紧密相关等。

颜料的组成和结构是乳胶漆保色性的基础。氧化铁类无机颜料和金属氧化物混相颜料保色性较好。酞菁类有机颜料保色性也不错。

通常，对比 PVC 低些，涂料性能会好些。

人们开发涂料产品时一般就是这样考虑的。

2. 产品标准

乳胶漆性能好坏可通过比较而评定，在开发、生产和销售过程中也往往就是这样。通常比较的基准是某一标准，或另一乳胶漆。在我国，和国家标准、行业标准比较，或与国外先进国家标准比较是确定乳胶漆性能好坏常用的方法。这些标准如 GB/T 9756—2009《合成树脂乳液内墙涂料》、GB/T 9755—2001《合成树脂乳液外墙涂料》、JG/T 24—2000《合成树脂乳液砂壁状建筑涂料》、JC/T 172—2005《弹性建筑涂料》和日本 JIS K 5663—2002《合成树脂乳液涂料》等。

产品的实际使用质量特性有时很难确定。因此在制定乳胶漆标准时，往往采用易于测定并能反映产品实际质量特性的代用质量特性指标，用于评价和控制产品质量。但是代用质量特性指标并不等同于实际使用质量特性。

另外，产品标准只代表某一阶段人们对该产品质量的认识，认为这些项目对该产品质量是重要的，必须的，而且是可测的。产品标准也只反映某阶段人们生产该产品质量的水平。随着人们对该产品认识的深化，测试技术的发展，以及该产品质量水平的提高，产品标准将不断被修订，被完善提高。因此，产品标准的修订也往往滞后于科技进步和生产发展。

标准中的性能指标和实际使用结果的相关性对使用来说是重要的。参照 GB/T 9755—2001《合成树脂乳液外墙涂料》，介绍一些标准中性能指标和实际使用结果的相关性。

首先，必须明确，测试的性能指标不等于实际使用结果，但标准中规定的测试性能指标能否反映实际使用结果是很重要的。就最低要求来说，两者趋向要一致，最好是两者之间相关性要好。

(1) 耐沾污性 一方面，我国环境污染比较严重，空气中可吸入颗粒物（PM_{10}）比较高；另一方面，我国没有屋檐的建筑物又比较多，以致墙面就成导流雨水的渠道。造成部分涂装并非因涂膜降解破坏而失去使用价值，而是因为严重污染而失去使用价值。因此在发达国家不是问题的外墙面污染在我国就是一个突出的问题。外墙建筑涂料的耐沾污性就成为我国的基本要求。

以粉煤灰为污染源，在实验室测定的耐沾污性，与自然曝晒以及实际使用结果之间的相关性鲜见有文章报道。上海申得欧有限公司的厂内 90°朝南几年自然曝晒结果和实际经验表明，在玻璃化温度对耐沾污性影响方面，以粉煤灰测定的耐沾污性与自然曝晒、实际使用结果之间有一定的相关性。在 PVC 对耐沾污性影响方面，以粉煤灰测定的耐沾污性和自然曝晒、实际使用结果之间恰好相反。如对于低 PVC 建筑外墙乳胶漆，以粉煤灰测定的耐沾污性是差的，甚至是不合格的，但自然曝晒及实际使用结果却是好的。所以以粉煤灰测定的耐沾污性有时会把人引向错误的方向。

耐沾污性测试结果能否反映建筑涂料涂膜实际耐沾污性是最关键的。只有在能反映实际使用耐沾污性的前提下，再求试验方法的简便性和重现性才有意义。一个测试结果与建筑涂料涂膜实际耐沾污性相关性好的测试方法，才能促进我国建筑涂料的生产、科学研究和开发向着确确实实提高建筑涂膜耐沾污性的正确方向前进。

现在耐沾污性测试的污染源已由粉煤灰改为配制灰，标准更新为 GB/T 9780—2005《建筑涂料涂层耐沾污性试验方法》。测试耐沾污性与实际使用耐沾污性的相关性还有待试验总结。

(2) 耐人工气候老化性　资料和经验都表明，GB/T 9755—2001 中的耐人工气候老化性与实际使用耐久性之间相关性也不好。更何况我国各质检站的人工老化仪器、操作条件等相差甚大。因人工老化仪器和操作条件等波动而造成测试结果的变化远远大于因产品质量波动而造成测试结果的变化屡见不鲜。因此，仅以人工老化判定外墙涂料耐久性不够科学。

这往往是因为人工老化箱中不存在大气环境中没有的紫外线、喷淋水没有达到实验室二级水的要求等。另外，自然条件很难模拟，而要加速则更加困难。

应把人工老化和自然曝晒以及实际使用结果结合起来，并以自然曝晒和实际使用结果为主。这做起来有点难度，但一定要逐步向此方向努力，别无捷径。一些涂料强国都已这样做了。

(3) 耐水性和耐碱性　根据 GB/T 9755—2001 国家标准，耐水性和耐碱性按 GB/T 1733 和 GB/T 9265 进行测试。对丝光、半光和有光外墙乳胶漆，甚至弹性建筑乳胶漆，也就是低 PVC 的乳胶漆，往往会出现测试结果不合格的现象。而实际使用中，在完全成膜后，不存在该类问题。分析出现此矛盾结果的原因如下。

其一，就是 GB/T 9755—2001 规定试板的养护期是 7 天，其实乳胶漆完全成膜需四周甚至更长的时间。7 天时，丝光、半光、有光乳胶漆和弹性乳胶漆只是部分成膜，成膜乳液较多，其性能还不足以抵抗乳化剂等亲水组分因吸水而产生的应力，因此在测试中常出现耐水性问题。

其二，测试条件与实际情况不符。测试时，试板是浸在蒸馏水或 $Ca(OH)_2$ 饱和溶液中。实际使用时，涂膜不是浸泡在水中，而只是受到雨淋。

其三，因为丝光、半光和有光乳胶漆以及弹性乳胶漆，PVC 较低，乳液含量较高，因此乳化剂含量也较高所致。在乳胶漆中，乳化剂作为稳定剂而吸附在乳胶粒表面。在乳胶漆成膜过程中或成膜后，乳化剂作为中间相而处在乳胶粒的界面上，或迁移至基层界面处，或由于乳液聚合物分子的互相扩散而夹杂在乳胶膜中。这些亲水性的乳化剂就是造成涂膜对水敏感和影响附着力的主要原因。

其四，由于丝光、半光和有光乳胶漆以及弹性乳胶漆，PVC 较低，因此涂膜较致密，孔隙率较低。水一旦进入涂膜，蒸发时不易找到足够多的通路离开，所以易产生鼓泡。

另外，对于丝光、半光和有光乳胶漆以及弹性乳胶漆，耐碱性测定结果不合格，往往实质也是水的问题。因为耐碱性试验时，是将试板浸泡在 $Ca(OH)_2$ 的饱和溶液中。往往不是碱使其鼓泡，而是水使其鼓泡。

为了解决丝光、半光和有光乳胶漆以及弹性乳胶漆实际使用时耐水性和耐碱性是好的，但检测时耐水性和耐碱性不合格这一矛盾，建议将丝光、半光和有光乳胶漆以及弹性乳胶漆的试板养护期至少延长至 14 天，最好是 28 天。这样做虽不能完全解决上述矛盾，但至少能缓解矛盾。日本 JIS K 5660—2002《合成树脂乳液有光涂料》规定对耐水性和耐碱性的试板养护期就是 14 天，而 JIS K 5663—2002《合成树脂乳液涂料》规定对耐水性和耐碱性的试板养护期仅 5 天。美国和欧盟对乳胶漆没有耐水性和耐碱性检测项目。

(4) 保色性　水桶理论告诉人们，一个水桶盛水量的多少只与最短的那块板有关，而不管其他板的长短。建筑涂料的质量也一样，其使用寿命同样取决最薄弱的组分。

例如彩色外墙乳胶漆，从分子量的角度看，乳液聚合物分子量高，为 $10^5 \sim 10^7$，而有机颜料分子量低，为10^2～10^3。有机颜料分子量比乳液聚合物分子量低得多，低2～5个数量级，当然，它们的组成和结构也是不同的。因此，用有机颜料配制彩色外墙乳胶漆时，往往首先是有机颜料降解褪色而失去装饰效果。当然，这是一个重要指标，但GB/T 9755—2001对彩色乳胶漆的保色性还没有规定。确实，颜色有各种各样，规定也难。

色彩丰富是乳胶漆的最大优点之一。乳胶漆的装饰性能主要通过色彩、质感和光泽来体现。因此，保色性是外墙乳胶漆的重要性能。生产企业应选择保色性好的色浆，严格控制色浆用量和基础漆的质量，保证外墙乳胶漆的保色性。保色性可以通过自然曝晒等确定。

也有用户要看实际工程，如涂装后若干年的工程。这也是既简便又有效的方法。

总之，GB/T 9755—2001虽然有些指标测试结果和实际使用性能之间的相关性不那么好，但它对于规范我国外墙乳胶漆的质量还是起了重要作用，并将继续起作用。

国内其他标准也有相似情况。

3. 功能性

乳胶漆除了保护和装饰作用外，功能化成为其明显的发展趋势。如遮盖裂缝的弹性涂料、防止混凝土碳化的防碳化涂料、防霉涂料、隔热保温涂料、抗氯离子渗透涂料等。

JG/T 172—2005《弹性建筑涂料》以涂膜在标准状态下、−10℃和80℃热处理后的断裂伸长率来评价弹性。EN 1062-7：2001《色漆和清漆　抹灰层和混凝土基面上的外用涂料和涂料系统分类——7. 遮盖裂缝能力的测定》也与其相似。

欧洲标准EN 1062-1：2002《色漆和清漆　抹灰层和混凝土基面上的外用涂料和涂料系统分类》（待批稿）以透二氧化碳量[g/(m^2·d)]或透二氧化碳阻力来划分抗碳化性，测试按EN 1062-6：1999《色漆和清漆 抹灰层和混凝土基面上的外用涂料和涂料系统分类——6. 透二氧化碳性的测定》进行。

防霉性按GB/T 1741—2007《漆膜耐霉菌性测定法》进行，也可按ASTM D 5590—2000《4周琼脂板加速测定涂膜和相关涂层防霉性》，或英国标准BS3900 Part G6—1989及相关涂层防霉测定法进行。防藻性的检验可按GB/T 21353—2008《漆膜抗藻性测定法》或ASTM D 5589—1997《涂膜和相关涂层防藻测定法》进行。

涂料的隔热保温性可通过反射率、发射率和热导率测定评价。这方面的测试标准有ASTM C 1549—2004《用便携式太阳反射计确定常温下太阳光反射比的标准试验法》，ASTM C1371—2004《用便携式发射仪确定材料常温下发射率的标准试验法》，ASTM E903—1996《用积分球法确定材料太阳光吸收率、反射率和透过率的试验法》，ASTM C 177—2004《用护热板法测定稳态热通量和传导性的标准试验方法》，中华人民共和国国家军用标准GJB 2502—1995《卫星热控涂层测试方法》，GJB 5023.1—2003《材料和涂层反射率和发射率测定方法　第1部分：反射率》，GJB 5023.2—2003《材料和涂层反射率和发射率测定方法　第2部分：发射率》，GB/T 10294—1988《绝热材料稳态热阻及有关特性的测定　防护热板法》（等效采用ISO 8302—1991）等。

未见有涂膜抗氯离子渗透性的专用测试方法，一般参照混凝土抗氯离子渗透性测定方法，如ASTM C 1202—97《混凝土抗氯离子渗透性电化学测定法》，北欧标准NTBuild492《氯离子扩散系数快速实验方法》，中国土木工程协会标准CCES 01—2004《混凝土结构耐久性设计与施工指南》等。

对于这些功能的测试指标与实际使用结果之间的相关性未见有报道。

4. 环保性

内墙乳胶漆的环保性应符合国家强制性标准GB 18582—2008《室内装饰装修材料　内

墙涂料中有害物质限量》的要求。只有符合该强制性标准要求的内墙建筑涂料，才能进入市场销售。也就是说，该强制性标准是内墙建筑涂料环保方面的起码要求，也是最低要求。因为不符合该强制性标准要求的内墙建筑涂料就不能销售了。

国家强制性标准 GB 18582—2008 有四方面要求：一是内墙建筑涂料挥发性有机化合物（VOC）不得大于 120g/L 涂料（扣除涂料中的水）；二是游离甲醛含量不得大于 100mg/kg 涂料；三是苯、甲苯、乙苯、二甲苯总和不得大于 300mg/kg 涂料；四是重金属含量，包括可溶性的铅、镉、铬和汞，分别不得大于 90mg/kg 涂料、75mg/kg 涂料、60mg/kg 涂料和 60mg/kg 涂料。

环境标志建筑涂料一般是指通过有关认证、符合国家环保总局 HJ/T 201—2005《环境标志产品技术要求　水性涂料》标准要求。HJ/T 201—2005 的要求见表 3-1-44。在挥发性有机化合物方面，HJ/T 201—2005 要求内墙建筑涂料不得大于 80g/L 涂料（扣除涂料中的水）。对游离甲醛的要求，国家环保总局的 HJ/T 201—2005《环境标志产品技术要求　水性涂料》标准要求游离甲醛含量不得大于 100mg/kg 涂料，与 GB 18582—2008 一样。对苯、甲苯、乙苯、二甲苯总和的要求，国家环保总局的 HJ/T 201—2005 规定不得大于 500mg/kg 涂料，GB 18582—2008 规定不得大于 300mg/kg 涂料，GB 18582—2008 反比 HJ/T 201—2005 要求严格。在重金属含量要求方面两个标准是一样的。

表 3-1-44　水性涂料中有害物质限量要求

产品种类	内墙涂料	外墙涂料	墙体用底漆	水性木器漆、水性防腐涂料、水性防水涂料等产品	腻子(粉状、膏状)
挥发性有机化合物的含量(VOC)	≤80g/L	≤150g/L	≤80g/L	≤250g/L	≤10g/kg
卤代烃(以二氯甲烷计)/(mg/kg)	≤500				
苯、甲苯、二甲苯、乙苯的总量/(mg/kg)	≤500				
甲醛/(mg/kg)	≤100				
铅/(mg/kg)	≤90				
镉/(mg/kg)	≤75				
铬/(mg/kg)	≤60				
汞/(mg/kg)	≤60				

德国蓝天使环境标志 RAL-UZ 102—2000 对内墙建筑涂料的环保要求是最严格的要求之一。如其对挥发性有机化合物的要求是不得大于 700mg/kg，即仅 1.05g/L 涂料。

有的发达国家还把气味作为环保要求。

另外，欧盟规定，防腐剂、防霉剂和防藻剂中某些活性组分在涂料中达到某一数量时要明示。例如，《欧洲危险物质导则》(European Dangerous Substances Directive) 规定，当 5-氯-2-甲基-4 异噻唑啉-3-酮/2-甲基-4 异噻唑啉-3-酮（简称 CMIT/MIT ）超过 15mg/kg 时，应标 R43-皮肤接触时可能造成敏感反应。《欧洲危险物质导则》第 29 次技术修订将含量等于或大于 0.1%的苯并咪唑氨基甲酸甲酯（carbendazim）防霉剂列为 2 类致变物（mutagen category 2）和 2 类重现毒性物（reprotoxic category 2），根据其含量，见表3-1-45。

假定防霉剂中苯并咪唑氨基甲酸甲酯含量为 10%，防霉剂在涂料配方中加量为 1%，则涂料中苯并咪唑氨基甲酸甲酯含量刚好为 0.1%。也就是说，涂料配方中加量等于或大于

1%时，要明示；少于1%时，无需标识。我国在该方面工作还没有起步。

表 3-1-45 苯并咪唑氨基甲酸甲酯（carbendazim）的分类和明示

BCM含量/%	标志	危害标识	R-风险和S-安全	限定使用者	MSDS材料安全表
<0.1	无	无	无	无	无
0.1～0.25	T	有毒	R46 S53、S45	限定专业使用者	2类致变物
0.25～0.5	T	有毒	R46、R52/53 S53、S45	限定专业使用者	2类致变物
0.5～2.5	T	有毒	R46、R60、R61、R52/53 S53、S45	限定专业使用者	2类致变物 2类重现毒性物
2.5～25	T、N	有毒、对环境有危害	R46、R60、R61、R51/53 S53、S45、S60、S61	限定专业使用者	2类致变物 2类重现毒性物
≥25	T、N	有毒、对环境有危害	R46、R60、R61、R50/53 S53、S45、S60、S61	限定专业使用者	2类致变物 2类重现毒性物

注：1. T代表白骨和骷髅，N代表死鱼和死树。

2. R46代表也许损害遗传；R60代表也许损害生殖；R61代表也许对未出生孩子有害；R52/53代表对水生物有害，也许对水环境造成长期负面影响；R51/53代表对水生物有毒，也许对水环境造成长期负面影响；R50/53代表对水生物很毒，也许对水环境造成长期负面影响。

3. S53代表用前有专门指导，避免接触；S45代表接触到或不适，即请医生咨询；S60代表该物品及其包装须按危险品处理；S61代表避免排入环境，参见材料安全数据表。

4. 欧盟成员国在2005年10月31日前将《欧洲危险物质导则》第29次技术修订内容变成本国立法。

5. 其他评价方法

外墙乳胶漆所使用的环境条件比较严酷，有强烈的太阳光照射，其中包括紫外线，有风、霜、雨、雪、凝露和冰冻的影响，有气温变化的作用，有霉菌和藻类等微生物的破坏，有的还有酸雨和化学物质的腐蚀等，因此，对外墙乳胶漆的性能要求也比较高。

(1) 自然曝晒和加速曝晒 评估涂膜质量较可靠的方法是，在强太阳光辐照地区自然曝晒中，监测其失光、保色性、开裂和粉化等。这些强太阳光辐照地区，如美国的佛罗里达和亚利桑那，我国的广州和海南岛等。对较耐久的涂料体系，这类方法可能要花5年以上时间，才能获得显著结果。而反射镜加速曝晒法和带喷水循环的反射镜加速曝晒法，由于有一组反射镜增强照于样板上的太阳光，使所需曝晒时间缩短为12～18个月。虽然佛罗利达等曝晒和反射镜加速曝晒法评价较可靠，但这两种方法本身是较费时和费钱的。

(2) 扫描电镜和X射线光电子能谱 在老化实验期间，可用扫描电镜（SEM）摄取表面形态的照片，以观察其变化。SEM的放大倍率可高达10^5倍，分辨率达8nm。X射线光电子能谱（XPS）被公认为研究固态聚合物表面结构和性能的最好技术之一，其典型取样深度小于10nm。

(3) 动态力学分析 动态力学分析法（DMA）是对涂膜破坏趋势相当灵敏的技术。涂膜老化使其力学性能失去平衡，这是由于在老化过程中，涂膜聚合物的降解和交联的结果。在动态力学谱中，降解表现为贮存模量和T_g的下降，而交联却表现为贮存模量和T_g的升高。老化时，降解和交联虽同时发生，但由于涂膜的组成和结构不同，使用环境条件的差异，一般只有一个是主导的。因此，可用动态力学分析法对涂膜使用寿命作预测。

(4) 傅里叶变换红外光声光谱 傅里叶变换红外光声光谱（FTIR-PAS）技术在高聚物表面研究中得到广泛应用。它不仅用于高聚物的鉴别，而且用于研究高聚物的老化和测定老化深度。制样也很方便，无需将涂膜从基层上剥离下来就可对其进行分析。

(5) 电子自旋共振谱法 在涂膜老化研究中，可用电子自旋共振谱法（ESR）来监测其自由基浓度的变化和过氧化氢生成速度等，从而对涂膜耐久性进行预测。

(6) 原子力显微镜　原子力显微镜（AFM）是由 Binning 等在 1986 年开发出来的一种新型显微镜。它使用一个尖端的探针扫描试样表面，通过控制及检出探针与试样表面间的相互作用力来形成试样表面形态图像。其分辨率可达原子水平（10^{-10}m）。对于非导电、非导热性的试样也能观测，如聚合物和生物分子等，且无真空要求，在常温常压下就能观测。因此，发展很快，已有多种类型 AFM。这些原子力显微镜可分别用于研究材料表面形貌、力学特性、电磁特性、表面热特性和光特性等。

(7) 计算机模拟计算　根据现有知识和试验结果，编成程序，用计算机模拟计算，得出评价结果。

随着科学技术的发展，检测仪器设备的开发完善，对涂膜降解机理研究的深入，试验数据和使用结果资料的积累，计算机科学的前进等，人们对涂料性能评价将越来越接近实际。

九、乳胶漆的进展

这几年，由于乳液聚合、颜料和填料加工制造、助剂生产和配方技术的进展，乳胶漆的产品质量有了较大的提高，乳胶漆的品种有了长足的发展。高性能和多功能的环境友好型乳胶漆成为发展趋势。

1. 低 VOC 和零 VOC 乳胶漆

目前，还没有统一的低 VOC 和零 VOC 乳胶漆的确切定义。暂且将 VOC 低于 30g/L 定义为低 VOC 乳胶漆，将 VOC 低于 1g/L 定义为零 VOC 乳胶漆。

(1) 普通乳胶漆的分析　生产乳胶漆最关键的组分是乳液。乳液聚合物的玻璃化温度（T_g）和最低成膜温度（MFT）是乳液的两个重要参数。乳液生产者和乳胶漆制造者都对它们予以极大的关注，因为 T_g 决定乳胶漆的硬度、耐磨性和耐沾污性等，MFT 与乳胶漆的最低施工温度和成膜助剂用量等密不可分。市场上有代表性乳液的 T_g 和 MFT 见表 3-1-46。

表 3-1-46　普通乳液的 T_g 和 MFT

乳　　液	类　　型	T_g/℃	MFT/℃	供应商
Primal AC-261	纯丙	27	20	罗门哈斯
Acronal 296 DS	苯丙	22	20	巴斯夫
UCAR R-350A	醋丙	28	16	联合碳化
UCAR R323	叔醋	21	20	联合碳化

由表 3-1-46 可以看出，通常，T_g 在 20℃以上，MFT 比 T_g 低几摄氏度，但仍比要求的最低施工温度 5℃高许多。

为了满足最低施工温度的要求，乳胶漆生产企业的常规做法是加成膜助剂来降低 MFT。只有当乳液聚合物的 MFT 降至 5℃以下时，才能使乳胶漆的 MFT 达到 5℃，因为乳胶漆中还有颜料和填料，它们对乳胶漆的 MFT 也有影响。目前成膜助剂的加量为 1%左右，具体视成膜助剂性能、乳液和乳胶漆的 MFT 而定。一般还加 2%左右二醇类溶剂。对于乳液，希望 T_g 尽量高些，在没有成膜助剂的条件下，希望 MFT 尽量低些，两者之间的距离尽量大些。理想的 T_g 在 29℃以上（对内墙乳胶漆，可低些，比如 19℃以上），理想的 MFT 在 3℃以下。这样成膜助剂和二醇类溶剂就不再需要了。这就是生产低 VOC 和零 VOC 乳胶漆的思路。

(2) 生产低 VOC 和零 VOC 乳胶漆用乳液　生产低 VOC 和零 VOC 乳胶漆的关键就是合成基本不需要或不需要成膜助剂和溶剂就能低温成膜的乳液。

① 选择合适单体　由于醋酸乙烯酯具有水增塑性，即水能犹如成膜助剂一样降低醋酸乙烯酯乳液的 MFT，使其在低温下能形成完整的涂膜。乙烯的 T_g 为－68℃，具有独特的内增塑作用，其共聚乳液不仅在低温下成膜性能好，而且在高温下不回黏。再通过新的聚合技术，调整聚合物组分，引入某些功能单体，控制聚合物的分子量，就能合成不需成膜助剂而其性能完全满足要求的乳液。这种乳液的 T_g 在 15℃左右，而其 MFT 为 0℃左右。由该类乳液生产的低气味无溶剂乳胶漆已成为广为销售的商品。

为了改善乳液的抗水解性，也有再引入部分丙烯酸酯单体，合成三元共聚乳液。这类乳液生产的低气味无溶剂乳胶漆具有与加成膜助剂和少量溶剂的乳胶漆一样的性能。

Resolution（原壳牌）公司将醋酸乙烯和 C11 叔碳酸乙烯（VeoVa 11）以 50/50 配比，将醋酸乙烯、VeoVa 10 和丙烯酸 2-乙基己酯以 55/20/25 配比，将醋酸乙烯、VeoVa10 和丙烯酸丁酯以 60/20/20 配比，分别制成不需成膜剂的乳液。这三种乳液的计算 T_g 和 MFT 列于表 3-1-47。

表 3-1-47　无溶剂 VeoVa 乳液的 T_g 和 MFT

乳　液	T_g(计算)/℃	MFT/℃
VA/VeoVa 11(50/50)	－9	≤0
VA/VeoVa 10/2-EHA(55/20/25)	0	≤0
VA/VeoVa 10/BA(60/20/20)	5	5

据介绍，以这三种乳液配制的低气味无溶剂亚光乳胶漆，性能达到要求。未见 T_g 测试值和抗回黏性报道。

② 引进功能单体　以具有空间位阻作用的二甲基一间异丙烯基苄基异氰酸酯单体（TMI）为交联剂，通过氧化-还原引发体系，合成醋丙、苯丙和纯丙乳液，以这些乳液配制的乳胶漆，在相同的颜料体积浓度（PVC）下，性能与需成膜助剂乳液制成的乳胶漆相当，而 VOC 可降至 0.5g/L 以下。

③ 硬乳液和软乳液共混　硬乳液和软乳液共混以获得零 VOC 乳胶漆，软乳液的 T_g 在室温以下，即使与相当量的硬乳液相混，不加成膜剂，也能在室温干燥成膜。在此试验结果的基础上，调整软硬乳液的 T_g 值、粒径和用量等参数，就能生产低 VOC 和零 VOC 乳胶漆。

④ 核壳乳液聚合　乳胶粒子的结构形态对乳液的 MFT 有很大影响。以甲基丙烯酸甲酯（MMA）单体和丙烯酸乙酯（EA）单体进行核壳乳液聚合为例。MMA 和 EA 各 50%，按 Fox 方程计算，其 T_g＝28.7℃。共聚乳液的 MFT 为 30℃，而以 PMMA 为核，PEA 为壳的乳液的 MFT 为 0℃。可见核-壳乳液聚合显著改变了乳液的成膜性。

(3) 生产低 VOC 和零 VOC 乳胶漆　尽管不需要成膜助剂和溶剂就能成膜的乳液对于生产低 VOC 和零 VOC 乳胶漆是至关重要的，但仅此是不够的，还要求这类乳液具有很低的残余单体含量，比如说 100mg/kg 以下，因为残余单体不仅提高 VOC 含量，而且还产生难闻气味。同时要有不含溶剂、环境友好型的助剂和色浆与之配套。还要求乳液和色浆中不含烷基酚聚氧乙烯醚（APE），APE 降解性差，对人体内分泌有干扰作用。此外，防腐剂和 pH 调节剂的释放物问题亦需考虑，防腐剂中防腐组分，即有毒有害物质，也应有控制。

在德国斯堪的纳维亚等地区，这类低气味无溶剂的亚光、有光内墙乳胶漆已是成熟的产品，销售多年。

在我国，也有一些公司生产低 VOC 和零 VOC 的内墙乳胶漆。

2. 乳胶粉涂料

乳胶粉是将乳液通过喷雾干燥而制取的。目前，大部分乳胶粉是醋酸乙烯类共聚物，也有苯丙和纯丙类的。自 20 世纪 50 年代以来，乳胶粉逐步应用于水泥材料的改性、瓷砖黏结剂、墙纸糊裱和黏结胶浆等。

用乳胶粉来生产乳胶粉涂料，具有如下优点。

(1) 运输和贮存方便　普通涂料中约含 20%～50%的水，而在乳胶粉末涂料中，这部分水要到使用时才加入。也就是说，这部分水既不需运输，也不需要贮存。另外，含水的涂料，当运输和贮存的温度低于 0℃时，往往会冻坏，而乳胶粉末涂料不存在此问题。

(2) 无需防腐剂　乳胶漆中既有水，又有细菌的食粮，容易被细菌污染。因此，为了防止变质，要加防腐剂。乳胶粉末涂料中，没有水，被细菌污染的可能性就少得多，所以一般不需防腐剂。

生产乳胶粉末涂料，像生产一般乳胶漆一样，也需要高速分散机。同时乳胶粉的价格也高于同类乳液，而有的乳胶粉重新分散成乳液后的质量与原乳液还有差距。故乳胶粉涂料还处于试验阶段。

3. 荷花效应乳胶漆

房屋所有者和房屋建造者都希望外墙面保持干燥清洁。但由于我国环境条件还不尽人意，外墙面往往会受到污染，有的甚至受到严重污染。因此，人们一直在探求能保持外墙面干燥清洁的建筑涂料。

荷叶效应乳胶漆就是能保持外墙面干燥清洁的一种建筑涂料，它是仿生学在建筑涂料中应用的一个例子。

(1) 荷叶效应乳胶漆的开发　很久以来，优化的自洁功能已在自然界存在，荷叶就是其中的代表。荷叶表面具有很好的憎水性，实际上是不能湿润的，它还出污泥而不染，这是为了适应环境而长期演变的结果。

德国玻恩大学植物学教授 W. Bartblott 研究了荷叶的结构和荷叶效应机理。经研究发现，荷叶之所以具有以上性能，是因为叶子表面既憎水，又有一个显微结构。

德国 Sto 上市公司下属 ISPO 公司，根据荷叶效应机理和硅树脂外墙涂料的实际应用结果，经过三年的研究工作，成功地把荷叶效应移植到外墙乳胶漆中，开发了微结构有机硅乳胶漆，即荷叶效应乳胶漆。

这种荷叶效应乳胶漆采用具有持久憎水性的少乳化剂有机硅乳液等一些专门物质，并形成一个纳米级显微结构，从而使其涂膜具有类似荷叶的表面结构，达到拒水保洁功能。荷叶和荷叶效应乳胶漆的结构比较如图 3-1-13 所示。可以看出，二者的结构非常相似。

(a) 荷叶

(b) 荷叶效应乳胶漆

图 3-1-13　荷叶和荷叶效应乳胶漆结构

(2) 荷叶效应机理　市场上的荷叶效应涂料或乳液，绝大多数是通过降低表面张力来实现的。这种通过降低表面张力，其提高与水的接触角有限，约能提高至120°左右，如市场上的硅树脂涂料与水的初始接触角为93°～115°；它们与灰尘的接触面积基本不变，因此，荷叶效应的结果是有限的，很难达到既保持涂膜干燥，又具有自洁功能。

与水的接触角至少要达到130°，这时表面具有显著的憎水性，成珠滚落的雨水才具有自洁功能。

把降低表面张力和形成显微结构结合起来，才能取得很好的荷叶效应结果。根据表面物理化学中表面平整度对接触角的影响规律可知，当接触角小于90°时，表面粗糙度大些能使接触角进一步减小；而当接触角大于90°时，粗糙表面能使接触角进一步提高。荷叶效应乳胶漆涂膜与水的接触角大于90°，所以粗糙的显微结构可提高接触角，约能提高至140°。另一方面，一个显微粗糙表面，还可以使灰尘与涂膜的接触面积降至原来的1%以下，从而使灰尘与水的黏附力大于灰尘与涂膜的附着力。因此，下雨时，雨水在墙面上成珠滚落，同时把灰尘带走，使墙面保持干燥和清洁，如图3-1-14所示。这就是乳胶漆的荷叶效应机理。

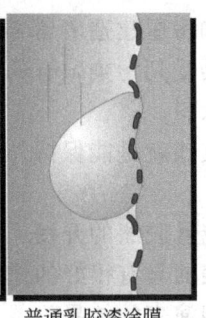

荷叶效应乳胶漆涂膜　　普通乳胶漆涂膜

图3-1-14　雨水成珠滚落，灰尘随之带走

(3) 移动水的自洁作用　德国玻恩大学开发出一个快速测定移动水清洁作用的试验方法，称为集灰试验。即在涂膜试板上，撒一些炭黑或粉煤灰，接着滴几滴水，使试板稍微倾斜晃动，从而水就在试板上来回移动。对于普通的涂膜，包括硅树脂涂膜，随着水的移动，在涂膜上留下含灰的水迹。对于荷叶效应乳胶漆涂膜，水成为一个大珠点，炭黑或粉煤灰集聚在大水珠的外围，而涂膜仍保持干净清洁。

表3-1-48是水、炭黑、荷叶和一些涂膜的表面张力以及部分材料与水的接触角。

表3-1-48　材料的表面张力及其与水的接触角

材　料	表面张力/(mN/m)	色散分量/(mN/m)	极性分量/(mN/m)	与水的接触角/(°)
水	73	19	54	—
炭黑	30	30	0	
硅树脂涂料C	20	15	5	93
特氟隆	18	18	0	111
硅树脂涂料A	17.4	17.2	0.2	115
荷叶效应乳胶漆	8	8	0	142
荷叶	7.5	7.5	0	145

只有当涂膜材料的表面张力色散分量明显少于水的表面张力色散分量，另外，其表面张力的极性分量为零时，移动的水珠才能收集灰尘。在已检测的硅树脂涂膜中，其表面张力中相对高的色散分量和存在极性分量都会降低其憎水性，从而影响其自洁性。

特氟隆，这种经典的不粘涂料，当其结构为显微平表面时，一点也没有自洁功能，而只是容易擦干净而已。

(4) 荷叶效应乳胶漆的耐沾污性　测试涂料耐沾污性较可靠的方法是将试板90°放置的自然曝晒法。如图3-1-15所示是按DIN 53166标准自然曝晒两年后，各种涂料明度值L的降低情况。在这里，耐沾污性以明度值L的降低来表示。可见，荷叶效应乳胶漆具有很好的耐沾污性。

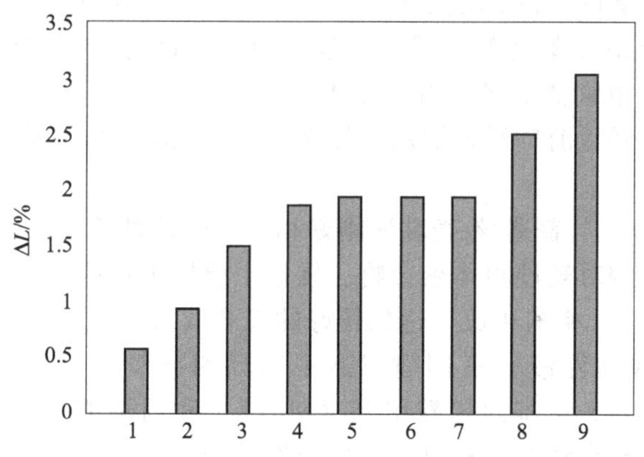

图中数字所表示的涂料

1	憎水的乳胶硅酸盐复合涂料A	6	高PVC乳胶漆A
2	荷叶效应乳胶漆	7	低PVC乳胶漆B
3	憎水的乳胶硅酸盐复合涂料B	8	高PVC乳胶漆B
4	硅树脂涂料B	9	低PVC乳胶漆A
5	硅树脂涂料A		

图3-1-15　耐沾污性（明度降低）

由图3-1-15还可以看出，除了荷叶效应乳胶漆外，乳胶硅酸盐复合涂料具有很好的耐沾污性。经观察，其耐沾污性好是通过较大的表面粉化而达到的。而荷叶效应乳胶漆是由于自洁功能使其具有很好的耐沾污性。实际工程的效果也证明了这一点。

此外，荷叶效应乳胶漆具有很好的拒水透气性和耐久性等。但在某些地区，还要注意所谓的雨筋问题。

总之，这是人们首次把自然界的荷叶效应应用于涂料产品。荷叶效应乳胶漆把硅树脂涂料的优点和上万年来自然界演变结果结合起来，进一步发展了现有的外墙涂料，尤其是硅树脂涂料，从而使外墙保持干燥、清洁、耐久成为可能。

4. 保洁弹性外墙乳胶漆

为了遮盖基层裂缝，人们开发了弹性乳胶漆。弹性乳胶漆所用乳液的玻璃化温度（T_g）往往比较低，通常在－45～－10℃，因此，使用温度一般高于T_g，其涂膜比较软，耐沾污性成为弹性建筑乳胶漆这个水桶的最短的一块板。只有提高最短一块板的高度，才能提高弹性建筑乳胶漆这个水桶的盛水量。

弹性乳液是生产弹性乳胶漆的核心原料。要提高弹性乳胶漆的耐沾污性，首先从弹性乳液开始。

(1) 选用合适的单体　为了提高弹性建筑乳胶漆的耐沾污性，Roy等将一些特殊单体引入乳液聚合物骨架中，这些特殊单体如异甲基丙烯酸冰片酯、异丙烯酸癸酯、Veova 11和甲基丙烯酸乙酯（EMA）等。结果发现，在相似玻璃化温度下，MMA/BA/EMA/MAA配方的耐沾污性和弹性都比 MMA/BA/MAA 配方稍好。当然，甲基丙烯酸乙酯较贵。

(2) 表面自交联　在弹性乳液中引入交联剂。当弹性乳胶漆干燥成膜时，通过交联反应，如紫外线自交联反应，形成一定交联密度的表面，提高表面 T_g 值，基本不影响涂膜的弹性，提高其硬度，从而提高了弹性建筑乳胶漆的耐沾污性。

Roy 等在前面提及的引入特殊单体基础上，再加入交联剂，如二丙烯酸己二醇酯、甲基丙烯酸缩水甘油酯和甲基丙烯酸乙酰乙酸乙酯，发现二丙烯酸己二醇酯可明显改善耐沾污性。继续加 2,2-二甲氧基-2-苯基苯乙酮和二苯甲酮衍生物光引发剂试验，得出两者都能提高耐沾污性，但 2,2-二甲氧基-2-苯基苯乙酮更好些。

紫外线和太阳光交联目前广泛地被用来提高弹性外墙乳胶漆涂膜硬度、抗粘连性和耐沾污性。

(3) 核-壳乳液聚合　与普通核-壳乳液刚好相反，弹性乳液在采用核-壳乳液聚合时，核为软单体聚合物，壳为相对较硬单体聚合物。软核主要提供弹性，相对较硬壳主要是提高表面 T_g 值，改善耐沾污性。相辅相成，达到较好的综合效果。

(4) 有机硅改性弹性乳液　王国建以八甲基环四硅氧烷（D_4）、乙烯基环四硅氧烷（D_4）、丙烯酸丁酯（BA）、甲基丙烯酸甲酯（MMA）和丙烯酸（AA）单体，分别通过预乳化连续滴加法和种子聚合法合成有机硅改性弹性乳液。种子聚合法合成时，以聚丙烯酸酯为种子乳液，以有机硅聚合物为壳。结果发现，预乳化连续滴加法的改性效果优于种子聚合法。因此，他采用预乳化连续滴加法。

在采用预乳化连续滴加法时，他得出：随着有机硅单体含量提高，乳液膜拉伸强度和耐沾污性提高，延伸率先提高后降低。有机硅单体含量占单体总量的 13%，乙烯基环四硅氧烷的含量占有机硅单体总量的 4%～6%，相容剂的含量占单体总量的 2%，能取得较好结果。

谢家仓等用相似的单体，采用核-壳聚合技术，但以聚硅氧烷为核，以聚丙烯酸酯为壳，合成弹性乳液。他们认为，乙烯基环四硅氧烷的用量一般为 0.3%～5%，八甲基环四硅氧烷的用量占单体总量的 5%～20%，聚丙烯酸酯中，硬软单体比例为 2～3，得到弹性乳液性能较好。

其实，在有机硅改性时，是提高涂膜的憎水性。其提高耐沾污性的机理是降低了涂膜的吸水性，从而减少了溶解或分散在雨水中灰尘被吸入涂膜而造成的沾污。

(5) 水性聚氨酯弹性乳液　张宪康等采用异佛尔酮二异氰酸酯（IPDI）、分子量为 2000 的聚丙二醇（PPG）、二羟甲基丙酸（DMPA）和二乙烯三胺（DETA）等为原料，用预聚体直接分散法合成水性聚氨酯弹性乳液。用该乳液生产水性聚氨酯弹性涂料，测试耐沾污性很好。

(6) 乳液表面亲水亲油性　卢荣明等提出，使涂膜表面适度带亲水基有利于生产保洁弹性乳胶漆。由于亲水基团的憎油性，油污或带油污的灰尘即使附着到涂膜表面，也难以向涂膜内部迁移渗透，只能形成暂时的污染。在雨水的冲刷下，污物会随雨水冲走。据此，他们在合成弹性乳液时，采用核-壳乳液聚合，并在乳液表面引进一定亲水基团。以这种弹性乳液生产的弹性外墙乳胶漆耐沾污性得到较大提高。

(7) 聚合型乳化剂　普通乳化剂会迁移到涂膜表面，这些小分子的乳化剂既影响涂膜耐水性，又影响耐沾污性。采用聚合型乳化剂就不会出现此情况，从而对提高耐沾污性有帮助。

(8) 调整配方　除了核心组分弹性乳液外，通过调整配方改善耐沾污性也有一定余地。如不用成膜助剂，虽会降低初期延伸率，但能提高耐沾污性。此外，加特殊助剂也能改善耐沾污性等。

(9) 涂装设计和涂装作业 由于弹性建筑乳胶漆的耐沾污性是其弱项，所以正确的涂装设计和涂装作业对涂膜保洁尤显重要。如做好滴水线和泛水坡度等。

在采取一些耐沾污性改进措施后，弹性建筑乳胶漆的实际使用耐沾污性是能满足涂装要求的。

5. 单组分常温自交联乳胶漆

目前，绝大部分的乳液聚合物都是热塑性的，因此其抗粘连性、耐沾污性、耐溶剂性、耐热性等尚存在一定问题。在乳液聚合时，引入可实现交联的官能团，使其在成膜时，产生交联，形成三维网状结构，克服以上不足之处，更好地满足使用要求，是建筑涂料发展方向之一，也是目前研究的热点之一。

作为建筑乳胶漆，这种交联必须是常温交联，而且为了使用的方便，最好是单组分的。

目前有如下一些方法制备单组分常温交联建筑乳胶漆。

(1) 失逸性交联 双丙酮丙烯酰胺，英文名 diacetone acrylamide，缩写为 DAAM，学名 *N*-(1,1-二甲基-3-氧丁基) 丙烯酰胺，是丙烯腈和丙酮在磺酸催化下缩合而成。这是一个特殊的反应型多功能单体，其结构式如下。

$$CH_2{=}CH\overset{\overset{O}{\|}}{C}NH\underset{\underset{CH_3}{|}}{\overset{\overset{CH_3}{|}}{C}}{-}CH_2\overset{\overset{O}{\|}}{C}{-}CH_3$$

因为 DAAM 是不饱和的单体，可聚合，均聚物 $T_g=65℃$，可见是一个硬单体。它也可与许多烯类单体共聚，其竞聚率见表 3-1-49。由表 3-1-49 可以看出，DAAM 与苯乙烯和甲基丙烯酸甲酯共聚是方便的。从而可在交联单体 DAAM 参与下进行乳液聚合，使乳液聚合物中引进酮羰基。这种乳液，可以是丙烯酸乳液、苯丙乳液、硅丙乳液和氟碳乳液等。

表 3-1-49 DAAM 在乳液聚合时的竞聚率

单体 1	单体 2	γ_1	γ_2
苯乙烯	DAAM	1.77	0.49
甲基丙烯酸甲酯	DAAM	1.68	0.57

在聚合结束后将交联剂己二酸二酰肼计量加入到乳液中。己二酸二酰肼，英文名 adipic dihydrazine，缩写为 ADH，其结构式如下。

$$H_2NNH{-}\overset{\overset{O}{\|}}{C}{-}CH_2CH_2CH_2CH_2{-}\overset{\overset{O}{\|}}{C}{-}NHNH_2$$

乳液中虽然同时存在酮羰基和 ADH，而且酮羰基能与酰肼基进行加成反应生成腙和水，反应式如下所示，但该反应是一个可逆反应。尤其是乳液中存在大量水时，该加成脱水反应实际上是不能进行的。因此，制成的乳液和乳胶漆在贮存期都是稳定的。

$$-\underset{\underset{O}{\|}}{C}NHNH_2+\underset{\underset{O}{\|}}{\overset{\diagdown\;\diagup}{C}}\rightleftharpoons-\underset{\underset{O}{\|}}{C}NHNH{-}\underset{\underset{OH}{|}}{\overset{|}{C}}{-}\longrightarrow-\underset{\underset{O}{\|}}{C}NHN{=}\underset{|}{C}{-}+H_2O\uparrow$$

乳液或乳胶漆在干燥成膜过程中，由于水不断从涂膜中逸出，酮羰基与酰肼基进行加成反应生成腙和水的反应不断进行，涂膜逐步干燥成膜。这就称之为失逸性交联。

一般来说，乳液聚合物中的酮羰基与 ADH 交联比较慢，因为乳液聚合物是不溶于水的，而 ADH 是溶于水的，尤其当酮羰基被埋在乳液聚合物中时。若通过核-壳乳液聚合，使酮羰基处于壳层，并在聚合物酮羰基周围带上一些亲水基团，如羧酸盐和羟基等，有利于交联进行。

此外，使用3-甲基丙烯酰氧基丙基三异丁氧基硅烷为共聚单体，通过乳液聚合，也能制得具有失逸交联性的三烷氧基甲硅氧化丙烯酸乳液和醋酸乙烯乳液。

(2) 紫外和太阳光交联 丙烯酸双环戊烯基酯，英文名 dicyclopentenyl acrylate，缩写为 DCPA，是可聚合的单体，均聚物 T_g = 98℃，但有臭味。其结构式如下。

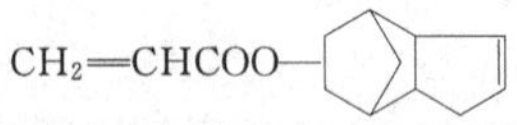

$$CH_2{=}CHCOO{-}\text{(双环戊烯基)}$$

在乳液聚合时，加入各种组分，如丙烯酸丁酯、甲基丙烯酸甲酯等，和紫外交联剂 DCPA 进行聚合，所合成乳液聚合物中含有环戊烯基和丙烯位氢，可供交联。聚合完成后，加入少量的二苯酮光引发剂。当乳液和乳胶漆贮存时，因为没有紫外光，不发生交联，乳液和乳胶漆是稳定的。当其施工后成膜时，在太阳光的照射下，产生紫外交联，从而使涂膜性能提高。

另据介绍，以二酮类物质［如樟脑醌（$C_{10}H_{14}O_2$）］为光引发剂，用量以质量计约1%，以三丙烯酸三羟甲基丙烷酯（TMPTA）、二丙烯酸二聚氧乙烯酯（PEGDA2）等为交联剂，如 TMPTA 的最佳用量为7%～10%，生产可见光和太阳光交联乳液及乳胶漆。其性能优于未交联的乳胶漆，还可以生产低 VOC 和零 VOC 乳胶漆。也有人以氧化膦（H_3PO，R_3PO）为光引发剂，制成可见光交联乳液。

(3) 氧化交联 丙烯酸双环戊烯基氧乙基酯（DPOA）也是可聚合的单体，均聚物 T_g = 33℃，无气味。其结构式如下。

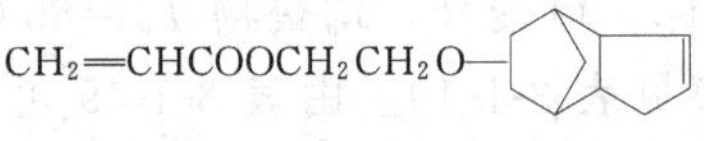

$$CH_2{=}CHCOOCH_2CH_2O{-}\text{(双环戊烯基)}$$

在较高 T_g 值的乳胶漆配方中，不需成膜助剂，而加 DPOA，并加入少量催干剂，如钴盐。DPOA 就可降低成膜温度，使乳胶漆在室温成膜。但 DPOA 不挥发，不仅环境友好，而且在催干剂作用下进行氧化自由基聚合，增加了涂膜的硬度、抗黏性和亮度。因此，DPOA 被称为活性成膜助剂。

另外，也有人开发了烯丙基取代的乳液，贮存时是稳定的，只有在施工后，与空气中的氧气反应才交联。

(4) TMI 交联 众所周知，在合适的条件下，异氰酸酯能制得优质涂料，但它极易与水反应。甲基苯乙烯异氰酸酯单体（TMI）具有空间位阻作用，是一种既可与其他乙烯基单体共聚，又留有—NCO 基供进一步交联的特殊交联剂，其结构如下。

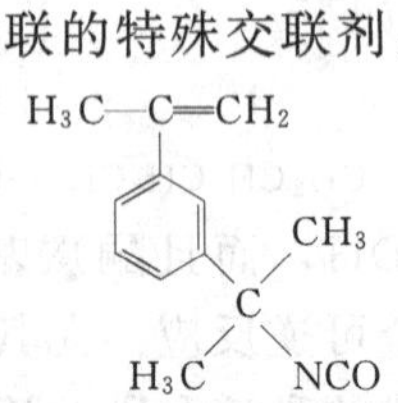

$$H_3C{-}C{=}CH_2 \text{（间位取代苯环）} {-}C(CH_3)_2{-}NCO$$

通过氧化-还原引发体系，合成醋丙、苯丙和纯丙乳液。以这些乳液配制的低气味无溶剂乳胶漆，在相同的颜料体积浓度（PVC）下，耐洗刷性比需成膜助剂乳液制成的乳胶漆有较大提高，其他性能与其相当，而挥发性有机物（VOC）降至0.5g/L 以下。这种乳液可用于生产内墙乳胶漆。

(5) 螯合交联 在乳液合成时，引入少量羧基功能单体，如甲基丙烯酸（MAA）、丙烯酸（AA）等，并加入金属盐，如醋酸锌。在成膜时，乳胶粒子界面间金属离子与羧酸根发生螯合交联，使涂膜的耐水性、抗粘连性、耐沾污性等明显提高。金属离子的加入一般会降低乳液的稳定性。只有合理地选择含羧基功能单体的种类、用量、加料方式，以及金属盐交联剂的种类和用量等，才能取得预期的室温交联结果。

许振阳等采用醋酸锌为交联剂，得出：当丙烯酸含量为单体总量的4%～8%，醋酸锌与丙烯酸摩尔比为0.3～0.4时，锌离子交联苯丙乳胶漆具有较好性能。

通过交联，乳液聚合物的分子量进一步提高，形成网状结构，并使涂膜逐步致密，热塑性降低，从而提高了涂膜性能。单组分常温交联是生产高性能低VOC建筑乳胶漆的一种有效途径。

6. 氟碳乳胶漆

氟碳涂料的发展，经历了单一氟单体自聚（如聚四氟乙烯），多种氟单体共聚，单一/多种氟单体聚合物和不含氟聚合物共混，单一/多种氟单体和不含氟单体共聚。制备方法也由早期的溶液聚合发展至乳液聚合。引入不含氟组分，目的是在保持氟碳涂料优异性能的前提下，改善其附着力，调节 T_g 值，降低成本等。所研究的不含氟单体有：丙烯酸酯、环氧、聚氨酯、聚酯和醇酸等。其中，丙烯酸酯和氟碳互补性强，价格适中。

氟碳乳胶漆是以氟碳聚合物乳液为成膜物质，配以颜料、填料、助剂等而制成的氟乳液涂料。

尽管国内市场上也有不少氟碳乳胶漆。除了有些卖点外，未见有高性能的氟碳乳胶漆。也许是因为氟含量不足所致。

7. 负离子乳胶漆

空气中负离子对人体健康有利，被称为空气中的维生素。在内墙乳胶漆中，加入负离子添加剂，从而使涂膜不断放出负离子，称为负离子乳胶漆。

成膜后，空气中的水分子可以通过涂膜与负离子添加剂接触，在负离子粉体颗粒电极附近的强电场作用下，电离成氢氧根离子和氢离子。氢氧根离子进入空气，吸收空气中水分子，形成水合羟基离子 $H_3O_2^-$，即为负离子。从而增加空气中负离子浓度，达到提高空气质量的目的。

另外，负离子涂料还有去除空气中甲醛、氨等有害物和抗菌抑菌作用。

8. 光催化乳胶漆

目前人们所说的环境友好型涂料，一般是指基本不影响或不影响环境的涂料。但这还不够，人们还在努力开发能净化空气涂料。

光催化涂料是指通过一定波长光的照射而具有催化反应功能的涂料。这种涂料具有抗菌、降解有机物和净化空气的作用。

(1) 纳米 TiO_2 光催化机理　由纳米二氧化钛光催化剂配成涂料，当受紫外光照射时，这种半导体的光催化剂受激发产生电子-空穴对，如图3-1-16所示。电子和空穴使周围的氧气和水分子成为活性自由基，而活性自由基能将空气中有机或无机污染物，如氮氧化合物（NO_x）、甲醛、苯、二氧化硫等，直接分解成无害的物质，从而达到消除污染、净化空气的目的。

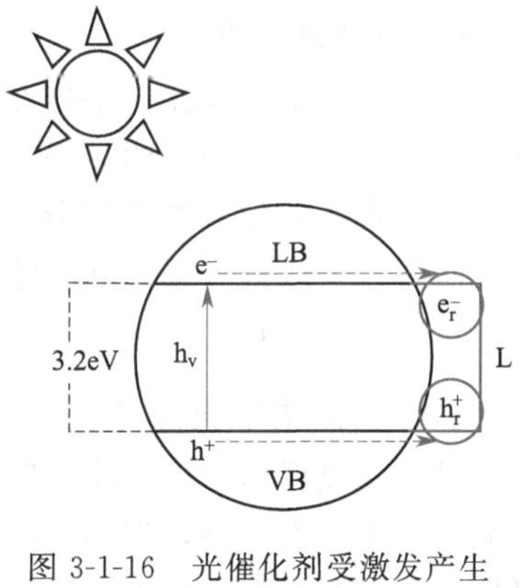

图3-1-16　光催化剂受激发产生电子-空穴对示意图

其催化反应机理如下。

光（波长≤388nm紫外光）+纳米锐钛型 TiO_2（禁带宽度3.2eV）⟶价带（带正电的空穴 h^+）+导带（带负电的高活性电子 e^-）

$$(e^-)+H_2O(OH^-)\longrightarrow HO\cdot$$

$$(h^+)+O_2\longrightarrow\cdot O_{-2}$$

这些自由基的氧化能都在500kJ/mol以上。

有害物质大都含有如表3-1-50的化学键，所以自由基的氧化能足以使其降解。通常即：有机化合物（有害物质、异味等）⟶二氧化碳（CO_2）+水（H_2O）等。

表3-1-50 部分化学键的键能

化学键	C—C	C—H	C—N	C—O	O—H	N—H
键能/(kJ/mol)	347	414	305	351	464	389

(2) 光催化乳胶漆 光催化涂料能降解有害物质，同样也会降解涂料中的有机物，如黏结剂、有机颜料等。通过原料选择和配方，达到两者之间平衡。

纳米锐钛型TiO_2在涂料中应充分分散，并稳定地保持下来，以达到一定的催化活性。

据介绍，某一稀土掺杂的纳米锐钛型TiO_2光催化剂的杀菌率，对金黄色葡萄球菌6h为100%，对大肠杆菌6h为100%。

光催化乳胶漆降解有毒有害物质、消除异味和抗菌的作用不仅与光催化剂的粒径、浓度和性能有关，而且与照射光的波长分布和照度、环境的湿度等相关。这一般是外墙光催化乳胶漆。

室内几乎没有紫外光，只有可见光，一般的紫外光催化涂料没有催化作用。因此，生产光催化内墙乳胶漆，关键是研制可见光催化的锐钛型TiO_2。

(3) 光催化乳胶漆的特点 光催化乳胶漆在光照射下能净化空气，其净化作用具有无可比拟的优点。

① 把光能转化为化学能加以利用，无需另加能量。

② 净化在常温常压下进行。

③ 能在较短时间内降解有毒有害物。当然，其前提条件是有毒有害物与涂层接触。

④ 锐钛型TiO_2光催化剂稳定性好，无毒，不会产生二次污染。

⑤ 锐钛型TiO_2光催化剂可持久长效作用。

因此，可见光催化内墙乳胶漆是一个无需耗能的环境友好型持续净化技术。涂刷一次，持久有效。

9. 纳米乳胶漆

所谓的纳米乳胶漆，是指在其组成中，至少有一相尺寸在1～100nm之间，且与普通乳胶漆相比，其性能得到明显提高的乳胶漆。

在乳胶漆中加入纳米组分是一件不难的事，但要使该组分保持纳米状态，并起改性作用，从而大大改进和提高乳胶漆的性能，或产生新的应用性能，这才是纳米乳胶漆的关键所在，也即难点所在。

10. 反射隔热乳胶漆

具有隔热保温性能的涂料叫隔热保温涂料。隔热是通过对太阳能的反射、对温度波动的衰减、延迟等而达到，保温由高热阻来实现。按照隔热保温机理，可将隔热保温涂料分为阻隔性隔热保温涂料、反射隔热涂料及辐射隔热保温涂料三类。

反射隔热乳胶漆是由合成树脂乳液、热反射颜料、填料和助剂等组成。

这种薄层隔热反射涂料的热反射率高，一般在80%以上，隔热作用明显。但如上所述，颜色对热反射率有很大影响。另外，尽管薄层隔热反射涂料热导率不高，自身热阻较大，但因涂膜厚度比较薄，总热阻有限，保温效果不大。可与其他保温材料配合使用。

通过传热系数 K 值的计算能清楚地说明这一点。已知：外墙为双排孔混凝土小砌块 190mm×190mm，内侧 20mm 石灰水泥砂浆找平层，如要求墙体 $K=1$ 时，问需多厚隔热保温涂料？

$$K=\frac{1}{R_i+\frac{\delta_1}{\lambda_1}+\frac{\delta_2}{\lambda_2}+\cdots+\frac{\delta_n}{\lambda_n}+R_e}=\frac{1}{0.11+\frac{0.02}{0.87}+\frac{0.19}{0.69}+\frac{\delta_3}{0.05}+0.04}=1$$

式中　δ——每层材料的厚度，m；

λ——每层材料的热导率，W/(m·K)；

R_i，R_e——外墙内、外表面换热传热阻，取 0.11m^2·K/W 和 0.04m^2·K/W。

代入得 $\delta_3=0.0276m=27.6mm$，也就是说涂膜厚度要达 27.6mm，这是既不经济，又不可能的。

其实，要保温，就要求有一定的热阻。即要求材料不仅有低的热导率，而且还要有一定的厚度，两者缺一不可。

薄层隔热反射涂料的隔热原理主要是因热反射率高，有效地降低辐射传热和对流传热。

要达到高的热反射率，必须选用高折率的颜料，涂膜颜色选用白色或浅色比较容易达到，或采用光谱选择性材料配成一定颜色，配制有色隔热反射涂料的关键之一是选择较低吸收率的黑色颜料。美国军标规定深色漆反射率在 50%以上。

美国 ASTM C 1483—2004《建筑外用太阳能辐射控制涂料标准规程》规定，太阳能辐射控制涂料的反射率应等于或大于 80%。

建设部 JG/T 235—2008《建筑反射隔热涂料》对建筑反射隔热涂料的隔热性能要求见表 3-1-51。

表 3-1-51　建筑反射隔热涂料的隔热性能

序号	项　目	指　标	
		屋面反射隔热涂料	外墙反射隔热涂料
1	太阳反射比(白色)	≥0.80	
2	半球发射率	≥0.80	
3	隔热温差/℃	≥10	
4	隔热温差衰减(白色)/℃	①	≤12

① 根据不同工程的需要，由设计确定。

这种产品现已用于海上钻井平台、油罐、石油管道、建筑业的钢结构屋顶和玻璃幕墙等，降低暴露在太阳热辐射下装备的表面温度和内部温度，改善工作环境，提高安全性等。

反射隔热乳胶漆可单独使用，也可与其他多孔保温材料配合使用，如作为外墙外保温的配套材料，尤其是用于夏热冬冷和夏热冬暖地区，构成高反射和低传热结构，达到既隔热又保温的效果。该涂料可刷涂和喷涂施工。

十、乳胶漆的涂装

从生产的角度来说，乳胶漆是成品。但从使用的角度来看，乳胶漆只是半成品，而通过涂装、干燥成膜，并附着在基面上的涂膜才是成品。优质的乳胶漆，只有通过专业的基层处理和涂装，在合适的干燥成膜条件下，才能形成牢牢地附着在基面上的涂膜。这种涂膜才能起到长久的保护、理想的装饰以及其他的作用。

1. 涂装设计

有涂装设计和没有涂装设计，往往涂装结果会有很大区别。所谓涂装设计，就是根据用户要求，针对建筑物和周围环境等特点，选用合适的乳胶漆，采用不同的色彩、质感、光泽、线条和分格等，进行合理的基层处理，采用合适的施工步骤，达到对建筑物的持久保护、理想装饰和其他一些特殊作用。

(1) 装饰效果　乳胶漆的装饰效果主要是通过颜色、质感、光泽和线条来体现的。线条是纯属设计范围。

一般来说，乳胶漆的色彩是相当丰富的。但在一般色彩的基础上，又加上金属色或切片，颜色就更丰富多彩了，可选范围很大。

通过不同材料的搭配使用，如纤维壁布和丝光乳胶漆、厚质饰纹涂料和普通乳胶漆，能得到不同质感和花纹的涂装效果。

采用不同的涂料、不同的工具或施工方法，能涂饰出各种各样的造型，如仿面砖、拉毛、地中海风情和橘皮状等。建筑涂料，绝不仅仅只有平涂。

乳胶漆的光泽，除亚光、丝光和有光外，也可引进金属光泽。

对于涂装面积较大的墙面，可作墙面装饰性分格设计。

窗边和层间等还可设计线条。

(2) 涂层配套性　涂装设计包括选择底涂层（含腻子）、面涂层等整体配套体系。从性能优化、实用性、经济性、环保安全等方面设计出满足客户需求的最佳方案。

(3) 防污染　一般来说，外墙涂装最易因污染而失去装饰效果。因此，外墙面绝对不能作为流水的渠道，这对涂装设计来说是十分重要的。外窗盘粉刷层两端应粉刷出挡水坡端，檐口、窗盘底部必须按技术标准完成滴水线构造措施。对女儿墙和阳台的压顶，其粉刷面应有指向内侧的泛水坡度。分格线做成半圆柱面形，而不是燕尾形，以防横向分格线积灰，下雨时产生流挂。坡屋面建筑物的檐口，应超出墙面，以防雨水污染墙面。

对出墙的管道和在外墙面上的设备，如空调室外机组和滴水管，应作合理的建筑处理，以防安装底座的锈迹和滴水污染外墙。

屋顶最好有檐口，这样有利于降低外墙饰面污染。有檐口的外墙涂装工程，往往是比较干净和清洁的。

2. 基层

基层是涂装工作的基础，其质量好坏直接关系到整个涂装的结果。因此，对基层提出要求，进行处理，并经验收合格后，才能开始涂装。

(1) 基层材料　基层材料通常是水泥抹灰砂浆、混合抹灰砂浆、混凝土、石膏板、装饰砂浆、黏土砖和旧涂层等。

绝大部分基层材料中关键的组分是水泥。如，水泥抹灰砂浆一般是水泥∶砂子＝1∶(2～3)，混合抹灰砂浆一般是水泥∶石灰∶砂子＝1∶1∶4。水泥的主要矿物组成是硅酸三钙（C_3S——$3CaO \cdot SiO_2$）、硅酸二钙（C_2S——$2CaO \cdot SiO_2$）、铝酸三钙（C_3A——$3CaO \cdot Al_2O_3$）和铁铝酸四钙（C_4AF——$4CaO \cdot Al_2O_3 \cdot Fe_2O_3$）等。这些组分加水时，会发生水化反应，形成水化硅酸钙、水化铝酸钙、水化铁铝酸钙和氢氧化钙等，从而使砂浆硬化并产生强度。其化学反应式大致如下。

$$2(3CaO \cdot SiO_2)+6H_2O \longrightarrow 3CaO \cdot 2SiO_2 \cdot 3H_2O+3Ca(OH)_2$$

$$2(2CaO \cdot SiO_2)+4H_2O \longrightarrow 3CaO \cdot 2SiO_2 \cdot 3H_2O+Ca(OH)_2$$

$$3CaO \cdot Al_2O_3+6H_2O \longrightarrow 3CaO \cdot Al_2O_3 \cdot 6H_2O$$

$4CaO \cdot Al_2O_3 \cdot Fe_2O_3 + 2Ca(OH)_2 + 10H_2O \longrightarrow (3CaO \cdot Al_2O_3 \cdot 6H_2O\text{-}3CaO \cdot Fe_2O_3 \cdot 6H_2O)$固溶体

由于生成氢氧化钙，初始 pH 值高达 12 以上，碱度很高。基层如养护期不够，或处理不当，泛碱等涂膜缺陷就可能由此而发生。

(2) 基层要求　通常认为，基层应符合下列要求。

① 基层应牢固　即不开裂、不掉粉、不起砂、不空鼓、无剥离、无石灰爆裂点和无附着力不良的旧涂层等。因为基层是涂膜附着的基础，如果基层不牢固，涂膜就无法扎下牢固的根，从而不会有好的附着力。基层是否牢固，可以通过敲打和刻划检查。

② 基层应平整　即表面平整，立面垂直，阴阳角垂直、方正和无缺棱掉角，分格缝深浅一致且横平竖直。它们的允许偏差应符合表 3-1-52 的要求。对于外墙面，表面应做到平而不光，因为平整的基面是涂膜装饰作用的前提。但压得太光，既影响涂膜的附着力，又使水泥净浆被压至表面，比较容易开裂。对于内墙面，应抹平收光，因为内墙面温变范围较小，一般不会开裂。

表 3-1-52　抹灰质量的允许偏差　　单位：mm

平整内容	普通抹灰	中级抹灰	高级抹灰
表面平整	≤5	≤4	≤2
阴阳角垂直	—	≤4	≤2
阴阳角方正	—	≤4	≤2
立面垂直	—	≤5	≤3
分格缝深浅一致和横平竖直	—	≤3	≤1

基层表面是否平整，可用 2m 直尺和楔形尺检查。阴阳角是否垂直，可用 2m 托线板和尺检查。阴阳角是否方正，可用 200mm 方尺检查。立面是否垂直，可用质量检查尺检查。分格缝深浅是否一致和横平竖直，可用拉线和量尺检查。

③ 基层应清洁　即表面无灰尘、无浮浆、无油迹、无锈斑、无霉点、无盐类析出物和无青苔等杂物。基层是否清洁，可目测检查。

当基层有脱模剂等油污时，可用 5%～10%的氢氧化钠水溶液洗刷，然后用清水冲洗干净。

④ 基层应干燥　即涂刷溶剂型涂料时，基层含水率应不大于 8%；而乳胶漆涂膜的透气性比较好，所以一般认为基层含水率可以放宽至不大于 10%。其实对基层的干燥要求也不是绝对的，如防水涂料施工对基层的要求是可以潮湿而没有明水。根据经验，抹灰基层养护 14～21 天，混凝土基层养护 21～28 天，一般能满足涂装要求。含水率太高时，涂膜可能会起泡，尤其是像弹性乳胶漆和有光乳胶漆的涂膜，因其透气性较低。含水率可用砂浆表面水分测定仪测定，也可用塑料薄膜覆盖法粗略判断。

⑤ pH 值　从涂装的角度看，一般认为基层的 pH 应不大于 10。pH 太高，涂膜容易出现泛碱等缺陷。但从砂浆和混凝土对钢筋的保护角度来说，pH 不能低于 9.5。否则，砂浆和混凝土会碳化，碳化后中性的砂浆和混凝土会失去对钢筋的保护。可以看出，涂料涂装和钢筋保护对基层 pH 要求是矛盾的，只能折中处理，甚至偏向于砂浆和混凝土对钢筋的保护。因此，基层的 pH 不大于 10 是仅指表层而言的，而且还可以稍高些。酸碱度可用 pH 试纸或 pH 试笔通过湿棉测定。

⑥ 体积稳定性　对于外墙，基层还要耐水，而且体积应稳定。否则，一下雨，基层松软，甚至体积膨胀。雨停后，基层干燥，体积收缩，涂膜就会成片脱落。

涂装前，应对基层进行验收。合格后，再进行涂装施工。

3. 乳胶漆的选择

由于乳胶漆涂膜性能能满足建筑物和构筑物的保护及装饰等要求，同时又以水为分散介质，比较安全卫生，所以不管在欧美还是在我国，也不管是内墙还是外墙，乳胶漆都已成为最主要的建筑装饰材料。

目前国内市场上供应和使用较广泛的乳胶漆有：内墙乳胶漆、外墙乳胶漆、弹性建筑乳胶漆、合成树脂乳液砂壁状建筑涂料、复层建筑涂料等。在选择乳胶漆时，既要注意产品的性能要求，又要关注安全、健康和环保的要求。

(1) 内墙乳胶漆选择 内墙乳胶漆选择原则是好的装饰性和环保性，适宜的保护作用，合理的耐久性和经济性。

① 装饰性　装饰性包括颜色、质感、光泽、擦净性和对比率等内容。内墙乳胶漆涂膜不像外墙乳胶漆涂膜那样，需经受日晒雨淋，霜雪冰冻，对颜色的耐光性、耐候性要求比较低，颜色可选范围大。大多数内墙乳胶漆是薄层内墙涂料，质感不明显，也可与玻璃纤维墙纸配合使用，花纹、质感跃于墙面。对于光泽，大多数人喜欢亚光，也有喜欢丝光、半光和金属光泽的。丝光和半光内墙乳胶漆耐洗刷性特别好，其缺点是对基面的不平整度反应十分敏感，基面稍有一点不平，就会看得很清楚。对于擦净性，国家标准中虽没有规定，但对内墙的装饰性是绝对需要的，因为难免会弄脏。这里姑且用耐洗刷性代之，可选择耐洗刷性比较好的涂料。对比率是反映涂料消除底材颜色的能力。一般说来，高比低好。

② 环保性　环保性对于内墙乳胶漆来说，是十分重要的。根据目前的认识，内墙乳胶漆的环保性包括挥发性有机物、重金属、甲醛含量、气味等指标。国家标准 GB 18582—2008《室内装饰装修材料 内墙涂料中有害物质限量》和国家环境保护总局标准 HJ/T 201—2005《环境标志产品技术要求 水性涂料》是判别内墙乳胶漆环保性能好坏的主要依据。目前，只有符合国家标准 GB 18582—2008《室内装饰装修材料 内墙涂料中有害物质限量》的内墙乳胶漆，才允许进入市场销售。也就是说，国家标准 GB 18582—2008 是一个准入标准。在准入的产品中，只有提出申请，并按国家环境保护总局标准 HJ/T 201—2005《环境标志产品技术要求 水性涂料》的要求，所用原料、生产过程、“三废”排放等经检查合格，产品抽检也合格的，才能获得中国环境标志产品认证证书。HJ/T 201—2005 是环境标志标准，要求高于 GB 18582—2008 准入标准。在我国，只有符合国家环境保护总局标准 HJ/T 201—2005 的涂料，才能称环保涂料、绿色涂料。

我国的经济正在与国际接轨，我国的市场也是国际市场的一部分。据报道，在全世界涂料界，RAL-UZ—2000 德国蓝天使环境标志是环保方面要求较高的品种之一。它远远高于我国环境保护总局 HJ/T 201—2005 标准。达到德国蓝天使环境标志的产品会更安全、更卫生。

内墙乳胶漆的气味问题也是用户、施工者和生产企业关注的问题。用户和施工者当然要求低气味或无气味的乳胶漆。科研单位和生产企业也在努力开发、生产低气味或无气味的乳胶漆。这也是环境友好型乳胶漆所要求的。当然，含有香味的乳胶漆也是用户和施工者青睐的。

③ 保护作用　可由耐洗刷性和耐碱性等来体现，但目前耐碱性测试结果不能反映实际结果。在我国，判别内墙乳胶漆性能好坏的依据是国家标准 GB/T 9756—2009《合成树脂乳液内墙涂料》。该标准对内墙乳胶漆提出了八项性能指标要求，并根据对比率（遮盖力）和耐洗刷性高低将其分为三等：合格品、一等品和优等品。用户在购买内墙乳胶漆时，要求高的可选优等品，要求一般的可选一等品，要求低的可选合格品。

④ 名牌或有品牌的产品　尽量选用名牌或有品牌的产品，这些产品的生产企业规模较

大，产量较高，管理较严格，有较好的质量保证体系，产品质量一般有保障。

⑤ 标识齐全 选用包装标识齐全的产品。在包装桶上应有商标、生产厂家名称、地址和电话以及生产日期、重量（或容量）、执行标准、质保期、合格证等较为重要的标识。

⑥ 正轨购货渠道 购货数量大时，应实地考察，货比三家，直接从厂家购货，或从厂家的代理商购货比较可靠。用量少时，最好在建材商城或专卖店购买，这些商店较注重进货渠道和商品信誉，产品质量较有保证。千万不要贪图便宜，购买“三无”产品。

(2) 外墙乳胶漆选择 这里所说的外墙乳胶漆是指薄质外墙乳胶漆、弹性建筑乳胶漆、合成树脂乳液砂壁状建筑涂料和合成树脂乳液复层建筑涂料。

薄质外墙乳胶漆主要品种有苯丙乳胶漆、纯丙乳胶漆、硅丙乳胶漆和氟碳乳胶漆等。其性能指标应符合 GB/T 9755—2001《合成树脂乳液外墙涂料》的要求。该标准对外墙乳胶漆提出了十二项性能指标要求，并根据对比率（遮盖力）、耐洗刷性、耐沾污性和耐人工老化的不同将其分为三等：合格品、一等品和优等品。

弹性建筑乳胶漆的主要技术指标应符合 JG/T 172—2005《弹性建筑涂料》的规定。开发弹性建筑乳胶漆的目的是为了遮盖墙面的裂缝，因此，弹性是其最主要的技术指标。不仅常温有弹性，而且低温也应有弹性。

合成树脂乳液砂壁状建筑涂料的主要技术指标应符合 JG/T 24—2000《合成树脂乳液砂壁状建筑涂料》的规定。

合成树脂乳液复层建筑涂料的主要技术指标应符合 GB/T 9779—2005《复层建筑涂料》的规定。

外墙乳胶漆选择的原则是好的保护作用和装饰效果，适宜的施工条件，合理的耐久性和经济性，兼顾环保要求。

① 保护作用 保护作用对外墙乳胶漆来说是十分重要的。它包括耐紫外线、耐候、耐碱、拒水、透气等性能指标。丙烯酸乳胶漆、硅丙乳胶漆、氟碳乳胶漆，保护作用是比较突出的。当然，当基层开裂时，这些涂膜也随着开裂。弹性乳胶漆具有遮盖裂缝的功能。

② 装饰效果 装饰效果由耐沾污性、颜色、质感和光泽等来体现。就耐沾污性而言，乳液聚合物玻璃化温度高的外墙乳胶漆、硅丙乳胶漆、氟碳乳胶漆耐沾污性较好，弹性乳胶漆和合成树脂乳液砂壁状涂料沾污性差些。

颜色对装饰效果来说是很重要。要尽量选择保色性好的颜料，如无机颜料，虽然颜色鲜艳性差些，但耐光、耐候性好。也就是说，不易褪色。

合成树脂乳液砂壁状建筑涂料和复层涂料属厚质涂料，一般来说，对基面的平整度要求不高，且质感强些。这些建筑涂料在建筑物上能形成具有仿石或仿砖等质感。

光泽：外墙乳胶漆除了亚光外，还可有丝光、半光、有光和金属光泽。绝大多数用的是亚光外墙乳胶漆。

③ 施工条件 乳胶漆施工时，环境温度和基层温度必须高于乳胶漆的最低成膜温度。否则，乳胶漆干燥后仍不能成膜。不同乳胶漆的最低成膜温度是不同的，一般乳胶漆的最低成膜温度在 5℃左右，但有些乳胶漆的最低成膜温度在 10℃左右。当在冬季、初春或深秋施工时，应根据施工时的气温，选择最低成膜温度合适的乳胶漆。一般来说，施工时的气温比乳胶漆的最低成膜温度高些较有利于成膜。

④ 环保性 乳胶漆以水为分散介质，无毒无害，使用安全。同等条件下，可优先选用符合国家环境保护总局标准 HJ/T 201—2005《环境标志产品技术要求 水性涂料》的产品，或符合更高环保要求的产品。

⑤ 涂层体系 涂层体系包括腻子、底涂、中涂和面涂，要配套选用。相同的涂料，采

用不同的底涂，所得结果是不同的。采用封闭底涂是解决泛碱的措施之一。与其说选择涂料，不如说选择涂层系统更合适，可根据生产厂家的建议选用。

⑥ 性价比 要根据所要求的涂膜性能和经济效益的关系来选用涂料。对于外墙涂料，采用性价比较好的涂料，也就是说，采用性价比合理的涂料是有利的，由于其涂膜使用期的延长，最终还是合算的。当选用质量较差的外墙涂料，虽然眼前价格比较便宜，但可能引起涂膜的早期损坏，达不到应有的保护作用和装饰效果。搭脚手架、返修、甚至重涂，将给用户造成更大的费用。

⑦ 标识齐全 所选用的涂料应有产品名称、执行标准、种类、颜色、生产日期、保质期、生产企业地址、使用说明和产品合格证等，并具有生产企业的质量保证书。

总之，外墙乳胶漆的选用恰当与否，直接影响涂装效果，作为涂装设计人员应像大夫熟悉药品和病人一样，熟悉乳胶漆性能，熟悉被涂对象，综合分析，平衡各种因素，才能正确、合理地选用好涂料。

(3) 外墙外保温饰面的涂料选择 因为外墙外保温基面与普通外墙面是不同的，所以外墙外保温饰面的涂料选择与普通外墙涂料选择也不一样。根据 JG 149—2003《膨胀聚苯板薄抹灰外墙外保温系统》规定，作为外墙外保温饰面的建筑涂料，必须与薄抹灰外保温系统相容，其性能指标应符合外墙建筑涂料的相关标准。除上述外墙乳胶漆选择要求外，外墙外保温饰面用涂料选择还有其他一些需关注的。

① 组分之间的匹配性 溶剂型涂料不能用于外墙外保温体系。因为外墙外保温体系一般采用聚苯乙烯（EPS、XPS）或聚氨酯（PU）等为保温层，根据相似相溶原则，溶剂能溶解聚苯乙烯和聚氨酯。即使是水性涂料中常用的 200# 溶剂油，其中芳香烃也能溶解聚苯乙烯保温层，因此，其含量也需根据实际使用情况予以控制。

另外，玻纤外的涂塑也可能被溶剂溶解，使其耐碱性受影响，从而使防护层降低或失去抗裂和耐冲击等性能。

② 涂料的拒水透气性 JG 149—2003《膨胀聚苯板薄抹灰外墙外保温系统》规定，外保温系统的 5mm 厚防护层，浸水 24h，吸水量要 $\leqslant 500\mathrm{g/m^2}$；外保温系统防护层和饰面涂层一起水蒸气湿流密度要 $\geqslant 0.85\mathrm{g/(m^2 \cdot h)}$。

对于外墙面，就吸水性来说，一般外层要求比内层低，也就是说外饰涂层要低于防护层，即涂层吸水量要少于 $500\mathrm{g/m^2}$，这样才能使比较少的水进入墙体。就水蒸气湿流密度来说，一般外层要求比内层高，也就是说外饰涂层要高于防护层，即涂层水蒸气湿流密度要远远大于 $0.85\mathrm{g/(m^2 \cdot h)}$，这样水蒸气才能畅通无阻地排出。

欧洲标准 EN 1062-1：2002《色漆和清漆 抹灰层和混凝土基面上的外用涂料和涂料系统分类——1. 分类》，根据涂料的透水汽性、吸水性等将外用涂料和涂料系统分类分级，以便于用户选用。吸水性按 EN 1062-3：1998《色漆和清漆 抹灰层和混凝土基面上的外用涂料和涂料系统分类——3. 吸水性的测定和分类》测定。透水汽性按 EN ISO 7783-2：1999《色漆和清漆 抹灰层和混凝土基面上的外用涂料和涂料系统分类——2. 透水汽性的测定和分类》测定。

尽管 JG 149—2003 和 EN 1062-3 对吸水量的测试方法略有差别，主要是基层不同，将它们粗略做一比较，24h 吸水量 $500\mathrm{g/m^2}$ 相当于吸水性 $W=0.1\mathrm{kg/(m^2 \cdot h^{0.5})}$，是欧洲标准 EN 1062-1 中最低一档吸水量。也就是说，是最严格的要求。Kuenzel 理论仅要求 $W \leqslant 0.5\mathrm{kg/(m^2 \cdot h^{0.5})}$。

对于吸水量来说，弹性涂料、有光涂料、水性金属漆和荷花王涂料，一般均能满足要求。而相当一部分的涂料达不到该要求。有些涂料要与某些底涂配合使用，才能达到要求。

JG 149—2003 标准中的水蒸气湿流密度是按 GB/T 17146—1997《建筑材料水蒸气透过性能试验方法》中的水法测定，是通过水的相对湿度 100%与实验室相对湿度差产生水蒸气流。而 EN ISO 7783-2 的测试方法与 GB/T 17146—1997 不同。它是由 23℃磷酸二氢铵相对湿度 93%与实验室相对湿度 50%差产生水蒸气流。严格地说，不同测试方法所得结果不能比较。大致说，水蒸气湿流密度 0.85g/(m^2·h) 相当于 V=20.4g/(m^2·d)，即相当于 S_d=1.2m静止空气层阻力，属于欧洲标准 EN 1062-1 中的中等透水汽性。Kuenzel 理论要求 $S_d \leqslant 2$m。

涂层水蒸气湿流密度太低，轻者造成表面色差，重者导致发霉和热工性能变差，甚至不同程度的破坏。对于水蒸气湿流密度来说，弹性涂料可能达不到要求。硅树脂涂料等能符合水蒸气湿流密度的要求。

另外，水蒸气湿流密度大小不仅与涂料有关，还与涂膜的厚度成反比。

对于外墙外保温体系，吸水量（拒水性）和水蒸气湿流密度（透气性）是要同时满足的，所以要综合平衡。从拒水透气的角度看，JG 149—2003 标准对外墙外保温饰面用涂料的要求比普通外墙涂料高得多，有些符合产品标准要求的外墙涂料却达不到此要求。有些可以通过与底涂等搭配的涂层系统予以解决。

③ 涂料的耐久性　JGJ 144—2004《外墙外保温工程技术规程》规定，外墙外保温工程的使用年限不应少于 25 年。外墙涂料使用年限不仅与外墙涂料的质量有关，而且与基层、施工、使用环境条件和维护保养等因素有关，一般为 5～15 年，使用年限达 30 年的也有报道。因此应尽量选用耐久性好的外墙涂料，尤其是使用彩色涂料时，优先选择保色性好的无机色浆，另外，还要做好及时维护翻新。

④ 涂料的颜色　涂料的颜色主要牵涉太阳能的吸收和反射问题。当太阳辐射能入射到不透明的涂层表面时，一部分能量被吸收，另一部分能量被反射，而透过的能量可忽略不计。

对于外墙外保温饰面来说，夏天希望更多地反射太阳能，而冬天希望更多地吸收太阳能。热传递有三种：传导、对流和辐射。太阳辐射热是影响建筑热过程的主要热源。而辐射与温度的四次方成正比。夏天温度高，辐射热大，日照时间长，另外保温层密度低，隔热性差，涂层颜色影响大。冬天温度低，辐射热少，日照时间短，保温层热导率低，涂层颜色影响小。因此，外墙外保温饰面涂料颜色的选择应以夏天隔热为主。也就是说，不能选择太深的颜色，如最低明度值应大于 20%。

(4) 底涂和腻子　底涂和腻子对于涂装质量是重要的。建筑涂装中配套使用的腻子和底涂必须与所选用饰面乳胶漆性能相适应，内墙腻子的技术指标要符合 JG/T 3049—1998《建筑室内用腻子》的规定，外墙面如平整的话，可不使用腻子，如使用时，其性能要符合 JG 157—2004《建筑外墙用腻子》行业标准的规定。外墙腻子不能用 106、803 等胶水配制，因为其主要组分是聚乙烯醇和聚乙烯醇缩甲醛。它们是水溶性的，不耐水，遇水膨胀，甚至被水冲掉，从而造成涂膜起壳脱落。

对于涂装工程中所用的底涂，要符合 JG/T 210—2007《建筑内外墙用底漆》。阳离子乳液底涂和硅树脂乳液底涂封碱性能较好。同时必须使用与基层、腻子和面涂材料相匹配的底涂。

4. 施工

乳胶漆的施工和验收可参见 JGJ/T 29—2003《建筑涂饰工程施工及验收规程》、GB 50210—2001《建筑装饰装修工程质量验收规范》或 DG/TJ 08-504—2000《上海市工程建设规范 外墙涂料工程应用技术规程》等进行。

涂装施工可分为施工准备和施工两个阶段。

(1) 施工准备　首先，施工单位应根据建筑工程情况、设计选定式样、涂饰要求、涂料种类、基层条件、施工平台及涂装工具设备等编制涂饰工程施工方案。

涂饰作业平台应符合 JGJ80《建筑施工高处作业安全技术规范》的规定。施工面与施工平台间的距离，要考虑涂料的种类和涂装式样，便于操作。

施工单位应根据选定的品种和要求，实际涂装面积和材料单耗以及损耗，确定备料量。

根据设计选定的颜色，以色卡或颜色样板订货。

乳胶漆应存放在指定的专用库房内，应按品种、批号、颜色分别堆放。贮存温度应在0℃以上，40℃以下，并避免日晒。

大面积施工前应由施工人员按工序要求先做好样板或样板间，并保存到竣工。

涂装机具对涂装质量和装饰效果有很大影响，因此施工前应准备好合适的涂装机具。

对空气压缩机、毛辊、漆刷等，应按涂装材料种类、式样、涂装部位等选择适用的型号。

(2) 施工　涂装一般应按底涂层、中间涂层、面涂层的要求进行施工。后一遍涂料的施工，必须在前一遍涂料表面干燥后进行。每一遍涂料都应涂均匀，各层之间必须结合牢固。对有特殊要求的工程可增加面涂层次数。

在施工过程中，涂料的兑水应严格按说明书进行，根据施工方法、施工季节、涂装要求、温度、湿度、基层等情况控制，兑水后应搅拌均匀，不得随意多加水。

对于外墙涂料的涂装，同一墙面同一颜色应用同一批号的涂料。当颜色相同而批号不同时，应预先混匀，以保证同一面墙不产生色差。

常采用的涂装方法如下。

① 刷涂　一般使用排笔进行涂刷。横、纵向交叉施工。如施工常用的“横三竖四手法”。通常刷两道，刷涂时，第一道涂料刷完后，待干燥后（至少 2h），再刷第二道涂料。由于乳胶漆干燥较快，尤其是夏天，每个刷涂面应尽量一次完成，否则易产生接痕。

② 辊涂　可用羊毛辊。这是较大面积施工中常用的施工方法。毛辊辊涂时，不可蘸料过多，最好配有蘸料槽，以免产生流淌。在辊涂过程中，要向上用力、向下时轻轻回带，否则也易造成流淌弊病。辊涂时，为避免辊子痕迹，搭接宽度为毛辊长度的 1/4。一般辊涂两遍，其间隔应 2h 以上。

③ 喷涂　首先将门窗及不喷涂部位进行遮挡，调整好喷枪的喷嘴，应控制涂料黏度，将压力控制在所需要压力。喷涂时手握喷斗要平稳，走速均匀，喷嘴距墙面距离 30～50cm，不宜过近或过远。喷枪有规律地移动，横、纵向呈 S 形喷涂墙面。要注意接茬部位颜色一致、厚薄均匀，且要防止漏喷、流淌。一般两道成活，其间隔时间应在 2h 以上。

采用传统的辊筒和毛刷进行涂装时，每次蘸料后在匀料板上来回滚一遍，或在桶边舔料，涂装时涂膜不能过厚或过薄。

大面积涂饰时，当干燥较快时，应多人配合操作，流水作业，沿同一方向涂装，以避免接痕。

外墙涂装应自上而下，施工分段应以墙面分格线、阴阳角或落水管为分界线。

下面以弹性涂料施工为例加以说明。表 3-1-53～表 3-1-55 分别是弹性内墙涂料、平涂弹性外墙涂料、厚浆型弹性涂料的施工工序。

表 3-1-53　弹性内墙涂料的施工工序

次序	工序名称	次序	工序名称
1	清理基层	8	涂底涂
2	填补缝隙、局部刮腻子	9	复补腻子
3	磨平	10	磨平
4	第一遍满刮腻子	11	局部涂底涂
5	磨平	12	第一遍面层涂料
6	第二遍满刮腻子	13	第二遍面层涂料
7	磨平		

注：1. 对于石膏板内墙、顶棚表面，应进行板缝处理。

2. 步骤 9～11 是否需要，视具体情况而定。

表 3-1-54　平涂弹性外墙涂料的施工工序

次序	工序名称	次序	工序名称
1	清理基层	4	涂底涂
2	填补缝隙，满批腻子或局部刮腻子	5	第一遍面层涂料
3	磨平	6	第二遍面层涂料

注：施工时，要保证弹性乳胶漆涂膜厚度，因为遮盖裂缝的能力与涂膜厚度成正比。

表 3-1-55　厚浆型弹性涂料的施工工序

次序	工序名称	次序	工序名称
1	清理基层	5	涂饰中间层涂料(一道或两道)
2	填补缝隙、局部刮腻子	6	拉毛
3	磨平	7	面层涂料
4	涂底涂		

注：1. 涂中间层涂料时，应根据不同花纹要求，控制涂料的黏度，用长毛辊筒或海绵机理辊筒将涂料均匀地涂在基层上。

2. 然后立即用海绵机理辊筒来回滚动，理出大小均匀、方向一致的拉毛涂层。

3. 面层涂料根据需要而定。

旧墙面翻新施涂乳胶漆时，视不同基层情况进行不同处理。如旧涂层墙面，应清除粉化的和疏松起壳的旧涂层，并将墙面清洗干净，再作修补。待干燥后，按选定的乳胶漆施工工序施工。

涂装完毕后，施工工具应及时用水清洗干净或浸泡在水中。

5. 涂装中易出现的问题和解决方法

乳胶漆涂装中，由于种种原因，有时会出现一些问题。对于那些较易出现的问题，应分析产生原因及提出解决方法。

(1) 露底　露底是涂膜未能达到完全遮盖底材颜色的缺陷。就总体而论，其成因可能如下。

① 乳胶漆的遮盖力不够，如钛白粉的用量太少，着色颜料遮盖力差，尤其如黄色有机颜料等。

② 涂膜厚度不足，如兑水太多。

③ 涂膜厚度不均匀。

④ 基面压得太光而吸水性太低，或底涂憎水性太强，所以用量上不去。其实也是涂膜厚度不足。

⑤ 局部地方漏涂。

⑥ PVC 太高的乳胶漆，干膜遮盖力是可以的，有的下雨淋湿后，微孔中的空气被水取代时，也可能出现露底现象。

针对上述问题，可采取如下解决方法。

① 提高乳胶漆的遮盖力，如提高钛白粉的用量。对于着色颜料遮盖力差的乳胶漆，可先涂刷一道白色乳胶漆，然后再涂彩色乳胶漆，也能避免露底。

② 施涂适当厚度的涂膜。如兑水太多的，不仅使乳胶漆固含量降低，而且黏度也降低，两者都导致涂膜厚度减小。因此，应严格按要求兑水。

③ 首先分析造成涂膜厚度不均匀的原因，然后加以解决。如是施工问题，则改进施工，如是乳胶漆的流平性问题，则改进乳胶漆的流平性。

④ 基面当然要做平，但不要压得太光。底涂憎水性要适中。

⑤ 顺次涂刷，避免漏涂。

⑥ 适当降低乳胶漆的 PVC。

(2) 流挂　乳胶漆施涂到垂直墙面后，受到重力的作用而向下流动，称为流挂。流挂 t 时间后湿膜的体积为：

$$V_t = \frac{x^3 \rho g t}{3\eta} \tag{3-1-23}$$

式中，ρ 为乳胶漆的密度；g 为重力加速度；x 为湿膜厚度；η 为乳胶漆接近零剪切速率的黏度。

由式(3-1-23) 可以看出，造成流挂的原因如下。

① 乳胶漆接近零剪切速率的黏度过低或兑水太多。

② 施涂厚度过厚，流挂体积与湿膜厚度的立方成正比。

③ 在乳胶漆中，可能有较多高密度的颜料和填料，导致乳胶漆的密度较高。

④ 基层压得太光，吸水性太低或底涂的憎水性太强。

⑤ 施工环境的湿度过大，温度过低，或基层太湿。

就以上分析的原因，解决方法可以如下。

① 控制流挂的首要任务是调整黏度，使乳胶漆在低剪切速率下具有较高的黏度。同时，在施工时，严格按说明书要求兑水。

② 辊筒蘸料后，最好通过均料板使其均匀，以控制好湿膜厚度。

③ 设计乳胶漆配方时，高密度颜料和填料使用要适当。

④ 基面应做到平而不光。底涂憎水性要适中。对于憎水性强的底涂，可缩短中涂和底涂之间的涂刷间隔。

⑤ 基层太湿不能施工，要晾干。施工环境相对湿度应小于 85%。

(3) 接痕　接痕是指涂膜在涂装搭接处出现颜色和/或光泽等的差异。可能的原因如下。

① 乳胶漆的开放时间较短。

② 涂装时的温度太高，相对湿度较低，干燥速率太快。

③ 基层吸水太大。

④ 涂装时未能保持“湿边”状态。

解决方法是延长乳胶漆的开放时间，尽量不要在烈日直射下施工。基层吸水太大时，用底涂对基层进行处理。

此外，涂装时，向前涂完一块待涂区域后，再反向涂装刚涂过涂料的区域，以保持湿边，这样施工有利于克服接痕。

(4) 开裂　开裂是指乳胶漆涂刷后干燥过程中出现的裂纹。产生裂纹的可能原因如下。

① 乳胶漆的抗干燥收缩裂缝性能较低。

② 湿膜厚度过厚，或中涂未干就涂面涂时。

③ 在弹涂压花基面上施涂时。

④ 环境和/或基层的温度低于乳胶漆的最低成膜温度。如相当多乳胶漆的最低成膜温度高于5℃，所以在5℃或以下施工时，涂膜在干燥过程中开裂，不能形成连续膜。

⑤ 环境温度太高，风较大，干燥太快。

针对上述问题，通常可采取如下解决方法。

① 提高乳胶漆的抗干燥收缩裂缝性能，如在配方中提高较粗填料用量，增加乳液用量，加延长开放时间的助剂等。

② 一次不要涂刷太厚。掌握好面涂与中涂之间的时间间隔。

③ 在弹涂压花基面上施涂时，对乳胶漆的抗裂性要求特别高。要专门设计抗裂性好的乳胶漆。

④ 环境和/或基层的温度一定要高于乳胶漆的最低成膜温度，这是乳胶漆成膜的两个条件之一。

⑤ 避免在高温烈日直射下施工。

(5) 兑水后乳胶漆发臭　乳胶漆在施工时，往往要兑水。但兑水后乳胶漆应尽快用掉，否则容易发臭。因为乳胶漆是以水为分散介质，水是生命之源，同样也是细菌生长和繁殖之源。生产企业在生产乳胶漆时，为了防止乳胶漆在贮存期变质，加入了防腐剂。施工时兑水后，一是将防腐剂的浓度稀释了，有时不足以抑制细菌繁殖；二是可能又带入部分细菌，所以乳胶漆就容易发臭，尤其是在炎热的夏天。

(6) 兑水过多　为了降低单位面积的乳胶漆用量，有时有的施工单位往往兑水太多。兑水太多会带来一系列的问题。

① 导致乳胶漆的黏度大幅度下降，施工时容易产生流挂。

② 导致乳胶漆的固含量下降，施工时涂膜厚度变薄。

③ 导致乳胶漆的表面张力提高，对基层和颜料、填料的湿润、渗透能力降低，从而影响涂膜的附着力和对颜料填料的黏结力，因此易粉化。

(7) 针孔和爆孔　乳胶漆涂刷施工时，或在干燥成膜过程中，部分气泡在高黏度的湿膜表面破裂，而邻近的乳胶漆黏度太高已不能流平，从而留下针孔和爆孔，严重影响涂膜外观和性能。如高黏度的弹性乳胶漆常会出现此类问题。

解决问题的方法：一是做好乳胶漆的消泡工作，从源头控制针孔和爆孔发生；二是选用合理的辊筒，避免在施工过程中带入气泡。

(8) 内墙乳胶漆泛黄　在内装修时，相当多的施工人员按如下次序进行施工：先用乳胶漆涂刷墙面，接着用聚氨酯涂料漆地板、踢脚线、墙裙和门等。这种施工工序对保持清洁是有利的。但有的聚氨酯涂料含有较多的游离甲苯二异氰酸酯（TDI），在涂刷和干燥过程中，这些游离TDI挥发，不仅对环境造成污染，对人体造成毒害，而且会导致乳胶漆涂膜泛黄。

为了避免此问题的发生，施工工序应倒过来。先用聚氨酯涂料漆地板、踢脚线、墙裙和门等，待其干燥后，再用乳胶漆涂刷墙面。

(9) 鼓泡　乳胶漆涂刷施工后，有的会出现鼓泡的缺陷。其原因是基层内有水分。温度和湿度要平衡，即水汽要排出。当涂膜透气性又比较差时，阻碍水汽排出，于是就产生应力。新涂涂膜的附着力还比较低，当产生的应力大于这时涂膜的附着力时，就出现鼓泡。大致有如下一些情况会出现鼓泡。

① 基层有水或基层太潮湿，而乳胶漆涂膜透气性又比较差，如弹性乳胶漆和有光乳胶漆。

② 基层温度太高，而湿膜厚度比较厚、涂膜透气性又比较差。

③ 涂刷后没多久，就下雨，雨过天晴，而乳胶漆涂膜透气性又比较差。

④ 涂料本身消泡性能不好。

解决的方法如下。

① 使基层进一步干燥。

② 涂刷底涂，湿膜厚度不要太厚。

③ 通过原料选择、配方调整、涂刷底涂、增加基面的粗糙度等来提高涂膜的附着力。

④ 提高消泡剂用量或更换消泡剂。

(10) 色差　色差是涂膜出现颜色不一致的缺陷。

出现色差的原因，如采用同色不同批的涂料、不同部位之间涂装间隔过长、基层材质不同等。

为了达到理想的装饰效果，必须避免色差。一般可采取如下措施。

① 一幢建筑同一墙面，应采用同一批号的乳胶漆。对于大型的高层建筑，争取在尽可能快的时间内涂装完毕。

② 工程所用涂料应按品种、批号、颜色分别堆放。当同一品种同一颜色，批号不同时，应一并倒入大型容器中搅拌均匀，确保一幢建筑同一墙面所用涂料不产生色差的条件下才能使用。

③ 当同一墙面有贯穿到两边的不同颜色涂料涂刷的分格线时，至少在同一分格区内采用同一批号乳胶漆。

④ 当采用多层的涂层结构时，至少同一墙面整个面涂层使用同一批号涂料。

⑤ 尽量采用双排脚脚手架或吊篮施工，以彻底避免脚手架孔洞修补造成色差。

⑥ 如确需对脚手架孔洞等进行修补时，基层所用的材料要和原来材料相同，基层平整度等也与周围一致，并在尽可能短的时间内，应采用与原来相同批号的涂料修补。

6. 验收

涂装工程应待涂膜养护期满后进行质量验收，步骤如下。

(1) 查资料

① 涂装工程的施工图、设计说明及其他设计文件。

② 涂装工程所用材料的产品合格证书、性能检测报告及进场验收记录。

③ 基层检验记录。

④ 施工自检记录及施工过程记录。

(2) 看工程　涂装工程的检验按批进行。室外涂装工程每一栋楼的同类涂料涂装墙面每 $1000m^2$ 划分为一个检验批，不足 $1000m^2$ 作为一个检验批。室内涂装工程每 50 间同类涂料涂装的墙面划分为一个检验批，不足 50 间作为一个检验批。

涂装工程每个检验批的检查数量为：室外每 $100m^2$ 检查一处，每处 $10m^2$；室内按有代表性的自然间，而大面积房间和走廊按 10 延长米为一间，抽查 10%，但不少于 5 间。

下面也以弹性涂料为例说明。弹性内墙涂料和弹性外墙涂料的涂装工程质量，分别要符合表 3-1-56 和表 3-1-57 的规定。

表 3-1-56　弹性内墙涂料涂装工程的质量要求

项次	项　　目	普通级涂饰工程	中级涂饰工程	高级涂饰工程
1	掉粉、起皮	不允许	不允许	不允许
2	漏刷、透底	不允许	不允许	不允许
3	泛碱、咬色	不允许	不允许	不允许
4	流坠、疙瘩	允许少量	允许少量	不允许
5	光泽和质感	光泽较均匀	手感较细腻，光泽较均匀	手感细腻，光泽均匀
6	颜色、刷纹	颜色一致	颜色一致	颜色一致，无刷纹
7	分色线平直(拉 5m 线检查，不足 5m 拉通线检查)	偏差不大于 3mm	偏差不大于 2mm	偏差不大于 1mm
8	门窗、灯具等	洁净	洁净	洁净

表 3-1-57 弹性外墙涂料的涂装工程质量要求

项次	项　　目	普通级涂饰工程	中级涂饰工程	高级涂饰工程
1	反锈、掉粉、起皮	不允许	不允许	不允许
2	漏刷、透底	不允许	不允许	不允许
3	泛碱、咬色	不允许	不允许	不允许
4	涂膜厚度	符合要求	符合要求	均匀,符合要求
5	颜色、刷纹	颜色一致	颜色一致	颜色一致,无刷纹
6	造型	可以	较一致	均匀一致
7	开裂	不允许	不允许	不允许
8	针孔、砂眼	—	允许少量	不允许
9	分色线平直(拉 5m 线检查、不足 5m 拉通线检查)	偏差不大于 5mm	偏差不大于 3mm	偏差不大于 1mm
10	五金、玻璃等	洁净	洁净	洁净

注：开裂是指涂料本身开裂，不包括基层开裂所引起的涂料开裂。

由以上可以看出，这种验收只是资料、涂膜外观、颜色、光泽等的验收。

7. 维护和翻新

通过验收后的涂装，往往是一次性使用到损坏。其实这种使用是不经济的，应视具体情况定期维护，以保持较好的保护和装饰等效果，延长使用寿命，这样能降低使用成本。

① 对于仅被污染而影响装饰效果的涂装，可采用自来水清洗除去污染。

② 若泛水、滴水线和屋檐等损坏时，应马上修复，以免造成涂膜污染。

③ 如罩光涂层粉化或面涂层粉化、褪色时，可仅重涂罩光层或面涂层。

④ 当涂层出现明显粉化、褪色或较严重污染，甚至有极少量剥落等缺陷时，要进行清洗和局部修补后，重涂翻新。

总之，要在不需要铲除旧涂层的情况下，及时进行这种维修翻新，这才是最方便和最经济的。

第二节 溶剂型建筑涂料

一、定义、种类与性能特征

1. 定义与性能特征

(1) 定义　以溶剂型树脂为成膜物质，以有机溶剂为分散介质制备的建筑涂料称为溶剂型建筑涂料。

(2) 性能特征　溶剂型建筑涂料的基本特征是流平性好，施工的温度范围宽，涂膜装饰效果好，物理力学性能优异，例如涂膜致密，耐水、耐腐蚀和耐老化性能好等。此外，在建筑涂料中，溶剂型涂料还有以下特征。

① 溶剂型建筑涂料集中了各种高性能的建筑涂料，这类涂料的耐久性、耐沾污性均好，耐水、耐酸雨和耐大气中其他化学物质的腐蚀性好。例如氟树脂涂料、聚氨酯丙烯酸酯复合涂料、有机硅丙烯酸酯复合涂料和丙烯酸酯涂料等，均比相应水性涂料的物理性能优异。

② 溶剂型建筑涂料的物理性能优于同类水性类建筑涂料的性能。涂料实现了水性化后，虽然从环保性能上来说，具有极大优势，并已经成为不可逆转的发展趋势，但就目前的技术水平来说，由于水性化使一些易溶于水的表面活性剂、增稠剂和保护胶体等留在涂料中，使得涂料的某些性能降低，这也是某些必须要求高性能涂料的应用场合（例如汽车涂料）目前尚难以完全实现水性化或者水性化程度很低的原因。

③ 溶剂型建筑涂料具有水性涂料所无法比拟的施工性能。溶剂型涂料可以通过调整树脂分子量的高低而在一定程度上调整涂料的黏度，使涂料获得较好的流平性，而水性涂料很难做到这一点，水性涂料只有通过使用增稠剂才能使涂料达到满意的黏度要求，这往往同时带来涂料流平性的不良。

此外，控制涂料中溶剂的挥发速率，是获得优质涂膜的重要途径，溶剂型涂料很容易做到这一点，只要调整混合溶剂的比例即可，而这对于水性涂料则是不可能的。正因为如此，溶剂型涂料可以通过使用稀释剂或调整溶剂比例的方法来满足涂料在不同气候（例如低温甚至负温，高温、高湿度等）条件下的要求。但水性涂料则不能在负温或低温下施工，高湿度下施工也会给涂料性能带来一定影响。

④ 溶剂型涂料具有更稳定的涂料性能。由于溶剂型树脂本身是稳定的，所以溶剂型涂料在低温、高温下都很稳定，而水性涂料由于水在零摄氏度要结冰，其低温稳定性较差，由于水性树脂的性能原因，在常温下涂料的贮存稳定性也不如溶剂型涂料。

⑤ 由于涂料组成中大量溶剂的使用，溶剂型涂料的主要问题是环保、成本、生产、贮运和使用过程中的安全问题（易燃、易爆和毒性等）。

2. 溶剂型建筑涂料的种类

根据不同的分类方法可以得到不同种类的溶剂型建筑涂料。除了常用的根据涂料成膜物质种类进行的分类方法以外，还可以根据涂膜的装饰特征、涂料在涂层结构中的部位和涂料固化机理等进行分类，见表 3-1-58。

表 3-1-58 溶剂型建筑涂料的种类

分类方法	涂料种类	组成及性能特征
按照成膜物质的种类进行分类	氟树脂外墙涂料	这类涂料也称氟碳涂料，选用能够常温干燥成膜的有机氟树脂，主要使用聚偏二氟乙烯树脂(PVDF)共聚物和氟乙烯烷基乙烯基醚共聚物(FEVE)两种，可拼用其他树脂如丙烯酸树脂、聚氨酯等。涂料具有极为优异的耐久性、耐腐蚀性和光泽保留性，涂膜硬度高，被称为超耐久性涂料
	聚氨酯丙烯酸酯复合建筑涂料	这类涂料通常为双组分 NCO/OH 型涂料。由含异氰酸酯的甲组分与含羟基树脂色浆的乙组分组成 外用涂料的甲组分使用脂肪族异氰酸酯，常用 HDI 缩二脲，也可用 HDI 三聚体或 IPDI 三聚体，涂膜硬度和耐候、保光性优于缩二脲。乙组分含羟基树脂与颜料制成涂料组分，树脂常用含羟基丙烯酸树脂，因此具有优良的保光、保色性 内用型涂料的甲组分可使用脂肪族异氰酸酯如 HDI 缩二脲，或与芳香族异氰酸酯如 TDI 加成物混合使用。乙组分使用 E-12，E-20 型环氧树脂，加入部分聚酯可提高柔韧性。加入氨基树脂、醋丁纤维素可以改进流平性能
	有机硅丙烯酸酯复合外墙涂料	采用有机硅-丙烯酸酯复合树脂为基料，涂料为单组分。这类涂料结合了有机硅涂料耐沾污性好，耐高温和耐老化等以及丙烯酸酯涂料附着力强、对颜料和基层的铺展性好以及耐水、耐光等特点，因而涂料具有很好的耐久性、耐腐蚀性和光泽保留性等。涂料性能仅次于氟树脂涂料，但成本要低得多，因而具有很好的性价比
	丙烯酸酯外墙涂料	主要成膜物质为热塑性丙烯酸酯树脂。其中，丙烯酸酯及甲基丙烯酸酯共聚树脂(纯丙树脂)耐光、耐老化性能优于苯乙烯-丙烯酸酯共聚树脂(苯丙树脂)和乙酸乙烯-丙烯酸酯共聚树脂(乙丙树脂)。实践证明用部分苯乙烯代替甲基丙烯酸酯制得的树脂效果与纯丙树脂接近。该类涂料的综合性能不如前三种涂料，但成本也相对低，是性能优异的通用型外墙涂料

续表

分类方法	涂料种类	组成及性能特征
按照涂膜的装饰特征进行分类	普通平面涂料	氟树脂类、聚氨酯丙烯酸酯类、有机硅丙烯酸酯复合类和丙烯酸酯类涂料都可以配制成普通平面涂料，这也是最常用的涂膜装饰种类，有平光(无光)、半光(蛋壳光)和有光型平面涂料，这类饰面涂料保持各类涂料的性能，同时施工简单、施工方法灵活(例如刷涂、滚涂和喷涂等)
	金属质感外墙涂料	颜料以金属颜料(例如铝颜料)为主，使涂膜有金属质感和光泽。以氟树脂为成膜物质配制金属质感外墙涂料，采用特殊工艺涂装而得到的仿金属铝板涂膜(也称仿幕墙涂装)
按照涂料在涂层结构中的部位进行分类	面涂料	也称罩面涂料，涂料组成中不含或仅含有少量颜料，具有光泽度较高(但也有根据装饰效果要求而加入消光剂而制成无光涂料的)和很好的涂膜性能，通常为了提高涂料性能和降低涂层综合成本而将面涂料和中层涂料分开制备。有些罩面涂料需要保持涂膜透明，不能含有颜料，例如用于复层涂料、砂壁状涂料等罩面时的涂料
	中层涂料	建筑涂料的中层涂料是为了降低涂层成本与面涂分开制备。中层涂料的PVC往往较高，基料用量少，涂料成本低，涂膜的光泽和综合性能比面涂料的差
	封闭底漆	通常不含或仅含少量颜料、填料，具有很高的渗透性能和耐碱性、层间黏结力及易施工性等，能够对基层起到加固、封闭、稳定、黏结和过渡等作用，并对防止涂膜泛碱产生重要作用
按照涂料的固化机理进行分类	溶剂挥发固化型	经涂装成膜后，涂料中的溶剂挥发而从涂膜中散逸出去，涂料中的树脂分子和颜料颗粒在此过程中发生位移，互相黏结在一起而成膜。该类涂料包装与施工简便，但涂膜耐溶剂性相对较差
	反应固化型	建筑涂料中反应固化型涂料通常只有聚氨酯类和氟树脂类涂料，其固化机理都是通过涂料中的—NCO基和固化剂中的—OH基的反应组成大分子物质而固化成膜。由于在反应过程中没有小分子生成，因而涂膜具有很好的综合性能，特别是耐溶剂性突出

二、丙烯酸酯类和丙烯酸酯-聚酯类外墙涂料

1. 配方

(1) 配方举例 表3-1-59中列出丙烯酸类和丙烯酸酯-聚酯类外墙建筑涂料的配方。

表3-1-59 丙烯酸酯类外墙涂料配方举例

材料名称	涂料组分或功能	用量(质量分数)/%	
		丙烯酸树脂类	丙烯酸酯-聚酯类
热塑性丙烯酸树脂溶液	成膜物质	48.5	—
丙烯酸酯-聚酯树脂溶液	成膜物质	—	45.0
邻苯二甲酸二丁酯	增塑剂	1.0	0.8
金红石型钛白粉	颜料	22.0	15.0
滑石粉	填料	5.0	6.0
硫酸钡	填料	3.0	5.0
有机黏土流变增稠剂	流变增稠剂	1.0	—
5%硅油二甲苯溶液	消泡剂	<1.0	<1.0
润湿分散剂	润湿分散	适量	适量
乙酸丁酯	溶剂	5.9	6.0
乙醇	溶剂	3.0	—
丁醇	溶剂	5.9	3.0
甲苯	溶剂	5.0	8.0
二甲苯	溶剂	—	10.0
合计	—	100	100

(2) 配方分析　表 3-1-59 所列两种涂料的配方都是使用的混合溶剂，适当地调整不同溶剂的用量能够调整涂料的干燥时间并在一定程度上控制流动性；两种涂料都使用约占树脂量 2%的增塑剂，这个用量很高，也可以通过选择玻璃化温度低的树脂而减少用量，但高温回黏问题会变得突出；由于溶剂型涂料中表面活性剂用量少，消泡问题并不突出，因而使用有机硅油作为消泡剂即可；使用有机黏土作为流变增稠剂，增稠和防沉淀效果都好，但对涂料流平不利；在涂料的流平性不能满足要求时，可改用商品流变增稠剂。

溶剂型丙烯酸酯类建筑涂料近年来得到很多研究，在应用技术方面取得一些进展，下面介绍一些改性研究。

2. 使用含氟丙烯酸酯改性丙烯酸酯涂料

含氟丙烯酸酯单体具有优良的均聚性和与其他单体的共聚性。含氟丙烯酸酯聚合物比通常的氟树脂的溶解性好，透明性高。由于含氟丙烯酸酯类聚合物的长氟烷基侧链所赋予聚合物的低表面能，这类聚合物可以用于配制抗沾污性涂料、流平剂和抗粘连剂等。

使用含氟丙烯酸酯单体、甲基丙烯酸酯类单体、丙烯酸酯类单体等，在引发剂存在的条件下进行引发聚合，能够得到具有较强憎水性能的含氟丙烯酸酯改性的丙烯酸酯树脂。

使用含氟丙烯酸酯改性丙烯酸酯的原理如下。

$$CH_2{=}CRCOOR' + CH_2{=}CR''COORf + CH_2{=}C(CH_3)COO(CH_2)_3Si(OCH_3)_3 \quad (KH570)$$

$$\xrightarrow[\text{溶剂}]{\text{引发剂}} \left[CH_2\overset{R}{\underset{COOCR'}{C}}\right]_x \left[CH_2\overset{R''}{\underset{COORf}{C}}\right]_y \left[CH_2\overset{CH_3}{\underset{COO(CH_2)_3Si(OCH_3)_3}{C}}\right]_z$$

$$\xrightarrow{\text{催化剂}} \left[CH_2\overset{R}{\underset{COOCR'}{C}}\right]_x \left[CH_2\overset{R''}{\underset{COORf}{C}}\right]_y \left[CH_2\overset{CH_3}{\underset{COO(CH_2)_3\overset{|}{\underset{|}{Si}}{-}O{-}\overset{|}{\underset{|}{Si}}{-}}{C}}\right]_z$$

KH570 是 γ-(甲基丙烯酰氧) 丙基三甲氧基硅烷的商品名称。

3. 使用有机硅改性丙烯酸酯涂料

有机硅单体和丙烯酸单体通过自由基引发聚合能够形成有机硅改性的丙烯酸酯树脂。在有机硅-丙烯酸酯树脂中，有机硅主要改善涂膜硬度、降低涂膜的表面能和提高涂膜的耐沾污性。有机硅-丙烯酸酯树脂中有机硅的含量对这些性能中某些性能的影响见表 3-1-60。

表 3-1-60　聚丙烯酸酯[①]与有机硅的比例对共聚物性能的影响

有机硅/聚丙烯酸酯[②]	共聚物的 T_g/℃	涂膜摆杆硬度	涂膜外观状态	附着力(划格法)
30/70	35	0.32	良好,很柔软	75
40/60	43	0.46	良好,柔软	82
50/50	52	0.54	良好,柔软	85
60/40	62	0.66	良好,较硬,合适	100
70/30	68	0.71	良好,较硬,合适	100
80/20	73	0.74	良好,较脆,易开裂	100

① 丙烯酸酯混合单体配比（质量比）为：丙烯酸丁酯：甲基丙烯酸甲酯：丙烯酸＝30：70：2。

② 质量比。

4. 使用苯乙烯改性丙烯酸酯涂料

将苯乙烯引入丙烯酸酯共聚物中，可以提高涂膜的耐水性、硬度、抗沾污性和抗粉化性以及降低成本等。在这几种功能中，尤以降低成本的目的最直接，最为常用。丙烯酸酯中引入苯乙烯所产生的不利作用是，与苯环相连的叔碳原子容易被氧化生成发色基团，使涂膜在紫外线下更易于泛黄和保色性变差。

三、有机硅建筑涂料

1. 有机硅建筑涂料的耐候性和耐沾污性

(1) 耐候性　有机硅建筑涂料也称有机硅-丙烯酸酯复合建筑涂料，简称硅丙涂料。有机硅树脂的耐热性好，涂膜硬度高、耐沾污性好。在氟树脂涂料、聚氨酯丙烯酸酯复合涂料和有机硅丙烯酸酯复合涂料三种高性能外墙涂料中，以有机硅丙烯酸酯涂料的成本最低，其性能仅次于价格昂贵的氟树脂涂料，如图3-1-17所示。

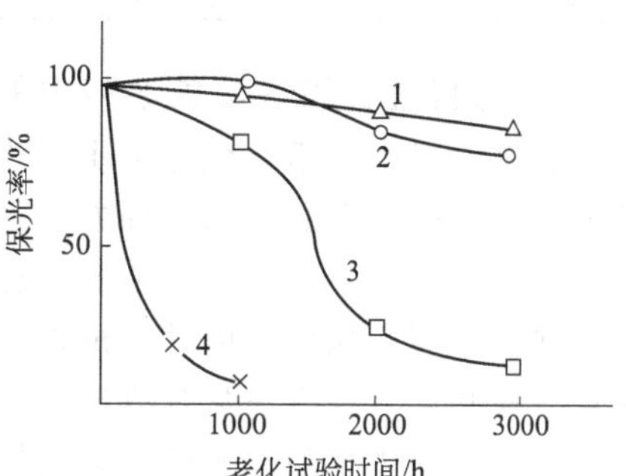

图 3-1-17　氟树脂、聚氨酯-丙烯酸酯和有机硅-丙烯酸酯等涂料耐候性的比较

1—氟树脂涂料；2—有机硅丙烯酸酯树脂涂料；3—聚氨酯丙烯酸酯树脂涂料；4—丙烯酸酯树脂涂料

一般认为，溶剂型有机硅-丙烯酸酯类外墙涂料的使用寿命在10年以上，能够达到15年，甚至达到20年（如日本的"泽姆拉库"涂料）。德国的硅丙涂料已在美国白宫应用，显示非常优异的耐久性能。

(2) 耐沾污性　有机硅外墙涂料的耐沾污性非常好，仅次于氟树脂涂料，表3-1-61中展示出几种溶剂型外墙涂料的耐沾污性，从中可以看出有机硅-丙烯酸酯复合外墙涂料的耐沾污性最好。

表 3-1-61　几种溶剂型外墙涂料的耐沾污性

涂料品种	耐沾污性(5次循环白度下降率)/%	涂料品种	耐沾污性(5次循环白度下降率)/%
氯化橡胶涂料	22.1～27.2	聚氨酯-丙烯酸酯复合外墙涂料	3～5
丙烯酸酯外墙涂料(A)	7.7～7.9	有机硅-丙烯酸酯复合外墙涂料	3
丙烯酸酯外墙涂料(B)	9.6～9.8		

2. 有机硅外墙涂料配方举例

有机硅外墙建筑涂料配方举例见表3-1-62。

表 3-1-62　有机硅涂料配方举例

原材料	用量(质量分数)/%	原材料	用量(质量分数)/%
有机硅-丙烯酸酯复合树脂	48.0	润湿分散剂	适量
邻苯二甲酸二丁酯	1.0	有机黏土流变剂	1.0
金红石型钛白粉	17.0	乙酸丁酯	6.0
滑石粉	6.0	二甲苯	11.0
硫酸钡	7.0	丁醇	3.0
5%硅油二甲苯溶液	<1.0		
合计	100.0		

3. 有机硅-丙烯酸酯树脂用量对涂料性能的影响

表3-1-63中列出关于有机硅-丙烯酸酯树脂用量对涂膜的光泽和耐紫外线影响的试验结果。从表中的结果可以大致地确定外墙用亚光涂料的树脂用量为30%～40%或40%～50%；有光涂料的树脂用量为50%～60%；高光泽涂料的树脂用量为60%～70%，可用于复层涂料的罩光。当然，树脂的用量还与涂料中颜料、填料的使用有关。

表 3-1-63　有机硅-丙烯酸酯树脂用量对涂料性能的影响

涂料性能	有机硅-丙烯酸酯树脂用量/%				
	20～30	30～40	40～50	50～60	60～70
光泽/%	35～40	50～55	65～70	75～80	85～90
紫外线照射(500W,250h)	颜色变深	无变色、无脱粉	无变色、无脱粉	无变色、无脱粉	无变色、无脱粉

4. 有机硅树脂在建筑涂料中的应用方式

建筑涂料中使用有机硅树脂目前主要是用于对丙烯酸酯树脂建筑涂料的改性，有三种形式可以实现这一目的。第一种方法是将可共混用的有机硅树脂预聚体直接与丙烯酸酯树脂拼混使用进行改性。这是最简单的方法，但改性效果较差。第二种方法是用有机硅树脂的中间体例如正硅酸乙酯（或由其合成的聚硅氧烷）和羟基丙烯酸酯聚合，合成出有机硅-丙烯酸酯复合树脂。这种方法从合成树脂入手改性，所得到的产品贮存稳定，能够有效地将两种树脂的优点，即丙烯酸酯树脂的黏结性、底材湿润性、经济性和有机硅树脂的耐水性、耐热性和耐沾污性结合于一体。第三种方法是根据涂料自分层原理，用有机硅和丙烯酸酯两种树脂制成自分层涂料，其涂膜具有很低的表面能和优异的耐沾污性能。这种方法的优点在于其一次涂装即可形成满足实际使用所希望具有的两层涂膜，且两层涂膜之间具有良好的附着力，克服了由于涂膜层间附着力不良造成的缺陷以及经济性能好等。

四、聚氨酯类外墙涂料和氟树脂建筑涂料

1. 聚氨酯类外墙涂料配方

表 3-1-64 中列出内、外用聚氨酯类涂料的配方。

表 3-1-64　内、外用聚氨酯涂料的配方

原材料名称	涂料组分或功能	用量(质量分数)/%	
		外用聚氨酯涂料	内用聚氨酯仿瓷涂料
羟基树脂色浆组分(乙组分)			
羟基丙烯酸酯树脂溶液	成膜物质	64.0	—
E-20 环氧树脂	成膜物质	—	4.2
E-12 环氧树脂	成膜物质	—	9.6
聚酯树脂(7110J_4)	增塑	—	5.7
氨基树脂(590-3)	流平	—	1.8
醋酸丁酸纤维素	流变增稠	—	0.3
金红石型钛白粉	颜料	17.5	30.0
201 甲基硅油	消泡	适量	5.7
润湿分散剂	润湿分散	适量	适量
醋酸丁酯	溶剂	4.0	—
环己酮	溶剂	4.0	7.2
二甲苯	溶剂	10.0	11.7
小计		100	70.0
固化剂组分(甲组分)			
HDI 缩二脲(75%)	成膜、固化	15～20	9.9
聚氨酯预聚体	成膜、固化	—	20.1
小计			30.0
混合比例(甲：乙)		(15～20)：100	3：7

2. 氟树脂建筑涂料

(1) 单组分氟树脂建筑涂料　文献中介绍的单组分氟树脂建筑涂料基本配方见表3-1-65。

表 3-1-65 单组分氟树脂外墙涂料参考配方

原材料名称	商品型号	用量(质量分数)/%
F-300 氟树脂	固体含量 46%	64.0
金红石型钛白粉	2310	21.0
云母粉	800 目	2.0
润湿分散剂		1.0
消光剂	ED-30	2.4
流平剂		0.3
稀释剂		9.3

(2) 日本的 FEVE 氟树脂涂料 日本的 FEVE 氟树脂涂料的典型配方组成见表 3-1-66。

表 3-1-66 日本的 FEVE 氟树脂涂料的典型组成

材料组分	用量(质量分数)/%		
	配方 1	配方 2	配方 3
Lumiflon 清漆(LF100 氟树脂)	100	100	100
溶剂			
二甲苯	25	25	25
正丁醇	—	75	—
甲基异丁基甲酮	75	—	75
催化剂			
对甲苯磺酸	—	0.1	—
二丁基二月桂酸锡	0.00035	—	0.00035
颜料(TiO_2)	21	21	21
固化剂			
封闭型异氰酸酯	16.8	—	—
氨基树脂	—	3	—
异氰酸酯	—	—	9.3

(3) 氟树脂建筑涂料 氟树脂涂料的许多性能直接取决于氟树脂的性能，而由于氟原子的极性低，表面性质光滑，具有不粘性和平滑性，因而保持氟树脂中一定的氟含量，能够使氟树脂涂料具有突出的抗污染特性和自洁性；由于氟原子的特殊物性和氟原子三维排列的螺旋结构，氟树脂的耐热性、耐化学腐蚀性、抗光化学降解性等也很突出。但是，过高的氟含量对于涂料的附着力、光泽、溶解性和颜料相容性等性能会产生不利影响。表 3-1-67 中是使用国产溶剂型氟树脂，制备不同氟含量的白色、银色等涂料，在标准条件下用石棉水泥板制成涂膜样板，从耐久性等方面进行测试所得到的结果。

表 3-1-67 不同氟含量的涂料及其涂膜性能

氟含量/%	涂膜颜色	老化试验①后的保光率/%	ΔE	耐化学腐蚀性(常温 7 天)		耐溶剂性(MEK②擦拭)
				5% H_2SO_4	5% NaOH	
23	白色	64	1.1	无异常	无异常	光泽轻微降低
23	白色	55	1.4	无异常	无异常	涂膜溶解，光泽降低
23	白色	63	1.1	无异常	无异常	光泽轻微降低
19	白色	69	1.0	无异常	有变化③	光泽降低
27	银色	74	0.5	无异常	有变化	光泽降低
23	银色	57	7.0	无异常	无异常	无异常
22	银色	37	4.4	无异常	无异常	只有擦拭痕迹
19	银色	32	4.0	无异常	有变化	光泽降低
19	茶色	29	6.7	无异常	无异常	涂膜稍有溶解
27	绿色	14	5.8	无异常	有变化	只有擦拭痕迹
23	浅灰色	15	1.8	无异常	有变化	涂膜溶解，光泽降低
20	灰色	66	0.4	无异常	无异常	光泽降低

① 指经过 1000h 的人工加速老化试验 (QUV)。

② 甲乙酮，即甲基乙基甲酮。

③ 有变化指涂膜的表面发生变化，即涂膜的光泽降低、变色或起泡等。

从表 3-1-67 可以看出，所有涂料耐 5% H_2SO_4 的性能都非常良好；多数涂料耐 5% NaOH 的性能也很好，而少数涂料耐 5% NaOH 的性能较差；在 MEK（甲乙酮）擦拭试验中，多数涂膜的光泽都降低；在经过 1000h 的人工加速老化试验后，涂膜保光率的差别很大。同时，从表 3-1-67 还可以看出，涂料的性能并不完全取决于氟含量。总之，氟含量是氟树脂性能的重要指标，但还与氟树脂的分子结构有关；同时，氟树脂涂料的性能还与涂料配方等因素有关。因而，对于不同类型的氟树脂，有不同的可比性，其含量的高低对涂料性能的影响也不一致，应根据涂料使用环境和性能的要求，做到氟含量与涂料性能之间的平衡。

五、金属光泽外墙涂料

1. 基本配方

作为外墙面使用的金属光泽涂料，与汽车涂装使用的金属光泽涂料有以下明显差别：一是涂装时基层的不同（金属和混凝土的差别）；二是涂膜表面的装饰效果要求的不同。因而，配制外墙金属光泽涂料时，应考虑到这些具体情况的不同。表 3-1-68 展示出以丙烯酸树脂为基料的金属光泽外墙涂料的参考配方；表 3-1-69 为双组分氟树脂金属光泽建筑涂料的基本配方。

表 3-1-68 金属光泽外墙涂料配方举例

原材料	功用	用量(质量分数)/%
B66 丙烯酸树脂	基料	30.0～40.0
金属铝粉浆	金属颜料,产生金属效果	3.0～6.0
防沉剂	防止沉淀,促进铝鳞片定位	2.5～5.5
流平剂	促进涂料流平和铝鳞片定位,有利于溶剂挥发	0.3～0.8
溶剂	分散介质	补足 100%配方量

表 3-1-69 具有金属质感的双组分氟树脂外墙涂料参考配方

原材料名称	商品型号	生产厂商	用量(质量分数)/%
涂料组分			
氟树脂	XF-ZB200	大连明辰振邦公司	35～50
有机硅-丙烯酸酯树脂	坚固王	上海市建筑科学研究院	0～15
CAB 凝胶	①	美国伊士曼(Eastman)公司	25～30
铝粉浆(50%)	②	进口	8～10
分散剂	TEXAPHOR3073	德国汉高公司(Henkel)	0.5
消泡剂	PERENOL E9	德国汉高公司(Henkel)	0.5
固化剂组分			
固化剂	与 XF-ZB200 树脂配套产品	大连明辰振邦公司	5～10

① CAB 凝胶的配方（质量分数,%）为：二甲苯 25；醋酸丁酯 4；甲基异丁基甲酮 17；CAB 381-0.5 10；CAB 381-20 6（CAB381-0.5 和 CAB381-20）均为美国伊士曼（Eastman）公司的商品；制备时将 CAB 加入溶剂中，中速搅拌至 CAB 完全溶解，体系呈透明凝胶态。

② 铝粉浆是提前 24h 将铝粉和二甲苯以 1∶1 的比例混合，低速到中速搅拌 30～40min，直至体系完全混合均匀。

在金属光泽外墙涂料中，除铝粉颜料外，有的情况下需要配制具有一定色彩的涂料，这时还需要使用着色颜料。由于颜料的使用总是会对涂膜的金属光泽产生不良影响，因而应考虑两个问题：一是颜料的耐候性必须很好；二是对涂料的光泽不能影响太大。因而，应选择诸如透明氧化铁系颜料、透明酞菁蓝、酞菁绿等颜料，并且在满足颜色要求的情况下应尽量减少其用量，以免对涂料的金属光泽产生太大的影响。

2. 生产和使用技术要点

(1) 金属光泽外墙涂料在生产过程中只能采取适当的速率（中速到高速）搅拌，不能研磨。需要使用的着色颜料在应制备成色浆加入。

(2) 使用不同的成膜物质，可以得到不同性能和不同装饰效果的涂料。例如，在相同的配方组成情况下，使用聚氨酯-丙烯酸复合基料，得到的涂料无论是涂膜的金属光泽效果，还是涂膜的各种物理力学性能，都优于丙烯酸系涂料。

(3) 为了提高涂膜的金属闪光效果，在涂装时可以采取涂饰罩面涂料的施工措施。应注意所使用的罩面涂料要有良好的耐黄变性。

(4) 为了保证金属闪光效应，金属光泽涂料中的金属铝粉粒度一般较粗，因而在贮存过程中较易沉淀，为此除了使用一些助剂以外，涂料的黏度一般保持得较高。因此涂料在施工时需要加入稀释剂。

(5) 金属光泽外墙涂料的涂膜一般较薄，宜采取喷涂施工。喷涂前，应先用稀释剂稀释。稀释后的涂料黏度低，便于涂料在成膜过程中溶剂挥发时铝鳞片平行于基层的定向排列，以得到金属光泽效果充分的涂膜。若采用刷涂施工，则涂膜的金属光泽效果变差。

六、溶剂型耐酸雨涂料

1. 酸雨对外墙涂料的影响

酸雨是一种 pH 值小于 5.6 的酸性降水，含有许多无机酸和有机酸，其中绝大部分是硫酸和硝酸。多数情况下，酸雨成分以硫酸为主，从污染源排出的 SO_2 和 NO_x 是形成酸雨的主要起始物。此外，酸雨还含有 NO 和 Cl、F 、N 等离子。

如果涂膜控制水分的能力差，大气中的湿气就很容易透过涂膜进入墙体，在露点以下容易在墙面与涂膜之间凝露，形成液态水，然后与基底发生化学反应，生成水化产物氧化钙，其反应式如下。

$$2(3CaO \cdot SiO_2)+6H_2O \longrightarrow 3CaO \cdot SiO_2 \cdot 3H_2O+3Ca(OH)_2$$

$$2(3CaO \cdot SiO_2)+4H_2O \longrightarrow 3CaO \cdot SiO_2 \cdot 3H_2O+3Ca(OH)_2$$

水化产物易吸收空气中的二氧化碳，发生碳酸化反应，生成碳酸钙结晶。由于氢离子的存在，使碳酸钙溶解度增加，Ca^{2+} 浓度增大，溶液中的 Ca^{2+} 易与酸雨中的 SO_4^{2-} 作用生成疏松的石膏或氧氧化钙，直接与硫酸作用生成硫酸钙结晶，发生膨胀，使涂膜与基底之间附着力降低，随着时间延长还会造成涂膜疏松，出现粉化、鼓泡或剥落等现象，从而影响涂膜的耐久性。其相应的反应式如下。

$$CaCO_3+H^- \longrightarrow Ca^{2+}+HCO_3^-$$

$$CaCO_3+SO_4^{2-}+H^-+H_2O \longrightarrow CaSO_4 \cdot 2H_2O+CO_2$$

$$Ca(OH)_2+H_2SO_4 \longrightarrow CaSO_4+2H_2O$$

总体来说，酸雨中的硫酸根离子会以各种形式沉积到涂膜表面，经催化氧化成硫酸，使涂膜局部表面酸性较强，且硫酸根离子浓度高。酸雨对涂膜的腐蚀是酸雨中 H^+、SO_4^{2-} 协同侵蚀作用的结果，主要是 H^+ 的溶解腐蚀和 SO_4^{2-} 的膨胀腐蚀，导致涂膜体积膨胀，发生粉化、脱落、起泡等现象。

我国大、中城市降水中硫酸根离子和钙离子含量分别为美国的 3 倍和 10 倍，在某些城市（例如重庆）或地区，酸雨已经对建筑物产生严重的污染或破坏。对于大气污染严重的城市，特别是酸雨污染严重的城市，适宜选择溶剂型耐酸雨外墙涂料。而为了减少涂料中溶剂对大气的污染，应注意增大耐酸雨涂料的固体含量，降低溶剂用量。

2. 耐酸雨外墙涂料的技术要点

(1) 基料的选用　目前，用于耐酸雨涂料的基料主要有硅丙树脂、含氟树脂和丙烯酸树脂三类。为了适应城市高层建筑外墙装饰与保护的需要，应使用溶剂型的高性能硅丙外墙涂料和氟树脂涂料等，而尤以硅丙树脂外墙涂料具有较好的综合效益。用人工配制的 H_2SO_4、HNO_3 和 HCl 稀溶液（pH 值=3.2）进行涂料破坏点蚀试验证明，硅丙涂料在71℃的高温下仍具有抗酸蚀能力，并优于聚氨酯、环氧树脂等涂料。

(2) 颜填料的选用　耐酸雨外墙涂料必须既有良好的装饰性，又有优异的耐候性、耐沾污性和耐酸雨性。耐酸雨外墙涂料用的颜料，应首选金红石型钛白粉。填料方面，重晶石粉常用于耐酸涂料中；绢云母粉粒子呈微细鳞片状，透明、高亮度、难溶于酸、碱溶液，在涂膜中由细到粗级配，在涂膜中能够平行于基层重叠，相互填充，增大涂膜的致密性和屏蔽紫外线的功能，从而增大涂膜的抗老化性、耐候性、耐水性和耐洗刷性，是耐酸雨涂料的优质功能型填料。

(3) 采用新技术　例如在涂料中使用纳米材料以改善涂料的性能，提高涂膜的耐沾污性、耐候性和保光、保色性等。

七、溶剂型涂料生产技术

建筑涂料的生产程序因为涂料的品种不同而略有差异，一般来说溶剂型涂料属于薄质涂料，其生产大体上可以分成料浆制备、料浆研磨、涂料调制和过滤、罐装等程序过程，所使用的设备有配套涂料罐的调速搅拌机、研磨料浆的研磨设备（一般使用砂磨机或者胶体磨）、涂料调制设备（即配套有涂料罐的调速搅拌机）和过滤设备（袋式过滤机、振动筛或过滤罗筛等）以及罐装设备等。其中，如果因为受到生产工艺设置或者设备的限制，涂料调制程序可以使用和料浆制备的同一设备。

1. 料浆的制备

料浆的制备也称颜料、填料的预分散。制备时，先将分散介质投入涂料罐中，按照设计的配方投入各种助剂，搅拌均匀后再投入颜料和填料，充分搅拌并使之均匀，得到预分散料浆。其中，作为分散介质的溶剂一般不止一种，大多是使用混合溶剂。根据情况可以将各种溶剂全部投入，也可以预留一部分溶剂留待涂料调制程序中加入。在助剂的投料过程中一般是先投入消泡剂、润湿剂、分散剂等，搅拌均匀后再投入流变增稠剂。

为了使料浆具有一定黏度以利于研磨操作，并方便其后的涂料调配操作，在料浆制备时常常加入一定量的树脂溶液。

2. 料浆的研磨

将经过预分散的料浆通过液体输送设备（如配套有输送管道的齿轮泵、螺杆泵等）输送到砂磨机或者胶体磨中，按照设备操作程序进行磨细操作。研磨时如果一遍不能达到细度要求，可以反复多道研磨，直至达到要求的细度为止。

3. 料浆与基料（树脂溶液）的混合

将磨细的料浆转移至混料罐中，在混料罐中的磨细料浆处于搅拌的状态下，将基料缓慢地投入混料罐中，搅拌均匀，制成涂料混合料。

4. 涂料调制

按照涂料性能要求的黏度，使用增稠剂、溶剂等材料将涂料的黏度调整至规定值。溶剂型建筑涂料的黏度一般应调整在涂-4 杯黏度 60～120s 的范围内。

5. 过滤与罐装

将磨细后的料浆通过振动筛或其他过滤设备过滤，以去除生产操作过程中混入的机械杂质。然后，取样检查，合格后包装入库，得到成品涂料。

上述工艺程序以简要的工艺流程图描述，则如图 3-1-18 所示。

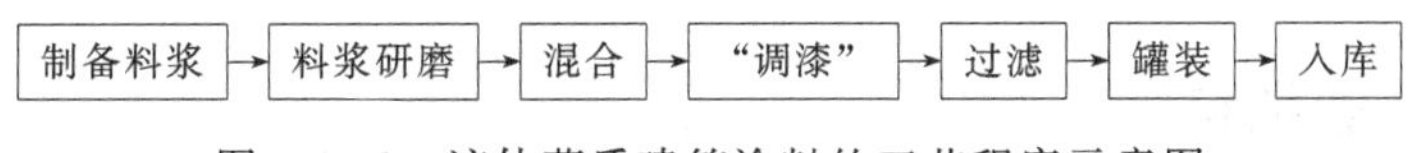

图 3-1-18 液体薄质建筑涂料的工艺程序示意图

6. 涂料调配时可能出现的问题及避免措施

在涂料调配时，可能出现以下几个问题。

(1) 两种组成相差较大的基料突然接触而出现“胶体冲突”现象。除基料的组成外，基料的温度、黏度、表面张力等方面的不同也能造成“冲突”现象，从而引起树脂析出、剥离、聚集以及溶剂扩散等，进而造成涂料的稳定性不良。

(2) 由于合成树脂对溶剂有一定的容忍度，树脂溶液的固体含量在其允许的范围以内，树脂可以溶解，低于其允许范围，树脂就会析出而形成沉淀。在涂料调配过程中如果操作不当而使树脂溶液低于其允许范围，就会导致树脂的暂时性析出，使原来包覆有树脂膜的颜料粒子间的空间位阻降低，颜料粒子就有可能产生絮凝，使分散体系的稳定性不良。

(3) 溶剂迁移现象的发生，这是在把一种浓度较高的树脂溶液加入到溶剂含量较高的研磨料浆（如砂磨机研磨料浆）时的一种导致颜料絮凝返粗的情况。溶剂迁移引起颜料絮凝或返粗的原因在于，把高浓度的树脂溶液加入到树脂浓度低的研磨料浆中，研磨料浆中低黏度的溶剂向浓度高的树脂溶液中扩散，颜料则会集留在原来的研磨料浆中。在溶剂向树脂溶液中迁移扩散的同时，研磨料浆的体积不断缩小。结果，集留的颜料粒子在研磨料浆收缩过程中被挤压得越来越密集，直至相互接触并絮凝。

综上所述，在涂料调配操作中应注意以下几个问题。

(1) 对于所使用的溶剂体系，应将溶剂适当地分配于研磨料浆中。溶剂分配的原则是能延缓溶剂从一种树脂溶液向另一种溶液中迁移，使其变得可以控制并防止局部地区出现过高的迁移速率。

(2) 涂料调配时，涂料调配罐中的物料处于充分搅拌状态，可以避免混合不均匀及物料中因局部增量太大而造成的稳定性不良现象。调深色涂料时，由于所需向研磨料中加入的溶剂还很多，尤需特别注意。这种情况下也可以将树脂溶液用剩余的溶剂稀释，再将树脂稀释液和磨细料浆混合，整个操作过程尤应注意充分搅拌，缓慢加料。

(3) 配制研磨料浆时，应首先使用高沸点、低挥发速率的溶剂，既可缓解涂料调配时的溶剂迁移现象，在料浆磨细期间溶剂的挥发损失也会降低且减少环境污染。

(4) 对于较长期贮存的色浆，可能其黏度偏高，应先以强力搅拌破坏其触变性，也可视情况先用树脂溶液将其调稀，然后再用于涂料调配。

(5) 由于将温度低而黏度又较高的树脂溶液与树脂含量很低的研磨料浆混合时，易出现树脂聚集或溶剂迁移现象，造成胶态分散不良或颜料分散不良等问题。因而在树脂溶液加入磨细料浆中之前，应先做黏度及温度的调整，尽量避免将黏度和温度相差很大的组分互相混合。

涂料的生产工艺随着加工设备技术的进步及涂料原材料的变化也在发生变化。例如，近年来出现并得到应用的、称为高效涂料岛的全自动化涂料生产线，将涂料的分散、研磨、过滤和罐装等程序集中于一体，并处于同一底座上，因而称为“加工岛”。此外，涂料原材料的进步，也使得涂料的生产工艺得以简化。例如，现代超细粉体加工技术使得细度能够达到1000目以上的涂料用颜料、填料十分常见。对于这类超细颜料、填料，再加上涂料润湿剂的应用，可以使涂料生产过程中的研磨工序得以简化。而颜料、填料表面处理技术的进步，使得经过处理的颜料、填料，也能够在简化掉研磨工序的情况下，使颜料、填料能够得到更可靠的分散。在这些情况下，既可以简化建筑涂料的生产过程，又能够降低生产过程中的能耗，提高生产能力等。

八、技术性能指标

1. 国家标准规定的技术性能指标

溶剂型建筑涂料的技术性能应能够满足国家标准GB/T 9757—2001《溶剂型外墙涂料》的技术要求，见表3-1-70。

表3-1-70 溶剂型外墙涂料的技术性能指标

性能指标项目		性能指标		
		优等品	一等品	合格品
容器中状态		无硬块，搅拌后呈均匀状态	无硬块，搅拌后呈均匀状态	无硬块，搅拌后呈均匀状态
施工性		刷涂两道无障碍	刷涂两道无障碍	刷涂两道无障碍
干燥时间(表干)/h	≤	2	2	2
涂膜外观		正常	正常	正常
对比率(白色和浅色①)	≥	0.93	0.90	0.87
耐水性		168h无异常	168h无异常	168h无异常
耐碱性		48h无异常	48h无异常	48h无异常
耐洗刷性/次	≥	5000	3000	2000
耐人工气候老化性				
白色和浅色①		1000h不起泡、不剥落、无裂纹	500h不起泡、不剥落、无裂纹	300h不起泡、不剥落、无裂纹
粉化/级	≤	1	1	1
变色/级	≤	2	2	2
其他色		商定	商定	商定
耐沾污性(白色和浅色①)	≤	10	10	15
涂层耐温变性(5次循环)		无异常	无异常	无异常

① 浅色是指以白色涂料为主要成分，添加适量色浆后配制成的浅色涂料形成的涂膜所呈现的浅颜色，按GB/T 15608—1995中4.3.2规定明度值为6～9（三刺激值中的$Y_{D65}\geqslant31.26$）。

2. 化工行业标准规定的氟树脂涂料的技术性能指标

化工行业标准HG/T 3792—2005《交联型氟树脂涂料》根据交联型氟树脂涂料的两个主要应用领域，分为两种类型，Ⅰ型为建筑外墙用氟树脂涂料，Ⅱ型为金属表面用氟树脂涂料，该标准规定的技术性能指标见表3-1-71。

表3-1-71 交联型氟树脂涂料的技术性能指标

项目		指标	
		Ⅰ型	Ⅱ型
容器中状态		搅拌后均匀无硬块	
细度(含铝粉、珠光颜料的涂料组分除外)/μm		商定	
不挥发物/% ≥	白色和浅色①(含铝粉、珠光颜料的涂料除外)	—	50
	其他色		40

续表

<table>
<tr><th colspan="2" rowspan="2">项　　目</th><th colspan="2">指　　标</th></tr>
<tr><th>Ⅰ型</th><th>Ⅱ型</th></tr>
<tr><td rowspan="2">溶剂可溶物氟含量/%　≥</td><td>双组分(漆组分)</td><td colspan="2">18</td></tr>
<tr><td>单组分</td><td>—</td><td>10</td></tr>
<tr><td rowspan="3">干燥时间/h　≤</td><td>表干(自干漆)</td><td colspan="2">2</td></tr>
<tr><td>实干</td><td colspan="2">24</td></tr>
<tr><td>烘干(烘烤型漆)[(140±2)℃]</td><td>—</td><td>0.5 或商定</td></tr>
<tr><td rowspan="2">遮盖率　≥</td><td>白色和浅色①(含铝粉、珠光颜料的涂料除外)</td><td colspan="2">0.90</td></tr>
<tr><td>其他色</td><td colspan="2">商定</td></tr>
<tr><td colspan="2">涂膜外观</td><td colspan="2">正常</td></tr>
<tr><td colspan="2">适用期(5h)(烘烤型除外)</td><td colspan="2">通过</td></tr>
<tr><td colspan="2">重涂性</td><td colspan="2">重涂无障碍</td></tr>
<tr><td colspan="2">光泽(60°)(含铝粉、珠光颜料的涂料除外)</td><td colspan="2">商定</td></tr>
<tr><td colspan="2">铅笔硬度(擦伤)　≥</td><td>—</td><td>F</td></tr>
<tr><td colspan="2">耐冲击性　≥</td><td>—</td><td>40</td></tr>
<tr><td colspan="2">附着力/级　≤</td><td colspan="2">1</td></tr>
<tr><td colspan="2">耐弯曲性/mm　≤</td><td>—</td><td>3</td></tr>
<tr><td colspan="2">耐酸性(168h)</td><td colspan="2">无异常</td></tr>
<tr><td colspan="2">耐砂浆性(24h)</td><td>无变化</td><td>—</td></tr>
<tr><td colspan="2">耐碱性(168h)</td><td>—</td><td>无异常</td></tr>
<tr><td colspan="2">耐水性(168h)</td><td>无异常</td><td>—</td></tr>
<tr><td colspan="2">耐湿冷热循环性(10 次)</td><td colspan="2">无异常</td></tr>
<tr><td colspan="2">耐洗刷性/次　≥</td><td>10000</td><td>—</td></tr>
<tr><td colspan="2">耐污染性</td><td colspan="2">通过</td></tr>
<tr><td colspan="2">耐沾污性(白色和浅色①)(含铝粉、珠光颜料的涂料除外)/%　≤</td><td>10</td><td>—</td></tr>
<tr><td colspan="2">耐溶剂擦拭性(Ⅰ型为二甲苯;Ⅱ型为丁酮)/次　≥</td><td colspan="2">100</td></tr>
<tr><td colspan="2">耐湿热性</td><td>—</td><td>1000h 不起泡、不生锈、不脱落</td></tr>
<tr><td colspan="2">耐盐雾性</td><td>—</td><td>1000h 不起泡、不生锈、不脱落</td></tr>
<tr><td rowspan="4">耐人工气候老化性</td><td>白色和浅色①</td><td>2500h 不起泡、不脱落、不开裂</td><td>2500h 不起泡、不开裂、不生锈、不脱落</td></tr>
<tr><td>粉化/级　≤</td><td>商定</td><td>商定</td></tr>
<tr><td>变色/级　≤</td><td>商定</td><td>商定</td></tr>
<tr><td>失光/级　≤</td><td>商定</td><td>商定</td></tr>
</table>

① 浅色是指以白色涂料为主要成分，添加适量色浆后配制成的浅色涂料形成的涂膜所呈现的浅颜色，按 GB/T 15608—1995 中 4.3.2 规定明度值为 6～9（三刺激值中的 $Y_{D65}\geqslant 31.26$）。

3. 建工行业标准规定的合成树脂幕墙的技术性能指标

按照建工行业标准 JG/T 205—2007《合成树脂幕墙》的要求，合成树脂幕墙包括氟树脂、聚酯树脂和硅树脂幕墙三类，该标准规定的这三类幕墙的技术性能指标见表 3-1-72～表 3-1-74。

表 3-1-72 氟树脂幕墙技术要求

项目		指标
外观		正常
硬度	≥	H
耐冲击性/cm		50
耐水性		168h 无异常
耐碱性		168h 无异常
耐酸性		168h 无异常
耐洗刷性/次		≥10000
耐人工老化性		
白色及浅色①		3000h 不起泡、剥落,无裂纹
粉化/级	≤	1
变色/级	≤	2
失光/级	≤	2
耐沾污性(白色及浅色①)/%	≤	8
涂层耐温变形(20 次循环)		无异常
粘接强度/MPa	≥	1.0
拉伸强度/MPa	≥	3.5

① 浅色是指以白色涂料为主要成分，添加适量色浆后配制成的浅色涂料形成的涂膜所呈现的浅颜色，按 GB/T 15608—1995 中 4.3.2 规定明度值为 6～9（三刺激值 Y_{D65}≥31.26)。

表 3-1-73 聚酯树脂幕墙技术要求

项目		指标
外观		正常
硬度	≥	HB
耐冲击性/cm		50
耐水性		168h 无异常
耐碱性		48h 无异常
耐酸性		48h 无异常
耐洗刷性/次	≥	8000
耐人工老化性		
白色及浅色①		2000h 不起泡、剥落,无裂纹
粉化/级	≤	1
变色/级	≤	2
失光/级	≤	2
耐沾污性(白色及浅色①)/%	≤	10
涂层耐温变形(20 次循环)		无异常
粘接强度/MPa	≥	1.0
拉伸强度/MPa	≥	3.0

① 浅色是指以白色涂料为主要成分，添加适量色浆后配制成的浅色涂料形成的涂膜所呈现的浅颜色，按 GB/T 15608—1995 中 4.3.2 规定明度值为 6～9（三刺激值 Y_{D65}≥31.26)。

表 3-1-74 硅树脂幕墙技术要求

项目		指标
外观		正常
硬度	≥	B
耐冲击性/cm		50
耐水性		168h 无异常
耐碱性		48h 无异常
耐酸性		48h 无异常
耐洗刷性/次	≥	6000
耐人工老化性		
白色及浅色①		1500h 不起泡、剥落，无裂纹
粉化/级	≤	1
变色/级	≤	2
失光/级	≤	2
耐沾污性(白色及浅色①)/%	≤	12
涂层耐温变形(20 次循环)		无异常
粘接强度/MPa	≥	1.0
拉伸强度/MPa	≥	2.5

① 浅色是指以白色涂料为主要成分，添加适量色浆后配制成的浅色涂料形成的涂膜所呈现的浅颜色，按 GB/T 15608—1995 中 4.3.2 规定明度值为 6～9（三刺激值 Y_{D65}≥31.26）。

九、普通涂装的溶剂型建筑涂料施工技术

1. 涂装工序及其施工技术要点

(1) 施工准备　包括材料准备、材料检查、工具准备、涂料处理（调整黏度、搅拌均匀等）、人员准备等。

(2) 基层处理

① 基层条件　砂浆、混凝土及砖砌体基层表面应达到坚硬、平整、粗糙、干净、湿润。基层应有满足施工要求的强度（一般需 2 周以上的养护期）。

② 基层处理　先全面检查清理墙面，除去基层表面的浮灰、脏物等，然后用砂纸打磨，清扫干净。基层如有较大、较深的凹坑、裂缝等，应预先用聚合物乳液水泥砂浆填平、嵌实腻子，干燥后用铲刀刮一遍。对于外墙面，刷 1～2 道耐碱封闭底漆。

③ 基层要求　由于溶剂型涂料的涂膜透气性低，不透水且具有疏水性，因此要求基层干燥，其含水率低于 8%，并以偏低为好。

(3) 施工程序

① 腻子　采用聚合物水泥腻子或者苯丙乳胶腻子满刮 1～2 道。

② 涂料　采用羊毛辊筒或漆刷进行辊涂或刷涂施工。也可以采取喷涂方法施工，喷涂时每道不宜喷涂得太厚，以防流挂。通常涂装两遍，两道之间的间隔时间在 2h 左右。溶剂型涂料与水性涂料不同，可在较低温度下施工。但是，在炎热的夏季，气温太高时溶剂挥发较快，涂料黏度升高，涂层表面可能留有刷痕，也有可能将第一道涂装的涂膜溶解而造成涂膜弊病，影响涂膜质量。

2. 施工质量缺陷及其防治措施

(1) 流挂（流坠、流淌等）　问题出现的可能原因：①涂料黏度低；②涂层过厚；③涂

料本身具有流挂的质量问题；④喷涂施工时，喷枪与墙面距离太近，或涂料未搅匀，上层涂料过稀。

防治措施：①要求涂料的黏度合格，颜料、填料的配比适当，并在施涂前一定要搅拌均匀；②涂料每道不可涂装太厚，施工工具（刷子或辊筒）每次蘸涂料量不可太多；③与生产厂商协商解决流挂问题；④按正确的喷涂施工方法进行。

(2) 涂膜遮盖力不良　问题出现的可能原因：①涂料本身的遮盖力不良；②涂料黏度低；③对于有沉淀分层的涂料涂装前没有充分搅拌均匀；④底漆或腻子层与面涂料的颜色差别较大。

防治措施：①选用遮盖力（对比率）符合质量标准要求的涂料；②提高涂料施工黏度；③对于有沉淀或分层的涂料在涂装前要充分搅拌均匀；④调整底涂料或腻子的颜色尽量一致，或者多涂装一道面涂料。

(3) 涂料光泽不均匀　问题出现的可能原因：①稀释涂料时稀释剂选用不当；②施工时涂膜厚薄不均匀；③涂装道数不够。

防治措施：①按规定选用稀释剂；②施工时注意涂膜厚薄均匀；③涂装至足够的道数，必要时增加涂装道数。

(4) 涂装后短期内即有变色或褪色现象　问题出现的可能原因：①涂料中所用颜料耐光性、耐碱性差，或易粉化；②基料耐候性差；③涂料耐老化性能差。

防治措施：①涂料生产时要选用耐光性、耐碱性好的颜料；②选用耐候性好的基料；③选用耐老化性能合格的涂料。

(5) 涂膜发花　问题出现的可能原因：①涂料本身有浮色；②涂料中颜料分散不好；③涂膜厚薄不均；④基层表面粗糙程度不同，或基层碱性过大；⑤涂料在不同的颜色搭界处，颜色相互渗透。

防治措施：①在涂料中适当地加入防浮色、防发花助剂，并充分搅拌均匀；②生产涂料时要选用质量好的颜料，并使其在涂料中分散好，提高涂料的黏度；③施涂时应均匀，使涂膜厚薄一致；④可进行底涂封闭处理；⑤重复涂施涂料时，先涂不易渗色的涂料，后涂容易渗色的涂料，并在涂料彻底干燥后再涂装。

(6) 涂膜起皮、脱落等　问题出现的可能原因：①腻子粘接强度低；②基层含水率过高；③腻子未彻底干燥就施涂涂料。

可以采取的防治措施：①选用粘接强度高、耐水性好、符合外墙腻子标准要求的腻子；②使基层符合涂装条件要求；③待腻子层干透后再施工涂料。

十、氟树脂涂料仿铝板涂层施工技术

1. 概述

用涂料通过一定的施工方法涂装出类似于铝塑板装饰效果的涂膜饰面，提高了涂膜的装饰效果，是近几年发展起来的新的施工工艺，在高档建筑工程中已有应用。仿铝板装饰涂层也称仿金属漆、合成树脂幕墙系统，指的都是在外墙抹灰面上做出分隔缝，用配套腻子批刮、打磨、抛光，然后喷涂溶剂型碱金属质感的氟树脂涂料（也可以是金属质感的聚氨酯涂料、有机硅-丙烯酸涂料）而达到的类似于铝板装饰效果的涂层饰面。涂层可制成有金属光泽的饰面，也可以是无光泽的饰面，均具有特殊的装饰效果，属于高装饰性墙面涂料。

2. 仿铝板氟树脂涂料施工的材料配套

仿铝板氟树脂涂料配套材料不仅产品功能各有不同，而且品种多样，目前市场上不同品种的材料搭配形式多样。仿铝板氟树脂涂料的材料体系见表 3-1-75。

表 3-1-75　仿铝板氟树脂涂料常用材料

体系	材料名称	用途	简要说明
基层处理、找平和修补等材料	抗裂复合体系腻子、耐碱网格布、分格缝专用弹性腻子、旧墙面翻新专用弹性腻子	新墙抗裂处理与旧墙界面处理、抗裂处理	刚性和柔性复合的抗裂方法是目前解决墙面裂缝的方向和最佳途径。伸缩缝的处理可以减缓裂缝的产生；旧墙翻新专用腻子是旧墙翻新的强力界面材料
	补洞腻子（也称聚合物水泥砂浆）	修补洞口	防止产生洞、疤或色差、凹陷等
	点补腻子、氟树脂涂料喷涂专用找平腻子	基层表面找平	主要用于基层表面的平整度处理
	氟树脂涂料专用滑爽腻子（双组分）、氟树脂涂料专用滑爽腻子（单组分）、氟碳喷涂专用抛光腻子、滑爽抛光二合一腻子	基层表面抛光	这些不同的腻子主要用于增加基层表面的平滑度，可以根据不同的体系要求和材料的易得性、配套性进行选用
	瓷砖翻新专用腻子、溶剂型填补腻子	旧墙处理	具有和瓷砖表面的高强黏结性能，可以直接批涂于旧瓷砖表面而不必像传统翻新方法那样将旧瓷砖凿掉，既省工，又不会给施工带来环境影响
	涂塑耐碱玻璃纤维网格布	基层处理	与面层砂浆的黏结性能良好，能够抵抗砂浆中出现的微细裂缝
涂料体系	氟碳喷涂专用封闭底漆（环氧封闭底涂、丙烯酸底涂、水性封闭底涂）	封闭体系	封闭基层微量水分，抵抗碱性侵蚀
	氟碳喷涂专用中涂（白色或彩色）	中涂	提高遮盖力、丰满度等，为高质量的面漆提供一个好的基础
	氟碳面涂（色漆、银色漆、金属漆其他金属色面漆）、氟碳喷涂专用罩光清漆	面涂	得到耐候性、耐沾污性和装饰效果等性能均优良的氟碳涂膜
助剂体系	慢干性涂料助剂、快干性涂料助剂	干燥速度调节材料	调整涂料干燥时间，提高涂料在不同温度下的干燥性能的适应性

3. 仿铝板涂膜施工技术

(1) 基本施工程序　仿铝板涂膜施工的基本程序如图 3-1-19 所示。

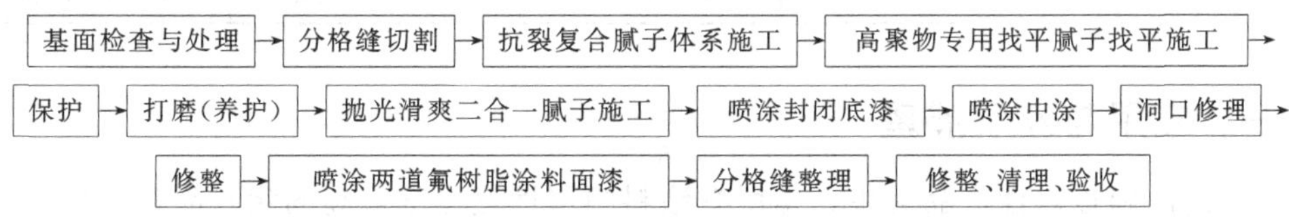

图 3-1-19　仿铝板涂膜施工的基本程序

(2) 仿铝板氟碳涂膜的施工工艺　表 3-1-76 中概述了仿铝板氟碳涂膜的施工工艺。

表 3-1-76　仿铝板氟树脂涂料施工工艺概述

工序	材料名称	功能特点	施工工具与施工方法	施工道数与定额
基层表面检查	（仅人工与器具，无需材料）	主要检查空鼓、开裂、平整度、基层强度等	橡皮锤、靠尺、红笔	1 道：用红笔记录需要处理的部位
基层表面处理	点补腻子	填充力强、附着力好、干燥快	批刀、切割机	1～2 道：定额依现场而定

续表

工序	材料名称	功能特点	施工工具与施工方法	施工道数与定额
分格缝施工	弹性巴氏胶	填充分格缝、补裂缝，弹性好、抗开裂	复合管、切割机、批刀	巴氏胶1道：定额依现场而定
界面处理	头道找平腻子	填充性好，附着力强，干燥快	批刀，批涂	1～2道：定额依现场而定
防裂复合体系专用腻子施工	防裂复合体系专用腻子	强度高，防止开裂，保证原有防水效果，耐碱，寿命长	辊筒、批刀	1道：定额2.5kg/m^2
头道腻子施工	找平腻子	基层表面找平，附着力好，防水，施工性能好，抗收缩，不开裂	批刀、搅拌机、砂纸、打磨板，批涂	2～3道：定额约3.5kg/m^2，具体依现场而定
保护		保护包括其他相关的半成品、成品	批刀、美纹纸	具体依据现场而定
打磨养护		使工作面更平滑，保证强度和硬度	打磨板	具体依据现场而定
二道腻子施工	滑爽腻子	填充、找平腻子缝隙，使表面滑爽，防水、施工性能好，抗收缩，不开裂	批刀、搅拌机、砂纸、打磨板，批涂	1～2道：定额约0.8kg/m^2
三道腻子施工	抛光腻子	提供光滑表面，封闭性好，不开裂，防水性好，耐候性好	批刀、砂纸、打磨板，批涂	1～2道：定额约0.2kg/m^2
喷涂封闭底漆	氟碳专用封闭底漆	封闭底层水分，抵抗碱性侵蚀，附着力好，封闭性好，防水性好，耐候性好	喷枪、空气压缩机、油水分离器、打磨板，喷涂	1道：定额0.1kg/m^2
喷涂氟碳中涂	建筑装饰专用氟碳中涂	提供丰满度、遮盖力、耐候性等保护基础，附着力好，封闭性好，遮盖力强	喷枪、空气压缩机、油水分离器、打磨板，喷涂	1道：定额0.1kg/m^2
喷涂氟树脂涂料面涂	氟树脂涂料面涂（色漆、金属漆、银色、金色系列）	20年以上超长寿命最佳装饰效果，自洁，防水，不开裂，不起泡，耐温差，耐复杂气候	喷枪、空气压缩机、油水分离器、打磨板，喷涂	2道：定额0.2kg/m^2
分格缝上色	建筑装饰分格缝专用漆	20年以上超长寿命最佳装饰效果，自洁，防水，不开裂，不起泡，耐温差，耐复杂气候	喷枪、空气压缩机、油水分离器、打磨板，喷涂	2道：定额0.2kg/m^2
修整、清理、验收	对应材料	对应材料的功能和特点	对应施工工具	具体依现场而定

十一、应用与发展展望

我国建筑涂料以水性产品为主，是所有涂料中水性化程度最高的涂料品种。由于涂料水性化会带来涂层某些性能的损失，因而溶剂型涂料中集中了几种高性能的建筑涂料。这类涂料的主要特征体现于耐日光和大气老化及耐污染几个方面，因而在建筑涂饰市场的高端得到一定的应用。例如，近年来发展的仿幕墙涂料和应用于复层涂料罩面的金属光泽涂料等。

但是，溶剂型涂料用于外墙面也有其弱点，使其应用和发展受到某种程度的制约。第一，外墙面是水泥基材料，在户外各种因素的作用下，开裂、渗水是常见的问题，而且这种问题处于动态变化中，很难根治。而目前的溶剂型建筑涂料对此是无能为力的，与能够遮蔽墙面微细裂缝的水性弹性涂料相比其缺陷显而易见，这在很大程度上限制了其应用。

第二，近年来随着国家建筑节能政策的强制实施，我国建筑业发生了重大变化，建筑物的围护结构都需要采取保温隔热措施。建设部提倡采用外墙外保温技术，目前，我国南北不同的气候区域广泛使用胶粉聚苯颗粒外墙外保温系统、膨胀聚苯板薄抹灰外墙外保温系统和挤塑聚苯板薄抹灰外墙外保温系统作为保温隔热措施。这三个系统的主体保温材料都是聚苯乙烯基的，将对溶剂型外墙涂料的应用与发展产生重要的影响。因为涂料中的很多溶剂会对聚苯乙烯产生溶解作用，即和系统是不相容的，不能与外墙外保温工程配套使用。

第三，由于我国多年来的改革开放和发展经济政策，在经济得到快速发展的同时，所面临的环境压力也越来越大，国家对环境保护空前重视。溶剂型涂料中含有大量溶剂会污染环境，其环保性能无法与水性涂料相比。

综上所述，溶剂型建筑涂料的使用将会受到越来越多的限制，在普通的工业与民用建筑上的应用会越来越少，其主要应用将向一些特殊工程转移，如近海构筑物，某些可能会受到高腐蚀性的建筑物等。

由于溶剂型建筑涂料的应用受到限制，其发展也将会受到影响。一些高性能的溶剂型涂料品种，例如氟树脂涂料、有机硅-丙烯酸酯共聚涂料、丙烯酸酯-聚氨酯复合涂料等应朝着水性化发展。

第三节 无机建筑涂料

一、定义、种类与性能特征

1. 定义与性能特征

(1) 定义　使用无机成膜物质（通常为硅酸盐类和二氧化硅的水分散体）和以水为分散介质制备的建筑涂料称为无机建筑涂料。

(2) 性能特征　无机涂料主要应用于外墙，在内墙的应用很少。本节讨论以应用于外墙的无机涂料为主。

外墙无机建筑涂料无毒、无环境和健康危害、节省能源、价格低廉，易于涂装，能常温干燥成膜。所形成的涂膜耐光、耐碱性优良，且耐候性好，耐热、防火性好，与基层的附着力高，特别是由于硅酸盐溶液中硅酸盐的大小为分子级，而硅溶胶的粒径处于纳米级，粒径都极其细微，析胶时的 SiO_2 具有很高的活性，除了能够对颜料、填料颗粒产生很高的黏结力之外，细微的颗粒能够通过毛细管作用渗入到基层内部，并与水泥类无机基材中的 $Ca(OH)_2$发生化学反应，生成具有黏结性能的 $CaSiO_3$ 凝胶，使涂料对基层产生很强的黏结力和封闭作用，增强涂膜与基层的附着力以及对基层的封闭性，消除或减缓可能出现的盐析或泛碱现象。无机涂膜的硬度较高，耐污染性好。此外，无机涂料有很好的防霉性。无机涂料涂料中不含或仅含少量的有机营养物质，微生物没有生存条件，不会滋生菌类、藻类；碱金属硅酸盐还可以杀死所涂基层中的菌类孢子，涂料中无需使用防霉杀菌剂，从另一个角度起到环保作用。

外墙无机建筑涂料的流平性不好，涂膜质脆，对基层体积变化的适应性差。此外，某些硅酸盐类外墙无机建筑涂料的耐水性不良以及涂料中因使用了密度大的颜料、填料而导致贮存过程中易产生沉淀结块等，这是该类涂料需要解决的性能不足之处。

2. 分类与种类

在现行的建筑工业行业标准 JG/T 26—2002《外墙无机建筑涂料》中，无机外墙涂料被分成Ⅰ类和Ⅱ类两大类。其中，Ⅰ类指的是以碱金属硅酸盐（硅酸钾、硅酸钠、硅酸锂或它们的混合物）加入相应的固化剂或合成树脂乳液为基料制成的涂料；Ⅱ类是指硅溶胶加入合成树脂乳液或辅助成膜物质为基料制成的涂料。国内目前应用的无机建筑涂料基本上属于这两类。

二、无机建筑涂料的应用及发展

我国古代将石灰加黏土，再和水一起混合成膏状，抹涂于墙面，这可能是最早的无机建筑涂料。欧洲从19世纪开始将水溶性的碱金属硅酸盐用于涂料。那时，人们把水玻璃与天然无机颜料及填料混合在一起，制成了原始的无机涂料应用于建筑装饰。那个时期的许多建筑及精工细琢的壁画在经历了漫长恶劣气候的考验后，至今依然展现出当年绚丽的风采，说明这类无机涂料具有很好的耐久性。

在近代，无机建筑涂料的开发应用始于20世纪70年代初期石油危机出现后，市场上需求经济耐用的建筑涂料。当时，日本首先研究开发成功了以硅酸盐无机高分子为成膜物质的涂料；德国的BASF、WACKER、BAYER和KEIMFARBEN等公司，也先后研制出了以特制液态硅酸钾为主要成膜物质的新型无机建筑涂料。此后，美国在无机涂料、无机-有机复合建筑涂料方面也有了较快发展。到20世纪80年代初，我国也有这类涂料研究成功的报道。20世纪80年代后期，国内研制了数种硅酸钠、硅酸钾等为成膜物的无机涂料。但是，真正在工程上得到大量应用的主要是以硅溶胶为主要成膜物质、以合成树脂乳液为辅助成膜物质的无机外墙涂料和以硅酸钾为主要成膜物质的双组分外墙涂料。近二十年来，这些建筑涂料已在全国范围内生产应用。有些无机外墙涂料的使用寿命超过十年，仍然不粉化、无脱落、开裂等现象，涂膜基本完好，尚具有一定的装饰效果。

除了普通装饰功能为主的外墙涂料以外，无机功能性墙面涂料也得到了很好的应用与发展，其主要品种有无机防霉涂料、无机绝热涂料、无机防结露涂料和无机防火涂料等，见表3-1-77。其中，无机防火涂料主要应用于钢结构的构件中，而在墙面上的应用较少。

表3-1-77 无机功能性建筑涂料的种类和特性

涂料种类	主要组成材料	优　点	缺　点
无机防霉涂料	硅酸盐（和固化剂配套）或硅溶胶（复合有机基料）、颜料、填料和助剂（含防霉剂）	不含霉菌的营养性物质，本身不长霉，防霉效果好，可靠，有效防霉时间长	装饰效果差，涂膜性脆
无机绝热涂料	钾、钠水玻璃（配套固化剂）或硅溶胶（复合合成树脂乳液），轻质填料和助剂等	耐热性好（可用于400℃左右场合），成本低，绝热效果优异，不易长霉	易吸湿，吸湿后绝热效果降低
无机防结露涂料	无机基料（水泥、硅溶胶或硅酸盐溶液等）、轻质多孔材料和助剂等	防结露效果最为显著，成本低，耐久性好，不易长霉	相对于有机涂料，涂膜的某些力学性能差
有机-无机复合型防水涂料	硅酸盐或普通硅酸盐水泥、惰性填充材料和弹性合成树脂乳液以及助剂等	生产技术简单，防水效果可靠，施工简单，成本低，耐久性和环保性均好	双组分，施工质量易受影响，成本高
无机防火涂料	硅酸盐（和固化剂配套）或硅溶胶（复合有机基料）、颜料、填料和助剂（含防火助剂）	成膜物质不燃烧，遇火生成瓷釉层并发泡形成隔热层，防火性能好	装饰效果差，涂膜性脆

无机涂料的发展已经受到普遍重视，日本和欧洲一些国家提出“涂料无机化”的观点，我国台湾和东南亚地区对此也很重视。无机涂料的应用与发展在范围方面基本上是集中在建

筑涂料和功能型涂料领域（包括建筑涂料和工业涂料）；在技术方面则是利用无机成膜物或/和有机成膜物一起拼混制成涂料（单组分和双组分）。近年来，欧美和日本等国家利用溶胶-凝胶法制备水性无机涂料，从技术上上了一个台阶。该类技术能够克服水性无机涂料所存在的许多性能缺陷。我国台湾的一些学者已经利用溶胶-凝胶技术发展了系列水性无机涂料。此外，利用溶胶-凝胶技术已经进行的无机涂料的改进工作有：①改善单包装硅酸盐类涂料的贮存稳定性、成膜性能和装饰性能，扩大其功能应用范围，如用硅酸盐为主成膜材料，配合少量偶联剂制成水性无机建筑涂料，具有抗菌、除臭、难燃和自洁作用，这类涂料已经在建筑装修中大量使用，并在工业防腐涂装中推广；②在硅溶胶类涂料中不用或少用合成树脂乳液，由于溶胶-凝胶技术使涂料性能的提高，所得到的涂料不仅用于建筑装修，而且开始用于不同领域的工业涂装。

在国内，由于无机涂料的许多优点已得到广泛认同，近年来建筑涂料行业虽然是以合成树脂乳液涂料为主导产品，但对无机建筑涂料的研究与开发并没有停止过，并出现了新的现象。国内已经有多家专门生产无机建筑涂料的企业。实践证明，无机建筑涂料要发展，必须提高无机建筑涂料的产品质量，生产高性能以及能够满足涂料施工、涂膜装饰和各种物理化学性能的产品满足市场。

三、无机建筑涂料的基料

1. 水玻璃

(1) 种类及组成　水玻璃分子式的通式为 $Me_2O \cdot nSiO_2 \cdot mH_2O$，Me 可以是钠、钾、锂和铵四种离子，$n$ 为模数。水玻璃根据 Me 离子的不同分别称为钾水玻璃、锂水玻璃、钠水玻璃、铵水玻璃等。锂水玻璃和铵水玻璃价格高，在外墙涂料中的实用价值不大。钾水玻璃价格中等，且成膜后涂膜的耐水性好；钠水玻璃虽价格低廉，但因为制成的涂料性能差，因而在建筑涂料中的应用有限。

(2) 水玻璃的物理化学特性及作为涂料基料的性能

① 物理化学特性　水玻璃的外观是呈无色、青绿色或棕色的固体或黏稠类液体。水玻璃的质量以无色透明者为好。液体水玻璃可以与水以任何比例混合而成为浓度不同的溶液。水玻璃的组成中包含有多种成分，包括无定形的二氧化硅、水合物、氢氧化物、正硅酸以及多种聚硅酸盐阴离子。阴离子的种类及其含量与水玻璃的模数及 pH 有关。

② 水玻璃作为涂料基料使用时的性能　水玻璃的主要特性有：良好的黏结性能；硬化时析出的硅酸凝胶有堵塞毛细孔隙而防止水渗透的作用；不燃烧，耐热，在高温下硅酸凝胶干燥得更加强烈而强度并不降低，甚至有所增强以及具有高度的耐酸性能等。

水玻璃作为涂料基料使用时具有的优点有：a. 具有不燃性、无烟性，在发生火灾时完全不产生烟和有毒有害性气体；b. 具有优异的耐热性和耐候性，紫外线和臭氧等引起的副作用小，耐热度一般为 500～600℃，使用耐热性填料的涂料可在 1000℃的场合下使用；c. 与无机类基材有牢固的黏结力；d. 具有调湿、防结露性、防霉性，霉菌不容易生长，并有一定的防虫效果；e. 膜层的硬度很高，不容易受到机械损伤；f. 有一定的导电性，因静电而吸附的尘埃较少（与有机涂料相比）；g. 溶于水，易处理，资源丰富，无环境危害之虞。

水玻璃作为涂料基料使用时具有的缺点有：a. 耐水性差，必须掺用固化剂，且由于硬化收缩可能会导致涂膜开裂或黏结性不良；b. 涂层脆而无弹性，没有适应基材胀缩变化和裂缝张闭的能力，耐冲击性也较差；且与有机材料的黏结不良；c. 涂层无光泽，不透明；d. 透水性、透气性大，故防渗透性差。

(3) 水玻璃的固化技术　液体水玻璃在空气中吸收二氧化碳，形成无定形硅酸并逐渐干燥而固化。其固化成膜机理的反应式如下。

$$\underset{\text{水玻璃}}{Me_2O \cdot nSiO_2} + (2n+1)H_2O \longrightarrow 2MeOH + \underset{\text{胶体二氧化硅}}{nSi(OH)_4}$$

$$mSi(OH)_4 \xrightarrow{\text{缩聚}} \underset{\text{多聚硅胶}}{[Si(OH)_4]_m} \xrightarrow{\text{失水}} \underset{\text{涂膜}}{mSiO_2}$$

$$\left.\begin{matrix} mSiO_2 \\ mSi(OH)_4 \end{matrix}\right\rangle \longrightarrow \left[\begin{matrix} -Si-O-Si-O-Si- \\ | \quad\quad | \quad\quad | \\ O \quad\quad O \quad\quad O \\ | \quad\quad | \quad\quad | \\ -Si-O-Si-O-Si- \end{matrix}\right]_x$$

网状结构的涂膜

式中，Me 为碱金属离子，如 Na、K 等；n 为水玻璃的模数；x 为大于或等于 1 的自然数。

由于水玻璃在空气中固化过程很缓慢，且所得到的涂膜耐水性不良，为了加速固化和提高涂膜的耐水性，常常向水玻璃涂料中加入固化剂，固化剂既可以与碱金属离子反应生成水不溶物，又可以促进二氧化硅胶体进一步缩合成耐水涂膜。该法称为水玻璃的固化技术，也称为水玻璃的碱金属离子固定化技术。

过去，建筑上常使用氟硅酸钠（Na_2SiF_6）作为固化剂加入到钠水玻璃中。钠水玻璃在加入氟硅酸钠以后会发生化学反应，促进硅酸凝胶加速析出。氟硅酸钠的用量为水玻璃重量的 12%～15%时较为适宜。用量少不但硬化速率慢，达不到所希望的促进硬化效果，强度降低，同时未经反应的水玻璃易溶于水，因而耐水性也差；用量大则会导致凝结硬化速度过快，不但使用困难，而且渗透性增大，强度也会降低。氟硅酸钠既影响水玻璃的固化速率，对涂料的干燥速率必然产生一定影响。

在硅酸钾建筑涂料中，典型的是使用缩合磷酸盐（Al、Mg、Ca 盐等）或 β-硅酸二钙作为固化剂；或者除使用缩合磷酸盐类材料作为主固化剂以外，还采用一种或几种辅助固化剂（主要为 ZnO、Al_2O_3、硼酸盐等），以取得较好的固化效果。

当使用缩合磷酸盐作为固化剂时，缩合磷酸盐在涂料中缓慢水解，释放出 H^+，H^+ 与水玻璃反应，使其析出胶体二氧化硅，胶体二氧化硅自行缩合形成以—Si—O—Si—为主链的无机网状薄膜，磷酸根则与金属离子 Al^{3+}、Na^+、K^+ 等反应形成不溶于水的复盐。

目前在市场上并没有作为硅酸钾建筑涂料固化剂使用的缩合磷酸盐商品，一般是生产涂料时合成。

(4) 水玻璃的改性　水玻璃用作涂料基料时其耐水性不良是其性能上的不足。可以通过一些改性措施来提高其耐水性能以及其他性能。如酸改性水玻璃、与合成树脂乳液复合使用、钠水玻璃的偶联剂改性、用锂水玻璃改性钠水玻璃、钾水玻璃等。

2. 硅溶胶

(1) 定义与特性　硅溶胶亦称硅酸溶胶，文献资料上也有将其称为纳米二氧化硅或者硅酸溶胶的，是一种含有一定浓度的、颗粒粒径为纳米级的无定形二氧化硅的水溶胶分散体，一般成透明、半透明或乳白色液体，浓度高时呈胶状。硅溶胶的分子式可表示为 $mSiO_2 \cdot nH_2O$。由于纳米胶体硅是无机二氧化硅的水溶胶，因而是一种无毒、无环境危害的产品。硅溶胶种类很多，根据化学成分可以分为改性钠型、铵型和超纯型等；根据 pH 的不同可以分为酸性、中性和碱性等；根据所带电荷的不同可以分为阴离子型、阳离子型和去离子型等。

硅溶胶中的二氧化硅颗粒粒径一般为 5～150nm，比表面积为 20～800m^2/g；pH 值可以为 2～4 或 9～11。另外，硅溶胶的黏度较小，一般小于 5mPa・s。特殊情况下，黏度可为 1～155mPa・s。

(2) 硅溶胶的涂料特性　硅溶胶用于涂料的一个最突出的优点就是具有一旦成膜就不会再溶解的特性，因而使用硅溶胶作基料生产的涂料通常具有很好的耐水性。此外硅溶胶作为涂料基料使用时还具有如下特点。

① 因颗粒细微（接近分子状态），析胶时的 SiO_2 具有较高的活性，黏结包裹涂料中的粉状颗粒，与某些无机盐类、金属氧化物生成新的硅酸盐无机高分子化合物，硬化成膜。细微的颗粒对基层渗透力强，可通过毛细管作用渗入到基材的内部，并与混凝土基层中的 $Ca(OH)_2$ 生成硅酸钙（$CaSiO_3$），使涂料具有较强的黏结力。

② 硅溶胶中 Na_2O 含量低，因而涂膜具有较好的耐水性；由于与基层反应缓慢，涂料具有较好的涂刷性，无盐析现象，颜色均匀，装饰效果好。

③ 硅溶胶和某些有机高分子聚合物混溶能硬化成膜。这种涂膜保持了无机涂料具有的硬度；又具有一定的柔性，保持了有机涂料快干、易刷性，兼具无机涂料和有机涂料的优点。

(3) 硅溶胶使用注意事项

① 硅溶胶的添加量　硅溶胶的添加量一般为乳液固体成分的 30%～60%，与合成树脂乳液的性能，例如玻璃化温度、成膜助剂等的使用有关。当合成树脂乳液的玻璃化温度较低时，硅溶胶的用量可以大些。但是，如果硅溶胶的添加量过高，会导致涂膜的耐化学腐蚀性和耐冲击性降低。

② 注意材料之间的相容性　使用硅溶胶时，应首先注意检查其和分散剂、合成树脂乳液的相容性，根据相容性确定各种材料的选用。

③ 注意涂料助剂的选用　配制硅溶胶涂料时除应按水性涂料的要求使用各种助剂外，还可以根据硅溶胶涂料的特点，有目的地选择能够改善性能的功能性添加剂。例如，使用商品名称为 KH-560 的硅烷偶联剂能够实现硅溶胶和合成树脂乳液之间的偶合，很多硅溶胶有机-无机复合涂料的研究中都有这类助剂的应用。

四、外墙无机建筑涂料的配制要点及生产技术分析

1. 硅溶胶外墙涂料

因为硅溶胶的固体含量低、干燥收缩大，所以仅使用硅溶胶不能够制成具有实用意义上的建筑涂料，而是需要复合一定数量的合成树脂乳液。因而，这类涂料也称为有机-无机复合外墙涂料，是得到广泛应用的无机外墙涂料，具有如下特点：

① 硅溶胶中 Si—O 键的键能大，具有较好的键合稳定性，再加上丙烯酸酯的涂膜性能也非常优异，所以复合涂料的耐候性比未复合的涂料品种有提高；

② 微细的 SiO_2 颗粒具有很大的比表面积，容易形成牢固的硅氧键网状结构，使涂料具有很好的耐水性、耐洗刷性和耐碱性；

③ 从微观结构的研究分析可知，涂膜中复合基料粒子呈球形或接近球形排列，表面平整致密，间隙很小，使得细微的尘埃不易侵入其间隙中；同时，Si—O 键的结构属于离子型，具有较好的导电性，不会产生电荷积累，即不产生静电，尘埃难以黏附，加之涂膜中无机基团的引入，改善了丙烯酸酯的回黏性，因而涂膜具有很好的耐沾污性能。

但这类涂料在配制技术上有一定难度，主要是涂料的贮存稳定性问题。处理得不好会导

致涂料的贮存性能不良。

(1) 配方举例和配制

① 配方 表 3-1-78 中列示出无机-有机复合外墙涂料的配方。该配方中的硅溶胶的用量和丙烯酸酯乳液的用量基本上相当。表 3-1-79 为另一个硅溶胶建筑涂料配方实例，其硅溶胶的用量远高于丙烯酸酯乳液的用量。像这类以硅溶胶为主而只复合少量丙烯酸酯乳液的涂料，一般称为无机建筑涂料比较合适。

表 3-1-78 无机-有机复合外墙涂料配方举例

涂料组分	原材料名称	用量(质量分数)/%
基料	复合基料①	46.0
颜料、填料	钛白粉 硅灰石粉 滑石粉	18.0 10.0 6.0
助剂	F-974 成膜助剂 Tamol 731 湿润分散剂 DX 消泡剂 羟乙基纤维素 有机增稠剂 氨水(pH 调节剂)	2.8 0.5 适量 0.5 0.9 适量
分散介质	水	补足 100%用量

表 3-1-79 无机外墙建筑涂料的配方举例

原材料名称	用量(质量分数)/%	原材料名称	用量(质量分数)/%
硅溶胶(20%)	35.88	增稠剂-B	1.55
丙烯酸酯乳液(40%)	13.04	分散剂-6	0.05
金红石型钛白粉	9.67	分散剂-N	0.18
轻质碳酸钙	7.25	消泡剂	0.02
滑石粉	8.70	成膜助剂	3.14
瓷土	2.90	防腐剂	0.36
云母粉	2.42	水	7.25

② 根据当丙烯酸酯乳液和硅溶胶所含固体摩尔比为 1.4～1.5 时，体系最为稳定”的研究结果来分析计算，并考虑常用涂料原材料情况，即当丙烯酸酯乳液和硅溶胶的固体含量分别为 49%和 25%时，复合基料的丙烯酸酯乳液和硅溶胶的用量分别为 19.17%～19.94%和 26.06%～26.83%。

(2) 配制程序 表 3-1-79 中配方的生产工艺如下：按配方，把水和硅溶胶投入反应釜中混合均匀，再投入分散剂搅拌均匀后，投入颜料和填料，充分搅拌均匀。然后，将混合料浆通过砂磨机或胶体磨进行磨细/研磨后进行调漆操作，即投入乳液和助剂，充分搅拌混合均匀，过滤包装，得到成品无机外墙建筑涂料。

(3) 硅溶胶复合建筑涂料的稳定性问题 硅溶胶复合建筑涂料在我国使用已有 20 多年历史，这类涂料的优异性能已经得到比较一致的认同。但是，这类涂料的贮存稳定性问题也一直受到重视，原因是稳定性问题影响这类涂料的使用。根据作者以及其他人对这类涂料的研究，认为影响其贮存稳定性问题的有复合涂料体系的 pH、硅溶胶粒子的粒径以及颜料、填料、拼混使用的乳液性能和助剂的使用等因素。

① 复合涂料体系的 pH pH 对硅溶胶的稳定性会产生重要影响，进而影响涂料的

稳定性。有研究表明，硅溶胶类复合涂料的 pH 对其贮存稳定性的影响如图 3-1-20 所示。

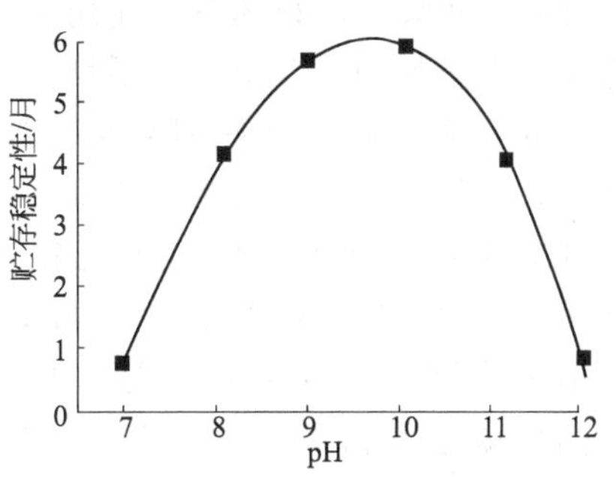

图 3-1-20　硅溶胶类复合涂料的 pH 对其贮存稳定性的影响

处于 pH 为 7 的中性状态的硅溶胶会迅速凝胶，这是因为当 pH 等于 7 时，硅溶胶颗粒表面双电层消失；而当 pH 大于 12 时，硅溶胶转变为模数等于或大于 5 的水不溶性硅酸钠而发生凝胶，导致体现不稳定。

pH 对硅溶胶稳定性的影响可以从硅溶胶自身的结构中得到解释。硅溶胶是聚偏硅酸的胶体溶液，胶体粒子表面一般都带电荷，并分散于介质中，SiO_2 和水作用发生水化，产生羟基，羟基解离使粒子的表面带电。粒子表面的电位随介质的 pH 发生变化。

在低 pH 条件下，因质子的加入，SiO_2 粒子表面带正电。当提高体系的 pH 值时，因 OH^- 的作用 SiO_2 粒子表面带负电。粒子表面电荷为零时介质的 pH 即是该氧化物的等电点。SiO_2 的等电点，即 pH 值为 1.5～3.7。因而，通常商品硅溶胶有两类：一类是碱性氧化钠稳定型，pH 值为 8.5～10.5；另一类是酸性无稳定型，pH 值为2～4。

实际上，当 pH>7 时，SiO_2 胶体粒子表面全部带负电，胶体因静电排斥而稳定；而当 pH<3 时，SiO_2 胶体粒子表面全部带正电荷，胶体亦会因静电排斥而稳定。在 3<pH<7 的情况下，胶体易凝聚而破坏。当氧化钠含量过多，pH=11 时，胶体也易凝聚而破坏。因此，当硅溶胶和合成树脂乳液复合时需要保证体系的 pH 呈弱碱性，即使体系的 pH 值为 8.5～10.0。

因此，在生产硅溶胶类复合涂料时，应当设法将涂料体系的 pH 控制在 8.5～10.0 的范围内以保持涂料的稳定性。至于调整涂料体系的 pH 的方法，可以用最常见的氨水进行调整；也可以用其他更为优异的涂料助剂（例如 AMP-95 多功能涂料助剂）或材料调整。

② 硅溶胶粒子的粒径　硅溶胶粒子的粒径分布为 5～80nm，在此范围内，硅溶胶外观基本成透明状态。在粒径小于 5nm 时，胶体微粒的比表面积巨大，水的隔离作用减弱，粒子发生凝聚的概率增大。在粒径大于 30nm 时，硅溶胶外观出现浑浊，对颜料的包裹能力差，涂料沉降快，不稳定。表 3-1-80 表明，小粒径硅溶胶的添加量低（<12%），涂料的稳定性好；用量大时涂料的稳定性下降，涂膜的耐水性也下降，浸水易起泡。大粒径的硅溶胶的添加量大，体系的稳定性好。对于使用纯硅溶胶配制的无机涂料体系，硅溶胶有凝聚的可能性。

表 3-1-80　硅溶胶粒径和涂料稳定性及涂膜耐水性的关系

性能	粒径 SiO_2			
	5～8nm	8～15nm	20nm	25nm
涂料贮存稳定性①	无异常	无异常	结块	结块
涂膜耐水性②	起泡	无变化	无变化	无变化

①“涂料贮存稳定性”试验的贮存时间为 6 个月。

②“涂膜耐水性”试验的浸水时间为 20 天。

③ 颜料、填料　当复合涂料体系的颜料、填料选用得不当时也有导致涂料体系不稳定

的可能。例如，涂料体系中使用了氧化锌、游离氧化钙含量较高的轻质碳酸钙等，就有可能造成这类涂料的贮存稳定性不良。

复合涂料中不宜使用氧化锌颜料的原因在于，氧化锌作为颜料使用时其活性较大，且 Zn^{2+} 具有导致某些使用阴离子乳化剂的乳液破乳的可能性，而复合涂料的成膜物质中的有机组分即为合成树脂乳液（例如丙烯酸酯类乳液、聚醋酸乙烯酯类乳液和有机硅-丙烯酸酯共聚乳液等），因而，白色颜料仍以使用金红石型钛白粉为宜。轻质碳酸钙是由氧化钙和二氧化碳反应而得到的。当因种种原因的影响而使碳化进行得不完全时，产品中就会残留有含量较高的游离氧化钙。这部分氧化钙会改变涂料体系的 pH。此外，其中的游离氧化钙还会影响乳液的钙离子稳定性，又有可能和硅溶胶产生下述化学反应。

$$Ca(OH)_2 + H_2SiO_3 \longrightarrow CaSiO_3 \cdot 2H_2O$$

熟石灰　　硅溶胶　　硅酸钙凝胶

所生成的 $CaSiO_3 \cdot 2H_2O$ 是凝胶，是可能具有一定强度的固体，从而导致涂料体系不稳定。

可见，为了使硅溶胶复合涂料具有好的贮存稳定性，应尽可能使涂料体系的 pH 控制在 8.5～10.0 的范围内。显然，复合涂料中还不应使用 pH 在 8.5～10.0 范围内不稳定的材料，而游离氧化钙较高的轻质碳酸钙就是如此。

④ 拼混使用的乳液性能的影响　不同性能的硅溶胶与同一种合成树脂乳液（主要指丙烯酸酯乳液或苯丙乳液）拼混使用时，或者两者拼混的比例不同时，所得到的复合体系会表现出不同的稳定性。同样，同一种合成树脂乳液与不同性能的硅溶胶拼混使用，或者两者拼混的比例不同时，也可能得到稳定性不同的复合体系，即硅溶胶和合成树脂乳液复合时有一个品种适应性和最佳比例的问题。因而，在制备复合涂料时，应对所选用的原材料进行试验。

⑤ 助剂　助剂不但会影响复合涂料的稳定性，用得不当也会造成其他类涂料的不稳定，因而必须注意正确选用。一般来说，分散剂应当选用分散效果稳定的阴离子分散剂；增稠剂宜选用黏度型号适当的羟乙基纤维素或者羟丙基甲基纤维素。此外，选用适当的分散剂对复合体系中的硅溶胶进行保护，也是得到稳定性良好的复合涂料的一种方法。SiO_2 粒子属于无机氧化物，具有极性，需要选择具有特殊结构的湿润分散剂才能吸附于 SiO_2 粒子表面而使之得到保护。因而，湿润分散剂的选择非常重要。

2. 硅酸钾（钾水玻璃）外墙涂料

硅酸钾外墙涂料有两类：一类是复合少量合成树脂乳液的单组分涂料；另一类是施工时外加固化剂的双组分涂料。在硅酸钾涂料中加入超微细滑石粉，当滑石粉的细度达到 3000 目，而特别是达到 5000 目时，涂料的附着力能够得到十分明显的改善。

(1) 配方　表 3-1-81 中给出了单组分和双组分的两种硅酸钾无机外墙涂料的配方。在单组分硅酸钾类配方中，使用了较高比例的 SBR 乳液，这是一种物理拼混法的有机-无机复合型涂料。双组分硅酸钾涂料能够体现出无机外墙涂料所具有的各种特征，例如硬度、性脆、耐老化性能好和成本低等一些特性。

(2) 涂料生产工艺　表 3-1-81 中单组分硅酸钾外墙涂料的生产程序类似于硅溶胶类复合外墙涂料，简述如下。

表 3-1-81　无机硅酸钾外墙涂料配方

原材料	用量(质量分数)/%	
	单组分硅酸钾类	双组分硅酸钾类
钾水玻璃①	100.0	40.0
苯丙(苯乙烯-丙烯酸酯)乳液	20.0～25.0	—
颜料和填料②	35.0～48.0	100.0～160.0
分散剂(阴离子型)	0.3～0.6	0.3～1.35
消泡剂	0.2～0.4	消泡量
增稠剂	适量	3.0～5.0
成膜助剂	1.0～3.0	—
其他助剂	—	常用量
固化剂(缩合磷酸铝)	—	6.0～8.0
水	10.0～20.0	15.0～25.0

① 为江阴国联化工公司生产的钾水玻璃。

② 颜料、填料的种类和用量（%）如下：金红石型钛白粉 22；超细煅烧高岭土 16；重质碳酸钙 37；滑石粉 10；氧化锌 15。

① 把硅酸钾溶液投入搅拌罐中，加水搅拌均匀。

② 向搅拌罐中投入分散剂，然后投入各种颜料、填料，搅拌均匀后，再投入成膜助剂和部分消泡剂，高速（800～1000r/min）搅拌 0.5h 得到料浆。将该料浆经砂磨机研磨至细度小于 60μm，再将磨细的混合料浆转移至搅拌罐中。

③ 在低速（300～500r/min）搅拌状态下，将 SBR 乳液缓慢地加入搅拌罐中，加完后再搅拌约 20min 使之均匀。视泡沫的多少再酌加适量消泡剂，搅拌消泡。

④ 如果需要配制彩色涂料，可以根据色卡经试验确定加入色浆的种类和数量，然后搅拌均匀调配成所需要的颜色。

双组分硅酸钾外墙涂料的生产工艺和上述单组分涂料的大同小异。

3. 新型水玻璃基涂料——地聚物涂料

在 20 世纪 70 年代末，美国的 J. Davidovits 对水玻璃激发偏高岭土进行了详细研究，所得的黏结剂称为地聚物水泥（geopolymeric cement），该水泥在 20℃硬化 4h 后的抗压强度能够达到 20MPa，28 天后的抗压强度达 70～100MPa。自 1976 年申请一项美国专利以来，在英国、法国、欧洲等国已获专利 30 余项，内容涉及混凝土、耐火材料、涂料以及其他建筑材料等。

(1) 地聚物水泥的基本特性　地聚物水泥的最终产物类似天然沸石矿物，其结构是三维铝硅酸盐结构，Na^+、K^+ 等阳离子存在于三维结构的空腔中，以平衡Ⅳ配位 Al^{3+} 的负电荷。其经验化学式如下：

$$[(Mn)(SiO_2)_z\text{-}Al_2O_3]_n \cdot wH_2O$$

式中，Mn 是 Na^+、K^+ 等阳离子；n 是聚合度；z 的值 1，2，3；w 是结合水量。

天然沸石类矿物是自然界的造岩矿物，其溶解度非常低，这从根本上解决了水玻璃基涂料的耐水性问题。

地聚物水泥与传统水泥的主要区别在于地聚物不存在硅酸钙的水化反应，其最终产物以离子键以及共价键为主，以范德瓦尔斯键为辅，其性能类似天然沸石矿物，而传统水泥则以范德瓦尔斯键以及氢键为主。因此其主要性能优于传统水泥。地聚物在工艺上采用了诸如陶瓷生产的方法，又被称为低温非煅烧陶瓷或化学键合陶瓷。地聚物是由无机的硅-氧四面体与铝-氧四面体聚合而成，所以地聚物又具有有机高聚物的键接结构。总之，地聚物兼有有机高聚物、陶瓷、水泥的特点，又不同于上述材料，具有许多独特的材料性能。我国对水玻璃激发偏高岭土的研究与利用尚没有引起足够的重视，特别是用作涂料的研究还是空白。

(2) 涂料的耐腐蚀性及分析　将上述制得的地聚物涂料和水玻璃涂料的涂膜试板分别置于去离子水、海水、4.4%硫酸钠溶液和0.001mol/L硫酸溶液中分别浸泡1天、30天和180天。结果表明，地聚物涂料在这四种介质中浸泡至180天，其涂膜仍保持完整；而水玻璃基涂料浸泡1天其涂膜就软化并脱落。说明这两种涂料的耐化学侵蚀性有本质差别。

五、外墙无机建筑涂料的技术性能要求

JG/T 26—2002规定的外墙无机建筑涂料的技术性能指标见表3-1-82。从表中可见，无机外墙建筑涂料的耐人工老化性较合成树脂乳液类外墙涂料要求的时间长，也说明这类外墙涂料具有更好的耐久性。

表3-1-82　外墙无机建筑涂料技术性能指标

技术性能项目	指标要求
容器中状态	搅拌后无结块、呈均匀状态
施工性	刷涂两道无障碍
涂膜外观	涂膜外观正常
对比率(白色和浅色①)	≥0.95
热贮存稳定性(30天)	无结块、凝聚、霉变现象
低温贮存稳定性(3次)	无结块、凝聚现象
表干时间/h	≤2
耐洗刷性/次	≥1000
耐水性(168h)	无起泡、裂纹、剥落,允许轻微掉粉
耐碱性(168h)	无起泡、裂纹、剥落,允许轻微掉粉
耐温变性(10次)	无起泡、裂纹、剥落,允许轻微掉粉
耐沾污性/%	
Ⅰ类	≤20
Ⅱ类	≤15
耐人工老化性(白色和浅色①)	
Ⅰ类 800h	无起泡、裂纹、剥落,粉化≤1级;变色≤2级
Ⅱ类 500h	无起泡、裂纹、剥落,粉化≤1级;变色≤2级

① 浅色是指以白色涂料为主要成分，添加适量色浆后配制成的浅色涂料形成的涂膜所呈现的灰色、粉红色、奶黄色、浅绿色等浅颜色，按GB/T 15608—1995中4.3.2规定的明度值为6～9。

六、无机外墙建筑涂料施工技术

1. 外墙基层的类型及其缺陷处理

(1) 基层类型及其特征　外墙建筑涂料施工中常见的基层材料有混凝土、水泥砂浆、混合砂浆等，其共同特点是吸水率高、碱性大。表3-1-83中列出这些基层的基本特征。

表3-1-83　外墙基层及其特征

基层种类	特征
混凝土(包括轻混凝土、加气混凝土、预制混凝土等)	表面多孔、粗糙、吸水率大,碱性较大,经长时间才能中和,内部渗出的水分也呈碱性;干燥较慢,并受厚度影响;强度高、坚固
水泥砂浆	层厚在10～25mm范围不等;表面状态有粗糙的、有平整光滑的以及不规则的表面;碱性比混凝土更强,内部渗出的水分也呈现碱性;表面干燥快,内部的含水率受主体结构的影响;强度高,坚固
混合砂浆	碱性比水泥砂浆更强,强度不如水泥砂浆高,其他同水泥砂浆

(2) 基层处理　基层处理分基层检查、基层清理和基层修补等工序，见表 3-1-84。

表 3-1-84　基层处理的基本工序

工序名称	主　要　内　容
检查基层	进行基层状况的检查时，应注意：①检查基层的表面有无裂缝、麻面、气孔、脱壳、分离等缺陷；②检查基层表面有无粉化、硬化不良、浮浆以及有无隔离剂、油类物质等；③检查基层的含水率及碱性状况
基层清理	对基层表面进行清理主要是清理去除表面附着物和不符合要求的疏松部分、粉化层、旧涂层、油迹、隔离剂、密封材料沾染物、锈迹、霉斑等缺陷
基层缺陷修补	对基层进行检查、清理后，对所发现的各种缺陷应根据具体的基层情况和缺陷种类，采取相应的措施进行修补。

(3) 基层条件　建筑工业行业标准 JGJ/T 29—2003《建筑涂饰工程施工及验收规程》中对基层质量的要求如下：

① 基层应牢固，不开裂、不掉粉、不起砂、不空鼓、无剥离、无石灰爆裂点和无附着力不良的旧涂层等；

② 基层应表面平整，立面垂直、阴阳角垂直、方正和无缺棱掉角，分割缝深浅一致且横平竖直，允许偏差应符合表 3-1-85 的要求且平而不光；

表 3-1-85　涂饰涂料的基层抹灰质量的允许偏差　　单位：mm

平整内容		普通级	中级	高级
表面平整	≤	5	4	2
阴阳角垂直	≤	—	4	2
阴阳角方正	≤	—	4	2
立面垂直	≤	—	5	3
分割缝深浅一致和横平竖直	≤	—	3	1

③ 基层应清洁，表面无灰尘、无浮浆、无油迹、无锈斑、无霉点、无盐类析出物和无青苔等杂物；

④ 基层应干燥，涂刷溶剂型涂料时，基层含水率不得大于 8%；涂刷乳液型涂料时，基层含水率不得大于 10%；

⑤ 基层的 pH 不得大于 10。

2. 外墙无机建筑涂料的基本施工工序

(1) 混凝土及抹灰外墙面薄质涂料　按 JGJ/T 29—2003《建筑涂饰工程施工及验收规程》的要求，混凝土及抹灰外墙面施工无机薄质涂料的主要施工工序见表 3-1-86。

表 3-1-86　混凝土及抹灰外墙表面施工无机涂料工程的主要工序

次　　序	工　序　名　称	次　　序	工　序　名　称
1	清理基层	4	第一遍面层涂料
2	填补缝隙、局部刮腻子、磨平	5	第二遍面层涂料
3	涂饰底涂料		

(2) 厚质建筑涂料　厚质建筑涂料主要指砂壁状建筑涂料和复层建筑涂料。可参照 JGJ/T 29—2003《建筑涂饰工程施工及验收规程》中合成树脂乳液类砂壁状建筑涂料的主要施工工序。

3. 薄质无机墙面涂料的施工

(1) 施工程序和操作技术要点　无机外墙涂料的施工基本上是采用辊涂-刷涂结合的方

法涂装，近年来由于施工技术逐渐受到重视，喷涂和无气喷涂施工技术也应用于无机外墙涂料的施工。

(2) 施工质量问题及其防免 无机外墙涂料在施工时由于涂料质量、基层处理不当、施工质量等原因均会出现施工质量问题，与其他建筑涂料相同，这些问题在施工前采取适当的措施是完全可以避免的。

(3) 施工质量要求 无机外墙涂料涂饰工程质量的技术要求见表 3-1-87。

表 3-1-87 无机外墙涂料涂饰工程质量的技术要求

项次	项 目	普通级涂饰工程	中级涂饰工程	高级涂饰过程
1	反锈、掉粉、起皮	不允许	不允许	不允许
2	漏刷、透底	不允许	不允许	不允许
3	泛碱、咬色	不允许	不允许	不允许
4	流坠、疙瘩	—	允许少量	不允许
5	颜色、刷纹	颜色一致	颜色一致	颜色一致，无刷痕
6	光泽	—	—	均匀一致
7	开裂	不允许	不允许	不允许
8	针孔、砂眼	—	允许少量	不允许
9	分色线平直(拉 5m 线检查，不足 5m 拉通线检查)	偏差不大于 5mm	偏差不大于 3mm	偏差不大于 1mm
10	五金、玻璃等	洁净	洁净	洁净

注：开裂是指涂料开裂，不包括因结构开裂引起的涂料开裂。

第四节 建筑防水涂料

一、概述

1. 定义与作用

建筑防水涂料简称防水涂料，是指能够形成防止水通过或渗透的涂膜防水材料，是以防水为主要目的的功能性建筑涂料。防水涂料主要用于建筑物某些可能受到水侵蚀的结构部位或结构构件，例如屋面、地下室、厕浴间、水塔、水池、贮水罐等结构的防水、防潮和防渗等。同一般功能性建筑涂料所不同的是，在很多种情况下，防水几乎成为其主要功能和目的，其装饰功能甚至可以忽略不计。例如，大部分屋面用的防水涂料对于装饰功能是没有要求的（有小部分要求其具有装饰性，而配制成彩色涂料）；再例如，地下室外墙面使用的防水涂料，由于结构很快被回填而处于地下土壤中，装饰功能根本就没有意义；用于厕浴间地面防水等许多情况都是如此，这是防水涂料区别于其他功能性建筑涂料的最大的特征。当然，一般建筑涂料也要求具有防水性能，但这种要求与相对于以防水为主要目的的防水涂料来说在应用场合、环境和对涂膜耐水性的要求来说是完全不同的。

建筑防水涂料的主要应用场合是建筑物的屋面、卫生间和地下室等，这些结构部位可能是长期处于水中或受到水的作用的环境之下，其对涂膜的耐水和防水性能的要求必然要十分苛刻。此外，这些结构部位温度变化较大，且其基层一般是水泥类材料，因各种原因造成的裂缝更是十分常见，因而对防水涂膜的耐高、低温性能，对结构变化的适应性也和防水性能一样重要。所以防水涂膜一般要求具有很好的低温柔性、延伸率、拉伸强度和对基层具有一定的附着力。

从防水涂料的组成来说，防水涂料中使用的颜料（包括填料）的量很小，有些根本不含颜料（例如有些聚氨酯防水涂料），以保证涂膜致密而不透水。

防水涂料的用量很大，对建筑物使用功能的影响也很大，同其他功能性建筑涂料相比，与建筑物的功能关系更为密切，因而受到高度重视，这也是防水涂料有别于其他功能性建筑涂料的重要方面。

2. 建筑防水涂料的分类与种类

防水涂料品种较多，是应用较广泛的建筑涂料类别。根据材料组成，防水涂料的主要类别见表 3-1-88。

表 3-1-88 防水涂料的分类与主要类别

主要类别	涂料类型	产品举例
合成树脂类	单组分	① 溶剂型：聚氯乙烯 ② 水性：丙烯酸酯；苯乙烯-丙烯酸酯；丙烯酸-丙烯腈-苯乙烯共聚型涂料等
	双组分	聚硫环氧树脂（溶剂型）；氯丁橡胶沥青
橡胶类	单组分	①溶剂型：氯磺化聚乙烯橡胶、乙丙橡胶；聚氨酯 ②水性：硅橡胶、丁苯（丁二烯-苯乙烯）橡胶、羰基丁苯橡胶、氯丁（氯乙烯-丁二烯）橡胶
	双组分	溶剂型：焦油聚氨酯、沥青聚氨酯、聚硫橡胶
沥青类	单组分	①溶剂型沥青防水涂料 ②水性：膨润土乳化沥青防水涂料
橡胶及改性沥青类	单组分	①溶剂型：氯丁橡胶沥青、再生橡胶沥青类、SBS 改性沥青、丁基橡胶沥青 ②水性：氯丁橡胶沥青、羰基氯丁橡胶沥青、再生橡胶沥青
无机类	涂层覆盖型	确保时（COPROX）、防水宝、M1500、HM1500 和 TM1500
	结晶渗透型	稳挡水（VANDEX，德国）、赛柏斯（XYPEX，加拿大）、KRYSTOL（加拿大）、房挡水（FORMDEX，新加坡）、彭内传（PENETRON，美国），DIPSEC（法国）、CRYSTAL（澳大利亚）、PANDEX（日本）以及国产的各种类型的水泥基渗透结晶型防水涂料等
有机-无机复合类	双组分	聚合物水泥复合型防水涂料；丙烯酸酯乳液-硅溶胶复合防水涂料等

二、聚氨酯防水涂料

1. 特征与种类

(1) 性能特征 聚氨酯防水涂料通常为液态双组分反应固化型或单组分潮气固化型。具有如下特性：

① 防水效果好 聚氨酯防水涂料固化后能够形成无接缝、完整的涂膜防水层，提高了工程的防水抗渗能力，其效果是其他许多防水材料所无法达到的。

② 适用范围广 聚氨酯涂膜的耐水性非常好，聚醚型双组分聚氨酯涂膜在常温（25℃）下浸泡自来水，经过 6 年之久，强度虽然下降 20%～30%，但涂膜还不起泡，涂膜外观也无变化。因而，聚氨酯防水涂料可应用于长期浸水部位，以及在许多结构场合使用。例如，用于屋面、地下室、厕浴间、水池等许多需要防水的结构部位的防水施工，尤其适合于接头复杂、管道纵横部位的防水施工。例如，阴阳角、管道根部和端部收头等。

③ 施工简便 聚氨酯防水涂料采用冷施工法，双组分型施工时仅需要将甲、乙料按比例混合均匀，采取一定的施工方法（例如刷涂）施工在基面上即可。施工无特殊技术要求，易于掌握。单组分型的聚氨酯防水涂料施工更为方便。

④ 物理力学性能好 聚氨酯防水涂膜具有很高的弹性和很大的延伸率，对基层开裂或伸缩等变形的适应性强。

⑤ 容易维修 当聚氨酯防水涂膜在使用过程中出现损坏时，只需要对损坏的部位进行局部修补，就可以达到原来的防水效果，省时、简单、费用低。

⑥ 使用寿命长 聚氨酯防水涂膜富有弹性，耐冻、耐热、耐腐蚀，有保护层的聚氨酯防水涂膜的使用寿命可长达35年以上。

缺点是溶剂型聚氨酯防水涂料中的溶剂和施工过程中使用的稀释剂都会对环境和人体健康产生不良影响。尤其是涂料中所含有的游离TDI（异氰酸酯）毒性很大，当其含量高时会严重影响施工人员的健康，并在施工后的短时间内对周边环境产生不利影响。

(2) 聚氨酯防水涂料的种类

聚氨酯防水涂料的种类和性能特征见表3-1-89。

表3-1-89 聚氨酯防水涂料的种类与性能特征

分类依据	涂料种类	基本组分	性能特征
根据应用场合不同分类	外露型聚氨酯防水涂料	甲组分是以脂肪族甲苯二异氰酸酯(HDI)或二苯基甲烷二异氰酸酯(MDI)与混合聚醚合成的预聚体；乙组分采用混合聚醚，并添加各种颜料、填料和助剂后制成的双组分防水涂料	在使用前混合，并需要在一定的时间内用完；涂膜具有优良的耐热性、抗碱性、光稳定性和耐老化性；涂料可以根据需要制成各种颜色，满足装饰性要求；涂料的制造成本高
	非外露型聚氨酯防水涂料	甲组分是以芳香族甲苯二异氰酸酯(TDI)与混合聚醚合成的预聚体；乙组分采用含有大量芳香族材料(如煤焦油或石油沥青)，并添加各种颜料、填料和助剂后制成的双组分防水涂料	在使用前混合，并需要在一定的时间内用完；涂膜结构中含有芳香族氨酯键，裂解温度低，耐碱性差，与胺反应转化为脲而性脆；遇醇而醇解后耐紫外线照射或耐热性能差；涂料的制造成本比外露型产品显著降低
根据涂料组分不同分类	单组分聚氨酯防水涂料	以含有—NCO端基的预聚物为成膜物质，添加各种颜料、填料和助剂后制成的单罐装防水涂料	涂料为单组分，可直接使用，不要求在严格规定的时间内用完；涂膜性能与相应的双组分型产品的相似或稍差；涂料对于包装要求严格，制造成本更高；涂料可以根据需要制成各种颜色，满足装饰性要求
	双组分聚氨酯防水涂料	涂料的甲组分是以甲苯二异氰酸酯(TDI)或二苯基甲烷二异氰酸酯(MDI)与混合聚醚合成的预聚体；乙组分系采用混合聚醚制成的含—OH基团树脂或其他含—OH、—NH_2活泼基团的材料(如石油沥青)，添加各种颜料、填料和助剂后制成的双组分防水涂料	在使用前混合，并需要在一定的时间内用完；涂料的制造成本相对低；涂膜性能视制造涂料时使用的原材料品种而异，例如使用脂肪族多异氰酸酯制得的产品具有良好的耐碱性、耐紫外光性和耐老化性，可以应用于外露场合；而使用芳香族多异氰酸酯制得的产品，因涂膜结构中含有芳香族氨酯键，耐热、耐碱性差、性脆以及耐紫外线照射或耐热性能差等而不能应用于外露场合
根据分散介质不同分类	溶剂型聚氨酯防水涂料	涵盖范围较广，包括单组分与双组分产品、外露型与非外露型产品等多种，其涂料的构成组分因涂料品种不同而异，但其共同特点是含有少量有机挥发分和游离异氰酸酯。这类涂料是我国聚氨酯防水涂料的主要品种	涂料性能因品种不同而异，但其共同特点是涂料可以使用溶剂型稀释剂进行稀释，涂料能够低温施工以及流平性优良等。由于涂料中含有少量有机挥发分和游离异氰酸酯，因而对人体健康和环境有不良影响
	水性聚氨酯防水涂料	有单组分和双组分两种；单组分涂料由单组分聚氨酯水分散体、颜料、填料和助剂等构成；双组分型涂料是由水可分散多异氰酸酯作为甲组分；乙组分是采用含—OH基团或—NH_2基团的聚合物乳液并添加各种颜料、填料和水性涂料助剂后制成的防水涂料。这类涂料目前尚处于实验室的研制阶段，在实际中使用的极少	水性聚氨酯防水涂料的主要性能优势在于其环保性，例如基本上无有机挥发物污染，无游离异氰酸酯的毒害等；水性产品具有与溶剂型产品相类似的涂膜性能，例如脂肪族异氰酸酯对光稳定，耐老化性好，可户外应用以及具有良好的力学性能和低温柔韧性等。但总体来说，制成水性产品后涂膜性能相对变差；此外，单组分涂料的耐水性、耐溶剂性和硬度较差

国家标准 GB/T 19250—2003《聚氨酯防水涂料》根据我国聚氨酯防水涂料的应用状况，将聚氨酯防水涂料按产品组分分为单组分（S）和多组分（M）两种，每种产品中又按拉伸性能分为Ⅰ、Ⅱ两类产品。除此之外，还有根据材料化学组成的不同将聚氨酯防水涂料分为芳香族聚氨酯防水涂料、脂肪族聚氨酯防水涂料和聚醚型以及羟丁型聚氨酯防水涂料等。

2. 弹性聚氨酯树脂

弹性聚氨酯树脂是构成聚氨酯防水涂料的基本材料。其主要特性是涂膜的断裂伸长率较高，在常温下能够达到300%～600%甚至更高；涂膜的玻璃化温度很低，在常温下处于高弹态。即在较小的外力作用下能够发生很大的形变，而且当外力除去后又能够恢复原来的形状。要使聚氨酯树脂具备高度弹性，则其结构必须是由线型长链大分子组成（分子量范围在几百至几千的各种类型的树脂均不能够显现出弹性），并且具有适度的交联（或称硫化）。线型大分子间存在弱的分子间力，常温下是柔顺的无规线团，能够移动或者转动。在柔性链段之间需要有短的刚性链段，如下式所示。

$$\left[\left(R-\underset{H}{N}-\overset{O}{\overset{\|}{C}}-O-(G)-O-\underset{O}{\underset{\|}{C}}-\overset{H}{N}\right)_m\left(R-\overset{H}{N}-\underset{O}{\underset{\|}{C}}-O\sim\sim\text{长链}\sim\sim O-\underset{O}{\underset{\|}{C}}-\overset{H}{N}\right)\right]_n$$

上式中，短节的二元醇（G）所生成的氨酯链段呈现刚性；在分子间氢键吸力大，能够起到弱交联点的作用，而使长链部分的链段柔顺。刚性部分的数量决定涂膜的硬度和耐高温性；柔顺部分的数量决定涂膜的弹性、低温柔性、耐水性和耐溶剂性等。

柔性链段可以通过改变端羟基化合物的种类和分子量的大小来实现，使得大分子链易卷曲和自由运转，涂膜弹性增大，软化点、硬度和机械强度降低；刚性链段则可以由二异氰酸酯的品种和扩链剂的类型变化而改变。因为刚性链段能够束缚大分子的自由旋转，空间位阻大，其结果会使涂膜的机械强度和硬度增大，软化点升高。通过控制反应条件，使这两种性质互相矛盾的链段形成嵌段结构，而达到相对的平衡，从而得到符合性能要求的弹性聚氨酯树脂。

3. 双组分聚氨酯防水涂料

(1) 组成材料、作用和固化成膜原理

① 组成材料及其作用　双组分聚氨酯防水涂料由预聚体组分（甲组分）和固化填充剂（乙组分）组成。预聚体组分是以甲苯二异氰酸酯（TDI）与聚醚多元醇（简称聚醚）的多种型号混合物逐步加成聚合而成。为获得合理的拉伸强度和延伸率，一般要求预聚体的—NCO质量分数控制在4%～5%。

乙组分的主要成分是能够与—NCO反应的聚醚、带有结晶水的无机化合物；助剂有固化剂摩卡（MOCA），它具有对称的芳环结构及邻位氯原子，前者的刚性以及与其他基团反应生成的脲键的极性吸引力，使聚氨酯具有很高的机械强度，后者的空间位阻和吸电子效应降低了氨基的反应速率，使双组分涂料有足够的施工时间；增塑剂邻苯二甲酸二丁酯、蒽油等可调整产品的拉伸强度及延伸率；催化剂（或扩链剂）能够缩短反应的时间；紫外线吸收剂能够提高涂膜的耐老化性能；消泡剂能够消除涂料的气泡；填料不仅可以降低成本，而且可以改善产品的耐高低温性能、施工性及贮存稳定性；有的产品还加入催化剂以提高冬季成膜性以及使用一定量的溶剂以调整涂料的黏度等。

② 增混剂　增混剂也称增溶剂、助溶剂等，不是通用的商品涂料助剂，是为了解决石油沥青和聚氨酯树脂相容性而使用的一类材料，在沥青聚氨酯防水涂料中是十分重要的助

剂。石油沥青聚氨酯防水涂料生产中的一个重要问题是石油沥青和聚氨酯树脂相容性的问题。

通常，人们把石油沥青和聚氨酯的相容性分为初始相容性和增塑相容性两个阶段。初始相容性是指甲、乙组分经充分搅拌，混合后形成均一体系。增塑相容性是指完全固化后的聚氨酯防水涂料具有均匀的结构。

③ 固化成膜原理　双组分聚氨酯防水涂料施工固化成膜后，预聚体组分中的异氰酸基（—NCO）与固化剂、填充剂组分中的含活泼氢（—OH、—NH_2、—COOH）的多元醇、多元酚、多元胺和水等进行加成反应而固化成膜。化学反应过程如下所示。

$$[\!-\!\underset{\substack{|\\ OH}}{\cdot}\!\sim\!R\!\sim\!\underset{\substack{|\\ OH}}{\cdot}\!-\!]_n + 2\,OCN\!-\!C_6H_3(NCO)\!-\!CH_3 \xrightarrow[\text{催化剂}]{\text{加热}} H_3C\!-\!C_6H_3(NCO)\!-\!NH\!-\!\overset{\substack{O\\ \|}}{C}\!-\!O\!-\!R\!-\!O\!-\!\overset{\substack{O\\ \|}}{C}\!-\!NH\!-\!C_6H_3(NCO)\!-\!CH_3$$

$$R\!-\!NCO + R'\!-\!OH \longrightarrow R\!-\!NH\!-\!\overset{\substack{O\\ \|}}{C}\!-\!OR' \xrightarrow{R''-NCO} R\!-\!\underset{\substack{|\\ O=C-NHR''}}{N}\!-\!\overset{\substack{O\\ \|}}{C}\!-\!OR'$$

$$R\!-\!NCO + R'\!-\!NH_2 \longrightarrow R\!-\!NH\overset{\substack{O\\ \|}}{C}NHR' \xrightarrow{R''-NCO} \underset{\substack{|\\ CONHR''}}{RNCONHR'}$$

$$R\!-\!NCO + R'\!-\!COOH \longrightarrow R\!-\!NHCOR' + CO_2$$

(2) 预聚体的合成

① 配方　目前国内双组分聚氨酯防水涂料的预聚体组分的组成相差不大，基本上都以甲苯二异氰酸酯（TDI）与聚醚多元醇（简称聚醚）的多种型号混合物加成聚合而成。合成这类双组分聚氨酯防水涂料预聚体使用的某些配方见表 3-1-90。

表 3-1-90　合成预聚体使用的配方举例

原材料名称	用量/质量份
聚醚二元醇(商品牌号如 204、210、220 等)	200～380
聚醚三元醇(商品牌号如 303、330 等)	50～180
TDI 甲苯二异氰酸酯(规格 80/20)	50～88
PAPI 多亚甲基多苯基二异氰酸酯	10～20

② 预聚体的合成工艺　按配方称取聚醚多元醇（N220、N330），置于反应釜中加热脱水。当温度升至 80℃左右时，开动真空泵进行抽真空脱水，抽真空的压力保持为 66.66～93.33kPa 且始终搅拌。再加热至 110℃，继续脱水 2h。然后关闭蒸汽阀和真空泵，同时开启冷却水，使反应釜内的物料冷却，降温至 50℃以下。按配方称取 TDI 和 PAPI，在该过程中勿使温度超过 85℃。当 TDI 和 PAPI 加完后，关闭冷却水。继续用蒸汽加热升温。升至 85℃后，保温 2h。反应完毕，可再适当真空脱水，以防止成品内含有水分影响涂料的贮存稳定性。

将制作好的预聚体密闭装存于包装容器中，避免与空气接触。

(3) 石油沥青聚氨酯乙组分的合成工艺　由于含有大量煤焦油的焦油型聚氨酯防水涂料已经禁止使用，因而常常使用石油沥青代替煤焦油，即沥青型聚氨酯防水涂料。石油沥青聚氨酯防水涂料中乙组分的制备程序一般为：将石油沥青、填充料加热至 130～140℃熔化、脱水 1.5～2h；加入增容剂、增塑剂、MOCA，115～120℃下搅拌 20～30min；降温至 80～85℃，并加入复合溶剂，搅拌均匀制得乙组分。

4. 几种新型双组分聚氨酯防水涂料

(1) 使用石油树脂代替石油沥青的聚氨酯防水涂料　使用石油树脂可以代替石油沥青生产双组分聚氨酯防水涂料，其生产工艺与使用沥青相比没有明显改变，而且石油树脂比石油沥青容易混溶，石油树脂的颜色浅，能够制成彩色聚氨酯涂料。同时，所得到的涂料性能也更为优异，并且也为石油树脂开拓了新的应用领域。但是，涂料的生产成本比使用沥青的高。

(2) 使用水为固化剂的聚氨酯防水涂料　由于是通过加水使其固化，该涂料固化迅速，同样形成性能优异的取代脲（传统的胺类固化剂摩卡与异氰酸酯反应生成取代脲），其性能可完全达到 GB/T 15923—2003《聚氨酯防水涂料》标准。因而，水固化聚氨酯的原理可概括为：游离状态的水和以—NCO 基为端基的多异氰酸酯预聚体发生反应，生成脲键而固化，水起了扩链即固化剂作用；生成的 CO_2 气体可通过气体吸收剂吸收，形成致密的聚氨酯弹性体涂膜。

(3) 丁腈羟/聚醚并用型沥青聚氨酯防水涂料　沥青聚氨酯防水涂料虽然具有较好的性能，但沥青的极性小，聚醚型聚氨酯预聚体的极性强，因而两者相容性差，影响了涂料的性能。使用端羟基聚丁二烯丙烯腈制备的预聚体（丁腈羟预聚体）极性弱，和沥青的相容性好，但制造成本较高。而将不同比例的丁腈羟预聚体相混，能够改善甲、乙双组分的相容性，提高涂膜的力学性能。

5. 单组分聚氨酯防水涂料

单组分聚氨酯防水涂料有两种制备方法：一种制备方法与双组分的预聚体相似，只是为了施工后便于固化，降低了—NCO 含量，即是将乙组分中的部分聚醚先加入甲组分中参与反应，这种预聚体需要更高密闭性能的容器，以免吸收潮气，贮存期也较短；另一种方法是将二异氰酸酯与分子量较低的二元醇或三元醇的聚醚反应，—NCO/—OH 低于 2，一般在 1.2～1.8。由于—NCO/—OH 低于 2，在以异氰酸酯封端的同时，使预聚物的分子量提高，聚醚链段中嵌入氨酯键，提高机械强度，并保证迅速干燥。聚醚的羟基大多数是仲羟基，在单组分潮气固化型聚氨酯防水涂料生产过程中，可在反应釜中加热，使仲羟基充分反应，留出端基—NCO 以潮气固化。这类涂料通常的制备工艺流程如下。

聚醚→[减压脱水]→加异氰酸酯及催化剂→[加热反应]→预聚体→加颜料、填料和助剂等→[分散均匀]→[充氮包装]→成品

可以根据不同的原料和配比以及生产涂料性能的要求对生产工艺进行适当的调节，例如：

```
             (TDI)NCO          (TDI)NCO
                |                 |
OCN(TDI)————————(TDI)—(TDI)———————(TDI)NCO
        三元聚醚     二元聚醚     三元聚醚
          N303        N204         N303
```

上述投料比例（摩尔比）为：聚醚 N303/聚醚 N204/TDI＝2/1/6。操作程序为：将聚醚 N303 投入反应釜中，加入 5%苯脱水，冷却至 35℃，加入 TDI，通氮气，搅拌，升温至 60～70℃反应，加入 10%甲苯以调节黏度，然后加入二元聚醚 N204（预先用苯脱水），升温至 80～90℃，保温 2～3h，取样以二丁胺测—NCO 含量决定终点。该例的—NCO/—OH

比为1.5。

6. 改善聚氨酯防水涂料性能的途径

(1) 使用纳米材料和晶须类材料改善聚氨酯防水涂料的性能

① 纳米材料对聚氨酯防水涂料性能的改善　所得到的综合效果是在涂料成本稍有降低的情况下使涂料的各项性能有所提高。

② 晶须类材料对聚氨酯防水涂料性能的改善　使涂膜的各种物理性能得到综合性改善。

(2) 使用蒙脱土改善双组分聚氨酯防水涂料的性能　使用蒙脱土能够改善双组分聚氨酯防水涂料的性能。由此而制得的双组分聚氨酯防水涂料，力学性能明显得到改善，涂膜的断裂延伸率和拉伸强度均有较大提高，而吸水率显著降低。

(3) 使用蒙脱土　改善单组分聚氨酯防水涂料的性能，力学性能有很好的改善作用。

(4) 粉煤灰在双组分聚氨酯防水涂料中的应用　粉煤灰的物理性能和外观形态使之能够良好地应用于双组分聚氨酯防水涂料中，起到改善涂料性能和降低成本的作用。

7. 聚氨酯防水涂料的施工与应用

聚氨酯防水涂料是高性能、多用途的新型防水材料，根据品种、型号的不同可以分别用于各种建筑物的屋面、卫生间的地面、地下室的底板、外墙等场合或其他能够满足要求的特殊场合的防水施工。

以聚氨酯防水涂料在屋面防水工程中应用的施工技术为例。

(1) 基层处理和基层条件　对于潮湿不宜直接施工聚氨酯防水涂料的基层，因工期或其他原因而需要施工的情况，可以先施涂潮湿基层隔离剂。潮湿基层隔离剂可在新浇注1～2天的混凝土基层上或在未干的水泥砂浆基层表面进行施工。施工前，先把基层表面处理干净，擦去明水。其后配制潮湿基层隔离剂。当隔离剂表面出现光泽而不粘手时，即可进行防水涂料的施工。

(2) 防水层施工

① 清扫　将基层表面的砂浆疙瘩、尘土、杂物等彻底清扫干净。

② 涂布底涂料　将已搅拌均匀的底涂料用辊刷涂布在基层表面上。待底涂料涂布后干燥8～24h再进行下一工序的施工。

③ 防水涂膜的施工　防水层涂料按配料比例，用电动搅拌器混合均匀，施工屋面时，将已搅拌均匀的聚氨酯防水涂料用橡胶刮板先均匀涂刮天沟、泛水、穿通管、阴阳角等特殊部位，然后再做大面积施工。

④ 撒布细石　当需要在防水涂膜表面做保护层且如果保护层是水泥砂浆，或者需要用水泥砂浆粘贴贴面材料（如瓷砖）时，应在刮涂最后一道涂料时，在其表面撒布少量干净的、粒径2～3mm的细石粒，以增加防水层和水泥砂浆的黏结力。

⑤ 防水保护层的施工　根据需求采用不同保护层。

8. 聚氨酯防水涂料的技术标准

GB/T 19250—2003将聚氨酯防水涂料产品按其组分分为单组分（S）和多组分（M）两种；按拉伸性能分为Ⅰ、Ⅱ两类。

按照GB/T 19250—2003标准的要求，聚氨酯防水涂料的技术指标见表3-1-91和表3-1-92。

表 3-1-91 GB/T 19250—2003 单组分聚氨酯防水涂料技术指标

序号	项目			Ⅰ类产品	Ⅱ类产品
1	拉伸强度 /MPa		≥	1.9	2.45
2	断裂伸长率/%		≥	550	450
3	撕裂强度/(N/mm)		≥	12	14
4	低温弯折性/℃		≤	−40	
5	不透水性(0.3MPa,30min)			不透水	
6	固体含量/%		≥	80	
7	表干时间/h		≤	12	
8	实干时间/h		≤	24	
9	加热伸缩率/%		≥	1.0	
			≤	−4.0	
10	潮湿基面粘接强度[①]/MPa		≥	0.50	
11	定伸时老化	加热老化		无裂纹及变形	
		人工气候老化[②]		无裂纹及变形	
12	热处理	拉伸强度保持率/%		80～150	
		断裂伸长率 /%	≥	500	400
		低温弯折性/℃	≤	−35	
13	碱处理	拉伸强度保持率/%		60～150	
		断裂伸长率 /%	≥	500	400
		低温弯折性/℃	≤	−35	
14	酸处理	拉伸强度保持率/%		80～150	
		断裂伸长率 /%	≥	500	400
		低温弯折性/℃	≤	−35	
15	人工气候老化[②]	拉伸强度保持率/%		80～150	
		断裂伸长率 /%	≥	500	400
		低温弯折性/℃	≤	−35	

① 仅用于地下工程潮湿基面时要求。

② 仅用于外露使用的产品。

表 3-1-92 多组分聚氨酯防水涂料技术指标

序号	项目		Ⅰ类产品	Ⅱ类产品
1	拉伸强度 /MPa	≥	1.9	2.45
2	断裂伸长率/%	≥	450	450
3	撕裂强度/(N/mm)	≥	12	14
4	低温弯折性/℃	≤	−35	
5	不透水性(0.3MPa,30min)		不透水	
6	固体含量/%	≥	92	
7	表干时间/h	≤	8	
8	实干时间/h	≤	24	
9	加热伸缩率/%	≥	1.0	
		≥	−4.0	
10	潮湿基面粘接强度[①]/MPa	≥	0.50	

续表

序号	项目		Ⅰ类产品	Ⅱ类产品
11	定伸时老化	加热老化	无裂纹及变形	
		人工气候老化②	无裂纹及变形	
12	热处理	拉伸强度保持率/%	80～150	
		断裂伸长率/% ≥	400	
		低温弯折性/℃ ≤	−30	
13	碱处理	拉伸强度保持率/%	60～150	
		断裂伸长率 /% ≥	400	
		低温弯折性/℃ ≤	−30	
14	酸处理	拉伸强度保持率/%	80～150	
		断裂伸长率 /% ≥	400	
		低温弯折性/℃ ≤	−30	
15	人工气候老化①	拉伸强度保持率/%	80～150	
		断裂伸长率 /% ≥	400	
		低温弯折性/℃ ≤	−30	

① 仅用于地下工程潮湿基面时要求。

② 仅用于外露使用的产品。

三、聚合物水泥防水涂料

1. 性能特征及应用

聚合物水泥防水涂料，通常称之为JS防水涂料，是以丙烯酸酯等聚合物乳液和水泥为主要原料，加入其他外加剂制得的单组分或双组分水性建筑防水涂料。这种涂料由于综合了聚合物和水泥的优势，而被认为具有“刚柔相济”的特性，即既有聚合物涂膜的延伸性、防水性，也有水硬性胶凝材料强度高、与潮湿基层粘接能力强的优点。该种涂料以水作为分散剂，解决了因采用焦油、沥青等溶剂型防水涂料所造成的环境污染以及对人体健康的危害。

我国20世纪90年代初开始研制聚合物水泥防水涂料，目前在全国范围内得以应用，其良好的防水效果得到普遍的接受与认可。该类涂料可用于屋面防水、厕浴间和地下室防水、混凝土保护、缝隙遮蔽、装饰瓷砖外墙面渗漏的修补等。

在聚合物水泥类防水涂料中，得到广泛应用的是丙烯酸酯和乙烯-醋酸乙烯（VAE）两类，分单组分和双组分两种，见表3-1-93。

表3-1-93 丙烯酸酯树脂类和VAE类聚合物水泥防水涂料的类型

组分	防水涂料种类	
	单组分粉状涂料	双组分防水涂料
胶结材料	可再分散丙烯酸酯树脂粉末或可再分散乙烯-醋酸乙烯树脂粉末、硅酸盐水泥或普通硅酸盐水泥或其他水泥	弹性丙烯酸酯乳液或乙烯-醋酸乙烯乳液、硅酸盐水泥或普通硅酸盐水泥或其他水泥
填料、颜料	不同粒径、配比的石英砂和着色颜料等	不同粒径、配比的石英砂和着色颜料等
助剂	粉状消泡剂、粉状增塑剂等	消泡剂、增塑剂等
产品制备和特性	将各类材料按一定配方混合均匀得到粉状产品，使用前加入适量水搅拌均匀即可使用	分别将各类粉料和各类液体材料按一定配方混合均匀形成粉料组分和液料组分并分开包装。使用前将两个组分按设定比例搅拌混合均匀即可使用
应用特点	现场加水搅拌后必须在规定时间内用完，产品具有优异的防水性、抗老化性、低温柔性等特点。环保型产品，不含有机溶剂。可再分散丙烯酸酯树脂粉末的成本相对高于乳液的成本	现场搅拌，双组分混合后必须在规定时间内用完，产品具有优异的防水性、抗老化性、低温柔性等特点。环保型产品，不含有机溶剂。产品成本相对较低，但双组分产品在包装、运输和贮存等方面不如单组分方便

2. 水泥改性机理

(1) 水泥的聚合物改性　通过使用聚合物改性，能够降低和补偿水泥材料的干缩和结构收缩，减少或消除微细裂缝，适当增加水泥材料的柔韧性，并提高致密性。聚合物水泥防水涂料就是利用这一原理，使用聚合物对水泥进行改性的，它把聚合物的柔性、弹性及对基层的黏结力与水泥的低成本、耐水性、防水性及耐老化性结合起来，使得防水涂料具有优异的性能，且成本适中。

(2) 聚合物改性水泥材料中聚合物与水泥的结合　聚合物改性水泥材料中聚合物与水泥的结合有两种方式：一种是物理结合，即聚合物成膜后覆盖于水泥凝胶体表面（聚合物多于水泥组分的情况）或水泥水化物填充于聚合物网络之间（聚合物少于水泥组分的情况），有机物和无机物仅为惰性地、机械式地相互填充；另一种是反应性的聚合物与水泥之间的化学结合，这两种结合同时存在。聚合物与水泥之间的化学结合通过化学反应而产生。化学反应有两种反应形式：一种是聚合物之间（或聚合物与固化剂之间）的交联固化反应，形成大分子；另一种是聚合物活性基团与水泥水化产物之间发生化学反应，形成以化学键结合的界面结构，通过界面增强导致材料性能的提高。通过适当的改性工艺，可以大大加强聚合物与水泥水化产物的化学结合。

含有—COOH 等官能团的聚合物，能够与水泥水化产物中的 Ca^{2+} 发生作用，从而显著地提高材料的强度和耐水性，所以在国外这类材料被称为反应型聚合物水泥基材料(RPMC)。RPMC 是用活性聚合物、水泥、引发体系和集料制成的。与通常使用的聚合物改性水泥材料的差别在于，复合材料在结构的形成过程中聚合物和水泥都起到了活性（反应）作用，由于聚合物与水泥界面具有化学结合，使界面的承载能力提高，从而提高了截面韧性和断裂能，产生出良好的物理力学性能。

(3) 聚合物改性水泥涂料的成膜　聚合物改性水泥涂料在混合后变成由水泥、聚合物乳液和填料等组成的复合体系。在该体系的成膜过程中，对于普通的聚合物乳液来说，水泥因聚合物中的水分而发生水化反应，形成一定量的水泥凝胶体；乳液中的聚合物颗粒向料浆中分散，吸附在水泥和水泥的水化产物以及填料、颜料的表面。随着水分的消耗和散失，聚合物颗粒之间逐渐的靠拢，最终相互的凝聚在一起，并粘接水化和未水化的水泥颗粒、填料、颜料以及基层等而形成涂膜。由于涂膜中聚合物形成的网络是连续网络，而水泥的硅酸盐网络结构已经不连续，因此涂膜呈现聚合物膜的性能而具有较高的拉伸强度和柔韧性。

3. 聚合物水泥防水涂料生产技术

聚合物水泥防水涂料一般采用液体组分和粉料组分分开包装的双组分型，因为在相同技术性能的情况下，双组分涂料的成本要比单组分的粉状涂料的低得多。

(1) 乙烯-醋酸乙烯（VAE）乳液水泥防水涂料

① 配方　乙烯-醋酸乙烯（VAE）乳液水泥防水涂料参考配方见表 3-1-94。

表 3-1-94　乙烯-醋酸乙烯（VAE）乳液水泥防水涂料配方举例

原材料名称	用量/质量份	原材料名称	用量/质量份
粉料组分		粉料组分	
普通硅酸盐水泥(标号≥52.5 号)	100	细砂(160 目)	200
粉状消泡剂	适量	液料组分	
粉状湿润、分散剂	适量	乙烯-醋酸乙烯共聚乳液(固体含量≥48%)	100
粉状分散剂	适量		

② 配制说明　将粉料各个组分投入混料机中混合均匀，作为粉料组分包装；液料组分分开包装，使用时混合均匀。

③ 粉料和液料的配合比　粉料：液料＝(1.5～3.0)：1。

(2) 丙烯酸酯乳液水泥防水涂料配方举例

① 配方　丙烯酸酯乳液水泥防水涂料的参考配方见表3-1-95。

表3-1-95　丙烯酸酯乳液水泥防水涂料配方举例

原材料名称	用量/质量份	原材料名称	用量/质量份
粉料组分		液料组分	
普通硅酸盐水泥(标号≥52.5号)	182	丙烯酸酯乳液(Acronal S-400)	191
粉状消泡剂	14	消泡剂	2
粉状湿润、分散剂	2～4	防霉剂	适量
石英砂(不同粒径进行合理级配)	531	水	273
配方参数和主要技术性能：聚灰比0.6；拉伸强度(23℃)1.6MPa；断裂伸长率①(23℃)62%；48h吸水率约9%			

① 通过适当增大聚灰比（聚合物的固体量与水泥的质量比），可以适当提高涂膜的断裂伸长率，使之符合JC/T 894—2001《聚合物水泥防水涂料》规定的要求。

② 配制说明　将粉料各个组分投入混料机中混合均匀，作为粉料组分包装；液料组分分开包装，使用时混合均匀。

(3) 单组分聚合物水泥防水涂料

① 配方　表3-1-96中给出以可再分散丙烯酸酯树脂粉末或可再分散乙烯-醋酸乙烯树脂粉末为有机组分的防水涂料配方，以供参考。该类涂料目前应用不多。

表3-1-96　单组分聚合物水泥防水涂料配方

原材料名称	功能作用	用量/质量份
普通硅酸盐水泥(标号≥42.5级)	赋予涂膜粘接力、防水性和耐久性	48.0
粉状消泡剂	消泡	0.1
粉状湿润、分散剂	湿润、分散	0.2～0.4
石英粉(120～200目)	填充	23.3
可再分散聚合物树脂粉末	赋予涂膜低温柔性、弹性和防水性	28.5
甲基纤维素	赋予涂料施工性能	0.1

② 配制说明　将涂料各个组分材料投入圆锥形螺旋混料机中混合均匀。为了保证各组分能够充分混合均匀，可将用量小的消泡剂、分散剂和甲基纤维素先和少量的石英粉混合均匀，然后再和涂料其他组分混合，作为粉料组分包装。

4. 聚合物水泥防水涂料的技术性能

JC/T 894—2001《聚合物水泥防水涂料》的技术要求，见表3-1-97。在该标准中，把产品分为Ⅰ型和Ⅱ型两种。Ⅰ型是以聚合物为主的防水涂料；Ⅱ型是以水泥为主的防水涂料。

5. 聚合物水泥防水涂料的应用和施工技术

(1) 聚合物水泥防水涂料的施工工艺　聚合物水泥防水涂料施工操作简便，施工人员容

表 3-1-97 聚合物水泥防水涂料的技术要求

技术指标项目		指标要求	
		Ⅰ型	Ⅱ型
固体含量/%	≥	65	65
干燥时间/h			
表干	≤	4	4
实干	≤	8	8
拉伸强度			
无处理/MPa	≥	1.2	1.8
加热处理后保持率/%	≥	80	80
碱处理后保持率/%	≥	70	80
紫外线处理后保持率/%	≥	80	80①
断裂伸长率			
无处理/%	≥	200	80
加热处理/%	≥	50	65
碱处理/%	≥	140	65
紫外线处理/%	≥	150	65
低温柔性(ϕ10mm 棒)		-10℃无裂纹	—
不透水性(0.3MPa,30min)		不透水	不透水①
潮湿基面粘接强度/MPa	≥	0.5	1.0
抗渗性②(背水面)/MPa	≥	—	0.6

① 如产品用于地下工程，该项目可以不测试。

② 如产品用于地下防水工程，该项目必须测试。

易掌握。可直接在潮湿或干燥的砖石、砂浆、混凝土和各种防水层（例如沥青、橡胶、SBS 防水卷材、APP 防水卷材和聚氨酯防水涂膜）等基层表面施工。

① 工法选择

对于不同的防水工程，选用聚合物水泥防水涂料施工时，可以选择 F4、F5、S5 三种工法中的一种或两种进行。

a. F4（四涂）工法　施工顺序：打底层→下层→中层→面层。

该法适用于等级较低以及旧的建筑物维修的防水施工。

b. F5（五涂）工法　施工顺序：打底层→下层→中层→中上层→面层。

该法适用于等级较高以及重要建筑物的防水施工。

c. S5（四涂一布）工法　施工顺序：打底层→下层→布层→中层→面层。

该法适用于建筑物的异型部位（如管根、墙根、落水口和阴阳角等）的防水和等级较高的防水施工。

② 配料　聚合物水泥防水涂料的基色为白色或灰白色，可以根据需要加入不同的颜料制成不同颜色的涂膜。颜料应选用耐碱、耐候性好的无机颜料，例如氧化铁黄、氧化铁红、氧化铬绿和稳定型酞菁蓝等。

配料时若需要加水，应把水加在液料中，搅拌均匀后再在搅拌的状况下将粉料加入液料中，然后充分搅拌均匀，至涂料中不含有没有搅拌不开的料团、颗粒等。最好采用手提式搅拌器搅拌。为了保证粉料均匀地混入液料中，在搅拌后最好使涂料过 60 目的筛网。

(2) 涂料施工　对于大面积的平面基层的施工，可以使用长毛辊筒进行辊涂施工；对于小面积的局部施工，可以采用刮板刮涂施工或用刷子刷涂施工。施工时应按选定的工法，按顺序逐层完成。各层之间的时间间隔以前一道涂膜干燥为准。

这类防水涂料施工方便，对旧屋面的维修更具有优势。特别是丙烯酸酯类乳液和水泥的优良的耐久性，使得防水涂膜具有可靠的防水效果和优良的耐老化性能。

四、聚合物乳液防水涂料

1. 基本组成和性能特征

(1) 基本组成　聚合物乳液防水涂料一般是指以丙烯酸酯乳液或者以乙烯-醋酸乙烯(VAE)乳液为基料，并以水为分散介质配制成的厚质防水涂料。这类涂料可应用于各种屋面、墙面和室内等非长期浸水环境下的建筑防水工程的防水和装饰的施工，其技术、生产、应用和性能等特征与本章前面介绍的合成树脂乳液类弹性外墙涂料相似，但对于屋面工程用涂料的耐沾污性能和装饰性能的要求都很低。

(2) 性能特征　水性丙烯酸酯防水涂料的最大特征在于其环境安全性，该涂料无毒、无环境不利影响、施工安全、操作方便、对施工人员的健康无不良影响，对基层含湿量要求不严。这类防水涂料属于新型的装饰性防水涂料，具有如下特性。

① 耐老化性优良，在紫外线、光、热和氧的作用下性能稳定，可直接用于屋面等暴露于自然环境的结构场合，材料使用寿命可在10年以上。

② 粘接力强、渗透性好。刷涂底涂料时可以渗透到水泥基材料的孔隙中，堵塞了渗水通道，防水效果可靠。

③ 延伸率好，断裂伸长率大于300%，一般在300%～500%，因此其抗裂性优良，对基层的裂缝有很高的遮蔽作用，即使基层因外界因素产生微小裂缝，也不会产生渗漏作用。

④ 耐高低温性好，产品在高温(80℃)不流淌，低温(－20℃)不脆裂，最低可达－30℃不脆裂。

⑤ 产品具有鲜艳的色彩，可根据设计要求和用户的需要调配至所需要的色彩，白色屋面在夏季具有反射太阳光、降低顶层房间温度的功能；彩色屋面具有装饰和美化环境的功能。因而，这类涂料属于新型的装饰性防水涂料。

该类产品由于以合成树脂乳液为基料，其不足之处为耐水性不良，不宜用于长期受水侵蚀的场合，例如地下防水和厨、卫间地面防水等。

2. 聚合物乳液防水涂料生产技术

进行聚合物乳液防水涂料的配方设计时，考虑到涂料的PVC对涂膜的延伸率和拉伸强度影响显著，因而应按照涂料的PVC小于其CPVC的原则设计配方。表3-1-98给出聚合物乳液防水涂料的参考配方。

表3-1-98　生产聚合物乳液防水涂料的参考配方

原材料	用量/质量份	原材料	用量/质量份
		重质碳酸钙	
水	40	250目	200
防霉剂	1.5	325目	100
膨润土浆(30%)	100	滑石粉(325目)	80
乙二醇	10	着色颜料	适量
酯醇(或丙二醇丁醚)	10	弹性丙烯酸酯乳液	380
阴离子型分散剂	4.0～5.0	普通丙烯酸酯乳液	70
氨水(或AMP-95)	0.1～0.3	碱活化型增稠剂	8.0～12.0
		消泡剂	适量

3. 聚合物乳液防水涂料技术性能要求

聚合物乳液防水涂料的技术性能指标应符合建材行业 JC/T 864—2000《聚合物乳液建筑防水涂料》规定的技术要求，见表 3-1-99。在 JC/T 864—2000 标准中，按物理力学性能把产品分为Ⅰ型和Ⅱ型两种。

表 3-1-99　聚合物乳液建筑防水涂料的技术要求

技术指标项目		指标要求	
		Ⅰ型	Ⅱ型
外观		产品经搅拌后无结块，呈均匀状态	
干燥时间/h			
表干	≤	4	4
实干	≤	8	8
拉伸强度/MPa	≥	1.0	1.5
断裂延伸率/%	≥	300	300
低温柔性(绕 ϕ10mm 棒)		−10℃无裂纹	−20℃无裂纹
不透水性(0.3MPa,30min)		不透水	不透水
老化处理后的拉伸强度保持率/%			
加热处理	≥	80	
紫外线处理	≥	80	
碱处理	≥	60	
酸处理	≥	40	
加热伸缩率/%			
伸长	≤	1.0	
缩短	≤	1.0	
老化处理后的断裂延伸率/%			
加热处理	≥	200	
紫外线处理	≥	200	
碱处理	≥	200	
酸处理	≥	200	

聚合物乳液防水涂料主要应用于非长期浸水结构部位的防水工程，建筑物的这类结构部位主要有屋面和内、外墙面。在屋面防水工程中应用的施工技术与上述聚合物水泥防水涂料相似，这里不赘述。

五、渗透结晶型防水涂料

水泥基渗透结晶型防水涂料是一种粉状材料，经过加水拌和可调制成膏状，通过刷涂或喷涂在水泥混凝土表面，亦可将其干粉撒覆并压入未完全凝固的水泥混凝土表面（有的产品也可以在配制混凝土时掺加在混凝土中）达到防水目的。我国于 20 世纪 80 年代开始引进渗透结晶型防水涂料，初期应用于上海地铁工程。90 年代中期开始从国外引进应用于涂料中的活性化学物质（渗透结晶母料），并在国内生产。该类产品已经大量应用于地下工程、地铁工程、饮用水厂、污水处理设施、桥面、隧道、水利工程和核电站等工程领域，由于具有独特的防水功能，受到工程界的重视。目前已经有较多种类不同的产品，各种产品的性能差异较大。

1. 渗透结晶型防水涂料的机理及主要特性

(1) 防水机理　当混凝土结构在使用的过程中因各种原因而在内部产生微细裂缝而发生渗漏时，渗透结晶型防水涂料中的活性物质在遇到水后能够在基层的裂缝缺陷处产生二次结晶，堵塞裂缝而起到防水作用。即渗透结晶型防水涂料具有自动修复微裂缝等缺陷的功能。

(2) 主要特性 自动修复性、整体防水性、同步（"永久"）防水性、能够耐化学腐蚀，对钢筋起到防锈作用，无毒、无公害（国外的有些产品已经在饮用水工程中得到安全应用）等。

2. 配方与生产技术

当以采购渗透结晶型防水涂料的母料生产防水涂料时，该类涂料的生产技术较为简单，和一般粉状建筑涂料的生产过程极为相似，是一般的粉状物料的物理混合过程。以某母料生产商提供生产涂料的参考配方为例，这类涂料的参考配方见表 3-1-100。

表 3-1-100 使用渗透结晶母料生产防水涂料的参考配方

原材料名称	技术要求	功能与作用	用量(质量分数)/%
水泥	强度等级为 52.5 级或更高强度等级的硅酸盐水泥①	作为涂料的成膜物质和结晶活性母料的载体	87
渗透结晶母料	符合企业标准 Q/SKRX04—2005 的技术要求②	提供向混凝土中渗透结晶的活性物质	4
粉状硅酸钠	模数>2.0	助凝作用	3
石英砂	80 目的过筛石英砂,不能使用磨细砂	填料	5
糖	优等品粉状蔗糖或葡萄糖	防止涂膜脱粉,改善施工性能	1

① 不应使用普通硅酸盐水泥。

② 该企业标准的技术要求为：细度（0.135mm 筛筛余）≤3.0%；pH=12.0±1.0；不溶物含量≤0.5%；总碱量（Na_2O=0.658 K_2O）=35.0±2.0；氯离子含量≤1.0%。

3. 渗透结晶型防水涂料的质量要求

GB 18445—2001《水泥基渗透结晶型防水材料》分别规定了渗透结晶型防水涂料和渗透结晶型防水剂的质量要求。其中，渗透结晶型防水涂料的物理力学性能指标见表 3-1-101（该标准正在修订中）。

表 3-1-101 渗透结晶型防水涂料的物理力学性能质量要求

试验项目		性能指标	
		Ⅰ型	Ⅱ型
安定性		合格	
凝结时间 初凝/min 终凝/h	 ≥ ≤	 20 24	
抗折强度/MPa 7 天 28 天	≥	 2.80 3.50	
抗压强度/MPa 7 天 28 天	≥	 12.0 18.0	
湿基面粘接强度/MPa	≥	1.0	
抗渗压力(28 天)/MPa	≥	0.8	1.2
第二次抗渗压力(56 天)/MPa	≥	0.6	0.8
渗透压力比(28 天)	≥	200	300

第五节　其他功能型建筑涂料

一、概述

根据国家标准GB/T 2705—2003《涂料产品分类和命名》对涂料的分类，建筑涂料分为墙面涂料、防水涂料、地坪涂料和功能性建筑涂料四类，见表3-1-102。前三类涂料，即墙面涂料、防水涂料和地坪涂料已经分别在之前的内容介绍过，本节介绍功能性建筑涂料中的部分涂料种类。

表3-1-102　建筑涂料的分类与种类

主要产品类型		主要成膜物质类型
墙面涂料	合成树脂乳液内墙涂料 合成树脂乳液外墙涂料 溶剂型外墙涂料 其他墙面涂料	丙烯酸酯类及其改性共聚乳液；醋酸乙烯及其改性共聚乳液；聚氨酯、氟碳等树脂；无机黏合剂等
防水涂料	溶剂型树脂防水涂料 聚合物乳液防水涂料 其他防水涂料	EVA、丙烯酸酯类乳液；聚氨酯、沥青、PVC胶泥或油膏、聚丁二烯等树脂
地坪涂料	水泥基等非木质地面用涂料	聚氨酯、环氧树脂等树脂
功能性建筑涂料	防火涂料 防霉涂料 保温隔热涂料 其他功能性建筑涂料	聚氨酯、环氧树脂、丙烯酸酯类、乙烯类、氟碳等树脂

注：主要成膜物质类型中树脂类型包括水性、溶剂型、无溶剂型等。

二、抗菌、防霉涂料

1. 防霉涂料的主要应用场所

微生物在自然界中可谓无处不在，居室内不通风的墙角和厨、卫间的瓷砖缝内所能够见到的霉斑、霉迹即是微生物繁殖生长的表现。霉菌的繁殖生长（长霉）并不仅仅是影响美观，还会对环境造成污染，使材料的质量发生劣变，并影响人们的身体健康，有的还会引发疾病。建筑防霉涂料是应用广泛的建筑功能性涂料品种之一。通常，建筑防霉涂料主要应用于以下三种场所。

① 住宅建筑物墙壁用防霉涂料。

② 特殊生产车间（如制药、啤酒、豆制品、乳制品、酿造、皮革、化妆品等）的防霉涂料。

③ 地下工程用防霉涂料。

2. 新型防霉技术的应用

过去使用具有防霉杀菌性能的助剂（即防霉剂）是防霉涂料最主要的防霉杀菌方式，但传统防霉剂的应用有很大局限性。传统的防霉杀菌剂大多数属于有机产品，在起到防霉杀菌的同时也为环境带来不良影响，人及动物接触到后或吸入体内也会受到影响甚至毒害。

采用有机防霉、杀菌剂所带来的不利因素已经引起重视，进而提倡使用无机防霉杀菌技术。

这类防霉杀菌材料绝大多数是由纳米材料制成的，因而也称纳米型防霉杀菌（抗菌）材料。

纳米型防霉杀菌（抗菌）材料主要是银系抗菌剂和具有光催化作用的物质。银系抗菌剂具有很好的抗菌效果和耐久性。金属离子如银、铜、锌等的无机盐对微生物具有抗菌作用。金属离子在使用过程中缓慢溶出，对微生物的细胞膜产生损伤，同时通过电化学反应破坏微生物体内的电子传导系统来杀死细菌。利用无机载体承载具有抗菌作用的金属离子，可以提高其抵抗光、热及共存物质影响的能力，使其在使用过程中缓慢溶出，具有缓释性。因此无机纳米抗菌剂是具有抗菌性的金属离子或其无机化合物与无机载体的复合体（物），它有别于传统的有机抗菌剂和抗菌性金属及其化合物。

具有光催化作用的物质主要是指纳米 TiO_2 和纳米 ZnO，利用光催化作用产生的强氧化性使微生物或微生物细胞组织失去活性。由于在作用过程中，纳米粒子本身没有参与反应，没有任何损失，因此具有长效的抗菌作用。在抗菌持效性、化学稳定性、耐热性、使用安全性、防抗药性以及抗菌、杀菌的广谱性等众多方面有了极大的改善。

采用无机纳米材料作为杀菌剂，制得的防霉杀菌涂料属于绿色环保型纳米复合杀菌乳胶漆，它无毒无味、安全环保，具有较好的杀菌效果。防霉涂料的发展正是顺应着这种市场导向，即安全性高、防霉功能强而持久、对环境友好等方面发展。

3. 无机纳米防霉抗菌剂的种类和特征

(1) 种类 无机纳米防霉抗菌剂主要有金属离子型和氧化物光催化型两大类。

① 金属离子型无机纳米抗菌剂 金属离子型无机纳米抗菌剂是将具有抗菌功能的金属离子加载在各种无机天然或者人工合成的矿物载体上。使用时，载体缓释抗菌离子或活性氧化组分，使制品具有抗菌和杀菌的效果。在金属离子型无机抗菌剂中使用效果较好的金属离子有 Ag^+、Cu^{2+}、Zn^{2+} 等。可以使用的矿物载体很多，总的要求载体具有多孔、比表面积大、吸附性能好、无毒、化学性质稳定、不破坏抗菌成分和具有持久的缓释性能等。常用的载体有硅酸盐型、磷酸盐型和层状黏土矿物等。

② 氧化物光催化型抗菌剂 氧化物光催化型抗菌剂是利用 N 型半导体材料，如 TiO_2、ZnO、Fe_2O_3、WO_3、CdS 等金属氧化物在光催化作用下，将吸附在表面上的 OH^- 和 H_2O 分子氧化成具有强氧化能力的 OH·自由基，OH·自由基具有抑制和杀灭环境中的微生物的功能。

(2) 无机纳米防霉抗菌剂的特征 无机纳米防霉抗菌剂在安全性、广谱性、抗药性和耐热加工性等方面具有优于有机防霉、杀菌剂的明显优势。采用无机纳米抗菌剂制备杀菌涂料具有抗菌防霉、无毒、安全、防霉时效性长等特点。

4. 使用纳米抗菌剂制备防霉抗菌涂料技术

(1) 涂料配方设计基本思路 聚丙烯酸酯乳液，包括纯丙、苯丙共聚乳液，具有优良的成膜性、粘接强度、耐化学性和抗老化性，是防霉涂料的优选基料，能够制得低 VOC 或环境友好型产品。这类乳液作防霉涂料的基料时，应选择聚合物玻璃化温度偏高的型号，这样可以使所获得的涂膜具有适当的硬度，不易黏附环境中飞扬的营养物质和微生物孢子，即使被沾污也容易清洗。因此无机纳米防霉抗菌涂料应选择聚丙烯酸酯乳液、硅溶胶等为基料。

从有关文献资料中可以看出，由于无机纳米抗菌剂的广谱高效性和使用上的方便性，即使在普通涂料中将这类抗菌剂充分分散于涂料中，也能够得到良好的抗菌效果。但总体来说，应注意到这类涂料属于高性能功能型涂料，在配方设计时应将其 PVC 设置小于其 CPVC，以保证涂料在发挥防霉杀菌功能的前提下具有良好的物理力学性能和耐久性能。

(2) 低 VOC 纳米改性抗菌内墙乳胶漆 使用低温成膜性好的核-壳结构乳液和功能性复合纳米材料，制备 VOC 含量低，防腐、防霉、抗菌效果好，且能分解周围环境中有害有机化合物的内墙乳胶漆，用于室内墙面装饰，具有环保性。

① 聚丙烯酸酯乳液品种的选择 从环保性能和对涂料性能的影响等因素考虑，应选择玻璃化温度低、固体含量高、乳胶颗粒的粒径细及粒径分布范围窄的乳液。这里所述的纳米抗菌乳胶漆选用低温成膜性好的核-壳结构乳液，以降低涂料中成膜助剂的用量。

② 基本配方 基本配方为：水 18～24 份；润湿分散剂 0.4～1.0 份；复合纳米材料 0.1～0.3份；纳米硅基氧化物 1.0～3.0 份；二氧化钛 10 ～20 份；填料 25～35 份；消泡剂 0.1～0.2 份；丙烯酸醋乳液 25～35 份；增稠剂 0.3～0.4 份；流平剂 0.2～0.3 份。

(3) 纳米改性内墙涂料与普通内墙乳胶漆的性能比较 与普通内墙乳胶漆相比，纳米改性内墙乳胶漆具有更好的开罐效果，优异的耐沾污性、耐洗刷性和抗菌性，能有效催化分解周围空气中的有害有机化合物。由于制备纳米改性乳胶漆时基料选用核-壳异相构型丙烯酸酯液，具有较低的成膜温度（0～5℃）和较高的玻璃化温度（5～14℃），此涂料具有良好的成膜性能，降低成膜助剂用量，使涂料 VOC 含量降低。

5. 防霉涂料的涂装

防霉涂料涂装和一般涂料涂装有所不同，主要表现在对基层的要求和处理上。防霉涂料涂装对基层有一定要求，基层最好是密实、平整、干燥、无疏松、起壳、脱落等现象的水泥砂浆墙面，混合砂浆墙面次之。在涂料涂装前，要先除去墙面上的污物、浮灰，并用热水、碱水或清水擦冲，如旧墙面上曾刷过涂料等，还需彻底清除表面涂层，露出基底，然后再作净化处理。

防霉涂料涂装的关键步骤是对墙面进行杀菌净化处理。在经过清洁处理的墙面上，用防霉洗液溶液，涂刷 2～3 道即可达到一定的杀菌效果。用于批刮的腻子最好采用有防霉性能的建筑胶或防霉型合成树脂乳液加水泥调和腻子，避免基层发生霉变。等腻子干燥后，用砂纸打磨平整。最后一道工序就是涂装防霉涂料，和一般涂料涂装要求一样。

6. 防霉抗菌涂料的性能要求

按照 HG/T 3950—2007《抗菌涂料》的规定，抗菌涂料的性能要求分常规涂料性能、有害物质限量和抗菌性能三个方面。常规涂料性能应符合相关涂料产品标准规定的技术要求；抗菌涂料的有害物质限量，对于合成树脂乳液水性内用抗菌涂料，应符合 GB 18582 中技术要求的规定；抗菌涂料的抗菌性能应符合表 3-1-103 和表 3-1-104 的规定。

表 3-1-103 抗细菌性能

项目名称	抗细菌率/%	
	Ⅰ	Ⅱ
抗细菌性能 ≥	99	90
抗细菌耐久性能 ≥	95	85

表 3-1-104 抗霉菌性能

项目名称	长霉等级/级	
	Ⅰ	Ⅱ
抗霉菌性能	0	1
抗霉菌耐久性能	0	1

抗菌涂料按抗菌效果的程度，分为Ⅰ级和Ⅱ级两个等级。Ⅰ级适用于抗菌性能要求高的场所，Ⅱ级适用于有抗菌性能要求的场所。

三、可改善空气质量的内墙涂料

能够改善空气质量的内墙涂料主要有两类：一类是具有杀菌、防霉功能（纳米光催化）

的涂料；另一类是能够向空气中释放负离子（加入负离子添加剂）而改善室内空气质量的涂料。这两类涂料的性能特征的比较见表 3-1-105。

表 3-1-105 纳米光催化涂料和可释放负离子涂料的特征比较

性能特征	纳米光催化涂料	可释放负离子涂料
产生功能的作用条件	需要外部紫外光源的照射	不需要任何外界能源的激发
净化空气的作用原理	电子-孔穴对，产生 OH·自由基和 O_2 活性氧以及氧化-还原作用等	静电场电离空气产生羟基负离子（$H_3O_2^-$ 或 $H_2O\cdot OH^-$）进而具有物理吸附、电性中和化学反应等综合作用
材料特性	具有纳米材料的优点，同时具有化学性质稳定、无毒和难溶等特点	永久释放负离子，产生波长范围较大的远红外线，抗菌杀菌、消臭去味
功能作用	抗菌、消臭，抗紫外线、消除 NO_x 和 VOC 等	去除室内空气中的甲醛、氨和苯等有害气体，抗菌、杀菌
使用效果	具有明显的抗菌作用，对 NO_x 有明显的净化效果，对其他有害气体也有一定的净化作用	96h 内对甲醛、氨、苯等的净化可达 90%，有明显的抑菌杀菌作用
产品优点	低能耗、操作简便，无毒，反应条件温和，无二次污染，应用范围广	安全、高效、持久、广谱、便捷等

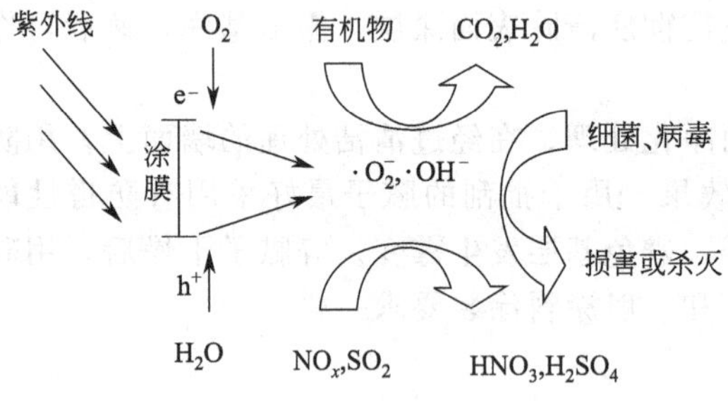

图 3-1-21 纳米 TiO_2 涂料的光催化净化大气和抗菌杀菌机理示意

纳米 TiO_2 涂料的光催化净化大气和抗菌杀菌机理如图 3-1-21 所示。

配制光催化杀菌型净化空气涂料的方法很重要。其中包括纳米 TiO_2 的添加方法和与涂料中其他组分的比例，总的原则是既要保证涂料有一定的涂装黏度和涂膜物理力学性能，又不能因为其他物料比例太大，将纳米 TiO_2 包覆住，而导致光催化作用显著降低。

可释放负离子涂料是通过加入负离子添加剂形成羟基负离子而达到释放负离子作用的，羟基负离子形成过程如图 3-1-22 所示，化学反应如下所示。

$$H_2O+e^- \longrightarrow H^+ + OH^-$$

$$H^+ + e^- \longrightarrow H$$

$$H_2O+OH^- \longrightarrow H_3O_2^- \text{（或 } H_2O\cdot OH^-\text{）}$$

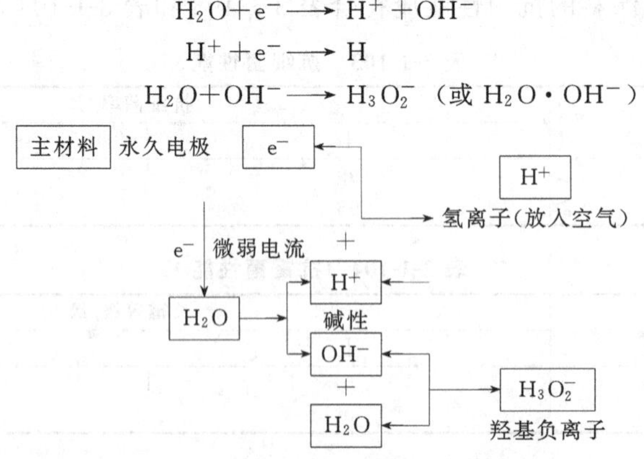

图 3-1-22 羟基负离子的形成过程示意

四、保温隔热涂料

1. 我国建筑保温隔热涂料发展简历

我国的保温隔热涂料是在 20 世纪 80 年代末开始研制并投入应用的，并以高温场合使用的保温隔热涂料为起点。

到 90 年代初，人们在硅酸盐复合保温隔热涂料的基础上开发了用于内墙墙面用的保温隔热涂料，并根据内墙墙面的环境情况，改变了基料以无机类材料为主的情况，而是采用聚乙烯醇缩醛胶、合成树脂乳液等有机基料为主要胶黏材料，将无机粗质轻填料（或者称保温隔热骨料）改变为有机材料，例如聚苯乙烯泡沫颗粒，并适量地应用了废弃材料，使涂料成本降低，绝热性能提高。

随着建筑节能工作的要求不断提高，近年来，由于墙体内保温存在很多弊病，外墙外保温受到重视并得以推广。建筑保温隔热涂料也开始从内墙向外墙转变。特别是隔热性能显著的反射型隔热涂料备受瞩目，且有产品问世。由于该类涂料对太阳热反射作用的特殊性能，并能够解决外墙外保温系统的开裂、渗透等问题，其应用将会受到重视并得到更多的应用。

2. 日光热反射型涂料的应用原理

日光热反射涂料的基本原理是通过涂膜的反射作用将日光中的红外辐射反射到外部空间，从而避免物体自身因吸收辐射导致的温度升高。反射型隔热涂料中通过选择透明性好的树脂和反射率高的填料，可以制得高反射率的涂膜，以达到反射热的目的。此外，反射型隔热涂料本身也具有很低的热导率，涂膜对热的传导性阻力很大，因而，即使涂膜吸收少量的太阳能，也不会通过涂膜传导。这种性能与过去的铝粉涂料具有很高的热导率的性能是完全不同的。

(1) 太阳光的热辐射能　任何物质都具有反射或吸收一定波长的太阳光的性能。由太阳光谱能量分布曲线可知，太阳能绝大部分处于可见光和近红外区，按波长可分为三部分，各部分在总能量中的分布见表 3-1-106。

表 3-1-106　不同波长太阳光的热辐射能量比例

太阳光区	波长范围/nm	热辐射能量比例/%
紫外线区	200～300	5
可见光区	400～720	45
近红外区(NIR)	720～2500	50

实际上，太阳辐射热绝大部分处于 400～1800nm 的范围内。在该波长范围内，反射率越高，隔热效果就越好。日光热反射涂料就是通过适当选择树脂和反射填料，而制得高反射率的涂膜，以达到反射热的目的。

(2) 反射机理　入射在涂层上的太阳辐射能被吸收、透射或反射，其吸收率 σ、透射率 ρ 和反射率 τ 之间有如下的关系。

$$\sigma+\rho+\tau=1 \tag{3-1-24}$$

由于涂料中存在颜料、填料，故日光热反射型涂料一般不透明。其透射率 ρ 近似为 0。因此，只有提高涂层的反射率 τ，才可以使涂层表面吸收较少的能量，涂层温度上升的幅度不至于太高。

反射太阳光的强弱主要用物质的折射率表征，折射率越大，对太阳光的反射能力越强。常用涂料成膜物质的有机树脂的折射率为 1.45～1.50，如醇酸树脂和环氧树脂的折射率接近 1.48；含氟聚合物的折射率为 1.34～1.42。从这一点来说，选择不同的有机树脂，涂层的太阳热反射效果不会发生显著的改变。

日光热反射型涂料的反射率取决于涂料中颜料、填料的光学属性（全反射和散射），涂料中的颜料、填料主要以散射为主。颜料的折射率 n_p 除以树脂的折射率 n_r 可计算出颜料对白光的散射能力 m，即

$$m=\frac{n_p}{n_r} \tag{3-1-25}$$

由式(3-1-25) 可见，颜料、填料的折射率与树脂的折射率相差越大，对太阳光的反射就越强。颜料、填料与树脂的这种折射率的关系，与颜料、填料的遮盖力有一定的关联。

除颜料品种外，颜料、填料的粒径对涂层的热反射性也起很大作用。散射能力 m 固定的颜料、填料，不同的粒径 d 有着不同的最佳反射波长 r，如式(3-1-26) 所示

$$r=\frac{d}{k} \tag{3-1-26}$$

$$k=\frac{0.90(m^2+2)}{n\pi(m^2-1)} \tag{3-1-27}$$

式中 n——涂料中树脂的反射指数；

m——颜料、填料的散射能力。

当 n、m 为定值时，反射波长 r 仅与颜料、填料粒径 d 有关。由式(3-1-26) 和式(3-1-27)可见，反射较长波长的红外辐射将需要较大粒径的颜料、填料。通常二氧化钛颜料的粒径一般为 0.2μm，其最佳反射波长为 0.5μm。通过式(3-1-26) 和式(3-1-27)，根据需要反射的波长来选用合适粒径的颜料、填料，可以取得最佳的反射效果。

(3) 辐射制冷机理　热反射涂料在反射外部能量的同时，还会吸收部分能量。同时，涂层本身也以一定的红外波长向外辐射内部能量。物体辐射的能量可由 Stenfan-Bohzman 公式计算。

$$W=\alpha\varepsilon T^4 \tag{3-1-28}$$

式中 α——Stenfan- Boltzmann 常数（斯蒂芬-玻耳兹曼），为 $5.67\times10^{-8}\,W/(m^2\cdot K^4)$；

ε——物体表面发射比。

式(3-1-28) 表明，物体辐射的总能量 W 与表面发射比 ε 和绝对温度 T 的四次方成正比。随着物体表面温度的增加，发射的能量显著增加，且最大发射波长由热红外光区向近红外光区迁移。

一般来说，好的吸收体也是好的发射体，而差的吸收体必然是差的发射体。表面发射比是指物体的发射比与同样温度下的理想黑体的发射比的比率，绝大部分有机树脂有着高的发射比（0.85～0.95）。当辐射体的散热大于吸收，就会出现降温现象。若涂料对 8～13.5μm 波段的吸收率很高，但对其他波段有着很高的反射比，由于黑体辐射效应的存在，可以不断地向外界辐射内部能量，从而产生散热效果。

3. 反射型隔热涂料配制技术

(1) 原材料的选用　一般来说，使用不同的乳液只会影响涂料的物理力学性能，而不会对涂膜的反射性能产生显著影响。例如，有机硅-丙烯酸复合乳液能有效抵御紫外线对涂膜的光氧化降解，并因涂膜的硬度高、表面能低而提高涂膜的耐沾污性，尤其适合于制备反射型绝热涂料。颜料和填料的选用主要是着眼于反射性能。

近年来，使用玻璃空心微珠为功能性填料，制备的日光反射型绝热涂料具有很好的反射性能，使得这类涂料成为崭新的涂料品种，并提高了应用性能，扩大了应用领域。

(2) 涂料配方设计　日光热反射型隔热涂料是一种用于室外的高性能功能性涂料，对涂料的其他物理性能要求也高，例如耐候性、耐大气腐蚀性、耐酸雨等。因而，其配方的特征：一是在满足涂膜反射性能的要求下涂料的 PVC 浓度不能太高，否则对涂料的性能不利；二是配方的空心玻璃微珠的含量不能太低，应能够形成连续的反射面，从各种文献中的参考值来看，其用量以质量计应高于 20%；三是如果基料使用热塑性树脂，应注意树脂的玻璃化温度不能太低，一般应高于 25℃；四是不能选用会显著吸收光和热的材料，特别是填料、颜料的选用。表 3-1-107 中给出了日光热反射型绝热涂料的参考配方。

表 3-1-107　生产日光热反射型绝热涂料的基本配方

原材料	用量(质量分数)/%		原材料	用量(质量分数)/%	
	配方 1	配方 2		配方 1	配方 2
水	12.0	90.0	钛白粉(金红石型)	20.0	—
防霉剂	0.1	2.0	功能性填料	—	150.0
乙二醇(或丙二醇)	—	10.0	空心玻璃微珠	25.0	200.0
酯醇-12(或丙二醇丁醚)	2.0～2.5	—	着色颜料或色浆	—	适量
阴离子型分散剂	0.6～0.8	2.0	弹性聚丙烯酸酯乳液	40.0	500.0
润湿剂	—	1.0	消泡剂	0.4	适量
氨水(pH 缓冲剂)	—	0.4			

日光热反射绝热涂料的制备同普通涂料相似，都是物理混合过程，但在生产程序的设计上应注意空心玻璃微珠不能够受到研磨，否则会使其破碎而失去反射性能。

4. 日光热反射型绝热涂料的性能影响因素

(1) 涂料的 PVC 对涂膜反射性能的影响　涂料的 PVC 影响涂膜的许多性能，研究中发现，PVC 对反射型绝热涂料的涂膜反射热的性能的影响见表 3-1-108 和图 3-1-23 所示。

表 3-1-108　PVC 对涂膜热反射率的影响

涂料 PVC 值/%	18	26	32	42
涂膜实测温度/℃	67.0	64.7	64.5	64.3

从图 3-1-23 中可以看出，随着涂料 PVC 值的增加，白色涂膜的反射率上升，上升到 15%时达到最大值，其后随着 PVC 值的增加反射率又下降，而在 PVC 值达到 45%以后，反射率又随着 PVC 值的增加而增加，并趋于平缓。其原因如下：当 PVC 值≤15%时，随着 PVC 值的增加，涂膜内颜料的相对密度增大，起反射作用的颜料粒子数增多，因而反射率呈上升趋势。但是，当 PVC 值达到 15%以后，随着涂料 PVC 值的增加，由于颜料粒子产生聚集效应，使散射的比表面积减小，散射率又降低，故反射率下降。到了 45%左右的 PVC 值时，可能已经达到了该类涂料的临界 PVC 值，因而 PVC 值再增大时，基料已不足以润湿全部颜料粒子，涂膜内有孔隙。由于孔隙中空气与颜料粒子界面之间的散射，使反射率逐渐升高。

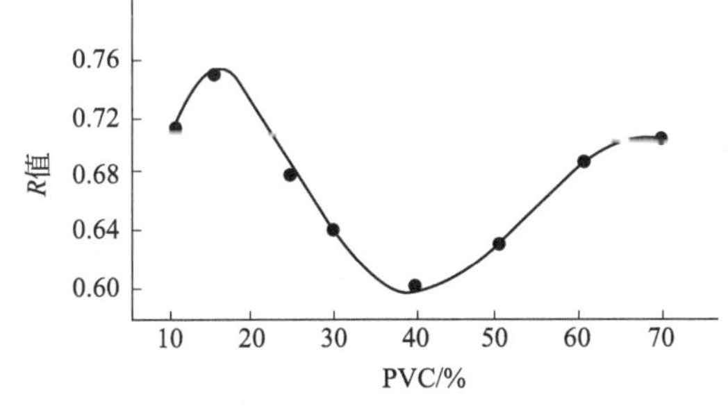

图 3-1-23　太阳热反射涂料的 PVC 对涂膜反射率的影响

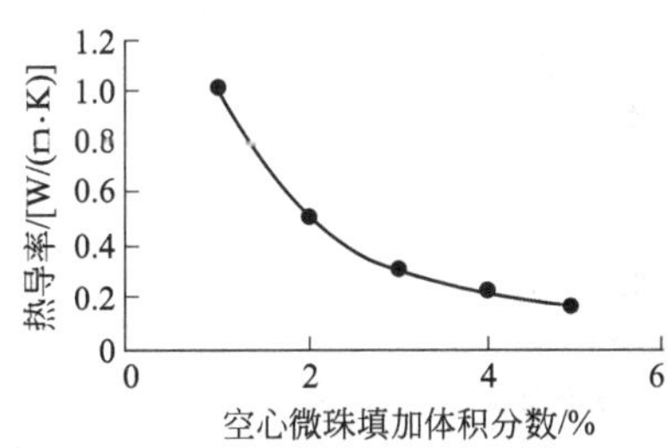

图 3-1-24　空心玻璃微珠对涂膜热导率的影响

(2) 空心玻璃微珠对涂膜性能的影响　空心玻璃微珠是反射型绝热涂料的主要功能型填料，除了影响涂膜的反射率外，也影响涂膜的热导率。涂料中添加不同体积分数的空心玻璃微珠，对涂膜热导率的影响如图 3-1-24 所示。

(3) 不同厚度涂膜的光、热反射性能　经对某进口日光热反射涂料进行的热工性能测定，这种日光热反射涂料对太阳光和辐射热的反射率可以达到 80%以上，其实测结果见表

3-1-109。实测结果表明日光热反射涂料对光和热辐射的反射率与其涂膜厚度的关系不大。

表 3-1-109 不同厚度的日光热反射涂膜对光和热的反射率

涂层喷涂道数	1	2	4	8	16
对太阳光的反射率	0.783	0.783	0.832	0.832	0.833
对热辐射的反射率	0.843	0.843	0.849	0.845	0.841

我国研究者配制的太阳热反射涂料也有类似的结果，即在一定的厚度范围内，涂膜反射率随着涂膜厚度的增加而提高，但达到一定值后，由于光线并不能够透过涂膜照射到基层，因而涂膜厚度再增加，对反射率的影响不大。具体地说，在涂膜厚度达到 60μm 后，涂膜的反射率基本不随着涂膜厚度的增加而变化，见表 3-1-110。

表 3-1-110 涂膜厚度与反射率的关系

涂膜厚度/μm	20	40	60	80	100	120
反射率	0.769	0.805	0.813	0.814	0.816	0.815

5. 反射隔热涂料的性能要求

根据行业标准 JC/T 1040—2007《建筑外表面用热反射隔热涂料》，按产品分散介质的不同分为水性和溶剂型两类。建筑反射隔热涂料的技术要求应符合表 3-1-111 的规定。

表 3-1-111 建材行业标准 JC/T 1040—2007 对建筑反射隔热涂料的质量要求

性能指标项目	性能指标	
	W	S
容器中状态	搅拌后无硬块、凝聚，呈均匀状态	搅拌后无硬块、凝聚，呈均匀状态
施工涂	刷涂两道无障碍	刷涂两道无障碍
膜外观性	无针孔、流挂，涂膜均匀	无针孔、流挂，涂膜均匀
低温稳定性	无硬块、凝聚及分离	—
干燥时间(表干)/h ≤	2	2
耐碱性	48h 无异常	48h 无异常
耐水性	96h 无异常	168h 无异常
耐洗刷性/次	2000	5000
耐沾污性(白色和浅色①) <	20	10
涂层耐温变性(5 次循环)	无异常	无异常
太阳反射比(白色) ≥	0.83	0.83
半球发射率 ≥	0.85	0.85
耐弯曲性/mm ≤	—	2
拉伸性能 ≥		
拉伸强度/MPa	1.0	—
断裂伸长率/%	100	—
耐人工气候老化性		
外观	400h 不起泡、不剥落、无裂纹	500h 不起泡、不剥落、无裂纹
粉化，级 ≤	1	1
变色(白色和浅色)/级 ≤	2	2
太阳反射比(白色) ≥	0.81	0.81
半球发射率 ≥	0.83	0.83
不透水性②	0.3MPa、30min 不透水	—
水蒸气渗透率②/[g/(m²·s·Pa)] ≥	8.0×10^{-8}	—

① 浅色是指以白色涂料为主要成分，添加适量色浆后配制成的浅色涂料形成的涂膜所呈现的浅颜色，按 GB/T 15608—1995 中 4.3.2 规定明度值为 6～9（三刺激值中的 $Y_{D65}\geqslant31.26$）。

② 附加要求，由供需双方商定。

参考文献

[1] 管从胜，王威强编著. 氟树脂涂料及其应用. 北京：化学工业出版社，2004：201-202.

[2] 刘洪珠. 氟含量与氟碳涂料性能关系浅析. 现代涂料与涂装，2005，8（3）：4-6.

[3] 张良均等. 硅酸锂的合成与应用研究. 现代涂料与涂装，2002，(4)：4-5.

[4] 陈素平等. 第二届中国建筑涂料发展战略与技术研讨会论：硅溶胶在建筑涂料中应用研究. 上海：上海建筑科学研究院，2002.

[5] 张季冰，徐忠珊. 石油沥青聚氨酯防水涂料甲乙组分相容性研究. 新型建筑材料，2002（5）：20.

[6] 王庆安，高果桃. 水固化聚氨酯——一种新型防水涂料. 中国建筑防水，2005，(10)：8-9.

[7] 余剑英，颜永斌，缪沾等. 单组分聚氨酯/蒙脱土纳米复合防水涂料的研究. 新型建筑材料，2004，(7)：55-57.

[8] 沈培康等. 纳米材料在建筑涂料中的应用研究. 建筑涂料，2004，(1)：12-13.

[9] 马宏，刘文兴，孟军锋等. 高性能太阳热反射隔热涂层的研制. 现代涂料与涂装，2006，9（7)：55-56.

[10] 林宣益. 乳胶漆. 北京：化学工业出版社，2004.

[11] Prane J R. Journal of Coatings Technology，1996，68（860)：74-79.

[12] Hill W H Stauffer J G. Brush Strokes（A Rohm and Haas Company Publication)，2003，(1)：4-21.

[13] 云华. 中国涂料，1998；(4)：5-8.

[14] Juan Antonio，Gonzalez Gomez. Asia Pacific Coatings Journal，2005，(4)：12-16.

[15] 朱传棨. 中国涂料，1997，(5)：24-26.

[16] Schwartz M，Baumstark R. Waterbased Acrylates for Decorative Coatings，Hannover：Vincentz Verlag，2001

[17] Doer H，Holzinger F. Kronos Titandioxid in Dipersionsfarben. Dortmund：Fritz Busche Duckereigesellschaft mbH，1990.

[18] Oliver W. Polymer dispersions as binders in silicone resin system，BASF Technical Data，1997：16-20

[19] Asbeck W K，Van Loo M. Ind. Eng. Chem.，1949，(41)：1470.

[20] Floyd F L，Holsworth R M. Journal of Coatings Technology，1992，64（806)：65-69.

[21] Schaller E J. Journal of PaintTechnology，1968，40（525)：433.

[22] [美] T. C. 巴顿著. 涂料流动与颜料分散. 郭隽奎等译. 北京：化学工业出版社，1988.

[23] Zeno Wicks W 等著. 有机涂料 科学和技术. 经桴良等译. 北京：化学工业出版社，2002.

[24] Woodbridge R. Principles of Paint Formulation. New York：Chapman and Hall，1991.

[25] Stieg F B. Journal of Coatings Technology，1981，53（680)：680.

[26] Broome T T. Approaches to Formulating Interior Latex Paints for the Southeastern U. S. Paint and Coatings industry，2007，23（4)：66-83.

[27] Berns R C 编著. 颜色技术原理. 李小梅等译. 北京：化学工业出版社，2002：216-288.

[28] 李亨著. 颜色技术原理及其应用 北京：科学出版社，1994：233-242.

[29] 涂料工艺编委员编. 涂料工艺. 第三版（下册). 北京：化学工业出版社，1997.

[30] 周春隆，穆振义，编著. 有机颜料化学及工艺学（修订版). 北京：中国石化出版社，2002.

[31] Lin Xuanyi. European Coatings Journal，2002，(12)：32-34.

[32] 耿耀宗，曹同玉主编 合成聚合物乳液制造与应用技术. 北京：中国轻工业出版社，1999.

[33] Born A，Ermuth J. Farbe & Lack，1999，(3)：96-104.

[34] Born A，Ermuth J. Neinbuis C，Phänomen Farbe，2000，(2)：34-36.

[35] Born A，Ermuth J. Farbe & Lack，2001，(7)：87-93.

[36] 张宪康. 水性聚氨酯外墙涂料研究. 2005 中国建筑涂料制造技术研讨会. 2005，上海.

[37] Taylor J W，Minnik M A. Journal of Coatings Technology Research，2004，(3)：163-190.

[38] Yasuharu Nakayama. Prog. Org. Coat，2004，(51)：280-299.

[39] 蒋硕健，张斌，李明谦. 中国涂料工业咨讯报告会论文集：（甲基）丙烯酸的双环戊烯基酯与双环戊烯基氧乙基酯的性能特点与应用. 北京：中国涂料协会，2004. 9：70-82.

[40] Zakir H. Ansari paintindia，2003，(6)：39-46.

[41] 冀志江，王晓燕，王静，金宗哲. 中国建材科技，2004，(3)：1-4.

[42] 季君晖，史维明编著. 抗菌材料. 北京：化学工业出版社，2003.

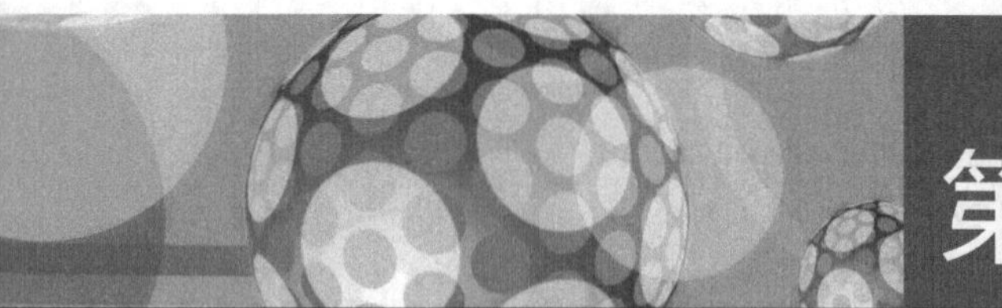

第二章

汽车涂料

汽车工业是国民经济的重要支柱产业。自改革开放以来，汽车工业获得了飞速的发展，汽车总产量由1980年的22万辆增加到2008年的1000万辆以上，轿车产量也由1985年的8825辆增加到600万辆左右。其增长速度不仅惊人，而且大大超过不少发达国家。汽车工业的迅速发展，为汽车涂料提供了广阔的发展空间，近年来我国不少大中型涂料骨干企业通过引进技术、合资合作，已经形成年产汽车涂料20余万吨的生产能力，这和当前汽车工业对其涂料的需求大体相当。目前我国汽车业每年约需汽车涂料20余万吨，其中汽车原厂漆(OEM)16万～17万吨（电泳底漆5万～7万吨，中涂7万～8万吨，各类面漆4万～5万吨)，PVC抗石击涂料2万～3万吨，其他类型涂料2万吨左右，汽车修补漆大约10万吨左右。

众所周知：汽车涂料和建筑涂料一直以来都是涂料工业的两大支柱产业，建筑涂料的支柱作用体现在“量”上，而汽车涂料的支柱作用则体现在“质”上（2004年的统计数据表明；即使在西方发达国家，汽车涂料也不过才占到涂料总产量的7%左右)。

就其涂装工艺而言；汽车涂装领域囊括了涂料行业中诸如阴、阳极电泳、空气雾化喷涂、高压无气喷涂、静电旋杯等几乎所有的施工手段。因此不少人士都认为；汽车涂料，尤其是轿车涂料领域，可以代表一个国家涂料工业的最高技术水平和发展方向。因此，熟悉了解，进而掌握汽车涂料的基本技术对于一个涂料工作者而言就显得格外重要了。

第一节 底漆及电泳底漆

按照传统概念，底漆的作用主要在于金属基材的防锈及增强面漆对基材的附着力。其实，底漆对整个涂装系统的质量及装饰性也有着非常重要的影响。汽车业和涂料行业从来都没有忽视过底漆的功能。自汽车问世以来，底漆大体经历了如下演变过程(表3-2-1)。

油性底漆⟶硝基底漆⟶醇酸（或酚醛）底漆⟶环氧酯底漆⟶阳极电泳底漆⟶阴极电泳底漆

可以从这几代底漆的耐盐水（或盐雾）性能的演变看出汽车行业对涂料的要求不断升级的趋势。在汽车刚刚问世的那几年间，底漆采用的是醇酸或环氧酯底漆。其中醇酸或环氧酯铁红底漆应用最为广泛。这两类底漆因综合力学性能优良，一直占据着工业底漆的绝大部分市场。从表3-2-2中数据可知；传统的醇酸铁红底漆的物理力学性能都非常优良，但其耐盐雾性、与面漆的配套性（底漆自身的铁红色与汽车常用色之间往往存在巨大反差，不能形成最佳覆盖）等均无法满足汽车工业对涂料行业越来越苛刻的需求。此后，虽然也有水性喷涂底漆、溶剂型及水性浸涂漆投入到汽车底漆市场，但使用面并不太广，真正主导汽车底漆市场的仍然是晚些时候出现的电泳底漆。

表 3-2-1　历代汽车用底漆膜厚及耐介质性能

底漆类型		耐盐水性能/h	耐盐雾性能/h
酚醛底漆			
铁红		24	
锌黄		36	
醇酸底漆	铁红	24	
酚醛阳极电泳底漆	铁红(膜厚 25μm)	24～48	
环氧阳极电泳底漆	铁红(膜厚 25μm)	24～48	
聚丁二烯阳极电泳底漆(膜厚 25μm)			192～480(磷化钢板)
第一代阴极电泳底漆(膜厚 18μm)	中灰		720
第二代阴极电泳底漆(膜厚 30～35μm)	中灰		1000
第三代阴极电泳底漆(膜厚 23～25μm)	中灰		1000

表 3-2-2　醇酸铁红底漆性能

项　目	性能指标	检测标准
漆膜颜色及外观	平整、光滑，铁红色	GB 1729—1979
原漆黏度(涂-4 杯)/s	≥80	GB 1723—1993
原漆细度/μm	≤50	GB 1724—1989
原漆不挥发分/%	≥50	GB 1725—1989
烘烤时间(105℃±2℃)/min	30	
硬度	≥0.3	GB 1730—1993
柔韧性/mm	≤1	GB 1731—1993
冲击性/cm	≥50	GB 1732—1993
附着力(划圈法)/级	≤1	GB 1720—1989
耐盐雾性/h	72	EQ Y-238—1994
与面漆的配套性	尚可	

一、浸涂及自泳底漆

浸涂工艺相比喷涂而言具有漆料利用率高、VOC 极低、设备比较简单以及特别适合涂装形状复杂的工件的几大特点，一直以来被广泛用于工业底漆的涂装中。在汽车行业，浸涂工艺多被用于汽车底盘以及大型巴士的底漆涂装。与涂料行业其他领域的发展趋势一样，浸涂工艺的水性化比喷涂工艺的发展要快得多，溶剂型浸涂漆已差不多完全为水性浸涂漆所替代。今天真正用于汽车总装厂浸涂工艺的浸涂漆有水性丙烯酸和水性环氧酯等几类。在浸涂工艺领域又发展了一种将表面处理技术与之良好结合的所谓自泳涂装技术被有效用于大型车辆车身的涂装中，现分述如下。

1. 浸涂底漆

因安全方面原因，溶剂型浸涂漆已经基本退出汽车涂装市场，尚存浸涂漆几乎都是水性丙烯酸或环氧酯类。

水性丙烯酸类浸涂漆借鉴溶剂型烤漆的交联系统，除引入适量羧基以保证其水稀释性外，还需引入适量的羟基。与溶剂型丙烯酸树脂合成工艺不同的是，这里必须采用亲水性溶剂，如醇类、醇醚类等。现举一实用范例供参考。

(1) 配方（质量份）

异丁醇	39.2	丙烯酸	20.4
丙烯酸丁酯	10.7	BPO	2.0
苯乙烯	19.3	乙醇胺	1.8
丙烯酸羟丙酯	7.6		

(2) 工艺

① 将异丁醇加入到反应釜中，升温至回流，保持稳定 10min。

② 将丙烯酸丁酯、苯乙烯、丙烯酸羟丙酯、丙烯酸、BPO 混合，搅拌至完全混溶，在搅拌下滴加到大约 4/5 的混合物（耗时约 2h）后暂停，保温 2h，然后继续滴加，耗时约 30min，继续保温 3h。

③ 降温至 110℃，加入乙醇胺，搅拌约 30min。

④ 降温至 60℃，过滤、出料。

在水性浸涂漆系统中采用的氨基树脂也必须能够与水以任何比例混容。甲醚化三聚氰胺甲醛树脂是最为适用的氨基树脂，这种氨基树脂与羟基丙烯酸树脂交联成膜后具有硬度高、柔韧性好以及耐各类介质性能突出等特点，为大多水性丙烯酸浸涂漆所采用。

在浸涂漆中可采用的颜料有；氧化铁系、偏硼酸钡、三聚磷酸铝、锶黄以及铬黄等，上述颜料大都能够提升水性浸涂漆的耐盐雾性能。

现举一例铁红水性丙烯酸浸涂漆配方（质量份）：

水性羟基丙烯酸树脂	30.10	锌铬黄	0.35
六甲氧基三聚氰胺甲醛树脂	8.25	超细沉淀硫酸钡	13.10
氧化铁红	9.00	滑石粉	10.20
云母粉	0.50	去离子水	28.50

采用上述配方制得的浸涂漆经烘烤成膜后，耐盐雾性能可达 360h 左右。与喷涂、电泳涂装工艺相比，它可使工件内外表面，包括焊缝、棱角等部位均能涂覆一层均匀、完整的漆膜，使工件整体防腐蚀能力大大提高。

值得注意的是；浸涂涂装工艺与电泳类似，日常管理及控制非常重要，对槽液黏度、温度、不挥发分等均需经常检测，以进行适当调节。

2. 自泳底漆

自泳涂装与电泳涂装工艺类似，也是以浸涂方式完成涂装的一种比较新的涂装技术。自泳涂装技术虽然几乎与电泳涂装技术同时为人们所了解，但迄今所占市场份额却相对较小。目前汽车行业内只有那些生产如豪华巴士一类的大型车辆的总装厂选用这种比较特殊的工艺。与电泳涂装工艺相比，自泳涂装工艺具有以下特点。

① 基本建设投资较少　自泳涂装不需要磷化处理之类电泳涂装系统中必不可少的前处理工艺，缩短了流程、减少了占地面积；

② 节约能源　自泳涂装与电泳涂装不同，它是一种纯化学作用过程，因此可大大节约涂装用电能。

③ 涂装效率高　自泳涂装中当工件离开槽液时，湿漆膜仍然可以继续进行化学反应而成膜，显然通过水洗而去掉的多余漆料远远少于电泳涂装。

④ 泳透率高　自泳底漆的泳透率极高，换言之，在自泳涂装系统中根本就不存在泳透率的问题，它对于任何复杂表面的覆盖都十分均匀，有关数据显示，性能良好的自泳底漆的厚度差不会超出 2μm。

⑤ 维护简便　自泳涂装系统的日常维护大大低于电泳涂装系统，如挂具的清理、超滤系统、泵循环系统等。

⑥ 耐各种介质性能　耐盐雾性能优于普通 AED 但低于 CED，大约与聚丁二烯类 AED 相当。

⑦ 前处理　尽管自泳涂装系统不需要磷化之类表面处理，但它对表面状态的要求一点也不低于 CED，如油污、润滑脂、焊渣等异物的清洗要求非常高，甚至对其粗糙度都有非常苛刻的需求。

自泳涂装用底漆由含颜料的乳液、氢氟酸以及氧化剂（双氧水或重铬酸盐）所组成。在金属工件浸入到槽液中时，工件表面立即被酸侵蚀，产生多价金属离子，这些金属离子与聚合物乳胶发生反应，使之失去亲水性而沉积在工件表面，大体基本原理如下。

$$2HF+Fe \longrightarrow Fe^{2+}+H_2+2F^-$$

$$2Fe^{2+}+H_2O_2+2HF \longrightarrow 2Fe^{3+}+2H_2O+2F^-$$

$$2Fe^{3+}+6F^- \longrightarrow 2FeF_3$$

$$2FeF_3+Fe \longrightarrow 3Fe^{2+}+6F^-$$

$$Fe^{2+}+\text{聚合物乳胶} \longrightarrow Fe\text{（聚合物乳胶）}\downarrow$$

伴随着聚合物乳胶粒子与基材表面的二价铁离子的结合，基材表面逐步被完全涂装，反应也随之终止。

① 自泳底漆涂装槽液的配方（mL/L）

自泳底漆漆料(NVM=40%)	125.0～150.0	HF(40%)	1.0～2.5
FeF_3 溶液(Fe 含量 2%)	25.0～50.0	H_2O_2(35%)	2.0～5.0

② 自泳底漆涂装工艺管理　自泳底漆涂装与电泳底漆类似，其涂装质量的保证除底漆自身质量外，还需要对槽液参数进行严格的管理。主要控制参数有：槽液不挥发分、总铁及亚铁含量、pH 值、槽液温度以及所谓凝聚值等。这些对于保证涂装质量、延长槽液的寿命、提高槽液的稳定性均起到重要作用。上述参数的监控除不挥发分和凝聚值可每周监测一次外，其他参数均需每天进行一次。

以德国汉高公司用于自泳涂装的 Autophoretic866 产品为例，其槽液的不挥发分一般控制在 5%～7%，涂装时间一般为 1.5～2.5min，烘烤条件为 115℃×45min，据称其耐盐雾时间可达 600h 左右（划叉），超过一般阳极电泳底漆，而与聚丁二烯类阳极电泳底漆大体相当。

3. 水性浸涂漆的技术标准

1999 年发布了“涂装作业安全规程——浸涂工艺安全”国家标准（GB 17750—1999），对于规范浸涂漆的工艺，保障操作人员和财产的安全发挥了重要作用。现将水性浸涂漆常见标准列于表 3-2-3。

表 3-2-3　水性浸涂漆的技术标准

项　目	技术指标	检测标准	项　目	技术指标	检测标准
不挥发分/%	≥50	GB 1725—1979	柔韧性/mm	≤3	GB 1731—1979
细度/μm	≤30	GB 1724—1979	冲击性/cm	50	GB 1732—1979
附着力/级	≤2	GB 1720—1979	铅笔硬度/H	2	GB 1739—1979

二、电泳底漆

汽车等交通运输车辆涂装用底漆自 20 世纪 60 年代美国福特公司第一个阳极电泳槽、70 年代第一个阴极电泳槽开始运行以来，这种涂装工艺在过去的 40 多年中已经成为汽车底漆涂装的最为主要的施工手段。电泳底漆之所以能够取代其他喷涂、浸涂类底漆，究其主要原因可以归纳为以下几点。

① 涂装效率高　高达90%～95%的涂料利用率，远非其他施工手段所能比拟。

② 防腐蚀性能优良　由表3-2-1中可以看到，各类电泳底漆均具有出色的防腐蚀性能。

③ 极低的VOC值　各类电泳底漆均以水为主要溶剂，而在新一代的阴极电泳底漆中作为助溶剂的醇醚类或醚酯类溶剂的量也由以往的2%～3%降低到0.4%～0.8%这样非常低的水平。

④ 经济效益高　适应于大规模的工业涂装线生产，可非常方便地实现机械化、自动化。

⑤ 具有良好的漆膜外观　漆膜平整光滑、致密，对面漆的烘托性能良好。

1. 电泳的基本原理

众所周知，所谓“电泳”不过是电泳涂装过程中的一个环节，它至少包含电泳、电解、电沉积以及电渗四大阶段。因此，把这种施工工艺称之为“电沉积”似乎更为科学一些。举阳极电泳过程为例，其原理是：阴离子型水性树脂微粒在电场作用下，向作为阳极的待涂装工件运动，放电后形成非水溶粒子在工件表面沉积，沉积的漆膜经过电渗析过程完成最后的涂装。在阳极电泳涂装的过程中，阳极和阴极也将可能发生其他电极反应，如：

$$2OH^- - 2e^- \longrightarrow H_2O + \frac{1}{2}O_2\uparrow$$

$$Fe \longrightarrow Fe^{2+} + 2e^- \text{（金属溶解）}$$

反应中产生的气体容易使所沉积的涂层表面出现针孔、气泡，同时由于基材金属以离子形式溶出，必将破坏被涂工件的表面处理膜（磷化膜、钝化膜）使表面变得粗糙，降低表面的致密性，影响漆膜的防锈性能。而且，已溶出的Fe^{2+}，不仅仅污染了槽液，还将影响槽液的工作参数。更为严重的是，它还可能与树脂微粒发生反应，生成不溶于水的沉淀，影响槽液的稳定性，严重时将对槽液带来灾难性的破坏。

阴极电泳底漆的涂装过程正好相反，作为成膜物质的带正电荷的阳离子树脂在电场作用下，向作为被涂工件的阴极运动，并在其上沉积。总之电泳涂装过程是一系列电化学反应的结果，现将电解、电泳、电沉积、电渗等几个过程分别表述如下。

(1) 电解　电解是电介质（如盐类溶液）在电流的作用下分解，从而导致在电极附近产生离子。以水分子为例，产生OH^-和H^+。

(2) 电泳　分散在极性介质中的带电粒子在电场的作用下向相对应的电极移动。由此，在阳极电泳中，带负电荷的粒子移向阳极，而阴极电泳时，则是带正电荷的粒子则移向阴极。

(3) 电沉积　漆料粒子由于电化学反应而沉积在作为极板的金属工件上，生成具有紧密附着的涂层。电荷中和后，粒子析出和附着是由沉积粒子的结构来决定的。在电沉积的过程中，电场力是影响涂层致密、均一性的重要因素。随着电沉积过程的进行，漆膜厚度逐渐增加，其电阻也随之而提高，直至工件变得完全绝缘，电沉积停止。涂层厚度与电流的关系如图3-2-1所示。

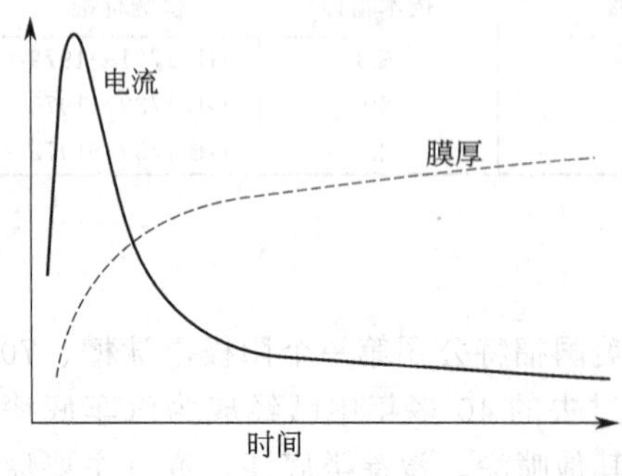

图3-2-1　膜厚与电流随时间的变化曲线

(4) 电渗析　电渗析过程是上述电泳的逆过程。在电场的作用下，如果析出的粒子黏附于工件表面而不再运动，而分散介质则从不致密的松散粒子反向移动而出，这一电化学过程使得溶剂和低分子化合物渗析出来，漆膜则变得更为致密、坚韧。

总之，电泳涂装过程可以归结如下：

① 通电、加电压，产生电流；$U=IR$

② 电极附近水分子分解——电解；

③ 漆料粒子向与其电荷极性相反的电极移动——电泳；

④ 漆料粒子析出——电沉积；

⑤ 随着溶剂等低分子物质的渗出，漆料粒子更为紧密地黏附于工件表面——电渗析；

⑥ 随着涂层厚度的增加，工件变成绝缘体；

⑦ 电沉积自动终止。

2. 阳极电泳底漆（以下略为 AED）

虽然 AED 先于 CED 问世，但当今汽车总装厂大都采用各类阴极电泳底漆。不过到 20 世纪 80 年代为止，在西欧和日本仍有 20%～25%的汽车上采用阳极电泳底漆。相继问世的 AED 主要有环氧酯类、酚醛类、聚丁二烯、丙烯酸等几大类。

(1) 环氧酯类　环氧类阳极电泳底漆是由环氧树脂（多为 E-20、E-51 等）用干性油（如亚麻仁油、桐油等）脂肪酸酯化，再与不饱和羧酸（如：顺丁烯二酸酐、反丁烯二酸酐等）加成后用某些水溶性胺类（如一乙醇胺、二乙醇胺等）中和制得可用作阳极电泳底漆的水分散性树脂。

脂肪酸的羧基与环氧树脂的环氧基、羟基发生酯化反应生成环氧酯。通常这类反应是在无机或有机碱存在进行的。由于环氧基比羟基活泼，故首先羧基与环氧基反应生成半酯。其反应式如下：

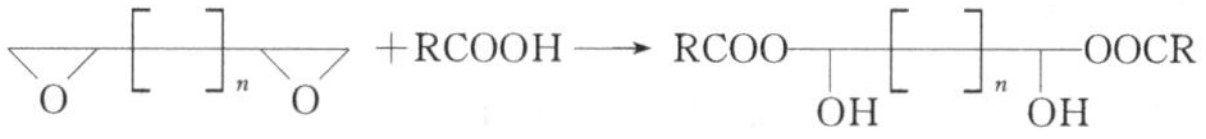

$$\underset{O}{\triangle}\!-\![\;\;]_n\!-\!\underset{O}{\triangle} + RCOOH \longrightarrow RCOO-\underset{OH}{|}-[\;\;]_n-\underset{OH}{|}-OOCR$$

式中，RCOOH 为不饱和脂肪酸，如亚油、桐油以及脱水蓖麻油脂肪酸等；$[\;\;]_n$为组成环氧树脂的基干基团，如双酚 A、双酚 F 等。

除上述半酯化反应外，尚有环氧基与羟基的酯化反应生成全酯、环氧基与羟基的醚化反应以及脂肪酸碳链上的双键的聚合反应等。这些反应中，半酯化与全酯化反应是生成环氧酯必要的反应，而醚化和聚合反应则是应该尽可能避免的副反应。

制得环氧酯后再使其与不饱和羧酸（如顺丁烯二酸酐、反丁烯二酸酐等）进行加成反应，在其大分子主链上引入羧基，其反应式如下。

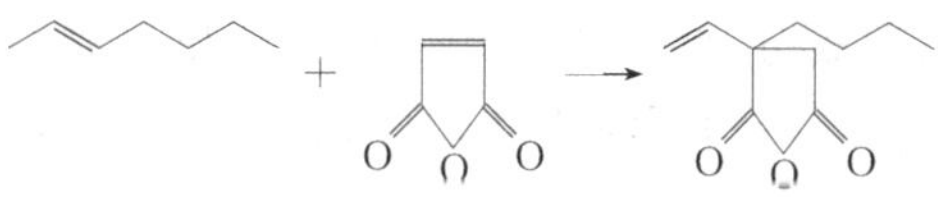

+ O O O → O O O

在环氧酯的主链上引入羧基后，再用有机胺类中和即得可分散于水中的聚合物。

① 主树脂原料

a. 环氧树脂　阳极电泳底漆用环氧树脂的虽然分子量越高，力学性能和耐介质性能等均可得到提高，但水分散性能却同步变差。故一般采用较低分子量的环氧树脂，如 E-20、E-51 等。

b. 脂肪酸　为了在主链上引入一定数量的羧基，要求脂肪酸含有一定量的不饱和双键，此外，这类阳极电泳底漆固化的基础是“氧化交联”成膜，同样需要不饱和双键。为了保证足够的不饱和度，选择单一亚油已远远无法满足上述要求，一般采用与桐油拼用的办法，或者选用脱水蓖麻油酸，可以获得较好的综合力学性能及耐腐蚀性能。

② 颜料、填料　由于阳极电泳底漆的颜色一般比较单一，多为铁红色、黑色、灰色等，故所采用的颜料不外乎钛白、铁红、炭黑以及某些起防腐蚀作用的颜料及一般填料。

a. 钛白粉　涂料行业中各类底、中以及面漆中应用最为广泛的主要的白色颜料。由于二氧化钛虽然对大气中各类化合物质稳定，不溶于水和弱酸，但微溶于碱，故阳极电泳底漆中采用的钛白粉必须是氧化铝和二氧化硅包覆的产品，如杜邦公司的 R900 等标明可用于水性涂料中的牌号。

b. 炭黑　因生产工艺不同，炭黑有槽黑、灯黑、炉黑、乙炔黑等多个品类，前三类应用较为普遍。由于槽黑偏酸性，它的 pH 较低，与较高 pH 的 AED 无法匹配，故不适合用于 AED 之中，只可采用 pH 相对较高的炉黑或灯黑。如德固萨的 Lamp Black 101 和卡伯特的 Monarch 880 等。

c. 铁红　铁红是氧化铁系颜料中用于涂料行业量最大的一个品种，其化学组成为三氧化二铁。在阳极电泳底漆中被广泛用作着色及主要防锈颜料。这类颜料具有下述特点：

- 极高的化学稳定性、耐碱性、耐稀酸性；
- 对热、光均稳定，耐热性高达 1200℃以上；
- 遮盖力高，是除炭黑外遮盖力最好的品类之一；
- 着色力较好，可用作着色颜料，但因生产工艺及生产厂家的不同，色相稳定性一般不太好；
- 同样因生产厂家的不同，导致吸油量也有差异；
- 密度较大，在各类电泳底漆中使用时容易发生沉降现象。

d. 铁黑　铁黑是氧化铁系列中黑色类颜料，它具有氧化铁红几乎所有特点，一般在 AED 中用作炭黑颜料的补充。

e. 硫酸钡　应用最为普遍的填料之一，其化学成分为 $BaSO_4$，有天然和合成两大类。天然矿物产品俗称重晶石粉，合成的产品则被称为沉淀硫酸钡。两者的特点如下：

- 折射率较高（填料类中），故表观颜色较白，遮盖力较高；
- 中性填料，耐酸、耐碱，对热、光稳定；
- 吸油量较低，特别适用于厚浆底漆；
- 密度较高，是填料中最高的品种，尤其是天然产品。

由于这类填料中，天然产品——重晶石粉的密度较高，故对于要求抗沉降性突出的电泳底漆系统中，普遍采取将重晶石粉与沉淀硫酸钡搭配使用的方案以弥补彼此的不足。

f. 碳酸钙　碳酸钙的化学成分为 $CaCO_3$，亦有天然和合成之分。天然品称为重质碳酸钙，合成品成为轻质碳酸钙。碳酸钙可溶于酸，属碱性填料，其 pH 高达 9 左右，可用于乳胶漆和 AED 中。

g. 滑石粉　滑石粉为天然矿物产品，其主要成分为 $3MgO \cdot 4SiO_2 \cdot H_2O$，粒子形态有片状和纤维状两大类。特点如下：

- 形态呈纤维状的滑石粉在涂层中还可起补强作用；
- 用于底漆中不易沉降，而且还可防止其他颜料沉降。

因此滑石粉广泛被用来与其他防锈颜料配合，用于各类防锈底漆中。

(2) 酚醛类　酚醛类阳极电泳底漆是采用“油溶性”酚醛树脂（如叔丁酚甲醛树脂、苯基苯酚甲醛树脂）与干性油（如亚麻油、桐油、脱水蓖麻油等）共聚生成酚醛改性油。然后采用与环氧酯类相类似的方式进行水性化。即先与不饱和羧酸加成，引入羧基，然后再胺化成盐。油溶性酚醛树脂与干性油的反应原理如下：

OH / CH_2OH $\xrightarrow[140℃]{-H_2O}$ O / $=CH_2$

$$\text{(邻亚甲基醌)}=O,\ =CH_2 \ + \ CH{=}CH \longrightarrow \text{(苯并二氢吡喃环)}\ O{-}CH,\ CH_2{-}CH$$

然后，再采取与环氧酯类似的方式引入羧基，最后胺化，获得水稀释性。酚醛类 AED 与环氧酯类 AED 的性能大体处于同一水平，它们几乎同时上市，随着性能更为优越的聚丁二烯类、丙烯酸类 AED 以及后来 CED 的问世，它们也几乎同时衰落，到目前为止，无论汽车行业还是其他工业领域都已经比较少见了。

(3) 聚丁二烯类　聚丁二烯类阳极电泳底漆在电泳涂料的发展史上具有特殊的地位。这类 AED 因其突出的耐极性介质性能在 CED 尚未问世的那一段时期内曾超过环氧酯类、酚醛类 AED，在 20 世纪的 70 年代一度成为涂料业界的热门话题。今天虽然随着 CED 的问世和不断完善，聚丁二烯类 AED 已逐步淡出汽车底漆市场，但在一些特殊领域，如以轻质合金为车身材料的跑车类底漆的应用上，仍然占有一席之地。因此以下较为详尽地介绍这类 AED 的特性及其应用。

聚丁二烯类 AED 是以低分子量聚丁二烯替代传统植物油作为基干树脂，再通过与不饱和脂肪酸的加成反应引入羧基，最后以水溶性胺中和得可水稀释性的树脂。

① 低分子量聚丁二烯树脂（LPB）　AED 用低分子量聚丁二烯树脂多采用阴离子聚合或活性（living）聚合法制造而得。分子量为 1000～4000，实际市场上所谓 1,2-PB、1,4-PB 也不过就是以某类构型为主的树脂。如采用活性聚合法生产 LPB 的日本曹达公司的 1,2-PB 树脂，其中含 1,2-构型的约占 80%。其他采用阴离子聚合法生产的 LPB 则以 1,4-构型为主，其中 1,4-构型约占 65%。采用活性聚合的 LPB 树脂具有极为狭窄的分子量分布，而且能够在 PB 大分子端基上引入活性基团，为进一步改性提供可能性，是理想的 AED 原料树脂，但工艺要求颇高，价格也较贵。

② 引入羧基　在 LPB 大分子中引入羧基最为常见的方法就是 LPB 与顺酐或反丁烯二酸酐进行加成反应。

$$\left[\begin{array}{c} CH{=}CH_2 \\ | \\ -CH{-}CH_2- \end{array}\right]_n + \begin{array}{c} CH{=}CH \\ |\quad\ \ | \\ O{=}C{-}O{-}C{=}O \end{array} \longrightarrow \left[\begin{array}{c} CH{=}CH_2 \\ | \\ -C{-}CH_2- \\ | \\ CH{-}CH_2 \end{array}\right]_n \text{(与 } O{=}C{-}O{-}C{=}O \text{ 成环)}$$

$$\left[-CH{-}CH_2{-}CH{=}CH_2-\right]_n + \begin{array}{c} CH{=}CH \\ |\quad\ \ | \\ O{=}C{-}O{-}C{=}O \end{array} \longrightarrow \left[\begin{array}{c} -C{-}CH_2- \\ \| \\ C \\ | \\ CH_2 \end{array}\right]_n \begin{array}{c} \\ CH{-}CH_2 \\ |\qquad | \\ O{=}C{-}O{-}C{=}O \end{array}$$

从上述两类反应可以看出；产物的不饱和度均未发生改变，加成反应一个通过与双键相邻的叔碳上的氢，一个是双键发生转移。

为获得理想的可用于 AED 的水稀释性聚合物，顺酐的用量大约应控制在 10%～30%。顺酐用量过高虽然可获得较好的水稀释性，但将导致漆膜的耐介质性能下降，而用量较低，则将使聚合物的水稀释性下降。较合理的用量应控制在 15%～25%。

LPB长期受热时易于发生聚合反应，因此在顺酐化的加成反应中应添加一定量的阻聚剂。常用的阻聚剂有取代酚类（如2,6-二叔丁基对甲酚、对甲氧基苯酚）、有机胺类（如三乙胺、三丁胺）、咪唑类（如甲基咪唑）等。阻聚剂的合理使用可有效控制反应产物的黏度，提高工艺的稳定性，防止凝胶事故的发生。

顺酐化引入羧基的加成反应的条件一般为190～200℃，6～10h，一般如控制得当，其顺酐的加成率可达98%以上。

③ 聚丁二烯树脂的改性 LPB与常用植物油相比，不饱和双键的含量相当高，除1,2-构型的PB具有一定厌氧性外，两类具有1,4-构型的PB均可在空气中的氧的参与下发生氧化交联反应。因此，以未经改性的LPB制得的AED（无论是以1,2-构型为主，还是1,4-构型为主的树脂），漆膜的力学性能会随着时间的推移而逐渐变得硬、脆，乃至失去原有的机械强度。毫无疑问，这就是氧化交联反应所带来的恶果。为了克服上述不足，人们进行了种种尝试，如采用不饱和双键含量相对较低的氢化LPB、部分氧化LPB，与某些植物油共顺酐化以及在LPB刚性较高的C—C链段中嵌入柔性链段等。

几种改性途径中比较具工业化价值的当属链扩展，即在LPB刚性较高的C—C链段中嵌入柔性链段以改善LPB的物理力学性能。比较典型的范例是采用具有端羟基的LPB与含NCO基团的异氰酸酯进行链扩展反应，从而使得大分子链段具有刚柔相济的特性。其典型改性路径如下。

$$HO\left[\begin{array}{c}CH{=}CH_2\\|\\CH{-}CH_2\end{array}\right]_n OH + \underset{\text{OCN, CH}_3\text{, NCO}}{C_6H_3(CH_3)(NCO)_2} \longrightarrow HO\left[\begin{array}{c}CH{=}CH_2\\|\\CH{-}CH_2\end{array}\right]_n O{-}OCHN{-}C_6H_3(CH_3){-}NHCO{-}O\left[\begin{array}{c}CH{=}CH_2\\|\\CH{-}CH_2\end{array}\right]_n OH$$

含羟基的LPB经TDI之类二异氰酸酯链扩展后，再按照常规步骤进行顺酐化，可得综合力学性能较为理想的AED涂料。此法最大的缺憾就是工业上制造LPB普遍采用的阴离子聚合法，不能得到含端羟基的LPB，必须采用所谓活性聚合工艺方能实现。

LPB型AED涂料的耐盐雾性能可达200h左右，为AED中耐介质性能最好的品种。

(4) 丙烯酸类 环氧酯、酚醛类AED电泳涂料不易制浅色和彩色涂料的根本原因是原料本身颜色较深。如酚醛树脂呈棕红色；环氧树脂呈黄-褐黄色；亚麻仁油呈黄色；亚麻酸呈棕褐色等。丙烯酸类阳极电泳涂料不再采用常用的亚麻仁油等干性植物油为主要原料，而是采用丙烯酸及其衍生物共聚反应而成。由此克服了由于植物油引起的高温潮湿时长霉变质的可能性，同时也克服了烘烤过程中油脂挥发对烘箱、烘道的污染。也不再采用顺丁烯二酸酐加成在高分子链上引入羧基，而采用共聚单体（如丙烯酸、甲基丙烯酸等）直接引入羧基，此法可制得无色透明的、可水稀释的丙烯酸树脂（丙烯酸酯单体本身无色透明），且在交联固化时不变色。用其电泳可以保持金属本色，起到罩光的作用，为制成白漆、浅色漆和其他各种鲜艳色彩的电泳涂料创造了条件。丙烯酸阳极电泳涂料基本无板结现象的发生，提高了树脂的可溶性和槽液的稳定性。

前面讨论过的几类AED（环氧酯类、酚醛类以及聚丁二烯类）的烘烤干燥原理均为氧化交联反应，丙烯酸类阳极电泳底漆的又一大特点就是可以采用添加交联剂的方式以进一步提高漆膜的综合力学性能及耐介质性能（表3-2-4）。添加的方式可以是外加，亦可采用“内加”方式。所谓“内加”就是在丙烯酸树脂的主链上引入可交联的活性基团，从而使其在烘烤温度下发生自交联反应。显然，“内加”法更适合用于AED涂装系统。可用作自交联反应的单体很多，如羟甲基、羟基、羧基、环氧基、酰氨基等。实际上，较适合用于丙烯酸类AED的可交联单体如羟甲基丙烯酰胺等，其典型的配方及工艺如下。

表 3-2-4 丙烯酸类与环氧酯类、酚醛类阳极电泳底漆基本性能比较

参比项目	A	B	C
原料	丙烯酸类单体	干性油、环氧树脂、顺酐	干性油、酚醛树脂、顺酐
槽液抗霉性	不长霉	易长霉	易长霉
漆膜颜色	可调制成各种颜色	色深	色深
击穿电压/V	≥200	≤150～170	≤150～170
施工电压/V	40～200	50～100	50～100
膜厚/μm	10～40	15～20	15～20
原漆细度/μm	≤20	20	20
槽液稳定性	不易沉淀、抗杂离子干扰能力强	易沉淀	易沉淀
附着力/级	1	1	1
柔韧性/mm	1	1	1
冲击性/cm	50	50	50
耐盐水性(25℃,3% NaCl)/h	24	24	24

① 配方（质量份）

乙二醇单甲醚	28.1	丙烯酸	5.6
甲基丙烯酸甲酯	21.1	羟甲基丙烯酰胺	3.5
丙烯酸乙酯	15.4	偶氮二异丁腈(一)	1.4
丙烯酸丁酯	13.1	乙二醇单甲醚	1.0
丙烯酸羟丙酯	4.9	偶氮二异丁腈(二)	0.3
苯乙烯	5.6	二乙醇胺	适量

② 工艺

a. 将甲基丙烯酸甲酯、丙烯酸乙酯、丙烯酸丁酯、丙烯酸羟丙酯、苯乙烯、丙烯酸、羟甲基丙烯酰胺、偶氮二异丁腈（一）混合均匀，然后加入到高位槽中备用。

b. 将乙二醇单甲醚加入到反应釜中，N_2 保护下升温至 90℃，稳定 10min。

c. 滴加高位槽中的混合物，耗时约 3h；继续保温 3h。

d. 通过高位槽加入乙二醇单甲醚和偶氮二异丁腈（二）的混合物，耗时约 10min；继续保温 2h；

e. 加入适量二乙醇胺调整 pH 至 8 左右。

f. 降温、出料。

③ 树脂半成品指标

外观	透明、黏稠液体	不挥发分/%	70±1
黏度(25℃,格氏管)/s	180～200		

将上述聚合物用去离子水稀释，可配制成 10 %的槽液。在下列电泳条件下进行涂装：

电泳电压/V	60	烘烤条件/℃×min	120×30
电泳时间/min	2		

所得漆膜性能优良，添加颜料、填料后可得各种色彩鲜艳的涂层。

3. 阴极电泳底漆（以下略为 CED）

(1) CED 的发展阶段　阴极电泳底漆之所以受到汽车行业的青睐，究其主要原因则在于它的防腐蚀性能、物理力学性能以及对面漆的烘托性能等方面都较阳极电泳底漆优越得多。可以用作阴极电泳底漆的主成膜物质很多，大体包括丙烯酸树脂、环氧树脂、聚氨酯树脂以及聚丁二烯树脂等几大类，但真正用于汽车工业生产中的则主要有两大体系，即以美国 PPG 公司为主导的环氧/聚氨酯系以及德国赫斯特集团的环氧/聚酰胺/聚酯系等阳离子型合成树脂。无论是哪一类系统，总体来说，CED 经历了以下几个发展阶段。

① 第一代 CED　首次实现工业化的第一代 CED 是所谓薄涂层的通用型电泳底漆。其干膜厚度为 18μm 左右，防腐蚀性能的关键指标——盐雾时间为 400～500h。目前国外大多数

车厂、国内多数大型车厂已逐渐将其淘汰。北京红狮涂料公司 20 世纪 80 年代引进奥地利 Stollack 公司（德国 Herberts 下属子公司）的 G1083 就属于这一品种。

② 第二代 CED　随着汽车行业的发展，给汽车底盘的防腐蚀也提出了更为苛刻的要求，另一方面也考虑是否能够用厚的 CED 底漆来代替一部分中间涂层，这样就发展了所谓厚涂层的 CED。即干膜厚为 30～35μm、盐雾时间达 1000h 以上的 CED。

③ 第三代 CED　汽车行业在使用厚涂层 CED 中发现用价格不菲的 CED 来代替中间涂层不一定合算，另外从节约能源的角度，需要减轻汽车车身的总重。于是向涂料行业提出了能否在保持防腐蚀性能的前提下，减少 CED 涂层的厚度。于是中厚膜 CED 应运而生，即干膜厚度为 25μm 左右，盐雾时间 800～1000h。目前世界上大多数汽车厂都采用了这一品种。

④ 第四代 CED　关于第四代 CED，涂料行业有很多不同的概念，各大涂料公司也有自己的一套说法。总体来讲可以归纳为以下几点。

a. 保持第三代 CED 的基本特性。

b. 涂料公司各赋予其产品各自相应特点，如填平性优良，良好的尖劈效应（有人称其为边角覆盖性），装饰性好，无铅，对面漆的烘托性优良等。目前国内外各大车厂已相继采用这类品种。第四代 CED 其主要特点为：

- 良好的尖劈效应，装饰性好，对面漆的烘托性优良；
- 更新期长，非常适合我国一些生产量一时上不去的中小型车厂使用；
- 超滤水几乎不需要排放而形成封闭式的循环体系。

⑤ 第 *N* 代 CED　再往后有关第几代 CED 的提法就无从统一了，在有关科技文献资料中第五代、第六代甚至第七代的都可以看到。但大体来说，新一代的 CED 应具备以下特点。

a. 环保无毒　无铅、无锡、无铋、无重金属，可满足欧盟、北美等最新环保法规的要求。

b. 高泳透率、低使用量　降低外板膜厚在 20～22μm，提高内板膜厚在 13～16μm。可在降低单台涂料使用量的情况下，提高车体整体耐盐雾水平，保证在 1000h 以上。可采用四枚盒法测试泳透力，用锐角刀片腐蚀点法测试边角耐腐蚀性能。

c. 低烘干温度　可选择 150℃×20min 或 160℃×10min 进行烘干，大量节约能源消耗。

d. 低加热减量　加热减量控制在 4%以内，一般在 2%左右，减少挥发物排放，降低环境污染。

e. 在低 T.O. 值下的槽液稳定性　即使在生产量较小、槽体较大的情况下，或者在零部件生产的涂装线上，当出现涂料更新周期较长的情况下，也能保证非常好的槽液稳定性能。

f. 低溶剂含量　采用不同的技术，控制槽液中的有机溶剂的含量在 1%以内，降低阴极电泳漆的 VOC 排放量。

g. 高平滑性　采用独特表面控制技术，降低电泳涂膜的表面粗糙度 $R_a \leqslant 0.2\mu m$，提高电泳涂膜的表面平滑性，增加中、面漆的外观装饰性。

(2) 阴极电泳底漆（CED）用原料　CED 是由阳离子树脂、交联剂、颜料、填料、助剂、助溶剂、去离子水等所组成。可用来合成 CED 阳离子树脂的高分子聚合物有环氧树脂、丙烯酸树脂、聚丁二烯树脂等，目前应用最为普遍的则是环氧树脂。制取阳离子树脂的途径是：首先在环氧树脂上引入含 N、P、S 等元素的可成盐基团（一般采用有机胺类），再用有机酸中和成盐使之分散在去离子水中。这种阳离子树脂分散液加入其他成分后配制成槽液。电泳涂装时在电场的作用下，发生电解作用，带正电荷的树脂离子挟带着颜、填料等成分向阴极运动进行电泳、电沉积以及电渗等电化学过程，完成电泳涂装。

① 主成膜物质　现今世界上主要汽车总装厂均采用环氧树脂作为主体成膜物质。环氧

树脂阳离子化最简捷的办法就是直接胺化，从而达到使其水性化用于阴极电泳底漆的目的。如采用仲胺或亚胺酮胺化：

$$\underset{\text{O}}{CH_2-CH}-\left[O-C_6H_4-C(CH_3)_2-C_6H_4-O-CH_2-CH(OH)-CH_2\right]_n-O-C_6H_4-C(CH_3)_2-C_6H_4-O-\underset{\text{O}}{CH-CH_2} + HN\begin{matrix}R_1\\R_2\end{matrix}$$

$$\longrightarrow \underset{\text{O}}{CH_2-CH}-\left[O-C_6H_4-C(CH_3)_2-C_6H_4-O-CH_2-CH(OH)-CH_2\right]_n-O-C_6H_4-C(CH_3)_2-C_6H_4-O-CH(OH)-CH_2-N\begin{matrix}R_1\\R_2\end{matrix}$$

然后，再用酸中和成铵盐赋予树脂以阳离子特性：

$$\underset{\text{O}}{CH_2-CH}-\left[O-C_6H_4-C(CH_3)_2-C_6H_4-O-CH_2-CH(OH)-CH_2\right]_n-O-C_6H_4-C(CH_3)_2-C_6H_4-O-CH(OH)-CH_2-N\begin{matrix}R_1\\R_2\end{matrix} \xrightarrow{H^+}$$

$$\underset{\text{O}}{CH_2-CH}-\left[O-C_6H_4-C(CH_3)_2-C_6H_4-O-CH_2-CH(OH)-CH_2\right]_n-O-C_6H_4-C(CH_3)_2-C_6H_4-O-CH(OH)-CH_2-NH^+\begin{matrix}R_1\\R_2\end{matrix}$$

除以双酚 A 型环氧树脂为基干大分子外，采用含环氧基的丙烯酸单体与其他丙烯酸单体共聚生成含环氧基的丙烯酸聚合物，胺化后，再酸化成盐制得阳离子型丙烯酸树脂。这类树脂的重要特点是树脂颜色较浅，可制备浅色 CED。

也有人尝试用带亚氨基的化合物与环氧树脂反应生成端基为季氨基的中间体，然后再用半封闭的异氰酸酯进行链扩展，可得环氧-聚氨酯型阳离子树脂，此类树脂用作 CED 的主成膜物质时不必另外添加交联剂，烘烤条件下解封释放出—NCO 基团与树脂中的 $\rangle$NH 和—OH进行交联反应。

CED 中所用的环氧树脂以下述原料制备的环氧树脂为主：

$$HO-C_6H_4-C(CH_3)_2-C_6H_4-OH \qquad HO-C_6H_4-CH_2-C_6H_4-OH$$

双酚 A　　双酚 F

由上述环氧树脂制备的不同分子量的环氧树脂结构如下：

$$\text{(环氧丙基)}-\left[O-C_6H_4-C(CH_3)_2-C_6H_4-O-CH_2-CH(OH)-CH_2\right]_n-O-C_6H_4-C(CH_3)_2-C_6H_4-O-\text{(环氧丙基)}$$

除双酚系列环氧树脂外，也有采用脂肪族环氧树脂的范例，如采取以下结构的脂肪族线性环氧树脂：

$$\text{(环氧丙基)}-O-R-O-\text{(环氧丙基)}$$

脂肪族线型环氧树脂

式中，R 为长链烷烃。

采用线型脂肪族环氧树脂可以制得力学性能突出的 CED 涂料，就像溶剂型防腐蚀涂料中不同类型的环氧树脂表现出来的性能差别一样；双酚型环氧在防腐蚀性能方面更为优异。故现今汽车行业采用的 CED 多采用双酚系列的环氧树脂。虽然如此，直接取商品环氧树脂做原料并不适用，因为它们的分子大小、主链的刚柔性并不符合 CED 的诸多要求。所以现今汽车工业常见的 CED 都需要采取某些改性措施，如采用低分子量环氧树脂与各类链扩展剂进行反应，这样就可以在保持原有防腐蚀性能的前提下，改善交联漆膜的黏附性、柔韧性。可用来进行链扩展的化合物有联苯二酚、双酚A、长链的烷基酚、长链的一元羧酸或多元酸、聚醚多元醇等。采用上述化合物进行链扩展反应，可以得到适当分子量的环氧树脂。然后再利用接枝或嵌段反应接入柔性链段，以调节整个大分子链的刚柔性。如采用低分子量环氧树脂、双酚以及长链的烷基酚类制备环氧中间体。

第一步：

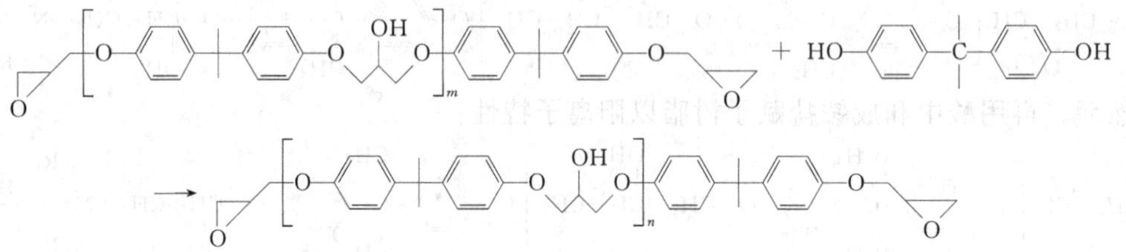

第二步：

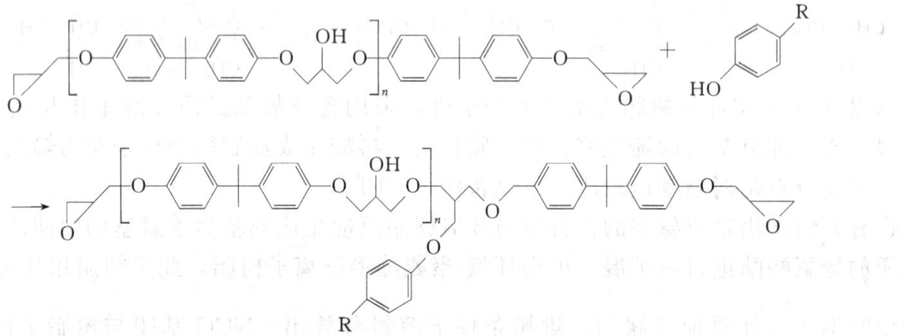

式中，R为长链烷基；m、n为自然数，$n>m$。

链扩展与嵌段（或接枝）反应既可同时进行，亦可分两步进行。现举一一步法的实例：

a. 配方（质量份）

E-51环氧树脂	66.31	双酚A	19.50
壬基酚	9.20	亚磷酸三苯酯	0.10
二甲苯	4.90		

b. 工艺

- 将E-51环氧树脂、壬基酚、二甲苯、双酚A按计量依次投入到反应釜中，然后开搅拌，升温至125℃。
- 停止加热，加入亚磷酸三苯酯（用足够的二甲苯将亚磷酸三苯酯调成糊状）耗时约1h，降温，使反应温度保持在130℃。

取样测EEW值，当EEW＝710～740（理论值为730）时停止反应，降温，得扩链后的高分子量环氧树脂中间体。

然后该中间体中的环氧基再与胺（如*N*-甲基乙醇胺、二乙醇胺、二丙醇胺、二甲氨基丙胺、二甲氨基丁胺等）反应，得到胺封闭的主树脂。最后该树脂以酸中和后再与交联剂和助剂一道分散在水-酸溶液中。

上述制备阳离子化树脂的前期，反应大都在有机溶剂参与下进行，故反应后期还有一个重要的抽提有机溶剂工序。这一步非常重要，如果有机溶剂抽提不完全，则极有可能使CED漆膜对缩孔非常敏感。一般工厂都采用气相色谱来进行监控，但最直接的、也是最有效的办法就是取样配槽，观察所制得的样板上有无缩孔来做最终判断。

总之，制备环氧系CED用树脂的各个阶段都非常重要，忽视任何步骤都可能带来灾难性的后果。

② 交联剂　CED 中采用的交联剂多为封闭型异氰酸酯类化合物。在这里既可采用芳香族异氰酸酯类，亦可采用脂肪族或脂环族异氰酸酯类。有时为了平衡交联漆膜的物理力学性能，采用芳香族与脂肪族异氰酸酯搭配使用，如采用 TDI 与 HDI 搭配可得刚柔并济的良好效果。所采用的封闭剂对于水稀释性涂料系统而言，大多为亲水性醇醚类、胺类等，这里需要考虑的是其解封条件应能适应 CED 绝大多数涂装线的工艺要求。以二乙二醇乙醚封闭 TDI 单体为例，其反应式如下。

$$2\,\mathrm{CH_3C_6H_3(NCO)_2} + \mathrm{HOC_2H_4OC_2H_4OC_2H_5} \xrightarrow{\triangle} \mathrm{CH_3C_6H_3(NCO)(HNCO_2C_2H_4OC_2H_4OC_2H_5)} + \mathrm{CH_3C_6H_3(NHCO_2C_2H_4OC_2H_4OC_2H_5)(NCO)}$$

封闭反应最好在有催化剂（如月桂酸二丁基锡、二丁基氧化锡等）存在的条件下进行，反应温度为 60～80℃，反应时间为 2～3h。有关封闭型异氰酸酯类方面的知识详见本章面漆有关部分。

在 CED 的实际应用中，更多采用的则是以 TDI 的三聚体或与二乙二醇、三羟甲基丙烷、季戊四醇等的加成物为原料，再进行封闭反应而得。以醇醚封闭 TDI 与三羟甲基丙烷加成物的合成工艺及配方如下。

a. 配方（质量份）

原料	质量份	原料	质量份
甲基异丁基酮(一)	6.75	甲基异丁基酮(二)	9.50
TDI	38.16	丙二醇乙醚	23.11
月桂酸二丁锡	0.02	甲基异丁基酮(三)	12.96
三羟甲基丙烷	9.50		

b. 工艺

- 将甲基异丁基酮（一）、TDI、月桂酸二丁锡加到反应釜中，加热到 40℃。
- 将三羟甲基丙烷和甲基异丁基酮（二）在配料罐中混合，混合物的温度应为 55～70℃（如果温度太低，TMP 可能结晶析出）。
- 将混合好的三羟甲基丙烷和甲基异丁基酮（二）溶液以稳定的速度慢慢加到反应釜中，此时釜温应低于 60℃（45～55℃），加完后，在 60℃下保温，取样检验黏度和 NCO 值。
- 如果 NCO 当量合格，在 30～60min 内加入丙二醇乙醚，并且升温至 115℃，保温，大约 2h 可封闭完成。
- 最后加入甲基异丁基酮（三），冷却至 60℃，过滤，包装。

注：1. 三羟甲基丙烷或丙二醇乙醚中不能含水，否则将导致制成品黏度偏高，甚至成为非均相。

2. 三羟甲基丙烷/MIBK 溶液的温度不可高于 75℃。

③ 研磨树脂　如前所述，主树脂经链扩展、接枝（或嵌段）共聚改性后引入氨基，最后与固化剂半成品一起酸化成可水稀释性树脂。为了避免研磨加工时封闭异氰酸酯解封，不少厂家还专门设计了专用于研磨加工的研磨树脂。该研磨树脂的基本结构与主树脂大体相同，但其结构和分子量因考虑到对颜料的润湿性和研磨性能而有所不同。相比呈乳液形态的主树脂而言，它应更具亲水性，而以可水稀释形态存在。这样在研磨加工时，就可承受高剪切速率而不会“破乳”。还有一点不同的就是研磨树脂中不含任何交联剂。

④ 颜料、填料　由于汽车行业用 CED 的颜色较为单一，一般包括黑色、中灰色、浅灰色等有限的几种，故所涉及的颜料、填料品种不多。

阴极电泳涂料的颜基比是一个较为重要的工艺参数。一般颜料与成膜物质的沉积比会有所不同，这样在日常运作的过程中就会导致颜基比的变化。太高的颜基比将使漆膜的光泽下降，漆膜疏松，性能下降，槽液的沉淀增多，从而使泵、管路的负荷加大。太低的颜基比又会引起槽液的泳透率下降，膜厚降低。低颜基比是一个CED水平的衡量参数之一，一般可控制在0.12～0.18。

a. 白色颜料 仍然以钛白为主，可用于CED系统中的几种品牌，如杜邦的900，Tioxide公司的R-TC90、R-HD6、R-HD2，NL化学品公司的RN45、RN56、RN59、RN61，帝国化工公司的JR-600E、JR-602等均可。

b. 黑色颜料 炭黑系颜料是CED系统中的主要黑色颜料，其中多采用炉黑，而较少用其他几类炭黑，如哥伦比亚公司的Raven 410、卡波特公司的Elftex 125等均为炉黑。

c. 硅酸铝 合成硅酸铝主要用于水性系统中作为功能性填料。

d. 沉淀硫酸钡 CED中主要采用“超细”沉淀硫酸钡，为使其产品真正符合“超细”的称号，不少生产厂家都将粒径控制在0.7～4μm的范围内，不仅如此，还规定45μm的筛余物应低于0.01%～0.001%。有关资料显示：在CED中，超细硫酸钡除起重要的防沉降作用外，还可用它来取代近20%左右的钛白粉。

e. 碱式硅酸铅 铅作为重要的固化交联催化剂及防腐防锈颜料一直到现在仍然是所谓前四代阴极电泳漆体系的主要成分，其中较典型的就是碱式硅酸铅。在早期的CED系统中它被广泛用作防锈颜料，就像其他铅系颜料一样，近年来由于环保方面的原因碱式硅酸铅已经逐渐淡出涂料行业而为其他性能优越而又不含重金属离子的防锈颜料所替代。

f. 铋盐 无铅、锡等重金属防锈颜料的开发中比较成功的就是铋盐的应用，如乳酸铋、二羟甲基丙酸铋、氨基磺酸铋、羟基磺酸铋和烷基磺酸铋等。金属铋离子可以替代铅离子作为阴极电沉积涂料催化固化剂，且在不降低漆膜性能的前提下，可以降低烘烤温度，减少了能耗。含有铋离子的阴极电沉积涂料相对铅而言，具有更为优良的硬度和耐盐雾性能。

⑤ 溶剂 乳液中的溶剂是树脂和交联剂生产中所不可少的溶剂混合物，它们的存在对于保证漆膜的厚度是必要的。丙二醇醚或乙二醇醚类都可以添加到槽液中以改善流平或调整漆膜的厚度。新一代的CED中助溶剂的含量可低于1%。

⑥ 助剂 CED系统中用得最多的助剂有消泡剂、稳定剂以及膜厚调整剂等。在溶剂型色漆系统中经常用到的润湿分散剂在CED中却不太常见，主要是因为CED用研磨树脂本身就具有良好的润湿、分散功能。

a. 膜厚调整剂 烷基酚的醚类具有较好的膜厚调整功能，如乙二醇苯基醚、聚乙二醇苯基醚、丙二醇苯基醚、聚丙二醇苯醚等。

b. 消泡剂 在CED系统中多用到消泡剂，如槽液泵循环过程中泡沫的消除等。所用消泡剂最好为非硅氧烷系列产品，炔醇类、改性脂肪酸类以及矿物油类等。

(3) 色浆的制造 CED用色浆的制造与溶剂型色浆大体相同，但这里对研磨过程中漆料的温度控制较为严格，因此建议采用砂磨机上配备有温度显示可以监控酮体内温度的机型。另外，由于CED对于油污特别敏感，故砂磨机的轴封方式及材料也应重点考虑。现国内外普遍采用的双筒式砂磨机基本符合上述要求。由于CED的颜色比较单一，故研磨时不如面漆部分那么复杂，有的就将全部颜料、填料一起研磨，有的则单独研磨黑色浆，一方面可以提供黑色CED，另外，也可为客户供应不同灰度的CED。

第二节 中间涂料

中间涂料是介于底漆和面漆之间的一种涂料。涂料工通常习惯把传统底漆叫做“头道浆”，那么中间涂料就顺理成章地被使用者称为“二道浆”、“二道底漆”了。汽车行业对中间涂料的需求量相当大，有关统计资料显示；全世界每年的产量达 13 万吨之多。汽车行业用中间涂料按照其用途来分类有；通用型中间涂料、抗石击型中间涂料以及线上修补型中间涂料等。按其形态来分则有溶剂型中间涂料、水性中间涂料、粉末中间涂料三大类。大约 20 年前，在汽车行业中溶剂型中间涂料还占据着统治地位，但近年来以欧洲、北美为先导，粉末及水性中间涂料逐渐显露出一定的势头。表 3-2-5 中列出了 2003 年世界各地三类中间涂料所占的市场份额。

表 3-2-5　2003 年世界各地三类中间涂料所占的市场份额　　单位：%

类　型	欧洲	北美	南美	亚洲	非洲
溶剂型	46	65	83	95	71
水性	52	5	17	5	20
粉末	2	30	0	0	9

从表 3-2-5 中数据可知，欧洲的水性中间涂料发展迅速，南美稍次。而北美在粉末中间涂料的应用方面处于领先地位。亚洲则在上述两类先进技术上远远落后于其他地区。

汽车行业使用的三类中间涂料的基本技术参数见表 3-2-6。

表 3-2-6　三类中间涂料的技术参数

项　目	溶剂型中间涂料	水性中间涂料	粉末型中间涂料
不挥发分/%	50～65	35～45	100
VOC/(g/L)	390～420	170～230	0
相对密度/(g/cm³)	1.1～1.3	1.1～1.3	0.5～0.7
烘烤条件/min×℃	20×(130～165)	20×(130～165)	20×(160～190)
膜厚 /μm	35～50	25～35	55～100
黏度(20℃)/mPa·s	60000～100000	60000～100000	固体
贮存温度/℃	5～35	5～35	5～30
涂料使用效率/%	75	70～80	98
保质期/月	6	6	12

中间涂料的主要功能是进一步改善工件已涂装底漆的表面，作进一步的填补、修正，提高其平整度，以使面漆的鲜映性、丰满度、光泽等均有较大程度提高。另外，良好的中间涂料还可以吸收一定的冲击能量，对于提高涂层系统的整体抗石击性能也大有裨益。

为了满足汽车行业对中间涂料的上述要求，在设计中间涂料的配方时需要考虑以下因素。

- 主成膜物质　应选择刚柔相济的树脂，如异氰酸酯改性聚酯树脂、聚酯树脂、合成脂肪酸醇酸树脂等。
- 交联剂　采用三聚氰胺甲醛树脂与封闭异氰酸酯搭配作交联剂。
- 颜料、填料的选用　重点考虑填平性、打磨性、对面漆的烘托性，在颜色方面则需要考虑与面漆颜色相近的原则，以达到最佳覆盖。
- 溶剂　适用于各种喷涂手段，如空气雾化喷枪、静电高速旋杯等。
- 助剂　原则上禁止在中间涂料配方中采用各种硅系列流平剂，包括聚醚改性硅氧烷、聚酯改性硅氧烷等，如 BYK300、BYK331、BYK310、BYK320 等。应选用对层间附着力影响不大的某些氟、硅系列的产品，如 BYK306、BYK307，EFKA 的 3777 等。

近代汽车行业对中间涂料的要求也越来越苛刻，各国汽车涂料生产厂家也投入不少力量从事研发工作，中间涂料的主要发展趋势大体如下：

- 进一步改善中间涂料的外观，提高其对面漆的“烘托”性能；
- 厚膜化，重点在于提高一次成膜厚度；
- 进一步提高其施工性能，使之具有良好的抗起泡性、流平流挂性能；
- 抗石击性，能有效吸收汽车表面受到冲击时的能量；
- 良好的层间附着力；
- 高不挥发分、低 VOC，符合越来越苛刻的环保标准要求等。

目前我国汽车行业仅在轿车、中巴、皮卡等中、高档汽车上使用中间涂料，而在一些轻卡、重型卡车、农用车等较低档车型上因成本方面原因，往往省去了此道工序。

一、原料

中间涂料所采用的原材料与面漆基本一样，也是由主成膜物质、颜填料、溶剂以及助剂等组成，现分述如下。

1. 主成膜物质

现今世界上无论是溶剂型，还是水性、粉末等几乎所有汽车用中间涂料的主成膜物质都采用聚酯树脂或异氰酸酯改性聚酯树脂。合成中间涂料用聚酯树脂时所采用的多元醇或多元酸与面漆略有不同。其主要区别是这里所需要考虑的重点在于它更加偏重于前面所提到的中间涂料所需要的一些性能，如层间附着力、平整度、对面漆的烘托性以及抗石击性能等。因此在多元酸或多元醇的使用上与面漆树脂将有所不同。现举两例较为典型的中间涂料用聚酯树脂的合成范例，读者可以从中领悟它们与面漆用聚酯树脂的异同点。

(1) 配方（质量份）

	DC8879A	DC8879B		DC8879A	DC8879B
三羟甲基丙烷	6.50	12.10	豆油脂肪酸		11.08
新戊二醇	22.02	11.64	二甲苯(回流)	3.00	3.00
四氢苯酐	17.22		二甲苯(兑稀)	33.92	22.93
苯二甲酸酐	8.82	22.90	100# 芳烃溶剂		12.00
己二酸	8.51	4.34			

(2) 工艺

① 工艺一

a. 将新戊二醇、三羟甲基丙烷、四氢苯酐、苯二甲酸酐、己二酸以及回流二甲苯等原料投入反应釜中，分水器中加好二甲苯。

b. 升温到固体物料全部熔融后再开启搅拌。在 175℃反应 1.5h，保持正常回流。升温到 190℃，反应 2h，然后继续升温至 200℃，保温回流。

c. 在 200℃下，保温回流至酸值为 9～13，测黏度。

d. 如果酸值合格，而黏度偏低，则可升温至 210℃，保温回流直至黏度合格。

e. 待黏度合格后将物料抽至兑稀罐中。降温至 130℃以下，加入兑稀的二甲苯，搅拌均匀，然后降温至 70℃以下，过滤、包装。

② 工艺二

a. 将新戊二醇、三羟甲基丙烷、苯二甲酸酐、己二酸、豆油脂肪酸以及回流二甲苯等一起投入到反应釜中。

b. 开始升温，待固体物料全部熔融后再开动搅拌。在 175℃的温度下保持 1.5h，使其回流充分。再升温至 190℃，保持回流 1.5h。升温至 200℃，在此温度下保持到酸值为 4～7（mg KOH/g 漆基）为止。

c. 如果此时黏度还达不到指标，可将温度升至 210℃，保温回流至黏度合格为止。

d. 降温至 180℃，加入 100# 芳烃兑稀，待温度降至 130℃ 时加入二甲苯兑稀。温度降至 70℃时过滤，包装。

(3) 技术指标　两种树脂的技术指标见表 3-2-7。

表 3-2-7　两种树脂的技术指标

项　目	DC8879A	DC8879B	项　目	DC8879A	DC8879B
外观	透明黏稠黄色液体	透明黏稠黄色液体	细度/μm	15	≤15
黏度(涂-4)/s	140～180	120～160	酸值/(mgKOH/g)	9～13	4～7
颜色(Fe-Co)	≤8	≤8	不挥发分/%	62±1	60±2

上述两种树脂均可用来配制性能优良的汽车用中间涂料（详见本节涉及制漆配方方面的内容）。

2. 交联剂

中间涂料用主成膜物质聚酯树脂等与之配套的交联剂多为三聚氰胺甲醛树脂、苯代三聚氰胺甲醛树脂以及封闭型异氰酸酯类等。其中甲醇醚化三聚氰胺甲醛树脂，尤其是具有单三嗪环的六甲氧基三聚氰胺甲醛树脂最为普遍。如果醚化度不高，则游离的羟甲基可发生自缩聚反应，对溶剂型系统而言，以此可以得到较高的硬度，但对水性系统而言，却可能导致系统不稳定。

在溶剂型系统中，苯代三聚氰胺甲醛树脂可改善漆膜的外观、光泽以及附着力，但其耐候性能稍差。对此，不建议采用这类交联剂的中间涂料与遮盖力较差的底色漆（如以珠光颜料为主的底色漆）配套。

封闭型异氰酸酯类用作中间涂料的交联剂可赋予漆膜优异的综合物理力学性能及耐化学腐蚀性能。几乎所有的异氰酸酯类均可用于中间涂料系统，即脂肪族、脂环族以及芳香族等均可，如六亚甲基二异氰酸酯（HDI）、异佛尔酮二异氰酸酯（IPDI）以及甲苯二异氰酸酯（TDI）等。芳香族异氰酸酯类表现出较高的反应活性，且给出刚性较高的漆膜，而脂肪族异氰酸酯类则表现出较好的柔性和突出的耐候性。与 HDI 相比，IPDI 具有较好的成膜性能，尤其是采用湿碰湿施工工艺时，它的物理干燥性能特别良好。

在水性中间涂料系统中，异氰酸酯基的存在有助于树脂的水分散稳定性，而不需要另外的羧基，这是因为 >NH 基与水分子间存在相互作用的缘故。

封闭剂的选用原则与面漆部分大体相同，有关知识将留待面漆系统中再详细讨论。

尽管中间涂料系统的主成膜物质以聚酯树脂为主，但也有采用环氧树脂的范例。环氧系中间涂料具有优良的力学性能、施工工艺性能、优异的防腐蚀性能以及对金属基材优良的附着力等。溶剂型环氧系中间涂料中所采用的环氧树脂多为的低分子量双酚 A 型环氧树脂，而具有两个以上双酚 A 单元的固体环氧树脂则多用于粉末中间涂料中。双酚 A 型环氧树脂的耐紫外光性能较差，因此在有些情况下采用脂环族环氧树脂或丙烯酸缩水甘油酯等。耐候性较好的环氧系的例子是基于异氰酸酯的环氧类交联剂，如三缩水甘油基异氰酸酯（TGIC）。

3. 颜料、填料

中间涂料中采用的颜料、填料与面漆、底色漆不同，它不仅仅需要提供一定的色泽，而且还需要赋予漆膜一定的补强性能。采用的颜料多为钛白、炭黑，填料则多为沉淀硫酸钡、碳酸钙、滑石粉、硫酸锌以及白土等。

(1) 钛白粉　钛白粉由于自身具有接近石英的硬度，故能赋予漆膜以良好的抗石击性能。颜料钛白有两类晶型，即金红石型和锐钛型。金红石型具有较高的折射率、较好的耐化学腐蚀性能及耐紫外光性能，是使用最为普遍的颜料之一。

(2) 硫酸钡 硫酸钡的密度为 $4.1g/cm^3$ 左右，有天然硫酸钡（俗称重晶石粉）和沉淀硫酸钡两种。沉淀硫酸钡在制造时，沉淀工艺可以将填料粒子的粒径控制在一个较为狭窄的范围内，而且纯度很高。相反，天然硫酸钡的纯度不高，其中大约含有10%的不纯物（锶和钙的硫酸盐），这两种硫酸钡均可用于中间涂料中。由于硫酸钡的折射率只有1.64，故它不能赋予漆膜颜色，只是一种填充料。它们对酸、碱均呈现惰性，且具有良好的耐候性能。最为重要的是它的价格低廉，非常适合与钛白粉拼用。

(3) 滑石粉 滑石粉最显著的特征就是片状或纤维状结构、憎水性能和相对低的硬度。其中的憎水性能可赋予滑石粉以良好的分散性。在中间涂料系统中滑石粉专用于调节漆膜的被破坏性能。在某些情况下，滑石粉的应用可以使漆膜的内聚强度降低，则在漆膜承受强烈的石击作用时，就可以避免成片脱落。滑石粉产自天然矿物，它具有较好的化学稳定性，其天然矿物有白云石和绿泥石两大类。

(4) 二氧化硅 二氧化硅的密度为 $2.2g/cm^3$ 左右，1942年具有狭窄粒径范围的裂解法二氧化硅正式投入市场。它的粒径范围仅为 $0.007\sim0.020\mu m$。由于它们有着较高的比表面积（$200m^2/g$），一般将其加工成聚集态的商品出售。

作为填料，由于它具有与其他物质相互作用的强烈倾向，故它可赋予涂料以触变性能。另外，它还可用作消光剂，用于亚光涂料特别是粉末涂料中。

(5) 中国白土 中国白土的化学名称为硅酸铝，它们常常以矿物形态存在于大自然中。涂料用白土常常加工成粒径小于 $10\mu m$ 的填料，其密度一般为 $2.6\ g/cm^3$ 左右。白土在中间涂料配方中常用来提高漆膜的硬度，有时还用来调整漆膜的打磨性。

(6) 炭黑 中间涂料的颜色以中灰、浅灰等淡色调为主，很少见到纯黑色的中间涂料，故炭黑仅作为调色颜料使用。炉黑、槽黑及灯黑几类炭黑均可用于溶剂型中间涂料中，但对于水性中间涂料系统而言，则建议采用炉黑或灯黑。

4. 添加剂

在水性中间涂料中，助剂的应用远较溶剂型中间涂料复杂，因为在这里需要同时考虑树脂、颜料以及作为溶剂水的相互间的作用。此时添加的助剂有：颜料的润湿分散剂、消泡剂、脱泡剂、对基材表面的润湿剂以及流变剂等。需要补充一点的是：在中间涂料系统中，有时还需要添加催化剂及导电剂等。采用硅氧烷系助剂时，要特别留意！因为硅系助剂对层间附着力的影响非常大，应特别关注它对罩面面漆的影响。

中间涂料系统中采用的润湿分散剂与面漆部分基本一致，无特殊需求。与溶剂型中间涂料系统不同，在水性和粉末中间涂料系统中需要采用消泡剂或脱泡剂。

在添加剂的使用中，最为重要的是流变助剂。这种助剂的使用可以在一定程度上赋予涂料在高剪切应力的作用下，表观黏度较低，而在低剪切应力的作用下，表观黏度较高的特性。无疑，那些选用了合适流变助剂的涂料必然有着良好的施工工艺性能。在保证有足够一次成膜厚度的前提下，所得涂层的外观肯定会平整光滑。适用的流变助剂有高聚物类，如聚氨酯、脲醛树脂以及丙烯酸树脂等；无机添加剂，如气相白炭黑、有机膨润土等。

5. 溶剂

在溶剂型中间涂料系统中采用的有机溶剂有芳烃类、醇醚类以及酯类等。一般将这三类溶剂搭配使用，搭配时主要应该考虑以下因素：溶解性、黏度、沸点及其沸程、相对挥发速率、闪点、化学性能、毒性以及价格等。当今汽车行业尤其注重气味、毒性、价格等。通常，在稀释剂的配制中应考虑慢干、流展快的溶剂与沸点较低的溶剂之间的平衡。慢干溶剂可以减少缩孔产生的概率，而快干溶剂则对防止流挂有好处。

在水性中间涂料系统中应采用亲水性有机溶剂，最好是水溶性的溶剂，但有时也加入一些不溶于水的有机溶剂。

在聚酯树脂类中间涂料系统中，芳烃溶剂添加到配方中起“冲淡”作用，以协助喷涂施工时漆料更好地雾化。当然，这类溶剂并非“良”溶剂，故用量应严格控制，以免造成树脂系统不稳定。在水性中间涂料系统中，也有用到少量芳烃类溶剂，在这里主要起“破泡”的作用。

醇、溶纤剂以及酯类溶剂等所有含氧溶剂对聚酯树脂系统而言均为“真”溶剂。三类溶剂选择的原则是施工和稳定两个方面的因素。众所周知，在采用三聚氰胺甲醛树脂为交联剂的烤漆系统中，丁醇起着重要的稳定作用。在水性涂料系统中，乙二醇丁醚是最为普遍的助溶剂，它可以起稳定和改善树脂与水相间的相互作用，且赋予体系以流变性能。具有较高沸点的二乙二醇醚酯类溶剂可改善喷涂施工时基材以及漆膜表面漆雾的溶结。

四氢化萘或松根油沸点较高，多数典型的中间涂料配方中均含有少量的这类“稀释剂”，它们对保持漆膜适当的湿度、防止缩孔形成非常有益。

二、几类中间涂料

1. 通用型中间涂料

中间涂料中使用最为普遍的是通用型的品种。此类中间涂料具有中间涂料的基本特点，用于一般中、高档汽车涂装中。现举一例浅驼灰中间涂料。

① 配方（质量份）

DC8879A	28.53	氧化铁红	0.15
DC8879B	18.21	甲醇	1.00
混合醚化三聚氰胺甲醛树脂	16.00	丁醇	1.60
R900 钛白粉	20.21	乙二醇丁醚	1.50
沉淀硫酸钡	8.36	CAC	4.00
炭黑	0.14	润湿分散剂	0.30

② 技术指标

外观	浅灰色均匀黏稠液体	细度/μm	≤15
黏度(涂-4 杯,23℃)/s	40～70	烘烤条件/℃×min	(150±2)×20

2. 抗石击中间涂料

目前，我国的汽车涂装线几乎均采用聚酯/醇酸/丙烯酸/氨基体系的溶剂型漆种进行汽车中间涂层的涂装。随着用户要求的质量越来越高，对汽车的耐石击性能的要求也逐渐苛刻，汽车的发动机罩盖、侧下围等易受路面小石子攻击的部位漆膜崩裂破损，严重影响车体外观和耐腐蚀性能。为此，新一代抗石击中间涂料应运而生。近年来，各大汽车公司已经逐渐采用新一代抗石击性中间涂料进行车体的涂装来克服小石子的冲击。改善中间涂层耐石击性的方法有很多种，欧美体系采用封闭的异氰酸酯交联剂来改善中间涂层的耐石击性能；日本则采用改良树脂的结构和弹性加上配合防石击颜料来实现。两者各有千秋，均能达到不同厂家、不同车型、不同部位、不同成本的多样化需求。新一代耐石击性中间涂料的主要特点如下：

① 采用具有一定线型结构的聚酯树脂，活性适中、柔韧性好；

② 固化剂采用三聚氰胺甲醛树脂与封闭型异氰酸酯结合，赋予交联漆膜良好的物理力学性能；

③ 添加改善流挂性能的树脂，如SCA改性聚酯树脂，使漆料具有良好的施工性能；

④ 非硅系列流平剂的采用，可赋予漆料良好的流平性，且不影响层间附着力。

现举一例抗石击中间涂料用树脂合成的范例供参考（质量份）。

线型聚酯树脂	38.0	超细滑石粉	5.0
SCA改性聚酯树脂	8.0	炭黑	0.2
封闭型异氰酸酯	8.0	膨润土胶（10%）	6.0
异丁醇醚化三聚氰胺甲醛树脂	13.0	BYK-358	0.2
钛白粉	11.0	100#溶剂	2.6
超细硫酸钡	8.0		

采用上述配方配制的中间涂料具有良好的综合物性及对面漆的烘托性能。特别突出的是，该中间涂料的抗石击性能优异，配方中，封闭型异氰酸酯的用量对抗石击性能影响明显，当其用量达10%时，其抗石击性能可小于1级，杯突性能可达8mm以上。

3. 线上修补用中间涂料

汽车原厂漆中也有用到"修补涂料"的情况。主要是因为涂装过程中控制再严密，也难免有疵点、流挂、橘纹等漆膜弊病存在。这就需要及时进行线上"修补"，因此原厂漆的中间涂料就有"修补用中间涂料"这类品种。修补用中间涂料与汽车修补漆中所采用的中间涂料大同小异，基本属于硝基类涂料。要求快干、易打磨、附着力良好。现举一例典型范例供参考（质量份）。

蓖麻油短油醇酸树脂	23.0	超细碳酸钙	2.0
苯二甲酸二丁酯	1.2	钛白	3.0
NC溶液（1/2s，35%）	36.0	滑石粉	6.5
膨润土胶液（10%）	1.5	硬脂酸锌	0.3
炭黑	0.1	二甲苯	10.0
立德粉	10.2	醋酸丁酯	3.0
超细硫酸钡	3.0	TT-88	0.2

三、中间涂料的技术标准

中间涂料的技术标准多属于各汽车总装厂自定或与供漆厂协议标准，但大多如表3-2-8所列。

表3-2-8 中间涂料的技术标准

项 目	指 标	测定方法
漆膜外观及颜色	符合标准板，平整光滑	
黏度(涂-4杯，25℃)/s	40～70	GB/T 1723—1993
细度/μm	≤20	GB/T 1724—1979
烘烤条件/℃×min	(150±2)×20	
光泽/%	70	GB/T 9754—1988
硬度	≥0.6	GB/T 1730—1979
柔韧性/mm	≤3	GB/T 1731—1993
冲击性/cm	≥50	GB/T 1732—1993
附着力/级	≤1	GB/T 9286—1988
杯突性能/mm	≥4	GB/T 9753—1988
耐水性(40℃×240h)	不起泡，允许轻微失光	GB/T 1733—1993
耐候性(广州曝晒1年)	龟裂0级，失光1级	

第三节 面漆

汽车面漆具有赋予汽车色彩以及对整个涂装系统保护的功能。在汽车刚刚问世的那段时间，汽车的颜色仅有一种黑色。然而在 21 世纪的今天，有关统计数据披露，每年约有近 1000 种新的颜色被用于汽车上，而近 30 年来在汽车颜色库里大约保存了 25000～40000 种颜色。因此有人说，汽车漆应归于颜色科学的范畴倒也颇有几分道理。

汽车面漆与其他领域的面漆一样，主要有清漆和色漆，而色漆中又可细分为含一般赋色颜料的本色漆、本色底色漆和含效应颜料的金属闪光漆等。

人们知道，色漆主要由成膜物质、颜料、溶剂以及助剂所构成。色漆的生产按其加工工艺分类有传统的主色浆法和新近发展起来的单色浆法。所谓单色浆法就是预先将各种颜料分别分散在成膜物质中制成色浆，然后再按照配方，将主成膜物质、各种色浆、助剂以及溶剂等混合均匀，调配成各色漆。姑且将传统的色漆生产工艺称为主色浆法。这种工艺乃是将配方中的所有颜料全数加入到研磨漆料中，再分散、研磨，待细度合格后再补加树脂、助剂、溶剂等调配成漆。最后再根据肉眼或测色仪器的判断，添加某些单色浆以对其颜色进行微调，配制成漆。两种工艺各有优劣，现将其特点比较如下。

● 生产周期　两种工艺生产色漆的总生产周期虽然差别不大，但因为单色浆工艺中，各种色浆均已贮存在库，故无需临时对颜料进行研磨、分散，只要按配方加入各种成分再混合均匀即可。从接到订单到交货，及时、快捷，显然供货周期比主色浆法要短得多。

● 对助剂的要求　单色浆工艺对分散助剂的要求较高，相对于同一品种的颜料而言，助剂的用量一般要比主色浆法高。涂料厂研磨和配漆工段有经验的师傅们都知道；几种颜料在一起混合研磨制得的色漆，比起分开研磨后再混合的工艺来，不容易浮色、发花、絮凝。显而易见，单色浆工艺为了避免色漆成品的上述弊病，在制备单色浆时，必须加强对助剂的评估，必要时还得相应增加助剂的用量或添加助分散剂。

● 对研磨树脂的要求　主色浆法对研磨树脂几乎无要求，只要采用色漆中的主成膜物质即可。单色浆法则不然，必须认真考虑研磨树脂与本公司各类漆种中主成膜物质的相容性。

● 对生产设备的要求　两种工艺对生产设备本身并无特殊要求，但以单色浆工艺法生产的工厂至少应配备 5～6 台砂磨机，分别研磨黑、白、红紫、蓝绿、褐黄五大类颜色的色浆，而且还要求尽可能彻底地清洗设备，否则必将给单色浆带来污染，为下一步调色、配漆带来麻烦。

● 经济性　研磨树脂不是万能的成膜物质，它不可能照顾到方方面面的漆膜性能，为了降低研磨树脂对色漆成品物性的影响，应尽可能减少色浆中研磨树脂的用量。这样势必需要增加润湿分散助剂的用量。采用价格相对昂贵的润湿分散剂来替代研磨树脂，从经济的角度来看，显然不划算。

有人曾就这两类工艺技术经济性方面的优劣作过详细比较，他们认为：如果仅仅从技术和生产的角度来看，单色浆工艺显然优于主色浆法，但单色浆工艺比较适合批量小于 500kg 产品的生产。生产批量较大的色漆时，如果采取单色浆工艺，则工厂成本将可能要高出 20％～25％。

综上所述，两类工艺各有优劣，制漆时可根据自身的条件和需要进行选择。汽车原厂漆的生产因车型不同而采用不同的工艺。如卡车、轻型车等用漆，因批量大、花色变化相对较少，故而普遍采用主色浆法。轿车、微型车等小型车用漆则因其批量小、花色多而主要采用单色浆法。而对于多层金属闪光漆的生产，因其中含有效应颜料，如铝粉、珠光粉以及石墨粉等，具有独特的片状结构，为使其不被破坏，不能采用传统的研磨分散设备进行分散加工，甚至连高速搅拌都不允许，因此无法采用传统的主色浆工艺生产，而必须采用单色浆工艺。

一、色浆

如上所述，采用单色浆生产工艺时都要用到“单色浆”。在汽车原厂漆中采用的单色浆应具备以下性能：

① 要求与系统中主成膜物质的混容性良好；

② 贮存和运输过程中，无分层、絮凝、返粗现象；

③ 色调、色强度、色纯度稳定，无任何色污染；

④ 具有一定的热稳定性，能耐高温下烘烤（甚至是“过”烘）无明显色差；

⑤ 黏度适当，易于操作；

⑥ 对成品漆各项性能的影响不明显；

⑦ 混入基料及其他组分的工艺简洁，只需低剪切力下搅拌、加入即可，不要求“在高剪切力分散的条件下，尽可能慢慢地加入”，届时不会产生絮凝、返粗甚至结块等弊病；

⑧ 研磨树脂及分散助剂的用量相对较低，以尽量减少它们对最终产品性能的影响。

汽车原厂漆中用到的色浆系统主要包含两大类，即含普通彩色颜料（包括钛白、炭黑）的色浆和含铝粉、珠光粉、纳米级钛白之类效应颜料的色浆。一般稍具规模的汽车原厂漆生产厂家的色浆系统由数十个甚至上百个色浆组成，以对现有汽车面漆的颜色形成较为完整的色空间覆盖，现分述如下。

1. 研磨树脂

如前所述，在单色浆工艺中研磨树脂的选择至关重要，在汽车原厂漆系统中，适用的研磨树脂应具备如下条件。

(1) 混容性 研磨树脂至少应与漆料中各类树脂的混容性良好。如主成膜物质（醇酸树脂、丙烯酸树脂、聚酯树脂等）、交联剂（氨基树脂、封闭型异氰酸酯等）以及其他辅料（能赋予体系流变性能的某些树脂或助剂等）。

(2) 分散性 对各类颜料（包括有机、无机颜料）的润湿性、分散性均优。

(3) 对成品性能影响 各种色浆配漆后，对成品漆的物理力学性能、耐极性、非极性介质性能、耐老化性能等均无不良影响。

在汽车原厂漆单色浆系统中选择研磨树脂时，偏重于性能方面的考量，而较少考虑它们的通用性。也就是说；重点在于看其是否影响到最终漆膜的性能，而不太注重它们与其他不常用到树脂的混容性。因此，在汽车原厂漆单色浆系统中很少像汽车修补漆那样采用所谓“通用色浆树脂”，而较为简捷地采取就地取材的方式。由于当今汽车原厂漆仍然以醇酸-氨基或丙烯酸-氨基类烤漆系统居多，故不少厂家都选择了对各类颜料润湿分散性均较好的氨基树脂与主成膜物质搭配以构成复合的研磨树脂。一般来说，在本色漆系统中的主成膜物质多为醇酸树脂或丙烯酸树脂，在金属闪光底色漆系统中则多为聚酯树脂以及聚酯树脂与丙烯酸树脂搭配等。另外，在金属闪光漆系统中采用 CAB 与氨基树脂的搭配也是一个不错的选择。总之，相对汽车修补涂料系统而言，汽车原厂漆系统的研磨树脂的选择比较简单，上述组合举例很容易满足单色浆系统对研磨树脂的基本要求。

2. 彩色颜料

汽车漆（无论是原厂漆还是修补漆）是各类涂料中采用颜料品种最为广泛、要求也较为苛刻的领域。在汽车漆领域中，颜料的选择非常重要。应该根据颜料的种种特性慎重进行挑选，一般情况下，以下几项基本性能需特别留意。

(1) 着色力 着色力有时也被称为色强度，是某一颜料与另外一种颜料混合后影响最终颜色的能力。它是某种颜料对光线吸收和散射的结果。除了与自身化学性质有关外，还和颜料粒子的形状、大小、分布以及在展色剂中的分散有关。在汽车原厂漆以及汽车修补漆的色浆系统中，它是一项非常关键的性能指标。

(2) 耐候性 有些颜料在户外阳光的作用下，自身的颜色会产生不同程度的变化，变化程度越大，则说明颜料的光稳定性越差。这种现象多半是颜料自身发生化学反应所造成的。汽车漆对颜料的耐候性有着非常苛刻的要求。选用任何品种的颜料前，必须通过严格的人工加速老化和户外曝晒实验。

(3) 耐热性 某些颜料，特别是某些有机颜料，如苯胺系、偶氮系等化合物受热易分解从而造成颜料的颜色变暗、褪色。汽车原厂漆多为高温（120～160℃）烘烤固化，有时候还必须考虑“过烘”问题。因此，它们对颜料的耐热性要求颇高。而汽车修补漆的固化通常是室温，充其量也就低温（60～70℃）短时间烘烤。对此项性能则要低得多。

(4) 耐溶剂性 某些颜料在与某些溶剂接触时会出现渗色现象，即表示该颜料的耐溶剂性差。汽车漆的涂装中，不少品种要求采用“湿碰湿”工艺，如双层金属闪光漆和本色底色漆系统就是如此。这两种系统的底色漆中采用的颜料如果耐溶剂性能差，将出现严重的渗色、色迁移现象，这是绝对不能允许的。

(5) 水分含量 颜料是一种微细粉末状物质，表面积较大，常常吸附空气中的一些水分。当颜料粒子中水分含量过高时，往往会带来一系列弊病，如絮凝、返粗、增稠等。在汽车修补涂料中，2K 系统的色浆由于多为双组分聚氨酯类，所用颜料的含水量应尽可能少，否则颜料中所含的水分将会与异氰酸酯类固化剂的—NCO 基团反应，释放出气体，可能给漆膜带来“痱子”，甚至起泡的危险。在汽车原厂漆中，则有可能带来“闷光”、“雾影”等光泽下降的漆膜弊病。

在高档汽车漆中，所采用的颜料大部分来自汽巴（Ciba-Geigy）、科莱恩（Clariant）、巴斯夫（BASF）等几家国际知名的高档颜料生产厂家。高档颜料中虽已有部分国产化。但不得不承认大多数国产颜料的分散性能仍然低于进口的同类产品。表现在分散时间较长、所得产品黏度偏高以及流动性较差等。更为关键的是几乎所有国产颜料都无法克服不同生产批次之间的色差，难以满足汽车漆调色系统对单色浆质量的要求。

我国的中、低档汽车原厂漆中大量采用了国产颜料，除红色系列外，其他颜色系列如蓝色系列（酞菁蓝、酞菁绿）、黄色系列（铬黄、镉黄等）、白色系列（金红石型钛白）、黑色系列（炭黑、铁黑等）等均已替代价格较高的同类进口产品。

现就可用于汽车漆系统中的颜料按颜色分类评述如下。

(1) 红紫色系列 红紫系列颜料大部分为有机颜料，计有苝系列（PR179 为红色、PV29 为紫色）、双（对氯苯基）-1,4-二酮-吡咯并吡咯（PR254）、喹丫啶酮（PV19、PR122、PR202，其中 γ 晶型为红色，β 晶型为紫色）、二噁嗪（PV23）、吡蒽酮、蒽醌、β-羟基萘酸酰胺、β-羟基萘酸锰盐以及偶氮类等。暗红色色调采用无机颜料，如铁红、镉红等。应根据色鲜艳度、透明、半透明以及不透明等分别选择适用于金属闪光漆和本色漆色浆中的品种。汽巴公司的二酮-吡咯-吡咯、喹丫啶酮类，巴斯夫公司的苝系列红色颜料等色泽鲜艳，各项性能均较突出，是汽车漆的首选品种。汽巴公司的 Irgazin DPP BO，巴斯夫公司 Paliogen red L3530，克莱恩公司 Novoperm rot BL、Novoperm pink E、Novoperm ER02 等产品耐热性达 200℃以上，特别适合用于原厂漆中。

(2) 黄色系列 黄色系列颜料与红色稍有不同，有机和无机颜料均可采用。黄色有机颜料有四氯异吲哚啉酮（PY110）、异吲哚啉（PY139）、苯并咪唑酮（PY154）、镍络偶氮黄（PY150）、偶氮类（PY213）以及芳酰胺类等。黄色无机颜料有钒酸铋（PY184）、钼铬酸铅、铁黄等。黄色有机颜料色泽鲜艳，耐候性也不错，但价格昂贵。黄色无机颜料中，铬黄系列因其价格低廉，性能尚可，用于涂料中由来已久。但因含有铬、铅之类重金属不符合环保方面要求，且耐候性能稍嫌不足，不建议选用。

BASF 公司最先开发出一种新型黄色无机颜料作为铬黄的代用品——钒酸铋类，商品牌号为 Sicopal Yellow L1100。这是一类新型黄色无机颜料，简称铋黄。它的颜色鲜艳，性能优异，已被不少汽车漆厂商所选用。其后汽巴、拜耳、Cappelle 等公司均有同类产品进入市场。

金属氧化物混相颜料是几种金属氧化物通过高温固相反应使金属离子经热扩散进入到基本晶格结构中，部分取代晶格中的阳离子，形成具有全新晶格结构的化合物。这类颜料因其耐候性、耐热性均特别突出，再加上安全、无毒，一上市就受到涂料业界的特别青睐。金属氧化物混相颜料品种较多，有钛镍、钛铬、钛铌铬等。BASF 公司的 Sicotan Yellow L1010 和 L1012 属钛镍锑黄，Sicotan Yellow L1910、L2010、L2011、L2110 等属钛铬锑黄。拜耳、Shephered、Sandoz 以及日本的石原产业也都有金属氧化物混相颜料面世。Irgazin Yellow 2093 带绿光的钒酸铋鲜黄是汽巴的新产品，具有高的色饱和度、遮盖力、耐候性、耐热性等。被推荐用于汽车原厂漆和修补漆中。

(3) 蓝色及绿色系列　蓝色及绿色系列颜料以酞菁系列有机颜料为主（PB15、PG7、PG36）。另外还有少量阴丹士林蓝（PB60）。无机颜料中铬绿、铁蓝等因颜色深暗，不够鲜艳，在高档轿车漆中用得不多，但中、低档汽车漆（如一般卡车、农用车等）中仍然可以采用。

通常人们所采用的酞菁蓝颜料，更确切地说应该叫酞菁铜。由于其晶相的不同使它的色调有所差别。晶相为 α 型的酞菁蓝显红光，β 型显绿光，而 ε 型显更为鲜艳的红光。酞菁蓝颜料色相鲜艳、着色力强，而且耐酸、耐碱、耐候性均佳，其中 β 型酞菁蓝最为稳定，如为 α 型，则一定要标明是稳定型的品种。一般涂料工业中都采用稳态酞菁蓝。BASF 公司的酞菁颜料系列比较齐全，在该公司的 Heliogen Blue 系列产品中，L6875、L6900、L6901、L6920、L6930、L6975 属于 α 型，L7020、L7080、L7081、L7101F 属于 β 型，L6700 属于 ε 型。另外该公司还推出一种 α 型无金属酞菁蓝颜料，Heliogen L7560。该产品因其低的随角异色效应被推介用于金属闪光底色漆中。汽巴公司的 Irgalite GLNF、PG、GLVO 等属 β 型，BSNF 属 α 型。国产的酞菁系列颜料性能也不错，在一般汽车漆中多有采用，如北京、天津产的酞菁蓝被业内简称为京酞蓝、津酞蓝等。

群青是一种无机蓝色颜料，用于涂料工业中已有多年的历史。这是一种复杂的铝、钠硫硅酸盐类，它的颜色鲜艳，耐候、耐碱、耐热，着色力特别强，多用于辅助调色，特别是白色涂料的所谓“提蓝”增白中。

酞菁铜的氯或溴代产品就是酞菁绿。它与酞菁蓝的特点类似，颜色鲜艳、着色力强，而且耐酸、耐碱、耐候性均佳，所以在涂料业被作为绿色系列颜料普遍采用。

蓝紫系列颜料多为有机芳杂环化合物，如咔唑二噁嗪，它的着色力强，耐热性、耐候性优良，但价格稍高，多与酞菁蓝系颜料拼用以调整色漆的红相。

(4) 白色颜料　钛白粉是涂料工业中用量最大的颜料，它的用量要占到涂料用颜料总量的 90 %以上，占涂料用白色颜料的 95 %以上。按晶型分，钛白有金红石型和锐钛型两种。汽车漆中多采用金红石型钛白，而且最好采用耐候性特别优良的品牌，如杜邦的 R-960，拜耳的 R-KB-5，SCM 的 RCL-666 等。至少也要采用通用型的产品，如 R-902，R-KB-6，RCL-535，RCL-575 等。

(5) 黑色颜料　黑色颜料中主要有炭黑和铁黑两种。我国涂料原料市场的炭黑供应商主要有德固萨（Degussa）和卡伯特（Cabot）等外国公司，其中德固萨占据绝大部分。国产炭黑颜料大都只能用于低档汽车以及一般工业、家私等对耐候性要求不高的场合，高档汽车漆领域用得较少。主要存在问题是黑度不够、分散性能差，特别容易絮凝、返粗。

FW 200、1300 均为黑度值最好、泛蓝光的炭黑，用于制造纯黑色色漆中，如奥迪黑、奔驰黑等高级轿车色。101 灯黑遮盖力较低，多用于金属闪光底色漆中作调色用。

(6) 氧化铁系颜料　氧化铁系颜料是一大类历史非常久远的老品种。据考证几万年前就有人把天然铁红用作绘画颜料。这类颜料因具有不渗色、耐各种介质、吸收紫外线以及价格低廉等特点，而成为涂料工业中使用量仅次于钛白粉的第二大无机颜料。

氧化铁系颜料包含铁红、铁黄、铁黑、铁棕等。早期的氧化铁系颜料多为天然矿物制品，现已有 80%以上改用合成产品。合成氧化铁系颜料的色泽比天然制品鲜艳，色调也要稳定一些，另外其他方面性能也有所改善。过去氧化铁系颜料，特别是氧化铁红多作为防锈颜料用于底漆中，极少用作面漆中的赋色颜料。主要是因为它们的色相偏暗，远不如红色有机颜料鲜艳，在很大程度上限制了它们的使用范围。

拜耳公司是国外知名氧化铁系颜料商，该公司的这类产品色泽相对鲜艳，且色相稳定，已被国内外不少汽车漆制造厂选用，如 Bayferrox 110M、120M、120FS、130FS、140M、160FS、180M、915、943 等，型号中数字后面 M 代表超细，FS 代表抗絮凝性能好的新产品。

氧化铁系颜料粒子的粒径一般在 0.1～0.5μm。粒径小于 0.1μm 的氧化铁系颜料呈透明或半透明状，属纳米级产品。有透明铁红、透明铁黄、透明铁黑以及透明铁棕四大类。因其价廉物美已有不少厂家将其制成 1K 色浆用于金属闪光底色漆中。世界上主要生产透明氧化铁颜料的厂商有德国的 BASF、美国的 Hilton-Davis、比利时的 Cappelle 等。

(7) 钴盐　BASF 公司的透明蓝和透明绿是一种尖晶石钴盐，亦属透明颜料，Sicotrans Blue L6315 为氧化铝-钴盐，Sicotrans Green L9715 为氧化锌-钴盐。该公司的 Sicotrans 系列颜料均被推荐用于汽车漆，特别是金属闪光漆中。其中除 L2715 和 L2915D 为半透明外，其余均为透明颜料。L2915D 冲淡后可显示出特别的黄白色调。

3. 效应颜料

汽车漆中采用的效应颜料主要有铝粉、珠光粉、纳米钛白粉以及石墨粉等。

(1) 铝粉　涂料用铝粉颜料是以高纯度金属铝为原料，按照湿法球磨工艺生产而得的片状颜料。早期铝粉粒子鳞片状结构的形状并不规范，类似玉米片，后来在粒子形状方面发展了银圆型，在表面状态方面发展了抛光型，在表面处理方面发展了耐酸型，使铝粉颜料的遮盖力、光亮度、随角异色效果、鲜映性更佳，耐介质性能特别是汽车涂料中所要求的耐酸雨性能有了相当大程度的提高。铝粉颜料的粒径和粒径分布对铝粉的各项性能影响极大，是反映铝粉质量的关键控制指标。铝粉平均粒径对光学性能的影响见表 3-2-9。

表 3-2-9　铝粉平均粒径对其光学性能的影响

平均粒径	——————→
光亮度	——————→
闪烁度	——————→
色饱和度	——————→
随角异色效果	——————→
遮盖力	←——————
鲜映性	←——————

汽车漆中采用的铝粉颜料主要依靠进口，生产厂家主要有德国爱卡（Eckart-Werke）、美国希伯来（Silberline Manufacturing Co. inc）以及日本东洋（TOYO Aluminium K. K.）等。近年来已有不少国产铝粉投入市场，但大都用于低档汽车漆以及一般工业和民用涂料中，能用于汽车漆中的品种并不多。主要差距如下。

① 表面处理　与进口产品相比尚存一定差距，表现在贮存稳定性差。铝粉漆贮存一段时期后，允许铝粉颜料沉底，但应该很容易搅拌分散。有些国产铝粉则很难搅开。此外还表现在光亮度（白度）逐渐下降，漆膜表面容易产生颗粒等。

② 粒径特别是粒径分布不稳　表现在不同生产批号间普遍存在色差、闪烁效果不一，有时甚至肉眼都能看出前后两批铝粉原料粒子间的明显差异。

爱卡公司产品中 Metallux 2000 系列属银圆型。8000 系列铝粉表面经抛光处理，粒度一般较小，粒径分布窄，高白度、清晰明亮，属光亮型。9000 系列粒径由中细到很细，粒径分布窄，具有高亮度和丝光效果。Tufflake 型系列铝粉抗降解性能特别好。

铝粉中可用于汽车漆中的应首选银圆型系列、铝粉表面经抛光处理、耐酸型等品种。平均粒径从 10～40μm 的细银（南方称之为幼银）到粗银的普通型铝粉及闪烁型铝粉，通常采用 7～9 种铝粉。

(2) 珠光颜料　珠光类颜料能反射出柔和的珍珠光泽，是效应颜料中除铝粉外又一大类产品。珠光颜料是在云母片表面包覆金属氧化物所构成。用于包覆的金属氧化物有 TiO_2、Fe_2O_3、$TiO_2+Fe_2O_3$、$TiO_2+Cr_2O_3$ 等。正是云母表面的这些品种各异的包覆膜使珠光颜料显现出不同的颜色特征。

除表面包覆膜外，云母的粒径对珠光颜料的性能也有很大影响，如遮盖力、闪烁效果（表 3-2-10）。

表 3-2-10　云母粒径对遮盖力、闪烁效果的影响

粒径/μm	遮盖力	闪烁效果
20～500	大	差
10～60	中	中
5～25	小	好
≤15	微小 ↓	最好 ↑

同样作为金属闪光底色漆效应颜料的珠光粉与铝粉相比有所不同：铝粉完全不透明，而珠光粉则为透明到半透明。珠光粉的这一特点使它在受到可见光照射时产生多重反射、折射、透射等光学现象。这给珠光颜料带来柔和如珍珠般的光泽、诱人的干涉色、优异的随角异色效应等。这些都是采用铝粉所无法得到的效果。涂料用珠光颜料又细分为银白色、彩色、彩虹色等系列。

① 银白色系列　为云母的二氧化钛包覆物。因包覆膜的厚度、云母粒子的大小不同可得十几种银白色珍珠光泽颜料。粒子越大，显现金属色调闪烁光泽越强；粒子越小，则展现出如丝绸般柔和的光泽。包覆的二氧化钛采用锐钛型或金红石型均可。前者用于一般涂料产品，而后者用于对户外性能要求较高的场合，如汽车涂料等。

② 彩虹色系列　此系列珠光颜料能显现出如彩虹般幻彩效果。当可见光照射到这类颜料表面时，入射光将被分解为反射光（此时假设为红色）和透射光（作为前者补色则为绿色）。如果包覆膜厚度改变，将形成不同的反射色光和透射色光。采用彩虹色系列颜料时，涂层的底色的选择很重要。当底色为白色时，透射色光被再度反射而与原来的反射色光混合还原为入射光，这将降低反射光的效果。当底色为黑色时，透射色光被底层吸收，反射色光将被进一步反衬出来。

③ 彩色系列颜料 既具有珍珠特色，亦能表现铝粉、金粉、合金粉等金属颜料所特有的金属光泽。彩色系列颜料因包覆膜不同而分为两大类。

a. 氧化铁 光泽、着色力强，具有金属色调。

b. 二氧化钛＋氧化铁 不但具有珍珠光泽，而且还带有各种氧化铁的色彩，结合成彩色珍珠色调。

上述几大类珠光颜料中均有耐候级产品和一般工业用产品。默克公司将耐候级产品标以WR字样。该公司对世界各国汽车漆生产厂选用他们的珠光颜料做过一番统计，资料显示，有关厂家选用的全都是WR系列产品。在各类名车中采用最多的是Iriodin 9225WR、9235WR、9504WR以及9121WR。

汽车漆中采用的珠光颜料其粒径多为10～40μm范围的产品。其他粒径范围的产品采用不多。近年来默克公司又开发了第二代外用珠光粉颜料，代号为WRⅡ，如Iriodin 9514 WRⅡ丝光红，这是一种Fe_2O_3＋ZrO_2包覆云母珠光颜料。在QUV人工加速老化1000h后其光泽保留率在92%以上，灰度等级为4，足见其卓越的耐候性能。

(3) 纳米级钛白粉 纳米级钛白粉粒径大约在10～50nm，它对可见光没有散射，透射能力非常强，故而几乎没有遮盖力。这种超细钛白只能反射可见光中短波波段的光波，所以看起来是一种带少许蓝色调的乳白色。基于这样的光学特性，决定了纳米级钛白不能像铝粉或珠光粉那样单独作为效应颜料使用，只有与铝粉或珠光粉一起拼用时才能发挥它独有的特点。当它与珠光粉一起使用时可进一步加强珠光颜料的干涉色。在与铝粉拼用时，它可散射较短波段的光线，而形成蓝色的侧视色调，与此同时将波段较长的红、绿光透射到铝粉层再次被反射出来，形成正视的金黄色。这样所产生的随角异色效应所带来的柔和、乳白色调的视觉效果给人以豪华、亮丽的艺术感染力。

纳米级钛白粉的生产厂家有德国的德固萨、日本帝国化工、石原产业等。这些厂家为方便客户使用，其商品一般都不是粉状，而是预制成在溶剂中的分散液，以色浆形式提供给客户。

4. 助剂

在本色漆用色浆的制造中，可根据需要添加某些润湿分散剂，而在金属闪光底色漆中采用的助剂则主要针对效应颜料的定向，防止这类密度较大的颜料粒子沉降、结块等。分散剂的合理选用对于提高效应颜料（铝粉、珠光粉等）的定向、改善施工性、减少在罐内沉降倾向、改善清漆层的映象清晰度都能够发挥非常关键的作用。可采用的助剂主要有润湿分散剂、分散蜡和醋酸丁酸纤维素等。

(1) 润湿分散剂 如前所述，在现有的氨基烤漆系统中由于采用了对各类颜料润湿分散性能均较好的氨基树脂作为研磨树脂，一般情况下，在研磨色浆时都可以不加或仅需添加少量的润湿分散剂。但润湿分散剂的添加有助于效应颜料更好地分散和提高贮存稳定性却是不争的事实。有关润湿分散剂的特性及选用原则可参见下一节本色漆部分。

(2) 分散蜡 在各类溶剂型金属闪光底色漆中，为了帮助效应颜料在漆膜中更好地定向、分散和防沉，往往还要添加一种“分散蜡”。适用于金属闪光漆中的分散蜡主要有两大类，即乙烯类共聚物（包括乙烯-醋酸乙烯共聚物、乙烯-丙烯酸共聚物等）和聚酰胺蜡。

Cerafak 100、Cerafak 103、Cerafak 106是毕克公司用于溶剂型金属闪光漆中的蜡分散体。Cerafak 100、Cerafak 106均为乙烯-醋酸乙烯共聚物分散体（EVA），而Cerafak 103为乙烯-丙烯酸共聚物。

Disper KC 568为澳大利亚Kemperial Co. 产分散蜡系防沉剂，属一种改性乙烯-醋酸乙烯类共聚物。

Disparlon 6900-20X 为日本楠本化成株式会社产品，它是聚酰胺在二甲苯溶液中通过溶胀而形成的蜡质糊状物。

这两类分散蜡助剂用于各类溶剂型金属闪光底色漆中，都能起分散、防沉和定向等方面的作用。它们不仅大大改善了该类产品中的效应颜料（铝粉、珠光粉以及超细钛白等）在漆浆和成品底色漆中的分散性、沉降性能，而且还有效地改善了效应颜料的定向作用，使之具有更好的白度和随角异色性、较少的云斑色差及雾影等。

比较这两类助剂总效果大体相差不多，但 Disparlon 6900-20X 和 Disper KC 568 的增稠效果明显，而 BYK 的 Cerafak 106 则表现稍差（表 3-2-11）。

表 3-2-11 金属闪光底色漆用分散蜡助剂品牌及规格

商品牌号	产地	类 型	NVM/%	黏度/mPa·s	溶剂
Disparlon 6900-20X	A	聚酰胺	20		X/EtOH
Cerafak 106	B	乙烯-醋酸乙烯共聚物	6	10	X/BuAc/BuOH
Disper KC 568	C	改性乙烯-醋酸乙烯共聚物	10		X/BuOH

注：A 为日本楠本化成株式会社，B 为毕克化学，C 为澳大利亚 Keperial；X 为二甲苯，BuAc 为醋酸丁酯，BuOH 为丁醇，EtOH 为乙醇。

(3) 醋酸丁酸纤维素（CAB） CAB 在金属闪光底色漆中和分散蜡助剂一样，对效应颜料起定向、防沉等方面的作用，另外它还是辅助成膜物质，对于湿涂层的溶剂释放性（即漆膜的物理干燥性能），湿喷湿施工性以及漆膜硬度的改善都有非常重要的作用。在采用湿喷湿施工工艺的金属闪光底色漆系统中，CAB 的使用比分散蜡更为普遍。CAB 目前仍然依赖进口，其主要供应商为依士曼公司，它的商品牌号及规格将在以后汽车修补漆的有关章节中再详细介绍，使用时可参考有关数据。在实际使用的配方中，大都选择至少两种 CAB 搭配，搭配的目的多为调整漆料的黏度、物理干燥性能、不挥发分以及漆膜的硬度等。

5. 单色浆的制造

(1) 彩色颜料单色浆制造 选择适当的研磨树脂、颜料、润湿分散剂以及溶剂，再通过实验验证以确定色浆配方。实验中除了首先应该考核研磨时间、色浆的流动性等性能外，还必须采用以下两项试验方法来检验色浆配方的可行性。

① 浓色浆的冲淡性能 用面漆中的主成膜物质配制成的调合漆料分别将该浓色浆按照一定的比例冲淡，以下方法可供选作参考：裁取 10mm×100mm 的透明聚酯膜片，以浸涂方式薄薄地涂上一层已冲淡的色浆漆料；待风干后观察涂层是否出现浑浊、颗粒、网纹等现象，如均匀、透明则表示合格。

② 与系统内其他色浆的配合性能 考核该色浆与系统内其他品种的色浆配合时是否会出现浮色、发花等问题。将该色浆与白色色浆按 1∶1 的比例混合均匀，然后用指研法看其是否出现分色现象。必要时还要与一些拼合时有可能出问题的色浆进行补充实验，如前面提到的酞菁系列色浆就需要多做几次混合实验。

在选定了研磨树脂、颜料、润湿分散剂后就可以制造色浆了。色浆制造分为两步：第一步是制造浓色浆；第二步将浓色浆冲淡成便于调色的色浆。

① 浓色浆的制造工艺

a. 在配料缸中加入配方中所列溶剂及主成膜物质（如醇酸树脂、聚酯树脂等），搅拌均匀。

b. 在搅拌下慢慢加入颜料，加完后再搅拌一定时间。

c. 在搅拌下慢慢加入氨基树脂，加完后再高速分散一定时间使之完成预分散。

d. 在砂磨机上研磨至细度小于 10μm。

e. 过滤、出料。

② 冲淡工艺

a. 在调漆缸中先加入上述制备的浓色浆。

b. 根据不同品种浓浆黏度的具体情况，在搅拌下分批逐步加入冲淡用调和漆料。

c. 第一批投入后，慢搅 10min 直至浓浆变成均匀、流动性较好的糊状物（批量的大小应根据浓浆的黏度及生产总批量的大小而定）。

d. 然后再继续加入后几批冲淡用调和漆料，最后加溶剂。再继续搅拌至少 10min。

典型的浓色浆配方列于表 3-2-12～表 3-2-14 中。其中表 3-2-12 为典型醇酸-氨基本色漆用色浆，表 3-2-13 为以 CAB 溶液和氨基树脂搭配作研磨树脂体系的色浆，而表 3-2-14 则为以聚酯树脂为研磨树脂的色浆。制得浓色浆后，再用面漆中的主成膜物质配制的调和漆料将其冲淡成调色色浆。

表 3-2-12　典型醇酸氨基烤漆用色浆配方例　　单位：质量份

组　成	白色	特黑	皇室蓝	鲜紫	鲜红	铁红	鲜黄
DC8868	20.0	40.0	64.0	50.0	55.0	50.0	40.0
DC8868A	10.0	16.0			10.0		
Bentone 34(10%胶液)	1.0	1.0				2.5	
醋酸丁酯(98%)	55.0		3.0				
Maprenal MF650	6.0	8.0		10.0	10.0	13.0	5.0
异丁醇				3.0	3.0		
二甲苯			24.8	17.0	14.0	14.5	5.0
DC8868		27.0					
BYK130			0.2				
2059 Kronos TiO_2	8.0	16.0					
FW200		8.0					
7101(酞菁蓝)			8.0				
RV6911				10.0			
A2B(鲜红)					8.0		
140M(铁红)						20.0	
L 2135S							45.0
BYK 110							5.0

表 3-2-13　典型金属闪光底色漆用色浆配方例　　单位：质量份

组　成	透明红	翠绿	鲜黄	深黑	艳紫	艳蓝
CAB381-2 溶液	42.0	42.0	39.0	42.0	50.0	50.0
Maprenal MF650	10.0	10.0	9.3	7.5	10.0	10.0
醋酸丁酯	38.0	36.0	42.4	33.0	27.5	29.0
醋酸甲氧基丙酯					5.0	5.0
二甲苯						
DC8868						
BYK130						
L2817(红)	10.0					
Lag-C(翠绿)		12.0				
L6482(酞菁蓝)						6.0
RL sp					7.5	
A2B(鲜红)						
FW200				4.0		
L 1916(鲜黄)			9.3			

表 3-2-14 典型金属闪光底色漆用色浆配方例 单位：质量份

组 成	鲜红	暗绿	橘黄	透明黑	紫色	深蓝
DC8868	72.0	65.0	40.0	65.0	60.0	73.0
醋酸丁酯	20.0	20.0	5.0	10.0	33.0	20.0
醋酸甲氧基丙酯						
二甲苯				12.8		
DC8868						
BYK130						
GBL 7975Z(橘黄)			50.0			
Lag-C(翠绿)		15.0				
L6480(酞菁蓝)						7.0
RL sp					6.0	
RV6832(红)	8.0					
FW101				12.0		
流变助剂液			5.0			
润湿分散剂				0.2	1.0	

注：表 3-2-12～表 3-2-14 中颜料产地如下：汽巴（Ciba-Geigy），A2B；巴斯夫（BASF），L2817、L6480、L6482、Lag-C、L1916、L7101、L2135S；克莱恩（Clariant），RL sp；卡珀（Cappelle），GBL 7975Z；德固萨（Degussa），FW200、FW101；拜耳（Bayer），140M、RV6832、RV6911；Hoechst，Maprenal MF650（异丁醇醚化三聚氰胺甲醛树脂）。

表 3-2-15 中标出了色差和色强度的指标范围，色差 $\Delta E\leqslant 1$，色强度波动范围则在 5%以内。由于单色浆不允许调色，如果出现色差，不能通过加入某种色浆来调整色调，所以这两项指标的控制在实际生产中难度极大，要求极严格的质量控制措施和企业管理才能有效实施。

表 3-2-15 彩色颜料色浆技术标准

色差(ΔE)	≤1	电脑配色仪或色差仪
色强度/%	100±5	电脑配色仪或色差仪
漆膜外观	平整光亮	目测
细度/μm	≤10	GB 1724—1979
黏度(涂-4 杯,23℃)/s	70～120	GB 1723—1993
不挥发分/%		GB 1725—1979

注：标准中黏度指标控制范围较大是因为不同品种色浆之间的差异，具体到某个品种时，则范围还是较窄。

(2) 效应颜料浆的制造 金属闪光涂料独特的光学效果不单单来自效应颜料本身，而且和成膜物质、助剂、溶剂、生产工艺，甚至施工工艺都息息相关。在选定了各种组分、确定了配方之后，下一个重要环节就是生产加工。铝粉、珠光粉之类的效应颜料的分散与彩色颜料不同，它们独特的鳞片状的结构不允许承受高剪切速率下的切变作用，即分散时不能采用高速搅拌，就更不用说砂磨机了。为避免铝粉或珠光粉颜料粒子的鳞片在分散过程中被破坏，除尽可能采用低速搅拌外，建议采用叶片式桨叶而不采用通常高速搅拌机上的圆盘式桨叶。生产实践告诉人们：低转速时，叶片式桨叶的搅拌效果比盘式桨叶要好。

① 生产工艺及流程示意

a. 效应颜料浆典型的生产工艺

- 将效应颜料先加入到配料罐中。
- 然后分批加入溶剂，此时慢慢开动搅拌，将效应颜料搅成稀糊状。继续搅拌 10～20min。
- 溶剂：效应颜料＝(1～2)：1

- 熟化 10～24h。
- 搅拌下慢慢加入调和漆料、助剂（注意切不可反过来添加，否则容易形成颗粒）。
- 加入适量溶剂调整黏度。

b. 基本流程示意

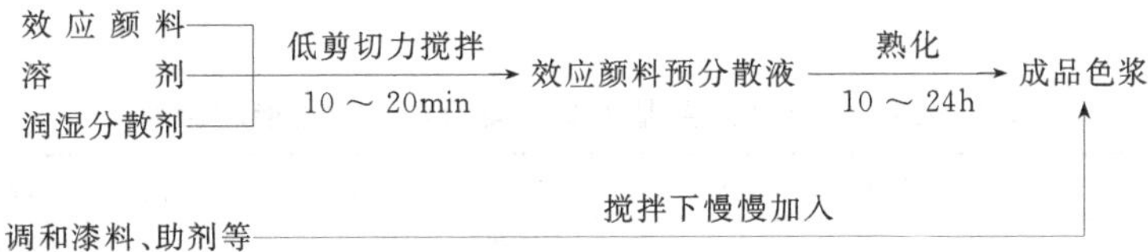

总结效应颜料色浆生产工艺，有三点要素必须注意：低速、慢加和熟化。熟化阶段非常重要，它可使效应颜料与展色剂间的润湿、渗透更为完全，对减少漆膜表面因铝粉或珠光粉分散不佳而形成的颗粒，防止色浆沉降、抗絮凝等都大有裨益。

② 效应颜料色浆配方举例　效应颜料色浆中效应颜料的用量因品种不同而有所差异。大体的用量范围为：铝粉 5%～8%；珠光粉 8%～12%。

现举一例典型轿车金属闪光底色漆用效应颜料浆的配方和工艺供参考。

a. 配方（质量份）

组分	质量份	组分	质量份
分散蜡液(6%)	23.0	MF 650 氨基树脂	15.0
热固性丙烯酸树脂	13.9	BYK 300	1.0
聚酯膨润土胶液(10%)	8.3	松节油	1.00
聚酯树脂	5.0	PMA	10.0
Setal 90173 SS 50	1.7	Alpate 8160 AR(铝粉浆)	2.3
CAB 381-0.5 溶液(20%)	10.0	Alpate 8820(铝粉浆)	1.2
CAB 381-2 溶液(20%)	2.0	二甲苯	6.1

注：Setal 90173 SS 50，AKZO 产；Alpate 8160 AR、8820，日本东洋株式会社产。

b. 工艺

- 将分散蜡液（6%）添加到配漆缸中，搅拌 10min 左右，检查细度（如≤20μm）。然后在搅拌下慢慢加入热固性丙烯酸树脂，再继续搅拌至少 30min，检查细度应合格（如≤20μm）。
- 依次加入聚酯膨润土胶液（10%）、聚酯树脂、Setal 90173 SS 50、CAB 381-0.5 溶液（20%）、CAB 381-2 溶液（20%）、MF 650 氨基树脂、BYK 300、松节油，然后在搅拌下慢慢加入 PMA、Alpate 816AR（铝粉浆）、Alpate 8820（铝粉浆）、二甲苯，继续搅拌 30min。
- 至少熟化 10h 以上，方可用于配制底色漆。

二、本色漆

早期的汽车面漆主要采用醇酸树脂类以及硝基纤维素类，由于其在耐候性方面的不足，后改为热塑性丙烯酸类。直到 20 世纪的 70 年代，汽车涂装系统仍然有不少厂家采用一涂一烘（1C1C）的工艺。单层本色漆仍然为汽车总装厂的首选。直到最近，欧洲以及世界上其他地区仍有不少汽车总装厂将醇酸-氨基烤漆用于轿车、轻卡、卡车等车辆上。而在北美等地则习惯采用丙烯酸-氨基烤漆。

1. 主成膜物质

如前所述，可用于汽车本色漆的树脂因地域及习惯的不同，既可为醇酸树脂亦可为热固性丙烯酸树脂，对这两类树脂的具体要求分述如下。

(1) 热固性丙烯酸树脂　含羟基丙烯酸类树脂中加入氨基树脂即为丙烯酸-氨基烤漆，主要用于汽车原厂漆、摩托车、家电以及其他对装饰性要求较高的工业领域。

① 官能基团对树脂性能的影响　影响羟基丙烯酸类涂料最终性能的各项因子中以羟基值对漆膜性能的影响最大。表3-2-16中列举了羟基值对羟基丙烯酸类涂料漆膜的力学及化学性能的影响。

表 3-2-16　羟基值对羟基丙烯酸类涂料漆膜性能的影响

项　目	羟基值⟶	项　目	羟基值⟶
相容性	⟶	柔韧性	⟵
铅笔硬度	⟶	耐磨耗性	⟶
附着力	⟶	耐水性	⟶
冲击性	⟶	耐溶剂性	⟶

注：⟶表示向好、高、大发展的趋向。

表 3-2-16 中数据表明；除对漆膜柔韧性有负面影响外，其他方面均有向好的趋势。尽管如此，也并不是说羟基含量越高越好，羟基含量与聚合物分子量之间存在一定的相关关系，分子量较高，则羟基含量可以稍低一些，反之则应稍高一些，应以确保每个大分子上的官能度不少于 2～5 的水平为宜。一般羟基含量的大致范围为 1%～6%（基于树脂不挥发分）。用于丙烯酸-聚氨酯类树脂的分子量及玻璃化温度的设计一般比高温烤漆高，故羟基含量可取下限值。过高的羟基含量不仅需要增加固化剂的用量，而且会在一定程度上影响到漆膜的其他方面的性能，如表干及实干时间、耐极性介质性能等。而丙烯酸-氨基烤漆系统则根据产品性能的特殊需要可取上限值。还需要特别强调的是，罩光清漆用树脂的羟基含量较高，而一般本色漆（即普通瓷漆）树脂的羟基含量中等，最低的则是底色漆与本色底色漆用树脂。一般而言，用于丙烯酸-氨基烤漆的丙烯酸树脂中的羟基单体多为含仲羟基的丙烯酸羟丙酯（HPA）、甲基丙烯酸羟丙酯（HPMA）等，否则将无法保证所配制漆料的贮存稳定性。

② 含羟丁基的丙烯酸树脂　如前所述，常见热固性丙烯酸树脂合成中均采用丙烯酸羟丙酯（或甲基丙烯酸羟丙酯）。采用这类丙烯酸单体时，人们发现：随着羟基含量的增加，漆膜的一般物性均可得到改善，但柔韧性却会变差。漆膜柔韧性之所以逐渐变差的关键在于树脂大分子侧链上的羟基仅仅通过两个碳原子与主链相连（丙烯酸羟丙酯），这样形成的交联键刚性有余而柔韧性欠缺。为提高羟基与大分子主链相连接的碳链的柔顺性，曾有人尝试过采用丙烯酸（或甲基丙烯酸）羟丁酯来替代羟丙酯的方案，即将酯基碳链的碳原子数由 2 个增至 4 个。将羟基单元由原来的含羟乙基、羟丙基改为羟丁基，可在一定程度上缓解硬度与柔韧性之间的矛盾。在丙烯酸聚合物的主链上引入羟丁基的方法比较简单，只需将原来采用的丙烯酸羟丙酯（或羟乙酯）在不变动羟基含量的基础上改为羟丁酯即可。具体参考配方及工艺如下。

① 配方（质量份）

Solvesso 150#（一）	36.68	甲基丙烯酸羟丁酯	8.85
苯乙烯	5.67	丙烯酸	1.00
甲基丙烯酸丁酯	35.33	过氧化 2-乙基己酸叔丁酯	3.40
甲基丙烯酸羟丙酯	5.67	Solvesso 150#（二）	3.40

② 工艺

a. 将 Solvesso 150#（一）加入反应釜中，通 N_2 升温至 140℃。

b. 将苯乙烯、甲基丙烯酸丁酯、甲基苯烯酸羟丙酯、甲基丙烯酸羟丁酯、丙烯酸以及过氧化 2-乙基己酸叔丁酯、Solvesso 150# 分别混合均匀然后分别加入到两个高位槽中。

c. 同时滴加两种混合物，滴加时间分别为 4h 和 5h。

d. 滴加完成后，继续保温 2h。

e. 降温、出料。

③ 指标

不挥发分/%	57±1	羟基含量/%	3.15
酸值/(mg KOH/g)	17.3	W_m/W_n	2.62
黏度/mPa·s	700		

羟基单元采用（甲基）丙烯酸羟丁酯合成的热固性丙烯酸树脂制得的漆膜虽然柔韧性得到一些改善，但其改善程度仍然有限。比较有效的技术路线是在丙烯酸类聚合物大分子主链上引入 ε-己内酯或叔碳酸缩水甘油酯。

ε-己内酯的引入可使原来仅通过两个碳原子连接到聚合物主链上的羟基变为通过己内酯与之连接，实验数据表明，漆膜的柔韧性可得到大幅提升。将 ε-己内酯引入丙烯酸类树脂可使其具有非常良好的柔韧性和较高的交联反应活性。因为己内酯与其他羟基进行酯交换反应，开环后生成的羟基为具有较高活性的伯羟基，另外己内酯的引入使得丙烯酸类聚合物主链上含羟基的侧链加长，增加了交联键的柔顺性。因此含己内酯的丙烯酸类树脂不仅可以做到高不挥发分、低黏度，而且还成功解决了漆膜刚性和柔韧性的矛盾。

ε-己内酯引入丙烯酸类树脂的技术路线有如下两条。

① ε-己内酯与含羟基丙烯酸类单体开环反应　ε-己内酯与甲基丙烯酸羟乙酯或丙酯进行酯交换开环反应得到一种新的含羟基丙烯酸类单体。因己内酯相互间可以发生酯化反应，故其酯交换物可以含一个亦可含几个己酰氧基单元，加成反应式如下。

$$CH_2{=}CH{-}\overset{O}{\overset{\|}{C}}{-}R{-}OH + n\ (\varepsilon\text{-己内酯}) \longrightarrow CH_2{=}CH{-}\overset{O}{\overset{\|}{C}}{-}R{-}O{-}\left[\overset{O}{\overset{\|}{C}}(CH_2)_5{-}O\right]_n{-}H$$

式中，R 为乙基或丙基；n 为 1、2、3…

目前这类新型单体已经有商品出售，如道化学公司的 TONE™ M-100 与 TONE™ M-201，它们分别是甲基丙烯酸羟乙酯与 ε-己内酯 1∶2 和 1∶1 的加成物。这两种新型单体与其他丙烯酸类单体共聚制得的丙烯酸树脂不仅可使成膜后的漆膜兼顾刚性和柔韧性，而且树脂的黏度也较低，现举一个实例供参考。

a. 配方（质量份）

甲基丙烯酸羟乙酯	57.7	2,4-二叔丁基对甲酚	0.1
ε-己内酯	42.0	Cat 2005	0.2

注：Cat 2005 为一种主要成分二丁基氧化锡的催化剂。

b. 工艺　将配方量的物料全部投入到三口瓶中，在 N_2 保护下升温至 140℃，保温 3h 即得相当于 TONE™ M-201 的产品。把这种新型含羟基丙烯酸酯类单体作为羟基单元，按常法与其他丙烯酸类单体共聚即可得相应的己内酯改性丙烯酸类树脂。

② 利用丙烯酸类聚合物上的羟基与 ε-己内酯进行酯交换开环反应　其基本反应式如下。

$$\sim\!OH + n\ (\varepsilon\text{-己内酯}) \longrightarrow \sim\!O{-}\left[\overset{O}{\overset{\|}{C}}(CH_2)_5{-}O\right]_n{-}H$$

利用丙烯酸类聚合物上的羟基与ε-己内酯进行酯交换开环反应的技术路线又可细分为先聚合后开环以及聚合反应与开环反应同时进行的两种方法。其中聚合反应与开环反应同时进行的技术路线已经实现工业化生产，现举一个合成范例以供参考。

a. 配方（质量份）

己内酯	29.16	丙烯酸	0.22
100# 溶剂(一)	10.00	过氧化苯甲酸叔戊酯(一)	3.23
醋酸甲氧基丙酯(一)	8.00	醋酸甲氧基丙酯(二)	2.92
Cat 2005	0.03	100# 溶剂(二)	0.80
甲基丙烯酸-2-乙基己酯	17.12	过氧化苯甲酸叔戊酯(二)	0.10
甲基丙烯酸甲酯	12.11	100# 溶剂(三)	0.58
丙烯酸-2-乙基己酯	2.46	100# 溶剂(四)	0.50
丙烯酸羟乙酯	10.93	醋酸甲氧基丙酯(三)	1.00

b. 工艺

- 反应釜充分清洁、干燥，然后通 N_2。
- 将己内酯、100# 溶剂（一）、醋酸甲氧基丙酯（一）、Cat 2005 加入到反应釜中，搅拌下在 2h 内升温至 160℃。
- 将甲基丙烯酸-2-乙基己酯、甲基丙烯酸甲酯、丙烯酸-2-乙基己酯、丙烯酸羟乙酯、丙烯酸加入到单体高位槽中，混合均匀。
- 将过氧化苯甲酸叔戊酯（一）和醋酸甲氧基丙酯（二）加入到催化剂高位槽中，混合均匀。
- 同时滴加单体混合物和催化剂，分别耗时 4h 和 4.5h。
- 所有材料加完后，升温至回流。
- 用 100# 溶剂（二）清洗单体高位槽和管道。
- 加入过氧化苯甲酸叔戊酯（二）和 100# 溶剂（三）混合溶液，耗时 10min。
- 然后用 100# 溶剂（四）清洗催化剂高位槽和管道。
- 155℃下保温 5h，然后加入醋酸甲氧基丙酯（三）。
- 抽样检验，用甲基戊基酮调整不挥发分。
- 降温至 80～90℃，过滤、包装。

c. 技术指标

黏度(25℃,加氏管)	U～W	羟值 mg KOH/g	75～80
酸值/(mg KOH/g)	5～7	不挥发分/%	73～75
颜色(Fe-Co)/≤	1#		

从上述指标中可看到：采用了己内酯的丙烯酸类树脂不仅不挥发分高，而且其加氏黏度仅为 U～W，为一种典型的高不挥发分、低黏度丙烯酸类树脂。采用该树脂配制的清漆不仅平整光滑，光泽、鲜映性优异，而且具有良好的物理力学性能。

将叔碳酸缩水甘油酯（E-10）引入丙烯酸类树脂以形成新的、通过长的侧链连接到主链上的羟基也是一条比较成功的技术路线，该单体具体的化学名为 1,1-二甲基-1-己基乙酸缩水甘油酯，俗称叔碳酸缩水甘油酯，其化学结构式如下。

$$R-\underset{CH_3}{\overset{CH_3}{C}}-\overset{O}{\overset{\|}{C}}-O-CH_2-CH\overset{O}{—}CH_2$$

Cardura E-10 引入的方式是利用丙烯酸共聚物分子上的羧基与 E-10 分子上的环氧基发生开环反应，在与丙烯酸共聚物大分子连接的同时释放出新的羟基。Cardura E-10 的引入，增加了树脂在有机溶剂中的溶解性，降低了体系的黏度，同时对最终漆膜的物性也有一定程度的改善。总体来说，E-10 的引入可为丙烯酸类树脂带来如下特点。

a. 由于 E-10 带有一个支链烷基基团，因其空间位阻效应，使该丙烯酸类树脂的耐极性介质性能得到相当大的改善。

b. E-10 的引入使丙烯酸树脂具有双极性机构单元。其中支链烷基部分带来与其他烷烃良好的相容性，而甘油酯和羟基部分则为树脂带来较高的极性，使之比较容易与其他极性分子形成氢键，这就使树脂同时具备了与涂料系统中极性和非极性组分相容的能力。这样就不难理解 E-10 给树脂带来的一系列特点，如黏度的降低、对颜料以及基材润湿性的提高、漆膜良好的光泽等。

以叔碳酸缩水甘油酯改性丙烯酸类树脂的技术路线与上述己内酯的大体相似，也有以下两种途径。

a. 先与丙烯酸（或甲基丙烯酸）进行开环反应得到一种新型单体，再与其他丙烯酸类单体共聚。

叔碳酸缩水甘油酯分子中的环氧基反应性与其他环氧化合物类似，在有机膦、锡等催化剂和阻聚剂存在下与丙烯酸（或甲基丙烯酸）进行开环加成反应，其基本反应方程式如下。

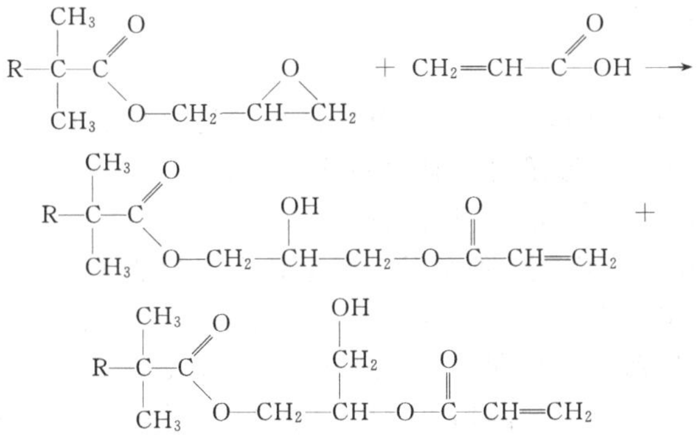

$$R-C(CH_3)_2-C(=O)-O-CH_2-\underset{\diagdown O \diagup}{CH-CH_2} + CH_2=CH-C(=O)-OH \longrightarrow$$

$$R-C(CH_3)_2-C(=O)-O-CH_2-CH(OH)-CH_2-O-C(=O)-CH=CH_2 +$$

$$R-C(CH_3)_2-C(=O)-O-CH_2-CH(CH_2OH)-O-C(=O)-CH=CH_2$$

从上述反应方程式中可以看到：E-10 与丙烯酸（或甲基丙烯酸）的开环加成反应生成了含伯羟基和含仲羟基的两种化合物。显而易见，这两种单体与其他丙烯酸类单体共聚生成的树脂既可用于低温固化的丙烯酸-聚氨酯，亦可用于丙烯酸-氨基高温烘烤型涂料系统中。唯一的担心是它的伯羟基是否会导致这种丙烯酸-氨基涂料的贮存稳定性。然而有关实验数据表明：只要氨基树脂选配得当，一般没有上述所担心的问题发生。这主要是因为环氧化合物与羧酸的酯化反应主要生成含仲羟基的化合物，而伯羟基的含量相对较少。另外，也是由于空间位阻效应的作用，这里的伯羟基比常用的丙烯酸（或甲基丙烯酸）羟乙酯羟基的活性低。

在确定 E-10 与丙烯酸的酯化加成反应条件时应该留意到一些可能发生的副反应，如羧基与生成的羟基发生酯化反应以及环氧基与羟基间的醚化反应等。为了尽可能降低副反应发生的概率，以较低的酯化温度为宜。

b. 先合成一种高酸价的丙烯酸类聚合物，然后再与 E-10 进行开环反应。

此种工艺又可分为“先聚合后酯化”和“聚合与酯化同时进行”两种。两种工艺各有优劣，先聚合后酯化法可使两步反应本身相对简单，副反应较少，但中间控制繁杂，反应周期较长。聚合与酯化同时进行的方法可大大缩短反应周期，但两类反应同时进行，必然导致复杂的副反应增多，造成树脂质量的波动。但如果能够认真权衡影响树脂的配方的各种因素，严格工艺纪律，是可以获得理想的结果的。采用聚合与酯化同时进行的工艺需要注意如下几方面问题。

● 选择合适的引发剂，最好采用叔戊基、叔丁基过氧化物。

● 高不挥发分、低黏度丙烯酸树脂中惯用的良溶剂酮类，因可能和 E-10 之间发生副反应，故在反应前期不得加入到聚合反应系统中，建议作为兑稀溶剂使用。

● 添加合适的酯化催化剂，如有机膦、亚锡等化合物。

这里附带要提请注意的是，在合成高不挥发分丙烯酸类树脂时，有时要用到一些带活性基团的链转移剂，使分子量分布趋窄，如巯基乙醇、巯基丙酸、巯基月桂酸等巯基类化合物。这些巯基类化合物虽然可使聚合物的分子量分布趋窄、黏度下降，但遗憾的是这类化合物有一种令人不愉快的气味，即使用量非常少也在所难免。如果在引入 E-10 的聚合反应中，采用巯基羧酸为链转移剂则可避免上述不足。因为 E-10 可以和巯基羧酸中的羧基反应，使不愉快的气味从产品中消失。上述实例中就采用了巯基丙酸作为链转移剂，其结果不仅黏度较低，而且闻不到通常的巯基化合物的气味。

(2) 醇酸树脂 可用于汽车原厂本色漆的醇酸树脂多为短油醇酸树脂。制造这类树脂时采用的一元酸、多元酸、多元醇等考虑的原则如下。

① 一元酸 因考虑耐候方面的因素，所采用的脂肪酸一般为碘值较低的植物油脂肪酸（如豆油酸、棕榈油酸、椰子油酸、月桂酸等）或合成脂肪酸（如 C_9 酸、C_{10} 酸、C_{12} 酸等）。卡车、轻卡、农用车等大众车辆多采用短油醇酸树脂，而高档轿车用漆，则多采用合成脂肪酸改性醇酸树脂或聚酯树脂。

② 多元酸 仍然以苯二甲酸酐为主，极少采用理论上耐老化性能较好的四氢苯酐、间苯二甲酸等。另外，顺丁烯二酸酐可以有效降低树脂颜色、提高产品黏度，但因其耐老化性能较差，故不建议采用这类含不饱和双键的多元酸。

③ 多元醇 由于至今汽车面漆都采用三聚氰胺甲醛树脂为交联剂，故不建议采用含伯羟基的多元醇，如三羟甲基丙烷、季戊四醇等，最好采用甘油之类。当然，如果与汽车总装厂互有约定，如涂料到厂后，贮存期不得超过 3 个月等。乙二醇、二乙二醇、丙二醇等也常被用于醇酸树脂合成中，这类二元醇均可为树脂带来较好的柔韧性，但采用乙二醇类作为多元醇单元的树脂的耐水性稍差。

现分别列举用于卡车漆及高级轿车漆用醇酸树脂合成的范例供参考。

① 卡车漆用棕榈油醇酸树脂

a. 配方（质量份）

棕榈油	22.70	回流二甲苯	6.00
甘油(含量≥96%)	14.25	苯二甲酸酐	25.00
LiOH	0.04	兑稀二甲苯	32.41

b. 工艺

● 将棕榈油和甘油投入到反应釜中，在 N_2 保护下升温至 150℃。

● 将 LiOH（预先将其与部分棕榈油混合成浆状物）加入到反应釜中，升温至 230℃，保温至 1∶5 清（甲醇）。

● 降温至 150℃，加入回流二甲苯和苯二甲酸酐，升温至 180℃，回流至 AV 约为 30。

● 继续升温至 200℃，保温至 AV≤15，黏度为 15～20s。

● 降温，加入兑稀二甲苯，过滤、出料。

c. 技术指标

颜色(Fe-Co)	≤10#	不挥发分/%	55±2
黏度(25℃,格氏管)/s	15～20		

② C_9 脂肪酸醇酸树脂

a. 配方（质量份）

异壬酸	24.08	二甲苯(一)	14.32
三羟甲基丙烷	18.11	二甲苯(二)	0.80
季戊四醇	6.60	丙二醇丁醚	5.67
苯酐	22.69	二甲苯(三)	10.85
亚膦酸三苯酯	0.11	二甲苯(四)	6.62
二丁基氧化锡	0.41	二甲苯(五)	3.00

b. 工艺

● 反应釜应清洁、干燥，在分水器中加满回流溶剂，通 N_2。

● 按顺序加入异壬酸、三羟甲基丙烷、季戊四醇、苯酐、亚膦酸三苯酯、二丁基氧化锡（注：亚膦酸三苯酯和二丁基氧化锡需称量精确），关闭反应釜，最后加入二甲苯（一）。

● 在 N_2 保护下升温至 200℃，当釜内温度达到 100℃时，停通 N_2，关闭部分热媒油管，此时有放热反应发生，故釜内温度上升到 135℃。

● 再次开启热媒油管，继续升温至回流、脱水。

● 待出水量达到总投料量的 5.5%时，加入二甲苯（二），继续回流至黏度＝V～W；AV＝5～7。

取样配比如下。

样品	50.0	二甲苯	4.0
丙二醇丁醚	15.0		

● 当抽样合格后，停加热，加入丙二醇丁醚，搅拌均匀后，将物料转移至加有二甲苯（四）的兑稀釜中。

● 反应釜用二甲苯（五）清洗，放入兑稀釜。

● 降温至 80℃左右，过滤、包装。

c. 技术指标

外观	黄色黏稠液体	AV/(mgKOH/g)	4～8
不挥发分/%	70±1	颜色(Fe-Co)	≤3
黏度(加氏管,23℃)	V～X	羟值/(mgKOH/g)	140～170

2. 交联剂

(1) 氨基树脂　汽车行业的丙烯酸-氨基烘烤型涂料中使用的氨基树脂主要有丁醇醚化三聚氰胺甲醛树脂、异丁醇醚化三聚氰胺甲醛树脂、甲醇醚化三聚氰胺甲醛树脂以及丁醇和甲醇混合醚化三聚氰胺甲醛树脂等几种类型。至于烃基三聚氰胺甲醛树脂、脲醛树脂等在汽车涂料中不太常用。主要因为前者的性能虽好，但价格昂贵；后者的耐候性较差，仅仅在一些较低档的普通工业涂料中采用。

丁醇醚化三聚氰胺甲醛树脂因原料配比、制造工艺等方面的差别，氨基树脂分子中的羟甲基数、丁氧基数和亚甲基数不同，性能也各不相同。丁氧基数量越多，则醚化度越高，与其他树脂的混容性也越好，反之则越不好。所以氨基树脂又可分为高醚化度和低醚化度两大类。高醚化度氨基树脂的容忍度大于 1∶10（样品∶200# 溶剂油），低醚化度氨基树脂的容忍度范围为 1∶(3～5)。在合成氨基树脂时，因三聚氰胺、甲醛、脂肪醇等物料不同的配比、催化剂的类型及用量以及其他工艺参数等决定了自缩聚反应以及醚化的程度，也决定了产品的分子量及其分布。氨基树脂的关键参数为；不挥发分含量、黏度、容忍度、颜色等。

甲醇醚化三聚氰胺甲醛树脂具有低黏度、高交联反应活性、优良的混容性、漆膜丰满光亮、柔韧性好等特点，广泛用于水溶性涂料以及高不挥发分、低黏度的涂料中。这类氨基树脂以六甲氧基三聚氰胺甲醛树脂为典型代表，它们与丁醇改性的氨基树脂比较，主要异同点见表 3-2-17。

表 3-2-17 甲醇醚化与丁醇醚化的三聚氰胺甲醛树脂性能比较

性 能	甲醇醚化	丁醇醚化
结构	基本上是一个三嗪环	可能有自缩聚物，即多个三嗪环
交联反应速率	慢、需添加催化剂	较快
漆膜力学性能	柔韧性与硬度可以兼得	难以解决柔韧性与硬度的矛盾
使用量	相对较低	相对较高

如表 3-2-17 所述，甲醇醚化与丁醇醚化的三聚氰胺甲醛树脂各有所长，于是人们开始构思如何把这两类氨基树脂的特长集合在一起的技术路线，那就是丁醇和甲醇混合醚化的三聚氰胺甲醛树脂。这类氨基树脂综合了这两种脂肪醇单独醚化的特点，而又有所折中。国内各树脂生产厂家大都没有该类型的产品，而主要见诸于进口品牌系列中。因混合醚化势必增加生产工艺的难度，故此类树脂的使用范围并不太广，而仅限于汽车原厂漆之类高档烤漆的领域。有人认为混合醚化的三聚氰胺甲醛树脂作交联剂时，对复合涂层的层间附着力有好处，对此似乎从理论上很难进行解释。估计可能是底涂层“欠熟”，或者说“固化不充分”造成的误解。混合醚化三聚氰胺甲醛树脂衍生物：分子量及羟甲基含量较高，可提供较好的固化性能，特别是抗污染物的迁移性（有人将其称为“打电报”）。

$$\mathrm{N}\begin{matrix}\diagup \mathrm{CH_2OC_4H_9}\\ \diagdown \mathrm{CH_2OCH_3}\end{matrix} + -\mathrm{N}\begin{matrix}\diagup \mathrm{CH_2OC_4H_9}\\ \diagdown \mathrm{CH_2OH}\end{matrix} + -\mathrm{N}\begin{matrix}\diagup \mathrm{CH_2OCH_3}\\ \diagdown \mathrm{CH_2OH}\end{matrix}$$

鉴于混合醚化三聚氰胺甲醛树脂有如此多的优越，有人提出了一个简化的建议，即在配方中同时选用两种醇醚化的三聚氰胺甲醛树脂可大体获得采用混合醚化物类似的效果，这样就可以回避混合醚化时制造工艺复杂的问题。事实上已有一些制漆厂在其高档氨基烤漆配方中采用了类似配合。

(2) 封闭型异氰酸酯　由于环境污染现象的日益严重，酸雨对汽车表面涂层的影响也越来越受到有关方面的高度重视。这主要是因为酸性介质对面漆的侵蚀直接导致了涂层失光、变色，使汽车，特别是高级轿车失去原有华丽的外观，这是大多数车主所极不愿意见到的现象。因此，各种耐酸性介质性能突出的汽车面漆应运而生。如前所述，汽车面漆常用的氨基烤漆最大的弊病就在于采用三聚氰胺甲醛树脂作交联剂。因为这类交联剂在与主成膜物质（丙烯酸树脂或醇酸树脂）的羟基发生交联反应时常常产生对酸性水解非常敏感的“醚键”。这就是各类氨基烤漆不耐酸雨的祸根。封闭型异氰酸酯类固化剂替代氨基树脂用于丙烯酸类或醇酸树脂类烤漆中是近年来涂料行业的较新成果。在烤漆中采用这类固化剂除可以得到综合性能非常突出的性能外，最重要的是突出的耐水性可以获得较大程度的改善。

用于制备封闭型异氰酸酯类固化剂只能采用脂肪族、脂环族等户外性能优异的异氰酸酯类，如六亚甲基二异氰酸酯（HDI）、异佛尔酮二异氰酸酯（IPDI）等。IPDI 是一种脂环族多异氰酸酯类化合物，其—NCO 基团的反应活性比芳香族异氰酸酯的低，蒸气压也低。IPDI 分子中 2 个—NCO 基团的反应活性不同，因为 IPDI 分子中伯—NCO 受到环己烷环和 α-取代甲基的位阻作用，使得连在环己烷上的仲—NCO 基团的反应活性比伯—NCO 的高 1.3～2.5 倍；IPDI 与羟基的反应速率比 HDI 与羟基的反应速率快 4～5 倍。

可用作封闭剂的化合物则较多，见表 3-2-18。

上述各种化合物均可用作异氰酸酯类—NCO 基团的封闭剂，其中适合用作汽车原厂烤漆的封闭剂却不太多。从表 3-2-19 中列出的各种封闭剂解封的温度就可以看出：只有那些解封温度在 120～160℃的封闭剂才可能用于汽车原厂漆中。

表 3-2-18　常见封闭剂及其特点

封闭剂类别	典型化合物	特　点
酚类	苯酚、甲酚、二甲酚、硝基苯酚、叔丁酚等	常见，解封温度较醇类低
醇类	丁醇、乙基己醇、乙二醇单丁醚、丙二醇单乙醚等	解封温度较高，热稳定性好
肟类	甲乙酮肟、环己酮肟、丙酮肟等	特别适合脂肪族或脂环族异氰酸酯类的封闭，解封温度低
酰胺、酰亚胺类	乙酰苯胺、N-甲基乙酰胺、己内酰胺、环丁基酰亚胺等	可形成六元环的中间体，解封温度较低
咪唑类	2-甲基咪唑、2-甲基 4-乙基咪唑等	可形成五元环的中间体，解封温度较低
吡唑和三唑类	3,5-二甲基吡唑、1,2,4-三唑等	可形成五元环的中间体，解封温度较低
仲胺类	2,2,6,6-四甲基哌啶、4-(二甲氨基)-2,2,6,6-四甲基哌啶等	可形成二聚体
活性亚甲基化合物	环二脲等	可形成二聚体

表 3-2-19　常见封闭剂的解封温度

封　闭　剂	解封温度/℃		封　闭　剂	解封温度/℃	
	无催化剂	有催化剂存在		无催化剂	有催化剂存在
乙醇	180～185	150～155	丙酮肟	130～150	
苯酚	140～145	105～110	甲乙酮肟	130～135	125～130
己内酰胺	160		乙酰丙酮	140～150	
丙二酸二乙酯	130～140		咪唑	130～140	
乙酰乙酸乙酯	125～150	125～130			

相对三聚氰胺甲醛树脂类交联剂而言，封闭型异氰酸酯类交联剂的成熟商品所见不多，这主要是因为各类封闭型异氰酸酯类的解封温度不同，适用范围受限的缘故。拜耳公司的 Desmodur AP 为一种解封温度在 160℃以上的酚封闭芳香族异氰酸酯，Desmodur BL 1100、1190、1265 亦为封闭芳香族异氰酸酯，其解封温度为 140℃以上。Desmodur BL 3175、4165 则属于封闭型脂肪族异氰酸酯类。众所周知，脂肪族异氰酸酯类具有良好的耐黄变性能，这样它就可作为交联剂用于汽车面漆之中。虽然 3175 的解封温度高达 160℃以上，但在促进剂（如月桂酸二丁基锡）存在的前提下，可使烘烤温度低至 130～140℃，完全适应多数汽车总装厂面漆、中间涂料涂装线的工艺参数。

3. 助剂

(1) 流变助剂　液体的流变性与流动性是不一样的。所谓流变性主要反映液体经受高剪切速率和低剪切速率时不同的流动性能。流变助剂是一类能够改变涂料流变性能的新型涂料添加剂。在国外，一些高档汽车原厂漆，特别是轿车用漆大都广泛使用了某种类型的流变助剂。这类助剂的使用可以在一定程度上赋予涂料在高剪切应力的作用下，表观黏度较低，而在低剪切应力的作用下，表观黏度较高的特性。这样，涂料在贮存、运输的过程中就不会产生因涂料系统黏度偏低而产生的诸如沉降、分层、乃至结块之类的弊病，大大提高了涂料的贮存稳定性。在施工时，由于涂料在喷枪口附近经受到的是高剪切应力，故其表观黏度非常低，涂料特别容易被雾化。而漆雾一旦凝聚在基材表面成膜时，所受到的压缩空气的外力消失，此时工件表面即使是处于垂直状态，涂料自身所受到的外力至多也只是因自身重力而带来的低剪切应力，其表观黏度会变得很高，故不易发生流挂等现象。加有合适流变助剂的涂料必然有着良好的施工工艺性能，一次成膜厚度较大，所得漆膜的外观也必然平整光滑。

我国台湾德隆公司的 275 就是属于一种防沉降、防流挂助剂。该助剂的添加量为 0.2%～1.0 %（总投料量），无论在颜料研磨前后添加均可。赫斯公司的 Ser-AD BEZ 75，毕克化学公司的 Anti-Terra-203、Anti-Terra-204 也都是一类专用于防沉和抗流挂的助剂。

从某种意义上来说，增稠剂也可纳入流变助剂的范畴。因为不少增稠剂在一定程度上不仅可起防沉作用，而且也能抗流挂。涂料行业中一直都在采用的有机膨润土就是其中一例。美国 NL 公司、Grace 公司等均有不同型号的有机膨润土打入我国涂料助剂市场，其中 Bentone 27、Bentone SD-2、Bentone SD-3 等均可用于丙烯酸-氨基或醇酸-氨基烤漆中。

SCA 改性树脂则是另一类能够改变涂料流变性能的树脂，此方面最为突出的生产厂家为 AKZO Nobel 公司。该公司向市场推出他们将其称之为 SCA 改性树脂。SCA 为流挂控制剂（sag control coagent）的英语缩写。这类树脂进入市场后，首先在汽车原厂漆领域内获得成功。不少汽车原厂漆生产厂家，包括 BASF、PPG、HERBERTS 等均采用了该公司的这类产品。AKZO 的这类 SCA 改性树脂多用于厚膜清漆和要求一次成膜厚度较大的瓷漆中（表 3-2-20）。

表 3-2-20 AKZO Nobel SCA 改性树脂

牌　号	树脂类型	不挥发分/%	黏度(23℃)/Pa·s
Setal 90173 SS-50	饱和聚酯	49～52	8.0～28
Setal 90176 SS-60	饱和聚酯	59～62	3.0～7.5
Setal 91703 SS-53	饱和聚酯	50～53	1.5～5.0
Setalux C91756 SS-60	热固性丙烯酸	58～61	7.0～12
Setalux C91757 VX-60	热固性丙烯酸	58～61	5.0～12
Setalux C91795 VX-60	热固性丙烯酸	59～62	1.5～3.5
Setalux XL 1029	热固性丙烯酸	58～62	1.0～5.0

树脂的选择原则是以漆料系统中主成膜物质的类型而异，如在丙烯酸涂料系统中最好选择 Setalux 系列丙烯酸类 SCA 改性树脂，而在聚酯树脂系统中则最好选择 Setal 系列的聚酯树脂。

如其他类型助剂使用时采用复配的手法一样，为进一步提高其对涂料流变性能影响的力度，流挂助剂也讲究搭配使用。如有的资料介绍，上述助剂如和有机膨润土拼用，可起到增效作用，而对漆膜的其他物性则几乎没有影响。

(2) 紫外光吸收剂　所谓紫外光吸收剂是指那些能够吸收紫外光，并将其所吸收的能量转化为无害能量的一类化合物。具有这种特性的化合物很多，如二苯甲酮类、水杨酸酯类、某些杂环类、取代丙烯腈类以及某些金属络合物等。能够提高聚合物材料光稳定性能的助剂有光屏蔽剂、抗氧剂、紫外光吸收剂、自由基捕获剂以及能分解过氧化氢的化合物等。因此将其简化统括为“光稳定剂”更能反映这类助剂的本质。一般情况下，以采用紫外光吸收剂为主，然后辅以其他类型的光稳定剂。

在各种汽车漆，特别是罩光清漆中加入紫外光吸收剂旨在进一步提高其耐候性，特别是保光、保色性能。太阳光中，波长为 200～411 nm 的光波辐射能最强，破坏力也最大。它能够促进聚合物大分子链节自动氧化过程的进行，从宏观的角度来看，也就是加速漆膜的降解。某些紫外光吸收剂能够有效地吸收这一波长范围内的光辐射能，然后将其转化为其他无害能量，从而有效地延缓了上述降解过程，实际上起到了抗老化作用。如二苯甲酮类化合物能够通过螯合氢键的形成，使一定波长的紫外光能转化为热能，从而消除或减弱了紫外光辐射能对漆膜的破坏作用。不少二苯甲酮类的衍生物已经形成商品在市面上流通。除此而外，苯并三唑类杂环化合物也有不少用作紫外光吸收剂，如羟基苯并三唑类等。作为一种理想的涂料用紫外光吸收剂必须具备以下特性：

① 对于涂料的其他物理力学性能无任何不良影响；

② 与主成膜物质的混容性良好；

③ 挥发性小，不容易被水、溶剂萃取，同时也无迁移特性；

④ 对光、热稳定性良好，无色、无味、低毒；

⑤ 价格适当。

紫外光吸收剂的品种很多，不同的紫外光吸收剂对紫外光敏感的波长范围不都一样，例如：二苯甲酮类在波长 230～390nm 范围内有较强的吸收；苯并三唑类则在 300～385nm 范围内有较强吸收；丙烯腈衍生物在 310～320nm 范围内有较强吸收；而芳香族酯类化合物则对 340nm 以下的短波紫外光比较敏感。而作为涂料成膜物质的聚合物，它的品种不同，其大分子链节对于不同波段的紫外光的敏感程度也不一样。因此，必须根据涂料中所采用的聚合物的类型，选择几种紫外光吸收剂搭配使用，才有可能获得满意的效果。

为了延缓丙烯酸-氨基类涂料漆膜的老化过程，在生产实际中往往采用抗氧剂、紫外光吸收剂等拼用的办法。一个比较典型的例子就是采用紫外光吸收剂与自由基捕获剂拼用。受阻胺光稳定剂（HALS）是自由基捕获剂中的一种，它与等量的紫外光吸收剂混用可以获得比较明显的增效作用（或者叫协和作用）。

(3) 流平剂　显而易见，汽车行业对于汽车涂层外观的要求是非常苛刻的。因此大多数汽车涂料制造厂商在产品定型时，都对其流变性能作过认真、仔细的考虑。已经比较圆满地解决了成膜厚度、流挂与流平之间的综合平衡。因此国外一些名牌汽车涂料制造厂家的产品，大都具有良好的施工性能。具体反映在一次成膜厚度能够达到汽车总装厂的要求，且不流挂，橘纹轻微，光泽和鲜映性也都很理想等。虽然这些厂家制漆的技术要领各不相同，但有一点则肯定一致，那就是选配适当的流平剂。

所谓流平剂是指那些能够改善涂料成膜时流动特性的物质。它的主要作用是降低涂料系统的表面张力，增加其在低剪切力下的流动性能，使漆膜达到平整光滑，无缩孔、凹陷、刷痕以及橘纹等表面缺陷的目的。可用作涂料流平剂的种类很多，如高沸点混合溶剂、有机硅化合物、有机氟化合物、某些丙烯酸系聚合物、丁醇改性三聚氰胺树脂、聚乙烯醇缩丁醛、醋酸丁酸纤维素等。

聚氨酯类涂料，特别是聚酯-聚氨酯类涂料，由于其体系自身的表面张力一般较高，尤其需要使用一些能够大大降低表面张力的流平剂，以消除橘纹、针孔、凹陷、缩边等表面缺陷。如聚醚-聚硅氧烷类、聚酯-聚硅氧烷类、含氟聚合物类等。国外流平剂的品牌很多，如德国毕克公司的 BYK300、BYK301、BYK302、BYK306、BYK310、BYK323、BYK331、BYK333、BYK354、BYK358、BYK359、BYK390、TSB 等；EFKA 公司的 EFKA3030、EFKA3031、EFKA3032、EFKA3033、EFKA3034、EFKA3035、EFKA3232、EFKA3236、EFKA3239、EFKA3777、EFKA3778 等。国内台湾德隆公司的 411、433、435、455、466、HS-321 等产品。其中毕克公司的 BYK306、BYK307，EFKA 公司的 EFKA3777、EFKA3778 以及德隆公司的 466 等虽同属氟硅类型助剂，但它们对复合涂层的层间附着力无不良影响。

醋酸丁酸纤维素（CAB）是另外一大类聚氨酯涂料系统中用得较为普遍的流平剂。目前市场上进口产品较多，如伊士曼公司（Eastman Co.）的 CAB 381-0.1、CAB 551-0.2、CAB 551-0.01、CAB 381-2；拜耳公司的 Cellit BP300 等。

由于所有牌号的 CAB 产品均为固态粉末状物质，故一般应将其配制成 10%～20%的溶液以方便使用。所采用的溶剂多为醋酸溶纤剂与二甲苯的混合溶液。这类流平剂的用量比上述流平剂的用量都要大一些，否则其流平效果不明显。通常其用量为1%～5%。

汽车总装厂涂装车间空气质量再好也难免疵点等漆膜弊病的存在。因此，线上修补是涂装中无法避免的再加工过程。于是重涂时的层间附着力就成为面漆指标中非常重要的一项。众所周知，影响层间附着力的主要因素在多数情况下与漆料配方中流平剂的使用有关。一般来说硅系列流平剂对层间附着力的不良影响，但仍然有一些品种不会影响到重涂时的层间附着力。如BYK公司的BYK306、BYK307，EFKA公司的EFKA3777、EFKA3778，澳大利亚Kemperial公司的KC 510、KC515以及台湾德隆公司的466等虽同属氟、硅类型助剂，但它们对复合涂层的层间附着力无不良影响。合理地选用流平剂是汽车面漆配方设计中非常重要的一环。

(4) 润湿分散剂　颜料在展色剂中的润湿、分散是色浆、色漆制造中异常关键的两个步骤。颜料分散的第一步就是以有机相替代吸附在颜料粒子表面的空气和水分，这一步谓之润湿。然后在高剪切力的作用下颜料的二次团粒结构解体，形成稳定的分散悬浮体，这一步谓之分散。为使这两个过程更加迅捷、有效，实际生产中都要添加一些助剂。传统观念中将适合这两个阶段使用的助剂分别称之为润湿剂和分散剂。同时具有润湿和分散作用的助剂则被称为润湿分散剂。

一般低分子量润湿分散剂更有利于润湿，而高分子量润湿分散剂则更有利于分散、稳定等。现代色漆制造中，有关润湿、分散的理论研究与实践告诉人们，润湿分散剂的高分子化将更为有利。高分子润湿分散剂具有如下特性：

① 非常有效地抗絮凝；

② 对有机和无机颜料均能适用；

③ 高分子量润湿分散剂与传统型助剂不同，不少是能够成膜的聚合物，润湿分散剂参与成膜后能赋予涂层耐水性和抗皂化性能，由此不仅不会给漆膜性能带来负面影响，而且往往还能提升原有漆膜的性能。

目前市面上采用较多的高分子量润湿分散剂主要有两大类；即含叔胺类颜料亲和基团的聚氨酯与丙烯酸聚合物。其中丙烯酸聚合物分子量可做得更大些。而聚氨酯型的降黏效果更好。市面上流行的一些润湿分散剂以高分子量聚合物居多。这不仅因为新的高分子量润湿分散剂能极好地发挥润湿、分散、稳定功能，而且有的高分子量润湿分散剂还能参与成膜。这就将人们平常担心的助剂对成品性能的影响降低到几乎可以忽略不计的地步。

在汽车原车漆中选择润湿分散剂时，除了涂料系统对这类助剂的一般要求外，还应留意它们对其耐候性、耐介质性能的影响。另外在高温烘烤条件下，有无失光、变色的倾向等。

4. 各类本色漆

本色漆所采用的树脂、交联剂以及助剂等配方成分因车型不同而有不同的要求。以我国为例；卡车、轻卡等采用一般短油醇酸-氨基；轿车面漆则多采用耐候性更为优越的聚酯-氨基或合成脂肪酸醇酸-氨基；豪华巴士等大型高级车辆则采用丙烯酸-聚氨酯、聚酯-聚氨酯双组分本色漆，现分述如下。

(1) 卡车、轻卡车面漆　我国卡车及轻卡用面漆多采用低不饱和度或合成脂肪酸改性短油醇酸树脂配制的氨基烤漆，这类醇酸树脂所采用的脂肪酸以豆油、棕榈油以及椰子油脂肪酸为主，油度大约为30%～35%。豆油醇酸-氨基烤漆的施工性能较好，但耐过烘性能较差。一旦涂装线日常运行时某些工艺参数发生改变（如线速减慢、炉温过高等），则汽车面漆间将出现明显色差。棕榈油及椰子油醇酸-氨基烤漆的光泽、硬度较高，耐过烘性能突出，但其施工性能略逊于豆油醇酸。采用棕榈油醇酸树脂与普通三聚氰胺甲醛树脂搭配用于卡车面漆效果非常不错，配方如下（质量份）。

棕榈油醇酸树脂(油度 34%)	60.00	汉高 Texaphor 963 分散剂	0.10
丁醇醚化三聚氰胺甲醛树脂	20.00	BYK 306	0.10
中铬黄	0.85	BYK 331	0.05
深色素炭黑	0.31	150# 芳烃	3.92
津酞蓝	0.67	二丙酮醇	2.00
杜邦 902 钛白	12.00		

虽然所采用的棕榈油醇酸树脂的颜色较深（Fe-Co 10#），但采用上述配方制成的色漆却具有非常良好的耐过烘烤性能。

(2) 轿车面漆　轿车本色漆除应具有一般汽车面漆所应有的性能外，最为重要的是必须具有良好的外观和对各类涂装线的适应性能。一般所采用的主成膜物质多为的合成脂肪酸改性醇酸树脂或聚酯树脂，其特点是：不饱和度极低，故耐候性突出。除交联剂外，在本色漆配方中搭配适当的具有抗流挂功能的树脂也是不可或缺的要素之一，如 AKZO 生产的 SCA 类改性树脂。高添加量的 SCA 改性聚酯树脂可以赋予漆料以优异的流平、流挂性之间的平衡。换言之；就是在获得较理想的一次成膜厚度的同时，还可使漆料具有良好的流平性能。据了解，某些汽车原厂本色漆的配方中流变性能改善树脂的用量超过主成膜物质。如以下配比（质量份）。

主成膜物质	31	三聚氰胺甲醛树脂	32
SCA 改性聚酯树脂	37		

颜料则应选择那些耐候性优良的品种，此外对本色漆而言，良好的遮盖性能也非常重要，它是漆膜光泽、流平性以及流挂性能平衡的重要保证。一般设计本色漆配方时，将 P/B 设定为 0.65～0.7。过高的颜基比会带来光泽下降，保光性也不足，漆膜外观也欠佳。过低的颜基比则会导致遮盖力下降。

在本色漆的配方设计中，助剂的选用也是不可忽视的重要因素，尤其是有关流平剂系统的选择，这不仅仅关系到漆膜的流平性能，而且还应考虑重涂时对层间附着力的影响。最好选用那些已经证实对层间附着力没有影响的流平剂。一般多采用氟碳系以及某些硅系列流平剂，如 BYK306、BYK307 等。以下举一例采用聚酯树脂、短油醇酸树脂以及 SCA 改性聚酯树脂的典型本色漆配方供参考（质量份）。

聚酯树脂	30.00	丁醇	2.00
TiO_2	27.20	紫外光吸收剂 Tinuvin 123	0.30
SCA 改性聚酯树脂	1.20	BYK 331	0.05
短油醇酸树脂	18.90	BYK 306	0.40
丁醇改性三聚氰胺甲醛树脂	17.30	100# 芳烃溶剂	6.65
乙二醇单丁醚	2.00		

(3) 大型巴士面漆　基于大型巴士体积庞大，建设烘房投资巨大等方面原因，这里所采用的面漆多为丙烯酸-聚氨酯或聚酯-聚氨酯类双组分面漆。有关方面介绍详见汽车修补漆部分内容。

三、金属闪光底色漆

汽车行业自 20 世纪 80 年代伊始出现一种具有金属闪光效果的面漆，即金属闪光漆。最先问世的是单层金属闪光漆，后来又发展了所谓双层（或多层）金属闪光漆，即金属闪光底色漆-罩光清漆（或金属闪光底漆-底色漆-罩光清漆）。由于这类面漆能够给人以优异、独特的视觉感受，故发展迅速，至今各类金属闪光漆已占到汽车面漆的 70%以上，成为汽车面漆的主要品种。这其中的银灰色被涂料界称为汽车永恒的流行色。

多层金属闪光漆中的底色漆是指含有某些效应颜料及着色颜料的一类涂料，它是涂于中间涂料之上，罩光清漆之下的涂层。因具有赋予车辆以特殊效果色以及打底色的功能，故被命名为“底色漆”（basecoat）。早期面市的底色漆固含较低，仅为10%～15%，稍后一些时候发展了中固体分底色漆，固含为15%～20%，这种中固体分底色漆施工黏度仅为100mPa·s（1000r/min）。高固体分底色漆是在中固体分底色漆基础上发展起来的，为了保持良好的喷涂施工性能，需要极大地降低树脂的分子量，以获得较低的黏度。这样技术处理的副作用是涂层的物理干燥性能下降，抗流挂性能降低。为了克服高固体分底色漆施工时的流挂现象，要么使漆料具有假塑性，即在高剪切速率下表现出切变稀化，要么使漆料在某一低剪切速率下表现出高黏性行为。比较通常的做法是添加利用非水乳液聚合生成的聚合物微胶以获得切变稀化的效果。在高固体分底色漆中，添加聚合物微胶和有机膨润土等流变控制剂可有效地降低在高剪切速率下的黏度，以利于喷涂时漆料的雾化。

现今汽车行业中多采用以下三类底色漆（表 3-2-21）：

表 3-2-21 几类底色漆系统的工艺数据

性 能	中固体分	高固体分	水 性
固体分/%			
本色底色漆	25～40	45～60	20～45
金属闪光底色漆	15～25	40～50	15～25
VOC/(g/L)	450～600	250～400	100～150
施工黏度			
/S(DIN 4,23℃)	20～30	15～20	35～60
/mPa·s(1000r/min)	40～50	30～40	60～120
膜厚/μm			
本色底色漆	15～25	20～30	15～25
金属闪光底色漆	10～15	15～20	10～15
罩光前闪蒸/℃×min	23×(2～3)	23×(3～5)	(50～80)×(3～8)

① 中固体分底色漆；

② 高固体分底色漆；

③ 水性底色漆。

北美多采用高固体分底色漆，而欧洲则倾向于使用水性底色漆，其他地区主要采用中固体分底色漆。仅就施工性能而言。固体分越低，也越容易获得良好的施工效果，如效应颜料的排布、雾影、色斑以及色差等方面的差异等。因此固体分的高低显示在底色漆方面的技术进步。

在汽车涂装的整个工艺流程中，金属闪光底色漆是溶剂排放量最高的涂装工段。有人曾对世界上几个主要大型汽车总装厂的涂装线做过仔细的考察统计，各工序的溶剂释放量大体见表 3-2-22。

表 3-2-22 涂装施工中各工序的溶剂排放量

工 序	排放量/%	工 序	排放量/%
阴极电泳底漆	1～5	罩光清漆	8～13
中间涂料	14～16	防护蜡	13～14
抗石击涂料	0.5～1	洗涤溶剂	4～5
金属闪光底色漆	38～52	其他	2～3
本色漆	7～10		

由表 3-2-22 所列数据可知：在涂装线各工序中，金属闪光底色漆是溶剂挥发比率最高的环节。由此大幅降低金属闪光底色漆中的 VOC 对降低整个涂装系统的溶剂释放具有举足轻重的作用。

除了提高施工固含量采用高不挥发分的品种外，降低涂料中 VOC 的含量的另外一个有效途径就是水性化。水性金属闪光底色漆降低 VOC 的效果非常显著，其有关数据见表 3-2-23。

表 3-2-23　水性金属闪光底色漆对涂料系统中 VOC 的影响

类　别	涂料 VOC/(g/L)	类　别	涂料 VOC/(g/L)
传统底色漆	600～700	水性底色漆	100～400
高不挥发分底色漆	250～610		

1. 水性金属闪光底色漆

对于对装饰性要求较高的汽车特别是高级轿车用涂料而言，水性化的难度无疑远远大于其他涂料领域。主要体现在水性化后对漆膜耐水性、附着性特别是耐候性能的影响。另外由于水性涂料系统的稀释剂是挥发速率较慢的水，故使得涂装系统对施工条件特别是施工环境的要求更为苛刻，如相对湿度对施工环境的影响。另外基于水性底色漆特殊的流变特性，也使得铝粉、珍珠粉等效应颜料在涂层内相对而言更易移动，同时比较容易出现流挂等漆膜弊病。因此水性金属闪光底色漆开发的首要课题就是应尽可能扩大其对施工环境的适应性。

① 颜料分散性不好。水性漆属于聚合物分散体系，颜料分散性不是很好，因此须采取措施加以改善。

② 分散粒子的稳定性差。

③ 溶解的分子对剪切力、热、pH 等都很稳定，而分散的粒子不稳定，因此要对分散体系采取稳定措施。分散粒子受剪切力后会被破坏，因而须考虑在制造、输送水性漆过程中避免剪切力的作用。分散粒子对 pH 很敏感，漆中混入酸性物质会形成酸性粒子，从而产生胶化破坏水性漆。另外水性漆在运输过程中受寒冻结后分散粒子也会被破坏。

④ 表面张力大。水的表面张力大，故水性漆的表面张力也较大，在施工过程中要加强管理，否则涂装时易产生下列缺陷和漆膜弊病。

a. 易流挂。

b. 展平性不好。

c. 易产生缩孔、针孔。

d. 不易渗入被涂物表面细小的缝隙中。

⑤ 蒸发热和热容值高，受温度、湿度的影响大。水的高蒸发热和热容值使水性漆中的水蒸发慢。溶剂型漆中溶剂总量的 50％在喷涂雾化过程中挥发掉，而对于水性漆仅为 25％。水蒸发慢在涂装时易产生流挂，且使涂装效率变差。因此，需设置中间加热区将水从水性底漆涂层中强制挥发出去。在喷涂清漆前必须把 90％的水从水性底漆涂层中除掉（防止在最终烘烤时沸腾的水穿过清漆而挥发出来）以获得最佳的漆膜外观，从而避免水性底漆被清漆返溶。水的蒸发速率与相对湿度密切相关，相对湿度高时，水的蒸发速率很低。因此，喷漆室的相对湿度和温度必须控制在一定范围内，以确保喷漆雾化过程中适量的水挥发掉，并且使水和有机溶剂在涂膜中保持适当平衡。这个适当的平衡是很重要的，其可使涂料有合适的表面张力以润湿喷涂表面。

⑥ 导电性好。水的介电常数大，因此水性漆的导电性好，一般水性漆的电阻小于 0.1MΩ，而溶剂型漆有一定的电阻（0.5～20MΩ）。水性漆的导电性好，当采用静电喷涂

时有特殊要求。

⑦ 腐蚀性大。水性漆含有大量水，因而对容器、输送管路、喷漆室体等易受潮部位有腐蚀性，需用不锈钢或塑料材料制作。

⑧ 流变行为。流体黏度随剪切率的增加而减少时称为假塑性流体。假塑性流体的流变行为与其流变所走路径有关，也就是对时间有依赖，故称之为触变性流体。有的公司的水性金属漆和水性色漆本质上属假塑性流体；有的公司的水性漆具有触变性，其黏度取决于所用的剪切速率及其剪切历程。基于水性漆的特性，用流出杯测量黏度值不具有重现性，只有用旋转黏度计测出包括低剪切速率下和高剪切速率下的数据点完整流变曲线才能给出水性漆流变行为的完整特性。

2. 底色漆的基本特性

金属闪光底色漆自身性能中最为重要的就是效应颜料的排列、定向以及系统的流变行为。底色漆的漆膜厚度取决于自身的遮盖力，这与效应颜料品种的关系极大。如银白色相具有最好的黑-白遮盖力，漆膜厚度仅需 10μm 左右；而白色，则需要 20μm；黄、红相则需要 30μm。含效应颜料漆膜的色相取决于这些效应颜料在漆膜中的排列、定向。为了表述这一性质，人们引入了“随角异色效应”指数的概念。所谓“随角异色效应”是指漆膜因观察角度的不同而呈现出不同的色相。对于本色漆而言，其随角异色效应指数为 0，而对于性能良好的金属闪光漆，其随角异色效应指数可达 15～17。其计算公式如下。

$$\text{随角异色效应指数}=\frac{2.69(L_{15^\circ}-L_{110^\circ})^{1.11}}{(L_{45^\circ})^{0.86}} \tag{3-2-1}$$

式中 L_{15°——15°角反射光强度；

L_{45°——45°角反射光强度；

L_{110°——110°角反射光强度。

有两种机理可以用来解释效应颜料在金属闪光漆漆膜中的排列、定向问题。

第一种是有关漆雾粒子在被涂物表面流展的过程，如图 3-2-2 所示，漆雾凝聚成的小珠垂直于涂装面有一个向侧面方向的动力。在这个侧向力的驱使下，小珠沿侧向力的方向流展，于是效应颜料也随之定向。

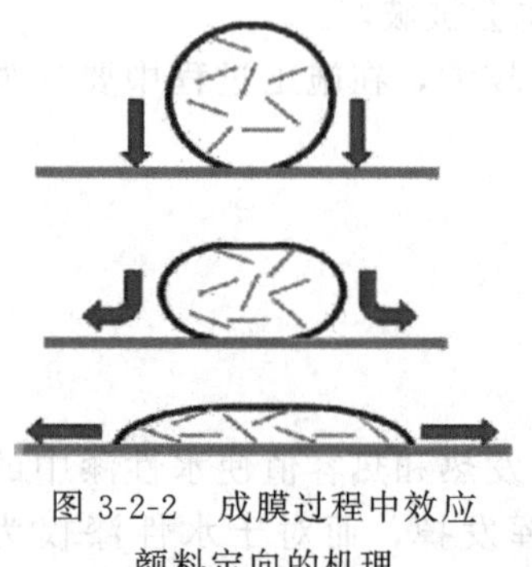
图 3-2-2 成膜过程中效应颜料定向的机理

第二种是用漆膜收缩的机理来解释效应颜料的排列、定向问题，即随着溶剂的挥发，凝结在涂装表面的漆液收缩成膜的过程中，效应颜料随之定向（图 3-2-3）。效应颜料（如铝粉、珠光粉等）的定向也受施工方式的影响。采用高速静电旋杯制备的底色漆漆膜与空气雾化喷枪的效果就不一样。这可能与静电旋杯制得的漆膜较“干”，漆雾到达涂装表面后侧向力不足以使其很快变形、流展，不利于效应颜料的排布和定向的缘故。

效应颜料在漆膜中的排列、定向受漆料的流变行为影响极大。由可溶性树脂配制的溶剂型底色漆呈现出牛顿型流动特征，如果不添加流变助剂，则底色漆中效应颜料的定向极差，且在垂直涂装面上几乎无法实现不流挂成膜。微胶蜡分散液、脲基 SCA（sag control agent）流挂控制剂等添加到配方中，可有效改变系统的流变性能。常见 SCA 改性树脂均是六亚甲基二异氰酸酯与苄基胺的脲系加成物。

施工时，这类漆料在不同的剪切速率下表现出不同的流变性能。漆料贮存在涂料罐中且未搅拌时，其剪切速率为 0，此时漆料黏度非常高，有效地防止密度相对较高的效应颜料沉

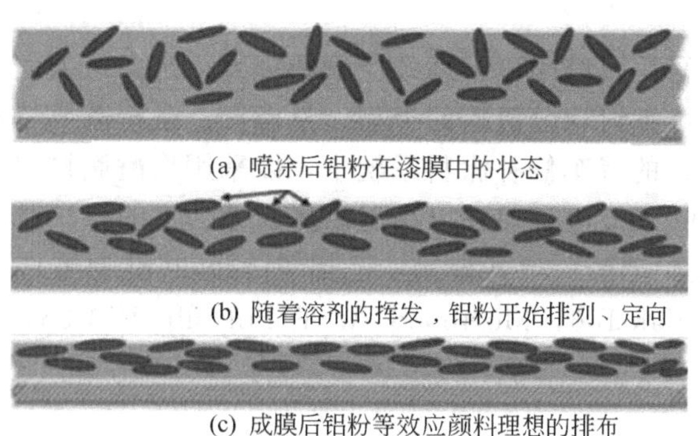

(a) 喷涂后铝粉在漆膜中的状态
(b) 随着溶剂的挥发，铝粉开始排列、定向
(c) 成膜后铝粉等效应颜料理想的排布

图 3-2-3 漆膜收缩助效应颜料定向

降。而稍加搅拌或将其泵入输送管路，则其黏度迅速下降，表现出良好的泵送性能。施工时，在喷嘴及旋杯杯沿附近，剪切速率最高，漆料的黏度也极低，对漆料的雾化非常有利。此种黏度较低的状态一直延续到雾化的粒子在车身表面变形、流展、凝聚成膜以及效应颜料的定向。一旦流平过程结束，剪切应力消失，黏度变得很高，此时有利于防止流挂的发生。

不仅仅溶剂型底色漆如此，水性底色漆也表现出类似的流变行为，但有些许滞后。从图 3-2-4 中可看到：在贮存和施工条件下，高固含量底色漆和水性底色漆不同的剪切速率及黏度之间的关系。

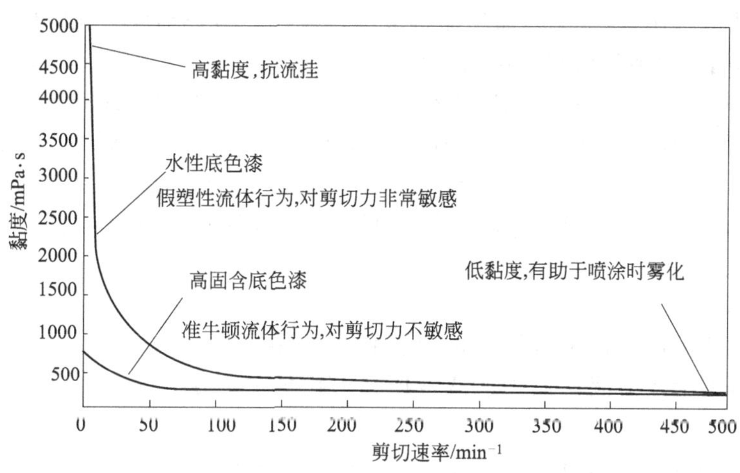

图 3-2-4 水性底色漆和高固含底色漆的流变行为

3. 主成膜物质

溶剂型底色漆中采用的成膜物质一般为热固性丙烯酸树脂与聚酯树脂组合，再配以 SCA 改性聚酯树脂、氨基树脂以及 CAB 等。在树脂组分中，聚酯树脂占 16%～26%，丙烯酸树脂占 27%～32%，SCA 改性聚酯树脂占 3%～15%，而 CAB 则大约为 10。一般将聚酯与丙烯酸两类树脂的配比控制在 1∶1 左右，可获得各方面良好的平衡。CAB 约占总树脂量的 10%，一般建议采用几种 CAB 搭配使用，这样可以调节施工固含量、防止罩光时的重溶、合适的物理干燥时间等。SCA 改性聚酯树脂是一种起流挂控制作用的树脂，它可防止漆膜流挂，赋予湿漆膜以触变性能。这一点对于浅色金属闪光漆尤为重要，它可有效防止色斑和局部色差。

4. 分散蜡及助剂

金属闪光底色漆中采用分散蜡以帮助效应颜料排列、定向是人们熟知的手段。在本章第五节汽车修补涂料中将详细讨论分散蜡的类型、性能等。这里需要特别强调的是，在以室温或低温干燥（或称固化）的汽车修补涂料系统中，以采用聚酰胺蜡较多，如日本楠本化成株式会社的 Disparlon 6900-20X 等。但在以高温烘烤固化为主的汽车原厂漆系统中，则多采用乙烯类共聚物（包括乙烯-醋酸乙烯共聚物、乙烯-丙烯酸共聚物等），如毕克公司的 Cerafak 100、Cerafak 103、Cerafak 106，Morton S. A. 的 Polyslip VM 56，Kemperial Co. 的 Disper KC 568 等。

5. 典型底色漆

(1) 配方（质量份）

原料	质量份	原料	质量份
分散蜡液(10%)(一)	19.4	丁基溶纤剂(一)	7.5
热固性丙烯酸树脂	11.70	101 灯黑	0.5
聚酯树脂	11.2	Alpate 8160 AR	1.9
Setal 90173 SS 50	1.40	Alpate 8820 AR	1.0
CAB 381-0.5(20%)(一)	8.5	分散蜡液(10%)(二)	4.0
CAB 381-2(20%)	1.7	CAB 381-0.5(20%)(二)	2.0
甲醚化三聚氰胺甲醛树脂	13.2	丁基溶纤剂(二)	11.5
BYK 306	0.4	醋酸丁酯	3.1
100# 芳烃	1.0		

(2) 工艺

① 将分散蜡液（10%）（一）加到配料罐中，搅拌并检查细度，此时应 ≤20μm。然后在搅拌下加入热固性丙烯酸树脂、聚酯树脂，搅拌 30min，检查细度应≤20μm。

② 依次将 Setal 90173 SS 50、CAB 381-0.5（20%）（一）、CAB 381-2（20%）、甲醚化三聚氰胺甲醛树脂、BYK 306、100# 芳烃、丁基溶纤剂（一）加到罐中，然后再慢慢将 101 灯黑在搅拌下加入，高速分散 1h。混合物用装有双层过滤袋的袋式过滤机过滤。

③ 将 Alpate 8160 AR 和 Alpate 8820 AR 加到另外一个罐中，然后加入分散蜡液（10%）（二），高速分散 1h。在搅拌下加入 CAB 381-0.5（20%）（二）继续搅拌 30min。检查细度，应≤20μm。

④ 铝粉浆制备完成后，应熟化 10h，使用前再搅拌 30min。

⑤ 将调制好的清漆溶液在搅拌下慢慢加到铝粉浆中，分散 30min。采用滤网过滤，然后再搅拌 2h。

⑥ 丁基溶纤剂（二）和醋酸丁酯用于调整色相和黏度。

(3) 产品标准

项目	指标	项目	指标
黏度		施工	17～21
原漆(涂-4 杯)/s	50	稀释率(醋酸丁酯：二甲苯＝60：40)/%	35～45
施工	12	阻抗/MΩ	0.4～0.7
固体分/%		遮盖力/μm	8～10
原漆	26～28	固化条件/℃×min	140×30

四、罩光清漆

在汽车涂料的涂装系统中，无疑罩光清漆是起保护和装饰作用最为关键的一道涂层。汽车工业不仅仅要求罩光清漆具有良好的物理力学性能、优异的耐候性、耐各种介质性能等，还要求它具有非常好的施工适应性能。此外，现代汽车工业出于环境方面因素的考虑，对罩光清漆系统中溶剂的含量也提出了日益苛刻的要求。如欧盟早在1993年就在“溶剂控制指令——汽车涂装过程排放限制”中严格规定了轿车涂装线有机溶剂的释放量（包括底漆、中间涂料、面漆等）不得高于45g/m²。因此现代不少汽车总装厂所采用的罩光清漆多为高不挥发分溶剂型丙烯酸（或丙烯酸改性聚酯）清漆、粉末罩光清漆以及水性罩光清漆等。这几类罩光清漆的技术经济方面各有优劣，见表3-2-24。

表 3-2-24 几类罩光清漆技术经济性能比较

项 目	溶剂型	水 性	粉 末
有机溶剂含量/%	>30	2～10	无
施工工艺	施工工艺成熟，成本较低	需新建涂装线，包括烘道，对施工环境要求苛刻，需增加基本建设投资	需新建涂装线，生产效率高，几乎无污染物排放
烘烤条件	成熟	需增加预烘烤烘道	较为成熟
漆膜性能	综合性能好，成熟	硬度高	
发展方向	高不挥发分	降低施工条件限制	提高耐候性、漆膜外观等

总之，作为一个理想的罩光清漆必须具备以下特点：

① 良好的外观特别是应具有较高的光泽；

② 施工性能优良，能适应汽车厂绝大多数涂装线；

③ 较低的烘烤温度；

④ 较好的耐划伤性能；

⑤ 良好的耐酸雨性能；

⑥ 高不挥发分，较低的 VOC；

⑦ 优良的耐候性，保光、保色性等。

当今汽车行业所用的罩光清漆可归结为以下四大类：

① 单组分溶剂型罩光清漆；

② 双组分溶剂型罩光清漆；

③ 单组分水性罩光清漆；

④ 粉末罩光清漆。

上述四类罩光清漆的市场占有率见表3-2-25，从表中的数据可知：传统单组分溶剂型罩光清漆，即丙烯酸-氨基类烤漆仍然拥有汽车罩光清漆市场的最大份额，但其占有率有所下降，这在欧洲特别明显。而在新技术的使用上（水性和粉末罩光清漆）欧洲要领先于世界上其他地区，现分述如下。

表 3-2-25 几类罩光清漆的市场占有率 单位：%

类 别	欧洲	世界	类 别	欧洲	世界
单组分溶剂型罩光清漆	64	81	单组分水性罩光清漆	1	0
双组分溶剂型罩光清漆	33	18	粉末罩光清漆	2	1

1. 单组分溶剂型罩光清漆

单组分溶剂型罩光清漆中以丙烯酸-氨基烤漆为主，但细分起来却有5～6种之多。现分述如下。

(1) 单组分丙烯酸-氨基清漆 丙烯酸-氨基类罩光清漆是应用最为广泛的品种之一，这类清漆之所以获得如此广泛的应用其主要原因如下。

① 丙烯酸类聚合物 C—C 主链结构赋予其良好的耐老化及耐各种介质，特别是非极性

介质性能。丙烯酸类单体分子上的不饱和双键经聚合反应，形成具有 C—C 主链的高分子化合物。高聚物结构理论告诉人们：由 C—C 主链构成的高分子化合物一般都具有良好的抗氧化性及耐介质性能。这一抗氧化性能不仅仅可为丙烯酸类涂料带来突出的保光、保色性，而且也为通过聚合反应制造丙烯酸树脂时带来方便。也就是说，相对其他涂料用合成树脂而言（如醇酸树脂、聚酯树脂、酚醛树脂、环氧树脂等），即使在聚合反应的相对高温下，空气中的氧也很难使丙烯酸类聚合物的大分子链氧化降解。这样就不难理解为什么只要原料及配方选配得当、聚合工艺合理，一般都可获得几乎无色透明的丙烯酸树脂了。

② 丙烯酸类单体的性能各有不同，通过不同单体的组合，可较为简便地调整成品聚合物的物理力学性能，以满足用户的多方需求。

③ 相对于其他涂料用成膜物质而言，可通过共聚反应，比较方便地将某些特种活性官能团引入丙烯酸类聚合物主链，从而大大增加了丙烯酸类涂料的品种、拓宽其应用领域。

④ 施工性能优良：丙烯酸类涂料的施工性能良好，它们能够适应几乎所有的涂装工艺，而且还能满足施工方面的某些特殊要求。

⑤ 优良的装饰性能。正是由于丙烯酸类涂料良好的施工性能，使得这类涂料很容易获得非常理想的装饰效果。尽管在丙烯酸类涂料发展的初期，还有人对这类涂料涂层的“丰满度”存在疑虑，但近年来高不挥发分、低黏度丙烯酸树脂的出现已经成功地弥补了这一缺憾。丙烯酸类涂料的高光泽、高鲜艳性已经得到市场普遍赞许。因此在汽车类对涂层的装饰性要求比较苛刻的领域，大量采用了丙烯酸类罩光清漆。

然而这类罩光清漆也存在几乎无法克服的缺欠，那就是在羟基丙烯酸树脂与烷基醚化三聚氰胺甲醛树脂烘烤固化的交联反应中会形成一定数量的醚键。这类交联键在偏酸性（如 pH≤6）的条件下对水解敏感，致使成膜物质降解，而使涂层明显失光、变色等。

典型溶剂型丙烯酸-氨基罩光清漆由主成膜物质（热固性丙烯酸树脂）、交联剂（各种三聚氰胺甲醛树脂）、各种助剂（流变剂、流平剂以及紫外光吸收剂等）以及溶剂所组成（图 3-2-5）。热固性丙烯酸类树脂和三聚氰胺甲醛树脂两者的比例大约为（65～75）∶（25～35）。助剂中的流平剂以有机硅系流平剂为主，比较常见的采用 BYK331 与 306 配伍。BYK331 可赋予涂层平滑光洁的表面，而 306 的引入可避免清漆因某种原因需要再涂时对层间附着力的影响。高级轿车用罩光清漆还需要添加光稳定剂，比较常见的组合是汽巴公司推荐的 Tinivin1130 和 Tinuvin292。溶剂中一般以极性溶剂为主，再辅以 Solvesso 100# 和 150# 等芳烃溶剂。作为丙烯酸-氨基涂料系统中的极性溶剂有醋酸丁酯等酯类、甲基戊基酮类、丁基溶纤剂、丙二醇丁醚等醇醚类溶剂以及醋酸丁氧基乙酯等高沸点醚酯类溶剂。高沸点极性溶剂对于采用高速旋杯、Ω 静电喷涂等手段施工时尤其重要，在拟定配方时需认真考虑这些溶剂的用量。

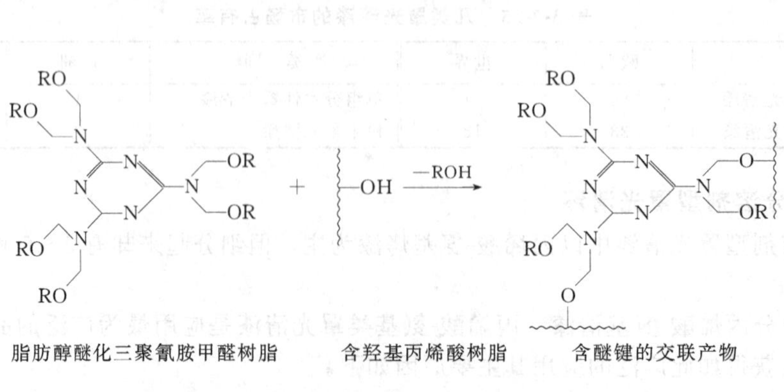

脂肪醇醚化三聚氰胺甲醛树脂 + 含羟基丙烯酸树脂 —(−ROH)→ 含醚键的交联产物

图 3-2-5 丙烯酸-氨基烤漆交联过程中醚键形成示意

近几年国内不少涂料厂家学习了国外同行的先进经验，在实用中普遍采用了硬树脂和软树脂搭配的做法。也就是说他们为同一类型的涂料准备了硬、软两种树脂。在生产中可以根据客户的具体要求，选用不同比例的软、硬树脂搭配，以对其力学性能进行适当调节，满足客户的需求。这种构思比起过去国内比较流行的在一个配方中仅仅采用一个主成膜物质（树脂）的做法要科学、实用得多。从引进的国外相关技术的清漆配方中可以发现；清漆的成膜物质，丙烯酸类树脂和氨基树脂的搭配可以多到四个树脂以上，即两个热固性丙烯酸树脂、两个氨基树脂以及改善系统流变性能的抗流挂树脂等。两个热固性丙烯酸树脂中一个赋予涂层较高的硬度，而另一个则偏软些，可赋予涂层良好的柔韧性。三聚氰胺甲醛树脂则多按照固化速率的快慢来搭配，往往挑选一快一慢的氨基树脂组合。丙烯酸树脂与氨基树脂的配比大约为 70∶30 左右。现举一个采用几种丙烯酸及氨基树脂的清漆配方为供读者设计配方时参考。

① 配方（质量份）

DC2868	30.00	Tinuvin 292	0.60
DC2868B①	22.00	10% BYK306 溶液	1.10
Setalux C91795 VX-60②	10.00	10% KT 516 溶液④	0.70
异丁醇醚化三聚氰胺甲醛树脂	17.00	100# 芳烃溶剂	7.20
正丁醇醚化三聚氰胺甲醛树脂	7.00	甲基戊基酮	3.50
Tinuvin 1130③	0.90		

①大昌树脂；②AKZO；③汽巴；④Kenperial Co.。

② 典型罩光清漆的施工参数

施工黏度/s	12～15	第二道膜厚/μm	20～25
施工固含/%	40～50	闪蒸时间/min	10
施工设备	空气雾化喷枪或静电旋杯	烘烤条件/℃×min	(130～150)×(20～30)
第一道膜厚/μm	15～20	漆膜厚度/μm	35～45
闪蒸时间/min	2		

③ 典型罩光清漆的物性

光泽(20°)/%	87	杯突 /mm	≥3
附着力	A 或 B	锥弯 /mm	≤14
单层	100/100	抗石击/级	≤3
复合涂层	100/100	硬度(柏萨兹)/s	≥150

(2) 硅烷改性丙烯酸-氨基罩光清漆　20 世纪的 90 年代中叶，一种耐酸雨的单组分丙烯酸-氨基罩光清漆迅速进入汽车涂料市场，那就是硅烷改性丙烯酸-氨基罩光清漆。连接于聚合物主链上的这些硅烷基团在烘烤过程中会发生“水解反应”，形成硅羟基。这些硅羟基非常容易发生缩合反应形成含硅氧烷结构的交联键。这些硅氧烷交联键结构的存在不仅仅提高了交联密度，而且由于 Si—O—Si 网状结构的化学稳定性最终导致漆膜的抗酸性介质性能得到大幅度的改善。有人曾对硅氧烷的引入量对热固性丙烯酸树脂憎水性能的改善做过较为系统的研究，他们发现：未改性的高固体分羟基丙烯酸-聚氨酯漆膜的表面能较大，与水的接触角较小，大约为 77°，有一定的亲水性。随着硅氧烷引入量的增加，水接触角也逐渐增加。硅氧烷的引入量达到 30%时，漆膜的水接触角提高到 88°左右。从水接触角的变化来看，在聚合物链中引入硅烷可使漆膜表面的疏水性增加，这是因为硅烷偶联剂中所含的甲基丙烯酰氧基与甲基丙烯酸酯活性相近，极其容易与其他单体共聚形成无规共聚物。在聚合物链中引入含有丙烯酰氧基的硅单体后，树脂的疏水性增加，水接触角随硅单体用量的增加而增大，铅笔硬度从 2H 提高到 4H。因此，硅烷改性丙烯酸-氨基烤漆漆膜的耐酸性介质性能得到大幅改善也就不足为奇了。

硅改性丙烯酸树脂中的丙烯酸单元与普通丙烯酸类树脂类似，也是由丙烯酸丁酯、甲基丙烯酸甲酯、甲基丙烯酸丁酯、苯乙烯等单体构成。在这类聚合物主链上引入烷氧基硅烷单元，利用硅烷上的烷氧基在酸、碱以及有机金属化合物催化剂存在的条件下水解、缩合，从而交联成膜。这类涂料具有超耐候性、耐沸水性、耐溶剂性、耐极性介质性、抗污染性等特点，漆膜的物理力学性能也较良好。这里举一例典型配方及工艺供参考。

① 配方（质量份）

甲苯	9.35	γ-甲基丙烯酰氧丙基三甲氧基硅烷	4.93
丁醇	19.70	顺丁烯二酸单丁酯	1.18
苯乙烯	13.70	过氧化 2-乙基己酸叔丁酯	0.50
甲基丙烯酸甲酯	10.95	偶氮二异丁腈	1.00
甲基丙烯酸丁酯	12.30	甲苯	20.18
丙烯酸丁酯	6.21		

② 工艺

a. 将甲苯和丁醇加入到反应釜中，在 N_2 保护下升温到 80℃。

b. 将苯乙烯、甲基丙烯酸甲酯、甲基丙烯酸丁酯、丙烯酸丁酯、γ-甲基丙烯酸氧丙基三甲氧基硅烷、顺丁烯二酸单丁酯、过氧化 2-乙基己酸叔丁酯、偶氮二异丁腈、甲苯混合均匀，然后抽入高位槽中。

c. 滴加混合物，耗时 3h 左右。

d. 继续保温 15h 后，降温、出料。

③ 技术指标

不挥发分/%	50±1	酸值/(mg KOH/g 树脂分)	7～8
黏度(加氏黏度,25℃)	I～J		

(3) 含氨基甲酸酯基聚合物-氨基罩光清漆　改善漆膜耐酸性介质的另一种途径就是在主成膜物质的大分子主链上引入氨基甲酸酯基（图 3-2-6）。这样在烘烤成膜时，这些氨基甲酸酯基与氨基树脂之间发生交联反应，形成氨基甲酸酯的交联键。采用这类交联系统的罩光清漆已在美国成功用于汽车行业。

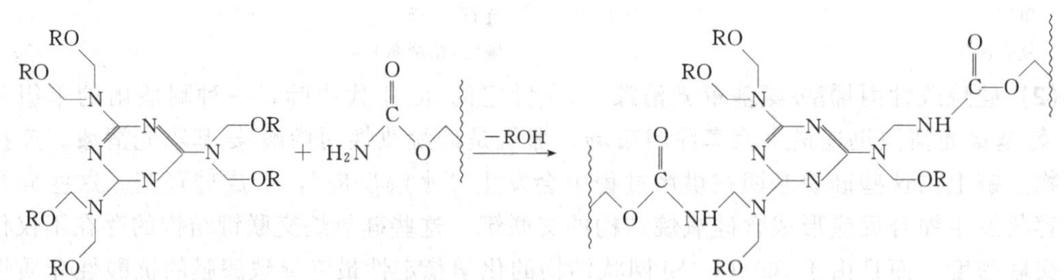

图 3-2-6　含氨基甲酸酯交联键的罩光清漆

(4) 单组分聚氨酯罩光清漆　众所周知，在耐酸性介质侵蚀方面，双组分聚氨酯罩光清漆比丙烯酸-氨基或醇酸-氨基烤漆要优越得多。然而这类双组分产品因有一个所谓“适用期”的问题而并不适合大批量生产的汽车总装厂。采用封闭异氰酸酯交联体系的单组分罩光清漆恰恰弥补了上述双组分的缺点，很快就得到了汽车行业的认可。目前使用最为广泛的封闭异氰酸酯为六亚甲基二异氰酸酯（HDI）、异佛尔酮二异氰酸酯（IPDI）等脂肪族、脂环族异氰酸酯类。封闭剂多采用丙二酸酯类、二甲基吡唑类等。不少汽车漆生产厂家将封闭异氰酸酯交联剂与三聚氰胺甲醛树脂拼合使用。烘烤温度范围在 130～150℃。欧洲的汽车总装厂已开始采用这类交联系统的罩光清漆。

(5) 单组分酸固化环氧基的罩光清漆　含缩水甘油基的丙烯酸聚合物可与脂肪族多元羧酸发生交联反应固化成膜（图 3-2-7）。在抵御酸性介质侵蚀方面这是最具商业价值的罩光清漆系统。增加聚合物主链上交联基团的数量可提高交联密度，进而提高耐酸性介质侵蚀和耐磨耗性能。为了避免羧基、羟基与环氧基团在涂料贮存过程中就发生反应，有时也将其配置为双组分。本系统已在日本一些汽车总装厂投入使用。

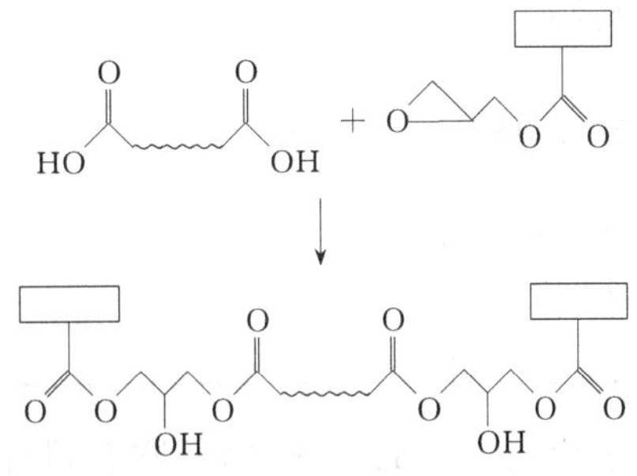

图 3-2-7　含缩水甘油基丙烯酸聚合物与羧基的交联反应

▭ 代表丙烯酸聚合物主链

上述五类罩光清漆都是现代汽车行业常用的品种。其中除第一类外，其他几类都是针对汽车表面涂层的耐酸性介质而发展起来的。

以丙烯酸-氨基树脂为基础的上述几类罩光清漆系统都是围绕耐酸性介质侵蚀而发展起来的品种。美国一家汽车涂料公司曾就此对它们的耐酸性介质性能做过系统比较，实验结果见表 3-2-26。

表 3-2-26　几类罩光清漆的耐酸性介质性能

品　种	酸蚀速度	品　种	酸蚀速度
丙烯酸-氨基	8.0～10.0	含缩水甘油基丙烯酸-羧酸酯	4.5～6.0
硅烷改性丙烯酸-氨基	5.0～7.0	丙烯酸-氨基甲酸酯	4.5～6.0
含氨基甲酸酯丙烯酸-氨基	5.0～7.0		

注：美国佛罗里达州，表中数据为酸蚀分级评估（0～10）；0 级为最好，无酸蚀；10 级最差，完全锈蚀。

一般汽车行业将其又分为三类。

一类：0～3，无明显酸蚀现象，最理想。

二类：4～6，存在可见锈蚀，但经简单抛光，可修复。

三类：7～10，锈蚀见底，需经正常修补作业方可修复。

从表 3-2-27 中所列数据可知：几种改性丙烯酸-氨基的耐酸性介质性能都有不同程度的改善。总体来说，漆膜的耐酸性介质性能与以下因素有关。

① 交联漆膜的玻璃化温度　玻璃化温度越高，其耐酸性介质性能越好。

② 漆膜的亲水性　漆膜的亲水性低，可使其水渗透性降低，从而使得耐酸性介质得到改善。

③ 漆膜的交联密度　交联密度越高，耐酸性介质性能越好。

④ 紫外光稳定性　漆膜的耐紫外光性能越好，其耐酸性介质性能也越好。

2. 水性罩光清漆

20 世纪 90 年代初水性罩光清漆就已进入汽车行业。最早采用的欧洲厂家应属德国的欧宝（Opel）汽车公司。今天，基于采用封闭异氰酸酯和三聚氰胺甲醛树脂交联剂的水性聚酯-丙烯酸树脂罩光清漆已经较为成熟，成为一些大型汽车总装厂罩光清漆的首选开发品种。典型水性罩光清漆的参数见表 3-2-27。

3. 粉末罩光清漆

自 20 世纪 60 年代粉末涂料问世以来，因其在高效、节能以及环境保护方面突出特点，粉末涂料获得了快速发展，成为仅仅次于水性涂料成长最快的新品种。预计到 2010 年，粉末涂料将要占到工业涂料消耗量的 20%。1993 年美国福特、通用以及克莱斯勒三大汽车公

表 3-2-27 两类水性罩光清漆特性比较

特 性	单组分(低 VOC)	单组分(零 VOC)
不挥发分/%	40～41	36～37
VOC/(g/L)	130～140	接近零
施工黏度(DIN 4-杯,23℃)/s	30～32	60
膜厚 /μm	35～45	35～45
闪蒸条件/℃×min	23×5	22×2
预烘条件/℃×min	50×2+80×7	50×5+80×7
烘烤条件/℃×min	150×24	155×24

司联手成立了“低 VOC 涂料联合研究会”共同开发汽车用低 VOC 排放量的涂料系统。最新的研究成果表明，VOC 排放量最少的轿车车身涂装系统为：

阴极电泳底漆→粉末中间涂料→水性底色漆→粉末罩光清漆

在新的涂装系统中，粉末涂料占据其中的两个品种，由此可见粉末涂料在汽车行业中的前景。汽车行业用粉末罩光清漆具有如下优点：

① 涂装效率高，由于粉末涂料特殊的涂装工艺，使得过喷的粉末可以直接回收而重复使用；

② 无废水、废料排放；

③ 不必采用有机溶剂清洗喷漆设备和喷漆间，只需定时进行真空吸尘即可；

④ 节能、低毒，几无 VOC 排放；

⑤ 漆膜厚度均一，水平面或垂直面外观几无差别等。

可用于汽车工业的粉末涂料有聚酯、聚氨酯、丙烯酸以及环氧-聚氨酯等几大类。20 世纪的 90 年代初，粉末涂料应用于汽车零部件上获得成功，此后相关技术人员在改善粉末涂料的装饰性、耐化学性、耐紫外光、抗划伤性等方面做了大量研究工作，现已能基本满足汽车工业的需要。到 20 世纪的末期，已有不少汽车总装厂的涂装线采用粉末涂料，如欧洲的“宝马”公司采用了高耐候性丙烯酸粉末涂料用作罩光清漆，其综合性能堪比溶剂型同类品种。

在粉末涂料系列中，聚酯、聚酯-聚氨酯一直是外用的主要品种，并且也被尝试用于汽车涂料上。然而随着汽车工业的不断发展，对所采用的涂料的性能要求愈来愈苛刻，如更高的耐候性、更高的硬度以及更为优越的附着力等。大大促进了丙烯酸粉末涂料技术的发展。现今丙烯酸粉末涂料不仅仅已经用于汽车各种零部件（铝合金车轮毂，车门手柄、雨刮等），而且还用于汽车车身的表面涂装中。

粉末涂料用丙烯酸树脂为丙烯酸酯类、甲基丙烯酸酯类以及其他乙烯类单体共聚而成。其中，为给交联固化提供可反应基团，参与共聚反应的单体中必须包含：

① 含羟基或缩水甘油基的单体；

② 含羧基或酸酐基的单体；

③ 含氨基单体等。

其中以引入含羟基或含缩水甘油基单体最为常见。可用于制备丙烯酸树脂的单体种类较多，其大分子设计自由度较大，因此可以满足广大客户不同的需求。丙烯酸粉末涂料用常见的丙烯酸树脂的不挥发分几乎为 100%，分子量在 3000～5000，玻璃化温度应不小于 60℃，熔融温度应在 75～105℃。

粉末涂料在汽车工业中的应用受到自身制造工艺的制约，目前还仅限于用作中间涂料和清漆。这主要是因为粉末涂料不像液体涂料那样容易换色。今后汽车用粉末涂料的发展方向仍然是继续提高其耐候性、装饰性、降低烘烤温度以及薄膜化等。

五、汽车面漆标准

我国虽然制定有国家标准（GB/T 13492—1992），但汽车总装厂还是各自都制定特有的厂标，国外如此，我国各大汽车总装厂也都如此。南方某大型汽车总装厂的标准比较典型，既有采用国家标准的检测方法，也有参考国外著名车厂的拟定的标准（表 3-2-28）。国外一些大型车厂往往还制定了独特的检测标准，如德国汽车业用来考核耐湿热性的 VDA 循环、抗石击性能检测、耐刷洗性能等这里就不一一列举了。

表 3-2-28　汽车面漆技术指标

类别	颜色与外观	技术指标	标准
原漆	黏度/s	40～70	GB 1723—1979
	细度/μm　≤	10	GB 1724—1979
	不挥发分/%　≥	55	GB 1725—1979
	遮盖力/μm　≤ 浅色漆 深色漆	 30 25	汽车总装厂自定标准
	流挂性/μm　≥	25	汽车总装厂自定标准
	杂质/点　≤	40	汽车总装厂自定标准
	干燥时间/min　≤ 140℃ 110℃	 30 30	GB 1728—1979
	贮存稳定性(12 个月)/级	沉降不大于 0,各项性能不下降	GB 6753.3—1986
漆膜	漆膜光泽(45°)/%　≥	95	GB 1743—1979
	镜面成像清晰度/PGD　≥	0.30(垂直面)	
	硬度(双摆仪)/ 标准烘干 低温烘干	 0.60 0.40	GB 1730—1988
	抗拉伸性/mm　≤	10	ASTM MD522—1960
	冲击性/cm　≥	30	GB 1732—1979
	杯突性能/mm　≥	5	GB 9753—1988
	切割附着力(1mm)/级　≤	1	GB 9286—1988
	耐水性(40℃×240h)/级	起泡 0 级,1h 恢复,允许轻微变色	GB 1733—1979
	耐汽油性(120# 汽油,24h)/级	起泡 0 级,1h 恢复,不变色,不失光,硬度不下降	GB 1734—1979
	耐润滑油性(QC-30# 油,24h)/级	起泡 0 级,1h 恢复,不变色,不失光,硬度不下降	GB 9274—1988
	抗二甲苯性(5min,恢复 5min)	无斑点,不变色	GB 9274—1988
	耐酸性(0.05mol/L H_2SO_4,24h)/级	起泡 0 级,剥落 0 级,不起皱,轻微变色,失光率不大于 4%	GB 1763—1979
	耐碱性(0.1mol/L NaOH,24h)/级	起泡 0 级,剥落 0 级,不起皱,轻微变色,失光率不大于 4%	GB 1763—1979
	耐湿热性[(47±1)℃,RH(95±2)%]/级	1	GB 1740—1979
	耐老化性(人工加速老化,700h)/级	起泡、生锈、开裂、剥落为 0 级,失光不大于 1 级,允许轻微变色($\Delta E \leqslant 2$)	GB 1865—1980

续表

类别	颜色与外观	技术指标	标准
漆膜	耐候性(海南曝晒场,12个月)/级	综合等级:优	GB 1766,7—1979 GB 9277—1988
	耐低温性(10周期)/级	失光率:0级。裂纹:10	Ford B 17-2
	漆膜修补性(面漆30～40μm,标准条件下烘干,喷面漆20～40μm,标准条件下烘干)	未修补部分与修补部分颜色符合标准板,层间附着力不下降,光泽下降不大于4%	汽车总装厂自定标准
	过烘干性能(160℃×30min)	颜色符合标准板	
	过喷施工性能(50～60μm)	无针孔、气泡	
	静电施工性能	适用于静电喷涂	

第四节 底盘抗石击涂料

汽车在高速运行中，快速滚动的车轮极易带起砂石、泥沙等，使车身受到强烈的冲击。这些砂石表面如果沾染有化学药品、防冻剂以及冬季用于融化道路表面冰层的食盐等，对汽车就会造成更为严重的损害。显然这种砂石冲击对汽车前盖和底盘的危害性较大，而首当其冲的无疑是汽车底盘。砂石冲击在破坏涂层的同时，也在破损部位带来了腐蚀的隐患。汽车制造者们为了尽可能减少此类现象的发生，采取了车身密封和底盘防护的措施，西方汽车业同行大都认为：密封胶和底盘防石击涂料不仅仅起密封和底盘抗石击作用，更为重要的是对车身焊缝和切口等部位起防腐蚀作用。

早先的密封胶和底盘防石击涂料大多采用同一品种，即PVC密封胶和PVC塑溶胶。后来则发展了线型聚酯-氨基、环氧-聚酯-封闭异氰酸酯等抗石击涂料，现分述如下。

一、PVC塑溶胶

塑溶胶类涂料乃是将某些热塑性塑料、橡胶等以溶胶形式分散在有机介质中。适用的热塑性塑料有聚氯乙烯、氯乙烯共聚物；橡胶有丁二烯-苯乙烯共聚物、乙烯-丙烯-丁二烯三元共聚物等。普遍用作汽车底盘塑溶胶的则是聚氯乙烯（PVC）。PVC与某些颜、填料一起制得的塑溶胶烘烤干燥后具有一定弹性和柔韧性，因此抗石击性能良好。但这类塑溶胶在经磷化处理过的钢板或涂装过CED的表面附着性能极坏，所以必须添加一种增黏剂，以提高其附着性能。适用的增黏剂一般采用以聚酰胺、多元醇、硫醇等为封闭剂的封闭型异氰酸酯。

典型配方及工艺如下。

(1) 配方（质量份）

聚氯乙烯树脂	20.0	硅灰石	10.5
氯乙烯共聚物	10.0	重质硫酸钡	20.0
邻苯二甲酸酐二癸酯	30.0	碳酸钙	4.5
封闭型异氰酸酯	5.0		

(2) 工艺 将上述组分投入到混炼机中混炼均匀，即可得塑溶胶。

塑溶胶产品的细度大都不作为关键指标控制，一般为90～200μm，均采用高压无气喷涂的方式涂装，烘烤条件一般为（120～160℃）×(20～60min)。其主要技术指标有：剪切强度（≥0.5MPa）、吸水率（≤10%～15%）、尺寸稳定性（≤10%～20%）、热稳定性（180℃过烘烤时间≥45～60min）、柔韧性（锥弯曲试验≤10mm）等。

二、聚酯型

由于 PVC 型塑溶胶性防石击涂料一般都需要涂装到 500～1000μm 以上，大大增加了汽车车身的自重，故近年来已逐渐淡出汽车底盘涂料市场。取代它的有线型聚酯树脂-氨基-封闭型异氰酸酯、聚醚-聚酯-氨基等新型防石击涂料。值得注意的是：上述几乎所有聚酯树脂的合成中大都采用长链脂肪族羧酸、长链多元醇等以使聚合物的大分子主链具有相当的柔性。现举一例可用于底盘防石击涂料的聚酯树脂供参考。

(1) 配方（质量份）

邻苯二甲酸酐	36.28	新戊二醇	30.17
己二酸	12.12	聚乙二醇(4000)	13.88
三羟甲基丙烷	7.50	二丁基氧化锡	0.05

(2) 工艺

① 将上述物料全数投入到反应釜中，N_2 保护下升温至 180～240℃。

② 待 AV≤10 时，降温至 120℃。

③ 将物料放至加有 100# 芳烃、醋酸甲氧基丁酯（3∶1）的兑稀釜中，使之兑稀成固含量大约为 61%的制品。

④ 过滤、包装。

上述树脂配制的涂料采用高压无气喷涂于 CED 上，晾置 15min 后，再在 140℃烘烤 20min，干膜厚为 200μm，漆膜具有良好的耐腐蚀性及抗石击性能。该类型的底盘防石击涂料，膜厚仅仅 200μm，这将大大减轻车身的质量，而丝毫不会影响到它的防护功能。

第五节 汽车修补涂料

一、汽车修补涂料面漆系统的基本构成

汽车修补涂装时原则上应该参照该车原有的涂装系统，但在实际应用中，汽车修配厂均采用底漆＋中间涂料＋腻子＋面漆这种组合以满足绝大多数客户的需要。汽车修补涂料系统大体包括色母、清漆、调和清漆、中间涂料（二道浆）、腻子（填眼灰、原子灰）、底漆、固化剂、稀释剂、各类辅料以及与之配套的调色软件或菲林（汽车涂料色母配方单）等。

近年来 ICI、Du Pont、BASF、Herberts 等外国著名汽车涂料公司产品相继进入国内汽车修补涂料市场，国内一些新建的修补涂料厂家也纷纷参照这些公司的配置模式设计自身的系统。即在面漆方面本色漆采用双组分丙烯酸-聚氨酯类，俗称 2K 系统；而金属闪光漆采用单组分热塑性丙烯酸底色漆（也有个别厂家采用聚酯树脂底色漆）＋双组分丙烯酸-聚氨酯罩光清漆组合，俗称 1K 系统。中间涂料（或称为二道浆、苏灰士等）方面则以硝基纤维素类为主，也有部分采用双组分丙烯酸-聚氨酯类或聚酯-聚氨酯类。俗称填眼灰的腻子则多采用硝基纤维素类，另外有的则采用原子灰作较大缺陷的修补。底漆则多采用双组分环氧树脂类，而双组分聚氨酯类较为少见。

1. 面漆的品种

汽车修补漆的面漆早期几乎清一色都是硝基纤维素系。到了 20 世纪 60 年代中期，热塑性丙烯酸树脂类在国外开始大量进入市场，并取代硝基纤维素类涂料而成为汽车修补主导产品。20 世纪 60 年代国外研发的品种还有硝基改性丙烯酸树脂涂料、醋酸丁酸纤维素

(CAB) 改性丙烯酸树脂涂料等。20 世纪 70 年代中期一系列双组分涂料开始进入市场，如硝基纤维素/丙烯酸/异氰酸酯、丙烯酸/异氰酸酯等。这些产品综合了挥发型涂料的快干性以及由于异氰酸酯参与交联反应使得漆膜性能获得较大程度的提高等两方面的特点，受到广大用户的欢迎。这些产品发展迅速，很快就成为汽车修补涂料中本色漆（即 2K 系列）特别是清漆市场的主导产品。

目前国外几种主要汽车修补涂料的市场占有率因来自不同的文献资料而有所不同，有的数据显示硝基纤维素系涂料已经完全退出汽车修补涂料市场。

聚酯-聚氨酯树脂涂料/%	60～65	CAB 改性丙烯酸树脂涂料/%	1～3
丙烯酸-聚氨酯树脂涂料/%	20～25	其他/%	1～3
热塑性丙烯酸酯涂料/%	5～10		

然而也有资料显示，硝基纤维素系涂料仍然占有一定的市场份额，西欧占到 5%，其他地区则超过 10%。

值得注意的是，近年来汽车行业以轻量化、防腐蚀为基点，汽车用材料已经有了较大的改变，非铁金属以及塑料等所占的比例越来越高。随着合成树脂材料、镀锌板以及铝合金材料的大量使用，势必影响到涂料品种尤其是配套底漆品种的改变。在对采用轻合金和塑料较多的车辆进行修补加工时就应充分注意到上述情况。2002 年汽车上各种材料所占份额如图 3-2-8 所示。

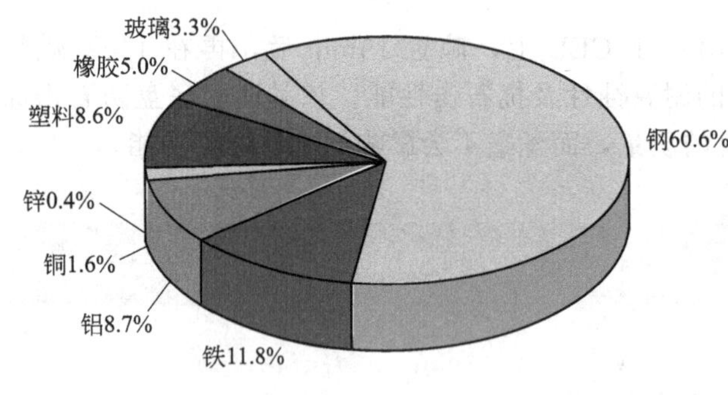

图 3-2-8 2002 年汽车上各种材料所占份额

在我国仍然有少数厂家采用较低档的其他品种，如硝基纤维素涂料、醇酸树脂系涂料等。采用这类涂料的主要原因有两个：一是喷漆工对于硝基纤维素涂料等传统涂料比较习惯；二是因为这类产品价格低廉。另外尚有部分国外名牌产品也向国内市场推出硝基纤维素涂料系统，如 ICI 的贝高（BELCO）系列，各项性能也都不错。因此在我国这类品种仍然占有一定的市场份额也就不足为奇了。

2. 色浆（色母）

在汽车修补涂料行业大都把作为商品之一的色浆称之为“色母”，另外也有人将冲淡前的浓色浆称为色母，而将冲淡后的产品才叫做色浆，应该说这是比较合理的称谓。汽车修补涂料行业则因其自身特点以及市场供货方面的需要，普遍采用单色浆法，并且以这些色浆构成一整套自有的调色系统，同时这些色浆（色母）还作为商品直接进入市场。

建立色浆系统首先考虑的就应该是颜色。一般人们习惯用三元刺激值来描述颜色，即色调、明度及色饱和度。三元刺激值构成一个颜色的立体坐标。立体坐标的球面可看作完整颜色空间的反映。专业的汽车修补涂料生产厂家大都备有一套色浆系统，以便借助这些色浆调配出各色汽车面漆。色浆系统的构成是一个厂的技术关键。衡量它是否实用或完善的判定标准就是考量该系统对整个颜色空间的覆盖程度。常听调色工反映：在调配一些比较特殊颜色的汽车漆时，采用国内某些品牌的色母很难调到位，而采用进口色母系统时，却比较容易完成就是这个道理。国外名牌汽车修补涂料生产厂家都有一套相对完整的色浆系统，这些系统包含的色浆一般都有上百种之多，且有专用电脑调色软件支持，以方便客户选择使用。一般进口名牌色浆系统的配备相当完全，如仅仅是蓝色色浆就按照不同色调、不同透明度最多设置达六七个之多。除此而外，他们甚至对同一颜料还配置了几种不同的含量，以此构成色浆色强度的梯度差，为客户调色尤其是金属闪光底色漆的调色提供方便。各涂料公司每年都会发布、推出一些新的色浆，淘汰一些用处不大的旧色浆，以不断完善自己的色浆系统，足见国外汽车修补涂料同行对色浆及其系统的高度重视。

大多数汽车修补涂料公司提供的单色浆可细分为金属闪光底色漆用色浆、银浆（包括珠光粉浆）（1K）和本色漆（汽车修补行业多称为实色漆、纯色漆）用双组分色浆（2K）。但也有少数几家公司向市场推出 1K 和 2K 系统中均可采用的通用色浆，如 Do Pont、广州浩宇等。应该说这类更加通用的色浆系列虽然可为客户提供不少方便，但在技术上给涂料生产厂也将带来一定难度，如在性能方面不打折扣，将是非常理想的。

作为一个合格的单色浆需具备以下条件：

① 不仅仅要求与本公司 1K 和 2K 系统主成膜物质的混容性良好，最好和市面上常见的汽车修补涂料系统的混容性也好；

② 贮存和运输过程中，无分层、絮凝、返粗现象；

③ 色调、色强度、色纯度稳定，无任何色污染；

④ 黏度适当，可适当流动，易于操作；

⑤ 对成品漆各项性能几乎无影响；

⑥ 混入基料及其他组分的工艺简洁，只需低剪切速率下搅拌、加入即可，不要求“在高剪切速率分散的条件下，尽可能慢慢地加入”。届时不会产生絮凝、返粗甚至结块等弊病；

⑦ 研磨树脂及分散助剂的用量相对较低，以尽量减少它们对最终产品性能的影响。

汽车修补涂料中用到的色浆系统主要包含两大类，即含普通彩色颜料（包括钛白、炭黑）的色浆和含铝粉、珠光粉、纳米级钛白之类效应颜料的色浆，现分述如下。

(1) 彩色颜料色浆　彩色颜料色浆主要由研磨树脂、颜料、助剂、基料树脂以及溶剂所构成。制造步骤是先将颜料在润湿分散助剂的协助下分散在研磨树脂中，然后再用基料树脂将其冲淡成一定浓度，制得色浆。鉴于市场上均习惯将它们称之为色母，姑且把冲淡前的浓色浆称为色浆，把冲淡后的可以作为商品上市的色浆称为色母。

① 研磨树脂　如前所述，研磨树脂的选择至关重要，作为一个合格的通用色浆的研磨树脂应具备如下条件。

a. 混容性　研磨树脂至少应与本系统内（1K 和 2K）各类树脂的混容性良好，最好和市面上各种品牌漆料的混容性也都好，这样可以进一步拓宽本系统在市场上的竞争性。目前世界上大多数汽车修补涂料系统中所采用金属闪光底色漆均为单组分，即通常所说的 1K，而本色漆则均为双组分，即 2K。它们的主成膜物质分别采用热塑性丙烯酸树脂和热固性丙烯酸树脂。熟悉丙烯酸酯聚合物化学的人都知道，这两类树脂一般互不相容。因此要求研磨树脂和这两类树脂都能混容，这就在相当大的程度上缩小了可能选择的范围。

b. 分散性　对各类颜料（包括有机、无机颜料）的润湿性、分散性均优。

c. 对成品性能影响　各种色浆配漆后，对成品漆的物理力学性能、耐极性、非极性介质性能、耐老化性能等均无不良影响。

可用作单色浆的研磨树脂主要有醛酮树脂、含特殊活性单体的丙烯酸树脂、改性聚酯树脂等。目前可见到的实用商品均依赖进口，如 BASF 公司的 Laropal A81、K80，德固萨的 Kunstharz TC 属醛酮树脂类。我国大昌树脂（惠州）的 DC288R、台湾加合的 D-11、D-12，罗门哈斯的 Acryloid B66、Acryloid B99、DM55，Kemperial 公司的 KCR-2014 以及 EFKA 公司的 EFKA-1101、EFKA 1120、EFKA 1125、EFKA 1500 等属于丙烯酸树脂类或改性聚酯树脂类。D-11 和 KCR-2014 的规格见表 3-2-29。EFKA 公司产品见表 3-2-30。

表 3-2-29 通用色浆树脂牌号规格

规 格	D-11	D-12	KCR-2014	DC288R
外观	稍带浅黄色黏稠液体	浅色黏稠液体	白色黏稠液体	白色黏稠液体
颜色(Fe-Co 比色号)≤	2	1	1	1
不挥发分/%	57.0±1.5	57.0±1.5	55.0±1.0	55.0±1.0
黏度(加氏管)	U～X	X～Z_1	U～Z	U～Z
羟值	20	20		25
溶剂	二甲苯、醋酸甲氧基丙酯	醋酸甲氧基丙酯	二甲苯、醋酸甲氧基丙酯	醋酸甲氧基丙酯

表 3-2-30 EFKA 公司通用色浆树脂

规 格	EFKA-1101	EFKA-1120	EFKA-1125	EFKA-1500
改性丙烯酸聚合物	改性丙烯酸聚合物	丙烯酸-醇酸	改性醇酸树脂	脂肪酸改性聚合物
颜色(Fe-Co 比色号)≤	3	5	5	5
不挥发分/%	56～61	64～66	69～71	89～91
相对密度	1.01～1.04	1.00～1.02	1.03	1.04～1.06
闪点/℃	24	30	41	36
溶剂	醋酸丁酯、醋酸甲氧基丙酯	醋酸丁酯、烷基苯	烷基苯	丙二醇甲醚

A81 树脂为醛酮类固体树脂，使用前需先溶解在适当混合溶剂内。它与大多数涂料用合成树脂的混容性都好，但因为 A81 树脂性脆，用量稍高时，漆膜硬度高，但柔韧性也会急剧下降。使用时应尽可能控制它的用量。KCR-2014、D-11、D-12 的混容性、颜料分散性、成膜后的物性都不错，但加量过多时对本色漆的光泽有一定影响。

② 基料树脂 颜料分散于研磨树脂中制成浓浆后还要分别用 1K 和 2K 树脂冲淡成一定浓度，得成品色母。2K 树脂是高羟基含量的丙烯酸树脂。1K 树脂是含少量羟基或其他活性基团的热塑性丙烯酸树脂。

实际生产中厂家大都将所用树脂配制成溶液，即所谓 1K 和 2K 调合漆料。调合漆料中均加有成品漆中应有的各种成分，如流平剂、催干剂、防沉剂以及各种溶剂等，以免冲淡调配加工时，配方中各种成分的配比发生改变。调合漆料的典型配方见表 3-2-31。

表 3-2-31 1K 和 2K 调合漆料配方

组 成	1K 调合漆料	2K 调合漆料	组 成	1K 调合漆料	2K 调合漆料
醋酸乙酯		0.50	BYK 358		0.40
醋酸丁酯	29.52	14.00	BYK 325	0.37	
二甲苯	6.15		月桂酸二丁基锡(1%)		0.10
100# 芳烃溶剂	7.38	7.20	CAB 381-2(10%)	8.61	
DBE		3.50	Disper KC 568 溶液①(6%)	12.30	
异丁醇	3.69		KCR-2015 丙烯酸树脂	29.52	
松节油	2.46		高羟基含量丙烯酸树脂(70%)		74.30

① Disper KC 568 溶液，NVM 为 6%。

有的汽车修补涂料厂为了客户调色、配漆的方便，也以商品形式向客户提供 1K 和 2K 的调合漆料。不过此时名称就改为调合清漆了，如 ICI 公司的 P190-376、P017-404 等。值得注意的是，调合清漆一般不能充当罩光清漆使用，也不能因成本方面的考虑添加到罩光清漆中。

③ 助剂 彩色颜料浆的制备中，除了研磨树脂和基料树脂外，润湿分散剂的合理选用也是非常重要的环节。有关在色浆制造中润湿分散剂的作用，在本章第三节有关单色浆内容部分已有评述，这里需要特别强调的是，针对不同的颜料需要采用不同的润湿分散剂，对于

那些容易发生絮凝、浮色、发花等弊病的颜料尤其要注意，如酞菁系列颜料、紫红系列、各类炭黑等。必要时应采用复合润湿分散剂以增加色浆的稳定性。

④ 彩色颜料单色浆制造

a. 常规生产法　选择适当的研磨树脂、颜料、润湿分散剂以及溶剂，再通过实验验证以确定色浆配方。实验中除了首先应该考核研磨时间、色浆的流动性等性能外，还必须采用两项特殊的试验方法来检验色浆配方的可行性（详见本章第三节面漆部分）。

在选定了研磨树脂、颜料、润湿分散剂后即可制造色浆，色浆制造分为两步，首先制造浓色浆，然后将浓色浆冲淡成成品色母。

- 浓色浆的制造工艺

■ 在流动缸中加入配方中所列溶剂及润湿分散剂，搅拌均匀。

■ 在搅拌下加入研磨树脂，加完后再搅拌 30min。

■ 在搅拌下慢慢加入颜料，加完后再高速分散 30min。

■ 在砂磨机上研磨至细度小于 10μm。

- 冲淡工艺

■ 在流动缸中先加入上述制备的浓色浆。

■ 根据不同品种浓浆黏度的具体情况，在搅拌下分批逐步加入冲淡用调合漆料。

■ 第一批投入后，慢搅 10min 直至浓浆变成均匀、流动性较好的糊状物（批量的大小应根据浓浆的黏度及生产总批量的大小而定）。

■ 然后再继续加入后几批冲淡用调合漆料，最后加溶剂，再继续搅拌 10min。

- 典型的浓色浆配方　典型的浓浆配方列于表 3-2-32 中。

表 3-2-32　典型色浆配方

配　方	嫣红	特黑	皇室蓝	艳绿	鲜黄	橘红	鲜紫
RKC 2014	52.4	62.5	46.0	58.0	55.0	57.4	56.0
醋酸丁酯	12.2	7.5	16.0	9.0	10.5	9.5	12.0
100#	12.2	7.5	15.0	9.0	10.5	9.5	12.0
Disper KC 563	8.7				9.0	8.5	7.9
KC 3010		0.1				0.1	0.1
EFKA 4401		10.4	7.3	8.5			
EFKA 6745			0.7	0.5			
Poliogen Red 3885	14.5						
FW 200		12.0					
HoliogenBlue 6900			15.0				
Irgalite green 6G				15.0			
Irgazin Yellow 2RLT					15.0		
Hostaperm violet RL							12.0
Mineral orange						15.0	
Thiosol GL 7972Z							

制得浓色浆后，再用 1K 或 2K 调合漆料和溶剂将其冲淡成成品色母。

b. 直接溶解工艺　彩色颜料色浆的制造除上述工艺外，另外还有一种溶解、冲淡法。20 世纪 60 年代，硝基纤维素涂料比较流行时，涂料行业风行起硝基漆片生产工艺，即将硝基纤维素与颜料预先经研磨分散并压成漆片，生产时只需溶解、调和既可。按照这种工艺生产的硝基纤维素涂料不仅提高了配方的灵活性、简化了生产工艺，而且色相稳定、漆膜光泽也要好于按常规工艺生产的同类产品，可惜国内目前已不多见。但国外在单色浆原料领域还可发现采用类似工艺的漆片产品供应市场。比较典型的是比利时阳光化学公司（Sunchemical KVK）的系列产品。该公司 Predisol 系列产品中有 Predisol C、Predisol N、Predisol V、Predisol CAB 等。其中 C 系列为硝基纤维素漆片，N 系列为聚乙烯缩丁醛漆片，V 系列为乙烯共聚物漆片。适用于汽车修补涂料中的当然是 CAB 系列的漆片。该公司在其产品说明书中特别声明：CAB 漆片中所采用的高档无机或有机颜料均已通过佛罗里达州的户外曝晒实验。不少汽车修补涂料调色系统的色母制造中都采用了这类漆片，如 Predisol Black FW-CAB 62、Predisol Green 6YH-CAB 678、Predisol Pink E-CAB 663、Predisol Maroon 3BS-CAB 2647 等。

⑤ 彩色颜料色浆标准 彩色颜料色浆标准中除常见色漆中应有的诸如细度、黏度、不挥发分等指标外，作为调色系统中的一员，最为关键的是色强度和色差两项指标。现举一例汽车修补涂料厂调色系统色浆标准如下。

表 3-2-15 中标出了色差和色强度的指标范围，色差 $\Delta E \leqslant 1$，色强度波动范围则在 5 % 以内。由于单色浆不允许调色，如果出现色差，不能通过加入某种色浆来调整色调，所以这两项指标的控制在实际生产中难度极大，要求极严格的质量控制措施和企业管理才能有效实施。

(2) 效应颜料色浆（1K） 效应颜料色浆主要由树脂、效应颜料、助剂以及溶剂所构成。

① 树脂 单组分效应颜料色浆中可采用的树脂绝大部分为含某些极性基团的热塑性丙烯酸树脂。当然也有部分涂料厂选用聚酯树脂或丙烯酸改性醇酸树脂。如果错误地选择了一般热塑性丙烯酸树脂，则市面上作为汽车修补用罩光清漆的丙烯酸-聚氨酯或聚酯-聚氨酯等将无法在底色漆表面形成有效附着，严重时可能会造成整片清漆脱落。

② 效应颜料 汽车修补涂料中采用的效应颜料主要有铝粉、珠光粉、纳米钛白粉以及石墨粉等。有关方面知识在汽车原厂漆面漆部分已有介绍，这里就不再赘述。

③ 助剂 在金属闪光底色漆中采用的助剂主要针对效应颜料的定向、防止这类密度较大的颜料粒子沉降、结块等。分散剂的合理选用对于提高效应颜料（铝粉、珠光粉等）的定向、改善施工性、增强闪烁效应、减少在罐内沉降倾向、改善清漆层的映象清晰度都能够发挥非常关键的作用。可采用的助剂主要有以下几类：分散蜡、醋酸丁酸纤维素和润湿分散剂。

a. 分散蜡 适用于金属闪光漆中的分散蜡主要有两大类，即乙烯类共聚物（包括乙烯-醋酸乙烯共聚物、乙烯-丙烯酸共聚物等）和聚酰胺蜡。Cerafak 100、Cerafak 103、Cerafak 106 是毕克公司用于溶剂型金属闪光漆中的蜡分散体。Cerafak 100、Cerafak 106 均为乙烯-醋酸乙烯共聚物分散体（EVA）。而 Cerafak 103 为乙烯-丙烯酸共聚物。Disper KC 568 为 Kemperial Co. 产分散蜡系防沉剂，属于一种改性乙烯-醋酸乙烯类共聚物。Disparlon 6900-20X 为日本楠本化成株式会社产品，它是聚酰胺在二甲苯溶液中通过溶胀而形成的蜡质糊状物。

这两类分散蜡助剂用于各类溶剂型金属闪光底色漆中，都能起分散、防沉和定向等方面的作用。它们不仅大大改善了该类产品中的效应颜料（铝粉、珠光粉以及超细钛白等）在漆浆和成品底色漆中的分散性、沉降性能，而且还有效地改善了效应颜料的定向作用，使之具有更好的白度和随角异色性、较少的云斑色差和雾影等。

比较这两类助剂总效果大体相差不多，但 Disparlon 6900-20X 和 Disper KC 568 的增稠效果明显，而 BYK 的 Cerafak 106 在这方面表现稍差。

b. 醋酸丁酸纤维素（CAB） CAB 在金属闪光底色漆中和分散蜡助剂一样，对效应颜料起定向、防沉等方面的作用，另外它还是辅成膜物质，对于湿涂层的溶剂释放性、湿喷湿施工性以及漆膜硬度的改善都有非常重要的作用。依士曼公司商品牌号及规格见表3-2-33。

表 3-2-33 伊士曼公司 CAB 商品牌号及规格

商品牌号	乙酰基/%	丁酰基/%	羟基/%	黏度①/s	T_g/℃
CAB 551-0.01	2.0	53.0	1.5	0.01	85
CAB 551-0.2	2.0	52.0	1.8	1.20	101
CAB 381-0.1	13.5	38.0	1.3	0.10	123
CAB 381-0.5	13.5	38.0	1.3	0.50	130
CAB 381-2	13.5	38.0	1.3	2.00	133
CAB 381-2BP	14.5	35.5	1.8	2.20	130

① 黏度测定按 ASTM D 817 标准。

从表 3-2-34 中不难看出：伊士曼商品牌号中几行数字的含义，即 CAB381-0.5 表示其丁酰基含量为 38%，黏度为 0.5 等，以此类推。

国内生产 CAB 的厂家不多，最早是杭州化工设计研究院研发了此类产品（表 3-2-34），效果不错，但在价格上与国外同类产品比较并不占多大优势。

表 3-2-34 国产醋酸丁酸纤维素型号及规格

型号	丁酰基/%	乙酰基/%	黏度/Pa·s	游离酸/% ≤	水分/%
CAB-15-1	13～18	29～34	0.9～1.3	0.06	3
CAB-15-2	13～18	29～34	1.3～1.7	0.06	3
CAB-35-1	34～38	13～18	0.4～0.8	0.06	3
CAB-55-1	50～55	2～5	0.5	0.06	3

选用时可参考有关数据，实际使用的配方中，大都选择至少两种 CAB 搭配，如 CAB551 系列与 CAB381 系列搭配使用，或选择 CAB381 系列不同黏度的产品搭配等。

c. 润湿分散剂　多数情况下，添加润湿分散剂有助于效应颜料分散和提高贮存稳定性。适用的润湿分散剂有 BYK P 104S、Disperbyk 161、Disper KC 763A、EFKA 5054 等。

④ 效应颜料色浆的制造　金属闪光涂料独特的光学效果不单单来自效应颜料本身，而且和成膜物质、助剂、溶剂、生产工艺，甚至施工工艺都息息相关。在选定了各种组分、确定了配方之后，下一个重要环节就是生产加工。在本章第三节中已经讲述过铝粉、珠光粉之类效应颜料的分散与彩色颜料不同，它们独特的鳞片状的结构不允许承受高剪切力作用。即分散时不能采用高速搅拌的道理，汽车修补漆系统中效应颜料色浆的制造常识与原厂漆基本雷同，生产工艺及流程、注意事项等均可参考有关内容。

效应颜料色浆配方举例：效应颜料色浆中效应颜料的用量因品种不同而有所差异，大体的用量范围为：铝粉 5%～8%，珠光粉 8%～12%。

有些公司某些品种银浆的铝粉用量较大，如 ICI 公司的 98 系列银浆。不过这类银浆使用前需添加一定量的控银剂，到施工时，铝粉的含量和上述正常值接近。

● 铝粉颜料浆（质量份）

醋酸丁酯	21.2	CAB 551-0.01(10%)	3.2
二甲苯	15.7	KCR2015 丙烯酸树脂	27.0
100# 芳烃溶剂	6.4	分散蜡液①(6%)	10.3
丁醇	5.2	Disper KC 563B	0.3
DBE	2.5	Sparkle Silver 3000-AR	2.5
CAB 381-2(10%)	3.3	Sparkle Silver 5000-AR	2.5

① 分散蜡液：Disperlon 6900-20X 或 Disper KC 568 因稠度较大，使用前均需预制成分散蜡液。制备方法是在搅拌下将二甲苯慢慢加入到分散蜡中，使之形成稀糊状可流动液体。

● 珠光粉颜料色浆配方（质量份）

醋酸丁酯	21.0	CAB 551-0.01(10%)	3.1
二甲苯	12.2	KCR-2015 丙烯酸树脂	25.0
100# 芳烃溶剂	8.2	分散蜡液(6%)	10.3
丁醇	3.1	Disper KC 563B	0.3
DBE	2.1	Iriodin 9514 WR Ⅱ	10.0
CAB 381-0.1(10%)	4.2		

上述两个配方中列出了铝粉、珠光粉配制色浆的基本组成和配比。因铝粉、珠光粉品种不同，配方中采用的溶剂和主成膜物质的用量会有所变动，但大体应在上述配方规定的范围内，使用时可灵活掌握。

3. 交联剂及其他助剂

(1) 交联剂　双组分丙烯酸-聚氨酯的固化交联剂部分是异氰酸酯类化合物。由于汽车修补涂料的外用、高耐候、高装饰性等特定要求，因此这里所能够采用的也只能是脂肪族或者是脂环族类不泛黄、耐候性特别突出的异氰酸酯类化合物。六亚甲基二异氰酸酯（HDI）的部分水解物——缩二脲是出现最早、应用得也最为普遍的外用双组分聚氨酯用固化剂。随着汽车工业以及涂料工业的发展，涂料品种档次的不断提高，性能更为突出的新型固化交联剂也相继问世，使得以往 HDI 缩二脲一花独放的不可替代的主导地位受到有力的挑战。新问世的产品主要有 HDI 三聚体、异佛二酮二异氰酸酯（IPDI）三聚体以及 IPDI-TMP 加成物等。现分述如下。

① HDI 缩二脲　六次甲基二异氰酸酯（HDI）是最为典型的脂肪族异氰酸酯类。但是由于这种单体型化合物的分子量不大，有一定的挥发性和毒性，故工业上很少不经改性而直接使用。早期涂料行业大都采用被称之为缩二脲的化合物。缩二脲可用酯类或芳烃溶剂稀释，但不溶于脂肪族烃类溶剂。另外，溶剂分子中也不允许含有活性氢一类可与异氰酸酯基反应的基团，如醇类、胺类等。缩二脲对潮湿极为敏感，因此必须使用所谓"聚氨酯级"的溶剂（水分含量低于 0.05%）。尽管如此，它被稀释后的不挥发分仍然不得低于 35%～40%，否则即使采用的是"聚氨酯级"的溶剂，经过一段时间存放后，仍然会出现浑浊或沉淀等水解迹象。因此在一般情况下，最好不要将缩二脲稀释后保存。

② HDI 三聚体　HDI 三聚体与 HDI 缩二脲相比较具有干燥速率快、漆膜硬度高以及耐候性可得到进一步改善等方面的特点。这主要是因为该三聚体具有因自聚而形成的六元环结构，这种结构表现出较高的光、热稳定性。HDI 三聚体的主要特点如下。

a. 快干，大大减少了涂装后漆膜沾灰的可能性，提高了涂装效率。

b. 相对缩二脲而言，漆膜的硬度较高。

c. 耐候性优良。

d. 具有一定的耐温性能。

一般 HDI 三聚体与常用有机溶剂均有着良好的混容性，如酯类、醚酯类以及芳烃溶剂；脂肪烃类溶剂不适合含 HDI 三聚体的系统。

HDI 三聚体与含羟基的丙烯酸系聚合物、含羟基聚酯树脂均有良好的混容性，亦可与缩二脲、异佛尔酮二异氰酸酯的衍生物混容（表 3-2-35）。

表 3-2-35　HDI 三聚体与缩二脲对漆膜干性、硬度影响比较

项　目	缩二脲	三聚体	项　目	缩二脲	三聚体
干燥速度			60℃×30min	5B	3B
表干/min	6	5	70℃×30min	5B	3B
实干/h	3.8	2	80℃×30min	F	H
烘干硬度			100℃×30min	2H	2H

HDI 三聚体作为双组分汽车修补涂料的固化剂尽管有着许多明显的优越之处，但与缩二脲相比仍然有一些不足之处，如柔韧性欠佳，价格也稍高等。因此在实用中大多推荐与缩二脲混拼的办法。

③ 异佛尔酮二异氰酸酯（IPDI）三聚体　从 1960 年开始赫斯公司就开始了丙酮、异佛尔酮有关化学的研究，经过多年的努力，该公司的技术人员研发出一种新型脂环族异氰酸酯类，即异佛尔酮二异氰酸酯（IPDI）。他们认为这种新型异氰酸酯的衍生物极有可能成为新一代汽车修补涂料用固化交联剂。大约又经过了近 20 年的不懈努力，终于研发出一种 IPDI 系新型衍生物——IPDI 三聚体。他们将这种 IPDI 三聚体用来取代 HDI 缩二脲或 HDI 三聚体取得成功，使得外用双组分聚氨酯涂料的广大用户在固化交联剂方面又有了一个不错的选择余地。IPDI 三聚体商品牌号见表 3-2-36。

表 3-2-36　IPDI 三聚体商品牌号

项　目	T1890E	T1890L	T1890M	T1890/100	Z4370
产地	赫斯公司	赫斯公司	赫斯公司	赫斯公司	拜耳公司
不挥发分/%	69～71	69～71	69～71	100	70
NCO/%	12.0±0.3	12.0±0.3	12.0±0.3	17.0±0.3	11.5
黏度(23℃)/mPa·s	650～1150	1300～2100	3400～4600		1300～2700
残留 IPDI 单体含量/%　<	0.5	0.5	0.5	0.5	0.5
溶剂	醋酸丁酯	醋酸丁酯/100# 芳烃溶剂	Kristallo L30/Shellsol A		PMA/二甲苯

注：Kristallo L30 为芳烃含量 19%的石油溶剂，沸程范围 130～175℃；Shellsol A 为混合芳烃，沸程范围 165～179℃；PMA 为醋酸甲氧基丙酯。

IPDI 与其他脂肪族或脂环族异氰酸酯相比，具有下述特点。

a. 与各类树脂、溶剂的混容性都非常好，它们可用芳烃或酯类溶剂稀释到 10%而不会出现浑浊或沉淀现象，为使用者设计配方带来极大的方便。

b. 对空气中潮湿的敏感性相对偏低，这样在设计甲、乙两组分配比时可以不考虑 NCO 损失。OH 与 NCO 之比可以由常用的 1∶1.1 降低为 1∶1。同时还可以减少或避免因湿度较低而引起的一些漆膜弊病。

c. IPDI 单体或三聚体的毒性较低。

	口服 LD_{50}/(mL/g)
IPDI	2.5
TDI	0.123

从上述数据可知，IPDI 的毒性相当较低，与 TDI 相比几乎可以说不是一个数量级的化学物质。IPDI 三聚体与目前市面上所普遍采用的 HDI 缩二脲和 HDI 三聚体的某些性能比较具有如表 3-2-37 所示的特点。

表 3-2-37　IPDI 三聚体与 HDI 缩二脲和 HDI 三聚体的某些性能比较

项　目	HDI 三聚体	HDI 缩二脲	IPDI 三聚体
活性	高	稍低	低
对潮湿的敏感性	高	高	较低
配漆时配比 NCO/OH	(1.1～1.5)∶1	(1.1～1.5)∶1	1∶1
混容性	有限	有限	好
不沾灰干燥	有限	较差	良好
毒性	较高	较高	较低
价格(相对)	1	1	1.25

从表 3-2-37 中数据可知，IPDI 三聚体除价格稍高外，其他性能均比 HDI 的衍生物要好

一些。

IPDI三聚体在国外早已用于汽车修补涂料中。众所周知，作为汽车修补涂料的原料，除了要求一定的性能外，还要具有尽可能好的与其他原料的混容性。由于IPDI三聚体系列与各种树脂的混容性都好，它们几乎可以和所有的含羟基树脂、各类溶剂以及其他脂肪族异氰酸酯混容，这样就可给相关技术人员在设计配方时带来较大的自由度。

采用IPDI三聚体为固化剂的聚氨酯涂料的不沾灰时间较短，这是作为汽车修补涂料的一个非常关键的长处。但是IPDI三聚体的价格偏高，使得那些对HDI缩二脲的价格都觉得贵了的客户更加望而却步。为此有人建议将IPDI三聚体与HDI缩二脲混拼使用，以减少价格因素的消极影响。比较成熟的做法是将HDI缩二脲与IPDI三聚体按3：1混合使用。据称可以明显地缩短原单纯采用缩二脲时的不沾灰时间，同时漆膜的硬度、耐候性也有一定程度的改善。另外由于大大减少了IPDI三聚体的用量，使得总材料成本不致提升太高。

(2) 面漆中助剂的应用　现代涂料的生产和施工应用离不开助剂。如果选配得当，在提高或改善涂料的各项性能方面可收到事半功倍的突出效果。双组分聚氨酯涂料，特别是用于汽车修补的聚氨酯涂料，助剂的应用就更为重要。一般在这类涂料中添加助剂，主要围绕以下问题：

a. 改善涂料的施工性能；

b. 改善漆膜的外观、装饰性；

c. 提高涂料的贮存稳定性；

d. 提高涂料的生产效率。

① 催化剂　在聚氨酯涂料的制造、加工以及施工后固化成膜的过程中都要使用催化剂。不过这里所采用的催化剂有时是用来加速异氰酸酯基与含活性氢化合物的反应，有时又是用来减缓这一反应过程，因此催化剂的正确选择非常重要。

用于加速异氰酸酯基与含活性氢化合物反应的催化剂主要有以下两类。

a. 有机胺类　二乙烯三胺、三乙烯四胺、四乙烯五胺、多乙烯多胺、己二胺、二乙醇胺、三乙胺、4,4-二氨基-3,3-二氨基二苯基甲烷、二氮二杂环辛烷等。

b. 金属盐类　最常用的有锌盐和锡盐两大类，如环烷酸锌、异辛酸锌、月桂酸二丁基锡等。

用于延缓异氰酸酯基与含活性氢化合物反应的催化剂主要是各种酸类化合物。最常用的有磷酸、酸式磷酸酯类等。毕克公司的Bykanol-N就是属于有机酸式磷酸酯类化合物。据称，它可以在一定程度上解决丙烯酸-聚氨酯系涂料在环境温度较高的条件下施工时漆膜容易起痱子的弊病。同时它还可以延长配漆后，混合物料的“适用期”。

上述催化剂的用量取决于很多因素，如甲、乙两组分的品种、环境温度、反应条件以及催化剂的种类等。一般其用量在0.03%～0.1%。值得注意的是，那些能够加速异氰酸酯基与含活性氢化合物反应的催化剂，尽管能够有效地缩短漆膜的实干时间，但不可忽略它们对这些双组分品种配漆后的“适用期”的影响。两者之间应很好地权衡，然后再确定催化剂的正确用量。

② 流平剂　在本章第三节中已经提到流平剂在面漆中的作用和选定原则等。可用作汽车修补漆流平剂的种类也很多，如高沸点混合溶剂、有机硅化合物、有机氟化合物、某些丙烯酸系聚合物、醋酸丁酸纤维素等。特别应该留意的是在2KPU系统中很难添加对漆膜外观改善特别有效的硅系列流平剂。这主要是因为硅系列流平剂非常容易起“痱子”（也有称为暗泡）的缘故。通常解决的办法就是改用非硅系列流平剂，如聚丙烯酸酯类、含氟表面活性剂类等，可以避免上述弊病的发生。一般在中、低档修补漆中采用聚丙烯酸酯类流平剂，

如BYK358、BYK358N等。因为采用丙烯酸酯类流平剂所制备漆膜的外观远不如硅系列流平剂的滑爽、丰满，手感也差。在高档产品中则建议添加含氟助剂，如EFKA的3777、3778等。

③ 消泡剂 消泡剂对其他溶剂型涂料而言，其必要性似乎并不大。在很多情况下，即使不用消泡剂，对漆膜的外观也看不出什么影响。但是在聚氨酯涂料系统中，消泡剂却是不可小视的重要成分之一。

众所周知，各类聚氨酯系涂料的贮存稳定性或多或少都会存在一些问题。单组分涂料本身和双组分系统中的固化剂组分，在贮存过程中的黏度都有可能上升。而双组分系统则还会出现配漆后的适用期缩短等。另外在湿热的条件下施工时，漆膜特别容易起泡。这些现象大都是由于空气中所含的水分或者说潮气所带来的后果。单组分聚氨酯或双组分中的固化剂组分的大分子中，均含有一定量的NCO基团，它可与水分子发生反应，释放出二氧化碳和胺，而这些胺还将进一步和NCO基团反应形成脲。如果此时涂层已经表干，轻者则在漆膜表面形成所谓“痱子”，重者极可能大面积起泡。

漆膜中被带入水分的途径主要有如下两种。

a. 喷涂施工时混入压缩空气中，尤其是在湿热的环境下施工时这种可能性非常大。

b. 溶剂，特别是极性溶剂中均含有一定量的水分。在环境温度偏高时，即使是非极性溶剂，其中的饱和水含量也不低。例如；常用的二甲苯，在室温25℃下，其饱和水含量大约为400 mg/L；当环境温度升至35℃时，其饱和水含量就提高到900 mg/L。这样的水平已经足以在涂层中与NCO基团反应形成一定数量的“痱子”甚至气泡了。

可用于聚氨酯涂料中消泡剂的商品很多，如毕克公司的BYKETOL Sperical、BYK 104、BYK 065、BYK 066、BYK 051、BYK 052、BYK 053、BYK 057、BYK 141等；德隆公司的5500、3200、6500等；EFKA公司的EFKA20、EFKA22、EFKA272、EFKA720等；汉高公司的Perenol S4、Perenol S43、Perenol E1等。其中汉高公司的Perenol E1为非有机硅系列消泡剂，据称这种消泡剂不仅仅消泡效果明显，而且可以避免采用有机硅系消泡剂对漆膜层间附着力的不良影响。

另外，过去在涂料制造中用作润湿剂的201甲基硅油也可用于聚氨酯系涂料的消泡。当然比起上述专用消泡剂来，效果肯定差一些，但价格低廉，也不失为一种选择。

④ 潮气消除剂 针对潮气给聚氨酯涂料系统所带来的不良影响，国外研发了一种专用于聚氨酯涂料系统的所谓“潮气消除剂”，如异丁醛氧氮杂环戊烷、乙基氧氮杂环戊烷、酮基氧氮杂环戊烷等。据研发这类助剂的公司称：它们可以成功地消除聚氨酯系涂料在炎热的夏季施工时，因潮气所引起的痱子、气泡等漆膜弊病，延长双组分聚氨酯系涂料的适用期，避免单组分聚氨酯系涂料在贮存中发生“胀听”的问题，具有一定的实用价值。

拜耳公司的Additive T1和Additive OF也是一种潮气消除剂，值得注意的是这两种助剂需配合起来使用。在防止单组分聚氨酯涂料“胀听”，延长双组分聚氨酯涂料系统固化剂的贮存期以及配漆后的适用期方面效果都不错。

T1的化学名称为甲苯磺酰异氰酸酯，其分子式为：

$$H_3C-C_6H_4-SO_3NCO$$

由于分子中磺酰基的吸电子性，使得甲苯磺酰异氰酸酯分子中NCO基团的反应活性远远高于二异氰酸酯类化合物分子上的NCO基团，从而能够优先与系统中可能存在的水分反应生成对甲苯磺酸，所生成的对甲苯磺酸可起延缓NCO与OH反应的作用，另外还由于它是单官能化合物，故参与反应后不会造成系统黏度上升，更不可能导致胶化。

T1 分子中的 NCO 活性较高，故对眼睛、皮肤都有强烈的刺激作用，使用时务必小心。原包装桶开封取料后应注意盖好桶盖，最好将包装桶倒置一下，利用桶内的物料将桶盖密封好。另外由于 T1 的价格较高，使用时最好与 OF 拼用。

OF 的化学名为三乙氧基甲烷，俗称原甲酸乙酯，其分子式为：

$$HC(OC_2H_5)_3$$

三乙氧基甲烷可与系统中可能存在的水分反应生成乙醇，显然所生成的乙醇可能会与 NCO 反应，从而消耗一部分 NCO，但可以成功地避免漆膜起泡。三乙氧基甲烷与水反应的反应式如下。

$$HC(OC_2H_5)_3 + H_2O \longrightarrow HC(OH)(OC_2H_5)_2 + C_2H_5OH$$

$$HC(OH)(OC_2H_5)_2 \xrightarrow{+H_2O} HC(=O)OC_2H_5 + C_2H_5OH$$

从上述反应式可以看出：1mol 三乙氧基甲烷可与 2mol 水发生反应，吸水效果非常高。OF 的价格远较 T1 便宜，与水反应的活性也不低，但由于 OF 与水反应后的副产物乙醇将可能消耗一部分系统中某一组分的 NCO 基团，为避免 OF 的这一不足，实用中常常采用 T1 与 OF 拼用的方案，这样安排一方面由于 T1 可吸收 OF 与水反应释放出来的乙醇，另外也可降低吸水助剂系统总的价格。

⑤ 光稳定剂与紫外光吸收剂　在各种聚氨酯系涂料中加入紫外光吸收剂旨在进一步提高其耐候性，特别是保光、保色性能。太阳光中，波长为 200～411 nm 的光波辐射能最强，破坏力也最大。它能够促进聚合物大分子链节自动氧化过程的进行，从宏观的角度来看，也就是加速漆膜的降解。某些紫外光吸收剂能够有效地吸收这一波长范围内的光辐射能，然后将其转化为其他无害能量，从而有效地延缓了上述降解过程，实际上起到了抗老化作用。如二苯甲酮类化合物，它能够通过螯合氢键的形成，使一定波长的紫外光能转化为热能，从而消除或减弱了紫外光辐射能对漆膜的破坏作用。不少二苯甲酮类的衍生物已经形成商品在市面上流通。除此而外，苯并三唑之类的杂环化合物也有不少用作紫外光吸收剂，如羟基苯并三唑类等。

为了延缓这一过程的运行，在生产实际中往往采用抗氧剂、紫外光吸收剂等拼用的办法。一个比较明显的范例就是采用紫外光吸收剂与自由基捕获剂拼用。受阻胺光稳定剂（HALS）是自由基捕获剂中的一种，它与等量的紫外光吸收剂混用可以获得比较明显的增效作用（或者叫协和作用）。

⑥ 流变助剂　流变助剂是一类新型涂料用添加剂，它可以有效改变漆料的流变性能。在汽车修补漆领域内广泛用于厚膜清漆之中，可保证良好的一次成膜厚度，而且所得涂层的外观平整光滑。

由于汽车修补漆的 2K 系统中，多采用羟基丙烯酸树脂，故选用的 SCA 改性树脂也多为 SCA 改性丙烯酸树脂。

有机膨润土也常常用于汽车修补漆 2K 实色漆中，如 Bentone 27、Bentone 34、Bentone SD-2、Bentone SD-3 等均可。值得注意的是，在双组分聚氨酯系涂料中采用的有机膨润土助剂，预分散打浆时，最好不要采用以往常用的含羟基溶剂（如丁醇），而建议采用如汉高的 Texaphor 963、Kimperial 的 Disper KC 761 或其他分散助剂。

正如其他类型助剂使用时采用复配的手法一样，为进一步提高其对涂料流变性能影响的力度，流挂助剂也讲究搭配使用。如有的资料介绍，上述助剂如和有机膨润土拼用，可起到增效作用，而对漆膜的其他物性则几乎没有影响。

二、辅料

汽车修补配套材料主要是指进行汽车修补涂装系统所用的原材料。严格地说，这个完整的涂装系统所用的原材料主要包括底漆、腻子、中间涂料以及面漆等。国外大部分汽车涂料公司在其汽车修补涂料的说明书中都要严格地规定与面漆配套的底漆、中间涂料、封闭剂以及腻子等。

1. 底漆

毋庸置疑，汽车修补用底漆远远比不上汽车总装厂用的阴极电泳底漆，但也有其自身的特殊要求和特点。目前国外多采用双组分聚氨酯、双组分环氧富锌底漆或锌黄底漆。

国产汽车修补用底漆过去多采用硝基类、环氧酯类、醇酸类等单组分制品，双组分环氧或双组分聚氨酯制品等。国内各大涂料厂都有可用于汽车修补的底漆供应市场（表 3-2-38 和表 3-2-39），但就性能和适用性而言已经落后于某些汽车修补涂料专业生产厂家。

(1) 硝基纤维素底漆　硝基纤维素底漆具有施工性能良好、易打磨、快干等优点，但作为头道底漆使用时，附着力方面的性能是它的致命伤。配方设计、原料选用、基材的表面处理等只要有一个环节稍有不慎即可造成附着不好的恶果。使用时务必小心在意。ICI 公司贝高系列中 P082-28 防浮红底漆、P084-700 风干中涂底漆均属此类产品。这两种产品使用时均采用贝高系列 P851 稀释剂。

表 3-2-38　国产汽车修补用硝基底漆

项　目		Q06-1	Q06-4
名称		黄硝基底漆	各色硝基底漆
组成		硝基纤维素、醇酸树脂	松香甘油酯、颜料、填料、增韧剂等
颜色及外观		黄色、平整光滑	各色、平整光滑
黏度(涂-1)/s		120～200	120～200
不挥发分/%	≥	40	40
干燥时间/min			
表干	≤	10	10
实干	≤	50	50
附着力/级	≤	2	2
打磨性		打磨性好	200# 砂纸打磨，不粘砂纸
用途		各种金属表面、车辆	各种金属表面、车辆
施工及配套		硝基瓷漆	硝基瓷漆

(2) 环氧底漆　用于汽车修补的环氧底漆有双组分环氧树脂底漆和单组分环氧酯底漆两种。

双组分环氧树脂底漆主成膜物质为中～低分子量环氧树脂，如 E-12、E-14、E-20 等。固化剂则采用脂肪族多元胺、改性多元胺类或聚酰胺等。其中聚酰胺的固化速率较慢，使用时需拼用一定量的催干剂，如三（二甲氨基甲基）苯酚（DMP-30）。双组分环氧树脂底漆的各项物性，包括干燥速率、打磨性、力学性能、耐介质性能等均与所用的固化剂关系密切。其综合性能除存在与聚氨酯类一样的“适用期”让操作者略感不便外，其他方面均优于单组分环氧酯底漆。德国 BASF 公司的汽车修补专用底漆 EUROXY 就是一种双组分环氧树脂底漆。

单组分环氧酯底漆是涂料行业中底漆类的主导产品。其主成膜物质为环氧树脂的脂肪酸酯。在汽车修补业内，考虑到所采用的面漆多为双组分丙烯酸-聚氨酯类，其中所含溶剂大都为强极性溶剂。故多采用带有共轭双键的高不饱和度脂肪酸的环氧酯，以提高底漆的耐溶剂性。在性能检测中该项目被列为必测指标，称为底漆的耐硝基性。实际应用上多采用脱水蓖麻油酸、亚油酸与桐油酸拼合使用等。

双组分和单组分环氧底漆中所含防锈颜料大多为锌黄或铁红。过去涂料行业在防锈底漆中普遍采用的防锈性能更好的红丹，因环保方面原因，现已很少采用。国产汽车修补用环氧底漆性能指标见表 3-2-40。

表 3-2-39 国产环氧酯锌黄和铁红底漆 单位：质量份

组 成	环氧酯锌黄底漆	环氧酯铁红底漆	组 成	环氧酯锌黄底漆	环氧酯铁红底漆
脱水蓖麻油酸环氧酯	38.0	38.0	硫酸钡		8.0
丁醇改性三聚氰胺甲醛树脂	1.0		有机膨润土胶(10%)		0～5
109 锌黄	15.0		防结皮剂	0.2	0.2
氧化铁红		14.0	双戊烯	2.0	2.5
CT 钙铁粉	5.0	8.0	稀土干料	3.5	3.2
锌粉	8.5	5.0	二甲苯	12.8	12.1
滑石粉	14.0	6.5	丁醇		2.0

表 3-2-40 国产汽车修补用环氧底漆性能指标

性 能	H06-2	H06-10	H06-14
名称	铁红、锌黄环氧酯底漆	环氧酯富锌底漆	各色环氧底漆
组成	环氧酯、铁红或锌黄颜料、填料、催干剂、氨基树脂	环氧酯、锌粉、催干剂	环氧树脂、多元胺、颜料、填料
颜色及外观	铁红色或黄色、平整	灰色、平整	各色、平整
黏度(涂-4# 杯)/s	50～80	60～80	
不挥发分/%	≥40		
干燥时间/h			
表干	2	18min	4
实干	24	12	24
附着力/级	≤1		
打磨性	打磨性好,200# 砂纸,不起卷,不粘漆		强度高,打磨性差
用途	各种金属表面,车辆	各种金属表面,汽车	
施工及配套	各类瓷漆		

杜邦公司的 830R 是一种环氧型无铬重防腐蚀底漆，它的不挥发分高、附着力好、耐各种介质均佳，且适用于铝材等轻质合金表面。

PPG 公司的 D834 亦属双组分环氧类底漆，它既可作为封闭底漆亦可作二道浆使用。专用固化剂 D835，配比高达 1∶1。D835 固化剂属于聚酰胺或其他改性胺类。

(3) 聚氨酯底漆 聚氨酯底漆是底漆类中的一大系列，它具有力学性能、耐各类介质性能、配套性能以及施工性能良好等方面的特点。在汽车修补涂料系列中，不少厂家都有这类产品。近年来高填充性、免打磨（或少打磨）需求越来越强烈，故底漆有厚膜化的发展趋势，不少厂家都推出了聚氨酯厚膜底漆。如 ICI 公司的 P565-510、Du Pont 公司的 1020R、广东东莞博德的 AB888 等，这些产品的一次成膜厚度可高达 150μm 左右。

双组分聚氨酯底漆技术关键首先在于主成膜物质的选择。如果树脂选择不当，即使罩面（喷中间涂料或面漆）的时间间隔足够，也非常容易出现咬底、渗色等弊病。

① 典型双组分聚氨酯底漆配方（质量份）

RKC-2015	41.5	超细碳酸钙	23.3
锌黄	9.5	BYK-110	0.1
滑石粉	11.6	有机膨润土胶	0.4
钛白粉	2.0	醋酸丁酯	3.0
硬脂酸锌	3.7	二甲苯	5.0

② 性能指标及施工参数　实测南方某厂聚氨酯厚膜底漆数据如下。

a. 施工参数

配比	漆料：固化剂/稀释剂＝4：1/（100%～120%）	压缩空气压力/$\times 10^5$Pa	3.5
		喷涂道数/道	3
施工黏度(涂-4#杯)/s	20	干燥条件/℃×min	60×30

b. 性能指标

细度/μm	30	柔韧性/mm	2
黏度(涂-4杯,23℃)/s	195	冲击性/cm	50
漆膜厚度/μm	95	铅笔硬度	HB
附着力/级	2	打磨性(P600砂纸,2h后)	不粘砂纸,易打磨
遮盖力/(g/m²)	90	耐硝基性能	不渗色、不咬底

(4) 磷化底漆　磷化底漆又名洗涤底漆。不仅仅在汽车修补行业，就是在一般工业涂料领域也不把它作为唯一的底漆使用。只是涂底漆之前预涂一薄层磷化底漆，起增强底漆的附着力和防锈能力的作用。它具有磷化和钝化双重功效。

磷化底漆一般有单组分和双组分两种，早期的磷化底漆大体由聚乙烯醇缩丁醛树脂、碱式铬酸锌、磷酸以及溶剂所组成。单组分磷化底漆因防锈效果不太理想已不常见，现多采用双组分。

磷化底漆中所采用的聚乙烯醇缩丁醛树脂丁酰基含量为44%～48%。

碱式铬酸锌俗称锌黄，它的分子式为 $ZnCrO_4 \cdot 4Zn(OH)_2$。

碱式铬酸锌对轻金属如铝、铜、铝镁合金以及钢铁等均具有良好的防锈能力，其防锈机理为。

① 具有碱性；

② 在水中能够慢慢溶解，离解出 CrO^-。这种离子可由漆膜中渗出达到金属基材表面，生成铬酸铁，使金属表面钝化。

这就是洗涤底漆防锈的基本原理所在。早期双组分磷化底漆大体组成如下。

甲组分（质量份）：

聚乙烯醇缩丁醛	7.2	异丙醇	48.7
碱式铬酸锌	6.9	丁醇	16.1
滑石粉	1.1		

乙组分（质量份）：

磷酸	3.6	异丙醇	13.2
水	3.2		

配方中甲组分需经研磨、分散后方可使用。使用时将两个组分混合均匀后，至少放置10s后，再薄薄地喷涂一层。涂层厚度最好控制在10μm左右。

当今环保部门有关条例限制了涂料原材料中铅、铬、镉等重金属的含量，故新一代的磷化底漆中已不再采用碱式铬酸锌类铬系颜料。新的磷化底漆在保持其防锈性能的基础上改用了其他磷酸盐类。这类磷酸盐防锈机理与上述铬酸盐有所不同。它是通过多聚磷酸根离子与金属离子生成螯合物，在金属基材表面形成致密的 $M_xFe_y(PO_4)_z$ 钝化膜，这类钝化膜难溶于水、硬度高、附着力极强，对钢铁等金属的腐蚀具有极强的抑制作用。配方举例如下。

甲组分（质量份）

聚乙烯醇缩丁醛树脂	9.0	滑石粉	3.9
醇溶性酚醛树脂	11.0	丁醇	11.0
氧化铁黄	3.6	异丙醇	25.0
钼酸锌	2.5	甲苯	30.5
聚磷酸铝	2.5		

乙组分（质量份）：

磷酸(85%)	9.0	异丙醇	86.0
水	5.0		

配方中甲组分需经研磨、分散，然后按甲：乙＝80：20 的配比混合均匀即可。进口汽车修补涂料系统中不少配置有洗涤底漆。如日本立邦（Nippon）的 V-110、PPG 的 D831、ICI 的 P565-597 等均属于汽车修补专用磷化底漆。

2. 腻子

腻子在汽车修补业内又被细分为“填眼灰”、“原子灰”等。它是为了填平由于各种原因造成的汽车待修补表面的机械凹陷，提高其平整度而必不可少的一类辅料。一般在底漆涂装并干透后都要刮涂腻子。适用于汽车修补的腻子很多，有醇酸树脂、硝基纤维素、环氧树脂以及不饱和聚酯树脂类等。

(1) 硝基纤维素腻子　很早以前硝基纤维素腻子就用于汽车修补中。直到今天各专业厂家，包括外国名牌汽车修补涂料公司仍然有硝基腻子产品。硝基腻子具有价廉、快干、与各类中间涂料配套性良好等特点，如果配方设计合理，还能赋予它优良的打磨性，与上、下层涂料之间不错的附着力等。基于诸多方面因素使其仍然受到众多客户的青睐。

硝基纤维素类腻子的组成与硝基纤维素面漆类似，它大体由硝基纤维素、醇酸树脂、增韧剂、颜料、填料以及助剂所组成。醇酸树脂和增韧剂用以调整腻子的刚柔性，起平衡力学性能的作用。腻子中填料的应用尤为重要，它应该在保证腻子打磨性优良的同时，给予腻子补强，使它具有一定的内聚强度。这样在整个涂层受到外界剥离应力时，既不允许在腻子处发生层间剥离，更不允许出现腻子内聚破坏。填料中具有针状结构的滑石粉可有效增加腻子的内聚强度，硬脂酸锌则具有优良的打磨性能。其典型配方举例如下。

① 配方（质量份）

醇酸树脂(70%)	9.5	超细轻质碳酸钙	3.7
醋酸丁酯	2.7	锐太型钛白粉	2.5
丁醇	0.5	氧化铁黄	0.5
环己酮	0.5	炭黑	少量
二甲苯	3.0	有机膨润土胶(8%)	8.0
硅油(1%)	0.2	硝基纤维素溶液(35%)	19.3
滑石粉	25.5	二甲苯	2.5
重晶石粉	16.6	醋酸丁酯	3.0

② 工艺

a. 将醇酸树脂（70%）、醋酸丁酯、丁醇、环己酮、二甲苯、硅油投入到调漆缸中，搅拌均匀。

b. 在搅拌下慢慢投入滑石粉、重晶石粉、超细轻质碳酸钙、锐太型钛白粉、氧化铁黄、炭黑，再高速分散至少 30s。

c. 在三辊机上研磨至细度≤30μm。

d. 在搅拌下慢慢加入有机膨润土胶（8%）和硝基纤维素溶液（35%），搅拌均匀。

e. 用二甲苯和醋酸丁酯调黏。

表3-2-41中所列是较早时期的硝基腻子标准。现市面上流行的修补用填眼灰的标准则要简单和实用些。如南方某修补涂料厂所生产的填眼灰标准如下。

外观	均匀、无颗粒	细度/μm	≤	35
刮涂性	滑爽、不起皮、不卷边			
黏度(涂-4[#]杯,23℃)/min	31(产品用醋酸丁酯1∶1兑稀)			

表3-2-41　国产硝基纤维素腻子牌号及性能

性　能	Q07-5	Q07-6	Q07-7
名称	各色硝基腻子	灰硝基腻子	黄硝基腻子
颜色和外观	无粗粒、均匀		
不挥发分/%　≥	65	65	65
干燥时间/h　≤	3	3	3
柔韧性/mm　≥	100	100	100
耐热性①	无可见裂纹		
打磨性	采用200[#]水砂纸打磨,不粘漆、平整		
刮涂性	刮涂性好,不起卷、不卷边		
性能与用途	干燥速率快,易打磨,供填平孔隙用		
施工与配套	可与各类硝基底漆、中间涂料配伍		

① 65～70℃，6h。

(2) 环氧腻子　用于汽车修补的环氧型腻子既有双组分环氧树脂型，也有单组分环氧酯型，双组分环氧树脂采用的固化剂为多元胺类。H07-6环氧腻子，又名669环氧腻子。其基本性能如下。

外观	均匀膏状物、无颗粒	柔韧性/mm	50
干燥时间/h		打磨型	易打磨,不卷边
表干	≤4	耐硝基性	不咬底,不渗色
实干	≤18		

单组分环氧酯腻子用得不多，主要是这类腻子的干燥速率，尤其是实干速率太慢，几乎达不到汽车修配厂生产周期的要求。它的刮涂性能特好，易于施工，但打磨性稍差，易粘砂纸。这也与它的干燥性能欠佳有关。单组分环氧酯腻子的牌号常见的有H07-5，所用主树脂仍然是脱水蓖麻油酸环氧酯。典型配方如下（质量份）。

脱水蓖麻油酸环氧酯	15.0	滑石粉	5.0
锌粉	12.0	硬脂酸锌	4.0
重晶石粉	29.0	双戊烯	3.0
沉淀硫酸钡	6.0	铅干料	1.0
碳酸钙	23.0	锰干料	1.0

(3) 醇酸腻子　早期汽车修补除硝基腻子外，用得最多的就数醇酸腻子了。国内目前仍然有不少汽车修配厂还在使用。其特点是施工性能特别好，受到油漆工的普遍欢迎。醇酸腻子中主成膜物质为短油度醇酸树脂、改性醇酸树脂、酚醛树脂等。国产醇酸腻子的牌号及性能见表3-2-42。

(4) 原子灰　原子灰为填补基材上较大凹陷、焊缝、裂缝等缺陷所采用的一种腻子。实际上这是一类不饱和聚酯树脂型腻子的统称。目前已广泛用于汽车、火车等各种交通工具行业中。一般原子灰由主树脂浆和引发剂溶液（蓝、白水）所组成。两者的配比一般为：100∶(2～4)。

主树脂浆由不饱和聚酯树脂、颜料、填料、乙烯基单体、阻聚剂、促进剂等组成。常见的腻子的形态及颜色多为灰色或灰白色膏状物。引发剂为过氧化环已酮、过氧化甲乙酮。催干剂为环烷酸钴或异辛酸钴。

表 3-2-42 可用于汽车修补的国产醇酸腻子牌号及性能

项目	C07-5	C07-6	C07-4
名称	各色醇酸腻子	灰醇酸腻子	棕色醇酸腻子
组成	醇酸树脂、颜料、填料、催干剂、助剂	酚醛改性醇酸树脂、颜料、填料、助剂	醇酸树脂、酚醛树脂、颜料、填料、助剂
颜色及外观	无结皮、硬块	无结皮、硬块	
稠度/cm	8～11	8～11	
干燥时间/h ≤	18	18	
刮涂性能	良好、不卷边	不卷边	
柔韧性/mm	≤100		
打磨性	200# 水砂纸打磨，均匀、平滑、无明显白点	不粘砂纸	
性能及用途	涂层坚硬、附着力强。用于一般交通工具	快干，适合各种交通工具	涂层坚硬
施工和配套	每刮一道腻子，需间隔 18h。可与所有瓷漆配套		

① 不饱和聚酯树脂　汽车修补原子灰的不饱和聚酯树脂是由多元醇、多元酸、不饱和多元酸等经酯化、缩聚反应而得。原子灰中所用的不饱和聚酯树脂与一般不饱和聚酯树脂有所不同。绝大多数的不饱和聚酯树脂中都加有特种改性剂，如环戊二烯、双环戊二烯或烯丙基醚类化合物等，主要用来克服不饱和聚酯树脂类型材料惯有的“厌氧性”，另外也能提高腻子的施工性能、耐介质性能等。原子灰用不饱和聚酯树脂应具有以下特性：

a. 常温干燥，且干燥速率快；

b. 附着力好；

c. 不影响面漆与中间涂料的层间附着力；

d. 硬度高，易打磨，刮涂施工方便。

② 引发剂和促进剂　汽车修补的不饱和聚酯树脂腻子均采用低温引发剂，如过氧化环己酮、过氧化甲乙酮等。过氧化甲乙酮为液态，而过氧化环己酮为固态。目前市面上多采用过氧化环己酮。酮类过氧化物引发温度虽然较低，但要想在室温下引发不饱和聚酯树脂固化，则尚需添加金属皂类促进剂。常用的促进剂有环烷酸钴、合成脂肪酸钴等。这里需要特别提示的是，酮类过氧化物与金属皂促进剂切不可直接混合，使用前才能分别混入树脂浆料中，否则会发生危险。引发剂用量一般为树脂量的 2%～4%，促进剂的用量为树脂量的1%～2%。

③ 活性稀释剂　在不饱和聚酯树脂型原子灰中一般还要采用活性稀释剂。活性稀释剂的作用有两个：一是调整系统黏度；二是充当树脂的交联剂。常用活性稀释剂有苯乙烯、环戊二烯以及（甲基）丙烯酸酯类等。苯乙烯价格低廉、活性高，与大多数不饱和聚酯树脂的混容性良好，成品的性能也不错。但其挥发性较高，有一定刺激性气味。环戊二烯气味不大，成品的性能也不错，可惜价格稍高。

④ 触变剂　为了防止不饱和聚酯树脂原子灰在垂直表面上施工时可能出现的流挂现象，常常要在其配方中添加触变剂。加有触变剂的原子灰显得更加细腻、滑爽，刮涂性能好，不流挂。常用的触变剂有气相白炭黑、聚氯乙烯粉等。气相白炭黑用得较多。

⑤ 颜料、填料　不饱和聚酯树脂原子灰中采用的颜料、填料有钛白粉、炭黑、氧化铁红、氧化铁黄、碳酸钙、滑石粉、硫酸钡、硬脂酸锌等。如前所述，针状结构的滑石粉具有一定的补强作用，应将其与其他填料配合使用。硬脂酸锌具有改善腻子打磨性能的作用。

⑥ 阻聚剂　为了延长不饱和聚酯树脂的贮存期，调整原子灰的固化速率，一般在配方中都加有一定量的阻聚剂。这里所采用的阻聚剂多为取代酚类，如氢醌、氢醌单甲醚、氢醌

二甲醚、氢醌二乙醚、246 等。阻聚剂一般加到主树脂浆中。

⑦ 封闭剂　如前所述，不饱和聚酯树脂采用苯乙烯作稀释剂+交联剂时，一般都有“厌氧性”。改用其他丙烯酸酯类化合物稍好一些，但无法根本解决厌氧的问题。简单而价廉的办法是在其配方中加入某种封闭剂，以隔断空气中的氧进入腻子材料。最常用的封闭剂如石蜡。将石蜡与苯乙烯预先调成糊状物，再加到主树脂糊中。石蜡用量为 0.01%～0.03% 时即可将腻子的表干时间由原来的 2h 左右减少到只要 30min。此时腻子的打磨性尚可。

现举一例典型不饱和聚酯树脂型原子灰的基本配方及工艺。

① 不饱和聚酯树脂的合成

a. 配方（摩尔比）

顺丁烯二酸酐	0.60	双环戊二烯	0.30
苯二甲酸酐	0.40	季戊二醇三烯丙基醚	0.10
二乙二醇	0.30	氢醌(占总量)/%	0.02
三乙二醇	0.55	二甲苯(占总量)/%	3.00

b. 工艺

- 将所有反应物全部投入到反应釜中，升温至 160～190℃进行酯化反应 3h。
- 再在 195℃下反应 3h。
- 打开回流冷凝器开关，蒸出二甲苯，大约需 1h。
- 加入苯乙烯兑稀成 65%的树脂溶液，此时的黏度大约为 1.0～1.2Pa·s（20℃）。
- 降温、过滤、出料。

② 汽车修补用腻子的制备

- 配方（质量份）

不饱和聚酯树脂液	320	钛白粉	60
苯乙烯	20	异辛酸钴(8%)	6
滑石粉	300	过氧化环己酮(2%)	适量

- 性能

划格法附着力	100/100	杯突性能/mm	≥3
光泽/%	98	干燥性	2h 后可打磨

为进一步加快不饱和聚酯树脂原子灰的固化速率，缩短施工周期，可采取复合促进剂的办法。芳香族胺类可进一步加速金属皂类对酮类过氧化物的促进作用，可在产品配方中采用金属皂+芳香族胺复合促进系统。有一家公司原子灰的配方就是如此，其原料组成大体如下。

甲组分：不饱和聚酯树脂、苯乙烯、甲基丙烯酸羟乙酯、二甲基苯胺、氢醌、苯甲酸、环烷酸钴、滑石粉、钛白等。

乙组分：过氧化环己酮、永固黄等。

这里就采用了金属皂（环烷酸钴）+芳香族胺类（二甲基苯胺）的复合促进剂系统，故它的固化速率比一般不饱和聚酯树脂型原子灰都快，而且它的附着力强、易打磨、光洁平整、耐油、耐硝基以及冲击强度高等，综合性能比较突出。

国产腻子与日本产腻子的性能比较见表 3-2-43，应该说国产不饱和聚酯树脂原子灰大体上已经达到或接近国外先进水平。

为了尽可能减少涂料制造和涂装时对环境的污染所带来的公害，腻子也早已开始了水性化，国产水性腻子已进入修补涂料市场。无疑水性腻子气味小、无刺激性，施工性能良好。但也应该注意到采用水性腻子时一定要干透后才能罩二道浆或面漆，如果上层配套涂料采用的是聚氨酯类，则尤其应该小心，以免腻子中未能完全逸散出去的水分会与 NCO 发生反应，轻者形成痱子，严重时造成漆膜起泡。

表 3-2-43 国产原子灰与日本同类产品性能比较

性 能	日本 JIS K 5655	国产原子灰	日本产腻子
外观	搅拌时无硬块	无机械杂质和搅不开的硬块	无机械杂质和搅不开的硬块
混合性	易混合均匀		
适用期	<5h(20℃±1℃)	20min	8min
刮涂性	易刮涂	易刮涂	易刮涂
干燥时间/h	<5(20℃±1℃)	2	1.5
涂层外观	与标准板比较,颜色色差小,无裂纹、气泡	刮涂后表面平整,干后无裂纹、气泡	刮涂后表面平整,干后无裂纹、气泡
打磨性(400# 砂纸)	易打磨	易打磨成无光泽、平滑的表面,不沾水砂纸	易打磨成无光泽、平滑的表面,不沾水砂纸
冲击性/cm	50	10	15
柔韧性/mm		50	50
稠度/cm		10.5	11
耐油性①		不透油	不透油
耐热性②		明显变色	明显变色

① 30# 机油，浸泡 24h。

② 120℃±2℃，4h。

3. 中间涂料

目前市场上见得较多的中间涂料主要有硝基纤维素类、环氧树脂类以及醇酸树脂类等。至于双组分聚氨酯类中间涂料虽然也有少数几家修补涂料厂生产这一品种，但因为不容易解决它的固化速度较慢和耐硝基性欠缺等方面的问题，使用面不太广。

(1) 硝基纤维素中间涂料 早期汽车的面漆采用的都是硝基纤维素类涂料。显然与之配套的中间涂料必然也是硝基类。这类涂料的干燥速率快，打磨性、配套性、施工性、外观均可，而且价格低廉，长期以来深受汽车行业的欢迎。至今一些名牌汽车修补涂料公司如德国BASF、Herberts、美国PPG、Du Pont等的中间涂料均有这一类品种。但是硝基纤维素类中间涂料的柔韧性欠佳，耐老化性能也不好，更为严重的是配方设计如稍有不当，即会带来附着性能差的弊病。使用一段时间后，漆膜经常容易发生龟裂、脱落的现象。因此认真选择与均衡配方中的各个成分，至关重要。硝基纤维素类中间涂料的构成与这一类型的面漆大同小异。现举一个典型范例予以说明。

① 配方（质量份）

原料	质量份	原料	质量份
醇酸树脂	12.88	CM763	0.35
国产钛白粉	4.98	苯二甲酸丁苄酯	0.58
立德粉	8.06	膨润土胶(10%)	6.38
沉淀硫酸钡	2.20	硝基纤维素溶液(35%)	16.67
滑石粉	16.57	醋酸丁酯	10.35
碳酸钙	0.35	二甲苯	12.20
硬脂酸锌	0.33	醋酸乙酯	8.00
炭黑	0.10		

② 工艺

a. 将醇酸树脂、CM763、苯二甲酸丁苄酯以及部分醋酸丁酯、二甲苯投入到调漆缸中，搅拌均匀。

b. 在搅拌下慢慢加入国产钛白粉、立德粉、沉淀硫酸钡、滑石粉、碳酸钙、硬脂酸锌、炭黑，加完后再高速分散至少 30min。

c. 在砂磨机上研磨至细度合格（15μm以下）。

d. 在搅拌下慢慢加入膨润土胶（10%）、硝基纤维素溶液（35%）和剩余的醋酸丁酯、二甲苯。

e. 最后加入醋酸乙酯调黏。

制漆工艺中，添加硝基纤维素溶液和膨润土胶时，应特别留意搅拌的转速和物料的加入速率。如果太随意，则很容易发生“返粗”。其实这里的所谓“返粗”现象并不是颜料或填料出现絮凝，而是硝基纤维素或膨润土胶粒未能及时分散、溶解到漆料中的缘故。

几种国产硝基纤维素类中间涂料的性能比较见表3-2-44；可以发现；市面上各厂自行拟定的新标准更加简洁、实用。

表3-2-44　国产硝基纤维素中间涂料性能比较

性　能	Q06-5	Q700①	YT-222
名称	灰硝基二道底漆	二道底漆	苏灰土
组成	硝基纤维素、醇酸树脂、顺丁烯二酸酐树脂、颜料、填料、溶剂等	硝基纤维素、醇酸树脂、改性醇酸树脂、颜料、填料、助剂、溶剂等	硝基纤维素、醇酸树脂、颜料、填料、助剂、溶剂等
漆膜颜色及外观	灰白色，平整光滑，无明显粗粒	灰白色，平整光滑	灰白色，平整光滑
黏度(涂-4#杯)/s	15～30	22±2	
不挥发分/%	≥50	50±2	
干燥时间/min			
表干　≤	10	10	
实干　≤	60	50	30
柔韧性/mm　≤	15	2	
附着力/级　≤	3	2	
打磨性	采用200#砂纸打磨，不粘漆，易打磨，平滑	采用400#砂纸打磨，易打磨，不粘砂纸	采用400#～600#砂纸干打磨，800#～1000#砂纸湿打磨，易打磨
性能与用途	干燥速率快，填平性好，专用于填平腻子孔隙及砂纸打磨痕迹	干燥速率快，填平性好，专用于填平腻子孔隙及砂纸打磨痕迹层间附着力好	层间附着力好，填充性、遮盖力优异，易填补漆膜表面细微缺陷
施工及配套	可采用X-1硝基稀释剂稀释，湿度太高时可加20%～30% F-1硝基防潮剂。忌与其他不同品种的涂料或稀释剂混合使用。可采用Q07-5硝基腻子和Q04-2各色硝基瓷漆配套	采用X-1硝基稀释剂稀释，可与各类腻子和面漆配套使用	采用X-1稀释剂，可与各类面漆配套使用

① Q700和YT-222均是南方一些汽车修补涂料专业厂产品。

(2) 环氧树脂类中间涂料　汽车修补行业中，环氧树脂类中间涂料现多采用双组分多元胺固化系统。单组分环氧酯不太常用，主要原因是它的耐硝基性能极容易出问题。而双组分环氧的配套性能良好，主要反映在它的耐硝基性能上，绝不会出问题。但固化时间长是它的致命伤。较典型的牌号及性能如下。

名称	各色环氧二道底漆	干燥时间	
组成	环氧树脂、颜料、填料、多元胺、助剂等	表干	≤2
		实干	≤24
黏度(涂-4#杯)/s	90～130	打磨性	易打磨
细度/μm	≤50	耐硝基性	不咬底、不渗色
不挥发分/%	75±5	性能及用途	附着力、机械强度、耐溶剂性均优，可用于汽车、火车等运输车辆
柔韧性/mm	≤3		
冲击性/cm	40		

(3) 醇酸树脂类中间涂料　目前无论国内外，单纯采用醇酸树脂作为中间涂料的已不多

见，而多采用一些改性的品种。正如前面提到的那样，硝基纤维素类中间涂料具有干燥速率快、硬度高、打磨性能好等方面的特点，但是它的柔韧性差，冲击强度较低，经长时间日晒夜露很可能发生整个涂层龟裂。而醇酸树脂类中间涂料，尽管柔韧性优良，但干燥速率较慢，打磨性差。采用硝基纤维素改性醇酸树脂能集中两者的优点，避免不足。国内一家大型企业曾引进国外某公司的修补涂料系统中的二道底漆就是一例。硝基纤维素拼合醇酸树脂中间涂料的配方及工艺大体如下。

① 配方（质量份）

特殊改性醇酸树脂	23.0	钛白粉	4.0
二甲苯	6.0	硬脂酸锌	2.8
BYK110	0.3	磷酸三丁酯	1.2
立德粉	11.0	TT-88A	0.1
硫酸钡	5.0	膨润土胶(10%)	1.5
炭黑	0.1	硝基纤维素溶液(30%)	36.0
滑石粉	6.0	醋酸丁酯	4.0

② 工艺

a. 将特殊改性醇酸树脂、二甲苯、BYK110 加入到调漆缸中，混合均匀。

b. 在搅拌下慢慢加入立德粉、硫酸钡、炭黑、滑石粉、钛白粉、硬脂酸锌、磷酸三丁酯、TT-88A，然后高速分散至少 30min。

c. 在砂磨机上研磨至细度合格。

d. 再在搅拌下慢慢加入膨润土胶（10%）和硝基纤维素溶液（30%）。

e. 用醋酸丁酯调黏。

这类以醇酸树脂、硝基纤维素为主成膜物质的中间涂料表面上看与前述硝基纤维素类中间涂料并无多大差别，无论是基本成分还是其配比也都差不多。但需指出的是，这里所采用的不是一般短油度醇酸树脂，乃是经特殊改性的品种。该中间涂料具有干燥速率快，硬度高，易打磨，特别突出的是它对面漆的烘托性特别好。罩面漆后，其光泽和鲜映性明显优于采用其他中间涂料的结果。现将国内外这几种类型的中间涂料性能对比罗列于表 3-2-45 中。

表 3-2-45 国内外几种中间涂料性能比较

项 目	灰二道浆	灰硝基二道浆	浅灰硝基二道浆	灰二道浆
产地	国内某公司	国内某公司	美国某公司	美国某公司
颜色及外观	灰色,平整	灰色,平整	浅灰,平整	灰色,平整
黏度(6# 流出杯)/s	34.7	28	40.6	25
细度/μm	35	50	30	40
遮盖力/(g/m^2)	80	110	110	80
干燥时间/min				
表干	10	10	10	10
实干	60	60	60	60
柔韧性/mm	2	5,有银纹	5,有银纹	5,有银纹
冲击性/cm	40	20	10	10
硬度	0.68	0.60	3H	3H
耐介质性				
0.05mol/L H_2SO_4				
24h	⊙	⊙	⊙	⊙
48h	△	△	△	△
0.1mol/L NaOH				
24h	⊙	⊙	⊙	⊙
48h	△	△	△	△
对面漆的烘托性(光泽)/%				
A	92	85	90	92
B	95	90	90	95

注：A 代表热塑性丙烯酸瓷漆；B 代表丙烯酸-聚氨酯瓷漆；⊙代表无变化；△代表稍有变化。

(4) 可调灰度底漆二道浆　现在市面上流行的底漆、中间涂料的颜色一般只有灰色和泥黄色两种，这不符合在颜色方面底漆和面漆之间配合的基本准则。面漆对底漆的遮盖不完全取决于面漆本身遮盖力的好坏，它与配套底漆的颜色也有很大关系。经验告诉人们，涂装面漆时，在颜色相近的底漆上达到完全遮盖的耗漆量远远低于两者颜色差别大的结果。基于这一现象，2000 年杜邦公司就向国内市场推出了所谓“可调灰度底漆”的概念。它们打破以往底漆、中间涂料的颜色只有灰色和黄色两种系列的局限，将灰色底漆分为浅灰、中灰以及深灰三种颜色制成底漆二道浆商品供客户选择。商品牌号为 1141S、1144S、1147S，客户可以利用这三种不同的颜色调配出各种不同色调的底漆使之与面漆形成最佳覆盖的配伍。近来 ICI 公司亦发展了可调灰度底漆，据称可提高色母的遮盖力，有效减少喷涂次数，省时省工。足见可调灰度底漆确有价值。至于有些公司在底漆或中间涂料中加入色母调色的可调色产品，因色母的价格与底漆不在一个档次上，从经济的角度看是否合适很值得商榷，故不属此列。

4. 汽车塑料零部件用涂料

能源危机导致客户对汽车轻量化的要求愈加迫切，与此同时对汽车车身抗冲击的能力也提出了更高的要求。为此各国汽车行业加快了从保险杠、车轮罩等的轻质合金化、塑料化的步伐，其中塑料化的步伐尤其迅速。从图 3-2-8 中可以看到，塑料件在汽车中的比例已达 8%以上。由于现在我国汽车总装厂大都与国外汽车公司合资，故我国现在每辆汽车消耗塑料件的品种和数量可以说已与国外基本想当。

汽车特别是轿车上所采用的塑料品种较多，分内用和外用两大部分。

(1) 汽车外用塑料件　汽车外部的塑料零部件如保险杠、挡泥板以及车门镶边等所选择的涂料品种，除必要的装饰性外，显然首先考虑的应该是耐候性。另外还要求具有较好的耐介质性和耐磨耗性能。这类涂料多为丙烯酸-聚氨酯、聚酯-聚氨酯、热塑性丙烯酸类涂料。热塑性丙烯酸类涂料由于其抗划伤性能相对较差，已比较少用。现在多选用前两者，尤其是丙烯酸-聚氨酯类涂料。

(2) 汽车内部塑料件　汽车内部用塑料件，如仪表盘、控制手柄、各种把手、贮物箱、坐椅等。常用涂料为热塑性丙烯酸、改性环氧、聚氨酯以及有机硅系涂料等。目前采用热塑性丙烯酸类涂料的较多。

在汽车塑料零部件用底漆和面漆中，配套面漆的选择相对简单一些，只要考虑内用和外用两方面因素即可。底漆的选择则相对复杂，应重点关注。

总体来说，汽车塑料零部件所采用的面漆无论从配色还是性能等角度出发，大都就便选择汽车其他部位采用的漆种。其实汽车塑料零部件用漆关键是底漆，底漆的选择要复杂得多。这主要是由于塑料自身特性所决定的，因各类塑料的极性、结晶度、溶解度参数、杨氏模量、表面硬度等性能方面的差异，配套底漆肯定不能选择同一漆种。尽管上面提到的汽车用塑料件的种类较多，但常用的却不外乎 ABS 工程塑料、聚烯烃（聚乙烯、聚丙烯）以及玻璃纤维增强塑料三大类，这里仅就这三类塑料件底漆的品种分类介绍如下。

(1) ABS 工程塑料　ABS 工程塑料涂装时无需专用底漆，常用热塑性丙烯酸类涂料与它的附着力都不错。ABS 工程塑料因其自身的结构特性，使得它的耐有机溶剂性能较差，因此所采用的涂料和稀释剂中应严格控制芳烃类、酯类以及酮类溶剂的含量，以免造成“咬底”（涂料用户多将其称为“烧胶”）等现象。

适用于 ABS 工程塑料的漆种有热塑性丙烯酸、丙烯酸-聚氨酯、醇酸树脂等。现多采用热塑性丙烯酸类涂料。

(2) 聚烯烃　聚烯烃是聚乙烯、聚丙烯、乙烯-丙烯共聚物的统称。在汽车行业中用得最多的是聚丙烯（PP）。聚烯烃类塑料的主要特点是它们的极性低、结晶度高、溶解度参数与一般有机溶剂相去甚远，因此它们几乎不溶于任何有机溶剂。另外聚烯烃材料表面还存在所谓“弱界面层”，因此一般涂料在其表面涂装时，在很多情况下甚至连润湿、流展都无法实现，那就更加谈不上能否获得有效的附着了。毫无疑问，聚烯烃类材料是除含氟聚合物、有机硅聚合物外另一大类难粘、难涂材料。

在汽车行业，解决聚烯烃类塑料的涂装问题时均采用专用底漆，其基本原理都是在非极性的聚烯烃表面与相对高极性的面漆之间构筑一道低极性的过渡层，以解决极性材料在非极性材料表面的润湿、流展、附着等一系列与涂装有关的问题。

聚烯烃专用底漆中主成膜物质的选择，主要考虑的是附着力好坏。选择的原则一般是利用相近、相似的原理，如采用氯化聚乙烯、氯化聚丙烯、过氯乙烯之类含氯烯烃聚合物；低分子量液态聚丁二烯树脂类低极性聚合物及其改性制品等。单纯采用氯化烯烃聚合物作为主成膜物质的底漆可在聚烯烃上获得良好的附着，但由于其极性仍然偏低，在它上面直接喷涂常用面漆（如丙烯酸-聚氨酯、聚酯-聚氨酯等），不能获得满意的附着，必须适当提高氯化烯烃聚合物的极性。目前比较通行的做法是在氯化烯烃的大分子主链上引入一定量的极性基团，如羧基、羰基、羟基、酰氧基等。常见的如顺丁烯二酸酐接枝共聚氯化聚丙烯、丙烯酸（酯）接枝共聚氯化烯烃、丙烯酸（酯）接枝共聚低分子量聚丁二烯等。现举一例较成熟的接枝共聚改性的配方及工艺如下。

① 接枝共聚树脂的合成

a. 配方（质量份）

原料	用量	原料	用量
氯化聚丙烯(不挥发分 28%±2%)	335	丙烯酸丁酯	20～25
甲苯	70	苯乙烯	25～30
甲基丙烯酸二甲氨基乙酯	10～15	偶氮二异丁腈	1～1.5
甲基丙烯酸甲酯	35～40		

b. 工艺

- 将配方量的溶剂、树脂溶液、单体及 2/3 的引发剂一起投入到反应釜中。
- 升温至 80℃，保温 2h。
- 然后在 2h 内补加其余引发剂。
- 继续保温 15h。
- 降温、过滤、出料。

② 涂料制造

配方（质量份）如下。

原料	用量	原料	用量
接枝共聚物	100	甲苯	适量
多元醇缩水甘油醚	3		

国外不少公司所谓聚烯烃材料附着促进剂其实就是氯化烯烃改性聚合物，这些氯化烯烃改性聚合物既可单独使用，亦可作为附着力增强剂混拼在其他涂料体系中使用。单独作为底漆使用时，只需喷涂 2.5～5.0μm 厚，室温下干燥 2～3min 即可获得满意的效果。它也可作为附着力增强剂添加到常用涂料中，其用量大约是 5%。

进口汽车修补涂料系统中大都配备有专用塑料底漆。如 PPG 公司的 D815、ICI 公司的 P572-167 等均属于聚丙烯、乙烯-丙烯共聚物以及乙丙三元共聚物等聚烯烃类难粘材料的专用底漆。

丙烯酸接枝共聚改性氯化聚烯烃的技术路线不乏成功的范例，据介绍，采用这类树脂配制的专用底漆对未经处理的聚烯烃塑料具有良好的附着力，而且与其他通用面漆的配套性能良好。

值得注意的是，大部分的这类底漆因主成膜物质——改性氯化聚烯烃聚合物的内聚强度都不高，故底漆漆膜的厚度需严格控制，一般如前所述，大约在 5～10μm。如厚度偏低，则底漆易被面漆溶解，无法起到应有的桥梁作用；如厚度偏高，虽底漆对聚烯烃基材表面的附着尚可，但由于底漆成膜物质的内聚强度偏低，故很容易出现内聚破坏，同样反映出“附着力差”。举保险杠为例，其涂装工艺如下。

① 打磨 清除保险杠毛坯表面存在的缺陷。

② 清洗 采用专用清洗剂，清除表面的油脂、脱模剂等污物。

③ 静电除尘 清除表面可能吸附的灰尘等杂质。

④ 喷涂底漆 采用上述提到的专用底漆，漆膜厚度一般为 5～8μm。

⑤ 喷涂底色漆 漆膜厚度约为 15～20μm。

⑥ 喷涂罩光漆漆 漆膜厚度约为 25～35μm。

⑦ 烘烤成膜 一般烘烤条件为 (70～75)℃×(20～30)min。

(3) 玻璃纤维增强塑料 在汽车行业用到的玻璃纤维增强塑料主要有 SMC 和 RIM 两种。在塑料工业中，所谓 SMC 是指片状模压成型料，RIM 为反应型注射模内成型料。

玻璃纤维增强塑料所采用的树脂多为不饱和聚酯树脂或环氧树脂。因此这类塑料件的涂装无需专用底漆，但是也有一些值得注意的所在。无论采用何种方式成型的塑料件，由于模具精度、模具使用时间等方面的原因，塑料表面总要遗留不同程度的表面缺陷，如针孔、裂纹、流痕、划痕等；另外这些塑料的表面硬度都不高，在运输过程中难免擦伤、碰伤，因此这类塑料涂装前必须进行仔细的表面处理。

RIM 是一种新型的成型加工法，国外于 20 世纪 80 年代开始引入汽车行业。由于这种类型的材料经玻璃纤维增强后，其热膨胀系数与普通钢材接近，故它们与钢材很容易匹配。近年来 RIM 塑料在汽车行业的用量与日俱增。过去这类塑料在涂装前的表面处理相对复杂，一般要采用专用溶剂脱脂清洗，如采用三氯乙烯蒸汽处理 2min，再在 80℃下至少放置 10min 以待处理溶剂完全挥发，然后才能进行下一步的涂装施工。

国外汽车修补涂料系统中亦有配套底漆供应市场，如 PPG 公司的 D816 就是一种 RIM 塑料专用底漆。D816 对罩面有比较特殊的要求，它规定在 40～120min 内完成罩面漆或其他底漆。

5. 防锈蜡、稀释剂、驳口水等

防锈蜡以及稀释剂、驳口水、防白水等，溶剂类辅料尽管组分简单、配方也不复杂，但对修补涂装质量的好坏却影响甚大。

(1) 防锈蜡 汽车车身某些部位无法单单依靠涂层就可以达到防锈的作用的，如车身上通过点焊形成的缝隙，因磁屏蔽作用而造成的阴极电泳底漆达不到的一些空腔、夹层等，那里几乎没有电泳上涂层或很薄。有也只是 2～4μm 厚的磷化膜。另外，由于“尖劈效应”的存在，大部分阴极电泳底漆在装配孔附近所形成的涂层都较薄，这些部位肯定都达不到有关防腐蚀规定的年限标准，如：

① 前翼子板支撑板、后轮罩内壁、后翼子板内壁、焊缝、螺钉装配孔；

② 前、后梁空腔、底板空腔、车门下部空腔等；

③ 后厢盖内筋板空腔等。

为此，国外汽车行业从 20 世纪 40 年代开始就发展了内腔喷蜡（或注蜡）防锈技术。到目前为止，随着该项技术的不断完善，已经成功地解决了汽车某些部位防锈的问题。

显而易见，正像涂料涂层久而久之会逐渐破坏一样，防锈蜡更不会例外。蜡层也绝不可能比涂层的寿命还长。一段时间以后，肯定需要重新喷蜡保护。因此汽车修补涂料系列产品中也少不了防锈蜡。修补用防锈蜡的技术指标与新车的要求差不多。

滴点/℃	100	雾化性能	雾化性能好，均匀，无滴落
闪点/℃	27	盐雾试验(脱脂钢板，240h)	0～1级
干燥残留物/%	35	湿热试验(脱脂钢板，30天)	0～1级

喷蜡工艺与新车的工艺完全一样，即应该在涂料修补施工完成后再进行喷蜡。国外一些汽车修补涂料生产厂家往往有配套的防锈蜡出售，如 AKZO 公司就有好几个品种的防锈蜡供应市场，其中既有溶剂型的，也有水性的。

(2) 稀释剂　各类涂料中稀释剂的应用都很重要，在汽车修补涂料中尤其如此。国内外汽车修补涂料生产厂家均有一系列稀释剂供应市场，以满足不同季节、施工环境的需要。有关稀释剂配制方面的知识有关章节已经讨论很多，这里不再重复。

(3) 驳口水　在汽车修补喷涂施工完成后，特别是在进行局部修补的情况下，新-旧漆膜表面间难免存在一定视觉差。这其中有调色准确与否造成色相方面的问题，也有属于涂料雾化程度好坏方面的问题。为使修补效果更为完美，这个差别必须加以解决。通常的做法是喷一道溶解性较强的混合溶剂以溶解新旧漆膜接口处的较粗糙的漆粒，令新-旧漆膜融为一体，使之“驳口”，“驳口水”因而得名。

汽车修补涂料公司都有配套的驳口水商品供应市场。驳口水一般由强溶剂混拼而成。有公司建议在适当的驳口水中添加 20%～50%的所使用的罩光清漆会使得驳口效果更佳。有的公司甚至直接使用罩光清漆，采用特殊施工手法来完成驳口。

驳口工艺最普通的做法是在完成补漆后，立即在接口处轻喷驳口水一遍，大约 20s 后再喷一道即可。总体来说，常用的驳口工艺有以下三类。

① 纯驳口水工艺

a. 适用范围　除三层珍珠漆外的小修补驳口。适用于门框，不显眼区域及双层金属闪光漆。

b. 表面处理　确保将驳口区域被严格清洁及除油。

- 用不粗于 P800 砂纸（或 P400 湿打磨）打磨修补区域；
- 在周边区域用 3M 灰色丝瓜布或水性研磨膏打磨；
- 喷涂前用一块布除油、一块布清洁。

c. 喷涂方式

- 用低压（0.196MPa）喷涂覆盖底漆，采用弧形手法将喷涂控制在打磨区域内；②将 1 份驳口水兑 1～2 份上述涂料于喷枪中，用低压（0.196MPa），弧形手法覆盖上一层，仍将喷涂控制在打磨区域于内；
- 按要求干燥涂料；
- 抛光或重涂，对于底色漆，用普通方式喷涂 2K 清漆于打磨区域内或用上述方法驳口。对于双组分面漆或清漆，进行机械或手工打蜡、抛光。

② 添加清漆驳口工艺

a. 适用范围　适用于本色漆及单层金属闪光漆。

b. 表面处理　同纯驳口水工艺。

c. 喷涂方式

- 用正常调配的涂料喷涂覆盖底漆，用低压（0.196MPa），弧形手法；
- 用 1 份正常调配的清漆兑 2 份涂料于喷枪中，用低压（0.196MPa），弧形手法喷涂覆盖上一层，结束后立即清洗喷枪；

- 喷涂 2 层正常调配的清漆于整个区域，喷枪上的气压为 0.294～0.363MPa；
- 按要求干燥涂料。

③ 三层珍珠漆的驳口

a. 适用范围 三层珍珠漆修补及驳口。

b. 表面处理 同纯驳口水工艺。

c. 喷涂方式

- 将调配好的底色漆用 0.196MPa 的压力喷涂覆盖底漆，注意不要超过打磨区；
- 用 1 份驳口水与 2 份上述底色漆在喷枪内混合，用低压（0.196MPa），弧形手法喷涂覆盖上一层漆膜；
- 将 1 份调配好的珍珠漆与 2 份上述混合漆在喷枪内混合，喷涂 1～2 薄层于上述漆膜的漆面边缘内，喷涂时使用低压（0.196MPa），完成后将使用过的漆倒掉并清洗喷枪；
- 喷涂正常调配好的珍珠底色漆，用 0.167～0.196MPa 的压力，喷涂数层以达到颜色要求，尽量不要超出底色漆层；
- 将 1 份驳口水及 2 份上述珍珠漆在喷枪内混合，用 0.167～0.196MPa 的压力喷涂，覆盖上一层喷涂的漆膜；
- 将 1 份调配好的 2K 清漆及 2 份上一步使用的混合漆在喷枪内混合，用 0.196～0.225MPa 的压力喷涂，将上一步喷涂的漆膜完全覆盖，完成后倒掉混合漆并清洗喷枪；
- 用普通方式，0.294～0.362MPa 的压力喷涂调配好的 2K 清漆整块板块或驳口边缘区域；
- 按要求干燥涂料。

(4) 防白水 高温、潮湿天气或大面积喷涂时，漆膜表面容易出现发白的现象，有时即使使用慢干稀释剂也无济于事。在稀释剂中添加高沸点极性溶剂可在一定程度上避免或缓解漆膜发白的问题。这类高沸点极性溶剂在这里被称为“防白水”，它可进一步延长挥发时间，使漆料更加易于喷涂，流平效果更佳，避免漆膜表面出现水汽乃至发白。一般室温到 30～40℃时，可加入 10%～30%的防白水于慢速稀释剂中，高于 40℃时也可直接用它代替稀释剂。

(5) 防走珠水 在汽车修补涂装施工中，因油污或其他污垢造成的污染，有时会使漆膜出现缩孔、针孔、凹陷一类表面缺陷。为了对此进行补救，可在已配好各种辅料的漆料中加入 0.5%～2%的表面活性剂。然后将已加入表面活性剂的漆料湿喷一遍于已出现问题的漆膜上（注意：该漆膜应刚刚过正常的挥发时间），往往能够消除上述缺陷。南方汽车修补业内称之为“走珠”，所添加的表面活性剂则被称为“走珠水”。走珠水多为降表面张力能力强的含聚硅氧烷或含氟表面活性剂。

(6) 控银剂 控银剂用于 1K 系统中，它的加入大大改善了该类产品中效应颜料（铝粉、珠光粉以及超细钛白等）在色浆和成品底色漆中的分散、沉降性能，而且还有效地增加了其效应颜料的定向作用，使之具有更好的随角异色性、较少的云斑色差和雾影等。部分汽车修补涂料公司有此类辅料出售，如 ICI 公司的 P030-9938、P017-2040 等。

控银剂的配方比起防白水、驳口水之类辅料来相对复杂些，它的基本构成大体与 1K 调和清漆相似。所不同的是 CAB 和分散蜡的用量相对偏高一些。典型配方如下（质量份）。

醋酸丁酯	30.6	CAB 381-2	4.5
二甲苯	29.0	CAB 551-0.1	3.5
100# 芳烃溶剂	3.0	KCR-2015	12.0
异丁醇	3.0	Disper KC 568	12.0
DBE	3.0	BYK 161	0.4

配方中 KCR-2015 为 Kemperial 公司产特种丙烯酸树脂。按照上述配方配制的控银剂用于高浓银浆（如 ICI 公司的 P425-984 之类产品）中效果不错。

三、汽车修补涂料系统及计算机配色

色漆配色过去都是由具有丰富配色经验的调漆师傅或技术人员进行。显然这样既费时，又费工。而且在多数情况下，很难在短时间内将新配制的色漆与标准色板之间的色差准确地调整到客户所允许的范围内。这是因为不同人对颜色的三元刺激值的敏感程度并不一样。光源以及环境的改变也会对人的视觉感受产生不同影响。另外如果一个人长时间连续调色，还会出现所谓“视觉疲劳”，这就进一步增加了人工调色、配色的局限性。国外从事调色、测色的工作人员大都为女性，女性对颜色的辨认比男性敏感。然而这并不能从根本上解决问题。要想彻底避免人为因素带来的误差，不得不求助于仪器。

20 世纪 80 年代中期，国外从事测色、配色仪器制造的厂家将原用于纺织和染料行业的计算机配色系统软件经修改、增补后用于涂料工业，为涂料工业带来真正意义上的计算机配色。

计算机配色系统主要由分光光度计和配套的配色软件所组成，其基本配色程序如下。

1. 建立颜料数据库

① 按照软件的要求，将常用颜料分别分散在指定树脂，最好是水白色热塑性丙烯酸树脂中（选择热塑性丙烯酸树脂作为展色剂的原因是它不需要烘干，这就避免了烘烤时的温度可能给颜料或基材带来的负面影响）。研磨至细度达到 10μm 以下，制成色浆。

② 用标准白色浆（指定品牌的钛白粉分散在上述树脂中）将颜料浆冲淡，制成颜料含量呈不同梯度的色浆。冲淡过程应在搅拌下慢慢进行，以避免任何絮凝发生。至少应制备 8～9 个色浆。配比范围为钛白浆：颜料浆＝(0～9)：1。

③ 将冲淡混合色浆用标准刮涂器刮涂于指定的白纸上，得到具有一定厚度的涂层，然后风干。

④ 分别在分光光度计下读数，经配色软件读入、计算，最后完成将该颜料的数据存入计算机。

2. 测色、调色

① 将待调色标准色板通过分光光度计读取数据。

② 计算机配色仪软件计算所读入的数据，经计算给出配方。

③ 按照计算机给出的配方生产。

④ 将生产所得色漆制板，并再次给分光光度计读数。

⑤ 在输入生产批量的前提下，计算机根据所测数据与标准色板比较，输出应补加的色浆品种和数量，补加色浆。

⑥ 重复④、⑤操作直至产品与标准色板之间的色差缩小到标准所要求的范围内。

汽车修补涂料利用计算机的测色、调色除了在用色母调配成品漆生产时，符合上述程序外，还要依靠计算机配色仪，控制浓色浆和成品色母的质量。

值得注意的是大部分计算机配色仪厂商原来的主要客户对象都是纺织或染料行业。不少计算机配色仪移植到涂料行业后，并未结合涂料产品的特殊性对软件进行适当修改，这样配套软件往往容易忽视涂料行业中特有的一些参数，如遮盖力、吸油量等。如不加以留意，计算机软件可能给出无法用于实际生产的配方。

应该说无论计算机测色、配色还是肉眼判断，两者都应相辅相成。计算机配色仪可以帮助调色工调色时少走弯路。而最终成品漆的颜色是否合格，不仅仅要看 ΔE 是否在指标容许范围内，同时还应该辅以肉眼判断。

采用计算机配色仪最重要的操作在于第一步建立所用颜料的基本数据库。这一步操作应该非常严密，甚至苛刻地予以控制，稍有大意将为以后的测色、调色工作带来极大误差。

3. 配色实践

修补施工开始前，首先应该查看汽车总装厂留在车身上色卡号，查阅涂料生产厂家提供的计算机查询系统或菲林以获取配漆配方，然后再用色母配漆。汽车总装厂留在车身上的有关色卡号的标牌并无统一规范。有的简单，有的则非常详细。如美国通用汽车公司的标牌上面列出了包括车身各个部位所用的材料、颜色以及车身各部位涂料材料的类型及颜色等。在涂料类型栏就可查看到该车所采用涂料的类别，不同的代码分别代表涂料类型是溶剂型自干涂料、非水分散涂料、高固体分涂料、水性涂料还是底色漆＋罩光清漆等。大多数总装厂将标牌粘贴在车前盖底下的发动机仓内，打开前盖就可找到。有的厂则放在前车门缝部位。

由标记牌上的色卡号通过计算机查询系统查询配方、配漆的基本程序如下。

汽车总装厂名	⟶	色卡号	⟶	查询配方	⟶	配漆
如：丰田		如：307/1744		得：2K530		364.6
				2K544		493.6
				2K010		69.5
				2K611		140.2

注：2K530、2K544、2K010、2K611 为德国 Herberts 公司施得乐（Standox）系统色母。配方亦为该公司的计算机查询系统提供。

按照查询到的配方配漆，如果采用的色母来自信誉较好的修补涂料厂的产品，应该不会有太大的色差，稍加微调即可。不过即使是进口产品，成品漆的颜色有时也需要微调。色差产生的原因是多方面的。既可能是操作不当，如生产厂控制不严，使用者搅拌不均匀（包括前一次使用该色母时没有搅匀）等，也可能是待修补的汽车已使用多年，车身上的涂层已有部分老化现象，按照原厂漆颜色配制出来的产品与旧涂层间存在一定色差。因此国外名牌汽车修补涂料厂除根据色卡号提供固定配方外，还向客户提供调色参考指导，如颜色太亮、颜色太暗、颜色太黄、颜色太红时应补加哪几种色母，为使用者提供不少方便。

4. 调漆

在完成配漆、调色工作后还要加入稀释剂（如果是双组分还要加固化剂）将涂料兑稀成施工状态。这里首先需要注意的是稀释剂的类型，不要将 1K 和 2K 用的相混。因为 1K 稀释剂中多加有丁醇一类含羟基溶剂，如果错用于 2K 色母的兑稀，将对漆膜外观带来不利影响。其次是要注意环境温度的高低，以选择不同挥发速率的稀释剂。最后是施工黏度，一定要按照施工工艺参数调漆，过低或过高的施工黏度都会对漆膜外观带来不良影响。

第六节 汽车涂料的涂装工艺

随着我国汽车行业的飞速发展、汽车制造工艺水平的不断提高和市场需求量的变化，越来越多的汽车制造厂家也不惜投入重金建设产能更大和制造水平更高的生产线，其中的重点就是占到汽车生产线总投资 30%左右的汽车涂料涂装线。汽车行业如此重视汽车涂料的涂装是有充分道理的。众所周知，汽车涂料实质上包含涂料制造和涂装施工两个部分，两者之间相辅相成、息息相关，忽视任何一个方面都是错误的。涂料与多数其他领域的产品有所不同，其品质的充分发挥不仅与其自身的性能有关，而且和它们的施工性能好坏有着极为密切的关系，而汽车涂料和涂装技术之间的关系更可算涂料业中之最。因此，国外不少汽车涂料生产厂家都把汽车涂料研究开发中不少于1/3的人力、物力用于涂装技术研究上。有的超级大公司还为此设立专用于汽车涂装技术研究的研究所。由此可见国外同行对汽车涂料施工应用技术的重视。

汽车涂装系统近年来发展迅速，已经由原来的2C2B发展到3C2B、3C1B、4C3B、4C2B，即两涂两烘、三涂两烘、三涂一烘、四涂三烘、四涂两烘等。今天的高级轿车的涂装系统甚至发展到多达7C5B的程度。涂层总厚度也由原来的30～45μm增加到130～150μm，逐步实现了由低级到高级的过渡。涂料行业已经基本做到了满足汽车行业对不同档次车辆涂装的要求。一般汽车总装厂主要根据所生产的汽车的档次来决定所应该采取的涂装系统及涂层厚度。汽车总装厂采用的涂装系统可以归纳为以下几类。

① 底漆-腻子（密封胶）-本色漆。

② 底漆-腻子（密封胶）-中间涂料-本色漆。

③ 底漆-腻子（密封胶）-中间涂料-单层金属闪光漆。

④ 底漆-腻子（密封胶）-中间涂料-金属闪光底色漆-罩光清漆。

⑤ 底漆-腻子（密封胶）-中间涂料-本色底色漆-罩光清漆。

⑥ 底漆-腻子（密封胶）-防石击中间涂料-中间涂料-金属闪光底色漆-罩光清漆。

⑦ 底漆-腻子（密封胶）-中间涂料-金属闪光底漆-底色漆-罩光清漆。

⑧ 底漆-腻子（密封胶）-防石击中间涂料-中间涂料-金属闪光底漆-底色漆-罩光清漆。

上述涂装系统中，第①类是汽车工业发展初期所采用的涂装系统。目前国外基本已不再采用。我国一些低档车辆，如载货汽车、农用车辆、公共汽车等的涂装系统仍然采用第①类。第②、③类涂装系统在国外被用于大型车辆如巴士、集装箱货车等中档车辆上，国内则用于小型面包车、各种微型车以及经济型轿车等中档车辆上。第④～⑥类系统则用于轿车涂装中。第⑦、⑧类是近几年发展起来的一种新型涂装系统。它与以往的涂装系统的不同之处在于使用了金属闪光底漆＋底色漆，而不是通常的金属闪光底色漆。在金属闪光底漆中不含着色的透明颜料，只有铝粉、珠光粉之类效应颜料。在底色漆中则不含效应颜料，只有着色颜料。金属闪光底漆和底色漆的涂装顺序有时也可能互换，即在采用只含珠光粉的底漆时，先喷底色漆。采用这类涂装系统，使涂层整体的装饰性更为华丽、美观、别致；铝粉、珠光粉之类效应颜料的排列更为规整，闪烁均匀，立体感更强。观察这类涂层时，明显感受到它不同寻常的丰满度、深度，其艺术感染力更为强烈。显然这类系统的涂装成本肯定不菲，在国外也仅仅用于一些豪华型高档车辆上。

值得注意的是现今汽车涂装业新发展起来的所谓3C1B，即在电泳底漆涂装后以湿碰湿的方式喷涂中涂、底色漆和罩光清漆，再一起烘烤的工艺。该工艺取消了中间涂料的烘烤设备，减少了占地面积，另外，还无需打磨中间涂料等，提高了生产效率，降低了能耗等，该工艺已在不少汽车总装厂投入使用。

本节中将分别就汽车原厂漆和汽车修补漆的施工作较为详细的介绍。至于涉及涂装线的布局、设计等方面的内容因限于篇幅，这里不加讨论。

一、汽车原厂漆

1. 阴极电泳底漆的投槽及日常维护

在电泳涂装中，涂装质量不仅仅与CED自身的质量有关，更为重要的是它和涂装线的整体设计、安装以及工艺设备是否合理、完善，生产的管理水平和管理质量有着更为密切的关系。从电泳涂装的一般工艺流程中可以看出，影响涂装质量主要是以下几道工序：

表面预处理（清除焊渣、毛刺）⟶除油除锈⟶表调、磷化、钝化⟶水洗⟶电沉积⟶电沉积后水洗⟶烘烤成膜

(1) 表面预处理　在对工件表面进行预处理之前要清除工件表面的焊渣、毛刺等附着物。一般进行本工序时，工件尚未上线。本工序处理质量是否达到要求，不仅关系着工件有关部位涂层的附着力，而且对涂装产品的外观质量影响极大。这是因为焊渣、毛刺等附着物凸出于工件表面，会影响到涂层的平整度。另外，焊渣中还含有碳、碳铁化合物等不纯物质，这些杂质如不清除，不仅会影响到工件表面的粗糙度，而且还将对该部位的工件的导电性能带来改变。

(2) 除油除锈　该工序是表面处理中最为重要的工序之一。本工序品质的好坏直接影响到最终涂装质量。以往较为常见的是酸洗法（或“二合一”法），后来则发展起来了较为先进、有效的“超声波”法以及采用可生物降解的表面活性剂取代传统的烷基酚-聚乙二醇，以提高脱脂能力，改善水洗效果，减少COD排放等。影响除油、除锈处理质量的因素虽略有不同，但也有其共同之处，如工件的材质及其表面状态，除油、除锈液的种类和品质，以及运作过程中pH的监控，工作液的温度和使用周期、Fe^{2-}含量等。本道工序的质量控制关键在于工作液的pH、温度以及工作周期。当发现处理效果明显下降时，就应采取一定措施，如提高pH或温度。一般采取上述措施后效果不明显时，则可以判断为工作液使用周期过长，应及时更换。

(3) 表调、磷化、钝化　有的车厂为了进一步提高磷化质量，在工件磷化前，表面还需要经过所谓“表调”。表调处理有液体和固体之分，液体表调剂主成分为磷酸锌铁，固体表调剂主要有磷酸钛等。液体表调剂具有使用方便、槽温稍高亦可保持稳定、施工工艺参数范围相对较宽、槽液使用寿命长等特点，故将逐步取代固体表调剂。

磷化处理：为了得到较高的磷化处理效果，如磷化膜要均匀、致密等，必须对磷化液进行不亚于选择CED涂料的精心挑选。影响磷化质量的因素除与磷化产品质量密切相关外，最主要的是工作液的温度、游离酸度、总酸度、促进剂浓度等。应定期进行监控，切实保证磷化膜均匀、致密，一般磷化膜膜厚约为1～3μm。

传统的钝化剂为一种六价的铬盐，这是一类剧毒化合物，且有一定致癌作用。现在不少汽车预处理剂专业生产厂家致力于无铬钝化剂的研发，如采用六氟化铬钝化剂，具有钝化效果好、废水处理较为方便等优点。

(4) 水洗　磷化后水洗的目的不仅是清除工件表面残留的磷化液，避免对漆膜的性能带来影响，另外，这些残留在工件表面的磷化液如果被带入下道电泳槽的槽液中，则势必引起更为严重的后果。被磷化液污染的槽液其稳定性和电泳特性都会发生改变，从而降低电泳涂装的质量。另外，由于槽液被污染，其稳定性必将大大下降，严重时还会出现絮凝、沉降、结块，乃至变质报废。这不仅直接地影响涂装生产的正常进行，而且将严重地降低涂料利用率，从而导致涂装成本大幅度增加。此道工序的监控关键在于应随时观察工件表面是否有返锈现象，较为普遍和简单的做法是检测冲洗水由工件上滴落的液体的电导率和pH。如果超标，则必须加强水洗以及冲洗水本身质量的控制。

(5) 电沉积　该工序是整个电泳涂装的中心环节，因此，除了前处理质量应获得足够的保证外，要获得较好的涂装效果，必须严格控制有关参数，使各项工艺参数均处于正常的范围内，如槽液的固含量、颜基比、电导率、pH、溶剂含量、槽液温度以及施工电压等。

(6) 电沉积后水洗　此道工序的目的是：冲洗干净工件表面电沉积后还残留的多余漆

料，回收重复利用，以提高涂料利用率。一般电沉积后的水洗分两步：首先采用超滤液在工件升离槽液后，就在电泳槽中进行冲洗；然后待工件进入冲洗槽后再采用循环水冲洗。这样就可以获得外观良好的 CED 漆膜。

(7) 烘烤成膜　烘烤成膜是电泳涂装的最后一道工序，其关键是烘烤时间和烘道温度。烘烤时间可由传动链的链速来控制，而烘道温度（更为重要的是烘道中的温度梯度）则可通过对各加热单元的调控来实现。此道工序的要点是要避免“过烘”或“欠熟”的现象发生。为此建议有条件的涂装厂可配置烘道温度测定仪，以定时对烘道温度及其分布进行监控。

除上述各要点外，保持整个施工环境的整洁、有序，防止污染物或悬链轨道上的锈渣、尘埃、油污等掉落入工作液（特别电泳漆液）和涂件上，造成“二次污染”，也是非常重要的。

(1) 投槽前系统的清洗及其他准备工作

① 清洗　清洗工作最好安排在整个涂装车间完工后，这样可以避免设备清洗后被二次污染。

② 清洗前要做好下述准备工作。

a. 足够的去离子水（DI 水），其电导≤10μS/cm（国内大部分要求≤20）。

b. 清洗工具，如硬毛刷、长柄刷等。

c. 可靠的水源，特别是高压水源（一般可利用消防水源）。

d. 高压水系统。

e. 指定的化学清洗材料。

f. 列出具体的人员安排及时间进程表。

③ 清洗项目。

a. 电泳槽及相关的设备（如转移槽、管道、阀门、循环泵、过滤器及换热器等）。

b. 电泳漆的加料装置及相关设备（加料泵、预混槽、管道等）。

c. 阳极液循环系统（阳极液贮槽、流量计及管道系统）。

d. 超滤系统（未安装超滤膜的超滤管、超滤液贮槽、流量计、管道系统及反冲洗系统等）。

e. 电泳后面冲洗区的壁、槽体及有关系统（管道、过滤器、喷淋管及喷嘴）。

f. 烘道及有关系统。

g. 最后的验收以主槽为基准。

④ 清洗过程

a. 碱洗　在电泳槽等设备中加满自来水，然后加 0.5%的氨水（浓度为 25%）和 1%的溶剂（根据 CED 的具体材料确定溶剂的品种）循环清洗 12～24h。

b. 水洗　排放所有的碱液至废水处理站，然后用高压水冲洗内壁。再用清洗工具手工清除残留的污垢、杂质等。注意不要破坏电泳槽内壁的绝缘衬里。

c. 酸洗　排空所有的清洗物料，再在电泳槽等设备中加满自来水，然后加入 0.1%的有机酸（根据 CED 材料决定品种）进行中和及清洗，循环时间为 12～24h。酸洗后水溶液的 pH 应为 5～6。

d. 二次水洗　排放酸洗液后，再用高压水冲洗设备，同时辅以手工清洗。

e. DI 水洗　先用 DI 水（电导率≤10μS/cm）冲洗各部位并排空。在各过滤器中装入过滤袋（规格为 50μm 或 25μm），然后在电泳槽中加满 DI 水，循环清洗至少 12h。

f. 检查清洗效果　主要以电泳槽中水溶液的质量为基准，重点控制以下两项。

- 水洗液的电导率应低于 50μS/cm，否则应重新更换 DI 水再循环水洗。

• 样板试验：在实验室配制的电泳小槽中，加入5%的DI水洗液，检测该槽液的各项参数并进行泳板实验，结果应与加水样前一样，否则应判为清洗不合格。

⑤ 其他准备工作

a. 阳极系统　主要是阳极盒的安装，安装时间最好是在DI水循环清洗的时候。务必注意：阳极液循环一旦开始，在整个投槽的过程中都不能停止。

b. UF系统　在DI水清洗后可安装UF膜，制备好的膜应浸泡在DI水中。

c. 烘道的清理　首先用机械方法全面清理烘道内部，然后安装过滤网。启动空气循环系统进行循环清洁。

(2) 投槽　在进行初次投槽之前，除完成设备清洗外，还必须完成电泳涂装线各工位的功能检查（包括传动系统、电泳涂装设备、能源、供电、DI水以及废水处理装置等）。

① 投槽前的准备

a. DI水的质量，≤10μS/cm，pH 6～7。

b. DI水的产量应能保证供应。

c. CED及其辅料（中和剂、添加剂等）。

d. 投槽时间表及应急方案。

e. 现场服务技术人员的具体安排及检测手段。

② 一般原则　CED材料不同，投槽方式也不同。既可在预混槽中稀释后投，也可直接投入到主槽中。主槽中要加入一定量的DI水，并在加漆前开循环系统进行搅拌。此时应该注意的是，在投槽过程中槽液的固含量从0开始逐渐升高。这是一个渐变分散过程，要注意，≤5%的分散过程越短越好。因此，投槽前加入的DI水量应尽量控制在刚刚可以循环的水平，使得投槽开始时的固含很快就能＞5%，然后随着漆液的加入逐渐补加DI水。在投槽过程中，槽液的固含不得超过标准过多，一般初次投槽的固含量要控制在略高于标准值，如标准为15%，则控制在16%～17%。槽液的液面要低于正常的水平，为调整槽液留有余地。

③ 投槽工艺举例——采用线内混合器　在现代化大型车身涂装线上，广泛采用循环系统的线内混合器作为初次投槽和补漆的手段，即原漆与槽液按一定的比例［通常为(50～100)∶1］经过线内混合器混合后直接进入溢流槽。这种工艺简便、高效，既适合连续均匀地补漆，从而保证在涂装过程中槽液的成分始终稳定，也可用于初次投槽，对槽液组成的变化进行适时而有效的控制。以一种进口线内混合器为例说明如下。

a. 排空系统内所有的DI水，装好各过滤器的滤袋。

b. 加DI水到主槽中，加量应足以启动循环系统，尤其是线内混合器所在的管道更应仔细清洗，充分循环。

c. 按0.0005%槽液（包括循环系统总体积）的比例加入乳酸，也有用甲酸或乙酸。

d. 用高黏度泵将乳液泵入槽内（也有将原漆泵入线内混合器）。

注意：每加入一定量的原漆后或每隔一定时间（如1h）从循环系统取样点取样，测pH，用玻璃片观察槽液的分散状态。必要时调整某些参数，如加料速率、槽液的流动等。一旦槽内体积容许，应尽快开动所有的循环泵并调整槽液的流动状态。加入预计量的原漆后，用DI水调整液位（应该比正常液位要略低），调整槽液的流速。通常液面的流速＞100mm/s，入口处＞200mm/s。

e. 检查槽液的各项指标（pH、电导率、NVM，灰分、MEQ以及溶解度等）。

f. 调整所有的相关设备并投入运行，密切注视过滤器进出口的压差变化，了解槽液的分散情况以便及时采取措施。

④ 槽液的配制　CED供给客户的形式有单组分亦有双组分，现今绝大多数阴极电泳漆

都是以双组分供应给客户，即乳液树脂和颜料浆。树脂组分占所供体积的75%～85%，它是一种乳白色的液体，黏度和密度与水相似。颜料浆组分占所供体积的15%～30%。这两种组分按照上述工艺混合后，再加入去离子水就完成了槽液的配制。

⑤ 投槽注意事项

a. 工件上线前必需要求跑空，最好用黏性车身走一遍。烘干室最好用黏性抹布擦拭干净。

b. 过滤系统：过滤器的进出口管路上必需装置压力表，当压差达到0.078～0.112MPa时，必须更换滤袋，对前处理液和清洗水都要过滤（25～30μm袋式过滤），否则有可能使磷化不匀影响漆膜外观。

- 槽液过滤细度　50～80μm（有的汽车总装厂建议25～50μm）。
- UF液过滤细度　80～150μm。
- 前处理液及清洗水过滤细度　25～30μm。

c. 阳极系统应有电导率测量和浊度控制，以便决定DI水、酸的补充以及阳极液的排放。阳极液要求控制：

pH	3.0±1.0	电导率/(μS/cm)	300～1200

d. 阳极液中的Cl离子、Fe离子浓度应严格控制。一旦发现超标，应对阳极进行钝化处理。其方法是在阳极液中加入0.015%的浓HNO_3，至少循环3h，然后排放，再加入新鲜的阳极液。

e. 循环泵应采用双机械密封，密封液为UF水，应定期检察浊度。循环次数一般为56次/h，不能间断。一般来说，2h不循环，漆液开始沉淀，5～6h不循环，将会结块。泵的转速一般不得超过1500r/min（曾有过国内某厂采用3000r/min的泵使CED槽液报废的案例），这主要是因为漆液与泵叶片之间强大的剪切力使乳液破乳，另外，摩擦所产生的局部过热，也会使漆液结块。换用备用泵时，主泵要立即用DI水清洗。多数汽车总装厂负责维护CED槽的技术人员认为：不设置备用泵而采用坏了及时抢修的方法更好些，因为备用泵及其旁路系统长期不用会导致槽液沉降，严重时还会堵塞管道。

f. 检查和调整电泳槽内喷射器的安装角度，一般为水平向下10°～15°，槽液流速底部为≥0.4m/s，上层为≥0.2m/s。

g. 检查和调整溢流板的位置，溢流板的位置应使溢流槽的容积为电泳槽的1/10。对100t的电泳槽而言槽液至溢流槽的落差应为50mm，如果大于150mm，则在开启循环泵时将极有可能产生大量的泡沫。

h. 槽液面应低于槽体表面300mm，工件应低于槽液面200mm。

i. 超滤系统的清洗必须完全。第一次UF水必需配槽以检验是否能并入系统。超滤系统一旦投入使用就不能停止，如果停止，势必产生漆浆沉降，给清洗带来困难。UF水应定期排放，否则槽液中的阳离子浓度超标（25mg/kg）导致漆料的水溶性变差，严重时会使涂装面上出现颗粒。

j. 更新期上限为15周，如果大于此数，则槽中将有大量陈漆未被置换，势必导致槽液的电泳性质变坏以及漆膜性能变差。更新期的计算公式如下：

$$\mathrm{TO}=VNK\times\frac{10}{SHD} \tag{3-2-2}$$

式中　TO——更新期，月；

V——槽容积，m^3；

N——NVM，%；

K——电泳漆利用率，>95%；

S——每月涂装总面积，m^2/月；

H——干膜厚，μm；

D——干膜密度，1.3～1.4g/cm^3。

k. 磷化膜厚：一般对磷酸锌磷化而言在2～3μm。太厚，降低电沉积效率；太薄，则防腐蚀性差。磷化前工件应呈弱酸性，这样可以保证磷化膜结晶不致变粗。磷化后的清洗应看作磷化的基本组成部分，最后清洗水的电导率必须低于50μS/cm。循环DI水洗液的电导率为100μS/cm以下，新鲜DI水洗液的电导率为25μS/cm，这对防止漆膜出现针孔是有好处的。另外，这些污染物带入槽中会污染槽液，影响槽液的稳定性。磷化残渣应及时除去，要求在300mg/kg以下。某些厂家甚至要求在40～120mg/kg。当磷化渣达到6000mg/kg时，形成所谓渣爆炸，车身上将可能带有大量的白色磷化渣。添加结渣剂，加强结渣系统的运转。在前处理工序，应尽量避免槽与槽之间窜水，交叉污染。工位与工位之间过渡区的距离最少保持1.5个工件长度。

l. 检查电源技术指标

● 实验室用

电压调整范围	25～300V	纹波系数	≤4%
电流	10mA～20A	交流电源	220V,10A
稳态电流	≤10A		

● 工厂用　以二段加压方式为例说明。

第一段：

电压调整范围	0～250V	电流	140A,4.375A/m^2 工件

第二段：

电压调整范围	300～450V	电流	250A,7.8A/m^2 工件

(3) CED槽运行过程中的注意事项

① 槽液的pH必须保持恒定，如果控制低限，对槽液稳定有利，但过低则将对设备腐蚀加剧（有资料报道pH<5.9，槽液对泵和管道的腐蚀都加剧，使Fe离子进入电泳槽中），还有可能引起破乳。如果pH超出指标范围，会造成槽液不稳定，产生大量不溶性颗粒，沉积在工件表面，使表面粗化，产生所谓"痱子"。某大型汽车总装厂CED槽pH一直在指标范围内（6.5～6.7），但运行3年后，槽液面变色，泡沫增多，涂装表面满布颗粒，只能清槽过滤，加酸以降低pH，以及严格控制新漆的质量。经验表明，长期连续使用，槽液的老化和污染是不可避免的。采取下列措施可防止槽液的老化和污染。

a. pH控制在6.1±0.1。

b. 定期排放UF水（有时电导率并未超标），用DI水替换。

② 一般情况下，电导率在小范围内波动（±100μS/cm），虽然对漆膜性能的影响不大，但过大则会使漆膜变粗。一个300t的槽用20t DI水代替UF水可使电导率下降100μS/cm。如果槽液的电导率升高，泳透力也随之升高，膜厚也会增加。另外，杂质含量偏高也会产生"盐析"作用，影响到乳液型槽液的稳定性。所以在控制电导率的同时还要定期监测杂离子含量。控制杂离子含量可采取下列措施。

a. 定期排放UF水（有时电导率并未超标），用DI水替换。

b. 严格控制杂离子的浓度，特别是Na、Ca等阳离子。

③ 槽液的NVM。补充新乳液或色浆应按比例进行，切不可一下加得太多或几天不加，应将指标控制在±0.5%的范围内。

④ 槽液温度一般应控制在标准所规定的范围内，如28℃±1℃，超过30℃槽液易变质。

有机物的水溶液在高温下易变质（如酸败、发臭等），使槽液的稳定性变差。在节假日期间，槽液的温度可以在低于25℃下循环，PPG要求控制在0.5℃范围内，每平方米工件在电泳过程中放出的热量一般为668.8～710.6kJ/h，CED比AED的发热要高。据了解，南方某大型汽车总装厂的CED槽，即使在冬季也从未使用过加热装置，反而要频繁开启冷却系统(CED电能转化为热能以及UF循环摩擦热都比AED高)。

⑤ 槽液在长期使用过程中与空气接触等方面原因产生老化，造成漆基的水溶性变差，电导率下降（有时$<1000\mu S/cm$）。此时应加强UF水的排放以及适当将pH降低一些。

⑥ 电泳槽所在车间的空气中尘埃颗粒大小$<5\mu m$，尘埃个数<300个/m^3，尘埃含量<4.5mg/m^3。对于$35\mu m$的漆膜，若空气中$5\mu m$的尘埃进入到漆膜中则影响不大，若停留在漆膜表面，则将形成一个疵点。

⑦ 槽液中杂离子含量容许浓度如下（mg/kg）。

Na^+，Ca^{2+}	<25	Fe^{3+}	<100
PO_4^{3-}	<100	Cl^-	<100

⑧ 阳极。

a. 一般三年更换一次，好的情况下6～7年更换一次。

b. 金属阳极腐蚀带来的铁离子堵塞隔膜，加快隔膜的老化变脆。

c. 膜电阻一般为10Ω·cm^2，工作一年后为3～5kΩ·cm^2，被污染的膜高达10～20kΩ·cm^2。由于膜电阻的增大，在电泳过程中会产生所谓双性电泳现象，造成工件表面不平整。

d. 阳极的腐蚀：阳极面积太小、温度太高、电流密度太高、阳极液电导率太高、循环不够、pH过低、隔膜的性质不一样等均可能带来较快的阳极腐蚀（某大型车厂有一次只更换了部分阳极膜，结果不到四个月新装阳极盒内的阳极全部腐蚀）。

⑨ 溶剂含量：如含量过高（19%）会导致泳透力下降，击穿电压降低，漆膜易产生缩孔。溶剂含量与UF液关系密切，只要UF系统封闭循环，即可以维持溶剂含量在一定的水平。

⑩ 设备的清洗：设备清洗周期见表3-2-46。

表3-2-46 设备清洗周期

名 称	频 率	备 注	名 称	频 率	备 注
电泳槽	1次/年	包括阳极罩	超滤器	1次/季	
水洗槽	1次/季		喷嘴	1次/周	
过滤器	1次/半月	根据进出口压差	更换隔膜	3～4年一次	
阳极液探头	1次/周				

⑪ 现场检查。

a. 检查湿漆膜状况，看是否粘手（即电渗性的好坏）。

b. 经常检查工作电流是否正常以及槽温、阳极液的流量（最好在10L/min以上）。

c. 定期挂板检查性能（车厢内外都应考察）。

d. 节假日应适当补充一些酸和溶剂、助剂等。

⑫ 工件入槽前必需烘干或者是确保工件表面无水珠，有的工艺被设计成入槽前用DI水喷洒以使表面在全湿的状态下入槽。

⑬ DI水的电导率必须低于$10\mu S/cm$，如果高于$25\mu S/cm$则可能造成对槽液的污染。

⑭ 晾干室的温度近年来提高到30～40℃，并且设置预烘炉（60～100）℃×40min，再进入烘道。CED在烘烤过程中要产生较多的挥发物，其量为漆膜重量的1/10。油烟在烘道

出入口处冷凝，因此挂具设计应该合理，能防止污染物滴落在工件上。

(4) 日常槽液管理的控制项目

① 固含量

a. 过高 电沉积加快，漆膜平滑性下降。这是由于沉积太快，漆膜疏松多孔，冲洗后还会产生水痕。

b. 过低 槽液的电导率偏低，涂层较薄。如果槽液长期在低浓度下则其稳定性会越来越差。这主要是因为槽液的黏度偏低，悬浮力低导致颜料沉降快的缘故。同时这将加速槽液的水解及电解反应，漆模外观及性能都会受到影响。严重时甚至会造成整槽槽液变质报废。对那些更新期较长的槽，更应该将 NVM 控制在上限。

② 灰分 灰分对漆膜的外观影响明显。

a. 过低 在沉积的过程中击穿电压下降，漆膜出现明显的缩孔和堆积，电渗性变差，泳透力下降。

b. 过高 光泽下降，颜料沉淀快造成管道以及超滤膜堵塞，UF 水减少。在生产过程中，一般情况下是灰分下降。

③ pH pH 是决定树脂水溶性以及槽液稳定性的重要控制参数。

a. 过低 槽液中形成的胺盐较多，带正电荷的胶体粒子少，这样沉积到工件上的沉积物也少，漆膜变薄，甚至露底。pH 低将会导致电导率增高，泳透力下降。

b. 过高 其危害性比过低要严重得多。除外观变差外，还会使槽液凝聚，沉降堵塞管道，严重时整槽的槽液都会报废。此外，pH 高还会导致工件上的浮漆难以冲洗干净进而影响漆膜的外观。

为防止 pH 的波动，首先应该控制 UF 水的排放。通常 UF 水是不应该随便排放的，其次是槽液的温度不能偏高，以免中和剂大量挥发损失。平常最好控制 pH 在指标的下限，这样有利于槽液的稳定。

④ 电导率 槽液电导率的过高或者过低虽然对漆膜的质量或槽液的稳定性有所影响，但是 CED 的这项指标还是比较容易管理的。多年的实践证明，即使长期不排放 UF 水，槽液的电导率也不会有太大的变动，这应该是 CED 的优点之一，因此不少总装厂总是将 CED 槽的电导率控制在下限。

a. 过高 槽液的温度过高，NVM 高或中和剂浓度增高引起。

b. 过低 排放 UF 水过量。

⑤ 溶剂含量 溶剂含量对槽液的稳定性、漆膜的平滑性以及厚度均有较大的影响。溶剂含量波动的原因与 UF 水排放有关，也和补漆的速率以及槽液的温度有关。

a. 过低 漆膜薄，平滑性差。尤其是附着在工件上的浮漆干燥也快，如果不及时冲洗易造成麻点。

b. 过高 漆膜厚，易出现水痕且击穿电压降低，泳透力差。

(5) 相关设备的管理 首先，投槽前就要开始严格的工艺管理，除严格清洗设备外所有的管道，阀门都要清洗干净。防止阀门上的润滑剂、脱模剂（含 Si）混入槽液内，因为 CED 对缩孔特别敏感。

① 电泳槽

a. 防止槽内有死角，主槽纵断面的形状应与槽液的流向一致，尽量减少槽内不必要的金属构件。同时要防止构件的横断面与槽液的流向相对，建议主槽进口端的底部设置循环泵，泵的吸入口应设计成喇叭形。

b. 主槽衬里表面必须要平整光滑，防止颜料在不平处沉积。

c. 循环系统不采用备用泵，减少旁路。

d. 主槽上的抽风机应设置在槽的两侧，不能在中心，以免启动时将异物或灰尘带进电泳槽内。

② 循环搅拌系统　循环搅拌是为了保证槽内各组分浓度均匀，改善槽液的分散，防止颜料下沉。消除在电沉积过程中所产生的气泡。CED 产生的氢气量是 AED 产生的氧气量的 2 倍，如果搅拌不好所析出的气体会使漆膜产生针孔或缩孔，对泳透力也有影响。还应该注意，流速不均会造成轻质颜料上浮，一般每小时循环 6～8 次（也有提>5 次）。

③ 直流电源　通常要求两段供电或电压斜升方式，主要原因是 CED 产生的气体量较大。为了避免大量气体的逸出，入槽初期电压低一点要好些。一般一段电压为两段电压的 1/3 左右，时间约 10～30s。

④ 热交换装置　一般情况下 CED 涂装线上不必考虑加热系统，只要设置冷却系统即可。建议日常槽温控制在工艺要求的下限。

2. 面漆及中间涂料

汽车面漆、中间涂料的涂装普遍采用喷涂的方式。几年前我国还是以手工喷涂为主，近年来汽车行业引进建成一批现代化轿车车身涂装线，采用了较为先进的静电高速旋杯涂装设备，结合侧喷机、顶喷机等自动化设施，使我国汽车涂装的总体水平获得了质的飞跃。目前我国低档汽车涂装，如卡车、农夫车等还以手工喷涂为主，其他中、高档车型已经逐步过渡到机械手、顶喷机、侧喷机等自动化喷涂运作方式。

从漆料雾化的方式来分类，喷涂手段可分为以下三类：

① 压缩空气雾化喷涂；

② 高压无气喷涂；

③ 高速旋转雾化喷涂。

(1) 压缩空气雾化喷涂　压缩空气雾化喷涂所采用的各类喷枪的品种、调整、喷涂施工、维护等方面内容将会在本节有关汽车修补漆内容中详细讨论。值得注意的是，原厂漆采用的喷枪与汽车修补漆采用的喷枪有所不同。其主要差别在于喷枪型号、规格等有较大差别。汽车原厂漆施工中采用的典型喷枪结构如图 3-2-9 所示。

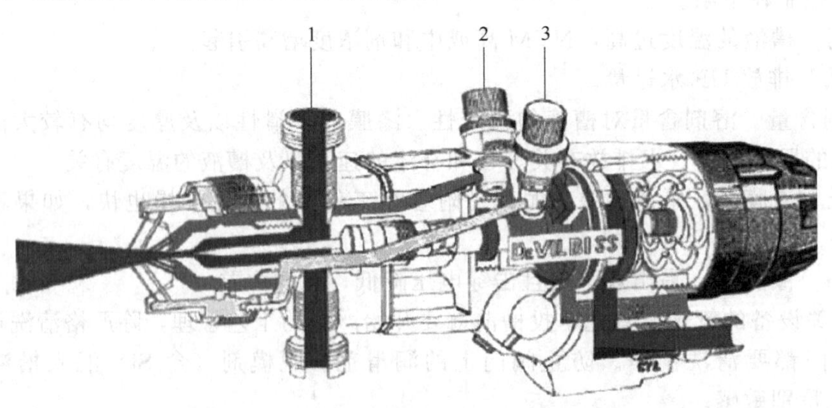

图 3-2-9　压缩空气雾化喷枪结构

1—漆料；2—雾化空气调节；3—整形空气调节

(2) 高压无气喷涂　高压无气喷涂法是一种较为独特的涂装方法。它是利用压缩空气作为动力驱动高压泵，使漆料增压至 10～25MPa，通过高压输送管道，从细小的孔隙中喷射而出，并雾化成漆雾，喷射到涂装表面，形成均匀的漆膜。高压无气喷涂与其他几种涂装手段相比，具有以下特点：

① 涂装效率较高，漆雾飞散、损失较少；

② 对环境的污染较低；

③ 对漆料施工黏度的限制不高，适应范围广；

④ 特别适合涂装一次成膜厚度较高的场合；

⑤ 由于压缩空气只作为驱动动力，喷涂时不与漆料混合，进而雾化，故不存在其中含有的水分、油污、灰尘等给漆膜带来的各种弊病。

尽管高压无气喷涂有着上述诸多特长，但它对汽车行业来说却有着不可克服的缺憾，即它所涂装的漆膜的装饰性能远远比不上其他几种涂装工艺，因此，在汽车工业中这种涂装工艺只用于对装饰性要求不高的部位，如车底盘、发动机以及某些低档卡车的车厢等。

高压无气喷涂设备最为重要的关键元器件就是喷嘴，按照使用的功能和结构来划分有以下几类。

① 标准型喷嘴　使用最为普遍的一类喷嘴，如图 3-2-10 所示，喷嘴的开口类似橄榄形，喷出的漆雾为椭圆形。这类喷嘴的型号很多，有不少选择的余地。输漆量可在 0.2～5.0L/min范围内选择，甚至可达 10L/min 以上，扇幅变动范围也较大，为 150～600mm。

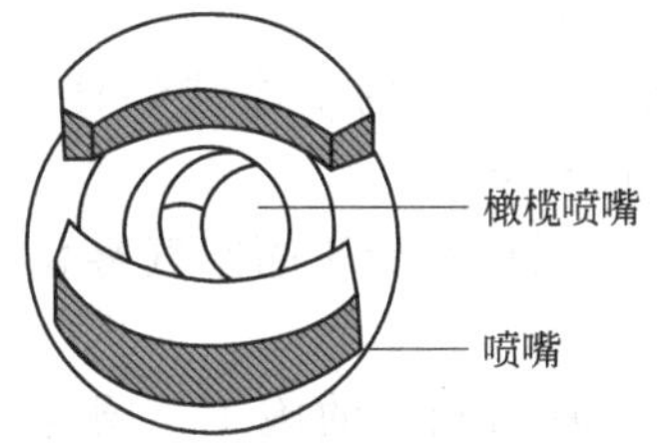

图 3-2-10　标准型喷嘴

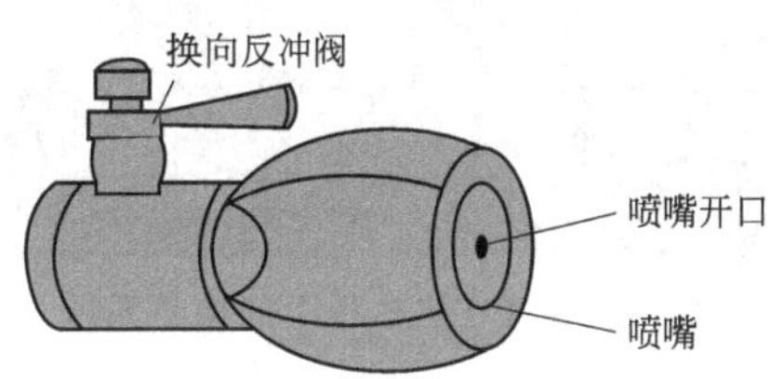

图 3-2-11　自清洗型喷嘴

② 圆形喷嘴　顾名思义，圆形喷嘴的开口呈圆形，喷出的漆雾也呈圆形，主要用于喷涂管型器件及较为狭窄的部位。

③ 自清洗型喷嘴　自清洗喷嘴与众不同的是它装置有一个换向机构，一旦喷嘴堵塞时，将其旋转 180°，可进行清洗，故称自清洗喷嘴。这类喷嘴有球形和圆柱形两种，以圆柱形较为常用（图 3-2-11）。

④ 可调喷嘴等　可调喷嘴上装有一个调节塞，可在喷涂期间随时变换漆料的输出量及扇幅。

手工操作时，高压无气喷涂与压缩空气雾化喷涂的操作要领大同小异，关键是控制输漆量、漆料施工黏度、移动喷枪的速率、喷枪与工件的距离等（详见汽车修补漆施工部分）。

(3) 高速旋转雾化喷涂　在涂料喷涂施工中采用高速旋转雾化有两种模式：高速旋盘和高速旋杯。

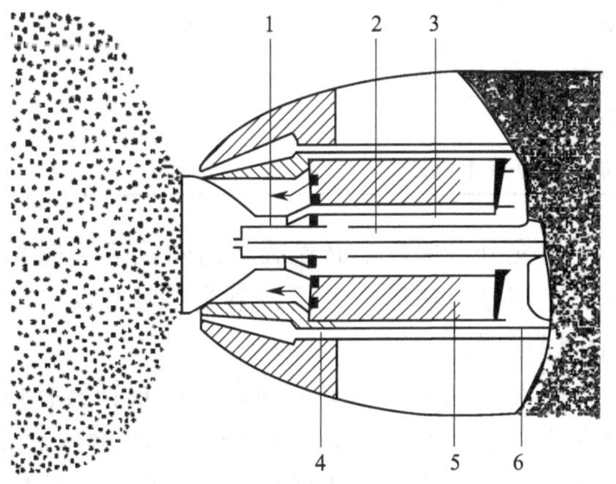

图 3-2-12　高速旋杯结构示意图
1—物料阀；2—供漆；3—回流；4—整形空气；5—驱动空气；6—回流气

① 静电高速旋杯　是一种利用旋杯高速旋转时产生的离心力，沿切线将漆料甩出，在极大的剪切力的作用下液滴破裂，进而雾化的喷涂形式。高速旋杯的典型结构如图

图 3-2-13 装置在机械手上的换色系统

3-2-12 所示。静电高速旋杯系统由旋杯、转速控制器、电压控制器三部分组成。它们可以结合机械手，采用单个旋杯用于较小面积部位的涂装，有人将其称之为“机械手旋杯”（robobell），亦可设计成数个旋杯排列成一行，与顶喷机配合用于喷涂汽车车身表面。现代高速旋杯往往与加入静电、智能化等配置，成为现代轿车车身涂装的主要施工手段。智能化、静电高速旋杯涂装线具有以下特点：

a. 自动化程度可以设计得很高，可以自动识别车型、颜色，实现自动换色。图 3-2-13 显示的是装置在机械手上的换色软管的连接情况；

b. 在计算机的配合下，可自动调节工艺参数，如供漆量、供气量、旋杯转速、行程、旋杯矩阵与车身表面距离沿车型自动调节跟踪、换色间隙的清洗及自动报警等；

c. 与机械手配合可用于涂装各种形状复杂、工件产量较大的场合；

d. 雾化效果远远好于压缩空气雾化，可得更佳的外观等。

为了配合金属闪光漆的施工，国外一些著名涂装设备公司发展了一种专用于底色漆的旋杯，名为“金属旋杯”（metallic bell）。金属旋杯与普通旋杯的异同点见表 3-2-47，从表中数据可以看出，金属旋杯的转速、整形空气流量、旋杯直径等均比普通旋杯大得多，而且旋杯的边沿较为锐利，边角角度也更小，故采用这样的涂装设备，雾化漆料粒子的直径将更小，含溶剂量也更少，因此可以获得类似手工喷枪喷涂所得到的表面效果。

表 3-2-47 高速静电旋杯与金属旋杯的工艺参数比较

工艺参数	金属旋杯	普通旋杯
旋杯转速/(r/min)	75000	20000～50000
整形空气量/(L/min)	800	100～150
旋杯直径	大	小
雾化漆料的粒径/μm	10～40	10～80

为充分发挥静电高速旋杯的效能应掌握和调整好一些主要参数，包括旋杯转速、静电电压、输漆量、整形空气压、跟踪程序的设定等。现以与单个机械手配伍的旋杯的参数选择为例予以说明。

a. 旋杯转速　旋杯转速范围应根据其杯体直径而定。如杯体直径为 50mm，则工作范围可在 20000～40000r/min 中选择，喷涂本色漆时使用 20000r/min，而喷涂清漆时可高达 30000r/min。旋杯转速越高，其雾化效果越好。

b. 静电电压　一般静电发生器的电压范围可由 0～60kV 可调，大部分采取分级调压。喷涂色漆时采用 30～45kV，喷涂金属闪光漆时应采用低电压，以防止电流过大，而喷涂清漆时可采用较高的电压。

c. 输漆量　输漆量的大小取决于被涂工件表面积的大小、膜厚、涂料的利用率以及机械手移动的速率等。此外，还应该考虑输漆计量泵的输送能力和旋杯的最大出漆量。确切地说，根本限制在于旋杯的最大出漆量。过大的出漆量将无法获得良好的涂装效果，以单个机械手配一个旋杯为例，一般选择 200～400mL/min 的出漆量。

d. 整形空气压力的选择　整形压力的调节是一个技术性极强的参数，正确的调节可使漆雾被约束在指定的范围内。压力过低，会使漆雾散开，不仅造成涂料利用率下降，而且无法获得理想的涂装效果。压力过高，也会使涂料利用率下降、扇幅不稳、污染旋杯等。总之，整形压力可以非常方便地调节扇幅（图 3-2-14）。

(a) 扇幅 600mm　　(b) 扇幅 50mm

图 3-2-14　整形压力对扇幅的调节

e. 开关喷枪点的选择　在手工喷枪涂装过程中，一般是接近涂装表面时，提前开启喷枪，而离开涂装表面时，则延后关闭喷枪。在静电高速旋杯涂装中，因旋杯的旋转一直是稳定不变的，故不存在提前或延后，只需要准时开、关即可。

总之，静电高速旋杯是一种自动化程度较高的涂装系统，只要上述参数调节得当，即可获得满意的涂装效果。它不仅可替代技术熟练的喷漆工，而且涂料的利用率高，所得漆膜的装饰性好，质量稳定，生产效率高，节能等，无疑这是一种先进的涂装系统。

② 静电高速旋盘　静电高速旋盘涂装系统由液压驱动装置、静电旋盘喷枪、气动控制装置、高压静电发生器以及 Ω 形悬挂链所组成。与高速旋杯不同的是，这里用来雾化漆料的工具是一个圆盘，而不是旋杯。由于高速旋盘涂装线的传动链在经过旋盘附近时，多设计成类似希腊字母 Ω 形（俯视图），故而又被称为“Ω”涂装（或“DISC”）。高速旋盘一般只与升降机配合使用，而不与顶喷机或侧喷机配套。由于它自身的特点所限，此类涂装手段不适合用于车身涂装，而只能用于汽车零部件的涂装施工中，如保险杠、倒视镜、手把等。

此类涂装设备中采用旋转圆盘的直径一般为 200～650mm，转速为 13000～35000r/min 可调，静电高压可达 120kV 以上。

工作时，气动涡轮驱动旋盘而旋转，把通过输漆管路输送到圆盘上的漆料甩出。涂料粒子在被甩离圆盘边沿时，因锐利的边沿的电晕发电而带上负电，并且在飞往带正电的工件的过程中进一步分裂成更加微小的粒子，形成漆雾，最后被吸附于工件上溶结成膜。

二、汽车修补涂料

汽车修补涂装的施工方式与原厂漆不同，它只采用压缩空气雾化喷涂。因此以下重点讲述压缩空气雾化喷枪的类型、调试、使用等与施工有关的内容。

1. 汽车修补喷枪的调试与维护

(1) 喷枪的种类

喷枪的种类和型号很多，各家涂装设备制造公司的命名方法和分类虽然有所不同，但是大体上有以下几种分类方法。

① 按供漆方式　吸上式、压送式、重力式。

② 按喷嘴类型　对嘴式、单嘴式、扁嘴式。

③ 按雾化方式　枪内混合式、枪外混合式。

如图 3-2-15 所示为实际喷涂施工中采用最多的吸上式喷枪，这种类型的喷枪由喷杯、喷嘴（扁形，可调节供漆量的大小）、空气帽、顶针、出漆量控制阀、控气阀杆、扳机、空气管接口以及枪体等组成。该喷枪的液体喷头高出空气帽约 0.015～0.020mm。这样在液体喷头前，由于周边的压缩空气流形成局部真空，这一局部真空将液体涂料从喷杯中吸入至喷头，继而雾化喷出。图 3-2-15 为对嘴式喷枪，喷出的漆雾呈圆形，而扁嘴式喷枪（图 3-2-16）则呈扇形，覆盖面积较上述对嘴式喷枪大，比较适合喷涂汽车损坏面积较大甚至需要进行整车修补的场合。这里以扁嘴式喷枪为例来简要地说明喷涂施工前喷枪的调试方法。

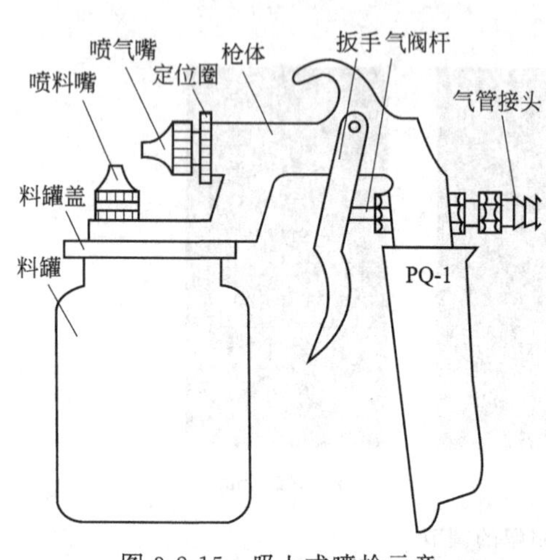

图 3-2-15　吸上式喷枪示意

(2) 喷枪的调试

① 空气帽的调整　在喷枪的调整中，空气帽的调整最为简单，只有垂直、水平两种状态。调整它可使喷枪喷出两种方向不同的雾束。

a. 垂直雾束　旋转空气帽，使它的两个耳与地面平行，则喷出的雾束呈扁平扇面，且垂直于地面，这种方式是用得最多的一种形式。

b. 水平雾束　旋转空气帽使它的两个耳与地面垂直，则喷出的雾束呈扁平扇面，且平行于地面。这种状态多用来在喷完一道以后，需要喷第二道而进行的垂直扫枪，或进行交叉喷涂时所取的状态。实际上，这种情况在修补涂装施工中比较少见，除非是涂装大面积表面时才可能需要用到它。

② 喷枪全开状态的调整　对整车、车辆的一侧或较大面积进行修补时，应将喷枪调整至雾束全开状态。调整步骤如下。

a. 调整前的准备工作

- 将喷杯加满涂料，并将喷杯接到喷枪上。
- 将压缩空气管接到喷枪上。
- 调整压缩空气压力。

这里特别值得一提的是对不同兑稀状态的涂料喷枪上压力应设置不同数值，例如，黏度较低的清漆可定为 2.5×10^5Pa，黏度较大的瓷漆可定为 4.2×10^5Pa。

b. 将空气帽的位置调整到可喷水平雾

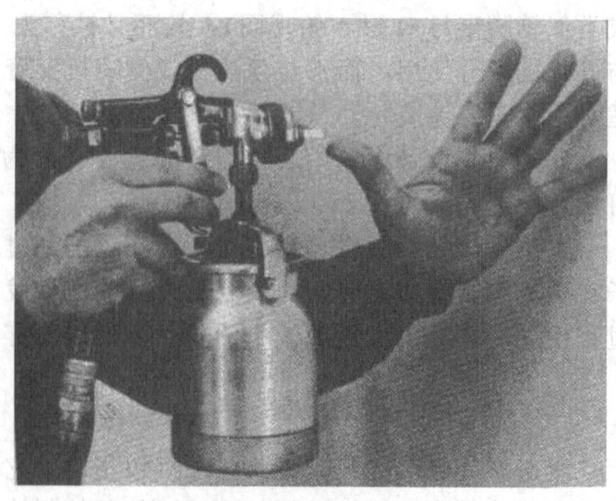

图 3-2-16　喷枪与表面的距离

束的状态，固定。

c. 打开雾束控制阀，逆时针旋转至全开的位置。

d. 打开液体涂料控制阀，逆时针旋转至全开的位置，此时应该可以看到调节螺栓上的螺纹。

e. 拿起喷枪，对着垂直墙面上的某一点做雾束形状试验。试验时喷嘴与墙面相距约手掌打开时一手宽（图 3-2-16），喷 3～4s。

f. 检查喷涂到墙面上所形成的涂层图形的均匀性。

ⓐ 雾束分裂 如图 3-2-17 和图 3-2-18 所示，在所得涂层上，两端的流淌长度大于中心点的长度。

图 3-2-17 流淌试验——雾束分裂（水平喷涂） 图 3-2-18 流淌试验——雾束分裂（垂直喷涂）

解决办法如下。

- 顺时针旋转雾束控制阀一圈，以缩小扇幅。重新进行上述试验，并检查结果。
- 提高喷枪上的压缩空气压力大约 0.35×10^5Pa，重复上述试验，并检查结果。

必要时重复以上两项操作，直到所得涂层两端的流淌长度相等，如图 3-2-19 所示。

注意：这一试验的目的是希望所喷出的涂料的量在整个打开的雾束上几乎相等，从而使经过调整后的喷枪喷出的雾束比较均匀。

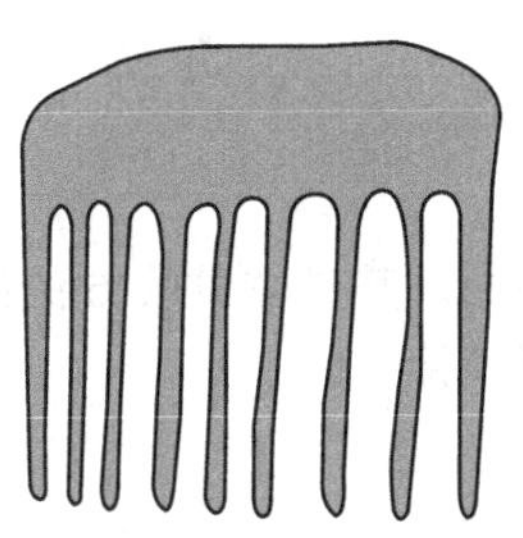

图 3-2-19 流淌试验——雾束均匀

图 3-2-20 流淌试验——雾束集中（垂直喷涂）

ⓑ 雾束集中 如图 3-2-20 和图 3-2-21 所示，在所得涂层上，两端的流淌长度小于中心点的长度。

解决办法如下。

- 顺时针旋转液体物料控制阀半圈或再少一点。重复上述试验，并检查结果，直到涂层两端的流淌长度相等，如图 3-2-19 所示。
- 开雾束控制阀，每次逆时针旋转半圈或再少一点。重复上述试验，并检查结果，直到涂层两端的流淌长度相等，如图3-2-19 所示。

图 3-2-21 流淌试验——雾束集中（水平喷涂）

③ 修补斑点时喷枪的调整 斑点修补喷枪调整的关键通常是

使一些调节阀处于半开状态。雾束的大小取决于待修补部位的尺寸。从刚好打开调整到全开的 3/4。较小的雾束可以最大限度地节约原材料和人工。具体调整方法如下。

a. 雾束控制阀　记录雾束控制阀全开到全闭之间处于半开状态的数据，以确定控制阀在半开时的位置。

b. 液体物料控制阀　记录液体物料控制阀全开到全闭之间处于半开状态的数据，以确定控制阀在半开时的位置。

c. 做雾束调整试验　具体试验方法与全开喷枪的调节部分相同。

d. 检查所得涂层　分析喷涂时涂料运行时的情况。

ⓐ 雾束集中　如图 3-2-20 和图 3-2-21 所示，在所得涂层上，两端的流淌长度小于中心点的长度。

解决办法如下。

- 顺时针旋转液体物料控制阀大约 1/4 圈，以减少供漆量。
- 重复上述控制雾束实验，并且检查漆料的流淌情况。
- 重复以上两步直到所得涂层的图形正常，如图 3-2-19 所示。

ⓑ 雾束分裂　如图 3-2-17 和图 3-2-18 所示，在所得涂层上，两端的流淌长度大于中心点的长度。

解决办法如下。

- 逆时针旋转液体物料控制阀大约 1/4 圈，以增加供漆量。
- 重复上述雾束控制试验，并且检查漆料的流淌情况。
- 重复以上两步直到所得涂层的图形正常，如图 3-2-19 所示。

④ 干喷的调节　所谓干喷的意思是涂装后，涂层非常干。喷漆工甚至刚刚喷涂完毕就可以马上用抹布擦拭新喷的表面涂层，以清除上面的尘埃或过喷涂所遗留下来的残留物。在以下的章节里将会介绍具体实施的工艺，这里仅仅介绍干喷时喷枪的调节方法。

a. 完全关闭液体物料控制阀和雾束控制阀。

b. 打开雾束控制阀 1/8～1/4 圈。

c. 打开液体物料控制阀 1/4～1/2 圈。

d. 对准某一点做干喷试验，这个点的直径为 5.0～7.5cm。其具体试喷方法如下。

- 扣死板机，喷枪围绕上述圆圈做连续的圆周运动进行喷涂。
- 保持喷枪离表面 10～15cm。
- 压缩空气的压力与传统工艺相同。
- 每 5～10s 停一次，观察表面状态平整与否，再用特殊的抹布擦拭，使其平整。
- 重复上述过程，直到获得所要求的遮盖。

注意以下几点。

ⓐ 如果材料太干，逆时针旋转液体物料控制阀 1/8 圈，以增加液体物料供给量。检查调整结果。

ⓑ 如果材料太湿，即材料发黏。

- 增加喷枪到表面的距离，离开 2.5～5cm。
- 关闭液体物料控制阀 1/8 圈，以减少供漆量。重复上述试验，检查结果。
- 喷漆工应该能够在喷涂施工的任何时候擦干净表面的灰尘或打磨平整。

⑤ 空气雾化压力的调整　压缩空气使涂料雾化的原理是在高速运动的空气流的作用下，喷出的液体涂料流束破裂，从而形成微小、均一的微粒子，飞向基材表面。在吸上式喷枪中，空气帽耳上雾束控制孔所喷出气流的压力大于空气帽上气孔的压力，使所喷出液体物料

的方向改变，从而控制扇幅的大小。不仅如此，它还有助于液体物料中的稀释剂到达不了基材表面。比如：清漆中稀释剂的大约 30%就会在此阶段汽化。在喷涂瓷漆的时候，稀释剂蒸发相对较少一些。一个优秀的喷漆工就是要在喷涂时，应尽量使液体物料雾化，同时又要求液体物料中所含溶剂尽可能少地蒸发。一般情况下（20～25℃），在喷涂丙烯酸清漆时，将喷枪上的压力调整到（2.5～2.8）$\times10^5$Pa。丙烯酸清漆在稀释 150%时，喷枪上压力调整为 2.5$\times10^5$Pa。这是比较好的雾化压力。丙烯酸清漆稀释 125%时，喷枪上压力调整为 2.8$\times10^5$Pa 是最好的雾化压力。丙烯酸瓷漆或其他瓷漆则调整到（3.8～4.2）$\times10^5$Pa 左右。一般喷涂瓷漆时，喷枪上的压力调整到 4$\times10^5$Pa 左右。应养成严格遵守涂料产品说明书所提供的施工参数的良好习惯，因为只有这样做才能够获得理想的效果。比如，采用低于产品说明书的压力，极有可能雾化不好，涂料会像淋洒一样喷涂到基材表面，其效果可想而知。反过来，如果采用是的比说明书高的压力，则极有可能过蒸发，严重时形成所谓干喷现象，起码也会带来其他一些涂料弊病，如橘纹、光泽、鲜映性等参数都变差。

空气雾化压力调整时，下面一些简单的规律可以供调整时参考。

a. 喷涂清漆时，压力调整在 2.8$\times10^5$Pa，喷涂瓷漆时，压力调整在 3.5$\times10^5$Pa。按照前文中雾束实验部分的方法观察所得到的涂层是否均衡。

b. 设置空气压力比规定低一些，如 1.4$\times10^5$Pa，用以喷涂黑漆。

c. 一手握喷枪并扣住扳机，喷出漆雾；另一只手拿一张 22cm×28cm 或更大一点的白纸卷迅速横穿漆雾，保持纸卷长度的方向与雾束的方向一致。在这种情况下，如果留在纸卷上的涂料粒子的大小明显不一样，就可以认为雾化压力低了。

d. 不断提高压力，每次大约 0.35$\times10^5$Pa。每提高一次压力，就用新的纸卷通过一次。及时检查纸卷上涂料粒子的大小，如有必要，用放大镜观察。一直把压力提高到涂料粒子非常均一细腻为止，此时的压力为最佳雾化压力。

e. 在获得最佳雾化压力之后，继续增加压力，如果发现涂料粒子的粒径不再降低，则表明在目前的条件下，已经没有必要采用更高的压力了。

f. 喷枪未调整好时容易出现的故障及对策。

调整好喷枪以后，在正式涂装之前，为了保证施工质量，应认真按照产品说明书中所列的关键参数再仔细检查一遍。有时在施工开始阶段喷枪的性能良好，一段时间以后逐渐变差。还有的时候，比如重新往喷枪的喷杯中加注涂料后重新开始喷涂时，往往发现雾束发生了改变。有时这些改变已经完全不能适应原来的施工要求。因此每当喷涂施工因某种原因间断时，或者在工作一段时间以后都要对喷枪的雾束重新进行调整。其调整方法同前，也就是将喷枪对着合适的墙壁（可在墙面上挂一张白纸），距离大约在 15～20cm，喷涂 1～2s。检查墙面上所形成图形的形状、大小，看其是否适合当前施工的要求。一般喷枪容易出现的故障及对策归纳如下。

● 液体顶针压紧螺帽引起液体泄漏

原因	对策	原因	对策
压紧螺帽松动	拧紧螺帽	顶针填料甘油	注油，然后拧紧螺帽
填料函损坏	更换新件		

● 压缩空气泄漏

原因	对策	原因	对策
空气阀或阀座被脏物污染	清洗	顶针弯曲	更换
空气阀或阀座损坏	修理或更换	压盖螺帽太紧	松开一点，在填料函上加点油
空气阀弹簧断裂	更换	密封圈子损坏或未装	加装或更换
顶针缺润滑油	加轻质润滑油		

- 液体物料泄漏

原因	对策	原因	对策
由于顶针或喷嘴被污染使顶针无法到位	修理或更换	顶针弹簧断裂	更换
		顶针尺寸不对	更换
液体喷嘴被污染	取下并清洗干净		
螺帽太紧	松开一点		

- 雾束不稳，时大时小

原因	对策
喷杯中涂料不够	加足
喷枪倾斜的角度太大	增加喷杯中的涂料
液体管道堵塞	折下并清洗干净
连接喷杯或压料罐的管道破裂或者安装不紧	拆下所有的接头，更换损坏了的管道
喷嘴松动或喷嘴座损坏	拧紧喷嘴或更换喷嘴座
涂料黏度太大	进一步兑稀，如无可能则更换喷枪，如将喷枪由吸上式改为压送式
喷杯上空气出口被堵塞	清理
喷杯与枪体之间的连接螺帽松动，污染，损坏	紧固，清洗或更换
填料函缺油或顶针螺帽松动	加润滑油，紧固

- 雾束集中

原因	对策
相对扇幅而言，供漆量太大	减少供漆量，将雾束控制阀开大一点
对于压送式喷枪，空气帽选小了	换大一点的
对于压送式喷枪，空气压力太小	增加空气帽中雾化空气压力
喷嘴尺寸太大	更换

- 雾束分散

原因	对策
相对扇幅而言，供漆量太小	增加供漆量或减少一点扇幅
对于压送式喷枪，雾化压力太高，供漆量不足	稍稍增加一点的压力，同时降低雾化压力
喷嘴尺寸太小	更换尺寸大一点的喷嘴

- 雾束顶部太大

原因	对策	原因	对策
雾束控制孔部分堵塞	清洗	空气帽或液体物料喷嘴被污染	清洗
液体物料喷嘴顶部堵塞	清洗		

- 雾束底部太大

原因	对策	原因	对策
雾束控制孔部分堵塞	清洗	空气帽或液体物料喷嘴被污染	清洗
液体物料喷嘴底部堵塞	清洗		

- 雾束偏右

原因	对策	原因	对策
空气帽右耳雾束控制孔部分堵塞	清洗	液体物料喷嘴右边被污染	清洗

- 雾束偏左

原因	对策	原因	对策
空气帽左耳雾束控制孔堵塞	清洗	液体物料喷嘴左边被污染	清洗

上述雾束不正常的故障大部分都是由于有关零件被污染所致，解决办法无非是加强喷枪的清洗和维护。有经验的涂料工通常还利用一些简单的试验来判断堵塞发生地什么部位，发现雾束不正常后，将空气帽转半圈，再喷。如果所见到的雾束也反了过来，则可以判断是空气帽被污染了，否则就是液体物料喷嘴被堵塞。另外还应该经常检查液体物料喷嘴口上是否

产生了毛边，这是高速通过的液体物料长期摩擦造成的，单靠清洗无法去掉它，可采用 No. 600 细砂纸细心地打磨平整，再用溶剂清洗干净。

2. 喷涂施工技术

(1) 一般要领

① 握枪 绝大多数喷漆工都像图 3-2-22 的标准方式握枪。按这种握法，喷枪乃是靠手掌、拇指、小指以及无名指握住的；中指和食指用以扣动扳机。有些喷漆工在较长时间工作时，时不时改换握枪的方式，有时仅仅用拇指、手掌配合小指，有时又是配合无名指握枪，中指和食指用来扣扳机。这样可以缓解疲劳，提高劳动效率。当然握枪方式的选择全凭喷漆工的自我感受，在这方面倒是没有一成不变的原则，可以根据各人的习惯和嗜好决定。

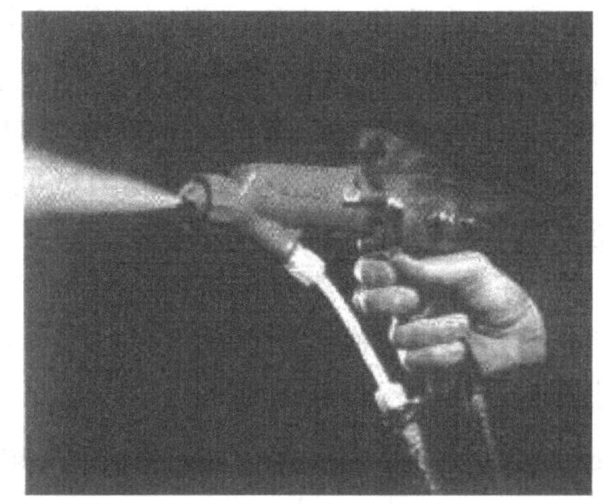

图 3-2-22 正确的握枪方式

② 喷枪对基材表面的方位 喷枪对基材表面应该保持垂直，或者尽量保持垂直。如果喷枪有一些歪斜，其结果必然会造成喷幅带偏向一边流淌，而另一边则显得干瘦、缺漆，极有可能造成条纹状涂层。显而易见，只有压送式喷枪最适合喷涂车顶、前盖及后盖之类较大平面部位的涂装（因为这种类型的喷枪上不带喷杯，在喷涂施工时喷枪运动的方位就不会受到喷杯内所盛液体物料的限制）。

③ 喷枪至基材表面的距离 对吸上式喷枪而言，最佳工作距离为 15～20cm。如果距离太近，则可能产生流淌；在喷涂金属闪光漆时，极有可能造成颜色与预期的不一致。如果距离太远，比如超过 20cm 时，则可能导致干喷、过喷，使涂料的流平性变差；如果喷涂的是金属闪光漆，也可能带来颜色改变的可能性。压送式喷枪可以离工件表面远一点，一般最佳距离为 20～30cm。

④ 喷枪的移动速度 在喷涂时，喷枪的移动速度对涂装效果的影响非常之大，如果喷枪移动速度太快，涂层表面显得干瘦、粗糙、流平性差；如果喷枪移动速度太慢，则所形成的涂层太厚，极有可能产生流挂。实际上喷枪移动的速度也不能一概而论，对于不同的雾束、不同的供漆量，要求不同的移动速度。总之，喷枪的移动速度应针对不同的涂料品种、施工条件、施工工具，适当进行调整，以便喷涂时能够采用大体相同的移动速度。一般说来，如果仅仅作相对比较，那么压送式喷枪的移动速率要比另外两种类型喷枪的速度快一些。

⑤ 扳机的控制 喷枪的工作是靠扳机来控制的。扳机扣得越深，液体流量越大。在传统走枪的过程中，扳机总是扣死，而不是半扣。为了避免每次走枪行将结束时所喷出的漆料堆积，有经验的喷漆工都要略微放松一点扳机，以减少供漆量。正确的扳机操作要领如下。

a. 手握喷枪向待喷涂表面移动，当喷枪移动到接近表面边缘地方，扣动扳机。说得更为具体一些，就是使喷枪口始终保持与待喷涂表面的垂直距离约 15～20cm，慢慢地平行移动喷枪向待喷涂表面靠近，到距离待喷涂表面边缘大约 5cm 处，扣动扳机。

b. 当喷枪扫完所有喷涂的表面后，松开扳机。也就是说在喷枪扫过已喷涂表面的边缘大约 5cm 以外的地方松开扳机。

(2) 收边　喷漆工在进行斑点修补或局部板面修补（把新喷涂层与旧涂层之间的边缘进行润色加工）时，都要进行所谓“收边”或者叫“驳口”操作。“收边”的具体操作是在走枪开始时不扣死扳机，也就是说；此时供漆量较小；随着喷枪的移动，逐渐加大供漆量，直到走枪行将结束时再将扳机松开，使供漆量大大减少，从而获得一种特殊的过渡效果的操作。其具体操作方法如下。

① 平稳地移动喷枪，到接近待喷涂基材表面时，逐渐扣紧扳机进行喷涂。然后在喷枪的继续移动中，平稳地松开扳机。这是从外向内喷。

② 手持喷枪，位置处于待喷涂基材表面的上方，扣死扳机进行喷涂。然后平稳地由内向外移动喷枪，一旦喷枪接近收边区域时，慢慢且平稳地松开扳机，直到移动出收边区域。操作要平稳，这是从内向外喷。

(3) 走枪　喷漆时传统的走枪方式是保持喷枪离基材表面一定的距离，并且垂直于表面作水平方向的匀速运动（图 3-2-23）。要求在每次喷漆走枪的过程中始终保持喷枪垂直于基材表面，且平行于表面移动。

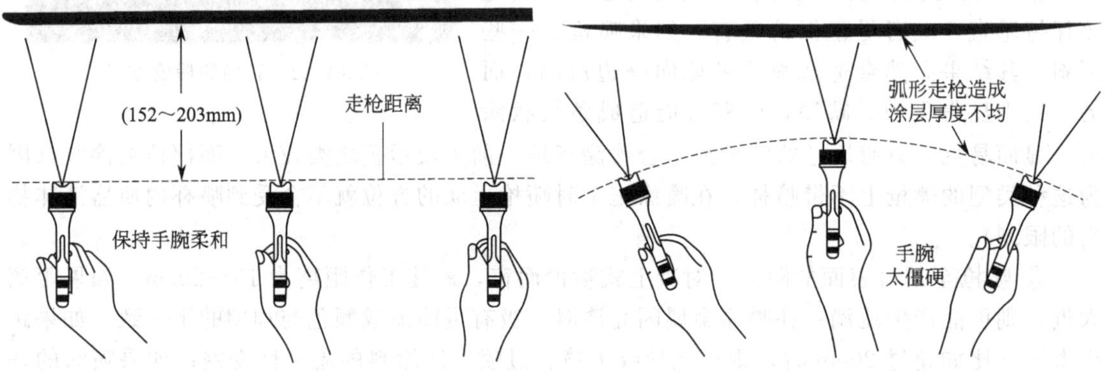

图 3-2-23　喷枪对基材表面平行、等距离走枪　　图 3-2-24　喷枪对基材表面弧形走枪

喷漆工（特别是学徒工）最容易犯的一个错误就是在喷漆走枪的过程中，不能始终保持喷枪与基材表面的距离相等。也就是说，喷枪移动的轨迹不是平行于基材表面的直线，而是一个大体上以手臂为半径的弧线，这样就极有可能造成走枪开始和结束部位涂层的厚度与中间不一样，如图 3-2-24 所示，这是应该尽量避免的。要尽快养成手握持喷枪喷涂时走直线，而不是弧线的良好习惯。

3. 汽车修补涂装的一般施工工艺

(1) 基本喷涂法　汽车修补涂装中，按照喷涂手法来分类就有很多喷涂方式，如一道喷涂、带状喷涂、二道喷涂等。

① 一道喷涂　喷漆过程中，走枪最流行的手法是使喷枪从左到右，然后再从右到左（图 3-2-25）移动。每扫一枪在开始和结束的时候分别扣动和松开扳机。扫下一枪时，再重复上述操作过程。整个过程应平稳而协调。值得注意的是：

a. 扫第一枪时，应该将雾束的中心对准待喷涂基材表面的边缘；

b. 继续走枪时，应该将雾束中心对准上一枪雾束覆盖层的底部；

c. 为了覆盖完好，喷涂区域顶部和底部的边缘应扫两次；

d. 为了保证完全且均一的涂装，实际上应在距离每块待修补表面边缘 2.5～5.0cm 外的地方扣动或松开扳机。按照这类涂装方式，每道雾束之间大约应重叠 50%左右。

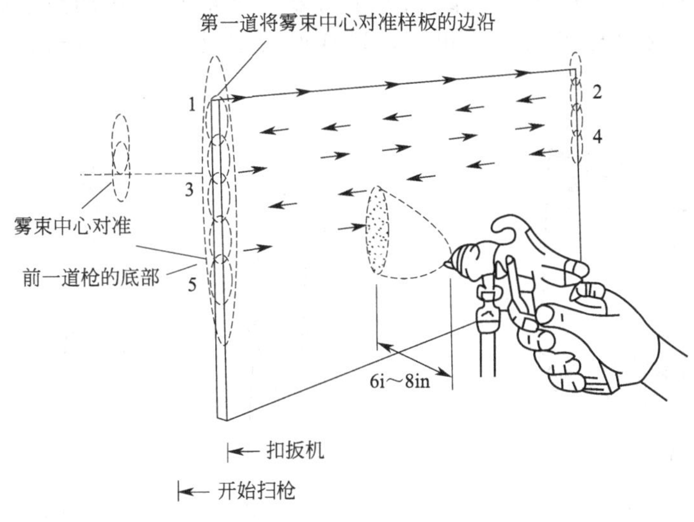

图 3-2-25 板面喷涂重叠覆盖示意

1in＝2.54cm

② 带状喷涂　喷漆工在喷涂某些基材表面的边缘时，采用所谓“带状喷涂”法。此时喷漆工将扇幅调得相对窄一些，一般可将扇幅调整到大约 10cm 宽。此时喷出的雾束比较集中，呈带状覆盖。这种手法对于某些特定基材表面而言可以达到减少过喷、节约原材料的目的。

③ 二道喷涂　所谓二道喷涂指的是在一道喷涂完成后，马上进行第二道喷涂。二道喷涂通常应用于快干型涂料系统。有时涂料供应商在施工说明中建议二道涂装的方向与前一道涂装的方向不同。比如，第一道水平喷涂，第二道则要求采取垂直喷涂。这样更有利于覆盖和保持整个涂装表面涂层厚度均一。

④ 长板的喷涂　对于汽车车身上较长板面的修补涂装一般可以采取垂直走枪的方法。但是多数喷漆工往往喜欢传统的水平走枪方式。喷漆工在喷涂长板时，为了方便将长板以 45～90cm 的宽度将其分为几段，喷涂时就像喷涂短板那样进行施工。就像每道枪之间一样，各段之间交界处也需要重叠，一般在这里需要重叠覆盖大约 10cm 左右的宽度。喷涂长板与喷涂边角不一样，没有必要采取带状喷涂法。另外当喷涂第二道时，最好改变雾束所重叠覆盖的部位，以免造成某一段的涂层过厚（图 3-2-26）。

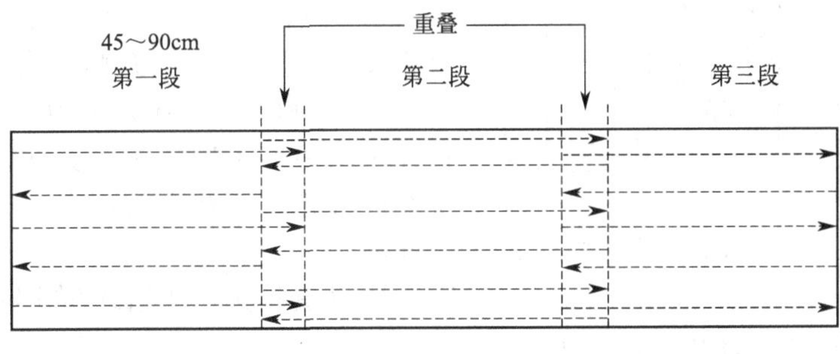

图 3-2-26 长板喷涂法

⑤ 边角的喷涂　喷涂边角时，应使雾束的中心对准边角，使边角的两边各覆盖 50%。此时应使喷枪离基材表面的距离比正常距离近 2.5～5.0cm（图 3-2-27）。

⑥ 棒状工件的喷涂　喷涂汽车上一些细长、直径不大的棒状零部件时，最好将扇

幅调窄一些与之配合。然而很多喷漆工为了省事，不愿意经常调整喷枪，而是将喷枪扇幅的方位及大小调到与棒状工件相当，这样既可以达到完全覆盖、又不过喷的目的（图 3-2-28）。

图 3-2-27 边角的喷涂法

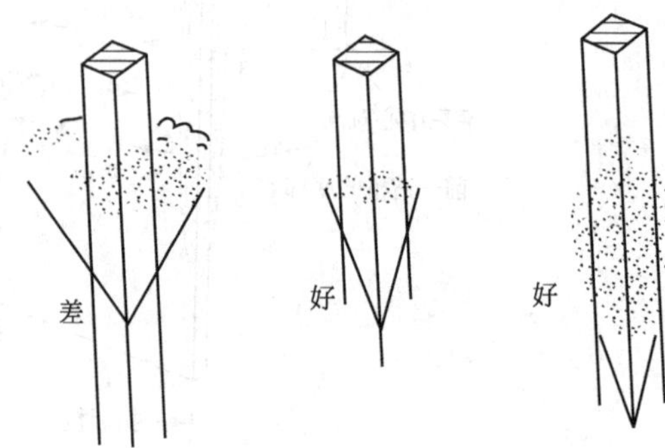

图 3-2-28 棒状工件的喷涂法

⑦ 大型水平表面的喷涂　喷涂大型表面如发动机盖、车顶、后盖等，可以采用一道涂装法。即从左至右移动喷枪至接近基材表面时扣扳机，继续移动喷枪至已离开基材表面后放开扳机，这样可以获得充分润湿的涂层，而过喷或干喷最少。

如果所采用的是吸上式喷枪，当需要倾斜喷枪时，千万小心，不要让涂料滴落到基材表面上去。为了防止涂料泄漏、滴落，务请注意：

a. 在喷杯中不要把涂料装得太满；

b. 在喷涂过程中不要作过于突然的运动，整个操作过程要平衡、协调；

c. 确认喷杯上的通气孔向后，即靠近喷漆工身体的方位；

d. 确认喷杯中的液体输送管靠喷杯前面；

e. 确认喷杯的密封良好；

f. 随时用抹布或纸巾擦干净泄漏出来的涂料。

⑧ 圆柱体的喷涂　在喷涂直径较大的表面时，沿着圆柱的弧形表面走枪，使喷枪对基材的距离始终保持一致，如图 3-2-29 所示。在喷涂直径较小的圆柱表面时，可使喷枪沿着工件长度的方向走枪。

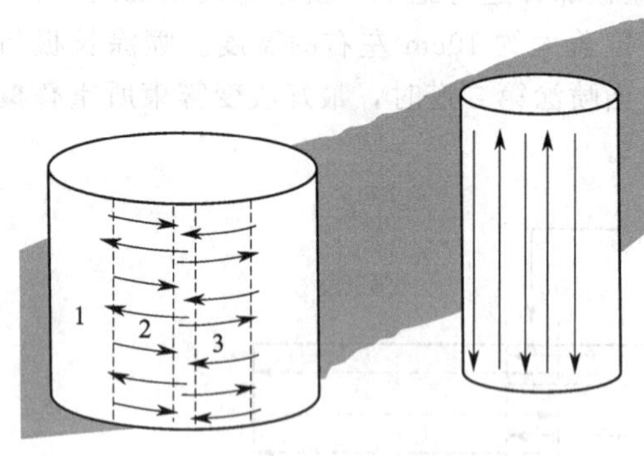

图 3-2-29 圆柱形工件的喷涂法

(2) 不同对象的喷涂施工

① 斑点修补　斑点修补包括喷涂色漆（如有必要也喷涂底漆）。其修补涂装工作有时面积较小，有时较大。喷漆工为了适应多种需要，往往采用很多不同的施工方法。一般说来喷漆工在进行斑点修补之前都必须认真考虑以下几个问题：

a. 认真挑选色漆系统和其他材料；

b. 认真考虑一下喷涂色漆的方法；

c. 稀释剂的选择。

进行斑点修补时主要应该注意：

a. 供漆量应该适应扇幅的大小；

b. 空气压力应该适应正在进行的修补工艺；

c. 按照产品说明书的要求将涂料进行稀释；

d. 准备好配套的驳口漆料；

e. 配色；

f. 如果需要的话，进行驳口或罩光；

g. 如果需要的话，进行抛光。

② 虚枪喷涂修补　在喷涂色漆之后，将大量溶剂或固体分调整得极低的涂料喷涂在面漆上的操作称为虚枪喷涂。一般来说，在汽车修补中有两种类型虚枪喷涂法。

a. 在热塑性丙烯酸面漆上喷虚枪，用来使新喷的修补漆与原来的老漆之间润色，使汽车表面经过修补之后看不出修补的痕迹。

b. 在新喷涂的丙烯酸或醇酸瓷漆上喷虚枪，用来提高其光泽，有时也用来在斑点修补时润色。

虚枪修补的具体施工方法如下。

a. 罩光清漆上的斑点修补

ⓐ心喷枪调整

- 调整扇幅，使其适应待修补区域的尺寸；
- 调整供漆量，使其适应扇幅大小；
- 确定空气压力 $(1\sim2)\times10^5$Pa；
- 喷枪与基材的距离为 10～15cm。

ⓑ 施工工艺

- 喷完色漆后立刻进行虚枪喷涂；
- 在边角和润色区采用收边和弧线枪法；
- 在润色区多次进行虚枪喷涂以获得湿润的涂层，不能只喷一次。

注意：在金属闪光漆新喷的清漆上不要进行虚枪喷涂。

b. 在本色漆表面可以采用两种方法进行虚枪喷涂

ⓐ 采用原来本色漆的颜色进行斑点修补：

- 将扇幅调整至中等水平；
- 喷枪与基材的距离为 10～15cm；
- 如果需要的话，可对色漆和润色区进行虚枪喷涂。

ⓑ 喷虚枪以提高色漆的光泽：

- 调整扇幅至全开；
- 确定空气压力为 $(1.4\sim2.1)\times10^5$Pa；
- 在整个表面上进行全湿虚枪喷涂。

③ 高雾化喷涂工艺　在喷涂金属闪光漆或者碰到条纹、斑纹等病态时可以采用所谓高雾化喷涂法。在喷涂清漆或者瓷漆时均可采用，但是用得最多的还是在瓷漆上。首先按照说明书的要求兑稀，然后按下述方法施工。

a. 调整喷枪，全开。

b. 距离是非常重要的，保持喷枪距表面 30～45cm。

c. 走枪：

- 扣紧扳机 75%至全开，而且始终保持不变；
- 连续围绕待喷涂区进行喷涂，直到获得均一的金属闪光色和外观；
- 继续移动喷枪至相邻区域，使这一区域的外观与上项一致。

④ 干喷色漆工艺　干喷工艺是一种特殊的施工方法，采用这种方法可以用最小的过

喷将面漆或底漆喷涂于待修补的部位。这种方法大大加速了修补过程，其具体施工方法如下。

a. 打开雾束控制阀 1/8～1/4 圈。

b. 打开液体物料控制阀 1/4～1/2 圈。

c. 采用下述干喷工艺对直径为 5.0～7.5cm 的斑点进行干喷。

ⓐ 扣死扳机，使喷枪连续做圆周运动进行喷涂。

ⓑ 保持喷枪与表面的距离为 10～15cm。

ⓒ 空气压力与传统喷涂方法相同。

ⓓ 每 5～10s 后停止喷涂，按下述方法检查喷涂情况。

- 仔细观察表面的平整度。
- 用黏性抹布擦拭表面以确定其平整度。

ⓔ 继续喷涂直到达到所希望的遮盖。

注意：如果涂层太干，可增加供漆量，将液体物料控制阀打开 1/8 圈。如果涂层太湿，可增加喷枪至表面的距离，拿开 2.5～5.0cm；关闭液体物料控制阀 1/8 圈，再次检查喷涂情况。涂料工必须习惯于在喷漆施工的任何时候用黏性抹布擦拭表面，以除去灰尘和粗糙的表层。

⑤ 整车喷涂　如何对整车进行喷涂是对油漆工技术的一个真正的考验。这里包括确定喷涂程序，认真调整各项参数等。一般喷涂整车时多采用两种方法，如图 3-2-30 所示。这两种方法是由德国巴斯夫等公司推荐的，目前已为国内外汽车修配厂普遍采用。然而也有很多修配厂的喷漆工人先喷前盖，再喷车顶，然后是后盖、侧面、前面以及后面等。总之，在进行整车修补之前，一件非常重要的事情就是必须事先做好详细、周密的安排。

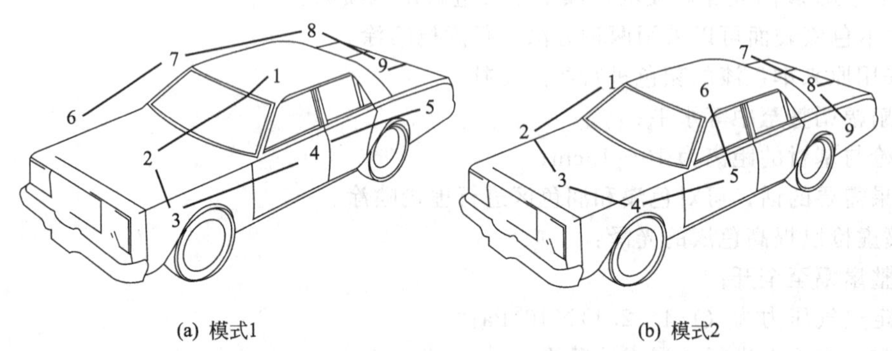

图 3-2-30　整车修补涂装施工方案

1～9—顺序

汽车上最为挑剔的部位正好也是最容易察觉的部位，像车顶、前盖及后盖等。因为这些地方便于在阳光下观察，从而检查起来也容易得多。在整车修补时，喷漆工碰到的最为头痛的问题就是在喷涂过程中如何控制和减少空气中有可能飘落到涂层上的尘埃粒子（小面积或斑点修补时，因为面积较小，灰尘问题还不很突出）。要想完完全全地解决这个问题要涉及很多方面，如喷漆间空气的过滤精度、压缩空气与涂料的清洁度、涂料的不粘灰时间以及汽车表面的清洁程度等。整车修补时经常还会碰到的另外一个问题是新喷涂料与原装涂料之间的色差问题，这首先要求人们在进行修补喷涂前认真调色，另外施工工艺的差异对色差也有一定程度的影响。

4. 汽车修补涂装的一般施工工艺

(1) 底漆的施工　表面处理完成后，下一道工序就是喷涂底漆。在施工之前必须检查：

① 是否清洗干净；

② 车身上的旧漆是否已完全除掉；

③ 表面是否打磨平整；

④ 表面有无明显打磨痕迹、划痕等；

⑤ 表面是否符合涂料厂要求。

虽然金属的表面处理在本书的有关章节中已有比较详细的叙述，但是在这里还是要特别强调一下，表面的加工、维护万万不可粗心大意。值得注意的是，有些底漆不需要进行表面调整工序。这就需要在喷涂底漆之前认真阅读底漆的产品说明书。

底漆施工的具体工艺过程如下。

① 按照底漆的产品说明书的要求调整黏度，如果天气较冷，还要采用黏度杯校正一下黏度。

② 薄薄地涂一层湿的底漆到裸露的金属上。所谓“薄”是几乎遮不住底层，所谓“湿”是覆盖住了基材。湿而不薄的底漆不符合施工要求。几乎可以肯定，过厚的底漆涂层必然会给整个涂装系统的力学性能带来极为不利的影响。

a. 对于较大面积，采用喷涂施工方法。

b. 对于仅仅是小如斑点之类面积不大的修补区域，则可以采用刷涂的方法。

③ 根据说明书的要求，自然干后再喷涂中间涂层。但是有的涂料制造厂商则在施工说明中规定，在喷涂底漆后，按湿碰湿的工艺接着喷涂中间涂层，然后再一起干燥。

注意以下两点。

a. 有些底漆按照技术要求只能喷涂得很薄，在这种情况下底漆表面是不能打磨的，否则一不小心就有可能将底漆砂穿见底。国外涂料行业把这一类底漆称为“非砂型底漆”(nonsanding type primers)，ICI 公司的 P565-597、立邦的 V-110、PPG 的 D831、启迪的合金底漆等即属此类产品。注意：切勿与另外一类厚度一般，但同样不需打磨的所谓“免磨底漆”相混淆，如 ICI 公司的 P565-777 即为此类产品。如果在新喷的底漆上存在一些疵点需要处理的话，则可以用 No. 400 或更细的砂纸轻轻地砂光。

b. 喷涂结束后，不要用手、抹布之类物品接触新喷的底漆表面。

(2) 中间涂料的喷涂　在喷涂中间涂料之前首先必须检查：

① 底漆是否按产品说明书所规定的干燥时间已经干透；

② 中间涂料是否调整合适，符合施工要求，注意必须采用指定的稀释剂；

③ 检查和调整喷枪，用雾束流淌试验法对喷枪作最后调整；

④ 随便找一块平板，对着试喷一下，观察雾束的形状、大小；

⑤ 调整喷枪上压缩空气的压力，对斑点作修补时压力为 $(2.0\sim2.5)\times10^5$ Pa，喷涂较大面积时压力为 $(2.5\sim3.0)\times10^5$ Pa。

在上述准备工作完成后，即可开始喷中间涂料。

① 像喷涂底漆一样，薄薄地喷一层，使其自然干燥。

② 接着再喷 3～4 道，每一道之间留出一定的闪干时间。千万记住，绝不可以采用诸如向新喷表面吹风或者其他类似办法来加速溶剂挥发，以达到尽快表干的目的。一般每道中间涂层的厚度为 15μm 左右。总厚度打磨前为 80μm，打磨后为 25～50μm。

③ 放置，使其自然干燥，一般大约 30min，这要取决于涂料、稀释剂的品种以及喷漆间的温度等诸多条件。

④ 不要用增加漆料施工不挥发分的办法来试图减少喷涂的道数。只喷1～2次就达到多次喷涂所获得的厚度的做法是欲速则不达的，因为这将使中间涂层长时间都无法实干，造成表面硬而内不干。这对中间涂层的打磨性、面漆的烘托性能等均有不良影响，而且极有可能带来针孔、龟裂等涂料弊病。

⑤ 手工打磨时采用No. 400水砂纸，手工机械打磨时采用No. 320、No. 360砂纸。一般来说，水砂纸打磨比干砂纸打磨好，但是干砂纸打磨快、省时。在打磨边角、脊背、折边等突出部位时务必小心，打磨时用力要适度，不要将已喷的底漆、中间涂层都打磨掉。

⑥ 用橡皮刮刀检查涂装质量。喷涂面漆前还要再次清洗一遍。

注意以下几点。

① 如果打磨时不小心将部分中间涂层甚至连底漆都打磨掉，则必须把上述工艺过程重复一遍，再重新涂装底漆和中间涂层。

② 有的油漆料在打磨中间涂层时喜欢加少量抛光膏，以使表面更加平整。当然这也可算是一个不错的主意，但是在打磨结束后，必须记住，要更加彻底地清洗表面，以避免微量蜡的残存于涂层表面。

(3)“标志涂料”的施工　所谓“标志涂料”起“填充和打磨”的作用，它可以使表面更加平整。此外它还具备类似胶片“显影”的功能。喷涂一般中间涂料时，经打磨、砂光后，表面平整光滑，而它上面究竟有无砂痕、凹陷等细微的缺陷存在，此时肉眼是看不到的。只有在喷涂面漆之后，才可能发现表面到底有无这些缺陷。采用“标志涂料”则无此弊端，在未喷涂面漆之前，就可发现表面有无上述缺陷存在。比较典型的产品如：巴斯夫公司的281-4。标志涂料特别适合于收边操作，它可以将表面填得更平。喷涂标志涂料之后要进行适度的打磨，以除去在旧面漆和新喷中间涂层之间多余的标志涂料。在打磨标志涂料时务必小心谨慎，不要把不应该打磨掉的部分打磨掉，从而无法获得预期的效果。

① 调制一种比中间涂料颜色深一点或浅一点的涂料作为“标志涂料”。

a. 首先在收边区域内喷涂两次，厚度中等。在两道之间要留出一定的闪干时间。

b. 然后在比前两次喷涂区域大一点的范围内再喷涂两次。在两道之间要留出一定的闪干时间。

② 取深色（或浅色）中间涂料，稀释一倍。

a. 在经打磨加工过的区域喷涂一道。

b. 然后超出前次喷涂的范围再喷一次，在两道之间要留出一定的闪干时间。

③ 在室温下自然干燥大约30min。

④ 用No. 400水砂纸打磨（用或者不用打磨模块取决于待修补处的表面积）。

a. 如果原车面漆是热塑性丙烯酸清漆，则在打磨时要注意尽量不要打磨到丙烯酸面漆上。

b. 从周边开始打磨，加足量的水。随着上次喷涂的“标志涂料”被打磨掉，继续打磨并逐渐向中心移。

c. 最后打磨待修补的中心，不时用橡皮刮刀检查打磨效果，以决定打磨操作是否已完成。

d. 清洗，下一步工艺操作之前，表面必须充分干燥。

注意：在待修补的中心不要打磨过分，一旦微小的划痕被打平，即刻停止打磨。

(4) 封闭底漆的施工

① 在已涂中间涂层的区域内，用清洗溶剂彻底清洗表面，进行表面处理。

a. 当面漆为在汽车总装厂涂装的已固化的本色漆时，用No. 400、No. 600或更细的砂纸加清洗溶剂进行湿打磨。

b. 当面漆为丙烯酸清漆时，只进行抛光及溶剂清洗。

② 按照产品说明书的要求将封闭底漆兑稀（有些涂料厂供应的封闭底漆不需要兑稀）。

③ 按照产品说明书的要求，在适当的压力下喷 1～2 道封闭底漆。

④ 在喷涂面漆之前应使封闭底漆自干 30min。

注意：不要让封闭底漆涂层的厚度超过产品说明书的指标。

(5) 腻子的施工　首先应该确定：

① 车身表面的缺陷较严重，凹陷深度在 100μm 以上；

② 所选用的腻子与当前所采用的中间涂料是否相适应；

③ 中间涂层至少已经干燥了 10min 以上，并且已被彻底地清洗过。

刮涂腻子的具体操作方法如下。

① 用橡皮刮刀刮腻子

a. 从装腻子的软管内挤出少量腻子在橡皮刮刀的边角上，或者用橡皮刮刀从包装罐中蘸一点腻子。

b. 尽快将腻子压入待修补斑点的缺陷中，并迅速刮平。再加一点压力，把腻子进一步压实，不要把任何微小的空气泡遗留在基材缺陷的缝隙中。第二次刮腻子一定要尽快进行，否则腻子的干燥速率很快，用不了太长的时间就不便于继续加工了。此时所表现出来的现象是再刮时很容易刮起“卷”来。

c. 刮 2～3 次腻子，每次之间气干 15～20min。这样做比厚厚地刮涂一层就达到同样的厚度更能发挥腻子的效果，填充得要好。

② 如有必要，再喷涂一次中间涂料。

③ 打磨掉多余的腻子：在打磨之前，应使其自然干燥，一直干燥到便于打磨。腻子的干燥时间因腻子的品种、厚度和天气条件而有所不同。如果所采用的属挥发型腻子、厚度中等，则大约需要干燥 1h。一般采用 No. 360 砂纸打磨。

④ 在喷涂面漆之前，用中间涂料或封闭底漆封闭可见的腻子。

注意以下两点。

a. 腻子最好采用自然干燥的方式，建议不要用加热的方式来加速干燥。

b. 如果溶剂挥发干燥型腻子在已经开启过的或者是漏气的包装罐中因溶剂挥发而变硬了，可以补加一些高沸点的溶剂，调匀后使用。

(6) 面漆的施工　面漆的施工是汽车修补操作的关键。本道工序的加工质量是对前面所有工序工作水平的总评，因此万万不可粗心大意。在正式开始涂装之前，建议再一次检查喷枪并作最后的调整。

① 喷枪的检查（以吸上式喷枪为例）

a. 将喷杯接到枪体上，拧紧螺帽。

b. 检查喷杯上的气孔，确认无污垢堵塞，且处于靠近喷枪手柄的方位。

c. 拿起喷枪，将喷嘴对准下方，就像在喷涂汽车顶盖一样，检查喷杯上密封圈处是否会泄漏漆料。

d. 把雾束控制阀全开，对准垂直的墙面做雾束分布试验，如有异常，应按照喷枪调整部分所介绍的办法重新进行调整。

e. 检查和调整空气压力。对于丙烯酸清漆，喷枪上的压力为 $(2.0～2.8)\times10^5$Pa，允许在大约 0.35×10^5Pa 巴的范围内波动。对于一般本色漆，喷枪上的压力为 $(1.75～3.2)\times10^5$Pa，除非所采用的产品另外指定范围，不过最大也不应超过 $(3.5～5.0)\times10^5$Pa。对于任何涂料系统而言，最适当的空气压力只有一个，那就是能够使涂料获得最好雾化效果的最低空气压力。过高的压力会使漆雾粒子喷射到达基材表面后反弹回来，造成漆料损失（图3-2-31）。喷枪调整好后，应该能够获得分布均匀的雾束。

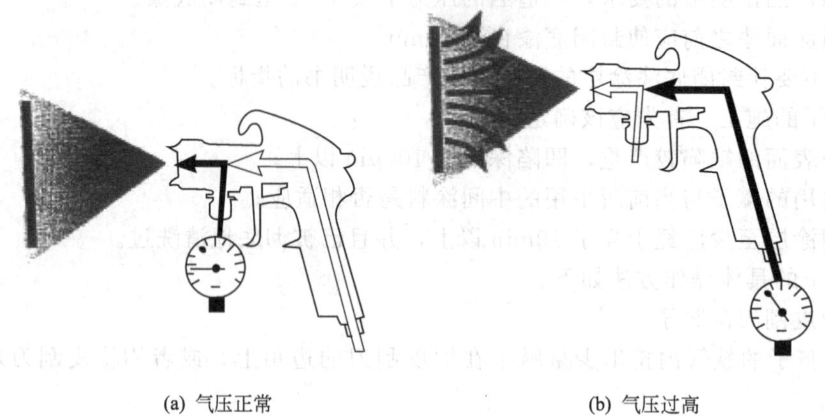

(a) 气压正常　　(b) 气压过高

图 3-2-31 压缩空气压力过高造成漆雾粒子反弹

② 喷漆前其他准备情况的检查

a. 喷漆设备是否完好，如压缩机、缓冲罐、软管等。

b. 涂料及其配套稀释剂是否按照产品说明书的要求调整好。

c. 所有容器是否干净，有无破损。压缩机、缓冲罐中是否残存有水或油。

d. 其他配件，如涂料刷、车间抹布、黏性抹布、不干胶带等。

e. 车身上靠近修补点附近的表面是否已用不干胶带粘贴覆盖好。

检查上述各项时，有些要非常仔细地进行。如对压缩机的检查就是如此，要接上电源，检查运行情况，观察压力是否达到额定的标准，是否稳定等。缓冲罐是否残留有水、油之类对涂层质量有影响的杂质。软管是否干净、通畅，有无泄漏、损坏等。

喷漆前最后一道工序是用气枪吹干净表面的灰尘，再仔细地用黏性抹布擦拭汽车待修补处的表面。其具体操作方法如下：

• 用压缩空气吹汽车的各个部位，先吹后部，再吹前部；

• 吹完后，用黏性抹布仔细地擦拭车身，就像喷漆施工一样，用黏性抹布擦拭表面也要求重叠，也就是说，前一次擦拭的区域和下一次擦拭的区域之间要有重叠。最后一次擦拭要采用新的黏性抹布。

至此喷涂面漆前所有的准备工作已经全部完成，接下来就可以进行喷涂施工了。由于面漆的喷涂工艺比较复杂，而且选用不同的品种其施工工艺也有所不同，因篇幅所限，这里无法一一加以阐述，有兴趣的读者可参考有关专著。

第七节 汽车涂料性能检验与漆膜缺陷

一、原漆性能检验

1. 溶剂型涂料性能检验

大型汽车总装厂往往都制定有一整套涂料检验方法和标准。各国涂料行业也制定有相应的标准和检验方法，如美国的ASTM、日本的JIS、德国的DIN、我国的GB等。正如其他领域的情况一样，一般是企业标准高于国家标准。另外，世界各国对于汽车本身各方面的要求也不一样，如外观、光泽、硬度、鲜映性及耐候性、防腐蚀性等。尤其是防腐蚀性这项性能指标与汽车的寿命关系密切，各国对汽车防腐蚀方面的要求有所不同，因此相应的标准也必然会不一样（表3-2-48）。

表 3-2-48 各国对汽车防腐蚀性的要求

地　　区	项　　目	年限/年	防锈层保证年限/年		
			日本车	美国车	欧洲车
北美	外观	1.5	1～3	1	1～3
	穿孔腐蚀	5	3～5	6～7	5～6
欧洲	外观	3	1～3	1	1～3
	穿孔腐蚀	6	6	6	6～8

近年来，为了更加有效、更加完善地控制产品的质量，各涂料生产厂家也相应地增加了一些特殊的检验项目，其中大部分均未列入该国的国家标准，如VDA循环、QUV加速人工老化、抗划伤性、抗石击性、耐洗刷性、长波及短波橘纹、粗糙度、雾光以及鲜映性等。这些标准的针对性都很强，可看作是涂料厂与汽车总装厂之间的协议标准。

国外有些大型汽车总装厂还要求涂料厂提供产品的红外光谱图，借以防止这些生产厂家未经客户容许就擅自更改原材料，最终达到控制该产品的基本成分的目的。总之，涂料质量的检验对供需双方而言都是至关重要的大事。我国适用于汽车涂料的检验方法分类及标准见表3-2-49。

表 3-2-49 汽车涂层评价试验方法

分类	项　　目	适合部位			采　用　标　准
		车外	车内	车下围	
涂层外观	光泽，色差，鲜映性，粗糙度，色调	○	○	○	GB 1729、GB 9724、GB 11186
遮盖性	遮盖性，紫外光透过性	○	○	○	GB 1726
涂层力学性能	硬度，耐冲击性，柔韧性，耐石击性，附着力，耐磨耗性	○	○	○	GB 1732、GB 1739、GB 11185、GB 1720、GB 5210、GB 9279、GB 9286、GB 1796、GB 1768、GB 1770
耐介质性	耐水性，耐酸性，耐碱性，耐油性，盐雾	○	○	○	GB 1733、GB 1734、GB 1740、GB 1763、GB 5209、GB 1771
耐热性	耐热性，温循试验	○			GB 1735、GB 1762
耐候性	户外曝晒性，加速老化性	○			GB 1766、GB 1767、GB 1856、GB 11189

注：○ 表示适合。

涂料产品的常规检验一般可以分为原漆性能检验和涂层性能检验两个方面，原漆性能检验包括外观（颜色、透明性）、黏度、不挥发分、密度、细度、遮盖力、贮存稳定性及干性等，涂层性能检验包括外观、厚度、光泽、色差、鲜映性、硬度、冲击性、弯曲、附着力、杯突以及耐各类介质性、耐候性等。

外观、透明度、颜色、密度、黏度、不挥发分、遮盖力等常规标准，读者可查阅相应国家标准，这里就不再赘述，只讨论一些较为特殊的检测方法或标准。

(1) 细度和清洁度　细度也是控制涂料质量的重要指标之一，主要用于检查色漆或色浆内颜料粒子的大小及分布均匀程度。过去对于清漆一般不做检验，但是现在国内外不少厂家为了更好地监控罩光清漆的质量，也在清漆的技术标准中增加了细度这一指标。

国外的高档涂料产品中引入了所谓“清洁度”的概念。如果用细度计检测时，某个部位哪怕只有2～3个颗粒，那么该部位的读数就被定义为“清洁度”。也就是说，对于高档汽车涂料而言，就存在两个指标——细度和清洁度。确切地说，细度反映了颜料粒子在成膜物质中的分散情况，而清洁度则反映了成品中是否混入某些尘埃之类的杂质。检测清洁度时，应采用细度范围较宽的细度板，至少是0～150μm的板。采用范围较窄的细度板无法检测出较大颗粒的杂质。

(2) 贮存稳定性　贮存稳定性是考核涂料在密闭的容器中，贮存一段时间后，其自身质量是否发生了本质性改变的检验项目。涂料由生产厂出厂到客户开始使用之间往往要经过一定的商业环节，而且即使是涂料厂直接对用户也不一定是随到随用，都很可能要在仓库贮存几个月，乃至一年的时间，因此再好的涂料也不可避免或多或少会出现一些增稠、返粗、沉降以及结块等常见的涂料弊病。一般来说，涂料厂对于每一种产品都规定有一定的贮存期，国内各厂大都为一年，国外则大都为半年。产品在规定的贮存期内，涂料厂对产品的质量负完全责任。目前对于贮存稳定性大都按照GB/T 6753.3—1986标准执行，一般是测定产品黏度、沉降性等。

① 黏度　产品经贮存一定时间后，测定其黏度的改变。按照GB/T 6753.3—1986标准进行检验。取三份试样，将其装入规定的容器中，装样量应以离容器顶部尚差15mm为宜。再在自然环境条件下贮存6～12个月或者在50℃±2℃的条件下贮存30天。一般在50℃±2℃的条件下贮存30天，大致相当于自然环境下贮存半年至一年。根据贮存后黏度与原始黏度比值的百分数划为以下几个等级进行评定：

10——黏度改变值不大于5%；

8——黏度改变值不大于15%；

6——黏度改变值不大于25%；

4——黏度改变值不大于35%；

2——黏度改变值不大于45%；

0——黏度改变值大于45%。

最终评定时以“通过”或者“不通过”为结论性评定用语。例如，某大型汽车公司在卡车用面漆的标准中关于贮存稳定性限定为6级。也就是说，经过一定的贮存期后其黏度的改变不大于25%。

实际上，任何一家客户在对进厂产品进行验收时，根本不允许把该产品放置十天甚至半月以后再做出结论，而是及时检验，合格可以入库，不合格作退货处理。一般情况下，比较正规的大型涂料厂或者汽车总装厂都制定了相应的加速贮存试验方法。例如，北京某汽车厂关于贮存稳定性试验规定了下述条件。

60℃，15h后，黏度增加不得超过20s，或者在室温下放置三个月后，黏度增加不得超过15s。换句话说，按照该厂规定的加速贮存条件，一天以内即可做出判断。据了解其他各大厂也有类似的自定标准。只要供需双方经过友好协商，共同确定试验条件和标准，不难找出有关涂料贮存稳定性的快速检验方法来。这里要特别强调指出的是，每种产品，特别是那些交联型涂料产品都有自己特有的活化温度。切记所确定的加速贮存温度不得高于该产品的活化温度，否则所得出结论的可靠性就很值得商榷。

② 沉降性　对于沉降性的评定，GB/T 6753.3—1986也规定了六级评定标准。

10——完全悬浮，于原漆状态比较几无差别。

8——有明显的沉降触感，并且调刀上留有少量的沉积物。用调刀的刀面在容器的底部推移，感觉不到明显的阻力。

6——有明显沉积的颜料块，但是调刀的自重使其能够穿过沉积物落到容器的底部。用调刀的刀面推移，感觉到一定的阻力。凝聚部分的块状物可转移到调刀上。

4——调刀的自重不能使调刀穿过沉积物落到容器的底部。用力使调刀穿过沉积物，再用调刀的刀面推移沉积物，感觉到阻力很大，而且沿着容器的器壁推移调刀都感觉到有的阻力，但是很容易将涂料重新搅拌成均匀状态。

2——用力使调刀穿过沉积物到容器底部，推移感到很困难。沿着容器的器壁推移，感觉到明显的阻力，但是可以将涂料重新搅拌均匀。

0——涂料底部结成很坚硬的块状物，通过手工搅拌，在 3～5min 内无法将这些硬块与液体重新混合均匀。

沉降性试验的贮存周期与黏度测定是完全相同。沉降性试验不像黏度试验那样数据化，便于判断。

(3) 干性［按 GB/T 1782—1979（1989）规定进行测定］ 涂料由液态转化为固体涂层的物理化学过程称为干燥。其实“干燥”只是一个古老或者传统的叫法。对于交联型涂料而言，严格说来叫“固化”更为合适。

涂料的干燥过程可分为不粘灰干燥、表干、实干及硬干等几个阶段。一般情况下只测定表干和实干时间，至于不粘灰时间和硬干时间则往往由客户和生产厂家之间协商确定。

2. 电泳底漆原漆的性能检验

有关电泳底漆原漆的性能检验名目繁多，这里只讨论一些比较特殊、不太常见而又重要的项目。

(1) CED 超滤（以下简称 UF）能力

① 概念 超滤是近年来发展起来的一门较新的技术，它属于膜分离技术的范畴。应用超滤技术可以过滤出液体中混杂的诸如细菌、蛋白质以及胶体等采用普通过滤手段无法清除的细小粒子，因此将其称之为“超滤”。超滤效果的好坏对槽液的稳定性、电泳涂装的质量、CED 的使用效率、回收利用都会起到极为关键的作用。总之，在整个 CED 涂装系统中必需设有 UF 工序。借助于 UF，该系统就可以设计成封闭式循环系统。

② 目的 通过对 UF 液流速的测定来判定待测 CED 的 UF 能力。它的流速构成了 CED 性能的重要参数。本方法即对此进行测定。

③ 实验用材料 5L CED（已熟化 24h）；实验室 UF 装置；泵——实验室用隔膜泵；膜——超滤膜；250mL 量筒；秒表；带恒温、搅拌的槽；5L 清洗溶液。

④ 实验方法 实验前用去离子水（以下简称 DI 水）仔细清洗 UF 装置，然后在 4×10^5Pa 的压力下按循环模式用 DI 水循环 10min（保持 27℃），测定产生 250mL 水的时间（用量筒测量）。水的流速采用式(3-2-3) 计算

$$流速=V\times\frac{3600}{t}A \tag{3-2-3}$$

式中 V——测量容积读数，L；

t——时间，s；

A——膜的表面积，$0.07m^2$。

如测出的流速低于 $250L/m^2$，则需再次清洗 UF 装置。拆除配件，安装新的 UF 膜。

在将 CED 槽液投进装置之前，应测量其筛余物。槽液过筛并加热到 27℃然后接入 UF

装置。为了避免CED槽液样品被稀释，应先用CED槽液洗一下UF装置使其基本无水。工作压力设成4×10^5Pa。CED槽液通过温度设定为27℃的恒温槽循环。

循环10min，6h，24h后，分别测量为获得100mL UF液所需时间，按式(3-2-3)计算流速，每种情况下测2次。根据不排放UF液的原则，测量中收集到的UF液应倒回到CED槽液中。

UF实验不用任何预过滤器。UF装置在做过实验后应采用DI水进行清洗，直到装置内所有的CED都被清除干净。然后再次测定CED槽液的筛余物。

按循环模式，用清洗溶液清洗UF装置30s。可能的话稍稍提高一点温度（30～35℃），以尽可能干净地清除CED槽液。

⑤ 评价　除了pH、电导率、筛余物、固含量、灰分以及颜料含量外分析报告也应和相应图表一起列出流速值。CED流速（相对于起始值）的下降代表CED涂料的UF能力。

(2) CED涂料的抗剪切稳定性

① 概念　CED涂料是一种水性悬浮液，某些外界的物理应力可能会的影响到它的稳定性，如泵输送过程中产生的剪切应力。

② 目的　利用泵所产生的剪切应力来测量CED涂料的相对稳定性。

③ 实验材料　4L CED槽液；5L玻璃烧杯；350mL（底部直径为7cm）的塑料烧杯；No. 8尼龙滤布（10cm×10cm，80目）；直径为10cm的罐；纸夹；精确度为0.01g的天平；实验室用隔膜泵；实验架；恒温器；DI水洗瓶；实验室用鼓风烘箱。

④ 实验目的

a. 将尼龙滤布、罐、纸夹一起称重。取两个350mL塑料烧杯，切去底部，两个烧杯之间用尼龙滤布隔开，再将一个烧杯的一端插入另外一个烧杯，以撑紧尼龙滤布。倒入4L槽液过滤，如不太好过滤则可用搅拌器或类似的装置协助。用装有DI水的洗瓶清洗滤布和筛余物，直到出来的是清洁的水。从塑料烧杯上取下滤布，折叠两道，用纸夹夹住，将其放入已称好重量的罐中。放入烘箱中，60℃，90min干燥，称重。

b. 槽液经上述处理后，用泵循环16h。为此倒350mL DI水到泵的吸入软管内以赶走里面的空气。为防止泵循环过程中产生的热量造成槽液温度的提高，应将泵和软管浸入到温度控制在27℃的恒温槽中。16h后，再将槽液泵回桶内。

c. 按上述过滤工序过滤这些槽液。桶内的残留物用DI水洗到滤布上，然后清洗。

d. 筛余物在60℃干燥90min，然后称重。

e. 用清洗溶液进行大致清洗后，再将泵拆下进行进一步清洗。

⑤ 评价　根据槽液经受剪切力前后筛余物的量，按下述标准评级。

0级：＜0.1g筛余物/4L槽液。

1级：0.1～1.0g筛余物/4L槽液。

3级：1.0～2.0g筛余物/4L槽液。

5级：＞2.0g筛余物/4L槽液。

实验过程中发生的任何事件，如停泵之类的故障都应写入报告。

(3) CED泳透力的测定　泳透力就是电沉积涂料在电场的作用下，对待涂装表面背部（包括内面、凹面、缝隙等处）的涂覆能力。它主要用来判断CED材料对所采用的待涂工件的适应性，是观察工件内部能否泳涂上足够漆膜厚度的关键指标。泳透力的好坏直接影响到电泳涂装工艺的效率和最终漆膜的防腐蚀性能。泳透力的测量方法有被列为国家标准的钢管法和几大汽车公司普遍采用的福特盒法。

测定电泳漆泳透力的国家标准钢管法比较适合测定泳透力较低的品种，比较适合泳透力较低的阳极电泳漆，而不太适合泳透力较高的阴极电泳漆。在测量阴极电泳漆的泳透力时，测量结果多接近 100%，不少实验人员采取降低钢管直径或减少阳极板面积的办法来应对方法本身存在的不足。

福特盒法比较适合阴极电泳漆，但因变动参数较多，如阴阳极比、电泳电压及时间、槽液温度、溶剂含量、电导率等均应调整到标准化的水平，现分别介绍如下。

① 钢管法

a. 实验材料：5L 已熟化好的槽液；塑料容器（ϕ230×250mm）；钢管（ϕ20×300）；实验室用电泳仪；实验室用搅拌；实验室用鼓风烘箱。

b. 实验方法

- 将熟化好的槽液装入到塑料容器中，插入搅拌，使搅拌器靠壁；
- 将钢管插入到装有槽液的塑料容器中，深度为 150mm；
- 开动搅拌；
- 按照标准条件进行电沉积涂装；
- 取出钢管，水洗、烘干；
- 锯开钢管，测量管内壁电沉积涂层情况，测得三个分区，A、B 和 C，A——完全涂有沉积漆膜部分；B——未完全涂覆沉积漆膜部分；C——完全未涂覆沉积漆膜部分。

c. 计算方法

$$泳透力=\frac{完全涂覆漆膜高度}{钢管插入槽液高度}\times 100\% \tag{3-2-4}$$

② 福特盒法

a. 实验材料：5L 已熟化好的槽液；电泳槽（6L）；聚氯乙烯塑料块（9mm×9mm×450mm）；样板（100mm×450mm×0.8mm）；电泳槽；实验室用鼓风烘箱；实验室用搅拌。

b. 实验方法

- 将熟化好的槽液装入到塑料容器中，插入搅拌，使搅拌器靠壁；
- 将两块样板夹好聚氯乙烯塑料块，并用绝缘胶带封好；
- 置入电泳槽中；
- 按照标准电沉积条件涂装；
- 取出样板，拆开、水洗、烘干；
- 测量样板上已涂覆漆膜的高度。

c. 计算方法

$$泳透力=\frac{样板上已涂覆高度}{浸入高度}\times 100\% \tag{3-2-5}$$

(4) CED 槽液抗污性的测定

① 概念　在电泳涂装的过程中，被涂物或传动链系统中常有污物可能滴落到 CED 槽液中，如油脂、润滑油、焊料以及密封胶等。

② 目的　在标准条件下，用标准磷化样板在被指定物质污染的 CED 槽液或未被污染的槽液中进行涂装，以获得该 CED 材料的抗污染性能。

③ 实验材料　5L 槽液；1g 试验物质；标准磷化样板；电泳槽；实验室用鼓风烘箱；搅拌器。

④ 试验方法

- 污染涂料；
- 污染 CED 槽液。

在5kg槽液中取200mL与1g待试验物质（10%乙二醇丁醚溶液或在特殊情况下亦可将其配成二甲苯溶液）混合，并用高速搅拌混合1min，然后将其倒入槽液内。

被污染的槽液在室温下熟化3h和96h后，取3块样板在特殊规定的条件下进行涂装。特别值得注意的是，必须保证涂层的厚度和烘烤温度恒定。

⑤ 样板的评价

a. 缩孔　对样板的正面进行评价。数缩孔数，单位为个/dm^2。被污染槽液所得的缩孔数与未被污染的所得缩孔数进行比较。按照以下方式评价。

0：0个缩孔。
1：<5个缩孔。
2：<10个缩孔。
3：<20个缩孔。
4：<50个缩孔。
5：>50个缩孔。

b. 其他表面缺陷　如疤痕、裸露等。

(5) CED涂装过程中锌敏感性测定

① 概念　当镀锌板用于电泳涂装时，如施工电压过高常常会出现针孔，这是由于CED材料和被涂物间发生电化学作用的缘故。

② 目的　本方法乃是通过有限的实验确定一种CED涂料用于镀锌板涂装时，在某种条件下是否可能产生针孔。

③ 实验方法　按照标准方法在两个电泳槽中泳涂样板。采用不同的涂装电压，但不加附加电阻。槽液温度控制在29℃。第1块样板的涂装电压比获得正常厚度的电压低30%。然后按30V为一挡逐步升高，每挡涂装1块样板，直到达到所测试CED材料的标准膜厚为止。在标准条件下烘烤样板。

④ 评价　测量膜厚，按式(3-2-6)计算起始电流密度J_a。

$$J_a=\mu\frac{U}{10} \tag{3-2-6}$$

式中　J_a——起始电流密度，mA/cm^2；

μ——29℃下槽液电导率，mS/cm；

U——涂装电压，V。

测量每平方分米针孔数。如样板上布满了针孔，在样板每边随机各选择两个区域并划出边长为1cm的正方形，记录正方形内针孔数。计算四个正方形所得针孔数的平均值，再乘以100，得每平方分米的针孔数。如样板的每边没有那么多针孔，则可划边长为10cm的正方形，同样可得每平方分米针孔数。涂装电压与计孔数量之间的关系见表3-2-50。

表3-2-50　涂装电压与针孔数量之间的关系

μ/(mS/cm)	U/V	J_a/(mA/cm^2)	针孔数/(个/dm^2)	膜厚/μm
1.33	250	33.2	0	14.3
1.33	280	37.2	200	15.7
1.33	310	41.2	1000	19.0
1.33	340	45.2	4000	21.4

(6) CED槽液和UF液的起泡性

① 概念　在CED槽中可能产生泡沫，特别是在车身入槽和出槽时以及在淋洗区都有可能发生。起泡的程度可能与涂装线的布局以及材料本身有关。

② 目的　本法可用于测量材料的起泡性以及泡沫的稳定性。

③ 应用　CED材料及UF液。

④ 实验材料　250mL 量筒（刻度为 2mL）；量筒用塑料塞；秒表；50mL CED 槽液或 UF 液；200mL CED 材料用溶剂。

⑤ 实验方法　用 DI 水彻底清洗量筒，然后倒入 50mL 槽液或 UF 液于量筒中。塞上塑料塞子，激烈摇动 10s。停止摇动后马上读取泡沫的高度（mL），扣除原来的液体高度 50mL。然后读取 2.5min、7.5min 以及 10min 后泡沫高度（mL）的数据。实验后量筒要仔细清洗，先用乙二醇丁醚清洗，再用 DI 水清洗。

重点：必须采用本法中的清洗方法清洗量筒，采用其他清洗法无法获得可重复的数据。另外为比较起见，应总是让同一个实验人员进行。

注：由于槽液和 UF 液中的溶剂含量对起泡性有相当大的影响，故一般要对 CED 和 UF 中的溶剂含量进行分析。

⑥ 评价　实验报告中将列出摇动后以及放置 2.5min、7.5min 以及 10min 后的泡沫高度（mL）。用起始值和 10min 后的泡沫高度来计算泡沫消退的速度（%），这是衡量泡沫稳定性的重要数据。

例：时间/min　0　2.5　5　7.5　10

泡沫高度/mL　60　58　50　30　20

泡沫消退速度为（0～10min）67%

一种性能良好的 CED，其泡沫消退速度应>75%。

(7) 入槽痕迹（带电入槽）

① 概念　在很多 CED 涂装厂中，往往采用带电入槽的方式进行涂装，这样全部电压就加载到工件浸入槽液的部分面积上，这将很容易引起人们常说的“入槽痕迹”病态。

② 举例

a. 部分击穿　电流过高可能引起条状漆膜过厚（多为塑性堆积）。

b. 条痕　类似一串珠子，由平行于槽液表面的气泡包容在内引起。

c. 湿/干痕　疤痕。

③ 目的　本法用于检验 CED 材料带电入槽时对漆膜缺陷的敏感性。事实上入槽痕迹可通过改变一些参数（施工条件，设备或涂料的配方）来模拟、减少或避免。

④ 实验材料　CED 槽液；带可带电入槽设施的电泳槽；烘箱；标准磷化样板；尺寸为 20cm×10cm 的板；防水钢笔；测厚仪。

⑤ 实验方法

a. 样板的准备　用钢笔在样板上划一道 1mm 宽的线，以将其划分为左右两个部分。右边用 DI 水润湿。

b. 样板的涂装　施工参数应维持不变，因为它们都可能对入槽痕迹有影响。然后变动其中的一个（如涂装电压、入槽角度、入槽速度）。样板上作了标记的一边是实验考察区，它必须正对电极。

参数	值	参数	值
槽液温度	标准	阳极/阴极距离/cm	10
涂装电压/V	40	涂装前样板底部距槽液表面的距离/cm	1
附加电阻/Ω	0	带电入槽深度/cm	15
涂装时间/min	2	入槽角度/(°)	90
搅拌速度/(r/min)	500	入槽速度/(cm/s)	1
阳极/阴极比	1/4		

⑥ 评价　除了施工条件外，槽液的状态（固含，灰分，溶剂含量，pH 值以及电导率）也对其有很大影响。样板上干湿两个区的状态分别用 0～5 级的评级标准来予以评价。

0 级：无可见痕迹。
1 级：仅仅轻微变化(光泽，色相)。
2 级：明显的可见痕迹。
3 级：平坦的塑性痕迹。
4 级：严重的塑性痕迹(条痕)。
5 级：严重的塑性痕迹(击穿)。

因 CED 材料的敏感性不同（对电压和预处理的敏感性），在带电入槽时其漆膜厚度可能有改变。

a. 干、湿两区的漆膜厚度不同

b. 样板底部和上部厚度不同。

如果存在这些现象，则可从表 3-2-51 中看到。

表 3-2-51 某厂实用中的 CED 带电入槽时膜厚差异 单位：μm

干边	DI 水润湿边	干边	DI 水润湿边
26	20	23	18
25	19	22	18
24	19		

(8) CED 涂料 MEQ 值的测定　MEQ 值是对于涂料固含量为 100g 所需中和剂的量 (mmol)，单位为 mmol/100g。换言之，为使成膜物质具有水稀释性所需要的中和剂的量。显然，它与直接反映游离氢离子浓度的 pH 有所不同，但又存在一定关联。它是电泳槽日常运行中重要的控制参数。然而人们在使用 CED 的实践中发现；CED 材料中酸和碱都是存在的。为了更好地监控树脂生产以及槽液日常运作时有关参数的改变，简单地以 MEQ 来度量所需中和剂的量并不全面。于是有人提出了 MEQ_A 和 MEQ_B 的概念，以此分别表述材料中酸和碱的存在，并且提出了总中和度（TN）的定义。

$$TN(\%)=\frac{MEQ_A}{MEQ_B}\times 100\% \tag{3-2-7}$$

(9) MEQ_A 的测定

① 概念　此法用来测定 CED 材料中的总酸含量。

② 方法综述　精称样品于一个干净的小烧杯中，加入四氢呋喃、丙二醇（容积比 80∶20）的混合溶液溶解，然后进行电位滴定。终点用于计算样品的总酸含量。

③ 仪器　电位滴定仪；分析天平（精确到小数点后四位）；150mL 烧杯；电磁搅拌器；0.1mol/L KOH-甲醇溶液；四氢呋喃；丙二醇；一次性塑料注射器（5mL）。

④ 操作过程

a. 将样品吸入 5mL 的塑料指示器中，擦拭干净、称重、记录；

b. 注射 2g 样品于 150mL 烧杯中；

c. 注射器称重、记录（注意：称重前不得擦拭注射器，以免影响计量）；

d. 加入 70mL 混合溶液（四氢呋喃、丙二醇）于装有样品的烧杯中；

e. 放入磁力搅拌棒，并将烧杯置于磁力搅拌器托盘上，搅拌至样品溶解；

f. 提高搅拌器转速，直至产生漩涡；

g. 靠烧杯壁插入电极（注意：不得贴靠烧杯）；

h. 将滴定管置于烧杯的漩涡上方，用 0.1mol/L 的 KOH-甲醇溶液滴定至终点（电位滴定曲线出现峰值）；

i. 采用 70mL 混合溶液（四氢呋喃、丙二醇）进行空白实验；

j. 注意空白实验溶液样品应及时更新；

k. 记录两次滴定容积；

l. 取重复实验数据的平均值。

⑤ 计算　按式(3-2-8) 计算每克不挥发实验样品酸量。

$$MEQ_A=\frac{(V_1-V_2)N_1}{(W_1-W_2)NV} \tag{3-2-8}$$

式中　V_1——样品滴定至终点的体积，mL；

V_2——空白样品滴定至终点的体积，mL；

N_1——滴定液的物质的量的浓度；

W_1——注入样品前注射器的质量；

W_2——注入样品后注射器的质量；

NV——实验样品的不挥发分，精确至小数点后 2 位数。

注意事项：为尽可能减少因溶剂挥发而带来的误差，整个操作应尽快进行。

(10) MEQ_B 的测定

① 概念　此法用来测定 CED 材料中的总碱的含量。

② 方法综述　精称样品于一干净的小烧杯中，加入四氢呋喃、丙二醇（容积比 80∶20）的混合溶液溶解，然后进行电位滴定。终点用于计算样品的总碱含量。

③ 仪器　电位滴定仪；分析天平（精确到小数点后四位）；150mL 烧杯；电磁搅拌器；1mol/L HCl 液；四氢呋喃；丙二醇；一次性塑料注射器（5mL）。

④ 操作过程

a. 将样品吸入 5mL 的塑料指示器中，擦拭干净、称重、记录；

b. 注射 2g 样品于 150mL 烧杯中；

c. 注射器称重、记录（注意：称重前不得擦拭注射器，以免影响计量）；

d. 加入 70mL 混合溶液（四氢呋喃、丙二醇）于装有样品的烧杯中；

e. 放入磁力搅拌棒，并将烧杯置于磁力搅拌器托盘上，搅拌至样品溶解；

f. 提高搅拌器转速，直至产生漩涡；

g. 靠烧杯壁插入电极（注意：不得贴靠烧杯）；

h. 将滴定管置于烧杯的漩涡上方，用 0.1mol/L 的盐酸溶液滴定至终点（电位滴定曲线出现“S”形）；

i. 采用 70mL 混合溶液（四氢呋喃、丙二醇）进行空白实验（注意：空白实验溶液样品应及时更新）；

j. 记录两次滴定容积；

k. 取重复实验数据的平均值。

⑤ 计算　按式(3-2-9) 计算每克不挥发实验样品碱量。

$$MEQ_B=\frac{(V_1-V_2)N_1}{(W_1-W_2)NV} \tag{3-2-9}$$

式中　V_1——样品滴定至终点的体积，mL；

V_2——空白样品滴定至终点的体积，mL；

N_1——滴定液的物质的量的浓度；

W_1——注入样品前注射器的质量；

W_2——注入样品后注射器的质量；

NV——实验样品的不挥发分，精确至小数点后 2 位数。

注意事项：为尽可能减少因溶剂挥发而带来的误差，整个操作应尽快进行。

二、涂层性能检验

涂料经成膜后，其涂层的性能比该产品的原漆性能更加直观、更加实际地反映涂料的内在质量，所以一直受到涂料生产厂家和客户（这里就是汽车厂）的一贯重视。

1. 硬度

涂层的硬度是表征涂层机械强度的重要性能之一。其物理意义可以理解为漆膜表面对于作用其上的另外一个硬度较大的物体所表现出来的阻力。这个阻力可以通过一定重量的负荷，作用在比较小的接触面积上，测定漆膜抵抗变形的能力而表现出来。涂层硬度测定的方法很多，有摆杆式硬度、铅笔硬度、斯瓦特硬度（Sward）及压痕硬度等，其中以摆杆式硬度和铅笔硬度用得最多。

(1) 摆杆式硬度测定法 摆杆式硬度又可分为单摆式和双摆式两种，前者的测量值以时间（s）表示，后者则以相对于玻璃硬度的百分数表示。

单摆式又称为科尼格（Konig）和柏萨兹（Persoz）摆杆硬度。国外一些大型汽车涂料制造厂大都采用这两种硬度测试仪，其汽车涂料特别是面漆的硬度指标多以这两种硬度表示，如巴斯夫公司、斯托拉克公司、阿克苏公司等。几种摆杆阻尼试验的工作原理基本相同，即接触涂层表面的摆杆以一定的周期摆动时，摆杆摆幅衰的快慢来衡量硬度的高低。由于各种摆杆的结构、重量、尺寸、摆的周期及摆幅都不一样，另外摆杆与涂层之间的相互作用还取决于涂层自身的弹性和黏弹性，由此各种摆的测定结果无法建立相互之间的换算关系，因而在产品标准中列出涂层的摆杆硬度值时，必须同时指明所采用的摆杆仪的类型，如科尼格硬度一般情况下为柏萨兹硬度值的一半。

(2) Sward 硬度计 Sward 硬度计由两个直径为 100mm 的金属圆环组成，两环的间距为 25mm。在圆环的下半部有两个玻璃指示泡，用以表示试验开始或终了。测量时，让它在待测漆膜表面来回摆动，记录摆动的次数，且与玻璃值比较。计算比值即为 Sward 硬度值。本法现在无论国内外均已不太常用，很少见到某个产品的硬度值是以 Sward 硬度来表示的。

(3) 铅笔硬度 用一套铅笔来进行漆膜硬度的测定，其判定方法是以铅笔能够穿透漆膜而深达基材的铅笔的号数来表示。国内所用铅笔一般为中华牌高级绘图铅笔。为了避免人为因素的影响，国外推出了专用于铅笔硬度测定的铅笔硬度试验机。Erichsen 公司型号为 Model291。测定时只要用手把仪器轻轻向前推动即可。显然它可以在相当大的程度上减少人为因素的影响，所得检测数据的重复稳定性相对稳定。

铅笔硬度在汽车涂料领域内颇为流行，尤其是汽车用阴极电泳底漆及中间涂层等不少产品都是以铅笔硬度表示。这里需要特别指出的是，国产铅笔所测定的硬度值比国外铅笔所测定的硬度值要低 1～2 级。

2. 柔韧性

漆膜的柔韧性指标过去大都是将涂有漆膜的马口铁板在不同直径的轴棒上弯曲，以其弯曲后漆膜不被破坏的最小轴棒直径来表示。这种柔韧性试验器由精细度不同的 6 个钢制的棒轴组成，其尺寸分别是截面 1mm×10mm、2mm×10mm、3mm×10mm、4mm×10mm、5mm×10mm 及直径 10mm、外径 15mm 的套管。

圆柱形轴弯曲试验仪主要用于测定金属表面漆膜的抗开裂和抗剥离性能。一般厂家提供 12 个不同直径的圆柱形轴，其尺寸为 2mm、3mm、4mm、5mm、6mm、8mm、10mm、12mm、16mm、20mm、25mm、32mm。试验时将已涂漆的样板绕在圆柱形轴上，依次换成直径较小的圆柱形轴，直到漆膜发生开裂时为止。

锥形轴弯曲试验仪用于测定金属表面漆膜的拉伸性能。测定时将已涂漆的样板夹在仪器的适当位置，通过轧辊的旋转作用使样板绕在锥形轴上。锥形轴的长度为 200mm，大端直径为 37mm，小端直径为 3mm。弯曲后检查样板，找出因拉伸而造成漆膜损坏的最小直径的部位，该部位距小端的长度定义为锥形弯曲值，单位为 mm。

3. 冲击性

冲击性能反映涂层抗高速度负荷作用下变形的能力。表现了试验漆膜的弹性和附着力。所用仪器为冲击试验器。

以往国家标准的冲击试验器的重锤为 1kg。当时试验用基材均为马口铁板。但使用马口铁板不适用于汽车以及其他工业，故很多工业用漆的标准中都规定采用厚度为 0.45～1mm 的薄钢板。因此对冲击试验的重锤的重量又有了新的规定，如国外的落体冲击试验仪的重锤为 2.7kg，管式冲击试验仪的重锤的标准重量虽然还是 1kg，但是厂家备有加重重锤，重量也是 1kg，这样两个重锤加起来就变成了 2kg，而落锤高度也由原来的 50cm 增加到 100cm。

4. 附着力

漆膜与基材表面之间通过物理或化学力的作用结合在一起的能力称为附着力。要想真正测定漆膜与基材之间的附着力是比较困难的，目前只能采用一些间接的方法来测量。但是应该明白，这些数值并不单单是附着力的体现，也是某些其他综合性能的集中反映，如冲击性、柔韧性及压痕硬度等。测定附着力的方法有以下几种：划圈法、划格法以及拉开法等。

划格法评价的标准国内外大同小异，都将其分为 6 级。我国标准将其定为 0～5 级，国外则将其定为 Gt0/5b、Gt14b、Gt2/3b、Gt3/2b、Gt4/1b 及 Gt5/0b 级。

值得注意的是，国外汽车行业早已不再采用划圈法测定附着力，从目前所见到的原厂漆的标准来看，大多数为划格法附着力的数据。

上述两种附着力的测定方法都存在一定的缺陷，影响因素很多，实际上它们并不能真正反映出涂层与基材之间黏合力的大小。于是，近年来某些工业领域仿照胶黏剂行业测定黏结强度的方法，发展了一种拉开法来测定涂层的附着力。所谓拉开法是指在规定的速度下，在试样的黏结面上施加垂直、均匀的拉力，以测定涂层之间或者是涂层与基材之间附着被破坏时所需要的外力，单位为千克力/厘米^2（kgf/cm^2，1kgf=9.8N）。这种测试方法在汽车行业倒是很少采用。

5. 光泽

所谓光泽，就是涂层表面把投射到它上面的光线朝同一方向反向出去的能力。也就是说，反射的光量越大，光泽就越高。很明显，漆膜表面的光泽对于汽车涂料之类对装饰性要求较高的涂层来讲，无疑是一项非常重要的指标。

测定光泽的基本原理是以一块高光泽的标准板为基准，并把它定为 100%。早期光泽测定试验方法采用单一的、固定的入射角。实际应用中发现这远远不能满足各种不同装饰效果、不同光泽范围测定的要求，为此国外早就采用了多变角光泽计来进行测定，并且为之制定了相应的标准。我国也于 1988 年制定了 20°、60°、85°镜面光泽测定的标准。一般 20°对于高光泽色漆涂层具有很高的分辨率，它适合于 60°光泽测定时高于 70 单位的涂层。而 85°则对于低光泽涂层具有很高的分辨率，它适合于 60°光泽测定时低于 30 单位的涂层。测定时务必根据所测对象的具体情况确定适当的入射角。

6. 杯突试验

冲击性试验数据显示的是涂层在经受高速度负荷作用下抵抗破坏的能力，而杯突试验则反映的是涂层经受低速度负荷作用下抵抗破坏的能力。该项试验指标在近年来工业涂料的标准中常常可以找到。可以说它是涂层的柔韧性、拉伸强度以及附着力等项性能指标的综合体现。

7. 抗石击试验

抗石击性能是汽车漆关键指标之一，此项性能指标与漆膜其他项目有所不同，它往往按照各汽车总装厂自定标准进行检验。著名涂料仪器生产厂家 Erichsen 就分别为不同汽车总装厂生产其专用抗石击性能检测仪，如 Erichsen ATO/11-1/S、Erichsen Steinschlayprufgerat 508 为奔驰汽车公司专用，Erichsen D5870 则为通用汽车公司专用。BASF 自制抗石击试验仪则为大众专门设计等。不仅仅检测仪器，连试验用来冲击漆膜表面的介质也各有不同。上述各类抗石击检测仪器的检测数据间尚无准确的互换性，有待今后业内同人去规范这些标准，以求统一。

8. 耐介质性

耐介质性包括耐水性、耐酸性、耐碱性、耐各种有机溶剂性以及盐雾、湿热等。对于汽车漆而言，这些项目的试验方法非常复杂。各汽车生产厂家往往都制定有自己专用的试验标准，比如有关盐雾、湿热交互实施的所谓 VDA 循环就可算一例。德国大众、奔驰、法国 PSA 集团、美国通用、福特等公司都有各自的试验标准。我国各大汽车公司由于均已选择了国外的合作伙伴，因此其检测标准往往也是参照某家外国公司。

9. 耐候性

在影响汽车使用寿命的各项指标、性能中，最为重要的莫过于耐候性了。评价耐候性的试验方法主要有以下三种。

① 在太阳光较强的地区建立曝晒站，进行直接曝晒试验。

② 太阳跟踪聚焦曝晒试验。

③ 人工加速老化试验。

第一种试验方法是将试样直接放置在一年之中气象环境变化较小的乡间大气中，试验条件简单，试验结果的再现性良好。世界上比较有名的曝晒站有美国南佛罗里达州、日本广岛、我国的海南岛等。由于世界各地地理环境、气候条件的差别，各个曝晒站的试验结果不存在较为科学的相关性能，彼此之间也无线性关系，但是这些并不妨碍大多数专家都承认的多年来通过大量数据所总结出来的一些模糊结论。在这些曝晒站曝晒一年，如果是本色漆，则相当于实际使用三年；如果是金属闪光漆，则相当于一年半等。

为了加快试验速度，也可以采用太阳跟踪聚焦曝晒试验法。其试验速度比户外简单地曝晒试验要快 6 倍左右，但是其试验设备显然要复杂得多。

人工加速老化试验是通过采用不同的光源、不同的照射时间、不同的温度、不同的喷淋时间确定一个循环周期条件，以此使样板在较短的时间内达到天然条件下较长的时间才能达到的老化的结果。目前世界上流行的人工加速老化仪主要采用下述光源：阳光碳弧灯、氙光灯和紫外荧光灯。这三种光源中，目前以紫外荧光灯型在汽车行业中用得较多。最为流行的这种类型的仪器国外叫做 QUV 加速人工老化仪。

多年来，涂料工作者总是企图寻找加速人工老化和天然曝晒数据之间的线性关系，但是由于影响试验结果的因素太多，两者之间的线性关系的再现性均不理想。于是人们只好暂借用类似模糊数学的概念，就像上面提到的那样，用所谓某种类型的仪器中多少时间大致相当于某地多少年来描述。

三、漆膜缺陷、起因及解决措施

汽车原厂漆和修补漆的施工方式原则上可以说都是喷涂，不是采用压缩空气雾化就是高速旋杯雾化喷涂，或者高压无气喷涂等。这几种喷涂施工方式的整个过程中，必须考虑很多因素，比如稀释剂的沸程范围，稀释剂中所含高沸点溶剂与树脂的混容性，树脂溶液在凝聚、流展、溶剂挥发过程中表面张力的变化以及它们对涂层的流挂性、流平性、脱泡性的影响等。如有任何一个环节配置不当，就将无法得到理想的涂装效果。

以下所涉及的内容仅仅包括汽车漆经过涂装成膜以后所产生的缺陷，不包括原漆的质量问题。有关原漆的质量问题请参阅本节一和二部分。为了直观、明了地将各种漆膜缺陷进行分类，现按主要原因、预防措施及解决办法三个方面分别予以解释。

1. 面漆

(1) 浮色、发花　这里所说的浮色、发花是指面漆表面的颜色不均匀，并不是指原漆的浮色、发花。当然原漆如果存在浮色、发花的质量问题，那么肯定会对漆膜表面颜色不均匀带来严重影响。除了原漆方面的原因外，以下问题处理不当也有可能造成面漆的浮色、发花现象。

① 主要原因

a. 面漆涂层太厚；

b. 原漆存在浮色、发花的弊病；

c. 喷涂压力太高或太低；

d. 稀释剂使用不当。

② 预防措施　为了避免上述缺陷，最好的办法是严格按照涂料制造厂的使用说明书的要求施工。采用高速旋杯进行喷涂施工时，严格保持工艺参数稳定。

③ 解决办法　如果已经出现了上述缺陷，则只好用细砂纸打磨后再重新进行一次面漆的喷涂施工，或进行线上修补。

(2) 轻微收缩、起皱　面漆表面不均匀，呈现出轻微的纹理。即使纹理不明显，光泽也差。

① 主要原因

a. 喷涂面漆前，底漆或者是中间涂层未干透，干燥时间太短，或漆膜太厚；

b. 底漆或腻子中固化剂选用不当，底漆或腻子固化不完全；

c. 面漆喷得太薄，对底层未能很好地覆盖；

d. 喷涂面漆时（尤其是喷涂挥发型面漆时），一道喷得太厚，当面漆实干后，涂层的内部还封闭了许多未能挥发的溶剂，随着时间的推移，内层溶剂还会继续挥发，并向面漆涂层迁移渗透。这样一来轻者导致面漆失光，重者引起面漆涂层收缩，进而产生纹理。

② 预防措施　为了避免上述现象的发生，必须按照涂料制造厂推荐的每道扫枪涂层的厚度来进行喷涂。每道涂层之间都要严格按照产品说明书的要求给予足够的闪蒸时间。

定期校正喷涂设备的工艺参数。

③ 解决办法　了解待修补车辆车身上的涂层喷涂施工的时间。如果时间不长，则可以放置一段时间，使所有的涂层完全干燥。如果时间不允许而修配厂又具备条件的话，可以采取进烘房或者用红外灯进行低温烘烤的办法来解决。然后再用一定规格的砂纸打磨平整，重新喷涂面漆。

进行线上修补。

(3) 起泡　起泡的原因是多方面的。起泡往往以不同的形状、不同的区域、不同的大小及密度等形式出现，既可以在涂层与涂层之间，也可以在整个涂层内。一般来说，在喷漆间空气的相对湿度较低或气候较为干燥的条件下，涂层起泡的弊病相对较少一些。换句话说，施工环境相对湿度的大小是引起涂层起泡的主要原因之一。如果采用的是双组分聚氨酯系涂料的话，湿度的影响还可能要更大一些。

① 主要原因

a. 采用交联型面漆时，烘烤温度偏高。

b. 如果所采用的是水性底色漆或腻子，其中所含的水分未挥发完全，而面漆又采用的是双组分聚氨酯型涂料。

c. 待涂装的表面未经认真地清洗。湿打磨时采用了不干净的水，或者是手上的汗导致水溶性盐的污染。工件长时间工作在潮湿的环境下，就有可能发生起泡现象。

d. 由于外部原因造成部分损坏，其保护作用被破坏，这样空气中的潮气很容易通过受损坏部位渗透进入涂层，从而使受损涂层的周边区域特别容易发生起泡现象。

② 预防措施

a. 待喷涂表面在进行最后的清洗时，应该采用干净的水或者喷热水进行清洗，或者使用除硅油清洗溶剂进行清洗。

b. 要给底漆、中间涂层、腻子特别是水性材料留有足够的干燥时间，喷涂面漆要保证足够的厚度。

c. 对于原子灰及聚氨酯系中间涂层等要采用干打磨的办法。

③ 解决办法　如果发生了上述现象，只能按照修补的整套工艺过程重新进行修补，即除去受损坏部位所有的涂层，包括底漆在内。然后再按照下述程序进行：

a. 清洗；

b. 表面处理；

c. 底漆、中间涂料涂装；

d. 面漆涂装等。

(4) 遮盖力差　透过面漆可以看到旧的涂层或者经过表面处理的基材表面、底漆、底色等，或者颜色不均匀。

① 主要原因

a. 在修补范围内面漆的颜色不均匀；

b. 面漆在使用前未经充分混合；

c. 稀释剂使用不当；

d. 面漆太薄。

② 预防措施

a. 经过表面处理、喷涂底漆、中间涂层后，应使其表面呈现同一颜色。

b. 在喷涂面漆前，必须经过充分地搅拌、混合。

c. 应该严格按照产品说明书的要求选择稀释剂。

d. 应该保证一定厚度的面漆。一般对于本色漆应该达到 50～70μm，双层金属闪光漆的底色漆应该达到 12～15μm。对于某些遮盖力差的面漆，建议在喷涂面漆之前先喷涂所谓“标志涂料”，或者采用颜色相近的中间涂料。

③ 解决办法　在面漆充分干燥后，先用 No. 800 砂纸进行湿打磨，再重新喷涂面漆。

(5) 渗色　渗色现象多以黄色或红色色相的形式出现在涂层中。多发生在汽车修补施工时，原厂漆则较少见到。

① 主要原因

a. 旧涂层中使用的某些颜料耐溶剂性能欠佳，被修补涂料中的溶剂所溶解，致使面漆褪色。

b. 腻子中含有某些过量的有机过氧化物被修补材料中的溶剂所溶解、渗透，然后与涂层中的某些颜料反应。在这些刮涂腻子的部位发生向黄褐色转变的现象。在蓝色或绿色色调的面漆上特别容易发生。

c. 中间涂层或腻子上残留有沥青或焦油等残留物。

② 预防措施

a. 如果在长期的修补施工中发现某些车辆的涂层特别容易出现渗色现象，则应该在喷涂面漆之前，预先喷涂一层隔离层——中间涂层。

b. 调制腻子时，务必注意按照说明书的配方比例加入有机过氧化物。切不可错误地以为有机过氧化物加得越多越好，实际上恰恰是适得其反。

③ 解决办法　如果渗色严重，应该将全部涂层打磨掉，然后重新进行修补施工。

(6) 工业污染　面漆受到工业废气、汽油、某些化学品等有害物质的污染，会使面漆表面失光、变色，严重时甚至出现黑褐色斑点。汽车特别是高级轿车表面发生这种现象，问题就很严重了。

①主要原因

a. 面漆如果受到焦油的污染，涂层中部分成膜物质向表面迁移，形成黑褐色斑点。

b. 工业废气、化学品或焦油渗透入面漆，使面漆褪色，这是由于涂层中颜料发生化学反应造成的。

c. 有些有害物质，如鸟粪、汽油、某些树脂等，长期覆盖在面漆表面，严重侵蚀表面，并导致面漆表面进一步分解。

② 预防措施　为了避免工业污染，车辆应该经常清洗。最好在每次清洗后采用抛光蜡进行小心地抛光。实际上抛光蜡更为重要的是对于涂层的防护作用。

③ 解决方法　轻微的褐色可以通过抛光来消除。如果无法清除，就需要进行彻底地打磨、砂光，再重新喷涂面漆。

(7) 附着力不良　附着力不良存在着两种情况：一是底漆对基材的附着问题；二是涂层与涂层之间的附着问题，涂料业界将后者称之为层间附着力。

① 主要原因

a. 表面未清理干净，尚存在一些有碍附着的物质，如硅油、油脂、脂肪、蜡、铁锈以及抛光膏的残留物等。

b. 底漆不合适。

c. 基材打磨不充分或者根本未进行打磨。

d. 喷涂底漆或面漆时采用了干喷的喷涂手法，或者是喷得太薄。

e. 在喷涂金属闪光色漆时，层与层之间闪蒸时间太短，或者底色漆稀释不够。

f. 底色漆或中间涂料中不恰当地使用了一些硅系列流平剂。

② 预防措施

a. 认真清理表面。

b. 正确选用底漆，尤其是在一些难粘表面上，如铝材之类轻合金、聚烯烃之类的工程塑料等。

c. 严格按照涂料制造厂的要求进行施工，在喷涂时形成干喷。喷涂厚涂层时，一定要留出足够的闪蒸时间。

d. 提请制漆厂注意流平剂的选用。

③ 解决办法　打磨附着力不良的部位，重新进行修补施工。

(8) 气泡　面漆上的气泡形如麻点，中间有小孔，凸出于涂层的表面。

① 主要原因

a. 面漆喷得太厚或者施工黏度偏高。

b. 稀释剂使用不当，挥发速率太快。

c. 层间的闪蒸时间太短。

d. 工件温度太高，造成溶剂挥发速率太快。

e. 双组分面漆烘烤前，闪蒸时间太长。

f. 有时采用红外灯烘烤干燥时，红外灯距离基材太近，致使基材温度过高。

② 预防措施

a. 采用与环境温度相适应的稀释剂。

b. 严格控制面漆的膜厚，尤其是一次成膜厚度。

c. 严格控制基材与红外灯的距离，保持正确的挥发时间与干燥温度。

③ 解决办法 如果气泡面积不太，可以采用200# 水砂纸打磨，然后再用抛光膏进行抛光。如果发生气泡的表面积较大，必须将其整个打磨平整，直到基材，再重新进行修补施工。

(9) 鱼眼 鱼眼又名凹陷，它一般呈现出圆形的凹痕，且其边缘凸起。底漆、中间涂层以及面漆表面都有可能发生。

① 主要原因

a. 基材表面未能彻底清理干净，尚留存有微量杂质，如硅油、油脂、蜡以及抛光膏等。

b. 喷漆间空气过滤不良，由于不可预计的因素带来污染，例如混入了其他类型的漆雾或其他挥发性物质。

c. 压缩空气的清洁器失效，未及时放水或混入了油污、水等污染物。

d. 附近工厂的污染源。

② 预防措施

a. 对表面进行彻底清洗，必要时采用除硅油专用清洗剂，如巴斯夫公司鹦鹉牌541-5硅油清洗剂。

b. 如果在表面处理的过程中必须采用一些含硅油的产品（抛光膏），则更需要采用上述硅油清洗剂进行清洗。

③ 解决办法

a. 如果一旦发生鱼眼，而且十分严重，可采用 No. 1200 或 No. 1500 砂纸进行湿打磨，再采用抛光膏抛光。

b. 如果经过抛光仍然无法除去鱼眼，则采用 No. 800 砂纸彻底砂平，再重新进行修补施工。

(10) 流挂 流挂现象是小的液滴、小的连珠甚至是一些较大团的涂料沿着垂直的喷漆表面流淌而下形成的漆膜弊病。

① 主要原因

a. 喷枪的喷嘴选择不当，太大了；

b. 喷枪离工件太近或喷枪移动的速度太慢；

c. 涂层喷得太厚或太湿；

d. 每道枪之间的闪蒸时间太短；

e. 稀释剂选配不当，挥发速率太慢。

② 预防措施

a. 应该严格遵守涂料制造厂的建议；

b. 选用合适喷枪的喷嘴；

c. 选用与环境温度相适应的稀释剂；

d. 调整走枪速度、喷枪与工件的距离等；

e. 在进行斑点之类的局部修补时，应该采用快速稀释剂、较小的喷嘴。

③ 解决办法 如果出现流挂的面积较小，可待涂层完全固化后，用 P1000～1200 号水砂纸将缺陷部位轻轻打磨掉，然后再用高光泽抛光蜡进行抛光。如果流挂的面积较大，则必须将其全部打磨平整，然后重新喷涂面漆。

(11) 橘纹 涂层表面不均匀，存在程度不一的纹理，看起来很像橘子皮。

① 主要原因

a. 喷涂时喷枪与工件的距离太远；

b. 压缩空气压力太低，涂料雾化不好；

c. 喷涂的涂层太薄；

d. 不恰当地采用了干喷技术或供漆量太少；

e. 施工黏度太高；

f. 稀释剂选用不当，挥发速率太快。

② 预防措施

a. 应该严格按照产品说明书的要求；

b. 调整施工参数；

c. 选择合适的稀释剂。

③ 解决办法 如果橘纹轻微，则可以采用 P1200 号水砂纸打磨，然后用高光泽抛光蜡抛光。如果橘纹严重，则应该采用 P800 号水砂纸打磨，然后再重新喷涂面漆。

(12) 咬底 咬底一般发生在新喷面漆涂层与旧涂层之间的驳口处或填补过原子灰的中间涂层上面。

① 主要原因

a. 对旧涂层打磨不充分就喷涂新面漆；

b. 底漆或腻子太厚或未干透；

c. 底漆、中间涂料、面漆之间不配套。

② 预防措施

a. 底漆和腻子的施工应该严格按照厂商的要求进行，确保底层干透；

b. 必要时在面漆与底漆、腻子或中间涂层之间薄薄地喷涂一道封闭底漆。

③ 解决办法 打磨平整，然后重新喷涂面漆。

(13) 龟裂 涂层表面存在的起皱向不同方向延展的不同长度、不同宽度的裂纹。

① 主要原因

a. 涂层太厚；

b. 在旧涂层上喷涂面漆时，旧涂层上已有裂纹，没有很好地进行打磨、填平等前处理；

c. 底漆、中间涂层或面漆之间刚柔性不相匹配，在冷热交变的条件下，因收缩、膨胀而导致开裂。

② 预防措施

a. 认真挑选涂装体系；

b. 严格按照产品制造商的要求进行施工。

③ 解决办法 将裂纹彻底打磨平整，然后重新喷涂底漆和面漆。

(14) 起皱 如果第二道面漆比第一道面漆干燥得快些，则极有可能在表面形成无规则的凹痕和凸起。这种类型的漆膜弊病特别容易发生在热塑性合成树脂涂料的施工中。

① 主要原因

a. 喷涂热塑性涂料时涂层太厚；

b. 施工环境欠佳，如室温太高，湿度太大。

② 预防措施

a. 严格遵照产品制造厂商的技术要求进行施工；

b. 最好配置能够控制温度、湿度的喷漆间。

③ 解决办法

a. 如果起皱不太明显，则待面漆干燥彻底后再打磨平整、抛光；

b. 如果起皱太明显，则必须采用脱漆剂或刮刀将涂层全部清理干净，再重新进行修补施工。

(15) 砂痕 喷涂面漆之前打磨过程中造成的痕迹。

① 主要原因

a. 打磨底漆或腻子时所采用的砂纸太粗糙；

b. 底漆未干透，当喷涂面漆时，面漆中的溶剂通过打磨的涂层表面渗透进入下层，当面漆硬干时，打磨的痕迹就显示出来了；

c. 采用机械打磨时砂轮太粗糙。

② 预防措施

a. 严格遵守操作规程，按照要求选定砂纸的规格；

b. 在打磨腻子或底漆前最好先喷涂一道标志涂料，待涂层干燥后，采用 P800 号砂纸进行彻底打磨。

③ 解决办法

a. 如果砂痕不明显，可采用 P1200～1500 号水砂纸打磨，然后采用高光泽抛光蜡进行抛光；

b. 如果砂痕非常明显，则需要彻底打磨再重新喷涂面漆。

(16) 疵点 形状、大小不同的尘埃混入涂层，形成凸起的疵点。

① 主要原因

a. 打磨后工件未彻底清洗干净；

b. 车间抹布质量太差，擦拭时棉纤维黏附到工件上；

c. 压缩空气系统的空气清洁器出现故障，空气过滤不干净；

d. 喷漆间内形成负压，导致外面的空气进入喷漆间；

e. 工件未清理干净；

f. 涂料清洁度不合格。

② 预防措施

a. 加强压缩空气的清洁工作；

b. 选用合格的车间抹布认真进行工件的清理；

c. 保持喷漆间正压；

d. 加强对涂料产品质量的控制。

③ 解决办法

a. 小的灰尘疵点可用 P1200～1500 号水砂纸打磨平整，然后再采用高光泽抛光蜡进行抛光；

b. 如果疵点颗粒较大且数量较多，则必须打磨平整后，再重新喷涂面漆。

(17) 光泽不良 高光泽面漆、特别是清漆干燥后达不到应有的光泽指标，显现出雾光或闷光现象。

① 主要原因

a. 稀释剂选用不当（型号错误、误选用了 1K 系列稀释剂或与环境温度不协调）；

b. 压缩空气压力过高或过低；

c. 中间涂料或其他底层未干透；

d. 稀释剂或压缩空气中水分含量超标；

e. 喷漆间湿度太高；

f. 喷漆间风向调整不当，有漆雾落到涂层表面。

② 预防措施

a. 正确选用品种优良的稀释剂；

b. 调整压缩空气压力；

c. 调整喷漆间送风系统；

d. 待底层干透后再喷涂清漆。

③ 解决办法

a. 待清漆干透后，使用抛光膏进行抛光；

b. 用 P1200～1500 号水砂纸适度打磨，然后用高光泽抛光蜡进行抛光；

c. 仍然解决不了，则将清漆全部打磨掉，再重新喷涂清漆。

(18) 水痕　水痕以环形斑纹出现，大部分是白色斑点或痕迹。

① 主要原因

a. 如果水滴和其他污染物在涂层表面而没有及时清洁，一起干燥，就会产生水痕。一般情况下这些水痕并没有造成涂层破坏，而只是在其边缘形成轻微的凸起。在没有彻底干燥的新喷涂层上最容易产生这一现象。

b. 工件挂具设计不合理，有污染物滴落到工件上。

② 预防措施

a. 当重新修补时，要对施工前后的温度及湿度条件控制妥当，避免潮湿空气的影响；

b. 改进工件挂具结构；

c. 一旦在工件上发现水滴，立即采用柔软的黏性抹布将其擦拭干净。

③ 解决办法

a. 采用 P1200～1500 号水砂纸打磨，然后用高光泽抛光蜡进行抛光；

b. 如果无法消除水痕，则只能彻底打磨平整，重新喷涂面漆。

(19) 云斑　进行大面积金属闪光漆修补施工时出现的漆膜弊病。

① 主要原因

a. 喷涂金属闪光漆修补时涂层不均匀，喷涂时涂料未搅拌均匀，或者涂层内有些铝粉产生漂移、凝聚、位移等；

b. 罩光清漆与金属闪光底色漆之间的闪干时间不足，导致部分底色漆被清漆溶解，结果铝粉或颜料的位置发生改变；

c. 第一道罩光清漆喷得太湿，导致底色漆部分溶解。

② 预防措施

a. 喷涂金属闪光底色漆时不能喷得太湿；

b. 应严格按照厂商的规定进行调漆、喷漆；

c. 而且确保一定的闪干时间。

③ 解决办法

a. 如果云斑出现在喷涂清漆之前，可重新调配底色漆，再进行喷涂施工，此时应将空气压调至最低；

b. 如果云斑出现在喷涂清漆之后，则需待涂层彻底干透后，再采用 P800～1000 号水砂纸打磨平整，然后重新进行施工。

2. 中间涂层

(1) 开裂

① 主要原因　在外观良好的汽车表面喷涂过多的中间涂层。漆膜过厚，容易开裂。

② 预防措施

a. 严格按照施工参数执行；

b. 在修补喷涂施工时，注意只喷到待修补的区域；

c. 有时将高度稀释了的中间涂料作为封闭底漆喷涂到热塑性丙烯酸面漆上，以减少原耗。

(2) 附着力差

① 主要原因

a. 表面未清洗干净，造成附着力差；

b. 选用了硅系列流平剂；

c. 干不透及其他问题。

② 预防措施

a. 在喷涂前采用清洗溶剂或金属调整剂清除掉所有表面的杂质（包括看得见和看不见的）；

b. 提请制漆厂注意选择合适的流平剂。

(3) 表面粗糙

① 主要原因 有时涂料工在调漆时，经常把中间涂料的黏度调得高一点，以为这就可以一枪喷得厚一点来覆盖表面比较严重的划痕，结果造成表面粗糙、严重的橘纹。而且在清漆之后，还可能发现比较明显的打磨痕迹。这主要是因为在喷涂高黏度涂料时，涂料喷涂到表面之后，空气或溶剂蒸气无法像正常状态那样逸出而被包覆在有缺陷的基材上，一旦中间涂层的溶剂挥发，或者喷涂面漆时，面漆中所含溶剂势必将渗透到中间涂层使其软化，涂层肯定会回落下陷按打磨轨迹形成划痕。另外还有可能的是表面打磨痕迹太明显，就像锉刀一样，此时即使黏度调整适当，也遮盖不了这些痕迹。

② 预防措施

a. 按照产品说明书的要求进行稀释，每一道都要喷薄一点，形成薄的湿涂层；

b. 每一道之间留下足够的闪蒸时间；

c. 表面要打磨平整，既要求有一些粗糙，但打磨痕迹又不能太深。

3. 腻子

如前所述，刮腻子的目的是填平斑点等小面积的缺陷，不是用来修补大面积的破损的。不少从事修补工作的工人把腻子当作可用来修复金属基材严重的万能胶。永远都要记住：首先应采用机械修复的办法使车身受损表面尽可能平整，然后再刮涂腻子。腻子不能用来填平深度大于100μm的凸凹不平的锤痕、深坑以及压延加工痕迹等，因为这将使干燥后的腻子容易因收缩而开裂。

4. 阴极电泳底漆

主 要 原 因	采取措施及解决办法
(1)漆膜太薄	
a. pH过低、MEQ值偏高；	a. 适当调整；
b. 槽液温度较低；	b. 检查热交换器，定期检查温控元件及加热系统；
c. 槽液中有机溶剂含量下降；	c. 适当调整；
d. 固体分下降；	d. 提高固体分，最好使其波动范围在标准的0.5%以内；
e. 电沉积时间过短；	e. 延长时间；
f. 电泳涂装后，UF水冲洗时间太长，产生再溶解；	f. 缩短UF水冲洗时间，防止再溶解；
g. 阴、阳极板比例失调；	g. 检查极板是否有较大腐蚀现象发生或极板表面严重结垢；
h. 阳极液电导率太低；	h. 加速槽液更新，添加调整剂，提高槽液电导率，降低湿漆膜电阻；
i. 电泳电压偏低；	i. 适当提高电泳电压；
j. 电源接触不良	j. 检查电源系统，挂具是否被污染影响导电性

续表

主　要　原　因	采取措施及解决办法
(2) 漆膜太厚	
a. pH 过高；	a. 适当排放 UF 水，补加去离子水，降低槽液中杂离子含量；
b. 槽液温度偏高；	b. 检查热交换器，定期检查温控元件及加热系统检查，严格将槽温控制在工艺规定的范围内；
c. 槽液中有机溶剂加量太多；	c. 排放 UF 水，补加去离子水，延长新配槽液的熟化时间；
d. 固体分太高；	d. 适当调整，最好使其波动范围在标准的 0.5%以内；
e. 电泳时间过长；	e. 缩短电沉积时间，适当加快传动链链速；
f. 阳极池电导率太高；	f. 适当调整；
g. 电泳电压太高；	g. 适当调整；
h. 工件面积太小；	h. 适当调整极比和阳极板的布局；
i. 工件周围槽液循环不良	i. 大都因部分喷嘴堵塞所致，清理、维修
(3) 漆膜粗糙	
a. 槽液温度太高；	a. 检查槽液冷却系统；
b. 电泳电压太高；	b. 适当调整；
c. 电沉积速率太快；	c. 适当调整；
d. 工件下槽前温度太高；	d. 适当调整；
e. 工件被导电性物质污染；	e. 加强前处理及清洗工序检查；
f. 槽液被油脂污染；	f. 槽液循环系统中添加吸油过滤袋；
g. 直流电纹波系数太高；	g. 检查整流系统，特别是滤波系统电路；
h. 有机溶剂含量超标；	h. 适当排放 UF 液；
i. 磷化膜粗糙	i. 检查磷化系统，改善工艺条件直至更换磷化处理剂
(4) 漆膜针孔	
a. 电泳后冲洗不及时，造成再溶解针孔；	a. 工件离开槽液后及时用 UF 水冲洗；
b. 电沉积速度过快；	b. 调整工艺参数；
c. 槽液循环起泡严重；	c. 调整助剂，以利消泡，调整溶剂含量；
d. 带电入槽模式下的针孔；	d. 控制杂离子浓度，调整磷化阶段工艺参数，使磷化膜更加均匀、致密；
e. 槽液温度偏低	e. 调整槽液温度
(5) 缩孔	
a. 溶剂含量不足；	a. 适当添加溶剂；
b. 前处理脱脂不良，磷化膜上有油污；	b. 加强脱脂、除锈工序的控制，或更换处理液；
c. 电沉积速率过快；	c. 适当调整；
d. 电流密度太高；	d. 适当调整电压、降低槽液温度、适当延长电泳时间；
e. 颜基比失调；	e. 一般颜料分偏低，补加颜料浆；
f. 槽液被污染；	f. 在循环系统中加吸油过滤袋；
g. pH 太低；	g. 适当调整；
h. 槽液泡沫太多；	h. 添加消泡剂、减缓槽液循环速率；
i. 补充颜料浆或乳液混容性不良	i. 补充颜料浆或乳液前加强质量监控
(6) 漆膜光泽偏高	
a. 颜基比失调；	a. 适当调整，补加颜料浆；
b. 烘道温度异常；	b. 一般偏低，适当调整；
c. 烘烤时间太短	c. 适当延长，减缓传动链运行速率
(7) 漆膜光泽偏低	
a. 颜基比失调；	a. 一般颜料分含量偏高，补加乳液；
b. 冲洗水不纯；	b. 加强冲洗水净化；
c. 槽液被污染	c. 在槽液循环系统中，加吸油滤袋

续表

主 要 原 因	采取措施及解决办法
(8) 水痕	
a. 冲洗不良或冲洗水不纯；	a. 加强水洗管理；
b. 烘道温度异常，梯度设计不当，升温过快；	b. 调整加热单元的工艺参数；
c. 工件悬挂方位不当，致使某处有水残留；	c. 调整工件悬挂方位；
d. 进烘道前，挂具上滴落水到工件上	d. 改进挂具结构，防止水等杂质滴落
(9) 漆膜表面印痕（此项缺欠与水痕的不同就是带有水痕的漆膜表面不平整，而印痕则仍然平整）	
a. 磷化后水洗不充分或冲洗水质不良；	a. 加强磷化后的水洗，检查喷嘴是否堵塞，控制冲洗后水滴的电导率，不应高出 50μS/cm；
b. 工件经预处理后，再次被污染	b. 保持涂装场所的清洁卫生，改进挂具结构，防止挂具上有水滴等杂物滴落
(10) 漆膜厚度不均（类箱体结构的工件内、外不一）	
a. CED 材料自身的泳透力较低；	a. 选用泳透力较好的 CED 材料，CED 材料的泳透力至少要达到 75%以上（一汽钢管法）；
b. 电泳电压较低；	b. 提高电泳电压；
c. 槽液固体分偏低；	c. 及时监控槽液组成，及时补加漆料，使固体分始终保持在工艺规定的范围内；
d. 槽液搅拌效果不佳	d. 加强槽液的循环、搅拌
(11) 漆膜表面有赃物沉积	
a. 槽液过滤不良；	a. 检查过滤系统；
b. 磷化液带入槽内；	b. 增加 UF 液排放；
c. 槽液被电解质污染；	c. 检查循环系统，排放 UF 液；
d. 输送系统带入；	d. 检查输送系统以及滴漏盘的设置是否合理；
e. pH 太高；	e. 适当调整；
f. 溶剂含量失调；	f. 适当调整；
g. 槽液循环系统异常	g. 检查槽液循环系统并作适当调整
(12) 流挂	
a. 电泳后水洗不良；	a. 加强水洗，最好在电泳槽后增加一个浸入式清洗槽，适当提高循环去离子水的水温；
b. 槽液固体分偏高，槽内冲洗水含漆量偏高；	b. 增加 UF 液，补充去离子水；
c. 工件结构导致夹缝流挂；	c. 在工件上适当增开可供排水泄流孔；
d. 烘道温度梯度设计不当	d. 延长预热段的长度，使工件升温缓和
(13) 漆膜表面有疵点、颗粒	
a. 涂装环境太差；	a. 清理施工环境；
b. 槽液温度太高，致使槽液不稳定；	b. 加强冷却系统运行；
c. 烘道被污染；	c. 定时清理烘道；
d. 槽液被污染，有沉积物；	d. 更换过滤袋为吸油型，加强槽液过滤；
e. 槽液更新率太低；	e. 加强日常槽液循环；
f. 槽液过滤系统中过滤袋选择不当；	f. 更换合适的过滤袋；
g. 工件未处理干净，磷化后冲洗不够；	g. 提高冲洗水的清洁度，加强水洗；
h. 电泳后冲洗液脏	h. 加强过滤，更换细度较小的过滤袋

第八节 发展和展望

随着汽车工业的稳步发展，汽车漆市场也获得了持续增长的商机。为适应汽车行业对市场提出的日渐苛刻的需求，各汽车漆生产厂家也不得不采用新技术、新工艺、新材料来应对汽车总装厂的对质量、性能、价格等方面的要求。汽车车身对涂层的基本要求大致可分为装饰性、防护性两个方面：

① 装饰性　光泽、鲜映性、平整光滑以及滑爽的手感等。

② 防护性　耐候性、耐酸雨性能、抗洗刷性能、抗石击性能以及抗污性等。

显而易见，汽车漆的未来也是围绕上述两个方面而进行的。

除上述两方面的基本需求外，汽车业及其涂料行业也应适应和遵守当今社会愈来愈苛刻的环保法规。无疑，具有低 VOC 的环保型汽车漆也是今后汽车漆的重要发展方向之一。近年来汽车涂装工艺已经逐渐由以往常见的传统工艺过渡到新的涂装工艺。

① 传统工艺　CED＋高固含中间涂料＋高固含底色漆＋高固含罩光清漆。

② 新的理想工艺　CED＋粉末中间涂料＋水性底色漆＋粉末罩光清漆。

这种过渡充分反映了汽车业及涂料业界在提高汽车漆性能的同时对环保法规的重视。有关资料显示，如果新的涂装工艺完全实施，则 VOC 排放量可由传统的 $60\sim100g/m^2$ 可降低到 $12g/m^2$，这样既从根本上满足了环保法规对 VOC 排放的限制，也进一步提升了汽车漆自身的综合性能。现就阴极电泳底漆（CED）、中间涂料以及面漆几个方面的最新进展情况分别予以介绍。

一、阴极电泳底漆

现代的汽车生产线几乎都采用了高环保、高涂装效率的 CED 来进行车身的腐蚀底漆涂装。我国自 20 世纪 80 年代一汽、二汽开始在其涂装线上采用引进技术的 CED，十余年来，所采用的 CED 从第 1 代产品陆续更新发展到第 4～5 代产品。目前，代表性的产品为日本关西的 HB-2000 系列、美国 PPG 的 ED-5 系列等。这类产品的主要特征为均采用重金属铅作为防腐蚀颜料和交联催化剂。铅一直以来均作为 CED 系统的重要固化交联催化剂及防腐、防锈颜料。它的最大隐患就是重金属污染所带来的环保问题。虽然有人尝试用毒性稍低的锡、铋等金属来取代铅，也能取得一定效果，但仍然不能从根本上解决重金属对环境污染的问题。于是新一代环保型 CED 应运而生，其中较有代表性的产品为美国 PPG 公司的 EC6350 产品系列、日本关西的 GT-10LF 产品系列等。

新一代 CED 的主要特征如下。

① 环保无毒　无铅、无锡、无铋、无重金属，可满足欧盟、北美等最新环保法规的要求。

② 高泳透力　高泳透力可使复杂工件的内、外表面的膜厚差低至 $6\sim7\mu m$ 的水平。这样，就可以提高和保证整个汽车车身的耐盐雾水平。

③ 低烘干温度　将烘烤条件降低至 150℃×20min 或 160℃×10min，极大地节约了能源消耗。

④ 低加热减量　加热减量控制在 4%以内，一般在 2%左右，减少挥发物排放，降低环境污染。

⑤ 更新期　当出现 CED 涂料更新周期较长的情况下，也能保证非常好的槽液稳定性能。

⑥ 低溶剂含量　采用不同的技术，控制槽液中的有机溶剂的含量在 1%以内，降低阴极电泳漆的 VOC 排放量。

⑦ 高平滑性　采用独特表面控制技术，使漆膜的表面粗糙度（R_a）控制在 $0.2\mu m$ 以内，这就极大地改善了 CED 漆膜的表面平滑性，对面漆的烘托性能也将得到提高。

未来一代 CED 除具备上述特征外，新型超厚膜化（其漆膜厚度可调，且具有良好的抗石击性能，有别于早期的厚膜 CED）、边角覆盖型、耐候型、低温固化型、紫外光固化型、高装饰型等也是各个汽车总装厂所追求的理想目标。

二、中间涂料

目前，我国的汽车业几乎均采用聚酯或醇酸-氨基体系的溶剂型中间涂料。施工固含大体为50%～60%，此时VOC为35%～40%。如果采用高固含的氨基树脂，可将固含提高到65%～70%。然而，这并不能从根本上解决有关法规对溶剂排放的限制。欧洲早已开始使用水性中间涂料，北美则主张使用粉末型中间涂料，这样可以将VOC降低至0～8%。

现代汽车对耐石击性能的要求也逐渐苛刻，汽车的发动机罩盖、侧下围等易受路面小石子的冲击，漆膜容易崩裂破损，这将严重影响汽车外观和耐腐蚀性能。为此，采用封闭的异氰酸酯交联剂新一代耐石击中涂层漆应运而生。近年来，各大汽车公司已经逐渐采用新一代耐石击性中涂层漆来替代以往传统中间涂料。

三、底色漆

如前所述，底色漆是整个涂装系统中溶剂释放量最高的工艺环节，因此，采用低VOC底色漆就成为从事汽车漆研发的技术人员的首要任务。一般底色漆的固含量为20%～30%，前几年北美和欧洲改用高固含量的底色漆，固含提高到45%～50%，VOC仍然处于较高水平。水性底色漆的发展和完善，无疑是底色漆技术发展的目标和方向。

四、罩光清漆

罩光清漆的发展方向也包含两方面内容，即低VOC化和性能改善。

1. 水性罩光清漆

在汽车行业中最先获得实施的水性罩光清漆由水性氨基树脂和水性丙烯酸树脂所组成，其中加有少量醇醚类助溶剂。其溶剂排放量仅为5～10g/m^2，远低于溶剂型罩光清漆的30～35g/m^2。以封闭型异氰酸酯类化合物替代氨基树脂是改善漆膜耐酸雨性能的有效途径。近年来这类水性罩光清漆已成功用作汽车罩光清漆。

2. 粉末罩光清漆

粉末罩光清漆因几无VOC排放、节约能源以及生产效率高等特点越来越受到汽车业界的关注。自1994年世界上第一辆以粉末涂料罩光的汽车下线以及1996年德国宝马汽车公司成功采用粉末型丙烯酸罩光清漆以来，粉末型罩光清漆获得了较快发展。现今已经工业化的粉末罩光清漆包括环氧-聚酯混合类、聚酯类、聚氨酯类以及丙烯酸类等。汽车罩光清漆未来的发展方向主要集中在如何进一步提高其表面装饰性能、耐酸雨性、耐洗刷性以及耐候性等。另外，还需要兼顾在涂装过程中低的VOC排放、低能耗以及较高的生产效率等。具体体现在采用新型固化剂（如：封闭型异氰酸酯类、改性异氰脲酸缩水甘油酯类等）、薄膜化（早期丙烯酸类粉末罩光清漆的漆膜厚度达100μm以上）以及降低固化温度等。在降低固化温度中采用紫外光固化技术是比较理想的技术路线。

紫外光固化粉末罩光清漆是欧洲近年来市场开发的最新成果，它是一项将传统粉末涂料与新固化技术相结合的产物。具有节约能源（耗能仅为热固型粉末涂料的1/5～1/10）、无排放、生产效率极高（固化速率极快，仅需0.1～10s）等特点，特别适合大型汽车总装厂涂装线的工艺。尽管该项技术具有巨大的商业发展潜力，但即使在汽车业较为发达的欧洲，也仍然还处在市场开发的前期阶段。

五、汽车修补漆

汽车修补漆与原厂漆发展趋势类似，也是低 VOC 排放和性能更加优化。

1. 水性化

在欧洲，水性化的市场开发已基本完成，其中一些大型汽车修补漆制造厂家已向市场推出了较为成熟的水性汽车修补漆系统。如德国赫伯兹公司推介到我国汽车修补漆市场的“施必快”和“施得乐”两个系统就是其中比较典型的范例。这两个系统都比较完善、齐全，它们不仅拥有市场上所习惯采用的标准型、厚膜型修补漆系统，而且还包含有目前市面上尚不多见的水性汽车修补漆系统，如水性金属闪光底色漆、水性本色底色漆以及水性本色漆等。通过该公司提供给客户的计算机查询系统，可以从同一种车色的色卡号中发现；查询系统在显示溶剂型修补漆配方的同时，亦列出了水性漆的配方，如水性金属闪光底色漆 Standohyd Base 等。可惜目前在国内在汽车修补涂料面漆领域，水性汽车修补漆的市场还不多见，业内对于汽车修补涂料的水性化还没有引起足够关注。另外，上述系统中，不包含水性罩光清漆，采用水性罩光清漆也是今后业内共同努力的目标。

2. 高功能化

在基本物性上，全面达到原厂漆的水平是汽车修补漆行业一直追求的理想目标。除此而外，汽车修补漆还必须满足某些特殊需求，如为了尽可能减少不粘灰时间以获得理想的外观所要求的“超快干”性能。杜邦公司前不久向市场推出了一种超快干罩光清漆，据称，该产品在喷涂成膜并经大约 45min 的低温烘烤后即可进行抛光作业，受到市场的普遍关注。

从理论上分析，欲达到如此快的干燥速率，采用传统羟基丙烯酸树脂＋异氰酸酯类固化剂的系统，单纯依赖—OH 与—NCO 之间的交联反应，即使添加各种高效促进剂也无法达到上述要求。必须另辟新路，采用新的交联体系。

在尝试采用新型交联体系中，国内外均进行了一些探索试验，并取得进展，这其中最具实用价值的就是采用亚氨基替代传统的羟基。亚氨基（═NH）与—NCO 反应速率大大快于—OH，较有可能大幅提升交联反应的速率，但也应留意随之而来“适用期”（漆料中加入固化剂后的可使用时间）过短的弊病。据有关资料披露，在羟基丙烯酸树脂中引入含某些取代基的亚氨基，既可使干燥速率加快，达到超快干，同时也可获得具有实用价值的“适用期”。这是因为该取代基对亚氨基产生一定空间位阻作用，可适当减缓亚氨基与—NCO 的反应速率的缘故。这种同时含亚氨基和羟基的丙烯酸树脂，与适当的异氰酸酯类固化剂搭配是达成超快干目的的较为理想的技术路线。

缩 略 语

AED：阳极电泳底漆

BPO：过氧化苯甲酰

CAB：醋酸丁酸纤维素

CAC：醇酸乙氧基乙酯，俗称醋酸溶纤剂

CED：阴极电泳底漆

COD：化学需氧量

DBE：混合羧酸二甲酯

EEW 值：环氧当量

HDI：六次甲基二异氰酸酯

IPDI：异佛尔酮二异氰酸酯

LD_{50}：半致死剂量

LPB：液态聚丁二烯

MIBK：甲基异丁基酮

NC：硝化棉

NCO：异氰酸酯基

NVM：不挥发分，以往俗称固含量

PVC：在涂料领域，塑溶胶部分代表；聚氯乙烯树脂，色漆部分代表；颜料体积浓度

QUV：紫外光人工加速老化仪

SCA：流挂控制剂

TDI：甲苯二异氰酸酯

TMP：三羟甲基丙烷

TO 值：电泳涂装施工中的所谓“更新期”（turnover time），即补漆固体分的累计量达到电泳槽内槽液固体分含量的时间，一般单位为“月”

UF：超滤

VDA 循环：德国汽车总装厂通常采用的湿热与盐雾交替试验标准

VOC：挥发性有机化合物含量

ΔE：色差

参 考 文 献

[1] Hans-Joachim Streitberger. Automotive Paints and Coatings. KGaA: Wiley-Vch Verlag GmbH & Co, 2007.

[2] Arthur A. Tracton Coatings Tech. Handbook. third edition. CRC, 2006.

[3] Rose A. Ryntz. Coatings Polym. & Plastics. Marcel Dekker, Inc. 2005.

[4] Harry T. Chudy Automotive Refinish Second Edition Prentice Hall, Englewood Cliffs, 1988.

[5] Zeno W. Wicks, Jr. Organic Coatings Sci. & Tech third edition. Wiley-Interscience 2007.

[6] Electrocoat Manual. Automotive OEM coatings BASF Corporation.

[7] Autophoretic 866 Manual Henkel Co.

[8] 小西徹. 自动车用耐酸雨涂料. 工业涂装. 1994 (130): 17-23.

[9] Chatfield H W The Sci. of Surface Coatings Ernest Benn Limited, 1962.

[10] 汪盛藻. 汽车修补涂料与涂装技术. 北京: 中国石化出版社, 2006.

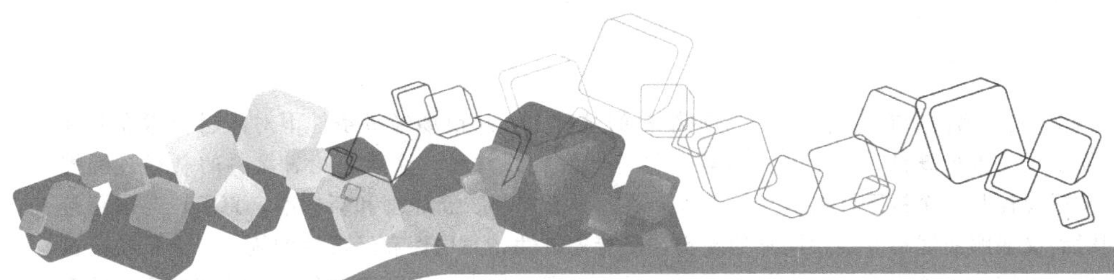

COATINGS TECHNOLOGY

涂料工艺

第四版　下册

刘登良　主编

化学工业出版社

·北京·

《涂料工艺》第四版在保持第三版基本结构的基础上，从市场经济条件下对涂料技术发展和管理的要求出发进行修订。全书共分五篇：导论、涂料原材料、涂料各论、涂料的制造过程控制、涂装过程控制。涂料原材料篇尽量引入新观念、新材料、新原理和新标准，力求在与国际接轨的同时而又兼顾我国是发展中国家的现实，坚持先进性、实用性和经济性的统一。涂料各论篇按用途进行编写，涵盖涂料的基本品种，力求反映其现代技术水平，除提供实用的基础配方外重点讲述配方原理。涂料的制造过程控制篇介绍了涂料生产设备、涂料工厂设计、原料与产品的标准和检验，更加强调法规要求。涂装过程控制篇增加了涂料涂装工艺一体化的理念，强调了涂装现场管理和技术服务的重要性。

全书从涂料的基础知识、基本理论、原材料和产品性能要求和检测标准、配方原理、涂料生产过程控制、涂装工艺要求、涂装技术服务和涂装缺陷控制等方面对涂料工艺进行系统和全面的论述，帮助涂料行业从业人员树立涂料工艺的整体观，为涂料技术创新拓展思路。同时新版力求保持第三版实用性特点，所列配方翔实可靠，并标明原材料规格和供应商。本书可供涂料和涂装行业的工程技术人员、管理人员和技师阅读，也可作为大专院校相关专业师生的参考书。

图书在版编目（CIP）数据

涂料工艺/刘登良主编. —4版. —北京：化学工业出版社，2009.12（2022.6重印）

ISBN 978-7-122-06676-3

Ⅰ. 涂… Ⅱ. 刘… Ⅲ. 涂料-工艺学 Ⅳ. TQ630.1

中国版本图书馆CIP数据核字（2009）第165727号

责任编辑：顾南君　　文字编辑：冯国庆、王琪、向东、昝景岩、林丹、李玥

责任校对：宋　夏　　装帧设计：张　辉

出版发行：化学工业出版社（北京市东城区青年湖南街13号　邮政编码100011）

印　　装：北京盛通数码印刷有限公司

787mm×1092mm　1/16　印张129　字数3428千字　　2022年6月北京第4版第11次印刷

购书咨询：010-64518888　　售后服务：010-64518899

网　　址：http://www.cip.com.cn

凡购买本书，如有缺损质量问题，本社销售中心负责调换。

定　　价（上、下册）：280.00元

前　言

《涂料工艺》自1970年问世，历经1992～1996年改版为6个分册，1997年再改为第三版的合订两册。《涂料工艺》第二版于1997年获第八届全国优秀科技图书二等奖；于1998年获国家石油和化学工业局科技进步二等奖。作为涂料行业集体智慧的结晶和权威的专著哺育了两代涂料专业技术和管理人员，功不可没。但是，对涂料工艺的认识基本上还处在计划经济的思维体系和框架中。最近十几年来，在改革开放和国民经济快速稳定增长，以及中国成为“世界制造基地”，在经济全球化和市场国际化的推动下，中国涂料行业的发展进入了快车道。从20世纪90年代的100万吨/年猛增至2008年的600多万吨/年，中国已成为世界第一大涂料生产和消费国。世界排名前二十位的跨国公司都已进入中国市场并完成了本地化生产的战略布局，成为中国涂料行业重要组成部分。再加上大批原材料、涂料设备和检测仪器供应商的进驻，中国涂料行业的技术发展水平、产品结构和管理水平迅速与国际接轨，融入国际化竞争的大环境。与此同时，在涂料研发和生产工艺控制中，ISO 9001质量管理体系、ISO 14001环境管理体系、ISO 18000安全和职业健康管理体系等先进的管理理念在行业中实践了十多年。而可持续发展的科学发展观对行业的技术发展方向提出更高的要求：节能、减排、省资源、安全和环保，以及日益从紧的法律法规。涂料行业与涂装行业紧密结合，为用户提供满意的服务和最终效果，实现由涂料制造业向“加工服务业”转变的理念将推动涂料行业技术迈向新的台阶。此外，新版中还引入技术经济的观念。作为工艺学，处理好技术发展的先进性、实用性、可行性、经济性和可靠性-风险分析等之间的关系，并适当地介绍现代技术研发R&D的项目管理的基础要求，以提高研发的效率和效益。以上所述正是《涂料工艺》第四版编写的宗旨。

在整体结构保持第三版基本框架的基础上，按新的涂料分类标准GB/T 2705—2003向国际标准靠拢，全书分为五篇：导论——涂料基础知识和原理、涂料工艺范畴；原材料篇——介绍了成膜物、颜料、分散介质和助剂；涂料各论篇——按用途叙述，充实内容、拓展领域；涂料制造过程控制篇——涂料原材料、中间体和成品检测与质量控制，突出法律和法规的要求，补充现代质量管理体系；涂装过程控制篇——突出涂料涂装一体化的理念、涂装现场管理和技术服务。帮助工程技术人员建立系统的涂料工艺观——从原材料控制、涂料配方设计理论、涂料生产工艺、涂料性能检测至涂装工艺研发和涂装技术服务体系等。

本次改版工作得到中国涂料工业协会全力支持。以中涂协专家委员会为基础，动员了七十多位专家参与写作，力求从国际化视野反映我国目前涂料行业的技术水平，并对未来国际化竞争环境下涂料工艺的发展趋势加以阐述。同时聘请涂料行业的资深专家担任编委对各篇进行把关，其具体分工如下：虞兆年和洪啸吟负责原材料树脂、分散介质的审定，钱伯容负责颜填料、助剂、卷材涂料的审定，石玉梅负责建筑涂料的审定，叶汉慈负责不饱和树脂、木用涂料和塑料涂料的审定，沈浩负责涂料原材料和产品检验、汽车涂料、涂料生产设备、工厂设计的审定，刘国杰负责有机硅树脂、航空航天涂料的审定，刘会成负责集装箱涂料、涂装过程控制篇的审定，王健和李荣俊负责海洋涂料和重防腐涂料的审定，刘登良负责导论编写及其余部分的审定并通审全稿。希望广大读者一如既往地支持《涂料工艺》新版发行，多提宝贵意见，以利于不断改进，办成精品，保持其在涂料行业的权威地位，为推动中国涂料行业的发展继续做贡献。

海洋化工研究院、中海油常州涂料化工研究院、江苏兰陵化工集团有限公司等对编委会的工作提供大力支持，在此表示衷心感谢！

《涂料工艺》编委会

2009 年 9 月

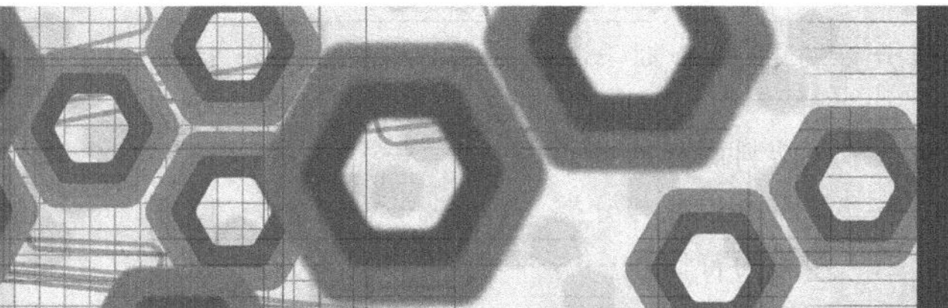

下册目录

第三篇　涂料各论

第五篇 涂装过程控制

第三章 涂料施工方法 …… 李继华 1967

第四章 涂装现场管理和技术服务 …… 史春晖 2008

第三篇 涂料各论

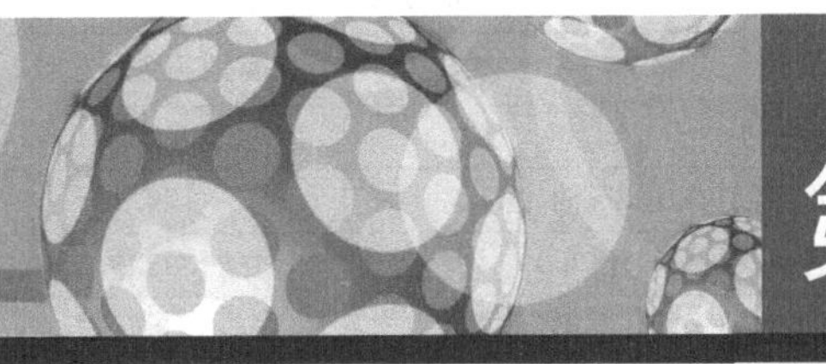

第三章 重防腐涂料

第一节 金属腐蚀与防护简论

一、金属腐蚀的定义

目前，比较一致认可的金属腐蚀的定义是："金属材料与周围环境相接触，相互间发生了某种反应而逐渐遭到破坏（或变质）的过程称作金属腐蚀"。在大多数情况下，这种反应属于电化学反应类型，有些情况下则仅仅是单纯的化学反应过程或金属物理变化过程，而两种反应类型共生共存的情况也不少见。

金属腐蚀是普遍存在的自然现象。例如：钢材及其制品表面锈迹斑斑，钢锭表面的氧化皮、铝制品表面的白色粉末、铜制品表面生出铜绿等，都是金属腐蚀的结果。然而，现代科学技术发展表明，金属腐蚀不仅是可以认识的，也是可以控制和减轻的。

二、金属腐蚀的危害性

金属腐蚀所造成的损失，不仅表现在使材料本身在其外形、色泽、力学性能等方面受到破坏，更主要的是表现在使其制成品（如仪器仪表、机械装备及工程结构等）和金属结构工程的质量等级下降，精度、灵敏度受损，影响其使用价值甚至报废，个别情况下造成更严重的机毁人亡的重大事故。

由中国工程院化工、冶金与材料学部柯伟院士领衔的"中国工业与自然环境腐蚀问题调查"咨询项目，于 1999 年 4 月启动至 2001 年底基本完成。利用 Uhlig 方法和 Hoar 方法调查了近年来中国工业和自然环境腐蚀损失和腐蚀控制的现状，其中包括能源、交通、建筑、机械、化工、基础设施、水利和军事设施等典型的行业和企业。用两种方法所得到的年腐蚀损失结果相近，分别为 2048 亿元和 2288 亿元人民币。如果包括间接损失，借鉴国外利用国民经济投入-产出表计算结果进行对比，我国每年腐蚀总损失可达 4979 亿元以上，约占 GHP 的 5%。结合我国具体条件，在本次调查中采用发送腐蚀状况调查表、向专家咨询和文献调研的方法，并分别用Uhlig方法和Hoar方法进行了估算（表3-3-1），提出了从国家层面上加强腐蚀管理，进一步制定防腐蚀的国家规划和立法；完善防腐蚀的标准和规范体系以及加强基础研究和腐蚀工程教育的建议。

正因为金属腐蚀危害的严重性，世界上许多发达国家都十分重视对本国腐蚀损失的调查，见表3-3-2，不断呼吁政府和社会予以重视，极大地促进腐蚀科学技术和金属防护产业的发展。

表3-3-1 柯伟院士分别用Uhlig和Hoar两种方法对我国腐蚀损失调查估算结果

Uhlig方法			Hoar方法	
防蚀方法	防蚀费/亿元	占防蚀费比例/%	部 门	腐蚀损失/亿元
表面涂装	1559.86	76.15	化学工业	300
金属表面处理	234.16	11.43	能源部门(电力、石油、煤)	172.1
耐蚀材料	250.25	12.2	交通部门(火车、汽车)	303.9
防锈油	2	0.10	建筑部门(公路、桥梁、建筑)	1000
缓蚀剂	1	0.05	机械工业	512.43
电化学保护	1～2	0.07		
合计	2048.27			2288.43

注：Uhlig方法是从生产、制造方面单纯地累加直接防蚀费用进行评估。例如，算出利用各类防腐蚀措施，包括涂层与涂装、镀层与转化膜表面处理、耐蚀材料、防锈油、缓蚀剂、电化学保护、腐蚀研究、腐蚀检测等所需费用。

Hoar方法是按各使用领域的腐蚀损失和防蚀费的总和进行推算。由于使用领域涉及许多方面，而且同一使用领域的使用地点分散在全国各地，调查相当困难，于是采用函调的方法，并进行有针对性的访问，在得到可靠的数据后利用统计方法推算。

表3-3-2 世界上一些国家腐蚀损失调查结果

国家	年份/年	年腐蚀损失	GDP/%	可避免损失(总损失的比例)/%	调查方法
美国	1949	55亿美元	—	—	Uhlig法
	1975	820亿美元(向国会报告为700亿USD)	4.9 (4.2)	(15)	投入-产出产业关联分析法
	1995	3000亿USD	4.21	33	产业关联分析法
英国	1957	6亿英镑	—	—	Vemon推算
	1969	13.65亿英镑	3.5	23	Hoar法
日本	1975	25509亿日元	1.8	—	Uhlig法
	1997	39377亿日元	—	—	Uhlig法
前苏联	1975	(130～140)亿卢布	—		仅金属结构和零件引起的损失
	1985	400亿卢布	—	—	—
前联邦德国	1968	190亿马克	3	25	D. Bhrens估计
	1982	450亿马克	—	—	—
瑞典	1986	350亿瑞法郎	—	20	—
印度	1960	15亿卢比	—	—	—
	1984	400亿卢比	—	—	—
澳大利亚	1973	4.7亿澳元	—	—	Uhlig法
	1982	20亿澳元	—	—	产业关联法推算

三、金属腐蚀的分类

按照金属材料及其结构周围所处介质和环境条件可把金属腐蚀分为大气腐蚀、高温气体腐蚀、化工腐蚀、海水腐蚀、土壤腐蚀、细菌腐蚀、应力腐蚀、杂散电流腐蚀、放射条件下的腐蚀以及其他各种特殊环境条件下的腐蚀；按照腐蚀产物的破坏形式可分为全面腐蚀和局部腐蚀，后者又可分为点蚀、斑蚀、孔蚀、剥蚀、缝隙腐蚀、晶间腐蚀及腐蚀裂纹等；按照腐蚀作用机理分类，金属腐蚀分为化学腐蚀和电化学腐蚀两大类，而这种分类法更能反映出金属腐蚀的本质。

1. 化学腐蚀

金属由单纯的化学作用而引起的腐蚀叫做“化学腐蚀”，主要有干燥气体腐性和非电解质溶液中的腐蚀两种形态。

(1) 干燥气体腐性　金属在干燥气体或高温条件下与某些气体介质（如 O_2、H_2S、SO_2、Cl_2 等）相互作用而生成相应的化合物的过程就属于化学腐蚀。如刚出炉的钢锭、高温铸锻成型钢铁毛坯、热处理后零件表面就常常见到这种氧化皮生成。与此同时，在氧化层与金属本体（钢铁）之间常伴随发生脱碳现象。这是由于钢铁中的渗碳体（Fe_3C）和空气中的氧气（O_2）、二氧化碳（CO_2）、水分（H_2O）等介质反应：

$$Fe_3C+O_2 = 3Fe+CO_2\uparrow$$

$$Fe_3C+CO_2 = 3Fe+CO\uparrow$$

$$Fe_3C+H_2O = 3Fe+CO\uparrow+H_2\uparrow$$

反应生成的各种气体产物离开金属表面而逸出，而碳元素便从邻近的、尚未反应的金属内部逐渐扩散到反应区，于是金属表层中的碳元素（渗碳体）将不断减少，在氧化层与本体之间便形成了脱碳层，如图 3-3-1 所示。

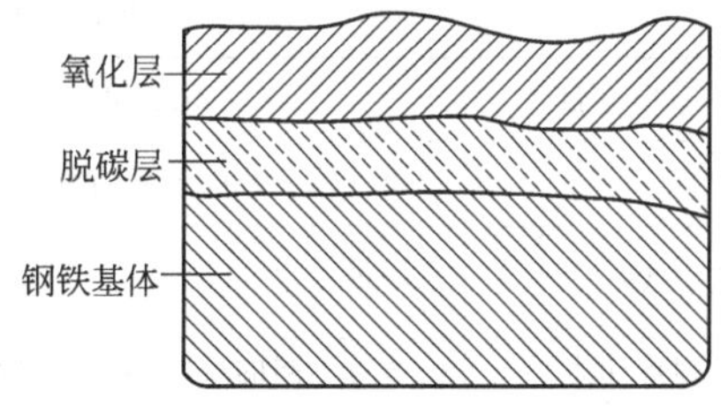

图 3-3-1　钢铁表面氧化脱碳层示意

正是由于钢铁表面脱碳层的形成才导致表面硬度、疲劳极限下降，钢材有效利用率下降，这种在高温、干燥空气中所发生的腐蚀是化学腐蚀中较为严重的一类。至于在常温干燥空气中，一般认为钢铁不会生锈。然而微观分析，即使在常温下，空气中的氧气也会和钢铁表面发生作用，不过所生成的氧化膜很薄，肉眼观察不到。例如，在常温、干燥、洁净的空气中，钢铁表面所生成的氧化膜约为 0.003～0.004μm，这样薄的氧化膜对材料的质量影响很小，以至可忽略不计。并且由于这层氧化膜比较完整而致密，氧气就不易再透过膜层而继续腐蚀金属，起到保护作用。但是，若生成的这层氧化膜不致密就失去了保护作用。一般来说，若氧化膜的体积不大，等于或稍大于所消耗的金属体积，则膜的保护性能好，反之则金属内应力增大（氧化膜的体积超过所消耗的金属体积 1.5～3 倍），氧化膜易脆，保护性能就差。表 3-3-3 列出了常见金属氧化膜的性质及成长规律。

表 3-3-3　常见金属氧化膜的性质及成长规律

金　属	氧化膜性质	氧化膜成长规律
碱金属、碱土金属、钨、钼、钒、锇、钌、铱	多孔或不能形成氧化膜，无保护作用	温度越高，氧化膜成长越快，与时间呈直线关系
锰、钴、镍、铜、铍、锆、钛及较高温度下的铁	生成的氧化膜较完整、致密，有一定的保护作用	与膜厚成反比，与时间呈抛物线关系
铝、铬、锌、铜及处于较低温度下的镁	完整而致密，粘接力强，保护作用较好	成长速率慢，与时间呈对数关系

(2) 非电解质溶液中的腐蚀　金属在非电解质溶液中，即不导电的溶液（如汽油、煤油、柴油、润滑油、酒精、卤代烷烃溶剂等）中也会产生腐蚀。这是由于其中常含有多种形

式的有机硫化物等腐蚀性介质，与金属表面直接反应而成，例如，石油贮罐与管道内壁表面就常见这类化学腐蚀。

但是，如果金属不是处于高温、干燥气体环境中或所接触的并非是电解质溶液而是最广泛存在的电解质水溶液，则金属腐蚀过程便不是单纯的化学腐蚀而是更加复杂的电化学过程，即电化学腐蚀。

2. 电化学腐蚀

电化学腐蚀是金属表面与周围电解质溶液相互之间发生电化学反应而引起的金属破坏，这是一种比化学腐蚀更为广泛存在、危害性更大的腐蚀行为。它的特点是腐蚀反应是通过腐蚀电池进行的，同时存在两个相互依存、相互独立的反应，即阳极反应和阴极反应。例如金属在潮湿空气中的大气腐蚀，在酸、碱、盐溶液和海水中的腐蚀，在地下土壤中的腐蚀以及不同金属的接合面的腐蚀等，均属于电化学腐蚀。

3. 电化学腐蚀与化学腐蚀的区别

从金属腐蚀的本质分析，电化学腐蚀与化学腐蚀都是金属从原子态向离子态转化的氧化过程。化学腐蚀只是金属与周围介质直接进行的化学反应，而电化学腐蚀则是腐蚀微电池的电极反应过程。两种腐蚀的机理不同，却不能截然分开，有时还会相伴相生。表 3-3-4 为电化学腐蚀与化学腐蚀的比较。

表 3-3-4 电化学腐蚀与化学腐蚀的比较

项 目	化学腐蚀	电化学腐蚀
介质	干燥气体或非电解质溶液	电解质溶液
反应式	$\sum_i rM_i=0$	$\sum_i rM_i \pm ne^- = 0$
过程推动力	化学位不同的反应相直接接触	电位不同的导体物质组成电池
能量转换	化学能转化为热能	化学能转化为电功
过程规律	化学反应动力学	电化学反应动力学
电子传递	无，测不出电流	通过导体在阴、阳极上传递，测得出电流
反应区	在碰撞点上瞬时完成	在腐蚀电池的阴、阳极区同时完成
产物	在碰撞点上直接时完成	一次产物在电极上生成，二次产物在一次产物相遇处形成
温度	主要在高温条件下进行	室温或高温条件下进行

从能量变化的观点看，金属在遭到腐蚀之后，化学腐蚀是把存在于金属内部的化学能转变成热能放出，而电化学腐蚀则是转化为电功，结果金属的能量降低了。物质的运动总是从高能量状态向低能量状态自发地进行，因此，金属腐蚀现象是一种自发发生的过程。这就与河水总是由高处向低处流，高高举起的重物，手一放开就会自由落地的道理相似。

进一步分析，从铁矿中（如赤铁矿的主要成分是 Fe_2O_3）提炼铁，必须在温度很高的冶炼炉里用炭来还原，也就是说需要吸收大量的能量，这绝非是一个能自动发生的过程。而分析化验表明，铁锈和铁矿的主要成分大体上是一致的，因此，可以把钢铁生锈的过程看成是钢铁冶炼的逆过程，即是钢铁重新变回铁矿的过程。根据能量守恒定律，炼铁过程吸收能量，生锈过程必然是放出能量。因此，如上所述，金属腐蚀的本质就是金属从处于高能量状态下的原子态——热力学不稳定状态，转变为能量较低的离子态——热力学稳定状态，而生成了金属化合物，即金属腐蚀产物。金属之所以生锈，生锈程度不同，难易不一，其根本原因就在于它们的热力学不稳定性和这种不稳定性的程度不同。这是与金属的种类、纯度、金相组织、电化学不均匀性、表面状态（表面能）以及其他各种影响因素有着密切的关系。

四、金属在自然环境中的腐蚀

1. 金属大气腐蚀

(1) 大气腐蚀的机理——析氢腐蚀和吸氧腐蚀　人们经常可以看到，金属及其制品在大气中常常生锈，这种锈蚀现象大多属于电化学腐蚀，并且是电化学腐蚀中最为普遍和较为重要的一种形式。

当金属暴露在潮湿的大气中时，由于其表面的活性，对大气中的极性水分有吸附作用，便在金属表面形成了一层很薄的湿气层——水膜，当这层水膜达到一定厚度（20～30 分子层）时，就形成了电化学腐蚀所必需的电解质溶液。因为水的电离度虽小，但仍可电离成 H^+ 和 OH^-，并且这种电离过程随着温度升高、水中溶解了 CO_2、SO_2 等因素而加剧。因此铁和铁中的杂质就好像浸泡在含有 H^+、OH^-、HCO_3^- 等离子的溶液中一样，形成了腐蚀电池。

$$H_2O \rightleftharpoons H^+ + OH^-$$

$$CO_2 + H_2O \rightleftharpoons H_2CO_3 \rightleftharpoons H^+ + HCO_3^-$$

① 析氢腐蚀　这里，铁为阳极，铁中的杂质（主要是钢铁中的 C）为阴极（图 3-3-2）。由于铁与杂质直接接触，等于导线连接两极而成为通路。

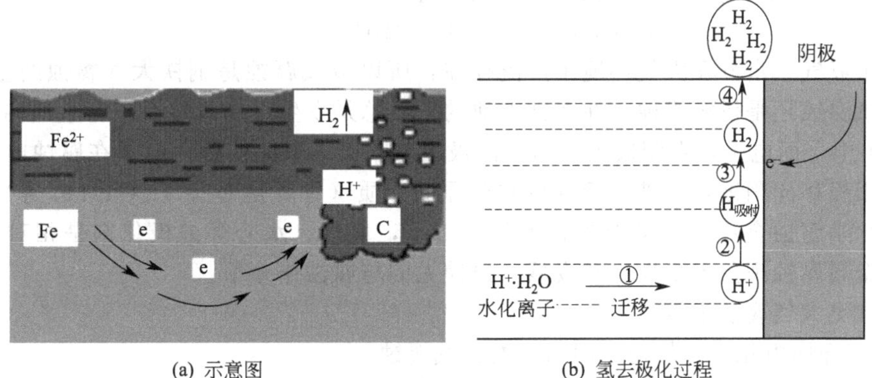

(a) 示意图　　(b) 氢去极化过程

图 3-3-2　析氢腐蚀

在阳极，铁失去电子形成 Fe^{2+} 进入水膜中，并且与水膜中的阴离子（如 OH^-、HCO_3^- 等）结合成复杂的铁盐，致使金属铁锈蚀，而铁上多余的电子则转移到杂质上；在阴极，杂质（C）本身不易失去电子，只起传递电子的作用，而水膜中的 H^+ 就从阴极获得电子成为 H_2 放出，正由于析出氢气而被称为析氢腐蚀，其电极反应方程式如下。

腐蚀电池：（阳极）Fe | H^+、OH^- | C（杂质）（阴极）

阳极：$$Fe - 2e^- \longrightarrow Fe^{2+} \quad (E_0 = -0.409V)$$

$$Fe^{2+} + 2OH^- \longrightarrow Fe(OH)_2$$

阴极（杂质）：$$2H^+ + 2e^- \longrightarrow H_2\uparrow \quad (E_0 = 0V)$$

总反应：$$Fe + 2H_2O \longrightarrow Fe(OH)_2 + H_2\uparrow$$

然后，$Fe(OH)_2$ 还会被空气中的氧气进一步氧化成 $Fe(OH)_3$。

$$4Fe(OH)_2 + 2H_2O + O_2 = 4Fe(OH)_3$$

当腐蚀产物干燥时，会引起部分脱水反应。

$$2Fe(OH)_3 = Fe_2O_3 + 3H_2O$$

$Fe(OH)_3$ 及其脱水产物 Fe_2O_3 是红褐色铁锈的主要成分。

② 吸氧腐蚀　实际上，析氢腐蚀只是在酸性介质环境中发生的（如酸雨频发地区等）。而在更广泛的大气环境中，钢结构腐蚀主要是吸氧腐蚀（图 3-3-3）。

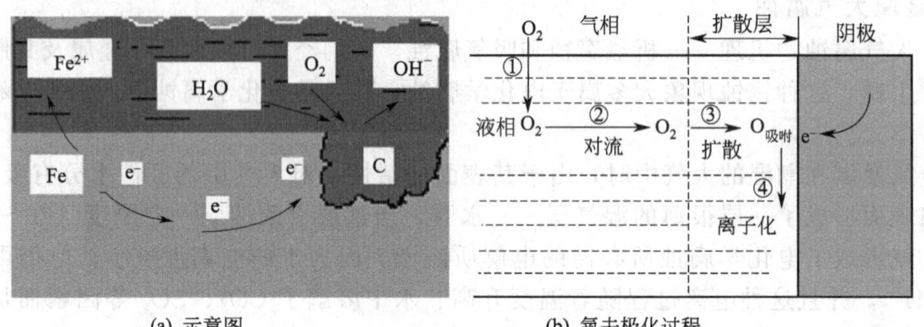

图 3-3-3　吸氧腐蚀

腐蚀电池：（阳极）Fe｜O_2、H_2O｜C（杂质）（阴极）

在阳极：　$2Fe-4e^- \longrightarrow 2Fe^{2+}$　（$E_0=-0.409V$）

在阴极：　$O_2+2H_2O+4e^- \longrightarrow 4OH^-$　（$E_0=+0.40V$）

总反应：　$2Fe+O_2+2H_2O \longrightarrow 2Fe(OH)_2$

$$4Fe(OH)_2+2H_2O+O_2 = 4Fe(OH)_3$$

$$2Fe(OH)_3 = Fe_2O_3+3H_2O$$

正由于氧气、水分在大气环境中广泛存在，所以吸氧腐蚀是钢铁大气腐蚀的主要形式。无论是吸氧腐蚀还是析氢腐蚀，在腐蚀电池的阳极总是发生金属氧化反应，金属离子溶入溶液（水膜）中，而电子留在阳极区，由于阳极区与阴极区彼此接触，电子在腐蚀电场力作用下，便从阳极移向阴极，并被附近的可被还原的介质（主要是 O_2、H_2O、H^+ 等）所吸收，完成了电化学腐蚀全过程。又因为在大气条件下，氧气、水分等去极化剂是相对充足存在的，所以金属腐蚀现象不断发生和发展，迫使人们与腐蚀作斗争。

(2) 常见大气腐蚀举例

① 由于金属电化学不均匀性而引起的大气腐蚀

a. 接触腐蚀　当电极电位不同的两种金属相接触，并且有电解质液水膜存在的情况下，就构成了腐蚀电池。如图 3-3-4 所示是铁与铜接触腐蚀示意，如图 3-3-5 所示是铝与铜接触腐蚀示意。

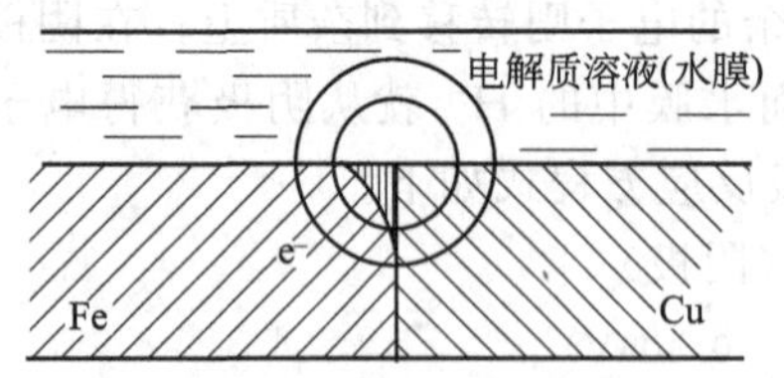

图 3-3-4　铁与铜接触腐蚀示意

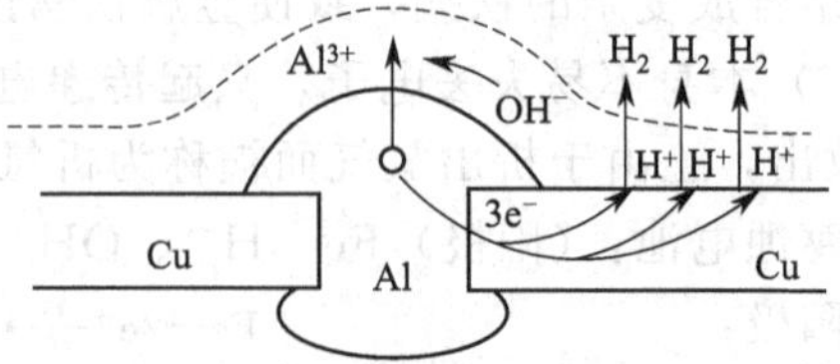

图 3-3-5　铝与铜接触腐蚀示意

在这类接触腐蚀中，较活泼的金属，即电极电位较负的金属作为阳极而被腐蚀，而在阴极常发生氧的去极化作用（吸氧腐蚀）。由于电流总是通过电阻最小的通路而流动，因此它就集中于两种金属直接接触的部位。如图 3-3-4 所示，铁与铜接触区域所遭受的腐蚀最为严重。因此，在实际生产活动中，应尽量避免把不同金属堆放在一起，如有需要，应设法采用隔离层。又如在铜板土钉上一个铝铆钉，铝与铜直接接触，铝电位较负，结果是铝铆钉被腐蚀，时间一长便失去铆钉的作用，如图 3-3-5 所示，其电极反应式为：

在阳极：$2Al-6e^- \longrightarrow 2Al^{3+}$（在铝表面）

$2Al^{3+}+6OH^- \longrightarrow 2Al(OH)_3$（在水膜溶液中）

在阴极：$6H^+ +6e^- \longrightarrow 3H_2\uparrow$（在铜表面）

同理，如果随意将加工切削下来的铁末、钢屑扔在有色金属上，或用压力风管吹除钢铁表面的沙子（注意里面常夹杂着铁末锈尘残盐等污物），都可能引发金属腐蚀。因此，从防腐蚀角度考虑，也要求加强文明生产和清洁生产。

b. 缝隙腐蚀　当暴露在大气中的金属表面的孔隙或金属构件上的狭缝、结合缝被雨淋后，隙缝里面便集聚了电解质水溶液，从而引起腐蚀，并可能导致特殊的危害。因为在一般情况下，腐蚀产物的体积要比腐蚀所消耗掉的金属体积大，它倾向于把缝隙胀开而引起金属断裂。例如马口铁，是一种 Sn-Fe 镀层，一旦表面划伤而出现镀层孔隙，由于基体金属铁（Fe）比镀层金属锡（Sn）电位更负，镀层便失去保护基体金属的作用。因此，钢铁零件进行防护装饰镀铬（Cr）时，考虑到铬的电位较正，往往先镀铜打底，甚至镀一层铜再镀一层镍打底，这样做不但是为了提高镀层结合力，还为了尽量少孔隙，以提高防护性。

② 由于介质分布不均匀而引起的大气腐蚀现象

a. 差异充气腐蚀　金属表面常因氧气分布不均匀而引起的腐蚀。例如，一根铁棒插入水中，铁棒上的 Fe^{2+} 受到水分子的作用有极微量的溶解，剩余的电子均匀地分布在铁棒上而使铁棒带负电。由于水中溶解氧的不均匀，如图 3-3-6 所示，水面下 a 处空气较充足，氧的浓度较高，电子与氧接触的机会较多；而水面下 b 处空气不够充足，氧的浓度较小，电子与氧接触的机会也较少，结果形成了一个由于氧气浓度不同——即介质分布不均匀而产生的腐蚀电池——浓差电池。其中 a 处的电极电位代数值较大，作为阴极；b 处的电极电位代数值较小，作为阳极而遭到腐蚀。这种电子充气程度不同而引起的吸氧腐蚀，又叫做充气差异腐蚀。又如，当两块金属重叠，并且夹层中间有微量的电解质水膜存在时，由于边缘处氧气容易达到，而中间部位氧不易扩散进去，结果中间部位相对缺氧，电极电位较负作为阳极而腐蚀，而边缘处电极电位较正，成为阴极而不易锈蚀（图 3-3-7）。

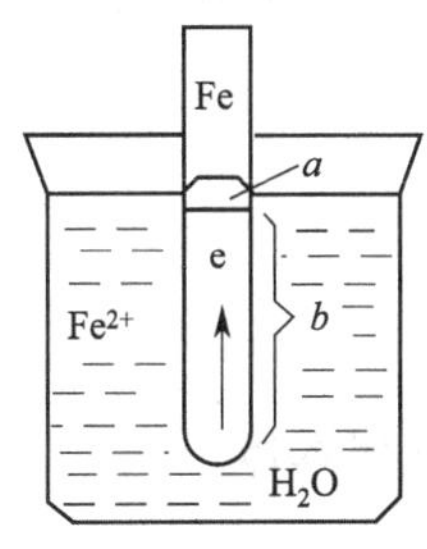

图 3-3-6　差异充气腐蚀示意

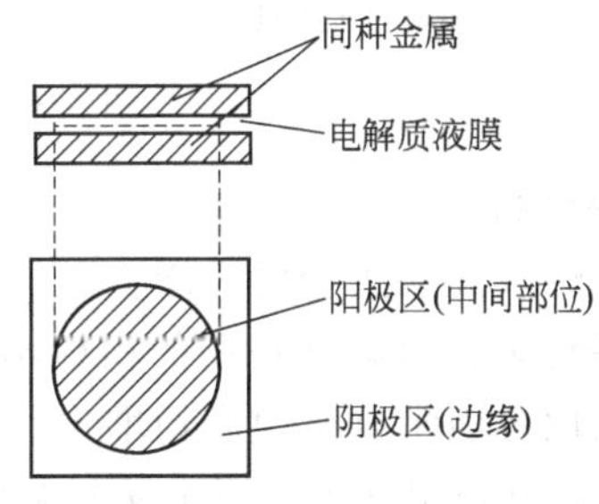

图 3-3-7　叠片腐蚀示意

b. 浓差腐蚀　金属表面各部位电解质溶液浓度不等，则处于稀溶液处的金属易溶解，电位相对较负为阳极而被腐蚀，而处于浓溶液处的金属不易溶解，电位较正为阴极而被保护。这种由于金属表面各部位的电解质溶液浓度不同而引起的电化学腐蚀叫做浓差腐蚀。实际生产中浓差腐蚀现象也是常见的。例如，机床乳化液飞溅于机加工零件表面，于是产生了乳化液（一种电解质溶液）分布不均匀，一般在液滴四周发生锈蚀，如图 3-3-8 所示。

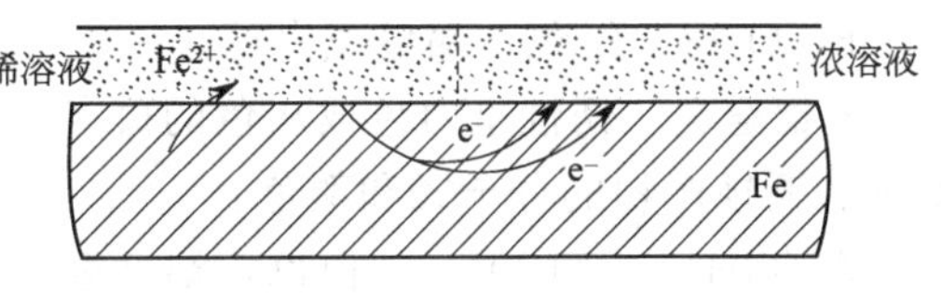

图 3-3-8　浓差腐蚀示意

(3) 钢铁大气腐蚀的形态与特征

① 腐蚀形态

a. 均匀腐蚀　又称全面锈蚀，这是一种在整个金属表面腐蚀行为同时发生，腐蚀量几乎相等的腐蚀，其结果是整个金属尺寸变小和颜色改变。完全的均匀锈蚀一般少见（当然不是没有，例如化学抛光就是）。通常所说的均匀腐蚀是指在整个表面的腐蚀量大体相同，一般认为只要腐蚀产物的粗糙度不超过零点几毫米，就可以认为是腐蚀量基本相等。这种腐蚀形态一般出于腐蚀介质直接与金属表面所起的化学反应或电化学反应。例如，一块在其表面尚未形成钝化膜的金属浸入酸溶液中，就会出现这种腐蚀。电化学反应引起的均匀腐蚀，腐蚀电池的阴、阳极面积相近且非常小，分布变幻不定，不可辨别，阴、阳极电位相等。有的研究者甚至把形成大约 1mm 的均匀麻点腐蚀（例如钢在海水中的腐蚀）也叫做均匀腐蚀。

b. 不均匀腐蚀　也叫局部锈蚀。金属表面某些部位的腐蚀速率或腐蚀深度远远大于其他部分，导致局部腐蚀。这是腐蚀介质与金属表面发生电化学反应的一种腐蚀形态，腐蚀电池的两极截然分开，即阳极区的溶解反应和阴极区的还原反应在不同区域发生，次生腐蚀反应产物又可在第三点形成，因此，锈迹常常是斑斑点点的，而不是在整个金属表面均匀分布的。

不均匀腐蚀，按其破坏形式，又常常分为晶间腐蚀、皮下腐蚀、小孔腐蚀、斑腐蚀、点腐蚀等几种主要形态，如图 3-3-9 所示。

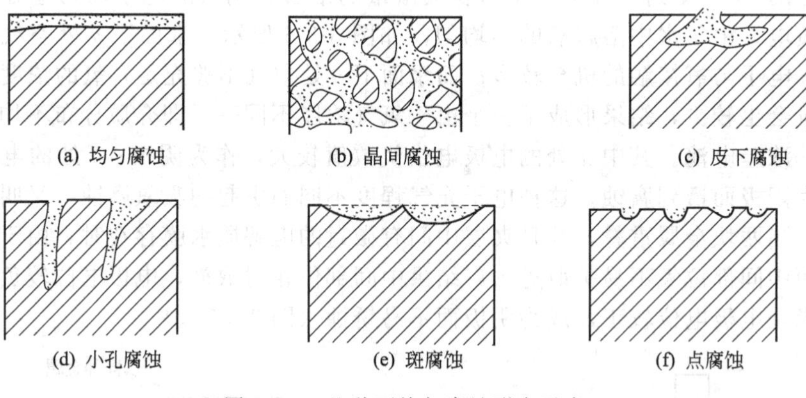

图 3-3-9　几种不均匀腐蚀形态示意

② 腐蚀特征

a. 锈蚀表面失去金属光泽。

b. 锈蚀表面呈现不规则的粗糙不平。

c. 锈蚀表面常有腐蚀产物堆出、膨胀，直至剥落而脱离金属本体。

下面简要介绍几种主要金属材料的腐蚀特征。

• 钢铁　锈蚀呈黄褐色，如进一步发展变成一片一片的褐色或棕色的疤痕，轻微的锈蚀为暗灰色。锈蚀产物的分子式和颜色：

$Fe(OH)_3$——棕色；

FeO、Fe_3O_4、FeS——暗黑色；

Fe_2O_3——红色、褐色或黑色。

• 铝合金　锈蚀呈白色或灰色的斑点，有时呈白色粉末，再发展下去，出现斑斑点点的锈坑。锈蚀产物的分子式和颜色：

$Al(OH)_3$、Al_2O_3——白色，铝合金，特别是硬铝，常见的腐蚀破坏形式是局部腐蚀或晶间腐蚀。

• 铜合金 锈蚀多呈棕红色，在水蒸气和二氧化碳作用下，锈蚀呈绿色，在有氧化硫污染的大气中，锈蚀呈黑色。锈蚀产物的分子式和颜色：

CuO，Cu_2O——棕红色；

$Cu_2(OH)_2CO_3$（铜绿）——绿色；

CuS——黑色。

• 锌、镉、锡 锈蚀呈白色、烟色、黑色的斑点及白色粉末，锈蚀产物的分子式和颜色：

$Zn(OH)_2$、ZnO、$ZnCO_3$、ZnS——棕白色；

$Cd(OH)_2$、$CdCO_3$——白色；

CdO——棕灰色；

CdS——黄色；

SnO_2——白色；

SnS——暗棕色。

• 铅 锈蚀呈白色、暗灰色或黑色云斑状。锈蚀产物的分子式和颜色：

$Pb(OH)_2$、PbO、$PbCO_3$——白色；

PbS——黑色。

• 镁合金 锈蚀呈白色粉状，进一步发展会形成孔穴。若接触汗液，锈蚀多呈黑色斑点，其腐蚀破坏形式有：不均匀腐蚀、脓疮形腐蚀及晶间腐蚀。其锈蚀外观特征与铝合金锈蚀外观特征相似。锈蚀产物的分子式和颜色：

$Mg(OH)_2$、$MgCO_3$、MgO——白色。

• 镀银、镀金 氧化后颜色发暗。锈蚀产物的分子式和颜色：

Ag_2O——褐色；

Ag_2S——黑色。

(4) 钢铁大气腐蚀的影响因素 影响金属大气腐蚀的因素包括金属内部原因和外界原因两个方面。“唯物辩证法认为外因是变化的条件，内因是变化的根据，外因通过内因而起作用”。

① 内部影响因素 主要在于金属材料本身的热力学不稳定性，或者说金属表面电化学不均匀性。不同种类金属比较，金属越活泼，电极电位越负，越容易失去电子而溶入电解质溶液中（水膜），也就越容易被腐蚀。当然，有些金属（如铝、铬等），虽然电极电位代数值较小，但可以在其表面生成一层氧化物薄膜而被钝化，便不易腐蚀。更多一些金属虽然也能生成氧化膜，但因氧化膜很疏松易脱落，不能起到保护作用。就同种金属而言，影响其电化学不均匀性的因素，则是多种多样的。

a. 化学成分不均匀 工业上所用的金属，一般不是纯的，而含有相当的杂质。例如，铸铁中的石墨（C），碳钢里渗碳体（Fe_3C），锌中以 Fe_2Zn_3 形式存在铁，铝合金中以 $CuAl_2$ 形式存在铜等。这些杂质如果其电极电位比基体金属本身电极电位正。则易于形成腐蚀微电池而使金属腐蚀。

b. 金相组织不均匀 一般金属与合金的晶粒处的电位比晶界处正，故晶界处易发生晶间腐蚀。液态合金凝固时常有偏析现象，也会引起电化学不均匀性。如 α-铜结晶时易产生偏析，先结晶的部分含 Cu 较多，电极电位较正，成为阴极，而后结晶的部分含 Cu 较少，成为阳极而腐蚀。

c. 金属表面物理状态不均匀 机加工常常造成各部分变形的不均匀及应力分布不均匀，一般变形较大的部分，如钢板弯折处、构件棱角处、磕碰划伤处等，其电极电位较负，成为阳极而易被腐蚀。刚喷砂出来的钢铁表面，由于表面能较高，更易锈蚀。此外，金属表面由于受热不均匀、温变差异等也能引起金属不同部位之间的电位差，而产生电化学腐蚀。

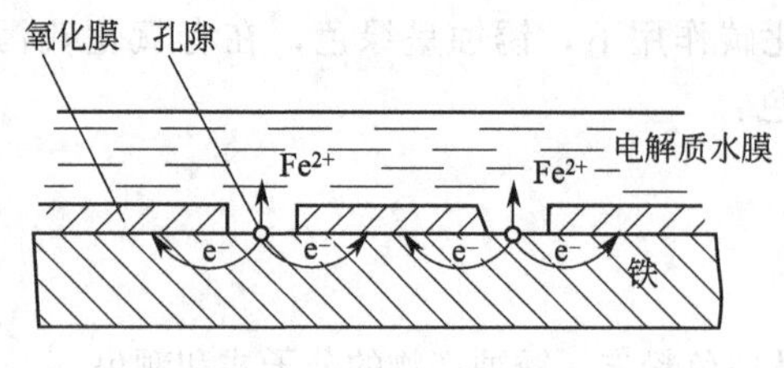

图 3-3-10 膜-孔型腐蚀电池示意

d. 金属表面氧化膜不完整 致密覆盖于金属表面的氧化膜可使金属钝化。但是有些金属的氧化膜（如铁）疏松多孔隙，一般孔隙处下面的金属部位电极电位较负成为阳极，而氧化膜区域的电位较正成为阴极，这样便构成了无数个“膜-孔型腐蚀微电池”，如图 3-3-10 所示。

以上所述各种内部因素，决定了金属本身的电化学不均匀性，即决定了不同金属或同种金属不同区域之间的不同的腐蚀性。

② 外界影响因素 几乎所有的金属都有发生腐蚀的自然趋势，即都有发生腐蚀变化的内因，差别仅在于强弱程度不等。但是，金属产生腐蚀并不是毫无条件的，如前所述，即使在金属表面有电位差存在，产生大气腐蚀还必须具备以下的条件：

a. 表面有电解质溶液（即水膜）存在；

b. 有充分的阴极去极化剂，如氧气、氢离子等。

而这些条件的形成与发展是与许多外界条件息息相关的，正是这些外部因素决定并影响着金属腐蚀的速率与程度。

a. 大气相对湿度 相对湿度这个概念是用来表示大气中水分多少，即大气潮湿程度的。例如，在 20℃下，若每升空气中含有 18.56g 水分，那么此时空气的相对湿度为：

$$\text{相对湿度（RH）}=\frac{\text{空气中水蒸气含量（g）}}{\text{标准温度下空气所能容纳最大的水蒸气量（g）}}=\frac{18.56}{23.2}=80\%$$

式中 23.2——20℃下，空气饱和水蒸气含量，g，可查表得到。

由此，可得出相对湿度的定义：某温度下空气中的水蒸气含量与该温度下饱和水蒸气量的百分比，即是该温度下的空气相对湿度。常用毛发湿度计、干湿球湿度计或湿度试纸测量。

吸氧腐蚀是金属大气腐蚀的主要形式，以二价金属为例，表示如下。

阳极： $$Me \longrightarrow Me^{2+}+2e^- \tag{3-3-1}$$

阴极： $$\frac{1}{2}O_2+H_2O+2e^- \longrightarrow 2OH^- \tag{3-3-2}$$

总反应： $$Me+\frac{1}{2}O_2+H_2O \longrightarrow Me^{2+}+2OH^- \tag{3-3-3}$$

在考虑大气腐蚀问题时，可以认为总反应式所需氧气始终是充分供给的。腐蚀反应进程主要取决于水分出现的机会。实际上，在某一相对湿度下，金属即使长期暴露于大气中也几乎不生锈。但是，如果大气相对湿度达到某一数值时，金属就会很快锈蚀。这一相对湿度叫做金属腐蚀的临界相对湿度。它随着金属的种类及表面状态有所不同。一般来说，钢铁生锈的临界相对湿度大约为 75%。当空气相对湿度达到 75%时，很快在其表面形成一层水膜，于是上述总反应［式(3-3-3)］便很快进行，锈蚀将很快发生。当金属表面被某些吸湿性物质（如灰尘、水溶性盐类等）污染时或其表面状态粗糙而多孔时，则钢铁锈蚀的临界相对湿度就会大幅度下降。

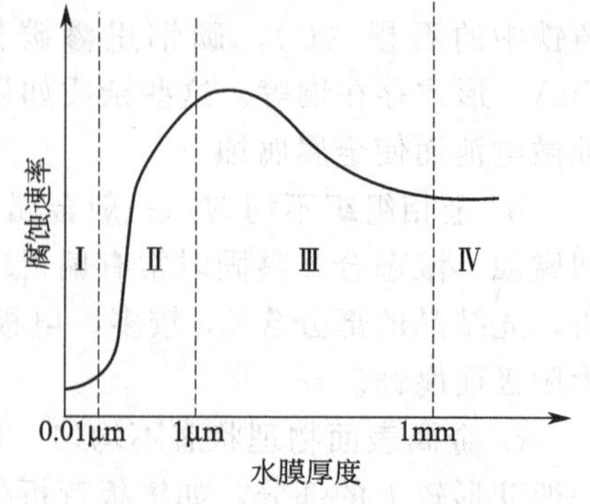

图 3-3-11 大气腐蚀速率与金属表面水膜厚度的关系

金属表面水膜厚度对锈蚀速率也有一定影响，如图 3-3-11 所示。金属在水膜极薄的Ⅰ区，腐蚀速率很小，在Ⅳ区，水膜很厚，相当于全浸于水中，其腐蚀速率并不最高。只有在Ⅱ、Ⅲ区，腐蚀速率最快，这一区域相当于空气相对湿度较大时形成的水膜。在此厚度下，氧分子穿透水膜而到达金属表面甚为容易，氧的阴极去极化作用不受阻碍，因而腐蚀速率很快。水膜过薄，电解质溶液不充分，影响金属的溶解；水膜过厚，氧分子通过水膜而达到金属表面的过程变得缓慢，使阴极去极化作用减缓，腐蚀速率变慢。

通过以上分析可知，空气相对湿度对于金属大气腐蚀的影响是何等的重要。然而，在某些情况下，水分对金属实际腐蚀行为的影响要比预料的轻微得多，而较有决定性的影响因素，是有关金属的特性和大气中某些污染性杂质的影响。出现这种情况的原因，是由于上述腐蚀总反应［式(3-3-3)］对金属腐蚀行为的作用，反而不及一系列副反应的作用大。

b. 温度的影响　环境温度及其变化是影响大气腐蚀的又一个重要因素。因为它影响着金属表面水蒸气的凝聚、各种腐蚀性气体和盐类的溶解度、水膜的电阻以及腐蚀电池中阴、阳极过程的速率。温度的影响还要和湿度条件综合起来考虑。一般认为，当相对湿度低于金属临界相对湿度时（$<65\%$），温度对于腐蚀的影响很小，此时无论气温多高，金属不易生锈；而当相对湿度达到金属腐蚀的临界相对湿度时，温度的影响会很大，此时温度每升高10℃，腐蚀速率提高约2倍。所以，在湿热带或雨季，温度越高生锈越严重。我国的大多数地区夏季气温高雨水多，是金属最易生锈的季节，更要采取各种加强措施做好防锈工作。温度的变化对金属腐蚀的影响，主要表现在凝露现象上。当含有一定量水蒸气的空气，冷却到露点温度以下时，水分就要凝集出来，这就是常说的凝露现象，而金属表面一旦凝露必然加重腐蚀。所以，在金属制品生产中，应尽量避免温度的剧烈变化。在北方高寒地区和昼夜温差较大的地区，应设法控制室内温度在一定的范围之内。

c. 空气中污染物质的影响

• SO_2、CO_2 等污染性物质　这些污染性物质，在工业城市大气中是大量存在的。一个 10^5kW 的火力发电站，每昼夜从烟囱中排放出的 SO_2 就有100t之多。这些污染物大都是酸性气体，在潮湿的条件下，与水化合生成相应的无机酸，并与金属表面直接接触而严重地影响着金属大气腐蚀过程。如图3-3-12所示为在洁净的空气和含有0.01% SO_2 空气中，钢铁腐蚀增重随时间的变化。在洁净的空气中（相当于乡村大气），当相对湿度由0逐渐增大时，腐蚀缓慢。但是，当溶入0.01% SO_2 之后（相当于工业城市大气），相对湿度由0增到75%左右时，腐蚀虽与在洁净空气中的情况差不多，但当相对湿度达到75%以上时，腐蚀增重突然上升，腐蚀速率急剧加快。

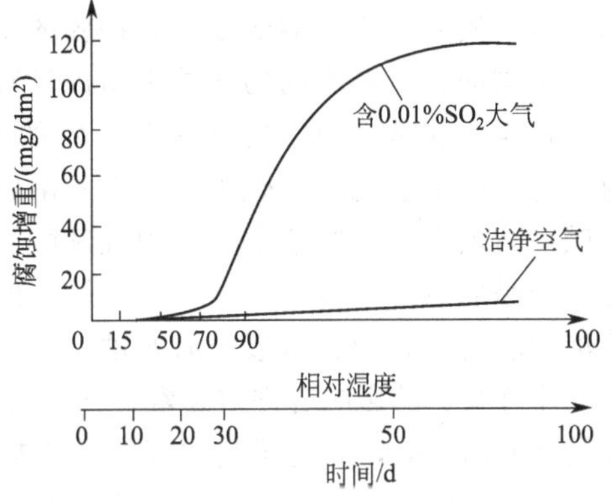

图3-3-12　相对湿度和 SO_2 对钢铁大气腐蚀的影响

根据腐蚀总反应［式(3-3-3)］，水分的出现概率是钢铁大气腐蚀的控制因素，然而当大气受到 SO_2 等杂质污染之后，SO_2 却似一种催化剂，使另一类型的腐蚀反应成为腐蚀过程的主反应。可用下列简化的化学方程式表示。

起始反应：
$$2SO_2+O_2+2H_2O \longrightarrow 2H_2SO_4 \tag{3-3-4}$$

连锁反应：
$$2Fe+2H_2SO_4+O_2 \longrightarrow 2FeSO_4+2H_2O \tag{3-3-5}$$

连锁反应：
$$2FeSO_4+\frac{1}{2}O_2+5H_2O \longrightarrow 2Fe(OH)_3+2H_2SO_4 \tag{3-3-6}$$

结果由于 SO_2 的作用催化了腐蚀进程。此时，大气中降水甚至会减慢腐蚀，因为空降水可洗涤水溶性硫酸铁和硫，并对连锁反应有阻碍作用。

• 氯离子的作用　氯离子的作用也有类似的催化金属腐蚀的效果，这种情况在海洋大气区特别明显。在这种情况下，氯离子的催化作用使另一类型腐蚀反应成为腐蚀过程的主反应而非上述反应［式(3-3-6)］。

$$Fe^{2+}+2Cl^{-}+2H_2O \longrightarrow Fe(OH)_2+2HCl \quad (3\text{-}3\text{-}7)$$

$$4Fe(OH)_2+O_2+2H_2O \longrightarrow 4Fe(OH)_3(\text{铁锈}) \quad (3\text{-}3\text{-}8)$$

海洋占地球表面积的70%以上，大多数的金属和合金均经受不住海水和多雾的海洋大气腐蚀。这里影响腐蚀的主要因素是积聚在金属表面的盐粒和盐雾，特别是氯离子。而盐的沉积量是与海洋气候环境、距离海面的高度、远近及金属暴露时间的长短有关。

表 3-3-5 表明了离海岸不同距离空气中 Cl^- 和 Na^+ 的含量。在海盐中，特别是氯化钙和氯化镁吸湿性最强，极易在金属表面形成液膜，每当昼夜或季节气候变化达到露点时尤其明显。但是，随着离海距离的增加含盐量迅速下降，一般在无强烈风暴时，深入内陆 1.6km 大气中含盐量即趋于零。

表 3-3-5 不同海岸距离空气中 Cl^- 和 Na^+ 的含量变化

海岸距离/km	离子含量/(mg/L)		海岸距离/km	离子含量/(mg/L)	
	Cl	Na		Cl	Na
0.4	16	8	48.0	4	2
2.3	9	4	86.0	3	—
5.6	7	3			

d. 酸碱盐的影响 水膜中电解质溶液酸碱性：pH 对金属腐蚀有两方面的影响，一方面随着溶液酸性提高，H^+ 浓度增加 pH 减小，使其更易于在阴极区吸收电子而强化去极化作用，促进了阴极析氢反应，从而加速腐蚀；另一方面，由于 pH 的改变，影响着金属本身在水膜电解质溶液中的溶解度和保护膜的生成，进而影响金属腐蚀的进程。

不同的金属在不同的介质中腐蚀过程各不相同。例如 Zn、Al、Pb、Cu 在酸和碱溶液中均不稳定。这是因为它们都具有一定的两性，即其氧化物在酸或碱中均能溶解。Fe 和 Mg 由于它们的氢氧化物在碱中实际上不溶解，能在金属表面生成相对稳定的保护膜，结果它们在碱性溶液中的腐蚀速率比在中性和酸性溶液中要小得多。所以，一般钢铁零件的防锈水或冷却液呈弱碱性（pH＝8～9）。但是这种碱性液体用于有色金属就不行了。Ni 和 Cd 在碱性溶液中较稳定，而在酸液中易腐蚀，这一点与铁相似。

中性盐类的影响有许多因素，其中它们与金属反应所生成的腐蚀产物在水膜溶液中的溶解度是重要的因素，如金属钠和钾的碳酸盐、磷酸盐，能在钢铁表面的阳极区生成不溶性碳酸铁、磷酸铁薄膜，从而使阳极过程显著减缓。硫酸锌能在钢铁表面阳极区形成不溶性氢氧化物（$ZnSO_4$）。因此，钢铁和这些盐溶液接触都会大大减缓腐蚀速率。另一些盐类，如铬酸盐、重铬酸盐等，能在金属表面形成保护膜而使金属钝化。实际上，不少金属的盐类是金属缓蚀剂。此外，金属在盐溶液中的腐蚀速率还与其阴离子特性有关。例如氯离子，它对金属腐蚀的影响很大。因为氯离子半径很小，极易穿透水膜而与金属作用，既破坏了金属表面的钝化膜，生成的氯化铁又溶于水，对金属毫无保护作用。同时，氯化物的存在增加了水膜的导电性，而水膜的导电性越强，金属越易锈蚀。氯化钠很强的吸湿性也会降低临界相对湿变，促进腐蚀发生。

e. 其他因素的影响 影响金属腐蚀的外界因素是十分繁多的，除了以上所述的一些主要因素外，还有一些因时因地的因素。例如，在热带地区，蚊、蝇及各类小昆虫甚多，它们在车间飞行，在金属表面爬动，会将脏物及尸体黏附于零件表面，而引起生锈；金属制品在生产、运输过程中可能带来诸多腐蚀性因素，如人汗、热处理残盐洗涤不净、零件叠放、保管不善、积满灰尘等不文明生产行为，都可能诱发腐蚀；不同地区水质差异也会对金属腐蚀产生不同的影响。

以上分别讨论了影响金属大气腐蚀的各种因素。在评定各种大气的腐蚀性时，应当以相同的金属做成试件，进行长期的大气腐蚀试验，才能较为准确地鉴定特定区域的大气对某种金属材料的腐蚀性。

(5) 大气腐蚀环境分类 材料在不同大气环境中的腐蚀破坏程度差异很大，例如，距海24.3m处的钢腐蚀速率为距海243.8m处的大约12倍。试验表明，若以Q235钢板在我国拉萨市大气腐蚀速率为1，则青海察尔汉盐湖大气腐蚀速率为4.3，广州城市为23.9，湛江海边为29.4，相差近30倍。因此，在防腐蚀工程设计和制定产品环境适应性指标时，均需按大气腐蚀环境分类进行。

大气环境分类一般有两种方法：一种是按气候特征划分，即自然环境分类；另一种是按环境腐蚀严酷性划分。后者更接近于应用实际而被普遍采用。国际标准ISO 9223～9226便是根据金属标准试片在环境中自然暴露试验获得的腐蚀速率及综合环境中大气污染物浓度和金属表面润湿时间进行分类。将大气按腐蚀性高低分为5类，即：C1（很低）；C2（低）；C3（中）；C4（高）；C5（很高）。

在涂料界，国际标准化组织又颁布了更有针对性的标准：ISO 12944-1～8：1998《色漆和清漆——保护漆体系对钢结构的防腐保护》(Paints and varnishes——Corrosion protection of steel structures by protective paint systems)。这是一部在国际防腐界通行的、权威的防护涂料与涂装技术指导性国际标准。目前，在国内涂料、涂装行业、腐蚀与防护行业及相关设计研究院所、高等学校，以及在重大防腐工程设计、招投标及施工过程中都使用到这一综合性标准。标准共分八个部分。

其中第2部分系统地介绍了大气腐蚀环境分类。而导致腐蚀产生的环境因素主要有大气、各类水质和土壤三方面，所以标准规定了大气腐蚀环境级别和钢结构在水下和土壤中的腐蚀环境分类（表3-3-6和表3-3-7）。参照ISO 12944-5，就可以针对某种腐蚀环境设计涂装系统（详见本章第三节重防腐涂装设计）。其中，该标准根据不同大气环境的腐蚀性及其特

表 3-3-6 ISO 12944-2 对大气腐蚀环境的分类以及典型环境的举例

腐蚀级别	单位面积的质量/厚度损失(暴露1年后)				温和的气候中，典型的环境举例(仅供参考)	
	低碳钢		锌		外部的	内部的
	质量损失/(g/m^2)	厚度损失/μm	质量损失/(g/m^2)	厚度损失/μm		
C1 很低	≤10	≤1.3	≤0.7	≤0.1	—	具有干净空气的建筑，如办公室，商店，学校
C2 低	10～200	1.3～25	0.7～5	0.1～0.7	空气低污染，主要在乡村地区	会发生露水的建筑，如体育馆，航空站
C3 中等	200～400	25～50	5～15	0.7～2.1	在城市中，有工业气体，受SO_2污染程度中等，或有低盐分的海滨地区	湿度高和有一些空气污染的生产车间，如食品加工厂、洗衣店、酿酒厂、奶厂等
C4 高	400～650	50～80	15～30	2.1～4.2	工业区和具有中等盐分的沿海地区	化工厂、游泳池、海船、码头等
C5-1 很高(工业)	650～1500	80～200	30～60	4.2～8.4	高湿度的工业区，同时空气污染严重	温度通常在露点以下，高污染地区
C5-M 很高(海上)	650～1500	80～200	30～60	4.2～8.4	高盐分沿海或海上	温度通常在露点以下，高污染地区

注：1. 该表中所用的腐蚀级别换算值同ISO 9223一样。

2. 在沿海、湿热地区，如果质量和厚度损失超过C5-M所列出的，那么在选择结构防腐涂料时需特别注意。

表 3-3-7 ISO 12944-2 对于钢结构所处水和土壤环境的分类

分类	环 境	环境和建筑举例
Im1	新鲜水	河流装置 水电厂
Im2	海水或盐水	港口区域的建筑结构，如：水闸门、锁等，海上结构
Im3	土壤	储油罐、钢桩、钢管

征污染物质的污染程度，将涂料产品面对的大气环境大致分为乡村大气、城市大气、工业大气和海洋大气四种类型。

在我国，20 世纪 90 年代也制定并颁布了类似标准，即 GB/T 15957—1995《大气环境腐蚀性分类》。该标准系以裸露的碳钢（以 A3 钢为基准）在不同大气环境下腐蚀等级划分和防护涂料及其类似防护材料品种选择为重要依据。该标准主要根据碳钢在不同大气环境下暴露第一年的腐蚀速率（mm/a），将腐蚀环境类型分为：无腐蚀、弱腐蚀、轻腐蚀、中腐蚀、较强腐蚀、强腐蚀六大类，并给出不同腐蚀环境下的腐蚀速率等（表 3-3-8）。该标准还按照影响钢铁腐蚀的气体成分与含量，将腐蚀性气体分为 A、B、C、D 四类，详见表 3-3-9。

表 3-3-8 GB/T 15957—1995 大气腐蚀环境类型的技术指标

腐蚀类型		腐蚀速率/(mm/a)	腐蚀环境		
等级	名称		环境气体类型	相对湿度(年平均)/%	大气环境
Ⅰ	无腐蚀	<0.001	A	<60	乡村大气
Ⅱ	弱腐蚀	0.001～0.025	A B	60～75 <60	乡村大气 城市大气
Ⅲ	轻腐蚀	0.025～0.050	A B C	>75 60～75 <60	乡村大气 城市大气和工业大气
Ⅳ	中腐蚀	0.050～0.20	B C D	>75 60～75 <60	乡村大气 工业大气和海洋大气
Ⅴ	较强腐蚀	0.20～1.00	C D	>75 60～75	工业大气
Ⅵ	强腐蚀	1～5	D	>75	工业大气

注：在特殊场合与额外腐蚀负荷作用下，应将腐蚀类型提高等级。

1. 机械负荷：①风沙大的地区，因风携带颗粒（沙子等）使钢结构发生磨蚀的情况；②钢结构上用于（人或车辆）通行或有机械重负载并定期移动的表面。

2. 经常有吸潮性物质沉积于钢结构表面的情况。

表 3-3-9 环境气体分类 GB/T 15957—1995

气体类别	腐蚀性物质名称	腐蚀性物质含量/(g/m³)	气体类别	腐蚀性物质名称	腐蚀性物质含量/(g/m³)
A	二氧化硫 氟化氢 硫化氢 氮的氧化物 氯 氯化氢	<0.5 <0.05 <0.01 <0.01 <0.01 <0.05	C	氯化氢 二氧化硫 氟化氢 硫化氢 氮的氧化物 氯	0.05～5 10～200 5～10 5～100 5～25 1～5
B	二氧化碳 二氧化硫 氟化氢 硫化氢 氮的氧化物 氯	>2000 0.5～10 0.05～5 0.01～5 0.1～5 0.1～1	D	二氧化硫 氟化氢 硫化氢 氮的氧化物 氯	200～1000 10～100 >100 25～100 5～10

注：当大气中同时含有多种腐蚀性气体，则腐蚀级别应取最高的一种或几种为基准。

(6) 防止钢铁大气腐蚀的主要措施

① 金属材料自身的抗蚀性：如在钢中加入 Cu、P、Cr、Ni 等，例如美国的 COr-Ten 钢，其耐大气腐蚀性能为碳钢的 4～8 倍。此外，通过均匀化热处理、表面渗氮、渗铬、渗铝等工艺方法，也可以提高金属材料的抗蚀性。

② 有机、无机涂层和金属镀层。

③ 缓蚀剂和暂时性防护涂层。

④ 处理法防蚀：最常见的有氧化膜和磷化膜两种。

⑤ 环境法防蚀。

a. 干燥空气封存法，也称控制相对湿度法。一般使空气相对湿度控制在≤35%，金属则不易生锈，非金属也不易长霉。

b. 充氮封存法。

c. 隔离污染源法。

⑥ 化学阴极保护法。

2. 金属在其他环境中的腐蚀

在自然环境中大气腐蚀是金属腐蚀的最常见的主要形式。而在其他自然环境中，金属腐蚀也各有其特点。如海水腐蚀、土壤腐蚀、微生物腐蚀等。

(1) 海水腐蚀

① 海水的特性　海洋约占地球表面积的 7/10，海水中溶有大量的以 NaCl 为主的盐类，是自然界量最大的天然电解质液体，具有极强的腐蚀性。一般以盐度（或氯度）来表示海水中含盐量。盐度 S（‰）或氯度 Cl（‰），分别指在 1000g 海水中溶解的固体盐类（或氯离子）的总质量（g），两者互算经验公式为：

$$S(‰)=1.80655\mathrm{Cl}(‰) \tag{3-3-9}$$

正常海水的盐度一般在 32‰～37.5‰之间变化。通常取盐度 35‰（相应的氯度为 19‰）作为海洋性海水的盐度平均值。海水的总盐度随地区而变化，在某些海区和隔离性的内海中，盐度有较大的变化，如在江河的入海口，海水被稀释，盐度变小。在地中海、红海这些封闭性海中，由于水分急速蒸发，盐度可高达 40‰。表 3-3-10 列出了海水中盐类的主要组成和各种的含量。

表 3-3-10　海水主要成分及各种离子含量

组分	含量/(g/kg)	组分	含量/(g/kg)
氯化物	19.353	重碳酸盐	0.142
钠	10.76	溴化物	0.067
硫酸盐	2.712	锶	0.008
镁	1.294	硼	0.004
钙	0.413	氟	0.001
钾	0.378		
阳离子	**w/%**	**阴离子**	**w/%**
Na^+	1.8556	Cl^-	1.8980
Mg^{2+}	0.1273	SO_4^{2-}	0.2649
Ca^{2+}	0.400	HCO_3^-	0.0140
K^+	0.0380	Br^-	0.0065
Sr^{2+}	0.0013	H_2BO_3	0.0026
		F^-	0.0001

海水有很高的电导率，海水平均电导率约为 4×10^{-2}S/cm，远远超过河水（2×10^{-4}S/cm）和雨水（1×10^{-5}S/cm）的电导率。海水 pH 通常为 8.1～8.2，且随海水深度变化而

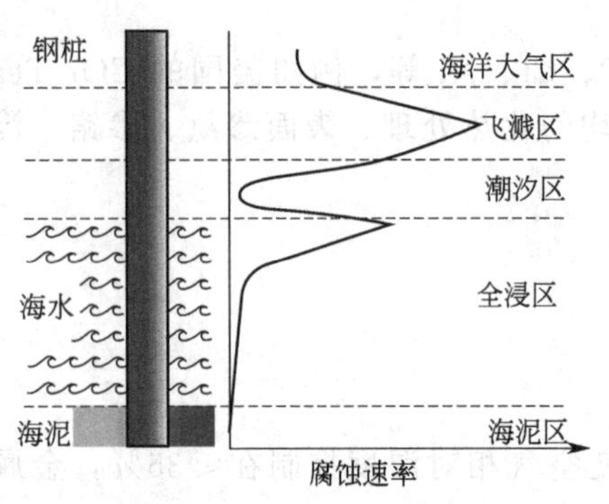

图 3-3-13 钢桩在不同海水深度中腐蚀速率的变化

变化。

海水含氧量是海水腐蚀的主要因素。在海面正常情况下，海水表面层被空气饱和，标准大气压空气饱和下的溶氧量（氧的浓度）随水体在 $(5\sim10)\times10^{-6}$ 范围内变化。

海水是一种含有多种盐类近中性的电解质溶液，并溶有一定的氧，这决定了金属海水腐蚀的电化学特征。

② 海水腐蚀机理与特征　按照海洋工程钢结构工况条件，即金属与海水接触的情况，可将海洋腐蚀环境分为海洋大气区、飞溅区、潮汐区、全浸区和海泥区（图 3-3-13)。表 3-3-11 列出普通碳钢在不同海水环境中的腐蚀速率。不难看出，飞溅区腐蚀速率最大，海泥区腐蚀速率最小，飞溅区金属表面潮湿，供氧充足，更因为干湿交替，盐分浓缩，腐蚀条件最充分，所以腐蚀速率最快。而海泥区充氧不足，腐蚀反应较慢，但可能存在泥浆-海水界面腐蚀或者微生物的腐蚀。

表 3-3-11　不同海洋环境中普通碳钢平均腐蚀速率

海洋环境	平均腐蚀速率/(mm/a)	海洋环境	平均腐蚀速率/(mm/a)
海洋大气区	0.128	全浸区	0.090
飞溅区	0.372	海泥区	0.075
潮汐区	0.083		

由于影响因素的多元性、复杂性、多变性，使金属的海水腐蚀行为极为复杂，至今尚有许多问题和现象不能解释，一些腐蚀机理未能弄清楚。下面仅介绍学术界公认的内容，供参考。

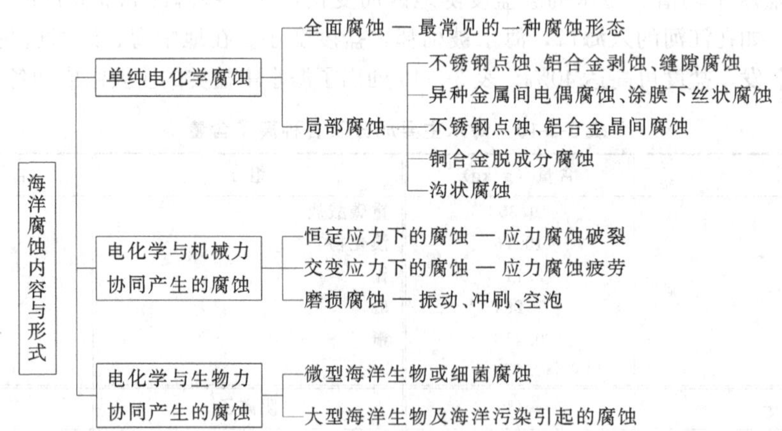

a. 除了镁及其合金既有吸氧腐蚀又有析氢腐蚀外，其他金属的腐蚀都属于氧去极化过程。

b. 钢铁、锌、铜等常用金属的海水腐蚀阳极极化阻滞作用很小。极少数像钛、锆、铌、钽等稀有金属才能在海水中保持钝态。

c. 海水是一种强电解质液体，所以电阻性阻滞作用很小。

d. 海水腐蚀形态主要是点腐蚀和缝隙腐蚀，高流速易产生冲击腐蚀和空蚀。

③ 海水腐蚀影响因素

a. 盐度　如图 3-3-14 所示，当盐浓度超过一定值时，由于氧的溶解度降低，使金属的腐蚀速率下降。

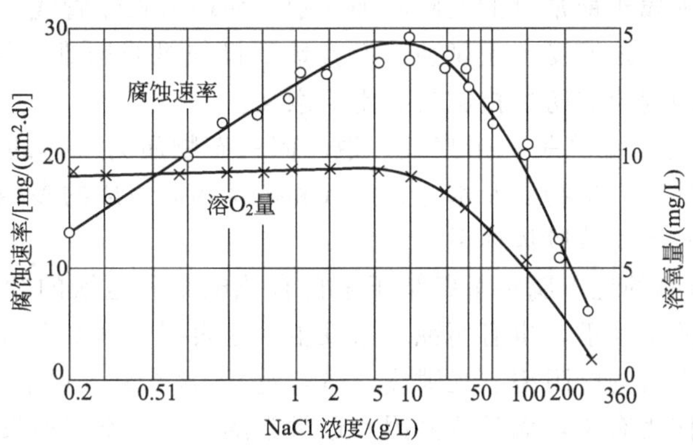

图 3-3-14　钢的腐蚀速率与 NaCl 浓度的关系

b. 氧含量　这是影响海水腐蚀的一个重要因素。海水中充氧量增加，强化了氧去极化阴极过程，金属的腐蚀速率增加。

c. 温度　一般认为，海水中温度每升高 10℃，海水中金属腐蚀速率提高约 1 倍（图 3-3-15），但随着温度上升，氧的溶解度随之下降，又削弱了温度效应。一般来说，铁、铜和它们的合金在炎热的环境或季节里，海水腐蚀速率要快些。

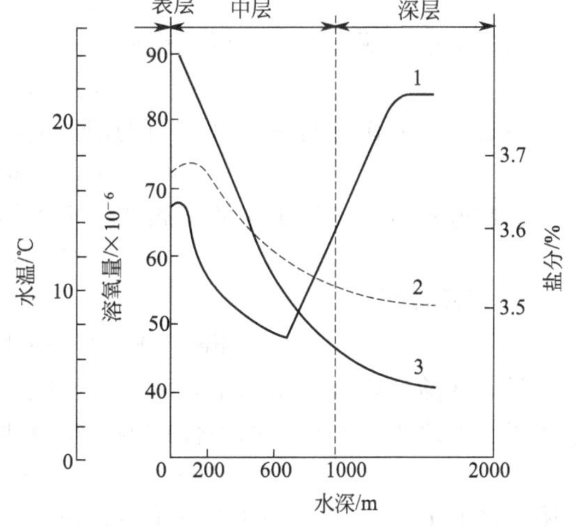

图 3-3-15　海水深度与温度、盐的浓度及溶解氧的关系
1—溶氧量；2　总盐量；3　水温

d. 海水流速　许多金属的腐蚀与海水流速有较大的关系。尤其是钢铁、铜等常用金属存在一个临界流速，超过此流速，金属腐蚀明显加快。碳钢的腐蚀速率随流速的变化如图 3-3-16 所示。但对某些金属则不然，有一定流速能促进钛、镍合金、高铬不锈钢的钝化和耐蚀性。

e. 海洋生物的影响　海洋生物因素对腐蚀的影响很复杂。在本书船舶涂料等有关章节将有较详细的讨论。这里指出的是微生物的生理作用会产生氨、CO_2 及 H_2S 等腐蚀性气体，尤其是硫酸还原菌的活动，会加速金属的腐蚀。

$$2S+SO_2+2H_2O \longrightarrow 2H_2SO_4$$

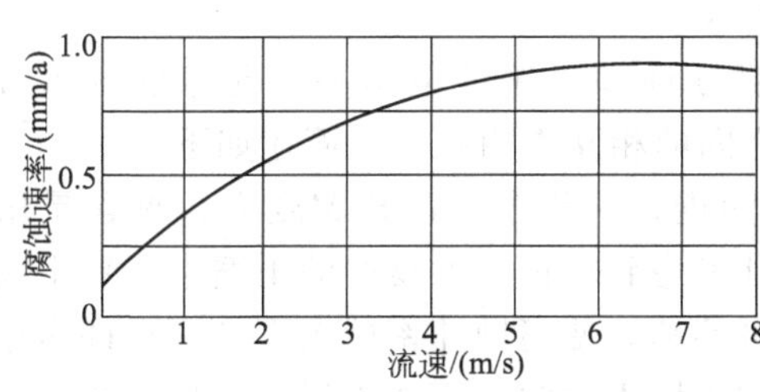

图 3-3-16　海水流动速度对低碳钢腐蚀的影响

④ 海水腐蚀的防护

a. 合理选择耐蚀性金属新材质　钛、镍、铜合金在海水中较耐蚀，但价格高，只能用于关键部件，而量大面广的钢铁材料，一般在海洋环境下易腐蚀，需要外加防蚀措施。

b. 使用涂层的方法　这是使用最普遍而实用的方法，如船舶涂料、重防腐涂料等。

c. 阴极保护　这也是防止海水腐蚀的常用方

法之一，一般只在全浸区才有效。

(2) 土壤腐蚀　土壤腐蚀顾名思义是指不同区域的土壤不同组分和性质对材料的腐蚀。而金属在土壤中的腐蚀属于最常见的实际腐蚀问题。如埋地长输管线、地下通讯设备、各类地下金属构件等，均不断地遭受土壤腐蚀，而且地下设施维修困难，结果造成很大的危害。因此，研究土壤腐蚀的规律和防护措施具有重要意义。

① 土壤性质与特点　土壤是一个集气、液、固三态物质为一体的复杂系统。其组成是由各种颗粒状的矿物质、有机物质及水分、空气和微生物等组成的多相的并且具有生物学活性及离子导电性的多孔毛细管胶体体系。

在20世纪初，所有的地下腐蚀都归结于来自有轨电车和地铁的杂散电流。然而研究发现，在没有杂散电流的土壤里，也有腐蚀现象发生，这表明土壤本身有腐蚀性。经大量研究发现土壤的腐蚀性和土壤的电阻率、孔隙度（氧含量）、含水量、可溶性盐类、pH、微生物以及它们之间的相互作用有关，而且这些因素还常常随时间、空间而发生变化，十分复杂。

② 土壤腐蚀的电极过程　土壤中最常用的金属结构是钢铁，以钢铁为例，土壤腐蚀的电极过程如下。

a. 阴极过程　主要是氧的还原

$$O_2+2H_2O+4e^- \longrightarrow 4OH^-$$

而在酸性土壤里会发生析氢反应。

$$2H^+ +2e^- \longrightarrow H_2\uparrow$$

在硫酸还原菌参与下，SO_4^{2-} 的还原是土壤腐蚀的阴极过程。

$$SO_4^{2-}+4H_2O+8e^- \longrightarrow S^{2-}+8OH^-$$

某些电极电位比铁更正的金属离子也可能被还原，也是一种阴极过程。

$$M^{3+}+e^- \longrightarrow M^{2+}$$

b. 阳极过程

$$Fe+nH_2O \longrightarrow Fe^{2+}\cdot nH_2O+2e^-$$

只有在酸性较强的土壤中，才有相当数量的铁氧化成为二价或三价的离子，以离子状态存在于土壤之中。在稳定的中性或碱性土壤中：

$$Fe^{2+}+2OH^- \longrightarrow Fe(OH)_2\ (\text{绿色产物})$$

在阳极区有氧存在时，$Fe(OH)_2$ 能氧化成为溶解度很小的 $Fe(OH)_3$。

$$2Fe(OH)_2+\frac{1}{2}O_2+H_2O \longrightarrow 2Fe(OH)_3$$

$Fe(OH)_3$ 产物很不稳定，它会变成更稳定的产物。

$$Fe(OH)_3 \longrightarrow FeOOH\ (\text{赤色产物})$$

$$2Fe(OH)_3 \longrightarrow Fe_2O_3+3H_2O\ (\text{黑色产物})$$

当土壤中存在 $HNCO_3^-$、CO_3^{2-}、S^{2-} 时：

$$Fe^{2+}+CO_3^{2-} \longrightarrow FeCO_3$$

$$Fe^{2+}+S^{2-} \longrightarrow FeS$$

③ 土壤腐蚀的影响因素　如前所述，土壤的腐蚀性和土壤的电阻率、孔隙度（氧含量）、含水量、可溶性盐类、pH、微生物以及它们之间的相互作用有关，简述如下。

a. 孔隙度（氧含量）　孔隙度较大有利于氧气渗透。一般来说，孔隙度大，氧含量增大，是腐蚀初始发生的促进因素而加剧腐蚀。但也须考虑到在透气性良好的土壤中更易生成具有保护能力的腐蚀产物保护膜层，阻碍金属的阳极溶解，使腐蚀速率减慢下来。有许多相互矛盾的实例，如在考古发掘时发现埋在透气不良的土壤中的铁器历久无损，但另一些例子说明在密不透气的黏土中金属常发生更严重的腐蚀。造成情况复杂的因素在于有氧浓差电池、微生物腐蚀等因素的综合影响。需具体情况具体分析，不能一概而论。

b. 含水量 土壤中含水量对腐蚀的影响很大。当土壤含水量很高时，氧的扩散渗透受阻而腐蚀减缓，随着含水量的减少，氧的去极化变易，腐蚀速率增加，当含水量降落到约10%以下，由于水分的短缺、阳极极化和土壤比电阻加大，腐蚀速率又急速降低。另外，从长距离氧浓差宏电池的作用看，随着含水量增加，土壤比电阻减少，氧浓差电池的作用也增加。在含水量为70%～90%时出现最大值。当土壤含水量再增加接近饱和时，氧浓差腐蚀的作用减少了。在实际情况下，埋得较浅、含水量少的部位的管道是阴极，埋得较深、接近地下水位的管道，因为土壤湿度较大，成为氧浓差电池的阳极而被腐蚀。

c. 电阻率 土壤电阻率与土壤孔隙度、含水量及含盐量等因素有关。一般来说，土壤电阻率越小，土壤腐蚀越严重。但电阻率的大小与腐蚀速率之间并不存在明显的关系，当电阻率在5～30Ω·m左右时，随着电阻率的升高，腐蚀速率随之下降，而且趋势明显，当电阻率在30～100Ω·m左右时，腐蚀速率随电阻率升高而降低的趋势变得较为平缓。

d. 酸度 土壤酸度的来源很复杂，有的来自土壤中的酸性矿物质，有的来自生物和微生物的生命活动所形成的有机酸和无机酸，也有的来自于工业污水等人类活动造成的土壤污染。大部分土壤属中性范围，pH处于6～8。也有pH为8～10的碱性土壤（如盐碱土）及pH为3～6的酸性土壤（如沼泽土、腐殖土）。随着土壤酸度增高，土壤腐蚀性增加，因为在酸性条件下，氢的阴极去极化过程已能顺利进行，强化了整个腐蚀过程，当土壤中含有大量有机酸时，其pH虽然近于中性，但其腐蚀性仍然很强。

e. 含盐量 通常土壤中含盐量约为（80～1500）$\times10^{-6}$，在土壤电解质中的阳离子一般是钾、钠、镁、钙等离子，阴离子是碳酸根、氯离子和硫酸根离子。土壤中含盐量大，土壤的电导率也增加，因而增加了土壤的腐蚀性。氯离子对土壤腐蚀有促进作用，所以在海边潮汐区或接近盐场的土壤，腐蚀性更强。但碱土金属钙、镁的离子在非酸性土壤中能形成难溶的氧化物和碳酸盐，在金属表面形成保护层而减少腐蚀。富钙、镁离子的石灰质土壤就是一个典型的例子，同样硫酸根离子也能和铅作用生成硫酸铅的保护层。硫酸盐和土壤腐蚀另一个重要关系是和微生物腐蚀有关。

④ 土壤腐蚀的主要形式 如上所述，土壤腐蚀基本上属于电化学腐蚀，通常分为微观腐蚀电池（简称微腐蚀）和宏观腐蚀电池（简称宏腐蚀）两种形式。

a. 微观腐蚀电池 钢铁材料，例如埋地钢管，主要由于本身成分、杂质及金相组织的不均匀性等，造成钢管表面各部位常具有不同的电极电位而形成的腐蚀电池，属于微观腐蚀电池。如制管上的缺陷，管道表面可能夹杂有不同杂质、熔渣、焊缝、氧化皮等，与其基体金属在成分与性质上差异较大，当这种钢管表面差异性很大的管道埋地后，不同部位之间便产生了电极电位差，如钢管的焊缝熔渣与本体金属间的电位差可能高达0.275V。例如，如图3-3-17所示的是埋地钢管表面杂质与钢管所生成的腐蚀微电池。

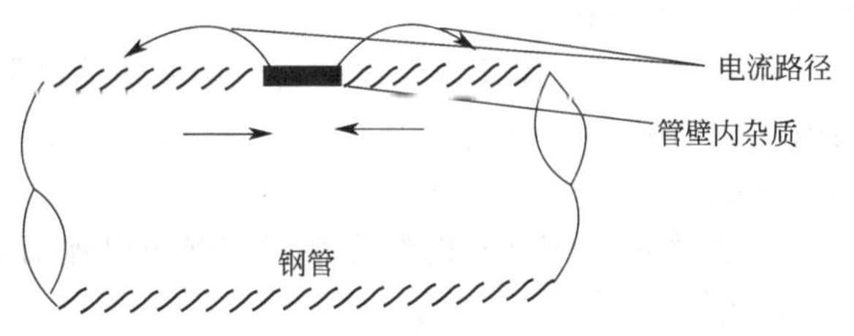

图 3-3-17 埋地钢管表面杂质（阴极）与钢管（阳极）形成的腐蚀微电池示意

b. 宏观腐蚀电池 当埋地管线从土壤（A）进入另一种土壤（B）时，便形成了宏观腐蚀电池，它对埋地管线造成的腐蚀危害尤为严重。

钢管/土壤(A)∥土壤(B)/钢管

主要因为土壤腐蚀介质差异引起的，例如，当长输埋地钢管通过土壤结构不同和潮湿程度不

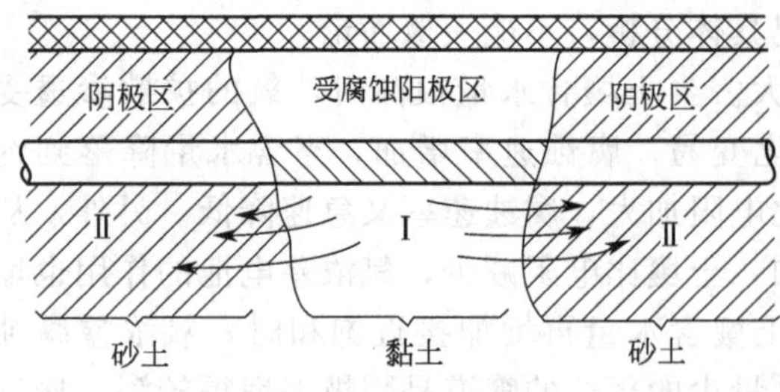

图 3-3-18 管道在结构不同的土壤中所形成的氧浓差宏观电池

等的土壤时（如砂土和黏土），由于充气不均匀而形成氧差电池的腐蚀，如图 3-3-18 所示。处在砂土中的管段，由于氧容易渗入，电位较高而成为阴极，而处于黏土中的管段，由于缺氧，电位低而成为阳极，这样钢管便在砂土段与黏土段之间形成了氧浓差腐蚀电池，属于宏观腐蚀电池。

c. 杂散电流腐蚀 杂散电流是在土壤介质中的导体因绝缘不良而漏失出来的电流，或者说是正常电路以外流入的大小、方向都不固定的电流。地下埋设的金属构件物在杂散电流影响下所发生的腐蚀成为杂散电流腐蚀。正由于土壤中有杂散电流，对绝缘不良的管道，它可从绝缘损坏的某一点上流入管道，沿管道而在绝缘损坏的另一点上流出，流回杂散电流源头。在这种情况下，杂散电流从土壤进入金属管道的地方是腐蚀电池的阴极区，而电流经管道流出处则为阳极区，埋在阴极区土壤金属不会受到什么影响，而在阳极区则集中发生腐蚀。特别指出的是，在实际工程中杂散电流源的形成很普遍，如高压输配电系统的接地体、电气化铁路沿线、电解工厂、城市有轨电车、外接电流阴极保护装置等。如图 3-3-19 所示为电气化火车附近的埋地管道受杂散电流影响而引起的腐蚀破坏。

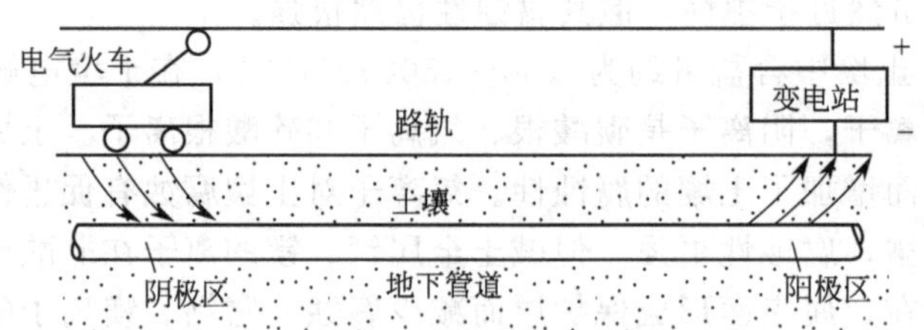

图 3-3-19 土壤中的杂散电流影响而引起的埋地管道腐蚀示意

⑤ 土壤腐蚀的防治措施

a. 涂层保护。涂层保护一般采用熔结环氧（粉末涂料）、无溶剂液体环氧及沥青涂层作为管道外防腐涂层。为增强涂层的力学性能，一般外缠三层聚乙烯（PE）薄膜。防护总厚度为 2.2～2.9mm。

另外，对于气体长输管线的管道内壁喷涂减阻型环氧涂料，一方面为了降低气体与管道内壁的流动阻力，提高输气效率，同时为了防止管道内壁腐蚀，内涂层的厚度一般在 65～75μm。

b. 提高地下钢结构的绝缘性或使漏出电流沿适当回路流入供电网。

c. 阴极保护。

(3) 钢铁的微生物腐蚀 凡是同水、土壤或湿润空气相接触的金属设施，都可能遭到微生物腐蚀。微生物包括真菌和细菌。与腐蚀有关的微生物主要有硫酸盐还原菌、硫氧化菌和铁细菌。近十年来，由于细菌腐蚀给冶金、航海、石油、石化、化工、煤炭、市政等行业带来了损失，因此，控制细菌腐蚀已成为一些企业正常生产的关键环节之一。

自然环境中的细菌成千上万，但参与金属腐蚀过程的菌种不多，根据生物新陈代谢模式，一般把腐蚀性细菌分为喜氧性菌和厌氧性菌两大类。

① 喜氧性菌腐蚀 喜氧性菌（或称嗜氧性菌）是指环境中有游离氧的条件下才能生存的一类细菌，主要有铁细菌和硫氧化菌。

② 厌氧性菌腐蚀 厌氧性菌是指在缺乏游离氧或几乎无游离氧的条件下才能生存，有氧反而不能生存的一类细菌，主要有硫酸盐还原菌。硫酸盐还原菌所造成的腐蚀一般呈局部腐蚀。

③ 细菌联合作用下的腐蚀 喜氧性细菌和厌氧性细菌各自所需的生存条件截然不同，但在实际环境中，往往由喜氧性细菌的腐蚀造成了厌氧的局部环境，从而使厌氧性菌亦得到繁殖。这样，两类细菌相辅相成便加速了金属的腐蚀。细菌腐蚀的控制：

a. 外加电流阴极保护或牺牲阳极保护可以抑制细菌腐蚀；

b. 采用非金属覆盖层或金属镀层的方法；

c. 使用有机涂层在必要时加入适量灭菌剂、防霉剂等，如使用抗菌涂料和防霉涂料；

d. 在介质中投放高效、低毒的杀菌剂和除垢剂才能收到更好的效果。

此外，施行清洁生产和文明生产，使设备维持清洁状态，亦是减少细菌腐蚀的一项不能忽视的措施。

第二节 重防腐涂料简述

所谓重防腐涂料，目前并无确切的定义。由日文转译的英文为 Heavy-duty paint，其核心含义为涂层体系经适当涂装后在严酷的腐蚀环境下为底材提供较长期的防腐蚀保护。

一般来说，重防腐涂料在海洋环境和化工大气中通常可使用 10 年以上；而在酸、碱、盐及溶剂介质中，并有一定温度的条件下，一般可使用 5 年以上。目前，重防腐涂料的应用范围极为广泛，涉及现代化产业的各个领域：如桥梁工程、电力工程、海洋工程、石油化工、汽车和机车、大型贮罐、长输管道、地下工程、冶金、船舶、集装箱、港口设施、工程机械以及各类户外建筑钢结构等。重防腐涂料与涂装技术的发展是与现代工业技术的发展密切相关的，涉及多种学科的发展，如材料学、腐蚀理论、表面处理、新型合成材料、颜料与填料、特种助剂、环境科学、现代测试技术以及现代涂装技术等。

一、重防腐涂料的特点

重防腐涂料除了具有在严酷腐蚀环境下应用和长效寿命特点外，还有以下几个特点而区别于一般防腐涂料。

1. 厚膜化

这是重防腐涂料重要标志之一。为此，现代重防腐涂料向高固体分、少溶剂、无溶剂化方向发展。涂层设计的目标是使用寿命，而使用寿命取决于腐蚀环境。这里使用寿命有两层含义：其一是指涂层运行使用至下一次维修时的间隔期限；其二是指一次性使用至涂层失去保护功能的期限。涂层的使用寿命是根据被保护对象本身的寿命、价值及维修的难易来确定的，ISO 12944-5 对于涂层的使用寿命分为三个等级。

低(low)	2～5 年
中(medium)	5～15 年
高(high)	15 年以上

当然 ISO 12944-5 所说的使用寿命绝不是商业“承诺防腐寿命”，而仅是涂装设计一个技术参数，它的作用主要是为设计者制定一个比较合理的维修涂装时间表以做参考。

涂层的厚度对使用寿命非常重要，实验已经证明，在一定的腐蚀环境下，涂层配套确定之后，涂层厚度与保护寿命呈直线关系，如图 3-3-20 所示。

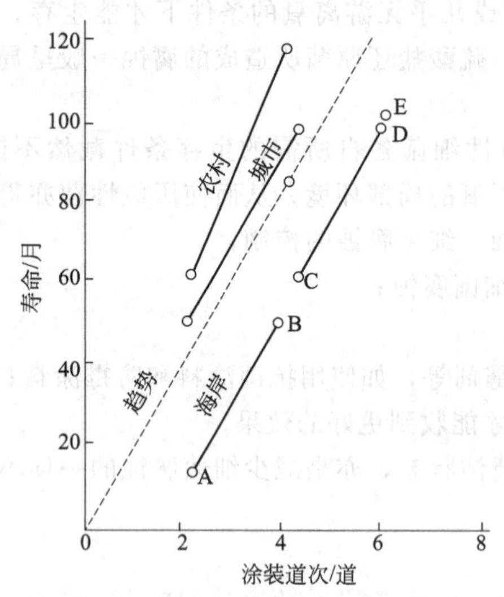

图 3-3-20　涂层的平均寿命和厚度的关系
（油基漆和醇酸漆，每道漆膜厚度是 25μm）
A—一道底漆加一道面漆；B—两道底漆加两道面漆；
C—一道底漆加三道面漆；D—两道底漆加四道面漆；
E—一道底漆加五道面漆

Fick 定律：腐蚀介质渗透达到涂层-金属界面的时间与涂层的厚度平方成正比，与扩散系数成反比，其数学表示式为：

$$T=\frac{L}{6D} \tag{3-3-10}$$

式中　T——液体腐蚀介质渗透至涂层-金属界面时间（T 值越大间接表明防腐寿命越长）；

L——涂层干膜厚度；

D——介质扩散系数（取决于涂层与介质结构、渗透压力、温度等参数）。

由此可见，重防腐涂装应尽量厚膜化（干膜 200～1000μm），以提高涂层的使用寿命。

涂层厚度是根据腐蚀环境及使用寿命来确定的，三者的关系在 ISO 12944-5 中有推荐要求，见表 3-3-12。

2. 高性能原材料的研发是重防腐涂料发展的关键

在防腐涂料的研究中，对于高性能的耐蚀合成树脂和新型的颜料、填料的研究与开发，国内外一直十分活跃。一个重要的研究方向是在保持原有性能的基础上，克服其缺点并开发多方面功能。

表 3-3-12　腐蚀环境、使用寿命和涂层厚度的关系

腐蚀环境	使用寿命	干膜厚度/μm	腐蚀环境	使用寿命	干膜厚度/μm
C2	低 中 高	80 150 200	C4	低 中 高	160 200 240(含锌粉) 280(不含锌粉)
C3	低 中 高	120 160 200	C5-I,C5-M	低 中 高	200 280 320

(1) 聚合硅氧烷树脂的研发　为克服丙烯酸树脂耐溶剂性差、不耐高温的缺点，采用有机硅氧烷原位、接枝聚合改性丙烯酸树脂的方法，大大提高了丙烯酸树脂的耐热性和耐溶剂性，即丙烯酸聚硅氧烷涂料。美国 AMERON 公司生产的 PSX700 环氧硅氧烷涂料，将无机硅氧烷主干与有机树脂结合，不仅克服了环氧树脂户外易粉化的缺点，而且实现了在一种涂料上同时具有高性能环氧漆和聚氨酯漆的性质，其耐腐蚀性、耐候性、耐热性及外观装饰性等均有突破性的提高。又如 Hempel 公司的老人牌聚硅氧烷面漆 55000，是由聚硅氧烷树脂与脂肪族环氧树脂聚合而成的环氧-聚硅氧烷涂料。由于在聚合树脂结构中含有高键能 (446kJ/mol) 的 Si—O 键，因此其耐阳光、紫外线能力大大增强，而具有极强的抗老化、耐候性、耐腐蚀性能。

(2) 氟碳树脂的研发与应用　已从高温干燥型发展到常温自然干燥型；设法降低 VOC 含量和改善重涂性是氟碳涂料的研究方向。

(3) 导电聚苯胺防腐涂料的研发　树脂本身导电而且防腐性能优秀，属于本征型导电涂料。它克服了导电性与防腐性的矛盾，技术上比常规导静电涂料高出一个档次。

(4) 聚脲防腐弹性体涂料——聚天门冬氨酸酯聚脲 性能与应用前景远优于聚氨酯。

(5) 新型鳞片状金属锌粉 替代目前广泛使用的球状锌粉，防腐性提高（阴极保护＋屏蔽效应），锌粉用量可降 1/3，制漆成本明显下降。

(6) 云母氧化铁和玻璃鳞片 在环氧中层漆中推广应用。

(7) 水相法制备氯化橡胶 中国政府已在禁止和限制使用四氯化碳和氟里昂等物质保护大气臭氧层的蒙特利尔国际公约上签字，承诺停止使用用四氯化碳法（即溶剂法）生产氯化橡胶而研发水相法制备氯化橡胶。

(8) 各类水溶性树脂的研发与应用 基于环境保护的迫切需要，水性漆是当今涂料工业的发展方向之一。如水性环氧、水性丙烯酸、水性聚氨酯及水性氟碳树脂等。

3. 表面处理是决定质量的首要因素

对于防腐工程表面处理的重要性怎么估计也不为过，如同一座高楼大厦不能建筑在沙滩上的道理一样。涂装前表面处理方法很多，如酸洗磷化、机械打磨、喷砂抛丸等。不同行业、不同的涂装对象可能采用不同的处理方法，但在重防腐领域，喷射除锈（俗称喷砂）迄今仍是最佳的工艺选择。其一，钢材表面清洁度达标有保证（$S_a \geqslant 2.5$）；其二，表面粗糙度均匀（$R_z = 40 \sim 75\mu m$）。而涂装前钢材表面粗糙度不仅增加了钢材表面积，还为漆膜附着提供了合适的表面几何形状，有利于漆膜与底材之间的粘接和漆膜厚度分布的均匀一致；刚喷砂后的钢材，表面能增大，处于活化态，3h 之内喷涂防锈底漆，是涂料分子与金属表面极性基团之间相互吸引与粘接的最佳时期。

喷砂工艺应尽量标准化、规范化。如应尽量采用金属磨料，执行 GB/T 18838.1《涂覆涂料前钢材表面处理喷射清理用金属磨料的技术要求》（等同 ISO 11124-1：1993），并可参考美国钢结构涂装协会（SSPC-SPCOM）所列出的喷射不同磨料所测得的粗糙度；喷砂后表面清洁度应执行 GB 8923《涂装前钢材表面锈蚀等级和除锈等级》（等效采用 ISO 8501-1)；而表面粗糙度的检查应执行 GB/T 13288《涂装前钢材表面粗糙度等级的评定》（参照采用 ISO 8503）和 GB 6060.5《表面粗糙度比较样板 抛（喷）丸、喷砂加工表面》等标准。

喷砂作业应尽量在喷砂房内进行，户外喷砂应采用带有布袋吸尘器的喷砂设备，以利环境保护和劳动保护。

涂装前表面处理除了喷砂除锈外，还包括喷砂前除油和除去可溶性盐等污染物，同样是十分重要的前处理工序。而一般施工者认为喷砂可以把它们清除，但是实际上只是把这些污染物的大部分深深的分散凿在钢材表面，形成更加隐蔽、危险性更大的污染。除油、除盐可采用高压喷射淡水（除油需加清洗剂）的工艺方法，可参照 NACE No.5《高压淡水冲洗的清洁标准》（相对美国钢结构涂装标准 SSPC-SP12）和 GB/T 13312《钢铁件涂装前除油程度检验方法》。

4. 涂层配套的正确性

钢结构工程重防腐涂装，一般分为底漆、中间漆和面漆。底漆的主要功能是防锈，增强与金属表面附着力；中间漆的主要功能是增加漆膜厚度，以增强漆层体质；而面漆除了装饰性功能之外，还有更多方面的功能要求。在选择涂料时，力求“底-中-面”三涂层配套正确，即要讲究其配套性。一般没有固定规律可循，大都是长期施工经验的总结。例如：

① 固化类型一致，例如不宜将烘干型涂料喷在溶剂挥发型（自然干燥）涂料上面；

② 不宜将强溶剂的面漆喷涂在弱溶剂的底漆上面等。

5. 推荐采用“底-面合一”施涂工艺

近年来，为适应重防腐涂装的需要，已有“底-面合一”的厚涂涂料出现，采用高压无气喷涂技术，一次可以喷涂几百微米，甚至几毫米，在大型钢结构工程中得到迅速广泛的应用。最常用的是无溶剂、高黏度环氧、聚氨酯涂料等。这类漆固体含量一般在70%（体积分数）以上，甚至100%，施工时一般不加稀释剂，因此宜采用高压无空气喷涂机进行喷涂，也可刷涂。由于环氧树脂极强的粘接性能，使涂层牢固地附着在钢材表面，形成一道厚厚的防护涂层，有效地阻缓外界腐蚀性介质的浸入。防护期可达10年以上。

6. 现代涂装现场管理是实现重防腐涂装设计目标的重要环节

涂装的目的在于涂层质量，并通过科学而严格的质量管理而实现的。涂装工程质量管理是一项全员参与、贯穿全过程的系统工程。

二、常用重防腐涂料简述

重防腐工程一般采用复合涂层，分为底漆、中间漆和面漆。底漆主要有车间底漆、磷化底漆、磷酸锌环氧底漆以及富锌底漆；中间漆主要有环氧封闭漆和厚浆型环氧中层漆等；面漆主要有中、低档的有醇酸漆、丙烯酸漆、氯化橡胶漆；高档品种有聚氨酯面漆、氟碳面漆及聚硅氧烷面漆等。

1. 常用底漆

底漆的主要作用是：防腐蚀、确保涂层与底材的附着力并为后继涂层——中间漆或面漆提供良好的附着基础。

(1) 车间底漆 车间底漆（shop primer），又称钢材预处理底漆或保养底漆（prefabrication primer），这是一种工序间临时防护漆。主要应用于钢材喷砂后的一次表面处理阶段，对钢材在焊接与切割、弯曲与成型阶段起临时保护作用，其户外保护期为3～9个月。该底漆一般为可焊接底漆，在结构组装完成后，通常需要重新喷砂，去除车间底漆，并及时喷涂配套底漆。正由于车间底漆的临时保护作用，大大减少了在组装后二次除锈的工作量，有利于后续配套涂层的涂装。因此，车间底漆必须具备以下性能：

① 在钢材组装前至少有3个月的防锈能力，一般为3～9个月户外防护期；

② 不影响焊接、切割速率和质量以及焊接强度；

③ 焊接切割时不产生超过劳动保护允许范围的有害气体；

④ 适应自动化流水线的施工要求；

⑤ 漆膜快干（3～5min）且力学性能好，耐磨性、耐弯曲性好，便于钢板在工序间便捷吊装与转运；

⑥ 配套性好，能适应大部分涂料的覆涂。

目前车间底漆主要有四种类型：聚乙烯醇缩丁醛车间底漆（PVB）、环氧含锌车间底漆、环氧铁红车间底漆及无机硅酸锌车间底漆。

无机硅酸锌车间底漆是目前主要应用的车间底漆类型。它以正硅酸乙酯为基料，配以锌粉以及其他颜填料、溶剂、添加剂等。其固化成膜依靠正硅酸乙酯吸收空气中的水分水解后缩聚，然后与锌粉及钢材表面活性铁反应生成锌-硅酸复合盐而牢固地附着于钢铁表面。具有良好的防锈性、力学性优良、耐热性好、热加工时损伤面少等突出性能。

最新发展的超高温耐热无机锌车间底漆，采用超耐热树脂对正硅酸乙酯进行改性，采用部分耐热防锈颜料与锌粉共用，在火工校正和电焊时，对涂层的烧损面积大大减少。

由于锌粉在焊接时会产生锌烟，对人体的健康不利，目前使用较多是中、低含锌型车间底漆。适当减少锌粉含量可以提高焊接质量与速率。详细的车间底漆介绍可参考船舶涂料部分。

(2) 磷化底漆　磷化底漆又称洗涤底漆（wash primer）或蚀刻底漆（etching primer）。磷化底漆通常由磷酸、聚乙烯缩丁醇、四碱式锌黄以及填料和醇类溶剂组成。通过磷酸的蚀刻作用，磷化底漆可与许多不易进行彻底表面处理的底材结合，形成附着优良的涂层；同时四碱式锌黄［$ZnCrO_4 \cdot 4Zn(OH)_2$］可以结合生成铬酸铁覆盖在钢铁表面，使金属表面钝化。一方面保证了磷化底漆与底材的结合力；另一方面起到较好的防锈蚀性能。

磷化底漆主要可以用于镀锌件、铝合金、不锈钢、喷锌喷铝等金属表面。为了确保磷酸的蚀刻作用，通常磷化底漆的漆膜厚度为 10μm 左右，太厚的涂层会影响附着力，而且不能用于自身覆涂。另外，虽然磷化底漆本身因含有优良的防锈颜料，具有一定的防锈效果，但由于漆膜很薄，通常它不能作为防锈底漆来使用。它的主要作用还是为底材与其后道涂层之间提供良好的附着性能。

磷化底漆中使用的四碱式锌黄虽然具有良好的防锈效果，但因为它是一种六价铬（Cr^{6+}）化合物，有致癌作用，因此，近年来新型的磷化底漆逐渐使用磷酸锌、三聚磷酸铝、硼酸锌等防锈颜料来替代。但由于所有的这些防锈颜料都具有一定的水溶性，因此磷化底漆不推荐用于水下环境。

虽然磷化底漆在镀锌件等底材表面有非常良好的附着性能，但由于上述自身的这些缺陷，因此近年来它也逐渐被镀锌件等底材专用的环氧磷酸锌底漆所取代。表 3-3-13 列出以聚乙烯醇缩丁醛树脂为成膜剂的乙烯磷化底漆化工行业标准。

表 3-3-13　HG/T 3347—1987X06-1 乙烯磷化底漆（分装）

项　目		指标	试验方法
颜色及外观	原漆	黄色半透明黏稠液体	GB/T 1721—1979
	磷化液	无色至微黄色透明液体	目测
	漆膜	黄绿色半透明,漆膜平整	GB/T 1729—1979
黏度(涂-4 杯)/s		≥30	GB/T 1723—1979 乙法
磷化液中磷酸含量/%		15～16	HG/T 3347 第 3.5 条
干燥时间(实干)/min		≤30	GB/T 1728—1979
柔韧性/mm		1	GB/T 1731—1979
冲击强度/kgf·cm		50	GB/T 1732—1979
附着力/级		1	GB/T 1720—1979
耐盐水性(浸入盐水中 3h)		不应有锈蚀痕迹	GB/T 1763—1979

(3) 磷酸锌底漆　磷酸锌底漆，顾名思义是以磷酸锌为主要防锈颜料的底漆。磷酸锌［$Zn_3(PO_4)_2 \cdot (2\sim4)H_2O$］也是一种优良的缓蚀颜料。磷酸锌通过其本身包含的结晶水以及环境或底材表面的微量水逐渐水解，生成氢氧化锌和二代磷酸盐离子。这些水解产物形成附着和阻蚀络合物，可使金属表面磷化，形成在阳极范围内特别有效的保护层，白色凝胶状氢氧化锌和底材具有良好的附着力。

磷酸锌可与各种漆基相容，生产各种防腐涂料。如醇酸磷酸锌底漆、氯化橡胶磷酸锌底漆以及环氧磷酸锌底漆。由于环氧树脂出众的防腐效果以及优异的附着性能，因此磷酸锌防锈颜料与环氧树脂配合使用，在重防腐涂装领域有着广泛的应用。

(4) 富锌底漆　富锌底漆（zinc rich primer）是一种高效的防腐涂料，其防腐机理是基于金属锌粉对钢材表面的阴极保护作用。金属锌的电化学活性比铁更活泼（其标准电极电位为－0.763V，而铁为－0.409V），因此，当锌粉足量时，即在钢铁表面形成一层锌粉膜，并与钢铁表面紧密接触，在腐蚀介质的作用下（主要是氧气、水分等），便组成锌-铁腐蚀电池，锌为阳极“自我牺牲”被腐蚀，而钢铁作为阴极则受到保护，如图 3-3-21 所示。以常见的大气腐蚀中的吸氧腐蚀为例，其腐蚀电池电极反应方程式如下。

在阳极：锌原子失去电子 $2Zn-4e^{-} \longrightarrow 2Zn^{2+}$

在阴极：铁表面的氧分子获得电子 $O_2+2H_2O+4e^{-} \longrightarrow 4OH^{-}$

总反应： $2Zn+O_2+2H_2O \longrightarrow 2Zn(OH)_2$

$Zn(OH)_2 \longrightarrow ZnO+H_2O$

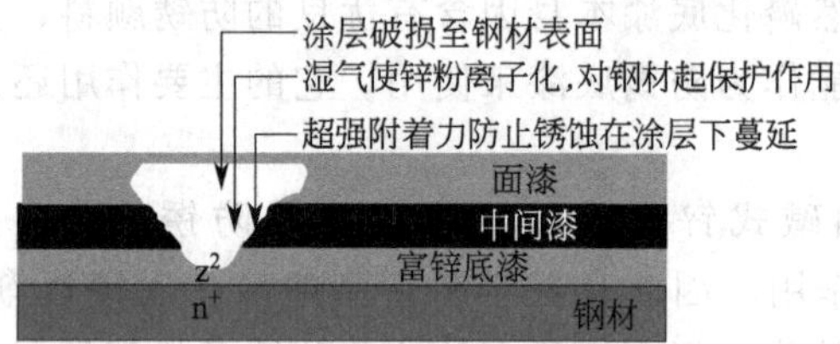

图 3-3-21 当有机面漆受损时、富锌底漆起反应来保护钢材表面示意图

金属锌的腐蚀产物-氧化锌（ZnO）呈白色粉末状，它同时也对漆膜形成封闭保护作用，如图 3-3-22 所示。

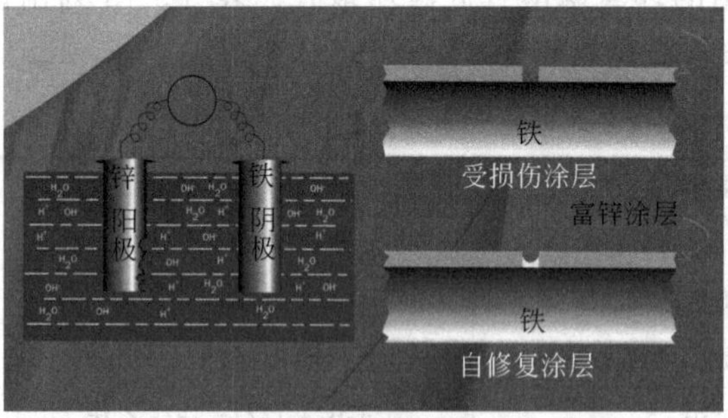

图 3-3-22 氧化锌的封闭保护作用

目前国内外防腐界广泛使用的富锌底漆有环氧富锌底漆和无机富锌两种。

环氧富锌底漆利用环氧树脂优良的防腐与附着性能，兼有一定的韧性和耐冲击等漆膜物理性能，给予金属锌的电化学阴极保护作用提供了重要的补充。

无机富锌底漆则可以运用超 CPVC（临界颜料体积浓度）配方设计技术，与环氧富锌底漆相比，漆膜拥有更高的锌含量，从而达到更优越的阴极保护性能。同时，无机硅酸盐与锌粉反应生成硅酸锌，并与基体金属铁反应形成锌-硅酸-铁络合物，这些生成物薄膜致密、难溶、坚硬，有效阻止氧气、水分及盐类的侵蚀，起到辅助的防锈作用。

而水基富锌底漆以其优异的防锈性能也有大量的应用。但当前水基富锌底漆还存在一些缺陷：一是不适宜低温下施工（＜5℃）；二是对表面处理要求十分严格，施工性欠佳。同时，如果配套涂层从底到面都采用水性漆，的确有利于环境保护；如果仅仅是底漆采用水基富锌，而中间漆/面漆仍沿用溶剂型涂料，那对环保的贡献有限，综合考虑不如选用无机富锌或环氧富锌底漆。三种富锌底漆各方面性能对比见表 3-3-14。

表 3-3-14 三种富锌底漆性能对比

项 目	水基富锌底漆	溶剂基无机富锌底漆	环氧富锌底漆
表面处理	S_a3 级	S_a2.5 或 S_a3 级	S_a2.5
防腐性	＋＋＋＋	＋＋＋＋	＋＋＋
耐热性	＋＋＋＋	＋＋＋＋	＋＋
导电性	＋＋＋＋	＋＋＋＋	＋＋

续表

项　目	水基富锌底漆	溶剂基无机富锌底漆	环氧富锌底漆
耐溶剂性	++++	++++	++
附着力	+++	++++	+++
配套性	++	+++	++++
对施工环境的要求	+++	++	+
施工性	++	+++	++++
固化条件/℃	≥10	−10～40	≥−10(冬用型)
维修困难度	+++	++	+
经济性	+	+++	++++
其他	需加喷封闭漆	需加喷封闭漆	不需加喷封闭漆

注："+"多，表明性能更好。

富锌底漆是通过牺牲阳极金属锌而起到对钢材阴极保护作用的。因此金属锌含量至关重要，它直接影响富锌底漆的防锈性能。通常，采用指标"漆膜干膜（或不挥发分）中的金属锌（质量）含量"来评估产品是"含锌底漆"还是"富锌底漆"。目前国内外都有相关的标准来定义富锌底漆，见表 3-3-15。

表 3-3-15　国内外相关标准对富锌底漆锌含量的规定

标准名称/锌含量	无机富锌底漆	环氧富锌底漆
HG/T 3668—2000《富锌底漆》不挥发分中金属锌含量	≥80% ≥70% ≥60%	≥80% ≥70% ≥60%
SSPC PAINT 20① /干膜中锌粉含量	1 级≥85%	1 级≥85%
	2 级 77%～85%	2 级 77%～85%
	3 级 65%～77%	3 级 65%～77%
ISO 12944-5:98 Protective Paint Systems/不挥发分中金属锌粉含量	≥80%	

① 该标准系美国防护涂料协会 SSPC 标准：SSPC PAINT 20 Zinc－Rich Coating，Type Ⅰ-Inorganic and Type Ⅱ-Organic。

GB/T 6890、ISO 3549 及 ASTM D 520—2000、ASTM D 6580—2000 等国内外标准，均对富锌底漆所用金属锌粉分级及其检验方法作了具体规定，而目前市场上某些号称"富锌"的产品，售价很低，而锌含量不足 50%，充其量只能叫做"含锌"，不宜用作长效防腐底漆。此外，不同涂装用途对富锌底漆涂覆厚度要求不同，随之对锌粉粒度及粒度分布的要求也不同，对锌粉中水分、Pb、Ca 等杂质含量也有严格的要求。这些因素便是当前市场上促使富锌底漆价格悬殊的原因之一。

2. 中间漆

中间漆的主要功能是增加漆膜厚度，以增强漆层体质。作为底/面之间的过渡层，在涂层配套正确的前提下，具有提高层间附着力的作用。国内最常用的是环氧厚浆漆，而在桥梁、电站、港口和海上钢结构等重防腐工程中，却偏重于采用云母氧化铁环氧漆和玻璃鳞片涂料。两者均以耐蚀树脂为主要成膜物质（主要是环氧树脂），分别以云母氧化铁和玻璃鳞片为防锈颜料，再加入其他助剂而组成的厚浆型涂料。

(1) 云母氧化铁环氧漆　云母氧化铁环氧漆的主要成分是 α-三氧化二铁，其结晶体呈片状或平板状六角形，有较大的径厚比，径长从几十微米到 100μm，厚度仅数微米到数十微米；这些片状粒子在涂膜中交叉排列，层层叠叠（图 3-3-23），切断了外界腐蚀性介质向涂

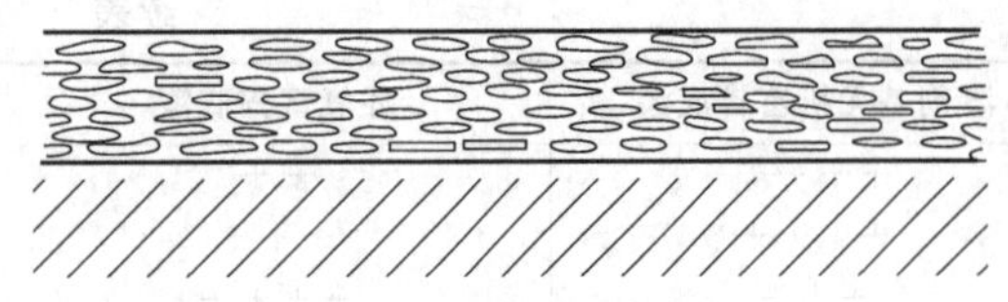

图 3-3-23 云母氧化铁（MIO）在涂层中的分布示意

层的通道——毛细孔，从而形成了独特的屏蔽结构，具有极优良的抗介质渗透性，耐酸、耐碱、耐热、耐磨。广泛应用于钢结构桥梁、大型油罐、电站钢结构等户外防护涂层中间漆。

我国至今尚未制定云母氧化铁环氧漆的行业标准，但制定了云母氧化铁防锈颜料标准（GB/T 6755—1988），规定了以天然云母氧化铁为原料，经破碎、选矿、粉碎等工序而制得的云母氧化铁防锈颜料规格和相应的试验方法（表 3-3-16）。日本工业生产标准 JISK 5555—1991《云母氧化铁环氧树脂漆》见表 3-3-17。

表 3-3-16 云母氧化铁技术要求（GB/T 6755—1988）

项目		技术指标		试验方法
		带有金属光泽的灰色	不带有金属光泽的红褐色	
铁含量(以三氧化二铁表示,颜料经 105℃烘干后测定)/% ≥		93.0	90.0	GB/T 6755 中 2.1
105℃挥发物/% ≤		0.5	0.5	GB 5211.3—1985
水溶物/% ≤		0.1	0.3	GB 5211.2—1985
筛余物/%	筛孔 45μm ≤	—	1.0	GB/T 1715—1979
	筛孔 63μm ≤	1.0	—	甲法
水悬浮液 pH		6.0～8.0	5.5～7.5	GB/T 1717—1986
吸油量/%		9～12	9～14	GB/T 1712—1979
二氧化硅含量/% ≤		3.0	3.2	GB/T 6755 中 2.2

表 3-3-17 日本工业生产标准《云母氧化铁环氧树脂漆》 JISK 5555—1991

项目	指标	项目	指标
容器中状态	双组分混合搅拌后无硬块,均匀一致	柔韧性	耐 ϕ10mm 弯曲
混合性	按比例混合搅拌均匀一致	面漆与中层间附着性	无异常
分散度/μm ≥	80	耐盐水性	浸入 NaCl 溶液中后无异常
施工性	涂装无障碍	总固含量/% ≥	73
流挂性	不流挂	溶剂不溶物/%	50～67
干燥时间/h ≤	16	酚醛类定性分析	含酚醛类
漆膜外观	正常	云母氧化铁定性分析	含有云母氧化铁
活化期/h ≥	5	暴露后的层间附着性	曝晒 1 年后,涂层无异常
面漆后的层间附着性	涂面漆无障碍		

(2) 玻璃鳞片涂料 美国欧文斯-康宁（Owens-Corning）玻璃纤维公司于 1953～1955 年间首先成功开发并制造出玻璃鳞片，接着将玻璃鳞片和环氧树脂等混合制成涂料，最初应用于混凝土基材和钢管内衬，并于 1957 年发表了玻璃鳞片涂料制造的第一个专利。从此被广泛推广应用。20 世纪 60 年代初美国 Ceilcote 公司推出了环氧-沥青玻璃鳞片涂料，其他一批公司陆续开发出一系列玻璃鳞片涂料，并推广至欧洲。日本、中国多家公司也先后于 20 世纪 60～70 年代引进这项技术，并取得成功应用，在重防腐界引起广泛注意。

玻璃鳞片涂料是以耐蚀树脂为主要成膜物质，以薄片状的玻璃鳞片（glass flake）为骨料，再加上各种添加剂组成的厚浆型涂料。常用耐蚀树脂主要是热固性树脂，如乙烯基酯树脂（VE）、不饱和聚酯树脂（UP）、环氧树脂（EP）及聚氨酯树脂（PU）等。目前，在重防腐涂装中应用较多的是玻璃鳞片环氧树脂漆，其典型配方参见表 3-3-18。

表 3-3-18　玻璃鳞片涂料基本配方

组　分	耐蚀树脂	玻璃鳞片	触变剂	溶剂	颜料	其他助剂
质量分数/%	60～77	20～35	1～5	10～15	2～7	1～3

玻璃鳞片通常为钠碱玻璃类，组成复杂，主要成分为 SiO_2、Na_2O、CaO 等。玻璃鳞片的厚度一般为 2～5μm、片径长度为 100～3000μm，由于涂层中的玻璃鳞片上下交错排列，使涂层形成了独特的“迷宫”式屏蔽结构（图 3-3-24 和图 3-3-25）。在 1mm 干膜中玻璃鳞片可交错排列 100 层，使外界腐蚀性介质渗透至金属基体表面的路径变得曲曲折折，有效延长了渗透时间，大大提高了涂层的抗渗透性与防护寿命。

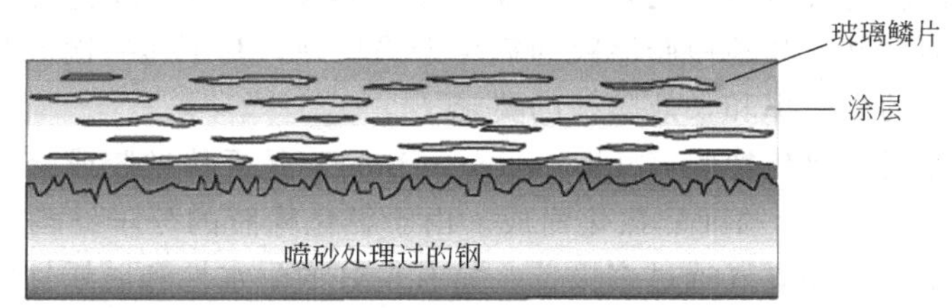

图 3-3-24　玻璃鳞片涂层结构示意

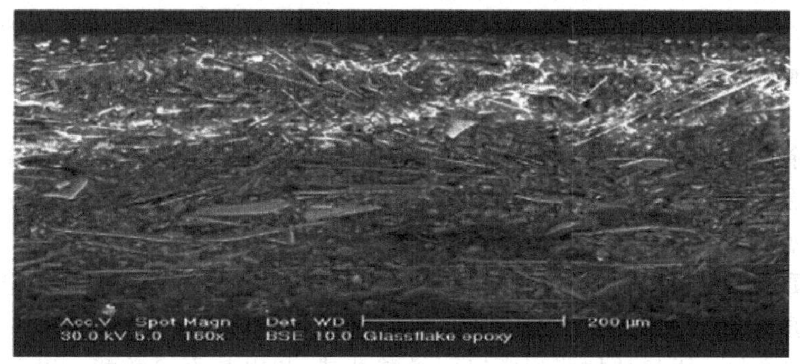

图 3-3-25　电子显微镜下放大的玻璃鳞片涂层结构

显然，从图片直观上看来，玻璃鳞片涂层的屏蔽性更好些，漆膜机械强度更强，但质脆、抗变形性能差，柔韧性不如云母氧化铁环氧漆。如耐冲击强度按 GB/T 1732 检测一般小于 30kgf·cm。比较适合用于浪溅区、水下、桥墩、海洋工程设备防腐、化学品贮槽、排烟脱硫装置内衬等严重腐蚀环境下。但是，玻璃鳞片涂料价格通常较高，所以在一般大气下的钢结构防腐，选用云母氧化铁环氧漆作为中间涂层的较多，性价比较优。

玻璃鳞片涂料性能具有下列特点：

① 极优良的抗介质渗透性，耐腐蚀性优异；

② 优良的耐磨损性；

③ 硬化时体积收缩率小，热膨胀系数小；

④ 与基体的粘接性好，耐温度骤变性好；

⑤ 良好的施工工艺性，可采用喷、辊、刷和抹等工艺，而且易于修补。

3. 普通面漆

(1) 醇酸树脂涂料　醇酸树脂是用油料、多元醇（如甘油和季戊四醇等）、多元酸（如苯二甲酸酐等）制备而成的一种聚酯。醇酸树脂漆的性能与脂肪酸含量（油度）有很大的关系，按油度可以分成短油度、中油度和长油度三类。制成的涂料各有特性，见表 3-3-19。

表 3-3-19 不同油度的醇酸树脂涂料的性能

油度	脂肪酸含量/%	溶剂	硬度	刷涂性	保光性	泛黄性
短	＜40	芳烃	高	差，要喷涂	优	优
中	40～60	混合烃	中	中	好	好
长	＞60	脂肪烃	低	良	中	中

用于防腐蚀涂料的面漆，通常采用长油度的醇酸树脂。

与传统的油性涂料相比，醇酸树脂涂料的干性、保色性、耐候性、附着力等均有了很大程度的提高。因此在很长的一段时间内，它在重防腐涂装领域占有重要的地位。

但是醇酸树脂涂料有许多不足之处：干燥缓慢、硬度低、耐水性差、户外耐候性不良，日光照射易泛黄；而且基于醇酸树脂涂料的氧化干燥机理，其不能一次涂装太厚。已经不能满足现代涂装所要求的高效率和长效防护的要求了。

(2) 氯化橡胶涂料　氯化橡胶（chlorinated rubber）是天然橡胶或合成的聚异戊二烯橡胶在氯仿或四氯化碳中于 80～100℃氯化而成。由于氯化橡胶的分子结构致密，因此氯化橡胶涂料漆膜致密，水蒸气和氧气透过率极低，具有良好的耐水性和防锈性能；氯化橡胶在化学上呈惰性，因此具有良好的耐酸性和耐碱性。同时，氯化橡胶涂料属物理干燥型，因此重涂性能良好，干燥快，不受环境温度的限制。

正是由于诸多的优点，氯化橡胶涂料曾被广泛应用在现代重工业防腐蚀涂料中。氯化橡胶面漆在应用量最大的集装箱制造业和船舶制造业中，一度占据了主要地位，成为规定的标准配套方案。

氯化橡胶涂料由于是热塑型涂料，在干燥环境中温度高于 130℃即开始分解；潮湿环境下，60℃就开始分解，所以使用温度不能高于 60～70℃；对溶剂的耐性也较差。因结构含氯，长期户外曝晒后，漆膜泛黄较严重，对面漆的装饰性影响较大。

而且更为重要的是，氯化橡胶生产过程残留的四氯化碳会对大气产生一定的污染，因此其应用受到各国环保的限制。

(3) 丙烯酸涂料　丙烯酸树脂通常以丙烯酸酯或/和甲基丙烯酸酯，以及苯乙烯为主的乙烯系单体共聚而成。丙烯酸树脂的主链是碳-碳键，对光、热、酸和碱十分稳定，用它制成的漆膜具有优异的户外耐候性能，保光、保色性好。它的侧链可以是各种基团，通过侧链基团的选择，可以调节丙烯酸树脂的混容性及可交联性能。

丙烯酸涂料有热塑型和热固型两类。热塑型丙烯酸树脂透明度高，在紫外线照射下不易褪光及变色，具有优良的保光保色性能。其漆膜光亮丰满，耐酸、耐碱和耐腐蚀性均较好。近年来，随着氯化橡胶的生产受到一定的限制后，丙烯酸树脂涂料因具备同氯化橡胶相类似的施工性能，如快干、无重涂间隔，已逐步取代了氯化橡胶涂料，成为防腐蚀涂料的常用面漆品种之一。在集装箱制造业中，现在所使用的面漆品种大多是丙烯酸树脂漆。但是热塑性丙烯酸对温度敏感，漆膜遇高温会软化发黏，打磨时会粘砂纸。在一些腐蚀环境严重的区域，它的总体效果还是不能令人满意。

4. 高性能面漆

(1) 聚氨酯涂料　聚氨酯涂料可以分成单组分和双组分两大类。

单组分聚氨酯涂料包括氨酯油、氨基醇酸树脂、湿固化聚氨酯和封闭型聚氨酯等。

氨酯油和氨基醇酸树脂具有较好耐碱性、耐水性等化学耐性以及较好的透干性，因此通常它们作为助树脂用于其他涂料品种中。

湿固化聚氨酯涂料则利用—NCO基团，在环境湿度下与空气中的水分反应生成脲键固化成膜。它既有聚氨酯涂料的优良性能，也具有较好的机械耐磨性，同时又有单组分涂料施工方便的特点。但其干燥速率受空气中湿度影响较大。在冬季低温和低湿环境下，反应缓慢；另外成膜固化时会产生许多CO_2，不宜高厚膜化。

封闭型涂料是预先使用苯酚或其他单官能团的含活泼氢原子的物质将异氰酸酯封闭，在使用时通过高温使前两者分离，封闭剂挥发，异氰酸酯则继续与多羟基树脂聚合成膜。

综上几种单组分聚氨酯涂料，均不适宜以常温施工为主的重防腐涂装领域。

双组分聚氨酯涂料是以多异氰酸酯与多羟基树脂按比例混合聚合反应成膜的。根据多异氰酸酯的不同类型，通常将聚氨酯涂料分成芳香族聚氨酯涂料和脂肪族聚氨酯涂料；根据多羟基树脂的不同类型，又可以将聚氨酯涂料分为聚酯、丙烯酸树脂、聚醚、环氧聚氨酯涂料等。

芳香族聚氨酯涂料一般是以甲苯二异氰酸酯（TDI）为原料，价格较低，漆膜坚硬、耐磨，综合耐性好，干燥速率快。但由于苯环的存在，氨酯键受紫外线的照射后分解成胺，胺再被氧化产生深色产物，导致漆膜泛黄严重。聚醚和聚酯的耐化学性及柔韧性等性能优良，但由于醚键存在导致漆膜易失光、粉化；聚酯的硬度稍低。故而，上述几种产品通常用于室内底漆、中间漆或深色面漆等。

脂肪族丙烯酸聚氨酯涂料是以脂肪族多异氰酸酯，如六亚甲基二异氰酸酯（HDI）和多羟基丙烯酸树脂为原料聚合而成。由于不含苯环，与芳香族聚氨酯涂料相比，它的氨酯键分解产生的脂肪胺不易分解而变色；而丙烯酸树脂同样具有良好的耐候性，同时兼具硬度和柔韧性。因此脂肪族丙烯酸聚氨酯涂料具有很好的硬度，又有极好的柔韧性；耐化学腐蚀，突出的耐候性，光亮丰满，干性好，表干快而不粘灰等特性，是一种高性能的长效重防腐蚀涂料，是目前在重防腐涂装体系中的首选面漆，在大部分严重腐蚀环境中得到广泛的应用。目前在重防腐涂装领域，最经典、最有效的涂料配套是：富锌（有机或无机）底漆1道/环氧云铁中间漆1～2道/聚氨酯面漆2道，总干膜厚度200～350μm。这一配套十多年来已被广泛应用于桥梁、石油化工、电站、船舶和海上设施等面对严重腐蚀的各个领域，并被证明是行之有效的。其涂层防护期，一般在沿海地区为10年左右，在内陆地区可达15年以上。

(2) 氟碳涂料　20世纪90年代，日本较多使用氟碳涂料作为钢结构桥梁防护涂层的面漆并取得成功。例如1999年建成的明石海峡大桥（跨度1990m悬索桥）、多多罗大桥（跨度890m的斜拉桥），其钢梁、钢塔均采用氟碳面漆。

在化学元素中，氟原了具有最高的电负性和除氢原于以外的最小的原子半径，因此氟碳聚合物具有极高的稳定性。在氟碳聚合物中，氟原子取代了氢原子，包围在碳链外形成紧密的保护层，使其不易受到外界的侵袭；又因为氟碳聚合物中大量的F—C键，是一种高键能化学键（460.2kJ/mol），因此具有优异的保光、保色性、耐候性以及耐热、耐腐蚀、耐化学品、耐沾污、耐摩擦等性能，在低温下也可以固化。

目前，用于制漆的氟碳树脂品种有十几种。但应用在重防腐涂装的，大多是采用氟乙烯-烃基乙烯基醚共聚物（FEVE）为主要成膜物质的新型氟碳树脂涂料。FEVE是一种由氟烯烃结构单元与不同的烃基乙烯基醚结构单元交替排列而成的非晶态聚合物，其分子结构和性能如图3-3-26所示。

2005年我国在参考日本工业标准JIS K5658—2002《建筑用氟树脂涂料》起草并颁布了HG/T 3792—2005《交联型氟树脂涂料》国家化工行业标准，该标准根据交联型氟树脂涂料的主要应用领域，分为两种类型，Ⅰ型为建筑外墙用氟树脂涂料，Ⅱ型为金属表面用氟树

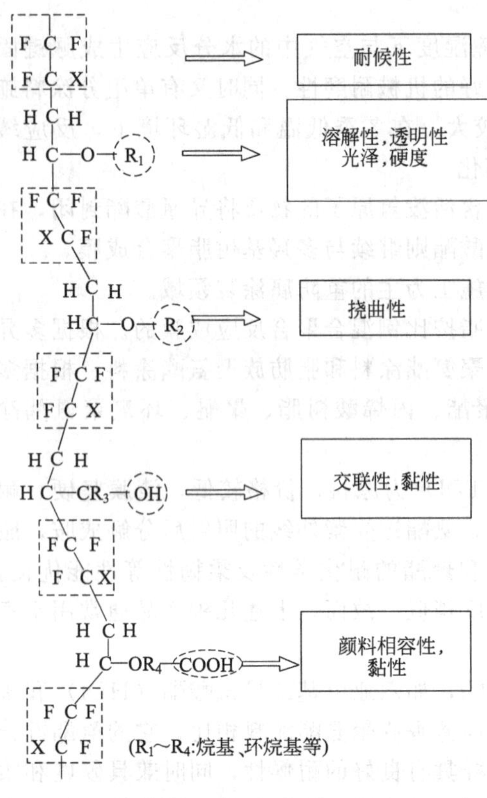

图 3-3-26 氟碳树脂分子结构以及官能团与性能的关系

脂涂料。

由于氟碳树脂只有在含氟的溶剂中才能较好地溶解，要生产低 VOC 含量的产品有一定难度，同时它的反应物会仍然含有异氰酸酯，所以在环境友好和健康以及施工性能方面等还需要进一步改进。

(3) 聚硅氧烷涂料 一般来说，无机物具有较好的耐化学性；有机物则具有较好的物理性能。将有机物引入无机物以达到最佳的产品特性是长久以来涂料工作者的重要研究课题。最初，是将两种树脂直接混合的方式，但由于混容性等诸多的问题，无法达到令人满意的效果。有机-无机混接技术，即利用无机树脂改性的有机树脂交联聚合，从而使两种材料形成共享一个化学键的聚合体网络。混接技术主要包括以下四个方面的内容：有机基体、无机基体、互穿网络和真接枝。

聚硅氧烷涂料的杰出耐性就来源于无机物-聚硅氧烷树脂的硅氧键 Si—O，它有以下特点。

① Si—O 键的键能高。Si—O 的键能为 446kJ/mol，而且 Si、O 原子形成 d-pπ 键，增加了高聚物及键能稳定性，需要很高的能量才能把它打开；

② 在 Si—O 键中，Si 和 O 原子的相对电负性的差数大，因此 Si—O 键的极性大，有 51%离子化的倾向，对 Si 上连接的烃基有偶极感应影响，提高了所连烃基对氧化作用的稳定性，即 Si—O—Si 键对烃基基团的氧化能起到屏蔽作用。

因此聚硅氧烷涂料具有优异的耐热、耐紫外线性能以及抗氧化和耐化学品性能。而通过改性引入的有机物链，则大大提高了漆膜性能，包括弯曲性能、柔韧性、光泽、附着力，同时产品的成本也得到有效的控制。通过无机-有机的混接技术，聚硅氧烷涂料实现了将有机物的最佳特性（如施工性好、绕性、韧性、光泽和气温固化）和无机物的最佳特性（惰性、硬度、附着力和抗化学性，耐高温、耐候、耐紫外线和耐磨）有机地结合在一起。

聚硅氧烷树脂涂料是以通过某些功能性有机物改性的苯基甲基聚硅氧烷树脂为主要成膜物的。常用于改性的功能性有机物有：氢化环氧树脂、脲烷丙烯酸酯树脂、改性丙烯酸树脂（如羟基丙烯酸树脂、烷氧基硅烷基丙烯酸树脂、含酸官能团丙烯酸树脂或含不饱和键丙烯酸树脂）、氟化醇类等。目前来看，技术较为成熟，并已在市场上有一定成功应用的是氢化环氧树脂和丙烯酸树脂改性的苯基甲基聚硅氧烷树脂，即常说的脂肪族环氧聚硅氧烷涂料和丙烯酸聚硅氧烷涂料。

聚硅氧烷涂料的聚合反应，无论是丙烯酸聚硅氧烷，还是环氧聚硅氧烷，都是由含氨基官能团的硅氧烷树脂在环境中微量水分存在下的自聚反应而开始。随后其自聚产物——聚硅氧烷中的活性官能团氨基，再与氢化环氧树脂、脲烷丙烯酸酯树脂或含酸官能团的丙烯酸树脂中相应的活性基团互相交联聚合，从而形成结构复杂、互穿网络的多交联聚合物。其反应机理如图 3-3-27 所示。

第一步：自聚反应

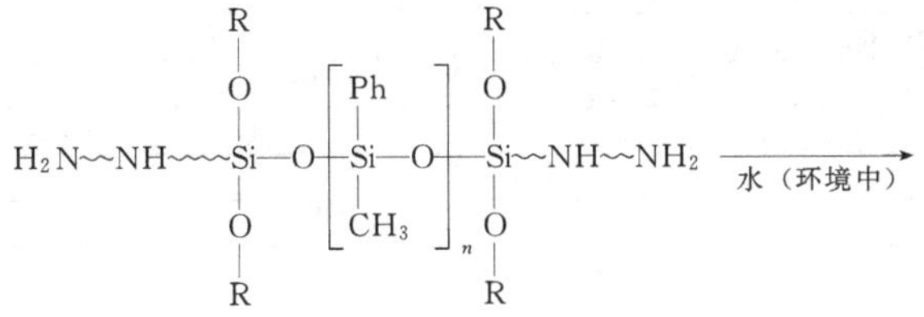

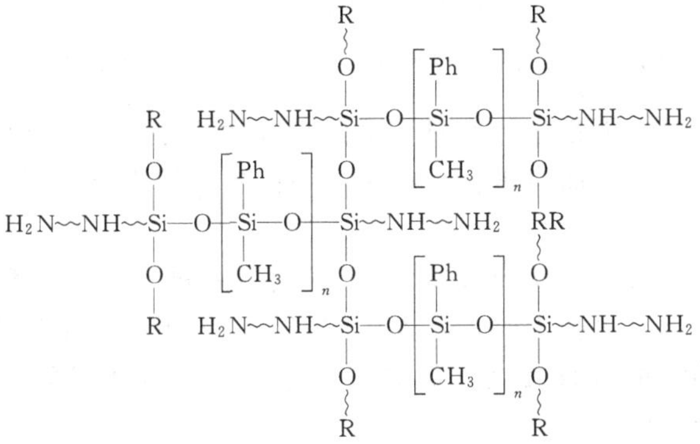

$$H_2N\sim NH\sim Si(OR)_2-O-[Si(Ph)(CH_3)-O]_n-Si(OR)_2\sim NH\sim NH_2 \xrightarrow[\text{水（环境中）}]{}$$

（交联网状聚硅氧烷结构：$H_2N\sim NH\sim Si$、$-O-[Si(Ph)(CH_3)-O]_n-$、$Si\sim NH\sim NH_2$ 经 $Si-O\sim R\;R\sim O-Si$ 相互连接）

第二步：交联聚合

1. 与氢化环氧树脂聚合

$$R'NHR''+\text{环氧基}\longrightarrow R'R''N-CH_2-CH(OH)-\cdots$$

2. 与脲烷丙烯酸树脂聚合

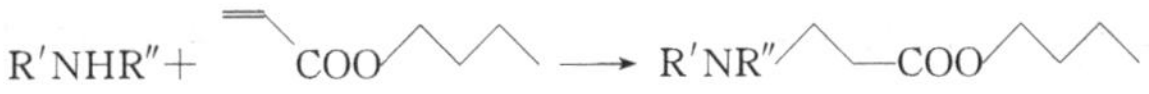

$$R'NHR''+CH_2=CH-COO\cdots\longrightarrow R'NR''-CH_2-CH_2-COO\cdots$$

R′—$(RO)_{3-n}R'_nSi(CH_2)_m$

R″—烷基、芳基、氢

R—烷基

n—1，2

图 3-3-27　聚硅氧烷反应机理

第一步的自聚反应很迅速，通常该组分是要隔绝空气包装，比如采取充氮保护等措施；施工时必须在使用前才开桶，并确保在规定的使用期内使用。

与经典的传统重防腐高档面漆聚氨酯面漆相比，聚硅氧烷有许多更为突出的优点。

① 更好的保光保色性　聚硅氧烷的杰出保光保色性来源于硅氧键的强度（Si—O—Si 的键能为 446kJ/mol）比碳碳键（C—C 的键能为 358kJ/mol）的强度更高，因此需要更高的能量才能把它打开。在实验室按照 ASTM G 53—1993 的方法，对聚硅氧烷涂料和聚氨酯涂料进行人工加速老化对比试验（QUV）。结果显示，聚氨酯涂料在 2000h 时尚能保持原始光泽的 75%，到 4500h 光泽只剩下原来的 10%左右。而聚硅氧烷涂料在 4500h 时光泽可保持到原始光泽的 75%，8000h 时光泽仍可达原来的 45%左右。如图 3-3-28 所示为聚氨酯面漆和聚硅氧烷面漆保光性比较。

② 更优越的防腐性能　由于聚硅氧烷树脂中硅氧键高键能的保证，以及有机-无机聚合物形成的互穿交联网络所给予的更为致密的漆膜，使得其拥有较聚氨酯面漆更为出色的防腐性能，而且涂装后维修的费用大大降低。

③ 更快的干燥特性　聚氨酯涂料是通过多异氰酸酯与多元醇交联聚合而成膜的。虽然芳香族聚氨酯涂料反应迅速，但通常重防腐涂装中常用脂肪族多异氰酸酯为原料，以确保漆

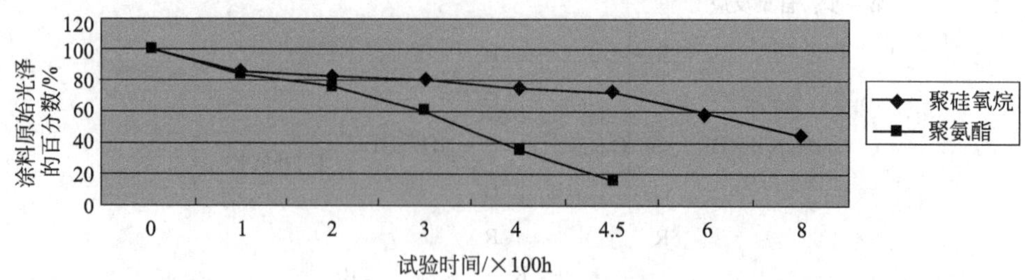

图 3-3-28 聚氨酯面漆和聚硅氧烷面漆保光性比较——QUV 人工加速试验

膜的耐候性，但它的干燥性能稍差。而对于聚硅氧烷涂料，在其固化的初期，硅氧烷树脂能迅速与环境中的微量水分反应而自聚合，在短时间内生成较大分子量的产物，从而确保了较快的表干性能。

④ 在保护性和安全、健康和环保方面优于聚氨酯涂料　多异氰酸树脂含有一定量的游离异氰酸酯。因此聚氨酯涂料施工时，对人体的安全、健康有一定的影响；同时聚氨酯涂料的固体含量较低，对环境的危害较大。聚硅氧烷涂料不含游离异氰酸酯，且大多为高固含量，是名副其实的环境友好型产品。

进一步分析表明，聚硅氧烷涂料的漆膜性能和防腐性能与以下两方面因素有关。

① 因为硅氧键是确保防腐性能的关键点，因此聚硅氧烷涂料中有机物与无机物（硅氧烷）的含量比例对聚硅氧烷性能有较大的影响：如果有机物比例过小，对漆膜性能会有影响，有试验表明，漆膜的附着力很差，甚至严重开裂；如果无机物（硅氧烷）比例过小，则防腐性能等就下降。如何找到两者的平衡点，是影响聚硅氧烷涂料质量的关键之处。

② 改性有机物的种类。不同的改性有机物给予聚硅氧烷涂料不同性能。就目前市场上常见的环氧聚硅氧烷和丙烯酸聚硅氧烷涂料为例：引入环氧基团，结合环氧树脂的特性，使得附着力、力学性能、防腐性能、耐水渗透性能得以提高；引入丙烯酸基团，结合丙烯酸树脂的特性，使得产品的耐候性、保光保色性较好。很多的试验机构已经对此做了研究。根据涂装环境和涂装目的的差异，有针对性地选择不同的改性聚硅氧烷产品，才能充分发挥聚硅氧烷产品的优越性。

如图 3-3-29 所示是对不同涂料品牌的改性聚硅氧烷面漆渗水性对比曲线，供参考。

(4) 三种高档面漆性能的比较　以某涂料公司生产的聚氨酯、聚硅氧烷和氟碳三种面漆产品为例，它们的主要性能列表对比见表 3-3-20。

表 3-3-20　聚氨酯、聚硅氧烷、氟碳三种面漆主要性能对比

项　目	聚氨酯面漆	硅氧烷面漆	氟碳面漆
主化学键	C—C	Si—O	F—C
键能/(kJ/mol)	358	446	460.2
固体含量/%	52	85	41
VOC 含量/(g/L)	440	160	517
耐光性	++	+++	++++
保色性	++	++++	++++
防腐性	++	++++	+++
市场业绩	++++	++	++
环保与安全①	+++	++++	++
施工性能(可适用期)	+++	++++	++

① 与产品的固含量、VOC 含量以及是否含游离异氰酸酯成分有关。

注："+" 越多表示越好。

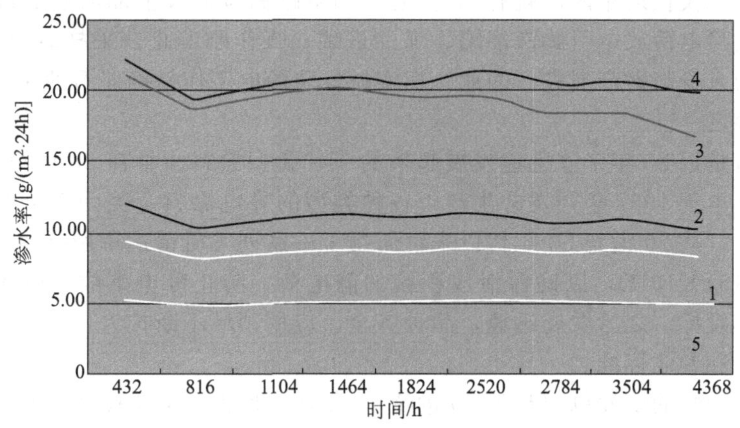

图 3-3-29 不同涂料品牌的改性聚硅氧烷产品渗水性对比曲线

1—环氧硅氧烷 A；2—环氧硅氧烷 B；3—丙烯酸硅氧烷 C；4—丙烯酸硅氧烷 D；5—环氧树脂

试验方法：ASTM D 1653-03 方法 B

试验条件：23℃，RH 50%

5. 功能性防腐蚀涂料

(1) 环氧沥青涂料　用于制造沥青涂料的沥青树脂主要有三种来源：天然沥青、石油沥青及煤焦油沥青。比较三者的耐水性和防腐性，煤焦油沥青更为突出，在防腐涂料中应用最多。并且多以环氧树脂改性成一种双组分聚酰胺固化的环氧煤焦油沥青涂料，可自作底漆，实施“底-面合一”涂装工艺。其性能兼顾环氧树脂和煤焦油沥青树脂两者的优点：

① 突出的耐水性和防腐性；

② 良好的耐酸、耐碱和耐油性；

③ 附着力强、韧性好；

④ 价格较低，性价比优。

环氧煤焦油沥青漆作为潮湿、涉水环境下的长效防腐涂料，常用于淡水、海水浸泡部位和潮汐区、飞溅区及其他潮湿阴暗处钢结构防腐。

虽然沥青漆是一种使用历史悠久的涂料品种，但沥青中含有蒽、菲、吖啶，吡啶、咔啶、吲哚等光感物质（其中有的含致癌性），因而接触沥青的身体部位在阳光照射下就会发生光敏感性皮炎；接触到沥青烟雾时（特别是在阳光照射下）会引起鼻炎、喉炎和支气管炎等。临床表现为：面部、颈部、四肢等暴露部位会发生大片红斑，并有瘙痒感和烧灼感，重者局部有水肿、水疱及渗液。全身症状可有头痛、眩晕、疲倦、关节酸痛、恶心、呕吐、腹痛、腹泻等，伴有发热及白细胞增高症，对人体健康有较大的危害性。考虑到沥青含有致癌性物质，欧美已经限制在涂料中使用，环氧沥青漆曾经是船舶压载水舱的主要应用区域，但是现在 IMO 已经制定新的标准（PSPC 将在船舶涂料部分详细介绍），其压载舱面漆为浅色，故而深色的环氧沥青漆将被浅色环氧系列涂料替代。

(2) 防静电涂料　液体石油产品在流动、过滤、混合、搅拌、加注、抽提等状况下，会因摩擦而产生静电荷，特别是轻质油类。当产生静电荷速率大于其导出速率时，就会形成静电荷的积聚，电压不断高升，并在尖端放电。当积聚的静电荷放电能量处于可燃油品蒸气与空气的混合物爆炸极限范围内时，随时可能发生静电起火、爆炸危害。据资料介绍，石油化工行业的静电事故，国内外曾多次发生。近年来，我国石油化工发展迅猛，伴随而来的静电事故也屡有发生。仅在近年内，就有10多起。如空罐高位混装油品时引起静电着火、风吹计量塑料管触发静电荷放电引爆汽油罐、煤油进罐；操作刚停止，采样时引起静电起火等，均造成了巨大的人身与财产损失。因此，切实做好防静电工作是确保石油化工产品贮运生产安全的重要内容之一。

防静电涂料是近20年来才迅速发展起来的一种新型涂料。早在20世纪40年代就开始研究与应用。日本于1957年开发并生产了各种类型的导电涂料。美国出于航空航天和军事工业发展的需要，从20世纪50年代以来就研制了一系列飞机雷达罩用抗静电涂料，其表面电阻率为（5～15）×$10^6\Omega$，以确保泄放积聚的静电荷，防止静电事故，使无线电导航、通讯设备性能充分发挥。之后发展迅速，品种齐全，应用领域不断扩大，制定并颁布了相关导静电的美军标准和专业标准。

我国防静电涂料的研发也起步于20世纪50年代，但大部分是碳系（石墨）型、碳纤维复合材料等导电漆或导电胶。近年来，以金属及金属氧化物为导电填料的新型导静电涂料迅速发展，以适应国防、军工、石油化工等各行各业的需要。

① 防静电涂料种类　防静电涂料通常由基料、颜（填）料、溶剂及其他助剂组成。其中至少有一种组分具有导电性能，以保证形成的涂层为导体或半导体，即涂料涂层的体积电阻率小于$10^{10}\Omega\cdot m$、面电阻率在$10^5\sim10^9\Omega$范围内的一种涂料，用以消除静电灾害及由此导致的各类关联性生产障碍。

目前市场上防静电涂料基本上是添加型导电涂料，按其导电填料类型分类，有以下三大类。

a. 金属系　银、铜、镍、锌等。

b. 碳系　导电性石墨或炭黑。

c. 金属氧化物系　氧化锡、氧化锌、氧化锑处理的二氧化钛、添加锑的氧化锡等。

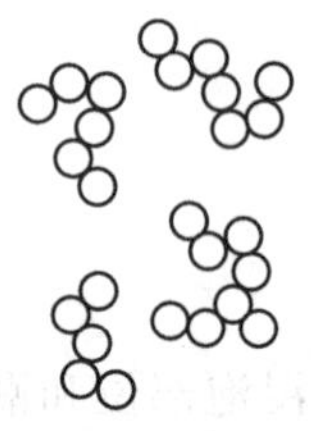

(a) 不导静电网络

(b) 导静电网络

图 3-3-30　导静电网络模型

防静电涂料导电机理：当涂料中导静电填料的体积浓度低于涂料导电的临界体积浓度时，填料之间被分隔开不能形成网络，则漆膜表现为不导静电。而当涂料中导静电填料的体积浓度达到涂料导电的临界体积浓度时，填料之间连接接触形成网络，则漆膜表现为导静电。导静电网络模型如图3-3-30所示。

无机系防静电涂料是由于导电填料之间彼此接触而产生导电能力的。但在涂料干燥固化之前，基料与导电填料是彼此分开，互不连续，而处于绝缘状态；当涂料固化成膜之后，随着溶剂的挥发彼此混合紧密连接为一体，从而产生了导电性，即自由电子沿外加电场方向传递而形成电流。

有机系防静电涂料的作用机理有多种解释。其中之一为润滑作用说，认为涂膜的润滑作用减轻了表面摩擦，减少甚至消除了静电荷的产生。但有人认为润滑作用虽有，但不是主要的，主要因素是导电填料分子连续地排列于表面并达到一定的数量，吸收空气中的水分子后，形成了肉眼看不见的“水膜”，形成了导电通路，增加了静电荷通向空气、地下的电传导作用，从而消除了静电积聚。这就是常说的“导电通道”学说。此外，还有“隧道效应”学说，除了上述导电粒子间的接触外，由于电子在分散于聚合物母体中的导电粒子间隙里迁移时所产生的导电网络，从导电机理来看，导电填料分布越均匀，导电网络链越完整，涂料的导电性越高，漆膜屏蔽效能越好。

分析导电涂料的导电机理，有助于了解影响防静电涂料导电性的各种因素：如导电填料种类、形状、尺寸、填充量（浓度）、分散状态、基料种类以及固化条件等，并进而加以调整与控制，是涂料配方设计与施工的重要依据。

② 我国有关防静电主要标准 GB 13348—1992《液体石油产品静电安全规程》；GB 15599—1995《石油和石油设施雷电安全规程》；GB 6950—2001《轻质油品安全静电导电率》；GB 16906—1977《石油罐导静电涂料电阻率测定法》；SY/T 0319—1998《钢制贮罐液体环氧涂料内防腐层技术标准》；MHJ 5008—1994《民用机场供油工程建设技术规范》。

③ 防静电涂料的主要技术要求

a. 防静电涂料的涂层体积电阻率应低于 $10^8\Omega\cdot m$，表面电阻率应低于 $10^9\Omega$。

b. 具有优良的漆膜附着力和防锈性，新造贮罐大多要求涂层防护期 7 年以上。

c. 必须耐石油产品长年浸泡，且不污染油品或诱发产品变质。

国家经贸委、国家质检总局、中石油、中石化等主管部门明确规定：“油罐进行内壁防腐时，应采用防静电涂料，涂料面电阻率应小于 $10^9\Omega$。同时要经过认真试验，确定涂料对所贮油品性质无害，方可应用”。此外，中国民用航空总局（行业）标准 MHJ 5008—1994《民用机场供油工程建设技术规范》第 10.0.2 条规定：“航空煤油油罐、管道和配件内壁禁止镀锌、镀镉或涂以富锌的材料”。而对防静电涂料最详细的技术要求，出现在国家标准 GB 6950—2001《轻质油品安全静电导电率》附录 D“石油导静电涂料技术指标”和 GB 16906—1977《石油罐导静电涂料电阻率测定法》附录 A“石油罐导静电涂料施工及验收规程”等标准中。防静电涂料技术指标见表 3-3-21。

表 3-3-21　GB 6950 中附录 D 规定的《石油导静电涂料技术指标》

检验项目	环氧/聚氨酯型	无机富锌型	漆酚型	检验方法
电阻率/Ω	$10^5\sim10^9$	$10^5\sim10^9$	$10^5\sim10^9$	ASTM D 257
容器内状态	未变稠，易搅匀	未变稠，易搅匀	未变稠，易搅匀	—
贮藏稳定性	易重新搅匀	易重新搅匀	易重新搅匀	—
喷涂特性	能喷得光滑漆面	能喷得光滑漆面	能喷得光滑漆面	—
混合特性	易混合无粗粒	易混合无粗粒	易混合无粗粒	—
干燥时间/h				
表干　≤	4	0.5	0.5	GB/T 1728
实干　≤	24	5	24	GB/T 1728
耐冲击性/kgf·cm　≥	50	50	30	GB/T 1732
耐热性(24h)	120℃漆膜完好	400℃漆膜完好	150℃漆膜完好	GB/T 1735
溶剂	不含氯化合物、乙烯基乙二醇醚及其醋酸酯	不含苯、氯化合物、乙烯基乙二醇醚及其醋酸酯	不含苯、氯化合物、乙烯基乙二醇醚及其醋酸酯	—
对 1∶1(体积比)航空煤油/水的耐受性(52℃±1℃，21d)	漆膜完好	漆膜完好	漆膜完好	ASTM D 3359

(3) 耐高温涂料　一般金属在高温下表面都会被氧化，造成金属的损耗；还会造成金属中合金的贫化，影响金属质量和力学性能。耐高温涂料是防止高温设备表面产生高温氧化的最为有效的防护措施之一。耐高温涂料一般要满足下列基本要求：①漆膜结构致密，完整无孔，腐蚀介质不易透过；②与底层金属有很强的结合力；③高强度，耐磨、耐腐蚀以及耐高

温；④均匀分布，和基体热容性好。

目前常用的耐高温涂料主要分为无机涂料和有机涂料两种。

无机耐高温涂料中应用最为广泛的是无机硅酸锌涂料。金属锌粉的熔点约420℃，900℃以上会汽化，以锌为原料的涂料可以抵抗400℃的高温；同时无机硅酸锌涂料具有优异的阴极保护功能，因此它是一种防腐性能优异的耐高温涂料。

有机耐高温涂料中最为普遍的是有机硅耐高温涂料，也称聚硅氧烷耐高温涂料。有机硅耐高温涂料的优越性能来源于有机硅树脂中的无机结构Si—O—Si键，它具有良好的热稳定性和耐高温氧化性。而有机硅树脂中的有机基团——硅烷醇基团为疏水基团，赋予了涂料良好的耐水性；同时有机基团的引入，也使有机硅树脂可以溶于甲苯、二甲苯等芳香族溶剂及酮类溶剂，为制备涂料提供了可能性。因此有机硅耐高温涂料具有无机和有机聚合物的双重性能，具有优良的介电性和耐高温性，耐水、耐潮、耐候性能良好。

有机硅耐高温涂料在常温下，随溶剂挥发成膜。但此时仅为有机硅树脂的物理干燥，没有交联固化的漆膜既软又不致密，无论是在力学性能，还是耐化学性能方面均较差。当温度升高至200℃时，有机硅树脂开始聚合；在300℃左右，有机硅树脂上有机基团如甲基、苯基大部分没分解，耐高温涂层具有有机涂层的某些性能，如柔软性、光泽性等；继续升温，有机基团则继续分解，在350℃以上有机硅树脂就分解成无机硅氧交联结构。示意如图3-3-31所示。

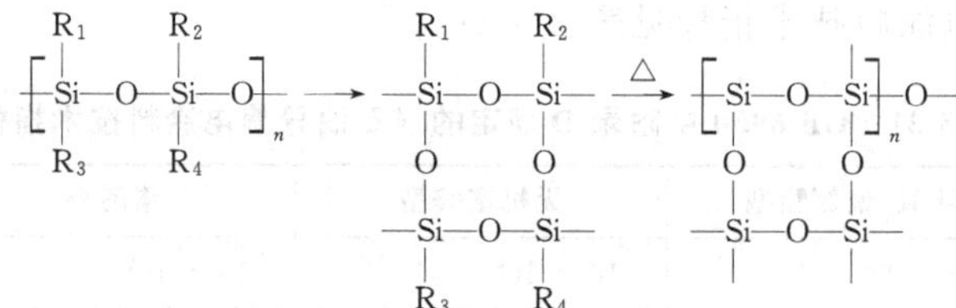

图3-3-31 有机硅树脂自交联机理

$R_1 \sim R_4 = CH_3$ 或 C_6H_6

这就是有机硅耐高温涂料的“二次成膜”机理。涂料成膜过程中，涂层中玻璃料熔化成膜，使耐高温涂层更加致密。

耐高温涂料的耐热性能还与所使用的颜料紧密关联。常用颜料的耐热性如下：

① 钛白粉稳定性能优良，适用于200℃长期耐热，短期极端最高耐温可达350～400℃不变色。

② 炭黑同样适用于200℃长期耐热，短期极端最高耐温可达250℃，300℃以上颜色会褪去。

③ 酞菁蓝只能用于200℃以下的环境。

④ 酞菁绿也只能用于200℃以下的环境，200℃时0.5h就会产生变化。

⑤ 铬黄和钼红均在140℃以上发生变化。

⑥ 氧化铁黄在160℃以上会脱去水分，颜色变红。

⑦ 氧化铁红可以抵抗200℃高温环境。

⑧ 金属颜料中铝粉的熔点高达600℃，可以用来制备耐500～600℃的高温涂料；而锌粉则常用于制备耐400℃的高温涂料。

因此，对于耐高温涂料的颜色选择应非常慎重，否则会导致涂层的耐热性能受到影响。通常耐高温涂料的颜色仅限于白色、黑色或金属色。常见的几种耐高温涂料的耐热性能见表3-3-22，供读者参考。耐高温涂料将在本章第五节详细介绍。

表 3-3-22 几种耐高温涂料的耐热性能

耐高温涂料品种	最高耐热温度/℃	耐高温涂料品种	最高耐热温度/℃
无机硅酸锌涂料	400	黑色有机硅涂料(含炭黑颜料)	200
白色有机硅涂料(含钛白粉颜料)	200	银色有机硅涂料(含金属铝粉)	600

(4) 减阻型气体管道内涂漆 气体管道特别是长输管线，内涂装的主要目的在于减低气体输送阻力，提高输气效率。据资料介绍，在相同条件下，未作内涂的管道气体输送效率只有 81%～85%，而内壁喷涂了减阻型内涂层的管道气体输送效率增至 95%以上，与未作内涂的管道相比，输气率提高 6%～12%。1958 年，在田纳西气体管理公司的一条已使用 10 年、长 19.14km、管径 60.96cm、管壁厚 0.635cm 的管道所进行内涂试验，证实了内涂层对气体输送的价值。当气体输送率在 150～450MMcdf（$10^6 ft^3/d$，1ft=0.305m)，测量得出的输气率增加为 5%～10%。而实际的增量取决于管道长度和气体流动特性。而且，随着内涂技术的发展，效果愈明显。1998 年，挪威科技大学进行的流动性测试确定内涂管道可提高气体输送量 21%。

据西气东输内涂装课题组 2001 年报告，天然气管道的减阻内涂技术是一项经济效益显著的高新技术。初期投入成本的增加将会有几倍的收益，管径越大、线路越长、输气量越大，收益就越高，主要体现在以下几方面。

① 在管径不变的前提下，可提高输量（3%～30%）。

② 在输量一定的前提下，可缩小管径节约钢材（约 2%）。

③ 在压力不变的前提下，可减少压缩机站的数量（据测算西气东输减了 3 个加压站）。

④ 由于摩擦阻力减小，压缩机动力消耗减小（约 20%）。

⑤ 延长清管周期，减少清管次数。

⑥ 减轻管内壁腐蚀，保证气体纯度。

技术要求如下。

输气管道内涂，应执行国内外相关标准：SY/T 6530—2002《非腐蚀性气体输送用管线内涂层》；API RP 5L2《非腐蚀性气体输送管道内覆盖层的推荐准则》；SY/T 0457—2000《钢质管道液体环氧涂料内防腐层》等。

对所选择的涂料，必须具有以下几方面的基本性能。

① 第一是减阻，即通过内壁涂层减低输送气体与管道内壁表面之间的运动摩擦阻力。在相同的动力消耗下，可提高长输管线的输气效率，以体现其经济性。

② 内涂层与管道内壁表面粘接力强，即漆膜附着力好，以确保涂层最大使用寿命。

③ 干膜厚不小于 70μm。

④ 优异的防腐性能。

⑤ 符合“底-面合一”的工艺要求，既当底漆又当面漆，以适应管道内涂机械化涂装工艺条件。

根据 SY/T 6530—2002《非腐蚀性气体输送用管线内涂层》标准，减阻型气体管道内涂漆钢板样实验室性能试验技术条件见表 3-3-23。

6. 防腐蚀涂料的新发展

(1) 鳞片状金属颜料的应用 由于鳞片状颜（填）料在漆膜中互相平行交错叠加，切断漆膜中的毛细孔，起到迷宫效应，能有效屏蔽和极大阻缓了外界水、氧、氯离子等腐蚀性介质的渗透，提高涂层的抗腐蚀能力。目前，涂料工业中常用的鳞片状防锈颜料主要有云母氧化铁、玻璃鳞片等，属于非金属原料。考虑到片状金属具有良好的延展性、导热性、可加工

表 3-3-23 SY/T 6530—2002 钢板样实验室性能试验验收准则

序号	试验项目	验收准则	测试方法
1	耐盐雾(划×法)500h	涂层无鼓泡,用干净塑胶带拉拔,无任何方向不大于 3.2mm 的撕裂涂层(包括划线在内)	ASTM B 117
2	水浸泡	距边缘 6.3mm 以内无鼓泡	饱和碳酸钙溶液、100% 浸泡,室温,21 天
3	甲醇与水等体积混合、浸泡	距边缘 6.3mm 以内无鼓泡	100% 浸泡、室温,5 天
4	剥离	通过	SY/T 6530 附录 C
5	弯曲	弯曲成 $\phi \geqslant 13$mm 时目测无剥落、附着力下降或开裂	ASTM D 522
6	黏附力	除切口处外其他位置无任何剥离	SY/T 6530 附录 D
7	硬度	25℃±1℃时,Buchholz 最小 94	ISO 2815
8	气鼓泡	无鼓泡	SY/T 6530 附录 E
9	耐磨性	最小磨损系数 23	ASTM D 968 方法 A
10	水压鼓泡	无鼓泡	SY/T 6530 附录 F

性以及装饰效果独特，市场发展前景看好，除铝粉外，一些新型片状金属填料陆续投放市场，如鳞片状锌粉、鳞片状不锈钢粉等。

① 鳞片状锌粉 据资料介绍，全世界每年用于生产富锌涂料的锌粉量高达 2 万～4 万吨，而金属锌资源有限，国际锌价不断攀升。因此，如何在不降低富锌涂料性能的前提下，节省锌粉用量，为业界关注焦点，而鳞片状锌粉的开发成功提供了一条出路。

德国 Eckart-Werke、澳大利亚 Benda、比利时锌加公司、美国的 Dacro 公司等，生产了鳞片状锌粉并研发了多种鳞片型富锌涂料，所采用的基料包括：环氧树脂、氯化橡胶、硅酸乙酯等。由于鳞片型锌粉优良的屏蔽性能、平行搭接性能、电接触性能、易悬浮的特性使这一系列的鳞片型富锌涂料的防腐性以及施工性明显优于传统的球状锌粉富锌涂料。

从图 3-3-32(a) 中可以明显观察到，在球状锌粉富锌涂层中有大量的孔隙（图中黑色背景）存在，并且锌球与锌球之间是点接触的形式，只有少量树脂基料包裹在锌球上，涂层结构相对疏松；而图 3-3-32(b) 中的片状锌粉富锌涂层，片锌与片锌之间面面接触，交替垒叠，孔隙几乎都被树脂基料填满，涂层极为致密。

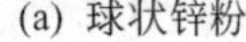

(a) 球状锌粉

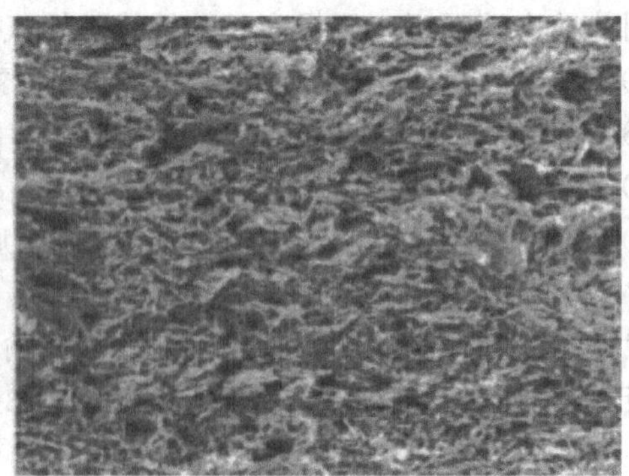

(b) 鳞片状锌粉

图 3-3-32 两种结构锌粉的富锌漆涂层结构电子显微镜扫描照片

以鳞片状锌粉为防锈颜料，选用不同的基料（如硅酸乙酯、环氧树脂、氯化橡胶等）可以研制出种类繁多的水性、溶剂型、无机或有机片锌富锌涂料。这些涂料不仅抗腐蚀性能优于普通球锌富锌涂料，并且由于锌粉添加量的大幅度减低（例如：环氧富锌底漆，“球锌”不挥发分中锌含量在70%左右，换成“片锌”锌含量可减至50%左右，节省金属锌粉用量约1/3），而且成本不高于甚至低于球锌涂料。更由于其单位面积的涂覆量更大，施工涂层更薄，已经被国外公司大量用于集装箱用车间底漆。所以，鳞片状锌基涂料将是未来富锌涂料的发展方向之一。

② 鳞片状不锈钢粉　不锈钢鳞片涂料最早被应用于石油管道的厚浆型重防腐涂料中，由于其本身的耐酸、耐碱、耐磨、耐高温等特性，增强了涂层的耐化学品性、耐老化性以及耐磨、耐温度变化的性能。不锈钢鳞片在涂层中与基体相互平行叠加排列，形成了致密的防渗透层。据测算，在涂层中不锈钢鳞片层的分布可达到上百层，延长了介质渗透扩散的路程，产生显著的迷宫效应。但是，传统的不锈钢鳞片的厚度太厚，其松装密度都在2.0g/cm^{3}以上，这就造成了不锈钢鳞片在基料中的悬浮性不好，易沉淀。致使不锈钢鳞片通常只能应用在喷涂厚度达到数百微米乃至数千微米的场合，使其应用受到了限制。

近几年来，国外不锈钢鳞片涂料有了突破性的进展，其突破点在于采用新的工艺，开发出了超薄型的不锈钢鳞片。例如：美国Novamet公司生产的超薄型不锈钢鳞片的松装密度在0.8g/cm^{3}左右，片径在10～30μm，厚度在0.6μm以下。采用这种薄型的不锈钢鳞片，选择适合的基料树脂，开发出超薄型不锈钢鳞片涂料，喷涂厚度仅为数十微米，而防腐性能却能达到喷涂厚度为数百微米的防腐效果。电子显微镜下放大的不锈钢鳞片结构如图3-3-33所示。

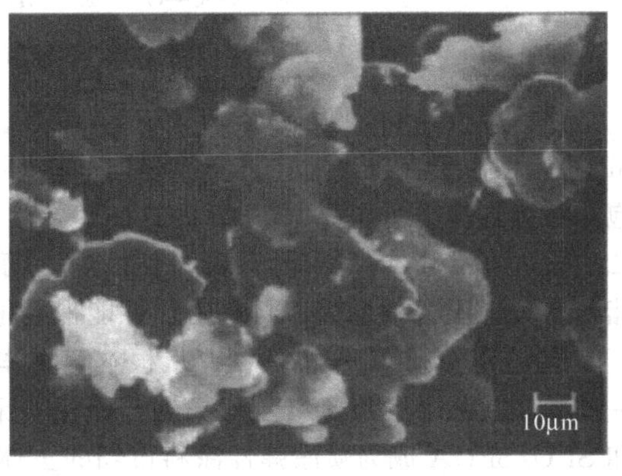

图3-3-33　不锈钢鳞片的电子显微镜扫描照片

国外把超薄不锈钢鳞片用在粉末涂料、集装箱涂料、汽车涂料、建筑涂料、医疗器具、烹调器具（如不粘锅）上。一种由日本公司开发的通过采用两种高性能树脂作基料，超薄不锈钢鳞片作填料的“不锈钢耐蚀涂料”，经日本原子力研究所放射线照射检验卫生合格，并通过了日本食品卫生协会检验，其成膜有类似不锈钢的外观，当作面漆使用在包括化学、食品、环保、核能、临海、酸洗、电镀、染整、制药、钢铁、桥梁、电子等多种场合下防腐涂装。

美国TOD制造公司在电镀设备表面采用含有不锈钢颜料的各种涂料涂装，解决了电镀厂严重的腐蚀问题。多年来不再需要维护和重新涂装。美国Armour化学工业公司在过滤氯化铵醇溶液除去结晶的氯化钠工序中存在严重的腐蚀问题，通过在热交换器上喷涂含有不锈钢鳞片的涂料，解决了这个问题。此外，美国电力公司俄亥俄州Canton工业基地中，不锈钢鳞片涂料取得很好的防腐蚀效果。

总之，鳞片状金属颜料在涂层中形成了平行搭接，相互交错的层叠结构和“迷宫效应”提高了涂层的屏蔽性，延缓了腐蚀性介质到达金属基体的时间，从而延长了涂层的防腐寿命。

鳞片状锌基涂层，片锌间以面接触代替球锌间的点接触，大大提高了涂层的屏蔽性和导电性，从而提高了涂层的电化学保护性能。

鳞片状不锈钢粉的耐酸碱、耐高温、高耐磨、不失色以及具有不锈钢光泽装饰性的特征使其在防腐、装饰面漆领域具有广泛的应用前景。

(2) 聚脲弹性体涂料　喷涂聚氨酯/聚脲弹性体技术是在反应注射成型（reaction injection molding，RIM）技术的基础上，于20世纪70年代中、后期发展起来的。近十年来，国内的科研院所（如青岛海洋化工研究院）致力于此方面的研究，并在市场上取得了一些成功的应用。

喷涂聚氨酯/聚脲弹性体技术的基础是利用多异氰酸酯中—NCO键的活性，与多元醇或多元胺相反应而成。多异氰酸酯与多元醇反应，生成物成为聚氨酯；与多元胺反应，生成物成为聚脲。其主要反应简式如图3-3-34所示。

聚氨酯反应：

$$R—N═C═O + R'—OH \xrightarrow{催化剂} R—NH—\overset{\displaystyle O}{\overset{\|}{C}}—OR'$$

多异氰酸酯与水反应：

$$R—N═C═O + H_2O \longrightarrow RNH_2 + CO_2\uparrow$$

聚脲反应：

$$R—N═C═O + R'—NH_2 \longrightarrow R—NH—\overset{\displaystyle O}{\overset{\|}{C}}—NH—R'$$

图3-3-34 聚氨酯、聚脲反应原理

喷涂弹性涂料的发展经历了三个阶段。最早开发的是喷涂聚氨酯弹性涂料（简称SPU），但由于在施工时，体系容易与周围环境中的水分、湿气反应，产生二氧化碳，生成泡沫状弹性体。为了克服SPU的这一弊端，人们在树脂成分中引入了端氨基化合物，即第二阶段的产品喷涂聚氨酯/聚脲弹性涂料（简称SPU/SPUA）。这样，可有效地阻止异氰酸酯与水分、湿气的反应，材料力学性能得到很大的改善，工程应用明显增加。

但是SPU/SPUA仍然没有从根本解决体系发泡的问题，在工程实践中，还是经常出现一些缺陷。从20世纪80年代中期开始，喷涂聚脲弹性体（SPUA）研制成功，并取代SPU和SPU/SPUA成为喷涂弹性涂料市场的主体。从反应活性来说，SPU或SPU/SPUA必须使用催化剂，而SPUA端氨基聚醚和胺扩链剂作为活泼氢组分（以下简称R组分），它与多异氰酸酯（以下简称A组分）的反应活性极高，无需任何催化剂，即可在室温（甚至0℃以下）瞬间完成，从而有效地克服了SPU和SPU/SPUA在施工过程中，因环境温度和湿度的影响而发泡，造成材料性能急剧下降的致命缺点。表3-3-24通过三代喷涂弹性体的组成成分和主要的优缺点来简单地描述其发展历程，供读者参考。

表3-3-24 喷涂聚氨酯/聚脲弹性体的技术发展

阶段	体 系	A组分	R组分	主要优、缺点
第一阶段	SPU(喷涂聚氨酯)	MDI基	EO封端多元醇、二醇扩链剂、催化剂	优点:价廉 缺点:对水敏感,极易发泡;力学性能差等
第二阶段	SPU/SPUA(喷涂聚氨酯/聚脲)	MDI基	EO封端多元醇、芳香二胺扩链剂、催化剂	优点:价格适中 缺点:发泡、力学性能一般
第三阶段	SPUA(喷涂聚脲)	MDI基 *m*-TMXDI基	端氨基聚醚、芳香二胺扩链剂、端氨基聚醚、脂肪二胺扩链剂	优点:对温、湿度不敏感,力学性能好,耐老化性能突出 缺点:价高

注：MDI为二苯甲烷二异氰酸酯。TMXDI为四甲基苯二亚甲基二异氰酸酯。

喷涂聚脲弹性体（SPUA）有众多优越的性能，是保护钢铁构件和混凝土防湿、耐磨及防腐蚀的理想材料，其性能简述如下。

① 固化速率极快。SPUA可在任意曲面、斜面及垂直面上喷涂成型，不产生流挂现象，

不含催化剂、快速固化，5s 胶凝、1min 可达步行强度、30min 即可投入使用。

② 对环境温度、湿度不敏感。可在高湿和低温环境下施工。

③ 100%固含量，零 VOC 含量，属环境友好型涂料；一次喷涂可达 2000μm，提高施工效率。

④ 涂层的物理性能优异。高强度、耐冲击、耐磨，同时漆膜又兼有出色的弹性和柔韧性。

⑤ 耐化学性能优良。可以抵抗多种化学介质的腐蚀。

⑥ 具有良好的热稳定性。可以在 150℃下长期使用。

⑦ 与颜料的相容性好。可以制成多色彩的产品。

⑧ 配方可以调整。通过组分的改变，可以制成手感从软橡皮（邵氏 A30，相当于乳胶手套）到硬弹性体（邵氏 D65，相当于玻璃钢）的各种涂层。

由于 SPUA 的固化速率极快，因此它与一般的涂料在施工方式上有着很大的不同，需要使用专用的施工设备。包括物料输送系统、计量系统、混合系统、雾化系统和清洗系统。这在很大程度上限制了 SPUA 的推广使用。

近年来，国内外的研究机构在提高 SPUA 涂层的耐候性能和降低体系的反应速率方面做了大量的工作。青岛海洋化工研究院研制出聚天门冬氨酸酯为基材、一种新型脂肪族、慢反应型 SPUA，具有高耐候性，并保留传统的 SPUA 品种漆膜优越的理化性能，但是它仍需要使用专门的 SPUA 设备施工。因此展望未来，设计出反应速率比较慢的体系，使得 SPUA 采用普通的喷涂设备就可以施工，仍是它的发展方向。

(3) 高固体分涂料和无溶剂涂料　通常防腐涂料每道涂覆干膜厚 25～50μm，要达到较厚的膜厚，必然增加涂覆次数，这不但费工费时，更带来大量的有机溶剂挥发而污染环境，不符合各国政府对涂料中挥发性有机化合物（volatile organic compounds，VOC）含量愈来愈严格的限制。而高固体分涂料和无溶剂涂料正由于其高固分、低 VOC，不含或少含溶剂，符合涂料工业环保、经济、节能、高效这一大方向而日益受到重视。

在高固体分涂料中，环氧树脂涂料应用最为广泛。传统的环氧树脂涂料，体积固体分为 50%左右，而高固体分涂料的体积固体分至少达到 68%以上。很多高固体分环氧涂料的体积固体分达到 80%～90%，溶剂用量则大幅度地下降。

无溶剂涂料则是高固体分涂料发展的必然结果。由于彻底解决了有机溶剂挥发排放问题，对环境保护和劳动保护以及防火安全等均有积极意义。

无溶剂涂料广义地讲是指不含有机溶剂或水的涂料，狭义地说是指不含有机溶剂挥发到大气中的液体涂料。传统的清油、熟桐油是属于广义的无溶剂涂料。现代无溶剂涂料是指采用活性溶剂作为溶解介质的液体涂料。在其成膜过程中，活性溶剂与树脂反应交联而成为涂膜的组成部分，不像一般溶剂那样绝大部分挥发逸出。

当然，提高涂料固体分并不是单纯地靠减少或不用有机溶剂来达到，它涉及成膜树脂的低黏度化、活性稀释剂的应用以及新型助剂的应用等一系列新原料和新技术。黏度的高低主要在于树脂分子量大小及固体分的高低，Mercurio 及 Lewis 所绘制的分子量、固体分的等黏度曲线（图 3-3-35）说明了三者之间的关系。

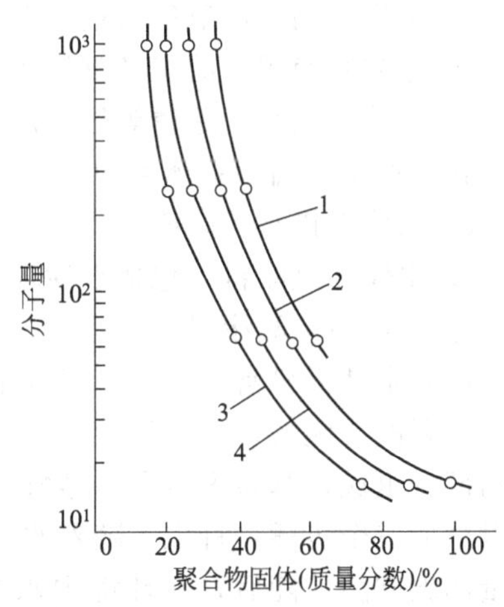

图 3-3-35　分子量与固体分的等黏度曲线

1—1Pa·s；2—0.3Pa·s；3—0.1Pa·s；4—5Pa·s

假定施工应用的合适黏度为0.1Pa·s左右，则只有分子量为2000～3000时才能使固体分接近70%，还需通过选择适合的活性溶剂及助剂等技术措施。

无溶剂涂料的特点如下。

① 厚膜化，一次可喷涂100～1000μm，大大提高工效。

② 边缘覆盖性好，甚至对没有处理过的钢板边缘也有很强的覆盖能力，比溶剂型涂料效果更好。

③ 涂层不收缩，内应力较小，无伸长力。

④ 突出的物理机械性能、耐磨性与耐化学品性。

⑤ 无溶剂挥发到大气中，对环境保护和劳动保护以及防火安全等均有积极意义。

(4) 水性防腐涂料　常用的重防腐涂料都是采用有机溶剂作为涂料体系的稀释物。现在，人们开始意识到有机溶剂的危害性，主要存在以下两方面。一方面是考虑人类自身的健康。多年来，世界卫生组织（WHO）一直关注着这方面的研究。多项研究表明，如果没有有效的防护措施，长期吸入有机溶剂，会导致所谓的“涂料综合征”（painter's syndrome），主要表现在容易疲劳、记忆力下降以及神经系统方面的疾病。另一方面是有机溶剂对于环境造成的危害。有机溶剂挥发后，在紫外线的作用下容易分解，产生具有高活性的产物。这些高活性的产物会与大气中的工业污染物以及汽车尾气，如氮氧化物和硫氧化物反应，生成一些对环境有害的物质，如臭氧等。这些有害物会导致烟雾、酸雨，影响生物的新陈代谢，导致全球气温变暖。

正因为有机溶剂的这些危害性，从20世纪70年代开始，欧美等国相继出台了相应的强制性法规，限制涂料中挥发性有机化合物（VOC）的含量，降低对环境的危害。近年来，国内也越来越关注此类问题，低VOC含量的产品成为今后涂料发展的趋势。

水性涂料，顾名思义，是以水为主要溶剂，同时以水来稀释和清洗的涂料。因此水性涂料的VOC含量较低，通常在50g/L以下。水性涂料因为主要溶剂是水，因此具有以下优点。

① 水的来源广泛，净化容易。

② 在施工过程中无火灾危险。

③ 基本不含苯类等挥发性有机溶剂。

④ 水代溶剂，可节省大量资源。

⑤ 涂装时使用过的工具直接用水进行清洗。

⑥ 工件经除油、除锈等处理后，不待完全干燥即可施工。

在工业重防腐涂料体系中，主要应用的水性涂料有以下几种类型。

① 水性无机富锌底漆。

② 水性环氧涂料（包括水性环氧富锌底漆）。

③ 水性丙烯酸涂料。

(1) 水性无机富锌底漆　目前最常见的是水性自固化无机富锌底漆，一般以碱金属硅酸盐为主要的成膜物，如硅酸钠（俗称水玻璃）、硅酸钾或硅酸锂。水性自固化无机富锌底漆由两部分组成，基料为碱金属硅酸盐水溶液，固化剂为金属锌粉和其他的填料。其固化过程可以分成三个步骤：首先，随着水分的挥发，碱金属硅酸盐水溶液浓缩并通过水解生产一定数量的聚硅酸；随后，在环境中水和二氧化碳的存在下，硅酸盐混合物（碱金属盐和聚硅酸）与金属锌以及钢材表面产生反应，生成硅酸锌以及锌-铁-硅酸盐的混合物。需要指出的是，体系中的碱金属盐可以加速反应的进行，从而确保其自固化反应的进行。水性无机富锌底漆的漆膜形成后，漆膜中的金属锌会继续和环境中的空气和水分反应，产生碳酸锌和氢氧化锌。经过一段时间后（几个月甚至一年的时间），这些反应产物会完全填没漆膜的孔隙，最终形成连续、致密、附着力良好的坚固漆膜。

水性自固化型无机富锌底漆固化反应式如下。

反应一：随水分的挥发，碱金属硅酸盐的脱水、浓缩。

$$\underset{\text{碱性硅酸钠}}{\begin{array}{ccccccccc} & & OH & & OH & & OH & & \\ & & | & & | & & | & & \\ Na—O & — & Si & —O— & Si & —O— & Si & — & OH \\ & & | & & | & & | & & \\ & & OH & & OH & & OH & & \end{array}} \longrightarrow \underset{\text{聚硅酸}}{\left(\begin{array}{ccccccc} & OH & & OH & & OH & \\ & | & & | & & | & \\ HO— & Si & —O— & Si & —O— & Si & — \\ & | & & | & & | & \\ & OH & & OH & & OH & \end{array}\right)_n}$$

反应二：空气和环境中的水与锌、聚硅酸反应，漆膜开始固化；底材中的铁离子也同时与硅酸盐进行着反应。

$$\longrightarrow \left[\begin{array}{ccccccc} & OH & & OH & & OH & \\ & | & & | & & | & \\ HO— & Si & —O— & Si & —O— & Si & —OH \\ & | & & | & & | & \\ & O & & O & & O & \\ & | & & | & & | & \\ & Zn & & Zn & & Zn & \\ & | & & | & & | & \\ & O & & O & & O & \\ & | & & | & & | & \\ HO— & Si & —O— & Si & —O— & Si & —OH \\ & | & & | & & | & \\ & O & & OH & & OH & \\ & | & & & & & \\ & Fe & & & & & \end{array}\right]_n \longrightarrow$$

反应三：经过一段时间的反应，空气、水、锌形成了连续坚固的漆膜。

$$\left[\begin{array}{ccccccc} & Zn & & Zn & & Zn & \\ & | & & | & & | & \\ & O & & O & & O & \\ & | & & | & & | & \\ — & Si & —O— & Si & —O— & Si & — \\ & | & & | & & | & \\ & O & & O & & O & \\ & | & & | & & | & \\ & Zn & & Zn & & Zn & \\ & | & & | & & | & \\ & O & & O & & O & \\ & | & & | & & | & \\ — & Si & —O— & Si & —O— & Si & — \\ & | & & | & & | & \\ & O & & O & & O & \\ & | & & | & & | & \\ & Zn & & Zn & & Zn & \end{array}\right]_n$$

(2) 水性环氧涂料　主要是水分散型环氧涂料。环氧树脂虽不是水溶性的，但可以在水中乳化，通常由两组分组成：基料为憎水性的环氧树脂，固化剂为亲水性的胺类固化剂。水性环氧涂料的固化过程可以分为两个步骤：一是水分的挥发；二是环氧树脂与固化剂的交联反应。

水分散型环氧涂料固化原理如图 3-3-36 所示。

水性环氧富锌的固化原理与水性环氧涂料相似，只是在水性环氧基料中增加了一组分，即作为起到电化学阴极保护作用的防锈颜（填）料：金属锌。

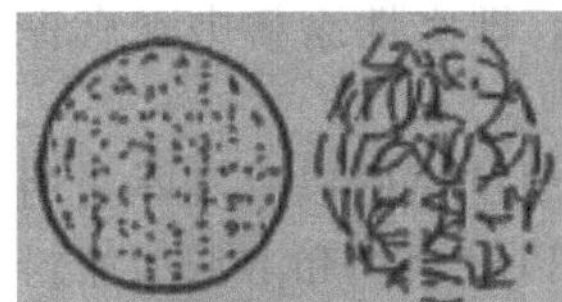

环氧树脂　胺类固化剂

(a) 双组分混合前

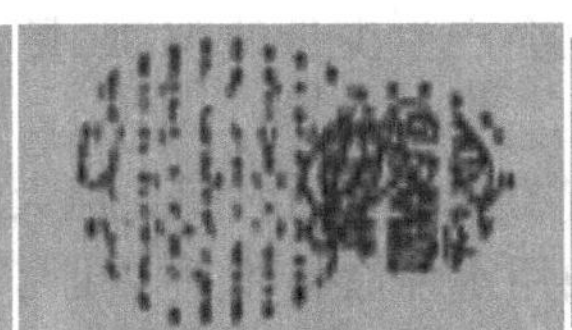

环氧树脂　胺类固化剂

(b) 双组分混合后，水分挥发

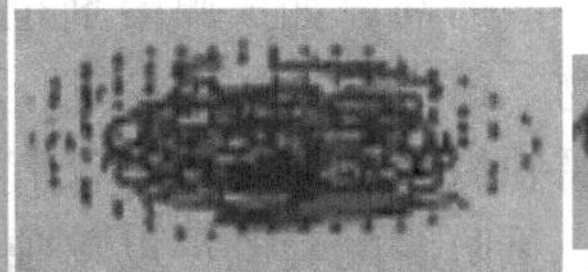

(c) 双组分开始交联固化

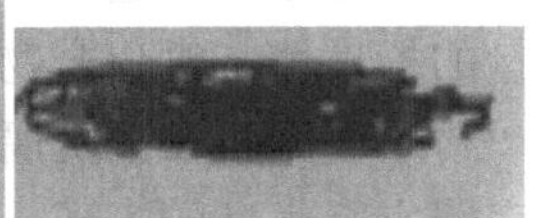

(d) 固化反应结束，但成膜过程较慢

图 3-3-36　水分散型环氧涂料固化原理示意

从水性环氧涂料的固化机理可以看出，成膜过程中水分的挥发速率非常关键，如果水分挥发过慢、低于环氧树脂与固化剂的交联速率，漆膜中就会含有水分，性能也会有所降低。因此其成膜固化过程对环境的温度、湿度和通风条件要求较高；同时，由于环氧树脂低温固化性能差这一固有的缺点，环境温度通常要求在10℃以上，相对湿度不能超过85%，最好低于65%。

同时，需要注意的是，水性环氧涂料的适用期（pot life）要比一般的溶剂型环氧漆要短，通常在2h左右。与溶剂型环氧涂料不同，水性环氧涂料的适用期并不是由黏度增加来表现的。在20℃时，3h后的混合物看上去仍然可用，但这时涂料的保护性能已大受影响，所以不可再用。另外，温度降低也会缩短水性环氧涂料的适用期，这点也与溶剂型环氧涂料有很大的不同。另外，水性环氧涂料由于存在大量的亲水基团和较低的分子量，与溶剂型环氧涂料相比，耐化学品性能较差。

(3) 水性丙烯酸涂料　水性丙烯酸涂料是以水性丙烯酸树脂分散体为成膜物质的。一般水性丙烯酸分散体分子量较溶剂型丙烯酸树脂大。这些具有长链和三维立体结构的丙烯酸分散体被封闭成颗粒（直径通常小于0.5μm），分散在水和成膜溶剂中。在施工成湿膜后，水分逐渐挥发，分散着的聚合物颗粒逐渐靠近；而成膜溶剂挥发很慢，当水挥发到一定的程度，聚合物颗粒就紧紧地挤在一起了。这时成膜溶剂将聚合物颗粒的外壁溶解，释放出丙烯酸分散体，从而形成连续、内聚的漆膜。水性丙烯酸涂料的固化机理示意图如图3-3-37所示。

(a) 聚合物颗粒

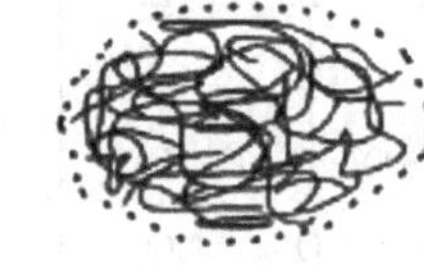
(b) 水分挥发，聚合物颗粒接近、外壁被溶解

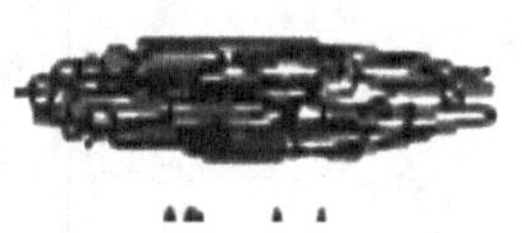
(c) 成膜

图3-3-37　水性丙烯酸涂料的固化示意

通过向共聚物分子链中引入带各种官能团的单体，水性丙烯酸涂料可以制成不仅耐候性能优良，而且致密、柔韧、耐腐蚀的漆膜。

水性丙烯酸涂料能制成有光和半光型，可作为底漆、面漆和用于混凝土表面的封闭漆。能在大多数的底材表面施工，如钢材、镀锌件、铝材、混凝土、砖石和木材等。

水性涂料是用水来做溶剂和稀释剂的，因此它的缺点也与水的自身特点有关。在低温和相对湿度高时水分挥发慢，而且在0℃时水会结冰，因此通常水性涂料要求在5℃以上才可施工，漆膜固化时的环境湿度最好在40%～60%。另外，由于水的表面张力高，因此配方中也必须引入一些助剂来改善漆对颜料和基材的润湿性，这些助剂会对漆膜的耐水性和渗透性有负面影响。还有一些助剂，如成膜溶剂也会产生少量的VOC量，即水性涂料中含有少量的挥发性有机化合物，通常在50g/L以下。

水性涂料在重防腐领域中的应用虽然仅有二三十年的时间，但大量的试验以及实际应用表明它有优良的表现。重防腐配套既可以单独用水性涂料体系，也可以将水性和溶剂型涂料体系混合搭配使用，都可以起到较好的防护效果。虽然，现在很多的条件/因素制约了水性涂料的应用，但它仍是今后涂料发展、应用的方向之一。另外，特别指出的是，水也是目前地球上一种重要的有限资源，因此，在生产水性涂料时，必须注意解决废水处理及其循环使用问题，以防止污染环境。

第三节 重防腐涂料涂装

防腐涂装设计工作主要包括：根据工程或设备所处环境特点，进行腐蚀环境分析，判断腐蚀环境类别；分析工程或设备各部位结构特点和运行时的工况条件；评估业主对防护年限期望值的可行性；进而选择涂料种类及其配套，确定每层涂膜厚度及总膜厚等工艺参数、编制表面处理与涂装施工工艺规程、确定涂料技术性能指标和质量验收条件以及涂层外观色彩设计等。随着科学技术的发展，大型工程防护涂装设计已经成为整个工程设计中的一个重要的组成部分而日益受到重视。

一、重防腐涂装设计原则

① 防腐年限是制定涂层配套方案的主要依据。

② 涂装体系与周围自然环境/工况条件的适应性。

③ 执行相关国家（行业）标准，并参考相应的国外标准，例如ISO和SSPC标准。

④ 编制正确、可行的涂层配套体系和涂装施工工艺，确保涂层施工质量与效率。

⑤ 经济性与技术上先进性相结合，追求最佳的性能/价格比。遵循“全寿命经济分析”（LCCA）设计思想。

⑥ 涂层外观设计：工艺美学、环境和谐、漆膜性能三者协调。

二、“全寿命经济分析法”设计思想简介

这里着重介绍一下“全寿命经济分析”（LCCA）设计思想：在工程设计中，为了在众多满足安全性和耐久性的方案中找出经济性最优的方案，需要应用“全寿命经济分析法”（life cycle cost analysis），或译为“寿命周期成本分析法”。其基本思想是：在设计施工阶段，不论是选择事先就采取防护措施，还是选择以后“坏了再修”，都要做出经济预算和比较。承建者要对工程的“全寿命”负责到底，以避免“短期行为”给后人带来的麻烦和巨大的经济损失。

在美国，近年来已在基建工程管理中强制实施“全寿命经济分析法（LCCA）”。举例说明：某混凝土桥梁工程处于氯盐腐蚀环境中，钢筋混凝土结构设计寿命为40年，前期实施了防护措施，主要是采用钢筋阻锈剂和涂料外防护，附加费用仅为0.85美元/m^2（混凝土桥面）；若前期不采取防护措施，那么15～20年开始修复，40年内累积维修费用为4.8美元/m^2，是前者附加费的5.65倍。由此可见，推行“全寿命经济分析法（LCCA）”和倡导工程前期（设计、施工阶段）采取科学可行的腐蚀防护措施，已经不是单纯的技术问题，其重大意义和长远经济效益是不可低估的。

改革开放以来中国的基本建设规模宏大。例如新建、待建的桥梁数量已居世界第一，但其中为数不少的桥梁已暴露出缺陷，更有一些在远没有达到设计预期寿命时就出现了耐久性严重退化现象，甚至出现倒塌等毁灭性事故，造成非常严重的人员伤亡和经济损失。桥梁的耐久性已引起社会各界高度关注，有专家预言，耐久性的提高将是21世纪桥梁技术进步的重要标志之一。

三、防腐涂层配套体系的设计

防腐涂层配套体系的设计是涂装设计的核心内容，国内外防腐涂料与涂装界积累了丰富

的经验。这里着重介绍 ISO 12944-5《色漆和清漆——保护漆体系对钢结构的防护》第 5 部分《保护漆体系》(Paints and varnishes——Corrosion protection of steel structures by protective paint systems)。主要内容包括各类涂层配套体系以及这些配套体系所能应用于何种腐蚀环境条件，预期的涂层防护寿命等；同时介绍了相关涂料主要成膜物质的基本化学成分和成膜过程以及每种涂料对底材表面处理的要求等。这些对于确立涂装体系、确保涂装质量以及核算涂装工程造价是非常重要的。

1. 涂层配套体系耐久性影响因素

影响涂层配套体系耐久性的主要因素有以下几方面：①涂装对象物体的特点；②设计的配套体系类型及其总干膜厚度；③底材预处理前状态和表面处理等级；④涂装工艺标准；⑤施工条件；⑥施工后涂层暴露环境等。

必须指出的是：ISO 12944-5 中各类涂层配套体系所预期的涂层防护寿命而不是“承诺防护寿命”，而只是关于防护寿命的一个技术参数，主要用于协助选择配套体系和制定维修涂装计划表。

2. 防护寿命与腐蚀环境及涂膜厚度的关系

这三者密切关联，见表 3-3-25。

表 3-3-25 腐蚀环境、防护寿命与涂膜厚度的关系

腐蚀环境	防护寿命	干膜厚度/μm	腐蚀环境	防护寿命	干膜厚度/μm
C2	低	80	C4	低	160
	中	120		中	200
	高	160		高	240(含锌粉) 280(不含锌粉)
C3	低	120	C5-I,C5-M	低	200
	中	160		中	280
	高	200		高	320

3. 对应各腐蚀环境的涂层配套体系

ISO 12944-5 描述了不同类型涂料的化学成分和成膜方式，针对 ISO 12944-2 中描述的各种腐蚀环境，提供相应的防腐配套案例，反映了全世界范围内的最新发展方向。

表 3-3-26～表 3-3-33 是 ISO 12944-5：2007 中所列举的涂装配套，遵循两个不同的原则。

① 表 3-3-26、表 3-3-31～表 3-3-33 中列举的配套对应多种腐蚀环境（简称“综合表”），涂装配套是按照面漆中的成膜物质种类来划分的。这种划分方式有利于业主以面漆的性能作为基础选择配套。在这种情况下，腐蚀等级不是很明确，而且每个涂装配套对应不止一种腐蚀等级。

② 表 3-3-27～表 3-3-30 中列举的配套是在单一的腐蚀环境等级下的涂装配套（简称“个别表”），是按照底漆的主要成膜物质种类划分的。这种划分方式有利于对腐蚀环境等级很了解的业主选择涂装配套。

如果准备采用下表中的涂装配套体系，首先要判断是否从“综合表”中选择，还是在“个别表”中选择，因为两个列表中的涂装配套编号是不同的。

表中的涂装配套只是举例，其他类别的涂装配套也可能有同样的防腐作用。但是如果选用表中的涂装配套，那么在涂料施工进行前，就应确保所选的涂装体系满足指定的防腐耐久性。表中提到的漆膜厚度是一个配套指定的干膜厚度，厚度的单位为微米。

如果在配套中使用新产品，而又缺乏足够的工程业绩支持，则这个配套涂层至少要经过 ISO 12944-6 标准中规定的各项实验验证合格后方能实际应用。

表 3-3-26 在 C2、C3、C4、C5-I 和 C5-M 腐蚀环境下低合金碳钢的配套涂层

基材：低合金碳钢

表面预处理：Sa2 $\frac{1}{2}$（锈蚀等级为 A、B、C 的基材，参见 ISO 8501-1）

配套编号	底涂层				后道涂层	涂层体系		期望耐久性（参见 ISO 12944-1 和 ISO 12944-5）															分类表中对应的配套编号				
	基料④	类型①	涂装道数	NDFT② /μm	基料	涂装道数	NDFT② /μm	C2			C3			C4			C5-I			C5-M							
								L	M	H	L	M	H	L	M	H	L	M	H	L	M	H	A. 2	A. 3	A. 4	A. 5(I)	A. 5(M)
A1. 01	AK, AY	Misc	1～2	100	—	1～2	100	■	■														A2. 04				
A1. 02	EP, PUR, ESI	Zn(R)	1	60⑤	—	1	60	■	■	■	■	■											A2. 08	A3. 10			
A1. 03	AK	Misc	1～2	80	AK	2～3	120	■	■		■												A2. 02	A3. 01			
A1. 04	AK	Misc	1～2	80	AK	2～4	160	■	■	■	■	■											A2. 03	A3. 02			
A1. 05	AK	Misc	1～2	80	AK	3～5	200	■	■	■	■	■	■	■										A3. 03	A4. 01		
A1. 06	EP	Misc	1	150	AY	2	200	■	■	■	■	■	■	■											A4. 06		
A1. 07	AK, AY, CR③, PVC	Misc	1～2	80	AY, CR, PVC	2～4	160	■	■	■	■	■											A2. 03 A2. 05	A3. 05			
A1. 08	EP, PUR, ESI	Zn(R)	1	60⑤	AY, CR, PVC	2～3	160	■	■	■	■	■		■										A3. 12	A4. 10		
A1. 09	AK, AY, CR③, PVC	Misc	1～2	80	AY, CR, PVC	3～5	200	■	■	■	■	■	■	■										A3. 04 A3. 06	A4. 02 A4. 04		
A1. 10	EP, PUR	Misc	1～2	120	AY, CR, PVC	3～4	200	■	■	■	■	■	■	■			■								A4. 06	A5I. 01	
A1. 11	EP, PUR, ESI	Zn(R)	1	60⑤	AY, CR, PVC	2～4	200	■	■	■	■	■	■	■	■									A3. 13	A4. 11		
A1. 12	AK, AY, CR③, PVC	Misc	1～2	80	AY, CR, PVC	3～5	240	■	■	■	■	■	■	■	■										A4. 03 A4. 05		
A1. 13	EP, PUR, ESI	Zn(R)	1	60⑤	AY, CR, PVC	3～4	240	■	■	■	■	■	■	■	■	■									A4. 12		
A1. 14	EP, PUR, ESI	Zn(R)	1	60⑤	AY, CR, PVC	4～5	320	■	■	■	■	■	■	■	■	■	■	■	■							A5I. 06	
A1. 15	EP	Misc	1～2	80	EP, PUR	2～3	120	■	■		■												A2. 06	A3. 07			
A1. 16	EP	Misc	1～2	80	EP, PUR	2～4	160	■	■	■	■	■											A2. 07	A3. 08			
A1. 17	EP, PUR, ESI	Zn(R)	1	60⑤	EP, PUR	2～3	160	■	■	■	■	■	■	■										A3. 11	A4. 13		
A1. 18	EP	Misc	1～2	80	EP, PUR	3～5	200	■	■	■	■	■	■											A3. 09			

续表

基材：低合金碳钢

表面预处理：Sa2$\frac{1}{2}$（锈蚀等级为 A、B、C 的基材，参见 ISO 8501-1）

配套编号	底涂层				后道涂层	涂层体系		期望耐久性（参见 ISO 12944-1 和 ISO 12944-5）															分类表中对应的配套编号				
	基料④	类型①	涂装道数	NDFT② /μm	基料	涂装道数	NDFT② /μm	C2			C3			C4			C5-I			C5-M							
								L	M	H	L	M	H	L	M	H	L	M	H	L	M	H	A.2	A.3	A.4	A.5(I)	A.5(M)
A1.19	EP,PUR,ESI	Zn(R)	1	60⑤	EP,PUR	3～4	200	■	■	■	■	■	■	■	■										A4.14		
A1.20	EP,PUR,ESI	Zn(R)	1	60⑤	EP,PUR	3～4	240	■	■	■	■	■	■	■	■	■	■	■		■	■				A4.15	A5I.04	A5M.05
A1.21	EP	Misc	1～2	80	EP,PUR	3～5	280	■	■	■	■	■	■	■	■	■									A4.09		
A1.22	EP,PUR	Misc	1	150	EP,PUR	2	300	■	■	■	■	■	■	■	■	■	■	■		■	■					A5I.03	A5M.01
A1.23	EP,PUR,ESI	Zn(R)	1	60⑤	EP,PUR	3～4	320	■	■	■	■	■	■	■	■	■	■	■	■	■	■	■				A5I.05	A5M.06
A1.24	EP,PUR	Misc	1	80	EP,PUR	3～4	320	■	■	■	■	■	■	■	■	■	■	■	■	■	■	■				A5I.02	A5M.02
A1.25	EP,PUR	Misc	1	250	EP,PUR	2	500	■	■	■	■	■	■	■	■	■	■	■	■	■	■	■					A5M.04
A1.26	EP,PUR	Misc	1	400	—	1	400	■	■	■	■	■	■	■	■	■	■	■		■	■						A5M.03
A1.27	EP③	Misc	1	100	EPC	3	300	■	■	■	■	■	■	■	■	■	■	■		■	■						A5M.08
A1.28	EP,PUR	Zn(R)	1	60⑤	EPC	3～4	400	■	■	■	■	■	■	■	■	■	■	■	■	■	■	■					A5M.07

底涂层基料	涂料（液体）			面涂层基料	涂料（液体）		
	组分		可水性化		组分		可水性化
	单组分	双组分			单组分	双组分	
AK＝醇酸	×		×	AK＝醇酸	×		×
CR＝氯化橡胶	×			CR＝氯化橡胶	×		
AY＝丙烯酸	×		×	AY＝丙烯酸	×		×
PVC＝聚氯乙烯	×			PVC＝聚氯乙烯	×		
EP＝环氧		×	×	EP＝环氧		×	×
ESI＝硅酸乙酯	×	×	×	PUR＝聚氨酯（脂肪族）	×	×	×
PUR＝聚氨酯（脂肪族或芳香族）	×	×	×	EPC＝改性环氧	×	×	

① Zn（R）＝富锌底漆；Misc＝含防锈颜料的底漆；

② NDFT＝设计干膜厚度；

③ 建议涂料供应商检测相容性；

④ 建议在硅酸类底漆上加涂一道衔接涂层；

⑤ 富锌底漆的 NDFT 在 40～80μm 为宜。

表 3-3-27 在 C2 腐蚀环境下低合金碳钢的配套涂层

基材：低合金碳钢

表面预处理：Sa2$\frac{1}{2}$（锈蚀等级为 A、B、C 的基材，参见 ISO 8501-1）

配套编号	底涂层				后道涂层	涂层体系		期望耐久性		
	基料	类型①	涂装道数	NDFT②/μm	基料	涂装道数	NDFT②/μm	低	中	高
A2.01	AK	Misc	1	40	AK	2	80			
A2.02	AK	Misc	1～2	80	AK	2～3	120			
A2.03	AK	Misc	1～2	80	AK，AY，PVC，CR③	2～4	160			
A2.04	AK	Misc	1～2	100	—	1～2	100			
A2.05	AY，PVC，CR	Misc	1～2	80	AY，PVC，CR③	2～4	160			
A2.06	EP	Misc	1～2	80	EP，PUR	2～3	120			
A2.07	EP	Misc	1～2	80	EP，PUR	2～4	160			
A2.08	EP，PUR，ESI④	Zn(R)	1	60⑤	—	1	80			

底涂层基料	类型	可水性化	面涂层基料	类型	可水性化
AK＝醇酸	单组分	×	AK＝醇酸	单组分	×
CR＝氯化橡胶	单组分		CR＝氯化橡胶	单组分	
AY＝丙烯酸	单组分	×	AY＝丙烯酸	单组分	×
PVC＝聚氯乙烯	单组分		PVC＝聚氯乙烯	单组分	
EP＝环氧	双组分	×	EP＝环氧	双组分	×
ESI＝硅酸乙酯	单或双组分	×	PUR＝聚氨酯（脂肪族）	单或双组分	×
PUR＝聚氨酯（脂肪族或芳香族）	单或双组分	×			

① Zn(R)＝富锌底漆，Misc＝含防锈颜料的底漆；

② NDFT＝设计干膜厚度；

③ 建议涂料供应商检测相容性；

④ 建议在硅酸类底漆（ESI）上加涂一道衔接涂层；

⑤ 富锌底漆的 NDFT 在 40～80μm 为宜。

表 3-3-28 在 C3 腐蚀环境下低合金碳钢的配套涂层

基材：低合金碳钢

表面预处理：Sa2$\frac{1}{2}$（锈蚀等级为 A、B、C 的基材，参见 ISO 8501-1）

配套编号	底涂层				后道涂层	涂层体系		期望耐久性		
	基料	类型①	涂装道数	NDFT②/μm	基料	涂装道数	NDFT②/μm	低	中	高
A3.01	AK	Misc	1～2	80	AK	2～3	120			
A3.02	AK	Misc	1～2	80	AK	2～4	160			
A3.03	AK	Misc	1～2	80	AK③	3～5	200			
A3.04	AK	Misc	1～2	80	AY，PVC，CR③	3～5	200			
A3.05	AY，PVC，CR③	Misc	1～2	80	AY，PVC，CR③	2～4	160			
A3.06	AY，PVC，CR③	Misc	1～2	80	AY，PVC，CR③	3～5	200			
A3.07	EP	Misc	1	80	EP，PUR	2～3	120			
A3.08	EP	Misc	1	80	EP，PUR	2～4	160			

续表

基材：低合金碳钢

表面预处理：Sa2$\frac{1}{2}$(锈蚀等级为 A、B、C 的基材，参见 ISO 8501-1)

配套编号	底涂层				后道涂层	涂层体系		期望耐久性		
	基料	类型①	涂装道数	NDFT②/μm	基料	涂装道数	NDFT②/μm	低	中	高
A3.09	EP	Misc	1	80	EP,PUR	3～5	200			
A3.10	EP,PUR,ESI④	Zn(R)	1	60⑤	—	1	60			
A3.11	EP,PUR,ESI④	Zn(R)	1	60⑤	EP,PUR	2	160			
A3.12	EP,PUR,ESI④	Zn(R)	1	60⑤	AY,PVC,CR③	2～3	160			
A3.13	EP,PUR	Zn(R)	1	60⑤	AY,PVC,CR③	3	200			

底涂层基料	类型	可水性化	面涂层基料	类型	可水性化
AK＝醇酸	单组分	×	AK＝醇酸	单组分	×
CR＝氯化橡胶	单组分		CR＝氯化橡胶	单组分	
AY＝丙烯酸	单组分	×	AY＝丙烯酸	单组分	×
PVC＝聚氯乙烯	单组分		PVC＝聚氯乙烯	单组分	
EP＝环氧	双组分	×	EP＝环氧	双组分	×
ESI＝硅酸乙酯	单或双组分	×	PUR＝聚氨酯(脂肪族)	单或双组分	×
PUR＝聚氨酯(脂肪族或芳香族)	单或双组分	×			

① Zn(R)＝富锌底漆，Misc＝含防锈颜料的底漆；

② NDFT＝设计干膜厚度；

③ 建议涂料供应商检测相容性；

④ 建议在硅酸类底漆（ESI）上加涂一道衔接涂层；

⑤ 富锌底漆的 NDFT 在 40～80μm 为宜。

表 3-3-29 在 C4 腐蚀环境下低合金碳钢的配套涂层

基材：低合金碳钢

表面预处理：Sa2$\frac{1}{2}$(锈蚀等级为 A、B、C 的基材，参见 ISO 8501-1)

配套编号	底涂层				后道涂层	涂层体系		期望耐久性		
	基料	类型①	涂装道数	NDFT②/μm	基料	涂装道数	NDFT②/μm	低	中	高
A4.01	AK	Misc	1～2	80	AK	3～5	200			
A4.02	AK	Misc	1～2	80	AY,CR,PVC③	3～5	200			
A4.03	AK	Misc	1～2	80	AY,CR,PVC③	3～5	240			
A4.04	AY,CR,PVC	Misc	1～2	80	AY,CR,PVC③	3～5	200			
A4.05	AY,CR,PVC	Misc	1～2	80	AY,CR,PVC③	3～5	240			
A4.06	EP	Misc	1～2	160	AY,CR,PVC③	2～3	200			
A4.07	EP	Misc	1～2	160	AY,CR,PVC③	2～3	280			
A4.08	EP	Misc	1	80	EP,PUR	2～3	240			
A4.09	EP	Misc	1	80	EP,PUR	2～3	280			
A4.10	EP,PUR,ESI④	Zn(R)	1	60⑤	AY,CR,PVC③	2～3	160			

续表

基材：低合金碳钢

表面预处理：$Sa2\frac{1}{2}$(锈蚀等级为 A、B、C 的基材，参见 ISO 8501-1)

配套编号	底涂层				后道涂层	涂层体系		期望耐久性		
	基料	类型[①]	涂装道数	NDFT[②]/μm	基料	涂装道数	NDFT[②]/μm	低	中	高
A4.11	EP,PUR,ESI[④]	Zn(R)	1	60[⑤]	AY,CR,PVC[③]	2～4	200			
A4.12	EP,PUR,ESI[④]	Zn(R)	1	60[⑤]	AY,CR,PVC[③]	3～4	240			
A4.13	EP,PUR,ESI[④]	Zn(R)	1	60[⑤]	EP,PUR	2～3	160			
A4.14	EP,PUR,ESI[④]	Zn(R)	1	60[⑤]	EP,PUR	2～3	200			
A4.15	EP,PUR,ESI[④]	Zn(R)	1	60[⑤]	EP,PUR	3～4	240			
A4.16	ESI	Zn(R)	1	60[⑤]	—	1	60			

底涂层基料	类型	可水性化	面涂层基料	类型	可水性化
AK＝醇酸	单组分	×	AK＝醇酸	单组分	×
CR＝氯化橡胶	单组分		CR＝氯化橡胶	单组分	
AY＝丙烯酸	单组分	×	AY＝丙烯酸	单组分	×
PVC＝聚氯乙烯	单组分		PVC＝聚氯乙烯	单组分	
EP＝环氧	双组分	×	EP＝环氧	双组分	×
ESI＝硅酸乙酯	单或双组分	×	PUR＝聚氨酯(脂肪族)	单或双组分	×
PUR＝聚氨酯(脂肪族或芳香族)	单或双组分	×			

① Zn(R)＝富锌底漆，Misc＝含防锈颜料的底漆；

② NDFT＝设计干膜厚度；

③ 建议涂料供应商检测相容性；

④ 建议在硅酸类底漆（ESI）上加涂一道衔接涂层；

⑤ 富锌底漆的 NDFT 在 40～80μm 为宜。

表 3-3-30　在 C5-I 和 C5-M 腐蚀环境下低合金碳钢的配套涂层

基材：低合金碳钢

表面预处理：$Sa2\frac{1}{2}$(锈蚀等级为 A、B、C 的基材，参见 ISO 8501-1)

配套编号	底涂层				后道涂层	涂层体系		期望耐久性		
	基料	类型[①]	涂装道数	NDFT[②]/μm	基料	涂装道数	NDFT[②]/μm	低	中	高
C5-I										
A5I.01	EP,PUR	Misc	1～2	120	AY,CR,PVC[③]	3～4	200			
A5I.02	EP,PUR	Misc	1	80	EP,PUR	3～4	320			
A5I.03	EP,PUR	Misc	1	150	EP,PUR	2	300			
A5I.04	EP,PUR,ESI[④]	Zn(R)	1	60[⑤]	EP,PUR	3～4	240			
A5I.05	EP,PUR,ESI[④]	Zn(R)	1	60[⑤]	EP,PUR	3～5	320			
A5I.06	EP,PUR,ESI[④]	Zn(R)	1	60[⑤]	AY,CR,PVC[③]	4～5	320			

续表

基材：低合金碳钢

表面预处理：$Sa2\frac{1}{2}$（锈蚀等级为 A、B、C 的基材，参见 ISO 8501-1）

配套编号	底涂层				后道涂层	涂层体系		期望耐久性		
	基料	类型①	涂装道数	NDFT② /μm	基料	涂装道数	NDFT② /μm	低	中	高
C5-M										
A5M.01	EP，PUR	Misc	1	150	EP，PUR	2	300			
A5M.02	EP，PUR	Misc	1	80	EP，PUR	3～4	320			
A5M.03	EP，PUR	Misc	1	400	—	1	400			
A5M.04	EP，PUR	Misc	1	250	EP，PUR	2	500			
A5M.05	EP，PUR，ESI④	Zn(R)	1	60⑤	EP，PUR	4	240			
A5M.06	EP，PUR，ESI④	Zn(R)	1	60⑤	EP，PUR	4～5	320			
A5M.07	EP，PUR，ESI④	Zn(R)	1	60⑤	EPC	3～4	400			
A5M.08	EPC	Misc	1	100	EPC	3	300			

底涂层基料	类型	可水性化	面涂层基料	类型	可水性化
EP＝环氧	双组分	×	EP＝环氧	双组分	×
EPC＝改性环氧	双组分		EPC＝改性环氧	双组分	
ESI＝硅酸乙酯	单或双组分	×	PUR＝聚氨酯（脂肪族）	单或双组分	×
PUR＝聚氨酯（脂肪族或芳香族）	单或双组分	×	CR＝氯化橡胶	单组分	
			AY＝丙烯酸	单组分	×
			PVC＝聚氯乙烯	单组分	

① Zn(R)＝富锌底漆，Misc＝含防锈颜料的底漆；

② NDFT＝设计干膜厚度；

③ 建议涂料供应商检测相容性；

④ 建议在硅酸类底漆（ESI）上加涂一道衔接涂层；

⑤ 富锌底漆的 NDFT 在 40～80μm 为宜。

表 3-3-31　在 Im1、Im2、Im3 腐蚀环境下低合金碳钢的配套涂层

基材：低合金碳钢

表面预处理：$Sa2\frac{1}{2}$（锈蚀等级为 A、B、C 的基材，参见 ISO 8501-1）

本表不推荐低耐久性配套

配套编号	底涂层				后道涂层	涂层体系		期望耐久性		
	基料	类型①	涂装道数	NDFT② /μm	基料	涂装道数	NDFT② /μm	低	中	高
A6.01	EP	Zn(R)	1	60④	EP，PUR	3～5	360			
A6.02	EP	Zn(R)	1	60④	EP，PURC	3～5	540			
A6.03	EP	Misc	1	80	EP，PUR	2～4	380			
A6.04	EP	Misc	1	80	EPGF，EP，PUR	3	500			
A6.05	EP	Misc	1	80	EP	2	330			
A6.06	EP	Misc	1	800	—	—	800			

续表

基材：低合金碳钢

表面预处理：Sa2$\frac{1}{2}$（锈蚀等级为 A、B、C 的基材，参见 ISO 8501-1）

本表不推荐低耐久性配套

配套编号	底涂层				后道涂层	涂层体系		期望耐久性		
	基料	类型①	涂装道数	NDFT②/μm	基料	涂装道数	NDFT②/μm	低	中	高
A6.07	ESI③	Zn(R)	1	60④	EP，EPGF	3	450			
A6.08	EP	Misc	1	80	EPGF	3	800			
A6.09	EP，PUR	Misc	—	—	—	1～3	400			
A6.10	EP，PUR	Misc	—	—	—	1～3	600			

底涂层基料	类型	可水性化	面涂层基料	类型	可水性化
EP＝环氧	双组分	×	EP＝环氧	双组分	×
ESI＝硅酸乙酯	单或双组分	×	EPGF＝环氧玻璃鳞片	双组分	
PURC＝改性聚氨酯	双组分		PURC＝改性聚氨酯	双组分	
PUR＝聚氨酯(脂肪族或芳香族)	单或双组分	×	PUR＝聚氨酯(脂肪族或芳香族)	单或双组分	×

① Zn(R)＝富锌底漆，Misc＝含防锈颜料的底漆；

② NDFT＝设计干膜厚度；

③ 建议在硅酸类底漆（ESI）上加涂一道衔接涂层；

④ 富锌底漆的 NDFT 在 40～80μm 为宜；

注：通常水性产品不适合用于浸没环境。

表 3-3-32　在 C2 至 C5-I 和 C5-M 腐蚀环境下热浸锌钢材的配套涂层

基材：热浸锌钢材

ISO 12944-4 举了一些表面预处理的例子，应采用涂料供应商推荐的表面预处理方式和配套的涂层

配套编号	底涂层			后道涂层	涂层体系		期望耐久性②（参见 ISO 12944-1 和 ISO 12944-5）														
							C2			C3			C4			C5-I			C5-M		
	基料	涂装道数	NDFT①/μm	基料	涂装道数	NDFT①/μm	L	M	H	L	M	H	L	M	H	L	M	H	L	M	H
A7.01	—	—	—	PVC	1	80															
A7.02	PVC	1	40	PVC	2	120															
A7.03	PVC	1	80	PVC	2	160															
A7.04	PVC	1	80	PVC	3	240															
A7.05	—	—	—	AY	1	80															
A7.06	AY	1	40	AY	2	120															
A7.07	AY	1	80	AY	2	160															
A7.08	AY	1	80	AY	3	240															
A7.09	—	—	—	EP，PUR	1	80															
A7.10	EP，PUR	1	60	EP，PUR	2	120															

续表

基材:热浸锌钢材

ISO 12944-4 举了一些表面预处理的例子,应采用涂料供应商推荐的表面预处理方式和配套的涂层

配套编号	底涂层			后道涂层	涂层体系		期望耐久性②(参见 ISO 12944-1 和 ISO 12944-5)														
	基料	涂装道数	NDFT①/μm	基料	涂装道数	NDFT①/μm	C2			C3			C4			C5-I			C5-M		
							L	M	H	L	M	H	L	M	H	L	M	H	L	M	H
A7.11	EP,PUR	1	80	EP,PUR	2	160															
A7.12	EP,PUR	1	80	EP,PUR	3	240															
A7.13	EP,PUR	1	80	EP,PUR	3	320															

底涂层基料	类型	可水性化	面涂层基料	类型	可水性化
AY=丙烯酸	单组分	×	AY=丙烯酸	单组分	×
PVC=聚氯乙烯	单组分		PVC=聚氯乙烯	单组分	
EP=环氧	双组分	×	EP=环氧	双组分	×
PUR=聚氨酯(脂肪族或芳香族)	单或双组分	×	PUR=聚氨酯(脂肪族或芳香族)	单或双组分	×

① NDFT=设计干膜厚度;

② 在这种情况下,配套涂层的耐久性和涂层与热浸锌表面的附着力有关。

表 3-3-33 在 C4,C5-I,C5-M 和 Im1～Im3 腐蚀环境下金属热喷涂表面的配套涂层

基材:金属热喷涂(锌,锌铝合金,铝)

表面预处理:参见 ISO 12944-4:1988 第 12 章

金属热喷涂完毕后,建议在 4h 内涂装封闭层或配套体系中的第一道涂层;选用的封闭涂层时,应与后道涂层相配套

配套编号	底涂层			后道涂层	涂层体系		期望耐久性②(参见 ISO 12944-1 和 ISO 12944-5)											
	基料	涂装道数	NDFT①/μm	基料	涂装道数	NDFT①/μm	C4			C5-I			C5-M			Im1～Im3		
							L	M	H	L	M	H	L	M	H	L	M	H
A8.01	EP,PUR	1	NA③	EP,PUR	2	160												
A8.02	EP,PUR	1	NA③	EP,PUR	3	240												
A8.03	EP	1	NA③	EP,PUR	3	450												
A8.04	EP,PUR	1	NA③	EP,PUR	3	320												

底涂层基料	类型	可水性化	面涂层基料	类型	可水性化
EP=环氧	双组分	×	EP=环氧	双组分	×
EPC=改性环氧	双组分		EPC=改性环氧	双组分	
PUR=聚氨酯(芳香族)	单或双组分	×	PUR=聚氨酯(脂肪族)	单或双组分	×

① NDFT=设计干膜厚度;

② 在这种情况下,配套涂层的耐久性和涂层与热喷涂表面的附着力有关;

③ NA=不适合,封闭层的干膜厚度对总干膜厚度没有明显影响。

四、重防腐涂装施工工艺要点

1. 涂装前的表面处理

严格的表面处理是决定钢结构涂层寿命诸多因素中的首要因素。表面处理不但要形成一

个清洁的表面，以消除金属腐蚀的隐患，而且要使该表面的粗糙度适当，以增加涂层与基体金属间的附着力。而喷砂迄今仍是涂装前表面处理的最佳工艺选择。

(1) 相关标准

GB/T 8923—1998　涂装钢材表面锈蚀等级和除锈等级
(等效采用国际标准 ISO 8501—1:1988)

GB/T 13288—1991　涂装前钢材表面粗糙度的评定(比较样块法)
(参照采用国际标准 ISO 8503:1985)

GB/T 6807—2001　钢铁工件涂装前磷化处理技术条件

GB/T 18838.1—2002　涂覆涂料前钢材表面处理
喷射清理用金属磨料的技术要求　导则和分类
(修改采用国际标准 ISO 11126-1:1993)

GB/T 17850.1—2002　涂覆涂料前钢材表面处理
喷射清理用非金属磨料的技术要求　导则和分类
(修改采用国际标准 ISO 11124-1:1993)

GB/T 18839.1—2002　涂覆涂料前钢材表面处理　表面处理方法　总则
(等效采用国际标准 ISO 8504-1:1988)

GB/T 18839.2—2002　涂覆涂料前钢材表面处理　表面处理方法　磨料喷射清理
(等效采用国际标准 ISO 8504-2:2000)

GB/T 18839.3—2002　涂覆涂料前钢材表面处理　表面处理方法　手工和动力工具清理(等效采用国际标准 ISO 8504-3:1988)

SY/T 0407—1997　涂装前钢材表面预处理规范

GB/T 13312—1991　钢铁件涂装前除油程度检验方法(验油试纸法)(JB/Z 236—85)

(2) 喷砂前准备

① 应在钢材切割、矫正、组装完成后进行。

② 应除去焊渣、起鳞、割孔、焊孔等表面缺陷，打磨圆顺所有锐边、尖角、毛刺，经检验合格后方可进行喷砂作业。

③ 去除表面油污，用清洁剂进行低压喷洗或软刷刷洗，并用高压淡水冲洗掉所有残余物，干燥后经检验合格，再进行喷砂。

④ 喷砂作业的环境条件：钢板表面温度高于露点 3℃ 以上，露天作业相对湿度低于 85%。

⑤ 磨料：喷砂所用的磨料应符合 GB 6484、GB 6485 标准所规定的钢砂、钢丸或使用无盐分、无污染的石英砂、铜矿砂。磨料粒度和表面粗糙度的关系，参考 TB/T 1527 附录 A。

(3) 喷砂工艺要求

① 喷砂除锈等级应达到 GB/T 8923（等效采用 ISO 8501-1：1988）的 Sa2.5 级；对于分段对接处和喷砂达不到的部位，采用动力工具机械打磨除锈，达到上述标准中的 St3 级。

② 涂装前钢材表面的粗糙度要求：按 GB/T 13288（或参照采用 ISO 8503-1：1988）标准规定，达到 R_z40～80μm 粗糙度要求。符合粗糙度样板 Rugotest No.3 的 R_a6.3～12.5μm 粗糙度要求。

③ 在喷砂施工期间，要确保磨料没有受到灰尘和有害物质的污染。

④ 检验：喷砂完工后，除去喷砂残渣，使用真空吸尘器或无油无水分压缩空气，吹去表面灰尘，经质量自检，并取得监理工程师认可，合格后必须在4h内喷漆。

⑤ 收砂：喷砂完成后应及时收砂，并经尘砂分离器分离。清洁的好砂可以回收，废砂及尘埃应及时清除出系统。

2. 涂漆工艺要点

除了严格的表面处理和合理的涂装设计外，必须在整个涂装施工中确保每一个环节的质量。任何一个环节的疏忽都有可能对涂层的整体质量带来严重的影响。因此所有参与施工的人员，都必须严格地执行涂装工艺文件。

(1) 施工人员在涂装前，应认真阅读每个系统的涂装工艺文件。了解各部位的涂料配套。阅读相关涂料产品说明书及其施工指导。

(2) 质量不合格的涂料不能投入使用，所有涂料须报验合格后方可使用。禁止将不同品种、不同牌号和不同厂家的涂料混掺调用。

(3) 对于将要喷涂的钢材表面需报验并确认其清洁度、粗糙度合格后方可涂装。

(4) 确认施工现场环境和相对湿度符合所用相关涂料产品说明书所规定的范围，并做好涂装环境条件的记录、备查。

(5) 检查每度涂料的准备和使用，包括涂料的型号、批号、色号、数量等；分清所用涂料的干燥类型，特别要注意双组分涂料的施工，包括固化剂和基料的混合比例、混合使用时间及固化剂的品牌随季节变化而变化的规定；正确使用稀释剂，注意随施工环境温度、湿度的变化而随时调整涂料的施工黏度，防止干喷和流挂。

(6) 上度和下度涂料工序的间隔时间，要求严格遵守相关涂料产品说明书上所规定的重涂间隔时间。

(7) 双组分涂料每次调配的数量要同工作量、涂料的混合使用时间和施工人力、作业班次相适应，太多或太少均不利于施工。混合比例要准确。根据涂料供应商产品说明书中规定的体积比（或质量比）混合加入。

(8) 检查调整每度涂料施工设备、工具。做到配备齐全，并保证其处在最佳使用条件。喷漆前做好预涂。双组分涂料所用的喷枪，在每次喷涂完工后，要及时用配套稀释剂清洗喷枪和管路，以免涂料胶化而堵塞。采用高压无气喷涂工艺推荐执行JB/Z 350—1989《高压无气喷涂典型工艺》标准。

(9) 要注意涂料的存放、开启和使用前的混合、搅拌等具体要求。

(10) 加强施工现场检测，特别是在涂装过程中要不断检测调节每度涂料的湿膜厚度，以控制干膜厚度，控制涂层系统的总干膜厚度。此外，随时目测每度涂料在成膜过程中的外观变化，注意有无漏喷、流挂、针孔、气泡、色泽不均、厚度不匀等异常情况，并在涂料供应商技术服务人员的指导下，随时调节、及时修补，并做好记录。

3. 关于涂装现场管理和安全文明生产

大型钢结构涂装工程需要严格的现场管理。主要内容包括人员培训、工艺与工艺纪律、消防安全、质量控制、材料定额管理、吊装与运输、工具与装备、涂装环境控制等。此外，应按照GB 7691—1987《涂装作业安全规程　劳动安全和劳动卫生管理》、GB 7692—1999《涂装作业安全规程　涂漆前处理工艺安全及其通风净化》、GB 6514—1984《涂装作业安全规程　涂漆工艺安全》、GB 12367—1990《涂装作业安全规程　静电喷漆工艺安全》、GB 12942—1991《涂装作业安全规程　有限空间作业安全技术要求》等国家强制标准的要求，严格涂装现场文明生产、消防、卫生、安全等管理工作。

涂装工程质量管理系统图如图 3-3-38 所示。

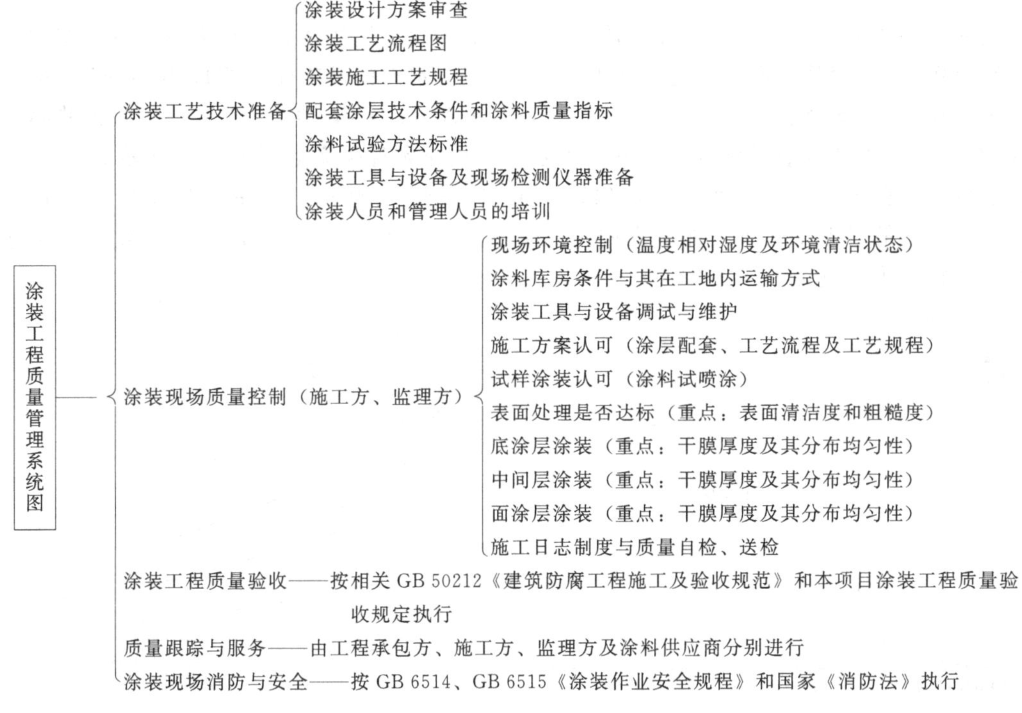

图 3-3-38　涂装工程质量管理系统图

笔者并非专门的质量管理人员，知之不多，提出这个问题，是因为在多年来从事涂料与涂装的实践中，体会到涂装工程的质量管理非常重要。例如，同样的配套，在不同环境下或施工方法稍有不同，所得到涂层质量常常差别很大。所以，质量管理事关工程的质量效果，提醒同行们重视。

第四节　混凝土结构的腐蚀与防护

一、混凝土结构腐蚀的严重性

从 1824 年波特兰水泥的发明算起，混凝土材料至今已有 150 多年的历史。目前，全世界混凝土的年产量已达 30 亿立方米，并被广泛应用于土木建筑、水利水电、海洋及港口建设工程、交通运输、公路与铁路工程，甚至航空与航天工程等。可以说，混凝土材料为人类的文明与发展做出了巨大的贡献。

我国目前水泥年产量达 6 亿多吨，是水泥产量最多的国家；混凝土年产量也高达 12 亿～13 亿立方米/年，约占世界总产量的 40%，是世界上混凝土生产和应用最多的国家。

混凝土是一种人造石，应具有类似于天然石材的耐久性。坚硬的混凝土本身也是一种耐腐蚀的材料，所以在很多年以来，人们常常认为混凝土不需要保护，并且经常将混凝土用于钢结构的保护。但试验和应用证明，混凝土和钢筋混凝土在使用过程中，受到土壤、水及空气中有害介质的侵蚀，或混凝土本身组成材料有害成分的化学及物理作用，会产生劣化，宏观上会出现开裂、溶蚀、剥落、膨胀、松软及强度下降等，严重者会使结构破坏而倒塌，人们逐渐认识到混凝土也必须加以保护以延长其使用寿命，而最常用的方法是用涂料、涂装进行防护。

混凝土是由硅酸盐水泥、填充沙砾、水和助剂等混合后经水合浇筑而成，其中水泥、填充沙砾等作为“主剂”；而水作为“溶剂和固化剂”。水泥的基本化学组成为 $3CaO \cdot SiO_2$ 和 β-$2CaO \cdot SiO_2$ 以及少量的 $3CaO \cdot Al_2O_3$、$4CaO \cdot Al_2O_3 \cdot Fe_2O_3$ 或者是一些铁相的固体溶液 MgO、CaO 以及其痕量化合物。混凝土强度与硬化条件关系如图 3-3-39 所示。

混凝土的典型特性是易生产和浇筑；抗冲击、抗压、耐磨性较好；但是由于伸长强度差，需使用钢筋骨架来改善，而成为钢筋混凝土。混凝土通常需经过 28 天固化后方可达到应具备的物理力学性能（图 3-3-40）。

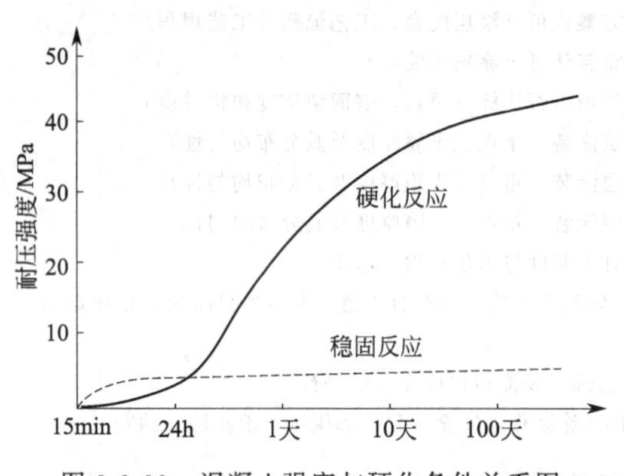

图 3-3-39 混凝土强度与硬化条件关系图

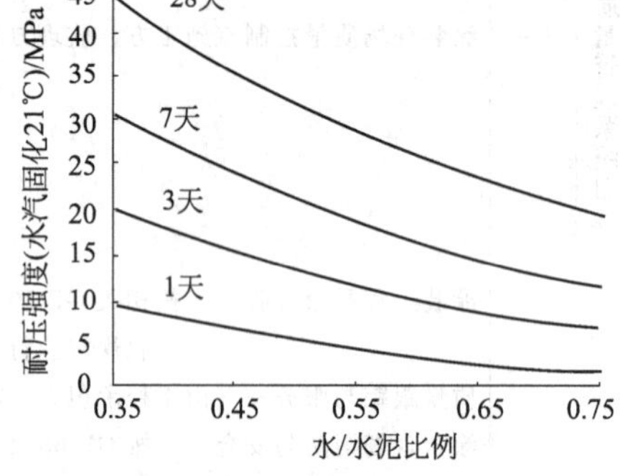

图 3-3-40 混凝土强度与水配比及硬化时间关系

钢筋混凝土结构结合了钢筋与混凝土的优点，已成为最常用的结构形式之一。但是钢筋腐蚀破坏造成的直接、间接损失之大远远超出人们的意料，在欧美发达国家已构成严重的财政负担。

钢筋混凝土结构在生产环境中往往存在多种酸、碱、盐等腐蚀性介质，形成了严重腐蚀的隐患。例如，海洋工程中广泛使用的钢筋混凝土结构因腐蚀引起破坏的情况尤其严重。除海洋环境本身属于强腐蚀环境因素外，从设计到施工的监管等诸多环节都有很大的防腐改善空间。尽管国内现行的《工业建筑防腐蚀设计规范》中规定了一系列钢筋混凝土结构设计防护方法及措施，但由于市场经济中投资与回报等因素，往往影响设计与施工单位的意向，防腐蚀形势仍不容乐观，需要投资方、设计、监理、涂料供应商及施工单位通力合作，把防腐蚀工作做好。

楼、地面及基础主要受到不同的腐蚀介质作用，在潮湿环境条件下，混凝土保护层易被介质侵蚀而脱落或损坏；柱、梁、顶棚及屋盖主要受气相腐蚀介质作用，在外界温度及湿度等因素影响下，介质附着物通过孔隙和裂缝侵入表皮锈蚀钢筋，降低了构件承载能力。用适当增加混凝土保护层厚度、提高其抗渗抗裂性能等办法便能阻止或减轻腐蚀介质的侵入。造成腐蚀的重要因素之一是施工质量问题。事实证明由于施工质量不能保证等因素，往往能够从报纸上看到我国混凝土结构大部分在使用 10 年左右即出现较严重的腐蚀破坏的报告。虽然国内现在的新科技有很多突破，但混凝土材料和结构的设计方法正处在由强度设计向耐久性设计过渡的阶段。影响混凝土耐久性的各种破坏过程几乎都与其孔隙组成有密切关系，混凝土的渗透性是一个关键的课题，因此提高混凝土耐久性与长寿命的手段是提高抗渗性。同样，混凝土的抗腐蚀性能取决于本身微观结构，现今的混凝土浆体的孔隙率较普通混凝土有明显改善，结果是浆体中水或侵蚀性介质侵入过程有关的物理和化学侵蚀作用就相对应的削弱。所以高性能混凝土比普通混凝土更耐久，更能抵抗环境腐蚀介质的破坏。但高性能混凝土作为结构材料本身内部也存在许多微裂缝，这些裂缝提供了环境中的侵蚀性组分进入基体的通道。加之混凝土承受外界荷载的作用，使其内部孔结构发生变化产生疲劳损伤，导致外界腐蚀介质容易进入内部，使其抗腐蚀性能有所降低。这种现象如果通过其他途径例如涂装封闭等手段是可以降低的，从而延长其使用寿命。

二、钢筋混凝土结构的腐蚀机理

影响混凝土结构耐久性的因素可分为内因和外因两个方面。内因即混凝土自身抵抗侵蚀和风化的能力。主要包括：混凝土的水灰化、钢筋保护层厚度、最大裂缝宽度、混凝土的搅拌与浇筑工艺及养护质量等；外因即外部环境条件，如空气中各种有害气体含量、湿度及温度等。如图 3-3-41 所示是混凝土腐蚀劣化常见因素分解图。

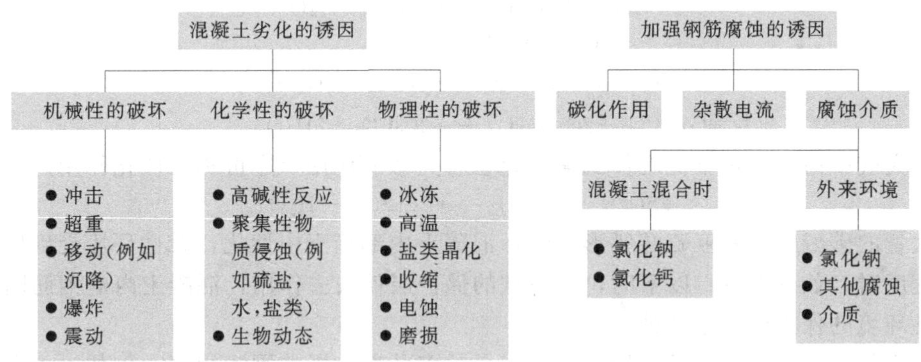

图 3-3-41 钢筋混凝土结构腐蚀劣化因素分解图

1. 物理作用

物理作用主要是指在没有化学反应发生时，混凝土内的某些成分在环境因素的影响下，进行溶解或膨胀引起混凝土强度降低，导致结构破坏。

(1) 外力作用 超负荷承载和物体撞击对混凝土构筑物的损害最大，例如在码头、桥墩，由于长期处于超重工作状态，或受到撞击，出现长度几厘米至十几厘米、宽度不等的斜状裂缝或裂纹，致使保护层损坏，钢筋裸露，锈迹斑斑；又如工业厂房、车库的进出口等，也常常有这种破坏。

(2) 浸析作用 即环境介质将混凝土中易溶成分如 $Ca(OH)_2$ 溶解出来，引起 pH 降低，孔隙率增大、强度减小，使腐蚀介质更易进入混凝土内部。这种浸析作用循环反复，导致混凝土结构的很快破坏。

(3) 结晶作用 混凝土内的某些盐类（包括外来的和自身的）在湿度较大时溶于水中，而在湿度较低时结晶析出，并在结晶时按其特有的结晶学特征生长，对混凝土孔壁造成极大的结晶压力，从而引起混凝土的膨胀开裂。寒冷地区的冻融循环破坏也属此类反应，冻融循环越频繁，对混凝土的破坏就越大。

2. 化学腐蚀

环境中的各种腐蚀介质如 CO_2、Cl^-、SO_4^{2-}、Mg^{2+} 等进入混凝土内，与之发生化学反应，造成化学腐蚀。

(1) 碳化作用 空气中或溶于水中的二氧化碳（CO_2）与水泥石中的氢氧化钙［$Ca(OH)_2$］、水化硅酸钙（$3CaO \cdot 2SiO_2 \cdot 3H_2O$）等起反应，导致混凝土碱度降低

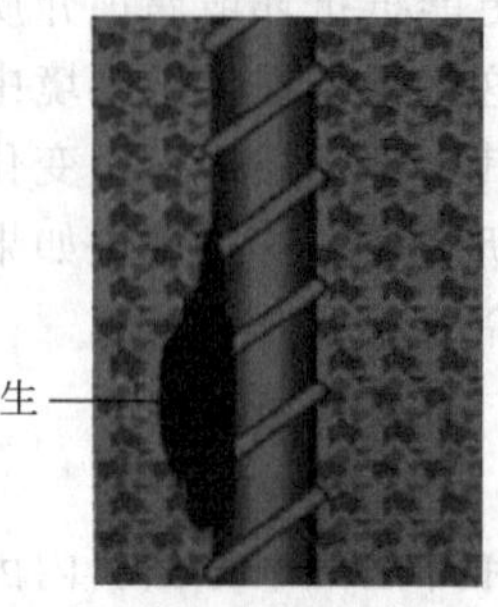

(a) 混凝土 pH=12～13 (b) 混凝土 pH=9

图 3-3-42 钢筋混凝土碳化作用示意

（中性化）和混凝土粉化，称为碳化作用（图 3-3-42）。

混凝土中的氢氧化钙是一种高碱性物质，pH 在 12 以上，混凝土中钢筋与 $Ca(OH)_2$ 溶液接触，表面会形成氧化亚铁钝化膜，对钢筋起到保护作用。这种钝化作用在碱性环境中是很稳定的。但是一旦有二氧化碳（或者二氧化硫）等酸性气体渗入，与氢氧化钙发生化学反应变成碳酸钙，发生了混凝土内部体系中性化过程，称为碳化作用。反应式如下。

$$CO_2 + Ca(OH)_2 \longrightarrow CaCO_3 + H_2O$$

$$CO_2 + H_2O \longrightarrow H_2CO_3$$

$$Ca(OH)_2 + H_2CO_3 \longrightarrow CaCO_3 + 2H_2O$$

总反应：$2CO_2 + 2Ca(OH)_2 \longrightarrow 2CaCO_3 + 2H_2O$

实际上，大气中另一种污染性气体二氧化硫也有类似的作用，亦可称作硫化作用。

$$2SO_2 + 2Ca(OH)_2 \longrightarrow 2CaSO_3 + 2H_2O$$

当大量的碳酸钙或者亚硫酸钙形成时，混凝土内部趋于中性化，碱性环境受到破坏，达到一定程度时，如 pH 在 9 以下时，钝态铁的保护层就失去作用，混凝土内的钢筋因为没有受到碱性环境的保护而产生锈蚀。

混凝土的碳化（硫化）程度取决于混凝土的多孔性，影响因素很多，例如，水泥本身的质量，施工时水分及水泥比例，固化时间及环境等。据以往的经验估计混凝土的表面碳化速度每年达 0.5～1mm。由于一般混凝土表面离钢筋的距离为 20～50mm，有些地方可能不足 10mm，在这种情况下，10～15 年后可能就会看到混凝土表面的损坏了。

碳化（硫化）作用的结果不仅破坏了水泥的成分，而且由于碳酸钙或硫酸钙生成物体积增大，对混凝土产生膨胀侵蚀作用，并进一步与水泥化合物中铝酸三钙起反应，生成体积更大的碳酸钙铝或硫铝酸钙，可使砂石的结合聚集力大大降低，造成了混凝土的粉化。

(2) 氯离子的侵蚀　氯盐腐蚀是沿海混凝土建筑物和公路腐蚀破坏最重要的原因之一，氯盐既有可能来自于外部的海水、海风、海雾、化冰盐，也有可能来自于建筑过程中使用的海砂、早强剂、防冻剂等。它可以和混凝土中的 $Ca(OH)_2$、$3CaO \cdot 2Al_2O_3 \cdot 3H_2O$ 等起反应，生成易溶的 $CaCl_2$ 和带有大量结晶水、比反应物体积大几倍的固相化合物，引起混凝土的膨胀破坏，反应式如下。

$$2Cl^- + Ca(OH)_2 \longrightarrow CaCl_2 + 2H_2O$$

$$2Ca(OH)_2 + 2Cl^- + (n-1)H_2O \longrightarrow CaO \cdot CaCl_2 \cdot nH_2O$$

$$3CaCl_2 + (3CaO) \cdot Al_2O_3 \cdot 6H_2O + 25H_2O \longrightarrow 3CaO \cdot Al_2O_3 \cdot 3CaCl_2 \cdot 31\ H_2O$$

更为严重的是氯离子一旦渗入混凝土内部并吸附于钢筋钝化膜处，达到一定浓度（即临界值）时，pH 迅速降低，局部钝化膜开始受到破坏。由于氯离子破坏钝化膜使钢筋局部表面露出了铁基体，与尚完好的钝化膜区域之间构成电位差，铁基体作为阳极，钝化膜区域作为阴极，混凝土中的水或潮气作为电解质构成了一个腐蚀电池，钢筋开始发生点蚀，由于小阳极对应于大阴极，点蚀会迅速发展，降低结构物的强度和耐久性。研究表明，氯离子浓度为 10^{-2}g/mL 时，电位下降时间为 50s 左右，而氯离子浓度为 10^{-5}g/mL 时，电位下降时间为 1500s 左右，在没有氯离子存在的情况下，其电位保持稳定不变。这表明随着氯离子浓度增加，其阳极电位下降时间不断缩短，并迅速达到活化态电位，对钢筋表面钝化膜破坏作用的腐蚀性增强。总之，只要有氯离子存在，对混凝土中钢筋钝化膜的破坏就不可避免，而且这种破坏作用是钢筋腐蚀的首要因素。此外，氯离子还具有阳极去极化作用和导电性，提高了腐蚀电池工作效率，加速电化学腐蚀过程。因此，国外很多文献与规范中都提出在使用的混凝土添加剂与施工过程中要尽量避免把含氯离子的物质带进混凝土内部。

(3) 硫酸盐的侵蚀　由于在海水、湖水、盐沼水、地下水、某些工业污水及流经高炉矿渣或煤渣的水中常含有钠、钾、铵和镁等硫酸盐，其也是破坏混凝土结构耐久性的一个重要因素。硫酸及硫酸盐溶液进入混凝土的毛细孔中，硬化时水分蒸发，浓度提高，直接结晶，或直接与水泥石成分发生化学反应生成结晶，均导致混凝土结构体积膨胀，进而胀裂破坏。由于生成物的体积比反应物大 15 倍以上，呈针状结晶，引起很大的内应力，其破坏特征是在表面出现较粗大的裂缝，反应式如下。

$$4CaO \cdot Al_2O_3 \cdot 12H_2O + 3Na_2SO_4 + 2Ca(OH)_2 + 20H_2O \longrightarrow 3CaO \cdot Al_2O_3 \cdot CaSO_4 \cdot 31H_2O + 6NaOH$$

$$Ca(OH)_2 + SO_4^{2-} + 2H_2O \longrightarrow CaSO_4 \cdot 2H_2O + 2OH^-$$

(4) 镁盐的腐蚀　由于海水中含有大量的镁盐（$MgSO_4$ 和 $MgCl_2$），渗入混凝土中将和水泥石中的 $Ca(OH)_2$ 发生下列反应

$$Ca(OH)_2 + MgSO_4 + 2H_2O \longrightarrow CaSO_4 \cdot 2H_2O + Mg(OH)_2 \downarrow$$

$$Ca(OH)_2 + MgCl_2 \longrightarrow CaCl_2 + Mg(OH)_2 \downarrow$$

生成的固相物积聚在孔隙内，在一定程度上能够阻挡侵蚀介质的侵入，但是大量的 $Ca(OH)_2$ 与镁盐反应后，碱度降低，水泥石中的水化硅酸钙和水化铝酸钙便易与呈酸性的镁盐起反应，反应式如下（以 $MgSO_4$ 为例）。

$$3CaO \cdot Al_2O_3 \cdot 6H_2O + 3MgSO_4 + 6H_2O \longrightarrow (CaSO_4 \cdot 2H_2O) + Al(OH)_3 + 3Mg(OH)_2 \downarrow$$

$$3CaO \cdot 2SiO_2 \cdot 3H_2O + 3MgSO_4 + 9H_2O \longrightarrow 3(CaSO_4 \cdot 2H_2O) + 2SiO_2 \cdot 2H_2O \downarrow + 3Mg(OH)_2 \downarrow$$

所生成的 $Mg(OH)_2$ 还能与铝胶、硅胶缓慢反应。

$$2H_3AlO_3[\text{即 } Al(OH)_3] + Mg(OH)_2 \longrightarrow Mg(AlO_3)_2 + 4H_2O$$

$$2SiO_2 \cdot 3H_2O + Mg(OH)_2 \longrightarrow 2MgSiO_3 + 5H_2O$$

反应结果使水泥石粘接力减弱，而导致混凝土强变降低。

(5) 酸腐蚀　在化工生产车间和受酸雨危害的地区，混凝土构筑物受到强烈的腐蚀作用。酸对混凝土的腐蚀主要是酸能与水泥石中的 $Ca(OH)_2$ 发生中和反应生成可溶性的钙盐，破坏了水泥石中的碱度，使水化硅酸钙等其他水化产物自行分解，而且盐酸还能直接与这些水化产物反应生成可溶性钙盐，使单位体积内 $Ca(OH)_2$ 和 CSH(B)[❶] 含量减少。混凝土孔隙率增大，力学性能劣化。酸还可以与混凝土中的某些成分发生反应生成非凝胶性物质或易溶于水的物质，使混凝土产生由外及内的逐层破坏。另外酸还可以促使水化硅酸钙和水化铝酸钙的水解，从而破坏了孔隙结构的胶凝体，使混凝土的力学性能劣化。

(6) 碱腐蚀　碱对混凝土的腐蚀首先表现在空气中的 CO_2 在混凝土表面或孔隙中产生强烈的碳化作用，其反应式如下。

---

❶ CSH(B) 是碱-矿渣水泥混凝土（alkali slag cement，简称 AS 水泥）的主要成分之一。而 AS 水泥是一种新型高性能水泥。它主要利用工业废渣（如粒状高炉矿渣、电热磷渣等）与碱金属化合物共同调和，成为具有水硬性的胶凝材料。与传统的硅酸盐水泥有明显的不同，它是以低碱度的水化硅酸钙 CSH(B)、硅酸等为主要成分，而没有游离氢氧化钙、高碱度水化硅酸钙等成分。其水化产物多为胶体，孔结构多为凝胶孔。水泥石密实度高，多组分水化产物溶解度小。这些水化产物及其特点同时赋予 AS 水泥一系列高的性能如：高的强度（为 40.0～120.0MPa）、相当高的抗冻性（其冰点可降低到－15～20℃，承受 1000 次的冻融循环）、高耐蚀性（超过抗硫酸盐水泥）、高抗渗性等。

$$CO_2+2NaOH \longrightarrow Na_2CO_3+H_2O$$
$$CO_2+2KOH \longrightarrow K_2CO_3+H_2O$$

水分蒸发后碳酸盐结晶：

$$Na_2CO_3+10H_2O \longrightarrow Na_2CO_3 \cdot 10H_2O$$
$$K_2CO_3+15H_2O \longrightarrow K_2CO_3 \cdot 15H_2O$$

碱腐蚀的另一个重要表现是混凝土碱-骨料反应，是指混凝土中某些活性矿物料与混凝土孔隙中的碱性溶液之间发生的反应，其生成物重新排列和吸水膨胀所产生的应力诱发产生裂缝，最后导致混凝土结构的破坏。根据反应机理，碱-骨料反应又可分为三种类型。

① 碱硅酸反应　碱与骨料中的活性 SiO_2 反应，生成碱硅凝胶，碱硅凝胶吸水膨胀后产生内应力，导致混凝土开裂，碱硅酸反应发生最为普遍，危害也最为严重。

② 碱碳酸盐反应　碱与骨料中的碳酸钙镁反应，将白云石转化为水镁石和黏土，水镁石结晶重排和黏土吸水膨胀产生应力导致破坏。

③ 碱硅酸盐反应　从机理上说仍属于碱硅酸反应，但膨胀进程缓慢。碱-骨料反应发生需要两个条件：第一是混凝土原材料中含碱量高，现在大多数国家规定骨料中的碱不超过 0.6% 或混凝土含碱量不超过 $30kg/m^3$；第二是有水分和空气的供应，越是潮湿的环境碱-骨料反应越容易发生。硅灰、粉煤灰和高炉矿渣均可缓解、抑制碱-骨料反应的发生。

3. 钢筋的电化学腐蚀

混凝土内埋置钢筋的锈蚀，导致混凝土开裂，构件承载力不足引起的结构耐久年限降低，是影响混凝土结构耐久性的最主要因素之一。在工业厂房中，除化工车间、酸洗车间等有侵蚀性化学物质扩散的车间外，因钢筋锈蚀引起的结构耐久性破坏比较多见。在水工、海工及道桥结构中，钢筋锈蚀开裂破损的现象也很普遍。

在混凝土结构中钢筋锈蚀大多数情况下为电化学腐蚀，此外，在特定条件下，也可发生杂散电流腐蚀、应力腐蚀及氢脆腐蚀。

(1) 常见电化学腐蚀　当钢筋在强碱性环境中（pH 为 12.5～13.2），表面会生成一层致密的薄膜呈钝化状态保护钢筋免受腐蚀。其周围混凝土对钢筋的这种碱性保护作用在很长时间内都是有效的。然而一旦钝化膜遭到破坏，钢筋就处于活化状态，就有受到腐蚀的可能性。使钢筋的钝化膜破坏的因素，如前所述主要有以下几点。

① 碳化作用破坏钢筋钝化膜。

② 由氯离子作用破坏钢筋钝化膜。

③ 由于 SO_4^{2-} 或其他酸性介质侵蚀而使混凝土碱度降低钝化膜破坏。

④ 混凝土中掺加大量活性混合材料或采用低碱度水泥，导致钝化膜破坏或根本不生成钝化膜。

(2) 杂散电流腐蚀　杂散电流腐蚀是由于漏电引起的，一般发生于电解车间，在其他厂房中由于在结构上违章接电或天车系统绝缘不良等，也会出现漏电现象。直流电解系统漏泄到地下的电流，对钢筋混凝土结构所造成的腐蚀破坏，其实质是一种电解作用。根据杂散电流流动方向和路径的不同，可以分为阳极腐蚀和阴极腐蚀。当混凝土中的钢筋处于阳极时，就发生氧化而出现阳极腐蚀，钢筋锈蚀膨胀，混凝土开裂；当钢筋处于阴极时，根据阴极保护理论，带阴极电流较小，一般不会发生腐蚀，若阴极电流较大，钢筋表面阴极反应速率加快，氧的去极化反应产生大量 OH^-，使钢筋表面的混凝土过度碱化，并导致大量氢气析出，破坏钢筋与混凝土的粘接力，使混凝土开裂。钢筋表面尽管轻度锈蚀，但会增加氢脆的危险。

在杂散电流作用下，混凝土中电位发生大幅度变化。阳极部位电位正向变化且腐蚀速度较大，在短期内就可能造成危险性破坏；阴极部位的电位负向变化，遭受杂散电流作用的钢筋在锈蚀处呈针尖状的锈蚀状态。

此外，应力腐蚀和氢脆一般出现在预应力混凝土结构中。而一般混凝土结构中产生的钢筋腐蚀通常为电化学腐蚀。

4. 生物腐蚀

生物对混凝土的腐蚀问题尚未引起国内重视，但在国际上 20 世纪 70 年代初已经提出混凝土结构抗生物腐蚀的问题，开始使用防霉剂、杀虫剂进行预防。生物腐蚀主要有以下几种形式：一是生物物理作用，草、树根等在生长过程中，钻入混凝土的缺陷，破坏其密实度，将混凝土劈裂；二是类似于混凝土化学腐蚀的微生物腐蚀，如硫化菌利用下列反应：

$$S+SO_2+2H_2O \longrightarrow 2H_2SO_4$$

将 S 转变成 H_2SO_4，从而引起混凝土的硫酸和硫酸盐腐蚀。加入矿物粉细填料改善混凝土的孔结构，加入对人畜无害、具有长效性能的杀生物剂等，均可有效增强混凝土的抗生物侵蚀性能。

三、钢筋混凝土腐蚀环境分析

钢筋混凝土在不同的环境下会遭受不同的腐蚀条件，大气环境是其中首要因素，这包括施工时的环境因素与使用时的环境因素，如气候的变化、空气的质量、污染物出现的周期、温湿度的变化等。其次是钢筋混凝土结构所处的工况条件，即使在同一个大气环境的海域地区，结构的不同位置也会出现有不同的工况条件。以海洋环境为例具体说明如下。

1. 大气区

在水面以上的区域称为大气区，由于长期处于海水、海风等环境中，钢筋混凝土通常会遭到腐蚀并破坏，维修很困难甚至无法维修。因此，混凝土结构的长期防腐是迫切需要解决的问题。这对海洋资源的开发、海工构筑物的建设、海军现代化等都有重要意义。

2. 浪溅区——干湿交替

在水面以上，1～2m 的区域称为浪溅区（处于干湿交替状态）。由于长期处于海浪的冲撞、拍打、阳光曝晒、海水蒸发交替作用下，同时氧气供应比较充裕，钢筋混凝土通常会遭到腐蚀并破坏。由于潮水高低交替，潮汐周期短，维修很困难甚至无法维修。此外，有些地方由于气候环境因素，使海生物附着在混凝土上生长，硫杆菌能将硫、硫化硫酸盐、亚硫酸盐等氧化成硫酸盐，最终转化成对混凝土有强腐蚀性的硫酸；硫酸盐还原菌还能将硫酸盐还原为强腐蚀性硫化氢，最终导致另外的一种破坏——微生物腐蚀。处于干湿交替状态下构件所选用的防腐涂料，既要耐阳光紫外线，又要有优良的耐海水性，加之由于潮汐周期短给涂料施工带来困难，所以浪溅区结构防腐是一个涂装难点而引起防腐界的关注。

3. 水下区

在水面以下的区域称为水下区，由于长期处于海水流动，并受到海水中沙石杂物等的冲刷、撞击，同时海水含有很多对混凝土有害的物质，使钢筋混凝土受到的破坏特别严重，通常先是使混凝土层的分解，海水的渗透使钢肋腐蚀、膨胀等现象。维修很困难甚至无法维修。因此，防腐蚀是混凝土结构设计与施工的重要环节。

4. 泥下区

在水下面的泥土层区域称为泥下区，混凝土结构的桩、支撑物等由于长期处在泥土中，而因为海水中溶解的化学物质比较多，通过渗透、吸收等，使泥土中含有多种电解质，导致泥下区混凝土受到比较复杂的电化学腐蚀破坏。即使在防腐设计时已充分考虑到各种腐蚀因素，但是由于防腐施工质量引致的问题，不是简单可以解释清楚，发生问题后，又由于种种原因，解决方案并不一定能够实施。因此精心设计、精心施工是长期防腐工程的唯一选择。

当然钢筋混凝土不完全处于海洋环境，对各种不同的环境和工况条件，要做具体分析与研究，制定科学而切实可行的防护措施。

四、混凝土结构腐蚀防护措施

提高钢筋混凝土结构的抗腐蚀性能与耐久性，可以从多方面进行：改变混凝土的质量，可以从选用高质量的材料，加入先进的外加剂与改变水灰、灰沙等材料的比例入手；同时要关注钢筋的选用，即选用已经经过处理的高防腐钢材；以高质量的施工来保证高质量的涂层质量等。

1. 选用耐蚀水泥

(1) 针对不同环境选用不同品质的水泥　如在酸性环境中选用耐酸水泥，在海水中选用耐硫酸盐水泥和普通硅酸盐水泥等。

(2) 改善调配比例　可使混凝土内部结构密实，强度高，抗渗性好。如果控制不好，会使混凝土收缩大，抗渗性低，混凝土不密实等。

(3) 引入外加剂　掺入引气剂、膨胀剂、减水剂、防水剂、粉煤灰和矿渣等新型外加剂可以显著改善混凝土的质量。如引气剂是一种具有憎水作用的表面活性剂，能显著降低混凝土拌和水的表面张力；加入聚合水化硅氧烷，加强混凝土的抗冻性，在低温条件下发挥比较理想的效果；新型的膨胀剂，可使混凝土抗渗能力提高。其他具有抗裂、抗冻融、提高强度功效的粉煤灰、火山灰等的使用可以提高混凝土的抗渗、抗碳化、抗浸析能力并有效地抑制碱-骨料反应。

(4) 精心施工是确保混凝土质量的前提　进行合理的搅拌、振捣和充分的湿养护，一般养护时间为 28 天。

2. 增加混凝土密实度和钢筋保护层厚度

(1) 提高钢筋保护层厚度　所谓保护层是指钢筋四周混凝土的厚度。钢筋保护层是防止钢筋锈蚀的第一道屏障，必须有足够的厚度，由于海上混凝土结构，所处的环境比较严酷，应该适当加大其保护层厚度。一般来说在 50mm 以上比较合适。

(2) 加入钢筋阻锈剂　在拌制混凝土时加入钢筋阻锈剂可提高混凝土钢筋的抗蚀能力。迁移型阻锈剂是近年来提出的全新概念。它可外涂，虽然不如内掺效果好，但它迁移到钢筋表面的这种性能是有重要意义的。迁移型阻锈剂的使用并不会降低混凝土的力学性能；吸水性等物理性能没有任何改变，相反可以提高混凝土的高温下（60℃）的拉伸强度、弯曲强度。电化学研究表明，迁移型阻锈剂可显著降低腐蚀速率，且这种作用对低强度混凝土比对高强度混凝土更明显。

3. 严格控制裂缝宽度

钢筋腐蚀产物——铁锈的体积为原先铁体积的 2.5～7 倍，所产生的膨胀压力会造成混凝土的开裂、剥落。许多情况下先是由于结构上各种裂缝引起钢筋腐蚀，腐蚀的结果使得裂缝扩大、混凝土剥落。因此在结构设计和施工管理上，应尽量避免裂缝出现，或严格控制裂缝宽度。

4. 钢筋表面防腐处理

钢筋表面防腐处理可分为金属的表面防护和非金属的表面防护。镀锌是常用的金属表面防护措施。它既可以使钢筋和外界环境隔离，又可起到牺牲阳极保护阴极（钢筋）的作用；非金属表面防护主要有环氧树脂（如液态环氧，粉末环氧）和其他聚合体树脂等。当然也可采用成本比较贵的不锈钢钢筋，国外有研究表明，它的寿命比普通钢筋耐用几倍，不需任何维护，在极其恶劣的海洋腐蚀环境中，可达到 60 年不损坏。

特别指出的是防止氯化物接触钢筋表面。控制混凝土材料中氯化物含量，一般要求，钢筋混凝土从各种组成材料引入的氯离子含量（折算成氯盐含量）为：不宜超过水泥用量的 0.2%（当结构处于干湿交替状态下或常年湿度大于 80%时）。

5. 涂装防护

在采取以上各项保护措施之后，尚须对混凝土结构外表面作全面涂料保护。目的在于阻缓或屏蔽外界名种腐蚀性介质的入侵，如图 3-3-43 所示。

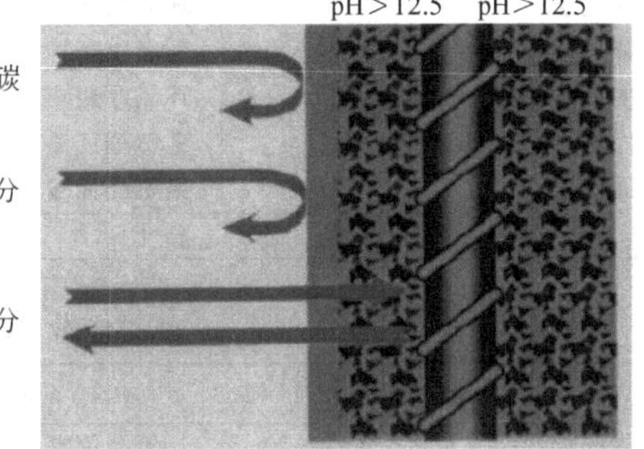

图 3-3-43　混凝土表面涂层保护示意

目前常用的混凝土防腐涂料有溶剂型与水性涂料两大类。环氧树脂、氯化橡胶、聚氨酯、丙烯酸树脂等是用得最多的成膜树脂。它们都有各自优良的防腐性能。然而，溶剂型涂料大部分使用有机溶剂，污染环境，危害人体健康，氯化橡胶甚至已被国际组织禁止或限制生产；而水溶性涂料在施工表现方面也有一定局限性。

混凝土防腐涂料发展趋势随着世界各国环保法规的确立和环保意识的强化，出现了许多有发展前景的高性能、环保型涂料新技术。

(1) 纤维增强材料　将纤维材料与粘接性树脂（环氧树脂或乙烯醇树脂）混合，粘贴于结构表面，不仅增强对外界腐蚀介质的封闭作用，而且利用纤维材料良好的拉伸强度增强构件承载能力与刚度，以达到对结构及构件加固、补强的目的。目前流行碳纤维加固修补混凝土技术，但施工复杂，修复措施成本高。

(2) 渗透型保护材料　有机硅等渗透型保护材料喷涂在混凝土表面后能渗入混凝土毛细孔中，形成一定厚度的填充封闭层。可提高混凝土的密实度，防止内部钢筋锈蚀。但这种材料无弹性和韧性，使用前必须严格进行表面处理。

(3) 无溶剂聚脲涂料（简称 SPUA）　SPUA 是国内外近十年来刚刚兴起的一种新型，比较环保的涂料。SPUA 具有优异的综合力学性能，耐候性好、耐冷、热冲击、对湿度和温度不敏感。它还可以加入各种颜料制成不同颜色产品，并可掺入其他填料如短玻璃丝纤维等对其进行增强。快速喷涂、现场固化。但由于目前该材料在国内价格较贵等因素，推广工作尚处于起步阶段。对于大型维修工程而言，SPUA 材料优异的性能和施工高效，从长远效益分析，很容易弥补材料的高成本。

综上所述，海洋等严酷的环境对混凝土构筑物有非常强的腐蚀破坏作用、混凝土的防腐问题有时甚至比混凝土的强度要求更为重要。为了提高混凝土的防腐性能，可以从以下两个方面考虑综合防护措施。

① 尽量避免或减轻形成混凝土劣化的任何条件。采用的措施有：选择合适的水泥品种、涂层、阴极保护等。

② 优化钢筋混凝土结构的材料组分和细部构造以抵御严酷环境的作用，采用的措施有：适宜的结构形式、外加剂保护层、钢筋涂层、检测和保养等。

近十几年来，混凝土防护和修复方面出现了许多具有优异性能和发展潜力的新材料及新技术，如渗透型阻锈剂、不锈钢钢筋、渗透型保护材料、纤维增强材料以及 SPUA 材料的应用等，都将是这一领域今后的发展方向。

五、混凝土防护涂层配套体系

表 3-3-34～表 3-3-39 列举了常见混凝土防护涂层配套体系，供参考。

1. 水上区混凝土结构表面

表 3-3-34 普通配套

涂层	涂料体系	干膜厚度/μm
封闭层	环氧封闭漆	按混凝土表面灵活掌握
腻子层	环氧腻子	用于填坑找平
中间层	环氧厚浆漆	100
面层	聚氨酯面漆	40
面层	聚氨酯面漆	40
	总计	180

表 3-3-35 防碳化配套涂料

涂层	涂料体系	干膜厚度/μm
封闭层	环氧封闭漆(只用于大面积有孔洞范围)	按混凝土表面灵活掌握
腻子层	环氧腻子	用于填坑、找平
封闭层	丙烯酸封闭漆(防碳化品种)	按混凝土表面灵活掌握
面层	丙烯酸面漆(防碳化品种)	50×2
	总计	100

2. 浪溅区混凝土结构防护涂层配套

表 3-3-36 超强环氧漆配套

涂层	涂料名称	干膜厚度/μm
封闭层	环氧封闭漆	按混凝土表面灵活掌握
腻子层	环氧腻子	用于填坑、找平
底-面合一	超强环氧漆或环氧玻璃鳞片漆	350～500
	总计	350～500

表 3-3-37 湿固化聚氨酯漆配套

涂层	涂料名称	干膜厚度/μm
封闭层	环氧封闭漆	按混凝土表面灵活掌握
腻子层	环氧腻子	用于填坑、找平
中间漆	湿固化环氧漆	350～500
面漆	湿固化聚氨酯面漆	2×50
	总计	450～600

3. 水下混凝土防护涂层配套

表 3-3-38 环氧沥青漆涂层配套

涂层	涂料名称	干膜厚度/μm
封闭层	环氧封闭漆	按混凝土表面灵活掌握
底-面合一	环氧沥青漆	150
底-面合一	环氧沥青漆	150
底-面合一	环氧沥青漆	150
	总计	450

表 3-3-39 环氧玻璃鳞片漆涂层配套

涂层	涂料名称	干膜厚度/μm
封闭层	环氧封闭漆	按混凝土表面灵活掌握
底-面合一	环氧玻璃鳞片漆	250
底-面合一	环氧玻璃鳞片漆	250
	总计	500

混凝土表面涂层防护近年来受到各国的普遍使用，特别在桥梁、水工、港工结构表面上的应用，它能有效延长混凝土的使用寿命，大大减少了混凝土结构的维护费用；同时极大改善了混凝土结构外观装饰性和标志作用。

六、混凝土结构防护涂装的特殊性和施工工艺要点

1. 混凝土涂装的特殊性

混凝土表面的多孔性决定了混凝土防护涂装的特殊性，必须采用渗透性好、耐碱性优异的封闭漆进行封闭，甚至以腻子找平。而且孔洞的大小、形状、分布等也影响结构的强度，因此在封闭过程需要特别注意：一般规定，0.3mm 以下的孔洞、裂缝等缺陷在表面处理后涂封闭漆，刮涂腻子即可；0.3mm 以上较大的孔洞、裂缝、蜂窝及横板错位等，宜用聚合物水泥砂浆或无溶剂液态环氧腻子修补；对于较大的结构裂缝则应作除涂装范畴之外的综合处理。

涂装前混凝土表面处理方法与在什么时候开始处理比较适当也是值得思考的问题。不仅要清除表面的苔藓浮尘、浮浆、夹渣以及疏松组织外，对于海洋环境下钢筋混凝土结构表面要特别强调以高压淡水清除黏附的氯盐等腐蚀性介质。

涂漆程序的安排也关系涂装成败。一般混凝土刚刚完工时呈现高碱性，十分有利于对钢筋的保护，但是这时涂装，对于某些耐碱性差的涂料是不宜直接施涂的。要把这种碱性环境降低才能施工涂装。如果过了这段时间，在很多场合上需要增加工作台的成本与环境控制等成本，这是问题所在，因此何时施工涂装是与经济、现场环境因素、整体维修周期、使用寿命等有直接关系的。

2. 主要引用标准

JTJ 275—2000　海港工程混凝土结构防腐技术规范
JT/T 695—2007　混凝土桥梁表面涂层防腐技术条件
ENV 1504—2　欧洲标准（混凝土表面保护涂层系统）
ENV 1504—9　欧洲标准（混凝土保护涂层系统的选配与使用指引）
ENV 1504—10　欧洲标准（混凝土保护涂层系统的施工与监管）

SSPC	美国标准 混凝土表面涂装前的清理与涂装基本要求
NACE NO5	高压淡水冲洗的清洁标准[相对于美国钢结构涂装标准（SPC-SP12）]
JB/Z 350	高压无气喷涂典型工艺
GB 1764	漆膜厚度测定法
GB/T 5210	涂层附着力的测定法，拉开法
GB/T 1771	色漆和清漆耐中性盐雾性能的测定（等效采用国际标准 ISO 7253：1984）
GB/T 1865	色漆和清漆人工气候老化和人工辐射暴露（等效采用国际标准 ISO 11341：1994）
GB/T 1740	漆膜耐湿热测定法
GB 7692	涂装作业安全规程 涂漆前处理工艺安全
GB 6514	涂装作业安全规程 涂漆工艺安全
GB/T 15957—1995	大气环境腐蚀性分类（漆膜其他物理力学性能测定执行对应的 GB/T 标准）

3. 施工工艺要点

(1) 材料检测要求 对于供应进场的涂料、喷砂使用的磨料、高压水的水质等均应按批量抽验，并按标书确定的合格指标判断可否投入使用，这是控制涂装质量的第一道把关口。

(2) 涂层施工前技术准备 影响混凝土结构涂装质量的几个因素如下。

① 混凝土的结构及完整性；

② 确保 28 天的混凝土养护期（硬化期），使混凝土有足够的强度（压缩强度 24000kPa 以上）；

③ 混凝土结构的渗透性；

④ 混凝土结构的表面水分及水分含量；

⑤ 混凝土结构的表面（特别裂缝处）盐分；

⑥ 涂料体系的设计；

⑦ 施工装备、现场检测仪表及施工队伍技术管理水平等。

这些混凝土结构涂装前的主要技术准备内容详见表 3-3-40。

表 3-3-40 混凝土结构涂装施工前技术准备

要 求	处 理 方 法	检 查 方 法
在 20℃、相对湿度 65% 的条件下，混凝土需要至少 28 天的硬化期	等过了规定的硬化期之后，才开始申请进行涂装工程	请业主或混凝土承包商提供相关文件或资料
混凝土表面无水浆、风化物、油污和劣化的混凝土等	用磨料或高压水喷射的方法，除去混凝土表面的水泥浮浆、风化物、油污和劣化的混凝土等，然后用水淋洗，除去沉积物	通过观察和使用锋利小刀检查。对有怀疑的区域，建议先进行小面积试验
混凝土表面无风化物（白色沉积物）	出现白色沉积物的小区域，应用机械清除或用 10% 盐酸溶液按以下步骤处理： ①用清洁水浸透表面； ②用 10% 盐酸溶液处理； ③用高压水大面积冲洗（最小 150×10^5Pa）	通过观察来检查。风化物是在混凝土硬化过程中形成的水溶性盐，通过水由混凝土内部带出表面
混凝土内的水含量小于 4%	如果水含量大于 4%，不进行涂装工程	需要专用的检测仪器

续表

要 求	处 理 方 法	检 查 方 法
混凝土的抗张强度最小要有： 1.2MPa＝114psi(墙体和天花板)； 1.8MPa＝261psi(地板和箱等受压构件)	涂料说明书都会把混凝土适宜的抗张强度要求列作必要条件	请业主或混凝土承包商提供相关文件或资料
钢筋保护层厚度规定如下： 户内构件，最小 10mm； 短期户外构件，最小 20mm； 长期户外构件，最小 30mm 如在恶劣环境下，例如，40℃、相对湿度约 60%，则钢筋保护层厚度至少要加厚 5 倍	如混凝土钢筋保护层太薄，任何涂料配套都难以起到好的保护效果。对于又陈旧又薄的混凝土钢筋保护层，容易引起涂料的分层剥落	使用一种叫“Covermeter”或“Profometer”等类似的磁力仪器测量混凝土覆盖层的厚度

(3) 涂装施工工艺　严格的表面处理是决定混凝土结构涂层寿命诸多因素中的首要因素。表面处理不但要形成一个清洁的表面，以消除混凝土施工后表面粉尘、临时砂浆、残余的脱模剂等容易使漆膜附着力降低的隐患，而且要使该表面的粗糙度适当，以增加涂层与基体间的附着力。喷砂、高压水冲刷、砂轮打磨等，仍是混凝土涂装前表面处理的最常用的工艺选择。

① 表面处理

a. 高压淡水冲刷表面处理（检查程序）

● 应清除所有杂物并安排良好的工作台、灯光照明、辅助工具等。

● 去除表面油污，用乳化清洁剂进行低压淡水喷洗或软刷刷洗（具体清洗方法参见产品说明书），并用高压淡水冲洗掉所有残余物，干燥后经检验合格方可进行下道工序作业。

b. 冲砂作业的环境条件　通过上述施工工艺，检查混凝土表面留下的水泥砂浆、填充腻子、风化物等附着物是否发生变化。使用冲砂方法除去所有不牢固的风化物、水泥砂浆、填充腻子等附着物，按照 SSPC 混凝土冲砂处理的规范，检查所有的混凝土表面达到良好牢固的混凝土表面。

c. 二次高压淡水冲洗

● 高压淡水冲洗，经过检查后达到要求。

● 涂装前混凝土表面应该有一定的粗糙度同时混凝土表面是清洁、无尘、无油等污物。

● 在高压淡水施工期间，要确保污水排放良好，已经清洁的表面没有受到灰尘和有害物质的污染。

d. 验收

高压淡水冲洗完工后，除去所有残渣，使用真空吸尘器或无油无水分压缩空气，吹去表面灰尘，经质量自检，并取得监理工程师认可，合格后必须在 4h 内喷漆（由于混凝土可能会吸收水分，因此在涂料施工前需要检查混凝土含水量，确保含水量少于 4%）。

② 涂层施工工艺要点　除了严格的表面处理和合理的涂装设计外，必须在整个涂装施工中确保每一个环节的质量。任何一个环节的疏忽都有可能对涂层的整体质量带来严重的影响。因此所有参与施工的人员，都必须严格地执行协定的涂装工艺程序。

a. 通用工艺要点

● 施工人员在涂装前，应认真阅读项目规范的每个系统的涂装工艺文件。了解结构构件各部位的涂料配套。学习指定的涂料产品说明书及其施工指导。

● 质量不合格的涂料不能投入使用，所有涂料须报验合格后方可使用。禁止将不同品种、不同牌号和不同厂家的涂料混掺调用。

● 对于将要喷涂的混凝土表面需报验并确认其清洁度、合格后方可涂装。

● 确认施工现场环境和相对湿度符合所用的涂料产品说明书所规定的范围，并做好涂装环境条件的记录备查。

● 检查每度涂装的准备和使用，包括涂料的型号、批号、色号、数量等；分清所用涂料的干燥类型，特别要注意双组分涂料的施工，包括固化剂和基料的混合比例、混合使用时间及固化剂的品牌随季节变化而变化的规定；正确使用稀释剂，注意随施工环境温度、湿度的变化而随时调整涂料的施工黏度，防止干喷和流挂。

● 上、下度涂装工序的间隔时间，要求严格遵守涂料产品说明书上所规定的重涂间隔时间。

● 双组分涂料每次调配的数量要同工作量、涂料的混合使用时间和施工人力、作业班次相适应，太多或太少均不利于施工。混合比例要准确，按涂料供应商产品说明书中规体积比（或质量比）混合加入。

● 检查调整每度涂装施工设备、工具。做到配备齐全，并保证其在最简便、最佳施工条件。喷漆前做好预涂。双组分涂料所用的喷枪，在每次喷涂完工后，要及时用配套稀释剂清洗喷枪和管路，以免涂料胶化而堵塞。使用高压无气喷涂工艺参照 JB/Z 350 执行。

● 要注意涂料的存放、开启和使用前的混合、搅拌等具体要求。

● 加强施工现场检测，特别是在涂装过程中要不断检测调节每度涂装的湿膜厚度，以控制干膜厚度，控制涂层系统的总干膜厚度。此外，随时目测每度涂料在成膜过程中的外观变化，注意有无漏喷、流挂、针孔、气泡、色泽不均、厚度不匀等异常情况，并在涂料供应商的技术服务人员的指导下，随时调节、及时修补，并做好记录。

b. 封闭漆的重要性　由于混凝土是一种多孔的表面，因此需要先施涂一度封闭层才可以施工后续保护漆，由于封闭漆需要有较好的渗透能力，所以一定要注意涂料黏度的控制。同时由于封闭漆会渗入基层有孔的地方，因此施工后有可能出现“发哑”现象，这是由于涂料渗透后出现的局部漆膜厚度不均的正常现象。注意施工后的表面不要出现发亮的表面。

c. 刮涂腻子　由于混凝土施工后会在表面接口位置出现凹凸不平、孔洞及其他美观上的问题，刮涂腻子是为了填平补齐。腻子需要施工在封闭漆的表面上，保证其粘接性。

③ 涂层施工现场管理重要性　大型工程项目涂装现场需要严格的现场管理。主要内容包括人员培训、工艺与工艺纪律、质量控制、材料定额管理、吊装与运输、工具与装备、涂装环境控制等。此外，应按照 GB 7692、GB 6514 的要求，加强涂装现场文明生产、消防、卫生、安全等管理工作。

第五节 典型重防腐涂料与涂装

一、桥梁防腐涂料与涂装

1. 中国桥梁防腐涂装的发展概况

桥梁是人类最杰出的建筑之一。从某种意义上说，桥梁已不仅仅是人类生活、交流的辅助设施，它更是人类的智慧与力量的结晶，是一件件人类创造的艺术瑰宝。

中国地域辽阔，境内河系众多，地形复杂。中国的桥梁历史甚至可以追溯到6000多年前。到了1000多年前的隋、唐、宋三代，古代桥梁发展到了巅峰时期。祖先不畏困难，依靠他们的勤劳智慧，建造了众多的古代桥梁。闻名遐迩的赵州桥、霁虹桥、洛阳桥等，都堪称现代桥梁的鼻祖。

到了近代，中国的桥梁技术却开始全面落后于世界的脚步。中国第一座现代化桥梁的出现距今仅100多年历史，而且是由外国人建造的。从钱塘江大桥算起，中国人自己设计现代桥梁的历史还不足70年；从南京长江大桥算起，中国人自行设计建造大型桥梁的历史仅30多年。但改革开放的这二十几年中，尤其是20世纪90年代以来，中国桥梁的建设又重新站到了世界前列。一座座大跨度的斜拉桥、悬索桥、钢拱桥的相继建成，使中国的桥梁建造技术取得了举世瞩目的成就。新建的江苏省苏通长江大桥和香港昂船洲大桥将以千米以上的跨径改写斜拉桥的世界纪录。中国已从桥梁大国成长为名副其实的桥梁强国。

中国桥梁的涂装发展历程，事实上也正反映了中国涂料工业的演变经历。

20世纪50年代，桥梁防护主要采用以天然原料为主的低档涂料，防护性能差，部分桥梁一年后就出现严重腐蚀。针对这一情况，铁科院先后同全国各大涂料生产厂家进行合作，开发了305锌钡白面漆、红丹防锈漆以及由金红石型钛白粉与长油度季戊四醇醇酸树脂制成的316面漆，并进行了实地涂桥试验，取得了良好的效果。

20世纪60年代，铁科院金化所与天津涂料厂再度合作，在原316面漆基础上，针对其采用钛白粉作颜料，颗粒状耐紫外线较差的特点，又开发了由片状锌铝粉作颜料并与长油度季戊四醇醇酸树脂制成的66面漆（即66灰色户外面漆或灰铝锌醇酸磁漆）。因片状锌铝粉能反射紫外线，抗褪色性及抗粉化性比以往任何灰色面漆都大有改善；同时由于片状层层相叠，水汽就不易通过，增强了防腐蚀性能。

20世纪70年代，进一步开发出当时具有国际先进水平的灰云铁醇酸磁漆，并在其原料筛选、配方调试以及漆膜耐候性等方面做了大量工作，解决了灰铝锌醇酸磁漆不能耐二氧化硫、不适于行驶蒸汽机车的桥梁上涂装使用的问题。最后于1976年5月、6月、10月以云铁醇酸面漆、调合云铁聚氨酯底漆和红丹防锈底漆，分别正式涂装于南京和武汉长江大桥。保护寿命长达5年以上，该漆成为我国后来近20年钢桥的主要涂装涂料。

20世纪80年代以来，随着交通事业的迅猛发展，各种形式大跨度桥梁制造技术被大量采用，对桥梁保护涂装也提出了新的要求。现在，环氧富锌、无机富锌、环氧云铁以及丙烯酸聚氨酯等一系列重防腐涂料已广泛在桥梁上采用。

进入21世纪以来，随着国民经济的迅猛发展和人民生活水平的不断提高，人们对于桥梁的涂装提出了更高的要求。既要求有更长的保护周期（20年、30年甚至更长），又要求安全、健康和环保，符合最新的环境保护要求；既要美化环境，又要讲究成本和经济效益。因此，随着新原料的研究和开发，各种新型防腐涂料，如硅氧烷涂料和氟碳涂料，也开始在一些大型桥梁上逐步应用。

展望未来，随着中国经济的发展，一批更大的越江跨海工程的建设，中国桥梁将会创造更辉煌的成就，桥梁防腐涂装技术将随之发展，中华民族的伟大复兴，必将造就一代人去引领世界桥梁的未来。

2. 桥梁的基本结构形式

通常，桥梁按照其用途或结构等可以有以下几种分类方式。

(1) 按用途分类　公路桥、铁路桥、公路铁路两用桥、人行桥以及各种用途的栈桥。

(2) 按结构形式分类　梁桥（板梁桥、箱梁桥、桁梁桥、钢构桥）、拱桥、斜拉桥、悬索桥等，如图 3-3-44 所示。

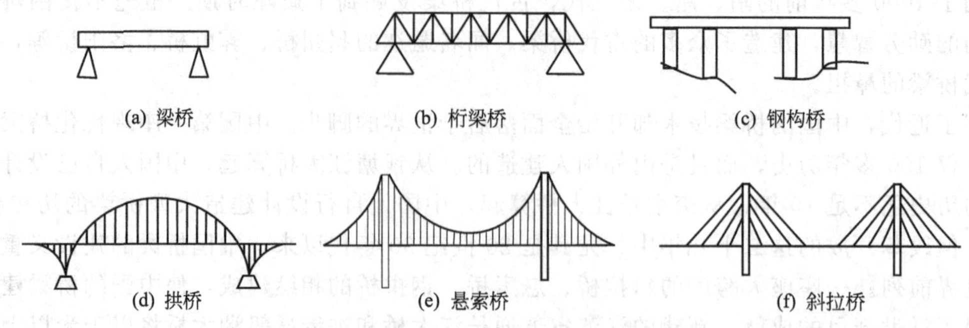

图 3-3-44 常见桥梁结构形式示意图

(3) 按支承条件分类 简支梁桥、连续梁桥、悬臂锚跨梁桥、无支座桥梁等。

本节主要论述的是桥梁的防腐涂装。由于建造桥梁所使用材料的差异、防腐的材料选择及其涂装的工艺都会有很大的不同。因此本节主要按桥梁使用材料的不同进行分类，即：混凝土桥、钢桥、钢-混凝土复合桥梁（组合结构、混合结构）。

3. 桥梁腐蚀的危害性

桥梁的建造，给人类的生活、交通带来了巨大的便利的同时，其本身也会受到损伤，需要进行维修，甚至报废重建。因此，对桥梁损伤的原因进行必要的研究，有利于桥梁的保养、维护，有利于延长桥梁的使用寿命。纵观桥梁失效的原因，主要是由于材料和制作不良、自然灾害、各类交通事故以及腐蚀等造成的。而各国桥梁专家统一的观念，桥梁腐蚀是桥梁损伤甚至失效的主要原因之一。

历史上，由于桥梁的腐蚀造成桥梁被迫关闭维修、甚至弃用重修新桥的事例有很多。曾是欧洲最大的混凝土悬索桥——唐卡维尔桥，由于两根主缆锈蚀严重，于 1990 年进行了更换，并为预防锈蚀作用带来的危害，又新增加了两根主缆。美国路易斯安那州新奥尔良的鲁林桥、阿根廷的扎拉特布拉什拉桥、委内瑞拉的马拉开波桥和中国的济南黄河大桥均进行过换索工程。英国的伦敦桥因主塔底钢梁锈蚀无法支撑大桥自重，被迫关闭重建新桥。中国的武汉长江大桥曾因铁路桥面系纵梁锈蚀而更换。2001 年，中国的宜宾大桥因吊索钢丝锈蚀折断，造成桥梁断成三节。日本曾对 104 座悬索桥断桥事故进行了统计分析，其中 19 例与腐蚀有关。

桥梁因腐蚀需要进行涂装维修的事例更是不胜枚举。20 世纪 90 年代以前，我国武汉长江大桥和南京长江大桥因涂装体系老化而产生局部腐蚀，每年都需对桥梁进行维护涂装。在美国，据美国高速公路管理局（FHWA）1998 年的统计数据，美国境内洲际和国家级桥梁 279543 座，其中因腐蚀不合格需要维修的桥梁 68466 座，腐蚀率占 24.5%；城镇间桥梁 309792 座，腐蚀率达 35.4%。目前美国每个州每年都要拿出数千万美元用于桥梁防腐蚀涂装维修。

4. 桥梁防腐涂装

(1) 桥梁腐蚀环境分析

① 大气腐蚀 桥梁一般横跨江河或海湾，腐蚀环境非常复杂。我国地域辽阔，各桥梁所在的地理位置也千差万别。而桥梁的腐蚀速率和状况又与其所处的环境息息相关。因此，在设计桥梁防腐涂装前，首先对腐蚀环境进行分析是非常必要，也是至关重要的。

a. 中国的气候环境特点

● 雨量分布 中国气候受到洲际气象和特殊地理环境的影响很大，如图 3-3-45 所示，处于北上的太平洋和印度洋暖流及南下的西北冷空气交互作用之间，加之，西北角的天山山脉和紧连的祁连山山脉，西南边缘的喜马拉雅山山脉及青藏高原，均在海拔 3000m 左右或以上，秋、冬、春季，印度洋暖流北上遇到喜马拉雅山和青藏高原的阻挡，顺着长江向东，遇到南下的冷空气，往往在长江流域及南方 形成雨雪天气。北上的太平洋暖流，夏季被阻于东北、华北，一年中多半的雨水降在夏季；冬季被阻于江南和华南，导致一年四季都有雨水。然而在南疆、西北、直至内蒙，比较干燥少雨。表 3-3-41为全国雨量及气温分布。

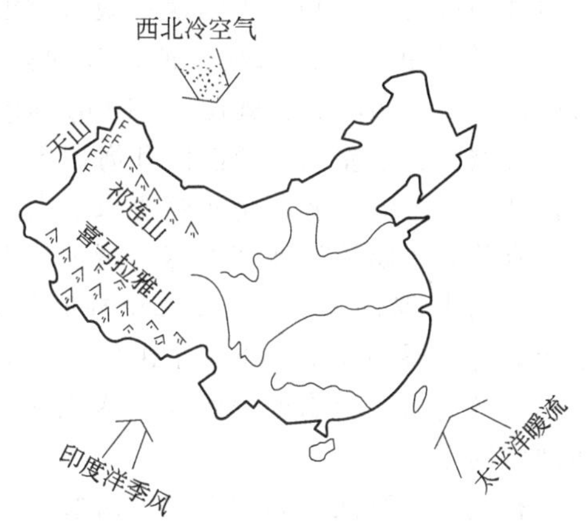

图 3-3-45 中国气候说明简图

表 3-3-41 雨量分布及其他

地　区	年均降雨量/mm	年均湿度/%	露霜	气温范围/℃
西北、南疆、青藏、内蒙等地区	100～300	<60	—	35～－30
华北、东北、西安至山东	500～800	60～80	—	35～－40
四川、重庆至上海长江流域、云南、贵州	1000～1200	>75	易结露、结霜	36～－20
广东、广西珠江流域	1500～1700	>75	易结露	36～－5
海南、香港地区	2000	>750	易结露	35～0

根据各地的气温和湿度情况，通常将我国的气候环境分为以下五类。

热带湿热区：雷州半岛、海南岛和台湾南部。

亚热带湿热区：秦岭以南、长江流域、四川、珠江流域、台湾北部和福建。

亚热带干燥区：新疆天山以南、戈壁沙漠。

温带温和区：秦岭以北、内蒙南部、华北、东北南部。

寒带干燥区：内蒙北部、黑龙江省。

● 酸雨分布 根据中国环境监测报告，酸雨最严重地区是重庆（pH≈4.4），其次是贵州、云南东部、广西、直至海南岛，再次为长江中下游。究其原因，是由于当地的燃料产生 CO_2、SO_2 较多，加之西北及北方产生的酸性气体随气流南下，遇到潮湿空气而变成酸雨。

● 盐分分布 空气中盐分最严重地区是近海岸 100m 的地带，向内陆逐步减弱。

b. 大气腐蚀环境的分类 桥梁的腐蚀不仅仅受到温度和湿度的影响，更多的与大气环境中腐蚀物质、如氯离子、含硫化合物、氮氧化合物等有关。这些腐蚀物质是由于城市排放污染物，如汽车尾气或锅炉排放，工业排放物以及海洋大气直接或间接产生的。因此对钢结构桥梁所处的大气腐蚀环境进行综合分析，更接近于应用实际。有关大气腐蚀环境的分类、描述以及相关的国家和国际标准可以参考本章第一节中的“大气腐蚀环境分类”相关内容，这里不再赘述。

② 水介质腐蚀 大桥是横跨江河湖海的，桥梁的墩梁等不可避免地会处于水的腐蚀环境中。根据水的成分不同，水介质腐蚀通常分为淡水腐蚀和海水腐蚀。

a. 淡水腐蚀 淡水的含盐量少，一般呈中性，如江河湖泊的水。一般情况下，淡水的腐蚀性较弱。淡水中的腐蚀主要是吸氧腐蚀。但是随着现代工业排放物对淡水的污染，会加速腐蚀的进行。这些外界因素对淡水腐蚀的影响是不可忽视的。

b. 海水腐蚀　海水是一种含多种盐类的电解质溶液，以3.2%～3.75%的NaCl为主，pH在7.5～8.6，溶解氧在5～10mg/kg范围内。海水腐蚀通常按物体与海水接触情况不同分为飞溅区、潮差区、全浸区和海泥区。其中飞溅区由于受风浪影响，海浪飞溅对物体表面频繁冲击、干湿交替，是防腐要求最高的区域。

有关海水腐蚀的详细内容，请参考本章第一节中的“海水腐蚀”相关内容。

③ 土壤腐蚀　桥梁的支撑梁柱必然要立足于土壤之中，土壤对钢铁或混凝土的腐蚀直接影响着大桥的安全。土壤是由气相、液相和固相所构成的一个复杂系统，其中还生存着很多土壤微生物。影响土壤腐蚀的因素主要有：电阻率、含氧量、盐分、含水量、pH、温度和微生物等。

有关土壤腐蚀的详细内容，请参考本章第一节中的“土壤腐蚀”相关内容。

(2) 桥梁防腐涂装设计

① 基本原则　前面提到了桥梁所处的环境不同，其所受到的腐蚀因素也不尽相同。因此，桥梁涂装的防腐涂层配套必须遵循“量身定做”的设计理念。考虑到桥梁涂装中的各种因素，通常总结为以下四项涂装设计的基本原则。

a. 充分考虑桥梁所处的腐蚀环境　如前节中所述，根据桥梁所处的大气、化学腐蚀环境的差异性，可以参照ISO 12944-2：1999《钢结构保护涂层-环境的分类》腐蚀性环境分类标准和GB/T 15957—1995《大气环境腐蚀性分类》，对桥梁所处的大气腐蚀环境进行分级。

b. 充分考虑桥梁的结构与工况条件　桥梁结构、形状与工况条件的不同，对表面处理和涂装作业的要求有很大的不同，是涂装设计量身定做的重要依据。这些因素主要有：

- 钢结构还是混凝土结构；
- 桥梁结构类型——钢箱梁、钢板梁、钢桁梁、钢管拱；
- 悬索桥、斜拉桥、拱桥中的缆索、风嘴的特殊性；
- 桥梁结构中各部位工况及其小环境特点；
- 桥梁外观与色彩设计要求；
- 桥梁制造流程与涂装作业的衔接。

c. 充分考虑施工工艺水平的高低　涂料的防护功能有阴极保护、缓蚀作用、屏蔽作用三种作用。施工工艺直接影响底材的表面处理、涂料的成膜质量，进而影响涂料防护功能的发挥。例如，富锌漆涂在表面处理达不到Sa2.5等级的钢表面，无法达到满意的阴极保护效果。因此，现代桥梁涂装特别强调：底材的表面处理、选用优质的重防腐涂料、正确设计涂装的涂料配套、严格控制现场的施工质量、加强运营过程中的维护与保养，从而确保及延长桥梁的使用寿命。

d. 充分考虑投资限制性因素　涂装设计与任何设计一样，必须贯彻“全寿命经济分析法”(LCCA)设计思想(详见本章第三节叙述)；控制投资在允许的范围内，才是可行的。

② 防腐涂层的使用寿命　根据桥梁防腐预期寿命，选用优质的重防腐涂料体系。一般来说，新建大型桥梁在涂装施工质量达标、建成通车后对涂料涂层进行正常的维护及保养的前提下，目前国际上一般认为大型新建钢结构桥梁防护涂层的有效使用寿命可达到15～20年，国内有一部分大型新建桥梁防护涂层的设计有效使用寿命要求达到25～30年。

③ 防腐涂装设计的内容　防腐涂装设计书主要应包含以下内容：a. 涂层设计寿命；b. 腐蚀环境分析；c. 引用标准；d. 配套体系；e. 产品技术指标；f. 涂装工艺方案；g. 质量检验与验收。

④ 桥梁涂层色彩设计　桥梁发展到今天，已经不再仅仅是传统意义上作为便利交通的

一种工具了。很多的时候，桥梁代表了一个城市的象征、反映了一个城市的特色。润扬长江公路大桥的钢箱梁采用了金属铝色，横跨于万里长江之上，宛若银河落人间；汕头礐石大桥的斜拉索巧妙地选用了橙黄色，远远望去，好似万道霞光倾洒在绿波之上。云南小湾大桥采用冰灰色与周围绿水青山大自然色彩协调和谐，增添了旅游观赏性。所以桥梁成了城市或地区的一道道靓丽的风景线。因此，业主们在要求桥梁防腐蚀性能的同时，也越来越关注桥梁的外观、尤其是防腐涂层的颜色选择。

但是，色彩的设计也并非易事。首先，人类对于颜色的感觉非常复杂。某些颜色会使人宁静、舒畅；相反，有些颜色则使人烦躁、紧张。对于行车在桥梁上的人来说，颜色也关系到安全。其次，颜色对于产品的成本和耐性也影响巨大。某些颜色，如鲜红或鲜黄，若选用单偶氮类颜料，成本不高但耐候性差，不能达到长效防护的目标；而选用其他颜料，则成本可能会上升很多。因此，色彩的设计已经成为桥梁防护涂装设计中必不可少的一项内容。设计者们不但要考虑业主的要求，更应考虑安全、成本和耐候性方面的问题。

总之，在色彩设计上应遵循工艺美学、涂膜性能、技术经济及周围环境等多方面相协调与和谐的原则。

5. 桥梁涂装标准

(1) 基础性标准　前面提到，桥梁的涂装设计要充分考虑到大气腐蚀环境的影响。ISO 12944-2：1999《钢结构保护涂层-环境的分类》和 GB/T 15957—1995《大气环境腐蚀性分类》是目前涂装设计中采用最多，也是最实用的。具体分类方法可以参考本章第一节中的“大气腐蚀环境分类”相关内容。

(2) 防腐涂料检测方法标准　防腐涂料的检测可以分为两类：涂料物化性能指标的检测和涂料的漆膜耐性的检测。前者主要用于现场对涂料质量稳定性的评估，而后者则用来评估涂料是否符合涂装设计的要求。常用的检测方法标准如下：

GB/T 1727　漆膜一般制备方法
GB/T 1728　漆膜、腻子膜干燥时间测定法
GB/T 1729　漆膜颜色及外观测定法
GB/T 1731　漆膜柔韧性测定法
GB/T 1732　漆膜耐冲击测定法
GB/T 6750　色漆和清漆　密度的测定
GB/T 6751　色漆和清漆　挥发物和不挥发物的测定
GB/T 6753.1　涂料研磨细度的测定
GB/T 9269　建筑涂料黏度的测定 斯托默黏度测定法
GB/T 6742　漆膜弯曲试验（圆柱轴）
GB/T 5210　涂层附着力的测定法 拉开法
GB/T 9286　色漆和清漆 漆膜的划格试验
GB/T 1733　漆膜耐水性测定法
GB/T 1763　漆膜耐化学试剂性测定法
GB/T 1771　色漆和清漆耐中性盐雾性能的测定（等效采用 ISO 7253：1984）
GB/T 1865　色漆和清漆人工气候老化和人工辐射曝露（等效采用 ISO 11341：1994）
GB/T 1740　漆膜耐湿热测定法

(3) 桥梁防腐涂装行业标准

① 铁道行业标准　目前我国铁道行业就钢桥防腐保护制定了 4 个行业标准。其中标准 TB/T 2486—1994《铁路钢梁涂膜劣化评定》规定了铁路钢梁涂膜劣化类型、劣化等级和评定方法，适用于评定钢梁涂膜的状态、质量以及铁路钢梁劣化涂膜涂装分类、桥梁其他钢铁

结构；标准 TB/T 1527—2004《铁路钢梁保护涂装》规定了铁路钢桥保护涂装技术要求、试验方法和检验规则，适用于钢桥的初始涂装、钢桥涂膜劣化后的重新涂装和维护性涂装；标准 TB/ T2772—1997《铁路钢桥用防锈底漆供货技术条件》和 TB/T 2723—1997《铁路钢桥用面漆、中间漆供货技术条件》分别规定了铁路钢桥各涂装体系防锈底漆、中间层用漆、面漆的分类、技术要求、试验方法、检验规则及包装、标志、运输和贮存，适用于新建钢梁涂装、运营中钢梁重新涂装及维护涂装和其他钢结构涂装使用的防锈底漆、中间漆、面漆。

② 化工行业标准　标准 HG/T 3656—1999《钢结构桥梁漆》按使用年限，将钢桥涂装产品分为普通型和长效型两类。分别对这两类产品的防锈底漆、中间层用漆、面漆的技术要求、试验方法、检验规则及包装、标志、运输和贮存作了规定。同时在附录中列举了两类产品的常用品种，并介绍了几个实际应用配套体系。

标准 HG/T 3668—2000《富锌底漆》对近年来在桥梁重防腐涂装中广泛应用的富锌底漆进行了分类：1 型无机富锌底漆（不挥发分中锌含量≥80%）和 2 型有机富锌底漆（不挥发分中锌含量≥70%）[1]。对此两类产品分别规定了技术要求、试验方法、检验规则及包装、标志、运输和贮存。标准中还详细介绍了富锌底漆一项重要指标：不挥发分中的金属锌含量的检测方法。目前，国内一般都依据此标准来检测锌含量，实践表明，由于金属锌在取样、调配测试过程中可能因部分被氧化成氧化锌及其他原因，锌含量检测结果往往偏低。

③ 交通行业标准

JT/T 722—2008　公路桥梁钢结构涂装技术条件

JT/T 694—2007　混凝土桥梁表面涂层防腐技术条件

JT/T 695—2007　悬索桥主缆防腐涂装技术条件

这是三份新标准。其中 JT/T 722—2008 在总结了我国近十年来大型钢桥防腐涂装经验的基础上，按照 ISO 12944 标准，对钢桥腐蚀环境、防腐寿命做出分级规定，并以此推荐了相应的涂层配套系统及其涂料、涂层的技术要求、试验方法、验收条件及涂装施工工艺要求等；JT/T 694—2007 标准，在对混凝土桥梁做出腐蚀环境与腐蚀因素分析的基础上，设计规定了混凝土桥梁在各种腐蚀环境条件下表面涂层配套体系及其性能指标，并对涂装施工、验收、安全、卫生及环境保护等做出具体的规定；JT/T 695—2007 标准适用于悬索桥主缆系统的防腐涂装。除规定了有关术语和定义外，着重设计规定了主缆系统涂装材料配套体系、施工工艺、相关材料的性能指标以及验收、安全、卫生、环保等。

6. 桥梁防腐涂装配套体系

(1) 配套原则　在设计桥梁防腐涂装配套时，首先应充分考虑配套的可行性。换而言之，也就是配套涂料之间的相容性。作为通用原则，涂层之间的配套应遵循以下条件。

① 后继涂层应具有更好的柔韧性或较小的收缩率　因为内应力的影响，如果不能满足条件，通常漆膜会发生开裂等缺陷。化学固化的产品通常较物理固化的产品柔韧性差，收缩率也大。因此，一般不会将化学固化的产品作为物理固化的产品后道涂层。

② 后继涂层应含有较弱的溶剂　如果后道涂层的溶剂较强，漆膜可能会产生咬底、渗色等弊病，这种现象在醇酸产品中尤为明显。

---

[1] 即将公布的 HG/T 3668—2009，将不挥发分中锌含量修定为≥60%、≥70%、≥80%三个档次。

(2) 钢结构桥梁的配套体系

① 钢结构（钢箱梁）外表面

a. 配套一 红丹防锈底漆（2道80μm）+灰云铁醇酸面漆（3道120μm）。

1976年，红丹防锈底漆和醇酸云铁面漆开始在南京和武汉长江大桥上得到应用。但是，一方面由于油性醇酸是通过与氧气反应固化成膜，如果膜厚过高，不利于氧气的渗透与固化，因此，醇酸涂料必须多道喷涂以达到重防腐的厚膜设计要求；其次，从环保和职业安全的要求考虑，红丹底漆因含铅，毒性大，已渐渐地不再为世界各国所采用。另一方面，上述涂装系统的耐久性和维护涂装的经济性则显得不尽如人意。因此，目前该配套已基本不再为桥梁防腐配套设计者所考虑。

b. 配套二 环氧富锌底漆（1道80μm）+环氧云铁中间漆（1道100μm）+氯化橡胶面漆（2道80μm）

自20世纪90年代初开始，该配套开始应用于大型钢桥上，如上海的南浦和徐浦两座大桥均选用了该配套。

但是，氯化橡胶面漆的耐候性还是不强，二三年后漆膜开始出现粉化，而且因为含氯，保色性也不是最好，有黄变的趋势。对于大型桥梁，已逐步放弃了该配套。

c. 配套三 环氧富锌底漆（1道80μm）+环氧云铁中间漆（1道150μm）+脂肪族聚氨酯面漆（2道80μm）。

该配套适用于处于一般至较严重的腐蚀环境下的桥梁，较为经济、实用。世界各国都有很多著名的桥梁采用上述配套，包括我国在建的黄埔珠江大桥和香港昂船洲大桥就采用此配套。一般防护寿命可达10～15年。

d. 配套四 无机富锌底漆（1道75μm）+环氧封闭漆（1道25μm）+环氧云铁中间漆（1道150μm）+脂肪族聚氨酯面漆（2道80μm）。

无机富锌底漆配方设计可以超过CPVC（临界颜料体积浓度），因此与环氧富锌底漆相比，拥有更高的锌含量，从而确保更优越的阴极保护性能。同时，其成分更可与钢材表面发生反应，从而保证优异的附着能力。

但是，无机富锌漆膜有多孔的特性，尤其是刚施工的漆膜。这会带来一系列的不利。虽然经过几个月的室外固化，其孔隙会逐渐被由于受大气中二氧化碳和湿气作用形成的锌盐填充而变得致密，但是桥梁的建造是不允许在涂下道漆前进行1～2个月的固化的，这就会造成后续涂层的起泡。为此，专门设计了用于无机富锌表面的环氧封闭漆则有助于减少其后续涂层起泡的风险。通常，环氧封闭漆选用较小分子的树脂，使其本身具有良好的渗透性。同时通过与一定比例的稀释剂混合使用，达到最佳的流动性和渗透性，填没无机富锌表面的孔隙，从而避免后续涂层的起泡。

此配套自20世纪90年代中期开始，广泛应用于我国大型桥梁的建设中。实践也证明了它确实拥有优异的防腐性能，堪称迄今为止桥梁最为经典的防腐配套。新建的世界第一的斜拉桥——苏通长江公路大桥就采用此配套。防护寿命可达15年以上。

e. 配套五 无机富锌底漆（1道75μm）+环氧封闭漆（1道25μm）+环氧云铁中间漆（1道150μm）+氟碳面漆或聚硅氧烷面漆（2道80μm）。

为满足人们对大型桥梁的涂装有更长的防护周期的要求，近年来各国的涂料供应商都在抓紧研制、开发聚氨酯面漆的更新替代产品。氟碳面漆和聚硅氧烷面漆的出现，使桥梁涂装的防护周期延长，大大增加面漆得耐候性。桥梁防腐涂装达到了前所未有的快速发展。

氟碳面漆和聚硅氧烷面漆都是应用成膜树脂的分子键能高、不易断裂的设计原理，从而保证了漆膜具有更好的耐候性。在本章第一节中已有较详细的介绍。目前，这两种配套均已开始在国内新建桥梁上得到应用。

② 钢箱梁内表面

a. 配套一（配备抽湿设备） 厚浆型环氧（云铁）漆（1道150μm）。

b. 配套二（不配备抽湿设备） 环氧富锌底漆（1道80μm）+厚浆型环氧（云铁）漆（1道150μm）

c. 配套三（不配备抽湿设备） 环氧富锌底漆（1道80μm）+环氧煤焦油沥青漆（1道125μm）

d. 配套四 无机富锌底漆（1道80μm）。

考虑到箱梁内部相对比较密封的环境，采用低VOC（挥发性有机物含量）的高固体分(厚浆型)环氧漆更有利于健康和安全。

虽然云铁漆具有更好的屏蔽性，但由于云铁原料本身颜色较深，因此漆膜的颜色较暗。应用于箱梁内部，不利于检查、维护。因此现在有些桥梁设计者更倾向于选用浅色的环氧厚浆漆。

桥梁架设、拼接完成后，桥面需要铺设沥青。也就是说箱内顶桥面一侧对于瞬间高温（通常在130℃）需要有足够的抵抗力。厚浆型环氧漆的最高瞬间耐温可以达到140～150℃。

煤焦油沥青成本低，且具有优良的耐水性。但因沥青的存在，漆膜颜色深，不利于检查、维修；而且煤焦油沥青含有致癌物质，在欧美国家已禁止使用，因此一般较少采用。

至于无机富锌底漆，因其对于钢材的表面处理要求高，而这在箱梁内比较难以操作；同时漆膜颜色偏暗，不利于检查、维修，因此一般较少采用。

③ 桥面

a. 配套一 环氧富锌底漆（1道80μm）。

b. 配套二 无机富锌底漆（1道75μm）。

环氧富锌底漆和无机富锌底漆均具有优良的防腐性能，并其漆膜硬度、耐磨性能非常优异。同时，经实践证明，两者与桥面的铺装材料之间的结合也非常良好。

尚须指出的是，电弧喷镀锌（铝）及其合金新工艺在桥梁防腐涂装工程也有应用，取代富锌底漆。从理论上讲其电化学阴极保护性能更佳，但施工工艺要求更加严格，特别是表面处理(喷砂至Sa3级）和锌（铝）材质控制。参照执行国家标准GB/T 9793—1997《金属和其他无机覆盖层 热喷涂 锌、铝及其合金》(相当于ISO 2063：1991)，并合理选择封闭漆及其配套中间漆、面漆。显然，金属热喷涂也是一种高耗能工艺，对于大型钢结构件应谨慎选用。

(3) 混凝土桥梁的配套体系

① 配套一 环氧封闭漆（按混凝土表面状况灵活掌握）+环氧腻子（用于填坑找平）+环氧厚浆漆（1道100μm）+脂肪族聚氨酯面漆（2道80μm）。

由于混凝土是一种多孔的表面，因此需要施工一度封闭层才可以涂装保护漆，在涂装涂料前用来渗透、封闭、清洁固化后的混凝土结构表面，靠毛细孔的表面张力吸入深约数毫米的混凝土表层中，可显著降低混凝土的吸水性和氯化物的渗入。环氧封闭漆采用一种低黏度的双组分环氧清漆，有着极好的渗透性。

由于混凝土施工后会出现表面接口位置出现不平、砂孔等现象或者其他美观上的问题，就需要通过施工腻子来解决。考虑腻子的高PVC（颜料体积浓度）的特性，一方面通过环氧树脂增加其内聚力；另一方面，可根据施工中各种不同的需要，添加一定大小和数量的砂粒。同时，为了保证腻子和混凝土的粘接性，腻子必须是施工在封闭漆的表面上。

② 配套二（防碳化配套） 环氧封闭漆（按混凝土表面状况灵活掌握）+环氧腻子（用于填坑找平）+丙烯酸封闭漆（1道50μm）+丙烯酸面漆（2道×50μm）。

丙烯酸封闭漆是一种改良的丙烯酸涂料，具有良好的渗透性能及优异的耐粘污能力，能使混凝土表面具有抗碳化作用。

丙烯酸面漆具备极佳的保色性能，而且兼备防水及防碳化作用。

防碳化保护涂料能有效发挥保护作用，阻止混凝土的碳化。此配套体系具有“呼吸作用”，可以让混凝土内部的水以分子的形态透过漆膜，减少了涂料系统的内部渗透压，又防止了水以液体的形态进入混凝土内部加速碳化作用。

③ 配套三（浪溅区的配套） 环氧封闭漆（按混凝土表面状况灵活掌握）＋环氧腻子（用于填坑找平）＋环氧厚膜漆（1道 350μm）。

浪溅区（干湿交替）受潮水涨退的时间影响，工作时间短，操作过程环境恶劣，因此需要采用比较特殊的配套产品。目前国内外较多采用的是特制的超强度环氧厚膜漆。这种采用特种胺加成物固化技术的环氧涂料，可形成坚韧的漆膜，具有突出的耐磨耐碰撞性能。同时其兼具快干性和耐水性。在常温的环境下，施工几小时后浸泡在水中，漆膜具有较强的抗压能力；而且漆膜可在水中继续固化。

(4) 国内主要大型桥梁涂装配套体系简介 表 3-3-42 是一些国内主要大型桥梁涂装配套体系，可作为读者阅读本节内容时的参考。

表 3-3-42 国内桥梁防腐涂装配套体系

桥梁名称	部 位	品种	油漆名称	涂装道数	漆膜厚度/μm
南京长江大桥（1968年）	钢桁梁	底漆	醇酸红丹防锈漆	—	—
		面漆	66灰色铝锌户外面漆	—	—
南京长江大桥 武汉长江大桥（1976年）	钢桁梁	底漆	云铁酚醛底漆	2	总膜厚 200～300
		面漆	云铁醇酸钢桥面漆	2	
上海南浦大桥（1991年） 上海杨浦大桥（1993年）	钢箱梁外表面	底漆	环氧富锌底漆	1	80
		中涂漆	环氧云铁中间漆	2	100
		面漆	氯化橡胶厚膜型面漆	2	45
	钢箱梁内表面	底漆	环氧富锌底漆	—	—
		中涂漆	环氧云铁中间漆	—	—
		面漆	环氧煤沥青涂料	—	—
广东虎门大桥（1997年）	钢箱梁外表面	底漆	无机硅酸富锌底漆	1	75
		封闭漆	环氧铁红封闭漆	1	25
		中间漆	环氧云铁中间漆	2	80
		面漆	丙烯酸聚氨酯面漆	2	80
厦门海沧大桥（1999年）	钢箱梁外表面	底漆	无机硅酸富锌底漆	1	80
		封闭漆	环氧封闭漆	1	25
		中间漆	环氧云铁中间漆	2	80
		面漆	脂肪族聚氨酯面漆	2	80
芜湖长江大桥（2000年）	钢桁梁	底漆	环氧富锌底漆	2	80
		中间漆	环氧云铁中间漆	1	50
		面漆	灰铝粉醇酸面漆	2	80
武汉军山长江大桥（2000年）	钢箱梁外表面	喷铝	电弧喷铝	1	≥180
		封闭漆	环氧云铁封闭漆	1	20
		中间漆	环氧云铁中涂漆	1	60
		面漆	脂肪族聚氨酯面漆	2	60
	钢箱梁内表面	防锈漆	厚浆型环氧耐磨漆	1	125
	风嘴内表面	底漆	无机硅酸富锌底漆	1	80
		封闭漆	环氧封闭漆	1	25
		面漆	环氧面漆	1	125

续表

桥梁名称	部　　位	品种	油漆名称	涂装道数	漆膜厚度/μm
重庆鹅公岩大桥（2000 年）	钢箱梁外表面	底漆	无机硅酸富锌底漆	1	70
		封闭漆	环氧云铁封闭漆	1	25
		中间漆	环氧云铁中间漆	1	80
		面漆	脂肪族聚氨酯面漆	2	80
南京长江二桥（2001 年）	钢箱梁外表面	底漆	无机硅酸富锌底漆	1	80
		封闭漆	环氧封闭漆	1	30
		中间漆	环氧云铁中间漆	2	80
		面漆	脂肪族聚氨酯面漆	2	80
	钢箱梁内表面	底漆	环氧云铁防锈漆	1	50
		面漆	环氧玻璃鳞片涂料	1	50
宜昌长江大桥（2001 年）	钢箱梁	底漆	无机硅酸富锌底漆	1	80
		封闭漆	环氧封闭漆	1	25
		中间漆	环氧云铁中间漆	2	80
		面漆	脂肪族聚氨酯面漆	2	80
舟山桃夭门大桥（2004 年）	钢箱梁外表面	喷铝层	电弧喷铝	1	200
		封闭漆	环氧云铁封闭漆	1	—
		中间漆	环氧云铁中间漆	1	60
		面漆	脂肪族聚氨酯面漆	2	80
	混凝土主塔	封闭漆	环氧封闭漆	—	—
		中间漆	环氧云铁中间漆	—	—
		面漆	脂肪族聚氨酯面漆	—	—
润扬长江公路大桥（2004 年）	钢箱梁外表面	底漆	无机硅酸富锌底漆	1	75
		封闭漆	环氧云铁封闭漆	1	25
		中间漆	环氧云铁中间漆	1	150
		面漆	脂肪族聚氨酯面漆	2	80
	钢箱梁内表面	底漆	磷酸锌环氧底漆	1	50
		面漆	厚浆型环氧面漆	1	70
	桥面	底漆	环氧富锌底漆	1	80
苏通长江公路大桥（2008 年）	钢箱梁外表面	底漆	无机硅酸富锌底漆	1	75
		封闭漆	环氧云铁封闭漆	1	25
		中间漆	环氧云铁中间漆	1	150
		面漆	脂肪族聚氨酯面漆	2	80
	钢箱梁内表面	底漆	厚浆型环氧漆	1	70
		面漆	厚浆型环氧漆	1	70
香港昂船洲大桥（在建）	钢箱梁外表面	底漆	环氧富锌底漆	1	50
		中间漆	环氧云铁中间漆	2	300
		面漆	脂肪族聚氨酯面漆	2	80
广州珠江黄埔大桥（在建）	钢箱梁外表面	底漆	环氧富锌底漆	1	80
		中间漆	环氧云铁中间漆	1	150
		面漆	脂肪族聚氨酯面漆	2	80

注：打“—”为数据不详。

7. 桥梁涂装工艺流程简介

(1) 钢箱梁涂装工艺流程　钢箱梁涂装流程如图 3-3-46 所示。

(2) 混凝土主塔的涂装工艺流程　混凝土涂装流程如图 3-3-47 所示。

(3) 浪溅区的涂装工艺流程　浪溅区（干湿交替）受潮水涨退的时间影响，工作时间短，操作过程环境恶劣，相对于正常区域的混凝土结构，表面处理的时间要求大大缩短，以便有足够的时间使涂料表干。高压淡水喷射时间快，而且有较好的效果；同时，高压淡水冲洗后采用热风吹干的方法，也可以大大缩短表面处理。因此，对于浪溅区的涂装，如有条件，最好在表面处理中增加此两道工序。浪溅区涂装流程图如图 3-3-48 所示。

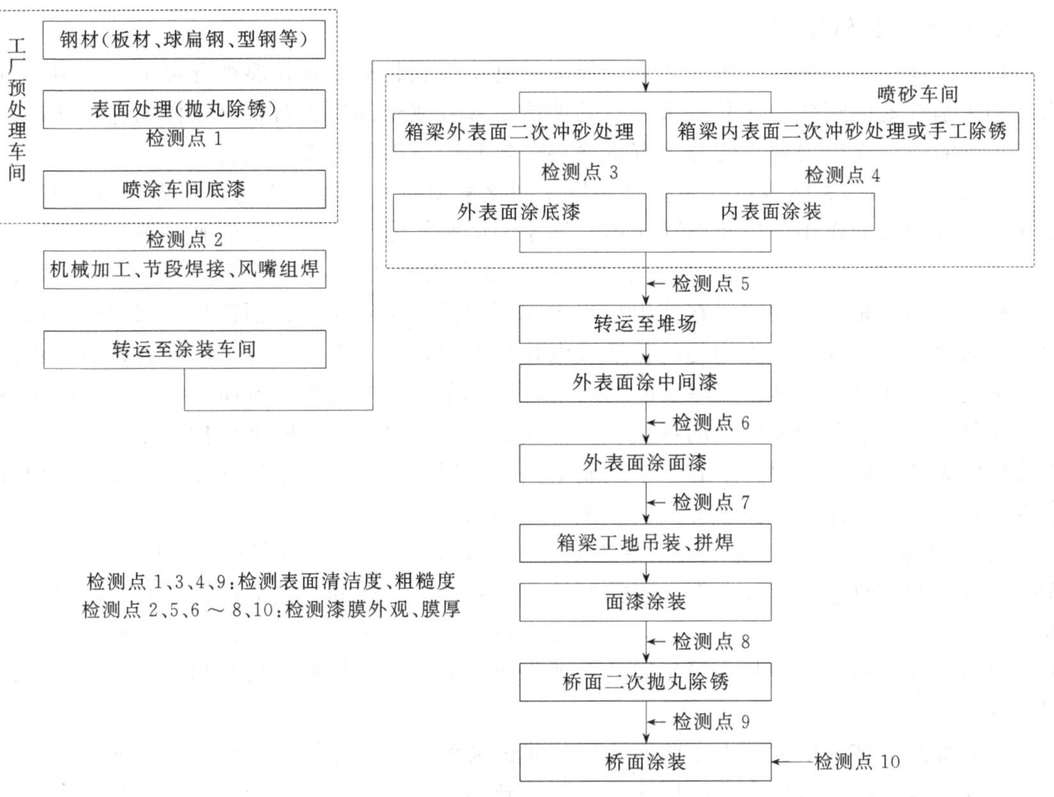

图 3-3-46　钢箱梁涂装流程图

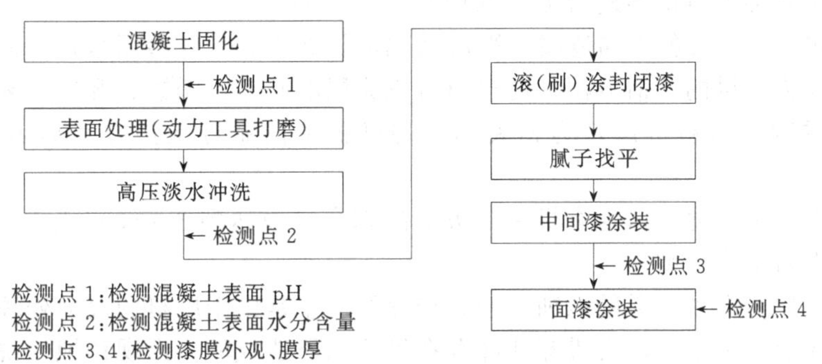

图 3-3-47　混凝土涂装流程图

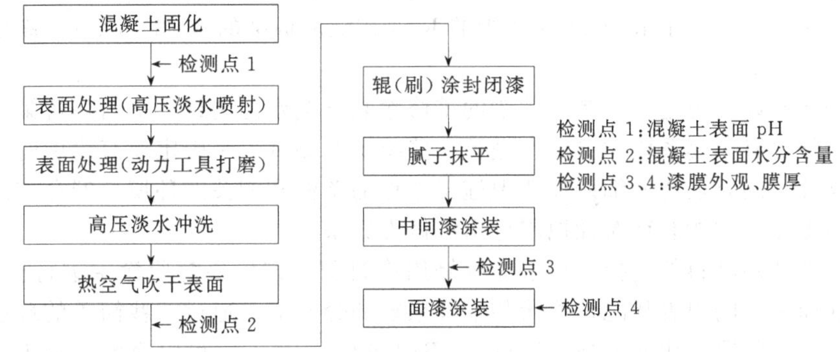

图 3-3-48　浪溅区涂装流程图

8. 桥梁的维修涂装

(1) 防腐涂层的失效分析　防腐涂层失效是指涂层长期暴露在腐蚀环境下，而引起各种物理和化学性能的衰变，使其失去原有的性能，部分或全部失去对桥梁基体的保护作用。

桥梁的防腐涂层失效主要分为有机涂层失效和金属涂层失效两大类。

① 有机涂层的失效分析　主要是涂层受到化学物质的侵蚀，或受到外界环境如紫外线、冷热雨水等的长期作用，以及腐蚀介质对涂层的溶胀扩散等导致其受到破坏等。

② 金属涂层的失效分析　对于金属涂层，主要有热喷锌、热喷铝、热浸镀锌和富锌涂层几种。它们都是利用锌或铝在使用过程中起到的阴极保护作用、牺牲自己来保护钢铁底材的。金属涂层的失效形式为均匀的化学或电化学腐蚀，它的腐蚀寿命可以根据试验获得涂层的腐蚀速率，在已知金属涂层厚度的情况下，计算金属涂层的耐蚀寿命。富锌涂层的腐蚀失效则兼具有机涂层和金属涂层的特点，一方面富锌涂层对钢铁有阴极保护作用；另一方面有机涂层的失效会使金属锌粉附着不牢或脱落失去作用。因此，对于富锌涂层应视上述两种因素谁更占主导，则涂层的使用寿命就取决于那种因素。

③ 复合涂层的失效　现代桥梁的重防腐体系，是以金属涂层和有机涂层相结合的保护涂层。外层的有机涂层可以有效地阻挡腐蚀因子对金属涂层和钢铁的侵蚀。复合涂层的失效首先就是外层有机涂层的失效，大多数情况为粉化、剥落等。由于有机涂层的损坏，腐蚀因子有机会渗入底面，再引起金属涂层的腐蚀失效，而腐蚀产物的生成和积累又会引起有机涂层的附着力下降等。

(2) 维修涂装的依据　由于防腐涂层的腐蚀失效，为了保护桥梁的安全性和耐久性，就有必要在一定时间内对原有的防腐涂层进行更新和维护。但是更新维护的依据是什么？简单地说，如何判断桥梁原有涂层的失效程度——是局部还是全部？在确保更经济、更合理的前提下，什么时候才必须对桥梁进行更新维护？

GB/T 1766—1995《色漆和清漆　涂层老化的评级方法》(参照采用 ISO 4628/1～5—1982) 提供了较为详尽的评估方法，通过对有机涂层的起泡、锈蚀、开裂、剥落等几个方面对其腐蚀失效的程度进行分级，为相关的管理维护部门制订维护方案提供了简单明了的依据。

按上述标准评级，通常认为有机涂层失效的综合等级达到 3 (S3) 或 4 (S4) 时，应尽早安排涂层的更新维修涂装。

需要说明上述标准中列举的锈蚀一项。锈蚀的产生是由于底材的表面处理不当、涂层的厚度过低或者涂层涂装不当，有贯穿孔隙存在等原因所造成的。出现锈蚀，说明涂层局部已完全失去作用，对于整个有机涂层的防腐性能也产生影响。同时锈蚀斑点处腐蚀产物的集聚，也会加速周边的涂层产生起泡、剥落、老化等失效作用。防腐技术认为，涂层的锈蚀面积等级达到了 3 级 (相当于 ISO 4628/3 中的 Ri 3 或欧洲标准的 Re 3) 就应对涂层进行维修涂装。

(3) 维修涂装设计与施工　制订桥梁的维修涂装方案要比制订一个新建桥梁的涂装规程复杂得多。必须要有一套系统的方法、进行一些特定的测试，来确定原有涂层的状态以及整体结构的完整性；同时还要仔细研究考虑施工地点的条件和相关的环境、安全方面的法律法规等一系列的工作，才能有针对性地制订出维修方案来。

(4) 维修涂装用涂料的选择　在选择维修用涂料前，首先要对原涂层进行全面的分析。这些工作包括原涂层的附着状况、原涂装配套系统的分析等。通过一些简单的现场测试，可以大致了解原涂层状况。比如划格法测试 (GB/T 9286—1988) 可以简便、快速地了解涂层的附着 (涂层之间、涂层内部或涂层与底材之间) 状况；溶剂 MEK (甲乙酮) 擦拭法，根据涂层被擦拭后状况（溶解、咬起或起皱、影响不大），可以大致分析出涂装的种类是物理干燥型、氧化固化型或是化学固化型。当然，这些测试的结果是粗略的，只能作为参考依据。要得到精确的结果，还需要另外的方法或是实验室的测试。

其次，还需要考虑选用的涂料对表面处理的要求、维修现场的工作条件以及相应的涂装设备和涂装技术。

通过上述的测试和分析，并参照涂层间相容性的因素，以及设计涂层的使用寿命，才能选择合适的维修涂装用涂料。

(5) 维修涂装的施工 根据原始涂层的老化程度，维修涂装可以选择局部维修或整体翻新。局部维修可以使用一些简单的手动动力工具对需维修的部位进行表面处理，采用辊涂、刷涂或喷涂等方式进行修补。而整体翻新则需要将原有涂层全部清除干净，并采用合适的表面处理方式（一般采用喷砂除锈），按照新建桥梁结构的涂装施工要求，重新涂装新的防腐涂层。

二、石油化工防腐蚀涂料

1. 石油化工防腐蚀涂料概述

石油化工是石油工业的下游工业，是一个复杂而庞大的工业体系，主要包括炼油和生产乙烯、丙烯、苯乙烯、聚酯、合成橡胶等，以及处于更为下游的各类化工品等。石油化工的腐蚀包括电化学腐蚀、化学腐蚀及由其造成的局部腐蚀、大气腐蚀、土壤腐蚀、海水腐蚀和高温腐蚀等。因此石油化工对于防腐蚀涂料的要求也是多样的，需要具有优良的耐化工大气、耐盐雾侵蚀、耐土壤腐蚀、耐高温腐蚀和耐酸耐碱性能。

石油化工传统上使用的涂料多为醇酸树脂涂料、氯磺化聚乙烯涂料、高氯化聚乙烯涂料、环氧煤沥青涂料等。传统的防腐蚀涂料产品在以往的使用中尽管有着令人满意的防腐蚀性能，但是挥发性有机物含量（VOC）太高，含有毒重金属的红丹漆、含致癌物的沥青漆仍有广泛应用。

现在石化行业提出了重防腐新概念：省时、环保和安全。在此新概念之下，与传统防腐迥然不同的一系列新型重腐蚀涂料产品，如环氧富锌、无机硅酸锌、环氧云铁、脂肪族聚氨酯涂料、玻璃鳞片涂料等开始大量应用。新型重防腐涂料具有不含重金属、不含沥青、低VOC、干燥迅速、低表面处理、厚膜型施工等特点。

无溶剂、高固体分和水性重防腐等低VOC涂料的应用，可以在保证防腐蚀性能的同时，有效地解决目前石化行业涂装过程中由于传统溶剂型涂料带来的安全隐患。在新建钢结构的工场涂装时，快速干燥的涂料体系以及厚膜型施工涂料能大大缩短涂装工时，加快钢结构的涂装、场地的周转以及钢结构的运输和安装。石化工厂在检修防腐涂装时，快速的涂装意味着较短的停车检修时间和更少的涂装工时，被涂装的设施可以在最短时间内恢复使用。

耐高温和低温是石油炼化厂的通常要求。在设备表面的温度有可能是环境温度，也可能是设备本身的操作温度。大气温度有可能从北方的零下几十摄氏度到南方的40℃以上。操作温度可能会从−20℃到538℃的高温，比如冷藏系统的低温，或者锅炉上的高温等。在这一区间内的涂料选择，包括环氧、改性环氧、酚醛、丙烯酸有机硅、聚氨酯、无机锌、有机硅、热感应、玻璃填充无机物等。对于受到快速变化的表面，涂料还要耐受热冲击。如果涂料不能耐受温度，则会发生明显的损坏。

涂漆表面会受到空气中浮游物质如砂粒、炭灰或其他含颗粒物质的介质的冲刷磨蚀。在日常的维修过程中，会受到新装的管线或阀门的挤压，或者扳手等其他工具的跌落也会破坏涂层。安装涂漆部件时，吊索也会对涂层造成损坏。无机硅酸锌涂料的涂层比较坚硬，在pH=6～9的环境中，可以单独使用不需要面漆；如果需要涂面漆，环氧、丙烯酸、聚氨酯等是常用涂料品种。

大风、温差或者加工过程中的压力，会使构件变形弯曲。例如大型浮顶罐的浮顶在高速的大风下会变形达25.4cm。加工操作中，加热和制冷时容器薄壁会膨胀和收缩。因此热膨胀系数在选择不同涂料时也要有所考虑。

不同的涂料耐紫外线和温度极限有很大区别。靠近赤道区域的涂料要能耐强辐射，靠近北极圈的地方，涂层要能耐严寒。环氧涂料不耐紫外线，很容易粉化，因此不易作为户外面漆使用，丙烯酸面漆、脂肪族聚氨酯面漆是较好的选择。

不同的涂膜耐水和耐溶剂的渗透性有很大区别，这对在潮湿环境下的涂层使用寿命有很大影响。在高湿环境下，水的渗透力会变大。碳氢树脂改性环氧涂料，无机硅酸锌底漆加涂聚酰胺环氧涂料和脂肪族聚氨酯面漆是常用的涂料配套体系，干膜厚度在150～200μm。

由于能量保存需要的增长，热辐射变得非常重要。涂料能用于降低或增加热传输以节省能源。黑色的热反射率接近于0，铝色和中灰在40%～50%，白色大于80%。

2. 钢结构设备装置防腐蚀涂料

(1) 钢结构设备装置的腐蚀　石油化工中的钢结构主要分为装置钢结构、管廊钢结构和没有特殊防护要求设备装置的外露表面。装置钢结构位于各装置（如常减压、催化裂化、催化重整等）内，用于支撑各种设备和塔器等；管廊属公用工程，位于界区外公用工程中。其中最大量的钢结构应该是管廊架，它架设着各类工艺管线，同时还包括相配套的爬梯、栏杆和扶手等。大型的石化企业，管廊架有数十千米长。管廊架钢结构多以H型钢，用高强度螺栓构建而成。

石化生产企业的钢结构处于腐蚀性介质或气体包围中，腐蚀介质或气体的成分复杂、渗透力强，极易对钢结构产生破坏性腐蚀，钢结构的腐蚀破坏，会导致化工设备运转的不安全或遭到破坏，甚至钢结构的倒塌会导致装置停产、化工物料泄漏、爆炸、着火等事故；因此，为了安全，必须针对石油化工钢结构的腐蚀特点，采取适当的防腐措施。石油化工中的钢结构腐蚀主要为大气腐蚀。化工厂的大气中SO_2、H_2S、Cl_2、HCl、NaCl、灰尘等污染物质对钢结构的腐蚀影响较大，这些物质被钢铁表面的水膜溶解后，即成为导电性良好的电解质溶液，从而加速了腐蚀的进行。大气中相对湿度大于70%时，只需含0.01% SO_2，钢结构的腐蚀速率便急剧增加，SO_2首先被吸附在钢铁表面上与氧一起生成$FeSO_4$，然后$FeSO_4$水解生成游离的硫酸，硫酸又加速腐蚀铁，新生成的$FeSO_4$再水解生成游离酸，如此反复循环就会加速钢铁的腐蚀。

(2) 防腐蚀涂料体系　石油化工钢结构表面的防护涂料体系，曾大量应用氯磺化聚乙烯涂料、高氯化聚乙烯涂料等。

氯磺化聚乙烯橡胶由氯和二氧化硫混合气体对聚乙烯同时进行氯化和磺化而制得。氯磺化聚乙烯涂料通过磺酰氯基与胺固化剂交联，固化后的涂层对氧化剂、臭氧和紫外光稳定，户外保色性好，耐酸碱性能强，使用温度在−50～120℃。氯磺化聚乙烯涂料有环氧树脂、聚氨酯改性产品。氯磺化聚乙烯涂料的有机溶剂含量高，固体含量相当低，一次成膜只有20～30μm的干膜厚度，要达到一定的干膜厚度，需要多次施工。

高氯化聚乙烯简称HCPE，由聚乙烯高度氯化而成，氯含量超过60%。以高氯化聚乙烯为主要成膜物的防腐蚀涂料，具有耐臭氧、耐酸碱、耐海水、耐油、耐老化性能。高氯化聚乙烯是单组分产品，施工方便，涂膜干燥迅速。高氯化聚乙烯涂料开发应用的主要产品系列有铁红防锈漆、云铁防锈漆、富锌防锈漆、玻璃鳞片涂料和各色高氯化聚乙烯面漆，每道漆成膜厚度在干膜 40μm 左右。

目前钢结构设备装置的防腐蚀涂料体系以重防腐蚀涂料体系为主，防腐涂层设计使用寿命在 10 年或 10 年以上，以富锌漆为底漆，环氧为中间漆，脂肪族聚氨酯为面漆。也可采用环氧涂料＋聚氨酯涂料体系，在相同的腐蚀环境下，不采用富锌底漆，要相应地增加涂膜厚度，见表 3-3-43。

表 3-3-43 钢结构装置的涂装体系

涂 层	富锌漆体系		环氧体系	
	涂料产品	干膜厚度/μm	涂料产品	干膜厚度/μm
底漆	环氧富锌底漆或无机硅酸锌底漆	75	高固体分环氧涂料	100
中间漆	环氧云铁中间漆	75	高固体分环氧涂料	100
面漆	聚氨酯面漆	50	聚氨酯面漆	50

富锌底漆可以选用环氧富锌底漆和无机富锌底漆。根据 HG/T 3668—2000，不挥发分中的金属锌含量，无机富锌底漆不低于 80%，有机富锌底漆（主要是环氧富锌底漆）不低于 70%。

无机硅酸锌底漆在石化行业的应用更多，其主要原因除了其更好的耐腐蚀性能外，还可以作为耐高温涂料，在工艺管线上有着大量应用。采用无机硅酸锌底漆时，涂覆后道环氧云铁中间漆时，要采用雾喷/统喷的技术，压迫出无机硅酸锌表面的空气，避免后道涂层产生针孔缺陷。

(3) 工艺管线防腐蚀涂料 在新建石化厂时，工艺管线十分复杂，有不同的介质、温度等。造成涂装设计和施工上的困难主要是不同的温度范围造成的，特别是高温管线需要耐高温涂料。在实际的涂装过程中，由于工地现场会堆满各种各样的工艺管线，要把这些管线区分开来涂装并且很有条理地堆放，在涂漆期间，由于场地、工人、管理等各种大因素，实际上是非常困难的。因此，采用无机硅酸锌底漆作为通用的防腐蚀和耐高温涂料是涂装设计上最好的选择。

无机硅酸锌底漆，以锌粉为主要防锈颜料，干膜中锌粉含量达 80%（质量分数），可以耐 400℃的高温，与改性有机硅铝粉漆配合使用，可以耐 540℃高温。设计干膜厚度在 50～75μm，不易太厚，否则会因管线的冷壁效应而引起涂膜开裂。

工艺管线的涂料系统设计选型，主要是考虑到使用温度的限制、保温与非保温以及材质的区别。

保温（有时是保冷）主要是为防止能量的损失以及防止高温对人的伤害。低于 120℃非保温管线表面，与一般的碳钢结构相同，可以选用环氧富锌/无机硅酸锌＋环氧涂料＋脂肪族聚氨酯面漆的配套方案。长期运行在 120℃的温度环境下，选用环氧涂料和聚氨酯漆，其白色或浅色涂料在 100～120℃时会有变黄的可能，但是不影响其使用效果。

在 120～230℃时，可以选用丙烯酸有机硅或酚醛环氧涂料。

在 200～400℃时，主要可以选用无机硅酸锌底漆。在 400～600℃，有机硅铝粉漆是主要的选择。

如果在不锈钢表面需要进行涂漆，不可以选用含锌或铝涂料，以免引起电偶腐蚀。

不同设计温度的工艺管线，以无机硅酸锌为底漆，配套方案见表 3-3-44。

表 3-3-44　管道及支架涂料系统配套方案

部位和温度范围	底漆	涂料产品	干膜厚度/μm
不保温碳钢包括管线中特殊阀最大操作温度 93℃(200℉)	底漆 中间漆 面漆	无机硅酸锌(或环氧富锌) 厚浆型环氧 聚氨酯	75 75 50
不保温碳钢包括管线中特殊阀,操作温度 94～204℃(201～400℉)	底漆 面漆	无机硅酸锌 丙烯酸有机硅	75 2×25
不保温碳钢包括管线中特殊阀,操作温度 205～482℃(401～900℉)	底漆 面漆	无机硅酸锌 有机硅铝粉漆	75 2×25
保温碳钢操作温度 121℃(250℉),最高操作温度 121℃(250℉)	底漆 面漆	酚醛环氧 酚醛环氧	75 75
保温碳钢操作温度持续高于 121℃(250℉)	底漆	无机硅酸锌	75
	底漆 面漆	酚醛环氧 酚醛环氧	75 75
调节阀、安全阀和闸阀等	底漆	环氧防锈漆	50～75
保温不锈钢,常温到 121℃(250℉)	底漆	环氧涂料(不含锌、铝颜料)	100～150
保温碳钢和低合金钢,循环介质温度 －29～120℃(－20～248℉)	底漆	环氧漆	125
保温碳钢和低合金钢,循环介质温度 121～482℃(250～900℉)	底漆 面漆	耐高温有机硅 耐高温有机硅	25 40
保温不锈钢,121～250℃(250～482℉)	底漆	改性有机硅涂料(不含铝粉颜料)	25～50

3. 贮罐防腐蚀涂料

(1) 贮罐的腐蚀

① 贮罐外壁的腐蚀　炼油厂和大型石化企业等，都建有大型的贮罐。外壁受到的主要是大气腐蚀，诸如由于大气中水分、氧气、温差变化，沿海盐雾、化工大气等腐蚀性气体的腐蚀，以及紫外线引起的涂层老化破坏等。位于风沙较大地区的贮罐，风沙中的沙或灰尘对贮罐表面覆盖层会造成机械磨蚀。

石油化工区空气中的酸性气体、受到雨水或夏季用于降温的喷淋水而引起贮罐钢铁表面液膜下的氧去极化反应。当气温周期性地下降时，溶有电解质的水分就会凝结于罐体外表面，形成连续的电解质溶液薄膜层，从而造成腐蚀。

罐体壳板由于材质，物理状态不均匀等原因，不同部位存在着电位差，外表面形成很多的微电池，引起腐蚀。顶部的腐蚀是由于直接受到紫外线照射，加上钢板在加工时存在的凹凸不平，容易积水，发生电化学腐蚀。这个问题在浮顶油罐上体现很突出。浮顶单盘的凹凸不平，最容易积水，从而引起腐蚀穿孔的事例多有发现。

随着石油工业的发展，进出口耗油的增加以及油品的转运量增大，沿海地区修建了大规模的油库。海洋大气具有很强的腐蚀性，沿海地区空气中存在着大量的氯离子和其他盐类，沉降在罐体外壁时，就会形成含有溶解盐的电解液膜。氯离子的渗透性相当强，它会造成严重的局部腐蚀。

② 罐底板和边缘板的腐蚀　罐底由于毛细作用，地下水上升，长期处于潮湿的环境。而且由于底板焊接，焊缝附近的防腐蚀涂层遭到破坏，这里的腐蚀会格外严重。油罐周边底板对沙垫层的压实程度明显低于油罐中心部位，沙孔隙中的氧含量不均匀，很容易造成氧浓差电池，即罐底板中心部位为阳极，导致其腐蚀状况比周边部位厉害得多。

贮罐基础以砂层和沥青砂为主要构造。罐底板坐落在沥青砂面上，由于罐中满载和空载交替，冬季和夏季温度及地下水的影响，使得沥青砂层上出现裂缝，致使地下水上升，接近罐的底板造成腐蚀。当油罐的温度较高时，罐底板周围地下水蒸发，使盐分浓度增加，增大了腐蚀程度。罐底板与砂基础接触不良，易产生氧浓差。满载和空载比较，空载时接触不良，再由于罐周围与罐中心部位的透气性有差别，也会引起氧浓差电池，这时中心部位成为阳极而被腐蚀。

罐区地中的电流是较为复杂的区域，罐区管网有阴极保护而贮罐未受保护时则可能形成杂散电流干扰影响，当周围有电焊机施工、电气化铁路、直流用电设备时则可能产生杂散电流。

边缘板在贮罐使用一段时间后，由于贮油量的载荷变化而引起罐体变形，另外就是由于环境温度的变化使底板发生膨胀和收缩，导致罐体底板与基础形成一条裂缝，该裂缝会随着油罐的运行而膨胀与收缩，这样就会给外界腐蚀介质如雨水的进入提供了通道，积水就会造成缝隙腐蚀。大角缝在焊接过程中造成的漆膜损坏，一旦腐蚀介质入侵，将会导致锈蚀而穿孔。油罐底部边缘板的腐蚀多为层状均匀腐蚀，沿底板半径方向向中心逐步发展成局部腐蚀，再向里呈点蚀。边缘板下的锈蚀深度从外周边向里大多为 300～500mm。加热油罐的锈蚀比常温油罐要明显，大体上比常温油罐高出一倍。由于圈梁的阻隔，边缘板还是阴极保护的盲区。

如果罐体外有保温材料，一旦里面吸水，情况就会变得更糟。超细玻璃棉或岩棉保温材料为柱状纤维结构，极易吸湿。玻璃棉本身含有 Cl^- 浓度达 1800mg/L，加上沿海地区大气中的 Cl^-，这样吸湿后的保温层反而起到助长腐蚀的趋势。

边缘板缝隙常用石棉绳填塞，再用防水胶与玻璃纤维布混合密封，这种方法的实际效果并不好，防水性能往往达不到预计效果。

使用沥青灌缝或敷沥青砂也是常用方法，但是实践证明成功防水的很少。目前较好的防水材料有封闭型异氰酸盐聚合物、弹性体聚氨酯、丙烯酸丁酯、CTPU 高性能防水涂料等。

普通涂料需要定期更换，不太方便，无机硅酸锌的防腐效果虽好，但是由于积水的作用，锌粉的消耗会很快。进行喷铝可以一劳永逸地解决问题。

③ 保温层下的腐蚀　原油罐和重质油贮罐的外面包有保温层。保温材料多为聚氨酯硬质泡沫、蛭石和岩棉等。含有大量的可溶性盐，加上外面渗进的水和里面形成的冷凝水，呈酸性，年腐蚀速率可以达到 0.8mm/a 以上。保温层一旦进水，水沿着罐壁流下，在罐壁的下部形成一条水线，在此处就会形成氧浓差电池。打开保温层会发现罐上有明显的腐蚀环带。

④ 原油罐浮顶的腐蚀　原油罐浮顶分别由顶板、底板、加强、径向隔板和环向隔板组焊而成，径向隔板和环向隔板将浮顶分成若干个舱。原油罐浮顶表面积大，20000m^3 原油罐的表面积将近 1300m^2，而 30000m^3 原油罐的表面积达 1600m^2 以上。浮顶在生产中要上下起浮，表面受到空气污染的因素很大，一些有害气体，如 SO_2、H_2S 等和水蒸气一起凝结在浮顶低洼处，形成电解液，若没有及时清除，就会造成局部防护涂层的破坏，导致浮顶局部腐蚀加剧。罐顶的油泥、铁锈以及它们形成的淤泥，在积水的情况下，就会形成氧浓差电池而发生腐蚀。受到沉积物覆盖的表面由于缺氧就会形成阳极，从而造成局部的点蚀。特别是在夏季昼夜温度和湿度的变化，金属表面处于干湿交替状态，金属锈层就会加速氧化腐蚀。浮顶腐蚀严重时，产生穿孔，致使原油泄漏到浮顶上面，油罐将不得不停用检修。

⑤ 储罐的内壁腐蚀　油品本身，不管是原油、半成品油还是成品油，都没有腐蚀性，但是由于油品中有无机盐、酸、硫化物、氧、水分等腐蚀性杂质，以及在炼制过程中产生的腐蚀性介质均会对油罐造成腐蚀。

从腐蚀程度上讲，一般轻质油比重质油重，二次加工轻质油（如焦化汽油、焦化柴油和裂化汽油）比直馏轻质油重，中间产品比成品油重。油罐腐蚀严重部位是污油罐和轻质油罐（石脑油罐和汽油罐）的气相液相交界处及其气相部位，汽油罐顶的腐蚀尤为严重，其次是轻质油罐底和重质油罐（原油罐、渣油罐等）油水交界面（油罐周围 1m 高左右）的罐壁与罐底。

油罐底部的加热盘管，处于高含硫、高盐分污水中，受到电化学腐蚀、细菌腐蚀及垢下腐蚀很严重，其特点是斑点和坑蚀，腐蚀速率一般为 0.4～0.8mm/a，最大可达 2mm/a。严重的情况为 3～4 年即穿孔破坏。

油罐壁的腐蚀较轻，为均匀腐蚀。腐蚀严重区域主要是发生在油水界面或油与空气交界处（大约为罐壁高的 4/5 处），这里的腐蚀为电化学腐蚀。收发油过程中搅拌而携带到油品中的电解质是腐蚀的主要因素。由于油品中含氧量随着液面深度的增加而减少，形成氧浓差电池，上部是阴极，下部是阳极，造成罐内壁腐蚀沿液面高度变化的特点。罐壁的腐蚀与油罐的结构形式、收发油频率和速率以及所处的地理位置、主导风向等都有很大的关系。油罐罐壁腐蚀不仅会造成油罐强度的降低，而且使罐壁稳定性下降。罐壁的失稳会影响油罐的正常使用，然及油库安全。油罐的失稳大多发生在罐顶以下第二节圈板，罐体腐蚀最严重的部位通常也在这一圈板。加铅汽油罐腐蚀情况见表 3-3-45。

表 3-3-45 加铅汽油罐内壁的腐蚀

圈板层数(自上而下)	1	2	3	4	5	6	7
腐蚀速率/(mm/a)	0.27	0.39	0.33	0.25	0.24	0.21	0.18

罐顶常见点蚀等局部腐蚀，属气相腐蚀。主要受 H_2S、SO_2、CO_2、O_2、HCl 和水蒸气的影响。当环境温度降到油气和水汽的露点以下时，就会产生露点腐蚀。当温度高于临界温度时，水蒸气很容易在罐顶内壁形成凝结水膜，而罐内含有的 H_2S、SO_2、CO_2 以及挥发酚等杂质，会溶解在凝结水膜中产生电化学腐蚀，腐蚀率会发生突变。不同贮罐的罐顶结构不同，对腐蚀的影响也不同。油罐在收发油过程中或者静置贮油时，由于“大呼吸”和“小呼吸”的损耗，罐顶气体成分会呈有规律的变化。大呼吸损耗指油罐收发作业中液面高度变化而造成的油气损耗。其中，收油过程中发生的损耗称为收油损耗，即所谓的“大呼吸”。在发油后由于吸入空气被饱和而引起的呼吸称为回逆呼出。小呼吸损耗是指在有关静止贮油时，罐内气体空间温度和油气浓度的昼夜变化而引起的油气损耗。由于罐顶的呼吸作用，氧气不断进入罐内并很容易随凝结水的液膜扩散到金属表面。呼吸作用对罐顶的腐蚀影响很大，在贮油罐的抽吸和温度变化时所形成的呼吸作用中，雾气和空气吸入贮罐。所以罐顶的凝结水膜是含有多种腐蚀性成分的电解质溶液，导致罐顶腐蚀严重。罐顶的腐蚀表现伴有孔蚀的全面腐蚀，且油越轻腐蚀越严重。

随着装置高含硫原油加工量的不断增加，原油贮罐的腐蚀日益加重。贮罐清罐检修时，在罐体、罐底或罐顶经常可以发现麻点、凹坑，甚至被腐蚀穿孔，一旦发生事故，后果将不堪设想。经验表明，钢质贮罐如果原油中不含 H_2S，一般寿命为 10～15 年；如果含有 H_2S 时寿命为 3～5 年。

罐底板是贮罐内腐蚀的重点所在，主要表现为电化学腐蚀。底板的腐蚀主要分布在低洼存水的部位，罐板腐蚀减薄及局部腐蚀严重，大多呈溃疡状的坑点腐蚀，很容易形成穿孔。沉积水中的氯离子、溶解氧、硫酸盐还原菌及温度对底板的腐蚀影响很大。而且在沉积物中含有盐类和有机淤泥，它的黏性抑制了氧的扩散，形成氧浓差电池。原油罐底底部的原油中会含有水（主要是海水）以及原油中含有的硫化物等腐蚀介质。罐底经常与油品接触的内壁，约 1m 高，腐蚀呈不均匀的坑点状，是因为各种腐蚀性离子的积水以及油中沉积物所导致的腐蚀。

浮顶罐浮盘支柱垫板的腐蚀是在操作过程中支柱对罐底的冲击造成罐底板的腐蚀穿孔。罐底焊缝区受热影响，由于钢材组织的不均匀，也会产生腐蚀。

典型的油罐腐蚀情况见表 3-3-46。

表 3-3-46 原油罐内部腐蚀速率

部位	罐底(内表面)	油相罐壁	油气或油水交界处	油罐顶
腐蚀速率/(mm/a)	0.2～0.3	0.1	0.2～0.3	0.1～0.2

(2) 贮罐外壁防腐蚀涂料　早期贮罐外壁一般选用亚麻油和醇酸树脂作为保护用涂料，比如亚麻油红丹防锈漆、醇酸红丹防锈漆、醇酸云母氧化铁中间漆和醇酸磁漆等，总的干膜厚度在 120～150μm，实际使用寿命为 3 年左右，严重的不到一年的使用寿命，涂层就开始粉化龟裂和剥落等。

20 世纪 80 年代末到 90 年代初，开始大量使用氯磺化聚乙烯涂料。该涂料最早由日本引入我国，后来由吉化公司开发成功后，国产氯磺化聚乙烯涂料开始大量应用于钢铁冶炼厂和石油化工厂的钢铁结构表面，包括贮罐外壁的防护。该涂料有着很好的耐化工大气、耐酸碱和耐紫外线等功能，然而，由于它的体积固体分相当低，VOC 含量过高，漆膜很薄，涂刷一道仅 20～30μm，因此抗渗透能力较低，其应用已经不适应重防腐的需要。

氯化橡胶涂料曾经是重要的钢结构防腐蚀涂料，也曾是贮罐外壁的主流配套方案。是天然橡胶或合成的聚异戊二烯橡胶在氯仿或四氯化碳中于 80～100℃氯化而成。氯化橡胶漆膜致密而发脆，常加入氯化石蜡作为增塑剂。漆膜的水蒸气和氧气透过率极低，仅为醇酸树脂的 1/10，因此具有良好的耐水性和防锈性能。氯化橡胶在化学上呈惰性，因此具有优良的耐酸性和耐碱性。氯化橡胶涂料有着很好的附着力，它可以被自身的溶剂所溶解，所以涂层与涂层之间的附着力很好，涂层即使过了一二年，其重涂性仍然很好，可以在低温下施工应用，具有阻燃性。厚膜型可以一次喷涂达到 80μm 以上。由于氯化橡胶是将橡胶在 CCl_4 中通氯后再在水中析出，其成品往往残留较多的四氯化碳，污染大气，我国在 1991 年加入保护臭氧层的“关于消耗臭氧层物质的蒙特利尔议定书”，已经停止和限止在氯化橡胶生产中使用四氯化碳，而代之以水相悬浮法、非四氯化碳溶剂法等新技术来生产氯化橡胶。

高氯化聚乙烯涂料也在石化厂有着广泛的应用。氯化聚乙烯（CPE）和高氯化聚乙烯（HCPE）树脂的开发始于 60 年代，当时采用溶剂法进行氯化，现在的水相悬浮深度氯化法已经成熟。高氯化聚乙烯涂料系列产品有高氯化聚乙烯富锌底漆、高氯化聚乙烯铁红防锈底漆、高氯化聚乙烯中间漆、高氯化聚乙烯防腐面漆和高氯化聚乙烯清漆等。

经历了几十年的实际使用，随着涂料技术的发展，加上业主对昂贵的维修费用的关注，在引入寿命周期费用分析（life cycle cost analyst）的概念后，为了减少维护涂装次数，目前最为常用的重防腐涂料体系是以环氧富锌底漆或无机硅酸锌底漆/环氧云铁中间漆/丙烯酸聚氨酯面漆。表 3-3-47 为处于 ISO 12944-2 C4 腐蚀环境下的设计使用寿命在 15 年以上的一个典型涂料配套体系。

表 3-3-47 贮罐外壁的重防腐涂料体系

涂层	涂 料 体 系	干膜厚度/μm	涂层	涂 料 体 系	干膜厚度/μm
底漆	环氧/无机硅酸锌底漆	75	面漆	丙烯酸聚氨酯面漆	60
中间漆	环氧云铁中间漆	120			

以环氧富锌或无机硅酸锌底漆为主的防腐蚀涂料体系，根据贮罐所处的不同腐蚀环境，

其干膜厚度在200～320μm。不同腐蚀环境下富锌底漆的干膜厚度范围在40～80μm。采用无机硅酸锌底漆作为防锈底漆，须加上一道封闭连接漆。

传统的环氧（云铁）中间漆干膜厚度通常只可以达到50μm左右。而体积固体分高达80%的环氧涂料，包括环氧云铁，干膜厚度可一次喷涂达到75～250μm。

脂肪族聚氨酯面漆在控制有机溶剂含量和提高体积固体分方面也有着很大的进展。体积固体分达63%的脂肪族聚氨酯面漆，VOC仅为320g/L，干膜厚度喷涂一道达到40～80μm。

贮罐外壁保温层内的防腐蚀涂料，温度<120℃，通常采用环氧富锌底漆或环氧防锈漆。尽管无机硅酸锌底漆有着优异的保护性能，但是在温度60～120℃时，阴极和阳极发生逆转，反而会促进锌粉的腐蚀，这种情况下，NACE国际的意见是反对在保温层下使用无机硅酸锌涂料，如果采用了无机硅酸锌底漆，表面一定要有铝粉型涂料进行封闭。

保温采用较多的是岩棉、泡沫玻璃或硅酸盐类。这些材料有着不同的吸水性，所以必须使用不锈钢或特殊材料制成复合层来防止气体影响，阻挡水汽进入。然而，由于安装或日后使用过程中的原因，总是不可能完全阻挡水的进入，引起贮罐外壁的点蚀。在121～250℃的温度范围下，保温层下的防腐涂层可以采用耐高温酚醛环氧涂料，其干膜厚度在150μm以上，既耐高温、又耐酸性冷凝水的腐蚀。

(3) 贮罐内壁防腐涂层

① 贮罐内壁防腐涂层的基本要求　早期的贮罐内壁防腐蚀体系一般为环氧红丹防锈漆和环氧面漆，随着对贮罐内壁腐蚀的深入研究和油品化学品对涂层材料的要求，以及新型涂层材料的发展，现在对于贮罐内壁涂料的选用，主要根据不同的贮存介质、贮罐的类型、温度和压力等进行。没有哪一种涂料可能适用于所有的贮存介质。贮罐内壁涂料首先要求有很好的防腐蚀性，要有良好的耐溶剂性能。为了保证油品质量，如采用涂层防腐，在原油、汽油、航煤油及烃类、溶剂等介质中长期浸泡，漆膜无变化、不起泡、不溶胀、不剥离、不污染油品。在采用涂层防腐时，应考虑重质油罐与污水罐，内设加热器等升温造成涂层的耐温变与抗老化性能。为了油品的贮存安全，业主有时还要求采用防静电涂料。

贮罐内壁涂层系统的使用寿命，与贮罐内壁的钢材状况和所选用的涂层材料有密切关系。

钢材的点蚀程度对涂层的使用寿命有很大影响，因为点蚀后的钢材不利涂层的有效润湿和渗透，会造成漆膜的分布不均匀，并且有可能隐藏着盐分而导致起泡等涂层缺陷。

根据涂层厚度可以把贮罐内壁的涂层类型分为薄涂层、重防腐涂层和玻璃鳞片/纤维增强型衬里三大类，不同涂层的使用寿命见表3-3-48。

表3-3-48　贮罐内壁涂层使用寿命　　单位：年

钢材状况	薄涂层	重防腐涂层	玻璃鳞片/纤维增强型衬里
新钢材或没有任何点蚀	8	10	15
轻微点蚀	5	10	15
中等点蚀	×	10	15
严重点蚀(结构完整)	×	×	15
严重点蚀(结构薄弱)	×	×	×

薄涂层涂料主要有纯环氧涂料和酚醛环氧等，每道涂层施工干膜厚度控制在100μm左右，总膜厚在250～300μm。

重防腐涂料层主要指少溶剂或无溶剂环氧涂料等，包括无溶剂玻璃鳞片涂料，设计干膜厚度在500～1000μm。

玻璃鳞片涂料或玻璃纤维增强型衬里，干膜厚度在1000～1500μm，主要有环氧玻璃鳞片涂料、乙烯酯玻璃鳞片涂料、聚酯玻璃鳞片涂料以及无溶剂环氧玻璃纤维增强衬里等。

② 纯环氧涂料 纯环氧涂料以环氧树脂为主要成膜物质，采用化学性质稳定的颜填料，聚胺为固化剂。聚胺固化的纯环氧涂料有着突出的耐溶剂性能，最常用的固化剂是脂肪胺加成物。纯环氧涂料广泛用于贮罐内壁涂层，是因为它有着多功能、宽泛的荷载性以及良好的施工性能。纯环氧涂料可以无气喷涂到很高的干膜厚度，而不会有流挂针孔等问题。但是它有着最大涂装间隔期，通常在23℃时，最大涂装间隔期不能超过7天。纯环氧涂料不耐强溶剂，所以它不推荐用于装载甲醇、甲乙酮和无铅汽油。

③ 酚醛环氧涂料 酚醛环氧涂料比纯环氧涂料具有更大范围的耐荷载性能，尤其是耐化学品性能更强，比如纯环氧涂料不耐丁醇，而酚醛环氧涂料可以装载这种苛性介质。在热水罐中，纯环氧涂料只能耐到40～50℃，而酚醛环氧涂料耐温可达95℃。

酚醛环氧是多功能环氧树脂，用脂肪胺固化的树脂有着很高的交联密度，所以有着突出的耐化学品性能。

④ 无溶剂涂料 无溶剂涂料包括无溶剂环氧涂料和无溶剂酚醛环氧涂料，两者的耐荷载区别与溶剂型涂料相似。无溶剂涂料还适用于原油贮罐内底板包括底板上1.8m的腐蚀防护。

无溶剂环氧和无溶剂酚醛环氧树脂涂料由于涂层中不含溶剂，因此涂膜更为致密坚硬。在施工时可以采用双组分加热喷漆泵或一般的高压无气喷涂。由于无溶剂环氧涂料和无溶剂酚醛环氧涂料的混合使用时间非常短，常温下只有30min左右，因此采用普通高压无气喷涂时要特别注意。

⑤ 玻璃鳞片涂料 玻璃鳞片涂料在贮罐上的应用主要有环氧玻璃鳞片涂料和乙烯酯玻璃鳞片涂料两类。

环氧玻璃鳞片涂料在原油罐内壁主要应用于罐底板内表面以及往上1～2m的罐壁，干膜厚度在300μm左右。

乙烯酯玻璃鳞片涂料由于其特殊的耐化学品性能，尤其适用于许多酸性介质，比如原油贮罐底部的酸性含硫原油与水的混合物。目前在日本，几乎所有石油贮罐内壁都采用了乙烯基酯玻璃鳞片涂料，2005年前日本要求的贮罐为7年内开罐检查无涂层质量问题，现在这一要求则提高到了10年。乙烯基酯玻璃鳞片涂料在贮罐内的涂层设计干膜厚度范围在500～1500μm。

⑥ 无机硅酸锌涂料 无机硅酸锌涂料以正硅酸乙酯为成膜物，锌粉含量达85%以上。许多钢结构防腐方面应用的无机硅酸锌底漆并不适用于贮罐内壁，需要区别开来。由于锌的标准电位比钢铁低，起到了阴极保护作用。锌在腐蚀介质中起化学反应生成一层不溶性氢氧化锌以及碱式碳酸锌、碱式氯化锌和锌铁复盐，填充涂膜的空隙，使涂膜紧密地结合起来，从而延缓腐蚀，达到防锈目的。硅酸盐是以带负电荷离子或胶体粒子存在，金属表面带正电荷的铁离子将其吸附，与二氧化硅生成硅酸铁，阻滞了阴极化过程。胶体粒子吸附在金属表面，生成连续的保护涂膜，同量也起到了保护钢铁的作用。

用于贮罐内壁的无机硅酸锌涂料主要有溶剂型和水性无机硅酸锌涂料两种，干膜厚度设计分别为100μm和125μm。水性无机硅酸锌涂料以水为溶剂，是真正实现零VOC的涂料产品，特别适合于要求无闪点、安全施工的贮罐内壁。

无机硅酸锌涂料用于贮罐内壁时，要求装载介质的pH为5～10，防止酸、碱对锌粉的侵蚀而使涂层过早失效。

⑦ 防静电涂料 导静电涂料的化学组成中含有一定数量的导静电载体，如石墨粉、炭黑、镍粉、不锈钢粉、钛粉、氧化锡包覆的非金属粉（如玻璃纤维、云母、硫酸钡、钛白

粉）等。成膜树脂多为环氧树脂和聚氨酯树脂等。

抗静电涂料中的导电颜料与贮罐内壁相接触，形成极多的、由导电填料粒子与铁元素直接接触的微电池。如果导电颜料的标准电极电位比钢铁的标准电极电位较负，导电颜料便成为放电子的阳极，使贮罐钢板成为接受电子的阴极而受到防腐蚀保护；反之，所用导电填料的标准电极电位比钢铁的标准电极电位较正，就会使钢铁成为腐蚀电池的阳极，使贮罐钢板的腐蚀速率大大加快，导致加速腐蚀的严重后果。石墨的标准电极电位+0.795V，比钢铁-0.44V正得多，这就可以解释为什么许多采用炭系石墨的防静电涂料失败的根源所在，这也是目前行业内放弃炭系石墨而采用导电云母粉等作为导电颜料的主要原因。

中国石化总公司发布的《加工高含硫原油贮罐防腐技术管理规定》规定了液体石油产品的碳钢材质的贮罐内壁表面涂装涂料的方案，规定了喷铝、喷锌或无机硅酸锌涂料与导静电涂料的配套及原油罐内底侧设置牺牲阳极与涂料联合防护等措施，指导了石化系统贮罐的防护。对于某些原油贮罐罐内底侧设置牺牲阳极与涂料联合防护时，在贮罐内的罐积水区域（通常为1～1.8m），不能涂装导静电涂料，否则将加速牺牲阳极的消耗。

4. 埋地管道外防腐涂料

(1) 埋地管道的腐蚀 埋地管道的外壁主要是受到土壤腐蚀，包括土壤类型、土壤电阻率、土壤含水量（湿度）、pH、硫化物含量、氧化还原电位、杂散电流及干扰电流、微生物、植物根系等。因此在选择防腐覆盖层时，必须综合考虑其腐蚀特性。

埋地管道外防腐层的功能是通过防腐层把钢质管道的外表面与腐蚀环境隔离以控制腐蚀，减少所需要的阴极保护电流，改善电流分布。NACE RP0169—1996《埋地或水下金属管道系统的外腐蚀控制》中规定了埋地管道防腐层的性能要求：

① 有效的电绝缘性；
② 有效的阻水性；
③ 涂覆于管道的方法不会对管道性能产生不利影响；
④ 涂覆于管道上的防腐层缺陷很少；
⑤ 与管道表面具有良好的附着力；
⑥ 能够防止管道涂膜的缺陷随时间而发展；
⑦ 能防止针孔随时间发展；
⑧ 能抵抗装卸贮存和安装时的损伤；
⑨ 能有效地保持绝缘电阻随时间恒定不变；
⑩ 抗剥离性能；
⑪ 抗化学介质破坏；
⑫ 补伤容易；
⑬ 物理性能保持能力强；
⑭ 对环境无毒；
⑮ 能防止地面贮存和长距离运输过程不发生变化和降解。

目前管道的腐蚀防护可以采用双重措施，即防腐覆盖层与阴极保护（外加电流或牺牲阳极）。钢管的材质与制造因素是管道腐蚀的内因，特别是钢材的化学组分与微晶结构，非金属组分含量高，如S、P易发生腐蚀，C、Si易造成脆性开裂。微晶细度等级低，裂纹沿晶粒扩展，易发生开裂，加入微量镍、铜、铬可提高抗腐蚀性。在钢管制造过程中，表面存在缺陷如划痕、凹坑、微裂等，也易造成腐蚀开裂。

管道操作运行时，输送压力与压力波动是应力腐蚀开裂的又一重要因素。过高的压力使管壁产生过大的使用应力，易使腐蚀裂纹扩展；压力循环波动也易使裂纹扩展。当裂纹扩展达到临界状态时，管道就会发生断裂破坏，甚至引起爆炸（如输气管道）。

埋地设备和管道防腐蚀等级，应根据土壤腐蚀性等级来确定，见表3-3-49。

表 3-3-49 土壤腐蚀性等级及防腐蚀等级

土壤腐蚀性等级	土壤腐蚀性质					防腐蚀等级
	电阻率/Ω·m	含盐量(质量分数)/%	含水量(质量分数)/%	电流密度/(mA/cm²)	pH	
强	＜50	＞0.75	＞12	＞0.3	＜3.5	特加强级
中	50～100	0.75～0.05	5～12	0.3～0.025	3.5～4.5	加强级
弱	＞100	＜0.05	＜5	＜0.025	4.5～5.5	普通级

注：1. 其中任何一项超过表列指标者，防腐蚀等级应提高一级。
2. 埋地管道穿过铁路、道路、沟渠，以及改变埋设深度时的弯管处，防腐蚀等级应为特加强级。

不同的埋设土壤环境，对管道的防腐层有不同的要求，平原地区、山区、沼泽地和沿海地区等的土壤环境不同，选取的防腐层种类和涂层厚度也应有所不同。加拿大著名的管道公司 NOVA 对埋地管道外防腐层的最低性能要求作了量化分析，见表 3-3-50。

表 3-3-50 NOVA 对埋地管道外防腐层的最低性能要求

性能	试验方法	最低要求	备　注
抗冲击	ASTM G 14	一般土壤 5.6J 多石地段 17J	保证搬运、施工中的机械损伤及金石壤的冲击 瑞侃公司研究直径为 19mm 的石砾从 2m 高下落产生 0.56J 的冲击能
剪切黏结强度	ASTM D 1002	0.34MPa	抗纵向应力、钢管热胀冷缩环向应力、土壤干/湿交替应力
抗弯曲	NOVA 19077	＞2% 2.34°/管径	ANSI B31.4，大于 508mm 管子的最大弯曲度 30D，加上完全余量、要求暂时弯曲变形达到一定的度数
硬度	ASTM D 2204	40	反映抗荷载能力，岩石、沙漠腐蚀及擦伤
抗穿透力	ASTM G 17	10%	反映抗静荷载能力，管子自重及回填土自重的压力及岩石穿透
耐土壤应力	NOVA 19076	无变化	抗黏性土干/湿交替应力
耐阴极剥离性能	ASTM G 8	剥离半径＜15mm	适应阴极保护
耐温		最高运行温度	
耐水及化学介质	NOVA 19066 ASTM G 20	4 级	根据土壤介质环境选化学介质为无明显影响

(2) 埋地管道常用防腐蚀涂料

① 设计规范　NACE RP-0169—1996《埋地或水下金属管道系统的外腐蚀控制》中推荐的管道防腐层有 5 种类型：煤焦油瓷漆、石蜡、预制胶带、熔结环氧涂层、聚烯烃涂层，取消了原有石油沥青。

我国石油行业制定了一系列管道防腐层技术规范，见表 3-3-51。

表 3-3-51 常用管道外防腐层技术规范

序号	防腐层种类	标　准　名　称
1	石油沥青	SY/T 0420—1997《埋地钢质管道石油沥青防腐层技术标准》
2	环氧煤沥青	SY/T 0447—1996《埋地钢质管道环氧煤沥青防腐层技术标准》
3	煤焦油瓷漆	SY/T 0379—1998《埋地钢质管道煤焦油瓷漆外防腐层技术标准》
4	聚乙烯胶带	SY/T 0414《埋地钢质管道聚乙烯胶黏带防腐层技术标准》
5	挤压聚乙烯	SY/T 0413—2002《埋地钢质管道聚乙烯防腐层技术标准》
6	环氧粉末	SY/T 0315—1997《埋地钢质管道熔结型环氧粉末外涂层技术标准》
7	聚氨酯泡沫保温层	SY/T 0415《埋地钢质管道硬质聚氨酯泡沫塑料防腐保温层技术标准》
8	各类有机防腐涂层	SY/T 0061—2004《埋地钢质管道外壁有机防腐层技术规范》

近年来随着我国管道建设的大力发展，中国石油天然气集团公司发布了企业标准有：

Q/SY XQ8—2003《钢质管道三层结构聚乙烯防腐层技术标准》；

A/SY XQ9—2003《钢质管道熔结环氧粉末外防腐层技术标准》。

② 埋地钢质管道外防腐层 SY/T 0061—2004《埋地钢质管道外壁有机防腐层技术规范》吸收了近年来库-鄯输油管道工程、陕西-北京天然气管道工程、西气东输管道工程等长输管道工程的设计、施工及检验经验，通过总结管道外壁有机防腐层的共性技术要求，并参照了 NACE RP 0169—1996《地下或水下金属管道系统外腐蚀控制》和 SY 0007—1992《钢质管道及储罐腐蚀控制工程设计》编制而成。该标准规定了埋地钢质管道外壁有机防腐层设计、施工及验收的基本原则，适用于陆上油气田管道和长输管道外壁防腐层的设计、施工及验收。标准规定管道工程主体防腐层不应选用溶剂型涂料，跨越管段和地面以上管段可选用耐候性涂料。管道常用外壁有机防腐层材料可参照表 3-3-52 的有关规定。

表 3-3-52 管道常用外壁有机防腐层材料的适用范围

类 型	适 用 范 围	不宜选用范围
石油沥青	1. 长期工作温度：－10～80℃。其中：低于 51℃时，可采用建筑石油沥青；不低于 51℃时，应采用管道防腐石油沥青 2. 土壤条件适宜的管道工程	1. 细菌腐蚀较强的地区 2. 在水下或沼泽及芦苇等深根作物发达的地带和地形起伏较大、需冷弯的地段
煤焦油瓷漆	1. 长期温度：－10～80℃ 2. 大多数土壤，特别是水下或地下水位高、深根作物发达和细菌腐蚀较强的地带和人烟稀少的沙漠、戈壁等地区	1. 人口稠密等环保要求较高的地段 2. 石方段或碎石土壤、黏质土壤地段和地形起伏较大、需冷弯的地段 3. 寒冷气候条件下施工应用
聚乙烯胶黏带	1. 长期温度：－10～70℃ 2. 零星管道工程、管件	1. 石方段、碎石土壤、黏质土壤地段 2. 水下、水位高、土壤含率高的地段
熔结型环氧粉末	1. 长期工作温度：－30～100℃ 2. 地形平坦、以土方为主的地段，特别适用于黏质土壤 3. 双层熔结型环氧粉末防腐层可用于高含水或石方段	1. 高含水或地下水位较高地段 2. 碎石土壤环境
聚烯烃	1. 长期工作温度：－30～100℃。其中 $t \leqslant 50$℃时，可采用常温型 PE 防腐层；t 为 50～70℃时，可采用高温型 PE 防腐层；t 为 70～100℃时，可采用 PP 防腐层 2. 聚烯烃防腐层可用于各土壤和水下地段，特别是地形起伏较大、地质状况恶劣的山地、丘陵、水网地区、腐蚀性强及管道穿越等对机械强度要求高，不易维护的特殊重要地段	

沥青类涂层包括石油沥青和煤焦油瓷漆，施工时将熔融的沥青与加强物（如玻璃布）交替缠敷，形成多层厚涂层。其优点是价格低廉，施工工艺成熟，缺点是黏结力差，环境污染严重，适用于地质条件相对较好、土壤电阻率较高的旷野。

石油沥青在熬制前，先要破碎成粒径为 100～200mm 的块状，清除纸屑、泥土及其他杂物。缓慢加温，熬制温度控制在 230℃左右，最高不要超过 250℃，每锅沥青的熬制时间在 4～5h。沥青在熬制中会散发出浓烟恶臭，对环境和人体极为有害。

煤焦油瓷漆是高温煤焦油分馏得到的重质馏分和煤沥青，添加煤粉和填料，经加热熬制所得的制品，它克服了石油沥青的缺陷，但是在较低温度环境下的冷脆却限制了它的使用范围，而且它抗外界机械力破坏强度不高，石方山区不宜使用。1985 年以前在西方国家煤焦油瓷漆是用量最大的防腐涂料，我国的煤焦油瓷漆是在 20 世纪 90 年代开始大量使用的。由于在人工熬制和浇涂过程容易逸出有害物质对环境及人体健康有不利影响，其应用受到限制，已经逐渐被熔结环氧粉末涂层（FBE）和三层聚乙烯涂层（PE）所取代。

为改善其黏结力和减轻环境污染，在沥青中加入环氧树脂就制成了环氧沥青涂料。环氧煤沥青涂料从 20 世纪 50 年代开始起大量应用于埋地和水下钢结构，有着良好的应用记录。我国在 20 世纪 70 年代开始研究应用环氧煤沥青涂料，广泛用于埋地、水下的各种金属结构。与玻璃布共同形成的环氧煤沥青涂层较好满足了埋地管线防腐的需要。SY/T 0447—1996《埋地钢质管道环氧煤沥青防腐层技术标准》中规定，为适应不同腐蚀环境对防腐层的要求，环氧煤沥青防腐层分为普通级、加强级和特加强级三个等级，其结构由一层底漆和多层面漆组成，面漆层间加玻璃布增强，见表 3-3-53。环氧煤沥青涂料的缺点在于施工麻烦、周期长，人为和环境影响因素较大。施工时要求在 15℃以上，低于 15℃时，要使用低温固化型环氧煤沥青涂料。由于固化时间长，钢管预制厂的能耗大，生产效率低。近年来，环氧煤沥青加玻璃布的防腐层已经在很多行业开始由其他新型防腐材料所代替。石油天然气行业已经开始使用无溶剂涂料替代环氧煤沥青涂料，并且不再使用玻璃布结构。

表 3-3-53　防腐层等级与结构

等　级	结　　构	干膜厚度/mm
普通级	底漆-面漆-面漆-面漆	≥0.30
加强级	底漆-面漆-面漆、玻璃布、面漆-面漆	≥0.40
特加强级	底漆-面漆-面漆、玻璃布、面漆-面漆、玻璃布、面漆-面漆	≥0.60

注：“面漆、玻璃布、面漆”应连续涂覆，也可用一层浸满面漆的玻璃布代替。

SY/T 0061—2004 中规定长输管线不宜选用溶剂涂料，但是在石化工厂内的埋地管道实践中采用的外防腐方案还有环氧沥青涂料、高固体分厚浆型环氧涂料、无溶剂酚醛环氧涂料等。这些涂层可能不适合于长输管线的施工应用，但是对于石化厂区的小规模管道防腐蚀施工，可以在现场进行，十分方便灵活。美国 ANSI/AWWA C210—1997《钢质水管线的内外液态环氧涂层系统》可以作为相应的参考标准使用。

高固体分厚浆型环氧涂料与环氧煤沥青相比，不含沥青类致癌物、浅色、易于控制施工质量、便于维修检查、一次施工干膜厚度达 200～400μm、厚膜型施工两道即可达到规定的干膜厚度。加入铝粉或玻璃鳞片等片状防锈颜料，加强了涂膜的耐腐蚀性能。表 3-3-54 为高固体分环氧涂料防腐层等级。

表 3-3-54　高固体分环氧涂料防腐层等级

等　　级	结　　构		干膜厚度/μm
普通级 300μm	第 1 道	高固体分环氧涂料	150
	第 2 道	高固体分环氧涂料	150
加强级 400μm	第 1 道	高固体分环氧涂料	200
	第 2 道	高固体分环氧涂料	200
特加强级 600μm	第 1 道	高固体分环氧涂料	300
	第 2 道	高固体分环氧涂料	300

无溶剂酚醛环氧涂料是高耐久性的、耐化学品、耐热性优良的涂料，性能好于传统无溶剂环氧涂料。长输管线外防腐主要使用的熔结型环氧和三层聚乙烯涂层，使用温度范围在 100～120℃，很多管线在加工操作时温度都超过了 100℃，有些情况下达到 160℃。无溶剂酚醛环氧涂料与无溶剂环氧涂料相比，提高了耐久性；增强了耐化学品性能，尤其是增强了耐高温性能。在管道修复时，由于盐分和潮湿环境，以及回填对涂层磨损冲击破坏等，现有的涂层并不适应这种严酷的腐蚀环境。

无溶剂酚醛环氧具有优异的耐热性能、优异耐久性能和优异的高温下耐阴极剥离性能，适用于加热底材表面，单道施工干膜厚度 600～1200μm，具有优异的耐化学品性能。温度在 70～80℃时，采用传统的喷涂方式或行走喷涂机都能适应。对于操作温度超过 100℃(212℉，高达到160℃（320℉）的管道来说，无溶剂酚醛环氧涂料是很好选择。该涂料系统的关键是可以满足其耐热性的要求，还包括管道加工厂施工速率、涂层道数、施工中的安全和健康问题以及施工的方便性等。快干型无溶剂酚醛环氧可以施工到温度 90℃的底材表面，10min 后即可搬运。该产品通过双组分喷漆泵施工。

聚脲防腐涂层有着优异的物理性能、防腐性能和施工性能：固化快，几秒钟即可凝结干燥，管道连续喷涂不流淌，下管时间短，涂层无需烘烤，适宜于流水线高效率生产；100%固体含量，没有挥发性有机物，符合环保要求；涂层致密，无接缝，耐介质性能突出，适用于沼泽、水塘、原油、石方区等强腐蚀环境下使用；机械强度高，搬运、吊装过程中不易损伤；无需底漆，可以直接喷涂在喷砂到 Sa 2.5 级的钢材表面；使用温度范围宽，可在 −50～150℃内长期使用；介电强度高达 25kV/mm；与阴极保护配套性良好；补口性能优良。

聚脲弹性体涂层按埋地管道防腐层的检测要求所测得的技术性能指标见表 3-3-55。

表 3-3-55 聚脲弹性体性能指标

项　　目	性能指标	试验标准
拉伸强度/MPa	≥20	GB/T 1040
断裂伸率/%	≥350	GB/T 1040
脆化温度/℃	≥−50	GB/T 5470
电气强度/(MV/m)	≥25	GB/T 1408.7
体积电阻率/Ω·m	>1×10^{12}	GB/T 1410
耐紫外线老化(336h)/%	≥80	SY/T 0413—2002　附录 E
耐磨性能(CS17 滚轮,负重 1kg/1000r)/mg	≤100	ASTM D 4060
吸水性/%	≤3.0	ASTM D 570
剥离强度/(N/cm)		SY/T 0413—2002　附录 G
20℃±5℃	≥70	
50℃±5℃	≥50	
阴极剥离(65℃×48h)/mm	≤8	SY/T 0413—2002　附录 H
冲击强度/(J/mm)	>8	SY/T 0413—2002　附录 H
抗弯曲/2.5o	聚脲层无开裂	SY/T 0413—2002　附录 J
压痕硬度(23℃±2℃)/mm	≤0.2	SY/T 0413—2002　附录 F

注：SY/T 4013—1995《埋地钢质管道聚乙烯防腐层技术标准》。

美国水工协会规范 AWWA C222—1999 推荐的管道外防腐层聚脲涂层的厚度见表3-3-56。

表 3-3-56 聚脲涂层厚度推荐

涂层级别	最小厚度/μm	涂层级别	最小厚度/μm
普通级	650	特加强级	2000
加强级	1500		

三、建筑钢结构防腐蚀涂料

市政公共设施，如大型的会展中心、体育场馆、机场航站楼、电视塔、桥梁等，都会使用到大量的钢材，以钢结构作为主要的结构形式。钢铁是现代建筑中重要的结构材料，强度高、性能稳定、韧性好、加工制作方便、适合于批量生产，并且易于控制质量、安装迅速。

一般城市环境中汽车排放的尾气、电厂以及锅炉烟囱排放的含硫烟气等；工业城市的工业大气污染，海滨城市的盐雾侵蚀；南方的城市湿热等，这些因素必然会导致钢结构遭受腐蚀。采用防腐蚀涂料进行市政公共设施建筑钢结构涂装保护是经济可行的方法，可以达到15年以上的使用寿命，如果采用金属热喷涂与重防腐涂料双重保护，可以达到25年以上的使用寿命。

防腐蚀涂料在市政公共设施建筑钢结构方面的应用，不仅要考虑到长期的使用寿命以及美观装饰性，同时还要考虑到环境保护。用于钢结构的重防腐涂料要体现性能、美感和环保法规这三者之间的最佳结合。

1. 防锈底漆的选用

钢结构防腐蚀涂装体系中，防锈底漆的作用至关重要，它要对钢材有良好的附着力，并能起到优异的防锈作用。常用的防锈底漆有富锌底漆和厚浆型环氧涂料等。

(1) 富锌底漆　富锌漆由于富含锌粉，对钢材基底有阴极保护作用，因此是首选的防锈底漆。富锌底漆在钢结构防腐方面，目前主要有三个重要类型：环氧富锌底漆、醇溶性无机富锌底漆和水性无机富锌底漆。

① 富锌底漆中锌粉的规定

a. 锌粉含量的要求　对富锌底漆中的锌粉含量，不同国家和地区有着不同的规范要求。

BS 4652：1995 中规定，干漆膜中锌粉含量不能低于 85%（质量分数）。

ISO 12944-5：1998，5.2 条文中规定，富锌底漆，无论是有机还是无机，不挥发分中锌粉含量不得低于 80%（质量分数），锌粉标准要符合 ISO 3549 的规定。

HG/T 3668—2000：不挥发分中的金属锌含量的规定，无机富锌底漆不低于 80%，有机富锌底漆不低于 70%。

SSPC SSPC-Paint 20：2002 中规定两类富锌底漆，类型Ⅰ为无机富锌漆，类型Ⅱ为有机富锌，并且按干膜中的锌粉重量规定了三类涂料：Level 1 等于或大于 85%；Level 2 等于或大于 77%，少于 85%；Level 3 等于或大于 65%，少于 77%。这些涂料中的主要颜料成分必须是 ASTM D 520 所规定的金属锌粉的要求。

b. 锌粉的要求　用于涂料中的锌粉不可能是 100%的纯金属锌，它会含有一定的氧化锌、氧化铅和其他非金属成分和金属元素。按 GB/T 6890—2000，其化学成分见表 3-3-57。

表 3-3-57 锌粉的化学成分

等级	化学成分/%					
	主品位 ≥		杂质 ≤			
	全锌	金属锌	Pb	Fe	Cd	酸不溶物
一级	98	96	0.1	0.05	0.1	0.2
二级	98	94	0.2	0.2	0.2	0.2
三级	96	92	0.3	—	—	0.2
四级	92	88	—	—	—	0.2

c. 锌粉中的铅含量标准　ASTM D 520 对作为涂料颜料的金属锌粉规定了 3 个种类。种类Ⅰ中铅含量最大限量没有规定，为通用等级；种类Ⅱ规定铅含量的质量比不大于 0.01%，为高纯度级；种类Ⅲ规定铅含量的质量比不大于 0.002%，属最高纯度级。

② 环氧富锌底漆　环氧富锌底漆以环氧树脂为基料，以聚酰胺为固化剂，以超细锌粉

为主要防锈颜料。加入一定量的铝银浆和氧化铁红，可以增加耐候性能，防止锌盐的产生。典型的环氧富锌底漆配方见表3-3-58。

表3-3-58 环氧富锌底漆的基本配方 单位：质量份

A组分	环氧树脂	8～10	A组分	溶剂	11～12
	钾长石粉	6～7		助剂	0～1
	锌粉	57～61	B组分	溶剂	4～5
	氧化铁红	0～1		聚酰胺固化剂	4～6
	铝银浆	0～1			

③ 醇溶性无机富锌底漆 与环氧富锌底漆相比较，无机富锌底漆在耐热、耐溶剂、耐化学品性能以及导静电方面有着更为优异的性能。典型的醇溶性无机富锌底漆的配方见表3-3-59。

表3-3-59 典型的醇溶性无机富锌底漆 单位：质量份

A组分	硅酸乙酯	22～26	A组分	云母粉	7～9
	酸	0.1～0.2		溶剂	32～36
	水	2～3		助剂	0.5～0.8
	高岭土	7～9	B组分	锌粉	20～25

无机富锌底漆的施工要求很高。钢材表面必须喷砂到Sa 2.5。醇溶性无机富锌底漆的固化是通过吸收空气中水分进行水解缩聚反应来完成的，因此无机富锌底漆在喷涂后，空气中的相对湿度最好保持在65%以上。无机富锌必须在完全固化后才能涂覆后道漆，否则会引起涂膜层间分离。

无机富锌底漆表面呈多孔性，喷涂后道涂层前要求使用专门的封闭漆或采用雾喷技术。无机富锌底漆对于漆膜厚度有着严格的要求，过高的干膜厚度会导致漆膜开裂，醇溶性无机富锌底漆通常认为125μm以下安全的，水性无机富锌底漆膜厚度可以高至150～200μm，这取决于涂料厂家的配方技术。

④ 水性无机富锌底漆 水性无机富锌涂料，以水代替溶剂和稀释剂，不含任何有机挥发物，无毒，无闪火点，对施工人员的损害明显比溶剂型无机富锌涂料低，对环境污染小，VOC为零，没有火灾危险，在施工、贮存和运输过程中较为安全。

水性无机富锌底漆，利用空气中的二氧化碳和湿气与硅酸钾进行反应，在生成碳酸盐的同时，锌粉也同硅酸钾充分反应生成硅酸锌高聚物。其固化受温度和湿度的影响较大。水性无机富锌底漆要求喷砂到Sa3。

(2) 环氧防锈底漆 厚浆型改性环氧涂料也是重要的防锈底漆，它们通常含有磷酸锌或铝粉等防锈颜料，漆膜坚固耐久，对钢材的附着力强。这些产品已经在海洋环境下应用了几十年，具有很好的防腐蚀性能。

环氧磷酸锌防锈底漆的典型配方见表3-3-60。

表3-3-60 典型的环氧磷酸锌防锈漆配方 单位：质量份

A组分	环氧树脂	19～20	A组分	溶剂	19～21
	滑石粉	22～23		助剂	1～2
	磷酸锌	8～9	B组分	溶剂	5～7
	氧化铁红	7～9		聚酰胺固化剂	13～15

碳氢树脂改性的环氧树脂涂料有普通型、铝粉型和玻璃鳞片增强型等多种产品，单道喷涂可以达到100～400μm的干膜厚度。典型的碳氢树脂改性环氧涂料见表3-3-61。

表 3-3-61　典型的碳氢树脂改性环氧涂料　单位：质量份

A 组分	环氧树脂	18～22	A 组分	氧化铁红	2～3
	石油碳氢树脂	8～10		助剂	0.5～1
	钾长石粉	32～36		溶剂	13～17
	滑石粉	8～10	B 组分	聚酰胺固化剂	8～12

以改性酚醛胺为固化剂的通用耐磨环氧漆，作为真正的通用环氧防锈漆，它可以一年四季使用而无需在冬天采用低温固化剂，对于车间底漆表面、钢材、铝材、不锈钢、镀锌和热喷涂金属表面等都有良好的附着力，并且可以用醇酸、环氧、丙烯酸、聚氨酯等面漆覆涂。该产品通过 4200h 的盐雾、紫外线循环试验，被认为是不需要采用富锌底漆而可以达到 15 年以上使用寿命的重防腐涂料。典型配方见表 3-3-62。

表 3-3-62　典型通用环氧通用底漆配方　单位：质量份

A 组分	环氧树脂	29～33	A 组分	溶剂	9～10
	钾长石粉	32～36		助剂	1～2
	氧化铁红	1～2	B 组分	腰果壳油固化剂	17～19
	铝银浆	3～4			

2. 中间漆的选用

在重防腐蚀涂料系统中，中间漆的主要作用是增加涂层的厚度以提高整个涂层系统的屏蔽性能。最常用的中间漆是环氧云铁中间漆，含有云铁的涂层表面粗糙，易于后道面漆的附着。这样在中间漆完成后，就能把钢结构发运到安装现场，然后在安装完毕后再涂覆面漆。但是粗糙的中间漆表面在灰尘满天飞的施工现场，也会带来后道面漆涂装时清洁的困难，推荐在钢结构预制厂内先完成第一道面漆的施工，因为面漆的表面更为光洁易于清洁。

对于云母氧化铁在环氧云铁中间漆内的含量，也有一定的要求，根据英国标准 BS 4652 (1995 年)，要达到颜料总比例的 80%以上。这样达到一定比例的云母氧化铁含量，进一步加强了涂料的封闭作用，相比与含很少云母氧化铁一般配方的环氧云铁中间漆，防腐蚀作用明显得到了加强。云母氧化铁片状颜料结构在涂膜中的作用如图 3-3-49 所示。

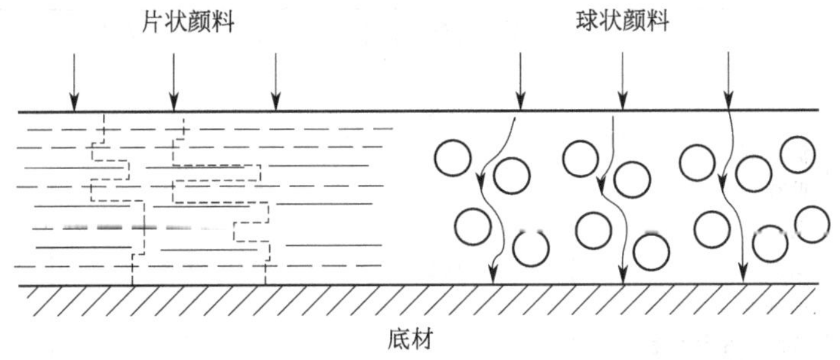

图 3-3-49　云母氧化铁（片状颜料）对腐蚀介质渗透的良好阻隔作用

表 3-3-63 为典型的环氧云铁中间漆配方，供参考。

表 3-3-63　典型的环氧云铁中间漆配方　单位：质量份

A 组分	环氧树脂	18～20	A 组分	云母氧化铁	12～13
	氧化铁红	2～3		溶剂	12～14
	滑石粉	21～23		助剂	1
	硫酸钡	9～10	B 组分	聚酰胺固化剂	19～21

早期使用的环氧云铁中间漆的固体分在 50%左右，现在新推出应用的环氧云铁中间漆

都在65%左右，甚至80%以上，这样溶剂含量比原来减少了15%～30%。高固体分环氧云铁中间漆在施工时，可以单道涂层喷涂达到100～200μm的干膜厚度，而原先的低固体分的环氧云铁中间漆，一道喷涂只能达到50μm的干膜厚度。

3. 面漆的选用

面漆的主要作用是遮蔽太阳紫外线以及污染大气对涂层的破坏作用，抵挡风雪雨水，并且要有很好的美观装饰性。钢结构表面高耐候性的防腐蚀面漆，目前使用的主要有丙烯酸聚氨酯面漆、氟碳面漆以及有机改性聚硅氧涂料等类。

(1) 丙烯酸聚氨酯面漆 羟基丙烯酸树脂与脂肪族多异氰酸酯预聚物配合，可以制成色浅、保光保色性优、户外耐候性好的高装饰性丙烯酸聚氨酯面漆。由于丙烯酸聚氨酯面漆没有最大重涂间隔，所以有些涂料厂家直接将其称为可覆涂聚氨酯面漆，丙烯酸聚氨酯面漆是目前钢结构防腐蚀体系中应用最为广泛的面漆。表3-3-64为典型的丙烯酸聚氨酯面漆配方，供参考。

表3-3-64 典型的丙烯酸聚氨酯面漆配方 单位：质量份

组分	原料	用量	组分	原料	用量
A组分	羟基丙烯酸树脂	44～49	A组分	助剂	1～2
	钛白粉	23～27	B组分	溶剂	1～2
	溶剂	16～20		异氰酸酯	7～8

(2) 氟碳面漆 以FEVE（聚氟乙烯/乙烯基醚）可溶性含氟聚合物为主要基料的氟碳面漆，可以保护下层涂料并且防止紫外线辐射。高键能的C—F键达到485kJ/mol，比典型的有机聚合物的C—C键的键能358kJ/mol要强得多。这意味着要更强的活化能才能破坏含氟聚合物。FEVE能用氟乙烯和乙烯基醚溶液共聚而成，给予涂料溶剂可溶性、透明度、光泽、硬度和柔韧性等。从有机溶剂的可溶性的角度来看，三氟氯乙烯（CTFE）由氟乙烯共聚而成。聚合物的羟基官能团能很容易地由羟基烷基乙烯基醚来制备，使其可以与异氰酸酯和三聚氰胺固化剂进行交联。表3-3-65为高光、亚光白色氟碳漆及氟碳清漆配方，供参考。

表3-3-65 高光、亚光白色氟碳漆及氟碳清漆配方 单位：质量份

配方		高光白色氟碳漆	亚光白色氟碳漆	氟碳清漆
氟碳树脂		68.9	67.0	98.0
溶剂乙酸丁酯		3.5	4.5	—
颜料	消光剂	—	4.5	—
	助剂1	—	0.3	—
	助剂2	1.1	1.2	0.5
	助剂3	0.5	0.5	
	助剂4	1.0	1.0	1.5
	金红石型钛白粉	25.0	25.0	—
固化剂配比	异氰酸酯	10∶1	12∶1	8∶1

(3) 聚硅氧烷涂料 有机改性的聚硅氧烷涂料技术与聚氨酯和氟聚合物面漆相比，是低黏度、低VOC、无异氰酸酯、高耐候性的防腐面漆产品。聚硅氧烷涂料中的硅-氧键已经氧化使得它们可以耐受大气中的氧气和大多数氧化物的作用。聚硅氧烷的硅-氧键，键能高达445kJ/mol，大大高于有机聚合物典型的碳-碳键的键能358kJ/mol。这意味着需要更强的活化能才能破坏聚硅氧烷聚合物。因此，聚硅氧烷面漆具有天性的耐大气和化学性破坏的性能。第一代商品化的聚硅氧烷面漆以氢化的环氧树脂进行改性，随后发展了第二代丙烯酸氨基甲酸乙酯和丙烯酸改性的聚硅氧烷产品。聚硅氧烷树脂的黏度很低，可以使得环氧和丙烯

酸聚硅氧烷涂料有着很高的固体分。环氧聚硅氧烷涂料的体积固体分高达 90%，VOC 为 120g/L（EPA method 24）。丙烯酸聚硅氧烷涂料的体积固体分设计高达 72%，VOC 为 240g/L。表 3-3-66 为典型的环氧聚硅氧烷涂料配方，供参考。

表 3-3-66 环氧聚硅氧烷涂料配方 单位：质量份

A 组分	硅氧烷树脂	62～66	A 组分	气态硅	0.8～1.2
	蓝颜料	1～2		溶剂	适量
	钛白粉	22～26	B 组分	氨基硅烷	5～8
	滑石粉	2～3		聚胺	4～6
	抗气剂	0.3～0.6			

4. 钢结构涂装设计

钢结构的防腐蚀涂装规格主要根据 ISO 12944 来制订。ISO 12944 是目前全球公认的权威性标准，它是国际标准化组织为从事涂料防腐蚀工作的业主、设计人员、咨询顾问、涂装承包商、涂料生产企业等汇编的标准，为这些人员、单位和组织机构提供了重要的参考。

ISO 12944 全面介绍了钢结构防护涂装中的所有要求，包括设计寿命、腐蚀环境、结构设计、表面处理、涂层体系、涂料产品性能、施工监理以及新建维修配套方案的制订等内容。在钢结构防腐蚀涂料系统设计时，ISO 12944 主要有三个步骤来完成。首先是判断钢结构的腐蚀环境，其次就是确定防腐涂层要求的使用年限，最后就是确定防腐涂层配套方案，包括产品类型和漆膜厚度。

(1) 腐蚀环境的确定 ISO 12944-2 中定义的腐蚀环境是制订防腐蚀涂装系统的指导，见表 3-3-67。作为公共设施的大部分的建筑钢结构，例如体育馆、会展中心等，都处在 C2～C4 的环境中。冶金石化企业和海洋工程钢结构通常处于高腐蚀的 C5-I 和 C5-M 环境。

表 3-3-67 腐蚀定义和环境（ISO 12944-2）

腐蚀等级	典型环境(仅作参考)	
	外 部	内 部
C1 很低		在空气洁净的环境下有供暖设施的建筑，如办公室、商店、学校和宾馆内部
C2 低	轻度的大气污染，大部分是乡村地带	有冷凝发生，没有供热设施的地方，如库房，体育馆等
C3 中	城市和工业大气，中等的二氧化硫污染，低盐度沿海区域	高湿度和有些污染空气的生产场所，如食品加工厂、洗衣场、酒厂、牛奶场等
C4 高	高盐度的工业区和沿海区域	化工厂、游泳池、海船和船厂等
C5-I 很高(工业)	高湿度和侵蚀性大气的工业区域	总是有冷凝和高湿度的建筑和区域
C5-M 很高(海洋)	高盐度的沿海和离岸地带	总是处于高湿、高污染的建筑物或其他区域

(2) 防腐涂料系统的设计使用寿命 ISO 12944-1 中对防腐涂料系统的设计使用寿命划分了三个耐久性范围，见表 3-3-68。

表 3-3-68 涂料系统耐久性范围

序号	耐久性	设计寿命	序号	耐久性	设计寿命
1	低耐久性	5 年以下	3	高耐久性	15 年以上
2	中耐久性	5～15 年			

钢结构建筑要求有着较高的使用寿命，因此对于涂料系统来说，也要求具有高耐久性的使用寿命。所以对于钢结构建筑的涂装设计都是在15年以上，甚至25年以上的重防腐涂装系统。

(3) 涂料系统和漆膜厚度　在ISO 12944-5中，对现有涂料和涂料体系的使用进行了重要定义。ISO 12944-5在附录A中表格1～8中举例说明了基于不同黏结剂、防锈颜料、干膜厚度，配合使用的底漆、中间漆和面漆。表3-3-69列举了对应于C4腐蚀环境下，建筑钢结构在不同设计寿命下的不同涂料体系及其膜厚的对应关系。

在C4或C5腐蚀环境下，推荐使用富锌底漆，ISO 12944标准中规定锌粉含量不能低于80%（质量分数），锌粉颜料必须满足ISO 3549的要求。

在ISO 12944-5中，限于制订标准时的涂料技术和涂料系统方案的取舍，不可能把所有的涂料类别都列举出来，比如环氧酯涂料和氨酯醇酸树脂、氟碳和聚硅氧烷涂料等便没有在这里体现出来。

对于漆膜厚度是根据腐蚀环境以及所期望的使用寿命来确定的，见表3-3-70。这里没有列出C1环境中的涂料系统，是因为在这种环境下腐蚀性很低，其他任何规定的涂层系统都足以对钢结构做出长久性保护。

表3-3-69　ISO 12944-5中对应C4的耐久性涂料系统举例

编号	表面处理等级	底漆			中间漆和面漆			涂料系统			期望的使用寿命 ISO 12944-1		
		基料	类型	涂层数	膜厚NDFT/μm	基料	涂层数/层	NDFT/μm	涂层数/层	总膜厚NDFT/μm	低L	中M	高H
IS4.19	Sa 2.5	EP，PUR	Zn	1	40	EP，PUR	1～2	120	2～3	160			
IS4.20	Sa 2.5			1	40		2～3	160	3～4	200			
IS4.21	Sa 2.5			1	40		2～3	200	3～4	240			

注：1. EP，环氧；PUR，聚氨酯；Zn，锌粉。

2. 环氧富锌或聚氨酯富锌底漆的膜厚可以设计为80μm。

表3-3-70　ISO 12944中腐蚀环境、使用寿命和漆膜厚度的关系

腐蚀环境	使用寿命	干膜厚度/μm	腐蚀环境	使用寿命	干膜厚度/μm
C2	低	80	C4	低	160
	中	120		中	200
	高	200		高	240(含锌粉) 280(不含锌粉)
C3	低	120	C5-I C5-M	低	200
	中	160		中	280
	高	200		高	320

注：使用含锌底漆时，锌粉含量不能低于80%（质量分数）。

5. 钢结构的金属热喷涂

许多大型钢结构的设计使用寿命要求在50年，甚至80年以上，单一的涂料体系是不可能达到这样的要求的。在室外大气腐蚀环境下，对钢结构进行热喷涂锌或铝涂层，结合涂料封闭，是保护钢结构长期无维护或少维护的唯一最好方法。

在腐蚀环境下，锌或铝涂层作为阳极被腐蚀，其腐蚀产物会覆盖在涂层表面，起到封闭作用。因此，热喷涂锌或铝涂层既有阴极保护作用，还会起到屏蔽作用，确保了当涂层发生破损时，能牺牲金属喷涂层，可达到20年免维护，40年少维护的有效保护。

对于金属热喷涂以及无机富锌底漆，要分别施工一道环氧封闭漆/连接漆，干膜厚度约在 30μm。封闭漆/连接漆的主要作用是对金属热喷涂和无机富锌底漆的多孔表面进行渗透封闭，起到防止起泡针孔的作用，也为后续中间涂层起到了良好的连接作用。

6. 钢结构重防腐涂装体系

一个复杂的有着几千甚至上万吨的钢结构建筑，要制订一个满足多方要求的防腐蚀体系是较为困难的。它涉及涂料的防腐蚀耐久性、涂层的快速干燥性、方便的施工性和绿色环保等。

对钢结构的防锈处理，采取金属热喷涂的方法，喷锌、喷铝或喷锌铝合金等方式，达到20 年以上的防腐蚀使用寿命；采用富锌底漆、无机富锌或环氧富锌底漆，干膜厚度50～80μm，可以达到 15 年以上的防腐蚀使用寿命；对于 C3 或 C4 腐蚀环境，选用重防腐厚浆型环氧涂料，干膜厚度在 200μm以上，无需采用中间涂层，也可以达到 15年以上的使用寿命。

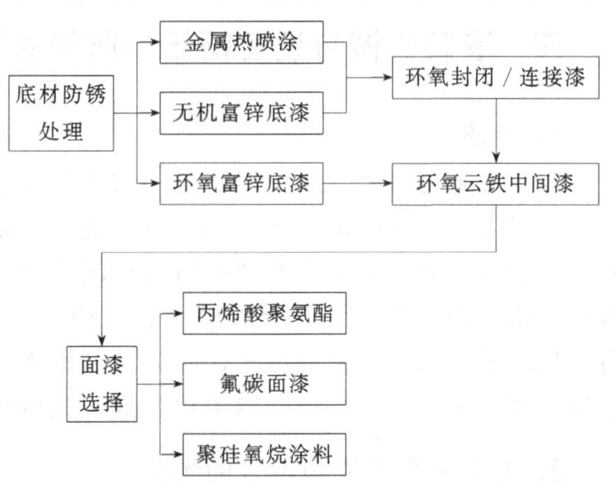

图 3-3-50　重防腐涂装体系

高性能面漆的选用目前主要有三种类别：经济有效的丙烯酸聚氨酯面漆、超耐候性的氟碳面漆以及耐候性优异且环保的聚硅氧烷面漆。干膜厚度在 60～100μm 之间选用。

重防腐涂装体系中底漆、中间漆和面漆的选用如图 3-3-50 所示。

以 ISO 12944-2 C4 腐蚀环境为例，依据 ISO 12944-5，表 3-3-71 介绍了不同腐蚀环境下的防腐蚀涂装体系，使用寿命在 15 年以上。其中采用金属热喷涂的方案，可以达到 25 年以上免维护或少维护的使用寿命。腐蚀等级高的防腐蚀涂料体系用于腐蚀等级低的环境下，可以相应延长使用寿命；同样，膜厚高的防腐蚀涂料体系用于腐蚀等级低的环境下，也可以相应延长使用寿命。

表 3-3-71　钢结构重防腐涂装体系

腐蚀环境	ISO 12944 C4(沿海腐蚀环境)		
涂层系统	涂层	涂　料　产　品	干膜厚度/μm
金属热喷涂体系	金属喷涂	锌、铝或锌铝合金	120～160
	封闭漆	环氧封闭漆	不计厚度
	中间漆	环氧云铁中间漆	100
	面漆	脂肪族聚氨酯面漆	80
环氧富锌重防腐体系	底漆	环氧富锌底漆	75
	中间漆	厚浆型环氧云铁中间漆	125
	面漆	脂肪族聚氨酯面漆	80
无机富锌重防腐体系	底漆	无机富锌底漆	80
	封闭漆	环氧封闭漆	30
	中间漆	厚浆型环氧云铁中间漆	100
	面漆	脂肪族聚氨酯面漆	80
环氧重防腐蚀涂料涂装体系	底漆	碳氢树脂改性环氧涂料	2×100
	面漆	脂肪族聚氨酯面漆	80
	底漆	通用环氧涂料	2×100
	面漆	脂肪族聚氨酯面漆	80

续表

腐蚀环境	ISO 12944 C4(沿海腐蚀环境)		
环氧磷酸锌重防腐涂装体系	底漆	环氧磷酸锌防锈底漆	100
	中间漆	环氧云铁中间漆	100
	面漆	脂肪族聚氨酯面漆	80
超耐候性涂料系统	底漆	环氧富锌底漆	75
	中间漆	环氧云铁中间漆	125
	面漆	聚硅氧烷涂料/氟碳面漆	80

注：金属热喷涂表面的封闭漆；渗入金属层内部，因此实际使用中不计漆膜厚度。

四、港口机械与设备钢结构防护涂装

1. 概述

我国现有港口150余个，2005年货物吞吐量达33.8亿吨，比2000年翻了一番多。随着《中华人民共和国港口法》的公布实施，国家加强了对港口建设的规划与管理，保障经济和社会全面协调、可持续发展；目前全国港口布局已形成环渤海、长江三角洲、东南沿海、珠江三角洲和西南沿海5个规模化、集约化、现代化的港口群体，形成煤炭、石油、铁矿石、集装箱、粮食、商品汽车、陆岛滚装和旅客运输8个运输系统。港口建设的繁荣促进了港口机械行业的极大发展。本节仅就港口机械与设备钢结构防护涂装技术简介如下。

2. 港口分类与港口设备的种类

(1) 港口的分类　港口从地理位置和自然条件分类有：海港、河口港、河港、湖港、水库港等。按港口业务性质和用途分类有：商港、军港、工业港、渔港、油港等。

(2) 港口设备的种类　任何港口的运行需配套大量的港口机械与设备。根据港口的装卸能力和物流模式，所配备的设备类型也不同，可分三大类。

① 集装箱及起重机械设备　如集装箱岸桥、集装箱、场桥、轨道吊、轮胎吊、轨道行车、浮式起重机、龙门起重机、固定起重机等。

② 装/卸船机　如装船机、卸船机、斗轮机、吸粮机、卸车机、浮吊等。

③ 其他　如门机、固定吊、输送机、正面吊运机、跨运车、龙门吊运机、码头牵引车、空箱堆高机、叉车等。

这些港口机械与设备安装并运行在港口，处于沿海大气腐蚀环境之中，某些部位甚至处于浪溅区，做好防腐涂装对确保其使用寿命至关重要。

3. 港口设备所处腐蚀环境的特点

大型的港口设备通常处于海洋腐蚀环境中，而影响金属材料在海洋环境中腐蚀的因素很多，其中包括化学/电化学的（氧、水分、盐、有机化合物、污染物等）、物理的（温度、流速、压力等）和生物的因素。这些因素的作用常常是相互关联的，它们不但对不同金属的影响不一样，就是在同一海区对同一种金属的影响也因金属所处的部位（沿岸区、飞溅区、潮差区、全浸区、深海区、海泥区）不同而异。

我国海岸带由于受太平洋海洋动力因素的影响，海岸地形、气候、大陆入海河流等因素影响，形成各自特殊的海洋环境。据国家海洋局近几年的调查资料数据，我国海洋环境条件概述如下。

(1) 气温　海岸带年平均气温从北至南变化在8.5～25.5℃。

(2) 日照　年日照时数分布：北部多，南部少；海岛多，陆上少。

(3) 降水 海岸带濒临东亚季风区，受冬、夏季风及海陆分布和沿岸地形的综合影响，北部降水少，南部降水多；陆上多，海上和海岛少；迎风坡多，背风坡少。

(4) 湿度 海岸带年平均相对湿度，从高纬度向低纬度速增，由陆地向海上速增。相对湿度的年内变化与降水量的年内变化相关，在降水集中季节，湿度增大。

(5) 盐度 沿岸海域的盐度与外海高盐水和沿岸低盐水的消长和交汇有关，还受径流、潮流等影响。沿岸海域年平均盐度为28%～33%，最高月平均盐度为33.75%（海南岛）。

(6) 溶解氧 海水中溶解氧主要来源于大气中氧的溶解，其次来自海洋植物（主要是浮游植物）光合作用产生的氧。海洋生物的呼吸作用和有机物的降解消耗溶解氧。氧在海水中的溶解取决于水温、盐度和大气压力等。海水含氧量受水温控制，冬季高，夏季低，春秋季居中。

(7) 酸碱度 影响海岸带海水pH的因素有盐度、CO_2含量、浮游植物光合作用、河流径流量、有机质分解反应等。盐度低、CO_2含量高、使pH降低。浮游植物光合作用需要吸取CO_2，使海水中CO_2减少，使pH升高。海岸带海域因为受陆地径流等影响，pH变化较大。

(8) 潮汐与潮流 我国沿海潮汐性质较复杂，各海区存在正规半日潮、不正规半日潮、正规全日潮、不正规全日潮四种类型，但不同海区各种潮汐类型所占主次不同。正规半日潮流每半天涨，落潮流时间大约为6h，正规日潮流每天涨，落潮时间大约各为12h。

以上各种环境因素都对港口设备钢结构的大气腐蚀过程产生极大影响。根据ISO 12944《钢结构保护涂层腐蚀性环境分类》标准，考虑到中国港口所在的海域特殊的水温、地质、气象条件，建成的港口/码头一般处于ISO 12944 C4～C5的沿海腐蚀环境中，属于比较严重的腐蚀环境。

4. 港口机械与设备钢结构防护涂层配套体系

在考虑港口设备钢结构防护方案时，主要遵循以下原则：

① 适合港口设备所处地区的气候条件、环境条件及其工况条件；

② 确保涂料和涂装技术的科学性及先进性；

③ 技术上的先进性和经济性相结合，达到最佳性能/价格比。

并且根据在国内外港机涂装工程的实际经验，将港口机械与设备钢结构防护涂层的防护期按所需年限设计。

(1) 钢结构外表面涂层配套体系

① 配套1 防护期设计年限为15～20年的典型配套见表3-3-72。

表3-3-72 防护期15～20年的典型配套

涂层	产品名称	干膜厚度/μm	涂层	产品名称	干膜厚度/μm
车间底漆①	无机硅酸锌车间底漆	15	中间漆	环氧厚浆(云铁)漆	125
底漆	无机硅酸锌底漆	75	面漆	聚氨酯面漆	50
封闭层	环氧封闭漆	25	总膜厚		275②

① 车间底漆是正式涂装前工序间临时防护涂层，需二次喷砂去除，不计入总膜厚。

② 总膜厚根据施用环境的腐蚀等级而定。

注：表面处理：Sa2.5级，粗糙度75～100μm。

② 配套2 防护期设计年限为10～15年的典型配套见表3-3-73。

表3-3-73 防护期10～15年的典型配套

涂层	产品名称	干膜厚度/μm	涂层	产品名称	干膜厚度/μm
车间底漆	无机硅酸锌车间底漆	15	面层	聚氨酯面漆	50
底涂层	环氧富锌底漆	70	总膜厚		270
中间层	环氧(云铁)中涂漆	150			

③ 配套3 防护期设计年限为5～10年的典型配套见表3-3-74。

表3-3-74 防护期5～10年的典型配套

涂层	产品名称	干膜厚度/μm	涂层	产品名称	干膜厚度/μm
车间底漆	无机硅酸锌车间底漆	15	面层	聚氨酯面漆或丙烯酸面漆	2×40
底涂层	环氧富锌底漆	60	总膜厚		240
中间层	厚浆环氧漆	100			

(2) 钢结构内表面

① 封闭式内表面配套见表3-3-75。

表3-3-75 封闭式内表面配套

涂层	产品名称	干膜厚度/μm	涂层	产品名称	干膜厚度/μm
车间底漆①	无机硅酸锌车间底漆	15	底涂层	环氧富锌底漆①	60

① 只在无机富锌车间底漆损坏部位和焊缝部位补涂。

注：表面处理St3，粗糙度75～100μm。

② 非封闭式内表面配套见表3-3-76。

表3-3-76 非封闭式内表面配漆

涂层	产品名称	干膜厚度/μm	涂层	产品名称	干膜厚度/μm
车间底漆	无机硅酸锌车间底漆	15	中间层	厚浆环氧漆	100
底涂层	环氧富锌底漆	60	总膜厚①		160

① 车间底漆系是涂装前工序间临时防护涂层，需二次喷砂去除，不计入总膜厚。

注：表面处理Sa2.5级 粗糙度75～100μm。

(3) 配套比较 这里主要比较以上所列港口机械与设备钢结构外表面三种防护漆配套体系，配套1是15～20年防护期的涂层配套，而配套2的防护期为10～15年，配套3的防护期为5～10年，其主要区别在于底漆/中间漆/面漆的选配和总干漆膜厚，见表3-3-77。

表3-3-77 三种防护漆配套体系比较

涂层	防护期/年			备注
	15～20	10～15	5～10	
底漆	无机富锌	环氧富锌	含锌底漆	锌含量与防护期有直接关系
	高含锌量	高含锌量	中含锌量	
中间漆	含云母氧化铁	含云母氧化铁	不含云母氧化铁	云母氧化铁鳞片状结构可提高涂层封闭性和防腐性
面漆	丙烯酸脂肪族聚氨酯	丙烯酸脂肪族聚氨酯	聚氨酯或丙烯酸	面漆品种和总干膜厚度对各种腐蚀环境的耐久性的关系相当大
总干膜厚/μm	275	270	240	根据ISO 12944规定总干膜厚应高于270μm

5. 码头钢管桩

(1) 钢管桩的腐蚀特征 钢管桩是海港码头和近海设施建设中非常重要的钢结构，是钢管桩码头的承力构件。与混凝土桩相比，钢管桩承载能力大、抗压、抗拉、抗剪切力、抗震、抗风荷载能力强；其规格多，可选余地大，管径可以大到2100mm，壁厚6.9～25mm；桩长易调整，易于割桩和接桩。尽管钢管桩的单价较高，但是单桩承载力高，布桩数量少，可以缩小基础承台，施工速率快，后期处理容易，因此综合效益高。

钢管桩在海洋中有着五大腐蚀区：海洋大气区、飞溅区、潮差区、全浸区和海泥区，腐蚀特征如图 3-3-51 所示。

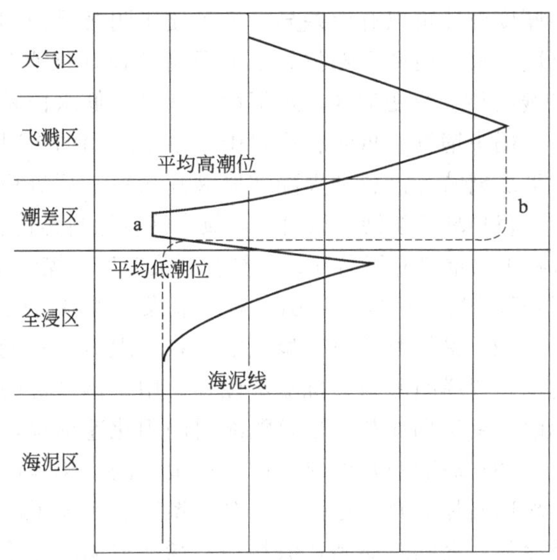

图 3-3-51　海水中钢桩的腐蚀分布图

图 3-3-51 中的 a 线说明了钢桩在海洋环境中腐蚀最严重的部位是在平均高潮位以上的飞溅区，b 线说明了在阴极保护下的腐蚀曲线。这是因为氧气供应在这一区域最为充分，氧的去极化作用促进了钢桩的腐蚀，与此同时，浪花的冲击作用对保护膜造成了破坏，加速了腐蚀。

其次腐蚀峰值（严重的部位）是在平均低潮位以下附近的海水全浸区，这也解释了为什么潮差带出现了腐蚀最低值，甚至低于海水全浸区和海底土壤的腐蚀速率。这是因为钢桩在海洋环境中，随着潮位的涨落，水线上方湿润的钢表面供氧总要比浸在海水中的水线下方表面充分得多，而且彼此构成一个回路，由此成为一个氧浓差宏观腐蚀电池。在腐蚀电池中，富氧区为阴极，相对缺氧区为阳极，总的效果是整个潮差带中的每一点分别得到了不同程度的保护，而在平均潮位以下则经常作为阳极从而出现了另一个腐蚀峰值。这一腐蚀特征说明，涂料设计的厚度区分要在平均低潮位往下一段距离开始计算，这一距离不同的海域会有所不同。

在淡水码头中，人们也开始关注对钢管桩或钢桩的腐蚀。淡水中的水质成分对钢管桩的腐蚀起主要作用，如江河的入海口有咸淡水特征，氯离子对碳钢的腐蚀有相当大的影响。很多淡水河流受污染的影响，其水质含有腐蚀性成分，对钢管桩的腐蚀影响也很大。

(2) 钢管桩的重防腐涂料　钢管桩防腐处理可采用涂料、阴极保护、PE 聚乙烯辐射热缩带和增加腐蚀余量等措施。

为了重防腐涂料的施工简化和阴极保护系统的有效设计，对钢管桩的防腐蚀范围通常可以分为水上段和水下段两部分，防腐蚀设计年限为 20～30 年。

钢管桩重防腐涂料必须抗海洋大气、海浪飞溅以及海水浸泡和海泥的腐蚀。

水上段防腐蚀可选用高固体分涂料或无溶剂涂料。涂料应具有良好的附着性、耐蚀性、耐候性、耐磨损、耐冲击性，同时涂料应能适应干湿交替变化。选用的涂料要耐盐雾、耐老化、耐湿热。应符合 JTJ 230、ISO 12944、ISO 20340 或者 NORSOK M501 的要求。

码头钢管桩重量很大，管径 1100mm、长度 42～64m 的钢管桩，均重达 25t，沉桩用 D100 锤施工一千多锤，终锤指标贯入度控制在 5mm 以下。因此，钢管桩在起吊和打桩时，钢丝绳、龙口和背板对防腐涂层的刮削的剪切力和打桩冲击力都会很大。如果涂层本身韧性不够，硬度不足，附着力一般，在起吊时就会受到刮伤，或经受不住打桩时的冲击力涂层脱落，这就会造成防腐涂装失败。因此钢管桩防腐涂层的固化强度附着力要求≥8MPa。

水下段多采用牺牲阳极的阴极保护与涂料联合防腐蚀措施。水下段采用的涂料应能与牺牲阳极保护相配套，具有良好的附着性、耐蚀性、耐电位性和耐碱性。涂层厚度要能满足钢管桩沉桩后 12 个月内尚未采取牺牲阳极阴极保护时，水下段钢管桩应无腐蚀情况，同时应满足减小阴极保护初始电流密度的要求。

钢管桩的重防腐涂料设计，由于水上水下的腐蚀速率有着明显的差异，因此重防腐涂料的厚度设计可以有所差异。为了便于阴极保护和重防腐涂料的设计，钢管桩可以简化分为水上段和水下段两个部位。水上段指从设计低水位减 1.5m 起以上部位，该部位包括大气区、浪溅区和水位变动区。水下段指从设计低水位减 1.5m 起往下至天然泥面以下 1.5m 的部位。

码头钢管桩重防腐涂料中，主要应用的涂料品种有环氧煤沥青涂料、聚氨酯涂料、改性环氧玻璃鳞片涂料和聚酯玻璃鳞片涂料、环氧粉末涂料等。

(1) 环氧煤沥青涂料 环氧煤沥青涂料是传统的防腐蚀涂料，耐海水腐蚀性强，曾经是钢管桩上的重要应用品种，主要有厚浆型环氧煤沥青涂料和无溶剂环氧煤沥青涂料两类。由于沥青是致癌物，所以欧美国家对环氧煤沥青涂料的应用进行限制，因此目前应用已经不多。

(2) 聚氨酯涂料 聚氨酯涂料物理力学性能良好，漆膜坚韧耐磨；附着力强；耐腐蚀性优良，漆膜耐酸碱、抗盐雾性强。用于钢管桩的聚氨酯涂料，有双组分固化型、湿固化型和无溶剂聚氨酯涂料。聚氨酯涂料的固化速率快，即使在冬天也能快速固化。

(3) 玻璃鳞片涂料 以具有很好的耐化学性能玻璃鳞片作为主要防锈颜料的涂料，称之为玻璃鳞片涂料，增强了防腐蚀系统和延长了耐久性。根据不同的应用环境，有环氧玻璃鳞片涂料、聚酯玻璃鳞片涂料和乙烯酯玻璃鳞片涂料等。用于码头钢管桩保护的玻璃鳞片涂料主要有改性环氧玻璃鳞片涂料和聚酯玻璃鳞片涂料。

玻璃鳞片的厚度在 2～5μm，这样能保证在涂料中有数十层的鳞片排列，形成涂层内复杂、曲折的渗透扩散路径，使得腐蚀介质的扩散渗透路线变得相当曲折、弯曲，很难渗透到基材。玻璃鳞片片径纵横越大，涂层的抗渗透性能越强。玻璃鳞片把涂层分割成了许许多多的小空间，固化后收缩率小，大大降低了涂层的收缩应力，减少各接触面的残余应力，增加了附着力。

环氧玻璃鳞片涂料的一般性能同环氧树脂涂料一样。溶剂型的体积固体分在 80%左右，一次喷涂可以达到干膜厚度 200～400μm，无溶剂环氧玻璃鳞片涂料的固体分含量为 100%，不含溶剂，可以一次喷涂干膜达 500μm 以上。改性环氧玻璃鳞片涂料，用碳氢树脂改性低分子量环氧树脂，其突出的优点是渗透性强，具有优异的封闭性能和附着力。体积固体分高达 80%以上，溶剂含量少，有利于环境保护。与阴极保护有着良好的相容性。加入玻璃鳞片后，进一步增加了涂层的耐久性和耐磨性。码头钢管桩上使用改性环氧玻璃鳞片涂料，施工性能优于纯环氧玻璃鳞片涂料，冬用型可以在－5℃的冬季环境温度下应用。

码头钢管桩需要长达 20 年的耐久性能，表面处理应该喷砂达到 ISO 8501-1：1988 Sa 2.5，表面粗糙度 R_y 50～85μm。改性环氧玻璃鳞片涂料是低表面处理型涂料，在漆膜碰坏部位、海上接桩部位等，由于不可能进行喷砂处理，在动力工具打磨到 St3 级的表面上涂漆，附着力良好，具有很好的防腐蚀性能。表 3-3-78 为典型的码头钢管桩改性环氧玻璃鳞片涂料体系。

表 3-3-78 码头钢管桩改性环氧玻璃鳞片涂料体系

部位	涂料名称	干膜厚度/μm	总膜厚/μm
碳钢管，飞溅区域	改性环氧玻璃鳞片涂料 改性环氧玻璃鳞片涂料	350 350	700
碳钢管，浸没区域	改性环氧玻璃鳞片涂料 改性环氧玻璃鳞片涂料	200 200	400

聚酯是有机酸和醇类的反应物，用于玻璃鳞片涂料中的聚酯主要是由不饱和二盐基酸与二羟基醇的反应物。聚酯溶于苯乙烯单体，加入催化剂和固化剂，苯乙烯开始交联，形成固体涂膜。在固化中会有实质的收缩伴以放热反应，加入玻璃鳞片以吸收这种收缩应力。聚酯

玻璃鳞片涂料，固体分高达96%～100%，固化迅速，在23℃时，干膜厚度600～1500μm，只要2h就可以搬运或在上面走动。聚酯玻璃鳞片涂料耐海水的性能突出，具有高度的耐磨性能，适合直升机甲板、破冰船船壳、钢结构的潮汐飞溅区，与阴极保护相容性好。聚酯玻璃鳞片涂料在墨西哥湾海洋平台方面有着25年以上的良好应用记录。双组分喷漆泵和常规高压无气喷涂都可以进行聚酯玻璃鳞片涂料的施工。使用双组分喷漆泵，能在温度低到5℃时施工，使用常规的无气喷涂泵时，最低温度以10℃以上为佳。

(4) 环氧粉末涂料　环氧粉末涂料漆膜坚固，耐蚀性强，耐酸、碱，抗湿热、抗盐雾。环氧粉末涂料不含有机溶剂，固体分100%，减少对人体危害，对环境的污染，涂料利用率高，过喷的粉末可以回收利用。钢管桩环氧粉末涂料的施工，从表面处理、粉末喷涂、烘烤固化、冷却成品至包装，都可以在整条流水线上进行，施工速率快，减少劳动力。但是环氧粉末涂料在钢管桩上的涂装应用局限性也是明显的，流水线一次性投资大，涂料的配色比较困难，流水线喷涂设备换颜色喷涂较为困难。环氧粉末涂料用在钢管桩上的另一个缺点是对吊装打桩时造成的破损部位，无法进行修补。

6. 港口机械与设备钢结构涂料的发展

如上所述，富锌底漆/环氧中层漆/丙烯酸脂肪族聚氨酯面漆是当前国内常用的港口机械与设备钢结构防腐涂层配套，其性能基本能满足10～15年或以上年限的防护期要求。近年来，港口设备的飞速发展推动了港机设备也向用高性能涂料方向发展。其中，高性能面漆可选用聚硅氧烷涂料和氟碳树脂涂料。氟碳树脂涂料可分为水性和溶剂型，其中溶剂氟碳面漆已在国内钢结构钢桥、大型建筑钢结构上获得成功应用。但因其固体分偏低、VOC含量高，对环境有害而受到限制，只有发展水性氟树脂涂料才能满足国际环保要求；聚硅氧烷涂料的保色和保光性远远好过聚氨酯而与氟碳相当。目前，已在石油平台、桥梁、大型建筑钢结构等领域广泛使用。聚硅氧烷面漆因固体含量高、VOC含量较低、外观装饰性好，更接近于环境友好型涂料而受到欢迎。使用聚硅氧烷树脂涂料或氟树脂涂料，其涂装配套体系和上述聚氨酯大同小异，不再赘述。

五、电力系统用防腐涂料

1. 水电站水工金属结构防腐涂料

(1) 中国蕴藏着巨大的水力发电资源　水电是优质的可再生和清洁能源，也是能源开发过程中首选的投资方向。中国河流众多，径流丰沛、落差巨大，蕴藏着非常丰富的水能资源。据统计，中国河流水能资源缊藏量6.76亿千瓦，年发电量59200亿千瓦·时；可能开发水能资源的装机容量3.78亿千瓦，年发电量19200亿千瓦·时。不论是水能资源蕴藏量，还是可能开发的水能资源，中国在世界各国中均居第一位。中国有十二大水电基地，分别是：①金沙江水电基地；②雅砻江水电基地；③大渡河水电基地；④长江上游水电基地；⑤乌江水电基地；⑥湘西水电基地；⑦闽、浙、赣水电基地；⑧澜沧江干流水电基地；⑨南盘江、红水河水电基地；⑩黄河上游水电基地；⑪黄河北干流水电基地；⑫东北水电基地。

金属钢结构的防腐在水利工程中是比较重要的一部分。以三峡工程为例，其水工结构用钢量为26.6万吨，大坝钢筋用量为32.7万吨，合计59.3万吨，需要防腐总面积高达274.6万平方米。水工钢结构的防腐的目的就是最大限度地减少金属因腐蚀造成的损失，延长其使用寿命并起到一定的装饰作用。

(2) 水工金属结构腐蚀危害和防腐对象　金属结构的腐蚀给国民经济带来了巨大的损失。20世纪70年代前后，许多工业发达国家相继都进行过较为系统的腐蚀调查。结果显示，腐蚀直接损失都相当严重。工业发达国家每年因腐蚀所带来的经济损失占其各国GDP的1%～5%。但其中大约1/4是可以通过改善防腐蚀措施来避免的。根据最近的由美国联邦公路局（FHWA）和NACE发起的关于腐蚀损失的研究，报告指出全美每年因金属腐蚀造成的损失超过2760亿美元。此数值甚至超过了一些国家的国内生产总值（GDP）。据估计，40%的美国钢产量用于替换被腐蚀的构件和设备。

葛洲坝水电厂完工于1988年12月，运行3年后，所有闸门及拦污栅普遍发生锈蚀，8年后，发现在排砂底孔工作门的面板和其他闸门上，有直径约10mm的锈泡，锈泡处下为深度达2～3mm的凹坑。环境的腐蚀和泥沙的冲刷，加速了腐蚀的进程。有的结构，在几年内局部已经锈蚀穿了。

对于水利工程而言，金属结构的腐蚀除了经济上的损失外，更危及水工钢结构工程运行的安全性。虽然涂料的防腐不可能达到100%的有效，但是通过对水工钢结构防腐的研究、涂装设计和施工，除了可以最大限度地减少腐蚀外，还可以根据涂装配套体系和工况环境条件，制订出科学有效的维护计划，为整个工程的正常运行提供保障。

水工金属钢结构防腐对象主要包括各类闸门、拦污栅、启闭机、升船机、压力钢管、清污机、埋件以及过坝通航钢结构等，统称水工钢结构。这些钢结构有的处在水下，有的暴露于大气中，有的是处于干湿交替的环境，有的被埋在地下。如图3-3-52所示是云南小湾水电站的水工金属结构布置，防腐要求的设计数值见表3-3-79。

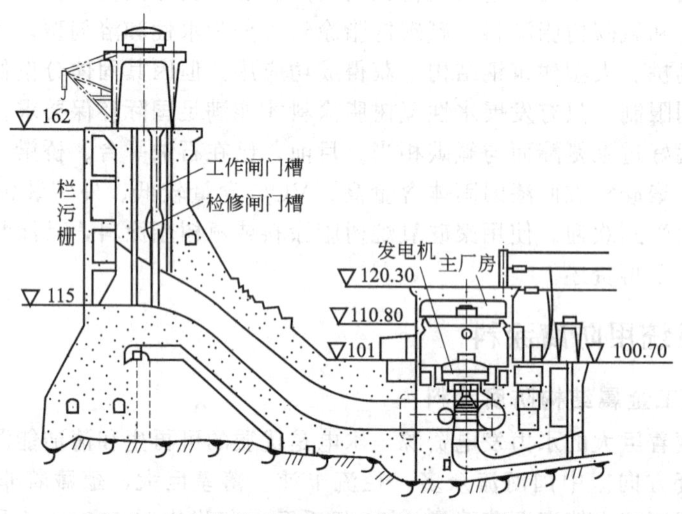

图3-3-52　某坝后式水电站横剖面图（单位：m）

表3-3-79　云南小湾水电站水工金属结构的布置及防腐工程量

设备名称	设备位置	腐蚀环境	水流速度/(m/s)	防腐年限/年	防腐材料	用钢量/t
导流洞闸门/门槽	1#、2#导流洞	水中、干湿交替	20	2、4、6	涂料	900 400
导流中孔闸门	导流中孔	干湿交替	35	6	涂料	1100
导流中孔门槽	导流中孔	水中、干湿交替	35	6	涂料	800
导流底孔闸门	导流底孔	干湿交替	35	6	涂料	1050
导流底孔门槽	导流底孔	水中、干湿交替	35	6	涂料	580
拦污栅	进水孔	水下	1	20	涂料、金属喷涂	1100
进水孔闸门	进水口	水中、干湿交替	5	20	涂料、金属喷涂	1050
进水口门槽	进水口	水中、干湿交替	5	20	涂料	900

续表

设备名称	设备位置	腐蚀环境	水流速度/(m/s)	防腐年限/年	防腐材料	用钢量/t
尾水闸门	尾水洞	水中、干湿交替	10	20	涂料	800
尾水门槽	尾水洞	水中	10	20	涂料	500
表孔工作闸门	溢洪道	水中、干湿交替	25	20	金属喷涂	700
表孔工作门槽	溢洪道	干湿交替	25	20	涂料	100
泄洪洞闸门	泄洪洞	空气中、干湿交替	30	20	金属喷涂	1300
泄洪洞门槽	泄洪洞	空气中、干湿交替	30	20	涂料、不锈钢	300
坝身中孔闸门	坝身中孔	空气中、干湿交替	35	20	金属喷涂	3000
坝身中孔门槽	坝身中孔	空气中、干湿交替	35	20	涂料、不锈钢	2500
坝身底孔闸门	坝身底孔	空气中、干湿交替	40	20	金属喷涂	1300
坝身底孔门槽	坝身底孔	空气中、干湿交替	40	20	涂料、不锈钢	1600
各型启闭机		空气中		20	涂料	5000
压力钢管	直径 8.5m 长 4.6m,全浸于高速水流中			20	内涂涂料	

(3) 水工金属结构腐蚀环境分析　在制订水工钢结构防腐保护体系之前，要对其所处的腐蚀环境进行科学、系统的分析。并按照相关的标准，对腐蚀环境进行评估和分级。在此基础上，才可以设计出有效的并且能够符合防腐要求的涂装配套系统和施工方案。水工钢结构的腐蚀环境分为自然环境和运行工况两个部分。它们都直接影响到腐蚀的进程和漆膜的防腐年限。

① 自然环境　不同地区、不同地点的自然环境，对于水工金属结构腐蚀过程的影响不尽相同，因此，在进行涂装设计前必须对其自然条件情况调查清楚。

当前我国的水利水电工程大多建筑于西南、西北等地区山水之间，远离城市，周围空气相对干净，但由于所处地理位置和水分蒸发，常年气温偏高、湿度偏大；或昼夜温差大，极易产生凝露现象；加上近年来上、下游水体污染、酸雨等等因素的影响，自然腐蚀环境日渐严重。

以下是长江三峡水利工程所处的自然腐蚀环境。

a. 气温和水温　三峡库区处于长江上游，北有秦岭、大巴山的阻挡，北方冷空气不易侵入，气温较高。三峡库区年平均气温为 16.3～18.2℃。历年最高水温 29.5℃，历年最低水温－1.4℃，多年平均水温 17.9℃。

b. 日照　三峡库区年日照时数少，大部地区年日照时数仅有 1200～1600h。

c. 降雨（含酸雨）　三峡库区山丘广布，地形崎岖，地势高低悬殊，各地降水量丰富，并且带有酸雨。但时空分布不均，年平均降雨量在 1100mm，日降水强度较小，约在 150mm。三峡库区是我国酸雨频率较高、酸雨程度较为严重的区域之一。库区各站酸雨频率为 60%～100%，大多数占 90%以上。

d. 风　年平均风速一般为 1.0～1.5m/s。

e. 雾　三峡地区是多雾地区，西部重庆 68.9 天为最多，到峡谷为 8.4 天为最小，到坝区则有所增加，宜昌为 23.2 天。

f. 相对湿度和蒸发　库区年平均相对湿度变化范围基本在 70%～82%，其中西段一般有 79%～82%，东段为 75%左右，中段 67%～71%。呈两头大，中间小的分布格局。库区内多年平均水面蒸发量在 800～1000mm。

g. 库区水质情况　库区的水体 pH 值在 6.8～9.1，溶解氧在 8.0mg/L。耗氧量在 1.4～1.9mg/L。库区的硝酸盐含量大于氨氮和亚硝酸盐。水中有铁细菌及硫酸还原菌及附着生物。

h. 含砂量 多年平均含沙量为 1.19～1.69kg/m^3，最大含沙量为 10.5kg/m^3。经过环境保护的治理，长江上游干、支流的输沙量和含沙量都在减少。

金属的腐蚀是指金属和其所处的环境间，在物理和化学的相互作用下导致金属性能的破坏。腐蚀过程受其环境因素影响十分大，在第一节腐蚀原理中有详细的说明。另外酸雨的存在，会急剧地加快金属的腐蚀进程。通过对以上的环境参数的分析，可以看出长江三峡库区处在一个较为恶劣的腐蚀环境。

② 运行工况 水工金属结构运行工况比较复杂，有些处于大气环境中（室内或室外）；有些处于水下（静水或动水）；有些常年经受高、中速含泥沙水流的冲磨中；或常年处于干湿交替状态下等。对于涂装设计而言，一般将水工金属结构运行工况分为以下五种状态：

- 水上设备与结构——大气区；
- 水下结构——水下区；
- 干湿交替状态下结构——间浸区；
- 高、中速含泥沙水流冲磨作用下的结构——压力钢管内壁；
- 各类埋地件——泥下区等。

a. 大气区 对于水上设备与结构，主要考虑要耐大气腐蚀。应选择抗老化、抗紫外线的耐候型涂料配套。通常以脂肪族聚氨酯为好，其次为丙烯酸。对防护期不长的可用醇酸。

b. 水下区 我国大型水利水电工程大都建筑于大江大河流域，水工结构主要受到淡水的侵蚀。与海水不同，淡水的含盐量低、电阻率高（一般高达几千上万欧姆·厘米），尽管两者 pH 和溶解氧相差不多，但钢结构在淡水中的腐蚀速率比在盐水中低。

国内外对淡水水域中钢结构的腐蚀调查以及现场试样腐蚀试验结果表明：水工钢结构水下部分主要是在夏季水温较高时发生剧烈的局部腐蚀（锈瘤）。我国丹江口水利枢纽管理局与湖北省微生物研究所对该枢纽水工钢结构水下部分进行了五次腐蚀与微生物调查，发现在每年八月高温季节，水库水中铁细菌和硫酸盐还原菌数量较高，深孔闸门构件孔蚀较严重，暴露十年后孔蚀最大深度 3.8mm，而其锈泡中的硫酸盐还原菌数高达 10^5 个，显著地高于同高度的水库水中的这种细菌的菌数（10 个）。锈包中硫酸盐还原菌多，意味着这种细菌促进了钢结构的局部腐蚀。因此，对于水下钢结构，应选用抗水、抗菌、耐磨、高附着力的涂层配套。

c. 干湿交替下间浸区 在淡水环境（除含盐量较高者外）中，水线以上的间浸区，因为钢结构表面水膜的含盐量低，所以腐蚀均匀，与大气中的腐蚀速率相近，初期为 0.03～0.04mm/a，一年后衰退为 0.008～0.015mm/a；而在含盐量较高的淡水中（如卡马河水氯离子和硫酸根离子相应地为 30～40mg/L 和 50～200mg/L），大气中钢的腐蚀较均匀，长期腐蚀速度为 0.04mm/a，而间浸区则急剧变为点蚀，其局部腐蚀速率增大到 0.25mm/a，为大气中的 6 倍。

干湿交替状态的水工结构，处于空气与水交替接触下，其腐蚀速率要比长期浸在水中严重得多。原因是该部位波浪起伏，空气中的氧不断扩散到水中，使水中溶解氧骤增，持续地产生去极化作用，并且使钢结构表面有更多的机会形成溶解氧的浓差电池而造成局部腐蚀（浓差腐蚀）。因此，水线部位是水工钢结构腐蚀最严重的区域。对于干湿交替下的钢结构应选用耐水性好、层间附着力强、耐干湿交替、耐机械摩擦等综合性能较优的涂料。

d. 压力钢管 受高速水流作用的压力钢管内壁涂层往往处于高度紊流状态下，其表面可能由于在以微秒计的时间内局部周期性地形成真空的空穴又突然破灭（水锤作用），释放出大量能量而造成以机械作用为主、电化学腐蚀为辅、又互相促进的气蚀破坏；也可能是由于液体紊流或冲击造成的深坑破坏，也就是冲刷腐蚀（erosion corrosion）。当水流的泥沙含量较高时，破坏更为严重，压力钢管壁一般以底部磨损得最快。由此可见，压力钢管内壁一定要做防腐，而且宜采用超强度环氧涂料为好。

e. 泥下区　埋件处于江河流域泥下区，由于泥中孔隙水含氧有限，故泥下区的腐蚀最轻，大量拔桩实测结果表明其腐蚀速率为 0.006～0.03mm/a，故一般不必用涂料保护。但靠近泥面处可能与水底的水下区构成氧的浓度差，浓度高的一端会充当阴极，而浓度低的，埋在土壤里的一端成为阳极，从而加剧腐蚀；而在污染流域内，泥下区可能有大量硫酸盐还原菌，造成局部腐蚀性相对严重的情况。此外，与所处地土壤的土质化学成分有关，如土壤污染严重，应考虑涂层的耐化学品性质。一般仅需防潮、防水及漆膜牢固性。使用最多的当属环氧与沥青类涂料。

③ 腐蚀环境的分类　对每一个环境所对应的腐蚀等级，ISO 12944 都推荐了相应的防腐涂料配套、表面处理以及施工的要求（详见本章第一～三节）。在设计涂装体系和编制涂装工艺时，可以参照 ISO 12944。

综上所述，对于某一项具体的水利水电工程的金属结构防腐涂装，首先要调查清楚工程所处地理位置的自然环境，以确定其腐蚀性环境分类类别；根据金属结构的运行工况明确其对防腐涂层性能的要求；同时了解工程设计人员对不同水工金属结构防腐寿命的要求以及相关国家标准规定等。在此基础上进行的防腐涂装系统的设计就有了科学的依据，从而保证设计的正确性和可靠性，确保水工金属结构的使用寿命和正常运行。

(4) 水工金属结构防腐蚀标准　在设计水工金属结构的涂装体系中，相关的标准是必不可少的，有国际标准、国家标准、行业标准以及重大项目的标准等。在开始设计涂装配套之前，必须知道该项目所参照的标准。同样，涂料的施工和检测也应按照已确定的标准执行，确保涂装的过程是按照设计的要求进行的，从而获得预期的防腐年限。以下是水工金属结构涂装常用的标准。

ISO 12944　色漆和清漆——用涂料系统对钢结构进行防腐
GB/T 15957—1995　大气环境腐蚀性分类
SL 105—1995　水工金属结构防腐蚀规范
DL 5017　压力钢管制造安装及验收规范
TGPS. J　三峡三期工程涂料质量检测标准（试行）
JTJ 230—1988　港口工程钢结构防腐蚀技术规定
GB 8923　涂装钢材表面锈蚀等级和除锈等级
GB/T 13288　表面粗糙度比较样板抛（喷）丸、喷砂加工表面
GB/T 13312　钢铁件涂装前除油程度检验方法（验油试纸法）
JB/Z 350　高压无气喷涂典型工艺
HG/T 3668—2000　富锌底漆
GB 1764　漆膜厚度测定法
GB/T 5210　涂层附着力的测定法　拉开法
GB/T 1771　色漆和清漆　耐中性盐雾性能的测定
GB/T 1865　色漆和清漆 人工气候老化和人工辐射暴露
GB/T 1740　漆膜耐湿热测定法
GB 7692　涂装作业安全规程涂漆前处理工艺安全
GB 6514　涂装作业安全规程涂漆工艺安全

(5) 水工钢结构防腐涂料及其配套系统　涂层的配套，首先要求同一涂层系统的涂料相容。一般同一涂料公司产品配套的兼容性要好于不同公司涂料产品的组合。如果一个涂层系统采用了几个公司的产品，其配套性难以保证。一旦出了质量问题，不易分析原因，也难以区分责任者。特别是目前涂料公司较多，很多涂料无统一标准，所以更需要注意。由于涂料种类和配套繁多，不能一一列举，以下只介绍目前水工金属结构常用的

一些涂料配套系统。

① 临时保护涂层——车间底漆　车间底漆主要用于喷砂后钢板及其他钢结构，在制作过程中起到临时保护作用，一般的保护期为3～12个月。含锌粉的车间底漆的保护时间相对于不含锌粉的保护时间要长。在选用车间底漆时，不仅要考虑到其临时防腐性能，还要考虑到车间底漆的可焊接性能、可流水线操作性和施工安全性。通常选用国际上一些检测机构和知名船级社认可的可焊接车间底漆。

② 水上区　与大气接触部分的结构分为室外和室内两种。室外的腐蚀环境较室内恶劣，要经受日晒雨淋。除了防腐之外，出于美观方面的考虑，室外的钢结构涂料要有良好的保光保色性能。表3-3-80～表3-3-82为常用的水上区配套。

表3-3-80　醇酸漆配套

涂　层	涂料种类	涂装道数/道	干膜厚度/μm
底层	醇酸厚浆底漆	1	75
中层	醇酸面漆	1	35
面层	醇酸面漆	1	35
总干膜厚度			145

注：干膜厚度为推荐使用厚度，下同。

表3-3-81　环氧-丙烯酸漆配套

涂　层	涂料种类	涂装道数	干膜厚度/μm
底层	环氧树脂底漆	1	50
中层	丙烯酸中层漆	1	35
面层	丙烯酸面漆	1	35
总干膜厚度			120

表3-3-82　富锌-环氧-聚氨酯面漆配套

涂　层	涂料种类	涂装道数/道	干膜厚度/μm
底层	富锌底漆	1	70
中层	环氧云铁中层漆	1	100
面层	聚氨酯面漆	1	50
总干膜厚度			220

该醇酸漆配套适用于轻微至中等腐蚀环境下钢结构，室外防护期一般3～5年，而用于室内钢结构防护期可达到5～6年，属于防腐要求不高的普通涂料配套。醇酸面漆具有良好的光泽、丰满度、柔韧性和一定的耐候性，也耐矿物油及脂肪烃类物质的泼溅。另外，醇酸漆施工简便，价格低廉。需要注意的是，醇酸涂料是氧化固化型涂料，也就是与空气中的氧气发生反应而固化成膜，所以单度涂料的厚度不应过厚，以免漆膜表层固化后，底层因无法接触足够的氧气而不能完全固化。一般单度醇酸涂料的干膜厚度不应超过100μm。

环氧-丙烯酸漆配套适用于中等至严重腐蚀条件下钢结构的中期防护。底漆可选用含有磷酸锌防锈颜料、聚酰胺固化的双组分环氧底漆。可形成坚硬、高效防锈的漆膜。可加涂环氧、聚氨酯、丙烯酸等各种面漆，配套兼容性好。丙烯酸面漆是一种以丙烯酸树脂为基料的物理干燥型面漆，具有理想的光泽、保色性，优良的耐候性，抗紫外线辐射性，耐海水，也耐脂肪烃类物质和动植物油的溅污。由于丙烯酸漆和环氧底漆的固化机理不同，一个是物理干燥型，一个是化学交联固化型，因此在施工过程中要注意丙烯酸漆和环氧底漆间的重涂间隔，如超过最大重涂间隔，一定要彻底进行合适的表面处理，从而确保好的层间附着力。

富锌-环氧-聚氨酯面漆配套属于长效防腐涂层配套。富锌底漆一般分为环氧富锌和无机富锌两类，均以大量锌粉为防锈颜料，而主要成膜物质，前者是环氧树脂，后者为无机硅酸盐。其防腐机理基于金属锌粉对钢材表面的阴极保护作用。

中层漆采用环氧云铁漆，该漆以云母氧化铁（MIO）为防锈颜料，由于其鳞片状结构类似云母而得名，在漆膜中层层叠积排列，可有效阻挡水分、氧气及其他腐蚀性介质的渗透，延长介质的渗透时间；又因为云母氧化铁光敏性弱，化学稳定性好，因而具有较好的耐候性和抗紫外线辐射等性能；其次，环氧云铁漆涂膜表面因其片状填料的作用，形成均匀的粗糙度，有利于与底漆、面漆的黏结。

聚氨酯面漆不仅具有突出的耐候性、耐蚀、耐水、耐油及耐化学品渗透性，抗紫外线辐射、保光保色性好，而且漆膜致密坚韧、附着力强、具有较全面的物理力学性能。此外，聚氨酯漆外观装饰性能好，可有高光、半光、低光等多种选择，是目前最好的涂料品种之一。

③ 干湿交替状态——间浸区　处于干湿交替状态下的金属结构件，如拦污栅、表孔闸门、门槽、埋件、检修门、事故门等，处于半浸没状态。在气-水交界面通常最容易引起锈蚀。随着潮涨潮落分界线常有波动，不断产生新锈。因此，一般选用耐水性好、层间附着力强、耐干湿交替、耐机械摩擦等综合性能较优的涂料，如环氧类和聚氨酯类涂料，见表 3-3-83。

表 3-3-83　间浸区涂料配套

涂　层	涂料种类	涂装道数/道	干膜厚度/μm
底层	环氧富锌/无机富锌　底漆	1	70
中层	环氧中层漆(MIO)	1	150
面层	聚氨酯面漆	1	50
	总干膜厚度		270

④ 水下区和埋地区　水下和埋地区防腐涂层一般采用环氧类和沥青类，要求涂料具有突出的防水防潮性和耐土壤腐蚀，典型配套见表 3-3-84。

表 3-3-84　水下区和埋地区涂料配套

涂　层	涂料种类	涂装道数/道	干膜厚度/μm
“底-面合一”	环氧煤焦油沥青涂料	1	150
“底 面合一”	环氧煤焦油沥青涂料	1	150
	总干膜厚度		300

环氧煤焦油沥青漆可自作底漆，其性能兼顾环氧树脂和煤焦油沥青树脂两者的优点。具有以下几方面的特点：a. 突出的耐水性和防腐性；b. 良好的耐酸、耐碱和耐油性；c. 附着力强、韧性好；d. 价格较低，性价比优。

但由于煤焦油沥青有致癌性而逐渐被性能优异的环氧和石油树脂改性环氧涂料取代。

⑤ 压力钢管内壁涂层　压力钢管内壁涂层长年经受高速/中速含泥砂流水的冲刷，因此对选择的涂料要求具有突出的耐磨、耐水和附着力强的性能。传统的做法是采用环氧沥青漆，例如，鲁布革水电站和十三陵抽水蓄能电站。随着对防腐年限要求的提高，高强度环氧漆逐渐得到广泛的应用，尤其适用于高水头、泥砂含量大的流域水电站压力钢管内涂。高强度环氧是一种由小分子量聚胺固化的高性能涂料，固化后具有优良的耐淡水、海水以及防腐蚀、耐磨蚀性能，而且涂料通常可以做成高固体分、低 VOC 含量，更加环保。表 3-3-85 和

表 3-3-86 分别为环氧煤焦油沥青漆和超强环氧漆配套。

表 3-3-85 环氧煤焦油沥青漆配套

涂 层	涂料种类	涂装道数/道	干膜厚度/μm
"底-面合一"	环氧煤焦油沥青涂料	1	250
"底-面合一"	环氧煤焦油沥青涂料	1	250
	总干膜厚度		500

表 3-3-86 超强环氧漆配套

涂层度数	涂料种类	涂装道数/道	干膜厚度/μm
"底-面合一"	超强环氧涂料	1	250
"底-面合一"	超强环氧涂料	1	250
	总干膜厚度		500

可以通过对比试验来比较超强环氧和环氧沥青涂料的耐磨性能。试验是参照水利部"水工混凝土试验规程"——SD105—1982 所规定的方法，用专用设备在高、中流速含泥砂旋转水流中进行冲磨试验。根据各试验期间试件重量变化情况及规律，评估其防护涂层的抗冲磨性能。为比较送验涂层的抗冲磨性，试验时在同样条件下，对涂有超强环氧树脂漆、环氧沥青漆的钢板，还有未涂涂料的碳钢钢板进行了测量。试验条件如下。

磨料：石英砂①　　磨粒粒径：0.3～0.1mm

流体：自来水＋1%石英砂(质量)　　流速：15m/s

温度：室温　　试样尺寸：50mm×100mm

① 石英砂质量比：1/100。石英砂砂径：0.1mm

实验结果见表 3-3-87 及图 3-3-53。

表 3-3-87 试样经不同时间冲刷试验后试验结果（失重数据）

配套体系	试验结果,失重/(g/50cm²)									
	10h	20h	30h	40h	50h	60h	70h	80h	90h	100h
1# 超强耐磨环氧	0.1517	0.2525	0.3693	0.4881	0.5819	0.6724	0.7503	0.8211	0.8949	0.9706
2# 普通环氧沥青	0.1726	0.3069	0.4155	0.5587	0.6908	0.8120	0.9534	1.0744	1.2098	1.3352
3# 碳钢板	0.2588	0.4229	0.6011	0.7664	0.9812	1.1208	1.2769	1.5532	1.7107	2.0017

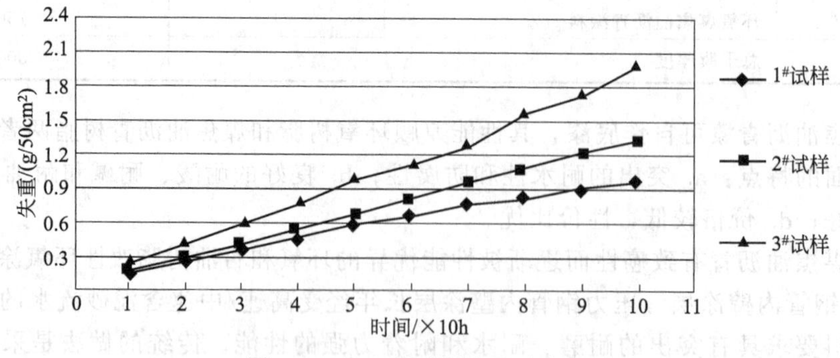

图 3-3-53 三片试样失重示意图

试验结果表明，1# 试样超强度环氧漆耐磨性能明显优于对比样 2# 试样环氧沥青漆试样和 3# 试样普通碳钢钢板。

⑥ 热喷涂金属保护　由于锌、铝的电极电位比钢铁低，所以在腐蚀介质中起到阴极保

护作用。金属涂层多孔，不宜单独使用。一般在金属涂层上喷涂黏度较低的涂料进行封闭，再在封闭涂层上加涂中层漆和面漆，两种涂层发挥了最佳协同效应，防腐寿命可达 20 年以上。但是，金属热喷涂对环境和施工工艺的要求更为严格，特别是表面处理，而且也是一种高耗能工艺，选用时需谨慎。表 3-3-88 为典型热喷涂和涂料复合配套体系。

表 3-3-88 金属涂层和涂料复合配套

涂层	涂料种类	涂装道数/道	干膜厚度/μm
底层	喷锌或喷锌铝	1	120
封闭层	环氧封闭涂料	1	30
中层	环氧云铁中层漆	1	150
面层	环氧/聚氨酯面漆	1	60
	总干膜厚度		360

2. 风力发电设备防腐涂料

(1) 风力发电设备防腐蚀特点　风力发电设备主要由桨叶、风机及塔架组成，其中塔架是需要涂装的主要部位。风力发电站所处的风场是自然条件恶劣的户外环境，常年风力在 4 级以上，并伴有风沙，塔架在这里会受到日光的强烈曝晒，经受风雨、冰雪的侵袭，并受到寒流与高温变化的影响。对于地处海边的塔架，还会受到水汽、盐雾的侵蚀及海水浪花的泼溅，因此极易受到腐蚀。针对风力发电站所处风场的环境特点，要求所用的涂料具有良好的耐候性、耐水性、附着力及防腐性能；漆膜坚硬、耐外力冲击等优异性能。

塔架的塔筒是主要的防腐部位。针对塔筒内外所处的腐蚀环境，塔筒内外壁分别采用不同的防腐涂装方案。目前世界上各大风电公司都有自己成熟的塔筒防腐涂装配套体系。这些配套体系都是以达到长期耐久年限为目的而进行设计的。它符合国际标准 ISO 12944 中有关钢结构在不同的腐蚀环境下达到长期耐久年限的相应的规定和要求。塔筒外壁由于直接与外界大气自然环境接触，根据 ISO 12944-2《腐蚀环境分类》规定，塔筒外壁应处于在 C4 至 C5-M 腐蚀环境，即高腐蚀环境至非常高的海洋腐蚀环境，而塔筒内壁由于不直接与外部大气自然环境接触，应属于 C3 腐蚀环境，即中等腐蚀环境。

目前我国采用最多的涂料配套体系是环氧/聚氨酯涂料，它能确保在任何环境条件下获得最佳的防腐性。塔身外表面较少采用喷锌的处理方式，因为喷锌处理对钢材的表面处理要求高，喷砂须达到 Sa3 级，表面粗糙度达到 80～100μm，施工难度大，投资亦大。而环氧富锌底漆不仅能提供长效的阴极保护，同时价格相对便宜，且易于施工，因此愈来愈得到广泛的应用。目前国外采用玻璃鳞片中涂漆来提高配套涂层整体的耐磨性。

(2) 风力发电机涂装的典型方案

① 典型配套方案　表 3-3-89～表 3-3-96 仅是对涂装方案的总体介绍，用户可根据自己的实际情况和需求作相应调整。涂装系统的漆膜厚度可根据风力发电机塔架所处的腐蚀环境情况而变化（参考 ISO 12944—2）。

表 3-3-89 塔身外表面涂装方案

表面处理：打砂至 ISO 8501-1：2007 的 Sa2.5 级，表面粗糙度达到 ROGOTEST NO.3 BN9a 级		
序号	涂层	涂料品种
1	底漆层	环氧富锌底漆
2	中间漆层	双组分厚浆型环氧漆
3	面漆层	双组分聚氨酯面漆

表 3-3-90 经喷锌处理塔身外表面涂装方案

表面处理：打砂至 ISO 8501-1：2007 的 Sa3 级，表面粗糙度达到 ROGOTEST NO. 3 BN11 级
喷锌层厚度根据 ISO 2063 达到 60～100μm

序号	涂层	涂料品种
1	底漆层	双组分环氧富锌底漆或喷锌层专用底漆
2	面漆层	双组分聚氨酯面漆

表 3-3-91 塔身内部涂装方案

表面处理：打砂至 ISO 8501-1：2007 的 Sa2.5 级，表面粗糙度达到 ROGOTEST NO. 3 BN9a 级

序号	涂层	涂料品种
1	底漆层	环氧富锌底漆
2	面漆层	双组分聚氨酯面漆

表 3-3-92 铸铁部位涂装方案

表面处理：打砂至 ISO 8501-1：2007 的 Sa2.5 级，并手工打磨去除铸件表面的披锋、浇冒口、毛刺等

序号	涂层	涂料品种
1	底漆层	双组分环氧底漆
2	中间漆层	双组分环氧云铁漆
3	面漆层	双组分聚氨酯面漆

表 3-3-93 轮毂延长节等部位涂装方案

表面处理：打砂至 ISO 8501-1：2007 的 Sa2.5 级，表面粗糙度达到 ROGOTEST NO. 3 BN9a 级

序号	涂层	涂料品种
1	底漆层	无机富锌底漆
2	中间漆层	双组分厚浆型环氧漆①
3	面漆层	双组分聚氨酯面漆

① 中间漆喷涂前，先薄薄喷一道环氧封闭底漆，起到对无机富锌底漆封闭作用，然后喷至中间层规定的厚度。

表 3-3-94 齿轮箱内部涂装方案

表面处理：打砂至 ISO 8501-1：2007 的 Sa2.5 级，表面粗糙度达到 ROGOTEST NO. 3 BN10a 级

序号	涂层	涂料品种
1	“底-面合一”	双组分酚醛环氧漆
2	“底-面合一”	双组分酚醛环氧漆

表 3-3-95 铝材等工件表面涂装方案

表面处理：除去铝材表面的油脂杂质等污染物，根据 DIN 55928 标准要求用非金属磨料扫砂铝材表面以获得表面粗糙度达到 R_z 为 50μm 的均匀表面

序号	涂层	涂料品种
1	序号	双组分环氧漆
2	序号	双组分聚氨酯面漆

表 3-3-96 电镀层表面涂装方案

表面处理：用适当的清洁剂清除油脂，用高压淡水清除盐分和其他污物，轻度喷砂以除去白锈同时将电镀层表面打磨粗糙以确保涂装良好的附着力

序号	涂层	涂料品种
1	序号	双组分环氧漆
2	序号	双组分聚氨酯面漆

② 配套的技术说明 典型的风塔塔筒防腐涂装配套体系是由几种不同类型的涂层组合而成。它包括可提供电化学保护的富锌底漆，可提供屏蔽保护的环氧厚浆漆和防腐与装饰皆佳的聚氨酯面漆。

a. 底漆采用环氧富锌底漆。它是一种防锈性能优异的双组分、高含锌量的环氧富锌涂料。其防腐蚀机理是基于金属锌对钢板起到阴极保护的电化学作用。因为锌的电极电位为－0.76V，比铁的电极电位（－0.409V）更负。这样锌作为阳极被腐蚀，铁为阴极而受到保护。完整的环氧富锌底漆可以首先以屏蔽作用的形式保护钢板底材，屏蔽作用隔绝了钢板与腐蚀物的直接接触，在它们之间形成保护膜，当漆膜破损后，还可以对局部破损区域提供阴极保护，使得锈蚀不会蔓延开来，从而达到保护钢板底材的目的（ISO 12944 要求环氧富锌涂料中不挥发分中的金属锌含量要大于 80%）。

环氧富锌底漆干燥、复涂、施工性能优异，无论是在车间内，还是在露天环境均可进行施工并良好固化。不易受环境温度、湿度的影响，在低温条件下，采用冬用固化剂，仍可施工并固化。这实际上可大大降低业主的施工费，缩短涂装施工周期。

b. 中间漆选用环氧厚浆漆。固化后，漆膜坚韧，耐海水，耐冲击，形成很好的屏蔽保护层。冬季低温施工时，可使用低温固化产品。

c. 面漆采用耐紫外线、不变色、耐候性好、装饰性强的聚氨酯面漆，其漆膜坚韧、耐磨、耐腐蚀，而且也耐海水和盐雾，具有优异的保光、保色、抗紫外线、抗老化等耐候性能。聚氨酯面漆以其装饰性与防腐性兼备的优点成为在严重大气腐蚀环境下钢结构长效保护的主要选用面漆。

上述涂装防护配套方案实际上是一个相辅相成的涂装配套体系，环氧富锌底漆由于有了环氧中间漆和聚氨酯面漆的屏蔽保护而隔绝了与腐蚀物质的直接接触，延长了它的保护寿命，而中间漆和面漆由于有了环氧富锌这样坚实的基础而大大提高了它们的防护性能。该防腐配套方案，以其优异的防腐性能、先进的设计理念和简便的施工性能，在防腐领域的竞争有着明显的技术领先优势。

塔筒内表面由于不会受阳光、紫外线照射，所以可不用涂装聚氨酯面漆。

对于一些特殊的材质，如热浸锌、铝材等表面，可选用与热浸锌、铝材附着良好的环氧过渡底漆。

齿轮箱内部所使用的涂料也可选择附着力非常好、具有优良的耐高温和化学品性能的酚醛环氧漆。

涂装配套体系的施工性能也是重点考虑的因素之一。从施工的角度而言，良好的施工是防腐体系成功的关键，施工的好坏直接关系到系统的防护寿命。实际上这是任何一种涂装防腐体系发挥作用的基础。因此防腐体系在满足防腐要求的前提下，要尽可能简化，易于现场施工。

3. 火电站防腐涂料

火电厂有多种腐蚀环境，如燃煤烟气对厂房环境的污染，设备的高温绝热部位，以及各种设备装置等，大体分类如下。

① 钢结构：锅炉钢结构，厂房钢结构。

② 贮罐内壁。

③ 冷却水水管内外壁。

④ 高温部位。

⑤ 烟道、烟囱以及脱硫系统装置。

⑥ 冷却塔。

其中钢结构、贮罐内壁、冷却水管内外壁及高温部位的防腐涂装保护与其他章节重防腐涂装保护中描述的相近，以下只简单介绍其涂装配套，而不加详细介绍，重点介绍烟道、烟囱以及脱硫系统装置和冷却塔防腐涂装。

(1) 火电厂常规部位防腐涂装

① 钢结构　锅炉钢结构的受压件和结构件等，通常采用的防腐蚀涂料如下。

a. 底漆　环氧富锌底漆或无机富锌底漆等。

b. 中间漆　环氧云铁中间漆。

c. 面漆　以聚氨酯面漆为主，也有用丙烯酸面漆等其他的面漆涂料。

② 火电厂的贮罐　火电厂的饮用水罐和去离子水罐其配套为：酚醛环氧贮罐漆 2×125μm 或无溶剂环氧漆 2×150μm。

贮罐外壁可参考大气环境的防腐蚀配套。

火电厂的燃油贮罐通常采用环氧导静电涂料或无机硅酸锌涂料，其配套为：环氧导静电涂料 2×100μm 或无机硅酸富锌底漆 1×90μm。

③ 冷却水循环系统的水管涂装　传统上采用环氧沥青等涂料或直接用沥青和玻璃纤维布包裹，能起到良好的保护作用。但随着环境保护意识的不断加强，沥青涂料正在淡出涂料领域，取而代之的是不含沥青的石油树脂改性环氧树脂漆的推广应用，由于改性环氧是用石油树脂改性，具有良好的润湿性能和附着力，且环氧具有良好的力学性能，能经受运输安装等碰撞，而且固体含量高，有些已经采用无溶剂涂料。无溶剂涂料的使用，有利于施工人员的健康和现场安全，因此高固体分改性环氧涂料是较为合适的涂料产品，可以用常规的施工方法和程序进行施工。高固体分改性环氧涂料在国外很多大型水电站的压力水管和火电厂的循环水管中有着成功的使用记录。

通常采用的是作为底面漆使用的厚膜型改性环氧漆两道，如：改性厚膜型环氧漆 2×250μm 或 2×300μm。

④ 高温隔热部位　火电厂有些设备处于高温状态，且因设备和部位不同而温度不同，需要采用不同种类的涂料与之配套。

常规使用的化学固化类涂料，如环氧树脂涂料和聚氨酯涂料产品，最大可以耐 120℃的高温，因此，在 120℃以下温度范围，可以采用通常的防腐蚀涂料系统。

醇酸铝粉耐热漆以及有机硅酸改性的醇酸树脂漆可以耐 200℃的高温。

保温隔热层内的防腐系统必须考虑一旦隔热层破损，里面就会积聚水汽，呈酸性的冷凝水是主要的腐蚀因素，通常采用耐热达 230℃的酚醛环氧树脂涂料。

无机硅酸锌涂料可以耐 400℃的高温，因此，只要管道温度在 400℃以内，完全可以把无机硅酸锌底漆作为通用的防锈底漆。

在 500～600℃的高温环境下，可以使用有机硅铝粉耐热涂料。漆膜厚度通常只有 20～30μm 厚，可以涂装两道的配套系统。

不同温度范围以及隔热部位的涂料系统见表 3-3-97。

(2) 脱硫系统及烟囱/烟道的防腐涂装　在脱硫系统用于烟气处理以前，烟道和烟囱处于 130～140℃的高温状态，所以钢制的烟囱和烟道无需考虑防腐蚀问题。

现在国家要求排放烟气必须经过脱硫装置，排出的烟气温度经过 GGH（烟气换热器）加热后仍为 80℃左右，如果不经过 GGH，排出的烟气为 40～50℃。不论是否经过 GGH，经过脱硫装置处理后排出的烟气都处在烟气冷凝的范围，从而会对烟道和烟囱造成腐蚀。因此，要求电厂对新建烟囱要进行防腐蚀保护和对旧烟囱增加防腐蚀保护涂层。

表 3-3-97　高温隔热部位的涂料系统

温度范围/℃	涂　　层	涂料产品	干膜厚度/μm
<120(适用于没有隔热层的部位)	底漆	环氧富锌底漆	75
	中间漆	环氧云铁中间漆	125
	面漆	丙烯酸聚氨酯面漆	50
<230	底漆	醇酸铝粉耐热漆	30×2
	底/面漆	中温型有机硅耐热漆	25×2
	底/面漆	酚醛环氧耐热漆	100
<400	底漆	无机富锌底漆	75
	面漆	有机硅铝粉耐热漆	25
<600	底漆	有机硅铝粉耐热漆	25×2

① 脱硫后的烟道和烟囱的防腐蚀保护材料　烟道上使用的防腐蚀保护涂层通常有乙烯基酯涂料和乙烯基酯胶泥。

烟囱上使用的防腐蚀保护涂层通常有耐酸混凝土、耐酸玻璃砖、乙烯基酯玻璃鳞片胶泥和乙烯基酯玻璃鳞片涂料。

② 乙烯基酯玻璃鳞片涂料在烟囱和烟道上的使用　乙烯基酯玻璃鳞片涂料在烟囱和烟道上使用的配套系统如下。

底漆：乙烯基酯玻璃鳞片漆（铁红色），600μm 或 750μm。

面漆：乙烯基酯玻璃鳞片漆（白色），600μm 或 750μm。

表面处理应采用适合的磨料做喷砂处理，须达到 ISO 8501-1 Sa 2.5 级，粗糙度达到 ISO 8503-2 中规定的粗的等级（75～130μm）。可采用压缩比大于 65∶1 的常规无气喷涂机进行施工。

③ 乙烯基酯玻璃鳞片涂料

a. 乙烯基酯树脂　乙烯基酯树脂指的是以环氧化合物为母体，分子两端带有不饱和双键的一类有机酯类化合物，它们通常由不饱和一元酸与环氧化合物通过开环酯化反应而得，其在苯乙烯等交联剂中的溶液则称为环氧乙烯基酯树脂。

在前苏联的文献中将这类树脂命名为环氧（甲基）丙烯酸酯树脂，我国早期报道这类树脂的文献中曾称之为（甲基）丙烯酸环氧酯树脂，在西方国家的文献中则将这类树脂简称为乙烯（基）酯（vinyl ester）树脂。

乙烯基酯树脂的基本合成工艺路线如下。

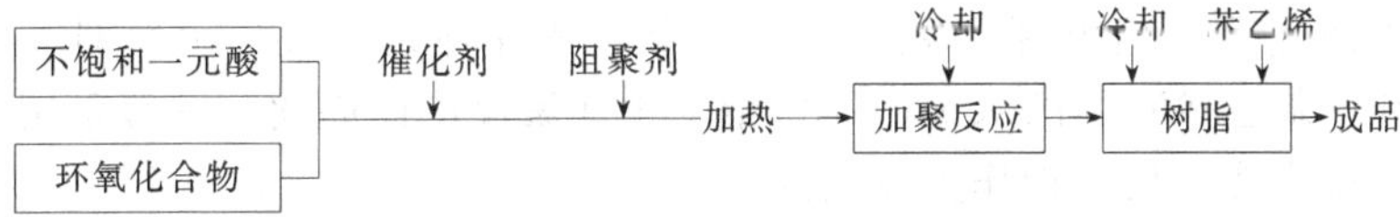

ⓐ 乙烯基酯树脂的主要品种　在乙烯基酯树脂的合成中，选择不同的不饱和一元酸和不同的环氧树脂，可得到不同的乙烯基酯树脂，加上采用不同的化合物改性，可制得具有各种特性的乙烯基酯树脂，因此，乙烯基酯树脂大类中有众多各具特点的衍生产品。

可采用的不饱和一元酸有丙烯酸、甲基丙烯酸、苯基丙烯酸、丁烯酸等，环氧化合物有双酚 A 环氧树脂及其同系物、双酚 F 环氧树脂、酚醛环氧树脂、四溴双酚环氧树脂、二环氧化聚氧化丙烯等。

目前最常用的品种有两类，双酚 A 型乙烯基酯树脂（常用的不饱和一元酸有丙烯酸、甲基丙烯酸等）和酚醛环氧类乙烯基酯树脂。

■ 双酚 A 环氧丙烯酸类，其分子结构式为：

$$CH_2{=}CH{-}COO{-}\left[CH_2{-}\underset{}{\overset{OH}{CH}}{-}CH_2{-}O{-}C_6H_4{-}\overset{CH_3}{\underset{CH_3}{C}}{-}C_6H_4{-}O\right]_n{-}CH_2{-}\overset{OH}{CH}{-}CH_2{-}OOC{-}HC{=}CH_2$$

■ 双酚 A 环氧甲基丙烯酸类，其分子结构式为：

$$CH_2{=}\overset{CH_3}{C}{-}COO{-}\left[CH_2{-}\overset{OH}{CH}{-}CH_2{-}O{-}C_6H_4{-}\overset{CH_3}{\underset{CH_3}{C}}{-}C_6H_4{-}O\right]_n{-}CH_2{-}\overset{OH}{CH}{-}CH_2{-}OOC{-}\overset{CH_3}{C}{=}CH_2$$

■ 酚醛环氧乙烯基酯类，其分子结构式为：

$$\left(OCH_2{-}\overset{OH}{CH}{-}CH_2OOC{-}\overset{CH_3}{C}{=}CH_2\right)C_6H_4{-}CH_2{-}\left[\left(OCH_2{-}\overset{OH}{CH}{-}CH_2OOC{-}\overset{CH_3}{C}{=}CH_2\right)C_6H_3{-}CH_2\right]_n{-}C_6H_4\left(OCH_2{-}\overset{OH}{CH}{-}CH_2OOC{-}\overset{CH_3}{C}{=}CH_2\right)$$

ⓑ 乙烯基酯树脂的结构特点　在以上分子结构中，苯环的结构稳定，提供刚性和热稳定性；醚键（—O—）的化学稳定性好，提高树脂的韧性和耐疲劳性；羟基（—OH）的极性给树脂以良好的浸润性和附着力。

此外，在分子结构中，双键的位置位于分子的两端，易于在固化时发生交联反应，提高了固化的程度，也对树脂的耐腐蚀性能具有相当的贡献。

由于酯基较易于水解，所以酯基在分子中的数量对漆膜的耐水性和耐腐蚀性有较大的影响，一般来说，酯基的数量越少，耐水性和耐腐蚀性就越强，据报道，一般酯基浓度少一半，耐水的时间就能增长 20 倍。而在乙烯基酯树脂中不仅酯基的含量较低，且酯基边上的甲基和苯乙烯基对其有一定的屏蔽作用，使之更难以水解，所以具有优良的耐腐蚀性能。

虽然可以用乙烯基酯树脂的结构本身所显示的结构特点来解释其优良的耐水解性能，也必须考虑对树脂的运用最终是由固化后的漆膜来实现的，所以也必须注重在固化过程中所形成的有苯乙烯链段参与的固化网络的高次结构对其耐腐蚀性能和耐温性能的影响。

丙烯酸酯聚合后主链上具有的醚键可自由旋转，同时具有柔性的异氰酸酯基团，从而使分子主链的柔韧性得到大大增强。

树脂固化成膜后的耐温性与其结构骨架基团的稳定性及树脂交联密度有关，在双酚 A 乙烯基酯树脂中含有双酚 A、苯环等结构，而用酚醛环氧制得的乙烯基酯树脂除含有多个稳定的苯环结构外且端基有多个活性双键，其在成膜过程中的交联密度最大，所以其耐热温度最高，耐化学药品的腐蚀也最好。有些厂家在产品命名时也称为其耐高温乙烯基酯涂料。

ⓒ 乙烯基酯树脂的固化体系　乙烯基酯树脂的固化体系是通过引发剂产生的自由基激活树脂及交联剂（苯乙烯）中的双键，使树脂发生加聚反应而固化。一般采用有机过氧化物为引发剂，用钴盐或胺类化合物作为促进剂。

最常用的两种固化体系为：

● 过氧化甲乙酮/环烷酸钴（或辛酸钴）；

● 过氧化二苯甲酰/二甲基苯胺。

在实际使用时，引发剂过氧化甲乙酮、过氧化二苯甲酰均已先与邻苯二甲酸二丁酯按一定比例混合配制好；促进剂环烷酸钴、二甲基苯胺也同样用苯乙烯稀释剂配制好。一般使用配方为：

● 乙烯基酯树脂 100/过氧化甲乙酮 2～4/环烷酸钴 1～4；

● 乙烯基酯树脂 100/过氧化二苯甲酰 2～4/二甲基苯胺 1～3。

第一个配方固化速率比第二个配方快，而第二个配方后固化优于第一个配方。有报道认为第二个配方固化物的耐蚀性优于第一个配方（a）。

由于用户具体使用时环境温度、加工工艺等各不相同，会对树脂凝胶时间的长短有不同的要求，这就需要对引发剂和促进剂的品种、加入量的大小等作相应的选择和调整。需要较快固化的可选择第二个配方。需快速固化或在低温、潮湿情况下可选择复合固化体系，如乙烯基酯树脂 100/过氧化甲乙酮 2/环烷酸钴 3/二甲基苯胺 0.5，乙烯基酯树脂 100/过氧化甲乙酮 1/二甲基苯胺 0.5/过氧化二苯甲酰 1/环烷酸钴 0.5。在缠绕成型时，当需要有较长凝胶时间时可采用第一个配方，并减少引发剂、促进剂的用量，如采用配方：乙烯基酯树脂 100/过氧化甲乙酮 1/环烷酸钴 0.5，在 20℃时胶凝时间为 2.5h。

对于用户来说，应根据涂料供应商的施工要求对固化剂的品种和数量进行调整，其主要依据是施工时的环境温度和底材温度，供应商将调整好的比例作为原包装发给客户使用。涂料供应商所作的标准配比的适合范围通常在 15～40℃，通常要求施工温度不低于 10℃。在环境温度超过 35℃较高的施工环境下，还应配以 0.02%的二甲基苯混用作抑制剂，以避免过快的固化而影响施工。

乙烯基酯树脂涂料产品由于其双键具有较大的活性，常温下在较短的时间内就能达到较完全的固化反应，漆膜可以具有相当的性能，但如果期望漆膜达到最佳性能，常温固化后应再经 100℃、2h 的热处理。

b. 乙烯基酯玻璃鳞片涂料中的玻璃鳞片　玻璃鳞片于 1953 年由美国欧文斯-康宁玻璃纤维公司开发，接着该公司将玻璃鳞片和环氧树脂等混合制成涂料应用于混凝土基材和钢管内衬，此后美国和日本等国家相继使用这项技术，现今玻璃鳞片涂料已成为一种有效的重防腐蚀涂料。

在乙烯基酯玻璃鳞片涂料的组成中，乙烯基酯树脂的性能起着决定性的作用，但玻璃鳞片的加入，对于乙烯基酯玻璃鳞片涂料各方面的性能都有所提高。

玻璃是无机材料，其组成决定了它具有良好的耐化学药品及抗老化性能，玻璃鳞片很薄，经过正确的施工，使得它在涂层中与底材平行排列，形成致密的防渗透屏障，使涂层中的微裂纹、微气泡相互分隔，称为曲径效应，具有大大延长腐蚀介质渗透到底材时间，提高了涂层的抗渗透性和防腐蚀保护寿命。

玻璃鳞片在涂层中还减少了涂层与底材之间的热膨胀系数差，而且也明显降低了涂层本身的硬化收缩率。一是玻璃鳞片涂层的硬化收缩率比其他涂层要低几倍至十几倍，二是玻璃鳞片在涂层中使得涂层中形成许多的小区域，降低涂层内应力的传递，有助于抑制涂层龟裂、剥落等弊病的出现，而且可提高涂层的附着力和耐冲击性能。

所以，玻璃鳞片在提高涂层的防腐蚀性能、耐冲击、耐磨性能、抗渗透性能以及改变涂膜应力等方面，都具有重要的贡献。但玻璃鳞片在涂料中的加入量有一定的要求，太小将导致鳞片的重叠排列不足，影响抗渗透性能；但如果过多会使得鳞片在成膜过程中不能很好地飘浮而造成无序排列，反而使得涂层的致密性降低。所以鳞片的用量有一个最佳的范围，一般配方中，玻璃鳞片的加入量在 20%～35%。

用于乙烯基酯玻璃鳞片涂料的玻璃鳞片需要考虑以下一些因素：玻璃的组成成分；玻璃鳞片的厚度；玻璃鳞片的尺寸和分布；玻璃鳞片的表面处理。

• 玻璃的组成成分　玻璃分为 C 玻璃和 E 玻璃，在涂料中使用的是 C 玻璃。所谓 C 玻璃就是硼硅酸盐玻璃，以 SiO_2、B_2O_3、R_2O 为主要成分，具有热膨胀系数小、良好的热稳定性和化学稳定性。

• 玻璃鳞片的厚度　玻璃鳞片的厚一般为 5μm±2μm。理论上讲，玻璃鳞片在 1000μm 厚度的漆膜中可达到 100 层以上，但根据各涂料配方的不同而不同。一般在玻璃鳞片含量为 20%左右的涂料配方中，可达到 100 层以上。玻璃鳞片的厚度直接决定了涂料涂层的曲径效应。有的玻璃鳞片的厚度远远大于 5μm 的规格，有些甚至达到 25μm 之多，不仅影响了曲径效应，更使得玻璃鳞片在漆膜中的排列不规则，这样的玻璃鳞片不适合在玻璃鳞片涂料中使用。

• 玻璃鳞片的尺寸和分布 玻璃鳞片的径厚比越大，平均分散系数越小，抗水蒸气透过率越低，但同时空气排除能力也越差。要对径厚比以及长度分布进行选择，通常在涂料中选择的规格为总的长度分布范围在10～4000μm，其中65%以上应在55～330μm。

• 玻璃鳞片的表面处理 玻璃鳞片一般用硅烷偶联剂处理，不同型号的树脂应选用不同型号的偶联剂对玻璃鳞片进行表面处理，经过有效表面处理的玻璃鳞片能使树脂与玻璃鳞片结合紧密，减少基料中微气泡、微孔隙、分子级空穴等。而且处理过的玻璃鳞片在树脂中的飘浮性好，有利于鳞片与基体之间的平行排列，从而大大提高涂层的抗渗性和防腐性能。

c. 乙烯基酯玻璃鳞片涂料的性能 表3-3-98为酚醛环氧型乙烯基酯玻璃鳞片涂料的物理性能。

表3-3-98 酚醛环氧型乙烯基酯玻璃鳞片涂料的物理性能

项　目		性能特点	测试方法
拉伸强度/MPa	≥	85	ASTM D 638/ISO 527
拉伸模量/MPa	≥	3.0	ASTM D 638/ISO 527
拉伸延展性/%	≥	3	ASTM D 638/ISO 527
挠曲强度 /MPa	≥	130	ASTM D 790/ISO 178
挠曲模量/MPa	≥	3.0	ASTM D 790/ISO 178
热变形温度/℃	≥	160	ASTM D 792/ISO 1183
巴氏硬度	≥	40	ASTM D 2583/EN59
耐磨性(1000μm×1)		108mg/1000r/17/1000g	ASTM D 4060
附着力(拉开法)(Chemflake S 700μm×2)		7.1MPa(在3mm厚度的钢板上)	ISO 4624
耐冲击性(DFT500μm)3mm钢板/完全干燥		30in·lbf通过	ASTM G14

注：以上数据为商业化产品的实测数据。

由于烟囱和烟道在运行过程中，脱硫烟气在运行GGH（气体热交换器）时的温度在80℃左右，不运行GGH时的烟气温度40～50℃，都会出现酸凝露现象，所以耐酸性能是必须考虑因素之一。表3-3-99为酚醛环氧型乙烯基酯玻璃鳞片涂料可接受的酸性环境。

表3-3-99 酚醛环氧型乙烯基酯玻璃鳞片涂料可接受的酸性环境

介　质	浓度/%	最高使用温度/℃	介　质	浓度/%	最高使用温度/℃
硫酸	10	80	盐酸	10	80
	50	80		20	80
	70	30		37	60
硝酸	5	60	乙酸	25～50	70～80
	20	40		75	50

(3) 乙烯基酯玻璃鳞片涂料的施工 玻璃鳞片涂料的施工基本与通常的厚膜型涂料的施工要求相同，如可用常用的无气喷涂机进行，但又有其特殊的要求，列举如下。

① 乙烯基酯涂料施工的钢材表面必须使用喷砂处理表面，达到Sa2.5，但粗糙度须达到75～130μm。

② 促进剂、引发剂和阻聚剂的加入量因温度的不同而不同，检查作业区温度，依据混合比例表计算出正确的添加剂的添加量，根据其数据准确添加并注意先后次序，同时要注意，引发剂的加入时间必须是在开始喷涂的最后时刻。

③ 由于乙烯基酯漆的混合后可使用时间较短，一般在常温下时45min，如果在夏天温度较高的情况下其可使用时间则会相应缩短，如果固化凝结得太快，则会在管子和泵内凝结。建议在施工乙烯基酯涂料时准备好备用泵，一旦泵体温度较高，就换一台泵使用，并马上将使用过的泵清洗干净。

④ 乙烯基酯涂料在施工时漆桶中剩余的涂料不能倒入下一桶涂料中。

4. 核电站的防腐涂装

作为一种洁净、高效能源，核能正越来越备受各国的重视。在我国也在不断地开发和利用这一高效的洁净能源。我国从 20 世纪 70 年代开始，建设的核电站有广东大亚湾核电站、岭澳核电站一期、秦山一期、秦山二期和秦山三期核电站等。现在正在开发和建设的还有岭澳核电站二期、阳江核电站、辽宁大连红沿河核电站等。由于核电站所需求环境条件和相应配套体系的特殊性，所以我国目前开发和建设或即将建设的核电站均在海边位置，所有的设备和建筑物不仅要承受阳光强烈曝晒、经受风雨，还会受到水汽、盐雾和海水潮气的侵蚀，极易受到腐蚀。长效的涂装防护系统不仅能大大延长涂层的维修周期，延长整个核电设备的使用寿命，而且对整个核电站的安全起到至关重要的作用。针对核电站的腐蚀环境特点和其特殊要求，相关设备所选用的涂装防护系统应不仅要具有良好的防腐性能，同时要求漆膜坚硬耐冲击并具有良好的耐候性、耐水性、附着力强和装饰等性能。

以大亚湾核电站为例作一介绍。室内金属构件主要采用磷酸锌环氧聚酰胺底漆/聚酰胺环氧苯酚面漆或环氧云母氧化铁涂料/高固体分环氧涂料；室外金属构件主要采用含硅或环氧富锌底漆/聚酰胺环氧乙烯中涂漆/脂族聚酯聚氨酯面漆或环氧富锌涂料，以及环氧云母氧化铁涂料。环氧云母氧化铁涂料还用于混凝土表面。

(1) 核电站基本结构及其防腐涂装标准

① 核电站基本结构和主要涂装部位　核电站是利用在动力反应堆中进行的核裂变反应所产生的热能来发电或发电兼供热的动力设施。目前世界上核电站反应堆有压水堆、沸水堆、重水堆、快墟以及高温气冷堆等，但广泛使用的是压水反应堆，是目前最成熟、最成功的动力堆型。以压水反应堆核电站为例，其基本结构与运作原理如图 3-3-54 所示，主要由核岛、常规岛、BOP（电站配套设施）等组成。其主要涂装部位有：a. 核岛内部钢结构、安全壳；b. 核岛内部混凝土结构；c. 常规岛、BOP 钢结构/混凝土结构等；d. 风道、管道；e. 各类贮罐（油、水、化学品）；f. 埋地件；g. 与液体介质接触的部位等。

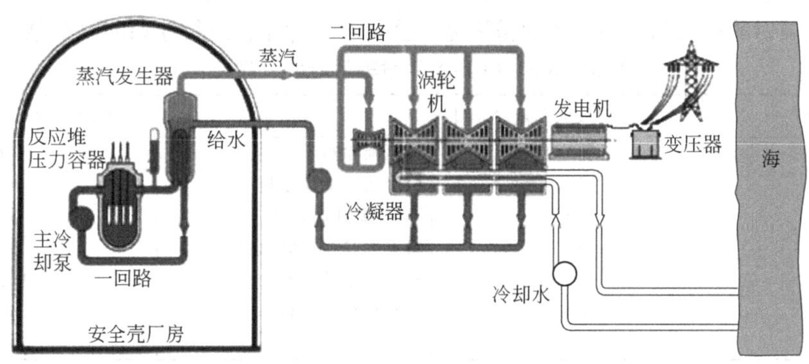

图 3-3-54　压水式反应堆核电站
基本结构与运作原理示意图

② 核电站防腐涂装主要引用标准

a. EJ/T 1086—1998《压水堆核电厂用涂料 漆膜在模拟设计基准事故条件 下的评价试验方法》(本标准综合采用：ASTM D 3911—1995《轻水堆核电厂用涂料在模拟设计基准事故条件下的性能和可修补性试验方法》和 NF T30-900—1996《色漆和清漆 核工业用涂料在设计基准事故条件下的性能和可修补性试验方法》)。

b. EJ/T 1087—1998《压水堆核电厂用涂料耐化学介质的测定》（本标准等效采用

ASTM D 3912—1995《轻水堆核电厂用涂料耐化学性的标准试验方法》)。

c. EJ/T 1111—2000《压水堆核电厂用涂料 漆膜受γ射线辐照影响的试验方法》(本标准综合采用：ASTM D 4082—1995《轻水堆核电厂中涂层受γ射线辐照影响的标准试验方法》和 NF T30-903—1988《色漆和清漆 核工业用涂料在电离辐照下稳定性的试验》)。

d. EJ/T 1112—2000《压水堆核电厂用涂料 漆膜可去污性的测定》(本标准等效采用：NF T30-901—1995《色漆和清漆 核工业用涂料沾污敏感性和去污能力的评价试验方法》)。

e. RCCM—2000（法国）《压水堆核岛机械设备设计和建造规则》。

(2) 核电站防腐涂料及其涂层系统 根据我国某大型核电站《核岛机械设备涂装通用技术条件》的涂层系统分类要求和提供的系统所在环境条件，结合各种涂料的性能特点，将涂料系统分为核岛内涂料和非核区涂料。

① 核岛内涂料 关于用于核岛内涂层系统除了防腐蚀基本要求外，主要应具备耐核辐射性能，并且要容易去污。对于其中某些设备或部位，例如核燃料的贮槽与输送管道等，还必须具有优异的耐化学腐蚀性和吸收辐射线的能力，以防止放射源周围的环境受到污染。一旦涂料系统选定之后，怎样才能确定它是否能用呢？一般都要通过以下四项试验：耐辐射性能试验；耐化学介质试验；去污染性能试验；冷却剂事故损失试验（LOCA 试验）。

a. 核岛内涂料的试验方法

• 耐辐射性能试验 耐辐射性能试验一般是将涂料样板置于照射室内，用钴或γ射线的辐射设备照射，剂量选取 5×10^{7} rad、1×10^{8} rad、5×10^{8} rad、1×10^{9} rad、1×10^{10} rad、1×10^{11} rad。按要求的时间照射之后以目测、红外光谱及电子显微镜观察、拍照等方法评价涂层表面形态的变化。该项试验方法可按国家核行业标准 EJ/T 1111—2000《压水堆核电厂用涂料 漆膜受γ射线辐射影响的试验方法》执行。

对于核电站所用的涂料，一般要求至少能耐 10^{9} rad 的剂量。研究结果发现，在聚台物结构中，如果主链或支链上带有芳香环，则其耐辐射性能好，由辐射引起的降解轻微。而不带芳香环的聚合物，例如聚氯乙烯、聚四氟乙烯、聚甲基丙烯酸酯等，在核辐射作用下是不稳定的。此外，颜（填）料和各种助剂的选择对涂料的耐辐射性能也有影响。表 3-3-100 和表 3-3-101 分别列出 13 种涂料耐辐射的最大剂量和美国的霍洛克斯公司对 6 种涂料进行γ射线试验结果供参考。

表 3-3-100 13 种涂料耐辐射的最大剂量

涂 料	耐辐射的最大剂量/Mrad	涂 料	耐辐射的最大剂量/Mrad
二苯基硅氧烷涂料	5000	聚氨酯涂料	1000
酚醛涂料	5000	三聚氰胺甲醛涂料	1000
环氧酚醛涂料	5000	脲-三聚氰胺涂料	500
催化型环氧涂料	5000	聚乙烯醇缩丁醛涂料	500
苯乙烯涂料	5000	硝基纤维素涂料	100
乙烯基咔唑涂料	4000	醋酸纤维素涂料	50
沥青涂料	2000		

表 3-3-101 美国霍洛克斯公司对 6 种涂料进行 耐γ射线辐射试验

涂 料	耐γ射线辐射试验结果	备 注
酚醛涂料(蓝色)	用>5×10^{9} rad γ射线在 50℃、100%RH 条件照射下，28 天后，其耐磨性和附着力无变化	
有机硅醇酸涂料(白色)	在 10^{9} rad γ射线照射下漆膜无变化，在 5×10^{9} rad γ射线照射下部分发生变化	
醇酸涂料(白色、红色)	在 10^{9} rad γ射线照射下，白色和红色面漆硬化且变色(由于分子内双键氧化所致)，红色面漆附着力略差，而黑色面漆变软。总体说明耐γ射线辐射性能较差	以富锌漆作底漆，以含 32%苯酐醇酸漆作面漆

续表

涂　　料	耐 γ 射线辐射试验结果	备　　注
普通环氧涂料	在 $5\times10^{8}\sim10\times10^{8}$rad γ 射线照射下,涂层显著老化	
氟乙烯涂料	在 $5\times10^{9}\sim10\times10^{9}$rad γ 射线照射下,涂层耐腐蚀性和附着力不好,有脱落现象	
硝基喷漆(白色)	在 10^{9}rad γ 射线照射下,白色面漆产生多孔和变质,而红色面漆虽未完全变质,但有些发软,黑色面漆附着力略差。总体说明耐 γ 射线辐射性能较差	以富锌漆作底漆,以硝基喷漆作面漆

从表 3-3-100、表 3-3-101 可以看出，二苯基硅氧烷、酚醛与环氧酚醛、催化型环氧以及聚苯乙烯四种涂料的耐辐射性能更好。然而，究竟哪些涂料的耐辐射性能更好，各个国家和各使用者的看法不尽一致。

● 去污染性能　就是除污率，即：

$$DI=\lg DF \tag{3-3-11}$$

除污率大则表示涂层的去污染耐核辐射涂层还必须具有很好的去污染性能。涂层经受核辐射后，表面会留下放射性污染物。所谓去污染性能，就是指污染之后的涂层表面的表层上的放射性污染物能够被消除或减少到相当低的程度。这种性能对于工作人员和设备来说都是很重要的，所以核反应堆的防事故外壳区和辅助区都有去除污染的相关规定。

去污染性能的表示方法如下。

■ 去污因子 DF 和去污百分数 A：

$$DF=\frac{\text{去污处理前的放射}}{\text{去污处理后的放射}} \tag{3-3-12}$$

$$A=1-\frac{1}{DF} \tag{3-3-13}$$

例如，当 DF 为 20 时，A 为 95%，表示已去除了 95%的污染物，当 DF 为 100 时，A 为 99%，表示已去除了 99%的污染物。

■ 除污率 DI：去污因子的对数性能好。不同的涂料，其去污染性能也不同。表 3-3-102 列出了 13 种涂料的涂层受 S^{35}、P^{32} 核分裂物污染和经去污处理后的 DI 值。

表 3-3-102　几种涂料的涂层受 S^{35}、P^{32} 核分裂物污染经去污处理后的 DI 值

涂　　层	S^{35}	P^{32}	核分裂物
氯乙烯清漆-1	2.41	0.54	1.83
氯乙烯清漆-2	1.86	0.45	1.45
氯乙烯清漆-3	2.01	0.60	1.90
醇溶性酚醛清漆	2.05	0.19	1.23
透明喷漆	2.38	0.49	1.36
100%油改性酚醛清漆	2.15	0.36	0.81
甲基丙烯酸树脂清漆	2.00	0.43	1.37
大豆油改性醇酸树脂清漆	2.34	0.38	1.18
酚醛改性醇酸树脂清漆	2.32	0.39	0.68
熟油	2.01	0.55	0.55
氯化橡胶清漆	2.19	0.24	1.00
有机硅树脂清漆	2.35	0.45	0.78
苯乙烯丁二烯树脂清漆	2.20	0.17	0.60

涂层的去污染性能在很大程度上取决于其表面性质和表面状态，如果表面均匀、平滑、致密和坚硬，则不易吸附放射性污染物，且能耐去污剂的多次洗涤。

去污染方法一般是采用去污剂去除污染，主要有四种类型，即溶液型或胶体型洗涤剂、多价离子浓溶液和螯合物溶液、强酸及非离子型多磷酸盐（pH 为 9.5）和阴离子型柠檬酸盐（pH 为 3.0）。其他去污剂还有很多，如 50%草酸、35%六偏磷酸钠和 15%其他物质，配成1%水溶液使用，效果很好。

去污试验方法可按国家核行业标准 EJ/T 1112—2000《压水堆核电厂用涂料　漆膜可去污性的测定》执行。

• 冷却剂事故损失试验（LOCA试验）　冷却剂事故损失试验（LOCA试验）也叫做漆膜在模拟设计基准事故条件下稳定性试验（DBA试验）。试验方法可按国家核行业标准 EJ/T 1086—1998《压水堆核电厂用涂料　漆膜在模拟设计基准事故条件下的评价试验方法》执行。

在核反应堆运转过程中，必须考虑冷却剂因事故而损失的可能性。LOCA试验方法是把试样放在高温高压容器中，将pH约为9、含3000mg/kg的硼酸水溶液喷入，经规定的周期试验后取出样板，检查评定，涂层不得有任何损坏，否则判定整个涂料系统不合格、不能用。试验中的温度、压力变化以及喷淋阶段特征曲线，如图3-3-55所示。

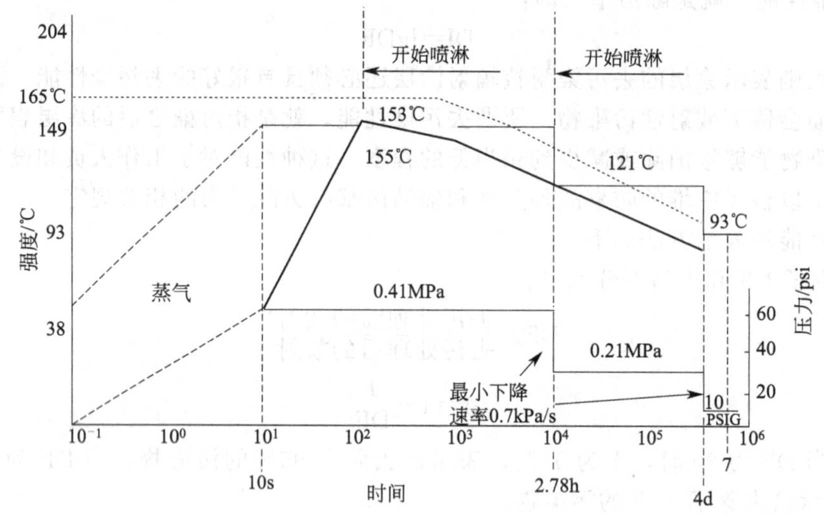

图3-3-55　LOCA试验温度压力特征曲线

• 耐化学介质试验　核岛内常见的气体腐蚀介质有氧化氮、氯、氟等，液体腐蚀介质有硝酸、硫酸、柠檬酸等。这些腐蚀介质中最常遇到的是氧化氮和硝酸，所以要求涂料除必须耐核辐射之外，还要耐腐蚀，具有良好的化学稳定性。

耐化学介质试验方法可按国家核行业标准 EJ/T 1087—1998《压水堆核电厂用涂料 漆膜耐化学介质的测定》执行。

除了上述四项试验必须做外，还应当注意到核岛内各种装置在不同部位所接受的辐射剂量不同（例如在靠近放射源处受到的是高能辐射，而远处受到的是低能辐射），也应考虑不同设备和不同部位的耐热性、电绝缘性以及耐老化等其他方面的要求。

b. 常用核岛内涂料及其发展趋势　目前国内外常用核岛内涂料品种主要包括改性环氧涂料、酚醛环氧涂料以及聚氨酯涂料等。

目前世界上耐核辐射涂料研究主要还是下述两个方面。一方面尽可能提高其耐辐射能力，改善其耐辐射性能。已经有不少涂料能耐10^9rad的剂量，有机硅涂料是目前耐辐射剂量最高的，可达10^{11}rad左右。是否还有耐更高辐射剂量的涂料，有待于进一步研究。另一方面努力寻找多性能涂料，如上所述，除了能耐辐射之外，还要能去污染和具备某些特殊性能，例如耐热和电绝缘等。现在发现以下几类涂料可能成为耐核辐射涂料的发展方向：有机硅涂料、硅亚苯基聚合物和杂环聚合物。

② 非核区涂料　对于非核区和处于室内或室外的大气环境（包括室内外的海洋气候），根据

ISO 12944-2《腐蚀环境分类》规定分：在室外的（包括室内外的海洋气候）应是处于在 C4～C5 腐蚀环境，即非常高的腐蚀环境；而室内由于不直接与外部大气自然环境接触，应属于 C3 腐蚀环境，即中等腐蚀环境。根据以上设备和结构所处的环境条件，按照 ISO 12944 有关长效防腐的要求，推荐以下相关部件、结构和设备的防护配套体系。

非核区域涂层系统适用的厂房和环境范围见表 3-3-103，它符合国际标准 ISO 12944 中有关钢结构在不同的腐蚀环境下达到长期耐久防护的规定。用于不同温度条件下钢铁表面、不锈钢或镀锌件表面的涂层配套系统见表 3-3-104～表 3-3-108，供读者参考。

表 3-3-103　非核区域涂层系统适用的厂房和环境范围

系列代号	适用的厂房和环境
2-1	用于室内非核区域正常大气环境下的涂层系统(没有放射性污染,没有酸碱等腐蚀性气氛的区域)
2-2	用于室内非核区域内腐蚀性气氛环境下的涂层系统(没有放射性污染的区域)
2-3	用于厂房内的缠绕保温材料的高温设备、管道(t>120℃)
2-4	用于露天海洋性大气环境下的涂层系统

表 3-3-104　用于钢铁表面（t<=120℃）涂层系统

表面处理:打砂至国际标准 ISO 8501-1:1988(相当于国标 GB 8923—1988)的 Sa2.5 级,表面粗糙度达到 ROGOTEST NO.3 BN9a 级	
底漆:环氧/无机富锌底漆	50～60μm
面漆:厚浆型环氧漆	150～200μm

表 3-3-105　用于钢铁表面（t>120℃）涂层系统

表面处理:打砂至国际标准 ISO 8501-1:1988(相当于国标 GB 8923—1988)的 Sa2.5 级,表面粗糙度达到 ROGOTEST NO.3 BN9a 级	
底漆:铝粉耐热漆	25～30μm
面漆:铝粉耐热漆	25～30μm

表 3-3-106　用于钢铁表面（t>120℃）涂层系统

表面处理:打砂至国际标准 ISO 8501-1:1988 (相当于国标 GB 8923—1988)的 Sa2.5 级,表面粗糙度达到 ROGOTEST NO.3 BN9a 级	
底漆:耐热漆(锌粉)	50～60μm

表 3-3-107　用于钢铁表面（t≤120℃，t>120℃）涂层系统

表面处理:打砂至国际标准 ISO 8501-1:1988 (相当于国标 GB 8923—1988)的 Sa2.5 级,表面粗糙度达到 ROGOTEST NO.3 BN9a 级	
底漆:环氧/无机富锌底漆 中间漆:厚浆型环氧(云铁)漆 面漆:丙烯酸聚氨酯面漆	50～70μm 150～200μm 60～80μm

表 3-3-108　用于不锈钢或镀锌件等表面（t≤120℃）涂层系统

表面处理:清除表面所有油污、污物和盐分,用砂纸打磨表面	
底漆:环氧底漆	25～50μm
面漆:厚浆型环氧漆	150～200μm

上述用于非核区域的涂层系统是由几种不同类型的涂层组合而成。它主要包括可提供电化学保护的环氧/无机富锌底漆，可提供屏蔽保护的环氧（云铁）厚浆漆和防腐性与装饰性

皆佳的丙烯酸聚氨酯面漆。

对于在室内环境下的钢结构和设备的防护，由于室内不遭受日晒雨淋及外部环境污染的影响较小，因此对其耐候的要求就远远低于室外结构和设备的要求，可以考虑不选择耐候性能优异的聚氨酯面漆，如环氧、丙烯酸、醇酸等面漆。

六、地坪涂料

1. 地坪涂料概况

地坪涂料主要是指用于水泥、混凝土、石材和钢材地坪表面，对地面起装饰、保护或提供某些特殊功能的涂料。

地坪防腐与化工设备及其他防腐有共同之处，目的都是为了保护基体不受化学介质的侵蚀，但地坪防腐也有其特点：①防腐面积大；②腐蚀介质复杂，有气体、粉尘、液体多相介质作用，介质的种类也随生产中存在的介质而变化，往往是多种介质，因此腐蚀性较强；③地坪还要经受不可避免的摩擦、冲击等机械作用；④地坪腐蚀危害大，地坪一旦遭受腐蚀，可能造成地基下沉，危及设备基础、建筑物等；⑤施工条件差。地坪防腐难以设置防雨、挡阳措施，施工场地的温度和湿度往往难以达到较理想的范围。地坪涂料使用要求的复杂性导致了地坪涂料种类的多样性。

地坪涂料按照其功能和用途来分，主要有普通装饰性地坪涂料、耐重载地坪涂料、超耐蚀地坪涂料、防静电地坪涂料、防核辐射地坪涂料、防滑地坪涂料等。上述分类方法只是侧重了地坪涂料的某一功能，实际上地坪涂料的功能不是单一的，而是同时具有上述功能的几种或更多。

按照地坪涂料的主要成膜物质来分，地坪涂料产品主要有以下几种：环氧树脂地坪涂料、聚氨酯树脂地坪涂料、不饱和聚酯树脂地坪涂料、丙烯酸树脂涂料、氯化聚烯烃耐化学介质地坪涂料、聚脲弹性体地坪涂料等。在发达国家，地坪涂料经过近 40 年的发展，得到不断改良与更新，不同工艺、不同成膜物质、不同功能的地坪涂料不断出现，丰富了地坪涂料的种类。国内自 20 世纪 80 年代引进地坪涂料技术以来，地坪涂料行业得到了飞速发展，自普通的溶剂型薄涂地坪之后，逐步出现了砂浆型地坪、溶剂型自流平地坪、无溶剂自流平地坪、防静电地坪、防核辐射地坪、防滑地坪、装饰性极强的彩砂地坪和环氧磨石地坪、水性树脂地坪涂料等。

由于环氧地坪涂料对混凝土等多种底材的附着力优良、固化收缩率低；具有良好的耐水性、耐油性、耐酸碱性、耐盐雾腐蚀等化学特性；同时具有优良的耐磨性、耐冲压性、耐洗刷性等物理特征；在使用时不易产生裂纹且易冲洗、易维修保养。使其在工业地坪行业占有重要地位，成为地坪涂料中应用最广泛的品种。

2. 环氧树脂地坪涂料

环氧树脂地坪涂料主要由成膜物质（包括环氧树脂和固化剂以及可能含有的活性稀释剂）、颜料、填料、助剂、溶剂（包括水）等物料组成。

(1) 成膜物质 根据地坪涂料的要求，成膜物质应具有常温固化、高粘接力、较强力学性能、耐化学品等性能。地坪涂料用环氧树脂一般有两类：一类是由双酚 A 和环氧氯丙烷缩聚而成的双酚 A 型环氧；另一类是以苯酚-甲醛缩聚而得的低分子量酚醛再与环氧氯丙烷缩聚而成的酚醛环氧。

分子量较高的固态环氧树脂一般用于溶剂型地坪涂料，其分子中含有较多羟基，可以采用聚氨酯预聚物固化成膜，也可以采用胺类固化剂与环氧基开环加成固化成膜。而在高固体分和无溶剂环氧地坪涂料配方中一般采用分子量较低的液态环氧树脂。低黏度环氧树脂分子中虽然羟基含量较少，固化速率较慢，但可制成厚膜涂料，且与固化剂混容性好，施工流平性好，多用胺类固化剂固化，固化速率可以通过加入固化促进剂来提高。在高固体分和无溶剂地坪涂料中，为了调节黏度和改善性能，也常加入活性稀释剂。液态环氧树脂也常用于溶剂型涂料。近几年，水性环氧地坪涂料以其优异的透气性和环保优势得到了快速发展，其成膜物质可以是液态环氧树脂配以具有乳化功能的水性胺类固化剂，也可以是各种分子量的水性环氧乳液配以水性胺类固化剂，该固化剂不一定需具备乳化功能，可以是水溶性的，也可以是乳液。

胺类固化剂是环氧树脂地坪涂料的主要固化剂。胺类固化剂主要有脂肪胺、脂肪胺加成物、环脂胺、环脂胺加成物、聚酰胺、聚酰胺加成物、曼尼希碱等。表 3-3-109 是环氧树脂地坪涂料常用胺类固化剂的性能比较。

表 3-3-109 常用胺类固化剂的性能比较

项 目	脂肪胺	脂肪胺加成物	环脂胺	环脂胺加成物	聚酰胺	聚酰胺加成物	曼尼希碱
色泽	较浅	较浅	浅	浅	较深	较深	较深
黏度	低	低	低	较低	较高	较高	适中
适用期	短	短	较短	较短	长	长	较短
固化速率	快	较快	较快	较快	较慢	较慢	较快
流平性	较差	一般	好	好	较好	较好	一般
耐磨性	好	好	好	好	好	好	好
涂层外观	油腻泛白	一般	好	好	较好	较好	一般
粘接性	一般	一般	较好	较好	好	好	较好
柔韧性	较差	较差	一般	一般	好	好	一般
耐化学品	优	优	优	优	良	良	优
耐冲击性	差	差	一般	一般	好	好	一般
熟化期	需熟化	不必熟化	不必熟化	不必熟化	需熟化	稍熟化	稍熟化
施工性能	差	一般	较好	较好	好	好	好
实例	TMD (Hüls)	Ancamine 1769 (Air Products)	HY2963 (Ciba)	Ancamine 1618 (Air Products)	Versamid 115 (Henkel)	Ancamine 1691(Air Products)	T31 固化剂 (华昌)

在表 3-3-109 所列的各种固化剂中，脂肪胺与环氧树脂反应很快，发热量大，涂膜交联密度高，耐化学品性能很好，但是性脆，耐冲击性能差。脂肪胺加成物是脂肪族多元胺与环氧树脂加成而成。用此种胺加成物时漆膜不易吸潮泛白，刺激性气味小，配漆后不必熟化就可直接使用。

环脂胺及其加成物的许多性能较脂肪胺及其加成物有较大提高，如色泽浅淡、流平性好、黏度低、光泽高、不易泛白、无诱导期，可用作无溶剂地坪涂料的固化剂。典型的如 Air Products 公司的 Ancamine 1618，其主要组成即是环脂胺与低分子量的液态环氧树脂加成的产物。

聚酰胺树脂和酰氨基胺固化剂对湿度不敏感，在潮湿基面固化时容忍度好，但与环氧树脂的混容性不好，与环氧树脂配合后存在诱导期。用聚酰胺树脂（或酰氨基胺）同环氧树脂的加成物则可克服这一缺点。该加成物可克服表面发白现象，并且不需要诱导期。但由于这类固化剂黏度较高，它们只能配成溶液，用于溶剂型涂料中并且有较高的 VOC 含量。近年来，随着国外固化剂合成技术的发展，国际市场上出现了新的改性酰胺固化剂，如 Air Products 公司牌号为 Ancamine 2353 的改性聚酰胺，该产品黏度低，可用于高固体分涂料，与环氧树脂的相容性较好，提高了固化程度，较大地改善了传统聚酰胺固化物的耐溶剂性能和抗化学品性能。

曼尼希（Mannich）碱是经曼尼希反应而合成的，由酮（或酚）、甲醛及胺三者缩合而得，产物分子中含有酚羟基，能促进固化，必要时还可以加入其他促进剂，如壬基酚、辛基酚来促进固化反应。我国涂料工业也制造此类固化剂，习惯称为“酚醛胺”，它的固化特点是即使在低温、潮湿环境下也能固化。主要缺点是固化后的涂膜较脆，为此，可在配方中加入其他化合物进行改进，国内在 20 世纪 80 年代初开发的环氧树脂固化剂 T31 就是这种类型，该固化剂毒性小，在潮湿性和低温下固化性能良好，在国内已经有 20 多年成功应用的历史，是我国室温环氧树脂固化剂的主要品种之一，在环氧地坪涂料砂浆层中应用极为普遍。

如果采用相同的曼尼希反应，而用单官能的代替多元胺，则产品是叔胺。最典型的是称为 DMP-30（或称 K-54）的固化剂，能促进聚酰胺、硫醇等与环氧基交联。它还能单独促进环氧树脂自身的环氧基之间互相开环交联。

随着人们对环境保护的关注，水性环氧固化剂也得到了迅速发展，国外早在 20 世纪 70 年代，就已经对水性环氧固化剂进行了开发，目前水性环氧固化剂在发达国家应用比较普遍。典型的有日本三和化学工业株式会社的水性改性聚酰胺 SUNMIDE WH900 和 SUNMIDE WH1000、德国 Cognis 的水稀释性改性脂肪胺 Waterpoxy 751、美国 Air Products 公司的改性脂肪胺乳液 Anquamine 701、美国 Shell 公司的水稀释性胺加成物 EPIKURE 8537-WY-60 等产品，表 3-3-110 是上述几种水性环氧固化剂的性能规格。

表 3-3-110　水性环氧固化剂的性能规格

产　　品	黏度(25℃)/mPa·s	密度/(g/cm³)	活泼 H 当量	固体分/%	胺值/(mgKOH/g)	色泽 Gardner
WH900	15000～20000	1.08	225	60±2	150～180	<10
WH1000	15000～20000	1.07	210	60±2	170～200	<10
Anquamine701	75000	1.10	300	—	—	乳白
Waterpoxy 751	8500～15000	—	225	60.0±1.5	174～192	<8
EPIKURE 8537-WY-60	Z～Z4(Gardner-Holdt)	1.08	174	60±1	310～360	<9

近年来，由于国内水性环氧地坪涂料、水性环氧无毒防霉内墙涂料、水性环氧防腐涂料以及水性环氧粘接剂等材料的需求逐步扩大，而国外的水性环氧固化剂虽然性能良好，但价格高昂，在国内市场的推广存在一定难度。国内多家研发机构和企业对水性环氧固化剂的研制成功，顺应了市场发展的需求。表 3-3-111 列举了几种商业化的国产水性环氧固化剂性能规格。

表 3-3-111　国产水性环氧固化剂的性能规格

产　品	厂　　家	黏度(25℃)/mPa·s	密度/(g/cm³)	活泼 H 当量	固体分/%	胺值/(mgKOH/g)	色泽 Gardner
WEC402	青岛海洋化工研究院	4000～6000	1.12	216	60	170～185	<8
HZ05B	上海汉中	4000～6000	—	285	51	—	<8
HTW208	苏州圣杰	2500～6000	1.08	290	60	300～360	<9
HGF	浙江安邦	100～200	1.08	—	40±1	105～115	乳白
GCA02	上海绿嘉	5000～8000	1.10	320	50～55	—	<9
SP-73-50	广州秀珀	7000～9000	1.04	240	60	170～200	<8

环氧活性稀释剂分为单环氧化物和多环氧化物，其分子量和黏度较低，能降低涂料黏度，溶解、分散和稀释涂料，改善涂料的流动性、施工性以及涂膜的某些物化性能，且自身含有环氧基，可直接参加固化反应，没有逸出之弊。通常被应用到高固体分或无溶剂环氧自流平地坪涂料中。常见的单官能环氧活性稀释剂有烯丙基缩水甘油醚（allyl glycidyl ether，AGE）、丁基缩水甘油醚（BGE）、苯基缩水甘油醚（PGE）和邻甲酚缩水甘油醚（CGE）等。常见的双官能环氧活性

稀释剂有新戊二醇二缩水甘油醚和1,4-丁二醇二缩水甘油醚（BDGE）等。

在用水性胺类固化剂与标准液态环氧树脂复配的地坪涂料中，为了降低交联密度，改善涂膜的韧性，通常在环氧树脂组分中加入活性稀释剂，活性稀释剂还能降低漆料黏度，增加施工时固化剂组分与环氧树脂组分的易混匀性，使固化剂对环氧树脂的乳化功能更好的发挥。

在地坪涂料配方中，单官能活性稀释剂用量一般不超过环氧树脂的15%，多官能活性稀释剂用量可达到20%～25%。活性稀释剂用量太多，会降低涂膜的性能，如涂膜的硬度和耐溶剂性能等。

(2) 溶剂　溶剂对常温固化的环氧地坪涂料的施工期、干性等有影响。极性溶剂能加快固化速率，酮类溶剂能延长使用期限。环氧地坪涂料溶剂的选用，首先考虑其对环氧树脂的溶解性能、挥发速率，溶剂的黏度、闪点及易燃性。为安全考虑，尽可能采用较高闪点的醇、醇醚和酯类，最后还要考虑气味、来源难易及价格高低等。环氧树脂的溶解性随着分子量的增加而降低。酮类、酯类、醇醚类和氯代烃类是环氧树脂的溶剂，对环氧树脂有很好的溶解能力。芳烃和醇类不是环氧树脂的溶剂，但是芳烃和醇混合后，则可作为中等分子量树脂的溶剂，如二甲苯与正丁醇按合适比例混合后则可作为固态环氧树脂的溶剂。

此外，选用溶剂时还应注意溶剂对固化反应的作用。在环氧基与含活泼氢化合物的固化反应中，如当胺固化环氧树脂，使用酯类和酮类等氢键接受体作溶剂时，其会与固化反应体系内的氢键给予体结合，消耗氢键给予体的浓度，减慢固化反应速率。

(3) 颜料、填料　由于地坪涂料要经常遭受各种可能的化学介质的侵蚀，所以着色颜料应选用耐化学性能好的无机颜料，如钛白粉、氧化铬绿、氧化铁黄、氧化锌、炭黑和氧化铁系颜料等。酞菁蓝、酞菁绿等有机颜料虽存在絮凝问题，容易出现浮色、发花等现象，但由于其色彩鲜亮、着色力强、不易沉淀，耐化学性能和耐光耐候性尚可，所以在地坪涂料中也经常得到应用。

根据地坪涂料使用的特点，填料宜选用吸油量低、耐酸耐碱、硬度高的品种，同时也要考虑填料的外形尺寸、含水率等物性指标以及贮存稳定性。常用的有沉淀硫酸钡、云母粉、滑石粉和石英粉等。硫酸钡是地坪涂料常用的填料，它是一种惰性物质，这种颜料化学稳定性高，耐酸、耐碱、耐光、耐热，不溶于水，吸油量低，但密度较大，用量过多易出现沉降。石英粉的成分为二氧化硅，天然产品化学稳定性比较高，耐酸碱，不溶于水，耐高温，天然产品吸油量低，颗粒比较致密，质地硬，耐磨性强，密度适中，是比较理想的地坪涂料填充料。适量的滑石粉、云母粉的加入，不但可以增强涂层的屏蔽性能，降低漆膜开裂的可能性，而且可以提高漆料的贮存稳定性。

此外，为了达到某些特殊目的和使用要求，常在地坪涂料中加入某些具有特定功能的填料。例如，在环氧地坪涂料中加入导电颜填料，如金属粉末或金属氧化物导电粉、石墨粉、炭黑、碳纤维、导电聚合物等可以制成防静电地坪涂料；加入耐核辐射的颜料、填料，则可制成防核辐射地坪涂料。有些填料会影响固化过程，如酸性填料三聚磷酸铝加入到经酸中和成盐的水稀释性胺类固化剂-环氧体系配方中会明显延缓涂膜的干燥时间，宜引起注意。

(4) 助剂　地坪涂料对消泡和流平以及颜色均一性要求较严格。消泡不良可能会留下针孔和凹坑，形成腐蚀介质渗透的薄弱微区，腐蚀介质透过防腐性能较强的面漆后继续向下扩散，会加速地坪涂层的破坏。流平不好和发花会影响地坪涂料的装饰性。助剂的使用能有效消除或改善这些弊病，但还需考虑重涂性问题，有机硅类助剂或蜡的过量使用有可能降低涂层的表面张力，导致后续涂层附着不良。加入白炭黑和膨润土等触变剂，可以使涂料有良好的贮存稳定性，也有一定的防浮色发花作用。在较低的温度下施工时，应适量加入固化剂促进剂，加快固化反应速率。当用酸中和成盐的水稀释性胺类固化剂配制地坪涂料时，应选用非离子型的分散剂，因为常用的阴离子型分散剂如丙烯酸聚合物的铵盐或钠盐会和阳离子型固化剂分子发生离子中和反应，产生絮凝使分散剂失效。

3. 环氧树脂地坪涂料的制备工艺

按涂料中分散介质的含量和分散介质的种类可以将环氧地坪涂料分为：溶剂型环氧地坪涂料、无溶剂（少溶剂）型环氧地坪涂料、水性环氧地坪涂料。下面介绍其主要组成和制备方法。

① 溶剂型环氧地坪涂料 溶剂型环氧地坪涂料主要由环氧树脂、颜填料、溶剂、助剂以及与之配套的固化剂组成。在选择基料时，应注意涂膜内生成的化学键、极性基团、有效交联密度、玻璃化温度及交联固化反应速率对防腐蚀性、粘接性及物理力学性能的影响。溶剂型环氧涂料固体分不高，不宜制成厚膜涂料，否则部分溶剂有可能残留在漆膜中，引起漆膜发软。表 3-3-112 是一种环氧地坪色漆的参考配方。

表 3-3-112 环氧地坪涂料色漆的参考配方

原料名称	质量分数/%	原料名称	质量分数/%
环氧树脂 E-20	30	消泡剂	0.2
混合溶剂	28	混合填料	32
分散剂	0.4	颜料浆	9.4

如图 3-3-56 所示是制备上述溶剂型环氧涂料色漆的工艺流程。

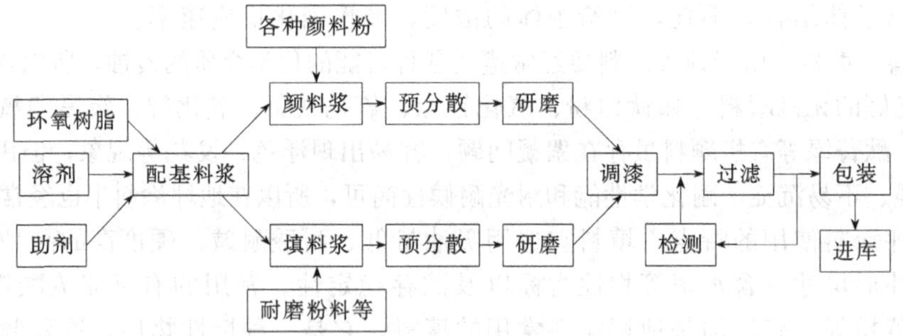

图 3-3-56 溶剂型环氧地坪涂料色漆生产工艺流程图

② 无（少溶剂）环氧地坪涂料 无（少溶剂）环氧地坪涂料中不含溶剂或含有少量的溶剂（<15%，如高固体分涂料）。此类环氧地坪涂料施工挥发物少，从涂料到涂膜的转化率高，形成的涂膜致密、机械强度高、具有优异的防腐蚀性能，且可以制成厚膜涂料。无（少溶剂）环氧地坪涂料主要由低分子量的液态环氧树脂、环氧活性稀释剂、颜填料、助剂以及与之配套的固化剂（如环脂胺的环氧加成物）组成。其制备工艺与溶剂型环氧地坪涂料相仿。此类地坪涂料的典型代表是无溶剂环氧自流平地坪涂料。表 3-3-113 是一种无溶剂环氧自流平地坪涂料的基本技术指标。

表 3-3-113 无溶剂环氧自流平地坪涂料技术指标

项目	指标	项目	指标
涂料状态	黏稠液体	粘接强度/MPa	≥2
涂料施工方法	镘涂	邵氏硬度/D	≥75
干燥时间/h		耐磨性(750g/500r,失重)/g	≤0.02
表干	≤6	耐 60% H_2SO_4	30 天轻微变色
实干	≤24	耐 25% NaOH	30 天无异常
拉伸强度/MPa	≥9	耐 3% 盐水	30 天无异常
弯曲强度/MPa	≥7	耐汽油(120#)	耐
耐压强度/MPa	≥85		

无（少溶剂）环氧涂料在地坪涂装系统中主要应用在以下几个方面。

a. 用作高强度弹性地坪涂料：高强度无（少）溶剂型环氧弹性承重地坪涂料是由环氧树脂、颜料、填料、助剂和与之相配的固化剂等构成的双组分厚浆涂料。采用刮涂施工可形成 0.5～5mm 的中间承重弹性层，固化后表面光滑，承重载荷大于 90MPa。

b. 用于承受重载荷耐冲击混凝土环氧地坪的加厚中间层或接缝处及修补层。

c. 用作薄涂型防腐蚀地坪涂料：涂膜有效交联密度高，致密性好、抗介质渗透能力强，耐化学药品和耐蚀性优良。刷涂或辊涂施工，可用于化工厂、炼油车间、石油化工防腐、地下设施防水等场所的专用防腐地坪材料。

d. 用作厚涂型环氧地坪耐磨耐蚀地坪涂料：一次施工厚度可大于 1mm。涂装后表面光滑，接近镜面效果；耐酸、碱、盐及油类介质腐蚀，特别耐强碱性能好；耐磨、耐压、耐冲击，有一定弹性；使用寿命一般在 8 年以上。被广泛应用于要求高度清洁、美观、无尘、无菌的电子、微电子以及实行 GMP 标准的制药、血液制品等行业的地坪防护。

③ 水性环氧地坪涂料　传统的溶剂型地坪涂料存在着较多的挥发性溶剂，对人体和环境存在不同程度的危害；而且油性环氧地坪涂料和无（少）溶剂环氧地坪涂料固化成膜后漆膜较致密，地下水汽难以穿透漆膜，在潮湿基层施工时容易出现鼓泡、剥离等弊病。水性环氧地坪涂料因其具有环保、透气等优点，在近年来得到了快速发展，广泛应用于食品、医药、化妆品等行业的地坪防护以及潮湿基面的地坪防护，如用作混凝土码头防护底漆等。

水性环氧地坪涂料是双组分涂料，表 3-3-114 列举了一种国内市场商业化的水性环氧地坪涂料配方。

表 3-3-114　水性环氧地坪涂料配方

配　方	质量分数/%	配　方	质量分数/%
甲组分		钛白粉、石英粉、硫酸钡、绢云母等	45.0
低分子量液态环氧树脂	90.0	润湿分散剂	0.6
活性稀释剂	10.0	消泡剂	0.3
乙组分		流平剂	0.3
水性环氧固化剂	30.0	增稠剂	0.3
水	23.5		

根据涂料的使用要求和成本预算，调整乙组分配方中固化剂和颜料、填料，可以按要求制成底漆和面漆。甲乙两组分的配比（按甲组分包含的环氧基团的物质的量与乙组分包含的氨基活泼氢的物质的量之比计）为，甲组分：乙组分=(1.0～1.2)：1，适度提高环氧树脂的用量，可提高漆膜的耐水性和耐腐蚀性。制得的水性环氧地坪面漆基本性能指标见表3-3-115。

表 3-3-115　薄涂型水性环氧地坪涂料面漆性能指标

项　目	指　标	项　目	指　标
干燥时间/h		耐冲击性/kgf·cm	50 通过
表干	3	耐洗刷性/次	≥10000
实干	18	耐 10%NaOH	30 天无变化
铅笔硬度/H	2	耐 10%HCl	10 天无变化
附着力/级	0	耐润滑油(机油)	30 天无变化
耐磨性(750g/500r,失重)/g	≤0.02		

厚膜型水性环氧地坪面漆如水性环氧自流平地坪因其固化时易产生开裂、消泡困难等弊

病，用量远不及薄膜型的水性环氧地坪面漆。

4. 其他类型地坪涂料

(1) 聚氨酯地坪涂料

聚氨酯涂料作为地坪涂料，除了具有良好的防腐蚀性外，还有好的耐候性和装饰性，但它的价格较贵些，有些聚氨酯涂料中含有相当多的游离异氰酸酯，吸入人体有害健康，必须做好防护措施；含异氰酸酯的涂料很活泼，遇水或潮气会凝胶，因此贮存时必须封闭。施工操作不慎易引起层间剥离、起泡等弊病。所以制造和施工时必须严格遵守操作规程。

美国材料试验协会（ASTM）将聚氨酯涂料按其组成和成膜机理将其分为五大类：①氨基甲酸酯改性油涂料（单组分）；②湿固化聚氨酯涂料（单组分）；③封闭性聚氨酯涂料（单组分）；④催化固化型聚氨酯涂料（双组分）；⑤羟基固化型聚氨酯涂料（双组分）。

在地坪涂料中应用最广泛是双组分羟基固化型和湿固化型。

① 双组分羟基固化型聚氨酯地坪涂料　此类涂料分为含羟基和异氰酸酯基的甲、乙两组分，分别贮存。使用前将两组分混合涂布，使异氰酸酯基与羟基反应，形成聚氨酯高聚物。这类双组分聚氨酯涂料是所有聚氨酯涂料中产量最大、应用最广、调节适应性宽、最具代表性的品种，色漆通常为羟基组分。作为双组分聚氨酯地坪涂料用的羟基组分，一般有环氧树脂、丙烯酸树脂、聚酯、聚醚等树脂。

② 单组分潮气固化型聚氨酯地坪涂料　单组分潮气固化型聚氨酯涂料是含有—NCO封端的预聚物，通过与空气中的潮气反应生成胺释放出CO_2（该步反应较慢），生成的胺继续与异氰酸酯反应交联成脲键固化成膜（该步反应比较快）。

单组分潮气固化聚氨酯涂料施工方便，操作时间长，可在相对湿度为50%～90%、温度最低为0℃的环境中施工；固化成膜后，涂膜内含有大量的氨酯键和脲键，因此漆膜有耐磨、耐腐蚀、耐化学品、耐油、耐水、附着力强、柔韧性好等优良特点，单组分潮气固化聚氨酯清漆的机械耐磨性往往比双组分聚氨酯清漆好，硬度较低时，耐磨性更优。在国内，此种涂料被大量用于地坪涂装体系的封闭底漆和罩面清漆，使用效果良好。但是潮气固化型聚氨酯在空气湿度低时干得慢，有时需添加催干剂。由于该涂料需要吸潮固化，所以漆膜不宜涂布太厚，一方面涂布过厚不利于吸潮固化；另一方面不利于CO_2逸出，形成气泡，施工时应引起注意。

(2) 不饱和聚酯树脂地坪涂料　用多元醇和多元酸缩聚而成的产物称为聚酯，如果原料中含有一定数量的不饱和多元酸，则产物为不饱和聚酯。如果不饱和聚酯再加以单体稀释（如苯乙烯）即可制成无溶剂的不饱和聚酯涂料。这种涂料在引发剂和促进剂的作用下，能交联固化成不熔不溶的漆膜。

不饱和聚酯涂料具有良好的耐溶剂、耐水、耐多种化学药品性以及优良的耐磨性，可做成无溶剂地坪涂料，表面光滑亮洁，近年来在地坪涂料领域得到了较大发展，特别是用作无溶剂镘涂（或刮涂）自流平地坪涂料。但由于涂膜的交联密度大，漆膜较脆，抗冲击性能差；固化收缩率较环氧树脂大，因而附着力也较差，与混凝土的粘接强度低，一般为1.5MPa左右（环氧树脂地坪大于2MPa）；且漆膜不易修补，因而其在地坪行业的用量远不及环氧树脂地坪涂料。

(3) 乙烯基酯树脂地坪涂料　乙烯基酯树脂一般是由环氧树脂（双酚A型、双酚F型、酚醛型等）与不饱和一元酸（如丙烯酸、甲基丙烯酸、丁烯酸、油酸等）开环反应制得，产物有时称为环氧丙烯酸酯树脂，或称之为不饱和环氧树脂，习惯上称为乙烯基酯树脂。乙烯基酯树脂（vinyl ester）的特征为：端基含乙烯酯基（如 $H_2C{=}C(CH_3){-}C({=}O){-}O{-}$），而聚合物主链是环氧树脂的母体。

乙烯基酯树脂耐酸、碱、油类、醇类多种化学介质，不耐的介质有：丙酮、液氨、苯、三氯乙烯、三氯酚、吡啶、酚、苦味酸、二氯甲烷、乙基溴等。

由于乙烯基酯树脂可制成无溶剂涂料，且具有极佳的耐酸、耐碱性和较好的韧性，其延伸率可达6%，适合制成高度耐蚀、耐磨的玻璃鳞片重防腐地坪涂料及镘涂型厚浆地坪涂料，具有轻质、高强、耐冲击、耐磨、抗渗等优点，使其在重防腐地坪领域，如化工厂、有色冶金、机械工厂、电镀、电池厂、钢铁厂等地坪防护扮演着举足轻重的角色。

(4) 氯化聚烯烃耐化学介质地坪涂料　大量含氯原子的聚烯烃作为主要成膜物质制得的地坪涂料具有优良的耐化学腐蚀性、耐候性以及高的起始光泽，加上聚烯烃本身的价格较低，是地坪涂料工业中新型的成膜物质，可以制成底漆、面漆，用作室内外混凝土地坪的防护涂料。这类聚合物中的含氯量一般为40%～65%，大部分为单组分挥发自干型涂料，也可以制成交联型涂料。常见的氯化聚烯烃主要有聚乙烯、聚丙烯、聚氯乙烯等的氯化物以及其相应的共聚物的氯化物、氯磺化聚乙烯等。最近国内也推出氯醚树脂（氯乙烯/乙烯异丁基醚共聚物），该树脂制成的涂料避免了普通氯化高聚物涂料需引入增塑剂引起的长久使用而使涂膜变脆现象，耐久性得到提高。

(5) 聚脲弹性体地坪涂料　聚脲弹性体涂料为双组分产品：一组分为色漆组分，主要由端氨基聚醚、液态胺扩链剂、颜料以及助剂组成；另一组分为异氰酸酯组分。其固化反应为：

$$R{-}N{=}C{=}O + R'{-}NH_2 \xrightarrow{\text{快}} R{-}N{=}C(OH)(NHR') \longrightarrow \underset{\text{脲}}{R{-}NH{-}C({=}O){-}NH{-}R'}$$

它使用了端氨基聚醚和胺扩链剂作为活泼氢组分，与异氰酸酯组分的反应活性极高，无需任何催化剂，即可在室温（甚至0℃以下）瞬间完成反应。此类地坪涂料具有优异的理化性能，如拉伸强度可达27.5MPa，伸长率可达1000%，柔韧性、耐磨性、耐老化、防腐蚀性能均优异等。同时还具有突出的耐介质性能，除二甲基甲酰胺、二氯甲烷、氢氟酸、浓硫酸、浓硝酸、浓磷酸等强溶解、强腐蚀介质外，它可耐受绝大部分腐蚀介质的长期浸泡。除此之外，还具有良好的温变稳定性，可在120℃下长期使用，可承受350℃的短时热冲击，也能在高硬度情况下保持优异的低温韧性。

聚脲弹性体涂料在地坪领域可以用作制药、食品、饮料等生产车间和仓库地面的弹性耐磨保护层；要求防炫目、消光、防滑的高级运动场、羽毛球场、跑道等耐磨面层涂料，在这类场合应用时还可以通过喷涂直接获得表面具有均匀颗粒的“麻面”涂层。也可用于停车场、人行通道、过街天桥等高防滑性场合。

(6) 丙烯酸酯地坪涂料　丙烯酸酯涂料是用丙烯酸酯或甲基丙烯酸酯单体通过加聚反应生成的聚丙烯酸酯树脂制成。由于丙烯酸酯树脂对光的主吸收峰处在太阳光谱范围之外，所以用它制成的丙烯酸酯涂料具有特别优良的耐光性及耐户外老化性能，能长期保持原有的光泽和色泽，不易分解变黄；此外还有较好的耐弱酸、弱碱、盐、油脂、洗涤剂等化学品的沾污及腐蚀性能，但耐磨性、耐冲击性能不及环氧和聚氨酯地坪涂料，目前正被广泛地用于室内外休闲场地及轻度使用的地面装饰材料。如各类工厂、办公室等要求不高的场所，无重压及化学溶剂的仓库、厂房，但在地下水汽较重的场合不适用。

5. 地坪涂层系统设计与施工

(1) 地坪涂层系统设计 由于地坪涂料的使用情况和施工环境复杂多变，因此需要针对具体使用环境和客户要求对涂层系统进行专门设计。涂层系统的设计一般需要考虑以下因素。

① 涂料的基本性能指标 所选涂料的基本性能指标应尽量满足中华人民共和国化工行业标准的地坪涂料标准 HG/T 3829—2006。水性地坪涂料和弹性地坪涂料不适应该标准。

② 地坪涂层的使用环境 一方面应充分考虑地坪在使用期间酸、碱、盐、溶剂、油、海水、淡水、风砂等介质对地坪的侵蚀影响，所选涂料应对腐蚀介质具有较强的抗性，如环氧树脂地坪涂料、聚氨酯地坪涂料、乙烯基酯树脂地坪涂料、氯化聚烯烃地坪涂料和聚脲弹性体地坪涂料等对化学介质都具有较好的抗性，但抗性的侧重点不一样，需要根据实际情况做出最佳选择；另一方面应考虑机械、载荷对地坪的碾压、冲击和磨蚀影响，涂层的设计强度应能满足使用要求。此外，如果基层的含水率长期较高，就还需要考虑涂料对潮湿的敏感性和涂层的透气性，不透气的涂层容易被地下水汽顶起而鼓泡剥离、脱落。如没做防水层的一楼潮湿地面宜施工具有透气性的水性环氧地坪涂料。

③ 涂层的造价和目标使用寿命 使用寿命是根据地坪使用环境、地坪涂层造价、维护或翻新难易来确定的。长效涂层一般施工要求较高，涂层较厚，造价也较高，维护或翻新相对困难。普通薄涂型地坪造价低廉，容易维护和翻新，但是容易损坏，使用寿命不长，一般为 3～5 年。无溶剂环氧自流平地平和聚氨酯自流平地坪造价高，但能提供装饰效果好、耐化学介质、耐冲击和碾压的涂层，使用寿命相对较长，可超过 10 年。

④ 各涂层的配套性 为获得使用性能良好的地坪涂层，如良好的附着力及耐腐蚀性、耐久性、抗重压性能等，施工时往往需要将底漆、中层漆和面漆配套协同使用，并制定最适当的施工工艺，以满足多重性能要求。如图 3-3-57 所示是一种典型的地坪涂层结构剖面图。

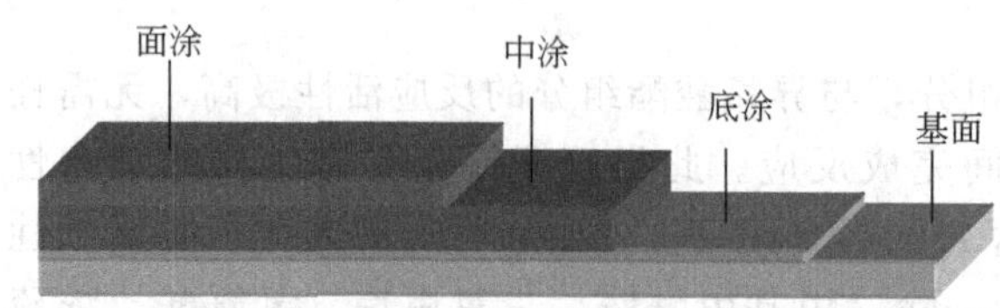

图 3-3-57 一种典型的地坪涂层结构示意图

a. 底涂 基面经过表面处理后，第一道工序是涂布底漆，这是涂料施工过程中最基础的工作。底涂的目的是在基面与随后的涂层之间创造良好的结合力，补强基础，稳固基面残留的尘粒，且对基面的潮气和碱起一定的封闭作用。油性底漆漆膜致密，对基面有较好的封闭效果，但其透气性差，当应用于潮湿基面时，容易出现漆膜被地下水汽压力顶起而剥离的情况。水性底漆漆膜没有油性的那么致密，一般具有微孔结构，能释放地下聚集的水汽压力，在潮湿基面也能取得较好的应用效果。如双组分水性环氧底漆对混凝土基面具有良好的附着力，近年来在潮湿混凝土基面取得了较广泛的应用。根据基面材质和表面状况正确地选择底漆品种及其涂布工艺，能起到提高涂层性能、延长涂层寿命的作用。地坪底漆应与基材有良好的附着力；本身具有良好的机械强度；对底材具有良好的保护性能和不起坏的副作用；能为以后的涂层创造良好的基础，不能含有能渗入上层涂膜引起弊病的组分；更要具有良好的施工性、干燥性。

b. 中涂 在地坪涂装体系中，中涂层是介于底涂和面涂之间的涂层，砂浆层和腻子层都属于中涂层，一般由多道组成。中涂层一方面可以找平基面，对基面实行进一步加工；另一方面可以增加漆膜厚度，提高承载能力与涂层使用寿命。中涂层不能对基面和底漆产生不良影响，如咬底、侵蚀等，且不能含有能渗入面涂层引起弊病的组分；具有一定的机械强度，如耐压强度、弯曲强度、拉伸强度等；具有良好的施工性、干燥性和打磨性。涂层如需抗重压，可在涂层间铺设增强材料，如玻璃纤维布。如果基面较平整且无需耐重压，可不施工砂浆层，而直接施工腻子层找平基面，这样造价会比较经济，但使用年限会比施工了砂浆层的涂装系统短。中涂层用的涂料应与所用的底漆和面漆配套，具有良好的附着力，耐久性应与面漆相适应。如果要求涂层能释放地下水汽压力时，底涂层、中涂层和面层还需具有透气性。但水性中涂和面涂的耐压强度不及无溶剂产品，一般为 40MPa 左右，而无溶剂产品的耐压强度可达 80MPa，故在需耐重压的场所不适宜采用水性涂料地坪。

c. 面涂　面漆的漆膜一般较致密，能抵挡化学介质和溶剂的侵蚀，耐磨性好，且具有良好的力学性能，能展现色彩，有良好的装饰效果与防护性能。面漆不应含有能溶解或溶胀中层涂料的成分，其强度和化学抗性应能满足设计要求，且具有良好的重涂性，以便于修补。

⑤ 工期要求　过长的施工时间会影响生产经营的进程，给生产单位带来损失。如果要求地坪涂料在指定的工期内完工，则需要考虑所选涂料的干燥时间以及涂层的施工道数对工期的影响。

⑥ 涂料的毒性　在地下隧道或其他较封闭环境以及人群聚集区施工时，宜选择毒性和气味较小的无溶剂地坪涂料或水性环氧地坪涂料。

涉及地坪涂层设计的各因素大部分是相互制约和相互影响的，设计者应综合用户使用要求、使用环境、施工要求、成本预算等因素，并做现场勘查后与用户充分沟通，仔细权衡，分析利弊，制定合理方案，以求地坪涂层系统达到最佳性价比，最大程度地满足使用要求。

(2) 地坪涂料的施工准备　基面处理、施工环境要求和基本施工工具是地坪涂层系统施工的共同要求，故先单独介绍。

① 基面处理　一般来说，地坪涂料施工要求基面坚实、干燥、干净无浮尘、无油脂旧涂料等异物、平坦而不光滑、无缺陷。

基面的强度现场可以用钢丝刷摩擦，也可以用回弹仪做混凝土强度测试，或用小铁锤敲打基面来判定，基面的强度应大于 C20 为宜，基层强度过低，涂料固化后易拉开基层，且不耐重压和冲击。强度较差的基层须重新铺设水泥砂浆找平层，找平层厚度应大于 30mm，以防重压后砂浆层碎裂、脱块。若基层有空鼓，须将空鼓处切除，重新浇注水泥砂浆或用无溶剂环氧砂浆修补。

基层若含有水分，会降低涂层与基层的粘接强度，引起涂层鼓泡和脱层。含水率可用含水率测试仪器进行测定，施工油性或无溶剂地坪涂料时，一般要求控制在 6%以下。也可按 ASTM 4263 规定的方法，取 45cm×45cm 的塑料薄膜平放在混凝土表面，用胶带纸密封四周边，16h 后，薄膜下出现水珠或混凝土表面变黑，说明混凝土基层过湿，不宜施工。但施工水性地坪涂料时对含水率的要求可以放宽。

基面存在的灰尘、蜡、旧涂料、油污、油渍、松散的颗粒和浮浆等异物须通过洗涤、火烤、溶解、铲削、喷丸、打磨、吸尘等手段尽量除尽，以免引起涂膜外观和附着不良。

基面存在的较浅裂缝可用电动切割机沿着裂缝部分切开 1cm 左右宽度的 V 形槽，然后将槽内粉尘吸扫干净后用树脂砂浆填补。原有的沉降缝应予以保留，在界面处可浇注弹性 PU 或弹性环氧胶。伸缩缝一般用环氧腻子填补平整，若面积过大，可在 30～50m 间隔保留伸缩缝并灌注弹性 PU 或弹性环氧胶。

严格来说，所有混凝土基面在底涂之前须进行喷砂抛丸或打磨吸尘处理，以提供一个干净坚硬的表面。当基层为瓷砖面、水磨石、耐磨骨料基面时，需用喷砂机或铲削机打毛地面，以增加涂层对基面的附着力，然后吸尘。

在底涂前，应通过现场检测工具对工作面进行全面细致的检查，并做好详细记录。地面施工属隐蔽工程，基层面状况务必调查清楚、记录完整。基面的尺寸要单独标明在图纸上，单位应精确到厘米。

为了防止施工边缘部分沾污及保持完全直线（或与不涂部分的分界线）应贴护面胶带。这道工序在底涂、中涂及面涂施工之前都要仔细完成。

② 环境要求　通常地坪涂料施工的环境要求为：施工期间和涂膜实干以前，湿度要求45%～85%，温度需在15～35℃，基材表面温度应高于露点3℃以上，以防基材及湿膜表面凝结水汽，影响涂层附着力和表面效果。

在相对湿度超过85%时，涂装的涂层质量多数比较差，容易出现泛白、裂纹、剥落等弊病。特别是施工水性环氧地坪涂料时，湿度过高或通风不良都会导致固化不良，引起涂膜发白、浮色和强度下降等弊病。当然个别特殊涂料可以例外，如地坪涂装常用的湿固化型聚氨酯涂料，它是利用大气中的水分进行固化，在气候干燥时，可能还要加湿，才能使固化正常进行。温度过低，许多双组分涂料的固化反应历程减慢或停止，会严重影响地坪涂料的固化性能，如固化过程延长，甚至不能完全固化，涂膜性能严重降低，如强度、硬度降低，耐磨性变差，直接影响使用寿命。对于无溶剂自流平涂料的影响则更大，表现为涂料黏度成倍增长，流动、流平性能变差，施工时产生刀痕等缺陷。气温太高，不利于施工人员身体保护，且气温太高时，无溶剂自流平涂料的适用期会明显缩短，涂料很快增稠并干结报废，甚至出现暴聚现象。

③ 常用施工工具

a. 主要工具　打磨机、喷砂机、工业电动吸尘机、手提式电动磨光机、铁锤、錾刀、手提式电动搅拌机。

b. 其他工具及材料　电子秤、照明灯、接线板、25～36cm的角抹、钉鞋、带齿消泡辊筒、漆刷、辊筒、锯齿镘刀、橡胶刮板、护面胶带等。

(3) 地坪涂料的施工工艺　一般来讲，地坪涂层由底漆、中涂层、面漆构成。三个涂层是相互关联协同作用的，只有当三个涂层分别得到正确施工，才能使涂层系统体现预期的良好整体性能。

涂布底漆时一般应注意以下几个事项。

① 含颜料、填料的底漆在使用前和使用过程应注意搅拌均匀。

② 底漆涂膜厚度根据底漆品种确定，应注意控制。涂布应均匀、完整、无露底，表面无浮尘及松散砂粒。

③ 注意遵守干燥的规范。在底涂上如涂含有强溶剂的涂料时，底漆必须干透，以免出现咬底等漆病。

④ 要在表面处理以后严格按照规定的时间及时涂布底漆。还要根据底漆品种规定的条件在底漆干燥后规定的时间范围内涂下一道漆。过早涂布可能引起咬底及底漆中溶剂挥发困难导致漆膜干燥时间延长、固化不良、鼓泡等情况；涂布过迟可能引起层间附着不良，且过迟涂布易由于粉尘积累或其他污染影响表观。

⑤ 为增加下一道涂层与底漆间的附着力，可在涂布前将底漆打磨。

涂布底漆的方法一般可采用辊涂、刷涂和喷涂。刷涂施工效率较低，一般在边角处施工采用。最常采用的是辊涂，效率高。

施工中涂层时，应根据客户要求的施工厚度和产品干燥性能控制好每道涂层的厚度。施涂溶剂型和水性砂浆层时，不能一道施工过厚，否则有可能出现因溶剂挥发困难导致涂层长时间发软，不但延误工期，而且涂层固化性能差。

刮涂是砂浆层和腻子层最常见的施工方法。根据砂浆漆料的黏度情况有时也可采用镘涂施工。如果要求砂浆层施工厚度在 3mm 以上，多采用无溶剂砂浆料，用压砂工艺施工，用抹光机抹平，该工艺可一次施工达 3～5mm，免去了多次涂布的烦琐工序。

由于砂浆层表面较粗糙，孔隙较多，一般需刮腻子找平，填补空隙。中涂施工完毕后，表面应平整无孔隙，因孔隙中的空气有可能在施工面漆时与面漆进行置换，表现为面漆施工完毕后出现气泡、漆膜塌陷等弊病。

为了获得良好表观效果的面层，中涂层完工以后一般需要打磨、吸尘，再涂布面漆。

根据面漆的施工厚度选择合适的施工方法，施工薄型地坪面漆时一般采用辊涂或刷涂，涂布应均匀，当涂层遮盖率差的亦不应以增加厚度来弥补，而是应当分几次来涂装。施工厚型地坪面漆（如自流平面漆）时一般采用镘刀镘涂。当施工的面漆厚度居于两者之间，其厚度不足以满足自流平条件时，常采用喷涂，可获得较好的表面效果。

面漆涂布和干燥方法应依据施工环境和涂料品种而定，应涂在确认无缺陷和干透的中间层或底漆上。原则上第二道面漆应在第一道面漆干透后方可涂布。面漆（特别是薄型地坪面漆）应用细筛网或纱布仔细过滤，涂漆和干燥时场所应干净无尘。

地坪涂料施工完毕以后需自然养护，以使涂膜达到较高的固化程度和性能，一般养护期为一周。养护期间不能遭遇化学介质、水以及各种机械碾压和冲击。

根据实际应用中地坪涂层设计的特点，将地坪涂层系统分为普通薄型地坪（0.2～0.5mm）、普通厚型地坪（1～3mm）、特种工艺地坪三类。

① 0.2～0.5mm 普通薄型地坪　此类地坪涂层较薄，施工快捷，耗漆量少，造价低廉，容易翻新和修补，能提供装饰、防潮、防尘、防渗、使地面易清洁等功能，耐一般化学品腐蚀，使用寿命一般为 3～5 年，是普通工业地坪防护最常用的地坪类型。普遍应用于电器、电子、机械、食品、医药、化工、烟草、饲料、纺织、服装、家具、塑料、文体用品等承受轻度载荷的制造车间水泥或水磨石地面。具体施工工序如下。

a. 按前述要求进行基面处理。

b. 涂布底漆一道。要求施涂均匀，无漏涂，底漆施工完后表面无粉尘及松散砂粒。在离墙、柱、设备较近的地方辊涂时应慢速推动辊筒，以防止涂料飞溅沾污其他表面。对吸油量较大的区域应补涂底漆。涂料用量：0.10～0.22kg/m^2。底漆养护时间需根据底漆类型和干燥情况来确定，一般为 4～12h。

c. 刮涂腻子两道。腻子一般是在施工现场在漆料中临时掺入 100～400 目的石英粉和（或）滑石粉调配而成。腻子应抹平，不透底，无浮砂，表面无砂眼。涂料用量随粉料的粗细和基面粗糙程度变化而变化，一般为 0.15～0.25kg/m^2。腻子层干至打磨时不粘磨片时可以进行打磨，吸尘。做到无粉尘、颗粒及刮刀痕迹。

d. 涂布色漆（面漆）两道。此类色漆一般为溶剂型色漆，用量为 0.2～0.3kg/m^2。如为无溶剂或少溶剂色漆时，面层厚度会增大，涂料用量为 0.3～0.4kg/m^2。要求无漏涂、露底，表面平滑无施工痕迹，颜色均匀，表面光泽一致。

e. 施涂罩面清漆一道。用量为 0.08～0.12kg/m^2。此道工序可根据实际情况选用或不用。施涂罩面清漆一般会延长涂层的使用寿命。

② 1～3mm 普通厚型地坪　此类地坪除具备普通薄型地坪的一般功能外，且耐磨性好，耐冲击和重载荷，但耗漆量较大，造价相对较高。此类地坪可根据客户要求和实际应用情况设计不同厚度和涂料品种。例如，当选用薄涂型环氧-聚氨酯面漆时，适应于要求耐磨性强、耐一定冲击性的电器、电子、机械（如汽车、摩托车、电梯、自行车等）、通讯设备、仪器仪表、食品、药品、化工、烟草、饲料、纺织、饮料、服装、家具、塑料、文体用品等制造

车间地面，特别是需要跑叉车、汽车、重手推车的走道。当选用环氧自流平面漆时，适应于要求高度清洁、美观、无尘、无菌的电子、微电子以及实行 GMP 标准的制药、血液制品等行业的地坪防护。当选乙烯基脂树脂涂料设计整个涂层时，特别适用于化工厂、有色冶金、机械工厂、电镀、电池厂、钢铁厂等对防腐蚀有苛刻要求的地坪防护。具体施工工序如下。

a. 基面处理。

b. 涂布底漆一道。

c. 刮涂或镘涂砂浆中层漆。施工砂浆层时，根据设计厚度在溶剂型漆料中现场掺入要求规格的石英砂分批次刮涂，因涂料中含有溶剂，每次刮涂不能太厚（一般不超过 1mm），因为太厚的砂浆层不能完全干透，导致地坪早期强度不够，抗压性能差。也可以用无溶剂漆料加入石英砂调配成自流平砂浆刮涂或镘涂。砂浆层施工要求石英砂分布均匀，表面平实，无突起、无漏刮，尤其是不能留下刀痕，以减少打磨次数；在前一层砂浆未完全固化之前，不能施工下一层砂浆，否则易起泡；每刮一层砂浆，待其完全固化后，视涂层的平整度决定是否打磨，如需打磨，可用吸尘打磨机或手磨机打磨，要求打磨后的砂浆面平实、无突起，打磨完毕后清理干净。

d. 刮涂腻子一道或两道。最后一层封闭腻子完全固化后，应将腻子面层打磨平实光滑，不能有一点突起或一丝孔隙，打磨完毕后彻底清扫灰尘。

e. 涂布按设计要求的面漆一道或两道。

③ 特种工艺地坪

a. 环氧玻璃钢地坪　环氧玻璃钢地坪是在涂层中夹杂铺衬一层或多层玻璃布的复合式地坪，此类地坪的抗压强度、拉伸强度、弯曲强度都得到明显提升，适应于强度要求高的水泥地面或防强酸、强碱等化学品腐蚀的地面及排水沟、碱水池等场所。其施工工序如下。

- 基面处理。
- 刮涂高固含环氧底漆一道。底漆干至不粘鞋可进行下一道工序。
- 采用逐层铺衬或一次多层玻璃布连续辅衬。将按比例调好的环氧玻璃钢漆和固化剂辊涂于地上，铺上玻璃纤维布，再用辊筒粘漆整平，边角部位用毛刷，涂料用量一布一油 0.35～0.4kg/m^2。采用逐层铺衬时，上下层为垂直方向；采用一次多层玻璃布连续辅衬时，上下层接缝要错开，每层玻璃布均要贴实、不留气泡、不起皱褶，每幅布之间的搭接宽度不小于 5cm。
- 刮高固含环氧腻子一遍，干燥后打磨。要求用手动打磨机打磨，采用 60～80 目的砂纸片，做到无气泡、无布须、无砂眼，平整。
- 涂高固含量玻璃钢漆 1～2 遍，也可以表面做环氧自流平面漆。要求表面平滑光亮，不透底，不露玻璃纤维布或玻璃纤维丝。

b. 3mm 以上环氧压砂厚型地坪　采用压砂工艺的厚型环氧地坪硬度高，固化收缩率小，耐酸、碱、盐及其他化学溶剂腐蚀，使用寿命长，一般可达 15 年以上。适应于要求耐强力冲击、耐腐蚀的机械厂、码头、货物电梯口、车道、化工厂、电子厂等地坪的防护。其施工工序如下。

- 基面处理。
- 刮涂高固含量底漆一道。涂料用量为 0.20～0.25kg/m^2。
- 按设计厚度压砂。将无溶剂环氧漆料按规定配比混合并搅拌均匀，掺入石英砂中搅拌均匀后倒在地上［其中漆料与砂的重量配比为 1∶(6～8)］，用钉耙将调好的砂浆耙开并用刮刀抹平，然后用抹光机对砂浆进行抹压，机器处理不到之处用手工操作。要求做到表面平整、砂粒均匀、无浮砂和刀痕。
- 灌浆。将调好的无溶剂环氧漆倒于地面，用刮刀刮开，使涂料足够渗入砂浆层。根据砂浆层厚度及灌浆效果决定灌浆次数。

- 打磨吸尘。
- 刮涂环氧腻子两道。
- 手动打磨机细磨，吸尘，清洁地面。
- 涂布色漆1～2道。色漆为溶剂型薄涂色漆时，一般施工两道色漆后再施涂一道罩面清漆。色漆为环氧自流平涂料时一般只需施工一道。

地坪漆施工结束后，把现场交给客户时，应向客户提醒如下保养及维护方法，以便能保持地面良好的质量状态和延长地坪的使用时间。

- 地坪应经常进行清洁。存留在地面砂粒或其他坚硬颗粒可加速地坪的磨损和对地坪造成刮伤，清洁时可用柔软扫帚或拖布。
- 当有严重污垢时，宜使用抹布用中性清洁剂清洗，然后充分干燥，打一层薄蜡。
- 当酸、碱等化学药品溅溢地面时，应及时用抹布擦净后用水清洗，如果是调味料、油等则用抹布擦拭即可。
- 光滑的涂层可用养护蜡定期保养，永葆美观。

七、耐温防腐涂料

1. 耐温防腐涂料概述

高温腐蚀是指在高温环境条件下，材料表面与各类环境介质在界面之间发生化学反应或电化学反应，在材料表面形成反应物质，并对材料的结构及性能产生破坏。随着航空、航天、能源、化工、冶金、电力、机械、轻工等行业的发展，对材料的使用性能也越来越高，一些设备、管道由于腐蚀介质的存在而发生腐蚀，尤其是一些设备的高温部件，如燃烧器、加热器、各种车辆的排气管、消声器、发动机、热交换器、石油裂解设备、高温蒸汽管道等，在高温和腐蚀介质的作用下会发生迅速腐蚀。因此，对于材料，特别是一些金属材料，如何在高温腐蚀环境达到保障性能的目的是一个艰巨的任务。而在各种高温防腐蚀技术中，使用涂料进行防护，由于其简易性及可操作性得到了各方的青睐，从而得到最广泛的应用。在这里定义的耐温防腐涂料一般是指在200℃以上，漆膜不变色、不脱落，仍能保持适当的物理力学性能的涂料。根据使用环境的不同，防护目的的差别，目前国内外各涂料厂商开发出的耐温防腐涂料种类繁多，性能各异。但是从总体来讲，一般可分为有机高温防腐涂料、无机高温防腐涂料和有机-无机复合高温防腐涂料。

2. 耐温防腐涂料分类

(1) 有机高温防腐涂料 有机高温防腐涂料根据基料的不同，主要包括杂环类聚合物涂料（如聚酰亚胺类、聚酰胺酰亚胺类、聚苯硫醚类、聚醚砜类等）和元素类有机聚合物涂料（如有机硅类、有机氟类、有机钛类和聚硼硅氧烷类等）两大类。杂环类聚合物应用在高温涂料上国内外已经过多年的发展，主要用于高温绝缘方面，但是其价格昂贵，贮存性不好，对颜料要求严格；有机氟涂料虽然其高温防腐性能优越，但不容易溶解于溶剂，即使溶解，其固体含量低、成膜薄、施工不方便，而且有机氟涂料力学性能不太理想；有机钛涂料发展较晚，制备复杂，在工业化领域的发展较为有限。以上聚合物用于耐温防腐蚀涂料，由于自身性能的限制或者成本方面的考虑，并没有得到广泛的推广，所以通常使用的高温防腐涂料主要以有机硅聚合物作为基料。有机硅聚合物作为基料用于耐温涂料，由于其分子链中硅-氧键的共价键键能比普通有机高聚物中碳-碳键的共价键键能高，在受热时热稳定性较好，显示了较为优异的耐热性。而且有机硅聚合物价格相对较低，用于涂料时施工性能较好，因此在有机高温防腐蚀涂料领域，有机硅聚合物得到了最广泛的应用。但是也需要看到的是有机硅聚合物作为涂料的基料使用时，其通气性良好，导致了防腐蚀性不太高，如果要使有机硅涂料达到既耐热又有良好的防腐蚀性能，还需要许多的改进之处。

(2) 无机高温防腐涂料　目前无机耐高温防腐蚀涂料主要分为以聚硅酸乙酯为基料、以水溶性硅酸盐为基料、以二氧化硅溶胶为基料及水溶性磷酸盐为基料的四种体系。由于这几类无机材料的耐热性可达400～1000℃甚至更高，并且具有耐燃性好、硬度高等特点，在用作耐温防腐蚀涂料时与防锈颜料、锌粉等配合使用，具有优异的耐温耐腐蚀性。其中以硅酸乙酯为基料的耐高温防腐蚀涂料得到最广泛的应用。硅酸乙酯再经过水解、聚合，最后成为不含有机物的二氧化硅交联聚合物，由于其结构和二氧化硅相似，具有良好的耐热、防腐、耐化学药品性。以硅酸乙酯为黏结剂的无机富锌涂料目前大量被用作车间底漆作为临时保护的防腐蚀涂料用。但是，无机耐温防腐蚀涂料在使用中也存在着一些自身无法克服的劣势，例如：漆膜较脆，延展性差，厚涂时漆膜易开裂，未完全固化前耐水性不好，对底材表面处理要求严格等。

(3) 有机-无机复合高温防腐涂料　由于有机高温防腐涂料和无机高温防腐涂料各有优缺点，有机-无机复合高温防腐涂料顺势而生。近年来有许多关于采用有机树脂与无机涂料进行匹配或化学改性的有机-无机复合型高温防腐涂料的报道，如向有机硅高温涂料中加入玻璃、陶瓷材料，其作用原理是：当有机硅涂层在受热条件下分解、炭化，失去足够的粘接性能时，玻璃陶瓷料熔化并接替有机硅树脂继续起对颜料和填料的黏附作用。复合的玻璃料要求其熔点与有机硅树脂受热分解温度相适应，采用适当比例的高、中、低熔点的玻璃料，能获得高温附着力好、有光泽、耐腐蚀、耐冲击的涂层。这种复合涂料的成膜物为有机无机高分子的复合体，与有机聚合物和无机颜填料所组成的涂膜复合体不同。

另外，还有通过在水溶性硅酸盐中引入有机树脂、水溶性甲基硅酸钠、聚醋酸乙烯、聚丙烯酸酯等乳液或加入水溶性尿素树脂、蛋白质类酪素、树脂状粉末（有机硅树脂、丙烯酸树脂、环氧树脂、聚酯、三聚氰胺树脂、松香等）；在硅酸乙酯水解物中加入醇溶性聚乙烯醇缩丁醛或乙基纤维素，用硅酸乙酯水解物与多元酸在酸存在下进行酯交换生成聚醚硅酸酯、硅酸乙酯水解物和含乙氧基、甲氧基、羟基的硅中间体，在酸催化下进一步水解引入部分有机硅组分；通过与有机高分子接枝共聚或加入硅烷偶联剂、悬浮剂、碱金属氢氧化物、磷酸盐、有机树脂乳液等方法改进硅溶胶漆膜性能等方法。但是，要获得工业化的大规模应用，仍然有大量的研究工作需要完成。

3. 配方设计

耐温防腐涂料的使用环境是特定的，主要面对如何在高温环境下阻隔腐蚀介质侵蚀底材的要求。这就要求在设计配方时必须选择既有良好的耐温性又能兼顾防腐蚀要求的材料。在涂料的成分构成中，如何选择合适的基料是决定配方是否成功的关键。

(1) 基料的选择　选择耐温防腐涂料的基料时，由于其使用目的的限制，可供选择的树脂不多，得到大规模工业化使用的就更少。有机硅树脂基于其优异的耐温性和施工性，成为国内外涂料公司开发这类涂料时共同的选择。

有机硅树脂作为耐温防腐蚀涂料最大优势是其良好的耐高温性能，这主要是由于其独特的分子结构所致。硅在元素周期表上正好位于碳的下方，但是有机硅的Si—X键和C—X键的相似点很少，见表3-3-116。

表 3-3-116 有机硅 Si—X 键的性能比较

元素(X)	键长/Å		离子性/%	
	Si—X	C—X	Si—X	C—X
Si	2.34	1.88	—	12
C	1.88	1.54	12	—
H	1.47	1.07	2	4
O	1.63	1.42	50	22

注：1Å=0.1nm。

有机硅树脂中硅-氧键的共价键键能比普通有机高聚物中碳-碳键的共价键键能大，硅-氧键中硅原子与氧原子的电负性相差大，因此硅-氧键极性大，有 51%离子化倾向，其键能也比较大为 452kJ/mol（108kcal/mol）。对硅原子上连接的烃基有偶极性感应影响，提高了所连烃基对氧化作用的稳定性，比普通有机高聚物上这种相同基团的稳定性要高很多，即 Si—O—Si 链对所连烃基基团的氧化能起到屏蔽作用：有机硅高聚物中的硅原子和氧原子形成 d-pπ 键，增加了高聚物的稳定性及其键能，也增加了其热稳定性；普通有机高聚物的碳-碳主链受热氧化，很容易断裂成低分子物，而有机硅高聚物中硅原子上连接的烃基受热氧化后，生成高度交联且更加稳定的 Si—O—Si 链，能防止其主链的断裂降解；受热氧化时，有机硅高聚物表面生成了富含 Si—O—Si 链的稳定保护层，减轻了对高聚物类别的影响。

有机硅树脂的选择在很大程度上受到最终应用时环境温度的影响，但是漆膜的硬度也需重点考虑，平衡这两个参数可以实现最佳的涂料性能。如何判断有机硅树脂的这两项参数，需要从分子机构出发：一般来说，在有机硅单体中，三官能度单体提供交联点，二官能度单体增进柔韧性，表现在聚合物中，其密度对外观的影响如下式所示。

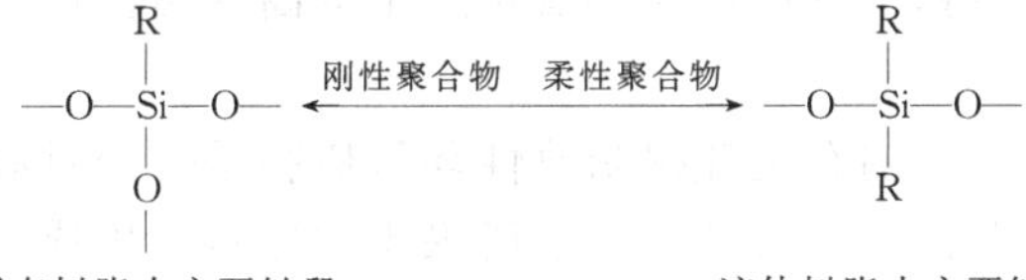

具体表现在聚合物结构中侧基 R 和硅原子 Si 的比率变化对物理性能的影响见表3-3-117。

表 3-3-117 有机硅聚合物物理性能变化

性能	R/Si								
	1.0	1.1	1.2	1.3	1.4	1.5	1.6	1.7	2.0
固化速率	快	←→							慢
硬度	硬	←→							软
柔韧性	差	←→							好
热失重	小	←→							大
抗开裂性	差	←→			好	←→		中等	

在有机硅分子结构中侧基主要构成为甲基（methyl）和苯基（phenyl），总体来讲侧基与硅原子比率变化会造成聚合物物理性能的变化，但具体到侧基的品种不同也会对聚合物性能造成影响。在合成聚合物时，适量的二甲基单体赋予合成树脂一定柔韧性，但在配方中的摩尔分数不宜太高，因为过高将影响树脂的强度，而且导致没有交联的低分子环体增多，这对应合成链状的有机硅中间预聚体是不希望的。而苯基单体含量高的树脂具有热稳定性好、坚韧性好、热塑性大、在空气中耐氧化作用能力强及热老化时能长期保持柔韧性，且可提高有机硅与环氧树脂的混容能力。

纯有机硅树脂在耐热性方面具有优异的表现，但是由于纯有机硅树脂需高温烘干（250～300℃），固化时间长，大面积施工不便，并且对底材的附着力及耐有机溶剂性能差，温度较高时漆膜的机械强度差等方面的缺陷导致纯有机硅树脂在使用中仍旧存在着许多问题。为了解决这些方面的问题，工业化生产或者具体应用中常常使用醇酸树脂、聚酯树脂、聚氨酯树脂、丙烯酸树脂、环氧树脂等通过物理共混合化学改性等方法对有机硅树脂进行改性。在涂料中如何根据具体的使用目的选择合适的硅树脂时，一般推荐使用较软、更具弹性的树脂配制用于较高温度范围的涂料，推荐使用具有出色热硬度的刚性树脂用于中等温度范围的涂料。国外的著名有机硅树脂供应商都会提供从不同性能的纯有机硅树脂到改性有机硅树脂等各种牌号的产品，表 3-3-118 为商用有机硅公司推荐的产品。在应用时可以根据使用的目的选择不同性能的树脂。

表 3-3-118 商用有机硅树脂主要牌号

编 号	清漆类型	特 性
1	纯有机硅树脂	200℃烘干固化，最大韧性树脂
2	纯有机硅树脂	150℃烘干固化，硬质漆膜
3	纯有机硅树脂	室温固化，漆膜稍脆
4	纯有机硅树脂	高温下有光泽，有稍微损失，相容性好
5	纯有机硅树脂	150℃烘干固化，漆膜硬，耐热，高温下有少量烟生成

使用有机硅树脂可以满足耐热性的要求，但是不同的使用环境决定了单纯依靠有机硅树脂来满足所有要求是不现实的，前面提到可通过与其他树脂共混改性或化学改性来达到提高有机硅树脂使用环境的要求。例如：在加入酚醛和三聚氰胺树脂的有机硅树脂可以提高硬度；在丙烯酸中加入可提高其干燥性；在环氧树脂中提高耐腐蚀性；在醇酸树脂中提高坚韧度等。

在耐温防腐蚀领域里，使用有机硅树脂改性环氧树脂是一个具有广阔前景的方向。环氧树脂分子结构是大分子链上含有环氧基，由于所采用的原料、生成环氧基的方法以及应用目的不同，所得到的环氧树脂的种类也不同，其中最主要、最常用的是双酚 A 型环氧树脂（E 型），约占环氧树脂总量的 90%，防腐涂料所用的环氧树脂主要也是这一类。其结构式如下：

$$\overset{\displaystyle O}{\overbrace{CH_2-CH}}-CH_2-[O-C_6H_4-\underset{CH_3}{\overset{CH_3}{C}}-C_6H_4-O-CH_2-\overset{OH}{CH}-CH_2]_n-O-C_6H_4-\underset{CH_3}{\overset{CH_3}{C}}-C_6H_4-O-CH_2-\overset{\displaystyle O}{\overbrace{CH-CH_2}}$$

从以上环氧树脂的结构式中可以看出，分子中的某些结构特点对树脂的最终性能起到重要作用，如：

醚键	—C—O—C—	良好的耐化学性
甲基	$-CH_3$	韧性
羟基	—OH	粘接性
芳烃结构	$-C_6H_4-$	高温性能和刚性

环氧改性有机硅树脂集环氧树脂和有机硅树脂的优良性能为一体，弥补了各自的缺陷，具有优良的防腐性、耐高温性、电绝缘性，特别是对底材的附着力、耐介质性能较有机硅树脂有很大的提高，广泛用于航空、航天、核工业、兵器、电子领域，是特种涂料用有机树脂中用途最广的品种之一。

环氧改性有机硅树脂的方法有两种：一是冷拼法（物理法），即以相容性好的有机硅树脂（即高苯基含量的有机硅树脂）与环氧树脂冷拼混合而成；二是热缩聚法（化学法），即以环氧树脂的活性官能团（即羟基）与适当的有机硅中间体的烷氧基或羟基（见下式）在一定条件下进行缩聚反应。

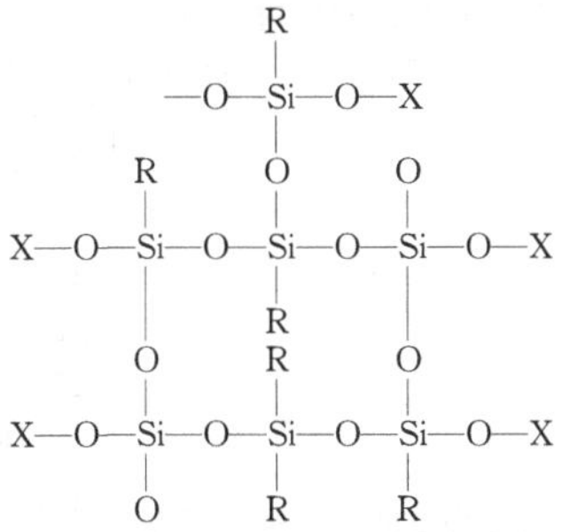

```
                  R
                  |
             —O—Si—O—X
                  |
        R         O         O
        |         |         |
  X—O—Si—O—Si—O—Si—O—X
        |         |         |
                  R
        O         R         O
        |         |         |
  X—O—Si—O—Si—O—Si—O—X
        |         |         |
        O         R         R
```

R 为甲基、苯基；X 为烷基、氢

改性用的环氧树脂一般采用中等分子量的环氧如 E-35、E-20、E-12 等，它们具有适中的羟基和环氧基。反应在溶剂中进行，常用的溶剂有环己酮、异佛尔酮、甲基环己酮等。树脂合成中主要是硅中间体中的乙氧基或羟基与环氧树脂中的羟基反应，含乙氧基的硅中间物与环氧树脂反应生成乙醇，而含羟基的硅中间物则生成水，反应式表示如下。

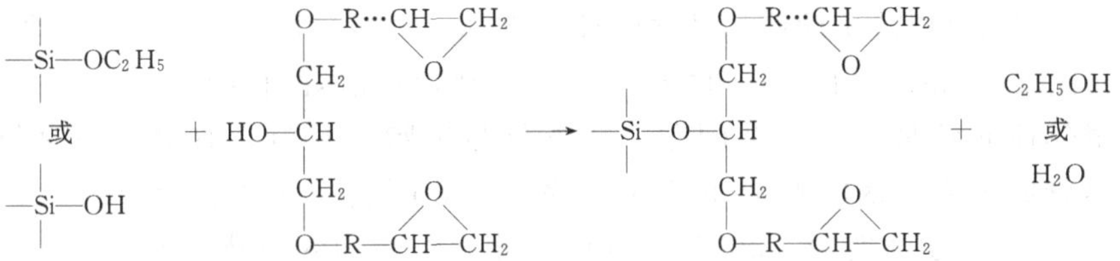

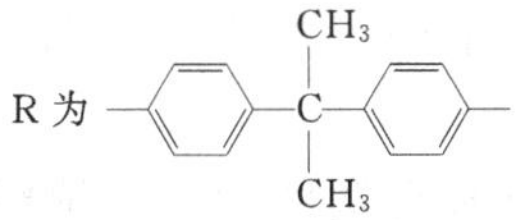

```
                     O—R…CH—CH2              O—R…CH—CH2
   |                 |     \ /               |     \ /
 —Si—OC2H5          CH2     O                CH2     O
   |                 |                  |    |                 C2H5OH
   或        +  HO—CH        ——→     —Si—O—CH           +      或
   |                 |                  |    |                  H2O
 —Si—OH             CH2     O                CH2     O
   |                 |     / \               |     / \
                     O—R—CH—CH2              O—R—CH—CH2
```

```
              CH3
              |
R 为 —⟨苯环⟩—C—⟨苯环⟩—
              |
              CH3
```

在适当范围内控制有机硅和环氧树脂的比例，可得到不同的共聚物，由表 3-3-119 可以看出随着有机硅比例的提高，共聚物的聚合时间缩短，耐温性能得以改善，但是树脂的固化成膜性能却明显下降；随着环氧树脂的比例增加，共聚物的防腐性、固化性能及物理力学性能提高，而耐温性能下降。

表 3-3-119　环氧有机硅比例对树脂性能的影响

性　　能	有机硅/环氧树脂(质量比)			
	40/60	50/50	60/40	70/30
聚酰胺为固化剂的固化时间/h	2	4	5	7
附着力/级	1	1	2	2
耐热性 250℃,2h,漆膜外观	漆膜变深黄,失光	漆膜稍变黄,稍失光	漆膜颜色基本无变化,无失光	漆膜颜色无变化,无失光
反应温度及终点时间	180℃,55min	180℃,45min	180℃,45min	180℃,40min

近年来，国内外对有机硅改性树脂进行了大量研究，对于不同结构、不同比例的树脂对最终性能的影响积累了大量的数据。各大有机硅树脂供应商提供了种类繁多的有机硅中间体（表 3-3-120），涂料配方设计者在进行配方设计时，可以根据使用目的及供应商所提供树脂的性能指标，灵活选择适合自己的树脂。

表 3-3-120 商用硅树脂中间体选择指南

编号	物理形态（固体含量）/%	官能团	活性	典型应用
1	片状固体（100）	硅烷醇	可与含羟基的醇酸树脂、酚醛树脂、环氧树脂和其他有机树脂反应	反应性有机硅树脂中间体，用于彩色保养和建筑面漆、乙基电器面漆、卷材漆和高温装饰漆。与其他硅树脂混合，用于改善硬度。与有机树脂混合，改善耐候性和耐热性
2	液体（90）	甲氧基	与活性羟基的有机树脂体系反应	活性有机硅中间体，用于卷材漆、电器装饰和其他需要提高耐热性和耐候性的装饰。通常与饱和聚酯或无油醇酸树脂反应，形成有机硅改性共聚物
3	液体（90）	甲氧基	与活性羟基的有机树脂反应	活性有机硅中间体，用于卷材漆、电器装饰和其他需要提高耐热性和耐候性的装饰。通常与饱和聚酯树脂反应，形成 20%～50%有机硅含量的硅改性聚酯共聚物
4	液体（100，活化）	甲氧基	与含活性羟基的有机树脂反应	用于提高丙烯酸乳液耐候性的活性有机硅中间体。与其他在碱性条件下稳定的乳液系统一样，表现良好

(2) 颜料、填料的选择及使用　颜料、填料在涂料上的应用具有重要意义，通过添加不同种类的颜料、填料可以改善漆膜的某些性能，例如：提高漆膜力学性能、增加耐腐蚀性、耐候性、耐温性等；同时添加颜料、填料还可以达到降低成本的目的。

涂料的耐热性问题是一个复杂问题，它不仅与树脂（基料）有关，同时与颜料、填料等也有着紧密的关系。因在高温下使用的涂料，其颜料的选用具有特殊性，如有机硅涂料可在 200～250℃连续使用，300℃时间断使用；但在加入耐热性的颜料、填料后，其耐热性可提高到在 400～600℃长期工作；加入某些颜填料，还可使有机硅涂料耐 700～800℃的高温。

具体在耐温防腐蚀涂料上如何选择合适的颜料、填料是一个实际的问题，表 3-3-121 列出了一些常用颜填料在有机硅树脂中使用时对耐温性的影响。

表 3-3-121 颜料、填料对有机硅树脂耐温性的影响

颜色	颜料	漆膜性能
体质颜料	云母粉	提高硅树脂的耐温性，耐温性在 300℃下超过 1000h
	滑石粉	提高硅树脂的耐温性，耐温性在 300℃下超过 1000h
	硅石	提高硅树脂的耐温性和机械强度，耐温性在 300℃下超过 1000h
	黏土	耐温性达 250℃，在 300℃下 1000h，划格法显示 10/100 面积脱落
	高岭土	耐温性可达 250℃，在 300℃下 100h 后漆膜剥落
	硫酸钡	可以提高漆膜的强度，但是温度超过 300℃后出现裂纹
	其他	碳酸钙、硫酸钙、氧化镁可以被使用，但是耐温性会下降
白色颜料	二氧化钛	漆膜（颜料/树脂＝1/1）在 300℃下 100h 产生裂纹和剥落，在 250℃经过 1000h，划格法显示 70/100 面积脱落。但是与氧化锌联合使用则显示较好的结果
	氧化锌	遮盖力较二氧化钛弱，但是耐温性提高，可以经受 300℃下 1000h 而不产生裂纹和剥落
	锌钡白	在 250℃下显示了氧化锌相同的性能，但是超过 300℃性能变差
	硫化锌	耐热性较差，在 250℃下 1000h 产生裂纹和剥落
红色颜料	铁红	耐热性随铁含量的升高而降低；铁含量在 5%时，在 300℃经过 400h 剥落产生；含量 20%时，300℃经过 100h 产生；250℃则不会发生

续表

颜 色	颜 料	漆 膜 性 能
黑色颜料	炭黑	300℃经过较长时间发生褪色，根据不同的型号程度有所不同；涂料趋向于产生触变性，炭黑在树脂中不易分散
	石墨	温度超过300℃时均显示优异的耐热性
	氧化铁	超过250℃后，铁黑转化为铁红，漆膜也转为红色
	二氧化锰	有极佳的耐热性，能够在300℃下使用，但色调不佳，漆膜呈现褐色
	黑色陶瓷	遮盖力较差，但是色调较好，耐热性可以达到300℃
绿色颜料	铬绿	250℃时无变化，300℃经过100h发生开裂
	钴绿	250℃时无变化，300℃经过100h发生开裂
	吉勒特绿	温度升到200℃时显示较佳的色调，超过200℃时发生褪色
黄色颜料	钛黄	显示优异的耐温性，300℃经过500h无剥落发生，但是有轻微的褪色发生；250℃时没有变化
蓝色颜料	钴蓝	300℃时显示优异的耐热性，颜色与光泽上的变化较小
	普鲁士蓝	降低树脂的性能，在温度超过250℃时颜色变黑
	酞菁蓝	虽然不会影响树脂的性能，但是只能在200℃下使用，超过250℃时，显著的褪色出现
银色颜料	铝粉	铝粉可以显著地改善树脂的耐热性和附着力；使用铝粉的银色涂料能够在600℃的高温下长期使用。浮型和非浮型没有明显的不同，但是浮型有较佳的防腐性

颜料、填料的选择是一个具体问题，其用量是另一个问题。这是因为颜料、填料在涂料中的用量存在着一个极限值，当用量超过这个极限时，涂膜的许多性能会发生突变，涂料设计的一个重要参数就是颜料体积浓度PVC（pigment volume concentration），利用它可以判断涂层的大致性能。颜料体积浓度PVC是Asbeck于1949年提出的，指涂料中颜、填料的体积与配方中所有非挥发性组分的总体积之比，如式(3-3-14）所示。

$$\text{PVC}=\frac{\text{颜料、填料的体积}}{\text{颜料、填料的体积}+\text{固体基料的体积}}\times 100\% \qquad (3\text{-}3\text{-}14)$$

PVC值的选取是根据其与临界颜料体积浓度CPVC的关系而定的，正确的处理实际PVC与CPVC之间的关系对涂料的制备、涂装工艺和涂层的性能有着直接的联系。

一般涂料的设计中要求PVC<CPVC。临界颜料体积浓度CPVC表示漆膜中颜料的最高含量、基料最低含量而保持漆膜完整不透的数值。当PVC=CPVC时，涂层中形成了双连续的网络，即高聚物和颜料都是连续的，这种结构状态会使涂层（漆膜）的各种性能（如抗渗透性、起泡性、光泽、遮盖力、防蚀性）等发生突变。当PVC大于CPVC时，由于树脂量的不足，颜料体积太大，基料不足以包覆颜料、填料间的空隙，涂层不再连续致密。通常CPVC值用ASTM D 281吸油法在强力研磨下求得，计算公式如下

$$\text{CPVC}=\frac{1}{1+\text{吸油量}}\times 100\% \qquad (3\text{-}3\text{-}15)$$

式中 吸油量——以每毫升颜料耗用亚麻仁油的体积表示，mL；

设计各种涂料时，不论屏蔽型或缓蚀型，PVC和CPVC的概念都很重要，它是一个基础数据。实际涂料配方中，采用的PVC值略低于CPVC值。一般PVC/CPVC=0.8～0.9。总之，涂料配方设计中，存在一个最优PVC范围，可以通过实验确定。

4. 漆膜耐热性的评定

在完成配方设计后，如何在实验室测试耐温防腐涂料的各项性能，是衡量一个配方是否成功的基本条件。以下几项漆膜耐温性试验是耐热防腐涂料的特征性试验项目。

(1) 漆膜耐热性能的测定 按《漆膜耐热性测定法》[GB 1735—1979(1989)]，将三块涂漆样板放置于已调节到按产品标准规定温度的鼓风恒温烘箱内。一块涂漆样板留作比较。待达到规定时间后，将涂漆样板取出，冷却至温度 25℃，与预先留下的一块涂漆样板比较，检查其有无起层、皱皮、鼓泡、开裂、变色等现象。如没有以上现象，则为合格。

(2) 循环加热/防腐蚀测试 在正常施工温度下制作涂料试板，然后放入烘炉中以 20℃/min 的速率加热到目标温度稳定。在达到目标温度后，保持 8h，然后自然冷却到环境温度。三个加热/冷却循环后，将试板用于各种防腐蚀性能测试（加速和自然老化试验）。

(3) 循环加热/干湿循环（导管测试） 一个被涂覆后的导管被放在加热托盘上（温度梯度为 60～450℃）加热。一个循环经过 8h 的加热，16h 的自然冷却到室温，然后将导管浸入 1L 1%的 NaCl 溶液中，进行 30 个循环。

(4) 基于 ASTM D2485 的热循环 涂料试板以 3 天为一个周期进行热循环/淬火试验，每一个循环温度都比上一个目标温度提高。热循环后的试板用于盐雾试验和自然老化试验检测耐腐蚀性能。这个试验中的淬火是为了测试漆膜的耐热冲击性。

(5) 热循环/浸泡试验 这个试验和循环加热/防腐蚀测试操作近似，不同之处在于完成热循环后的试板浸泡在 95℃的盐水（1%的 NaCl 和去离子水）中。

八、机车涂料

1. 概述

随着国民经济的快速发展，铁路运输量大幅度增加，在各类交通运输中其客运量一直位居首位，占 50%以上。我国铁路客车多次提速，车型更新换代，从普通客车，到豪华空调车，再到城际快速列车；从电气化铁路到磁悬浮列车建成通车以及正在建设的京沪高速列车，都对列车这一钢铁庞然大物的防护涂装提出了更高的要求，以满足广大旅客对铁路客车在方便快捷、乘坐舒适、视觉美观等多方面的要求。

(1) 列车腐蚀环境的特殊性 飞速奔驰的列车车厢，受到各种气候环境的侵袭，而作为列车车体主要材质的钢铁，其腐蚀过程主要是大气腐蚀——一种典型的电化学腐蚀，是在水和氧同时存在时才能发生，因在高温高湿条件下或受到盐类和酸性离子（如 NaCl、SO_2、CO_2 等）的侵蚀而加剧；而在寒冷、干燥条件下减缓。实际上，在沙漠和零摄氏度以下的地区钢铁几乎不生锈。大气中各种各样的腐蚀因素，如温度、湿度、日光、降雨（雪）量、风沙以及污染物质等，均对钢铁腐蚀有影响。而列车这个钢铁庞然大物与一般巨大的钢结构（如桥梁、电站等）不同，遭受的气候环境随时随地变化着。例如从兰州开往广州的列车，头一天运行在西北沙漠地带，第二天就进入东南温湿地区，这就是列车腐蚀环境的特殊性。此外，列车提速后，风沙对列车涂层的摩擦磨损十分严重，加剧了气候环境对列车的腐蚀。

(2) 国内列车涂料的相关标准 我国铁道部和有关业务部门，对列车防腐蚀问题比较重视，先后制定并颁布了多项行业标准，并下发了相关文件。从涂料的选择到涂装工艺，特别是表面预处理；从涂料检测方法到涂装质量检查和验收规程等，均做出明确的要求和规定，形成了比较完备的列车用涂料与涂装技术标准体系。其中主要的行业标准如下。

TB/T 2260—2001 铁路机车车辆用防锈底漆

TB/T 2393—2001 铁路机车车辆用面漆

TB/T 2393—2001 附录 A 铁路机车车辆用中间涂层用涂料技术条件

TB/T 2393—2001 附录 B 铁路机车车辆用腻子技术条件

TB/T 2707—1996 铁路货车用厚浆型醇酸漆技术条件

TB/T 2932—1998 铁路机车车辆阻尼涂料供货技术条件

TB/T 2879.1—1998 铁路机车车辆涂料及涂装——涂料供货技术条件

TB/T 2879.2—1998 铁路机车车辆涂料及涂装——涂料检验方法

TB/T 2879.3—1998 铁路机车车辆涂料及涂装——金属及非金属材料表面处理技术条件

TB/T 2879.4—1998 铁路机车车辆涂料及涂装——货车防护和涂装技术条件

TB/T 2879.5—1998 铁路机车车辆涂料及涂装——客车和牵引动力车的防护和涂装技术条件

TB/T 2879.6—1998 铁路机车车辆涂料及涂装——涂装质量检查和验收规程

TB/T 2402—1993 铁路客车非金属材料的阻燃要求

铁路机车车辆种类很多，按用途大致可分为牵引动力的机车、旅客列车（简称客车）及货车三类。铁路机车车辆用涂料与涂装工艺比较复杂，主要有预涂车间底漆、防锈底漆、腻子、中涂漆、面漆、货车用厚浆漆、车体内木器用清漆、车体内表面用为降低噪声的阻尼涂料、敞车内壁与地板用耐磨、耐冲击重防腐涂料以及双层客车的不饱和聚酯玻璃钢板材与坐椅上用的阻燃涂料等。由于篇幅限制，以下重点介绍铁路客车车辆外表面用涂料与涂装技术。

2. 铁路机车车辆用涂料

(1) 车间底漆　车间底漆（shopprimer），又称预涂底漆，是在钢材喷射除锈后，需进行冷热加工、组成钢结构前的这段时间内，为防止钢材生锈而涂装的一种工序间防锈底漆。这种底漆除应具有工序间防锈功能外，还应具有可焊性（具体可参见第四章车间底漆部分）。

常用车间底漆是硅酸锌车间底漆，它是一种双组分含锌无机锌底漆。主要用于喷砂后钢板及其他钢结构的短期保护，其户外保护期为3～12个月。在钢结构组装完成后，通常需要重新喷砂，去除车间底漆，并及时喷涂配套底漆。

(2) 铁路车辆用防锈底漆　铁路车辆目前使用的防锈底漆主要品种有：无机富锌底漆、环氧富锌底漆、环氧酯底漆及双组分环氧底漆等。经过多年的发展，已基本定型为：以锌粉、磷酸锌、云母氧化铁、氧化铁棕为防锈颜料；以环氧、酚醛、醇酸及聚氨酯为基料的防锈底漆系列。其中高防锈性能的富锌底漆主要用于出口车和高级客车，醇酸、酚醛防锈底漆主要用于旧车修理，而普通新造车则多采用环氧酯底漆、双组分环氧底漆及聚氨酯底漆。我国铁道行业参照国际铁道联盟UC842系列标准，制定并颁布了铁道车辆用防锈底漆行业标准TB/T 2260—2001《铁路机车车辆用防锈底漆》，其主要技术要求见表3-3-122。

表3-3-122 铁路机车用防锈底漆技术条件（TB/T 2260—2001）

项目		指标
漆膜颜色和外观		颜色符合需方要求，漆膜平整、无明显颗粒
不挥发物含量/%	≥	60
流出时间/s	≥	20
细度/μm		
一般颜料	≤	50
铁棕颜料、铁红颜料	≤	70
双组分涂料适用期/h	≥	4
干燥时间/h　表干	≤	4
干燥时间/h　实干	≤	24

项目		指标
弯曲性能/mm	≤	2
杯突试验/mm	≥	4.0
划格试验/级	≤	1
耐冲击性/kg·cm	≥	50
耐盐雾性(500h)		无起泡，不生锈；十字划痕处锈蚀宽度≤2mm(单向)
施工性能		膜厚为所需值1.5倍时，成膜性良好

(3) 铁路车辆用腻子　腻子是由漆料（干性油、合成树脂等）和填料、颜料调制成的一种膏状涂料，用于干燥后的头道底漆或二道底漆上面，起到填坑、找平的作用；用于客车外表面涂装中，保证外表面面平整度，以得到很好的外观装饰效果。TB/T 2393—2001附录B

《铁路机车车辆用腻子技术条件》将腻子分为普通腻子（如油性腻子、醇酸腻子等）和不饱和聚酯腻子（俗称“原子灰”）两类。其主要技术要求见表 3-3-123。

表 3-3-123 铁路车辆用腻子技术条件 TB/T 2393—2001 附录 B

项目		指标	项目	指标
外观 目测		无结皮、硬块、白点	划格试验/级	≤1
腻子膜颜色和外观		平整、不流挂、无颗粒、无裂纹、无气泡，色调不定	柔韧性/mm	≤100
			涂刮性	易涂刮、不产生卷边现象
稠度/cm		9～16	打磨性	易打磨、不粘砂纸、无明显白点
实干时间/h	普通腻子	≤24	耐冲击性/cm	≥15
	不饱和聚酯腻子	≤4	耐水性试验	优秀

不饱和聚酯腻子是一种双组分高固体分、催化固化的填平涂料。固化干燥迅速、质地细腻、附着力好、填平打磨性能优异。一次刮涂可比一般腻子层厚（1～5mm），不会产生外干内不干的现象，体积收缩率很小，干后无塌陷现象，而且无溶剂挥发，对环境污染小，不仅适用于铁路车辆涂装，也广泛用于汽车涂层修补及各类机械产品涂装。

(4) 铁路车辆用中涂漆　中涂漆也称中间漆，是由合成树脂、颜（填）料、助剂及溶剂等组成。通常中间漆的颜（填）料分比较高，颜基比较大，主要功能是增加底、面漆之间的附着力，改善面漆的丰满度，增大漆膜厚度，以增强漆层体质。而涂层的厚度直接影响涂层的性能和使用寿命。当然，使用寿命越长越好，但考虑到各种因素，一般主张采取 5～10 年的设计，比较可靠和现实。

涂层的厚度对使用寿命非常重要。实验已证明，在一定的腐蚀环境下，当涂层配套确定后，涂层厚度与保护寿命呈直线关系。而在实际涂装中，难以将底漆或面漆喷得过厚，而且也不经济，为了提高涂层的厚度一般通过中涂层来实现（表 3-3-124）。

表 3-3-124 铁路车辆用中涂层技术条件 TB/T 2393—2001 附录 A

项目			指标	项目		指标
漆膜颜色和外观			符合颜色要求，表面色调均匀一致，无颗粒、针孔、气泡、皱皮	施工性能		每道干膜厚度为要求的 1.5 倍时，成膜良好
细度/μm		≤	30	弯曲试验/mm	≤	2
流出时间/s		≥	25	杯突试验/mm	≥	4.0
双组分涂料适用期/h		≥	4	划格试验/级	≤	1
干燥时间/h	表干	≤	4	耐冲击性/cm		50
	实干	≤	24			

(5) 铁路车辆用面漆　根据列车腐蚀环境的特殊性，铁路车辆外表面用面漆应具有较好的耐候性，即具有较好的保光、保色性；列车长途运行可能会经过几个气候区，所用面漆应能适应寒冷、湿热等不同气候环境的变化；考虑到列车外表面经常清洗，要求面漆漆膜具有一定的耐酸、碱和耐各种不同的清洗剂；列车，特别是高速车风驰电掣般运行，要求所用面漆漆膜具有较好的耐磨和耐冲击等力学性能；列车，特别是高档车对外表面面漆涂层的外观装饰性要求较高，色调明快、漆膜丰满。

TB/T 2393—2001《铁路机车车辆用面漆》将认可使用的面漆分为两类：Ⅰ类——用于一般要求的机车车辆外表面涂装，主要为醇酸类涂料；Ⅱ类——用于要求较高的机车车辆外表面涂装，主要为聚氨酯类涂料。其主要技术条件见表 3-3-125。

表 3-3-125 铁路车辆用面漆技术条件（TB/T 2393—2001）

项目		单位	技术指标	
			Ⅰ类	Ⅱ类
漆膜颜色和外观		—	符合颜色要求，表面色调均匀一致，无颗粒、针孔、气泡、皱皮	
流出时间		s	≥25	≥20
细度		μm	≤20	≤20
遮盖力	黑色	g/m^2	≤45	≤45
	灰色	g/m^2	≤65	≤65
	绿色	g/m^2	≤65	≤65
	蓝色	g/m^2	≤85	≤85
	白色	g/m^2	≤120	≤120
	红色	g/m^2	≤150	≤150
	黄色	g/m^2	≤150	≤150
双组分涂料适用期		h	—	≥4
干燥时间	表干	h	≤4	≤4
	实干	h	≤24	≤24
施工性能			每道干膜厚度为要求的 1.5 倍时，成膜良好	
弯曲性能		mm	≤2	≤2
杯突试验		mm	≥4.0	≥4.0
划格试验		级	≤1	≤1
耐冲击性		cm	≥50	≥50
光泽		%	≥85	≥85
硬度			≥0.25	≥0.50
耐水性		h	≥12	≥24
耐汽油性		h	≥6	≥24
耐酸碱性	H_2SO_4(3%)	mm	≥15	≥30
	NaOH(2%)	mm	—	≥30
	HAC(5%)	mm	≥15	≥30
耐热性		h	120℃±2℃≥1	150℃±2℃≥1h
耐人工气候加速试验		h	200h≤2 级	1000h≤2 级

3. 铁路车辆用涂料配套

(1) 一般涂料配套

① 底漆　环氧酯底漆。

② 腻子　环氧酯腻子。

③ 中间漆和面漆　醇酸面漆。

④ 特点　涂料的配套性强，可适应各种列车涂装工艺要求，成本较低。比较适合涂装普通客车、货车，并方便用于列车的段修（手刷性能较好）。

(2) 中级涂料配套

① 底漆　环氧酯底漆。

② 腻子　环氧酯腻子。

③ 中间漆和面漆　丙烯酸改性磁漆。

④ 特点　涂料的配套性强，可适应各种列车涂装工艺要求，成本适中。比较适合于追求较低成本而又满足高装饰保护要求的列车制造厂和车辆段，但涂装工艺要求比较严格，不

太适合于手刷涂装，且耐溶剂性能较差。

(3) 高级涂料配套

① 底漆 环氧底漆。

② 腻子 不饱和聚酯腻子。

③ 中间漆 环氧厚浆漆或环氧云铁中间漆。

④ 面漆 丙烯酸脂肪族聚氨酯。

⑤ 特点 涂料的配套性要求较高，对列车涂装工艺也有较高要求，成本较高。综合性能十分优异，耐候性很好。适合涂装装饰保护要求较高的高档车（高速车、公务车、出口车等），是目前国内各列车制造厂用于涂装高档车的常用配套。

4. 铁路车辆用涂料展望

与其他防腐涂料一样，铁路车辆用涂料也向低有机溶剂挥发（VOC）、水性化、高固体分（VS）等类环保型涂料以及一些高性能功能型涂料方向发展。

(1) 水性涂料 水性涂料从20世纪40年代开始就以乳胶漆的形式成功地应用于建筑业，20世纪70年代化学工程师成功地使黏结剂分散粒子降到微米以下，从而带来了水性涂料的重大突破，使其可以形成更加紧密、难以渗透的漆膜，甚至可以和传统的溶剂型涂料性能相媲美，为低VOC环保型涂料开创出一条新路。已成功用于其他重防腐领域的水性环氧富锌底漆、水性环氧中间漆及水性聚氨酯磁漆，可考虑用于铁路车辆涂料体系。此配套体系防腐性能、耐候性能优异，保光保色性好，表面不易沾污、耐冲击、耐化学品和清洗剂，适合应用于铁路机车与客车的涂装。

(2) 高固体分涂料和无溶剂涂料 有机溶剂用于溶解或稀释黏结剂，便于涂料生产与施工，一旦涂装完成，它就变成了一种公害。通过研制低黏度的黏结剂，或引入像黏结剂一样能参与交联的被称之为“活性稀释剂”的单体，就能制造出高固体分涂料和无溶剂涂料。相对水性漆而言，当前推广高固分涂料在国内更现实。

① 配套一

a. 底漆 高固体分环氧富锌底漆。

b. 面漆 高固体分聚氨酯面漆。

此配套体系漆膜坚韧、耐冲击、耐腐蚀、耐化学品、保光、保色性好、不易沾污、易于清洗。适合涂装对机械强度要求高，维修期较长的机车、客车、罐车及货车。

② 配套二

a. 底/面漆合一型。

b. 无溶剂超强环氧漆，100～200μm。

此配套体系适合涂装要求耐磨性和耐化学品性较高的罐车、漏斗车及平板车。可用高压无空气喷涂，VOC排放为零。

(3) 高性能涂料——聚硅氧烷与氟碳涂料 近几年来人们在聚硅氧烷涂料和氟碳涂料作为聚氨酯涂料的更新换代产品方面进行了大量的研究。目前，这两类高档涂料均开始在防腐涂装中使用，铁路机车也开始尝试这方面的应用，曾做过氟碳面漆的相关涂装试验（详细情况，参见本章第二节）。

九、工程机械涂料

1. 工程机械涂装概述

工程机械是一种户外工作机械，长期暴露在大气中，沿海地区还要经受盐雾的侵蚀、建设工地的岩尘、煤灰和污染、石块的冲击等，施工工况十分恶劣。以往用户对于工程机械产品强调的是内在质量，现在则已经不再局限于内部质量和性能的满足，对外观质量也提出了很高的要求。

2. 工程机械涂料

工程机械产品不仅要有可靠的性能，随着市场竞争的激烈加剧，工程机械正朝向高装饰、高防护性的方向发展。根据工程机械产品的工作性质和工况，其使用的涂料涂膜应具有附着力强、机械强度高、耐磨及耐腐蚀性能优异、光泽度高、耐候性好等特点，并具有涂装生产效率高、施工性能好及经济性好的优点。

1991 年底我国机械行业发布了 JB/T 5946—1991《工程机械涂装通用技术条件》标准。该标准规定了工程机械产品涂装的通用技术要求、试验方法与检验规则，包括涂料要求、涂层部位与涂层颜色规定及涂装施工要求等。

工程机械产品的涂层主要由底漆、中涂、面漆组成。使用的涂料分为底漆、中涂漆、面漆。底漆是用于保护车体钢件的涂料，具有耐腐蚀性能优异、力学性能好、毒性低，对工程机械的底材有优异的防护；中涂漆能极好地填充打磨砂痕，易打磨，平整度好，能提高面漆的光泽及丰满度；面漆具有高装饰性，外观光亮、丰满、鲜艳性好，并具有很好的保光保色性能。所选用的各涂层涂料应有良好的配套性。

(1) 底漆

① 选用的底漆性能及技术指标　底漆对于工程机械产品的防锈蚀性能十分重要，随着工程机械业的迅猛发展和市场竞争的加剧，在工程机械方面对底漆的要求是防锈性能好、附着力强、机械强度高，耐盐水；易涂刷、易打磨、不流挂，能适应多种涂装方式；与各种常用腻子，中涂和面漆有很好的配套性，施工方便；污染小，价格适宜。

对于防锈底漆的具体性能要求见表 3-3-126。

表 3-3-126　底漆的性能要求指标

序号	项　　目	参考技术要求	检 测 方 法
1	黏度(涂-6 杯)/s	≥45	GB 6753.4
2	细度/μm	≤60	GB 6753.1
3	遮盖力/(g/m²)	≤100	GB 1726—1989
4	固体分含量/%	≥60	GB 6571
5	冲击强度/kgf·cm	≥50	GB 1732
6	附着力	划格 0 级	GB 9286
		划圈 1 级	GB 1720
7	耐硝基漆性	不起泡、不膨胀、不渗色	GB 2239-91.4.11
8	耐盐水性(3%NaCl)	168h 不起泡、不生锈	GB 1763
9	耐水性(25℃)	168h 不起泡、不生锈、不脱落	GB 1733
10	耐盐雾性	168h,1 级	GB 1771

② 常用底漆介绍

a. 环氧富锌车间底漆　以环氧树脂为基料，加入超细锌粉、防锈填料、溶剂、助剂，采用聚酰胺树脂作固化剂。具有阴极保护作用，防锈性能优异、附着力好、耐热、焊接、切割等烧损面积小，不影响焊接性能，并具有耐油、耐水等特性。主要用于经抛丸或喷砂后的板材或钢结构件的临时保护底漆。

b. 铁红环氧底漆　由快干环氧树脂、铁红、防锈颜料、助剂、混合溶剂等经研磨调配而成。具有干燥速率快、涂膜物理力学性能优良、耐水与防锈能力强以及良好的附着力等特点。

c. 环氧富锌底漆 由环氧树脂、超细锌粉、溶剂、助剂，采用聚酰氨树脂作固化剂。具有阴极保护作用，防锈性能优异、附着力好、耐水、耐油。适用于经抛丸或喷砂的钢铁表面。

d. 聚氨酯底漆 由改性丙烯酸树脂聚合物及不变黄异氰酸酯固化剂，配以防锈颜料及填充物等组成。具有优异的耐水及耐海水性，耐磨性优良，极佳的耐油性及防锈性能，漆膜坚韧且附着力强等特点。

e. 环氧酯底漆 由改性快干环氧酯树脂、防锈颜料及填充物等组成。具有漆膜坚韧、附着力好，耐化学品性优良，耐磨性、耐水性、耐海水性好，极好的填充性等特点。

f. 醇酸底漆 由醇酸树脂、特殊树脂及防锈颜料等构成。附着力强、防锈性能好，耐海水性及耐油性好，施工性能好，且价格低廉，但与质量要求较高的中间涂层或面漆层配套性较差，因此，目前在工程机械行业的应用逐渐减少。

(2) 中涂漆

① 中涂漆的性能和技术指标 中涂漆的具体性能和技术指标见表 3-3-127。

表 3-3-127 中涂漆性能及技术指标

序号	项 目	参考技术要求	检测方法
1	黏度(涂-6 杯)/s	≥45	GB 6753.4
2	细度/μm	≤60	GB 6753.1
3	遮盖力/(g/m^2)	≤100	GB 1726—1989
4	固体分含量/%	≥60	GB 6571
5	冲击强度/kgf·cm	≥50	GB 1732
6	附着力	划格 1 级	GB 9286
7	耐硝基漆性	不起泡、不膨胀、不渗色	GB 2239—1991
8	耐盐水性(3%NaCl)	168h 不起泡、不生锈	GB 1763

② 常用中涂漆

a. 环氧中涂漆 由快干环氧树脂、颜料及填充物、助剂、溶剂精制而成，采用聚酰胺树脂作固化剂。具有干燥快、耐水与防锈能力强及良好的附着力与研磨性。

b. 云铁环氧中涂漆 由环氧树脂、鳞片状云母氧化铁、铝银浆、防锈颜料、各种助剂、溶剂、固化剂等组成。含有较高的防锈颜料成分，成膜后能平行定向排列成“鱼鳞片状”的搭接结构，具有较高的封闭性、耐热性、防腐性、耐候性和广泛的配套性。

c. 聚氨酯中涂漆 由改性丙烯酸树脂聚合物及不变黄聚异氰酸酯固化剂、防锈颜料及填充物精制而成。具有良好的物理、化学和力学性能，与底层、面漆层间均有良好的结合力，可增加面漆的光泽度及丰满度。

d. 环氧聚酯中涂漆 由环氧树脂、丙烯酸树脂聚合物、氨类固化剂、防锈颜料及填充物精制而成。具有良好的物理、化学和力学性能，与底层、面漆层间均有良好的结合力，可增加面漆的光泽度及丰满度。

e. 环氧酯中涂漆 由快干环氧酯树脂、颜料及填充物精制而成。具有干燥快、耐水、防锈能力强、附着力及研磨性好等特点。

f. 丙烯酸环氧中涂漆 由热塑型丙烯酸树脂及环氧树脂聚合物及颜料填充物精制而成。具有干燥快、配套性好、附着力强及打磨性好等特点。

(3) 腻子

① 原子灰　由特种不饱和树脂聚合物、过氧硬化剂及研磨性填充物配制而成。具有附着力强，质地细腻无光，与硬化物混合性好，干燥快，耐溶剂，可重叠刮涂，不会龟裂、龟缩等特性。广泛用于汽车、摩托车、工程机械、木制品及其他金属、非金属制品凹凸不平、缝隙、各类缺陷的填补与表面装饰填充物。

② 喷涂原子灰　由特种不饱和树脂聚合物、过氧硬化剂及研磨性填充物配制而成。可使用喷枪喷涂，作业效率高、方便。其特性、用途与普通原子灰相同。

③ 过氯乙烯腻子　具有快干、坚硬、附着力好、易打磨、有优良的耐水性、耐油性，但不宜多次重复刮涂。可用于铸件、木器、钢铁件表面的填补。

(4) 面漆

① 选用的面漆性能及技术指标　面漆性能及技术指标见表 3-3-128。

表 3-3-128　面漆性能及技术指标

序号	项　目	参考技术要求	检测方法
1	外观	无异物、无硬块，易搅拌的均匀液体	GB 3186
2	固体分含量/%	≥55	GB 6571
3	细度/μm	≤20	GB 6753.1
4	遮盖力/(g/m^2)	≤120	GB 1726
5	光泽度(60°)	≥90	GB 1743
6	附着力	划格 1 级	GB 9286
7	柔韧性	≤2	GB 1731
8	硬度	≥0.65	GB/T 1730
9	冲击强度/kg·cm	≥50	GB 1732
10	耐水性(25℃)	168h 不起泡、不起皱、不脱落、允许漆膜变白，2h 恢复	GB/T 1733
11	耐酸性(浸入 5% H_2SO_4)	12h 不起泡、不起皱、不脱落	GB 9274.5
12	耐醇性(浸入 50%乙醇溶液)	4h 不起泡、不起皱、漆膜无异常	GB 9274.5
13	耐磨性(750g/500r)	≤0.03	GB 1768
14	人工耐老化 1000h	无明显龟裂，变色≤3 级，失光率≤15%	GB 1865

② 常用面漆介绍

a. 丙烯酸面漆　由内烯酸树脂、增塑剂、耐候性颜料、助剂、混合溶剂等经研磨调配而成。具有优良的附着力、耐候性、保光保色性，漆膜耐久、抗腐蚀性能。

b. 丙烯酸聚氨酯面漆　以羟基丙烯酸树脂为基料，加入颜料、助剂等研磨而成，以异氰酸酯树脂作为固化剂。具有优异的漆膜力学性能，耐化学品性和保光、保色性，漆膜光泽度高、丰满度好，流平性好，固体分含量高，一次喷涂即可达到工艺要求的漆膜厚度。

c. 醇酸树脂面漆　由中油度醇酸树脂及耐候性钛白粉精制而成。漆膜光泽度高，柔韧性好，附着力强，耐油性、耐水性好，施工性能优良，但耐候性较差，不适用于耐候性要求高的产品。传统工程机械大多采用醇酸面漆，随着人们对工程机械外观质量要求的提高，生产厂家已越来越少使用该漆种。

(5) 涂层质量要求　JB/T 5946—1991 虽然未对上述底漆、中间漆、腻子及面漆规定单层技术指标要求，但对配套涂层的质量进行了规定，见表 3-3-129。

表 3-3-129 工程机械产品涂层质量要求（JB/T 5946—1991）

序号	指标项目	质量要求	试验方法
1	涂膜颜色	与标准色样样板相同	GB/T 1729
2	涂膜外观	应光滑平整，无鼓泡、裂纹、漏涂、剥落，各色漆相互不得沾染，交界清晰	
3	涂膜光泽度	对外观有直接影响的表面，涂膜光泽度不小于 80%	GB/T 1743
4	干膜厚度/μm	80～120	GB/T 1764
5	力学性能	冲击强度：490N·cm 柔韧性：1～2mm 硬度：＞0.3	GB/T 1732 GB/T 1731 GB/T 1730
6	耐候性	使用一年后，涂膜应平整（不起泡、不开裂，轻微粉化）允许失光不大于50%，允许变色	GB/T 1865
7	耐水性	浸在室温蒸馏水中 24h，合格	GB/T 1733
8	耐中性盐雾化	100h，合格	GB/T 1771
9	附着力(划圈法)/级	1～3	GB/T 1720

3. 涂装工艺

工程机械品种繁杂，规格多样，体积大，重量大，结构复杂，不同的产品有其不同的生产特点，使用环境也不尽相同，因此涂装工艺各有特点。涂装过程的运输系统必须考虑到上、下线的方便及工序运输平稳、可靠，工人喷漆作业简便易行。

尽管工程机械品种大而杂，根据产品的结构特点，在涂装工艺设计时，可以分为薄板覆盖件涂装、大型结构件涂装、整机涂装。传统的涂装工艺是零部件完成底漆、中涂漆的涂装，然后进行装配、试车，合格后再进行表面清洗、刮腻子、打磨、屏蔽、喷涂面漆，这样的工艺方法，可以不怕零部件在装配、运输等过程中的磕碰、漆膜碰伤等，从而保证整机表面颜色的一致性；但在整机喷涂时需要大量的屏蔽工作。

随着物流水平的不断提高，整机涂装正朝着简易化方向发展，即零部件底漆、中涂漆、面漆的涂装在整机装配前已经完成，整机试车合格后，仅需根据整机的表面状态进行局部修饰。

(1) 薄板覆盖件的涂装工艺 工程机械薄板覆盖件指用厚度 4mm 以下的热轧或冷轧钢板制造，由于钢材表面锈蚀、氧化皮及加工成型过程中产生的油污等，为了保证其得到良好的漆膜附着力和漆膜质量，零部件喷漆前均需进行预处理，并保证达到预处理质量要求。基本工艺流程包括预处理、电泳、底漆涂装、刮涂腻子、打磨和喷涂中涂漆或面漆等。

工程机械薄板覆盖件种类繁多，形状各异，表面油污、锈蚀、氧化皮等附着，严重影响漆膜附着力及喷漆后的外观，降低涂装的防护和装饰性。因此，可根据覆盖件的种类、使用要求等进行酸洗、磷化后，选择采用电泳涂装或直接喷涂底漆、中涂漆或面漆。如驾驶室、机罩等采用酸洗、磷化后进行电泳涂装再喷涂中涂漆或面漆；而如油箱，酸洗、磷化后选择直接喷涂底漆、中涂漆或面漆。

(2) 大型结构件涂装工艺 工程机械结构件形状复杂，外形尺寸大，如装载机的前车架、后车架、铲斗、动臂等，挖掘机的回转平台、行走架、大臂、斗杆、铲斗等。大型结构件涂装工艺设计应考虑“先进、实用、经济、可靠”，并力求做到高水平、高质量、高效率，机械化、自动化程度高。涂装工艺如下。

机加工孔保护→上件→抛丸清理→吹风→喷底漆→流平→烘干→局部刮涂腻子、干燥、打磨→清理、吹风→内表面喷面漆（外表面喷中涂漆）→流平→烘干→下件→去屏蔽、清

理→防锈→交库

(3) 整机涂装工艺 整机装配、调试合格后，由于在装配及运输过程中存在零部件表面磕碰，以及企业协作化生产的发展，为了保证表面颜色一致，减少物流配送、零部件包装防护的投入，就采用整机喷涂的涂装工艺。整机涂装的工艺流程如下。

整机调试合格后清洗→干燥（自干或烘干）→局部刮腻子、打磨→吹风、清洗→吹水、烘干→屏蔽→上线、轮胎保护→水旋喷漆室（双工位）→热风干燥（双工位）→强冷→下线→整理精饰→检查

随着用户对外观质量要求的提高，整机表面的颜色已呈现多样化，已从单一颜色向多色转变，即所谓的套色，但为了降低整机涂装生产的周转时间，套色表面一般安排在零部件涂装时完成，待整机其他表面喷漆时再用胶带、纸等进行屏蔽。

(4) 涂装质量管理 涂装质量管理是保证工程机械涂层质量、延长涂层寿命的重要环节，可分为涂料本身的质量控制和涂装工艺过程工序质量控制及成膜后产品的管理加以解决。

涂料本身质量是获得优良涂层的保证，一般根据工程机械所选用的涂料产品技术标准，按照使用单位与涂料生产单位制定的技术协议指标进行测试，要求涂料厂家应有随货质量检验合格报告，加强进厂检验，并不定期进行如曝晒性能试验或委托权威检测机构对主要漆膜性能进行检测。

涂装工艺过程主要由预处理、喷漆、烘干等主要工序组成。预处理质量控制是整个涂装工程中最基础的工作。经抛丸处理的零件表面应呈金属本色，达 Sa2.5 级要求，不得有残存氧化皮、粘砂、锈迹等；经酸洗、磷化处理的零件，表面应无氧化皮、锈迹、脏物、油污、酸碱残液等，磷化膜应结晶致密、连续、均匀，不能有氢脆、严重挂灰、结晶疏松等缺陷；经打磨的表面不能有浮锈、氧化皮、焊渣、油污等。喷漆施工应在清洁、干燥、空气流通、光线充足的专用喷漆室内进行，室内温度最好控制在 10～35℃，相对湿度不大于 85%，如相对湿度太高，应进行除湿处理，必须严格控制施工黏度、喷涂距离、喷雾搭接幅度等，严格按照工艺要求进行，避免出现流挂、露底、咬底、橘皮、颗粒、缩孔等漆膜弊病；在烘干过程应适当控制升温速率、烘干温度，保证烘干环境的清洁，漆膜未干燥前不许溅到水滴等，避免出现起皱、失光、针孔、起泡、变色、龟裂等。

随着工程机械生产批量的加大，许多厂家都采用社会化生产协作的方式扩大生产规模，协作厂家的涂装质量对产品的外观质量有很大影响。因此，应与协作厂家针对生产的零部件制定相应的涂装工艺要求及保护包装协议，运输过程要有合适的工装器具，减少漆膜磕碰。严格要求按双方确认的色板同步组织生产。

在关注涂装生产过程的质量控制的同时，必须采取有效措施对涂装后的产品加以防护，如喷涂漆膜防护涂料；对运输过程中的漆膜磕碰应及时用同类涂料进行补涂。

参 考 文 献

[1] 曹楚南. 中国材料的自然环境腐蚀. 北京：化学工业出版社，2005. 1.

[2] 柯伟. 中国工业与自然环境腐蚀调查. 腐蚀与防护. 2004. 25 (1).

[3] 曾荣昌，韩恩厚. 材料的腐蚀与防护. 北京：化学工业出版社，2006. 5.

[4] 李荣俊. 金属防锈及其试验方法. 北京：机械工业出版社，1993. 9.

[5] 任晓云，李建三. 桥梁工程中的腐蚀问题. 中山大学学报论丛. 2002. 22 (3).

[6] 李国莱等. 重防腐涂料. 北京：化学工业出版社，1999.

[7] 江磐，张俊智. 纳米材料在涂料中应用前景预测. 中国化工报，2005. 3. 8.

[8] 杨振波，杨忠林，郭万生. 第三届国际防腐及防腐蚀涂料技术研讨会论文集：新型鳞片状金属颜料及其应用. 珠

海：中国化工学会、全国涂料工业信息中心，2005.05.
[9] 金晓明，郑添水．鳞片状锌基环氧富锌底漆的研究．材料保护，1999，4：25-26.
[10] Kurt Zimmerman. Zinc Fine Flakes for Corrosion Protection. European Coating Journal，1991，(1).
[11] 朱洪．富锌底漆中锌粉的分析研究．涂料工业，1998，28 (2)：38-41.
[12] 徐国强．水性工业防腐涂料．涂料工业，2001，(6).
[13] 沈岳，Aldmondt M.，王健．适用于重防腐体系的高性能水性涂料．中国涂料．2005，(6).
[14] L. 利斯伯．拉逊．输气管道内壁涂漆的经济性．涂料工业．2000，(11).
[15] 徐国强，李荣俊，林绍基．重防腐蚀聚硅氧烷涂料．涂料工业，2004，34，(8).
[16] 吴海军，陈艾荣．桥梁结构耐久性设计方法研究．中国公路学报，2004，17 (3).
[17] 吴贤官．建设工程涂装质量管理．北京：化学工业出版社，2004.
[18] 杜洪彦等．混凝土的腐蚀机理与新型防护方法．腐蚀科学与防护技术，2001，13 (3).
[19] 刘一芳等．混凝土的环境腐蚀机理浅析，煤矿安全，2005．36 (4).
[20] 易伦雄．钢结构桥梁防腐蚀涂装体系的选择．桥梁建设，1999 (2).
[21] 林绍基，李荣俊．桥梁钢箱梁防腐涂装中预涂富锌底漆与热喷镀锌或铝两种工艺比较．涂料工业，2001 (10).
[22] 陈阶亮．桥梁钢结构防腐蚀技术探析．钢结构，2002 (05).
[23] 刘新．桥梁混凝土结构的防护涂装技术．中国涂料，2004 (12).
[24] 李荣俊．当前我国防腐涂装工程中若干问题的讨论．现代涂料与涂装，2007，10 (8).
[25] 洪乃丰．钢筋混凝土基础设施的腐蚀与全寿命经济分析法．建筑技术，2002，(4).
[26] Christopher L. Farschon，Robert A. Kogler. Field Testing Maintenance Overcoating System for Bridges. JPCL 1997，(01).
[27] 纪云岭，张敬武，张丽．油田腐蚀与防护技术．北京：石油工业出版社，2006.
[28] 俞蓉蓉，蔡志章．地下金属管道的腐蚀与防护．北京：石油工业出版社，1998.
[29] 卢绮敏等．石油工业中的腐蚀与防护．北京．化学工业出版社，2001.
[30] 宋天博．我国埋地钢质管道使用环氧粉末涂层的情况．腐蚀与防护．2006，27 (7).
[31] 龚树鸣．长输天然气管道外防腐涂层选择．石油天然气．2001，(3).
[32] 董宝山．埋地保温管道的腐蚀调查．腐蚀与防护．2006，27 (12).
[33] 余存烨．油罐内防腐设计．化工设备与管道，2001，(5).
[34] 宋广成．油罐内壁防蚀防静电涂料与涂层结构，石油工程建设，2000，(1).
[35] 倪玉德．FEVE 氟碳树脂与氟碳涂料．北京：化学工业出版社，2006.
[36] 许莉莉．机场建中长效防腐蚀新配套设计方案及涂装过程的质量控制，上海涂料，2006 (8).
[37] Lori Huffman，Harold Hower. The Emergence of Polysiloxanes As Protective Coatings. JPCL，2003，(8).
[38] Ko Kei jman. The Use of Novel Siloxane Hybrid Polymers in Protective Coatings. PCE，1996 (7).
[39] Mahinda Pradeep，李荣俊．中国港口机械与设备钢结构防护涂装．中国涂料，2005，(6).
[40] 李荣俊，刘礼华．水工钢结构防腐涂料与涂装．现代涂料与涂装．2007，(2).
[41] Jorge E. Costa & Leandro Etcheverry Corrosion Control Technology. PCL. 2006，(3).
[42] 曾德龙，卜建欣．三峡金属结构防腐蚀措施研究．中国三峡建设，2003，(2).
[43] 核工业第二研究设计院．《核岛机械设备涂装通用技术条件》．2004．09 (内部资料).
[44] 战凤昌，李悦良．专用涂料．北京：化学工业出版社，1988.
[45] 林安，周苗根．功能性防腐蚀涂料及应用．北京：化学工业出版社，2004.

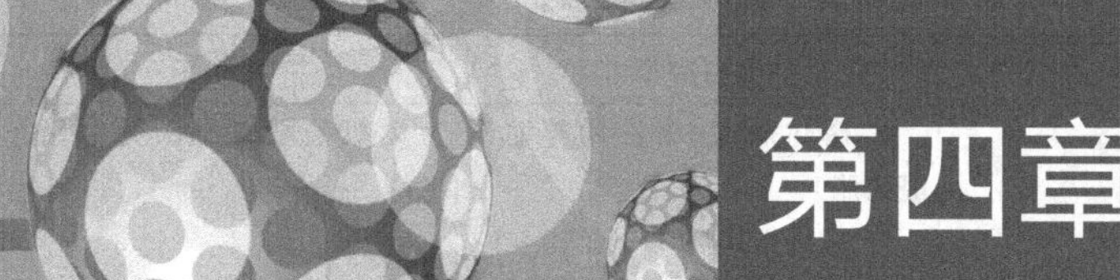

第四章 海洋涂料

第一节 船舶涂料

一、船舶涂料概况

1. 船舶涂料的特性

船舶结构复杂，其各个部位保护要求不同，因而所需涂料也就各不相同。由于船舶涂装有其自身的特点，因此船舶涂料具备如下特征。

① 船舶的庞大决定了船舶涂料必须能在常温下干燥固化。

② 船舶涂装施工的面积大，因此涂料应适合于高压无气喷涂作业。

③ 由于船舶涂装施工工作量大，而且个别部位施工比较困难，因而希望一次涂装能达到较高的膜厚，故往往需要厚膜型涂料。

④ 船舶的水下部位及海水压载舱通常需要使用阴极保护，因此，用于这些部位的涂料需要有较好的耐电位性、耐碱性。

⑤ 船舶从防火安全角度出发，要求机舱内部、上层建筑内部的涂料不易燃烧，且一旦燃烧时也不应释放出过量的烟。因此，硝基漆、氯化橡胶漆均不适宜作为船舶舱内装饰涂料。

⑥ 化学品船经常装载不同的化学物质，各种化学物质其腐蚀性不同，因而化学品船其舱室涂料要求有宽广的耐化学物质特性。

⑦ 船舶的货物舱经常要装载可食用的物品，因而所施工的涂层不能污染物品，满足食物安全要求。

⑧ 船舶的饮水舱涂料要满足饮水健康要求。

2. 船舶涂料的分类和要求

船舶涂料可根据基料类型、使用部位、作用特点、施工方式等不同方法进行分类。目前比较通用的分类是按其使用部位分类。表 3-4-1 列出了船舶涂料主要分类和基本要求。

此外，根据其基料类型的不同，船舶涂料还划分为常规涂料和高性能涂料两类。以油脂类、醇酸树脂、酚醛脂及一些天然树脂为基料的船舶涂料，是早期发展和应用的涂料，称之为常规涂料。而以各种耐水性好、耐化学性好的合成树脂为基料，多数制成厚膜型的船舶涂料，是近年来不断发展和日益广泛获得应用的涂料，称之为高性能涂料。

表 3-4-1 船舶涂料的分类和基本要求

部位	名称	基本要求	涂料类型	备注
钢板预处理	车间底漆	1. 干燥快 2. 耐热性 3. 低毒性 4. 与后续涂料的兼容性 5. 独立的预认证	1. 磷化底漆(聚乙烯醇缩丁醛树脂) 2. 环氧富锌底漆 3. 环氧铁红底漆 4. 无机硅酸锌底漆	无机硅酸锌底漆为常用车间底漆
水线以下涂料	船底防锈漆	1. 优异的防锈性 2. 耐冲击 3. 耐磨 4. 与阴极保护的相容性	1. 氯化聚烯烃防锈漆 (1)橡胶类船底防锈漆 (2)氯醋树脂防锈漆 (3)高氯化聚乙烯防锈漆 (4)氯醚树脂防锈漆 2. 沥青船底防锈漆 3. 环氧沥青船底防锈漆 4. 环氧类船底防锈漆	(1)、(2)两项已不常用;沥青类涂料由于健康原因正在淘汰;第4项分为改性环氧及纯环氧
	船底连接漆	连接船底防锈漆和船底防污漆	1. 环氧沥青连接漆 2. 乙烯环氧连接漆	沥青类涂料由于健康原因正在淘汰
	船底防污漆	1. 防止海生物在船体的生长 2. 稳定的防污性能 3. 对环境无污染	1. 接触型防污漆 2. 扩散型防污漆 3. 基料可溶型防污漆 4. 水解自抛光型防污漆 5. 低表面能、不含杀虫剂防污漆	按 IMO 规范要求,防污漆不应含有机锡
水线以上涂料	水线漆	1. 防锈性 2. 耐候性 3. 耐干湿交替性 4. 耐摩擦、耐冲击 5. 与阴极保护相容	1. 氯化橡胶水线漆 2. 丙烯酸树脂水线漆 3. 乙烯基树脂水线漆 4. 环氧水线漆 5. 水线防污漆	由于对环保的影响,溶剂法氯化橡胶水线漆逐渐被淘汰
	船壳底漆	船壳漆主要用于船舶干舷,上层建筑外部和室外船装件 防锈性	1. 醇酸船壳漆 2. 氯化橡胶船壳漆 3. 丙烯酸树脂船壳漆 4. 聚酯树脂船壳漆 5. 乙烯基树脂船壳漆 6. 环氧树脂船壳漆	由于对环保的影响,溶剂法氯化橡胶船壳漆逐渐淘汰
	船壳面漆	耐候性	1. 醇酸面漆 2. 环氧面漆 3. 丙烯酸面漆 4. 聚氨酯面漆 5. 聚硅氧烷面漆	
	甲板漆	1. 防腐蚀 2. 耐磨 3. 耐油 4. 防滑	1. 醇酸甲板漆 2. 氯化橡胶甲板漆 3. 环氧甲板漆 4. 甲板防滑漆	由于对环保的影响,溶剂法氯化橡胶甲板漆逐渐淘汰
	货舱漆	1. 耐磨 2. 耐冲击 3. 光滑易清洗 4. 谷物证书	1. 环氧货舱漆 2. 耐磨环氧货舱漆	
	机舱室漆	低播烟	1. 醇酸漆 2. 环氧漆	

续表

部位	名称	基本要求	涂料类型	备注
液舱涂料	压载水舱涂料	1. 优异的防锈性 2. 与阴极保护的相容性 3. 快干,有利施工 4. 浅色,易检查	1. 环氧沥青压载舱漆 2. 改性环氧压载舱漆 3. 纯环氧压载舱漆	按 IMO PSPC 要求进行预认证;沥青类涂料由于健康原因正在被淘汰
	饮水舱涂料	饮水舱涂料卫生证书	1. 纯环氧饮水舱涂料 2. 酚醛环氧饮水舱涂料	通常用无溶剂环氧涂料
	油舱涂料	耐油	1. 石油树脂漆 2. 环氧沥青漆 3. 环氧树脂漆 4. 无机锌涂料	沥青类涂料由于健康原因正在被淘汰
	化学品舱涂料	1. 满足 FDA 要求 2. 适用不同化学品 3. 易清洗	1. 纯环氧涂料 2. 酚醛环氧涂料 3. 无机锌涂料	

二、车间底漆

1. 车间底漆概述

车间底漆（shop primer）又称钢材预处理底漆（prefabrication primer），是钢材（钢板或型钢）经喷砂处理除锈后在车间流水线上喷涂于金属表面的快干底漆，以防止其在加工、组装等过程期间产生锈蚀，从而大大减轻分段或船台涂装时的除锈工作量。

带有喷漆室的离心抛丸车间在船体钢结构建造中已经非常普遍。钢板在离心抛丸室自动清洗掉锈和氧化皮，然后几分钟之内在喷漆室涂上车间底漆或其他的临时保护底漆。再在几分钟之内，钢板就可以运送到贮存处或制造区域。因此，大批量的钢板可以在切割和焊接成大的或复杂的分段以前以非常低的成本地进行冲砂和喷漆。

如图 3-4-1 所示为典型的车间底漆生产线，该生产线一般分为四个区域：加热、喷砂/清洁、车间底漆喷涂及干燥区。钢板由传送带输送而通过各个区域。

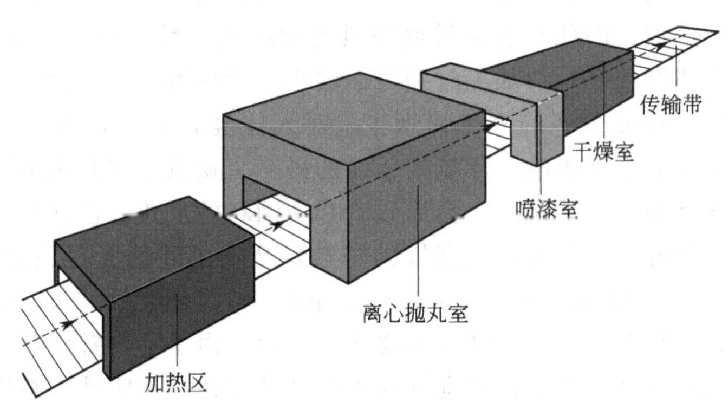

图 3-4-1 车间底漆流水线

2. 车间底漆的性能

与通常的涂层不同，车间底漆有以下几个特点。

① 车间底漆是一种临时保养性的底漆，在分段涂装时它可以除去，也可以保留，主要取决于涂装时车间底漆涂层本身的完好性和第一层涂装的涂料对表面处理的具体要求。为此，车间底漆的膜厚将不计入涂层的总膜厚之内。

② 钢材涂有车间底漆以后，在焊接、切割时，该底漆可不必除去。

③ 由于正式涂装时车间底漆可以保留，故车间底漆要能与各种涂料配套应用。

④ 车间底漆的喷涂是在自动化流水线上进行的。

由于施工上的这些特点，决定了车间底漆应具备与一般涂料所不同的性能。最重要的特点如下。

① 可以使用自动设备，喷涂方便。

② 必须对喷砂过的钢铁有极好的附着力。

③ 快干，在喷涂 3～5min 后不粘辊道即可搬运。

④ 必须有足够的机械强度和柔韧性，以防搬运和制造过程中的损坏。

⑤ 应有优良的防腐性能。

⑥ 可以复涂大多数类型的涂料。

⑦ 有优良的耐水、化学和溶剂性能。

⑧ 不影响钢板的切割速率。

⑨ 不影响焊接的质量。

⑩ 加热时不产生有毒气体。

3. 车间底漆的种类

车间底漆的诞生始于 20 世纪 40 年代末 50 年代初。最初开发的品种是以聚乙烯醇缩丁醛为基料的 PVB 车间底漆，又称磷化底漆。

PVB 车间底漆对于钢材的焊接和切割无任何不良影响，干性快，其表面能涂覆各种有机型涂料，价格也较低廉，在 20 世纪 50 年代获得广泛应用，至今国外仍有一些船厂在继续沿用。但该漆在室外保养期较短（一般为 3 个月），热加工时损伤面积较大，耐电位性能较差，不适合装有阴极保护系统的船体水下部位，故应用受到一定的限制。

为了弥补 PVB 车间底漆的不足，20 世纪 60 年代初开发了环氧富锌底漆（zinc rich epoxy primer）。环氧富锌底漆以环氧树脂为基料，以聚酰胺树脂为固化剂，以金属锌粉为主要防锈颜料。通常干漆膜中锌粉含量在 87%～92%。由于锌粉颗粒相互接触，能起到类似镀锌层的电化学保护作用，因此环氧富锌底漆具有很好的防锈性能，其室外保养期为 6～9 个月。此外，该漆耐热性较好，热加工时损伤面较小。但环氧富锌底漆由于锌粉含量多，电焊、切割等热加工时，释放较多的氧化锌烟尘，对人体健康带来影响，易导致“锌热病”，且对切割速率和质量亦有一定影响。环氧富锌漆的另一个缺点是在其表面不能涂覆常规的油性漆和油基漆，尤其是船体水下部位，会导致漆基中油料的皂化，使涂层起泡、剥离。

20 世纪 60 年代中期，为克服环氧富锌的弊端，开发了环氧无锌底漆（non zinc epoxy primer），也称为环氧铁红底漆（iron oxide epoxy primer）。环氧铁红车间底漆以环氧树脂为基料，聚酰胺树脂为固化剂，氧化铁红为主要防锈颜料。由于不含锌，热加工时无氧化锌烟尘产生。对面漆也无选择性，并且具有良好的耐溶剂性和化学稳定性，特别适合作为装载石油制品的运输船（成品油船）的货油舱部位钢材的预处理底漆。

该漆防锈性能低于环氧富锌底漆而略高于磷化底漆，室外保养期约为 4 个月。其另一个缺点是干性稍差，抛丸预处理流水线必须安装烘干设备。

20 世纪 70 年代初出现了无机锌底漆（inorganic zinc primer），亦称硅酸锌底漆（zinc silicate primer）或无机硅酸锌底漆。

无机锌底漆用作车间底漆的多是醇溶性自固型。其以硅酸乙酯为基料，锌粉为主要防锈颜料，依靠吸收空气中的水分水解缩聚，并与锌、铁反应形成硅酸锌、铁复合盐类而紧密附着于钢铁表面。相对铁来讲金属锌为阳性（即锌比铁先腐蚀从而保护铁），但是锌将在比铁较低的温度下先熔化（锌在420℃熔化，铁在1500℃熔化），并且锌将在906℃时沸腾。因此，在焊接涂有硅酸锌车间底漆的钢板时，金属锌将汽化而使焊接弧不稳定，如果锌蒸气被截留在焊缝内将导致气孔。基于这种原理，无机硅酸锌车间底漆中的金属锌含量正趋于减少，如第一代无机硅酸锌车间底漆锌含量通常为60%～70%，第二代无机硅酸锌车间底漆锌含量通常为40%～50%，第三代无机硅酸锌车间底漆锌含量通常为20%～30%。

无机锌底漆作为车间底漆有许多突出的优点，不仅有优良的防锈性，室外保养期可达6～9个月，而且干性快、力学性能好、耐热性能优异、热加工损伤面积小、耐溶剂性能强，是目前应用较广的一种车间底漆。但其焊接、切割时仍有一定量的氧化锌烟尘发生（比环氧富锌底漆则少很多），还需加强个体劳动保护。

上述四种车间底漆是迄今为止国内外车间底漆的主要品种，这些车间底漆主要的性能特点详见表3-4-2。

表3-4-2 各种车间底漆性能比较

性能	PVB车间底漆	环氧无锌底漆	环氧富锌底漆	无机锌底漆		
				高锌	中锌	低锌
主要成分	PVB	环氧树脂＋氧化铁红	环氧树脂＋锌粉	硅酸乙酯＋锌粉	硅酸乙酯＋锌粉	硅酸乙酯＋锌粉
典型干膜厚/μm	20～30	20～30	20～25	15～20	15～20	15～20
干燥时间	一般	一般	一般	快	快	快
防锈蚀期/月	3～4	3～5	6～9	9～12	6～9	3～6
耐化学品	差	很好	好	优异	很好	很好
耐热破坏	差	一般	一般	好	很好	优异
耐溶剂性	一般	好	好	优异	优异	优异
耐电位性	差	好	优异	优异	优异	优异
焊接性能	一般	一般	一般	一般	很好	优异
切割性能	很好	好	一般	好	很好	很好
安全与健康	很好	很好	很差	一般	很好	很好

除了上述四种车间底漆以外，20世纪80年代末至90年代初，国外推出了新一代耐高温的无机锌车间底漆。这种新型的无机锌底漆在原有的无机锌车间底漆的基础上，采用超耐热树脂对硅酸乙酯进行改性，采用一部分耐热防锈颜料与锌粉共用，旨在降低车间底漆中锌粉含量和提高其耐热性。

耐高温无机锌车间底漆比传统型无机锌车间底漆耐热性能大大提高，从将能耐400℃的高温提高到能耐800℃的高温，这样在电焊和火工校正部位涂层烧损的面积将大大减少。另外含锌量降低不仅降低了热加工区氧化锌烟尘产生的量，对工人健康有利，同时也降低了经过一段时间室外暴露后车间底漆表面白色锌盐的发生量。烧损面的减小和锌盐的减少则可大大降低二次除锈的工作量。这对于劳动力缺乏和劳动力价格昂贵的某些造船国家来说具有积极的意义。目前这种耐高温无机锌车间底漆虽然其价格比传统型无机锌车间底漆高约30%，但在某些国家（如日本、韩国）已在逐步扩大应用。

为了提高安全、环保及生产效率，水溶性无机硅酸锌车间底漆已在一些国家开始使用。水溶性无机硅酸锌车间底漆通常是指基于碱性硅酸钠、硅酸钾或硅酸锂为基料的车间底漆。其pH通常为11～12，这样高的pH对涂料施工是一个挑战。降低pH通常有以下方法：

① 增加锌粉含量；

② 调整碱性硅酸盐的含量，如加入硅胶体等［保持一定的金属氧化物 MeO_2 与 SiO_2 的

摩尔比，(1∶2)～(1∶8.5)]。

但由于受到成本和现有流水线设计的限制，水溶性无机硅酸锌车间底漆还未得到广泛的应用。

4. 常用车间底漆

多年来，整个工业界都在尽力提高生产效率和建造质量——缩短造船/建筑周期及更高效率的切割和焊接。此外，目前的物流技术可以做到JIT式的生产，从而消除了对大量钢材库存的要求。而且，现代的车间底漆必须满足目前已提高的对健康和环保的要求，特别是在切割和焊接操作时候的要求。这些改变的生产方式和物流方式，以及对健康方面提高了的注意力，人们已经倾向于使用可以低漆膜厚度涂装、锌含量减少的无机硅酸锌车间底漆。

(1) 第二代无机硅酸锌底漆　第二代无机硅酸锌底漆中的锌含量占干膜质量的40%～50%。填料替代锌粉而用来提高焊接的速率和质量。减少的锌含量仍然提供可以接受的腐蚀保护。在切割和焊接时产生的氧化锌烟雾也减少了，从而，减少了产生“锌热”的危险。

(2) 第三代无机硅酸锌底漆　第三代无机硅酸锌底漆中的锌含量占干膜质量的20%～30%。低锌含量的无机硅酸盐车间底漆是车间底漆技术的最新产品，它可以提供极高的焊接速率和适合的切割速率。

第三代无机硅酸锌底漆的耐磨性和干燥性能同高锌含量的无机硅酸锌涂料一样。尽管具有低锌含量，第三代无机硅酸锌底漆的防腐性能依然良好。由于无机硅酸锌涂料的无机性质，它使钢材有极高的焊接速率，焊接的烧焦宽度很小，反面烧焦的情况也减少了。所有这些优点，使低锌车间底漆成为欧洲和远东地区所有主要船厂首选的车间底漆。

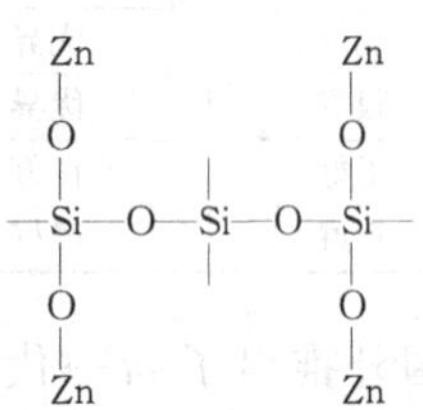

图 3-4-2　有机物的矩阵形式

硅酸乙酯的反应机理是反复的水解最后固化，而反复水解的树脂又和锌离子反应生成聚合硅酸锌和乙醇，乙醇快速挥发，因而硅酸乙酯是高挥发有机物的涂料，最后形成只含有无机物的矩阵形式，如图3-4-2所示。

事实上，富锌体系是牺牲锌粉控制电子转移的一种涂料，锌粉的作用是提供阳极，钢板是作为阴极而被保护。在合适的电解液中，电子从锌粉转移到了钢板而被保护，锌粉作为阳极而被氧化。从微观上来讲，所有的电化学反应是铁和铁之间，铁和锌之间不同电势，但是由于铁和锌之间的电势要远高于铁和铁之间的电势，因而锌作为阳极有保护作用。这个涉及的复锌力学性能的原理和电镀是相同的。一旦锌粉与空气中的 CO_2、SO_2 或盐分中的氯离子接触生成锌的各种盐类，均为难溶的碱式盐，会填充涂层中的空隙，而保护下层的锌粉粒子难以进一步作用，进而保护钢材表面。

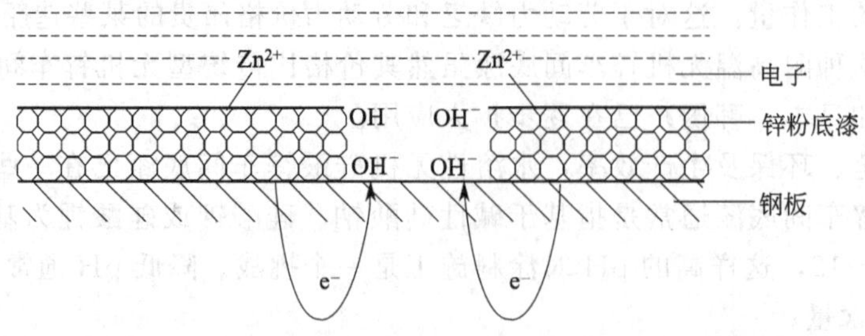

图 3-4-3　带强负电的锌粉漆在活跃钢板表面的短回路

如图 3-4-3 所示是带强负电的锌粉漆在活跃钢板表面的短回路，钢板整个变成阴极而锌作为阳极，在恶劣的环境中锌被腐蚀，但是钢板没有，这种锌粉漆在钢板表面是强制的电路，因此，钢铁必须进行很好的表面处理。

通常正硅酸乙酯锌粉漆一般为双组分涂料，硅酸酯组分为主要成膜物。正硅酸乙酯活性较小，作为基料必须进一步水解。正硅酸乙酯水解可以酸或碱作为催化剂，以酸为催化剂反应比较慢，容易控制，同时还可以稳定活性大的硅烷醇基团，从而提高贮存稳定性。

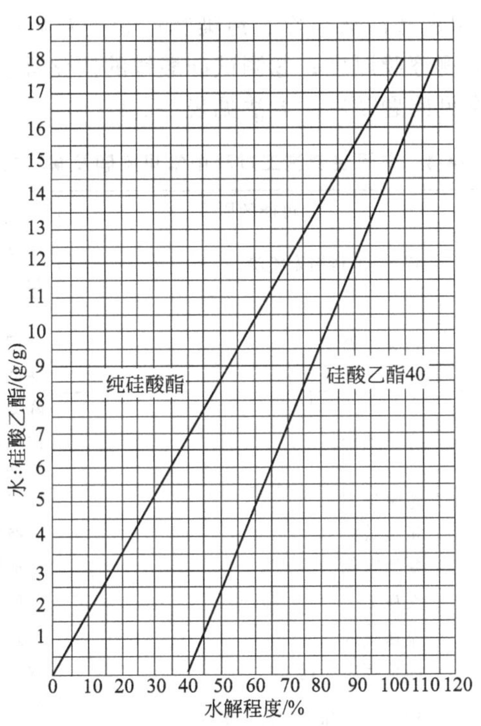

图 3-4-4 使用水和硅酸乙酯量得出的水解程度

一般来说硅酸已酯的稳定性与活性要两者兼顾。反应终点一般用碱液进行测定。方式是在有刻度的试管中加入主剂，然后再加入碱性溶液，将试管正反摇动，测试其胶化时间。水解程度可以参照图 3-4-4。

硅酸乙酯锌粉底漆的典型配方见表 3-4-3。

表 3-4-3 硅酸乙酯锌粉底漆的典型配方

A 组分	质量分数/%	B 组分	质量分数/%
二甲苯	10～12	硅酸乙酯 40	30～35
醇类溶剂	18～20	醇类溶剂	60～65
增稠剂	0.2～0.4	混合酸	0.4～0.6
锌粉	45～50	水	2～3
分散剂	0.3～0.5		
有机膨润土	0.5～0.8		
其他填料	16～18		
合计	100.0		100.0

配比为 A∶B=2∶1，B 组分生产的时候，注意要控制胶化时间。正常工艺是：将 40% 的正硅酸乙酯、醇放入罐内，搅拌均匀，然后慢慢滴加入酸化水，此反应是放热反应，一般控制在 0.5～1h 内滴加完成，然后放置过夜，测试水解程度用碱性溶液，如时间超过控制范围，可以追加补入酸化水，然后再放置 4～8h 进行测试。

5. 检验和质量控制

为了得到理想的结果，严格地遵循车间底漆的涂装工艺是非常重要的。关键的因素如下：①检查冲砂或喷射介质的污染状况；②测试含尘量；③检测喷钢板上污染程度（盐、油和脂）；④在喷射清理以前用水和清洁剂除去污染物；⑤控制喷射的标准（Sa2.5）；⑥检查钢板温度和空气温度；⑦检测漆膜厚度；⑧测试硅酸锌的固化程度。

车间底漆施工过程中常见问题及解决方法见表 3-4-4。

表 3-4-4 车间底漆施工过程中常见问题及解决方法

观察的问题	可能的原因	解决方法
枪嘴堵塞	锌粉/填料堵塞枪嘴	用过滤筛网过滤 施工中保持搅拌
漆膜偏薄	覆盖不够	增加泵压 使用大号枪嘴 降低钢板行进速率
漆膜偏厚	覆盖太多	降低泵压 使用小号枪嘴 增加钢板行进速率
不规则的喷幅	枪嘴堵塞 枪嘴破损 泵压太低	用稀释剂和软刷清洗 更换枪嘴 增加泵压
喷幅边缘散射	泵压太大	调低泵压
喷幅边缘卷曲	泵压太低 喷枪距离太远	调高泵压 减少喷枪距离
干喷	钢板温度和空气温度太高	减少预加热 用慢挥发稀释剂
漆膜滑辊破损	漆膜干燥慢	提高预加热
过早锈蚀	干膜厚度偏低 不均匀覆盖 干喷 漆膜滑辊破损	见上解决方法

如今，喷涂的车间底漆的漆膜厚度非常低，甚至低到 12～15μm。因此，保养好设备和正确地调整喷嘴以均匀地喷涂整个表面是非常重要的。

6. 健康和环保

涂料产品是由许多化学物质组成的。这表明在涂装时它能带来一定的健康危害。使用车间底漆造成的人体危害主要可分为如下：①混合和施工时的溶剂接触；②切割和焊接时的烟雾接触。

当混合施工时，必须遵守以下的安全警告。

① 车间底漆必须在封闭的系统里进行施工和干燥以保持厂区内有低的溶剂含量。

② 溶剂会溶解皮肤中的脂肪而使皮肤变得干燥，这会导致皮肤开裂并感染。因此，必须使用丁腈橡胶手套以保护皮肤。

③ 不要用溶剂或稀释剂清洗手和皮肤。

④ 混合和施工时要戴好防护眼镜以防止液体飞溅。

⑤ 避免在高浓度溶剂的空气中长时间的呼吸。

⑥ 在超过溶剂暴露极限的环境里，操作者必须佩戴正确的、被鉴定的呼吸器。

⑦ 参考涂料供应商对每一个产品包装上的标签的备注和相关的安全技术指数。

当钢板和型材用来加工时，要进行切割和焊接。危害健康的烟雾在生产期间将会产生。因此，所有的车间底漆要在认可的机构进行测试，评估焊接和切割时的健康危害。表 3-4-5 是两种常见车间底漆的测试结果。

表 3-4-5 气体污染物在呼吸区域的含量

物质	OEL	高锌含量车间底漆		中锌含量车间底漆	
		火焰切割	电焊	火焰切割	电焊
氧化锌/(mg/m^3)	5.0	4.04	3.84	0.86	1.02
丙烯醛/(mg/m^3)	0.25	0.04	0.06	0.02	0.05
一氧化碳/(mg/m^3)	50	ND	4	ND	ND
一氧化氮/(mg/m^3)	25	1.3	ND	1.0	ND
二氧化氮/(mg/m^3)	3	ND	ND	0.1	ND

注：OEL 为职业暴露极限；ND 为未检测出。

三、船底防锈漆

1. 概述

船底防锈漆是指涂装在船体水下部位外表面，对船体金属基体材料起防腐蚀功能的涂料。该部位长期浸于严重腐蚀环境的海水之中，因此采用船底防锈漆是防止船底钢板腐蚀的最经济合理和最有效的方法。船舶在建造完成投入航运后，与船舶其他部位不一样，不论是处于航行还是处于港口码头停泊时，都不可能对船底的涂料体系进行维修保养工作，因此要求船底防锈漆具有一定的使用寿命。一般以进坞维修的时间间隔为设计使用寿命。由于在实际使用中，船底防锈漆并不是直接与海水接触，而是在船底防锈漆的外面还要涂装船底防污漆，因此要求船底防锈漆与船底防污漆配套使用。为了使得船底防锈漆与船底防污漆结合良好，有时需要在它们之间采用一道连接漆，这里也将连接漆包括在船底防锈漆体系中。

目前绝大多数钢质船舶都采用阴极保护措施（外加电流系统或者牺牲阳极系统），因此要求船底防锈漆与阴极保护系统相适配，也就是在应用中要求能耐一定的阴极保护电位。

2. 船底防锈漆的种类

船底防锈漆可分为沥青系、油改性系等低档的船底防锈漆；环氧沥青系、氯化橡胶系和氯化橡胶沥青系、乙烯系和乙烯沥青系的中档船底防锈漆；以及环氧系的高档船底防锈漆。早期的船底防锈漆中多含有沥青类树脂，如煤焦沥青，并与其他树脂，主要是环氧树脂、乙烯树脂和氯化橡胶树脂配制为环氧沥青涂料、乙烯沥青涂料和氯化橡胶沥青涂料等，由于煤焦沥青本身渗水性很小，具有优良的耐水性能，是一种价廉物美的涂料成膜物质，加上环氧树脂或其他树脂的优异的粘接性能，使得环氧沥青涂料和其他树脂的沥青涂料成为一类防腐蚀性能优异、价格低廉、涂装方便的船底防锈漆品种。单一的沥青系船底防锈漆，采用软化点为 40～60℃的煤焦沥青，与防锈颜料配合而成，涂装时对钢板表面的处理要求较低，一般应用在小吨位、低要求的船舶船底部位。由于煤焦沥青防锈漆的耐阴极保护电位低（－0.8～－0.85V），很容易在有装置阴极保护设备的船舶上应用时，造成沥青系船底防锈漆漆膜的起泡和剥落。另一个主要原因是由于沥青树脂本身的对涂装施工人员和其他相关人员的健康影响，含沥青的船底防锈漆的应用也逐渐减少，几乎已不在中大型船舶上使用。

氯化橡胶系和乙烯系船底防锈漆都是单组分，依靠涂料中溶剂挥发而成膜的船底防锈漆，也包括它们与煤焦沥青混合改性的品种，如氯化橡胶沥青防锈漆和乙烯沥青防锈漆。

在 20 世纪 60～90 年代，氯化橡胶系和乙烯系涂料在制造和使用上得到了迅速发展，已成为当时船底防锈漆的主要品种。由于它们都是单组分涂料，涂装方便、涂膜干燥迅速，较少受到环境气候的影响，尤其是低温的影响。特别是在厚膜型氯化橡胶涂料开发成功和高压无气喷涂技术应用受到船厂的欢迎，使得氯化橡胶船舶漆在造船工业上应用有了突飞猛进的发展。

氯化橡胶是将天然橡胶溶解于四氯化碳中，通入氯气反应而成。反应后可获得含氯量为62%～67%的氯化橡胶树脂白色粉末产品。一般氯化橡胶按其溶液黏度的大小分成若干规格，如国产的产品有黏度值 5～10mPa・s、11～20mPa・s、21～40mPa・s 和 40mPa・s 以上。通常用于涂料的是前两种。

由于氯化橡胶树脂中不含酯键，分子结构饱和，配制的涂膜透水率低、耐化学品腐蚀性好，尤其是耐海水性优良，从 60 年代起，作为重防腐蚀涂料广泛应用于造船、港湾钢结构工程中。

氯化橡胶系防锈漆是由氯化橡胶树脂、增塑剂、防锈颜料、体质填料、触变剂、其他助剂以及溶剂组成。单一氯化橡胶分子中含有许多六元环，因此其涂膜硬脆，必须配加增塑剂进行改性，涂料中最常用的是氯化石蜡，还有邻苯二甲酸酯类、磷酸二苯酯及干性油等。除以氯化橡胶作为主要成膜物质外，还可与其他树脂混合改性，如醇酸树脂、聚氨酯树脂、环氧树脂、酚醛树脂、丙烯酸树脂、煤焦油沥青等。通常氯化橡胶树脂与氯化石蜡的配合比在 70：30 时，漆膜的坚韧性和附着力综合性能最好。

氯化橡胶本身无毒、无臭，对环境无害，但在氯化橡胶树脂的生产工艺中，因溶解橡胶的四氯化碳会在成品中有 3%～8%的残留，进而发挥到大气中，会对人体造成毒害和破坏大气的臭氧层。为了保护地球的臭氧层，1995 年在联合国主持下通过了蒙特利尔公约(Montreal)，公约规定了禁止和限制使用破坏地球臭氧层的四氯化碳、氟里昂等化学物质。我国是该公约的签字国，从 2005 年起，国家环保总局规定了在氯化橡胶生产过程中限制和停止使用四氯化碳，到 2010 年完全停止使用四氯化碳。一些大的氯化橡胶生产厂已停产或减产，使得氯化橡胶树脂产品数量减少。目前氯化橡胶船底防锈漆的应用也在减少。一些厂家正在改进生产工艺，有的减少氯化橡胶树脂产品中四氯化碳的含量，有的采用新的含氯聚合物树脂替代氯化橡胶，还有的采用一种新型封闭循环设备生产，该生产工艺已符合 Montreal 协议的要求。我国从 80 年代就开始了水相法制造氯化橡胶的探索和研究工作。经过氯化橡胶生产厂家与船舶漆生产厂家合作应用开发研究，目前水相法制备的氯化橡胶铝粉防锈漆在防锈漆的基本物理性能和防锈性能方面已可满足船舶漆生产厂的产品的技术要求，与国产和进口的四氯化碳溶剂法制备的氯化橡胶性能相同。

目前氯化橡胶船底防锈漆与乙烯防锈漆作为环氧类的船底防锈漆和船底防污漆的连接漆在普遍使用，漆膜厚度在 30μm 左右。

为了替代环氧沥青船底防锈漆中的沥青成分，一类改性环氧防锈漆成为新一代的替代品种。改性环氧船底防锈漆（或称为漂白焦油环氧涂料）是应用如古马隆树脂与环氧树脂混合的品种。由于防锈性能与环氧煤沥青船底防锈漆相同，不含煤焦沥青，因此无沥青的毒性问题。

自60年代起，几十万吨的超级油轮、海上石油钻采平台和大型港工钢结构设施的大量出现，需要长效、高性能的防锈漆进行防腐蚀保护，环氧沥青漆和纯环氧防锈漆相继问世。环氧沥青系防锈漆兼备了环氧树脂的优秀的粘接能力和煤焦沥青树脂的防水性能，成为一类应用最为广泛的船底防锈漆和船舶压载水舱的防锈漆。

环氧沥青系防锈漆漆膜坚韧，与钢板的附着力优良，漆膜耐阴极保护电位可达－1.1V。漆膜耐盐水浸泡性和热盐水浸泡性能优良。而且对钢板表面处理的要求不是很苛刻，在船舶、海洋工程、管道工程中的水下和地下的钢结构防腐涂料应用广泛。

由于环氧沥青涂料中的煤焦沥青含有较强的致癌物质，且由于涂层本身颜色为深黑，在封闭环境中涂装施工时不易检查涂层的涂装质量，它们已在船舶压载水舱应用中受到限制。同样由于从安全和环境保护要求考虑，环氧煤焦沥青船底防锈漆在大型船舶上的使用也在减少，逐渐为不含煤焦沥青的环氧系船底防锈漆所替代。

为了进一步提高船底防锈漆的使用寿命，减少船舶防锈漆的品种，方便造船厂的涂装施工管理，一类称为“通用型环氧防锈漆”的品种正在逐步扩大应用。这是一类纯环氧类的船舶防锈漆，它们既可以作为船底防锈漆应用，又可以作为船舶内舱和船体上层建筑等部位的防锈漆使用，这类环氧型的防锈漆为双组分涂料，固体分高，一道涂膜厚（通常在125μm以上），附着力高（一般高于3.0MPa），耐干湿交替，耐阴极保护电位性能好。已成为船底防锈漆的主流产品。

环氧系船底防锈漆是当今造船业最常用的一类船底防锈漆，为双组分涂料，固体分高，涂膜厚；附着性好；耐化学药品腐蚀；而且涂膜耐阴极保护性能好。各种环氧系船底防锈漆的组成及特点见表3-4-6。

表3-4-6　环氧系船底防锈漆

品种名称	组成			特点
	主要成膜物质	防锈颜料	固化剂	
环氧沥青船底防锈漆	环氧树脂＋煤焦沥青	铝粉、云母粉等	聚酰胺，胺加成物等	附着性好，耐水性好，可制成厚浆型涂料，一次可得200μm以上的干膜厚，可与各类车间底漆相容，价格低。煤焦沥青含有致癌物质
改性环氧船底防锈漆	环氧树脂＋碳氢石油树脂	铝粉、云母粉等	聚酰胺、腰果油改性酚醛胺、胺加成物等	性能与环氧沥青防锈漆相似，表面容忍性好，不使用煤焦沥青，不存在毒性问题
纯环氧船底防锈漆	半固体、液态环氧树脂	铝粉、云母粉等	聚酰胺、腰果油改性酚醛胺、胺加成物等	附着性好，耐碱，耐干湿交替，与各类车间底漆配套，可制成厚浆漆料，耐阴极保护电位性能好，漆膜柔性好

3. 最新的船底防锈漆国家标准的主要技术内容

为了提高我国船舶船底防锈漆和防污漆的技术水平，与国际同类产品相适应，2006年已将原国家标准GB/T 13351—1992《船底防锈漆通用技术条件》和GB/T 6822—1986《船底防污漆通用技术条件》合并成为一个新国家标准，标准名称为《船体防污防锈漆体系》，标准中船底防锈漆部分的主要内容如下。

(1) 防锈漆体系组成和分类说明

① 组成　船体防锈漆体系可以是多道的单一防锈漆产品，也可以是由防锈底漆和防锈面漆组成的体系。

② 分类说明

a. 型别　按照防锈漆的成膜机理，防锈漆可分成下面两种型别。

● Ⅰ型 船底防锈漆由两种组分构成，在涂装施工前按照规定比例，均匀混合两种组分，经过一定时间的预反应后即可进行涂装施工，通过两种组分反应固化而干燥成膜。

● Ⅱ型 船底防锈漆为单组分，涂装施工后，通过漆膜内的溶剂挥发而干燥成膜。

b. 类别（仅适用于Ⅰ型） 按照防锈漆成膜时对固化温度的要求不同，分成两类。

● 1类 通常在10℃和10℃以上固化成膜的Ⅰ型防锈漆。

● 2类 通常在10℃以下固化成膜的Ⅰ型防锈漆。

c. 有效使用期 完整的船体防锈漆体系的有效使用期分成三种级别。

● 一级防锈有效期 防锈有效期在五年和五年以上的防锈漆体系。

● 二级防锈有效期 防锈有效期在三年和三年以上，五年以下的防锈漆体系。

● 三级防锈有效期 防锈有效期在三年以下的防锈漆体系。

(2) 技术要求

① 船底防锈漆体系的一般要求

a. 安全说明书 作为船底防锈漆的产品，应符合相关材料的安全说明书（MSDS）的要求。

b. 船底防锈漆的技术性能 标准规定的船底防锈漆产品应均匀一致，配套应用，并能与车间底漆互相配套。涂料的技术性能应符合表 3-4-7 的规定。涂料制造方按表 3-4-7 的规定提供涂料技术性能要求。

表 3-4-7 船底防锈漆的技术性能

序号	检测项目	防锈漆	序号	检测项目		防锈漆
1	不挥发分	①	5	干燥时间/h	表干	①
2	密度	①			实干	≤24
3	黏度	①	6	适用期②		①
4	闪点	①				

① 按产品的技术要求。

② 适用期针对适用于多组分的船底防锈漆Ⅰ型。

c. 毒性 涂料产品不含有石棉或含有石棉的颜料以及国家有关部门禁用的化学物质。

d. 在容器中状态 在用机械混合器搅拌 5min 之内，涂料应该很容易地混合成均匀的状态。涂料应无坚硬的沉底、结皮、起颗粒或其他不适合使用的现象。

e. 贮存稳定性 原封、未开桶包装的涂料按照 GB/T 6753.3 方法试验，在自然环境条件下贮存1年后（或按照产品技术要求），或者在加速条件下贮存 30 天后，应该在 5min 之内很容易地混合成均匀的状态。

f. 涂料的施工性 船底防锈漆的施工方法应符合船舶涂料的通常涂装方法，如高压无气喷涂、空气喷涂、辊涂和刷涂。应具有良好的流动性和涂布性。湿膜不应出现流挂，干燥后的漆膜应平滑、均匀。

② 船底防锈漆体系的涂层与配套的防污漆配套性能

a. 与配套的船底防污漆进行浅海浸泡试验后，防锈涂层应无剥落或片落。

b. 与配套的船底防污漆进行动态模拟试验后，防锈涂层应无剥落和片落。

c. 在与配套的船底防污漆进行与阴极保护相容性试验后，试验的涂料应不剥落、片落、起泡、溶解或其他损坏。

③ 船底防锈漆体系的涂层性能

a. 附着力 船体防锈漆体系与基体材料的附着力，是船底防锈漆最主要的力学性能，附着力的测量方法采用 GB/T 5210—2006 中的直接拉开法。一级和二级防锈漆体系应大于 3.0MPa，三级防锈漆体系应大于或等于 2.0MPa（Ⅱ型沥青系除外）。

b. 耐浸泡性　船底防锈漆体系在进行浸泡试验时，漆膜不应产生破坏、针孔锈点和起泡。试验方法和程序如下。

● 试样尺寸和试样制备　150mm×300mm×3mm，表面粗糙度 R_a 为 40～80μm，制板及试验条件按 GB/T 10834 规定进行。

● 试验程序及评定　涂漆样板经 20 个周期（每周期 7 天）浸泡试验（或至失效前），每周期均记录涂层情况。如果在 20 个周期后，涂层情况完好，则用软布和自来水轻擦表面，室温干燥 48h，经表面处理后，用涂层体系涂面漆一道（如适合，则涂底漆一道、面漆一道），重涂每块试板一侧面中心向上的 1/3，并封边 13mm。状态处理 7 天，然后增加 5 个周期全浸试验。在重涂侧面上，后加涂层的附着力判定减少至原来涂层层间附着力的一半视为失效。

c. 抗起泡性（适用于Ⅰ型）　船底防锈漆体系的热盐水浸泡试验是一种加速腐蚀试验的方法。采用两个阶段进行热盐水的浸泡。第一个周期在 88℃±3℃盐水或天然海水中浸泡 14 天，取出样板，洗涤、干燥，然后用金刚砂布（100#）手工轻磨每块样板其中的一面，对磨面再清洗、干燥，再涂面漆一道，干燥 7 天后，进行第二周期试验。样板浸入 38℃±2℃盐水或天然海水中浸泡 14 天，取出样板，检查并记录起泡程度（边缘向内 6mm 不计）。要求漆膜完整，不应出现起泡。

d. 耐阴极剥离试验（适用于Ⅰ型）　船底防锈漆体系应与船舶的阴极保护方法相适应，试验方法按照 GB/T 7790 方法进行。试样的剥离面积应符合标准规定的要求。

为了符合实际，船底防锈漆和防污漆一同作为防污防锈漆体系应用，经受船舶阴极保护系统的影响作用，因此要求船底防锈漆与船底防污漆配套进行阴极保护相容性试验。

试验要求如下：每种防锈防污漆体系制备四块试样，试板尺寸为 250mm×150mm×2mm。每块试板在涂装前用 M5、长 10mm 的铜螺钉、铜螺母和铜垫片，把一条长度为 600mm、线芯直径为 1mm 的带塑料绝缘层的铜导线的一端固定在试板的连接孔上。铜导线另一端与镁阳极连接。阳极表面与试板中心位置的电阻应小于 0.01Ω。用环氧胶密封试板的导线连接端孔。按照防锈漆和防污漆的配套要求依次进行涂装。在涂装后的试样中心位置对涂层开一个人造漏涂孔，该孔是一个去掉全部涂层、裸露金属基体的、直径为 6mm 圆孔，孔洞部位应暴露出底材金属的光泽。按照 GB/T 7790 防锈漆耐阴极剥离性的试验方法进行阴极保护相容性试验。其中两块试样连接镁阳极，另两块试样作为对照试样，不与镁阳极连接。试验周期为 30 天。试验结束后，检查每块试样的人造漏涂孔周围涂层附着力降低（即涂层剥离）、剥落、起泡或其他涂层破坏的现象。

(3) 船底防锈漆体系产品的检验　船舶船体防污防锈漆产品检验分为型式检验和出厂检验。型式检验为周期检验，出厂检验为每批次检验。项目要求和方法见表 3-4-8。

表 3-4-8　船底防锈漆体系检验项目

序号	检验项目	出厂检验	型式检验	序号	检验项目	出厂检验	型式检验
1	不挥发分	×	√	7	耐浸泡性	×	√
2	密度	√	√	8	抗起泡性	×	√
3	黏度	√	√	9	耐阴极剥离性	×	√
4	闪点	×	√	10	适用期	×	√
5	干燥时间	√	√	11	贮存稳定性	×	√
6	附着力	×	√				

注：“√”为进行；“×”为不进行。

四、船底防污漆

1. 船底防污漆概述

防污涂料通常称为船底防污漆或简称防污漆，是防止海洋附着生物污损、保持船底光洁、光滑的一种专用涂料。

防污漆在使用寿限内，通过不断地释放所含防污剂，在海水与涂层的界面处形成含一定毒料浓度的微层，从而防止了污损生物幼体对船壳的附着。防污剂必须具备广谱的杀菌能力以防止种类如此繁多的污损生物附着于船壳之上。在世界各海域中有 8000 多种植物和 59000 多种海洋动物，其中有 600 多种附着植物和 18000 多种附着动物。这些附着生物的幼虫或孢子能够漂浮或游动，发育到了一定阶段后，就在船底、水下结构物或岸边岩石等物体上附着、定居并进一步繁殖。

海洋生物大量附着在船底上，对船舶将带来很大的危害，它们不仅将增加船舶的自重、减少船舶的载重，同时将大大增加船体粗糙程度。如图 3-4-5 所示为船舶航运燃料消耗与船体表面粗糙度的关系。

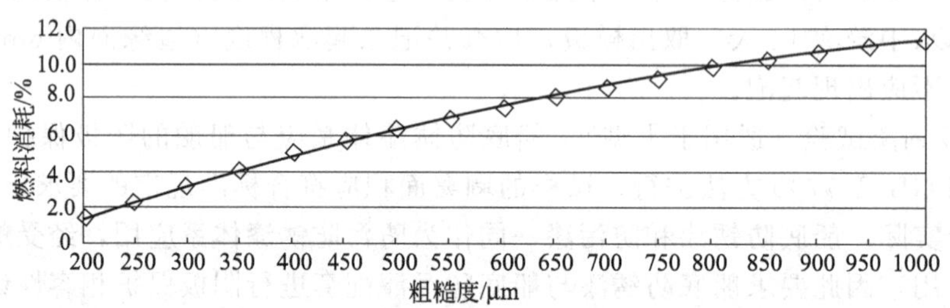

图 3-4-5　燃料消耗与表面粗糙度的关系

有资料表明，船底污损严重时，其海洋生物堆积层可达十多厘米厚，每平方米质量达 20 余千克，这对于近万平方米船底的船舶来说将增重 200 余吨。造成船舶的航速降低和燃油消耗的增加。船底污损达 5%，燃料将增耗 10%；船底污损达 10%，燃料将增耗 20%；船底污损大于 50%，燃料将增耗 40%以上。

假设全球所有船只都污损达到 50%，按燃料增耗 40%计算，会发现：

① 全球船舶将多燃耗 70.6 亿吨燃油；

② 同时将额外释放 2.1 亿吨的 CO_2 及 560 万吨的 SO_2。

这样将给船东极大地增加运营成本，同时严重影响人们赖以生存的环境（温室效应及酸雨等）。

海洋生物如果附着于军舰底部，将影响军舰的航速，附着在声呐罩上，则干扰声呐的侦察性能，这些都将大大削弱军舰的战斗力。

可见海洋生物的污损对舰船具有巨大的危害性。防止海洋生物污损的方法有涂装防污漆防污、电解海水防污、超声波防污等方法。但到目前为止，无论从经济上还是从效果上，防污漆防污仍被认为是唯一可广泛应用的方法。

有机锡（TBT）的使用对海洋生物造成的危害引起人们的普遍不安，新的法规限制 TBT 及对海洋环境构成污损的毒料的使用，船舶涂料工业随之而发生着显著的变化，多年来人们致力于开发在性能方面足以与含锡涂料相媲美的新产品。同时也在很大程度下减少了对环境的危害。

防污漆的发展大体可划分为三个阶段：传统的常规防污漆；先进的有机锡共聚物自抛光

防污漆；现代无锡自抛光防污漆及无毒低表面能防污漆。表 3-4-9 列示了防污漆发展的历史。

表 3-4-9　防污漆发展历史

时　　间	防污漆类型	基　　料	防污剂
20 世纪 50 年代前	传统型防污漆	松香	Cu_2O
20 世纪 50～60 年代	长效型防污漆	松香/乙烯基树脂 松香/氯化橡胶	Cu_2O
20 世纪 60 年代后期	长效型防污漆	松香/乙烯基树脂 松香/氯化橡胶	Cu_2O/TBTO
20 世纪 70 年代中期	自抛光防污漆	TBT-共聚物(低膜)	Cu_2O/TBTO
20 世纪 80 年代早期	自抛光防污漆	TBT-共聚物(高膜)	Cu_2O/TBTO
20 世纪 80 年代中期	自抛光防污漆	TBT-共聚物(低锡)	Cu_2O/TBTO
20 世纪 80 年代后期	扩散型防污漆	共聚物	Cu_2O/TBTO,其他防污剂
20 世纪 90 年代早期	无锡自抛光防污漆	共聚物	Cu_2O/有机防污剂
20 世纪 90 年代后期	低表面能	有机硅	不含防污剂

2. 污损生物种类

污损通常用来描述在海洋作业的建造设施上所生成的海洋植物以及海洋动物。浸在海水中的物体表面都会受到海洋生物体的污损。这些海洋生物体附着在船舶表面并且不断增长，将导致其表面粗糙程度的显著增加，那么当船舶航行时，由于航行阻力的增大，导致耗油量的增加。这样，为了降低船舶耗油量，防止海洋生物生长，就变得较为重要了。

据估计，大约有 4500 种海洋生物会侵蚀海洋设施。根据这些生物体生长成熟后的大小，可以分成两类。

① 大型污损物，包括植物和动物。

② 微型污损物，它一般指动物分泌的黏液以及微小的海洋生物体等。

在这些物种中，有一些依靠自身游动或者被水流带动而随波逐流；而其他很多物种，则必须依附于坚硬的物体表面，以便繁衍生息。许多生物体移动缓慢，大多数静止型生物体会在季节性产卵期产出数量巨大的精子及卵子。精、卵在水中结合成为受精卵，因此精子的巨大数量使卵子受精的概率大大增加了。在多数情况下，这些受精卵将发育成为幼虫。海洋植物并不会产生类似的幼虫，而会产生漂浮或是自行游动的类似于种子的“孢子”。

污损有多种类型，它们的生物性特征也有所不同。污损的过程是复杂的，它取决于地理、气候、季节和物理因素。在船底常见的附着生物有藤壶、牡蛎、贻贝、树枝虫、海鞘、绿藻、碣藻、浒苔、花筒螅等数十种。其中藤壶、牡蛎、贻贝等在船底附着之后，生长迅速。在生长过程中将产生一种张力，能剪开和破坏漆膜。同时这些生物还会分泌出有机酸，这些将大大加速船底钢板的腐蚀。

有机生物体的类型及繁殖密度随着海水的温度、盐度以及光照强度的不同而有所不同。如果把时间和地理因素纳入考虑范围，那么我们把海洋划分成许多区域。在南、北半球的极带地区，盛夏前后的光及温度都很适合污损有机生物体的生长与繁衍。

在南、北半球的温带地区，污损有机生物体的生长适宜期从春天开始到早秋结束。而对于亚热带和热带地区，它们的生长适宜期可贯穿全年。并且某些种类的生物体在某些特定的时间会更具生命活力。

在某些特定的地区，上升洋流和离岸风会带动某些矿物质营养进入上层洋面，而那里是多数海洋生物的聚居场所。洋流能够改变一个地区。在毗邻大陆的浅水区域，污损生物体大量生长，它们的生长速率往往都高于远离陆地的公海。因为在公海上，阳光只能照到海水中的某一深度，而不能照到海底。综上所述，相对于公海，沿海岸的海水更容易受到污损的威胁。

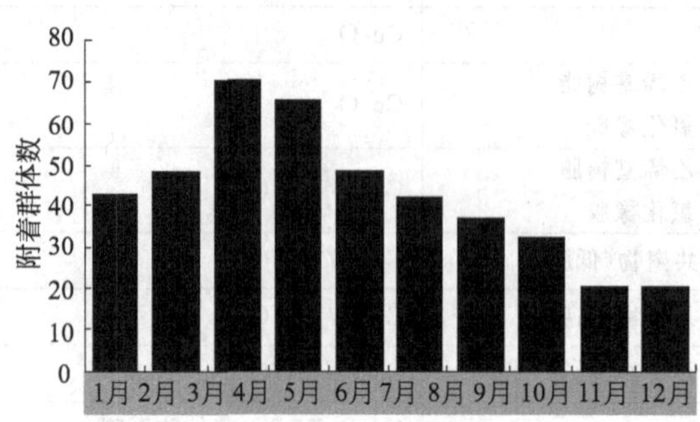

图 3-4-6 相似膜孔苔虫（polyzoa）在青岛海域附着情况

我国海岸线长达 18000 多千米，各海区海生物的繁殖时间、品种、数量等均有不同。如图 3-4-6 所示为相似膜孔苔虫在青岛海域附着情况。

据不完全统计，我国海洋生物的种类有千余种，其中软体动物类 800 余种；植物藻类 200 余种。绝大部分生长在海岸及港湾处，生物的幼虫或孢子漂浮、游动发育到一定阶段后，就在物体上附着定居下来，在 4～10 月份附着、繁殖速率最快。附着生物主要有两大类：藻类，如菊花藻、绿藻、褐藻等；软体动物类，如牡蛎、贻贝、海鞘、藤壶、苔藓虫、石灰虫等。藻类的生长主要依靠光合作用、海水中的无机盐及微生物；软体动物的生长主要依靠水体中的有机质、微生物及水体中的溶解氧。不同海区水质状况的区别导致了生物生长的差异。

船底常见海洋附着生物如图 3-4-7 所示。

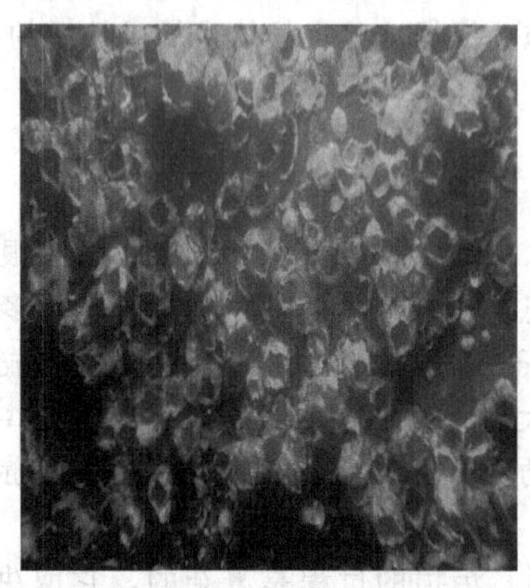

(a) 藤壶（acorn barnacle）

藤壶特别适合于在浮动的物体上过着浮游生活，藤壶不但能附着在礁石上，而且能附着在船体上，任凭风吹浪打也冲刷不掉。有些藤壶即使在船速 10 节时也能在船壳实施附着。藤壶在每一次脱皮之后，就要分泌出一种黏性的藤壶初生胶，这种胶含有多种生化成分和极强的黏合力，从而保证了它极强的吸附能力。藤壶长有高钙质的、行动不便的外壳。水下清理或铲刮不能将它根除，残留物会促进进一步的污损。藤壶分布甚广，几乎任何海域的潮间带至潮下带浅水区，都可以发现其踪迹

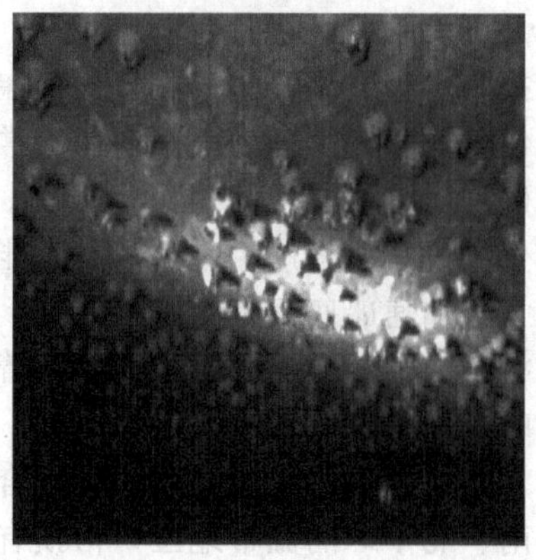

(b) 鹅颈藤壶（gooseneck barnacle）

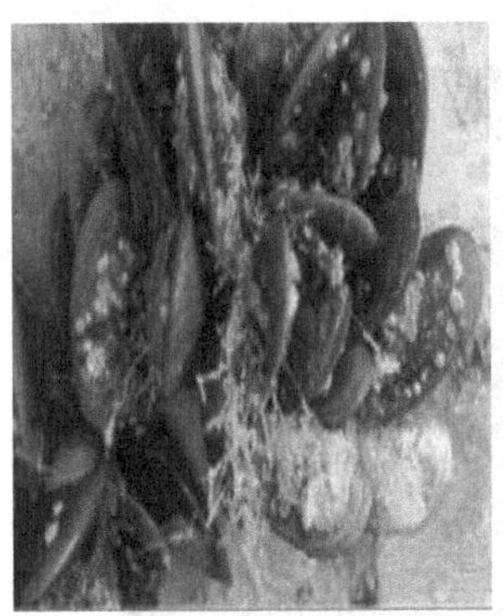

(c) 贻贝 (mussel)

贻贝俗称海红，是用足丝固着生活的。它不但固着在岩石上，有的也固着在浮筒或船底上面。我国北部沿海、浙江沿岸、福建厦门沿岸都有分布

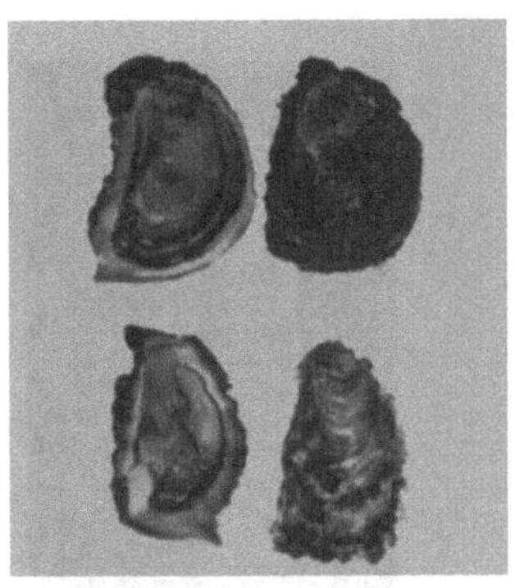

(d) 牡蛎 (oyster)

牡蛎是营固着生活的软体动物，用壳固着在其他物体上，体外受精，幼虫浮游，固着变态成稚贝。我国南北沿海均有分布

(e) 水螅 (hydroids/tubularia)

水螅纲动物中除水螅、某些筒螅等极少数种为单体生活之外，其余绝大多数种类为群体生活。多数种在沿海生活，少数栖于淡水。外貌像植物，常被误认为是海藻，与海葵是近亲；触手用于捕捉食物。沿海常见的薮枝螅 (obelia) 就是群体生活的代表，其群体呈树状，从几厘米到十几厘米，固着在岩石、海藻及船舶的平底上

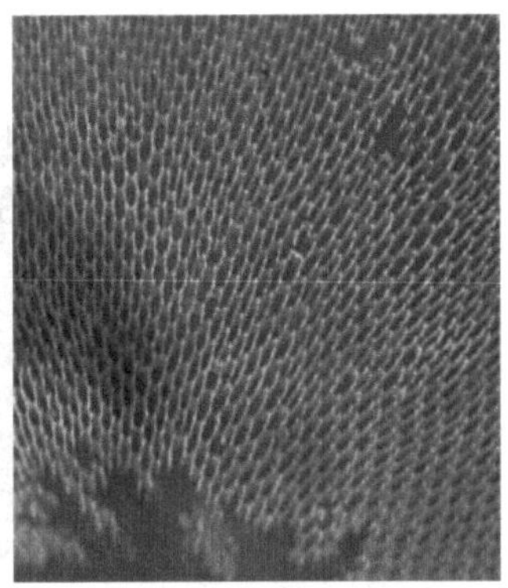

(f) 苔藓动物 (polyzoa)

苔藓动物群体水生，多数固着在贝壳、其他动物的外骨骼、岩石、浮筏、船底等硬物上，呈被覆结壳状、块状、胶块状或灌木丛状。苔藓虫靠无性出芽生殖构成直立或被覆的群体，因此又叫群虫 (polyzoa)

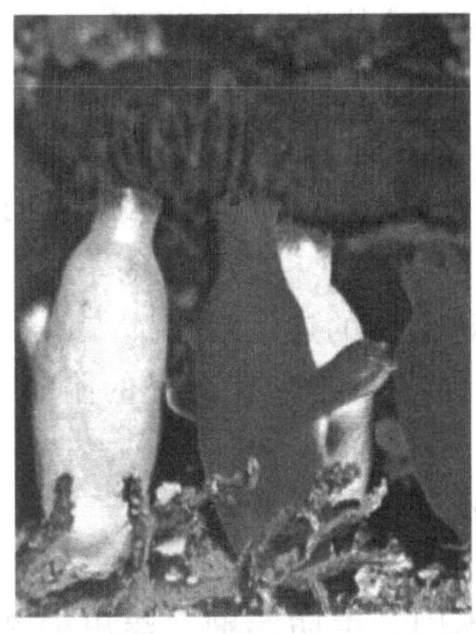

(g) 海鞘 (sea spuirt)

海鞘形状很像植物，有的像茄子，有的像花朵，有的像茶壶。广泛分布于世界各大海洋中，从潮汐到千米以下的深海都有它的足迹。它以特有的本领附着于船舰底部，数量又多，所以影响船只速度，消耗油量；还会附着堵塞水下管道，影响水流畅通，造成危害

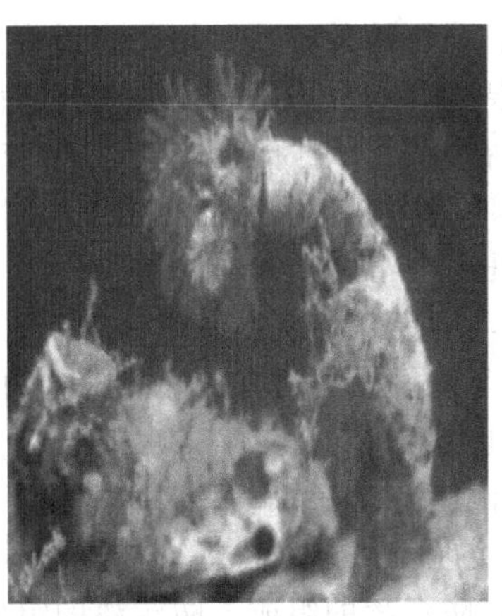

(h) 多毛虫/石灰虫 (serpula vermicularis)

在附着的多毛环虫中以石灰质栖管的龙介虫（石灰虫）和螺旋虫危害最大。龙介虫多附着于岩石、贝类、珊瑚、海藻叶片和其他硬物上，是主要附着污损生物之一

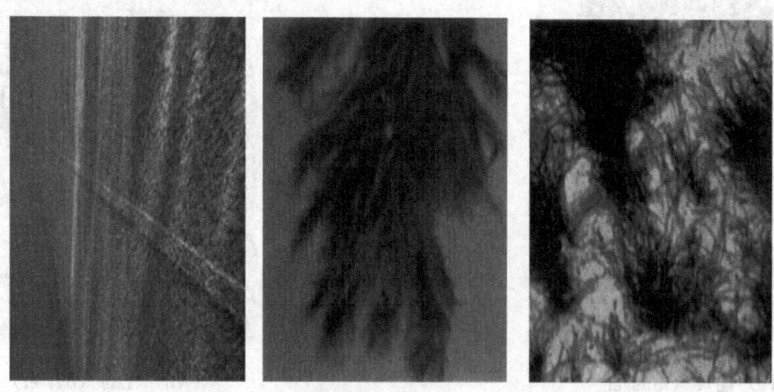

(i) 海藻/海草 (algae/sea weeds)

绝大多数植物性海生物是褐色海藻和绿色海藻。它是由微小的孢子沉积生长而成。植物性海生物生长需要阳光，通常生长在可见阳光的区域，如水线周围和以下几米。通常船底不会发生这种污损

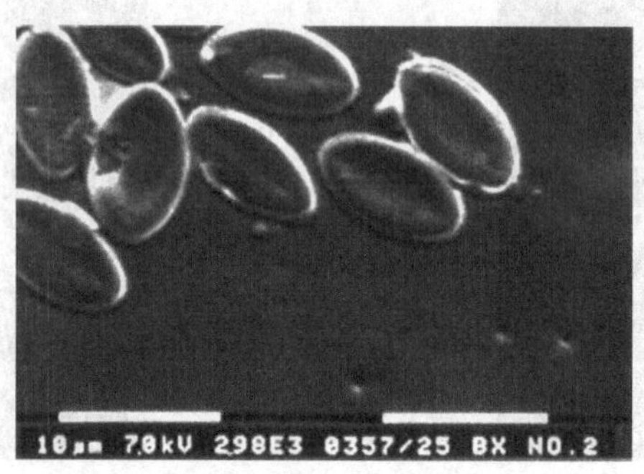

(j) 细菌性海生物 (slime)

细菌性海生物，微生物黏膜 (slime film) 或初级黏膜 (primary slime)：由细菌或单细胞硅藻分泌黏液积聚而形成。具有非常低的表面粗糙度，难于控制

图 3-4-7 船底常见海洋附着生物

3. 防污漆的特性和组成

(1) 防污漆的特性　船底防污漆是一种防止海生物污损的特种涂料，具有一般涂料截然不同的特性与组成。防污漆的主要特性如下。

① 在一定时间内能防止海洋附着生物附着的效能。

② 漆膜中含有一定量的能杀伤附着海生物的防污剂，这些防污剂能连续不断地逐步向海水渗出。

③ 与防锈漆相反，漆膜具有一定的透水性，以保持防污剂的连续渗出。

④ 与防锈漆之间有良好的附着力，防污漆本身层与层之间亦应有良好的附着力，要求层间稍能互溶。

⑤ 漆膜有良好的耐海水冲击性，在长期浸水条件下不起泡、不脱落。

⑥ 经航行一定时间后，希望有不同程度的抛光性。

(2) 防污漆的组成　防污漆的组成与一般涂料有所不同，由防污剂、渗出助剂、基料、颜料、助剂和溶剂等组成。其中防污效果与防污剂的种类、含量、可溶性成分的用量以及基料的类型等都有很大的关系。

① 防污剂　防污剂必须能在海水中微溶，对海洋附着生物有杀伤力。传统的防污剂有氧化亚铜、有机锡、有机锡高聚物（毒料与基料同一体）以及氧化汞、DDT、有机铅、铜粉等。

a. 氧化亚铜（Cu_2O）是防污漆中最为重要、应用最多的防污剂，能有效杀伤海洋附着生物而对人体低毒。微溶的氧化亚铜所释放的 Cu^+ 进入海生物幼虫或孢子体内，具有凝固蛋白质的作用，从而杀伤海生物起到防污作用。氧化亚铜还是现今最为广泛使用的防污剂。尽管氧化亚铜对人体的危害不大，其 LD_{50} 属低毒化学品。但对一些种类的鱼和鲸的毒性指标大于 24h。此外，铜的化合物还可能析出并沉淀在海底泥中形成永久性污染。资料显示在苏伊士运河中 Cu^{2+} 的含量超过正常海水的 20 多倍。所以长远来看铜化合物作为防污剂也会被逐渐限制使用。

b. 有机锡防污剂在 20 世纪 50 年代开始得到认知，至 70～80 年代间用量日益增多，并开发出有机锡和氧化亚铜的复合防污剂，大大提高防污漆性能。其中以三丁基氟化锡（TBTF）、三丁基氧化锡（TBTO）和三苯基氟化锡（TPTF）效果最好。有机锡化合物对防止海藻的污损有高效，对藤壶也有效，可称为宽谱防污剂。有机锡对海洋附着生物的杀伤力约为氧化亚铜的 10 倍，氧化亚铜对附着生物致死的临界渗出率为 $10\sim20\mu g/(cm^2 \cdot d)$，而有机锡的临界渗出率只需 $1\sim2\mu g/(cm^2 \cdot d)$。有机锡防污漆比起氧化亚铜防污漆来说还有一突出优点，即在被污染的海水里不会发黑失效，而氧化亚铜为主的防污漆在被污染的海水里会受到 H_2S（动植物腐败后的产物或工业污水污染结果）的作用而发黑失效，这是由于生成了不溶性的黑色硫化亚铜的结果。

$$Cu_2O + H_2S \longrightarrow Cu_2S\downarrow + H_2O$$

有机锡防污剂对海生物有危害，已被禁止使用。

c. 20 世纪 70 年代以后开发了有机锡高聚物，这是防污漆划时代的突破。有机锡高聚物是使防污剂和基料合二为一的新材料，由甲基丙烯酸、三丁基氧化锡（TBTO）及丙烯酸甲酯反应制得，它既是防污剂又是成膜物质（基料），依靠水解释放出有机锡分子，并形成水溶性物质，其特点是防污剂释放速率均匀，防污剂的利用效率高。

同样，由于有机锡对海生物有危害，有机锡聚合物也已被禁止使用。

d. 氧化汞对海洋附着生物有很强的杀伤力，Hg^{2+} 与 Cu^+ 一样，进入海生物幼虫或孢子体内具有凝固蛋白质的作用。但 HgO 对人体的毒性也很大，并造成环境污染，因此被禁止使用。

e. DDT 对杀死藤壶有特效，但对其他海洋附着生物的杀害作用却很小，因此在防污漆中作辅助毒料，以提高防污漆的防污效果。但它的加入会增加漆膜封闭性，影响 Cu^+ 的渗出率，其用量一般占配方的 2%～4%。现仅在小渔船防污漆中使用。由于 DDT 对人体危害较大，故在防污漆制造中被淘汰。

f. 有机铅毒料具有渗毒料平稳、持久及长效的特点，采用三丁基乙酸铅制造防污漆有效期可达五年之久。但有机铅对人体的毒性较大，又会污染海水，故已无实际应用。

g. 防污漆中有时还使用金属铜粉、环烷酸铜、油酸铜、无水硫酸铜等作为辅助毒料，以补充和调节 Cu_2O 或有机锡的不足。这些化合物在防污漆也很少有应用。

由于对人体及环境的影响，很多早期使用的防污剂已被或逐渐被淘汰。化学家们正全心致力于筛选新型、对人体及环境无害或低危害的防污剂。表 3-4-10 为现今防污漆中常用的防污剂。

表 3-4-10　现今防污漆中常用的防污剂

商　品　名	名　　称	大致用量/%	化学文摘号 CAS. No.
Copper Omadine	吡啶硫酮铜(CPT)	3～5	14915-37-8
Zinc Omadine	吡啶硫酮锌(ZPT)	3～5	13463-41-7
Zineb	二硫代碳酸盐(代森锌)	4～7	12122-67-7
Sea Nine-211	4,5-二氯-2-辛基-3(2*H*)-异噻唑酮	3～10(30%溶液)	64359-81-5

续表

商 品 名	名 称	大致用量/%	化学文摘号 CAS. No.
Diuron	敌草隆	5	330-54-1
Irgarol	均三嗪(triazines)	5	
Copper Thiocynate	硫氰酸亚铜	15～20	1111-67-7
Skybio 1100	三氯苯基马来酰亚胺(TCPM)	5～20	13167-25-4
Cuprous Oxide	氧化亚铜	30～45	1317-39-1

② 基料　防污漆的基料分为可溶性基料与不溶性基料两个部分。

a. 可溶性基料　采用可溶性基料的目的是为了便于防污剂的渗出。可溶性基料传统上主要采用松香。松香在微碱性的海水中溶解速率较快，涂于玻璃片上的松香薄膜，在流动海水中的溶解速率为 $100\mu g/(cm^2 \cdot d)$ 以上。松香具有脆性，需与不溶性基料配合使用，既可改善漆膜的塑性，又可改变松香在海水中的溶解度，以控制防污剂渗出的速率。

有机锡高聚物既是防污漆又是可溶性基料，以有机锡高聚物制成的自抛光防污漆将在后文作专题介绍。

近年来世界各国重视开发不含有机锡的自抛光涂料采用的基料为可水解的、具有一定亲水性的丙烯酸酯聚合物。

b. 不溶性基料　为了改善防污漆的性能，常常需加入不溶性基料。这类基料主要有沥青、氯化橡胶、氯醋三元共聚树脂、丙烯酸树脂等。

③ 颜料　防污漆中颜料的作用是改善漆膜的力学性能和调节防污剂的渗出率。最常用和最重要的颜料是氧化锌。氧化锌在海水中微溶，本身稍具防污性。氧化锌与氧化亚铜共用可提高漆膜力学性能，亦能提高铜离子的渗出率。其他常用颜料有铁红、滑石粉等。铁红可提高漆膜力学性能，但对铜离子的渗出率有一定的抑制作用，故用量不宜太多。滑石粉对于改善沉淀性有一定作用，它的加入使防污漆贮存一段时间后罐内的沉淀较为松软而易于搅匀。

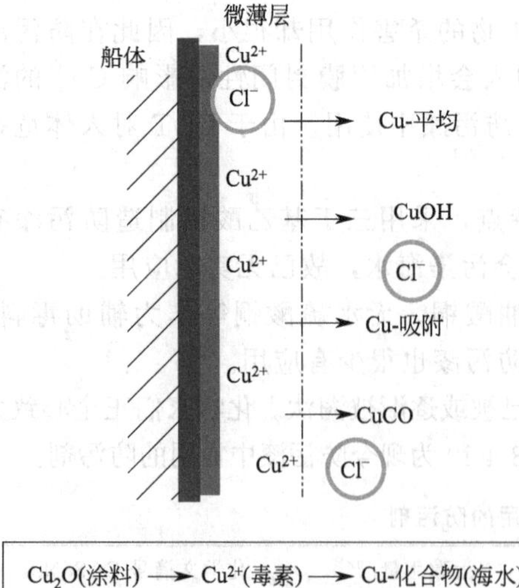

图 3-4-8　含铜防污漆的作用机理

④ 溶剂　防污漆内所用的溶剂主要取决于所用的不溶性基料的品种。常用的是 200# 煤焦溶剂、二甲苯、环己酮等。

⑤ 助剂　防污漆内的助剂主要有起增厚作用的触变剂、起稳定作用的稳定剂及防沉剂等。

4. 防污漆的防污机理

防污漆的作用机理是防污漆漆膜与海水接触后，其中含有的防污离子或分子，如氧化亚铜防污剂中的 Cu^+ 逐步向海水溶解，在漆膜表面形成一层厚度为十几微米的有毒溶液的微薄层，微薄层内的有毒离子或分子能排斥或杀死企图停留到漆膜上的海洋附着生物的幼虫和孢子，以达到防止污损的作用，如图 3-4-8 所示。“微薄层”内的毒料由于水流的作用会不断流失，尤其是船在航行的时候流失更快，需要从漆膜内不断渗出新的毒料，以补充流失的毒料并保持薄层内的毒料浓度。

防污漆中防污剂向海水溶解的速率以渗出率表示，定量单位以 $\mu g/(cm^2 \cdot d)$ 表示。

防止海洋附着生物污损所要求的最低限度的渗出率为临界渗出率。各种毒料的临界渗出率各不相同，Cu^+ 为 $10\mu g/(cm^2 \cdot d)$，而有机锡则为 $1 \sim 2\mu g/(cm^2 \cdot d)$。复合毒料中各种毒料的临界渗出率，均可因其他毒料的存在而低于各自单一渗出时的临界渗出率。防污漆的渗出率应当控制调节，如渗出率低于临界渗出率，则不足以防止海生物的附着。而渗出率高于临界渗出率太多，又会造成毒料的浪费和缩短防污漆的寿命。因此，性能好的防污漆，应该在长时间内有一平稳的、稍高于临界渗出率的渗出速率。

控制和调节防污漆的渗出率是一个复杂的问题。一般来说提高防污漆中防污剂的用量或提高可溶性基料的用量，减少不溶性基料的用量，可以提高防污漆的渗出率。反之则可降低渗出率。对于自抛光聚合物防污漆来说，控制丙烯酸类高聚物的组成或聚合度亦可控制防污漆的抛光速率，即控制防污剂的渗出率。另外，在自抛光防污漆中往往还增加其他防污剂（常见的为增加氧化亚铜）以增加毒性，降低丙烯酸高聚物的抛光率要求。

5. 防污漆的类型

根据防污漆的防污性能、结构及防污剂渗出方式，防污漆可分为传统型防污漆、有机锡共聚物自抛光型防污漆、无锡自抛光防污漆和无防污剂（无毒）防污涂料。传统型防污漆又可分为溶解型、接触型和扩散型。防污漆也可按其作用机理分为水合型和水解型。水合型防污漆通常以物理作用机理为主，而水解型防污漆则以化学反应作用机理为主。其中溶解型、接触型、扩散型通常属于水合型防污漆，自抛光共聚物型属于水解型防污漆。

(1) 传统型防污漆　传统型防污漆可分为溶解型、接触型、扩散型三类。

① 溶解型防污漆　溶解型防污漆以松香为可溶性基料，多以氧化亚铜、氧化汞（已淘汰）、DDT（被淘汰）等为防污剂，为控制其防污剂的渗出率和改善漆膜的力学性能，还需有一部分不溶性基料，如沥青、氯化橡胶、油性基料等。

由于基料是以可溶性的松香为主，防污漆在海水中其防污剂和基料将同时逐渐溶解在漆膜表面形成防污的薄层，而漆膜则不断露出新鲜面，使原来在内部的防污剂也会慢慢成为表层毒料而向海水释放。从这一观点上看，溶解型防污漆应该有一个平稳的毒料渗出率，但事实并非如此。由于溶解型防污漆中还含有不溶性基料，当漆膜外层的可溶性基料溶解后，这些不溶性基料仍然存在，形成一层阻碍膜，通常称之为“皂化层（leaching layer）”，这将影响内层可溶性基料的溶解速率。另外，可溶性防污漆的防污剂往往主要采用氧化亚铜，Cu^+ 在海水中会被海水中的氧气氧化成 Cu^{2+}，并进一步生成碱式碳酸铜等不溶性铜盐沉积于防污涂层表面，使渗出率降低。因此，溶解型防污漆往往是一开始有很高的渗出率，随着时间推延渗出率不断降低，当降到临界渗出率以下时，防污漆就失效。一般溶解型防污漆的防污能力在 1～3 年。

② 接触型防污漆　接触型防污漆的基料为不溶性树脂，防污剂亦以氧化亚铜为主，有时增加一些辅助防污剂如氧化汞（已淘汰）、DDT（被淘汰）等。

由于这类防污漆的基料为不溶性树脂，为使防污剂能够不断渗出，必须使防污剂颗粒紧密排列，以达到面层防污剂溶于海水后形成的空隙使内层的防污剂能从空隙中排向海水，为此，防污剂的含量很高。

为使防污剂紧密排列，毒料的体积至少占 52.4%（四方堆积），最多为 74%（六方堆积）。

接触型防污漆在理论上不必加上可溶性基料，但这样需要大量的防污剂，使防污漆成本很高，又因初期渗出率太高而后期内层防污剂难以排出，造成很大浪费。因此，实际上接触型防污漆中都含有一定量的可溶性基料（松香），既可调节防污剂渗出率，又可降低防污剂用量，降低防污漆的成本。

显而易见，由于内层的防污剂将从前层涂膜的空隙中挤出去，接触型防污漆的渗出率是前期大、后期小，呈日益下降的趋势。但接触型防污漆的防污剂含量大大高于溶解型防污漆，因此其防污能力亦要高一些，一般可达两年或更多一些时间。

③ 扩散型防污漆　扩散型防污漆多以有机锡（已淘汰）或有机铅（已淘汰）为防污剂，以乙烯树脂或氯化橡胶树脂为基料，并有一部分可溶性基料。涂层有一定的透水性，当涂层浸入海水中，海水将渗透到涂层内部，促使防污漆与基料溶胀，形成固溶体，从内部向表面扩散，进而使防污漆与基料的固溶体溶于海水，释放毒料。扩散型防污漆的渗毒机理与溶解型防污漆有些相似，故有的资料中亦将其归为溶解型防污漆。但通常将以无机防污剂（Cu_2O、HgO）为主的归为溶解型，而以有机防污剂为主的归为扩散型。

(2) 有机锡共聚物自抛光型防污漆　自20世纪70年代开发出有机锡共聚物以来，船舶防污漆技术进入了一个创新时代。有机锡共聚物通常由甲基丙烯酸、三丁基氧化锡（TBTO）与丙烯酸甲酯反应而成。含有机锡共聚物的防污漆为水解型防污漆，其中有机锡共聚物既为防污剂又作为基料，通过有机锡共聚物在海水中水解，释放出有机锡防污剂，同时基料亦成为可溶性的物质溶解于海水之中。漆膜在水流不断作用下，水解反应不断进行，不断暴露出新鲜面，因此其毒料渗出率非常平稳。由于漆膜凸起的部位受水流作用力较大，水解速率较快，而凹进的部位则水解速率较慢，因而漆膜将日趋光滑，故将这种防污漆称为自抛光共聚物防污漆。有机锡共聚物自抛光防污漆在海水中的水解机理如图3-4-9所示。

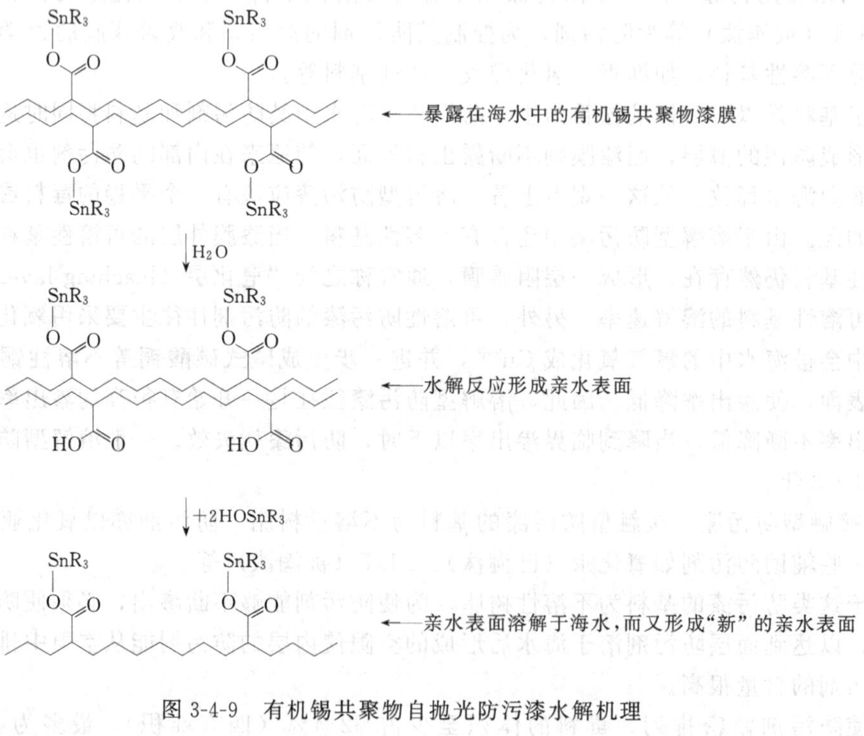

←暴露在海水中的有机锡共聚物漆膜

$\downarrow H_2O$

←水解反应形成亲水表面

$\downarrow +2HOSnR_3$

←亲水表面溶解于海水，而又形成“新”的亲水表面

图3-4-9　有机锡共聚物自抛光防污漆水解机理

自抛光共聚物防污漆有以下几个优点。

① 防污剂渗出率平稳，防污寿命长，防污效果和漆膜厚度成正比，有效防污寿命最长

可达五年。

② 在航行中，漆膜在水流作用下自身有抛光作用，可减少船体的粗糙度和航行阻力，能大量节约燃料。

③ 具有耐干湿交替性能，除作为船底防污漆外，还可作为水线防污漆。

④ 维修方便，船舶进坞作涂层维修时，在原有自抛光防污漆的基础上，可以直接涂装新的自抛光防污漆，不必像其他防污漆需要先涂封闭漆才能继续涂防污漆。

(3) 无锡自抛光防污漆 以有机锡共聚物为主体的自抛光防污漆由于其众多优点而被广泛应用，20 世纪末世界上采用自抛光防污漆的深海船只的比例已超过 60%。然而，大量应用的自抛光防污漆所释放的有机锡化合物的毒性对海洋中非目标海生物，包括生态学上和商业上的重要生物如荔枝螺、牡蛎、蚶、贻贝等带来了意想不到的伤害，影响到它们的发育、繁殖和生存，并且会通过海水进入海洋生物体内后进入人的体内，损害人体的生殖和免疫系统。因此，20 世纪 80 年代初法国首先宣布禁止使用有机锡含量大于 3%（按质量）的防污漆来涂装所有的小艇和总长小于 25m 的海船。在 1985 年以后，美国、英国、日本、德国、瑞士等国相继禁止或限制有机锡的使用，1987 年 12 个欧洲共同体国家也一致同意在 25m 以下船体上禁止使用有机锡防污漆。2001 年国际海事组织（IMO）已通过了在船舶防污漆中禁止使用有机锡的《国际控制有害船底防污系统公约》（AFS 公约）。从此，无锡自抛光防污漆就日益发展。

目前世界各国开发的无锡自抛光防污漆品种繁多，按照其防污机理可以分为三大类：水合型、水解型和复合型。

① 水合型无锡自抛光防污漆　水合型无锡自抛光防污漆也称为可控释放聚合物（CDP）防污漆。它是一种将传统的溶解型防污漆技术和长效的接触/扩散型防污漆技术有机地结合的新型防污漆。CDP 型防污漆常常具有较高的松香含量。一直到 20 世纪 30 年代，CDP 防污漆还仅属于一般的溶解型防污漆。20 世纪 40 年代后期，伴随着合成石油树脂的涌现，化工公司开发这些新树脂用以改进可溶树脂架构而使成膜体系具有更优的性能和耐久性，不断地改进形成如今的 CDP 型防污漆，其共同点是这些产品的树脂体系含较高的松香或改性松香（>50%）。水合型无锡自抛光防污漆通常以疏水性的合成树脂和可溶性的松香树脂为主要成膜材料，以氧化亚铜为毒料，并添加了一些降解速率快的杀虫剂。它是通过松香与海水的水合反应，释放毒料；通过合成树脂的疏水性控制涂层的消耗。尽管从理论上讲这些防污漆迟早会溶解和抛光掉，但实际上这种情形不会发生，因为漆膜因不溶性铜盐及松香杂质、不溶性树脂的集结而变得越来越难溶。皂化层的变厚使得 CDP 防污漆的使用寿命立面最长为二年，平底比二年更长些（取决于船只航行状况和涂装配套）。

多数船舶涂料商都拥有各自的 CDP 型防污漆，但描述各异，典型的如："溶蚀（eroding）"、"消融（ablative）"、"抛光（polishing）"、"水合（hydration）"、"离子交换（ion exchange）"、"水解（hydrolysable activated）"，"自抛光（self polishing）"。

水合型无锡自抛光防污的抛光机理为涂层表层中的松香与海水发生水合反应，并释放毒料后，涂层表层的疏水树脂会形成蜂窝状的、高低不平的坡峰。这些竖起的坡峰强度低，在海水的冲刷下会被折断，这样不断地反应，不断地折断，从而达到自抛光的目的。这种抛光的形式也称为"机械抛光"，其抛光机理如图 3-4-10 所示。

水合型无锡自抛光防污漆的特点如下。

a. 固体含量高，通常可达到 60%，理论涂布率高。

b. 价格便宜。

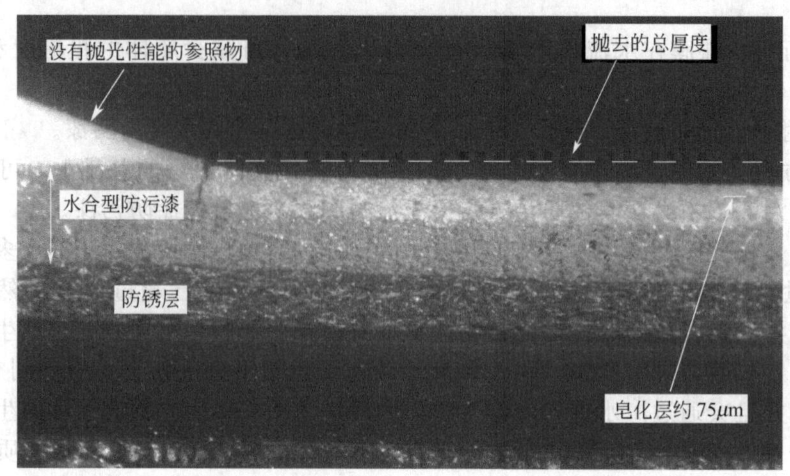

图 3-4-10 水合型无锡自抛光防污漆的抛光机理

c. 具有较高的松香含量，防污效果受海水的温度影响，海水温度较低时，防污效果会降低。

d. 皂化层较厚，通常为 75μm 左右。因此，船舶进坞修理时，必须采用高压淡水冲洗，以便彻底地清除皂化层，否则新的涂层会出现气泡、剥落等现象，影响涂层的防污效果。

e. 由于涂层中松香的含量高，涂层过厚时，容易龟裂。

f. 涂层无自光滑性能，在使用过程中粗糙度会增加。

g. 防污期限一般为 36 个月左右。

常用的水合型无锡自抛光防污漆（CDP）参考配方见表 3-4-11。

表 3-4-11 常用水合型无锡自抛光防污漆（CDP）参考配方

原料名称	质量分数/%	原料名称	质量分数/%
二甲苯	19.50	铁红	4.50
防沉剂	2.00	氧化锌	20.00
松香液	12.00	杀虫剂	7.00
增塑树脂	2.00	氧化亚铜	30.00
丙烯酸树脂	3.00	合计	100.00

② 水解型无锡自抛光防污漆　水解型无锡自抛光防污漆是一种以新型丙烯酸聚合物为主要成膜树脂，以氧化亚铜和有机防污剂，如羟基吡啶硫铜或羟基吡啶硫锌为主要毒料的防污漆。

目前常用的水解型无锡自抛光防污漆所用共聚物有丙烯酸甲硅烷聚合物（silyl acrylate）、丙烯酸铜聚合物（copper acrylate）及丙烯酸锌聚合物（zinc acrylate）。

这种新型的自抛光丙烯酸类共聚物，其与海水的反应机理与有机锡自抛光防污漆类似（图 3-4-11 和图 3-4-12），在涂料表面产生可溶解的薄层，使漆膜随时间而抛光。氧化亚铜和其他可降解毒料物理分散于漆料中。当树脂在涂料表面水解时，防污剂均匀地释放，在涂料表面形成一定浓度的毒料层而防止污损。一旦毒料扩散于水中，氧化亚铜迅速失去毒性，而其他防污剂则在光照或细菌作用下分解，分解后的物质毒性甚微。

与有机锡自抛光共聚物防污漆一样，水解型无锡自抛光防污漆通过在海水中水解反应，或离子交换反应，达到有效、均匀地控制毒料的释放和获得自抛光、自光滑的功效。

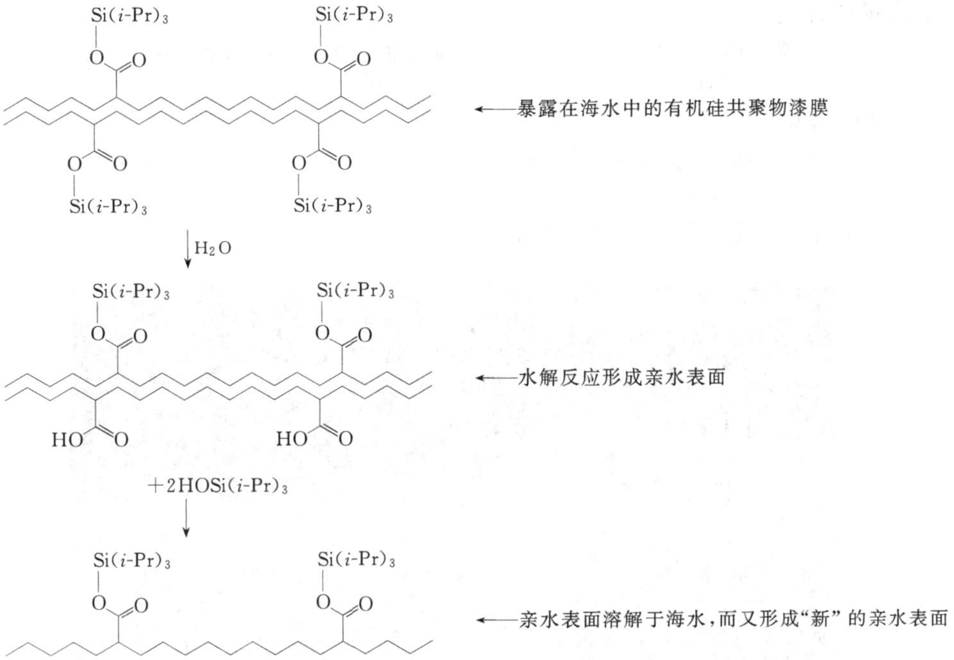

$Si(i\text{-}Pr)_3$

暴露在海水中的有机硅共聚物漆膜

$\downarrow H_2O$

水解反应形成亲水表面

$+2HOSi(i\text{-}Pr)_3$

亲水表面溶解于海水，而又形成“新”的亲水表面

图 3-4-11　丙烯酸甲硅烷共聚物无锡自抛光防污漆水解机理

$\downarrow H_2O$

$\downarrow +2HOX$

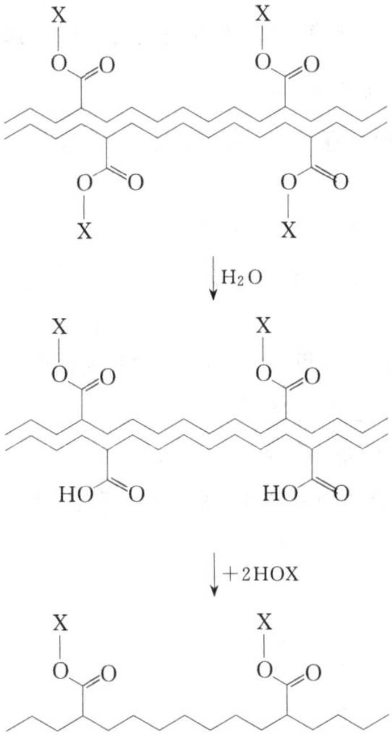

图 3-4-12　丙烯酸铜/丙烯酸锌无锡自抛光防污漆水解机理

X 为丙烯酸铜或丙烯酸铜锌

这类共聚物其水解反应与 TBT 共聚物和有机硅共聚物相似

水解反应表达式如下。

a. 丙烯酸铜型

$$\underset{\text{（不可溶）}}{\text{聚合物—COO—Cu—R}} \rightleftharpoons \underset{\text{（可溶）}}{\text{聚合物—COO}^- + \text{Cu—R}^+}$$

b. 丙烯酸锌型

$$\text{聚合物—COO—Zn(s)—X} + \text{Na}^+ \rightleftharpoons \text{聚合物—COO—Na}^+\text{(s)} + \text{Zn}^{2+} + \text{X}^-$$

（不可溶）　　（可溶）

c. 丙烯酸硅烷型

$$\text{聚合物—COO—SiR}_3\text{(s)} + \text{Na}^+ + \text{Cl}^- \rightleftharpoons \text{聚合物—COO—Na}^+\text{(s)} + \text{R}_3\text{SiCl(aq)}$$

（不可溶）　　（可溶）

水解型无锡自抛光防污漆抛光机理如图 3-4-13 所示。

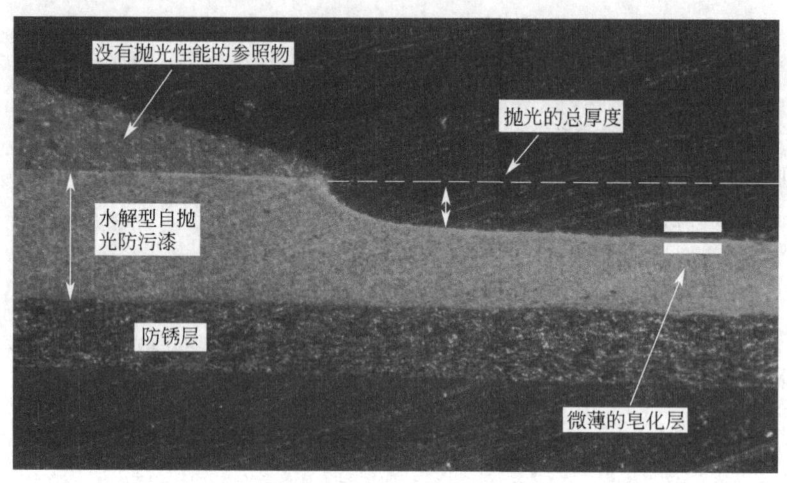

图 3-4-13　水解型无锡自抛光防污漆的抛光机理

水解型无锡自抛光防污漆的特点如下。

a. 皂化层较薄，通常为 25μm 左右。船舶进坞修理时，不需要特别的高压淡水冲洗，这可降低坞修的成本。

b. 固体含量相对较低，通常为 40%～50%。

c. 能满足速度大于 20 海里/h、航行率大于 90%的船舶（如快速集装箱船、液化气船）的防污需要。

d. 船舶在航行中，能自光滑，降低涂层表面的粗糙度，节约燃油。

e. 价格较水合型的无锡自抛光防污漆贵。

f. 防污性能预测性强，防污期限可达 60 个月。

水解型无锡自抛光防污漆自光滑的功效在实际应用中得到了充分体现。如图 3-4-14 所

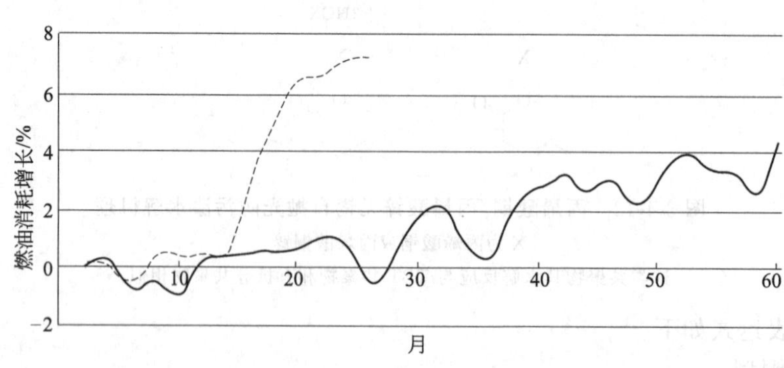

图 3-4-14　水解型与水合型无锡自抛光防污漆耗油率比较

注：------CDP 为水合型无锡自抛光防污漆；—— SPC 为水解型无锡自抛光防污漆。

示为两艘相同大小的集装箱船分别涂装 CDP（水合型）和 SPC（水解型）两种不同类型防污漆其燃油消耗情况。在航行初期似乎比较近似，但随着航行时间的增加，由于水合型无锡自抛光防污漆（CDP）在船的立面产生藻类污损，其油耗发生显著的增加。

常用的水解型无锡自抛光防污漆（SPC）参考配方见表 3-4-12。

表 3-4-12 常用水解型无锡自抛光防污漆（SPC）参考配方

原料名称	质量分数/%	原料名称	质量分数/%
二甲苯	3.50	颜料	2.5
防沉剂	2.00	氧化亚铜	45.00
增塑树脂	3.50	杀虫剂	3.50
丙烯酸共聚物树脂	40.00	合计	100.00

③ 复合型自抛光防污漆（hybrid CDP/SPC） 复合型无锡自抛光防污漆是一种将水合型无锡自抛光防污漆技术和水解型无锡自抛光防污漆技术融合一体的防污漆。它的主要特点如下。

a. 固体含量高，通常可达到 60%，理论涂布率高。

b. 价格适中。

c. 皂化层通常为 45μm 左右。

d. 最长防污期限为 36～60 个月（根据不同的船舶部位、航行速度和在航率确定）。

常用的复合型自抛光防污漆（hybrid CDP/SPC）参考配方见表 3-4-13。

表 3-4-13 常用复合型自抛光防污漆参考配方

原料名称	质量分数/%	原料名称	质量分数/%
二甲苯	8.0	丙烯酸共聚物树脂	10.0
防沉剂	2.5	颜料＋氧化锌	16.0
松香液	15.0	氧化亚铜	35.0
丙烯酸树脂	5.0	杀虫剂	5.0
增塑树脂	3.5	合计	100.00

(4) 无防污剂（无毒）防污涂料 从环保角度讲，最理想的是不需要释放防污剂而达到防污效果的产品。低表面能防污涂料是利用涂料表面具有低表面能的物理性能，使海洋生物难以附着或者附着不牢，在船舶航行时利用水的剪切力作用或用专门的清理设备很容易清除附着生物的一种防污涂料，主要是指基于有机硅树脂及氟碳树脂的无毒污损物易脱落型防污涂料（non-toxic fouling release coatings）。这类涂料不含毒剂，符合环保要求。20 世纪 70 年代前后低表面能防污涂料得到了发展。在 80 年代中期，含有机硅的低表面能防污涂料首次在实船上进行施工。之后有机硅低表面能防污涂料得到了进一步推广，其应用越来越广泛。

低表面能防污涂料自身性质对防污效果影响很大。研究表明，要达到良好的防污效果，最好能满足以下条件：①低表面能，可以防止海洋生物的最初附着；②低弹性模量，可以使污损物倾向于以剥离方式脱落，需要较小的外力；③适宜的厚度，以控制界面的断裂；④光滑的表面；⑤较差的分子流动性，足够多的侧链表面活性基团。有机氟聚合物具有极低的表面能，因而成为易脱落型防污涂料的最佳候选者。可是，仅仅表面能低还不够，还需满足上述的其他条件。聚四氟乙烯（PTFE）的表面能是最低的，理应具有最好的防污效果，但由于其表面多孔，实际上防污性能很差。而有机硅的临界表面能虽然高于氟树脂，但由于价廉，同时只要严格控制有机硅涂层的厚度及弹性模量，就可以提高其防污性能，因而得到广泛研究及应用。目前基于实际应用的研究主要集中在以改性聚二甲基硅氧烷树脂为基料和以硅橡胶为基料的涂料合成上。由于施工方便，室温液态硫化硅橡胶常用作制备有机硅涂料。硫化后的硅橡胶作为有机硅涂料的成膜物质，具有较低的表面能，对许多有机物质无黏着性，同时耐水耐潮湿，有良好的抗化学药品性能。经环氧树脂改性的室温硫化硅橡胶双组分防污涂料，经海上挂片 18 个月，无海生物附着且涂层不脱落。有机硅低表面能涂层与基体之间的附着力一般较差，在保证低表面能防污性能的前提下，从工艺上采用多层复合体系可增强附着力。同时，表面改性技术、等离子体技术及纳米技术的应用可以改善其相容性、增加强度等，使有机硅树脂的应用更加活跃。结合氟树脂和有机硅树脂的优异特性，最近开发出一种新型的低表面能防污涂料——氟代聚硅氧烷，代表产品有：PNFHMS (polynonafluorohexylemethyl siloxane) 及 PTFPMS [poly (trifluoropropylmethyl siloxane)]，其结构式如图 3-4-15 所示。线型的聚硅氧烷骨架上带有氟碳侧基，—CF_3 在涂膜中将取向表面，既具有线型聚硅氧烷的高弹性及高流动性，又具有氟碳基团的超低表面能特性。分子链中—CH_2CH_2—是必须的，它可以增加分子对水及热的稳定性。其中对防污不利的因素—CH_2CF_2—偶极子被限制在表面之下，而正好对增加附着力有利。

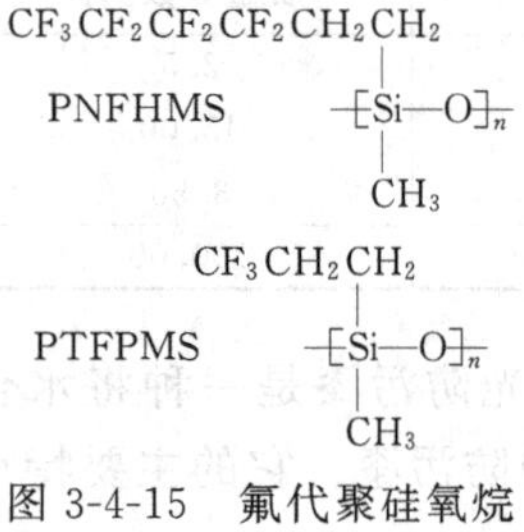

PNFHMS $\left[\!-\mathrm{Si}(\mathrm{CH_2CH_2CF_2CF_2CF_2CF_3})(\mathrm{CH_3})-\mathrm{O}-\!\right]_n$

PTFPMS $\left[\!-\mathrm{Si}(\mathrm{CH_2CH_2CF_3})(\mathrm{CH_3})-\mathrm{O}-\!\right]_n$

图 3-4-15 氟代聚硅氧烷

无毒有机硅涂料具有憎水性和低表面能。因动物性海生物会利用它的分泌物黏附在物体的表面，这种分泌物通常由亲水性的物质组成。所以这种涂料能使海生物的附着降低到最低的程度。一旦附着，也很容易通过船的航行或较低水压水冲洗而去除掉。大量的实船试验证实，无毒低表面能有机硅涂料具有如下优点：①具有良好的防污性能及节油性能；②无毒料释放到海里，坞修过程中也不会产生含毒料的污水和废砂；③在全世界范围内使用将不受到限制；④防污期可达 5～10 年；⑤降低坞修费用（与典型的含有杀虫剂的防污漆相比）；⑥因不含铜，故可以使用于铝壳船。

不足之处在于：该品种涂料一般适合于船速较高（15～30 节），活动频率较高的船只，诸如班轮（cruise liners）、冷藏船（reefers）、集装箱班轮（container liners）、液化气船（LNG carriers）、车辆船（vehicle carriers）、滚装船（roro ferries）、渡船（ferries）等，而不太适合于原油轮（crude oil tankers）、化学品轮（chemical product tankers）、货船（bulk carriers）等船速较慢，活动频率相对较低的船只。该产品价格也比较昂贵且施工比较烦琐。但开发环境友好型防污涂料是 21 世纪海洋防污涂料的发展方向之一。一种性能优异的防污涂料应该是防污效果好、防污时间长、经济且对环境影响小。无毒自抛光防污涂料、低表面能防污涂料和含生物活性物质的防污涂料正受到人们的重视，而低表面能防污涂料即无毒污损物易脱落型防污涂料是未来发展的方向之一。

6. 防污漆防污性能测试方法

船底防污漆防污性能测试方法是防污漆研究工作、配方筛选、产品改进和成品质量控制的关键。常用的防污漆防污性能测试方法如下。

① 抛光速率测定（polishing rate determination）。

② 静态条件下，铜/锌/三丁基锡释放速率测定（determination of copper/zinc/tributyl tin release rate under static conditions）。

③ 静态、动态循环条件下，铜/锌/三丁基锡释放速率测定（determination of copper/zinc/tributyl tin release rates under cyclic static and dynamic conditions）。

④ 铜/锌释放速率测定（ASTM D 5106—1996 改版）（determination of copper & zinc release rates by modification of ASTM D 5106—1996）。

⑤ 皂化层检查（leached layer examination）。

⑥ 水线循环测试（boottop cycling）。

⑦ 防污性能测定（assessment of antifouling performance）（防污漆样板浅海浸泡试验方法 GB 5370—1985）。

⑧ 曝晒和贮存对防污性能的影响（effect of exposure and storage on antifouling performance）。

⑨ 水介质长期浸泡性能（behaviour on permanent immersion in aqueous media）。

⑩ 冷流悬挂重力法（cold flow-hanging weight method）。

(1) 防污漆抛光速率测定　抛光速率的实验室测定是防污漆最重要的测试规程之一，它是计算涂层系统厚度和预测使用寿命的关键。抛光速率的知识也有助于理解涂料功能的类型（即属于抛光系统还是腐蚀系统）。实际上，抛光速率因船速、船的活动范围、水温和盐度而改变。在测定防污涂料的抛光速率时需要考虑所有这些因素，如不同的速度（包括速度为零）；不同的浸没温度；不同的浸没介质；不同的膜厚。

为了正确地表示磨损行为的特性，在静态和动态条件下测定作为浸没时间函数的膜厚损失是非常重要的。

① 设备

a. 合适的涂布设备（例如管式涂布器、杆式涂布器或合适的喷涂设备）。

b. 大小合适的有机玻璃盘（最常用的为 9in、12in 和 16in，1in=2.54cm，下同）。

c. “干和湿”的砂纸用于磨盘。

d. 激光外形测定仪。

e. 防污涂料搅拌工具，例如调刀。

f. 浸泡设施。

② 步骤　9in、12in 和 16in 的有机玻璃盘是最常见的用作抛光速率测定基材。其他基材如鼓式转盘也可使用，但使用率少些。将测试样品（涂料）涂布到有机玻璃盘或鼓式转盘上。在最初的膜厚度被测定后（一般用激光表面光度仪），或者将测试件附加到转轴（或鼓式转盘），然后旋转（作动力学测定），或者放置在罐内（作静力学测定）。经过必需的时间后，将测试件移开。经过适当的干燥期之后再次测定膜厚。在规定的温度和转速条件下，测试样品的抛光速率是由初始的与浸泡后的膜厚度差除以浸泡时间（以天计）来给出。该值乘以 30 得到最终的抛光速率，单位为 μm/月。应该指出，每项测试必须包括相应的对照涂料。对于所有的测试来说，一般可以选择抛光速率稳定的防污涂料用作标准对照。

③ 测试样品的涂布　可用不同的方法将测试样品涂布到盘子上。最常用的方法是用管式涂布器涂布，但根据预期进行的测试，也可采用杆式涂布器、传统喷涂和无气喷涂。如图 3-4-16 所示为测试样品涂布示意图。

如图 3-4-17 所示旋转前后一个典型的测试样板的示意图，它表示浸泡后如何被彻底抛光和离开标记测定边缘的距离是如何标记的。

④ 抛光盘的测定　用非接触式激光外形测定仪测定浸泡前后测试条的厚度。可在样板长度上任何一点对所有的测试样品进行测试。从盘边缘开始的抛光距离是与不同的旋转速度对应的。表 3-4-14 是当盘的旋转速度为 749r/min 时与离盘边缘的各个点距离相对应的速度值。

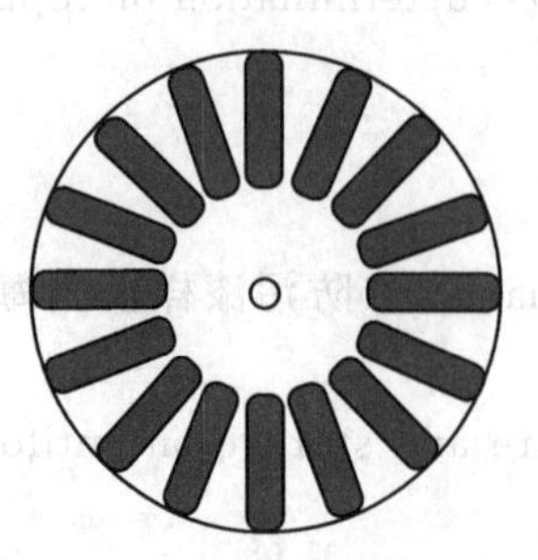

图 3-4-16 涂有 16 条测试样品的 12in 盘子的典型排列

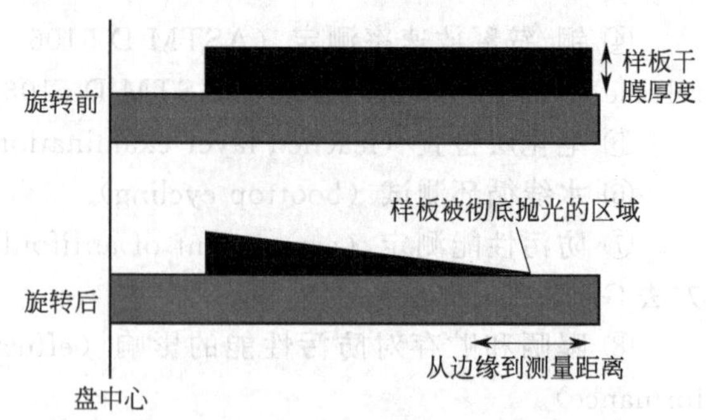

图 3-4-17 测试样板示意图

表 3-4-14 转盘不同距离处的速度

9in 盘		12in 盘	
距离位置/cm	速度/(海里/h)	距离位置/cm	速度/(海里/h)
2	14.56	2	20.44
3	13.01	3	18.89
4	11.47	4	17.35
5	9.93	5	15.81
6	8.38	6	14.26
		7	12.72
		8	11.18
		9	9.63
		10	8.09

注：1in＝2.54cm。

以下列举了一些常用的测试方法。

a. 静力学抛光速率　将盘在设定的时间内浸泡，无需任何转动。在预先确定的时间间隔内取出盘子，洗涤、干燥并再次测定。所测得的抛光速率为测试期内的静力学抛光速率。由于静力学抛光速率值小，这些测试往往需要运行 12 个月。为了掌握静力学抛光速率是否随时有任何的变化，应制备多个同样的盘来浸没不同的时间。

b. 动力学抛光速率　将盘在设定的时间内浸泡并以一个固定的速度转动。在预先确定的时间间隔内取出盘子，洗涤、干燥并再次测定。所测得的抛光速率为测试期内的动力学抛光速率。为了掌握动力学抛光速率是否随时有任何的变化，应制备多个同样的盘来浸泡不同的时间。

c. 转动速度与抛光速率的相互关系　测定转动速度与抛光速率相互关系最常用的方法是，如上所述制备一个 12in 的盘，在与三个不同速度沿样板相应的三个不同的位置（一般为 2cm、5cm 和 7cm）测定膜厚。浸泡盘子，以一个设定的速度和设定的时间内转动，之后取出盘子，在与原先测定位置相同的点再次测定膜厚。所测得的抛光速率为与测试点速度相应的动力学抛光速率。

为了掌握动力学抛光速率是否随时间并因不同的转动速度会有任何的变化，应制备多个同样的盘来浸泡不同的时间。

d. 抛光速率的恒定　测试 b 是在转动条件下测定整个测试期内抛光速率最常规的方法。另有一个类似的方法包含移出盘、测定和再浸没，接着再移出盘并再测定同一个盘，该盘每次移出后将防污涂层完全干燥，这就是所谓的干燥后抛光速率的恒定性测定。

(2) 防污性能的评估（防污漆样板浅海浸泡试验方法） 本测试是在静态条件下实施的，这对于防污涂料来说是最为恶劣的条件，这个测试可以看做是潜在产品的筛选测试。

① 设备 合适的测试样板，如船用胶合板，规格为 24in×24in（61cm×61cm）；涂布设备，如刷子、无气喷涂设备、防护胶带。

② 材料 测试用涂料样品，适合用于涂刷测试样板底漆的防腐涂料，标准防污样品作为对照，适合用于标记和样板封边的防污漆。

③ 步骤

a. 底材 建议采用船用胶合板，但也可使用其他材料诸如钢、轻合金、玻璃纤维等。

b. 底漆系统施工 用无气喷涂、刷子或辊子涂布标准系统，选择时必须考虑材质和长期浸泡后对该材质的影响因素（例如：船用胶合板会膨胀，因此底漆系统必须具有弹性）。

c. 样板的涂布布局 样板上的涂布布局取决于实验的地点、浮筏的类型和涂料的数量。典型的涂布布局如图 3-4-18 所示。

d. 防污漆的涂布 用无气喷涂法、刷子或辊子根据涂布草图在测试样板上涂布。通常至少涂布两层防污漆，以便达到足够的涂装厚度，降低防污抛光/侵蚀并暴露出底漆的风险，并遮盖瑕疵，如头道漆上的小孔。

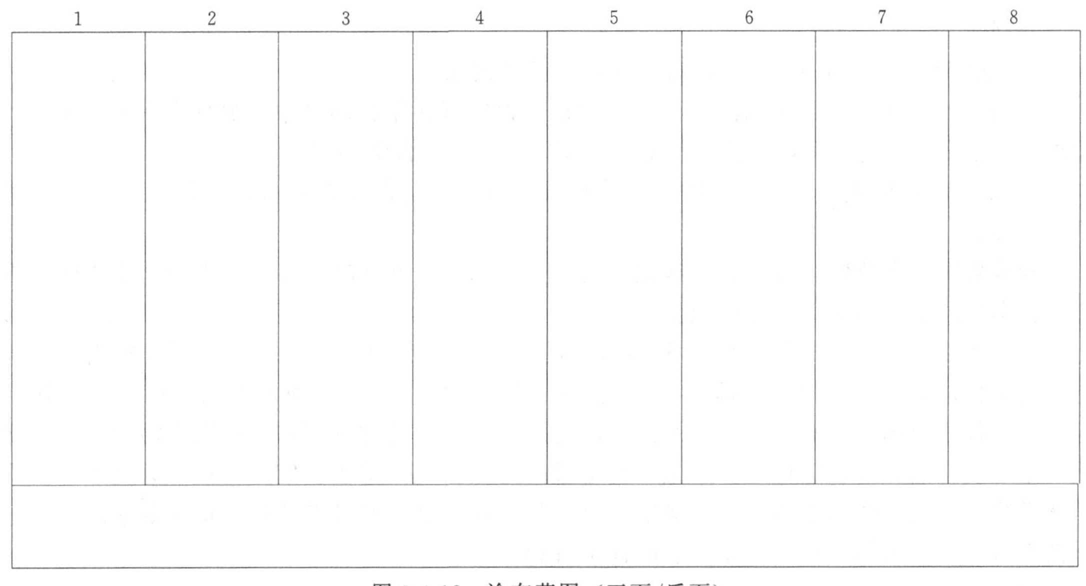

图 3 4 18 涂布草图（正面/反面）

④ 防污评估 每隔一定时间（如两个月，在污损高峰期检查频率要高，而冬天检查频率低）检查每块测试样板上每种涂装的样品。通过目测的生物体种类和数量评估污损情况，以评估粘泥、附着粘泥、褐藻、海草、藤壶、水螅虫等的生长情况。

7. 防污漆各国的立法状态

含有生物杀灭剂的防污漆被归类于生物杀灭产品，并在很多国家作为杀虫剂受到控制。尽管由于经济和环境原因，生物杀灭的防污漆产品对于船舶工业是重要的，这些被认为危害环境或对人体健康有危险性的产品将会被逐渐淘汰。当评价防污漆对人和环境的安全性时，主要考虑因素有：

① 对于不属于预定目标有机体的影响；

② 生物杀灭剂在环境里存留的时间；

③ 在海洋食物链的积累；

④ 施工过程中的安全性。

截至2007年5月，防污漆各国的立法状态如下。

加拿大 所有在加拿大使用的防污漆需要在政府部门登记（加拿大卫生部）。

限制：

① 根据加拿大法律含TBT的防污漆完全禁止使用；

② 所有登记的含铜防污漆浸出率必须小于40μg铜/(cm^2·d)。

美国

① 所有在美国使用的防污漆需要同时在联邦级别的美国环保署（US EPA）和各州的政府部门登记。

② 防污漆中铜的使用由美国环保署作为合格性再注册决定（RED）过程的一部分进行评估。

③ 美国州级部门和美国环保署同时评估美国政府船只使用的防污漆对于环境的铜排放。

④ 加利福尼亚海港和码头的水中铜含量已引起关注。防污漆被认为是这些地区铜的主要来源。在一些地区（如加州的圣地亚哥游艇码头区域等）已经确立了长期的时间表来实现含铜防污漆在游艇上的最终逐步淘汰。

限制：

① 美国环保署的所有TBT防污漆的登记已经被取消；

② 在美国大型造船厂使用防污漆需遵守危险性空气污染物的国家排放标准（NESHAP），即防污漆中的挥发有机危险性空气污染物（VOHAP）的含量必须小于400g/L；

③ 在加利福尼亚，某些空气质量区域对游艇防污漆的挥发性有机化合物（VOC）设置了最大等级。

欧盟各国 在英国、瑞典、马耳他、荷兰、爱尔兰、比利时、芬兰和奥地利使用防污漆必须根据各国杀虫剂法律进行登记。

欧盟生物杀灭产品指令（98/8/EC）目前已生效，同时已启动一个关于所有提交待批准防污用生物杀灭剂的评估。根据生物杀灭产品指令，如果一种生物杀灭剂被认为是可接受的，欧盟各成员国将会对含该生物杀灭剂的防污漆产品申请进行评估。如果防污漆产品被评估为是可接受的，可以进行产品登记，登记过的产品被允许销售和使用。被认为是不可接受的产品将被驱逐出欧洲市场。在市场上所有产品被评估之前的过渡期里，指令要求防污漆生产商在欧盟各国市场通报防污漆产品的详细资料。

限制：

① 根据营销与使用指令（76/769/EEC），自2003年1月1日起在欧盟所有国家禁止对所有船舶使用TBT防污漆；

② 基于欧共体规章No. 782/2003，自2003年1月7日起对于悬挂欧盟国家国旗的所有船只禁止使用含TBT防污漆；

③ 自2008年1月1日起所有涂装TBT防污漆的船禁止进入欧盟港口和海港；

④ 总吨位数在400t以上的悬挂欧盟国家国旗的船只必须被调查并携带符合该指令的证书，长度超过24m且总吨位数小于400t的船只必须遵守指令进行自我认证。

瑞典

① 在瑞典，对仅在波罗的海运营的商船使用含铜防污漆产品必须达到平均铜浸出率小于55μg铜/(cm^2·d)。

② 禁止在波罗的海的游艇上使用含铜防污漆。

③ 在瑞典西海岸地区用于游艇的防污漆产品遵守铜浸出速率限制，即必须达到在浸泡后前 14 天小于 200μg 铜/cm^2 和在浸泡后前 30 天小于 350μg 铜。

丹麦

① 在游艇上使用防污漆必须标明铜浸出率，同瑞典西海岸一样（见上）。

② 禁止在游艇防污漆中使用“Irgarol 1051”和“Diuron”。

英国 禁止在防污漆中使用生物杀灭剂“Irgarol 1051”和“Diuron”。

荷兰 禁止在防污漆中使用“Diuron”。

日本

① 在日本造船厂使用的防污漆都应该是无 TBT 的，并在日本涂料制造商协会（JPMA）进行登记。

② 所有在防污漆里使用的物质必须登记在日本通报物质目录（METI 名单）上。

限制：在日本禁止使用 TBT 防污漆。

中国

① 所有在中国使用的和进口的用于防污漆的物质必须在政府机关登记在中国现有物质目录上。

② 所有在中国香港使用的防污漆必须进行登记。

韩国 所有在韩国使用的用于防污漆的物质必须登记入韩国现有化学品目录。

新加坡、马来西亚、越南、泰国、印度尼西亚和印度 根据杀虫剂/生物杀灭剂法律，迄今尚无关于防污漆登记程序。

澳大利亚 根据杀虫剂法律，所有在澳大利亚使用的防污漆需要在国家登记部门注册。

限制：禁止使用含 TBT 防污漆。

8. 船舶防污涂料的发展方向

面对造船的快速发展和激烈的市场竞争，涂料发展商开始把主要精力集中到产品的更新换代上，让新产品更能适应国际造船涂装的新要求，更能适应我国当前积极推进的快速造船的理念。

从 20 世纪 90 年代中期起，国际海事组织（IMO）从船舶海上航行安全及海洋环境保护角度出发，对船舶涂装做出了一系列的规定。

2001 年 10 月，国际海事组织（IMO）在伦敦通过了《国际控制有害船底防污系统公约》（International Convention on the Control of Systems on Ships Harmful Antifouling）（简称 AFS 公约）和《及早和有效实行国际控制有害船底防污系统公约》、《本组织有关国际控制有害船底防污系统公约的未来工作》、《船底防污系统的认可和试验方法》、《促进技术合作》等几项决议，以及 MEPC 102（48）决议通过的船舶防污底系统检验和发证指南。这就意味着一向效果显著、被船东广为接受的有机锡自抛光防污漆将被强行退出历史舞台，开发和推广高效经济型的无锡自抛光防污漆迫在眉睫。

近年来高性能、环保、安全型船舶涂料得到了大量应用。有机锡防污漆多年来一直在船舶航行中防止海生物的生长占有统治地位。进入 20 世纪 80 年代，应用开始受到限制。国际海事组织（IMO）决定从 2008 年起有机锡防污漆被全面禁用，并于 2003 年起禁止施用。

自 2003 年 1 月 1 日全球禁用有机锡防污漆（TBT）施工生效后，高效无锡自抛光防污漆已得到广泛应用。如 JOTUN 的 Sea Quantum（甲硅烷基丙烯酸聚合物型，silyl acrylate polymer），IP 的 Intersmooth SPC（丙烯酸铜型聚合物型，copper acrylate polymer），Sigma

的 AlphaGen 及 Chugoku 的 Sea GroundPrix（丙烯酸锌型聚合物型，zinc acrylate polymer）等。但其主要成分为氧化亚铜。其长期大量使用必将对海洋环境造成影响。无氧化亚铜防污漆已问世但未形成主流。开发低毒、无毒、无金属的防污漆是将来发展的必然趋势。

低表面能有机硅树脂防污漆是这一领域应用最活跃的，已有大量实际应用。但其还存在许多应用的限制，如船速影响，力学性能差，与基材的附着力差，维修困难，且价格昂贵。因而只用于一些特殊船舶及其部位，如快速集装箱船、LNG 船、滚装船及船的螺旋桨等。克服这些限制，及对现有有机硅树脂进行改性是扩大其进一步发展的方向。

其他无毒防污漆也有大量报道，如纤维植绒无毒防污漆，其核心技术是纤维植绒的防污原理，产品可使少量海藻和其他沾污物在船舶航行时自行剥落。防污性能具有多效性、持久性和无毒性。还有如陆生植物桉树、辣椒素、海洋动物/植物等，以及无毒导电防污漆，但还很少应用到实船上，还都在研究探索中。

五、船壳/甲板漆

1. 船壳漆

船壳漆涂刷于船壳及舰船或海上石油平台上层建筑。这些部位受到强烈变化的海洋气候影响，如日光、风雨、盐雾等的侵蚀，海浪及海水中蒸发的水汽的腐蚀作用，远洋船只在不同的气候海域中航行，或炎热或寒冷，如此苛刻的海洋环境会使得船壳表面变色、褪色、腐蚀、磨损，如果采用不合适的涂料系统进行大量的、频繁的修补，随着时间的推移，会导致涂料发生堆积，从而丧失系统的完整性并引发潜在剥落。所以对船壳漆的要求是：耐大气曝晒、耐干湿交替、与防护底漆和旧漆膜之间有良好的附着力。

国家标准《船壳漆通用技术条件》GB/T 6745—2008 在 1986 版的基础上更新了原有项目的测试方法，增加了干燥时间、耐冲击性、光泽、耐盐水性、耐盐雾性、耐人工气候老化性指标，更能全面地考核船壳漆所必须具备的性能，其技术要求见表 3-4-15。

表 3-4-15 船壳漆技术要求

项目			指标
涂膜外观			正常
细度/μm		≤	40
不挥发物含量(质量分数)/%		≥	50
干燥时间/h	表干	≤	4
	实干	≤	24
耐冲击性			通过
柔韧性/mm			1
光泽(60°)			商定
附着力(拉开法)/MPa		≥	3.0
耐盐水性(天然海水或人造海水,27℃±6℃,48h)			漆膜不泡、不脱落、不生锈
耐盐雾性(单组分漆 400h,双组分漆 1000h)			漆膜不起泡、不脱落、不生锈
耐人工气候老化性(紫外 UVB-313,300h 或商定;或者氙灯,500h 或商定)/级			漆膜颜色变化≤4 粉化①≤2 裂纹 0
耐候性(海洋大气曝晒,12 个月)/级			漆膜颜色变化≤4 粉化①≤2 裂纹 0

① 环氧类漆可商定。

随着船舶工业的蓬勃发展，传统的涂料提供的保护和装饰寿命有限，所以通过近十年不断的技术创新，新的、长效使用的装饰涂料和体系能提供装饰性好、耐候性和保光、保色性佳的综合装饰性能和防腐保护的涂层体系，以此满足不同船舶的需求。

(1) 单组分船壳漆 主要有醇酸漆、丙烯酸漆和氯化橡胶漆。共同的特点是价格低廉，低表面处理，使用方便，刷、辊、喷涂皆可，可作为新造、维修用漆，也作为在航保养船壳漆的主要品种。

① 醇酸船壳漆 单纯的醇酸树脂船壳漆初始光泽好，附着力好，施工方便，价格低廉。缺点是易失光、粉化，与醇酸防锈底漆配套使用，在近海的小型船舶上，使用较多。

醇酸防护底漆主要有醇酸铝粉、醇酸铁红、醇酸磷酸锌底漆。

为了获得更加完善的性能，可用其他的树脂对醇酸树脂进行改性，如有机硅改性醇酸、丙烯酸改性醇酸、氯化聚合物改性醇酸等。

有机硅改性醇酸涂料既保留有醇酸树脂漆室温固化和涂膜物理、力学性能好的优点，又具有有机硅树脂耐热、耐紫外线老化及耐水性好的特点，是一种综合性能优良的涂料。最早的改性方法是将有机硅树脂直接加到反应达到终点的醇酸树脂反应釜中即可。通过这样简单的混合，醇酸树脂的室外耐候性大大改进。另一种改性方法是制备反应性的有机硅低聚物，用以和醇酸树脂上的自由羟基进行反应；也可将有机硅低聚物作为多元醇与醇酸树脂进行共缩聚。通过化学反应改性的醇酸树脂耐候性更好。如用醇解法制成的羟基封端醇酸预聚体与以水解法或异官能团法制成的有机硅预聚体进行缩聚反应合成出 $(A—B)_n$ 型结构的有机硅-醇酸嵌段共聚物，并以该嵌段共聚物为基料制成清漆；该清漆综合性能优良，既具有醇酸树脂清漆的室温固化、漆膜柔韧性、冲击强度和附着力好的优点，又大大提高了耐热、耐大气老化和抗水介质腐蚀等性能。有机硅改性醇酸船壳漆是美国海军的舰船船壳漆多年来采用的主要品种之一。

② 丙烯酸船壳漆 丙烯酸船壳漆初始光泽好，保色、保光性好，白漆不易泛黄，施工方便，价格适中。缺点是由于其热塑性，高温时变软，失去光泽，耐沾污性差。有人尝试采用氯化聚烯烃改性丙烯酸树脂，醇酸改性丙烯酸的路线去改善性能。改性后的丙烯酸树脂可获得良好的综合性能，其与醇酸、氯化聚合物以及经济型的环氧防腐底漆配套的涂层体系，较多的在近海船舶使用。

③ 氯化橡胶船壳漆 氯化橡胶船壳漆作为一种性能优异的防腐材料，单组分，快干，无复涂间隔，施工方便，并且耐水性和耐大气老化性能良好，与氯化橡胶防腐蚀底漆配套使用，获得广泛的应用，已有数十年的历史。但传统的生产氯化橡胶工艺中采用 CCl_4 作溶剂，由于其是消耗臭氧层物质，我国履行蒙特利尔保护大气臭氧层公约，在 2009 年全部停止溶剂法氯化橡胶生产线，国内有关厂家一直在开发水相法取代溶剂法来生产其替代物，目前水相法的制备工艺正在逐步完善。高氯化聚乙烯、氯醚、氯醋等氯化聚合物类的船舶涂料产品在近海船舶上也是比较重要的产品，但溶解度有限，难以提高体积固含量，涂装道数增多，需进行改性，促进与相关树脂的相容性，以获得良好综合性能。但在一些跨国的船舶涂料厂商产品名录中该类产品已不出现。

(2) 双组分船壳漆 环氧船壳漆、脂肪族聚氨酯船壳漆与各类环氧防腐底漆配合，因其较长的使用寿命成为深海船舶市场的主打产品。

① 环氧船壳漆 环氧树脂漆膜坚韧、耐磨、寿命较长。但在 UV 照射下分子链降解而导致漆膜粉化、失光、颜色差异等不良耐候性的表现，从而装饰性稍差，但功能性并没有较大的影响。施工时需注意温度和涂装间隔的要求。环氧树脂结构中含有的羟基和环氧基，可以用其他树脂改性，如经过丙烯酸改性的环氧船壳漆，通过 QUV 加速老化和自然曝晒，其保光、耐候性大大提高，延长复涂间隔，用于不可使用异氰酸酯固化的场合。表 3-4-16 为

典型的环氧船壳漆配方。

表 3-4-16 典型的环氧船壳漆配方

组 分	配 方	质量分数/%	组 分	配 方	质量分数/%
A 组分	环氧树脂	30	A 组分	着色颜料	1
	钛白粉	10		乙醇	0.3
	硫酸钡	18		混合溶剂	30
	325 目滑石粉	10	B 组分	聚酰胺树脂	66
	有机膨润土	0.5		二甲苯	34
	改性氰化蓖麻油	0.2			

注：配比为 A 组分∶B 组分＝5∶1（质量比）。

环氧船壳漆通常的配套为：

环氧云铁底漆 125μm×2

环氧各色船壳漆 40μm×1

② 聚氨酯船壳漆 以脂肪族异氰酸酯和含羟基丙烯酸树脂为基料，添加耐候性颜料和助剂等组成的双组分聚氨酯船壳漆，与环氧防锈漆配套，比环氧型船壳漆在装饰性和耐久性方面更优良，是目前大型商船广泛采用的船壳配套体系，漆膜坚韧，具有良好的耐冲击、耐磨性能；耐候、保光、保色性强，装饰性好，同时具有良好的耐化学品、耐水性能。表 3-4-17 为典型的聚氨酯船壳漆配方。

表 3-4-17 典型的聚氨酯船壳漆配方

组 分	配 方	质量分数/%	组 分	配 方	质量分数/%
A 组分	含羟基丙烯酸树脂	54	A 组分	酰胺改性氢化蓖麻油	0.5
	金红石型钛白粉	25		二甲苯	10.5
	硫酸钡	10	B 组分	75%缩二脲	100

注：配比为 A∶B＝10∶1（质量比）。

聚氨酯船壳漆的典型配套为：

环氧防护底漆 2×125μm

聚氨酯漆 1×50μm

聚氨酯漆对醇类、水汽敏感，在生产和施工过程中需加以注意。如生产的原材料必须密封保存，保持干燥；选用含水率低的溶剂。在生产聚氨酯系列产品之前，必须保持设备的清洁，干燥，不能含有水分，环氧和醇类等物质均可能影响涂料的生产，生产过程中控制环境相对湿度不大于 75%，生产完成时必须立即包装，且整个包装过程应采用氮气保护，以避免水分的吸入。

聚氨酯船壳漆施工中要注意以下事项。

a. 注意温度、湿度等环境条件，低温、高湿及施工时或施工后立即发生冷凝，可能会导致漆膜失光，性能损失。

b. 注意与环氧底漆之间较短的复涂间隔，在需要延长复涂间隔的需求时，建议安排一道过渡涂层。

c. 注意聚氨酯面漆在深色底漆的表面的遮盖力。

d. 在维修时，聚氨酯船壳漆可直接施工在经彻底淡水清洗和去除油脂的旧涂层上，但需铲除疏松或片状脱落的涂层，使待复涂的表面处于完整且牢固附着的状况。

③ 聚硅氧烷面漆 近年来聚硅氧烷技术得到了快速发展，它利用有机-无机混接技术，使两种材料形成一个具有共价键的聚合物网络，如氢化环氧改性聚硅氧烷、丙烯酸改性聚硅

氧烷、丙烯酸脲烷改性聚硅氧烷等，其最终产物结合了有机物（易加工、力学性能好及室温固化等）与无机物的最佳特性（惰性、硬度、附着力和耐化学品性，耐高温、耐候、耐紫外线等）。其中有机、无机在混接树脂中的比例对获得平衡的综合性能非常关键，既具有良好的防腐蚀能力，又具有极好的耐受UV光照降解的能力。有机改性的程度太低，会有潜在的开裂、附着力的欠缺；太高，则达不到所需求的保光保色性能。聚硅氧烷的硅-氧键键能高达445kJ/mol，大大高于有机聚合物典型的碳-碳键的键能358kJ/mol，这意味着需要更强的活化能才能破坏聚硅氧烷聚合物。因此，聚硅氧烷面漆具有优异的耐大气和化学性破坏的性能，从而提高使用期的装饰能力，具有杰出的保光、保色性，极长的使用寿命。有人在试验室根据ASTM G53—1993做两种涂料的加速老化比较试验（QUV-A），结果显示，聚氨酯涂料在2000h时还能保持初始光泽的75%，4500h光泽只剩下原先的10%左右，而后者在4500h仍能保持初始光泽的75%，8000h仍达到45%左右。

表3-4-18为双组分环氧聚硅氧烷面漆配方。

表3-4-18 双组分环氧聚硅氧烷面漆配方

组 分	名 称	质量分数/%	组 分	名 称	质量分数/%
A	硅氧烷树脂	64.4	A	气相二氧化硅	1.0
	颜料	1.6		溶剂	适量
	钛白粉	24.5	B	氨基硅烷	7.0
	滑石粉	2.0		端氨基聚醚	5.0
	抗气剂	0.5			

该配方在25℃时有良好的施工性能，混合使用期大于4h，干燥时间4h，最小复涂间隔为6h。该典型聚硅氧烷涂料的实验室试验结果见表3-4-19。

表3-4-19 聚硅氧烷涂料的实验室试验结果

检验项目	测试结果	标准	检验项目	测试结果	标准
附着力(拉脱法)/MPa	>20	ASTM D4541	耐盐雾性/h	1000	ASTM B117—1995
耐磨性(泰伯尔法)	1000	ASTM D4060	冷凝试验/h	2160	ASTM D4585
柔韧性(125干膜)/mm	25	ISO 1519—1973	耐冲击(1.5mm钢板)/(kgf·m)	0.57	ASTM D2794
耐大气曝晒	优	ISO 12944-5			

相对于常规的面漆产品，聚硅氧烷漆可制成厚浆、高固体分涂料，环氧改性的聚硅氧烷可达100%的固含量，丙烯酸改性的稍低些，也会在70%以上。喷涂一道膜厚可达125μm，与高性能环氧防护底漆配合，整个体系只需两道涂层，就可超过常规的锌粉底漆/环氧云铁中间漆/聚氨酯面漆涂层体系的保护寿命，从而降低涂装成本，提高生产效率。

如典型的配套体系：

高性能环氧防护底漆　　1×150μm

聚硅氧烷面漆　　1×125μm

聚硅氧烷面漆具有耐机械磨损及良好的边缘保护性能。通常甲板和船艏周围以及水线部位是易受破坏的区域，货物装卸、护舷材的磨损、锚链及钢丝绳的磨损，传统的涂料系统对此提供的保护有限，造成了锈蚀，并影响了船舶外观形象，应用聚硅氧烷体系会有较大程度的改善。

配方中对原材料的选择有限制，如钛白粉表面不同的pH会影响硅氧烷树脂的缩合反应，导致体系黏度变化；作为固化剂组分的氨基硅烷或氨基硅烷/胺类混合物对潮气敏感，长期的存放会被微量的催化剂和潮气所影响。聚硅氧烷的烷氧基团的水解缩聚反应，使得它对潮气非常敏感，所以与聚氨酯漆的生产要求一样，注意防止潮气的侵入，在生产、包装过程中采用氮气保护，且生产设备制造完毕，必须马上清洗。在施工时，注意不要长时间的暴露在空气中。一般干膜厚度控制在100～150μm，太薄，润湿性差，易出现针孔等缺陷，影响其外观，甚至漆膜性能；太厚，会有开裂的风险。涂装时注意涂装间隔的要求。

聚硅氧烷是高固体分、低VOC产品；同时固化剂不含异氰酸酯，对人危害低，是适应环保发展要求的高性能产品，突出的长期装饰性能增强了营运者的形象并控制了未来的维修费用。相对其他类型面漆，聚硅氧烷面漆相对价格昂贵，主要是针对那些特别注重营运者形象和优良保护资产的船舶提供的解决方案，如政府用船舶、客轮、科考船等，还有维修不便的海上钻井平台，结合了防腐蚀与美观性的双重特点，耐用性出色。

表3-4-20为主要船壳面漆品种的性能比较。

表3-4-20　主要船壳面漆品种的性能比较

性　能	聚硅氧烷面漆	环氧面漆	PU面漆	丙烯酸面漆	氯化橡胶面漆	醇酸面漆
耐机械磨损	好	好	一般	差	一般	差
耐溶剂和化学品溅液	好	好	好	差	差	差
耐粉化	极好	差	很好	好	一般	一般
初始光泽	极好	好	极好	好	一般	很好
保光性	极好	差	很好	好	一般	好
保色性	极好	差	很好	好	一般	一般
易清洁	极好	一般	很好	一般	一般	好

(3) 其他船壳漆

① 氟碳船壳漆　除上述介绍的船壳漆类型外，目前还进行氟碳超耐候性面漆的研发。氟碳材料是近年备受关注的新型材料，具有极其优异的耐候性、耐沾污性、耐化学品性、耐溶剂性等优良的特性，以氟碳树脂及含氟聚氨酯等改性材料作为面漆的基料，对于海上石油钻井平台等长期处于海洋气候极其苛刻的腐蚀环境下，又不能容易维修，可进行长效的保护，目前需解决的是该类型施工性差，固含量偏低的问题。

② 水性船壳漆　开发高固体分、低VOC含量的环境友好型产品将成为各企业研发的重点，虽然水性船壳漆的技术难关，如耐水性、耐老化性、相应的配套底漆等有待提高，但会是一种发展趋势，成为人们关注和努力的目标。

(4) 船壳漆颜填料的选择　以上各种类型的船壳漆，树脂在性能中起着决定作用，但作为防锈、着色的颜填料组分在船壳漆配方中也同样需关注，选用耐光老化、耐水性、着色力强的颜料，以及一些特殊功能的颜料能赋予船壳漆附加的功能。

金红石型钛白粉性能稳定，有很好的耐候与抗粉化性能，作为船壳漆中最广泛使用的白色颜料，随着纳米技术发展，现在有纳米级钛白颜料的研发，据介绍其纳米微粒还可以改善涂料的流变性，提高涂层的附着力、硬度、光洁度和耐老化性，同时具有紫外光吸收的功能。

铅系、铬系的颜料因其防锈功能、耐光老化性能优异，着色力持久，价廉，长期以来，获得较广泛的应用，但随着对其危害性的认识，环保法规的日益完善，其将日益受限。

目前新型的高性能、特殊功能的颜料也在逐步地被用在船壳漆配方中，赋予特殊功能。如添加特殊的活性颜料，可与锈蚀物反应成无色的混合物，突出真正需要修补的腐蚀区域，保持良好的装饰性能。

利用配方中独特的颜料体系或是功能性颜料解决近红外光谱吸收容易产生热集聚的现象，可降低材料表面的温度，减少船舶所需的能耗，可在舰船的船壳、甲板、上层建筑以及其他一些特定的区域采用具有红外反射功能的颜料组成的该类太阳热反射涂料，也称低太阳能吸收涂料，符合环保节能降耗的要求，是未来发展的趋势。具有此功能的颜料，如巴斯夫最新研发的功能性黑颜料 Lumogen®，能在近红外 750～2500nm 光谱反射一半的太阳光，切断了热聚集，使构造组分能够保持低温，并且能提供极好的抗热性能、着色力和迁移稳定性，具有很好的抗化学品性和物理效果，以及好的分散性和一般溶剂的不溶性。

在面漆中复配的颜料体系相比于传统颜料体系具有较高的热反射率，采用无机和有机颜料的复配体系，在配方中摒弃对太阳光吸收率高的黑颜料，使之具有较低的太阳能吸收性能。海洋化工研究院研制的 HJ-507 热反射船壳漆和 SRD-06 型热反射甲板漆就采用了颜料的复配体系，能有效地降低船体表面的温度，尤其在炎热区域，目前在海军舰船上获得较广泛的应用。

云母氧化铁、铝粉等均为片状颜料，在涂膜中和底材平行重叠排列，可以有效地阻止腐蚀介质渗透。对阳光反射能力强，减缓涂膜老化。不仅防锈性能好，在面漆中使用可以提高耐候性，所以在水上部位的防腐底漆中有较广泛的应用。

此外在船壳漆中各种功能助剂的选用，诸如润湿剂、分散剂、流平剂、消泡剂，甚至紫外线吸收剂等，在配方中的用量虽少，却能赋予更完善的漆膜性能。

2. 甲板漆

甲板漆应用于船舶、海上石油钻采平台的甲板部位，其处于与船壳漆同样的海洋大气的腐蚀环境。不同之处在于甲板处于日光的垂直照射时间长，甲板上船员行走及设备移动等对涂层的磨损很大。所以对甲板漆的要求是：与底材、层间具有良好的附着力，不得脱落；耐海洋性气候好；耐磨性、耐洗刷性和耐冲击性能；足够的柔韧性适应船板冷热的伸缩；对防滑漆来说，摩擦系数大，防滑性好。

《甲板漆通用技术条件》GB/T 9261—2008 国家标准，在 1988 版的基础上更新了原有项目的测试方法，增加了不挥发物含量、干燥时间、耐冲击性、耐人工气候老化性指标，更能全面地考核甲板漆所必须具备的性能。甲板漆的技术要求见表 3-4-21。

表 3-4-21 甲板漆的技术要求

项目			指标
涂膜外观			正常
不挥发物含量(质量分数)/%		≥	50
干燥时间/h	表干	≤	4
	实干	≤	24
耐冲击性			通过
附着力/MPa		≥	3.0
耐磨性(500g/500r)/mg		≤	100
耐盐水性(天然海水或人造海水,27℃±6℃,48h)			漆膜不起泡、不脱落、不生锈
耐柴油性(其中介质为 0# 柴油,48h)			漆膜不起泡、不脱落
耐十二烷基苯磺酸钠(1%溶液,48h)			漆膜不起泡、不脱落
耐盐雾性(单组分漆 400h,双组分漆 1000h)			漆膜不起泡、不脱落、不生锈
耐人工气候老化性(紫外 UVB-313,300h 或商定;或者氙灯,500h 或商定)/级			漆膜颜色变化≤4 粉化①≤2 裂纹 0
耐候性(海洋大气曝晒,12 个月)/级			漆膜颜色变化≤4 粉化①≤2 裂纹 0
防滑性(干态摩擦系数)②			≥0.85

① 环氧类漆可商定。

② 仅适用于防滑型甲板漆。

甲板漆通常是指由具有防腐作用的底漆与耐候作用的面漆组成的涂层体系。有些船舶会采用与船壳、上建部位一致的涂层配套体系。以前甲板漆划分为“通用型”和“防滑型”两大类，现在趋于不明确划分，通常将树脂种类和防滑性能综合，如环氧甲板漆、环氧防滑甲板漆、聚氨酯防滑甲板漆等。以下根据涂料的组分划分为单组分甲板漆和双组分甲板漆来介绍。

(1) 单组分甲板漆 在近海的小型船舶中比较普遍使用的经济适用型甲板漆有醇酸甲板漆、氯化橡胶甲板漆。

① 醇酸甲板漆的常规配套

醇酸铁红/灰 2×75μm

醇酸面漆 1×50μm

② 氯化橡胶甲板漆的常规配套

氯化橡胶铁红或铝粉防锈底漆 2×75μm

氯化橡胶/丙烯酸面漆 1×50μm

氯化橡胶甲板漆的耐水、耐候、耐碱性均较好，对表面处理要求低，适用于多种底材，无复涂间隔，可被氯化橡胶、丙烯酸面漆复涂，易于维修和在航保养。氯化橡胶型比醇酸型的使用期限虽长，仍不能满足大型油轮及石油钻进平台的要求，并且由于环保法规的限制，2009 年以后氯化橡胶树脂需要适合的替代物。

(2) 双组分甲板漆 双组分的甲板漆主要有环氧聚酰胺甲板漆、聚氨酯甲板漆类型等，可适用于不同的需求。

① 环氧甲板漆 目前在大型商船、新造船、海上钻井平台上较普遍采用的甲板漆为环氧类型，该热固型体系反应后很硬且耐磨，直接施工于表面处理过的底材，也可复涂在无机富锌底漆或过渡漆表面，其中常用的为厚浆型环氧云铁防锈漆。片状结构的云母氧化铁在涂层中可有效防止水汽渗透，起屏蔽作用，且是耐磨的颜料。厚浆型的甲板漆漆膜坚韧、附着力强、耐水、耐油、耐化学品，体积固含量高，每道涂层干膜可达 125μm 以上，通常在其表面配合丙烯酸、环氧、聚氨酯面漆，具有较长的使用期限。有些情况可单独作为甲板漆。改性环氧防腐底漆由于和底材、旧涂层良好的附着力以及低表面处理的要求而大量应用在维修和保养过程中，也有基于成本的考虑在新造船过程中选用。

表 3-4-22 为环氧厚浆甲板漆参考配方。

表 3-4-22 环氧厚浆甲板漆参考配方

组 分	配 方	质量分数/%	组 分	配 方	质量分数/%
A 组分	E-42 环氧树脂	28	A 组分	有机膨润土	0.8
	滑石粉	25		二甲苯、丁醇	19
	氧化铁红	10	B 组分	聚酰胺树脂	66
	硫酸钡	17		二甲苯	34
	改性氢化蓖麻油	0.2			

注：配比为 A 组分∶B组分＝6∶1（质量比）。

环氧甲板漆的常规配套体系如下。

底漆 环氧云铁防护漆 2×125μm

面漆 环氧面漆、聚氨酯面漆 1×50μm

具有耐磨性能的环氧防护底/面漆 2×150μm

② 聚氨酯类型甲板漆 聚氨酯类型甲板漆配套体系通常采用防腐底漆、厚涂聚氨酯弹性中间层、聚氨酯面漆的综合体系，该体系赋予涂层优良的耐冲击性，能适应重载冲击和环

境温差引起的热胀冷缩，具有极好的弹性和韧性，良好的耐介质、耐大气老化和耐磨性，以及较舒适的踩踏感觉。

随着船舶的多功能性的需求，一些大中型舰船、客轮、海巡、救助船、远洋科考船等都配备直升机，对甲板漆的防滑、耐冲击等性能有了更高的要求，可参考2001年制定的国军标《直升机甲板防滑漆规范》GJB 5066—2001。对于飞行甲板防滑漆则要求更高的性能，如耐加速腐蚀性、防滑性、耐磨损性以及阻燃性等要求，在美军标MIL-PRF-24667B中分门别类，指标明确。聚氨酯类型甲板漆在美国海军舰艇甲板已广泛应用，具有良好的耐受性，如酸、碱、盐、油脂、燃油等介质和耐冲击能力。配套体系为具有防腐蚀作用的底漆一道，再加上具有防滑作用的厚涂面漆，面漆厚度均超过1mm。涂层道数少，施工简便。

在国内目前较典型的聚氨酯型防滑涂层如海洋化工研究院的HF-05直升机起降甲板防滑漆，由双组分聚氨酯型的底漆、弹性中涂漆和面漆三部分组成，并配以防滑粒料的防滑体系，涂层具有良好的弹性和柔韧性，能耐受温变引起钢板形变，避免漆膜缺陷，使用寿命达5年以上。

(3) 甲板防滑粒料 对于有防滑性能要求的甲板漆通常是在涂层中添加防滑介质，赋予漆膜防滑能力，增大摩擦力，减少磨损，防止人员滑倒。特别是在风浪大、船体摇动、甲板潮湿时会造成潜在的危险性的增加。常选用的防滑粒料是不规则的硬质或软质的颗粒，按其材质分为两类：①合成有机材料，如聚氯乙烯、聚乙烯、聚丙烯树脂粒子、聚氨酯树脂粒子、橡胶粒子等惰性高分子；②无机物，如硅石粉、石英砂、玻璃片、碳化硅、结晶氧化铝、云母等。无机物粒料性能稳定，硬度高，常被用于外甲板。特别是金刚石级硬度的氧化铝型耐磨粒料，在干、湿、油状态下的摩擦系数几乎不变，耐热喷气、耐化学品性好，且附着力好，在军用防滑甲板漆中应用。

防滑粒料一般单独存放，也可放在其中一个组分中（有沉降的风险）。在使用时可直接掺入涂料中机械混合后施工或最后一道涂料施工后且未固化时喷洒在面漆上，让防滑粒料牢固地嵌在漆膜中。

(4) 防滑甲板漆的施工

① 底材的表面处理 所有待涂表面一般应进行喷砂（抛丸）除锈，按GB 8923的规定达到Sa2.5级，除去所有油或油脂、可溶性污染物以及其他外来物质，以清洁、干燥表面。对于预涂无机富锌底漆的新造船及以前涂装过同种涂料的甲板部位，若底材保护良好，可采用机械清理和扫砂的方法，处理破坏的漆膜表面，即可进行涂装。对于修理船涂装不同种类涂料时，应进行严格的除锈工作，要求达到St3或Sa2.5级，除锈后的甲板应具有一定的粗糙度，以达到与底材良好的附着力。局部修补可采用手工或动力工具清理至少至St2的标准，且选用对底材、旧涂层有良好的附着力，并且低表面处理要求的品种。

② 底漆的施工 底漆可采用刷、辊、喷涂的常规施工方式。

③ 防滑面漆的施工 一般商用船舶的防滑漆施工，边施工面漆边进行人工抛撒防滑粒料，随后薄薄施工一层面漆，干后扫除多余的未黏附上的防滑粒料。

对前述提到的具有高性能的环氧或聚氨酯防滑涂层，将防滑粒料加入混合的防滑漆中进行机械混合，在使用期内，用辊涂施工厚的防滑涂层，注意边界的彼此交叠。

对于高性能聚氨酯类防滑甲板涂料的中间层的施工，由于中间层为高固体分厚涂涂料，采用刮涂与辊涂相结合的方法施工。实干后24h内涂装面漆，在施工面漆时人工抛撒防滑粒料，扫除多余的未黏附上的防滑粒料，24h后涂装最后一道面漆。

(5) 甲板漆的发展方向

① 高固体分、低VOC、无溶剂的环境友好型甲板漆是防滑涂料的发展方向。美国防滑

涂料军标 MIL-PRF-24667B 中制定的指标，不仅有对防滑的要求，更突出了对环保的要求，其中涉及 VOC 的要求、颜料和添加剂中的金属含量（如锑、砷、钡等）以及结晶二氧化硅含量与有害物质毒性等，这些要求也适应环保的趋势。

② 具有低太阳能吸收的甲板漆的使用。由于大面积的甲板区域受到阳光的直接曝晒，会吸收来自太阳的红外线辐射热能，使得甲板下的温度上升，采用该功能甲板漆，可以降低材料表面的温度，减少空调的负荷和营运费用，为船员和敏感的电器设备提供更加舒适的工作环境。

六、各种舱室漆

1. 压载水舱漆

(1) 概述 压载水舱是船舶内舱中相当特殊的一类舱室，舱室结构复杂、空间狭小，使得表面处理和涂装工作十分困难。由于处于舱室内高温、高湿和海水的严重的腐蚀环境，使得压载水舱的防腐蚀涂层在较短时间内很容易发生裂纹、剥落和失效，进而引起压载水舱船体结构腐蚀，因此被认为是影响船舶安全的重要因素之一。一些重大船舶事故，追其原因与压载水舱严重的腐蚀导致结构强度大幅下降有着密切的关系，因此怎么强调压载水舱保护涂料的重要性都不会过分。为此这一问题一直受到国际海事组织（international maritime organization，IMO）的关注。1995 年 11 月 IMO 以 A. 798（19）号决议通过了《专用海水压载舱防腐系统的选择、应用和维护指南》，以改进散货船和油船安全。

2002 年 12 月 IMO 下属的海上安全委员会（MSC）的第 76 届会议上根据散货船综合安全评估（FSA）研究的结果，决定制定强制的压载舱保护涂层性能标准，作为控制散货船风险的措施之一，并且组织成立了以各国船级社、船东、造船界、涂料生产厂商和相关国际行业组织的联合工作组，经过多次深入和广泛的讨论，在 2006 年 12 月的 MSC 第 82 届会议上最终通过，并于 2008 年 7 月 1 日起对 500 总吨及以上的国际航行船舶成为强制性要求。压载舱保护涂层性能标准是以 IMO 的 MSC 第 82 次会议上通过的 MSC. 215（82）决议的附件 2《所有类型船舶专用海水压载舱和散货船双舷侧处所保护涂层性能标准》（简称 PSPC）表示的。

(2) 压载水舱漆的种类 由于压载水舱的严重腐蚀环境和结构特点，在新船投入航运后，又是非常难于进行周期维护的部位，因此要求具有长效的可靠使用寿命。

早期的船舶压载水舱保护涂料多含有沥青类树脂，如煤沥青或煤焦油沥青，并与其他树脂，主要是环氧和聚氨酯树脂配制为环氧沥青涂料、聚氨酯沥青涂料等，由于沥青树脂本身具有优良的耐水性能，加上环氧树脂或聚氨酯树脂的优异的黏结性能，使得环氧沥青涂料和聚氨酯沥青涂料成为一类防腐蚀性能优异的压载水舱保护涂料。但是由于两个主要的原因，使得含沥青系压载水舱涂料退出了在压载水舱部位的应用：一是沥青树脂的黑色颜色的原因，这类防腐涂料的颜色均为深黑色，不易发现早期的涂层破坏所引起的基体钢板的锈蚀问题；二是沥青树脂本身的对涂装施工人员和其他相关人员的健康影响。

另一类涂料称为“软涂料”，如羊毛脂涂料，也在压载水舱部位中应用过，这类软涂层是一种不会干燥成膜、类似于防锈油脂类的物质。由于涂层不干和相当柔软，在受到轻微的机械冲击，甚至于用手指就可以擦除。应用在压载水舱时，往往在海水进出口周围很容易被冲刷掉。它们一般只作为锈蚀钢板表面的临时性防腐保护。通常 1～2 年就需要重新涂覆。目前该类涂料已受到各船级社限制应用在船舶压载水舱部位，涂料生产厂商正在采用“半硬干涂层”来取代它。

“半硬干涂层”是一类防腐涂层。该类涂层在干燥后，仍处于柔软的状态，虽然它们涂装在压载水舱部位后，不会受到海水的流动而被冲刷掉，但是仍不能干燥到可以任意接触或在上面行走的状态，一般也只作为锈蚀钢板表面的临时性防腐保护。

目前船舶压载水舱涂料主要的应用种类是环氧类的硬涂层，根据国外有关的船舶涂料检验实验室对部分船舶漆厂家的压载舱涂料性能检验结果来看，厚膜环氧型的硬涂层具有优良的附着力和耐模拟摇摆试验舱的加速试验，因此在 PSPC 标准中将环氧型压载水舱涂料作为优选类型来规定。

(3) 船舶压载舱保护涂层性能标准的主要技术内容　PSPC 标准强制执行的日期从 2008 年 7 月 1 日起以后签订合同船舶，或者 2009 年 1 月 1 日开始建造的船舶，或者 2012 年交付使用的船舶。适用于所有 500 吨以上船舶。其中保护涂层的主要技术要求如下。

① 涂料体系必须通过第三方的认可。

② 环氧类涂料（或其他类型涂料）两道，干膜厚 320μm，两道涂层之间要有颜色差别，并且面漆要求浅色，例如浅灰色、米黄色、米色、泳池蓝/绿色。

③ 认可的涂料体系性能必须达到如下要求之一。

a. 通过 PSPC 标准附录 1，或者相当的试验，其涂层的生锈和起泡要符合最小的要求。

b. 或者保护涂层体系在实船上已使用 5 年以上，涂层仍保持“良好（good)”状态。

④ PSPC 标准附录 1 的技术要求。

a. 环氧涂料体系在进行模拟试验前必须达到的要求，见表 3-4-23。

表 3-4-23　环氧涂层基本要求

试验项目	要　求	备　注
红外鉴定	树脂和固化剂	图谱
密度	树脂和固化剂	ISO 2811—1974
涂层空隙率	90V,无针孔	电火花检测仪

b. 环氧涂料体系必须通过压载舱条件的模拟摇摆舱试验和冷凝舱试验，模拟摇摆舱的装置示意图和试验要求见图 3-4-19 和表 3-4-24。

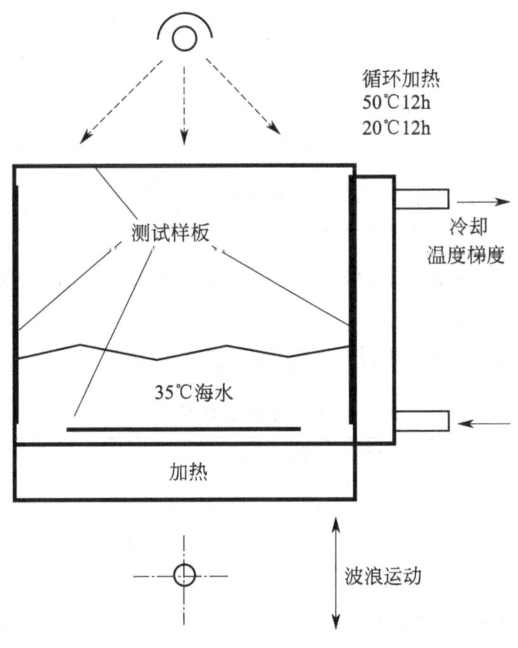

图 3-4-19　压载舱涂层试验的摇摆舱

表 3-4-24 模拟摇摆舱试验

试样规格	200mm×400mm×3mm
试样预处理	喷砂达到 Sa2.5 级，喷涂无机锌车间底漆 车间底漆在沿海环境中暴露至少 2 个月 暴露后轻喷砂或高压水清洗 涂装试验涂料体系
试验条件	模拟舱环境条件： 海水(35℃天然或人造海水)14 天 干燥(空舱环境)7 天 循环试验
试验时间/天	180
试样数量	5(1#～5#)
各试样试验要求	1#：50℃，加热 12h×20℃，冷却 12h；循环浪溅海水 2#：与锌阳极配套试验，试样开 8mm 人造开孔，循环浸泡海水 3#：试样背面 20℃冷却，循环浪溅海水 4#：循环浪溅海水 5#：70℃干热暴露 180 天

c. 试样在模拟摇摆舱试验后要求达到的技术指标见表 3-4-25。

表 3-4-25 试验结果要求

试验项目	性能要求	检测标准
起泡	无起泡	ISO 4628/2
锈蚀	Ri0 级(0%)	ISO 4628/3
针孔	0	90V
附着力/MPa	＞3.5	ISO 4624
内聚破坏/MPa	≥3.0	ISO 4624
阴极保护电流/(mA^2/m^2)	＜5m	从锌阳极质量损失计算
阴极剥离距离/mm	＜8	从人造开孔处计
人工划痕处涂层剥离/mm	＜8	从划痕处计
U 形件	无涂层裂纹、剥落等缺陷	在 U 形件任何位置和焊缝处
柔韧性	2%的伸长率(仅作为资料性数据)	参照 ASTM D4145(3mm 钢板，300μm 涂层，在 150mm 芯轴上弯曲)

d. 冷凝舱试验要求：冷凝舱底部水温 40℃，RH 100%，试验时间 180 天。冷凝舱的试验装置示意图如图 3-4-20 所示。

e. 冷凝舱试验后要求涂层达到的技术指标见表 3-4-26。

表 3-4-26 冷凝舱试验要求

项目	依据本标准表 3-4-23 涂装的环氧基系统的验收标准	替代系统的验收标准
样板起泡	无起泡	无起泡
样板锈蚀	Ri 0 级(0%)	Ri 0 级(0%)
针孔数量	0	0
附着力	＞3.5MPa，基材和涂层间或各道涂层之间的脱开面积在 60%或以上	＞5.0MPa，基材和涂层间或各道涂层之间的脱开面积在 60%或以上
内聚力	＞3.0MPa，涂层中的内聚破坏面积在 40%或以上	＞5.0MPa，涂层中的内聚破坏面积在 40%或以上

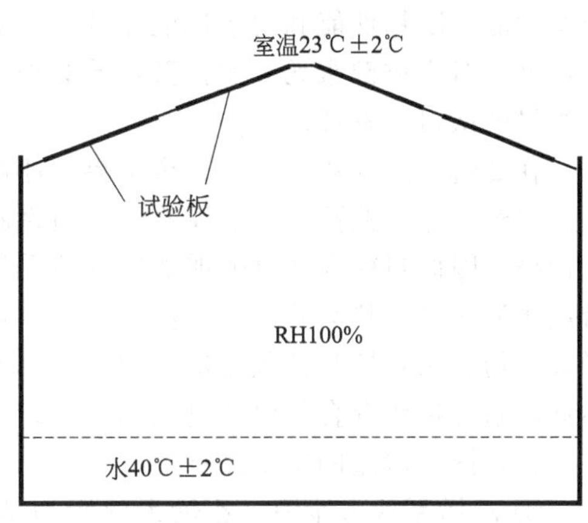

图 3-4-20 冷凝舱的试验装置示意图

从上述技术数据来看，要达到15年预期使用期效的环氧保护涂料其性能要求是相当高的，第一，要求是高固体分厚膜型涂料，一道干膜厚达到160μm，要高于目前一般的厚膜涂料（100～125μm）。第二，由于船舶压载舱的内部空间比较狭小，而且有许多加强筋板和型钢，在这样的空间中采用高压无气喷涂施工方法，要求涂层的厚度很好地控制在每道160μm范围，除要求实施涂装的工人技术水平高外，对涂料本身在较大范围内不流挂的性能也要求高。第三，保护涂层的防腐蚀性能，要求在35～50℃的海水环境中暴露具有优良的耐腐蚀性，并在180天模拟舱试验后，在人造划痕处的涂层的剥离距离要求小于8mm；对涂层的综合性能要求很高。

(4) 压载舱涂料标准的涂层性能指标比较 比较IMO的压载舱保护涂层性能标准与国标GB/T 6823－1986《船舶压载舱漆通用技术条件》的技术要求，仅对涂料本身的要求有许多不同之处，列举主要不同，见表3-4-27。

表 3-4-27 IMO的PSPC标准与GB/T 6823—1986的比较

项目名称	PSPC	GB/T 6823—1986	备　注
预期设计寿命/年	15	无	
涂料种类	环氧或者相当的	不规定	采用红外谱图核对
密度	规定	不规定	
面漆颜色	较浅	不规定	更便于检查
附着力/MPa	＞3.5	≥3.0	模拟加速试验后
耐冲击性	不规定	3J落锤冲击后，无裂纹，无剥落	
耐盐雾性	180天模拟舱试验	600h，1级	试验时间和条件均不同
耐盐水性	180天模拟摇摆舱试验，35℃	21天，25℃	试验时间和条件均不同
耐热盐水性	无	80℃±2℃，2h	
冷凝试验	180天模拟冷凝舱试验	无	
耐阴极保护性	Zn阳极，180天，人工划痕处涂层剥离＜8mm	无	与实际使用条件一致
柔韧性	3mm钢板，300μm涂层，在150mm芯轴上弯曲	无	作为资料性数据参考使用
与车间底漆配套性	有具体试验要求	文字上要求和常用的车间底漆配套	具体化，可操作性，可检查性

目前国标GB/T 6823—1986《船舶压载舱漆通用技术条件》正在修订之中，可以预计新修订的国标GB/T 6823《船舶压载舱漆通用技术条件》将会很大部分依据IMO的PSPC标准的内容。但是两者强调的重点是不一样的，国标GB/T 6823强调的是压载水舱的涂料体系，IMO的PSPC标准强调的是船舶压载水舱的涂装过程的控制。

2. 饮水舱漆

饮水舱漆用于船舶饮水舱、淡水舱和各种淡水柜。饮水舱漆除了应具有良好的附着力、力学性能、防锈性能和耐水性能之外，还要求其漆膜无毒、无味、无臭，对其贮存的清水没有污染，对人体健康无影响，其水质必须符合国家饮用水的标准，选用的品种需获得有关卫生当局的认可、发证。

在20世纪50年代以前，全世界的船舶饮水舱部位几乎不涂漆或采用涂抹或喷涂水泥浆壁。但经多年实践证明，水泥浆干涸后性脆，当其受到冲击和振动后容易开裂剥落，饮水会被污染。因此目前大部分船舶的饮水舱采用涂料进行保护，一小部分小型民船和输水管道仍沿用水泥涂抹或喷涂防护的方法。用于饮水舱涂料的树脂主要有氯化橡胶、氯乙烯与醋酸乙烯共聚物、氯乙烯与偏氯乙烯共聚物、二乙烯基乙炔共聚物、环氧树脂、聚氨基甲酸酯、干性油与酚醛树脂混合物以及过氯乙烯等。

(1) 饮水舱漆的主要品种

① 乙烯系饮水舱漆　乙烯系树脂为基料的饮水舱涂料在世界各国都获得应用和发展。常采用氯乙烯与偏氯乙烯共聚物为基料制成饮水舱涂料，其常用涂层之一就是有一道底漆和三道面漆组成。由于高溶剂含量，该体系已不常用。

② 炔烯共聚物饮水舱漆　二乙烯基乙炔共聚物也可用于饮水舱漆，但其缺点十分明显：气味较大且稳定性较差。这类涂料有铁红底漆、铝粉底漆等多个品种。有相关报告称该系饮水舱漆防锈效果可达4年。

③ 氯化橡胶饮水舱漆　以氯化橡胶基料的饮水舱漆，20min指触干，30min硬干，隔1h可涂下一道。该种涂料涂在磷化底漆上，也可直接在钢板上涂3道面漆。

由于制造氯化橡胶树脂的原料之一 CCl_4 直接破坏大气层，所以近年来氯化橡胶树脂产量急剧下降，导致该种饮水舱漆现在在市场上基本绝迹。

④ 环氧树脂饮水舱漆　环氧树脂在国外早已被广泛地用来涂装饮水舱。环氧树脂饮水舱漆的组成通常是采用低分子量环氧树脂，而固化剂则多为聚酰胺或胺加成物。环氧树脂饮水舱漆有普通型和厚浆型两种环氧涂料，使用时需底面漆配套，其涂装方法举例如下。

表面处理后喷涂环氧富锌底漆一道，环氧树脂饮水舱底漆一道，环氧树脂饮水舱面漆两道。涂装完毕干燥一周后用50℃的淡水浸泡，清洗三次就可以使用。

由于以上用的均为溶剂型涂料，其残留溶剂很难完全去除，因而会对水质有影响。从目前来看，饮水舱漆向无溶剂双组分的环氧树脂漆方向发展，作为一种新型的高性能涂料，从目前所掌握的资料来看，世界上各著名船舶涂料公司均有生产，其固体含量大多数都在95%～100%，一次成膜干膜在200～300μm，无溶剂环氧树脂饮水舱漆气味小，对封闭的空间如狭小通风不良的舱室施工尤为有利。涂层坚固，耐水性好，还具有一定的耐化学物质及耐磨性，并且能满足欧洲等发达国家的VOC规则。因此使用无溶剂环氧能节约成本并产生非常可观的经济效益和环保效应。

(2) 饮水舱漆原料的选择

① 树脂　饮水舱涂料是直接关系到人体健康的涂料，所以用于饮水舱的任何涂料都必须经卫生或有关部门检测，批准后方能使用。为了保证饮水舱的水质符合国家要求。在配方设计中除了要考虑涂料的耐水性和施工性能之外，还要注意各组成部分的毒性问题。关于涂料所使用的基料的毒性现有的数据较少，一般来说，大部分树脂如果不含残余的单体、水溶性稳定剂等物质则可认为是无毒的。因此饮水舱涂料所用树脂应补充净化以除去单体。某些环氧树脂漆之所以有毒是因为其中残存有环氧氯丙烷和二酚基丙烷单体，研究表明饮水舱用的环氧树脂向水中迁移的环氧氯丙烷临界允许浓度为0.1mg/L水。聚二乙烯乙炔涂料含有毒性的单体——二乙烯基乙炔和四聚体以及有毒的抗氧剂等，因此涂这种涂料的水舱放出的水要经过炭滤器后才可以饮用。就卫生健康而言用于饮水舱的基料以氯化橡胶、氯乙烯与醋

酸乙烯共聚物或偏氯乙烯共聚物、环氧树脂为好。

② 颜料和填料　一般饮水舱涂料配方中推荐可使用的料有钛白粉、氧化铁系颜料、滑石粉、重晶石粉、云母粉、高岭土、各种天然硅酸盐等无毒颜料、填料。如需采用富锌底漆时必须检测水中的可溶性锌盐含量。铅系颜料（如红丹）、铬酸锌、铬酸钙等铬酸系颜料由于自身有毒，同时能部分溶于水中，所以是绝对禁止使用的。

③ 溶剂　因为部分溶剂能长期滞留在漆膜中，所以涂漆的水舱中其水质与使用的溶剂毒性有直接的关系。因此必须采用毒性小的溶剂如：乙醇、正丁醇、丙酮、甲乙酮、松香水等，理想的是不含溶剂。

④ 助剂（增塑剂）　采用低毒性的增塑剂有：苯甲二酸二辛酯、葵二酸二辛酯、柠檬酸三乙酯、乙酰甘油酯、酒石酸二乙酯等。

饮水舱表面经施工干燥后，一般需要用淡水浸泡，清洗 3 次。在舱内长期贮存的饮用水对漆膜产生的溶胀侵蚀作用，会引起漆膜的脱落和微生物对饮用水的污染，因此在出口处有时装有紫外线杀菌器进行消毒处理并附有过滤装置。此外饮水舱的一般卫生处理方法还有高锰酸钾处理法和漂白粉处理法。

(3) 水质分析　对饮用水进行水质分析是检验饮用水的水质是否符合国家饮用水卫生标准的一个重要措施，对涂有饮水舱漆的水，除了要满足常规水质分析项目外，还要研究涂料在水中的溶出物、溶出量以及溶出变化规律。同时必要的话还要进行动物毒理试验以提供全面的水质资料。在确保符合饮用水卫生标准的情况下方能作为一种新型涂料用于饮水舱内壁。以下就环氧饮水舱漆水质分析举例说明。

① 水样的制备　首先设置模拟实船钢质水柜两个，内壁按饮水舱条件分别涂刷环氧聚酰胺饮水舱漆、环氧酮亚胺饮水舱漆两个品种，室温干燥一周后在无污染的卫生监督下装入一批自来水 1t，供水质分析及毒性试验用。同时要存放同一批自来水一并作为化学分析对照用水（日本浸泡面积为 $230cm^2/L$ 水，我国食品业浸泡面积为 $500cm^2/L$ 水）。

② 常规水质分析及涂料释放物分析　涂漆的水柜在贮存自来水 90 天内定期做常规水质分析及涂料溶出物分析，结果见表 3-4-28 和表 3-4-29。

表 3-4-28　常规水质分析

检测项目	国家卫生部标准	环氧聚酰胺漆水柜的水	环氧酮亚胺漆水柜的水
水温/℃		5～19	5～19
嗅	无	无	无
味	无	无	无
色度/度	<20	14～16	14～16
浑浊度/(mg/L)	5	2.9～3.2	2.9～3.1
pH	6.5～9.5	6.7	6.7
总硬度/度	<25	8.4～8.8	8.4～8.8
溶解氧/(mg/L)		3.7～8.3	3.6～8.6
余氯/(mg/L)	<0.3	0～0.1	0～0.1

表 3-4-29　涂料释放物分析

检测项目	国家饮用标准 $/\times10^{-6}$	环氧聚酰胺漆 $/\times10^{-6}$	环氧酮亚胺漆水柜 $/\times10^{-6}$
氯化物	<1.0	未检出	未检出
氰化物	<0.05	未检出	未检出
砷	<0.04	未检出	未检出
硒	<0.01	未检出	未检出

续表

检测项目	国家饮用标准 /×10⁻⁶	环氧聚酰胺漆 /×10⁻⁶	环氧酮亚胺漆水柜 /×10⁻⁶
汞	<0.001	未检出	未检出
铬	<0.01	未检出	未检出
铅	<0.1	未检出	未检出
铁	<0.3	痕量～0.12	0.048～0.17
锰	<0.1	未检出	未检出
铜	<0.1	未检出	0.012～0.04
锌	<1	0.134～0.83	0.6～1.0
挥发酚类	<0.002	未检出	未检出
亚硝酸胺	未作规定	未检出	未检出
氨氮	未作规定		
有机胺加成物	未作规定		
环氧氯丙烷	未作规定	5×10^{-9}	1×10^{-9}

③ 毒理试验　以浸泡养金鱼观察生长情况见表 3-4-30。

表 3-4-30　金鱼观察试验结果

测试时间	环氧聚酰胺组金鱼体长 /cm	环氧酮亚胺组金鱼体长 /cm	对照组金鱼体长 /cm
试验前	3.0	3.0	3.0
试验后 30 天	3.1	3.1	3.1
试验后 60 天	3.4	3.4	3.4
试验后 90 天	3.8	3.7	3.7

病理检查结果：金鱼消化道黏膜均完整。心、肝、肾各组织无明显异常现象。

以上几项结果表明环氧聚酰胺饮水舱漆、环氧酮亚胺饮水舱漆均符合国家卫生部颁发的生活饮用水卫生标准要求，这两种饮水舱漆可以用于饮水舱内表面。

3. 成品油舱漆

成品油舱通常指成品油船的货油舱，成品油船也称为石油产品运输船，确切地说有狭义与广义之分，狭义是指装载和运输石油精制品的船舶，而广义的概念则是指装载和运输石油精制品、石油化学制品以及化学合成产品等的船舶。在这里则取其广义的概念。

(1) 装载对象的特殊性　成品油轮装载对象大致分为以下几大类。

① 石油提炼产品　包括汽油、发动机燃料油、煤油、柴油、石脑油等精炼油类；重油、沥青、红油等黑色石油提炼产品；润滑油、机油等。

② 石油化学制品　该类装载对象有烷烃（脂肪族）类化合物和苯、甲苯、二甲苯等芳香族（芳烃）类化合物。

③ 化学合成制品类　包括有机化学物——醇类、酮类、胺类、醚类、酯类等；碱性化学物——磷酸钠、苛性碱等；酸性化学物——醋酸、脂肪酸等。

④ 天然油脂类　包括各种动物油、植物油等。

⑤ 其他一些食用类　包括蜂蜜、果汁、酒类等。

上述装载对象，有的具有很强的溶解性和渗透性，有的具有很强的腐蚀性，有的则和被食用物品接触，因此它们对涂层提出了很高的要求。更为甚者，作为一级油轮的成品油舱在空载时往往被兼作压载舱，这样货物与海水的交替装载使舱内的涂层处于一种十分严酷的腐蚀环境，所以，必须具备特殊性能的涂料才能当此重任。

(2) 成品油舱漆的品种　作为成品油舱漆，必须具备以下性能。

① 化学结构致密，能抵抗各种装载对象的溶解、渗透和腐蚀，并且不会污染所装载的货物。

② 具有优良的耐海水性能和耐货物-海水交替装载的性能，即使是涂层吸附了一部分货物，本身发生了溶胀，也不会出现遇水剥落现象，或失去原来的抗水能力，而在货物卸下后，溶胀的涂层会恢复原有的状态和性能。

③ 涂层沾上货物或其他污物后清洗容易，并且涂层应具有一定的耐热性能，以抵抗货物的加热和热水清洗。

目前世界上用来作为成品油舱的涂料品种一般都是环氧类（纯环氧和酚醛环氧类）、无机硅酸锌类及聚氨酯类涂料。这些类型的涂料各有各的特点，目前为止还没有一种涂料能适应所有种类的货物。涂料的选择应该根据船舶的主要装载对象来确定。一般来说供应成品油舱漆的厂家会提供耐载荷清单（cargo resistance list），表明其涂料对各种载荷的抵抗能力，由此可选择应该使用的涂料。表 3-4-31 为各类涂料的耐载荷参考清单。

表 3-4-31　成品油舱涂料的耐载荷清单

涂　　料	环氧类成品油舱漆		聚氨酯类成品油舱漆	无机硅锌类成品油舱漆
	纯环氧类	酚醛环氧类		
丙酮(酮类)	—	—	△	+
航空汽油	+	+	+	+
乙醇(醇类)	—	△	△	+
脂肪类石油溶剂	+	+	+	+
烷烃	+	+	+	+
烯烃	+	+	△	+
烷基苯	+	+	△	+
动物油脂	△	△		△
芳香族石油溶剂	+	+	+	+
谷类	+	+	+	+
酯类	△	△	△	△
乙醚(醚类)	—	—	+	+
花生油	△	+	△	+
牛乳	△	△	△	—
石脑油	+	+	+	+
石油	△	+	+	△
砂糖液	+	+	△	—
海水	+	+	+	△

注：1. 该表摘自于 International Paint 公司和日本中国涂料的“cargo resistance list”。
2. +表示适合；△表示有条件适合；—表示不适合。

① 环氧类成品油舱漆　环氧类成品油舱漆大致可分为纯环氧类、酚醛环氧类、环氧沥青类。由于健康问题，环氧沥青类已逐步淘汰。所以现在主要有纯环氧和酚醛环氧两类环氧成品油舱漆。

环氧树脂因含有极性极高而不易水解的脂肪羟基和醚键使其不仅与被涂物面的附着力好，而且耐化学品性高。当配方选择适宜时则具优良的耐水、耐油、耐溶剂等性能，且对白油也不会污染，因此环氧类涂料国内外广泛用作油、水舱涂料。

环氧类成品油舱漆在施工时，漆膜厚度不能低于 250μm，但也不要超过 500μm，一般膜厚控制在 300μm。漆膜太厚，会造成漆膜过脆进而漆膜的剥落。表 3-4-32 为各类环氧成品油舱漆的要求及总体性能。

表 3-4-32 环氧成品油舱漆的要求和性能

环氧油舱漆类型	涂装道数/道	干膜厚度/μm	表面处理	施工温度	防腐蚀性能		
					化学品	溶剂	水
聚酰胺固化环氧	2	300	Sa2.5	不小于10℃	良好	良好	良好
胺加成物或多胺固化环氧	3	250	Sa2.5	不小于10℃	优良	良好	良好
异氰酸酯固化环氧	3	250	Sa2.5	0℃	良好	良好	优良
胺固化酚醛改性环氧	3	300	Sa2.5	15℃施工加热，60～80℃热固化	最佳	良好	良好

② 聚氨酯类成品油舱漆 聚氨酯类成品油舱涂料是由聚酯、聚醚、多元醇或羟基丙烯酸树脂与异氰酸酯预聚物构成的双组分涂料，适用于运载石油品、溶剂等。

聚氨酯类涂料有以下优点：

a. 能在低温（0℃下）固化；

b. 耐石油溶剂，对航空煤油质量无影响；

c. 有全面的耐化学品性能；

d. 耐动植物脂肪酸。

聚氨酯类成品油舱涂料的缺点在于该类产品气味大，对人体有害，另外由于成品油舱环境条件差，所以施工困难。为减少施工道数国外正开发厚浆型、无溶剂型聚氨酯类涂料。

③ 无机硅酸锌类成品油舱漆 通常使用的无机硅酸锌类成品油舱漆是由锌粉、硅酸锌或磷酸锌、硅酸乙酯等组成。该涂料机械强度高，具有良好的耐腐蚀、耐海水、耐油、耐中性化学品（pH＝5～9）、中性溶剂的性能。但不耐含酸碱性的装载物，因为所有酸碱性物品都会腐蚀锌。目前使用的品种有水溶性无机锌粉底漆和溶剂性无机锌粉底漆。表 3-4-33 为两种无机锌漆的比较。

无机锌粉漆施工时干膜厚度不能过厚，一般控制在 70～100μm，过厚会引起龟裂。

表 3-4-33 无机锌漆的比较

无机硅酸锌油舱漆类型	干性	表面处理	车间底漆的适应性	防腐蚀性能				
				耐油	耐原油	耐白油	耐酸碱	耐水
硅酸钠(水性)	快	Sa3	适用于无机锌底漆	优良	不适用于含硫多的原油	良好	劣	优异
硅酸乙酯(溶剂型)	快	Sa2.5	适用于无机锌底漆	优良	不适用于含硫多的原油	良好	劣	良好

(3) 成品油舱涂装的特殊性 成品油舱涂装常称作“特涂”，需要以下特定的施工条件。

① 必须在船上作整体涂装

a. 成品油舱漆都是致密的化学固化型涂料，这些涂料有严格的复涂间隔期，超过了涂装复涂间隔期在其表面继续涂装，则涂层间附着力不够，易发生层间剥离现象。从分段涂装到整体合拢后修补，间隔时间很长，必然大大超出了复涂间隔期，因此修补区域与原涂层的交界处往往很难附着好。

b. 分段涂装后，往往堆放在露天，时间一长，涂层质量必受影响，尤其在漆膜完全固化前，如遇下雨、大雾、落霜等天气更易破坏涂膜。

c. 分段涂装后在运输、吊装时难免损伤涂层，而且分段预涂装工作不大可能做到 100%，合拢后往往需进行烧焊工作，加上分段数量多，焊缝修补工作量大，焊缝的涂装又是特殊涂装中的关键性工作，大量的焊缝修补涂装，很难保证其涂装质量。

② 必须严格进行温度和露点管理

a. 由于成品油舱漆都是双组分化学固化型涂料，故其干燥受周围环境的温度影响很大，尤其是环氧类成品油舱漆在环境温度低于10℃时固化速率很慢，低于5℃大多数品种几乎停止固化。所以要求施工中，漆膜固化环境温度应尽量高于10℃。另外在夏季，温度过高同样会影响涂装质量，同时也会使喷砂后的钢材很快返锈，所以温度管理十分必要。

b. 比温度管理更重要的是露点管理。所谓露点是指在该环境的温度和相对湿度的条件下，环境温度若下降到物体表面刚刚开始结露时的温度，这一温度即该环境条件下的露点。

c. 涂装作业时的湿度对涂层的性能会带来重大影响，一般涂装作业都要求环境的相对湿度在85%以下，而对于特殊涂装来说，如单纯规定环境湿度在85%以下是远远不够的，将会发生不少麻烦，甚至产生差错与失误。一般涂装中被涂物体（如分段）表面的温度与大气的温度差别不大，所以当环境相对湿度在85%以下时，表面不会发生结露现象。而成品油舱涂装不同，由于整船涂装一般都是在船体漂浮在水面的状态时进行，钢板浸水的部位，其温度低于大气的温度，几乎与外界水温相等，其表面很容易发生结露。尤其是舱内温度与外界水温相差悬殊时（舱内温度大大高于水温），结露现象则难以避免。这是特殊涂装中一个很突出的困难问题，需要通过去湿和实现露点管理来解决。所谓露点管理，则是：判别被涂物表面温度与露点之间的差距，以确定能否进行涂装（一般要求是被涂表面的温度应当高于露点温度3℃以上）；被涂物表面温度接近露点或低于露点时，应当通过改变环境条件（降温、去湿）或提高被涂表面温度，创造合适的涂装条件。这就是露点管理所要解决的问题。

为了适应整体涂装和温度、露点管理，还需要采用许多特殊的设备和特定的施工工艺，这也是成品油舱漆施工的关键所在。

③ 表面处理的特殊性　众所周知，涂装质量的好坏，最关键的环节在于表面处理的质量。而成品油船由于装载特殊的货物，需要在特定的条件下施工，涂装特殊的涂料，就需要认真地进行表面处理。与一般涂装不同，有以下特定的要求。

a. 结构性处理　在分段组装前应当对所有尖锐的自由边缘作倒角处理，达到边缘呈$R=2$mm左右的圆角状态。在分段组装后，应对所有由于切割焊接所引起的表面不平整处进行补焊、磨光等处理，以求得到良好、光滑的被涂表面状态。

b. 整体喷砂处理　在整体涂装前，分段进行喷砂处理。要求在车间底漆受破坏的区域达到Sa2.5～3级，粗糙度在40～75μm。车间底漆完好区域，应达到70%～80%的车间底漆被除去。因此，对磨料、施工工艺以及脚手架搭建等均有特定的要求。

4. 润滑油/燃油舱漆

除了上述的成品油舱外，还有燃油舱、润滑油舱、污油舱等。

(1) 燃油舱　燃油舱一般不需要涂料保护。为了防止舱壁在建造过程中的锈蚀，减少封舱加油前的清洁工作量，常在分段阶段涂装一道石油树脂漆（亦称干性防锈油）。石油树脂漆是由石油树脂溶于烃类溶剂中获得，一般固体含量为50%左右，涂于钢材表面能干燥成膜，当燃油舱开始装油以后，漆膜将逐步溶于燃油，舱壁将直接接触燃油而不致腐蚀。

石油树脂在烃类溶剂中很容易溶解，和许多树脂混溶性良好，由于结构中不含极性基团，因此有良好的抗水性、耐酸碱性。

石油树脂抗氧化性能欠佳，因此必须加入少量的抗氧剂。常用的抗氧剂为胺类或酚类化合物，其用量为石油树脂的0.5%～2%。

石油树脂漆由于不含有防锈颜料，故防锈性能欠佳，保护期限较短，燃油舱也可涂装一道车间底漆加以保护。表3-4-34为石油树脂燃油舱涂料的参考配方。

表 3-4-34 石油树脂燃油舱涂料参考配方

组 成	质量分数/%	组 成	质量分数/%
石油树脂	50.0	溶剂	45.0
助剂	5.0	合计	100.0

(2) 润滑油舱 润滑油舱可像燃油舱一样采用石油树脂漆进行临时性保护，而更好的保护方法是用纯环氧类涂料保护，尤其是主机滑油循环舱，其贮藏的油质要求高，通常采用纯环氧涂料保护。

5. 货舱漆

货舱漆用于船舶货舱内部。要求附着力良好、有较高的耐磨性能，要易于修补，各涂层的涂装间隔时间应符合产品技术要求。

大型的散装货轮，在往返途中单向装运货物，难免有空船或装货不足的现象，因此必须在中间一个货舱内注入海水来压舱，这样货舱上所涂的涂料就必须像压载水舱一样能耐海水浸泡。所以货舱兼作压载舱时，货舱漆应有优良的耐水性能和抗腐蚀性能。

用于装载散装谷物食品货舱的货舱涂料，必须具有对谷物无毒性、无污染。应符合“中华人民共和国食品卫生法（试行）”（1982）中有关条例，并取得相关当局的认可证书。在国际上，装载谷物货舱的货舱漆，通常需要达到 FDA 规定。

作为货舱的保护涂料大致有三种类型：①醇酸类；②改性环氧类；③纯环氧类。

醇酸类货舱漆一般用于经济型、小型船的应用；改性环氧类货舱漆由于其对底材的容忍性，常用于货舱的维修；而纯环氧类由于其出色的性能，常用于新造船。

用于装载散装谷物食品货舱的货舱涂料的配方中颜填料必须无毒性，一般采用如铝粉、钛白粉、氧化铁红、滑石粉等颜填料。

完整的货舱漆配套系统由车间底漆、防锈漆、中间层漆及面漆组成。在涂货舱漆前，裸露钢板的表面处理应符合 GB 8923 的规定。按货舱漆的不同品种，其除锈等级须分别达到喷、抛射除锈 Sa2～$2\frac{1}{2}$级，手工机械除锈 St2～3 级。

七、船舶漆的涂装

“船舶涂装”是指将涂料施涂到船舶钢材表面的工艺操作过程。它不仅包括涂装前涂料的配套选择、待涂表面的预处理、涂装设备的选用、涂装工艺和涂装过程的检测等，而且还包括涂装过程中污染的处理、个人防护和设备的保养维修等系列涂装管理工作。因此说直接影响“船舶涂装”涂膜质量的三个要素是涂装材料、涂装工艺和涂装管理。

(1) 涂装材料 选用涂料时，一般从涂料的作业性能、涂膜性能、经济效果等方面综合考虑。一般采用吸取他人经验或通过试验确定等方法。由于前几章已系统地论述过，所以本章对涂料选用不再述说。

(2) 涂装工艺 获得优质涂膜的必要条件是充分发挥涂装材料性能的涂装工艺。涂装工艺包括涂装技术的合理性和先进性；涂装设备和涂装工具的先进性和可靠性；涂装环境条件以及涂装操作人员的技能、素质等。

(3) 涂装管理 涂装管理是确保涂装工艺的实施，达到涂装目的和涂膜质量的重要条件。涂装管理包括工艺管理、设备管理、工艺纪律管理、现场环境管理、人员管理等。涂装管理是现代涂装过程中必不可少的环节。

涂装三要素是相互依存的制约关系，忽视哪一方面都不可能达到涂装目的和获得优质的涂膜。

1. 船舶涂装钢材表面处理

在船舶漆的涂装工序中，底材涂装前的表面除锈处理质量直接影响到涂层保护性能。表3-4-35为经验总结的涂层性能因素。

表 3-4-35 各种因素对涂层寿命的影响

影响因素	影响程度/%	影响因素	影响程度/%
表面处理质量	49.5	涂料种类	4.9
膜厚(道数)	19.1	其他因素	26.5

表面除锈处理不仅指除去钢材表面的铁锈，而且还包括除去覆盖在钢材表面的氧化皮，旧涂层以及沾污的油脂、灰尘、残留焊渣等污物；此外，钢材经表面处理后还形成一定的表面粗糙度。所以，钢材表面处理的质量主要是指上述污物的清洁程度和处理后表面所形成的粗糙度的大小。

(1) 钢材表面处理质量的评定

① 国家标准《涂装前钢材表面锈蚀等级和除锈等级》 按国家标准 GB 8923（与相应的ISO、SSPC 标准等同）可将未涂装过的钢材表面原始锈蚀程度分为四个"锈蚀等级"，将未涂装过的钢材表面除锈后的质量分为若干个"除锈等级"。钢材表面的"锈蚀等级"和"除锈等级"均可用文字叙述和典型样板的照片共同确定。

a. 锈蚀等级 国家标准根据钢材表面氧化皮覆盖程度和锈蚀状况将其原始锈蚀程度分为四个等级，分别以 A、B、C、和 D 表示，如图 3-4-21 所示。

(a) 腐蚀等级A (b) 腐蚀等级B (c) 腐蚀等级C (d) 腐蚀等级D

图 3-4-21 钢板原始等级（照片源自 SSPC）

A 全面的覆盖着氧化皮而几乎没有铁锈的钢材表面。

B 已发生锈蚀，并且部分氧化皮已经剥落的钢材表面。

C 氧化皮已因锈蚀而剥落，或者可以刮除，并有少量点蚀的钢材表面。

D 氧化皮已因锈蚀而全面剥落，而且已普遍发生点蚀的钢材表面。

b. 除锈等级 国家标准对喷丸（砂）或抛丸除锈、手工和动力工具除锈以及火焰除锈的钢材表面清洁度规定了除锈等级，并且分别以字母“Sa”、“St”和“F1”表示。

• 喷射或抛射除锈分四个等级——Sa1、Sa2、Sa2.5 和 Sa3。

Sa1 级：轻度喷砂除锈，表面应无可见的油脂、污物、附着不牢的氧化皮、铁锈、涂料涂层和杂质。

Sa2 级：彻底的喷砂除锈，表面应无可见的油脂、污物、氧化皮、铁锈，油漆涂层和杂质基本清除，残留物应附着牢固。

Sa2$\frac{1}{2}$级：非常彻底的喷砂除锈，表面应无可见的油脂、污物、附着不牢的氧化皮、铁锈、涂料涂层和杂质，残留物痕迹仅显示点状或条纹状的轻微色斑。

Sa3 级：喷砂除锈至钢材表观洁净，表面应无油脂、氧化皮、铁锈、涂料涂层和杂质，表面具有均匀的金属光泽。

• 手工或动力工具除锈，分两个等级——St2 和 St3。

St2：彻底的手工和动力工具除锈，表面应无可见的油脂、污物、附着不牢的氧化皮、铁锈、涂料涂层和杂质。

St3：非常彻底的手工和动力工具除锈，同 St2，但应比 St2 处理得更彻底，金属底材呈现金属光泽。

• 火焰除锈只设一个等级——F1（钢材表面应无氧化皮、铁锈、涂料涂层等附着物，任何残留物的痕迹仅为表面变色不同颜色的暗影）。

② 船舶专业标准“船体二次除锈评定等级” 全国船舶标准化技术委员会发布的船舶专业标准“船体二次除锈评定等级”将二次除锈前的钢材表面状态分为三类。

W——涂有车间底漆的钢材经焊接作业后，重新锈蚀的表面。

F——涂有车间底漆的钢材经火工矫正后，重新锈蚀的表面。

R——涂有车间底漆的钢材因暴露或擦伤，重新锈蚀的表面，或附有白色锌盐的表面。

二次除锈的手段可分为手工或动力工具除锈和喷射或抛射除锈两类。

a. 手工或动力工具除锈的质量等级设有三个等级——P1、P2 和 P3。

• P1 用动力钢丝刷和动力砂纸盘彻底地清除锈和其他污物，仅留有轻微的痕迹，经清理后，表面应具有金属光泽。

• P2 用动力钢丝刷、动力砂纸盘或用上述工具清除几乎所有的锈和其他污物，但局部仍可看见少量锈迹。

• P3 用动力钢丝刷、动力砂纸盘或手工工具清除浮锈和其他污物。

b. 喷射或抛射除锈的质量等级设有三个等级——b1、b2 和 bs。

• b1 以喷射磨料的方式彻底地清除锈和其他污物，仅留有轻微的痕迹。

• b2 以喷射磨料的方式除去几乎所有的锈和其他污物，但局部仍可看见少量锈迹。

• bs 以轻度喷射磨料的方式清除锈、锌盐和其他污物，但表面上允许留有车间底漆和少量锈迹。

(2) 表面粗糙度的评定 国际标准 ISO 8503 用来评定喷射除锈后钢材表面粗糙特征，该标准由四个部分组成。其中 ISO 8503-2（比较样块法）是目前国际上最常用和最简便的一种评定方法。我国国家标准和该标准均采用表面粗糙度基准比较样块以直观或触摸方式进行比较来判断喷射清理过的表面粗糙度。如图 3-4-22 所示为比较样块的示意图，图 3-4-22(a) 为喷砂表面粗糙度比较样块，它是反映喷射棱角砂类磨料（GRIT）而获得的表面粗糙特征的样块，所以该样块又称为 G 样块；图 3-4-22(b) 为喷丸表面粗糙度比较样块，它是反映喷射丸类磨料（SHOT）而获得的表面粗糙特征的样块，所以该样块又称为S样块。

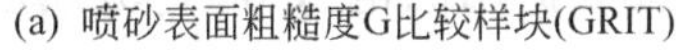

(a) 喷砂表面粗糙度G比较样块(GRIT)　　(b) 喷丸表面粗糙度S比较样块(SHOT)

图 3-4-22 比较样块示意图

评定表面粗糙度的步骤是：先清除待测钢材表面的浮灰和碎屑，然后根据喷射清理所用的磨料，选择合适的表面粗糙度比较样块（G或S样块）将其与被测表面的某一区域形成对照，依次将被测表面与样板上的四个部分进行目测比较，必要时可用放大倍数不大于7倍的放大镜观察，确定比较样块上高于和低于被测表面粗糙度的部分。再根据表3-4-36就可得出被测表面粗糙度的等级。

表 3-4-36 表面粗糙度的等级划分

级别	定　义	粗糙度参数值 $R_y/\mu m$	
		丸类磨料(SHOT)	棱角砂类磨料(GRIT)
细细	钢材表面所呈现的粗糙度小于样块区域1所呈现的粗糙度	＜25	＜25
细	钢材表面所呈现的粗糙度等同于样块区域1，或介于区域1和区域2所呈现的粗糙度	25～40	25～60
中	钢材表面所呈现的粗糙度等同于样块区域2，或介于区域2和区域3所呈现的粗糙度	40～70	60～100
粗	钢材表面所呈现的粗糙度等同于样块区域3，或介于区域3和区域4所呈现的粗糙度	70～100	100～150
粗粗	钢材表面所呈现的粗糙度大于或等同于样块区域4所呈现的粗糙度	＞＝100	＞＝150

如目测评定有困难，也可采用触摸法对被测表面的粗糙度做出正确的评定。方法是用指甲背面或夹在拇指和食指间的木质触针在被测表面和样块表面交替划动，根据触觉来判定表面粗糙度的等级。

2. 船舶涂料涂装工艺

由于船舶建造的特定工艺程序不同于一般工业产品的生产，决定了船舶涂装工艺也应与造船工艺程序相适应，而又不同于一般工业产品涂装的特定的工艺程序。通常造船的整个过程中，涂装工作（包括表面处理）可分为以下工艺阶段：①钢材预处理和涂装车间底漆；②分段涂装；③船台涂装；④码头涂装；⑤坞内涂装；⑥舾装件涂装。

这里将重点对后五部分进行论述。

(1) 分段涂装工艺　分段涂装是船舶涂装中最主要和最基本的一环，除了特种船舶的特殊部位（如成品油舱的货油舱），船体的各个部位，在分段阶段都要进行部分或全部涂层的涂装。船体分段有平面分段和立体分段两大类。立体分段结构比较复杂，表面处理与涂装工作的难度亦高一些。

分段涂装作业时应注意以下几点。

① 分段的搁置应尽量避免高空作业和顶向作业，应有利于表面处理（二次除锈）作业时的磨料清理，有利于人员进出和通风换气，必要时应增设工艺孔和分段。露天作业时，应避免周围污染源的影响，避免涂装作业时产生的粉尘，漆雾对周围可能产生的污染。

② 分段涂装作业前，要确认船体结构是否完整，焊接、火工校正、焊接清理工作是否结束，特别是分舱标记，水线水尺等标记是否焊好，机电管系的预舾装工作是否完成等，以避免涂装结束后再进行上述工作而破坏涂层。

③ 分段涂装前，对分段的大接缝、尚未进行密性试验的焊缝以及不该涂漆的部分与构件（如外板或液舱内已装好的牺牲阳极，外加电流保护用的电板等），应用胶带或其他包裹材料进行遮蔽。

④ 分段涂装结束，应在涂层充分干燥后才能启运。对分段中非完全敞开的舱室，应测定溶剂气体的浓度，在确认达到规定的合格范围以内才能启运。

⑤ 分段上船台前，与墩木相接触的部位的涂层必须充分干燥。墩木处必须上一层耐溶剂性能好的聚乙烯或聚酯薄膜（一般厚度为 0.1mm 左右），以免墩木擦伤涂层。

(2) 船台涂装工艺 船台涂装是指分段在船台上合拢以后直至船舶下水前这一过程中的涂装作业。该阶段涂装主要工作内容为分段间大接缝修补涂装、分段涂装后由于机械原因或焊接、火工原因引起的涂层损伤部位的修补以及船舶下水前必须涂装到一定阶段或全部结束的部位的涂装。建造进度许可的话，可以对某些舾装工作完整性较好的舱室作完整性涂装。船台涂装应特别注意以下问题。

① 船台涂装作业以及后面将介绍的码头涂装与坞内涂装均为露天作业，要尽量利用好天气抓紧工作并严格做好环境的温度和湿度管理。

② 分段间的大接缝及分段阶段未作涂装的密性焊缝，应在密性试验结束以后进行修补涂装。

③ 修补涂装时修补区域的涂料品种、层数、每层的膜厚要与周围涂层一致，并按顺序涂装。修补区域的周围涂层要事先打磨成坡度，叠加处要注意平滑，避免高低不平。

④ 如船舶下水后直到交船不再进坞，则水线以下的部位（包括水线、水尺）应涂装完整。船底与船台墩木或支柱接触的部位要进行移墩修涂，以保证这些部位涂层完整。

⑤ 船体外板的脚手架、下水支架，往往有一部分焊在外板上，下水前需切割清除，磨平焊脚，做好修补涂装。

⑥ 船体外板涂装时，对牺牲阳极、声呐探测器、螺旋桨、外加电流保护用的电极等不需要涂装的部分，应做好遮蔽，避免被涂料污染。

(3) 码头涂装工艺 码头涂装是船舶下水到交船前停靠在码头边进行舾装作业阶段的涂装。除了必须在坞内进行的涂装作业外，该阶段应该对全船各个部位作好完整性涂装。

由于码头舾装作业的特点，涂装时必须注意以下事项。

① 船体外板水线以上区域，应在临近交船前涂装（亦可在进坞时涂装）。涂装前，为防止干舷旁排水孔流出的污水对涂装作业的影响，应设置适当的临时导水管导流，或以木栓塞住排水孔，直至涂装结束，漆膜完全干燥为止。

② 不同涂层的交界处（如水线区与干舷区之间）为防止不同涂层不合理叠加而引起渗色，咬底等弊病，应当按生产设计规定的正确顺序进行叠接。

③ 液舱内部（除特涂舱室），大多在分段阶段已完成涂装，在船台阶段往往由于舾装工程的原因来不及修补，故多数在码头阶段修补涂装，由于液舱往往分布在船底部、艏、艉或

船两侧，船舶下水后有部分舱壁的外侧浸于水中，故舱内容易结露，所以要采取措施（如通风，除湿），杜绝潮湿表面涂装，实在难以避免结露的部位，要留待进坞时涂装。

④ 机舱内部情况较为复杂，大多在分段阶段已作好涂装，码头阶段仅作修补和最后一道面漆。机舱设备在系泊试验动车以后，油水难免流入舱底，增加了清洁工作的难度，所以舱底涂层修补工作应赶在试车前结束为宜。

⑤ 甲板分为室内甲板和露天甲板两类。由于码头舾装阶段甲板上人员频繁，又往往堆积较多材料等物品。所以甲板涂装应越接近交船越好。施工时应分区域进行，不影响通行。施工好的表面在涂层完全干燥以前要严禁人员通过，涂层干燥后最好铺上覆盖物，避免过多踩踏，影响交船时的整洁与美观。

(4) 坞内涂装工艺　坞内涂装主要是对船体水线以下区域进行完整性涂装，也做一些码头舾装阶段来不及进行的涂装工作。船舶下水时因为离交船期还有一段时间，船底防污漆一般不应涂装结束，故进坞时往往还需要涂装 2～3 道防污漆。坞内涂装需注意以下事项。

① 船舶下水后到进坞这一段时间，水线以下区域会受到水域内各种物质的污染。涂装前应先用高压水枪认真清洗，除去污泥、杂物，若有油腻沾污，则应用溶剂擦净。有些水域含有较多 SiO_2 会导致下水前已涂装好的防污漆发黑，则应以砂皮纸磨去发黑严重的部位。如船体表面有海生物附着，则应轻轻刮除，刮除时要避免损伤已有的涂层。

② 船舶一进坞就应将压载水放干净，否则在外板上会凝结水珠，影响涂装。

③ 与坞内墩木接触的地方，在整体涂层施工结束后，如涂层不足，原则上应作移墩处理，然后逐道修补涂装。但由于整体涂层刚刚施工完毕，涂层还不十分坚硬，移墩可能会导致新的涂层压伤，所以有些船东不希望移墩，此时可不做移墩处理。但应向船东提交一份坞墩布置图，以便船东可在下次进坞时，要求船坞方面排墩时避开这些部位，补足所缺涂层。避免坞内涂装时移墩的最好方法是在船舶下水前，将船底平底区的中心区域（坞墩密集区）的涂层施工完毕。

④ 外板艏部区域的涂层易被锚链擦伤，舯部区域则易被码头边楞木擦伤，这些擦伤部位往往产生锈蚀，进坞时要重新除锈、补漆。由于补漆工作从头做起，涂层较多，需较长时间，故一进坞就应抓紧这方面工作。

⑤ 水线、水尺、船名、港籍名以及船壳外的各种标记应仔细刷涂，在出坞放水前完全干燥。

⑥ 坞内涂装时，舷旁排水孔的处理方法与码头涂装一样。

(5) 舾装件涂装工艺　船舶舾装件种类很多，有些如桅杆、舱口盖、起货杆等大型舾装件，也有许多如管系附件、电缆导架、扶手、栏杆等小型舾装件。

大型舾装件，往往采用经过预处理并涂有车间底漆的钢材制成，其涂装往往与船体涂装相似，经过二次除锈，然后逐层涂装；小型舾装件，往往采用酸洗除锈后，或镀锌，或直接涂装防锈底漆。

所有船舶舾装件，上船安装前，多数涂上底漆，面漆一般会等到安装后再涂装。这是由于在安装过程中难免因焊接或机械原因损伤涂层，且面漆与周围船体结构同时涂装会有较好的外观效果。舾装件的涂装应注意以下事项。

① 所有船舶舾装件，除规定不必涂装的之外（如不锈钢制品、有色金属制品、部分镀锌件等），上船安装前，都必须事先经过表面处理和涂好防锈底漆（有的则可以涂完面漆），不允许未经表面处理和涂装的钢质舾装件上船安装。

② 舾装件上船安装前所涂的底漆，原则上应该与其所安装的部位的底漆相同，如上船安装前已涂装好面漆，则所涂面漆除涂装说明书有特别规定外，一般应和周围的面漆相同。

③ 外购设备或一般舾装件，应在订购前向制造厂商提供表面处理和涂装的技术要求，对涂料品种、膜厚、颜色等应做出认真仔细的规定，必要时前往检查验收。

④ 舾装件上船安装后会发生局部涂层破坏，应当用同类型的涂料做好逐层修补。

⑤ 对一些安装范围广泛、通用性较强的舾装件，为避免所涂底漆与今后安装部位面漆涂装不配套，可涂通用性较强的环氧类底漆。

⑥ 舾装件安装后，最终与周围一起涂装面漆时，要注意保护好不该涂漆的部位。

3. 船舶涂料涂装工具

船舶的涂装工具以高压无气喷涂为主，也有使用手工涂刷和辊涂的。在进行船舱内部涂装时一般先手工刷涂，在肋骨背面等不宜进行喷涂和容易漏喷的地方进行涂装，称为预涂，然后再进行全面喷涂。手工涂刷工具主要有漆刷、漆辊、钢皮刮刀、牛角刮刀、塑料刮板及橡皮刮刀等。

高压无气喷涂的主要设备为高压无气喷涂机或称高压喷漆泵。船厂一般采用的压缩空气驱动泵可分为内阀配气机构型和外阀配气机构型两类。其压力比有多种类型，可分别适用于各种不同材料和不同黏度的涂料。喷涂法施工须掌握以下一些操作技巧。

(1) 用配套的稀释剂将涂料调至适合喷涂的黏度。

(2) 空气压力最好控制在 0.3～0.4MPa。压力过小，漆液雾化不良，表面会形成麻点；压力过大易流挂，且漆雾过大，既浪费材料又影响操作者的健康。对厚膜型涂料，压力要适当提高。

(3) 喷嘴与物面的距离一般以 300～400mm 为宜。过近易流挂；过远漆雾不均匀，易出现麻点，且喷嘴距物面远漆雾在途中飞散造成浪费。距离的具体大小，应根据涂料的种类、黏度及气压的大小来适当调整。慢干漆喷涂距离可远一点，快干漆喷涂，距离可近一点；黏度稠时可近一点，黏度稀时可远一点；空气压力大时，距离可远一点，压力小时可近一点。所谓近一点远一点是指 10～50mm 之间小范围的调整，若超过此范围，则难以获得理想的漆膜。

(4) 喷枪可作上下、左右移动，以均匀速度运作，喷嘴要平直于物面喷涂，尽量减少斜向喷涂。当喷到物面两端时，扣喷枪扳机的手要迅速的松一下，使漆雾减少，因为物面的两端，往往要接受两次以上的喷涂，是最容易造成流挂的地方。

(5) 喷涂时要下一道压住上一道，一般控制 50%的压枪，这样可保证漆膜厚度均匀及不会出现漏喷现象。在喷涂快干漆时，需一次按顺序喷完。补喷效果不理想。

(6) 在室外空旷的地方喷涂时，要注意风向（大风时不宜作业），操作者要站在顺风方向，防止漆雾被风吹到已喷好的漆膜上造成难看的粒状表面。

(7) 喷涂的顺序是：先难后易，先里后外，先高处后低处，先小面积后大面积。这样就不会造成后喷的漆雾飞溅到已喷好的漆膜上，破坏已喷好的漆膜。

表 3-4-37 为高压无气喷涂常见故障与排除的方法。

表 3-4-37 高压无气喷涂常见故障与排除的方法

故障现象	产生的原因	排除的方法
泵产生空吸动作,无涂料输出	1. 管路中吸入空气 2. 柱塞泵座处钢球粘住,滤网堵塞 3. 柱塞未拧紧而松动,脱落 4. 涂料黏度大吸不进柱塞泵内 5. 管路接头泄露严重	1. 打开放泄阀,放去空气 2. 拆下清洗 3. 重新安装 4. 添加溶剂或进行涂料加热 5. 重新安装

续表

故障现象	产生的原因	排除的方法
气压不足	1. 进风压力不足 2. 密封圈磨损 3. 柱塞缸零件产生内外泄露 4. 缸体及活塞杆磨损	1. 风压应大于0.4MPa 2. 更换密封圈 3. 检查,针对性调整 4. 更换磨损部件
压力波动大	1. 喷嘴太大 2. 柱塞单向阀动作失灵 3. 贮压器等有关零件产生泄露	1. 选用适合的喷嘴 2. 清洗或更换单向阀的钢球 3. 检查,针对性维修
上汽缸不动作	1. 配气机构动作失灵 2. 进风压力与风量均不够 3. 配气滑阀排气口结冰堵塞	1. 清洗与修正配气零件,并润滑 2. 检查管路零件尺寸与安装方向 3. 空气加热或加防冻润滑剂
雾化不良	1. 漆压不高 2. 涂料黏度太大 3. 喷嘴损坏	1. 调整压力比,清除管路泄露 2. 适当添加溶剂或进行中间加热 3. 更换喷嘴
喷嘴堵塞	1. 涂料结皮或过滤不良 2. 设备及管路清洗不良 3. 喷枪清洗不良	1. 加强涂料过滤 2. 拆洗设备及管路 3. 拆洗喷枪、喷嘴
喷枪漏漆	1. 喷枪针形阀磨损 2. 密封材料损坏 3. 顶针复位弹簧失效 4. 调节螺母位置不当	1. 研磨或更新针形阀 2. 更新密封材料 3. 更新顶针复位弹簧 4. 调整螺母位置
压力标值很高但无涂料输出	1. 高压软管堵塞 2. 喷枪通道被堵 3. 中间加热器内涂料过热堵塞	1. 检查、清洗、更换高压软管 2. 按第六项方法处理 3. 拆开并清理残存变质涂料

4. 涂层缺陷及修正

涂料在施工过程中，由于操作不当、干燥及固化期间的环境条件变化或者是涂料自身质量的影响，都会产生种种缺陷。有些缺陷，在涂料施工到基材表面后立即产生，称之为湿膜缺陷；另外一些缺陷，是在涂层干燥及固化阶段以及涂层投入服务使用后产生，最终在涂层干燥状态下可以观察到的，称之为干膜缺陷。

涂料从生产厂家生产出来，直至其被施工在工件表面，才达到其真正的使用目的。从这种意义上讲，只有施工完毕的涂料才是真正意义上的成品。而涂层的缺陷，无论从实践经验而来，还是相关机构的调查结论来看，80％～90％的涂层缺陷都是由于在施工中的不当操作造成的。这些不当的操作存在于表面处理、涂料的施工、干燥及固化期间对温湿度的控制等整个涂装过程。而不当的操作，可能是由于操作人员的技术水平不足、责任心缺乏；或者是由于设备的故障或不足等因素造成。

以下主要就常见的涂层缺陷的成因、外观状态以及修复方法进行介绍，以求在对涂料的使用过程中，注意控制涂装的各个施工环节，避免产生涂层缺陷；同时当涂层缺陷产生时，可以帮助找到造成缺陷的原因，避免产生更多的涂层缺陷；以及采用合适的方式方法进行修复。

涂料施工中，常见的涂层缺陷通常有：漏涂，膜厚过低；流挂、帘状流挂或流淌；橘皮；干喷或过喷；针孔；起泡；鱼眼；皱纹/抬起；渗出和碳化；发花；渗透压水泡；针状锈蚀；开裂；分层；粉化；渗色；空泡。

(1) 漏涂或漆膜厚度过低　涂料施工时，后道涂层未遮蔽前道涂层或底材，从而在涂层施工完毕后可观察到前道涂层或底材的颜色的状况，称之为漏涂或漆膜厚度过低，如图 3-4-23

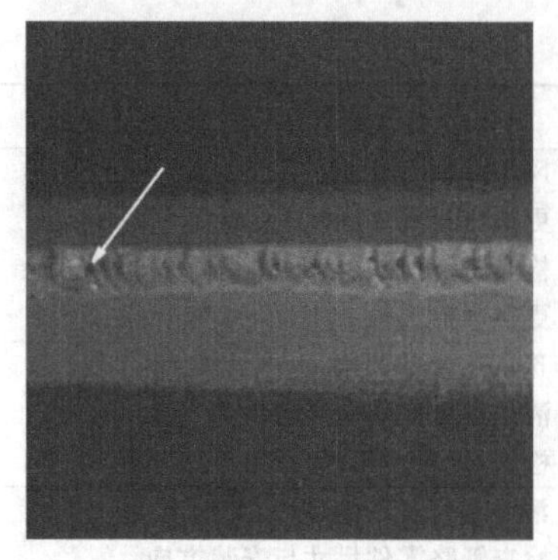
图 3-4-23　手工电焊缝预涂时的漏涂

所示。

漏涂或漆膜过薄经常会发生在结构较为复杂或通行不便的部位、不规整的表面，诸如：夹角、型材反面、过焊孔、老鼠孔、电焊缝和火工切割边缘等部位。这种缺陷通常可直接通过目测观察，对于狭小或复杂的区域，常常可借助小镜子观察。

涂料施工中，无论是刷涂、辊涂还是喷涂，都会出现这种缺陷。施工中未按规定的膜厚要求进行涂覆是造成该缺陷的主要原因。刷涂时控制漆刷中涂料的含量、刷子行进的速度及力度以及在遇到不规整的表面时，采用点压的方法都可以极大地避免该缺陷的产生。而在辊涂时除了要确保辊筒中涂料的含量及行进的速度和力度外，由于辊筒在涂料施工时先天的不足，无法很好地润湿表面，特别在不规整的部位，往往结合刷涂可以有效地避免漏涂的产生。大面积进行喷涂时，首先对于难以喷涂的部位进行预涂，然后在施工中采用 50%接枪和/或十字交叉喷涂的工艺都能有效地避免漏涂和膜厚过低。当然，如果在施工过程中，借助湿膜测厚仪随时监控施工的湿涂层厚度和在复杂的结构区域使用小镜子可以有效地降低膜厚过薄或漏涂的现象。

一旦出现漏涂或膜厚过低的现象，通常可对这些部位进行补涂。在补涂之前，需要注意表面的状况，如表面受到污染、产生粉化或超过覆涂间隔等情况发生，进行恰当的处理以确保补涂的涂层的附着力是非常必要的。

(2) 流挂、帘状流挂和流淌　涂料施工到垂直的基材表面后，由于重力的影响向下流动形成悬垂状突起状况称之为流挂，如图 3-4-24 所示。

根据程度的不同可分为流挂、帘状流挂和流淌。

流挂一般而言是分散的条状或水滴状突起。如果流挂连接成片状形成像窗帘般的褶皱，称为帘状流挂。而当涂料完全从基材上脱离，露出基层，称为流淌。

从涂料的角度而言，如果涂料本身的黏度比较低，在施工中极易产生流挂的现象。

有时由于底材温度过高或者过低，即使在常温下不会产生流挂的膜厚，也会出现流挂。夏天高温时，暴露于室外的钢材表面可以达到 40～60℃的高温，而此时的空气温度可能在 30～40℃，涂料施工到这种表面，涂层接触底材的区域可能达到与钢材同样的温度，而表层与空气接触的区域与空气温度接近。温度高的底层，黏度下降，流动性增强，此时表层黏度相对较高的湿膜就会滑动流淌形成流挂。当温度过低时，同样会出现类似的黏度差而造成流挂，只不过正好相反，如图 3-4-25 所示。

很多时候，上述两种情况，可以通过调整涂料施工的技艺和工艺来避免和控制。但是如果施工的技艺和工艺不当，即使在正常的条件下也会产生流挂的缺陷。这也是产生流挂最常见的原因。

在涂料施工时，一次给予过高的湿膜厚度，涂层的自重超过其与基材的黏附力，就会形成流挂。这往往是在喷涂时喷枪行走的速度过慢、喷嘴距离基材表面太近造成的。

有些时候，喷涂压力过高，湿膜受到压力的推动也会形成流挂。

另一种情况是在涂料中添加了过多的稀释剂，人为地降低涂料的黏度，增加其流动性而造成施工中易于产生流挂。

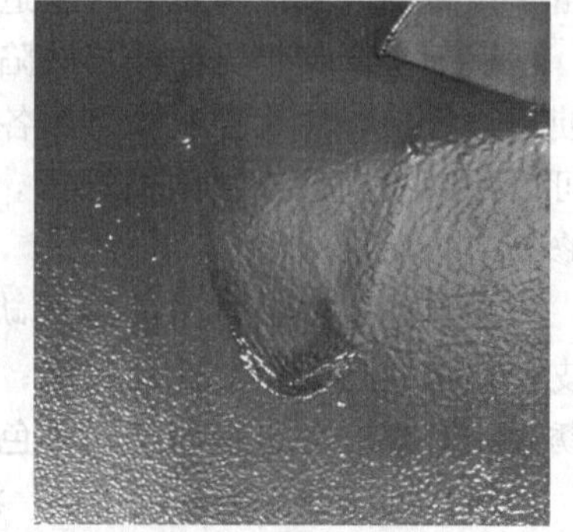
图 3-4-24　流挂

涂料施工时发现存在流挂，应当及时地调整喷涂压力、走枪速度、喷嘴与基材的距离等喷涂技艺，注意控制稀释比率。如已经存在流挂，在湿膜状态时，可以使用漆刷拉平突起，或者使用边缘平直的玻璃板等刮除过多的涂料；漆膜干燥后发现的流挂，可以采用手工砂纸或动力磨机磨平表面，然后重补涂同种涂料。

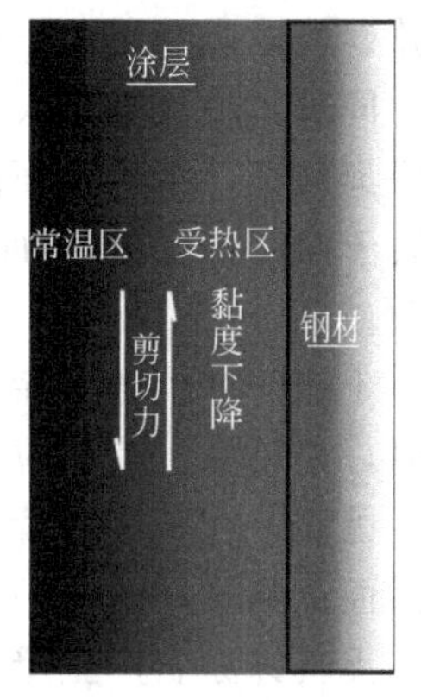

图 3-4-25 大气环境下温度差导致流挂的产生

(3) 橘皮 涂层干燥后，表面呈现凹凸不平的橘子皮的外观，称为橘皮。橘皮现象常见于高黏度、厚浆型的涂料。有些涂料黏度很高，自流平性能不佳，诸如：聚酯玻璃鳞片涂料和高固体分的环氧涂料，在施工时如果没有合适的喷涂设备或压力，非常容易观察到橘皮的现象。而在低温条件下，涂料的黏度会增高，此时即使在常温下适宜喷涂的涂料，也会出现橘皮现象，如图 3-4-26 所示。

涂料施工到基材表面干燥之前，由于重力的作用，湿膜会流动融合成平整的涂层。如果在其完全融合之前，漆膜就已干燥的话，表面会形成凹凸起伏的状况。同理，如果涂料自身所含的溶剂或添加的稀释剂挥发速率较快，漆膜未流平之前已干燥，同样会形成橘皮。另一方面，当喷涂设备不良或喷涂压力不足时，涂料无法充分雾化成微滴，而是成团状接触到基材，因而无法恰当的流平，也会形成橘皮现象。喷嘴太过靠近基材表面时，喷嘴处的压力会推动湿膜，造成局部的漆膜堆积而形成橘皮的外观。

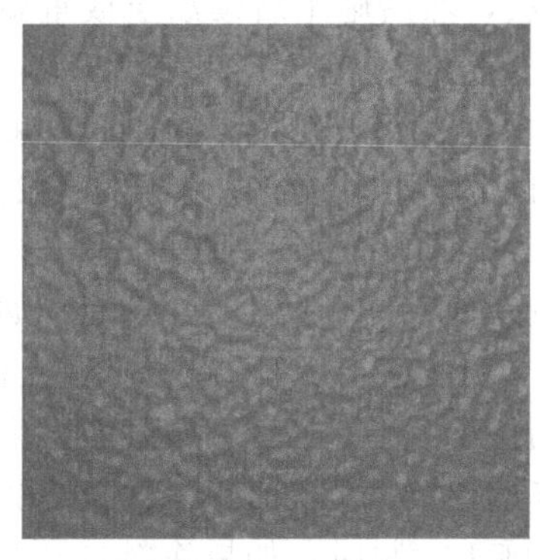
图 3-4-26 橘皮

针对上述情况，如果涂料本身黏度过高，可以通过加入适量的稀释剂调整，降低黏度，增加涂层的流动性，避免和减少橘皮现象。除此之外，根据不同的温度条件选用合适的稀释剂、控制涂层干燥的时间以及保持良好的喷涂技艺都可以起到减少和避免该类缺陷产生的机会。

一旦发现有橘皮现象的产生，在涂层完全干燥后，采用手工砂纸或动力磨机打磨处理的方式，磨除表面的粗糙层并补涂同种涂料。

(4) 干喷/过喷 涂料在喷涂过程中，在接触到基材表面时喷嘴处雾化的微滴已经干燥，形成的颗粒状的漆粉会黏附在基材或湿膜表面，最终会形成粗糙的砂纸状外观，这种情况称为干喷或过喷，如图 3-4-27 所示。

干喷的形成主要取决于雾化的微滴从喷嘴到涂漆面的干燥过程，这是由多种因素造成的。

从涂料本身而言，主要在于其本身所含溶剂或所添加的稀释剂的挥发速率过快。

而当环境温度较高同时相对湿度低和/或多风的天气，也会造成溶剂挥发速率增加，涂料的干燥速率加快。

很多时候可以在施工时通过调整施工工艺和选择合适的设备来减少涂料自身和环境条件的不利影响。反之，如果施工工艺和设备状况不佳，即使是合适的涂料和环境条件下也会形成干喷。更多时候，由于喷涂施工的技艺不良，非常容易造成干喷的缺陷。

图 3-4-27 干喷

对于一些小构件或管件，喷涂时的干喷是相当难以控制的，很多时候采用刷/辊涂的方法可以获得更好的效果。对于一些复杂的大体量构件，在开始喷涂之前应当仔细考虑喷涂的线路，可以避免干喷产生。

同时，喷涂施工人员应当注意控制喷涂技巧。喷嘴距离涂漆面过远，雾滴在空气中的飞行距离延长，抵达表面前干燥的可能性也大大增加。同理，如果在喷涂时，雾化的扇面不是垂直于涂漆面，则扇面远端的雾滴在空气中的行进线路也延长了，因而易于造成干喷的现象。

干喷的产生会对涂装工件的外观造成影响，更严重的是如果后续涂层直接覆盖在干喷表面时，松动的干喷颗粒会导致后续涂层的附着力缺陷，出现开裂或分层的现象。

因而，在覆涂后续涂层时，对干喷表面进行恰当的处理，可以确保整个涂层系统的良好黏附而达到既定的防护要求。针对不同类型的涂层有可能需要采用不同的方法进行处理。当施工无机锌涂料产生严重的干喷现象时，建议喷砂去除整个涂层然后重新施工该涂层。而对于诸如丙烯酸、氯化橡胶等物理干燥的涂层，由于其本身可以轻易地重溶于溶剂中，因而只要在表面施工一定量的溶剂或稀释剂，溶解干喷颗粒和涂层，使其重新融为一体即可。对于氧化干燥和化学固化涂层表面的干喷，一般可以采用合适的方法清除表面的干喷颗粒，譬如：使用砂纸打磨的方法，然后施工后续涂层或重新在表面覆涂同种涂层。

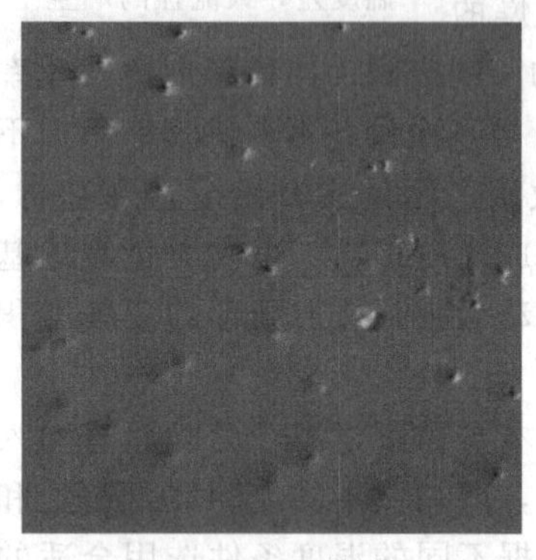

图 3-4-28 针孔

(5) 针孔　涂层施工完毕后，表面出现微细的小孔，就像使用缝衣针在纸上扎出的小孔，称为针孔，如图 3-4-28 所示。

针孔的出现主要是由两方面的原因造成的：一方面，如果涂料本身的流平性不好，施工到表面后，没有充分地融合在一起，留出的缝隙就形成了针孔；另一方面，如果涂层内部包含空气、溶剂，受热后会膨胀，逸出干燥的涂层表层，其逸出的通路形成针状的小孔。而在粗糙表面，例如：无机锌涂层、混凝土、干喷的表面等，施工涂料时，如果涂料自身的润湿性欠佳，无法充分渗透到孔隙中，会把空气包容在涂层下，当温度上升时，空气会膨胀逸出，同样会形成针孔。

从施工工具的角度而言，使用辊筒时最易产生针孔，因为辊筒施工容易夹带空气，而且对不平整的表面的润湿性差。使用刷涂时，应当避免堆积过厚的涂料，特别是黏度和流平性较差的产品。喷涂时，正常条件下一般不会产生针孔的现象。但在高温多风的天气条件下尽可能避免使用挥发性高的稀释剂。另外当然需要控制恰当的喷涂技术，避免喷嘴距离涂漆面过近或者是喷涂压力过高。当施工过程中出现针孔时，添加稀释剂降低涂料的黏度，增加湿膜的流动性通常是一种解决的方法。

而一旦在漆膜干燥后观察到针孔时，可以采用打磨的方式，磨除有针孔的涂层。针孔有时仅出现在面层，有些时候可能穿透几度涂层直至底材，因而磨除的原则以看不到针孔为止。去除针孔后，根据磨除的涂层道数，补涂相应的涂层。

(6) 起泡　涂层表面顶起小空泡，在光线的照射下可以看到鼓起的顶端呈现半透明或透明的膜。通常，气泡的尺寸都不大，如图 3-4-29 所示。

起泡与针孔的成因在一定程度上是一样的，都是由于在涂层内包含溶剂或空气，当温度上升时，气体膨胀造成的。

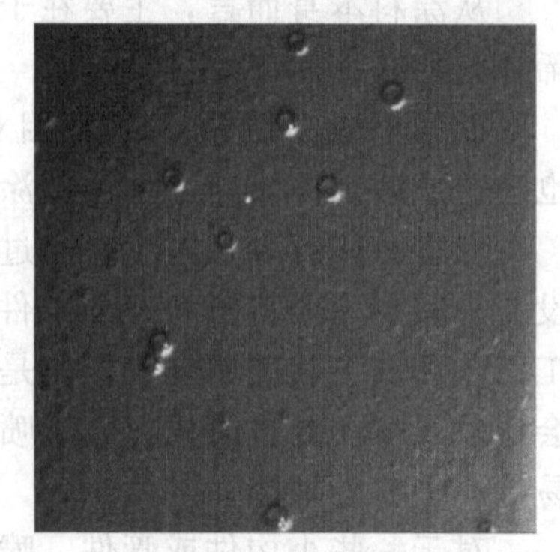

图 3-4-29 起泡

区别在于起泡时的漆膜未被顶穿，而针孔出现时，漆膜表层已经顶穿，如果气泡顶部的透明或半透明的膜产生塌陷形成凹坑，也称为火山坑。另外，如果涂料施工在多孔隙的表面，诸如无机锌涂层、混凝土和干喷等表面，也容易产生起泡的现象。

施工时，容易造成漆膜表层干燥速率高于涂层内部的因素都易会引起起泡现象。这些因素有：单涂层膜厚过高、通风量过大（自然条件下的大风）等。

起泡现象产生意味着涂层中存在空泡，也就是说漆膜的有效厚度在这些部位降低了，形成了防护的弱点区域。同时，如果在覆涂后续涂层前，不消除这些气泡的话，起泡的现象可能会在后道涂层的同一部位重复出现。

在实际施工中，为了避免起泡的产生，应当避免单涂层施工过高的湿膜厚度，如果需要在多孔隙的基材表面施工时，可以选用联结漆或者采用雾喷的工艺以排除孔隙中的空气，避免起泡现象的发生。而一旦在涂层干燥后观察到起泡，可以采用打磨的方式清除气泡，然后重新补涂同种涂料。

(7) 鱼眼　鱼眼与火山坑都是属于一种坑状缺陷。相对而言，鱼眼的尺寸一般要大于火山坑，而且如果仔细观察，在鱼眼坑的中心部位可以观察到颗粒状或点状的污染物，围绕该污染物的区域可明显地观察到基材未被充分润湿，如图 3-4-30 所示。

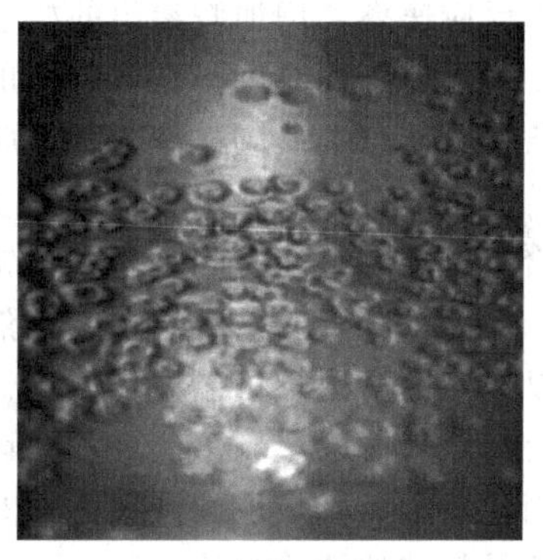

图 3-4-30　鱼眼

鱼眼的形成大多是由于基材表面存在污染物，此类污染会降低基材表面的张力因而使涂层无法润湿。常见的污染物是油/脂。随着有机硅涂料作为防污漆在市场上推广和应用得更为广泛，在实践中有可能也会遇到表层遭遇有机硅污染而形成鱼眼的情况。当然还存在其他可能的污染物。另一种造成鱼眼的情况是在非常光滑的表面施工涂料，就像在玻璃表面洒水水膜会收缩而形成空隙。

实际施工中遇到鱼眼的现象，首先应判明成因，如是由于污染物造成的应当彻底去除受到污染的表层，必要时可以结合化学溶剂清除污染物。同时应当找到污染源以免产生更多的鱼眼。如果成因是由于前道涂层表面过于光滑，则应当采用打毛表面的方式消除光泽，增加两度涂层之间的结合力。

图 3-4-31　防污漆膜厚过高导致起皱

(8) 皱纹/抬起　涂层起皱，当皱纹发展到一点程度时会从基层表面脱开但不会完全脱落形成抬起。如图 3-4-31 所示。

涂层系统不兼容是形成皱纹和抬起的主要原因。强溶剂类型的涂料覆盖在弱溶剂类型的涂层表面时，强溶剂会溶解或造成前度弱溶剂类型的涂层溶胀，从而底层涂层膨胀远大于后道涂层，造成起皱。当后道涂层无法承受底层膨胀的力量时，会产生开裂并从底层脱离或连带底层一起脱离基材。

有些时候，厚涂层在低温大风的天气条件下，表层的溶剂会较快挥发，表层干燥速率快，而内部的涂层可能长时间处于液态或黏态。所以在温度变化幅度比较大时，也会出现起皱的现象。

在维护和保养项目中，点喷砂区域周边的原有涂层，由于受到喷砂时磨料的撞击而丧失附着力，新的涂层覆盖在其表面后，涂层干燥时的收缩应力会拉离松动的涂层而造成抬起的状况，通常称为翘皮。

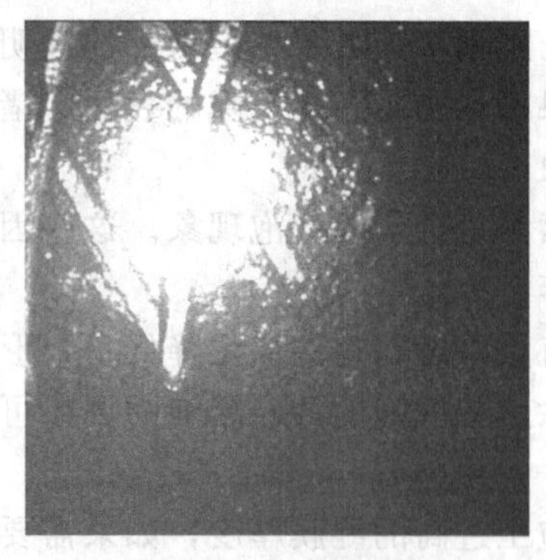

图 3-4-32 胺渗出

出现皱纹和抬起时，需要彻底清除皱纹和抬起的涂层并补涂相应的涂层系统。

(9) 渗出和碳化　涂层完全硬干后，接触表面仍然有粘手的感觉，同时会在涂层表面观察到闪亮粘手的小点。这种状况主要会出现于环氧涂料中，环氧涂料中的胺类固化剂析出到涂层表面，形成胺渗出。析出的胺类固化剂与环境中的二氧化碳和水汽进一步反应生成白色的碳酸铵。因此，胺渗出的表面有时也会观察到白色的痕迹。如图 3-4-32 所示。

胺类固化剂之所以会从涂层中析出，主要在于涂层湿膜开放的时间过长。涂层中固化介质的密度小于涂层中的其他物质，因此如果胺类固化介质与主剂的反应速率过于缓慢，则有机会导致胺类固化剂浮出涂层而形成胺渗出。

涂层在干燥过程中如果相对湿度过高，会阻碍涂层中的溶剂及稀释剂的挥发，减缓涂层内反应速率，增加胺渗出的机会。密闭空间施工时，如果通风不良，挥发的溶剂蒸气由于密度大于空气而会沉积在地势低的区域，在这些区域阻止溶剂继续挥发，而造成胺渗出。低温条件下，化学反应速率减缓，胺渗出的概率也大大增加。

在施工中，为了减少或避免产生胺渗出，涂料施工前，给予一定的熟化时间是一种不错的解决方法。

图 3-4-33　压载水未排尽造成船壳表面冷凝造成发花

如果胺渗出已经出现，当然在无后续涂层并对其外观可以接受的情况下可以不作处理。如需覆涂后续涂层，胺渗出会造成后续涂层剥落的缺陷，因而必须彻底清除。由于胺类固化剂及其生成的碳酸铵通常是水溶性的，所以采用温水擦洗是最佳的清除方法。

(10) 发花　涂层在面干之前接触到水分，当涂层干燥后，水分被封闭在表层而形成乳白色的痕迹，称为发花，如图 3-4-33 所示。

这种情况经常出现在涂料施工完毕后下雨、起雾等降水的条件下。有时涂料施工完毕后表面产生冷凝现象也会造成发花。在实际应用中，冷凝现象可能是由于压载舱中的压载水未排除，或者在水下施工，也会由于涂料中采用了挥发性高的溶剂和/或稀释剂，溶剂挥发的过程是一种散热过程，从底材带走热量降低底材温度，从而导致冷凝现象。

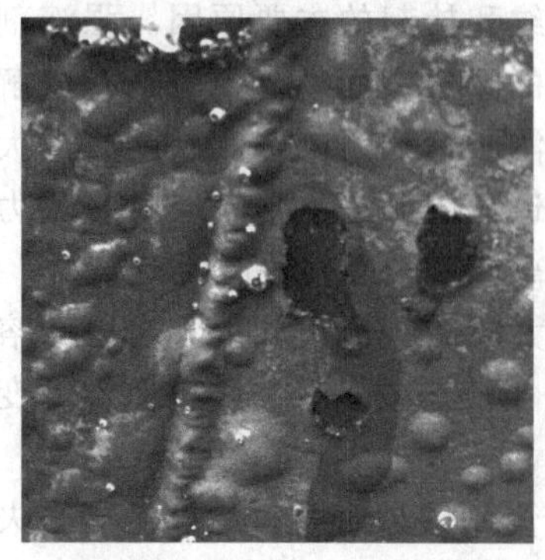

图 3-4-34　由焊接烟尘造成的渗透压水泡

另一种情况是空气中的污染物如二氧化硫和氨会在涂层表面形成白色的硫酸铵，亦会造成发花的缺陷。

发花现象产生后，使用淡水冲洗或溶剂擦拭的方法往往无法获得好的效果，因为这些发花的产物并非水溶性的。应当使用打磨处理的方法清除表层乳白状的缺陷区域，然后补涂同系统的涂料。

(11) 渗透压水泡　涂层在服务过程中，如果其两边存在浓度不同的液体时，浓度低的液体会渗透过漆膜去稀释浓度高的部分直至两边的浓度达到一样。在这个渗透过程中会产生人们称为渗透压的力。涂层如果施工在受到盐分污染的表面，然后投入服务使用，环境中的低浓度的水分会渗透过漆膜稀释盐分，造成盐分部位的水体体积增加。最终会把涂层顶起而形成鼓泡。这种泡中常常含有液体，称为渗透压水泡，如图 3-4-34 所示。

盐分的来源有很多渠道，在工业上，环境条件中的盐雾、含锌涂层形成的锌盐、水溶性的焊接烟尘以及空气中的污染物等。

因而在涂层施工前应当确保基材表面不受盐分的污染，可以在将来避免渗透压水泡的产生。

渗透压水泡可能会出现在底材上，也有可能出现在涂层和涂层之间。在修补渗透压水泡时，铲除水泡然后用淡水冲洗以清除内部的盐分。避免同一位置将来又出现渗透压水泡。

(12) 针状锈蚀　钢材表面出现的针眼状点蚀称为针状锈蚀。针状锈蚀往往与针孔伴生。针孔如果穿透涂层直至底材，暴露一定时间后，底材在环境条件的作用下而产生腐蚀，如图 3-4-35 所示。

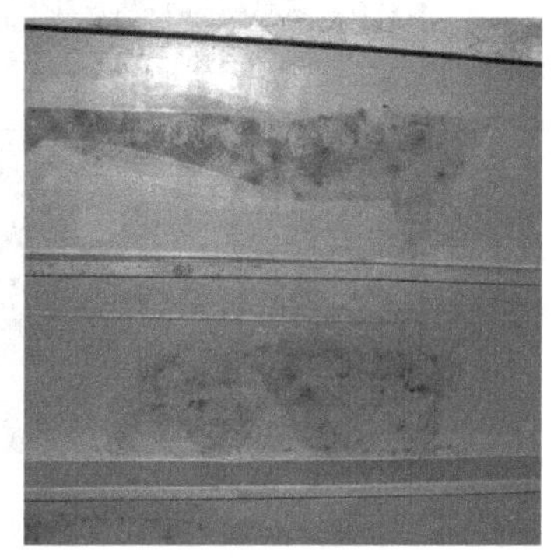

图 3-4-35　针状锈蚀

涂层如果覆涂在干喷的表面以及多孔隙的表面，无法充分润湿底材，导致底材无法受到涂层的防护而暴露于环境中，从而生成锈蚀。另外涂层施工膜厚太薄或产生漏涂也会造成针孔状的锈蚀。

出现针状锈蚀后需要采用合适的方式和方法清除锈蚀并重新补涂合适的涂层。

(13) 开裂　涂层表面产生裂纹。根据裂纹的深度和宽度，开裂可以分为细裂纹、裂开、鳄皮状裂纹和泥裂。

① 细裂纹　涂层表面的发丝状裂纹，通常只出现在表面，深度也很浅，其尺寸通常为微米级的，如图 3-4-36 所示。

图 3-4-36　防污漆表面的细裂纹

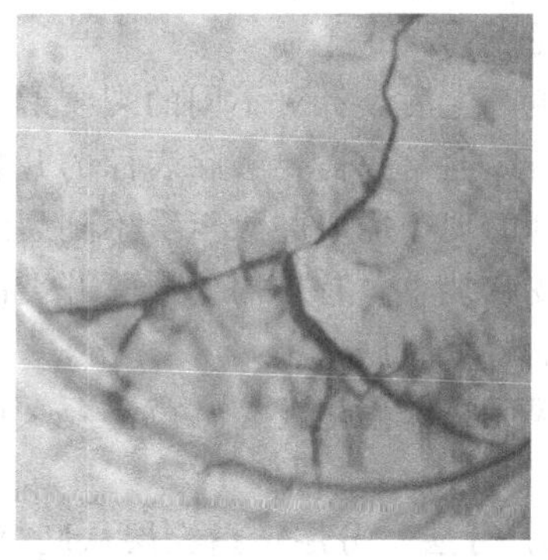

图 3-4-37　膜厚过高而造成的裂开

② 裂开　其宽度要明显大于细裂纹，通常为毫米级别，有可能只出现在表层，也有可能深达底材，如图 3-4-37 所示。

③ 鳄皮状裂纹　此种裂纹的宽度要远远大于其深度，通常出现在面层，在裂开的缝隙中可以观察到底道涂层的颜色，如图 3-4-38 所示。

④ 泥裂　涂层具有连续的开裂纹路，同时裂缝边缘会有翘起的现象，形成如湖泥开裂的状态，如图 3-4-39 所示。

涂层开裂的产生是由漆膜内部的应力集中而造成的。积聚的应力是由许多因素形成的。涂料构成的树脂本身在干燥和固化过程中会出现应力聚集的现象。涂层厚度过高也会有应力积聚的现象。因而所有的涂料施工都应当控制其膜厚不超过规定的限值。当温度变化时，涂层的热胀冷缩也会导致涂层开裂。特别是在底层涂层较软而面层较硬时，更易受到温度的影响。这有可能发生于整个系统中的底漆较软而面漆较硬，或者是同一度涂层的表面干燥而内部为液态或黏态的情况下。

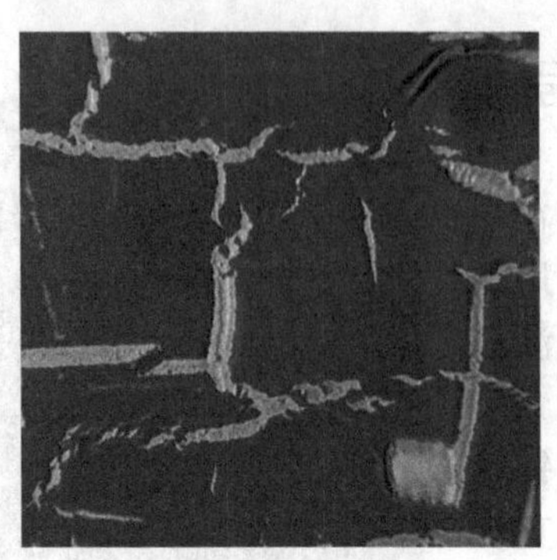

图 3-4-38 氯化橡胶底漆表面覆涂醇酸面漆

图 3-4-39 无机硅酸锌漆膜过高造成泥裂

除了涂层内部本身的应力以外，如果涂层接触到的外部应力超过其能承受的极限，也会产生开裂的现象。如果涂层施工在松动的表层，例如旧的无锡防污漆表面存在的空穴层、干喷的表面以及当醇酸类的涂层覆盖在含锌层表面时产生的皂化层等。一旦存在外部的应力或者涂层在干燥和固化的收缩应力都会导致开裂。开裂会随着时间的推移而发展，最终导致涂层从基材上剥离、脱落。

就常见的开裂类型而言，细裂纹通常出现在厚涂层表面，特别是在冬季低温条件下，涂层的干燥和固化速率减缓，涂层的表面暴露于温度变化中而更易形成。鳄皮裂纹通常是由于涂层系统底面涂层不兼容造成的。无机锌涂层对于膜厚比较敏感，如果超过一定的厚度，极易产生泥裂。

开裂产生后，针对不同的裂纹形式需要采用不同的处理方法。

细裂纹通常只需要磨除表面的开裂，然后重新补涂同种涂料。

裂开的现象需要磨除至看不到裂纹，并根据磨除的情况补涂同系统的涂层。

鳄皮状裂纹，首先需要清除开裂的涂层，通常是面层涂层。然后需要根据底道涂层选择兼容的面层重新施工。

如果无机锌发生泥裂，就需要采用喷砂的方式清除开裂的涂层并重新施工合适厚度的无机锌涂层。

(14) 分层　分层是指涂层从底材或其他涂层剥离及脱落，或者是涂层自身断开而呈片状剥离和脱落。其中前一种分层现象称为附着力缺陷，后一种称为内聚力缺陷。

附着力的缺陷常常是由于涂料施工前表面存在污染物，例如灰尘、油脂等。其他的一些松动物质也会造成后道涂层的分层现象，包括：干喷、粉化层、胺渗出和无锡防污漆的空穴层等。某些涂层完全干燥或固化后表面非常坚硬和光滑，后道涂层施工在这种表面无法达到很好的润湿效果，因此会造成分层的隐患。常用的焦油环氧、高光泽的聚氨酯和完全固化的化学固化涂层都有可能产生此种隐患。除了上述因素以外，如果涂层系统配套兼容性不佳，也有造成分层的可能性，例如在物理干燥的涂层表面施工醇酸涂层或其他强溶剂的涂料、前面提到的在含锌涂层表面施工醇酸涂层。各分层如图 3-4-40～图 3-4-43 所示。

相对于附着力缺陷多半由外因造成，内聚力缺陷更多是由于涂层本身的性能缺陷形成，或者是由于单道涂层的膜厚过高。

图 3-4-40　涂层覆盖在油脂上造成分层

图 3-4-41　镀锌件表面施工醇酸涂料

图 3-4-42　焦油环氧施工后覆涂间隔过长

图 3-4-43　焦油环氧粉化

一旦出现涂层分层的现象，首先应当使用恰当的检测方法，例如：十字划格法或拉离测试来确定附着力弱点的部位和范围，然后通过合适的方法清除分层的涂层和附着力差的涂层，补涂同系统的涂料。

(15) 粉化　涂层暴露于环境中一段时间后，表面产生粉尘颗粒状物质，同时涂层表面的光泽会降低，此时即为涂层表面产生了粉化现象，如图 3-4-43 所示。

粉化主要是由于涂层表面受到环境条件的影响，例如：太阳光线中的紫外线照射、风化和其他一些因素，导致树脂退化，涂层中的颜料、填料暴露出来。在施工过程中如果涂料未充分混合，成膜时树脂无法良好地包容颜料、填料也会造成颜料、填料外浮而形成粉化。常用的涂料类型中，环氧类的产品，最易产生粉化现象。

表层的粉化物质如不经处理直接覆涂后续涂层，很容易造成后道涂层开裂和剥落，因而应当采取打磨或高压淡水冲洗的方法彻底清除。

(16) 渗色　涂层施工一定时间后，由于底层材料的影响而造成面漆颜色的改变称为渗色，如图 3-4-44 所示。

渗色通常是由底层涂层中的颜料溶解于后道涂层，而迁移到面漆涂层，影响其颜色。此列颜料中，最常见的是焦油和沥青。如果底漆为含焦油和沥青的产品，覆盖面漆后，底漆中的焦油和沥青会迁移到面漆，从而在面漆表面形成棕色或深浅不一的色斑，影响面漆的外观。

一个比较特殊的例子是水性涂料施工后，相对湿度过高，涂料中的水分会造成钢材锈蚀，同时这些锈蚀会从底材渗透到面层，改变面层的颜色。

渗色的产生一般而言只是影响到涂层的美观效果，对于涂层防护性能的影响不大，当然上述水性涂料的例子不在其列。如果的确需要去除渗色的影响，通过简单的封闭涂层处理只能延缓渗色的产生时间，但不能根本解决问题。有效的方法是彻底地去除渗色源，然后施工不会产生渗色的涂层系统。

图 3-4-44 焦油环氧表面覆涂白色面漆

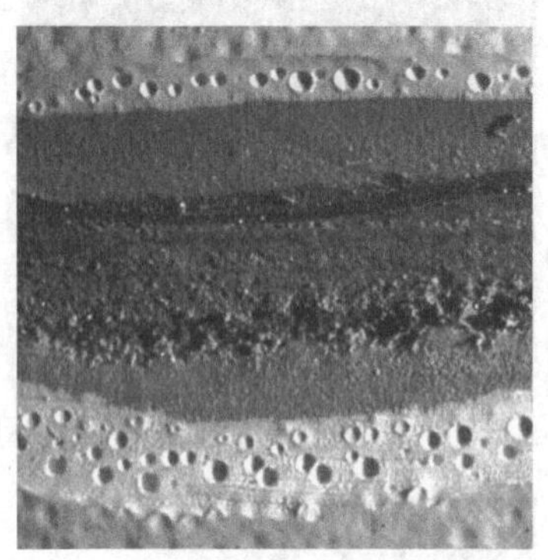

图 3-4-45 漆膜切开后在放大镜下观察

(17) 空泡 上述提到的种种缺陷都是可以通过肉眼直接观察的涂层缺陷。空泡这类涂层缺陷无法通过肉眼辨别，需要借助放大镜来进行观察。涂层在干燥和固化阶段，溶剂未充分挥发而沉陷在涂层内，在涂层内形成空泡。此类缺陷通常是由于单涂层膜厚过高、通风不良、高湿度或稀释剂添加量过多造成的，如图 3-4-45 所示。

这种缺陷虽然不会马上造成影响，但是空泡的存在降低了涂层的有效厚度，在涂层服务中将缩短涂层的服务寿命。

修补这种缺陷的方法是完全去除原有的涂层，施工恰当的涂层系统。

第二节 集装箱涂料

一、集装箱涂料简介

1. 集装箱及其发展历史

集装箱是在航运过程中逐渐形成的一种运输工具，作为一种方便快捷的运输方式，它的出现可以说是航运史上的一次革命。现代意义的集装箱最早出现于 1956 年，它是一种可以实现水陆联运的铝质卡车车厢，而后在美国开始规模化的集装箱生产制造。后来随着经济和物流的发展，集装箱的生产中心转移到欧洲。20 世纪 70 年代中期，日本的集装箱制造业随经济的发展变得非常繁荣，70 年代末至 80 年代初期，迅速崛起的韩国和中国台湾成为集装箱制造的主流区域。从 20 世纪 80 年代起，世界集装箱制造的重心转移到了中国，截至 2006 年底，全世界集装箱的制造量达到 280 万标准箱，而其中的 94%是由中国的工厂制造的，这充分说明，中国已经成为世界集装箱制造和集散的中心，集装箱用涂料也从以往的船舶涂料的一个分支而逐渐自成体系。

2. 集装箱的分类和结构

ISO 668 给集装箱下了这样的定义：集装箱是一种运输设备，应满足下列要求。

① 具有足够的强度和耐久特性，可长期反复使用。

② 适用于一种或多种运输方式，途中转运时，箱内货物不需换装。

③ 适用于快速装卸装置作业，尤其是便于从一种运输方式装换到另一种运输方式。

④ 便于箱内装满货物和卸空。

⑤ 具有 1m^3 及其以上的容积。

(1) 集装箱的分类 按照集装箱的尺寸，即体积的大小，ISO 668 把通用的集装箱分为10ft、20ft、30ft、40ft、45ft 高箱几种（1ft＝0.30m，下同），表 3-4-38 为第一系列国际标准集装箱规格。集装箱按照用途可以分为干货箱、冷藏箱和特种箱，特种箱包括保温集装箱、罐式集装箱、折叠箱、航空集装箱等许多种。干货集装箱的材质主要为耐候钢，冷藏箱可使用铝合金板或不锈钢板。不同尺寸的集装箱对涂料要求没有差别，但不同用途的集装箱对涂料的要求却有很大的差别，以下主要以干货集装箱为例，介绍集装箱涂料的相关内容。

表 3-4-38 第一系列国际标准集装箱规格

规格/ft	箱型	长		宽		高		最大总重量	
		公制/mm	英制/ft、in	公制/mm	英制/ft、in	公制/mm	英制/ft、in	/kg	/lb
45	1EEE	13716	45′	2438	8′	2896	9′6″	30480	67200
	1EE					2591	8′6″		
40	1AAA	12192	40′	2438	8′	2896	9′6″	30480	67200
	1AA					2591	8′6″		
	1A					2438	8′		
	1AX					<2438	<8′		
30	1BBB	9125	29′11.25″			2896	9′6″	25400	56000
	1BB					2591	8′6″		
	1B					2438	8′		
	1BX					<2438	<8′		
20	1CC	6058	19′10.5″	2438	8′	2591	8′6″	24000	52900
	1C					2438	8′		
	1CX					<2438	<8′		
10	1D	2991	9′9.75″			2438	8′	10160	
	1DX					<2438	<8′		

(2) 集装箱的结构 目前制造量最大的是干货箱，其结构在 ISO 830 中有明确的规定，40ft 箱的结构和各主要部位的中英文名称如图 3-4-46 所示。

3. 集装箱的使用环境

大部分的海运集装箱是采用水陆联运的方式进行运输的，其使用范围可能遍及全球。因此集装箱的使用环境既有内陆、沿海，也有海上，环境的温差也会很大，可能会从－40～50℃。有些其他类型的集装箱，如铁路集装箱，虽然不会经由海路运输，但是由于常常会在沿海港口城市滞留，其防腐蚀要求也和海运集装箱相差不多。由于集装箱的结构特点，构成集装箱的板材大部分厚度为 1.6mm，这就要求集装箱涂料体系既要首先满足防腐要求，又要同时兼顾美观和移动变形的要求。

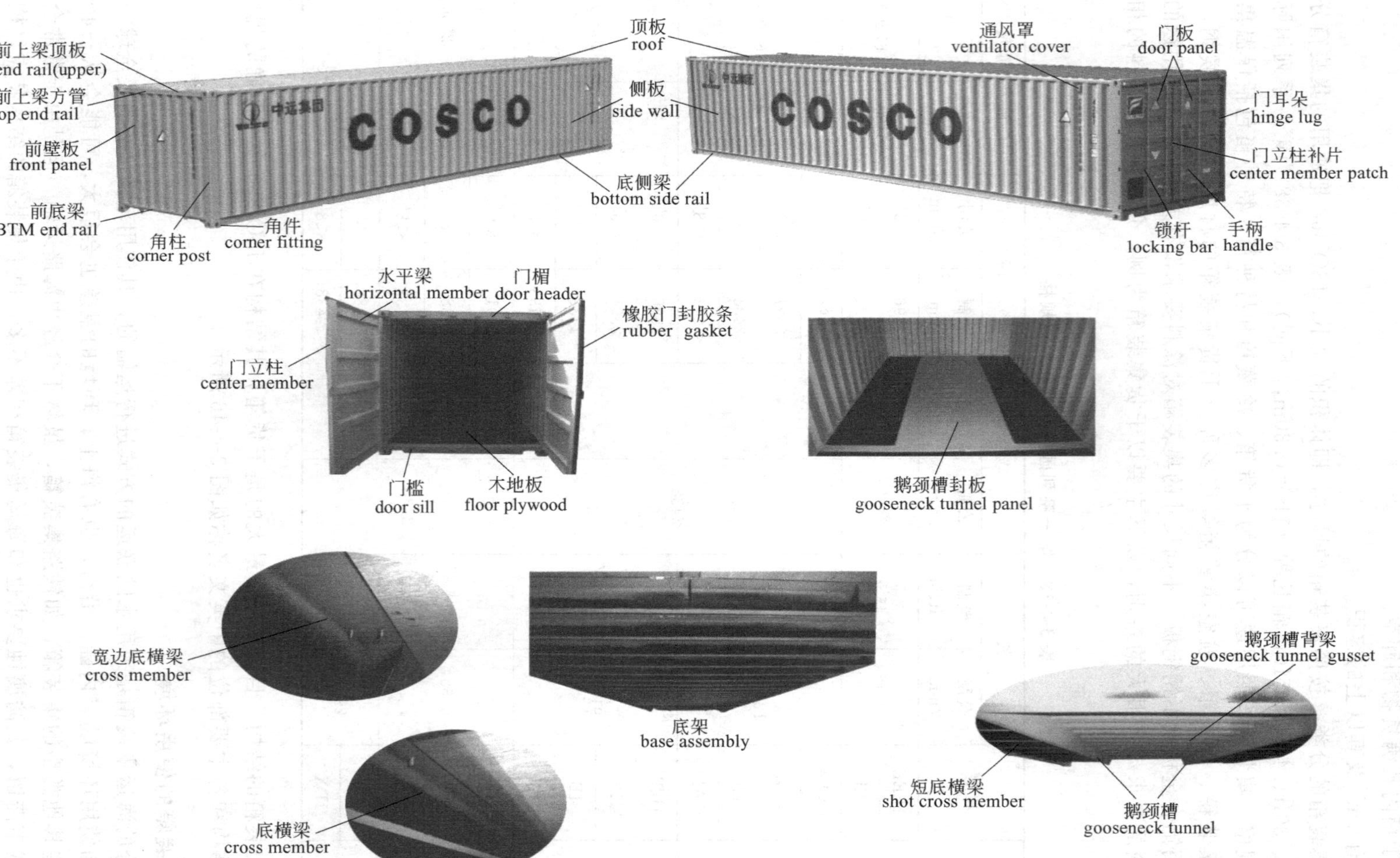

图 3-4-46　英尺集装箱结构和各部位名称

4. 集装箱涂料的评价标准

目前尚无关于集装箱涂料的具体的国际或国家标准，中国的集装箱工业协会制定的行业标准是目前有效的集装箱涂料标准（JH/T E01—2008）。业内通常认可美国的K. T. A. 实验室关于集装箱涂料的评价标准，该标准要求集装箱涂料要通过八个项目的十三种试验，总评分需超过120分（满分为130分）。K. T. A. 实验室的检测项目和指标见表3-4-39。

表3-4-39 K. T. A. 实验室对集装箱漆的评价项目一览表

序号	评价项目	实验方法	评价方法、要求	指标	得分
1	耐磨性：失重/g	ASTM D1044	1000r,250g,CS 10号轮	0～10	10
				11～25	8
				>25	6
2	耐腐蚀性 平均腐蚀等级 加速线锈蚀	ASTM B117 5%盐雾 600h	ASTM D1654	0 1.0mm 2.0mm 3.0mm 4.0mm 5.0mm 6.0mm	10 8 7 6 5 4 3
	耐腐蚀性 平均起泡等级 起泡数量	ASTM B117 5%盐雾 600h	ASTM D1654	无 1～2 3～7 8～10 11～25 26～40	10 8 7 6 4 3
3	加速老化性能 变色	ASTM E42 600h	ASTM D2244	$\Delta E \leqslant 2$ $\Delta E \geqslant 3$	10 6
	加速老化性能 失光	ASTM E42 600h	ASTM D523	0～10% 11%～24% ≥25%	10 8 6
4	柔韧性	ASTM D1731 12.7cm 轴，180°弯曲后	原来	无开裂 轻微开裂 开裂	10 5 1
			600h 加速曝晒后	无开裂 轻微开裂 开裂	10 5 1
5	对底材的附着力	DIN053151	原来	无脱落 5%脱落 15%脱落 35%脱落 50%脱落	10 8 6 4 2
			600h 加速曝晒后	无脱落 5% 脱落 15%脱落 35%脱落 50%脱落	10 8 6 4 2

续表

序号	评价项目	实验方法	评价方法、要求	指标		得分
6	耐盐水性	浸于5% NaCl中168h 25℃		无变化		10
				轻微变化		6
				起泡和/或其他漆病		2
7	耐冲击性	ASTM D2794	原来	60lbf·in以上	70kgf·cm以上	10
				50～59lbf·in	63～74kgf·cm	8
				40～49lbf·in	50～62kgf·cm	6
				40lbf·in以下	50kgf·cm以下	4
			600h加速曝晒后	60lbf·in以上	70kgf·cm以上	10
				50～59lbf·in	63～74kgf·cm	8
				40～49lbf·in	50～62kgf·cm	6
				40lbf·in以下	50kgf·cm以下	4
8	漆膜硬度	ASTM D3363 铅笔耐划性	氧化和催化成膜	6H		10
				5H		6
				4H		4
				3H		2
			挥发成膜	4H		10
				3H		8
				2H		6
				H		4

二、集装箱涂料的配套方案和集装箱涂料

集装箱的涂料配套方案一般由箱东制定，不同种类的集装箱对涂料的要求是不同的，其中对防腐要求最严格的应该为海运干货箱，下面以基本的干货箱用涂料配套为例加以说明。

1. 基本配套

干货箱的外表面通常采用环氧富锌底漆＋环氧中间漆＋丙烯酸外面漆的涂装配套体系；内表面采用环氧富锌底漆＋环氧内面漆；底架部位有的采用环氧富锌漆＋沥青漆，有的则采用和外表面相同的配套。现在也有些箱东在干货箱上开始采用聚氨酯面漆。

典型的配套体系见表3-4-40和表3-4-41。

表3-4-40 集装箱涂料配套方案（一）

部　位	度　数	涂料种类	涂膜厚度/μm	总膜厚/μm
外表面	第一度：车间底漆	环氧富锌漆	10	125
	第二度：富锌底漆	环氧富锌漆	20	
	第三度：中间漆	改性环氧漆	40	
	第四度：外面漆	丙烯酸面漆	55	
内表面	第一度：车间底漆	环氧富锌漆	10	80
	第二度：富锌底漆	环氧富锌漆	20	
	第三度：内面漆	改性环氧漆	50	
底架	第一度：车间底漆	环氧富锌漆	10	235
	第二度：富锌底漆	环氧富锌漆	25	
	第三度：沥青漆	腊质沥青漆	200	

表 3-4-41　集装箱涂料配套方案（二）

部　位	度　数	涂料种类	涂膜厚度/μm	总膜厚/μm
外表面	第一度:车间底漆	环氧富锌漆	10	125
	第二度:富锌底漆	环氧富锌漆	20	
	第三度:中间漆	改性环氧漆	40	
	第四度:外面漆	聚氨酯漆	55	
内表面	第一度:车间底漆	环氧富锌漆	10	80
	第二度:富锌底漆	环氧富锌漆	20	
	第三度:内面漆	改性环氧漆	50	
底架	第一度:车间底漆	环氧富锌漆	10	235
	第二度:富锌底漆	环氧富锌漆	25	
	第三度:沥青漆	腊质沥青漆	200	

2. 集装箱用涂料

(1) 环氧富锌底漆　环氧富锌底漆是一种典型的防腐涂料。其原理是利用金属锌的牺牲阳极反应起到对钢铁底材的防护作用。金属锌的标准电极电位为（－0.76V），金属铁的电极电位为（－0.44V）。当这两种金属组成回路并有电解质存在时，就会形成所谓的原电池，金属锌会作为阳极而不断消耗。钢铁表面涂上富锌漆以后，在底材表面出现损伤时，外界腐蚀性电解质（海水、盐雾等）首先会腐蚀消耗金属锌从而使底材得到保护，同时锌作为牺牲阳极形成的氧化产物，可以对涂层起到一定的封闭作用，加强涂层对底材的保护，防止锈蚀的进一步扩展。

① 富锌漆配方体系　在进行环氧富锌漆的配方设计时，满足箱东对锌粉含量的要求是配方的基础，其次还要考虑到干燥性、防沉性等问题。通常采用双酚 A 型环氧树脂、多元氨或聚酰胺类固化剂。由于锌粉含量较高，配方的 PVC 值也很高，大部分会超过 CPVC 以保证锌粉粒子的充分接触。为了防止贮存和运输过程中产生沉淀，加入触变助剂是必须的。另外微量的水也会和活泼的金属锌反应产生氢气而发生“胀罐”，一般要加入脱水剂来防止这一问题的发生。典型的集装箱用环氧富锌底漆配方见表 3-4-42。环氧富锌底漆的技术指标见表 3-4-43。

表 3-4-42　典型的集装箱用环氧富锌底漆配方

原　料	配方量/质量份	原　料	配方量/质量份
双酚 A 型环氧树脂	11	二甲苯	16
锌粉	65	脱水剂	1
滑石粉	3	聚酰胺树脂	3
膨润土	1		

表 3-4-43　环氧富锌底漆的技术指标（JH/T E01—2008）

项　目		要　求	项　目		要　求
涂料外观		搅拌后无硬块,呈均匀状态	混合体积固体分/%	≥	45
细度(方法 A)/μm	≤	60	附着力		1 级
重涂间隔/min	≤	3	柔韧性/mm	≤	3
半硬干燥时间(80℃烘烤)/min	≤	5	耐冲击性/kgf·cm	≥	50

② 环氧富锌底漆的锌粉含量　干燥漆膜中锌粉含量的多少是衡量锌粉漆防腐性能的一个关键指标。由于锌粉的价格数倍于富锌漆中的其他颜填料，因此锌粉含量成为影响集装箱涂料成本的一个重要因素。在保证使用寿命的前提下，到底多少锌粉含量合适，在这个问题

上行业内一直在争论，国内外也有很多标准。经过多年的探讨，目前行业内趋于认同的锌粉含量标准为 SSPC-PAINT20：2002 中所描述的 LEVEL 2，即≥77%，<85%；和 LEVEL 3，即≥65%，<77%。

③ 富锌底漆锌粉含量的检测 对于富锌漆中锌粉含量的检验，现在国际上有两种应用比较广泛的方法，即化学分析法（ASTM D521）和差示扫描量热法（ASTM D6580）。化学分析法主要使用洗涤的方法先将富锌漆中的锌粉分离出来，然后用化学方法滴定，计算出锌粉含量。这种方法适合于液态涂料中锌粉含量的检测。对固化后漆膜中的锌粉含量检验结果往往不准确，这主要是由于涂膜中的高分子物质难以和锌粉分离，对测量过程及其结果有很大的干扰作用。

用差示扫描量热法（differential scanning calorimetry 简称 DSC）测量涂膜中的锌粉含量具有快速简便、测量数据准确的特点，已经逐渐在行业内被广泛应用。其原理是在温度程序控制下，测量输给试样物质和参比物质的功率差与温度关系的一种技术。这种技术可分为功率补偿式差示扫描量热法和热流式差示扫描量热法。

④ 富底漆干膜厚度的检测 作为防腐蚀底漆，环氧富锌漆一般涂于喷砂或抛丸处理后的钢板表面，而在流水线上，在富锌底漆还没有完全干燥的情况下很快（通常在 10min 以内）又要涂装下一度环氧漆，目前的普通测厚仪难以在富锌漆尚未完全干燥的状态下准确测量其厚度，因此富锌底漆的漆膜厚度的测量成为一个难题。由于富锌底漆的特殊作用，是否漏涂或者膜厚是否达到标准直接关系到集装箱将来使用中的防腐性能，特别是涂膜破损后的防止锈蚀扩散性能。这就使得各利益方非常关心富锌漆漆膜厚度的测量及其影响因素。目前常用的测量富锌漆干膜厚度的方法有以下三种。

a. 普通磁力膜厚仪 由于钢板的粗糙度在 25～40μm，底材表面粗糙度对富锌漆膜厚的测量会产生影响。如果用在光滑零板上校准过的磁力膜厚仪测量箱体上的富锌漆的膜厚是不准确的。应该采取用与底材相同粗糙度的零板校准膜厚仪，或者在相同的涂装条件下将富锌漆喷涂于光滑马口铁板上的办法来测量富锌漆的干膜厚度。

b. 破坏性涂层测厚仪（PIG） 破坏性涂层测厚仪（PIG）是一种类似显微镜的监测仪器，它由割刀和光学放大设备组成，割刀的作用是将漆膜严格按照与涂膜表面呈一定的角度剖开。光学设备将剖面放大并显示在有刻度屏幕上，这个数值已经通过转换屏幕上的标尺换算成了实际的膜厚。割刀的最大优点是可以在表面涂有其他漆膜的情况下测量富锌漆的膜厚，并且可以同时测量多种涂层的膜厚。缺点是会破坏漆膜。

c. 超声波测厚仪 超声波测厚仪是近几年出现的一种膜厚测量仪器，其原理是利用超声波在不同介质里的反射速度不同，通过精确计量反射时间来测量膜厚。它可以在不破坏漆膜的情况下实现对其他漆膜之下的富锌漆涂膜厚度的检查，也可以测量多层涂膜的厚度。其工作原理如图 3-4-47 所示。

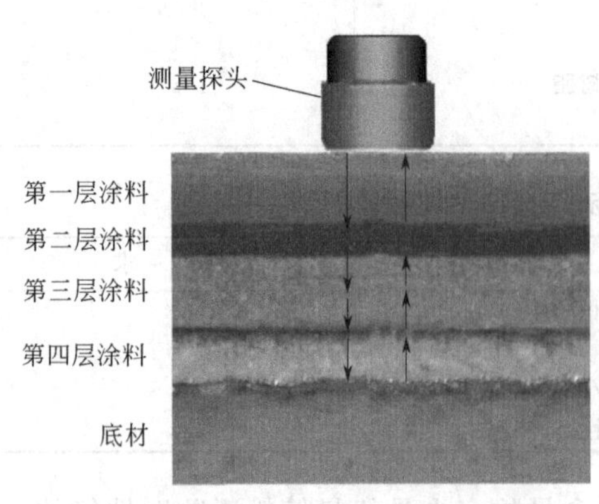

图 3-4-47 超声波测厚仪的工作原理

测定方法：ASTM E797—1995

涂层厚度=(速度×通过时间)/2

由于超声波的特性，当富锌漆中的锌粉含量不同时，即使涂膜的厚度相同，超声波在涂膜中的反射时间也是不同的（因为不同锌粉含量的富锌漆的涂膜密度是有差别的），仪器显示的涂膜厚度也是不一样的，这就要求对各个厂家生产的不同品种的富锌漆制定不同的基准曲线，也就增加了测量结果的不确定性，制约了这种方法的广泛使用。

(2) 环氧中间漆　与其他重防腐漆一样，集装箱用的环氧漆主要由环氧树脂、聚酰胺类固化剂和颜填料、助剂等组成，具有非常好的屏蔽效果。大家都知道，环氧漆的耐候性不好，装饰性较差，因此在外表面必须要加涂面漆来满足耐候性和装饰性的要求。因此对中间漆而言，除了防腐效果以外，其他方面的要求不是很苛刻。环氧中间漆的作用如下。

① 作为富锌漆和面漆的过渡层，增强层间附着力，进而增强这个系统的密着性。

② 具有良好的屏蔽性能，防止腐蚀性离子侵入到富锌漆或者底材。

③ 具有一定的硬度和韧性，既能防止运输过程中的碰撞摩擦，又能保证在适当的变形范围内整个涂层不发生开裂。

为了便于检查，防止漏涂，中间漆的颜色一般要与富锌漆有明显的区别，而为了防止因面漆遮盖不良而露底，中间漆和面漆的颜色差别又不宜过大。中间漆一般为一次涂装成膜，对厚涂性的要求很高。环氧中间漆的配方见表 3-4-44，各种技术参数见表 3-4-45。

表 3-4-44　集装箱环氧中间漆典型配方

原　　料	用量/质量份	原　　料	用量/质量份
环氧树脂	20	膨润土	1
体质颜料	46	聚酰胺固化剂	8
铁红	2	二甲苯	16
钛白	3	丙酮	4

表 3-4-45　集装箱环氧中间漆各项指标（JH/T E01—2008）

项　　目	指　　标	项　　目	指　　标
涂料外观	搅拌后无硬块，呈均匀状态	附着力	1 级
细度/μm　　≤	60	柔韧性/mm　　≤	3
半硬干燥时间(80℃烘烤)/min ≤	15	耐冲击性/kgf·cm　　≥	50
混合体积固体分/%　　≥	50		

(3) 环氧内面漆　对集装箱来说，虽然箱体内部通常是密闭的，但是为了装卸和检查货物的方便，要求涂膜有一定的装饰性。另外由于货物在装卸过程中要经常摩擦和撞击箱体内表面，所以也要求内面漆有一定的耐磨和耐冲击性；同时由于集装箱材料的保温性能差，在遇到大的温差时箱内的水蒸气会在漆膜表面结露，使得内面的腐蚀环境变得严酷；由于集装箱会装载食品，箱东都要求内面漆的漆膜无毒，并要有 FDA 证书，和中间漆一样，内面漆也要做成厚浆型，才能保证在涂装过程中不会产生流挂。综合这些因素，内面漆要选用环氧漆，并且在环氧的含量、PVC 和颜填料的选择方面内面漆的要求反而要高一些。

典型的环氧内面漆的配方见表 3-4-46，各项技术参数见表 3-4-47。

表 3-4-46　集装箱环氧内面漆典型配方

原　　料	用量/质量份	原　　料	用量/质量份
环氧树脂	20	聚酰胺固化剂	9
体质颜料	40	二甲苯	16
铁红	10	丙酮	4
膨润土	1		

表 3-4-47 集装箱环氧内面漆技术指标（JH/T E01—2008）

项 目	指 标	项 目	指 标
涂料外观	搅拌后无硬块，呈均匀状态	混合体积固体分/% ≥	50
涂膜颜色	颜色色差符合标准样板范围，$\Delta E \leqslant 2$	附着力	1级
		柔韧性(方法B)/mm ≤	3
细度/μm ≤	60	耐冲击性/kgf·cm ≥	50
半硬干燥时间(80℃烘烤)/min ≤	15		

(4) 外面漆　常用的集装箱外面漆有氯化橡胶、热塑型丙烯酸和聚氨酯三类。

在20世纪末的20年中，氯化橡胶面漆的使用很广泛。但是随着蒙特利尔公约生效，制造过程中会产生四氯化碳的氯化橡胶被禁止生产，虽然有不产生四氯化碳的水相法生产新工艺的出现，但因其性能略差，使氯化橡胶逐渐退出，丙烯酸和聚氨酯类涂料从21世纪初逐渐成为集装箱外面漆的主要成膜物质。

① 氯化橡胶外面漆　氯化橡胶外面漆通常采用氯化橡胶树脂或氯化聚乙烯树脂为主要成膜物质，可以与长油度醇酸树脂拼用，此外还可采用氯化石蜡等作为增塑剂。集装箱面漆的光泽要求一般在10～20（60°角），对于使用后的保色保光率也有一定要求，因此选择增塑剂时要注意，否则会出现早期的光泽降低及褪色。颜料通常选择耐候性比较好的无机颜料，有机颜料应选择比较高档的酞菁类、喹丫啶酮红等。

氯化橡胶面漆在施工中存在的最大问题是修补时的色差和咬底，这些问题的主要根源在于拼入的醇酸树脂，因为氯化橡胶树脂树脂是溶剂挥发干燥型，而醇酸树脂是氧化干燥型，在烘烤下线以后实际上醇酸树脂的氧化聚合反应还没有完全结束，这时候如果在一定的时间范围内对膜厚不足或伤损部位进行修补就会出现咬底。解决的办法是调整使用较弱的稀释剂，或者控制堆场修补的时间。按照经验，咬底通常发生在下线后的6～16h内，所以修补工作应该安排在刚刚下线后或者下线后的次日进行。

② 丙烯酸外面漆　丙烯酸面漆在防腐性能上稍逊于氯化橡胶面漆，但是其装饰性能和施工性能却是比较优越的，近几年来逐步全面替代了氯化橡胶面漆。丙烯酸集装箱面漆一个常见的缺点是如果树脂选用不当会出现硬度不够、漆膜发软的问题。丙烯酸面漆的参考配方和性能见表3-4-48和表3-4-49。

表 3-4-48 丙烯酸面漆参考配方

原 料	用量/质量份	原 料	用量/质量份
热塑性丙烯酸树脂	30	钛白粉	10
膨润土	1	二甲苯	40
体质颜料	19		

表 3-4-49 丙烯酸面漆技术指标（JH/T E01—2008）

项 目	指 标	项 目	指 标
涂料外观	搅拌后无硬块，呈均匀状态	混合体积固体分/% ≥	40
涂膜颜色	颜色色差符合标准样板范围，$\Delta E \leqslant 2$	附着力	1级
		柔韧性(方法B)/mm ≤	3
细度/μm ≤	40	耐冲击性/kgf·cm ≥	50
半硬干燥时间(80℃烘烤)/min ≤	15		

③ 聚氨酯面漆　聚氨酯面漆因其优异的耐候性和装饰性，已经逐渐被箱东接受和采用。随着箱厂施工条件的改善，施工流水线上的湿度和温度都可以有效控制，这给聚氨酯漆的使

用提供了有利条件。目前在配方设计上的关键点是要适应箱厂快速的生产节奏。避免因中间漆和面漆的不匹配造成的开裂、针孔、橘皮等一系列漆病。

(5) 底架漆　在集装箱的贮存和运输过程中，其底架部位长期处在海水和潮气中，其腐蚀环境是比较严酷的，另外底架部位遭受的冲击等损伤机会也比其他部位多，因此底架漆的防腐性能要高于一般部位的涂装配套，由于底部都是无法看到的，底架漆对装饰性没有要求。考虑到这些需要，很久以来沥青漆一直是集装箱底架漆的首选。沥青漆多采用石油沥青作为主要成膜物，具有很好的防腐、防水、防潮和抗化学药品性能，但是不耐日光曝晒，装饰性能差。现在的集装箱底架漆通常称为蜡质沥青漆，加入石蜡的目的主要是调整漆膜的表面状态，改善其流平性和施工性。由于石油沥青的组成比较复杂，甚至每个批次的黏度都不相同，因此配方中要根据需要加入适量的树脂，以使每批沥青漆的指标趋于稳定。底架漆要求干膜厚度要达到 200μm 以上，需要添加大量的触变剂，从成本上考虑膨润土比较合适。沥青底架漆的参考配方见表 3-4-50，沥青底架漆的性能参数见表 3-4-51。

表 3-4-50　沥青底架漆参考配方

原　　料	用量/质量份	原　　料	用量/质量份
沥青	35	树脂	5
石蜡	8	膨润土	2
无机填料	20	溶剂	30

表 3-4-51　沥青底架漆技术指标（JH/T A02《集装箱用沥青底漆》）

项目名称	技术指标	项目名称	技术指标
不挥发物/%	≥60	耐冲击试验/cm	≥40
流挂性(湿膜)/μm	≥500	低温试验(−40℃,干膜200μm)/h	48,无开裂,不脱落
干燥时间(表干)/h	≤4		
盐雾试验(干膜 200μm)/h	600	高温试验(100℃,干膜200μm)/h	96,不流淌,允许轻微变硬、变色
划格试验/级	2		
柔韧性试验	轴棒 5,曲率半径 1.5mm±0.1mm		

(6) 其他辅助涂料

① 木地板漆　集装箱的地板为特制的多层胶合木板。其表面一般会刷涂清漆以达到保护和装饰的效果。目前使用的地板清漆种类较多，有环氧类、聚氨酯类和氨酯油等。规范一般要求地板漆膜厚为 100μm，和内面漆一样，各种类型的地板漆都要有 FDA 证书。目前大部分的地板都是采用预涂涂料的方式，地板漆的涂装也是采用大规模的批量生产，有的甚至也采用自动涂装的方式。这就要求涂装后要尽快干燥，便于尽快把地板堆码起来以节省空间，同时漆膜要有足够的硬度和耐磨性，以保证地板的正常使用。另外由于木制地板表面的多孔性，气泡是地板漆施工时最常见的漆病，在配方设计时应特别注意。

② 冷藏箱发泡黏结漆　冷藏集装箱的箱体为了阻断热量传递，要在两层不锈钢板间作聚氨酯发泡绝缘层，为了保证绝缘层与钢板间的有效附着，通常在两者之间涂以过渡底漆，这种底漆被称为发泡黏结剂。通常，发泡黏结剂与钢板的附着力要达到 5MPa 以上，这个指标一般要高于普通的环氧漆，要选用特殊的环氧树脂。

③ 标志漆　每个集装箱都有标有箱东名称和相关信息的标贴，过去采用 PVC 材料贴在箱体表面。近几年来，为了降低成本，有些箱东开始采用在表面喷涂涂料作为标志。标志漆的品种和外面漆基本相同，考虑到标志漆采用空气喷涂的方式，且没有烘干条件，标志漆的干燥速率要比外面漆快一些。标志漆的典型配方见表 3-4-52。

表 3-4-52 丙烯酸标志漆配方

原 料	用量/质量份	原 料	用量/质量份
热塑性丙烯酸树脂	30	钛白粉	10
膨润土	1	二甲苯	40
体质颜料	19		

三、集装箱生产线及对涂料性能的要求和影响

随着集装箱制造技术的进步和规模生产的进一步要求，年产 30 万箱的集装箱工厂已经出现，对涂料的要求也进一步提高，主要集中在干燥性能等方面，同时对涂料的稳定性也提出了更高的要求，由于生产速率的大大提高，意味着调试涂料的短短过程中就会产生大量的、有质量问题的箱子，这是箱厂不能接受的。因此涂料质量的稳定性是对现代集装箱涂料最基本也是最严格的要求。

1. 集装箱厂涂装生产线的配置

如图 3-4-48 所示是集装箱工厂典型的涂装流水线配置图，各工位的职能如下。

① 部装、总装线　将板材、型材焊接成规定的集装箱箱体。

② 验光房　通过光照，检查焊道是否有漏焊现象。

③ 二次打砂房　对焊道部位重新打砂。

④ OK 站　清理焊渣飞溅以及对焊道进行修整。

⑤ 富锌漆预涂工位　对顶梁、底梁、门框等部位进行预涂。

⑥ 富锌漆喷涂工位　对门板和前端以及箱内进行手工喷涂富锌漆，外侧板和外顶板进行自动喷涂。

⑦ 中间漆喷涂/内面漆预涂工位　箱外进行中间漆喷涂，其中门板和前端进行手工喷涂，侧板和顶板进行自动喷涂，箱内顶梁、底梁、门框等部位进行内面漆预涂。

⑧ 中间漆流平/内面漆顶板喷涂工位　箱外中间漆流平，箱内顶板喷涂内面漆。

⑨ 流平房　中间漆、内面漆流平。

⑩ 低温烘房　对箱外中间漆进行烘烤，以利于外面漆喷涂。

⑪ 内面漆侧板喷涂工位　箱内侧板喷涂内面漆。

⑫ 横移工位　将集装箱平移至指定位置，以进行下一工位操作，同时箱内、箱外涂料流平。

⑬ 外面漆/底架漆预涂工位　箱外顶梁、底梁、门框等部位进行外面漆预涂，箱内底横梁进行底架漆预涂。

⑭ 外面漆喷涂工位　进行外面漆喷涂，其中门板和前端进行手工喷涂，侧板和顶板进行自动喷涂。

⑮ 烘房　使外面漆表干，以利于进行下一工位操作。

⑯ 分界线房　对门框、R 角等部位分色。

⑰ 烘房　使箱内、箱外涂料烘烤干燥。

⑱ 强制冷却房　以吹扫冷空气的方法，使箱体温度降至室温，以利于下一工位的操作。

⑲ 修补工位　对箱体进行检查，对缺陷处进行修补，次工位可以测量膜厚。

⑳ 美装线　进行铺地板、贴标、门锁杆和门封胶条的安装、通风罩的安装与标牌、打密封胶等装饰性工作，以及底架漆喷涂和水密实验等工作。

㉑ 出箱口　对箱体进行最后一次检查，并将集装箱放置于堆场。

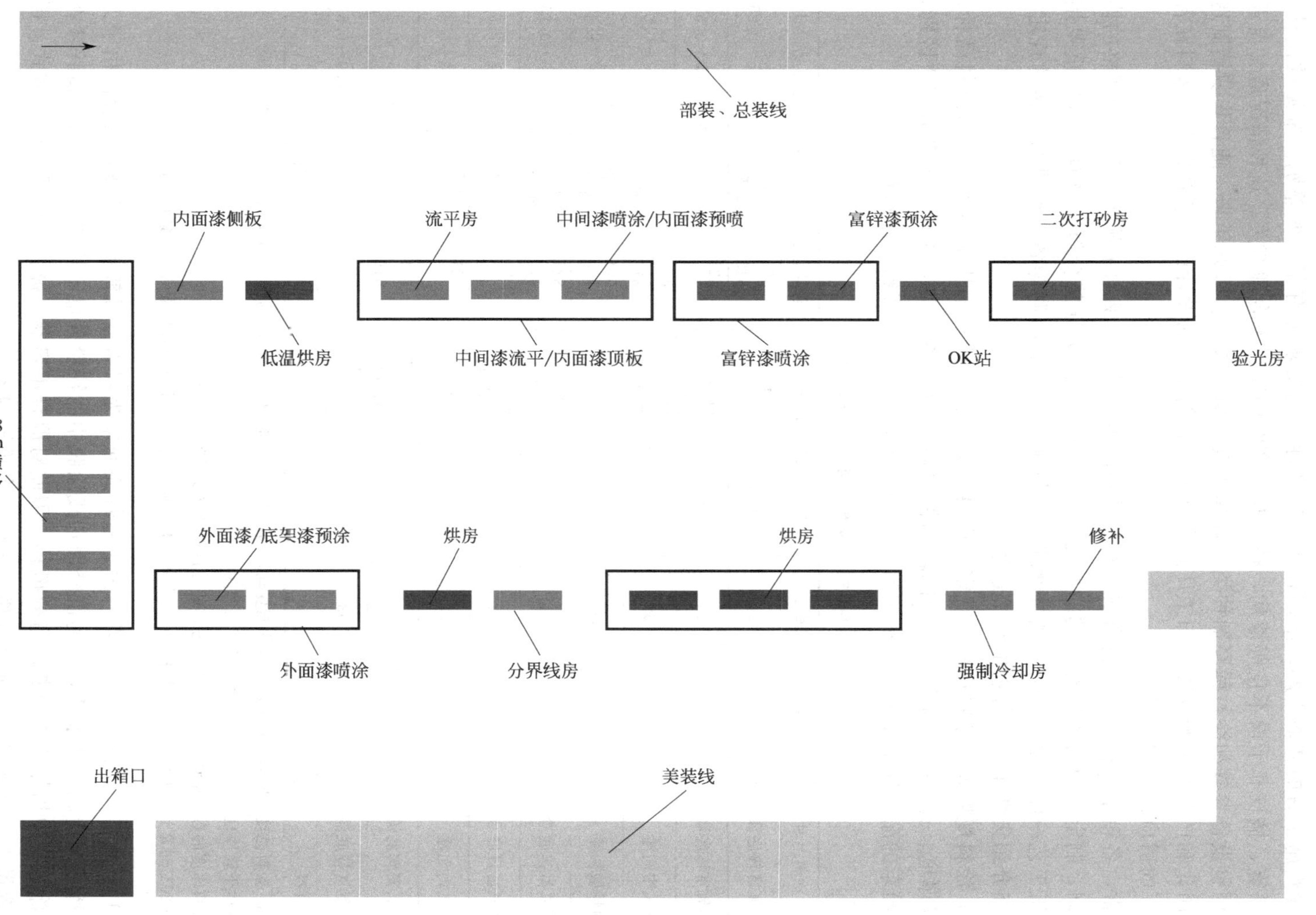

图 3-4-48　中集集团某工厂生产线布置图

2. 集装箱涂料施工工艺

不同的集装箱生产线对涂料的要求也不同，尤其是烘房的布局形式和箱子的停留时间不同，对涂料施工后的初期干燥、溶剂释放、流平性等的要求也有很大的差别。常见的流挂、针孔、漆雾、橘皮和干燥不良等漆病，往往与生产线的布置不合理有关。这种情况通常要通过反复调整设备参数和涂料稀释剂种类及稀释比例来加以改进。近几年来，随着集装箱制造厂的集团化和产能的不断提高，旧工厂逐渐被淘汰，新工厂的设计已经渐趋合理，涂料在各集装箱厂的适应性也加强了。

通常，各箱东、箱厂和涂料商都会对集装箱的生产过程中涂料的施工过程进行严格的检验与控制，制定详细而严格有效的涂料施工工艺流程，是保证整个施工过程质量的重要措施，施工工艺一般从涂料规格、底材处理、涂料施工、漆膜检测等各方面进行严格的规定，下面详细介绍集装箱施工管理的整个过程。

(1) 涂料规格表　涂料规格表规定了涂料和涂装相关的一些技术参数，包括涂料品种、干/湿膜厚度、兑稀率、调漆黏度、干燥条件、枪嘴尺寸、泵压等，不同的箱型会有所区别，不同的箱东的涂料规格要求也不尽相同，表 3-4-53 是一典型集装箱的涂料规格。

表 3-4-53　典型集装箱的涂料规格

位置	涂料品种	干膜厚度/μm	湿膜厚度/μm	稀释比例/%	岩田杯黏度/s	枪嘴型号	干燥条件	泵压力/MPa
外表面	环氧富锌底漆	10	21	130～150	最低 7 最高 9	821 619	最低 80℃ 最高 100℃	0.15～0.25
	环氧富锌底漆	20	42	25	最低 10 最高 15	421 419	自然干燥	0.3～0.5
	环氧中间漆	40	60	15～40	最低 20 最高 45	621 619	最低 30℃ 最高 50℃	0.3～0.5
	丙烯酸面漆	55	125	15～40	最低 50 最高 70	621 619	最低 65℃ 最高 85℃	0.3～0.5
内表面	环氧富锌底漆	10	21	130～150	最低 7 最高 9	821 619	最低 80℃ 最高 100℃	0.15～0.25
	环氧富锌底漆	20	42	25	最低 10 最高 15	421 419	自然干燥	0.3～0.5
	环氧内面漆	50	74	15～40	最低 20 最高 45	421 419	最低 65℃ 最高 85℃	0.3～0.5
底架	环氧富锌底漆	10	21	130～150	最低 7 最高 9	821 619	最低 80℃ 最高 100℃	0.15～0.25
	环氧富锌底漆	25	53	25	最低 10 最高 15	419	自然干燥	0.3～0.5
	沥青漆	200	400	0～5	—		自然干燥	

注：1. 涂料黏度一般会随环境温度变化而变动，因此温度变化时要及时调整黏度已达到满意的施工效果。

2. 整体干膜厚度的变化会影响漆膜的干燥时间。

3. 湿膜厚度的数据是计算值，仅供参考，最后验收时应以干膜厚度为准。

4. 在 20℃时富锌漆的混合使用期限为 8h，中间漆和内面漆为 6h，超过混合期限的涂料禁止使用。

(2) 环氧富锌漆混合工艺要求　由于富锌漆通常为双组分且锌粉含量高，涂装前由于大量兑入稀释剂造成黏度很低，极易沉降而造成涂膜中的锌粉含量不均匀，这就需要富锌漆在整个喷涂过程中均保持不间断的有效搅拌。因此对混合用容器、搅拌器形式、混合方式、搅拌时间等做出严格规定是保证富锌漆质量的一个重要内容。

① 对富锌漆混合罐的要求　为了保证富锌漆的混合搅拌效果，应采用两个混合罐串联的方式，A 罐用于预混，B 罐用于向系统供漆。两个混合罐的容积一般不能小于 100L。为保证较好的混合效果，富锌漆的装量应少于混合罐高度的 2/3。

由于富锌漆的密度较大，非常容易出现较硬的沉淀物，因此应先使用特定的三刃搅拌器在原包装桶中将主剂搅拌均匀后再倒入混合罐。混合罐中也同样应采用单三刃搅拌器，但搅拌桨直径要大些，以便在直径更大的混合罐中取得好的混合效果。

混合罐 A 中的搅拌器应该位于混合罐的中央，搅拌器的转速，车间底漆为 1200～2000r/min，中间漆和内面漆为 1400～2400r/min。罐底应有 5°～10°的坡度，以便于涂料流动，防止锌粉沉积。为了保证搅拌效果，搅拌桨应位于罐底圆柱体的基线上。罐底要有阀门以便于调节和控制富锌漆流入混合罐 B 的速率。A 罐至 B 罐的涂料管路和喷漆泵的涂料吸入管之间应保持最远的距离。

② 富锌漆混合步骤

a. 打开富锌漆主剂桶。

b. 用便携式搅拌器在原包装桶中将富锌漆主剂搅拌 1～2min。

c. 打开固化剂包装桶。

d. 将固化剂倒入已经搅拌均匀的主剂中。

e. 再将主剂和固化剂混合搅拌 1～2min。

f. 将混合搅拌均匀的富锌漆倒入混合罐 A 中。

g. 如果富锌漆的需求量大，重复上述步骤加入多桶富锌漆。

h. 用少量溶剂清洗使用过的主剂和固化剂包装桶以使残留的涂料能够被全部使用，这样既可减少浪费又可保证涂料的配合当量比准确。

i. 将清洗包装桶的溶剂也倒入混合罐 A 中。

j. 再将混合罐 A 搅拌 2～3min，使富锌漆和溶剂充分混合。然后打开控制阀门让搅拌均匀的富锌漆流入混合罐 B。

k. 搅拌混合罐 B 内的富锌漆 2～3min，同时备好喷漆泵。

l. 保持连续搅拌，开始喷漆。并在整个喷漆作业过程中一直保持搅拌。

m. 当混合罐中的富锌漆快使用完毕时，重复上述 a～j 的操作，重新配好富锌漆并放入混合罐 B。

③ 工作间歇后的搅拌　在喷漆施工中经常会出现因设备维修、工人吃饭休息、工艺节奏等原因造成短暂的工作间歇，在恢复操作后应注意以下几点。

a. 富锌漆有混合使用期限要求，超过混合使用期，涂料的性能会受到影响，严重的会产生结胶，造成设备和材料的报废，因此在工作间歇时一定要考虑到混合使用期限。预计间歇超过混合使用期的应清除设备和管路中的涂料。富锌漆的混合使用期限和温度有关，温度升高，混合使用期将缩短，具体的数据参考涂料供应商的技术参数。

b. 在超过 10min 的工作间歇后，应对富锌漆充分搅拌 10min 以上方可再进行喷漆施工。在条件允许的情况下，施工间歇期间应尽量对已经混合好的富锌漆保持持续搅拌，以防止锌粉发生沉降。

(3) 板材的底材处理　所有板材必须选用 ISO 8501 规定的 A 级板，并且不能有油污、灰尘、腐蚀或其他污物。如发现上述杂质应用溶剂清洗并用干净的抹布擦干或用气流吹干。

磨料应采用以下材料并按要求的比例混合均匀：8 抛头喷砂机磨料使用 S230∶G40＝6∶4；16 抛头喷砂机使用 S280∶G25∶钢丝段＝5∶3∶2，并且应经常加入新的磨料。线速度为 10m/min。

喷砂等级为 ISO 8501 规定的 Sa 2.5 级，粗糙度控制在 25～45μm（Rugo test 3# N9a～N10b），喷砂密度应大于 75%，清洁度应达到三级。

板材处理后要马上喷涂车间底漆。用专用稀释剂将富锌漆黏度调整至 7～9s（岩田杯），并用气动搅拌充分搅匀。调整喷漆泵压力至适当值（通常为0.15～0.25MPa）。并选择合适的枪嘴。调漆罐应该加盖，防止进入杂质。喷漆房的门应关闭，通风系统应开启。喷漆房、调漆间以及所有的照明设施应该定期清理，保持整洁。要注意涂料的混合使用期限（通常为20℃下8h），必须在混合使用期限内将涂料使用完毕。板材涂装车间底漆后应加热干燥，以保证堆码时板材之间不粘连，干燥温度应控制在80～100℃，使用热风循环加热。漆膜应干燥至半硬，出烘房后应采用冷风降温。检查涂膜的厚度，如果发现漏底应立即用空气喷枪修补，漆膜厚度应该控制在10～20μm。

应确认钢板表面漆膜已完全干燥，漆膜表面无油、无水、无尘，没有脚印。已涂车间底漆的钢板的贮存期限通常为15天，超过15天或者表面出现锌盐的钢板应重新进行喷砂处理。

(4) 型材的处理　与板材一样，钢材必须选用ISO 8501规定的A级，并且不能有油污、灰尘、腐蚀或其他污物。如发现上述杂质应用溶剂清洗并用干净的抹布擦干或用气流吹干。型材必须在8抛头喷砂机上进行处理，磨料比例为S280∶G25∶钢丝段＝5∶3∶2，应经常补充新的磨料。线速度3m/min。喷砂等级、粗糙度、喷砂密度和清洁度的要求与板材相同。

型材的富锌漆施工工艺与板材基本相同，喷砂处理完的型材应放在托架上喷漆，不允许堆码或斜靠在一起，喷漆时喷枪和工件的距离应为30～50cm，注意不易喷涂的部位要特别注意。

所有工件应采用人工喷涂，喷涂完一面后停止喷漆，自然干燥（确保环境温度高于5℃）后再分别涂其他面。涂料未半硬干前不得移动工件。

检查涂膜的厚度，如果发现漏底应立即用空气喷枪修补，测量膜厚时应特别留心边角部位的膜厚。

型材的贮存条件与板材相同。

(5) 二次喷砂处理　喷涂车间底漆后的板材和型材组装成集装箱后，需要对焊道等部位进行喷砂处理，这个过程叫做二次喷砂，其目的一方面是为了清除焊道和周围的氧化物和飞溅等；另一方面是为了释放应力。实践证明，大部分旧箱子的腐蚀都发生在焊道部位。因此做好二次喷砂处理非常重要。

二次喷砂前，应磨平尖锐和不平的焊道，清除焊渣、飞溅及杂物。用干净的刷子蘸溶剂清除油污，并用压缩空气吹干。由于二次喷砂通常为人工操作，应确保喷砂作业时的照明和防尘，磨料应采用S230∶G40∶钢丝段＝5∶3∶2，并混合均匀。喷砂等级也为ISO Sa2.5级。粗糙度为N9a～N10b（Rugo test 3#），密度、清洁度等与一次喷砂相同。

(6) 二次喷砂OK站和富锌漆预涂　通常在OK站进行补焊、清除杂物、吹扫磨料等工作。应检查是否存在喷砂不合格或漏喷，若发现应该及时补喷。在此处只允许少量的补焊，如果补焊过多应重新返回进行喷砂。要用溶剂清除所有的污物，并用压缩空气吹干或用干净的抹布擦干。清理完毕后应按照要求对难以涂到或容易漏涂的部位进行富锌漆的预涂，预涂用的富锌漆黏度要合适，刷子要经常更换，一次配漆量不要过多，以免超过混合使用期限。具体的预涂操作顺序如下。

① 首先刷涂低处的焊道。

② 底架喷漆前应先在地坑内用刷涂或空气喷涂的方法预涂其焊道。

③ 最后刷涂顶部的焊道。

(7) 流水线富锌漆施工　在此工序要涂装内面、外面和底架部位的富锌漆。通常富锌漆的涂装都采用人工无空气喷涂的方式，具体的要求如下。

涂料黏度调整至 10～15s，并保持持续搅拌。调漆罐要有防尘措施，喷漆时应关闭喷漆房门并打开风扇保持通风。枪嘴尺寸为 419，泵压 0.3～0.5MPa，停止喷漆作业时，喷枪的枪嘴应浸于溶剂之中，防止干结。由于富锌漆的颜色较暗，要经常清理照明灯保证足够的亮度，以便于检查涂膜状态。

内面富锌漆涂装的步骤是先喷涂焊道然后进行全面涂装。保持喷涂距离为 30～50cm，喷枪移动方向要始终与被涂板面平行。

外面富锌漆喷涂的基本顺序也是先涂装焊道再进行全面涂装，先涂装顶板再涂装侧板。顶板预涂完成后，为了防止漆雾附着，应由两名工人站在平台上，面对面地喷涂顶板。当喷涂门楣和前上梁等高处的部件时，应站在高凳上或梯子上，保证喷枪和被涂部位保持在同一高度上，这样可以保证喷涂的膜厚均匀。

喷涂完成后应在 5℃以上的环境中至少停置 5min，让溶剂挥发，以利于涂装下一度环氧漆。

(8) 环氧中间漆的施工　中间漆施工时，绝大多数工厂的生产线采用自动喷涂顶板和侧板，手工喷涂前端和门板的方式，涂料的黏度应调整至 20～45s，泵压应控制在 0.3～0.5MPa，首先按照要求进行预涂。

对于人工喷涂的部位，应特别注意底侧梁、顶侧梁、角柱和前楣等部位的膜厚要达到要求。为确保膜厚稳定，工人操作时要保持足够和稳定的喷涂距离，移动时要始终保持与被涂平面平行。涂装门楣和前上梁等高处的部件时，应站在高凳上，以保证枪距稳定膜厚均匀。

对于自动喷涂的部分，要经常检查喷涂机的工况和清洁，及时清除漆雾并确认枪嘴尺寸。随着喷涂的进程枪嘴会逐渐磨损，所以每个班次都应定期检查湿膜厚度的变化，以掌握枪嘴的磨损程度，枪嘴过大时应及时更换。

(9) 环氧内面漆施工　内面漆目前主要是采用人工喷涂的方式，由于箱体处于半封闭状体，对工人危害比较大。现在有效的保证工人呼吸的方式是采用送气式面罩，这种面罩的特点是用一根气管将新鲜的压缩空气送到封闭的面罩内供工人呼吸，由于面罩内有正压，环境中的漆雾和溶剂就不容易进入面罩内，其缺点是气流的噪声很大，需要采用护耳等来防止听力损伤。

环氧内面漆的喷涂工艺要求与环氧富锌漆喷涂内面时基本相同。

(10) 中间漆和内面漆的静置和干燥　中间漆涂装完毕，应适当干燥后再涂装面漆，通常会有 10min 左右的静置时间，便于溶剂挥发，然后进入烘房，烘房的温度为 30～50℃，停留时间应保持 15min。

在夏季气温较高时烘房也可以不升，只作为静置室使用。

(11) 面漆的施工　和环氧中间漆一样，面漆也采用自动和人工喷涂相结合的方式。面漆的黏度应调整至 50～70s，其他要求和环氧中间漆基本相同。

(12) 外面漆的干燥　外面漆的干燥工序是涂料施工工艺中非常重要的一个阶段。由于在喷涂外面漆时，中间漆和富锌漆都还没有完全干燥，因此这个工序不仅仅是外面漆的干燥，还包括了中间漆、内面漆甚至环氧富锌漆的干燥，其干燥机理是比较复杂的。

面漆的烘房是集装箱涂装线的关键设备，烘房的排布方式和生产能力往往决定整个生产线的能力。典型的烘房为通道式，生产速率是设计烘房长度的一个重要参数。

例如箱厂一条生产线要保证每班 10h 生产 100 台 40ft 箱。那么生产每台 40ft 箱所需要时间为 6min。

按照烘干要求 80℃下 15min，就需要 3 个 40ft 箱位，也就是说，烘方的长度不能小于 3×12.2＝36.6（m）。

如果产能提高一倍，即达到10h班产200台40ft箱，则烘房的最小长度也要加倍到73.2m。

对于集装箱的内表面，环氧漆是面漆，其下层的环氧富锌漆也和其性质相似，再加上环氧内面漆已经在中间漆烘房得到了适当的干燥，通常中间漆的干燥情况都是非常好的，但是有些水平的平面，如底侧梁的上表面，由于多次喷漆的影响，局部的膜厚较高，往往也会产生干燥不良的情况，而影响地板的装配进度，在施工时要控制这些部位的膜厚不要超出标准太多，通常控制在标准膜厚的2.5倍以内。

(13) 底架漆的施工　目前大部分的底架采用沥青漆，沥青漆也采用高压无气喷涂方式。由于底架部位没有装饰性要求，主要的控制参数就是膜厚要满足要求和不要产生流挂。为了保证施工方便，沥青漆的施工工位通常都有地坑。由于沥青漆的黏度受温度的影响较大，施工温度要控制在15～35℃，否则容易产生流挂和雾化不良。

对于和外表面涂料配套相同的底架，施工时可以参考外表面涂料的施工工艺。

(14) 地板漆的施工　集装箱用地板漆有环氧清漆和聚氨酯清漆，也有为遮盖木材缺陷而设计的深色半透明清漆。地板漆施工通常采用辊涂的方法在流水线之外提前涂装好，即采用人工用辊刷的施工方式，为了保证膜厚要反复涂装2～4次。地板漆的重要指标是干燥性。涂装过程中气泡是常见的弊病，防止气泡的办法除在涂料设计时加入消泡剂之外，施工过程中应该采用短毛辊刷和调整黏度的方式。为了提高涂装效率现在很多箱厂也采用了淋涂和辊涂相结合的自动涂装方式。

四、常见的涂膜弊病及解决方法

和其他涂料一样，集装箱涂料在施工过程中也不可避免地产生一些漆病。与一般涂料不同的是，由于是流水线施工，出现漆膜弊病后必须马上进行调整，而且现在的生产速率一般不允许停线来修整漆膜弊病或调整涂料，因此出现漆膜弊病后必须用最快和最简单的办法尽快调整，否则就会给箱厂造成巨大的经济损失，这一点是在设计集装箱涂料时必须要考虑的。现将几种常见漆病的形成原因和解决办法总结如下。

1. 流挂

造成流挂原因通常有三个：由于各种原因导致的涂膜过厚、涂料本身的触变性不够及涂料的调整和环境温度的问题。

除了富锌漆以外，集装箱涂料都是厚膜型涂料，在涂料设计时都会考虑要有较高的抗流挂性。但是为了获得比较好的表面状态，涂料的流平性能必须要好。所以涂料配方设计时均衡厚膜性和其他性能的关系是解决流挂问题的关键。另外有些施工参数的变化会使涂膜厚度趋于增加，调整这些工艺参数也可以解决施工过程中产生的流挂。

2. 针孔

总体来讲，针孔主要是漆膜表面封闭过快而底层溶剂没有完全挥发所致，涂膜过厚、静置时间过短、过度通风和加热升温过快等都会造成针孔。搅拌时混入的气泡过多也容易产生针孔。另外一种针孔实际上是因为涂料流平不好和对底材润湿不良引起的。根据不同的原因，应该采用对应的办法来解决。

3. 缩孔

缩孔是由于涂料和底材（或底层油漆）的表面张力差造成的，当涂料的表面张力过高时，涂料不能完全润湿底材，就会产生缩孔。当涂料有缩孔的趋势时，细小的杂质也会加重缩孔的产生。底层的污染和过度干燥都会造成出现缩孔。集装箱生产过程中产生缩孔的原因是多方面的，也是非常复杂的，除了油污、水和灰尘以外，其他工艺过程中使用的油、蜡和助剂都可能会产生缩孔。解决缩孔有效的办法是加入硅油类助剂，但是注意要先将硅油溶入溶剂中再加入涂料里，而且要控制加入量。值得注意的一点是，加入硅油类防缩孔助剂后，面漆的表面能会降低，往往会影响标贴对箱体的附着力。

4. 橘皮

橘皮通常是施工时产生的装饰性的缺陷，主要是由于涂料流平性不好造成的。直接的原因是涂料黏度过高，不易流平；喷涂压力过低，雾化不好等原因造成的，橘皮会影响涂料的光泽和外观。

5. 泛白

泛白是热塑性外表面漆常见的弊病，主要是因为涂料在挥发干燥过程中表面温度降低，如果遇到周边空气湿度过大，水汽就会在涂膜表面凝结，一部分水也会进入漆膜，因难以散发而出现白色。另一部分则会附在漆膜表面，占据涂膜表面的位置，当水挥发后造成涂膜表面微观上的不平整，对光线形成漫反射而呈现表观上的白色。泛白的现象有的随着涂膜干燥进程，水汽挥发而变轻，有些则难以恢复。不严重的泛白可以通过在其表面喷涂一层溶剂的方法将涂膜表面“溶平”或将水分带走。严重的泛白须打磨处理重新修补。

6. 开裂

施工刚结束后的开裂通常是因为涂膜间张力的差别造成，易见于不同类型涂料覆涂时。除了配方设计的原因以外，内外层干燥速率的不匹配是造成开裂的主要原因。

7. 附着不良

由于底材处理工艺和涂料配套都是比较成熟的，集装箱涂料出现附着不良的概率不高。只有当钢板被油污等严重污染或表面存在大量灰尘杂质时才会出现大面积的脱落。其他附着力降低的情况与施工过程中的干燥和底层漆膜的处理有关。

集装箱生产过程中常见的漆膜弊病和解决措施见表 3-4-54。

表 3-4-54 集装箱涂料常见的漆膜弊病和解决措施

漆膜弊病	产生原因	解决措施
流挂	涂膜厚度过厚： 控制不当造成涂膜厚度过厚； 喷涂枪嘴型号不合理，扇幅宽度过窄或出漆量过大； 车速过慢； 枪口距被涂物距离过近； 喷涂压力过高	控制涂膜厚度在合理范围内； 选择合适的枪嘴； 提高车速在合理的范围内； 增加枪口距被涂物距离； 降低喷涂压力
	施工黏度过低(兑稀率过高)	提高施工黏度(减小兑稀率)
	钢板打砂密度及粗糙度过低	提高钢板打砂密度，打砂粗糙度控制在合理范围内
	溶剂挥发速率过慢： 溶剂本身挥发速率过慢； 环境温度低造成溶剂挥发过慢	使用快干稀释剂，提高溶剂挥发速率
	涂料本身抗流挂性过差	提高涂料抗流挂性，如加入防流挂助剂等

续表

漆膜弊病	产生原因	解决措施
针孔	搅拌或喷涂产生的气泡喷涂至钢板表面，气泡破裂后涂膜不能及时流平	在涂料混合搅拌后，静置一段时间至容器内气泡完全消失，或在涂料中加入消泡助剂减少气泡的产生
	涂膜表干过快，底层溶剂挥发不畅； 溶剂挥发过快，造成表干过快； 底漆或中间漆溶剂挥发过慢，面漆表干后，下层涂料溶剂仍未挥发完全； 涂膜厚度过厚，表层涂料已经表干，下层涂料溶剂仍未挥发完全； 通风过度造成涂膜表干过快； 流平工位过少，造成流平时间不足，进入烘房后涂膜表干，但下层溶剂仍未挥发完全； 初期烘烤温度过高	选择合适挥发速率的溶剂，使上层涂料溶剂挥发不至过快，而下层涂料溶剂挥发不至过慢； 控制涂膜厚度在合理的范围内； 降低施工后空气表面流通速率，如降低风机功率等； 增加流平时间； 降低初期烘烤温度，如设置低温烘房保证溶剂挥发，而后进入高温烘房保证涂膜干燥
	涂料不能完全覆盖基材或下层涂膜，形成露底式针孔现象； 施工黏度过高（兑稀率过低）； 喷涂压力过低； 车速过快； 枪嘴型号选择不当，造成雾化程度不良； 枪嘴距被涂物距离过远； 无空气喷涂机压缩泵过滤网堵塞，造成出漆量不足； 涂料本身对基材或下层涂膜的润湿性差	调整施工黏度、喷涂压力、车速及枪嘴距被涂物距离至合理范围； 选择合适的枪嘴型号； 清洗或更换无空气喷涂机压缩泵过滤网； 增加涂料对基材或下层涂料的润湿能力，如加入润湿分散剂等
缩孔	污染造成的缩孔； 基材或下层涂膜被污染造成表面张力过大，至使上层涂料施工后产生缩孔； 杂质的混入，如油污或水等，导致涂料施工后，局部表面张力过大，从而产生缩孔	注意基材的清洁度，严格防止杂质对基材、下层涂膜或涂料的污染
	下层涂料干燥过度，造成下层涂料表面张力过大	降低下层涂料的烘烤温度或烘烤时间，使上下层涂料之间产生“互溶”现象，从而避免缩孔现象的产生
	在制造涂料过程中，低表面张力助剂，如有机硅类消泡剂或流平剂，加入量过大，从而产生缩孔	加入适宜的流平助剂，降低涂料的表面能，从而减少缩孔现象的发生，但如由于加入低表面张力的消泡剂或流平剂产生的缩孔现象，应减少或避免使用此类助剂
	溶剂与涂料的互溶性差	增加溶剂的溶解性
橘皮	施工黏度过高（兑稀率过低）	降低施工黏度，增加兑稀率
	喷涂压力过低	提高喷涂压力
	车速过快	降低车速
	枪嘴型号选择不当，造成雾化程度不足	选择合适的枪嘴型号
	喷枪距被涂物距离过远	降低喷枪距被涂料距离
	溶剂挥发速率过快	降低溶剂的挥发速率，使用慢干型稀释剂
	通风过度	降低施工后空气表面流通速度，降低风机功率
	流平工位过少，造成流平时间不足，就进入烘房	增加流平时间或降低初期烘烤温度
	基材或下层涂料温度过高	增加基材或下层涂膜烘烤后的冷却时间
	涂料本身流平性差	在涂料中加入流平助剂

续表

漆膜弊病	产生原因	解决措施
泛白	溶剂挥发速率过快	降低溶剂的挥发速率，使用高沸点溶剂或慢干型稀释剂
	相对湿度过大，如下雨等	在相对湿度较大时，应尽量避免未完全干燥的涂膜直接暴露在空气中，在下雨天气时，对已完全干燥的涂膜也应加以遮盖
	涂料本身抗水性差	在涂料中加入增加表面抗水性的表面助剂
开裂	底层涂料与面层涂料在成膜过程中收缩率差别过大或软硬程度差别过大造成的开裂，如底层涂料在还未达到表干的程度就喷涂面漆（尤其是双组分聚氨酯面漆），即“湿碰湿”施工，由于面漆在干燥过程中收缩程度大于底层涂料，从而造成开裂现象的发生	增加中间漆的烘烤时间和烘烤温度，或增加中间漆流平时间，或在中间漆中加入快干稀释剂，在喷涂面漆时，使用中间漆达到或超过表干程度，防止开裂现象的发生； 增加钢板的打砂粗糙度，增加底材对涂膜的附着能力，防止开裂
	环境温度过低，当集装箱处于生产线时，涂膜处于相对较高的温度下，骤然放至温度过低的室外，由于“热胀冷缩”造成涂膜开裂	集装箱在出箱口增加放置时间，防止骤冷
	表层涂料过脆，在集装箱搬运过程中，由于磕碰，造成涂膜开裂	在表层涂料中加入增韧助剂，防止涂膜过脆
附着不良	涂膜对基材的附着不良； 钢板被大面积污染，如油污等； 钢板打砂粗糙度不良或打砂密度过低； 打砂后的钢板未及时喷涂富锌底漆或富锌漆喷涂膜厚不足，致使钢板发生锈蚀	严格防止钢板污染，有必要时，对钢板进行清洗或火烧除油； 增加对钢板的打砂密度和打砂粗糙度； 钢板打砂后及时喷涂富锌漆，并控制富锌漆膜厚不致过低，对已发生锈蚀的钢板，应重新打砂并进行富锌漆的喷涂
	涂膜层间附着不良； 底层涂料干燥过度； 面漆完全干燥后进行修补时，未对下层涂料进行重新打磨； 下层涂料中含有过多的低表面张力助剂	缩短面层涂料与底层涂料的施工间隔，必要时采用“湿碰湿”的施工工艺； 对已完全干燥的涂膜进行修补时，应重新打磨； 减少涂料中低表面张力的使用量

五、集装箱涂料、涂装的发展趋势

目前集装箱在我国已经成为一个重要的产业，而且在今后一段时间内应该一直呈现较稳定的需求趋势，集装箱涂料也已成为涂料行业的一个重要分支，因此探讨集装箱涂料的发展趋势对涂料行业的可持续发展也有一定的意义。

集装箱制造作为一个劳动密集型的重要产业，随着社会的进步，其产业工人的安全和对周围环境的影响已越来越受到重视。在集装箱制造过程中，涂料是对工人身体健康和周围环境威胁最大的污染源之一，另外由于食品安全越来越被人们重视，集装箱内涂料对所装载的食品是否会造成污染也越来越成为人们担忧的问题，因此开发环保型的集装箱用涂料是今后行业的方向。

1. 环保底架漆

集装箱的底架部位，由于长期处于高湿环境且大部分时间会被海水浸泡，腐蚀条件最为苛刻，目前大部分还采用涂刷沥青漆的涂料配套。毋庸置疑，沥青漆作为一种传统的涂料在成本上有巨大的优势，而且其防水、防渗透的功能也较好。但是由于其对人体的毒性，且沾污后难以清洗，在很多行业已经被淘汰，在集装箱制造行业停用沥青漆已经成为环保安全的当务之急。目前有的箱东已经在底架部位采用与箱体同样的涂料配套，但成本相对较高。2000年起，一些涂料公司相继研制成功了集装箱用环保底架漆，这种底架漆由改性环氧树脂和特殊的防腐颜料及助剂构成，固体含量可达到85%以上，不含有毒物质且单箱成本与沥青漆相当。经过几年实际应用后，其底架和地板没有任何腐蚀和改变。因此，可以断定，不远的将来这种环保型涂料就会投入使用。

2. 水性涂料

由于水性涂料早已被欧美的用户所接受，所以大部分欧美的箱东都希望能在不久将来采用水性涂料作为集装箱的防腐与装饰。目前集装箱制造厂也正在致力于水性集装箱涂料的应用推进工作。已经有多家涂料制造商和箱厂共同探讨水性集装箱涂料的开发工作。目前要克服的有如下难题。

① 如何适应现在的集装箱生产节奏　由于水的蒸发潜热很大，在低温高湿的条件下干燥速率不及溶剂型涂料，而且往往还会产生“闪锈”问题。要达到最佳性能，应该对三度漆都要进行烘烤，这是现在的施工速率所不允许的。

② 废水的处理问题　在清洗设备，尤其是喷漆房中漆渣漆雾的收集过程中，将会产生废水，由于各集装箱厂的涂装线都是按油性涂料设计的，没有相应的废水处理设施，其投资和运行费用也应该重新进行评估。

③ 成本问题　水性树脂的价格一般都高于油性树脂，因此其成本较高，这是最难以突破的地方。

3. 新的涂料配套系统

鉴于水性锌粉漆开发上存在的困难，有的公司已经提出了新的两度型集装箱涂料配套系统，这种配套，由于少了一度涂料，施工速率、成本等问题就得到了解决。目前主要的方法是在底漆中加入特殊的防锈颜料和助剂，基本能满足防腐要求。

4. 无溶剂或高固体涂料

与欧美不同，日本的学者认为，水性涂料虽然减少了对空气的污染，但是由于其在生产和施工中会产生废水，这些废水如处理不当，对环境的污染是远大于油性涂料的。因此在日本更倾向于使用无溶剂或高固体分涂料。在20世纪80年代日本就已开始这方面的研究，但遗憾的是随着集装箱制造业很快地转移到中国，这种技术没有得到应用。现在随着中国经济的发展，给无溶剂及高固体分集装箱涂料又提供了新的舞台。

5. 其他新型集装箱涂料

作为一个过渡阶段，目前很多日本箱东倾向于使用弱溶剂涂料来解决环保问题；使用低气味涂料解决装载食品的集装箱内面的污染担忧问题。弱溶剂涂料主要是通过改进树脂的制造技术，使环氧树脂等能够和烃类溶剂相容，减少、醇、醚类溶剂，从而减少对环境的污染。而低气味涂料则主要是控制芳香族溶剂的使用，从而减少涂料施工后一段时间内箱体内存在的溶剂气味对装载食品的影响。

6. 集装箱涂装工艺的现代化

随着科学技术的不断进步，经历了集装箱工业初创、发展和成熟各个阶段的中国集装箱业一直在苦苦思考实现集装箱涂装自动化的方法。实现涂装工艺的全自动化，不仅可以大幅度提高生产效率，同时还能将涂装工人从繁重的体力劳动和严重的职业危害中解脱出来。真正实现经济的持续、和谐和高速发展。

到目前为止，已经至少有一家工厂设计了自动化的涂装线并投入生产。这条流水线的构思和流程的设计思路打破了过去从手工喷涂工艺延续下来的箱体固定、喷涂设备移动的模式。采用固定绝大部分涂装设备，利用集装箱在流水线上的行走实现箱体和喷涂设备的相对移动。这样不仅省掉了喷漆时箱位需要停留的时间，更重要的是由于减少了喷涂设备的移动，省去了大量的传动装置，使故障率大幅度降低，提高了设备运行的可靠性，也解决了过去的半自动涂装设备由于废漆雾难以清理而造成的设备行走抖动和卡死的问题。

该设备的主要特点是用大量的喷嘴交叉排布，外面漆喷涂装置呈门形，内面则呈楔形，朝向箱体的部位共排布枪嘴。利用光电装置探测箱体，实现自动开关枪。前端设置了和箱体相同的高度行车，行车上垂直排枪嘴，通过有限的横向移动来实现喷涂。

很明显，该套自动喷涂系统有如下的优点：①生产节奏快；②自动化程度高；③能减少涂料的浪费；④自动喷涂保证了涂膜厚度的均一。

但是目前阶段也存在一些缺点有待克服，首先，由于使用了大量的枪嘴，当某一个或几个枪嘴出现堵枪时，整个涂装线就需要停下来以便调整或更换枪嘴，这样会严重影响涂装效率，为了减少堵枪，就要求整个喷漆系统保持良好的清洁，也对涂料的细度和杂质含量提出更高的要求。另外，大量的枪嘴同时喷涂时，喷出的气流会互相干扰，造成漆膜的不均匀，这是一个非常复杂的问题，解决起来也比较困难。但是不管存在什么困难，集装箱涂料的自动喷涂是大势所趋，也是行业发展的最终方向。

第三节　海洋工程重防腐涂料

一、海洋油气资源开发及海洋工程简史

人类对海洋资源的利用已有几千年的历史。海洋总面积约 3.6 亿平方米，占地球表面积的 70.9%。海洋是一个巨大的资源宝库，拥有潜力巨大的矿产资源、生物资源、水资源、能源和空间资源，因而成为人类发展经济并从事相应科学技术开发的重点领域。海洋工程即是指人类为开发和利用海洋资源，利用海洋空间建立各种工程技术设施和海上运输设施。上述设施通常称为海洋工程结构，常见的包括海上钻井平台、固定生产平台、海洋工程船舶及其他运输船舶等。这里所讨论的“海洋工程”将限定于为海洋油气资源开发活动服务的各类海洋油气工业装备的建造、安装和维护，包括油气勘探、钻井、生产、油气输送所需的各种固定式和移动式生产平台、移动式钻井平台、钻井船、海上浮式贮油轮等海洋钢结构。

19 世纪末期，最早的海上石油开采活动出现于美国加州的水深仅为数米的滨海地带，使用的是木桩搭建的简易钻井架。1947 年，世界上第一座钢质的、在陆上预先拼装的固定式钻井/生产平台由 J. Ray McDermott 船厂为 Superior 石油公司在路易斯安那外海建成投产，这也标志着海洋工程进入了一个新的历史阶段：预拼装。

在第二次世界大战结束后，战争期间所发展的大规模生产能力和大量的科研成果转移到民用领域，为海洋油气资源开发和海洋工程提供了发展所需的必要支持。海洋油气开采也逐步从水深十余米的浅海向数十米乃至数百米的深海扩张。1956 年，世界上第一座采用齿轮齿条提升机构的自升式移动钻井平台“蝎子”号建成投入使用，可在水深约 50m 的海域作业。1961 年，Continental、Union、Shell 和 Superior 公司联合投资的第一座专门设计建造的钻井船 CUSS 1 号诞生，可从事深水的钻井和完井作业。而作为油气生产主力的固定式导管架平台也从数十米的水深逐步扩展为数百米水深。

科技进步促进了海洋工程的发展，为海洋油气资源开发迈向千米以上的深海提供了技术保障。自 20 个世纪 60 年代开始，半潜式钻井平台、半潜式生产平台、张力腿平台、SPAR、浮式生产贮油轮、深海机器人、海底完井、海底管线、3 维地质勘探等新技术层出不穷，深水油气开采在技术和经济层面都不再是可望而不可即的梦想。进入 21 世纪，全球经济保持较快地增长势头。受到全球能源需求增长和能源价格高起的推动，以墨西哥湾和北海为代表的海洋油气资源开发正在全球方兴未艾，巴西、西非、东南亚、印度洋、中国海、澳大利亚……众多的海洋油气田正处于开发之中，海洋工程行业也随之迎来了新的黄金时期。

全球海洋工程的版图上最主要的国家和地区包括美国（休斯敦和墨西哥湾沿岸，各类海洋设施的设计，固定式生产平台、浮式生产设施、上部模块和海底设施的建造和安装），挪威和英国（北海沿岸，各类海洋设施的设计，固定式生产平台、浮式生产设施、上部模块和海底设施的建造和安装），意大利和法国（各类海洋设施的设计和总包），以及新加坡和韩国（各类移动式钻井平台和浮式生产设施的建造和改装）。随着需求的增长，一些以往在海洋工程领域涉猎不多的国家和地区，特别是中国和中东的迪拜也投入了大量资源扩充了这方面的能力。以中国为例，自 2000 年以来所建造的海洋油气设施数量已远远超过了在此之前 20 多年间的总数。

二、海洋工程结构物分类

海洋工程结构物包括了海洋油气资源开发活动，即油气勘探、钻井、生产、油气输送所需的各种固定式和移动式生产平台、移动式钻井平台、钻井船、海上浮式贮油轮等海洋钢结构。了解各种类型的海洋工程结构物及其运作模式和使用环境将有助于人们理解其所面临的防腐蚀挑战并选择正确的解决方案。

1. 钻井平台

钻井（drilling）是石油天然气勘探以及生产至关重要的一个环节。钻井平台根据其结构形式和作业能力通常可以分为以下几类：钻井驳船（drilling tender）、自升式钻井平台（jack-up drilling platform）、半潜式钻井平台（semi-submersible drilling platform）、钻井船（drilling ship）、生产平台附属钻机模块（platform rig）。

2. 浮式生产设施

生产是海洋油气开发最主要的一个阶段，即通过前期地质勘探、试钻、钻井和油田生产设施的建造和安装，正式进入油气开采的长期阶段。这个阶段的关键设施就是各类生产装置，包括浮式的和固定式。浮式生产设施（FPU）顾名思义是利用浮体（hull）漂浮于海上，通过系驳系统（mooring）定位，由钢质管线（riser）与海底油井连接进行海底油气汲取并通过上部模块（topside）进行生产处理的设施，常用于深水油气田或贮量较小的边际油气田。主要包括外形通常为船形浮式生产贮油轮（图 3-4-49，FPSO——floating，production，storage，offloading）、由竖直的柱状浮体和水平的横向浮体构成的张力腿生产平台（tension leg platform TLP）、半潜式生产平台（semi-sub production platform）和柱状生产平台（SPAR）组成。

3. 固定式生产平台

固定式生产平台（fixed platform）是最早出现也是最常见的海洋油气生产设施。其基本功能是通过钢质管线汲取海底油气并进行简单处理，然后输送至附近的浮式生产贮油轮或通过海底管线送至大陆终端，同时向海底油层注入高压水或气体以保持或提高油气流量和采出率。固定式生产平台的基本特点是“固定”，在油气田资源枯竭前不会移动或拆除，整个寿命周期高达25～30年，甚至有最高达到70以上的预期寿命。

固定式生产平台的基本特征是露出海平面以上的包括生产和生活模块的平台部分固定于以海床为支撑的钢质或混凝土结构。具体可以分为导管架平台（jacket platform）、顺应式平台（compliant tower）、混凝土重力平台（gravity platform）等。

图 3-4-49　海洋石油 FPSO

4. 海底系统

海底系统是当代海洋油气开发体系中不可或缺的一个关键系统。海底系统通常与固定式或浮动生产设施配套使用，将多个较小的海底油气田连为一体并与生产设施连通，以节省生产设施昂贵的建造和安装投资。

海底系统由6大主要部分构成：油/气井、采油树、集线器与线撬、管线与跳线、脐带以及控制系统。

三、海洋的腐蚀环境

海洋工程装置的腐蚀环境要比一般的远洋船舶严酷得多。海洋平台在外海作业，没有防浪堤等港口设施的保护，每天都要承受海风、海浪、潮流的作用。海洋结构复杂庞大，大都从海底一直伸展到数十米以上的高空，腐蚀环境复杂。在甲板以下的管桩式结构，焊接点多，部位集中，而不像船舶的壳体那样易于保护。海上平台不能自航，生产平台不能移动，因此不易进坞维修。海洋工程装置一旦发生腐蚀事故，后果将会是十分严重的。1980年挪威位于北海的 Alexanddr L. Kielland 半潜式生活平台，因一根撑杆发生腐蚀疲劳而导致整个平台在15min内倾翻，造成123人死亡和失踪。

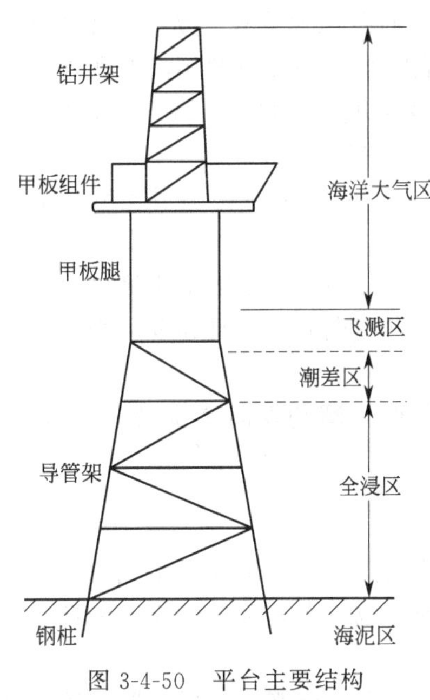

图 3-4-50　平台主要结构及腐蚀环境分区

海洋平台的不同区位所受腐蚀环境不尽相同。以固定式导管架式桩基平台为例，其结构从上自下可以分为井架、甲板及其甲板组件、甲板腿、导管架和钢桩五个部分，如图3-4-50所示。这些部位分别位于海洋大气区、飞溅区、潮差区、全浸区和海泥区五个部分。对于海上平台的腐蚀环境条件可以参见表3-4-55。

表 3-4-55　海上平台腐蚀环境条件

区　域	环境条件
海洋大气区	风带来细小的海盐粒子。影响腐蚀性的因素是海盐含量、湿度、风速、雨量、温度和太阳辐照等
飞溅区	潮湿、氧气充分的表面，海水飞溅，无海生物污损
潮差区	周期性沉浸、供氧充分，有海生物污损
全浸区	浅海区：海水通常为氧饱和，海生物污损，海水流速，水温，污染等 深海区：氧含量不一，温度接近0℃，海水流速低，pH比表层低 大陆架：无植物污损，动物污损也大大减少，氧含量降低，水温较低
海泥区	存在细菌，如硫酸盐还原菌，海底沉积物的特征和性状不同

1. 海洋大气区

海洋大气与内陆大气有着明显的不同。海洋大气湿度大，易在钢铁表面形成水膜；海洋大气中盐分多，它们积存钢铁表面与水膜一起形成导电良好的液膜电介质，是电化学腐蚀的有利条件，因此海洋大气比内陆大气对钢铁的腐蚀程度要高 4～5 倍。在渤海海上石油平台测得的裸钢腐蚀率数据达到 1.0mm/a。

导管架桩基平台，甲板腿以上构件，包括生活区、生产区和钻井架等，主要在海洋大气中工作，长期经受风吹、雨淋、日晒和海水盐雾的作用。尤其是在甲板下部，由于长期处于潮湿状态，氧气供应充分，是该区腐蚀最严重的部位。这是因为阴面的尘埃和海盐沉积不易冲掉，而且老的菌类生物在阴面更有活性，它们会保持水汽和盐分，增强腐蚀性。

2. 飞溅区

海洋飞溅区的腐蚀，除了海盐含量、湿度、温度等大气环境中的腐蚀影响因素外，还要受到海浪的飞溅，飞溅区的下部还要受到海水短时间的浸泡。飞溅区的海盐粒子量要远远高于海洋大气区，浸润时间长，干湿交替频繁。碳钢在飞溅区的腐蚀速率要远大于其他区域，在飞溅区，碳钢会出一个腐蚀峰值，在不同的海域，其峰值距平均高潮位的距离有所不同。

在青岛海域碳钢位于平均高潮位以上 0.5～1.2m 处以及腐蚀峰值区测，暴露 1a 的最大点蚀深度在 0.36～1.75mm；暴露 4a 时，钢的局部腐蚀最大深度在 2.20～3.50mm；暴露 8a 后，大多数钢已经穿孔（厚度 6～8mm）。渤海海中使用 10a 的海上平台测得飞溅区的腐蚀速度在 0.45mm/a，同时有不少深度在 2mm 以上的腐蚀坑。

导管架桩基平台、甲板腿下部和导管架上部在海水飞溅区。在高潮线以上飞溅区，表面长期遭受飞溅海水的不断冲击，周期性地被海水湿润，氧气供应充分，并且还要经受狂风巨浪和浮冰的冲击，因此该部位是平台腐蚀最严重的地方。

各海区的飞溅区的范围和腐蚀的严重程度各不相同。墨西哥湾约在高潮位以上 2m，阿拉斯加湾可达高潮位以上 9m，我国对四个海区港湾内的测试表明约在 0～2.4m。

3. 潮差区

从高潮位到低潮位的区域称为潮差区。在潮差区的钢铁表面经常和饱和了空气的海水相接触。由于潮流的原因钢铁的腐蚀会加剧。在冬季有流冰的海域，潮差区的钢铁设施还会受浮冰的撞击。

试验表明在潮差区，碳钢的初始腐蚀速率要比全浸区大，但是暴露数年后，腐蚀速率会明显下降，甚至低于全浸区和海泥区的腐蚀率，但是局部的腐蚀深度要比全浸区严重。

随着潮位的涨落，水线上方湿润的钢表面供氧总要比浸在海水中的水线下方钢表面充分得多，而且彼此构成一个回路，由此成为一个氧浓差宏观腐蚀电池。腐蚀电池中，富氧区为阴极，相对缺氧区为阳极，总的效果是整个潮差带中的每一点分别得到了不同程度的保护，而在平均潮位以下则经常作为阳极而出现一个明显的腐蚀峰值。

在防腐蚀工程设计时，通常把潮差区和飞浸区作为一个区域进行综合考虑，这样可以方便进行施工、维修和阴极保护等各方面工作。

4. 全浸区

全浸区全浸于海水中，比如导管架平台的中下部位，长期浸泡在海水中。钢铁的腐蚀会受到溶解氧、流速、盐度、污染和海生物等因素的影响，由于钢铁在海水中的腐蚀反应受氧的还原反应所控制，所以溶解氧对钢铁腐蚀起着主导作用。

在渤海 4 号平台使用 12 年后进行的一次检测发现低潮位附近的构件有多处腐蚀穿孔，

推算其腐蚀速率达 0.6mm/a 以上。

海水的流速对于钢铁来说，除了冲刷作用外，主要起着对钢铁表面供氧的作用，腐蚀速率会随着流速的增加而加快，当流速增加到 6m/s 时，腐蚀速度达到最大值。

盐度对腐蚀的影响主要是它的导电性，海水一般含盐在 3%～3.5%，是良好的电解质溶液。占海盐离子总量的 50%以上的氯离子，对钢铁的腐蚀更为显著。

温度、污染和海生物等因素对钢铁的腐蚀也有一定的影响。海生物的污损，如苔藓虫、石灰虫、藤壶和海藻等，对碳钢的腐蚀影响较大。污损海生物能阻碍氧气向腐蚀表面扩散，从而对钢的腐蚀有一定的保护作用。但是由于污损层的不渗透性和外污损层中嗜氧菌的呼吸作用，使钢表面形成缺氧环境，有利于硫酸盐还原菌的生长。

引起海水中钢铁结构腐蚀破坏的主要危险不在于钢铁厚度的平均减薄，而在于严重的局部腐蚀和腐蚀疲劳。

第七二五研究所在南海榆林海域从 1984 年 12 月～2000 年 12 月进行了为期 16 年的海洋环境钢铁暴露试验。在深度为 0.5～1.5m 的全浸区，钢样上长满了丛生的海生物，附着厚度在 2～3cm，最厚达 10cm 左右。内层主要为牡蛎、石灰虫、苔藓虫，外层主要为藤壶。腐蚀产物为多层硬壳黑锈，腐蚀多为斑状、坑状和溃疡型局部腐蚀。A3 钢每年的腐蚀率达到 0.072mm/a，16 年的平均腐蚀深度达到 2.42mm，最大达到 3.79mm。对比美国在巴拿马运河海域进行的 16 年试验，QQ-S-741 低碳钢的腐蚀率为 0.073mm/a，局部腐蚀深度平均值为 2.29mm，最大为 3.94mm。两个试验的结果非常接近。

5. 海泥区

海泥区位于全浸区以下，主要由海底沉积物构成。海底沉积物的物理性质、化学性质和生物性质随海域和海水深度的不同而不同。

海泥实际上是海水饱和的土壤，它是一种比较复杂的腐蚀环境，既有土壤的腐蚀特点，又有海水的腐蚀行为。海泥区含盐度，电阻率低，但是供氧不足，所以一般的钝性金属的钝化膜是不稳定的。

海泥中含有的硫酸盐还原菌，会在缺氧环境下生长繁殖，会对钢材造成比较严重的腐蚀。

沙质泥的特点是海沙表层比较空，属于半开放性，孔隙一般都要大于海泥中的孔隙率。孔隙大，包含的海水就多，由于海水中的溶解氧的去极化作用，钢的腐蚀速率也就越大，孔隙率的多少是钢铁在不同类型海泥中产生不同腐蚀速度的原因之一。

四、海洋工程防腐蚀涂料的发展

腐蚀发生的机理和要素多种多样，相应的防腐技术也有各自不同的类型。对于钢结构防腐，最常见的是采用防腐蚀涂层防护并辅之以阴极保护。

过去 100 年来，海洋工程结构物的防腐技术从航运业的海洋船舶防腐技术取得了相当多的经验和支持。可以说，在当代深水油气资源开发大规模展开之前的数十年间，海洋工程结构物防腐仅仅是跟随海洋船舶防腐的步伐。

随着船舶涂料的发展，厚浆型环氧漆、长效防污漆等新的涂料品种不断在远洋航运业得到应用，同时也逐步推广到海洋工程结构物防腐领域。但船舶涂料与海洋工程防腐涂料的使用环境虽然总体上类似，其保护对象的工况或使用模式却有着显著的区别。因此，在实际使用过程中人们最终发现，简单地将海洋工程涂料与船舶涂料等同起来是一种片面的理解。

尽管用于海洋油气资源开发的海洋工程结构物与用于远洋运输的海洋船舶的使用环境类

似，都是出于茫茫大海之上，但其运作模式的不同决定了它们在防腐需求方面的不容忽视的差异。明确这一点是讨论当代海洋工程涂料的前提。

与海洋船舶一样，海洋工程结构物存在水下部分和水上部分，也包括不同的功能区域和内部舱室。因此，其所采用的防腐涂料同样要应对海流、海浪拍击、浮冰、严寒、酷暑、海洋大气中的盐分、强烈的紫外线、作业时的机械碰撞、机械磨损、溅泼的化学物质、局部高温等各种恶劣环境因素的影响。海洋船舶的维修计划较短，通常都是3～5年就会进坞检修，根据腐蚀情况对船壳和货舱等部位的涂层进行局部维修或大修。与此不同的是，各种类型的海洋工程结构物或在整个寿命周期（可长达25～30年甚至更长）结束前固定于某一海域，或虽可移动但一个作业周期从数月到数年不等。而无论是计划内的或是计划外的对涂层缺陷的海上维修都涉及高昂的停工损失、昂贵的运输和施工成本以及海上施工条件限制带来的过高的施工难度等问题，甚至于有些设施如海底模块的涂层失效是无法用常规手段加以修补的。因此相对于船舶涂料而言，海洋工程防腐涂料首先要满足的是长期的可靠的防腐防护：设计寿命长——通常为15年以上（高性能、高膜厚、高表面处理的涂层体系）、可靠性高（可靠的涂料技术和产品质量控制）以及全寿命周期成本低（初始投资与后续维修费用的最佳结合）。

与同期船舶类似，最早的海洋钻井/生产平台防腐采用的是沥青和亚麻油等天然原料稍加处理后制成的涂料。其防腐性能并不能真正满足需求，同时由于自身物理/化学特性，如色泽、热塑性和长期氧化反应等，限制了此类涂料在海洋环境下的长期使用。

在20世纪40～50年代，随着乙烯树脂和环氧树脂的诞生，这些新型涂料开始在海洋工程结构物上得到推广应用。与此前的油性醇酸漆相比，新的乙烯漆和环氧漆不依赖氧气固化，而是随着溶剂挥发进行物理固化或发生化学交联从而形成坚韧的漆膜，并且漆膜不会像醇酸漆那样在使用过程中进一步与大气发生氧化反应而脆化，长期防腐性能得到了较大的提升。

乙烯共聚物系统的特点是其低体积固体分，这意味着不能单道施工形成较厚的漆膜厚度，它的最大干膜厚度在50μm左右，要达到250～300μm的干膜厚度，通常要5～7道涂层，很明显施工费用是相当高的。这种多道涂层的热塑性树脂系统，以无机硅酸锌作为底漆，防腐蚀效果很好。墨西哥湾的温度和湿度都相当高，非常有利于无机硅酸锌的固化。值得注意的是，在墨西哥湾，聚乙烯醇缩丁醛/铬酸锌洗涤底漆，即磷化底漆，直接涂在钢材表面，然后再覆涂多道乙烯系统，也取得了很好的效果。早期的乙烯涂料当时还没有受到卫生、安全和环境的要求限制。随着时间的推移，多道涂层系统的费用增加，开始采用较低分子量乙烯树脂来获得高固体分，厚浆型只需更少涂层道数的乙烯树脂涂料，但是其每道漆的干膜厚度也只能施工到70～80μm。丙烯酸树脂和乙烯树脂的混用系统也开始应用。这些类型的涂料很多公司都有成功的应用，比如在墨西哥湾的Gulf、Philips、Exxon公司，以及在北海的Statoil公司等。

早期的环氧系统是基于中等分子量环氧树脂的，最初的交联剂采用低分子量脂肪胺。这些环氧树脂涂料典型的体积固体分在40%～45%，每道涂层的干膜厚度在50～75μm，总的干膜厚度在200～250μm。无机硅酸锌底漆与这些系统配合使用，可以增强防止漆膜下锈蚀蔓延的性能和提高整体耐蚀性能。在水下部位和飞溅区，多道系统的环氧煤沥青涂料，取代了纯乙烯树脂涂料，典型的干膜厚度为300～500μm。

在北海的海上油气开采，与墨西哥湾相比，在20世纪60年代末，有着一系列的全新问题：高大而且持续的浪涌，盐雾飞喷几乎一直处于潮湿状态，低温施工环境，白天低于5℃（40℉），晚间固化温度低于冰点；更大的建筑结构物，不同建造程序。北海地区的海洋工程对无机硅酸锌底漆的应用缺乏经验，主要采用环氧富锌底漆，采用氯化橡胶涂料作为乙烯树脂涂料的替用产品。

氯化橡胶涂料如同早先的乙烯材料一样有着相同的问题，最大的问题就是热塑性、热降解和耐候性，而且也对油脂敏感。最终这些氯化橡胶面漆表面还要涂特殊的表面容忍性涂料，这样才可以提高其耐油性。

在水下部位和飞溅区，非常厚的环氧包覆层系统开始普遍应用，厚度在 3000～6000μm，这些涂料可以用标准型无气喷涂进行多道涂层施工，也可以用特制的设备进行单道涂层施工。聚酯玻璃鳞片涂料在水下部位和飞溅区也得到了应用，典型的涂膜厚度为两道共计 1500μm。1971 年开发的北海地区的 Ekofisk 油气田，聚酯玻璃鳞片涂料有着长达 30 年以上的非常成功的防腐蚀应用。

到 20 世纪 70 年代，用于墨西哥湾的系统开始使用现在还是常规系统的防腐蚀涂料体系，然后是波斯湾和北海地区，比如含有富锌的涂料、厚浆型环氧涂料和聚氨酯涂料等。这种类型的系统保留了很多年。触变剂技术允许开发出厚浆型环氧涂料，减少了总体涂层道数，羟基丙烯酸聚氨酯不同于紧密的聚酯交联的聚氨酯面漆，耐久性强、可覆涂面漆开始得到发展。

到了 20 世纪 90 年代，两大压力迫使采用高固体分涂料系统：减少有机溶剂的挥发（VOC 法规）；减少涂层道数（施工费用问题）。海洋工程防腐蚀涂料技术从一开始发展应用，到现在提高得非常快。由于海洋工程建造施工过程变得越来越快，要求涂料具有环境容忍性，减少施工涂层道数，提高并满足了环保、健康和安全方面的要求。相比于传统的海洋工程涂料系统，现在的重点是要满足生产过程在所有的气候下，快速固化，快速搬运，重涂和过厚的可容忍性，施工性能要好。

五、海洋工程防腐涂料

经过数十年的不断研究和实践，当代海洋工程防腐涂料已发展成为一个比较健全的高性能涂料体系。海洋工程防腐涂料可以简单地按功能划分为三个类型：①防腐底漆/中间漆（环氧类、富锌类、醇酸类等）；②面漆（醇酸、环氧、丙烯酸、聚氨酯、聚硅氧烷等）；③特殊功能型涂料（防污漆、耐高温漆、防滑涂料等）。

1. 防腐蚀底漆/中间漆

海洋工程结构物的共同特点是功能繁多、结构复杂。针对不同的功能区域或部位，存在不同的防护需求。但除了极少数特殊部位以外，防腐蚀底漆/中间漆都是涂层系统不可或缺的组成部分，通过对底材的屏蔽、阴极保护或钝化作用成为海洋工程防腐蚀涂层体系的基础。

屏蔽型底漆和中间漆，主要是不含锌粉或缓蚀颜料的环氧树脂涂料和片状颜料，如铝粉、玻璃鳞片、云母氧化铁等，可以增强涂层的对水和氧的屏蔽性能。

富锌底漆主要分有机富锌底漆（主要指环氧富锌底漆）和无机富锌底漆两大类。富锌底漆中锌粉含量须占干膜厚度的 80%（质量分数），锌粉须满足 ASTM D520、ISO 3549 的要求。富锌底漆在飞溅区和其他浸没区因其自我牺牲作用，更易出现涂膜缺陷，因此不推荐用于这些部位而要使用其他涂层材料。

(1) 碳氢树脂改性环氧涂料（mastic epoxy） 涂层坚韧致密，附着力强，防水性能和耐磨性能出众。由于采用了小分子量的树脂，碳氢树脂改性环氧涂料具有优异的渗透性（在常用涂料中仅次于油性醇酸树脂），对于表面处理较差的底材如机械动力打磨至 St2 或高压水喷射除锈的钢材都有良好的附着力和防腐蚀效果，因此为海上维修作业提供了极大的便利。同时也适用于各类新建海洋工程结构物。

(2) 纯环氧底漆　采用纯环氧树脂并添加各种功能颜料的纯环氧底漆在海洋工程防腐领域有着广泛的应用。良好的防水性和耐化学品性能使得纯环氧底漆成为压载舱、淡水舱、原油舱和化学品舱的理想选择。由于漆膜同时具有优秀的机械强度和耐磨性能，纯环氧底漆也普遍用于各种水下和大气环境中的外露部位作为防腐蚀底漆。但纯环氧底漆由于树脂分子量较大，对底材表面处理等级要求较高（通常要求喷砂处理），因此常用于新建项目而非维修保养。

(3) 环氧玻璃鳞片涂料　在碳氢树脂改性环氧涂料或纯环氧底漆中添加适量的玻璃鳞片（约占颜料总重量的25%），可以显著增强漆膜的机械强度和韧性，进而提升漆膜的耐冲击和耐磨性能。同时，漆膜中平行排列的玻璃鳞片大大延长了水汽穿透涂层的路径，降低水汽渗透率，从而提升了涂料的防水性能。因此，环氧玻璃鳞片涂料常用于腐蚀环境恶劣、机械磨损严重的部位，如海洋结构物的飞溅区、露天甲板、直升机甲板等，或要求较长的有效防腐设计寿命的情形下。

(4) 酚醛环氧液舱涂料　具有极佳的耐化学品性能，可以抵御绝大多数常见的化学品包括特定的酸碱的腐蚀，适用于对化学品舱、污油舱、原油舱、污水处理舱等腐蚀环境苛刻的液舱保护。酚醛环氧液舱涂料施工条件严格，对底材结构处理、表面处理、清洁度和含盐量、底材温度、环境温度和湿度、涂装间隔、通风等均有严格要求。

(5) 环氧富锌底漆　借助于锌粉提供的阴极保护作用能极大地提升涂层的防腐蚀性能。通常单涂层施工50～75μm，结合环氧中间漆和面漆系统，可以为海洋工程结构物的大气环境中部位提供15年以上的有效保护。环氧富锌底漆施工简便，对过高的膜厚不敏感，在冬季施工下可换用低温固化剂，因此在海洋工程防腐领域得到了广泛应用。需要注意的是，由于在碱性环境下锌的损耗速度急剧增大，环氧富锌底漆不推荐用于水下部位和飞溅区。

(6) 无机硅酸锌底漆　采用正硅酸乙酯结合高纯度锌粉制备，漆膜中锌粉通过正硅酸乙酯与底材通过化学键结合，对底材提供可靠的阴极保护。海洋工程领域采用的无机硅酸锌底漆通常单涂层施工75μm，结合环氧中间漆和面漆系统，可以为海洋工程结构物的大气环境中部位提供20年以上的有效保护。无机硅酸锌底漆对酸碱敏感，但对有机溶剂抵抗力非常优秀，也常用作装载有机溶剂包括甲醇在内的液舱单涂层防腐。无机硅酸锌底漆施工条件苛刻，最高膜厚通常不能超过125μm，否则容易出现龟裂。对底材的结构处理、表面处理、底材温度、环境温度和湿度（固化过程需水分参与反应，大气湿度要高）等均有严格要求。尽管防腐性能优异，施工方面的局限性限制了无机硅酸锌底漆的使用，除了少数设计寿命极长的项目或腐蚀环境及其恶劣的部位，通常被环氧富锌所替代。与环氧富锌类似，无机硅酸锌也不适用于水下部位和飞溅区。

(7) 醇酸底漆　采用多元醇、多元酸与脂肪酸制备而成醇酸树脂，依靠不饱和脂肪酸基与空气中的氧气反应氧化聚合。防水性能一般，通常用于结构物内部干燥区域如生活区或机舱等腐蚀和缓的部位。单组分，施工简便，对施工时的环境温度不敏感，对表面处理要求较低，因而也得到较多应用。

(8) 水性涂料　水性无机硅酸锌底漆，利用空气中的二氧化碳和湿气与硅酸钾进行反应，在生成碳酸盐的同时，锌粉也同硅酸钾充分反应成为硅酸锌高聚物。其固化受温度和湿度的影响较大。水性无机富锌底漆要求喷砂到Sa3。水性无机富锌涂料，以水为溶剂和稀释剂，不含任何有机挥发物，无毒，无闪点，对环境污染小，VOC为零，没有火灾危险，在施工、贮存和运输过程中较为安全。水性无机硅酸锌涂料可以厚膜施工100～200μm的干膜厚度，而不会开裂，适用于最严酷的腐蚀等级 ISO 12944 C5-I 工业和 C5-M 海洋腐蚀环境。

水性环氧防锈底漆是双组分快干型水性环氧防腐底漆/中间漆，可以在低至 5℃时固化。含有活性防腐颜料和闪锈阻剂。用作钢材、铝材、镀锌钢材和热喷锌表面的底漆/中间漆，其表面上可涂覆水性丙烯酸、水性环氧和合适的溶剂型涂料。

2. 面漆

(1) 醇酸面漆　醇酸面漆是一种单组分的、经济性的长油度有光面漆，可以调出多种色彩，具有良好的初始光泽，并且具有良好的重涂性能。醇酸面漆的体积固体含量适中（约50%），通常可以涂覆到 40～50μm 的干膜厚度。醇酸面漆的干燥通过溶剂的挥发和氧化反应来完成。要避免单道涂层涂覆过厚，否则会引起干燥和起皱的问题。有机硅醇酸面漆，与其他涂料相比，有着很好的户外耐久性能，失光变色和粉化等程度要轻得多。有机硅醇酸面漆与纯醇酸树脂面漆相比，其耐候性和耐热性方面有很大的提高。在干性油醇酸树脂中的活性羟基与硅树脂中间体的羟基进行反应，用化学的方法使醇酸树脂和硅酸树脂两者共聚。在海洋工程中，醇酸面漆主要用于机舱、生活区域等。

(2) 环氧面漆　环氧树脂的耐水性和耐化学品性能优良，漆膜坚硬。由于环氧含有醚键，漆膜经阳光照射后会降解断链，失去光泽，然后粉化。因此，环氧不宜用作室外面漆。环氧面漆为双组分，聚酰胺固化涂料，可以调配出多种颜色供选用。环氧面漆可以用作大多数高性能防腐蚀涂料系统之上的坚韧面漆，而无需高性能的装饰性面漆的场合。环氧面漆有着良好的耐磨性能而且耐化学品的泼溅，广泛应用于甲板、贮藏室地板等部位。环氧面漆耐很多化学品，尽管耐化学品的程度与化学品接触涂料的时间长短以及多少有很大关系。大多数传统的环氧面漆，有着相对良好的初始光泽，但是暴露于阳光下，涂料表面会由于紫外线的作用而退化，这会导致表面呈现粉末状，这种效应称之为“粉化”。

(3) 丙烯酸面漆　是氯化橡胶面漆的替代品，有优异的保色保光性能，而且漆膜光亮丰满，耐腐蚀性好。丙烯酸面漆是快干型，单组分，氯化石蜡改性的丙烯酸面漆，可以调配出多种颜色供选用。丙烯酸面漆有良好的光泽与颜色保持性，重涂性能突出。它可以重新溶解，因此在自身重涂时有着很好的附着力。丙烯酸面漆的体积固体分通常较低，因此有着极高的 VOC 含量。由于丙烯酸面漆是热塑性的，长时间接触温度时：大于 40℃（104℉）漆膜会软化凹陷，随着温度的降低，力学性能才会恢复。

(4) 脂肪族聚氨酯面漆　为双组分，采用羟基丙烯酸聚氨酯与脂肪族异氰酸酯固化反应，作为装饰性面漆用于需要高光泽，高耐久面漆的场合，用于高性能防腐涂料系统上面。聚氨酯面漆与其他面漆，如环氧、单组分丙烯酸和醇酸面漆等相比，有着突出的光泽保持性能。聚氨酯由丙烯酸树脂的羟基和脂肪族异氰酸酯的异氰酸基相反应交联。异氰酸酯也能与高湿大气中或底材表面的湿气起反应。与水反应会释放出二氧化碳，导致起泡等不良漆膜外观。干燥环境下，聚氨酯面漆可以耐受 120℃（248℉）高温，然而，老化后会有所发黄。当长效的颜色保持性非常重要时，建议最大操作温度不要超过 80℃（176℉）。

(5) 双组分丙烯酸面漆　作为高性能面漆，特别适用于在要求不能喷涂含有异氰酸酯固化剂的聚氨酯面漆，对健康和安全特别注重的场合。双组分丙烯酸面漆是羧化丙烯酸与环氧树脂交联的高性能面漆，其反应过程由丙烯酸链上的氨基所催化。由于环氧和胺的同时存在，其耐久性能不如高质量的丙烯酸脂肪族聚氨酯面漆那样好，在长期暴露于紫外线下时，耐黄变和光泽保持性要差一些。环氧丙烯酸面漆可以用于大多数高性能防腐蚀涂料系统之上。环氧丙烯酸面漆有着很好的施工性能、良好的早期耐水渍耐湿气性能，可以在温度低到 −5℃（23℉）时施工。

(6) 聚硅氧烷面漆　进行有机改性后形成的无机-有机聚合物面漆，是低 VOC、无异氰酸酯、高耐候性的涂料产品。聚硅氧烷是以 Si—O 键为主的聚合物，键能高达 445kJ/mol，大大高于有机聚合物典型的碳-碳键的键能 358kJ/mol。这意味着需要更强的活化能才能破坏聚硅氧烷聚合物。Si—O 键已经氧化使得它们可以耐受大气中的氧气和大多数氧化物的作用。通过比较，有机树脂，如环氧和醇酸树脂，体现出很早的粉化和褪化，而聚氨酯和丙烯酸也会在 3～5 年褪色和失光。因此，聚硅氧烷面漆具有天性的耐大气和化学性破坏的性能。第一代商品化的聚硅氧烷面漆以氢化的环氧树脂进行改性。随后发展了第二代丙烯酸氨基甲酸乙酯和丙烯酸改性的聚硅氧烷产品。聚硅氧烷树脂的黏度很低，可以使得环氧和丙烯酸聚硅氧烷混合涂料有着很高的固体分。环氧聚硅氧烷涂料的体积固体分高达 85%～90%，丙烯酸聚硅氧烷涂料的体积固体分设计为 70%以上。体积固体分 70%的涂料产品更可以控制湿膜厚度，这有助于防止潜在的过喷涂而减少损耗。

(7) 水性丙烯酸面漆　有安全而易于使用的特性，改性丙烯酸水性涂料技术可以提供良好的防腐蚀保护和耐磨性能，同时提供良好的耐候性能、挠曲性、耐水性和耐紫外线性能。水性丙烯酸面漆可以满足颜色稳定性的要求、很低的积灰程度以及优异的耐黄变性能。因此，由于水性丙烯酸面漆突出的保色保光性能，可以长期维持良好的视觉外观，无需经常重涂，大大降低了材料和施工方面的维护费用。水性面漆良好的外观和坚韧的保护性能，兼有经济性能和易于施工的性能。它可以在完全的水性系统表面作为面漆使用，也能用于某些溶剂型系统表面，形成混合型系统。水性丙烯酸面漆 VOC 含量很低，约在 100g/L。

3. 特殊功能型涂料

(1) 防污漆　防污漆用来阻止海洋生物，如藤壶、牡蛎、海藻、水云、浒苔对船舶和海洋结构物上附着污损。在 20 世纪 70 年代开始发展起来的以 TBT 为毒料和基料的自抛光防污漆，曾经是相当有效的大量使用的主要防污漆。然而，大量使用含 TBT 的后果带来了严重的环保问题。释放出来的有机锡对海洋生物危害极大，影响到它们的发育繁殖和生存。2000 年国际海事组织 IMO 确定了在 2003 年 1 月全面禁止含 TBT 的防污漆的使用，到 2008 年 1 月，船壳表面不再含任何含 TBT 的防污漆。

无锡自抛光共聚物防污漆使用丙烯酸共聚物，通过在海水中的水解或离子交换来对毒料释放起作用。这种丙烯酸共聚物系统的反应与早先的 TBT SPC 防污漆有着非常相似的毒料渗出机理。丙烯酸共聚物技术的无锡 SPC 系统防污漆皂化层很薄，在漆膜的横截面中，可以观察到大颗粒的氧化亚铜，这是防污漆中主要使用的毒料，配合以羟基吡啶硫酮铜/锌（copper/zinc pyrithione）辅助毒料，它不会在海洋环境中积聚。这种反应只在防污漆的靠近表层的部位发生，通过聚合物系统的疏水性来防止海水过度地渗透漆膜。

由于海洋工程结构物不同于航行的船舶，因此对于防污漆的选择有着特殊的要求，主要是依靠水流的作用来抛光防污漆表面从而防止海生物的附着，因此要选择特殊设计的静止建筑物表面防污漆。

(2) 甲板防滑涂料　超强环氧防滑耐磨涂料是由高固体分环氧树脂涂料基料、固化剂和高强度耐磨磨料三个组分组成，设计用于干燥、潮湿或油滑条件下以高膜厚达到耐久性、耐磨损和防滑特性。由于超强耐磨磨料混合在漆料中进行喷涂，因此钢板在喷砂后首先要喷涂一道防锈底漆，厚度在 150～300μm。底漆硬干后再喷涂超强环氧防滑耐磨涂料，施工工具不能使用普通的喷涂设备，而要使用重力式漏斗喷枪。喷涂过后表面呈粗糙状，固化后可以在上面喷涂环氧或聚氨酯面漆，以获得所需要的面漆颜色。

(3) 耐高温涂料　平台上生产设备和配管，大多数工作温度为常温，常用的涂层系统基本上均可使用。加热器、压缩机或其他设备的某些表面的温度可能会很高。如果这些表面需涂层，可以采用特定的高温涂层。

低于120℃非保温管线表面，与一般的碳钢结构相同，可以选用环氧富锌/无机硅酸锌配以环氧涂料中间漆和脂肪族聚氨酯面漆的配套方案。长期运行在100～120℃的温度环境下，选用环氧涂料和聚氨酯漆，其白色或浅色涂料会有变黄的可能，但是不影响其使用效果。

在120～230℃时，可以选用丙烯酸有机硅或酚醛环氧涂料。在温度200～400℃时，主要可以选用无机硅酸锌底漆。在400～600℃，有机硅铝粉漆是主要的选择。

(4) 金属喷涂层 金属喷涂层包括铝/铝合金和锌/锌合金，作为特殊用途用于大气区，例如火炬臂上。好的表面处理和清洁度是必要的。表面处理要求达到NACE No.2/SSPC 10/Sa $2\frac{1}{2}$或NACE No.1/SSPC 5/Sa 3。

热喷涂施工符合NORSOK M501中的质量要求。每道涂层应该均匀施工于整个表面。涂层多道施工，喷涂行枪之间要有搭幅。涂层要附着牢固，表喷涂后要均匀，没有块状、松散的飞溅滴落金属、气泡、灰分、其他缺陷和局部的漏涂。

金属喷涂层在大气区、飞溅区以及高温区可以用有机涂层进行封闭。封闭层可以稀释以便能渗入金属喷涂层孔隙内部。封闭层的颜色要与金属喷涂层有所区别，以方便目测检查。使用温度低于120℃(248 ℉) 可以使用环氧涂料，高于其温度可以使用有机硅涂料。

更多的有关金属热喷涂的施工要求可以参考NACE No. 12/AWS (5) C2.23M/SSPC-CS 23.00。

4. 镀锌涂层

对于复杂钢构件，用通常的方法施加涂层费用会很高，而且也困难，而热浸镀锌会是一种有效的方法。护栅、扶栏、梯子、仪表盒、设备橇座及其他类似形状的构件可用镀层保护。像其他含锌涂层一样，镀锌层在酸性和碱性环境中也会受到损坏，不应接触水泥、钻井泥浆或井中酸性介质。在飞溅区和全浸区，镀型层作为阳极受到腐蚀，会很快穿透或失效。这些区域应使用其他类型的材料或在镀锌层的上面再覆盖一层涂层。镀锌金属可以用合适的底漆或面漆覆盖，以改善其抗化学特质和盐水的侵蚀性。

热浸镀锌根据ISO 1461进行。结构部位和装配钢材表面最小的膜厚度要求为125μm和900g/m^2。结构部位要喷射清理后才能进行热浸镀锌。需要额外的涂层时，可以选用NORSOK M501中的涂料系统No. 6。

六、海洋工程防腐蚀涂料性能要求

海洋工程防腐蚀涂料性能要求的主要标准目前主要有三个：①ISO 20340《Paints and Varnishes——Performance Requirements for Protective Paint Systems for Offshore and Related Structures》色漆和清漆——离岸和相关结构防护涂料系统的性能要求；②NORSOK M501《Surface Preparation and Protective Coatings》表面处理和防护涂料；③NACE SP0108《Corrosion Control of Offshore Structures by Protective Coatings》离岸结构的防护涂料腐蚀控制。

1. ISO 20340

海洋工程及其油气设施，其腐蚀环境最为恶劣，必须对其进行特别的关注：一方面要有效地对腐蚀进行控制而延长其使用寿命；另一方面要减少安全风险和操作费用。自从ISO 12944制定以来，对于C5-M和Im2腐蚀环境下的防护涂料应用，一直具有争议。经过多年的讨论，2003 年正式通过了 ISO 20340，其具体阐述了海洋工程及其相关结构的腐蚀防护。但它与 ISO12944 又有着内容上关联，比如腐蚀环境和等级、结构设计、表面处理和涂料施工及其监督执行等。

ISO 20340 主要涉及的内容为海洋工程现场施工、涂料、防护涂料系统和涂料系统的性能测试等。

(1) 涂料系统的基本性能

标准中对涂料的性能测试方法和要求有着非常详尽的规定，在大气环境和浸水环境下的涂料系统基本性能要求见表 3-4-56。在海洋工程方面，所用涂料系统都需要通过第三方独立试验室按该要求的测试验证。

表 3-4-56　ISO 20340 涂料系统和基本性能要求

底　材	碳钢喷射清理：$Sa2\frac{1}{2}$或 Sa3；表面粗糙度：中等(G)								热浸镀锌①	金属喷涂层①
腐蚀环境等级	C5-M			Im2					C5-M	C5-M
第一道涂层	Zn(R)无机②	Zn(R)有机②	其他底漆	Zn(R)无机	Zn(R)有机	其他				
NDFT/μm ≥	60	40	60	60	40	60	200	—		
涂层道数	4(包括连接漆)	3	3	4(包括连接漆)	3	3	2	1	2	2(包括连接漆)
涂层系统 NDFT/μm ≥	280	300	350	330	350	450	600	800	200	200
在进行涂料性能测试(ISO 4628，ISO 15711 以及划线处腐蚀)前，必须根据 ISO 4624 进行附着力拉开法测试，以下测试数据可以作为要求达到的测试值										
拉开法测试(ISO 4624 老化前)	3	3	4	3	3	4	6	8	2	1

① 金属涂层的厚度根据 ISO 1461（热浸镀锌）或 ISO 2063（金属涂层钢材）以及 ISO 12944-4：1988 中第 12 条（热浸镀锌）或第 13 条（金属涂层钢材）中准备的涂层。

② Zn（R）为富锌底漆，符合 ISO 12944-5。

(2) 鉴别测试　每一种涂料鉴别必须进行两种鉴别测试：①指纹识别（fingerprint）；②定期批量测试。

指纹识别是为了确保所供应涂料的一致性。黏结剂的性能（红外线光谱和功能团含量）要在树脂、颜料和溶剂分离后进行。特征测试的示例见表 3-4-57，更能精确地测试涂料成分的其他测试方法也可以采用。

表 3-4-57　指纹识别示例

颁发日期		基　料	固化剂
涂料名称			
涂料生产商名称			
批号			
生产日期			
	测试方法	测试结果范围	测试结果范围
主　要　参　数			
黏结剂含量(质量分数)/%	见参考目录	(　±2)	(　±2)
颜料含量，包括填料(质量分数)/%	见参考目录	(　±2)	(　±2)

续表

红外线光谱		见参考目录		
不挥发分(质量分数)/%		ISO 3251		(±2)
密度/(g/mL)		ISO 2811 的适当部分	(±0.05)	(±0.05)
灰分/%		见参考目录	(±3)	(±3)
可选参数				
颜料含量(质量分数)/%	金属锌/总锌粉量	见参考目录	(±1)	(±1)
	铁		(±1)	(±1)
	磷	A	(±1)	(±1)
	铝		(±1)	(±1)
功能团含量	环氧	见参考目录		
	羟基			
	酸			
	胺			
	异氰酸酯			

注：测试方法要经各方同意。

涂料生产商被要求对涂料进行定期批量测试，并把测试结果提供给采购者。测试项目至少包括密度（ISO 2811）和不挥发分（ISO 3251），见表 3-4-58。

表 3-4-58 定期批量测试（最终的产品检测）

颁布日期		生产日期	
涂料名称		产品手册编号	
批号		材料安全手册编号	
测试项目	测试方法	测试结果	规范误差
密度/(g/mL)	ISO 2811 适合的部分		(±0.05)
不挥发分(质量分数)/%	ISO 3251		(±2)

注：若密度大于 2g/mL，如 Zn(R)，相关误差为±0.1g/mL。

(3) 涂料性能测试　进行涂料性能测试的试板准备要根据 ISO 1514 执行。试板的类型、数量、准备和状态根据 ISO 12944-6 以及涂料厂商的要求执行。除非另有约定，试板至少要准备三块，尺寸为（300×90×5）mm。

试板的性能测试要求见表 3-4-59。其他的可选测试要求也可进行，比如说耐冲击性、耐磨性和耐开裂性等。实际的测试项目要由相关各方同意进行。

表 3-4-59 质量鉴定测试

测试	划痕	环境腐蚀等级 C5-M	环境腐蚀等级 Im2		
			飞溅区	潮差区	永久性浸水区
耐老化(ISO 11507 和 ISO 7253)/h	是	4200	4200	4200	—
阴极剥离(ISO 15711)/月	按 ISO 15711 的要求	—	—	6	6
海水浸泡(ISO 2812-2)/h	是	—	—	4200	4200

标准的耐老化试验（图 3-4-51），一个循环为持续一周（168h），它包括：

① 72h 暴露于紫外线和水，根据 ISO 11507 进行；

② 72h 盐雾试验，根据 ISO 7253 进行；

③ 24h 低温暴露。

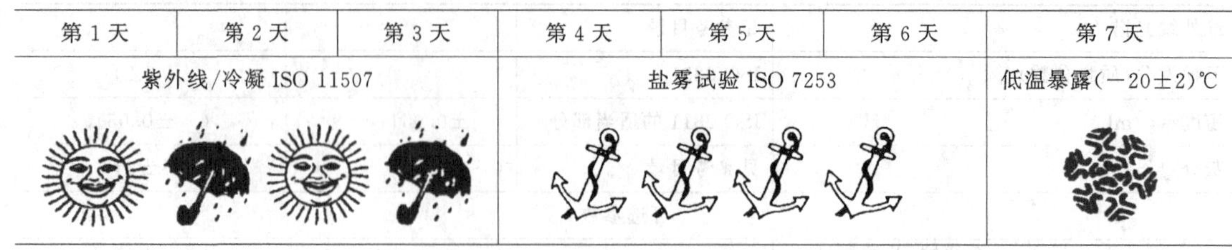

第1天
第2天
第3天
第4天
第5天
第6天
第7天
紫外线/冷凝 ISO 11507
盐雾试验 ISO 7253
低温暴露(−20±2)℃

图 3-4-51 老化试验示意图

除了这种标准程序外，如果另有约定的话，第 7 天的低温暴露可以代之以常温暴露，试验室条件（23±2)℃，RH（50±5)%。

试板的评定根据 ISO 12944-6 进行，方法和要求见表 3-4-60。至少要三块试板中两块达到要求才能通过质量评定测试。

表 3-4-60 试板的评定要求

评定方法	质量评定前的要求	质量评定后的要求	
ISO 4624 拉开法	相关各方都要同意，参考防护涂料系统的示意	拉开值至少达到原始的 50%（2 周保养后的评定，见 ISO 12944-6）	
ISO 4628-2(起泡)		0(S0)	质量鉴定测试后立即评定
ISO 4638-3(锈蚀)		Ri 0	质量鉴定测试后立即评定
ISO 4628-4(开裂)		0(S0)	质量鉴定测试后立即评定
ISO 4628-5(剥落)		0(S0)	质量鉴定测试后立即评定
ISO 4628-6(粉化)		0(S0)	如果有要求
划痕处腐蚀		2mm 宽划痕，$M<3$mm 0.05mm 宽划痕，$M<1$mm	
阴极剥离 ISO 15711	6mm 直径的小孔；完全露出钢板	相等直径<20mm，没有剥离	

注：试板距边缘 10mm 处发生的任何缺陷不考虑在内。

2. NORSOK M501

挪威的 NORSOK 标准是目前海洋工程防腐蚀涂装最为严格的涂装规范，目前执行的是 NORSOK M501 Rev. 5，June 2004。在北海区域的石油天然气工业一向有着自己的涂装规格书。它们包括了自己所认可的一系列产品和供应厂家。另外，这些规格书并不是一成不变的。对于新工程，通常都由主要承包商和顾问公司来建立一个新的规格书。一系列的现场使用报告以及实验室对于不同品种涂料的性能测试，一直被参考引用来完善发展涂装规格。NORSOK M501 中关于涂料特性的测试方法和要求则直接引用了 ISO 20340。

NORSOK M-501 包括一个推荐的涂料系统以及预处理要求、施工要求、检测方法等一些可接受的标准规范。NORSOK M-501 标准已经被认为是北海海洋工程涂装中质量的一个标志性提高和发展。在很大程度上，它减少了涂装方面的整体费用。

NORSOK 标准适用的涂料系统在其标准附录 A 的表格中有说明（后续有详尽说明)。其中涂料系统 No. 1、3B、4、5 和 7 应根据标准中第 10 条款进行资质认可（表 3-4-61)。对于那些资质预认证的涂料系统，规定的涂料系统只是示例，如果满足本 NORSOK 标准的要求，替代的涂料系统也可使用。然而，对于涂料系统 No. 1 和 7，附录 A 中的涂层道数和涂层漆膜厚度是最低要求，应该进行资质预认证测试。另外，任何在户外或自然通风区域的防火保护涂料必须要有预先的资质测试。面漆的颜料应该根据附录 B，压载水舱和淡水舱中应该使用浅颜色。

当车间底漆作为完整涂料系统的一部分时，应通过相应的测试。

表 3-4-61 NORSOK M501 涂料系统资质认可测试要求

测　　试	接受标准
海水浸泡,ISO 20340 下列涂料系统要求测试： 1. 涂料系统 No.3 B 和 7； 2. 涂料系统 No.1 用于潮差区或飞溅区	根据 ISO 20340
耐老化试验,ISO 20340 程序 A 下列涂料系统要求测试： 1. 涂料系统 No.1、No.3B、No.4、No.5A 和 5B； 2. 涂料系统 No.7 用于潮差区或飞溅区	根据 ISO 20340 增补要求： 1. 粉化(见 ISO 4628-6)最大等级 2,只适用于涂料系统 No.1； 2. 附着力(见 ISO 4624)最小 5.0MPa,最大 50%原始数据的减小； 3. 没有机械处理时的重涂,附着力至少达到 5.0MPa； 4. 涂料系统 No.5A 和 No.5B 的附着力(见 ISO 4624),原始数据最大 50%的减小,对于水泥基的产品至少 2.0MPa,对于环氧基产品,至少 3.0MPa； 5. 完整的耐老化试验后,须报告涂料系统 No. 5A. 的吸水情况
阴极剥离,ISO 20340 涂料系统 No. 3B 和 No. 7； 涂料系统 No. 1 用于潮汐和飞溅区	根据 ISO 20340

注：1. 可接受标准考虑为至少的性能要求。

2. 附着力测试必须用液压式测试仪进行。对于涂料系统 No.4，附着力测试可在未暴露于上述测试环境的没有防滑磨料的试板上进行。

3. 在 NORSOK 标准中，划痕处腐蚀可接受标准为 2mm 宽。这样，对于本 NORSOK 标准来说，在 ISO 20340 中规定的 0.05mm 可以忽略，试板尺寸可以减小到 75mm×150mm×5mm。

4. 涂料系统 No. 3B 对于压载水舱来说，要求通过 DNV Classification Note 33.1 class B1 的认可，才被认为有资格使用。

5. 涂料系统 No. 5A 的测试厚度为 6mm。

6. 涂料系统 No. 5A 和 5B 在测试时不能有加强结构

7. 涂料系统 No. 5A 和 5B 在测试时不能有面漆涂层。

3. NACE SP0108

用于海洋工程的重防腐涂料必须通过所有测试，并由第三方检测单位进行检测。如果在通常检测后涂料配方有所改变，涂料系统需要重新由第三方进行检测。

指纹识别在海洋工程重防腐涂料中显得相当重要，与 NORSOK M501 一样，NACE SP0108 同样引入了这一涂料性能检测方法（表 3-4-62），以确保涂料品质的稳定。如果该项测试是由涂料生产商自己进行的，须由 QA/QC 经理或高级技术经理所认可。

表 3-4-62 涂料材料的指纹识别

编号	性　　能	组　　分	公　　差	标　　准
1	密度/(g/cm^3)	A 和 B,每个组分	±0.05	ASTM D1475
2	固体分(质量分数)/%	A 组分和 B 组分的混合	±2	ASTM D2369
3	颜料成分(质量分数)/%	A 和 B,每个组分		涂料制造商的指导
4A	FTIR-ATR 扫描,有颜料	A 和 B,每个组分		涂料制造商的指导
4B	红外扫描(IR),无颜料	A 和 B,每个组分		ASTM D2621

大气区和飞溅区的涂料测试方案见表 3-4-63，这些涂料用于碳钢表面的新建或维修系

统，适用温度最大 120℃（248 ℉）。

表 3-4-63 大气区和飞溅区涂料系统的测试方案

涂料性能	表面处理	大气区,甲板		飞溅区	
		新建结构	维修	新建结构	维修
锈蚀蔓延	NACE No. 2 /SSPC-SP 10	NACE TM0404	NACE TM0304	NACE TM0404	NACE TM0304
	200mg/m² 氯离子	不测	NACE TM0304	不测	NACE TM0304
	潮湿	不测	不测	不测	NACE TM0304
边缘保持	砂纸	NACE TM0404	NACE TM0304	NACE TM0404	NACE TM0304
热循环	NACE No. 2 /SSPC-SP 10	NACE TM0404	NACE TM0304	NACE TM0404	NACE TM0304
柔韧性	NACE No. 2 /SSPC-SP 10	NACE TM0404	NACE TM0304	NACE TM0404	NACE TM0304
冲击强度(仅适用于甲板和小艇卸载)	NACE No. 2 /SSPC-SP 10	ASTM G14	ASTM G14	ASTM G14	ASTM G14
浸水	NACE No. 1 /SSPC-SP 5	不测	不测	不测	NACE TM0304
	200mg/m² 氯离子	不测	不测	不测	NACE TM0304
	潮湿	不测	不测	不测	NACE TM0304
阴极剥离	NACE No. 1 /SSPC-SP 5	不测	不测	ASTM G14	NACE TM0304
	200mg/m² 氯离子	不测	不测	不测	NACE TM0304
	潮湿	不测	不测	不测	NACE TM0304

压载水舱、空舱、海水舱和外部全浸区用于碳钢表面的涂料系统，包括新建和维修系统，测试方案见表 3-4-64。

表 3-4-64 压载水舱、空舱、海水舱和外部全浸区涂料系统的测试方案

涂料性能	表面处理	压载水舱、空舱、海水舱		外部全浸区
		新建	维修	新建
边缘保持	砂纸	NACE TM0104	NACE TM0104	NACE TM0204
耐水	NACE No. 1/SSPC SP5	NACE TM0104	NACE TM0104	NACE TM0204
	100mg/m² 氯离子	不测	NACE TM0104	不测
	潮湿	不测	NACE TM0104	不测
阴极剥离	NACE No. 1/SSPC SP5	NACE TM0104	NACE TM0104	NACE TM0204
	100mg/m² 氯离子	不测	NACE TM0104	不测
	潮湿	不测	NACE TM0104	不测
体积稳定	漆膜不限	NACE TM0104	NACE TM0104	NACE TM0204
老化稳定	NACE No. 1/SSPC SP5	NACE TM0104	NACE TM0104	NACE TM0204
漆膜开裂	NACE No. 1/SSPC SP5	NACE TM0104	NACE TM0104	不测
热湿循环(仅适用于 FPSO)	NACE No. 1/SSPC SP5	NACE TM0104	NACE TM0104	不测
	100mg/m² 氯离子	不测	NACE TM0104	不测
	潮湿	不测	NACE TM0104	不测

用于大气区和飞溅区；压载水舱、空舱和海水舱以及外部全浸区的涂料系统可接受标准见表 3-4-65。

表 3-4-65　海洋工程结构涂料测试可接受标准

涂料性能	测试方法	可接受标准
锈蚀蔓延	NACE TM0304 NACE TM0404	＜3.5mm(0.14in)非富锌底漆系统 ＜1.4mm(0.6in)富锌底漆系统 划痕处和边缘处，不起泡/生锈/开裂/剥落
边缘保持	NACE TM0104 NACE TM0204 NACE TM0304 NACE TM0404	邻近边缘处平面上干膜厚度的测量，大于平均干膜厚度的 50％
热循环	NACE TM0304 NACE TM0404	无开裂
柔韧性	NACE TM0304 NACE TM0404	＞1％，最低使用温度时
冲击强度	ASTM G14	＞5.6J(50in · lbf)，甲板和小艇卸载飞溅区
浸水	NACE TM0104 NACE TM0204 NACE TM0304 NACE TM0404	＜7mm(0.8in)剥离① 划痕处和边缘处，不起泡/生锈/开裂/剥落
阴极剥离	NACE TM0104 NACE TM0204 NACE TM0304 NACE TM0404	＜7mm(0.8in)剥离① 划痕处和边缘处，不起泡/生锈/开裂/剥落
体积稳定	NACE TM0104 NACE TM0204	可选②
老化稳定	NACE TM0104 NACE TM0204	＞50％
厚膜开裂	NACE TM0104	没有开裂
热湿循环(仅适用于 FPSO)	NACE TM0104	＜3.5mm(0.14in) 划痕处和边缘处，不起泡/生锈/开裂/剥落

① 湿剥离测试用于评价涂料的浸水性能。

② 该方法为可选方案，如果业主要求该测试，可接受标准由业主和涂料供应商相互协商。

七、海洋工程防腐涂料系统

1. NORSOK 推荐涂料系统

NORSOK M501 是海洋工程中防腐蚀涂装的最具权威性的行业标准，是北海地区海洋工程防腐蚀表面处理主要采用的标准。在北海地区海洋工程使用的涂料系统，必须按 NORSOK M501 的要求通过相应的测试，取得资格认可。在其附录中，推荐的典型涂料配套方案分述见表 3-4-66。

表 3-4-66　NORSOK M501 推荐的涂料方案

施工部位	表面处理	涂料系统	干膜厚度 MDFT/μm
涂料系统 No.1(应进行预认证) 碳钢，操作温度＜120℃ 钢结构，设备、贮槽、管道和阀门(未安装)的外表面	清洁度：ISO 8501-1 Sa $2\frac{1}{2}$ 粗糙度：ISO 8503 中等级别 G(50～85μm，R_y5)	1 道富锌底漆 至少 3 道涂层 完整涂层 最小干膜厚度	60 280

续表

施工部位	表面处理	涂料系统	干膜厚度 MDFT/μm
涂料系统 No. 2A 用于所有操作温度>120℃的碳钢表面 涂料系统 No. 2A 或 2B,用于以下碳钢物件: 所有舱室、贮槽、管路; 燃烧井架和吊臂; 底部甲板的反面,包括管道;飞溅区救生艇站上的护套,是可选区域(由各个项目所决定)	清洁度:ISO 8501-1,Sa $2\frac{1}{2}$ 粗糙度:ISO 8503 中等级别 G(50~85μm,R_y5)	系统 No. 2A: 喷铝或铝的合金 封闭	 200
		系统 No. 2B: 喷锌或锌的合金 连接漆 中间漆 面漆	 100 — 125 75
碳钢舱室内表面: 涂料系统 No. 3A 饮用水舱; 涂料系统 No. 3B 压载水舱/内部有海水的隔舱; 涂料系统 No. 3C 稳定的原油、柴油和冷凝舱; 涂料系统 No. 3D 加工贮罐<0.3MPa,<75℃; 涂料系统 No. 3E 加工贮罐<7MPa,<80℃; 涂料系统 No. 3F 加工贮罐<3MPa,<130℃; 涂料系统 No. 3G 贮藏甲醇、乙二醇酸等	清洁度:ISO 8501-1,Sa $2\frac{1}{2}$ 粗糙度:ISO 8503 中等级别 G(50~85μm,R_y5)	No. 3A:溶剂型环氧 3×100 或无溶剂环氧 2×300 No. 3B:符合 DNV B1 要求 No. 3C:平底和舱壁以上 1m 以及顶部和上部 1m 处 No. 3D:无溶剂或溶剂环氧 No. 3E:溶剂型或无溶剂环氧或酚醛环氧 No. 3F:无溶剂酚醛环氧 No. 3G:无机硅酸锌 50~90μm	
涂料系统 No. 4 走道,逃生通道和搁置区域 涂料系统 1 可以用于其他甲板区域	清洁度:ISO 8501-1,Sa $2\frac{1}{2}$ 粗糙度:ISO 8503 中等级别 G(50~85μm,R_y5)	防滑环氧层 浅色磨料粒径 1~5mm	3000
涂料系统 No. 5A 环氧类防火保护层	清洁度:ISO 8501-1,Sa $2\frac{1}{2}$ 粗糙度:ISO 8503 中等级别 G(50~85μm,R_y5)	①1 道环氧底漆 或者 ②1 道环氧富锌底漆 1 道环氧连接漆 总的干膜厚度	50 60 25 85
涂料系统 No. 5B 水泥基的防火保护层	清洁度:ISO 8501-1,Sa $2\frac{1}{2}$ 粗糙度:ISO 8503 中等级别 G(50~85μm,R_y5)	1 道环氧富锌底漆 1 道双组分环氧 总的干膜厚度	60 200 260
涂料系统 No. 6 需要涂漆的未绝缘不锈钢 需要涂漆的铝材	用非金属无氯磨料扫砂,表面粗糙度 25~45μm	1 道环氧底漆 1 道双组分环氧 1 道面漆 总的干膜厚度	50 100 75 225
涂料系统 No. 7 浸水区和飞溅区的碳钢以及不锈钢	2 道双组分环氧		350

2. NACE SP0108—2008 推荐涂料系统

为了方便沟通和识别，不同部位的涂料系统规定了不同的字母和阿拉伯数字的编号，不同字母的含义如下：C（碳钢）；M（维修）；N（新建）；O（其他表面，如非铁金属）；S（不锈钢）。

(1) 大气环境下的涂料系统　大气区涂层系统需考虑当地的气候环境，比如气温和相对湿度，以保证涂料在规定的时间内可以固化，还要考虑到其混合使用寿命和重涂间隔。典型的大气环境涂料系统，新建结构系统见表 3-4-67，维修系统见表 3-4-68。耐紫外线面漆系统可以选用聚氨酯、聚硅氧烷和氟碳涂层。

表 3-4-67 大气环境下碳钢表面新建结构的涂料系统

服务范围	涂层	涂层系统	干膜厚度/μm(mil)	目标干膜厚度/μm(mil)
CN-1 大气区 －50～120℃ (－58～248 ℉) 有或没有绝热层	1	富锌底漆	50～75(2～3)	75(3)
	2	环氧	125～175(5～7)	125(5)
	3	聚氨酯	50～75(2～3)	75(3)
	1	环氧底漆	125～175(5～7)	125(5)
	2	环氧底漆	125～175(5～7)	125(5)
	3	环氧面漆	50～75(2～3)	75(3)
	1	金属热喷铝涂层	250～375(10～15)	250(10)
	2	稀释的封闭层(环氧)	不计入干膜厚度①	无额外干膜厚度
	3	封闭层(环氧)	不计入干膜厚度①	无额外干膜厚度
CN-2 大气区 120～150℃ (248～302 ℉) 没有绝热层	1	无机硅酸富锌底漆	50～75(2～3)	75(3)
	2	有机硅丙烯酸	25～50(1～2)	50(2)
	1	金属热喷铝涂层	250～375(10～15)	250(10)
	2	稀释的封闭层(有机硅丙烯酸或酚醛环氧)	不计入干膜厚度①	无额外干膜厚度
	3	封闭层(有机硅丙烯酸或酚醛环氧)	不计入干膜厚度①	无额外干膜厚度
CN-3 大气区 120～150℃ (248～302 ℉) 有绝热层	1	酚醛环氧	100～125(4～5)	125(5)
	2	酚醛环氧	100～125(4～5)	125(5)
	1	金属热喷铝涂层	250～375(10～15)	250(10)
	2	稀释的封闭层(有机硅丙烯酸或酚醛环氧)	不计入干膜厚度①	无额外干膜厚度
	3	封闭层(有机硅丙烯酸或酚醛环氧)	不计入干膜厚度①	无额外干膜厚度
CN-4 大气区 150～450℃ (302～842 ℉) 有/没有绝热层	1	金属热喷铝涂层	250～375(10～15)	250(10)
	2	稀释的封闭层(有机硅)	不计入干膜厚度①	无额外干膜厚度
	3	封闭层(有机硅)	不计入干膜厚度①	无额外干膜厚度
	1	无机硅酸富锌底漆	50～75(2～3)	75(3)
	2	有机硅	25～50(1～2)	50(2)
	3	有机硅	25～50(1～2)	50(2)
CN-5 甲板和地板 轻载和一般负载	1	富锌底漆	50～75(2～3)	75(3)
	2	高固体分环氧	125～175(5～7)	125(5)
	3	防滑环氧②	125～175(5～7)③	125(5)③
	4	聚氨酯	50～75(2～3)	75(3)
	1	环氧底漆	125～175(5～7)	125(5)
	2	高固体分环氧	125～175(5～7)	125(5)
	3	防滑环氧②	125～175(5～7)③	125(5)③
	4	聚氨酯	50～75(2～3)	75(3)
	1	金属热喷铝涂层	250～375(10～15)	250(10)
	2	封闭层(聚氨酯)	不计入干膜厚度	无额外干膜厚度
	1	厚浆型环氧防滑涂层	卖方规格书	卖方规格书
CN-6 甲板和地板 重载和直升机甲板	1	富锌底漆	50～75(2～3)	75(3)
	2	高固体分环氧	200～300(8～12)	250(10)
	3	环氧防滑涂层②	200～300(8～12)③	250(10)③
	4	聚氨酯安全标记	50～75(2～3)	75(3)

续表

服务范围	涂层	涂层系统	干膜厚度/μm(mil)	目标干膜厚度/μm(mil)
CN-6 甲板和地板 重载和直升机甲板	1 2 3 4	环氧底漆 高固体分环氧 环氧防滑涂层 聚氨酯安全标记	125～175(5～7) 200～300(8～12) 200～300(8～12)③ 50～75(2～3)	125(5) 250(10) 250(10)③ 75(3)
	1 2	铝/氧化铝预合金热喷涂涂层④ 封闭层(聚氨酯)	300～400(12～16) 不计入干膜厚度①	300(12) 无额外干膜厚度
	1	厚浆型环氧防滑涂层②	卖方规格书	卖方规格书

① 封闭金属热喷铝涂层表面孔隙的封闭层不应计入现在热喷铝涂层的干膜厚度。允许使用稀释的封闭漆，施工下道漆前，干燥时间＞30min。

② 防滑砂在施工前要和液体涂料相混合，以保证对砂粒的良好润湿性。细砂可用于环氧防滑涂层的施工。

③ 干膜厚度应该在防滑砂加入前进行计算。

④ 金属喷铝层的喷枪参数以及喷枪要调整好获得所需要的表面具有防滑性。尽管金属喷铝层含有固有的坚硬耐磨氧化铝粒子，应使用合金铝丝，含有90%的铝和10%甚至更高比例的氧化铝。

表 3-4-68 大气环境下碳钢表面维修涂料系统

使用范围	涂层	涂层系统	干膜厚度/μm(mil)	目标干膜厚度/μm(mil)
CM-1 冷凝水管系	1	水下固化环氧①	375～750(15～30)	500(20)
CM-2 大气区 120～150℃ (248～302 ℉) 有/没有绝热层	1 2 3	环氧底漆 高固体分环氧 聚氨酯	125～175(5～7) 125～175(5～7) 50～75(2～3)	125(5) 125(5) 75(3)
	1 2 3	有机富锌底漆 环氧 聚氨酯	50～75(2～3) 125～175(5～7) 50～75(2～3)	75(3) 125(5) 75(3)
	1 2 3	湿固化聚氨酯底漆 湿固化聚氨酯 湿固化聚氨酯	75～125(3～5)② 75～125(3～5)② 75～125(3～5)②	100(4) 100(4) 100(4)
CM-3 大气区 120～150℃ (248～302 ℉) 有/没有绝热层	1 2	酚醛环氧 酚醛环氧	100～125(4～5) 100～125(4～5)	125(5) 125(5)
	1 2	硅基厚浆型涂料③ 硅基厚浆型涂料③	100～200(4～8) 100～200(4～8)	150(6) 150(6)
CM-4 大气区 150～450℃ (302～842℉) 有/没有绝热层	1 2	有机硅 有机硅	25～50(0.5～1) 25～50(0.5～1)	25(1) 25(1)
	1 2	硅基厚浆型涂料③ 硅基厚浆型涂料③	100～200(4～8) 100～200(4～8)	150(6) 150(6)
CM-5 甲板和地板——重载和直升机甲板	1 2 3 4	环氧底漆 高固体分环氧 环氧防滑涂层④ 聚氨酯	125～175(5～7) 125～175(5～7) 125～175(5～7)⑤ 50～75(2～3)	125(5) 125(5) 125(5)⑤ 75(3)
	1	厚浆型环氧防滑涂层	卖方规格书	卖方规格书

续表

使用范围	涂层	涂层系统	干膜厚度/μm(mil)	目标干膜厚度/μm(mil)
CM-6 甲板和地板——重载和直升机甲板	1	环氧底漆	200～250(8～10)	250(10)
	2	环氧防滑涂层④	200～250(8～10)⑤	250(10)⑤
	3	聚氨酯安全标记	50～75(2～3)	75(3)
	1	厚浆型环氧防滑涂层	卖方规格书	卖方规格书

① 对于潮湿管系，可以用水下固化环氧涂料进行刷涂，也可使用至少 1.1mm (45mil) 厚度的石蜡或矿脂油缠绕带。

② 湿固化聚氨酯在其固化过程中需要湿气和二氧化碳反应。如果太厚，会产生很多气泡。必须严格遵循干膜厚度的要求。

③ 这是一种新型的耐高温涂料，用于绝热层下防腐维修。该涂层含有硅，但不属于硅树脂涂料。

④ 防滑砂在施工前要和液体涂料相混合，以保证对砂粒的良好润湿性。细砂可用于环氧防滑涂层的施工。

⑤ 干膜厚度应该在防滑砂加入前进行计算。

海洋工程上要用到大量的不同型号的不锈钢，为了防止缝隙腐蚀和应力腐蚀破裂，不锈钢也需要用涂料来进行保护。典型的不锈钢表面保护用涂料系统见表 3-4-69。

表 3-4-69 不锈钢表面保护用涂料系统

使用范围	涂层	涂层系统	干膜厚度/μm(mil)	目标干膜厚度/μm(mil)
SM-1 水冷凝管，仅用于维修①	1	水下固化涂料	375～750(15～30)	500(20)
SN-2/SM-2 大气区 －50～120℃(－58～248℉)	1	环氧底漆	150～200(6～8)	200(8)
	2	聚氨酯	50～75(2～3)	75(3)
SN-3/SM-3 大气区 120～150℃(248～302℉)	1	酚醛环氧	100～125(4～5)	125(5)
	2	酚醛环氧	100～125(4～5)	125(5)
	1	厚浆型硅基涂料	100～200(4～8)	150(6)
	2	厚浆型硅基涂料	100～200(4～8)	150(6)
SN-4/SM-4 大气区 150～450℃(302～842℉)	1	有机硅	25～50(1～2)	50(2)
	2	有机硅	25～50(1～2)	50(2)
	1	厚浆型硅基涂料	100～200(4～8)	150(6)
	2	厚浆型硅基涂料	100～200(4～8)	150(6)
	1	金属热喷铝涂层(TSA)	50～100(2～4)	75(3)

① 对于潮湿管系，可以用水下固化环氧涂料进行刷涂，也可使用至少 1.1mm (45mil) 厚度的石蜡或矿脂油缠绕带。

表 3-4-70 为用于非铁金属表面的典型大气区涂料系统。

表 3-4-70 非铁金属表面的典型大气区涂料系统（新建和维修）

使用范围	涂层	涂层系统	干膜厚度/μm(mil)	目标干膜厚度/μm(mil)
ON-1/OM-1 铝质直升机甲板——防滑	1 2 3	环氧底漆 环氧防滑涂层 聚氨酯 (＞0℃[32℉])或者防滑瓦系统 (＜0℃[32℉])①	125～175(5～7) 150～200(6～8) 50～75(2～3)	125(5) 150(6) 75(3)
热浸镀锌涂层 大气区 －50～120℃(－58～248℉)	1	环氧底漆	150～200(6～8)	150(6)
	2	聚氨酯面漆	50～75(2～3)	75(3)

① 铝质甲板变形相对较大，需要使用很柔韧的涂料系统，特别是在寒冷气候下，可以使用更为柔韧的防滑瓦系统。

(2) 飞溅区保护涂料系统　推荐的飞溅区涂料系统见表 3-4-71(新建) 和表 3-4-72(维修)。环氧涂料通常采用玻璃鳞片来增强其屏蔽性能和机械强度，聚氨酯面漆因其耐水性不佳因此不用于飞溅区。采用硫化氯丁橡胶涂层时，厚度范围在 6～13mm（0.25～0.50in），通常在车间内进行涂覆。金属热喷铝涂层（TSA）厚度在 200～250μm（8～10mil），用环氧涂料进行封闭，为了防止热循环的冲击，TSA 的厚度要控制在较窄的范围内。

表 3-4-71 典型的飞溅区碳钢表面新建涂料系统

使用范围	涂层	涂料系统	干膜厚度/μm(mil)(除非另有说明)	目标干膜厚度/μm(mil)
CN-7 飞溅区 <60℃(140℉)	1	环氧玻璃鳞片涂层①	450～550(18～22)	500(20)
	2	环氧玻璃鳞片涂层	450～550(18～22)	500(20)
	1	热喷铝涂层	200～250(8～10)	250(10)
	2	稀释的封闭层(环氧)	不计入干膜厚度②	无额外干膜厚度
	3	封闭层(环氧)	不计入干膜厚度②	无额外干膜厚度
	1	底漆	25～50(1～2)	25(1)
	2	黏结剂	25～50(1～2)	25(1)
	3	氯丁橡胶③	6～13mm(0.25～0.50in)	最终用户规格书
CN-8 飞溅区 >70℃(158℉)&<100℃(212℉)	1	底漆	25～50(1～2)	25(1)
	2	黏结剂	25～50(1～2)	25(1)
	3	氯丁橡胶	6～13mm(0.25～0.50in)	最终用户规格书
CN-9 飞溅区 >100℃(212℉)&<130℃(266℉)	1	底漆	25～50(1～2)	25(1)
	2	黏结剂	25～50(1～2)	25(1)
	3	EPDM 橡胶④	6～13mm(0.25～0.50in)	最终用户规格书

① 平均表面粗糙度至少 75μm（3mil）。

② 允许稀释的封闭层在施工下道涂层干燥>30min，不计入干膜厚度。

③ 使用温度>70℃（158℉），氯丁橡胶可仅使用炭黑颜料，具有更好的耐热性。

④ 乙烯丙烯二烯（烃）弹性体（ethylene propylene diene elastomer）。

由于飞溅区在低潮位时才能进行维修保养，时间非常短，适合使用单道涂层。由于表面经常是潮湿的，涂料系统须适用于这种潮湿表面。由于飞溅区维修相当困难，因此除了液体环氧涂料外，也有一些商业化应用的非涂料系统的实践应用。

表 3-4-72 典型的飞溅区碳钢表面维修涂料系统

使用范围	涂层	涂层系统	干膜厚度/μm(mil)	目标干膜厚度/μm(mil)
CM-7 飞溅区 <60℃(140℉)	1	低表面处理环氧涂层	300～2000(12～80)	卖方规格书②
	1	环氧底漆	125～175(5～7)	125(5)
	2	环氧玻璃鳞片	200～500(8～20)	375(15)
	1	环氧玻璃鳞片①	450～550(18～22)	500(20)
	1	水下固化环氧	卖方规格书②	卖方规格书②
	2	底漆		
	3	两层玻璃纤维外保护套		

① 平均表面粗糙度至少 75μm（3mil）。

② 卖方对其产品有特定的推荐干膜厚度。

(3) 全浸区保护涂料系统 典型的外部全浸区防腐系统同时使用牺牲阳极和防护涂料，涂料系统可有效减少牺牲阳极的数量或质量。用于外部全浸区的保护涂料系统见表 3-4-73（新建）和表 3-4-74（维修）。

表 3-4-73 典型的外部全浸区新建结构碳钢表面防护涂料系统

使用范围	涂层	涂层系统	干膜厚度/μm(mil)	目标干膜厚度/μm(mil)
CN-10 外部浸没区 <60℃(140 ℉)①	1	高固体分环氧	150～200(6～8)	175(7)
	2	高固体分环氧	150～200(6～8)	175(7)
	1	金属热喷铝涂层	250～375(0～15)	300(12)
	2	稀释的封闭层(环氧)	不计入干膜厚度②	无额外干膜厚度
	3	封闭层(环氧)	不计入干膜厚度②	无额外干膜厚度

① 通常安装牺牲阳极与保护涂料系统一起使用。

② 在施涂下道封闭层前，允许稀释的封闭层干燥>30min。封闭层不应增加现有金属热喷铝涂层的厚度。

表 3-4-74 典型的全浸区碳钢表面维修涂料系统

使用范围	涂层	涂层系统	干膜厚度/μm(mil)	目标干膜厚度/μm(mil)
CM-8 外部浸没区 <60℃(140 ℉)	1	水下固化环氧①	500～1000(20～40)	卖方规格书

① 水下固化环氧涂料相当的困难，阴极保护系统（CP）是很好的可选方案。

(4) 压载水舱涂料系统 压载水舱是黑暗封闭的空间，无溶剂或高固体分环氧涂料更适合于这种环境下的应用，并使用浅色面漆系统以方便目测检查。多道涂层系统须用同一配方技术，仅颜色不同，这样可以减少因溶胀收缩而导致的层间附着力风险。典型的新建和维修压载水舱涂料系统见表 3-4-75 和表 3-4-76。对于环氧涂料系统，总干膜厚度在 375～500μm (15～20mil)，多道涂（一般两道以上）具有更好的漆膜完整性和更少的漏涂点。施工两道预涂层可以在焊缝和尖角处达到更好的漆膜覆盖性。

深水海洋结构的空舱在使用过程中可能会成为海水压载舱，因此最好使用与压载水舱同样的涂料系统。

表 3-4-75 典型的新建结构碳钢表面压载水舱涂料系统

使用范围	涂层	涂层系统	干膜厚度/μm(mil)	目标干膜厚度/μm(mil)
CN-11 压载水舱 <60℃(140 ℉)	1	高固体分环氧	125～175(5～7)	125(3)
	2	预涂	—	—
	3	高固体分环氧	125～175(5～7)	125(3)
	4	预涂	—	—
	5	高固体分环氧①	125～175(5～7)	125(3)

① 压载水舱是黑暗的，浅色面漆帮助易于目测检查。

表 3-4-76 典型的碳钢表面压载水舱维修涂料系统

使用范围	涂层	涂层系统	干膜厚度/μm(mil)	目标干膜厚度/μm(mil)
CM-9 压载水舱 <60℃(140 ℉)	1	高固体分环氧	200～250(8～10)	200(8)
	2	预涂	—	—
	3	高固体分环氧①	200～250(8～10)	200(8)

① 压载水舱是黑暗的，浅色面漆帮助易于目测检查。

八、海洋工程涂装质量要求

有关海洋工程的涂装施工和质量检查，在 NORSOK M501 中有相应的说明，在石油公司的内部质量控制文件中对此也会有详细规定。

1. 涂装公司和人员的资质

按 NORSOK 标准履行防腐蚀涂装工作的涂装公司，应该证明其具有在组织、计划和在类似规模与复杂的项目方面的经验。

涂装操作者，如喷砂工、涂漆工等，应有相关的技术资质。对健康和安全危害、使用保护用具、涂料材料、混合和稀释、罐藏寿命，表面要求等，具备各方面的相关知识。

金属喷涂工，按 NORSOK M501 标准，在工作开始前，操作者应该通过表 3-4-77 中预先资质考核。

表 3-4-77 金属喷涂工的资质考核

考　　核	接受标准
涂层的目测检查，所有的试板要在不使用放大镜和使用 10×放大镜的情况下进行检验	热喷涂施工工具符合 DIN 32521 的规定。每道涂层应该均匀施工于整个表面。涂层多道施工，喷涂行枪之间要有搭幅 涂层要附着牢固，喷涂后表面要均匀没有块状、松散的飞溅滴落金属、气泡、灰分、其他缺陷和局部的漏涂
膜厚和外形检测(见注 2)	在所有的样本表面，最小 200μm(ISO 19840)
附着力(见注 3)ISO 4624，所有试板都要被测试。样品的检测将在破裂后判断其失效原因	单点测量都要大于 9.0MPa，如果在胶黏剂/涂层界面处失效，需要重新检测

注：1. 概要：检测材料必须是生产中可比较级别材料。涂层的施工要按照本 NORSOK 标准和建议的程序进行。

2. 样品的形状测试：一个 1500mm 长的 T、I 或 H 型钢，高约 750mm，厚 13mm。其他样品切割成长 1500mm，直径 50mm 的管件。

3. 附着力测试样品：准备 5 个样品用于附着力测试，按 ISO 4624 进行，板厚至少 5mm。

防火保护层的操作者，包括泵机的操作者，都要经过涂料生产商的资质培训和考核程序。在焊钉焊接前，电焊工以及相关焊接程序也要按涂料生产商的程序进行资质考核。如果操作者或焊钉焊接人员没有在 12 个月内进行过相关材料的工作，在工作开始前须证明其接受相关培训。

2. 监理、领班和质检人员的资质

涂装施工后的涂层系统是否符合规格书的要求，须通过涂层系统的检验来证实。海洋工程涂装检验员的要求必须是 FROSIO 或 NACE 持证检验员。在涂装中检验钢构件表面温度与露点的温差，喷涂设备和压力，喷涂技术，涂料使用程序，每一层的干膜厚度，固化和干燥时间，最终涂层质量。

涉及防火保护的监理、领班或 QC 人员，根据防火材料厂商的程序，要接受额外的培训或认证。

3. 表面处理

(1) 预喷砂处理　锐边、棱条、角和焊缝等要倒圆或打磨平滑（$R \geqslant 2$mm）。

硬质表面层，比如火工切割表面等应该在喷射清理前打磨去除。

喷砂处理前，表面必须没有任何杂质，比如焊渣、残余物、裂片、油脂和盐分等，所有的表面应该用清洁的淡冲洗。

喷砂清理操作前，所有油脂污染应该按 SSPC SP1 去除。

任何主要表面缺陷，特别是表面重皮或疤痕等对涂料系统有害的缺陷，应该去除。

所有焊缝应该被检查，如果有必要，在最终喷砂前进行修补。表面气孔、空洞等，应该打磨或电焊修补。

(2) 喷射清理　喷射用磨料要干燥，清洁，不含对涂料性能有害的杂质。

喷射用磨料的颗粒大小要能够产生符合涂料系统的表面处理粗糙度要求（锚形轮廓）。表面轮廓根据 ISO 8503 评定等级。喷射用磨料要采用棱角砂。

不锈钢材料、镀锌件或铝材表面表面要进行有机涂层保护时，采用无氯非金属材料，如采有氧化铝磨料进行喷砂处理，表面粗糙度控制在 R_z 为 20～30μm。镀锌件表面喷砂时不能破坏其锌层。用于不锈钢喷射的磨料其电导率不能高于 150μS/cm。

喷射清理后的表面的清洁度根据 ISO 8501-1 进行评估。

(3) 喷射后最终表面状况　喷射清洁后待涂漆表面，要满足规格书的要求。

待涂漆表面要清洁、干燥，没有油脂，达到了规定的粗糙度和清洁，直至第一道涂层施工。

灰尘、喷射用磨料等，喷射清理后要清除掉，其粒径和数量不能超过 ISO 8502-3 中规定的 2 级。

喷射表面可溶性杂质的可接受最大值按 ISO 8502-6 用蒸馏水取样，按照 ISO 8502-9 测量其电导率。NORSOK M501 规定相应的 NaCl 含量不得高于 20mg/m^2。NACE SP0108 的要求见表 3-4-78。

表 3-4-78　NACE SP0108 可溶性氯离子总含量最高限值

涂层使用范围	新　建	维　修
飞溅区，外部浸没区，压载水舱/(mg/m^2)	20	20
大气区/(mg/m^2)	20	50
不锈钢/(mg/m^2)	20	20

碳钢表面，要求喷砂到 Sa 2.5。如果有必要，还要检查氧化皮的残存量，可以使用放大镜检查，或者采用 ASTM A 380 7.2 条的硫酸铜检测法进行化学检测。

4. 质量检测和检查要点

海洋工程在防腐涂装过程中的质量检测和检查要点，以及可接受标准，可以参考 NORSOK M501 中的规定，见表 3-4-79。

表 3-4-79　NORSOK M501 的测试和检查要点

试验类型	方　法	频　率	可接受标准	结　论
环境条件	环境和钢板温度 相对湿度 露点	每个班次开始前 每班次至少两次	根据规定要求	不能进行喷砂或涂漆
目测检查	目测检查锐边、焊接飞溅、锈蚀等通讯等	100%所有表面	没有缺陷，见规定要求	缺陷修正
清理程度	a. ISO 8501-1 b. ISO 8502-3	a. 100%目测检查所有表面 b. 局部检查	a. 根据规定要求 b. 最大数量和大小为 2 级	a. 重新喷砂 b. 重新清理测试，直到可以接受
盐分测试	ISO 8502-6 ISO 8502-9	局部检查	最大电导率相当于 NaCl：20mg/m^2	用饮用水重复清洗，重新测试直到可以接受
粗糙度	比较样板或铁笔测试(ISO 8503)	每一部位，或每 10m^2 一次	根据规定	重新喷砂
固化试验(硅酸锌)	ASTM D4752	每一部位，或每 100m^2 一次	4～5 级	固化认可
涂层目测检查	目测判断固化、污染、溶剂残留、针孔/起泡、流挂和表面缺陷	每一道涂层的 100%表面	根据规定要求	缺陷修正
漏涂点检测	NACE RP0188	按涂料系统规格书	无漏涂点	修正，重新测试

续表

试验类型	方 法	频 率	可接受标准	结 论
漆膜厚度	ISO 19840 光滑表面校正	ISO 19840	ISO 19840 和涂料系统产品数据手册	修正、额外涂层或适当重涂
附着力	ISO 4624 使用自动中心拉力设备,涂层完全固化后进行	局部检查	见注释	涂层拒收

注：1. 对于涂料系统 No. 2A，在 CPT 过程中，附着力必须至少 9.0MPa；在生产过程中，单点附着力测试必须达到至少 7.0MPa。

2. 对于涂料系统 No. 2B，金属涂层在 CPT 过程中，附着力必须至少 7.0MPa；完整涂层系统 No. 2B 附着力测试内聚力须达到至少 5.0MPa。

3. 对于涂料系统 No. 3A、3C、3D、3E、3F 和 3G，最大 30%的 CPT 值减少可以接受。绝对值至少 5MPa。

4. 防火保护上的喷涂，可接受内聚力读数减少为 CPT 值的最大 50%。水泥基产品绝对最小值至少 2.0MPa，环氧基产品 5.0MPa。

5. 剩下的涂料系统，平均附着力值减少为 CPT 附着力的 50%，生产过程中涂层的绝对附着力值最小 5.0MPa。

参 考 文 献

[1] 汪国平. 船舶涂料与涂装技术. 第 2 版. 北京：化学工业出版社，2006.
[2] Jotun Shop Primer Application Handbook（佐敦内部资料）.
[3] 陆伯岑，欧伯兴. 水相法氯化橡胶的性能试验，第三届国际防腐及防腐蚀涂料技术研讨会. 珠海：常州涂料研究院，2005. 5.
[4] GB/T 6822—2008. 船体防污防锈漆体系.
[5] 徐国强，黄运成. 新型无锡自抛光防污漆. 涂料工业，2000，(10).
[6] 王健. 环境保护与船舶防污漆技术. 国际船艇，2002，(9).
[7] 李慧娟，王国建. 船舶防污涂料的研究与发展. 上海涂料，2005，(1).
[8] Wang Jian. 美国防腐工程师协会（NACE）国际船舶涂料论坛. 上海，2007，11.
[9] 金晓鸿. 材料开发与应用，2006，(4).
[10] Yebra D M. Progress in Organic Coatings，2004，(5).
[11] A. M. Berendsen. Marine painting manual. UK：Graham & Trotman，1989.
[12] GB/T 6745—2008.《船壳漆》通用技术条件.
[13] 涂料工艺编委会. 涂料工艺. 第 3 版. 北京：化学工业出版社，1997.
[14] 徐国强、李荣俊. 重防腐蚀聚硅氧烷涂料. 涂料工业，2004，(8).
[15] GB/T 9261—2008.《甲板漆》通用技术条件.
[16] 张学卿等. 防滑涂料的发展状况. 现代涂料与涂装，2002.（3).
[17] 朱万章. 摩擦与防滑涂料. 涂料工业，2002，(8).
[18] 虞兆年. 防腐蚀涂料和涂装. 北京：化学工业出版社，2002.
[19] 王健，刘会成，刘新. 防腐蚀涂料和涂装. 北京：化学工业出版社，2006.
[20] 战凤昌. 专用涂料. 北京：化学工业出版社，1996.
[21] 刘登良. 海洋涂料与涂装技术. 北京：化学工业出版社，2002.
[22] 王学峰等. 集装箱管理与装箱工艺. 上海：同济大学出版社，2006.
[23] Marc Levinson. The Box：How the Shipping Container Made the World Smaller and World Economy Bigger. Princeton：Princeton University Press，2006.
[24] 周龙祥，王绍忠. 埕岛油田的腐蚀现状与防腐蚀技术. 黄渤海海洋，2001，19 (3).
[25] 余越泉. 导管架平台防腐技术研究. 中国海洋平台，2001，16 (4).
[26] 刘大扬，李文军，魏开金. 钢在南海榆林海域暴露 16 年的腐蚀. 舰船科学技术，2001，(2).
[27] 郭公玉，张经磊，侯保荣，杨芳英. 钢在中国北部海区海泥中的腐蚀. 电化学，2001，7 (4).
[28] 孔爱民. 富锌涂料在海洋平台中的应用分析和选择. 腐蚀与防护，2007，27 (9).
[29] 蒋官澄，黄春，张国荣. 海上油气设施腐蚀与防护. 北京：中国石油大学出版社，2006.
[30] 刘新. 防腐蚀涂料与涂装应用. 北京：化学工业出版社，2008.
[31] Olaf Døble. Coating Selection in the Norwegian Offshore Industry：Where，What and Why? JPCL，2004，(4).
[32] Mike Mitchell J. A look at work in the U. S. on Specifications for Coatings for Offshore Structures. JPCL 2005，(3).

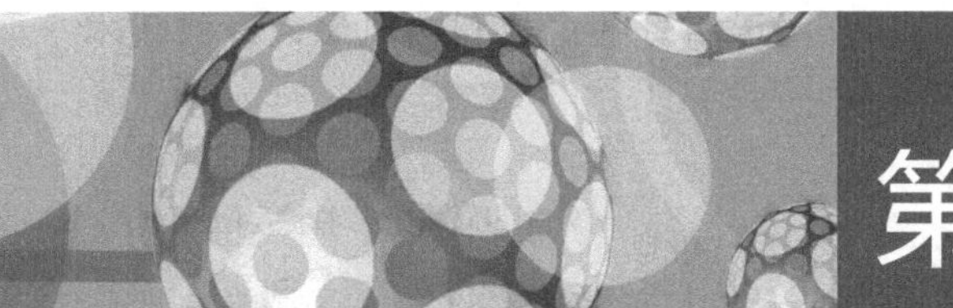

第五章 预涂卷材涂料

第一节 预涂卷材概述

1. 预涂卷材的定义

预涂卷材是在成卷的金属薄板上涂覆涂料或层压上塑料薄膜后，以成卷或单张形式出售的有机材料/金属复合板材，也称为有机涂层钢板、预涂层钢板、彩色涂层钢板、塑料复合钢板等。用户可以直接将其加工成型，做成各种产品和部件，无需再进行涂装工序，从而大大简化了金属薄板制品总的生产工艺。

预涂卷材采用集中生产，省去了产品制作过程中的复杂的涂装工序，因此大大降低了各类制造业成本，通过采用预涂技术，薄板制品的成本可以降低5%～10%，节省能源约15%～20%，尤其是节约了薄板制品的预处理和涂装设备的大量投资，并且改善了加工企业的环境和工人的劳动条件。

2. 预涂卷材的基板

预涂卷材用的基板主要有冷轧钢板、电镀锌钢板、热镀锌钢板、合金化热镀锌钢板、热镀锌-铝钢板、热镀铝-锌钢板、热镀铝钢板、铝板和不锈钢板等，其中前三种是最常用的。热镀锌钢板根据锌花种类还可以细分为大锌花板、小锌花板和无锌花板。通常根据用途可采用不同的基板类型，对用于腐蚀性较强的室外环境的卷材，一般采用有锌花的热镀锌钢板；对用于室内、腐蚀性要求较低，但对外观要求较高，如家电、装饰用卷材，一般采用冷轧钢板、电镀锌钢板或无锌花热镀锌钢板。

3. 预涂卷材的组成

预涂卷材是由基板（包括镀层，例如镀锌层）、预处理层（磷化膜、铬化膜及钝化膜）、涂层和保护层（保护膜或蜡层等）组成。正面涂层一般由底漆和面漆组成，对有些要求较低的应用，也有采用单涂层体系，而对装饰性要求较高的应用，也有采用三涂层体系的；正面也可以采用覆膜技术，如聚氯乙烯（PVC）膜和聚对苯二甲酸乙二醇酯（PET）膜。背面一般为单涂层，对要求较高的应用，也可采用底漆和面漆组成的二涂层体系。预涂卷材组成如图3-5-1所示。

4. 预涂卷材的历史

预涂卷材技术起源于美国，19世纪末和20世纪初建筑业的发展推动了钢铁在建筑及钢结构中的应用，钢铁需要涂装以提供装饰和防腐性，从而推动了预涂卷材技术的开发。第一条连续预涂卷材生产线1936年在美国建立，是用醇酸树脂漆涂装厚0.3mm、宽50mm的钢带，其线速 12m/min，生产 1t 预涂钢卷需要约 12h。用于制百叶窗板和挡风墙，以取代木制品。

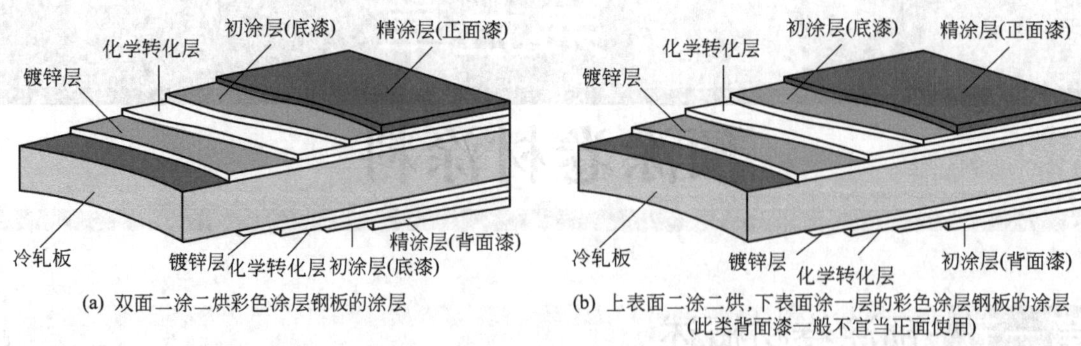

(a) 双面二涂二烘彩色涂层钢板的涂层　(b) 上表面二涂二烘，下表面涂一层的彩色涂层钢板的涂层（此类背面漆一般不宜当正面使用）

图 3-5-1　典型的预涂卷材组成示意图

20 世纪 50 年代，预涂卷材在美国获得快速发展，大量应用于建筑业和家电产品。20 世纪 60 年代，卷材生产线线速已可以达到 75m/min，预涂钢带宽度可达到 1.50m 以上。到 20 世纪末，美国已有约 180 条预涂卷材生产线（包括卷钢和卷铝），最高线速可达到 250m/min，年生产 420 万吨预涂卷材。

20 世纪 60 年代，预涂卷材技术引入欧洲，到 2005 年，欧洲的预涂卷材产量已达到近 14 亿平方米。

中国在 20 世纪 60 年代初开始预涂卷材的研制工作，主要是聚氯乙烯（PVC）覆膜板；进入 20 世纪 80 年代，中国的预涂卷材的研制和技术开发进入了一个新的发展阶段。1983 年，国家科委将彩色涂层钢板列为国家“六五”科技攻关项目，由当时的冶金工业部、化学工业部和轻工业部组织所属有关单位联合开发，在自主开发的同时，又开始陆续引进国外先进的生产技术和设备。预涂卷材可以广泛应用于建筑、家电、家具、汽车制造等行业，近年来，我国经济持续快速增长，带动了建筑、家电、家具和汽车制造等行业的快速发展，这为彩钢板提供了广阔的市场和应用空间，使我国的彩钢板生产进入高速发展期，从而推动了彩钢板涂料的快速发展。到 2005 年，中国的彩涂线数量已达到了约 200 条，年生产预涂卷材约 300 万吨。如图 3-5-2 所示为 1987～2005 年，中国预涂卷材生产线数量和产量示意图。据全国涂料工业信息中心统计，2006 年，中国卷材涂料产量已达到了约 10 万吨。

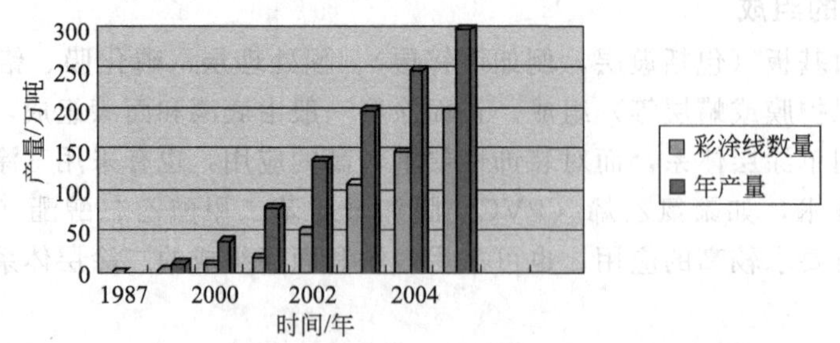

图 3-5-2　近年来中国预涂卷材生产线数量和产量示意图

5. 预涂卷材的特点

预涂卷材得以高速发展，就是由于它具有良好的经济效益，能适应社会经济发展的需要。它既具有有机涂料的良好的着色性、防腐性和装饰性，又具有钢板的高强度和易加工性，是一种高效、环保、节能钢材，是钢铁工业的一种深加工产品。同时它也是涂料涂装领域的一项巨大革新，实现了从传统的先成型加工、后涂装向先涂装、后成型加工的转变。它的主要特点如下。

① 预涂卷材涂装质量高，通过将制成品涂装变成原料基板的连续涂装，既便于表面处理及涂装质量的控制，又不存在易产生棱边死角的涂装缺陷，从而可以得到最佳的涂装质量。

② 预涂卷材涂装效率高，现在，国内建筑用预涂卷材涂装线线速一般为40～200m/min，家电用预涂卷材涂装线线速一般为20～40m/min，而国外最高线速已接近250m/min，生产板宽达到了1.8m以上，一条生产线的年生产能力就可达到50万吨以上。

③ 预涂卷材涂装能耗低，具有节能的特点，涂膜固化时，涂装好的平板在烘炉中通过，炉容利用率比成品涂装高，并且烘烤时挥发的溶剂能收集并引入燃烧器焚烧，将热能再利用，总能耗只有成品涂装的1/5～1/6。

④ 采用预涂卷材技术，对环境污染少，符合环保要求，烘烤时挥发的溶剂通过集中焚烧处理后排放，大大减少有机溶剂向大气中的释放。例如广州彩色带钢厂从美国万宾(MERBAN)公司引进的彩色涂层钢板生产线，在固化和废气处理方面采用了先进技术；涂层固化采用高频感应加热的方式，热量由内向外传递，有利于溶剂挥发。烘炉升温快，加热时间短；机组废气中有机溶剂的回收装置是由与感应固化炉配套的液氮贮罐、三级热交换装置组成，通过这种技术，可以回收固化炉废气中所含有机溶剂的99%左右。

6. 预涂卷材的用途

预涂卷材发展到现在，其应用已经从最初的建筑业拓展到现在的电器、运输、家具和办公用品等诸多领域。

在建筑业可用作工业厂房、公用设施及住宅的屋顶、外墙和内部隔墙。由于其重量轻(表3-5-1)，对相同面积的屋顶或墙面采用预涂卷材构件比用混凝土构件可减少80%～95%的运输和吊装量；同时可使房架、支柱及基础材料用量及工程量都相应降低。

表3-5-1 预涂卷材构件与混凝土构件重量比较

构件	材料	重量/(kg/m²)
普通屋顶板	预涂卷材	11
	预应力混凝土板、水泥砂浆找平层十二毡二油绿豆砂	195～200
隔热屋顶板	预涂卷材、100矿渣棉	30
	隔热性相当的轻质混凝土	150
隔热墙板	双层预涂卷材夹隔热材料	25～40
	隔热性相当的轻质混凝土	150
	隔热性相当的普通混凝土	350
隔热悬墙	预涂卷材、矿渣棉隔热层、纤维板或石膏板	35～40
	隔热性相当的混凝土或砖墙	350～500

在电器产品中的应用也愈来愈宽。例如冰箱面板和侧板；视听产品如影碟机、功放、刻录机、数字电视机顶盒等；空调外壳；洗衣机外壳；取暖器、热水器外壳；厨房用具如微波炉等。

在运输领域可用作汽车车身板、引擎罩、可用螺栓固定的汽车内用部件和路标等。

用于家具和办公用品，可制作成各种隔断、橱柜、灯具外壳、窗帘杆、晾衣架等。

7. 预涂卷材行业协会和组织

预涂卷材行业最知名的国际性行业组织有美国卷涂协会（National Coil Coating Association，NCCA）和欧洲卷涂协会（European Coil Coating Association，ECCA）。

NCCA成立于1962年，总部设在克里夫兰，目前有160个成员单位，致力于提高行业的知名度，促进卷涂涂装工艺的进步，为业内人士提供信息和交流平台。

ECCA成立于1967年，总部在布鲁塞尔，现有会员单位超过了200家，遍布18个国家和地区，并有很多欧洲以外的非欧盟会员，其成员包括预涂卷材生产厂、原材料（如涂料）、卷材和设备生产商。近年来，中国也有许多卷材相关企业加入了ECCA，如宝钢、上海涂料公司、江苏鸿业涂料科技产业有限公司、立邦中国有限公司、贝科工业涂料有限公司(BECKER）等。ECCA是以科学为目的的国际非盈利性组织，致力于推广预涂卷材技术的发展，其目标为：

① 制定质量性能标准（包括测试方法的改进）；

② 提高预涂卷材技术的优势，尤其是在环保、成本及质量方面的优势；

③ 促进在工艺、产品、加工和市场方面的发展；

④ 为专业设计与特定应用编制培训教程，增强人们对预涂卷材技术的认识；

⑤ 提供信息交流平台；

⑥ 与政府进行联系沟通；

⑦ 提供与其他行业协会和专业团体的联络。

中国目前虽然还未建立预涂卷材专门的行业组织，但是中国化工学会涂料涂装专业委员会和全国涂料工业信息中心从2003年以来每年都举办一次国际彩板及涂料涂装技术研讨会，收集和发表最新的预涂卷材涂料和涂装、原材料及设备等方面的文章，中国钢铁协会对这一会议也十分支持，提供了许多高质量的论文和主题演讲。该会议为中国预涂卷材行业的发展提供了一个非常好的信息交流平台。

第二节 预涂卷材生产工艺

预涂卷材是以带钢等为基板进行连续生产，在生产过程中，基板表面经过各种预处理后涂覆涂料，每次涂覆后都要将涂料烘烤固化，再进行下一道涂料的施工。因此，通常以涂覆和烘烤的次数来定义机组的类型。通用的二涂二烘型连续生产线工艺如图3-5-3所示。

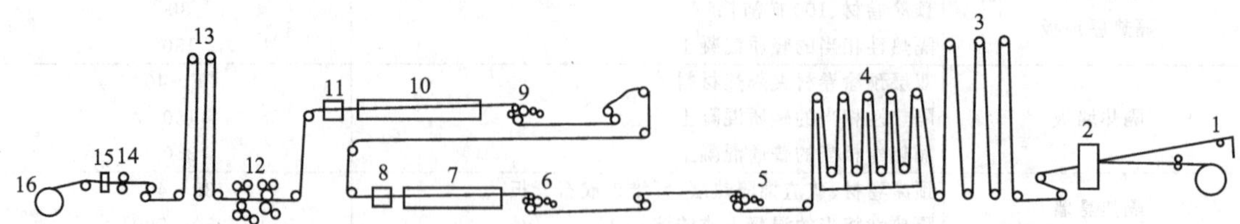

图3-5-3 二涂二烘型涂层带钢连续生产线设备布置示意

1—开卷机；2—切剪；3—人口活套；4—脱脂槽；5—化成处理槽；6—1# 辊涂机；7—1# 加热炉；8,11—冷却器；9—2# 辊涂机；10—2# 加热炉；12—平整机；13—出口活套；14—涂蜡机；15—切剪；16—卷取机

其工艺流程为：开卷→切头→缝合（或焊接）→去毛刺→磨刷→脱脂处理→挤干→活套→磷化处理（或表面调整）→水洗→挤干→钝化处理→挤干→第一次涂覆→第一次烘

烤→冷却→吹干→第二次涂覆→第二次烘烤→压花或印花→冷却→吹干→涂蜡→卷取。

对要求较高的应用，也有采用三次连续涂覆的生产线，三涂三烘型预涂生产线工艺如图 3-5-4 所示。

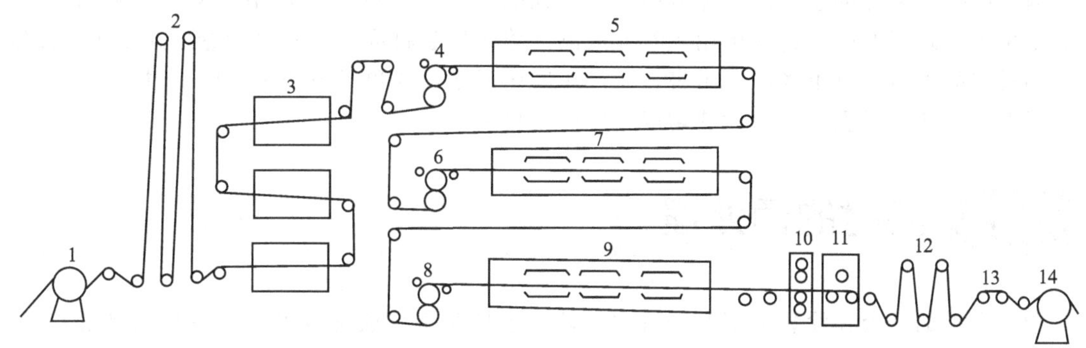

图 3-5-4　三涂三烘型带钢涂层连续生产线设备布置示意

1—开卷机；2—活套塔；3—表面处理槽；4—1# 辊涂机；5—1# 烘烤炉；6—2# 辊涂机；7—2# 烘烤炉；8—3# 辊涂机；9—3# 烘烤炉；10—调质轧制机；11—平整辊；12—活套塔；13—涂蜡机；14—卷取机

其工艺流程为：开卷→切头→缝合（或焊接）→活套→脱脂处理→冲洗→表面磨刷→磷化处理（或表面调整）→钝化处理→干燥→初涂→1# 炉烘烤固化→冷却→干燥→中涂→2# 炉烘烤固化→冷却→干燥→精涂→3# 炉烘烤固化→冷却→干燥→调质轧制→1# 张力平整→2# 张力平整→活套→涂蜡→烘干→卷取。

在上述预涂卷材生产工艺流程中，可以发现，无论是采用二涂还是三涂，整个机组可以分为四大部分，即引入段、预处理段、涂装段和引出段。

引入段包括开卷、切头、去毛刺、缝合（或焊接）和贮料活套等设备，将原料卷材松开并连接起来，以便连续、匀速地为机组供应基板。

预处理段包括脱脂（酸洗或碱洗、冷热水漂洗）、吹干、磷化或铬化、钝化和吹干等。其作用是清洗基板并进行表面处理，以提高防腐蚀性和对上层涂膜的附着力。

涂装段是机组的核心部分，包括涂覆、烘烤、冷却、贴膜、压花或印花等工艺设备。初涂（底漆）一般采用二辊涂装，精涂机（面漆）采用二辊或三辊涂装。涂料涂覆时，涂覆辊转向和基板运行方向一致时，称为正涂式，反向时称为逆涂式。常用的辊涂方式为逆涂法，如图 3-5-5 所示。冷却系统是用来使前道涂层冷却，以适应下一道涂层的施工工艺要求。贴膜、压花或印花等是根据产品的特定用途而采用。涂装段产生的废气集中收集到焚烧炉中燃烧，产生的热量用于补充固化烘炉炉热量，实现回收利用。

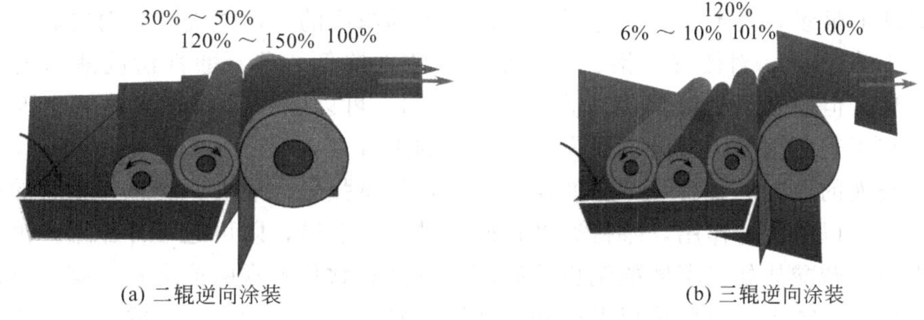

(a) 二辊逆向涂装　(b) 三辊逆向涂装

图 3-5-5　常用的辊涂方式

涂装要求较高的大多采用三辊涂装；二辊逆向涂装通常用于涂覆较薄的涂层，如底漆和涂装要求一般的素色面漆。

引出段包括加覆保护膜或涂蜡、活套、张力辊、卷取机和卸卷小车等。加覆保护膜或涂蜡是为了保护涂装好的卷材，避免表面刮伤，在家电用卷材涂装中常用加覆保护膜的方法，涂蜡常用于建筑用卷材。卷取机用于卷取成品。建筑用卷材成品通常以钢卷形式出售，而家电用卷材成品大多是以单张形式出售，生产车间中通常还要再另设裁板工序，对涂好的卷材进行开卷、裁切，根据产品用途裁切成一定的规格和尺寸。

第三节 底材的预处理

预涂卷材的基板在涂装前都要进行预处理，包括脱脂（酸洗或碱洗、冷热水漂洗）、吹干、表面调整、磷化或铬化、钝化和吹干等。其目的：一是提高其耐腐蚀性；二是提高有机涂层与基板的附着力。典型的预处理工艺流程如图 3-5-6 所示。

传统的反应型预处理工艺流程

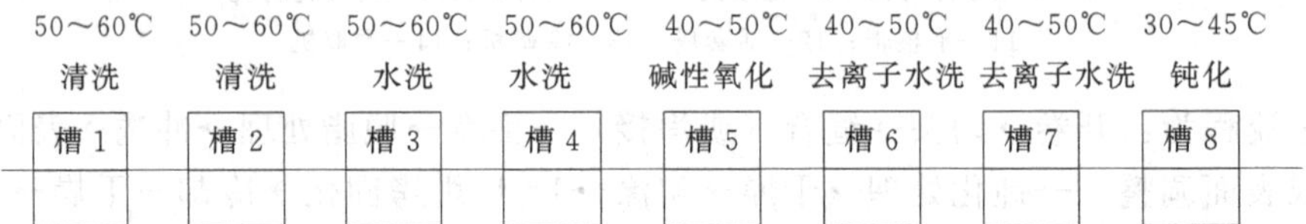

槽 5 工艺：喷淋或浸渍，处理时间 5～15s。

槽 8 工艺：喷淋，处理时间 5～15s。

无水预处理工艺流程

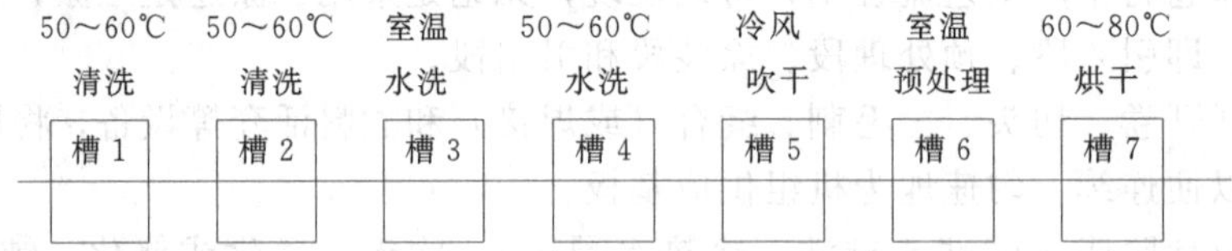

槽 6 工艺：辊涂，处理时间 0～2s。

图 3-5-6 典型的预处理工艺流程

一、脱脂

基板加工时，为了润滑、防腐蚀，在板材表面要涂覆润滑油脂，如矿物油或脂肪油，如果这些油脂残留在基板表面，就会影响涂层与基板的附着力，因此必须进行脱脂处理，用清洗介质除去表面黏附的油污。

要根据基板的种类和状态选用不同的清洗方法，主要有碱洗、酸洗以及先碱洗再酸洗等。采用碱洗的最多，对不同金属基板，应采用不同浓度的碱性清洗液，对冷轧钢板，清洗液碱浓度在 1%～2%，对镀锌、铝、合金钢板，浓度要低一些。酸性清洗液的去污能力不如碱性清洗液，但酸性清洗液具有一定的腐蚀作用，可以除去基板表面的氧化膜，使其活化，而且使基板表面粗糙，有助于提高有机涂层的附着力。

碱性清洗液的主要成分有强碱，如氢氧化钠，提供强皂化能力；弱碱，如碳酸钠，皂化能力较弱，但可以起缓冲作用，维持碱度；硅酸钠也是弱碱，既可起缓冲作用，也可起到软化硬水的作用；磷酸盐如三聚磷酸钠也具有调节碱度和软化硬水的能力；弱碱也可以选用硼酸盐如焦硼酸盐，加水水解后可以形成硼酸和游离碱，起缓冲剂作用。除了碱性成分，碱性清洗液中还可加入络合剂和表面活性剂。络合剂用于络合水中的钙、镁等硬化离子，常用的为三聚磷酸盐，对硬度高的水，可以使用柠檬酸、EDTA（乙二胺四乙酸）等。清洗液中用的表面活性剂主要为有机乳化剂，如非离子型或阴离子型乳化剂，加入后可以降低油-水界面张力，提高清洗液的清洗效果。

脱脂处理时，应适当提高温度，可以提高洗涤效果，但温度也不能过高，过高反而降低去污能力，一般控制在70～90℃，如果清洗液中使用乳化剂，温度应适当降低。

现代预涂卷材生产线一般采用喷淋清洗法，基板在行进过程中经过脱脂处理槽时，清洗液通过喷嘴以一定压力和喷淋量喷向基板表面，将基板洗净。

二、表面调整处理

表面调整处理操作于钝化处理之前，作用是使基板活化，缩短化学转化膜成膜时间，改善转化膜质量。

表面调整处理通常采用含有胶质钛盐的溶液浸渍基板，随即进行化学转化处理。胶质钛盐颗粒作为结晶的细化剂在基板表面形成大量的晶核，使无数晶体同时开始成长，从而能在较短时间内形成细密结晶的磷酸盐转化膜。这种溶液的稳定性差，随着运行时间的延长，其pH会下降，从而会影响使用效果。表面调整液对基板的腐蚀速率越大，其失效越快。要得到稳定有效的表面调整效果，调整液的pH要保持稳定，可以加入适量的碳酸盐，起缓冲作用。例如，采用含5mg/L钛离子、184mg/L磷酸根离子、49mg/L焦磷酸根离子和50mg/L碳酸根离子的表面调整处理液对冷轧钢板进行处理后，再进行磷化处理，可以得到均匀致密的磷酸盐转化膜。

对电镀锌表面，在用铬酸盐处理前，可以用含有络合剂和钛离子或锆离子的、pH为12.0～13.5的碱性表面调整液活化处理，例如用含70g/L氟钛酸（H_2TiF_6）（浓度为40%）、60g/L乙二胺四乙酸四钠盐、140g/L氢氧化钠和730g/L水的溶液喷淋电镀锌钢板后，再用铬酸盐处理，可提高转化膜的附着性和耐腐蚀性。

对热镀锌钢板，热镀锌镀层凝固时表面会选择性氧化形成20～30nm厚的氧化膜，这层膜的电化学活性比较差，在以辊涂方式铬化处理时，会阻碍铬化处理液与基板表面的化学反应，因此需要采用酸性的含镍离子的溶液对表面进行活化调整处理，得到一个较粗糙、活性较高的表面。含镍离子的表面调整液的pH和温度对基板的腐蚀速率及镍的附着量的影响较大，随pH升高，基板的腐蚀速率和镍的附着量都呈下降趋势；随着温度的升高，基板的腐蚀速率和镍的附着量都呈上升趋势。

三、化学转化处理

不同基板应该选用不同的化学转化处理方式。

以喷淋或浸渍方式处理冷轧钢板时大多选用氧化铁-磷酸盐型转化液，它是含有磷酸、碱金属磷酸盐及氧化剂如氯酸盐、硝酸盐和钼酸盐等的酸性溶液，反应形成氧化铁/磷酸盐的无定形转化膜。处理温度40～75℃，成膜时间5～20s，膜厚约0.3g/m^2。但这类转化膜耐腐蚀性较差，还需再用铬酸盐处理。在这类处理液中添加氟化物氧化剂后，也可用于处理铝和锌基板表面。

对镀锌钢板可以选用磷酸盐、铬酸盐和复合金属氧化物型转化液。

磷酸盐处理液中一般含磷酸、磷酸锌及硝酸盐、镍和氟化物氧化剂等，反应形成一种主要成分为锌的磷酸盐的结晶性膜。处理温度65℃，成膜时间5～20s，膜厚约2.0g/m^2，还需再用铬酸盐处理。

复合氧化物型转化液是含碱类络合物以及钴、镍和铁等重金属离子的溶液，反应形成的膜的组成主要为含铁、钴和镍的锌的氧化物，处理温度 40～70℃，处理时间 5～20s，膜厚约 0.1～0.3g/m^2，这类转化膜耐腐蚀性较差，还需再用铬酸盐处理。这类转化液也可用于处理镀锌-铁和锌-铝合金板。

反应型铬酸盐-复合氧化物型转化液是含有铬酸和氧化剂如氟化物和钼酸盐的酸性溶液，反应形成无定形膜，主要含磷酸铬（三价铬化合物，致密性好）和铬酸铬（三价和六价铬复合氧化物，$xCr_2O_3 \cdot yCrO_3 \cdot zH_2O$，具有自修复作用，耐腐蚀性好），处理温度 20～60℃，处理时间 3～15s。这种转化液也可用于处理铝板，但这种转化膜中含有六价铬离子，因此带有这种转化膜的铝板不能用于制造食品和饮料罐，可以通过在转化液中加入磷酸，使六价铬转化成三价铬的方法克服这一缺点。

在以辊涂法转化处理时，对镀锌钢板、合金化镀锌钢板及锌铝合金钢板等，可采用铬酸盐类转化液。该处理液中含有与铬酸铬类似的成分，还添加有树脂和二氧化硅粒子作为黏度调节剂，提高膜的强度和致密性，在处理过程中没有化学反应，形成的表面膜结构由不溶性三价铬化合物和可溶性六价铬化合物组成，前者构成膜的骨架，后者填充于骨架内部，经这种铬酸盐处理的金属表面，耐腐蚀性可以大大提高。

四、环保型处理液

近年来，人们对环保越来越重视，含铬处理液虽然因为性能优异而广为采用，但其中含有大量六价铬，这是一种强致癌物质，并且在自然环境中很难降解，欧盟从 2006 年 7 月开始正式实施的 ROHS 指令（关于在电子电气设备中限制使用某些有害物质的指令）中对六价铬提出了明确的最高限量，材料中的六价铬含量不得超过 1000mg/kg。我国近年来也陆续颁布了一些对涂料中有害元素限量的强制性标准，其中包括对六价铬含量的限制。这些都无疑推动了预卷材生产厂家开始采用无六价铬的环保型预处理液。

中国钢研科技集团公司开发出了三价铬环保型处理液，将氧化铬（CrO_3）溶于水中，并添加适当的无机酸如硝酸，加热至 70℃以上，使用还原剂如醇类将溶液中的六价铬还原为三价铬（六价铬含量＜10mg/kg），然后在还原液中加入硅溶胶和助剂，控制溶液 pH 为 1.5～2.5，得到墨绿色的三价铬环保型预处理剂溶液。用该预处理液辊涂处理镀锌钢板，处理温度为＜75℃，形成的转化膜含铬量 70～150mg/m^2（双面）时最佳。该处理液制备的转化膜耐腐蚀性良好，与基板和涂层都具有良好的附着力，性能与传统预处理液相当，且不增加成本。

德国凯密特尔公司（Chemetall）开发出的无铬预处理液 Gardo TP 10475，有双组分型，也有单组分型，其主要成分为钛/锆盐、磷酸盐和少量的树脂，可用于热镀锌、电镀锌、镀锌铝和冷轧钢板等各种基板。GTP 10475 的主要成分和作用见表 3-5-2。该处理液涂覆工艺可以采用淋涂或辊涂。

表 3-5-2　GTP 10475 的主要成分和作用

成　分	主要作用
钛/锆盐	保证与涂层的结合力和耐腐蚀性能与基板表面反应成膜
磷酸盐	增加耐腐蚀性能 辅助钛/锆成膜
聚合物树脂	增加与涂层的结合力

德国汉高公司（Henkel）开发出的无铬预处理液 Granodine 1455，为单组分型，含特殊的水溶性有机聚合物、钛/锰离子等成分，适用于热镀锌、电镀锌、镀锌铝、镀铝锌、铁锌

合金、镀铝、冷轧钢板和不锈钢板等各种基板。采用辊涂施工，烘烤时板温要求40℃以上。

第四节 预涂卷材涂料概述

一、预涂卷材涂料的特点和性能要求

预涂卷材涂料既要满足预涂卷材的生产工艺要求，又要满足卷材的加工使用方面的要求。

预涂卷材涂装采用连续辊涂生产工艺，其主要特点是基板行进速度快、涂料采用辊涂涂覆方式、涂膜短时高温烘烤、出炉后迅速降温。预涂卷材涂料必须要满足这些涂装工艺的要求。第一，预涂卷材涂料的施工黏度有一定要求，为了满足辊涂施工要求、保证一定的涂膜厚度和流平性，溶剂型卷材涂料一般的施工黏度为50～100s（涂-4杯，25℃）。由于卷材涂料施工黏度较高，为了保证足够的流平性，避免出现缩孔等涂膜缺陷，一般涂料中的流平剂用量较高。第二，预涂卷材涂料不能有明显的触变性（剪切稀释性）。辊涂施工时，基板与各辊子的运转速度不同（带料辊、涂覆辊和调节辊都有不同的转速），它们之间所带的涂料会受到一定的剪切力，在这种情况下，涂料应仍保持原来的黏度，不能因触变而发生黏度下降，否则如果涂料黏度因受剪切作用而明显降低，会使辊子上附着不住所要求的涂料量，影响涂覆效果。第三，涂膜固化一般采用高温短时烘烤固化，烘烤温度一般在250～400℃，烘烤时间20～60s，基板峰值温度（PMT，可用示温纸或测温枪在线测得）一般为204～249℃；此外，涂覆后湿膜的闪干时间短，一般只有几秒到几十秒，所以预涂卷材中高沸点溶剂用量要比一般涂料高，否则会造成起泡、针孔和流平不好等缺陷。通常选用较高沸点的醇醚类、酮类和高沸点芳烃类、酯类溶剂等。第四，为了满足涂装要求，预涂卷材涂料要有一定的固化性能，固化速率太快，容易产生起泡、针孔、流平差等表面缺陷；固化速率不够，涂膜不能完全固化，影响涂膜的物化性能，不能满足加工和使用要求。

预涂卷材涂料产品根据用途一般分为三类，即：底漆、面漆和背漆。预涂卷材为多涂层体系，一般基材正面涂装一道底漆和一道面漆，背面涂装一道背面漆，有时在背面漆下也涂装一道底漆。对底漆、面漆和背漆有不同的性能要求。如图3-5-7所示列出了预涂卷材用底漆、面漆和背漆的主要性能要求。

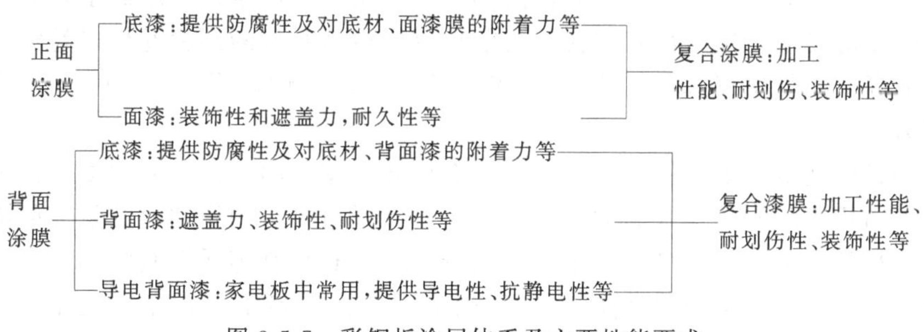

图3-5-7　彩钢板涂层体系及主要性能要求

二、预涂卷材涂料的组成

预涂卷材涂料由树脂、颜料、填料、溶剂和助剂组成。

1. 树脂

预涂卷材涂料分为底漆、面漆和背面漆。

底漆根据所用基料树脂主要分为环氧体系和聚酯体系两大类，以氨基树脂或封闭异氰酸酯树脂为交联树脂（固化剂）。具体可分为聚酯-聚氨酯、聚酯-氨基、环氧-聚氨酯、环氧-氨基等。通过树脂改性以及品种的合理选用，也可以将环氧树脂与聚酯树脂混合使用，氨基树脂与封闭异氰酸酯树脂也可以混合使用，以进一步提高涂膜性能。建筑用预涂卷材对防腐性能要求较高，底漆中大多采用环氧-聚氨酯体系，以大分子环氧或改性环氧树脂为主体树脂；对家电等对加工性能要求较高的用途，环氧体系由于柔韧性较差，往往不能满足要求，因而大多采用以聚酯为主的体系，在这种体系中，可以拼用适量的环氧树脂，以提高防腐性能。

背面漆大多采用单涂层，涂膜较薄，而同时又要求高柔韧性、较好的耐 MEK 性能和较好的耐盐雾性能；对有些应用如制备泡沫夹心板时，背面漆还需适应发泡工艺要求，对发泡材料黏附性要好；应用于家电彩板时，背面漆的加工性能要求要高于建筑用彩板，有时还要求背面漆具有良好的导电性。与底漆类似，背面漆也主要分为环氧和聚酯两大类。前者以大分子环氧树脂（如 609、1001 和 Epon 1009 等）或改性环氧树脂为主体树脂，以氨基树脂或封闭异氰酸酯为固化剂；后者以聚酯树脂为主体树脂，以氨基树脂或封闭异氰酸酯为固化剂，在这种体系中，为了提高性能，往往还要拼用适量的环氧树脂。

卷材涂料用面漆的种类较多，主要有：聚酯面漆、聚乙烯基类面漆、丙烯酸树脂类面漆、氟碳面漆和有机硅改性树脂类面漆等。

在卷材涂料用面漆中，（玻璃化温度）聚酯树脂涂料是用量最大的品种，通过选择不同的多元酸、多元醇制备不同 T_g、不同分子量的线型或支链型聚酯树脂。聚酯面漆配制时，可以通过混合不同 T_g、不同分子量的聚酯树脂，灵活地调控获得优异的漆膜性能。对聚酯树脂的组成选择耐候性的组分，并通过加入适宜的位阻胺光稳定剂和紫外线吸收剂以及适宜的交联剂，可以制成耐候性十分接近于氟树脂而优于有机硅改性聚酯的涂料，用于户外用建材。

除聚酯面漆以外，卷材涂料面漆中用得最多的是聚乙烯基类树脂涂料，包括 PVC 有机溶胶和塑溶胶面漆以及不含氯的分散体涂料。PVC 有机溶胶和塑溶胶是将溶胶级的聚氯乙烯粉末分散在有机溶剂和增塑剂中或只分散在增塑剂中的分散体，前者称为有机溶胶，后者称为塑溶胶。不含氯的分散体涂料是将其他高聚物粉末如聚酯、聚烯烃、聚丙烯酸酯等在增塑剂中形成的塑溶胶等，实际上是一种溶液分散型涂料，树脂溶液一般由端羟基聚酯或聚丙烯酸酯和封闭多异氰酸酯和溶剂组成。

第三类是丙烯酸面漆，溶剂型热固性丙烯酸涂料是早期彩钢板面漆的主要品种之一，以后随着聚酯面漆的发展，逐渐被其取代。目前在以铝材为基板的预涂卷材（卷铝）用涂料中使用较多；或者是用作聚偏二氟乙烯（PVDF）涂料中的改性树脂，提高颜料分散性能和与底材的附着力。

第四类是氟碳面漆。氟聚物分散体涂料具有优异的室外耐久性、耐化学品性和适宜的力学性能，特别适用于耐候性要求高的室外用建筑彩涂板市场。用于卷材的氟碳面漆可以分为热固型与热塑型两大类。热固型涂料中氟树脂分子中含有羟基等活性基团，成膜时可以通过活性基团与氨基树脂、聚氨酯树脂反应交联固化，这类涂料中应用最成功的 FEVE 树脂，如日本旭硝子的商品名为 LUMIFLON 与大日本油墨商品名为 FLUONATE 的产品。也可以采用含有端羟基的全氟聚醚型氟碳卷材涂料，以脂肪族封闭异氰酸酯为固化剂。

热塑性氟树脂涂料应用最广泛的为 PVDF。PVDF 为结晶体聚合物，其不含活性基团，基本结构单元为 CH_2CF_2，PVDF 不能单独用作涂料，通常要加入热塑性丙烯酸树脂。该类涂料中，以氟聚物粒子与丙烯酸树脂预先热熔融得到的混合物为成膜基料。其中，氟聚物为被分散相，丙烯酸聚合物溶液为连续相。应用于建筑彩板的 PVDF 树脂以瓦特公司

（Pannwalt）开发的KYNAR 500和苏威公司（Solvay Solexis）的HYLAR 5000为代表。

第五类是有机硅改性树脂类面漆，如有机硅改性聚酯和有机硅改性丙烯酸树脂涂料。有机硅改性聚酯中，硅氧烷含量通常为15%～50%（质量分数），制备的涂料形成的涂膜具有优异的自洁、保光、保色、不粉化性，且坚韧耐磨，非常适用于制备耐久型卷材面漆。预涂卷材涂料用有机硅改性聚酯树脂一般采用含羟基的聚酯与烷氧基的硅（氧）烷或含硅羟基的硅（氧）烷经缩合反应而制备。此外，也可以将含官能基的硅烷或硅氧烷与过量的多元醇缩合，然后再与多元羧酸反应。有机硅改性丙烯酸树脂可以通过丙烯酸硅氧烷大单体与丙烯酸树脂合成的常用单体共聚制备。热固性有机硅改性聚酯树脂性能优异，成本适中，因此国内外主要卷材涂料研究单位和生产厂商都有此类产品。如上海振华造漆厂研制出的有机硅聚酯卷材涂料，人工老化试验达到2000h，其具有优异的户外耐候性、保光和保色性。常州涂料化工研究院研制出的有机硅改性聚酯耐久卷材涂料，人工加速老化试验2000h以上（失光、变色和粉化均为1级），QUV-B（313灯）试验600h以上不失光（1级）。

2. 颜料

预涂卷材涂料用颜料要求具有较高的耐热性和耐久性，对家电用涂料，还有较高的环保和安全方面的要求。

颜料的选择首先要满足卷材涂料施工条件的要求。由于卷材涂料涂装固化条件为高温短时固化，烘烤温度一般为250～400℃，要求涂料选用耐热性好的颜料，高温烘烤时不会出现变色；其次，对建筑外用涂料，要求颜料有较好的耐候性；对家电用涂料，要求使用环保型颜料，不能含有铬、镉、铅等有害重金属。例如，在建筑用卷材涂料中常用的无机着色颜料铬黄、镉黄、钼铬红、镉红等，在家电用卷材涂料中就不能使用，而只能使用有机颜料、钒酸铋、铁红、铁黄等不含有害重金属的无机颜料。常用的有机颜料有酞菁类、喹吖啶酮类、DPP（二酮-吡咯-吡咯）类和苯并咪唑酮类等。

近年来，安全无毒的无机陶瓷复合颜料由于其优良的耐候性、耐热性、耐化学品性和耐光性，越来越受到人们的关注。

现在，卷材涂料中效应颜料如珠光颜料和非浮型铝粉浆等的使用也越来越多。由于卷材涂料一般为二涂层体系，不涂覆罩光清漆层，因此，对卷材涂料用的铝粉要求较高，通常需要采用包覆型铝粉，才能满足对涂层的耐碱性要求；此外，由于采用辊涂施工，且涂膜非常薄，因此要求使用的铝粉有较窄的粒径分布，粒径分布太宽时，过粗的粒子容易在涂覆的板面上拉出条纹，影响装饰效果。

现代社会越来越重视节能，这就要用到隔热颜料、填料，主要有红外反射（IRR）颜料和隔热填料。白色颜料和金属颜料如铝粉有较高的红外反射效果。深色IRR颜料例如巴斯夫开发的商品名为Paliogen® L0086和Sicopal® K 0095的黑色IRR颜料；德固莎公司（Degussa）的Eclipse^{0}黑10201、10202、10203、10204；Eclipse^{0}棕10221、10222；Eclipse^{0}绿10241等。其他的IRR颜料如有机和无机或复合无机颜料（CICPs），例如，C.I.颜料黑28（一种铜铬锈矿组成物）、C.I.颜料黑30（一种含镍、镁、铬和铁的尖晶石）、C.I.颜料绿17（含铬和铁）等。隔热屏蔽材料如云母、隔热陶瓷、玻璃珠等可以屏蔽吸收的热量，阻止热量的传导。

对用于底漆的防锈、防腐颜料，建筑用卷材涂料中仍广泛使用铬酸锶、铬酸锌等传统的防腐颜料。但对家电用卷材涂料，这些就不能使用，必须选用安全无毒的类型，如磷酸锌、钼酸锌、硼酸锌、改性偏硼酸钡、三聚磷酸铝、纳米碳酸钙以及一些新型的、沉积于载体上的离子型防锈颜料等。

3. 助剂

涂料中助剂用量虽少，但对涂料和涂膜的性能影响非常大。卷材涂料中常用的助剂有润湿分散剂、流平剂、固化催化剂、附着力促进剂、消光剂、增硬增滑助剂和光稳定剂等。

卷材涂料产品的颜色品种多，对色差要求非常高。为了帮助颜料的润湿、分散和稳定，需要加入润湿分散剂，常用的有高分子聚合物类分散剂，如汽巴公司的 EFKA-4010、EFKA-4046、EFKA-4060、EFKA-4080 等；德国毕克公司（BYK）的 Disperbyk-170 和 Disperbyk-185 等；Avecia 公司的 Solsperse 32500 等。低分子量不饱和羧酸聚合物类分散剂，如德国毕克公司（BYK）的 BYK-P 104、BYK-P 104S 和台湾德谦公司的 904、904 S 等。另外，汽巴公司和毕克公司开发出的一种新型的、由受控自由基聚合技术制备的高分子型分散剂，如 EFKA-4310 和 EFKA-4320、Disperbyk-2009、Disperbyk-2020 和 Disperbyk-2025 等，可以用于制备无树脂或极低树脂含量的通用色浆，这种色浆浓度高、通用性强，可以节省仓储空间和研磨成本。

卷材涂料施工时，如果流平性不好，在辊涂时会产生辊痕，有时还会出现缩孔，必须添加防缩孔剂和流平剂，以得到更佳的流平效果和改善表面缺陷。卷材涂料中聚丙烯酸酯类防缩孔剂、流平剂使用最多，这类产品有毕克公司的 Byk-390、Byk-354、Byk-356、Byk-358 等；汽巴公司的 Efka-8385；美国首诺公司（Solutia）的 Modaflow 2100 等。其他常用的流平剂有溶剂类防缩孔、流平剂产品，例如德国毕克化学公司（BYK）的 Byketol-OK、Byketol-Special 等。醋丁纤维素类也是一种较好的流平剂，丁酰基含量越高，流平效果越好。主要品种有美国伊斯曼公司（EASTMAN）的 CAB551-0.01 等。有机硅树脂类防缩孔、流平剂产品有毕克公司的 Byk-331、Byk-306、Byk-310、Byk-320 等和埃夫卡公司的 Efka-3031 等，但是有机硅类流平剂易稳泡，且在高温下易分解，易在烘道、漆膜上残留，从而造成重涂差、缩孔等表面缺陷，因此在卷材涂料中的使用越来越少，一般很少单独使用。氟系表面活性剂也是一种很好的防缩孔、流平剂，产品有汽巴埃夫卡公司的氟碳改性聚丙烯酸酯产品 Efka-3777、Efka-3772 和 Efka-3600 等。

为适应涂装时的固化条件，卷材涂料中往往要加入一定量的固化催化剂，一般在以氨基树脂为交联剂的涂料中加入酸催化剂，在以多异氰酸酯树脂为交联剂的涂料中使用的交联催化剂主要有叔胺类、金属有机化合物类如二月桂二丁基酸锡（DBTDL）及有机膦化合物。酸催化剂产品有金氏公司（King）的 NACURE 1051、K-CURE 1040 和 NACURE 5225 等；毕克公司的 BYK-450；德固莎公司（Degussa）的 DYNAPOL CATALYST 1203 等。异氰酸酯交联催化剂有汽巴精化（Ciba）的 HY 960 叔胺类催化剂；卜内门化学工业公司（ICI）的 Amietol M12 胺类催化剂；德谦公司的 DBTDL 和 KL-2 有机锡类催化剂等。

卷材涂料中，为了改进对底材的附着力，往往使用附着力促进剂。有树脂类附着力促进剂，例如台湾德谦公司的 ADP 附着力促进树脂、拜耳公司（BAYER）的 HMP 附着力促进树脂、德固莎公司（Degussa）的 EP 2310、LTH 和 LTW 附着力促进树脂等。硅烷偶联剂类附着力促进剂如道康宁公司（Dow Corning）的 Z-6030、Z-6032、Z-6340 等；通用公司（GE）的 Silquest®系列硅烷偶联剂产品等。钛酸酯偶联剂烃附着力促进剂如常州江南助剂厂的 JN-115A 等。

建筑用预涂卷材涂料产品通常要求中光或低光，需要使用消光剂。常用的消光剂产品为无定形二氧化硅，它们可以用蜡进行表面处理，也可以不处理。例如 GRACE（格雷斯）公司的 Syloid® ED 44、C-807 和 C-809 等；INEOS Silicas（英力士）的 Gasil® HP 260 和 HP-270 等和东洋制铁化学株式会社的 Micloid ML-391A 等。

预涂卷材成品在收卷时，面漆和背面漆均会承受一定的相对滑动，在卷材后加工成型和使用过程中易受到外界的摩擦和划伤，为了保护漆膜的外观和完整，除了要提高涂膜本身的硬度外，也可以借助加入增硬增滑助剂来改善涂膜表面的滑爽性，降低摩擦力，提高涂膜的抗划伤性。常用的增硬增滑助剂有聚四氟乙烯蜡，如 Micro Powders，Inc.（微粉公司）的 Fluo HT、美国杜邦公司的 Zonyl MP1200 和美国三叶公司（Shamrock Technologies，Inc.）的 Shamrock SST-3 等；聚四氟乙烯-聚乙烯蜡如微粉公司的 Polyfluo® 150 和三叶公司的 Shamrock FS-511 等。

为了提高建筑用卷材涂料的耐候性，往往要加入光稳定剂，常用的有紫外线吸收剂，如汽巴公司的天来稳®928；位阻胺类光稳定剂，如天来稳®292，两者往往拼合使用，汽巴公司推出了一种苯并三唑类紫外线吸收剂与位阻胺混合类型的光稳定剂天来稳®5060，可以单独使用。

4. 溶剂

溶剂影响涂料的贮存稳定性、黏度、流动性和流平性，也会影响漆膜的外观和性能。溶剂选择时应考虑溶剂的溶解性（溶解度参数）、沸点、挥发速率和表面张力等基本特性，同时还要考虑到安全和环保因素。

酯、酮、醇醚类等含氧溶剂，溶解性好，是所谓真溶剂；烃类等不含氧溶剂，溶解性不如含氧溶剂，称为稀释剂，其价格一般比含氧溶剂便宜，可以降低成本。溶解度参数 δ 是表述各种溶剂对树脂的溶解能力的通用方法，溶解度参数越接近的物质相溶性越好，从而可以设计出合适的混合溶剂。在涂料常用溶剂中，醇类的 δ 值是 22.50～26.60、酮类的是 16.37～20.46、醚类的是 18.41～20.46、芳烃的是 16.37～18.41、脂肪烃的是 14.32～16.37。混合溶剂的 δ 值可以近似地用各组分溶剂的 δ 值及其体积分数 ψ 的乘积之和来表示，即：$\delta_{mix}=\psi_1\delta_1+\psi_2\delta_2+\psi_3\delta_3+\cdots+\psi_n\delta_n$。

混合溶剂的沸点和挥发速率必须适合预涂卷材高温、快速的烘烤工艺特点。溶剂的挥发方式对于得到好的漆膜外观和满意的漆膜性能十分重要。在成膜过程的湿阶段，混合溶剂的实际组成在不断变化，挥发性快的溶剂在混合溶剂中的比例会越来越少，剩下挥发性慢的溶剂。所以在混合溶剂中真溶剂的挥发性必须低于稀释剂的挥发性，以保持黏度逐渐增大的漆膜仍有好的流平性，否则会造成漆膜缺陷。预涂卷材涂料是在高温下快速固化成膜，选择混合溶剂应同时考虑所用溶剂的沸点和挥发速率。刚辊涂上的湿漆膜经极短时间闪干后立即进入温度高达 200℃以上的烘炉，如马上有大量溶剂逸出，会造成漆膜缩孔和流平不好，同时还要防止漆膜接近完全固化时还有较多残留溶剂逸出而造成起泡和针孔。因此要求所用混合溶剂在烘烤过程中的逸出速率要与基板温度（PMT）变化和漆膜的固化过程相适应。一般卷材涂料应选用沸点 140～240℃的溶剂。

涂料的表面张力是影响涂料制造和施工的重要因素之一。树脂溶液的表面张力低时，对颜料的润湿分散和漆浆的稳定有利，也有利于涂料对底材的润湿和流平。溶剂型涂料，一般成膜树脂的表面张力高于溶剂的表面张力，成膜过程中随着溶剂的逸出，漆膜中树脂浓度逐渐增大，表面张力也不断上升，当这种变化不均匀时，会产生缩孔、橘皮等漆膜缺陷。所以在平衡各项因素的前提下，应尽可能选用表面张力低的溶剂。各类溶剂的表面张力范围：醇类 21.4～35.1mN/m、酯类 21.2～28.5mN/m、酮类 22.5～26.6mN/m、乙二醇醚类 26.6～34.8mN/m、乙二醇醚酯类 28.2～31.7mN/m、芳烃类 28.0～30.0mN/m、脂肪族烃类 18.0～28.0mN/m。

选择溶剂还要充分考虑安全和环保问题。尽管卷材涂料施工过程中烘炉中逸出的大量含溶剂废气能回收利用，基本没有环保问题，这也是水性涂料在卷材涂料中的应用非常少的原因之一。但在涂料生产和使用过程中仍有安全和环保问题，必须符合现行和即将执行的有关政策法规。例如，在家电用预涂彩板中，已经有用户提出不能使用含有例如萘、蒽等稠环芳烃类物质的溶剂。这样，原先卷材涂料中大量使用的重芳烃类高沸点溶剂如 S-150#、S-200# 或乙二醇醚及其醚酯的使用将会受到限制。

卷材涂料中常用的溶剂见表 3-5-3。

表 3-5-3 预涂卷材涂料常用溶剂及其主要参数

名称或品牌	表面张力/(mN/m)	沸点/℃	$\delta/\times10^3(\mathrm{J/m^2})^{1/2}$	相对挥发速率①
环己酮	34.5	155.0	20.25	0.25
异佛尔酮	—	215.2	18.62	0.03
乙二醇丁醚	27.4	170.6	18.21	0.1
乙二醇乙醚醋酸酯	31.8	156.3	17.8	0.24
丙二醇甲醚醋酸酯	—	145～146	—	—
二丙酮醇	31.0	166.0	18.82	0.15
DBE	35.6	190～230	—	—
二甲苯	31.48	135.0	18.00	0.68
Solvesso 100	34.0	157～174	17.6	0.19
Solvesso 150	34.0	188～210	17.39	0.04
Solvesso 200	36.0	226～279	17.80	0.04
S-100A	34.0	155～175	17.60	—
S-150	34.0	195～245	17.39	—
S-200	34.0	215～280	17.80	—

① 相对挥发速率以醋酸丁酯为 1。

三、预涂卷材涂料性能的影响因素

1. 涂膜的附着力和内聚力对性能的影响

涂膜的附着力是指涂膜与被涂底材表面结合在一起的坚牢程度，它产生于涂料中聚合物的分子极性基团与被涂底材表面极性分子的极性基团之间的相互吸引力和物理结合力。涂膜的内聚力是使涂膜中粒子黏结在一起形成连续完整涂膜的能力，它产生于涂膜内部相邻分子之间的相互吸引力。附着力和内聚力同时影响着涂膜的性能，附着力不好，涂膜易从底材剥落而失效。内聚力不够时，涂膜本身易破坏，产生裂纹等。在预涂卷材涂膜的 T 弯试验中，要对样板弯折，并以一定黏性的胶带纸粘拉，观察其有无裂纹及脱落。若出现裂纹意味着涂膜内聚力的破坏；而涂膜如果被胶带纸粘掉，即意味着与底材间的附着力不够。

(1) 附着力的主要影响因素 附着力受底材的品种和表面状态影响较大。通过对底材进行合适的表面处理可以大大提高涂膜的附着力。同时降低涂料的表面张力、提高润湿性以及增加涂料的极性也可以提高附着力。卷材涂料中常通过加入附着力促进剂提高对底材的附着力即是基于这原理。对底面复合涂膜，还要考虑底漆膜与面漆膜之间的层间附着力，其中底漆的影响更大，即有所谓底漆的二次交联问题。底漆膜在第一次烘烤时的交联程度不能太高，否则底漆膜太致密，会影响与面漆之间的层间附着力。而如果控制底漆基料树脂中的官能团，使之具有不同的反应活性，底漆固化时活性高的官能团先反应，使底漆膜部分交联固化，然后活性略低的官能团在面漆烘烤固化时再第二次进行交联反应，而使底漆完全固化，从而提高底面层间附着力。

(2) 涂膜内聚力的主要影响因素 影响涂膜内聚力因素主要有：涂料的颜基比、树脂特性、涂膜的厚度及固化交联等。

颜料的加入会降低涂膜的内聚力。以卷材涂料中最常用的两种颜色的面漆：白灰和海蓝为例，在同样的基料体系中，白灰的 T 弯往往不如海蓝，一般要差 1～2T，这正是由于白灰的颜基比要比海蓝高得多，它的内聚力降低，从宏观力学性能上就表现为 T 弯性能的降低。更进一步，当达到或超过临界颜料体积浓度（CPVC）时，涂膜的内聚力会急剧降低，因为涂膜中颜料太多，结构松散，没有足够的基料树脂将它们黏合在一起，导致内聚力降低。此外在颜料分散时加入合适的分散剂提高润湿分散性，有助于涂膜内聚力的提高。

提高基料树脂分子量，可提高涂膜的内聚力。提高树脂官能度从而提高交联密度也可以提高涂膜内聚力。基料树脂的玻璃化温度（T_g）影响涂膜的内聚力。当外界温度处于高于涂膜 T_g 的条件时，涂膜内的自由体积增加，涂膜更柔软。涂膜在低于其 T_g 的温度下受力后的形变为脆裂，如果是观察 T 弯性能，即涂膜会产生裂纹。

涂层膜厚提高，内聚力提高。在宏观上即表现为随膜厚提高，涂膜的力学性能如 T 弯和耐擦拭性能等提高。

涂料固化时，由于溶剂的蒸发以及交联反应的发生，往往会发生体积收缩，释放内应力，而保持涂膜的内聚力。卷材涂料底漆中常用的环氧树脂体系，由于其中的羟基基团的存在，与底材的附着力很好，但其内聚力低，体积收缩小，只有通过龟裂释放应力。表现在 T 弯性能上，即环氧底漆往往更容易产生裂纹。如果涂膜附着力很好且内聚力高，涂膜则不容易产生裂纹，如果受到外部应力，一般涂膜会丧失附着力，表现在 T 弯性能上，涂膜更容易粘掉，而不易产生裂纹。

底漆交联程度不能太高，如果底漆交联太好，漆膜太坚硬，加上底漆颜基比往往很高，其内聚强度较低时，不能抵御面漆涂膜体积收缩时释放的应力，容易造成底漆膜开裂。

2. 面漆的交联密度对性能的影响

预涂卷材涂料中面漆的交联密度对涂膜的一些重要性能如耐 MEK 擦拭性、耐沾污性、硬度、T 弯及耐划伤性等有较大的影响。一般而言，交联密度提高，涂膜的致密程度提高，从而使涂膜的耐 MEK 擦拭性、耐沾污性、硬度及耐划伤性提高，而 T 弯性能往往可能会下降。

影响面漆涂膜的交联密度的因素主要有基料树脂的官能度、支链化程度、交联树脂用量、固化条件等。基料树脂官能度提高，如果有足够的交联树脂与之交联反应，涂膜就越致密。树脂支链化程度越高，越容易形成网状结构，涂膜越致密，交联密度越高。交联树脂种类对得到的涂膜的交联密度也有一定的影响。卷材涂料中最常用的交联剂为氨基树脂（特别是甲醚化三聚氰胺树脂）和封闭型多异氰酸酯化合物，对同样的基料树脂，以氨基树脂固化的涂膜的交联密度一般比以封闭型异氰酸酯树脂固化的涂膜高。

四、预涂卷材涂料的性能检验标准

中国现有与预涂卷材及卷材涂料相关的性能检验标准主要由中国钢铁工业协会提出，由宝山钢铁股份有限公司负责起草，于 2006 年 8 月 1 日实施的 GB/T 12754—2006“彩色涂层钢板及钢带”和 GB/T 13448—2006“彩色涂层钢板及钢带试验方法”这两个国家标准；由中国石油和化学工业协会提出，常州涂料化工研究院等负责起草，于 2007 年 3 月 1 日实施的 HG/T 3830—2006“卷材涂料”化工行业标准。“彩色涂层钢板及钢带”标准中对建筑内、外用（家电及其他用途可参考使用）彩色涂层钢板及钢带的术语和定义、分类和代号、尺寸、外形、重量、技术要求、检验和试验、包装、标志及质量证明书等作了明显规定。

"彩色涂层钢板及钢带试验方法"中对彩色涂层钢板及钢带的涂层性能的测定和评价方法作了规定。"卷材涂料"化工行业标准对卷材涂料产品的定义、分类、要求、试验方法、检验规则和包装标志等作了规定，适用于采用连续辊涂方式涂覆在建筑用金属板上的液体有机涂料。涂覆在其他用途（如家电等）金属板上的液体有机涂料可参照使用。

表 3-5-4 为"彩色涂层钢板及钢带"标准规定的各类型基板在不同腐蚀性环境中推荐使用的公称镀层重量；表 3-5-5 为"彩色涂层钢板及钢带"标准规定的预涂卷材涂料的一些性能要求。

表 3-5-4 各类型基板在不同腐蚀性环境中推荐使用的公称镀层重量

基板类型	公称镀层重量(使用环境的腐蚀性)		
	低	中	高
热镀锌基板	90/90	125/125	140/140
热镀锌铁合金基板	60/60	75/75	90/90
热镀铝锌合金基板	50/50	60/60	75/75
热镀锌铝合金基板	65/65	90/90	110/110
电镀锌基板	40/40	60/60	—

注：使用环境的腐蚀性很低和很高时，镀层重量由供需双方在订货时协商。

表 3-5-5 预涂卷材涂料的一些性能要求（一）

面漆种类	铅笔硬度 ≥	耐中性盐雾试验/h ≥	紫外灯加速老化试验/h ≥	
			UVA-340	UVB-313
聚酯	F	480	600	400
硅改性聚酯		600	720	480
高耐久聚酯	HB	720	960	600
聚偏氟乙烯		960	1800	1000

对弯曲、反向冲击等试验则分为低、中、高三级，分别作了规定，见表 3-5-6。

表 3-5-6 预涂卷材涂料的一些性能要求（二）

级别(代号)	T 弯值/T ≤	冲击/kgf·cm ≥
低(A)	5	6
中(B)	3	9
高(C)	1	12

根据 HG/T 3830—2006"卷材涂料"化工行业标准，将卷材涂料按使用功能分为底漆、背面漆和面漆。根据建筑用彩涂板正面实际使用时对耐久性的要求，又将面漆分为通用型和耐久型。通用型产品适用于一般用途的建筑内外用彩涂板，如室内装饰用吊顶板、屋面板、墙面板以及耐久性要求较低的外墙面板等；耐久型产品适用于耐久性要求较高的外用彩涂板，如门窗、外屋面板和墙面板等。其产品性能应满足表 3-5-7 的要求。

表 3-5-7 卷材涂料性能要求

项 目		指 标			
		底漆	背面漆	面漆	
				通用型	耐久型
在容器中状态		搅拌后均匀无硬块			
黏度(涂-4 杯)		商定			
质量固体含量/%	≥	45	55	60(浅色漆)[①] 50(深色漆) 45(闪光漆)[②]	

续表

项目		指标			
		底漆	背面漆	面漆	
				通用型	耐久型
体积固体含量/%	≥	25	35	40(浅色漆)[1] 35(深色漆) 35(闪光漆)[2]	
细度[3]/μm	≤			25	
涂膜外观				正常	
耐溶剂(MEK)擦拭/次	≥	—	50	100 50(闪光漆[2])	
涂膜色差		—		商定	
光泽(60°)/单位值		—		商定	
铅笔硬度(擦伤)/H	≥	—	2H	H	
反向冲击强度[4]/kgf·cm	≥	—	60	90	
T弯/T	≤	—	5	3	
杯突/mm	≥	—	4.0	6.0	
划格附着力(间距1mm)/级		—		0	
耐划痕1200g		—	—	通过	
耐酸性		—	—	无变化	
耐中性盐雾		—	—	480h,允许轻微变色,起泡等级≤2(S3),无其他漆膜病态现象	480h,允许轻微变色,起泡等级≤2(S3),无其他漆膜病态现象
耐人工老化[5]		—	—		
荧光紫外UVA-340		—	—	600h,无生锈、起泡、开裂、变色≤2级,粉化≤1级	960h,无生锈、起泡、开裂、变色≤2级,粉化≤1级
荧光紫外UVB-313				400h,无生锈、起泡、开裂、变色≤2级,粉化≤1级	600h,无生锈、起泡、开裂、变色≤2级,粉化≤1级
氙灯				800h,无生锈、起泡、开裂、变色≤2级,粉化≤1级	1500h,无生锈、起泡、开裂、变色≤2级,粉化≤1级

① 浅色是指以白色涂料为主要成分，添加适量色浆后配制成的浅色涂料形成的涂膜所呈现的浅颜色，按GB/T 15608—1995中4.3.2规定明度值为6～9（三刺激值中的Y_{D65}≥31.26）。

② 闪光漆是指含有金属颜料或珠光颜料的涂料。

③ 特殊品种除外，如闪光漆、PVDF类涂料、含耐磨助剂类涂料等。

④ 1kgf·cm≈0.098J。

⑤ 三种试验方法中任选一种。

对用于家电等特殊用途的预涂彩板，根据用途不同，各个生产厂家都有各自的产品标准。例如某公司对家用电冰箱所用预涂彩板验收标准见表3-5-8。

表3-5-8 家用电冰箱预涂彩板某企业验收标准

项目			要求
外观	色点		直径<0.5mm的色点不超过2个,且两色点之间的间距>400mm
	斑点状/线状杂质		直径<0.7mm且长度<3mm的杂质不超过2个,且间距>400mm
	凹痕、皱纹/条纹痕迹		自然光下,用肉眼正视,无明显凹痕、条纹痕迹
	鱼眼状缩孔		无
	油污		无
	基材缺陷		无
	擦伤		无
	变形		无
	色差ΔE	≤	1.0

续表

项目			要求
力学性能	硬度(三菱铅笔)①/H	≥	2
	杯突/mm	≥	6
	弯曲/mm	≤	2
	附着力(级)	≤	2
	冲击强度/kgf·cm	≥	40
耐温性、耐湿性、耐化学品性	耐低温性②		ΔE≤1.0,涂膜无分离现象
	耐沸水性③		ΔE≤1.0,涂膜无收缩、裂痕、皱纹、剥离或显著变色
	耐候性④		ΔE≤1.0,涂膜无变化
	耐湿性⑤		ΔE≤1.0,涂膜无变化
	耐硫酸⑥		涂膜无变化
	耐氢氧化钠⑦		ΔE≤1.0,无起泡现象
	耐石油和汽油⑧		涂膜无变化
	盐雾⑨		十字切口边的锈蚀蔓延不超过 2mm

① 硬度：WOLFF-WILBOURN 型硬度计，负荷 750g 的小车上固定一支铅笔（或手握铅笔），铅笔的轴与水平轴线成 45°夹角。铅笔头垂直于砂纸在砂纸上磨平，然后小车（或手握铅笔）在漆膜表面滑动几厘米，用棉球擦掉漆膜上的墨迹，要求硬度 2H 的铅笔不能在漆膜上留下划痕。

② 耐低温性：在 0℃±1℃环境下 1h 后，在曲率半径为 1.0mm±0.1mm 的轴棒上涂层面朝上和朝下弯折 90°后目视观察，无裂纹、起皱及剥落等现象。

③ 耐沸水性：将试片完全浸入沸水中 2h，然后放入自来水中冷却 5min。

④ 耐候性：试片置于阳光下 100h 或在温度 120℃±10℃恒温箱中放置 3h。

⑤ 耐湿性：在温度 60℃±2℃，相对湿度 98%的恒温箱中放置 100h 后取出检查。

⑥ 耐硫酸：试片室温下在 5%的硫酸中浸泡 5h 后取出观察。

⑦ 耐氢氧化钠：试片室温下在 5%的氢氧化钠中浸泡 1h 后取出观察。

⑧ 耐石油和汽油：试片室温下在 100%的石油和汽油中浸泡 8h 后取出观察。

⑨ 耐盐雾：按 GB/T 10125 进行，浓度 5%的盐雾状态中，35℃、60h 内，十字切口边的锈蚀蔓延应不超过 2mm。

五、预涂卷材涂料的性能检验方法

GB/T 13448—2006“彩色涂层钢板及钢带试验方法”中对彩色涂层钢板及钢带涂膜性能的测定和评价方法作了明确的规定。HG/T 3830—2006“卷材涂料”化工行业标准中对卷材涂料产品的性能检验试验方法也作了明确规定，该标准中，特别对卷材涂料特有的性能，如耐溶剂（MEK）擦拭性和 T 弯试验方法作了明确规定和详细的阐述。

第五节 预涂卷材用底漆

一、预涂卷材底漆概述

在防腐蚀涂料中，底漆是整个涂层系统中极重要的基础，涂层的许多性能如对底材的附着力、复合漆膜的防腐性能等的好坏等，很大程度上取决于底漆的好坏；其他的如力学性能中的 T 弯性能、耐 MEK 擦拭性能、杯突性能等受底漆影响也很大。

开发高性能的预涂卷材底漆，对改善整个预涂卷材的加工性能起着非常关键的作用，对不同的底材和配套面漆往往需要使用不同的底漆，以使复合涂膜充分发挥性能要求。

底漆根据所用基料树脂主要分为环氧体系和聚酯体系两大类，根据交联树脂的不同又可分为聚酯聚氨酯、聚酯氨基、环氧聚氨酯、环氧氨基等。这两大类底漆都各有优点，但也都存在明显的不足之处。因此又开发出了所谓“通用型底漆”，综合性能优于前两者。

三类常见底漆的特性对比见表 3-5-9。

表 3-5-9　三类常见底漆特性对比

项目	环氧底漆	聚酯底漆	通用底漆
基料树脂	环氧	以支链小分子聚酯为主，可适当拼用合适的环氧树脂	以中高分子聚酯为主，可适当拼用合适的环氧树脂
交联剂	氨基树脂 封闭异氰酸酯树脂	氨基树脂 封闭异氰酸酯树脂	氨基树脂 封闭异氰酸酯树脂
优点	与底材特别是金属底材的湿附着力好 耐盐雾性能好 所需烘烤温度可比聚酯略低	柔韧性略优于环氧树脂 成本较低	与底材的附着力好 柔韧性优异 耐盐雾性能好 与面漆的配套性能好，层间附着力优异 底材适应性强 适宜的烘烤温度范围宽
缺点	柔韧性差 由于可交联官能团较多，底漆膜太硬，导致与面漆的层间附着力不够 适宜的烘烤温度范围窄，过烘烤性差 底材适应性差	柔韧性和附着力一般 底漆膜较致密，与面漆的层间附着力、配套性能一般 适宜的烘烤温度范围窄，过烘烤性差 底材适应性差	底漆膜的交联程度较低，耐 MEK 擦拭性能有时不如环氧底漆
用途	加工性能要求一般的建筑彩钢板	加工性能要求一般的建筑彩钢板	门窗、家电彩板等对加工性要求很高的产品以及作为 PVDF 面漆的专用配套底漆

因此，不同类型的底漆各有优点，但也都存在不足之处，应根据具体用途合理选用。

二、预涂卷材底漆的组成

预涂卷材底漆由树脂、颜料、填料、助剂和溶剂组成。

1. 预涂卷材底漆用树脂

卷材底漆用基料树脂主要为环氧和聚酯，交联树脂主要为氨基树脂和封闭异氰酸酯。卷材底漆常用环氧树脂、聚酯树脂牌号及参数见表 3-5-10～表 3-5-12。

表 3-5-10　卷材底漆常用环氧树脂牌号及参数

商品牌号	生产厂家	环氧当量/(g/eq)	软化点/℃
EPICLON HM-091	无锡迪爱生环氧有限公司	2200～2900	135～150
EPICLON 7050	无锡迪爱生环氧有限公司	1750～2100	—
EPIKOTE 1009	壳牌(SHELL)	2273～3846	—
EPIKOTE 1007	壳牌(SHELL)	1500～2000	—
NPES-907	南亚塑胶工业股份有限公司	1500～1800	120～130
NPES-907L	南亚塑胶工业股份有限公司	1400～1600	115～125
NPES-909	南亚塑胶工业股份有限公司	1800～2500	130～150
NPES-909H	南亚塑胶工业股份有限公司	2100～2500	135～150
NPES-607	南亚塑胶工业股份有限公司	1650～1900	120～135
NPES-609A	南亚塑胶工业股份有限公司	2400～3000	135～150
NPES-609D	南亚塑胶工业股份有限公司	2600～3500	135～150
YD-019	南亚塑胶工业股份有限公司	2500～3100	125～140
YD-019K	南亚塑胶工业股份有限公司	2500～3800	120～150
YD-020L	南亚塑胶工业股份有限公司	3500～4300	135～145

续表

商品牌号	生产厂家	环氧当量/(g/eq)	软化点/℃
SM 609	江苏三木集团有限公司	2831～4000	130～150
SM 1009	江苏三木集团有限公司	2222～2941	130～150
EP 307	氰特(CYTEC)	1400～1900	—
EP 309	氰特(CYTEC)	2400～3500	—
DER 668	深圳立骅合成树脂	2000～3000	130～148
DER 667	深圳立骅合成树脂	1600～2000	120～135
DER 669	深圳立骅合成树脂	3500～5500	140～160
DER 669E	深圳立骅合成树脂	2500～4000	140～160

表 3-5-11 国产卷材底漆常用聚酯树脂牌号及参数

商品牌号	生产厂家	固含量/%	酸值(以树脂固体计)/(mg KOH/g)	羟值(以树脂固体计)/(mg KOH/g)
3316	江苏三木集团有限公司	55.0±1.0	≤8	40
3920-1	江苏三木集团有限公司	60.0±1.0	≤7	70
BL-0717	深圳立骅合成树脂	70±1	5.6±1.5	—
LF-7211-1	深圳立骅合成树脂	70±1	5.6±1.5	—
BL-07171M	深圳立骅合成树脂	70±1	4～7	—

表 3-5-12 进口卷材底漆常用聚酯树脂牌号及参数

商品牌号	生产厂家	固含量/%	酸值(以树脂固体计)/(mg KOH/g)	羟值(以树脂固体计)/(mg KOH/g)	T_g/℃	分子量
SH970	DSM	40	0～4	5	67	15000
SH973	DSM	40	8～10	5	65	20000
SH974	DSM	40	0～2	5	47	15000
SN800	DSM	60	0～4	20	27	6000
SN905	DSM	60	0～8	20	51	5000
ES-300	SK 化工	100	—	1～5	17	26000
ES-410	SK 化工	100	—	4～8	47	16000
ES-450	SK 化工	100	—	4～8	52	18000
ES-901	SK 化工	100	—	4～8	68	21000
ES-910	SK 化工	100	—	7～11	65	15000
ES-955	SK 化工	100	—	9～15	58	12000
ES-960	SK 化工	100	—	15～23	18	7500
ES-980	SK 化工	100	—	13～21	23	12000
L205	degussa	—	<3	5～10	67	15000
L210	degussa	—	<3	5	63	20000
L411	degussa	—	<3	5	47	16000
LH820	degussa	50	<3	20	55	5000
LH833	degussa	50	<3	35	55	4000
LH818	degussa	50	<3	20	35	6000
LH910	degussa	60	<3	25	10	5000

2. 预涂卷材底漆用颜料、填料

底漆中，防腐颜料、填料的品种和用量以及基料树脂与防腐颜料、填料的相互作用对涂料的稳定性、物理力学性能，尤其是涂层的耐蚀防腐性能具有相当大的影响。因此在卷材底漆中必须合理地选择颜料、填料品种及其粒径。颜料、填料在防腐涂料体系中发挥的作用有：化学防锈，如红丹、锌铬黄等；物理屏蔽，如云母、玻璃鳞片等；屏蔽日光紫外线对漆膜的破坏，如炭黑、云母氧化铁；调节颜料体积浓度，提高漆膜的附着力，如滑石粉、沉淀硫酸钡等；调节涂料的流变性，如气相二氧化硅；提高涂料的耐热性，如铝粉。有的防腐颜料、填料还可以同时起到上述几种作用。

有机高分子防腐层的腐蚀破坏主要有两种形式：化学腐蚀破坏和物理破坏。防腐失效通常是在物理破坏的基础上引起的，其外界因素主要是介质的渗透。此外，钢结构的残余应力及热应力也是引起腐蚀破坏的重要因素。

卷材底漆中常用的防腐颜料有铬酸盐类颜料、磷酸锌、碱式硅铬酸铅、三聚磷酸铝、钼酸锌、改性偏硼酸钡等。常用的填料有沉淀硫酸钡、滑石粉、气相二氧化硅等。常用的遮盖颜料有钛白、氧化锌等。铬酸盐类颜料可以提供铬酸根离子，配制成涂料后，在钢铁表面上起钝化作用，从而起到防锈、防腐蚀的功能，主要品种有锌铬黄、锶铬黄、钡铬黄、钙铬黄等，但这类颜料含有铬等有害重金属，主要用于建筑外用涂料。无毒的防腐颜料有改性偏硼酸钡、磷酸锌、三聚磷酸铝、钼酸锌和硼酸锌等以及其他一些新型无毒防锈颜料，如格雷斯（Grace Davison）开发出的一种新型的商品名为 SHIELDEX® 的无毒防锈颜料，可适用于卷材底漆，这是一种基于钙离子交换型无定形二氧化硅凝胶的防锈颜料，与各种树脂体系及其他防锈颜料有很好的相容性，通过与金属底材的直接或间接的相互作用可以减缓其腐蚀速率。另一种无毒防腐颜料是由有机取代的磷酸或有机取代的膦酸或膦酸基羧酸的多价金属盐组成，包括钙、锌、钡、锶或镁等，这种金属盐类在水中的溶解度很低；磷酸或膦酸可以被一个或多个有机基团取代，如烷基、链烯基、环烷基、芳烷基、杂环、稠环等；对金属底材具有较好的防腐性能。Sachtleben Chemie GmbH 研制出了一种无毒的具有防腐性能的二氧化钛颜料，它是以钛白颜料为载体，在外面包覆具有防腐性能的无机材料，然后再进行有机处理，使颜料具有优异的分散性能。这种颜料的特点之一是它的粒径非常小，约 0.3～0.4μm，比一般的防腐颜料要小得多；其次，这种颜料具有很好的遮盖力，与金红石型钛白相当，其防腐性能相当于磷酸锌。

3. 预涂卷材底漆用助剂

涂料中加入助剂可以改进生产工艺，改善施工条件，提高产品质量，赋予特殊功能，是涂料不可缺少的组成部分。预涂卷材底漆中除了要用到一些常用助剂如润湿分散剂、防缩孔、流平剂、附着力促进剂及固化催化剂等，还可加入一些底漆特有的助剂如防沉助剂、附着力促进剂和腐蚀抑制、防锈剂。

一般卷材底漆用颜填料含量较高，易出现颜料沉降现象，因此需要加入适量防沉助剂，防止颜料沉降。常用的防沉助剂主要有：有机膨润土，气相二氧化硅等。商品牌号例如：临安涂料助剂厂生产的各类有机膨润土。维乐斯（RHEOX）公司的 BENTONE 系列及美国洛克伍德公司（ROCKWOOD）的有机膨润土。德固萨公司、卡博特公司（CABOT）的气相二氧化硅类流变控制助剂。

为了改进对底材的附着力，可以加入附着力促进剂。

(1) 树脂类附着力促进剂　含有羟基、羧基、醚键或氯代树脂、磺酰氨基等溶剂型树脂，与一般树脂有较好的混容性，又与底材可形成一定的化学结合，因而在漆膜与底材间形成化学结合力。这些助剂自身又在漆膜中通过互溶、缠绕等作用与漆膜结合在一起，因而提高了附着力。产品例如：德谦（上海）化学有限公司的 ADP 附着力促进树脂；拜耳公司（BAYER）的 HMP 附着力促进树脂；德固萨公司（Degussa）的 EP 2310、LTH、LTW 附着力促进树脂等。

(2) 硅烷偶联剂类附着力促进剂　加有少量硅烷偶联剂的涂料，在涂布施工后，硅烷向涂料与度材的界面迁移，遇到无机表面的水分，可水解生成硅醇基，再与底材表面上的羟基形成氢键或缩合成 Si—O—M（M 代表无机界面）共价键。同时，硅烷各分子间的硅醇基又相互缩合形成网状结构的覆盖膜。含有硅烷的涂料中可以形成硅烷与漆基相互渗透的网状结构，增强内聚力和耐水侵蚀的稳定性。产品例如：道康宁公司（Dow Corning）的 Z-6030、Z-6032、Z-6340 等；通用公司（GE）的 Silquest® 系列硅烷偶联剂产品等。

(3) 钛酸酯偶联剂烃附着力促进剂　无机底材往往是由于表面吸附了一层水而影响附着力，单异丙氧基钛酸酯的结构通式为 $i\text{-}C_3H_7OTiR_3$。其中 R 为长链脂肪酸酯基、磷酸酯基等，分子中的异丙基也易与无机底材表面的吸附水经水解而结合，形成化学键，R 基也易与漆料中聚合物分子或发生化学反而结合，或经缠绕而物理结合，从而起附着力促进作用。这类产品例如：常州江南助剂厂的 JN-115A 等。

卷材底漆中可以加入腐蚀、抑制剂、防锈剂，其提高涂层防腐蚀能力的作用机理是：①提高涂层与底材的附着力；②提高涂层对水汽的屏蔽作用；③选用对钢材具磷化、钝化、缓蚀作用的活性颜料体系及助剂；④选用比铁的电极电位更低的材料如铝、锌等金属粉末，形成牺牲阳极而达到阴极保护作用等。硅烷偶联剂和钛酸酯偶联剂是通过提高涂层与基材之间的附着力而提高涂层耐腐蚀能力。有机氮碱类防锈剂的作用是与可溶的杂多酸反应生成不溶的杂多酸氮碱络盐，促使活泼的铁锈稳定，常用的有铬酸胍、氨基胍、磷二苯胍等。此类防锈剂用量仅为颜料、填料的 3%～5%时即可明显提高涂层的防腐蚀能力。产品例如：江苏泰兴涂料助剂化工厂的 JTY 防锈助剂、湖北十堰新欣表面处理技术开发公司的 SA 涂料缓蚀剂及德国汉高公司的 ALCOPHOR® 827 等。含钡、含锌、含铅的防锈剂的作用是提高介质的碱性，降低氧的临界浓度，也可以起氧化作用，将活性的亚铁离子氧化成铁离子，以形成氢氧化铁的保护层。产品例如：道康宁公司的 Dow Corning 84、Dow Corning 85 等。

三、环氧类底漆

交联后的环氧树脂漆膜含有许多羟基和醚键，与金属底材有强的极性结合力。金属发生腐蚀时阴极部位呈碱性，如果涂膜不含酯键就不会被皂化破坏。环氧树脂中不含酯键，因此常用作卷材底漆基料树脂。为了使其具有良好的柔韧性和加工成型性，预涂金属卷材底漆一般要用高分子量环氧树脂，交联剂可采用氨基树脂或封闭型多异氰酸酯，两种交联剂也可以混合使用。

以封闭型多异氰酸酯固化的环氧底漆称为环氧-聚氨酯底漆。这种底漆是目前国内所用卷材最常用的底漆品种之一。这种底漆中，用封闭二异氰酸酯聚醚预聚物作为交联剂，固化 609 环氧树脂成膜，采用聚醚是因为醚键的柔韧性和耐水解性比酯键好。典型的环氧聚氨酯底漆配方见表 3-5-13。

表 3-5-13　典型的预涂卷材环氧聚氨酯底漆配方

原料	规格	用量/g	原料	规格	用量/g
EPIKOTE 1009 环氧	50%溶液	37.8	Efka-4010	汽巴-埃夫卡公司	1.2
封闭异氰酸酯固化剂	50%溶液	12.6	ADP 附着力促进剂	德谦公司	1.2
锌铬黄	工业	4.2	Efka-3777	汽巴-埃夫卡公司	0.5
锶铬黄	工业	6.3	二甲苯	工业	10.5
磷酸锌	工业	4.2	环己酮	工业	10.5
钛白	工业	10.5			
有机膨润土	临安涂料助剂厂	0.5	总计		100.0

以氨基树脂固化的环氧底漆称为环氧-氨基底漆。高分子量环氧树脂的羟基含量高，羟基残留太多会导致涂膜的耐水性差。利用氨基树脂特别是脲醛树脂与羟基反应，可得到良好的附着性、高韧性和高耐化学品性的漆膜。典型的环氧氨基底漆配方见表 3-5-14。

表 3-5-14　典型的预涂卷材环氧氨基底漆配方

原料	规格	用量/g	原料	规格	用量/g
EPIKOTE 1009 环氧	50%溶液	37.8	ADP 附着力促进剂	德谦公司	1.2
脲醛树脂	60%溶液	10.5	Byk-450	毕克公司	0.5
锌铬黄	工业	7.7	Efka-3777	汽巴-埃夫卡公司	0.5
锶铬黄	工业	5.6	二甲苯	工业	11.3
钛白	工业	11.9	环己酮	工业	11.3
有机膨润土	临安涂料助剂厂	0.5			
Efka-4010	汽巴-埃夫卡公司	1.2	总计		100.0

用分子量 10000～300000 的高分子线型环氧树脂可以制成热塑性底漆，其力学性能优于热固性环氧底漆，可用作 PVC 塑溶胶的底漆。

江苏鸿业涂料科技产业有限公司开发出了一种聚酰胺改性的大分子量环氧聚氨酯树脂，制备得到一种自交联型卷材底漆，与面漆配套性好，适应低温固化。首先以苯酚将甲苯二异氰酸酯中的至少 60%的 NCO 基团封闭。同时使环氧树脂与聚酰胺反应，用聚酰胺中的氨基打开环氧环，聚酰胺与环氧树脂摩尔比为 1/2～2/5，最后在上述环氧聚酰胺加成物中加入上述聚氨酯封闭物，得到聚氨酯改性环氧聚酰胺树脂。

可以通过将环氧树脂改性提高其柔韧性，例如可以在催化剂存在下使脂族或芳族二元环氧化合物（A）与每分子中含两个芳族羟基（酚羟基）的化合物（B）反应。得到的改性环氧树脂平均环氧当量为 350～30000。应用于卷材涂料时，（A）中脂族二元环氧化合物应占二元环氧化合物总量的 10%～50%，改性环氧树脂的环氧当量应为 1400～3000。适合的脂肪族二元环氧化合物如二元含活泼氢脂肪族化合物的二缩水甘油醚类、聚氧化烯二醇缩水甘油醚等。适合的芳族二元环氧化合物如双酚或多酚的二缩水甘油醚类等。上述改性环氧树脂可以用各种氨基树脂及封闭型多异氰酸酯树脂等交联。

四、聚酯类底漆

聚酯底漆的防腐蚀性一般不如环氧底漆，但力学性能优于环氧底漆，是预涂卷材底漆的另一个主要品种。

以氨基树脂固化的聚酯底漆称为聚酯-氨基底漆，再用环氧树脂改性，能改善漆膜的加工成型性及防腐性能。以封闭异氰酸酯固化的聚酯底漆称为聚酯-聚氨酯底漆，其切口防腐蚀性能要优于氨基固化体系。

典型的预涂卷材聚酯底漆配方见表 3-5-15。

表 3-5-15　典型的聚酯底漆配方

原料	规格	用量/g	
		聚酯聚氨酯底漆	聚酯氨基底漆
SH 974	40%	50.5	53.7
封闭异氰酸酯固化剂	50%	10.1	—
脲醛树脂	60%	—	6.3
锌铬黄	工业	4.2	4.2
锶铬黄	工业	6.3	6.3

续表

原料	规格	用量/g	
		聚酯聚氨酯底漆	聚酯氨基底漆
磷酸锌	工业	4.2	4.2
钛白	工业	10.5	10.5
防沉剂(膨润土)	工业	0.5	0.5
Efka-5066	汽巴-埃夫卡公司	1.2	1.2
ADP 附着力促进剂	德谦公司	1.2	1.2
Efka-3777	汽巴-埃夫卡公司	0.5	0.5
二月桂酸二丁基锡	工业	0.1	—
Byk-450	毕克公司	—	0.5
二甲苯	工业	5.3	5.5
环己酮	工业	5.4	5.4
总计		100.0	100.0

五、高性能卷材底漆

开发高性能的预涂卷材底漆对改善整个预涂卷材的加工性能起着非常关键的作用。因此国内外主要卷材涂料研究单位和生产厂商都对此类产品研究都非常重视。如常州涂料化工研究院开发的 HY-C-101 高性能聚酯聚氨酯底漆，采用以特殊工艺合成的中高分子量聚酯树脂为基料树脂，以氨基树脂和特殊改性的封闭型聚氨酯树脂为交联剂，还加入特殊改性的环氧树脂，提高了力学和耐盐雾性能，涂料的膜厚适应性、烘烤条件适应性和底材适应性强。

上海振华造漆厂开发了一种用于建筑彩涂板的与氟碳面漆配套的环保型含氟卷材涂料，即环保型含氟底漆。其配方组成（质量分数）如下：氟树脂 10%～30%，丙烯酸树脂 10%～30%，钛白粉 10%～20%，防锈颜料 5%～15%，助剂 2%～3%及有机溶剂 30%～50%。该含氟底漆以丙烯酸树脂为载体，PVDF 树脂（聚偏二氟乙烯树脂）与丙烯酸树脂共混熔融成膜，添加少量助剂，经高温烘烤固化成为柔韧的漆膜。由于氟碳面漆中也含有同样结构的 PVDF 树脂，因此涂装面漆时，底漆与面漆中的氟树脂同时熔融，互相渗透固化成膜，整个涂层的致密性更好。

六、水性底漆

采用水性涂料可以减少有机溶剂的用量，具有节能和环保的优点，是涂料工业的发展方向之一。但在预涂卷材生产过程中，烘炉中的有机溶剂能回收利用且几乎没有残余溶剂排入大气，已经符合环保要求。由于水的蒸发热比有机溶剂大，漆膜烘烤固化时需要更多的热量；高温水蒸气易腐蚀烘炉和排气管路，因此在卷材涂装中水性涂料用得不多，即使在欧洲也只有 1～2 条水性卷涂线。

水性卷材底漆中，基料含有可热固化的、水分散型聚氨酯聚合物及可热固性的或热塑性的可成膜的水分散型聚合物，通过两者的协同作用，底漆的性能可以更好，这些性能包括柔韧性和耐冲击、底漆对金属底材和面漆的附着力、耐化学性和防腐性、耐潮气和耐水性及室外耐久性等。热固化的、水分散型聚氨酯聚合物中，聚氨酯聚合物可以是聚酯聚氨酯、有机硅改性聚氨酯、环氧酯改性聚氨酯、丙烯酸聚氨酯等。一般聚氨酯聚合物中含有支链羧基及羟基，用于使聚合物在水中分散、稳定及交联固化。例如最常用的聚酯聚氨酯聚合物，是由多异氰酸酯、多元醇、多羟基羧酸及二元酸制备而得到含支链羧基的聚合物，中和后即可分散于水中。使用封闭型异氰酸酯时，聚氨酯聚合物可以加热固化自交联，聚氨酯聚合物也可以用其他的交联剂如氨基树脂交联固化。聚氨酯聚合物用量通常为基料总质量的10%～85%。聚氨酯聚合物与交联剂的用量可以根据性能调整，较好的聚氨酯聚合物用量为基料总质量的15%～25%，交联剂用量占基料总质量的10%～20%。基料相中还含有热固化（热固型或热塑型）水分散型聚合物，如丙烯酸乳液聚合物或共聚物，适用的水性乳液聚合物有改性丙烯酸聚合物如苯丙乳液、水性聚酯、硅丙乳液、聚氯乙烯、环氧化合物、环氧酯、醋酸乙烯酯及丙烯酸丁酯共聚物、丙烯酸乙酯-甲基丙烯酸甲酯共聚物等。水性乳液聚合物用量通常为基料总质量的15%～90%。

第六节 预涂卷材用面漆

一、预涂卷材用面漆概述

预涂卷材用面漆的种类较多，主要有：聚酯面漆、聚乙烯基类面漆、有机硅改性聚酯面漆、丙烯酸类面漆和氟碳面漆等。五类面漆的特性见表3-5-16。

表3-5-16 常见面漆的特性

特性	聚酯面漆	聚乙烯基类面漆	丙烯酸面漆	氟碳面漆	有机硅面漆
树脂体系	聚酯/氨基或封闭异氰酸酯	PVC有机溶胶、塑溶胶及不含氯的高聚物(聚酯、聚烯烃、丙烯酸等)的分散体	丙烯酸/氨基或封闭异氰酸酯	四氟乙烯、聚偏二氟乙烯、四氟乙烯-乙烯基醚共聚物和多氟聚醚等	有机硅改性聚酯/氨基或封闭异氰酸酯
优点	性价比高 综合性能好	PVC塑溶胶为热塑性,树脂分子量高,加工性优异,可厚膜涂装,可压花	良好的抗沾污性、抗划伤性和高的光泽、硬度以及优异的耐候性和耐化学性	极好的耐候性、耐溶剂性、耐化学品性、耐磨性和加工性以及抗沾污性	耐候性好、抗沾污性和加工性较好
缺点	—	PVC塑溶胶耐候性不好	柔韧性差，加工性差	价格较高	价格较高，硬度较低
用途	普通建筑及家电彩板	厚膜涂装 要求压花等具特殊装饰效果的彩板	PVDF和不含氯的分散体涂料的共用组分 加工性要求不高的平面用途如卷铝漆等	耐候性要求极高的外用建筑彩板 具有特殊要求(自清洁性等)的彩板	耐候性要求较高的外用建筑彩板 书写板等特殊用途的彩板

二、聚酯类面漆

在卷材涂料用面漆中，聚酯树脂涂料是用量最大的品种，通过选择不同的多元酸、多元醇制备不同T_g、不同分子量的线型或支链型聚酯树脂，作为基料树脂。聚酯面漆配制时，可以通过混合不同T_g、不同分子量的聚酯树脂灵活地调控得到的漆膜的性能，通过对聚酯树脂的组成选择耐候性的组分，并通过加入适宜的位阻胺光稳定剂和紫外线吸收剂以及相适应的交联剂，可以制成耐候性十分接近于氟树脂而优于有机硅改性聚酯的涂料，用于户外用建材。

卷材面漆常用聚酯树脂牌号及参数见表3-5-17和表3-5-18。

表 3-5-17 国产卷材面漆常用聚酯树脂牌号及参数

商品牌号	固含量/%	酸值(以树脂固体计)/(mg KOH/g)	羟值(以树脂固体计)/(mg KOH/g)
7360	60.0±1.0	≤8	40
305Y	60.0±1.0	≤7	50
307B	60.0±1.0	≤10	85
3360A	60.0±1.0	≤6	80
3360	60.0±1.0	≤8	80
3395	60.0±1.0	≤8	80
3910	60.0±1.0	≤8	60
3913	60.0±1.0	≤5	85
3922	80.0±1.0	≤12	100
3920-3	60.0±1.0	≤7	70
3971	60.0±1.0	≤8	60
K-5329①	70±1	4～8	—

① 为深圳立骅合成树脂产品，其余为江苏三木集团有限公司产品。

表 3-5-18 进口卷材面漆常用聚酯树脂牌号及参数

商品牌号	生产厂家	固含量/%	酸值(以树脂固体计)/(mg KOH/g)	羟值(以树脂固体计)/(mg KOH/g)	T_g/℃	分子量
SN801	DSM	65	0～4	45	23	3000
SN811	DSM	60	8～12	120	−6	2500
SN830	DSM	60	3～6	30	26	4500
SN804	DSM	65	0～4	45	—	—
SN831	DSM	60	2～5	33	25	5000
SN833	DSM	55	3～5	20	—	—
SN844	DSM	60	0～4	35	19	4000
SN847	DSM	70	6～10	75	—	—
SN886	DSM	60	2～6	33	—	—
ES-600	SK 化工	100	—	16～20	52	7000
ES-710	SK 化工	100	—	23～27	37	10000
VPE 6104/60MPAC	CYTEC	60	≤8	60	—	—
VPE 6128/70SNABG	CYTEC	70	8～12	60	—	—
PE 6163/666SNABG	CYTEC	66	≤8	—	—	—
223	GALSTAFF	60±2	22	85.8	—	—
224	GALSTAFF	70±2	15	46.2	—	—
226	GALSTAFF	69±2	15	52.8	—	—
228	GALSTAFF	70±2	15	52.8	—	—
233	GALSTAFF	75.0±1.5	14～20	148.5	—	—
LH818	degussa	50	<3	20	35	6000
LH826	degussa	55	<3	20	30	6000
LH829	degussa	60	<3	35	25	3000
LH830	degussa	60	<3	35	20	4000
LH822	degussa	55	<3	20	15	6000
LH832	degussa	60	<3	35	15	4000
LH831	degussa	70	<3	50	15	2000
LH908	degussa	65	5	40	15	3000
LH828	degussa	70	10	50	10	2000

典型的聚酯面漆配方见表 3-5-19。

表 3-5-19 典型的聚酯面漆配方（白漆及蓝漆）

原料	规格	用量/g	
		白漆	蓝漆
LH828	德固萨,70%	19.9	16.0
Efka-5010	汽巴-埃夫卡分散剂	1.3	—
Efka-4080	汽巴-埃夫卡分散剂	—	1.0
Efka-6220	汽巴-埃夫卡分散剂	—	0.1
R-706	杜邦,金红石型钛白	32.6	13.4
酞菁蓝	BGS	—	3.3
混合溶剂	工业	11.7	13.4
研磨至细度≤15μm 后,加入以下物料,高速分散下搅拌均匀			
LH-828	德固萨,70%	18.3	29.8
Cymel 303	HMMM,98%	6.0	7.2
HP-260	德谦,消光粉	1.6	1.9
MP-1200	杜邦,聚四氟乙烯蜡	0.3	0.4
Byk-450	毕克公司,固化催化剂	1.3	1.2
Efka-8385	汽巴-埃夫卡流平剂	0.3	0.4
Efka-3600	汽巴-埃夫卡流平剂	0.1	0.1
混合溶剂	工业	6.6	11.8
总计		100.0	100.0

三、聚乙烯类面漆

除聚酯面漆以外，卷材涂料面漆中用得最多的是聚乙烯基类，包括 PVC 有机溶胶和塑溶胶面漆以及不含氯的分散体涂料。塑溶胶可以厚膜涂装，保温性能好，在气候寒冷的北方地区应用较多。PVC 有机溶胶和塑溶胶是将溶胶级的聚氯乙烯粉末分散在有机溶剂和增塑剂中，或只分散在增塑剂中的分散体，前者称为有机溶胶，后者称为塑溶胶。不含氯的分散体涂料是将其他高聚物粉末如聚酯、聚烯烃、丙烯酸等在增塑剂中形成的塑溶胶，实际上是一种溶液分散型涂料，树脂溶液一般由端羟基聚酯或丙烯酸和封闭多异氰酸酯及溶剂组成。

一种不含氯的聚烯烃树脂分散体及涂料的制备方法举例如下：取 100 份聚烯烃聚合物[PO，由 90%乙烯-丙烯酸共聚物与 10%马来酸改性的 EPM 橡胶（乙烯-丙烯橡胶）组成]与 43 份环氧树脂（双酚 A 型，环氧当量 875～1000g/eq，分子量>700g/mol）在 130～140℃下用捏合机混合均匀；加入 21 份环氧稀释剂（1∶1 的己二醇二缩水甘油醚和单缩水甘油醚），混合均匀得到均匀的玻璃状熔融体；冷却至 90℃，继续捏合混合，当冷至聚烯烃熔融温度以下，出现相分离，聚烯烃以非常小的粒径沉淀出来，分散于树脂稀释溶液中；加入 21 份环氧稀释剂，在 90℃捏合并继续冷却，得到软浆状分散体。分散的聚烯烃平均粒径 5μm。将该分散体制备成塑溶胶的方法为：取 186 份聚烯烃分散体，与 108 份 1∶1 的己二醇二缩水甘油醚和单缩水甘油醚、74 份已二醇二缩水甘油醚、29 份邻苯二甲酸二异壬酯、80 份滑石粉、6 份 *N*,*N*-(4-甲基-间亚苯基) 双（*N*′,*N*′-二甲基脲)、17 份双氰胺与 0.08 份黑色颜料在 60℃在混合机中混合均匀，得到玻璃浆状产物，其熔融温度不超过 70℃。塑溶胶可施工于各种底材（如钢板、铝板、镀锌钢板等）上，膜厚 1.5～2mm（普通卷材涂膜的底面总膜厚不超过 30μm)。

四、丙烯酸类面漆

溶剂型热固性丙烯酸涂料是早期彩钢板面漆的主要品种之一，以后随着聚酯面漆的发展，逐渐被其取代。现在主要用作 PVDF 和不含氯的分散体涂料的共用组分以及加工性要求不高的平面用途如卷铝等。

五、耐久型面漆

建筑用卷材应用领域的不断拓展，对卷材涂料提出更高的要求，推动了高性能卷材涂料的开发。现在，无论是机场、体育馆等大型的公共设施，还是高级办公楼、超级市场、工业厂房，已经越来越多地采用预涂彩钢板，这些建筑都希望涂料有更长的使用期，即需要涂装耐久型涂料。

1. 耐久型聚酯面漆

采用耐久性、耐化学性好的聚酯合成原料，如以脂肪族或脂环族原料取代芳香族原料，可以制备高耐久型聚酯树脂（通常简称为 SDP 或 HDP 树脂）。通过减少对紫外线的吸收改善了耐候性，再辅以适宜的交联树脂和耐久性好的颜填料及助剂，制备的高耐久性聚酯卷材涂料具有优异的耐候性，同时保持优异的力学性能，且配方及合成工艺、施工等更接近于普通聚酯树脂涂料，具有一定的价格优势，因而成为高耐久性卷材涂料的发展方向之一。这类产品例如上海振华造漆厂研制出的耐久聚酯卷材面漆，人工加速老化试验 UVA（340 灯）达到 2000h 以上、UVB（313 灯）达到 1000h 以上。SK 化工有限公司研制出的 SKYBON ES-SDP®耐久高分子量饱和聚酯，综合性能优异，人工老化试验（氙灯老化）1500h 保光率 75%以上。常州涂料化工研究院研制出的耐久型聚酯面漆，老化性能优异，UVB（313 灯）试验结果达到 1000h 以上（失光、变色均为一级，无粉化等涂膜破坏现象）。

耐久型聚酯树脂的制备：在带有温度计、搅拌和回流冷凝器的反应容器中加入 297.5g 环己烷二甲酸、50.5g 己二酸、207.4g 新戊二醇、44.5g 三羟甲基丙烷、0.6g 二月桂酸二丁基锡和 60g 二甲苯，以 3～5h 升温至 220℃并保温回流脱水反应至酸值＜3mg KOH/g，脱水量约 74.6g，降温至＜160℃，加入兑稀溶剂 282.9g，得到耐久型聚酯树脂。

2. 氟碳面漆

氟聚物分散体涂料具有优异的室外耐久性、耐化学品性和适宜的力学性能，特别适用于耐候性要求高的室外用建筑彩板市场。

用于卷材的氟碳面漆可以分为热固型与热塑型两大类。

热固型涂料中氟树脂分子中含有羟基等活性基团，成膜时可以通过活性基团与氨基树脂、聚氨酯树脂反应交联固化，这类涂料中应用最成功的 FEVE 树脂，其以三氟氯乙烯为基本结构单元，乙烯基乙醚和氟烯烃单元交替连接，赋予涂层优异的耐候性和耐化学性。氟烯烃单元保护了不稳定的乙烯基醚结构单元，使其免受氧化侵蚀；侧链利用乙烯基醚提供树脂溶解性、硬度、柔韧性和化学交联活性；侧链羟基提供交联点；侧链羧基提高树脂与底材的附着，同时提高了颜料在树脂中的分散性。FEVE 树脂如日本旭硝子的商品名为 LUMIFLON 与大日本油墨商品名为 FLUONATE 的产品。

以 FEVE 交联型氟树脂作为基料制备喷涂铝材的厂家目前国外有 PPG，国内有两家，即上海衡峰氟碳材料有限公司和无锡万博涂料化工有限公司。PPG 采用日本旭硝子公司的 LF-600X 氟树脂、上海衡峰采用日本大金公司的常温及中温固化的 PTFE 型交联氟树脂，采用三喷一烘湿碰湿工艺以及板温 180℃×15min 的工艺，产品质量符合现行国家标准要求。无锡万博涂料化工有限公司自行合成了喷涂铝型材及板材氟涂料所需交联型氟树脂，产品质量全部按 AAMA 2605—1998 标准进行检验，达到标准要求。

热塑性氟树脂涂料应用最广泛的为 PVDF，PVDF 为结晶体聚合物，其不含活性基团，

基本结构单元为 CH_2CF_2，基本不溶于非极性溶剂，仅在较高温度能溶于少数极性强溶剂，PVDF 不能单独用作涂料，通常要加入热塑性丙烯酸树脂，提高颜料分散性能和与底材的附着力。该类涂料中，以氟聚物粒子与丙烯酸树脂预先热熔融得到的混合物为成膜基料，其中，氟聚物为被分散相，丙烯酸聚合物溶液为连续相。

应用于建筑彩板的 PVDF 树脂以瓦特（Pannwalt）公司开发的 KYNAR 500 和苏威（Solvay Solexis）的 Hylar 5000 为代表。氟碳涂料制造商需获得这两家公司的质量许可才能生产 PVDF 氟涂料，涂装厂也需获得涂料制造商所需的生产许可才能从事 PVDF 氟碳涂装。

国外氟碳树脂及涂料主要生产厂商见表 3-5-20。

表 3-5-20 氟碳树脂及涂料主要生产厂商

树脂类型	氟涂料类型	代表产品	生产公司	备注
PVDF	—	Kynar 500	瓦特	生产树脂
PVDF	—	Hylar 5000	苏威	生产树脂
—	PVDF/丙烯酸涂料	Duranar(三涂色漆)	PPG	热熔型涂料
—	PVDF/丙烯酸涂料	Duranar XL(四涂金属漆)	PPG	热熔型涂料
—	PVDF/丙烯酸涂料	Fluropon Classic Ⅱ(二涂珠光)	Valspar	热熔型涂料
—	PVDF/丙烯酸涂料	Fluropon Premiere(三涂色漆)	Valspar	热熔型涂料
—	PVDF/丙烯酸涂料	Fluroceram	BASF	热熔型涂料
—	PVDF/丙烯酸涂料	Spray Trinar	AKZO	热熔型涂料
FEVE	—	LF-600x	旭硝子	交联型树脂
—	FEVE	Duranar EX(二涂)	PPG	交联型涂料

氟树脂的性能见表 3-5-21。

表 3-5-21 PVDF 树脂的典型性能

性能	典型数据		
	Kynar 500(瓦特)	Hylar 5000(苏威)	FR-921(3F)
熔点/℃	150～160		156～161
相对密度	1.75～1.76		1.75～1.77
熔融黏度(232℃,100s^{-1})/×10^{-1}Pa·s	29000～33000		熔体流动速率 1.0～6.0g/10min
外观	白色粉末,无杂质		白色粉末
气味	无味		无味
吸水率/%	≤0.5		含水率≤0.1
纯度	≥99.5%PVDF		—
热分解温度/℃	382～393		316

Kynar 500 和 Hylar 5000 性能基本相当，均承诺如果涂料中基料总量（质量）的 70% 为 PVDF（其余 30%为丙烯酸树脂）则性能保证满足 AAMA 2605—1998 标准。交联型 FEVF 树脂的比较见表 3-5-22。

表 3-5-22 交联型 FEVE 树脂的比较

项 目	LF-552(旭硝子)	LF-600x(旭硝子)	WF-401(无锡万博)
特征	柔韧级	柔韧级	耐温级
应用领域	卷材涂料	卷材涂料	氟碳喷涂铝材
T_g/℃	20	20	20～25
OHV/(mg KOH/g)	52	50	50±10
AV/(mg KOH/g)	5	0	0～8
固体含量/%	40	50	50
相对密度	1.06	1.08	1.05～1.10
溶剂	Solvesso 150/环己酮	二甲苯	醋酸丁酯/二甲苯/环己酮

从上面数据比较，不同厂家树脂差别不大，氟含量均在25%以上。

3. 有机硅改性聚酯面漆

从成本和性能综合考虑，适用于卷材涂料的有机硅树脂主要为有机硅改性聚酯树脂，其硅氧烷含量通常为15%～50%（质量分数）。有机硅改性聚酯具有优异的耐污染、耐候性，其粘接性好、固化快，可适应预涂卷材涂装要求，非常适用于制备耐久型卷材面漆。由其制备的涂料形成的涂膜具有优异的自洁、保光、保色、不粉化性，且坚韧耐磨。

有机硅改性聚酯可以分为冷拼和热反应两种方法，前者是将有机硅树脂和聚酯树脂机械混合，然后加入交联剂、颜料和助剂等制备涂料，烘烤固化成膜。后者是使聚酯树脂和有机硅中间体加热反应，先制备有机硅改性聚酯树脂，以其为基料树脂制备涂料。冷拼法为物理混合，在提高耐候性和保光保色性上不如热反应法。

热反应制备的有机硅改性聚酯树脂根据桥联结合方式，可分为Si—C型和Si—O—C型两种。前者由含羧基的有机硅（氧）烷与多元醇反应制备，但因原料昂贵、工艺复杂，至今尚未工业化生产。后者通过含羟基的聚酯与含烷氧基的硅（氧）烷或含硅羟基的硅（氧）烷经缩合反应而制备，原料易得，生产工艺简便，因而被广泛应用。其反应式为：

$$\equiv SiOR + HOC\equiv \longrightarrow \equiv SiOC\equiv + ROH$$

$$\equiv SiOH + HOC\equiv \longrightarrow \equiv SiOC\equiv + H_2O$$

此外，将含官能基的硅烷或硅氧烷与过量的多元醇缩合，然后再与多元羧酸反应，也可以制得Si—O—C型有机硅改性聚酯树脂。

热固性有机硅改性聚酯树脂性能优异，成本适中，因此国内外主要卷材涂料研究单位和生产厂商都有此类产品。如上海振华造漆厂研制出的有机硅聚酯卷材涂料，人工老化试验达到2000h，其具有优异的户外耐候性、保光和保色性。常州涂料化工研究院研制出的有机硅改性聚酯耐久卷材涂料，人工加速老化试验2000h以上（失光、变色和粉化均为1级），QUV-B（313灯）试验600h以上不失光（1级）。国外一些知名卷材涂料生产厂商如贝格（BECKER）、金刚化工（KCC）也都有有机硅改性聚酯型耐久涂料产品。

有机硅改性聚酯树脂的制备：在带有温度计、搅拌和回流冷凝器的反应容器中加入212.4g间苯二甲酸、220.1g环己烷二甲酸、31.1g己二酸、277.0g新戊二醇、58.4g三羟甲基丙烷、0.4g二月桂酸二丁基锡和80g二甲苯，以3～5h升温至220℃并保温回流脱水反应至酸值<3mg KOH/g，降温至<160℃，加入混合溶剂（S-150#：DBE：丙二醇甲醚醋酸酯=6：2：2）609.3g兑稀；加入硅氧烷中间体DC 3074（道康宁）213.9g、钛酸四异丙酯0.5g，升温至160～180℃脱醇反应1～2h，取样观察至树脂透明为终点。

第七节 预涂卷材用背面漆

一、背漆概述

背面漆主要是在卷材的背面起防护作用。背漆大多采用单涂层，要求较高的应用中也有采用带底背漆的二涂层体系的。背漆一般涂膜较薄，在装饰性和户外耐久性方面要求不高，但要求抗划伤性、抗粘连性和加工性、较好的耐MEK和耐盐雾性能。用于一些特殊用途时，背漆还需要具有一些特殊的性能要求。例如对有些应用如制备泡沫夹芯板时，需要背漆有良好的耐贴发泡层性能，彩板发泡用粘接剂通常为双组分聚氨酯类型，一个组分为异氰酸酯，另一组分为羟基化合物，两组分混合发生交联反应；粘接强度主要取决于表面的活性基团的数量，活性基团越多，粘接强度越高；背漆常用体系中，环氧聚氨酯的发泡粘接性能最好。应用于家电彩板时，往往还要求背漆具有良好的导电性，如用于数字电视机顶盒等视听类产品时，要求背面电阻<20Ω。有些应用中，采用镀锌钢板为基板，可以直接在背面涂覆耐指纹涂料，获得所需的耐指纹性和防腐保护性能。

普通的卷材背漆主要分为环氧和聚酯两大类。环氧背漆又分为普通环氧背漆和改性环氧背漆。如江苏鸿业涂料有限公司生产的 HY-C-05 背漆属于普通环氧背漆，HY-E-05 背漆属于改性环氧背漆。另一大类为聚酯背漆。

各类常见背漆的特性见表 3-5-23。

表 3-5-23　各类背漆的特性

特性	普通环氧背漆	改性环氧背漆	聚酯背漆
树脂体系	高分子环氧/封闭异氰酸酯或氨基树脂	改性环氧/封闭异氰酸酯或氨基树脂	聚酯/氨基或封闭异氰酸酯
优点	贴发泡层性好 耐盐雾性好	反应活性高，耐 MEK 擦拭性能好 硬度高，耐划伤性好 贴发泡层性好 耐盐雾性好	柔韧性优于环氧 成本较低
缺点	反应活性低 柔韧性差	成本较高 柔韧性差	耐 MEK 擦拭性能差 聚酯/氨基背漆贴发泡层性能较差
用途	加工性要求一般的建筑彩板	加工性要求较高的建筑或家电彩板	不需要贴发泡层的建筑或家电彩板

二、环氧背漆

环氧背漆所用环氧树脂要求与底漆基本相同，也是采用大分子环氧或改性环氧树脂。典型的环氧背漆配方见表 3-5-24。

表 3-5-24　典型的环氧背漆配方

原料	规格	环氧聚氨酯背漆用量/g
EPIKOTE 1009 环氧	50%溶液	37.8
封闭异氰酸酯固化剂	50%溶液	12.6
R-902	钛白，杜邦公司	17.6
锌铬黄	工业	2.5
三聚磷酸铝	工业	5.0
有机膨润土	临安涂料助剂厂	0.5
Efka-8512	汽巴-埃夫卡公司，分散剂	0.5
Syloid C-807	格雷斯公司，消光粉	0.8
Efka-3777	汽巴-埃夫卡公司，流平剂	0.3
二甲苯	工业	11.2
环己酮	工业	11.2
总计		100.0

三、聚酯背漆

近年来，聚酯背漆的应用越来越多，包括聚酯聚氨酯背漆和聚酯氨基背漆。

卷材背漆用聚酯树脂牌号及参数见表 3-5-25 和表 3-5-26。

表 3-5-25 江苏三木公司卷材背漆用聚酯树脂牌号及参数

商品牌号	固含量/%	酸值(以树脂固体计)/(mg KOH/g)	羟值(以树脂固体计)/(mg KOH/g)
305Y	60.0±1.0	≤7	50
307B	60.0±1.0	≤10	85
3316	55.0±1.0	≤8	60
3360A	60.0±1.0	≤6	80
3317	60.0±1.0	≤8	80
3395	60.0±1.0	≤8	80
3920-2	60.0±1.0	≤7	70
3913	60.0±1.0	≤5	85
3922	80.0±1.0	≤12	100
3920-1	60.0±1.0	≤7	70
3966	60.0±1.0	≤6	100

表 3-5-26 进口卷材背漆常用聚酯树脂牌号及参数

商品牌号	生产厂家	固含量/%	酸值(以树脂固体计)/(mg KOH/g)	羟值(以树脂固体计)/(mg KOH/g)	T_g/℃	分子量
SN822	DSM	70	3～6	80	17	2500
SN887	DSM	65	0～8	90	—	—
LH832	degussa	60	<3	35	15	4000
LH908	degussa	65	5	40	15	3000
LH828	degussa	70	10	50	10	2000
LH727	degussa	65	10	100	10	2000

典型的聚酯背漆配方见表 3-5-27。

表 3-5-27 典型的聚酯背漆配方

原料	规格	用量/g	
		聚酯聚氨酯底漆	聚酯氨基底漆
SN 822	70%	22.3	25.8
EPIKOTE 1001	环氧,60%溶液	9.0	10.0
封闭异氰酸酯固化剂	50%	14.0	—
Cymel 325	84%,氨基树脂,氰特公司	—	7.1
锌铬黄	工业	2.8	3.0
三聚磷酸铝	工业	5.6	6.0
R-902	钛白,杜邦公司	19.6	21.0
有机膨润土	临安涂料助剂厂	0.5	0.6
Efka-8512	汽巴-埃夫卡公司	0.6	0.7
Syloid C-807	格雷斯公司,消光粉	0.9	1.0
Efka-3777	汽巴-埃夫卡公司	0.5	0.8
二月桂酸二丁基锡	工业	0.1	—
N-3225	毕克公司	—	0.8
混合溶剂	工业	24.1	17.2
总计		100.0	100.0

带底背面漆多为聚酯氨基体系，配方组成与聚酯氨基面漆类似。

在用于家电板时，在许多情况下，要求背漆具有导电性能，常州涂料化工研究院通过特殊的改性环氧树脂的合成以及特殊的导电颜料的选用，开发出了一种具有优异的导电性能而且成本较低的导电背漆，该导电涂料属于添加型导电涂料，涂层导电机理主要是渗流作用和隧道效应。渗流作用是导电粒子相互接触产生的导电作用，导电粒子数量增加，涂膜导电性能越好。导电粒子成膜后粒子间有绝缘性聚合物包覆，导电粒子之间，通过聚合物薄层的导电机理主要是量子力学的隧道效应，当两个导电粒子之间的非导电层很薄时，在电场作用下，电子越过很低的势垒（或者说经过隧道）而流动的现象称为隧道效应。利用这两种导电机理制备的导电涂料在含铁磁性底材上的电阻值可＜20Ω。

第八节　卷铝涂料

国内市场上习惯根据基板种类将预涂卷材分为两大类，以钢板为基板的称为卷钢，其所用涂料称为卷钢涂料；以铝板为基板的称为卷铝，其所用涂料称为卷铝涂料。彩铝辊涂生产线产品为各类彩色涂层铝卷，其主要用于加工铝塑复合板和天花吊顶板等，应用于建筑装饰、轻工、办公、家具等行业，用于室内外墙壁、廊柱、顶棚、卫生间、厨房和家具、橱柜、百叶窗、门窗及广告牌、幕墙、橱窗等的装饰装潢。产品必须满足装饰性、成型性、抗腐蚀性和耐候性等要求。

一、卷铝及铝塑复合板生产工艺

与彩钢板相似，铝卷材的涂装生产线也主要由三大部分组成，即入口段（开卷和接片等）、工艺段（包括前处理、涂料涂装和涂料固化）和出口段（后处理及收卷）三大工艺部分。典型的卷铝及铝塑复合板生产艺流程如图 3-5-8 和图 3-5-9 所示。

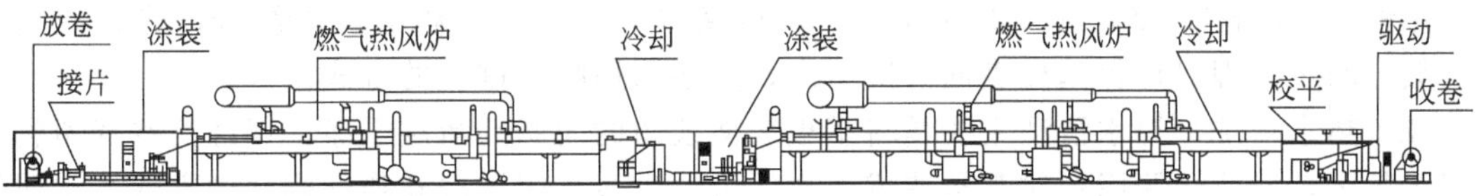

图 3-5-8　二涂二烘铝卷涂装生产线工艺流程图

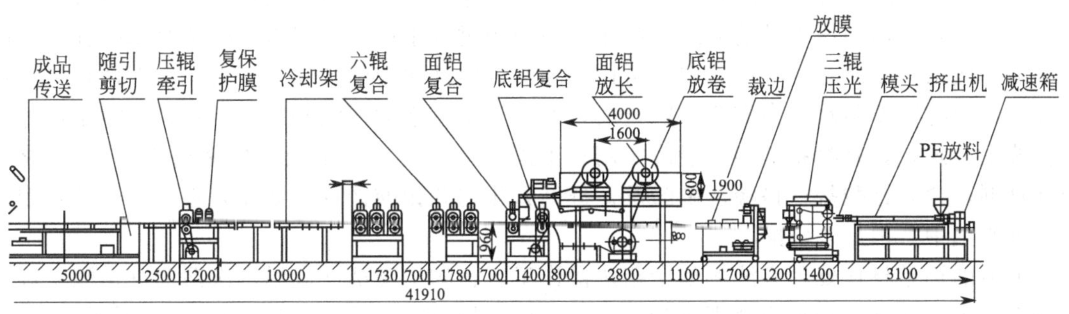

图 3-5-9　铝塑复合板生产线工艺流程图

典型的铝卷涂装线及铝塑板生产线技术参数见表 3-5-28 和表 3-5-29。

表 3-5-28　典型的铝卷涂装线技术参数

项目	薄板线	厚板线	双涂线
功能	在铝板或铝箔上连续辊涂各种颜色的聚酯/PE 涂料，将涂料固化后收成一卷	在铝板上连续辊涂各种颜色的聚酯/PE 涂料，将涂料固化后收成一卷	在钢板上连续二次辊涂各种颜色的聚酯/PE、氟碳/PVDF 涂料，将涂料二次固化后收成一卷
涂装铝板厚度/mm	0.03～0.15	0.15～0.70	0.30～0.80

续表

项目	薄板线	厚板线	双涂线
涂装铝板宽度/mm	1000～1300	1000～1600	1000～1600
涂装速度/(m/min)	10～25	10～25	10～25
涂层干膜厚度/μm	(12±1)～(18±1)	≥18	≥25

表 3-5-29 典型的铝塑板生产线技术参数

项目	窄板线	宽板线
功能	将彩色铝涂板与PE材料通过高分子原料加热、加压工艺情况下连续合成为各种规格的铝塑复合板材	将彩色铝板与PE材料通过高分子原料在加热、加压工艺情况连续合成各种规格的铝塑复合板材
铝塑复合板厚度/mm	1～4	3～5
铝塑复合板宽度/mm	1000～1240	1000～1600
彩涂铝板及底板厚度/mm	0.03～0.50	0.20～0.50
铝塑复合线线速度/(m/min)	1.5～2.5	1.5～2.5

1. 卷铝的前处理

预处理工段主要包括热碱脱脂、热水清洗、化学处理和钝化处理几个工序。预涂卷铝基板表面会残留防锈油脂、润滑剂以及氧化膜等，在运输过程中还可能黏附其他物质，如果不去除这些油脂及黏附物，会对卷铝的涂装和使用造成影响。另外，在清洁干净的基板表面需要经过化学处理以生成稳定的转化膜，从而提高基板的耐腐蚀性及对涂料的附着力。

(1) 热碱脱脂 预涂线线速较快，因此所用的脱脂剂一般浓度较高，典型的脱脂剂含有氢氧化钠（NaOH）、碳酸钠（Na_2CO_3）、水玻璃（Na_2SiO_3）、磷酸盐等组分。热碱脱脂工序一般分两步处理以确保基板表面清洗干净，大多采用喷淋刷洗的方式。

(2) 热水清洗 热水清洗主要是将基板表面残留的脱脂剂清洗干净，保证这些残留物能溶解于其中，以防止脱脂剂对基板造成二次污染。大多采用浸洗和喷淋刷洗的方式。水质最好硬度不要太高，否则，水中的矿物质会在基板表面生成矿斑。

(3) 钝化处理 钝化处理是通过加压喷淋、浸涂或辊涂等方式使钝化剂在基材表面形成转化膜。一般采用加压喷淋的方式，钝化液在使用过程中产生的泥渣往往会堵塞喷孔，从而影响喷淋效果。浸涂的方式虽然解决了这一问题，但钝化液的消耗量较大。以上两种方法在实际操作中都需要用水冲洗多余的钝化液，就会产生废水的回收和净化问题，辊涂是最好的钝化施工方式，具有涂布均匀、经济实用、不需淋洗等优点。铝板一般采用铬酸盐/氧化物型处理剂，含有铬酸盐、铬酸、磷酸及促进剂氟化物和钼酸盐等。如需处理食品和饮料用铝板，处理剂中必须加入磷酸。

典型的铝卷材板处理方法例如十箱法操作工艺：60℃碱洗→室温水洗两遍→铬酸室温处理→室温水洗两遍→转化膜处理（50～55℃）→室温水洗→70℃水洗→90～95℃干燥。

2. 涂料涂装及固化

主要设备包括辊涂机和烘道。一般采用正面或正反面涂装的工艺。卷铝涂料也可分为底漆、面漆（包括清漆，即罩光漆）和背漆。

与彩钢板不同，一般卷铝普遍为单涂层，在高档或要求高的场合才会用到底漆加面漆的二涂层体系。

(1) 涂装 辊涂机分为二辊机和三辊机。二辊机主要由漆槽、提料辊、涂布辊、传动辊组成。三辊机多一个控制辊，用于调节由提料辊转移到涂布辊上的涂料的量，对于准确控制涂漆量有一定的作用。可以通过调节辊筒的转动速率及辊筒之间的辊速比获得好的涂装质量。

(2) 固化　为了保证有足够的固化时间，要求烘炉有一定长度。烘炉主要由烘道、加热设备、尾气收集设备组成。应根据生产线速不同调整烘炉温度，达到规定的板面温度(PMT)。加热设备根据生产线所在地区的能源情况而定，主要有燃气方式及电加热方式两种。尾气收集装置主要包括预热氧化装置、焚烧室和热交换床等。处理尾气采用焚烧的方法，生产线产生的尾气引入预热氧化装置进行净化和热处理，产生溶剂热风，将产生的溶剂热风和燃料气一起引入焚烧室燃烧，经过燃烧，含有有机溶剂的尾气转变成水和二氧化碳，产生的热量通过热交换装置被回收利用，使得最终排放到空气中的尾气中有害气体含量大大降低。

(3) 涂装工艺　与彩钢板相似，预涂卷铝按涂料的涂装道数也可分为三涂、二涂及单涂三种。按涂布辊和传动辊的转动方向可分为顺涂和逆涂两种。涂布辊的转动方向：和基板的进行方向相同的涂布方式为顺涂，反之为逆涂。

3. 后处理

后处理段是对生产出的卷铝做进一步的加工，提供更好的防护和装饰效果，如贴膜、印花、压花和压型等。

二、卷铝涂料

1. 底漆

底漆需要提供防腐蚀性、与铝卷底材和面漆的结合力，同时与面漆配套涂膜体系要满足机械加工和耐溶剂擦拭等性能要求。对铝卷底材，涂膜的耐盐雾性要求不如钢铁底材，但要求有一定的耐碱性。底漆与铝卷材的附着力结合类型，主要是吸附结合和机械结合。吸附结合又可分为分子吸附（物理吸附）和化学吸附。分子吸附由分子力——范德华力引起，化学吸附是涂装材料与铝板表面生成共价键而产生的吸附力。机械结合主要是指涂层与铝卷材以机械的方式结合，有机涂层与铝卷材的结合主要是嵌合作用，通常铝卷材表面通过前处理后(转化膜涂层后）增加基体的比表面，达到了表面相对粗化，增大了接触面积和孔隙，提供了使有机涂层嵌合在基体表面的机会，增强了有机涂层与基材的锚合附着力。

用于铝底材的底漆树脂体系例如环氧聚氨酯、环氧聚酯氨基、环氧聚酯聚氨酯、聚酯氨基、丙烯酸聚氨酯等。

卷铝底漆常用树脂类型及参数见表 3-5-30。

表 3-5-30　卷铝底漆用树脂牌号及参数

牌号	生产厂商	类型	固含量/%	酸值/(mg KOH/g)	羟值/(mg KOH/g)	T_g/℃
L 411	degussa	聚酯	100	<3	5	47
LH 818	degussa	聚酯	50	<3	20	35
SN 800	DSM	聚酯	60	0～4	20	—
6150	江苏三木集团有限公司	环氧改性聚酯	50.0±1.0	≤10	—	—

2. 面漆

面漆要求具有优异的硬度、抗划伤性、表面装饰效果及耐候性等。面漆一般为单层涂装，有些应用如采用金属闪光面漆时，可以再加上一道罩光清漆，进一步提高面漆的装饰和保护作用。

卷铝面漆主要有聚酯面漆、丙烯酸面漆和氟碳面漆等。

聚酯面漆具有良好的柔韧性、附着力，适用于内墙用铝塑复合板面板（辊涂）、铝天花面背（辊涂）、铝单板面板（喷涂）等。

卷铝面漆用聚酯树脂牌号见表 3-5-31。

表 3-5-31 卷铝面漆常用聚酯树脂牌号及参数

牌号	生产厂商	固含量/%	酸值/(mg KOH/g)	羟值/(mg KOH/g)
ETERKYD 5060-R-60-1	长兴化学工业有限公司	59～61	<5	—
3360	江苏三木集团有限公司	60.0±1.0	≤8	80
3966	江苏三木集团有限公司	60.0±1.0	≤6	100

典型的卷铝聚酯面漆的涂料及涂膜性能见表 3-5-32 和表 3-5-33。

表 3-5-32 卷铝聚酯面漆性能

项目	技术指标	检验标准
颜色及外观	按客户要求,无结块	GB/T 1724—1989
细度/μm	≤25(银色除外)	
相对密度	银色系列 1.10±0.20 深色系列 1.20±0.20 浅色系列 1.30±0.20	
黏度(25℃,涂-4 杯)/s	120±10	GB/T 1723—1993
固体分(质量分数)/%	银色系列≥50 深色系列≥55 浅色系列≥60	GB/T 1725—1989

表 3-5-33 卷铝聚酯面漆涂膜性能指标

项 目	技术指标	检验标准
色差 ΔE	银色:目测无明显色差 素色≤0.5,银色≤1.0	— 色差仪
干膜厚度/μm	≥16	GB/T 17748—1999
光泽(60°)	依客户要求	GB/T 17748—1999
MEK/次	≥100	NCCAⅡ-18
密着性/级	0	GB/T 17748—1999
柔韧性/T	≤3	GB/T 17748—1999
冲击强度/J	≥5	GB/T 17748—1999
硬度/H	≥2	GB/T 17748—1999
耐沸水性(2h)	无变化	GB/T 17748—1999
耐酸性(2%盐酸 24h)	无变化	GB/T 17748—1999
耐碱性(2%氢氧化钠 24h)	无变化	GB/T 17748—1999
固化温度(PMT)/℃	216～224	—
达板温后保温时间/s	20～30	—
上机参考黏度/s	60±10	—

丙烯酸卷铝面漆具有良好的附着力和耐候性，适用于内墙用铝塑复合板面板（辊涂）、柔性风管（辊涂）、百叶窗面背（辊涂）、小五金（喷涂）等涂装。

三木公司卷铝用丙烯酸树脂牌号及参数见表 3-5-34。

表 3-5-34 卷铝用丙烯酸树脂牌号及参数

牌号	固含量/%	T_g/℃	酸值/(mg KOH/g)	羟值/(mg KOH/g)
BS-960AU-60	50±1	—	12	—
BS 9417B	60±1	40	—	125
BS 998D	60±1	5	8	110

续表

牌号	固含量/%	T_g/℃	酸值/(mg KOH/g)	羟值/(mg KOH/g)
BS 8072	70±1	5	8	110
BS-988-2	55±2	—	≤10	—
EA1622(水性)	60±1	−20	—	—

典型的丙烯酸卷铝面漆的涂料及涂膜性能见表 3-5-35。

表 3-5-35　丙烯酸卷铝面漆性能

项目	技术指标	检验标准
颜色及外观 细度/μm	按客户要求,无结块 ≤25(银色除外)	GB/T 1724—1989
相对密度	银色系列　1.10±0.20 深色系列　1.20±0.20 浅色系列　1.30±0.20	
黏度(25℃,涂-4 杯)/s	120±10	GB/T 1723—1993
固体分(质量分数)/%	银色系列≥50 深色系列≥55 浅色系列≥60	GB/T 1725—1989

丙烯酸卷铝面漆涂膜性能指标见表 3-5-36。

表 3-5-36　丙烯酸卷铝面漆涂膜性能指标

项　　目	技术指标	检验标准
色差 ΔE	银色:目测无明显色差 素色≤0.5,银色≤1.0	色差仪
干膜厚度/μm	≥16	GB/T 17748—1999
光泽(60°)	依客户要求	GB/T 17748—1999
MEK/次	≥50	NCCA Ⅱ-18
密着性/级	0	GB/T 17748—1999
柔韧性/T	≤4	GB/T 17748—1999
冲击强度/J	≥5	GB/T 17748—1999
硬度/H	≥2	GB/T 17748—1999
耐沸水性(2h)	无变化	GB/T 17748—1999
耐酸性(2%盐酸 24h)	无变化	GB/T 17748—1999
耐碱性(2%氢氧化钠 24h)	无变化	GB/T 17748—1999
固化温度(PMT)/℃	199～216	—
达板温后保温时间/s	20～30	—
上机参考黏度/s	60±10	—

氟碳卷铝面漆耐候性和涂层综合性能优异，适用于外墙用铝塑复合板面板涂装。典型的氟碳卷铝面漆的涂料及涂膜性能见表 3-5-37 和表 3-5-38。

表 3-5-37　氟碳卷铝面漆性能

项　　目	底漆	素色面漆	金属面漆	罩光漆
外观	淡黄色或灰色液体	按客户要求,各种彩色液体	银色液体	透明液体
细度/μm　≤	25	25		25
黏度(25℃,涂-4 杯)/s　≥	100	100	100	100
固含量/%　≥	55	50	40	40
施工黏度(25℃,涂-4 杯)/s	60±10	70±10	80±10	80±10
干膜厚/μm	10±2	18±2	15±2	8±2
固化条件(PMT)/℃	216～224	232～241	232～241	232～241
烘烤时间/s	60	90	90	90

表 3-5-38 氟碳卷铝面漆涂膜性能

项 目	技术指标	检验标准
光泽(60°)	依客户要求	GB/T 9754—1988
MEK/次	≥200	NCCAⅡ-18
干附着力/级	0	GB/T 9286—1998
湿附着力/级	0	GB/T 9286—1998
沸点附着力/级	0	GB/T 9286—1998
T弯/T	≤2	GB/T 17748—1999
耐冲击(5J)	通过	GB/T 17748—1999
铅笔硬度/H	≥2	GB/T 6739—1996A
耐磨性(落砂试验)/L/μm	≥5.0	ASTM D968—1993A
耐酸性(5%盐酸,体积分数)/h	48h无异常	GB/T 17748—1999
耐碱性(5%氢氧化钠,质量分数)/h	48h无异常	GB/T 17748—1999
耐30#汽油/h	48h无异常	GB/T 17748—1999
耐沾污(5次循环)/%	≤5	GB/T 9757—2001附录A
耐沸水/h	2h无异常	GB/T 1733—1993乙
耐砂浆性/h	24h无异常	GB/T 1766—1995
耐硝酸性(30min),ΔE	≤5.0	GB/T 5211.20—1999
耐洗涤剂性/h	72h无异常	GB/T 9274—1988甲
耐窗洗液性/h	24h无异常	GB/T 9274—1988丙
耐盐酸性/min	15min无变化	GB/T 9274—1988丙
耐洗刷性(双向)/次	≥12000	GB/T 9266—1988
耐湿热性/h	4000 起泡程度“少量”以下, 起泡大小“No.8”以下	GB/T 1740—1989 评级ASTM D714—2002
耐盐雾性/h	4000 划级处破坏≥7级, 未划线区≥8级	ASTM B117—2003 评定按ASTM D1654—1992
耐人工加速老化/h	4000 ΔE≤5.0;失光≤2级 粉化、白色≤1级;其他≤2级	GB/T 1865—1997 评级GB/T 1766—1995

3. 背面漆

背面漆要求有一定的耐候性、硬度和抗划伤性。

卷铝背面漆的性能要求不高,基料树脂可以采用醇酸或环氧改性聚酯,以氨基或封闭异氰酸酯固化。三木公司卷铝背漆常用基料树脂牌号及参数见表3-5-39。

表 3-5-39 卷铝背漆常用基料树脂牌号及参数

牌号①	类型	固含量/%	酸值/(mg KOH/g)	羟值/(mg KOH/g)
3620	醇酸树脂	60.0±1.0	≤5	130
3818-70	醇酸树脂	70.0±1.0	≤12	120±15
9355	豆油改性醇酸树脂	55.0±1.0	≤10	80
6150	环氧改性聚酯	50.0±1.0	≤10	—

① 生产厂商为江苏三木集团有限公司。

第九节 卷材涂料新进展

自改革开放以来,中国的国民经济飞速发展,卷材涂料作为一种新型的高性能、环保、高效和节能技术新产品，其技术和市场也得到了快速发展，出现了许多新产品和新技术。

一、家电用卷材涂料

1. 家电用卷材涂料简介

家电正在迈入“彩色时代”。随着人们生活水平的提高，同生活息息相关的家电产品也开始追求时尚的外观，在我国家电业的发展历程上，大件家电按照通常的色调被分为“黑电”和“白电”两大系列，“黑电”包括彩电、音响组合、影碟机、家庭影院等视听类家电，而“白电”则包括冰箱、洗衣机、空调等冰洗、制冷类家电。现如今这种传统的分类已经跟不上时代的步伐，从几年前开始出现的银色系彩电、金色系家庭影院，到现在的卡通多彩系列小家电，再到彩色面板的空调、冰箱等，五颜六色的家用电器正在逐渐成为主流产品。外观设计、色彩与家庭装修的搭配逐渐成为消费者购买家电时的重要考虑因素。这种变化从某种程度上促进了家电涂装方式的变革。

传统的家电涂装主要有喷粉、贴膜两种，家电侧板主要是喷粉，而面板则主要是以喷粉、贴膜为主。喷粉属“后涂装”工艺，其涂膜厚、成本高、效率低、花色品种单一，已无法满足日新月异的家电市场需求。而家电涂装采用预涂彩板技术可以满足市场的多样化要求。

随着卷材涂料研发的不断深入以及预涂卷材涂料自身的环保和经济优势，除用于建筑板外，国外开始研究家电板用卷材涂料，并已大量用于各种家电产品。国内各卷材涂料研究单位对此类产品也加快了研究步伐。家电用彩涂板分为贴膜板和预涂彩板两大类。

贴膜板主要有 VCM 板（贴 PVC 膜的板）和 ECM 板（贴 PET 膜的板），VCM 板是在预钝化处理的钢板上涂上胶黏剂后，在一定的温度下层压 PVC 膜而制备，由于 PVC 膜中含有氯和增塑剂而存在环保问题，出口现已受到限制；ECM 板则是在预钝化处理的钢板上辊涂一定膜厚的底漆，快速强制高温烘烤固化（一般板温 PMT 范围 204～241℃）后，迅速层压 PET 薄膜而制备，由于不存在环保问题，ECM 板可以作为 VCM 板的更新换代产品。PET 贴膜板的好坏除了取决于膜的质量，受底漆的影响也很大，特别是对底漆与底材之间的附着力以及膜与底漆之间的层间附着力要求比较高，因此要求开发专用的 PET 贴膜用底漆。

家电用预涂彩板（PCM 板）是将成卷的金属薄板涂上涂料，迅速强制烘烤固化成膜后，根据不同用途裁切成不同尺寸后出售的一种有机材料/金属复合板材。用户可以直接将它加工成型，做成各种部件或产品，组装或安装后便是成品，而无需再涂装，从而大大简化了金属薄板制成品的生产工艺。

预涂彩板符合环保要求，又具有良好的经济效益，它采用连续涂装，简化了生产工艺，节省了投资和运转费用，可以得到最佳的涂装质量。金属薄板生产效率高，涂漆的金属薄板连续通过烘炉使漆膜固化，炉容的利用率明显高于成品或部件涂漆后的烘烤固化，同时烘烤过程中产生的含有机溶剂的烘炉废气可以收集焚烧变成热能再利用，有利于节能环保。

家电产品属于耐用消费品，面对的绝大部分是家庭消费者，所以对家电板的外观要求非常严格，几乎不能存在一点缺陷。此外，相对于传统的建筑板，家电板要求更高的加工性能。如 T 弯，建筑板通常是小于等于 3T（胶带粘不掉，允许有裂纹）；而家电上有些部位需要对折，即要求零 T 弯（无裂纹，粘不掉）。同时家电板要求具有较好的抗划伤性，这就需要树脂体系在硬度和柔韧性之间把握更好的平衡。家电板与建筑板使用的基板不同，建筑板大多采用镀锌钢板，而家电板基板品种比较多，以冷轧钢板为主，也有使用无锌花热镀锌钢板和电镀锌钢板的。不同的底材，其防腐机理也不同，因此需要采用不同的底漆。同时家电板制品大多用于居民的日常使用，有较高的环保要求，因此不能使用在建筑板涂料中广为使用的含铬等重金属的防腐颜填料，为得到优良的耐盐雾性能，必须在技术上有突破。除了选用合适的防腐颜料、填料，还需要根据不同底材的防腐机理选用合适的基料体系。

预涂板按正面涂装道数划分，目前主要有一涂一烘（基板上直接涂装面漆）、二涂二烘（在基板上涂装底漆和面漆）和三涂三烘（在基板上涂装底漆和面漆，再涂装一层罩光清漆）三种方式。三涂层体系在外观、表面抗划伤性和防腐性能方面要好于单涂层，但在加工性能上要差一些。如T弯，单涂层和二涂层能达到0T，但三涂层就很难达到。

相对于传统的建筑板，家电板最主要的特点是高装饰性和高加工性能以及优良的抗划伤性与严格的环保要求。由于家电板的上述特点，对家电板涂料（包括底、面、背漆配套的系统涂层）的性能要求非常高，普通的卷材涂料（建筑板）很难达到家电板的要求。此外，家电板品种繁多，不同品种的用途对家电板涂料有不同的要求。因此对家电板涂料而言，绝不是一个或几个配方就能满足要求的。不同用途的家电板的大概的性能要求见表3-5-40。

表 3-5-40 不同用途家电板的性能要求

品种	柔韧性	耐污染性	硬度	耐化学性	耐候性	防腐性
微波炉	5	4	3	2	2	3
冰箱	3	5	5	4	2	3
空调机	3	3	4	4	5	5
视听产品	4	3	4	3	2	3

注：5＝要求最高，1＝要求最低。

因此，应当根据不同的用途设计不同的配方，增强针对性。

2. 家电用卷材底漆涂料

传统的卷材底漆采用环氧聚氨酯、环氧氨基、聚酯聚氨酯和聚酯氨基体系。环氧体系湿附着力好、耐盐雾性能优异，但漆膜柔韧性太差，不能满足家电板用涂料要求。聚酯体系中根据聚酯树脂分子量大小，可以分为中小分子聚酯和中高分子聚酯两大类，在家电板底漆中常用的是后者，这也是目前国外家电板底漆中最常用的一种类型，即以线型或少量支链化的中、高分子聚酯树脂为基料树脂，以氨基树脂或封闭异氰酸酯树脂为固化剂的体系。这类体系的突出特点是柔韧性优异、附着力好。

针对家电彩钢板的市场要求，常州涂料化工研究院开发出了高加工性的HY-JD-101系列家电板专用底漆，由中高分子量聚酯树脂、特制改性树脂、氨基树脂和聚氨酯树脂、合适的助剂和环保型防腐颜填料组成。这种底漆与面漆的配套性好，力学性能特别是柔韧性优异，防腐性好，在冷轧钢板上与适宜面漆的复合涂膜的中性盐雾试验也可达到240h以上（划叉处单边锈蚀≤2mm，划线区以外无变化），可以满足家电彩钢板的加工要求。

3. 家电用卷材面漆涂料

面漆要求具有高装饰性、高加工性能以及优良的抗划伤性能，家电板面漆绝大多数都是采用聚酯体系，以氨基树脂或封闭异氰酸酯固化。但是单一的树脂体系往往不能满足这种较高的性能要求，在各项性能上很难综合平衡，往往是硬度高了、可提高耐划伤性，但柔韧性、T弯性能很差；反之，提高了柔韧性，硬度又会下降很多，因此很难达到家电板涂料的要求。家电彩板面漆的树脂体系要比传统的建筑彩板涂料复杂一些，需要开发一系列不同分子量、不同支化程度和不同玻璃化温度（T_g）的聚酯树脂，通过树脂比例及交联剂类型和用量的调整，可将树脂的高柔韧性和高硬度有机地结合起来，得到坚韧的涂膜。同时，采用这种方法，配方的灵活性高，很容易通过配方调整得到适应不同性能要求的家电板用预涂卷材涂料，从而形成系列化产品。

现代社会，人们越来越追求个性化，带动了家电彩板面漆研究开发的多样化。一种方法是在涂料中加入一定用量的各种纹理助剂，例如粒子状的丙烯酸聚合物微球、氧化铝纤维、玻璃纤维、二氧化硅粉、云母粉和聚酰胺粉末（可以预先以聚乙烯和聚四氟乙烯蜡等处理），既可以得到特殊的纹理效果，又可以提高耐候性、耐划伤性和耐磨性；还可以在家电卷材面漆常用的聚酯/氨基、聚酯/封闭异氰酸酯体系中加入叔胺类化合物如三甲胺、三乙胺、*N*，*N*-二甲基环己胺、*N*,*N*-二甲基氨基乙醇、*N*,*N*-二乙基氨基乙醇、二乙醇胺等，获得纹理效果。另一种方法是通过采用特殊的涂装工艺，也可以得到外观和性能均优异的涂层。例如将镀锌钢板打磨抛光后预处理、涂覆底漆和面漆，可以得到具有仿抛光不锈钢外观效果且性能优异的涂层。此外，家电彩板涂装线设计时往往都带有压花或印花工艺段，可以通过压花或印花工艺压印出花纹，获得具有特殊纹理效果的涂覆板。

4. 家电用卷材背漆涂料

背漆的主要作用是在背面起防护作用，要求漆膜有良好的防腐蚀性、抗划伤性、抗粘连性和加工性，但在装饰性和户外耐久性方面要求不高。

背漆大多采用单涂层，膜较薄，而同时又要求高柔韧性、较好的耐 MEK 性能和较好的耐盐雾性能，对许多应用中还需要背漆有良好的耐贴发泡层性能，应用于家电彩板时，往往还要求背漆具有良好的导电性，因此高性能的背漆技术含量相当高。

常州涂料化工研究院开发了一种新型背漆，以聚酯接枝改性环氧聚氨酯树脂为基料树脂，辅以适宜的交联树脂、颜料、填料和助剂。配制的背漆综合了环氧、聚酯和聚氨酯树脂的各自优点，既有优异的力学性能（附着力、柔韧性、硬度、耐划伤性），又有良好的耐盐雾性和耐贴发泡层性能，能够满足需要高加工性能的建筑和家电彩钢板背漆的要求。其主要特点是开发了一种聚酯改性环氧聚氨酯树脂，通过接枝方法将聚酯树脂和多异氰酸酯引入环氧树脂中，在树脂中引入了氨酯键，利用环氧基团引入伯羟基，提高树脂的反应活性。聚酯树脂的引入可以改善漆膜的柔韧性，氨酯键的引入提高了漆膜的交联密度、附着力和耐盐雾性，反应活性的提高可以提高漆膜的交联密度，提高硬度、附着力、耐划伤性和耐贴发泡层性能。

在许多情况下，家电板要求背面具有导电性能，常州涂料化工研究院通过特殊的改性环氧树脂的合成以及特殊的导电颜料的选用，开发出了一种具有优异的导电性能而且成本较低的导电背漆。

二、汽车用卷材涂料

汽车彩涂钢板是卷材涂料未来的一个重要的应用领域，但是应用于汽车行业的预涂彩钢板性能要求相当高，需要满足汽车制造的特殊要求，如高耐腐蚀性、优良的可焊接性、良好的成型性和优良的涂装性等。

根据汽车涂装和卷材涂装工艺的特点，汽车预涂板的发展过程将是一个逐步取代的过程，其取代过程如图 3-5-10 所示。

第一步是取代阴极电泳层和中涂层，制备的预涂板冲压成型后，再以传统的喷涂方法涂装底色漆和罩光清漆层；第二步是取代阴极电泳层、中涂层和底色漆层，制备的预涂板冲压成型后，再以传统的喷涂方法涂装罩光清漆层；第三步是完全取代现有的汽车涂装体系，全部采用预涂板，无需喷涂过程。

但是，汽车预涂板距离实际应用还有许多技术难点需要克服。例如需开发可焊接的底漆，涂覆有可焊接的防腐底漆的钢板可以无需电泳涂装过程。PPG 开发的可焊接底漆，含有由含环氧基团的聚合物与含有磷酸基团（亚磷酸、磷酸或膦酸）的化合物的反应产物、固化剂组成的树脂基料、导电颜料（锌、铝、铁、石墨、钨和不锈钢等）和水或有机溶剂，涂

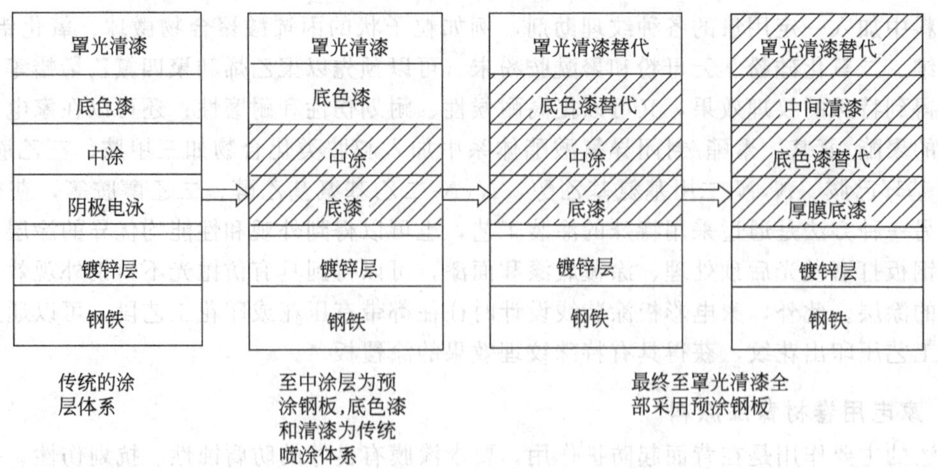

图 3-5-10 预涂汽车钢板逐步取代过程示意图

覆在底材上并固化后具有可焊接性；PPG开发的另一种可焊接底漆，含有环氧官能材料（环氧树脂）与含磷材料（磷酸或膦酸）或含胺材料（可用各种伯胺、仲胺、叔胺，较好的含有至少一种烷基醇胺）的至少一种的反应产物、导电颜料和水或溶剂。

三、食品罐用卷材涂料

金属食品罐头通常都涂覆有机涂层，以满足卫生性、耐腐蚀性和抗化学反应性能的要求。涂装于食品及饮料罐内壁的涂层材料必须是无毒的或在丢弃或回收利用时不会产生污染物，它们必须承受罐头加工蒸煮过程中产生的蒸汽、加热、罐头内容物中的盐类及酸类。

金属罐内表面涂装主要用环氧系、乙烯基系和聚酯系涂料，罐外表面主要用丙烯酸酯系和聚酯系涂料。传统的罐头内壁涂料原料主要采用以双酚类化合物为原料的环氧树脂，涂层性能优异。但最近的研究结果表明其有可能会影响人体内分泌系统，因此，今后，在食品领域，如罐头内壁涂料中将避免使用双酚类原料。

传统的金属包装生产材料多采用冷轧薄钢板、热轧薄钢板或镀锌薄钢板等，在生产过程中必不可少地要进行表面处理、涂漆、烘干等工艺过程，不仅成本高，而且质量难以保证，环境污染也较为严重。为了环境保护和降低成本，一种较好的方法是把钢卷板原料进行统一的预涂装，金属包装厂用预涂后的钢卷板直接制造包装物，不用后涂装，从而大大简化了金属包装物的生产过程。

由于环保问题日益受到人们的重视，覆膜预涂板在食品用罐中越来越多地被采用。主要为聚对苯二甲酸乙二醇酯（PET）膜和聚丙烯（PP）膜，覆膜板具有优异的加工性和耐腐蚀性，适用于制作加工变形量大和内装高腐蚀性物品的深冲罐与焊接罐。聚酯覆膜对食品中香味的吸收率小，可以使罐内食品中各种成分保持预期的平衡关系，使之长期处于良好状态。此外，用覆膜钢板制罐，可采用干式成型，无需过量的润滑剂，可以避免由清洗润滑剂而造成大量废水污染环境。因此，覆膜钢板可提高食品容器性能，降低生产成本，将成为继家电覆膜彩板后预涂卷材涂料的另一个较大的应用领域。

金属包装用预涂卷材涂料必须同时满足预涂卷材的生产工艺及金属包装产品加工使用两方面的特点。

预涂卷材生产工艺是快速辊涂施工，为保证漆膜厚度及流平性，要求有一定的施工黏度。在生产线上，底板行进速度很快，涂料在炉内烘烤时间很短，就要求涂料在底板温度（PMT）260℃以下30～60s内完全固化。另外涂漆后的闪蒸时间很短，所以要选用挥发速率合适的溶剂，以免起泡、产生针孔及流平性不好，通常采用高沸点溶剂。

从对漆膜性能的要求看，涂层为底、面漆各一道。底漆应有好的防腐性及对底材和面漆的附着力，面漆应有好的遮盖力和装饰性。还要求在产品加工成型时漆膜不开裂、不脱落，并在装配、运输及使用时能耐碰撞和划伤。即漆膜要同时具有较好的柔韧性及硬度，还要有优异的耐候性和防腐蚀性。

底漆可以采用环氧聚氨酯、环氧氨基、聚酯聚氨酯、聚酯氨基等。

面漆可以采用聚酯氨基、聚酯聚氨酯、塑溶胶和有机溶胶、以氯乙烯-醋酸乙烯共聚物为主要成膜物的乙烯类树脂涂料、丙烯酸涂料（特别是电子束固化的丙烯酸涂料）、氟碳涂料等。

预涂卷材在包装领域可替代木材和纸板制作普通包装箱；替代普通薄钢板制作金属容器，如钢桶、钢罐和小型桶等，具有加工简单、节约能源、减少污染的优点；替代马口铁制造商品包装盒，美观高雅，成本低廉；替代玻璃瓶等制造用于食品、饮料、罐头等的包装，提高了包装的安全性；用于制造大型包装产品，如集装箱、集箱桶等，可简化加工过程，从而降低成本、节约能源、减少污染。

四、隔热卷材涂料

世界上人口的快速增长和工业的快速发展都导致了有限资源消耗越来越大。开发节能产品成为人们的共识。开发节能隔热预涂卷材涂料符合涂料的发展趋势。建筑物采用隔热卷材，在夏天可以有效地降低对太阳光能量的吸收，在冬天可以有效地防止室内热量的散失，从而可以降低空调运行成本，降低电力消耗，节省能源。实验表明，采用隔热卷材，与采用非隔热卷材相比，在夏天，可使室内温度平均低约 8℃，在冬天，可使室内温度平均高约 6℃。

1. 隔热卷材涂料的性能要求

隔热卷材用作外用建筑材料，要求涂料具有：①美观、装饰性；②耐久性、耐候性；③防腐蚀性；④良好的加工性；⑤环保无毒；⑥有效节省能源。

2. 隔热卷材涂料的隔热机理

夏天和冬天的隔热机理不同。夏天，隔热主要有两条途径。一是要减少太阳光能量的吸收。太阳光谱中与涂料相关的部分，波长从 300～2500nm，各个不同的波长有不同的辐射强度。其中，300～400nm 为紫外线部分，占有约 5%的太阳光能量，虽然这部分能量所占比例很小，但对涂膜的降解起着相当大的作用。400～700nm 的可见光部分，占有约 44%的太阳光能量。700～2500nm 为近红外部分，占有到达地面的太阳光总能量的一半以上。因此对隔热涂料，要求尽可能控制紫外线部分和近红外区域的吸收，减少了紫外线部分的吸收可以减缓涂膜的降解，减少红外区域的吸收可以减少涂膜对太阳光中的热量的吸收，起隔热作用。而对可见光部分，通过不同波长的光的反射可以得到不同的涂膜的颜色和光泽。二是要减少室外热量对室内的热传导。这就要求隔热涂料自身热导率极小、导热性差即隔热性能优。

另一方面，在冬天，室内虽有人和物体辐射热量，但热值很小，促使室内温度高于室外主要热量来源于供暖，这对隔热涂料的反射光能力不作要求，可以利用其导热系数小、导热性差即隔热性能优的特点，避免室内热量的散失而起到节能作用。

根据上述原理，隔热预涂卷材应至少由三层组成，共同起隔热作用：外层隔热涂膜、基材和内层隔热涂膜。

3. 隔热卷材涂料的组成

基于上述机理，隔热卷材涂料中，除了需要仔细选择树脂体系以达到预涂卷材所需的机械加工性能外，还应当根据不同的隔热机理加入不同的隔热材料及助剂，起到隔热屏蔽作用。

(1) 正面涂料　受卷材涂装线限制，根据现有的卷材涂装条件，卷材单面最多只能涂覆三层，即采用三涂三烘工艺，因此考虑正面涂料由三涂层组成。

① 面漆　为了尽可能减少涂膜降解，涂膜对紫外线部分（300～400nm）必须是透明的，或者说是尽可能减少吸收。为此，除了应该选择耐候性好的基料树脂和颜料外，还可加入适量紫外光吸收剂和光稳定剂。对可见光区域（400～700nm），应根据颜料和光泽的需要反射和散射一定的可见光部分。涂膜应尽可能反射近红外区域（700～2500nm），这可以通过使用红外反射颜料实现。

红外反射（IRR）颜料是一种新型的颜料。红外反射颜料具有选择吸收波段性，它可以部分或全部吸收可见波段，而产生各种颜色，甚至黑色，但对近红外区辐射，IRR颜料可以大量反射，从而大大减少了涂膜对太阳光能量的吸收。自然界中的深绿色的树叶就是一种天然的红外反射体，这是由于叶绿素这种天然的红外反射物质的存在。德固萨公司（Degussa）等已经开发出了许多品种的IRR颜料，如Eclipse°黑10201、10202、10203、10204；Eclipse°棕10221、10222；Eclipse°绿10241等。Ferro也开发出了各种颜色的IRR颜料产品，具有较高的红外反射率。其他的IRR颜料如有机和无机或复合无机颜料（CICPs），CICPs具有优异的耐候性、化学稳定性和遮盖力，例如，C.I.颜料黑28（一种铜铬锈矿组成物），C.I.颜料黑30（一种含镍、镁、铬和铁的尖晶石）、C.I.颜料绿17（含铬和铁）等。

白色颜料可以反射60%～70%的太阳光能量，包括可见光和近红外区域，而普通的黑色颜料只能反射5%的太阳光能量，所以采用浅色涂层有利于节能，如果要使涂层的颜色更丰富多彩，应尽可能使用IRR颜料。

② 中涂　尽管面漆已反射大部分的太阳光能量，涂膜仍会吸收部分能量，因此要求中间涂膜的热导率很小，在涂料中可以通过加入隔热屏蔽材料如云母、隔热陶瓷、中空玻璃珠等屏蔽吸收的热量，阻止热量的传导。

③ 底漆　底漆如普通建筑用卷材底漆，提供优良的防腐性能、附着性能和加工性能等。

(2) 背面涂料　背面涂料由底漆和面漆组成，对背面隔热涂料所需的性能要求与正面涂料有所不同。背面涂膜不需要反射太阳光，只要求有良好的隔热性能，即要求涂膜的热导率很低。可以在面漆中加入隔热材料如云母、隔热陶瓷、玻璃珠等而起热能屏蔽作用。

五、纳米材料的应用

纳米科技是20世纪80年代末、90年代初才逐步发展起来的新兴学科领域，但它的迅猛发展将在21世纪促使几乎所有的工业领域包括涂料工业产生一场革命性的变化。近年来，在纳米粉体在涂料中的应用也越来越多。

上海大学施利毅教授等发明了一种用于卷材涂料的纳米功能粉体分散液，由纳米功能粉体、分散助剂、有机聚合物树脂和溶剂组成，是一种用于卷材涂料中提高涂料综合性能的新型分散液。其制备方法是：用经适当表面处理剂处理的纳米功能粉体、一定量有机聚合物树脂及分散助剂为主要成分，采用球磨、砂磨、高速乳化及振荡多项分散工艺，使其分散，制得分散液。该分散液在卷材涂料配漆过程中按一定比例加入，均匀混合后可提高卷材涂料的综合性能。施利毅教授等还发明了一种高耐腐蚀性纳米复彩钢板涂料，在聚酯型涂料中，加入2%～

15%（质量分数）经适当有机表面处理剂处理的纳米级功能粉体，该纳米级功能粉体包括纳米氧化钛、氧化硅、氧化锌、氧化镍、氧化铝、氧化铬、氧化锰中的一种或两种的组合；将该纳米粉体先在少量聚酯树脂中采用球磨、砂磨、高速乳化的特殊分散工艺，使其均匀分散，制得浆液，然后将该浆液涂料本体聚酯树脂均匀混合，最终可得到高耐磨腐蚀性纳米复合彩钢板涂料。

六、特殊功能性彩板用卷材涂料

1. 耐指纹彩钢板涂料

镀锌钢板在家电行业中广泛应用，但在家电产品制造过程中，操作者的手不可避免地会与钢板表面接触而留下明显的指纹印或掌印，光的反射和吸收状态就会发生变化，较之无指纹部分，有指纹部分扩散反射光会减少而发黑，影响美观，同时留有指纹的钢板还容易引发锈蚀，影响产品质量。通过在钢板上涂覆耐指纹涂料，就可以解决这一问题。最早的耐指纹涂料是铬酸盐、硅酸盐处理剂，以后，随着产品要求的不断提高，开发出了无毒、性能更优异的专用耐指纹涂料。如上海宝钢集团公司研制出了一种水性耐指纹涂料，以水溶性改性聚丙烯酸酯乳液为主（含2%～15%有机硅溶胶），加有5%～10%链烷水合物。宝钢公司研制的另一种水性耐指纹涂料中，含60%～80%的水性丙烯酸树脂、2%～10%的二氧化硅、7%～20%的聚四氟乙烯和2.5%～10%的聚乙烯蜡。日本巴可莱新株式会社研制出的一种耐指纹涂料，由硅烷偶联剂、有机聚合物和蜡组成。日本帕卡濑精株式会社（原译巴可莱新）研制了一种可以在金属材料表面形成具有优良耐蚀性、耐指纹性、耐变黑性、涂料密合性等的涂膜的表面处理用组合物和表面处理方法。该金属材料表面处理用组合物含有水性介质和下述成分：①从Mn离子、Co离子、Zn离子、Mg离子、Ni离子、Ti离子、V离子和Zr离子中选择的金属离子；②具有至少4个氟原子和从Ti、Zr、Si、Hf、Al和B中选择的元素的氟代酸；③具有从含活性氢的氨基、环氧基、乙烯基、巯基和甲基丙烯酰氧基中选择的反应性官能团的硅烷偶联剂；④把从阳离子型或非离子型的聚氨酯树脂、丙烯酸树脂、环氧树脂、聚酯树脂和聚酰胺树脂中选择的树脂作为树脂成分的水系乳化树脂。

2. 抗菌彩钢板涂料

聚合物涂料施工于底材上可以改善外观，防止底材受外界环境、生物和机械的破坏，还可提供其他的功能性，要求涂层保持清洁，不沾灰、不发霉，在使用期内防止其他污染物的黏附。由于化学和生物污染会导致保护涂层的装饰性和功能性的损失，从而使涂膜经常要维护保养，例如室外建筑涂层会由于霉菌污染而形成令人不悦的肮脏的外观。霉菌污染会影响节能型弹性屋顶建筑材料的太阳光反射能力，表面霉菌的滋生也会明显影响涂层的保护性能，导致底材的结构破坏。

尽管导致霉菌滋生的机理不同，都要求涂层能提供长期的防止化学品和微生污染物附着的能力，以维持涂层的装饰性和保护性。

目前开发的抗菌材料灭菌原理有两种类型：一是依靠金属离子灭菌；二是靠光催化剂灭菌。

金属离子灭菌原理：当细菌和金属离子接触时，金属离子进入细菌内和使细菌增殖的酶结合，使酶失去活性，达到防菌抗菌目的。金属离子中应用最多的是银系、铜系和锌系。

光催化剂灭菌中典型的为利用光催化剂二氧化钛在太阳或荧光紫外线照射时，空气中的氧和水分形成活性氧，光催化剂具有使有机物质氧化分解的能力，此外，锐钛矿结晶结构的二氧化钛在太阳光、荧光中紫外线照射时，表面产生活性羟基、氧等，起很强的氧化作用，使细菌分解，起到杀菌作用。这种类型的抗菌有光条件下可以即刻起作用，但在没有光的情况下，会影响杀菌效果。

通过将抗菌材料混合于有机涂料中并涂覆于基板上即可形成具有独特抗菌性的抗菌彩钢板。

抗菌彩钢板可以广泛应用于制作家用电器、冷库、冷藏车、医疗设备、建筑墙体材料、食品加工设备等，起抗菌、防霉、消毒、除臭、防藻等功能。

Klesse 等人提出了一种解决涂层表面微生物污染增长的方法：在涂料组成物中加入特殊的含有具有防微生物活性的聚合物助剂。聚合物中含有带季铵盐的乙烯基单体作为杀菌活性组分。分子量非常大，$M_w=20000\sim500000$。

为了解决涂层的防微生物污染问题，关键部分为涂层的表面，需要在液态涂料组成物中加入具有防污染特性且适用于各种组成和用途的组合物，包括用于非常低的 T_g 的聚合物。

Lauer 等人通过在涂料组成物中加入平均粒径 1～50nm 的聚合物纳米粒子（PNP）而提高涂层的防微生物污染性能，PNPs 中含有 1%～100%的至少一种多乙烯基不饱和单体，PNP 粒径较好的为 1～30nm，最好为 1～10nm。其具有特定的组成或支链官能团，由于其粒径非常小，其表面积更高，可以提高干燥或固化后的表面所需的官能性的效率，可以改善耐微生物附着性。PNPs 可以用于改进涂料组成物的表面性能，如提高表面硬度或韧性，减少表面降解，或降低表面能以减少涂层对粒子的吸附，有助于涂层的清洁或自清洁性。

Myers 等人发明了一种抗菌涂覆金属板，涂料中含有抗菌助剂和树脂组合物，所用抗菌助剂的无机抗菌粒子为载有金属成分的氧化物和沸石粉末，无机抗菌核粒子带有具抗菌功能的金属或金属化合物表面层。

3. 抗静电彩钢板涂料

在微电子、电控等行业中，静电感应产生的电压可能会引起系统的误动作，甚至能使半导体等耐电压低的器件损坏。通过在涂装钢板用的涂料中加入导电材料，例如金属粉末、导电石墨、锡和锌等的氧化物以及导电聚合物等，可以增加涂膜的导电性，制备抗静电钢板。抗静电预涂钢板的表面电阻一般可降至 $10^6\sim10^8\Omega$，而普通预涂钢板的电阻一般 $>10^{15}\Omega$。

七、环保卷材涂料

1. 粉末涂料

粉末涂料和涂装技术是 20 世纪中期开发的一项新技术、新工艺，具有节省能源、减少污染、工艺简单、易实现工业自动化、涂层性能优异等特点。半个多世纪以来，伴随制造工艺和涂装技术的改进和发展，其年平均增长速率高达 8%以上，远高于涂料整体增长速率，长期以来得到各国的重视，尤其是进入 21 世纪以来，人类对环境保护更加重视，对挥发性有机物（VOC）和有害空气污染物（HAPS）向大气排放量的限制日益严格，对有限资源如何节省等问题日益关注。

粉末涂料和涂装技术与预涂卷材涂装技术的结合利用完全符合涂料的发展方向。热固性粉末涂料具有优异的耐候性、耐划伤性和其他的物化性能，其完全不含溶剂，过喷粉的回收再利用使其应用于卷材涂装比溶剂型涂料更有优势，采用粉末预涂可以使施工更简便。这是因为：粉末涂料出厂后无需进一步调配，无需稀释和调整黏度；粉末涂料可直接加入进料系统；所有过喷粉末均可从涂装线尾部的集料斗内回收再利用；无需仓库堆放凌乱的漆桶，降低成本；不存在漆液的溢流问题和专用盛漆装置；无溶剂排放和无火灾隐患等。

此外，采用粉末预涂技术可以拓展预涂卷材涂装技术的基材选择范围，粉末涂料可以很容易地施涂于液体涂料难以施工的打孔的金属板和装饰金属板。

正是由于粉末预涂技术的突出优点，欧美、日本等发达国家都把这一技术列为涂料的发展方向之一，特别是可应用于印花金属制品、穿孔金属制品和有纹络表面等当前卷材涂装难以涉及的新市场，形成新的市场增长点。

但由于预涂技术是采用金属薄板的连续涂装，固化时间短，根据不同的生产线，一般要求涂料能在20～60s内快速固化。这就要求粉末涂料快速固化，红外线技术、电感应技术、热对流技术、NIR技术等的综合使用可以使粉末涂料快速聚合。如果使用电感应加热固化，可使粉末涂料在20s内充分交联成膜，也可使用红外线加热技术在60s内固化。可以根据不同的线速要求设计不同的加热方式达到要求：①低速涂装线（最高20m/min）采用传统的电晕/摩擦静电喷涂技术和红外线/热对流固化技术；②中速涂装线（20～60m/min）采用粉末旋杯或新开发的TF粉末刮板技术以及红外线/热对流/电感应/NIR等固化技术；③高速涂装线（60m/min以上）采用电感应加热固化，涂装线速可超过100m/min。

实现高速粉末卷材涂装，除了涂装技术的改进外，粉末涂料配方设计也需要不断的进步。为了满足预涂卷材的性能要求，卷材粉末涂料是以聚酯体系和聚氨酯体系为主。

合肥荣事达工业包装装潢有限公司开发的中速卷材粉末涂料，基固化条件为275℃/2min，涂装线加热混合采用红外与热对流方式，采用摩擦枪喷涂。涂料为聚酯型，树脂玻璃化温度55℃以上，软化点105～115℃，数均分子量5000～8000。

巴斯夫公司（BASF）开发了一种粉末浆卷材涂料，它的优点是可以采用传统的熔融挤出方法制备粉末浆涂料。首先合成端羟基或端羧基的聚酯树脂，端羧基聚酯树脂酸值20～40mg KOH/g，端羟基聚酯树脂羟值40～100mg KOH/g，聚酯树脂可以是线型的，也可以部分支链化。固化剂一般选用常温下为固态的类型。对端羟基聚酯树脂，固化剂选用氨基树脂和封闭异氰酸酯树脂；对端羧基聚酯树脂，固化剂可选用含环氧官能团的环氧树脂和丙烯酸树脂，以及多环氧化合物如三缩水甘油基异氰脲酸酯（TGIC）等。粉末浆涂料组成物中的粉末树脂（包括固态的固化剂）的玻璃化温度或软化点为40～60℃。粉末涂料制备时，将树脂和固化剂干研磨至粒径20～30μm后加入水性介质中，如需要还可加入颜料或填料。在水性介质中除了水，还可以预先加入分散剂、流变助剂、催化剂、消泡剂等助剂。然后将此粉末浆料以合适的分散设备研磨得到平均粒径3～6μm的粉末浆涂料。

与传统的粉末涂料制备技术相比，采用粉末浆技术有许多优点。降低粉末涂膜的膜厚和改善涂膜的外观的方法之一是降低粉末的粒径，粉末涂料粒径越小，涂膜光泽和平滑性越好，施工的膜厚可以更均匀、更薄，但是采用传统的粉末制备方法，粒径降到一定程度（如低于5μm）时很容易造成粉尘危害，而且研磨太细的粒子很容易产生黏结，而采用粉末浆技术就可以解决这一问题，它兼具了粉末涂料和水性涂料的特点。

德固萨公司（Degussa AG）开发了一种聚氨酯粉末涂料组成物。树脂体系为聚酯树脂和封闭异氰酸酯树脂。合成了端羟基的对苯二甲酸型聚酯树脂，其羟值30～100mg KOH/g，数均分子量1200～5000，熔点75～100℃。聚酯合成可以采用酯交换方法或酯化方法。封闭异氰酸酯制备时，封闭剂采用ε-己内酰胺，反应在无溶剂条件下在进行，反应温度90～130℃。然后将聚酯树脂、封闭异氰酸酯和其他的颜填料、助剂混合，用传统的熔融挤出方法制备粉末涂料。

美国MSC开发的热固型聚酯预涂粉末涂料，涂膜膜厚可达20μm以下，机械加工性能优异，硬度高、外观好。

美国First Precision LLC开发了Powder Coil™粉末卷材涂料的高速涂装和固化生产工艺，综合采用了Powder Jet®ow粉末涂料喷涂技术，加上AdPhos NIR®近红外光固化技术和杜邦公司Alesta® Speed Ray-Tec®红外固化粉末卷材涂料，可以使生产线的速度超过

100m/min，粉末涂料的固化时间仅为5～20s。

2. 水性涂料

受涂装工艺限制，水性涂料在卷材中的应用不多，即使在欧美等发达国家，也只有很少的几条水性涂料卷涂生产线。Morimoto Osamu 等人发明了一种罐头内壁涂装及金属板材涂装用的水性预涂卷材涂料，其树脂组成物为聚酯和酚醛树脂，具有极好的固化性能、柔韧性、耐蒸煮性和耐萃取性。其中聚酯树脂是通过分子中含酸酐的化合物开环和加成反应得到，其数均分子量5000～100000，酸值150～800eq/106g，以碱性化合物中和得到水分散性。酚醛树脂是采用可溶性酚醛树脂，作为交联剂。

Laskin 发明了一种水性卷材底漆，其基料中含有可热固化的、水分散型聚氨酯聚合物及可热固性的或热塑性的、可成膜的水分散型聚合物，通过两者的协同作用底漆的性能可以更好，这些性能包括柔韧性和冲击、底漆对金属底材和面漆的附着力、耐化学品性和防腐性、耐潮气和耐水性及室外耐久性等。

Leibelt，Ulrich 等人发明了一种自交联型金属容器用水性卷材涂料，其具有优异的附着力和柔韧性，内用不会影响容器内食品或饮料的味道。其由环氧树脂、水分散性丙烯酸树脂、颜料、填料、防腐剂和水性介质组成。

Asahina 等人发明了一种用于建筑外用、食品罐及卷材的含水性聚氨酯多元醇的水性涂料，所提供的水性聚氨酯多元醇分子中含有羟基、氨基甲酸酯基和亲水基团，其分子中平均羟基含量3～20、羟值10～200mg KOH/g、氨基甲酸酯/（羟基＋亲水基）为1～2、数均分子量1000～20000。

Wind 等人发明了一种水性食品饮料罐内用预涂卷材涂料，其 VOC 含量低且不含甲醛。该水性涂料中含环氧丙烯酸树脂水性分散体和聚合物活性稀释剂。

O'Brien 等人发明了一种包装容器用预涂卷材涂料，含有由环氧乙烷官能度为0.5～5的环氧乙烷官能烯烃的加成聚合反应产物、酸值30～500mg KOH/g 的酸官能聚合物和叔胺组成的水性分散体。

Shimada 等人发明了一种金属罐用水性预涂卷材涂料，该涂料中所用水性树脂制备是使数均分子量至少9000且环氧当量不超过9000的芳香族环氧树脂、数均分子量小于9000且环氧当量不超过5000的芳香族环氧树脂和玻璃化温度至少100℃的含羧基丙烯酸树脂部分酯化反应得到丙烯酸改性环氧树脂，用碱中和后分散于水性介质中。

八、结论

彩钢板涂料经过数十年的发展，已经形成了较完善的涂料体系，有了广泛的应用。随着科技的进步，各种建筑涂料、海洋涂料、特种功能涂料、低污染化涂料等应用领域中的新技术均可引入彩钢板涂料中，从而不断扩展和提高其应用环境和功能性。

目前国内尚处于彩钢板应用的成长期，主要关注于普通建筑用彩钢板，而随着市场竞争全球化趋势的加快，高装饰性、高性能、低污染和功能性彩钢板涂料及彩钢板将成为必然的发展方向。

参 考 文 献

[1] 涂料工艺编委会．涂料工艺：下册．第3版．北京：化学工业出版社，1997.

[2] 朱立，徐小连编著．彩色涂层钢板技术．北京：化学工业出版社，2005.

[3] 张启富，黄建中编著．有机涂层钢板．北京：化学工业出版社，2003.

[4] 俞剑峰，岳远广，江社明，江巍，欧阳展鸿等．第5届国际彩板及涂料涂装技术研讨会论文集．昆明常州涂料化工

研究院，2007.
[5] 上海汉高股份公司，上海凯密特尔化学品有限公司，S K 化工（苏州）有限公司，力同化工（佛山）有限公司，王利群，吴奎录，刘谦，夏振华、司俊芳. 第 4 届国际彩板及涂料涂装技术研讨会论文集．上海：常州涂料化工研究院，2006.
[6] Temtchenko 等. US 6242557. 2001-06-05.
[7] 李大鸣，王利群等. 有机硅改性聚酯型耐久卷材面漆的研制．涂料工业，2007，37（12）：30-32.
[8] 肖佑国，祝福君编著. 预涂金属卷材及涂料. 北京：化学工业出版社，2003.
[9] 王利群，李大鸣等. 预涂卷材涂料的性能影响因素. 涂料工业，2005，35（1）：4-6.
[10] GB/T 12754—2006.
[11] HG/T 3830—2006.
[12] Bamber Michael. EP 0634460. 1995-01-18.
[13] 胡靖玮，罗志刚等. 卷材用环氧聚氨酯底漆的研制. 涂料工业，2003，33（2）：1-2.
[14] Richard Alla Hickner 等. GB 2121804A. 1984-01-04.
[15] 俞剑峰等. CN 1702128. 2005-11-30.
[16] Laskin. US 4103050. 1978-07-25.
[17] Marinow. US 6756450. 2004-06-29.
[18] 杨小青等. 高耐候卷材涂料用聚酯树脂. 涂料工业，2006，36（12）：35-37.
[19] Nguyen，Diep 等. US 6699933. 2004-03-02.
[20] 申龙，戴毅刚等. 建筑用彩色涂层板发泡粘接性探讨. 涂料工业，2006，36（1）：59-61.
[21] 冯春苗等. 家电板用黑色导电背漆的研制. 涂料工业，2006，36（10）：29-31.
[22] 夏范武，许君栋等. 高耐久涂料用交联型氟涂料. 涂料工业，2005，35（11）：54-59.
[23] 李大鸣. 国内家电用彩板市场及家电板涂料研究进展. 涂料技术与文摘，2007，28（11）：5-7.
[24] 王利群，陈义庆，张连伟. 第 3 届国际彩板及涂料涂装技术研讨会论文集. 常州：常州涂料化工研究院，2005.
[25] Hane Takashi 等. JP 07-292316. 1995-11-07.
[26] Hoehne，Joerg 等. US 6933047. 2005-08-23.
[27] Wamprecht，Christian 等. US 6863863. 2005-03-08.
[28] Tullis，Bryan 等. US 7125613. 2006-10-24.
[29] Bernd Meuthen. Safe working environments-One component PUR systems for coil coating. ECJ，2004，(3)：34-45.
[30] Gray，Ralph C 等. US 6750274. 2004-06-15.
[31] Berger，Valentin 等. US 6777034. 2004-08-17.
[32] Morimoto Osamu 等. EP 1273626A1. 2003-01-08.
[33] 刘相华，王国栋. 食品罐用有机涂层板. 轧钢，2001，18（2）：47-49.
[34] James Thomas Maxted，张俊智，Beverly A. Graves. 第 2 届国际彩板及涂料涂装论坛论文集. 常州：常州涂料化工研究院，2004.
[35] 施利毅，周莉等. CN 1884406. 2006-12-27.
[36] 施利毅，钟庆东等. CN 1569992. 2005-01-26.
[37] 魏涨渠，朱建强等. CN 1110790. 1996-03-20.
[38] 戴毅刚，张剑萍. CN 1239728. 1999-12-29.
[39] 河上克之，中村充等. CN 1311063. 2001-09-05.
[40] 中村充，河上克之等. CN 1614089. 2005-05-11.
[41] Lauer 等. EP 1371690A2. 2003-12-17.
[42] Klesse 等. US 6194530. 2001-02-27.
[43] Myers 等. US 6929705. 2005-08-16.
[44] Sacharski 等. UP 6360974. 2002-03-26.
[45] Leibelt，Ulrich 等. US 6008273. 1999-12-28.
[46] Asahina 等. US 7012115. 2006-03-14.
[47] Wind 等. US 7037584. 2006-05-02.
[48] O'Brien 等. US 7189787. 2007-03-13.
[49] Shimada 等. US 6514619. 2003-02-04.

第六章 塑料涂料

塑料涂料顾名思义即是用于塑料表面进行涂装的涂料，在塑料表面涂装可以达到以下目的。

(1) 提高塑料制品的装饰性，降低制品的制作成本　塑料制品的着色过去传统的做法是借助于色母粒。色母粒的成本因颜料成本高而普遍较高，同时色母粒着色时颜料用量大，因而造成色母粒着色时的色料成本也普遍偏高。

(2) 提高塑料制品的使用寿命　塑料制品一般对光及水等较敏感，而通过选择高耐候的涂层可以显著提高塑料制品的使用寿命。

(3) 赋予塑料制品某些特殊功能　例如电磁波屏蔽——用于笔记本电脑外壳，防霉、阻燃、导电等。

目前使用塑料涂料对塑料基材进行涂装普及到各个领域。如汽车、机械、日用品、电子、化工玩具等。据有关资料介绍仅在国内用汽车塑料涂料就占汽车用涂料的16%（包括抗石击涂料），《化学周刊》披露伦敦一家研究机构提供情报，未来一段时间内西欧市场塑料涂料的需求年均增速达3.4%。2008年西欧塑料涂料的需求总量将达到12.4万吨/年。而根据相关资料信息，近几年西欧塑料涂料的年消费量约占全球25%的市场。塑料涂料在中国及亚洲的新兴工业化国家具有极大的发展空间。

近年来塑料涂料也像其他类型涂料一样，在高装饰性、功能化、低成本化和环境友好型等方面进行同步改善。塑料涂料的特征如下。

1. 塑料涂料的高装饰性

塑料涂料除了在光泽、丰满度方面的进一步发展外，其新感觉化在许多地方是一个趋势。如砂面、绒面、光致变色、随角异色、裂纹、皱皮等一系列原先只出现在金属涂料中的涂膜效果，现在几乎在塑料涂料中均有体现，甚至得到了更多的发展。

2. 塑料涂料的功能性

涂层功能化研究涉及弹性、韧性、耐磨性等。实现这些功能大多是依靠对助剂及填充料的选择来完成。如掺入导电粉体引入抗静电功能，掺入磁粉形成电子屏蔽现象，加入高硬度填料增强涂膜耐磨性，补充高分子增韧剂提高涂膜韧性及耐磨性等。

3. 塑料涂料的低成本化

塑料采用涂料涂装与采用色母粒着色、模具、精密化工艺路线相比，在材料的外装饰性上产生的成本要低很多。然而随着市场竞争的不断深化，塑料涂装成本的控制成为一个相当紧迫的问题。为此一些有助于提高性能的低价原材料逐渐被涂料生产者所采用，如纳米级填充物、高长径比的短纤维状填充物等。这些填充料可部分取代过去为改善性能而引入的增韧剂，还可减少抗划痕助剂的使用。

第一节 塑料底材的特征

塑料与钢铁、木材、水泥一起共同构成了现代工业四大基础材料，在国民经济中占有重要地位。塑料具有材料综合性能优异、加工方便、生产和使用中可以显著节约能源等优点，使其被广泛应用于工农业生产和日常生活当中。

一、塑料的组成与分类

塑料因其聚合物不同而品种繁多，且每一品种又具有多种牌号。为了便于识别和使用，需对之进行分类。常用的分类方法有如下几种。

(1) 根据塑料的来源分　天然树脂、合成树脂。

(2) 根据制造树脂的化学反应类型分　加聚型塑料、缩聚型塑料。

树脂合成的加聚反应是指在一定的条件下，单体分子的活性链发生相互作用，“加聚”成一条大分子链的过程；而缩聚反应是靠单体中的可反应基团等来反应的，其反应是逐步缩合的，并伴有水、氨、甲醇、氯化氢等某种小分子物质析出。

(3) 根据聚合物链之间在凝固后的结构形态分　非结晶型（无定型）、半结晶型、结晶型。

结晶型塑料在凝固时，有晶核到晶粒的生成过程，形成一定的形态结构，如聚乙烯、聚丙烯、尼龙等。无定型塑料在凝固时，没有晶核的形成、晶核的成长过程，只是自由的大分子链的“冻结”，如聚苯乙烯、聚氯乙烯、有机玻璃、聚碳酸酯等。

(4) 从应用角度来区分　通用塑料、工程塑料两大类。其中，工程塑料中又可细分出特种工程塑料以及用在特殊场合的功能塑料，如医用塑料、光敏塑料、珠光塑料、导磁塑料、离子体塑料等。

(5) 按塑料成型方法来分　有模压塑料、层压塑料、注塑塑料、挤塑塑料和吹塑塑料、浇注塑料、反应注射模塑材料等。

(6) 从化学结构及其基本行为分　热固性塑料、热塑性塑料两大类，这是比较科学的分类法。

热固性塑料成型前是可溶可熔的，即为可塑的，在一定的温度和压力条件下，经历一定时间的固化，能成型为不溶不熔的物质。常用的热固性塑料品种有酚醛树脂、脲醛树脂、三聚氰胺树脂、不饱和聚酯树脂、环氧树脂、有机硅树脂、聚氨酯等，见表 3-6-1。

表 3-6-1　热固性塑料分类

交联方式	树脂种类	交联方式	应用领域
CH_2OH 缩水交联	酚醛树脂、三聚氰氨树脂	加热	用在耐热性领域
$R_1NH_2—CH_2—CH—R_2$（CH 与 CH_2 经 O 成环）	环氧树脂	常温或加热	路板和电子元件的铸封
CNO＋HO(R—OH) 或 $H_2N═R═NH_2$	聚氨酯、聚脲	常温或加热	常用于低温绝缘性好的环境
—CH═CH—	不饱和聚酯、烯丙基树脂、丙烯酸环氧和丙烯酸聚氨酯树脂	化学引发和光引发聚合	玻璃钢
其他交联方式	有机硅树脂	加热	电子元器件材料

热塑性塑料是指在特定温度范围内可反复加热软化和冷却硬化（成型）的塑料，或者说是反复可溶可熔、可以多次成型的塑料。常用的品见表 3-6-2。

表 3-6-2　热塑性塑料分类

结构类型	树　脂　的　种　类
聚烯烃类	结晶型：聚乙烯、聚丙烯、聚甲基戊烯、聚丁二烯、聚丁烯 非结晶型：苯乙烯、聚丁二烯、聚丁二烯-苯乙烯
乙烯基类	聚氯乙烯、聚乙酸乙烯、聚甲基丙烯酸甲酯、聚乙烯-乙酸乙烯共聚物、聚四氟乙烯、聚偏氟乙烯、AS、ABS、ACS、离子聚合物等
其他线型聚合物类	聚甲醛、聚酰胺、聚碳酸酯、聚苯醚、聚对苯二甲酸乙二醇酯、聚对苯二甲酸丁二醇酯、聚丙炔、聚砜、聚酰亚胺、氯化聚醚、氟塑料、线型聚酯等
纤维素类	硝基纤维素、醋酸纤维素、乙基纤维素等

由于用途不同、改性方法不同又衍生出不同种类的塑料。例如：硬质塑料、软质塑料、薄膜等；泡沫塑料；开孔闭孔泡沫塑料；由玻璃纤维或碳纤维增强的塑料——玻璃钢（GFRP)；由钙系填料增强改性的钙塑材料；以及塑料与其他材料复合的塑料合金等。

二、塑料的特性

塑料材料品种很多，其性能也大不相同。有的以高强度著称，有的以耐腐蚀优先，有的侧重于电气绝缘性等。尽管塑料品种较多，性能差别大，然而，塑料材料与其他材料相比，仍具有共同特性，其表现主要为如下几个方面特点。

1. 质轻

塑料都比较轻，各种泡沫塑料的相对密度在 0.01～0.05，普通塑料的相对密度一般在 0.9～2.3。在要求减轻自重的用途中，塑料材料有着特殊重要的意义。例如，波音 707、747 飞机上大量采用聚碳酸酯这种塑料材料就是为了减轻自重。在运输机械用材上，塑料的比例不断增加，尤其是结构泡沫塑料和纤维增强塑料。

2. 电气绝缘性好

在电性能方面，塑料包含着极其宽广的指标范围。体积电阻率高达 10^{16}～$10^{20}\Omega\cdot cm$，介电损耗低到 10^{-4}。总体来说，大多数塑料在低频、低压条件下具有良好的电气绝缘性，不少塑料即使在高频、高压条件下也能作为电气绝织材料和电容器介质材料。

3. 隔热性能好

塑料的热导率极小，比金属小上百倍甚至上千倍，是热的不良导体或绝热体，因而常被用作绝热保温材料。泡沫塑料的热导率与静止的空气相当。因此，聚苯乙烯、聚氨酯等许多泡沫塑广泛应用于冷藏、建筑、节能装置和其他绝热工程。

4. 机械强度范围宽

塑料的机械强度范围宽广，从柔顺到坚韧甚至到刚、脆都有。大多数塑料的制品的刚度与木材相近。不同塑料材料的机械强度差别很大；拉伸强度从 10～50MPa 甚至更大的都有。塑料的比强度接近或超过传统的金属材料的比强度。因此，普通塑料特别适用于受力不大的结构件。

5. 成型加工性能好

塑料成型加工方便，例如用塑料做的机器零件，可以不需经过铸造、铣、刨等工序，只要一次成型即可。

6. 减振、消音作用强

许多塑料由于柔软而富于黏弹性，当受到外界的机械冲击振动或频繁的机械波作用时，塑料内部产生黏弹内耗，将机械能转变为热能而散发。因此，工程上常利用塑料（尤其泡沫塑料）材料作为减振和消音材料。

7. 耐磨性能好

大多数塑料摩擦系数很小，有些塑料还具有优良的减摩、耐磨和自润滑特性。许多工程塑料制品的摩擦零件可以在各种液体摩擦、边界摩擦相干摩擦等条件下有效地工作。有些塑料的耐磨性为许多金属材料所不及。例如，各种氟塑料以及用氟塑料增强的聚甲醛、聚酰胺塑料就是良好的耐磨材料。

8. 透光性及其防护性能良好

不少塑料如聚苯乙烯、聚氯乙烯、聚碳酸酯和丙烯酸类塑料是无定形的（或很少结晶）。有些塑料（如聚酯、尼龙等）虽然结晶度较高，但其晶粒可以控制得很小，所以，许多塑料制品可以做成透明或半透明材料。其中聚苯乙烯和丙烯酸类塑料和玻璃一样透明，常用作特殊环境下玻璃的替代品。利用聚丙烯、聚乙烯等塑料薄膜既透光又保暖的特性，大多用于保护农作物。

9. 结晶性

塑料、合成纤维和合成橡胶均为高分子合成材料。其中，合成纤维分子结晶性高（分子排列规范）、配向性大；合成橡胶为非结晶性的弹性材料；而塑料处于合成纤维和橡胶的中间的位置。

塑料有无结晶性对漆膜附着关系极大。即结晶性高则漆膜附着差，这就是为什么涂装前必须进行表面处理，或者选用特殊的专用底漆的原因。

10. 塑料改性

与金属材料相比，塑料的比强度、耐热系数相对较小；而电阻率、热膨胀系数相对较高。这就是为什么要加入玻璃纤维或碳纤维以及无机填料，或者制成复合材料以便改进和调整其性能，满足不同用途的需求。

11. 常用性能指标

塑料的拉伸强度、相对伸长、耐冲击、耐热性四个指标是最常用的性能指标，也是必须与涂料相匹配的、最基本的特性指标。通常，拉伸强度高的其耐热性较好；耐冲击性好的其相对伸长较高。

12. 电阻及导电性

热塑性塑料的体积电阻率一般$>10^{13}\Omega\cdot m$，热固性塑料的体积电阻率比热塑性塑料稍低。因此实际上往往加入防静电剂或者与无机填料复合后成型以降低其带静电性。但是防静电剂往往容易迁移至塑料表面而有害于漆膜的附着。这是必须特别留意之处。

由于塑料表面带静电后，容易吸附灰尘等杂物而影响涂层的附着并产生涂装缺陷。在有条件的地方，最好采用电晕放电，使空气预先除尘，并严格涂装室的湿度管理以确保塑料制品少带电或不带电，提高涂装质量。

13. 表面张力

塑料的表面张力与金属不同，塑料一般是低表面能的表面，不利于涂料的附着。塑料的表面特征是涂料附着的关键，以后将详细叙述。

14. 溶解度参数

塑料的溶解度参数即塑料涂料中溶剂和树脂的相容性，也是影响涂装质量的关键因素之一。在第二节中将详细讨论。

15. 残余应力

塑料加工成型后的残余应力对涂料的附着和涂装会有一定的影响。

综上所述，塑料由于它的优良的、多样的实用性，故在工农业生产、日常生活、国防以及科技领域中获得相当广泛的应用。

然而，塑料也有许多缺陷、主要有如下几方面。

① 热性能差。塑料的许多性能对温度的依赖性十分显著，即在不太高的温度之下，足以改变大分子热运动方式和聚集态结构，从而影响到塑料几乎所有的性能。因此，使用温度范围不宽和耐热性较差，是塑料突出的问题。

② 塑料的强度低，刚度则更低。

③ 不易成型尺寸精密的制品。

④ 塑料制品在使用过程中易产生蠕变冷流、疲劳和结晶等现象。导热性不良和热膨胀系数大。

三、常用塑料性能简介

1. 丙烯腈-丁二烯-苯乙烯共聚物（ABS）

(1) 特性 ABS是不透明的非晶型树脂，加工性非常好。可注射、挤出、压延、热成型。还可进行机加工、焊接、粘接、涂漆和电镀等：在二次加工中，ABS是所有塑料中最易电镀的品种。主要缺点是耐候性差，室外长期暴露易老化变色，从而降低了冲击强度和硬度。此外，ABS还易溶于醛、酮、酯等有机溶剂中。

(2) 典型应用范围 汽车（仪表板，工具舱门，车轮盖，反光镜盒等）、电冰箱、大强度工具（头发烘干机，搅拌器，食品加工机，割草机等）、电话机壳体、打字机键盘、娱乐用车辆（如高尔夫球手推车）以及喷气式雪橇车等。表3-6-3是国内通用ABS牌号和性能。

表 3-6-3 国内通用ABS牌号和性能

型　号	熔体指数	特　性　与　用　途
通用型		冲击强度较高，可作机壳及零部件
701	1～1.4	冲击强度中等，可作家具，收录机零件
301	1.3～2.3	冲击强度略低，可作杂品、玩具、灯具
101、102	1.5～3	流动性好，可注射大型和复杂形状制品
高流动性 F3	3～4.5	高刚性，冲击强度较高，可挤出板、管、棒
挤出型 E7	0.8～1.2	冲击强度中等，可挤出型材及真空成型壳体
挤出型 E3、E1	0.5～1.8	

续表

型　号	熔体指数	特 性 与 用 途
耐热型 T5 耐热型 T2	0.1 0.9～1.3	耐热性最好，可作热工仪器盘、耐热机壳
耐寒型 G8	0.5～1.5	耐热性次之，可作纺织器材。纱管低温韧性好，可作低温使用的部件
难燃型 Ⅵ	9～12	阻燃 V0 级，可作防火的部件
高耐冲型 H08	0.5	高耐冲性能，可作反坦克地雷外壳等

2. 聚乙烯（PE）

(1) 高密度聚乙烯（PE-HD，相对密度 0.95）

① 特性　PE-HD 的高结晶度导致了它的高密度、高拉伸强度、高温扭曲温度、高黏性以及化学稳定性。PE-HD 比 PE-LD（低密度聚乙烯）有更强的抗渗透性。主要缺点是 PE-HD 的耐冲击强度较低。燃烧时放出臭气，但无烟，耐水、耐化学药品优异，不透水和空气。难以附着涂料和油墨，不耐热和大气老化。

② 典型应用范围　电冰箱容器、存储容器、家用厨具、密封盖等 。

(2) 低密度聚乙烯（PE-LD，相对密度 0.92）

① 特性　分子量较低，分子链有支链，结晶度较低（55%～60%），故密度小，质地柔软，透明性较 HDPE 好；耐冲击、耐低温性极好，但耐热性及硬度都低。不耐紫外光，在 100℃ 加热逐渐劣化。难附着涂料和油墨。

② 典型应用范围　用于制作农用食品及工业包装用薄膜，电线电缆包覆及涂层，合成纸张等。

3. 聚丙烯（PP）

聚丙烯是以丙烯为单体聚合制得的聚合物，常温下为白色蜡状半透明颗粒，它比聚乙烯更透明更轻，相对密度为 0.90。聚丙烯分子链中按甲基在空间的排列情况可分为三类，即无规聚丙烯（APP）、等规聚丙烯（IPP）、间规聚丙烯（SPP），APP 主要用于塑料改性时的添加剂，SPP 主要用于弹性体，IPP 产量在三种结构中占 95%。

(1) 特性　聚丙烯的结晶度一般为 50 ～70 ，晶态相对密度为 0.935。非晶态相对密度为 0.850，熔点 170℃，热变形温度为 150℃，可在 110℃ 使用。聚丙烯的拉伸强度比聚乙烯、聚苯乙烯和 ABS 为高，制品硬度也较 PE 为高。其突出优点为具有较高韧性和耐弯曲疲劳。聚丙烯介电常数小，绝缘性能优异，不吸潮，对酸、碱、盐和众多有机溶剂均很稳定。聚丙烯的主要缺点是制品收缩率高，易翘曲，由于分子链中含有众多的叔碳原子，因而制品耐光、热性差。难以附着涂料和油墨。PP 树脂的主要性能见表 3-6-4。

表 3-6-4　PP 树脂的主要性能

项目	标准型	耐冲击型	双轴拉伸膜
相对密度	0.9	1.04	0.9
拉伸强度/MPa	34.32	19.61	98.07
硬度(M. Rockwell)	98	82	—
热变形温度/℃	115	100	—
耐电压/(kV/mm)	30	30	30
吸水率/% <	0.03	0.03	0.03
相对伸长率	600	500	60

(2) 典型应用范围　应用于汽车工业（主要使用含金属添加剂的PP：挡泥板、通风管、风扇等）、器械（洗碗机门衬垫、干燥机通风管、洗衣机框架及机盖、冰箱门衬垫等）、日用消费品（草坪和园艺设备如剪草机和喷水器等）。

4. 聚氯乙烯（PVC）

聚氯乙烯是以氯乙烯单体经加成聚合反应而制成的热塑性线型树脂，未加其他配方的单一聚氯乙烯树脂难以形成实用材料，因而聚氯乙烯总要配以增塑剂、稳定剂等助剂组成材料。聚氯乙烯是世界上产量仅次于聚乙烯的树脂，通过不同的配方，可制成管材、板材、型材、薄膜、纤维、人造革等产品。

(1) 特性　聚氯乙烯为白色粉末状固体，不溶于水、酒精和汽油。它没有明显的熔点，130℃可软化，140℃ 开始分解。分解速率随温度升高而增加，共熔化流动温度为 180℃左右，熔化后的 PVC 流动性很差，因而难以直接进行挤出或注射成型。加入增塑剂后会明显改善其流动性，当增塑剂含量＜ 10% 时得到硬质 PVC 制品，＞30% 时得到软质 PVC 制品。喷涂涂料时若溶剂使用不当，增塑剂易渗出。

(2) 典型应用范围　可用于供水管道、家用管道、房屋墙板、商用机器壳体、电子产品包装、医疗器械、食品包装等。

5. 聚苯乙烯（PS）

聚苯乙烯是以苯乙烯为单体聚合制成的塑料，为无色透明的粒状树脂。无臭无味，相对密度 1.05，熔化温度 150～ 180℃ ，分解温度 300℃。

(1) 特性　刚性高，表面硬度大，透明性好，耐冲击性差。PS 对化学药品很稳定，不吸潮。聚苯乙烯的介电损耗小，耐电弧，是优异的电子工业材料。

(2) 典型应用范围　聚苯乙烯（PS）是一种多功能塑料，广泛应用于食品包装、CD 盒、绝缘板、商业机器设备、资讯器材、家电、消费性产品等许多日常生活领域中（表 3-6-5）。

表 3-6-5　通用及耐冲击级聚苯乙烯特性及用途

类　别		特　性	用　途
通用级聚苯乙烯 GPPS	915F	高流动级 TPR 混炼	TPR 混炼用等
	818	挤出级，高分子量，高强度，耐热性佳	OPS/PSP 挤板制品等
	866	射出级，透明度良好，耐热性佳	CD 盒，家电制品、家庭五金、化妆品容器
	861	射出级，透明度良好，耐热性佳	家电制品、家庭五金、化妆品容器灯饰、玩具
耐冲击级聚苯乙烯 HIPS	661	中耐冲击度，高光泽，高流动性	家电制品、玩具、文具
	616	超高耐冲击强度，挤出级，耐热性佳	挤板制品、线轴、浮球
	666	超高耐冲击强度，射出级，高流动性	计算机外设制品、家电制品、文具

6. 聚酰胺（PA）

聚酰胺是一种主链上含有重复酰氨基的聚合物，其合成方法多为两种单体的缩合反应，商品名为尼龙。

(1) 特性　耐油性和耐化学溶剂性好，难燃、无毒、易染色、易吸水。聚酰胺具有耐磨和自润滑的特性，强度、韧性和硬度均较高，可在－40～100℃下长期工作，其性能会依碳原子数目的多少而变化。聚酰胺的加工工艺性较好，熔体黏度低、流动性高、加工温度范围广，可用注射、挤出、浇注、挤拉等方法成型各种工程塑料制品，还可进行二次加工。聚酰胺主要缺点是吸水率高、制品的后收缩率大。因此 PA 在加工前需在 100℃左右干燥。

(2) 典型应用范围　聚酰胺常用在机械、仪器仪表、汽车等行业中的轴承、齿轮、凸轮、泵、闸门、垫圈、油箱、油管、拉链等工业用品中。

7. 聚碳酸酯（PC）

聚碳酸酯是一种无味、无臭、无毒、透明的无定形热塑型材料，是分子链中含有碳酸酯的一类高分子化合物的总称，简称 PC。因制品性能、加工性能及经济因素等的制约，目前仅有双酚 A 型的芳香族聚碳酸酯投入工业化规模生产和应用。一般结构式可表示：

$$\left[-O-C_6H_4-C(CH_3)_2-C_6H_4-O-\overset{O}{\overset{\|}{C}}-\right]_n$$

n 约为 140

(1) 特性　相对密度为 1.20，熔点为 220～230℃，可溶于二氯甲烷、间甲酚、环己酮和二甲基酰胺等，在乙酸乙酯、四氢呋喃和苯中溶胀。突出表现在其具有优良的力学性能、热性能和电性能，特别是其冲击韧性很高，具有高透明度和耐蠕变性，尺寸稳定性好，可在－60～120℃长期使用。

(2) 典型应用范围　双酚 A 型聚碳酸酯是目前产量最大、用途最广的一种聚碳酸酯，也是发展最快的工程塑料之一。作为工程塑料广泛用于透明材料、电器零部件、医疗器械和机械罩壳等。

8. 聚甲醛树脂（POM）

聚甲醛是甲醛的均聚物和共聚物的总称，由于共聚甲醛分子链中引入了 C—C 键，从而隔断了缩醛链，使其耐碱、耐热水的性能大大增加，因此国内外的聚甲醛树脂以共聚甲醛为主。

(1) 特性　聚甲醛是一种没有侧链、结晶度高的线型聚合物，外观为白色有光泽的颗粒，易燃烧，有良好的耐油性，但不耐酸、碱和紫外线。

聚甲醛的拉伸强度可达 70MPa，可在 104℃下长期使用，脆化温度为－40℃，吸水性较小。但聚甲醛的热稳定性较差，耐候性较差，长期在大气中曝晒会老化。

聚甲醛的力学性能相当好，它具有较高的强度的弹性模量，摩擦系数小，耐磨性能好。聚甲醛还具有高度抗蠕变和应力松弛的能力。聚甲醛尺寸稳定性好，吸水率很小，所以吸水率对其力学性能的影响可以不予考虑。聚甲醛有较好的介电性能，在很宽的频率和温度范围内，它的介电常数和介电损耗角正切值变化很小。

(2) 典型应用范围　由于聚甲醛是一种力学性能优异的工程塑料，因而广泛应用于机械、电子、仪表、化工、纺织、农业等部门，常用的加工方法是注射、挤出、吹塑、喷涂。

9. 酚醛树脂及塑料（PF）

酚醛树脂是以酚类化合物与醛类化合物缩聚而制得的树脂，结构式如下。

$$HO{-}C_6H_4-CH_2-\left[C_6H_3(OH)-CH_2\right]_n-C_6H_4{-}OH$$

其中以苯酚和甲醛制得的酚醛树脂用量最大，在酚醛树脂中添加各种助剂所得到的塑料称为酚醛塑料，是热固性塑料的主要品种。

(1) 特性　不溶解于水，溶于丙酮、酒精等有机溶剂中。能耐弱酸和弱碱，遇强酸发生分解，遇强碱发生腐蚀。

密度/(g/cm³)	1.50	冲击强度/(kJ/m²)	≥5.0
比容/(mL/g)	2.0	弯曲强度/MPa	>58.8
收缩率/%	0.5～1.0		

酚醛塑料的优点是耐热性高（150℃下长期工作），尺寸稳定性高，电气绝缘性能优异，机械强度好，耐化学腐蚀，因而常用作电气绝缘、耐热、耐磨及防腐蚀材料。

酚醛塑料的主要缺点是性脆，耐电弧性差和吸湿率较高，常用聚酰胺、聚氯乙烯、丁腈橡胶与酚醛树脂共混，以提高其机械强度和韧性，改善吸水率高的缺点。

(2) 典型应用范围 一般酚醛树脂常用玻纤增强，或用环氧树脂、聚乙烯醇缩丁醛与其混合，改善其脆性。此外还可用有机硅对其改性，以提高其耐热性和高温绝缘性。主要用于制造瓶盖、纽扣等日常生活用品及一般机器按钮、零件等。

10. 聚甲基丙烯酸甲酯（PMMA）——有机玻璃

有机玻璃是一种用途广泛的产品，其结构式可表示为：

$$\left[CH_2-\underset{COOCH_3}{\overset{CH_3}{\underset{|}{\overset{|}{C}}}} \right]_n$$

主要性能如下：

相对密度	1.18～1.19	透光率/%	
热变形温度/℃	≥78℃	≤15mm	91
拉伸强度/MPa	60	≥15mm	90
冲击强度/MPa	1.2		

有机玻璃能溶解于苯、二甲苯、丙酮、氯仿等溶剂中，而甲醇、乙醇等有机物能使有机玻璃表面膨胀或粗糙发毛。

(1) 特性 透明性优异，耐候性好，耐水，耐盐水，耐弱酸，不耐碱和有机溶剂。成型性良好电气性能优异，硬度高，表面光泽度高。100℃可变形，耐冲击性能下降。

(2) 典型应用范围 有机玻璃具有以上优良性能，使它的用途极为广泛。除了在飞机上用作座舱盖、风挡和弦窗外，也用作吉普车的风挡和车窗、大型建筑的天窗（可以防破碎）、电视和雷达的屏幕、仪器和设备的防护罩、电讯仪表的外壳、望远镜和照相机上的光学镜片。

用有机玻璃制造的日用品琳琅满目，如用珠光有机玻璃制成的纽扣，各种玩具、灯具也都因为有了彩色有机玻璃的装饰作用，而显得格外美观。有机玻璃在医学上还有一个绝妙的用处，那就是制造人工角膜。

11. 聚氨酯（PU）

主链含—NHCOO—重复结构单元的一类聚合物，英文缩写PU，由异氰酸酯（单体）与羟基化合物聚合而成。

(1) 特性 由于含强极性的氨基甲酸酯基，不溶于非极性溶剂，具有良好的耐油性、韧性、耐磨性、耐老化性和黏合性。用不同原料可制得适应较宽温度范围（－50～150℃）的材料，包括弹性体、热塑性树脂和热固性树脂。热塑性为橡胶状，耐油，耐磨耗。高温下不耐水解，亦不耐碱性介质。PU树脂的主要性能见表3-6-6。

表3-6-6 PU树脂的主要性能

项　目	标准级	软　泡	项　目	标准级	软　泡
相对密度	1.2	0.04	硬度(邵氏硬度A)	60	—
拉伸强度/MPa	58.8	0.196	吸水率/%	0.7	—
相对伸长/%	500	200			

(2) 典型应用范围　有泡沫塑料、弹性体、涂料、胶黏剂、纤维、合成革、防水保温以及铺装材料等多种产品形式，广泛应用于交通运输、建筑、机械、电子设备、家具、食品加工、纺织服装、合成皮革、石油化工、水利、国防、体育、医疗等领域。

12. 塑料合金

(1) ABS/NYLON

① 特性　耐热及抗化学品性、流动性佳、低温冲击性、低成本。

② 用途　汽车车身护板、引擎室零组件、连接器、动力工具外壳。

(2) ABS/PVC

① 特性　PVC 增加防火性、降低成本，ABS 提供耐冲击性。

② 应用　家电用品零组件、事务机器零组件。

(3) ABS/PC

① 特性　增加 ABS 耐热尺寸稳定性、改善 PC 低温、后壁耐冲性、降低成本。

② 应用　打字机外壳、文字处理器、计算机设备的外壳、医疗设备零组件、小家电零组件、电子器材零组件、汽车头灯框、尾灯外罩、食物餐盘。

(4) ABS/SMA

① 特性　增加耐热性、流动性、涂装性佳。

② 应用　电子零组件、罩子、家电器材零组件。

(5) PPO/PS 或 PPE/PS

① 特性　改善 PPO 和 PPE 加工性、降低吸湿性、降低成本、提高 PS 热性和冲击性。

② 应用　汽车零组件、仪表板、手套箱、连接器、车轮盖、风罩、保险开关盒、计算机外壳、通信器材罩壳零组件、医疗器材零组件。

(6) ABS/Polysulfone

① 特性　PSF 提供耐热性、抗化学品性，ABS 改善 PSF 加工性、降低成本。

② 应用　家电烤箱控制键、汽车车窗摇把、食品餐盘。

(7) PC/PBT

① 特性　PBT 改善耐溶剂及耐候龟裂性、PC 提供尺寸稳定性及耐冲击性。

② 应用　汽车防撞板

(8) PC/PET

① 特性　PET 改善耐候及耐溶剂性、UV 安定性、PC 提供良好耐冲击性。

② 应用　医疗器材、血液透析零件、汽车零件、汽车防撞板、头盔、雪靴。

第二节　塑料涂料的附着力

塑料品种很多，既有像 ABS（丙烯腈-丁二烯-苯乙烯）共聚物表面能较高的塑料，也有表面能较低的聚烯烃塑料，还有聚合物复合材料如玻璃钢等，但它们与木材、水泥、钢铁相比，都是表面能低的物质，因此涂料在塑料制品表面的附着力是塑料涂料的关键问题。

一、塑料制品的表面张力及液体在聚合物表面润湿和铺展的基本条件

1. 塑料制品的表面张力

金属表面具有 500～5000mN/cm 的表面张力，是高能表面，易于附着。而塑料表面

张力小于100mN/cm，属于难于附着的低能表面。与附着密切相关的表面物理化学特性是润湿、铺展、表面极性和粗糙度。而润湿的基础是塑料制品表面和涂料的表面张力的关系。

作为聚合物的塑料的表面张力 γ_s 不可能直接测定。比较常用的是 Zisman 的临界表面张力 γ_c 的评价方法。它是采用已知表面张力的不同液体、在同一固体表面测定它们液滴的接触角，将表面张力对 $\cos\theta$ 作图（图 3-6-1），再将直线外推，当 $\cos\theta=1$（$\theta=0$）时即得该固体的临界表面张力，而不是固体真正的表面张力。它们通常测定不同表面张力的液体再被测塑料表面的接触角后，采用外推作图求得。从实际应用角度来看，人们通常以 γ_c 作为参考数据为多。聚合物固体的临界表面张力 γ_c 见表 3-6-7。

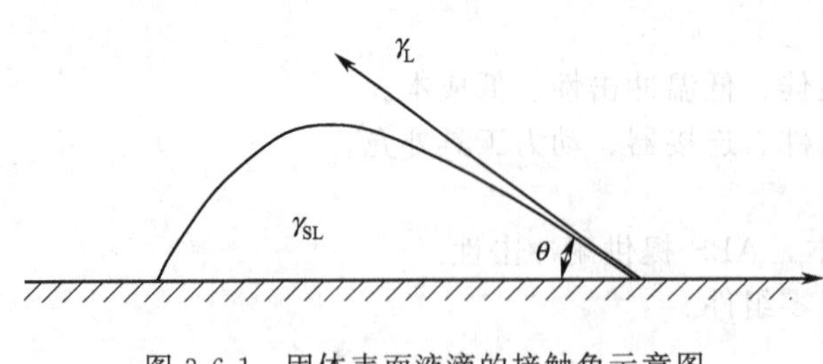

图 3-6-1 固体表面液滴的接触角示意图

表 3-6-7 聚合物固体的临界表面张力 γ_c 单位：mN/cm

聚合物名	γ_c	聚合物名	γ_c
聚甲基丙烯酸全氟辛酯	10.6	聚苯乙烯	33.0
聚全氟丙烯	16.2	聚乙烯醇	37.0
聚四氟乙烯	18.5	PMMA	39.0
聚甲基硅氧烷	20.7	PVC	39.0
聚三氟乙烯	22.0	聚偏二氯乙烯	40.0
聚偏氟乙烯	25.0	PBT	43.0
聚三氟氯乙烯	31.0	尼龙-66	46.0
聚乙烯	31.0		

2. 液体在聚合物表面润湿和铺展的基本条件

涂料在底材上附着的必要条件是其在固体表面的润湿和铺展。如图 3-6-1 所示，液滴在平滑表面上达到平衡后，Young 式成立。

$$\gamma_S=\gamma_{SL}+\gamma_L\cos\theta \tag{3-6-1}$$

式中 γ_S——固体的表面张力；

γ_L——液体的表面张力；

γ_{SL}——固体和液体的界面张力；

θ——液体的接触角。

铺展功 ω_i 表示铺展前后表面张力之差，决定液体在表面的润湿和铺展状况。

$$\omega_i=\gamma_L\cos\theta=\gamma_S-\gamma_{SL} \tag{3-6-2}$$

当 $\omega_i>0$ 时发生自发铺展，$\omega_i<0$ 时液滴回缩。为了使 $\omega_i>0$，即 $\gamma_S>\gamma_{SL}$，但一般 $\gamma_{SL}\ll\gamma_L$，可以近似表达为 $\gamma_S>\gamma_L$，即液体的表面张力必须小于固体的表面张力是润湿和铺展的必要条件。因此，必须了解聚合物固体和涂料两者的表面张力。涂料的表面张力可以按 ASTM D1331-56(1980) 的方法进行测定。而聚合物的表面张力往往取其临界表面张力作为参考。但是由于 γ_c 受多种因素的影响，在实用中，人们往往希望采用简便可靠的测试方法。其中有 ASTM D2578—1984 的“润湿张力测定方法”，该法主要用以评价涂料和油墨对 PE 和 PP 的适用性。此方法对于薄膜彩印相当实用。

二、溶解度参数

溶解度参数 δ 是物质最一般的特性之一。它以内聚能的平方根来表示：

$$\delta=\left(\frac{\Delta E}{V}\right)^{0.5} \tag{3-6-3}$$

式中　ΔE——分子内聚能，J/mol；

V——分子容积，mL/mol。

塑料的高分子底材、涂料的树脂、溶剂的溶解度参数对于涂料在塑料底材上的附着是非常重要的物性指标。只有在高分子底材与涂料树脂混容良好的场合下才能得到良好的附着。目前对于 δ 的认识，无论理论上还是实践中尚不完备，有下面几种表达式。

在混合热力学方程中表达为：

$$\Delta G=\Delta H-T\Delta S \tag{3-6-4}$$

式中　ΔG——混合自由能变化；

ΔH——混合热焓变化；

ΔS——混合熵变化；

T——热力学温度。

$T\Delta S$ 通常为正值，聚合物混合 ΔS 变化不大。只有当 $\Delta H<T\Delta S$ 或 ΔH 为负值，ΔG 为负，混合才能自发进行。但是 ΔH 为负值只有少数情况，例如硝基纤维素和 PVAC、PMMA，以及丁腈橡胶和 PVC 那样的组合才会发生。当分子之间相互作用不大的场合下，按 Hildebrand 公式：

$$\Delta H=V_{\mathrm{m}}V_1V_2(\delta_1-\delta_2)^2 \tag{3-6-5}$$

式中　V_{m}——混合体系的总体积；

V_1，V_2——成分 1、2 的体积；

δ_1，δ_2——成分 1、2 的溶解度参数。

由式(3-6-5) 可知，当 $\delta_1=\delta_2$ 时，ΔH 达到最小值，即这个 δ 值近似于附着的最佳条件。

近年来许多研究者试图建立液体表面张力和 δ 之间关系，例如 Lee 提出如下公式：

$$\gamma_1=\kappa\delta^n V^{\frac{1}{3}} \tag{3-6-6}$$

式中　V——分子容积；

κ，n——与液体种类有关的常数。

在一定温度和条件下，$\delta_{\mathrm{S}}=\delta_{\mathrm{L}}$，相应于 $\gamma_{\mathrm{S}}=\gamma_{\mathrm{L}}$，即界面张力为零时达到润湿和附着的最佳条件。在这里，δ 由色散力、偶极力和氢键三种成分结合而成：

$$\delta^2=\delta_{\mathrm{a}}^2+\delta_{\mathrm{b}}^2+\delta_{\mathrm{c}}^2 \tag{3-6-7}$$

但是溶解度参数理论主要建立在分子间作用力以色散力为主的基础上，在由强相互作用，如氢键结合的酸基、羟基等情况，可能发生 ΔH 即放热混合的情况，理论可能发生偏差。

三、提高漆膜附着的途径

1. 涂料性质的改进

(1) 降低黏度　涂料渗入底材表面的凹陷和孔隙可提高漆膜在底材表面上的附着，因而降低涂料的黏度可以提高流动性和渗入性，从而提高附着。

(2) 降低涂料的表面张力　良好的润湿是良好附着的前提，浸润是在接触表面发生的，与不同物体间不同的内聚能和表面张力有关。当接触面越小时，涂料与底材越能充分浸润，产生良好的附着力。表面张力低，则对底材的润湿好，对漆膜的附着也就越好，降低黏度也包含降低表面张力，因为溶剂的表面张力低于成膜聚合物的表面张力。

2. 底材的表面处理

涂料与底材的结合是二者相互作用的结果，所以底材的表面状态对漆膜的附着有同样重要的地位。根据吸附理论，物理吸附强度与距离的六次方成反比，所以涂料应该与底才有充分的浸润才能形成良好的涂膜附着。底材表面处理是改善表面状态，主要是提高润湿张力，形成适合于漆膜附着的表面，在涂装前进行完善的表面处理，不仅极大地增强了对涂层的附着力，而且更大地发挥涂料的保护和装饰作用，延长产品的使用寿命。塑料制品的表面处理的方法很多，不同的塑料可采用不同的方法。当底材上附着一些油污、油脂时，这些污染物会使表面张力变得非常低，从而使涂层不能充分润湿底材，导致附着不好，其后果会造成涂膜整片脱落或产生各种外观缺陷，所以和其他材料一样，在进行表面处理之前要对塑料表面进行清洗，包括消除静电、除去灰尘，用溶剂洗去油污和脱模剂以及打磨平整表面等。在已清洁的塑料表面可采用多种方法改性，下一节将逐一介绍。

3. 使用附着增进剂——偶联剂

偶联剂的作用是介入漆膜和底材之间，形成底材/偶联剂/漆膜两个界面，这两个界面均有较高的亲和性，甚至化学键，从而增进了附着。

偶联剂的分子有两端，一端可与底材相互作用，另一端可与涂料作用，偶联剂可作为底材的预处理，也可直接加入涂料中，但以预处理的效果更显著。涂料用偶联剂品种见表3-6-8，目前以硅烷类使用较广。

表 3-6-8　一些涂料用偶联剂

类型	无机基团	有机基团	稳定性	潮气敏感性	溶剂溶解性
硅烷	—OR	多种	很稳定	差	优良
钛酸酯	—OR	多种	尚可	差	优良
锆酸酯	—OR	多种	尚可	差	优良
锆铝酸酯	—OH,—Cl	多种	很稳定	优良	尚可
磷酸烷基酯	—OR	烷基/芳基	良好	尚可	良好

硅烷类偶联剂对潮气非常敏感，故不宜用于水性涂料。它对硅酸盐底材有非常优良的附着增进效果，故常用于硅酸盐制品的表面处理。

聚烯烃类塑料润湿张力很低，表面上活性点很少，甚至没有活性点，因此漆膜对其附着很差，而施加各种表面处理后，活性消失很快而难以施工。因而大多以氯化聚烯烃（含氯量约30%）或其顺丁烯二酸酐的改性物的甲苯溶剂以薄涂层作为底材或漆膜间的附着增进过渡层。

归纳起来，涂料和塑料制品欲达到良好的附着必须满足如下的条件。

① 涂料应具有良好的流变特性。施工时低黏度，流动性和流平性好，不流淌、不流挂。

② 涂料的表面张力必须尽可能地小于塑料底材的表面张力。因此，必须从涂料树脂、溶剂体系及底材三者综合进行考虑评价。

③ 涂料体系的溶解度参数调整到与底材接近并在允许的程度内溶解或溶胀底材，形成相混界面层，同时又不会导致成膜后产生收缩应力。

④ 涂料如能与底材表面发生化学键合或强极性基团结合，对于良好的附着最为理想。

4. 评价塑料涂层的附着力的方法

与其他表面一样，评价涂层在塑料表面的附着力，主要采用划圈法、划格法、剪切力法和拉开法进行测定，划圈法和划格法具有较大的局限性，它与涂层的柔韧性和硬度有极大的关系，适用于同类的树脂涂料和柔软涂料附着力的评价，但不适合不同类型涂料附着力的评定。最直接的涂层附着力评价方法是拉开法，可直接从读数和涂层破坏形式上进行判定。读数大小直接决定了涂层附着力的大小，同时还可从其破坏形式进行补充判断，用拉开法测定时，涂层和塑料底材之间有四种基本情况。

(1) 涂层内聚破坏 表面为缺口处两面都有均匀涂料附着，说明与底材附着力大于涂层内聚力，附着情况良好。

(2) 涂层与底材界面破坏 表面为缺口处底材没有任何涂层附着，说明与底材附着情况不好，需要改进表面处理方法或重新选择涂料。

(3) 上述两种混合破坏 表面为缺口处两面局部存在涂料附着，底材局部没有涂层附着，说明与底材附着情况不甚良好。

(4) 底材内聚破坏 表面为缺口处涂料面粘有底材，底材面被局部破坏，说明涂层与底材附着力大于底材内聚力，附着情况良好。

此外，还有涂层本身没有完全剥落的情况，主要是由于胶黏剂选择不当或涂层本身难以粘接引起的，要重新选择胶黏剂或进行适当处理（如打磨、溶剂擦洗等）后重新测定。

第三节 塑料底材的表面处理

塑料制品种类繁多，形状各异，批量大小不一，选择相适应的涂装工艺时必须充分考虑涂装技术，其中也包括表面处理方法的实用性、经济性等。此外，近年来人们对环境保护意识日益增强，有的国家开始立法限制和禁止有毒有害物资的使用和排放。因此，选择表面处理的方法还应考虑它们的环境适应性。

一、塑料的常规处理方法

1. （热）溶剂处理法

溶剂处理塑料制品底材表面是最简单和最有效的物理处理方法之一。选择适当的溶剂对底材表面处理工艺可达到以下目的：

① 清除表面聚集的增塑剂、脱模剂、防静电剂、润滑剂、抗氧化等弱界面层（weak boundary lay，WBL)；

② 清除高分子底材中残留的低分子低聚物和单体；

③ 清除表面氧化分解或紫外线老化后的粉化、分解产物；

④ 热溶剂溶蚀部分非结晶性表面产生增加粗糙度的效果或使处理后底材表面适度溶胀，有利于底材和涂料互溶层与涂层界面结合更牢固。

为了更好地发挥溶剂处理的效果，可以把溶剂处理和涂装同时进行，即首先把涂装物加热，然后浸渍于已加热的涂料中进行涂装。例如把聚丙烯板以丙酮、二甲苯（1∶1）的混合溶剂擦拭后，按所定的条件加热，而后再在加热的涂料中浸渍，取出后在室温放置20min，最后在50℃进行30min干燥。用此方法处理后，涂饰不同涂料的附着力列于表3-6-9。

表 3-6-9　溶剂处理对附着力的影响

	溶　剂	70天(常温)	15s(50℃)	15s(70℃)	15s(87℃)
氯化溶剂	四氯乙烯	P	F	F	E
	三氯乙烯	P	P	G	E
	1,2-二氯乙烯	P	P	F(60℃)	—
	五氯乙烷	—	P	F	E
	二氯戊烷	—	P	P	F
	1,2,4-三氯乙烯	—	P	P	P
	1-氯丁二烯	—	P	P	P
芳香族溶剂	苯	P	P	F	E
	甲苯	P	P	F	F
脂肪族溶剂	VM&P石脑油	P	P	F	F
	环已烷	P	G	G	G
	200#汽油	P	P	P	P
	十氢化萘($C_{10}H_{18}$)	—	P	F	E
其他	松节油	P	P	P	P
	丁醇	P	P	P	P
	醋酸丁酯	P	P	P	P
	乙二醇乙醚	—	P	P	P
	甲基异戊基酮	—	P	P	P

注：用氯化橡胶（Per/on s-20）涂料涂刷常温干燥，切割剥离实验。

P代表全部剥落；F代表大部分剥落；G代表少量剥落；E代表不剥落。

表 3-6-10　用聚丙烯加热浸渍涂装对各种涂料的附着力

类　别	30℃			60℃			100℃		
	10s	60s	180s	10s	60s	180s	10s	60s	180s
高固体喷漆	×× 0/100	× 0/100	△ 0/100	△ 0/100	△ 15/100	△ 23/100	⊙ 100/100	⊙ 100/100	⊙ 100/100
丙烯酸清漆	⊙ 100/100	⊙ 100/100	⊙ 100/100	⊙ 100/100	⊙ 100/100	⊙ 100/100	⊙ 100/100	⊙ 100/100	⊙ 100/100
氯乙烯树脂涂料	×× 0/100	×× 0/100	×× 0/100	× 0/100	× 0/100	× 0/100	⊙ 100/100	⊙ 100/100	⊙ 100/100
脂肪酸改性环氧树脂涂料	×× 0/100	×× 0/100	×× 0/100	× 0/100	○ 56/100	○ 76/100	⊙ 100/100	⊙ 100/100	⊙ 100/100
脂肪酸改性聚氨酯树脂涂料	×× 0/100	×× 0/100	×× 0/100	×× 0/100	×× 0/100	×× 0/100	○ 78/100	○ 75/100	○ 88/100
苯乙烯改性醇酸树脂涂料	×× 0/100	×× 0/100	×× 0/100	×× 0/100	× 0/100	× 0/100	⊙ 100/100	⊙ 100/100	⊙ 100/100

注：1. 上段表示划线实验，下段表示切割粘贴实验；

2. 划线实验符号：⊙没有异常；○少量剥落；△部分剥落；×大部分剥落；××全部剥落。

从表3-6-10可以看出被涂物在加热到100℃时可得到最好的涂料附着性，浸渍时间延长要比被涂物的温度升高效果更为明显。用此方法可使未处理的聚丙烯表面也得到相当于表面处理过的附着力。

对于大多数热塑性底材来说，由于对极性溶剂的溶解性较好，最安全的溶剂体系是醇类溶剂体系，例如甲醇、乙醇、异丙醇使用最多。混合溶剂系列可以参考如下的组合。

(1) ABS、HIPS、PS底材　用甲醇、异丙醇（IYA）或防静电剂，把塑料底材上的污秽、灰尘、油渍、脱模剂和指纹揩拭干净。

(2) 聚氯乙烯板材（PVC）　邻苯二甲酸二辛酯/乙酸甲酯/乙酸乙酯、邻苯二甲酸二辛酯/甲乙酮/二氧六环、异佛尔酮/乙酸/甲醇、甲乙酮/环己烷/环氧丙烷。

(3) 聚碳酸酯（PC）　二氯甲烷/二氯乙烯。

(4) 聚酰胺　二氯甲烷-苯酚，它对聚酰胺具有一定的溶解力，即是说，溶剂体系对高分子底材具有溶解性的为好。

(5) 聚甲醛　对甲基苯磺酸 0.3%、二氯乙烷 95.7%、二氧六环 3.0%。

(6) 形状复杂的聚烯烃制品　常用溶剂为三氯乙烯溶液，温度为 65～75℃时用溶剂蒸气加以浸蚀后，快速涂饰，时间宜控制在 30～60s，否则浸蚀后的表面很快就会恢复。通常用三氯乙烯为溶剂的树脂液作为溶剂蒸气的来源。

值得注意的是使用溶剂处理，尤其是热溶剂处理，往往会使底材产生细小裂纹，或称之为溶裂，所以热固性塑料一般不发生皱裂。只有像聚苯乙烯、聚甲基丙烯酸甲酯、聚碳酸酯这些热塑性塑料才会发生皱裂。

关于皱裂发生的原因，目前尚未十分清楚，但考虑可能有以下原因。

(1) 塑料内部低分子量成分和未反应的单体很容易被溶剂从表面抽出，产生的间隙被溶剂浸入，间隙压力增高。另一方面由于间隙被溶剂浸透，造成塑料的凝聚力下降，无论哪种溶剂浸入，都会使溶剂的强度下降。这是因浸入的溶剂会使原来的应力释放，而产生新的应力作用。如果塑料中没有能被抽提出来的物质，即使溶剂浸入塑料也不会产生皱裂。

(2) 由于树脂不均一成分被溶剂浸入，而在塑料内部生成溶剂的吸收膜。随着溶剂吸收的分子数增加，产生的压力增高，最后大于塑料的拉伸力而产生割裂。

(3) 在成型的过程中产生的内应力，原因是：①模具设计的不合理；②物料进入模具，由于温度不够，不能保证均一的流动性；③闭膜后的锁模压力不够。

以上诸多因素都会使成型品产生内应力，内应力越高，越容易产生皱裂。

如果在溶剂处理前，先进行退火处理以除去塑料内部的残余应力，那么结果就好得多。此外，如用醇系溶剂处理，产生裂纹的可能性会大大降低。

溶剂处理根据塑料制品批量大小、形状及其涂装工艺要求而采取从最简单的擦洗、浸泡至高温蒸煮等不同方法。值得注意的是处理温度对最终效果影响很大。通常从 50～90℃（视溶剂体系的沸点而定），在较高的温度下，短时间内即可达到较好的效果。但是高温处理对安全生产和环境保护带来了更高的要求。

由于大多数溶剂对操作工人有害并且污染环境，尤其是氯代烃对大气的臭氧层危害很大。人们不断地寻求溶剂处理的代替方法。近年来使用表面活性剂与水处理方法进展很快，但是目前尚不能完全代替溶剂处理方法。

2. 化学处理法

又称化学氧化法。对塑料表面进行氧化液处理的有聚乙烯（LD PE）、聚苯乙烯（PS）和 ABS 塑料等。其配方如下：重铬酸钾（$K_2Cr_2O_7$）4.3%；浓硫酸（H_2SO_4）88.4%；水 7.3%。

用此溶液处理 10～12min，处理温度为 40～45℃，即刻用清水冲洗干净，让其自干或在 50～60℃烘箱中烘干。

表面粗糙度是影响涂装效果的一个重要因素。表 3-6-11 列出了在显微镜下观察到用前处理液处理后的聚乙烯塑料表面的粗糙度、实际润湿角的变化情况。

表 3-6-11 不同前处理条件下的表面状况

前处理条件	表面状况	θ′/(°)
未前处理	—	84
25℃,3min	生成 ϕ0.08～0.10μm、深约 0.08μm 的孔穴	70
70℃,3min	生成 ϕ0.10～0.12μm、深约 0.10μm 的孔穴	55
25℃,10min	生成 ϕ0.10～0.18μm、深约 0.10μm 的孔穴	52
70℃,10min	生成 ϕ0.15～0.30μm、深约 0.15μm 的孔穴	45
25℃,30min	生成 ϕ0.20～0.35μm、深约 0.15μm 的孔穴	39
70℃,30min	生成 ϕ0.30～0.50μm、深约 0.15μm 的孔穴	31
90℃,30min	生成 ϕ0.40～0.50μm、深约 0.20μm 的孔穴	27
90℃,60min	生成 ϕ0.40～0.53μm、深约 0.20μm 的孔穴	25
90℃,90min	生成 ϕ0.46～0.55μm、深约 0.20μm 的孔穴	22

从表 3-6-11 中可以看出，聚乙烯塑料表面随着处理温度的升高和时间的延长，其表面粗糙度加大，实际润湿角降低；但当时间大于 30min，温度高于 70℃时，则两者的变化不是很明显。所以，前处理时间应控制在 30min 温度 70℃为宜。

对于聚烯烃而言，广泛采用硫酸-铬酸混酸处理法可达到最佳的效果。这是因为聚苯乙烯分子主要由苯环组成，苯环很容易磺化而引入磺酸基，从而改变了表面的极性。

ABS 塑料经脱脂后也可用较稀的铬酸和硫酸液处理，配方为：

铬酸(H_2CrO_4)/(g/L)	420	硫酸(相对密度 1.83)/(mL/L)	790

ABS 塑料在此溶液中浸泡处理 4～12min，温度为 60～70℃，用水洗净、干燥。

聚酯和聚碳酸酯可以用 1,6-己二胺，或 N,N-二甲基丙二胺等脂肪胺进行处理，由于反应导入—OH 和 R—NH—，不仅改进了表面的极性和可润湿性，同时也大大增强了它们表面的可染色性。聚甲醛的化学试剂处理一般采用对甲基苯磺酸、磷酸、过硫酸铵、铬酸等酸性或氧化性的酸处理液，聚甲醛中的主键为醚键，通过氧化降解醚键，可以引入羟基和羧基等基团从而改变其表面的润湿性和涂层附着力。聚酰胺制品可以采用磷酸处理，将聚酰胺制品浸入 30℃、40%的磷酸液中 10min，然后水洗并干燥。

化学试剂处理的目的在于通过氧化等反应在塑料制品底材表面引入极性的亲水性基团或者其他反应性官能团，同时经表面侵蚀生成多孔型结构，其结果改进了涂料对底材表面的润湿性和附着力。在印刷作业时，可以改进底材的印刷适应性、染色性；化学镀膜条件下可以改善金属膜的附着性和密着性等。

化学试剂处理法总是伴随着处理液以及随后的清洗液的“三废”处理问题。因此寻找更加环境适应性的处理剂及其处理工艺是主要的开发方向，例如过氧化氢（H_2O_2，双氧水）处理法、臭氧表面处理等基本上不产生废水。

用化学试剂处理时特别注意处理液的组成、处理温度、时间等条件应按照不同的塑料制品、涂装要求、涂装工艺进行优化。一般的连续处理工艺是将制品挂在传送链上，依次通过浸渍槽、强化反应槽、水洗槽、干燥室。此外应指出经过处理后的塑料制品必须尽快进行涂装，以免长时间放置后表面失活，更不得用手直接去接触已经处理好的表面。

3. 底涂处理法

溶剂处理或化学试剂处理方法从经济、涂装工艺和设备及环境等诸多方面考虑，均不是很理想的处理方法。采用底漆涂装以改变一些难以附着的塑料制品的表面状态是最经济的选择之一。目前采用底涂处理的塑料有：PP、改性 PP、PE 等的涂装，多是采用底涂处理方法。市场上可以选择的底漆主要有氯化聚烯烃、改性或接枝改性的氯化聚烯烃、共聚或接枝改性的聚烯烃、丙烯酸酯等成膜物的品种。而且，近年来还不断有新的品种开发出来。但是到目前为止，依靠底漆尚不能完全达到十分满意的表面改性的程度。因此又开发出在塑料制品的表面涂布聚合物单体，再采用种种方法进行表面聚合改性的方法。

高耐磨耗、耐划伤硬涂层紫外光固化成膜技术可以作为实例。它们均由二官能性的甲基丙烯酸酯（如二乙二醇二甲基丙烯酸酯、己二醇甲基丙烯酸酯等）、三官能性的甲基丙烯酸酯（三羟甲基丙烷三甲基丙烯酸酯）以及四～五官能性的丙烯酸酯单体组成的，经涂布在塑料制品表面再进行紫外光固化即可得到与底材表面结合牢固的涂层。

表面聚合改性方法还可以用于塑料制品的表面防结露处理。将单体涂覆于制品表面后，采用适当方法聚合后形成具有防结露特性的聚合物涂层。例如将甲基丙烯酸羟乙酯与乙二醇二丙烯酸酯混合物涂布后，150℃热处理 5min 即可生成具有防结露效果的涂层。

4. 表面活性剂处理法

表面活性剂处理法其目的与溶剂处理基本上是相同的，主要是除去表面上灰尘、迁移至制品表面的各种助剂、表面加工剂等油脂类杂质。与溶剂处理法相比，表面活性剂除去无机杂质更加方便，也更容易。而溶剂处理法除去油脂类等杂质效果更好。但是制品表面往往是无机杂质和有机杂质混合存在与附着的，这样一来，必须求得配方优化。采用表面活性剂处理的另外一个优点是它们是以水溶液的状态使用的，因此对环境的污染较轻。

常用的表面活性剂有以下几种类型。

(1) 阴离子型表面活性剂　①高级脂肪酸金属盐（金属皂）；②α-烯烃的硫酸盐；③烷基取代苯磺酸盐等。

(2) 非离子型表面活性剂　①高级醇的聚氧乙烯加成物或聚氧乙烯；②烷基取代苯酚聚氧乙烯加成物；③二羟乙基取代的脂肪酸酰胺等。

(3) 两性表面活性剂　①氨基酸型两性洗涤剂；②甜菜碱型两性洗涤剂；③脂肪醇聚氧乙烯硫酸盐等。

表面活性剂能同时赋予塑料防静电性、润湿性和附着性。作为表面处理使用的表面活性剂可以采用表面涂布或在塑料加工时加入，成型后再析出，并迁移至表面的方法。采用加入法，势必需要相当数量的表面活性剂才能达到目的。这样必然影响到塑料制品的自身特性。表面涂布法的问题在于改性后的表面性质难以长期保持。为此可以采用在处理后的表面上迅速涂覆上面漆，或将高分子材料与表面活性剂一起涂布等方法加以解决。值得提出的是，在塑料中表面添加剂的用量以能在表面形成单分子膜为宜。用量太少则表面改性不完全；如果用量太多则表面形成弱界面层反而降低附着力，而且会影响到制品本身的特性。此外添加剂随着时间向塑料表面迁移的量以及添加剂在塑料表面聚集的状态也影响漆膜附着力。

对于聚烯烃塑料，添加 0.1％～0.4％的聚乙二醇单硬脂酸酯、聚氧乙烯月桂酸酯可以产生良好的防晕效果。如果将非离子表面活性剂与三乙醇胺磷酸酯合用其效果更好。山梨醇月桂酸酯和聚氧乙烯山梨醇单油酸酯等量混合后添加的方法可以适用与聚氯乙烯塑料的防晕处理。

表面活性剂处理广泛地应用于塑料制品的防静电处理。它们包括添加表面活性剂的内部防静电法和表面涂布的外部防静电法。作为添加法可以采用阴离子型、阳离子型、两性及非离子型表面活性剂。其中阳离子型和两性表面活性剂的防静电效果较佳，而且阴离子表面活性剂一般与塑料的相容性较差，所以从热稳定性、相容性和防静电性三方面总和考虑使用非离子型较多。具体品种和用量应根据不同塑料加工条件来决定。在外部涂布表面活性剂防静电方法遇到的主要是防静电作用寿命期短的问题。人们已经提出种种方案以延长防静电层的有效期。例如，可将表面活性剂分散在亲水性的丙烯酸树脂中进行涂布；也可以进行表面活性剂防静电处理后，再涂布一层有机硅的保护层，即用烷氧基硅烷类的偶联剂进行表面处理可以保证防静电层的持续作用。

通常用溶剂清除塑料表面的油脂、脱膜剂以及渗出的脱模剂。用溶剂处理法效果虽然不错，但是由于环境压力增大，人们越来越多地采用表面活性剂的水系清洗剂进行表面处理。PP 和 PE 等聚烯烃的溶解参数为 8.0 左右；而油脂、有机硅脱膜剂等溶解度参数为 7～9，彼此相近，因此在塑料制品表面具有较强的附着力。采用单一的表面活性剂处理难以完全将其清除，如果在清洗剂配方中加入碱性物质，增加油脂的乳化作用，同时加入固体无机物质以附加对塑料制品表面的机械磨蚀作用并增加表面粗糙度，从而可以大大提高处理的效果。

5. 表面接枝处理法

聚合物单体或低聚物在塑料表面进行化学反应的接枝处理，从而改进塑料制品表面的润湿性，形成附着紧密的表面层，进一步增强涂层的附着力也是塑料表面改性处理的很有效的手段。

表面接枝处理方法的选择范围很大，主要分为以下几类。①以表面活性化为目的的表面接枝；②在接枝反应前制品表面未进行活化处理；③与其他表面活性化处理同时进行接枝化处理。

根据表面接枝所需能量来源可分为：①采用催化剂的化学方法；②光、放射线照射；③放电等。

根据接枝反应完成的方式可分为：①气相接枝反应；②液相接枝反应。

将上述各种不同的方式相互组合后可以得到适应不同目的的接枝处理的实施方案。下面举例说明。

将聚乙烯制品置于封管中，通入含有 0.29%臭氧（O_3）的氧气，在室温下处理一定时间后，减压下（1.333Pa）再通入丙烯腈蒸气。经过冷却在制品表面冷凝产生一层丙烯腈膜，然后控制一定温度进行丙烯腈与聚乙烯表面接枝反应，这种处理方法叫做气相前处理的接枝表面处理。

液相接枝反应往往添加无机离子作为催化剂。例如在 4 价铈存在下用醋酸乙烯处理羊毛（天然聚酰胺）进行表面接枝处理，或者在 4 价铈和 3 价铬共同存在下用甲基丙烯酸甲酯处理生丝（天然聚酰胺）进行表面接枝处理后可以极大地改变它们的表面可染色性及提高其印染涂层的附着力。

聚烯烃类树脂分子量分布较宽，其塑料在成型过程中，低分子量树脂被挤在成型品表面形成弱表面层，如果使表面层低分子树脂进行接枝共聚增大分子量，增大次价键力，就会增大固体表面张力 γ_s。具体办法是在光敏剂的存在下用 USM 方法，如在塑料表面涂拭光敏剂苯甲酮，而后以 UV 射线照射，使塑料表面分子分子量增殖，因而增加了表面机械力 γ_s，降低了润湿角，增大了涂料的润湿性，为涂料附着创造了条件。

USM 方法是利用光敏剂、二苯基酮和 UV 射线，照射初期在聚烯烃表面生成自由基，若采用聚乙烯，则可以通过它自身的反应或是一定程度地与空气中的氧生成自由基，塑料表面的分子被引发之后由于空气中的氧不是太多，最终的结果是被引发的分子产生偶联，为涂料润湿创造了条件。表 3-6-12 列出了火焰处理及光敏照射对涂料的附着力。

表 3-6-12 火焰处理及光敏剂 UV 照射对基材的影响

处理方法	增加 s_c(临界表面张力)	增加 s_s(固体表面张力)	实际表面变化
火焰处理	有影响	很少	改善润湿性，只是有限增加力学性能
紫外线光敏处理	很少	有影响	增加力学性能，只是有限增加润湿性

表 3-6-13 和表 3-6-14 列出了由 USM 方法处理后的表面，水的接触角和不同涂料的附着情况。

表 3-6-13 USM 方法用于聚乙烯的结果

紫外线照射①/s	水的接触角/(°)	涂膜破坏/%		
		聚氨酯漆②	丙烯酸漆③	环氧树脂漆④
无	69	100	100	100
20	66	10	0	0
40	62	0	0	0
80	49	0	0	0

① 5kW 灯，以对苯甲酮为光敏剂，2%二氯甲烷溶液，表面涂光敏剂之前擦拭二氯甲烷。

② 在 100℃，30min 固化。

③ 在 70℃，20min 固化。

④ 在 100℃，15min 固化。

表 3-6-14 USM 方法用于聚丙烯的结果

紫外线照射①/s	水的接触角/(°)	涂膜破坏/%		
		聚氨酯漆②	丙烯酸漆③	环氧树脂漆④
无	98	100	100	100
20	82	5	15	25
40	83	0	0	5～10
80	90	0	0	0

①～④条件同表 3-6-13。

从表 3-6-13 和表 3-6-14 中可以看出聚乙烯在 20s 就发生偶联，而聚丙烯在 40～80s 偶联，这可能与光敏剂的溶剂有关，溶剂的润湿也起着重要的作用，适用于聚乙烯的对聚丙烯就不一定适合，然而照射的时间长一些比较好。

经接枝处理后的表面活性层的机械强度和耐化学品处理的强度都是很优异的。这一点与溶剂法和表面活性剂处理法所得到的表面耐受性有很大的区别。接枝处理后的表面层与涂料的附着力根据处理强度，选用单体类型及配套涂料的品种可以达到最优的组合。例如，聚乙烯用甲基丙烯酸甲酯在 γ 射线下气相接枝处理后，与环氧涂料的附着力优异。此外，如果在接枝单体中引入可与涂料成膜物反应的官能团，那么经接枝处理后的表面层对涂料的润滑和附着性将进一步得到改善。

6. 紫外光（UV）照射处理法

前面在表面接枝处理中讨论了在光敏剂存在下经紫外线照射使塑料表面分子分子量增

加，从而提高固体表面张力 γ_s，改善涂膜的附着力。这里讲的紫外线处理不用光敏剂而是直接以紫外线照射，利用空气中的氧的作用，使塑料表面产生极性基团增加临界表面张力 γ_c 来降低涂料的接触角，提高涂膜的附着力。

(1) 聚乙烯的紫外线处理 将市售的聚乙烯或聚丙烯板用洗涤剂水溶液清洗 5～10min，水洗 60min，丙酮清洗 2～5min，苯洗 2～5min 后干燥 5h，保存在充氮气容器中待处理。紫外光处理用的光源为石英汞灯，其最大强度波长为 253.7nm，聚乙烯实验板离光源 20cm，照射过程中聚乙烯表面温度保持在 80～90℃，照射时间为 3min～3h。

用苯、苯甲醛、硝基苯、20%的 K_2CO_3、50%的 K_2CO_3 五种液体对紫外线处理过的聚乙烯、照射时间与接触角的关系如图 3-6-2 所示。从图中可以看出一般的紫外线处理对几种液体接触角影响都不大，如处理前临界表面张力 s_c 为 0.03N/m，处理 30min 后为 0.034N/m，到 180min 后为 0.035N/m，变化很小。

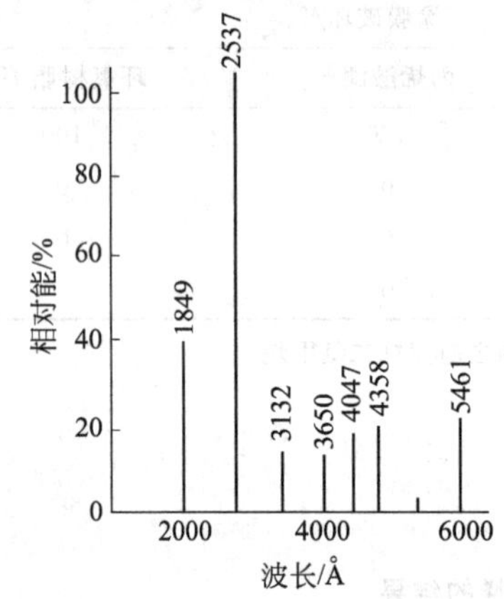

图 3-6-2 紫外灯光源的分光特性

1Å＝0.1nm

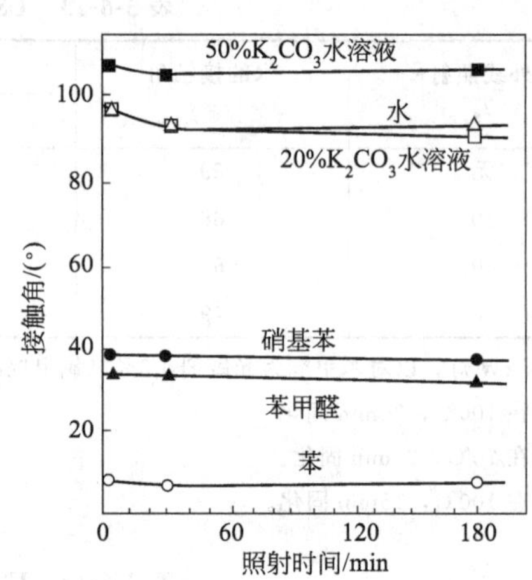

图 3-6-3 紫外线照射处理后的接触角变化

紫外线照射处理中光源的波长对处理效果影响很大。直观地来看，聚乙烯板在硬质玻璃容器中用紫外线照射环境（气体氛围）与紫外光的波长对处理效果也有关系。如图 3-6-3 表示在空气和氦气中，不同波长紫外光照射处理聚乙烯后，用环氧-聚酰胺胶黏剂测试表面粘接强度的变化情况。

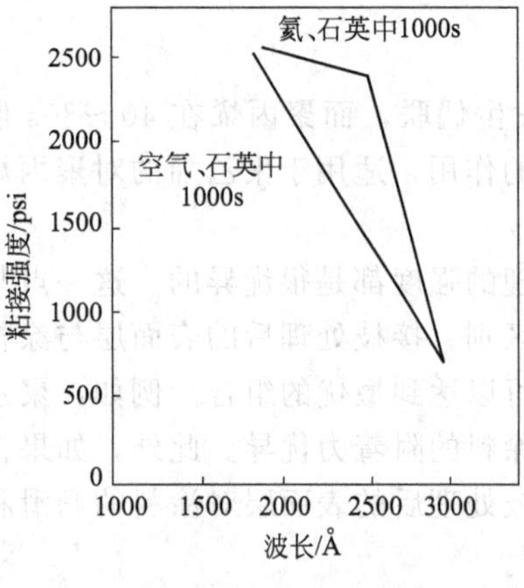

如图 3-6-4 所示，在 1000s 照射时间下，紫外光波长越长处理效果越显著。特别是在空气中从波长 180～300nm 粘接强度急剧下降。因此用紫外光照射处理聚乙烯必须使用 250nm 以下的短波长的紫外光，从操作控制上看以在氦气中处理更可靠。

图 3-6-4 PE 经紫外线照射处理后表面粘接强度的变化

1Å＝0.1nm，1psi＝6.9kPa

(2) 聚酯薄膜的紫外线处理 紫外线处理对聚酯薄膜是最为有效的，应用也是比较多的。图 3-6-5 显示的是聚酯薄膜经紫外线处理后，几种液体接触角下降的情况。处理条件是光源与试片距离为 8cm，真空度为 13.33Pa，处理时间为 5min。从图 3-6-5 中可以看出照射时间不到 10min 几种液体的接触角明显下降。从图 3-6-6 可以看出经过 10min 后聚酯薄膜的临界表面张力 s_c 由 0.04N/m 增加到 0.047N/m，这样就为涂料的附着创造了条件。

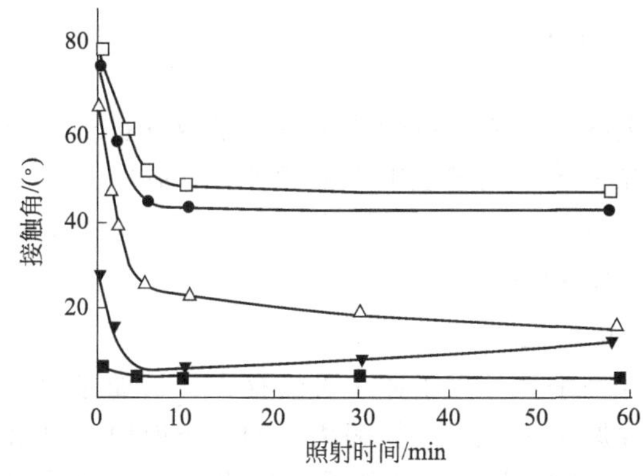

图 3-6-5　相对于各种紫外光照射表面的液体接触角
□水；●甘油；△乙二醇；▼二缩三乙二醇；■磷酸三甲酚

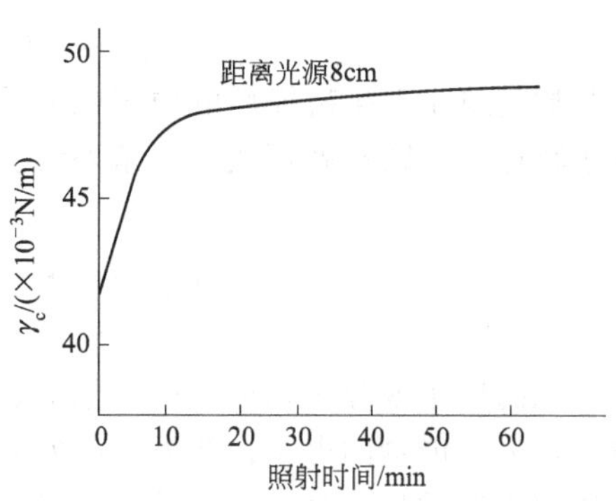

图 3-6-6　紫外线照射后临界表面张力 δ_c 的变化

聚酯薄膜先用 0.2%洗涤剂水溶液、清水、蒸馏水依次洗过干燥后备用。用 170W 的低压汞灯处理，表面距离为 8cm，照射时间为 5min。同时进行 80℃、37%NaOH 溶液处理和有机钛烷酯的偶联剂处理做对比实验。与 NaOH 溶液处理结果相比，紫外光照射处理的效果超过两倍以上，而偶联剂处理的效果甚微。

聚酯经紫外线处理后表面粗糙度有明显变化，表面的结晶度有明显下降，且照射时间越长，表面结晶度降低越大。聚酯经紫外光照射后化学结构的变化如下。

① $—C(=O)—C_6H_4—C(=O)— + O_2 \xrightarrow{h\nu} —C(=O)—C_6H_3(OOH)—C(=O)— \longrightarrow —C(=O)—C_6H_3(O\cdot)—C(=O)— + \cdot OH$

② $—C(=O)—C_6H_3(O\cdot)—C(=O)— + RH \longrightarrow —C(=O)—C_6H_3(OH)—C(=O)— + R\cdot$

③ $—C(=O)—C_6H_4—C(=O)— \xrightarrow{h\nu} —C(=O)—C_6H_4—C(=C)— + H\cdot \xrightarrow{-OH} —C(=O)—C_6H_3(OH)—C(=O)—$

$\xrightarrow{H_2O} —C(=O)—C_6H_3(OH)—C(=O)— + H\cdot$

从上述反应可以看出聚酯表面导入了羟基，从而增强了与涂料官能基的作用，进而增强了涂膜的附着力。

7. 等离子表面处理法

等离子体（plasma）接触表面处理也称为电处理，由于产生等离子体的方式不同及表面处理方法不同分为辉光放电处理、电晕处理、等离子体喷枪表面处理、等离子表面聚合处理等。

等离子体状态下的气体施加以一定的电压后，气体中存在的少数自由电子得以加速，当其能量达到 5～10eV 之后就与附近的原子或分子碰撞，其结果可能从原子或分子中飞出电子，从而产生离子；也可能产生自由基；在此过程中产生的电子与原来的电子一样可以再加速进一步引起原子或分子解离或者令其处于激发状态。以自由基生成为例：

$$O_2 \longrightarrow O\cdot + O\cdot$$

$$N_2 \longrightarrow N\cdot + N\cdot$$
$$H_2O \longrightarrow OH\cdot + H\cdot$$
$$CH_4 \longrightarrow CH_3\cdot + H\cdot$$

与加速电子发生碰撞后的原子或分子或者发生解离，或者接受能量后处于激发状态，经过电子轨道间的跃迁就可能产生紫外线。例如氧在下述变化过程中产生紫外光（$h\nu$）。

$$He + e^* \longrightarrow He^* + e \longrightarrow \begin{cases} He + h\nu + e \\ He\cdot + He\cdot + e \\ He^+ + 2e \end{cases}$$

其他的原子或分子均可经历类似的过程。这样一来，等离子体中可能存在：①加速的高能电子，失去能量的电子；②处于激发状态的中性原子及分子；③解离后的分子或原子自由基；④解离后的带电分子或原子（离子）；⑤解离过程中生成的紫外线；⑥未反应的中性原子和分子。

等离子体中存在的高能量和高反应活性的自由基、离子及紫外线等可以引起塑料表面的高分子聚合物发生一定的氧化、降解、聚合等反应。它们是等离子体表面处理的基础。首先必须采用适当的设备和装置来产生等离子体。处理的结果与设备的工作参数（电压、电极间隙、频率）、气体成分（O_2、N_2、H_2O）、环境和工作条件（温度、湿度、时间）等关系很大。下面分别就几种常用的等离子体处理方法加以讨论。

(1) 辉光放电处理 辉光放电装置是在一个减压容器内，放上互相平行的平板电极，将被处理的塑料置于电极中央，通电后产生放电和等离子体对塑料进行表面处理。辉光放电处理是在低压情况下使用平行的平面电极放电对被处理物质进行放电处理。在被处理物质的表面可以生成带极性的官能团，从而提高被处理表面的临界表面张力 s_c，改善其被润湿性能。

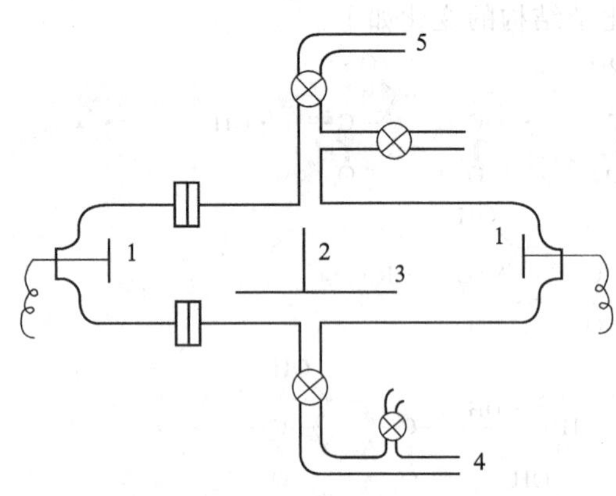

图 3-6-7 辉光放电处理装置

1—电极（电极间距 16cm）；2—高分子试件；3—支架；4—抽真空管；5—真空管

一般实验室装置可用耐热玻璃，大型装置通常用金属容器，内部安装电极，被处理物质放入容器中，将容器内部抽真空 13.33～133.3Pa，而后通入所需气体，通电即产生等离子。处理时间可根据气压大小决定，如图 3-6-7 所示为实验室辉光放电处理装置。

影响辉光放电处理效果的主要因素有所用气体的成分、放电时的电压大小和放电处理时间。以下以辉光放电装置对聚乙烯（PE）、聚四氟乙烯（PTFE）处理为例进行介绍。

① 对 PE 的处理实验结果

a. 气体成分 如图 3-6-8 所示为对聚乙烯在 N_2 和 Ar 中的辉光放电处理的 ESCA 光谱图，由图可以看出经过处理在 Ar 中生成含氧的活性基团，在 N_2 中既生成含氧基团也生成含氮基团，比未处理的结合能力明显提高。

b. 放电时电压 对聚乙烯的放电处理时的气压条件进行试验，以处理后聚乙烯对不同液体的润湿角表示的结果如图 3-6-9 所示。从中可以看出放电时电压在 0.1torr（13.33Pa）左右效果最好，对于水、无机盐的水溶液、溶剂等接触角变得很小。而在极性溶剂硝基苯中产生非常容易润湿的表面。比这个压力高或低，处理结果都会降低。

c. 放电时间 在 0.1torr（13.33Pa）气压下放电，1s 即可得到满意结果。

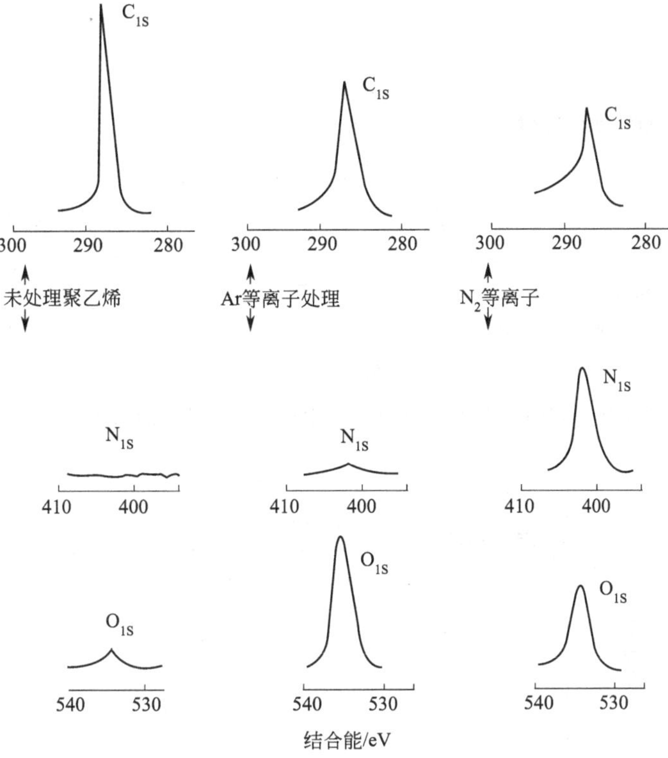

图 3-6-8 聚乙烯在 N_2 和 Ar 中辉光放电处理的 ESCA 光谱图

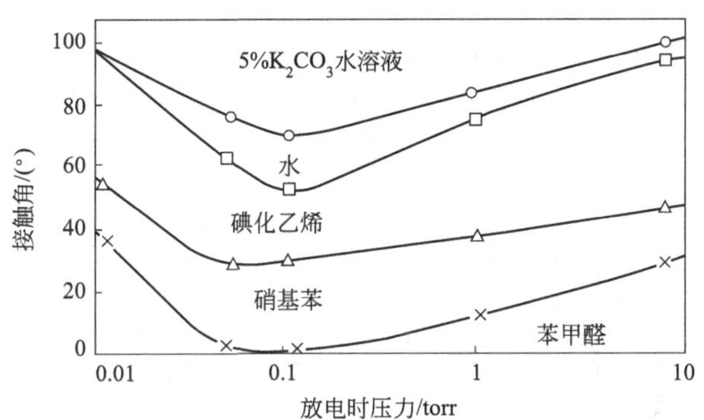

图 3-6-9 对放电处理聚乙烯液体的接触角（放电时间 1s）

1torr＝13.33Pa

② 对 PTFE 的处理试验结果

a. 气体成分 聚四氟乙烯（PTFE）在 N_2 和 Ar 中得到的处理效果如图 3-6-10 所示。

b. 放电时气压和放电时间 图 3-6-11 表示放电处理后的聚四氟乙烯对水的润湿角变化，图 3-6-12 表示放电后的聚四氟乙烯的临界表面张力的变化，可以看出放电时气压在 0.3torr（40Pa）以下，处理时间少于 10s，可获得良好的效果。

(2) 电晕处理 辉光放电时在低压状况下在平行的电极间放电，电晕放电则是在针状或刀形对极间放电，在期间置入被处理物体。电晕处理与辉光处理本质上的不同之处并不明确。辉光放电是在密闭的容器内，低气压进行，而电晕放电是在大气压下进行，设备简单，投资少，用于聚烯烃薄膜、薄板的表面处理最为理想。可根据被处理材料是否具有导电性来

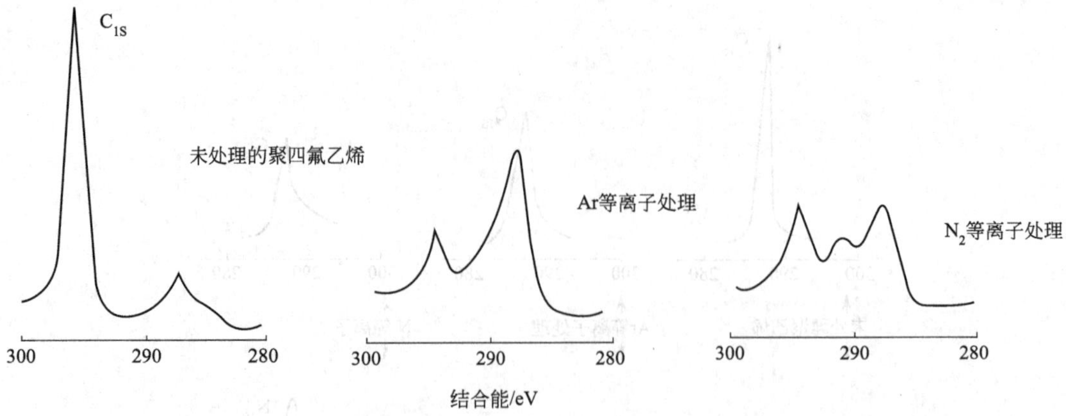

图 3-6-10 聚四氟乙烯在 N_2 和 Ar 中辉光放电处理的 ESCA 光谱图

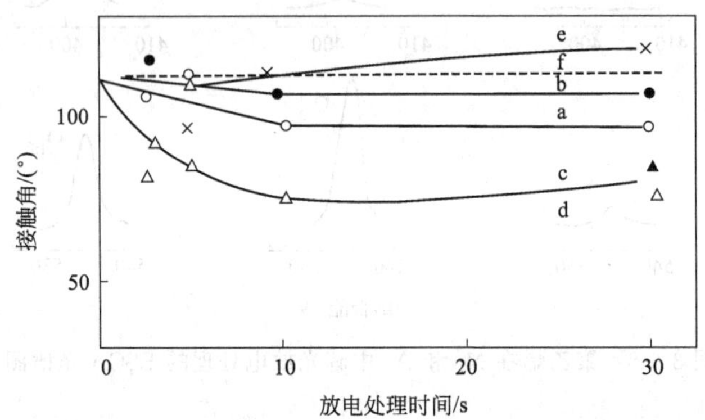

图 3-6-11 水对经放电处理的聚四氟乙烯的润湿

放电时真空度：a 为 10mmHg，b 为 1mmHg，c 为 0.15mmHg，d 为 0.05mmHg，e 为 0.03mmHg，f 为未处理聚四氟乙烯，1mmHg=133.32Pa

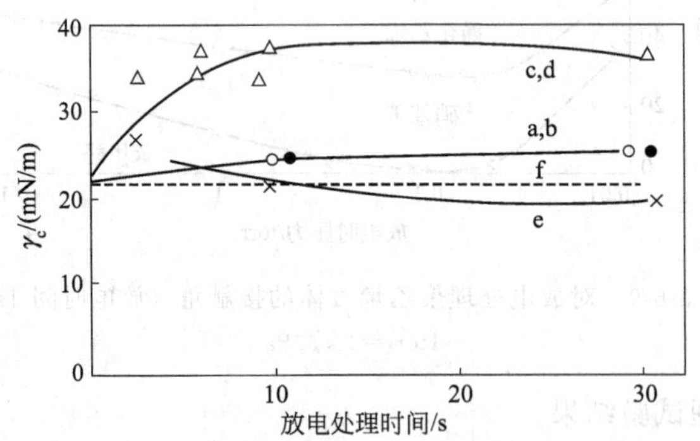

图 3-6-12 聚四氟乙烯放电处理后的 s_c 变化

放电时真空度：a 为 10mmHg，b 为 1mmHg，c 为 0.15mmHg，d 为 0.05mmHg，e 为 0.01mmHg，f 为未处理聚四氟乙烯，1mmHg=133.32Pa

选择相应的处理装置，如图 3-6-13(a) 所示为被处理物质不导电情况下的装置，与被处理物质接触的辊筒覆盖有诱电体材料，电极为棒状。若被处理薄膜为导电体时则使用如图 3-6-13(b) 所示的装置，图 3-6-13(a) 在辊筒状电极上覆盖有诱电体材料，其目的是为防止电晕成为电弧状。作为诱电材料是具有在使用时能耐高压，很少被臭氧劣化，可以涂布薄膜、诱电率高而电损失少等性质的材料。如图 3-6-14 所示为不同种类的电极，如图 3-6-15 所示是可抽真空的电晕放电处理装置。

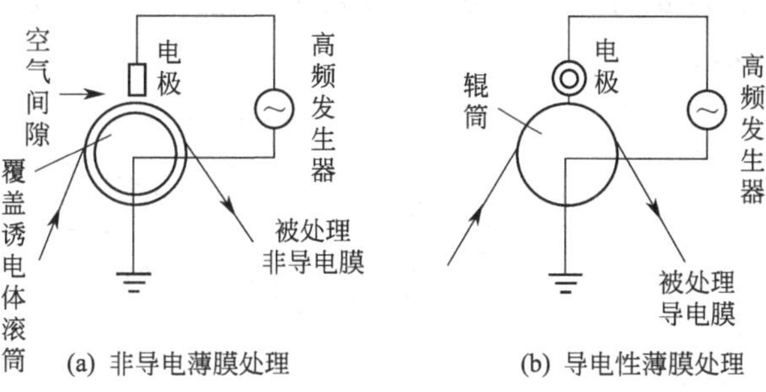

图 3-6-13　电晕放电处理装置

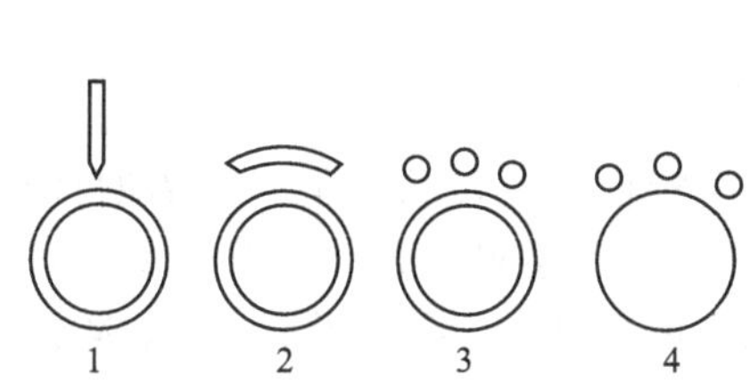

图 3-6-14　电极的种类

1—刀形电极；2—板形电极；3—辊筒电极；4—覆盖诱电体辊筒电极

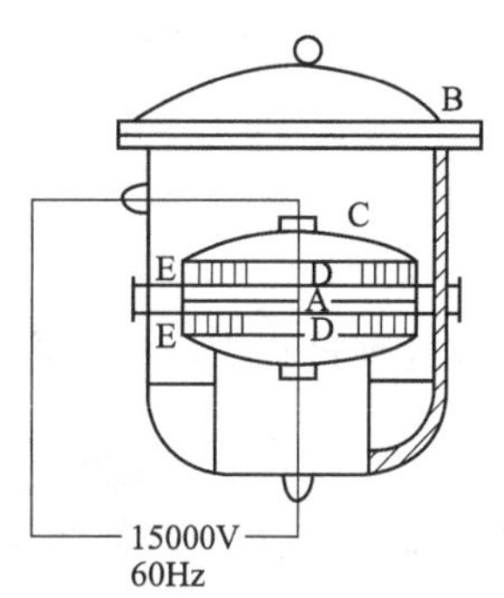

图 3-6-15　可抽真空的电晕放电处理装置

A—处理薄膜；B—反应器；C—反应室；D—不锈钢电极；E—绝缘层

电晕放电特别适用于塑料薄膜的表面处理，广泛应用于塑料薄膜彩印的前处理。PP、PE 及聚酯膜，在印刷机的工作条件下，由于薄膜处于电极和注射辊筒之间的连续放电作用，处理时间很短，可以达到良好的效果。聚乙烯处理与电晕处理的气体氛围关系很大。氧气、空气和 CO_2 在较短时间内（<10s）可以将 s_c 提高到 40mN/cm 以上，达到很好的润湿效果。但在惰性气体中进行电晕放电处理其结果就不同了。以对油墨的附着强度为例，如图 3-6-16 所示。

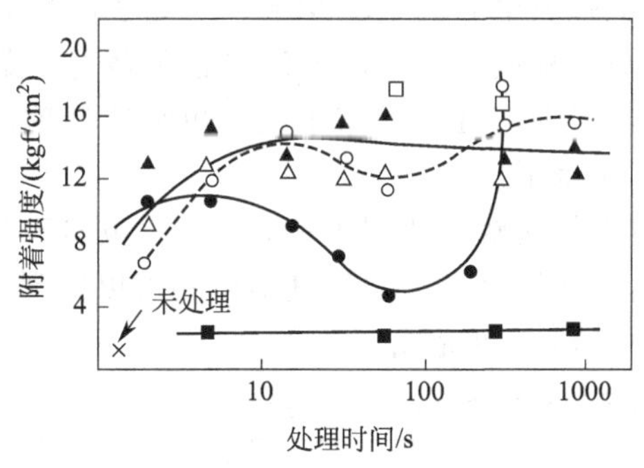

(a) 对印刷油墨的附着强度影响

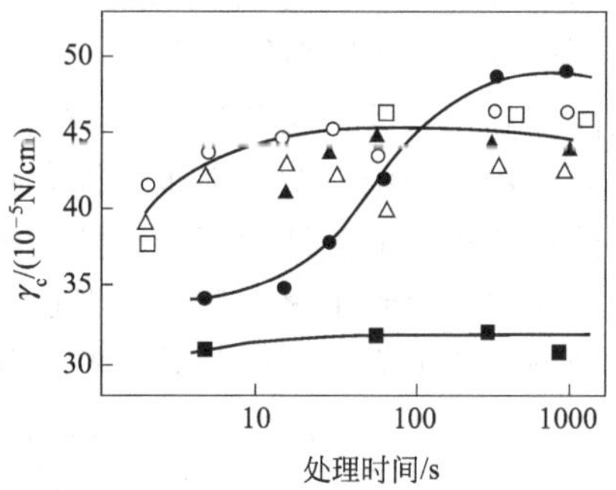

(b) 对临界表面张力和水的接触角的影响

图 3-6-16　聚乙烯薄膜电晕处理时，气体氛围对油墨的附着强度、临界表面张力、对水的接触角的影响

○ O_2；□ $N_2+31\%H_2O$；△ 空气；● N_2；▲ CO_2；■ H_2

$1kgf/cm^2=98.07kPa$

在氮气中随时间增加，表面润湿性的改善速率较慢，如果在氮气中混入少量水蒸气，放电效果大为改进。

电晕放电的效果与温度也有一定的关系。聚乙烯在空气中进行放电处理的温度和放电时间的影响如图 3-6-17 所示。

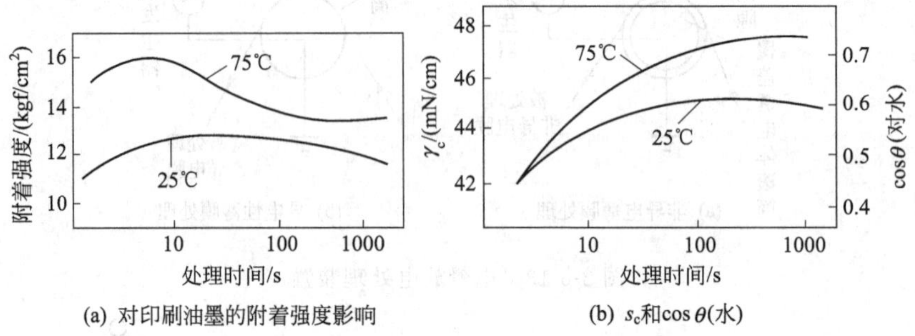

(a) 对印刷油墨的附着强度影响 (b) s_c和$\cos\theta$(水)

图 3-6-17 聚乙烯薄膜电晕处理时，温度对油墨附着强度、临界表面张力、接触角（水）的影响

$1kgf/cm^2=98.07kPa$

在短时间处理过程中，温度高则处理效果好，表面特征变化较快，但是随着时间延长，其表面张力和涂层附着强度下降，这可能是表面过渡降解后形成了弱界面层（WBL）的缘故。

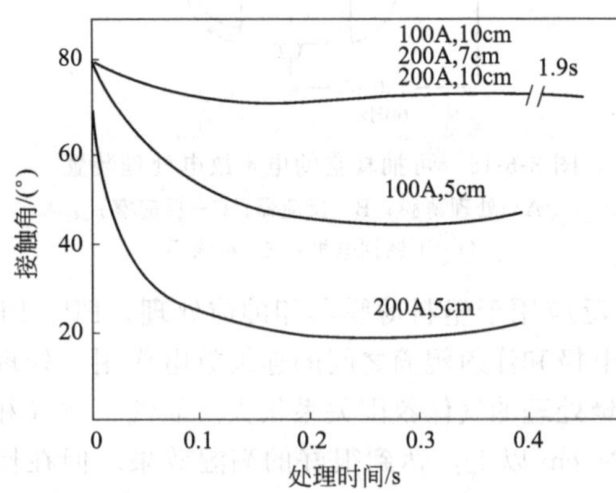

图 3-6-18 聚乙烯通过等离子喷射处理后的润湿及粘接性变化

(3) 等离子喷枪处理 等离子喷枪处理是指使用电弧焊接机的电源和等离子发生用焊枪组合的装置进行表面处理的方法。通过大电流电弧放电，使氩等离子在空气中以喷射状放出，对塑料进行表面处理，此外还有低温非平衡状态下的低压射流处理方法。

经大电流放电产生的氩等离子处理的聚乙烯表面对于水的接触角变化如图 3-6-18 所示。电弧放电时的电流越大，等离子喷射发生口距离试样越近，对水的润湿性就越好。氧乙炔火焰处理只能使其对水的接触角为 10°左右。等离子射流处理的亲水化与单纯热处理的机械装置不同。以聚乙烯为例，粘接性也可提高到实用水平。

各种熟料等离子射流处理面的粘接性及对水的接触角值列于表 3-6-15。虽然看起来聚四氟乙烯或聚丙烯等得到了很大改善，但还未达到实用水平。对于其他塑料可以看到相当大的效果。这种办法的最大特点就是处理的时间短，1s 就可完成。

表 3-6-15 部分塑料经等离子射流处理前后的性能变化

塑料	与水接触角 θ/(°)		粘接强度/kPa	
	处理前	处理后	处理前	处理后
聚四氟乙烯	104	69	0	1471
聚丙烯	81	65	<490.3	4216.9
聚乙烯	81	21	1078.7	13042.8
聚氯乙烯	68	27	11179.6	11571.8

续表

塑料	与水接触角 θ/(°)		粘接强度/kPa	
	处理前	处理后	处理前	处理后
聚甲醛	69	29	5393.7	8531.8
聚碳酸酯	62	30	6374.3	16279
聚酰胺	60	24	5982.1	14906.1
ABS	80	36	16769.4	19907.5
丙烯酸树脂	67	42	1569.1	7845.3
酚醛树脂	61	20	23634	33146.5

等离子射流处理是相当激烈的表面处理，处理面处理效果达到稳定需要一些时间，从图3-6-19可以看出处理后一天就会发生10°左右的疏水化，以后就没什么变化了。

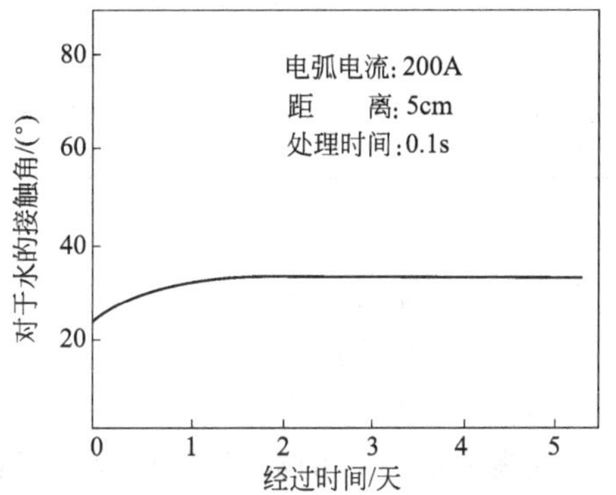

图 3-6-19 聚乙烯经离子射流处理后的亲水性随时间变化其接触角的变化情况

(4) 等离子体聚合表面改性 对于塑料表面的改性，可采用在其表面制作非常薄的高分子膜，利用这种薄膜的特性进行表面改性的方法。等离子聚合可以制作普通方法不能合成的新材料，因而能将塑料改为具有全新表面性质的塑料。这样塑料可以避免受到涂料各种成分的影响，而且还能使之成为涂膜附着良好的表面层。由于涂膜成分不会受到塑料的影响，就可以根据对涂膜性能的需求来改变组成以及选择涂料的品种。

这种高分子薄膜的制作，首先要利用放电现象让有机化合物（单体）等离子化，可以选择辉光放电和电晕放电两种形式。通常为了减少单体的热分解采用低压下辉光放电方式较多。作为反应装置既可以采用传统的内置电极将单体离子化的设备，也可以采用无电极方式的高频感应式电源放电方式。在离子化的时候可以是单体自身等离子化，也可以是通过载体气体引入单体，先将载体等离子化后再活化单体的方法。

聚合膜的形成速率受多种因素影响，从设备的什么位置导入单体、怎样安排排气的组合都会影响聚合膜的形成速率。单体和载体的流动方向、聚合膜形成的扩散状态也会使其改变聚合速率。此外载体的种类也有很大影响。对于聚乙烯膜生成速率来说有 $N_2>Ar>H_2$，另外载体的分子量及物理性质也有一定关系。

在等离子聚合中，即使单体没有不饱和双键等特殊结构也可以形成聚合膜。自聚合效率和速率会受到单体性质的影响，现将聚合效率和单体种类的关系列于表3-6-16。从表中数据可以

表 3-6-16 单体种类和聚合速率

单体种类	聚合速率		单体种类	聚合速率	
	/[g/(kW·h)]	/[mol/(kW·h)]		/[g/(kW·h)]	/[mol/(kW·h)]
氯苯	75	0.67	六甲基苯	28	0.17
苯乙烯	69	0.66	噻吩	13.5	0.16
萘	62	0.48	四氟乙烯	12	0.12
丙烯腈	55	1.04	乙烯	11	0.39
p-二甲苯	45	0.42	乙炔	9	0.35
甲苯	38	0.41	三氯苯	5.5	0.03
苯胺	38	0.41	丙烷	5.2	0.12

看出丙烯腈、氯苯、苯乙烯等容易聚合，然后是萘、对二甲苯、甲苯、苯胺、乙烯、乙炔等。

等离子聚合反应速率与单体分子量大小、单体的分压、载气的分压多种因素有关。对于不饱和烃的聚合速率的相关数据列于表 3-6-17。

表 3-6-17 等离子聚合不饱和烃聚合速率与单体和载体分压的关系

单 体	分子量	a(g/cm^2,min,torr^2)	$b\times10^{-1}$(torr^{-1})
4-乙烯基吡啶	105	16.4	4.5
苯乙烯	104	12.1	8.0
乙烯基甲苯	118	11.4	6.6
2-乙烯基吡啶	105	10.4	5.0
丙烯腈	53	7.2	9.9
丁二烯	54	4.4	5.0
丙烯酰胺	57	3.2	5.9
四氟乙烯	42	1.6	—
氯乙烯	63	0.97	1.4
乙烯	28	0.32	—

$$U=ap_{\mathrm{M}}^{2}(1+bp_{\mathrm{X}}) \tag{3-6-8}$$

式中 U——聚合速率； a——单体分压；

p_{M}——单体压力； b——载体分压；

p_{X}——氮气压力； 1Torr＝133.322Pa。

从表 3-6-17 中的数据可以看出，聚合速率与单体压力关系很大，不饱和烃单体分子量越大，聚合速率越大。

二、表面应力的消除

塑料制品大多数是经过加热状态下的挤压或模塑加工成型的，有时加工温度可达到150～200℃。在不均一的冷却过程中可能在制品的局部和表面产生残余应力，或者对于某些结晶性倾向高的塑料来说还会产生局部结晶化。残余应力和结晶化都不利于脱离的润湿和涂层的附着。它们在某些情况下不能用一般的表面处理方法加以消除。

消除表面应力来改变结晶性最简单和最有效的方法是采用退火的方法，即将塑料制品加热到一定温度后，再慢慢冷却以达到消除表面应力的目的。退火可以与表面活性剂处理或溶剂处理相互结合起来实施。具体方法和步骤可以根据制品的实际状态进行设计。

三、表面处理的评价方法

塑料制品经过表面处理后是否达到了改进脱离和印刷油墨的润湿性及其附着力的目的，直观来说可以采用常规的测定表面粗糙度、涂层附着力的各种方法进行判断。但是要深入的对各种处理方法进行总的评价，优化处理条件就必须采用各种仪器分析方法对被处理表面的化学状态和物理形态进行分析，同时测定有关参数进行定量的评估。

1. 表面的化学状态

表面处理的主要目的之一在于使惰性的塑料（PP、PE、PTFE等）表面活化，产生可与涂料成膜物产生化学键合或氢键结合的官能团。因此表面分析的作用在于确定证明活性官能团的存在及其表面的分布。

(1) 元素和官能团的表面分析

① 表面的元素分析可以采用：Auger 电子分光光度法（AES）；光电子分光法（ES-

CA)；X射线分析法（XMA)；二次离子质量分析法（SIMS)；离子散射光谱法（ISS)。

② 元素在表面的分布可采用XMA法测定。

③ 元素从表面向纵方向的分布可采用SIMS、ISS、AES、ESCA等方法测定。

④ 官能团的种类的确认方法：ESCA；红外吸收光谱（IR)；傅里叶转换红外光谱（FT-IR)。

目前大多数采用高灵敏度、高速度的、傅里叶转换红外光谱的全反射或局部反射型仪器分析。

⑤ 官能团的定量主要由红外吸收光谱法、傅里叶转换红外光谱定量法或化学分析法完成。

(2) 润湿性的评价　表面改性和活化首先表现在润湿性的改善上。表征表面可润湿性的主要参数是表面对液体（溶剂、涂料等）的接触角和表面的临界表面张力 γ_c。前面已经讨论只有当 γ_L（涂料的表面张力）小于 γ_c 时才会发生涂料对表面的润湿，γ_L 比 γ_c 小得越多，润湿越彻底。

接触角可以采用常规的液滴形状法、气泡形状法、前进和后退润湿板法等实验方法测定。测定出液体的接触角 δ，即可推算出。

润湿自由能：$\gamma_L\cos\delta$。

液体对固体的润湿功：$W_a[\gamma_L(\cos\delta+1)]$。

液体在固体上的铺展功：$W_s[\gamma_L(\cos\delta-1)]$。

测定出不同液体在被处理表面上的接触角 δ，以及 γ_L 对 $\cos\delta$ 作图并外推后即可测定出从处理表面的临界表面张力 γ_c。

2. 表面的物理状态

许多表面处理方法都会对制品的表面产生一定程度的侵蚀作用，其结果产生一定的表面粗糙度。它对于涂料的润湿和涂层的附着力影响很大。表面过于粗糙对润湿不利；另一方面，适当的表面粗糙度同时也增大了表面面积，增强了涂料表面锚固作用，从而有利于附着。表面粗糙度可以采用电子显微镜照相的方法很容易进行评价。

第四节　塑料用涂料的分类

塑料的种类繁多，在工业、农业、汽车、家电等各个领域的应用日趋广泛，因此塑料用涂料也随之得到了发展。正是由于塑料用涂料的品质完善，使得塑料的用途得到了延伸。由于塑料的种类、表面性质、塑料制品应用的环境不同以及施工工艺的需要，所以对涂料和涂膜性能的要求也不同。因此同一种塑料需要多种涂料为之服务，反之不同种类的塑料往往也可以使用同一涂料涂饰。应用于金属、木材和其他基材的涂料大多都可以选来应用塑料表面的涂饰，但不是直接拿来用，而是要根据被涂塑料表面性质和对涂膜性能要求进行必要的改进或重新设计。

一、塑料用涂料选择基本原则

由于塑料底材的多样性，选择最佳的涂料体系和涂装工艺以达到最佳的使用效果和经济性是一项相当困难的任务。首先必须了解以下四方面的事实：

① 塑料的化学组成，主要聚合物的结构、形态，热塑性还是热固性的树脂；

② 成型加工方法；

③ 塑料制品的最终用途、使用环境条件以及产品所期望达到的性能要求；

④ 制品中所混加的单体材料、补强剂、着色剂及其他结构和辅助材料。

在上述事实的基础上再考虑塑料制品的涂装工艺，即将涂料种类与涂装方法、涂装工程一并结合起来才能得出合理的选择。

1. 根据被涂塑料性质选择涂料

塑料为高分子材料，不同的塑料有着不同的结构和性质，为塑料选用涂料时应注意以下几点。

(1) 确认塑料的种类是热塑性塑料还是热固性塑料。如果是热塑性塑料，再涂料的选择上就会方便一些，只考虑溶剂的溶蚀问题。但是热固性塑料的塑料表面已没有极性点，通常塑料要进行表面处理，以提高涂膜附着力。

(2) 热塑性塑料需要考虑以下问题。

① 若确认是热塑性塑料，还要认定是结晶性或非结晶性的塑料以及材料的极性大小。若是非极性或是结晶度较高的材料，涂料附着力就较差，应该考虑材料的表面处理以提高涂膜的附着力。

② 热塑性塑料一般耐溶剂性较差，要根据塑料的溶解度参数选择适当的涂料和稀释剂。像聚苯乙烯（PS）、聚碳酸酯（PC）对溶剂都非常敏感，可选择以醇为主要溶剂的涂料或是水性涂料。

(3) 塑料的热变形温度与烘烤温度。为了提高功效或是涂膜固化需要一定的温度，制品涂漆后需要在一定的温度下烘烤干燥，这就要求掌握被涂塑料的热变形温度，只能在低于热变形温度下干燥。可根据制品的热变形温度大小来选择相应的涂料。对于热变形温度低的塑料可选择挥发性涂料，如 ABS、PS 等热变形温度低的塑料可选择自干的丙烯酸树脂涂料或是常温固化的丙烯酸聚氨酯涂料。对于热变形温度高的塑料，像氨基塑料、酚醛塑料，可以选择烘烤固化的涂料，如丙烯酸氨基涂料、有机硅改性涂料。

2. 根据塑料制品对涂膜性能的要求来选择涂料

塑料用涂料按用途可分为内用、外用及特殊用途涂料。

对于户内制品使用涂料多注重装饰效果，但对理化性能也还是有一定要求。例如电视机壳用的涂料，对涂膜要求具有一定的耐醇性和耐磨耗性；对玩具用的涂料，要求涂膜无毒性。对于已着色的塑料则要求涂料有足够的遮盖力。在装饰方面还可以通过不同施工方法制成金属装饰效果、木材装饰效果、假大理石装饰效果、晶纹、斑纹等装饰效果。在装饰性涂膜上面，往往根据制品的需要用丝网印刷、移印等方法印刷上文字或图案。这样要求涂膜对油墨有良好的黏合性。内用涂料通常可以考虑使用热塑性涂料，如聚氨酯醇酸、丙烯酸、丙烯酸硝基等涂料。

户外使用的塑料用涂料，除保证一定的装饰效果外，更重视涂膜的防护效果。长期的户外使用要求涂膜有很好的保光保色性，要求耐湿热、耐盐雾、耐紫外线、耐划伤等户外使用性能良好。如摩托车部件、户外检测仪器壳体、安全帽、汽车外壳等暴露在户外的塑料制品，表面涂饰通常选择耐候性的双组分脂肪族聚氨酯涂料、交联型丙烯酸涂料或低温固化氨基涂料。

此外一些特殊性能的需要，如聚苯乙烯、有机玻璃透明度很好，但表面硬度不高、易划伤，则需要透明度高、硬度高的涂料，如有机硅改性丙烯酸涂料来保护塑料表面。

3. 根据施工工艺要求选择涂料

一般涂料的施工方法几乎都能用到塑料表面涂装，喷涂是塑料涂装的主要方法，使用场合十分广泛。近期又出现了静电喷涂、热喷涂、高压无空气喷涂及自动机械手喷涂。为适应不同的喷涂方式，涂料溶剂的极性、挥发速率和沸程都要做相应的调整。此外还有其他涂装方法，如浸涂、流涂、辊涂、淋涂等。为了涂膜的性质避免出现浮色、流挂以及保证涂料的使用期，涂料的组成及与之配套的溶剂都需要做相应的调整。

涂料的干燥方式对涂膜的性能也起着重要的作用，许多高性能的涂料都依赖着先进的干燥手段。一般的挥发性涂料，为了提高涂膜的性能和生产效率，也都使用塑料允许的干燥温度（一般为 50～60℃）烘干，如交联型热固化涂料要在 100～150℃下烘干。一些高硬度、耐磨、耐划伤的有机硅改性涂料、丙烯酸环氧涂料、聚酯等涂料使用紫外线固化、电子束固化可得到高性能涂膜。当使用这些固化方式时，涂料的组成和稀释剂的组成都要配合干燥工艺的变化加以变化。

二、主要塑料底材用涂料

1. ABS 塑料用涂料

ABS 塑料可选择的涂料范围比较宽，可根据涂膜性能的要求选择挥发性涂料，如丙烯酸酯涂料、环氧涂料、醇酸涂料、硝基漆涂料、氨酯油涂料；也可选择双组分转化型涂料，如丙烯酸聚氨酯涂料。这些涂料都可以制成有光、丰光、各色金属质感以及橡胶软性质感涂料。ABS 塑料涂料主要是由树脂、颜料、涂料助剂经研磨，调入有机混合溶剂组成。它的性能、用途和技术指标介绍见表 3-6-18。

表 3-6-18 ABS 塑料涂料的性能特点

项目	AP-1 塑料黑漆	塑-1 清漆	塑-1 各色磁漆	丙烯酸金属闪光漆	丙烯酸彩色透明漆
特性	能常温干燥，漆膜坚硬耐磨，防潮	漆膜光亮，坚硬耐磨，附着力好	漆膜颜色鲜艳，耐水耐磨，附着力好	漆膜光亮，耐磨，附着力好	漆膜光亮透明，耐磨性好
用途	用于 ABS、PC、PVC、HIPS、塑料涂装	用于 ABS、PS、塑料涂装	用于 ABS、PS、塑料涂装	用于 ABS、塑料涂装	用于 ABS、塑料涂装
外观	黑色	透明	各色	各色	透明
硬度	0.6	0.5	0.5	0.6	0.6
光泽度	<10		8～14	10～15	
耐水性/h	24	24	24	24	24
耐醇性/h	60	20	20	50	50

ABS 塑料用涂料举例。

【例 1】 热塑性丙烯酸树脂涂料

鉴于热塑性丙烯酸树脂的干燥速度快、易施工等特点，广泛应用于 ABS、PS、HIPS、聚丙烯酸酯、脲醛和酚醛等塑料的涂装，是目前塑料涂装工业应用最多的涂料品种。其施工性能与涂层性能严重受溶剂体系的制约。为了保证涂膜对塑料有足够的附着力和不溶蚀塑料表面，不同季节使用的溶剂体系及不同底材使用的溶剂体系皆不相同，见表 3-6-19 和表3-6-20。

随着我国国民经济及工业的发展，对塑料的涂层性能要求越来越高，例如：高耐醇性、镀银效果、立体花纹效果等的高装饰性，利用上述树脂，通过纤维素和氯醋树脂改性，添加效果颜料可以得到高耐磨的特殊效果塑料涂料（表 3-6-21）。

表 3-6-19 不同季节丙烯酸塑料涂料的溶剂体系 单位：%

原 料	夏季稀料	春秋季稀料	冬季稀料	原 料	夏季稀料	春秋季稀料	冬季稀料
丁醇	35	30	25	醋酸乙酯		40	45
醋酸丁酯	20			环己酮	5		
丙酮		15	25	甲苯	15		5
二丙酮醇	25	15					

表 3-6-20 不同底材用丙烯酸塑料涂料的溶剂体系 单位：%

原 料	注塑密度低的ABS塑料	正常ABS塑料	原 料	注塑密度低的ABS塑料	正常ABS塑料
丁醇	5	10	醋酸乙酯	10	10
醋酸丁酯	15	30	120#溶剂汽油	5	
丙酮	20	15	异丙醇	20	15
二丙酮醇	25	15	环己酮		5

表 3-6-21 ABS 塑料用耐醇擦涂料

树脂配方	含量/%	树脂配方	含量/%
丙烯酸树脂	55	其他助剂	1
氯醋树脂	3	醋酸丁酯	10
纤维素树脂	5	CAC	8
银粉	9	醋酸乙酯	9

【例 2】 聚氨酯涂料在塑料涂装中的应用

聚氨酯涂料因漆膜坚硬、光泽度高、耐化学品性强、弹性高等特点广泛用于 ABS、PVC、PC、聚氨酯等塑料的涂装。涂料配方与喷涂用稀料见表 3-6-22 和表 3-6-23。

表 3-6-22 用于 ABS 上的铝粉聚氨酯漆配方

成 分	含量/%	成 分	含量/%
FS-2050∶GD-71=1∶1	55	BYK-P104S 分散剂	0.5
闪光铝粉	7～9	201P 沉剂	3～5
CAB381-0.5 溶液(25%)	20	溶剂	13
流 BYK-331	0.3～0.5	固化剂 N-75	10

表 3-6-23 用于 ABS 上的铝粉聚氨酯漆稀料配方

成 分	含量/%	成 分	含量/%
醋酸丁酯	30～50	丁醚	20～30
丙酮	10～40	CAC	10～20

上述漆的质量指标如下。

① 铅笔硬度(70℃，30mm)：≥HB。

(7 天)：≥2H。

② 附着力（划格法）：100%。

③ 柔韧性：1mm。

④ 抗冲击强度：50kgf·cm。

施工参考：喷涂黏度 13～15s，喷涂压力 0.4～0.6MPa。

【例 3】 紫外光固化涂料应用举例

热可塑性树脂铝粉底漆＋UV 罩光试验参考配方见表 3-6-24 和表 3-6-25。

使用原料如下。

Hypomer VP-UA-M6	丙烯酸酯聚合物	德谦化学
Hypomer AC-7435	热可塑性丙烯酸树脂	德谦化学
Hypomer AC-7407	热可塑性丙烯酸树脂	德谦化学
T-8970	铝浆	德谦化学
Levaslip 432	硅酮（聚硅氧烷）流平剂	德谦化学
Levaslip 875	硅酮（聚硅氧烷）流平剂	德谦化学
Desettle 201P 浆	溶剂型防沉剂（固体分 20%）	德谦化学
CAB-381-0.5	醋酸丁酸纤维素（固体分 20%）	
HDDA	1,6-己二醇二丙烯酸酯	
TMPTA	三羟甲基丙烷三丙烯酸酯	
1173	2-甲基-2-羟基-1-苯基-丙酮	
Thinner	Xyl/NBAc/PMAc=4/3/1	

表 3-6-24 铝粉底漆试验配方

单位：%

原 料	添加量	添加量
Hypomer AC7435	50.0	—
Hypomer AC7407	—	50.0
T-8970	6.0	6.0
CAB-381-0.5(20%)	15.0	15.0
432	0.3	0.3
201P(20%)	10.0	10.0
Thinner	18.7	18.7
合计	100.0	100.0

表 3-6-25 UV 罩光清漆试验配方

单位：%

原 料	添加量
VP-UA-M6	58.7
TMPTA	15.0
HDDA	21.5
1173	4.5
875	0.3
合计	100.0

罩光面漆基本性能如下。

①固化速率：3m/min（条件：灯距 10cm，功率 5kW）。②在铝粉底漆上的附着力（百格法）：0 级。③硬度：2H。④80℃×4h 恒温水试验：涂膜基本无变化。

2. 聚苯乙烯及其共聚物塑料用涂料

聚苯乙烯简称 PS，其质地坚硬、化学性能和电绝缘性能优良，易于成型。制品色彩鲜艳、表面光亮，广泛应用于电气、仪表、包装、装潢和生活用品方面。但是其缺点是耐热性差和质脆，为此开发了一系列以苯乙烯为基础的改性聚苯乙烯，主要品种有通用性聚苯乙烯(GPPS)、高抗冲聚苯乙烯，也称改性聚苯乙烯（HIPS）和发泡聚苯乙烯（可发性聚苯乙烯，EPS)。除上述聚苯乙烯及其共聚物外还有由丙烯腈、氯化聚乙烯、苯乙烯三元共聚的 ACS 塑料，由丙烯腈、丙烯酸酯和苯乙烯三元共聚的 AAS、MBS、SMA 等热塑性塑料，下面介绍 HIPS 塑料用涂料，PS 和其他改性的 PS 可参考 HIPS 适用的涂料进行配方设计及选择适用的涂料。

聚苯乙烯溶解度参数为 8.6～8.7 $(cal/cm^3)^{1/2}$，热变形温度为 63～93℃。聚苯乙烯及其改性聚苯乙烯尤其是发泡聚苯乙烯对溶剂非常敏感。酮、酯、芳烃都能溶蚀塑料，为此在配制混合溶剂时尽可能多地使用醇类溶剂或是烷烃溶剂以及相应可溶的树脂制备涂料。漆膜可以是常温干燥或强制干燥，强制干燥温度应在 60℃以下。可选用的涂料可以是挥发型涂料，如丙烯酸硝基涂料；也可以是常温固化的不饱和聚酯涂料以及环氧丙烯酸的光固化涂料。以下举例说明。

【例 1】 用于聚苯乙烯塑料的丙烯酸清漆

丙烯酸清漆含有甲基丙烯酸烷基（C_1）酯 60%～98%、甲基丙烯酸烷基（C_2～C_4）酯 1%～40%、甲基丙烯酸烷基（C_8～C_{22}）酯 1%～20%，其分子量为 5000～50000、玻璃化转变温度 60～95℃的共聚物。

实例：将 200∶100∶700（单体配料比）的甲基丙烯酸特丁酯-甲基丙烯酸十二烷基酯-甲基丙烯酸甲酯共聚物（50.3%的不挥发分，分子量 25000）100 质量份与铝粉浆（65%的不挥发分）10 质量份混合，稀释，喷涂在聚苯乙烯上，并在 60℃下烘烤 30min，与未涂漆的样品相比较，形成的漆膜耐磨蚀 100 次和耐甲醇摩擦 40 次，而由 100∶100∶80 的甲基丙烯酸丁酯-甲基丙烯酸十二烷基酯-甲基丙烯酸甲酯共聚物（分子量 4500）制备的涂层，其上述指标分别为 20 次和 10 次。

【例 2】 HIPS 塑料用丙烯酸硝基涂料

该涂料树脂部分是由丙烯酸树脂（甲基丙烯酸甲酯∶丙烯酸丁酯∶丙烯腈＝19∶20∶5 共聚物）和硝化棉组成。

稀料组成：HIPS 塑料容易被溶剂溶蚀，为了保证涂膜对塑料有足够的附着力和不溶蚀塑料表面，在不同季节施工应选用不同的稀料（表 3-6-26）。

表 3-6-26 三种稀料组成 单位：质量份

原料＼配方	夏季稀料	6# 稀料	冬季稀料	原料＼配方	夏季稀料	6# 稀料	冬季稀料
丁醇	30	20	25	醋酸乙酯		40	45
醋酸丁酯	20			环己酮	5		
丙酮		25	25	甲苯	20		5
二丙酮醇	25	15					

HIPS 塑料硝基纤维素涂料配方举例（见表 3-6-27）。

表 3-6-27 HIPS 等塑料硝基涂料配方 单位：%

原料	品种				
	中蓝	大红	光黑	白漆	银黑
45%丙烯酸树脂	60.99	64.98	57.98	45.88	42.97
硝化棉液(1/2s)	13	13.93	11.20	9.77	1.2
消光剂			8.25		6
R-820 钛白	5.87			14.35	
铁蓝	5.28				
中色素炭黑			1.27		1.83
进口铝粉浆					4.7
3132 大红粉		6.09			
6# 稀料	14.86	15	21.30	30	36.3
合计	100	100	100	100	100

以上不同颜色涂料，丙烯酸树脂与硝化棉固体比为 7∶1。6# 稀料配方为：丁醇 20%，丙酮 25%，二丙酮醇 15%，醋酸乙酯 40%。

该涂料丙烯酸树脂中无强酸单体，故可以用来制造金属感铝粉漆，涂膜质量与日本进口涂料相当。该涂料若用于涂饰 ABS 制件时，可增大硝化棉用量，即丙烯酸树脂比硝化棉固体为 3∶1，以提高漆膜硬度。

3. 聚烯烃-PE、PP、EVA 用涂料

氯化聚烯烃及改性氯化聚烯烃涂料主要用于喷涂聚烯烃包括聚乙烯（PE）、聚丙烯（PP）、高乙烯含量（70%）的乙烯-醋酸乙酯树脂（EVA）及乙烯、丙烯、丁二烯的二元、三元共聚物等。其中 PP 在汽车零配件中用量日益增大，PP 和 PE 制品用量在所有塑料制品中是最大的，对它们的涂装需求日益增大。

聚烯烃的特征在于其结晶度高，耐溶剂性强，表面极性和表面能低，涂膜难于附着。因此采用适当的表面前处理进行表面改性是必要的，再采用底漆和面漆配套方案或者采用底面合一的涂装方案进行涂装。

作为底漆应与底材有相似的分子结构、近似的溶解度参数，还应与面漆有良好的层间附着力。近年来适用于 PP 和 PE 的底漆开发十分活跃，其主要的成膜物体系有如下几类。

(1) 氯化聚烯烃　具有不同氯化程度的氯化 PP、氯化 PE、氯化 EVA 可单独或混合使用作为底漆成膜物。其中氯化度低的对底材附着力好，氯化度高的对面漆附着力好。目前氯化聚烯烃及改性氯化聚烯烃的品种较多，如中国台湾德谦公司有如下的型号与种类（表 3-6-28）。

表 3-6-28　中国台湾德谦公司的氯化聚烯烃及改性氯化聚烯烃

性质与配比	分子量	氯含量/%	软/硬质	改性
PPC	80000	27	硬	无
CY-9124	60000	24	硬	1.6%马来酸
HM-21P	45000	21	硬	1.6%马来酸
P-5551	—	24	硬	丙烯酸
DX-526P	100000	26	软	无
M-28P	75000	20	软	1.4%马来酸
F-2P	75000	20	软	1.6%马来酸
CP-7540	50000～90000	5～10	软	丙烯酸

氯化聚丙烯及其改性氯化聚丙烯与聚氨酯面漆配套用于喷涂汽车保险杠。

【例 1】 PP 塑料汽车保险杠用漆

① 施工工艺

a. PP 灰底自干 10min。

b. 铝粉或白色面漆自干 10min。

c. 罩光漆 80℃×45min，放置 5 天后测试耐温水、耐汽油性能。

② 性能测试要求

a. 耐温水　40℃×10 天不起泡，不脱落，附着力为 0～1 级。

b. 耐沸水　100℃×2h 不起泡，不脱落，附着力为 0～1 级。

③ 配方

a. 底漆树脂　CP-7540 拼 CY-9124 树脂，底漆配方见表 3-6-29。

表 3-6-29　PP 塑料汽车保险杠底漆配方　　单位：%

组　分	灰浆	调漆	总配方
混合树脂	27.0	70	48.5
钛白粉 R902	30.0		15
滑石粉 1200 目	14		7
HP-260	3		1.5
FW-200	0.4		0.2
XYL/NBAc=2/1	20.6	29.4	25
流平剂	1		0.5
消泡剂		0.6	0.3
流变剂	4		2
合计	100	100	100

b. 面漆树脂　FS-2060B（白漆/铝粉），面漆配方见表 3-6-30 和表 3-6-31。

表 3-6-30 PP 塑料汽车保险杠白面漆

单位：%

组分	白浆	调漆	总配方
FS-2060B	37	80	58.5
钛白粉 R-902	50		25.0
9250	1		0.5
XYL/NBAc/MEK/PMA=5/2/2/1	12	19.6	15.8
消泡剂		0.4	0.2
N-75			12.7
合计	100	100	

表 3-6-31 PP 塑料汽车保险杠铝粉漆

单位：%

组成	总配方
FS-2060B	55
国产铝浆	7.5
20% CAB-381-0.5	16.5
APW	2
XYL/NBAc/MEK/PMA=5/2/2/1	10
EAC	6.7
消泡剂	0.3
铝银定位剂	2
N-75	11.2
合计	100

表 3-6-32 PP 塑料汽车保险杠

单位：%

组成	总配方
FS-2860A	40
FS-4365A	40
XYL/NBAc/MEK/PMA=5/2/2/1	19.5
495	0.4
879	0.1
N-75	27
合计	100

c. 罩光树脂 FS-2860A/FS-4365A=1/1，罩光漆配方见表 3-6-32。

【例 2】 PP 专用的水性底漆

水是所有溶剂中表面张力最大的一种，而聚烯烃是塑料中表面张力最低的，所以水性涂料对聚烯烃底材的润湿是最突出的问题。通常要求预处理后，底材的表面张力$>4\times10^{-4}$N/cm，再经过配方设计，尽可能降低水性涂料的表面张力。作为成膜物，目前主要选用氯化聚烯烃，同时加入一定量的有机溶剂，配方见表 3-6-33。

表 3-6-33 PP 专用的水性底漆

组成	配比/质量份	组成	配比/质量份
氯化聚烯烃(Cl 18%)	31.25	水	46.67
二甲苯	18.75	乳化剂	1.6

将上述组分在乳化器中乳化成固体含量为 40%的乳液，取该乳液 90 质量份与 5 质量份聚氨酯水分散体混合后，喷涂在 PP 板上，40℃下干燥 15min，可得附着良好的底漆，再罩以聚氨酯面漆。

聚烯烃经过共混方法可以显著地改进其表面极性，例如 PP 钙塑材料，PE 与其他极性树脂（氯化聚乙烯、PVC、丙烯酸酯共聚物等）共混后，可以直接进行涂装。

(2) 接枝改性的聚烯烃 二元或三元、四元共聚烯烃可以用马来酸酐和丙烯酸单体进行接枝改性而引入极性基团。例如将 Hybrar HVS-3（氢化苯乙烯-异戊二烯-苯乙烯三元嵌段共聚物）105g 与 3.46g 马来酸酐或与 12.84g 丙烯酸羟丙酯，在过氧化二叔丁基存在下于 165℃接枝共聚 2h。所得树脂可直接涂于聚丙烯板上，不需用含氯烃溶剂进行预处理。

(3) 表面蒸汽沉积镀膜用的底漆 表面镀膜用的底漆要求较好的耐热性、高光泽性、高硬度。一般可采用紫外光固化的涂料，为提高对 PP 的附着力，可用氯化聚烯烃进行改性。表面蒸汽沉积镀膜用的底漆见表 3-6-34。

表 3-6-34　表面蒸汽沉积镀膜用的底漆

组成	配比/质量份	组成	配比/质量份
氯化聚烯烃(Cl<25%)	1	丙烯酸乙-二环戊氧乙基酯	5
二季戊四醇六丙烯酸酯	45	丙烯酸预聚物	30
氢化双酚 A 二丙烯酸酯	15	二甲苯	200

涂料涂于 PP 板上，用紫外线固化后可进行铝蒸气的沉积。

4. PVC 用涂料

聚氯乙烯是产量很大的通用型塑料，具有优异的耐水性、耐候性。根据所含的增塑剂的种类和用量的不同可以制成从硬质 PVC 到软质 PVC（如农用薄膜）的系列化产品，用途十分广泛，从化工厂的各种液体贮槽、晾水塔、大型仪器外壳、各类管道，以至于玩具、地板块、各种薄膜等。选择适用于 PVC 涂料的关键在于考虑 PVC 所用的增塑剂的种类、用量及迁移速率。增塑剂迁移至 PVC 的表面被涂层吸收后，一方面使涂层树脂溶胀和软化，令其表面耐沾污性下降；另一方面由于增塑剂的迁移导致 PVC 本身变硬和脆性增加而影响其使用性能。

对于涂料用的成膜物树脂既要求与 PVC 有相近的溶解度参数和弹性模量，从而具有良好的附着力；又要求它们与增塑剂没有相容性，不被增塑剂溶胀，并具有优良的封闭型，而对于溶剂和稀释剂的基本要求是对增塑剂没有溶解和萃取能力。近年来 PVC 工艺开发和使用了一些低分子量低聚物增塑剂代替迁移性和溶解力强的邻苯二甲酯类增塑剂，例如氯含量 20%～30%的氯化聚乙烯等，这给涂料的选择带来了更大的空间。

【例 1】 PVC 挤出品用环氧改性丙烯酸/多异氰酸酯涂料（表 3-6-35）

表 3-6-35　PVC 挤出品用环氧改性丙烯酸/多异氰酸酯涂料

原料名称		配比(质量分数)/%	主要性能指标	
主剂	环氧改性丙烯酸树脂(50%)	70	附着力(划格法)/级	0
	钛白粉(金红石型)	22	铅笔硬度/H	2
	滑石粉(1250 目)	5	表干时间/min	3
	膨润土	1.5	实干时间/h	24
	各种助剂	1.5	耐盐雾/h	1000
	合计	100		
固化剂	多异氰酸酯	12		

【例 2】 聚氯乙烯农用薄膜用乳胶涂料

这种具有良好的耐土壤性和抗扯强度的农用薄膜，是用含活性基团的水分散性交联剂的丙烯酸聚合物乳胶涂覆增塑的聚氯乙烯薄膜而制造的。

实例：有甲基丙烯酸甲酯 59 质量份、甲基丙烯酸丁酯 33 质量份、甲基丙烯酸羟乙酯 6 质量份和甲基丙烯酸 2 质量份制取的 20%聚合物乳胶，含 1%三羟甲基丙烷聚缩水甘油醚（Ⅰ）交联剂。用此乳液涂覆 0.015mm 厚的增塑氯乙烯薄膜，涂层厚 5μm，130℃烘干 50s。此薄膜抗扯强度为 1200g/cm^2，最初透明度 92%，户外试验两年后为 78%；而使用不含Ⅰ的乳胶涂覆时，分别为 630g/cm^2、92%和 68%。

5. 聚碳酸酯用涂料

聚碳酸酯由于其优良的力学性能和较高的耐热性以及成型加工的尺寸稳定性，广泛地应用于仪器仪表的结构件。尤其是近年来光盘行业飞速发展，主要采用 PC 板作底材，从而对其涂料提出很高的要求。它们主要应具备极好的透明性、耐磨性、耐划伤性以及抗冲击性能。因此主要以耐划伤的硬涂层涂料为主，下面举例说明。

【例】 聚碳酸酯的保护涂料

涂料溶液的制备方法是：滴加600g 31%的水性胶体二氧化硅分散体于500g 甲基三甲氧基硅烷中，并在 pH＝3～6 下搅拌 4h，然后用 100g Ⅱ兑稀。这种面漆在 100℃下烘烤60min，所获得的板涂层附着力（划痕法和附着胶带法检验）为 100%，ASTM D 1925 泛黄指数开始时为 2.1，在老化机试验 600h 后，上述值分别为 100%和 4.5。这种老化机试验条件是黑板温度（63±3)℃，相对湿度（63±3)%，每小时喷雾 12min。但是不用上述底漆涂覆的板附着力为 0。

6. 聚丙烯酸酯用涂料

聚甲基丙烯酸甲酯（PMMA）俗称有机玻璃，是聚丙烯酸酯塑料中用量最多的品种。对于 PMMA 适用的涂料，尤其是航空用的有机玻璃上适用的涂料要求极好的透明性、耐划伤性及耐大气老化性。因此，主要应选用耐划伤硬涂层的品种为宜。例如常温固化双组分的丙烯酸聚氨酯涂料、有机硅烷系列涂料以及近年来迅速发展的有机氟树脂涂料。后者由四氟乙烯或偏氟氯乙烯与带羟基的单体（如 4-羟基丁基乙烯醚）及其他乙烯单体经三元或四元共聚得到低分子量的含羟基含氟多元醇，再与缩二脲或 HDI 三聚体固化剂交联固化后可得到硬度高、耐划伤性好以及拒水、拒油、高透明性的涂层。而且其耐候性达人工老化 1000h以上，透明性保持 95%以上。

聚丙烯酸酯塑料的另一个重要用途是制作透镜，为此需要涂覆保护性的耐划伤、耐化学品且高度透明的涂层。它们一般由硅氧烷酯及其水解产物、胶态的金属氧化物或其复合粒子 $Al(ClO_4)_3$ 等组成。

例如：在 30min 内将适量盐酸（0.05mol/L）滴加到组成为（3-缩水甘油丙基）三甲氧基硅烷 100g、二乙氧基（3-缩水甘油丙基）甲基硅烷 125g、异丙醇 100～200g 的混合物中，保持 50℃反应 1h，将产物冷却后与 300g WO_3-SnO_2 溶胶混合于 20℃陈化 16h，用乙醇和乙基溶纤剂稀释涂装，60min 后所得涂层附着力（划格法）100/100，干燥性、耐划伤性和耐溶剂性良好。

作为一般用途的聚丙烯酸酯塑料的应用范围很广，从照明灯具、日用杂货、汽车和摩托车零件到家用电器等。为了满足此类的装饰和保护目的大多数采用单组分的丙烯酸酯涂料，选择涂料品种时主要应注意溶剂对底材的侵蚀性及快干性。至于装饰性要求较高的场合可以选用丙烯酸聚氨酯涂料。

7. 脲醛和酚醛塑料用涂料

脲醛和酚醛塑料是最早得到工业化应用的热固性塑料，制品主要用来制作电器和电绝缘部件。脲醛树脂的热变形温度低，主要适用常温干燥或 60～80℃加热干燥的涂料。由于脲醛树脂的价廉特性决定了涂装的要求不高，一般采用空气干燥型的醇酸漆、丙烯酸酯清漆或硝基漆以及酸催化的低温氨基醇酸烘漆等。

酚醛树脂具有优良的耐热性、电绝缘性及易成型加工性、突出的机械强度和价格方面的优势，近年来不仅使用量未下降，反而越来越多地替代工程塑料在汽车和电气工业中得到使用。酚醛树脂的模塑品、纤维增强酚醛制品（玻璃钢）以及阻燃和耐燃、特种功能制品正在不断开发出来。

尽管酚醛制品可以采用通用型的氨基醇酸烘漆在 120℃、30min 条件下固化，但由于热收缩难以得到满意的光泽。最好在 100℃以下，加入有机酸催化剂进行固化为宜。对于装饰性要求较高的场合，可以采用双组分聚氨酯涂料涂装，具有代表性的是钓鱼竿及其涂装。目前市场上出售的钓鱼竿大部分是由玻璃纤维增强的酚醛树脂经热压成型，经涂底漆和二道浆打磨后，涂装各色丙烯酸聚氨酯或聚酯聚氨酯面漆、防滑手柄漆等制成。

【例】 酚醛泡沫塑料表面保护涂层

脆的泡沫塑料产品用活性高的聚氨酯组分喷涂后，可改进它的耐磨性。

实例：切割泡沫酚醛树脂块制成的盒，用两罐装聚酯涂料喷涂：其中一组分为等量的聚对苯二甲酸乙二醇酯和一缩二乙二醇（含0.6%二月桂酸二丁基锡）；另一组分为95.4质量份粗MDI和5.2质量份邻苯二甲酸二丁酯。使用时按1∶1（体积比）混合，喷涂后形成1.5mm的涂层。涂装后用作隔离鱼货箱，而装在没有涂装的盒内的鱼被酚醛树脂碎片污染。

8. 聚酯塑料用涂料

聚酯树脂分为饱和聚酯和不饱和聚酯两大类，因此适用于它们的涂料分为饱和聚酯塑料用涂料和不饱和聚酯塑料用涂料。

(1) 饱和聚酯塑料用涂料　饱和聚酯塑料可以选用的涂料范围很宽，如聚酯聚氨酯涂料、环氧聚酯涂料、丙烯酸聚酯光固化涂料。

【例】 聚酯塑料用环氧光固化涂料（质量份）

该涂料含60～95质量份环氧树脂和5～40质量份热塑性饱和聚酯（平均分子量为2500～30000），还有0.1%～10%按阳离子机理引发的光聚合引发剂。该涂层可附着，挠曲和抗冲击。

实例（质量份）：将含3,4-环氧环己烷羧酸酯（环氧当量131～143）65份，20份醋酸乙酯，20份1,4-丁二醇二缩水甘油醚（环氧当量125～143）、15份Vylon500（聚酯，分子量20000～25000），0.5份有机硅表面活性剂和3份PP33（引发剂）的涂料涂覆在聚酯上，再经紫外线固化便制得平整光滑的涂层。

(2) 不饱和聚酯塑料用涂料　玻璃钢制品一般表面十分粗糙，需要很厚的涂层才能形成表面平整的涂膜，往往需要涂底漆甚至需要刮腻子。此外还可以使用模内成型注射涂饰，所用的涂料多为交联型涂料、环氧改性聚酯涂料、丙烯酸聚氨酯涂料、聚氨酯聚酯涂料、氨基醇酸涂料。涂料干燥方式可以是常温交联、烘烤交联，也可以是紫外线固化。

【例】 纤维增强塑料模制品用底漆

对纤维增强塑料模制品及其涂层有优良附着力的单包装底漆，含有环氧改性的聚酯树脂（平均双键数≥1.8）和无机填料。例如将392g马来酸酐和258g丙二醇制得的不饱和聚酯，用156g甲基丙烯酸缩水甘油酯（Ⅰ）处理，并稀释在500g苯乙烯内，即环氧改性聚酯（Ⅱ）（Ⅰ含量为12.5%）（Ⅱ）70质量份、滑石粉30质量份、硬脂酸锌0.1质量份和叔丁基过苯甲酸酯1.2质量份组成的涂料，在纤维增强的不饱和聚酯板上形成光滑的涂层；该涂层对板的附着力（日本工业标准K-5400，划格）为10/10，对氨基醇酸三聚氰胺面涂层的附着力为10/10（上述值是在40℃和100%相对湿度条件下240h后检验获得，或在人工老化机内暴露600h检验获得的）。

9. 尼龙底材用涂料

尼龙（聚酰胺）、PBT（聚对苯二甲酸丁二醇酯）是优良的工程塑料，其耐热性和物理力学性能可满足汽车及电气制品的要求。它们的表面结晶度高，为了提高涂层的附着力，进行表面的前处理是必要的。作为底涂可选用双组分聚氨酯底漆，再配套丙烯酸聚氨酯面漆。PBT的涂装还可以选用单组分丙烯酸酯接枝的氯化聚烯烃涂料。

【例】

组成	配比/质量份	组成	配比/质量份
甲基丙烯酸甲酯	30	甲基丙烯酸异丁酯	15

组成	配比/质量份	组成	配比/质量份
甲基丙烯酸月桂酯	14	甲基丙烯酸	1
苯乙烯	10	过氧化苯甲酰	3

将上述单体混合物，于80～100℃滴加到氯化聚烯烃的甲苯溶液中［Cl含量27%的氯化聚丙烯的30%甲苯液44质量份，高氯化聚乙烯（Cl含量67%）的30%甲苯液20质量份］，反应并稀释至40%固体分，该树脂液可制备清漆、色漆。涂装于聚酯表面后于80℃干燥10min，可得附着力100/100（划格法）的涂层。

10. 其他特殊功能涂料

(1) 导静电涂料　塑料本身是电绝缘体，由于摩擦容易产生静电，轻者使其表面吸收灰尘而不耐脏；严重时，例如对于贮存有机溶剂和油品的容器来说，液体摩擦器壁可能产生静电火花引起着火。为了防止静电应保持表面电阻10^6～$10^8\Omega$。一种办法是在塑料加工时加入导电填料以降低制品的体积电阻和表面电阻。这样势必要加入相当多的导电颜料，不仅影响制品性能，也直接与成本有关。另外一种办法是涂装导静电涂料以降低塑料制品的表面电阻。

石墨-炭黑、磷化铁、导电云母或导电氧化物为通用的导静电填料。导静电涂料一般不适用于塑料制品，因为它们的填充度较高，机械强度差，与塑料底材匹配性差。塑料用导电涂料大多在成膜物中引入防静电的官能团，使其具有永久性的防静电作用，如—N^+R_3Cl—、季铵盐、小分子聚氧乙烯链、磺酸盐、羟酸盐等阴离子以及酰胺官能团等强极性分子结构。具体举例如下：

【例1】

组成	配比/质量份	组成	配比/质量份
丙烯酸树脂成膜物	80	$LiClO_4$	15
四甘醇二甲醚	5	醋酸乙酯	720

将上述组成溶解后，涂于PMMA树脂板上，于室温下干燥后即可。涂膜抗静电性好，雾影0.5。

【例2】　含*N*,*N*-二甲基丙烯酰胺的光固化涂料

由季戊四醇三丙烯酸酯、甲基丙烯酸缩水甘油酯、聚氨酯丙烯酸酯、光敏剂与抗静电剂（含N≥1丙烯酰基的酰胺、胺或其磷酸酯）等组成，经紫外光固化后可得到优良的导静电涂层。

【例3】

组成	配比/质量份	组成	配比/质量份
甲基丙烯酸丁酯	60～65	乙二醇单乙醚	200
甲基丙烯酸异辛酯	30	过氧化苯甲酰	0.5
甲基丙烯酸乙-羟基-丙基-3-三甲胺氯化物	10		

将上述组成于80～90℃、溶液聚合5～6h后即得导静电树脂液。涂于塑料板上可得透明涂膜，当20μm厚时，其表面电阻为$5\times10^7\Omega$。

(2) 防火涂料　防火涂料可分为膨胀型和非膨胀型两种，按溶剂类型又可分为溶剂型和水性两种。防火涂料由基料、颜料和填料、阻燃剂以及膨胀防火助剂组成。塑料用防火涂料属于饰面型防火涂料，由于塑料是可燃基材，又需要一定的装饰效果。因此要求防火涂料即能防火阻燃又具有塑料制品要求的一定的装饰性和物理化学性能。膨胀型和非膨胀型都可以用来作塑料用防火涂料。下面列出饰面防火涂料配方供参考，见表3-6-36～表3-6-39。

塑料用涂料通常要求具有一定的装饰性和必要的理化性能，而且要求涂层不宜太厚。然

表 3-6-36 非膨胀（溶剂）型饰面防火涂料

原　　料	配比/%	原　　料	配比/%
过氯乙烯树脂	13	丙酮	14
松香改性苯酚甲醛树脂	10	乙酸丁酯	13
氯化联苯	2	甲苯	47
磷酸三甲苯酯	1		

表 3-6-37 非膨胀（乳液）型饰面防火涂料

原　　料	配比/%	原　　料	配比/%
乙酸乙烯-丙烯酸酯共聚乳液	23.60	羟乙基纤维素	0.24
锑白	1.32	六偏磷酸钠(1%水溶液)	6.00
金红石型钛白	20.00	阴离子型润湿分散剂	0.43
瓷土	5.00	消泡剂	1.00
碳酸钙	10.00	防霉剂	0.05
云母粉	5.55	二乙二醇单丁醚乙酸酯	1.00
五溴甲苯	0.66	水	25.15

表 3-6-38 膨胀（溶剂）型饰面防火涂料

原　　料	配比/%	原　　料	配比/%
乙烯共聚树脂(Pliolite VT)	20.49	三聚氰胺	4.29
Phos-chek/30	23.15	双季戊四醇	8.57
氯化石蜡(含氯 70%)	8.57	矿油精	23.79
钛白	11.14		

表 3-6-39 膨胀（乳液）型饰面防火涂料

原　　料	配比/%	原　　料	配比/%
氯偏共聚乳液	21	钛白	12
聚磷酸铵	56(磷酸铵)	OP-10(玉米糊精)	53
季戊四醇	15.9	羟甲基纤维素	藻朊酸钠 0.6
三聚氰胺	双氰胺 10	水	75

而防火涂料的阻燃剂达不到一定量就起不到阻燃效果，为了减少阻燃剂的用量应尽可能地使用含氮或含卤素树脂作基料，这些树脂本身难燃且能释放灭火性气体或分解阻燃的活性基团，这样就可以在保证塑料用涂料拥有的性能前提下来达到防火的目的。

(3) 内膜涂装用涂料 近年来内膜涂装在塑料加工中发展迅速。它是将涂料涂装在模具内壁，在塑料模压成型的过程中同时完成塑料制品的表面涂装。

这类涂料大多是粉末涂料，可采用静电喷涂工艺将其涂装在金属模具上，再进行塑料模塑，往往塑料成型温度较高，粉末再成型过程中部分固化成膜，成型后再加热即可完成固化。由于模塑时压力很高，十分有利于塑料与涂层的表面附着。而且模具本身光洁度很高，涂层的表面十分光洁，光泽度高。根据塑料底材的性质可以选用环氧、环氧-聚酯、聚酯、丙烯酸酯-聚氨酯等多种粉末涂料，也可采用粉末分散型的涂料进行涂装。例如用含有间苯二甲酸-马来酸酐-丙二醇共聚物的 40%溶液 100 质量份、聚酯粉末 150 质量份及分散剂 1 质量份的组合物进行内膜涂装，然后进行不饱和聚酯剥离增强塑料板材的模塑，所得产品的光泽度为 93，附着力 100/100（划格法）。

(4) 防结露涂料 雾化现象可以认为是在一定温度的空间里，当温度降至露点以下所形成的细小露珠吸附在物体表面的现象。解决雾化主要有以下几种方法。

a. 在塑料薄膜中添加少量含结晶水的盐类，白天温度高失去结晶水，夜晚温度低水蒸气凝聚到薄膜表面而后被吸收到内部，类似室内墙壁，这样防止了结露，解决了雾化问题。

b. 增大塑料表面疏水性，即使表面结露也只会形成粗大的水滴，不久就会脱落，从而保持了透明薄膜的透明性。为此可在塑料表面涂饰含表面张力小的有机硅或氟的涂料，增大制品表面的疏水性。

c. 从相反的角度考虑，增大塑料表面的亲水性，使塑料表面对水有良好的润湿性，对水的接触角变小，这样即使凝露，液滴很快扩展摊平形成水膜，就不会形成光的漫反射。

解决塑料防雾化的方法很多，这里主要介绍通过表面涂饰来解决防雾化的方法。

【例 1】 透明塑料或剥离膜上用的防止露水凝结的涂料

防止露水凝结和耐划痕涂料组分对透明塑料或有机玻璃有高的附着力，包括带有甲基硅烷基的聚乙烯醇和有无机填料的水溶性聚合物乳液。

例如：0.25∶99.75（摩尔比）乙烯基三甲氧基硅烷-乙烯醇共聚物（皂化度98%，聚合度2000）的10%溶液100质量份和75∶1∶24乙烯-顺丁烯二酸-醋酸乙烯共聚物40%水乳液5质量份相混合，涂在聚酯薄膜上，厚度为5μm，在105℃干燥10min，浸在0.25mol/L硫酸中，用水洗涤，在150℃热处理1min后得产品。划格法附着力100/100，硬度5H，在40℃饱和水蒸气中放10s，往返10周期后没有露水形成。

【例 2】 用于多种塑料透明防雾化涂料

防雾化涂料包含聚乙烯吡咯烷酮（Ⅰ）、聚二甲基丙烯酰胺，或乙烯基吡咯烷酮与不带同异氰酸酯反应的官能团的α-烯烃的共聚物、多异氰酸酯预聚物、可与聚合物和预聚物的反应产物化学结合的表面活性剂以及有机溶剂。在固化时，表面活性剂与亲水的聚合物——异氰酸酯聚合物结合，因此表面活性剂不会被提取出来，使底材具有耐久的防雾性。例如：将2.5g Ⅰ溶解在100mL 75∶25的二丙酮醇-环己烷混合溶剂中，将该溶液与1.0g硫代丁二酸二辛酯表面活性剂和5.0g Tycel7351异氰酸酯预聚物混合，然后涂布在底材上，于21.1℃下固化24h，所得涂层是透明、无色、硬且耐划伤的，将其冷却到0℃再置于沸水上面不起雾。该涂料对聚碳酸酯、聚酯、聚甲基丙烯酸甲酯和醋酸纤维素等底材附着力优良。

(5) 塑料真空镀金属膜用涂料 塑料虽然可以在很多场合替代金属，但是无论是装饰效果还是使用效果均缺乏金属质感。采用真空镀膜将金属融化后，在真空状态下将金属以分子或原子形态沉积在塑料表面形成<10μm厚的金属膜；或者是采用溅射法——用高能射线轰击金属表面，令金属原子飞出而沉积在塑料表面，成膜后可以得到金属装饰效果的塑料制品。镀膜的关键决定底漆和面漆的质量及施工工艺。对塑料真空镀膜底漆和面漆的性能要求如下。

① 对真空镀膜的底漆性能要求。

a. 底漆应具有塑料用涂料的基本性能，即不溶蚀塑料表面并对塑料表面有100%的附着力。

b. 底漆的细度要小于3μm，涂膜不能有看得见的细小微粒和其他涂膜缺陷。

c. 涂膜要平整光亮和有足够的丰满度。

d. 底漆对已镀上的铝、铜、不锈钢、镍、铬等金属膜有足够的结合力。

e. 挥发型的底漆涂膜要100%地干燥，交联型的涂膜要反应完全，在真空下不能有能被抽取出来的溶剂、没反应完全的单体和低分子物。

f. 对于使用增塑剂量大的聚氯乙烯塑料、醋酸纤维素涂膜必须具有足够的硬度以防止增塑剂被抽提出来。

g. 对于深色的塑料（如酚醛塑料）应涂饰白色或浅色的底漆，以免影响镀膜的色泽。

具备上述性能的涂料生产出来以后，要经过过滤纸真空抽滤，要使树脂细度在 3μm 以下。底漆在施工时，室内空气需经过过滤，绝对不允许涂膜表面有颗粒。涂漆后的工件涂膜完全干燥，送至真空室时，手不能触摸漆膜，要保证漆膜的干净。

底漆的选择一方面决定于被涂塑料的种类；另一方面还取决于产品的价值。一般像玩具、服装饰件涂料可选档次低一些，而像汽车、仪器部件、卫生洁具部件涂料选择档次要高一些。塑料件软化温度低的不允许使用烘烤型涂料，可以选择常温交联的聚氨酯涂料、胺固化环氧涂料，对于耐溶剂敏感的涂料可以选用以醇为主要溶剂的丙烯酸涂料。如果工件形状允许的话还可以使用紫外固化的环氧丙烯酸涂料、有机硅涂料。底漆尽可能使用交联型涂料，这样面漆的选择就会方便一些。

② 对真空镀膜的面漆要求　金属镀膜很薄，容易被划伤和氧化，必须涂饰一层具有保护性的透明面漆。

a. 对金属镀膜具有 100%的附着，不能穿过镀膜对底漆溶蚀，而破坏了镀膜平整。

b. 涂膜必须具有优良的物理性能（如耐划伤、耐磨耗）和良好的化学性能（如耐水、耐候性等）。

c. 涂膜透明、丰满度高、能良好地显示原金属光泽，并且能够以透明颜料染色不改变涂膜的颜色。

值得注意的是镀膜后的工件应立即涂饰面漆，否则工件落上尘土是无法清除的。面漆的选择要与底漆配套。在涂饰面漆时依然要注意施工环境的清洁，以免污染涂膜。

【例 1】 塑料真空镀膜喷镀前用底漆

100 质量份硝基纤维素（Ⅰ）和 104 质量份聚异氰酸酯的混合物可用作塑料、剥离或陶瓷制件上金属喷镀前的底漆。实例（质量份）：ABS 树脂板用Ⅰ 143 份、甲苯 200 份、二甲苯 500 份、甲乙酮 800 份、甲基异丁基酮 150 份和 Desmodur L75 2 份的混合物涂覆，在 80℃干燥 30min 生成 10μm 厚的涂层，用不锈钢粉真空镀到 40nm，再用丙烯酸聚氨酯涂面漆，在 65℃干燥 60min 生成的涂层对底材有优良的附着力，且耐热性良好（80℃，5h）。

【例 2】 塑料表面用金属闪光涂料

一种赋予塑料制品表面优良的金属闪光的廉价方法，它包括等离子体预处理、底涂层、金属沉积和面漆涂装四步。例如聚丙烯样品经甲醇洗涤，真空干燥 24h 后用（2450±50）MHz 微波等离子体在 133.32Pa 压力的氧下预处理，然后喷涂 EXP1007（聚氨基甲酸酯）干燥后形成 10μm 的膜，在经阴极真空喷镀上一层 45nm 的 Hastelloy 的膜，然后喷涂 EXP1155（丙烯酸氨基甲酸酯聚合物），干后形成 10μm 的面漆。生成的涂层具有优良的金属闪光性，在 80℃下 5h 和 40℃下浸水 150h 后附着力均好。

【例 3】 塑料膜上金属镀层的保护涂层

实例（质量份）：用聚（甲氧甲基）三聚氰胺（60%）245 份、丙烯酸树脂（50%，含 4%的羟基）200 份、硝化棉 90 份、甲乙酮-甲苯-醋酸丁酯混合溶剂 450 份和对-甲苯磺酸（40%）15 份组成的挥发型漆，在塑料膜（12～100μm）金属层（0.02～0.08μm）上制备保护涂膜（2～20μm）。用热熔性黏合剂将该塑料膜粘在 PVC 膜（50～250μm）上。

第五节 塑料涂料的涂装

塑料制品涂装的目的与金属、木材等其他底材涂装并无原则上的差别，都是满足制品对保护、装饰和特殊功能性的要求，达到延长使用寿命、美观、增加制品附加值的目的。但是与金属和木材底材涂装不同之处在于，塑料制品基本上不存在腐蚀的问题，但同时出现了底材附着力的问题。其次，塑料制品由于化学结构、加工方法和组成的多样性又决定了其表面状态的多样性，这就增加了涂装中表面处理的分量。从涂装方法的选择上，由于大多数热塑性塑料的热变形温度较金属和木材低得多，因此对烘烤漆和热固化涂料的涂装又有一定的限制。此外，塑料制品大多都不导电，所以选择静电喷涂有一定的困难。塑料制品还有一大特点是品种繁多，既有大批量可上线涂装的品种，也有小批量的适合手工操作的品种。这样就给涂装设计和涂料品种的选择带来一定困难。

现在涂料和涂装是密不可分的整体。涂料只有采用适当的涂装方式才能在制品上形成符合要求的涂层。现在的涂装设计就是包含了涂装工艺和涂料选择这样一个系统和完整的观点。涂料供应商必须与用户和涂装工艺师密切配合，根据涂装要求，设计和提供能够满足涂装工艺、性价比适中的涂料，并且按照实际情况，提供优良的技术服务，随时调整配方以获得最佳的涂装效果。

被涂覆产品的工业化大规模生产，刺激了涂料生产技术的发展。一方面要提供高品质的涂料；另一方面要求提供的涂料能满足规模化快速流水线的施工特性要求，促使涂料施工方法和涂装技术不断地创新和提高。涂装生产也由手工作业进入高效工业化生产方式，并由空气喷涂、浸涂、淋涂、辊涂等一般高效机械化涂装作业进一步发展到高压无气喷涂、自动喷涂、静电喷涂、粉末涂装、电泳涂装等现代工业涂装新技术。

现代涂料与涂装技术更主要还是来自环境保护法的限制而激发产生的，由于一般溶剂性涂料施工固体分低，它们大规模应用导致了严重的大气污染。自“66”法规颁布以后，世界发达国家都制定了各自的法规，这样普通溶剂性树脂漆的生产面临着严峻的挑战，各类环保性涂料和涂装方法应运而生。因此，现代工业涂料和工业化涂装技术是按照：高效率→优质，高效→公共社会性（经济安全性、低污染性、节能、省资源等几个方面）这一过程发展的。

一、塑料涂料涂装施工方法

塑料涂装多采取喷涂的方式。喷涂使用许多不同种类的设备；它们将液体全部雾化成液滴。液滴大小取决于喷枪和涂料的类型，其变量包括空气压力和液压、液体流动、表面张力、黏度以及在静电喷涂情况下的电压。喷涂系统的选择受投资成本考虑、涂料利用效率、劳动力成本、被涂物尺寸和形状所影响，而这些只是其他许多变量中的一部分。涂料配方必须要按具体的喷涂设备和条件来确立。

1. 空气喷涂

目前塑料件的喷涂方法主要是采用空气喷涂，空气喷涂是靠压缩空气流使涂料出口处产生较大的负压，涂料自动流出并在压缩空气气流的冲击混合下被充分雾化，漆雾在气流推动下射向工作表面而沉积的涂漆方法。这种方法是最古老的喷涂方法，但仍在使用，当今的塑胶喷涂还是以空气喷涂为主。

空气喷涂的特点为：①涂装效率高，每小时可喷涂 50～100m^2；②涂膜厚度均匀，光滑平整，外观装饰性好；③适应性强，对各种涂料和各种材质的底材，各种形状的塑件都适应。

空气喷涂的缺点为：①稀释剂用量大；②涂料利用率低，一般不超过 50%。

空气喷涂所用的喷枪主要分为吸上式、重力式和压送式三种，在喷涂车间生产线所用的一般为压送式喷枪，其轻巧灵活，出漆量可根据涂料压力进行较大幅度的调整，可供多把喷枪同时作业，可满足各种特殊的生产作业，生产连续性较好。而给塑胶产品涂层补漆或小规模生产则选用其余两种喷枪。

2. 无空气喷枪

对于无空气喷枪来说，是将涂料在高压（5～35MPa）下从喷嘴口压出来，此涂料作为“薄片”形式由喷嘴口出来。当此薄片从喷嘴口离开而展布，流动不动时就产生线丝，接着进一步分裂成液滴，雾化受此薄片与所邻接触的空气之间相对速率（相对速率越高，液滴就越小）、黏度（黏度越高，粒径越大）、压力（压力越高，粒径越小）和表面张力（表面张力越低，粒径就越小）所控制。扇面形状或喷涂图形受喷嘴口尺寸和形状的影响。还可采用空气助喷的无空气喷枪，雾化为无空气但有外部气流帮助扇形图形定形，将较小的液滴限制在喷枪图形之内，手提无空气喷枪和机器人无空气喷枪均有出售。

由无空气喷枪喷出来的液滴要比有空气喷枪喷出来的液滴大得多，其为70～150μm，而与之相比较有空气喷枪为20～50μm。无空气喷枪产生所谓的鱼尾喷涂，即对其扇形之内具有相当均一液滴分布的喷雾液滴扇形来说有相当尖锐的边缘。相反，由空气喷枪出来的扇形在其边缘呈羽状，也就是说，其扇形边缘处的液滴数目在减少，而有十分宽阔的空间。由于这些差异的结果，人们采用空气喷枪通常能达到比采用无空气喷枪更加均一的涂膜厚度，空气助喷的无空气施工可得到两者中间的结果。

用无空气喷枪要比用空气喷枪能更加迅速地涂装涂料，可更快地进行生成。然而，当涂装效率增加时，涂装过高的涂层厚度的可能性也会增加，特别在涂装具有复杂形状的物体时，过高的漆膜厚度不仅是浪费，而且也会导致流挂。由于没有伴随粒子的压缩空气流，又因为液滴粒径一般较大，所以在无空气喷枪中要比空气喷枪中有较少的溶剂从雾化粒子中挥发出来。一般在配置采用无空气喷涂施工的涂料时需要较高相对挥发速率的溶剂。

在无空气喷枪里没有空气流则减少了对不规则物体喷入闭合凹口的问题。反之，喷到凹口部分其另一端是开口则用空气喷枪容易，因为空气流有助于带走粒子。无空气喷涂设备对一些水性塑料涂料会产生问题，在高压下有更多的空气溶解于水中，当压力被释放出脱离喷枪时，空气就会以气泡的形式出现，气泡被截留在漆膜里会造成针孔现象。

气溶胶涂料罐是无空气喷涂装置的一个类型。一种液化气体，通常是丙烷，它供给压力迫使涂料从喷嘴孔出来，由于压力相当低，故必然使涂料黏度降低到能达到适当雾化。

二、塑料制品表面处理

塑料表面处理分为一般处理、化学处理和物理处理三种处理方式，前面已经详细叙述了各种表面处理方法，本节着重介绍塑料的一般涂装工艺流程。

塑料成型加工时，脱膜剂或其他油污会转移到制品表面，成型后的塑料件由于存在内应力，遇到溶剂会产生开裂，由于塑料为不良导体，易静电聚集黏附灰尘，因此塑料件涂漆前应进行退火、脱脂和除尘处理。

1. 退火处理

将塑料件加热到稍低于热变形温度保持一段时间，一般控制在比塑料热变形温度低10℃的温度下进行，消除残余的内应力。

2. 脱脂处理

根据油污性质和生产批量大小可分别采取细砂纸打磨（1200～2000目）、溶剂擦拭以及水基清洗剂洗涤等措施。一般性污垢，采用溶剂擦拭，对溶剂敏感的塑料（如ABS、聚苯乙烯）则采用快挥发性的低碳醇和低碳烃（如甲醇、乙醇、己烷等），对溶剂不敏感的塑料可以用芳烃类溶剂，这样也可以除去塑料底材上大部分的灰尘。塑件大批量脱脂清洗可采用中性或弱碱性水基清洗剂，最好采用中性清洗剂，因碱性清洗剂漂洗不净会残留于表面，影响涂膜附着力和导致其他外观缺陷。

3. 除尘处理

在空气喷枪口设置电极高压电晕放电产生离子化压缩空气，能方便有效地消除聚集的静电，灰尘自然也就容易被吹离塑件表面，这类静电除尘装置已经较多用于塑料件涂装线上。

三、涂膜干燥类型

涂膜涂覆于物件表面以后，由液体或疏松粉末状态转化成致密完整的固态薄膜的过程，即为涂料的成膜，也称为涂料的干燥和固化。涂料的成膜是要靠物理和化学作用实现的，通过外界的条件或温度的升高使涂层中的有机溶剂挥发出来形成致密的涂膜为热塑性涂料，是利用物理作用成膜的。而通过涂层中的两种组分或多种组分在温度或其他条件影响下反应交联成聚合物的为热固性涂料，系利用化学作用成膜的。涂料干燥方法分为自然干燥（自干型）、烘干和辐射固化三类，自干型涂装在常温大气环境中靠溶剂挥发或氧化聚合或固化而干燥成膜，但其缺点为干燥时间周期太长，环境中的灰尘及杂质易黏附在涂层表面产生垃圾，且生产效率太低。所以现行塑料涂装流水线多采用加热干燥成膜，主要是对自干型涂料实施强制或对耐热性差的材质表面涂膜进行干燥，干燥温度通常在50～80℃，可使涂膜固化时间大大缩短，减少对环境中灰尘等杂质的黏附，以满足工业化流水线生产作业需要。

四、塑胶漆涂膜的性能测试

塑胶漆涂膜的性能测试分为涂膜外观、流平性、橘纹、光泽度、鲜艳性、颜色、涂膜硬度、抗冲击性、柔韧性、附着力测试、耐磨性、耐水性、耐醇擦拭、耐化学性、耐湿热性、耐盐雾性、大气老化试验等。塑胶制品表面涂覆漆膜完全干透后着重测试的性能为附着力测试及耐醇擦拭等，涂装企业可根据对漆膜的性能要求不同测试各项性能指标。

例如：海尔、海信家电外壳的涂装就是采用空气喷涂，其工艺流程如下。

塑料件退火处理→用乙醇和白电油去除塑料件上的脱模剂→静电除尘→挂件→空气喷涂→60～70℃烘烤干燥→性能检测（主要检测涂膜外观、附着力、耐醇擦）。

在涂料和涂膜的检测中，涂膜厚度是一个很重要的控制项目内容。在涂膜施工过程中，由于涂后漆膜厚度不均或厚度未达到规定要求，均对涂层的性能产生重大的影响。所以要严格控制这个关键环节，认真进行厚度检测。

目前，测定漆膜厚度有各种方法和相应的仪器，根据实际情况和要求选用相应的方法与仪器进行测定。

(1) 湿膜厚度的测定 湿膜厚度的测定，必须在漆膜制备后立即进行，以免由于挥发性溶剂和蒸发而使漆膜发生收缩现象。目前常用的湿膜厚度计有轮规、梳规和Pfund湿膜计三种。

① 轮规是由两个相等的圆盘和中间夹装一个偏心圆组成。当三个圆盘的外周在一处相切时，此处间隙为零，相对处间隙最大。圆盘外侧有刻度，以指示不同的间隙值，其结构如图3-6-20所示。测试时，轮规必须垂直被测表面，不能左右晃动，否则所测值有误差。轮规在涂层表面滚动时，最好由间隙最大处开始，湿膜不受推动挤压，所测值比较准确。若从

零开始，湿膜受到推挤，所测值产生误差而偏大。

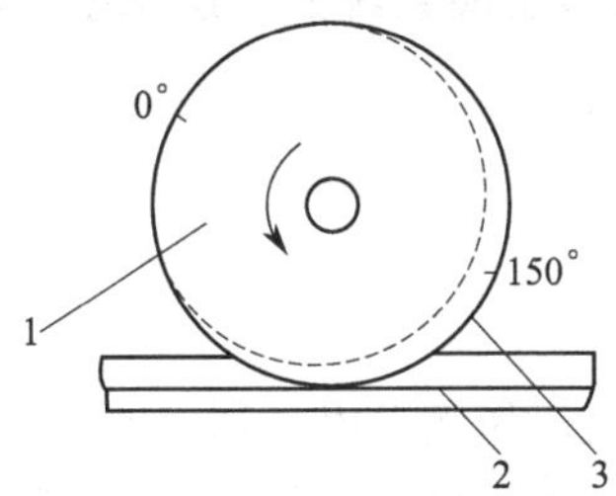

图 3-6-20　轮规测厚示意图
1—轮规；2—底板；3—涂层

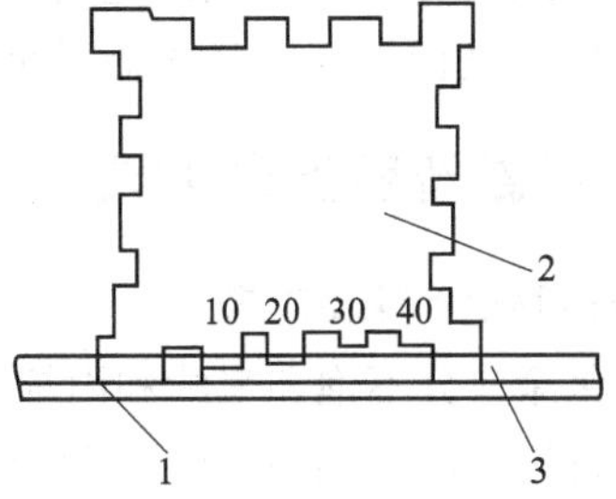

图 3-6-21　梳规测量原理示意图
1—底板；2—梳规；3—涂层

② 梳规是一种由金属或塑料薄板制成的方形或矩形，四边均有不同规格表示涂层厚度值的简易测厚仪器。其测厚原理如图 3-6-21 所示。测厚时，将梳规垂直放在被测物表面上，梳规每一边的两端均在同一水平面上，而中间各齿的底边距水平面有依次递升的不同间隙，有具体数字标示。检测时，总有一部分齿被漆膜粘湿，而最后一个被粘湿的齿与未被粘湿的齿之间的读数，就是被测湿漆膜的厚度。

③ Pfund 湿膜计是由一个凸面透镜 L（曲率半径为 250mm）和两个金属圆管所组成。使用时用手缓慢地将管往下压，以使装在底部透镜 L 通过湿膜接触底板表面，量取涂料在透镜难黏附部分的直径。按式(3-6-9) 计算，即可得出湿膜厚度 h。

$$h=\frac{D^2\times 1000}{16r}=0.25D^2 \tag{3-6-9}$$

式中　D——黏附部分直径，mm；

r——透镜的曲率半径，为 250mm；

h——湿膜厚度，μm。

这种测法，L 镜面上由于表面张力的缘故，因而所测得湿膜厚度与实际的湿膜厚度稍有差别，需要引入系数进行修正。

以上三种膜厚度计从实际应用来看，以轮规较为理想，既能在实验室使用，也能在现场进行测定，使用简便，读数准确。Pfund 湿膜厚度计虽然也较为准确，但操作和计算较烦琐。梳规成本低廉，携带方便，但误差较大，只能用于施工现场对湿膜厚度作粗略测定。

(2) 干膜厚度的测定　在实际工作中大量遇到的是干膜的测量，测量的方法较多，但都有一定的局限性。塑料涂膜厚度按工作原理来分，主要是以下两种。

① 机械测量法中以往常用杠杆千分尺或千分表测量漆膜厚度。优点是使用时不受底材性质的限制和漆膜中导电或导磁颜料的影响，测量精度较高，可达±2μm。但只能对较小面积的样板进行测量，为消除和减少误差，必须多次测量，手续烦琐，不如磁性法测厚仪简便。

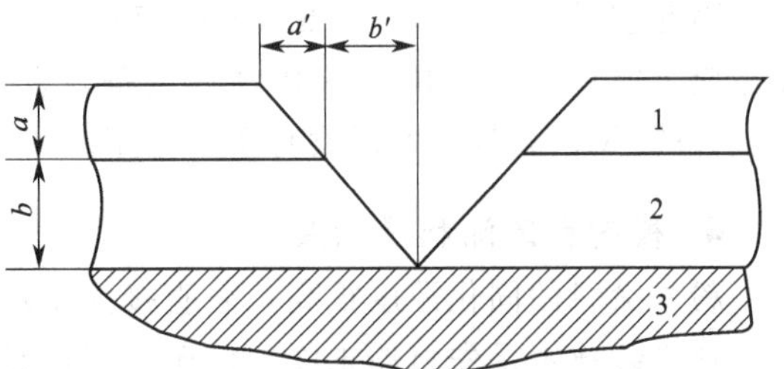

图 3-6-22　显微镜测厚法示意图
1—面漆；2—底漆；3—底材

② ISO 2808—1974《漆膜厚度的测定法》标准中推荐使用显微镜法，其测试原理如图 3-6-22 所示。该法是用一定角度的切割工具，将涂层切出 V 形缺口直到底材，然后用带有标尺的显微镜测定 a' 和 b' 的厚度。标尺的分度已通过校准系数换算成相应的 a 和

b 的实际厚度（μm）。

此法的最大优点是除能测定总漆膜厚度外，还能测出多层漆系统的每层厚度，同时可以在任何底材上进行，其不足之处是使漆膜遭到局部破坏。

五、最新塑胶涂装方法

1. 光固化涂料及工艺

光固化涂料分不饱和聚酯和丙烯酸聚酯、丙烯酸聚氨酯，其优点由于利用 200～450nm 近紫外光快固化（1～2min），塑料固化升温较小，不会造成塑料的热变形，且能量利用率高达 95%，能耗仅是热固化 1/10，且涂层非常平整。由于固化时间短，可减少环境中杂质和灰尘沾附在涂层表面。光固化涂料是无溶剂涂料，作业过程中散发的活性稀释剂量很少，大气污染低，固化设备简单，占地少，采取高速流水线生产，效率高，成品堆放场地小。但此工艺不适合复杂形状的塑件，因紫外光线照射不到的部位不能固化，遮盖力大的面漆也不适合，涂层深处固化不完全。但此涂装方法对平整的塑件表面上的高亮度罩光清漆尤为适用。

2. VIC 涂料的氨蒸气快固化工艺

VIC 涂料是将普通的双组分聚氨酯涂料，另用叔胺组分作为催化剂构成。施工时采用三孔专业喷枪，使叔胺在喷枪口汽化并与涂料雾粒充分混合，在喷到工件表面后的片刻时间内，涂膜即固化。低温需稍做闪干后处理，便能除去剩余溶剂，总固化时间很短，仅为几分钟，固化效率可与光固化相比，但它可用遮盖率强的高颜料分色漆，且在三维空间的任意部位都能均匀固化完全，涂层性能与光固化涂膜同样优良，特别适合于高速流水线生产，或消除环境灰尘对涂膜外观的损害。

3. IMC 涂料和膜内注射涂装技术

在 SMC 膜压成型以后，将模具稍微抬起，高压注入 IMC（膜内注射涂料），高压紧闭模具，使 IMC 充分扩展开，然后于 140～150℃硬化后脱模，塑件外表面非常平整光滑。

此类 IMC 主要是不饱和聚酯型涂料，采用过氧化物引发剂，配成使用期为 5～15 天的单包装涂料，使注射机相对比较简单，设备费较低，维护费也较少，比常规的喷涂-热固化设备费和运行费低得多。它以较低代价可得到高质量的装饰性产品，且模压件可立即包装或送去组装。

由于 IMC 也是无溶剂涂料，作业过程中无活性稀释剂散发，因而无环境污染，同时涂料利用率很高，免除繁重的涂装作业，该技术极其先进。

此技术早期（20 世纪 70 年代）用于 SMC 的填孔，后用来涂底漆，现在已用作 SMC 涂覆高装饰性面漆。除用于 SMC 涂漆外，也可在 BMC、LPM、RIM、GMT 和注塑件等方面进行应用。但对于热塑性材料，单包装的 IMC 的 140～150℃固化温度对注射模具来说太高，因此它只能采用双组分聚氨酯的 IMC，它在 80℃就能硬化涂层，硬化温度与模具温度相适应。但双组分 IMC 的模内注入设备较复杂，价格昂贵，并带来一系列其他问题，因此注塑件的 IMC 涂装技术还没有得到应用。

4. 模内粉末涂料及涂装

粉末涂料的固化温度很高，若直接涂于塑件表面再固化，塑件将严重变形甚至降解。

该涂装技术是先将粉末涂料涂于金属模具上，然后按常规方法塑料成型，再在较高温度和压力下，使粉末涂料部分固化、脱模后，将塑件稍微加热便使涂层固化完全。

随着塑料涂料品种的不断增多，塑料涂装技术也朝着更先进、更环保、更经济的方向发展。

六、塑胶漆膜缺陷及分析

在塑胶涂料施工过程中或施工成膜后会因各方面原因产生许多种缺陷，本节涉及最主要的几种缺陷，并尽可能地讨论其产生原因及消除或尽量减少其发生的方法。塑胶涂料的许多缺陷是与表面张力现象相关的，表面张力产生的原因是：液体表面分子分布不对称，界面上液体的力与液体内的力不同，表面的分子具有更高的自由能，相当于每单位面积上移去表面层分子所需的能量。表面张力作用使液体缩成球，因为球的表面积/体积比率是最小的。如果两个不同表面张力液体相互接触，低表面张力的液体会覆盖住较高表面张力的液体，因为这样总表面自由能更低。这种流动是表面张力差推动的流动，有些人称为表面张力梯度推动的流动。涂料能均匀稳定地涂覆于塑胶件表面的最主要条件为涂料的表面张力必须小于被涂覆物的表面张力。

下面将常见的涂装缺陷、产生原因和解决措施汇总于表 3-6-40。

表 3-6-40 涂膜常见问题及其解决方法

缺陷类型	产生原因	解决措施
缩孔现象	低表面张力的小颗粒或小液滴杂物溶解在湿膜中产生一个局部的表面张力差，流体由低表面张力处流向高表面张力处，结果在流体表面形成凹陷，也称为 Marangoni 效应，最终出现边缘隆起、中心下陷成圆形的缩孔	使用助剂降低涂料表面张力以减少缩孔增加流平
橘纹现象	塑料工件温度太高，喷涂室内空气流速太快，溶剂挥发太快，喷涂时出漆量太小或喷涂距离不适，喷枪雾化不良，漆雾颗粒过大，涂料黏度过大，底材粗糙等	严格控制各工艺参数；调整涂料黏度；对底材进行适当处理 尽可能地提高罩光清漆的厚度并延长闪干流平时间
咬底现象	底材塑件在注塑时压力不足导致塑件局部密度不一致，存在一定的内应力，而涂料中有机溶剂的极性和溶解力较强时，涂料中的强溶剂会咬进塑件内，出现咬底现象	在不影响涂料溶解性的情况下尽量减弱稀释剂的极性和溶解力；在涂膜咬底的部位用细砂纸打磨一遍后再喷上一道涂料；在涂装过程中先将底材易咬底的部位薄薄喷涂，最后将此处和另外部位一同涂覆成均匀涂膜
颗粒现象	涂料细度不够；压缩空气未过滤或过滤不当；涂料变质，如漆基析出或反粗，颜料分解不佳或产生凝聚，有机颜料析出，闪光色漆中铝粉分散不良等	严把涂料质量关，使用前必须过滤；对于少数微细颗粒，采用 1500 目以上水砂纸打磨修饰，颗粒过大时或面积大时用 800 目水砂纸打磨重新喷涂
底漆与清漆层间附着力问题	第一道底漆的表面张力低于第二道罩光清漆	塑胶底漆在生产过程中的表面张力不应太低，能与底材咬合最佳为止，并使面漆对底漆的润湿性良好，两层涂膜要有一定厚度的界面层
针孔现象	清漆精制不良，内部存在杂质；涂料挥发过快，且用量较多；涂料表面张力过大，黏度高，流动性差，气泡释放困难；被涂覆塑料件未冷却，闪干时间过短，使湿膜中溶剂急剧蒸出；涂膜喷涂太厚且表干过快；作业环境温度太高或喷涂时有水分带入涂料中；闪干不充分，烘烤升温过快；涂料长时间搅拌，形成无数细微空气泡；颜料分散不良	严格控制涂料质量；加入挥发性慢的强溶剂如 CAC、环己酮等可减少针孔现象；加入适量流平剂以降低涂料表面张力减少针孔现象；延长闪干时间；成膜后自然静置一段时间再进入带有温度梯度的烘道进行烘烤；控制搅拌时间；加入合适的分散剂
气泡和气孔问题	气孔是涂膜干燥过程中滞留于涂膜的气泡强行突破涂膜逸出时留下的泡孔。未破而使涂层隆起的称为气泡。气泡可以是涂料搅拌时形成的空气泡，或者是干燥时溶剂急剧挥发形成的溶剂气泡	严格控制搅拌强度；在涂料的制作过程中加入合适的助剂使气泡破裂

续表

缺陷类型	产生原因	解决措施
发花现象	在涂膜干燥过程中，由于表面张力差驱动的对流所造成的颜料分离效应。颜料和填料粒径差、体系中各物质的表面张力差以及各物质的亲水亲油平衡值(HLB)	仔细选择颜料、填料，使所选用的颜料、填料的粒径要匹配；通过仔细选择润湿、分散剂以缩小颜料、填料与涂料体系之间的表面张力差并使各物质的亲水亲油平衡值从分匹配
浮色现象	颜料的密度和大小不同 颜料絮凝 湿膜厚、基料黏度低和溶剂挥发速率慢	避免絮凝；采用低密度细颜料；用挥发更快的溶剂和黏度更高的基料
露底现象	涂料遮盖力差；涂料兑得太稀或喷涂的湿膜太薄、喷涂膜厚不均匀	涂料使用前，将沉降的颜料充分搅起；严格控制正常喷涂手法进行喷涂；中涂颜色最好与面漆相近
发白现象	施工车间的湿度过高；溶剂挥发速率过快；喷枪的压缩空气含有水、油等	安装湿度调节器以控制环境湿度；加入适量高沸点、慢挥发强溶剂以调整溶剂配方；除去压缩空气中的水分，定期排放空气压缩机和油水分离机的油水。将塑料工件加热到高于环境温度10℃也可以减弱发白现象
铝粉漆色调不均匀	金属闪光涂料中铝粉含量太低，遮盖力较差，涂料的定膜能力差；涂膜的表干时间太长；底色漆喷的薄厚不均匀或者漏喷、现露底色；"湿碰湿"工艺的间隔时间太短；喷涂时空气压力太低，涂料雾化不良或空气压力太高，使片状铝粉变形	在铝粉涂料中加入铝粉定位剂或醋酸纤维素酯；调整相应的工艺时间；闪光铝粉漆应该采用较低施工固体分和施工黏度喷涂，使用专用喷枪均匀喷薄，以约8μm干膜厚度喷涂二道，并经充分闪干后再喷涂清漆
附着力问题(剥落现象)	底材沾有脱模剂、油污、水或太光滑等；底涂层放置太久，重涂间隔周期太长或涂层烘烤过度；底、面涂料不配套；底漆涂层含有硅油类助剂、表面张力过低；塑料表面的预涂底漆品种选用不当	对底材或旧涂膜进行适宜的表面处理；选择适宜的底、面涂料和预涂底漆
慢干和返黏现象	涂料中溶剂挥发性差；底漆未干透就涂面漆；施工湿度太大，气温太低；涂料中混入其他杂质或催干剂添加量不够；固化剂配比错误	严格控制施工工艺和施工环境；加入适宜的催干剂
涂膜光泽低	涂料中树脂之间、树脂与助剂之间混容性差，涂膜雾浊而失光。颜料分散不良，涂料细度差或色漆的颜料体积浓度较高，树脂含量低。溶剂的溶解性差。底材粗糙多孔，对涂料吸收量大。采取打底漆进行封闭处理。底涂层粗糙不平整，或打磨用的砂纸太粗。烘房内空气污浊，或烘烤温度过高而失光。面漆或罩光清漆喷涂的太薄。面漆或罩光清漆未干就抛光修饰	加入适宜的润湿分散剂；采用溶解性好的溶剂；采取打底漆进行封闭处理；调整涂漆工艺参数或选用较细的水砂纸湿打磨；增加面漆的厚度，对提高光泽度、平整度和整体装饰性都有极大的好处

参考文献

[1] 欧阳国恩．实用塑料材料学．长沙：国防科技大学出版社，1991：8-9．

[2] 常州轻工业学校，安徽轻工业学校合编．塑料材料学．北京：中国轻工业出版社，2001：2-4．

[3] 刘登良编著．塑料橡胶涂料与涂装技术．北京：化学工业出版社，2001：38-40；110-111；189-192．

[4] 梁增田编著．塑料用涂料与涂装．北京：科学技术文献出版社，2006：371-374；379-386．

[5] 蔡柏龄编著．家电涂料与涂装技术．北京：化学工业出版社，2002：177；401-403．

[6] 孙立水．李少香．塑料涂装技术及涂膜缺陷与对策．中国涂料，2006，21(5)：47-49．

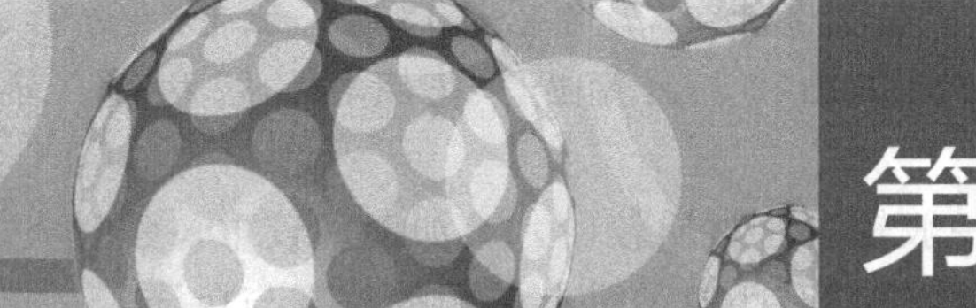

第七章

木用涂料

第一节 木用涂料沿革

中国的木用涂料，新中国成立前规模较小，新中国成立后得到发展。至20世纪80年代末，产品的研发及生产已具相当水平。品种齐全，应用广泛，但总量不大。

20世纪90年代初，改革开放后的房地产业、家具业的飞速发展，构筑了木用涂料庞大的终端市场。民营企业、外资企业迅速进入这个新领域，短短几年，使木用涂料的方方面面有了巨变。

在这个发展过程中，木用涂料在专业化、系列化、规范化、标准化几方面成绩斐然。

中国木用涂料在产量及品质方面基本上可跟上国内家具业发展的速度，到2007年中国成为世界第一大家具出口国的时候，木用涂料当年就为家具业提供了近70万吨的产品。(同期统计：全球木用涂料约250万吨，欧洲70万吨，美国20万吨)。按功能分类，木用涂料与建筑涂料、汽车涂料、重防腐涂料一样，成为国内增长最快的品种之一，市场份额占了中国涂料总销量10%以上，是中国涂料产品中一个重要的专业门类。

木用涂料现在产品结构合理，系列分类齐全；在产品品种、原料应用、配方设计、系列配套、生产工艺、功能等方面，与国外产品同比差别不大。

第二节 木材与木质材料的特性及涂装前的基本要求

木器和木家具是由各种材料通过一定的结构技术制作而成的。制作木器和木家具的木材和木质材料按其用途，一般可分为结构材料、装饰材料和辅助材料等三大类。木材是制作木器和木家具的一种传统材料，至今仍占重要地位。随着我国木材综合利用率的提高，木质材料得到迅速的发展，也广泛地应用于木器和木家具的制作中。

一、木材的特性

1. 木材的种类

木材是自然界分布较广的材料之一，也是制作木器和家具的主要原材料。木材种类很多，一般可分为两大类，即针叶材和阔叶材。

(1) 针叶材（又称软材） 树干通直而高大，纹理平直，材质均匀，木质轻软，易于加工，强度较高，表观密度及胀缩变形小，耐腐蚀性强。因木材不具导管（即横切面不具管孔），故又称为无孔材。常见的针叶材有红松、落叶松、白松、云杉、冷杉、铁杉、柳杉、红豆杉、杉木、柏木、马尾松、华山松、云南松、花旗松、智利松、辐射松等。

(2) 阔叶材（又称硬材） 树干通直部分一般较短，材质较硬，难加工，较重，强度大，胀缩翘曲变形大，易开裂，常用作尺寸较小的构件，有些树种具有美丽的纹理与色泽，适于作家具、室内装修及胶合板等。由于阔叶材种类繁多，习惯上亦统称为杂木。因木材具有导管（即横切面具有管孔），故又称为有孔材。常用的阔叶材树种有水曲柳、白蜡木、椴木、榆木、杨木、槭木（色木）、枫香（枫木）、枫杨、桦木（白桦、西南桦）、酸枣、漆树、黄连木、冬青、桤木（冬瓜木）、栗木、槠木、锥木（栲木）、泡桐、鹅掌楸、楸木、黄杨木、榉木、山毛榉（水青冈、麻栎青冈）、青冈栎、柞木（蒙古栎）、麻栎、橡木（栎木）、橡胶木、樱桃木、胡桃木（核桃木、山核桃）、樟木（香樟）、楠木、檫木、柳桉、红柳桉、柚木、桃花心木、阿比东、龙脑香、门格里斯（康巴斯）、塞比利（沙比利）、紫檀、黄檀、酸枝木、香木、花梨木、黑檀（乌木）、鸡翅木、铁力木等。

2. 木材的三个切面

木材是由大小、形状和排列各异的细胞组成。木材的细胞所形成的各种构造特征，可通过木材的三个切面来观察。树干的三个标准切面为横切面、径切面和弦切面。如图 3-7-1 所示为木材的三个切面。

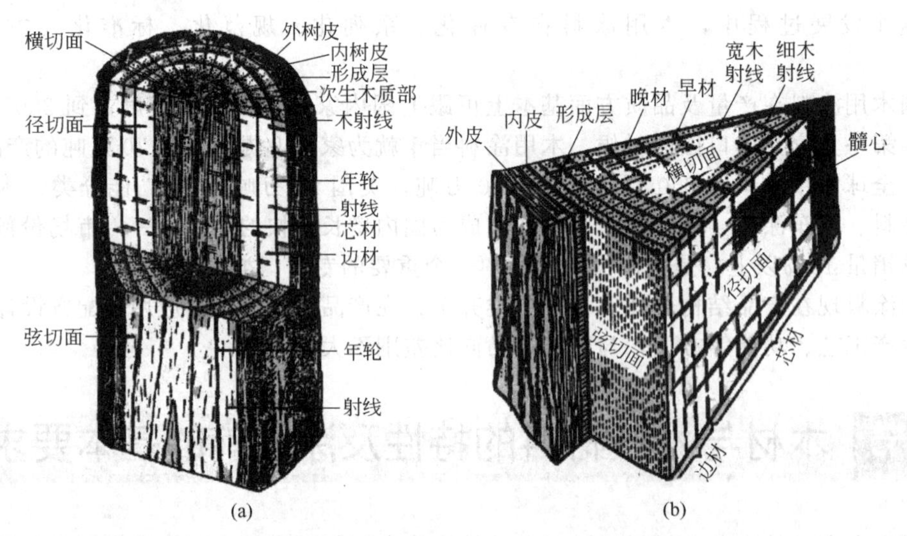

图 3-7-1 木材的三个切面

(1) 横切面 横切面是与树干轴向或木材纹理方向垂直锯切的切面。在这个切面上，年轮呈同心圆状，木材纵向细胞或组织的横断面形态和分布规律以及横向组织木射线的宽度、长度方向等特征，都能清楚地反映出来。横切面较全面地反映了细胞间的相互联系，是识别木材最重要的切面，也称基准面。

(2) 径切面 径切面是与树干轴向相平行，沿树干半径方向（即通过髓心）所锯切的切面。在该切面上，年轮呈平行条状，并能显露纵向细胞的长度方向和横向组织的长度及高度方向。

(3) 弦切面 弦切面是与树干轴向相平行，不通过髓心所锯切的切面。在该切面上，年轮呈“V”字形花纹，并能显露纵向细胞的长度方向及横向细胞或组织的高度和宽度方向。

在木制品和家具生产加工中，通常所说的径切板和弦切板，与上述的径切面和弦切面有一定的区别。如图 3-7-2 所示，在木材生产和流通中，借助横切面，将板厚中心线与生长轮切线之间的夹角在 60°～90°的板材称为径切板；将板厚中心线与生长轮切线之间的夹角在 0°～30°的板材称为弦切板；介于 30°～60°的板材称为普通用材。

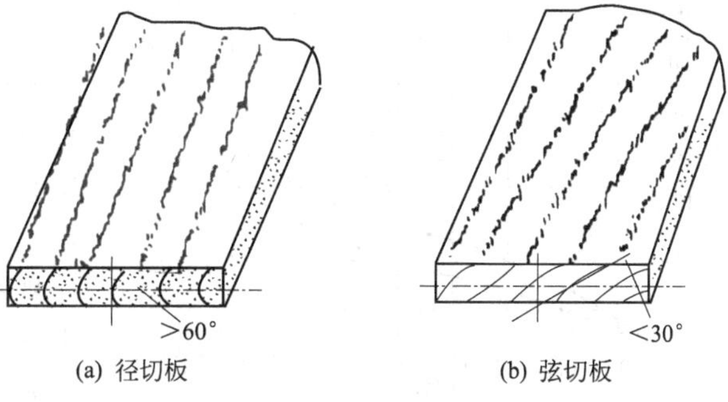

图 3-7-2　径切板和弦切板

3. 木材的物理特性

(1) 木材中的水分　日常生活中，木质门窗水湿后会关闭不上、盆桶失水后会产生缝隙、实木地板太干时产生的缝隙及其太湿时产生的局部隆起、实木家具在使用过程中因失水而至结合部件松动脱落、木材使用过程中出现的虫蛀和腐朽等问题，都与木材中的水分含量不合理有关系。水分对木材本身性质、木材贮运保存、木材使用性能及以木质材料为基材的人造板性能和加工工艺等均有很大的影响，因此充分理解木材中水分对木材的加工、涂装及利用的影响有着重要意义。

① 水分存在的状态　木材中的水分按其存在的状态可分为自由水（毛细管水）、吸着水和化合水三类。以游离态存在于木材细胞的胞腔、细胞间隙和纹孔腔这类大毛细管中的水叫自由水，它包括液态水和腔内水蒸气两部分；以吸附状态存在于细胞壁中微毛细管的水称吸着水；与木材细胞壁组成物质呈化学结合的水称化合水。

② 木材含水率　木材干与湿主要取决于其水分含量的多少，通常用含水率来表示。木材中水分的重量和木材自身重量之比称为木材的含水率。木材含水率分为绝对含水率和相对含水率两种。以全干木材的重量为基准计算含水率称为绝对含水率，以湿木材的重量为基准计算的含水率称为相对含水率。

木材是一种多孔性的材料，含水率的高低，不仅影响着木器和家具使用过程中的翘曲和开裂的形变，而且对涂装作业的影响也很大，特别是在涂饰单组分硝基涂料（NC）或双组分聚氨酯涂料（PU）时，由于木材含水率高而在涂饰过程中产生大量气泡是很常见的涂膜缺陷，因此含水率是一个重要的质量控制项目。

③ 木材纤维饱和点　木材纤维饱和点是指木材胞壁含水率处于饱和状态而胞腔无自由水时的含水率。它具有非常重要的理论意义和实用价值。纤维饱和点的含水率因树种、温度以及测定方法的不同而存在差异，其变异范围为 23%～33%，但多种木材的纤维饱和点的含水率平均为 30%。因此通常以 30%作为各个树种纤维饱和点含水率的平均值。

纤维饱和点是木材多种材性的转折点，就大多数木材力学性质而言，如含水率在纤维饱和点以上，其强度不因含水率的变化而有所增减。当木材干燥含水率减低至纤维饱和点以下时，其强度随含水率的减低而增加，两者成一定的反比例关系，只是韧性和抗劈力不显著。

木材的含水率在纤维饱和点以上时，无论含水率增加或减少，除重量有所不同外，木材完全无收缩或膨胀，外形均保持最大尺寸，体积不变。当木材含水率减低至纤维饱和点以下时，随着含水率的增减，木材发生膨胀或收缩。含水率减少愈多，收缩率愈大，两者呈一定直线关系。至绝干时，收缩至最小尺寸。

④ 木材的吸湿性　木材吸湿性是指木材随周围气候状态（温度、相对湿度或水蒸气相

对压力）的变化，由空气中吸收水分或向空气中蒸发水分的性质。当空气中的水蒸气压力大于木材表面水蒸气压力时，木材能从空气中吸收水分，把这种现象叫做吸湿；反之木材中水分向空气中蒸发叫做解吸。如图 3-7-3 所示为吸湿与解吸曲线。

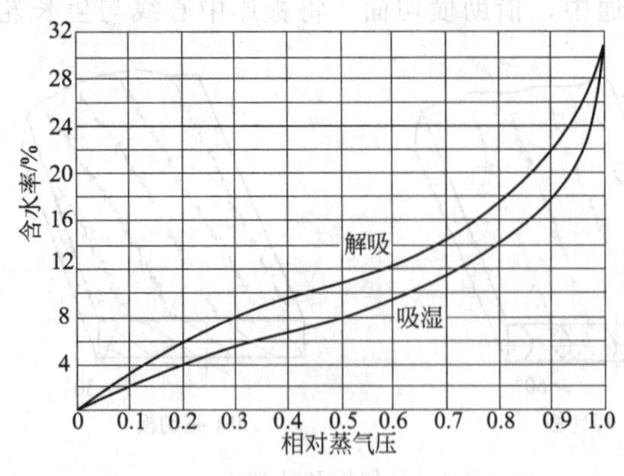

图 3-7-3 吸湿与解吸曲线

⑤ 平衡含水率　木材长期暴露在一定温度和相对湿度的空气中，最终会达到相对恒定的含水率，即吸湿（木材从空气中吸收水分）与解吸（木材中水分向空气中蒸发）的速度相等，此时木材所具有的含水率称平衡含水率。平衡含水率随不同地区、不同季节的大气温度和湿度的不同而异。我国北方地区年平均平衡含水率约为 12%，南方约为 18%，长江流域约为 15%。国际上以 12%为标准平衡含水率，研究表明：相对湿度每升高 1%，木材的吸湿率便增加 0.121%，而温度每降低 1℃时，木材的吸湿率仅增加 0.071%。木材平衡含水率与空气湿度和空气温度关系如图 3-7-4 所示，由此即可查出一定温度、湿度条件下的平衡含水率。

(2) 木材的干缩与湿胀　湿材因干燥而缩减其尺寸与体积的现象称之为干缩；干材因吸收水分而增加其尺寸与体积的现象称之为湿胀。干缩和湿胀现象主要在木材含水率小于纤维饱和点的情况下发生，当木材含水率在纤维饱和点以上，其尺寸、体积是不会发生变化的。

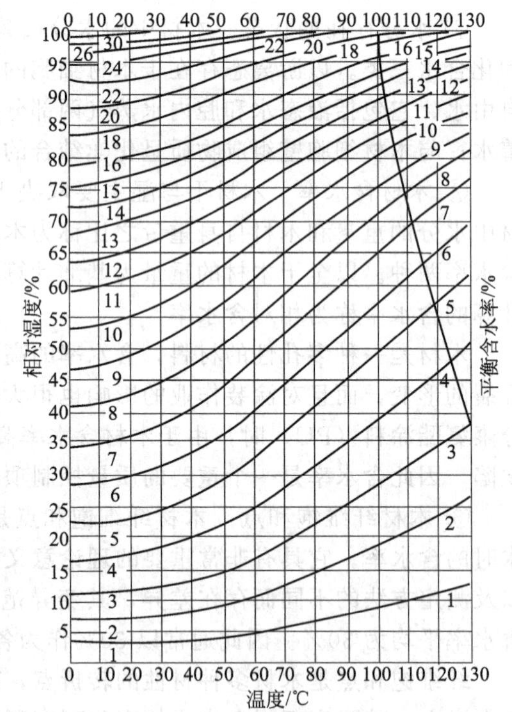

图 3-7-4 温度、相对湿度和平衡含水率的关系

木材的干缩湿胀在不同的方向上是不一样的，如图 3-7-5 所示。木材纵向的干缩率仅为 0.1%～0.3%；径向为 3%～6%；弦向为 6%～12%。可见，横向干缩较纵向要大几十倍至上百倍，横向干缩中弦向约为径向的两倍。三个方向干缩大小顺序为弦向、径向和纵向。

木材的干缩湿胀随树种、密度以及晚材率的不同而异。针叶材的干缩较阔叶材要小；软阔叶材的干缩较硬阔叶材要小；密度大的树种干缩值越大；晚材率越大的木材干缩值也越大。

干缩和湿胀是木材的固有性质，干缩和湿胀会使木制品的外形尺寸变化。干燥后的木材尺寸会随着周围环境湿度、温度的变化而变化，生产和生活中常会见到木制品发生翘曲、变形、开裂等现象，如地板、木门窗湿胀后，不仅会出现地板隆起、门窗关不上等现状，而且还会降低其力学性能。

4. 木材的化学特性

(1) 木材的化学成分　木材由天然形成的有机物构成，属于高分子化合物。木材细胞的组成成分可分为主要成分和次要成分两种，主要组成成分是纤维素、半纤维素和木素；次要成分有树脂、单宁、香精油、色素、生物碱、果胶、蛋白质等。在木材的组织结构中，纤维素的含量约为50%，半纤维素的含量为20%～30%。

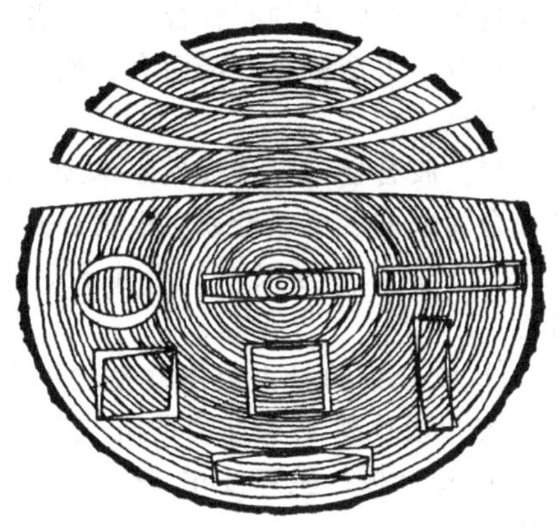

图 3-7-5 木材各个方向干缩的差异

(2) 木材的抽提物 木材中的抽提物是指用水、酒精、乙醚、苯、丙酮等有机溶剂浸提出来的物质，这里的抽提物是广义的，指除组成木材细胞壁结构物质以外的所有木材内含物。抽提物的含量随树种、树龄、树干位置以及树木生长的立地条件不同而不同，含量少者约为1%，多者高达10%～40%，一般在5%左右。许多木材抽提物是在边材转化心材过程中形成的，它们不是木材细胞壁的组成部分，但存在于细胞腔和细胞壁的微毛细管或者木材的特殊细胞中。

当用化学药品处理木材的时候，木材中的抽提物对化学物品的反应是不同的。例如，当用不饱和聚酯涂饰花梨木材质的表面时，由于花梨木中含有酚类抽提物，这种酚类抽出物可阻止不饱和聚酯涂料组成中的活性单体苯乙烯的聚合，使不饱和聚酯涂料的干燥性变差。另外，在松木中含有松节油等抽提物，同样也会影响涂饰在其表面上的油性清漆的干燥性。

木材中的抽提物除延缓干燥时间外，还可能因为涂料中通常使用酮类、酯类、醇类等强溶剂而溶解木材中的某些色素，使涂膜原有的颜色改变，有时还可影响涂膜层的光泽。因此，在对木材表面进行涂装作业以前，常常需要对木材表面进行必要的漆前处理。

(3) 木材的pH 木材酸碱性质是其重要化学性质之一，它与木材的胶合性能、变色、着色、涂饰性能以及对金属的腐蚀性等加工工艺密切相关。研究表明，绝大多数木材呈弱酸性，这是由于木材中含有醋酸、蚁酸、树脂酸以及其他酸性抽提物，木材在贮存过程中，也不断产生酸性物质。有人根据木材的酸碱性质将pH小于6.5的木材称为酸性木材，而把pH大于6.5的木材称为碱性木材，极少数木材或者心材属于碱性木材。木材的pH随树种、树干部位、生长地域、采伐季节、贮存时间、木材含水率以及测试条件和测试方法等因素的变化而有差异。例如，同一株树木不同部位的pH有变化，边材与芯材的pH相差明显。

二、木质材料的特性

木器和家具常用的木质材料主要包括木质人造板和木质贴面材料。天然木材由于生长条件和加工过程等方面的原因，不可避免地存在着各种缺陷，同时，木材加工也会产生大量的边角余料，为了克服天然木材的缺点，充分合理地利用木材，提高木材利用率和产品质量，木质人造板得到了迅速发展和应用。另外，木质人造板应用在木器和家具制作过程中，需要用各种木质贴面和封边材料作表面装饰及边部封闭处理，也进一步促进了木质贴面材料的发展和应用。

1. 木质人造板

木质人造板是将原木或加工剩余物经各种加工方法制成的木质材料。其种类很多，目前在家具生产中常用的有胶合板、刨花板、纤维板、细木工板、空心板、多层板以及层积材和集成材等。人造板具有幅面大、质地均匀、表面平整、易于加工、利用率高、变形小和强度大等优点。

(1) 胶合板　胶合板是原木经旋切或刨切成单板，涂胶后按相邻层木纹方向互相垂直组坯胶合而成的多层（奇数）板材。其主要特性如下。

① 幅面大、厚度小、容重轻、木纹美丽、表面平整、不易翘曲变形、强度高等优良特性。

② 胶合板的最大经济效益之一是可以合理地使用木材，它用原木旋切或刨切成单板生产胶合板代替原木直接锯解成的板材使用，可以提高木材利用率。每 2.2m^3 原木可生产 1m^3 胶合板；生产 1m^3 胶合板，可代替相等使用面积的 4.3m^3 左右原木锯解的板材使用。

③ 胶合板在使用性能上要比天然木材优越，它的结构（结构三原则：对称原则、奇数层原则、层厚原则）决定了它的各向物理力学性能比较均匀，克服了天然木材各向异性等缺陷。

④ 胶合板可与木材配合使用，适用于木器和家具上大幅面的部件，不管是出面还是作衬里，都比较合适。

⑤ 由于胶合板是把原木切成薄片并经纵横交叉胶合而成，所以表面木毛较多，涂装之前须经过打磨处理。

⑥ 生产胶合板时，胶黏剂常会沾污胶合板板面，从而影响涂装作业时的着色和涂膜的附着力，涂装前必须将沾污的胶黏剂打磨去除。

⑦ 胶合板在生产过程中，由于上胶不匀，会出现脱胶、表面凹凸不平或起壳现象，有碍于木器和家具的生产质量及涂装时的表面平整，因此选材时必须仔细检查。

另外，胶合板分类的方法很多，其中按照胶合板使用的胶黏剂耐水和耐用性能、产品的使用场所，可分为室内型胶合板和室外型胶合板两大类，或如下四类。

a. Ⅰ类胶合板　耐气候、耐沸水胶合板，具有耐久、耐气候、耐沸水和抗菌性能。常用酚醛树脂胶或三聚氰胺树脂胶或性能相当的胶生产，主要适合用于室外场所的木器和家具。

b. Ⅱ类胶合板　耐水胶合板，具有耐水、短时间耐热水和抗菌性能，但不耐煮沸。常用脲醛树脂胶或性能相当的胶生产，主要适合用于室内场所的木器和家具。

c. Ⅲ类胶合板　耐潮胶合板，只具有耐受大气中潮气和短时间耐冷水性能。常用低树脂含量的脲醛树脂胶、血胶或性能相当的胶生产，主要适合用于一般性能要求的木器和家具。

d. Ⅳ类胶合板　不耐水胶合板，不具有耐水、耐潮性能。一般用豆胶等生产，只适用于室内场所或一般用途。

(2) 刨花板　刨花板是利用小径木、木材加工剩余物（板皮、截头、刨花、碎木片、锯屑等）、采伐剩余物和其他植物性材料加工成一定规格和形态的碎料或刨花，并施加胶黏剂后，经铺装和热压制成的板材，又称碎料板，其主要特性如下。

① 幅面尺寸大、表面平整、结构均匀、长宽同性、无生长缺陷、不需干燥、隔音隔热性好、有一定强度、利用率高等。

② 刨花板是利用小径木和碎料，可以综合利用木材、节约木材资源、提高木材利用率。每 1.3～1.8m^3 废料可生产 1m^3 刨花板；生产 1m^3 刨花板，可代替 3m^3 左右原木锯解的板材使用。

③ 容重大、平面抗拉强度低、厚度膨胀率大、边部易脱落、不宜开榫、握钉力低、切削加工性能差、游离甲醛释放量大、表面无木纹等。

④ 须经二次加工装饰（表面贴面或涂饰）后广泛用于板式家具生产和建筑室内装修。

另外，刨花板分类的方法也很多，其中按照结构来分可分为单层结构刨花板、三层结构刨花板、渐变结构刨花板。单层结构刨花板的拌胶刨花不分大小粗细地铺装压制而成，饰面较困难；三层结构刨花板的外层是细刨花，胶量大，芯层是粗刨花，胶量小，家具生产中常用；渐变结构刨花板的刨花由表层向芯层逐渐加大，无明显界限，强度较高，常用于家具及室内装修。

(3) 纤维板　纤维板是以木材或其他植物纤维为原料，经过削片、制浆、成型、干燥和热压而制成的板材，常称为密度板。其分类方法也较多，按密度可分为：软质纤维板（密度小于0.4g/cm^3）、中密度纤维板（密度0.4～0.8g/cm^3）、高密度纤维板（密度一般为0.8～0.9g/cm^3），其主要特性如下。

① 软质纤维板　密度不大、物理力学性能不及硬纤板，主要在建筑工程中用于绝缘、保温和吸音、隔音等方面。

② 中密度纤维板和高密度纤维板　幅面大、结构均匀、强度高、尺寸稳定变形小、易于切削加工（锯截、开榫、开槽、砂光、雕刻和铣型等）、板边坚固、表面平整、便于直接胶贴各种饰面材料、涂饰涂料和印刷处理，是中高档木器、家具制作及室内装修的良好材料。

(4) 细木工板　细木工板俗称木工板，它是将厚度相同的木条，同向平行排列拼合成芯板，并在其两面按对称性、奇数层以及相邻层纹理互相垂直的原则各胶贴一层或两层单板而制成的实心覆面板材，所以细木工板是具有实木板芯的胶合板，也称实心板，其主要特性如下。

① 细木工板的结构稳定，不易变形，加工性能好，强度和握钉力高，是木材本色保持最好的优质板材，广泛用于家具生产和室内装饰，尤其适于制作台面板和座面板部件以及结构承重构件。

② 与实木板比较：细木工板幅面尺寸大、结构尺寸稳定、不易开裂变形；利用边材小料、节约优质木材；板面纹理美观、不带天然缺陷；横向强度高、板材刚度大；板材幅面宽大、表面平整一致。

③ 与“三板”比较：与胶合板相比，原料要求较低；与刨花板、纤维板相比，质量好、易加工；与胶合板、刨花板相比，用胶量少、设备简单、投资少、工艺简单、能耗低。

另外，细木工板的分类方法也较多，其中按照耐水性可分为以下两类。

a. Ⅰ类胶细木工板　具有耐久、耐气候、耐沸水和抗菌性能，常用酚醛树脂胶或三聚氰胺树脂胶或性能相当的胶生产，主要用于室外场所。

b. Ⅱ类胶细木工板　具有耐水、短时间耐热水和抗菌性能，但不耐煮沸，常用脲醛树脂胶或性能相当的胶生产，主要用于室内场所及家具。

(5) 空心板　空心板是由轻质芯层材料（空心芯板）和覆面材料所组成的空心复合结构板材。家具生产用空心板的芯层材料多由周边木框和空芯填料组成。在家具生产中，通常把在木框和轻质芯层材料的一面或两面使用胶合板、硬质纤维板或装饰板等覆面材料胶贴制成的空心板称为包镶板。其中，一面覆面的为单包镶；两面覆面的为双包镶，其主要特性如下。

① 芯层材料或空心芯板多由周边木框和空芯填料组成，其主要作用是使板材具有一定的充填厚度和支承强度。周边木框的材料主要有实木板、刨花板、中密度纤维板、多层板、层积材、集成材等。空芯填料主要有单板条、纤维板条、胶合板条、牛皮纸等制成的方格形、网格形、波纹形、瓦楞形、蜂窝形、圆盘形等。

② 在空心板中，覆面材料起两种作用，一种是起结构加固作用，另一种是起表面装饰作用。它是将芯层材料纵横向联系起来并固定，使板材有足够的强度和刚度，保证板面平整丰实美观，具有装饰效果。

③ 空心板具有重量轻、变形小、尺寸稳定、板面平整、材色美观、有一定强度，是家具生产和室内装修的良好轻质板状材料。

(6) 单板层积材 单板层积材（简称 LVL）是把旋切单板多层顺纤维方向平行地层积胶合而成的一种高性能产品。其主要特性如下。

① 可利用小径材、弯曲材、短原木生产，出材率可达 60%～70%（而采用制材方法只有 40%～50%），提高了木材利用率。

② 由于单板（一般厚度为 2～12mm，常用 2～4mm）可进行纵向接长或横向拼宽，因此可以生产长材、宽材及厚材。

③ 可以实现连续化生产。

④ 由于采用单板拼接和层积胶合，可以去掉缺陷或分散错开，使得强度均匀、尺寸稳定、材性优良。

⑤ 可方便进行防腐、防火、防虫等处理。

⑥ 可作板材或方材使用，使用时可垂直于胶层受力或平行于胶层受力。

(7) 集成材 集成材是将木材纹理平行的实木板材或板条在长度或宽度上分别接长或拼宽（有的还需再在厚度上层积）胶合形成一定规格尺寸和形状的木质结构板材，又称胶合木或指接材。

集成材能保持木材的天然纹理，强度高、材质好、尺寸稳定不变形，是一种新型的功能性结构木质板材，广泛用于建筑构造、室内装修、地板、墙壁板、家具和木质制品的生产中。具有小材大用、劣材优用；构件设计自由；尺寸稳定性高、安全系数高；可连续化生产；投资较大、技术较高等特点。

2. 木质贴面材料

随着木器和家具生产中各种木质人造板的应用，需用各种贴面和封边材料作表面装饰和边部封闭处理。木质贴面材料主要有天然薄木、人造薄木、单板等，其主要起表面保护和表面装饰两种作用。

薄木是一种具有珍贵树种特色的木质片状薄型饰面或贴面材料。采用薄木贴面工艺悠久历史，能使零部件表面保留木材的优良特性并具有天然木纹和色调的真实感，至今仍是深受欢迎的一种表面装饰方法。

(1) 薄木特点与分类 薄木是家具制造与室内装修中最常采用的一种高级木质贴面材料，其可以从制造方法、形态、厚度等来进行分类。

① 按制造方法分

a. 锯制薄木 采用锯片或锯条将木方或木板锯解成的片状薄板（根据板方纹理和锯解方向的不同又有径向薄木和弦向薄木之分）。

b. 刨切薄木 将原木剖成木方并进行蒸煮软化处理后再在刨切机上刨切成的片状薄木（根据木方剖制纹理和刨切方向的不同又有径向薄木和弦向薄木之分）。

c. 旋切薄木　将原木进行蒸煮软化处理后在精密旋切机上旋切成的连续带状薄木（弦向薄木）。

d. 半圆旋切薄木　在普通精密旋切机上将木方偏心装夹旋切或在专用半圆旋切机上将木方进行旋切成的片状薄木（根据木方夹持方法的不同可得到径向薄木或弦向薄木），是介于刨切法与旋切法之间的一种旋制薄木。

② 按薄木形态分

a. 天然薄木　由天然珍贵树种的木方直接刨切制得的薄木。

b. 人造薄木　由一般树种的旋切单板仿照珍贵树种的色调染色后再按纤维方向胶合成木方后制成的刨切薄木。

c. 集成薄木　由珍贵树种或一般树种（经染色）的小方材或单板按薄木的纹理图案先拼成集成木方后再刨切成的整张拼花薄木。

③ 按薄木厚度分

a. 厚薄木　厚度＞0.5mm，一般指 0.5～3mm 厚的薄木。

b. 薄型薄木　厚度＜0.5mm，一般指 0.2～0.5mm 厚的薄木。

c. 微薄木　厚度＜0.2mm，一般指 0.05～0.2mm 且背面黏合特种纸的连续卷状薄木或成卷薄木。

④ 按薄木花纹分

a. 径切纹薄木　由木材早晚材构成的、相互大致平行的条纹薄木。

b. 弦切纹薄木　由木材早晚材构成的大致呈山峰状的花纹薄木。

c. 波状纹薄木　由波状或扭曲纹理产生的花纹薄木，又称琴背花纹、影纹，常出现在槭木（枫木）、桦木等树种中。

d. 鸟眼纹薄木　由纤维局部扭曲而形成的似鸟眼状的花纹，常出现在槭木（枫木）、桦木、水曲柳等树种中。

e. 树瘤纹薄木　由树瘤等引起的局部纤维方向极不规则而形成的花纹，常出现在核桃木、槭木（枫木）、法桐、栎木等树种上。

f. 虎皮纹薄木　由密集的木射线在径切面上形成的片状泛银光的类似虎皮的花纹，木射线在弦切面上呈纺锤形，常出现在栎木、山毛榉等木射线丰富的树种中。

(2) 科技木　科技木是以普通木材为原料，采用计算机虚拟与模拟技术设计，经过高科技手段制造出来的仿真甚至优于天然珍贵树种木材的全木质新型表面装饰材料。它既保持了天然木材的属性，又赋予了新的内涵。一般常将人造薄木和集成薄木等统称为科技木，也称工程木。

科技木既可仿真那些日渐稀少且价格昂贵的天然珍贵树种，又可以创造出各种更具艺术感的美丽花纹和图案。科技木与天然木相比，具有如下特点。

① 色泽丰富、品种多样　科技木产品经计算机设计，可产生不同的颜色及纹理，色泽更加光亮、纹理立体感更强、图案充满动感和活力。

② 成品利用率高　科技木克服了天然木的自然缺陷，产品没有虫洞、节疤和色变等天然缺陷。科技木产品因其纹理的规律性、一致性，不会产生天然木产品由于原木不同、批次不同而使纹理、色泽不同。

③ 产品发展潜力大　随着国家禁伐措施和天然林保护政策的实施，可利用的珍贵树种日渐减少，使得科技木产品是珍贵树种装饰材料的替代品。

④ 装饰幅面尺寸宽大　科技木克服了天然木径级小的局限性，根据不同的需要可加工成不同的幅面尺寸。

⑤ 加工处理方便 易于加工及防腐、防蛀、防火（阻燃）、耐潮等处理。

三、木制品应为涂装提供的条件

使用各种天然木材、木质人造板和木质贴面材料，通过产品设计、小样试验、大样开料、贴面拼合、表面处理等程序，就成为一件合格的“白坯”，就可以进入最后的涂料涂装的工序了。前一阶段统称为“木工制作”，后一阶段称为“涂料涂装”。两个阶段都完成了，木制品就可以作为一件合格产品进入市场。

“木工制作”为“涂料涂装”这个后工序提供前提，主要体现在几个方面。

(1) 提供有利于涂装的几何结构 包括白坯的几何形状、几何尺寸都要有利于涂装的涂布和涂料的附着。

(2) 提供有利于涂装的漆前处理 包括白坯的被涂面的平整度、光滑度及清洁度。

(3) 提供有利于涂装的工业化进程 白坯在涂装过程中，既要满足单件产品在手工涂装时容易搬运、容易转动、容易放置的要求；又要满足大批量生产时产品能上自动生产线、能自动涂装、自动打磨的条件，最终提高涂装的自动化程度和成本优化。

(4) 提供有利于家具与涂料的“表里合一”的条件 家具设计与制造中应当具备在涂装之后能强化产品功能的基础；应当具备与涂料结合之后能充分展示产品风格的内在理念。

家具与涂料、家具与涂装，绝不能被视为个别的个体。家具设计一旦决定了其产品风格，就要由涂装去实现、去展示。家具产品一旦决定了其市场定位，就要由涂料去保障、去增值。两者必须有机地形神结合，才能产生一件好家具，这是人们努力的方向。

第三节 木用涂料的品种及分类

一、木用涂料的品种

常用木用涂料有六大类，即硝基涂料（NC）、聚氨酯涂料（PU）、不饱和聚酯涂料（UPE）、紫外光固化涂料（UV）、酸固化涂料（AC）及水性涂料（W）。其中前三种是按成膜物质来命名，UV、AC两种是依据其固化条件来命名，W涂料是因为用水作为溶剂或是稀释介质，因而有别于所有使用有机溶剂的“溶剂型涂料”而被命名为“水性涂料”。

1. 硝基涂料（NC）

硝基涂料亦称硝化纤维素涂料或NC涂料，主要原料是硝化纤维素。

硝基涂料具有一系列优异的理化性能，一是表干迅速，硝基涂料属于挥发干燥型涂料，依靠溶剂挥发来使涂层固化成膜，涂布之后的NC涂膜，它的溶剂完全挥发了，漆膜就实干了。它在常温条件下仅需10～15min即可表干，因而两次涂饰之间的时间大大缩短。二是涂膜破损后易修复，硝基涂料属于可逆性涂料，即完全实干的涂膜仍能被原溶剂溶解，因此当漆膜受到损伤时极易修复得和原来基本一致，看不出修补痕迹。三是涂膜装饰性能优良，涂膜色浅、透明度高、坚硬耐磨，有较好的机械强度和一定的耐水性及耐腐蚀性，广泛应用于高级家具、高级乐器、工艺品等的涂装。四是施工极为方便，可刷涂，亦可喷涂、淋涂、浸涂、辊涂，且涂料可使用时间较长，不易变质报废，密封保存可多次使用。

当然，与其他涂料相比，硝基涂料涂膜的耐热、耐寒、耐光、耐碱性较差，在使用过程中较易损伤，由于涂料本身固体分低，施工后有大量有害气体挥发污染环境，这些不利因素都会制约其发展。在家具领域，硝基涂料目前主要用于美式涂装系列产品，也是家装涂料的一个重要品种。

2. 聚氨酯涂料（PU）

聚氨酯涂料是指涂料成膜后漆膜中含有相当数量的氨酯键（—NHCOO—）的涂料，亦称 PU 涂料。而双组分聚氨酯涂料是目前我国市场上最主要的木用涂料品种之一，其成膜机理是异氰酸酯与羟基发生化学交联反应成膜。市售双组分聚氨酯涂料一般分为主剂、固化剂及稀释剂三组分，其中主剂是采用含羟基基团的各类树脂配制而成，固化剂则是含有异氰酸酯的预聚物树脂。使用时，主剂和固化剂按涂料制造厂家要求的比例混合，再加入适量的稀释剂调整施工黏度，即可进行涂装。

由于聚氨酯涂料干燥成膜时发生了化学反应，因而具有一些普通挥发型涂料无法相比的优良性能。一是力学性能好：对各种木质基材表面有优良的附着力，漆膜坚韧，硬度高，有相当好的柔韧性，因而具有极高的耐摩擦和耐冲击性。二是化学性能好：漆膜固化后不易被溶剂再溶解，耐化学药品、抗污染性极好。漆膜受热不容易软化，漆膜耐候性、持久性能好。三是装饰性能好：漆膜透明度、丰满度、保光保色性优异。当然与其他涂料相比，聚氨酯涂料的涂膜质量受施工条件和施工环境影响较大，主要表现在：主剂和固化剂的配比有严格要求，如果配比不当，明显影响漆膜最终性能；喷涂施工过程中较易起泡；使用芳香族固化剂时，干膜易泛黄；重涂时要注意层间间隔时间，重涂前要均匀打磨，否则会影响涂层附着力；另外，涂料中微量的游离异氰酸酯（TDI）对人体有毒，一定程度上影响施工人员身体健康，并污染涂装环境。

3. 不饱和聚酯涂料（UPE）

不饱和聚酯涂料，亦称 UPE 涂料，是指以气干型不饱和聚酯树脂为主要成膜物质的涂料，综合物化性能优异。由于该类漆中所用活性稀释剂是不饱和单体（如苯乙烯），既能作为溶剂溶解不饱和聚酯，作为稀释剂起到调整稠度的作用，又能在涂装时作为活性单体参与不饱和聚酯反应，固化成膜，所以 UPE 是一种无溶剂涂料，一次可成厚膜，涂料固体分高，在木用涂装时特别适合作底漆，能使面漆表现出高丰满度。正是由于这些优点，UPE 漆近年来在木用领域中获得较大发展。

不饱和聚酯涂料属于多组分涂料，市售 UPE 涂料包括涂料主剂（不饱和聚酯树脂为主）、引发剂（俗称白水）、促进剂（俗称蓝水）及稀释剂。主剂一般是含有一定数量的不饱和二元酸的聚酯树脂与某些特殊单体（如苯乙烯、烯丙基醚等）的混合物；白水则通常是指各种过氧化物和过氧化氢化合物溶液，它们能够分解生成自由基参与化学反应；蓝水的种类也很多，通常是一些环烷酸盐等。不饱和聚酯涂料固化的基本原理是引发剂与促进剂反应后先分解生成自由基，引发不饱和树脂中的双键发生游离基反应，最终交联固化成膜。促进剂的作用是加速引发剂的分解，加快反应速率。

不饱和聚酯涂料具有许多优异的性能，表现在：UPE 涂料一般不含普通的挥发性溶剂，不释放大量有毒害气体，不污染环境；一次施工可获得较厚涂膜；可在常温条件下干燥；漆膜丰满度好、硬度高、光泽高等。不足之处是不饱和聚酯涂料成膜时收缩较大，成膜后涂膜一般较脆，易开裂；木质基材处理要求严格，否则影响附着力；配好的涂料可使用时间短、可操作时间短；特别要强调的是，蓝、白水大量直接接触非常危险，易燃、易爆，因此蓝、白水一定要分开存放，并按要求正确使用，否则易引起爆炸和火灾。

4. 紫外光固化涂料（UV）

紫外光固化涂料，亦称 UV 涂料，是通过紫外线照射湿膜，引发自由基反应，从而使漆膜快速干燥的一类涂料。UV 涂料主要成膜物质有不饱和聚酯树脂、丙烯酸环氧树脂、丙烯酸聚氨基甲酸酯树脂等，添加一定量的光引发剂、阻聚剂、助剂、低黏度的活性单体稀释剂、体质颜料等混合而成。

由于 UV 涂料固体分近 100%，一次可得高厚度漆膜，含有机溶剂极少，对环境污染低；干燥迅速，便于大批量生产，且涂料使用时浪费损耗极低，涂装作业空间场所减少；漆膜硬度高，具优良的耐溶剂性、耐药品性、耐摩擦性等。当然 UV 涂料使用时，一是在着色工艺时要慎选着色剂，避免紫外光照射产生褪色及涂料变黄情形；二是漆膜层间重涂需充分打磨，否则会产生附着不良的情况；三是 UV 涂料对人体会有刺激，长期接受紫外光的照射也会影响涂装人员的身体健康，要加强安全防护措施。另外，UV 涂料通常采用辊涂或淋涂，较适合大平面基材的涂装。

5. 酸固化涂料（AC）

酸固化涂料，简称 AC 涂料，一般用氨基树脂与醇酸树脂混合而成主漆，使用时加入有机酸（如对甲苯磺酸）为触媒（催化剂），使其能在室温下反应干燥成膜。酸固化涂料具有一系列优异物化性能，干燥快，其涂膜经修整后平滑丰满，透明度和光泽度高，硬度高，坚韧耐磨，附着力强，机械强度高，并有一定的耐热、耐寒、耐水、耐油、耐化学品性能。酸固化涂料用于木家具涂装，在北欧及东南亚地区用得较为普遍。其缺点是涂料中含有游离甲醛，味道大，强烈刺激作业者眼鼻，同时涂料具酸性，易腐蚀金属基材。

6. 水性涂料（W）

水性涂料是指以水为分散介质的涂料，一般分为水乳型和水溶性两大类，其中水乳型使用较为广泛。水乳型主要品种有聚氨酯分散体（PUD）、纯丙烯酸乳液（PA）、丙烯酸-聚氨酯改性乳液（PUA）等，包装形式分为单组分、双组分。目前水性木用涂料使用的树脂主要有水性醇酸、丙烯酸乳液或分散体、水性聚氨酯分散体、水性丙烯酸聚氨酯分散体、双组分水性聚氨酯分散体等，配漆时用上述树脂配合水、增稠剂、添加剂调制而成。水性涂料调漆方便，施工适用期长，易修补，基本安全无毒，漆膜柔韧性、附着力较好。特别是随着国家环保法规对 VOC 的限制，人们环保和健康意识的增强，溶剂型涂料受到前所未有的挑战，水性涂料日益受到重视。当然水性涂料固含量偏低，一次无法得到高厚膜的涂装，漆膜在耐溶剂性、耐药品性、耐热性、漆膜硬度及手感方面与传统 NC、PU 相比有一定差异，涂料单价亦偏高。但 W 将与 UPE、UV 等一样，是中国涂料发展的大方向。

水性涂料成膜机理与溶剂型涂料在原理上是一致的，与涂料所选择的连接料树脂体系密切相关，同样有挥发干燥、交联固化、加热固化、UV 固化等，但因为水性涂料中的特殊溶剂“水”的存在，使得其固化机理变得更复杂一些。如水溶性双组分聚氨酯涂料，在其成膜过程中包括可挥发物（溶剂、水）的挥发、多元醇和多异氰酸酯粒子的共凝结、多异氰酸酯和水的反应、多元醇和多异氰酸酯的反应等，这些反应将伴随涂料干燥的整个过程。

表 3-7-1 是木用涂料几个主要品种的性能特点的综合。

表 3-7-1　木用涂料主要性能特点

品种	主要用途	指触干时间/min	指压干时间/h	打磨性	施工性	涂料气味	丰满度	附着力	硬度（铅笔硬度计）	耐溶剂性	耐热性	施工安全	环保性	涂料单价
NC	底、面	5～10	约 1	②	②	③	⑤	③	B～H	⑤	④	②	⑤	低
PU	底、面	5～10	4～8	②	②	③	②	②	HB～2H	②	③	③	③	中
UPE	底	5～10	约 4	③	③	④	②	②	H～3H	②	②	③	②	中
UV	底、面	瞬间	约 0.5	③	②	④	②	③	≥2H	②	①	③	②	高
AC	底、面	20	1.5	②	③	④	③	②	H	③	②	③	③	中
W	底、面	20～30	4～5	③	③	①	④	③	B～HB	④	④	①	①	高

注：①表示非常好；②表示很好；③表示好；④表示一般；⑤表示差。

二、木用涂料产品分类

木用涂料按产品系列可分为主要产品和配套产品。

1. 主要产品

主要产品指由各涂料厂自行设计配方生产的产品，不同厂家生产的同一类型产品，性能差异可以很大。几个主要产品在木用涂装的实际使用中用量也是最多的。

(1) 腻子　腻子是一种厚浆状、黏稠性的涂料，主要由大量体质颜料与树脂等黏结材料混合调制而成。腻子专门用来填充白坯表面如缝隙、凹陷等，其主要作用就是填充，使白坯平整，便于下一步涂装。

常用的木器涂装用腻子有猪血灰腻子、硝基腻子、不饱和聚酯腻子、水性腻子等，相对而言不饱和聚酯腻子和水性腻子应用较广，而猪血灰腻子则在中低档家具涂装中使用。

不饱和树脂腻子又称原子灰，是由不饱和聚酯树脂、粉料、苯乙烯等材料制成，包括主体灰和引发剂组成双组分填充材料。具有常温固化、干燥速率快、附着力强、易打磨、定型后平整、干硬、牢固等特点，广泛使用于汽车、机车、机床等工业品涂装，也大量用于家具如实色漆的基材填充处理，以及用于地板、室内外装修。

猪血灰腻子是用猪血、水、填充粉料混合搅拌后制得，靠猪血灰里面的血红蛋白氧化干结获得较好的硬度和打磨性，具有附着力好、施工方便、配制容易等特点，是一种资源易得、成本较低的腻子。缺点是干固后易吸潮，如一次性厚刮，干后易开裂、脱落。另外，由于腻子层厚，刮涂量、打磨量大，材料损耗多，影响其综合成本。

硝基腻子是由硝化棉、合成树脂、增韧剂、颜填料和有机溶剂混合制得。硝基腻子具有干燥快、易刮涂、易打磨的特点，适于木材表面作填平细孔和嵌缝用，可反复多次刮涂，浪费较少也很安全，但硬度和附着力一般，用于硝基底面配套体系较合适。

水性腻子的特点是所用的稀释剂是水，无毒、无刺激性气味，安全、环保，施工简便，打磨性和附着力也很好，价廉，目前应用渐渐增多，大有取代其他腻子之势，但水性腻子干燥较慢。水性腻子的主要品种是水性乳液腻子（俗称水灰），是木用腻子中应用较广泛的一种。

(2) 封闭底漆　封闭底漆是底漆的一种，在木用涂装中亦称头道底漆。常用的有虫胶漆、NC 封闭底漆、PU 封闭底漆及 UV 封闭底漆及水性封闭底漆。

封闭底漆主要作用：作为头道底漆使用直接涂布于基材白坯上，干后轻磨。它能提高基材强度，有效清除木刺；阻隔木材中的水分及挥发性物质向表层扩散，减缓木材的吸湿、散湿，防止起泡，减缓木材变形，保持木材造型；封闭底漆可改善后续涂层的流平、光泽、丰满度、硬度等涂装效果，保证干燥过程的正常进行；如涂装于腻子及二道底漆上，或对填充后的基材进行封闭，可防止上层涂料向木材或底层渗入而产生下陷，可节约后续涂层的涂布量；采用专用于柚木及红木等油性木材封闭的特殊封闭底漆，可保证漆膜在硬木上具有良好的附着力；当贴纸家具贴纸后，先喷封闭底漆，可避免涂料向纸内渗透，增强涂料的附着力，提高面漆丰满度。封闭底漆的涂布方式可喷、刷、浸或擦涂。

(3) 底漆 底漆是指介于素材、腻子、着色剂与面漆之间的一个重要产品，位于涂膜面漆以下，封闭底漆以上的涂层，又称中涂底漆。木用涂料中底漆的品种很多，一般分为透明底漆和实色底漆。底漆的作用是填平，支撑面漆，保障丰满度。

对底漆性能的评估，可从以下方面去考虑：底漆与基材的附着力、对基材及腻子的填充性、自身流平性、漆膜的强度、漆膜透明度（清底漆）、漆膜遮盖力（有色底漆）、抗发白性、黄变性、底漆与面漆配套性、施工性能、干燥速率、打磨性能等。

(4) 面漆 面漆是涂布于基材最上层的产品，是涂膜中最外层的涂层，对木制品起主要的装饰和保护作用。漆膜的性能指标，如硬度、光泽、色彩、手感、透明度、丰满度、平整度、耐擦伤、耐黄变、耐老化性能等都主要从面漆上体现出来。面漆品质及涂装质量直接影响整个涂装效果。

面漆一般可分为透明清面漆、透明有色面漆和实色面漆。根据漆膜表面光泽度高低不同，可分为高光面漆、亮光面漆、半光（亚光）面漆、无光面漆等。

(5) 固化剂 固化剂是用于反应型涂料交联的重要产品，在干燥过程中按规定比例添加于主剂中，与主剂产生化学反应而使其干燥硬化，最终给漆膜提供优异的物化性能。

木用涂料中，双组分聚氨酯涂料的固化剂种类较多，可分为：一是采用 TDI 单体为原料的固化剂，它的预聚物泛黄严重，应用不多，常见的品种是 TDI 与三羟甲基丙烷的加成物，多用于聚氨酯普通底漆及面漆，一般不耐黄变；二是采用 HDI 单体为原料的加成物，如拜耳公司的 N-75，由于其耐黄变性能好，常用于高档聚氨酯如耐黄变清漆、白漆等；三是以 IPDI 单体为原料的固化剂，由于 IPDI 是一种环脂肪族异氰酸酯，因其耐候性能优良，通常用于高档聚氨酯漆，固化速率要比 HDI 固化剂快一些；四是混合固化剂，市售固化剂有很多是涂料厂自行调配的混合固化剂，主要用各种固化剂产品按不同组合、不同比例调配而成。混合固化剂调配的形式主要有：国产的与进口的混合、加成物与三聚体混合、甚至以上几种产品的全混合。厂家用这种方法去调整漆膜的耐黄变性、干燥速率、适用期、游离 TDI 含量、NCO 含量、固体分等，当然也调整产品的成本。混合固化剂在通用涂装用固化剂中的用量最大，适应性最好。

加入了固化剂的双组分涂料必须在其适用期内使用完毕。

2. 配套产品

木用涂料的配套产品是指除主要产品外，涂装中经常要使用的辅助产品。其中有些是市售产品，由涂料厂购入后分装、配套出售，因此不同的涂料厂使用的产品可能是一样的。有的配套产品使用量不大，但其对涂装的重要性及影响是很大的。

(1) 蓝、白水 不饱和聚酯涂料中含有不饱和双键，使用时加入强氧化剂——过氧化物作为引发剂，因其呈水白色而俗称“白水”。白水能生成自由基，引发涂料中不饱和键产生链式反应，直至干燥成膜。常用的白水有过氧化甲乙酮等。

在不饱和聚酯涂料涂装中，为了获得理想的反应速率，除上述引发剂外，还要加入强还原剂作为促进剂，用以提高反应速率。目前常用的还原剂因其外观呈蓝紫色，而俗称“蓝水”，常用蓝水有环烷酸盐类的环烷酸钴等。

在不饱和聚酯涂料涂装时，一般按产品说明书或施工需要将主剂和稀释剂先混合均匀，然后再分成相等的两份，分别加入需要量的蓝水或白水，各自充分搅拌均匀。喷涂时再分别取两种混合液按 1∶1 比例混合调匀后施工，即混即用。混合好的漆，必须在规定的时间内使用完，否则会因超过适用期，涂料胶化而造成浪费。

另外，在使用蓝、白水时还要特别注意安全。蓝水和白水直接接触会发生剧烈化学反应，甚至发生起火、爆炸，因此在保管、贮存或远距离运输时，要特别注意不能将两者堆放在一起，必须分开放置。

(2) 着色剂　在透明涂装中，分别有本色涂装、底着色、面着色、中层及面修色等方法。在以上方法的涂装中，现场着色是非常重要的一环，专供现场着色使用的各种着色剂，也就成为重要的配套产品。与涂料厂生产有色涂料时所用的各种着色材料不同，在木用涂装中用于调整色彩效果的着色材料统称为着色剂。前者只用于涂料的着色，而后者则用于底材的着色，也可在涂装现场加入涂料中用于修色。前者用于涂料，后者用于涂装。色彩的调整是木用涂装中一项复杂而又非常重要的工作，尤其是透明涂装，需要进行基材着色来表现木材特有的木纹，增加美感，有时甚至通过多层着色，来表现色调的丰富程度和层次感，获取整体的色感效果，提高涂装后产品的附加值。

涂料厂提供给用户的着色剂一般分为两类。一类是色精，属染料型着色剂，是将染料溶解于溶剂中再与其他材料调配而成，有很好的着色力和透明度，主要用在透明涂装的基材上面或加入清漆中。染料型着色剂色彩鲜艳，亮丽，但有些品种的耐候性较差。选择优质染料，这个问题可以解决，因此，产品很成熟并形成系列。另一类是色浆，属颜料型着色剂，主要用于遮盖木材造成不透明着色或半透明效果。和染料型着色剂相比，颜料型着色剂耐候性要好得多，色调丰富，使用无机颜料的着色剂耐候性更好，但色泽鲜艳度较低。

着色剂的调配很复杂，通常根据客户的色样调配，必须要由专业人员予以调配试色；好的涂装着色，要由有丰富经验的涂装师，合理使用着色材料，用多种方法、手法去“造色”；除此之外，还与木材的特点有很大关系，涂装前，必须根据白坯原生底色及木质特性对基材颜色加以调整、处理；涂装着色所用各类涂料和着色剂，最好为同一厂家配套产品，以保证附着力和配套性。

(3) 稀释剂　稀释剂是木用涂料中最重要的配套产品，稀释剂可降低木用涂料的黏度，使之能适合不同的生产方法和施工方法。稀释剂还影响涂料涂装后的干燥速率，尤其是当环境温度发生变化时更加明显，因此木用涂料厂家除提供涂料主剂外，同时提供配套稀释剂。木用涂料配套稀释剂，除了通用型的产品之外，还有夏用稀释剂（施工环境温度高于 30℃时使用），挥发速率较慢；冬用稀释剂（施工环境温度低于 20℃时使用）挥发速率稍快，以满足不同施工环境温度的需要。

(4) 防发白水　在高温、高湿环境下施工，漆膜表面有时会出现霜状白点，严重时成片，干固后使透明漆膜不透明，使实色漆膜变色。为了解决这个问题，在调配涂料时，按规定加入一定量的防发白水，搅拌均匀后再喷涂就可有效防止发白现象的发生。防发白水一般由醇醚类、醚酯类、酮类和酯类等溶剂混合而成。

加入防发白水时，等量代替原来要加入的稀释剂，以保证喷涂黏度不会大幅波动。最好的方法是先将防发白水按比例与稀释剂调配好，再将这种混合稀释剂按正常量加入到漆料中。

防发白水不能过量使用，对 NC 漆而言，把原来稀释剂的 25%用防发白水来取代，这是极限量，如果加入25%的防发白水代替了稀释剂，仍然发白，就应停止施工。否则，加入过量防发白水，虽然不发白了，但会使漆膜不干，粘连。一次性喷涂太厚的湿膜，虽然温、湿度不高，也会泛白，这时应把湿膜厚度减薄，单纯依靠防发白水，不一定能解决问题。

(5) 催干剂 催干剂是涂料工业的主要助剂。一般来说，木用涂料在制造时已视需要加入了一定量的催干剂，施工时不需要再加，只有在气候较低的环境下或有特殊要求时，才可由家具厂按需要适当补加催干剂，以加速涂层干燥。但催干剂用量不能过多，否则会导致干膜过脆、附着力不良、失光、日后龟裂等漆病。

(6) 慢干水 在木用涂料的涂装中，因为干速过快，会产生很多问题，如气泡、橘皮、针孔、失光、发白、附着力不好等，严重影响涂装效果。市售产品中，为了预防上述漆病的发生，配套稀释剂在夏天都已经把溶剂的挥发速率调了下来，一般情况下并不需要加入慢干水。为家具厂的涂装现场配备慢干水，是为了应付突发酷热天气，涂装环境异常，需要减慢湿膜干速时才使用。慢干水一般是由沸点高于150℃的高沸点酮、醇酯、醇醚类溶剂混合而成，挥发速率较慢。可适当调整涂料的干燥速率，预防发生不良漆病。

第四节 木用涂料产品基础配方及原理

一、腻子

腻子的主要作用就是填孔，辅助填平，弥补底材的缺陷，改善涂装质量。木用涂料中腻子分为两类：嵌补腻子和填孔腻子。嵌补腻子即人们常说的腻子，其作用主要是填大孔，如木材本身的缺陷、钉眼等，因此嵌补腻子要稠、厚，对较大的缝隙、缺陷能有效地填充；嵌补腻子同时对木材要有较好的附着力，不易脱落。填孔腻子，也叫填充剂，主要是对木材的表面管孔进行填充，防止底漆的渗陷，减少底漆的用量，降低涂装成本，改善涂装效果。因此，填孔腻子黏度不能太稠及干燥太快，要容易刮涂。

常用腻子有：猪血灰腻子、硝基腻子、不饱和聚酯腻子、UV腻子、水性腻子等品种。

1. 猪血灰腻子

(1) 猪血灰腻子 猪血灰腻子一般作为嵌补腻子使用。在20世纪90年代初，我国家具制造业刚起步的时候，使用非常广泛，主要用于贴纸家具贴纸之前的底材处理或实色底漆的底材处理。附着力好、硬度高、干燥快、易打磨、成本低。

随着技术的进步，木质底材的质量得到了较大的提高。猪血腻子的用量越来越少。但是，在古迹修复等工程中，仍然会使用到。猪血灰腻子配方及生产工艺见表3-7-2。

表3-7-2 猪血灰腻子配方及生产工艺

原料及规格	比例(质量分数)/%	生产工艺
新鲜猪血	100	100目滤网过滤除去杂质
生石灰氧化钙	2～3	加入水中，水尽量少，搅拌，熟化，100目滤网过滤 将熟化后的生石灰(CaO)溶液，边搅边加入滤过的猪血中，待猪血由鲜红变为咖啡色，停止加入石灰水，备用
滑石粉	100～150	使用前，将滑石粉加入处理好的猪血中，边加入边手工搅拌，至黏度合适

(2) 配方调整

① 原料选择 猪血必须是新鲜猪血，采集回来应立即处理，否则腐败变质不能使用。

填料一般需用400～800目的滑石粉。氧化钙必须现场加水配置使用，石灰（CaO）转化为石灰水［$Ca(OH)_2$］溶液。放置时间过长，有效的石灰水［$Ca(OH)_2$ 溶液］会与空气中的 CO_2 发生反应，变成无用的石灰水［$CaCO_3$ 溶液］。$Ca(OH)_2$ 溶液在制备时浓度要尽量高，因此处理生石灰（CaO）时水量要适当。

② 指标调整 如果作为嵌补腻子使用，需要多加滑石粉等填料，做得稠厚一些；如果作为填孔腻子使用，填料可适当少加，做得稀薄一些，便于刮涂施工。

③ 技术难点 猪血的熟化是腻子质量的关键。猪血和石灰水的比例是技术关键点。石灰水比例高，则腻子硬度高；石灰水比例低，则腻子硬度低。好的猪血腻子，加入滑石粉后，应该是青绿色的。太绿，说明加入的石灰水太多，硬度高，难打磨，容易离层；色太浅，说明加入的石灰水少，则硬度不够。

2. 硝基腻子

(1) 硝基透明腻子 配方、性能及生产工艺见表3-7-3～表3-7-5。

表3-7-3 硝基透明腻子配方及生产工艺

原料及规格	比例(质量分数)/%	生产工艺
硝化棉溶液(1/2s) 醋酸丁酯：丁醇：二甲苯：硝化棉＝44：11：11：34	50	投入分散缸，开动搅拌机，中速搅拌
醇酸树脂(60%)	15	加入
422马来酸酐树脂溶液(50%)	10	加入
增塑剂DOP	1	
硬脂酸锌PLB	2	慢慢加入，分散均匀
滑石粉(1250目)	22	慢慢加入，分散均匀；高速分散10～15min，温度控制在50℃以下，至细度合格，40目滤布包装

表3-7-4 硝基透明腻子性能指标

项目	性能指标	项目	性能指标
外观	乳状半透明黏稠液体	实干时间/h	≤1
细度/μm	≤100	刮涂性	易刮涂
固体含量/%	60	有机挥发物含量	符合GB18581
表干时间/min	≤10	重金属含量	符合GB18581

表3-7-5 改性树脂溶解及工艺

原料及规格	比例(质量分数)/%	生产工艺
二甲苯	50	称量，投入分散缸
422马来酸酐树脂溶液	50	加入，搅拌15～20min，使其溶解完全，200目过滤，备用

(2) 配方调整

① 原料选择 硝基腻子一般由硝化棉溶液、短油度豆油醇酸树脂、硬脂酸锌、填料组成。滑石粉可以选择800目或更粗的产品，有良好的填充性和透明度。硝化棉一般选用1/2s的硝化棉或几种规格硝化棉的搭配使用，预先溶解成的30%溶液。增塑剂目前大部分采用的是邻苯二甲酸盐，如邻苯二甲酸二丁酯（DBP）、邻苯二甲酸二辛酯（DOP）。随着环保标准的提高，此类增塑剂逐渐被限制应用。可以采用环氧大豆油等环保型增塑剂代替。粉料的含水量要控制，最好在0.2%以下。

② 指标调整 硝化棉和树脂是主要的成膜物质。其比例决定了腻子的技术指标和施工性能。硝化棉和醇酸树脂（按固含量比）的比例为1∶(0.8～1) 较为合适。422马来酸酐树脂是为了降低腻子的黏度，提高施工固含，同时改善腻子的刮涂性能。硝化棉多，硬度好；硝化棉少，硬度低。但硝化棉过少，上层底漆施工后容易“咬底”。加入滑石粉，可以提高腻子的填充性，但会影响腻子的透明度，应根据腻子的用途决定添加量。增塑剂的作用是为了调节漆膜的柔韧性，过多或过少都会影响漆膜的性能。硬脂酸锌最好选用酸值较低的产品，好的硬脂酸锌应该溶解于二甲苯。加入硬脂酸锌仅仅为了改善打磨性，加量要根据不同的配方试验确定，过多会严重影响漆膜的性能，如附着力、透明度、储存稳定性等。膨润土的加入量约为配方量的1%～1.5%，既可以防止滑石粉的沉降，也可以提高腻子的刮涂性，改善物料沉降和贮存稳定性。

③ 技术难点 配方关键是硝化棉与其他树脂的比例，固含比率是硝化棉∶树脂＝1∶(0.8～1)，比例过低则涂膜的硬度不够，耐干热性不好；过高则涂膜的刮涂性不好，容易卷边。马来酸酐树脂加入可以降低黏度，改善施工性能，但是加入过量会影响涂膜的黄变性、贮存稳定性和耐干热性，因此加入量要合适。

④ 生产注意事项 硝基腻子在生产过程中，最好采用夹套缸生产，物料温度控制在50℃以下，否则，贮存过程中容易变黄、发黑、锈桶。投料时，最好边分散边投入后续物料，否则容易引起颗粒。

⑤ 腻子施工时的注意事项 硝基腻子一般采用刮涂施工。不可一次性厚涂。干后打磨时一定要将木径上的腻子打磨干净，以免喷涂底漆特别是PU底漆时咬底。

3. 不饱和聚酯（UPE）腻子

(1) 不饱和聚酯（UPE）腻子的参考配方 不饱和聚酯腻子分为两种：一种为实色腻子；另一种为透明腻子。实色腻子又叫原子灰。历来都由汽车涂料厂或专业厂家研制。木用涂料厂只生产UPE透明腻子。不饱和聚酯透明腻子的配方、生产工艺及性能见表3-7-6和表3-7-7。

表3-7-6 不饱和聚酯透明腻子配方及生产工艺

原料及规格	比例(质量分数)/%	工艺
气干型UPE树脂(70%)	38	按序投入,先中速分散均匀
防绿化剂	0.6	
苯乙烯	10	
阻聚剂(对苯二酚,10%醋酸乙酯溶液)	0.1	
蓝水(6%异辛酸钴)	0.6	
分散剂	0.5	
防沉剂(M-5,SiO_2)	2.2	
滑石粉(800目)	45	高速分散10～15min,检测细度,40目滤网过滤
硬脂酸锌PLB	3	

表3-7-7 不饱和聚酯透明腻子性能指标

项目	性能指标	项目	性能指标
原漆外观	搅拌均匀,无硬块	刮涂性	易刮涂
漆膜外观	打磨后无缺陷	可打磨时间/h	≤4
黏度/mPa·s	20000～50000		

(2) 配方调整

① 原料选择 市售的UPE树脂分为两类：因吸氧单体的不同分为烯丙基醚类和双环戊

二烯类。前者表干性能好，易打磨，硬度略差；后者表干性能略差，硬度较前者高。两者都可以作 UPE 透明腻子。苯乙烯主要作活性稀释剂，既可以降低黏度，又可以参与最后交联形成漆膜。阻聚剂主要提高产品生产和贮存稳定性，延缓或防止胶化。防沉剂主要选用 SiO_2，防沉稳定性较好。苯乙烯使用前要进行含水量测试，以保持腻子的贮存稳定性。滑石粉一般选用 400 目或 800 目。

② 指标调整 树脂的表干性能决定腻子的打磨性。硬脂酸锌的加入也会改善漆膜的打磨性。滑石粉的增加可以改善打磨性，但过多影响透明腻子的透明度。与透明底漆不同，腻子的滑石粉可以选择较粗，如 400 目或 800 目。

③ 技术难点 UPE 透明腻子的贮存稳定性主要取决于树脂和苯乙烯的稳定性。因此，在生产 UPE 透明腻子的时候添加阻聚剂（如对苯二酚或与其他复配）改善其贮存稳定性。

④ 生产过程注意的问题 生产 UPE 腻子最好采用捏合机生产，避免物料温度过高。使用高速分散机时，最好使用夹套缸，用 7℃或 12℃的水循环冷却，注意监控物料温度不超过 50℃，否则会严重影响产品的贮存稳定性。苯乙烯的光学稳定性较差，生产 UPE 腻子时应该避免光线直射。

4. UV 腻子

(1) UV 透明腻子 UV 一般只有透明腻子，大多作为填孔腻子使用。一般使用于中纤板、木皮填孔或找平以保证 UV 底漆的施工质量。UV 透明腻子的配方、生产工艺及性能见表 3-7-8 和表 3-7-9。

表 3-7-8 UV 透明腻子配方及生产工艺

原料及规格	比例(质量分数)/%	生 产 工 艺
双官能团丙烯酸单体 环氧丙烯酸树脂	2.3 75	按序加入，中速搅拌均匀
消泡剂 分散剂	0.2 0.5	加入，中速搅拌均匀
滑石粉 800 目	20	加入，高速搅拌分散至细度合格，≤100μm
光敏剂	2	加入，搅拌均匀，30 目滤网过滤包装

表 3-7-9 UV 透明腻子性能指标

项 目	性能指标	项 目	性能指标
原漆状态	搅拌均匀无硬块	固化速率(一支汞灯，80W/cm)/(m/min)	5～20
细度/μm	≤70		
旋转黏度/mPa·s	7000～15000	漆膜外观	平整

(2) 配方调整

① 原料选择 低聚物有环氧丙烯酸酯、聚氨酯丙烯酸酯、聚酯丙烯酸酯、聚醚丙烯酸酯等。丙烯酸单体主要有单官能度丙烯酸单体、双官能度丙烯酸单体、多官能度丙烯酸单体。官能度高，反应速率快、漆膜硬度高、不好打磨，漆膜较脆；官能度低，反应速率慢、漆膜硬度软、易打磨、漆膜韧性好。UV 使用的助剂一般为无溶剂助剂，消泡剂如 BYK-057，分散剂如 BYK161 等。滑石粉主要是为了提高漆膜的填充性和打磨性，由于 UV 的施工固含量极高，可达到 100%，所以对粉料的透明度要求较高。光引发剂主要使用的是自由基光引发剂：裂解型自由基光引发剂（如汽巴的 1173）和夺氢型自由基光引发剂（如二苯甲酮）。一般选用两种光引发剂的组合和活性胺类光敏剂搭配使用。

② 技术难点 低聚物是主要的成膜物质，其组成决定了漆膜的主要性能。不同低聚物

和单体的搭配很重要。要根据低聚物的性能选择单体，优势互补。如低聚物硬度低，可选高官能度单体，提高硬度；如树脂硬度高，可选低或中等官能度产品，改善韧性。UV 腻子不要加入在 PU 和 NC 涂料里改善打磨性的硬脂酸锌，因为硬脂酸锌在分散过程中容易带来气泡，很难消除，影响施工性能。

③ 生产注意事项 由于 UV 使用的单体都有自聚倾向，故应避免光线直射、物料分散时温度切勿过高。

5. 水性腻子

(1) 水性腻子 水性腻子的质量要求：干燥快、填孔性好、附着力好、容易刮涂、打磨。水性腻子的配方、生产工艺及性能见表 3-7-10 和表 3-7-11。

表 3-7-10 水性腻子配方及生产工艺

原料及规格	比例(质量分数)/%	生产工艺
水	18.6	加入
胺中和剂(氨水)	0.8	加入，搅拌均匀，至 pH 为 8～9
防冻剂(丙二醇)	6.0	
成膜剂	3.5	
防腐防霉剂	0.3	
防沉剂	0.8	慢慢投入，搅拌至完全溶解
重质碳酸钙(800 目)	45.00	投入，高速分散至均匀
滑石粉(800 目)	10.00	
水性乳液	15.00	缓慢加入，分散均匀

表 3-7-11 水性腻子性能指标

检验项目	性能指标	检验项目	性能指标
固含/%	67	刮涂性	易刮涂，不卷边
表干/min	43	贮存稳定性	无异常

(2) 配方调整 水性腻子的树脂一般选用聚醋酸乙烯乳液，性价比高。氨水的作用主要是调节体系的 pH，利于羟乙基纤维素的溶解；丙二醇的加入可以改善水性腻子的低温冻融稳定性；成膜助剂的加入，可以降低乳液的成膜温度，利于腻子的干燥；重质碳酸钙的加入是为了提高腻子的填充性；滑石粉可以改善腻子的打磨性。

二、封闭底漆

封闭底漆又称封固底漆、头度底漆。封闭底漆的主要品种：虫胶漆、PU 普通封闭漆、PU 封油用封闭底漆、PU 透明有色封闭底漆、UV 封闭底漆。

1. 虫胶漆

虫胶又叫紫胶、紫胶茸、雪纳 (shellac)、泡力水 (polish)，是一种很好的封闭性物质，能起到封闭和隔离作用，它具有封闭性好、干燥快、施工方便、可刷、可喷的特点。虫胶漆的溶解方法：可以取虫胶片 1 份，加入到 4 份工业酒精中，溶解后，使其固含量保持在 20%～25%。虫胶漆的使用：在家具涂饰工艺中，虫胶漆常作为 NC 漆的封闭隔离底漆和着色、修色的黏合料来使用，一般采用刷涂施工。乐器行业仍然使用虫胶漆来制作小提琴，特别是高档的小提琴，工艺代代传承，代代创新，其天然色泽非合成材料能比。

2. PU 普通封闭底漆

(1) PU 普通封闭底漆 配方、生产工艺和性能见表 3-7-12～表 3-7-14。

表 3-7-12　PU 普通封闭底漆配方及生产工艺

原 料 及 规 格	组成	原 料 及 规 格	组成
羟基丙烯酸树脂(65%)	25	丙二醇甲醚醋酸酯	5
二甲苯	49.8	醋酸乙酯	10
醋酸丁酯	10	有机锡(10%)	0.2

注：依次投入，低速搅拌均匀，200 目过滤包装。

表 3-7-13　有机锡 T-12（10%）溶液的配方

原 料 及 规 格	组成(质量分数)/%	原 料 及 规 格	组成(质量分数)/%
T-12	10	二甲苯	90

注：生产工艺为依次加入，搅拌均匀。

表 3-7-14　PU 普通封闭底漆性能指标

项　目	性能指标	项　目	性能指标
外观	水白色至浅黄色透明液体	表干/min	≤20
黏度(涂-4# 杯)/s	9～15	实干/h	≤4
细度/μm	0～10	固含量/%	13～17

(2) 配方调整

① 原料选择　常用的树脂有椰子油酸短油度醇酸树脂、豆油酸短油度醇酸树脂、合成脂肪酸醇酸树脂、羟基丙烯酸树脂。PU 封闭底漆选用的溶剂一般为中等挥发速率的溶剂，太快会影响涂料的施工和封闭效果，太慢会溶解底材中的一些酚类物质，影响封闭漆的干燥。选用的溶剂分子量较小，利于较快速地渗透入基材中。固化剂一般选用 TDI 加成物和三聚体。助剂一般选用消泡剂或少量底材润湿剂。

② 指标调整　PU 封闭底漆的固含量一般控制在 15%以下，固化剂的固含控制在 45%～50%，配比控制在主漆：固化剂＝4：1。一般不需另外加入稀释剂，视封闭的要求也可以用稀释剂稀释后喷涂、刷涂。

③ 技术难点　一般来说，丙烯酸树脂的封闭性好于醇酸树脂。豆油酸短油度醇酸树脂较椰子油短油度醇酸树脂、合成脂肪酸醇酸树脂干燥快，但如果固化剂选用得好，后者的封闭性更好。加成物固化剂的反应速率比三聚体快，封闭性更好。如果选用合成脂肪酸或椰子油树脂，固化剂可以拼用一部分 TDI 三聚体固化剂。

④ 使用的注意事项　PU 封闭底漆与固化剂混合后，最好是在 4h 用完。如果混合物黏度超过原始黏度的两倍，则不宜再使用。固化剂最好配套使用，以免影响使用效果。

3. PU 封油用封闭底漆

PU 封油用封闭底漆一般选用单组分的 TDI/MDI 聚合物，适用于油性木如红木、柚木等。一般市售的有：聚醚和 TDI 的加成物，MDI 的聚合物，也有 TDI 和 TMP 的加成物。由于这类化合物可以与底材里的酚类等含羟基化合物反应，所以可以有效地封闭底材并防止油脂向外渗出，有效地加强底材与上面涂层的附着力。PU 封油封闭底漆对水较为敏感，分装时最好加入脱水剂及充氮气，市售产品可以直接分装出售，配套稀释剂擦涂、刷涂、喷涂均可。

4. PU 透明有色封闭底漆

(1) PU 透明有色封闭底漆　PU 透明有色封闭底漆即含有染料的封闭底漆。

PU 透明有色封闭底漆一般直接喷涂于底材上，兼具封闭底漆和着色的作用，修色主要是底着色的一种重要手段。结合后面的面修色可以使天然的、质量不是很好的木皮变得美观，大大增加其经济价值。PU透明有色封闭底漆配方、生产工艺及性能见表3-7-15和表3-7-16。

表3-7-15 PU透明有色封闭底漆配方及生产工艺

原料及规格	比例(质量分数)/%	原料及规格	比例(质量分数)/%
羟基丙烯酸树脂(65%)	25	胺催干剂(二甲基乙醇胺)	0.2
甲苯	47.1	黑色染料	0.3
醋酸丁酯	10	黄色染料	0.7
醋酸乙酯	10	棕色染料	0.7
PMA	6		

注：生产工艺为按序投入，中速搅拌均匀。

表3-7-16 PU透明有色封闭底漆性能指标

项目	性能指标	项目	性能指标
外观	透明有色液体，符合标准版	固含量/%	13～17
		密度(25℃)/(g/cm³)	0.8～1.2
细度/μm	20		

(2) 配方调整 树脂一般选用羟基丙烯酸树脂，封闭性能较好。加入染料溶液调色。

5. UV封闭底漆

UV封闭底漆，一般采用水性树脂，辊涂施工，红外或蒸汽烘干。这主要是为了保持UV涂料在线施工，快速高效的特点，所采用的树脂一般为含水脂肪族聚氨酯丙烯酸酯或脂肪族聚氨酯丙烯酸水溶液，分装出售。此类树脂具有良好的柔韧性和木材润湿性，且在UV固化前可重新乳化，不容易粘辊，便于施工及清理。

三、底漆

1. 品种

木用涂料的六大品种都有底漆，而且各自都有透明底漆和实色底漆。与前述的各种封闭底漆不同，此处所指的底漆是真正意义上的“中涂底漆”。

木用涂料底漆按成膜物质来分，常用品种主要有硝基（NC)、双组分聚氨酯（PU)、不饱和聚酯（UPE)、酸固化（AC)、紫外光固化（UV）和水性（W）共六大类，它们均有透明底漆和实色底漆，其中硝基（NC)、双组分聚氨酯（PU)、水性（W）多用于刷涂和喷涂，不饱和聚酯（UPE)、酸固化（AC）多用于喷涂，紫外光固化（UV）主要用于辊涂和淋涂，另外，硝基（NC)、双组分聚氨酯（PU)、不饱和聚酯（UPE)、酸固化（AC）也常用于静电喷涂。

2. 底漆的作用

在涂装过程中，底漆主要起填平、增厚、减少面漆用量、全面提高面漆各种性能的作用，实色底漆同时还有提供遮盖力和着色作用。

3. 底漆的品质要求

底漆的品质要求为：①填平性好；②操作方便，流平性好，不起泡；③容易砂磨，不粘砂纸；④透明底漆透明性好，实色底漆有较好的遮盖力；⑤符合国标和行标。

4. 配方原理

(1) 硝基底漆 硝基底漆主要由硝化棉、醇酸树脂、增塑剂、混合溶剂和颜填料等组成。其主要优点为漆膜干燥快，施工后15min左右可表干，2h可砂磨，4h左右可叠放；漆膜易被溶剂溶解，易修复；其缺点是固含量低，一次涂饰的涂膜薄，为达一定厚度，需多道涂装，费工时；施工环境受湿度的影响大，潮湿天气易发白。

① 基础配方 硝基底漆基础配方见表3-7-17。

表3-7-17 硝基底漆基础配方

原料名称	规格	硝基透明底漆/%	硝基白底漆/%	硝基黑底漆/%
硝化棉	1/4S	18	14	14
马来酸树脂	1303	5	—	—
醇酸树脂	11-70D	18	14	14
增塑剂	DOP	4	3	2
稀释剂	甲苯	10	10	10
助溶剂	异丁醇	5	3	5
真溶剂	乙二醇单丁醚	2	2	2
真溶剂	醋酸丁酯	19.1	10.6	12.6
真溶剂	醋酸乙酯	10	5	10
防沉剂	A-630X	0.3	0.5	0.5
消泡剂	BYK141	0.3	0.3	0.3
润湿分散剂	BYK103	0.2	0.5	0.5
钛白粉	R-706	—	10	—
炭黑	MP-100	—	—	2
硬脂酸锌	PLB	2	2	2
滑石粉	1250目	6	25	25
流平剂	BYK306	0.1	0.1	0.1
合计		100.00	100.00	100.00
性能指标	黏度(25℃)/$\times10^{-3}$Pa·s	1300	9800	4200
	固含量/%	44.0	62.7	56.0
	表干/min	7	8	9
	指压干/min	19	17	17
	可打磨时间/min	31	28	28
	附着力/级	1	1	1
	硬度	B	B	B

② 配方调整

a. 原材料的选择和油漆主要性能指标的调控 在硝基底漆中，常用的硝化棉主要有1/8S、1/4S、1/2S、30S，其黏度由低到高，柔韧性由差到好，硬度和打磨性由好到差，耐候性由差到好。1/4S、1/2S常单独使用，也可与1/8S、30S搭配使用以满足不同的性能要求。马来酸树脂在硝基底漆中作为硬树脂可提供好的光泽和打磨抛光性，较高的硬度和增加不挥发固体分，但其缺点是耐候性差、耐寒性差、柔韧性差并易开裂。醇酸树脂主要使用不干性短油度醇酸树脂，它能改善硝基底漆的附着力、柔韧性、耐候性、光泽和丰满度，但硬度和打磨性则相应下降。硬脂酸锌的加入会明显改善底漆的打磨性，但添加量过大会影响层间附着力。颜料、填料的加入决定底漆的遮盖力、透明度和填充性。

b. 技术难点 在硝基底漆中，硝化棉、硬树脂、醇酸树脂三者之间的比例是配方调整的关键。它决定了底漆的干速、附着力、硬度、柔韧性、耐冲击强度和耐温变性。另外，配方中溶剂的选择也是难点。选用溶剂时需考虑其溶解力、挥发速率和挥发平衡。快、中、慢的组分用量要平衡，真溶剂、助溶剂与稀释剂之间的平衡也很重要。否则，易引起气泡、橘皮、慢干等缺点。

③ 产品制备　硝基底漆的生产通常分四个工序进行：硝化棉及硬树脂的溶解；颜填料的研磨分散；调漆及配色；过滤包装。常用的生产设备为高速分散机，颜料的研磨分散需用到球磨机、砂磨机、三辊机。颜料做成色浆后在调漆及配色过程中加入，填料则可在调漆过程中用高速分散机直接分散，两个过程均需注意漆料的黏度，黏度太稀可能会导致分散不均匀而有颗粒。调配好的产品用120～150目的滤网过滤包装。

(2) 双组分聚氨酯底漆　双组分聚氨酯底漆主要包括由醇酸树脂或丙烯酸树脂、颜料、填料、混合溶剂、涂料助剂等组成的主剂和由异氰酸酯等组成的固化剂。施工时主剂与固化剂按2∶1比例混合，用配套稀释剂调整施工黏度。其主要优点为固含量高，填充性好，漆膜硬度高，耐化学品污染；其缺点是部分固化剂中有游离异氰酸酯单体，有毒性；价格偏高。

① 基础配方　双组分聚氨酯底漆基础配方见表3-7-18。

表 3-7-18　双组分聚氨酯底漆基础配方

原料名称	规　　格	PU透明底漆/%	PU白底漆/%	PU黑底漆/%
		A组分		
醇酸树脂	3735-60	75	40	45
润湿分散剂	BYK103	0.2	0.5	0.5
防沉剂	A-630X	0.5	0.5	0.5
消泡剂	BYK052	0.3	0.3	0.3
钛白粉	R-706	—	18	—
炭黑	MP-100	—	—	2
硬脂酸锌	PLB	2	2	2
滑石粉	1250目	13	28	38
流平剂	BYK306	0.2	0.2	0.2
稀释剂	二甲苯	3.8	5.5	6.5
真溶剂	醋酸丁酯	5	5	5
合计		100.00	100.00	100.00
		B组分		
TDI加成物	L-75	20	20	20
TDI三聚体	HRB	10	5	5
溶剂	醋酸丁酯	12.25	14.75	14.75
稀释剂	二甲苯	7.5	10	10
脱水剂	BF-5	0.25	0.25	0.5
合计		50.00	50.00	50.00
性能指标	黏度(25℃)/mPa·s	2000	5500	6800
	固含量/%	60.0	72.1	69.1
	表干/min	11	6	9
	指压干/h	1.5	1.0	1.0
	可打磨时间/h	3	2	2
	附着力/级	1	1	1
	硬度	HB	HB	HB

② 配方调整

a. 原材料的选择和主要性能指标的调控　在双组分聚氨酯底漆中，常用的树脂主要有不干性短油度的大豆油醇酸树脂或椰子油醇酸树脂，高档的也会使用羟基丙烯酸树脂。其耐候性由差到好，色泽由深到浅。双组分聚氨酯底漆的干速和耐候性除与树脂本身性能有关外，还取决于固化剂的种类。分散剂、防沉剂、消泡剂、流平剂等助剂的选择原则是除其本身应起的作用外，应与体系有较好的相容性，不影响涂料的层间附着力。硬脂酸锌的加入会明显改善底漆的打磨性，但添加量过大会影响层间附着力。颜填料的加入决定底漆的遮盖力、透明度和填充性。

b. 技术难点　在双组分聚氨酯底漆中，干速与附着力、柔韧性、耐候性、耐温变性之间的关系和平衡是配方调整的难点。双组分聚氨酯底漆的干速主要取决于配方所用的树脂和固化剂，调节底漆干速的方法有许多种，固化剂中增加 TDI 三聚体的含量，主剂中加入有机锡或胺类催化剂均可以提高底漆的干速。有机锡类通常催化 OH-NCO 反应体系，特别是避免羟基副反应的应用中。叔胺作催化剂主要催化异氰酸酯和水反应生成二氧化碳。在潮气固化型聚氨酯体系中，用有机胺类催化剂是比较合适的，但在普通 PU 涂料中副作用比较明显，主要是有化学性气泡导致涂膜暗泡、容易迁移导致涂膜白化、影响涂膜耐水性能。许多家具厂对底漆均要求快干，但干速并非越快越好，干得越快，涂料反应所产生的内应力积聚越大，如没有很好释放，则漆膜会变脆，附着力、柔韧性、耐温变性变差，严重的会出现漆膜脱层和开裂现象。另外，加入胺类催干剂会使漆膜严重变黄，从而影响耐黄变性。有机锡催干剂虽不影响耐黄变性，但许多环保法规中已禁用。

③ 产品制备　双组分聚氨酯底漆的生产通常分三个工序进行：颜料、填料的研磨分散；调漆及配色；过滤包装。常用的生产设备为高速分散机，颜料的研磨分散需用到球磨、砂磨、三辊机。生产过程中，颜料通常预先做成色浆后在调漆及配色过程中加入，钛白粉和填料则可在调漆过程中用高速分散机直接分散，两个过程均需注意漆料的黏度，黏度太稀可能会导致分散不均匀而有颗粒。调配好的产品用 120～150 目的滤网过滤包装。

(3) 气干型不饱和聚酯底漆　气干型不饱和聚酯底漆主要由不饱和聚酯树脂、颜料、填料、苯乙烯、涂料助剂等组成。施工时以蓝水作促进剂，以白水作引发剂。其主要优点为固含量高，丰满度好，硬度高，可一次性厚涂；其缺点是操作较麻烦，适用期较短。蓝白水的使用、贮存要非常注意安全，且蓝白水的比例、质量不好时会引起漆膜颜色变化，整个湿膜的干燥过程极易受环境的温度和湿度的影响。

① 基础配方　不饱和聚酯底漆基础配方见表 3-7-19。

表 3-7-19　不饱和聚酯底漆基础配方

原料名称	规　格	UPE 透明底漆/%	UPE 白底漆/%	UPE 黑底漆/%
气干型不饱和聚酯树脂	2307	55	25	25
蜡型不饱和聚酯树脂	6688	15	20	20
分散剂	BYK163	0.2	0.2	0.2
防沉剂	A-630X	0.5	0.5	0.5
消泡剂	BYK057	0.3	0.3	0.3
钛白粉	R-706	—	8	—
炭黑	MP-100	—	—	2
硬脂酸锌	PLB	2	2	2
滑石粉	800 目	10	28	28
透明粉	1250 目	5	—	—
碳酸钙	1000 目	—	10	10
活性稀释剂	苯乙烯	10.2	2.7	9.7
流平剂	BYK354	0.3	0.3	0.3
阻聚剂/缓聚剂	对苯二酚（1%HQ）	1.5	2.0	2.0
合计		100.00	100.00	100.00
性能指标	黏度(25℃)/×10^{-3}Pa·s	1100	6500	4800
	固含量/%	70.6	82.75	77.53
	胶化时间(25℃)	19	45	67
	表干/min	27	26	34
	可打磨时间/h	5.5	3.0	3.4
	贮存稳定性(70℃,3d)	无沉淀结块	无沉淀结块	无沉淀结块

② 配方调整

a. 原材料的选择和涂料主要性能指标的调控　在不饱和聚酯底漆中，常用的是气干型不饱和聚酯，但有时也加入少量蜡型（厌氧型）不饱和聚酯，主要作用是降成本。当然两者间的混容性要好。好的气干型树脂在较差的环境如低温或高湿条件下仍然能表现出良好的干燥性，加入蜡型树脂后会影响干速，但却带来贮存稳定性好的优点，掌握好比例最重要。分散剂、防沉剂、消泡剂、流平剂等助剂的选择原则是除其本身应起的作用外，应与体系有较好的相容性，不影响涂料的干速、层间附着力和贮存稳定性。硬脂酸锌的加入会明显改善底漆的打磨性，但添加量过大会影响层间附着力。颜料、填料的加入决定底漆的遮盖力、透明度和填充性。透明粉是目前市场中 PU、UPE、NC 等涂料产品的新型填充料。其折射率与大部分树脂的折射率接近，因此用透明粉作填充料，同比传统填充料滑石粉，涂料产品的透明性明显提高。在不饱和聚酯底漆中加入透明粉，主要是为了获得更好的透明度，同时又有很好的填充性，成本更优。阻聚剂或缓聚剂的加入主要是使底漆有良好的贮存稳定性，同时在施工时提供一定的适用期，避免反应太快从而造成浪费和出现橘皮及针孔现象。

b. 技术难点　在不饱和聚酯底漆中，阻聚剂或缓聚剂的选用与干速、贮存稳定性之间的关系是配方调整的难点。因不饱和聚酯底漆的贮存稳定性受温度影响较大，其本身又能发生自聚反应，所以配方中必须加入一些阻聚剂或缓聚剂，但阻聚剂或缓聚剂的加入又会影响涂料的干速，如何平衡成了配方调整的关键。夏天温度高，不饱和聚酯底漆易胶凝，可适当增加阻聚剂或缓聚剂的加入量，并将其置于阴凉处贮存。此时环境温度高，虽增加用量，但不会减慢干速。冬天温度低，可适当减少阻聚剂或缓聚剂的加入量，能提高不饱和聚酯底漆的干速。虽减少用量，但不明显影响贮存稳定性。

③ 产品制备　不饱和聚酯底漆的生产通常分三个工序进行：颜填料的研磨分散；调漆及配色；过滤包装。常用的生产设备为双轴高速分散机，不饱和聚酯底漆的整个生产过程必须控制好漆液的温度，一般控制在 50℃左右，温度太高会影响涂料的贮存稳定性甚至胶凝。调配好的产品用 120～150 目的滤网过滤包装。

④ 酸固化底漆　酸固化底漆主要由丁醚化氨基树脂、醇酸树脂、颜料、填料、混合溶剂、涂料助剂等组成。使用时再按比例加入酸催化剂和稀释剂。其主要优点为操作容易，干燥快，固含量高，丰满度好，耐化学污染、耐磨性、耐黄变性优良；其缺点是气味大，氨基树脂中含有残存的游离甲醛，树脂在进行缩聚反应固化成膜时也有甲醛释放；抗裂性差、易开裂；酸催化剂有一定的腐蚀性。

① 基础配方　酸固化底漆基础配方见表 3-7-20。

② 配方调整

a. 原材料的选择和涂料主要性能指标的调控　在酸固化底漆中，脲醛树脂和醇酸树脂的配合相当重要，其配合得当与否对漆膜的质量带来很大影响。脲醛树脂赋予漆膜以硬度、光泽等性能，醇酸树脂赋予漆膜以弹性和附着力等性能。要根据醇酸树脂的油度长短、油的种类、对漆膜的质量要求等多种因素综合考虑它们之间的配比。一般认为浅色或白色由于颜料分比较高，脲醛树脂比例可适当偏低些，深色可以偏高些。如要求漆膜光亮丰满、坚韧耐磨等特殊性能，脲醛树脂用量可更高甚至超过醇酸树脂用量，总之，脲醛树脂用量必须根据成本和质量进行平衡。在脲醛树脂和醇酸树脂的配合中要注意两种树脂的混容性。混容性不好直接影响漆膜的光泽和透明度。在酸固化底漆中，颜料、填料的选择也很关键，与酸能反应的颜料、填料不能选用，否则会与作为催化剂的酸反应造成慢干或不干现象。在酸固化底漆配方中，丁醇或异丁醇要保持一定的比例，一般控制在 5%以上，否则氨基树脂本身会继续缩聚，黏度上升，从而影响产品的贮存稳定性。

b. 技术难点　在酸固化底漆中，脲醛树脂和醇酸树脂的选择及配比是配方调整的关键，它决定产品的基本性能。酸的加入量应适当，如果加入过多，干燥虽然很快，但漆膜很易变脆，甚至日久会产生裂纹；如加入过少，则干燥较慢。

③ 产品制备　酸固化木器底漆生产设备和要求与双组分聚酯底漆基本一致。颜料、填料的分散需注意漆料的黏度，黏度太稀可能会导致分散不均匀而有颗粒。另外，因酸对金属具有一定的腐蚀性，生产和包装必须使用塑料工具和容器。

表 3-7-20　酸固化底漆基础配方

原料名称	规格	AC 透明底漆/%	AC 白底漆/%
主剂			
醇酸树脂	3370D	36	30
丁醚化脲醛树脂	582-60	42	35
防沉剂	A-630X	1	1
分散剂	BYK103	0.3	0.5
消泡剂	BYK141	0.2	0.3
钛白粉	R706	—	15
滑石粉	800 目	10	10
稀释剂	甲苯	4	3
稀释剂	异丁醇	6.6	5
流平剂	BYK306	0.2	0.2
合计		100.00	100.00
酸催化剂			
对甲苯磺酸	PTSA	5	5
溶剂	甲醇	5	5
合计		10	10
性能指标	黏度/mPa·s	3000	20000
	固含量/%	60.5	67
	表干/min	25	20
	可打磨时间/h	4	3.5

(4) 紫外光固化底漆　紫外光固化底漆主要由光固化树脂、活性稀释剂、光敏剂、颜料、填料和涂料助剂等组成。其主要优点为干速快、固化时间短，无溶剂、高固体、基本无公害，涂膜性能优良；其缺点是能源利用率低，需专用的固化设备，适于大平面而不适合复杂形状部件的涂装。

① 基础配方　紫外光固化底漆基础配方见表 3-7-21。

表 3-7-21　紫外光固化底漆基础配方

原料名称	规格	UV 辊涂透明底漆/%	UV 辊涂白底漆/%
环氧丙烯酸酯	CN104A80	30	28
聚酯丙烯酸酯	CN2261	30	15
活性稀释剂	SR306	15.7	10.7
活性稀释剂	SR351	—	10
消泡剂	BYK055	0.3	0.3
分散剂	BYK103	0.5	1
滑石粉	1250 目	20	10
钛白粉	R706	—	20
光敏剂	1173	3.5	3
光敏剂	184	—	2
合计		100.00	100.00

续表

原料名称	规　格	UV 辊涂透明底漆/%	UV 辊涂白底漆/%
性能指标	黏度(25℃)/×10^{-3}Pa·s	2500	3500
	涂布量/(g/m²)	30	30
	固化速率/(m/min)	10	5
	固化条件	1 支中压汞灯 80W/cm	1 支中压汞灯，1 支镓灯，80W/cm
	附着力/级	1	1
	铅笔硬度	H	H
	耐磨性(750g,500r)	0.02	0.02

② 配方调整

a. 原材料的选择和涂料主要性能指标的调控　在紫外光固化底漆中，产品的基本性能（包括硬度、柔韧性、附着力、光学性能、耐老化性能等）主要由低聚物树脂决定，常用的树脂主要包括不饱和聚酯、环氧丙烯酸树脂、聚氨酯丙烯酸树脂、聚酯丙烯酸树脂、聚醚丙烯酸树脂、丙烯酸酯官能化的聚丙烯酸树脂等。各种树脂均有其特性，可根据要求选择。

活性稀释剂主要有单官能团、双官能团、多官能团三种。单官能团活性稀释剂具有转化率高、体积收缩少、固化速率低、交联密度低、黏度低等特点。但是，很多单官能团活性稀释剂由于分子量较低，因此挥发性较大，相应地毒性与气味也大，而且易燃。双官能团活性稀释剂的固化速率比单官能团活性稀释剂的快，成膜交联密度增加，同时仍保持良好的稀释性。随着官能团的增加，分子量增大，因而其挥发性较小，气味较低。因此双官能团（甲基）丙烯酸酯类单体广泛应用于光固化涂料的配制。多官能团活性稀释剂含有 3 个或 3 个以上的丙烯酸酯或甲基丙烯酸酯活性基团，具有光固化速率快、固化产物硬度高、脆性大、挥发性低、黏度较大、稀释效果差等特点。其通常主要不是用来降低体系黏度，而是针对使用要求调节某些性能，如加快固化速率、增加干膜的硬度及提高其耐刮性等。

在紫外光固化木器底漆中，光引发剂主要使用自由基聚合光引发剂，主要分为两大类：裂解型光引发剂和夺氢型光引发剂。裂解型光引发剂多以芳基烷基酮衍生物为主。比较有代表性的包括苯偶姻衍生物、苯偶酰缩酮衍生物（Irgacure651）、二烷氧基苯乙酮、α-羟烷基苯酮（Darocur1173、Irgacure 184）、α-胺烷基苯酮、酰基磷氧化物、芳基过氧酯化物、卤代甲基芳酮、有机含硫化合物、苯甲酰甲酸酯等。夺氢型光引发剂，一般以芳香酮结构为主，还包括某些稠环芳烃，它们具有一定吸光性能。

b. 技术难点　在紫外光固化木器底漆中，低聚物树脂的选择是配方调整的关键，它决定了固化后产品的基本性能。表 3-7-21 中环氧丙烯酸酯在固化速率、涂层性能、附着性能方面表现优异，聚酯丙烯酸酯可改善固化膜的韧性和耐冲击强度，对提高附着力有益。使用 TPGDA 和 TMPTA 活性稀释剂，涂料黏度较低，便于涂料向木材的微孔渗透，固化后涂层与木质纤维的有效接触面积加大，附着力提高。

③ 产品制备　紫外光固化木器底漆生产设备和要求与不饱和聚酯底漆基本一致。分散颜料、填料时必须控制好漆液的温度，一般控制在 50℃左右，温度太高会影响涂料的贮存稳定性。生产时避光照射。

(5) 水性底漆　水性底漆主要由水性树脂乳液、颜填料和水性助剂等组成。其主要优点为减少了对人体有害的有机溶剂排放，有利于保护环境；以水为溶剂，减少了火灾的隐患。其缺点是综合性能不能满足高装饰性家具的涂装要求，价格偏贵。

① 基础配方　单组分水性底漆基础配方见表 3-7-22，双组分水性底漆基础配方见表 3-7-23。

表 3-7-22　单组分水性底漆基础配方

原料名称	规　格	单组分水性透明底漆/%	单组分水性白底漆/%
水性树脂乳液	AC2514	75	53
润湿剂	Tego270	0.3	0.5
分散剂	Tego750W	—	0.8
成膜助剂	TEXANOL	8	8
防冻融剂	丙二醇	2	2
消泡剂	Tego830	0.5	0.9
增稠剂	RM5000	1.1	1.1
硬脂酸锌浆	PERENOL 1097A	2	2
钛白粉	R706	—	12
碳酸钙	800 目	—	8
滑石粉	1250 目	—	5
稀释剂	水	10.9	6.5
胺中和剂	AMP-95	0.2	0.2
合计		100.00	100.00
性能指标	黏度(25℃)/$\times10^{-3}$Pa·s	330	1400
	细度/μm	30	50
	固含量/%	34.9	49.8
	表干/min	48	52
	可打磨时间/h	4.4	4.8
	附着力/级	1	1
	贮存稳定性(50℃/7d)	无异常	无异常

表 3-7-23　双组分水性底漆基础配方

原料名称	规　格	双组分水性透明底漆/%	双组分水性白底漆/%
A 组分			
水性树脂乳液	XP2470	73.0	50
稀释剂	水	12.8	9.5
胺中和剂	AMP95	0.2	0.2
润湿剂	TEGO 270	0.3	0.5
分散剂	TEGO 750W	0.4	0.8
消泡剂	TEGO 810	0.5	0.9
流变改性剂	RM-5000	0.8	1.1
钛白粉	R706		17
碳酸钙	800 目	—	13.7
滑石粉	1250 目	—	6
透明粉	JY-W25	10.0	
防沉剂	A200	—	0.3
硬酯酸锌浆	PERENOL 1097A	2	
合计		100.00	100.00
B 组分			
固化剂	XP2487	22	15
合计		122	115
性能指标	黏度(25℃)/KU	70	80
	细度/μm	35	50
	固含量/%	46.5	62
	表干/min	55	58
	可打磨时间/h	5.5	5.5
	附着力/级	1	1
	贮存稳定性(50℃/7d)	无异常	无异常

② 配方调整

a. 原材料的选择和涂料主要性能指标的调控　在水性木器漆中，常用的水性树脂主要有水性醇酸树脂、水性丙烯酸树脂、水性聚氨酯树脂、水性聚氨酯-丙烯酸共聚树脂和双组分水性聚氨酯。各种树脂均有其特性，可根据要求选择。水性醇酸树脂的涂膜光泽高，具有良好的柔韧性和耐冲击性能，但耐水性较差；水性丙烯酸树脂光泽高，保光性、保色性和耐候性好；水性聚氨酯-丙烯酸共聚树脂耐化学性、耐沾污性、耐溶剂性较好；水性聚氨酯树脂，不含游离的异氰酸酯，无毒，可室温固化成膜，加工容易，施工方便，其力学性质可与溶剂型媲美。水性木器漆的黏度和贮存稳定性主要靠增稠剂来调节，选择时除了考虑其增稠效率和对涂料流变性的控制以外，还应考虑其他的一些因素，如与体系的相容性、耐水性等，使涂料具有最佳的施工性能、最好的涂膜外观和最长的使用寿命。在水性木器漆中，成膜助剂的选择也很重要，它直接影响漆膜的性能。理想的成膜助剂具有同树脂良好的相容性、具有适宜的水溶解性和挥发性以及良好的水解稳定性。水性木器漆中消泡剂的选择除了具有消泡作用外，同时还不应该与颜料发生反应，在消泡的同时，不存在缩孔、针孔、失光、厚边、丝纹等副作用。

b. 技术难点　在水性木器漆中，成膜助剂的选择、增稠剂的选择和消泡剂的选择是关键。成膜助剂与乳液相容性不好，直接影响涂料的透明性，严重的会造成乳液絮凝甚至破乳。成膜助剂的加入量影响涂料的最低成膜温度和干燥速率。增稠剂影响涂料的防沉性能和流变性。选择不当会造成沉淀结块和橘皮、缩边现象。消泡剂主要消除生产和施工时所产生的气泡。选择不当会造成缩孔、针孔现象。

③ 产品制备　水性木器底漆生产所用设备和油性漆基本一致，在生产过程中，消泡剂的加入最好分两次搅拌添加，即在颜料、填料分散时和调漆时分别加入。增稠剂最好用水和共溶剂稀释后添加，加入时要稳而慢，避免增稠剂浓度局部过高而造成过度增稠或絮凝。成膜助剂都是强溶剂，对乳液有较大的凝聚性，应用水稀释后边搅拌边缓慢加入，防止局部过浓形成液态凝聚而破乳。水性色浆生产时 pH 值调节在 7～8，投料过程要在搅拌状态下进行，防止材料局部浓度高结块结粒。注意温度控制，防止凝胶，结块损坏设备和出废品。生产前后用乙醇清洗砂磨机，防止污染和生锈。水性色浆使用于配制色漆，事前要进行与乳液，成膜助剂，基材润湿剂的相容性试验，防止破乳。在配漆中，适宜于后添加，防止色浆与基料在重新竞聚中破坏自身的离子稳定性。注意成品漆黏度控制，过低易沉降，过高易在施工中过度稀释，造成漆病。成品漆 pH 调节在 7～8。

四、面漆

面漆是涂装的最后一道，是最出“风头”的一道涂层。木用涂料的面漆产品，要兼具装饰性及保护功能。面漆在光泽上分为亮光、半光、亚光。在涂装上又分为全封闭、半封闭、全开放，以体现多角度的全面的装饰效果。

目前，木器涂装主要使用的面漆有硝基漆、聚氨酯漆、紫外光固化涂料等，水性漆目前还没有大量使用。

1. 硝基面漆

(1) 硝基清面漆　按光泽分类：硝基亮光清面漆和硝基亚光清面漆；按装饰性分：硝基透明清面漆、硝基透明有色清面漆、硝基实色面漆。

① 硝基亮光清面漆

a. 基本配方 配方、生产工艺及性能见表 3-7-24～表 3-7-26。

表 3-7-24 硝基亮光清面漆配方及生产工艺

原料及规格	组成(质量分数)/%	生产工艺
422 马来酸酐树脂溶液(50%)	12	按序投入,中速分散 8～10min,搅拌均匀
硝化棉溶液(1/2s),醋酸丁酯∶丁醇∶二甲苯∶硝化棉＝44∶11∶11∶34	55.3	
邻苯二甲酸二丁酯增塑剂	4	
短油度豆油醇酸树脂(70%)	9	
混合溶剂(二甲苯∶醋酸丁酯∶丁醇＝40∶30∶30)	18.2	
流平剂 消泡剂	0.3 0.2	加入,高速分散均匀
醋酸丁酯	1	调整黏度

表 3-7-25 422 马来酸酐树脂的溶解及生产工艺

原料及规格	组成(质量分数)/%	生产工艺
二甲苯	50	称量,投入分散缸
422 马来酸酐树脂溶液	50	加入,中速搅拌 15～20min,待溶解完全,200 目过滤,备用

表 3-7-26 硝基亮光清面漆性能指标

项目	指标	项目	指标
原漆外观	搅拌均匀,无硬块	耐热性	无异常
旋转黏度/mPa·s	500～1200	挥发性有机物/(g/L)	≤750
细度/μm	≤10	苯含量/(g/L)	≤0.5
表干时间/min	≤10	三苯含量/%	≤40
实干时间/h	≤1	耐碱性	无异常
回黏性/级	≤2	耐污染性	无异常
铅笔硬度/HB	≤1	耐水性	无异常
光泽/%	≥70		

b. 配方调整

● 原料选择 硝基亮光清面漆一般采用豆油脂肪酸树脂、硝化棉、增塑剂、混合溶剂、助剂等组成。一般使用 1/4s 或高黏度的硝化棉，预先制成 25%～30%的溶液。树脂一般选用短油度豆油醇酸树脂，也有使用蓖麻油树脂、椰子油醇酸树脂、羟基丙烯酸树脂的，光泽会更高；如果对耐黄变要求不高，加入一部分马来酸酐树脂或醛酮树脂，可以降低涂料的黏度，提高漆膜的丰满度，马来酸酐树脂和醛酮树脂可以用二甲苯溶解成 50%的溶液备用。添加增塑剂是为了提高漆膜的韧性，过去一般采用邻苯二甲酸二丁酯或邻苯二甲酸二辛酯，随着环保要求的提高，目前采用环氧大豆油等替代品。

● 指标调整 硝化棉和醇酸树脂是主要成膜物质，其比例决定漆膜的性能。醇酸树脂多、填料多，则填充性好，但是漆膜偏软，漆膜的耐热性能不好。配方中加入马来酸酐树脂是为了降低黏度，提高施工固含，达到提高丰满度，改善施工性能的目的。马来酸酐树脂加入最大的副作用是漆膜的耐黄变性变差。

硝基漆是挥发干燥型产品，因此尽量选用挥发性适中的溶剂，如醋酸丁酯和丁醇，应加入适量的慢干溶剂如 BCS、丙二醇甲醚、丙二醇乙醚等。

● 生产硝基漆的注意事项 醇酸树脂和硝化棉溶液混合时要边搅拌边慢慢加入，再加入溶剂时，最好将几种溶剂预先混合后才加入；如果分开加，最好先加入真溶剂（能够溶解硝化棉的溶剂），再加入其他溶剂（单独不能溶解硝化棉的溶剂），以免硝化棉析出。硝化棉的溶剂极性较高，选用触变剂的时候，应做稳定性试验，一般选用二氧化硅，稳定性较好。

② 硝基亚光清面漆

a. 硝基亚光清面漆配方、生产工艺及性能见表 3-7-27 和表 3-7-28。

表 3-7-27 硝基亚光清面漆配方及生产工艺

组　分	组成(质量分数)/%	生　产　工　艺
硝化棉溶液(1/2s),醋酸丁酯：丁醇：二甲苯：硝化棉=44：11：11：34	40	依次加入,中速搅拌均匀
邻苯二甲酸二丁酯	2	
短油度豆油酸醇酸树脂(70%)	24	
422 马来酸酐树脂溶液(50%)	10	
分散剂	0.1	
混合溶剂(二甲苯：醋酸丁酯：丁醇=40：30：30)	22	
消光粉 聚乙烯蜡	0.8 1	缓慢加入,高速分散 15～18min
流平剂	0.1	加入,中速搅拌均匀

表 3-7-28 硝基亚光清面漆性能指标

项　目	指　标	项　目	指　标
原漆外观	搅拌均匀,无硬块	耐热性	无异常
旋转黏度/mPa·s	500～1200	挥发性有机物/(g/L)	≤750
细度/μm	≤30	苯含量/%	≤0.5
表干时间/min	≤10	三苯含量/%	≤40
实干时间/h	≤1	耐碱性	无异常
回黏性/级	≤2	耐污染性	无异常
铅笔硬度/HB	≤1	耐水性	无异常
光泽/%	商定		

b. 配方调整　一般选用 1/2s 或更高黏度的硝化棉预制成 30% 的溶液。硝基漆可以使用使用国产消光粉。硝基面漆的溶剂一般采用酯类、醇类、醇酯类、芳香烃类溶剂，一般不使用酮类，特别是环己酮等沸点较高的强溶剂，以免产生“咬底”等弊病。由于美国、欧盟等对邻苯二甲酸盐的限制使用，硝基漆增塑剂可用对苯二甲酸盐类或环氧大豆油类的增塑剂。

c. 生产注意事项

- 物料应该慢慢加入、混合。
- 硝化棉的分散温度不能过高，否则会使产品贮存稳定性变差。

(2) 硝基透明有色面漆

① 硝基有色透明面漆　硝基透明有色面漆由清漆和染料调配而成，按用户要求调色，因多为浅色，较易操作。喷涂有色面漆一般用于中低价木制品或家装。硝基透明有色亚光面漆配方、生产工艺及性能见表 3-7-29 和表 3-7-30。

表 3-7-29　硝基透明有色亚光面漆配方及生产工艺

原料及规格	比例(质量分数)/%	生产工艺
二甲苯	8	加入，中速搅拌均匀
醋酸丁酯	14.04	
422 马来酸酐树脂溶液(50%)	8	
豆油酸短油度醇酸树脂(70%)	23	
邻苯二甲酸二辛脂(DOP)	4	
硝化棉溶液(1/2s)，醋酸丁酯：丁醇：二甲苯：硝化棉＝44：11：11：34	39	
消泡剂	0.2	
流平剂	0.3	
防沉浆	0.2	
消光粉	1.5	慢慢加入，高速分散 15min，至细度≤25μm
棕色染料 红色染料 黄色染料	0.34 0.72 0.7	加入，调色，至符合标准样。200 目过滤，包装

表 3-7-30　硝基透明有色亚光面漆性能指标

项目	指标	项目	指标
原漆外观	搅拌均匀，无硬块，颜色符合标准板	光泽/% 耐热性	商定 无异常
旋转黏度/mPa·s	500～1200	挥发性有机物/(g/L)	≤750
细度/μm	≤30	苯含量/%	≤0.5
表干时间/min	≤10	三苯含量/%	≤40
实干时间/h	≤1	耐碱性	无异常
回黏性/级	≤2	耐污染性	无异常
遮盖力/(g/m²)	≤100	耐水性	无异常
铅笔硬度/HB	≤1		

② 配方调整

a. 原料选择　透明染料市售形式分染料溶液、色粉两种。染料溶液一般为厂家将金属络合染料溶解于溶剂中，以液体供应，一般染料浓度为 30%；色粉有染料色粉和透明氧化铁两种。

b. 指标调整　染料的透明度较透明氧化铁好。进口的色粉溶解后着色力、颜色鲜映性好。透明氧化铁的耐候性明显好于染料。染料一般用于室内装饰，透明氧化铁一般可以用于户外。

(3) 硝基实色面漆　按光泽分：硝基亚光实色面漆、硝基亮光实色面漆。按颜色分：硝基白面漆、硝基黑色面漆、硝基其他色面漆等。

① 基本配方　硝基白色亚光面漆配方、生产工艺和性能见表 3-7-31～表 3-7-33。

② 配方调整　树脂可以选择豆油酸醇酸树脂，也可以选择椰子油醇酸树脂。钛白粉一般选用金红石型钛白粉。有时为了突出配方的耐黄变性，422 马来酸酐树脂可以改用醛酮树脂。硝基亮光白面漆配方、生产工艺及性能见表 3-7-34 和表 3-7-35。

表 3-7-31 硝基白色亚光面漆配方及生产工艺

原料及规格	比例(质量分数)/%	生产工艺
硝化棉溶液(1/2s),醋酸丁酯∶丁醇∶二甲苯∶硝化棉=44∶11∶11∶34	52	依次加入,中速搅拌均匀
邻苯二甲酸二辛酯(DOP)	3	
豆油酸短油度醇酸树脂(70%)	10.2	
422马来酸酐树脂溶液(50%)	4	
钛白色浆(60%)	24.2	
流平剂	0.2	
消泡剂	0.3	
混合溶剂(二甲苯∶醋酸丁酯∶丁醇=40∶30∶30)	4.5	
消光粉	0.6	缓慢加入,高速分散15~18min,至细度合格

表 3-7-32 白色浆的研磨配方及生产工艺

原料及规格	比例(质量分数)/%	生产工艺
醇酸树脂	31.5	按序加入,开动分散机搅拌5~8min,搅拌均匀
PMA	2.7	
二甲苯	4.0	
分散剂	1.8	
钛白粉	60	慢慢加入,分散均匀

表 3-7-33 硝基白色亚光面漆性能指标

项目	指标	项目	指标
原漆外观	搅拌均匀,无硬块	光泽/%	商定
旋转黏度/mPa·s	500~1200	耐热性	无异常
细度/μm	≤30	挥发性有机物/(g/L)	≤750
表干时间/min	≤10	苯含量/%	≤0.5
实干时间/h	≤1	三苯含量/%	≤40
回黏性/级	≤2	耐碱性	无异常
遮盖力/(g/m²)	≤100	耐污染性	无异常
铅笔硬度/HB	≤1	耐水性	无异常

表 3-7-34 硝基亮光白面漆配方及生产工艺

原料及规格	比例(质量分数)/%	原料及规格	比例(质量分数)/%
白色浆(60%)	21	甲苯	3.87
短油度豆油醇酸树脂(70%)	14	硝化棉溶液(1/2s),醋酸丁酯∶丁醇∶二甲苯∶硝化棉=44∶11∶11∶34	44
邻苯二甲酸二辛酯(DOP)	3	消泡剂	0.13
422马来酸酐树脂溶液(50%)	12		
丁醇	2		

注:生产工艺为按序加入,中速搅拌均匀。200目过滤包装。

表 3-7-35 硝基亮光白面漆性能指标

项目	指标	项目	指标
原漆外观	搅拌均匀,无硬块	光泽/%	70~100
旋转黏度/mPa·s	500~1200	耐热性	无异常
细度/μm	≤30	挥发性有机物/(g/L)	≤750
表干时间/min	≤10	苯含量/%	≤0.5
实干时间/h	≤1	三苯含量/%	≤40
回黏性/级	≤2	耐碱性	无异常
遮盖力/(g/m²)	≤100	耐污染性	无异常
铅笔硬度/HB	≤1	耐水性	无异常

③ 配方调整　硝基亮光白面漆一般选用椰子油短油度醇酸树脂、丙烯酸树脂等色泽较浅的树脂制备，产品的白度较好，耐黄变性也好。钛白粉一般选用金红石型钛白粉，遮盖力好。改性树脂，一般选用醛酮树脂而不是马来酸酐树脂，以保证耐黄变性。硝基亮光黑面漆配方、生产工艺及性能见表 3-7-36～表 3-7-38。

表 3-7-36　硝基亮光黑面漆及生产工艺

原　料　及　规　格	比例（质量分数）/%	原　料　及　规　格	比例（质量分数）/%
422 马来酸酐树脂溶液（50%）	18	炭黑浆（16.5%）	18
增塑剂（DOP）	2	硝化棉溶液（1/2s） 醋酸丁酯：丁醇：二甲苯：硝化棉＝44：11：11：34	58
甲苯	1.2		
醋酸丁酯	1.6		
正丁醇	1	消泡剂	0.2

注：生产工艺为按序加入，中速分散均匀。200 目过滤包装。

表 3-7-37　炭黑浆的研磨配方及生产工艺

原 料 及 规 格	比例（质量分数）/%	生　产　工　艺
聚酯树脂	46	按序加入，开动分散机搅拌 5～8min，搅拌均匀
PMA	12.3	
二甲苯	12.3	
分散剂	12.9	
炭黑	16.5	慢慢加入，分散均匀。研磨至细度合格

表 3-7-38　硝基亮光黑面漆性能指标

项　目	指　标	项　目	指　标
原漆外观：黑色黏稠液、无机械杂质	搅拌均匀，无硬块	光泽/%	70～100
旋转黏度/mPa·s	800～2500	耐热性	无异常
固体含量/%	≥35	挥发性有机物/(g/L)	≤750
细度/μm	≤30	苯含量/%	≤0.5
表干时间/min	≤10	三苯含量/%	≤40
实干时间/h	≤1	耐碱性	无异常
回黏性/级	≤2	耐污染性	无异常
遮盖力/(g/m²)	≤50	耐水性	无异常
铅笔硬度/HB	≤1		

④ 配方调整　硝基黑色亮光漆可以选用豆油酸短油度树脂、蓖麻油短油度醇酸树脂、椰子油短油度醇酸树脂等制备。炭黑一般选用高色素炭黑，遮盖力强。

2. 聚氨酯面漆

聚氨酯面漆可以分为 PU 透明清面漆、PU 透明有色面漆、PU 实色面漆；按光泽分为 PU 亮光面漆、PU 亚光面漆。

(1) PU 亮光面漆　亮光面漆可以分为 PU 亮光实色面漆、PU 亮光清面漆。

① PU 亮光清面漆　PU 亮光清面漆配方、生产工艺及性能见表 3-7-39 和表 3-7-40。

a. 原料选择　亮光清面漆选用的树脂通常为 C_8～C_9 的合成脂肪酸醇酸树脂、丙烯酸树脂单独使用或搭配使用，也有选用蓖麻油或蓖麻油酸醇酸树脂、豆油酸短油度树脂、椰子油短油度醇酸树脂等。

表 3-7-39 PU 亮光清面漆配方及生产工艺

原料及规格	组成(质是分数)/%	生产工艺
合成脂肪酸树脂(75%)	66	
环己酮	1	按序投入,中速分散 5～10min
醋酸丁酯	2	
二甲苯	3	
丙烯酸酯流平剂	0.3	按序投入,按序分散 5～8min
聚硅氧烷流平剂	0.3	
消泡剂	0.5	
有机锡 T-12(10%)	0.3	
羟基丙烯酸树脂(60%)	26.6	加入,搅拌均匀。200 目过滤包装

表 3-7-40 PU 亮光清面漆性能指标

检验项目	性能指标	检验项目	性能指标
外观	水白色至浅黄色透明黏稠液体,无机械杂质	耐干热性/级	≤2
		耐酸性	无异常
细度/μm	≤10	耐碱性	无异常
固体含量/%	65±2	耐醇性	无异常
表干/min	≤30	耐污染性	
实干/h	≤24	醋	无异常
附着力/级	1	茶	无异常
光泽/%	95	有害物质限量	符合 GB 18581
铅笔硬度/H	≥1		

b. 指标调整 主漆选用两个混容性好的树脂搭配，如合成脂肪酸醇酸树脂和羟基丙烯酸树脂。丙烯酸树脂提供良好的干速和光泽，合成脂肪酸树脂提供良好的丰满度；也可以选择饱和聚酯树脂，丰满度和干燥性俱佳，只是成本较高。流平剂建议选用高分子聚合物流平剂和有机硅流平剂搭配，既可以有良好的短波流平，也可以有较好的长波流平。催干剂是为了更好地提高反应速率，加量要合适，过多则容易产生针孔等漆膜弊病，过少起不到加速干燥的作用。固化剂和树脂的比例以异氰酸根（—NCO）和羟基（—OH）的比例确定，一般以异氰酸根：羟基=(1～1.2)：1（重量比）为宜。耐黄变的亮光漆一般采用丙烯酸树脂体系、不黄变的 HDI、IPDI 固化剂。

c. 技术难点 针孔和暗泡的原因基本一致，都是由于干燥的不均匀引起，但解决的方式不同：夏季出现针孔和暗泡，最直接的解决方法是施工时加入挥发较慢的溶剂或适量的消泡剂；暗泡出现在低温时，最有效的方法是使用较为快干的固化剂。不同表面张力的助剂可以改善溶剂的挥发，减弱上述弊病的发生。生产亮光清漆时，分散时间一定要充分，否则容易造成物料分散不均匀而引起漆病。

② PU 亮光实色面漆

a. PU 亮光白面漆配方、生产工艺及性能见表 3-7-41 和表 3-7-42。

表 3-7-41 PU 亮光白面漆配方及生产工艺

原料及规格	比例(质量分数)/%	原料及规格	比例(质量分数)/%
白色浆(60%)	53.3	醋酸丁酯	2.3
羟基丙烯酸树脂(65%)	39.8	消泡剂	0.5
PMA	3.7	流平剂	0.4

注：生产工艺为按序投入，中速搅拌 15～20min，200 目过滤。检验包装。

表 3-7-42 PU 亮光白面漆性能指标

项 目	指 标	项 目	指 标
光泽/%	95～100	游离甲苯二异氰酸酯(TDI)/%	≤0.7
漆膜外观	平整光滑	可溶性铅/(mg/L)	≤90
在容器中状态	搅拌后均匀无硬块	可溶性镉/(mg/L)	≤75
细度/μm	≤20	可溶性铬/(mg/L)	≤60
旋转黏度/mPa·s	500～1500	可溶性汞/(mg/L)	≤60
固体含量/%	≥65	耐干热性	≤2
遮盖力/(g/m²)	≤80	耐磨性/g	≤0.035
表干时间/min	≤30	耐水性	24h 无异常
实干时间/h	≤24	耐碱性	无异常
附着力	≤1	耐醇性	无异常
铅笔硬度(擦伤)	≥F	耐醋污染性	无异常
光泽(60°)/%	90～100	耐茶污染性	无异常
挥发性有机化合物(VOC)含量/(g/L)	≤600	贮存稳定性	无异常
苯含量/%	≤0.5	耐黄变性 ΔE^*(如标识耐黄变)	≤3
甲苯和二甲苯总含量/%	≤40		

● 原料选择　亮光白面漆用树脂一般选用椰子油短油度醇酸树脂、合成脂肪酸醇酸树脂、羟基丙烯酸树脂、饱和聚酯树脂等色泽较浅的材料。固化剂可以选择 TDI 加成物、TDI 三聚体、HL 三聚体、HDI 三聚体及它们的混合物。

● 指标调整　固化剂选择视主剂所用树脂而定。如果选椰子油或蓖麻油短油度醇酸树脂，固化剂应选用 TDI 加成物固化剂，否则丰满度不好；如果选用合成脂肪酸树脂或饱和聚酯树脂，可以选择 TDI 三聚体和加成物混合固化剂。耐黄变体系一般主剂选用合成脂肪酸或饱和聚酯树脂，采用 TDI 三聚体和 HDI 三聚体的混合固化剂；也可以选择 HL 型的固化剂搭配 HDI 三聚体固化剂，耐黄变更好。固化剂和涂料的配比以异氰酸根和羟基的比例确定。一般以当量比异氰酸根∶羟基＝1∶1 为宜。固化剂多，硬度高，干燥快，但漆膜较脆；固化剂少，硬度较低，干燥略慢，但韧性好。

● 技术难点　针孔和暗泡是亮光白漆较易出现的弊病。针孔通过调整溶剂解决；暗泡需通过较好的干燥平衡的配方解决。

b. 配方调整　PU 亮光黑面漆树脂一般选用蓖麻油短油度醇酸树脂、豆油酸短油度醇酸树脂或几种树脂拼用；如果要求丰满度更高，可以选用合成脂肪酸、热固性丙烯酸树脂或两种树脂拼用。固化剂可以选择 TDI 加成物或 TDI 加成物与三聚体拼用，提高干燥速度。炭黑一般选用高色素炭黑，遮盖力强。PU 亮光黑面漆配方、生产工艺及性能见表 3-7-43 和表 3-7-44。

表 3-7-43 PU 亮光黑面漆配方及生产工艺

原料及规格	比例(质量分数)/%	生产工艺
蓖麻油短油度醇酸树脂(50%)	54.4	按序加入，中速搅拌均匀，200 目过滤包装
流平剂	0.2	
消泡剂	0.2	
有机锡 T-12 溶液(10%)	0.2	
炭黑浆(16.5%)	45	

表 3-7-44 PU亮光黑面漆性能指标

检验项目	性能指标	检验项目	性能指标
旋转黏度(25℃)/mPa·s	100～150	苯含量/%	≤0.5
在容器中状态	搅拌后均匀无硬块	甲苯和二甲苯总含量/%	≤40
		游离甲苯二异氰酸酯(TDI)/%	≤0.7
细度/μm	0～20	可溶性铅/(mg/L)	90
漆膜外观	平滑，柔和	可溶性镉/(mg/L)	75
光泽(60°)/%	40～60	可溶性铬/(mg/L)	60
漆膜外观	平滑，柔和	可溶性汞/(mg/L)	60
固体含量	≥50	耐干热性/级	≤2
遮盖力/(g/m²)	≤30	耐磨性	≤0.05
表干干燥时间/min	≤30	耐水性	无异常
实干干燥时间/h	≤24	耐碱性	无异常
附着力	≤1	耐醇性	无异常
铅笔硬度(擦伤)	≥F	耐醋污染性	无异常
光泽(60°)/%	90～100	耐茶污染性	无异常
挥发性有机化合物(VOC)含量/(g/L)	≤600	贮存稳定性	无异常

(2) PU亚光面漆 PU亚光面漆分为PU亚光透明清面漆、PU亚光透明有色清面漆、PU亚光实色面漆。

一般来说，称五分光以上的亚光面漆为半光面漆，三分至五分光泽的面漆为亚光面漆，三分光以下光泽的面漆为无光面漆。以下配方均以五分光为例说明。

① PU亚光清面漆 按光泽分PU半光清面漆、PU亚光清面漆、PU无光清面漆。PU亚光清面漆各项指标见表3-7-45～表3-7-48。

表 3-7-45 PU亚光清面漆配方及生产工艺

原料及规格	比例(质量分数)/%	生产工艺
豆油酸短油度醇酸树脂(60%)	33.2	按序投入，中速搅拌均匀
PMA	4	
醋酸丁酯	8	
分散剂	0.3	
玻璃粉	5	慢慢加入，转高速分散10～15min
豆油酸短油度醇酸树脂(60%)	30	加入，中速搅拌均匀
消泡剂	0.2	
聚乙烯蜡	1	慢慢加入，高速分散15～20min，测细度≤35μm
消光粉	3	
聚酰胺蜡	3	投入，高速分散5～10min
硝化棉溶液(1/2s)，醋酸丁酯：丁醇：二甲苯：硝化棉=44：11：11：34	10	投入，中速搅拌均匀。抽样检验200目过滤包装
流平剂	0.3	
醋酸丁酯	2	

a. 原料选择 树脂一般选用豆油酸短油度醇酸树脂、椰子油短油度醇酸树脂、饱和聚酯树脂。改性树脂主要是硝化棉、氯醋树脂、醛酮树脂、醋酸丁酸纤维素（CAB）。亚粉一般选择GRACE的亚粉，如ED系列、C906/C907、7000或DEGUSSA的OK系列。国产的亚粉也可使用。蜡粉一般选择聚乙烯蜡或氟改性的蜡。溶剂一般选用二甲苯、醋酸丁酯、环己酮、PMA等。功能性填料选用玻璃粉。固化剂选用三聚体和加成物的混合物，增加消光能力，减少亚粉用量，提高产品的透明度。

表 3-7-46 PU 亚光清面漆性能指标

项 目	性能指标	项 目	性能指标
原漆状态	搅拌后均匀无硬块	苯含量/%	≤0.05
细度/μm	≤35	甲苯和二甲苯总含量/%	≤40
光泽/%	45～55	游离甲苯二异氰酸酯(TDI)/%	≤0.7
漆膜外观	平滑、柔和	耐干热性	24h 无异常
固体含量/%	≥48	耐碱性	无异常
表干干燥时间/min	≤30	耐醇性	无异常
实干干燥时间/h	≤24	耐醋污染性	2h 无异常
附着力	≤1	耐茶污染性	2h 无异常
铅笔硬度(擦伤)	≥F	贮存稳定性	无异常
挥发性有机化合物(VOC)含量/(g/L)	≤700		

表 3-7-47 PU 亚光清面漆固化剂

原料及规格	比例(质量分数)/%	原料及规格	比例(质量分数)/%
TDI 加成物(60%)	62.4	醋酸丁酯	9.6
TDI 三聚体(50%)	22	二甲苯	6

注：生产工艺为加入，通 N_2；中速搅拌均匀，200 目过滤包装。

表 3-7-48 PU 亚光清面漆固化剂性能指标

项 目	性能指标
外观(目测)	透明液体、无机械杂质
色泽 Pt-Co 号	≤150
黏度(涂-4 杯)/s	10～30
NCO 含量/%	7～8
不挥发物含量/%	50±2
游离 TDI 含量/%	≤1.8

b. 配方调整 PU 亚光清面漆树脂一般选用豆油或豆油酸短油度醇酸树脂、椰子油醇酸树脂或饱和聚酯树脂。椰子油树脂一般用于耐黄变体系。硝化棉、氯醋树脂的加入可以改善体系的溶剂释放性，提高消光能力，改善漆膜性能。蜡粉改善漆膜的手感和滑度，提高漆膜的抗刮伤能力，同时提高漆膜的防水性能，但加入量过大会影响漆膜的透明性，一般加入量为1%～3%。防沉剂的作用有两个：一是改善产品的贮存稳定性，防止填料的沉降；二是改善产品施工时的立面喷涂性能，加入量要兼顾，一般为1%～3%。多则平面流平变差，少则立面喷涂容易流挂。玻璃粉的加入能增加漆膜的硬度，抵御软物刮伤的能力，但必须和蜡粉配合使用才能达到最佳效果，加入量一般在5%～10%。固化剂和涂料的配比一般设定为0.5：1，要保证当量比异氰酸根：羟基＝(0.8～1)：1，需通过调整固化剂的固含来满足。耐黄变的亚光清主要使用在浅色底材上。对涂料的要求不仅耐黄变性能较好，而且涂料本身的颜色也要浅。一般采用丙烯酸体系制备，采用 HDI 系列固化剂。

c. 技术难点 消光粉的选择很关键，用不同表面处理方法制取的亚粉折射率不同，表现出来的透明度不同。固化剂的选择和混合比例直接影响产品的施工性能及装饰性能。亚光清低温“发花”实际上是一种局部的起皱现象。因为起皱，所以亮亚不匀形成“发花”。可以换用挥发较快的稀释剂，也可以通过调整配方，拼用 TDI 三聚体等较为快干的固化剂解决。当然解决“发花”的最有效方法是使用低温烘烤设备，使漆膜干燥条件变得可控及一致。

d. PU 亚光清面漆的施工注意事项 PU 亚光清面漆一般以喷涂施工为主。如果要刷涂，则需使用较为慢干的稀释剂。涂膜厚度要适中，一般干膜控制在 20～30μm。有些家具厂一味想通过厚涂面漆改善涂装效果，不仅不能达到目的，可能会引起如成本上升、附着力变差、开裂等弊病，实在是得不偿失。施工时，尽量均匀一致，否则容易亮亚不匀，影响涂装效果。

② PU 透明亚光有色清面漆

a. 基本配方　PU 透明亚光有色清面漆配方、生产工艺及性能见表 3-7-49 和表 3-7-50。

表 3-7-49　PU透明亚光有色清面漆配方及生产工艺

原料及规格	比例(质量分数)/%	生产工艺
豆油酸短油度醇酸树脂(60%) 醋酸丁酯 二甲苯 分散剂	44 8 1.2 0.2	按序投入,中速搅拌均匀
消光粉	3.5	慢慢投入,待粉料完全混入,高速搅拌 15～20min 至细度合格
豆油酸短油度醇酸树脂(60%) 防沉浆(30%) 消泡剂 流平剂 硝化棉溶液(1/2s),醋酸丁酯：丁醇：二甲苯：硝化棉＝44：11：11：34 PMP 醋酸丁酯	20 1.5 0.3 0.3 11 3 5.3	按序加入,中速搅拌均匀
棕色染料 红色染料 黄色染料	0.3 0.7 0.7	加入,调色至符合标准版

表 3-7-50　PU 透明亚光有色清面漆性能指标

检验项目	性能指标	检验项目	性能指标
原漆状态	搅拌后均匀无硬块	苯含量/%	≤0.50
细度/μm	≤30	甲苯和二甲苯总含量/%	≤40
光泽(60°)/%	45～55	游离甲苯二异氰酸酯(TDI)/%	≤0.7
漆膜外观:平滑，柔和	颜色符合标准版	耐干热性/级	≤2
旋转黏度/mPa·s	1500～3000	耐磨性/g	≤0.05
固体含量	40～50	耐水性	无异常
表干干燥时间/min	≤30	耐碱性	无异常
实干干燥时间/h	≤24	耐醇性	无异常
附着力	1	耐醋污染性	无异常
铅笔硬度(擦伤)	≥F	耐茶污染性	无异常
光泽(60°)	商定	贮存稳定性	无异常
挥发性有机化合物(VOC)含量/(g/L)	≤700		

b. 配方调整　PU 透明亚光有色清面漆一般由亚光清漆基料和络合染料组成，一般浅色的产品染料浓度在 3%～5%，较深色的产品染料浓度在 5%～8%。常用的色精有黄、红、黑、棕等几种色，就可以调出多种颜色产品。

PU 亚光有色透明面漆的施工方式为喷涂。

③ PU 亚光实色面漆　PU 亚光实色面漆分白色、黑色和其他彩色实色亚光漆。

a. 基本配方　PU 亚光白面漆配方、生产工艺及性能见表 3-7-51～表 3-7-54。

表 3-7-51　PU 亚光白面漆配方及生产工艺

原料及规格	比例(质量分数)/%	生产工艺
钛白浆(65%)	45	按序加入,中速分散 8～10min,使其均匀
短油度豆油酸醇酸树脂(60%)	35	
二甲苯	4	
醋酸丁酯	3	
消泡剂	0.3	
聚乙烯蜡	1	缓慢加入,边搅边加,高速分散 15～20min
消光粉	8	
流平剂 BYK310	0.3	加入,中速搅匀。过滤包装
有机锡 T-12(10%)	0.3	

表 3-7-52　PU 亚光白面漆的性能指标

检验项目	性能指标	检验项目	性能指标
外观	水白至浅黄色透明黏稠液体,无机械杂质	耐干热性/级	≤2
		耐酸性	无异常
细度/μm	≤30	耐碱性	无异常
固体含量/%	58±2	耐醇性	无异常
表干/min	≤30	耐污染性	
实干/h	≤24	醋	无异常
附着力(划格法)/级	≤1	茶	无异常
光泽/%	商定	有害物质限量	符合 GB 18581
铅笔硬度/H	≥1		

表 3-7-53　PU 亚光白面漆固化剂配方及生产工艺

原料及规格	比例(质量分数)/%	原料及规格	比例(质量分数)/%
TDI 加成物(60%)	83	脱水剂	0.3
醋酸丁酯	16.7		

注：生产工艺为按序加入分散缸，通 N_2；中速搅拌均匀。

表 3-7-54　PU 亚光白面漆固化剂性能指标

检验项目	性能指标	检验项目	性能指标
外观	水白至浅黄色透明黏稠液体,无机械杂质	固体含量/%	50±2
细度	≤10	F-NCO/%	≤1.8
NCO/%	7～8		

• 原料选择　树脂一般选用豆油酸短油度醇酸树脂、椰子油短油度醇酸树脂或饱和聚酯树脂、羟基丙烯酸树脂。改性树脂一般选用氯醋树脂、CAB。钛白粉一般选用金红石型钛白粉，如杜邦的 R706、R902 等；亚粉可以选用国产亚粉或进口亚粉。助剂选用有机硅消泡剂、流平剂和有机锡催干剂。固化剂可以选择 TDI 加成物或 TDI 加成物与 TDI 三聚体的混合物。

• 配方调整　豆油酸树脂耐黄变性一般，颜色深，一般用于不耐黄变体系；椰子油醇酸树脂、饱和聚酯、丙烯酸树脂颜色浅、耐黄变性好，一般用于要求耐黄变如白色体系。普通的亚光实色面漆，固化剂用 TDI 加成物或 TDI 加成物与三聚体的混合物可以满足需要。浅色亚光面漆一般采用耐黄变体系，固化剂选用 TDI 三聚体与 HDI 加成物或三聚体的混合物作固化剂，达到耐黄变要求。与 PU 亚光清面漆类似，配方中加入一定的聚乙烯等蜡粉可以改善漆膜的耐刮伤和手感。

• 技术难点　色浆的制备和稳定性是色漆与调色的难点。

b. 配方调整 PU亚光黑面漆一般选用豆油酸醇酸树脂，改性树脂可以采用硝化棉、氯醋树脂等。炭黑一般选用高色素炭黑研磨成色浆备用，色浆的树脂与涂料的主体树脂相容性要好。PU亚光黑面漆配方、生产工艺及性能见表3-7-55和表3-7-56。

表3-7-55 PU亚光黑面漆配方及生产工艺

原料及规格	比例(质量分数)/%	生产工艺
醇酸树脂(60%) 二甲苯 醋酸丁酯 流平剂 消泡剂 分散剂	39.2 5.5 3.2 0.3 0.2 0.2	按序加入，中速搅拌均匀
聚乙烯蜡 消光粉	0.8 4	加入，高速分散15～20min
醋酸丁酯 炭黑浆(16.5%)	0.6 34	加入，中速搅拌均匀
硝化棉溶液(1/2s)，醋酸丁酯：丁醇：二甲苯：硝化棉＝44：11：11：34	9	
醋酸丁酯	3	

表3-7-56 PU亚光黑面漆性能指标

项目	性能指标	项目	性能指标
旋转黏度(25℃)/mPa·s	1000～3000	甲苯和二甲苯总含量/%	≤40
在容器中状态	搅拌后均匀无硬块	游离甲苯二异氰酸酯(TDI)/%	≤0.7
细度/μm	0～40	可溶性铅/(mg/L)	≤90
漆膜外观	平滑，柔和	可溶性镉/(mg/L)	≤75
光泽(60°)/%	40～60	可溶性铬/(mg/L)	≤60
固体含量/%	≥40	可溶性汞/(mg/L)	≤60
遮盖力/(g/m²)	≤30	耐干热性/级	≤2级
表干干燥时间/min	≤30	耐磨性/g	≤0.05
实干干燥时间/h	≤24	耐水性	无异常
附着力	≤1	耐碱性	无异常
铅笔硬度(擦伤)	≥F	耐醇性	无异常
光泽(60°)	商定	耐醋污染性	无异常
挥发性有机化合物(VOC)含量/(g/L)	≤600	耐茶污染性	无异常
苯含量/%	≤0.5	贮存稳定性	无异常

3. 地板漆

目前市售的木质地板大多是在工厂涂装好的，使用时直接铺砌安装。所用涂料大多是UV涂料。部分家庭装修仍会使用地板漆，一般为PU聚氨酯涂料，分高光和亚光两种。施工方式多为刷涂，在素身地板铺砌、磨平、清洁后涂布。

亮光地板漆和前面所述PU亮光清面漆大致相同，但是，由于施工方式为刷涂，所以配方体系里应该加入一定的抑泡剂。

单组分潮固化型地板漆，树脂类型为聚醚和TDI的预聚物。一般将市售产品分装或加入消泡剂搅拌均匀包装出售。

亚光地板漆和一般的亚光清配方体系类似，但是由于使用于地板，对使用的树脂和相应固化剂的要求会更高且会加入一些抗划伤助剂，如蜡粉等。

(1) 基本配方　基本配方及性能见表3-7-57～表3-7-60。

表 3-7-57　PU 亚光地板漆配方及生产工艺

原　料　及　规　格	比例(质量分数)/%	生　产　工　艺
短油度豆油酸醇酸树脂(60%)	43	按序投入,中速搅拌均匀
二甲苯	1.4	
醋酸丁酯	6	
分散剂	0.2	
聚乙烯蜡	1.5	投入,高速分散 10～15min,至细度合格
消光粉	5.5	
短油度豆油醇酸树脂(60%)	20	加入,中速搅拌均匀,至细度合格,过滤包装
防沉浆(30%)	1.5	
流平剂	0.3	
消泡剂	0.3	
硝化棉溶液(0.5s,30%)	11	
PMA	3	
醋酸丁酯	4.3	
醋酸丁酯	2	

表 3-7-58　PU 亚光地板漆性能指标

检　验　项　目	性能指标	检　验　项　目	性能指标
原漆状态	搅拌后均匀无硬块	苯含量/%	≤0.50
细度/μm	≤30	甲苯和二甲苯总含量/%	≤40
光泽(60°)/%	45～55	游离甲苯二异氰酸酯(TDI)/%	≤0.7
漆膜外观	平滑，柔和	耐干热性/级	≤2
旋转黏度/mPa·s	1500～3000	耐磨性/g	≤0.05
固体含量/%	40～50	耐水性	无异常
表干干燥时间/min	≤30	耐碱性	无异常
实干干燥时间/h	24	耐醇性	无异常
附着力/级	≤1	耐醋污染性	无异常
铅笔硬度(擦伤)	≥F	耐茶污染性	无异常
光泽(60°)	商定	贮存稳定性	无异常
挥发性有机化合物(VOC)含量/(g/L)	≤700		

表 3-7-59　地板漆固化剂配方及生产工艺

原 料 及 规 格	比例(质量分数)/%	原 料 及 规 格	比例(质量分数)/%
TDI 加成物(60%)	70	醋酸丁酯	29.5
TDI 三聚体(50%)	10	脱水剂	0.5

注：生产工艺为加入分散缸，通 N_2；中速搅拌均匀。200 目过滤包装。

表 3-7-60　地板漆固化剂性能指标

项　　目	性能指标	项　　目	性能指标
外观(目测)	透明液体、无机械杂质	不挥发物含量/%	48±3
		游离 TDI 含量/%	≤1.8
色泽 Pt-Co 号	≤150	黏度(涂-4 杯)/s	10～30
NCO 含量/%	6～8		

(2) 配方调整　地板漆对耐刮伤和耐磨耗的要求较高，漆膜的韧性和硬度要高。选用的主体树脂柔韧性要好，羟值较高，一般在 3%以上，固化剂的固含不能太低，否则交联度低硬度不够。由于地板漆一般涂膜较厚，因此要选择透明度较好的消光粉，以免漆膜浑浊。对

于刷涂的地板漆，可加入抑泡剂，以免刷涂时起泡。

4. 聚氨酯美术漆

美术漆是具有特殊装饰效果的涂料。20 世纪 90 年代初甚为流行。常用于木器涂装的产品有：闪光漆、仿皮漆（也叫砂面漆）、锤纹漆、贝母漆、裂纹漆等。

(1) 基本配方 聚氨酯仿皮漆配方、生产工艺及性能见表 3-7-61 和表 3-7-62。

表 3-7-61 聚氨酯仿皮漆配方及生产工艺

原料及规格	比例(质量分数)/%	生产工艺	原料及规格	比例(质量分数)/%	生产工艺
蓖麻油短油度醇酸树脂(50%)	33.9		流平剂	0.2	
防沉浆(30%)	2.6		微粉蜡	6.4	
防沉浆(10%，膨润土浆)	1.3		滑石粉(1250 目)	15.8	
二甲苯	3.7		醋酸丁酯	1.1	
有机锡 T-12 溶液(10%)	0.2		炭黑浆(16.5%)	34	

表 3-7-62 聚氨酯仿皮漆性能指标

项目	性能指标	项目	性能指标
旋转黏度/mPa·s	1000～3000	可溶性铅/(mg/L)	90
在容器中状态	搅拌后均匀无硬块	可溶性镉/(mg/L)	75
漆膜外观	符合标准板	可溶性铬/(mg/L)	60
固体含量/%	≥60	可溶性汞/(mg/L)	60
遮盖力/(g/m²)	≤30	耐干热性/级	≤2
表干干燥时间/min	≤30	耐磨性/g	≤0.05
实干干燥时间/h	≤24	耐水性	无异常
附着力	≤1	耐碱性	无异常
铅笔硬度(擦伤)	≥F	耐醇性	无异常
挥发性有机化合物(VOC)含量/(g/L)	≤600	耐醋污染性	无异常
苯含量/%	≤0.5	耐茶污染性	无异常
甲苯和二甲苯总含量/%	≤40	贮存稳定性	无异常
游离甲苯二异氰酸酯(TDI)/%	≤0.7		

(2) 配方调整 仿皮漆一般为亚光效果。树脂可以选择豆油酸短油度醇酸树脂、蓖麻油短油度醇酸树脂。蜡粉粗细决定了砂面效果，通常选一种蜡粉或两种搭配使用。仿皮漆的耐刮伤很好，可用于办公台的涂装。

5. 紫外光固化涂料（简称 UV 涂料）

UV 涂料是木用涂料领域发展最快的品种之一。在木家具上的使用也越来越受到青睐。它的固化速率快，使用高速生产线，效率高。涂膜性能优良，具有较好的抗刮伤、抗溶剂、抗沾污的性质。

UV 涂料目前最常用的面漆产品是 UV 辊涂亚光清面漆。

(1) UV 辊涂亚光清面漆 UV 辊涂亚光清面漆配方、生产工艺及性能见表 3-7-63 和表 3-7-64。

(2) 配方调整

① 原料选择 树脂可以选用环氧丙烯酸树脂、聚氨酯丙烯酸树脂。单体可以选单官能度、双官能度、三官能度、六官能度的丙烯酸单体。亚光粉可选用较粗粒径的消光粉，如 GRACE 的 ED3、C807 等。助剂选用无溶剂的流平剂和消泡剂。光引发剂主要使用的是自由基型光引发剂，一般选用裂解型和夺氢型搭配使用。

表 3-7-63 UV辊涂亚光清面漆配方及生产工艺

原料及规格	比例(质量分数)/%	生产工艺
TMPTA	13	按序加入,中速搅拌 8～10min,均匀
DPGDA	21.7	
光引发剂二苯甲酮	3	
光引发剂 184	2	
双酚 A 环氧丙烯酸树脂	30	
聚氨酯丙烯酸树脂	17	
分散剂	0.8	
消泡剂	0.5	边搅边加入,高速分散 15～18min。检测细度
蜡粉	3	
消光粉	6	
光引发剂	3	

表 3-7-64 UV辊涂亚光清面漆性能指标

项目	性能指标	项目	性能指标
细度/μm	≤40	硬度(摆杆)/(din/s)	0.5～200
黏度(涂-4 杯)/s	60～100	耐磨性/g	≤0.03
容器中状态	搅拌后呈均匀状态	复合层耐水性	72h 不起泡、不起皱、不脱落、无异常变化
光泽(60°)/%	商定		
固化速度/(m/min)	5～10	复合层耐干热性/级	≤2
漆膜外观	平整	复合层耐醇性	8h 不起泡、不起皱、不脱落、无异常变化
划格试验/级	≤2		

② 指标调整 UV 辊涂涂料是高固体分涂料，施工固含达 95%以上。将不同树脂和单体搭配使用才能保证优良的施工性能和漆膜性能。如环氧树脂硬度高，但黏度也高，可以保证漆膜硬度，价格便宜；聚氨酯树脂硬度低，黏度低，能提高柔韧性也可降低黏度，改善施工性能，但价格高；不同光引发剂的搭配使用，才能防止氧阻聚的影响，使得表干和实干都达理想。如二苯甲酮和活性胺体系的搭配，胺引发剂促进表面干燥，二苯甲酮保证深层干燥。

③ 技术难点 不同材料的配套使用，兼顾施工性能和漆膜性能，同时保证较好的性价比。不同引发剂的搭配比例，兼顾表面干燥和深层干燥。

6. 木用水性涂料

木用水性面漆主要有单组分和双组分两种。

(1) 单组分水性面漆 单组分水性面漆分清面漆和实色漆；按光泽分又分为亮光和亚光面漆。以下是相关产品的参考配方。

① 单组分亮光清面漆 见表 3-7-65。

表 3-7-65 单组分亮光清面漆配方及生产工艺

原料及规格	比例(质量分数)/%	生产工艺
ALBERDINGK CUR99	41	按序缓慢加入,中速搅拌均匀
ALBERDINGK AC2514	41	
TEGO FOAMEX 800	0.8	
BYK346	0.3	
二丙二醇甲醚(DOW)	2	
二丙二醇丁醚(DOW)	3	
去离子水	7.3	

续表

原料及规格	比例(质量分数)/%	生产工艺
AQUACER 539(BYK)	4	加入,搅拌均匀
BYK333	0.1	
DSX 1514(COGNIS)	0.5	缓慢加入,搅拌均匀,200 目滤布过滤包装

② 单组分亮光白面漆 见表 3-7-66～表 3-7-69。

表 3-7-66 单组分水性亮光白面漆及生产工艺

原料及规格	比例(质量分数)/%	原料及规格	比例(质量分数)/%
ALBERDINGK CUR99	20	二丙二醇丁醚	3
ALBERDINGK AC2514	40	去离子水	4.4
BYK093	0.5	钛白浆(75%)	25
TEGO ARIEX 902W	0.2	BYK333	0.1
二丙二醇甲醚	3	DSX1514	0.5

注：生产工艺为按序缓慢加入，中速搅拌均匀。200 目滤布过滤包装。

表 3-7-67 水性钛白色浆

原料及规格	比例(质量分数)/%	生产工艺
去离子水	15.9	按序加入,高速分散至细度合格
TEGO DISPERS 735W	5	
TIO_2 DUPONT R-706	75	
TEGO 902W	0.1	
PG	4.0	

表 3-7-68 单组分水性亚光清面漆配方及生产工艺

原料名称	比例(质量分数)/%	生产工艺
水性树脂(AC2514, ALBERDINGK)	79.8	称量投入,启动慢速搅拌
润湿剂 270(TEGO)	0.3	按序,缓慢加入
分散剂 750W(TEGO)	0.5	
成膜助剂 TEXANOL	2	
DPNB(DOW)	3	
DPM(DOW)	3	
丙二醇	2	
消泡剂(830,TEGO)	0.7	
增稠剂(RM-5000,ACRYSOL,ROHM&HASS)	0.8	
亚粉(SY7000, GRACE)	2.5	慢慢加入,中速分散至细度合格
蜡浆(BYK513)	4.0	按序,缓慢投入,中速搅拌均匀
去离子水	1.0	
防沉剂(BYK420)	0.2	
胺中和剂(AMP95)	0.2	加入,调整 pH

表 3-7-69　单组分水性亚光清面漆性能指标

检验项目	性能指标	检验项目	性能指标
黏度(25℃)/mPa·s	600	光泽(60°)/%	55
细度/μm	25	附着力/级	1
固含量/%	36.9	贮存稳定性(50℃,7d)	无异常
表干/min	45		

③ 单组分水性亚光白面漆　见表 3-7-70 和表 3-7-71。

表 3-7-70　单组分水性亚光白面漆配方及生产工艺

原料名称	比例(质量分数)/%	生产工艺
水性树脂(AC2514, ALBERDINGK)	53	称量投入,启动慢速
润湿剂 270(TEGO)	0.5	按序,缓慢加入
分散剂 750W(TEGO)	3.5	
成膜助剂 TEXANOL	2	
DPNB(DOW)	3	
DPM(DOW)	1.5	
丙二醇	2	
消泡剂(830,TEGO)	0.8	
增稠剂(RM-5000,ROHM&HASS)	0.7	
钛白粉	25	慢慢加入,中速分散至细度合格
亚粉(SY7000, GRACE)	1.3	
蜡浆(BYK513)	3.0	按序,缓慢投入,中速搅拌均匀
去离子水	3.1	
防沉剂(BYK420)	0.4	
胺中和剂(AMP95)	0.2	加入,调整 pH

表 3-7-71　单组分水性亚光白面漆的性能指标

检验项目	性能指标	检验项目	性能指标
黏度(25℃)/mPa·s	2500	光泽(60°)/%	53
细度/μm	35	附着力/级	1
固含量/%	50.2	贮存稳定性(50℃,7d)	无异常
表干/min	48		

④ 配方调整　单组分水性面漆乳液与水性各类助剂的相容性要好、对颜料、填料有较好的分散性，对木质基材上有很好的润湿性。成膜助剂的搭配使用，主要根据乳液的 T_g 值，适当选用水溶性和微水溶的溶剂搭配，改善乳胶粒子在水油两相中溶解性，使成膜更有效。通常将最低成膜温度（MFFT）调控在 8℃。颜料、填料分散，选择易分散型颜料和消光粉，使用高分子润湿分散剂，用增稠剂调节分散液的黏度便于高速分散，有效对颜料、填料解絮凝及稳定体系。为了面漆有较好的手感，选用了易于添加的蜡浆。

(2) 双组分水性面漆

① 双组分水性清面漆　见表 3-7-72～表 3-7-74。

② 双组分水性亮光白面漆　见表 3-7-75。

③ 双组分亚光白面漆　见表 3-7-76 和表 3-7-77。

表 3-7-72 双组分水性亮光清面漆配方及生产工艺

原料及规格	比例(质量分数)/%	生产工艺
A组分		
ALBERDINGK U9800	85.3	按序加入,高速分散均匀。200目滤布过滤包装
BYK024	0.6	
DEHYDRAN 1620	0.4	
DOW DOWANOL DPM	5.0	
WATER	8.2	
BOTCHERS BORCHI GOL LA50	0.3	
DSX2000	0.2	
B组分		
BAYER BAYHYDUR 305	20	直接分装

表 3-7-73 双组分水性亚光清面漆配方及生产工艺

原料及规格	比例(质量分数)/%	生产工艺
A组分		
水	15.8	加入
胺中和剂(AMP95)	0.2	缓慢加入,搅拌均匀
润湿剂(TEGO 270)	0.3	
分散剂(TEGO DISPER 750W)	0.4	
消泡剂(TEGO FOAMEX 810)	0.6	
流变剂[ACRYSOL RM-5000(ROHM&HASS)]	0.6	
钛白粉(DUPAND,R706)		投入,中速分散至细度合格
亚粉(SY7000,GRACE)	5.0	
水性树脂乳液(BAYER XP2470)	73.0	缓慢加入,搅拌均匀
蜡浆(BYK-513)	4.0	
防沉剂(BYK420)	0.1	
B组分		
固化剂(XP2487,BAYER)	28	直接包装

表 3-7-74 双组分水性亚光清面漆性能指标

检验项目	性能指标	检验项目	性能指标
黏度(25℃)/KU	68	光泽(60°)/%	52
细度/μm	25	附着力/级	1
固含量/%	37.8	贮存稳定性(50℃,7d)	无异常
表干/min	55		

表 3-7-75 双组分水性亮光白面漆配方及生产工艺

原料及规格	比例(质量分数)/%	生产工艺
A组分		
水	128.5	按序加入,高速分散至细度合格
NATROSOL 250 HBR	1.2	
50% DEMA IN WATER DEUCHEM	1.5	
NOPCO SN5027	6.0	
COGNIS H140	6.0	
DEGUSSA 901W	0.8	
ROHM&HASS KATHON LXE	1.0	
Du Pond TI-PURE R902	200	

续表

原料及规格	比例(质量分数)/%	生产工艺
BAYER XP2546 TEXANOL BYK024 BASF WE1 ROHM&HASS RM5000 ROHM&HASS	580 22 3.0 40 6.0 4.0	低速搅拌下，缓慢加入。200目滤布过滤包装
合计	1000	
组分B		
BAYER BAYHYDUR XP2547	200	直接分装

表 3-7-76 双组分水性亚光白面漆配方及生产工艺

原料名称	比例(质量分数)/%	生产工艺
组分A		
水	3.2	加入
胺中和剂 AMP95	0.2	依次缓慢加入，搅拌均匀
润湿剂 TEGO 270	0.5	
分散剂 TEGO DISPER 750W	3.5	
消泡剂 TEGO FOAMEX 810	0.8	
流变改性剂 ACRYSOL RM-5000 ROHM&HASS	0.6	
钛白粉 R706 Du Pond	25	慢慢投入，分散至细度合格
亚粉 GRACE	2.8	
水性树脂乳液 BAYER XP2470	60	缓慢投入，分散至细度合格
蜡浆 BYK-513	3.0	
防沉剂 BYK420	0.4	
组分B		
固化剂 XP2487 BAYER	23	直接包装

表 3-7-77 双组分水性亚光白面漆性能指标

检验项目	性能指标	检验项目	性能指标
黏度(25℃)/KU	75	光泽(60°)/%	48
细度/μm	35	附着力/级	1
固含量/%	54.8	贮存稳定性(50℃,7d)	无异常
表干/min	58		

7. 助剂

在涂料生产过程中已经加入各种助剂解决配方、施工中的可能发生的问题。这里所指的“助剂”，是涂料厂另外配置、作为产品出售于家具厂的。要提供指导配方及方法，专供家具厂在涂装中发生异常情况时现场使用，以便家具厂更直接、更方便地解决问题。

(1) 慢干水 高温时，由于溶剂的挥发速率加快，漆膜表干太快，会造成漆膜流平不好、起针孔、气泡等弊病，加入慢干水可以有效地缓解和解决问题，慢干水的加入量一般不超过加入稀释剂量的25%，过多会造成漆膜慢干、附着力不好等弊病。慢干水的溶解力要适中，太强容易咬底；太弱，对涂料的溶解性不好。一般选用醇酯类溶剂如PMA、PMP，俗称慢干水。

(2) 防发白水　漆膜发白的原因是涂料在高温、高湿的环境下施工，由于溶剂的挥发过快，漆膜表面温度瞬间下降，造成空气中的水分凝结于漆膜，水与涂料不相容，造成视觉上的发白。防发白水的作用就是减慢挥发速率：①防止水分冷凝在漆膜上；②有时漆膜发生轻微发白，之后能复原透明，原因是漆膜有些溶剂与水相溶，挥发时把水带走，但是发白严重时就不可能复原；③防发白水应使用高沸点、与水相溶的溶剂，如乙二醇丁醚、丙二醇甲醚、丙二醇乙醚；④防发白水使用时等量代替稀释剂，极限量为稀释剂的25%。

(3) 流平剂　流平剂的作用主要有两个：①处理高温情况下的漆膜流平不好的问题；②解决由于环境因素引起的缩孔等问题。一般选用较强的降低表面张力的有机硅助剂，如TEGO的450、410等。为方便使用，一般以醋酸丁酯稀释成20%的溶液使用。加量要适当，以解决问题的最低量为合适。

(4) 消泡剂　消泡剂的作用主要是为了解决高温施工时，漆膜出现的起泡等弊病，一般选用消泡能力较强的有机硅消泡剂，如BYK057、BYK066N等。为方便使用，一般稀释成5%～10%的溶液。

(5) 催干剂　催干剂一般用于PU体系，一般为有机锡（如二月桂酸二丁基锡、辛酸亚锡）或胺类化合物（如二甲基乙醇胺）。常用的是二月桂酸二丁基锡，常用的牌号如美国气体产品有限公司的T-12等，一般以醋酸丁酯稀释成10%的溶液使用，使用时注意环保限用要求。

五、固化剂

1. 概述

木用涂料中，双组分聚氨酯涂料是最重要的品种。2008年，中国木用涂料总销量达到70万吨，其中双组分聚氨酯涂料占70%以上。双组分聚氨酯涂料分为甲乙两组分，分别包装贮存。甲组分是异氰酸酯的聚合物，种类很多，但都含有不同数量的异氰酸酯基团（—NCO），统称为固化剂。例如TDI的加成物或HDI的三聚体等。乙组分则含有不同数量的羟基（—OH）基团，称为主剂，以各种醇酸树脂和丙烯酸树脂为主，使用时将甲乙组分按比例混合均匀，涂布后交联成膜，形成大分子的聚氨酯高聚物——装饰性、功能性俱佳的干膜。

木用涂料为何选用聚氨酯呢？原因之一是家具的基材限制了涂料的施工与固化条件。家具的基材通常都是木材、中纤板等，这些材料均不耐高温，温度稍高即容易变形、开裂，同时，通常家具部件的体积较大，较难使用设备烘烤，因此要求相应的涂料产品都能室温干燥。原因之二是聚氨酯涂料可以满足人们对于家具涂装的视觉、触觉等要求。家具与人的日常生活紧密接触，因此对涂膜表面效果的要求高，涂料必须具有很高的装饰性，例如丰满度、平整性、硬度等，与其他室温固化的涂料品种（例如热塑性丙烯酸酯涂料）相比，聚氨酯涂料在装饰性上具备得天独厚的优势。原因之三是聚氨酯涂料可以在不同底材的家具上施工应用。由于家具底材种类丰富，例如中纤板贴纸、中纤板贴木皮，木皮包括樱桃木、橡木、黑胡桃、榉木等，还有实木家具，木材的来源不同，含水率、密度、油脂含量均不同，木材本身的硬度差别也很大。由于材质的变化多端，对涂料的要求也不尽相同。聚氨酯涂料能够室温干燥，具有良好的装饰性能，能很好地满足家具涂料对于表面效果的追求，羟基组分和固化剂组分的可调性强，可以满足不同木材的涂装需求，聚氨酯涂料的综合性能优异，性价比高，因此木用涂料选择双组分聚氨酯也就不足为奇了。

在我国的木用涂料发展之初，其固化剂产品主要来自德国、意大利和中国台湾地区。后来，国内涂料厂家开始自行研制并生产固化剂，主要用于为自身产品配套销售。在木用涂料整体发展过程中，固化剂的产量、性能不断提高，品种越趋合理，基本上满足了国内市场的需求。

但这种由粗糙技术和简陋设备生产出来的固化剂，它的硬伤就是游离 TDI 含量太高。随着市场对产品环保要求越来越高，以及国家环保法规对游离 TDI 含量的限制，各种进口固化剂开始在木用涂料的高端领域和新产品中扮演主要角色。进口产品销量的大幅提高，反过来又极大地刺激了国产固化剂的研发、精制并取得新的发展。

聚氨酯涂料的发展与家具的发展是相互促进的，家具行业的技术进步和设计创新促使了聚氨酯涂料新产品的发展，涂料的发展反过来又提高了家具的附加值，涂料品种在增加，施工性能要求适应性更广，施工环境要求宽容度更大，由于要提高施工效能而使用了新设备、新工艺。以上种种，无一不为固化剂本身的全面发展提供了极大的动力。

2. 木用涂料聚氨酯固化剂的分类方法

木用涂料聚氨酯固化剂常用分类方法是根据原材料异氰酸酯单体种类、生产过程中的聚合方法或产品的物化性能进行分类。

(1) 按照原材料异氰酸酯类单体的不同分类，可以分为 TDI 固化剂、HDI 固化剂、IPDI 固化剂和混合固化剂，例如 TDI 和 HDI 的混合固化剂等。单体种类不同，固化剂性能特点各异。

(2) 按照生产过程中采用的聚合方法的不同，可以分为预聚物、加成物、三聚体和缩二脲。预聚物是醇酸树脂、油的醇解物等分子量较大的含羟基组分与异氰酸酯单体通过加成反应合成。加成物是由二异氰酸酯单体与小分子多元醇通过加成反应合成而得，是以氨酯键联结的多异氰酸酯。三聚体是三个二异氰酸酯单体自聚而成，成为含异氰脲酸酯的多异氰酸酯。缩二脲的典型工业产品是由 3mol 的 HDI 单体和 1mol 的水反应生成的具有三官能度的多异氰酸酯。

(3) 按照固化剂的物化性能进行划分，如耐黄变固化剂、快干固化剂、环保固化剂等。

3. 木用涂料聚氨酯固化剂的合成与性能特点

(1) 木用涂料选用 TDI 固化剂的原因 固化剂生产中应用最广泛的异氰酸酯单体是甲苯二异氰酸酯（TDI）。据统计，2008 年中国木用聚氨酯涂料 50 万～60 万吨，根据中国聚氨酯涂料的使用习惯，漆与固化剂的比例通常为 1∶1（亮光）或 2∶1（亚光或底漆），即 2008 年木用固化剂的用量为 10 万～15 万吨，其中 TDI 固化剂的使用比例高达 95%以上。

木用聚氨酯涂料之所以选择 TDI 类型固化剂，其原因如下。

① 目前中国木用涂料市场以中价、中下价产品为主力，对原材料成本的控制，限制了其他昂贵的异氰酸酯单体的大量使用。因此，TDI 是目前需求量大、性价比高的异氰酸酯单体。

② 与 HDI 和 IPDI 相比，TDI 固化剂的常温自干性能优异，符合家具的涂装要求。

③ 与 MDI 单体相比，TDI 固化剂的耐黄变性好，相容性佳，施工性能更优异（主要是适用期较长），贮存稳定性能好（MDI 易结晶、发白），漆膜的透明性等装饰性能好。因此，MDI 单体虽然价格有优势，但在木用涂料中甚少使用。

④ 技术进步提高了 TDI 固化剂的综合性能。十几年来，行业内积累了丰富的固化剂研发、生产和应用经验。例如针对 TDI 的耐黄变性不足，通过主剂、助剂、合成方法的改善以及应用经验的提高，漆膜的耐黄变性也在不断提高。对游离 TDI 单体含量的限制，促使

不断创新，开发出符合国标要求的产品。

TDI 固化剂主要有加成物和三聚体两种，对加成物而言，由于国产产品和进口产品的性能差异较大，因此以下从进口 TDI 加成物、国产 TDI 加成物和 TDI 三聚体三个方面进行论述。

(2) 进口 TDI 加成物固化剂　TDI 加成物合成的化学反应示意图如图 3-7-6 所示。

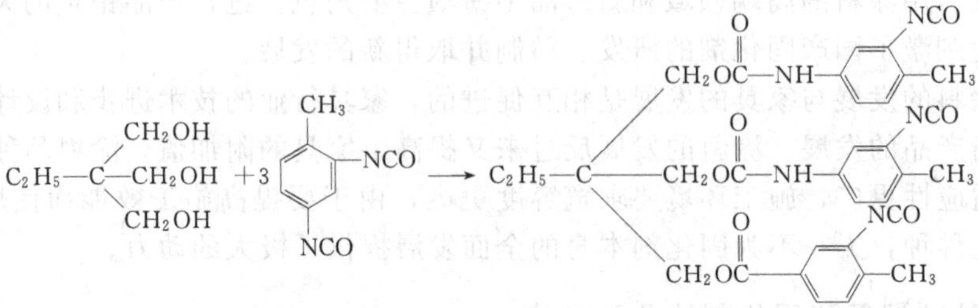

$$C_2H_5-C(CH_2OH)_3 + 3\ CH_3C_6H_3(NCO)_2 \longrightarrow C_2H_5-C\begin{cases}CH_2OC(=O)-NH-C_6H_3(CH_3)(NCO)\\ CH_2OC(=O)-NH-C_6H_3(CH_3)(NCO)\\ CH_2OC(=O)-C_6H_3(CH_3)(NCO)\end{cases}$$

图 3-7-6　TDI 与 TMP 的加成反应示意图

理想的 TDI 加成物固化剂是 3mol TDI 和 1mol TMP 的加成产物，含有三个可参与交联的 NCO 基团。但是因为苯环上不同取代位置上的 NCO 基团的反应选择性不同，以及反应温度、催化剂和副反应等的影响，所以 TDI 加成物固化剂是由一系列具有不同分子量的物质组成的混合物，其特点是具有一定的分子量分布。在木用涂料中为了调节产品性能、成本以及生产工艺，通常会加入其他的二元醇，例如新戊二醇、丙二醇、1,4-丁二醇和 1,3-丁二醇等，这就使得情况更为复杂，分子量分布更宽，GPC 图上甚至会出现多峰分布。德国专利 GP886818（A）中采用了三羟甲基丙烷和 1,4-丁二醇以及 1,3-丁二醇的混合多元醇，并在 TDI 大大过量的情况下合成 TDI 的加成物，采用 TDI 过量的方法降低了扩链反应发生的可能性，使产品的分子结构更接近理想结构。进口固化剂虽然分子量分布在理想范围内的组分含量很高，但是也还有少量组分的分子量超出了这个范围，其原因是由于薄膜蒸发时的高温处理导致的副反应，从而导致链的枝化或扩展，如图 3-7-7 所示。

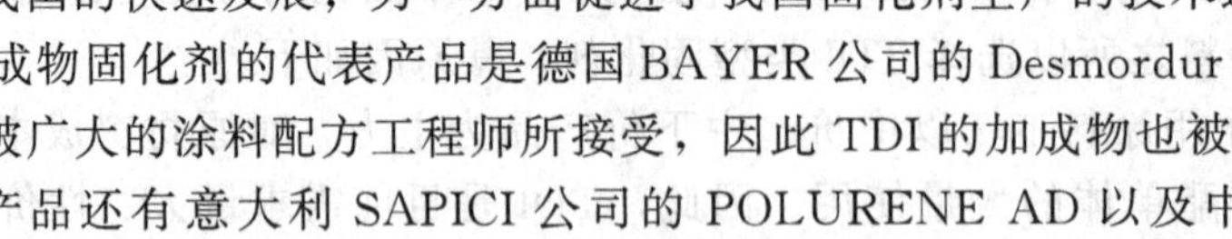

$$R_1(OOCNHR_2NCO)_n + OCNR_2NCO \longrightarrow R_1\!\left(O-\underset{\underset{O}{\|}}{C}-\underset{\underset{\underset{\underset{HN-R_2-NCO}{|}}{C=O}}{|}}{N}-R_2N=C=O\right)_n$$

图 3-7-7　氨基甲酸酯和 NCO 基团的副反应

进口 TDI 加成物固化剂在我国聚氨酯木用涂料的发展中起着重要的作用，一方面促进了聚氨酯涂料在我国的快速发展；另一方面促进了我国固化剂生产的技术进步。

进口 TDI 加成物固化剂的代表产品是德国 BAYER 公司的 Desmordur L75，其进入中国市场的时间早，被广大的涂料配方工程师所接受，因此 TDI 的加成物也被称为 L 型固化剂。其他类似的进口产品还有意大利 SAPICI 公司的 POLURENE AD 以及中国台湾日胜公司（EVERMORE CHEMICAL）的 SC 75 LT，都属于芳香族的多异氰酸酯固化剂。

① 进口 TDI 加成物固化剂特点

由于采用先进的生产方法，这一类型的固化剂的普遍特点如下。

a. 游离 TDI 含量低。其产品技术指标是低于 0.5%（75%固含），实际检测结果往往低于 0.3%，新的产品技术指标中，游离 TDI 含量低于 0.1%。

b. NCO 基团含量高，是目前市面上最接近理论值（根据配方不同，该值为 14.4%左右）的一类产品。NCO 基团含量高，与同一涂料配用时，需要的固化剂量可适当减少，成本降低。

c. 柔韧性好，虽然表面看来，木用涂料对柔韧性的要求不如金属涂料高，容易被忽略，但该性能与漆膜的抗开裂性能紧密相关，所以显得同样重要。

d. 初干稍慢，实干较快，会在后文详述❶。

e. 与硝化棉、二甲苯等的相容性较好，漆膜的透明度较高，调整配方时较灵活且成本降低。进口固化剂与二甲苯的相容性❷可以达到 1∶10，而国产固化剂为 1∶5 左右。

② 进口 TDI 加成物固化剂的生产　由于 NCO 基团与羟基的反应选择性不足，少量的 TDI 没有参与反应而残留在体系之中。在施工和干燥时，挥发的游离 TDI 会对人体健康和环境产生危害。国外从 20 世纪 50 年代开始采用薄膜蒸发法生产，产品的游离 TDI 含量在 0.5%以下（固体分 75%），近几年来更是达到 0.2%甚至更低。

例如英国专利 GB886818（A）的报道，该工艺首先在 TDI 大量过量的情况下加入多元醇反应（60～70℃），反应产物通过管状预热器 7 加热到一定温度后（150℃以上），经过闪蒸仪 8 初步分离游离 TDI，然后进入薄膜蒸发器 14 分离，分离后的产品经兑稀后即为最终产品。所采用的薄膜蒸发法设备与工艺流程如下图 3-7-8 所示。配方见表 3-7-78。

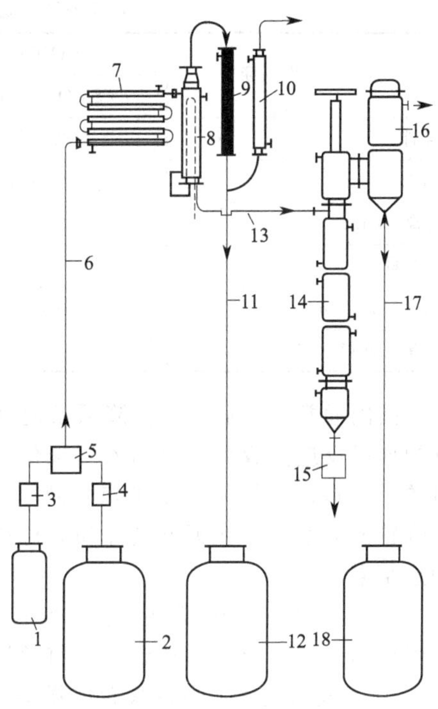

图 3-7-8　薄膜蒸发设备与流程

1,2—物料罐；3,4—物料泵；5—三通阀；6—进料管；7—预热器；8—闪蒸仪；9,16—冷凝器；10—真空缓冲罐；11,17—TDI 管道；12,18—TDI 收集罐；13—物料管道；14—薄膜蒸发器；15—产品收集罐

表 3-7-78　薄膜蒸发处理前固化剂的合成配方

组　　分	用量/mol	组　　分	用量/mol
TDI	20	1,3-丁二醇	1
三羟甲基丙烷	1.4	1,4-丁二醇	0.2

根据表 3-7-78，NCO/OH 的摩尔比为 6，分离前游离 TDI 含量计算值为 66.37%。

合成温度 60℃，基本工艺与其他固化剂的合成相同。分离温度 180℃，压力 66.7Pa，分离后产品中未检测出游离 TDI，NCO 含量为 18.3%，仅比理论值低 5%。该专利认为控制温度和停留时间是控制副反应的关键。

采用薄膜蒸发法处理游离 TDI 的进口固化剂的代表产品及指标规格见表 3-7-79。

(3) 国产 TDI 加成物固化剂　国产 TDI 加成物经过了两个发展阶段，并以 2001 年作为分界线。2001 年前的国产 TDI 固化剂的游离 TDI 含量非常高，通常达到 5%～10%。2001 年国家颁布了 GB 18581，对游离 TDI 含量进行了限制并强制执行，推动了配方及工艺的改进，现在国产 TDI 加成物固化剂的游离 TDI 含量大都能降低到 2%以下，最低可达到 1%以下，但不稳定。

---

❶ 本文所述的初干，是指当漆膜表干后，从漆膜表面到内部都有一定程度的交联，但还没有达到实干的交联程度的一种干燥状态，介于表干和实干之间。

❷ 二甲苯的相容性：将 5g 固化剂加入试管中，不断加入二甲苯，搅匀，当开始出现乳光时，固化剂和二甲苯的质量比即为二甲苯的相容性。

表 3-7-79 进口固化剂代表产品及技术指标

技 术 指 标		BAYER	SAPICI		日胜
		DESMODUR L75	AD	AD75-01	SC-75 LT
溶剂		醋酸乙酯	醋酸乙酯	醋酸乙酯	醋酸乙酯
NCO/%		13.0±0.5	13.0±0.5	13.0±0.5	13.0±0.5
游离 TDI/%	<	0.5	0.5	0.1	0.5
固含量/%		75	75	75	75±2
黏度(23℃)/mPa·s		1600	1200～1300	1200～1300	1600±400
色泽(GARDNER)	<	1	1	1	1

国内通常采用后三聚法降低游离 TDI 含量。后三聚法也称三聚法，是在 TDI 与羟基组分的加成反应完成后，再加入三聚催化剂对残留单体进行三聚反应，达到降低游离 TDI 的目的。但是，实际情况并非如此简单，要对加成反应后的残留单体进行三聚并使游离 TDI 达到较低的水平，在配方设计和原材料选择上必须进行系统试验，摸索最佳条件，从而得到理想结果。

① 后三聚法原理简介　后三聚法去除游离 TDI 与传统的 TDI 三聚体的合成均利用了异氰酸酯的三聚反应，两相比较，前者具有以下的特点。

a. 加成反应后，可供聚合的游离 TDI 的浓度低，为 5%～10%，在这种情况下再进行三聚反应，就使得游离 TDI 的三聚反应程度很低。即便进行了后三聚反应，这 5%～10%的游离 TDI 也不可能全部聚合掉。反映到成品的游离 TDI 含量上，就是国产的用后三聚法生产的加成物固化剂比传统的三聚体固化剂的要高。

b. 参与三聚反应的不仅仅是游离的 TDI 分子，TDI 和多元醇的加成物也会发生这种三聚反应，体系中存在几种不同的三聚反应，包括游离 TDI 自聚、TDI 和多元醇的加成物自聚以及游离 TDI 和加成物的共聚，从而导致固化剂的分子量增加、分子量分布变宽、黏度增加。

c. 加成物中的 NCO 基团由于空间位阻效应导致反应活性较低，三聚反应速率较慢。

基于以上特点，在利用后三聚法降低游离 TDI 含量时，为了提高体系中游离 TDI 自聚反应活性，降低加成物参加三聚的概率，应注意以下几点。

a. NCO/OH 摩尔比的控制　这个比例通常在 2.0～2.10，合适的比例是进行三聚的必要条件，比例太高，在提高成本的同时，成品的游离 TDI 的含量会偏高；比例偏低时，会导致黏度增加快，反应终点难控制。

b. TMP 和其他二元醇的比例控制　加入二元醇的目的是为了提高体系的相容性和降低体系的黏度，提高传质效果，从而为三聚反应创造良好的条件。

c. 催化剂的选择　由于游离 TDI 发生自聚的反应活性比加成物的活性大，最好选择温和的催化剂，尽量使游离 TDI 聚合，降低加成物参与三聚的概率，更加有利于降低游离 TDI 的含量。如果催化剂的活性太强，反应速率太快，会导致加成物中 NCO 基团参与三聚反应的比例增加，不利于游离 TDI 含量的降低。

② 国产 TDI 加成物固化剂的性能特点　与进口固化剂相比，国产固化剂具有如下的特点。

a. 游离 TDI 含量较高，通常 1%～2%以下。

b. NCO 含量低，通常 9%～10%（60%固含量），三聚催化剂的加入和反应时间的延长会导致更多的副反应发生，NCO 含量降低。

c. 容易被消光，这是国产固化剂的最大优势。由于木用涂料中亚光漆的比例较高，因此，固化剂对最终光泽的影响成为一个主要的指标。容易被消光的固化剂，主剂中需要消光粉的用量降低，成本降低的同时可以弥补固化剂本身透明度不足的缺陷。

d. 初干很快，实干稍慢。进口固化剂和国产固化剂在干燥性能上的不同将在后文详述。

e. 与硝化棉、二甲苯等的相容性差。

f. 黏度大，原因是加成物之间或加成物与游离 TDI 之间发生三聚反应。

③ 配方示例　典型的后三聚法 TDI 加成物固化剂配方见表 3-7-80，配方中 NCO/OH＝2.0～2.1，三羟甲基丙烷与 1,3-丁二醇之比为 1.3～1.6。

表 3-7-80　后三聚法 TDI 加成物配方

加料顺序	组　分	用量/%	加料顺序	组　分	用量/%
A	醋酸丁酯	20	C	1,3-丁二醇	3～8
	甲苯二异氰酸酯	42～52		二月桂酸二丁基锡(DBTL)	0～0.2
	抗氧剂	0～1	D	三聚催化剂	0～0.2
B	醋酸丁酯	20	E	磷酸	0～0.2
	三羟甲基丙烷	6～9	总计		100

生产工艺：B 组分投入脱水釜，升温回流脱水 1h，降温到 60℃以下备用。将 A 组分投入反应釜，启动搅拌，通入干燥的氮气，并升温到 50℃保温。开始滴加脱水液，控制反应釜温度不超过 55℃，滴加时间 1～2h。滴加完毕后在 50℃保温 2h，然后升温到 65℃保温 1h。降温到 50℃。C 组分投入脱水釜后，开始滴加该组分，控制反应釜温度不超过 55℃，1h 内滴加完毕。升温到 65℃保温 4h，取样检测游离 TDI 和 NCO 含量。加入 D 组分，并保温，每半小时检测一次 NCO 含量，当 NCO 含量达到 10.0%以下时，加入 E 组分，搅拌 0.5h。降温，过滤，包装。指标见表 3-7-81。

表 3-7-81　国产固化剂技术指标

指　标	范围	指　标	范围
NCO 含量/%	9～10	游离 TDI 含量/%	1.0～2.0
固含量/%	58～62	色泽(Pt-Co 比色)	＜100
黏度/mPa·s	1500～3000	外观	透明黏稠液体

该固化剂是一个典型的后三聚法处理游离 TDI 的配方，多元醇反应后，游离 TDI 含量为 6%～8%，再经三聚处理后，游离 TDI 含量为 1%～2%，达到国标 GB 18581 的标准要求。可作为通用的加成物固化剂使用，用于亚光面漆时，有很好的被消光性能，用于底漆时具有较好的打磨性。

(4) 改性 TDI 加成物固化剂　木用涂料中，TDI 加成物固化剂的使用量最大，从标准配方和工艺出发，为了适应国内市场的需要，为了降低成本，调节性能，对其改性意义很大，也很普遍。为了阐述的需要，同时也由于后三聚法以及低分子多元醇调节这两种方法的普遍使用，不将其作为改性的方法进行阐述，并已在前文中的标准产品中说明。改性 TDI 加成物的方法主要有两种：一是聚酯改性；二是 MDI 代替 TDI 作为多异氰酸酯组分使用。后者将在“固化剂的发展”中介绍，以下仅介绍聚酯改性的 TDI 加成物固化剂。

聚酯改性 TDI 加成物固化剂是采用低分子量的聚酯，代替部分的三羟甲基丙烷合成的。采用聚酯改性的 TDI 固化剂优点是成本降低、柔韧性好、相容性佳、光泽高，还可以采用二甲苯等价格便宜和极性低的溶剂作为稀释剂；缺点是 NCO 含量低，要达到同样的交联密度，需要用较大量的固化剂，但其硬度却不会同步提高。利用这个特点，把聚酯改性的 TDI

加成物应用于聚氨酯底漆中，可提高底漆对基材的附着力和柔韧性。

① 聚酯改性 TDI 加成物固化剂原理　由于聚酯树脂中含有的羟基基团与 TDI 中的 NCO 基团具有良好的反应性，因此可以用于固化剂的改性。用于改性的聚酯，其羟值通常要求在 200mg KOH/g（按 100%固含量计）以上，羟基平均官能度为 2～3，酸值小于 1mg KOH/g，同时要求黏度低、色泽浅。

聚酯和小分子多元醇的比例可以根据性能需要进行调整。降低聚酯树脂的用量，增加多元醇的用量，可以提高固化剂的干性、打磨性和硬度；反之，则可以提高漆膜的柔韧性、透明性和光泽。

用聚酯改性 TDI 加成物时，工艺上要注意聚酯树脂应首先和 TDI 反应，然后才能加入多元醇继续反应，这是由于聚酯树脂的官能度不均匀，部分官能度较高，会导致产物的支化度高，同时，聚酯树脂中的羟基反应活性降低，因此，为了反应的顺利进行以及生产安全性，聚酯树脂应该先与 TDI 反应。

聚酯改性的 TDI 加成物同样可以采取后三聚法降低产品中的游离 TDI 含量。

② 聚酯改性 TDI 加成物固化剂性能特点

a. 聚酯改性 TDI 加成物固化剂最大的特点是成本低，原因之一是聚酯树脂可采用廉价的多元醇，不必使用价格较高的三羟甲基丙烷；原因之二是聚酯树脂的羟基当量较高，需要的 TDI 的用量少；原因之三是可以采用二甲苯代替醋酸丁酯。

b. NCO 含量低，通常为 5%～8%。

c. 可用较多的二甲苯稀释。

d. 固化后漆膜的柔韧性好、光泽较高。

③ 示例

a. 改性用聚酯半成品配方与生产工艺

• 配方　改性用聚酯树脂配方见表 3-7-82。

表 3-7-82　改性用聚酯树脂配方

序号	组　分	用量/%	序号	组　分	用量/%
A	月桂酸	5～20	B	季戊四醇	3～15
	乙二醇	3～10	C	苯甲酸	2～10
	次磷酸	0.2		二甲苯	1～2
	苯酐	15～30	D	醋酸丁酯	40～50

注：酸树脂常数 $K=1.04$；理论羟值为 200mg KOH/g。

• 生产工艺　反应釜设置为回流关闭状态，打开卧式冷凝器冷却水。将组分 A 中的物料投入反应釜，通氮气，流量 10m³/h，升温到 60℃后开搅拌，此时物料全部熔融。投入组分 B，继续升温到 130℃，物料熔融后，加入组分 C，保持升温速率 1℃/min。170℃时开始出水，控制馏温≤102℃。温度达到 220℃时开始保温，取样检测酸值和黏度，每小时取样检测一次。酸值≤20mg KOH/g 时，加入回流二甲苯 D，反应釜设置为回流状态，保温回流，每小时检测酸值一次。酸值≤5mg KOH/g 时，升温到 230℃，保温回流，取样检测酸值，每小时检测一次，酸值≤1mg KOH/g 时降温。180℃时加入醋酸丁酯兑稀，搅拌均匀。过滤包装备用。树脂指标如下。

NV/%	55	黏度/mPa·s	500
色泽(Fe-Co 比色)	≤1	酸值/(mg KOH/g)	≤1

b. 聚酯改性 TDI 加成物固化剂配方与生产工艺

• 配方　聚酯改性 TDI 加成物固化剂配方见表 3-7-83。

表 3-7-83　聚酯改性 TDI 加成物固化剂配方

序号	组分	用量/%	序号	组分	用量/%
A	TDI	25～35	D	DBTL	0～0.2
	醋酸丁酯	25	E	二聚催化剂	0～0.2
B	聚酯半成品	20～30	F	磷酸	0～0.2
C	丙二醇	3～7	G	醋酸丁酯	15～30

• 生产工艺

投 A 入反应釜，通入干燥的氮气，$2m^3/h$，开搅拌并升温至 40℃。

投 B 入高位槽，升温至 60℃±2℃，滴加入反应釜。滴加时控制反应釜温度≤45℃；滴加完毕后再 60℃保温 1h，降温至 50℃。

滴加 C，60℃保温 4h。

加入 D，60℃保持 1h，测 NCO。

加 E，保温 1h 后测 NCO，每小时测一次，待 NCO 降至 7.3～7.6 时合格。

加 F，搅拌 0.5h。

加 G，兑稀，搅拌均匀，过滤包装。

该固化剂可以用于聚氨酯底漆中。

(5) TDI 三聚体固化剂

① TDI 三聚体固化剂原理　TDI 三聚体的理想分子结构如图 3-7-9 所示。

三个 TDI 分子以异氰脲酸酯相连接，形成一个新的六元环结构。实际反应条件下，体系中会生成其他的副产物如五聚体、七聚体等。TDI 的三聚反应是一个亲核反应，路易斯碱、离子性试剂均可作为反应的催化剂。反应中催化剂的亲核基团进攻异氰酸酯基团上的碳正离子。可用的催化剂种类很多，包括叔胺、金属羧酸盐等，目前常用的是叔胺类的催化剂，例如 DMP-30 等。选择催化剂的一个重要原则就是适宜的聚合速率，聚合速率不能太快，否则反应无法控制，聚合速率太慢，则影响生产效率。使用的催化剂在反应完毕后应该可以通过适当的方法去除或失活，提高产品的贮存稳定性。

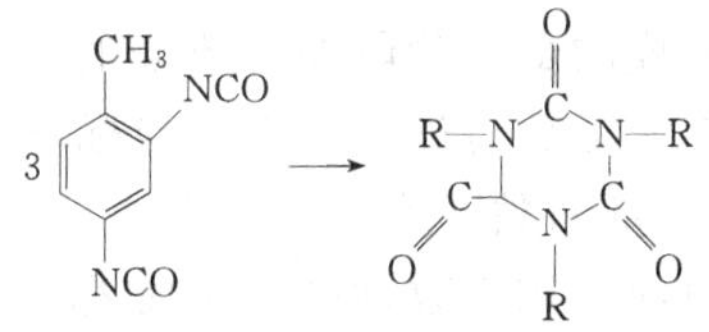

图 3-7-9　TDI 三聚体理想结构图

R 是 TDI 的分子结构，并带一个 NCO 基团

② TDI 三聚体固化剂的性能特点　由于 TDI 三聚体分子中存在大量的刚性的六元环的结构，因此，TDI 三聚体固化剂的玻璃化温度高、硬度高；又由于存在五聚体、七聚体等更高形式的聚合物，三聚体的平均官能度提高，固化后漆膜的交联密度高、耐划伤性好；六元环中的位阻效应会阻止异氰脲酸酯的氧化，漆膜的耐黄变性比加成物好。但如果单独使用三聚体作为固化剂，漆膜太脆，因此三聚体固化剂通常与加成物配合使用，改善 TDI 加成物的硬度、耐划伤性等。

a. 基本配方　TDI 三聚体的代表产品以及性能指标见表 3-7-84。

表 3-7-84　TDI 三聚体技术指标

指　标	BAYER	SAPICI	日胜
	DESMODUR IL BA	HR.B	SC550IL
固含量/%	50	50	50
NCO 含量/%	8	7.8～8.2	7.3～8.3
游离 TDI 含量/%　<	—	0.5	1
黏度(25℃)/mPa·s	1600	700～1200	150±100

b. 生产工艺 将组分A的所有原料投入反应釜，通氮气，开启搅拌，升温到65℃，保温，每半小时检测NCO含量一次，当NCO含量为8.0%～8.5%时合格，加入磷酸搅拌10min，降温。过滤包装即可。该固化剂的技术指标见表3-7-86。

③ 配方示例 三聚体固化剂配方见表3-7-85。

表3-7-85 三聚体固化剂配方

序号	组分	用量/%	序号	组分	用量/%
A	醋酸丁酯(氨酯级)	49.5	B	磷酸(85%)	0～0.2
	甲苯二异氰酸酯	50			
	催化剂	0～0.2	总计		100
	抗氧剂	0～0.2			

表3-7-86 TDI三聚体技术指标

性能	指标	性能	指标
NCO含量/%	8.4	游离TDI含量/%	0.8
固含量(120℃,1h)/%	50	外观	透明液体
色泽(Pt-Co比色)	50		

该三聚体可以作为通用的TDI三聚体使用，具有硬度高、耐划伤性好等优点。

④ TDI三聚体的改性 与TDI加成物固化剂一样，为了满足漆膜性能的要求，也会对三聚体进行改性。改性的目的是为了提高三聚体的相容性、透明性等。改性的方法可以在三聚体合成的最后阶段加入部分的醇，以提高三聚体的相容性和柔韧性；也可以先让TDI与醇反应，然后再进行三聚。与标准的TDI三聚体相比较，经此方法改性的TDI三聚体，其NCO含量和黏度均有所下降。

目前，用于改性的醇通常都是醇醚类物质，例如乙二醇丁醚、丙二醇甲醚、丙二醇丁醚、二乙二醇丁醚等。原因是这些醇都是一元醇，不会引起扩链，同时含醚键的、柔软的长链分子结构引入三聚体后，降低了分子极性，提高了相容性。改性后的三聚体还有一个特点就是降低了体系的玻璃化温度，表干速率介于加成物固化剂和三聚体之间。

改性三聚体的代表产品是SAPICI的POLURENE AC510和60T，其技术指标见表3-7-87。

表3-7-87 SAPICI改性三聚体技术指标

指标	60T	AC510	指标		60T	AC510
溶剂	醋酸丁酯	醋酸丁酯	色泽(Fe-Co比色)	<	1	1
NCO含量/%	9.5～9.9	7.0～7.4	游离TDI含量/%	<	0.5	1
固含量(120℃,1h)/%	60	50	黏度(23℃)/mPa·s		1200～2000	50～300

AC510与硝化棉、丙烯酸树脂和二甲苯、甲苯等具有良好的相容性，柔韧性好。与AC510相比，60T除与丙烯酸树脂的相容性略差外，其他基本相同。

(6) HDI固化剂 HDI固化剂是除TDI固化剂之外在木用涂料中应用较多的一种。HDI是脂肪族的多异氰酸酯，用其合成的固化剂，耐黄变性能优异、黏度低。通常用于浅色透明涂装、浅色实色涂装中。HDI固化剂主要的商品形式是三聚体和缩二脲，两者比较，三聚体固化后漆膜的硬度略高、黏度较低、稳定性更好。

① HDI缩二脲 HDI单体在一定条件下有控制地与水反应生成HDI缩二脲（图3-7-10）。由于HDI单体的挥发性和毒性均高，故常以缩二脲的形式来使用。缩二脲由三分子HDI和一分子水经缩聚反应而生成。

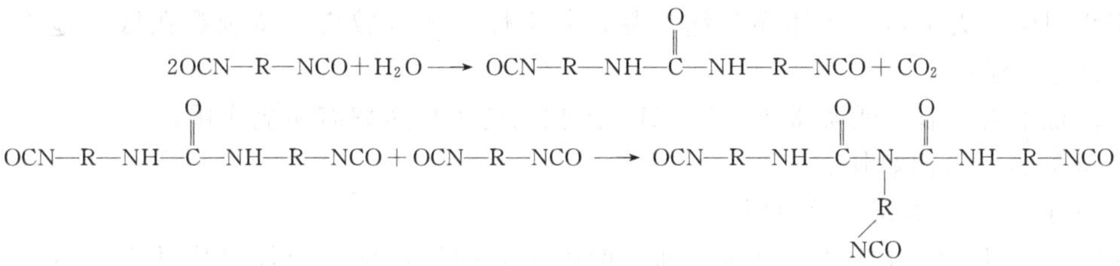

$$2OCN{-}R{-}NCO + H_2O \longrightarrow OCN{-}R{-}NH{-}\overset{\overset{\large O}{\|}}{C}{-}NH{-}R{-}NCO + CO_2$$

$$OCN{-}R{-}NH{-}\overset{\overset{\large O}{\|}}{C}{-}NH{-}R{-}NCO + OCN{-}R{-}NCO \longrightarrow OCN{-}R{-}NH{-}\overset{\overset{\large O}{\|}}{C}{-}\underset{\underset{\large NCO}{\underset{/}{\underset{R}{|}}}}{N}{-}\overset{\overset{\large O}{\|}}{C}{-}NH{-}R{-}NCO$$

图 3-7-10 HDI缩二脲结构

由于羰基旁有两个活泼氢原子，反应可以更深入地进行下去，生成二缩二脲、三缩二脲、四缩二脲等产物。因此 HDI 缩二脲的商品是这些缩二脲的混合物，由于含脲结构的、高分子量的多异氰酸酯的存在，溶液变得不透明甚至浑浊，在反应时，还会生成带着脲基的、分子量更高的多元异氰酸醋类。表 3-7-88 是商品缩二脲的产品组成。缩二脲生产工艺如下。

表 3-7-88 缩二脲组成

组分名称	质量分数/%	组分名称	质量分数/%
HDI单体	0.1	三缩二脲	9.5
单缩二脲	44.5	四缩二脲	5.4
二缩二脲	17.4	高分子量化合物	23.1

少量的六亚甲基二异氰酸酯（HDI）和水在静态混合器中连续地进行混合后随即送入两个串联的反应釜中。并将 HDI 连续地从贮槽加入反应釜中。第一个反应釜的温度保持在170℃，第二反应釜的温度为 150℃，两个反应釜都用夹套蒸汽加热。每个反应在釜内均配置了两个串联的冷凝器，以防止 HDI 随反应中放出的二氧化碳一起逸去。过滤后的液体在真空薄膜蒸发器中进行蒸发，以回收没有起反应的 HDI。从蒸发器底部排出的液态缩二脲仅含 0.3%的 HDI。用溶剂将此产物配制成 75%固体含量的最终产物。

典型产品是 DESMODUR N75、POLURENE M75 等，技术指标见表 3-7-89。

表 3-7-89 HDI 缩二脲技术指标

指标	BAYER	SAPICI	指标	BAYER	SAPICI
	N75	M75		N75	M75
溶剂	MPA/二甲苯	MPA/二甲苯	黏度(23℃)/mPa·s	250±75	150～310
NCO 含量/%	16.2～16.8	16～17	色泽(Fe-Co 比色)	—	<1
固含量(100℃,2h)/%	75	75	游离单体含量/% <	0.5	0.2

② HDI 三聚体 HDI 三聚体的基本原理与 TDI 三聚体相一致。HDI 三聚体和缩二脲相比，三聚体在干燥、硬度和耐候性方面具备明显的优势。DESMODUR N3390 是 BAYER 公司 HDI 三聚体，而 POLURENE MT 90 是 SAPICI 的产品，CORONATE HX-90B 是 NPU 产品。具体技术指标见表 3-7-90。

表 3-7-90 HDI 三聚体技术指标

指标	DESMODUR N3390	CORONATE HX-90B	MT 90
溶剂	醋酸丁酯/100#溶剂油	醋酸丁酯	醋酸丁酯/100#
NCO 含量/%	19.3～19.9	18.2～19.8	19～21
固含量(100℃,2h)/%	90	89～91	90
色泽(GARDNER) <	1	—	1
游离单体含量/% <	0.15	—	0.2
黏度(23℃)/mPa·s	400～700	130～560	400～700

HDI固化剂无论是三聚体还是缩二脲，其干燥速率都较慢，特别是在低温施工时。解决的方法有三种：

a. 加催干剂，有机锡类催干剂对HDI固化剂的干燥速率有明显作用；

b. 50℃以下低温烘烤；

c. 与TDI三聚体混配后使用。

(7) 混合型固化剂 混合型固化剂是两种不同的异氰酸酯单体经化学反应后合成的产品。主要有HDI和TDI的混合三聚体。

HDI和TDI两种单体活性差别较大，在80℃条件下与辛醇反应5min后，前者转化率为23%，后者为90%。在HDI/TDI三聚体中，理想结构是1分子HDI及2分子TDI共同组成，六亚甲基处于异氰脲酸酯环中间，阻断了"共轭双键"效应，从而大大提高了抗泛黄性，因此若想接近理想状态，必须加大HDI单体的量，以增加这种低反应活性分子的反应机会，但这样就为后处理带来了较多的麻烦。如图3-7-11所示是HDI/TDI混合三聚体的理想结构。

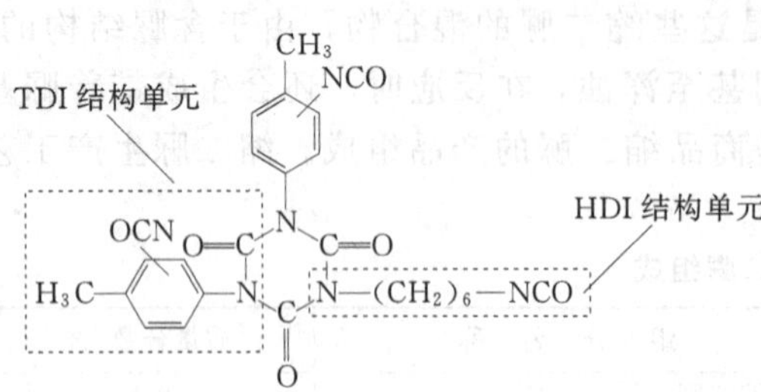

图3-7-11 HDI/TDI混合三聚体的理想结构

HDI/TDI混合固化剂的特点：与纯芳香族异氰脲酸酯相比较，混合固化剂的耐光性、保光性特别好，耐黄变性远远高于TDI三聚体，接近HDI缩二脲。它不需要与特殊的聚酯/醇酸配合，却可以在复杂的气候条件下保持其良好的保光性。漆膜干燥固化快，配漆后适用期长。在实际施工中还常常将HDI/TDI三聚体和HDI缩二脲混拼使用，以期获得比HDI缩二脲更为快干的。耐候性也比较好的漆膜。

HDI/TDI混合三聚体的技术指标见表3-7-91。

表3-7-91 HDI/TDI混合三聚体技术指标

指 标	Desmodur HL BA	OK. D. S
溶剂	醋酸丁酯	醋酸丁酯
NCO含量/%	10.5	10～11
固含量(100℃,2h)/%	60	60
色泽(GARDNER)	<1	<1
游离单体含量/%	—	HDI<0.1 TDI<0.4
黏度(23℃)/mPa·s	1100	1100～3300

4. 成膜过程中的固化交联机理

(1) 交联反应 聚氨酯涂料中，固化剂主要提供能够常温固化交联、成膜的物质基础。异氰酸酯基团和羟基基团的交联反应是主反应，促使漆膜逐步干燥。交联反应的示意式如图3-7-12所示。

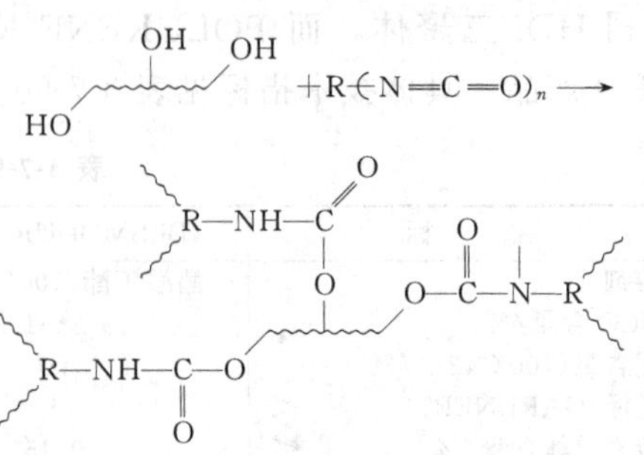

图3-7-12 聚氨酯漆膜固化交联机理

(2) 与水的反应 除了上述主要的交联反应之外，木用聚氨酯涂料由于受施工环境、底材的影响还有可能发生其他的副反应，主要是异氰酸酯与水以及多酚的反应。

水分的来源有以下几种。

① 空气中的水分 特别是在潮湿天气下，其

影响更为严重。

② 涂料中的水分 包括溶剂中含有的微量水分、生产过程中带入的水分。

③ 底材中的水分 底材特别是木材本身都会有一定的游离水。

④ 施工设备中带来的水分 例如喷涂所用的压缩空气中也会含有一定的水分。

异氰酸酯与水的反应示意图如图 3-7-13 所示。

反应分两步进行，第一步是水与 NCO 基团的反应，生成的中间产物是胺，第二步是生成的胺与 NCO 基团继续反应，并最终生成脲。由于胺与 NCO 的反应速率很快，所以起决定作用的是反应的第一步。

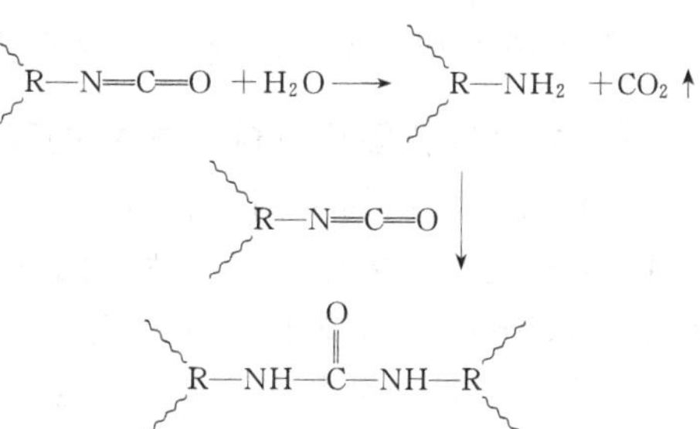

图 3-7-13 异氰酸酯与水反应

从该反应的示意式中，可以得出如下结论。

① 1mol 水分子与 2mol 的异氰酸酯反应，考虑到两者分子量的差异，可以认为少量的水参与反应将会导致固化剂的较大损失。

② 异氰酸酯与水反应，最终生成脲，同时产生二氧化碳气体。如果生成的二氧化碳不能及时从漆膜中逸出，会导致针孔、暗泡、气泡等漆膜弊病。

为了更清晰地阐述这个问题，可以进行简单的计算。

假设 $1m^2$ 的涂布面积上的涂料总量是 100g，含水率 0.1%，则总含水量是 0.1g 即 0.0056mol。根据图 3-7-12 的反应式，水的物质的量与二氧化碳的物质的量相同。

在标准条件下二氧化碳的体积＝0.0056×22.4＝0.1254(L)＝125.4（mL）。

假设生成的气泡的直径为 1mm，则最终产生的气泡总数＝125.4/($4\pi\times R^3/3$)＝30000（个）。

从以上的简单推导可以看出少量水分对聚氨酯涂料的重要影响，对于聚氨酯涂料而言，良好的消泡、脱泡能力是非常重要的，特别是在湿度高的环境下施工更要注意水分的不良影响。

(3) 其他副反应 对于木用涂料而言，底材中还会含有酚类物质，木材的处理过程中也有可能会带入其他活性物质，都会与聚氨酯固化剂中的异氰酸酯基团反应，消耗有效的 NCO 基团，对漆膜的效果产生不利的影响，主要是附着力、透明度、抗开裂性以及黄变等。

(4) 交联反应特点 与加成物固化剂的合成相比，成膜过程中的交联反应具有如下的特点：

① 交联反应发生的温度较低，都是在常温或低温烘烤下进行（≤50℃）；

② 交联反应进行时，溶剂含量逐渐降低，漆膜的固含量越来越高；

③ 交联反应与外部环境接触多，受外界的影响大，例如湿度、温度等；

④ 交联反应发生时，分子量提高非常迅速。

以上特点决定聚氨酯漆膜中羟基组分和异氰酸酯组分的反应是不完全的，漆膜中既有残留的羟基，同时残留的 NCO 基团也会存在很长一段时间，据红外光谱的跟踪检测，即使在干燥 30 天后，漆膜中残留的 NCO 基团仍然显示较强的吸收峰。

(5) 漆膜干燥固化过程 聚氨酯漆膜的固化大致可以分为三个阶段，第一阶段是伴随大量溶剂的挥发，部分异氰酸酯基团与羟基树脂的交联，即表干阶段，通常 15～60min；第二阶段以异氰酸酯基团和羟基树脂的交联为主，伴随部分溶剂的挥发，即实干阶段，通常 4～48h；第三阶段是漆膜的充分固化交联阶段，漆膜达到完全干燥并表现出最佳性能。这一阶段持续的时间比较长，通常需要 3 个月以上时间。第一阶段以溶剂挥发为主，第二阶段以液相-液相交联反应向液相-固相、固相-固相交联反应的转变为主，第三阶段以固相-固相的交联反应为主。由于受分子运动的影响，固相-固相反应进行得很缓慢。为使漆膜达到最佳的交联密度，漆膜的表干时间不宜太快，否则交联密度降低，影响漆膜性能。

因此，在设定一个固化剂的配方时，必须考虑以下因素。

① 施工环境的温度、湿度。

② 溶剂体系对漆膜固化的影响。

③ 加成物和三聚体固化特点的差异。

5. 木用涂料固化剂配方技术的难点透析

(1) 进口固化剂和国产固化剂灵活搭配使用　进口固化剂采用薄膜蒸发法处理游离TDI，国产固化剂采用后三聚法降低游离TDI，两种不同方法制得的产品性能差异较大。前者初干速率慢而实干较快，光泽高，与其他树脂的相容性好，韧性强，同等情况下漆膜光泽高。后者分子量大且分布不均匀，初干速率较快而实干较慢，易被消光，黏度大，相容性差，低温施工有开裂倾向。

在实际配方调整中，应将两种固化剂适当搭配，以达到性能和环保要求的综合平衡。例如，用于亚光漆的固化剂，可以增加国产固化剂的比例，以降低消光粉的用量，达到降低成本和提高漆膜透明度的目的；而用在亮光漆的固化剂，可以增加进口固化剂的比例，提高漆膜的光泽和透明度；在冬季气温较低的情况下，也应该增加薄膜蒸发法固化剂的比例，提高干燥性能。原因是它的玻璃化温度较低，流动性好，NCO和OH更容易交联，避免了固化不良、漆膜开裂等弊病。这一点从图3-7-14和图3-7-15也可以得到验证。

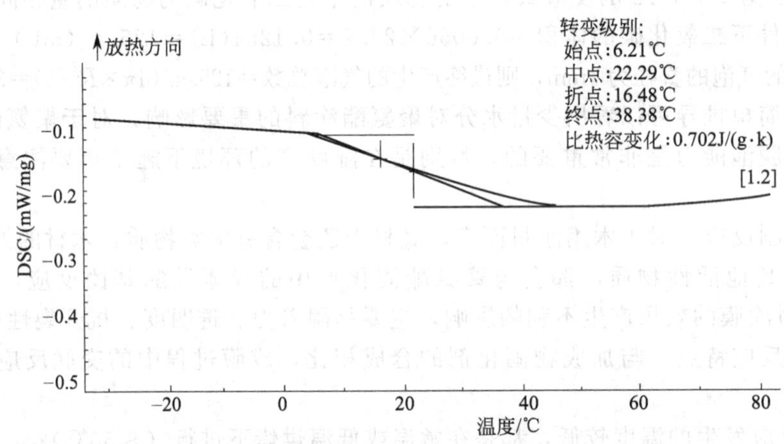

图3-7-14　进口TDI加成物固化剂加DSC图

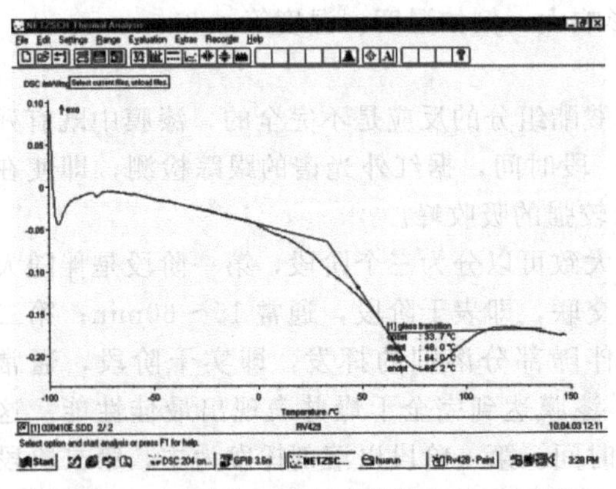

图3-7-15　国产TDI加成物固化剂DSC图

从上述两个图中可以看出，薄膜蒸发法固化剂加成物的玻璃化温度比三聚法高约20℃。因此，当环境温度较低时，建议采用进口固化剂，或在混合固化剂中加大其比例，此时加入少量的催干剂例如有机锡，能提高漆膜的交联能力，达到较佳的漆膜性能。

必须避免走入一种误区，认为三聚法固化剂加成物的干燥速率比薄膜蒸发法快，从而在冬季气温较低，漆膜固化不良时，就错误地加入更多的三聚法固化剂加成物，其结果是不仅不能解决问题，反而会导致问题更为严重。原因是三聚法固化剂加成物的玻璃化温度高、分子量大，漆膜表干时间短，所谓的干燥其实是"假干"，漆膜表干后，分子运动受阻，分子碰撞概率减小，交联反应难于进行，实干就很慢。而薄膜蒸发法固化剂由于玻璃化温度较低，即使在冬季的低温天气下，NCO 和 OH 仍可进行交联反应，实干不会慢，当然需要的时间要比高温下要长。

由图 3-7-16、图 3-7-17 和表 3-7-92 可以明显看出，两种产品在分子量以及分子量的分布上有明显的差异，薄膜蒸发法产品的分子量较低，分布也较为均匀，而三聚法产品的分子量较高，分布宽，呈多峰分布。

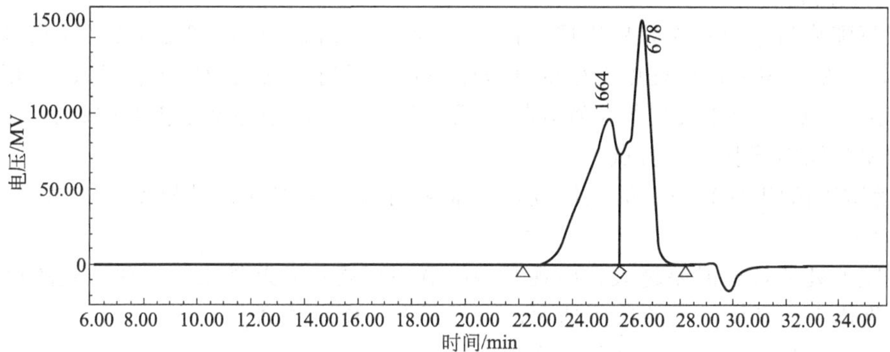

图 3-7-16　进口 TDI 加成物固化剂的 GPC 图

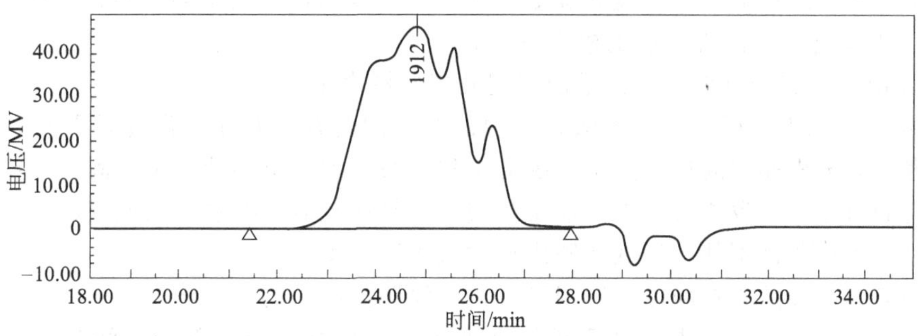

图 3-7-17　国产 TDI 加成物固化剂的 GPC 图

表 3-7-92　两种 TDI 固化剂加成物的产品指标对比

指　　标		进口产品	国产产品
色泽(Pt-Co 比色)		40～100	40～100
黏度/mPa·s		2000±500	2000±500
固含量/%		75	60
游离 TDI 含量/%	≤	0.5	2.0
与二甲苯的容忍性	>	3	10
NCO 含量/%		12.5～13.5	8.8～9.1

(2) 游离 TDI 的矛盾统一　由于反应的选择性不足，聚氨酯固化剂中残留的 TDI 在漆膜干燥的过程中挥发出来，危害人体健康。根据 GB 18581 的规定，全漆中游离 TDI 含量应低于 0.7%，虽然此标准要求不高，但仍然有部分不达标的产品在市面销售。目前符合国标的产品分为两类：一是采用薄膜蒸发去除游离 TDI 的产品，以 BAYER 为代表的国外品牌；二是采用化学法去除游离 TDI 的产品，以国内厂家为主。两种类型的产品在性能上有一定的差异，其原因是薄膜蒸发法是采用物理的方法快速进行处理的，产品前后分子量变化小。

所谓的化学法一般是通过后三聚的方法降低游离 TDI 的含量，但同时体系的分子量也迅速增加，玻璃化温度升高。

除对环境的影响之外，游离 TDI 对漆膜性能的影响有正面的也有负面的。

负面影响：游离 TDI 含量高时，漆膜黄变倾向大，如果含量超过 5%，气味较大。

正面影响：通常游离 TDI 含量高的固化剂与醇酸、硝化棉等其他树脂的相容性明显提高，漆膜柔韧性提高，漆膜开裂倾向降低。当然，不能因为这个原因而故意保持高含量的游离 TDI。

(3) 开裂问题

① 聚氨酯涂料漆膜开裂弊病描述　涂料干燥后，漆膜表面出现细小裂缝的弊病称之为漆膜开裂，但是漆膜老化过程中产生的开裂则不在这里讨论的范围以内。开裂一旦发生，往往是从涂装工件的边角或接口的位置开始出现，并有逐步向中心部位扩散的趋势。

② 聚氨酯涂料漆膜开裂特点

a. 开裂弊病的出现有一定的地域性，一般黄河以北出现开裂的概率大，黄河以南出现开裂的概率小。

b. 漆膜所处的环境温差越大，出现开裂的概率越高；温差越小，出现开裂的概率越低。

c. 固化剂中三聚体使用的比例越大，出现开裂的概率越高。

d. 底材湿度越高，出现开裂的概率越大。

e. 配套底漆干燥慢，面漆干燥越快，出现开裂的概率越大。

f. 通常出现开裂弊病的时间是在涂装施工一个月内出现，最快隔夜即会出现。

g. 施工温度越低，出现开裂的概率越高。

h. 曲面出现开裂的概率大，而平面出现开裂的概率小。

③ 漆膜开裂原因分析　聚氨酯涂料漆膜的开裂问题在近几年逐渐变得严重，其表观原因：一是客户对干燥速率的过分追求，配方工程师被迫加入更多的三聚体固化剂或其他玻璃化温度较高的组分，导致漆膜的初干速率过快；二是涂装时一次喷涂的湿膜越来越厚；三是低温施工时，固化条件不佳，导致漆膜出现“假干”现象。

聚氨酯漆膜开裂的内在原因，归根到底，是漆膜内应力的原因。

a. 应力和内应力　应力是物体受外因而变形时，在物体内各部分之间产生相互作用的内力，以抵抗外因的作用，并力图使物体从变形后的位置回复到变形前的位置。在所考察的截面某一点单位面积上的内力称为应力。

物体在不受外力作用的情况下，内部固有的应力叫内应力，它是由于物体内部各部分发生不均匀的塑性变形而产生的。

当内应力超过漆膜承受的极限时，就会导致漆膜断裂或开裂。

b. 漆膜内应力产生的原因　漆膜内应力产生的原因很多，大致有以下几种。

● 体积变化产生的内应力　当基材与漆膜的体积变化不一致时，就会产生内应力。例如，中国北方的家具厂内通常有暖气设施，用来提高漆膜的固化速率，但家具的运输途中，则气温很低。从家具的固化到运输，环境温度急剧变化，基材和漆膜的体积收缩不一致，如果产生的内应力超过漆膜的极限应力就会导致开裂。这种开裂的现象通常在黄河以北地区出现，黄河以南地区很少出现。消除体积变化产生的内应力主要是提高漆膜的柔韧性。

● 分子构型变化产生的内应力　聚氨酯涂料在干燥过程中，溶剂不断挥发，分子链的形状变化趋势是由溶液里的舒展状态逐渐变成干膜中的线团状。当溶剂挥发速率很快时，会导致内应力急剧增加，如果产生的内应力超过漆膜的极限应力，就会导致漆膜开裂。然而，在漆膜固化过程中，异氰酸酯和羟基的交联会起到固定分子链的作用，阻止链的卷曲，降低内应力的产生。因此，提高漆膜的交联速率以及交联密度，可以有效防止开裂的产生。例如，在中国北方低温干燥的条件下施工，由于湿度较低，溶剂挥发速率仍然较快，但是漆膜的交联速率很慢，这种情况下，漆膜出现开裂弊病的概率也就相应增加了。

● 温度高低的交替变化产生交变应力　例如，评估漆膜开裂性能的时候，会人为地将测试样板在高、低温循环放置，便于观察开裂现象。温度的周期性变化导致内应力也随之变化。

● 相分离产生的内应力　聚氨酯涂料体系中，含羟基组分和异氰酸酯组分由于内聚能的差异，在本质是不完全相容的，两者之间存在一定的相分离现象。固化剂中的氨基甲酸酯或脲基具有较高的内聚能，具有彼此缔合的趋势。含羟基组分由于内聚能较低，也有彼此聚集的倾向。

④ 漆膜开裂产生的原因与防治　根据以上的原因分析，漆膜在施工固化后，会受到由于不同原因而产生的各种内应力作用。开裂产生的本质原因是由于漆膜受到一种或几种不同的内应力的共同作用。但不是所有的内应力都会导致漆膜开裂，只当漆膜内应力超过漆膜的极限应力时，才会出现开裂。这种开裂会导致漆膜表面整体性的同时开裂，往往比较少见，常见的是局部开裂，其原因是由于漆膜的应力集中产生的。

所谓应力集中就是施加在漆膜表面的外力，使得材料内部产生的应力会因各种原因在某些部位成倍地集中，致使这些地方承受不了而率先发生断裂。应力集中的地方主要有：几何上的不连续处，如家具的边角、孔、空洞、缺口、沟槽等；漆膜组分和材质的不连续处，如多组分、多相材料等；载荷上的不连续处，受力不均；漆膜表面温度分布不均匀处。由此造成材料的某个小体积中，应力比平均应力大得多，如超过极限应力，漆膜就会发生开裂。木用涂料中，漆膜开裂发生的位置通常是在家具的边、角或曲面等位置也就是这个原因。

防止漆膜的开裂：一是减少内应力的产生；二是内应力产生后，可以进行有效地应力松弛；三是防止内应力集中。具体如下。

a. 减少漆膜内应力的产生　提高漆膜的柔韧性，当基材和漆膜体积变化不一致时，漆膜良好的柔韧性可以提高漆膜的抗开裂性。

漆膜的完全固化可以提供更多的交联点，从而在漆膜固化和溶剂挥发的过程中，对分子链的形变形成约束，降低内应力的产生，例如烘烤（50℃）可以大大提高漆膜的交联密度，降低开裂风险。

低温施工时，TDI 三聚体固化剂的加入会提高漆膜开裂的风险。原因之一是 TDI 三聚体固化剂的玻璃化温度高，溶剂挥发后，漆膜即处于固相状态中，分子运动速率迅速降低，NCO 和羟基反应的反应速率降低，从而导致交联密度降低；原因之二是溶剂挥发后，分子链由舒展状态逐步变成线团状，内应力逐步积累，遇到温度变化等外来诱因的话，加上交联密度不足，就有可能导致开裂，特别是在底材的边角处以及缝隙位置。相反如果在这种条件下，加入的固化剂是 TDI 加成物，其玻璃化温度较低，可供交联反应进行的有效时间较长，分子运动速率快，碰撞概率大，固化更完全，漆膜不易开裂。因此在低温施工时，不能通过加入 TDI 三聚体固化剂的方法来提高漆膜的干燥速率，而是要通过提高固化温度、固化时间和加入催干剂以及位阻胺等手段来提高漆膜的固化程度。

如果要求面漆有很高的硬度，配套底漆应该选择柔韧性较好的，降低基材和面漆之间的内应力的产生，达到防止开裂的目的。

b. 有效的应力松弛　应力松弛是在恒定的温度和形变保持不变的情况下，聚合物内部的应力随时间增加而衰减的现象。将涂装后的工件在 50℃烘烤，可以有效释放内应力，达到抗开裂的目的。

c. 防止应力集中 应力集中总是在漆膜的薄弱处出现，并导致开裂概率增加。

- 基材处理，如果基材有裂缝存在，应先用腻子填平，并充分干燥，而不能依赖底漆。
- 降低漆膜缺陷，如气泡、针孔等。
- 提高对基材的润湿性和附着力。
- 薄涂多次的施工方法。

(4) NCO/OH 比例 NCO/OH 的比例在木用聚氨酯涂料中实际的范围很宽，通常为 1.0～1.2。通用的原则是对于底漆而言，应保留部分羟基，提高底漆和面漆的层间附着力(前提是面漆要带入多余的 NCO 基团)；对面漆而言，NCO 过量，可以提高漆膜的硬度、耐划伤性等。在前文聚氨酯涂料的干燥机理中已经了解到，聚氨酯涂料的干燥过程中，一方面由于水的存在会消耗部分 NCO；另一方面，由于 NCO 和 OH 不可能全部交联，而是有部分残留在漆膜中。因此，在聚氨酯木用涂料中，NCO/OH 的比例虽然并不像汽车漆那样严格控制，但还是应该遵循上述基本原则。

根据国内消费的习惯，聚氨酯木用涂料通常的施工比例是重量的整数比，主剂：固化剂＝1：0.5 或 1：1，更常见的是，对于底漆和亚光清漆，通常采用主剂：固化剂＝1：0.5 的比例，而对于亮光漆，通常采用主剂：固化剂＝1：1 的比例。其原因是为了施工方便。要做到这一点，可以通过调整主剂中树脂的加入比例、固化剂的固体分、固化剂的 NCO 含量和施工黏度最后得到合适的 NCO/OH 比例。

(5) 溶剂应用问题 出于成本控制的目的，固化剂中常加入甲苯、二甲苯等溶剂，但由于国家法规的限制，三苯含量受限，苯类溶剂用量减少。目前主要采用醋酸乙酯、醋酸仲丁酯、碳酸二甲酯等溶剂与醋酸丁酯拼用，控制成本、溶解性和挥发速率的平衡。几种溶剂的物理常数见表 3-7-93。

表 3-7-93 几种溶剂的物理常数

性 能	醋酸正丁酯	醋酸乙酯	醋酸仲丁酯	碳酸二甲酯
分子量	116	88	116	90
沸点/℃	126	77.1	1112.3	90.2
熔点/℃	－77.9	－83.6	－98.9	2～4
密度/(kg/m³)	0.8825	0.9003	0.86	1.073
相对挥发速率	1	5.25	1.8	3.35
20℃蒸气压/kPa	1.33	9.7	2.0	6.27
汽化热/(J/g)	309.4	366.5	—	—
比热容/[J/(g·K)]	1.91	1.92	1.92	—
闪点(开杯)/℃	33	4	31	21.7
折射率	1.3951	1.3723	1.3894	1.3697
溶解度参数/δ	8.5	9.1	—	10.4
黏度(20℃)/mPa·s	0.734	0.449	—	0.664
水中的溶解度/(g/L)	—	80	30	139

醋酸乙酯：由于乙醇是可再生原料，与丁醇相比，价格更低，市场供应稳定。溶解能力与醋酸丁酯接近，常用来部分代替醋酸丁酯。但是，醋酸乙酯的挥发速率快，汽化热高，如用量太多，则干燥过程中漆膜表面的温度下降大，容易造成漆膜发白等弊病，特别是在夏季施工时，漆膜发白、针孔和透明度下降等问题很容易出现。因此醋酸乙酯在配方中的用量不宜超过 20%，同时需要注意施工环境温度。

醋酸仲丁酯：与醋酸丁酯相比，采用的生产工艺和原材料不同，价格差异较大，但其溶解性与醋酸丁酯接近，挥发速率则较快。醋酸仲丁酯的用量可以比醋酸乙酯大，但仍需要与醋酸丁酯等混合使用。

在木用涂料中使用时存在的问题：一是气味问题，涂料气味大，涂装后气味残留的时间长；二是发白问题，全部采用醋酸仲丁酯，漆膜也有发白的倾向，但比醋酸乙酯好。

碳酸二甲酯：毒性低，对极性弱的树脂溶解性较好，对极性强的树脂需与其他溶剂配合使用。

① 作为固化剂的稀释溶剂　碳酸二甲酯甲基上的氢与固化剂中NCO基团具有极弱的反应性，长期存放是会导致固化剂的胶化或变黄，因此，该溶剂不推荐用于固化剂的稀释。

② 作为树脂的稀释溶剂　要求在较低的兑稀温度下进行，因为碳酸二甲酯的两个酯键在高温下会发生酯交换反应。

③ 主要推荐在主剂和稀释剂中使用　由于碳酸二甲酯的密度较大，比通常的树脂和溶剂的密度都要大，在漆膜干燥过程中，不能彻底挥发，造成漆膜容易出现发白、硬度低等弊病。因此，碳酸二甲酯的用量必须经过严格试验来确定，达到成本和性能的平衡。

6. 混合固化剂

混合固化剂是用不同的固化剂产品按需混合，进口与国产、TDI与HDI、加成物与三聚体或以上的任意组合，以满足各种需要。配方灵活多变、生产简易，且实用性很强。

(1) 混合固化剂配方示例

① 通用配方　见表3-7-94。

表3-7-94　通用配方

组　　成	质量分数/%	组　　成	质量分数/%
国产TDI加成物①	55	丙二醇甲醚丙酸酯	5
DESMODUR L75	30	吸水剂②	0.2
二甲苯	9	催干剂③	0.002

① 国产TDI固化剂采用三聚法处理，固含量为60%，NCO含量为9.4%，游离TDI含量为1.4%，溶剂组成为醋酸丁酯：丙二醇甲醚丙酸酯＝3：1，下同。

② 吸水剂是Borchers公司的Additve TI。

③ 催干剂是美国气体产品有限公司产品T-12，下同。

该配方可以用于聚氨酯的底漆和面漆中，既可以在冬天使用，也可以在夏季高温环境下施工，具有良好的通用性。

② 快干固化剂配方　见表3-7-95。

表3-7-95　快干固化剂配方

组　　成	质量分数/%	组　　成	质量分数/%
国产TDI加成物	60	醋酸丁酯	10
国产TDI三聚体①	22	吸水剂	0.2
二甲苯	6	催干剂	0.002

① 国产三聚体固化剂固含量为50%，NCO含量为9.3%，游离TDI含量为0.9%，溶剂为醋酸丁酯。下同。

该配方主要用于亚光面漆中，具有干燥快、易消光的优点。

③ 低成本配方　见表3-7-96。

表3-7-96　低成本配方

组　　成	质量分数/%	组　　成	质量分数/%
改性TDI三聚体①	41	二甲苯	14
聚酯改性TDI加成物②	41	醋酸丁酯	4

① 改性TDI三聚体固含量为50%，NCO含量为8.7%，溶剂组成为醋酸丁酯：二甲苯＝1：4。

② 聚酯改性TDI加成物固含量为50%，NCO含量为6.5%，游离TDI含量为1.2%，溶剂组成为醋酸丁酯：二甲苯：醋酸乙酯＝2：1：2。

该配方主要用于底漆配方中，具有成本低、兼顾打磨和柔韧性的特点。成本降低主要是通过溶剂的调整以及采用了便宜的聚酯改性 TDI 加成物。

④ 低成本耐黄变固化剂配方 见表 3-7-97。

表 3-7-97 低成本耐黄变固化剂配方

组 成	质量分数/%	组 成	质量分数/%
BAYER DESMODUR L 75①	30	丙二醇甲醚丙酸酯	6
N3390②	46	吸水剂	0.2
醋酸丁酯	9	催干剂	0.002

① BARYER 公司产品，TDI 加成物。

② BARYER 公司产品，HDI 三聚体。

该固化剂具备良好的耐黄变性，同时兼顾了产品成本。通过 TDI 加成物提高 HDI 固化剂的干燥性能，同时耐黄变性提高。注意生产和包装过程中均应保持氮气环境，防止质量事故。

⑤ 高耐黄变固化剂 见表 3-7-98。

表 3-7-98 高耐黄变固化剂配方

组 成	质量分数/%	组 成	质量分数/%
O. K. D. S①	37	吸水剂	0.2
N3390②	22	催干剂	0.002
醋酸丁酯	41		

① SAPICI 公司产品。

② BAYER 公司产品。

该固化剂具备优异的耐黄变性，适合耐黄变性要求高的浅色漆或作为户外用途。注意生产和包装过程中均应保持氮气环境，防止质量事故。

以上示例仅供参考，实际应用中，应根据具体的性能要求和使用环境，灵活调整。

(2) 混合固化剂生产工艺 混合固化剂配方的主要组分包括各种异氰酸酯组分、混合溶剂、催干剂和吸水剂。生产工艺则比较简单，几种组分的物料混合搅拌均匀即可。难点是防止水的副作用、设备的清洁、产品的贮存稳定性和包装。

设备清洁是非常重要的，活性物质的污染增加了固化剂的胶凝风险。设备清洗主要采用溶剂例如醋酸丁酯搅拌清洗，判定标准是清洗后的溶剂不发白、清澈透明即可。还有一种方法是将清洗后的溶剂按照 1∶10 的比例加入到要生产的固化剂中，混合均匀后，溶液透明即可，如果出现发白、浑浊即表明设备清洗不达标。

固化剂中如果有水，会导致贮存稳定性变差，常见的是胀罐，胀罐是由于水和 NCO 基团反应后释放出二氧化碳所致。防止水的污染主要有三种手段：

① 溶剂脱水 用于固化剂生产的溶剂，其含水率必须达到氨酯级水平。溶剂脱水可以采用升温回流的方式，通常回流 1～2h，溶剂的含水率可以得到有效降低。

② 通入氮气 在固化剂混合过程中，通入氮气是防止空气中水分影响的有效方法，不仅在配料缸中通入氮气，包装桶中也要通入氮气，对没有用完的固化剂材料，最好也能通入氮气保护。不同的异氰酸酯单体类型对水的敏感程度不同，MDI、HDI 和后三聚法 TDI 加成物固化剂对水都非常敏感，生产设备需要密封和氮气保护，桶装的原材料最好一次用完。

③ 加入吸水剂 吸水剂优先与水反应，从而降低水分对固化剂的影响。但吸水剂只能解决少量水分带来的问题，起主要作用的还是溶剂脱水和氮气保护。

7. 固化剂的发展

聚氨酯固化剂的发展从以下几个方面进行简单介绍。

(1) 异氰酸酯单体的应用发展　目前，国内聚氨酯固化剂主要使用的是TDI类型的固化剂，原因是TDI固化剂的优异性能和价格较低。但由于石油价格的不稳定因素以及国产TDI的产能限制，目前聚氨酯固化剂中二苯甲烷二异氰酸酯（diphenyl methane diisocyanate）MDI的应用研究越来越广。MDI分子式为$C_{15}H_{10}N_2O_2$，分子量250.26。MDI有2,4-位和4,4′-位两种异构体。纯MDI是指4,4′-位异构体纯度达98%以上的产品。4,4′-二苯甲烷二异氰酸酯的结构式为：

OCN—⟨苯环⟩—CH₂—⟨苯环⟩—NCO

MDI纯度达99.5%以上时，室温下是呈白色或微黄色固体，熔化后为无色或微黄色液体，溶于丙酮、苯、甲苯、氯苯、硝基苯、煤油、乙酸乙酯等，色度（APHA）≤30，凝点38～39℃，沸点190℃（0.67kPah下），相对密度（50℃）1.19，动力黏度（50℃）4.7mPa·s，闪点213℃，燃点220℃，NCO基团含量33.6%。纯MDI极易与水发生反应，生成不溶性的脲类化合物并放出二氧化碳，造成涨桶并致浑浊。因此，在贮存过程中必须保证容器的严格干燥、密封，并充干燥氮气保护。

采用MDI作为异氰酸酯单体合成的固化剂，其特点如下：

① 由于MDI结构中含有两个苯环，耐黄变性比TDI差；

② 由于其结构对称，固化剂与其他树脂特别是硝化棉的相容性较差；

③ 由于两个NCO基团的反应活性无差异，游离MDI的含量较大；

④ 干燥速率比TDI固化剂慢；

⑤ 贮存稳定性比TDI固化剂差，微量水分对MDI固化剂的贮存安定性影响巨大。

MDI主要应用于聚氨酯发泡行业中，相关文献报道也较多，例如，CN 1724576、CN 1232555C、CN 100372880C、CN 1878816A、CN 100368454C、CN 1256359C等，但在涂料中的应用还不多见。

中国专利CN 1116327C中公开了一种涂料固化剂：三羟甲基丙烷与蓖麻油进行醇解反应，醇解产物与4,4′-二苯基甲烷二异氰酸酯反应得到涂料固化剂。但由于蓖麻油的颜色再加上高温醇解，所得产物色泽较深。中国专利CN 1116328C中公开了一种由三羟甲基丙烷与4,2′-二苯基甲烷二异氰酸酯及4,4′-二苯基甲烷二异氰酸酯混合物反应得到的聚氨酯涂料固化剂，其中，4,2′-二苯基甲烷二异氰酸酯的用量占整个用量的40%～60%（质量分数）。

中国专利（CN 10029535.6）介绍了一种MDI固化剂的合成方法，反应的第一步是MDI与三羟甲基丙烷反应，由于此时MDI过量较多，MDI中第二个NCO基团反应的概率降低；反应的第二步是加入计量的仲醇，例如二丙二醇，由于仲醇的反应活性低，一定程度上提高了反应的选择性。产品具有贮存稳定性好、与羟基丙烯酸树脂及醇酸树脂混合后相容性好、施工寿命长等特点。

配方与工艺见表3-7-99。

表3-7-99　MDI固化剂配方

组　　成	质量分数/%	组　　成	质量分数/%
三羟甲基丙烷	26.8	醋酸丁酯	316.1
二苯基甲烷二异氰酸酯	262.5	二丙二醇	26.8

将三羟甲基丙烷与二丙二醇分别在105～115℃下真空脱水2～4h待用，三羟甲基丙烷

需保持在熔融状态。三羟甲基丙烷和二丙二醇之比为 6∶4。

氮气保护下，将 262.5kg 的二苯基甲烷二异氰酸酯及 316.1kg 的醋酸丁酯放入反应容器中并搅拌均匀，维持温度在 60℃。

将熔融的三羟甲基丙烷缓慢滴加到反应釜中，滴加过程中反应器内保持搅拌以使物料混合和反应都均匀，滴加时间为 90min，滴加完毕后继续在搅拌状态下于 60℃下反应 4h。

然后将二丙二醇缓慢滴加到反应器中，滴加过程中反应器内保持搅拌以使物料混合和反应均匀，滴加时间为 2h，滴加完毕后继续在搅拌状态下于 60℃下反应 4h，降温至 40℃出料。

产品指标：外观清澈透明，色泽为 20 号铂钴色，NCO 基团含量 7.3%，黏度 120mPa·s。

① 贮存性能测试

• 5℃贮存 30 天，外观清澈透明，色泽小于 20 号（Pt-Co 比色）。

• 50℃贮存 30 天，外观清澈透明，色泽小于 50 号（Pt-Co 比色），NCO 基团含量为 7%，25℃黏度为 140mPa·s。

• 25℃贮存一年，外观清澈透明，色泽小于 50 号（Pt-Co 比色），NCO 基团含量为 7.1%，25℃时的黏度为 135mPa·s。

② 相容性测试 将制得的固化剂 57.5g 与羟基丙烯酸树脂 170g 混合均匀后得到混合液，羟基丙烯酸树脂选用德国拜耳公司的 Desmophen® A 450 BA/X，混合液清澈透明；将第一实施例中制得的固化剂 57.5g 与醇酸树脂 63.7g 混合均匀后得到混合液，醇酸树脂选用意大利 SAPICI 公司的 AP572，下同，混合液清澈透明。

③ 可使用时间测试 可使用时间定义：漆、固化剂与稀释剂混合至施工黏度后放置，黏度增加一倍所需要的时间为可使用时间。

将固化剂 57.5g 与羟基丙烯酸树脂 170g 混合均匀后得到混合液，用醋酸正丁酯将该混合物黏度调至岩田杯 12s，30℃可使用时间为 2h。

将固化剂 57.5g 与醇酸树脂 63.7g 混合均匀后得到混合液，用醋酸正丁酯将该混合物黏度调至岩田杯 12s，30℃可使用时间为 2.5h。

④ 漆膜性能测试 将固化剂 57.5g 与 170g 羟基丙烯酸树脂混合均匀，制得涂料漆膜，该涂料漆膜的性能如下：表干时间 25min；实干时间 24h；漆膜附着力 1 级；漆膜柔韧性 1mm；漆膜耐冲击性 50cm；漆膜硬度 2H。

MDI 固化剂在发展中遇到的主要问题除了上述 MDI 的固有特点引起的技术难点之外，还需要克服客户的施工习惯，例如可使用时间短、干燥较慢以及建立游离 MDI 测试方法的国家标准。

(2) 薄膜蒸发处理游离 TDI 技术简介与国内进展 薄膜蒸发处理游离 TDI 技术一直是制约我国聚氨酯涂料发展的瓶颈之一。2002 年 5 月 1 日，GB 18581 的强制实施，国产固化剂游离 TDI 的含量得到有效控制，为 1%～2%（固含量 60%）。同时上海拜耳也将薄膜蒸发处理游离 TDI 的固化剂引入国内生产。与此同时，国内生产厂家也在进行薄膜蒸发技术的相关研究工作。

薄膜蒸发器基本结构如图 3-7-18 所示。

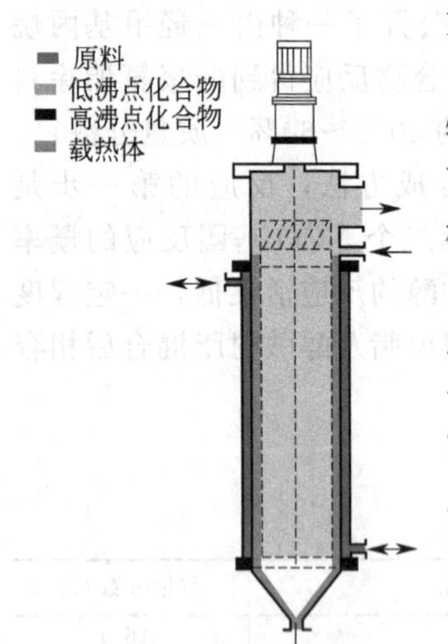

图 3-7-18 薄膜蒸发器基本结构

薄膜蒸发器是在金属壁的内侧分布一层薄的液体层或膜，金属壁的另一侧提供热源，其特点不仅是膜层本身很薄，而且是由搅拌设备产生和搅拌这层薄膜的。这种机械搅拌的装置就是人们所说的转子，转子必须能够处理和带动高黏度的物料的运动。薄膜蒸发器有三个基本的工作原理：液体流动、传热和传质（图 3-7-19）。

由于转子的搅拌作用，薄膜蒸发器内部液体的流动模式非常复杂。通常转子的线速度为 9～12m/s。转子叶片前进方向附近的液体受叶片的推动而呈波浪形移动，称为波浪区；两个转子叶片的中间段是较为均匀的薄膜区（厚度 0.5～3.5mm），当液体流动到第二个转子叶片时，受到限制和挤压，形成强烈的湍流，称为湍流挤压区。三个区域在相邻的两个转子叶片之间重复出现。转子的能量主要消耗在克服液体的内摩擦和湍流。通常需要的能量是 1600～3000W/m^2。转子的高速剪切可以降低液体的表观黏度，从而提高液体内部的传质和传热。

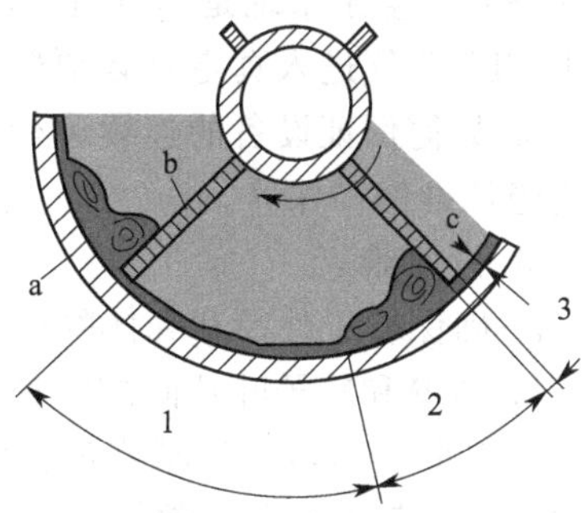

图 3-7-19　薄膜蒸发器基本原理

a—内壁；b—转子叶片；
c—叶片和内壁间隙即膜厚
1—薄膜区；2—波浪区；3—挤压区

薄膜蒸发器可采用夹层式饱和蒸汽或热油加热。物料和蒸发器内壁之间的热传递效率决定了设备的尺寸和蒸发器的效率。物料的蒸发潜热、热导率、黏度、沸点升高和表面张力决定了总热交换效率。

薄膜蒸发器中，由于热交换效率高，如果加热介质和物料温差为 80～100℃，则蒸发器内壁接触物料部分的温度仅比 TDI 的沸点温度高 10～20℃。因此，传质效率而不是传热效率决定了薄膜蒸发器的尺寸和分离效率。分离时，挥发性的 TDI 分子从膜的内部转移到界面然后蒸发。TDI 分子在膜的内部的运动依靠分子扩散或涡流扩散实现。由于分子扩散的速率非常慢，而且随着黏度增加，分子扩散的速率显著下降，因此，TDI 的分子运动主要由涡流扩散来决定。增加膜的湍流可以增加涡流扩散系数，薄膜蒸发中，涡流扩散系数数量级为 $10^{-6}m^2/s$，是分子扩散的 1000～10000 倍。

薄膜蒸发分离技术在制药、石化等行业有着广泛的应用基础，然而，在其他行业运用成熟的技术为什么不能用来分离游离 TDI 呢？这中间的难题在哪里呢？薄膜蒸发处理游离 TDI 技术是配方技术、设备和工艺的综合技术，国内的技术人员对于配方和工艺有很好的研究，但对设备的研究不够透彻和精通，而设备设计和制造人员对配方设计又不熟悉，造成设备和配方技术的脱节，不能形成一个有效的整体，特别是对固化剂的进料量、蒸发器转子转速、膜厚、物料行程、二次蒸汽压力、温度、停留时间等与固化剂的特点结合时对分离效率的影响缺乏足够的理论计算和支持，同时对固化剂的固有性质和特点缺乏基础数据支持，例如固化剂黏度与温度和稳定性的关系、TDI 分子从固化剂中的逸出行程、分离转子对传质效率的影响等，这种复合型人才以及基础理论研究是目前涂料行业所急需的。

薄膜蒸发处理固化剂中游离 TDI 技术的难点可以从配方、工艺和设备三个方面考虑。

① 配方难点

a. 在无溶剂或 TDI 存在时，固化剂在常温下呈固态，需要升到较高的温度才具有流动性，温度的变化及不均匀会影响整个体系的传质与传热效果。配方研究必须尽量降低体系的黏度，提高流动性，从而提高分离效率。

b. 提高固化剂的高温稳定性，避免黄变、胶化以及 NCO 基团损失。

c. 流动性、稳定性和分离时间的辩证统一。一定的温度是保证分离效率和快速流动的必要条件，而温度过高的话，固化剂的稳定性变差，因此，合适的条件必须是在最短的时间内完成分离，同时保证固化剂的性能稳定，避免变化和 NCO 基团的损失等的产生。

② 工艺难点

a. 真空泵中可能含有极少量的活性杂质，真空泵系统与 TDI 的蒸气相连通，少量的 TDI 进入真空泵系统是不可避免的，进入真空泵的 TDI 会破坏真空泵的密封性和极限真空。减少 TDI 蒸气进入真空泵必须严格控制冷阱的温度或者选择合适的真空泵。

b. 如何保证设备的连续运行。残留在设备内壁上的固化剂长时间后会胶化，导致设备需要经常维修和保养。

③ 设备难点

a. 确保转子外径和壳体的内径同心，才能保证设备运行的稳定性。

b. 内壁和转子叶片间隙的精确控制，这也是整个薄膜蒸发体系最为关键的参数。精确的间隙保证了均匀的膜厚分布和热传递的稳定性及均匀性，最终达到涡流传质的稳定性，从而确保分离效率和分离效果。

c. 壁厚的精确控制，才能保证热传递的均匀性。

d. 转子动平衡的精确控制，是设备长期稳定运行的先决条件。

e. 转子和壳体局部膨胀的影响，同样也是影响设备稳定运行和分离效率的重要因素。

通过以上技术难点的分析，可以知道薄膜蒸发技术在分离游离 TDI 时是非常困难的，不能套用其他行业的现有技术，必须在原有技术基础上进行改进。

(3) 水性化发展　与单组分水性聚氨酯分散体涂料相比，双组分的水性聚氨酯涂料由于存在 NCO 基团和羟基的交联，漆膜力学性能得到提高，特别是耐化学品性、硬度和耐划伤性等有很大的提高。双组分水性聚氨酯涂料对固化剂的要求：①固化剂在水中具有快速、良好的分散能力；②足够的 NCO 基团含量；③低黏度，无溶剂存在时固化剂具备好的流动性。

双组分水性聚氨酯固化剂主要有两种：一种是采用疏水性但黏度特别低的聚异氰酸酯；第二种是采用亲水改性的自乳化的聚异氰酸酯。

但是低黏度的疏水性聚异氰酸酯，必须使用合适的有机共溶剂，并在高剪切力（如高速分散）下，才能掺入水分散体中。而采用亲水改性的聚异氰酸酯，借用简单的手动搅拌，即可获得不含共溶剂的基料与固化剂的均匀混合物。

亲水性的多异氰酸酯固化剂制备主要有两种方法，一是外乳化法，即加入适当的外乳化剂，将油溶性的多异氰酸酯分散在水中。第二种方法是内乳化法，即多异氰酸酯与亲水性的改性物反应，从而使得分子中具备了亲水基团，原本疏水的多异氰酸酯就具有足够的亲水性。目前采用外乳化的方法已经很少使用，更多的是采用亲水改性的方法。

脂肪族或脂环族聚异氰酸酯如 HDI 或 IPDI 三聚体，与不足量的单官能度聚环氧乙烷聚醚醇的反应，生成含有聚醚氨基甲酸酯型非离子型乳化剂的聚异氰酸酯混合物，结构见下图：

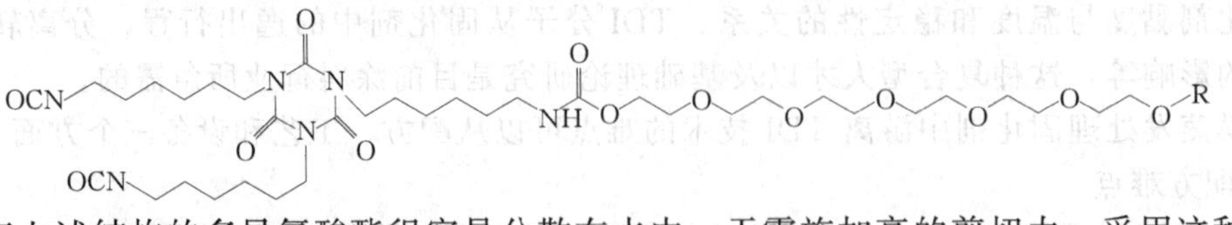

具有上述结构的多异氰酸酯很容易分散在水中，无需施加高的剪切力。采用这种方法改性的多异氰酸酯固化剂有 Bayhydur 3100 以及 Bayhydur 401-70。采用这种改性方法得到的水性聚氨酯固化剂称为第一代水性聚氨酯固化剂。

从上图中可以看出，为了进行亲水改性，需要将部分 NCO 基团与聚醚羟基进行反应，消耗了一定量的 NCO 基团，导致体系平均官能度降低，因而得到的漆膜具有较低的交联密度，耐化学品性降低。

为了提高多异氰酸酯的官能度，改进产品性能，又发展了脲基甲酸酯化的方法，其原理如上中的氨基甲酸酯上的氢具有一定的反应活性，可能继续与 NCO 基团反应，生成如下结构的物质：

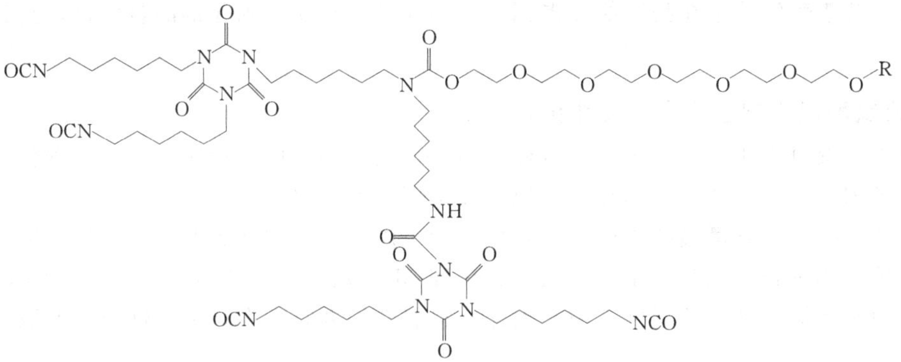

上图是第二代水性聚氨酯固化剂的结构示意图。可以看出，与第一代产品比较，第二代产品的官能度不仅比第一代产品高，而且比改性之前的聚氨酯固化剂产品的官能度提高。因此较小的改性量即可达到良好的水分散性，其漆膜性能更佳，特别是耐水性和耐化学品性。属于这种改性方法的产品有 Bayhydur 304、Bayhydur 305。

第一代和第二代产品的共同点是都采用了聚醚作为亲水基团，由于聚醚亲水能力的限制，需要提高聚醚含量，才能确保足够的水分散性。但是聚醚含量的提高，又会导致漆膜干燥时间延长，硬度降低，同时耐水性下降。为了克服聚醚改性带来的缺点，发展了第三代水性聚氨酯固化剂。

第三代水性聚氨酯固化剂采用 3-(环己氨基)-1-丙烷磺酸（CAPS）进行改性。CAPS 结构如下：

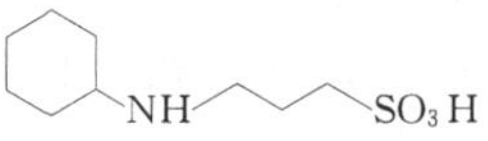

CAPS 上的氨基与 NCO 基团反应，叔胺中和磺酸基团后，生成的磺酸脲衍生物是极好的乳化剂，产品结构见下图：

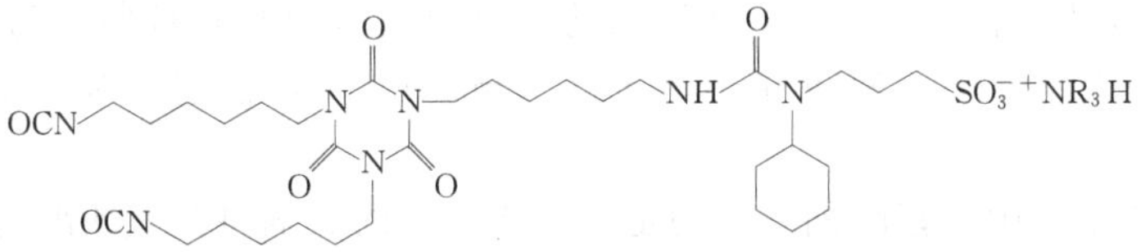

CAPS 改性的多异氰酸酯具有很好的贮存稳定性，不浑浊，即使含有很少的磺酸盐基团时，也可在水中得到分散很好的乳液。其漆膜干燥速度、硬度和耐化学品性方面与通用溶剂型聚氨酯涂料接近。

第三代水性聚氨酯固化剂有 Bayhydur XP 2570、Bayhydur XP 2487 等。其产品技术指标见表 3-7-100。

表 3-7-100　水性双组分聚氨酯固化剂技术指标

性　　能	Bayhydur XP 2570	Bayhydur XP 2487	性　　能	Bayhydur XP 2570	Bayhydur XP 2487
NCO 基团含量/%	20.6±0.5	22.5±0.5	色泽　<	100	150
黏度(23℃)/mPa·s	3500±1000	570～730	游离单体含量/%　<	0.3	0.5

聚氨酯固化剂在不断的技术进步和技术创新中走到了今天，从购买固化剂发展到了生产固化剂，从高游离 TDI 发展到了较低的游离 TDI 含量，从 TDI 的应用到 HDI、MDI

的研究应用，可以说，是家具涂料的发展带动了中国聚氨酯涂料的整体发展。但是，如何继续降低聚氨酯固化剂中游离 TDI 的含量，仍然是摆在人们面前的一大难题，期待在不远的将来，薄膜蒸发技术在我国能够得到长足的发展，从而使固化剂的整体性能提升到另一个高度。

8. 聚氨酯固化剂生产和加工中的职业卫生

本书中《聚氨酯漆》一章中已经对聚氨酯涂料生产和使用过程中的主要劳动保护方法等内容进行了阐述，本节重点介绍相关法规对聚氨酯涂料的要求。

(1) 欧盟指令对异氰酸酯单体和含异氰酸酯单体固化剂的标签要求　根据欧盟法规，二异氰酸酯单体如 HDI、IPDI、H_{12}MDI、TDI 和 MDI 被列于欧盟指令 67/548/EEC 危险物质分类、包装和标签指令的附件Ⅰ中，因此，它们必须遵守标准化强制性分类和欧盟范围的标志。

根据欧盟指令 67/548/EEC 的要求，TDI 被列为剧毒物，危险标志为 T^{+}，骷髅图；HDI 和 H_{12}MDI 被列为有毒物，危险标志 T，骷髅图；IPDI 被列为有毒物和对环境危险，危险标志 N，树和鱼；MDI 被列为有害物，危险标志 Xn，St，斜十字。上述异氰酸酯单体的刺激作用具有相同的标签（R36/37/38：刺激眼睛、呼吸系统和皮肤）。

多异氰酸酯固化剂根据欧盟指令 1999/45/EEC 危险制剂进行分类。基于脂肪族二异氰酸酯 HDI、IPDI 和 H_{12}MDI 的聚异氰酸酯产品中残留单体含量高于 0.5%，应标记为有害且具有 Xn 危险标志；对于含有芳香族二异氰酸酯 TDI 和 MDI 的聚异氰酸酯产品，当单体含量高于 0.1%时，需要此种标识。欧洲油漆、油墨和艺术油彩生产商协会（CEPE）制订了以下信息用于表示装有含异氰酸酯基团涂料的容器："含异氰酸酯固化剂和所制备的涂料可刺激皮肤和呼吸道，引起过敏化和过敏反应。在产品使用过程中和使用以后，确保用新鲜空气进行不断通风。不要吸入蒸气。喷涂时应佩戴呼吸保护器。患有过敏性和呼吸道疾病的人员，禁止从事含有这些涂料物质的工作。"

基于 MDI 的产品，在应用和职业卫生方面具有一定的特殊性，原因是 MDI 固化剂产品中，单体含量比较高，但是 MDI 单体的蒸气压比 TDI 等要低几个数量级。研究表明，MDI 具有致癌可能性。在 TRGS 905（德国危险物质技术规则）被归类为 3 类致癌物（可疑致癌物）。动物试验表明，MDI 浓度超过 $0.2mg/m^3$ 时，会引起肺功能衰退和呼吸道敏感。

(2) 工作场所空气中异氰酸酯浓度测定　采用适当的试剂将异氰酸酯转变为稳定的衍生物，然后借助色谱法进行定性和定量。俘获剂以溶液状态存在于空气采集器中。几种常用的方法如下：

TDI、HDI，DFG 方法 2：空气采集器（N-4-硝基苄基-N-n-丙胺盐酸盐的甲苯溶液）或涂有 N-4-硝基苄基-N-n-丙胺盐酸盐的玻璃纤维过滤器。

基于脂肪族二异氰酸酯的聚异氰酸酯，DFG 方法 1：涂有 N-4-硝基苄基-N-n-丙胺盐酸盐的玻璃纤维过滤器；基于芳香族二异氰酸酯的聚异氰酸酯，DFG 方法 2；涂有 N-4-硝基苄基-N-n-丙胺盐酸盐的玻璃纤维过滤器，衍生的异氰酸酯通过高效液相色谱进行分离，并采用光度测定法进行定量。

(3) 聚氨酯涂料加工和施工过程中的劳动保护　必须采取合适的措施例如车间设计、抽风、通风以及个人劳动保护以保证作业人员的安全。

患有下述疾病的人员不能从事与异氰酸酯接触的工作，这些疾病包括过敏症、哮喘、支气管炎或其他慢性呼吸道疾病。

如在使用涂料工作过程中以及工作以后，出现咳嗽、胸闷或类似哮喘病症，应避免再次接触。

强烈建议佩戴安全眼镜。如喷涂气雾进入眼睛，应立即用大量水冲洗，然后就医。避免接触溶剂。

(4) 固化剂残余物处理 聚氨酯固化剂的残余物最好通过焚烧处理。少量的异氰酸酯可用表 3-7-101 中的混合溶液进行处理。

表 3-7-101 中和聚异氰酸酯残余物的混合溶液

混合物 A	质量份	混合物 B	质量份
水	88	洗涤剂	2
碳酸钠	10	混合物 C	
洗涤剂	2	工业醇(乙醇或丁醇等)	50
混合物 B		水	45
水	90	浓氨水	5
浓氨水	8		

聚异氰酸酯与上述混合物反应后，生成不溶性的聚脲，它无生理影响。使用过的容器也需要采用上述溶液进行处理，然后废弃。

六、稀释剂

木用涂料六大类产品中，每一类都有自己特定的、对应的稀释剂，要配套使用。

1. 稀释剂的作用

稀释剂在涂料应用中主要起着溶解和稀释涂料，调节涂料的黏度使之便于施工。在木用涂装中，由于是室温干燥或低温烘烤，稀释剂在涂膜干燥过程中会影响涂膜形成时的流动特性，如流平性、抗流挂性等，也影响涂膜的最终物理性能。在 UPE 和 UV 稀释剂中，作为活性稀释剂参与成膜反应，它影响着涂料的固化速率和漆膜的各种性能。活性稀释剂按其每个分子所含反应性基团的多少，可分为单官能团活性稀释剂、双官能团活性稀释剂和多官能团活性稀释剂。在木用涂装中，还经常用到一类成本低廉的稀释剂，主要用来洗枪用，俗称洗枪水。

2. 配方机理

(1) 基础配方 见表 3-7-102 和表 3-7-103。

表 3-7-102 NC、PU 稀释剂基础配方

原料名称	规 格	NC 夏用稀释剂/%	NC 冬用稀释剂/%	PU 夏用稀释剂/%	PU 冬用稀释剂/%
稀释剂	甲苯	25	35		30
稀释剂	二甲苯	30	20	58	28
真溶剂	醋酸丁酯	22	17	12	22
真溶剂	醋酸乙酯		5		
助溶剂	正丁醇	10	10		
真溶剂	防白水	5	5		
真溶剂	MIBK	8	8	5	5
真溶剂	PMA	—		25	15
合计		100.00	100.00	100.00	100.00

续表

原料名称	规　格	NC夏用稀释剂/%	NC冬用稀释剂/%	PU夏用稀释剂/%	PU冬用稀释剂/%
性能指标	外观	清晰、透明、无机械杂质	清晰、透明、无机械杂质	清晰、透明、无机械杂质	清晰、透明、无机械杂质
	水分	不显浑浊	不显浑浊	不显浑浊	不显浑浊
	颜色	15(Pt-Co)	15(Pt-Co)	15(Pt-Co)	15(Pt-Co)
	酸值/(mg KOH/g)	0.04	0.06	0.06	0.05
	白化性	漆膜不发白	漆膜不发白	—	—
	胶凝数	23.0	22.0	—	—

表 3-7-103　UPE、AC、UV、洗枪水基础配方

原料名称	功能说明	UPE稀释剂/%	AC稀释剂/%	UV稀释剂/%	洗枪水/%
稀释剂	甲苯	30	—	—	25
稀释剂	二甲苯	—	86.1	—	15
真溶剂	醋酸乙酯	—	—	—	30
助溶剂	异丁醇	—	5.6	—	—
真溶剂	防白水	—	8.3	—	—
真溶剂	丙酮	20	—	—	25
真溶剂	MIBK	—	—	—	—
真溶剂	PMA	—	—	—	5
活性稀释剂	苯乙烯	50	—	—	—
活性稀释剂	TPGDA	—	—	100	—
合计		100.00	100.00	100.00	100.00
性能指标	外观	清晰、透明、无机械杂质	清晰、透明、无机械杂质	清晰、透明、无机械杂质	清晰、透明、无机械杂质
	水分	不显浑浊	不显浑浊	不显浑浊	不显浑浊
	颜色	0(Fe-Co)	15(Pt-Co)	0(Fe-Co)	15(Pt-Co)
	酸值		0.05		0.04

(2) 配方调整

① 原材料的选择和稀释剂主要性能指标的调控　在木用涂料稀释剂中，常用的溶剂主要有芳香烃、醇类、酮类、酯类、醇醚及醚酯类溶剂。在设计配方时，首先应十分重视溶剂的气味、对人体的毒性、空气污染限制和安全性。对于具有令人不愉快气味的溶剂、对人体毒性大的溶剂、易燃易爆的溶剂和不符合空气污染法限制的溶剂应尽量不选用。其次应充分考虑各组分溶剂的溶解力、黏度、挥发速率、表面张力和电阻率。

② 技术难点　在木用涂料稀释剂中，各种挥发速率不同、溶解力不同的溶剂平衡是配方调整的难点。干燥的涂膜是在溶剂挥发过程中形成的。如果挥发太快，涂膜流平性差，对底材没有很好地润湿，从而影响附着力，同时漆膜会发白。如果挥发太慢，则干燥时间延长，立面喷涂时容易流挂。

溶剂平衡是指涂料在成膜过程中，混合溶剂的各组分相对挥发速率要与溶剂组成保持对应。换言之，从涂膜中挥发出的混合溶剂蒸气的组成与混合溶剂的组成要大体保持一致。如果溶解力强的溶剂组分比其他组分会发得快，则在干燥后期树脂可能析出，涂膜表面产生颗粒，相反溶解力强的组分挥发得太慢，又因树脂有阻滞与其结构相似的溶剂挥发的特性，会增加该溶剂在涂膜中的残留量。

在日常应用中，NC和PU稀释剂又根据天气的变化分为夏用和冬用稀释剂，夏天温度高，溶剂挥发快，配方中慢干溶剂可适当增加，使漆膜有足够的时间保证流平性；冬天温度低，溶剂挥发慢，配方中快干溶剂可适当增加，以提高油漆的干燥速率。市场上也常见到一些低价稀释剂，是将废溶剂蒸馏后调配而成，因废溶剂的成分千变万化，该类稀释剂质量极

不稳定，严重影响涂料的最终效果，因此稀释剂一般建议与涂料配套使用。在UPE稀释剂配方中，有些溶剂能加速活性稀释剂苯乙烯的自聚，因此调整配方时必须做热贮存试验，适当时可加入部分阻聚剂以保证稳定性。

(3) 产品制备　稀释剂的生产一般采用可调速的搅拌机，容器最好采用密闭的，以避免生产过程中溶剂的挥发。生产过程中确保各组分搅拌均匀，调配好的产品用120～150目的滤网过滤包装。

七、蓝、白水

蓝、白水为不饱和聚酯漆的配套产品促进剂和引发剂的俗称。在木用不饱和聚酯漆中，常用的促进剂（蓝水）主要有环烷酸钴和异辛酸钴，引发剂（白水）主要有过氧化环己酮（CHP）和过氧化甲乙酮（MEKP）。

1. 蓝、白水的作用

① 引发剂（白水）的主要作用　能分解产生高度活性的自由基，自由基攻击聚酯分子链中的不饱和双键和交联单体（如苯乙烯），使之活化，从而发生交联反应。

② 促进剂（蓝水）的主要作用　通过氧化还原反应，使引发剂分解产生高度活性的游离基。环烷酸钴与过氧化氢化合物产生自由基的作用如下。

$$ROOH + Co^{2+} \longrightarrow RO\cdot + Co^{3+} + OH^-$$

接着在下一步反应中，重新生成环烷酸钴。

$$Co^{3+} + ROOH \longrightarrow Co^{2+} + ROO\cdot + H^+$$

此反应循环重复进行，直到过氧化氢化合物完全分解。

2. 配方机理

(1) 引发剂的选用　引发剂的主要作用是能分解产生自由基以引发交联固化过程。表达引发剂活性大小的方法主要有半衰期、临界温度和活性氧含量。

在选用引发剂时首先要使引发剂的特性和不饱和树脂的反应性相配合。树脂反应性强，就要采用活性较高的引发剂使树脂固化周期缩短，树脂反应性弱就要选用活性较低的引发剂相配合，以免自由基产生过快，在树脂固化过程中不能充分生效，而到后期又缺少引发剂。其次要考虑涂料的可使用时间（适用期或胶凝时间）。

因木用不饱和聚酯漆属常温固化型，所以必须配以活性较高并能与促进剂发生氧化还原反应释放出自由基的引发剂。两种应用最广的常温固化用引发剂为过氧化甲乙酮（MEKP）和过氧化环己酮（CHP）。两种引发剂名为过氧化物，实为氢过氧化物，而且是多种氢过氧化物的混合物。随制造工艺不同，其成分与性能也常有变异。过氧化甲乙酮常以邻苯二甲酸二甲酯的溶液状提供，过氧化环己酮常混合于邻苯二甲酸二丁酯或磷酸三甲酯中，以50%（质量分数）浓度的糊状物提供。过氧化环己酮的适用温度为0～25℃，其优点是放热峰温度较低，对固化温度的敏感性弱，固化应力小，在透明板材中颜色稳定。过氧化甲乙酮的固化温度范围15～25℃，其优点是价格低、性能好、使用方便、和树脂容易混容。

在同样促进剂用量下，增加引发剂量，就可提高放热峰温度，减少固化时间。相反，减少引发剂用量，就可降低放热峰温度，延长固化时间。引发剂用量不变，但环境温度改变，会显著影响固化时间。引发剂的常用量为1%～2%（质量分数）。由于过氧化甲乙酮性质不稳定，即使在液态室温下也会缓慢分解放出气体，有着火危险，故在运输中需注意安全。

(2) 促进剂的选用　促进剂是指在聚酯固化过程中能单独使用以促进引发剂分解的活化剂。常用的促进剂有金属化合物促进剂和叔胺促进剂。金属化合物，特别是异辛酸钴和环烷酸钴，是当前应用最广的优良促进剂。主要用于氢过氧化物与混合过氧化物引发剂。采用钴促进剂对加速树脂的固化反应的效果很显著，但适用期明显缩短。如恒定引发剂用量，随着钴促进剂的用量增加，活化点增多，放热峰温度提高，固化时间缩短，反之，放热峰温度下降，固化时间延长。叔胺类促进剂用于促进过氧化物引发剂，能在常温下固化。最常用的是二甲基苯胺、二乙基苯胺、二甲基对甲苯胺。不饱和聚酯树脂用叔胺促进、过氧化引发系统时，固化后逐渐变黄，也常常产生微细裂纹。钴-氢氧化物引发系统则对反应条件的适应性较宽，反应固化不足时，以后还能继续固化。所以在木用不饱和聚酯漆中，一般采用钴-氢氧化物引发系统。

(3) 蓝白水与主剂的配比和原则（根据不同温度调节蓝白水的配比）UPE 透明底漆相对 UPE 实色底漆来说，树脂含量要多，相应调漆时蓝、白水加入量要大些。引发剂（白水）、促进剂（蓝水）的使用量随气温而变，夏季气温高，引发剂和促进剂的用量可酎减；而冬季气温低，固化慢，可酎情增加引发剂和促进剂的用量，但促进剂用量增加会使漆膜颜色变深，不利于浅色透明涂饰；表 3-7-104 中列举了促进剂、引发剂随气温变化而作调整的参考用量。

表 3-7-104　不同温度下引发剂（白水）、促进剂（蓝水）的加入量

加　入　量	涂装环境温度/℃					
	5～10	10～15	15～20	20～25	25～30	30～35
UPE 主剂/g	100	100	100	100	100	100
促进剂(蓝水)/g	2.8～3.2	2.4～2.8	2.0～2.4	1.6～2.0	1.2～1.6	0.8～1.2
引发剂(白水)/g	3.0～3.5	2.6～3.0	2.2～2.6	1.8～2.2	1.4～1.8	1.0～1.4
UPE 稀释剂/g	30～50	30～50	30～50	30～50	30～50	30～50

(4) 配方调整　蓝、白水的用量主要取决于树脂的反应性、可使用时间（适用期）、温湿度和固化速率。促进剂用量不变，增加引发剂量，可使用时间（适用期）缩短，固化速率加快。引发剂用量不变，增加促进剂量，同样可使用时间（适用期）缩短，固化速率加快。在低温时，为加快固化速率，主要增加引发剂用量；在湿度高时，为加快固化速率，主要增加促进剂用量。是否反应完全可根据漆膜的颜色来判定。反应完成得好，漆膜应呈浅粉红色；反应完成得不好，漆膜会呈浅绿色。蓝、白水的实际用量需根据施工时的环境条件而定。

3. 蓝、白水使用注意事项

(1) 在使用蓝、白水时，两者绝不能直接混合，否则会造成激烈反应，甚至爆炸。蓝水和白水必须隔离放置。使用时可以往漆中先加入蓝水，混合好后，再加入白水。实际应用时常见的调漆方法为：UPE 底漆分成相同重量的两份，分别置于两个调漆桶中，一个桶加入蓝水，另一个桶加入白水，分别加入等量的 UPE 稀释剂搅拌均匀；也可以先用稀释剂将涂料均匀调稀，再按上法分别加入蓝、白水，更易分散均匀。喷涂时两边取相同量，混匀喷涂；UPE 底漆分开加入蓝、白水后在一定的存放时间内可连续使用：UPE 底漆加蓝水≤12h，UPE 底漆加白水≤4h。

(2) 白水应贮存于阴冷干燥处，保存在原贮存容器中，与其他材料隔开。不能直接接触细分散的有机材料及金属粉末。

(3) 必须十分小心防止白水进入眼中。在操作中使用白水时，应戴眼镜。一旦误入眼睛，要立即用大量清水冲洗，再用药物处理。皮肤接触后，要立即用水冲洗，再用保护油脂涂覆。

(4) 清洁用的碎布及沾有白水的纸、木屑等要放在外面，在严密监视下烧掉。绝不要放在废物箱中，或随便遗弃，因有自燃危险。

(5) 白水有泄漏时，要用无机吸收物如沙子、硅藻土等擦去，并立即移出室外。不能用碎布、纸、锯末等可燃物吸走，否则易起火。如不得已而用锯屑时，要立即移出室外处理。

八、着色材料

木制品在外形设计相同的前提下，可以适合不同消费群体的需求，这在很大程度上取决于表面色彩，不同的表面色彩效果可以获得不同人群的喜爱。色彩是一种心里感觉，就木用涂料色彩而言，青年人喜欢浅色，因为浅色有明快的感觉；老年人喜欢深色，深色表达其内心处事的稳重。因此，青年人青睐浅本色、浅柚木色木器，老年人喜爱深柚木色、仿红木色木器。

木材是一种多孔性结构的天然高分子化合物，具有特殊的外观花纹，在木材表面进行彩色透明涂饰，就是为了更好地显示木材表面的这种天然花纹。在现代木器生产中，表面涂饰仍以能显露木材原始花纹的涂饰为主，就是大量采用中密度纤维板为基材的家具生产中，其表面也贴有原木薄皮或仿木纹的木纹纸，然后再进行彩色透明涂饰；不透明彩色涂饰，即实色涂装，在黑、白木制品中，以及在儿童家具、橱柜产品中具有一定的市场，但总量不多。

木用涂料的着色材料，要适应被着色底材的千差万别，要能满足千变万化的着色方法，要表现出千姿百态的最终着色效果，因而衍生出一系列特点各异的着色产品。

1. 木用涂料着色材料的作用

着色是木制品涂装的关键，它对木制品的装饰质量起着重要作用。木制品透明着色涂饰由管孔着色、材面着色和涂膜修色三部分组成，在操作工艺上，管孔着色、材面着色和涂膜修色常分步完成，特别是在使用具有美丽花纹的大孔径木材时，通过分步着色更能获得色调丰富、有层次的色彩效果。

(1) 木材着色的作用　木材着色包括材面着色和管孔着色，统称为基础着色（底着色）。材面着色是为了统一木材表面的色彩；管孔着色是为了突出木材导管、管孔的美丽花纹。管孔色通过填孔着色完成，因此管孔着色剂既需要填充性、遮盖力，又要有着色力，色泽深于涂膜色，这样管孔色就与涂膜色形成了一定的反差，使材面的花纹更加突出，以表现木制品表面色彩的活泼性。材面色在要求不太高的场合常在管孔填孔着色时同时完成，因为在擦涂填孔着色剂时对材面也有一定的着色作用。而在要求高的场合，材面色则是先于填孔着色完成，材面色一般较浅。

(2) 涂膜修色的作用　涂膜修色是根据需要在涂装现场把不同类型的着色材料加入到清漆中，薄喷后使涂膜带上浅而均匀的色泽，涂膜色是木制品表面色彩的主色调，通常做在表层清漆的下层，它与木表面的着色和管孔色交相辉映，既突出了木表面的天然花纹，又给木制品悦目的色彩，因此涂膜修色常在填孔着色和材面着色后完成。

2. 着色材料的主要品种

(1) 颜料类着色材料　将颜料分散在树脂中制成色浆，加入根据施工及层间附着性能要求所配制的基料，经过充分的混合制成颜料类着色剂，与染料类着色剂相比，其鲜艳度、透明度稍差，但耐光性、耐候性好，不易发生色迁移。如采用透明或半透明性颜料，其鲜艳度、透明度则会大大提高。颜料类着色剂按功能可分为格丽斯（oil stain）、木纹宝（wood stain）以及普通色浆。

① 格丽斯（oil stain）着色剂　格丽斯是一种半透明着色剂，又称仿古釉彩，业内俗称格丽斯（glaze）。它是美式涂装中最重要的着色剂，它可使家具变得陈旧，又可显现木材纹

理，除整体着色外，还可以制作假木纹。常用格丽斯有大红、红棕、咖啡、梨黄、黑棕、黑、咖啡、透明黄、金黄、柠檬黄、白等多种颜色。常用格丽斯色浆的配方见表 3-7-105。常用透明格丽斯的配方见表 3-7-106。

表 3-7-105 常用格丽斯色浆的配方

类别	620①	630①	640①	650①	660①	670①	Van Dyke Byown①	灯黑 101/特黑 100	PR170 红	PY12 黄
长川 GL100 超长油度醇酸树脂	30	30	30	30	30	30	30	30	30	30
150# 溶剂汽油	14.1	14.1	14.1	14.1	13.8	13.8	20.2	33.7	38.4	50.2
Disperbyk-106 分散剂	9.6	9.6	9.6	9.6	9.6	9.6	8.5			
Disperbyk-182 分散剂								16	6.3	4.5
防结皮剂(甲乙酮肟)	0.3	0.3	0.3	0.3	0.6	0.6	0.3	0.3	0.3	0.3
有机膨润土 SD-1	1	1	1	1	1	1	1			
620 安巴粉	45									
630 安巴粉		45								
640 安巴粉			45							
650 安巴粉				45						
660 安巴粉					45					
670 安巴粉						45				
Van Dyke Byown							40			
炭黑(特黑 100/灯黑 101)								20		
PR170 F3RK/F5RK 红									25	
PY12 黄										15

① 均为美国洛克伍德公司产品。

表 3-7-106 常用透明格丽斯的配方

名称	用量/%	名称	用量/%
长川 GL100 超长油度醇酸树脂	20	防结皮剂(甲乙酮肟)	0.2
150# 溶剂汽油	38.3	有机膨润土 SD-1	1
Disperbyk- AT-203 分散剂	0.5	滑石粉	40

格丽斯配方原理：格丽斯是由专用色浆、滑石粉、200# 溶剂汽油、芳烃类溶剂和防沉剂、催干剂及防结皮剂等组成。早期的格丽斯专用色浆是在吹制亚麻仁油或氧化干燥型超长油度醇酸树脂中加入适量防沉剂、催干剂、防结皮剂、安巴色粉及氧化铁系颜料研磨而成，如客户要求颜色艳丽一些，可专配少许色泽艳丽的有机颜料色浆，如有机红、有机黄等。格丽斯之所以采用吹制亚麻仁油和超长油度醇酸树脂，是因为它们对颜料的润湿性好、干燥慢、容易擦涂，所用溶剂也不会溶解下层的底漆；但这类基料的层间附着力差，要精心选择擦色树脂和填料及生产工艺，达到擦涂性能和层间附着力的平衡，所以使用时要注意。

一般在透明格丽斯中加入 40%～50% 的格丽斯色浆并调至需要的颜色，再按格丽斯：稀释剂＝1：(0.2～0.4) 比例加入格丽斯稀释剂，搅拌均匀后进行施工。通常采用擦涂或刷涂，通过控制格丽斯残留量来达到颜色有深有浅的效果。为了着色均匀，在施工格丽斯之前，可先喷一道头道底漆。由于格丽斯干燥很慢，用画圈法将其推入到木材的导管中去，然后再顺着木纹的方向擦拭，亦可用鬃毛刷顺木纹方向来回反复刷涂，刷匀残留的格丽斯，获得所希望的颜色并透露出木材的天然纹理。刷涂法均采用“干刷”，所谓干刷，就是采用干燥的鬃毛刷，用毛尖醮取格丽斯直接刷涂，为了避免鬃毛刷醮色太多，也可以在格丽斯的表面上蒙一层纱布，把它做成印泥状。有时它会与画明暗的工艺相结合，使颜色形成深浅不同的层次。格丽斯一般要待干 1～2h 后再喷涂二道底漆，以避免出现霉点。

不含着色颜料的透明格丽斯，又称为格丽斯透明主剂，用它封闭木材端面和素材较易着色处，再涂布格丽斯着色剂，可使着色一致；还可用它来调整和配制格丽斯着色剂。

② 木纹宝（wood stain）着色剂　木纹宝着色剂就是木材管孔着色剂，业内俗称木纹宝。在木制品管孔着色中为了突出木材导管、管孔的美丽花纹，需要通过填孔着色完成，这种着色剂既需要遮盖力，又要有着色力，使用各种颜料，利用颜料的遮盖力、良好的耐光及耐候性、不渗色等性质可以制成这种木材管孔着色剂。常用木纹宝着色剂的配方见表 3-7-107。

表 3-7-107　常用木纹宝着色剂的配方

名　　称	用量/%	名　　称	用量/%
醇酸树脂	2～10	滑石粉	10～50
溶剂(二甲苯、150# 汽油、PMA、DBE)	82～42	色浆或染料液(或拼用)	5
Disperbyk- AT-203 分散剂	1～3		

木纹宝配方原理：利用填料和颜料强烈的填充性，加入少量的色浆或染料液后又具备了一定的着色性能，可以制成能强烈突出木材导管、管孔花纹的木材管孔着色剂木纹宝。它用于底着色时，展色剂带着颜料一起填入到木材的导管中去，由于其中使用一些透明填料，又具有强烈的填充作用。该着色剂的透明度在染料与颜料之间，同时具有有机染料的鲜艳度和颜料的耐光、耐候性，一般采用擦涂法施工，可根据展色剂选择稀释剂，通常为醚类、酯类、溶剂汽油等，也可用 NC 或 PU 稀释剂。

③ 色浆

a. 溶剂型色浆　将颜料分散在溶剂、助剂及木用树脂组成的系统中，通过研磨分散达到体系稳定的合格色浆，用于配制木用色漆，适合儿童家具、玩具、橱柜等木制品的彩色不透明（实色）涂饰。通常选择低色迁移、符合木用涂饰环保要求的颜料，考虑企业产品结构的特点，应用和本企业核心产品良好相容的木用树脂为颜料载体树脂，可以兼顾到企业主要产品的实色配色使用。

木用涂装中，透明色木纹涂装增长很快，彩色实色漆应用不多，其销量只占木用涂料的百分之几，彩色色浆需求量不大。因此在木用涂料厂中，色浆配方的制定，可以打破各自为政的旧方法，而统一由一个部门制备色浆供各工艺工程师选用，有利于色浆稳定、降低成本。木用涂料色浆配方见表 3-7-108。

表 3-7-108　木用涂料色浆配方　　单位：%（质量分数）

颜料指数	颜料	颜料含量	75%含量木用醇酸树脂	52%有效成分分散剂	颜料衍生物	颜料衍生物	防沉淀剂	溶剂含量	相对密度
PW6	钛白	65	17	3.1			0.4	11.5	1.98
PBK7	炭黑	18	40	14				28	1.10
PB15∶2	酞菁蓝	18	29	7.6	0.4			45	1.06
PG7	酞菁绿	24	40	16.2	0.5			19.3	1.16
PR101	氧化铁红	55	20	10.6			0.9	13.5	1.85
PY42	氧化铁黄	50	18	7			0.8	24.2	1.60
PV23	二噁嗪紫	10	68	4.5				17.5	1.09
PR146	永固桃红	16	38	9.2		1.0		35.8	1.07
PR170	偶氮红	25	30	14.5				30.5	1.09
PY12	联苯胺黄	15	30	11		1.1		42.9	1.04
PY139	异吲哚啉黄	27	38	10.4				24.6	1.15
PO16	联苯胺橙	21	44	12.5		1.4		21.1	1.09
PR122	喹吖啶酮红	15	44	9.6				45.5	1.05

b. 水性色浆 随着木用涂料的水性化发展，水性木器涂装在使用颜料着色时要求配套水性色浆。木用水性色浆的配方原理和木用溶剂型色浆相似，只是用丙二醇、己二醇或水性化树脂代替了溶剂型色浆中的颜料载体树脂，并使用水油通用分散剂或水性分散剂稳定颜料。由于水性木用涂料处于初级发展阶段，水性木用涂料色浆用量有限，目前业内大多选择专业水性色浆进行水性木用涂料的调配色。

(2) 染料类着色材料 在木制品的透明涂饰工艺中，材面着色和涂膜修色使用的透明着色剂不能对基材有遮盖力，需要均匀、透明又清晰地表现材面的木材花纹，但同时要求与木孔色有较大的反差，能更好突出材面花纹，这只能使用既具着色力而无遮盖力的透明着色剂，有机染料具备了这一特性。染料型着色剂俗称色精，是用染料溶解在溶剂中制成。根据所用溶剂可分为溶剂型、醇溶型及水溶型。

配方原理：配制有机染料透明着色剂时，应根据有机染料的溶解特点，选择其在某溶剂中溶解度的70%～80%用量，分别溶解在有机溶剂（环己酮、丙二醇甲醚醋酸酯、醋酸丁酯、二甲苯、乙醇等）或水中，过滤后配制成一定染料含量（10%～30%）的生产调色用的原色色精或供销售用的色精产品。

染料的溶解和染料的化学成分、溶剂性质以及温度等因素紧密相关，溶解染料时要仔细选择染料和溶剂，还应当考虑贮存温度的变化以及区域使用温度的变化对染料溶解度的影响，实际配制的染料液浓度一般要低于溶解度。

色精使用时一般加入3%～5%至透明底漆中配成某材面色的有色透明底漆，或加入3%～5%至清面漆中配成某涂膜色的有色透明清漆，然后用喷涂法或刷涂施工。也可以不用漆料，只用着色剂配成材面色后用较多的稀释剂稀释，均匀地快速喷涂或刷涂于材面上进行基础着色，或常将着色剂加在稀薄的硝基漆或PU清面漆中，喷涂在经砂光的底漆面上进行涂膜修色。

用于透明着色剂的有机染料必须满足如下要求：①耐光性能好；②透明度高；③易溶解；④染色力强；⑤着色均匀；⑥对上层涂膜不渗色。

用于木材透明涂饰的常用染料类着色剂有如下几类。

① 溶剂型着色剂 溶剂型着色剂是将染料溶解于有机溶剂中的一类着色剂，涂饰木面不起毛、不膨胀、富于渗透性，可直接获得艳丽的色彩。在溶解好的染料溶液中有时可加入少量的油性树脂或具黏结力的材料，既适用于做基础着色又适用于涂膜修色，这样的溶剂型着色剂具有对基材附着力强、不易脱落又封闭好的特点。

溶剂型着色剂的有机染料主要是油溶性染料和分散性染料。

a. 油溶性染料着色剂 常用的油溶性金属络合染料着色剂的配方见表3-7-109。

表3-7-109 常用的油溶性金属络合染料着色剂的配方 单位：%

染料名称	红色精	黄色精	黑色精	橙色精	蓝色精	绿色精
Vali Fast 红	40					
Zapon 黄		20				
Savinyl 黑			8			
Zapon 橙				20		
Zapon 蓝					10	
Zapon 绿						10
环己酮	60	80	92	80	90	90

注：Zapon为巴斯夫染料；Vali为东方染料（日本）；Savinyl为科莱恩染料。

使用能溶解于油脂、蜡或其他有机溶剂而不溶于水的有机染料，具有色彩鲜艳、高透明度、着色力强的特点。用于木制品透明涂饰工艺的染料主要是金属络合类的红、黄、黑、橙、蓝和绿，这是目前应用最为普遍的油性着色剂。

• 制造工艺　在溶剂中投入染料，低速分散 30min 后静置过夜，检测细度合格（小于 10μm）后用 400 目滤网过滤包装。

• 特点　经过筛选的此类金属络合染料制成的色精，易溶解、杂质少，颜色饱和度高，具有较好的耐光性能。

制造油溶性染料着色剂时，应精心选择染料，经过细致的试验，确认所选择的染料具有良好的溶解性，在贮存过程中颜色安定，使用中耐候性好，才能保证颜色的稳定性。

b. 分散性染料着色剂　常用的分散性染色剂的配方见表 3-7-110。

表 3-7-110　常用的分散性染料着色剂的配方　单位：%

材料名称	分散红着色剂	分散黄着色剂	材料名称	分散红着色剂	分散黄着色剂
N,N-二甲基酰胺	26.09	29.85	硝基清漆	4.35	5.97
环己酮	34.78	35.82	分散红 3B	4.35	
醋酸丁酯	30.41	23.88	分散黄 RGFL		4.48

使用不溶于水，经分散性助剂作用后才溶解水，才能对纤维性物质进行染色的分散性染料，由于色彩鲜艳，色牢度强，透明度高而不易褪色，多用于涂膜修色，但价格高。

② 醇溶型着色剂　醇溶型着色剂的常用配方见表 3-7-111。

表 3-7-111　醇溶型着色剂的常用配方（质量分数）：**醇溶性染料 0.1%～3%；乙醇**（甲醇）**1000%；脱色虫胶**

名　称	用量	名　称	用量
醇溶性染料	0.1～3	脱色虫胶	30
乙醇(甲醇)	1000		

醇溶型着色剂是一类能溶于醇类溶剂而不溶于水的有机染料，这类有机染料多为碱性染料、偶氮染料和磺酰胺化染料。

醇溶型着色剂使用乙醇为溶剂，由于乙醇和木材的亲和力好，故其着色力高，渗透性能强、色彩鲜艳。由于乙醇快速挥发，故多采用喷涂；但乙醇中含有一定量的水分，易使木纤维竖立，出现木毛现象；乙醇挥发迅速、干燥快，又容易造成着色发花，若刷涂，要求快速操作。为了增加醇溶型着色剂对木材的粘接强度，常用虫胶液作着色黏合剂。配制醇溶型着色剂时，先将有机染料溶解于乙醇中，然后再加入虫胶液，如用于浅色着色剂时，需使用脱色虫胶液。

③ 水溶型着色剂　水溶型着色剂是以水为溶剂，配以能溶于水的酸性染料或直接染料组成，水溶型着色剂具有不易燃烧、价格低廉的特点，使用水溶型着色剂的缺点是会增加木材的水分，使木材表面的纤维因吸水膨胀而起毛，在涂装成膜时易产生气孔、粒子、漆膜发白等缺陷。

水溶型着色剂主要用于底着色，大多使用在热水中容易溶解的酸性染料和直接染料，其溶解温度多在 80℃以下，使用这类染料易在 50～60℃的温度下溶解。

常用的酸性染料品种有：酸性橙、酸性棕 RH、酸性大红 GR、酸性黑 10B、弱酸性黑等。

一般水溶型着色剂配成染料浓度 10～20g/L 液体使用。使用水溶型着色剂时的最大缺陷是涂饰时容易发花、起毛，这主要由于木材表面含有油污、木材材面组织结构不均匀、木材表面不光洁、涂饰不均匀等因素造成。可采用喷涂法进行水性着色，色彩较均匀，或少蘸多刷进行刷涂；也可以在着色剂中加入15%左右醇类溶剂，以帮助着色剂均匀扩散。

3. 木用涂料着色剂的质量控制

(1) 木用涂料着色剂的着色材料要根据具体的着色要求精心选择，通常选择高透明度、高色牢度、低色迁移的染料配制染料型着色剂，一般选择中等耐光、耐候、高遮盖力、高着色力、无色迁移的颜料配制颜料型着色剂，而有特殊耐光性能需要时，也可以使用高耐光性颜料配制着色剂。这样从着色材料上保证了木用涂料着色剂的质量。

(2) 木用涂料着色剂的质量控制　细度：15～40μm（底着色剂）；15～20μm（修色剂、面调色）。贮存稳定性能：6～10月。附着力：保证层间附着，不脱落。

第五节 木用涂料产品的涂装应用

一、现场调配

对终端产品如家具而言，木用涂料只是半成品，要针对不同涂装目的和需求做好涂装前的各项准备，尤其是对涂料的检查和调配，使其顺利进入后续的涂装生产。

1. 涂料使用前的检查

木用涂料施工前的检查非常重要。检查主要包括仔细阅读涂料厂家提供的产品说明书；检查涂料名称、编号、批号、生产日期，看产品是否配套及有无过期和异常现象等；按涂料厂提供的技术参数检查技术指标是否正常；施工注意事项及特殊操作要求；必要时可模拟批量生产要求，做小板测试涂料的施工性能及重要漆膜性能，以便完善后续施工工艺参数。此外，根据涂料品种的性能，准备好施工中需要采取的必要的安全措施。

2. 调配与静置

涂料贮存一段时间后，有时会分层，漆中的颜料、填料及其他粉料容易发生沉淀、结块、浮色，所以施工前要充分搅拌均匀。对于多组分的涂料，要严格按照操作规程或产品说明书上规定的比例进行调配，充分搅拌。如果涂料一次性调配的量较大，可采用机械搅拌装置。无论量多少，调配好的涂料在搅拌之后都应该静置一段时间再使用，主要目的是消泡。双组分涂料配漆后静置时间至少要15min。调配好的涂料在使用过程中，不可能一次用完，备用涂料里的颜料、填料或亚粉受重力影响会再次下沉，因此每次取用都要先行搅拌。

3. 调整涂料黏度

黏度是木用涂料施工的一个关键指标。不同的涂料、不同的施工工艺、不同的涂装设备、不同的环境温湿度等，要求的施工黏度均可能不同，也就是说加入稀释剂的量并非恒定，须因不同情况而改变。稀释剂要求同厂产品、同种产品配套使用。气候、环境变化，有时需往稀释剂中添加部分发白水或慢干水来调节干燥速率。

调配好的交联反应型涂料必须在适用期内用完。如果涂装中有较长时间的停顿，要重新检测黏度及搅拌。为了保证涂料的性能和不造成浪费，少量多次、保持新鲜是调配的原则。

4. 涂料过滤除去杂质

木用涂料在使用时，首先是充分搅拌，加入各组分配漆，再搅拌，调整黏度，最后必须用过滤方法滤去杂质。过滤底漆的滤网规格为80～150目，过滤免磨底漆、面漆和清漆的滤网规格为200～300目。小批量施工时，通常用手工方式过滤，使用大批量涂料时可用机械方式过滤。

5. 涂料颜色调整

在涂装时，有时需要在现场对原有色漆、清漆进行调色处理，此时，用于调色的各种材料，最好用与被调产品同一厂家、同一品种的产品。必要时应少量调试甚至喷板对色，确认没问题后再进行批量调色。调色时同样要充分搅拌并静置。

木用涂料现场调配的主要技术参数见表 3-7-112。

表 3-7-112　木用涂料施工调配主要参数一览表

品种	配比（重量比）	施工固含/%	适用期/h	适宜温度/℃	适宜湿度/%	施工方式
NC	漆：稀[1：(1～1.5)]	15～30	不限制	15～35	35～85	浸涂、刷涂、喷涂（包括静电喷涂、手工喷涂、电脑自动喷涂）、辊涂、淋涂
PU	漆：固：稀 封闭底漆[1：0.25：(1～2)] 底漆[1：0.5：(0.5～8)] 面漆[1：(0.5～1.0)：(0.6～1.2)]	<10 35～70 35～70	2～4	15～35	35～85	刷涂、喷涂（手喷、电脑喷涂）、辊涂（底漆，不常用）、淋涂（底、面）
UPE	漆：白水：蓝水：稀[100：(0.8～1.8)：(0.5～1.2)：(20～30)]	70～100	0.5 以内	15～35	35～85	手工喷涂、淋涂
UV	漆：稀[1：(0.3～0.5)]	70～100	不限制（避光，有效期内）	15～35	35～85	辊涂 UV 底、喷 PU 面、淋涂 UV 面、喷涂 UV 底、喷涂 UV 面
AC	漆：酸：稀[1：(0.05～0.1)：(0.3～0.7)]	30～50	24	15～35	35～85	喷涂
W	单组分 漆：水[1：(0.1～0.3)] 双组分 漆：固：水[1：0.15：(0.1～0.2)]	15～35	不限制（单组分，有效期内）；2～4（双组分）	15～35	35～85	擦涂、刷涂、浸涂、喷涂

注：调漆工具：漆桶、搅棒、台秤、秒表、黏度杯、温湿度计。

二、涂料产品底面漆配套原理

正确选择涂料体系、正确进行底面漆的搭配，对涂装效果和涂膜性能有重大影响，也会影响涂装质量、施工效率及施工成本。

涂料封闭底漆主要防止涂料被基材吸收，封锁基材的油分、水分，以免影响附着力，防止漆膜下陷。封闭底漆黏度较低，对基材的有良好的渗透性。封闭底漆还可胶固基材木纤维，打磨去除木毛便可得到平滑的表面。

底漆是漆膜骨架重要组成部分，因各种底漆的特点、配套性、施工性都有很大的差异，所以采用不同底漆就会有不同的涂装效果。面漆是涂装的最后工序。由于面漆实际上是在底漆上的重涂，很讲究层间附着力及施工操作，因而底、面搭配显得尤其重要。搭配合理，面漆才能发挥出最后、最好的效果。在不同体系涂料的搭配使用方面，要特别注意各种涂料的性能特点，合理配套，否则，容易出现诸如咬底、离层、龟裂等问题。如用 NC 底漆，就不宜用其他类型的面漆，只能配 NC 面漆。

底、面漆配套选择及评价可参照表 3-7-113。

表 3-7-113 底、面漆配套选择及评价

底层	面层	评价	涂 膜 效 果
NC	NC	②	宜做开放效果
PU	NC	特	极大提高 NC 丰满度，适用于易损坏的木制品（如木门）及要保持 NC 味道的木制品
AC	AC	②	国内少用
AC	PU	②	国内少用
PU	PU	②	漆膜丰满度、光泽和手感都好，最普遍采用的配套
UPE	UPE	—	理论上没问题，实际上很少用气干型不饱和涂料做面漆，蜡型不饱和不在本讨论范围
UPE	PU	①	经典配套
UV	UV	①	应用广泛及未来发展趋势，效率好、环保
UV	PU	③	视工艺需要选择，搭配没问题，要解决好前快后慢的问题
W	W	①	未来发展趋势
W	PU、NC	特	视工艺需要选择

注：①表示最好；②表示好；③表示可用；特表示特殊情况下使用。

②的评价是好，NC 底 NC 面，相同体系，且底面的干速、施工容易的特点统一，应用非常广泛，特别用于美式涂装及家居装修中；AC 底 AC 面，在采用 AC 漆的时候，这个配套也很普遍；AC 底 PU 面，既发挥了 AC 底快干的优点，又通过 PU 面提高装饰性；PU 底 PU 面，是目前国内家具涂装中应用最为广泛的配套，底面同体系，干速同步，加上 PU 漆的高装饰性，当然是绝佳搭配。

③的评价是可用，UV 底 PU 面的配套没有问题，要注意的是，底漆的生产效率远高于面漆，如何合理安排生产，或前后怎样衔接是关键。如果从效率上讲，UV 底 UV 面最高。选择 UV 底 PU 面，主要是发挥 PU 面的高装饰性效果，或者说是综合 PU 漆和 UV 漆各自的优点。

①的评价，一方面 UV 底 UV 面，W 底 W 面这两种配套，除了本身性能、效果、配套均无问题外，环保因素是其被力荐的又一个重要原因，又好又环保，所以最好；另一方面，UPE 底 PU 面，不考虑 UV 涂装的话，是公认的“经典配套”。如果做实色涂装、全封闭透明涂装，这个配套均是“第一选择”。选 UPE 为底，是因为它可一次性厚涂，PU 底要达到这个厚度，一般要涂三次。同时 UPE 打磨性好，稍显不足的是操作较烦琐，收缩性大。PU 作面，仍然是因为其不可替代的、自然味道的装饰性（与打磨、抛光后的效果不同）。最好的底漆，配最好的面漆，配套性又没有问题，评价自然最经典、最好。

特殊情况下使用的两种配套：W 底、PU 或 NC 作面，在家装时可考虑使用。有时可解决着色不均匀、施工期短等问题。PU 底加 NC 面，这里的 PU 可视为封闭底漆，也可视为真正的 PU 底漆。封闭底漆可把 NC 托起来，大大提高 NC 丰满度，减少涂装道数及时间，用于木门涂装时，如选用 PU 底漆 NC 面漆，托起效果更好，木门表面保持 NC 特性，作为易损坏的表面，容易进行无痕修补。

表 3-7-113 是指导性的，当要根据实际情况灵活运用。

三、木用涂装常用涂装工艺

1. 木器制品常见涂装效果

木器制品的涂装效果，主要受漆膜厚度和漆膜光泽影响。以透明涂装而言，从漆膜厚度分析，可分为以下几种。

(1) 开放式涂装（开孔涂装） 木材导管孔呈开口状态的薄膜涂装。涂装沿着木材导管孔的内壁形成一层薄的涂膜，涂装中一般不将导管孔填实，涂装后的表面管孔仍然显露，强化木质天然质感。

(2) 全封闭涂装（闭孔涂装） 涂装中用填孔剂与涂料将木材导管孔全部填满填实填牢，

上面涂膜做厚，如经研磨抛光可获得丰满、厚实、高光的镜面效果。

(3) 半开放涂装　介于开孔与闭孔装饰的中间型涂装，即在涂装中使用填孔剂，适当填孔，又不完全填满，表面呈现半开孔状，管孔内部涂膜较开孔涂装厚，其防污、防湿及防水的效果较佳。此法有利于显现各树种的木纹。

(4) 天然植物油涂装　北欧部分国家流行选用易渗透的涂料（多为油性漆）涂装实木家具，涂料施工后充分渗透至木材内部，而木材表面仅有极薄的膜或几乎没有涂膜，此时最能显现木材特有的天然质感。但是由于几乎没有膜，故其保护作用较差，制品表面极易受污染与损伤。

漆膜表面光泽亦会影响最终涂装效果。漆膜光泽一般分三类。

(1) 亮光涂装　如镜面效果，涂膜丰满厚实，由于光线的全反射而具极高光泽，涂面光芒四射，使制品显得豪华高贵，充分显现涂膜的厚实感。

(2) 半光涂装　如三分光、五分光（半光）、七分光等不同比例的光泽表现。使用不同光泽的面漆，并结合相应材质、颜色、被涂物的形状、涂装膜厚等因素，可形成各具特色的、不同风格的装饰效果。

(3) 亚光（无光）涂装　因光线的散射而呈现无光泽的沉稳感，虽有涂膜但少了厚重感，如亚光、开孔或半开孔涂装，涂膜相对较薄，虽有涂装，但表现的是轻快、高雅的感觉，其涂装过程与常规涂装无异，仅仅是面漆不同。也可以不使用头道及二道底漆，而直接以消光面漆涂装，涂层干后，打磨后再上一次亚光面漆，此法多用于美式仿古家具。

与透明涂装相比，实色涂装的特点是基材选择更广泛，丰满度高，同样可用高光泽、半光或亚光表现出不同品味。其中中性色黑白灰多用于办公及商业用品，彩色则多用于橱柜中。除此之外尚有多种美术涂装效果用于家具的局部点缀及家装中。可根据不同需要选用不同的涂料，用不同的涂装工艺获得不同的涂膜效果，展示不同的涂装风格。

2. 传统涂装主要涂装工艺

传统涂装六种涂装工艺。

(1) 中纤板实色涂装工艺　中纤板-水灰或其他腻子-封闭-底漆（PU 或 UPE)-实色面漆（亮光或亚光），见表 3-7-114。

表 3-7-114　中纤板 PU 实色涂装工艺

施工条件		底材：中纤板 涂料：PU 实色漆 施工温度 25℃、湿度 75%以下		
序号	工　序	材　料	施工方法	施　工　要　点
1	中纤板	砂纸	手磨、机磨	将白坯打磨平整，去污痕
2	腻子	专用腻子（如水灰）	刮涂	刮涂平整，宜薄刮
3	打磨	砂纸	手磨、机磨	打磨平整
4	封闭	PU 封闭底漆	刷、喷、擦	对底材进行有效封闭，干后轻磨
5	实色底漆	PU 或 UPE 底漆	喷涂，可湿碰湿	底漆与面漆的颜色最好接近，对提高遮盖力有很大帮助；注意湿碰湿第一遍施工时宜薄涂
6	实色面漆（亮光或亚光）	PU 实色面漆	喷涂	均匀平整

注：1. 中纤板：清除板上的油污和胶印。

2. 腻子：用水灰或其他腻子刮涂 1～2 次，将基材填平，干透后打磨干净，不宜厚涂。

3. 封闭：用 PU 封闭漆，喷涂、擦涂、刷涂均可，其目的是对底材进行封闭，增加底漆对基材的附着力，防止漆膜下陷，干后轻磨。

4. 底漆：可选用 PU 或 UPE 实色底漆，按标准配比施工，均匀喷涂，需要时 PU 漆可选用湿碰湿工艺。

5. 面漆：PU 面漆，按标准配比调到 12s 的施工黏度喷涂。

(2) 中纤板贴纸涂装工艺　中纤板-刮腻子-打磨-贴纸-PU 或 UPE 透明底漆-修色-清面漆（亮光或亚光），见表 3-7-115。

表 3-7-115　中纤板贴纸涂装工艺

施工条件		底材:中纤板贴纸 涂料:PU 或 UPE 施工温度 25℃,湿度 75%以下		
序号	工序	材　料	施 工 方 法	施 工 要 点
1	中纤板	砂纸	手磨、机磨	白坯打磨平整,去污痕
2	刮腻子	专用腻子(如水灰、猪血灰等)	刮涂	刮涂平整,宜薄刮
3	打磨	砂纸	手磨、机磨	打磨平整
4	贴纸	各色木纹纸	手贴、机贴	无气泡、无皱纹、整齐一致,7h 后实干
5	底漆	PU 或 UPE 透明底漆	喷涂	PU 底漆湿碰湿两遍或 UPE 底漆两遍
6	面修色	透明封闭底漆或面漆加色	喷涂	由浅入深均匀着色
7	面漆	PU 面漆	喷涂	均匀喷涂,注意过滤、防尘

注：1. 中纤板：清除白坯板上的油污和胶印，便于将纸贴平整。

2. 刮腻子：用水灰等来填补板材的钉眼、拼缝和缺陷，打磨平整，尽量减少因板材的缺陷而影响贴纸的平整度。

3. 贴纸：贴纸后要求无气泡、无皱纹、整齐一致，需干燥 7h 以上。

4. 底漆：PU 或 UPE 透明底漆，按标准配比施工，喷涂均匀。PU 底要稀一些，UPE 之前要用 PU 封闭。

5. 面修色：用透明封闭底漆或面漆自行加色，或用已调好颜色的透明封闭底漆或面漆修色。由浅入深均匀着色。

6. 面漆：PU 面漆，按标准配比调到适宜稠度喷涂。

(3) 中纤板贴木皮的全封闭涂装工艺　中纤板-贴木皮-封闭（可选择）-底着色（按照需要选择使用：有色水灰、有色士那、木纹宝、格丽斯）-封闭（可选择）-PU 或 UPE 透明底漆-修色-清面漆（亮光或亚光），见表 3-7-116。

(4) 中纤板贴木皮的半开放涂装工艺　中纤板-贴木皮-封闭（可选择）-底着色-封闭（可选择）-PU 或 UV 透明底漆-PU 透明面漆，见表 3-7-117。

表 3-7-116　中纤板贴木皮的全封闭涂装工艺

施工条件		底材:中纤板贴木皮 涂料:PU、NC 或 UPE 施工温度 25℃,湿度 75%以下		
序号	工序	材　料	施 工 方 法	施 工 要 点
1	中纤板	砂纸	手磨、机磨	去污迹、白坯打磨平整
2	贴木皮	各种木皮,胶水	手贴、机贴	贴平整,待干时间要足够
3	封闭(可选择)	PU 封闭底漆	刷、喷、擦	对底材进行有效封闭，干后轻磨
4	底着色	选择有色水灰、有色士那、木纹宝、格丽斯等着色材料	刮涂、擦涂、喷涂	着色均匀,颜色主要留在木眼里面,木径部分残留要少
5	封闭(可选择)	PU 封闭底漆	刷涂、喷涂	对底材、颜色进行有效封闭,保护底色,增加附着力,3～4h 后可轻磨,切忌磨穿及把底色打花

续表

序号	工序	材　料	施工方法	施工要点
6	底漆	PU或UPE透明底漆	喷涂、可湿碰湿	干后要彻底打磨平整，忌磨穿
7	修色	士那/面漆加色	喷涂	由浅入深均匀着色
8	面漆	清面漆(亚光或亮光)	喷涂	均匀喷涂

注：1. 中纤板：清除中纤板油污和胶印，对高档板式家具还需进行定厚砂光，才能进行贴木皮。

2. 贴木皮：将木皮贴平整，以机器贴为主，一些边角可以人工贴或者用实木线条来取代。

3. 封闭底漆（可选择）：去木毛、防渗陷、增加附着力。

4. 底着色：按照需要选用有色水灰、有色士那、木纹宝、格丽斯等着色材料，采用刮涂、擦涂、喷涂等施工方式，颜色要擦拭均匀。

5. 封闭底漆（可选择）：再用PU封闭漆封闭，喷涂均匀，其目的是对底色进行保护，以避免在喷涂底漆后出现浮色的现象；还能增加底漆的附着力，防止下陷。封闭底干后必须轻磨，以免磨穿及把底色打花。可选择的意思是二选一或二选二，最少一次。

6. PU或UPE透明底漆：PE透明底漆，按标准配比施工，喷涂均匀。

7. 修色：参照色板来修色，原则是先里面后外面，先难后易，由浅入深均匀着色。

8. 面漆：PU面漆，按标准配比调到12s施工黏度喷涂。

9. "士那"即"sealer"的音译，"seal"意思是封闭。"sealer"意思是"封闭底漆"或"封闭剂"，"有色士那"是指"透明有色封闭剂"或"透明有色封闭底漆"，下同。

表3-7-117　中纤板贴木皮的半开放涂装工艺

施工条件	底材：中纤板贴木皮 涂料：PU、NC、UV或UPE 施工温度25℃，湿度75%以下			
序号	工　序	材　料	施工方法	施工要点
1	中纤板	砂纸	手磨、机磨	去污迹、白坯打磨平整
2	贴木皮	各种木皮，胶水	手贴、机贴	贴平整，待干时间要足够
3	封闭(可选择)	PU封闭底漆	喷、涂、刷	砂磨去木毛、防渗陷、增加附着力
4	底着色	按照需要选择使用有色士那、木纹宝、格丽斯等着色材料	刮涂、擦涂、喷涂	着色均匀，颜色主要留在木眼里面，木径部分残留要少
5	封闭(可选择)	PU底得宝	刷涂、喷涂	对底材、颜色进行有效封闭，保护底色，增加附着力，3～4h后可轻磨
6	底漆	PU或UV透明底漆	喷涂	根据开放效果再加一道底漆，中间须打磨，5～8h手打磨
7	面漆	面漆	喷涂	均匀喷涂

注：1. 中纤板：底材打磨处理，要平整，去除污迹、胶印。对高档板式家具还需定厚砂光，才能进行贴木皮。

2. 贴木皮：木皮选取木眼粗、深、纹理清晰，着色前用铜刷，沿木材导管方向刷导管，清除染迹、灰渍及扩充木眼，使木材纹理突出、清晰。

3. 底着色：选用士那、木纹宝或格丽斯等着色材料来对底材着色，以突显木材纹理；用木纹宝来做底着色半开放工艺时，需将木纹宝调稀一些，以免填平木眼。

4. 封闭：在着色前对板材进行封闭时，采取喷涂、擦涂、刷涂均可，其目的是防止下陷和便于均匀着色；为避免颜色上不去的问题，封闭不宜厚，封闭底漆应适当调稀，但边角、木材的端头部分要封闭厚一些，以避免在底着色时出现着色不匀的现象。着色后进行封闭时，不要把产品颜色擦花，所以必须喷涂，其目的是对底色进行保护，以避免在喷涂底漆后出现浮色的现象；还能增加底漆的附着力，防止下陷。可选择的意思是二选一或二选二，最少一次（与表3-7-114同）。

5. 底漆：PU底漆或改性PU底漆适合开放效果，黏度控制在12～14s（涂-2杯）喷涂；UV透明底漆辊涂1～2遍（视木眼的深浅来定）。

6. 面漆：面漆的施工黏度控制在10～12s（涂-2杯），以亚光为主。

(5) 实木底着色全封闭的透明涂装工艺　实木-腻子-封闭（可选择）-底着色-封闭（可选择）-PU/UPE 透明底漆-打磨-PU 透明面漆（变化工艺可得开孔或封闭不同程度效果），见表 3-7-118。

表 3-7-118　实木底着色全封闭的透明涂装工艺

施工条件	底材：实木 涂料：NC、PU 或 UPE 施工温度 25℃，湿度 75%以下			
序号	工　序	材　料	施工方法	施　工　要　点
1	实木	砂纸	手磨、机磨	去污迹、白坯打磨平整
2	刮腻子	选择非油性有色腻子	刮涂	打磨时木眼里的腻子填实，外边的腻子均要磨干净
3	封闭(可选择)	PU 封闭底漆	喷、涂、刷	去木毛、防渗陷、增加附着力
4	底着色	按照需要选择使用有色水灰、有色士那、木纹宝、格丽斯等着色材料	刮涂、擦涂、喷涂	着色均匀，颜色主要留在木眼里面，木径部分残留要少
5	封闭(可选择)	PU 封闭底漆	刷涂、喷涂	对底材、颜色进行有效封闭，保护底色，增加附着力，3～4h 后可打磨
6	底漆	透明底漆	喷涂、可湿碰湿	底漆层间干燥要足够
7	打磨	砂纸	手磨、机磨	打磨均匀平整
8	面漆	面漆	喷涂	均匀喷涂

注：1. 实木：清除白坯板上的油污和胶印，以避免在底着色时，产生着色不匀的现象。

2. 刮腻子：进行底着色工艺时，腻子一般选择刮水性腻子较多；若刮涂油性腻子，一般采取面着色工艺，因油性腻子不易底着色。

3. 底着色：根据所需做的表面效果及施工要求可选用不同的着色材料，用 PU 格丽斯进行底着色，其着色性比较好，也易于擦拭，填充性比木纹宝差；木纹宝是既能填充又能着色；而士那则既能底着色又能进行面修色，便于修补磨穿的底色。

4. 封闭：在着色前对板材进行封闭时，采取喷涂、擦涂、刷涂均可，其目的是防止下陷和便于均匀着色；为避免颜色上不去的问题，封闭不宜厚，封闭底漆应适当调稀，但边角、木材的端头部分要封闭厚一些，以避免在底着色时出现着色不匀的现象。着色后进行封闭时，不要把产品颜色擦花，所以必须喷涂，其目的是对底色进行保护，以避免在喷涂底漆后出现浮色的现象；还能增加底漆的附着力，防止下陷。可选择的意思是二选一或二选二，最少一次（与表 3-7-114 同）。

5. 底漆：PU 或 UPE 透明底漆，按标准配比施工，喷涂均匀。

6. 面漆：PU 面漆，按标准配比调到 12s 喷涂。

(6) 红木家具封闭加生漆涂装工艺　红木-补色-封油士那-腻子（有色木灰）-打磨-着色-封油士那（可选择）-打磨-修色-PU 底漆-打磨-面漆（大漆）五遍，见表 3-7-119。红木涂装亦可全部用大漆。

表 3-7-119　红木家具封闭加生漆涂装工艺

施工条件	底材：红木 涂料：PU，大漆 施工温度 25℃，湿度 80%左右			
序号	工　序	材　料	施工方法	施　工　要　点
1	红木	砂纸	手磨、机磨	去污迹，顺木纹打磨平整、光滑
2	补色	PU 修色剂	擦涂	使白坯的颜色基本一致
3	封油士那	封油士那	刷涂或揩涂	用封油士那封闭，天那水对稀，厚薄适中；可视基材含油量的多少，适当增加 1～2 遍封油士那

续表

序号	工 序	材 料	施工方法	施 工 要 点
4	腻子(有色底灰)	有色木灰	刮涂	刮有色木灰两遍,3h后打磨
5	打磨	砂纸	手磨	除木毛、木刺,光滑无亮点
6	着色	有色士那着色	擦涂	均匀着色
7	封油士那(可选择)	封油士那	刷涂或揩涂	用封油士那封闭
8	打磨	砂纸	手磨	平整、光滑
9	修色	PU修色剂	喷涂	颜色均匀一致
10	底漆	PU透明底漆	喷涂	湿碰湿一次,第一道涂膜要薄,待干时间要足够
11	打磨	砂纸	手磨	平整、光滑
12	面漆	大漆	喷涂,揩、擦4～8遍	均匀涂布,使膜面光泽一致,手感细腻

注：1. 红木：用砂纸顺木纹打磨平整、光滑，清除污迹。

2. 补色：使白坯的颜色基本一致。

3. 封油士那：对底材进行封闭，避免树脂、单宁等物质渗出而影响涂装效果。确保大漆不往下陷，确保附着力。

4. 有色底灰：填平木眼、毛孔，彻底打磨平整，只留木眼，不留木径；若一遍没有填平，还可以多刮几次有色底灰；注意一定要把木径表面打磨干净并彻底清理余灰。

5. 打磨：除木毛、木刺，光滑无亮点。打磨平整、光滑。

6. 封油士那：二次封闭，对底材、有色底灰进行封闭，增加底漆对基材的附着力，有助于防止漆膜下陷。此工序可根据实际情况可省去。封油士那有别于普通士那。专用于油性木。

7. 打磨：打磨平整、光滑。

8. 修色：颜色均匀一致。

9. 底漆：按标准配比施工，喷涂均匀。

10. 打磨：打磨平整、光滑。

11. 面漆：生漆、大漆一般采取的施工方式是揩涂，一般需4～8次，方可达到质量要求。

3. 实用涂装推荐工艺

除上述六种常见工艺之外，实际生产时，针对不同的风格、不同涂装需要、不同生产条件、不同底材、不同原材料及辅料，会选多种多样的涂装工艺，下面列出一些常见实用涂装工艺，供参考。

(1) 实用工艺一　中纤板NC实色涂装工艺：中纤板-腻子-封闭-打磨-底漆-打磨-底漆-打磨，见表3-7-120。

表3-7-120　中纤板NC实色涂装工艺

施工条件	底材:中纤板 涂料:NC实色漆 施工温度25℃、湿度75%以下			
序号	工序	材 料	施工方法	施 工 要 点
1	白坯处理	砂纸	手磨、机磨	将白坯打磨平整,去污痕
2	刮腻子	各类腻子	刮涂	打磨时木眼里的腻子填实,外边的腻子要磨干净
3	打磨	砂纸	手磨	打磨平整,光滑无亮点
4	封闭	用虫胶漆、NC漆或PU封闭漆封闭	刷、喷、擦	对底材进行封闭
5	打磨	砂纸	手磨	轻磨
6	底漆	实色NC底第一遍	喷涂1～2道	喷涂均匀
7	打磨	砂纸	手磨、机磨	彻底打磨平整

续表

序号	工序	材料	施工方法	施工要点
8	底漆	实色 NC 底第二遍	喷涂 2～4 道	要有足够厚度
9	打磨	砂纸	手磨	先用 320# 打磨，再用 600# 轻磨去砂痕
10	面漆	实色 NC 面第一遍	喷涂	注意喷涂均匀
11	打磨	砂纸	手磨、轻磨	打磨平滑无亮点，切忌磨穿
12	面漆	实色 NC 面第二遍	喷涂 2～4 道	要有足够厚度

注：1. 封闭底漆：在打磨封闭底漆后最好用 PU 或 UPE 腻子刮补中纤板截面。

2. 底漆：NC 实色底漆施工黏度可调整在 16～18s，用雾化效果好的喷涂工具，黏度可调到 20～24s 进行喷涂。

3. 打磨：第一遍面漆后打磨所选用的砂纸粒度要合适，而且打磨时力度一定要掌握好。

4. 面漆：用配套的面漆稀释剂调到 12s 施工黏度喷涂。

(2) 实用工艺二 实木本色涂装工艺：实木-封闭-打磨-刮腻子-打磨-底漆-打磨-底漆-打磨-面漆-打磨-面漆，见表 3-7-121。

表 3-7-121 实木本色涂装工艺

施工条件	底材：实木 涂料：PU、NC 或 UPE 施工温度 25℃，湿度 75%以下			
序号	工序	材料	施工方法	施工要点
1	白坯打磨	砂纸	手磨、机磨	去污迹、白坯打磨平整
2	封闭	PU 封闭底漆	刷涂、喷涂、擦涂	对底材进行封闭，3～4h 后可打磨
3	打磨	砂纸	手磨	轻磨、消除木毛
4	刮腻子	PU 透明腻子	刮涂	填平木眼，3h 后可打磨
5	打磨	砂纸	手磨、机磨	彻底打磨平整，多余腻子清除干净
6	底漆	PU 透明底漆	喷涂、可湿碰湿	均匀喷涂，5～8h 后可打磨
7	打磨	砂纸	手磨、机磨	彻底打磨平整
8	底漆	PU 透明底漆	喷涂、可湿碰湿	均匀喷涂，5～8h 打磨
9	打磨	砂纸	手磨、机磨	彻底打磨平整
10	面漆	PU 清面漆	喷涂	均匀喷涂，8～10h 后轻磨
11	打磨	砂纸	手磨	轻磨颗粒，切忌打穿
12	面漆	PU 清面漆	喷涂	均匀喷涂

注：1. 刮腻子：腻子要刮平、填实。也可以用配套的稀释剂调稀后进行擦涂。

2. 底漆：当使用 NC 底漆时，要多涂 1～2 遍获得一定厚度的涂膜。

3. 面漆：用配套的面漆稀释剂调到 12s 施工黏度喷涂。

(3) 实用工艺三 实木底着色开放透明涂装工艺：实木-封闭-打磨-着色-底漆-打磨-修色-打磨-面漆，见表 3-7-122。

表 3-7-122 实木底着色开放透明涂装工艺

施工条件	底材：实木 涂料：PU、NC 或 UPE 施工温度 25℃，湿度 75%以下			
序号	工序	材料	施工方法	施工要点
1	白坯	砂纸	手磨、机磨	去污迹、白坯打磨平整
2	封闭	PU 封闭底漆	刷涂、喷涂	对底材进行封闭，3～4h 后可打磨
3	打磨	砂纸	手磨	轻磨、消除木毛

续表

序号	工序	材　料	施工方法	施　工　要　点
4	着色	格丽斯等着色材料	擦涂	擦涂可加放适量慢干水，也可采用喷涂方式着色
5	底漆	透明底漆	喷涂	根据开放效果如要加一道底漆的话，中间须打磨，5～8h手打磨
6	打磨	砂纸	手磨、机磨	彻底打磨平整，切忌打穿
7	修色	清面漆(配好)：色精	喷涂	可适当用稀料调稀，技巧是由浅入深
8	打磨	砂纸	手磨	轻磨颗粒，不可打穿、也可省去此工序
9	面漆	面漆	喷涂	均匀喷涂

注：1. 如果要做面修色，可在“8”工序后进行修色。

2. 面漆：用配套的面漆稀释剂调到12s施工黏度喷涂。

(4) 实用工艺四　实木面着色透明（半透明）、开放（半开放）涂装工艺：实木-封闭-打磨-透明底漆-打磨-透明底漆-打磨-透明有色面漆，见表3-7-123。

表3-7-123　实木面着色透明（半透明）涂装工艺

施工条件	底材：实木 涂料：PU、NC或UPE 施工温度25℃，湿度75%以下			
序号	工　　序	材　　料	施工方法	施　工　要　点
1	白坯	砂纸	手磨、机磨	去污迹、白坯打磨平整
2	封闭	PU封闭底漆	刷涂、擦涂	对底材进行封闭，3～4h后可打磨
3	打磨	砂纸	手磨	轻磨、消除木毛
4	底漆	透明底漆(PU、NC或UPE均可)	喷涂、可湿碰湿	均匀喷涂，5～8h手工打磨
5	打磨	砂纸	手磨、机磨	彻底打磨平整
6	底漆	透明底漆(PU、NC或UPE均可)	喷涂、可湿碰湿	同“4”
7	打磨	砂纸	手磨、机磨	彻底打磨平整
8	透明有色面漆	PU透明面漆	喷涂	厚度务必均匀，如NC底对应NC透明有色面漆

注：1. 透明面着色漆：用配套的面漆稀释剂调到12s施工黏度喷涂。

2. 半开放或全开放、透明或半透明效果的影响因素是：漆膜总厚度、打磨程度、颜色的浓淡。

(5) 实用工艺五　红木家具纯生漆涂装工艺：红木-刮腻子-打磨-上色-补色-上底漆-打磨-上面漆，见表3-7-124。

表3-7-124　红木家具纯生漆涂装工艺

施工条件	底材：红木 涂料：生漆 施工温度25℃，湿度80%左右			
序号	工序	材　　料	施　工　方　法	施　工　要　点
1	白坯	砂纸	手磨、机磨	清除木毛、木刺
2	刮腻子	生漆灰(生漆、填充料、适量水的混合物)	刮涂	填平、填实木眼
3	打磨	砂纸	手磨	除净木径上的灰迹，使木纹纹理清晰
4	上色	PU修色剂	擦涂(2～3道)	使颜色基本一致
5	补色	PU修色剂	擦涂(1～2道)	使颜色基本一致
6	上底漆	稍稠的加有粉料的生漆	刷、擦8～10道	表面均匀一致
7	打磨	砂纸	手磨	打磨平整，光滑
8	上面漆	生漆	揩、擦8～10道	按要求

注：1. 刮灰：生漆遇铁会变黑，因此刮灰用的刮子要以塑料、铜、不锈钢等材质较好，最好用牛角刮子。

2. 面漆：上面漆应用纯棉质纱线，不能用化纤或含化纤的丝线。

(6) 实用工艺六　藤制家具常用透明涂装工艺：白坯干燥-白坯前处理-染色-封闭-打磨-上面漆，见表 3-7-125。

表 3-7-125　藤制家具常用透明涂装工艺

施工条件	底材：藤质基材 涂料：PU、NC 施工温度 25℃，湿度 75%以下			
序号	工序	材　料	施工方法	施　工　要　点
1	白坯干燥	烘干设备	日光或烘干	藤条清洁干净后经日晒或烘烤干燥
2	白坯前处理	硫磺、漂白水	烟熏、浸泡	硫黄烟熏主要防虫蛀；对色质及质量差的藤皮、芯还须进行漂白处理；防霉、防裂处理，并除去青皮；经过高温杀菌消毒处理后，再用机器把藤条拉成一定长短和粗细规格的藤
3	染色	酸性染料或油溶性染料	喷涂	用酸性染料或油溶性染料涂装 1～2 遍，染色均匀一致，颜色要淡雅
4	封闭	PU 封闭底漆	喷涂	对底材进行封闭，漆要尽可能调稀一些，可视需要多做一遍封闭
5	打磨	砂纸	手磨	轻磨，消除木毛
6	上面漆	清面漆	喷涂	均匀喷涂施工，涂料要尽可能调稀一些，可视需要多做一两遍面漆

注：1. 藤条在干燥前必须进行清洗干净；藤条材料比较容易长虫、生霉，故必须用硫黄、漂白水等处理。

2. 藤材颜色一般不太均匀，故染色是藤家具涂装非常重要的一道工序，染色时颜色不能太深，要求染后颜色均匀一致。

3. 藤家具上漆时要注意，涂料要尽可能调稀一些，宁愿薄涂多遍。

4. 藤家具也采用浸涂工艺，但所用涂料及工艺过程有不同。

(7) 实用工艺七　中纤板木门实色常用涂装工艺：白坯-打磨-封闭-打磨-底漆-打磨-底漆-打磨-面漆，见表 3-7-126。

表 3-7-126　中纤板木门实色常用涂装工艺

施工条件	底材：中纤板 涂料：PU、NC 或 UPE 施工温度 25℃，湿度 75%以下			
序号	工序	材　料	施工方法	施　工　要　点
1	白坯打磨	砂纸	手磨、机磨	去污迹、白坯打磨平整，增加附着力
2	刮腻子	各类腻子	刮涂	打磨时木眼里的腻子填实，外边的腻子均要磨干净
3	封闭	PU 封闭底漆	刷涂、喷涂	对底材进行封闭，可视需要多做一遍封闭，待干 3～4h
4	打磨	砂纸	手磨、机磨	打磨均匀
5	底漆	专用 PU、UPE、NC 木门实色底漆	喷涂、刷涂	均匀施工，待干 3～4h
6	打磨	砂纸	手磨、机磨	打磨均匀、平整
7	底漆	专用 PU、UPE、NC 木门实色底漆	喷涂、刷涂	均匀施工，层间待干 5～8h
8	打磨	砂纸	手磨、机磨	打磨均匀、平整
9	面漆	专用 PU、NC 木门实色面漆	喷涂	按标准配比，均匀喷涂

注：1. 白坯打磨：去污迹、打磨要平整以增加附着力。

2. 封闭：木门涂装时，封闭工序不能省，必要时多做 1～2 遍底漆。

3. 打磨：层间打磨非常重要，否则会影响漆膜附着力。

4. 底漆、面漆：底面漆建议使用厂家的木门专用底面漆。

(8) 实用工艺八　实木门全封闭透明涂装常用工艺：白坯打磨-封闭-打磨-刮腻子-打磨-底漆-打磨-底漆-打磨-面漆-打磨-面漆，见表 3-7-127。

表 3-7-127　实木门全封闭透明涂装常用工艺

施工条件	底材:实木 涂料:PU、NC 或 UPE 施工温度 25℃,湿度 75%以下			
序号	工序	材　　料	施工方法	施　工　要　点
1	白坯打磨	砂纸	手磨、机磨	去污迹、白坯打磨平整
2	封闭	PU 封闭底漆	刷涂、喷涂、擦涂	对底材进行封闭,3～4h 后可打磨
3	打磨	砂纸	手磨	轻磨、消除木毛
4	刮腻子	PU 透明腻子	刮涂	填平木眼,3h 后可打磨
5	打磨	砂纸	手磨、机磨	彻底打磨平整,多余腻子清除干净
6	底漆	专用 PU、UPE、NC 木门透明底漆	喷涂、可湿碰湿	均匀喷涂,5～8h 后可打磨
7	打磨	砂纸	手磨、机磨	彻底打磨平整
8	底漆	专用 PU、UPE、NC 木门透明底漆	喷涂、可湿碰湿	均匀喷涂,5～8h 打磨
9	打磨	砂纸	手磨、机磨	彻底打磨平整
10	面漆	专用 PU、UPE、NC 木门透明面漆	喷涂	均匀喷涂,8～10h 后轻磨
11	打磨	砂纸	手磨	轻磨颗粒,切忌打穿
12	面漆	专用 PU、UPE、NC 木门透明面漆	喷涂	均匀喷涂

注：1. 木门属比较特殊的木制品，涂饰面全部是见光面，所以，尽量做到防止木门的变形和开裂，拆封的半成品应在第一时间内做完封闭底漆，防止基材吸收空气中的水分变形。

2. 底漆：尽量使用 UPE 透明底漆，对木门的形变稳定有很大帮助。

(9) 实用工艺九　中纤板橱柜实色涂装工艺：白坯打磨封闭-打磨-刮腻子-打磨-底漆-打磨-底漆-打磨-面漆-抛光，见表 3-7-128。

表 3-7-128　中纤板橱柜实色常用涂装工艺

施工条件	底材:三聚氰氨贴面中纤板(单面白色) 涂料:PU、UPE、PE、NC 施工温度 25℃,湿度 75%以下			
序号	工序	材　　料	施工方法	施　工　要　点
1	白坯处理	砂纸	手工或机磨	中纤板面打磨平整、增加附着力
2	封闭	PU 封闭底漆	刷、喷	整个面板进行封闭,可视需要多做一遍封闭
3	打磨	砂纸	手工或机磨	打磨均匀、平整
4	刮腻子	原子灰	刮涂	中纤板面满刮腻子
5	打磨	砂纸	手工或机磨	打磨均匀、平整
6	底漆	用 PU、UPE、NC 橱柜实色底漆	喷、刷涂	均匀施工
7	打磨	砂纸	手工或机磨	打磨均匀、平整
8	底漆	用 PU、UPE、NC 橱柜实色底漆	喷、刷涂	均匀施工
9	打磨	砂纸	手工或机磨	打磨均匀、平整
10	面漆	用 PU、NC 橱柜实色面漆	喷涂	按标准配比,均匀喷涂
11	抛光	抛光蜡	手工或机械	完全干透后,选取合适抛光蜡进行抛光

注：1. 腻子：腻子应选用原子灰，以保证良好的附着力，刮涂时应薄刮，填孔即可。

2. 附着力：这种工艺如用划格法测试底、面漆之间的附着力，结果不会有问题，但实际生产中常采用刀片挑的方法来测试，对于附着力的要求更高，为此常常在面漆与 UPE 底漆之间做一层 PU 亚光清面漆过渡层，来提高层间附着力。

3. 面漆抛光时间的选择：传统的面漆要经过 48h 干燥才能抛光；面漆经过常温干燥 3h，再 50℃干燥 12h 也可以直接抛光。

4. 第一遍面漆与第二遍面漆的湿碰湿时间为 1.5～2h，如间隔时间过短，则碰第二遍面漆时易产生橘皮现象。

(10) 实用工艺十 实木或中纤板贴木皮PU底NC面底着色全封闭透明涂装工艺：实木或中纤板贴木皮-封闭-打磨-底着色-封闭-打磨-底漆-打磨-底漆-打磨-修色-打磨-清面漆（亮光或亚光），见表3-7-129。

表3-7-129 实木或中纤板贴木皮PU底NC面底着色全封闭涂装工艺

施工条件	底材：实木、中纤板贴木皮 涂料：封闭底漆、透明底漆、调色金油、清面漆 施工温度25℃、湿度75%以下			
序号	工序	材料	施工方法	施工要点
1	白坯处理	砂纸	手工或机磨	去胶印、污渍、毛刺，打磨平整
2	封闭	PU封闭底漆	刷、喷	去毛刺，平衡底着色均匀度，3～4h后打磨
3	打磨	砂纸	手工或机磨	去毛刺、打磨平整
3	着底色	有色士那、木纹宝（填充剂）、PU格丽斯	擦涂	配套稀释剂调整到合适施工浓度，擦涂，干燥后再施工透明底漆
4	封闭	PU封闭底漆(可选择)	喷涂	保护底色，增加附着力，3～4h后打磨
3	打磨	砂纸	手工或机磨	打磨平整
5	底漆	PU或UPE透明底漆	喷、淋涂	按标准配比调漆施工
5	打磨	砂纸	手工或机磨	打磨均匀、平整，切勿磨穿
6	底漆	PU或UPE透明底漆	喷涂、淋涂	按标准配比调漆施工
5	打磨	砂纸	手工或机磨	打磨均匀、平整，切勿磨穿
7	修色	调色金油加油性色精或PU透明面漆加油性色精	喷涂	按标准配比调漆施工
5	打磨	砂纸	手工或机磨	干后轻磨，切勿磨穿
8	清面漆	NC清面漆	喷涂	按标准配比调到12s施工黏度喷涂

注：1. 白坯处理：要平整光洁。

2. 封闭底漆：帮助底着色均匀着色，增加层间附着力。

3. 底着色：先按照顺时针或逆时针圈擦，然后顺木纹擦拭干净。

4. 封闭底漆：可视需要选择。

5. 底漆：按标准配比施工。如要做全封闭效果，底漆可湿碰湿喷涂两遍。干后打磨，切勿磨穿。

6. 修色：可用调色金油加油性色精调色，也可用PU清面漆加油性色精调色，黏度要适宜，最好调到9～10s进行修色施工。

7. 清面漆：NC亮光或亚光清面漆，按标准配比调到合适施工黏度（通常为12s），均匀喷涂。

(11) 实用工艺十一 中纤板贴木皮全PU透明面着色涂装工艺：中纤板（贴木皮）-封闭-打磨-底漆-打磨-底漆-打磨-修色-打磨-清面漆（亮光或亚光），见表3-7-130。

表3-7-130 中纤板贴木皮透明面着色涂装工艺

施工条件	底材：中纤贴木皮 涂料：封闭底漆、透明底漆、调色基料、清面漆 施工温湿度25℃，75%以下			
序号	工序	材料	施工方法	施工要点
1	白坯处理	砂纸	手磨机磨	去污渍、毛刺，打磨平整
2	封闭	PU封闭底漆	刷、喷	对底材有效封闭，3～4h后打磨
3	打磨	砂纸	手工或机磨	去毛刺、打磨平整
4	底漆	PU透明底漆	喷涂、淋涂	按标准比例调配，喷涂均匀

续表

序号	工序	材 料	施工方法	施 工 要 点
5	打磨	砂纸	手工或机磨	打磨均匀、平整,切勿磨穿
6	底漆	PU 透明底漆	喷涂	按标准比例调配,湿碰湿喷涂两遍
7	打磨	砂纸	手工或机磨	打磨均匀、平整,切勿磨穿
8	修色	PU 清面漆调油性色精调色	喷涂	按标准比例调配,根据颜色要求调色
9	打磨	砂纸	手工	轻轻打磨,切勿磨穿
10	清面漆	PU 清面漆	喷涂	按标准配比调到合适施工黏度(通常为 12s),均匀喷涂

注：1. 贴木皮：中密度纤维板贴各种木皮，注意选择合适木皮黏结剂。

2. 贴木皮主要工序：裁剪板料-砂光（最好是定厚砂光）-挑选木皮-裁皮-缝皮-调胶-涂胶-贴皮-热压。然后铣边-封边-排孔-拉槽-木制砂光，再转给涂装车间进行涂装。

3. 白坯处理：要平整光洁。

4. 封闭底漆：有利于除去毛刺，封闭基材，增加层间附着力，干后要打磨。

5. 底漆一遍：PU 透明底漆，按标准配比施工，不宜厚喷，干后打磨，切勿磨穿。

6. 底漆二遍：PU 透明底漆，按标准配比施工，可湿碰湿喷涂两遍，干后打磨，切勿磨穿。

7. 修色：调色金油加油性色精调色，也可以用 PU 清面漆加油性色精调色，黏度要合适，最好调到 9～10s 进行喷修施工。

8. 清面漆：PU 亮光或亚光清面漆，按标准配比调节合适施工黏度（通常为 12s），均匀喷涂。

(12) 实用工艺十二 实木地板透明底着色全封闭涂装工艺：实木地板-做底色（水性）-封闭（可选择）-打磨-PU 单组分或双组分地板漆（亮光或亚光）-打磨-PU 单组分或双组分地板漆（亮光或亚光），见表 3-7-131。

表 3-7-131 实木地板透明底着色全封闭涂装工艺

施工条件		底材:实木地板 涂料:着色剂、封闭底漆、PU 地板漆 施工温湿度 25℃,75%以下		
序号	工序	材 料	施工方法	施 工 要 点
1	白坯处理	砂纸	手工或机磨	去污渍、毛刺,打磨平整
2	做底色	水性着色剂	刷涂、喷涂	着色均匀,颜色主要是浸润进入到木材表层里
3	封闭	PU 封闭底漆	刷涂、喷涂	对底材、底色进行有效封闭和保护,增加附着力,3～4h 后可轻磨
4	打磨	砂纸	手工	轻轻打磨,切勿磨穿露白
5	面漆	PU(单组分或双组分)地板漆	刷涂、喷涂	按标准配比调到合适施工黏度(通常为 12s),刷、喷均匀到位
6	打磨	砂纸	手工或机磨	均匀打磨
7	面漆	PU(单组分或双组分)地板漆	刷涂、喷涂	按标准配比调到合适施工黏度(通常为 12s),刷、喷均匀到位

注：1. 白坯处理：砂光时注意到位，顺纹砂光，不可漏砂。

2. 着底色：按照需要选择水性着色材料，可采用刷涂、辊涂、喷涂、浸涂等施工方式，颜色要相对均匀。

3. 封闭底漆：有效封闭基材、底色，增加层间附着力。

4. 地板漆：单组分潮固化 PU 地板漆，双组分 PU 地板漆，按标准配比调到合适施工黏度（通常为 12s），刷、喷均匀到位。

(13) 实用美术漆涂装工艺

① 中纤板闪光漆涂装工艺 中纤板-封闭-打磨-刮腻子-打磨-实色底漆-打磨-闪光漆-清面漆（亮光或亚光），见表 3-7-132。

表 3-7-132 中纤板闪光漆涂装工艺

施工条件		底材：中纤板 涂料：封闭底漆、实色底漆、闪光漆、清面漆 施工温湿度 25℃，75%以下		
序号	工序	材 料	施 工 方 法	施 工 要 点
1	白坯处理	砂纸	手工或机磨	去污渍、毛刺，打磨平整
2	封闭	PU 封闭底漆	刷涂、喷涂	对底材有效封闭，3～4h 后打磨
3	打磨	砂纸	手工或机磨	去毛刺、打磨平整
4	刮腻子	PU 或 UPE 腻子	刮涂	填平截面、钉眼、导管
5	打磨	砂纸	手工或机磨	去毛刺，腻子干透再打磨平整，木径上面要打磨干净
6	实色底漆	PU 或 UPE 实色底漆	喷涂	按标准比例调配，喷涂均匀
7	打磨	砂纸	手工或机磨	打磨均匀、平整，切勿磨穿
8	闪光漆	PU 闪光漆	喷涂	按标准比例调配，漆膜表干后喷清面漆
9	清面漆	PU 清面漆	喷涂	按标准配比调到合适黏度（通常为 12s）施工，待闪光漆表干后，再喷涂清面漆

注：1. 白坯处理：要平整光洁，棱角圆滑。

2. 封闭底漆：有利于除毛刺，有效封闭基材，增加层间附着力。

3. 刮腻子：主要是满刮填平截面及木材导管，干后打磨平整。

4. 实色底漆：PU 或 UPE 实色底漆，根据面漆颜色效果配套选用实色底漆，按标准配比施工，干后打磨光滑，切勿磨穿。

5. 闪光漆：PU 闪光漆，按标准比例调配施工，表干后喷涂清面漆，注意在喷涂清面漆之前不能打磨。

6. 清面漆：PU 亮光或亚光清面漆，按标准配比调到合适黏度（通常是 12s）进行施工，待闪光漆表干后均匀喷涂，浅色效果最好选用耐黄变清面漆。

② 中纤板裂纹漆涂装工艺　中纤板-封闭-打磨-刮腻子-打磨-实色底漆-打磨-透明底漆-裂纹漆-透明面漆（亮光或亚光），见表 3-7-133。

表 3-7-133 中纤板裂纹漆涂装工艺

施工条件		底材：实木、中纤 油漆：封闭底漆、实色底漆、清底漆、裂纹漆、清面漆； 施工温湿度 25℃、75%以下		
序号	工序	材 料	施工方法	施 工 要 点
1	白坯处理	砂纸	手工或机磨	去污渍、毛刺，打磨平整
2	封闭	PU 封闭底漆	刷涂、喷涂	对底材有效封闭，增加附着力
3	打磨	砂纸	手工或机磨	去毛刺、打磨平整
4	刮腻子	PU 或 UPE 腻子(可选择)	手工	填平截面、钉眼
5	打磨	砂纸	手工或机磨	去毛刺，腻子干透再打磨平整，木径上面要打磨干净
6	实色底漆	PU 或 UPE 实色底漆	喷涂	按标准配比施工，喷涂均匀
7	打磨	砂纸	手工或机磨	打磨均匀、平整，切勿磨穿
8	透明底漆	NC 清底漆	喷涂	调整到合适的施工黏度喷涂，漆膜厚度越均匀越好，干后不要打磨

续表

序号	工序	材　料	施工方法	施 工 要 点
9	裂纹漆	NC 裂纹漆	喷涂	调整到合适的施工黏度喷涂,漆膜厚薄越均匀越好,干后不要打磨
10	透明面漆	NC 清面漆(亮光或亚光)	喷涂	调整到合适的施工黏度(通常为 12s 黏度)进行喷涂施工

注：1. 白坯处理：要平整光洁。

2. 封闭底漆：有利于除去毛刺，有效封闭基材。

3. 刮腻子（可选择）：主要是填充截面的较大缺陷。

4. 实色底漆：PU 或 UPE 实色底漆，可根据效果需要选择配套的实色底漆颜色，按标准配比施工，干后打磨，切勿磨穿。

5. 清底漆：NC 清底漆是裂纹漆的基础漆，漆膜厚薄越均匀越好，干后不要打磨。

6. 裂纹漆：NC 实色裂纹漆，调整到合适的施工黏度喷涂，漆膜厚薄越均匀越好，干后不要打磨；裂纹显现时间大约为 3～5min，一般来说，如想获得粗或深的裂纹，可适当增加漆膜厚度，或提高裂纹底漆的厚度；反之如想获得细或浅的裂纹，则要降低漆膜厚度，或控制裂纹底漆的厚度。

7. 清面漆：NC 亮光或亚光清面漆，调整到合适黏度（通常为 12s）进行喷涂施工，白色效果最好选用耐黄变清面漆。

③ 中纤板锤纹漆涂装工艺　中纤板-封闭-打磨-刮腻子-打磨-PU 或 UPE 实色底漆-打磨-锤纹漆-清面漆（亮光或亚光），见表 3-7-134。

表 3-7-134　中纤板锤纹漆涂装工艺

施工条件		底材:中纤板 涂料:封闭底漆、实色底漆、锤纹漆、清面漆 施工温湿度 25℃,75%以下		
序号	工序	材料及配比	施工方法	施 工 要 点
1	白坯处理	砂纸	手工或机磨	去污渍、毛刺,棱角打磨圆滑
2	封闭	PU 封闭底漆	刷涂、喷涂	对底材有效封闭,增加附着力
3	打磨	砂纸	手工或机磨	去毛刺、打磨平整
4	刮腻子	PU 或 UPE 腻子	手工	嵌补填平截面、补钉眼
5	打磨	砂纸	手工或机磨	去毛刺,腻子干透再打磨平整,木径上面要打磨干净
6	实色底漆	PU 或 UPE 实色底漆	喷涂	按标准配比施工,喷涂均匀
7	打磨	砂纸	手工或机磨	打磨均匀、平整,切勿磨穿
8	锤纹漆	NC 锤纹漆	喷涂	调到适合黏度,喷涂均匀,膜厚一致、锤纹均匀
9	清面漆	NC 清面漆	喷涂	按标准调到合适黏度(通常为 12s)施工,均匀喷涂

注：1. 白坯处理：棱角要磨得比较圆润。

2. 封闭底漆：有效封闭基材底色，增加腻子对基材的附着力。

3. 刮腻子：主要是填充横截面的缺陷。

4. 实色底漆：PU 或 UPE 实色底漆，可根据锤纹漆的色彩配套选择实色底漆的颜色，按标准配比施工，干透后打磨。

5. 锤纹漆：NC 锤纹漆，按所需效果要求调整施工黏度。

6. 清面漆：NC 清面漆，按标准调到合适黏度（通常为 12s）施工，均匀喷涂。

锤纹漆中有形成锤花的硅油，喷涂过锤纹漆的喷房、喷枪以及喷涂中用过的其他设备、工具、部件的清洗非常关键，如有疏忽，在喷涂其他涂料时极易出现“缩孔”。

④ 中纤板贝母漆涂装工艺　中纤板处理-封闭-打磨-刮腻子-打磨-白色底漆-打磨-贝母漆-清面漆（亮光），见表 3-7-135。

⑤ 中纤板油丝（蜘蛛网）漆涂装工艺　中纤板-封闭-打磨-刮腻子-打磨-PU 实色底漆-打磨-NC 透明底漆-油丝漆-仿古漆-NC 清漆（亮光或亚光），见表 3-7-136。

表 3-7-135 中纤板贝母漆涂装工艺

施工条件		底材：中纤板 涂料：封闭底漆、实色底漆、贝母漆、清面漆 施工温湿度 25℃，75%以下		
序号	工序	材 料	施工方法	施 工 要 点
1	白坯处理	砂纸	手工或机磨	去胶印、污渍、毛刺，打磨平整
2	封闭	PU 封闭底漆	刷涂、喷涂	对底材封闭，3～4h 后打磨
3	打磨	砂纸	手工或机磨	去毛刺、打磨平整
4	刮腻子	PU 或 UPE 腻子	手工	填平截面、补钉眼，干透后打磨
5	打磨	砂纸	手工或机磨	去木毛，腻子干透再打磨平整，木径上面要打磨干净
6	白色底漆	PU 或 UPE 白色底漆	喷涂	按标准比例调配，喷涂均匀
7	打磨	砂纸	手工或机磨	打磨均匀、平整，切勿磨穿
8	贝母漆	PU 贝母漆	喷涂	按标准比例调配，采用先喷后点的施工方法，漆膜厚度越均匀越好，漆膜表干后，即可喷清面漆
9	清面漆	PU 清面漆	喷涂	按标准配比调到合适黏度（通常 12s）施工，待贝母漆表干后喷涂

注：1. 白坯处理：要平整光洁。

2. 封闭底漆：有利于除去木毛刺，有效封闭基材，增加附着力。

3. 刮腻子：主要是填充截面的较大缺陷。

4. 白色底漆：PU 或 UPE 白色底漆，一般多数选用白色，按标准配比施工，干后打磨，切勿磨穿。

5. 贝母漆：PU 贝母漆，按标准比例调配，采用先喷后点的施工方法，首先按常规喷涂方法喷涂，漆膜厚度越均匀越好，接着调整合适的气压、出漆量，喷涂成均匀的“点”状，漆膜会自然形成七彩的贝壳效果，表干后喷涂清面漆。注意：在喷涂清面漆之前不能打磨。

6. 清面漆：PU 耐黄变亮光清面漆，按标准配比调到合适黏度（通常 12s）施工，待贝母漆表干后喷涂。

表 3-7-136 中纤板油丝（蜘蛛网）漆涂装工艺

施工条件		底材：中纤板 涂料：PU 封闭底漆、PU 实色底漆、油丝漆、仿古漆、清面漆 施工温湿度 25℃，75%以下		
序号	工序	材 料	施工方法	施 工 要 点
1	白坯处理	砂纸	手工或机磨	去胶印、污渍、木毛、木刺，打磨平整
2	封闭	PU 封闭底漆	刷涂、喷涂	对基材进行封闭，3～4h 后打磨
3	打磨	砂纸	手工或机磨	去木毛，增加层间附着力
4	刮腻子	PU 或 UPE 腻子	手工	嵌补填平基材、补钉眼
5	打磨	砂纸	手工或机磨	去木毛，腻子干透再打磨平整，木径上面要打磨干净
6	PU 实色底漆	PU 或 UPE 实色底漆	喷涂	按标准配比调配，喷涂均匀
7	打磨	砂纸	手工或机磨	打磨干整，切勿磨穿
8	NC 透明底漆	NC 清底漆	喷涂	均匀到位
9	油丝漆	NC 实色或透明漆	喷涂	调节合适黏度、施工气压，关闭喷枪风围进行施工
10	仿古漆	NC 格丽斯	手工擦涂	调整合适黏度，用干刷做效果
11	NC 清面漆	NC 清面漆（亮光或亚光）	喷涂	调整到 12s 黏度喷涂

注：1. 白坯处理：要平整光洁。

2. 封闭底漆：有利于除去木毛刺，有效保护基材。

3. 刮腻子：主要是填充截面的较大缺陷。

4. 实色底漆：PU 或 UPE 实色底漆，可根据效果需要选择配套的实色底漆颜色，按标准配比施工，干后打磨不要磨穿。

5. 做透明底漆：NC 清底漆，为干刷效果起架桥作用。

6. 油丝漆：普通的 NC 清、实色面漆，调整到合适的施工黏度、喷涂施工气压，关闭喷枪风围喷涂成蜘蛛网丝状效果。

7. 清面漆：NC 亮光或亚光清面漆，按标准配比调到合适黏度（通常为 12s）施工，白色效果选用耐黄变清面漆。

⑥ 中纤板仿木纹涂装工艺 基材-封闭-打磨-刮腻子-打磨-木纹底漆-打磨-木纹底漆-打磨-木纹漆-清底漆-打磨-清面漆（亮光或亚光），见表 3-7-137。

表 3-7-137 中纤板仿木纹涂装工艺

施工条件		底材:中纤板 涂料:封闭底漆、实色底漆、木纹漆、透明底漆、清面漆 施工温湿度 25℃,75%以下		
序号	工序	材 料	施 工 方 法	施 工 要 点
1	白坯处理	砂纸	手工或机磨	去胶印、污渍、毛刺,打磨平整
2	封闭	PU 封闭底漆	刷涂、喷涂	对底材有效封闭,3～4h 后打磨
3	打磨	砂纸	手工或机磨	去毛刺、打磨平整
4	刮腻子	PU 或 UPE 腻子	刮涂	按标准配比调灰,填平截面、补钉眼
5	打磨	砂纸	手工或机磨	去毛刺,腻子干透再打磨平整,木径上面要打磨干净
6	木纹底漆	PU 或 UPE 实色底漆	喷涂、淋涂	按要求选择底漆颜色,按标准配比调漆施工
7	打磨	砂纸	手工或机磨	打磨均匀、平整,切勿磨穿
8	木纹底漆	PU 或 UPE 实色底漆	喷涂、淋涂	按要求选择底漆颜色,按标准配比调漆施工
9	打磨	砂纸	手工或机磨	打磨均匀、平整,切勿磨穿
10	木纹漆	PU 拉纹漆	手工、机械	按要求拉纹、刷纹、印刷木纹。干后涂透明底漆
11	底漆	PU 透明底漆	喷涂、淋涂	按标准配比调漆施工
12	打磨	砂纸	手工或机磨	打磨均匀、平整,切勿磨穿
13	清面漆	PU 清面漆	喷涂	按标准配比调到合适施工黏度喷涂(通常为 12s)

注：1. 白坯处理：要平整光洁。

2. 封闭底漆：有利于除去木毛刺，有效封闭基材，增加层间附着力。

3. 刮腻子：按标准配比调腻子，主要是填好截面的较大缺陷。

4. 木纹底漆：PU 或 UPE 色底漆，按要求选择底漆颜色，按标准配比调漆施工。

⑦ 实木火烧工艺 实木-实木火烧-打磨-封闭底漆-打磨-底漆-打磨-面漆，见表 3-7-138。

表 3-7-138 实木火烧工艺

施工条件		底材:各类木材 涂料:封闭底漆、PU 漆 施工温湿度 25℃,75%以下		
序号	工序	材 料	施工方法	施 工 要 点
1	白坯处理	砂纸	喷灯	用喷灯进行火烧,将表面木孔烧深,达到火烧的原始效果
2	打磨	砂纸	手磨	磨掉较厚的碳素,让木材表面留较自然的火烧痕
3	封闭	PU 封闭底漆	刷、喷	对底材的碳渍有效封闭,3～4h 后打磨
4	打磨	砂纸	手工或机磨	将表面浮尘磨平滑
5	底漆	PU 透明底漆	刷、喷(湿碰湿)	按涂料厂要求调配并施工,湿碰湿第一遍要薄喷,底漆施工后要待干 8～10h 打磨
6	打磨	砂纸	手工或机磨	顺木纹凹凸面进行打磨,切勿磨穿
7	面漆	PU 清面漆	喷涂	按标准配比调到合适施工黏度喷涂(通常为 12s)

注：1. 进行实木火烧工艺时，一般要在专用区域进行，注意防火安全。

2. 根据效果要求来控制火烧程度，火烧后如有较厚的炭层必须打掉。

3. 涂料层间打磨时切勿磨穿。

⑧ 静电喷涂工艺 静电喷涂在木家具的制造上应用日益增多，主要是针对异形件的涂装（表 3-7-139）。利用家具厂原有吊线生产线的条件，只需改造喷涂设备，就可极大地提高产能与效率。木制品工件进行静电涂装工艺时，一是要让工件接地，并作为正极，不能让涂料雾化设备作为正极，以免导致安全事故；二是要控制木材的含水率在 8%～12%，使工件能作为导体而实施静电涂装。正负两极间的电流值一般控制为 20～50μA。当木材含水率偏低时，可使木材通过水蒸气来提高木材含水率，或在静电涂装之前，用手喷枪先将被涂工件喷水 1～2 次。

表 3-7-139 木制品静电喷涂工艺

施工条件		底材：各类木材 涂料：NC 透明底漆、NC 清面漆 施工温湿度 25℃，75%以下		
序号	工 序	材 料	施 工 方 法	施 工 要 点
1	白坯处理	砂纸	手磨或机磨	可用 240 目或 320 目砂纸打磨
2	底漆	NC 透明底漆	静电喷涂	控制合适黏度，充分干燥再打磨
3	打磨	砂纸	手工或机磨	均匀打磨，选用合适砂纸
4	底漆	NC 透明底漆	静电喷涂	控制合适黏度，充分干燥再打磨
5	打磨	砂纸	手工或机磨	均匀打磨，选用合适砂纸
6	面漆	NC 清面漆	静电喷涂	

注：1. 静电喷涂一般用于异形件的涂装。
2. 保证工件的均匀导电，必要时可先对工件薄薄地喷一遍导电稀释剂。

(14) 实用美式涂装工艺流程

① 美式涂装概述 200 年前的美国人，当他们举家西迁时，原本的家具在无路可行的莽莽荒原上磕磕碰碰，斑痕累累。这些见证了美国西部大开发的旧家具，在今天就成了美国人的古董家具，现今美国人拥有一件祖母用过的旧家具，一定要放在居室最醒目的位置，从而显示注重文化和历史的象征。仿造早期美国这些古旧家具叫做美式家具，它的涂装方式业界统称为美式涂装。美式家具的涂装以单一色为主，表面涂装的涂料也多为暗淡的亚光，希望家具显得越旧越好。以仿古为特点的美式家具，表现出了富足的美国人对历史的怀旧以及追求浪漫生活的情结。

从风格上看，美式家具可分为三大类：一是仿古风格，造型典雅，但不过度装饰，是美式家具的典型代表作；二是新古典风格，自由粗犷，以舒适实用和多功能为主，营造返朴归真的境界；三是乡村风格，摒弃奢华，回归乡村，体现日出而作、日落而息的宁静与闲适。

② 美式涂装工艺流程

a. 常见美式涂装效果工艺 见表 3-7-140。

表 3-7-140 常见美式涂装效果工艺

施工条件	基材：樱桃木、橡木、松木、桦木、柞木、水曲柳等实木底材 温湿度：温度 25℃，湿度 75%				
序号	工序名称	材 料	施工方式	摘 要	干燥时间
1	白坯打磨	砂纸	机磨、手磨	去污迹、白坯打磨平整	
2	破坏处理		人工	虫孔、敲打、锉边等，用 240# 砂纸打磨	
3	底色调整	红水、绿水	喷涂	局部喷涂	5min
4	不起毛着色剂	调色	喷涂	均匀喷涂，中湿	5min

续表

序号	工序名称	材 料	施工方式	摘 要	干燥时间
5	杜洛斯着色剂	调色	喷涂	均匀喷涂，重湿	20min
6	封固底漆	底漆＋天那水，	喷涂	均匀喷涂，根据底材及需要的着色效果调整喷涂黏度	30min
7	打磨	砂纸	人工	轻磨，注意不要砂穿	
8	NC 格丽斯	格丽斯调色	擦拭	擦中等干净，毛刷整理并用 0000# 钢丝绒抓明暗	1～2h
9	NC 透明底漆	底漆＋天那水	喷涂	14～16s 底漆，均匀喷涂	1～2h
10	打磨	砂纸	人工	打磨平整	
11	刷金粉	金粉漆的金粉	毛刷	刷在雕刻处	10min
12	乙烯基类透明底漆		喷涂	16s，只喷涂于刷金部位	30min
13	NC 透明底漆	底漆＋天那水	喷涂	14～16s 底漆，均匀喷涂	1～2h
14	打磨	砂纸	人工	打磨平整	
15	打干刷	格丽斯调色	毛刷	做效果	30min
16	NC 透明底漆	底漆＋天那水	喷涂	14～16s 底漆，均匀喷涂	1～2h
17	打磨	砂纸	人工	打磨平整	
18	布印	调色	人工	棉布全面拍打并用 0000# 钢丝绒整理	10min
19	马尾	格丽斯调色	人工		10min
20	喷点	天那水＋调色剂	喷涂		10min
21	NC 透明面漆	底漆＋天那水	喷涂	12～14s，喷涂均匀	1～2h
22	灰尘漆	灰尘漆	喷涂	除破坏与沟槽处留适量外，其余的擦拭干净	

b. 中纤板仿古白美式涂装效果工艺 见表 3-7-141。

表 3-7-141 中纤板仿古白美式涂装效果工艺

施工条件	基材：中纤板 温度 25℃，湿度 75%				
序号	工序名称	材 料	施工方式	摘 要	干燥时间
1	白坯打磨	砂纸	机磨、手磨	去污迹、白坯打磨平整	
2	破坏处理		人工	虫孔、敲打、锉边等，用 240# 砂纸打磨	
3	NC 白底漆	底漆＋天那水	喷涂	14～16s，喷涂均匀	1～2h
4	打磨	砂纸	人工	打磨平整	
5	NC 白底漆	底漆＋天那水	喷涂	12～14s，均匀喷涂	1～2h
6	裂纹漆	裂纹漆＋天那水	喷涂	局部不规则喷涂	30min
7	打磨	砂纸	人工	对裂纹漆处打磨	
8	NC 透明底漆	底漆	喷涂	10～12s，先喷涂裂纹漆处，后全面均匀喷湿	1h
9	NC 格丽斯	格丽斯调色	擦拭	擦中等干净，毛刷整理	1～2h
10	乙烯基类透明底漆	乙烯基类底漆	喷涂	16s，全部均匀喷湿	30min
11	打磨	砂纸	人工	打磨平整	
12	刷金粉	金粉漆＋金粉	毛刷	刷在雕刻处	10min

续表

序号	工序名称	材 料	施工方式	摘 要	干燥时间
13	乙烯基类透明底漆	乙烯基类底漆	喷涂	16s，只喷涂于刷金部位	30min
14	打磨	砂纸	人工	打磨平整	
15	布印	调色剂	人工	棉布全部拍打并抓明暗	10min
16	打干刷	格丽斯调色	毛刷		30min
17	NC透明面漆	底漆＋天那水	喷涂	14s，均匀喷涂	1～2h
18	喷点	调色	喷涂		10min
19	NC透明面漆	面漆＋天那水	喷涂	12～14s，喷涂均匀	1～2h
20	灰尘漆	灰尘漆	喷涂	除破坏与沟槽处留适量外，其余的擦拭干净	

c. 新美仿古涂装工艺 见表3-7-142。

表3-7-142 新美仿古涂装工艺

施工条件	基材：中纤板贴木皮、实木 温度25℃，湿度75％				
序号	工序名称	材 料	施工方式	摘 要	干燥时间
1	白坯打磨	砂纸	机磨、手磨	去污迹、白坯打磨平整	
2	杜洛斯着色剂	调色	喷涂	参照色板一次性喷湿，亦可采用NGR（不起毛着色剂）着色	20min
3	NC透明底漆	底漆＋天那水	喷涂	均匀喷涂，根据底材及需要的着色效果调整喷涂黏度	30min
4	打磨	砂纸	人工	轻磨，注意不要砂穿	
5	NC格丽斯	格丽斯＋稀释剂	擦拭	擦中等干净，毛刷整理并用0000# 钢丝绒抓明暗	1～2h
6	NC透明底漆	底漆＋天那水	喷涂	14～16s底漆，均匀喷涂	1～2h
7	打磨	砂纸	人工	打磨平整	
8	打干刷、刷边	格丽斯＋稀释剂	毛刷、人工	轻干刷效果，突出明暗对比，0000# 钢丝绒整理，简单轻微刷边	30min
9	NC透明底漆	底漆＋天那水	喷涂	14～16s底漆，均匀喷涂	1～2h
10	打磨	砂纸	人工	打磨平整	
11	布印	调色	人工	棉布全面拍打并用0000# 钢丝绒整理	10min
12	马尾	格丽斯调色	人工		10min
13	喷点	天那水＋调色剂	喷涂		10min
14	NC透明面漆	底漆＋天那水	喷涂	13～14s，喷涂均匀	1～2h
15	打磨	砂纸	人工	打磨平整	
16	NC透明面漆	底漆＋天那水	喷涂	12～13s，喷涂均匀	1～2h

③ 美式涂装主要工序 本文提到的很多材料名称，施工的技术名词，都是遵循家具行业内多年的习惯用法，多源于台湾家具界。

a. 破坏处理（physical distress） 破坏主要是模仿产品在长期使用或存放过程中出现的风蚀、风化、虫蛀、碰损以及人为破坏等留下的痕迹，是美式涂装中增加工件仿古效果的一道重要的加工工序。

常见的破坏处理包括用锉刀在产品边缘锉出锉刀痕；用钉子或螺丝钉钉在木制把手上，敲打木材表面形成类似虫蛀小孔的效果；用铁丝串好的螺丝串、螺帽、螺杆、铁锤、锉刀柄等工具对木材表面进行敲打或划伤；用雕刻刀做出挖槽、虫线等效果；对工件的角、棱等凸起的地方进行倒角、倒边，模仿风蚀、风化或被人经常触摸留下的光滑无棱的效果。

进行破坏处理时要注意尽量避开产品有疤节或较为坚硬的地方；尽量避开产品的拼接处；大破坏要首先考虑产品有缺陷的地方；要注意顺木纹方向；破坏效果要自然、协调、逼真。

b. 素材调整（blending of substrates）　在家具的制作过程中，经常会将不同颜色或不同树种的木材搭配于同一家具中，造成了家具自身素材的颜色差异。而通过涂装工艺把素材的不同颜色调整为相对统一的颜色的过程就叫做素材调整。

绿水（equalizer）是用于素材调整的一种浅绿色或黄绿色的修色剂，如喷涂于红色木材部分，使木材显现出棕色或淡灰白的中性颜色。红水（sap stain）是用于素材调整的一种浅红色或红棕色的修色剂，如喷涂于白色、浅白色、青色或黑色木材部分，使木材显现出浅红或红棕色。

进行素材调整要注意红、绿水可以根据底材颜色要求进行局部喷涂或局部加重喷涂；以较大面积的底色为准，调整小面积的颜色至接近。

c. 底材着色　有三种材料可选用：不起毛着色剂（NGR stain），用各色染料加到不起毛着色剂、稀释剂里调配而成，多为酒精性质，常用于美式涂装的底层色喷涂。其性能特点是不膨胀木毛，可渗入木材表层、内部而显现出非常好的透明度。使用不起毛着色剂时要注意：一是大面喷涂要均匀；二是通常喷涂方式可分为轻湿、中湿和重湿，喷湿程度的不同对色彩渗透程度和最后的颜色效果有一定影响；三是注意不要喷得太湿，以免产生底色开花现象。

杜洛斯底色（Duro stain），是由杜洛斯主剂加入染料或颜料调配而成，是一种较为常用的底色漆，可以单独对底材进行底着色，喷涂施工，也可以和不起毛着色剂相结合，用于不起毛着色剂之后喷涂。其性能特点是，染料型杜洛斯颜色渗透性强，透明度高，能更好地展现木材纹理。颜料型杜洛斯具有柔和的透明底色格调，可掩饰一些木材颜色差异的变化，涂装效果较朦胧。使用时要注意均匀喷涂；通常喷涂方式可分为轻湿、中湿和重湿等，喷湿程度的不同以及杜洛斯主剂的干速，对色彩渗透程度和最后的颜色效果有一定影响；注意不要喷得太湿，以免产生底色开花现象；颜料型杜洛斯底色使用前注意均匀搅拌；如需要，喷涂前可加入少量的 NC 漆调配，以便于对色。

渗透性着色剂（penetrating stain）是用渗透性溶剂加入专用色浆和少量仿古漆颜料色浆而成，可以单独对底材进行底着色用，也可以和不起毛着色剂相结合，用于不起毛着色剂之后的喷涂。其性能特点是可使木材导管突显金黄色或青棕色，让导管颜色更为突出；主要用于加深木材纹理的清晰性，增加层次，常用于深木眼底材。使用时，要注意全面均匀喷涂；通常喷涂方式可分为轻湿、中湿和重湿等，喷湿程度的不同对色彩渗透程度和最后的颜色效果有一定影响；注意不要喷得太湿，以免产生底色开花现象；注意不可以用于底漆或有色底漆之上，否则会导致附着力不良；使用前注意搅拌均匀。

d. 封固底漆（wash coat）　封固底漆又叫头度底漆、洗涤底漆，施工现场常常采用 NC 透明底漆与天那水按一定的比例稀释、调配而成，黏度通常在 9～12s。其作用一是起到“封固”作用，保护底色；二是用封闭程度来控制仿古漆的残留量。

使用时，要注意均匀喷涂，要让底材充分湿润；采用黏度较低的胶固底漆可以得到较脏的仿古漆颜色效果；采用黏度较高的胶固底漆得到的仿古漆颜色效果则显得干净；使用的胶固底漆黏度太高时，会阻碍仿古漆渗入木材导管，致使颜色看起来较呆板、无层次感。

e. 擦NC格丽斯（glaze） 格丽斯又叫仿古漆，是一种半透明的颜料着色剂，通常作为美式涂装的中层色。其性能特点：一是本身具半透明性，增强漆膜颜色的层次感；二是具有强烈的仿古效果，使家具更具古典韵味；三是易于施工，可擦涂、刷涂、喷涂、打毛刷、抓明暗；四是可用来制作其他各种仿古效果，如假木纹、牛尾、刷边等。

使用时，要注意格丽斯擦涂之后不要抹得太干净，通常会根据需要而残留一部分，并可以通过抓明暗、打干刷等方法以加强色彩的明暗、层次对比和仿古效果；格丽斯通常用于胶固底漆之后，一般不直接用于白坯，以免产生附着力和着色不匀的不良现象；但格丽斯也不宜残留过多，并且应要完全干燥后才能上喷底漆，以避免产生发白或附着力不良现象；为避免家具木材端头吸入过量格丽斯而发黑，可在擦拭格丽斯前先擦涂透明格丽斯或刷涂一遍NC透明底漆；各种格丽斯成品色可满足绝大多数色彩需要，格丽斯色浆主要用于颜色微调。

f. 抓明暗（hili） 抓明暗是“层次”的意思，是在产品着色过程中用钢丝绒（通常用型0000#）按一定的规律抓出一些颜色较浅的部分，使产品颜色呈现出明暗对比的层次感。

注意抓明暗通常在格丽斯或布印之后；针对颜色浅或木纹间隙大的地方并顺木纹方向抓；抓明暗时要做到“两头轻中间重”；不能穿越拼接线；抓明暗可以用毛刷进行整理，使抓明暗边缘更加柔和。

g. 刷金、刷银 刷金、刷银指的是通过小毛刷把调配好的金粉漆或银粉漆刷涂于家具雕花、饰条等部位，以突出艺术修饰，使之更具有价值和引人注目。金、银粉各有多种不同的色相及粗细规格，注意金银粉的粗细、色调的准确；刷金、刷银后需要在刷金、刷银部位喷涂一遍乙烯基树脂类透明底漆以保证附着力；用乙烯基树脂类透明底漆调配的金、银粉漆刷涂后不易擦掉。

h. 打干刷（dry brush） 打干刷指的是通过毛刷用格丽斯在家具产品表面的边缘、拐角处或雕花处做出阴影、刷边等特有的效果，以加强产品的层次、艺术感、强化仿古效果。

打干刷时，要注意格丽斯黏度要调整适当；毛刷上不要一次性黏附太多的格丽斯；干刷部位要求颜色过渡自然；刷边多在家具的破坏、突起、边缘等地方，并且呈一定的倾斜方向。

i. 牛尾（cow tail） 牛尾主要模仿马或牛的尾巴扫过家具后留下的痕迹，以加强产品的仿古效果和艺术性。常见的“抹油马尾”是用小毛刷或钢丝绒绳蘸上适量格丽斯通过“刷”或“甩”出来。

牛尾操作是要注意工具大小、长短要适用；格丽斯色彩深浅适中；避开产品有疤节的地方；牛尾的长短、粗细要自然。

j. 布印修色（padding stain） 布印属于美式涂装中的面层色，通常用布印稀释剂调配酒精性色精，通过棉布拍打、擦拭或喷涂而达到加深产品的颜色、增强产品的层次感及仿古效果。

注意，布印可以通过棉布拍打、擦拭达到局部着色的效果，也可以通过喷枪喷涂达到全面着色的效果；喷枪喷涂布印只适合较浅的上色，色深了会影响到产品的色彩层次感；布印棉布拍打后需要用0000#钢丝绒整理，使之色彩过渡自然；喷枪喷涂布印后可以通过0000#钢丝绒把抓明暗重新整理出来。

k. 喷点（spatter） 喷点通常是一种深色着色剂，多为黑色、深咖啡色，用来模仿“苍蝇”的痕迹，以增强产品的仿古效果。酒精点多为布印点，特点是较大的点中间色浅，四周色深；天那水点多为面漆加色浆或染料加天那水调配而成，特点是喷上工件后干了不易擦掉，所以喷这一类的点需要很小心。

喷点时要注意喷枪的调节：需用上壶枪，枪摆幅度合适、气量最小、油量根据点的大小调节；注意点的大小、颜色、疏密控制，注意点的变形。

l. 灰尘漆（dusty wax）　灰尘漆也叫发霉漆，通常用于产品的沟槽、破坏等处，以模仿产品使用时间久远，沟槽里聚积灰尘或发霉的效果。

灰尘漆可局部、全部，刷涂或喷涂，并要将多余的部分擦干净；灰尘漆喷涂或刷涂时，前一遍面漆一定要确保干透，否则灰尘漆会无法擦干净；涂布灰尘漆后可上涂面漆，也可不上涂面漆，两者效果各异；灰尘漆上涂面漆后色相会有所变化；灰尘漆后一般不要修色或多次喷漆，否则会影响到仿古效果。

m. 裂纹漆　在美式涂装中，通常会通过使用局部的、不规则的裂纹漆效果来模仿产品在经过漫长的时间或风化日蚀所产生的自然裂纹。

注意裂纹的大小可以通过裂纹漆喷涂的厚度来调整；为了增强仿古效果，通常需要对裂纹漆进行部分磨穿，并通过后期的格丽斯加深颜色对比。

第六节　木用涂装常见问题的现象、原因及处理

影响木用涂料涂装质量的因素很多，包括涂料本身品质、基本特点、工艺配套、涂装环境、涂装设备、涂装技术、现场管理等，下面分别加以讨论。

一、涂料涂装前常见漆病的预防及处理

1. 黏度

涂装前对涂料的黏度调整是非常重要的，过高会造成湿膜太厚，干后涂膜起皱、流平不好、起泡，过低会造成涂膜流挂。在遵守厂家提供的调配比标准外，还应根据冬夏室温变化进行调整，最好每次调完漆后，对已调稀的漆进行黏度测试，这样才可保证每次喷涂黏度的统一。

2. 适用期

指反应型涂料的可使用时间。掌握好涂料的可使用时间是非常重要的，调配好的涂料，一定要在适用期内用完，否则不能使用或胶化报废。平时涂装前，首先了解已选用涂料的最佳适用期，然后知道自己在适用期这段时间内能用掉多少涂料，最后才决定每次配多少涂料，特别是 UPE 涂料适用期非常短，而且 UPE 涂料干燥后，在器具上附着很好，很难清洗。配漆的原则是少量多次。

3. 返粗

已分散好了的含有颜料、填料涂料放置一段时间后，内含的颜料、填料又重新聚集，致使喷涂后涂膜有许许多多颗粒在表面，返粗一般是涂料自身的问题、涂料厂家生产工艺不好或使用不合格的原材料所致。在涂装过程中，发现返粗的现象，立即停止操作，检查涂料的细度。情况不严重的，待已涂装的涂膜干后，用粗号砂纸打磨至光滑即可。但要注意，不要凡在涂膜表面发现粗粒，就立即断言“返粗”。

4. 结块

涂料中结块现象，一般是因为涂料已发生了部分反应、涂料中使用大量不合格粉质、超

过贮存期、生产过程出问题而形成的。开罐检查、涂装时发现涂料有结块现象就应立即停止操作。找出原因及解决办法后再决定是否继续使用，可用手动或机械对已结块涂料进行搅拌，如块状物被打散、分散均匀，经过滤、检测、试喷均合格的，才可正式使用。

5. 沉淀

沉淀一般是由于放置时间太长或涂料体系中各物质密度不一样所致，产生原因是原料选择、生产过程出问题，超过贮存期的产品更易产生此问题。一般来说，除清漆外，任何涂料都会出现沉淀现象，只是好涂料和差涂料在沉淀程度和发生时间不一样而已。沉底通常有两种现象：一是软沉淀，软沉淀根据厂家在包装桶上的提示，使用前正确搅拌均匀就可；二是硬沉淀，硬沉淀很难搅起或根本搅不起，硬沉底涂料有点类似结块，不要用。

6. 分层

分层一般也有几种现象：一种就是沉淀，粉质全沉底，上面是树脂和溶剂，此时和解决沉淀方法一样经搅拌、过滤、试喷，能用的才用；另一种是实色涂料内各色分层，此时也是由于各色颜料密度不一样所致，差别越大，越易分层。一般来说通过较好的搅拌，就可再用。有时调配好的备用漆低黏度时也容易分层，所以每次使用前先要把涂料搅拌均匀，不然会涂装出各种缺陷的涂膜来。

7. 浮色

涂装前的涂料浮色一般是由于各色颜料粒子分散状态有差异，密度相差较大所致，密度很小的颜料粉或染料直接浮在涂料上面，此现象通过认真搅拌一般都可解决。但浮色严重时在干膜上也会有反映，谨慎使用。

8. 清漆色泽

一般来说，对清漆而言，不更换原材料和改变制造工艺，不同批次产品在外观色泽上即使出现差异，也不会太明显。当批次间色差明显时，会影响到漆膜颜色，尤其是在浅色贴纸涂装工艺时，影响较大。导致不同批次产品色差，通常是涂料制造过程中树脂色泽不同、生产过程不洁、包装物不洁所致，因此必须严格控制涂料的制造工艺。

9. 清漆浑浊

涂料开罐后或调配后，外观有时会呈现出浑浊或不清透的现象。如果是产品开罐时外观浑浊，主要从涂料本身去找原因，注意产品贮存条件或包装罐等是否存在异常；如果产品主剂正常，发生浑浊是在涂料调配后，则多从辅助材料或施工工具、施工环境上去寻找原因。

二、涂料涂装过程中常见漆病的预防及处理

家具厂在涂装生产过程中，常常面对各种漆病，极大地影响家具生产效率、导致不合格率高，返工量大。

1. 漆膜泛白（或发白）

(1) 异常现象　涂料在干燥过程中或干燥后漆膜呈现出乳白色或木纹、底材底色不清晰的现象，严重时甚至会无光、发浑。

(2) 产生原因　在高温高湿环境下施工；涂料或稀料中含有水分；施工中油水分离器出现故障，水分带入涂料中；格丽斯未干；手汗沾污工件或水磨后工件未干；一次性过分厚涂；基材含水率过高；打磨后放置时间过长，水分吸附在漆膜表面；含粉量偏高的底漆厚涂于深色板材上等。

(3) 预防或处理措施　尽量避免在高温高湿环境下施工；控制基材含水率，必须充分干燥后才能进行涂装；涂料或稀料在贮藏和涂装施工过程中要避免带入水分；定期检查并清除油水分离器中的水分；格丽斯未干不进行下一阶段涂装；热天施工时要防止操作员手汗沾污工件；如水磨后，则要等工件完全干透后再行涂装；尽量避免一次性厚涂；层间打磨后放置时间不应太长，以免水分吸附在漆膜表面，应尽快进行下一工序的喷涂；含粉量高的底漆避免厚涂于深色板材上等。

喷涂后发现泛白（或发白），可加入防发白水，用一定量的防发白水代替原用稀释剂，比例从少到多，少量解决问题，就不用多量，防发白水的极限用量是原稀释剂的25%。正确方法是调漆前先把防发白水与稀释剂按需要量调配，搅匀，再加入到涂料中。

2. 起泡或针孔

(1) 异常现象　是涂层在施工过程中漆膜表面呈现圆形的凸起形变，一般产生于被涂面与漆膜之间，或两层漆膜之间；气泡是一种在涂膜中存在的细胞状的病态，若涂料在涂装过程和涂膜干燥过程中气泡破裂但又不能最终流平，则形成针孔；针孔是一种在涂膜中存在类似于用针刺成的细孔的病态。

(2) 产生原因　木材含水率高；没有封闭或封闭不好；木眼过深；油性或水性腻子未完全干燥或底层涂料未干时就涂饰面层涂料；稀释剂选用不合理，挥发太快；涂料中带入水分；一次涂装过厚；施工黏度偏高；固化剂添加量过多；施工温度过高，表干过快；对流强烈，造成表干过快；喷枪操作不当。

(3) 预防或处理措施　控制木材的含水率小于12%；尽量多地使用封闭底漆，对于深木眼板材更要进行封闭；应在腻子、底层涂料充分干燥后，再施工面层涂料；添加慢干水，调整挥发速率；严格避免涂料带入水分；薄涂多遍，尤其是底漆和亮光面漆；适量调低施工黏度；按比例添加固化剂；避免在35℃以上施工，如不可避免，则可加入适量慢干水；改造喷房通风环境；加强喷涂人员操作培训等。

3. 缩孔或跑油

(1) 异常现象　漆膜流平干燥后存在的若干大小不等、不规则分布的圆形小坑（火山口）的现象。

(2) 产生原因　涂层表面被油、蜡、手汗等污染；有油水被空气带入涂料中；环境被污染；涂料本身被污染；喷涂的压缩空气含油或水；被涂物面过于光滑；双组分涂料有时配调不均，也会出现收缩现象；涂料不配套。

(3) 预防或处理措施　避免涂层表面被油、蜡、手汗等物污染；处理好油水分离器，放掉空压机内的水；切断污染源；更换涂料；定期清理油水分离器；表面进行打磨预处理；配漆后充分调匀静止后，再进行涂装；涂料配套要合原则等。

4. 咬底

(1) 异常现象　漆膜在干燥过程中或干燥后出现上层涂料溶胀下层涂料，使下层涂料脱离底层产生凸起、变形甚至剥落的现象。

(2) 产生原因　上下层涂料不配套；下层涂料一次喷涂太厚；下层未干透就施工上层涂料；上层涂料中含太多强溶剂；涂膜表面被污染。

(3) 预防或处理措施　要根据涂装需要选好合适的涂料品种，并注意上下层涂料配套性能；下层涂料不能一次性喷涂太厚，以免底层干燥时间过长或不干；下层涂料要充分干燥，才能进行下步涂装工艺；一般上层涂料的稀释剂中，强溶剂不能过多，以免造成对下层漆膜的损伤；漆膜表面有污染物应清除干净后再施工等。

5. 慢干或不干

(1) 异常现象 涂料施工后干燥速率异常，出现慢干或不干。

(2) 产生原因 PU漆固化剂未加或加量不够；施工时温度太低或湿度太高；处理发白时，防发白水添加过量；板材有油污或油脂含量高；涂料不配套；一次性喷涂太厚；层间间隔时间太短；面漆表干太快，面干底不干。

(3) 预防或处理措施 按配比添加固化剂；提高室内施工温度或延长干燥时间；防发白水的添加量要合适；当板材油污或油脂含量较高时，用溶剂清洗后再用封闭底漆进行封闭处理；涂料要配套使用；涂装时不能一次性喷涂太厚，并保证足够的层间干燥时间；调整好面漆的干燥时间，避免面干底不干等。

6. 颗粒

(1) 异常现象 干膜表面颗粒较多，颗粒形同痱子般的凸起，手感粗糙、不光滑。

(2) 产生原因 涂料本身有粗粒；涂料未经过滤即使用；调油后放置太久；涂料稀释剂溶解力差，涂料施工黏度太高；施工工具不洁；打磨时灰尘处理不干净；除尘系统不好，作业环境较差；喷枪气量、油量未调好。

(3) 预防或处理措施 选用合格的涂料产品；调好的涂料使用前必须经过过滤后才用，且控制调漆量，以免放置时间过长；稀释剂溶解力度及加入量要合适；施工工具必须清洁干净，并保持好喷房环境卫生；打磨工序要注意除尘，保证除尘系统的效果，正确操作喷枪。

7. 失光

(1) 异常现象 失光是指有光漆在固化成漆膜后没有光泽，或光泽不好，不均匀的现象。

(2) 产生原因 高温高湿天气容易引起失光；喷涂气压太大，油量太小；施工黏度太低，稀释剂添加太多；稀释剂挥发速率太快，导致失光；配错固化剂；亚光漆未搅拌均匀即行涂刷；涂膜太薄，流平不好。

(3) 预防或处理措施 加入适量慢干水，控制涂布量，恶劣天气停止施工；控制好喷涂气压、油量；减少稀释剂的添加量；选用慢干稀释剂或添加慢干水；配套使用固化剂；亚光漆配漆前要搅拌均匀；保证漆膜厚度足够等。

8. 流挂

(1) 异常现象 涂料施涂于垂直面上时，由于其抗流挂性差而使湿漆膜向下移动，表面出现下滴、下垂、漆膜不平的现象。

(2) 产生原因 被涂物表面过于光滑；涂料施工黏度低；一次性喷涂涂层过厚；喷涂距离太近，喷枪移动速度太慢；凹凸不平或物体的棱角、转角、线角的凹槽处，容易造成涂刷不均厚薄不一，较厚处就要流淌；施工环境温度过低，漆膜干得慢；物体基层表面有油、水等污物与涂料不相容，影响粘接，造成漆膜下垂；涂料中含重质颜料过多，部分涂料下垂。

(3) 预防或处理措施 施工黏度保持正常；严禁一次性厚涂；调整施工环境温度；物体表面应处理平整、光洁，清除表面油、水等污物；选择合适涂料。

9. 橘皮

(1) 异常现象 涂膜表面呈现出许多半圆形突起，形似橘皮状斑纹。

(2) 产生原因 稀释水加入过多；每次喷漆太多太厚，重喷时间不当；施工环境温度过高或过低；物面不平、不洁、基材形状复杂及含有油水；施工操作不当。

(3) 预防或处理措施　按比例加稀释剂；如需较厚涂膜应多次薄喷，每次间隔以表干为宜，每道涂膜不宜过厚；环境温度过高或过低时不宜施工；处理好喷涂表面，不得有水和油；正确施工等。

10. 色分离

(1) 异常现象　色漆施工后漆膜出现色泽不均匀、深浅不一或不规则之现象。

(2) 产生原因　下层色漆未干透即涂上层漆；稀释剂溶解力不够；施工前搅拌不充分；涂料颜料选择不当或分散不良；漆料本身质量劣。

(3) 预防或处理措施　提升操作技能；控制漆膜厚度，下层充分干透后再涂上层漆；选用合格稀释剂；施工前充分搅拌；选用质量优良之涂料。

11. 起皱

(1) 异常现象　在施工面漆或面漆干燥时，漆膜表面收缩，形成皱纹现象。

(2) 产生原因　涂料干速过快，涂膜干燥不均匀；一次性厚涂，表里干燥不一致；施工环境温度过高；底漆未干透即施工面漆；固化剂使用不当或异常；底层漆打磨不均匀。

(3) 预防或处理措施　调整涂料施工干速；控制涂膜均匀一致；控制好环境的温度；底层漆充分干燥后再涂面漆；选择正确固化剂；底层漆打磨均匀。

12. 干膜砂痕重

(1) 异常现象　涂装完成后，能清晰地看到底层漆打磨过的砂痕或基材着色打磨过的砂痕痕迹。

(2) 产生原因　基材被逆向打磨；砂纸太粗；底层漆未完全干透就打磨；涂料干速过慢；面漆涂膜太薄；打磨后未清洁干净，影响上层漆之润湿。

(3) 预防或处理措施　基材打磨时一定要顺木纹方向打磨；先用合适砂纸，选用粗砂纸打磨，再换细砂纸；正确使用封闭漆，底层漆必须完全干透再打磨，并除去漆粉灰尘；选用干速正常的施工涂料；如底层漆膜不够，可再加一遍底漆；面漆要足够厚；定期检查并更换打磨砂纸。

13. 发汗

(1) 异常现象　漆膜表面析出漆基的一种或多种液态组分的现象，渗出液呈油状且发黏称为发汗或渗出。

(2) 产生原因　素材表面处理不好，基材含蜡、矿物油、其他油类；涂膜未干就涂装下一道或进行打磨；漆膜有经加热强制干燥，但通风不良。

(3) 预防或处理措施　喷涂前要处理好素材表面；涂料颜基比要合适，树脂含量较少的涂料，漆膜避免放在潮湿与气温高的环境；涂膜干透后再涂装下一道或进行打磨；加热强制干燥时，同时要通风好。

14. 起霜

(1) 异常现象　涂膜表面呈现许多冷霜状或烟雾状细小颗粒的现象，称为起霜或起雾，一般是在喷涂后 1～2 天或数周后，整个或局部的漆膜上罩上一层类似梅子成熟时的雾状的细颗粒，常在清漆中出现。

(2) 产生原因　喷涂时湿度大、风大，环境中有污染性气体，而潮气是主要原因；往往抗水的漆膜会把大气中吸收的水分积聚在表面形成起雾。其他原因还有喷涂时室温变化太大；固化剂加入太多；用快干溶剂太多；涂料本身问题。

(3) 预防或处理措施　避免喷涂时在湿度大、风大等环境中进行，喷涂后也要注意防潮、防烟、防煤气等；要注意保持室温恒定；固化剂不要加得过多；用相对慢干的溶剂等。

三、涂料涂装之后常见漆病的预防及处理

涂料在涂装之后，常出现的一些漆病如下。

1. 黄变

(1) 异常现象　涂膜干燥后，经过一定时间（有时时间很短）会出现变黄的现象，尤以透明本色漆做在浅色板材和白色漆之上最为明显，有均匀黄变，也有斑状黄变。

(2) 产生原因　涂料本身不耐黄变；耐黄变涂料错配不耐黄变固化剂；板材被漂白处理过，残留表面的氧化物导致漆膜迅速黄变；阳光直射或存放在高温下，漆膜黄变加快。

(3) 预防或处理措施　根据涂装需要选用耐黄变涂料并保证配套使用耐黄变固化剂；经过漂白处理的板材要清洗干净，干燥并进行封闭处理，再进行下道涂装工序；尽量避免阳光直射或存放在高温环境下等。

2. 漆膜下陷

(1) 异常现象　涂料在涂装成型后涂膜逐渐出现凹陷不平整的现象。

(2) 产生原因　白坯刮涂腻子时，填充不良或基材含水过高造成；封闭漆未用或未用好；底漆厚度不够；底漆未充分干燥打磨；配漆比例不对，一次喷涂太厚等。

(3) 预防或处理措施　基材含水率一定控制在适宜范围才能进行涂装；选用填充性能好的腻子，尤其是深木眼板材；一定要做好基材的封闭；底漆涂膜厚度应足够，必要时可多做一二遍底漆；底漆必须充分干燥；层间干燥时间足够才进行打磨；PU主固要配套且固化剂量要足够等等。

3. 泛白（后期）

(1) 异常现象　涂料施工时未见异常，放置一定时间后，漆膜慢慢由透明转向不透明、浑浊，进而漆膜出现泛白（后期），这种现象在家装木家具涂装中经常发生。

(2) 产生原因　基材含水率偏高；水性腻子未干透就进行下道工序；打磨后被汗手或带污渍的清洁布污染；水磨未干透就进行下道工序；未对基材正反面进行有效封闭；涂料本身配方原因。

(3) 预防或处理措施　严格控制基材含水率；水性腻子一定要干透；涂装操作打磨后要用干净布料清洁板面，并戴手套操作，避免被含有油渍、水、蜡或其他的有机物质污染；水磨后要充分干燥；家装木家具涂装时，基材正反面都要做封闭漆，换另外一种涂料做对比试验。

4. 光泽不均

(1) 异常现象　漆膜表面光泽不均匀，或有亮点。

(2) 产生原因　喷涂操作不当，压枪搭接部分过多或偏少；出漆量不平稳，有堵枪现象；高温高湿环境施工；晾干房条件不佳，通风条件差；涂料本身质劣；搅拌不均匀。

(3) 预防或处理措施　培训提升操作技能，正确使用喷枪；施工前检查喷涂设备是否正常，进行必要的清洗；控制好施工环境的温湿度；改善喷房或晾干房条件，增加通风设施；选择质量稳定的涂料产品。

5. 回粘

(1) 异常现象　漆膜干燥后，漆膜部分或全部一段时间后发生软化、粘手、不干的现象，打磨粘砂纸，影响下一道工序，不能码堆。

(2) 产生原因　涂料慢干，溶剂含量过多，施工后未能充分挥发出来；反应性涂料固化剂量不足；漆膜表面可能受污染；晾干房通风不良；高湿环境施工；底层漆未干透即涂面漆；漆膜厚涂，未干透包装；涂料本身质量问题。

(3) 预防或处理措施　控制涂料慢干溶剂的加入量；涂料固化剂按施工比例添加；改善晾干房通风条件；控制施工环境的温度湿度；底层漆干透后才上面漆；严禁一次性厚涂，漆膜必须充分干透再包装；选择合格涂料。

6. 漆膜脱落或附着力不良

(1) 异常现象　漆膜脱落、剥落、起鼓、起皮等病态现象。

(2) 产生原因　底、面漆不配套，造成层间附着力欠佳；没有使用封闭底漆，底材过于光滑或不干净；PU 漆层间未打磨或打磨不彻底；实色漆刮涂腻子过厚；所用的擦色剂（如木纹宝等）附着力不好；面漆修色停留时间过长；漆膜太薄 ；一次性喷涂太厚；干燥时间过快。

(3) 预防或处理措施　选择配套的底漆、面漆；底材要打磨至一定的粗糙度，基材用封闭底漆做好封闭；层间打磨至表面毛玻璃状；薄刮腻子，表面打磨彻底，腻子只填木眼，不填木径；选用附着力好的擦色剂，且着色后进行封闭；面漆修色时，间隔时间不要过长；底层要处理好。

7. 开裂

(1) 异常现象　漆膜表面出现深浅大小各不相同的裂纹，如从裂纹处能见到下层表面，则称为“开裂”；如漆膜呈现龟背花纹样的细小裂纹，则称为“龟裂”。

(2) 产生原因　漆膜干燥太快；一次性厚涂；固化剂加入过多；底材自身开裂，导致漆膜开裂；腻子刮涂过厚，打磨不彻底；环境不好，昼夜温差过大；涂料本身耐候性差；未经封闭的软木类底材，喷上较稀涂料，漆膜也会发生开裂。

(3) 预防或处理措施　固化剂按比例添加并搅拌均匀；先处理底材开裂问题再处理涂料；薄刮腻子，打磨彻底，使腻子只填木眼，不填木径；保持温度平衡，避免温差过大；注意涂料的适用范围，换用合格涂料，做好封闭。

在家具涂装生产工序中，为了减少涂装事故发生，可重点关注以下工序，如基材含水率控制、基材先封闭、填木眼腻子类产品选择及干透打净、重视打磨/水磨/砂纸型号、要按正确比例配漆、配漆一定要搅拌均匀、配漆后要静止放置 15～20min、配漆后要过滤、施工黏度要适当、注意稀释剂（冬夏）选用、注意涂料适用期、控制漆膜厚度、漆膜打磨后控制好重涂间隔时间、未用完涂料盖严、涂膜彻底干透/实干包装等，只要能做到这些，许多常见的漆病就可避免。涂装缺陷的现象及其原因一览见表 3-7-143。

四、木用涂料涂装管理与涂装难题

1. 涂装管理

针对涂装中存在的各种问题，必须在涂装生产管理中加以克服和解决。

涂装五要素包括涂装材料、涂装设备、涂装环境、涂装工艺和涂装管理。涂装材料是指涂装生产过程中使用的化工材料及辅料，包括各种涂料产品，如封闭漆、底面漆、固化剂、助剂、蓝水、白水、稀释剂等，以及砂纸、黏合剂、砂布等辅料；涂装设备是指涂装生产过

表 3-7-143 涂装缺陷的现象及其原因一览

发生阶段	漆病	涂料本身原因	基材					涂装工艺与施工操作											设备环境					
			含水率	含油脂	材质	形状	清洁	调漆搅拌	调漆静置	调漆过滤	工具清洁	操作熟练	做封闭底	干燥速率	涂膜厚度	层间打磨	底面配套	涂装方法	通风	空气清洁	温度	湿度	气候变化	设备
涂装前	黏度偏高或低	★						☆	☆			☆												
	适用期短	★						☆				☆									☆		☆	
	返粗	★								☆	☆									☆	☆			
	结块	★						☆		☆										☆	☆			
	沉淀	★						★	★			☆												☆
	分层	★						★	★			☆												☆
	浮色	★						★	★			☆						☆						☆
	色差	★									☆													☆
	浑浊	★																						
涂装中	发白(泛白)	★	★	★								☆		☆	★		☆	☆	☆		☆	★	☆	☆
	起泡或针孔	★	★		☆	☆		☆	☆			☆		★	☆			☆			★	☆		☆
	缩孔及跑油	★	★	★			★				★					★	☆			★				
	咬底	☆												★	★	☆	★					☆		
	慢干或不干	★	☆	☆										★	★		★		★		★	★	☆	
	颗粒	★					★			★	★					☆	★	☆	★					
	失光	★	★	★								★					★		☆		☆	☆	★	
	流挂	★		☆		★		☆	☆			★				★		★	☆		☆			
	橘皮	☆	☆									★			★		★		★		★			
	色分离	★						★	☆					☆	☆		☆							
	起皱	☆	★									★		★	★		★	☆	★		☆	★		
	砂痕重									☆	☆	★		☆		★		★						☆
	发汗	★		★			★					☆		★		★	☆	☆	★		★	★		
	起霜	★	★				☆					☆	☆					☆	☆			★	★	
涂装后	黄变	★	★	★	★		☆						☆				★						★	
	漆膜下陷	★	★	★	★			☆				☆	★	★	★		★	☆				☆		
	泛白(后期)	★	★	★	★							☆			☆		☆	☆			★	★		
	光泽不均匀	★	★		★		☆	★				☆		☆	☆		★	☆	☆		☆	★		☆
	回粘	★	☆	☆			☆					☆			★			☆	☆		★	★	☆	
	脱落或附着力不良	★	★	★		★	☆	☆			☆	☆	★	★	★	★	★							
	开裂	☆	★	★								☆	☆	☆	☆	★	★	☆					☆	

注：★表示主要原因；☆表示次要原因。

程中使用的设备及工具，包括打磨设备、喷涂设备、洁净吸尘设备、涂装运输设备、试验仪器设备等；涂装环境是指涂装设备内部以外的空间环境，从空间上讲应该包括涂装车间（厂房）内部和涂装车间（厂房）外部的空间；涂装工艺包括工艺方法、工序、工艺过程等；涂装管理包括人员管理、生产（经营）管理、技术及质量管理、设备管理、材料管理、现场管理等。

涂装管理“十条”指的是在涂装生产管理中，着重从功能设计、效果设计、品种选定、施工工艺、操作设备、厂房布置、环保处理、质量检验、人员培训及经济核算十个方面综合去考虑，从而保证在不同的环境条件下，合理地整合涂装资源，并达到既定的涂装目标。

2. 涂装难题

除了“三分涂料，七分木工”之外，笔者还赞成这句话：“三分涂料，七分涂装”。在木用涂装中，尤其如此。

由于基材是木制品，木用涂装产生的独特问题很多。木材受本身含水率及外界温、湿度的影响，其几何尺寸对涂装的适应程度都变化很大。在外界条件不好的时候，例如极端气候出现时，尽管采取很多措施，施工环境仍然与当时、当地的恶劣条件相差不大。受温度、湿度、粉尘等的影响，施工难度加大，但对表面装饰性的要求却越来越高。虽然可以低温烘烤，但应用并不广泛，有很多产品由于各种原因无法进行强制干燥，使湿膜的整个干燥过程不能在理想的掌控之中。

在以上条件下，漆膜从湿膜至实干的漫长过程中，产生的如气泡、泛白、暗泡、渗陷、离层等现象，几成“顽疾”。人为地要求、提高漆膜的干燥速率，是导致各种漆病越趋严重的另一重要原因。因为要返工、重涂，处理问题产品和不合格品，导致成本升高、工时损耗、延迟交货、质量下降、诚信受损等严重后果，但很多人对此并无足够的认识。因此，有效地防止漆病的出现，才是最主要的。这是涂料行业和家具企业面临的共同课题。

第七节　木用涂料主要性能指标及检验

一、木用涂料需要控制的指标

木用涂料作为装饰保护材料使用，其本身是半成品，它所形成的涂膜是高聚物材料，该涂膜不能独立存在，必须黏附在其他被涂物件（如木质家具等）上才能成为材料。所以木用涂料及其涂膜既具有一般聚合物材料的通性，又有与一般聚合物材料不同的特件。最主要的是涂膜必须适应被涂物件材质性能的要求，与被涂物件结合成为一体。

木用涂料的性能包括木用涂料产品本身的性能及其涂膜的性能两部分。

1. 木用涂料产品本身的性能

木用涂料产品本身的性能包括涂料原始状态的性能（即在罐中的性能）和木用涂料的施工性能。

木用涂料原始状态的性能主要控制如下指标：原漆外观或在容器中状态（包括原漆是否有结皮、浮色、分层、增稠、沉淀、结块等内容）、颜色、透明度、黏度、细度、密度、固体含量、遮盖力等项目。

木用涂料的施工性能主要控制如下指标：涂刷性、可使用时间（或称适用期）、流平性、防流挂性、重涂性、干燥时间、使用量等项目。

2. 木用涂料涂膜的性能

木用涂料涂膜的性能主要控制如下指标：漆膜外观（包括漆膜是否有起泡、针孔、缩孔、颗粒、橘皮、起皱、开裂等现象）、颜色、光泽、回黏性、抗粘连性、附着力、硬度、打磨性、耐冲击性、耐磨性、耐划伤性、耐液体介质（一般包括醇、水、酸、碱、茶、醋及其他污染物）、耐干热性、耐湿热性、耐黄变性等项目。

二、有关木用涂料性能的国家标准和行业标准

随着木用涂料的不断发展，其品种不断增加，应用范围不断扩大，市场上木用涂料产品的品质也参差不齐，为了更好地引导该类产品的良性发展，提升木用涂料的整体质量水平，近十年来，涂料行业有关专家制定了木用涂料的相关国家标准和行业标准。最具代表性的标准有：HG/T 2454—2006《溶剂型聚氨酯涂料（双组分）》、HG/T 3828—2006《室内用水性木器涂料》、HG/T 3655—1999《紫外光（UV）固化木器涂料》和 HG/T 3383—2003《硝基漆稀释剂》等行业标准，GB/T 23998—2009《室内装饰装修用溶剂型硝基木器涂料》和 GB/T 23995—2009《室内装饰装修用溶剂型醇酸木器涂料》。

1. HG/T 2454—2006《溶剂型聚氨酯涂料（双组分）》

HG/T 2454—2006《溶剂型聚氨酯涂料（双组分）》是由 HG/T 2454—1993《聚氨酯清漆（分装）》、HG/T 2660—1995《各色聚氨酯磁漆（双组分）》、HG/T 3608—1999《聚酯聚氨酯木器漆》三份标准合并修订而成，该标准于 2006 年 7 月发布，于 2007 年 3 月实施。该标准适用于以含反应性官能团的聚酯树脂、醇酸树脂、丙烯酸树脂等主要成膜物，以多异氰酸酯树脂为固化剂的双组分常温固化型金属表面用涂料和室内用木器涂料。

该标准根据溶剂型聚氨酯涂料的两个主要应用领域，分为两个类型，Ⅰ型为室内用木器涂料，Ⅱ型为金属表面用涂料，且室内用木器涂料又分为家具厂和装修用面漆、地板用面漆和通用底漆。其中Ⅰ型（室内用木器涂料）产品应符合表 3-7-144 的技术要求。

表 3-7-144 Ⅰ型（室内用木器涂料）产品技术要求

项目			指标		
			家具厂和装修用面漆	地板用面漆	通用底漆
在容器中状态			搅拌后均匀无硬块		
施工性			施涂无障碍		
遮盖率(色漆)			商定		—
干燥时间/h	≤	表干	1		
		实干	24		
涂膜外观			正常(涂膜均匀,无流挂、发花、针孔、开裂和剥落等涂膜病态)		—
贮存稳定性(50℃,7d)			无异常[试验结果与贮存前比无明显变化(主剂允许变色)]		
打磨性			—		易打磨
光泽(60°)/%			商定		—
铅笔硬度(擦伤)	≥		F	H	—
附着力(划格间距 2mm)/级	≤		1		
耐干热性[(90±2)℃,15 min]/级	≤		2		—
耐磨性(750g,500r)/g	≤		0.050	0.040	—
耐冲击性			—	涂膜无脱落、无开裂	—

续表

项　　目			指　　标		
			家具厂和装修用面漆	地板用面漆	通用底漆
耐水性(24h)			无异常(涂膜未出现起泡、开裂、剥落、明显变色、明显光泽变化)		—
耐碱性(2h)					—
耐醇性(8h)					—
耐污染性(1h)	醋				—
	茶				—
耐黄变性①(168h)ΔE　≤	清漆	一级	3.0		
		二级	6.0		
	色漆		3.0		

① 该项目仅限于标称具有耐黄变等类似功能的产品。

2. HG/T 3828—2006《室内用水性木器涂料》

HG/T 3828—2006《室内用水性木器涂料》于 2006 年 7 月首次发布，2007 年 3 月实施。该标准适用于聚氨酯类、丙烯酸酯类、丙烯酸-聚氨酯类以及其他类型的常温干燥型单组分或双组分水性木器涂料。水性木器涂料按实际用途及使用功能分为 A、B、C、D 四类。

A 类：地板用面漆——工厂涂装和家庭涂装等所有木质地板用面漆。

B 类：家具用面漆——工厂涂装木质家具用面漆。

C 类：装修用面漆——除 A、B 类以外的木质表面用面漆，主要用于门套、窗套、扩墙板等的涂装。

D 类：底漆、中涂漆——所有可与各类面漆配套使用的木器用底漆、中涂漆。

主要技术要求见表 3-7-145。

表 3-7-145　室内用水性木器涂料技术要求

项　　目		指　　标			
		A 类	B 类	C 类	D 类
在容器中状态		搅拌后均匀无硬块			
细度/μm　≤		35	清漆、透明色漆:35 色漆:40		60
不挥发物(双组分为主剂)/%　≥		30			清漆、透明色漆:30 色漆:40
干燥时间　≤	表干/min	单组分 30;双组分 60			
	实干/h	单组分 6;双组分 24			
贮存稳定性(50℃,7d)		无异常(试验后如搅拌后均匀无硬块为无异常)			
耐冻融性①		不变质			
涂膜外观		正常			—
光泽(60°)		商定			—
打磨性		—			易打磨
硬度(擦伤)　≥		B			—
附着力(划格间距 2mm)/级　≤		1			
耐冲击性		涂膜无脱落、无开裂	—		

续表

项目			指标			
			A类	B类	C类	D类
抗粘连性(500g,50℃/4h)			MM:A-0 MB:A-0		—	
耐磨性(750g,500r)/g		≤	0.030	—		
耐划伤性(100g)			未划伤		—	
耐水性	耐水性(24h)		无异常			—
	耐沸水性(15min)		无异常			
耐碱性(50g/L $NaHCO_3$,1h)			无异常			—
耐醇性(50%,1h)			无异常			—
耐污染性(1h)	醋		无异常			—
	绿茶		无异常			—
耐干热性[(70±2)℃,15min]/级		≤	2			—
耐黄变性②(168h)ΔE^*		≤	3.0			
总挥发性有机化合物(TVOC)/(g/L)		≤	300			
重金属(清漆除外)/(mg/kg)	可溶性铅	≤	90			
	可溶性镉	≤	75			
	可溶性铬	≤	60			
	可溶性汞	≤	60			

① 用于工厂涂装且对此项无要求的产品可不做该项。

② 该项目仅限标称具有耐黄变等功能的产品。

3. HG/T 3655—1999《紫外光(UV)固化木器涂料》

该标准于1999年6月首次发布，2000年6月实施。该标准适用于木质地板、家具或其他木器的装饰与保护用紫外光固化漆。该标准中规定了底漆和面漆的技术要求，详见表3-7-146。

表 3-7-146 紫外光(UV)固化木器涂料技术要求

项目		指标	
		底漆	面漆
在容器中状态		搅拌后呈均匀状态	
细度/μm	≤	70	有光 10;半光和无光 35
固化速率		商定	
漆膜外观		平整	
光泽(60°)	≥	—	有光 90;半光和无光商定
划格试验,级	≤	2	2
硬度	≥	0.60	有光 0.60;半光和无光 0.50
复合层耐水性(72h)		不起泡,不起皱,不脱落	
复合层耐醇性(8h)		不起泡,不起皱,不脱落	
耐磨性(750g,500r)/g	≤	—	0.030
复合层耐干热性[(90±2)℃]/级	≤	2	

该标准中的“复合层”是指：在底材上涂布底漆干燥打磨后，底漆上涂布光固化面漆，再按要求固化所得的涂膜。其底漆可以是紫外光固化类底漆，也可以是非紫外光固化类底漆。

4. HG/T 3378—2003《硝基漆稀释剂》

该标准于 2004 年 1 月发布，2004 年 5 月实施，是由 HG/T 3378—1987《X-1、X-2 硝基漆稀释剂》修订而成。该标准适用于由酯、醇、酮、芳烃类等混合溶剂配制而成的稀释剂。

该标准中产品分Ⅰ型和Ⅱ型硝基漆稀释剂，其中Ⅰ型产品的酯、酮溶剂比例较高，溶解性能较好，可用作硝基清漆、磁漆、底漆稀释；Ⅱ型产品的酯、酮溶剂比例较低，溶解性能稍差，可用作要求不高的硝基漆及底漆的稀释，或作清洗硝基漆施工工具及用品等。其技术要求详见表 3-7-147。

表 3-7-147　硝基漆稀释剂产品技术要求

项　　目		指　　标	
		Ⅰ型	Ⅱ型
颜色(铁钴比色计)/号	≤	1	
外观和透明度		清澈透明,无机械杂质	
酸值/(mgKOH/g)	≤	0.15	0.20
水分		不浑浊,不分层	
胶凝数/mL	≥	20	18
白化性		漆膜不发白及没有无光斑点	—

5. GB/T 23998—2009《室内装饰装修用溶剂型硝基木器涂料》

该标准是 2008 年首次组织起草，于 2008 年 9 月报批的推荐性国家标准，2009 年 6 月批准发布，2010 年 2 月实施。该标准适用于以硝酸纤维素为主要成膜物，加入醇酸树脂、改性松香树脂、丙烯酸树脂等改性而成的木器涂料。产品适用于室内装饰装修（含工厂化涂装）用木制品表面的保护及装饰。该标准中将溶剂型硝基木器涂料分为面漆和底漆，其主要技术要求详见表 3-7-148。

表 3-7-148　室内装饰装修用溶剂型硝基木器涂料技术要求

项　　目			指　　标	
			面　　漆	底　　漆
在容器中状态			搅拌后均匀无硬块	
细度/μm		≤	40	60
干燥时间	表干/min	≤	20	
	实干/h	≤	2	
涂膜外观			正常	—
回黏性/级		≤	2	—
打磨性			—	易打磨
光泽(60°)			商定	—
铅笔硬度(擦伤)		≥	B	
附着力/级(划格间距 2mm)		≤	2	
耐干热性[(90±2)℃,15 min]/级		≤	2	—
耐水性(24h)			无异常	—
耐碱性(50g/L $NaHCO_3$,1h)			无异常	—
耐污染性(1h)	醋		无异常	—
	茶		无异常	—

6. GB/T 23995—2009《室内装饰装修用溶剂型醇酸木器涂料》

该标准于 2008 年 9 月报批的推荐性国家标准，2009 年 6 月批准发布，2010 年 2 月实施。标准适用于以醇酸树脂为主要成膜物，通过氧化干燥成膜而成的溶剂型木器涂料。其主要技术要求见表 3-7-149。

表 3-7-149 室内装饰装修用溶剂型醇酸木器涂料技术要求

项目		指标	项目		指标
在容器中状态		搅拌后均匀无硬块	光泽(60°)		商定
细度/μm ≤		40	附着力/级(划格间距 2mm) ≤		1
干燥时间 ≤	表干/h	8	耐干热性[(70±2)℃,15min]/级 ≤		2
	实干/h	24	耐水性(24h)		无异常
贮存稳定性	结皮性(24h)	不结皮	耐碱性(50g/L 的 $NaHCO_3$,1h)		无异常
	沉降性(50℃,7d)	无异常	耐污染性(1h)	醋	无异常
涂膜外观		正常		茶	无异常

7. GB/T 23997—2009《室内装饰装修用溶剂型聚氨酯木器涂料》

该标准 2009 年 6 月批准发布，2010 年 2 月实施。该标准适用于以含反应性官能团的聚酯树脂、醇酸树脂、丙烯酸树脂等为主要成膜物，以多异氰酸酯树脂为固化剂的双组分常温固化型室内用木器涂料。其主要技术要求中除铅笔硬度外，其他项目与 HG/T 2454—2006《溶剂型聚氨酯涂料（双组分）》中的Ⅰ型（室内用木器涂料）产品完全一致，家具厂和装修用面漆的铅笔硬度要求不低于 HB，地板用面漆的铅笔硬度要求不低于 F。

8. GB/T 23999—2009《室内装饰装修用水性木器涂料》

该标准 2009 年 6 月批准发布，2010 年 2 月实施。该标准适用于聚氨酯类、丙烯酸酯类、丙烯酸-聚氨酯类以及其他类型的常温干燥型单组分或双组分水性木器涂料。与 HG/T 3828—2006《室内用水性木器涂料》标准相比，该标准只取消了总挥发性有机化合物和可溶性重金属（铬、镉、铅、汞）项目，其他项目和内容与 HG/T 3828—2006《室内用水性木器涂料》完全一致。

三、木质家具标准中对涂膜性能的要求

木质家具主要由木质基材、基材表面的涂膜或软、硬质覆面材料以及其他配件组成，在其标准中技术要求主要包括基材的尺寸要求、形状要求、用料要求、木工要求、涂饰要求、理化性能要求（针对漆膜涂层和软、硬质覆面）、五金配件及安装要求和力学要求。下面介绍几种常用的木质家具标准中对涂饰及涂膜理化性能的要求。

1. GB/T 3324—2008《木家具通用技术要求》

该标准适用于木家具产品的通用技术要求，其他家具的木质件可参照执行。

该标准中规定的漆膜外观及理化性能要求详见表 3-7-150。

表 3-7-150 木家具表面漆膜外观及理化性能要求

检验项目	试验条件及要求	项目分类	
		基本	一般
漆膜外观	同色部件的色泽应相似		√
	应无褪色、掉色现象	√	
	涂层不应有皱皮、发黏或漏漆现象	√	
	涂层应平整光滑、清晰，无明显粒子、胀边现象；应无明显加工痕迹、划痕、雾光、白棱、白点、鼓泡、油白、流挂、缩孔、刷毛、积粉和杂渣。缺陷数不超过 4 处		*√

续表

检验项目	试验条件及要求	项目分类	
		基本	一般
耐液性	10%碳酸钠溶液,24h,应不低于3级	√	
	10%乙酸溶液,24h,应不低于3级	√	
耐湿热	70℃,20min,应不低于3级	√	
耐干热	70℃,20min,应不低于3级	√	
附着力	涂层交叉切割法,应不低于3级	√	
耐冷热温差	3个周期,应无鼓泡、裂缝和明显失光	√	
耐磨性	1000r,应不低于3级	√	
耐冲击	冲击高度50mm,应不低于3级	√	
耐香烟灼烧	应无脱落状黑斑、裂纹、鼓泡现象	√	

注:“*”记号表示该单项中有2个以上(含2个)检验内容,若有一个检验项目不符合要求时,应按一个不合格计数。若某缺陷明显到足以影响产品质量时则作为基本项目判定。

检验结果判定:基本项目全部合格,一般项目不合格项不超过4项,判定该产品为合格品。达不到合格品要求的为不合格品。

2. QB/T 2530—2001《木制柜》

该标准适用于木制柜产品,不适用于厨房家具,也不适用于多功能组合柜中不属于柜类功能的产品。

(1) 涂饰要求 整件产品、成套产品色泽不应有明显色差;表面漆膜不应有皱皮、发黏和漏漆现象;不涂饰部位应保持清洁;涂饰部位不应掉色、褪色;正视面(包括面板)涂层应平整、光滑、清晰;漆膜实干后应无明显木孔沉陷;其他部位涂层手感光滑;无明显粒子、胀边和不平整;涂层应无明显加工痕迹、划痕、雾光、白棱、鼓泡、油白、流挂、缩孔、刷毛、积粉和杂渣。

(2) 理化性能 详见表3-7-151。

表3-7-151 木制柜表面漆膜理化性能要求

项目		指标值		
		A级	B级	C级
耐液性	10%碳酸钠,24h	1级	2级	3级
	30%乙酸,24h			
耐湿热		80℃,二级	70℃,二级	70℃,三级
耐干热		85℃,二级	80℃,二级	80℃,三级
附着力/级		1	2	3
耐磨(2000r)/级		1	2	3
耐冷热温差		3周期,无鼓泡、裂缝和明显失光		
耐冲击(冲击高度50mm)/级		1	2	3

3. QB/T 2383—1998《餐桌餐椅》

该标准适用于主要材料由木材或木质人造材料或(或)金属材料构成的产品,其他材料构成的产品可参照执行。本标准不适用于桌椅连为一体的餐桌和餐椅。

(1) 涂饰要求 按GB/T 3324—1995中要求。

(2) 涂层理化性能 详见表3-7-152。

表 3-7-152 餐桌餐椅表面涂层理化性能要求

项目		技术要求	项目	技术要求
耐液性/级	10%碳酸钠,24h	3	附着力/级	2
	30%乙酸,24h		耐磨(1000r)/级	2
	15%氯化钠,24h		耐冷热温差	3周期,无鼓泡、裂纹和明显失光
耐湿热(85℃)/级		2		
耐干热(90℃)/级		2	耐冲击(冲击高度50mm)/级	3

4. QB/T 3916—1999《课桌椅》

该标准适用于大、中学教学用的课桌、椅。木质件漆膜理化性能要求详见表 3-7-153。

表 3-7-153 课桌椅中木质件漆膜理化性能要求

项目	技术要求	项目	技术要求
耐水(蒸馏水80h)/级	2	附着力(间距2mm)/级	2
耐30%乙酸(24h)/级	2	耐磨(400r)/级	2
耐10%碳酸钠(8h)/级	2	耐冷热温差,温度(40±2)℃,(-20±2)℃,相对湿度98%~99%	3周期,无鼓泡、裂纹和明显失光
耐湿热(70℃,15min)/级	2		
耐干热(80℃,15min)/级	2		

四、通用检验方法

上述国家标准和行业标准中涉及的指标约三十项，其中有些指标项已有相当成熟的检验方法，并以推荐性国家标准或行业标准的形式发布实施，有些指标项还没有相应的国家标准或行业标准的检验方法，但在行业内有通用的检验方法，具体情况详见表 3-7-154。

表 3-7-154 检测项目与检测方法标准对照表

指标名称	检验方法标准代号及名称
外观和透明度	GB/T 1721—2008《清漆、清油及稀释剂外观和透明度测定法》
颜色(铁钴比色计)	GB/T 1722—1992《清漆、清油及稀释剂颜色测定法(甲法)》
细度	GB/T 1724—1979《涂料细度测定法》 GB/T 6753.1—2007《色漆、清漆和印刷油墨 研磨细度的测定》
黏度	GB/T 1723—1993《涂料粘度测定法》 GB/T 9269—1988《建筑涂料黏度的测定 斯托默黏度计法 》 GB/T 7193.1—1987《不饱和聚酯树脂 黏度测定方法》 GB/T 2794—1995《胶黏剂黏度的测定》
遮盖力	GB/T 9757—2001 中 5.7《溶剂型外墙涂料》 GB/T 1726—1979(1989)《涂料遮盖力测定法》
不挥发分	GB/T 1725—2007《色漆、清漆和塑料 不挥发物含量的测定》
干燥时间	GB/T 1728—1979《漆膜、腻子膜干燥时间测定法》
光泽	GB/T 9754—2007《色漆和清漆 不含金属颜料的色漆漆膜的20°、60°和85°镜面光泽的测定》 GB/T 4893.6—1985《家具表面漆膜光泽测定法》
附着力	GB/T 1720—1979《漆膜附着力测定法》 GB/T 9286—1998《色漆和清漆 漆膜的划格试验》 GB/T 4893.4—1985《家具表面漆膜附着力交叉切割测定法》

续表

指标名称		检验方法标准代号及名称
硬度		GB/T 1730—2007《色漆和清漆 摆杆阻尼试验》 GB/T 6739—2006《色漆和清漆 铅笔法测定漆膜硬度》
耐湿热性		GB/T 4893.2—2005《家具表面耐湿热测定法》
耐干热性		GB/T 4893.3—2005《家具表面耐干热测定法》
耐磨性		GB/T 1768—2006《色漆和清漆 耐磨性的测定 旋转橡胶砂轮法》 GB/T 4893.8—1985《家具表面漆膜耐磨性测定法》
打磨性		GB/T 1770—2008《涂膜、腻子膜打磨性测定法》
耐冲击性		GB/T 20624.2—2006《色漆和清漆 快速变形(耐冲击性)试验 第2部分 落锤试验(小面积冲头)》 GB/T 4893.9—1985《家具表面漆膜搞冲击测定法》
回黏性		GB/T 1762—1980《漆膜回粘性测定法》
耐划伤性		GB/T 9279—2007《色漆和清漆 划痕试验》
耐液性	耐水性	GB/T 9274—1988《色漆和清漆 耐液体介质的测定》 GB/T 4893.1—2005《家具表面耐冷液测定法》
	耐醇性	
	耐酸性	
	耐碱性	
	耐污染性(醋,茶)	
	其他液体介质	
耐冻融性		GB/T 9268—2008《乳胶漆耐冻融性的测定》 GB/T 9755—2001中5.5《合成树脂乳液外墙涂料》
耐冷热温差		GB/T 4893.7—1985《家具表面漆膜耐冷热温差测定法》
耐香烟灼烧		GB/T 17657—1999《人造板及饰面人造板理化性能试验方法中4.40的规定》
水分		HG/T 3858—2006《稀释剂、防潮剂水分测定法》
胶凝数		HG/T 3861—2006《稀释剂、防潮剂胶凝数测定法》
白化性		HG/T 3859—2006《稀释剂、防潮剂白化性测定法》
贮存稳定性		GB/T 6753.3—1986《涂料贮存稳定性试验方法》
抗粘连性		GB/T 23982—2009《木器涂料抗粘连性测定法》
耐黄变性		GB/T 23983—2009《木器涂料耐黄变性测定法》
总挥发性有机化合物		详见:六、木用涂料生产,施工,成膜后的有害物质标准及测试方法中(五)
可溶性重金属		
在容器中状态		无
涂膜外观		无
固化速率		无
酸值(NC稀释剂)		无
NCO含量(聚氨酯固化剂)		无

现简单介绍还没有现成国家标准或行业标准的指标项的通用测试方法。

1. 在容器中状态(原漆外观)

打开容器,目测或用调刀或搅拌棒触及原漆表面,观察有无结皮、浮色、分层等现象,然后用调刀或搅拌棒插入容器底部检查是否有沉淀、结块现象，再用调刀或搅拌棒搅拌涂料，检查是否有增稠现象，如有沉淀则观察沉淀是否容易搅拌均匀。

通常允许容器底部有沉淀，若经搅拌易于混合均匀，则评为“搅拌后均匀无硬块”。

2. 漆膜外观

按产品标准中规定选用底材和施工方式进行施工后，放置规定的时间后，将样板在散射日光下目视观察，如果涂膜均匀，无流挂、发花、橘皮、起皱、起泡、针孔、缩孔、颗粒、开裂和剥落等涂膜病态，则评为“正常”。

3. 固化速率

按产品标准规定涂漆后，可用单一的紫外灯或生产线固化装置（按产品标准中规定）进行固化，单一紫外灯固化时以所需的固化时间（单位为 s）来表示固化速率，以生产线固化装置固化时以生产线的运转速度（单位为 m/min）来表示固化速率，漆膜是否固化的判断按 GB/T 1728—1979（1989）中第 3 章的甲法进行。

4. 硝基漆稀释剂的酸值

用感量为 0.01g 的天平在 250mL 磨口瓶中称取 25～35g 试样，加入 20～30mL 刚用氢氧化钾标准溶液中和好的乙醇，加酚酞批示剂 2～3 滴，加盖摇匀，立即用 0.02～0.04mol/L 的氢氧化钾标准溶液滴定至试液呈粉红色，于 10s 内不消失为终点。

酸值以氢氧化钾（KOH）的质量分数 AV 表示，数值以毫克每克（mg/g）表示，按式(3-7-1) 计算。

$$\mathrm{AV}=VcM/m \tag{3-7-1}$$

式中 V——测定试样所消耗的氢氧化钾标准溶液的体积，mL；

c——氢氧化钾标准溶液的浓度，mol/L；

M——氢氧化钾的摩尔质量，g/mol，M=56.109g/mol；

m——所取试样的质量，g。

5. 聚氨酯固化剂中 NCO 含量

(1) 原理 利用二丁胺与 NCO 基团快速定量反应的原理，用过量二丁胺跟 NCO 基团反应，再用 HCl 滴定过量的二丁胺来定量计算 NCO 基团的含量。

(2) 仪器与试剂 电子天平：感量 0.001g；乙酸乙酯（分析纯）；1%溴甲酚绿-乙醇指示剂；0.5mol/L HCl-乙醇溶液；1mol/L 二丁胺-甲苯溶液（取 129g 重蒸无水二丁胺，用无水甲苯稀释至 1000ml，摇匀，备用）。

(3) 测定步骤 称取试样 1～3g（准确至 0.001g，NCO 含量大于 20%时称样 1g 左右）于 250mL 的三角瓶中，加入 20mL 乙酸乙酯，充分溶解，用瓶颈加液器（或移液管）准确加入 10mL 二丁胺-甲苯溶液，充分摇匀，不需放置（仲裁时放置 20min），加入 3 滴溴甲酚绿-乙醇指示剂（如用电位滴定仪滴定时不需加指示剂，由仪器直接判断滴定终点），用 0.5mol/L 的盐酸-乙醇标准溶液滴定至颜色由纯蓝色变成黄色为终点，同时做空白试验。

(4) NCO 含量计算

$$X(\%)=\frac{(V_0-V_1)c\times 4.202}{m}$$

式中 V_0——空白耗用 HCl-乙醇标准溶液的体积，mL；

V_1——试样耗用 HCl-乙醇标准溶液的体积，mL。

c——HCl-乙醇标准溶液浓度，mol/L；

m——试样的质量，g。

五、特殊指标和特殊检测方法

1. 破坏性检验项目的非破坏性测定方法

在木质家具行业，成品漆膜理化性能的测试绝大部分项目都是破坏性测试，如直接检测成品的理化性能，将会破坏家具，导致测试成本增加，并造成浪费。为了解决这一问题，可以采用如下方式进行操作，既可以检测到家具漆膜的理化性能，又不会破坏家具。

找一块或几块尺寸合适（适合于测试要求）、材质与木质家具材质一致的板材，作为测试用试板，将该试板和家具按完全相同的施工方式并尽可能同时进行施工，也就是说按同样的方式进行底材处理，涂布底漆和面漆时将试板置于被涂实件旁，在涂布实件的同时完成试板的涂布，然后在相同的环境条件下干燥漆膜。这样，测试用试板上漆膜的理化性能已经相当接近该家具实件表面漆膜的理化性能，然后将试板用来作破坏性检测，达到代替实物检测的目的。

2. 木质涂料涂膜耐温变性（即耐冷热循环）

涂膜耐温变性是指涂膜经受从高温、高湿到低温急速变化情况下，抵抗被破坏的能力，是检测因涂膜在骤冷、骤热情况下发生变化而引起的开裂、起泡、脱皮等破坏现象。

通用检测方法是在高温 60℃（或 40℃、80℃）、高湿（相对湿度 98%～99%）条件下保持一定时间（一般为 1h）后，再在低温－20℃放置一定时间（一般为 1h），并要求试板从一种温度条件变化到另一种温度条件所花的时间不超过 2min；每经过三个循环将试板放于温度为（20±2)℃、相对湿度 60%～70%的条件下静置 18h，然后检查漆膜表面；如此经过若干次循环（一般采用以 3 为倍数的循环周期数)，最后观察涂膜变化的情况。

具体的温度、放置时间和循环次数应根据产品标准规定进行。

试板涂饰完工后至少存放 10 天，并达到完全干燥后，于满足温度为（20±2)℃、相对湿度 60%～70%的环境条件的试验室内状态调节 24h 后，方可进行试验。

测试仪器：有恒温恒湿箱和低温冰箱的组合；也有近年来发展起来的高低温交变试验箱。

测试方法标准：GB/T 4893.7—1985《家具表面漆膜耐冷热温差测定法》。

3. 亚光清漆重涂性能评价方法

(1) 问题提出的背景　亚光清漆在家具涂装中应用广泛，在涂布过程中如果没有很好的涂装和干燥环境，将导致漆膜表面出现颗粒或其他表观缺陷，从而影响家具的美观。目前的情况是：家具厂会对涂布了亚光清漆的家具进行涂膜表观指标的验收，把涂膜外观不符合要求的家具判为不合格并进行返工。通常的返工方式是将涂膜表面进行打磨，再重新喷涂。如此返工后的家具可能解决了前面出现的问题，但往往会出现透明度和光泽变化大或透明度和光泽不均匀的问题，严重影响套装产品的配套性，故客户对亚光清漆的重涂性能提出了明确的要求：要求重涂后透明度和光泽变化越小越好。

(2) 重涂后透明度和光泽变化的原因　亚光清漆是由树脂、消光粉、溶剂和助剂等组成，产品的透明度和光泽与产品配方密切相关，也与涂布时涂膜的厚度有直接的关系，涂膜越厚，透明度越差，涂膜厚度的变化也会导致光泽的变化。

由于重涂前不能完全将旧涂膜打磨掉，重涂后，相对于不重涂的合格产品，涂膜的厚度会增加，故会导致返工与不返工产品之间涂膜光泽和透明度的差异，对套装产品而言，这是不能接受的。如打磨不均匀，则单件产品本身的不同部位，也会出现涂膜的光泽和透明度不均匀的现象。

不同的亚光清漆产品由于配方不同，遇到上述问题而重涂后，透明度和光泽的变化程度也不同。

(3) 亚光清漆重涂性的评价　亚光清漆重涂性主要评价其重涂前后光泽和透明度的变化，从而筛选出变化小、重涂性好的产品。

涂膜的光泽已经有成熟的测试方法和仪器，分别测定重涂前后的涂膜的光泽，即可计算出其光泽的变化率。但是，亚光清漆产品重涂前后透明度变化的测定就没有既定的检验方法和标准。下面所述是木家具涂装中特有的新方法。

(1) 测试原理及评价　在相同的底材（透明聚酯膜）上涂布相同湿膜厚度的涂料，干后，用反射率测定仪测量涂膜的反射率，从而计算出对比率，对比率值越小，则透明度越好，反之亦然；在测试后的涂膜上重涂一次相同厚度的涂料，待干后，再用同样的方式测定重涂后涂膜的对比率，重涂前后对比率之差的绝对值越小，则重涂性越好。

(2) 仪器及底材

① 底材：底材采用未经处理的无色透明聚酯膜（耐溶剂好，透明度好，批次之间基本没有透明度差别），厚度为 30～50μm，尺寸不小于 100mm×150mm。

② 涂膜涂布器：400μm 的漆膜涂布器。

③ 反射率测定仪：一台精度 0.1%的反射率测定仪。

④ 岩田 2 号杯。

⑤ 秒表。

(3) 试验方法

① 底材的准备　在至少 6mm 厚的平玻璃板上，滴几点 200# 溶剂汽油，将聚酯膜铺展在上面。200# 溶剂汽油的表面张力使聚酯膜紧贴在玻璃板上面。不能弄湿聚酯膜的上表面，在聚酯膜与玻璃板之间不能存留气泡。必要时可用洁净白绸布揩拭聚酯膜表面将聚酯膜与玻璃板之间的气泡消除。

② 试板制备　将亚光清漆产品按规定的施工配比配制，并将其黏度调整到：(20±1)s（岩田 2 号杯，温度 25℃）。配好产品后，用 400μm 的涂膜涂布器在聚酯膜上均匀涂布一遍，并将涂过漆的聚酯膜固定在平整的表面上，在水平条件下干燥。

③ 干燥条件　试板应在温度（23±2)℃和相对湿度（65±5)%的条件下至少干燥 24h，才可进行反射率测定。

④ 首涂对比率的测定　在反射率测定仪的黑、白陶瓷板上，滴上几滴 200# 溶剂汽油，从玻璃板上取下干燥好的试板，使其紧贴在黑、白陶瓷板上，不能弄湿测试样板的上表面，在试板与黑、白陶瓷板之间不能存留气泡。然后分别在紧贴黑、白陶瓷板的试板上至少 6 个位置上测量试板的反射率，记为 R_B（黑板）、R_W（白板），分别去除所录数据的最大值和最小值后，取余下四个数值的平均值，再计算每张试板的首涂对比率 R_B/R_W。

⑤ 重涂对比率的测定　按①～②的方式在测完对比率的试板上，重涂一次，再按③～④的要求进行试板的干燥和对比率的测试。

⑥ 结论　分别计算首涂和重涂的对比率，评价自身的透明度；计算首涂和重涂的对比率之差，并取绝对值，评价重涂性，并得出结论。

4. 木用涂料产品中控过程中的几个特别项目

在质检中控过程中，木用涂料产品的受控指标有十几个之多，如果不能有效中控，无疑会产生大量的返工产品及不合格品，加大库存量。

下面几项中控项目是由实际总结得出：

(1) PU 亚光清漆之外观、光泽的中控

① 外观　在质检的过程中，漆膜的外观很好，自然没有问题。但如果外观出现异常，就必须判断是涂料本身问题，还是制板过程中外来因素的影响。例如，PU 亚光清漆的测试板出现微粒时，是亚光清漆本身问题，还是外来粉尘，就往往难下结论。

② 解决办法　找一同型号产品的合格留样，与被测样同时、同条件制板并作平行测试。对比测试结果，较易得出正确结论。

③ 结果分析　按上述方式进行检测，可能出现的结果及相应的分析判定见表 3-7-155。

表 3-7-155　测试结果分析

试　样	结　果			
	A	B	C	D
留样	好	好	不好	不好
被测样	好	不好	好	不好
结论	好(合格)	不好(不合格)	好(合格)	待定(见备注 2)
准确度/%	100	100	100	
备注	如出现结果 C 时，可判被测样合格，但需进一步确认留样的质量是否发生了变化 如出现结果 D 时，不能直接判定被测样的质量好坏，需重复测试一次确认留样的质量是否发生了变化，如留样质量变坏，则判被测样不合格；如留样质量没有变坏，则需进一步对比留样和被测样试板上微粒的严重程度，如被测样的试板上微粒更严重，则判被测样不合格，否则，判被测样合格			

讨论：以上方法在工作量不增加太多的前提下，使人们的判断更快、更准确。

PU 亮光清漆、亮光色漆在同样问题上可用同样方法去解决。但亮光产品有一个细度项目可供佐证，亮光产品细度小，如细度合格，则试样的外观微粒就有很大可能来自环境，判断就容易了。亚光漆则不然，本身细度较大，难以做出以上对比。因此，上述方法对亚光产品都是极好的针对性措施，故以亚光清漆为例。另一个要留意的问题是，留作平行样的合格留样，要确保合格并定期更新。

亚光清漆的光泽本身较低，检测时如产生相同的绝对误差，其相对误差比亮光漆大很多。因此，其准确性尤显重要。

① 被测板的光泽，除了配方原因外，还与膜厚、漆膜干燥过程的温、湿度、通风条件有关。

② 严格控制上述过程，并在相同条件下用不同批次的产品同步制板，同步检测，使误差缩小并易于判断，利于有效中控。

(2) PU 亚光清漆的贮存稳定性

① 做配方过程的贮存稳定性数据只作参考。大生产的留样，贮存期满后一定要进行复检（尽管产品已售出）。如发现严重问题，停止大生产，返回中试或小试程序，重调配方或工艺。

② 贮存稳定性的检测项目包括：防沉性、防结块、返粗情况。亚光清漆在贮存时的轻度沉淀、分层是允许的，但一定要分清哪一种情况最终会影响涂料的使用。

(3) 水性木器漆　水性木器漆的漆膜经常会出现缩孔。检测中有一个现象，刚生产好的

产品立即送样检测，无缩孔。但同一样品，静置一天后再检测，可能会出现缩孔，原因不明。为稳妥起见，建议水性木器漆的产品，静置一二天后再进行缩孔试验。注意找出规律和真正原因。

六、木用涂料生产、施工、成膜后的有害物质标准及测试方法

在我国绿色化学成为发展方向的今天，涂料领域发展的主要趋势是减少溶剂的使用，以制造更高固体分的涂料和以水为主要挥发性组分的涂料。但水性涂料还不能完全取代溶剂型涂料，在涂料产业中，溶剂型涂料的生产仍占有绝大部分比例。

针对溶剂型木用涂料的环境问题，2001 年我国颁布了装饰装修用溶剂型木器涂料有害物质限量的国家强制性标准（GB 18581—2001），对 VOC、苯类溶剂、游离 TDI 和可溶性重金属含量做出了限制。为了提高涂料生产企业对溶剂型涂料往低毒、环保方向开发的积极性，又接着制定了相对环境行为较好的、对人体危害性相对较小的环境标志产品技术要求。不仅规定了有害物质限量要求，还明确规定了禁止人为添加的有害物质类别。

1. 木用涂料在生产过程中的有害物质控制

为了满足强制性国家标准和环境标志产品技术要求，在木用涂料的生产过程中，禁止人为添加如下物质。

① 乙二醇醚及其酯类，主要包括乙二醇甲醚、乙二醇甲醚醋酸酯、乙二醇乙醚、乙二醇乙醚醋酸酯、二乙二醇丁醚醋酸酯。

② 邻苯二甲酸酯类，主要包括邻苯二甲酸二异辛酯（DEHP）、邻苯二甲酸二正丁酯（DBP）、邻苯二甲酸丁苄酯（BBP）、邻苯二甲酸二异壬酯（DINP）、邻苯二甲酸二辛酯（DOP）。

③ 正己烷。

④ 异佛尔酮（3,5,5-三甲-2-甲-环己烯基-1-酮）。

⑤ 苯。

⑥ 卤代烃，主要包括二氯甲烷、二氯乙烷、三氯甲烷、三氯乙烷、四氯化碳。

⑦ 可溶性重金属及其化合物，主要包括可溶性铅、可溶性镉、可溶性铬、可溶性汞及其化合物。重金属化合物主要来源于涂料生产用原材料中的颜料及某些助剂。

近年来，各国都在控制或禁止重金属及其化合物的使用，如欧共体生态标准 99/10/EC 规定：不准使用镉、铅、铬（Ⅵ）、汞、砷及其化合物；德国“蓝色天使”标准（Low-Pollutant Varnishes. January 1997）规定：不得使用含铅、镉、铬（Ⅵ）及其化合物作为原料中的杂质，铅≤0.02%。

⑧ 甲醇。

⑨ 甲醛及甲醛的聚合物。

2. 木用涂料在施工过程中的有害物质

木用涂料在施工过程中会释放出挥发性有机化合物，挥发性有机化合物会对环境产生污染并加大室内有机污染物的负荷，严重时会使人引起头疼、咽喉痛等症状，危害人体健康。根据涂料中挥发性有机化合物的挥发特性，按照施工状态可把挥发过程简单地划分为两阶段，第一阶段为“湿”阶段，在此阶段内挥发速率极快，在数小时内即可挥发出总量的90%以上；第二阶段为“干”阶段，此阶段内挥发速率大大降低，并逐渐减少。所以在“湿”阶段要特别注意施工环境的通风及人员的防护。由于这一挥发特性，施工后的涂膜经

一星期养护后，挥发出的有机化合物就极少了。

3. 木用涂料在成膜后的有害物质

木用涂料在成膜后的有害物质主要是可溶性重金属及其化合物，以及残留的、未曾挥发完的极少量的挥发性有机化合物。

4. 木用涂料的有害物质限量标准

为了减少溶剂型木器涂料对使用者和环境的不良影响，2001 年我国颁布实施了国家强制性标准 GB 18581—2001《室内装饰装修材料　溶剂型木器涂料中有害物质限量》，该标准已于 2008 年进行修订；2006 年颁布了推荐性环境保护行业标准 HJ/T 303—2006《环境标志产品技术要求　家具》；2007 年颁布了推荐性环境保护行业标准 HJ/T 414—2007《环境标志产品技术要求　室内装饰装修用溶剂型木器涂料》；2008 年制定并报批了国家强制性标准《室内装饰装修材料　水性木器涂料中有害物质限量》。现简单介绍上述标准的主要内容。

(1) GB 18581—2001《室内装饰装修材料　溶剂型木器涂料中有害物质限量》 GB 18581—2001 标准规定了室内装饰装修用硝基漆类、聚氨酯类和醇酸漆类木器涂料中对人体有害物质容许限值的技术要求、试验方法、检验规则、包装标志、安全涂装及防护等内容。它适用于室内装饰装修用溶剂型木器涂料（即以有机物作为溶剂的木器涂料），其他树脂类型和其他用途的室内装饰装修用溶剂型涂料可参照使用。该标准不适用于水性木器涂料。其有害物质限量要求详见表 3-7-156。

表 3-7-156　GB 18581—2001《室内装饰装修材料　溶剂型木器涂料中有害物质限量》

项　　目			限　量　值		
			聚氨酯类涂料	硝基类涂料	醇酸类涂料
挥发性有机化合物(VOC)含量①/(g/L)		≤	光泽(60°)≥80，600 光泽(60°)<80，700	≤750	≤550
苯含量②/%		≤	0.5		
甲苯和二甲苯总和②/%		≤	40	45	10
游离甲苯二异氰酸酯含量③/%		≤	0.7	—	—
重金属③(限色漆)/(mg/kg) ≤	可溶性铅		90		
	可溶性镉		75		
	可溶性铬		60		
	可溶性汞		60		

① 按产品规定的配比和稀释比例混合后测定。如稀释剂的使用量为某一范围时，应按照推荐的最大稀释量稀释后进行测定。

② 如产品规定了稀释比例或由双组分组成时，应分别测定各组分中的含量，再按产品规定的配比计算混合后涂料中的总量。如稀释剂的使用量为某一范围时，应按照推荐的最大稀释量进行计算。

③ 如聚氨酯漆类规定了稀释比例或由双组分组成时，应先测定固化剂（含甲苯二异氰酸酯预聚物）中的含量，再按产品规定的配比计算混合后涂料中的含量。如稀释剂的使用量为某一范围时，应按照推荐的最小稀释量进行计算。

2008 年全国涂料和颜料标委会组织修订了 GB 18581，对其中的范围、项目、限量值、测试方法都进行了修订，其报批稿中确定的适用范围是：该标准适用于室内装饰装修和工厂化涂装用聚氨酯类、硝基类和醇酸类溶剂型木器涂料（包括底漆和面漆）及各类溶剂型腻子。不适用于辐射固化涂料和 PE 腻子。其有害物质限量要求详见表 3-7-157。

表 3-7-157　GB 18581 报批稿中有害物质限量的要求

项　　目		限　量　值				
		聚氨酯类涂料		硝基类涂料	醇酸类涂料	腻子（不适于 PE 腻子）
		面漆	底漆			
挥发性有机化合物(VOC)含量①/(g/L)		光泽(60°)≥80,≤580; 光泽(60°)<80,≤670	≤670	≤720	≤500	≤550
苯①/%		≤0.3				
甲苯、二甲苯、乙苯总和①/%		≤30		≤30	≤5	≤30
游离二异氰酸酯总和(TDI+HDI)②/%		≤0.4		—	—	—
甲醇①/%		—		≤0.3	—	≤0.3(限硝基类腻子)
卤代烃①③/%		≤0.1				
重金属(限色漆,腻子和醇酸清漆)/(mg/kg)	可溶性铅	≤90				
	可溶性镉	≤75				
	可溶性铬	≤60				
	可溶性汞	≤60				

① 按产品规定的配比和稀释比例混合后测定。如稀释剂的使用量为某一范围时，应按照推荐的最大稀释量稀释后进行测定。

② 如聚氨酯漆类规定了稀释比例或由双组分或多组分组成时，应先测定固化剂（含游离二异氰酸酯预聚物）的含量，再按产品规定的配比计算混合后涂料中的含量。如稀释剂的使用量为某一范围时，应按照推荐的最小稀释量进行计算。

③ 包括二氯甲烷、二氯乙烷（1,1-二氯乙烷，1,2-二氯乙烷）、三氯甲烷（1,1,1-三氯甲烷，1,1,2-三氯甲烷）、三氯乙烷、四氯化碳。

(2) GB 24410—2009《室内装饰装修材料　水性木器涂料中有害物质限量》 2008 年全国涂料和颜料标委会组织起草了《室内装饰装修材料　水性木器涂料中有害物质限量》强制性国家标准，并已于 2008 年 9 月完成报批，该标准规定了室内装饰装修用水性木器涂料和木器用水性腻子中对人体和环境有害的物质容许限量要求、试验方法、检验规则、包装标志、涂装安全及防护等内容，它适用于室内装饰装修和工厂化涂装用水性木器涂料以及木器用水性腻子。该标准的有害物质限量要求详见表 3-7-158。

表 3-7-158 《室内装饰装修材料　水性木器涂料中有害物质限量要求》

项　　目			限　量　值	
			涂料①	腻子②
挥发性有机化合物含量		≤	300g/L	60g/kg
苯系物(苯、甲苯、乙苯和二甲苯总和)/(mg/kg)		≤	300	
乙二醇醚及其酯类(乙二醇甲醚、乙二醇甲醚醋酸酯、乙二醇乙醚、乙二醇乙醚醋酸酯、二乙二醇丁醚醋酸酯总和)/(mg/kg)		≤	300	
游离甲醛/(mg/kg)		≤	100	
可溶性重金属(限色漆和腻子)/(mg/kg) ≤	铅		90	
	镉		75	
	铬		60	
	汞		60	

① 对于双组分或多组分组成的涂料，应按产品规定的配比混合后测定。水不作为一个组分，测定时不考虑稀释配比。

② 粉状腻子除可溶性重金属项目直接测定粉体外，其余项目是指按产品规定的配比将粉体与水或胶黏剂等其他液体混合后测定。如配比为某一范围时，水应按照水用量最小的配比量混合后测定，胶黏剂等其他液体应按照其用量最大的配比量混合后测定。

(3) HJ/T 414—2007《环境标志产品技术要求　室内装饰装修用溶剂型木器涂料》 该标准于2007年12月发布，2008年4月实施。该标准规定了室内装饰装修用溶剂型木器涂料环境标志产品的定义和术语、基本要求、技术内容和检验方法，它适用于室内装饰装修用的硝基类、聚氨酯类、醇酸类溶剂型面漆和底漆。不适用于辐射固化类涂料。

① 该标准中列出的禁用物质详见表3-7-159。

表 3-7-159　HJ/T 414—2007 中禁用物质清单

禁用种类	禁用物质
乙二醇醚及其酯类	乙二醇甲醚、乙二醇甲醚醋酸酯、乙二醇乙醚、乙二醇乙醚醋酸酯、二乙二醇丁醚醋酸酯
邻苯二甲酸酯类	邻苯二甲酸二正丁酯(DBP)、邻苯二甲酸二辛酯(DOP)
烷烃类	正己烷
酮类	3,5,5-三甲基-2-环己烯基-1-酮(异佛尔酮)
卤代烃类	二氯甲烷、二氯乙烷、三氯甲烷、三氯乙烷、四氯化碳
芳香烃	苯
醇类	甲醇

② 该标准中有害物质限量要求详见表3-7-160。

表 3-7-160　HJ/T 414—2007《涂料中有害物质限量要求》

项目		硝基类溶剂型涂料		聚氨酯类溶剂型涂料			醇酸类溶剂型涂料	
		面漆	底漆	面漆	面漆	底漆	色漆	清漆
光泽(入射角60°)/%		—	—	≥80	<80	—	—	—
VOC①/(g/L)　≤		700		550	650	600	450	500
苯(质量分数)①/%　≤		0.05						
甲苯+二甲苯+乙苯(质量分数)①/%　≤		25		25			5	
可溶性重金属②/(mg/kg)　≤	铅(Pb)	90						
	镉(Cd)	75						
	铬(Cr)	60						
	汞(Hg)	60						
固化剂中游离甲苯二异氰酸酯(TDI)(质量分数)/%　≤		—		0.5			—	
甲醇①/(mg/kg)　≤		500		—			—	

① 按产品规定的配比和稀释比例混合后测定。如稀释剂的使用量为某一范围时，应按照推荐的最大稀释量稀释后进行测定。

② 可溶性重金属测试仅限于色漆。

(4) GB ××××—××××《玩具用涂料中有害物质限量》 2008年全国涂料和颜料标委会组织起草了《玩具用涂料中有害物质限量》强制性国家标准，并已于2008年9月完成报批，该标准规定了玩具用涂料中对人体和环境有害的物质容许限量的要求、试验方法、检验规则和包装标志等内容，适用于各类玩具用涂料。该标准的有害物质限量要求详见表3-7-161。

(5) HJ/T 303—2006《环境标志产品技术要求　家具》 该标准于2006年11月发布，2007年2月实施。该标准适用于室内家具与配件，包括可移动的、手提式或固定到墙壁上的家具与配件产品，用于布置房间的产品以及室内用的门。

标准中对涂料的有害物质限量如下。

表 3-7-161 玩具用涂料中有害物质限量要求

项目			要求
铅含量①/(mg/kg)		≤	600
可溶性元素①/(mg/kg)	锑(Sb)	≤	60
	砷(As)		25
	钡(Ba)		1000
	镉(Cd)		75
	铬(Cr)		60
	铅(Pb)		90
	汞(Hg)		60
	硒(Se)		500
邻苯二甲酸酯类②	邻苯二甲酸二异辛酯(DEHP)、邻苯二甲酸二正丁酯(DBP)和邻苯二甲酸丁苄酯(BBP)总和	≤	0.1
	邻苯二甲酸二异壬酯(DINP)、邻苯二甲酸二异癸酯(DIDP)和邻苯二甲酸二辛酯(DOP)总和		0.1
挥发性有机化合物(VOC)含量③/(g/L)		≤	720
苯③/%		≤	0.3
甲苯、乙苯和二甲苯总和③/%		≤	30

① 按产品明示的配比混合各组分样品，并制备厚度适宜的涂膜。在产品说明书规定的干燥条件下，待涂膜完全干燥后，对干涂膜进行测定。粉末状涂料直接进行测定。

② 液体样品，先按规定的方法测定其含量，再折算至干膜中的含量。粉末状涂料或干涂膜样品，按规定的方法测定其含量。

③ 仅适用于溶剂型涂料。按产品明示的配比和稀释比例混合后测定。如稀释剂的使用量为某一范围时，应按照推荐的最大稀释量稀释后进行测定。

① 木质材料使用的水性木器漆必须达到 HJ/T 201—2005《环境标志产品技术要求 水性涂料》的要求。

② 产品中不得添加含有以下物质的颜料、胶黏剂和添加剂：卤代有机物、邻苯二甲酸酯、可分解成致癌芳香胺的偶氮类化合物、铅、锡、镉、六价铬、汞及其化合物。

木质材料使用的溶剂型涂料应满足的表 3-7-162 要求。

表 3-7-162 木质材料使用的溶剂型涂料的有害物质限量要求

项目	限值	
VOC①	光泽(60°)≥80,550g/L	光泽(60°)<80,650g/L
苯②	不得人为添加,由原材料中带入的苯的含量应小于 2000mg/kg	
甲苯、二甲苯②、卤代烃	不得人为添加,由原材料中带入的甲苯和二甲苯的总含量应小于 200000mg/kg,原材料中带入的卤代烃的总含量应小于 20000mg/kg	
重金属	不得人为添加,由原材料中带入的铅、镉、六价铬、汞、砷及其化合物,由原材料中带入的重金属总含量应小于 500mg/kg	
游离异氰酸酯(TDI 或 HDI)含量③	聚氨酯漆中游离异氰酸酯(TDI 或 HDI)含量应小于 5000mg/kg	

① 按产品规定的配比和稀释比例混合后测定。如稀释剂的使用量为某一范围时，应按照推荐的最大稀释量稀释后进行测定。

② 如产品规定了稀释比例或产品有双组分或多组分组成时，应分别测定稀释剂和各组分中的含量，再按产品规定的配比计算混合后涂料中的总量。如稀释剂的使用量为某一范围时，应按照推荐的最大稀释量进行计算。

③ 如产品规定了稀释比例或产品有双组分或多组分组成时，应先测定固化剂中的含量，再按产品规定的配比计算混合后涂料中的总量，如稀释剂的使用量为某一范围时，应按照推荐的最小稀释量进行计算。

5. 木用涂料的有害物质限量标准中各指标项的测试方法

上述国家标准和行业标准中涉及的指标项，其中有些已有相当成熟的检验方法，并以推荐性国家标准或行业标准的形式发布实施，有些还没有相应的国家标准或行业标准的检验方法，但在相应的限量标准中有详细的介绍，具体情况详见表 3-7-163。

表 3-7-163 检测项目与检测方法标准对照

项 目	标准代号和名称	备 注
游离甲苯二异氰酸酯(TDI)	GB/T 18446—2001 气相色谱法测定氨基甲酸酯预聚物和涂料溶液中未反应的甲苯二异氰酸酯(TDI)单体	
游离二异氰酸酯总和(TDI+HDI)	GB/T 18446—2009《色漆和清漆用漆基——异氰酸酯树脂中单体二异氰酸酯的测定》	2008 年报批
游离甲醛	GB 18582—2008 中附录 C	
可溶性重金属	GB 18582—2008 中附录 D	
其他项目	按相应有害物质限量标准中方法进行	

第八节 木用涂料与涂装的发展

一、家具的发展

中国是家具生产大国，但不是家具生产的强国。中国家具设计风格混乱，受外国影响大，民族的东西还没有建立起来，家具业十分注意并努力解决这个问题。2009 年，家具业身处国际金融风暴的漩涡之中，出口订单锐减，行业格局大变，市场前景动荡，家具业在发展中正在寻找自己的方向，未来 5～10 年，家具业不再以量的扩张，而是以质的提高为主要特征。家具产品差异化要加强，少品种、大批量会变成多品种、小批量，由粗放型的发展向自主创新型转变。中国家具业是本土轻工业的一根主要支柱，家具业的今天，成绩斐然，家具业的明天，依然会光辉灿烂。同时也一定会对涂料行业提出更高的要求。

涂料业作为家具业的服务行业，在上述形势下，一定要适应家具业的变化，处理好家具设计与涂料涂装、家具制造与涂料涂装这个重要的关系。

二、底材应用

中纤板、刨花板这些符合环保方向的产品，在努力减少游离甲醛的基础上，前景看好，需求量大。发展软木家具势在必行。松、杉、柏、桧这类软木，还有桐、枫这类软硬中间的材料，其在家具上的应用日益增多，尤以松木制品为最，这是有战略意义的。涂料与涂装在适应软木家具制作方面正在不断努力。能把软木变硬木，就能进一步解决木材匮乏的问题。木材学的专家已经做了很多工作。

贴纸会继续保持在低端。实木包括红木会发展在中、高端，但会受资源制约。木质贴面材料始终是最好的方向，很环保，很适合不同种类家具的使用，能够通过与涂料和涂装的结合，把各种风格、效果充分展示出来。科技木的应用使贴面材料更具发展空间。

三、木用涂料的发展

虽然 NC 涂料固含量低，溶剂挥发量大，不太符合环保要求，耐候性不太好，不能户外使用，但其优良的综合性能、优异的性价比，便捷的施工性能使这个品种保持生机。未来一段时间NC涂料不会被淘汰，仍将在家具、美式涂装、家装领域中发挥重要作用。如能在减少苯类溶剂使用、提高固体含量方面取得进步就更好。世界木器涂料中NC漆的现状及发展大体也是如此，在美式家具、家装方面前景不错。

双组分PU涂料是木用涂料的主力，在中国，PU双组分涂料的高需求及使用起码能保持20年以上，只有水性涂料的发展才有可能代替它。

双组分PU涂料用固化剂，国内自产仍然是主要渠道，有效地降低游离TDI的含量是固化剂的当务之急。

双组分PU涂料在配方和应用上的另一个大问题是干燥速度。涂料生产厂家迫于用户要求，不断地采用各种手段去提高PU漆的干燥速度，由此带来涂装过程中的很多问题，例如：发白、离层、暗泡、渗陷、开裂。被动地去解决这些问题，难度很大，效果不佳。相对比国外的木用涂装，我国的漆病从种类到程度都超出常见范围。双组分PU涂料的干燥速度，从目前情况来看，已经到了不能再快的时候了。想要再加快干燥速度，提高生产效率的同时又要减少漆膜缺陷，保证涂装质量，唯一途径是使用低温烘烤设备。“统一干燥条件，控制干燥速度”是双组分PU涂料发展要遵循的一个方向。

UPE涂料应该发挥在底漆中的优势，在高档家具中应用会越来越多。UV木用涂料，在技术进步的支持下，如新的（UV-PU）双固化体系的研发，UV生产线的不断改进，UV漆的发展会有新的高潮。

植物油改性产品在木用涂料中以新军姿态出现，它符合保护环境、贴近自然、追求淡雅效果的要求。用各种方法改性的植物油，多制成单组分的木用产品，这些产品易被木质材吸收，渗透性好，干膜较薄又光泽柔和，表现油润但不臃肿。用简易方法（如擦涂）涂装，可涂布出极具本色的高雅效果。改性植物油的产品，在家具家装、室内户外等木制品的应用上前景不可小觑。

水性木用涂料在国内发展至今，仍然处在起步阶段。它的进一步发展，要视未来政府环保法规对溶剂型涂料有无更严格的限制，要看水性木用涂料本身性价比的提高，还要看家具购买者对用水性木用涂料涂装的家具有无更高认知及迫切需求。

水性木用涂料在中国的发展，还受到另一个条件的制约，这就是它的干燥状态受环境因素的影响。在自然条件下，干燥气候对水性木用涂料的成膜过程非常有利。但在国内，情况不太理想。就气候环境而言，对水性木用涂料的应用条件，渤三角地区最好，长三角地区居中，珠三角地区最差。理想的干燥条件如西北地区，经济总量不够。家具制造业最发达的珠江三角洲、长江三角洲，气候条件又不理想。水性木用涂料在中国的应用推广，注定要比溶剂型涂料面临更多的问题。

如果能使用低温烘烤设备，则上述的地区性差异将消失，极有利于水性涂料在木用领域的应用，这一点将对水性木用涂料在中国的发展起重要影响。

用于装修的木用涂料，尽管应用于所有场合，但都简称家装涂料。家装涂料脱胎于家具涂料，从最初把家具涂料中的合适产品用于装修，发展到后来特为家装设计、制造专用产品。家装涂料现在已发展出不少品种，但尚未形成系列。

家装涂料有两个变化值得注意：一是从刷涂向喷涂转移，以前现场施工全是刷涂，现在则尽量喷涂，喷不了才刷，当然总体上说还是刷涂多；二是木构件部分，包括壁柜、木线、隔断、墙裙等，从现场制作向工厂预制转移，其中包括木作和涂装。

这两个变化有一个共同特点，就是在这种情况下使用的涂料，从技术指标、特别是施工性能方面又返回去更接近于家具涂料。

从环保角度而言，家装涂料比家具涂料更严格，原因是它在现场制作时排放的有害气体很难收集、控制，装修现场投入使用之后有害物质的缓慢释放也被密切关注。

总之，家装涂料现处于初始发展阶段，要增加更多专用产品，技术指标、特别是施工性能要充分适应家装特点。硝基、水性是首选品种，双组分或单组分 PU 在家装上的应用前景很好。与家具涂料一样，家装涂料必须完成在专业化、系列化、规范化、标准化方面的蜕变才可能有生命力。以上一切，都要建立在遵循有关环保法规的基础之上。目前，家装涂料在市场上的实际用量十倍于家具涂料，对它的发展没有理由不给予足够的重视。

中国的木用涂料，与发达国家相比已很接近，但仍有差距，具体表现在：原料选用原则、配方设计基础、生产精细程度、施工应用水平。这几方面问题存在的原因是进行过程中自身技术水平不够、干扰因素太多所致。国内的木用涂料企业，经过十几年的发展，有些已到“瓶颈”阶段。木用涂料在中国一定会得到更大的发展，但以上所涉及的问题应当很好地解决。

四、木用涂装的发展

传统家具的真正价值不是在底材上，而是在工艺上。重视木用涂装，做好包括选用涂料、白坯制作、工艺设计、设备配套、涂装过程、质量控制的所有环节，才能通过涂装提升家具的附加值。

在涂料选用、底面配套方面坚持合理原则，不能只强调成本。涂装设备方面，各种涂装生产线的投入使用越来越多，越来越先进，包括 UV 涂装线，PU、NC 自动涂装线，静电涂装线等。既有利于漆膜干燥，又有利于环保，将是涂装进步的有力保障。

涂装风格：在我国流行多年的地中海风格，即与美式涂装相比，漆膜稍厚、光泽稍高的效果，仍将受到欢迎并保持延续。亚光、简单美式涂装会继续发展。

木用涂装的发展面临最大的难题是涂装过程的控制。涂装环境本身已复杂多变，但又片面地追求涂装速度，随意加快漆膜干燥过程，是导致漆膜缺陷越来越多、产品返工量大的根本原因。要用各种办法，创造全天候的施工条件，让涂装过程、成膜过程变得理性和可控，才能最终降低综合成本。

“统一干燥条件、控制干燥速度”是涂料与涂装发展的保障。

五、综述

家具产品最终要向“美术化、实木化、高档化、个性化”方向发展，要能够把“人本性、安全性、环保性、智能性”充分体现在产品中。材料、木工、涂料、涂装、市场、法规，多种因素缺一不可。这是一个整体，只有把其中的每一个环节都做好，木用涂料和家具工业才能携手提升到新的高度。

参　考　文　献

[1] HG/T 2454—2006. 溶剂型聚氨酯涂料（双组分）.

[2] HG/T 3828—2006. 室内用水性木器涂料.

[3] HG/T 3655—1999. 紫外光（UV）固化木器涂料.

[4] HG/T 3378—2003. 硝基漆稀释剂.

[5] GB/T 23998—2009. 室内装饰装修用溶剂型硝基木器涂料.

[6] GB/T 23995—2009. 室内装饰装修用溶剂型醇酸木器涂料.

[7] GB/T 3324—2008. 木家具通用技术条件.

[8] QB/T 2530—2001. 木制柜.

[9] QB/T 2383—1998. 餐桌餐椅.
[10] QB/T 3916—1999. 课桌椅.
[11] GB 18581—2001. 室内装饰装修材料 溶剂型木器涂料中有害物质限量.
[12] GB 18581—2009. 室内装饰装修材料 溶剂型木器涂料中有害物质限量.
[13] GB 24410—2009. 室内装饰装修材料 水性木器涂料中有害物质限量.
[14] HJ/T 414—2007. 环境标志产品技术要求 室内装饰装修用溶剂型木器涂料.
[15] HJ/T 303—2006. 环境标志产品技术要求 家具.
[16] 杨新纬. 染料及有机颜料. 北京：化学工业出版社，1999.
[17] 张壮余. 染料应用. 北京：化学工业出版社，1991.
[18] 朱骥良. 颜料工艺学. 第2版. 化学工业出版社，2002.
[19] 朱骥良. 颜料工节学. 第2版. 北京：化学工业出版社，2002.
[20] 薛朝华. 颜色科学与计算机测色配色实用技术. 北京：化学工业出版社，2003.
[21] 汤顺青. 色度学. 北京：北京理工大学出版社，1990.
[22] 封风芝. 涂料工业，2006，(07).
[23] [美] 巴顿 T C. 涂料流动与颜料分散. 第二版. 郭隽奎，王长卓译. 北京：化学工业出版社，1988.
[24] 涂料工艺编委会. 涂料工艺. 第三版. 北京：化学工业出版社，2003. 11.
[25] 魏杰，金养智. 光固化涂料. 北京：化学工业出版社，2005.
[26] 沈开猷. 不饱和聚酯树脂及其应用. 第2版. 北京：化学工业出版社，2002.
[27] 杨建文等编著. 光固化涂料及应用. 北京：化学工业出版社，2005.
[28] 涂伟萍主编. 水性涂料. 北京：化学工业出版社，2006.
[29] 戴信友编著. 家具涂料与涂装技术. 第2版，北京：化学工业出版社，2008.
[30] 机电工业考评技师复习丛书编审委员会编. 油漆工. 北京：机械工业出版社，1990.
[31] 机械电子工业部质量安全司编. 油漆检查工培训教材. 北京：机械工业出版社，1992.
[32] 俞磊编. 油漆工入门. 杭州：浙江科学技术出版社，1993.
[33] 王双科，邓背阶主编. 家具涂料与涂饰工艺. 北京：中国林业出版社，2004.
[34] 叶汉慈主编. 木用涂料与涂装工. 北京：化学工业出版社，2008.
[35] Mutzenburg A B. Agitated Thin-Film Evaporators：part 1，thin-film technology. Chemical Engineer，1965，(09) 13：175.
[36] Parker N. Agitated Thin-Film Evaporators：part 2，Equipment and Economics. Chemical Engineer，1965，(09) 13：179.
[37] Fisher R. Agitated Thin-Film Evaporators：part 3，Process Application. Chemical Engineer，1965 (09) 13：186.
[38] 傅明源，孙酣经. 聚氨酯弹性. 北京：化学工业出版社，1999：23-34.
[39] 温晋嵩，曾光明，王庆生，孔淑香等. 作为聚氨酯涂料固化剂的基于二苯基甲烷二异氰酸酯的预聚体及其制备方法. CN 200810029535. 6.
[40] 温晋嵩，曾光明等. 分离聚氨酯加成物中游离单体的薄膜处理设. CN 2878389.
[41] 温晋嵩，曾光明，李林芳. 分离聚氨酯加成物中游离单体的薄膜处理设备. CN 1792404.
[42] 蒋德强. 双组分聚氨酯涂料固化交联的现状与未来. 现代涂料与涂装，1996，(1)
[43] 蒋德强，马想生，赵虎森，丁巍. TDI三聚体的制备与应用. 现代涂料与涂装，1995，(1).
[44] 温特曼特尔 M 等. 基于2,4′-MDI的低黏度聚氨酯预聚物. CN 1724576. 2006-01-25.
[45] 斯莱克 W E. 脲基甲酸酯改性的稳定液体二苯基甲烷二异氰酸酯三聚体及其预聚物和它们的制备方法. CN 1878816. 2006-12-13.
[46] 吴若峰. 涂料树脂物理. 北京：化学工业出版社，2007.
[47] Bolte Gerd，Henke Guenter，Meckel-Jonas Claudia，Jahns Dagmar. Polyurethane prepolymers comprising NCO groups and a low content of monomeric polyisocyanate. US 6903167. 2005-06-07.
[48] Bruchmann Bernd，Renz Hans，Mohrhardt Gunter. One-component and two-component polyurethane coating compositions. US 5744569. 1998-04-28.
[49] Bernard Jean-Marie，Dallemer Frederic，Revelant Denis. Method for obtaining slightly colored branched polyisocyanate (s)，and the resulting composition. US 6642382. 2003-11-04.
[50] Rosenberg Ronald Owen，Singh Ajaib，Maupin Christopher James，Lombardo Brian Scott. Removal of unreacted diisocyanate monomer from polyurethane prepolymers. US 5703193. 1997-12-30.

［51］ Tong Jiangdong，Sengupta Ashok. Process for reducing residual isocyanate. US 6664414. 2003-12-16.

［52］ Marans Nelson Samuel，Gluecksmann Alfred. Removal of unreacted tolylene diisocyanate from urethane prepolymers. US 4061662. 1977-12-06.

［53］ Marans Nelson Samuel，Gluecksmann Alfred. Removal of unreacted tolylene diisocyanate from urethane prepolymers. US 4169175. 1979-09-25.

［54］ Ulrich Meier-Westhues. Polyurethanes：Coatings，Adhesives and Sealants. Hanoverian：Vincentz Network，2008.

［55］ WO 97/31960（1996）Rhodia Chimie

［56］ EP 486881—1990

［57］ EP 206059—1985

［58］ EP 540985—1991

［59］ EP 959087—1998

［60］ WO 01/88006（2000）Bayer AG

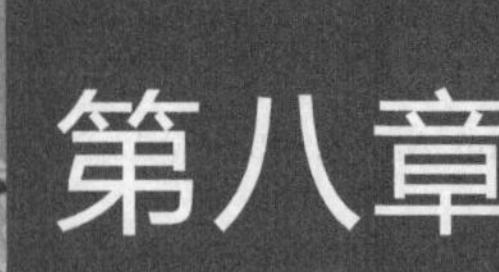

第八章

粉末涂料

粉末涂料的含义不仅在于粉末涂料的产品为粉末状态的，即使在涂装过程也是以粉末状态来使用的，只有在烘烤成膜时它才有一个熔融形成液态的过程。粉末涂料是没有挥发分的，成膜物为100%的涂料，理论上产品的利用率近乎100%；由于没有液态介质的挥发，没有环境污染，具有良好的生态环保性（ecology）；粉末涂料一次性就可形成较厚的涂层，涂覆简便，易进行流水线作业，成膜过程可控制在十几分钟以内，因而成膜效率非常地高，具有极高的生产效率（efficiency）；粉末涂料的力学性能和抗化学腐蚀性能优异，具有优异的涂膜性能（excellency）；粉末涂料的使用能够节约能源，节约资源，利用率可达99%，使用安全，具有突出的经济性（economy）；因此，人们称粉末涂料是具有“四E”性的涂料。

粉末涂料的发展始于20世纪50年代初期，由前联邦德国克纳萨克·格里塞恩公司于1952年发明了乙烯类树脂（PVC）的热塑性粉末涂料。随后聚乙烯（PE）、尼龙等热塑性粉末涂料相继问世。20世纪50年代后期，壳牌化学公司第一个研发出了热固性环氧粉末涂料，但由于分散均匀程度过差，性能并不理想。直到1962年，壳牌化学公司在英国和荷兰的实验室开发了挤出工艺，从而改善了其分散均匀性差的问题，该工艺沿用至今，依然是粉末涂料的最主要的生产工艺。早期的粉末涂料涂装是使用流化床装置，先将被涂工件预热，热工件在流化床中将雾化的粉末粒子熔结黏附于表面形成一定厚度的黏附层，再经烘烤熔融流平，形成连续的涂膜。1962年，第一台用于有机粉末涂料的静电涂装设备在法国诞生，这一发明对于高装饰性的热固性粉末涂料的使用和发展起到了关键作用，使得粉末涂料的涂层达到了“薄涂”的目的，而且涂层更加均匀。不仅如此，这一发明还给今后的美术型粉末涂料品种的开发和使用奠定了基础。

由于环氧树脂/双氰胺体系的粉末涂料涂层受紫外光辐射的影响，涂层在日光照射下很快粉化被破坏，加之其抗黄变性能较差，因而该体系粉末涂料只能用于户内，且在黄变性能要求不高的产品上使用。为克服以上问题，1970年荷兰的Scado BV公司和比利时的UCB公司相继开发了三聚氰胺/聚酯体系的粉末涂料，与此同时Hüneke也发布了环氧和聚酯混合型树脂体系的粉末涂料的研究成果。而真正具有实际意义的技术突破是1971年荷兰的Scado BV公司开发的使用端羧基聚酯树脂与双酚A型环氧树脂共混融的体系（混合型）和羧基聚酯与异氰脲酸三缩水甘油酯（TGIC）体系（纯聚酯型）的粉末涂料，这两种粉末涂料体系不仅克服了环氧树脂/双氰胺体系的不耐黄变和装饰性效果较差的问题，而且羧基聚酯/TGIC体系优异的户外耐久性使之成为最重要的户外使用的粉末涂料产品。时至今日，这两种体系的粉末涂料依然占有最重要的地位。同一时期，德国的Bayer公司和BASF公司开发了热固性丙烯酸树脂体系的粉末涂料，虽然在欧洲没能形成销售市场，但在日本得到了很好的发展和应用。20世纪80年代，羟基聚酯树脂/异氰酸酯体系的粉末涂料在美国和日本市场形成了相应的规模。

我国是在70年代开始进行粉末涂料研发工作，发展较为缓慢，80年代是我国家用电器大发展的时期，在这一庞大的粉末涂料应用市场的激发下，于80年代后期国内通过引进外资、进口较先进的粉末涂料生产设备和应用设备，国内的粉末涂料开始进入规模化的发展。与此同时粉末涂料所使用的羧基聚酯也在进行国产化的发展，在这一阶段粉末涂料助剂（流平剂、TGIC固化剂等）也开始了工业化的发展。进入90年代后，我国的粉末涂料进入了高速发展的阶段，特别是在90年代后期，无论是粉末涂料的生产和使用方面，还是粉末涂料的原材料、生产设备以及粉末涂料的涂装设备方面的质量和技术日趋成熟，工业规模也迅速扩大。即使进入21世纪后国内的粉末涂料产量依然保持较快速度的增长，已成为全球最大的粉末涂料生产国。从国内的粉末涂料品种结构来看，环氧树脂/聚酯树脂混合型占53%，聚酯树脂/TGIC型占23%，聚酯树脂/羟烷基酰胺型占4%，纯环氧型占19%，其他体系为1%。

国内具有自主知识产权的粉末涂料和涂装技术非常少。虽然目前我国粉末涂料的产量居世界第一，然而产品质量和技术水平却不高。随着我国经济和科技水平的发展以及对环境保护要求的提高，粉末涂料的使用范围也会越加宽广，粉末涂料将向着低能耗、高性能、高附加值方向发展。

1. 粉末涂料的分类

由于粉末涂料出现的时间和它的形态及使用时的特殊性，实际上它已是十八大类涂料以外的又一个特殊的类别了。粉末涂料以其主要成膜物的性质再分成热塑型和热固型两类；或以主要成膜物的种类分成聚乙烯型、环氧型、环氧聚酯混合型、聚酯型、聚氨酯型、丙烯酸型等；或以涂膜使用环境分为户内型、户外型等；或以涂膜外观分为消光型、高光型、美术型等。这些分类方法主要是在不同的情况下强调产品的性能和用途。粉末涂料的生产厂家一般还是以成膜物的种类分类，以方便产品的命名和管理。

2. 热塑性树脂和热固性树脂的意义和特性

以热塑性树脂为主要成膜物的粉末涂料是热塑性粉末涂料；以热固性树脂为主要成膜物的粉末涂料是热固性粉末涂料，如图3-8-1所示。

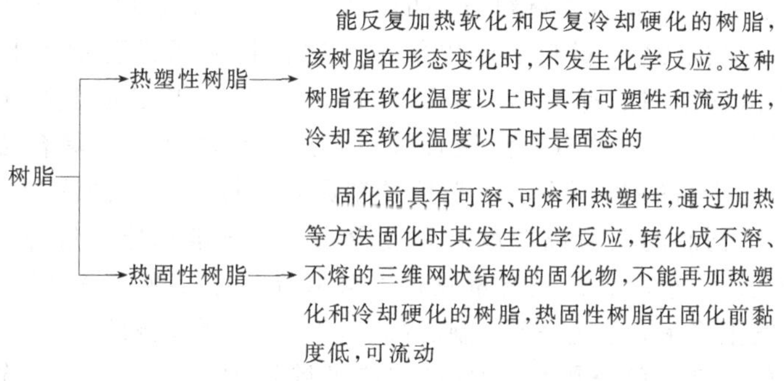

图3-8-1 热塑性树脂和热固性树脂

第一节 热塑性粉末涂料

以热塑性树脂（准确名称应称为聚合物，人们习惯称为树脂）为主要成膜物的粉末涂料称为热塑性粉末涂料。热塑性树脂具有加热熔化、冷却变硬（这一过程可重复进行）的特性，人们就是利用其这一特性来生产粉末涂料并使之成膜的。从理论上来讲，只要是玻璃化温度（指树脂由玻璃态向黏弹态转化时的温度，用 T_g 表示）高于涂膜使用环境温度一定程度的热塑性树脂都可用于粉末涂料。然而由于粉末涂料加工工艺条件和成膜条件的限制，以及对涂膜性能的要求，对树脂的选用还是有相应要求的。对于热塑性粉末涂料来说，成膜树脂的分子量足够大和有一定高的结晶度时才能保证涂膜具有一定的机械强度，如此一来却给粉末涂料的生产和涂膜性能带来了一些缺点，如熔融温度高、颜料添加量小、着色力低、耐溶剂性差以及和金属的附着力差而必须使用底漆等。然而热塑性粉末涂料的制作和使用方法比较简单，成膜过程不涉及复杂的固化机理。有些产品的特殊性能，如聚氯乙烯产品具有柔润的手感和性价比、聚偏二氟乙烯产品的重防腐性和超耐候性、尼龙（聚酰胺）产品的耐磨性等，而使得一些产品在目前依然得到了很好的应用。

一、乙烯基类粉末涂料

1. 聚氯乙烯（PVC）粉末涂料

聚氯乙烯粉末涂料的主要成膜物是聚氯乙烯树脂，它的结构式为 $\text{-(}CH_2\text{—}CHCl\text{)-}_n$ ，是由氯乙烯单体（VCM）通过自由基聚合而成的高分子化合物，是含有少量不完整晶体的无定形聚合物。常规商品 PVC 的玻璃化温度为 80～85℃，无定形态密度（25℃）为 1.385g/cm^3，晶体密度（25℃）为 1.52g/cm^3。生产的 PVC 分子量一般在 5 万～12 万，具有较大的多分散性，分子量随聚合温度的降低而增加，无固定熔点，80～85℃开始软化，130℃变为黏弹态，160～180℃开始转变为黏流态。有较好的力学性能，拉伸强度 60MPa 左右，冲击强度 5～10kJ/m^2。有优异的介电性能。PVC 支化度较小，但对光和热的稳定性差，在 100℃以上或经长时间阳光曝晒，就会分解而产生氯化氢，并进一步自动催化分解，引起变色，物理力学性能也迅速下降，在实际应用中必须加入稳定剂以提高对热和光的稳定性。PVC 材料在实际使用中经常加入稳定剂、润滑剂、辅助加工剂、色料、抗冲击剂及其他添加剂。PVC 材料具有不易燃性、高强度、耐气候变化性以及优良的几何稳定性。PVC 对氧化剂、还原剂和强酸都有很强的抵抗力。然而它能够被浓氧化酸如浓硫酸、浓硝酸所腐蚀并且也不适用与芳香烃、氯化烃接触的场合。PVC 在加工时熔化温度是一个非常重要的工艺参数，如果此参数不当将导致材料分解的问题。PVC 的流动特性相当差，其工艺范围很窄。特别是大分子量的 PVC 材料更难以加工（这种材料通常要加入润滑剂改善流动特性），因此通常粉末涂料使用的都是小分子量的 PVC 材料。PVC 的收缩率相当低，一般为 0.2%～0.6%。PVC 的生产方法有悬浮聚合法、乳液聚合法和本体聚合法等，以悬浮聚合法为主，约占 PVC 总产量的 80%左右。单体的来源：乙烯法、石油法和电石法（我国的方法主要还是电石法）。树脂的质量以粒度和粒度分布、分子量和分子量分布、表观密度、孔隙度、鱼眼、热稳定性、色泽、杂质含量及粉末自由流动性等性能来表征。PVC 对光、氧、热都不好，很容易发生降解，引起 PVC 制品颜色的变化，变化顺序为：白色→粉红色→淡黄色→褐色→红棕色→红黑色→黑色。PVC 树脂的脆性比较大，在粉末涂料生产时必须加入增塑剂以降低其脆性，从而改善涂膜的柔韧性和耐冲击性能。但同时也降低了涂膜的拉伸强度、模量和硬度。通过仔细选择增塑剂的种类和用量可以使硬度和柔韧度之间达到一个平衡点。增塑剂加量超过一定值时，将会影响粉末贮存的稳定性。增塑剂的种类有邻苯二甲酸酯类、磷酸酯类、脂肪族二元酸酯类、液态聚合物或低聚物和多元醇酯类等。增塑剂的选用要求具有与树脂高的相容性、低的挥发性、小的迁移性和油水抽出性，并能耐高低温、耐燃、无毒又价廉，往往单独使用一种增塑剂不能完全满足上述要求，所以在选用品种时要注意，有时可考虑两种增塑剂并用。PVC 粉末涂料通常使用邻苯二甲酸二辛酯、邻苯二甲酸

二异辛酯或链长在 C_{15}～C_{25} 的氯化石蜡作增塑剂。一般来说，分子量较小的增塑剂迁移性和渗性较强，对粉末涂料贮存稳定性的影响也较大；分子量较大的增塑剂增塑效率不太高，耐低温性相对较差。

由于 PVC 热稳定性差，它在空气下 100℃时就开始有轻微降解，150℃时则降解加剧，放出能起进一步催化降解作用的氯化氢。如果不抑制氯化氢的产生则继续降解，直到聚氯乙烯大分子被裂解成各种小分子为止，因此对聚氯乙烯树脂来说必须添加适当的热稳定剂。热稳定剂按化学结构可分为碱式铅盐、金属皂类、有机锡、复合稳定剂等主稳定剂和环氧化物、亚磷酸酯等副稳定剂，主副稳定剂之间配合使用常能起到协同作用，通常在每百份树脂中加 4～5 份热稳定剂。无机铅盐稳定剂是最早的 PVC 有效热稳定剂，至今仍占重要地位，它们有廉价和有效的优点。但它又有硫污（与硫生成黑色 PbS）、毒性的缺点。有机锡则有非硫污和制品透明的优点，硫醇锡对 PVC 有很高的稳定效果。钡/镉和钡/镉/锌复合稳定剂是当前重要的一类稳定剂，它们具有协同效应。所谓协同效应是指两种热稳定剂配合使用时的热稳定效果明显地大于各自单独使用时所能得到效果的总和。

在 PVC 粉末涂料的配方中经常添加润滑剂，它们不仅影响粉末涂料的加工行为而且还影响产品的性能。润滑剂的首要作用是提高被加工体系的熔融流动性，其次是在粉末涂料生产过程中降低物料与设备的摩擦，促进材料在挤出机中的输送。润滑剂分为内润滑剂和外润滑剂，内润滑剂一般是带有极性基的小分子有机化合物，它们能与 PVC 分子较好地相容，这些小分子能够均匀地分布于 PVC 分子结构单元之间，从而使得 PVC 分子间的移动更加容易，提高 PVC 物料的流动性，减小物料在摩擦和剪切时所产生的热量，消除融体温度的波动。内润滑剂有长链的脂肪酸、硬脂酸钙、烷基化脂肪酸和长链的烷基胺等。外润滑剂通常是无极性或者极性较低的有机化合物，熔点在 60～95℃。其特点是烃链长，与 PVC 的相容性差。外润滑剂在一定温度和压力作用下融化并向熔体表面析出，并在融体与金属之间形成一种界膜，该界膜可以降低融熔物料对挤出设备的黏附力。外润滑剂有脂肪酸酯、合成蜡和低分子量聚乙烯等。还有一些物质具有内润滑剂和外润滑剂共同的作用，它们一般是含有极性基团、分子量相对较大的高级脂肪酸的衍生物，如某些高级脂肪醇等。外润滑的用量一般控制在 PVC 量的 0.8%～1.5%（包括稳定剂中的金属皂类）。外润滑用量过多会延长物料的塑化进程，降低生产效率；用量太少，易使涂膜发脆。内部润滑剂的选择使用应根据其他助剂以及挤出设备的具体情况灵活掌握，其加入量应少于外部润滑剂。

PVC 粉末涂料配方要根据其应用技术要求，即外观、颜色、物理、化学性能来设计。一般要求 PVC 分子量在 10000～20000，分子量太大，涂装工件预热温度就高，稳定剂的要求就高，选择合适稳定剂，是 PVC 粉末涂料生产的关键。

基本配比如下（质量份）：

组分	质量份	组分	质量份
聚氯乙烯	1000	抗氧剂	3～4
增塑剂	350～450	颜料、填料	100～300
热稳定剂	30～50		

早期 PVC 粉末涂料的生产就是简单的物料混合过筛即可，这种方法虽然简单、设备投资少，但形成的涂膜效果不理想。随后采用的熔融挤出后再磨粉的方法现在依然在采用。由于 PVC 颗粒很难粉碎，常温粉碎难以达到较小的粒径，生产效率也不高，而目前所采用的深冷磨粉工艺很好地解决了这一问题。PVC 粉末涂料基本生产过程如图 3-8-2 所示。

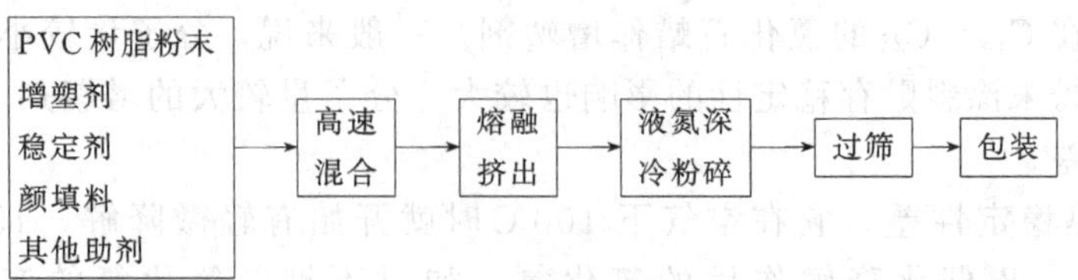

图 3-8-2 PVC 粉末涂料基本生产过程

目前，PVC 粉末涂料应用范围已不再那么广泛，然而它的好的耐腐蚀性和耐洗涤性、减噪性、耐低温性、柔滑的手感、良好的介电性等，使得该产品依然有相应的市场，如洗碗机、冰箱网架、汽车内饰及手柄、安全带扣、金属丝架和金属网、金属家具以及电气和电子工业等方面。

2. 聚偏二氟乙烯（PVDF）粉末涂料

PVDF 是透明或是半透明的结晶性聚合物，结晶度 68%左右，氟含量 59%，分子量 25 万～100 万。PVDF 涂膜抗冲击强度高、耐磨耗、耐蠕变、韧性好，表面摩擦力很低、不结冰、对流体吸收非常弱，具有较高的耐热性，不燃性，长期使用温度为－40～150℃，具有突出的耐气候老化性、耐臭氧、耐辐照、耐紫外光，且介电性能优异。耐腐蚀性能优良，室温下不被酸、碱、强氧化剂、卤素所腐蚀。

PVDF 是由偏二氟乙烯的自由基聚合反应得到的，用过氧化物作为引发剂，或者是和齐格勒-纳塔（Ziegler-Natta）催化剂一起使用。不同的专利描述了多种偏二氟乙烯聚合的方法，包括乳液聚合、悬浮聚合和溶液聚合法。聚偏二氟乙烯是重复单元结构为 $—CH_2—CF_2—$、有规则的头尾衔接结构 $\left[CF_2—CH_2\right]_n$ 的高分子聚合物，氢原子和氟原子在空间上是相互对称的，这使聚合物分子之间的交联力得到加强。聚偏二氟乙烯是一种熔点在 158～197℃的结晶聚合物，它存在两种不同的晶体结构：一种是所谓的 α-型，具有螺旋形构造；另一种是具有平面锯齿构造的 β-型。聚偏二氟乙烯的多晶型现象是其具有相当宽的熔点范围，而且熔点难以准确定义的原因。相对较高的熔点使聚偏二氟乙烯可以持久地应用在从－40～150℃这个相对较宽的温度范围之内，这个温度范围和聚偏二氟乙烯的玻璃化温度和熔点的最低限相符合。

聚偏二氟乙烯的特点是具有好的力学和冲击性能，以及非常好的耐磨性能与优秀的柔韧性和硬度相结合，它可以抵抗大多数腐蚀性化学品，如酸、碱、强氧化剂等的侵袭，同时它也不溶于涂料工业中常用的溶剂。一些高极性的溶剂只能临时软化聚偏二氟乙烯涂膜的表面，能够破坏聚偏二氟乙烯涂膜的仅有的化学品是发烟硫酸和强溶剂 N,N-二甲基乙酰胺。聚偏二氟乙烯符合美国食品药物管理局（FDA）的要求，可以作为应用于食品加工工业的材料以及获准与食品相接触。

聚偏二氟乙烯粉末涂料曾经被认为是具有异常性质的材料，这些性质包括低摩擦和磨损、憎水和憎油性、极好的室外耐候性、优秀的柔韧性、抗腐蚀和粉化、抗化学品和抗富含 SO_2 的强腐蚀性的工业气体，由于极低的吸附污染的性质，聚偏二氟乙烯涂膜很容易保持清洁。聚偏二氟乙烯的这些特殊的性质是由于 F—C 键之间只有很小的极化现象，这也是以聚偏二氟乙烯为基料的涂层具有低表面能的原因。F—C 键的非常高的键能（477kJ/mol）使聚偏二氟乙烯具有额外的耐候性。聚偏二氟乙烯能够单独作为基料制造粉末涂料，特别是对耐候性有特殊要求的情况下，但在实际应用中并不完全这样，主要的原因包括薄涂时由于聚偏二氟乙烯的高黏度而导致针孔、对金属相当差的附着力和相对较高的价格。

为了改善聚偏二氟乙烯的熔融流动性、对金属的附着力和涂膜的美观，通常将丙烯酸树脂加入到PVDF中。PVDF基料中经常加入30%的丙烯酸树脂，更高的丙烯酸树脂含量将使涂膜的耐候性降低，尽管如此涂膜的性能仍然优于到目前为止所知的其他人造的有机涂料材料。

聚偏二氟乙烯粉末涂料的光泽较低，在30%±5%的范围之内（60°），这也许是聚偏二氟乙烯粉末涂料在应用范围中用于装饰目的受到限制的原因。

PVDF粉末涂料的生产过程和其他粉末涂料没有什么不同，这个过程包括用单或双螺杆挤出机将预混合树脂和颜料的挤出，随后是造粒和粒子的干燥，下一步是冷冻粉碎和过筛以获得50μm以下的颗粒。

PVDF非常低的表面能使涂膜具有低污染性，但同时也是导致对底材附着力差的原因。一般来说这是热塑性粉末涂料的共同缺点，但对于PVDF来说显得尤为突出。像前面提到的那样，PVDF和丙烯酸树脂的混合物能够改善附着力，但即使这种情况下，将PVDF粉末涂料直接用于金属底材也是不可取的。为了获得好的附着力，PVDF粉末涂料使用了一种环氧底漆。也有在聚氨酯底漆上涂覆PVDF粉末的报道。

1974年的一份美国专利介绍了一种克服附着力差的问题的方法。这种方法使用了PVDF的体系的两层涂膜。第一层底漆是这样生产的：将粒径范围在60～200目的PVDF颗粒和150～325目的硅石粉（±）物理混合。通过暴露在100℃的水汽中测量涂膜的附着力，将涂膜产生水泡的时间作为评价体系附着力性质的相关参数，时间范围为7～480h，分别对应于不含硅石粉（±）的底漆和PVDF/硅石的比率为100/40或更高的底漆。对另一种用同样粒度的石墨代替硅石的底漆的试验得到了同样的结果。

尽管用PVDF作为基料涂覆的卷材涂层通常给出20年的质量保证，但对于含有30%丙烯酸树脂的PVDF粉末涂料，给出的是10年内最大失光率为最初光泽的50%的质量保证。

PVDF粉末涂料在建筑方面的应用主要是用在有纪念意义类型的建筑上，建筑屋顶的方格、墙壁的包覆层、突出的铝材的门窗框架等部分的表面是其主要的应用场所。

粉末涂料用聚偏氟乙烯的特性黏度在0.6～1.2dL/g是比较理想的。如果大于1.2dL/g时熔融性差，小于0.6dL/g时涂膜强度下降。

此材料价格较贵，但是由于易于涂覆和耐化学药品性好，所以经济上还是可行的。主要用于化工耐蚀衬里等的涂覆。

PVDF粉末涂料涂层的施工，作为极端化学耐蚀涂膜，推荐用两层系统。这样可消除PVDF的收缩问题（即由于它的惰性而难以像其他聚合物一样与底材附着），其热膨胀系数大约是钢铁的十倍（12×10^{-5}℃$^{-1}$）。第一层一般是由PVDF、填充剂、颜料和黏合剂配成。这个涂层对钢铁附着很好，还能使由于热膨胀造成的最大应力点，从聚合物/钢分界面移至聚合物深层内，从而可以被弥散而松弛下来。第二层是纯PVDF，能给出最大的化学耐蚀性。这样在化学耐蚀性和附着性方面是无比优越的。在某些情况下可用单一层，可以是底层或面层之一，如对化学耐蚀性要求不高的地方或是很坚硬而热循环小的基体。

二、聚烯烃粉末涂料

聚烯烃（polyolefin，PO）是烯烃的均聚物和共聚物的总称，主要包括聚乙烯、聚丙烯和聚1-丁烯及其他烯烃类聚合物。用于粉末涂料的聚烯烃主要是聚乙烯和聚丙烯。作为没有极性、高分子量的结晶聚合物，聚烯烃以C—C链为骨架，它们在韧性、耐化学和溶剂性方面有着独一无二的平衡。非常明显，以这类材料为基料的保护性涂层极具吸引力。然而它们不溶于涂料工业中常用的溶剂的性质使它们只能用于粉末涂料中。事实上，在20世纪50年代初期出现的、以流化床施工的粉末涂料中，其中之一便是聚乙烯粉末涂料。

用液氮冷却或酒精浸泡可以使聚乙烯和聚丙烯脆性增强，一些技术正是基于这一点来获得更细的粉末。另外一些聚合过程生产的聚乙烯直接是很细的粉末，但高压聚乙烯是一种固体树脂而必须磨碎制造粉末。

作为一种惰性材料，聚烯烃对金属或其他底材的附着力差。因此在成功使用聚乙烯和聚丙烯粉末涂料之前，底材表面必须涂一层底漆或者在粉末涂料中加入附着力促进剂来改善附着力。人们发明了丙烯酸共聚体的聚合物，这类聚合物与聚烯烃特别是聚丙烯混合的时候，能过获得具有很好的附着力的一层涂膜。这些聚合物呈小颗粒状，颗粒大小在适合粉末涂料的粒子尺寸范围之内，密度和聚丙烯相似，使用时可以简单地用跟斗混合机与聚丙烯粉末涂料混合。对有色体系，15%的添加量就可以使树脂与大多数底材有很好的附着力。透明丙烯涂料只需 5%～10%的添加量就可以得到满意的效果。为了改善聚烯烃的附着力，人们对聚烯烃作了大量的改性研究。有些情况下，这个过程是将聚乙烯或聚丙烯与含有羧酸基团的附着力改性剂的简单混合过程。

聚乙烯和聚丙烯粉末涂料以耐溶剂性好而著称。因此聚乙烯和聚丙烯粉末涂料一个非常重要的用途是用在化学容器、管道和运输不同化学物质及溶剂的管线上。

1. 聚乙烯粉末涂料

聚乙烯是最结构简单的高分子聚合物，也是应用最广泛的高分子材料，它是由重复的—CH_2—单元连接而成的。聚乙烯通过乙烯 $CH_2=CH_2$ 加聚而成。聚乙烯的性能取决于它的聚合方式。几乎在常温常压下，在有机化金属化合物四氯化钛-三乙基铝［$TiCl_4$-$Al(C_2H_5)_3$］催化条件下进行 Ziegler-Natta 聚合而成的是高密度聚乙烯（HDPE）。这种条件下聚合的聚乙烯分子是线型的，所得聚乙烯具有立体规整性好、密度高、结晶度高等特点。如果是在高压力（1000～2000atm，1atm＝101325Pa）、高温（190～210℃）、过氧化物催化条件下自由基聚合，生产出的则是低密度聚乙烯（LDPE），低密度聚乙烯由于在反应过程中的链转移反应，在分子链上生出许多支链。这些支链妨碍了分子链的整齐排布，因此结晶度、密度较低，而且分子量分布宽。高密度聚乙烯质地硬，而低密度聚乙烯相对软一些。此外，还有一种中压聚合法，即用负载于硅胶上的铬系催化剂，在环管反应器中，使乙烯在中压下聚合，生产高密度聚乙烯。各种聚乙烯的性能见表 3-8-1。

表 3-8-1 各种聚乙烯的性能

性 能	高压工艺	中压工艺	Ziegler 工艺
结晶度/%	65	95	85
相对刚性	1	4	3
软化温度/℃	104	127	124
拉伸强度/MPa	13.79	37.92	24.13
伸长率/%	500	20	100
相对冲击强度	10	3	4
密度/(g/cm³)	0.92	0.96	0.95

聚乙烯具有优良的力学性能、绝缘性、耐寒性、化学稳定性、吸水性和透气性低，无毒。聚乙烯抗多种有机溶剂，抗多种酸、碱腐蚀，但是不抗氧化性酸，例如硝酸。在氧化性环境中聚乙烯会被氧化。然而，不同方法生产的聚乙烯树脂在分子量分布、支链的数量和长度以及结晶度等方面的不同而使得各种聚乙烯的性质有所不同，也造成了对应所制造的粉末涂料产品的性能和用途有所不同。这类树脂的结晶点可看做是树脂的交联点，因此，结晶度高的聚乙烯树脂所制成的粉末涂料有较高的刚性、硬度和机械强度以及耐化学腐蚀性能等。

相反，结晶度低的聚乙烯树脂这方面的性能都有所下降，软化点和熔融温度也相对较低，而透明性较好。表 3-8-2 是不同的聚乙烯树脂制成的粉末涂料涂膜的性能（结晶度越高密度越高，结晶度越低密度越低）。

表 3-8-2　应用在粉末涂料方面的不同类型聚乙烯的性能

性　　能	低密度	中密度	高密度
耐酸性	好	非常好	非常好
耐含氧酸性	侵蚀	缓慢侵蚀	缓慢侵蚀
耐碱性	好	非常好	非常好
耐有机溶剂性	好	好	好
耐溶剂	低于 60℃	低于 60℃	低于 80℃
透明性	透明	透明	不透明
晶体熔点/℃	108～126	126～135	126～136
耐热(连续使用)/℃	82～100	104～121	121
密度/(g/cm³)	0.910～0.925	0.926～0.940	0.941～0.965
伸长率/%	90～800	50～600	15～100

聚乙烯树脂有较高的结晶度和内聚力，因而聚乙烯粉末涂料对底材的附着力差。在使用聚乙烯粉末涂料前必须对底材预涂底漆（一般为热固性底漆）或在聚乙烯粉末涂料制作时加入附着力促进剂，如含羧基的丙烯酸共聚物等。

2. 聚丙烯粉末涂料

聚丙烯所具有的许多优良性质使其成为制造粉末涂料的有多方面用途的材料，其涂层优良的表面硬度能够耐划伤和摩擦，本质上不受大多数化学品的影响，有着杰出的耐溶剂性。在常温下和聚乙烯相比较，聚丙烯的脆性稍大一点，这是由于后者比前者玻璃化温度相对较高（高 25～35℃）所引起的，而玻璃化温度则取决于结晶程度。

根据聚丙烯分子链的立体结构，可将其分为三种类型。

(1) 无规聚丙烯，其结构无序，它是通过阳离子聚合而成的无定形、软而发黏的树脂。而通过阴离子聚合的聚丙烯有全同结构和间同结构两种结构类型，如图 3-8-3 所示。

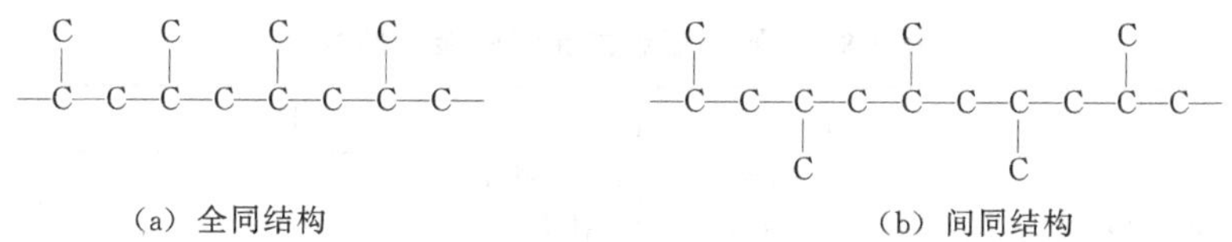

(a) 全同结构　　(b) 间同结构

图 3-8-3　阴离子聚合的聚丙烯结构

(2) 全同结构聚丙烯和间同结构聚丙烯的有序结构使其结晶度大为提高，结果是聚丙烯的机械强度提高、耐溶剂性和耐化学性增强。

(3) 阴离子聚合得到的主要是全同结构聚丙烯，它是工业化生产的最轻的塑料之一，密度只有 0.9g/cm³。工业级的等规聚丙烯的熔点范围为 165～170℃，而 100%的全同结构聚丙烯的熔点为 183℃。

工业级产品的脆性和耐冲击性可以通过与其他烯烃的共聚而得到显著改善。市场上相当数量的聚丙烯含有 2%～5%的乙烯，结果是使聚合物的柔韧性、耐冲击性和透明度增强，同时使熔点稍微降低。

聚丙烯树脂是结晶型聚合物，没有极性，具有韧性强、耐化学药品和耐溶剂性能好的特点。国产树脂的企业标准见表 3-8-3。

表 3-8-3 粉末用聚丙烯树脂的企业标准

项 目		PP4018	PP5004	PP5028
熔融指数/(g/10min)		10.1～16.05	2.5～4.0	7.0～10.0
己烷可提取率/%	≤	2	2	2.5
拉伸屈服强度/MPa				
一级品	≥	30	30	30
二级品	≥	28	28	28
颗粒总灰分量/(mg/kg)				
一级品	≤	500	500	500
二级品	≤	600	600	600
污染度/(斑点/25g)				
一级品	≤	10	10	10
二级品	≤	10	15	15

聚丙烯不活泼，几乎不附着在金属或其他底材上面。因此，用作保护涂层时，必须解决附着力问题。如果添加极性强、附着力好的树脂等特殊改性剂时，对附着力有明显改进。聚丙烯涂膜附着力和温度之间的关系表是随着温度的升高，涂膜附着力将相应下降。聚丙烯和丙烯酸的接枝共聚物（聚丙烯占共聚物 75%～98%）是一种良好的聚丙烯粉末涂料。

表 3-8-4 聚丙烯粉末涂料（T-03）性能

项 目	性能指标
外观	色泽基本一致,松散,无结块
粒度	74～180μm,筛余物≤4%
熔体流动速率	5～16g/10min,230℃,负荷 21600g
熔融温度下挥发分含量/%	≤0.7(熔融温度 160℃±2℃)
固化条件	200℃±5℃,塑化 30～60min
固化条件	静电喷涂(或流化床)→预塑化[(200±5)℃/5～10min]→第二次静电喷涂(或流化床)→塑化[(200±5)℃/30～60min]→冷水冷却

表 3-8-5 聚丙烯粉末涂料的涂膜性能

项 目	性 能	项 目	性 能
60°光泽	55%	耐 1%盐水	很好
冲击强度(Gardner 法)/N·cm	843.3	耐盐雾	很好
硬度(Sward 法)	22	耐稀硫酸	很好
耐磨性(ASTM D963-31)	70L/25.4μm	耐浓硫酸	好
锥形挠曲试验	合格	耐稀盐酸	很好
电绝缘性	1440V/25.4μm	耐浓盐酸	好
介电常数	2.4～2.42	耐稀、浓醋酸	很好
耐 100%RH	很好	耐稀、浓氢氧化钠	很好
耐沸水	好	耐稀、浓氨水	很好
连续使用最高温度/℃	60	耐汽油	很好
间断使用最高温度/℃	80	耐烃类	良好
最低使用温度/℃	−10～−30	耐酯、酮	差
拉伸强度/MPa	14.7～24.5	耐稀酸(10%)	很好
伸长率/%	200～400	耐稀碱(10%)	很好
邵氏硬度	30～55	毒性	低毒
铅笔硬度	5B		

聚丙烯结晶体熔点为167℃，在190～232℃热熔融附着，用任意方法都可以涂装。一般用流化床涂覆，被涂物在250～390℃预热，涂装后的熔融烘烤温度为180～250℃，最大涂膜厚度可达375μm。静电喷涂法涂装，其涂膜厚为170～200μm，熔融烘烤温度为180～250℃。为了得到最合适的附着力、冲击强度、光泽和柔韧性，应在热熔融附着以后立即迅速冷却。聚丙烯是结晶聚合物，结晶的大小取决于从熔融状态冷却的速率，冷却速率越快，结晶越小，表面缺陷少，可能得到细腻而柔韧的表面。聚丙烯粉末的稳定好，在稍高温度下贮存时，也不发生胶化或结块的倾向。聚丙烯可以得到水一样透明涂膜。其涂料性能、涂膜的物理力学性能和耐化学药品性能见表3-8-4和表3-8-5。聚丙烯涂膜的耐化学药品性能比较好，但不能耐硝酸那样的强氧化性酸。

虽然聚丙烯不适用于装饰，但加入一些颜料和稳定剂以后，保光性和其他性能会同时有所改进。一般情况下，涂膜曝晒6个月后，保光率只有27%，然而添加紫外线稳定剂后，涂膜保光率可达70%。聚丙烯粉末涂料主要用于家用电器部件和化工厂的耐腐蚀衬里等。聚丙烯粉末国内很少有厂家生产。

三、尼龙粉末涂料

尼龙是在二胺与二酸或氨基酸本身缩聚反应形成的聚合物，因此又称之为聚酰胺。由于结构的规则性，大多数商业类型的聚酰胺是晶体材料，有着相对精确的熔点。与脂肪族的晶体型聚酯相比，聚酰胺的熔融温度要高得多，这是由于酰氨基是强极性基团以及聚合物内部存在氢键的结果。和预想的一样，聚酰胺的熔点随酰胺基团的含量增加而升高。低熔点的聚酰胺被优先选择来制造粉末涂料，尼龙-11的熔点相对较低（185℃），和尼龙-12（熔点178℃）一起，在广泛的聚酰胺品种中这两种聚酰胺被用作粉末涂料的基料。尽管尼龙-6、尼龙-66和尼龙-610容易得到和价格相对低廉，但由于它们的熔点分别为215℃、250℃和210℃，并没有被粉末涂料生产者所接受。

尼龙-11是氨基十一酸自缩聚的产物，尼龙-12是由12-内酰胺的自聚反应获得的。尼龙-11和尼龙-12两者在常用的有机溶剂中都几乎不溶解，但即使在室温下也很容易受到苯酚、蚁酸、无机酸以及类似的化合物的腐蚀。在较高的温度下，它们可溶于乙醇和卤代烃的混合溶液、硝基乙醇和氯化甲醇的混合物中。

在室温下，尼龙-11（理化性能见表3-8-6）和尼龙-12有很好的耐水性，即使在沸水中也是如此。它们的耐碱性能相当好，但总体来讲，尼龙在酸介质中的稳定性不是太好。在1956年，欧洲最早出现了尼龙粉末，是以尼龙-11作为基料的。尼龙粉末的一些独特性能使其具有其他粉末无法比拟的优势。这种尼龙粉末的特点是具有非常高的硬度，低温下耐冲击性能仍然突出，非常低的摩擦系数和异乎寻常的抗摩擦性能使尼龙粉末成为减少金属之间摩擦噪声的优良涂层。优异的绝热性能也是尼龙粉末另一个杰出特点。另外尼龙的这些性质大多数在非常宽的工作温度范围内都能保持。尼龙粉末涂料对实践中常用的溶剂都表现出了非常优异的耐性，对低浓度的有机酸、无机盐和碱的耐腐蚀性也相当不错，这也许是由于氨基易于形成强氢键的缘故。尼龙-11潜在的稳定性能使得这种材料不但在户内性能方面，而且在户外应用方面也引人注目，即应用在要求耐候与耐化学、防潮、高冲击性能、抗磨损性、耐用性结合在一起的场所也是如此。目前没有全面的尼龙-11的耐候性数据，尼龙涂层在耐候性方面性能优异，具有十年以上的使用寿命。

流化床法是尼龙粉末涂覆最常用的方法。用流化床一次涂覆的厚度就可以达到200～700μm。根据悬挂工件的传送带的速率和工件的质量，尼龙-11的熔融温度在200～230℃，最常用的温度是220℃。使用静电喷涂法可以得到薄的涂层，正负电极都可以，然而，人们注意到使用正电极在给定的时间内可以沉积更多的粉末。使用电压在 30～70kV 的、其他类型粉末所用的常规喷涂设备，都可以用来喷涂尼龙粉末。用静电喷涂法得到的涂层的厚度通常在 100～150μm。

表 3-8-6　尼龙-11 涂膜理化性能

项　目	性　能	项　目	性　能
熔点/℃	178	耐磨性(Taber's CS-17,1kg,1000 次)/mg	5
密度/(g/cm³)	1.02	埃力克森值/mm	>13
流化床浸涂前预热温度/℃	260～380	弯曲(Gardnerφ6 棒)	合格
流化床浸涂后加热时间	0～5min/200～230℃	光泽(60℃)/%	
静电涂装后加热时间	5～10min/200～230℃	骤冷	84
底漆	需要	慢冷	7
比热容/[J/(g·℃)]	1.17	紫外线照射保光性	很好
热膨胀系数/$\times10^{-5}$℃$^{-1}$	10.4	体积电阻(20℃)/Ω·cm	6×10^{18}
热导率/[W/(m·K)]	0.29	耐盐水喷雾 2000h	很好
连续使用最高温度/℃	100	耐碱性	很好
间断使用最高温度/℃	120	耐汽油	很好
拉伸强度/MPa	44.1～53.9	耐烃类	很好
最低使用温度/℃	−50	耐酯、酮	很好
伸长率/%	250～350	耐稀酸(10%)	很好
邵氏硬度	70～80	耐稀碱(10%)	很好
铅笔硬度	2B～B	毒性	无毒
冲击强度(Du Pont)/N·cm	>490.3		

我国采用尼龙粉末涂料有着较长的历史，1964 年以来在纺织、机械、造船等行业采用火焰喷涂、直接喷涂、流化床涂覆等工艺来涂布尼龙粉末，从而修补磨损的机械零件、机床设备导轨等。近几年来，尼龙粉末涂料引起了各个行业的广泛兴趣和重视，一则尼龙粉末涂料品种有了发展；二则除了火焰喷涂等工件外，尼龙粉末静电喷涂也试验成功，从而尼龙粉末涂料的应用有了较大发展。如植保机械的铝泵体零件，机床设备和仪器设备的导轨，印刷机钢墨辊，农机具和机械零件维修，织布机的轴，货车，医院设备主轴等零件，水力机械抗泥沙磨损用的非金属涂层等的应用，均取得了预期的效果。

尼龙粉末涂料无毒、无气味、无味道和不受真菌侵蚀、不利于细菌繁殖的性质使其成为应用在食品工业中机械部件和管路的涂覆，或者是应用在与食品直接接触部位的涂装。尼龙-11 为基料的粉末涂料获得了所有工业国家应用在饮料和食品方面的许可。

尼龙粉末涂料的另外一个重要的优点是优异的耐冲击性，而且耐冲击性能够在很宽的温度范围内保持不变（从−38～150℃）。在空气中，尼龙粉末涂料可以持续耐 80℃ 的温度；当没有空气存在的情况下，可以在 150℃下持续使用。

尼龙粉末涂料的低摩擦系数、优秀的耐磨性、抗污染性使它们可以应用在汽车轮毂、摩托车框架、建筑项目、行李推车、金属家具、安全装置、运动器材、农用工具等方面上。

阀杆和底座、水泵房、耐油的盘碟、家用洗衣机的内壁、粗的管道等这些物件上用尼龙粉末涂装后具有优异的耐溶剂性以及耐弱碱和清洁剂。

尼龙粉末涂料的另一个用途是做各种器材、工具的把手上。不但尼龙的耐磨和耐涂鸦性是其应用在此类用途上的重要因素，而且它们的低导热性给予把手一种温暖的感觉，这就使得这种材料在工具把手、门把手、方向盘等方面的应用引人注目。

随着尼龙粉末品种增加，尼龙粉末已出现了复合改性的低熔点粉末等新产品，它们的出现，不仅提高了尼龙的附着强度，增加了抗腐蚀性能，而且使尼龙粉末施工出现了低温化的趋向，为节约能源，缩短工时创造了条件，可以看到尼龙粉末涂料的新品种不断出现。

四、热塑性聚酯粉末涂料

热塑性聚酯粉末涂料是热塑性聚酯树脂、颜料、填料和流动控制剂等成分，经熔融混合、冷却、粉碎和分级过筛得到。聚酯树脂由各种二元羧酸、二元醇经缩聚反应而合成。这种粉末涂料可用流化床浸涂法或静电粉末喷涂法施工。但多用于流化床涂覆，以求得较厚的涂膜。涂膜对底材的附着力、涂料的贮存稳定性、涂膜的物理机械性能和耐化学药品性能都比较好，特别具有优良的绝缘性和户外耐候性、韧性、耐久性、耐磨性。典型的树脂和涂膜性能见表 3-8-7。

表 3-8-7 典型的热塑性聚酯树脂和涂膜性能

项　目	性　能	项　目	性　能
树脂密度/(g/cm^3)	1.33	涂膜冲击强度/N·cm	1.09×10^3
树脂软化点/℃	70	涂膜耐候性(户外1年保光率)/%	90～95
60°光泽/%	90～100	涂膜人工老化试验(850h)	很好
涂膜拉伸强度/MPa	53.7	涂膜耐盐雾试验(划伤,1200h)	侵蚀 3mm(侵蚀 6mm 涂膜剥离)
涂膜伸长率/%	2～4		
涂膜耐磨性(Taber,CS-17)/g	0.06	涂膜耐盐雾试验(未划伤,2000h)	无变化
涂膜邵氏硬度	0.83	涂膜浸 10%硫酸、盐酸	一个月无变化
涂膜铅笔硬度	F～H	涂膜浸 25℃水 11 周	无变化

日本用于流化床浸涂的热塑性聚酯粉末涂料和涂膜性能见表 3-8-8，供参考和比较。

表 3-8-8 流化床浸涂粉末和涂膜性能（热塑性聚酯）

试验项目		热塑性聚酯		试验方法
		白　色	黑　色	
底材		钢板(3mm、2mm)	复合线材(ϕ3mm、4mm、5mm)	
前处理		脱脂	脱脂	
流浸加工条件	前处理	380℃/5min	350℃/5min	
	浸渍	6s	2s	
	后加热条件	90℃/10min	90℃/10min	
	冷却	自然冷却	自然冷却	
膜厚/μm		700	400	
平整性		○	○	
光泽		○	○	60°光泽
硬度		77	77	邵氏硬度
耐冲击性/kgf·cm		>30		杜邦冲击器(球径 1/2ϕ)
附着力		○	○	180°剥离
耐盐水性		○	○	5%盐水浸渍 20℃/30d
耐候性		○	○	日光型老化机
耐酸性		○	○	10%盐酸,20℃/30d
耐碱性		△	△	10%苛性钠,20℃/30d
耐水性		○	○	20℃/150d

注：○表示优良；△表示尚可。

这种粉末涂料主要用于涂装钢管、变压器外壳、贮槽、马路安全栏杆、户外标识文字、货架、家用电器、机器零部件的涂装；另外还用于防腐蚀和食品加工有关设备。这种粉末涂料的缺点是耐热性和耐溶剂性较差。

第二节 热固性粉末涂料

一、纯环氧型粉末涂料

将环氧树脂作为成膜物是第一个用来生产热固性粉末涂料的，首先出现的热固性粉末涂料品种就是纯环氧型粉末涂料。考虑到粉末涂料的生产加工性、产品贮存稳定性、成膜性能等方面的因素，一般选用分子量在1000～4000，软化点在90℃左右的双酚A型环氧树脂作为主要成膜物，即国内牌号为E-12或604型环氧树脂。

粉末涂料用环氧树脂的生产分为“两步法”和“一步法”。“两步法”的环氧树脂即先将环氧氯丙烷和双酚A通过滴加氢氧化钠溶液制成小分子量的环氧树脂，再与双酚A进行二次反应制成所需要的中等分子量环氧树脂。“两步法”生产的环氧树脂具有分子量分布窄、歧化反应低、化学杂质少等优点，用于制作高性能粉末涂料或绝缘、防腐粉末涂料，但价格较高。“一步法”环氧树脂又分为“溶剂一步法”和“水洗一步法”，“溶剂一步法”是首先将双酚A和氢氧化钠溶液以及部分溶剂溶解后加入环氧氯丙烷进行反应制成中等分子量的环氧树脂，加入溶剂溶解环氧树脂使之成为低黏度溶液，再进行水洗脱除无机杂质，最后进行真空脱溶剂。用此方法有控制反应较容易、有机杂质含量低、树脂溶液因黏度低而易水洗且水洗温度低、树脂色泽浅、无机杂质脱除较彻底等优点。“水洗一步法”没有加溶剂的过程，随着合成反应的进行物料黏度增大，反应不易控制，歧化反应较多，有机杂质含量较大。而在水洗时由于树脂黏度较高使得无机杂质脱除较困难，也会造成无机杂质含量较大。我国绝大多数的环氧树脂生产厂家都使用的是“水洗一步法”生产的604型环氧树脂。

粉末涂料是用环氧树脂的环氧值在0.11～0.13eq/100g或环氧当量在910～770g/eq范围的固态树脂。这种环氧树脂的技术指标包括外观、环氧值（或环氧当量）、可水解氯值（或有机氯值）、无机氯值、软化点、挥发分等。这些指标的意义和在粉末涂料中的作用或影响如下。

1. 粉末涂料用环氧树脂

(1) 环氧值　环氧值和环氧当量（参见本书环氧树脂内容）是用来进行理论上的固化剂用量计算的数值，是设计配方时固化剂用量的计算依据。也可以用它来判断固化体系交联密度的大小，在相同体系的系列中进行交联密度的比较。

双酚A型环氧树脂的环氧基百分含量及环氧树脂分子量的计算式如下：

$$\text{环氧树脂分子量}(M_w)=2\times\frac{100}{\text{环氧值}} \tag{3-8-1}$$

$$\text{环氧基含量}=43\times\frac{100}{\text{环氧当量}}=43\times\text{环氧值} \tag{3-8-2}$$

(2) 水解氯值（或有机氯值）　在环氧树脂合成反应过程中，由于副反应使树脂分子中含有的氯为环氧树脂的有机氯，其含量即为有机氯值，即每100g环氧树脂中含有的有机氯原子的摩尔数。单位为“mol/100g”。双酚A环氧树脂的有机氯分为水解氯和不可水解氯，但水解氯会对环氧树脂的固化行为与固化产物的性能产生不良影响，因而其含量是环氧树脂一项十分重要的特性指标。标准HG 2-741—1972和GB 4618—1984中有机氯的测定方法其实是水解氯的测定方法（水解氯又称为易皂化氯和活性氯）。此外，有机氯值高，还说明环氧树脂在合成时，歧化反应高，分子量分布较宽。水解氯含量指标：一般产品 0.004～0.005mol/100g。高纯度产品：小于 0.002mol/100g；超高纯度产品：小于 0.001mol/100g。当水解氯超过 0.01mol/100g 时，固化的涂膜性能将受到影响。

(3) 无机氯值　无机氯值是指每 100g 环氧树脂中含有的氯离子的 mol 数。单位为“mol/100g”。环氧树脂中的无机氯离子是残留的氯化钠形成的。无机氯值的高低反映的是树脂生产后期清洗程度的好坏。无机氯含量高说明环氧树脂含水溶性杂质多，这将影响涂膜的介电性能、耐腐蚀性和耐久性。

水解氯和无机氯值除使用“mol/100g”单位表示外，有的企业还用质量分数表示，即质量百分比含量，它们之间的换算关系为：

$$质量百分比含量=\frac{mol}{100g}\times 氯的原子量(35.45) \tag{3-8-3}$$

环氧树脂中残存的氯以三种形式出现：氯离子、可水解氯和不可水解氯，氯离子是残留的氯化钠离子，后两种是反应的副产物。

(4) 软化点　对于非结晶的材料，固-液的转变是一个由软化进而熔融的渐变过程，没有一个确定的转变温度，通常引出“软化点”的概念，这里的软化点是指固-液转变临界温度。对于环氧树脂来说，由于树脂的分子量不是单一值，是在一定范围内呈分布状态的，因此树脂没有一个确定的熔点，但是有一个较大变形的温度，称之为树脂的软化点。在同种类树脂中，通过软化点的数值可以比较出树脂平均分子量的大小。通过对同类树脂软化点和反应性官能团含量的对比分析，也可以粗略地判断出树脂分子量分布的情况。软化点的高低对物料在挤出机的混炼效果和涂膜的流平性有一定影响，软化点低的环氧树脂较利于物料的混炼和涂膜的流平。

(5) 挥发分　有的环氧树脂在合成过程中加有有机溶剂（如巴陵石油化工有限责任公司环氧树脂事业部的相关产品和广州宏昌电子材料有限公司的相关产品等），并且在反应结束后都要进行水洗过程，真空脱除不彻底会造成环氧树脂挥发分含量高，可能会造成涂膜针孔的情况。一般环氧树脂的挥发分，按质量分数应小于等于 0.6%为宜。

(6) 玻璃化温度（T_g）　E-12（604 型）环氧树脂属于中等分子量的环氧树脂，其玻璃化温度随树脂的分子量的大小而呈现出高低对应的，很少有未固化环氧树脂玻璃化温度的报道，据我国一家著名环氧树脂生产企业提供的检测数据，它们的相应产品的玻璃化温度是 50～53℃，该公司的产品在粉末涂料长期应用过程中，并未在贮运、存放、磨粉及制成品的运贮过程中造成结块的主要影响因素。若发现环氧树脂在正常贮运、存放情况下就发生结块情况的属不正常现象。环氧树脂的熔融黏度较低，加之其分子结构中含有的羟基基团，因而在混合型粉末涂料体系中，环氧树脂用量越大越利于颜料的分散和涂膜的流平。

2. 粉末涂料的环氧树脂固化剂

环氧树脂的固化剂有很多品种，但作为粉末涂料的固化剂要考虑易加工性、与环氧树脂的混容性、加工的稳定性、贮存稳定性和粉末涂料的使用性等。经常使用的有如下产品。

(1) 双氰胺　分子式 $C_2H_4N_4$，分子量 84.08，含有四个活泼氢原子，理论当量为 21.02。双氰胺为白色菱形结晶性粉末，熔点 207～210℃。对环氧树脂理论使用量可按式 (3-8-4) 计算。

$$100\text{g 环氧树脂双氰胺的用量}=\frac{\text{双氰胺的分子量}\times\text{环氧值}}{\text{双氰胺活泼氢的数量(个)}} \tag{3-8-4}$$

例如：某双氰胺含量99.4%，那么100g环氧树脂双氰胺的用量=21.02×99.4%×环氧值。

然而，在实际配方中则要高于理论量的15%左右，这可能是由于双氰胺与环氧树脂的混容性差且熔点高于固化温度造成的。双氰胺固化环氧树脂的条件为160℃/60min或180℃/30min。目前双氰胺主要用于纯环氧的纹理型粉末涂料产品中。

(2) 加速双氰胺和改性双氰胺　将双氰胺与固化促进剂，如咪唑或咪唑衍生物按一定比例的混合物称为加速双氰胺，这种复合固化剂虽然能够降低环氧树脂的固化温度和缩短固化时间并改善了固化后涂膜的机械强度，但依然不能改善固化剂与树脂的混容性，也就改善不了涂膜表面光洁度的缺陷。采用芳香族二胺如4,4′-二氨基二苯甲烷（DDM）、4,4′-二氨基二苯醚（DDE）、4,4′-二氨基二苯砜（DDS）、对二甲苯胺（DMB）等分别与双氰胺反应制得其衍生物称之为改性双氰胺或叫取代双氰胺，这种引入苯环后的双氰胺衍生物的熔点较低，与双酚A型环氧树脂的相容性与双氰胺相比明显增加。这种改性双氰胺的固化温度均低于双氰胺，而且涂膜表面的光洁度大有改善。

(3) 咪唑类　包括咪唑、2-甲基咪唑、2-乙基-4-甲基咪唑、2-苯基咪唑等。咪唑类固化剂是一类高活性固化剂，在中温下短时间即可使环氧树脂固化，因此其与环氧树脂组成的单组分体系贮存期较短，在粉末涂料中并不把它们作为单独的固化剂使用，而是把它们作为固化促进剂使用（一般是固体的2-甲基咪唑和2-苯基咪唑）。这类物质对双氰胺、酸酐、酚醛和羧基醇酸树脂与环氧树脂的固化均具有良好的固化促进作用。

(4) 其他改性多元胺　2-苯基-2-咪唑啉：粉末涂料行业称之为××31的固化促进剂。其抗黄变比2-甲基咪唑稍好，但促进固化效率比2-甲基咪唑低。此外还用它来合成环氧树脂粉末的消光固化剂。

2-苯基-2-咪唑啉与芳香族多元酸盐：将均苯四甲酸酐或偏苯三甲酸酐水解后与等物质的量的2-苯基-2-咪唑啉反应生成的单胺盐固化剂即为常用的消光固化剂，前者是68型，后者是55型。

这类物质的结构中都含有叔胺，属于碱性固化促进剂，具有不同程度的固化促进作用。

(5) 多元酸　粉末涂料中最重要的就是端羧基聚酯树脂，在以后内容进行专门讲述。此外还有作为两步固化消光的小分子多元酸聚合物，如六安市捷通达化工有限公司的SA2068和奉化南海药化公司的XG628。这类固化剂在配方用量计算时都可参照在介绍环氧树脂时所用的计算公式。此外，还有一些脂肪族多元酸作为环氧丙烯酸树脂的固化剂，如月桂二酸等。

(6) 多元酚　使用苯酚和甲醛缩合的酚醛树脂作为粉末涂料环氧树脂的固化剂，此类固化剂是较早开发的环氧固化剂之一，品种也较多。酚醛树脂的反应活性基团主要是酚羟基，含量以羟值表示，即每100g酚醛树脂所含羟基的当量值，配方计算用量按如下公式

$$\text{酚醛固化剂质量}=\text{环氧树脂质量}\times\frac{\text{环氧值}}{\text{酚醛固化剂羟值}} \tag{3-8-5}$$

酚醛树脂固化剂与环氧树脂的反应速率较快，可达到200℃时2min固化，虽然反应活性高，但配置的粉末涂料具有很好的贮存稳定性。酚醛环氧粉末涂料具有较好的耐温性能和极好的耐腐蚀、耐溶剂、耐化学性能。但颜色较深，不能做浅色产品；抗紫外线性能差，不

能用于户外，主要作为地下管道防腐蚀等粉末涂料。

(7) 酸酐 使用酸酐固化的环氧粉末涂料具有耐热性、机械强度和电性能优良，因而用来生产电器绝缘粉末涂料。即使含有一个酐环的酸酐也能够固化环氧树脂。原则上，邻苯二甲酸酐、偏苯三甲酸酐和均苯四甲酸酐等都可以固化环氧树脂，但由于它们具有挥发性和熔点较高加之具有毒性，一般不单独使用，而是把偏苯三甲酸酐与多元醇进一步酯化后的产品作为固化剂使用，如乙二醇双偏苯三甲酸酐酯，其软化点为 70～80℃。

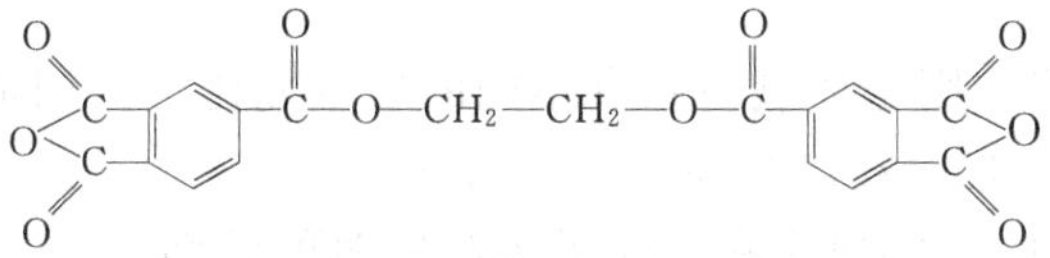

$$\overset{O}{\overset{\|}{C}}-O-CH_2-CH_2-O-\overset{O}{\overset{\|}{C}}$$

乙二醇双偏苯三甲酸酐酯

(8) 二酰肼类的固化剂 二酰肼类的固化剂最常见的有：己二酸二酰肼、间苯二酸二酰肼和癸二酸二酰肼（俗称癸肼）。最常用的品种为癸二酸二酰肼，熔点 185～190℃。癸二酸二酰肼分子式为：

$$NH_2-NH-\overset{O}{\overset{\|}{C}}-(CH_2)_8-\overset{O}{\overset{\|}{C}}-NH-NH_2$$

粉末涂料中癸二酸二酰肼用量为环氧树脂的 7%左右，固化条件一般为 180℃/15min 或 170℃/20min。

癸肼是长碳链结构，所以固化产物柔韧性较好，机械强度优良，泛黄性小，其涂膜的综合性能优于双氰胺固化体系，适宜制备浅色和白色粉末涂料。

因癸肼在应用时流动性差，故流平剂用量可适当多些，也可采用复合流平剂，以改善流平效果。目前，主要应用于电器绝缘方面的粉末涂料。

二、环氧/聚酯混合型粉末涂料

饱和的端羧基聚酯树脂，既是环氧树脂的固化剂，并且在粉末涂料加工和成膜过程中也担当了重要的颜料分散和成膜作用。在配方中，羧基聚酯树脂的用量与环氧树脂用量相当，以致后来开发的较低羧基含量的聚酯树脂在配方中的用量比环氧树脂还要多，因而也可将环氧树脂看做是聚酯树脂的固化剂。这种环氧树脂和聚酯树脂互为固化剂，又同时作为成膜物质的粉末涂料体系，称之为环氧/聚酯混合型粉末涂料。聚酯树脂中的羧基与环氧树脂中的环氧基所发生的交联反应是加成聚合反应，反应中没有小分子产生，因此涂膜的外观可以做得很丰满，具有很高的装饰性。

粉末涂料用聚酯树脂多由芳香族羧酸与多元醇反应制成饱和的聚酯树脂。端羧基聚酯树脂的通式为：$HOOC-R'-(OOC-R-COO-R')_n-COOH$。

合成过程：先将多元醇和一部分多元酸反应生成端羟基聚酯，再与剩余的多元酸反应成为端羧基聚酯树脂。可根据需要合成出不同羧基含量的聚酯树脂，与环氧树脂采用不同的质量比进行搭配使用。

聚酯树脂主要的技术指标有外观、酸值或羟值、软化点、黏度和玻璃化温度等。

1. 外观

主要反映的是树脂的颜色和透明性。

2. 酸值

聚酯树脂酸值的大小是树脂中反应活性基团——羧基含量高低的指标，同时也能够反映出固化物交联密度的大小（酸值高羧基含量大交联密度大）。对于同一品种聚酯树脂来说，酸值的高低还反映出分子量的小与大。酸值是用来计算固化剂用量的指标依据，对于环氧聚酯混合型体系的粉末涂料来说，环氧树脂和聚酯树脂互为固化剂，那么在设计配方时两者的用量可按照以下公式来计算。

$$\text{环氧树脂的数量(kg/g)}=\frac{\text{聚酯树脂的数量(kg 或 g)}\times\text{聚酯树脂的酸值(mg KOH/g)}}{561\times\text{环氧树脂的环氧值(eq/g)}} \quad (3\text{-}8\text{-}6)$$

聚酯树脂酸值的不同，则与环氧树脂有不同的质量配比，人们依照这种配比变化将聚酯树脂大概分为50/50、60/40、70/30、80/20等型号。

表3-8-9是不同酸值的聚酯树脂在制作粉末涂料时的差别。

表 3-8-9 不同酸值的聚酯树脂在制作粉末涂料时的差别

性 能	聚酯树脂与环氧树脂的比例		
	50/50	60/40	70/30
对颜料的剪切分散性能	+～−	+	+
对颜料的润湿分散性能	+	+～−	−
柔韧性	+	++	++
化学稳定性	+	++	++
粉碎性能	++	++	+
静电喷涂时的带电性能	+	+	+
摩擦带电性能	+	+	++
高光应用	+	+	−
低光应用	−	++	++
边角覆盖性	+～−	+	+
附着性能	++	++	+
耐溶剂性能	++	+	+～−
耐酸性	++	++	++
耐碱性	+	+	+～−
耐磨性	+	+	+～−
抗损伤性能	++	++	+
耐洗涤剂性能	++	++	+
耐涂抹性能	−	−	−
铅笔硬度	+	+	+
室内抗黄变性能	+	+	++
耐污染性	+	+	+

注：+为性能加强；−为性能降低。

3. 软化点

参照环氧树脂的软化点项。

4. 黏度

树脂黏度对加工性能的影响表现在挤出时树脂对颜料的剪切、润湿和混合溶解过程。一方面，树脂在较大的剪切应力下对颜料会有较好的分散，物料在挤出过程中的剪切应力τ与树脂的黏度μ有以下关系：$\tau=\mu D$，式中，D为剪切速率。从关系式中可以看出树脂的黏度大则较利于颜料的剪切分散。另一方面，颜料的分散还有树脂对颜料的浸润过程，也就是说可以把颜料的聚集团表面看做是无数个毛细管，那么液体渗入毛细管的速度U如下式：

$$U=\frac{Kr}{\mu} \quad (3\text{-}8\text{-}7)$$

式中 r——毛细孔的半径；

μ——熔体树脂的黏度；

K——与树脂表面张力有关的常数。

因此，当颜料聚集团的空隙在一定的情况下，润湿速度主要取决于基料树脂的黏度，黏度越低润湿越快。经验表明，在高剪切速率下，剪切分散作用较明显；在如挤出设备这种中低剪切速率下，润湿分散作用则显得较重要。

在成膜方面，由于黏度是流动的阻力，于是黏度大的树脂流动速度较慢，或者说达到某一流平程度时所需用的时间较长，因而，树脂黏度低更利于粉末涂料成膜时的流平。

未固化聚酯树脂的黏度对固化后涂膜性能的影响则表现在聚酯树脂的分子量方面，对于这些聚合度较低的聚合物，树脂的黏度 μ 与其数均分子量 M_n 符合如下关系式：$\lg\mu = A\lg M_n + B$，式中，A、B 是和聚合度有关的常数，聚合度越高 A 值越大，树脂的数均分子量越大，其黏度呈 A 次幂的级数增大。对于热固性树脂来说，固化后的分子量高，则耐热性、强度等性能好；固化后的分子量低，则耐热性、强度等性能较差。而未固化树脂的分子量大的，固化后的热固性树脂的分子量相应也大，其强度和耐性就高；未固化树脂的分子量小的，固化后的热固性树脂的分子量相应也小，其强度和耐性就低。

此外，研究表明：未固化聚酯树脂的分子量越小，要想使固化后的涂膜达到合适的强度时，固化剂的用量越接近理论值，也就是说此时的聚酯树脂与固化剂的配比量对涂膜性能的影响很敏感；反之，随着聚酯树脂的分子量的加大，在保证固化涂膜的强度下，聚酯树脂与固化剂之间的计量的宽容度越大。

综上所述，聚酯树脂的黏度值应考虑各方面性能的平衡，或针对某些性能来控制其黏度（分子量）的大小。

5．玻璃化温度 T_g

固体聚酯在这一温度前后，热膨胀系数发生了转变。对于未固化的聚酯树脂来说，可以把玻璃化温度理解为树脂的玻璃态与树脂的高弹态相互转变时的温度。树脂在玻璃态时是脆性的，易粉碎而不发生粘连，在高弹态时则会发生粘连现象。粉末涂料在生产中的冷却、磨粉以及产品的贮运时一定要考虑这一指标。聚酯树脂分子的主、侧链结构和数均分子量 M_n 大小都会影响到它的玻璃化温度。聚合物数均分子量与玻璃化温度的关系式：

$$T_g = T_{g_\infty} - \frac{A}{M_n} \tag{3-8-8}$$

式中　A——常数；

T_{g_∞}——数均分子量 M_n 最大时的玻璃化温度。

由于人们在日常工作中往往使用黏度体现分子量的大小，而在常用聚酯树脂的分子量范围内（分子的聚合度较小），聚酯树脂的黏度 μ 与聚酯树脂的重均分子量 M_w 的关系为 $\lg\mu = \lg M_w + K$（K 为常数），也就是说黏度和重均分子量成正比，常用聚酯的 $M_w/M_n = 2 \sim 5$，由此可以看出，玻璃化温度随聚酯树脂黏度的变化比较复杂：一方面受到聚酯树脂结构的影响，即常数 A；另一方面还受到分子量分布离散度的影响，因此黏度大的聚酯树脂不一定玻璃化温度就高。在实践当中也发现有时将聚酯树脂黏度值的幅度提高较大时，玻璃化温度的增加并不明显。相反，同品种聚酯树脂的玻璃化温度的增高而黏度增大是很明显的，这在生产和选用聚酯树脂时应注意。

聚酯树脂的玻璃化温度对粉末涂料生产（特别是磨粉）和贮运显得十分重要，玻璃化温度较低的聚酯树脂会使材料稍遇温度升高就具有弹性而不好磨粉，或在贮运过程中容易结块造成产品不好使用。

6．挥发分

粉末涂料使用的饱和聚酯树脂是熔融法工艺生产的，不使用溶剂，反应的生成水在后期抽真空也能够除去，因此聚酯树脂的挥发分很低。

依据聚酯树脂酸值高低的变化而形成 50/50、60/40、70/30 等不同型号的聚酯树脂，在粉末涂料生产、成膜以及对涂膜的性能方面表现出了一定的差异。热固性的聚酯树脂是具有一定官能度和分子量的聚合物，其官能度 F_n 与数均分子量 M_n 的关系如下。

$$F_n = \frac{A_v M_n}{56100} \tag{3-8-9}$$

式中　A_v——聚酯树脂的酸值。

从式(3-8-9) 中可以看出，当官能度基本不变的情况下，聚酯树脂的酸值越低，它的数均分子量越大，因而其表现出来的熔融黏度也越大。低酸值的聚酯树脂使得体系的熔融黏度变大，加之低熔融黏度的环氧树脂的用量减少，在粉末涂料加工性能较差、往往造成挤出混炼不均匀，力学性能变差（如 70/30 的体系）；成膜方面表现在表面丰满度和流平性降低。

环氧/聚酯混合型粉末涂料具有很好的综合性能，由于含有环氧树脂成分，主要应用于户内使用产品的涂装，在装饰性的粉末涂料涂装领域替代了绝大部分的纯环氧体系的粉末涂料，是目前产量最大的粉末涂料品种。

三、纯聚酯型粉末涂料

由于环氧树脂不能够较长期地耐受紫外线照射，人们就使用其他的交联剂固化聚酯树脂，使体系的涂膜能够在很大程度上增加对紫外线的耐受性，应用于户外产品的涂装，这就是人们称之为纯聚酯型的粉末涂料。根据固化剂的不同，作为主要成膜物的聚酯树脂可制成端羧基的聚酯树脂，也可以制成端羟基的聚酯树脂。

1. TGIC 固化的纯聚酯粉末涂料

TGIC（又称三缩水甘油基三聚异氰酸酯、异氰脲酸三缩水甘油酯）是目前使用最广泛的、用于户外粉末涂料的羧基聚酯固化剂。

TGIC 的熔融温度 120℃，黏度（120℃）0.058～0.065Pa·s，环氧当量 102～109g/eq，热和光稳定性及耐候性优良，固化后的力学性能和电性能好，与聚酯树脂有很好的相容性，具有优良的透明度。与其对应使用的是端羧基聚酯树脂。对于官能度大约为 2 的双酚 A 型环氧树脂交联剂的端羧基聚酯树脂的官能度要大一些，而 TGIC 的官能度是 3，那么被它固化的端羧基聚酯的官能度则要小，才能保证体系有适当的交联密度和固化速率。此外，选用不同的多元醇和多元酸合成的聚酯树脂在耐候性等方面会有差异，表 3-8-10 是不同的多元酸和多元醇对树脂性能的影响。

表 3-8-10　不同的多元酸和多元醇对树脂性能的影响

类　别	活性	官能度	交联密度	黏度	T_g	韧性	冲击性	耐候性	硬度
对苯二甲酸					+	+	+		
间苯二甲酸	+			−	−	−	−	+	+
己二酸				−	−	+	+	−	
偏苯三酸酐	+	+	+				+	+	+
新戊二醇				+	+	−	−	+	
乙二醇					−	−	+	−	
丙二醇	+				+			−	
己二醇				−	−	+			
三羟甲基丙烷	+	+	+		+	−			

注：＋为性能增强；－为性能降低。

TGIC 的计算公式如下。

$$\text{TGIC 的用量(kg 或 g)}=\frac{\text{羧基聚酯的重量(kg 或 g)}\times\text{羧基聚酯的酸值(mg KOH/g)}}{561\times\text{TGIC 固化剂的环氧值(当量/100g)}} \tag{3-8-10}$$

TGIC 可以和聚酯树脂形成溶液状态，造成聚酯的玻璃化温度 T_g 降低，TGIC 对聚酯树脂的用量每 1%降低其玻璃化温度 2℃，一般情况下 TGIC 的用量是树脂的 7%，因此，使用 TGIC 固化的聚酯树脂的玻璃化温度应高于 60℃才能保证正常的磨粉和粉末贮藏的稳定性。

虽然 TGIC 是综合性能非常优异的固化剂，但由于其具有毒性，许多国家限制了它的使用。另一种 TGIC 的衍生物——三 β-甲基缩水甘油基异氰脲酸酯则可以替代 TGIC 作为固化剂，商品名称为 MT239。

从分子结构上来看，每个缩水甘油基与三聚异氰脲酸酯连接的亚甲基上都引入了一个甲基，此结构虽然降低了固化剂的毒性，但由于空间阻位的作用，也降低了环氧基的反应活性。除此之外，它依然保持了 TGIC 的其他性能。

其他含有活性环氧基团的固化剂还有偏苯三甲酸三缩水甘油酯和对苯二甲酸二缩水甘油酯混合物。

常温下偏苯三甲酸三缩水甘油酯（简称 TML）是液体形态，对苯二甲酸二缩水甘油酯（简称 DGT）则为结晶固体。两者虽然低毒，但都有一定的刺激性。DGT 的官能度为 2，单独使用则造成 DGT 使用量偏大，使得聚酯树脂的 T_g 有较大的降低。为降低固化剂的用量，人们把 TML（官能度为 3）与 DGT 制成 1∶3 的混合物，商品名称 PT910；或 2∶3 的混合物，商品名称 PT912。其中把 DGT 作为 TML 的载体。PT910 或 PT912 和端羧基聚酯树脂固化后的涂膜性能与 TGIC 相当，但使用这两种固化剂都会降低聚酯的 T_g，降低粉体的贮存性能。

2. β-羟烷基酰胺固化的纯聚酯粉末涂料

β-羟烷基酰胺（简称 HAA）固化剂是一种较新的户外羧基聚酯固化剂，分子结构中有四个活性羟基基团，与羧基发生脱水缩聚反应。最常用的是化学名称为 N,N,N',N'-四(β-羟乙基）己二酰胺，商品名称是 XL552，国内的牌号为 T105。

由于产品纯度问题或加有添加剂，羟烷基酰胺固化剂的实际当量按 82～100 计算。β-羟烷基酰胺固化剂用量的理论计算公式为：

$$\begin{array}{l}\text{羟烷基酰胺固化}\\\text{剂用量(kg 或 g)}\end{array}=\frac{\begin{array}{c}\text{羧基聚酯用}\\\text{量(kg 或 g)}\end{array}\times\begin{array}{c}\text{羧基聚酯酸值}\\\text{(mg KOH/g)}\end{array}\times\begin{array}{c}\text{羟烷基酰胺}\\\text{固化剂当量}\end{array}}{56100} \tag{3-8-11}$$

羟烷基酰胺与聚酯树脂的羧基发生的是缩合反应，也就是说它们在固化时有水分子产生，厚涂时涂膜表面容易产生针孔现象。

β-羟烷基酰胺固化剂具有用量少、固化温度低（150℃即开始反应）、产品品质一致性好、无毒等优点。但抗泛黄性不佳，具有挥发性，涂膜光泽不易做高，其他性能与 TGIC 体系相当。由于没有有效的固化促进剂，固化速率不易调整，只能通过选择不同的聚酯来实现胶化时间的变动。针对这种固化剂产生针孔和烘烤黄变的问题，人们通过添加一些抗黄变助剂等物质来改善这些缺陷，并将这种外加助剂的产品称之为 T105M。

通过羟烷基酰胺的结构式可以看出，该固化剂的官能度为 4，因此与之配套的聚酯树脂的官能度要比用于 TGIC 的还要低，才能达到合适的交联密度和胶化时间。

另一种化学名称为 N,N,N',N'-四(β-羟丙基）己二酰胺的羟烷基酰胺固化剂，商品牌号为 QM1260。

从结构式可以看出，QM1260 与 XL552 的差异是在羟烷基上各多了个甲基，但由此提高了它的抗黄变性。

目前，许多聚酯树脂的生产厂家相继开发了针对羟烷基酰胺固化剂的低官能度专用聚酯树脂，某些厂商生产的专用聚酯以解决了光泽不高的缺陷。此外，在粉末涂料配方中使用非安息香脱气剂对烘烤黄变也有一定的益处。相比使用 TGIC 体系的粉末涂料，除前面所述的情况外，在耐候性方面没有什么区别，只是在较高温度的情况下，羟烷基酰胺体系的粉末涂料在耐湿气、耐水性、耐洗涤液方面稍有不足。羟烷基酰胺具有增加粉末颗粒带电性的作用，往往容易造成粉末的厚喷涂而形成静电堆积现象，使涂膜流平变差，必要时可加入一定量的抗静电助剂来控制粉末的带电量，防止厚喷涂现象。

3. 多异氰酸酯固化的纯聚酯粉末涂料（聚氨酯粉末涂料）

把端羟基的饱和聚酯树脂作为主要成膜物，用封闭的异氰酸酯作固化剂制成的粉末涂料即所谓的聚氨酯粉末涂料。此时的聚酯树脂是含有羟基活性基团、具有一定官能度和分子量的聚合物。与羧基聚酯树脂相反，在聚酯合成配方中的多元醇过量，生产出来的就是羟基聚酯树脂，端羟基聚酯树脂的表达式为：$HO-R'-(OOC-R-COO-R')_n-OH$。

树脂中反应活性基团羟基含量的多少是计算固化剂用量的指标，也是固化体系交联密度的指标，用羟值来表示，即单位质量的样品中所含羟基的量。和酸值一样，所用单位是“mg KOH/g”，其中的“mg KOH”是度量羟基的单位。表面看，“mg KOH”似乎与羟基毫无关系，这是为了计算上的方便，把羟基折算成 KOH 表示，按 OH 与 KOH 的计量关系，1mol KOH 中含有 1mol OH，则 1mol OH 折算成 1mol KOH，就等于是 56.1g 或者是 56100mg KOH。反过来 1mg KOH 与 1/56100mol 的羟基相当。因此用“mg KOH”作为度量羟基的单位时，1mg KOH 的羟基就是 1/56100mol 的羟基，并用羟值来计算固化剂的用量。

固化羟基聚酯最重要也是应用最普遍的一类固化剂就是用己内酰胺封闭的异佛尔酮二异氰酸酯（IPDI）多元醇的低聚物或自封闭异佛尔酮二异氰酸酯聚合物。它们都是脂环族异氰酸酯的衍生物，具有优异的户外使用性能。前者最具代表性的商品是 Degussa 公司的 BF1530 等。后者是 Degussa 公司的 BF1540 或其改进的 BF1300 和拜耳公司的 LS2147 等。

己内酰胺封闭的 IPDI 低聚物以 BF1530 为代表，它的玻璃化温度约 50℃，熔融温度在 75～90℃，解封温度是 160～170℃，异氰酸酯基（NCO）的含量为 15%，游离的 NCO 基团含量小于 1% 。

自封闭异佛尔酮二异氰酸酯聚合物的代表产品是 BF1540 等。BF1540 的熔融范围是 105～115℃，总 NCO 含量是 15.4%，游离 NCO 含量小于 1%，在固化时 98%的缩脲二酮转化成 IPDI 与聚酯中的羟基进行交联反应。这种固化剂的优点是交联反应没有副产物。此类固化剂在 120℃是不会发生预交联的，可使用粉末的通用设备来生产。

计算异氰酸酯固化剂用量的关键指标是异氰酸酯基（NCO）的含量，固化剂用量的理论计算公式为：

$$\text{异氰酸酯固化剂的用量(kg 或 g)}=\frac{0.0749\times\text{羟基聚酯的数量(kg 或 g)}\times\text{羟基聚酯的羟值(mg KOH/g)}}{\text{异氰酸酯固化剂中异氰酸酯基的含量(\%)}} \tag{3-8-12}$$

异氰酸酯固化剂的实际用量达到理论用量的 80%就能很好的固化。

己内酰胺封闭的 IPDI 低聚物在固化反应过程中封闭剂己内酰胺被解封并释放出来，因此，应用此类固化剂的粉末涂料不宜于厚涂装，以避免涂膜产生针孔或气泡。用己内酰胺封闭的 IPDI 低聚物作固化剂制成的粉末涂料在使用时产生烟雾，不利于环保，然而，也正是封闭剂——己内酰胺，在解封到脱出膜层这一阶段起到了溶剂的作用，降低了熔融涂层的黏度，使涂膜流动的更加平整，以至于这种粉末涂料的涂膜能达到溶剂型涂膜的流平程度。而自封闭的 IPDI 聚合物既不存在挥发的问题，涂膜流平也没那么好。

由于 BF1540 的官能度小于 2，因此其反应活性低，固化物交联密度不高，造成涂膜机械强度和耐溶剂等耐化学性能不太好。而经过改进的 BF1300 等产品的官能度可达到 2.0，用改进的固化剂制成的粉末涂料在 200℃固化 8min，涂膜具有很好的力学性能，用 1%的洗涤液于 74℃浸泡 500h，或 90℃水中浸泡 500h，涂膜的保光率依然超过 80%。

用于多异氰酸酯固化的羟基聚酯中羧基基团的含量会影响涂膜的某些性能。据研究表明，含有羧基的羟基聚酯固化后的涂膜在耐盐雾性会受到影响，且涂膜在过烘烤时易发生黄变。

多异氰酸酯固化的纯聚酯粉末涂料具有极好的装饰性和力学性能，其耐化学性能和耐水性也很好，但在低温情况下容易开裂。该体系在制作消光粉末涂料方面具有非常大的潜力，不仅可以做到光泽的重复性好，而且表面硬度、机械强度和耐候性能都非常优异。

四、丙烯酸型粉末涂料

使用含有活性官能团丙烯酸聚合物制成的粉末涂料既为热固性丙烯酸型粉末涂料。生产丙烯酸树脂的主要单体是 C_4～C_8 的丙烯酸酯和甲基丙烯酸酯，通过与功能单体共聚合的方法很容易引入不同的官能团。比如丙烯酸、甲基丙烯酸是引入羧基；丙烯酸羟乙酯、甲基丙烯酸羟乙酯、丙烯酸羟丙酯是引入羟基；甲基丙烯酸缩水甘油酯（GMA）是引入环氧基等。

由于丙烯酸类单体的反应性能相差很大，因而导致各单体在共聚时在分子链上的分布不均匀，功能基团也不能像前面所说的聚酯树脂那样可以位于分子的链端，它们在高分子链上是随机分布的，并且分子链中支化点间的位置不易控制，这样就导致某些分子链上官能团的含量和位置及官能度都不确定，甚至某些聚合物分子的整个链段都没有官能团，或聚合物中另一些分子链上有很多官能团。由于聚合物中不含官能团的那部分分子（包括低官能度的分子）对涂膜力学性能的贡献不大，再加上过高官能度的那部分分子所形成交联聚合物的交联密度过大而影响了涂膜的力学性能，其综合结果是交联涂膜的柔韧性低、耐冲击性能差。

绝大部分得到实际应用的丙烯酸粉末涂料是含有环氧官能团的丙烯酸树脂作基料，以长链的二元酸作固化剂，如癸二酸或月桂二酸。固化剂中的脂肪长链为固化涂膜提供了一定的柔韧性和耐冲击性，但是远低于其他通用粉末涂料体系所能达到的程度。

目前国内在实际应用方面是将含有环氧官能团的丙烯酸树脂与 TGIC 或羟烷基酰胺固化剂配合，通过对羧基聚酯树脂的双固化用以制造户外消光粉末涂料。然而这种体系的粉末涂料，在力学性能、耐候性，特别是表面抗磨损性方面都不及传统的 TGIC 或羟烷基酰胺体系的粉末涂料。

国外的文献专利还报道了含羧基的丙烯酸树脂与 TGIC 固化剂配合，用于生产透明的和有色的粉末涂料，据称力学性能、光泽和耐候性能都较好。而使用羟基丙烯酸树脂作基料，用己内酰胺封端的 IPDI——己二醇加成物作固化剂，所得到的涂膜具有较好的柔韧性、光泽、耐化学品性和耐溶剂性。

国外一家公司使用羟基丙烯酸树脂与羟基聚酯树脂的混合物与封闭的异氰酸酯交联制作粉末涂料，据报道，这种混合体系的方法既解决了单独使用丙烯酸树脂的缺陷，也提高了单纯的异氰酸酯/聚酯体系的户外耐久性。这家公司还开发了使用羟基丙烯酸树脂和双酚 A 型环氧树脂组合的粉末涂料，这一体系融合了丙烯酸树脂的耐紫外线、坚硬等性能，以及环氧树脂的柔韧性和耐化学药品性。虽然涂膜的耐冲击性不如一般的聚酯/环氧混合体系的好，但作为一般性的要求已经足够了，而其他性能比如硬度、耐划伤性和耐磨损性已经明显超过了普通的聚酯/环氧混合型粉末涂料。

丙烯酸粉末涂料开发的初衷是基于丙烯酸树脂在溶剂型涂料中表现出来的优异的耐紫外线性能、透明性和耐烘烤黄变性而应用于汽车的外用涂装方面的，然而由于其涂膜机械强度不理想，而且它的耐光性能也达不到溶剂型涂料的水平，因此，它的实际应用市场并不大。最新的进展显示，纯丙烯酸粉末涂料的耐候性有了很大的改善，虽然涂膜的流平性还不够理想，但迫于环保的压力，一些国际知名的轿车生产商已经在尝试使用丙烯酸粉末涂料对整车进行涂装了，而且粉末涂料方面的科技人员依然在进行着改进产品性能方面的工作，并且通过粉末涂料颗粒的细微化而改善涂膜的平整度方面有了进展。

五、其他类型粉末涂料及辐射固化的粉末涂料

1. 不饱和聚酯树脂粉末涂料

不饱和聚酯树脂是指线型分子链中含有一定量不饱和双键的聚酯树脂，这种树脂是通过双键的自由基聚合来进行交联固化反应。树脂分子中是通过使用一定量的不饱和二元酸或不饱和二元醇引入不饱和双键，由于不饱和二元醇的来源和价格问题，一般都使用不饱和二元酸，如顺丁烯二酸（酐）或其反式结构的富马酸来生产不饱和聚酯树脂。通过不饱和二元酸和饱和二元酸（用于调整不饱和双键在分子中的含量）与饱和二元醇进行酯化缩聚而制成不饱和聚酯树脂。不饱和聚酯树脂可通过有机胺或有机金属钴盐引发固化，快速固化时还需要加入一定量的过氧化合物，如过氧化苯甲酰或过氧化酮等催化剂，但这样会使粉末涂料的贮存稳定性不好。不饱和聚酯树脂的交联固化是自由基聚合反应，是放热反应过程，因此不饱和聚酯粉末涂料不仅可以做到低温（120℃）固化，即使在涂膜较厚的情况下也能完全固化。使用引发剂和催化剂体系的不饱和聚酯树脂粉末涂料除了在模具的模内使用外，在其他方面的实际应用很少见，这可能是由于不饱和聚酯树脂厌氧固化造成涂膜表面强度不够好的缘故。目前，对不饱和聚酯树脂粉末涂料报道较多的是应用于紫外线（UV）固化的产品。用于紫外线固化的不饱和聚酯树脂粉末涂料中只需要加入光引发剂，而不需要加入对贮存稳定性有害的过氧化物催化剂，这样使得该体系的粉末涂料能够做到既有非常好的贮存安全性能又能做到使涂膜充分的流平并同时实现低温固化。由于紫外线对厚层涂装不能够很好的固化，这限制了不饱和聚酯树脂粉末涂料厚层涂装优势的发挥。

在不饱和聚酯树脂中引入抗厌氧固化的烯丙基（如含有烯丙基的酸或醇参与酯化缩聚），以解决不饱和体系的厌氧固化问题，这种抗厌氧固化的不饱和聚酯树脂粉末涂料有可能在厚层涂膜涂装和低温固化领域（如在 MDF 的涂装方面）得以发挥作用。

2. 有机硅树脂粉末涂料

有机硅树脂（更正确地称为聚硅氧烷）主要用于耐高温（>200℃）粉末涂料，有机硅树脂主链硅氧键（Si—O）具有较高的键能，所以耐热性优异，是耐热粉末涂料最常用的一种树脂。粉末涂料用硅树脂是高分子聚合物，其中含有甲基和（或）苯基取代基团。工业上合成硅树脂的单体是下列甲基和苯基取代硅烷。

Me_3SiCl	三甲基氯硅烷	Me_2SiCl_2	二甲基二氯硅烷
Ph_2SiCl_2	二苯基二氯硅烷	$PhSiCl_3$	苯基三氯硅烷
$PhSi(Me)Cl_2$	苯基甲基二氯硅烷	$MeSiCl_3$	甲基三氯硅烷

注：Me=甲基；Ph=苯基。

有机硅树脂主要是以二氯硅烷和三氯硅烷混合物水解而形成硅烷醇混合物缩聚而成，三氯硅烷用以提供支链化。在缩聚反应中剩余的未反应的硅醇基在以后的成膜时发生缩合或与其他聚合物进行交联反应。

有机硅树脂中甲基与苯基的比例决定树脂的性能，这种比例与树脂性能的关系见表3-8-11。

表 3-8-11　有机硅树脂中甲基与苯基的比例与树脂

高甲基有机硅树脂	高苯基有机硅树脂
固化时较低重量损耗	固化时较大重量损耗
较快固化速率	较长贮存稳定性
较高耐紫外线稳定性	较高热稳定性
较低温度柔韧性	较大耐氧化性
与其他树脂有较低的相容性	与其他树脂有较高的相容性

有机硅树脂可单独用来生产粉末涂料，对耐温要求不太高的粉末涂料也可与其他树脂共混的方法制作，但要使用苯基/甲基树脂比较高的有机硅树脂，以解决它们之间的相容性。颜料、填料种类对耐热性能也有很大影响，应注意选用。有机硅粉末涂料用于换热器、消声器、排气烟囱、发动机和烧烤设备等。

3. 用于辐射固化的粉末涂料

使用热固化的粉末涂料，由于固化成膜温度高（>150℃），使得它们在热敏材料上的使用受到限制，如木材、复合中密度板（MDF）、塑料和纸制品等。这类材料要求涂层在低于150℃的情况下固化成膜，虽然以羧酸/环氧为固化体系的粉末涂料也能在150℃以下被催化固化，但此时，粉末涂料在平衡贮存稳定性、熔融流动性和固化之间的关系就成了问题，而辐射固化的粉末涂料则有效地解决了这之间的矛盾。

(1) 紫外射线（UV）固化的粉末涂料　UV固化的粉末涂料喷涂于物体上，首先被红外射线（IR）熔化（这样就不会使基材过热），粉末粒子熔结成为连续的涂膜，再通过UV辐射，在光引发剂的作用下涂膜交联固化。由于将粉末的熔化过程与固化过程分开，因而就能够使用常规设备进行粉末涂料的制造，也能确保粉末在常温条件下稳定地贮存，同时达到在较低温度下成膜固化。

环氧树脂可通过使用络合阳离子盐作为光引发剂在紫外线照射下进行阳离子聚合。目前应用最多的则是不饱和聚酯树脂、不饱和丙烯酸酯与不饱和聚酯的混合物、丙烯酸改型的不饱和聚酯等，这类树脂在UV射线照射下，通过光引发剂进行双键的自由基聚合实现交联固化。

UV固化的粉末涂料在含有颜料的产品（如红色或黄色）上的使用存在不足，此外，光引发剂的品种、用量及紫外光源和固化时的温度都会影响到涂膜的固化。

国外的一些树脂生产商，如DSM和前UCB都开发了用于UV固化粉末涂料的不饱和树脂，并已经有了工业方面的应用，但数量不是很大。

用于UV固化的中密度复合木板（MDF）和金属上使用的粉末涂料配方及其涂膜性能见表3-8-12。

目前，国外一些研发机构正在开发第二代UV固化的树脂，比如通过提高树脂的结晶度等手段进一步提高粉末的贮存稳定性，降低熔结温度，提高粉末的熔融流动性。人们对UV固化的粉末涂料前景还是比较乐观的。

表 3-8-12 中密度复合木板和金属上使用的粉末涂料配方及其涂膜性能

组 成	MDF 用透明粉	MDF 用白色粉	金属用透明粉
不饱和聚酯树脂/%	81.6	67.5	53.1
MDF 用乙烯基醚(VE_1)/%	16.7	13.8	
金属用乙烯基醚(VE_2)/%			45.2
α-HAP 光引发剂	1.0	1.0	1.0
BAPO/%		2.0	
流平剂/%	0.7	0.7	0.7
钛白粉%		15.0	
固化工艺			
中波红外熔化	120s/100℃	120s/100℃	120s/100℃
UV 固化	1600mJ/cm² H灯	4000mJ/cm² V灯	1600mJ/cm² H灯
性能			
涂膜流平性	好	好	好
外观	好	好	好
耐甲乙酮	++	++	
耐丙酮	++	++	++
摆杆硬度/s	188	149	90
附着力/级	0	0	0
杯突/cm			>6
耐冲击强度/in·lb			40

注：1in=2.54cm，1lb=0.45kg。

(2) 近红外射线（NIR）固化的粉末涂料 1998 年，国外开发了粉末涂料近红外固化技术，这种高强度的近红外辐射的强度比传统的中短波红外灯高几个数量级，能深深地穿透粉末涂层，可实现从粉末熔融到涂膜固化在数秒内完成。近红外固化的粉末涂膜具有非常好的外观，这是由于近红外加热速率非常高，加热又均匀的缘故。

近红外加热的优势在于有很高的粉末涂层穿透能力，使涂膜从内到外同时固化；非常高的加热速率，大大缩短了固化时间，减少了固化能耗，使产品使用具有更高的效率；对于较厚涂层和有色涂层的固化没有品种限制。粉末涂料固化技术比较见表 3-8-13。

表 3-8-13 粉末涂料固化技术比较

性 能	传统低温固化	紫外固化	近红外固化
熔融和固化时间	20～30min	2～3min	1～20s
最高表面温度/℃	140～160	100～120	100～200(由基材决定)
首选的固化机理	加聚反应、缩聚反应	链式加聚反应	加聚反应
对膜厚的限制	无	<100μm	无
目前可用产品范围	各种颜色、各种美术型产品	特定颜色、各种光泽、某些美术型产品	无颜色限制、各种光泽、美术、金属效果
较厚底材是否需要穿透加热	是	否	否(但由基材决定)
价格	低	高	中等
用于热敏基材的可行性	低	高	中等
在非金属材料上应用的可行性	非常有限	是	是
基材形状限制	无	仅仅是平面或简单三维形状	仅仅是平面或简单三维形状

第三节　热固性粉末涂料的生产技术

一、粉末涂料的配方及原材料

1. 粉末涂料的组成

粉末涂料没有溶剂，其组成结构比较简单，基本上可分为以下几种。

① 成膜物质　树脂，它是涂料成膜的基础，又叫基料。树脂是黏结颜填料形成坚韧连续膜的主要组分。

② 助剂　用以增加粉末涂料的成膜性，改善或消除涂膜的缺陷，或使涂膜形成纹理。

③ 颜料　赋予粉末涂料遮盖性和颜色。

④ 填料　在一定情况下增加粉末涂料涂膜的耐久性和耐磨性，降低涂膜的收缩率和降低成本。

⑤ 功能组分　赋予涂膜某种特殊功能，如导电、伪装、阻燃等。

粉末涂料的成膜物质的性质决定了粉末涂料的主要性质和用途，人们选用合适的成膜物以及相应的固化剂来满足不同环境下使用材料的涂装，如户内、户外、海岛、高原等。成膜物的介绍请参照前两节的内容。

2. 粉末涂料配方的要点

(1) 配方总体颜填料量　配方中的颜填料量在实际使用时是以重量来计算的，然而在分析问题时应考虑颜填料体积浓度（PVC）的因素，也就是说颜填料的体积占涂料总体积的百分比是直接体现粉末涂料产品许多性能的一个参数。这个数值的大小关系到粉末涂料生产时的混炼效果、流平性、纹理的效果、上粉率和材料成本。PVC 值越大，颜填料的分散就越困难、越不完全，粉末涂料熔融流动的温度越高，而且熔融时的流动性也越差，不利于涂膜的流平。颜填料体积浓度的表达式为：

$$颜填料体积浓度=\frac{颜填料体积}{颜料体积+树脂体积} \tag{3-8-13}$$

从式(3-8-13) 中可以看出来，只要知道了各种材料的密度就可以算出配方的颜填料体积浓度，而实际上并不这么简单。首先是各种材料的密度难以全面准确地掌握，再者，实际生产时无法把颜填料分散到最小粒径状态并使树脂对颜填料完全润湿。因此，在实际应用当中很难得到准确地 PVC 值。然而可以通过颜填料的密度进行定性的判断，这对配方的设定非常重要，而且在配方的分析过程中具有理论方面的指导作用。

由于粉末涂料的颜填料量涉及的方面比较广，因此在配方设计上就要全面的平衡。在做美术粉时，还要考虑粉末涂料的熔融温度和熔融流动性的控制；在做高光粉时，就要考虑粉末涂料的熔融温度与其固化反应温度两者的差别要足够大，使粉末涂料在熔融状态的时间足够长而达到涂膜流平的目的。随着颜填料的体积浓度增加到一定程度时，就会产生一系列的影响。首先是在挤出混炼时树脂对颜填料分散程度的影响，随着颜填料体积浓度的增加，一方面增加了树脂对颜填料的分散量，另一方面也增大了体系黏度，也就是说增大了剪切阻力，不利于分散。其次，随着颜填料体积浓度的增加，片料的硬度也会加大，对磨粉产生影响。再者，由于粉末涂料生产工艺和挤出设备条件所限，颜填料粒子不可能完全被树脂所润湿分散，而随着颜填料的增加这种情况会越严重，在破碎和磨粉时颜填料裸露在外的机会就越大，则影响粉末颗粒的带电上粉率，还会在成膜时增加流平的过程以及产生针孔或细纹。颜填料体积浓度的增大还会使粉末涂料成膜时，形成熔融流动的温度提高而缩短了流平时间，还增大了熔融体系的黏度，也不利于涂膜的流平。

(2) 粉末涂料遮盖力和颜色　实际上就是根据不同的颜色，确定钛白粉或炭黑的用量，当保证粉末涂料在一定膜厚而不显露底材的情况下，遮盖颜料的用量应尽量低，从而也使调色颜料用量最少，既降低了颜料体积浓度也降低了材料成本。

粉末涂料颜料的选用和颜色调整对粉末涂料非常重要，颜料的选用不仅涉及粉末产品的应用性能，还涉及粉末涂料的成本及粉末产品与样品颜色的一致性。正确选用颜料的品种，避免颜料的性能与粉末产品的要求不符，以至于造成产品成本的提高或造成产品性能达不到要求。

(3) 粉末涂料的配方结构　粉末涂料成膜物、固化剂、助剂的选用及用量的大小涉及涂膜的流平、光泽和涂膜的力学性能、化学性能、产品的使用性能，这些材料的选用和用量决定了粉末涂料配方的结构，这些材料使用的不合理或不匹配将导致粉末涂料出现除颜色以外的一系列问题，在生产中把这方面的调整称为配方结构的调整。

配方结构包括：树脂与固化剂的配比用量、树脂占配方总量的比例（或颜填料占配方总量的比例）、各助剂占配方总量的比例等方面。

3. 粉末涂料助剂

粉末涂料助剂是用以增加粉末涂料的成膜性，改善或消除涂膜的缺陷，或使涂膜形成纹理的材料。助剂是起辅助作用的材料，其种类和品种繁多，选用时一定要注意各助剂产生的作用，切不可乱用和滥用，使配方做到简单有效。粉末涂料的助剂大约分以下几种。

(1) 流平剂　粉末涂料使用的流平剂是低表面张力的丙烯酸聚合物。进口流平剂如PV-88、PLP100和ModaflowⅡ、ModaflowⅢ、2000、6000等系列都是丙烯酸共聚物吸附在白炭黑的固体粉末，纯流平剂的含量大约在60%；国产流平剂由于受到技术和工艺水平的限制，产品都是丙烯酸的均聚物——聚丙烯酸正丁酯（液态），这一情况造成了产品的缺陷——单独使用会形成涂膜缩孔，因此，随后又做出表面张力更低的丙烯酸均聚物——聚甲基丙烯酸甲酯（固态，商品牌号701）来弥补前者的缺陷。从701的起源和作用来看，笔者认为它应归类为流平剂，为区别于普通固体流平剂，人们按习惯将它称作增光剂，而实际上它才是真正的固体（态）流平剂。在平面粉体系中，液流（纯流平剂）的正常用量为配方总量的0.4%～0.6%；701的用量为配方总量的0.5%～1.5%，过量使用会造成表面橘皮和失光现象。

(2) 固化促进剂　固化促进剂是加速树脂与固化剂反应、缩短固化时间、降低固化温度的组分。这种促进剂有酸性和碱性两类，酸性有三氟化硼络合物、氯化亚锡、辛酸亚锡等；碱性包括大多数有机叔胺、咪唑化合物等。不同类型的固化促进剂应用于不同的固化体系，即使同类型的固化促进剂对不同物质的促进固化效果也不相同。前面曾讲过咪唑及其衍生物作为环氧树脂体系固化的促进剂，此外还有季铵盐和季鏻盐等，它们对聚酯/TGIC体系同样有效。有机叔胺虽然也对羟基/异氰酸酯体系有促进作用，但人们还是常使用有机锡化合物作为该体系的固化促进剂。羧基/羟烷基酰胺体系没有什么有效的固化促进剂。聚酯树脂的生产厂已在树脂生产时加有一定量的固化促进剂，基本已满足粉末涂料产品的使用，粉末涂料生产者如需进一步缩短固化时间或降低固化温度必须先做好试验工作，同时还要注意粉末涂料的贮存稳定性。

(3) 消光剂 除前面所提到过的68和55型的消光固化剂以及GMA聚丙烯酸消光树脂和多元酸消光剂外，目前使用最广的是所谓的“有限反应消光剂”，即为市面上所说的物理消光剂，具体物质不详，一般认为是有机阴离子金属盐分散在聚乙烯蜡等载体中。一般具有较好的抗泛黄性能，有的产品能做到低于10%的光泽度。这类消光剂也分为户内、户外产品，但都对聚酯具有选择性，生产使用前一定要做好试验工作。此外，这类消光剂对酰胺类的材料较敏感，如T105、EBS等材料，当有这些材料存在时，其消光效果会大打折扣。由于这种消光剂是有限反应，配方中可忽略其化学用量的计算（也因此将其称为物理消光剂）。随其用量的增加，涂膜光泽降低，到一个极限后随消光剂的增加涂膜光泽不会有变动或略有升高。固化温度对光泽有一定的影响。此外，前面所提到的多元酸固化剂作为户外消光粉是通过两步反应进行消光，由于多元酸固化剂要消耗一定量的TGIC，配方中TGIC的用量较大，夏季会发生粉末结块情况。

(4) 紫外光吸收剂、光稳定剂和抗氧剂 初入行业的人员往往把这三者物质相混淆，特别是前两者。虽然它们都能提供聚合物分子的抗降解和涂层的耐老化性能，但机理并不相同。

紫外线吸收剂是将日光中的紫外部分的光能吸收并转化为热能的物质，通过这种转化，消除太阳光对涂层的损害。这类物质主要是羟苯基苯并三唑的衍生物等。

光稳定剂是能够通过捕捉高分子材料分子中产生的自由基来阻止聚合物分子的光化学降解作用的物质。这类物质一般是受阻胺，主要有四甲基哌啶的衍生物。

抗氧化剂又称热稳定剂，是被用来防止在过烘烤中涂层黄变的一类物质。一般情况下它们是空间位阻型抗氧化剂和抗水解的有机亚磷酸盐的混合物。

紫外线吸收剂和光稳定剂在协同使用时防光泽降低、防分解（粉化）、防变色的效果比单一使用要好得多。紫外线吸收剂的用量是树脂量的1%～1.5%，而光稳定剂的用量一般是树脂量的0.5%～2%，这类助剂只有和树脂均匀混合时的效果最佳，因此一般的树脂生产供应商已在户外用树脂中加有一定量的这类助剂。抗氧化剂的添加有个最大限量，一般是配方总量的0.2%～0.5%，过量加入反而不利。

(5) 抗表面划伤和增滑剂 涂膜的表面划伤包含有硬物划伤、擦伤和耐磨性等含义。要提高涂膜抗划伤、耐磨性能，就必须使涂膜表面具备足够的抗拉、抗压应力，也就是其表面所表现的柔韧及刚性要很高且很合理的平衡点。在刚性与柔性的结合上，一方面是通过保证固化后聚合物的分子量要足够大，使涂膜具有足够的强度；另一方面还要选择好具有合适结晶度及弹性的树脂作为成膜物。提高抗摩擦、抗划伤的另一个办法是增大涂层表面的滑爽性，使物体接触涂层表面时，滑动倾向大于划伤倾向。滑爽性是指低的表面摩擦阻力，可通过增加涂膜表面的细腻光滑性，以及加入能够在涂膜表面形成润滑膜的一类助剂来解决或改善涂膜抗表面划伤的问题，而这类助剂就是所谓的增滑剂。常见的增滑剂有聚乙烯蜡、改性的聚丙烯蜡和聚偏二氟乙烯与聚乙烯蜡的混合物等，这类蜡迁移至涂膜表面可使涂膜表面的动态摩擦系数大幅度降低，达到抗划伤的目的。这类助剂的添加量在配方总量的0.3%以下时粉末涂料涂膜具有重涂性。

(6) 纹理剂 能使涂膜表面形成纹理的助剂称之为纹理剂。粉末涂料常用的纹理剂大概可分为如下几类：其一是和粉末涂料主体系不同的表面张力的低表面张力物质，此类材料包括CAB（即有合适玻璃化温度或黏度的醋酸丁酸纤维素）、加工成固体形态的具有一定粒径分布的流平剂以及含有一定比例硅油成分的物质等，通过不同的配方或工艺来做成具有凹凸或缩点的立体纹理，这就是人们常说的浮花剂或点花剂；其二是使粉末涂料体系产生触变性的有机或无机的触变助剂，使粉末粒子在低剪切速率下只熔融而不流动或有限流动，从而形成砂纹纹理，这类材料包括有机膨润土、气相二氧化硅、滑石粉、高岭土以及一些高吸油量或具有片层状结构的填料，此外还有一些有机触变剂，如一些氟蜡、丙烯酸共聚物的金属盐等有机离子聚合物；其三是具有一定触变性或与体系有不同熔融温度的颗粒（与粉末涂料进行后拼混），形成多色的或凸出的颗粒点，这可以是某一种高熔点的聚合物，也可以是另一种粉末涂料；其四是本身具有挥发性或在固化反应产生挥发分的材料，当涂膜固化反应到一定黏度范围的时候，通过助剂（或反应产生的小分子物质）的挥发形成细小褶皱的纹理（即绵绵纹），产品是一种有挥发性的有机铝化合物（如南海奉化的 605-1A 和六安捷通达的 SA208）以及具有一定挥发性的烷烃蜡，前者用于纯环氧型纹理粉，后者可用于环氧/聚酯混合型的体系，具有反应挥发物的是四甲氧基甲甘脲固化羟基聚酯体系，该体系的绵绵粉可用于户外。通过不同的纹理助剂，再结合不同的配方和生产工艺，纹理粉可以做出丰富多彩的产品。

(7) 抗粉末结块和粉体流动助剂　具有足够大的比表面积（$200m^2/g$ 左右）或足够小粒径（10～40nm）的气相二氧化硅或氧化铝，与挤出片料按 0.1%～0.3%的加量拌和后一起磨粉，使气相二氧化硅或氧化铝粒子与粉末粒子形成高度分散，这种高度分散的气相二氧化硅或氧化铝粒子在粉末涂料粒子之间形成了隔离层，从而起到了粉末涂料的抗结块作用。而作为极小隔离层的气相二氧化硅或氧化铝粒子还起到了“滚珠轴承”的作用，提高了粉末涂料的粉体流动性。虽然这种共同磨粉的方法会多消耗一些助剂，但这是目前最有效的方法。

(8) 脱气剂和“消泡剂”　最常用的脱气剂是安息香，它作为一种“固体溶剂”使涂膜持续不断地展开（流动），有足够长的时间让空气等小分子低温挥发物质从涂膜中逃逸出去。由于含有易烘烤黄变的杂质，在浅色粉中的用量受到限制，特别是在羟烷基酰胺体系中。安息香配合其他具有脱气功能的助剂共同使用则涂膜表面丰满的效果更明显，这些材料是具有一定表面活性剂作用或分散作用的助剂，包括一些复合聚乙烯蜡、酰胺蜡和氢化蓖麻油等。此外，这些较高沸点的具有表面活性剂的助剂，在返锈工件和铸件上具有较高温度挥发物的封闭抑制作用，表面看是起到了“消泡”作用，而实际上是利用其高沸点和表面活性剂的作用流入孔隙中对高温挥发的物质起到封闭作用。

(9) 增电剂（包括摩擦增电剂）　能够改善粉末涂料粒子的带电程度的助剂。这类助剂在粉末涂料粒子带电不多时，如颜料、填料较高的情况下，能够改善和增加粉末涂料粒子带电荷的程度，效果好的助剂可作为摩擦枪用粉的摩擦增电剂。这类材料主要是一些含氮的化合物，特别是在粉末涂料体系中无反应影响的位阻胺化合物或其低聚物，而且物质中含氮量越高，增加带电效果越好。典型的应用例子就是羟烷基酰胺体系的粉末涂料，其带电性能要比不使用羟烷基酰胺的粉末体系高很多（还因其用量也大，基本在配方量的 2%以上）。此外，氧化铝在和粉末挤出片料一起粉碎后也能够增加粉末涂料粒子的带电性。

(10) 抗静电剂和电荷控制剂　抗静电剂和电荷控制剂都是可以降低粉末涂层或粉末粒子表面电阻率的助剂，尽管两者的作用类似，但应用的目的是不同的。前者是用来增加涂层的导电性以增加涂层向地面传送静电的能力；后者是用于控制粉末涂料粒子的带电性能和带电量以增加粉末粒子的带电速率从而增加粉末的上粉率以及克服法拉第效应所产生的粉末和工件吸附差的现象。有些物质，如季铵盐，既能起到增电剂的作用，也能够能起到抗静电剂和电荷控制剂的作用，只是用量不同而已。抗静电剂和电荷控制剂有个极限用量，例如在使用静电枪的时候，粉末的电阻率应在 $10^{12}\Omega\cdot m$ 左右，如果粉末的导电性太强，它们就会很快地失去电荷从而对工件不吸附。

(11) 颜料分散助剂　颜料分散剂就是表面活性剂，它们在粉末涂料加工挤出和成膜过程中起到两方面的作用：增加树脂对颜料的润湿速率和程度；降低颜料聚集团的聚集能使树脂更容易将颜料分散。由于粉末涂料生产加工的特点，任何配料时所加入的颜料分散剂的效果都会大打折扣，这是由于分散剂与树脂或颜料的任何一方都不能够形成均质或高分散状态，这种不均匀状态使得分散剂加多后反而造成物料挤出时的“打滑”的情况出现，削弱或消除了物料的剪切分散作用，反而降低了颜料的分散性，这种情况主要反映在较难分散的炭黑和有机颜料上。

4. 颜填料的选用

颜料是不溶性的细颗粒粉状物质。在粉末涂料的成分中，颜料是其重要的组成部分。它赋予涂膜的遮盖性、色彩；改进涂料的应用性能；改善涂膜的性能特性和（或）降低成本。颜料的分类方法有多种，从化学组成来分类可分成无机颜料和有机颜料两大类。或分成白色颜料、彩色颜料、体质颜料和功能性颜料四个类别。从生产制造角度来分类又可分为钛系颜料、铁系颜料、铬系颜料、铅系颜料、锌系颜料、金属颜料、有机合成颜料等，这种分类方法，往往一个系统就能代表一个专业生产行业，具有实用意义。国内外通常是以颜色分类的，如著名的《染料索引》及我国的国家标准。大部分颜料依据颜料索引号都能找出对应的物质，可依据其物质的性质对该颜料的基本性能有所了解并作为选用的一个依据。

由于在粉末涂料的生产和使用时不仅要经过高温过程，而且颜料在基料中分散的时间也非常短暂，加之粉末涂料涂装的产品使用环境的不同以及考虑粉末涂料产品的经济性问题，因而在设计粉末涂料配方时，颜料的选用是非常重要的。

(1) 白色颜料　大部分粉末涂料中都含有白颜料，白颜料不仅用于白色产品中，还用于各种较浅颜色的彩色产品中，在颜色中作为调节颜色明度的一种颜料，并在白色和浅彩色的粉末涂料中提供大部分的遮盖力。理想的白颜料理应不会吸收任何可见光，有高散射系数。因为控制散射能力的主要因素是颜料与基料之间折射率的差异，所以折射率是白颜料的关键性能。表 3-8-14 是粉末涂料常用的白色颜料及其指标。

表 3-8-14　粉末涂料常用的白色颜料及其指标

性　能	金红石钛白粉	锐钛型钛白粉	氧化锌	立德粉
化学性质	极为稳定	极为稳定	两性化合物	不耐酸
相对密度	4.2	3.9	5.6	4.3
折射率	2.71	2.52	2.11	1.04
吸油量/%	≤20	≤22	14	14
相对不透明度/%	100	81	26	13

无论从化学性质还是从光学性质看，钛白粉，特别是金红石钛白粉是目前最好的白色颜料。

(2) 黑色颜料

① 炭黑　色素炭黑从生产方法方面分类基本上可分为槽法炭黑、炉法炭黑和热裂法炭黑三种；从着色力或黑度方面分类可分为高色素炭黑、中色素炭黑和低色素炭黑三种，不同的生产方法所制造炭黑产品的性质、性能和成本（价格）有很大的区别。炭黑的应用范围主要依其粒径而决定，生产方法的不同炭黑的粒径范围也不同，如图 3-8-4 所示。

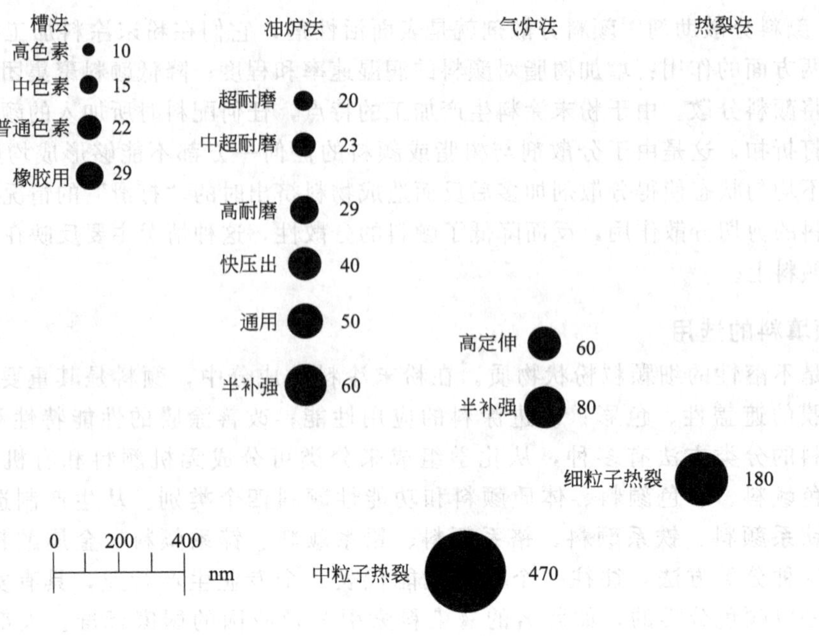

图 3-8-4 各种炭黑粒径的相对大小

随着技术的进步，一些炉法炭黑也能够达到槽法炭黑的质量水平而作为色素炭黑使用。

炭黑是烃类不完全燃烧生成的颗粒，加上炭黑粒子很细微，因此在炭黑粒子的表面还结合有酚基、醌基、羧基和内酯基等含氧基团，这些含氧官能团则影响着炭黑表面的 pH。含氧官能团多的，如槽黑，表面呈酸性（pH 在 3～5）；含氧官能团少的，如炉黑，表面呈中性或微碱性（pH≥7）。这对色素炭黑的分散性即对涂膜表面的光泽和流平的影响非常重要。此外，炭黑粒子表面的极性，特别是氧化后的炭黑极性增加（虽然增加了分散性），但吸湿性也大大增加，这在贮运和使用中应引起足够的重视。

色素炭黑依据生产方法和粒径规定了如下划分，见表 3-8-15。

表 3-8-15 色素炭黑依据生产方法和粒径进行的划分

名 称	国际通用代码	名 称	国际通用代码
高色素槽黑	HCC	中色素炉黑	MCF
高色素炉黑	HCF	低色素炉黑①	LCF
中色素槽黑	MCC		

① 由于低色素炭黑的范围过宽，有人也把它分为两类，即普通色素炉黑（RCF），粒径范围 28～40nm；低色素炉黑（LCF），粒径范围 41～70nm。

色素用炭黑分类见表 3-8-16。炭黑性质对涂料性能的影响见表 3-8-17。

表 3-8-16 色素用炭黑分类

炭黑类型	粒径范围/nm	黑度指数①	表面积范围/(m^2/g)
HCC	10～14	260～188	1100～695
MCC	15～27	175～150	275～115
MCF	17～27	173～150	235～100
LCF	28～70	130～60	65～20

① 黑度指数：数值越高炭黑颜料的黑度越高。

表 3-8-17 炭黑性质对涂料性能的影响

<table>
<tr><td colspan="3">当粒径减小或表面积增大时</td></tr>
<tr><td>黑度</td><td colspan="2">增加，光的吸收更多，反射更少，使人觉得更黑</td></tr>
<tr><td>黏度</td><td colspan="2">增加，基料需要量较多，自由流动的基料量减少</td></tr>
<tr><td>分散性</td><td colspan="2">降低，粒子间引力增大，需要更多的能量破坏附聚体</td></tr>
<tr><td>光泽</td><td colspan="2">降低，较高的基料需要量，涂层中共光反射的基料量减少</td></tr>
<tr><td colspan="3">当炭黑结构增大时</td></tr>
<tr><td>黑度</td><td colspan="2">降低，纤维状聚集体增多，相当于较粗粒子的效果</td></tr>
<tr><td>黏度</td><td colspan="2">增加，基料需要量较多，自由流动的基料量减少</td></tr>
<tr><td>分散性</td><td colspan="2">增加，由于黏度的增加，产生更大的剪切力破坏附聚体</td></tr>
<tr><td>光泽</td><td colspan="2">降低，基料需要量增加，涂层表面上自由基料减少</td></tr>
<tr><td colspan="3">当炭黑表面酸度增加时</td></tr>
<tr><td>黑度</td><td>增加</td><td rowspan="4">对于大多数基料而言，表面酸度增加，相当于加入一种有效的分散润湿剂，颜料被基料润湿的阻力得以降低，有助于基料渗透到颜料粒子簇中去</td></tr>
<tr><td>黏度</td><td>降低</td></tr>
<tr><td>分散性</td><td>增加</td></tr>
<tr><td>光泽</td><td>增加</td></tr>
</table>

粉末涂料应依据不同黑度的要求选择相应粒径的炭黑，根据粉末涂料加工时螺杆挤出分散性差的特点，应选用分散性好、对涂膜流平好的炭黑，即表面 pH 较低的炭黑。

② 氧化铁黑 简称铁黑，分子式 Fe_3O_4 或 $Fe_2O_3 \cdot FeO$，化学名称为四氧化三铁，相对密度 4.73，遮盖力和着色力都很高，对光和大气的作用十分稳定，不溶于碱，微溶于稀酸，在浓酸中完全溶解，耐热性较差，在较高的温度下生成红色的氧化铁，在 200℃时转变为 γ-Fe_2O_3，在 300℃以上则转变为 β-Fe_2O_3。因此，氧化铁黑在粉末涂料中很少使用。

(3) 红色颜料

① 无机红色颜料

a. 铁红 分子式 Fe_2O_3。具有优良的颜料性能，有很高的遮盖力（仅次于炭黑），较好的耐化学稳定性（只溶于热浓酸），耐热性高，很好的耐光性和耐候性，毒性极小。由于生产方法的不同，铁红的有不同的晶形（有立方形、球形、针形、六角形、菱形），而粒径不同其色相等方面也有不同。铁红粒子的大小与颜色、着色力、遮盖力、比表面积及吸油量的关系见表 3-8-18。

表 3-8-18 铁红粒子的大小与各种性能的关系

<table>
<tr><td>铁红类型</td><td>1</td><td>2</td><td>3</td><td>4</td><td>5</td><td>6</td><td>7</td><td>8</td></tr>
<tr><td>颗粒尺寸/μm</td><td>0.09</td><td>0.11</td><td>0.12</td><td>0.17</td><td>0.22</td><td>0.3</td><td>0.4</td><td>0.7</td></tr>
<tr><td>色调变化</td><td colspan="8">黄红相→向蓝相变化→红紫相</td></tr>
<tr><td>着色力</td><td colspan="8">大→小</td></tr>
<tr><td>遮盖力</td><td colspan="8">小←大→小</td></tr>
<tr><td>比表面积</td><td colspan="8">大→小</td></tr>
<tr><td>吸油量</td><td colspan="8">大→小</td></tr>
</table>

相同色相的铁红，针形的要比球形的着色力、遮盖力高，因为针形铁红粒子有比较高的散射能力。

铁红的用途很广，生产方法也很多，产品质量要求相差很大。干法生产的铁红虽然价低，但润湿性差，难于分散，不适用于粉末涂料。湿法生产中以硝酸盐法的铁红使用性能最好，但价高。混酸法次之，再次者为硫酸盐法。

由于氧化铁红价廉、稳定性高，在粉末涂料上使用非常广泛。

b. 钼铬红　钼铬红是一种含有钼酸铅（$PbMoO_4$）、铬酸铅（$PbCrO_4$）和硫酸铅（$PbSO_4$）颜色较鲜明的橘红色至红色颜料。着色力、遮盖力性能优良，耐热性非常好。在实际使用中，钼铬红颜料晶体的晶形易发生变化，使色泽会改变，耐光和耐候性不太好，通过对其表面进行二氧化硅致密包膜处理的产品则可用于户外。钼铬红含有重金属，在使用方面一定要注意。

② 有机红色颜料　有机红色颜料品种繁多，色相有黄相红、正红、蓝相红和暗红等。大多数是偶氮红颜料，而传统的偶氮颜料着色力较强，耐热性、耐光性和遮盖力都不太好，颜料迁移性较强，不适合粉末涂料使用。有些偶氮色淀品种能耐温 180℃左右，如颜料红#48：1～4 等，可适当地用于户内粉末涂料中，但由于颜料较细，耐光性和分散性都不太好，不过其价格低廉，其中颜料红#48：1 为鲜艳的黄相红，其他的为不同程度蓝相的红色，其中颜料红#48：4 的性能较好一点。大部分的偶氮色酚 AS 都有较好的耐性，颜色有黄相红、正红和蓝相红，有些耐光性能好的可用于对耐光性能要求不高的户外粉末涂料，粉末涂料常用的有颜料红#170 的 F5RK 和 F3RK 等，其价格相对比较适中，前者为稍发暗的正红色相，而后者为黄相红。一些高性能有机颜料红则更适合在粉末涂料中使用，如缩合偶氮类、吡咯并吡咯类（DPP）、蒽醌类及喹吖啶酮类和苝系红等，它们具有较高的耐温性能，优秀的耐光和耐候性，经过表面处理后，其分散性和遮盖力比普通的偶氮颜料大为提高，但价格也相对较高。

(4) 黄色和橙色颜料

① 无机黄色颜料

a. 铅铬黄　目前，国内的铅铬黄颜料一般有五个品种，即柠檬铬黄、浅铬黄、中铬黄、深铬黄和橘铬黄，每个品种各厂家的颜色标准略有不同。柠檬铬黄色泽鲜艳，带绿相，着色力较中铬黄差；浅铬黄是纯正的浅黄色相，比柠檬铬黄要深些，着色力比柠檬铬黄稍好；中铬黄主要成分基本上是铬酸铅 $PbCrO_4$。其色泽饱和纯正，深浅适中，因而得此名，由于中铬黄性能优越，价格低廉，直至目前，依然是用量最大的黄色颜料；深铬黄比中铬黄色泽深、暗，遮盖力比重铬黄要好；橘铬黄是铅铬黄系颜料中红相最重的颜料。

铅铬黄颜料具有遮盖力强、耐热性好、着色力高、易分散和价格低廉等优点。然而由于含有铅和六价铬，使用上受到限制，不能用于玩具、文体用具等产品上，也是被欧盟 RoHS 指令所禁用的。柠檬铬黄和浅铬黄由于晶形的不稳定不能用于户外，耐热性也较差。即使是后三种铅铬黄，未经过表面包膜处理的产品，户外耐久性也很差，而经过二氧化硅致密包膜的产品则可用于户外，且耐热性也大大提高（耐热可达 300℃），但着色力和遮盖力均有所下降。

b. 氧化铁黄颜料　氧化铁黄又称羟基铁简称铁黄。化学式为 $Fe_2O_3 \cdot H_2O$ 或 FeOOH，色泽为褐黄色，着色力接近中铬黄，具有良好的颜料性能。无毒性，耐光性能优良，可用于户外。耐温性能稍差，150～200℃时开始脱水，当温度在 270～300℃时脱水迅速，并转变为铁红（Fe_2O_3）。近几年，随着对有毒害颜料的禁用和限用，加之氧化铁黄低廉的价位，其地位越来越重要，特别是对于粉末涂料行业。

c. 钒酸铋/钼酸铋黄　化学式为 $4BiVO_4 \cdot 3Bi_2MoO_4$，是钒酸铋和钼酸铋两种不同的结晶结合而成。钒酸铋/钼酸铋黄的色光和着色力都接近于铅铬黄颜料，色泽鲜艳，具有优良的耐光性、耐候性和化学稳定性，分散性高，毒性很低，可作为无铅颜料。适应于做高性能户外粉末涂料，但价格较高。

② 有机黄色和橙色颜料　大部分有机黄和有机橙色颜料是偶氮类的颜料，与偶氮类的红色颜料一样，传统或经典的单偶氮黄色和橙色颜料大多不适合粉末涂料使用。而偶氮颜料中联苯胺类的颜料由于分子量较大，和一些取代基团的作用，耐温性能较高，有些品种用于户内粉末涂料中以替代含重金属的铅铬黄颜料。常用于粉末涂料的联苯胺类的黄色颜料有：颜料黄#13、颜料黄#14、颜料黄#81和颜料黄#83等。但联苯胺类颜料在200℃以上会分解出有毒的苯胺，因此有些国家禁止使用。苯并咪唑酮的偶氮颜料黄和颜料橙这类新型颜料的性能非常优异，可满足户外粉末涂料的使用，如颜料黄#151、颜料黄#154和颜料橙#36等。此外，其他高性能黄色和橙色颜料还有缩合偶氮类、四氯异吲哚啉酮类、蒽醌类等。

(5) 蓝色颜料

① 无机蓝颜料——群青　粉末涂料常使用的无机蓝颜料是群青，主要作为调色颜料使用。群青是以硅酸盐为主要原料，经高温煅烧而形成的一种多元素、多成分、无毒的无机颜料。具有极好的耐光性、耐碱性、耐热性、耐候性，但易被酸的水溶液所破坏。国外已生产的有蓝色、紫色、红色的群青品种，我国现只有蓝色。蓝色群青色调艳丽、清新，非其他蓝色所比拟，但着色力较低。

② 有机蓝色颜料——酞菁蓝颜料　酞菁蓝主要组成是细结晶的铜酞菁。它具有鲜明的蓝色，耐光、耐热、耐酸、耐碱、耐化学品的性能优良，着色力强，是粉末涂料中最常用的蓝色颜料。根据粗酞菁蓝在颜料化时的加工方法不同，有如下几个品种。

a. 不稳定α型酞菁蓝（颜料蓝#15）　色光呈红相，遇高温（>200℃）发生“结晶”现象，颜色会发生变暗和褪色，不太适用于粉末涂料。国产酞菁蓝B、BX属于此类。

b. 抗结晶α型酞菁蓝（颜料蓝#15：1）　亦称稳定α型酞菁蓝，色光同上，能够耐高温，但不抗絮凝，在粉末涂料使用时，涂膜常会产生“蓝点”现象。国产酞菁蓝BS属此类。

c. 抗结晶、抗絮凝α型酞菁蓝（颜料蓝#15：2）　色光同上，耐高温，不絮凝。适用于粉末涂料。

d. β型酞菁蓝（颜料蓝#15：3）　能耐高温，色光呈绿相，不抗絮凝。国产牌号有BGS、颜料蓝4GN等。

e. 抗结晶、抗絮凝β型酞菁蓝（颜料蓝#15：4）　色光同上，耐高温，不絮凝。适用于粉末涂料。

f. ε型酞菁蓝（颜料蓝#15：6）　色相呈大红光，稳定性、分散性优异，着色力比α型酞菁蓝高25%。

(6) 绿色颜料

① 无机绿色颜料　粉末涂料中有时使用氧化铬绿，用于调色，该颜料能用于户外，可利用其较高的对红外线反射作用而应用于伪装涂料。无机绿色颜料在粉末涂料中极少有人使用。

② 酞菁绿颜料　酞菁绿的化学组成是多卤代铜酞菁，主要代入的卤素是氯和溴。商品酞菁绿G（颜料绿#7）含14～15个氯原子，即多氯代铜酞菁，色光呈蓝光的绿色。酞菁绿G不存在同质多晶构造，在高温下不会发生“结晶”现象，但有“絮凝”倾向，需要加入添加剂以制得抗絮凝的产品，这种抗絮凝的酞菁绿颜料才更加适合粉末涂料的应用。

卤代铜酞菁被一定数量的溴原子取代时，其色光会偏黄，溴原子取代得越多，色光越黄。酞菁绿3G、6G（颜料绿#36）的化学组成就是多氯、多溴代铜酞菁，色光呈黄光绿色。

酞菁绿 3G 含溴原子 4～5 个，氯原子 8～9 个；酞菁绿 6G 含溴原子 9～10 个，氯原子 2～3 个。酞菁绿 3G、6G 的着色力比酞菁绿 G 要低，其他性能相似，价格较贵。

(7) 紫色颜料　粉末涂料最常用的紫色颜料就是咔唑二噁嗪紫，或叫永固紫（颜料紫#23)。永固紫有突出的着色强度以及优异的耐热、耐渗性和良好的耐光牢度，色相呈蓝光紫色。在与酞菁蓝一起拼混调色后仍能保持良好的耐光牢度，即使在冲淡后的浅色时也具有令人满意的耐候性能。微量的永固紫颜料还用作白色粉末涂料的吊色，冲压树脂的黄相，起增白剂的作用。

颜料紫#19 是喹吖啶酮类的颜料，各项耐性优异，色相呈红光紫色，色相发暗程度低，常作为调色颜料使用，可用于户外产品中，这两种颜料的价格较贵。

(8) 体质颜料（填料）　体质颜料是指起填充作用的颜料。主要有碳酸钙、硫酸钡、滑石粉、高岭土、云母粉、硅灰石、二氧化硅等这些无机填料。体质颜料的折射率与基料树脂的折射率相近，几乎没有什么遮盖力。有些体质颜料由于其颗粒性质和粒子表面性质的特殊性，也能起到助剂或功能性的作用。

① 碳酸钙　碳酸钙分为轻质碳酸钙（又叫沉淀碳酸钙）和重质碳酸钙。轻质碳酸钙以石灰石（$CaCO_3$）为原料，经煅烧而成为石灰（CaO），再与水反应生成氢氧化钙[$Ca(OH)_2$]，再与二氧化碳（CO_2）反应生成碳酸钙，通过工艺控制而形成不同粒径的产品，即沉淀（轻质）碳酸钙和更细的微细、超细碳酸钙。重质碳酸钙是直接将石灰石或方解石等进行细微分化后分级而分成不同重质碳酸钙产品，目前，已能将其微分至 1μm 以下的细度（即所谓的高光钙），称为重质细微碳酸钙。碳酸钙使用的安全性是被广泛认可的，现已大量地用于粉末涂料，廉价的碳酸钙不仅降低粉末涂料的成本，同时替代硫酸钡以减少产品中可溶性钡的含量。碳酸钙经表面处理后又形成了另一个品种——活性碳酸钙。早期用硬脂酸盐对碳酸钙进行活化，近期已使用到了螯合剂或偶联剂等较新的活化剂（表面处理剂）来进行处理，从而提高了活化碳酸钙的使用性能和使用范围，但成本也有所提高。

② 硫酸钡

a. 沉淀硫酸钡　白色斜方晶体，相对密度 4.5（15℃），化学性质稳定。工业上采用芒硝-黑灰法生产，即将破碎的重晶石（$BaSO_4$）粉用还原剂煤（C）还原成硫化钡（BaS），硫化钡制成溶液后与芒硝（Na_2SO_4）溶液反应生成硫酸钡的沉淀。沉淀硫酸钡的粒径细，分散性好，对光泽的影响较小。沉淀硫酸钡在分离和洗涤工序中，很可能由于设备或工艺问题造成可溶性钡超标，因此，在使用时应多加注意。

b. 重晶石粉　主要成分是硫酸钡，相对密度 4.3～4.7，是直接将重晶石矿粉碎成细颗粒的产品。早期的重晶石粉主要用于压井和涂料腻子，现在则越来越精细化了。其质量主要取决于矿石的品位和颗粒的细度，较细的对光泽影响较小，较粗的可作为消光填料使用。

③ 其他体制颜料

a. 滑石粉　又称含水硅酸镁，分子式为 $3MgO \cdot 4SiO_2 \cdot H_2O$，由滑石矿直接粉碎而成。粒子呈针状结晶，有滑腻感，有一定的触变性，对粉末涂料的熔融流动性有较大的影响，常用于纹理粉。

b. 高岭土　又称瓷土，又被误称为陶土。分子式为 $Al_2O_3 \cdot SiO_2 \cdot nH_2O$，具有六角形片状结构，粒子具有酸性活化点，对粉末涂料的熔融流动性有一定的影响，可作为纹理粉填料。

c. 云母粉　由复杂的硅酸盐类组成，粒子为鳞片状，耐热、耐酸碱性优良，对粉末涂料的熔融流动性有影响，一般在耐温和绝缘粉末涂料中使用，可作为纹理粉的填料用。

d. 二氧化硅　分子式为 SiO_2，由于其在橡胶中有类似炭黑补强的功能又称白炭黑，是无定型二氧化硅。按生产方法可分为沉淀白炭黑和气相白炭黑。常使用气相白炭黑作为粉末涂料的松散和抗结块助剂。

5. 消光粉末涂料

光泽是评估一个表面时得到的视觉印象，主要是光线与物品表面的物理性能相互作用的结果，反射率是涂层表面反射光线的能力，其所能反射的光的多少和反射状态则取决于涂层表面的平整性和粗糙度以及颜色与透明性，以反射光与入射光的比值来表示，称为该材料表面的反射比或反射率（%），称之为光泽度。如图 3-8-5 所示的就是光线照射到涂膜后，不同粗糙度涂膜的表面对光反射的状态，从而形成涂膜光泽度的变化 。

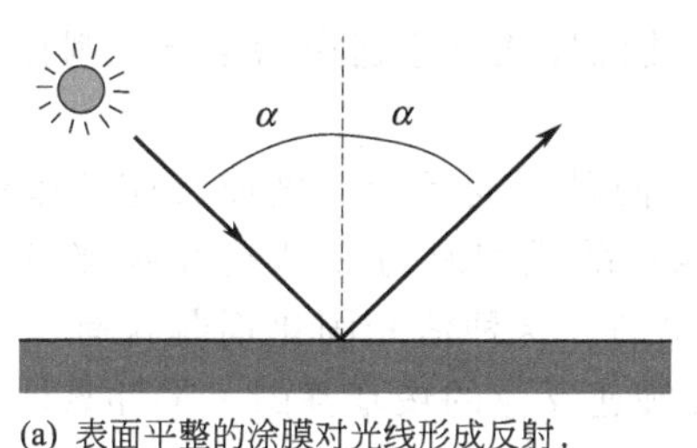

(a) 表面平整的涂膜对光线形成反射，涂膜表现光泽高

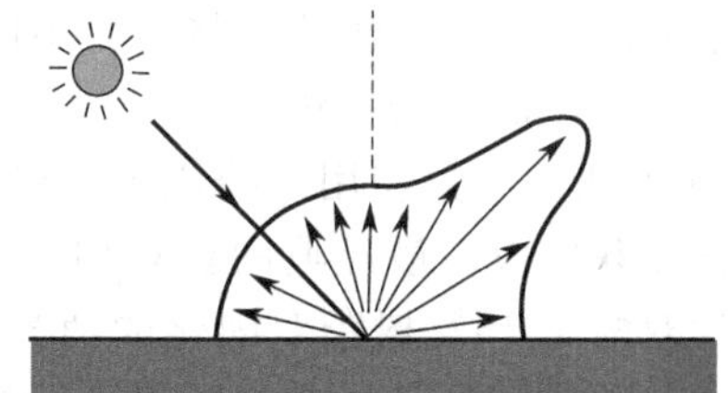

(b) 表面粗糙的涂膜对光线形成漫反射，涂膜表现光泽低

图 3-8-5　不同粗糙度涂膜的表面对光的反射状态

涂膜表面的粗糙密度及粗糙的立体程度越大，则涂膜表面对光线的漫反射程度就大，涂膜表现出来的光泽就低。粉末涂料就是通过各种手段使涂膜表面形成一定的粗糙度而达到消光的目的。

粉末涂料的消光方法有两种，即物理方法和化学方法。

(1) 物理方法一　将颜料、填料的加入量高于颜料的临界体积浓度（CPVC），可以形成表面不规则的涂膜，从而达到消光的目的。使用这种方法不仅涂膜流平不好，而且涂膜的机械强度也会变差，光泽也不能消得很低。使用粒径较粗的（平均粒径为 20～40μm）填料，如机械粉碎的重晶石粉或石灰石粉作为消光填料，使配方颜料体积浓度小于 CPVC，以保证涂膜有很好的流平性和机械强度，但光泽最低只能达到 60%（60°）左右。

(2) 物理方法二　在配方中加入无化学反应活性的、与基料体系不相容的蜡等材料，如石蜡、聚乙烯蜡或聚丙烯蜡，或者是它们的混合物，用以产生涂膜表面不均一的效果。因为蜡可以在粉末固化时迁移到涂膜表面，形成一种细小的“微滴”状表面，以达到使反射光线散射的效果。然而，当蜡加量较多时，涂膜表面会有蜡析出，深色涂膜会有发白现象，并且这种方法也不能把涂膜光泽降到很低的程度，一般消光程度达到 50%（60°角）以上的光泽度。

粉末涂料使用物理消光方法很难达到低光效果，人们通过各种“化学”的方法，利用粉末不同步固化的原理是粉末涂料的涂膜表面形成一定的粗糙度而达到消光的目的，有些化学反方法能够使涂膜的光泽降得很低。

(1) 化学方法一——干混法　两种不同体系的粉末涂料混到一起后常会有干扰失光的情况发生，人们利用产生这一现象的原理将两种具有不同反应速率或含有不相容类型的粉末干混合，或将两种粉末的挤出物共粉碎制成消光粉末涂料。两种固化温度不同、反应速率不同体系的粉末在成膜时，反应温度低或固化速率高的先行固化，反应温度高或固化速率低的再后期固化，两者形成一定的界面使涂膜表面形成粗糙状态。由于是分子聚集团之间形成的界面，所以这种粗糙度的尺寸相对比较大，涂膜表面不够细腻，而且光泽度最低只能够达到

20％（60°）。例如：将高光的聚酯/TGIC＝90/10 的粉末与聚酯/TGIC＝96/4 的粉末共混合，或聚酯/HAA＝90/10 的粉末与聚酯/HAA＝96.5/3.5 的粉末共混，也可将聚酯＋TGIC＋固化促进剂的粉末与聚酯＋HAA 的粉末共混合，两种粉末的反应速率相差越大，涂膜的光泽越低。

也有将两种不同熔体黏度、不同表面张力或混容性相差较大的粉末进行干混，使之形成干扰成膜导致消光。如干混高光的混合型粉末和聚酯/TGIC 的粉末、混合型粉末和纯环氧型粉末、聚氨酯和聚酯/TGIC 粉末等。

以上的消光方法总是要做两种不同的粉末，既费时又费工，而且很难获得均匀的半光效果，光泽的重复性也不太好。

(2) 化学方法二——一步法　将两种不同固化温度或反应速率的组分配制在一起，共同挤出制粉，一步生产的消光方法。

① 一步法方法一　只使用一种成膜树脂，用两种不同反应温度或反应速率的固化剂对其进行双固化交联反应。最经典的要算用均苯四甲酸或偏酐与 2-苯基-2-咪唑啉（环脒）所形成的盐作为双酚 A 环氧树脂双固化的消光固化剂。这种消光固化剂既含有与环氧进行低温快速固化的仲胺基团，又含有与环氧进行高温慢速反应的羧基基团。将环氧树脂与消光固化剂等材料配制一起，经挤出、粉碎制成粉末涂料。该涂料在烘烤过程中，盐分解成为它们各自的原始物质，即环脒和多元酸。环脒与部分的环氧树脂发生反应，使粉末预固化，成为具有一定柔韧而光亮的涂层。当烘烤温度继续升高时，反应活性相对低得多的羧基会进一步与环氧发生反应，使涂膜产生体型收缩。这种收缩受到之前预固化的牵制，分子链只能有限的活动，结果，这种受限的收缩在涂膜表面上形成了具有一定密度的、极细小的收缩点，从而达到消光的目的。如果在此基础上加入一定量的环脒，则会形成高光涂层，此时的环氧只与环脒发生反应，而其中的羧基并没有反应，这证实了消光固化剂的消光机理。当减少消光固化剂的用量，并补充相应部分的羧基基团（如羧基聚酯树脂），这样就降低了这种收缩的密度，从而使涂膜光泽升高。由于这种收缩点所形成粗糙度的尺寸是分子级的，因而消光涂膜的表面看不出任何纹理，涂膜表现出非常细腻的效果，光泽最低可做到 5％（60°）。

此外，还可以用 GMA 丙烯酸树脂和 TGIC（或 HAA）与羧基聚酯进行双固化交联而达到消光的目的。

② 一步法方法二　使用一种固化剂与活性官能团含量不同的两种成膜树脂交联固化，从而达到消光的目的。如用封闭的异氰酸酯固化剂与羟值差别较大的两种聚酯树脂配合形成双固化交联，用来制作消光粉末，光泽最低可做到 20％（60°）以下。

也可通过使用一种树脂，再加入具有和树脂相同官能团的反应物质与固化剂实现快速聚合反应以达到双固化消光的目的。如羧基聚酯树脂与 TGIC，再加入能与 TGIC 快速聚合反应的多元酸组分，可制成光泽 15％（60°）左右的粉末涂料。

使用两种固化剂或两种树脂的双固化方法形成消光涂膜的表面粗糙度的尺寸介于干混法与消光固化剂法这两者之间，涂膜表面的细腻性一般。

③ 一步法方法三　在一般的高光粉末的体系中加入某种高熔点的固化促进剂，这种固化促进剂如同颜填料一样分散在树脂基料里，在烘烤过程中形成微局部的催化固化反应，粉末的成膜物在固化促进剂周围形成许多个不连续的快速固化点，与周围正常固化反应形成双固化，达到消光的目的。要使快速固化点尽可能地在表面形成，必须先把这种固化促进剂与蜡制成母料形式，由于蜡与树脂不易相容，粉末在烘烤时母料会迁移到涂成表面。由于固化促进剂对各反应物质的质量不产生影响，因此有人把这种母料称之为“物理消光剂”或“有限反应消光剂”。这类“消光剂”对成膜树脂有较强的选择性，这可能与“消光剂”和树脂

的相容程度及聚酯树脂的黏度有关。目前，这种“消光剂”能将混合型的粉末光泽做到10%（60°）以下，并且涂膜表面较细腻，涂膜的流平性和其他性能不受影响。

用化学手段使粉末涂料达到消光目的的方法还有很多，基本上都是形成不同步固化，在体系中形成非相容相，从而使涂膜表面形成一定程度的粗糙面，造成涂膜不同程度的消光效果。各种方法都有它的优点和局限性，当意识到这点后，就可以从中选取合适的方法为自己的应用服务，以便最大范围地减少消光粉末出现在生产中和使用方面的问题。

6. 橘型纹理粉末涂料

橘型美术粉末涂料是指皱纹、锤纹、浮花纹和用填料法做的砂纹等粉末涂料。这类纹理粉其纹理的形成有个共同点——都是在成膜过程中，利用表面张力的不平衡，或在表面张力不平衡状态下固化成膜而形成纹理的。以这种方式形成的美术型粉末涂料，涵盖了大部分纹理粉末涂料的类型。

(1) 粉末涂料的成膜过程　粉末由静电吸附在工件上，受热升温到某一温度时开始熔融，由于粉末的熔融有先后，加之各组分混溶和分散程度的差别，使得熔融物表面产生张力差，又由于热量的交换和在表面张力差的作用下，熔融液体产生无数个细小湍流（贝纳德窝），如图 3-8-6 所示。

随着温度的上升和时间的延续，粉末继续熔融、湍流、表面张力向平衡驱动——进行流平，凸凹的贝纳德窝逐步变大，并在某一温度下，树脂开始发生交联反应，涂料的黏度开始增加，又随着温度的升高和时间的延续，粉末涂料的黏度越来越大，湍流和表面张力平衡的速率也越来越慢直至停止，粉末涂料开始出现胶凝状态，再随着温度的升高或保温时间的延续，树脂的交联反应趋于停滞——成膜。

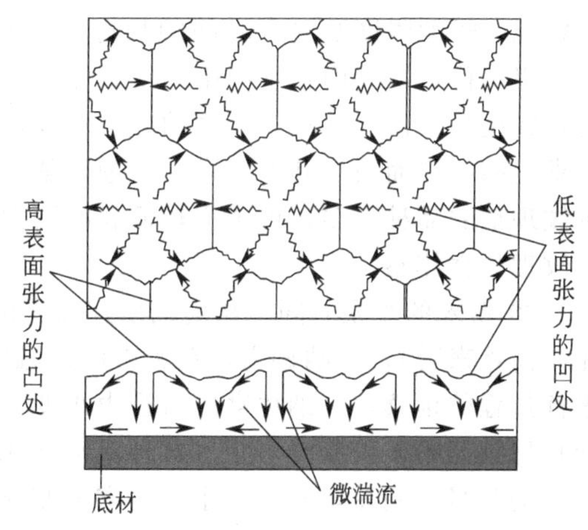

图 3-8-6　贝纳德窝

(2) 纹理的形成　从上面的图示和过程来看，所谓橘型纹理粉，其纹理就是某种程度贝纳德窝的定型，通过人为的各种手段对贝纳德窝深浅大小的定型控制，就形成了不同深浅（立体感）和大小的橘型纹理。在实际生产中，通过加入适量的低表面张力的材料来控制贝纳德窝的形成和形状大小，如固体流平剂、混溶一定量硅油的固体树脂、CAB 等，来保持凹处的低表面张力点，从而加大凸凹的表面张力差，并延长这种不平衡的时间。既然要形成这种点，因而低表面张力的材料就不能加得过多，否则它们会形成连续的分子层，使涂膜趋于流平——立体感变差。反过来也不能加得太少，这样低表面张力的凹点拉得太开，湍流时回流的物料填补不了凹处，会使涂膜出现缩孔。

① 皱纹　由于颜料、填料较均匀地分散在树脂中，在形成贝纳德窝时，物料呈较均匀湍流，从而形成单一色的凸凹纹理。如果在设定配方时，选用分散性不好的颜料（特别是有机颜料）表面会出现发花和浮色现象，这是因为湍流时，一部分未分散的细颜料被带到了较高表面张力的凸处，而粗的颜料沉积到底层。也可用此方法来大概检测一下颜料的分散性。

② 锤纹　银粉经挤出后，一部分的鳞片状被破坏，在形成贝纳德窝时，一部分细的银粉被湍流带到凸处，形成深色、粗的沉积到底层，在凹处形成金属感稍强的浅色。有时，为了增强湍流和延长湍流的时间，内加一点流平剂，这样就会使凹凸间的表面张力差变小，这不仅使更多的细银粉被迁移到凸处，也使深色处面积增加，同时增大了凸凹间的色差。

③ 浮花纹 其原理和过程与锤纹相同。由于它后混有外浮颜料，不仅对粉末熔融的情况影响较大，也对湍流的影响较大，特别是浮拼色颜料，粒径要细、匀，密度相差不要过大。

④ 砂纹 这里是指用填料和触变助剂做的砂纹，其原理类似皱纹。关键是控制粉末从熔融到胶凝的时间，也就是说贝纳德窝刚形成就得定型。这个时间越短纹理就越小，因粉末未形成多的熔融和大的湍流，一般不需加低表面张力的纹理剂。

(3) 橘型粉纹理的影响因素和控制方法 既然橘型粉的纹理是贝纳德窝形成的，那么影响贝纳德窝的大小和贝纳德窝湍流时间的因素就是影响橘型粉纹理的因素。

① 纹理剂 就是人为形成和控制贝纳德窝低表面张力凹点的原料，分内加、外加两种。内加型纹理剂参与挤出，在粉末的内部形成分散，因而对这种材料的熔点和分子量的分布有一定的要求。熔点太低，纹理剂极易分散，纹理剂用量稍少一点，就会出现缩孔，再稍多一点，又有可能使纹理立体感变差，不好控制。熔点太高，则不易分散，造成纹理不均匀，有时还会形成局部缩孔。内加纹理剂对其本身的粒径没什么要求。用这种方法做的纹理粉，工艺简单、纹理较稳定，但纹理大小的调整范围不大，易受外界干扰产生缩孔。外加型纹理剂是掺在底粉里，再经混合制成纹理粉。因此纹理剂粒径的大小、粒径分布的大小，纹理剂和底粉混合时的强度及混合时间的长短都会对纹理产生影响，加之纹理剂的颗粒是多次聚积团，很不稳定，因而在生产中一定要注意工艺控制、纹理剂的加量、纹理剂的批次等之间的稳定或调整。由于外加纹理剂的方法对纹理的影响因素多，因此稳定性不好，对操作人员的要求也高。然而由于其变数多，纹理调整的范围也大得多，纹理可小如芝麻、大如硬币。这种纹理剂的品种也多，可选用较低表面张力的纹理剂，加大贝纳德窝的表面张力差，增加粉末纹理的立体感。

② 粉末的胶凝时间 从前面所述粉末的成膜过程可以看出，粉末的状态是固-液-固的变化（简单来看），贝纳德窝是在粉末的熔融状态即液态时形成的，随着湍流和表面张力差的平衡过程的延续，贝纳德窝的直径由小变大，同时其凸凹的差别由小变大，再由大变小，该变化持续至粉末胶凝时停止（这种流动变化是在胶凝前还是在胶凝时停止还不清楚）。所以，粉末的胶凝时间短，则纹理小；粉末的胶凝时间长，则纹理大；时间再长，则纹理的立体感就差了。粉末的胶凝时间太短或太长都不利于纹理的形成。

③ 聚酯的胶凝时间 聚酯胶凝时间的长短是和粉末胶凝时间相对应的，各聚酯生产厂家在聚酯内所加催化或促进助剂的品种和量有所不同，材料换用时要注意。

④ 催化助剂 可缩短粉末的胶凝时间，使纹理变小。

a. 温度 温度对粉末纹理的影响既是非常重要的，也是非常复杂的。与其说温度对粉末纹理有什么影响，倒不如说热能量、热能效和各物质对热量传导的影响，当然，这些都具体表现在温度上。橘型粉末的纹理是在粉末熔融至胶凝这一阶段形成的，而贝纳德窝也只有在涂层呈液体状态下才可有之，贝纳德窝的大小是随时间的延续而加大的。因此，橘型粉末的纹理是受粉末初始熔融的温度、粉末初始反应的温度及其速率、粉末的胶凝时间所影响。

b. 粉末的受热过程 粉末涂料附着在金属工件上进入烘炉，由于粉末涂料是非导热体，在热空气对流或（和）辐射的作用下，粉末表面受热融化，再通过对流将热能向粉末内层传递（接触工件一面的粉末层的热传递比较复杂，在下面“被涂工件”再说明)，加之在粉末熔融的过程还伴随着固化反应和胶凝的过程，因此说温度对纹理的影响是较复杂的。

⑤ 配方 一是配方的颜料、填料量，配方颜料、填料用量大，会使粉末初始熔融温度

高，缩短了贝纳德窝流动过程的时间，粉末纹理小；或者是吸油量大的颜料、填料（如炭黑、有机颜料、沉淀碳酸钙、滑石粉等）加量较大也会如此。二是树脂体系（基料体系），树脂体系的不同，则影响到粉末固化反应温度和熔融状态持续时间的不同，如纯环氧树脂（双氰胺固化剂）体系，初始固化温度比混合型要高，其熔融状态相对较长，形成贝纳德窝的过程就长，因而形成的纹理就较大。前面所述“聚酯的胶凝时间”也有所涉及。

⑥ 粉末的粒径　简单地说，由于粉末热量的传递是由表面开始的，粒径小使得吸热面积大，这样热效率就低；粒径大使得吸热面积小，热效率就高。再者，贝纳德窝的初始形态也和粒径的大小有关，粒径小则窝小，粒径大则窝大。

⑦ 喷涂的厚薄　由于粉末涂料的热量传递是靠熔融状态下对流传递的，粉末堆积得厚，热量传递得就慢，粉末熔融的过程就长，贝纳德窝流动的过程就长些，加之贝纳德窝的形成是有一个空间的。粉末堆积得薄，热量传递得就快，粉末熔融的过程就短，贝纳德窝流动的过程就短些。所以，相同的纹理粉，喷涂厚则纹理大；喷涂薄则纹理小。

⑧ 被涂工件　被涂工件的影响可分为两种情况。

a. 工件的材质　不同的材质的热导率是不一样的，从有关资料里可以查到。

b. 对于工件的厚度和涂覆状态方面　例一：薄板单面喷涂（如配电箱柜等），当粉末表面受热的同时工件也受热，并迅速传导热量至粉末的另一面，粉末双面受热，融化较快，使之熔融状态时间较长，相对纹理较大。例二：厚板单面喷涂（包括某些铸件等），由于工件的热容量很大，粉末即使熔融彻底，但因为工件接触粉末处的温度较低，此时粉末的热量向工件传递，消耗了粉末的热能，使粉末熔融过程时间延长，缩短了彻底熔融的时间，贝纳德窝展不开，而使粉末的纹理变小。还有类似这种情况的喷涂：对柱状和管状工件形成包覆喷涂的，都会造成粉末在受热时向工件传递热量，使粉末的热能效降低，从而缩短了粉末形成熔融状态的时间，使粉末的纹理变小。

⑨ 烘烤条件　无论是烘箱还是烘道都为粉末固化提供一个热源，而这种热量的传递一是对流、二是辐射，因此烘箱或烘道的热效率应尽量要好，而且热空气的循环对流也要充分。烘箱或烘道的热效率高，粉末受热好，粉末的熔融时间就长，纹理就大；烘箱或烘道的热效率低，粉末受热差，粉末的熔融时间就短，纹理就小。

以上，从贝纳德窝理论的角度阐述了橘型粉末纹理形成的机理。而控制这些纹理的形状、大小要对粉末的熔融温度、固化反应温度、胶凝时间等因素应有一个全面的把握，加上对粉末涂料成膜过程的认识，才能全面地掌握其规律。

7. 金属和珠光粉末涂料

(1) 金属颜料　金属颜料是不同形态的粉末状金属，是颜料中的特殊种类。常见的金属粉有铝粉、锌粉、铜锌合金粉和不锈钢粉等。球形的金属粉末金属光泽和遮盖力差，几乎没有颜料性能。而金属颜料是鳞片状的粉末，具有明亮的金属光泽和颜色，在涂料成膜时，鳞片状的金属粉末粒子能像落叶铺地一样的与被涂物平行，多层排列，互相连接形成遮盖，并表现出相应的金属色泽。鳞片状的金属粉末必须经过表面处理才具有分散性、遮盖力等颜料特性。

① 铝粉颜料　表面经包覆处理的鳞片状铝粉，具有明亮的银白色，俗称银粉。鳞片状铝粉的片径与厚度的比值是厚径比，而铝片粒子的表面越光洁，其厚径比值越大，则金属亮度越高，金属感越强；其厚径比值越高，粒径越小，则遮盖力越好。铝粉颜料根据表面处理不同，则有漂浮型（浮型）和非漂浮型（非浮型）之分。

混有浮型铝粉的粉末涂料在成膜过程中，由于铝粉表面的疏油性，铝粉向有空气层的表面漂浮，并形成与空气和涂层界面平行的方式排列，粉末涂层熔融流动的时间越长，则会有越多的铝粉向涂层表面漂移富集，此时铝粉在涂膜中所表现的利用率较高。相反的情况下，由于涂层的熔融流动时间较短，则有较多的铝粉粒子留在了涂层中间而没有形成表面排列。此时，若想达到近似于前者涂层的表面效果，铝粉用量就要增加，表现出铝粉的利用率不高。浮型铝粉在涂层表面的漂浮现象相似于木板在水中的漂浮，铝粉漂浮在涂膜的表层，此时这类涂膜表面的抗划伤、耐磨性、耐污性和耐候性不会太好。

非漂浮型铝粉则不会在涂层表面形成漂浮现象。相反，它们在成膜过程中沉积在涂层的底部或悬浮在涂层中间。因此非浮型铝粉的遮盖力和金属感没有浮型铝粉强，但会产生金属光泽的闪烁点（这可能是铝片在涂层中不同的排列形成的光反射差）。由于非浮型铝粉基本上包含在了涂膜的内部，因而涂膜的抗划伤性、耐磨性、耐污性和耐候性较好。

闪光铝粉是一种特殊的非浮型铝粉，它的鳞片呈规则的“圆饼”状，并且鳞片的粒度分布范围狭窄，表面光洁度高，从而形成整齐的、高强度的金属光泽反射。粒径较大的闪光效果较强，铝粉中非圆饼状粒子含量越低闪光率越高。

铝粉颜料中只有用二氧化硅包覆的铝粉才具有较好的耐候性，如对耐候性有更高的要求时，就要使用致密的二氧化硅包覆的铝粉。

② 铜锌粉（铜金粉） 铜锌粉颜料具有各种不同色光、细度和特性。根据铜锌合金含量的不同，可分为青光铜锌粉（含铜量 75%～80%），又叫绿金粉；青红光铜锌粉（含铜量 84%～86%），又称浅金粉；红光铜锌粉（含铜量约 88%），又称红光金粉。

铜锌粉颜料粒子表面均包覆一层有机膜，既减轻粉的密度又增加其表面张力，使铜锌粉颜料在涂层中具有漂浮性，其遮盖性原理与铝粉颜料的原理一样。铜锌粉在潮湿和高温下易氧化，其色泽转暗，但经特殊包覆处理的铜锌粉可耐高温和耐候。

(2) 珠光颜料 云母钛珠光颜料根据它反射光的色相分为三大类：银白类、彩虹（幻彩）类和着色类。较粗大的云母钛珠光颜料粒径会产生星光闪烁的金属视感，而粒径较细小的则呈现类似丝绸或软缎般的、细腻柔和的珍珠光泽。

一般的云母钛珠光颜料耐光、耐候性较好，可用于户外粉末涂料。

二、粉末涂料的生产工艺

1. 粉末涂料生产工序过程

粉末涂料生产工艺过程分为四个工序：配、混料工序；热混炼、挤出工序；冷却、破碎工序；磨粉、筛分工序。前两道工序，其目的就是要使成膜树脂相互溶解均匀，并使颜料、填料在树脂中分散得足够均匀。而后两道工序，就是如何粉磨好。因此，粉末涂料就生产和产品控制而言就是两个要点：如何使粉末涂料的各种原材料混合分散均匀，使其具备涂料的性能；如何将混合分散好的物料加工成合适粒度的粉料，以利于涂装使用。

粉末涂料的生产流程及操作要点如图 3-8-7 所示。

2. 涂料的生产设备及其结构和工作原理

热固性粉末涂料的生产设备一般分为四个部分：配料设备、混炼挤出（分散）设备、冷却破碎设备和磨粉设备。

(1) 配料设备 常用的配料设备一般分两类：不带破碎装置的配料罐；带破碎装置的配料罐。如图 3-8-8 和图 3-8-9 所示。

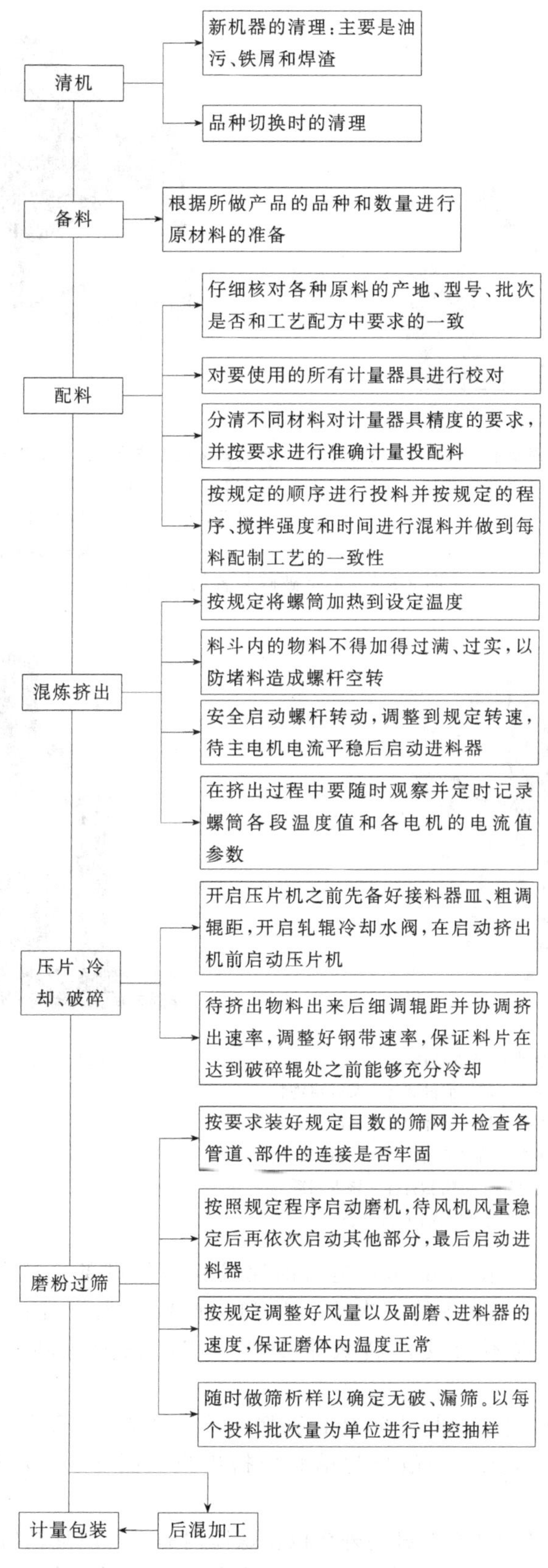

图 3-8-7　热固性粉末涂料的工艺流程和操作要点

(a)

该混料罐没有搅拌桨，无破碎装置，只靠自身的翻转，将罐体内的物料提升和下落进行物料的混合

(b)

该混料罐也无破碎装置，在自身翻转的同时，罐的一头还配有一个低速搅拌桨用以出料，水平中轴上配有螺旋推进器，以加大混料强度。目前，这类的设备主要用于美术粉及银粉的拼混等用途

图 3-8-8 不带破碎装置的配料罐

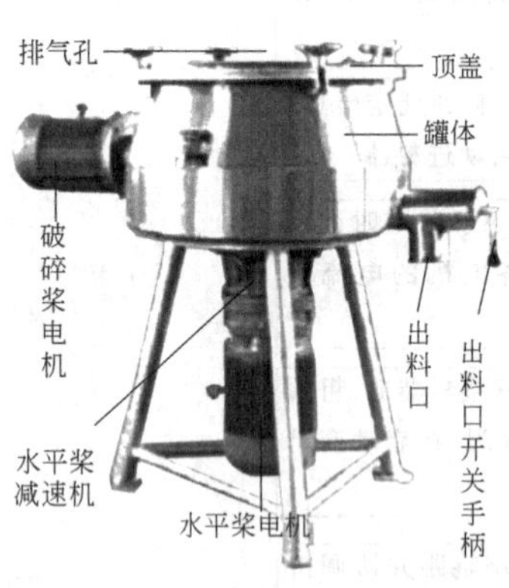

图 3-8-9 带破碎装置的配料罐

该混料罐下部装有水平转动的并有一定斜面的桨叶，桨叶将物料水平搅动，并在离心力的作用下物料趋向罐体内壁。同时，桨叶的斜面将物料向上推抛，物料再顺着罐体侧壁的斜面向内翻动。与此同时，侧面的破碎刀片高速旋转，将树脂打碎。该混料罐混料强度大、效率高，是目前最常用的混料设备

图 3-8-10 翻转式高速混料机

翻转式高速混料机（图 3-8-10）是目前比较新型的设备。这种混料机与前一种设备反向思维的设计使得该设备的一次投料量和生产效率大大提高。有了翻转的动作，在投料量增大的同时也不会使混料效果变差。FHJ 系列翻转式混料机如图 3-8-11 所示。

(2) 混炼挤出设备 自 20 世纪 60 年代壳牌化学公司在欧洲开发了粉末涂料的挤出工艺后，该工艺一直沿用至今天，一般分为单螺杆挤出机（图 3-8-12）和双螺杆挤出机（图 3-8-13）。

单螺杆挤出机螺筒的内壁与螺杆的外缘以及螺筒内的三排阻尼销钉和螺杆上的凹槽，在螺杆转动时形成对物料的剪切和混炼，进口设备的螺杆还同时具有明显的往复运动（冲程在

(a) 罐体可进行多次的翻转操作

(b) 罐机可分离，并可一机多罐，以提高工作效率

图 3-8-11 FHJ 系列翻转式混料机

图 3-8-12 单螺杆挤出机结构图

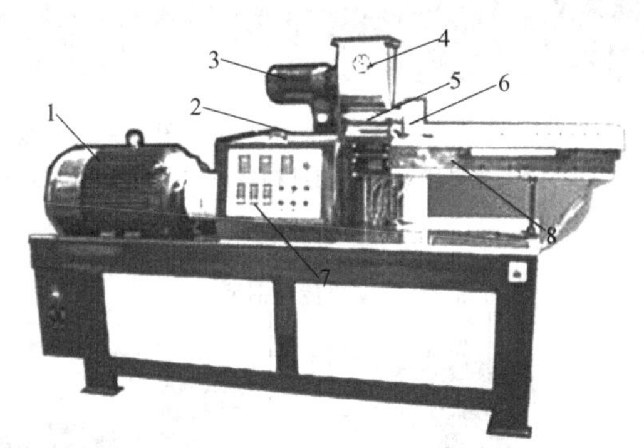

图 3-8-13 双螺杆挤出机结构图

1—主电机（螺杆的动力电机）；2—变速齿轮箱（螺杆的传动装置）；3—进料电机；4—料斗；5—螺旋进料器；6—螺杆进口料斗；7—操控仪表盘；8—挤出螺筒

5cm 以上)，以增强物料的混炼效果。单螺杆挤出机的螺杆扭矩相对较小，因而螺杆可以做得较长，使挤出物料在螺筒内的存留时间较长，加之螺杆的转动和往复的运动，这种通过增加树脂对颜料、填料浸润时间和增大物料的剪切流动的方式，使物料的混炼更加充分。由于单螺杆的螺筒内部结构间隙相对较大，因而挤出物料的胶化粒子极少。然而，国产单螺杆设备在许多方面达不到进口设备的条件，进口设备价格昂贵，因而国内使用这类设备的粉末涂料生产厂家和数量不多。

主电机的调速分为电磁调速和变频调速，从而控制螺杆的转速。螺筒上还有加热、水冷和温控等装置。

双螺杆挤出机的传动结构和螺杆结构都较复杂，两个螺杆的转动方向相同，从而使剪切程度加大，如图 3-8-14 所示。

双螺杆的结构相对也较复杂，组合变动也较多，螺杆结构如图 3-8-15 所示。

无论是单螺杆还是双螺杆，它们都有一个送料段，机器挤出物料量的大小就由它的粗细、长短及螺杆的转速决定。单螺杆的混炼长度、间隙及往复地幅度决定其混炼效果。而对于双螺杆来说其螺块部分的排布结构、长短、间隙等则决定机器的混炼效果的好坏。

(3) 冷却破碎设备（压片破碎机） 冷却破碎设备如图 3-8-16 所示。

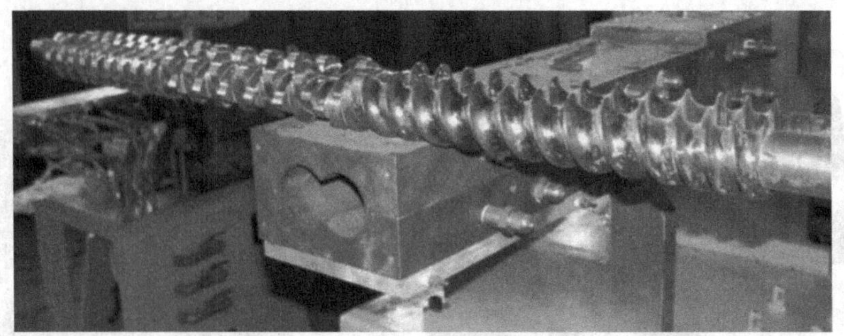

图 3-8-14 双螺杆挤出机的传动结构和螺杆结构

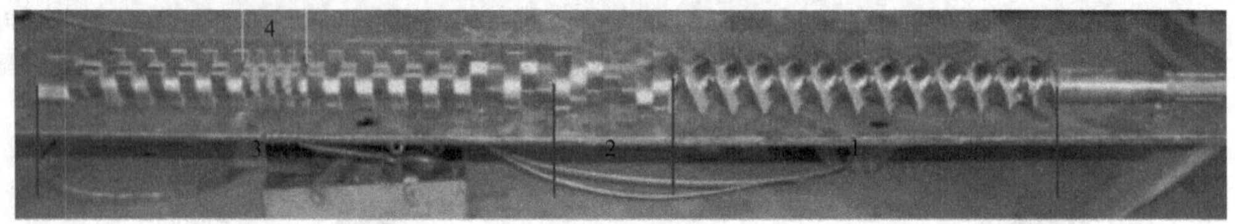

图 3-8-15 螺杆结构

1—送料段（即螺旋进料器）；2—过渡段（或预混炼段）；3—混炼段；4—加强混炼段

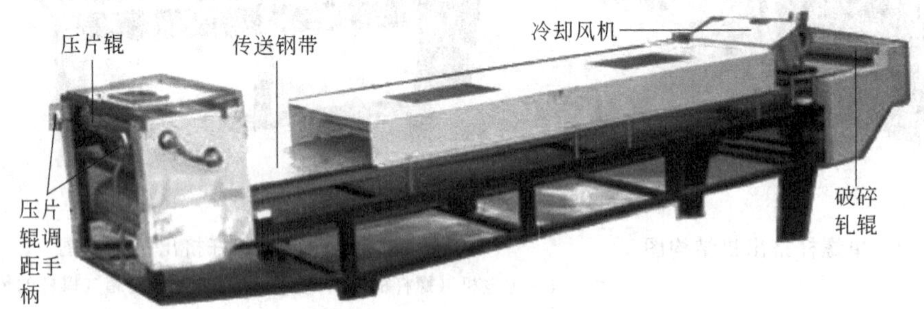

图 3-8-16 冷却破碎设备

① 结构 由机架、压辊、输送带、冷风机和破碎辊等组成。

② 用途 该机对熔融状物料可轧成厚度 1.5mm 左右的片状，在输送过程中经护罩上方的冷风机风冷后，破碎成片状。

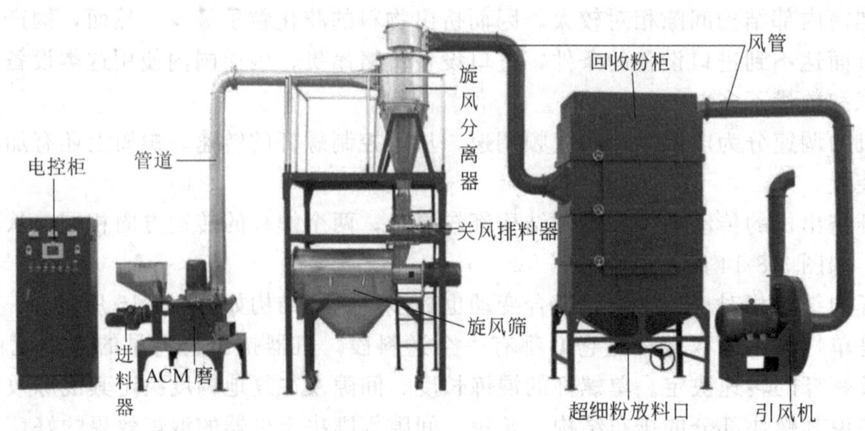

图 3-8-17 磨粉筛粉设备

(4) 磨粉筛粉设备　磨粉筛粉设备如图 3-8-17 所示。进料器将料斗中的料片送入 ACM 磨机，在高速转动主磨盘上的击柱冲击和物料冲击衬瓦，以及物料相互冲击下被粉碎，并在引风力和副磨的作用下分离，细微粉经管道进入旋风分离器进行粗细粒径的分离，超细微粉进入带虑袋的回收箱，被分离出去，其余的粉末旋沉至旋风分离器的底部，被关风排料器翻排到下面的旋风筛进料器，并送入旋风筛过滤分离，粗粉从另一头排出回收。

3. 生产工艺原理及控制方法

根据热固性粉末涂料生产设备系统的结构，一般把生产工艺过程分为四个工序：配、混料工序；热混炼、挤出工序；冷却、破碎工序；磨粉、筛分工序。前两道工序，其目的就是要使成膜树脂相互溶解，并使颜料、填料在树脂中分散得足够均匀。而后两道工序，就是如何将粉磨好。因此，粉末涂料就生产和产品控制而言两个要点：如何使粉末涂料的各种原材料混合分散均匀，使其具备涂料的性能；如何将混合分散好的物料加工成合适粒度的粉料，以利于涂装使用。

(1) 配、混料工序　粉末涂料的原料基本上是固体物料，因此物料的混合就是不同物质间固相的混合，目的是使这一固相体系形成均匀的堆积，以利于下道工序——混炼、挤出进行。

首先是配料的计量器具和称量误差。在规定的误差范围内，使用合适称量精度的计量工具，使各物料的计量误差达到要求，特别是在称量颜料的时候。例如：对着色力强的颜料称量的相对误差应控制在 0.5%以内，其他材料的相对误差也不要超过 1%。误差要求得越高，对计量器具的精度要求就越高，操作难度就相应加大。主要还是考虑某种原料的误差量能否对产品品质造成影响来订出各物料允许的误差值 [相对误差=(测量值－真值)/真值%]。

其次是投料顺序，各种材料的投料顺次不同会在一定程度上影响物料混合的均匀程度和效率，在使用不同的配料设备时，应依据其工作原理来制定相应的投料顺序和配料工艺。对于无破碎装置的混料设备，应先把大颗粒的树脂和助剂破碎成 1.5mm 以下的粒度，再进行计量、投料。对投料质量少的材料要进行预分散处理，以保证小料能均匀混合。如使用有破碎装置的配料罐 [图 3-8-11(b)]，其搅拌桨在底部，因此要先投颗粒大的物料，因粒径大的物料有利于力的传导，所以先投树脂利于物料的混合，如果先投粒径细的物料，则会在水平桨叶下部形成混合死角。另外还要注意小料的预分散。

配料时投料量的掌握，对于如图 3-8-10 和图 3-8-11(a) 所示的配料设备，一般来说投入物料的表观体积要占罐体容积的 70%以内，否则就没有足够的空间进行物料的混合。罐体的转速也不能过快，较大的离心力会影响物料的下坠。对如图 3-8-11(b) 所示的混料罐，投料量就要考虑底部的搅拌桨叶能否将被混物料抛起，投料过多（不仅要注意物料表面的高度，而且还要注意物料的密度因素），物料的立向回转运动不充分，影响混料的均匀程度。

破碎粒度，一般来讲，粒度越细、混合时间越长，物料混合得越均匀，越利于挤出混炼的均匀。但是，物料太细，则不利于物料在螺杆内的传送，不仅容易形成传送死角，而且还增加物料对设备的黏附量。相反，树脂颗粒太大，在挤出时会加长树脂的熔融时间，将影响树脂间的混容程度以及树脂对颜填料的分散程度。在不影响物料传输的情况下，物料（主要是树脂）的粒径应尽量小，一般要在 1.5mm 以内。

(2) 混炼、挤出工序　粉末涂料树脂等材料的相互溶解以及树脂对颜料、填料的分散就是在这个过程进行的。料斗内的物料被螺旋进料器送入螺筒，螺杆的螺旋进料器将物料送进加有一定温度的螺筒后，树脂开始熔融，进而树脂间开始溶解并对颜料、填料进行润湿。螺杆上的捏合块在螺筒内的转动对物料产生的剪切力强化了溶解和润湿过程。

图 3-8-18 是一张 50 螺杆的照片，用双螺杆其中的一根来解释。实际上螺杆的工作部分

图 3-8-18　50 螺杆

可简单地分为送料段，即图 3-8-18 中的 1；混炼段，即图 3-8-18 中的 2＋3。该段又可分为过渡段 2（又称预混炼段）和混炼段 3。首先，混合好的固体物料经 1 段的螺旋进料器向前传送进入 2 段，物料在 1 段时的温度不宜过高，否则树脂融化形成的黏附层会使进料螺旋的凹槽变浅，影响送料。物料在进入 2 段时，树脂在此被加热并开始融化，此时树脂并未完全融化，为了减小物料传送及螺杆转动的阻力，捏合块的排列呈螺旋推进器状，其排布方向与送料螺旋的排布方向一致（图 3-8-19）。螺筒内的物料经 1 段螺旋对后续物料的输送，挤压前面的物料进入 3 段，在温度作用和捏合块的搅动、剪压下，物料中的树脂完全熔化，并对颜料、填料进一步润湿混合。前物料再经后续物料的推挤排出螺筒，进入后工序。

图 3-8-19　捏合块的排布方向

物料在整个螺筒内的输送，完全是通过送料段的螺旋进料器进行的，因此，它的工作状态和形状对于一台挤出机生产量的影响是关键的。送料段的长短是影响此台挤出机生产量大小的一个方面；螺杆转速快慢，也对应着生产量的大小；螺距的大小也对应着生产量的大小；螺杆的粗细、螺旋凹槽的深浅反映了物料输送截面积的大小，也影响到挤出机生产量的大小。2、3 段的长度、捏合块的厚薄以及捏合块的排布也对挤出机的生产量有影响，2 段的排布是一种最小阻力的排布。2、3 段的长度是决定物料混炼效果的重要方面，螺块的厚薄和排布形态也影响物料的混炼效果。总之，间隙小、物料输送的阻力大则混炼效果好。但同时，还要注意物料固化的安全。在图中，3 段里有一小段 4，就是为了加大阻力，增加混炼效果。

一台挤出机，它的生产量、混炼效果和物料在挤出时的固化安全方面三者是相互制衡的。也可以用一台挤出机，通过选用不同结构形状的螺杆来达到不同的生产目的。所以，螺杆直径小并不意味着生产量一定小。而螺杆的长径比与其混炼效果并非一定是对应一致的。

由于设备的差异和产品的多样性，各工艺参数应有一些不同，但是要有一定的原则。

① 螺筒的温度　靠近进料口的温度，在不使螺杆的螺旋进料器黏结物料的情况下越高越好，这样既不会使螺旋凹槽变浅，影响物料的输送，也利于树脂在螺杆的过渡段尽快地融化。靠近出料口的温度，在不使挤出物料发生固化反应（或胶化）的情况下越高越好，这样树脂的黏度低，流动阻力小，分散体系易形成复杂流动，利于树脂间的溶解及其对颜料、填料的分散。

② 螺杆转速　螺杆的转速越高，螺杆中的捏合块产生的剪切速率越大，越利于树脂对颜料、填料的分散，但同时，物料的传输速率也越快，物料在螺筒内的混炼时间也就短，很可能会造成分散程度不足，特别是对于短螺杆的设备而言。由于挤出设备的品种多，性能差异比较大，螺杆的转速要依据不同情况来确定。一般来说，混炼段较长的螺杆转速应高一些，混炼段较短的螺杆转速应低一些，最好根据涂膜表面的效果来确定。

③ 挤出机的给料量　挤出机料斗的进料器最大值以螺筒进料口不积料为准，最小值以螺筒温度值的稳定性为准，要使螺筒温度波动的范围和频率尽量低。这里需要注意的是，物

料在螺筒内传送过程中带走了螺筒内的部分热量，起到了一部分温度调节的作用。挤出机是中低剪切分散设备，因而浸润分散作用显得更重要，这就要求物料在挤出过程的黏度较低时对物料分散更有利。

(3) 冷却、破碎工序　这道工序就是利用材料的热塑性以及压片辊把热的物料挤压成薄片，使其能快速冷却。此工序有两个调整参数：压片厚度和钢带传送速率。料片越薄越利于散热，但易被钢带上的冷却风扇吹得飞溅起来，一般控制料片的厚度在1～1.5mm，而后再调整传送带速率，不致使压片辊上过度积料。建议将螺筒的冷却水系统与压片辊的冷却水系统分开，以保证压片辊冷却水温尽量低。

该设备的最重要的是冷却功能，因此，压片辊的冷却性能是该设备最关键的性能之一。早期的压片辊只是有两头轴心通水的、简单的圆筒辊，由于空气压力的作用，辊内的冷却水不能够充满，压片辊的冷却效率不高，设备产能不大。现在，一般的设备厂家把压片辊做成夹套结构，使压片辊的表面的传热效率有所提高。此外，设备厂家还通过加大压片辊的直径和长度或加增水冷循环机来增加冷却效果，如辊筒式压片机，辊筒式压片机的特点：同常规的压片机相比，长度可缩短2/3，冷却的效率可以提高20％。物料通过压片辊初步冷却后，再经过传送钢带进一步冷却。总之，压片破碎设备就是要把挤出机挤出的热物料尽可能地冷却到最低温度，以利于磨粉工序的进行，料片的温度越低，越有利于磨粉温度的控制。

(4) 磨粉、筛分工序　该工序按设备结构的组成可分为六个重要部分：引风机、除尘集尘箱（超细粉柜）、磨机、旋风分离器、关风排料器和旋风过滤器。引风机产生的负压气流是磨粉体系物料传送的主要动能来源，也是磨体冷却气流动能的来源。当料斗的螺旋进料器将片料送入磨机里，基于高速旋转磨盘产生的冲击粉碎作用，物料在击柱和衬瓦（齿圈）以及物料相互冲击下完成微粉过程。进入分级区的，具有一定粒径的颗粒同时受到风机引力和由于分级器旋转产生的离心力的作用。对于粒径微小的颗粒，当风机引力大于分级器旋转产生的离心力，这些粒径微小的颗粒（粒径小的颗粒质量轻，动能小，离心力就小；粒径大的

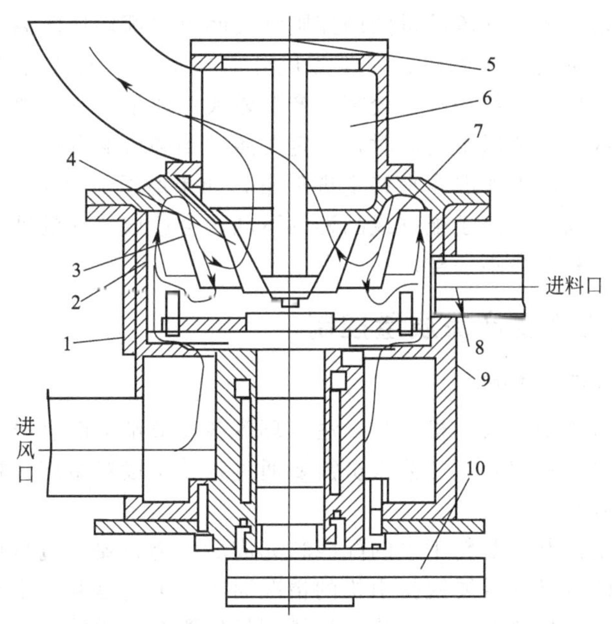

图3-8-20　磨粉、筛分工作原理（曲线表示气流走向，箭头表示物料走向）

1—击柱磨盘（主磨）；2—磨机体壳；3—回流板；4—分级器叶片（副磨）；5—分级器轴；6—成品粉室（接成品管道）；7—粗细粉分离区；8—进料器；9—衬瓦（齿圈）；10—主磨传动皮带

颗粒质量重，动能大，离心力就大）在风机引力的作用下进入成品粉管道。粒径较大的颗粒在离心力的作用下进入粉碎区，进行再粉碎，如图3-8-20所示。

气流将成品粉通过管道送入旋风分离器，气流在旋风分离器里形成旋转风带动物料旋转，物料颗粒在这里又产生一个离心力。和在磨机的原理一样，粒径小的颗粒其离心力小，被气流吸入超细粉管道里进入回收柜，较粗的成品粉在离心力的作用下，向分离器的内壁运动，同时在重力和风压的作用下降到底部，如图3-8-21所示。

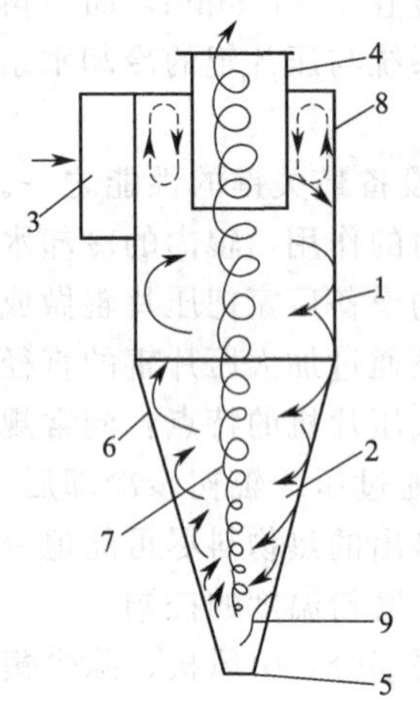

图 3-8-21 旋风分离器的组成及内部气流

1—筒体；2—锥体；3—进气管；4—排气管；5—排料口；6—外旋流；7—内旋流；8—二次流；9—回流区

关风排料器将成品粉翻转到下面的旋风筛的螺旋进料器里，送入旋风筛中进行筛分。而粉末的过筛也是利用粉末颗粒旋转产生的离心力进行的。

该工序在生产过程有四个可调整的参数——进料速度、分级器（副磨）转速、引风量和主磨转速。主磨转速即粉碎脊柱的线速度，物料是通过在一定速度下形成的撞击而破碎的，因此脊柱的线速度越高，产生的冲击能量越大，粉碎效率越高，磨粉细度越高。物料在磨膛内的撞击分为与设备的撞击和物料之间的撞击，前一方式的撞击更利于物料的破碎，后一种撞击则粉碎效率较低，而进料速度大则会增加物料间撞击的概率，使磨粉效率降低，磨粉效果变差。此外，还有两个控制值——磨粉温度、粒径分布数值和一个关键动力——气流量。所以，该工序就是通过冲击粉碎，以气流为动力，粒度分布和磨粉温度为工作标准进行进料量和副磨转速的调整配合的过程。这一过程的核心就是力——冲击力、粉末颗粒旋转产生的离心力与气流形成的吸力。由于粉末颗粒的离心力和颗粒的动能有关，而颗粒的运动速度越大其动能越大，通过调整分级器转速大小来控制进入成品粉管道粉末颗粒的细或粗，具体的数值最好依据粒度分析仪所测的结果来确定。气流风量的调控则涉及磨机内部环境的温度、粒径分布和成品率。对于磨机来说，风量大利于降温；对于旋风分离器来说，风量大则产生的回流风也越大，对细微粉的抽吸率越大，粒径分布较窄，产量较大；风量小则旋风风速低，超细粉的损耗就要小些，产量较低。调整风量的同时，一定要照顾到磨机的温度。当以上两个参数确定下来后，就可以根据磨机的工作温度来调整进料量，如果磨机温度高，就应该减少进料量。还有一个问题需要提醒大家：由于配方或品种的不同，会造成片料的硬度不同，在相同参数条件下，物料被粉碎的粒度会不一样。

三、粉末涂料生产及产品质量控制

1. 生产过程中的质量控制

在粉末涂料生产过程中，人、机、料、法、环等各环节都可能会出现某些差异，这些差异往往会造成产品质量上的偏差，工艺人员需要通过各种手段对生产过程进行质量监控才能保障最终产品质量达到合格。

(1) 配混料的质量控制　配料工序的配混料完成后，物料要经过打样试验来确定配料的质量情况。打样物料的取样数量要视挤出机的情况而定，关键是要基本消除前次打样物料及清机物料对颜色和配方结构所造成的影响。打样制板后要对涂膜的颜色、光泽、流平性（或纹理）、不熔性粒子、耐冲击强度、柔韧性、粉末胶化时间、熔融流动性等方面进行检测，出现问题及时调整。

(2) 磨粉的质量控制　磨粉生产过程中首先要调控的是粉末的粒径分布。不同的粉末涂料产品有不同的粒径分布要求，此外，气候的变化对磨粉粒径分布的影响比较大，因此，不仅从开始磨粉时就要对粉末粒径分布进行调整，当磨粉环境波动时也要随时对其进行监控。粉末流动性是与粉末的粒径分布、抗结块助剂及粉末的密度相关的指标，在调整粉末粒径分布的同时还要通过调整抗结块剂的用量来控制粉末的流动性。在磨粉的全过程当中，要随时用标准筛对粉末的筛余物进行监控，以防止漏筛、破筛的情况发生。

(3) 粉末后拼混的质量控制　涉及后拼混的产品，每批投料都要进行打样制板检测，保证涂膜外观达到合格。

生产过程的质量控制主要是涂膜外观、物理性能的检测控制和部分粉体性能的控制，粉末制成后还需进一步的质量检测。

(4) 粉末涂料的质量指标和测试方法

① 粉末涂料的胶凝时间　在一定温度下粉末涂料从干态固体转变成胶状所需要的时间（以“s”测定）。粉末涂料必须经过适当的固化才能获得性能优异的粉末涂膜。粉末涂料的胶化时间与其化学性能有关，可用以预测粉末涂料在给定的固化条件（时间或温度）下是否能够很好地固化。在预热到规定测试温度的金属板上，取被测样品约 0.5g，当粉末熔化时立即启动秒表，并开始用搅棒搅动物料，搅棒应使用热容量低的材料制作。当感觉物料变稠后，在搅动的同时每隔 2～3s 将搅棒从熔化的物料向上拉起约 10mm 拉出丝状物，以丝状物拉断或不能拉出丝时为计时终点，所记录的时间就是凝胶时间。胶化时间是表示在某一温度下，粉末涂料固化速率的数据，与粉末涂料熔融黏度的关系不明显，但能在一定程度上表示粉末涂料的熔融流动程度，特别是对美术粉纹理大小的控制具有实际意义。该试验对粉末涂料配方设计和生产质量控制人员非常有用。

② 粉末涂料的倾斜板流动性　在一定温度下熔融态粉末涂料在倾斜、平整的玻璃板表面流动的距离，以“mm”表示。对于粉末涂料在未固化状态下的流动流平性要求取决于固化粉末涂料的施工状况，如果固化的涂膜表面平整性非常好，对粉末涂料的流平性要求相对较高；如果涂装具有锐边的工件，则粉末涂料的流动时间要求可以相对较短。斜板流动试验为人们提供了一种方法，借以比较两种粉末在未固化时的流动特性。倾斜板流动性能够反映出粉末涂料的熔融黏度，与胶凝时间数据配合分析用于配方的调整，能较好地平衡粉末涂料的流平性与边角覆盖性，粉末涂料的化学特性对涂膜平整性也有影响。该试验对粉末涂料配方设计和生产质量控制人员非常有用。

③ 粉末涂料的密度　在一定温度和压力条件下粉末材料密度与水密度的比值。液体置换比重瓶法是最经济的测定方法。使用 50mL 的比重瓶，置换液可使用正己烷或庚烷等对粉末不溶解及溶胀性小的液体，可通过抽真空的方法除去置换液与粉末间的空气。粉末涂料的密度与它的喷涂性能有很大关系，密度过小则粉末容易飞扬，密度过大不易上粉，而且会发生附着于工件的粉末掉落的现象。

④ 粉末涂料的相容性　在涂装不同颜色和化学组成的粉末涂料时，对其相容性有一定要求。不同的粉末涂料间由于化学组成、反应活性、熔融特性的不同造成它们之间不相容。不相容的粉末混合时将导致光泽、表面外观、物理性能的变化以及颜色污染。建议在涂装粉末涂料之前先检查粉末的相容性，而不是在涂装线上发现这一问题。将两种待测的粉末按如下的比例进行混合：100/0；99.9/0.1；99/1；90/10；50/50；10/90；1/99；0.1/99.9；0/100，分别进行喷样检查，可通过描绘光泽曲线来确定粉末涂料的相容程度。

⑤ 粉末涂料的粒径分布　粉末涂料的粒径分布和平均粒径对粉末涂料的施工性能和固化后粉末涂膜外观影响很大。遗憾的是没有最佳粒径分布或平均粒径，对每一项涂装作业而言，最佳粒径分布或平均粒径均因被涂工件的构形、所需涂膜厚度、所需涂膜外观、粉末涂

料的化学特性和涂装设备的不同而不同。使用激光粒径分布仪能够较精确而快速地测定粉末涂料的粒径分布，生产上常通过激光粒径分布仪的分析结果来指导磨粉工艺的控制和调整。

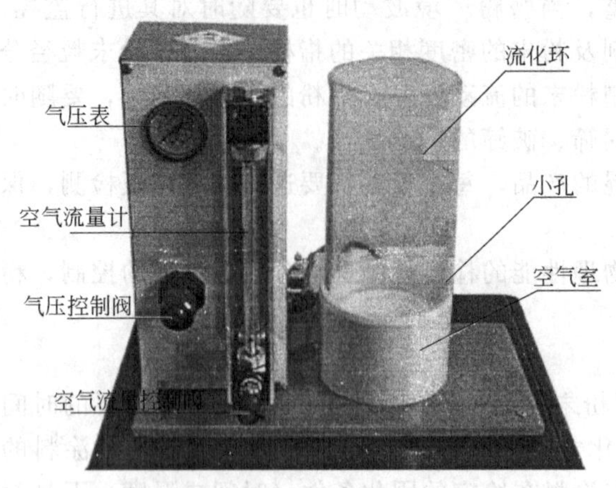

图 3-8-22 测试流动性的仪器

⑥ 粉末涂料的输送和喷雾特性 在一定的载气压力、温度和流速下粉末自由、均匀、连续流动的能力。粉末涂料的传输和喷涂性能很大程度上取决于粉末的流动性和结块性。该方法比用于评估粉末流动性的流动角方法更有意义。流动角测定法是测定粉体在水平面上形成的锥体与水平面之间的夹角。流动性好的粉末其流动角比流动性差的粉末小。使用流动角方法的弊端是很难获得精确的测定结果，原因在于该方法测定的是粉末，而实际涂装采用的是粉末/空气混合物。测试流动性能的仪器包括壁上有一个环形开口的流化容器、测试容器中粉末高度的装置以及流过开口处粉末的称量装置，如图 3-8-22 所示。

通入一定压力的空气后容器中粉末的流化粉层的高度与通气之前静止分层的高度差越大，则粉末的流化性能越好，单位时间内从开口处流出的粉末越多则粉末的流动性越好。

⑦ 粉末涂料加速稳定性试验 粉末涂料必须容易流化且能自由流动以便于涂装。另外，粉末涂料必须经过熔融、流平、固化（热固型粉末涂料）形成装饰性和保护性令人满意的粉末涂膜。对热固性粉末涂料而言，用户可根据加速贮存稳定性试验预测粉末涂料的物理和化学稳定性，确定粉末涂料在不同温度和时间下的长期适用性，还可以预测热固性粉末涂料的物理稳定性。将装有粉末涂料的容器在加载一定负荷的情况下放入恒温箱中，在规定温度下贮存一定时间后观察粉末结块的情况，并通过制作涂膜样板进行理化性能的测试，与试验前的数据进行比对、评判。

⑧ 粉末涂料的沉积率（上粉率） 工件表面沉积的粉末涂料与喷向工件的粉末量之比，通常用百分率表示沉积率或上粉率。现场施工经验表明，新粉的一次上粉率越高，则涂装生产效能越好。因此如果有一种实验室方法比较两种以上粉末涂料的一次上粉率将是非常有利的，下列试验方法可以实现这一目的。非常有意义的是该试验方法确定了喷涂施工性能已知的对照粉末，正确的方法是受试粉末涂料在同一实验室和基本相同的时间内得到的试验结果与对照粉末的结果比较，而不同实验室的测定结果无可比性。

本方法规定了在已知大气温度和湿度条件下，以已知流速将荷电粉末喷涂在由铝箔包覆的 5 个相同钢管的中间中的一个上，测定沉积在中间钢管上的粉末质量，由此计算沉积效率。此操作在一个空气萃取室中完成。

a. 钢管装置 钢管装置由 5 个内径为 25mm、长度 500mm 的钢管组成，每个管子的一端都钻有一个孔，以便管子能垂直悬挂。每根钢管应适当接地。

b. 铝箔 为清洁铝箔，工业级。

c. 悬挂装置 悬挂装置用于使 5 根钢管能等距离并排垂直悬挂，管与管之间的中心距为 95～105mm。

d. 粉末喷涂系统 由一把适宜的电晕喷枪或一把摩擦喷枪与一个适宜的粉末收集装置安装在一个空气萃取室中而组成。

e. 绝缘挡罩或粉末收集装置 该装置应足够大以避免在试验前后从喷枪喷出的粉末落在钢管上，且能够灵便地在试验期间移走。

f. 取样 建议取 2kg 样品。

g. 操作步骤 在温度 (23±2)℃和相对湿度 20%～70%条件下进行一式两份试样的平行试验。用铝箔将 5 根钢管包住，使顶部和底部边缘折入管子中以保证良好的电接触。用天平称量用于中间管子上的铝箔，准确至 0.1g。

测定粉末流动速率：利用喷粉系统将粉末喷涂到一个预先称重的清洁袋中，用计时器控制喷粉时间为 60s，再称量带有粉末的清洁袋，准确至 0.1g。计算粉末流动速率，以“g/min”计。

● 当使用电晕喷枪时，调节喷粉装置的控制阀，使粉末流动速率达到 (150.0±7.5)g/min。

注：在此操作期间必须关闭高压。

● 当使用摩擦喷枪时，调节空气压力至 300kPa (3bar)，并测定粉末流动速率。

● 将装有 5 根钢管的悬挂装置放入喷涂室中。

● 将喷枪安装并调平在萃取室中，使喷枪能瞄准中间钢管的中心位置，喷枪距钢管的位置以能使喷出的粉末覆盖中心钢管长度约 60%，记录该距离值。保证通过萃取室通道的空气流在 0.4～1.0m/s，且空气流的流动方向与喷涂方向平行。

当使用窄的锥形喷枪时很难覆盖钢管长度的 60%，在试验报告中应记录所有不同之处。

● 将绝缘挡罩置于喷枪和钢管之间。

● 打开开关使粉末流出，使用电晕喷枪时，应调节电压使实际喷枪电压在适当的极性时为 (60±1) kV。

注：在这一点上应抓住机会对不同电压进行试验，以便对设备和粉末做出更深层的评价。

● 除去绝缘挡罩，使粉末没有波动地、稳定地喷涂在钢管上达 (6.0±0.5)s，在这一阶段最后，立即将绝缘挡罩再次放置在喷枪和钢板之间，关闭喷枪。

● 从悬挂装置上小心取下中间钢管，不要敲掉任何粉末。将其置于已调至一定温度的烘箱中烘烤，调节的温度要使粉末涂料能在 5～10min 内融化。

不要使粉末涂料经过固化过程，因为这能导致损失。

● 从烘箱中取出带铝箔的钢管并使之冷却，从管子上取下铝箔并称重，准确至 0.1g。

注：为了避免粉末损失，可以在一个已称重的塑料袋中取下铝箔。

结果计算：按式(3-8-14) 计算沉积效率 E，用质量分数表示。

$$E=\frac{m_p\times 60\times 100}{P_f t} \tag{3-8-14}$$

式中 m_p——沉积在铝箔上的粉末质量，g；

t——喷涂时间，s；

P_f——粉末流动速率，g/min。

2. 粉末涂料产品技术标准

粉末涂料品质的高低是通过其产品技术标准来体现的，人们通过各种手段测得的一些具体数据 (性能指标)，并通过这些数据来判定产品的性能水平。在粉末涂料的技术标准中，通过三个方面的内容来体现粉末涂料产品的装饰性、防护性和产品的使用性能。这三个方面就是：涂膜的物理性能标准；涂膜的化学性能标准；粉末涂料的使用性能标准。

(1) 涂膜的物理性能标准体现的是产品成膜后的外观和力学性能，内容有：涂膜外观、硬度、附着力、光泽、耐冲击强度、柔韧性、抗慢渗入、拉伸强度 (杯突试验)、耐磨性等。

(2) 涂膜的化学性能标准体现的是产品成膜后的耐化学品的腐蚀性能，内容有：耐温性、耐水性、耐盐液性、耐盐雾性、耐酸液性、耐碱液性、耐油性、耐溶剂性、耐紫外线照射性等。

(3) 粉末涂料的使用性能标准体现的是产品成膜前的贮存和喷涂使用的性能，内容有：抗结块性、密度、固化条件、粉末粒度、粉末的流动性、上粉率等。

粉末涂料的各种性能指标是在规定的测试条件下，并使用规定的测试设备和方法（即测试方法标准）进行的，这样的结果才有通用性和可比性。

热固性粉末涂料产品化工行业标准 HG/T 2006—2006 内容见表 3-8-19。

表 3-8-19　热固性粉末涂料产品化工行业标准

项　　目	指　　标			
	室　内　用		室　外　用	
	合格品	优等品	合格品	优等品
在容器中状态	色泽均匀,无异物,呈松散粉末状		色泽均匀,无异物,呈松散粉末状	
筛余物(125μm)	全部通过		全部通过	
粒径分布	商定		商定	
胶化时间	商定		商定	
流动性	商定		商定	
涂膜外观	涂膜外观正常		涂膜外观正常	
硬度(擦伤)　≥	F	H	F	H
附着力/级　≤	1		1	
耐冲击性/cm				
光泽(60°)≤60	≥40	50	≥40	50
光泽(60°)>60	50	正冲 50,反冲 50	50	正冲 50,反冲 50
弯曲试验/mm				
光泽(60°)≤60	≤4	2	≤4	2
光泽(60°)>60	2	2	2	2
杯突/ mm				
光泽(60°)≤60　≥	4	6	4	6
光泽(60°)>60　≥	6	8	6	8
光泽(60°)	商定		商定	
耐碱性(5%NaOH)	168h 无异常		商定	
耐酸性(3%HCl)	240h 无异常		240h 无异常	500h 无异常
耐沸水性(时间商定)	无异常		无异常	
耐湿热性	500h 无异常		500h 无异常	1000h 无异常
耐盐雾性	500h 划线处:单向锈蚀≤2.0mm 未划线区:无异常		500h 划线处:单向锈蚀≤2.0mm 未划线区:无异常	
耐人工气候老化性	—		500h 变色≤2 级 失光[①]≤2 级 无粉化、起泡、开裂、剥落等异常现象	800h 变色≤2 级 失光[①]≤2 级 无粉化、起泡、开裂、剥落等异常现象
重金属/(mg/kg)				
可溶性铅　≤	—	90	—	90
可溶性镉　≤		75		75
可溶性铬　≤		60		60
可溶性汞　≤		60		60

① 光泽（60°）≤30 单位值时不考察涂膜失光情况。

第四节 热固性粉末涂料的涂装工艺

一、表面处理

在大多数情况下，粉末涂料涂装的底材是金属制品，为了获得优良的涂膜和优异的产品质量，在涂装前对被涂工作表面进行的准备工作称为涂装前表面处理，简称前处理。前处理工作主要包括以下三个方面。

① 从被涂工作表面去除各种污垢，如除油（也称脱脂）、除锈以保证涂膜的理化性能和产品的质量。常见的污垢有：金属的腐蚀产物（如铁锈、氧化皮）、焊渣、灰尘、碱渍、油污、旧涂膜等。在涂装前如果不除尽这些污垢，则不仅影响涂膜的附着力、耐腐蚀性能、耐潮湿性能、产品外观，而且锈蚀会在涂膜内部继续蔓延，严重时涂膜会成片脱落。

② 对经过清洗的工件的表面进行各种化学处理，以提高涂膜的耐腐蚀性和涂膜与工件表面的附着力。如对钢铁件进行磷化处理、对铝件进行氧化处理。

③ 采用机械的办法消除工件的机械加工缺陷，调整工件表面的粗糙度，以提高产品的外观质量和附着力。如平整工件表面的凸凹不平和毛刺、用喷涂砂方法增加表面的粗糙度。

根据被涂装材质的不同，前处理的方法也有所差别，以下就不同材质的前处理方法分别论述。

1. 钢材的表面处理

(1) 表面清洗　通过对钢材表面的清洗以除去其表面的油污、浮锈、氧化皮或其他附着物，清洗的方法大概分为以下几种。

① 机械清洗　机械方法主要是去除工件表面的浮锈、氧化皮和残留的漆皮等干性污物。如使用钢丝刷、砂布或砂纸、打磨轮等工具对工件表面进行机械打磨，或使用空气喷砂或机械抛丸的方法对工件表面进行冲磨。机械处理后，工件表面形成一定的粗糙度，利于涂膜的附着。而喷砂和抛丸的方法不仅清理效率高，还能在表面形成均匀的粗糙度，可确保涂膜在工件表面具有优良的附着力和外观。工件经喷砂和抛丸处理后，其表面处于很高的化学活性状态，会很快发生锈蚀，因此工件必须立即进行涂装。

② 化学清洗　工件在制造过程中，由于防锈和机械加工的需要经常接触各种防锈油、润滑油、拉延油和抛过磨光机等，这种表面有油或油脂的工件不能直接进行喷砂等方法处理，因为喷砂不能彻底清除油污，反而会污染研磨材料，因此在喷砂等机械处理前必须除净工件表面的油或油脂。此外，如油污去除不干净还会影响到工件后期的表面化学转化（磷化）层和粉末涂料的涂装质量。可用有机溶剂、碱液、表面活性剂等去除工件表面的油污。有机溶剂适合去除所有的油或油脂，而碱液适合去除动植物油和油脂，但对中性矿物油的去除效果不佳。表面活性剂的品种繁多，特别是新型表面活性剂可有效地清除各种油污。表面活性剂可配合碱液在低碱情况下对工件表面进行去油处理，使除油后容易水洗干净，更利于后期磷化的质量。除油的方法有浸渍法、喷射法、电解法、超声波法等。作为涂装前处理最常见的是前两种。浸渍法要求在较高浓度及温度的工作情况下操作，同时要求有适当的搅拌等机械作用，以明显提高洗净效果。它可以使用较多的阴离子表面活性剂。喷射法是以较低浓度的清洗液进行强烈喷射，因而不宜采用易起泡的阴离子表面活性剂，可以在较低浓度、较低温度下进行工作，两者的优缺点见表 3-8-20。

表 3-8-20 浸渍法与喷射法的优缺点

项目	浸 渍 法	喷 射 法
优点	1.可用于外形复杂、具有封闭内腔的工件，但要注意避免造成气泡和残留清洗液 2.设备结构比较简单，维护工作量较小 3.用于清洗除油时不易生成过多的泡沫，故允许含较多的表面活性剂	1.处理时间较短，处理温度与浓度也可较低 2.由于具有强烈的机械作用，清洗效果较好，磷化膜的结晶也较细致 3.工作环境好，劳动强度低
缺点	1.处理时间较长，处理所需的温度与浓度也较高 2.清洗的效果较差，磷化膜的结晶也较粗 3.工件环境差，劳动强度高	1.不适宜用于封闭内腔的工件 2.维护工作量大 3.容易生成大量泡沫，在清洗除油时，要使用低泡或无泡表面活性剂

对于高熔点的油污，去油处理的温度也需提高以降低油污的黏度，否则油污不易清除彻底。

以上清除方法并不能够除去工件表面的锈蚀物和氧化皮，清除锈蚀物和氧化皮除前面所介绍的机械方法外，还可通过酸洗的方法进行化学除锈。用作除锈酸洗液的有无机酸和酸性较强有机酸，盐酸和硫酸除锈效率高，除锈彻底，可常温进行除锈处理，成本低，但容易造成工件“过蚀”现象。而磷酸或有机酸这类中等或温和的除锈剂则不易造成工件的过蚀，所处理的工件表面清洁度高，能采用喷淋的方式进行除锈处理，但除锈效率低、成本高，对锈蚀严重的工件处理效果不佳。在除锈过程后，工件常常很快返锈，在酸洗液中加入缓蚀剂则会降低返锈现象。同时，为了防止二次生锈及将残酸带入磷化工序，除锈后的工件必须中和处理后才能进入下道工序，中和槽液为 3～5g/L Na_2CO_3 水溶液。

(2) 钢材表面的磷化　工件经过前面一系列的表面处理后，需通过化学反应在其表面生成一层非金属的、不导电的、多孔的磷酸盐薄膜，这一过程称之为钢材的磷化处理，生成的薄膜称为磷化膜。磷化膜具有多孔性，涂料可以渗入这些孔隙中，因而能显著地提高涂膜的附着力。此外，磷化膜又能使金属表面由优良导体转变为不良导体，从而抑制了金属表面微电池的形成，有效地阻碍了涂膜的腐蚀，可以成倍地提高涂层的耐蚀性和耐水性，所以磷化膜已被公认为是涂层最良好的基底。因此，磷化处理已成为涂装表面处理工艺中不可缺少的一个环节。

钢材表面形成的磷化膜有三种类型：铁系磷化、锌系磷化和锰系磷化。

① 铁系磷化　铁系磷化膜很薄，膜重大多数在 0.3～0.5g/m²，很少达到 1g/m²。铁系磷化膜组成为三价铁的磷酸盐与三氧化二铁，颜色从蓝色到褐色。

铁系磷化处理液的主要成分是酸式碱金属磷酸盐（如磷酸二氢钠、磷酸二氢铵），还含有碱金属的多聚磷酸盐（如三聚磷酸钠）及少量的催化剂促进剂和添加剂。

在磷化处理工艺上，铁系磷化具有反应速率快，处理时间短，处理温度低，工艺幅度大，槽液的酸度低，磷化淤渣少，因而对设备要求不高，药品消耗少，成本低。如果选用合适的表面活性剂，可组成除油磷化“二合一”，从而可简化磷化处理工艺。但由于铁系磷化膜很薄，它的耐蚀性不及锌系磷化膜，所以主要应用于对耐蚀性要求不高的工件。

② 锌系磷化　锌系磷化膜重在 1～6g/m²。涂装用磷化膜重在 1～3g/m²，系薄膜型。膜的组成，主要成分是锌、铁的磷酸盐，颜色从灰色到灰褐色。

锌系磷化处理液主要成分是磷酸二氢锌、磷酸三聚磷酸钠及催化剂、促进剂、减渣剂等添加剂。

锌系磷化由于配方的不同，工艺参数差别极大。就涂装而言，目前采用中温磷化，薄膜型，故反应速率快、时间短、温度低、淤渣较少，但锌系磷化不能组成除油磷化“二合一”，故工艺过程较多。锌系磷化膜的质量优于铁系膜，所以汽车涂装、家电电器涂装等均采用锌系磷化。

③ 锰系磷化 锰系磷化因处理时间长、温度高、浓度大、膜厚而松，涂装行业现已不用，多用于润滑、防蚀等方面。

涂装用磷化膜要求：膜重一般在 1～5g/m^2，相当于膜厚 0.6～3.5μm，同时磷化膜的结晶细致、均匀、连续、致密、附着力好、硬度大、孔隙率低。以上三种类型磷化膜的特性见表 3-8-21。

表 3-8-21 磷化膜的特性

磷化膜类型	磷化膜颜色	沉积量/(g/m^2)	厚度/μm	孔隙率/%	铅笔硬度
磷酸铁 $Fe_2(PO_4)_2 \cdot 8H_2O$	蓝色	0.1～0.5	0.1～0.5	0.1～0.5	H
磷酸锌铁 $Zn_2Fe(PO_4)_2 \cdot 4H_2O$	中灰色	10～30	5～15	0.05～0.4	HB
磷酸锌 $Zn_3(PO_4)_2 \cdot 4H_2O$	灰色	2～10	1～5	0.05～0.5	HB～H
磷酸锌钙 $Zn_2Ca(PO_4)_2 \cdot 2H_2O$	浅灰色	1.5～6	1～3	0.05～0.4	HB～H
磷酸锰 $Mn(H_2PO_4)_2$	深灰色	8～40	3～25	0.5～3	HB～H

2. 铝及铝合金的表面处理

铝是一种特殊金属，它能在自身表面形成一层氧化膜，在一定程度上能防止腐蚀。然而这种保护还不足以让铝材在一般环境条件下维持长久的生命力。而在铝中加入镁、铜、锌等元素制成铝合金后，机械强度提高了，但抗腐蚀性能下降了。此外，氧化铝并不是粉末涂料或其他涂料的良好基材，通常有机涂层在铝材上的附着力非常差，因此，需要经过化学处理使铝的表面生成一层均匀的、多孔性的氧化膜，使其对有机涂层具有吸附性，从而增大接触面积，增强涂膜的附着力，这样也提高了铝的抗腐蚀性能。

和钢材一样，在对铝材进行化学处理前，为了除去表面的污垢、油、油脂和腐蚀物，必须先经过清洗步骤。

(1) 表面除油 铝及其合金不像黑色金属那样能耐强碱的侵蚀，所以要注意清除铝制品表面的油污，不能采用强碱配置的清洗剂清洗，一般宜采用有机溶剂除油法，表面活性剂除油法，或由磷酸钠、硅酸钠、碳酸钾、碳酸钠等碱性盐配置的弱碱性清洗液清洗。为了改善清洗效果，通常还要加入润湿剂。

(2) 化学氧化 铝制工件的化学氧化工艺与钢铁件的磷化工艺相似。生成的氧化膜有较好的吸附力，是涂装的良好底层。它们的不同之处是铝的化学氧化膜薄，其厚度为 0.5～4μm，不能形成厚膜，质软不耐磨，故其防腐蚀性差，不宜单独使用。化学氧化的溶液有碱性和酸性两种。

① 碱性溶液氧化法 此法所得氧化膜质软、疏松，容易碰坏磨损。

溶液配方及工艺条件举例：

无水碳酸钠 Na_2CO_3/(g/L)	50	槽液温度/℃	80～100
铬酸钠 Na_2CrO_4/(g/L)	15	氧化时间/min	15～20
氢氧化钠 NaOH /(g/L)	2～2.5		

处理的零件需立即用水冲洗，然后再进行钝化和涂装，否则时间长会影响涂膜的结合力。由于其性能较差一般很少使用。

② 磷酸盐、铬酸盐氧化法　此法又称阿罗丁氧化法。该氧化膜的质量比用碱性溶液所得氧化膜的好，抗腐蚀性也好。

溶液配方及工艺条件举例：

磷酸 H_3PO_4/(g/L)	50～60	硼酸 H_3BO_3/(g/L)	1～1.2
铬酐 CrO_3/(g/L)	20～25	槽液温度/℃	30～36
氟化氢铵 NH_4HF_2/(g/L)	3～3.5	氧化时间/min	3～6
磷酸氢二铵 $(NH_4)_2HPO_4$/(g/L)	2～2.5		

为了提高抗蚀性能，可以进行钝化处理。

用此法获得的氧化膜，其外观为无色或彩虹色。膜的厚度 3～4μm，与基体金属的结合力好，膜层致密，且耐磨，工件尺寸无显著变化。

③ 铝及其合金的非铬化处理　铬酸盐法是最适合涂饰建筑物中所用铝制材料表面处理的方法。但是由于铬酸盐中的六价铬的毒性问题，促使人们去寻找无铬的替代品对铝材进行表面处理。如使用氟氢酸和六氟锆酸（H_2ZrF_6）或六氟钛酸（H_2TiF_6）组成的处理液对清洗过的铝材进行表面处理，经这种溶液处理后，在铝材表面转化沉积成非常薄的（大约 0.01μm）、几乎无色的膜层，它们分别由铝-锆络合物或铝-钛络合物组成，这种转化膜的防腐蚀性能与铬酸盐氧化膜的防腐蚀性能类似。此外，还有以铈化学为基础的铈酸盐处理法。这些新处理方法的数据和经验还在积累当中。

3. 锌及锌合金的表面处理

锌一般是以钢材表面镀锌、喷锌或以铸件形式作为被涂装基材而使用的。与铝的情况相似，暴露在大气条件下的锌能自己钝化形成氧化锌或碳酸锌薄层。但是这层“白锈”保护时间不长久，尤其是在工业腐蚀性气体的环境中更加不好，锌在腐蚀进程中，表面缓慢地形成灰白色的粉末薄层。即使是将粉末涂料直接涂覆在新制得的氧化锌或碳酸锌的镀锌钢材表面，锌也可以和涂料基料中的羧基发生反应生成锌皂，从而降低了涂料对基材表面的附着力。为使涂层与锌表面结合牢固，就要使锌的表面粗糙并形成一层防止锌与基料反应的保护膜。和铝一样，锌在形成转化膜的处理之前应对其表面做清洗处理。

(1) 锌的表面清洗　锌的清洗技术和方法与铝基本相同，使用碱性盐和表面活性剂或有机溶剂即可。只有当锌的表面存有大量污物时，才可以加入少量的苛性钠以提高清洗液的清洗作用，不过这样会引起锌表层的一些腐蚀，但会改善基材与粉末涂层的附着力。也可以使用弱酸性的清洗液除去锌表面的氧化物。

(2) 转化膜的形成　锌表面形成转化膜的主要方式是磷酸锌的转化，用磷酸盐处理剂可在锌表面生成一层锌盐磷化膜，其机理与钢材的磷化处理一样。游离的磷酸与锌的表面作用生成不溶性的磷酸锌 $Zn_3(PO_4)_2$，致密地覆盖在锌的表面。磷化膜的附着量通常为 $1\sim5g/m^2$。这种膜与基材结合紧密，呈结晶颗粒排列，在表面形成细小的凹凸面并均匀地分布在整个表面。这对涂膜的附着很有利，并阻止锌与基料的皂化反应，防止了磷化膜内层锌的进一步腐蚀，显著提高了涂层的耐久性。在磷酸盐处理剂中加入氢氟酸、氟化物等能进一步优化磷化膜的质量。

二、粉末涂料的涂装

相对于液态涂料来说，粉末涂料的涂装具有能自动控制涂层厚度、极少有流挂问题、边角覆盖力好、加工动力费用和总生产成本低、操作人员培训费用低、涂料利用率接近 100%、能满足严格的环保法规等优势。粉末涂料的涂装就是使用各种方法将粉末附着在被涂工件上，再经过加温熔融成膜或固化成膜。粉末涂料的涂装方法可分为：流化床法、静电流化床法、静电喷涂法和火焰喷涂法等。

1. 流化床法

流化床涂装工艺是在粉末涂装中较早实施的方法之一。我国早在20世纪60年代初就开始对热固性环氧粉末进行了流化床涂装研究，并取得了成功。当时主要应用于机电产品，如对电机的绝缘涂层和防腐涂层等。近年来随着粉末及其涂装技术的发展，又广泛地应用在家用电器、生活电器、钢结构件等方面。应用的原料也由原来的环氧粉末发展到尼龙、聚酯、聚乙烯、聚氯乙烯等更多的粉末品种。

流化床涂装工艺的方法是将空气或某种惰性气体吹入容器底部，使粉末涂料翻动达到“流化状态”。空气通过多孔性透气板，成为均匀分布的细散气流使粉末翻动，每个粉粒先上升后下降。这种流动粉体的性质很像液体。放入其中的物体如同沉入液体中。但这种流态化粉末与液体的特性仍然存在很大的不同，例如当一段管子被水平地放入液体中，其内壁就会立即被润湿，但在粉管中流化状态的粉末就变得静止不动了。这是因为粉粒的行动主要是上下方向的，水平方向移动很少。

流化床的工作原理是用均匀的细散空气流通过粉末层，使粉末微粒翻动呈流态化。气流和粉末建立平衡后，保持一定的界面高度。将需涂覆的工件预热后，放入流态化粉末中，即可得到均匀的涂层，最后加热固化（流平）成膜。

流化床主要是由气室、微孔透气隔板和流化槽三部分组成。如图3-8-23所示是一种较为常见的桶形流化床结构。

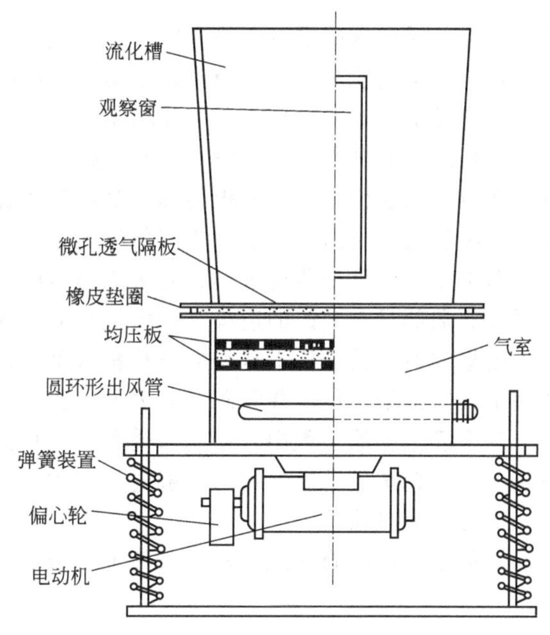

图3-8-23　常见的桶形流化床结构

流化床法属于热熔涂装工艺，能否形成均匀涂层的关键在于控制好粉末的流化状态。流化床法涂装设备简单，操作容易，不需要粉末的循环使用装置。

环氧粉末涂料采用流化床热熔敷工艺，实现了微电机、中小电机、分马力电机的转子和定子铁芯的粉末熔槽绝缘，取代了传统的聚酯薄膜、青壳纸复合槽绝缘工艺，既降低了绝缘层厚度，又提高了工效，还为自动化嵌线创造了必要的条件。

此外，流化床粉末涂装还在电力电容器、电容器外壳、电感线圈、变压器铁芯、电阻器、接线盒、小型蓄电池等电器产品的绝缘防潮上得到了广泛的应用，增强了产品的耐湿热、耐老化、耐高低温、耐冲击性和三防性能，显著地提高了产品的可靠性。流化床涂装生产线立体示意图如图3-8-24所示。

2. 静电喷涂法

静电涂装技术是粉末涂料应用在金属制品中最常采用的操作方法。这种方法的基本原理是依靠通过喷枪的压缩空气作为干粉的推动力，粉末在喷枪中被充上静电，粉末粒子在静电喷枪向被涂工件的移动是受带电粒子与工件形成的电场力和气流推力的共同作用形成的。粉末粒子作为绝缘材料使得静电电荷停留在粒子表面并附着在工件上，即使静电枪与工件之间

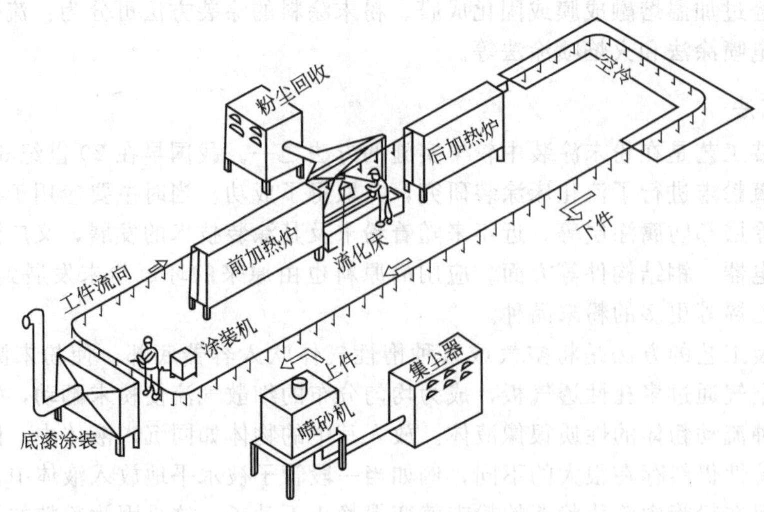

图 3-8-24　流化床涂装生产线立体示意图

的电场除去后，这些带电的粉末粒子仍然能靠电荷的引力牢固地吸附在工件的表面，以保证粉末粒子在熔结前对工件的吸附，这对粉末的冷涂装很重要。未吸附到工件上的过喷粉末可通过回收设备收集和循环再用，使粉末涂料具有高的利用率（可达 98%）。

(1) 高压静电喷枪（电晕喷枪）　这种喷枪是对粉末涂料粒子进行充电用得最广泛的装置。在喷枪内至少有一个电极与高压静电发生器连接，为粉末粒子提供电荷。高压静电喷涂中，高压静电是由高压静电发生器供给的。工件在喷涂时应先接地，在净化的压缩空气作用下，粉末涂料由供粉器通过输粉管进入静电喷粉枪。喷枪头部装有金属环或极针作为电极，金属环的端部具有尖锐的边缘，当电极接通高压静电后，尖端产生电晕放电，在电极附近产生了密集的负电荷。粉末从静电喷粉枪头部喷出时，捕获电荷成为带电粉末，在气流和电场作用下飞向接地工件，并吸附于其表面上。

粉末静电喷涂过程中，粉末所受到的作用力可分为粉末自身重力、压缩空气推动力和静电场引力。粉末借助空气推力和静电场引力，克服自身重力，吸附于工件表面，经固化（塑化）后形成固态涂膜。

从粉末静电吸附情况来看，大体上可分为以下三个阶段，如图 3-8-25 所示。

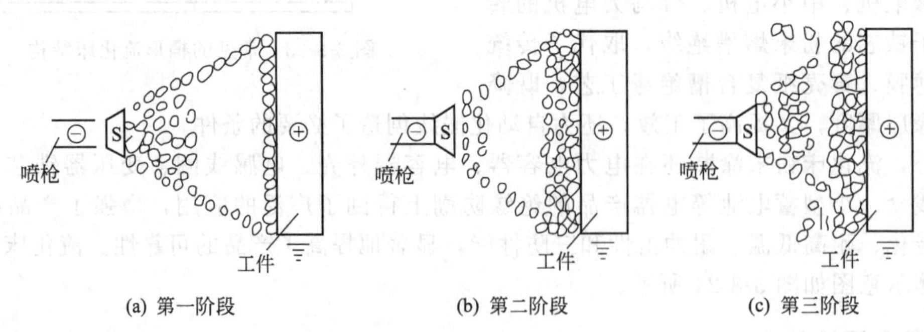

(a) 第一阶段　(b) 第二阶段　(c) 第三阶段

图 3-8-25　粉末静电吸附情况

图 3-8-25(a) 为第一阶段，带负电荷的粉末在静电场中沿着电力线飞向工件，粉末均匀地吸附于正极的工件表面；图 3-8-25(b) 为第二阶段，工件对粉末的吸引力大于粉末之间相互排斥的力，于是粉末密集地堆积，形成一定厚度的涂层；图 3-8-25(c) 为第三阶段，随着

粉末沉积层的不断加厚，粉层对飞来的粉粒排斥力增大，工件对粉末的吸引力因粉层对粉末的排斥力相等时，继续飞来的粉末就不再被工件吸附了。

吸附在工件表面的粉末经加热后，就能使原来“松散”堆积在表面的固体颗粒熔融固化（塑化）成膜。

静电喷枪不仅能使粉末带电，通过喷嘴形状的改变，还可控制喷出粉末云雾的尺寸、形状和密度（图 3-8-26）。此外，可根据调整静电发生器的电压调整粉末在工件上的附着量，在一定范围内喷涂电压增大，粉末附着量增加。但当电压超过 90kV 时，粉末附着量反而随电压的增加而减少。

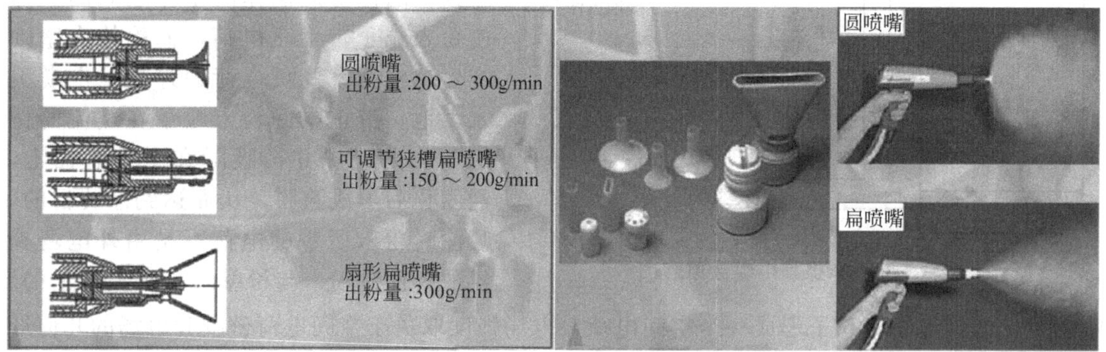

图 3-8-26　喷嘴系列及喷漆形状

高压静电的输入方式分为枪外供电和枪内供电两种。枪外供电是将高压静电发生器放在枪体外面，高压静电通过金属电缆输送到喷枪内放电针上。枪内供电是将高压静电发生器微型化，置于枪内，称为枪内供电式。这就使静电喷涂设备整体体积缩小，节省一根高压电缆，使喷枪使用灵巧，而且操作安全，减少高压泄漏。

高压静电喷枪在静电喷涂时会产生“反离子化”现象，即粉末在工件上的沉积过程中，随着厚度的增加，被涂工件表面的负电子（或正电离子）和负（或正）的带电粒子不断聚集，涂层之间的电势也在增加。当这种电势增加到超过击穿电压的程度时，粉末附着层的表面或内部将发生局部的放电现象，由于粉末涂料是以堆积形式附着在工件表层的，这种局部放电时部分粉末粒子形成了与静电枪电极相反的离子，并沿着电力线向枪头方向移动而脱离工件，使电吸附的粉末堆积层破裂。“反离子化”现象所造成最大的影响是使涂膜变得不均匀，产生“橘皮”现象。研究发现，高压静电喷涂时，粉末在形成第一层沉积时即产生“反离子化”现象，时间大约在喷涂后 1s 的时候。

此外，高压静电枪对几何形状复杂的工件喷涂时，枪口和工件之间形成的电场很不均衡（图 3-8-27），产生的法拉第效应使工件凹陷处上粉较困难。

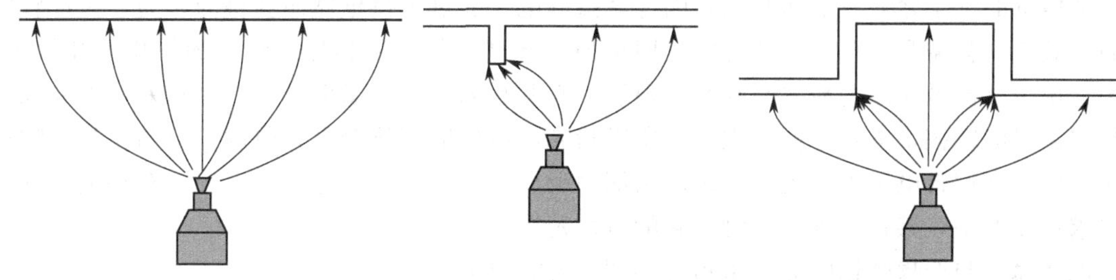

图 3-8-27　电场分布

(2) 摩擦静电喷枪 若选用恰当的材料作为喷枪枪体，粉末在压缩空气的推动下与枪体内壁以及输粉管内壁发生摩擦而使粉末带电，带电粉末粒子离开枪体飞向工件并吸附于工件表面。其工作原理如图 3-8-28 所示。

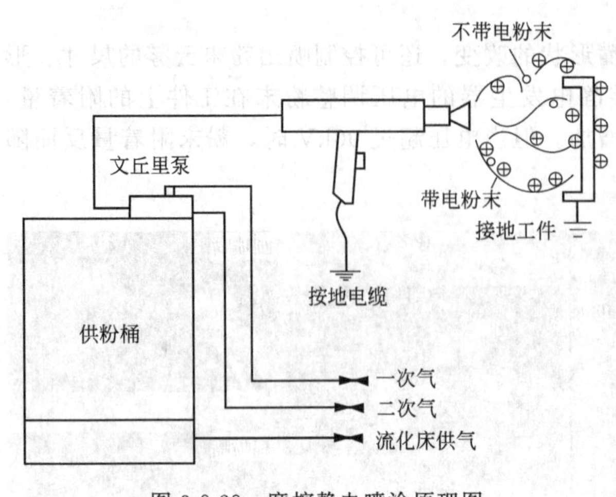

图 3-8-28 摩擦静电喷涂原理图

该方法不需要高压静电发生器。在摩擦静电系统中，枪体通常使用电阴性材料。两物体摩擦时，弱电阴性材料产生正电，强电阴性材料则产生负电。喷涂时由于粉末粒子之间的碰撞以及粉末与强电阴性材质制作的枪体之间的摩擦使粉末粒子带上正电荷，而枪体内壁则产生负电荷，此负电荷通过接地电缆引入大地。带正电的粉末粒子在气流的作用下飞向工件并被吸附在工件表面上，经固化后形成涂膜，从而达到涂装目的。喷涂时粉末所带的电荷不是由外电场提供的，而是粉末与枪壁发生摩擦带上的。喷出枪口的带电粉末粒子形成一个空间电荷，电场强度取决于空间电荷密度和电场的几何形状，即决定于粉末粒子的带电量、粉末在气粉混合物中所占比例和喷枪口的喷射图形。由喷枪喷出的气粉混合物因气流的扩散效应和同种电荷的斥力，气粉混合物体积逐渐膨胀，电荷密度下降，电场减弱。电场减弱的方向与气流方向一致，粉末的受力方向与气流方向相同。当粉末离开枪体后，粉末移动的动力主要是空气，粉末粒子能够到达工件的每个角度，并与工件产生很好的附着效应，形成致密的粉末涂层。由于不存在外电场，摩擦静电喷涂法能较好地克服法拉第屏蔽效应。

由于摩擦枪具有不同于高压枪的带电方式和电场，因此在静电喷涂中显示出其独特的优点：高压静电喷涂时，粉末所带的电荷来自高压静电发生器，而摩擦枪的粉末带电主要是因粉末和枪体摩擦而产生的，这就省去了高压静电发生器，从而节约了设备投资；摩擦枪内无金属电极，喷涂中不会出现电极与工件短路引起火花放电，从而消除了引起粉尘燃烧、爆炸的事故隐患；摩擦枪不接高压电缆，枪头移动空间范围广，喷涂操作比较方便，且不受喷涂距离变化的影响，喷枪离工件距离远些或近些，喷涂效果相近；小型工件或形状比较复杂的工件表面用摩擦枪喷涂时，效果好得多，比高压静电枪更为适用。粒径较大的粉末表面积大，比较利于摩擦带电，而较细的粉末则不利于摩擦带电。试验数据表明，在摩擦静电喷涂时，反电离现象发生在喷枪启动后10～20s，这就可能提高工件的一次上粉率。

摩擦枪的不足之处有下面几点：因为摩擦静电是通过摩擦枪体而获得的，为了保证较好的静电效果，就需要对摩擦枪的芯阀定期更换，同高压静电枪相比，喷枪的使用寿命较短；因为适用于摩擦枪喷涂的粉末品种受到限制，有些粉末品种的摩擦带电效果较差，例如聚乙烯粉末涂料的摩擦带电效果就不理想，所以粉末涂料的应用场合受到限制；与高压静电喷枪相比，粉末摩擦带电量不充足，粉末的附能力要弱一些；摩擦静电喷涂工艺，对环境、气源的要求比较严格，某种程度上限制了它的应用范围。

电晕喷枪与摩擦喷枪喷涂效果示意如图 3-8-29 所示。

电晕喷枪和摩擦喷枪的性能对比见表 3-8-22。

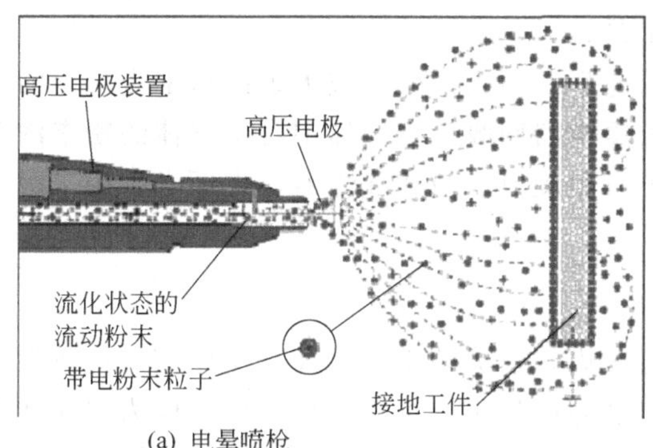

(a) 电晕喷枪

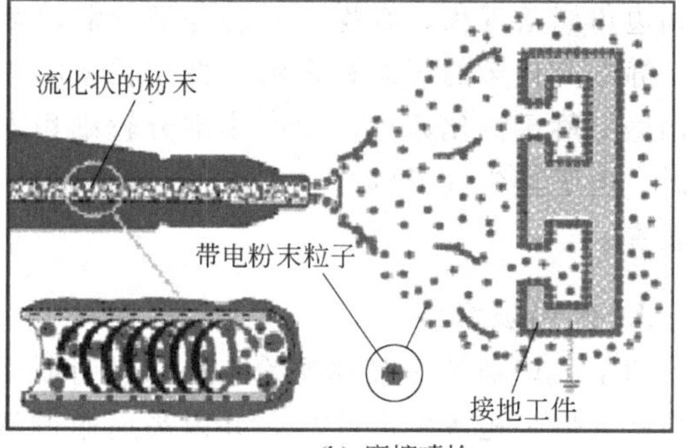

(b) 摩擦喷枪

图 3-8-29　电晕喷枪与摩擦喷枪喷涂效果示意

表 3-8-22　电晕喷枪和摩擦喷枪的性能对比

性　　能	电晕喷枪	摩擦喷枪	性　　能	电晕喷枪	摩擦喷枪
摩擦粉末	+	+	空气消耗量	较低	较高
不适于摩擦用的粉末	+	○	通路	+	++
渗透能力	+	++	磨损	+	−

注：++代表极好；+代表好；−代表较差；○代表不适用。

(3) 静电流化床法　静电流化床涂装工艺是静电涂装技术与流化床工艺相结合的一种工艺。工件在常温下涂覆，克服了流化床涂覆在高温下操作的缺点，同时又发挥了流化床设备简单、操作方便、易于实现机械化、自动化生产的优点。根据电晕放电原理，在静电流化床床身的粉末中放置一个接负高压的电极。当电极接上足够高的负电压时，就产生电晕，附近的空气被电离产生大量的自由电子。电极埋在粉末中，粉末在电极附近不断上下运动，捕获电子成为负离子粉末，这种负离子粉末就能被吸附到带正电的工件上去。静电流化床法与静电喷涂法相比，特点是：设备结构简单，集尘装置和供粉系统要求低，粉末屏蔽容易解决，易实现自动化生产。对于涂覆形状较为简单的工件，具有效率高、设备小巧、投资少、操作简便等突出优点。但是，这种方法涂覆的工件，顺着流化床床身方向会产生涂层不均匀现象。当制造大型静电流化床设备时，不但使操作工艺变得复杂，设备结构也将失去简易这一重要优点，反而变得复杂昂贵。因此，静电流化床工艺主要用于线材、带材、电器、电子元件等形状比较简单的小零件的粉末涂覆。

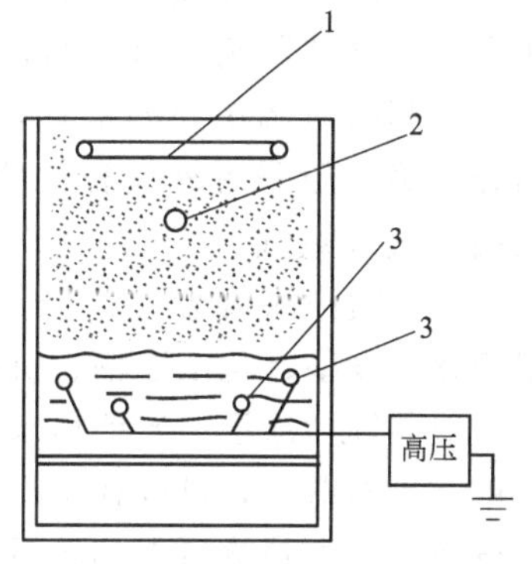

图 3-8-30　配有控制电极的静电流化床
1—控制电极；2—长形零件；3—充电电极

静电流化床的结构和一般流化床基本相同，不过作为涂覆室的床身和气室需要绝缘性能良好的塑料如聚氯乙烯板或有机玻璃板制成。设计结构上要保证高压电极对地和操作者有良好的绝缘。静电流化床的结构有多种样式，但基本原理相同，如图 3-8-30 所示的配有控制电极的静电流化床，它的特点是粉末下面有两组对称的棒形充电电极，在工件上面还有一个接地的控制电极，借助控制电极来调整工件的涂覆质量。实际上它是起着调节床身内空间电场的分布和强度，使被涂工件的各个部位处于一个均匀的电场中。这样就能使工件获得较好的涂覆质量。

静电流化床涂装时，涂层达到一定厚度后，容易发生“反离子化”现象，使涂层产生麻坑和边角崩落现象，在操作时应注意控制涂装工艺。

静电流化床的气态粉末流速低于粉末喷涂的速率，而且部分未被吸走的粉末受重力的作用仍然降落于流化床内，只有小部分较细粉末被集尘器回收，集尘器中含尘气体的粉末浓度很低。由于集尘气流的含尘浓度低，粉粒细，不宜用旋风扩散式除尘器，也不必采用二级回收装置。

3. 火焰喷涂法

粉末火焰喷涂法又称为粉末热熔融射喷涂法。火焰喷涂的工作原理是用压缩空气将粉末涂料从火焰喷枪嘴中心吹出，并以高速通过从喷嘴外围喷出的火焰区域，使其成为熔融状态喷射黏附到工件上。火焰喷枪是火焰喷涂施工的主要装置，火焰喷涂原理图如图 3-8-31 所示。

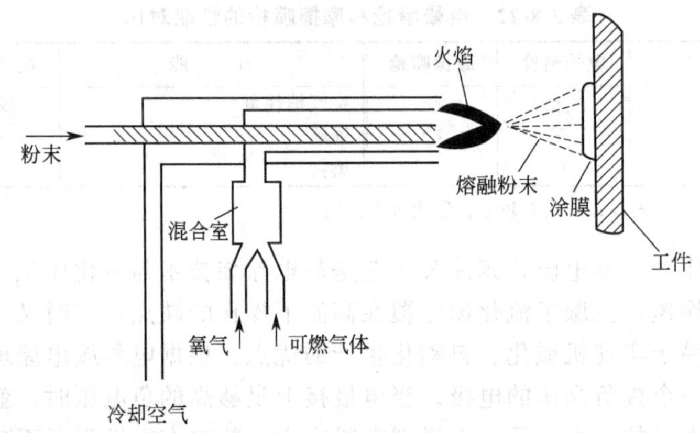

图 3-8-31 火焰喷涂原理图

塑料粉末借助输送气体从枪头中心的铜管喷出，当粉末穿过火焰区时受热熔融射粘于工件上，同时工件也被预热，因此附着于工件上的粉末颗粒能够相互融合形成光滑涂膜。为了防止枪嘴喷出的粉末直接与高温的燃气火焰接触而变质老化，在火焰与粉流之间设计有气体隔离区域，将两者分开并可调节粉末熔融的合适温度。这股环形气流同时还可冷却喷枪嘴中心的铜管，使其不会因温度高熔化粉末而造成喷嘴堵塞。火焰喷枪的燃烧火焰一般采用氧气和乙炔气的混合气体。输送粉末和冷却保护气体采用脱水除油的压缩空气或氮气。

火焰喷涂涂装法主要用于金属表面涂装聚乙烯、尼龙、氯化聚醚等热塑性粉末涂膜。可用于化工设备、化工池槽、机械零件、板材、线材等方面。适宜用作防腐蚀涂层、耐磨涂层和一般装饰性涂层。当前粉末火焰喷涂方法正在受到人们的关注。它主要有以下特点：设备简单，价格低廉，可以在生产作业现场施工，不像静电涂装和流化床涂装那样必须有成套涂装设备；一次喷涂可得到较厚的涂膜；可以涂装大型工件。粉末涂装对被涂的工件必须进行固化或塑化工序，大工件就受到烘炉尺寸的限制，火焰喷涂则可将粉末直接熔粘于工件表面，因此，对贮藏罐、框架等大型工件的施工有其独特的优势，在设备维修上也有较大潜力。

目前，除火焰喷涂技术还没有被广泛采用外，静电喷涂、流化床和静电流化床的涂装技术都有了成熟的实际应用。各种涂装技术都有各自的特点，表 3-8-23 是不同涂装技术特性的比较。

表 3-8-23 不同涂装技术特性的比较

工件的特性	静电喷涂	流化床和静电流化床	火焰喷涂
尺寸	比较大	比较小	无限制
材质	金属导体	不一定是导体	不一定是导体
耐温性	比较高	高	无关
涂层外观	高	低，不适合装饰目的	低，不适合装饰目的
涂层厚度	涂膜比较薄	能形成均匀的高厚度涂膜	能形成高厚度涂膜，均匀性取决于操作
涂料类型	热塑性和热固性	热塑性和热固性	热塑性
换色	困难	比较难	容易
设备投资	中至高	低	非常低
劳动力强度	低，因为高度自动化	中等，取决于自动化	比较高
能量消耗	只需后加热	预热和后加热	低，不需要预热和后加热
涂料损耗	非常少	非常少	取决于工件几何形状

4. 供粉器、喷粉室和粉末回收循环系统

(1) 供粉器　供粉器的作用是给喷枪提供粉流，是喷涂工艺中的一个关键设备。它的功能是将粉末连续、均匀、定量地供给喷枪，是粉末静电喷涂取得高效率、高质量的关键部件。

目前，使用的供粉器一般有 3 种结构类型，即机械式、压力式和抽吸式，如图 3-8-32 所示。

机械式供粉器的特点是能定量、精确地供粉，供粉精度可达 2%～3%，它是通过调整转盘和螺杆的速度来控制供粉量大小。机械式供粉器对涂膜厚度的波动性影响较小，由于它是以机械式传动方式供粉，供粉量大小主要取决于转盘和螺杆的速度。机械式供粉器可用于多支喷枪的喷涂流水线。这类供粉器的缺点是结构比较复杂，机械传动部分密闭性要求高，粉末易卡住机械传动零件，制作成本也高，故一般较少采用。

压力式供粉器是一个密封性结构。其原理是：经过油水分离净化后的压缩空气从进气管进入，在喇叭口下（内有一道槽及 4 个倾斜角为 45°的出气小通道）形成旋流，从而使粉末成为雾化状态随气流从出粉口输送至喷粉枪。供粉器内喇叭头会随着粉末减少而自动下降。调节压缩空气的压力就可以改变供粉量的大小。压力式供粉器的容积一般在 15～25L。由于它是密封结构，不能连续加粉。因此，只能作单件喷粉使用，不能在喷涂流水线中使用。而其突出优点是可大大提高喷粉量，达到 1kg/min 以上，有些场合下喷涂作业可起到特殊作用。压力式供粉器使用的空气压力一般为 0.10～0.15MPa。

抽吸式流化床供粉器是利用文丘里泵的抽吸作用来输送粉末的，其原理是在压缩空气通过（正压输送）的管路中设置文丘里射流泵（亦称之为粉泵），空气射流会使插入粉层的吸粉管口产生低于大气压的负压，处于该负压周围的粉末就被吸入管道中，并被射流加速，再从管道中输送粉末至喷枪。但是，在粉末吸入口的周围会产生粉末空穴，造成缺粉现象。因此，必须解决供粉器中的粉末不断向吸粉口流动的问题，使喷出的粉雾均匀、连续。流化床内的粉末具有类似液体流动的特性，这样就保证粉末能不断向吸粉口流动。应用最多的是纵向抽吸式流化床供粉器，一次气流（主气流）射入粉泵后，吸粉管口产生负压，将流化床内粉末吸至输粉管中。二次气流（稀释气流）用于调节喷出的粉末几何图形大小，同时使粉末的雾化性能更好。这种供粉器的优点是：供粉均匀、稳定；供粉桶密封性能好；可以将几支粉泵置于同一个供粉桶；粉泵内清理积粉方便；供粉精度高。

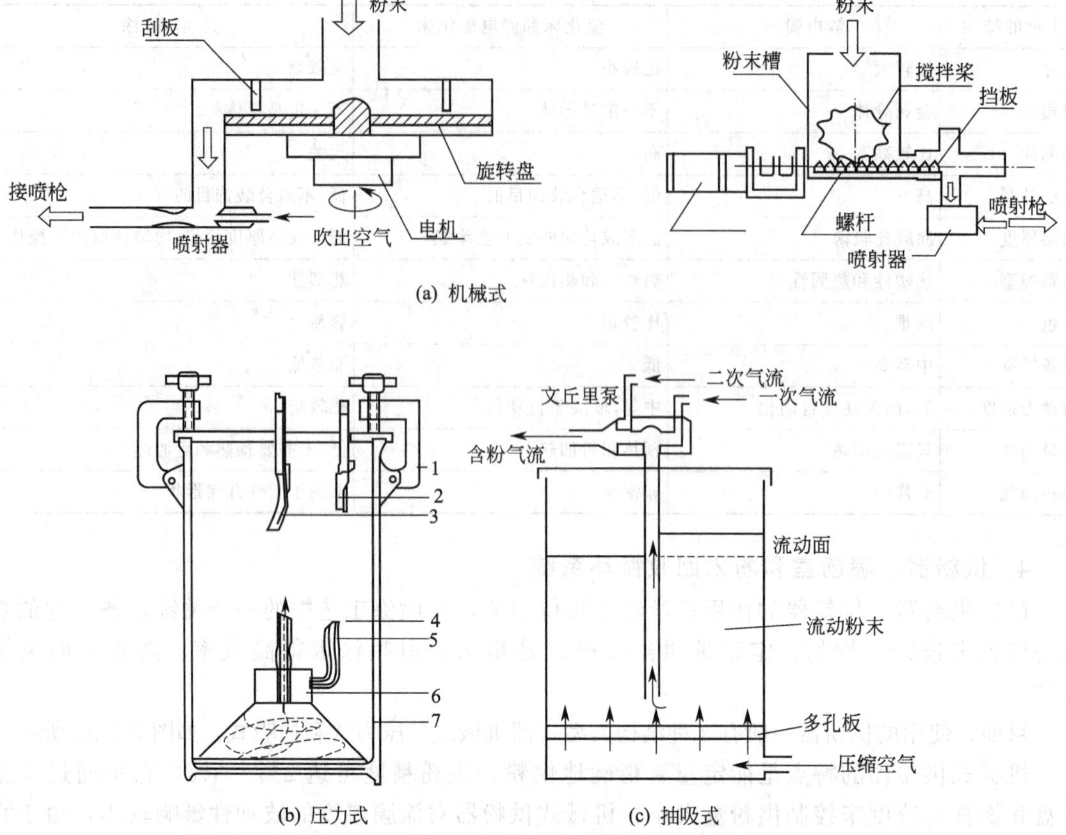

图 3-8-32 供粉器类型

1—卡子；2，5—进气管；3，4—出粉管；6—喇叭；7—粉筒身

(2) 喷涂室 喷涂室又称喷粉柜，它是实施粉末喷涂的操作室，其制作的材料、形式和尺寸直接关系到产品喷涂的质量。喷粉柜可用金属板制成，也可用塑料板加工。选用哪种材料制作喷粉柜，主要根据经济性、耐久性和便于施工等因素来考虑。不同材料制作的喷粉柜的优缺点见表 3-8-24。

表 3-8-24 不同材料制作的喷粉柜的优缺点

选用材料	优 点	缺 点
冷轧钢板	1.加工容易 2.牢固，便于运输和修理 3.安全	1.带电粉末易附着板壁，体积大 2.静电喷涂效率下降 3.产生火花放电机会增大
塑料	1. 粉末不易附着内壁 2.粉末容易清扫 3. 可小型化 4. 火花放电时安全 5. 喷涂效率高	1. 制造困难 2. 容易损坏
钢板塑料复合材料	1.粉末不易附着内壁 2. 粉末容易清扫 3. 可小型化 4.打火少，安全 5. 喷涂效率不受影响 6. 喷粉柜机械强度高	1. 价格比金属高 2. 加工难度比钢材大

不同材质的喷粉室使用效果如图 3-8-33 所示。

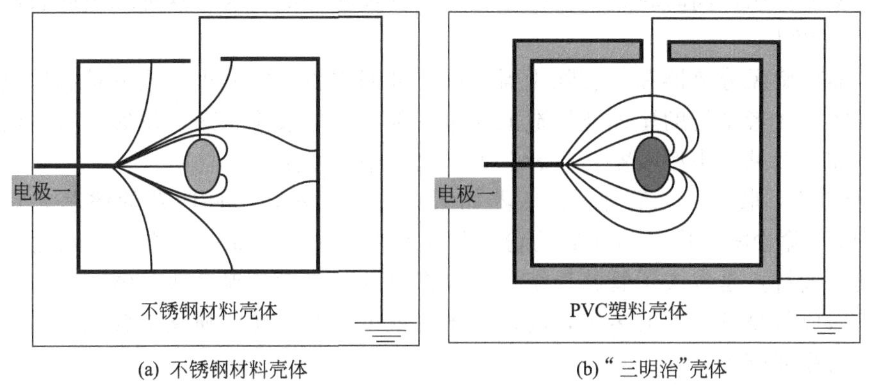

(a) 不锈钢材料壳体

导电，易吸粉，易吸潮，不方便打扫

(b)“三明治”壳体

厚 165mm 绝缘，粉末反弹，上粉率高，吸粉少，方便清理

图 3-8-33　不同材质的喷粉室使用效果

喷粉柜的大小取决于工件的大小、传送速率和喷枪的粉量。通常情况下喷枪数量少，粉末喷涂能力偏低。喷粉室内选择多少支喷枪主要取决于工件的形状、喷涂表面积、传输链速度和单班产量等因素。选用喷粉柜时应考虑到便于清理粉末和粉末的换色，以及粉末回收时的风速和风量等因素。风量应掌握在不能将喷涂于工件表面的粉末涂层吹掉，不能让粉末从喷粉室开口部位飞扬出去，减少粉末的浪费和环境污染。喷粉柜内粉末浓度应低于该粉末爆炸极限的下限。

(3) 粉末回收装置　粉末涂料在静电喷涂过程中，工件的上粉率大约为 50%～70%，有 30%～50%的粉末飞扬在喷涂室中或散落在喷涂室底面，这一部分粉末必须通过回收装置收集，经重新过筛后，送回供粉桶回用，否则，不仅浪费粉末涂料，还会污染环境，带来公害，危害操作人员的健康。

粉末回收装置的种类较多，选用什么样的粉末回收系统，必须从产品的结构形状、生产批量、作业方式、粉末品种和换色频率等因素来综合考虑。

① 旋风布袋二级回收器　该二级回收装置主要包括旋风分离器的一级回收和布袋除尘器的二级回收，如图 3-8-34 所示。该回收器第一级旋风分离器与喷粉柜相连接，它收集了

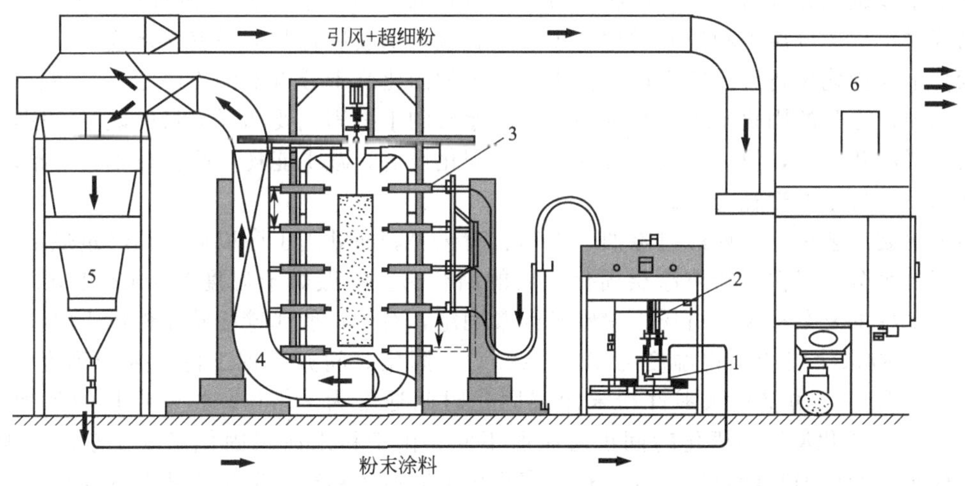

图 3-8-34　旋风布袋二级回收器

1—供粉桶；2—出粉管（接喷枪）；3—喷枪；4—回收管道；5—旋风分离器；6—超细粉回收柜（二级回收柜）

大部分的回收粉末，占粉末回收总量的 70%～90%；第二级袋式回收器起到帮助旋风分离器提高回收率的作用，同时将第一级回收除不掉的细粉全部回收。这种二级回收器的总除尘效率可达 99%以上。

该回收器对旋风分离器和布袋除尘器的底下部回收粉末的处理，或者是利用喷室底部下抽屉贮存回收，或者是借助压缩空气造成喷室底部积粉呈紊流状态，然后被喷室内安全气流吸走回收。前者多见于小型喷室，后者多见于大、中型喷室。

② 无管道式回收器　无管道式回收器如图 3-8-35 所示，该回收器的滤芯 3 安装在喷室 1 后面的回收、除尘柜 2 中，过滤后的粉末落在粉末回收容器 6 中，再经文丘里泵 5 返回喷枪回用。其最大特点是省去了管路系统，把操作室及回收设备聚合成一体，结构紧凑。这种回收器可以做成与喷室分开的装置，配以轮子后就可以方便地同喷室组合或拆开，大大有利于快速换色的涂装施工。

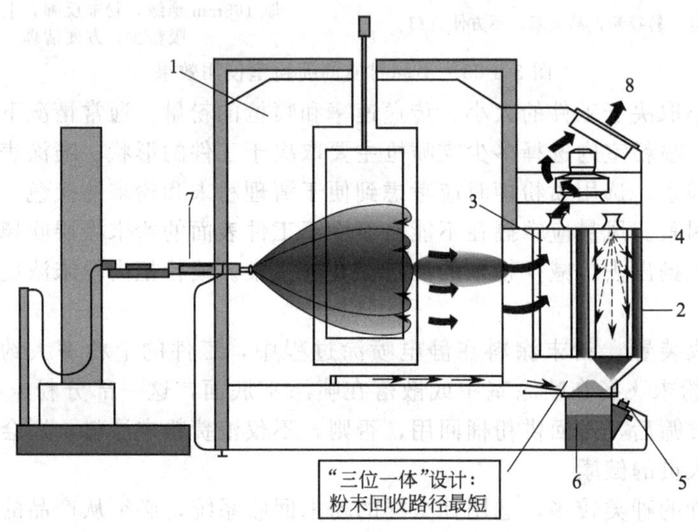

图 3-8-35　无管道式回收器

1—喷室；2—回收、除尘柜；3—滤芯；4—脉冲吹喷；5—文丘里泵；6—粉末回收容器；7—喷枪；8—引风

而使用多旋风分离器的二级回收装置（图 3-8-36）可使粉末使用和回收率进一步提高。这种列管式小旋风分离器和滤芯过滤二级回收装置，回收装置和喷粉室直接连接。

(4) 干燥固化设备　涂装生产工艺中，涂层的固化是十分重要的工序之一，在粉末静电喷涂工艺中，涂层的固化是不可缺少的工序。涂层的干燥固化要消耗大量的能量，因此研究先进的涂层固化工艺，设计和选择合理的干燥固化设备，减少能耗，降低成本，是推动粉末涂装技术发展的重要途径之一。

粉末涂装工艺中，工件经过除油、除锈、磷化等表面处理工序以后必须经过烘干，除去工件表面的水分，以保证粉末涂层固化以后的结合力。一般烘干温度为 100～120℃，烘干时间应视工件的复杂程度、材质、壁厚等因素确定，对于一般薄壁板状零件烘干时间通常为 8～10min，粉末涂层的固化温度为 180～220℃，固化时间亦应视工件的复杂程度、材质、壁厚等因素确定，薄壁板状零件粉末涂层固化时间通常为 20min。粉末涂料的品种不同、配方不同，其固化温度与固化时间也会有所不同。由于粉末涂层固化温度比较高，固化时间也比较长，因此消耗能量比较大，在一定程度上限制了粉末涂装更为普遍的应用。世界各国都在竞相研究低温短时间快速固化的粉末涂料，但是目前国内生产的各种热固性粉末的固化温度一般高于 160℃，固化时间不少于 15min。对于一些热塑性粉末涂料（例如聚乙烯、

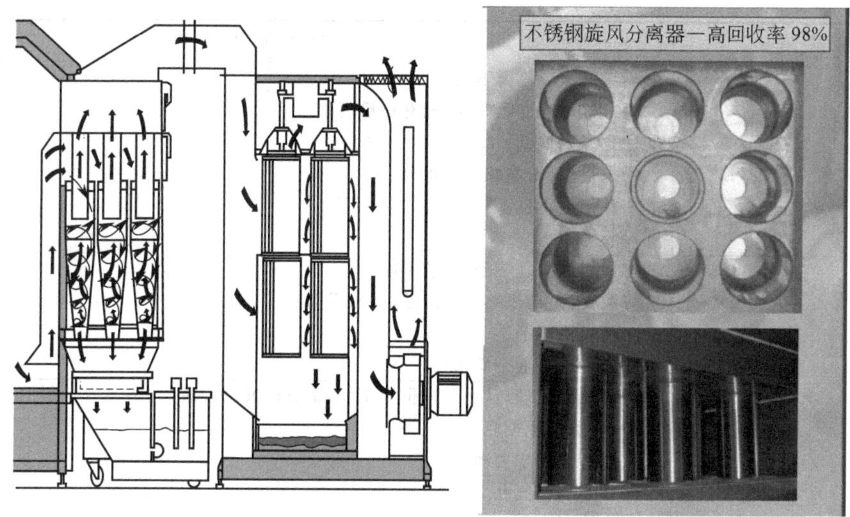

图 3-8-36 多旋风分离器的二级回收装置

聚丙烯、聚酰胺等）采用流化床涂覆工艺时，还需将工件预先加热到一定温度，通常预热到250～360℃后，将工件浸入流化状态的粉末中，使粉末熔融后黏附在工件表面，然后对工件进行熔融塑化处理，其处理温度为180～220℃，固化时间15～25min。粉末涂料被涂覆在工件表面，必须经过一定温度和时间的烘烤，才能使粉末熔融流平、交联固化成均匀的涂层。不同的粉末有各自不同的熔融、流平和交联固化温度。粉末的固化温度一般是由粉末生产厂商在粉末生产出厂时规定的。施工中烘烤温度过低，粉末涂料熔融流平、交联固化不足，会造成涂层表面粗糙、光亮度差、附着力差，强度和硬度都会下降。如果烘烤温度过高，轻则造成涂层失色，重则使涂层焦化，机械强度严重下降。

对烘炉或烘道的要求：烘炉或烘道装有保温和热风循环装置，可以使整个烘炉或烘道内温度均匀。工件置于烘箱内必须让工件与工件之间留有足够的孔隙以保证热空气的流通，从而防止工件涂膜产生上半部已经固化（塑化）完全而下半部处于"夹生"状态，或下半部完全固化（塑化），而上半部已经"热过头"。因为烘炉或烘道中上半部温度总是高于下半部的温度，只有配备了热风循环装置后，才能克服上述弊端。另外，在喷室和烘道之间采用联动装置较为理想。工件在喷涂完毕后，通过传动部件自动进入烘道，避免发生工件间相互碰撞，采用流水线作业，不仅提高生产效率，产品质量也可以得到保证。

(5) 涂装生产中常见涂膜弊病和产生的原因 见表 3-8-25。

表 3-8-25 涂装生产中常见涂膜弊病和产生的原因

涂膜缺陷	产生原因
涂膜光泽不足或失光	1. 固化时烘烤时间过长 2. 温度过高 3. 烘箱内混有其他有害气体 4. 工件表面过于粗糙 5. 前处理方法选择不妥 6. 供粉或回收系统中不同粉末的干扰
涂膜变色	1. 多次反复烘烤 2. 烘箱内混有其他气体 3. 固化时烘烤过度

续表

涂膜缺陷	产生原因
涂膜表面橘皮	1. 喷涂的涂层厚薄不均 2. 粉末雾化程度不好,喷枪有积粉现象 3. 固化温度偏低 4. 粉末受潮,粉末粒子太粗 5. 工件接地不良 6. 涂膜太薄
涂膜产生凹孔	1. 工件表面处理不当,除油不净 2. 气源受污染,压缩空气除油、除水不彻底 3. 工件表面不平整 4. 受硅尘或其他杂质污染
涂膜出现气泡	1. 工件表面处理后,水分未彻底干燥,留有前处理残液 2. 脱脂、除锈不彻底 3. 底层挥发物未去净 4. 工件表面有气孔 5. 粉末涂层太厚
涂层不均匀	1. 粉末喷雾不均匀 2. 喷枪与工件距离过近 3. 高压输出不稳
涂膜冲击强度和附着力差	1. 磷化膜太厚 2. 固化温度太低,时间过短,使固化不完全 3. 金属底材处理不干净 4. 涂覆工件浸水后会降低附着力
涂膜产生针孔	1. 空气中含有异物,残留油污 2. 喷枪电压过高,造成涂层击穿 3. 喷枪与工件距离太近,造成涂层击穿 4. 涂层太厚 5. 粉末挥发分高
涂膜表面出现颗粒	1. 喷枪堵塞或气流不畅 2. 喷枪雾化不佳 3. 喷粉室内有粉末滴落 4. 有其他杂物污染工件表面
粉层脱落	1. 工件表面处理不好,除油除锈不彻底 2. 高压静电发生器输出电压不足 3. 工件接地不良 4. 喷粉时空气压力过高 5. 粉末有吸湿现象(使用 HAA 体系的粉末) 6. 粉末粒径太粗、喷涂太厚
涂膜物理力学性能差	1. 烘烤温度偏低,时间过短或未达到固化条件 2. 固化炉上、中、下温差大 3. 工件前处理不当
涂膜耐腐蚀性能差	1. 涂膜没有充分固化 2. 烘箱温度不均匀,温差大 3. 工件前处理不当
供粉不均匀	1. 供粉管或喷粉管堵塞,粉末在喷嘴处黏附硬化 2. 空气压力不足,压力不稳定 3. 空压机混有油或水 4. 供粉器流化不稳定,供粉器中粉末过少 5. 供粉管过长,粉末流动时阻力增大

续表

涂膜缺陷	产生原因
粉末飞扬、吸附性差	1. 静电发生器无高压产生或高压不足 2. 工件接地不良 3. 气压过大 4. 回收装置中风道堵塞 5. 粉末粒径过细
喷粉量减少	1. 气压不足,气量不够 2. 气压过高,粉末与气流的混合体中空气比例过高 3. 空气中混有水气和油污 4. 喷枪头局部堵塞
喷粉量时高时低	1. 粉末结块 2. 粉末混有杂质,引起管路阻塞 3. 粉末密度大 4. 气压不稳定 5. 供粉管中局部阻塞
喷粉管阻塞	1. 由于喷粉管材质缘故,粉末容易附着管壁 2. 输出管受热,引起管中粉末结块 3. 输粉管弯折、扭曲 4. 粉末中混有较大的颗粒杂质 5. 粉末受热或受压结块

三、展望

粉末涂料已经被市场广泛地接受，而且被认为是涂料行业中环境友好型体系之一。粉末涂料今后的发展趋势主要有以下几个方面。

1. 市场方面

在生产金属板的预涂领域，粉末卷材涂料具有干燥速率快、生产效率高、涂膜性能好、节省费用、环保效果好等优点，市场前景非常看好。

迫于环保压力和环保观念的进步，使用粉末涂料对汽车表面整车涂装的尝试有了初步的进展，欧洲几大轿车生产厂商不同程度地开始使用透明粉末涂料对一部分整车表面进行罩光涂装。然而，粉末涂料要想全面进入这个巨大市场必须解决涂膜流平性差、固化温度高、涂装换色难等诸多问题。

粉末涂料在热敏基材上的涂装是一个潜在的巨大市场，如木材（特别是中密度纤维板材）、塑料、玻璃钢等材料的表面涂装。虽然已经有了这方面的实际应用（如紫外线固化的粉末涂料和近红外固化的粉末涂料），但市场应用尚待规模化。

此外，建筑用钢筋防腐粉末涂料和管道防腐粉末涂料在国外已经有三十余年的应用历史，但在国内依然存在一个不容忽视的市场。

2. 粉末涂料方面

据专家预测，由于聚酯树脂优良的性价比，以聚酯树脂为主要成膜物的热固性粉末涂料依然占有粉末涂料产品的主导地位。在改进和提高粉末涂料的性能方面，主要还是通过对成膜物和交联剂的改进，使用新的二元醇，如2,2,4-三甲基-1,3-戊二醇、2-乙基-1,3-己二醇，2,2-二乙基-1,3-丙二醇、2-正丁基-2-乙基-1,3-丙二醇用以改进聚酯树脂的耐沸水性和耐碱性。开发耐候性能接近PVDF的超耐候性聚酯树脂仍然是今后努力的目标。开发和使用半结晶聚合物作为基料将使粉末涂料的熔融黏度更低，从而改善粉末涂料涂膜严重的橘皮效果。低能耗高产出的理念将使人们进一步追求粉末涂料的低温固化，即在100～110℃条件下固化，以及同时具有好的贮存稳定性和好的涂膜流平性。针对卷材粉末涂料的快速固化（固化速率应在60s以内）也是业内人士努力的方面，以适应100m/s以上高线速的金属板材生产线。超薄粉末涂料（即涂膜厚度在30～50μm）今后依然是人们关注的一个方面。某公司的超薄涂粉末涂料是通过在粉末中加入特殊的纳米添加剂解决了粉末涂料粒径在超细微状态不结团的难题，从而达到粉末细微、薄涂的目的，并已实现了工业化生产。如何提高超细微粉末的生产效率和产能是其今后要解决的问题。今后，某些新的聚合物技术应用于粉末涂料行业后，将会使粉末涂料发生革命性的变革。

3. 生产和应用方面

使用超临界二氧化碳作溶剂对粉末涂料的原料进行混合，后经喷雾塔喷雾形成粉末颗粒的粉末涂料新的生产工艺已经实现了中试工厂的生产过程。这种新工艺不仅适用于传统的粉末涂料配方，同时也适用于低熔点、高反应活性的配方体系，这种工艺生产的粉末涂料的粒径分布窄，粉末粒子外观基本呈圆球状态，而这种球形状态的粉末粒子的物理贮存性能更加稳定。此外，经挤出机挤出的熔融状态的粉末物料在20000Hz的超声驻波场雾化成粉末，也能生产出粒度分布窄的球形粉末。使用悬浮法进行丙烯酸本体聚合，控制悬浮粒径在10μm以上，通过喷雾干燥等过程可直接制得丙烯酸粉末清漆，但这种工艺比较复杂。

新的涂装和固化技术除前面所介绍的UV和近红外固化技术会进一步得到发展外，电磁刷——一种类似磁鼓复印原理的涂装技术应能够适应高线速卷材的涂装，这种技术还可以满足超薄粉末的涂装。

准确预测粉末涂料的发展是十分困难的，但无论如何，粉末涂料对环保的贡献以及所带来的优势对这一商业市场极具吸引力，粉末涂料的发展道路还会继续走下去。

参 考 文 献

[1] 王锡春，姜英涛主编. 涂装技术. 北京：化学工业出版社，1986.
[2] 王德中主编. 环氧树脂生产与应用. 第二版. 北京：化学工业出版社，2001.
[3] [美] Zeno W. 威克斯，Frank N. 琼斯，S. Peter 柏巴斯著. 有机涂料 科学和技术. 经桴良、姜英涛等译. 北京：化学工业出版社，2003.
[4] 朱骥良，吴申年主编. 颜料工艺学. 第二版. 北京：化学工业出版社，2004.
[5] Ir. Pieter Gillis de Lange. Powder Coatings：chemistry and technology. Hannover：Vincentz Network，2004.
[6] [澳大利亚] J. 谢尔斯，T. E 朗编著. 现代聚酯. 赵国樑等译. 北京：化学工业出版社，2007.

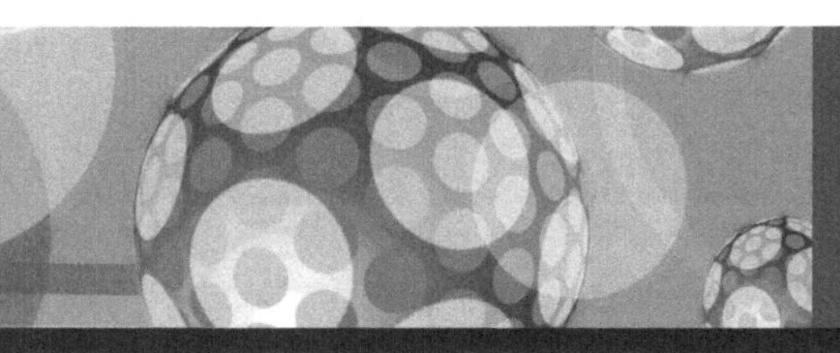

第九章 航空航天涂料

特种涂料是衡量一个国家涂料工业发展技术水平的重要标志之一。其用量与工业涂料和建筑涂料相比较要少得多，但它的应用涉及面广，且用量逐渐增多。据预测，到 2010 年，我国特种涂料需求量将达到 80 万～120 万吨。目前，我国的特种涂料从无到有、从小到大，品种逐年增加，水平不断提高，特种涂料种类已经形成了几十个门类、数百个品种，涵盖了耐高低温、消融隔热、绝热保温、温控、阻燃、生化、光学、耐辐照、示温、吸声、吸波、减阻尼、防污、耐磨蚀、润滑、重防腐、超耐候等应用领域。航天、航空涂料是特种涂料中最重要的品种。

航天、航空涂料是指用于各种飞行器（飞机、导弹、火箭、卫星、飞船等）的专用涂料，航天、航空涂料的技术发展与航天、航空工业的发展密切相关。飞行器的变化日新月异，已经从最初的运输功能向其他特殊功能扩展。同时就其运输功能（民航）来说，也向大型化、高速化发展；而且除运输功能外，飞行器（战机、火箭、导弹）在军事工业的应用、发展，显得更加突飞猛进和重要。还有随着人类活动空间不断向外层空间扩展，航天器（火箭、卫星、飞船）技术也在迅猛发展，同样需要并促进涂料技术的发展。也就是说，航天、航空涂料除了传统的保护、装饰功能外，其重要性更大程度是体现在其特殊功能性，如耐高温、耐烧蚀隔热、耐磨蚀、耐辐照、隐身、防腐蚀等性能更为重要，所以航天、航空涂料的技术水平在一定程度上代表着一个国家航空工业的发展水平。

航天、航空涂料在过去被赋予浓厚的军事色彩，多年来一直处于技术保密和封闭的状态，特别是发达国家对我国实行军事用途技术的封锁政策。但我国依靠自主研发，使航天、航空涂料完全实现了自给自足，且技术水平达到国际先进水平。

我国卫星、“神舟”飞船、“嫦娥”奔月等空间高新技术的发展，对航天、航空涂料提出了更高的要求，也促进了该技术的快速发展。我国快速发展空间技术的主要目的是服务于国民经济的发展，当然，针对目前所处的复杂国际环境，为了维护领土完整和为经济建设保驾护航，发展与之相适应的国防军事技术是非常必要的，也具有极其重要的意义。

航天、航空涂料所涉及的涂料品种较多，为叙述方便，将航天涂料与航空涂料分别叙述，一般，航空是飞行器在大气层以内飞行，而航天是指在大气层以外的飞行。所以航空涂料通常指的是飞机（民机、军机）用涂料，它的主要种类是以飞机蒙皮涂料、雷达罩涂料等为主要代表；而航天涂料通常是各种飞行器（火箭、导弹、卫星、飞船和空间站）用涂料。当然，这样划分是相对的，在很多情况下二者并无严格区别，而且很多涂料可以相互通用。

本章分三部分，主要介绍飞机蒙皮涂料、消融隔热涂料和隔热保温涂料。

第一节 飞机蒙皮涂料

一、飞机蒙皮涂料的现状及趋势

飞机蒙皮涂料可分为外蒙皮和内蒙皮涂料，通常情况下，着重考虑外蒙皮的涂装与防护，内蒙皮一般不作严格要求。

综观国外航空涂料发展水平，欧美、俄罗斯和日本等工业发达国家居世界前列。20 世纪中期以来，醇酸涂料因其性能缺陷，已完全为环氧、丙烯酸、聚氨酯涂料所代替。到 20 世纪末 21 世纪初，氟硅、氟碳材料技术逐步被应用到飞机蒙皮涂料上。氟硅、氟碳材料虽然具有优越的性能，但是其技术成熟度仍不能达到大规模生产和应用的要求，其成本也相对较高，目前，只局限于小批量试用。另外，水性涂料技术成为涂料发展大趋势，如水性环氧、水性聚氨酯和水性氟硅、水性氟碳等，遗憾的是该技术实现真正意义上的水性化尚待时日。还有，高固体涂料、粉末涂料、辐射固化涂料也是重要的研究和发展方向。

1. 飞机蒙皮涂料国外发展情况

美国海军在 20 世纪 70 年代用丙烯酸作为飞机的面漆在 F-105 飞机上得到全部使用，效果良好。聚氨酯漆作为飞机的面漆是航空涂料的发展方向。在美国，有三家最大的飞机涂料生产厂，分别是 Finch 油漆化学公司、Steling 喷漆公司和美国油漆公司，他们都生产双组分聚氨酯作为航空涂料面漆。品种有六亚甲基二异氰酸酯缩二脲和 HMDI（二环己基甲烷二异氰酸酯）作为固化剂组分（B 组分）。T-3 反潜艇飞机、B-52 轰炸机上的聚氨酯面漆（底漆为环氧聚酰胺、中间层为聚氨酯橡胶）寿命长达 5 年。寿命长、耐擦洗，可节省飞机的维修费用。在大型运输机 C-130、C-121 和直升机上也大量使用。这种涂料作为大型客机 B-707 和 B-747 的面漆，自 20 世纪 70 年代一直沿用至今。

英国欧洲航空公司在 20 世纪 70 年代就用聚氨酯涂料作为飞机面漆，代替环氧和其他合成树脂，其涂层寿命延长 50%。使用 2 年不需重涂，5 年重涂一次，比原来的漆使用寿命延长了 1.5～2 年。他们也认为聚氨酯涂层光泽好，外观平滑，可减少飞行阻力，从而降低了燃料消耗。荷兰、德国也仍以聚氨酯涂料作为飞机面漆。

聚氨酯涂料由于其涂层光泽高、丰满、平滑，可减少飞行阻力，从而降低燃油的损耗，并且耐机油和耐湿热性远远优于丙烯酸漆。20 世纪 80 年代以来，国外对聚氨酯涂料的发展和应用迅速增加。但双组分自干型涂料，使用不如单组分更方便，而且游离单体——异氰酸酯对人体呼吸道有刺激作用，以及实干时间较长，保光、保色性不如丙烯酸涂料，所以美国空军仍部分采用丙烯酸涂料。

国外一般采用环氧树脂及其改性的涂料作飞机蒙皮底漆。如采用环氧树脂为基体树脂、聚异氰酸酯类硬化剂和环氧类硅氧烷偶联剂制成的环氧底漆涂在飞机表面，与聚氨酯类面漆相匹配组成飞机蒙皮涂层。能经受骤冷骤热、风雨冰雪等严酷环境的侵蚀、在各种环境下不会起皮、剥离，解决了涂层与机身的附着难题（见美国专利 US3,954,693）。

美国 Akzo-Nobel 公司开发成功的“10P20-44”型高固体环氧底漆，可与高固体聚氨酯面漆相配合，用作飞机外部防各种液压油的底漆，具有优异的抗腐蚀特性和与聚氨酯面漆的良好的附着匹配性能，被美国长滩波音公司、美国 Douglas aircraft company 公司等用作军用、民用飞机蒙皮底漆。

美国 Douglas aircraft company 公司 1994 年 7 月 6 日发布了关于"环氧底漆的材料规范 DMS2104E"，并于 1995 年 3 月 5 日补充公布了符合该公司"环氧底漆"的要求的产品或来源的"DMS QPL 2104"规范，该技术规范对环氧底漆性能要求如表 3-9-1 所列。

表 3-9-1　环氧底漆的技术性能

检测项目	DMS2104
黏度(Zahn-2 杯)/s	混合后底漆 15～22
漆膜外观	漆膜应均匀、光滑，无粗粒、缩孔、气泡
使用寿命	混合后 8h，黏度上升至≤5s，涂层附着力不下降，并能通过耐液压油试验
耐液压油	30d 后铅笔硬度≥HB，附着力不下降
耐腐蚀性(加速试验)	2000h 腐蚀痕迹距划线处≤3.2mm
可脱除性	2～6h 内涂层应能从底材上脱除
打磨性	易打磨，无辊痕和划痕
第 3 类溶剂滞留性	漆膜经 7d 室温干燥后，残留的溶剂不大于原溶剂含量的 1%

国外飞机蒙皮环氧底漆采用美军标"MIL-P-23377F，G"标准"A high solid two-component corrosion inhibitive epoxy primer"加以评定。

美国海军将环氧树脂底漆和聚氨酯面漆组成标准涂层系统。根据其飞机近 30 年实际使用的情况看，这种涂层系统具有非常优良的附着力、耐蚀性及耐久性，其寿命可长达 4～6 年。美国海军针对环氧飞机蒙皮底漆申请了专利（表 3-9-2）。

表 3-9-2　环氧飞机蒙皮底漆的相关专利

专利号	专利标题	申请日期	授权日期	专利权人
US5,202,367	Epoxy self-priming topcoat	1991 年 5 月 13 日	1993 年 4 月 13 日	US NAVY
US5,130,361	Epoxy self-priming topcoat	1991 年 8 月 2 日	1992 年 7 月 14 日	US NAVY
US5,059,640	Epoxy resin coating compsns providing good corrosion resistance	1990 年 9 月 28 日	1991 年 10 月 22 日	US NAVY

随着航空工业的不断发展，飞机航行速度不断提高，空气与机身剧烈摩擦而产生的气动热随之提高（马赫数 $M=2.2$ 时为 150℃；$M=2.5$ 时为 220℃；$M=3$ 时为 320℃）。因此，对大马赫的飞机来说，能长期经受 220℃以上的耐高温航空漆是非常重要的问题。美国航空材料试验室研制的有机硅涂料在 315℃下可短期使用。采用专门研制的有机硅底漆和配套材料，在不锈钢和钛合金底材上涂覆，经暴晒试验表明，性能良好，能耐各种机油，经在 XB-70 飞机和导弹上使用，结果满意。

日本在航空涂料领域考虑到聚氨酯树脂面漆耐温限度为 150℃，长期使用可能会造成热劣化，日本特殊涂料公司与日本富士重工业公司共同开发了一种有机硅树脂改性聚氨酯树脂，并拼用耐高温颜料，所制成的涂料经使用效果优良。美国在未来的航空战机中亦将采用一种用含羟基氟树脂与异氰酸酯结合的含氟聚氨酸酯涂料，将大大提高航空涂料的保护性能和使用寿命。更高航速飞机所需的耐高温涂料，希望寄托于新型有机硅和芳香环树脂的应用。由开环缩聚制成的带羟基的星形齐聚物具有狭窄的分子量分布，借此可合成带支链的星形聚合物，可精确控制相对分子质量、官能度以及功能性羟基的位置和反应性，得到的聚氨酯涂料在相同相对分子质量下比线型结构聚氨酯涂料在固体含量及性能方面具有优势，可制成使用效果良好的低 VOC 双组分聚氨酯清漆。

如英国 Desoto 公司于 20 世纪 90 年代初就研制出氟树脂作为飞机蒙皮涂料，使用寿命达到20年，比现用的聚氨酯涂料寿命增加1倍。

为超音速运输机防护而研制生产的聚酰亚胺树脂是目前用于高速飞机最有希望的耐高温蒙皮漆。但制造工艺复杂，毒性大，尚未能推广。

随着环境保护提出的更加严格的要求，飞机涂料也面临着挥发性有机化合物（VOC）限值要求的挑战。美国已经对航空涂料的VOC含量作了限制，并进行了无溶剂、高固体分涂料以及水性涂料等方面的大量研究，已制成使用效果良好的低VOC双组分聚氨酯清漆。尚存在润湿性、流平性等问题，正在飞机上做试验，尚未进入商业飞机的应用。

2. 飞机蒙皮涂料国内进展情况

新中国涂料工业真正开始迈出发展的第一步，是于1956年从苏联方面引进了156项援建项目开始，所有生产设备和技术全部来自苏联。到20世纪60年代中后期，由于国际局势发生变化，我国航空、航天工业完全依赖苏联的局面才得以改善，在短短几年内就完成了完全自主化的转变，并取得世人瞩目的成就。由于过分依赖进口，我国虽然建立了涂料工业体系，但是涂料新技术特别是特种涂料技术的研究、开发基本属于空白，鉴于此情况，于1969年化学工业部在全国抽调大量技术骨干，成立了化工部涂料研究所，专门从事涂料基础研究和军工（特种）涂料的配套研制和生产，自成立以来，成功满足了我国航空、航天等军工行业对特种涂料的急需，填补了国内空白。

60年的风雨历程，航空、航天涂料伴随中国航空、航天工业的发展，在不断的发展和进步，迄今为止，航空、航天涂料基本实现了中国制造。

我国飞机蒙皮涂料始于20世纪50年代，以C01-7长油醇酸漆为主，固化后的漆膜平整光滑、坚牢、光泽好、丰满度高，但漆膜耐水性差。醇酸涂料由于其稳定成熟的工艺和较低成本，良好的施工性能，曾经起到积极的作用。

20世纪70年代，我国航空涂料开始发展，北方涂料工业研究设计院（原化工部涂料工业研究所）、北京621所、天津油漆厂均投入大量人力、物力进行研究。丙烯酸清漆、丙烯酸改性聚氨酯磁漆、聚氨酯磁漆和有机硅改性聚氨酯漆的产品相继研究成功，并均广泛用于制造军用新飞机的表面涂装。

20世纪90年代以来，我国航空航天工业得到较快发展，带动了航空、航天涂料的发展。国内生产企业和研究机构在引进、借鉴国外先进技术的基础上，自主研发系列飞机蒙皮涂料，主要有如下四类：

① 聚酯聚氨酯体系（高光）；

② 脂肪族丙烯酸聚氨酯体系（无光，光泽60°≤10%）；

③ 有机硅改性聚酯聚氨酯体系（无光，光泽60°≤10%）；

④ 含氟丙烯酸聚氨酯体系。

品种涵盖飞机蒙皮涂层、标志、迷彩和透波等应用要求，达到GJB和MIL标准，在国内军机和民机多种机型上得到成功应用，底漆普遍采用环氧聚氨酯涂料，满足国内飞机生产、涂装和修补的需要。

为了适应海洋性环境要求，对机用涂层提出严格的“三防”要求，天津灯塔、北方涂料工业研究设计院等研制、生产的氟丙烯酸涂料、各色含氟脂肪族聚氨酯涂料，均以通过国家权威机构和航空行业检验中心的检验和认证，其中涂层耐盐雾和耐湿热试验达到5000h以上，耐霉菌试验小于1级，人工加速老化试验3000h无粉化、龟裂，且综合性能优良，在航空、电子等行业得到成功应用。北方涂料工业研究设计院最新研制的“飞机用水基结构抗腐蚀防护涂料”为水性环氧涂层，为某重点型号配套研制的防腐底涂层，技术水平达到国内领先。

目前，国内仍然还是以采用环氧底漆和聚氨酯（聚酯、丙烯酸和各种改性聚酯）面漆体系的飞机蒙皮涂料为主要品种，其技术性能达到国际先进水平，其主要用途为军机，民机蒙皮涂料基本上是采用国外进口产品，少量仅局限于修补用途，这与我国民航制造工业的发展有关，随着“大飞机”项目的实施，民机蒙皮涂料将会得到快速发展。

二、飞机蒙皮涂料的作用

1. 装饰和标识作用

飞机在装配完成时，表面是一块一块铝板和千万个铆钉，还夹杂一些不是铝板制成的飞机外表面件，因此外表面颜色参差不齐。可是在大型机场上看到的各型飞机具有不同色彩和光泽非常美观，这就是涂料所赋予的装饰作用，费用不高、效果很好。

选择彩色的涂料涂装成鲜明的、流畅的彩带图案，给人一种美的感觉。还可以画出各国公司的标志，起到识别飞机的作用。同时还利用色彩的不同，在飞机表面作出种种小的标志，标明是哪个系统位置或一些注意事项，这有利于地面维护工作。

另外，飞机蒙皮涂料的光泽也是一个重要指标，在早期很多军用飞机都采用高光，到20世纪80年代末90年代初，基于视觉效果和隐身的要求，飞机蒙皮涂料均提出无光要求，美军标规定飞机蒙皮涂料的光泽（60°）小于10%，甚至达到零，W04-89各色有机硅聚酯聚氨酯无光磁漆、W04-80无光迷彩漆、W86-70无光标志漆和S04-19各色聚氨酯无光磁漆的光泽均可以达到5%以下，且综合性能优良，已经得到很好的应用。

2. 防护作用

现代飞机几乎100%是用铝合金作蒙皮，如不用涂层保护，就很快被腐蚀而缩短飞机的使用寿命。因此，飞机的各个部位都必须用适当的非金属材料加以保护，涂料就是其中的一大类。航空涂料性能的好坏直接关系到一架飞机的使用期限。此外，飞机作为交通工具时，其外观状态亦显得很重要，一架外观漂亮完美的客机和处处可见漆皮脱落的飞机对乘客的感官和心理刺激显然不同，前者给人以安全、舒适的感觉，而后者则很容易令人感到不舒服，进而产生不安全感。所以，飞机蒙皮涂料防护和装饰作用显得非常重要。

另外，由于飞机的飞行条件复杂多变，要经受上空、地面、日晒、雨淋、阴雾、冰霜以及冰雹等冷热、砂石和光辐射的冲击。当飞机在远距离飞行或在机场着落时，会遇到各种各样的气候条件。受日光照射的静止飞机，其黑色涂层的表面温度可达到90℃以上。近代高速飞机的表面，受动力热作用时，表面温度可达到130℃。在高速飞行时，涂层受阳光和紫外线的辐照，起飞和降落时受酸雨腐蚀和飞机的剧烈振动等问题，要求涂料必须具有良好的附着力、耐候性、柔韧性、耐磨性和硬度。飞行周期中出现的循环凝聚条件十分重要，在飞机结构中难于触及的部位能受到水的作用，这种水往往含有溶解盐类或有一些飞机带入的油、燃料等。这些液体中有许多成分会使漆膜脱落，其中腐蚀性较大的是各种润滑油、燃料油和化冰液。因此，飞机对涂层性能的要求比其他交通工具对涂层要求更为苛刻，适用于飞机蒙皮的涂料及其修补涂料，必须具备良好的防护性能。

3. 隐身、伪装作用

飞机蒙皮涂料除了装饰、标识和防护（耐各种航空介质、日晒、雨淋、阴雾、冰霜以及冰雹等冷热、砂石和光辐射的冲击）等基本作用外，隐身、伪装作用日益显得重要和迫切。

伪装就是利用飞机蒙皮涂料层的色彩变化和对近红外的不同吸收反射，达到隐蔽自己和迷惑敌人的目的。迷惑敌人不仅包括肉眼的观察而且包括各种侦察器材，如夜视仪、红外照相以及空中和卫星照相等，这些侦察器材发展很快、精度很高，一些微小目标都可以捕捉到，即使如此，利用表面涂料的伪装技术，仍为各国军事部门采用和重视，并还在不断发展。

随着侦察器材和手段的发展、广泛电磁波谱范围内探测能力的提高，反侦察隐身、伪装技术已包含可见光隐身、红外隐身、（雷达）电磁波隐身等。传统涂层色彩和图案变化伪装隐身已经无法满足现代反侦察技术发展的要求，隐身、伪装由可见光发展到近红外等电磁波谱多波段区域，不仅要求颜色和外形与背景相协调，而且要在电磁波谱多谱段反射光谱与背景相一致，特别是飞机活动范围大、背景千变万化，单一的隐身特征难以达到隐身、伪装的目的。

伪装涂料使用方便，成本低。采用迷彩伪装技术不仅可使伪装目标与背景色调、亮度一致，而且还可以改变外形，因此各国都很重视涂料的伪装技术，国外还发展了双重变形迷彩图案，以对付不同距离的侦察。

上述通过色彩和图案的变化达到蒙皮涂料的伪装效果，是一种被动的隐身技术，随着探测技术日新月异的发展，这种隐身方式已经远远无法满足战机、武器的战术性能要求。由于探测技术的发展，促进了主动隐身技术的迅速发展。主动隐身技术就是利用自身具有隐身功能的材料，来达到隐身的目的。

隐身涂层朝着兼容米波、厘米波、毫米波、红外、激光等多波段范围隐身发展，国外先进的多功能隐身涂层在可见光、近红外、远红外、8mm 波和 3mm 波五波段一体化方面已取得较大进展。下面介绍几种先进的隐身技术。

(1) 传统吸波涂料（如铁氧体、羰基铁等） 并在此基础上持续改进。

(2) 纳米吸波材料　该材料对电磁波的透射率及吸收率比微米粉要大得多，同时具备频带宽、兼容性好、质轻和厚度薄等特点。欧美、俄罗斯和日本等国家都把纳米材料作为新一代隐身材料加以研究和探索。目前世界军事发达国家正在研究覆盖厘米波、毫米波、红外、可见光等波段的纳米复合材料。

(3) 多晶铁纤维隐身涂料　20 世纪 80 年代中后期，美国和日本等国家大力开展多晶铁纤维吸波涂料的研究。研究表明，这种涂料具有吸收频带宽、密度小、吸波性好等优点。据称，该涂料已用在法国战略导弹与再入式飞行器上。美国研制的吸波涂料中使用了直径为 0.26μm，长度为 6.5μm 的多晶铁纤维。多晶羰基铁纤维吸收涂料已在 F/A-18E/F 和 A/F-117X 飞机上使用。国外开发了系列陶瓷纤维，主要有碳化硅纤维、三氧化二铝纤维、四氮三硅和硼硅酸铝纤维。据报道，美国用陶瓷基复合材料制成的吸波材料和吸波结构，加到 F-117 隐身飞机的尾喷管后，可以承受 1093℃ 的高温。法国 Alcole 公司采用由玻璃纤维、碳纤维和芳酰胺纤维组成的陶瓷复合纤维制造出无人驾驶隐身飞机。

(4) 导电高聚物吸波涂料　具有良好的微波电、磁损耗性能，引起世界各国的重视。目前，美国 Hunstvills 公司研制出一种苯胺与氰酸盐晶须的混合物透明吸波涂料，该材料在涂层内分布均匀，不必增加厚度来提高隐身频带宽度，特别适合对老飞机的隐身改装。此外，其透明特性适用于座舱盖、导弹窗口及夜视红外装置窗口的隐身，减少雷达回波。飞行器和武器某些特殊部位，如头锥、发动机进气道和喷嘴等部位需要耐高温、耐高速热气流的冲击，为满足这些特殊部位的隐身要求，目前国内外正在积极开发耐高温吸波材料。

(5) 手征吸波涂料　这是一种新型吸波材料，是在基体中掺入一种或多种不同特征参数的手征物质。美国、法国和俄罗斯非常重视手征材料研究，在微观机理研究方面已取得较大进展，并验证了其旋波特性；实验室内已能制出微小面积的均匀薄膜样品，目前正在尝试制造面积更大、实用的薄膜。

(6) 智能吸波材料　这是 20 世纪 80 年代发展起来并备受重视的高新技术材料，能感知和分析从不同方位到达飞行器表面的各种主动式探测信号，瞬时调节该表面的电磁波与光学特性，以获得隐身效果。据报道美国空军将不同导电率的多层薄膜联结在一起，获得在功能上与分层介质吸波涂层类似的蒙皮结构，并将各种机载电子装置、传感器等嵌入蒙皮内以取代传统的雷达天线，从而构成智能蒙皮涂料。这样飞机表层不仅能承受载荷和维持外形，而且具有通信、隐身、电子对抗、火控、飞控等功能，部分或全部替代原来离散的电子设备，增加功能，减轻质量，提高生存能力。

(7) 等离子体隐身技术　该技术是将隐身技术应用于航天武器系统中的新型技术之一。俄罗斯 20 世纪 90 年代中期开始研究等离子体减阻技术。通过在飞机机体周围布设等离子发生器，飞行中释放出等离子体不仅能使飞机减小阻力 30%以上，而且能起到显著的隐身作用。90 年代末期该项技术完成实验，目前正加紧发展第三代等离子发生器。该技术最大的特点是等离子体的隐身效果可随雷达波长的增加而增加，而涂层隐身材料的隐身效果随波长的增加而降低。这种隐身技术不仅解决了吸波涂层厚度和质量方面的局限性，具有吸波频带宽、吸收率高、使用简单和时间长等优点，而且能满足局部高反射需求，尤其适用于导弹的隐身。

以上所述，隐身技术及隐身材料大多数是作为结构材料来应用的，似乎与本节内容并不相符，和传统意义上的飞机蒙皮涂料存在较大的区别，但是，隐身技术和隐身材料正在不断应用于飞机蒙皮涂料，并得到重视，特别是新兴的隐身材料作为一个主要组分，加入到涂料中，使得飞机蒙皮涂料具有优异的隐身功能，而且涂料具有工艺简单、成本低的优点。基于此，隐身技术、隐身材料和涂料技术结合，可大幅度降低飞机结构设计和材料成型的难度及成本。

飞机蒙皮涂料在不断提高装饰、防护性能的基础上，隐身技术是其重要的发展方向，这具有非常重要的军事意义，这也是涂层材料和武器统一化的发展方向。

4. 其他作用

飞机蒙皮涂料除了上述主要作用之外，涂料技术向多功能复合型的方向发展，人们总是希望能够用一种涂料可以实现多种需求，当然，在实际应用中很难做到这一点，只能尽可能满足主要性能要求的同时，兼顾其他辅助功能。所以，在涂料配方设计时，选择一定的树脂、颜料和某些特定材料，可以使涂料在特定条件下具有特定的功能，起到特殊作用。这也是对蒙皮涂料性能功能多样化、复合化的要求，也是飞机蒙皮涂料的一种发展趋势。

(1) 表观温度调节作用　利用涂层具有低热导率、高反射和高辐射性能，对调节蒙皮温度起一定作用。如飞机以 $M=2$ 速度飞行时，机身表面温度约为 120℃，若面漆涂层具有 75%的反射率和 80%的发射率，对表面最终温度可降低 10℃。如果对于高马赫飞行的飞机来说，其作用会更加显著，这对飞机蒙皮材料性能和调节机舱内温度来说，具有重要意义。

(2) 阻尼作用　飞机高速飞行时受到气流阻力、气动升温，会导致产生阻力、振动、升温、噪声等不利影响因素，除了在结构设计应充分考虑减少这些不利因素的负面影响外，飞机蒙皮涂料的阻尼作用也是一种好的补充方法。涂料的阻尼作用就是在各种金属板表面上具有减振、隔声、绝热和一定密封性能。当高分子材料处于高弹态时，分子链段运动表现出很大的高弹性变形和很高的力学内耗。由于链段运动需要一定的时间来克服分子间的黏性摩擦。在这种情况下，外力取消后，形变不能立即恢复；这种滞后现象使材料具有高内耗性；利用这一特性，将高分子材料，如丙烯酸树脂，加入适当的颜料和填料，如金属铝粉、片状无机填料和石棉绒等使涂料具有隔热和隔声作用。发泡型阻尼涂料还具有消声效果，在一定条件下吸收声能可达 90%以上。实用结果表明，阻尼涂料是一种理想的声波衰减材料，它只需要其他消声材料（如超细玻璃棉板）的1/3厚度，便可达到同样的隔音效果。

(3) 示温作用　当干燥涂层被加热到一定温度时，涂层发生颜色变化来指示温度，达到测量温度的目的；这种指示温度的涂料被称为示温涂料。由于这种涂料使用方便，不需要任何特殊的测量仪表，对一些高速转动的部件如发动机涡轮盘、涡轮叶片、压气机叶片、火焰筒和飞行中的飞机蒙皮外表等部位在飞行时不便于使用温度计，都可以用示温涂料测温。

三、飞机蒙皮涂料的组成

(一) 飞机蒙皮涂料的成分

飞机蒙皮涂料同所有涂料一样，其组成分为成膜物树脂、颜填料、溶剂和助剂。

1. 成膜物树脂

飞机蒙皮涂料的成膜物树脂，经历了几代更新，油基树脂涂料为第一代，醇酸树脂涂料为第二代，纯合成树脂如聚酯、聚酰胺、环氧、丙烯酸、聚氨酯等树脂为第三代，有机硅、有机氟树脂及其改性产品为第四代。后面重点介绍第三、第四代品种。

2. 颜填料

颜填料包括着色、防锈、耐温等颜料和填料，选用要求和普通涂料的相同，为适用于飞机的某些特殊部位的某些特殊要求，如夜间发光，则应加入特殊颜料，如荧光颜料、夜光粉等。

3. 溶剂和助剂

溶剂是辅助材料，其功能和选用原则和普通涂料基本相同。

助剂对改善涂料的生产工艺，改进涂料的施工工艺，防止漆膜病态，改进和提高涂料的性能，可以起到事半功倍、画龙点睛之功效，是涂料中量少但不可缺少的重要组分之一。

(二) 飞机蒙皮底漆

飞机蒙皮底漆应具有优良的附着力、防腐蚀性，耐机用液体性，与飞机蒙皮面漆有良好的配套性与层间黏结性，还应具有良好的耐热性、耐冲击性和弹性。环氧树脂底漆基本能达到这些要求。

丙烯酸底漆具有室温快干、防霉性好的特点。在我国目前主要采用B06-1、B06-2锌黄（锶黄）丙烯酸树脂底漆。这些产品配方与工艺在有关专著中均可查到。

环氧树脂底漆、聚氨酯树脂及改性底漆应用最广，其中环氧涂料由于其优良的性能和低成本的优点，是普遍采用的飞机蒙皮底漆品种。

1. 环氧改性氨基醇酸底漆

(1) 配方（质量分数/%）

组分	铁红	锌黄	组分	铁红	锌黄
氧化铁红	8.5	—	601环氧树脂液(50%)	8	8
锌黄	25.5	25.5	短油度豆油醇酸树脂	37	37.5
浅铬黄	—	8	三聚氰胺甲醛树脂	12	12
滑石粉	8	8	环氧漆稀释剂	1	1

(2) 生产工艺　将颜料、填料和醇酸树脂混合，搅拌均匀，经研磨至细度合格，再加入环氧树脂液和三聚氰胺甲醛树脂、环氧漆稀释剂，充分调匀，过滤包装。

(3) 技术要求　技术指标见表3-9-3。

表 3-9-3　环氧改性氨基醇酸底漆技术指标

项　　目	技术指标	检测方法
漆膜颜色和外观	铁红、锌黄色、漆膜平整	
黏度(涂-4 杯)/s	45～70	GB/T 1723—1993
细度/μm	不大于 50	GB 1724—1989
干燥时间(120℃±2℃)/h	不大于 1.5	GB 1728—1989
柔韧性/mm	1	GB/T 1731—1993
冲击强度/cm	50	GB/T 1732—1993
附着力(划圈法)/级	1	GB/T 1720—1989)
耐水性(浸 96h)	不起泡、不生锈	GB/T 1733—1993

(4) 用途　用于烘烤的各种金属表面做底漆，其中铁红色用于钢铁表面，锌黄色用于铝合金表面。

通用环氧聚酰胺底漆及常用的环氧树脂品种及牌号见有关专著。

2. 环氧聚氨酯底漆

(1) 配方（质量分数/%）

组分一（色浆）：

环氧 601(50%)	20～30	沉淀硫酸钡	5～15
钛白粉	8～15	气相二氧化硅	1～3
锌铬黄	12～25	助剂	适量
滑石粉	10～30	稀释剂	适量
云母粉	8～25		

控制指标：细度≤20μm，固体分控制在 50%±2%。

组分二（固化剂）：

TDI	10～30	TMP	5～10
N-210	15～30	溶剂	50

控制指标：NCO=5.0%±0.2%。

(2) 性能指标　见表 3-9-4。

表 3-9-4　环氧聚氨酯底漆的技术指标

项　　目			技　术　指　标
容器中状态	组分一		无结块、结皮、粗颗粒，有沉淀可搅拌均匀
	组分二		清澈透明，无水分、污物
固体分/%	组分一		58±2
	组分二		50±2
漆膜外观			漆膜平整均匀，无粗颗粒、气泡、针孔和其他缺陷
干燥时间　常温/h　≤	表干		0.5
	实干		24
咬底(分别在喷底漆 1h、4h 和 18h 后喷面漆)			不咬底
适用期/h　≥			6
光泽(60°)/%　≤			10
细度/μm　≤			20
附着力	划圈法/级　≤		2
	胶带法	单层底漆	不从金属底材上剥落
		底面配套	不从金属底材上剥落，也不从底面漆之间剥落

续表

项目		技术指标
摆杆硬度	≥	0.55
柔韧性/mm	≤	2
耐合成润滑油 4109[(121±2)℃×24h]		不起泡、不脱落、不发软，允许轻微变色
耐液压油(YH-10 YH-12)[(66±1)℃×24h]		不起泡、不脱落、不发软，允许轻微变色
耐热性[(175±2)℃×75h+(210±2)℃×4h]		不起泡、不脱落，允许轻微变色
耐湿热性 [RH=94%～98%,(49±2)℃×30d]	漆膜外观	不脱落、不起泡
	胶带附着力	底漆不应从金属底材上剥落
耐水性(38℃×4d)		不起泡、不脱落、不起皱
丝状腐蚀		放至盛有 12mol/L 盐酸水溶液的干燥器中 4h，转入 23℃±2℃(RH85%～91%)500h。漆膜表面划两条交叉直线至底材，不出现涂层下的丝状腐蚀
耐盐雾性(5%NaCl 盐雾箱中 35℃×1000h)		漆膜表面划两条交叉直线至底材，漆膜无鼓泡，基本无腐蚀
配套性	耐冲击性/cm ≥	50
	胶带附着力	漆膜应不脱落分层

(三) 飞机蒙皮面漆

目前，采用的飞机蒙皮面漆主要为 2KU 聚氨酯涂料，其羟基树脂一般为丙烯酸树脂、聚酯及其改性树脂、有机硅树脂，采用聚氨酯固化剂（如缩二脲等）交联固化，以满足不同需求。飞机蒙皮高光白漆的配方、飞机蒙皮涂层的技术要求见有关涂料专著。

氟碳树脂-聚氨酯飞机蒙皮涂料是近年新发展的品种，选择含羟基氟碳树脂、HDI 缩二脲或三聚体为主成分，其涂料的制备：将选定的氟碳树脂、钛白粉、炭黑、绢云母、滑石粉、助剂、消光粉、混合溶剂按一定比例混合均匀，砂磨到细度小于 10μm 后出料，用混合溶剂调配成固含量 50%±2%，即为淡灰色氟碳飞机蒙皮涂料色浆。

氟碳飞机蒙皮涂料配漆及性能检测：将上述色浆与固化剂按 4∶1 混合均匀，制板，室温固化 7d 后检测，性能见表 3-9-5。

表 3-9-5 氟碳飞机蒙皮涂料的性能

检测项目		指标	检测结果
在容器中状态		均匀黏稠液体	合格
干燥时间/h	表干	2	2
	实干	48	48
光泽(60°)/%		≤10	4
铅笔硬度		≥2H	3H
附着力/级		1	1
柔韧性/mm		1	1
耐冲击性/cm		50	50
耐水性(500h)		不起泡、不脱落	不起泡、不脱落
耐油性(浸于 120 号航空汽油 96h)		不起皱、不发黏	不起皱、不发黏
耐盐雾性(1000h)		不起泡、不脱落	不起泡、不脱落
耐湿热性(1000h)		不起泡、不脱落	不起泡、不脱落
耐人工老化性(1000h)/级	粉化	1	1
	变色	1	1
涂层耐湿变性(10 次)		无异常	无异常

（四）飞机雷达罩用弹性聚氨酯涂料

飞机雷达罩处于飞行器头、锥部，是重要的通信、制导部件，一般为玻璃钢制件，雷达罩涂料作为一种特殊的飞机蒙皮涂料，除了满足普通飞机蒙皮涂料要求外，雷达罩、天线罩涂层还应具有：

① 优良的耐候、耐热、耐蚀、耐磨和耐介质性能；

② 优良介电性能、抗静电性能和透波性能；

③ 应具备施工方便、便于维修，与复合材料底材附着良好的性能。

雷达、天线罩涂料应为弹性体，如橡胶、弹性聚氨酯等。氯丁橡胶是最早的雷达天线罩涂料品种，用于亚音速飞机，其耐温极限为 90℃；弹性聚氨酯涂料用于 $M<2$ 的超音速飞机雷达罩保护，可长期耐温 175℃，短期 210℃；由偏氯乙烯和全氟丙烯共聚的氟橡胶涂料，可长期耐温 260℃。但是，随着飞机的飞行速度不断提高，即使是氟橡胶涂料也不能适用，所以必须研制性能更好的雷达罩保护涂料。

目前，国内普遍应用的一种飞机雷达罩用弹性聚氨酯涂料是先制备线型的预聚物，再用芳香族二胺如 4,4-二氨基-3,3-二氯二苯甲烷（简称 MOCA）或间二胺等来固化，由于 MOCA 分子结构中含有苯环结构，易于泛黄，影响涂层性能，可用氢化 MOCA 替代，就是将其分子结构中的苯环氢化形成六元环结构，可以克服上述缺陷，已有工业产品。

北方涂料工业研究设计院自 20 世纪 80 年代以来，为适应国内战机和武器发展的急需，成功研制了多个品种的雷达、天线罩涂层，并得到成功应用。主要有弹性聚氨酯涂料、硅改性聚酯聚氨酯涂料，用于飞机雷达罩；耐高温无机涂料用于导弹天线罩。上述品种涵盖了 550℃以内所有温度条件下的使用要求。

（五）飞机蒙皮伪装与隐身涂料

军用飞机一半采用防可见光侦察和防近红外侦察的伪装涂料，其他伪装涂料仅使用于飞机局部部位，如防雷达波侦察、防紫外线侦察、防中红外侦察等伪装涂料。

第一次世界大战期间，军用飞机已开始用伪装涂料进行防可见光伪装。当时是简单的单一保护色，上面是深色，下面是浅色。第二次世界大战中，伪装技术已发展到多色变形迷彩伪装，而且适应的波段也由可见光逐渐地向近红外区发展。这些目前已成为战时隐蔽的常规手段。

最新报道，作为目前全力研制的唯一隐形作战飞机，F-22 战斗机代表着隐形技术最新水平。F-22 战斗机机翼周围、尾翼和机身周围的大角度边缘使用了雷达波吸收结构技术，而在机舱门和驾驶舱的边缘使用了雷达波吸收涂层。此外，战斗机表面的大部分面积涂上了一层导电金属层，可以防止雷达电磁波穿透飞机表面，表皮之上覆盖着波音公司研制的伪装外层可以隐蔽战斗机的红外信号。可见，飞机隐身主要是针对雷达波、红外可见光等侦察手段。

1. 伪装原理

可见光侦察是通过目标与背景的颜色差别来发现目标的。防可见光侦察的伪装就是消除目标与背景的颜色差别。物体表面的颜色是通过色彩和亮度来表示的。影响物体表面的颜色是由表面材料的光谱反射性能、粗糙程度和空间位置 3 个物理因素决定的，因此在防可见光侦察的伪装中，要想减少或消除目标与背景的颜色的差别，应该设法减少或消除目标与背景光谱反射系数的差异，也就是使表面材料与背景光谱反射性能相近；将目标表面加工成近似于背景的漫反射面，使目标表面与背景有相似的粗糙程度；缩小目标与背景的空间位置差异。

消除或减少目标和背景的颜色差别，是通过基料和颜料的组合来实现的，为了提高其效果，必须考虑伪装色在目标表面上分布情况，设计出合理的迷彩图案。飞机是活动目标，宜采用多色变形迷彩涂装，这样在近距离上，使飞机的视觉轮廓、形状受到歪曲，在远距离上，也能因空间混色起到迷彩伪装效果。迷彩图案的设计对提高伪装效果是重要的，它必须遵守几个原则：①迷彩斑点的颜色必须符合背景斑点的颜色；②必须保证迷彩斑点间的亮度对比 $K \geqslant 0.4$，防止迷彩斑点之间近距离混色；③迷彩斑点的轮廓线是不规则的，是多种多样的；④迷彩斑点是不对称的。

近红外光是可见光波的延续，是不可见光波，它不存在颜色的色彩差别问题。利用近红外光发现目标的依据是目标和背景的亮度差别，防近红外光的伪装就是消除或减少目标与背景的亮度差别。

雷达波隐身涂料则主要通过颜料的选择、调整，达到吸收雷达波的功效。

2. 涂料配制

(1) 可见光及红外隐身涂料　飞机蒙皮伪装涂料，既要具有前述蒙皮涂料的保护性能，又要具有特有的伪装性能，它必须和背景有相应的光谱反射性能，也即和背景的颜色（色彩和亮度）差别很小，另外在阳光、湿气、热和机用液体等介质作用下，迷彩图案及其颜色应该是稳定的，涂层应为平光或无光的表面。

飞机是活动目标，背景颜色复杂。通常采用绿色、天蓝色、灰色、米黄色、驼色、雪白色等颜色的涂料，构成多色变形迷彩图案，使之与背景颜色相适应。除植物绿色背景外，其他颜色背景的光谱反射率，在可见光和近红外光范围内均变化很小，均易调制，而调制与植物光谱反射性能相适应的绿色涂料，是实施防可见光伪装和防近红外光伪装，尤其是防近红外光伪装的关键。

任何植物的光谱反射率都具有标准叶绿素光谱反射曲线的特征。标准叶绿素曲线如图 3-9-1 所示。

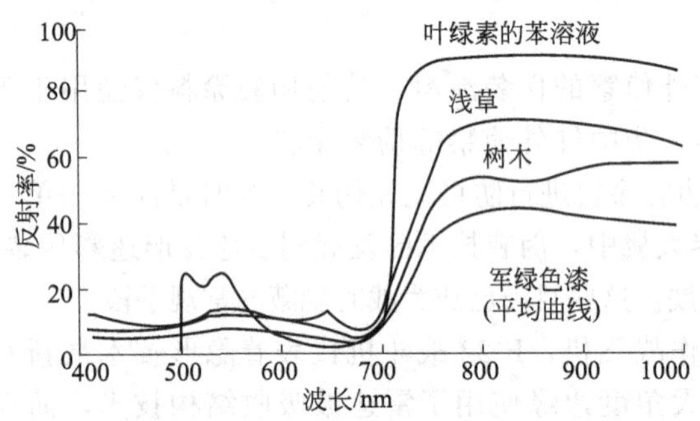

图 3-9-1　标准叶绿素曲线

以如图 3-9-1 所示曲线为标准，对各种单色颜料进行选择、组合，找出接近这个标准曲线的绿伪装色的颜料组合来。同理也可以配制出其他色彩的伪装色的颜料组合。

调制出接近植物绿色背景是麻烦的，在选择颜料时，首先是颜料或颜料组合在 550nm 附近，具有植物绿色色调的特征峰。再者在 680nm 的附近是植物绿色背景光谱反射曲线的红色特征区的边缘，所选颜料组合而成的伪装色在此点的反射率一般只能稍高于或不高于 550nm 附近绿色特征峰。这样调制的组合颜料，加入适当的基料，就可制成符合伪装要求的涂料来。

单一绿色颜料的光谱反射系数都较低，与天然植物光谱反射系数相差很大，故必须采用组合颜料，否则难以达到伪装目的。

据报道，美国 FERRO 公司的无机颜料具有与标准叶绿素光谱反射曲线极其相似的特征，用其配制可见光和远红外隐身涂料，有比较明显的效果。FERRO 公司颜料品种见表 3-9-6。

为提高漆膜的硬度、力学性能、耐磨性等，还要加入一些体质颜料。体质颜料的加入，还可以降低漆膜光泽，甚至完全消光。实践表明滑石粉和二氧化硅是理想的体质颜料。

(2) 雷达波隐身涂料　雷达波隐身涂料主要是颜填料（吸波剂）的选择，吸波剂主要从

表 3-9-6 FERRO 公司颜料产品介绍

FERRO 公司牌号	组 成	商品牌号
CV1717ANDcj1717Brown Upto1000Degrees C	ZnFe	Pigment Yellow119
CV4900/CJ4900Yellow	TiNiSb	Pigment Yellow53
CJ1118Yellow	TiSbCr	Pigment Yellow24
CV6733Green	TiNiZnCo	Pigment Green50
CJ2332Blue	CoAl	Pigment Blue28
CJ2300Blue	CoCrZnAl	Pigment Blue36
CJ2320Blue	CoCrAl	Pigment Blue36
CJ6322Turquoise	CrCoAl	Pigment Blue36
CJ3304Black	CuCr	Pigment Black28

下面三个方面选择。

① 纳米材料系列 无机纳米粒子一个很成功的应用例子就是制备军事隐身涂料，这要归因于纳米超细粉体具有较大的比表面积，且具有较好的吸收特性，能吸收电磁波，同时又因为纳米粒子粒径小于红外和雷达波长，对波的透过性很大，使红外和雷达探测到的信号大为减弱，很难被发现。因此，可应用于军事上的隐身技术。再加上在微波的辐射下，纳米材料中原子、电子运动加剧，促使磁化，使电子能转化为热能，从而增加了对磁波的吸收。法国科学家将黏接剂和纳米填充材料（由 Co，Ni 合金与 SiC 纳米颗粒组成）制成宽频微波吸收涂层，对 50MHz～50GHz 范围内电磁波具有良好的吸收性能。赵东林曾系统地报道了雷达波吸收剂研究进展并详细介绍了一些纳米粒子作为电磁波吸收剂，用于纳米层在隐身技术上的应用。纳米 ZnO 在这方面具有很好的功效。研究了随着频率增加，Fe_3O_4 在 1～1000MHz 频率范围的电磁波吸收效能增加，且纳米粒径越小，吸收效能越高。

② 超细微系列 含超细微的 Fe、Cu 的涂层作吸波剂。

③ 导电性超短纤维系列 以碳纤维、石墨纤维、不锈钢纤维作为吸波材料。

(3) 复合涂层 根据需要不同，可制成分别满足可见光、红外隐身涂料和雷达波吸收涂料，若将两个涂层复合，可制得满足上述全部要求的隐身涂层。红外隐身和雷达隐身涂层复合时，应该根据二者的特性，将雷达隐身涂层作为内涂层，红外隐身涂层作为外涂层。

隐身涂层的基料树脂大多数是透明的，对光谱的反射一般没有多大影响，原则上任何一种有机树脂都可以作为伪装涂料的基料，但是由于其他性能的要求，并不是所有树脂都可以作为隐身涂层的成膜物，仍要遵从飞机蒙皮涂料成膜物的选用原则。目前各国飞机的伪装涂料大多采用丙烯酸树脂、聚氨酯树脂，随着飞机性能的提高，高性能的有机氟树脂、氟硅树脂以及相应的水性树脂也逐步被采用。

其他成分如助剂和溶剂的选择，和飞机蒙皮涂料选材的要求相同。

四、飞机蒙皮涂料施工

飞机蒙皮涂料的施工顺序：首先进行表面处理、干燥后，马上喷涂底漆，如属返修情况，则应先进行脱漆处理；待底漆完全实干后，打磨并擦洗干净，喷涂面漆；最后进行标志漆的施工。

飞机蒙皮涂料的主要作用是防腐保护、装饰以及其他特殊功能（如隐身、透波等），“三分漆，七分用”，要达到预期的效果，正确施工十分重要。

1. 飞机蒙皮的表面处理

飞机蒙皮多为铝合金材料。铝合金工件的表面处理方法，目前主要采用化学氧化和阳极氧化两种，经氧化处理后，铝合金表面形成一层致密均匀的氧化膜，这对于提高铝合金蒙皮的抗腐蚀能力和提高飞机蒙皮底漆的附着力，具有很明显的效果，所以，表面处理质量的好坏，直接影响飞机蒙皮涂层的质量。

飞机铝合金蒙皮，在涂漆前为了提高其抗腐蚀性，都要在铬酸中进行化学氧化或钝化处理，而底漆中也大都使用铬酸盐颜料，那是因为铬酸盐遇水能很好地释放出铬酸根离子（CrO_4^-），它将铝合金蒙皮表面封闭起来，达到防腐蚀的作用。

化学氧化形成的氧化膜活性大，应尽快进行清洗和干燥后，立即进行蒙皮底漆的施工保护，而且化学氧化工艺工序较长，多采用阳极氧化处理。

另外，飞机返修，必须进行旧漆的脱漆处理，脱漆方法有机械脱漆和化学脱漆两种。一般采用化学脱漆，在化学脱漆后，局部再辅以砂纸、钢刷等打磨机械脱漆。将脱漆剂刷涂、喷涂于旧涂层，待旧涂层在脱漆剂的作用下溶胀、软化后，便可除去。

脱漆剂可分为碱性脱漆剂、酸性脱漆剂和溶剂型脱漆剂，溶剂型脱漆剂又可分为卤代烃和非卤代烃两种，脱漆剂可制成液体状和糊状，可用于不同工件面。目前，国内脱漆剂的品种和质量均很好，可根据具体情况选用即可。

2. 飞机蒙皮底漆涂料的选用原则

① 民用飞机和军用飞机对飞机蒙皮涂层性能要求不尽相同，民用客运飞机应选择高装饰性涂料，如丙烯酸类涂料；而军用飞机则注重特殊功能的要求，如耐高温、隐身和抗蚀等性能的重要性要远远高于对装饰性能的要求。

② 飞机飞行环境不同，涂层性能要求也不相同。飞机飞行环境经常处于海洋性和湿热地区，涂层应具有耐水、耐潮湿、耐盐雾、防霉等优良性能，如聚氨酯类涂料、水性环氧涂料等；而在沙漠和高寒地区，涂层耐老化（太阳光）、耐冲蚀（冰粒、砂石）性能要好。

③ 根据飞机类型不同，选用相应的飞机蒙皮涂层。

④ 飞机蒙皮涂料的底、面配套性能良好，如环氧底漆和聚氨酯面漆就是非常成功的应用实例；同时，还应注重施工、性价比和环保等问题，这一点非常重要。

3. 施工与涂膜病态防治

涂料的组成、品种不同，施工方法也不同。随着现代科学技术的发展，新型涂料品种的不断出现，飞机涂漆的施工方法也有很大改进，正在朝着连续化、自动化、机械化方向发展。

飞机蒙皮涂料施工方法主要有刷涂法、空气喷涂法、高压无空气喷涂法、双口喷枪喷涂法、静电喷涂法等。

涂料在施工时经常会出现某些异常现象，使涂膜出现一些弊病，如流挂、咬底、渗色、表面粗糙起粒、发花、发白、起霜、色泽不匀、发汗、橘皮、起泡、漆膜发黏等，不预防与及时排除，就会影响涂层质量。飞机涂料的施工和涂膜病态的防治，参见有关涂料专著。

五、飞机蒙皮涂料展望

随着飞机逐步大型化，追求飞行高速和飞行空间不断扩大（高度和范围），飞机的功能（特别是战机）已经不仅仅限于运输功能，战机的快速、灵活机动和战场生存能力显得尤为重要，这不仅对飞机结构设计提出了更高的要求，同时作为飞机蒙皮涂料有了更高、更新的性能要求。还有人们节能、环保意识的增强，对军用特种涂料也相应提出了环保、低成本、高性能和多功能复合的要求。

针对上述要求，笔者认为飞机蒙皮涂料未来的发展方向应该集中在以下三个方面。

1. 高性能成膜物树脂的开发和应用

飞机飞行速度接近3马赫数以上时，目前的树脂品种已很难满足耐温性能要求，必须用新的耐高温、热稳定性好的树脂来代替，各国对航空涂料的耐高温基料——改性有机硅、含氟涂料、聚酰亚胺、铝-硼-硅烷、聚苯并咪唑等耐高温聚合物大力进行研究。含氟树脂涂料、改性有机硅树脂漆、聚酰亚胺树脂漆已在超音速飞机上试用，从聚酰亚胺树脂附着力好、热稳定性高、抗氧化等特点看，只要进一步实现低温固化（50℃以下），该漆将是高速飞机上最有希望的航空涂料品种。

2. 新材料的应用

随着材料制备技术的发展，大量新材料不断涌现出来，为飞机蒙皮涂料的发展提供了新的发展空间，其中纳米材料在可见光与红外波段和隐声材料方面赋予了蒙皮涂料的全新性能。

3. 有机/无机杂化纳米复合技术应用

传统的飞机铝合金蒙皮表面处理采用重铬酸盐或三氧化二铬钝化处理，增加涂层附着力和防腐性能，但六价铬毒性大，废物难以处理。欧美等国飞机制造公司采用溶胶-凝胶技术，实现有机/无机杂化纳米复合，进行无铬的表面处理，减少了对环境的污染，并且涂层的附着力和防腐性能优于六价铬表面处理的涂层。

有机/无机杂化纳米复合蒙皮涂层，表面含纳米-SiO_2结构，在低高空中的原子氧作用下，涂层会被加热，可使涂层表面产生再流平作用，对涂膜表面的损伤有起自修复功能，提高飞机蒙皮涂层的耐久性。

第二节　消融隔热涂料

一、概述

（一）国外进展情况

消融隔热涂层（ablative insulation coating）作为一种特种功能性涂层，是随着航天技术和军事工业的发展而兴起的防热材料，在航天技术的发展中起着不可替代的作用。主要用于飞行器的头锥部、弹体外表面、发动机燃烧室衬里以及发射场各种设备保护的防热保护等。

消融和烧蚀是同一概念，因为人们的习惯不同而叫法不同，本文以采用“消融”为多，也有“烧蚀”的提法。

飞行器（火箭、导弹、宇宙飞船等）冲出大气和返回地面时，其头锥部表面在几秒至几分钟内将承受11000～16700℃的高温；固体火箭发动机燃烧室工作时处在5～20MPa、1000～3000℃高温高压环境下，火箭、导弹发射时产生1000～3000℃的高温尾焰，这种苛刻条件已经远远超过许多金属结构材料所能承受的极限，所以对上述环境下设备和部件采用妥善的防护、隔热保护是极其必要的，同时消融涂层材料具有成本低、施工简单和卓越的防消融、隔防热性能，从一开始就得到重视和普遍应用，并取得了显著成效。

有机消融隔热涂料在航天器上的应用可追溯到20世纪50年代末期。1959年Emersion电器公司首先将牌号为Therm-lage的防热涂料系列用于保护火箭发动机的喷嘴和共振抑制器。1960年美国Dyna-Therm化学公司研制成功阿特拉斯（ATLAS）导弹发射台周围电缆及防护设施保护用的D-65高温防热涂料。该涂料是由韧性的聚氨酯为基漆，添加磷、硼酸盐制成的。该涂层具有优良的柔韧性和隔热性能，在实际中获得应用。1961 年美国又先后研制出 D-100、Pyroshield、Hel-Met、CT-803、CT-804 等高温消融涂料。以上是国外常规用消融涂料的代表性品种，性能一般，密度都在 1.0g/cm^3 以上，只适用于亚音速飞行条件。为了减轻飞行器的质量和能耗，20 世纪 60 年代中期开始进入低密度消融涂层发展时期。1963 年美国软木公司制成低密度（0.53～0.54g/cm^3）的消融型弹性片，用于民兵(Minuteman) 导弹壳体防热。1965 年美国通用电器公司制成可耐瞬时 2760℃高温的硅橡胶泡沫涂料。1966 年出现了将 SiO_2 微球添加到有机硅树脂中制成的组合型（syntactic type）低密度泡沫涂层。1969 年美国采用低密度聚氨酯泡沫涂层作为阿波罗（Apollo）宇宙飞船返回大气的防热保护获得成功。这个时期消融涂层的特点是密度低、隔热性好，但不能满足高气动剪切、高热流条件下的防热保护。

20 世纪 70 年代以来，为了满足反弹道导弹在低空超音速飞行防热的需要，开始研制高性能的涂层。1973 年用于奈克-Ⅲ型反弹道导弹的防热涂料研制成功。“高性能拦截导弹”的研制采用 3.2mm 厚改性酚醛橡胶层作为防热材料，这是用涂料保护低空超音速飞行器新的发展。随着航天飞机的兴起，对防护材料提出了更高要求，不仅要有优良的防热性能，而且要求反复使用，这是消融型有机材料难以满足的。哥伦比亚号航天飞机是采用 SiO_2 防热瓦作为“再入”时防热保护的。这是近几年来防热材料变一次为多次使用的重大突破。Tcnupilwc 公司（Big Three Industries 的分公司）用 100％的有机硅树脂生产了一种牌号为 Ppyrommark 2500 的涂料，无论在大气层或太空中，都能经受 2500℃的高温。美国双子星座号宇宙飞行仓的防热层是道康宁（Dow Corning）生产的 16.5mm 厚的玻璃纤维增强的有机硅树脂，在飞行中经受了进入火星大气层时摩擦生热（温度大约 2700℃）的考验。

（二）国内研究进展

国内在消融隔热涂料方面的研究及应用始于 20 世纪 70 年代，当时应我国航天事业的发展要求，卫星、导弹配套的特种涂料也相继研究成功，主要品种有：原化工部涂料研究所研究的高温热反射涂料、2262 隔热涂料、2262-2 隔热涂料、高温电缆绝热漆、高温绝热带、涂 3-8 高温绝热涂层和涂 3-7 高温绝热涂层；上海涂料研究所研制的 6831 隔热涂料、聚氨酯泡沫内壁隔热涂料。70 年代末，（原）化工部涂料所研究成功的 YJ66-A 消融防热涂料，用于高超音速飞行器表面的防隔热保护，是我国消融涂料研究的重大突破。80 年代初，原化工部涂料所研制 NHS-55 舰船用高温防热涂料，解决了舰船发射远程导弹发射系统的防热问题和涂层耐冷热交变的难题；DG-71 后挡板防热涂料，解决了水下发射导弹燃气发动机后挡板的防热问题。另外兵器研究所研究成功的战术火箭燃烧室用防热涂料 GT-401，其性能优于国内 GA-67 和前苏联的 V-58。上海涂料所研制的 37$^\#$、7013$^\#$、7015$^\#$ 涂料，以及隔热涂料和 7953$^\#$ 修补涂料，分别在各型号军工产品中获得应用。

20 世纪 90 年代，由于国内大环境的影响，在军工特种涂料的研究及应用方面的工作明显放慢了步伐，几乎处于停滞的状态。到 21 世纪初这种现状才得以改变，随着我国航天和国防工业的发展，消融隔热涂料的研发呈现一种喷发的趋势，众多研究机构（大学、研究院所）都积极展开相关研究工作，有许多报道，研究主要集中在涂层应用性能以及耐烧蚀、高性能树脂研究等方面。

总之，消融涂层由原来的聚乙烯基树脂、聚氨酯（泡沫）树脂、酚醛树脂、环氧树脂、有机硅树脂、环氧有机硅（酚醛）树脂、硅（氟、聚氨酯、三元乙丙等）橡胶等有机消融隔热涂层体系，逐步向无机（超无机）体系发展；隔热机理逐步多元、复合化，涂层隔热防护性能逐步提高。

二、消融材料

（一）无机材料

1. 难熔金属材料

难熔金属及其合金具有熔点高、耐高温和抗腐蚀性强等突出优点，应用领域涉及固体火箭发动机、重返大气层的航天器和航天核动力系统，涉及的材料包括钨、多孔钨、钼、钽、铼、铌、钛等合金。美国从 20 世纪 60 年代初开始将其列为重要的空间材料之一而进行大力研究，相继研制出锻造钼合金、旋压钨-石墨纤焊件、多孔钨渗银等多种材料和制品。目前研究和使用较多的是钨渗铜喉衬，由钨粉烧结成多孔钨骨架，再经高温熔渗铜，形成钨渗铜二元假合金。为了进一步提高钨渗铜材料的性能，在钨基体中加入少量 HfC（碳化铪）、ZrC 等进行弥散强化来提高钨的强度、抗热震性和微观结构及其在高温下的稳定性。美国某导弹第一级喷管采用了大型钨喉衬，HS-303A 卫星上远地点发动机喷管也采用了钨喉衬。

2. 陶瓷基复合材料

由于陶瓷在高温下具有良好的抗氧化性和高熔点、高强度而受到广泛重视，其低的热导率和高的耐冲刷性，很适宜作耐冲刷的绝热材料。如碳纤维增强陶瓷：Cf（铜）/Si_3N_4、Cf/SiC、Cf/SiO_2、Cf/Al_2O_3，以及陶瓷纤维增强陶瓷：Al_2O_3/Cf、SiCf/SiO_2、SiO_2/SiO_2。这些材料中应用于火箭喷管的有 Al_2O_3/Cf、Cf/SiC，可作叶片有内、外喷管瓣等。二维 SiCf/SiC 可作燃气舵。目前法国在陶瓷基复合材料生产方面处于世界领先水平，具有制造“使神号”航天飞机用 SiCf/SiC 和 Cf/SiC 大型部件的能力。Cf/SiC 复合材料是制作抗烧蚀表面隔热板的较佳候选材料之一，它具有质轻耐用的特点。欧洲目前正集中研究载人飞船及可重复使用的飞行器的可简单装配的热结构及防热材料，其中 Cf/SiC 复合材料是一种重要材料体系，并已达到很高的生产水平。在美国，用 Cf/SiC 复合材料制备的 TPS 可用于航天操作工具和航天演习工具，Al-liedsignal 复合材料公司生产的复合材料在高温环境测试中显示出优异的性能。波音公司通过测试热保护系统大平板隔热装置，也证实了 Cf/SiC 复合材料具有优异的热机械疲劳特性。

3. 石墨材料

常压下不熔化，3700℃下升华，强度随温度上升而增加，温度上升至 2500℃后强度才开始下降，石墨具有较高的化学稳定性、较好的耐烧蚀性和耐冲刷性能。用作抗烧蚀的石墨有多晶石墨和热解石墨，多晶石墨强度较低，抗热震性能较差，因此其应用受到限制。热解石墨是由气相炭沉积在基体上制成的，相比多晶石墨而言，强度和抗烧蚀性能要好些。将热解石墨涂覆于多晶石墨上的喉衬也在一些高性能推进剂的发动机上成功使用，如 Phoenix 喷管、Condor 喷管和北极星 A3 导弹第二级喷管的喉衬都采用热解石墨。但用热解石墨作喉衬，工艺复杂、成本高，可靠性较差。

目前，一种新型石墨渗铜抗烧蚀材料在喉衬材料中的应用已受到重视。它是由石墨基体微孔中渗入铜的一种复合材料，其强度高于常规石墨，密度小于钨渗铜，价格便宜。适合于战术导弹、喷管喉衬选用。

4. 碳/碳复合材料

C/C 复合材料是一种碳纤维增强碳基体的复合材料，具有高强度，尤其是高温强度稳定、抗热冲击性能好、耐烧蚀性好，是最理想的喷管材料。美国是最早开展 C/C 喷管材料研究的国家之一。20 世纪 60 年代，美国就展开了 2DC/C 喉衬材料的研究。从 70 年代起，又发展了高密度 3D 与 4DC 复合材料喉衬。法国从 1969 年开始实施 C/C 喉衬材料的发展计划，并于 1972 年将 2DC/C 喉衬装在 SRM 中首飞成功。80 年代末，法国开发了一种称 Novel-tex 结构的超细三向预制件编织技术，制成材料的剪切强度是普通复合 3DC/C 材料的 3～4 倍，近来，Novel-tex 预制件编织向 4D、5D、6D 多维结构发展，进一步提高了材料性能。前苏联从 70 年代初开始研究 C/C 复合材料，到 80 年代中期已经投入应用，其大型的 C/C 延伸锥制品在尺寸方面领先于西方国家，目前，俄罗斯已能生产大型 C/C 喉衬，内径达 800mm，外径达 1000mm。

目前，C/C 复合材料正向着降低成本，进一步提高性能和拓宽应用领域的方向发展。法国、俄罗斯等国研究了将 TaC（碳化钽）、HfC、ZrC 等难熔化合物渗透到 C/C 复合材料中，制取抗冲击、耐烧蚀 C/C 复合材料喉衬。另外，提出在 C/C 复合材料表面涂覆 HfC 等难熔碳化物，有望大大降低 C/C 复合材料烧蚀率，承受更高燃气温度或延长工作时间。美国已开发出一种混合涂覆 HfC+SiC 的 C/C 复合材料。苏联已成功地制备了 HfC、TaC 涂层的喉衬，并通过固体火箭发动机点火试验演示了它的能力。这些材料在航空航天、地空导弹等上的应用，见表 3-9-7。

表 3-9-7 C/C 喉衬材料应用

发动机	织物类型	喉径/mm	密度/(g/cm³)	喉部烧蚀率/(mm/s)
美国 STAR30E SRM	3D	76.23	—	0.99
美国 TUS SRM-1	3D	164.59	1.90	—
美国/法国 SEP/CSD RSM	4D	54.86	1.91	0.065
美国/法国全复合材料 RSM	4D	65.10	1.90	0.072
法国 MAGE-Ⅰ级 SRM	4D	75.00	—	0.155
美国侦察兵第二级 SRM	4D	91.6	1.88	—
美国 MX 各级 SRM	3D	一级 381	1.88～1.92	0.328
美国侏儒各级 SRM	3D	—	—	—

（二）复合耐烧蚀材料

由于酚醛树脂的产炭率较高，为 57%～65%，且一些新研制出的改性酚醛树脂成炭率已达 70%以上，且酚醛树脂在热解时可生成一种具有环形结构、抗烧蚀性能优异的中间产物，完全炭化后的炭化层致密、稳定，所以，这种最早问世的合成树脂不仅是最早用于喷管的烧蚀材料，迄今仍在耐烧蚀材料领域扮演着重要的角色。树脂基烧蚀材料往往采用“复合模压”、“复合缠绕”工艺，在燃气冲刷严重的部位使用耐烧蚀性能优异的树脂基材料，如碳（石墨）/酚醛。而在烧蚀较缓和急需隔热的部件使用耐烧蚀性能稍逊而隔热性能较好的材料，如高硅氧/酚醛复合材料、石棉/酚醛复合材料甚至玻璃纤维/酚醛复合材料等。表 3-9-8 给出了一些树脂基烧蚀复合材料在固体火箭发动机喷管上的应用情况。

（三）有机消融隔热材料

有机消融隔热材料可以分为以下几类。

(1) 玻璃钢制品 是以有机高聚物为黏结剂，以无机纤维如 SiO_2、碳纤维、硼纤维等，或者有机纤维为骨架材料，经过浸渍、加热、加压固化成型的结构隔热材料。如导弹的壳体、头锥、喉衬等都可以采用该类产品制造。

表 3-9-8 树脂基烧蚀复合材料的应用

材 料	应用实例
碳(石墨)/酚醛(带缠)	轨道助推器、北极星 A3 及潘兴第一级的收敛段和扩散段;凤凰导弹的扩张段前部;海神 C3 第一级扩散段、近喉入口段与喉衬;260SL-3 喷管收敛段、扩张段前部与中部、潜入段前部及喉衬;航天器固体助推器的喷管扩张段;哥伦比亚号、大力神-4、阿里安-3、阿里安-4、阿里安-5 运载火箭固体助推器喷管;日本 M-3G2 火箭;M-V 火箭各级发动机喷管;H-2 火箭助推器喷管
碳(石墨)/酚醛(模压)	凤凰导弹收敛段及长尾管;民兵第一级扩张段后部;民兵第一级收敛段与嵌入段前部
碳(石墨)/酚醛(花瓣铺层)	海神 C3 第一级近喉部入口段、收敛段头帽
高硅氧/酚醛(带缠)	凤凰导弹收敛段,长尾段,扩张段前部、后部;潘兴第一级的喉衬背壁;民兵第二级扩散段前部、后部;海神 C3 第一级收敛段、嵌入段;260SL-3 发动机嵌入段中部与扩张段后部,潜入段后部,扩张段中部、前部、喉衬背壁
高硅氧/酚醛(模压)	秃鹰的扩张段;民兵第二级的后尘延伸段背壁;海神 C3 第一级喉衬背壁
石棉/酚醛(模压)	秃鹰长尾管、收敛段与喉衬背壁;响尾蛇 IC 喉衬背壁、扩张段;北极星 A3 收敛段与喉衬背壁
石棉/酚醛(带缠)	北极星 A3 扩张段;潘兴第一级收敛段;民兵第二嵌入段前部
玻璃/酚醛	260SL-3 发动机喷管潜入段前部及收敛段

(2) 蜂窝夹心结构材料　是以薄玻璃钢为蜂窝结构的隔板，内部填充低密度空心微珠或有机泡沫而成。“阿波罗”号宇宙飞船的指挥舱就是用该材料制成的。

(3) 可剪贴的弹性贴片　是由弹性树脂或橡胶加入消融性和耐高温填料压制而成。可用于导弹表面和固体火箭发动机燃烧室衬里等部位的隔热保护。

(4) 有机消融涂层　由于涂料具有施工简单、应用范围适应性强，最主要的是涂层的消融隔热性能优于其他材料，所以，得到广泛的应用。

烧蚀涂料的发展有两个显著的特点：一是基料大都选用有机树脂及弹性体；二是质量向低密度方向发展，且这两方面经常是相互结合的。

三、消融隔热涂层的作用机理

消融隔热涂层，是指涂层在高温下消融过程中发生物理、化学的吸热反应带走热量，达到隔热和保护设备的目的。自然界中陨石坠入地球就是依据自身消耗防热的原理到达地球的，消融涂层隔热的机理也是一样的。

笔者认为消融隔热涂层的作用可以分为两部分来实现，一是通过涂层消融隔热来达到被保护设备处于正常工作温度范围，二是涂层具有良好的被消融和抗消融的能力，来达到被保护设备不被高温气流冲蚀；三是形成坚硬的、低热导率膨胀碳化层，起到隔热保温作用。

消融隔热涂层是由物理吸热和化学吸热构成。物理吸热过程包括熔融、汽化、升华、反射和辐射等方式，化学吸热过程除高聚物降解、裂解等吸热方式外，涂层组成之间还可以发生吸热的化学反应，典型的反应如下所示。

$$SiO_2 + C \rightleftharpoons SiO + CO + 62.8\times10^4\,J/mol$$

$$SiO_2 + 2C \rightleftharpoons Si(液) + 2CO + 64.4\times10^4\,J/mol$$

$$SiO_2 + 3C \rightleftharpoons SiC(固) + 2CO + 51.3\times10^4\,J/mol$$

$$SiC + 2SiO_2 \rightleftharpoons 3SiO + CO + 13.7\times10^5\,J/mol$$

$$SiO_2 + Si(液) \rightleftharpoons 2SiO(气) + 61.5\times10^4\,J/mol$$

上述化学反应的吸热量远远高于高聚物自身分解所带走的热量，是同质量高聚物裂解吸热量的 5.8 倍，这对于消融隔热涂层的配方设计具有重要的指导意义。

另外，在上述过程中产生的小分子气体，增厚了滞留边界层，大大降低涂层的传热效率；还有高聚物裂解炭化和无机填料熔融炭化形成多孔蜂窝状的炭化层，进一步可以降低传热效率。

(一) 烧蚀作用——热屏蔽的物理原理

一些聚合物和聚合组分具有惊人的吸热、散热和隔热的能力，通常每消耗一定量的这类材料，便可带走大量的热量，我们把这一过程叫做“烧蚀作用”。

烧蚀过程是相当复杂的，多年来采用两种方法研究：一种是解析预测方法，即利用计算机程序法去求得描述过程的多元联立微分方程的数字解；第二种方法是实验室（模拟）试验，有时是在实际飞行中进行试验，从经验中来说明个别烧蚀机理及其与外界环境的关系。

材料在烧蚀过程中的许多重要的物理化学特性现已可以确定。刚开始加热时，烧蚀聚合物吸收能量并向内部传导，热量向内部传递的速度与表面温度有关，由于耐烧蚀化合物的热导率很低，故热扩散总是很慢，因此，表面的热量便不断积蓄而使温度迅速升高，直至聚合物材料开始发生汽化。最初挥发出来的通常是水及残存的稀释剂或是一些低分子量的聚合物。温度继续升高，聚积的热量使聚合物主链的侧基裂解，最后使主链上的化学键也开始断裂，于是聚合物内部便开始进行竞争反应。如果聚合物链上取代基的消去作用比链的裂解作用占优势，那么原来链的结构将以炭的形式保留下来，这就是所谓炭化作用。通过炭化作用，烧蚀聚合物在表面上形成炭化层，这种炭化层可以将内层不稳定的聚合物与高温环境隔离起来，从而减缓下层材料的加热速度（这是由于它具有很高的表面红外线发射比，能通过辐射作用将大部分的热量消散出去）；同时，炭化表面层继续起着十分重要的吸热作用，如它将与材料裂解所生成的烃类等气体和残存的增强剂（为提高烧蚀材料抗磨蚀性能，一般聚合物都要配以高性能的增强剂如碳化纤维、玻璃纤维等）进行第二次吸热反应（参看下面热化学原理）。在大多数情况下，新生成的炭化层至少在短期内会附着在未起变化的底层材料上。随着烧蚀过程的进行在所生成的炭化层下面的未起变化的材料也开始高温裂解了，并形成一个降解层。在降解层中所生成的气体依靠自身的压力穿过逐渐老化的焦炭表层，气体和灼热的焦炭相互促进了热化学反应的进一步发生，如氧化和分解反应等。整个烧蚀过程的各种反应及辐射作用即形成了有效的热功当量屏蔽作用保护了底材。炭化组分的烧蚀过程如图3-9-2 所示。

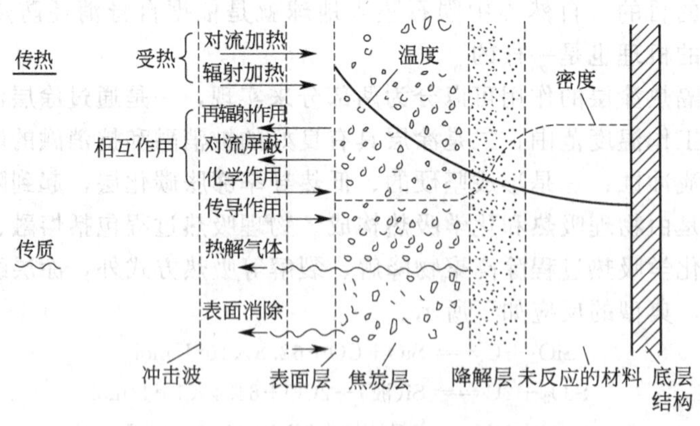

图 3-9-2 炭化组分烧蚀过程的物理描述

当聚合物会熔化或者含有可熔化的组分时，那么在熔点还要吸收熔化潜热，接着开始熔融并形成一个液化层。若熔化的材料的黏度很低，则气-液界面会因气动剪切力的作用立刻被吹散，只能留下一层极薄的液体薄膜；若熔化物的黏度很高，则它能附着在表面上直至吸收了足够的热量开始蒸发时为止，在这种情况下需要吸收额外的蒸发潜热，这时表面的温度与液体的蒸发温度一致。然而在大多数情况下，熔融烧蚀过程既具有流体性能又有液膜的蒸发作用，究竟哪一种机理占优势，主要取决于周围环境参数（如剪切力、热流量等）和熔融物温度-黏度的依赖关系，如图 3-9-3 所示。

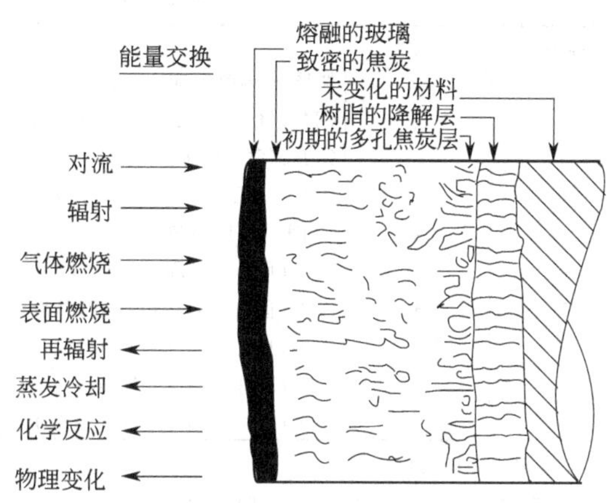

图 3-9-3 玻璃纤维增强酚醛树脂的烧蚀过程

如果在炭化聚合物组分中加入纤维或填料，则烧蚀过程将有所变化。例如，尼龙织品填料可在炭化表层下的溶解层中发生熔化和蒸发作用，使原来被纤维占据的地方成为空穴，从而形成一种多孔性的炭化层，这种炭化层在机械力的作用下很容易被磨蚀掉。玻璃纤维的耐烧蚀机理又不同于尼龙织品，因为有机树脂或其炭化的残渣在烧蚀过程中由于化学和机械力的作用比玻璃纤维更易除去，因此在表面上便遗留下许多游离的玻璃纤维，随着烧蚀过程的进行，纤维熔化，在表面上形成许多小液滴、不规则旋进的小圆环或形成一种液化薄膜。当采用碳质纤维织品作填料时，因为它能极好地固定炭化组分，所以在热解过程中能形成一种高强度的炭化层并牢固地附着在底层上。与尼龙和玻璃纤维织品不同，碳质纤维受高温的影响很小，只有在进行热化学反应，如氧化反应时才能将它除去。

从热物理学的观点来看，烧蚀作用是一种有规则的加热和传质过程，在这个过程中由于表层材料的不断消耗而带走了大量的热能；由周围环境所输入的热能通过多种机制进行吸收、隔热和消散。

（二）成炭型与升华型烧蚀聚合物热化学反应——热屏蔽的化学原理

上面从物理角度阐明了烧蚀材料在烧蚀过程中的隔热作用原理。下面再从热化学角度来论述烧蚀材料热屏蔽作用原理。

从烧蚀过程的物理描述可知，聚合物烧蚀隔热主要通过两种手段：炭化层通过再辐射作用隔热及分解气化吸热。以前者为主者称成炭型烧蚀材料，以后者为主者称升华型烧蚀材料。

1. 成炭型烧蚀材料

用高纯度二氧化硅纤维增强的热固型酚醛树脂是典型的成炭型烧蚀材料，已被广泛地用于宇宙飞船。下面就以此系统为例说明成炭型烧蚀材料的热化学过程。

上述烧蚀材料暴露在某种高热通量的环境中时，可能发生各种化学反应，包括树脂生成气体和焦炭的热解反应（1 类），生成气体的再次热反应（2 类），气体和焦炭的再次热反应（3 类）以及焦炭和增强剂之间的反应（4 类）。其中，第 4 类反应具有最大的吸热效应，如表 3-9-9 所示。由表可见，碳-氧化硅反应时，发现加入少量铁时，碳与二氧化硅的反应速度将增加 550 倍，为此将过渡金属和金属氧化物加到酚醛-二氧化硅组成中的方法得到了发展，二氧化硅/酚醛树脂烧蚀反应的标准热熔变化见表 3-9-9。

二氧化硅和碳质材料之间的反应是通过气态中间体，即一氧化硅的方式进行的，反应物接触面积大，所以反应速率较快。气态一氧化硅可由若干种反应形成，如二氧化硅分解反应：

$$2SiO_2(固) \rightleftharpoons 2SiO(气) + O_2(气)$$

接着这些气体一氧化硅与固体碳发生如下的反应：

表 3-9-9 烧蚀反应的标准热焓变化（25℃）

编号	类别	反 应	ΔH/(cal/mol)①
1	1	树脂的热解反应	+265②
2	2	CH_4(气)$\rightleftharpoons$C(固)+H_2(气)	+17889③
3	2	C_6H_6(气)+9H_2(气)$\rightleftharpoons$6CH_4(气)	−127154
4	3	C(固)+CO_2(气)$\rightleftharpoons$2CO(气)	+41220
5	3	C(固)+H_2O(气)$\rightleftharpoons$CO(气)+H_2(气)	+31382
6	4	SiO_2(固)+C(固)$\rightleftharpoons$SiO(气)+CO(气)	+150214
7	4	SiO_2(固)+2C(固)$\rightleftharpoons$Si(液)+ 2CO(气)	+154000
8	4	SiO_2(固)+3C(固)$\rightleftharpoons$SiC(固)+2CO(气)	+122518
9	4	SiC(固)+ 2SiO_2(固)$\rightleftharpoons$3SiO(气)+CO(气)	+328124
10	4	SiO_2(固)+ Si(液)$\rightleftharpoons$2SiO(气)	+146910

① 1cal=4.1840J。

② 在 1000℉（537.8℃）进行热解反应时的数据。

③ 2～10 反应中的 ΔH 25℃数值是根据 JANAF 热化学表中的数据和美国标准局的资料计算而得。

$$SiO(气)+ C(固) \rightleftharpoons Si(液)+CO(气)$$
$$SiO(气)+2C(固) \rightleftharpoons SiC(固)+CO(气)$$

另外，从反应热焓和反应热力学角度考虑，在二氧化硅-酚醛树脂系统中，在较低温度下有可能进行表 3-9-9 中第 8 项反应；而在较高温度下则在可能进行如下的反应：

$$2SiO_2(固)+SiC(固) \rightleftharpoons 3SiO(气)+ CO(气)$$

整个反应的结果与表 3-9-9 中反应 6 的结果是一样的。这些过程的总效应是使高温区域中的焦炭完全蒸发，从而达到热屏蔽作用。

向碳-二氧化硅各级组织加入铁或氧化铁以后，就可把它看成是一个 Fe-C-Si-O 的四元系统。细铁粉分散在整个酚醛-二氧化硅组织后，可以获得一种铁、二氧化硅和碳的致密混合物。热解时，当温度刚高于铁-碳的低共熔温度 1153℃时，易形成一种液态的铁溶液。在碳-二氧化硅系统中液态铁的存在，为反应物在该反应系统中的传递提供了另一种可能的机理，即此时炭可以通过液体介质传送到二氧化硅的表面上，从而有利于硅-碳吸热反应进行。

如果向酚醛-二氧化硅组织中添加的不是铁而是氧化铁，那么氧化铁就有被还原的可能性。全部反应可以写成：

$$3Fe_2O_3+C \rightleftharpoons 2Fe_3O_4+CO$$
$$Fe_3O_4+C \rightleftharpoons 3FeO+CO$$
$$FeO+C \rightleftharpoons Fe+CO$$
$$Fe_2O_3+3C \rightleftharpoons 2Fe+3CO$$

这些反应亦都为吸热反应，反应热可用 FANAF 热化学表所提供数据进行计算，其结果列于表 3-9-10 中。

表 3-9-10 FANAF 热化学数据

反应编号	反 应	ΔH_{1500K}/(cal/mol)
11	$3Fe_2O_3+C \rightleftharpoons 2Fe_3O_4+CO$	+28653
12	$Fe_3O_4+C \rightleftharpoons 3FeO+CO$	+40713
13	$FeO+C \rightleftharpoons Fe+CO$	+35610
14	$Fe_2O_3+3C \rightleftharpoons 2Fe+3CO$	+109913

如果氧化铁分散得很好，则可保证它与炭紧密地接触，因此还原反应进行得很快。氧化铁在焦炭层中被还原成铁，而树脂则被认为完全热解成炭和还原气了。这些反应吸收了大量热，从而大大降低了这种涂料在高能环境中的炭化深度（Fe 及其他过渡金属化合物亦能起这种作用，效果比 Fe_2O_3 差），即提高了热屏蔽作用。

从上例可见，烧蚀材料隔热的基础是产生一系列吸热反应，添加剂的强化基础亦是强化吸热反应。成炭型烧蚀聚合物应具备的首要条件是热解后要能形成炭化层，而且希望其炭化层能牢固地附着在下层材料上，即有抗化学腐蚀（氧化）和机械磨损（颗粒的摩擦，气动剪切力、外部气压的负荷等）性能。一般具备这种性质的聚合物的链中都含有环状结构（芳环或杂环）、梯形结构、有高交联度的结构或由其他元素（如硅）组成的结构，即一般都含热稳定性结构。聚合物热稳定性愈高，则其成炭率也愈高。在一般情况下，聚合物成炭率愈高，其所形成的焦炭层强度和附着力亦愈高。热固性酚醛树脂是最早使用的成炭型烧蚀材料，使用广泛，现在又发现了许多成炭率比它更高的聚合物，不同烧蚀树脂的焦炭产率见表 3-9-11。

表 3-9-11　不同烧蚀树脂的焦炭产率

聚合物	结　　构	焦炭产率/%
聚亚甲基苯（苯二甲醇固化）		77.0
聚苯并咪唑		73.9
对苯基苯酚-酚醛树脂		70.0
联酚醛树脂		65.1
聚酰胺-酰亚胺		65.0
萘亚甲基二羟基酚醛		63.4
聚酰亚胺		63.0
酚醛		60.0

2. 升华型烧蚀材料

这类烧蚀材料的烧蚀过程不是在表面而是在内部进行的，烧蚀以后在表面上也没有炭质残渣生成，通常称作内烧蚀材料。这种材料主要是由一种多孔的、耐高温的、连续的基体（如多孔性陶瓷）和一种能在高温气化的填充材料（升华型烧蚀聚合物）所组成。升华型聚合物吸收热量的物理变化和化学反应包括：

① 解聚蒸发作用（吸热化学反应）；

② 热解蒸发作用（吸热化学反应）；

③ 熔化蒸发作用（相变吸热）。

在分子结构上有利于解聚的聚合物特别适合作升华型烧蚀材料，通常烯类单体的双键的一个碳原子上同时有两个取代基，聚合热 ΔH_p、最高聚合温度 T_0 较低者易解聚（聚四氟乙烯例外，其 ΔH_p、T_0 较高，但仍易解聚，这主要是C—F键能大于C—C键之故）；分子中有配位性强的元素，相距5～6个原子，有利成稳定环（如六元环）时易解聚。如聚甲基丙烯酸甲酯、聚己内酰胺等。

$$\left[CH_2-\underset{COOCH_3}{\overset{CH_3}{C}}\right]_n \rightleftharpoons nCH_2=\overset{CH_3}{C}-COOH_3$$

$$\left[HN(CH_2)_5CO\right]_n \rightleftharpoons n\,CH_2\begin{cases}CH_2CH_2CO\\CH_2-CH_2\end{cases}NH$$

聚合物经热解后生成的产物（包括单体在内）都是挥发性化合物，如聚乙烯、聚苯乙烯等，亦可采用。

四、消融隔热涂料的配方设计原则

消融隔热涂层应该具有优越耐高温性能、良好的消融性能和阻隔热传递的性能，在进行配方设计时应紧密结合消融隔热涂层的作用机理和应用环境来确定最优化的涂料配方。作为消融隔热涂层而言，不仅要具有良好的耐温性能，更重要的是良好的消融、隔热性能。涂层消融隔热作用可分为三部分：一是涂层在烧蚀初期低温可分解组分发生消融产生气体小分子，带走大量的热；二是各组分分解残留物之间发生高吸热的化学反应；三是涂层形成低热导率炭化层阻隔热的传递。

笔者研制的以环氧有机硅树脂为基料树脂，配以低温消融填料、耐高温填料以及助剂等，制备的消融隔热涂层，经过模拟试验和实际应用，在很高温度（火焰、气动等）的作用下，试验前期涂层隔热效果非常明显，例如，乙炔-氧火焰温度1400℃，涂层厚度3.0mm，在15～20s以内样板背面的温度基本不会升高；在20～45s时间段，样板背面温度缓慢升高，呈加速升温状态，升温速度大概为0.5～2.0℃/s，在25s内升温幅度在25～35℃；45s后样板背面温度稳定快速升高，特别是在60s后，温度急速升高，样板背面升温幅度可达80℃以上，即考虑环境温度样板背面可达到100℃以上。

所以我们认为，涂层消融隔热性能是至关重要的，特别是对于导弹、火箭等发射时，较短时间几秒到几十秒内，对装置防隔热保护非常重要。

消融隔热涂料在配方设计时应遵循以下原则。

① 基料树脂应具有良好的耐高温、耐烧蚀性能，以及良好的力学性能和防护性能；

② 填料在消融隔热涂层中起到无可替代的作用，为了满足涂层隔热、烧蚀性能，应是多种填料配合使用，在不同温度段发挥各自的作用；

③ 在配方设计时应该特别重视添加剂的选择、利用，适当的添加剂可以显著改善涂料及涂层的性能。

五、消融隔热涂层的组成

消融隔热涂料是由基料、颜料、填料、溶剂以及助剂等组成，作为特殊用途的涂料，各组成有别于普通涂料组成，例如，用于消融隔热涂料的成膜物树脂，除了具有作为涂料成膜物树脂的基本性能之外，最重要的应该具有良好的耐高温及耐烧蚀性能。由于消融隔热涂层的特殊功能要求，选用的颜料要符合着色、防腐和耐高温、耐烧蚀要求，要有功能性填料来配合使用，以满足涂层消融和耐高温要求，这在前面已有涉及，不再重复。后面重点介绍成膜物树脂。

消融隔热涂料可以分为有机消融涂料和无机消融涂料两大类。无机基料一般为硅酸盐、磷酸盐类；有机成膜物有环氧树脂、酚醛树脂、聚氨酯树脂、有机硅及其改性产品、聚苯及杂环树脂、乙烯树脂以及特种橡胶（硅橡胶、氟橡胶、氯化橡胶）等。由于无机烧蚀涂层在大面积施工时容易开裂、返黏，其作用机理也不同，多用于结构的沟、缝等局部使用。而有机烧蚀涂层具有施工性能良好、易修复，涂层力学性能优，耐热冲击性能优良，密度低，而且涂层经烧蚀后可形成一定程度的发泡涂层，具有更为优越的隔热效果等优点。所以，有机烧蚀涂层的应用更为广泛。这里只介绍有机消融隔热涂层。

有机消融涂料根据成膜物树脂在高温条件下发生的消融过程可以分为成炭型、成硅型和无残留型树脂，树脂种类及特点见表 3-9-12。

表 3-9-12 树脂种类及特点

类型	特　点	树脂品种	性　能
成炭型	高温炭化后可形成高比例的炭化层	酚醛树脂	耐温性能和消融性能良好，成炭率 60%以上，低温脆性，附着力差，不能常温固化
		环氧树脂	力学性能好、可室温固化，耐温性能和消融性能不如酚醛树脂
		聚苯及杂环树脂	成炭率高（1000℃下 82%），消融性能优异，但溶解性差，施工困难，固化温度高
		聚氨酯树脂及泡沫	耐磨、耐候、耐化学品好，室温快速固化，但高气动剪切条件下消融性能欠佳
成硅型	高温裂解后残留物主要为硅质化合物	有机硅树脂	优异的耐热性，但纯有机硅树脂有附着力差、高温烘烤固化等缺点；环氧改性有机硅树脂可以克服其不足
无残留型	高温下树脂可全部分解成小分子，不残留任何物质	聚四氟乙烯 聚甲基丙烯酸甲酯 聚苯乙烯 聚甲醛	其隔热效果有限

有机合成树脂的种类很多，但并不是所有的有机合成树脂都能够应用于消融隔热涂层，选用的合成树脂应该具有良好的热稳定性和在高温下良好的抗消融性。

聚合物的热稳定性能现在还没有一个严格的定义，往往是根据其实际应用的角度来划分。聚合物的热稳定性一般采用时间和温度来描述。有人认为可以在 200℃ 长期使用，在 500℃间歇使用，而在 500～1000℃的超高温下可以保持几秒到十几秒不发生降解的聚合物，就可以称之为热稳定聚合物；而另外一种说法则认为，聚合物在惰性气体中 175℃保持 30000h，250℃保持 1000h，在 500℃保持 1h 或者 700℃保持 5min，其力学性能没有明显变化的聚合物便是热稳定聚合物。表 3-9-13 是几种树脂结构与耐热性能之间的关系。

提高聚合物的耐热性，可根据马克三角原理，即增加高分子链的刚性、提高结晶度和高

表 3-9-13 几种聚合物的耐热特性

聚合物名称	结构式	耐热性/℃
聚四氟乙烯	$-(F_2C-CF_2)_n-$	250
聚马来酰亚胺	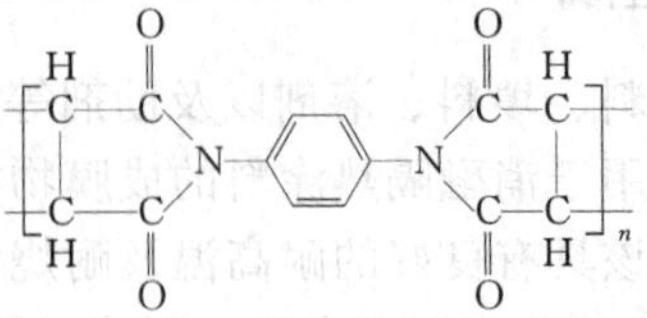 [双马来酰亚胺结构式，n]	220
有机硅聚均苯四酰亚胺	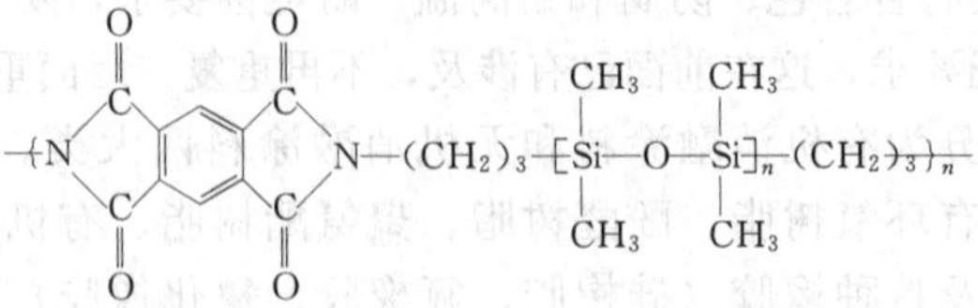 $-(N$[均苯四酰亚胺]$N-(CH_2)_3-[Si(CH_3)_2-O-Si(CH_3)_2]_n-(CH_2)_3)_n$	300
苯基硅氧烷(梯形)	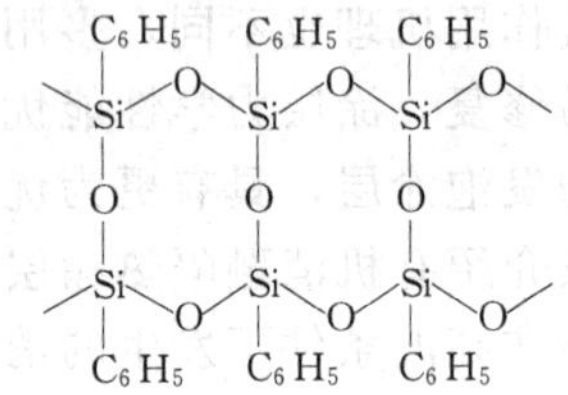 [梯形苯基硅氧烷结构式，C_6H_5 取代]	300～525
聚苯	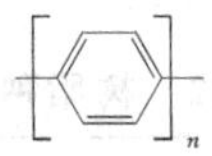 [$-(C_6H_4)_n-$]	570(短期)

度交联。上述的几种高聚物具有典型的结构特征，完全可以代表耐热树脂的特性，遵循这些原则，结合实际应用，制备技术性能满足要求的树脂。

1. 有机硅

由于有机硅产品具有较低的玻璃化温度和较高的耐热、耐老化、耐辐射性能和独特的低温韧性，同时与填料及其他树脂混溶性好，可室温固化，制成的涂层又有良好的耐烧蚀性，所以国内外都广泛采用有机硅树脂作为烧蚀涂料和其他烧蚀材料的基本成膜物。

1963 年，惠普尔（Whippe）对硅橡胶烧蚀材料在不同热流下进行了试验，结果表明，有机硅弹性体在 108～700kcal/(m^2·s) 热流下具有较好的烧蚀性能，尤其是密度较低者性能最好。1965 年，美国通用电气公司研制成功一种名曰 RTV-757 的触变型硅橡胶泡沫屋，它具有良好的耐热和隔热性能。在纸板上涂一薄层后，在 5000℉（2780℃）耐 60s，背温仅由 22℃升至 29℃，被保护的鲜花不枯萎，其性能优于以前的品种。此后，以有机硅树脂为基本成膜物的烧蚀涂料相继取得了一系列专利。

1975 年，我国某研究所以甲基、苯基聚硅氧烷为基料，云母、三氧化二铬、硼酸、二氧化钛、滑石粉为添加剂配制的烧蚀涂料，于 2300℃使用 30s，背面非金属材料保持完好。

美国发往火星的“海盗”号飞船，其登陆舱舱身和外露部件均使用一种硅橡胶为成膜物的涂料。涂料为浅灰色，可以反射太阳的热量，内舱的外壁黏结上一层 0.5in（1in＝0.0254m）厚的有机硅树脂中的酚醛-玻璃珠-软木的绝热层，以防护其外壁在进入火星大气层时由摩擦产生的热量（温度大约 1482.2℃）而招致的破坏，在星际飞行中都得到了广泛的应用。

有机硅的产品主要有四大类种，即硅油、硅烷偶联剂、硅橡胶和硅树脂，用于耐烧蚀的涂料是后两种。

(1) 硅橡胶　硅橡胶是一种类似硅油的高分子量的线型聚合物。通常按照固化机理可以分为三类。

① 第一类　游离基交联的硅橡胶，这就是通常所说的高热硫化型硅橡胶。它是利用有机过氧化物于高温下在链之间形成亚乙基桥实现固化的。

② 第二类　带有活性端基如硅醇基的线型或高度分支的聚合物链的交联。

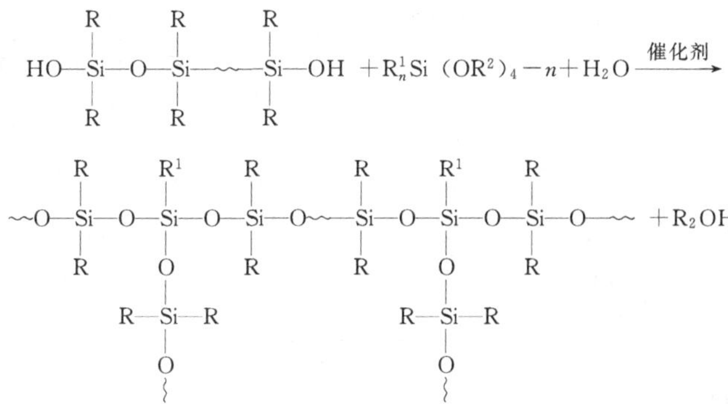

这类硅橡胶约占整个硅橡胶的2/3多，室温固化的硅橡胶又分成两类，即双组分的和单组分的。

a. 双组分的室温固化硅橡胶是硅橡胶问世最早的一类。它主要由含硅醇端基的聚合物组分和交联剂如硅酸乙酯或烷基三烷氧基硅烷及催化剂如辛酸亚锡、二丁基二月桂酸锡等组成。只有当两个组分混合以后才会发生固化。固化的时间在室温下可以数小时或数天，温度较高则固化加快，现将适合于用作耐烧蚀涂料的双组分硅橡胶列于表3-9-14。

表 3-9-14　航空、导弹用的室温固化硅橡胶的主要性能

商品名	类型	外观	邵氏A硬度	拉伸强度/(kgf/cm²)	伸长率/%	活化期/h	固化性能		用途
							固化时间	完全固化时间	
325	双组分	白	68	22	100	8	65.6℃(150℉),2h	65.6℃(150℉),4h	用于重返飞船热屏蔽和绝缘涂料
20-103	双组分	淡黄	50	32	130	2	24h	48h	用作烧蚀和绝缘涂料及加压密封剂
90-006	双组分	红	50	43	150	0.5	1h	24h	用作烧蚀和绝缘涂料及加压密封剂
90-031	双组分	红	52	39	150	0.5	1h	24h	用作烧蚀和绝缘涂料及加压密封剂
93-037	双组分	白	70	35	40～50	1～5	70℃(158℉),4h	70℃(158℉),4h	用作可喷涂的烧蚀涂料
93-072	双组分	白	35	53	325	2	24h	72h	用作抗冲击和烧蚀涂料
92-009	单组分	半透明	40	42	600	<1	24h	72h	用作调温涂料和防热涂料
92-024	单组分	灰	33	56	675	<2	24h	7d	密封剂和烧蚀涂料

b. 单组分室温固化硅橡胶所用的交联剂是一种可水解的多官能度的硅酮或硅氧烷，只有当它与空气中的湿气反应以后才显示出活性，与聚合物结合形成交联网而固化。因此它的固化速率是相对湿度和温度的函数。在较高的温度和湿度下，10min之内便可形成表面膜，20min后便可指触干，因为有机硅系统对于许多气体都有很高的渗透性，所以单组分的硅橡胶在一定的时间内可以固化到中等的深度，用人工的方法提高温度和湿度可以加速固化，但

相对湿度太高反而会妨碍它彻底固化。

由道康宁公司所生产的几种单组分的适合于作涂料的室温固化硅橡胶的主要性能如表3-9-15所列。

表 3-9-15 在烧蚀状态下几种有机硅橡胶的性能

聚合物类型	相对密度	热导率/[Btu/(h·ft·°F)]	低热通量 40Btu/(ft²·s)		高热通量 800Btu/(ft²·s)	
			质量损失速率/[lb/(ft²·s)]	烧蚀速率/(μm/s)	质量损失速率/[lb/(ft²·s)]	烧蚀速率/(μm/s)
室温固化的甲基硅橡胶(液体)	1.47	0.18	0.0046	15	0.60	1975
室温固化甲基硅橡胶	1.3	0.14	0.0074	27.5		
室温固化的甲基硅橡胶(海绵状)	1.1	0.10	0.0079	42.2		
热固化甲基硅橡胶	1.11	0.16	0.007	25.0	0.5	2000
室温固化甲基苯基硅橡胶	1.20	0.15	0.0048	19.25	0.49	2000
室温固化甲基苯基硅橡胶	1.42	0.19	0.0046	15.75		
室温固化甲基苯基硅橡胶(苯基含量高)	1.34	0.15	0.008	30.0	0.16	575
热固性甲基苯基硅橡胶(苯基含量高)	1.28	0.12	0.007	25.0	0.13	500

注：1ft=0.3048m；1lb=0.4536kg；$t/℃=\frac{5}{9}(t/℉-32)$；1Btu=1055.06J。

这类产品在固化过程中还会有一些副产物生成，如含有硅酸乙酯的双组分在固化时会有乙醇放出，单组分在固化时也有少量的挥发物放出来，如几种常用的系统中乙酰氧基硅烷会放出醋酸，酮肟硅烷会产生酮肟，酰胺基硅烷会放出相应的羧酸氨化物，而硅胺烷则主要放出胺，所以在选择应用时应当考虑所放出的这些副产物的臭味、化学特性和毒性造成的影响。

③ 第三类 具有不同官能基的聚合物在可控制的速度下相互反应。如甲硅烷基与硅原子上的乙烯基或烯丙基在含铂的催化剂存在下进行氢硅烷化加成反应。

$$\sim\sim\underset{R^1}{\overset{R}{\underset{|}{\overset{|}{Si}}}}-CH=CH_2 + H-\underset{R^3}{\overset{R^2}{\underset{|}{\overset{|}{Si}}}}\sim\sim \xrightarrow{\text{催化剂}} \sim\sim\underset{R^1}{\overset{R}{\underset{|}{\overset{|}{Si}}}}-CH_2-CH_2-\underset{R^3}{\overset{R^2}{\underset{|}{\overset{|}{Si}}}}\sim\sim$$

这类硅橡胶的固化速度对温度十分敏感，通常是双组分的。在施工以后，其固化过程于室温下是逐渐进行的，而如果加热到100℃左右，则固化过程可在数分钟内完成。

硅橡胶在高温绝热和烧蚀涂料中应用很普遍。如飞机上接近发动机舱的蒙皮保护涂料，火箭排气喷管周围的保护涂料，以及发射台上各种装置和设备的保护涂料。也可用于火箭外壳和喷管之间的保护涂料和飞船重返大气时的保护涂料。

(2) 有机硅树脂 这类聚合物和硅橡胶不同的地方是硅树脂中具有很高的潜在交联度。因此在完全固化以后会形成一种较硬和弹性很小的产物，其玻璃转化温度约200℃，所以为了施工应用方便和为了防止过早固化，必须将树脂制成溶液的形式。

根据硅原子上取代基的不同，可以获得各种性能的树脂。例如当甲基的含量高时，树脂具有很好的挠曲性、防水性、低温挠曲性、耐化学性、耐电弧性、抗热冲击、保光性、快干性和紫外光及红外光稳定性等。而如果苯基含量高的话，则树脂具有很好的热稳定性、抗氧化性、热塑性、抗热老化性，机械强度高、气干性能好和溶解度高等特点。表3-9-16中列出了硅原子上各种取代基在250℃的空气中半数基团被氧取代所需要的时间。

有机硅树脂一直被用作高温下使用的涂料成膜物，当加有铝粉颜料以后，可以在550℃的高温下用作金属烟囱和类似设备的长期保护涂料。

表 3-9-16 硅原子上各种取代基的热稳定性

硅原子上的基团类型	在250℃空气中占半数基团被氧取代所需要的时间/h	硅原子上的基团类型	在250℃空气中占半数基团被氧取代所需要的时间/h
苯基	＞100000	壬基	8
甲基	＞10000	癸基	12
乙基	6	十二烷基	8
丙基	2	十八烷基	26
丁基	＜2	环己基	40
戊基	4	乙烯基	101

有机硅树脂虽有很好的热稳定性和电性能，但它的附着力差、弹性不好，并且耐化学性差，如耐酸、耐碱、耐溶剂性、固化性能。为了制取有全面性能的聚合物，通常采用各种树脂改性的方法，达到扬长避短、提高性能的效果。

① 有机硅玻璃树脂　美国 Cwens-Illinois 公司研制出一类高度交链的有机硅树脂，这种树脂是由三官能度有机硅单体如甲基三乙氧基硅烷或苯基三乙氧基硅烷一起进行水解并预聚物时产物的胶化，为此，所用单体需预先进行精制以降低其酸度。为了避免预聚物胶化，可在预硫化时加入少量六甲基二硅氮烷控制预聚物的酸度。

这种树脂透明、极硬，是用作耐磨表面涂层的优良材料，现已用于波音707超高速飞机和洛克希德1011三星喷气机的风挡涂层，避免了因航空玻璃树脂的拉伸有机玻璃板经几分钟后就模糊不清，而涂层为玻璃树脂的则虽经8h连续试验仍然清晰可见。该涂层可以保持甚至改进透明材料的光学性能，而且可以保护有机玻璃、聚碳酸酯等基材不受有机溶剂的侵蚀。

② 硅亚苯醛基聚合物　美国联合碳化公司研究了一类含有亚苯基亚苯醚链节的有机硅聚合物。其结构式如下：

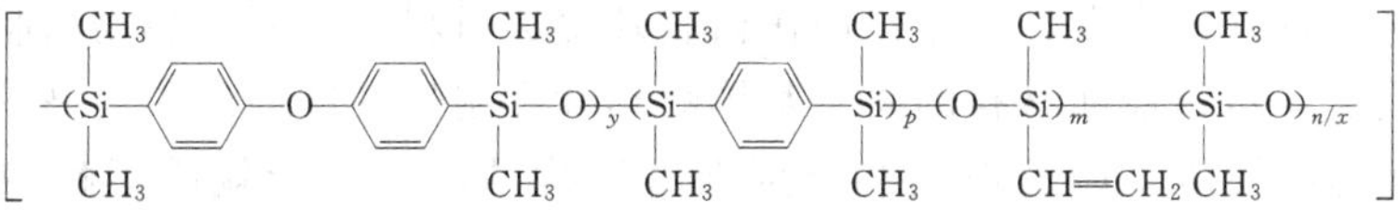

$$\left[\left(\underset{CH_3}{\overset{CH_3}{|}}\!\!\!\!Si - C_6H_4 - O - C_6H_4 - \underset{CH_3}{\overset{CH_3}{|}}\!\!\!\!Si - O \right)_y \left(\underset{CH_3}{\overset{CH_3}{|}}\!\!\!\!Si - C_6H_4 - \underset{CH_3}{\overset{CH_3}{|}}\!\!\!\!Si \right)_p \left(O - \underset{CH=CH_2}{\overset{CH_3}{|}}\!\!\!\!Si \right)_m \left(\underset{CH_3}{\overset{CH_3}{|}}\!\!\!\!Si - O \right)_{n/x} \right]$$

该聚合物是由端基为硅醇基的亚苯基和亚苯醚基单体和含乙烯基的单体在碱性催化剂的存在下共缩合而成的。这是一种热固性的聚合物，固化温度为100～250℃。取决于所用固化催化剂的分解温度。所得为一种无规共聚物，其分子量约为1000000～3000000。

这种聚合物具有优良的耐γ射线的降解作用和高的拉伸强度，经4×10^8rad（1rad＝10mGy）的γ射线照射以后，弹性不变。并可在250℃的温度下长期使用。因此这种聚合物可广泛用在有γ射线辐射的地方作涂料和封闭剂的组成。

③ 硅亚苯基聚合物　普通的硅亚芳基聚合物均为无规结构，当硅氧烷链节增长时会相应地降低其热稳定性。而当亚芳基键节增长时，又提高了聚合物的结晶度，限制了其在低温范围的使用。采用有规亚芳基聚合物就可以克服这一矛盾。一般采用亚芳基二硅醇和环氮氧烷共聚合而得。亚基芳二硅醇可以由钠缩合法或格氏试剂法制得，环硅氮氧烷可由α、ω-二氯硅氧烷和胺在石油醚中反应而制得。

美国国家航空和宇宙航行局对一系列有规硅亚芳基聚合物进行了研究。其中最典型的是亚苯基有规聚合物，如

$$HO-Si(CH_3)_2-C_6H_4-Si(CH_3)_2-OH + \underset{\text{环状：}(CH_3)_2Si-N(CH_3)-Si(CH_3)_2-O-Si(CH_3)_2-O}{} \longrightarrow$$

$$\left[-Si(CH_3)_2-C_6H_4-\left(Si(CH_3)_2-O\right)_4-\right]_n + CH_3NH_2$$

反应物在160～180℃反应4～8h所得聚合物的玻璃转化温度可达－72℃，最低可达－80℃，热稳定性在500℃以上，而无规硅芳基聚合物的热稳定性只能达到380℃左右。一般二甲基硅氧烷链节超长其挠曲性增加，而热稳定性下降。在亚芳基中亚苯醚基的热稳定性比亚苯基好。这类聚合物是制造化学稳定的、力学性能好和耐热涂料所不可缺少的材料。

美国海军航空系统对硅亚苯基聚合物在高速飞机上用作抗雨腐蚀涂料的应用研究方面进行了大量的工作。例如，采用1,4-双(二甲基羟基硅基)苯与双(二甲基氨基)二甲基硅烷可制成一种能在室温下固化的极强的弹性体，其玻璃转化温度为－62℃，反应如下所示。经试验这种涂料的弹性比氯丁橡胶和聚氨酯都好，并可在250℃下稳定。

$$HO-Si(CH_3)_2-C_6H_4-Si(CH_3)_2-OH + (CH_3)_2N-Si(CH_3)_2-N(CH_3)_2 \longrightarrow$$

$$-O-Si(CH_3)_2-C_6H_4-Si(CH_3)_2-O-Si(CH_3)_2-$$

2. 酚醛树脂

酚醛树脂从20世纪60年代起就作为耐高温和耐烧蚀材料应用的主要品种之一，它具有价格低廉、工艺性良好的优点，至今仍用作树脂基烧蚀材料的主要成膜物树脂之一。随着空间技术的迅速发展，对耐烧蚀材料的树脂基体耐热性和耐烧蚀性提出了更高的要求，一般酚醛树脂难以满足这些要求，因此改性和合成新型结构的酚醛树脂就成了耐烧蚀材料研究的热点。

采用芳烃（甲苯、二甲苯、苯、萘等）、硼酸、磷化合物（磷酸、磷酸锆、氯化氧磷等）、钼酸、马来酰亚胺、有机硅、胺（三聚氰胺、苯胺等）、酚噻嗪、苯并噁嗪等化合物改性，在酚醛树脂分子结构中引入官能团，经加成、环化、开环、聚合等合成了含新结构单元的耐烧蚀酚醛树脂，使其具有固化时不放出或少量放出小分子、热稳定性优异、残炭率高的特点。其中有机硅改性酚醛树脂的复合涂层，最高温度可达820℃，而残炭率还大于70%，改性明显，为合成新型的耐烧蚀酚醛树脂开辟了新的途径。也为其发展指出了新方向。相关报道较多，这里不再赘述。

3. 环氧有机硅树脂

环氧树脂具有优越的物理机械性能和防腐蚀能力，并且具有良好的工艺性能，但环氧树脂的耐热性能要逊于有机硅树脂和酚醛树脂。虽然双酚A型环氧树脂的分子结构中含有大量苯环，从结构上来看，似乎符合耐热性树脂的要求，可是由于其分子中的化学键主要由C—C、C—O以及C—H等化学键组成，这是树脂耐热性能有限的根本原因；这是环氧树脂很少单独作为消融隔热涂料的成膜物树脂的原因之一；另外一个重要的原因是环氧树脂的烧蚀成碳率很低，只有20%以下，故通常是和其他有机树脂配合使用，充分利用环氧树脂优越的力学性能、防腐蚀性能和工艺性能，以弥补像有机硅树脂、酚醛树脂等存在的不足。环氧树脂与多种树脂都具有良好的相容性，但为了得到最佳性能，多采用有机硅改性、酚醛树脂改性。

Geradol 等人研究了环氧树脂改性结果和消融性能之间的关系，发现热塑性酚醛树脂改性环氧树脂性能良好。同时，新型环氧固化剂的研究和选择也十分重要，Robert 等人用磷酸酰胺为固化剂，其消融性能优于酚醛-碳的复合制品；Poul 用磷钼酸和含羟基的磷酸酯作为环氧化酚醛树脂的固化剂，得到的产品在林德（Linde torch）火焰下检验，其性能不亚于酚醛尼龙材料。

环氧树脂经有机硅改性后可显著提高其消融防热性能，Engel 采用硅树脂和环氧树脂冷拼后制得反弹道导弹的外部防热涂料；国内如 Yj-66A、NHS-55 等防热涂料，均得到极为优异的综合性能，可以代替酚醛树脂，已经获得成功的应用，相关研究单位并在此基础上进行了大量的改性研究，进一步提高了涂层的隔热、耐烧蚀和力学性能，并在国内最新型号武器上获得应用。这里重点介绍有机硅改性环氧涂料。

(1) 有机硅改性环氧树脂的现状 有机硅改性环氧树脂是特种涂料用树脂中用途最广的品种之一，其发展和使用已有较长历史，各国对有机硅改性环氧树脂的研究也非常活跃，已有不少品种及型号。国外以道康宁公司为代表。其主要品种见表 3-9-17。使用环境涵盖了120～760℃温度范围，树脂品种系列化，可以满足不同环境的使用要求。

表 3-9-17 美国道康宁公司环氧树脂改性有机硅树脂品种

使用温度	有机硅比例/%	产品商业牌号
425～540℃(800～1000℉)	90～100	Dow Corning ® 805 Resin(Soft)
540～760℃(1000～1400℉)	100	
315～425℃(600～800℉)	50～90	
425～540℃(800～1000℉)	90～100	Dow Corning ® 806 Resin(Hard)
540～760℃(1000～1400℉)	100	
315～425℃(600～800℉)	50～90	
120～200℃(250～400℉)	15～30	Dow Corning ® 840 Resin
200～315℃(400～600℉)	30～50	

国内原化工部涂料研究所最早开展这方面的研究和应用，形成了几个环氧改性有机硅树脂品种，其技术水平与国外产品相当，多年来一直处于国内领先的地位。20 世纪 80 年代后期，由于受国内大环境的影响，该技术所需的主要原材料（如苯基甲基烷氧基硅烷）出现无货源的局面，致使国内在这方面的研究工作一直处于一种停滞的状态。直到 21 世纪初，该领域的研究和应用重新得到重视，国内很多单位都展开环氧有机硅树脂的研究和应用工作，代表性的有北方涂料工业研究设计院（原化工部涂料研究所），海洋化工研究院和中船 725 所等单位。

随着技术的发展、新型原材料的出现和工艺改进，环氧有机硅树脂的合成工艺路线也得到相应的发展，以耐热性能为主的树脂性能进一步得到提高。随着技术进步和工艺成熟，产品的性能稳定、成本下降，环氧有机硅树脂的应用不仅仅局限于军工领域的应用，还可以推广应用于民用行业。

(2) 有机硅改性环氧树脂的合成途径 制备有机硅改性环氧树脂有如下 4 种途径。

① 环氧丙醇与烷氧基聚硅氧烷（有机硅树脂的烷氧基与环氧丙醇的羟基反应）脱醇反应。

$$\equiv SiOR + \underset{\diagdown O \diagup}{CH_2{-}CHCH_2OH} \longrightarrow \underset{\diagdown O \diagup}{CH_2{-}CHCH_2OSi}\equiv + ROH$$

该途径是以 Si—OC 键引入环氧结构，产品耐水性差。

② 缩水甘油烯丙醚与含氢聚硅氧烷（含氢有机硅树脂）起加成反应。

$$\equiv Si{-}H + \underset{\diagdown O \diagup}{CH_2{-}CHCH_2OCH_2CH{=}CH_2} \longrightarrow \underset{\diagdown O \diagup}{CH_2{-}CHCH_2OCH_2CH_2Si}\equiv$$

③ 过乙酸与乙烯基有机硅树脂的不饱和双键起氧化反应。

$$CH_2{=}CH{-}R{-}\overset{|}{\underset{|}{Si}}{-} + CH_3COOOH \longrightarrow \underset{\diagdown O \diagup}{CH_2{-}CH}{-}R{-}\overset{|}{\underset{|}{Si}}{-} + CH_3COOH$$

④ 双酚 A 型环氧树脂与含 Si—OR、Si—OH 基团的聚硅氧烷起缩合反应，主要有以下 3 种形式。

a. 含 Si—OR 的聚硅氧烷与环氧树脂中的 C—OH 发生脱醇反应。

$$-\overset{|}{\underset{|}{Si}}OR + HO{-}\overset{\text{环氧}}{\underset{\text{环氧}}{C}}{-} \longrightarrow -\overset{|}{\underset{|}{Si}}{-}O{-}\overset{\text{环氧}}{\underset{\text{环氧}}{C}}{-} + ROH$$

b. 聚硅氧烷中的 Si—OH 与环氧树脂的 C—OH 发生脱水反应。

$$-\overset{|}{\underset{|}{Si}}OH + HO{-}\overset{\text{环氧}}{\underset{\text{环氧}}{C}}{-} \longrightarrow -\overset{|}{\underset{|}{Si}}{-}O{-}\overset{\text{环氧}}{\underset{\text{环氧}}{C}}{-} + H_2O$$

c. 聚硅氧烷中的 Si—OH 与环氧树脂中的环氧基发生开环反应。

$$-\overset{|}{\underset{|}{Si}}OH + \underset{\diagdown O \diagup}{CH_2{-}CH}{-}R \longrightarrow -\overset{|}{\underset{|}{Si}}{-}O{-}CH_2{-}\underset{OH}{\underset{|}{CH}}{-}R$$

前三种改性途径制备的有机硅改性环氧树脂实际应用已不大，在工业一般采用第四种途径，根据实际使用要求选择适宜的环氧树脂与有机硅树脂进行共缩聚反应，制得的有机硅改性环氧树脂具有原料易得、方法简单的优点。

目前，常用的 665# 环氧改性有机硅树脂和 HW-28 环氧改性有机硅树脂是硅氧烷的羟基（或烷氧基）与环氧树脂的仲羟基缩合反应化合物。这类环氧有机硅树脂分子中保留环氧基，可选用环氧树脂固化剂使其进行交联固化。

(3) 化学改性与物理共混的区别 树脂改性还可以采用冷拼法，将环氧树脂与有机硅树脂直接混合，现在很多报道的环氧改性有机硅树脂的应用就是采用冷拼技术。通过该方法得到的环氧有机硅树脂性能得到改善，可以满足一些环境条件下的使用。笔者曾经做过相关大量的对比研究工作，将某些市售的环氧有机硅树脂与自制的环氧有机硅树脂进行了性能比较发现，二者在常规性能方面差异不是很大，但是在耐温性能、耐温以后的力学性能以及耐烧蚀性能等方面，化学改性的环氧有机硅性能明显优于物理共混的环氧有机硅树脂。而且，二者在胶化点上（胶化点测定条件：250℃±2℃）也存在明显差异，前者的胶化点在 20min 以上，甚至难以测定，而化学改性的环氧有机硅树脂的胶化点为 3min 以内，且该指标是树脂合成时的终点控制指标。

采用物理共混与化学改性两种方法得到的环氧有机硅树脂的清漆性能比较见表 3-9-18。

表 3-9-18 两种改性方法得到的环氧有机硅树脂的清漆性能比较

序号	检验项目		技术指标	
			冷拼法	化学共聚法
1	树脂液外观		浅黄色、微浑近透明	浅黄色透明
2	固体分/%		50±2	75±2
3	干燥时间(实干)/h		2.5	1.5
4	附着力/级		1	1
5	柔韧性/mm		1	1
6	冲击强度/cm		50	50
7	260℃,4h 后	附着力/级	2～3	1
		柔韧性/mm	无法测定	2～3
		冲击强度/cm	≤20	40～50
		颜色	几乎呈黑色	浅茶色

烧蚀防热涂料性能比较如下。

① 颜基比都为 1∶1 左右，相同的填料体系，以及其他添加剂也相同。

② 操作条件相同，但是，配料时发现冷拼树脂黏性差，不能很好地浸润包裹填料，而化学改性树脂则不存在此现象。

③ 化学改性树脂涂料在 24h 后即可基本实干，可打磨，而冷拼树脂涂料 72h 后涂膜仍发黏，涂膜发软不能打磨，80℃烘 12h 后方可打磨。

④ 打磨时化学改性树脂涂层较硬和密实，而冷拼树脂涂层则较疏松。

⑤ 线烧蚀率和质量烧蚀率（烧蚀时间 30s）

线烧蚀率（mm/s）：化学改性树脂涂层 0.067

冷拼树脂涂层 0.20

质量烧蚀率 [g/(cm^2·s)]：化学改性树脂涂层 0.012

冷拼树脂涂层 0.025

⑥ 烧蚀后涂层状态　化学改性树脂涂层炭化层密实，有细小熔珠，驻点较浅，打磨时感到炭化层坚硬，有一定强度；而冷拼树脂涂层的炭化层明显呈疏松状，熔珠较大且多，驻点也较深，打磨时明显感到炭化层软，几乎呈粉状，基本失去强度。

在涂层厚度相近、烧蚀时间相同情况下，化学改性树脂涂层表面形成炭化层，而下面的涂层可以基本保持不被烧蚀，仍可很好地保护基材，冷拼树脂涂层整个都会被烧蚀，烧蚀后涂层无保护作用。

两种树脂性能比较结论如下：

① 两种树脂常温条件下的力学性能相当；

② 260℃，4h 后冷拼树脂的力学性能下降非常厉害；

③ 烧蚀后，两种涂层性能差别很大。

试验结果表明，冷拼树脂不宜作为耐高温烧蚀涂料的基料树脂使用。

第三节 隔热保温涂料

一、概述

上一节已经介绍了消融隔热涂料，它是通过“牺牲”自身来达到隔热和保护基材的目的，但是，还存在另一种情况，就是涂料使用环境不允许涂料发生消融作用，或者使用环境的温度条件远远达不到涂料发生消融所需要的温度条件，这时消融型隔热涂料就不能适应；这就需要一种特殊涂料——隔热保温涂料，就是本节将要介绍的内容。

1. 隔热保温涂料的分类及用途

目前，隔热保温涂料的分类还没有一个统一的标准，根据涂料隔热保温的机理可以将其分为消融型、反射辐射型、低热导率阻隔型和贮热型。根据隔热涂料采用的成膜物的不同可分为有机隔热保温涂料和无机隔热保温涂料。

隔热保温涂料可用于军用飞机、火力发电厂、高温设备以及建筑物、贮运设备等。建筑用隔热保温涂料是近年来新兴的功能涂料品种，具有很好的实用价值和前景。隔热保温涂料涂覆于各种设备表面，可满足相应的使用环境条件要求，其关键作用是降低基体的温度，保证设备在高温下正常运行。所以隔热保温涂料的研究和应用得到极度重视。

2. 隔热保温涂料的作用机理

消融型隔热保温涂料的作用机理在上一节已有详细叙述，这里只叙述反射辐射型、低热导率阻隔型和贮热型三种涂料的作用机理。

(1) 反射、辐射机理 任何物质都具有反射或吸收一定波长电磁波的特性，反射型涂料的基本原理是通过涂料中颜料、填料的粒子将可见光和红外反射到外部空间，从而降低物体自身温度，对于反射型隔热涂料而言，涂料反射性能与厚度没有关系。

辐射型隔热保温涂料，是通过辐射形式把吸收的电磁波（热）以一定波长发射到外部空间中去，从而达到良好的隔热保温效果。

由于辐射型隔热涂料是通过将吸收的热转化为热反射电磁波辐射出去，从而达到隔热的目的，因此，该类涂料的技术关键是选用具有高热发射率的物质，如 Fe_2O_3、MnO_2、Co_2O_3 和 CuO 等金属氧化物掺杂形成的具有反尖晶石结构的物质，其具有热发射率高的特征，是重要的辐射型隔热填料，也是实现涂料隔热的主要方法和手段。研究表明，辐射型散热主要是以红外辐射的形式，在波长为 8～13.5μm 的范围内，涂料的发射率尽可能高，就可以将物体表面的热量以红外辐射的形式高效地发射到外部空间，达到很好的隔热目的。

通过在硅酸盐结晶相中加入 Al_2O_3、TiO_2 等金属氧化物粉末作为填料，制备的辐射型隔热涂料，其在 5～15μm 的波段内，红外辐射能量大于 85%。

(2) 低热导率阻隔型涂料作用机理 热导率（λ）是物体或材料传导热量能力的大小，λ 越大，物体的导热性能越好；λ 越小，隔热性能越好。一般材料的热导率在 0.03～3.50W/(m·K)，而只有 λ 小于 0.25W/(m·K) 才被用于隔热材料。

热导率是材料结构的函数，与材料的内部结构有关。如材料的密度越大，其导热性越好，热导率越大。对于含有空隙的材料，其热导率决定于材料的空隙率与空隙特征。由于静止空气的热导率极小，所以一般来说，空隙率越大、密度越小，其热导率越小。具有细微和封闭空隙的材料比空隙粗大且连通的材料的热导率小。

材料的热导率是一个与材料厚度无关的值，为了度量一定厚度材料（如隔热涂料的干膜）的隔热性能，需要引入热阻的概念。热阻是热导率的倒数，表示热量通过厚度为 d 的材料层所受到的热传递阻力为 R（$m^2 \cdot K/W$）$=d/\lambda$。热阻的定义用于确定隔热涂料的厚度，具有实际意义。

众所周知，在常温下静止空气的热导率约为 0.023W/(m·K)，认为是最小的，其他材料（隔热涂料）的热导率不可能小于 0.023W/(m·K)，但是，随着纳米技术的出现，这一传统的认识在理论上已经不能成立。因为当涂膜中气孔的直径达到纳米级时（如小于 50nm），气孔内的空气分子不能对流，也不能像一般静止空气中的分子那样进行布朗运动，即被完全吸附在气孔壁上而不能自由运动，这样的气孔相当于真空状态。如果保持涂料的体积密度及其中的气孔直径足够小，则可以使得涂料的分子振动传热和对流传热接近于 0；另一方面，众多足够小的微孔使得涂料界面的数量趋向于无穷多，可以使涂料内部有非常多的反射界面，从而使辐射传热效率趋近于 0。从理论上讲涂料的热导率可以趋近于 0。因此有可能得到热导率≤0.023W/(m·K) 的隔热涂料。

对于涂料成膜物基体来说，空心玻璃微珠的引入，将会使涂层的热导率更为显著降低。另外，由于采用空心玻璃微珠为填料，形成多空隙的涂层，增加涂层厚度，即就是增加热阻，同样可以达到很好的隔热效果。

(3) 贮热型作用机理　贮热型隔热保温涂料的作用机理就是将外界的热量吸收，贮存于涂层内部，从而实现隔热的目的。微观上讲就是在涂料中加入某些特殊物质（如 Fe_3O_4 等），该类物质可以吸收热量而发生能级跃迁，从低能级跃迁到高能级的变化，从而达到隔热的目的。这类隔热涂料是最近几年才见相关报道，主要是用于玻璃贴膜，对太阳光（热）进行反射和隔热，如汽车玻璃反光隔热涂料，也可以用于隐身技术。很显然，由于是通过涂料中的特殊物质吸收并贮存热，其隔热效果是很有限的，对于直接有热源加热的环境下并不适用，所以这类隔热涂料也不作为本节讨论的重点。

上述对隔热涂料的几种作用机理分别加以简介，但在实际应用中并无严格的界限，往往是多种机理的综合利用，比如反射辐射型隔热涂料同样也有阻隔和贮热机理的运用，只不过是反射辐射隔热的作用效果最为明显，反之亦然。同时，单一的隔热机理都具有各自的优点和局限性，而且因为材料本身的特性和技术工艺条件的限制，很难达到其最为理想的隔热状态和效果，所以，需要多种隔热机理的综合应用，以能扬长避短、优势互补，这也是隔热保温涂料发展的一个方向。

二、热控涂料

(一) 热控涂料的定义、应用和分类

1. 定义

一个典型的航天器要经历－200～100℃以上的轨道飞行环境，它的工作时间长达几天甚至几年，为保证航天器（卫星、飞船等）的结构及设备在如此恶劣环境下正常工作，必须采取隔热保温（热控）措施，隔热保温涂料是其中应用最为广泛和效果最为显著的一类材料。这里所用的隔热保温涂料即热控涂料。

2. 应用

航天器热控技术和热控材料是航天技术的重要组成部分，热控技术可以分为主动热控和被动热控两大类；热控材料的种类非常多，半个多世纪以来得到广泛重视和迅速发展，已经

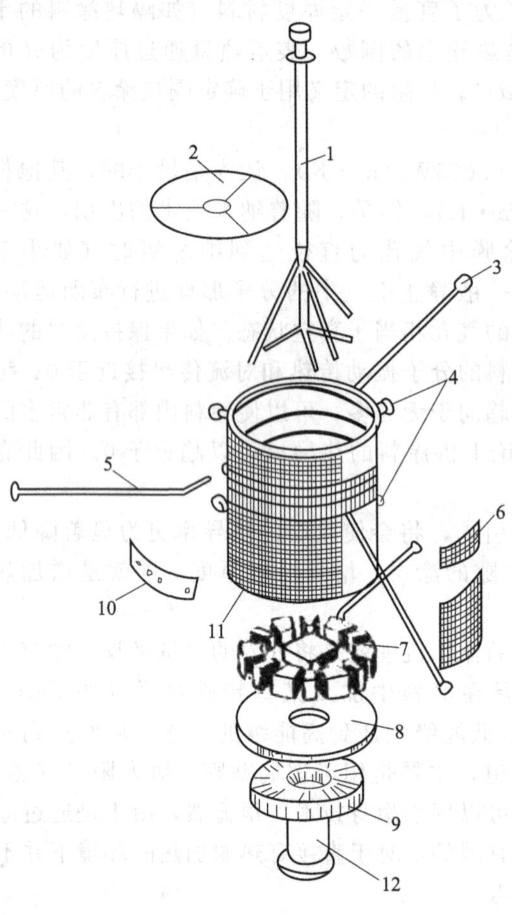

图 3-9-4 典型航天器应用热控材料的部位及要求

1—天线（低 α/ε 涂层）；2—顶绝缘盖（铝-聚酯树脂多层隔热层）；3—飞行实验器（低 α/ε 涂层）；4—太阳传感器（真空沉积铝）；5—隔热桁条（铝箔条加黑涂料）；6—太阳电池方阵底板（玻璃纤维蜂窝结构或导热绝缘涂层）；7—电子元件（黑色涂层和导电底座）；8—仪器平台（高辐射率底面的蜂窝板）；9—热百叶窗（非磁性双金属弹簧）；10—绝热带（铝-聚酯树脂或化合物多层隔热层）；11—太阳电池方阵（带滤光膜的盖玻片及减反射涂层）；12—级间结构（铝箔及玻璃纤维多层隔热）

研究出了多种热控涂料系统，并广泛应用于航天器的各个部位，如图 3-9-4 所示，在航天技术的发展中起到了非常重要的作用。

3. 分类

热控涂料根据材料的性质，可分为金属、无机非金属和有机热控涂料三大类；根据涂料制备工艺方法又可以分为真空沉积薄膜、化学和电化学镀膜、等离子喷涂涂料、熔融烧结以及普通涂料等众多类型，其中普通涂料类热控涂料具有热控效果良好、制备和施工工艺简单可靠、易修复和成本低的优点，得到了广泛的应用。各种热控涂料的重要光学性质——α_S、ε 和 α_S/ε 的范围如图 3-9-5 所示。

航天器的热控技术可分为：主动热控和被动热控。热控涂料（Thermal control coatings）是空间飞行器被动热控系统的重要组成部分，其原理是通过调节物体表面的太阳吸收率（α_S）和红外辐射率（ε）来控制物体的热量平衡，属被动式温控。例如在太空中表面镀金的物体受太阳光垂直照射时，其表面平衡温度为425℃，而当物体表面涂有太阳吸收辐射比为 $\alpha_S/\varepsilon=0.25$ 的热控涂料后，其表面平衡温度为5℃。因此航天器表面需涂覆热控涂料，以保证星体安全和星内仪器的正常工作。航天器表面的温度 T 同热控涂料对太阳的吸收率（α_S）成正比，和热控涂料的热发射率（ε）成反比，$T=S(\alpha_S/\varepsilon)^{1/4}$，所以正确选择热控涂料的 α_S/ε 值，是保证航天器处于正常工作温度范围的重要途径。

热控涂料是根据物质的反射、辐射特性制备而成的，所以根据涂料的吸收辐射比，可以将其分为以下 4 类。

(1) 低吸收辐射比涂料　低吸收辐射比涂料是指涂料具有较低 α_S 和较高 ε 值，包括白色有机涂料、白色硅酸盐涂料和金属镀层等，以及附有上述涂料（膜）的塑料薄膜、有机玻璃、石英玻璃和铈玻璃等，这类薄膜和玻璃统称为“二次表面镜”。另外，还有铝合金表面的光亮阳极化膜、Al_2O_3 的等离子喷涂料等。

(2) 高吸收辐射比涂料　是指具有较高 α_S 和较低 ε 值的涂料，主要包括黑色有机涂料、真空沉积干涉膜和黑镍、黑铬、黑铜等电镀层等。

(3) 平吸收涂料　该类涂料在所有波长范围内均具有较低的 α_S 和 ε 值，二者之比接近于 1。一般的铝粉漆就属于此类型。

(4) 平吸收辐射比涂料　该类涂料在所有波长范围内均具有较高的 α_S 和 ε 值，二者之

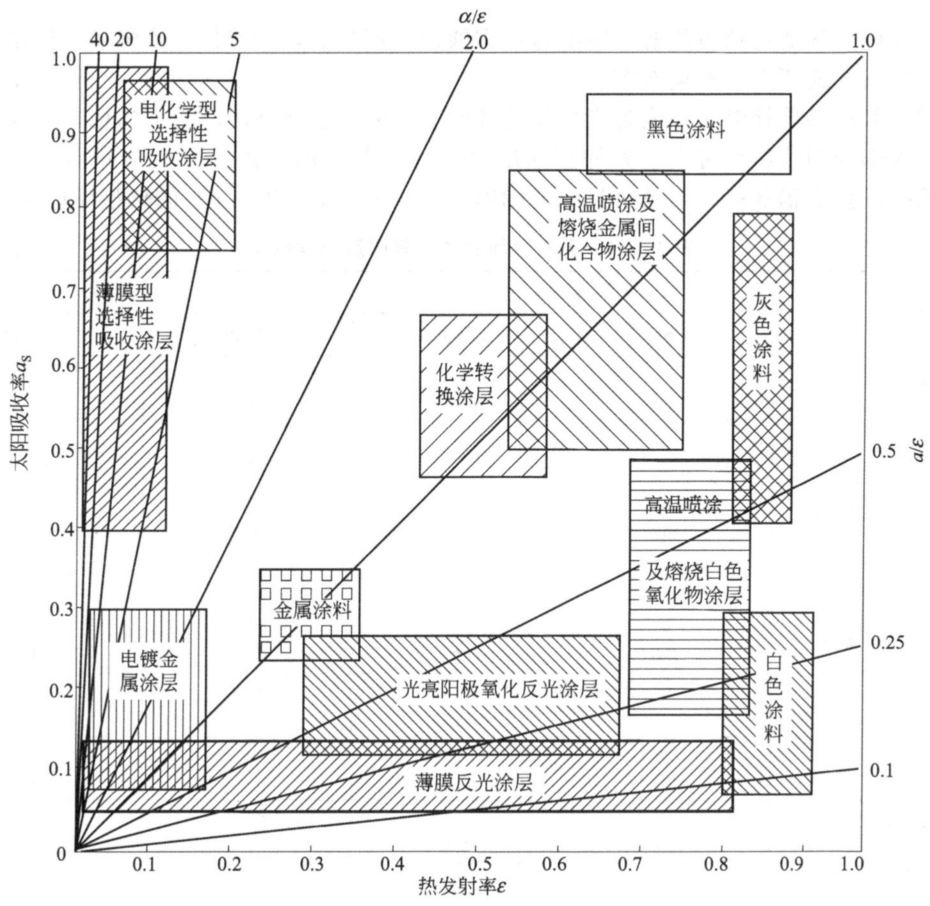

图 3-9-5　各种热控涂料的光学性质

比接近于 1。铝合金黑色阳极化膜以及一般的黑色涂料均属于此类型。

（二）热控涂料的组成

热控涂料主要由成膜物、颜填料和助剂组成，涂覆施工后形成一种光反射、散射热控涂料材料，它借助于其中的细微颜填料粒子对太阳光的反射、散射作用［当颜填料粒子的直径小于入射光波长的 1/10 时，根据雷利赫（Rayleigh）定律，光将是弥散的］和涂料的红外辐射特性，通过调节涂料的 α_S 和 ε 值，就可以达到热控的目的。

1. 颜填料

对于热控涂料来说，颜填料不仅是涂料的重要组成部分，而且可通过颜填料的选择，调节涂料的光学性质，是实现涂料热控效果的关键。对于需要低吸收/发射比（α_S/ε）的热控涂料而言，颜填料应该具有低吸收、高发射、高纯度和高化学稳定性。

(1) 氧化物　氧化物有氧化铝，氧化钛，氧化锌，氧化镁，氧化硅，氧化锆，氧化钙，氧化镧，氧化铪，氧化锡，氧化钇，氧化锑，氧化铍，氧化钍，氧化铈，氧化铌，氧化钽等。

(2) 硅酸盐　硅酸盐有硅酸锆，硅酸镁，硅酸钙，锂铝硅酸盐，钠铝硅酸盐，镁铝硅酸盐等。

(3) 钛酸盐　钛酸盐有钛酸锌，钛酸钡，钛酸锶，钛酸钙，钛酸锂，钛酸镧，钛酸钆等。

(4) 其他 其他包括钨酸盐，锡酸盐，铌酸盐，钽酸盐，锆酸盐，硫酸盐，硫化锌，尖晶石，莫来石，透辉石，橄榄石等。

在进行颜填料选择时，在满足光性能的基础上，颜填料在空间环境下的稳定性也是至关重要的，大部分颜填料经过真空紫外辐照后会引起严重变色，表 3-9-19 中列出了一些无机颜填料的抗震真空辐照能力以及可见光范围内（波长为 400～600nm）的典型反射率。

表 3-9-19 无机颜填料的抗辐照及光学性能

材料	辐照条件		反射率/%	
	ESH	太阳参数	400nm	600nm
Al_2O_3(α 型)	0		100.0	100.0
	180	3	74.0	91.5
Al_2O_3(γ 型)	0		93.5	90.0
	75	1.5	49.5	82.5
$Al_2O_3 \cdot 2SiO_2 \cdot 2H_2O$	0		73.0	84.5
	180	3	46.5	60.0
$Al_2O_3 \cdot 2SiO_2$	0		78.0	87.0
	200	3	65.0	81.0
$3Al_2O_3 \cdot 2SiO_2 + SiO_2$	0		84.5	86.5
	180	3	75.5	84.5
Sb_2O_3	0		92.5	96.5
	75	1.5	36.5	50.0
$CaSiO_3$(合成)	0		86.0	90.0
	75	1.5	58.0	81.0
$CaSiO_3$(硅灰石)	0		92.5	94.5
	75	1.5	81.0	91.5
$MgAl_2O_4$	0		97.5	97.0
	75	1.5	70.0	92.5
MgO	0		98.5	98.5
	75	1.5	71.0	92.5
$MgOSiO_2 \cdot nH_2O$	0		89.0	92.0
	180	3	62.0	73.5
$2MgOSiO_2$	0		33.0	59.0
	1036	1.5	35.5	60.0
SiO_2	0		88.5	92.5
	75	1.5	77.5	90.0
SiO_2	0		92.0	93.5
	180	3	87.5	93.0
SnO_2	0		88.0	90.0
	300	3	78.5	88.0
ZrO_2	0		92.5	97.0
	75	1.5	65.5	90.5
ZrO_2	0		88.0	95.5
	180	3	33.0	73.5
$ZrSiO_4$	0		86.5	92.5
	180	3	65.0	84.5
ZnS	0	1.5	91.0	94.5
	75		89.0	94.0

高南曾采用直观方法对国产各种颜填料进行真空紫外辐照试验筛选。试验方法：将颜填料置于铜或铝制小盘中，盖上石英玻璃片，进行真空紫外辐照试验，真空度 3×10^{-4}～$9\times$

10^{-5}Torr（1Torr=133.322Pa），500W 高压汞灯辐照 50h 后，观察其变色情况。结果如表 3-9-20 所示。其中锆英石和碳酸钙最稳定，氧化锌、氧化硅和氧化锆次之，其余颜填料变色均比较严重。

表 3-9-20 颜填料粉末紫外辐照试验结果

颜填料	纯度	紫外辐照前后的颜色变化		变化级别
		辐照前	辐照后	
Al_2O_3	α 型 99.99%	白	灰	大
MgO	由镁条熏制	白	灰	大
SnO_2	CP 级，99.5%	白	灰	大
CeO_2	CP-3 级，96%	浅黄	棕	大
PbO	CP-3 级，98%	黄	黑	大
TiO_2	CP-3 级，98.5%	乳白	深灰	大
CaO	AR-2 级	白	灰	大
ZrO_2	≥99%	灰白	灰	中
$ZrSiO_4$	锆英石	米色	米色	小
$ZrSiO_4$	锆英石	灰	灰	小
$CaCO_3$	AR 级，≥99%	白	白	小
ZnO	CP 级，98.5%	白	灰白	中
SiO_2	99.75%	白	淡黄	中
$K_2O_3 \cdot 3SiO_2$	—	白	灰白	中

研究认为，天然混合型矿物的抗真空紫外辐照的能力要好于人工合成的化合物，例如天然硅灰石的抗辐照性能要比合成的硅酸钙好，当然也有例外，如氧化锌和氧化锡则相反。某些含水矿物如高岭土和滑石经过高温煅烧后可以提高其稳定性，但是氧化铝、氧化锆和锆英石在 1000℃煅烧 16h，对其稳定性影响不大。同一种物质由于结晶形态不同，其稳定性差别也比较大。

颜填料的稳定性和光学性能对于热控涂料而言，是至关重要的，人们为了获得低 α_S/ε 比的热控涂料，对颜填料在热控涂料中降解机理、防止光降解的措施、采用人工合成单晶和超纯的多晶物质作颜料、为提高颜料的热稳定性进行热处理等做了大量的研究工作，已经取得了令人满意的结果。

2. 成膜物

成膜物树脂是涂料的基本组成部分，一是有机成膜物，如聚硅氧烷、环氧树脂、丙烯酸树脂等；二是无机成膜物，如水玻璃（硅酸钾、硅酸钠、硅酸锂等）、硅胶、磷酸盐、锂酸盐和钛酸盐等。作为热控涂料的成膜物应该具有很高的热稳定性。一般来说，无机成膜物的稳定性要优于有机成膜物，其缺点是应用不如有机成膜物方便，表面清洗比较困难，所以二者各有优缺点，可根据实际情况选择，如果将二者复合，则可以相互弥补各自的不足。

常用的无机成膜物为水玻璃，其中高模数的硅酸钾比较稳定，研究和应用比较成熟。随着应用要求的提高和技术的发展，其他无机成膜物的研究和应用也得到长足的发展。表 3-9-21 列出了硅酸钾的主要性能。

3. 助剂、溶剂等辅助物质

在涂料的制备过程中，添加适量助剂、溶剂等辅助物质可以改善涂料性能，具有非常重要的作用。其选择和应用的原则和普通涂料大同小异，应该根据具体情况而定。

表 3-9-21 硅酸钾的主要性能

组成	数值	组成	数值
K_2O 含量(质量分数)/%	11.38	模数比	1∶3.28
SiO_2 含量(质量分数)/%	23.83	铁含量(质量分数)/%	0.27
总固体含量(质量分数)/%	35.21	铜含量(质量分数)/%	$<4\times10^{-4}$
相对密度	1.331		

(三) 热控涂料的应用

处在轨道中的卫星或飞船要受到强烈的太阳辐射（因为是在真空中）、地球所反射的阳光和地球发射的红外线的作用，如不加以适当的控制，船体的温度将会在±200℃的范围内变动，故必须进行热控处理，以满足飞船表面的特殊光学性能，即阳光的吸收率 α_S 和红外线发射率 ε 的比值 α_S/ε 应足够低。在这方面涂料具有相当大的优势，因为它的成本低，施工应用方便，质量轻。

(1) 高温涂料的应用 高温涂料除在光学性能方面应具有低的吸收率和高的发射率之外，还应在高真空的宇宙环境中对强烈的紫外光、电子和质子流以及极端的温度循环具有足够的稳定性。在大多数的情况下，用于这一目的的涂料要满足阳光吸收率 $\alpha_S=0.10$，红外线发射率 $\varepsilon=0.90$ 以上，在空间环境中 5 年以后降解 5%以下。因此研究和发展这类涂料的关键，是如何使这种涂料在宇宙环境中长时间地（数月甚至数年）保持真空光学性能和物理机械性能。经过大量的试验以后发现，以二甲基有机硅树脂最好，其次是丙烯酸树脂和醇酸树脂。有机硅树脂涂料不仅耐紫外光、容易施工、挠曲性好，而且还具有很高的红外线发射率。但在紫外线的长期照射下会渐渐变脆，这是需要改进的。

除了有机成膜物以外，人们对无机成膜物也进行了广泛的研究，发现一些硅酸盐、磷酸盐、低温玻璃料等都可应用，其中以碱性硅酸盐最容易获得有使用价值的高纯度，并且与各种颜料具有很好的混溶性。在碱性硅酸盐中，硅酸锂、硅酸钠和硅酸钾都可以用，但其中以硅酸钾的纯度较高，应用较广泛。这类无机成膜物的特点是在宇宙环境中具有极好的稳定性，但它的附着力、挠曲性和施工性能不如有机成膜物好。

颜料和成膜物中的杂质对其稳定性也有相当大的影响。因此对颜料进行表面处理，以及如何提高纯度便引起了人们的普遍重视。表 3-9-22 列出了以硅酸钾为成膜物，锆石为颜料的涂料中杂质对稳定性的影响。

表 3-9-22 锆石处理方式对涂料稳定性的影响

颜料	基料	颜料的处理	α_S 初始值	紫外线(太阳照)/h	α_S 最后值
$ZrSiO_4$(400 目)	Na_2SiO_3	未处理	0.23	350	0.28
$ZrSiO_4$(Opaxs)	K_2SiO_3	未处理	0.19	400	0.23
$ZrSiO_4$(Ultrox500)	K_2SiO_3	未处理	0.16	300	0.20
$ZrSiO_4$(Ultrox)	K_2SiO_3	硝酸浸取-煅烧	0.10	350	0.21
$ZrSiO_4$(Ultrox)	K_2SiO_3	盐酸浸取-煅烧	0.10	350	0.22
$ZrSiO_4$(Ultrox500)	K_2SiO_3	盐酸浸取-煅烧	0.12	600	0.18

注：颜基比为 4∶1，固体分 80%。

同样，经过处理的氧化锌在真空中对紫外线的稳定性也比其他的颜填料的要好。有研究表明，在氧化锌的粒子表面有铁的杂质存在可以使有机硅成膜物受到保护。此外用硅酸盐如硅酸钾处理氧化锌也可以获得同样的效果。目前有机硅氧化锌涂料、硅酸钾二氧化锆涂料等都在卫星的高温中得到了应用。

尽管高温涂料在稳定性方面仍存在一定的问题，但它用在面积较大和开头极为复杂的表面，如空间发射天线上却有突出的优越性。

(2) 薄膜高温涂料的应用　为了解决稳定性的问题，人们对薄膜高温涂料进行了广泛的研究。这种系统的外层是石英、二氧化硅、三氧化二铝、全氟乙烯丙烯共聚物和其他聚合物材料，然后用真空蒸发镀膜的方法将铝、银、金、铜、铬、镉、铂和锗等金属涂在外层薄膜上作为反射表面。这种系统兼有普通涂料的成膜物和颜料所具有的辐射和吸收的双重性质。因为金属膜的太阳吸收系数（α_S）基本上与外层膜的厚度无关，而红外辐射系数（ε）则可阻碍外层膜厚度的增加而增大，所以利用改变外层膜的物质类型、厚度和复合方法，便有可能制备出几乎任意的 α_S/ε 值的调温涂料。据报道，美国已有近 200 颗人造卫星是采用薄膜涂料来进行调温的。例如，Ag（或 Al）膜在太阳光谱的整个波长范围内，具有很高的反射率，对太阳光的吸收系数非常低，$\alpha_S=0.050$，而石英玻璃则表现出很高的红外辐射特性，在 295K 时，其 $\varepsilon=0.81$，因此涂料的 α_S/ε 比值约为 0.062，比目前所采用的任何一种调温涂料的 α_S/ε 比值都要低。所以是一类极有前途的材料。

这类薄膜调温涂料的种类很多，最常见的有 Al-SiO、Al-SiO_2、Al-Al_2O_3、Al-Al_2O_3-SiO_2、Al-Ge-SiO、Al-SiO_2-Ge、Ge-SiO-Al-SiO、Pt-SiO_2-Pt-SiO_2 等薄膜涂料和光学阳光反射器（简称 OSR 系统）。

薄膜调温涂料的最大优点是在空间环境中的稳定性极好。其缺点是造价很高，施工麻烦，特别是在那些极其曲折或不规则的表面上施工更困难。与普通调温涂料相比，其质量也较大，几种调温涂料的质量比较见表 3-9-23。

表 3-9-23　几种调温涂料的质量比较

涂层系统	质量比较/(g/m^2)	涂层系统	质量比较/(g/m^2)
OSR(200μm 熔石英)	490(包括黏合剂的质量)	TiO_2/硅胶(150μm)	230
OSR (100μm 熔石英)	270(包括黏合剂的质量)	ZnO/K_2SiO_3(125μm)	210

国内某研究机构于 20 世纪 80 年代，以有机硅改性聚己内酯为成膜物研制的 GF-1 耐高温热反射涂料，成功应用于某型号航天器，该涂料热控效果和综合性能均满足使用要求。

(四) 热控涂料性能的影响因素

影响热控涂料性能的因素主要可以分为两大类，一是涂料制备工艺参数；二是涂料使用环境参数对涂料光学性能和稳定性的影响。

下面主要介绍工艺参数对涂料稳定性的影响。

1. 颜料纯度

颜料纯度对于涂料性能有很大的影响，以氧化锌为例，表 3-9-24 列出了不同纯度的氧化锌反射率的变化。

表 3-9-24　氧化锌纯度对反射率的影响

氧化锌纯度	反射率/%	
	440nm	660nm
优级纯	95.0	99.0
分析纯	93.50	98.0
化学纯	88.0	95.0

由表 3-9-24 可以看出，氧化锌纯度越高，其反射性能越好，而且经真空辐照试验后，其反射率变化也不大；随氧化锌纯度的提高，其抗紫外辐照能力也相应提高，空间稳定性越好。

2. 颜料热处理条件

颜料通过适当的热处理工艺，一方面可以降低涂料的太阳吸收率，更为重要的是提高了涂料的抗紫外辐照能力。这可能是长时间的煅烧使得颜料中的极少量的杂质挥发，晶粒长大，减少了晶体结构中的缺陷，从而提高了其抗紫外辐照能力，如热处理后的氧化锌在红外光谱范围内反射率增加。也可能是由于在较长波段范围内入射光线被大颗粒氧化锌散射，因此降低了涂料对太阳的吸收率。实际上大多数氧化物经热处理后，用其作为颜料的涂料稳定性均得到不同程度的改善。

3. 成膜物树脂的影响

前已叙述，成膜物可分为有机和无机两大类，无极成膜物的稳定性要优于有机成膜物，但是有机成膜物因为具有使用方便、力学性能优异等无极成膜物所不具备的优势，故有机成膜物作为热控涂料的黏结剂仍占重要的位置，其中以聚甲基硅氧烷为主要代表。常用有机成膜物的抗紫外辐照能力如表 3-9-25 所示。

表 3-9-25 树脂种类对热控涂料性能的影响

树脂种类	丙烯酸树脂	聚氨酯	加成型硅树脂	甲基硅树脂
α_S	0.25	0.24	0.16	0.12
ε	0.83	0.87	0.89	0.85
α_S/ε	0.30	0.28	0.18	0.14

注：其中颜基比为 1∶2。

表 3-9-25 显示，不同树脂制备的热控涂料相比较，有机硅热控涂料的 α_S/ε 较小，这是因为有机硅材料的透光性较好。另外，在空间环境条件下，有机硅材料的稳定性好，因为在 300mm 以上紫外光的能量高于 376.6kJ/mol，而有机聚合物分子的键能一般在 250～418kJ/mol；大部分高分子键会发生断裂，其结果使有机热控涂料变脆、皱缩、附着力下降，形成光吸收中心，使涂料吸收带移向长波，最终导致涂料的 α_S 值增高，影响涂料的热控性能。

有机硅树脂的种类很多，影响其应用的因素也很多，归纳起来主要有两方面的原因，一是固化方式；二是结构因素。

① 固化方式　根据有机硅涂料固化成膜机理，可以分为加成型硅树脂和缩合型硅树脂。近年来，人们研究发现，热控涂料的质量损失（TML）和可凝挥发物（CVCM）两项指标非常重要，由于缩合型有机硅树脂在固化的过程中因为会有 Si—OH、Si—H 交联点，不可避免地会产生一些小分子，因而很难制得低 TML 和 CVCM 的热控涂料。而采用加成型硅树脂，制备热控涂料在固化过程中无小分子放出，涂料的抗收缩性好。可望制得高性能的热控涂料。

② 有机硅树脂结构影响　有机硅树脂的主链为 Si—O 结构，其侧链基团不同，对其性能的影响也不尽相同。有机硅树脂是具有高度交联结构的热固性聚硅氧烷体系，侧链基团主要为甲基、苯基、烷氧基、乙烯基及氢基，加成型有机硅树脂侧链引入乙烯基及氢基，作为加成反应的活性基团，但是应尽量减少最终产品的活性基团残留浓度（因为—H、—CH═CH_2基团在紫外光的作用下，会发生降解反应，生成有色物质，使涂料的 α_S 增加）。另外，研究表明，含苯基和烷氧基的有机硅树脂耐紫外光的能力较差，而具有高度透过紫外

光能力的甲基有机硅树脂性能较好。

在聚甲基有机硅树脂中，CH_3/Si 摩尔比越低，涂料 α_S 越低，其结构越接近石墨，耐紫外性能越佳（见表 3-9-26），但是 CH_3/Si 摩尔比过低，涂料的脆性随之增大，一般认为，CH_3/Si 的摩尔比为 1.38 最佳。

表 3-9-26 真空紫外辐射对甲基有机硅的影响①

CH_3/Si 摩尔比	紫外辐射等量太阳/h	$\Delta\alpha_S$/%
2	1460	18.6
1.46	1460	15.0
1.38	1460	8.7
1.33	1460	0

① 成膜物为甲基硅树脂，填料为 SP500Zn，填料体积分数为 50%。

无机成膜物主要有磷酸盐和硅酸盐，从真空辐照试验后的光学性质变化看，二者的差别并不是很大，但是考虑综合性能，碱金属硅酸盐性能较磷酸盐性能要好些。碱金属硅酸盐中，以硅酸钾为成膜物的热控涂料，其太阳吸收率低于硅酸钠涂料；相同的碱金属硅酸盐，模数越高，其涂料的太阳吸收率越小，而抗紫外辐照能并无明显变化。研究认为，模数为 3.3 的硅酸钾的性能更好。

4. 颜基比对涂料光学性能的影响

颜基比是涂料制备的一个重要的控制参数。对热控涂料而言，涂料中颜料的含量直接影响到其 α_S，ε 以及 α_S/ε；不仅如此，颜基比还会影响涂料其他性能，如力学性能。一般来讲，高颜基比对增大涂料反射率和降低吸收率是有利的；但并不是越高越好，否则会导致涂料力学性能严重下降，所以，颜基比应该控制在达到涂料综合性能平衡的最佳点，应根据所选用的成膜物、颜料的种类，以及涂料具体应用技术要求来确定最佳的颜基比。

5. 研磨方式对涂料性能的影响

涂料分散设备有三辊、砂磨和球磨等。试验证实，球磨较其他研磨方式的效果要好，特别是针对以有机硅和硅酸钠等为成膜物的耐温涂料，通常是采用球磨研磨为佳。

三、耐高温隔热保温涂料

顾名思义，该类涂料有两方面的重要性能，一是耐高温，二是隔热。这种涂料主要用于高温环境并要求具有隔热效果的设备、仪器等，如航空发动机叶片、发动机外壳、导弹弹头、弹体过渡段、喷管和其他局部防热部位。

（一）国内外研究现状

1. 国外研究现状

(1) 俄罗斯　俄罗斯研制的隔热材料具有密度小、质轻、热导率低、不着火等优点，与基材有良好的相容性和较高的附着力，主要用于导弹弹头、弹体过渡段、喷管和其他局部防热部位。这种轻质隔热材料是利用氯化硫酸聚乙烯作为基体，并加入不同填料，如氧化硅和不同的轻质空心小球，如玻璃空心小球、酚醛空心小球、碳空心小球、丙烯酸酯空心小球，ω-SiO_2 和 Ni-酚醛复合空心小球等，以 80∶20 的比例混合，加入固化剂和活性剂后在 50～60℃下固化，得到密度 $\rho<1.0g/cm^3$ 的轻质隔热涂料，可使工作温度提高到 600℃（表 3-9-27）。

表 3-9-27 俄罗斯的几种中、轻质隔热材料性能

性能 \ 品种	1#	2#	3#	4#
密度/(g/cm³)	0.20～0.24	0.30～0.40	0.50～0.60	0.45～0.60
热导率/[W/(m·K)]	0.04～0.06	0.06～0.08	0.10～0.15	0.08～0.10
比热容/[kJ/(kg·K)]	1.30～0.80	1.50～1.80	1.10～1.50	1.50～2.0
拉伸强度/MPa	>0.4	>0.5	>1.4	>1.3
伸长率/%	>5	>5	>8	>120

(2) 美国、法国和日本等国　20 世纪 80 年代美国空军火箭推进研究所研制出“低价格隔热材料”，价格在 25 美元/加仑左右，用于“民兵”发射并整修以及要求进行有效防护的发射装置。美国陆军战略防御司令部的 Sayles D.C. 博士认为：用软木或二氧化硅作填料的酚醛树脂、环氧树脂、聚四氟乙烯、环氧聚氨酯材料是发动机壳体常用的外防热材料，代表了 80 年代末到 90 年代初的技术水平；代表未来技术水平的发动机外防热材料是聚二甲基硅氧烷。因为外部环境温度在－148.9～287.8℃范围内，只有聚二甲基硅氧烷材料几乎是完全稳定的。

法国宇航公司已经开发出多种防热材料体系，其中一种是由硅树脂和中空二氧化硅颗粒制成，密度 ρ=0.6g/cm³，热导率 λ=0.1～0.145W/(m·K)，可用喷枪喷涂，用于 Huygens 航天探测器中。

日本三菱重工发明了由环氧树脂、空心 SiO_2 微球、无机纤维等制成的卫星搭载体、推进器外隔热防护层。日本宇宙开发事业团先后采用酚醛环氧树脂加空心微球（SiO_2 微球、酚醛微球）及聚硅氧烷加空心微球制成适于火箭导弹流线型外壳的热防护层。

2. 国内研究现状

我国这方面的研究起步较晚，而且研究多集中于环氧树脂/空心微珠混合体系。

胡金锁等研制的隔热材料是以环氧树脂为基体，石棉、硅藻土、氧相二氧化硅等为填料，用于星平台和弱载电子设备的隔热防护，效果很好。

卢嘉德等以中空玻璃珠为隔热填料、芳纶短纤维为增强材料，氯磺化聚乙烯橡胶为基体研制的外防护涂料的密度为 0.65g/cm³，热导率为 0.125W/(m·K)，其隔热性和工艺性良好。

牛国良研制出以聚氨酯/环氧树脂为基体、中空玻璃微珠为填料的隔热材料，其综合性能和工艺性能良好，用于固体火箭发动机壳体的外隔热防护。

何敏采用紫外光固化技术对有机硅改性环氧丙烯酸酯体系进行快速紫外固化，然后加入中空玻璃微球，制备的隔热材料具有较低的热导率［0.252W/(m·K)］和较低的密度，而且对基材的附着力和韧性良好，主要用于发动机壳体的热防护。

（二）组成

耐高温隔热涂料根据所用成膜物和成膜方式的不同，可以分为有机耐高温隔热涂料、无机耐高温隔热涂料和陶瓷涂料三大类。有机耐高温隔热涂料的耐高温性能有限，但是具有制备和应用简单方便，易清洗、修复，成本低等优点；而无机耐高温隔热涂料和陶瓷涂料的耐高温性能远远高于有机涂料，但是其工艺较复杂，需高温固化成膜，不易清洗，成本相对较高。所以，应根据具体不同应用条件，而采用相应的涂料类型，以更好地适应使用要求。

陶瓷涂料已经不属于传统意义上的涂料，不在此涉及。在这里只讨论有机耐高温隔热涂料和无机耐高温隔热涂料的组成及特性。

1. 成膜物

耐高温隔热涂料由成膜物、填料以及溶剂、助剂组成。

成膜物可分为有机和无机成膜物，有关内容已在本章前节中介绍，这里不再赘述。

有机成膜物主要考察其耐热性能，常用的有聚氨酯树脂、环氧树脂、酚醛树脂、聚酰亚胺树脂、有机硅树脂及聚二甲基硅氧烷、聚砜树脂、聚苯树脂及杂环树脂、橡胶等，以及各种改性树脂，如环氧改性有机硅树脂、酚醛环氧树脂、乙烯基环氧酚醛树脂等，各种树脂的耐温性能有差异，应根据实际情况选用。一般纯有机树脂的耐温低于300℃，配以耐温填料有机涂料可达到700℃，甚至更高。

无机成膜物有碱金属硅酸盐、磷酸盐、钠铝硅酸盐和锂酸盐等，耐温性能可达到1000℃以上，使用时着重考虑其力学性能。

2. 填料

填料是隔热保温涂料的主要组成部分，选择适当的填料作为隔热材料，是实现涂料隔热性能的主要手段。

根据涂料性能要求，隔热填料应具有密度和热导率小、热稳定性能好等特点，所以填料的性能起到决定性的影响。一般认为，在同样的条件下，隔热材料的单位面积质量与材料的$\rho\lambda C_p$值成正比（其中ρ为材料密度，λ为材料的热导率，C_p为材料的比热容）。由于各种隔热材料随温度变化比热容C_p变化不大，因此材料的隔热性能主要取决于填料的热导率λ和密度ρ。热导率越低和密度越小，材料隔热性能越好。

另外，材料的隔热性能还取决于材料的结构状态和空隙率。非金属无机材料的结构状态有晶体结构、微晶结构和玻璃态结构。结构状态不同的材料，其热导率差别很大。由于空气的热导率比一般固体物质小得多，所以选用多孔性材料可以大大降低热导率。由此可见，通过改变材料结构状态和增加材料空隙率的方法，不仅可以大大降低材料的热导率，减少材料的容量，而且可以明显提高材料的隔热性能，已有的研究结果也证明了这一结论。

(1) 低热导率填料　不同填料热导率差别很大，部分常用填料的热导率见表3-9-28。

表 3-9-28　部分常用填料的热导率

热导率范围/[W/(m·K)]	填料(热导率/[W/(m·K)])
低于10	芳纶纤维(0.04～0.05),碳酸钙(2.4～3),陶瓷球(0.23),玻璃纤维(1),氧化镁(8～32),气相二氧化硅(0.015),二硫化钼(0.13～0.19),PAN基碳纤维(9～100),熔凝二氧化硅(1.1),砂(7.2～13.6),滑石粉(0.02),二氧化钛(0.065),蛭石粉(0.062～0.065)
10～29	氧化铝(20.5～29.3),沥青基碳纤维(25～100)
100～199	石墨(110～190),镍(158)
高于200	铝片和铝粉(204),氧化铋(250),氮化硼(250～300),铜(483),金(345),银(450)

由表3-9-28可以看出，适用于隔热涂料的填料在第一行，同时，根据实际应用经验，填料的密度越小、其热导率也相应越小，这里密度是堆积密度而非填料的真实密度，这样更为准确，也是因为填料的形态同样是热导率的影响因素，一般认为同一种填料粒径越小、热导率越低。

(2) 空心结构填料　空心结构填料是近年来新兴的隔热材料，因为其特殊的球形空心结构，具有低热导率、低密度、低吸油量、易分散、流动性好、稳定性好的优点，是目前首选的隔热填料。主要有空心玻璃微珠、空心陶瓷微珠、空心SiO_2微珠、中空酚醛微球、碳空心微球、丙烯酸酯空心微球以及空心纤维粉等。中科院化学所研制的空心酚醛微球应用于我国航天飞船上已获得成功。

空心玻璃微珠和空心陶瓷微珠的性质见表 3-9-29。

表 3-9-29 空心玻璃微珠和空心陶瓷微珠的性质

名称	主要组成	堆积密度/(g/cm³)	热导率/[W/(m·K)]	吸油量/(g/cm³)
玻璃微珠	SiO_2 和 Al_2O_3	0.06～0.18	0.07～0.12	0.4～0.5
陶瓷微珠		0.3～0.5	0.058～0.1	0.4～0.5

试验中发现，由于其密度低，很容易上浮。为了解决这问题，一是采用密度较大的空心陶瓷微珠部分代替，二是选用合适偶联剂进行表面预处理，两种方法结合，可得到满意的效果。球状填料比片状、针状或不规则形状的填料更具有较好的流动性，由于圆球状的物体是各向同性的，在干燥成膜过程中，不会产生因取向造成不同部位收缩率不一致的弊病。

(3) 纤维类填料　芳纶纤维等具有很低的热导率［0.04～0.05W/(m·K)］，特别是空心纤维其热导率更低，是非常好的低热导率隔热材料，应用非常广泛。但用于涂料体系中，导致涂料体系黏度急剧增大，混料和施工比较困难，使用中应该注意这一问题，纤维在模压和浇注成型材料中应用较多。主要有有机纤维和无机纤维，性能良好。

(4) 新型隔热填料　随着技术的发展和环保要求的提高，传统有机溶剂型涂料，逐步向无机化方向发展。前面提及的陶瓷涂料不属于传统意义上的涂料，但并无绝对的界限。如有机硅耐高温涂料，在经过高温固化或者高温处理（600℃以上）后，由于其特有的“二次成膜”机理的作用，涂料已经具有类似于无机或者陶瓷涂料的特征和性能，呈现出一种亚状态。涂料的耐温性能和隔热性能要求不断提高，纯粹意义上的有机涂料已经很难满足技术发展的要求，向无机化过渡势在必行。将性能优良的陶瓷粉成功应用于涂料技术中，即可以避免陶瓷涂料工艺复杂、成本高的缺陷，是很好的发展方向。

目前，陶瓷粉的研究开发主要集中在稀土锆酸盐。Vassen 等合成了 $SrZrO_3$、$BaZrO_3$ 和 $La_2Zr_2O_7$ 三种陶瓷粉，并对其热物理性能进行了研究，结果表面在 1200℃下，$La_2Zr_2O_7$ 表现出优异的热稳定性、抗热振性和低热导率；Maloney 等人采用固相法合成了 $Gd_2Zr_2O_7$、$Sm_2Zr_2O_7$ 和 $Nd_2Zr_2O_7$ 等稀土锆酸盐，并测定了其热物理性能；Xu Qiang 等人采用固相法在 1600℃下合成了 $Dy_2Zr_2O_7$ 陶瓷粉，对其热导率和热膨胀系数进行了研究；周宏明等人采用共沉积-煅烧法制备了 $Dy_2Zr_2O_7$ 陶瓷粉，该方法优于固相法，成本低、质量稳定。

以氧化铈和氧化钇复合稳定的氧化锆空心球形喷涂粉末，具有向心度高、性能稳定、杂质含量低、不吸潮等优点，该粉体材料属国内首创，其性能指标达到 20 世纪 90 年代初的国际先进水平。

由清华大学等单位共同研制的复合稀土铅酸盐低导热隔热的陶瓷涂料材料，获得成功应用，将其喷涂于部件表面可形成一层耐高温的低导热材料，能在 1200℃以上长时间使用，可广泛用于航天航空等高端领域。

3. 微孔隔热涂料技术

涂料制备是涂料应用中非常关键的技术之一。针对隔热保温涂料而言，在组成确定以后，由于其物性是确定的，所以涂料隔热性能取决于各成分综合效果。随着纳米隔热理论的出现，传统的隔热理论受到挑战，根据最新隔热机理，在理论上讲，涂料材料的热导率可以低于静止空气的热导率［0.023W/(m·K)］，甚至可以趋近于 0。这对隔热保温涂料技术提出了新的挑战和发展机遇。

实现该目的主要有两个方面的技术支撑。

① 纳米级空心结构的填料，孔径在50nm以下，主要有空心微珠和空心纤维，粒径分布窄，微孔结构封闭，性能稳定。

② 涂料微发泡技术，形成无穷多的纳米级、封闭发泡结构。关键是发泡剂在涂料中的分散状态，液体发泡剂应该呈分子级分散；固体发泡剂颗粒粒径应该在10nm以下，甚至更小。另外，发泡条件也是至关重要的，是有效、均匀地形成孤立、封闭微孔的重要保证条件。

四、小结

第一，要克服发展的瓶颈——有机成膜物树脂的高性能化。具有非常优异性能的有机树脂的开发已初见端倪，但因合成技术尚需进一步成熟，尚需降低成本，才可进入实际应用。随着技术发展，这一限制一定终将会得到解决。

第二，以纳米材料为代表的新型隔热材料的不断开发和应用，将会进一步提高涂料隔热保温性能。

第三，多种隔热机理结合于一种隔热保温涂料中，各自的特点发挥到极致，优势互补，使得涂料隔热保温效果更为显著。

第四，多微孔涂料因其卓越的隔热性能，将是今后研究的一个重要方向，但是目前仍处于理论认识的阶段，缺乏实际应用验证。国家如加强这方面的研发，使理论的认识成为现实，那将是隔热技术发展的飞跃。

参 考 文 献

[1] 何莿等. 航空涂料与涂装技术. 北京：化学工业出版社，2001：1-83.
[2] 战凤昌，李悦良等编. 专用涂料. 北京：化学工业出版社，1996：1-41.
[3] 稀代收業. 航空用涂料の现状とその機能. 涂装工学. 1992，27（2）：19-27.
[4] 10p20-44 High solids Epoxy Primers. Akzo Nobel Aerospace Coatings datasheet，2006.
[5] 张兴华. 水基涂料. 北京：中国轻工业出版社，1999.
[6] Advanced Coating Systems for Air Force Aircraft. Boing A&M Environmental Technotes，2002，2（7）.
[7] Gordon Bierwagen. Next Generation of Aircraft Coatings Systems. Journal of Coatings Technology，2001，73（915）：45-52.
[8] 周兴保. 航空涂料的种类与要求. 化工新型材料，1997，（9）：26-28.
[9] 郑亚萍. 国内外飞机雷达罩耐雨蚀涂料. 化工新型材料，1997，（12）：15-16，6.
[10] 王德中. 环氧树脂生产及应用. 第2版. 北京：化学工业出版社，2001.
[11] 刘国杰，耿耀宗编著. 涂料应用科学与工艺学. 北京：中国轻工业出版社，1994. 219-226，248-262.
[12] 张海信，王海荣，宫密芳. 氟碳飞机蒙皮涂料的研制. 化学推进剂与高分子材料，2004，（2）：37-38.
[13] Samal K S. A Review of Liquid Crastalling Polymers. Paintindia，1995，65（11）：19-24.
[14] 刘国杰. 现代涂料工艺新技术. 北京：中国轻工业出版社，2000：136-165.
[15] Nishant，Prabhu & Sunil Kulkarni. Liquid Crystalline Polymers for Surface Coating. Paintindia，2001，（5）：41-48.
[16] 苏慈生. 展望液晶聚合物在涂料中应用. 现代涂料与涂装，2002，（1）.
[17] 刘娅莉等. 无机纳米粒子在涂料中应用及其进展. 现代涂料与涂装，2002，（1）.
[18] 刘国杰. 赴德国、美国考察有关涂料技术的收获. 中国涂料，1997，（1）：42-48.
[19] 高南，华家栋，俞善庆等. 特种涂料. 上海：上海科技出版社，1984.
[20] 刘国杰. 特种功能性涂料. 北京：化学工业出版社，2002.
[21] 肖军，李铁虎，陈建敏等. 机载武器抗烧蚀防护涂层的研究. 材料保护，2003，（6）：34-37.
[22] 邹德荣. 烧蚀涂料用填料研究. 上海涂料，2001，（1）：3-5.
[23] 王晓洁，梁国正，张炜. 低密度高弹性隔热复合材料研制. 功能材料，2004，（35）：1741-1744.

[24] 赵英民，刘瑾. 高效防热隔热涂层应用研究. 宇航材料工艺，2001，(3)：41-44.
[25] 郭正. 宇航复合材料. 北京：宇航出版社，1999：144-145.
[26] 慧雪梅，王晓洁，张炜. 树脂基低密度隔热材料的研究进展. 材料导报，2003，(9)：233-234.
[27] ZHENG Tianliang，ZOU Jingcheng，YU Bo. Study on Low Density and Heat-resistant Ablative Coating. Chinese Journal of Aeronautics，2005，(4)：372-377.
[28] 王永康，王伟民，顾小红等. 耐烧蚀梯度涂层材料的研究. 兵器材料科学与工程，1994，(4)：7-11.
[29] 徐宇. 国外固液发动机喷管用烧蚀材料试验研究. 飞航导弹，2002，(10)：60-62.
[30] 易法军，梁军. 防热复合材料的烧蚀机理与模型研究. 2000，4：48-56.
[31] 阎联生，姚冬梅. 新型耐烧蚀材料研究. 宇航材料工艺，2002，2：29-31.
[32] 张衍，王井岗. 新型高残碳酚醛树脂的性能研究. 宇航材料工艺，2003，5：35-39.
[33] 秦凯，王钧. 聚有机硅氧烷基耐烧蚀材料的研究. 国外建材科技，2005，3：6-7.
[34] 张多太. 环氧隔热耐烧蚀涂料及酚醛树脂烧蚀现象. 涂料工业，1999，12：11-14.
[35] 华增功. 固体发动机烧蚀防热涂层的研究. 推进技术，1992，3：47-52.
[36] 李光亮. 有机硅高分子化学. 北京：科学出版社，1999.
[37] 冯圣玉，张洁，李美江等. 有机硅高分子及其应用. 北京：化学工业出版社，2004.
[38] 马宏，马永强等. 烧蚀隔热涂层的研制. 宇航材料与工艺，2008，(5)：31-35.
[39] 李桂林. 有机聚合物烧蚀隔热性的研究. 涂料工业，1998，(3)：3-5.
[40] 程斌，于运花，黄玉强. 填料手册. 第2版，北京：中国石化出版社，2003.
[41] 徐晓楠，周政懋. 防火涂料. 北京：化学工业出版社，2004.
[42] GJB 323A—1996，烧蚀材料烧蚀实验方法.
[43] 马宏，孟军锋等. 高空间稳定性、低污染和防静电的空间有机热控涂层. 现代涂料与涂装，2005，(1)：11-13.
[44] 马宏，刘文新，孟军锋等. 高性能太阳热反射隔热涂层的研制. 现代涂料与涂装，2006，(7)：55-56.
[45] 周宏明，易丹青. 热障涂层用 $Dy_2Zr_2O_7$ 陶瓷粉末制备及其热物理性能研究. 航空材料学报，2008，(1)：65-69.
[46] DAVID R C，SIMON R P. Thermal barrier coating material. Materials Today，2005，(6)：22-29.
[47] Limarga A M，Widjaja S，Tick H Y. Mechanical properties and oxidation resistance of plasma sprayed multilayered Al_2O_3/ZrO_2 thermal barrier coatings. Surf Coat Techn，2005，197：93.
[48] 代辉，李佳艳，曹学强等. 一种热障涂层材料. 中国，1613920. 2005.
[49] Cao X Q，Vassen R，Stoever D. Ceramic materials for thermal barrier coatings. J Eur Ceram Soc，2004，24：1.
[50] Mommer N，Lee T，Gardner J A. Stability of monoc and tetra zirconia at low oxygen partial pressure. J Mater Res，2000，15 (2)：377.
[51] 邓世均著. 高性能陶瓷涂层. 北京：化学工业出版社，2003.
[52] Schulz U，Sehmticker M. Mierostrueture of ZrO_2 thermal barrier coatings applied by EB-PVD. Mater Sci Eng，2000，A276：1.
[53] 王利强，宋向阳等. 热障涂层研究状况及进展. 新技术新工艺，2002，(3)：33-35.
[54] 刘国杰主编. 纳米材料改性涂料. 北京：化学工业出版社. 2008：343，351.

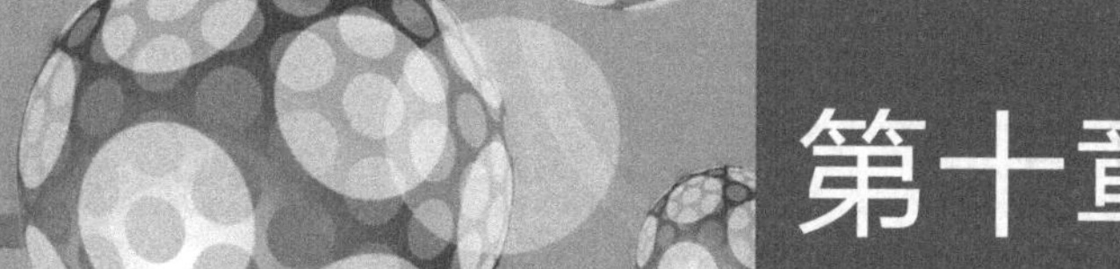

第十章 机床涂料与涂装

第一节 概述

金属切削机床、锻造机械、铸造机械、木工机械、纺织机械、印刷机械、重型机械等，其部件大多是铸铁件或铸钢件，它们的生产工艺基本类似，故其涂装工艺也基本类似。

一、涂装的作用

1. 防护作用

金属切削机床等机械产品的非机械加工面，为避免其在贮运过程和使用过程中受到锈蚀与损伤，通常采用涂漆来防护，以达到延长使用寿命的目的。

2. 装饰作用

选择合理的涂料、美观大方的色彩，将金属切削机床等机械装饰起来。其目的：

① 美观大方的色彩可以减少操作者的视力疲劳，以利提高劳动效率；

② 美观大方的装饰效果是提高产品竞争能力，扩大销售的重要条件；

③ 美观大方的外观能激发操作者的爱惜意识，从而可以延长机械产品使用期限。

二、机床涂装作业特点

金属切削机床等机械的涂装作业具有如下特点。

① 金属切削机床等机械产品，由于品种、型号、规格较多，外形各异，使其涂装作业具有多品种、小批量的特点，因此难以像汽车涂漆那样采用自动涂装生产线。一般来说，这些机械产品的涂装以手工作业为主。在一些大型企业中，对于某些规格型号产品的部件，比如防护罩等，由于具有通用性强、外形简单、批量较大等有利条件，采用自动粉末涂装工艺。

② 金属切削机床等机械产品，其部件大多是铸件，鉴于目前我国铸造水平，铸件表面平整度较差，为提高产品的装饰质量，较多地使用各种腻子来填平铸件表面的缺陷。因此，腻子的刮涂与打磨在整个产品涂装工作中占有相当大的比重。

③ 金属切削机床等机械产品，其涂装件上的机械加工面都有一定的精度要求，所以，这些部件的涂漆不宜选用烘烤型涂料（如粉末涂料），以免高温引起机械加工部位的热变形而影响产品精度。故这些机械产品一般选用自干型涂料。

④ 金属切削机床等机械产品，由于外形复杂、机身既重又大、运转困难，影响静电喷

漆等一些新涂装技术的采用。

第二节 机床涂装用涂料

机床等机械产品的外观质量主要决定于涂装质量，而涂装质量的关键在于涂料的质量和它的装饰性能。所以正确、合理选择涂料是保证机床涂装质量的重要条件。

一、机床涂装用涂料选用原则

机床等机械产品涂装用材料要根据其生产工艺特点选择。其有下列基本考虑原则。

1. 选用的底漆、腻子、面漆及稀料要配套

涂料配套是保证涂装质量的重要条件，如果不配套，容易使漆膜发生剥落、开裂、咬起等弊病。配套有“同性配套”与“异性配套”之分。

所谓“同性配套”就是所用的底漆、腻子、面漆等材料，它们所含的树脂、溶剂相同。层与层之间融合性好，和底漆、腻子、面漆构成一个整体。如机床采用过氯乙烯底漆、过氯乙烯腻子、过氯乙烯磁漆，这些材料所含的主要树脂为过氯乙烯树脂，溶剂为过氯乙烯稀料。

所谓“异性配套”就是漆层采用不同的涂料，尽管它们所含的主要树脂不同，但它们之间亲和性好，结合在一起形成良好的附着力，形成的漆膜不至于咬起、揭皮、剥落、开裂等。如在磷化底漆上喷过氯乙烯底漆，在过氯乙烯腻子上喷聚氨酯磁漆等。虽然它们的主要树脂不同，但它们互相亲和，结合在一起不致发生咬起、揭皮、开裂等弊病。

2. 要选用常温自干型或常温固化型涂料

机床等机械产品，其涂漆件上的机械加工面有一定的精度要求。由于在高温条件下会使部件产生热变形而影响机加工的精度，所以，这些机械，特别是精度要求高的机械产品，其涂装用材料一般要选用常温自干型或常温固化型涂料。

常用的常温自干型涂料有过氯乙烯漆、丙烯酸改性漆、聚氨酯漆等。常用的常温固化型涂料有原子灰、环氧漆等。

由于机床等机械产品的生产周期的不均衡性，要求漆膜干燥时间要快，根据 ZBJ 50012《机床涂料技术条件》的规定，选用的底漆、面漆表干不超过 0.5h，实干不大于 2h，腻子实干不大于 4h。

3. 所用涂料要具有优异的防护性能

机床等机械产品，一般需 6～7 年时间才进行大修，所以要求涂装这些机械的涂料的防护性能要耐 6～7 年，方可适应。

湿热是造成机床等机械涂层破坏的气候因素，所以选用的涂料要有良好的耐湿热性能。

机床等机械产品在加工部件或零件时，免不了在漆膜上沾上润滑油或金属切削加工液，所以选用的涂料要能耐机械润滑油与金属切削加工液的侵蚀作用。

4. 所用面漆要有良好的外观装饰性能

装饰性能好坏直接影响机床等机械产品的外观质量。

装饰性能好坏主要表现在漆膜光泽(平光漆)、花纹均匀性(美术漆)、丰满度、色彩格调等方面。

根据 ZBJ 50012《机床涂装技术条件》规定：采用平光漆涂装的中、小机床面漆光泽，出口的要大于 85%，内销的要大于 75%；而采用平光漆涂装的大、重型机床面漆光泽，出口的要大于 80%，内销的要大于 70%。

5. 更换涂料要先试验后采用

凡需采用新涂料或更换涂料品种时，必须用新涂料做成与产品涂层相同的涂层试片，按 ZBJ 50012《机床涂装技术条件》规定，进行耐湿热、耐盐雾、耐机油与耐切削液试验和自然暴露试验，各项性能指标达到要求后方可采用。

二、机床涂装常用涂料

现将机床涂装常用的涂料品种介绍如下。

(一) 底漆

机床涂装常用的底漆有锌黄、铁红过氯乙烯底漆与磷化底漆，为提高涂层的附着力近来又开发出双组分固化型的环氧、丙烯酸铁红底漆等，虽未普及但得到越来越多的应用。其品种、性能等见表 3-10-1。各底漆的技术指标见表 3-10-2～表 3-10-5。

表 3-10-1　机床涂装用底漆品种与性能

名称	G06-3 锌黄过氯乙烯底漆	G06-4 锌黄、铁红过氯乙烯底漆	G06-5 过氯乙烯二道底漆	X06-1 磷化底漆
组　成	由过氯乙烯树脂、氯化橡胶、颜料、增韧剂及溶剂组成	由过氯乙烯树脂、醇酸树脂、颜料、增韧剂及溶剂组成	由过氯乙烯树脂、醇酸树脂、颜料、增韧剂、体质颜料及混合溶剂组成	由聚乙烯醇缩丁醛树脂防锈颜料、乙醇、丁醇混合溶剂调成组分Ⅰ，与组分Ⅱ(磷化液)混合使用
性能	对钢、铝合金、镁合金有较好的附着力	具有一定的防锈性及耐化学性能，但附着力稍差，≤2 级	漆膜干燥快，填孔性好，有一定机械强度	能增强涂层与金属的附着力，防止金属锈蚀
用途	用于打底漆	用于打底漆	用于填孔补隙	用于有色与黑色金属底层防锈涂料
配套稀料	X-3 过氯乙烯漆稀释剂			组分Ⅰ∶组分Ⅱ = 4∶1
配套性	可与各种过氯乙烯漆及改性过氯乙烯漆、过氯乙烯腻子、磷化底漆及聚氨酯漆等配套			可与环氧、过氯乙烯、醇酸等多种底漆配套
施工要求	1. 可喷涂，也可刷涂。 2. 在相对湿度大于 70% 场合下施工，需加入 F-2 过氯乙烯防潮剂			可喷涂，也可刷涂

表 3-10-2　G06-3 锌黄过氯乙烯底漆

技术要求名称		指标
漆膜外观及颜色		黄色，色调不定，漆膜平整，无显著粗粒
黏度(涂-4 黏度计)/s		50～80
固体含量/%	≥	39
干燥时间/h	≤	
表干		0.5
实干		2
柔韧性/mm		1
冲击强度/N·cm		500

续表

技术要求名称	指标
附着力/级	1
耐湿热(40℃±2℃,相对湿度95%以上)/d	21
耐盐雾(40℃±2℃,3%氯化钠水溶液)/d	21
耐人工海水(25℃,3%氯化钠水溶液浸渍)/d	21
耐蒸馏水/d	21
质量标准	Q/GHTB 47—91

表 3-10-3 G06-4 锌黄、铁红过氯乙烯底漆

技术要求名称		指标
漆膜外观及颜色		锌黄、铁红色调不定,漆膜平整无粗粒
黏度(涂-4黏度计)/s		60～140
固体含量/%	≥	
锌黄		40
铁红		45
干燥时间/min	≤	
实干		
柔韧性/mm		60
附着力/级别	≤	1
耐盐水性		2
锌黄(浸48h)		不起泡、不生锈,允许轻微变色
铁红(浸24h)		不起泡、不生锈,允许轻微变色
复合涂层耐酸性(浸30d)		不起泡、不脱落
复合涂层耐碱性(浸20d)		不起泡、不脱落
质量标准		ZBG 51065—87

表 3-10-4 G06-5 过氯乙烯二道底漆

技术要求名称		指标					
漆膜颜色及外观		色调不定,无显著粗粒					
黏度(涂-4黏度计)/s		115～250	60～160	40～140	70～150	≥60	40～120
固体含量/%	≥		41	42			
干燥时间/min	≤						
表干		30	20			30	
实干		180	60	60	120	120	120
冲击强度/N·cm	≥	400	400	—	300	500	300
硬度	≥	—	—	0.4	—	—	—
附着力/级	≤	3	3	2	3	2	2
柔韧性/mm	≤	3	—	3	1	1	—
耐油性(32#机械油)/h		24	—	—	—	—	—
质量标准		G/H12-117—91	Q/GHTB-48—91	Q/HJ 1.28—91	滇QKY 038—90	QJ/DW 02G 08—90	QB/ZQBJ 005—90
产地		北京	上海	杭州	昆明	大连	郑州

表 3-10-5　X06-1 磷化底漆

技术要求名称	指标
原液颜色与外观	黄色半透明黏稠液体(Ⅰ) 无色至微黄透明液体(Ⅱ)
漆膜外观	黄绿色半透明
黏度(涂-4 黏度计)/s	30～70
干燥时间(实干)/min　≤	30
柔韧性/mm	1
冲击强度/N·cm	500
耐盐水性(3h)	无锈蚀
附着力/级	1
磷化液(Ⅱ)含磷酸/%	15～16

(二) 腻子

机床涂装常用的腻子有过氯乙烯腻子、原子灰等。其品种、性能等见表 3-10-6。各种腻子的技术指标见表 3-10-7～表 3-10-11。

表 3-10-6　机床涂装用腻子品种与性能

名　称	G07-3 各色过氯乙烯腻子	G07-4 过氯乙烯腻子	G07-5 各色过氯乙烯腻子
组　成	由过氯乙烯树脂、改性醇酸树脂、颜料、助剂及溶剂组成	由过氯乙烯树脂、颜料、填料、增塑剂及溶剂组成	由过氯乙烯树脂、颜料、助剂、溶剂等组成
性　能	快干、坚硬、附着力好、易打磨并有良好的耐水性与耐油性	干燥快、易刮涂、易打磨、附着力好	干燥快、填平性好、易打磨
用　途	用于铸件、钢件表面填平		
配套稀料	X-3 过氯乙烯漆稀释剂		
配套性	可与过氯乙烯底漆、醇酸底漆、硝基底漆与环氧底漆,过氯乙烯漆、酚醛漆、醇酸漆及硝基漆配套使用	可与过氯乙烯底漆、过氯乙烯磁漆及过氯乙烯改性磁漆、聚氨酯磁漆等配套使用	可与过氯乙烯底漆、过氯乙烯磁漆及过氯乙烯改性磁漆、聚氨酯磁漆等配套使用
施工要求	1. 以刮涂为主,但不宜多次重复涂刮。 2. 黏度偏高,可用 X-3 稀料调节至合适黏度	1. 过稠,可用 X-3 稀料调节至合适黏度。 2. 每次刮涂厚度不超过 0.5mm	1. 过稠,可用 X-3 稀料调节至合适黏度。 2. 填嵌时,切忌反复刮涂。 3. 每次刮涂厚度不超过 0.5mm
名　称	G07-6 过氯乙烯头道腻子	G07-6 灰过氯乙烯二道腻子	过氯乙烯补漆腻子
组　成	由过氯乙烯树脂、颜料、增塑剂及溶剂组成	由过氯乙烯树脂、顺丁烯二酸酐树脂、颜料、增塑剂及溶剂组成	由过氯乙烯树脂、干性油、颜料及溶剂组成
性　能	干燥快、易刮涂、附着力好	干燥快、易打磨、附着力好	易打磨、可干磨、可湿磨
用　途	用于增强过氯乙烯二道腻子的附着力	用于金属部件的填平或整平之用	用于填平较大的凹陷
配套稀料	X-3 过氯乙烯漆稀释剂		
配套性	可与铁红过氯乙烯底漆、过氯乙烯二道腻子配套使用	可与过氯乙烯头道腻子、过氯乙烯底漆、醇酸底漆、过氯乙烯面漆、过氯乙烯改性面漆和聚氨酯面漆等配套使用	可与过氯乙烯底漆、醇酸底漆、过氯乙烯面漆、过氯乙烯改性面漆、聚氨酯面漆等配套使用
施工要求	1. 采用刮涂法施工。 2. 过稠可用 X-3 稀料调节至合适黏度。 3. 每次刮涂的厚度不超过 0.3mm	1. 可采用刮涂法施工。 2. 必须刮在涂有头道腻子的层上。 3. 过稠可用 X-3 稀料调节至合适黏度	每次刮涂在 5mm 以下为宜,凹陷较深,可分次刮涂,刮平为止

表 3-10-7 G07-4 过氯乙烯腻子

技术要求名称	指标	
颜色	浅灰色	
固体含量/% ≥	—	77
干燥时间(实干)/h ≤	5~8	
打磨性	易于打磨	良好
涂刮性	不应有卷边现象	—
质量标准	QJ/SYQ 02.0808—89	津 Q/HG 3744 —91
产地	沈阳	天津

表 3-10-8 G07-5 各色过氯乙烯腻子

技术要求名称	指标			
腻子膜颜色和外观	色调不定,平整光滑无粗粒			
涂层干后外观	—	—	—	不起泡、不裂纹
固体含量/% ≥	80	80	80	—
干燥时间(实干)/h ≤	3	3	3	5
柔韧性/mm	1	—	—	—
涂刮性	能自由涂刮不回卷			
耐热性(65~70℃)/h	3	—	6	—
打磨性	易打磨不粘砂纸	—	—	—
耐油性(浸于 32# 机械油)/h	—	24	24	—
质量标准	Q/JZQ 071—90	Q/3201-NQJ-060—91	赣 Q/OH104—80	XQ/G-51-0138—90
产地	金华	南京	江西	西安

表 3-10-9 G07-6 过氯乙烯头道腻子

技术要求名称	指标
颜色	灰色
干燥时间/h ≤	3
涂刮性	不应有卷边现象
打磨性	易打磨
质量标准	QJ/SYQ 02.0807—89

表 3-10-10 G07-7 灰过氯乙烯二道腻子

技术要求名称	指标	
腻子膜颜色及外观	灰色,色调不定,无显著粗粒	
固体含量/% ≥	70	70
干燥时间(实干)/h ≥	3	2.5
柔韧性/mm	1	—
耐热性(68℃±2℃自干)/h	3	6
打磨性	打磨后,漆膜平整,无未研细之颜料或其他杂质	
涂刮性	涂刮时不回卷	
质量标准	重 QCYQ G51156—91	QJ/DQ02. G10—90
产地	重庆	大连

表 3-10-11　机床用原子灰技术指标

技术要求名称	指　　标
在容器中的状态	主剂：表面无结皮，搅拌时应色泽一致，无杂质异物，无沉底和搅不开的结块。 固化剂：有一定黏度不致流淌，色泽均匀一致，不分层，不结块
混合性	应该容易均匀混合
适用期	混合均匀后，能使用时间应可调在 25℃±1℃时为 15～40min
涂刮性	易涂刮，不卷边
干燥时间	25℃±1℃在 4h 以内
涂膜外观	表面平整，收缩小，孔、纹路、气泡不明显，无肉眼可见裂纹
打磨性	可以打磨
耐冲击性	3.92N·m(40kgf·cm)
对上下涂层的配套性	与标准样板比较，无明显差异，并应有良好的结合力
贮存稳定性	根据地区要求选择使用，贮存有效期应不低于 0.5 年
稠度(指主剂)	11～13cm

原子灰是由不饱和聚酯树脂、颜料、体质颜料加入多种助剂经混合研磨而成的双组分腻子。

原子灰涂层主要具有以下几个方面的特点。

① 干燥快，可缩短施工周期。

原子灰一次可涂刮任意厚度，都能迅速干燥。特别是对表面缺陷大的铸件，可大大地缩短涂装施工周期。

② 收缩性小，利于漆层表面平整。

我们通常使用的过氯乙烯腻子，其溶剂挥发率都在 20%以上，收缩性大，因此漆件表面不容易填补平整。而原子灰的主要成分是不饱和聚酯，固体含量高，收缩性小（收缩率在 2%之内），因此填平性好。

③ 涂层牢固，耐油性好。

原子灰涂层附着力强、坚硬、耐油。因此采用原子灰填补缺陷，可使漆层牢固，以避免或减少漆层起泡现象。

④ 可与多种漆种配套，便于选用涂料。

原子灰与过氯乙烯漆、丙烯酸漆、醇酸树脂漆、环氧树脂漆以及硝基漆等涂料，都具有良好的结合力，配套适应性好，便于用户根据本单位需要选用其他配套涂料品种。

（三）面漆

机床涂装常用的面漆有过氯乙烯漆、改性过氯乙烯漆、过氯乙烯锤纹漆、丙烯酸漆及聚氨酯漆等。其品种见表 3-10-12，性能与施工要求见表 3-10-13，其技术指标见表 3-10-14～表 3-10-25。

表 3-10-12　机床涂装用面漆品种

类　　别	品　　种
过氯乙烯漆	G04-12 各色过氯乙烯机床磁漆、过氯乙烯机床内腔漆
改性过氯乙烯漆	G04-18 各色改性过氯乙烯磁漆、改性过氯乙烯机床漆
过氯乙烯锤纹漆	G16-31 过氯乙烯锤纹漆(分装)、G16-32 各色过氯乙烯锤纹漆(分装)
丙烯酸漆	B04-11 各色丙烯酸磁漆、各色丙烯酸硝基磁漆
聚氨酯漆	S04-7 各色聚氨酯磁漆(分装)

表 3-10-13 机床涂装用面漆性能与施工要求

品种	G04-12 各色过氯乙烯机床磁漆	过氯乙烯机床内腔漆	G04-18 各色改性过氯乙烯磁漆
组成	由过氯乙烯树脂、醇酸树脂、颜料、增韧剂及溶剂组成	由过氯乙烯树脂、醇酸树脂、失水苹果酸酐树脂、颜料、增韧剂、溶剂等组成	由过氯乙烯树脂、醇酸树脂、颜料、增塑剂等组成Ⅱ组分，与Ⅰ组分异氰酸酯聚合物混合后使用
性能	干燥快、光亮，耐候性比硝基漆好，耐机油性良好	干燥快、遮盖力强、耐机油性能良好，用于机床内腔涂装	漆膜比一般过氯乙烯漆坚硬，光泽丰满、附着力强
配套稀料	X-3 过氯乙烯漆稀释剂		
配套性	可与过氯乙烯底漆、醇酸底漆、过氯乙烯腻子、醇酸腻子配套使用	可与 G06-4 铁红过氯乙烯底漆配套使用	可与过氯乙烯底漆、过氯乙烯腻子和醇酸底漆、醇酸腻子配套使用
施工要求	1. 喷涂施工。 2. 用过氯乙烯稀料调整到施工黏度 15～25s，进行喷涂	1. 以喷涂为主，也可刷涂。 2. 用 X-3 稀释剂调整到施工黏度 15～25s，进行喷涂	1. 喷涂施工。 2. Ⅰ组与Ⅱ组，以 1∶3 质量比例配制，搅拌均匀后施工。 3. 施工黏度：14～16s。 4. 配漆及施工过程，需禁与水、酸、碱、醇类接触
品种	改性过氯乙烯机床漆	G16-31 过氯乙烯锤纹漆(分装)	G16-32 各色过氯乙烯锤纹漆(分装)
组成	由过氯乙烯树脂、合成聚氨酯、增韧剂、颜料组成	由过氯乙烯树脂、醇酸树脂、酚醛树脂、增韧剂、溶剂组成。施工时加入 2%非浮型铝粉浆调和均匀使用	由过氯乙烯树脂、松香改性树脂、颜料、增韧剂组成。施工时加入聚氨酯和铝粉调和均匀使用
性能	干燥迅速，外观平整光滑，有较高的光泽，有较好的耐候性与耐化学性	漆膜光亮平滑、干燥较快、花纹清晰	干燥快，耐候性、耐机油性好，锤纹清晰
配套稀料	X-3 过氯乙烯漆稀释剂	X-25 过氯乙烯锤纹漆稀释剂	X-25 过氯乙烯锤纹漆稀释剂
配套性	可与过氯乙烯底漆和过氯乙烯腻子配套使用	可与过氯乙烯底漆、腻子和醇酸底漆、腻子配套使用	可与过氯乙烯底漆、腻子配套使用
施工要求	1. 喷涂施工。 2. 施工现场相对湿度大于 85%以上要加 F-2 防潮剂	1. 喷涂施工。 2. 喷涂层次为两次，施工黏度第二次要比第一次稠一些。 3. 喷枪嘴内径不小于 2.5mm，气压为 0.2～0.3MPa。 4. 要求锤纹花纹在时，喷枪与物件距离近一些。 5. 施工现场相对湿度大于 80%时，要加 F-2 防潮剂	1. 喷涂施工。 2. 配漆比例，过氯乙烯树脂∶聚氨酯∶铝粉 ＝ 9∶1.5∶1。 3. 分两次喷涂，第一层施工黏度为 15～20s，第二次施工黏度为 50s 左右；满喷第一层，待指触干后再喷第二层。 4. 喷涂气压为 0.2～0.3MPa
品种	G04-20 各色丙烯酸过氯乙烯机电磁漆	各色过氯乙烯丙烯酸外用磁漆	各色丙烯酸硝基磁漆
组成	由丙烯酸树脂、过氯乙烯树脂、颜料、增韧剂及溶剂组成	由过氯乙烯树脂、丙烯酸树脂、醇酸树脂、增塑剂、颜料、溶剂组成	由热塑性丙烯酸树脂、硝基棉、醇酸树脂、颜料、溶剂组成
性能	干燥快，漆膜丰满、色彩鲜艳、光亮，保光保色性好，耐机油、耐酸、耐碱	漆膜平整光滑、干燥较快，有良好的保色性能，有优良的耐候性与耐化学性	漆膜光泽高、丰满、保光保色性好、能耐湿热、耐机油、耐切削液
配套稀料	X-3 过氯乙烯漆稀释剂或 BG 稀释剂	X-3 过氯乙烯漆稀释剂	X-5 丙烯酸漆稀释剂
配套性	可与过氯乙烯底漆、腻子和醇酸底漆、腻子配套使用	可与过氯乙烯底漆、腻子配套使用	可与硝基底漆、过氯乙烯底漆、环氧底漆、氨基底漆及腻子配套使用
施工要求	1. 喷涂施工。 2. 使用前要搅匀。 3. 施工黏度 15～23s	1. 喷涂施工。 2. 施工现场相对湿度大于 85%时，要加 F-2 防潮剂。 3. 施工黏度 15～23s。 4. 一般喷涂 3～6 层次	1. 喷涂施工。 2. 施工黏度 15～23s
品种	B04-11 各色丙烯酸磁漆	各色丙烯酸磁漆	S04-7 各色聚氨酯磁漆(分装)
组成	由甲基丙烯酸树脂及其共聚树脂、过氯乙烯树脂、颜料、增韧剂及溶剂组成	由丙烯酸树脂、过氯乙烯树脂、颜料、增韧剂、稳定剂、溶剂组成	由含羟基聚酯树脂、过氯乙烯树脂、颜料、溶剂组成。使用时与 H-3 聚氨酯固化剂按比例配制使用
性能	常温干燥，有较好的保光保色性和三防性能	干燥快、颜色鲜艳、保光保色性好、光泽高、附着力好、耐机油性好	常温固化成膜，有较好的附着力和良好的防腐性、耐机油、耐水
配套稀料	X-5 丙烯酸漆稀释剂	X-3 过氯乙烯漆稀释剂	7001 聚氨酯稀释剂
配套性	可与铁红过氯乙烯底漆、铁红环氧底漆及腻子配套使用	可与过氯乙烯底漆或铁红醇酸底漆及腻子配套使用	可与过氯乙烯底漆及腻子配套使用
施工要求	1. 喷涂施工为主。 2. 施工黏度 14～20s。 3. 使用前要充分搅匀	1. 以喷涂施工为主，也可刷涂、浸涂。 2. 施工黏度 18～22s。 3. 使用前要充分搅匀，不能与其他性质的漆混合使用	1. 可喷涂，也可刷涂与浸涂。 2. 忌用醇类、胺类及含水分的溶剂。 3. 配好的漆要在 6h 内用完。 4. 施工黏度 15～20s

表 3-10-14 G04-12 各色过氯乙烯机床磁漆

技术要求名称	指标					
漆膜颜色及外观	符合标准样板及其色差范围,漆膜平整光滑					
黏度(涂-4 黏度计)/s	25～80	25～80	30～90	40～60	25～80	25～60
固体含量/% ≥		31	31	30	31	31
红色	24					
蓝色	24					
黑色	24					
黄色	31					
白色	31					
遮盖力(干膜计)/(g/m²) ≤		90	65	60	90	70
红色	80					
黄色	90					
蓝色	60					
白色	70					
黑色	20					
硬度 ≥	0.4	0.3	0.4	0.5	0.3	0.4
光泽/% ≥		70	80	90	70	80
红色、黄色、蓝色、白色、黑色	70					
干燥时间/min ≤						
表干	20	20	20	20	20	—
实干	120	180	60	120	180	90
冲击强度/N· cm	500	500	500	500	500	500
柔韧性/mm	1	1	1	1	—	1
附着力/级 ≤	3	3	3	2	3	3
磨光性(打磨后以光泽计)/% ≥		60	—	—	—	60
红色	80					
黄色	65					
蓝色	70					
白色	65					
黑色	80					
耐水性(25℃±1℃蒸馏水)/h	24	—	—	—	—	—
耐油性(浸于 32# 机械油)/h	—	—	24	—	12	—
耐冷却液/h	—	—	24	—	—	—
耐切削液/d	—	—	—	7	—	—
质量标准	XQ/G-51-0142—90	重 QCYQ 51147—91	Q(HG)HY 024—91	QJ/DQ 02.G06—90	QB/ZQ BJ004—91	QJ/ZQ 01.08-04—90
产地	西安	重庆	广州	大连	郑州	遵义

表 3-10-15 过氯乙烯机床内腔漆

技术要求名称	指标	技术要求名称	指标
漆膜颜色及外观	符合标准样板及其色差范围,平整光滑	冲击强度/N· cm	500
黏度(涂-4 黏度计)/s	70～150	附着力/级 ≤	3
干燥时间 ≤		固体含量/% ≥	46
表干/min	30	耐油性(32# 机械油)/h	24
实干/h	4		
柔韧性/mm	5	质量标准	Q/H12 121—91

表 3-10-16 G04-18 各色改性过氯乙烯磁漆

技术要求名称	指标	技术要求名称	指标
外观,组分Ⅰ	浅黄色至棕黄色透明液体	硬度 ≥	0.4
组分Ⅱ	各色黏稠液体	遮盖力/(g/m²) ≤	
固体含量(组分Ⅱ)/%	37～41	红色	80
干燥时间(实干)/h ≤	2	黄色	90
光泽/% ≥		蓝色	60
白色	80	白色	70
其他各色	90	黑色	20
柔韧性/mm	1	附着力/级 ≤	2
冲击强度/N·cm	500	质量标准	QJ/SYQ 02.0809—89

表 3-10-17 改性过氯乙烯机床漆

技术要求名称	指标	技术要求名称	指标
颜色及外观	符合标准样板色差范围,漆膜平整光滑	硬度 ≥	0.4
黏度(涂-4 黏度计,25℃)/s	40～60	附着力/级 ≤	2
固体含量/% ≥	32	柔韧性/mm	1
干燥时间 ≤		光泽/% ≥	90
表干/min	20	冲击强度/N·cm	500
实干/h	1.5	质量标准	QJ/SYQ 02.0811—89

表 3-10-18 G16-31 过氯乙烯锤纹漆

技术要求名称	指标					
漆膜颜色及外观	符合标准样板及其色差范围,锤纹均匀、清晰					
黏度(不加铝粉浆,涂-4 黏度计)/s	30	20～50	25～80	30～90	60～120	40～80
固体含量(不加铝粉浆)/% ≥	—	25	—	—	—	25
柔韧性/mm ≤	1	—	2	1	1	—
干燥时间/h						
表干	1	0.5	0.5	0.5	1	0.5
实干	24	2	2	2	24	1
花纹/mm² ≥	—	1	—	—	—	1
冲击强度/N·cm ≥	500	—	300	500	100	—
硬度 ≥	—	—	0.3	0.25	—	—
附着力/级	3	—	2	3	3	—
耐油性(32# 机油)/h	—	—	24	—	—	—
耐冷却液性/h	—	—	24	—	—	—
质量标准	Q/STL 35—91	Q/GHTB-50—91	Q(HG)HY 026—91	Q/H12 118—91	津 Q/HG 3741—91	Q/3201-NQJ-138—91
产地	石家庄	上海	广州	北京	天津	南京

表 3-10-19 G16-32 各色过氯乙烯锤纹漆（分装）

技术要求名称	指标	技术要求名称	指标
颜色及外观	符合标准样板	干燥时间/h ≤	
黏度(涂-4 黏度计)/s ≥	30	表干	1
柔韧性/mm	1	实干	24
附着力/级 ≤	2	质量标准	XQ/G-51-0140—90

表 3-10-20　G04-20 各色丙烯酸过氯乙烯机电磁漆

技术要求名称	指　　标	技术要求名称	指　　标
漆膜颜色及外观	符合标准样板及色差范围，漆膜平整光滑	干燥时间/min　≤	
黏度(涂-4 黏度计)/s	30～90	表干	15
固体含量/%　≥		实干	120
红色、蓝色、黑色	28	硬度　≥	0.4
其他色	33	冲击性/N·cm	500
遮盖力/(g/m²)　≤		附着力/级　≤	2
黑色	30	细度/μm　≤	35
蓝色	120	耐机油性(32# 机械油)/h	24
白色	60	耐切削液/h	72
红色、黄色	80		
光泽/%　≥	90	质量标准	津 Q/HG 3188—91

表 3-10-21　各色过氯乙烯丙烯酸外用磁漆

技术要求名称	指标		
漆膜颜色及外观	符合标准样板及其色差范围，漆膜平整光滑		
附着力/级　≤	2	2	2
黏度(涂-4 黏度计)/s	40～100	25～80	40～80
固体含量/%　≥			
红色、蓝色、黑色	28	28	30
其他各色	33	33	35
遮盖力/(g/m²)　≤			
黑色	30	20	20
深复色	40	30	40
浅复色	50	50	50
白色、正蓝色	60	60	60
红色	80	80	80
黄色	80	90	90
蓝色	120	100	—
干燥时间/min　≤			
表干	15	—	20
实干	120	—	90
硬度　≥	0.4	0.5	0.4
柔韧性/mm	—	1	1
冲击强度/N·cm	500	500	500
光泽/%　≥	90		
黑色		90	90
其他各色		80	80
磨光性/%　≥	—		—
黑色		80	
其他各色		70	
耐水性(25℃±1℃蒸馏水)/h	24	24	24
质量标准	津 Q/HG 3189—91	Q/WST-JC015—90	XQ/G-51-0152—90
产地	天津	武汉	西安

表 3-10-22 各色丙烯酸硝基磁漆

技术要求名称	指标				
漆膜颜色及外观	符合标准样板及其色差范围，平整光滑				
黏度(涂-4 黏度计)/s	55～200	55～200	50～80	50～150	25～150
固体含量/% ≥			38		
浅色	38	38	—	—	—
深色	34	34	—	—	—
红色、蓝色、黑色	—	—	—	34	—
其他色	—	—	—	38	—
轻质	—	—	—	—	34
重质	—	—	—	—	38
干燥时间/min ≤					
表干	10	10	10	10	10
实干	50	50	50	50	60
硬度 ≥	0.55	0.55	0.5	0.6	0.6
柔韧性/mm ≤	2	2	2	1	1
附着力/级 ≤	2	2	2	2	2
冲击强度/N·cm ≥	500	500	500	500	500
光泽/% ≥	80				75
质量标准	Q/3201-NQJ-1112—91 Ⅰ Ⅱ	Q/320500 ZQ26—90	Q/HQB 97—90	Q/WQJ 01.057—91	Q/GHTB 090—91
产地	南京	苏州	哈尔滨	芜湖	上海
黏度(涂-4 黏度计)/s	80～120	55～200			
光泽/% ≥	90				
黑色		85			
其他色		80			
干燥时间/min ≤					
表干	10	10			
实干	100	50			
柔韧性/mm ≤	2	—			
冲击强度/N·cm ≥	400	—			
硬度 ≥	0.45	—			
附着力/级 ≤	2	—			
固体含量/% ≥	35				
红色、黑色、深蓝色、紫红色、蓝色		34			
其他色		38			
遮盖力/(g/m^2) ≤					
黑色		20			
白色		60			
黄色		80			
质量标准	Q(HG)HY 059—92	Q/STL 062—91			
产地	广州	石家庄			

表 3-10-23 B04-11 各色丙烯酸磁漆

技 术 要 求 名 称	指标		
漆膜颜色及外观	符合标准样板及其色差范围，漆膜平整光滑		
黏度(涂-4 黏度计)/s		≥25	60～90
白色	80～160		
其他色	30～160		

续表

技术要求名称	指标		
漆膜颜色及外观	符合标准样板及其色差范围，漆膜平整光滑		
固体含量/% ≥			
铝色	26	31	20
深蓝色、红色、黑色	32	26	
白色	38	31	
其他色	34	31	
干燥时间 ≤			
表干/min	30	20	90
实干/h	2	1.5	24
硬度 ≥	0.5	0.4	0.4
附着力/级 ≤	2	—	—
冲击强度/N·cm ≥	—	500	350
柔韧性/mm ≤	3	1	1
耐水性/h	24	—	24
耐机油/h	24	—	24
遮盖力/(g/m²) ≤	—		—
红色		80	
白色、黄色		90	
蓝色		100	
黑色		20	
浅复色		50	
深复色		40	
质量标准	Q/GHTB-070—91	QJ/DQ02.B01—90	XQ/G-51-0159—90
产地	上海	大连	西安

表 3-10-24　各色丙烯酸磁漆

技术要求名称	指标		
漆膜颜色及外观	符合标准样板及其色差范围，漆膜平整光滑		
黏度(涂-4 黏度计)/s	40～80	40～120	60～90
固体含量/% ≥		36	—
黑色、红色、蓝色	26		
其他各色	31		
细度/μm ≤	—	—	20
光泽/% ≥			90
黑色	90	90	
其他各色	80	80	
附着力/级 ≤	2	2	2
硬度 ≥	0.4	0.4	0.3
柔韧性/mm	1	—	1
冲击强度/N·cm ≥	500	400	500
遮盖力/(g/m²) ≤		—	
白色	60		110
黄色	120		140
绿色	—		55
黑色	20		40
大红色	80		140
浅复色	50		—
深复色	40		—
深蓝色	100		80
干燥时间/min ≤			
表干	20	30	180
实干	90	120	600

续表

技术要求名称	指标		
漆膜颜色及外观	符合标准样板及其色差范围，漆膜平整光滑		
耐水性/h	24	—	24
耐机油(浸 32# 机油中)/h	24	—	25
质量标准	重 QCYQ G51077—89	Q/GHTB-073—91	Q/320500ZQ 27—90
产地	重庆	上海	苏州

表 3-10-25 S04-7 各色聚氨酯磁漆（分装）

技术要求名称		指标
漆膜颜色及外观		符合标准色差样板，漆膜平整光滑
黏度(涂-4 黏度计)/s		40～100
固体含量/%	≥	
红色		35
灰色		45
干燥时间/h	≤	
实干		24
烘干(100℃)		1
硬度	≥	0.4
柔韧性/mm	≤	3
光泽/%	≥	80
附着力/级	≤	2
耐水性/h		24
质量标准		Q/GHTB-108—92
产地		上海等

(四) 辅助材料

1. 稀释剂

机床涂装常用稀释剂有：X-3 过氯乙烯漆稀释剂、X-25 过氯乙烯锤纹漆稀释剂、X-5 丙烯酸漆稀释剂及 7001 聚氨酯漆稀释剂。

(1) X-3 过氯乙烯漆稀释剂

① 配比 (kg/t)

乙酸丁酯	180	二甲苯	100
乙酸乙酯	40	丙酮	200
甲苯	560		

② 主要技术指标　见表 3-10-26。

表 3-10-26 X-3 过氯乙烯漆稀释剂主要技术指标

技术要求名称		指标
颜色/号	≤	1
外观和透明度		清澈透明、无悬浮物
酸值/(mgKOH/g)	≤	0.15
水分		不浑浊
胶凝数/mL	≥	30
白化性		漆膜不应发白及没有无光斑点
质量标准		ZBG 52002—89

③ 施工要点　主要用于过氯乙烯清漆、磁漆、底漆、腻子等，不能混入其他稀释剂，

特别是醇类与汽油等。

(2) X-5 丙烯酸漆稀释剂

① 主要技术指标　见表 3-10-27。

表 3-10-27　X-5 丙烯酸漆稀释剂主要技术指标

技术要求名称	指标						
外观和透明度	清澈透明、无悬浮物、无机械杂质						
颜色/号　≤	1	1	1	1	1	1	1
水分	不浑浊						
酸值/(mgKOH/g)　≤	0.1	0.1	0.1	0.2	—	0.15	—
胶凝数/mL　≥	—	3	2	2	—	2	2
产地	北京	青岛	天津	上海	昆明	石家庄	西安

② 施工要点　主要用于稀释各种丙烯酸漆，不能与不同品种的涂料和稀释剂混合使用。

(3) X-25 过氯乙烯锤纹漆稀释剂

① 配比（kg/t）

酯类	208	苯类	583
酮类	214		

② 主要技术指标　见表 3-10-28。

表 3-10-28　X-25 过氯乙烯锤纹漆稀释剂主要技术指标

技术要求名称	指标		
外观和透明度	清澈透明、无悬浮物		
颜色/号　≤	1	1	1
水分	不浑浊		
胶凝值/mL　≥	40	40	
挥发性/倍		9～18	
产地	北京	重庆	西北

③ 施工要点　该稀释剂为过氯乙烯锤纹漆专用稀料，施工前可分次小量将铝银浆调至均匀，无团粒状物，把调稀的铝银浆加入漆料中，再加入适量的本稀释剂，并搅拌均匀后使用。

(4) 7001 聚氨酯漆稀释剂

① 主要技术指标　见表 3-10-29。

表 3-10-29　7001 聚氨酯漆稀释剂主要技术指标

技术要求名称	指标	技术要求名称	指标
外观	清澈透明、无悬浮物	酸值/(mgKOH/g)　≤	0.2
颜色/号　≤	1	溶解性	无沉淀凝结
水分	不浑浊	质量标准	Q/GHTB-121—91

② 施工要点　该稀释剂用于聚氨酯清漆、磁漆、底漆等。施工时，按工艺配比要求混合均匀，严禁与其他不同品种漆料、稀释剂混合使用。

2. 防潮剂

机床涂装常用的防潮剂是 F-2 过氯乙烯漆防潮剂，它在相对湿度较大的气候条件下可防止过氯乙烯漆漆膜发白。它有较高的稀释能力，与过氯乙烯漆稀释剂配合使用。若单独使用，将会影响漆膜的干燥时间与颜色等。

F-2过氯乙烯漆防潮剂的技术指标如表3-10-30所示。

表3-10-30 F-2过氯乙烯漆防潮剂

技术要求名称	指标	技术要求名称	指标
颜色/号 ≤	1	胶凝数/mL ≥	50
外观和透明度	清澈透明、无悬浮物	白化性	漆膜不呈白雾及无光斑点
水分	不浑浊		
挥发性/倍 ≤	14	质量标准	ZBG 52007—87

第三节 机床涂装工艺

机床涂装工艺包括机床零、部件涂装，机床钣金件涂装与成品机床涂装三部分内容，现分述如下。

一、机床零、部件涂装工艺

(一) 机床零、部件涂装前的表面处理

涂装前的表面处理是机床零、部件涂装工艺中很重要的一环，它关系到涂层的附着力、涂层的使用寿命和涂层的装饰性。若处理不妥，将会留下隐患，致使涂层起泡、开裂、剥落，这不仅造成经济、时间和人力的浪费，同时有损机床产品的声誉。

机床零、部件大多为铸铁件，铸铁件结构比钢件疏松，而且表面多气孔、针孔，因此铸铁件不宜酸洗。铸铁件通常是大件采用喷丸方法处理，小件采用滚筒处理。

1. 抛丸、喷丸处理

喷丸处理是用专用喷枪利用压缩空气将金属弹丸高速喷射在被处理的铸件表面，利用弹丸的冲击和摩擦作用，将铸铁表面的氧化皮、铁锈、型砂等脏物处理干净。

机床铸铁部件在喷丸室内的工作台上不断转动。

金属弹丸材料有铁丸和钢丸两种，弹丸直径为1.0～3.0mm。喷丸处理的压力为0.4～0.6MPa。

国产喷丸清理设备型号、主要技术规格见表3-10-31～表3-10-33。

表3-10-31 喷丸器

产品名称	型号	技术参数				电机功率/kW	重量/t	外形尺寸(长×宽×高)/mm
		容量/m^3	喷丸量/(kg/h)	喷枪数量/个	喷嘴直径/mm			
喷丸器	Q0214	0.14	1000～1500	1	10		1	2400×716×1816
	Q0214B		2000～3000	2			0.8	1365×830×2115

表3-10-32 抛、喷丸清理室

产品名称	型号	技术参数			电机功率/kW	重量/t	外形尺寸(长×宽×高)/mm
		台车载重/t	工件最大尺寸/mm	生产率/(t/h)			
抛、喷丸清理室	Q765	5	2000×2000×1000	6～8	65.1	17	7000×5000×7250
	Q7605		3000×1300		38.5	14	6600×4700×8219
	Q7630	30	ϕ4000×2000		108.2	37.8	9168×7680×10874
	Q7630N				112.2	45	9418×7467×10900

表 3-10-33　抛丸清理机

产品名称	型号	技术参数			电机功率/kW	重量/t	外形尺寸（长×宽×高）/mm
		直径转台/mm	最大载重量/kg	清理件最大尺寸/mm			
转台抛丸清理机	Q3516	1600	1500	350×400	37	9.24	5647×3098×5605
	Q3516		600	700×250	18.9		2825×2800×4200
	Q3518	1800		1600×500	53.24	10	4400×3578×5060
	Q3525A	2500	1500	1000×600	17.6	5.1	3138×3015×4402
	Q3525B		1000	1000×500	25.9	5.86	3317×3000×6410
	Q366			2500×1900	74.2	28.8	6972×5050×7331

2. 电动砂轮处理

要使铸件表面的毛刺、浇冒口等缺陷平整，常需借用手提电动砂轮机来修整，个别小毛刺也可用锉刀凿子之类手工工具予以修整。

（二）机床零、部件涂装工艺要求

1. 机床零、部件涂装工艺要求

① 涂装前要对工件进行检查，对表面凹凸不平处要用工具对其进行修整，表面的污物要予以去除。

② 底漆刷或喷、浸要均匀，底漆在使用前必须充分搅拌均匀，稀释至适当黏度。

③ 经过机械加工后的零、部件，涂漆前需用金属清洗剂或洁净的工业汽油进行淋洗或刷洗，要彻底去除表面的油污及其他脏物。

④ 填补铸件凹陷的填坑腻子（原子灰），使用时要按产品使用说明加入适量固化剂。使用前必须充分搅拌均匀。

⑤ 过氯乙烯腻子，每次刮涂不宜太厚，每次刮涂厚度一般为 0.5mm，每次刮涂需待上道腻子干燥后进行。

⑥ 过氯乙烯腻子干燥后才能打磨，每次打磨后需彻底清除表面的磨浆、粉尘。

⑦ 水磨时，为避免机床零、部件加工表面产生锈蚀，宜采用防锈水进行打磨。防锈水参考配方：

组分	质量分数	组分	质量分数
硼酸	1.0%	香精	0.003%
三乙醇胺	0.2%	自来水	余量

⑧ 经打磨后，若有金属外露现象时，应补刷配套底漆。

⑨ 最后一道腻子打磨清理干净后，需喷（刷）涂过氯乙烯二道底漆，以提高漆膜的平整度与提高漆膜光泽。

2. 机床零、部件涂装典型工艺

机床零、部件涂装典型工艺见表 3-10-34。

3. 原子灰施工要点

① 原子灰是双组分腻子，使用时必须加入适量的固化剂，并将两者充分调拌均匀，才能使其正常干燥。

② 使用时必须用多少调配多少，以免腻子固化不能涂刮，造成浪费。

表 3-10-34 机床零、部件典型涂装工艺

工序号	工序名称	工序内容	材料与工具		施工黏度(15～25℃,相对湿度70%以下,涂-4黏度计)/s		干燥时间(15～25℃,相对湿度70%以下)/h	质量要求	备注
			材料	工具	刷	喷			
1	清理去锈	将工件表面的铁锈、毛刺、突起、锐边、披锋等彻底清除	钢丸等	抛丸或喷丸等设备	—	—	—	1. 表面无锈迹、无型砂； 2. 表面平整，呈金属本色	—
2	清理	吹去表面的砂粒、锈尘等	压缩空气	—	—	—	—	1. 表面清洁； 2. 无锈迹、砂粒、铁丸等脏物	如有油污、脏物须用工业汽油清洗
3	检查	—	—	—	—	—	—	按工序1～2的质量要求检查	—
4	涂底漆	零、部件内外表面要及时涂刷底漆	X06-1 乙烯磷化底漆，过氯乙烯底漆	喷具、毛刷	25～30	18～25	0.5～1	内外表面无油污、脏物等	—
5	检查	—	—	—	—	—	—	按工序4质量要求检查	—
6	清洗	用金属清洗剂或工业汽油等擦净工件内外表面之油污、铁屑等	金属清洗剂	毛刷	—	—	—	内外表面无油污、脏物等	—
7	覆涂底漆	外表面覆涂底漆	过氯乙烯底漆	喷具、毛刷	25～30	0.5～1	0.5～1	1. 涂刷均匀，无流挂； 2. 不得沾污已加工表面	—
8	填平缺陷	较大缺陷先进行填补	原子灰等	刮板、铲刀	—	—	1～2	基本填平缺陷	—
9	刮第一道腻子	全面刮腻子	过氯乙烯腻子	刮板、铲刀	—	—	4～6	1. 刮涂平均厚度不超过1mm； 2. 铲去腻子飞刺	—
10	刮第二道腻子	继续全面刮涂	过氯乙烯腻子	刮板、铲刀	—	—	—	刮涂平均厚度不超过0.8mm	根据零、部件不同情况可以增加或减少刮涂次数，以刮至成型为准
11	打磨	打磨腻子层	$2^{\#}\sim2\frac{1}{2}^{\#}$砂布	磨腻子机	—	—	—	表面基本平整	—
12	继续刮腻子	用较稀腻子继续全面刮涂	过氯乙烯腻子	刮板、铲刀	—	—	1～2	1. 刮涂平均厚度不超过0.5mm； 2. 基本刮平表面	—
13	打磨	磨平腻子层	$220^{\#}\sim240^{\#}$水砂纸	磨腻子机	—	—	—	1. 表面平整、光滑； 2. 边角整齐； 3. 保持工件几何形状	打磨后有金属外露时，必须涂刷防锈底漆

续表

工序号	工序名称	工序内容	材料与工具		施工黏度(15～25℃,相对湿度70%以下,涂-4黏度计)/s		干燥时间(15～25℃,相对湿度70%以下)/h	质量要求	备注
			材料	工具	刷	喷			
14	涂二道底漆	全面喷(刷)涂1～2道过氯乙烯二道底漆	过氯乙烯二道底漆	喷具	—	15～18	1～2	1. 喷漆前腻子表面清洁、干燥； 2. 喷(刷)涂均匀、无流挂、粗糙	非涂漆面要保护
15	找补	用腻子找补局部漆层缺陷处	过氯乙烯腻子	刮板、铲刀			1～3	补平缺陷	—
16	打磨	磨平全部漆层	0#～1#砂布,260#～280#水砂纸	—	—	—	—	平整、光滑	—
17	喷面漆	全面涂刷1～2道过氯乙烯漆	过氯乙烯磁漆	喷具	—	15～18	1～2	1. 喷漆前漆层表面清洁、干燥； 2. 喷涂均匀、无流挂、粗糙	—
18	内腔涂漆	涂刷内腔磁漆	过氯乙烯机床内腔漆		25～30		1～2	1. 涂刷均匀； 2. 颜色一致	—
19	清理	清除非涂漆面的漆皮及污物	金属清洗剂、工业汽油、棉纱	—	毛刷	—	—	表面清洁、外露加工面及孔内无漆皮、腻子等污物	—
20	检查	—	—	—	—	—	—	1. 漆层平整、光滑,色泽均匀一致； 2. 无明显缺陷,保持工件几何形状； 3. 漆膜无流挂、起泡	—
21	转装配	—	—	—	—	—	—	—	—

③ 原子灰固化时间的快慢，可根据气温变化，用固化剂的量来调节，一般条件下(20℃左右)每100份原子灰，加固化剂2%～3%。夏季气温高，固化剂用量可在1%～2%；而冬季气温低，固化剂用量可在3%～5%。

④ 涂刮原子灰的底漆层必须干燥，与金属表面的结合力良好，并保证底漆表面无油污等，以免影响涂层的结合力，造成漆层脱落。

二、机床钣金件涂装工艺

机床等机械产品有部分部件，如皮带轮罩壳、挡板等，一般采用薄钢板冲压或焊接而成，这些薄钢板制成的部件，若采用喷丸处理容易使其变形、损伤、损坏，像这类部件通常采用化学处理方法清除表面锈蚀、污物等。对于采用粉末涂装的钣金件其涂装工艺按通用粉末涂装工艺要求进行，请参见有关章节，此处不再赘述。

1. 表面处理工艺要求

① 钣金件上无锈迹，而有油污的可用金属清洗剂去油污，若有轻锈和油污可采用“二合一”、“三合一”或“四合一”等金属涂漆前表面处理剂进行除油、除锈、磷化处理；若锈蚀较重的，则要进行酸洗、中和处理。

② 去油污、去锈蚀后的钣金部件要及时清洗、干燥，水干之后要及时涂上磷化底漆或直涂配套底漆。

③ 除油清洗液、除锈液、酸洗液、中和液、磷化液等要定期检验、补充和更换。

2. 钣金件的化学处理与涂漆典型工艺

钢板件化学前处理及涂漆典型工艺见表 3-10-35。

表 3-10-35 钢板件化学前处理及涂漆典型工艺

工序号	工序名称	工　序　内　容	材料与设备	质　量　要　求
1	清洗去油	清除工件表面的油污	金属清洗剂等	表面干净、无油污
2	水洗	洗去工件表面的清洗剂等	冷水，pH6～7	无残留清洗剂
3	除锈	除去工件表面的氧化皮、锈迹	硫酸或盐酸	1. 表面无氧化皮、锈迹； 2. 表面呈金属本色
4	水洗	洗去工件表面的酸液及锈污	冷水，pH6～7	冲洗干净
5	中和	中和工件表面残留的酸液	碱水，pH＞10	无残留酸液
6	水洗	洗去工件表面残留的碱液	冷水，pH6～7	无残留碱液
7	磷化	将工件表面进行磷化处理	磷化液等	表面呈一层均匀磷化膜
8	水洗	彻底洗去工件表面的磷化液	冷水	彻底清洗干净
9	涂底漆	内外表面浸(刷)涂底漆	过氯乙烯底漆	1. 涂刷均匀、无流挂； 2. 无露底
10	刮腻子	全面刮 1～2 道腻子	过氯乙烯腻子	刮平表面
11	打磨	打磨腻子层	1# ～ 2# 砂布、220# ～240# 水砂纸	1. 表面平整； 2. 打磨后有金属外露时，需及时补刷底漆
12	喷二道底漆	全面喷(刷)涂 1～2 道二道底漆	过氯乙烯二道底漆	1. 涂漆前表面清洁、干净； 2. 涂刷均匀，无流挂、粗糙
13	找补	用腻子找补不平处	过氯乙烯腻子	补平缺陷为准
14	打磨	磨平全部漆层	260# ～280# 水砂纸	平整、光滑
15	喷面漆	全面喷涂 1～2 道面漆	过氯乙烯磁漆等	1. 喷漆前表面清洁、干燥； 2. 喷涂均匀
16	检查	—	—	1. 漆层平整、光滑，色泽均匀一致； 2. 无明显缺陷； 3. 漆膜无流挂、起泡
17	转装配	—	—	—

三、成品机床涂装工艺

(一) 成品机床涂装工艺要求

① 成品机床涂漆前，必须彻底清洗、擦净漆层表面的油污、腻子、粉尘等，以保证涂

漆层的附着力。

② 凡在装配过程中产生的漆层碰伤处，需仔细铲除至周围漆层牢固及无机油渗透为止，并修铲成一定坡度，以便填补与打磨。

③ 总喷面漆时，需将全面漆层磨至光滑、平整、均匀状态。

④ 喷漆时采用的压缩空气，必须用油水分离器除去压缩空气中的水分和油污，油水分离器需经常排污清理。

⑤ 喷涂二道底漆和面漆时，必须将漆料充分搅拌均匀，稀释至施工黏度，并过滤后使用。

⑥ 喷漆时，施工现场相对湿度大于70%时，容易造成漆膜发白、失光，为防止漆膜发白、失光，可加入适量防潮剂，选用的防潮剂要与漆料配套。

⑦ 机床涂漆完毕，需待漆膜干燥后送去装箱出厂。

（二）成品机床涂装典型工艺

成品机床涂装典型工艺见表3-10-36。

表3-10-36　成品机床涂漆典型工艺

工序号	工序名称	工序内容	材料与工具		施工黏度(15～25℃,相对湿度70%以下,涂-4黏度计)/s		干燥时间(15～25℃,相对湿度70%以下)/h	质量要求
			材料	工具	刷	喷		
1	清洗	用压缩空气及工业汽油清除和擦去铁屑、油污等脏物	压缩空气、工业汽油、棉纱	毛刷	—	—	—	内外表面无油污、铁屑等脏物
2	修铲漆层及补刷底漆	将碰坏漆层修成一定坡度，并用砂布打磨，若有金属外露应补刷底漆	过氯乙烯底漆	铲刀、毛刷	25～30	—	0.5～1	不能漏铲、漏刷底漆
3	检查	—	—	—	—	—	—	按工序1、2质量要求检查
4	找补腻子	用腻子找补漆层修铲缺陷处。可分几次，以补平整为准	过氯乙烯腻子等	刮板、铲刀	—	—	2～4	1. 每次找补不宜过厚；2. 分次填平缺陷
5	打磨	打磨找补腻子处	$1^{\#}\sim1\frac{1}{2}^{\#}$砂布	磨腻子机	—	—	—	磨平，并擦去浮粉
6	除油包纸	非涂漆面涂黄油、贴纸或盖专用防护罩	黄油、纸等	专用防护罩等	—	—	—	涂漆面不得沾有黄油
7	第一次喷漆	全面喷涂1～2道过氯乙烯漆	过氯乙烯二道底漆或面漆	喷具	—	16～18	0.5～1	1. 喷涂前表面要清洁干净；2. 喷涂要均匀，无流挂
8	找补	用腻子找补漆层缺陷处	过氯乙烯腻子	刮板	—	—	1～2	找补齐全
9	打磨	磨平漆层	$0^{\#}\sim1^{\#}$砂布或$220^{\#}\sim240^{\#}$水砂纸	磨腻子机	—	—	—	表面平整
10	第二次喷漆	全面喷涂面漆	过氯乙烯面漆等	喷具	—	16～18	0.5～1	1. 喷涂前表面要清洗干净；2. 喷涂要均匀，无流挂

续表

工序号	工序名称	工序内容	材料与工具		施工黏度(15～25℃,相对湿度70%以下,涂-4黏度计)/s		干燥时间(15～25℃,相对湿度70%以下)/h	质量要求
			材料	工具	刷	喷		
11	检查	—	—	—	—	—	—	表面平整、无缺陷
12	打磨	打磨全部漆层	0#～1#砂布或240#～280#水砂纸	—	—	—	—	表面平整、无缺陷
13	总喷漆	全面喷涂面漆	过氯乙烯面漆等	喷具	—	13～17	2～4	1. 喷涂要均匀,无流挂; 2. 每次喷涂需待前次漆膜表干后进行; 3. 每次喷涂不宜过厚

四、机床一次涂装工艺

我国传统的机床涂装工艺方法一般都是先进行零、部件涂漆，经整机装配完工后再进行整机涂漆的两次涂装法，有的甚至采用两次整机涂漆，这种工艺方法不仅重复劳动、原材料消耗量大、加重环境污染，而且对机床涂漆质量以及机床精度都会带来不良的影响。因此，国外工业发达国家已广泛用一次涂装工艺。近几年来，我国也有不少机床厂，例如济南第一机床厂、杭州机床厂、南京机床厂等单位，他们在与国外合资生产的加工中心、数控机床等产品中采用一次涂装工艺，并且取得了宝贵的经验。实践证明，一次涂装具有许多优越性，是一种先进的涂装技术，是机床涂装的发展方向。

(一) 一次涂装的概念及工艺路线

所谓一次涂装，即指机床涂装零件在机加工后涂装，并使涂漆质量达到预定的质量要求，经验收入库或转入装配，不再进行整机涂漆；也可将机床涂漆件经机加工及涂漆后进行部件预装（修整外形、配钻孔、定位等）再进行部件补漆，然后再总装；或将零件机加工预装、修外形，再拆下零件涂漆后总装。

以上具体做法根据各单位情况而有所区别，但总的概念是总装后不再进行整机全喷漆，而只对个别损坏的涂漆面进行局部修补。大致工艺路线可参照以下 3 种。

1. 零件一次涂漆

前处理涂底漆→机加工→预装（修整外形等）→拆卸零部件→涂漆→复装→开车调试→局部修补漆。

2. 部件补漆

前处理涂底漆→机加工→涂漆→部件预装（修外形等）→部件修补漆→总装调试→局部修补漆。

3. 零、部件涂漆

前处理涂底漆→机加工→涂漆→预装（修外形等）→开车调试→零、部件拆卸涂漆→总装→局部修补漆。

（二）一次涂装的优越性

① 一次涂漆是由整机复漆改为分体零件或部件涂漆为主，刮涂及打磨腻子施工方便，零件的边缘、棱角拐角处容易喷涂。所以整机装配后边线接缝清晰，避免接合面油漆连在一起而造成零件拆装时产生漆层脱落现象；螺孔、接管及机床标牌等清洁整齐。保证机床涂漆外观质量。

② 由于整机总装后只作局部修补，大大减少了涂漆工作量，避免因刮、磨腻子而产生的粉尘、砂子、棉纱等杂物对机床清洁度的影响，同时避免涂漆施工中对机床电器元件及精密零件的损坏，保证了机床精度及开箱合格率。

③ 减少涂漆工序，节省人工、材料，缩短涂漆周期。

④ 减少有害气体对环境的污染。

（三）一次涂装需具备的条件

① 涂漆件表面平整度好。

② 特别是面漆材料，必须具备附着力强、硬度高、耐摩擦、保光保色性能好、漆膜光滑，漆膜表面的油污容易被清除而漆膜不变色、不失光。另外，所用面漆可抛光打蜡，以便于小面积修补。选用硬度好，表面光滑，便于清洗而不变色、不失光的面漆，是实行一次涂装的必备条件。

③ 工艺路线合理、漆面防护措施落实。要实施一次涂装，必须根据本单位的具体情况，制订切实可行的工艺路线。特别要加强生产环节中的管理，采取有效措施，防止涂漆面在吊运和装配过程中的损坏。这是实现一次涂漆的关键。

④ 保证面漆色泽一致。一次涂装零、部件涂漆时，这些零、部件多数是分批涂漆的，有的间隔时间长，因此容易产生前后批漆件漆膜的色差及漆膜厚薄不一致。因此配漆时必须严格掌握颜色一致，以保证整机涂漆颜色及光泽的均匀一致。

（四）一次涂装的修补方法

一次涂漆总装后难免个别部位的漆面被损坏。需要根据不同的情况，采用不同的修补方法。具体方法大致可分三种。

(1) 整面修补　指某些漆面损坏范围较大，需要整个面喷涂。一般可将非涂表面先用胶带纸封闭起来，封口选在接合面分界线或角尺转变处，以便于分割。喷涂层不宜过厚，一般不超过 0.15mm。

(2) 局部修补　指某些漆面较大，而被损坏范围却很小，则对该面只作局部修补。一般是将损坏部位的周围用胶带纸封闭起来，封口范围大于损坏面。损坏面的周围漆膜更要薄，然后用抛光膏（或金刚粉）抛光，以消除喷漆接痕。

(3) 点状修补　指损坏面微小，用口径小的喷漆枪，并将其调节到较小的出漆量及出气量，作局部点状喷涂或用笔修补。

五、美术漆及其涂装工艺

美术漆包括锤纹漆、橘纹漆、皱纹漆、裂纹漆、金属闪光漆、复色漆、斑纹漆，此外还有石纹漆、木纹漆、花基漆、彩纹漆等。在机床行业中锤纹漆和橘纹漆的应用较为广泛，新近又开发出具有结构花纹自动成型特点的橘型结构漆，在行业中逐步推广应用。

(一) 锤纹漆

锤纹漆有自干型和烘干型两类。常用的自干型有硝基锤纹漆和过氯乙烯锤纹漆；烘干型有氨基锤纹漆和丙烯酸锤纹漆，近几年来应用较多的是双组分聚氨酯锤纹漆。

1. 施工原理

配制锤纹漆的关键颜料是铝粉。锤纹漆应用的铝粉是无叶展性的，以保证铝粉能沉入漆膜底层形成锤纹。将铝粉和甲苯或二甲苯一起加热回流几小时，即成无叶展性的脱浮铝粉。

锤纹漆形成的原理主要是使漆液喷溅后表面形成凹状点。在这基础上，漆点中的铝粉旋转着下沉，由于漆点中的溶剂挥发，使铝粉一边下沉一边又作旋转运动，同时漆点中的清漆和颜料形成分界线。喷涂的各个漆点在物体表面已流展到互相连接，颜料在它的最外边缘，形成了一个个色圈分界线。这样各个漆点中的铝粉就旋转成一个个浅碟子似的旋涡。清漆略浮于铝粉上面，使得这些旋涡显现闪烁着金属光泽和均匀美丽的锤纹。

2. 施工方法

(1) 一般喷涂法　将漆液调稠至适合施工黏度后，过滤，再喷到工件上，使之显现花纹，形成锤纹膜。一般喷涂法又可分为一层喷涂法和两层喷涂法。

一层喷涂法是在喷好一般底层漆的工件上，只喷一层锤纹漆。采用一层喷涂法必须使用固体含量较高的锤纹漆，不然，锤纹就显太单薄，不美观。此法多用于小型不规则的零件。

两层喷涂法是在工件上喷两层锤纹漆，第一层主要是打底，第二层才喷溅锤纹。通常将第二层喷涂叫“溅喷”，即漆液要一点一点地“溅”到工件上。亦称第二次喷溅为“点花”。

喷涂大、中型机床时，以采用两层喷涂法施工较好。有特殊装饰要求的可以喷三层或四层，以使漆膜更丰满柔和，但是不论喷几层，在最后一层均需“溅喷”。

(2) 溶解喷涂法　将锤纹漆先像普通漆那样喷涂，只要求漆膜厚薄均匀，不求锤花与否。一般是连续喷两层（中间间隔 10～15min），使漆膜均匀无漏底。再静置 15～20min，待漆膜接近表干时，再喷清洁的该锤纹漆稀释剂。将稀释剂喷成分散的点子，洒落在喷好的漆膜上。通过这些稀释点子将漆膜溶解又再挥发的过程，形成锤纹花纹。溶解喷涂法对采用烘干型氨基锤纹漆喷大面积设备效果很好，所得锤纹花比其他喷涂法花纹更大、更清晰。若用自干型锤纹漆，效果较差。因为自干型锤纹漆的漆膜表干后，比未经烘干的氨基漆膜要难溶得多。

喷涂锤纹漆时，必须注意下面几点。

① 要将漆料喷成雨点似的洒到工件上。一般说来，漆点大的出现的锤纹就大，而且清晰，但漆点过大或过稠，会出现橘皮、光泽不好等毛病；漆点过密也会出现锤纹不清现象。

② 在喷涂时，洒落到工作面上的漆点要均匀、大小近似，这样得到的锤纹大小也近似，而且锤纹花界线均匀美观。

③ 第一层漆的厚薄要适宜，过厚时会造成锤纹花界线模糊不清；过薄时铝粉旋沉性不佳，锤纹不明显，漆膜不丰满，光泽亦差。

(3) 洒硅法

① 施工方法及原理　在工件上先喷一层锤纹漆，待漆膜表干后，薄薄喷洒一层硅水，然后再喷一层锤纹漆，它是利用“硅水”的微小珠粒对铝粉和漆料的强烈排斥，形成了以“硅水”珠滴为圆心逐渐凹下的锤窝。与此同时，由于溶剂挥发，使铝粉下沉，便产生有金

属光泽的锤纹。

②“硅水”的配制 将硅油配成0.1%～0.5%的汽油溶液再加入10%左右二甲苯即成。选用汽油作溶剂，是因为它对漆膜溶解力不强，挥发又较快；加入二甲苯可防止洒硅时垂直面上的“硅水”珠滴发生流挂现象。

“硅水”中硅油浓度对锤纹漆深浅程度影响。硅油浓度过大时，喷出的锤纹花窝太深，有损美观装饰效果；硅油浓度太小，则覆漆时硅水珠滴被“淹没”，使锤纹花形不完整。

对于像机床一类较大的物件，硅油浓度以0.5%为好。硅水参考配方如下：

硅油	0.5%	汽油	90%
二甲苯	9.5%		

③ 洒硅法的优缺点 洒硅法和点花施工比较，有如下优点：显露花纹迅速，施工速度快；锤花的大小和深浅都均匀、整齐，且锤感强，花界明显清晰；垂直面及圆柱形的工件，只要掌握好洒硅喷涂技术，也可获得与平面喷涂同样的效果，解决了大型构件及笨重物体喷涂锤纹漆的技术难关；补漆方便且快速，补漆不会产生像点花法那样有明显分界面的缺陷；施工设备和技术简单，操作较易掌握。

缺点是因硅水是无色液体，洒硅时往往不易看清枪路，而致漏洒或重洒。施工时应严加注意。

(4) 漆膜的修补 如果工件上锤纹漆膜有破损处，在罩清漆之前应作修补。但不能像普通磁漆那样对着破损处补喷一枪，若这样补枪，周围会产生难看的乱点迹印。锤纹漆修补漆膜有以下3种方法。

① 用毛笔涂刷漆膜破损处 当破损面积不大时，这种修补并不显眼，效果很好。

②“植皮法” 当破损面积较大时，可将单幅锤纹漆漆膜剪成相应大小，并在要修补的部位用毛笔均匀涂刷一层薄的锤纹漆漆料，随即将剪好的漆膜粘上去，就像医生“植皮”似的，效果尚好。

单幅锤纹漆的制备：将锤纹漆喷在清洁干燥的玻璃上，待漆膜充分干燥后，浸在清洁水中，几小时后或次日就能将漆膜完整地撕下，备作“植皮”修补用。

③ 整幅喷涂 大面积破损时，若整幅平面再喷一次，效果较好。在点花前，选定棱角面或其他部件交接处作分界线，将分界线以外完好的表面用硬纸板遮挡好，以免漆点溅染，然后再进行点花喷涂。

3. 施工要点

(1) 漆料黏度的调节 喷涂前，必须先将漆液搅拌均匀，再用专用的稀释剂将锤纹漆调稀、过滤。稀释剂的加入量一定要掌握好，过多，漆点小，漆膜中由于大量稀释剂，铝粉便可继续扩散，致使锤纹变平暗。稀释剂加得太少时，漆点过大，又难以扩散，铝粉难以沉降和旋转成浅碟形，颜料也难以形成色圈，使锤花不清晰、不完整。

稀释剂的加入量要根据施工时气温的变化加以调整。一般稀释剂用量约为10%～30%，漆液黏度以30～50s为宜。

此外在有底漆或腻子层的工件上直接喷锤纹漆时，由于底漆、腻子会吸收一部分稀释剂，所以稀释剂加入要适当多一些。

(2) 喷枪的选择和调节 目前较普遍使用的是吸上式喷枪，如PQ-1型的（对嘴式）、PQ-2型（扁嘴式）。形状不复杂的大型设备可采用PQ-2型的扁嘴枪。扁嘴枪喷出的漆雾像一把打开的折扇，喷幅大小可以随意调节，最宽叶幅可达500mm左右。喷幅宽，漆液落点均匀，速度快。扁嘴枪的漆嘴口径需在1.5mm以上，这样才易形成花纹，其锤纹花直径可达4～8mm。中小型机床采用对嘴式喷枪，出气嘴和出漆嘴口径要加大至2.5～3mm，这样喷涂时出漆量大，漆点也大，特别是喷硝基锤纹时花纹较大，形成的锤花直径可达4～6mm。

喷涂距离 喷枪出漆嘴与地面的距离，对烘干型锤纹漆应保持300～400mm；自干型锤纹漆保持在150～200mm。同时喷嘴应尽量垂直物面为宜。

(3) 喷枪运行速度 气压偏大，运枪速度宜稍快；气压偏小，运枪速度宜稍慢，喷涂1m长约为3～5s。硝基锤纹漆喷涂时宜慢一点，氨基锤纹漆喷涂时略快一点。

(4) 喷涂次序 先喷物体上部，后喷下部；先喷次要表面，后喷主要表面。这样可以避免扩散的漆点溅到主要表面上。对小型物件和单件，按主、次面摆整齐，逐面进行喷涂。

(5) 开枪与收枪的位置 开枪和收枪必须在物面的空方起落。喷涂时要防止一个面未完，枪罐内已无漆料，因此要根据面积大小保持枪罐内有足够的漆液量。主要表面点花时，必须一次喷完，不能中途停枪，开枪和收枪均不能任意起落，否则物面两端部位的锤花会散乱难看。主要正面及平面可用向前推进喷涂法，这样整个物面的锤纹花才均匀、美观。

(6) 点花时间的掌握 喷完第一层锤纹漆后，隔上一段时间，用手指轻轻试探，当漆膜不黏手，但又有黏手的感觉时，进行点花最好。间隔的时间因气温不同而有差异。一般情况下，夏天约5～10min，冬天约15～30min。点花太早，形成的花纹散乱，且在花纹中夹杂很多蜘蛛网丝似的色线；点花太迟，所得花纹平暗，甚至锤花不完整。

(7) 压缩机气压的调节 气压最适合为0.2～0.3MPa（不宜超过0.3MPa）。在这个范围内喷涂，锤花清晰、效果好。气压小些，喷出的漆点大，锤花亦大，否则漆点变细，锤花就小。这在喷最后一层点花时尤其要注意。

(8) 施工场所的通风 不宜在大风或开风扇的场所喷漆，否则风力会把喷出的漆点吹得毫无规则地洒到工件上，同时溶剂挥发过快，影响锤花的完整。施工场所的通风可采用抽风措施或采用水帘式喷漆柜。

（二）橘纹漆

橘纹漆是一种较新颖的美术漆，近些年来，国外比较流行这类漆。

所谓橘纹漆，是漆膜外观具有像橘子皮一样的花纹，故称橘纹漆（或称橘型漆）。橘纹漆多用于加工中心、数控机床、仪器、仪表、电子计算机等的涂装，使其显得更加幽雅、美观。

常用橘纹漆有双组分聚氨酯橘纹漆、氨基橘纹漆、热塑性丙烯酸橘纹漆、丙烯酸硝基橘纹漆等。

橘纹漆漆膜外观，有密集型花点和疏散型花点，其中花点又有大小之分，根据产品的具体要求来选择，一般大型机床适用密集型或疏散型的大点花纹，而小型机床等产品适用密集型的小点花纹。

喷涂橘纹漆大部分都使用国产PQ-1型喷漆枪，也可使用PQ-2型普通喷枪。

橘纹漆施工注意事项如下。

① 橘纹漆使用前要搅拌均匀，用专用稀释剂调整黏度，并用200目铜筛（或丝绢网）过滤备用。喷漆黏度控制，喷涂第一道一般黏度为25～30s，以达到均匀盖底的目的；喷涂第二道黏度一般在40～60s，这道漆是达到花纹要求的关键。

② 喷涂橘纹漆一般多数采用PQ-1型嘴喷枪，喷涂大花纹喷嘴口径要大一些，一般喷涂第一道时，选用喷枪的喷嘴口径为ϕ1.5～2mm，喷涂第二道时，喷枪的喷嘴口径为ϕ2～3mm。

③ 喷涂橘纹漆使用压缩空气的压力比喷普通喷漆的压力要低，一般喷第一道压力为

0.3～0.4MPa；喷第二道压力为0.2～0.25MPa。

④ 若喷涂氨基橘纹漆，第一道喷完后要在35～45℃条件下烘烤10～15min，取出后降至室温，当漆膜表干后，再喷第二道。喷涂完后待表干，放入烘箱，升温60～80℃，恒温1h即可出箱。使用热塑丙烯酸橘纹漆、丙烯酸硝基橘纹漆或聚氨酯双组分橘纹漆等自干型漆，都要待第一道表干后再喷第二道。

⑤ 喷涂第二道橘纹漆的走枪方式，要同喷涂第二道锤纹漆一样，采用向前推进的方式作溅点喷涂。若要求涂膜表面橘纹花点突出，喷第二道时可将橘纹漆的黏度调整到80s左右；如要求涂膜像人造革状的花纹，可在喷完第二道漆的基础上，再喷涂一道稀释剂。

（三）橘型结构漆

橘型结构漆是一种特殊效果的高档工艺美术漆。其施工后的漆膜能自动形成立体感极强的均匀凹凸漆面，其装饰效果华贵、典雅大方。因此，对机床产品具有良好的表面装饰和保护效果。

1. 产品特点

(1) 机械性能好　采用丙烯酸聚氨酯双组分固化体系，因此漆膜不但坚硬耐磨，且柔韧性好，耐冲击、耐碰撞，具有优良的保护性能。

(2) 装饰效果好　橘纹结构均匀，立体感强。漆膜丰满，手感光滑，色彩丰富，豪华靓丽。

(3) 省工省料　均匀凹凸的漆面可有效地遮盖涂漆面的瑕疵，因此能较大地减少油漆施工的工作量。

(4) 施工性好　可采用常用喷漆工具施工。既不会出现高黏度喷涂时常见的漆面粗糙或者流平现象，也避免了随漆膜厚度而引起的橘纹结构大小不均匀的弊病。

此外，对于在洁净车间和大型产品的涂装时不宜采用喷涂操作的场合，橘型结构漆也可以辊涂施工，有较好的效果。

(5) 低毒害　本产品以进口原料配制，保证了有害游离单体严格低于国际标准，不会出现常见的因固化剂刺激黏膜引起的咽喉不适症状。

(6) 环保节能　本产品一般不加稀释剂，采用较高黏度喷涂。因此，有效含量高，挥发溶剂量少，飞散的漆雾也少，不仅减少了漆雾对施工人员的身体伤害，也降低了对空气的污染，有利于环保。

2. 技术指标

橘型结构漆技术指标见表3-10-37。

表3-10-37　橘型结构漆技术指标

项　　目	指　　标	检验方法
硬度	≥1H	GB/T 6739
附着力/级	≤2	GB/T 1720
柔韧性/mm	1	GB/T 1731
冲击强度/kgf·cm	50	GB/T 1732
干燥速率	表干不大于20min 实干不大于24h	
出厂黏度	50～80s(涂-4杯)	

注：1kgf=9.80665N。

3. 橘型结构漆施工工艺

(1) 表面准备 橘型结构漆具有较好的立体装饰效果，可有效地遮盖涂漆面的瑕疵，因此能较大地减少表面准备的工作量，原则上可免高光漆必需的水磨工序，但要求较细致的干磨操作，保证待涂表面平整，边角和线条规范清晰。

(2) 材料准备 橘型结构漆必须与橘型漆专用固化剂以及专用稀释剂配合使用，喷涂前根据待涂面大小估算用漆量再行配漆，配漆量应遵循少量多次的原则，以免浪费。

橘型结构漆与橘型结构漆专用固化剂的标准配比为 8∶1（质量比），实际使用时可根据需要和经验适当增减，但幅度不宜过大。配漆时，必须首先采取有效方法（比如用较粗的棍棒搅拌、将漆桶来回翻滚，以及将桶内漆料全部倒出冲兑等方法），务必使原桶内漆料上下混合均匀，方可使用，否则容易出现漆膜病态。然后将漆配以固化剂搅拌均匀后即可喷涂，一般情况下不需稀释剂。若气温太高或为调节装饰花纹大小可加入少量专用稀释剂。

(3) 工具准备 橘型结构漆采用常规空气喷涂，气源为经过除水、除油后的压缩空气，施工工具采用常规 PQ-1 或 PQ-2 型空气喷涂枪，在空气源压力为 4～6kgf 下喷涂即可达到较好的花纹效果，为达到最好装饰效果，推荐采用 7 孔或 11 孔高雾化 PQ-2 型喷枪。对于小面积涂漆或小型设备，喷枪孔径宜选用 1.5～1.8mm ，对于大面积涂漆或大型设备，喷枪孔径应选用 2.0～2.5mm。辊涂工具常采用羊毛辊。

(4) 喷涂操作 橘型结构漆的喷涂操作与常规平面漆的操作基本相同。原则上喷两道：第一道薄喷盖底，第二道喷涂控制花纹。特殊情况比如补漆时也可一次厚喷成型。喷涂时，应先通过旋紧气阀调低气量、控制扳机力度试喷，得到的橘型结构以点状为主，再逐渐旋出气阀加大气量以调高出漆量得到所需的凹凸橘型结构，切不可一次喷涂过厚以免出现漆膜病态。保持匀速走枪以得到大小均匀的橘型结构。采用十字喷涂方式可提高涂膜均匀性，但横喷和竖喷的相隔时间必须要尽可能的短，以使两层之间良好融合形成均匀清晰的花纹。一般情况下，调低油漆黏度、远距离薄喷能得到细小花纹，反之，提高油漆黏度、近距离厚喷得到的橘型花纹较大。

六、机床涂装中常见的漆膜弊病及防止方法

机床涂装过程中，由于表面处理不当，施工工艺欠妥及施工环境影响，至使漆膜出现起泡、剥落、发白、失光等弊病。

漆膜出现弊病，不仅影响机床外观质量，同时又降低漆膜的防护性能，所以在涂装施工中应尽量避免出现各种弊病，提高机床涂装质量。机床涂装常出现的弊病及防止方法见表 3-10-38。

表 3-10-38 机床涂装可能出现的漆膜弊病及防止方法

序号	漆膜病态	产生原因	防止方法
1	刷痕（漆膜上留有刷子的刷痕）	1. 涂料黏度太稠； 2. 使用的毛刷干硬	1. 加稀料调整至适宜黏度； 2. 调换新毛刷； 3. 刷子用完之后要洗净妥善保管
2	粗糙（表面不光滑，起颗粒）	1. 毛刷中夹带砂尘或砂尘落在漆内； 2. 漆料黏度过稠； 3. 喷枪离工件过远； 4. 压缩空气压力不够； 5. 底层打磨不仔细	1. 毛刷、漆桶等用具要保管好，不要粘夹砂尘，漆料使用前要过滤； 2. 加稀料调整黏度； 3. 控制好喷枪与工件间的距离； 4. 压缩空气保持在 0.3～0.5MPa； 5. 用砂纸仔细打磨； 6. 漆皮要去掉

续表

序号	漆膜病态	产生原因	防止方法
3	流挂(在垂直表面上，部分涂料因重力作用产生流淌现象)	1. 喷枪离工件过近； 2. 喷枪走速太慢； 3. 选用的涂料干燥速度太慢； 4. 涂料黏度太稀； 5. 毛刷蘸漆太多； 6. 漆膜太厚	1. 控制喷枪与工件之间距离，一般为 20～25cm 最合适； 2. 控制走枪速度； 3. 选择干燥速度快的涂料； 4. 调整适宜的黏度； 5. 控制蘸漆量； 6. 控制漆膜厚度
4	橘皮(漆膜表面像橘皮，有许多半圆状突起)	1. 涂料本身流平性差； 2. 涂料黏度过稠； 3. 底部打磨不仔细； 4. 喷枪出漆量过多	1. 加适量硅油，改善涂料的流平性能； 2. 调整涂料黏度； 3. 仔细打磨； 4. 调整气压，调节喷枪出漆量
5	发白(漆膜无光发浑)	施工环境的相对湿度大于 70%	1. 加防潮剂(注意要配套)； 2. 用红外线灯加热施工场地提高环境温度，以降低相对湿度； 3. 将工件适当预热
6	失光(漆膜刚干燥时有光泽，但过几小时或数星期之后光泽慢慢消失的现象)	1. 底层打磨不光滑； 2. 漆料本身光泽差； 3. 涂料黏度过稀； 4. 连续喷涂，致使腻子层吸收磁漆中的树脂	1. 采用水磨或汽油磨，提高打磨质量； 2. 选择光泽好的聚氨酯改性过氯乙烯漆等来涂装； 3. 调整涂料施工黏度； 4. 施工过程中，保证各层涂料的干燥时间
7	起泡(漆膜表面大小不同的圆形突出物)	1. 金属表面处理不干净，残留有锈迹、污物； 2. 刮涂腻子时，刮涂速度过快，将空气夹闭在腻子内； 3. 腻子质量不好； 4. 使用石膏腻子，或在腻子中添加石膏粉； 5. 腻子一次刮涂太厚，阻碍腻子中溶剂挥发	1. 金属表面处理要干净； 2. 注意涂刮工艺，腻子要薄刮，分多次刮涂； 3. 若腻子质量欠佳，可加些磁漆调和后使用，与造漆厂商量改进腻子质量； 4. 禁止使用石膏腻子和在腻子中自行加入石膏粉及其他填料； 5. 要薄刮，第二道腻子应待第一道腻子干燥后才刮涂
8	揭皮(漆膜成张揭下来)	1. 底层表面油污等清洗不干净； 2. 材料不配套； 3. 漆料本身附着力欠佳	1. 底层表面油污等要清洗干净； 2. 材料要配套； 3. 第二层要待第一层已干，而实际尚未干透时就喷为佳； 4. 选择附着力好的涂料
9	开裂(漆膜裂开)	1. 腻子刮涂太厚； 2. 在腻子中加入过量的其他填料； 3. 材料不配套	1. 腻子要分多次薄刮； 2. 不要在腻子中自行掺入其他填料； 3. 材料要配套
10	塌陷变形(漆膜干后凹陷下去)	采用溶剂型腻子填坑时，一次用量过多，腻子干燥后收缩而引起凹陷	1. 采用化学型固化腻子(如原子灰等)来填坑； 2. 若用溶剂型腻子填坑时，要分多次薄刮，逐步填平
11	针孔(漆膜上的圆形小圈，中心有固体粒子，周围为凹入圆圈的现象)	1. 涂料中的颜料与树脂湿润性不好； 2. 漆料中夹有水汽或尘灰； 3. 喷嘴过小或压缩空气压力过大； 4. 环境气温大于 30℃时	1. 与造漆厂商量解决； 2. 漆料使用时要过滤； 3. 压缩空气要经油水分离器分离； 4. 压缩空气压力控制在 0.3～0.5MPa 为妥； 5. 调换喷嘴
12	脱落(漆膜开裂而失去附着力而剥落)	1. 金属表面处理不干净； 2. 材料不配套、不适应； 3. 腻子层太厚； 4. 层间不干净	1. 金属表面处理必须干净； 2. 工件要涂 X06-1 磷化底漆或经磷化处理； 3. 材料要配套、要适应； 4. 腻子层不宜太厚； 5. 层间的污物要清洗干净

我国机床漆膜经常发生的弊病是起泡、失光等，其中，以起泡居多。

1. 起泡

漆膜表面大小不同的圆形突起物，在漆膜病态上称之为起泡，是漆膜在高温高湿环境中容易出现的现象，其起源大多是施工问题与材料质量问题。

就材料而言，底漆与面漆一般本身不易起泡，而造成起泡的材料主要是腻子。

腻子是用于填补铸件凹陷、气孔、擦伤等缺陷而采用的填料。它由漆基、填料和体质颜料等组成的稠厚有色黏膏，机床行业使用最多的是过氯乙烯腻子。

腻子质量不好，是造成漆膜起泡、开裂的主要原因。腻子质量不好的原因一方面是油漆制造厂所用的原料质量不好或制造工艺事故等原因所致，另外，在施工时，为了贪图好刮易磨，在腻子中任意加入一些石膏之类的其他填料，从而破坏了腻子原来的配方，降低了质量，而引起起泡开裂，甚至产生剥落。使用石膏腻子起泡情况更为明显，这是由于石膏凝固时，多余的水分一部分蒸发了，而另一部分水分则渗入底层，透过底漆使铸件表面产生锈蚀，并放出氢气。

$$3Fe + 4H_2O \longrightarrow Fe_3O_4 + 4H_2\uparrow$$

氢气夹带另一部分水汽、残留溶剂等，向外膨胀，导致漆膜起泡。

为了控制质量不好的腻子投入生产使用，以致造成起泡、开裂，在每批腻子进货后，应抽样检验。对质量不好的过氯乙烯腻子，为了减少浪费，决定投入使用时，要对腻子进行必要的处理。处理方法：使用时，加适量过氯乙烯面漆，搅拌均匀，然后使用。加入适量面漆可以改善腻子的质量。

过氯乙烯腻子不宜刮涂太厚，厚了影响腻子内的溶剂挥发，容易导致漆膜塌陷、起泡、开裂，甚至剥落。ZB J50012《出口机床涂漆技术条件》要求：“腻子应分多次刮涂，每次尽量薄刮……”如果铸件表面凹陷、突起严重，可预先进行凿平、打磨等机械方法处理，不能完全依赖于腻子来填平。刮平要严格按工艺操作，每层要薄刮，每次刮涂均需待上层腻子干燥后进行，避免未干透的腻子中的溶剂挥发积聚而造成起泡。

对于化学固化的腻子，它不是靠溶剂挥发而干燥固化的，而是起交联反应而固化，所以，每次刮涂厚度不受限制，任意厚度均可。

在生产中一般用砂布（纸）打磨腻子表面，来检查腻子干透或未干透。若砂布（纸）不粘即为干透。

表面处理不好也是漆层起泡的重要原因之一。一般铸件从铸造车间出来之后，铸件上常残留有炉渣、氧化皮等污物，如果不及时进行彻底清理便作涂装施工，必将成为漆层起泡的祸根。

铸件表面处理的方法有喷丸（砂）、钢丝刷擦除等处理方法。目前使用最多、最有效的是喷丸处理。解剖分析一些机床漆层气泡，发现大多是铸件表面处理不善而造成的。所以，铸件在涂漆前，一定要用喷丸处理，其他方法处理都不甚理想。

由于铸铁在相对湿度大于65%时容易生锈，所以当环境湿度大于65%的情况下，喷丸处理后的铸件要及时刷涂底漆。有新产生锈蚀的铸件与锈迹未去净的铸件一样，是不能刷底漆的，即使刷上了底漆，也不能防止漆层的起泡，因为锈迹以及它隐附着的潮气在底漆层下还能慢慢地蔓延，时间一长，锈迹扩展而造成起泡。

综上所述，机床漆层起泡的原因主要是腻子质量不好和表面处理不善所致。

钢板件漆膜的起泡也较为常见，其原因大多是酸洗后中和不好，部分残留的余酸未清除干净而造成的，也有水洗后未及时干燥而引起锈蚀，这些细小的锈点及隐附其上的水分在漆层内逐渐蔓延而引起起泡。钢板件很少使用腻子，起泡原因多为去油、除锈、酸洗、中和不善而引起，所以只要严格按操作工艺规程去做，再辅以磷化处理，钢板件漆层起泡现象可以避免。

此外，铝合金制件的油漆层起泡现象也较为普遍。一方面因为铝制件质地疏松多孔，溶剂、水汽等极易潜伏；另一方面一般底漆与铝件的结合力较差，特别是过氯乙烯底漆与铝件的结合力更差，容易产生起泡。所以一般推荐采用锌黄底漆，但锌黄底漆沉底严重，使用时不易调和，故实际效果差。为了解决这个问题建议采用 X06-1 乙烯磷化底漆。

2. 失光

漆膜光泽是评价机床外观质量的重要指标，特别是出口机床，对这个指标要求较高，据 ZB J50012《出口机床涂漆技术条件》规定：光泽度≥85％。

我国有些机床漆膜光泽比较低，这主要与采用的漆种有关，当然与施工工艺也有一定的关系。在施工上采用水磨、调稀黏度、增加喷涂次数，也可获得较高的光泽，但比较费工费料。

目前机床使用的过氯乙烯漆，其光泽较低，所以各地油漆制造厂对过氯乙烯漆进行了改性，以提高其光泽。目前，其较好的漆有改性过氯乙烯机床漆、丙烯酸改性过氯乙烯漆、过氯乙烯丙烯酸外用磁漆、聚氨酯磁漆等。

第四节　机床色彩格调

机床涂装的色彩格调是衡量机床外观质量的重要指标之一。凡色彩格调新颖的机床，容易吸引用户的购买欲望，可以达到扩大营销之目的；机床色彩也是美化车间环境，给劳动者以美的享受，有利于提高工作效率。所以合理选择色彩格调，正确配置色彩是一项很重要、且很有意义的工作。

一、机床色彩格调选择原则

1. 机床色彩要明快

机床是机械加工工具，它的色彩格调要与车间环境相适应，色彩要明快，但不宜过于鲜艳，以免造成操作者的视力疲劳。

2. 色彩以灰色为主格调

国内外的机床大多选择灰色为主调；其中以绿灰居多，也有采用蓝灰、奶黄色的，色彩要庄重大方。

3. 要根据机床形状及产品特点

另外，还要根据使用场合与人们的喜好等具体情况选择色彩。如中、小型机床用色要浅些，重、大型机床用色一般要深些。又如生活在热带地区的人需要凉爽，一般选用冷色，而生活在北方寒冷地区的人需要暖和，一般喜欢暖色。

二、机床色彩配置原则

1. 单色或组合色

机床可以采用单色涂装，也可以采用组合色涂装，采用组合色涂装要注意两项原则。

(1) 下深上浅的格调　颜色深浅能给人以轻重感，深者重、浅则轻。下深上浅的组合能给操作者一种稳定感、安全感，有利于劳动者提高生产效率。

(2) 色界要自然，不能强制　两种色的界线要根据机床的外形结构特点，取其自然界线，不要“强制”划界。另外，两色配置要协调、和谐，要以给人舒适、美观为原则。

2. 显示读数仪表

显示读数仪表一般采用无光漆或橘纹漆，减少视力疲劳，以利操作者读数。

3. 平光漆与美术漆

平光漆与美术漆，机床都可采用，一般说来中、大重型机床以选用平光漆为主，仪表机床与小型机床以选用美术漆为主，选用的美术漆主要是锤纹漆与橘纹漆。无论选用什么漆，都要考虑提高机床装饰性能和给操作者以舒适为原则。

三、世界各地对色彩的爱好与禁忌

世界上不同的国家和地区对色彩的好恶和习惯不同，一般说来，绿、蓝、红、黄四种颜色能为世界广大地区接受，除个别地区外，对这四种颜色表示爱好。

现将部分国家与地区对颜色的爱好与禁忌情况列于表 3-10-39。

表 3-10-39　世界部分国家与地区对颜色的爱好与禁忌情况

洲别	国家与地区		爱好颜色	禁忌颜色
亚洲	中国	内地	红、黄、绿	黑、白
		香港和澳门地区	红、绿、黄和鲜艳色	黑、灰
	阿富汗		红、绿	
	韩国		红、绿、黄和鲜艳色	黑、灰
	朝鲜		红、绿、黄和鲜艳色	黑、灰
	印度		绿、黄、红、橙及鲜艳色	黑、白、灰
	日本		柔和色	黑、深灰、和黑白相间
	巴基斯坦		绿、金色	黑
	马来西亚		红、橙及鲜艳色	黑
	新加坡		红、绿、黄	黑
	泰国		鲜艳色	黑
	缅甸		红、黄	
	斯里兰卡			黄
	阿拉伯联合酋长国		绿、白	粉红、紫、黄
	沙特阿拉伯		绿、蓝	粉红、黄、紫
	伊拉克		绿、蓝	黑
	科威特		绿、蓝	黄、紫、粉红
	伊朗		绿、蓝	黄、紫、粉红
	也门		绿、蓝	黄、紫、粉红
	土耳其		红、白、绿	
	叙利亚		青、蓝、绿、红、白	黄
北美洲	美国		鲜艳色彩	
	加拿大		素净色彩	

续表

洲别	国家与地区	爱好颜色	禁忌颜色
非洲	埃及	鲜明色	暗淡色、紫
	博茨瓦纳	蓝、黑、白、绿	
	乍得	白、粉红、黄	黑、红
	埃塞俄比亚	鲜艳色	黑
	加纳	明亮色	黑
	马达加斯加	明亮色	黑
	突尼斯	绿、白、红	
	摩洛哥	绿、红、黑、鲜艳色	白
	尼日利亚		红、黑
	贝宁		红、黑
	南非	红、白、蓝	
	毛里塔尼亚	绿、黄	
欧洲	俄罗斯	红、白、绿	黑
	奥地利	绿	
	法国	红、黄、蓝	
	英国	淡雅色彩	墨绿
	荷兰	橙、蓝	
	爱尔兰	绿	
	挪威	红、蓝、绿	
	瑞士	红、黄、蓝	黑
	葡萄牙	无特殊爱好	
	丹麦	红、白、蓝	
	捷克	红、白、蓝	黑
	斯洛伐克	红、白、蓝	黑
	德国	鲜艳色	红、红黑相间
	希腊	绿、蓝、黄	黑
	罗马里亚	红、白、绿、黄	黑
	意大利	醒目颜色	紫
	比利时	蓝	
	瑞典	黑、绿、黄	蓝
拉丁美洲	墨西哥	红、白、绿	
	阿根廷	黄、绿、红	黑、紫
	哥伦比亚	红、蓝、黄	
	圭亚那	明亮色	
	尼加拉瓜		蓝、白、蓝平行条色
	秘鲁	红、紫、黄、鲜艳色	
	委内瑞拉	黄	蓝、红
	古巴	鲜艳色	
	巴拉圭	鲜明色	

第五节 机床涂层质量的检验

机床涂层质量检验，包括外观质量检验、耐湿热试验、耐工作介质试验等。

一、涂层外观质量检验

1. 用眼看、手摸方法进行检验

涂层要符合如下要求：

① 涂膜必须美观大方、外观平整、色泽均匀一致；

② 涂膜不允许有流挂、起泡、发白、划痕等病态；

③ 部件装配结合面之涂层，必须牢固、界线分明，边角线条清楚、整齐，不同颜色的漆不得相互沾染。

2. 用光泽计进行光泽度检测

采用平光漆涂装的机床，要用光泽计，按 GB 1743 标准进行测定，光泽度要求见表 3-10-40。

表 3-10-40 机床涂装光泽度

机床类别	销售类别	
	出 口	内 销
中、小型机床	不少于 85%	不少于 75%
大、重型机床	不少于 75%	不少于 70%

若采用美术漆进行涂装的机床，不测光泽度，美术漆的膜要丰满，花纹要均匀一致。

二、涂层耐温热试验

机床涂层有耐候要求，所以机床涂层要进行模拟耐候试验，主要进行耐湿热试验。

1. 试验设备

调温调湿试验箱。

2. 试片

采用 70mm×150mm×6mm 规格的 TH20 或 TH15～33 的铸铁片，按机床涂装工艺制成机床涂层试片，每次试验不少于 3 片。

3. 试验条件

将试片悬挂在试验箱内，并保持适当距离。箱内温度控制在 47℃±2℃，相对湿度在 95%以上，在上述条件下连续试验 8h，然后打开箱门，让其自然降温降湿，24h 为一循环周期，连续试验 21 周期。试验期间，每 3 天检查一次。

试验结果按表 3-10-41 进行评定。

表 3-10-41 漆膜质量评定标准

级 别	漆 膜 损 坏 程 度
良 好	1. 轻微失光(5%～20%)； 2. 轻微变色； 3. 漆膜状态良好，没有起泡、开裂、脱落、生锈等弊病
合 格	1. 较明显失光(21%～50%)； 2. 较明显变色； 3. 漆膜表面有轻微、个别的微泡(占总面积 10%以下)，没有中、大泡
不合格	1. 严重失光(50%以上)； 2. 严重变色(色调改变)； 3. 明显成片的微泡(占总面积 10%以上)，或出现中、大泡； 4. 生锈、开裂、脱落等严重损坏者

注：1. 镀片四周边缘 5mm 内及因外来因素引起的损坏现象不计。

2. 漆膜损坏现象只要达到表中规定的等级中任何一条，即属该等级；如有跨级现象，则按较差的那一级评定。

3. 起泡程度的分级，以泡的直径为衡量标准；微泡直径小于 1mm；中泡直径为 1～5mm；大泡直径大于 5mm。

三、涂层耐工作介质试验

机床在工作中，其涂层不可避免要沾上机床润滑油、切削液等工作介质，涂层要能耐这些工作介质，所以涂层质量检验要进行耐工作介质试验。

1. 涂层耐工作介质试验方法

涂层耐工作介质试验方法见表 3-10-42。

表 3-10-42　涂层耐工作介质试验

试验内容	介 质	方 法	温度	试件数	时间
耐机油试验	32# 机械油	半浸(即试片一半浸入介质,另一半露在空气中)	常温	不少于 3 件	21d
耐切削液试验	切削液试液配比： 亚硝酸钠 0.3% 碳酸钠 0.5% 自来水余量				

注:"32# 机械油"即以前称的"20# 机械油"。

2. 评定标准

经试验后，用干净的棉纱揩干试片，用眼睛观察漆膜表面有无起泡、脱落、开裂等损坏现象，无上述损坏现象，则为合格。允许有轻度失光、变色。

评定时，三块平行试片中以两块情况接近者为准。

参 考 文 献

[1] 王锡春等编著. 涂装技术. 北京：化学工业出版社，1988.

[2] 张俊臣主编. 涂料及涂料用无机颜料. 第 3 版. 北京：化学工业出版社，2002.

[3] 汪国平编著. 工业涂料与涂装技术丛书：船舶涂料与涂装技术. 第 2 版. 北京：化学工业出版社，2006.

[4] 上海市化轻公司油漆供应部编. 化工产品应用手册：涂料颜料. 上海：上海科学技术出版社，1990.

[5] 机械产品涂装技术手册编写组编. 机械产品涂装技术手册. 北京：机械工业出版社，1996.

[6] [美] Zeno W. 威克斯，Frank. N. 琼斯，S. Peter 柏巴斯著. 有机涂料科学和技术. 经桴良，姜英涛等译. 北京：化学工业出版社，2002.

[7] 涂料工艺编委会编. 涂料工艺. 第 3 版. 北京：化学工业出版社，2001.

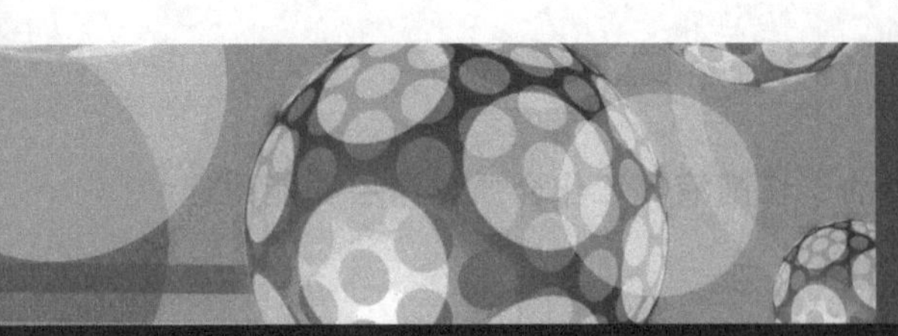

第十一章 防火涂料

第一节 防火涂料概述

防火涂料是指涂覆于基材表面，能降低被涂材料表面的可燃性、阻滞火灾的迅速蔓延，或是涂覆于结构材料表面，用于提高构件耐火极限的一类物质。它具有普通涂料的装饰性，更重要的是涂料本身具有的特性决定了它具有防火保护功能，在火灾发生时能够阻止燃烧或对燃烧迅速扩展有延滞作用，从而使人们有充分的时间进行火灾扑救工作（将火灾制止于初始阶段）。

防火涂料除了具有普通涂料的装饰作用和对基材提供物理保护外，还需要具有阻燃耐火的特殊功能，要求它们在高温下具有一定的防火隔热效果，要达到这个目的，防火涂料应具备一些基本条件。

1. 防火隔热性能

这就要求防火涂料在高温下具有一定的防火隔热效果，保护建筑物结构或限制火灾的蔓延扩大，提供30min至数小时的耐火时间，以便给消防人员赢得抢救时间，以确保建筑结构安全，保障国家和人民生命财产的安全。

2. 对被保护基材无腐蚀性或破坏性

这就要求防火涂料具有适宜的酸碱性，因为强酸性和强碱性都会降低基材的力学性能。酸对木材有水解作用，破坏木材的纤维结构，降低木材的机械强度；对钢材有腐蚀性，降低钢材的机械强度。防火涂料对被保护基材应具有较高的黏结牢度而不脱落。木材黏结剂标准规定黏结剂的pH不应低于3.5，因此防火涂料的pH不应低于3.5，否则其对木基材的黏结强度下降。

3. 适当的黏度和流动性

一定的流动性能保证防火涂料均匀地分布于基材表面，使其具有一定的黏结作用和装饰作用。适当的黏度则是保证防火涂料有良好的润湿性，保证涂层有足够的数量不致使涂料液流失或涂层过厚。

4. 良好的使用性能

通过化学或物理作用，防火涂料涂层固化后能达到所要求的各种物理性能（如胶合板的剪切强度，刨花板的平面抗拉、吸水厚度膨胀等），并具有一定的耐老化性能。防火涂料最好是阻燃效果好，且无毒，燃烧时不产生浓烟和毒气，使用性能稳定、方便，如适用期长、常温固化、固化时间短等。防火涂料原料来源广泛、价格低廉，为高效率生产和降低生产费用创造条件。

第二节　防火涂料的分类

防火涂料有不同的分类方法，主要有以下几种。

(1) 按性质分类　油性防火涂料；水性防火涂料。

(2) 按机理分类　膨胀型防火涂料；非膨胀型防火涂料。

(3) 按应用分类　饰面型防火涂料（不透明防火涂料、透明防火涂料）；钢结构防火涂料（膨胀型防火涂料、非膨胀型防火涂料）；电缆防火涂料；隧道防火涂料；预应力混凝土楼板防火涂料。

(4) 按应用场所分类　封闭场所（船舱）；敞开场所。

(5) 按应用环境分类　室内；室外。

(6) 按化学性质分类　有机防火涂料；无机防火涂料；有机、无机复合型防火涂料。

第三节　防火涂料的防火机理

严格意义上来讲，上述所有的防火涂料都可归纳为膨胀型防火涂料和非膨胀型防火涂料。下面就膨胀型防火涂料和非膨胀型防火涂料的防火机理加以论述。

从燃烧的条件知道，要使燃烧不能进行，必须将燃烧的三个要素（可燃物、氧气、热源）中的任何一个要素隔绝开来。因此防火涂料之所以可以防火，可以归纳为以下几点：

① 防火涂料本身具有难燃性或不燃性，使之被保护的可燃性基材不直接与空气接触而延缓基材着火燃烧；

② 防火涂料遇火膨胀发泡，生成隔热、隔氧的致密膨胀层，封闭被保护基材，阻止基材着火燃烧；

③ 防火涂料遇火受热分解释放出不燃性的惰性气体，冲淡被保护基材受热分解出的易燃气体和空气中的氧气，抑制燃烧；

④ 燃烧被认为是游离基引起的连锁反应。而含氮、磷的防火涂料受热分解放出一些活性自由基团，与有机自由基结合，中断连锁反应，降低燃烧速度。

1. 膨胀型防火涂料的膨胀发泡机理

膨胀型防火涂料的防火效果主要是由以下几点因素所控制：

绝热效果，利用膨胀炭层，阻止热量传递；

膨胀吸热，涂膜在高温下发生软化熔融蒸发膨胀及碳源的分解吸收了大量的热；

隔绝氧气，膨胀炭层形成覆盖作用；

稀释空气中氧气的浓度，不燃气体释出。

目前膨胀型防火涂料又分为有机型和无机型。

(1) 有机膨胀型防火涂料的主要作用机理　膨胀型防火涂料中通常含有：a. 脱水成炭催化剂（酸源），一般指无机酸或能在燃烧加热时生成酸的物质，如磷酸、硫酸、硼酸及磷酸酯等物质，释放出的无机酸要求沸点高，而氧化性不太强；b. 成炭剂（碳源），一般是含

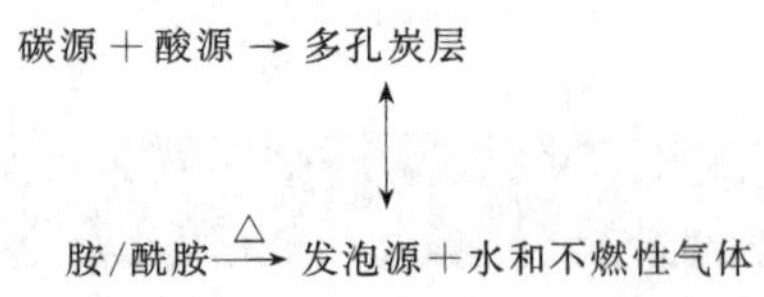

碳源＋酸源 → 多孔炭层
↕
胺/酰胺 $\xrightarrow{\triangle}$ 发泡源＋水和不燃性气体

图 3-11-1 膨胀炭层形成过程

碳丰富的多羟基化合物，可以单独或在催化剂作用下脱水成炭，如季戊四醇以及多乙二醇和酚醛树脂等；c. 发泡剂（气源），一般指含氮的多碳化合物，在受热条件下释放出惰性气体，如三聚氰胺、尿素、双氰胺、聚酰胺、脲醛树脂等。从机理上讲，膨胀炭层的形成一般要经过以下过程（图 3-11-1）：

膨胀型防火涂料受热时，成炭剂在催化剂作用下脱水成炭，炭化物在发泡剂分解的气体作用下形成膨松、有封闭结构的炭层。

在整个过程中，要求催化剂分解放出酸类物质、成炭剂脱水炭化、发泡剂分解产生气体三个步骤在变化的温度、时间、速度方面要基本协调一致。

该炭层可以阻止基材与热源间的热传导，另外多孔炭层可以阻止气体扩散，同时阻止外部氧气扩散至基材表面。膨胀型防火涂料的防火效果主要取决于成炭反应、膨胀反应及炭层结构。

① 成炭反应　膨胀型防火涂料受热时发生无机酸与多羟基化合物的反应。以 APP（聚磷酸铵）和 PER（季戊四醇）的反应为例，成炭反应过程分几步进行。首先 210℃时 APP 长链断裂而生成磷酸酯键，失去水和氨后，可以生成环状磷酸酯。反应最终产物的结构决定于初始 PER/APP 的摩尔比。此外，PER 在 APP 作用下可能发生分子内脱水生成醚键。若继续升高温度，通过炭化反应，磷酸酯键几乎完全断裂，生成不饱和富碳结构，反应中可能有 Diels-Alder 反应，使得环烯烃、芳烃及稠烃结构进入焦炭结构。

② 膨胀反应　膨胀炭层的最后体积以及封闭小室的形状将决定于成炭时放出气体数量以及成炭物的黏度。发泡必须满足气体释放过程与炭化过程相匹配。尿素便不能与 APP-PER 体系很好匹配。虽然尿素可以释放 70%的气体，但它的分解温度（150～240℃）与膨胀炭层形成温度（APP-PER 体系）280～320℃相比太低。三聚氰胺作为发泡剂的作用机理更为复杂。首先在 250～380℃可以发生下列反应：

$$2C_3H_6N_6 \longrightarrow C_6H_9N_{11} \longrightarrow C_6H_6N_{10} \longrightarrow C_6H_3N_9$$

这些反应产物比三聚氰胺有更好的热稳定性。挥发的三聚氰胺及其聚合过程中产生的氨气都可以起到膨胀作用。此外，三聚氰胺和聚磷酸铵在体系中会相互作用，三聚氰胺的热行为将会改变，生成三聚氰胺焦磷酸盐和聚磷酸盐。其热降解在 650℃接近完成，形成可以稳定耐热到 950℃的白色剩余物。据推测该剩余物为 PN 化合物。以上过程都有三聚氰胺、水分及氨气放出。所以三聚氰胺磷酸盐不仅有膨胀作用，而且参与构造炭层。

另外，炭化反应生成的 PER 磷酸酯以及 PER 醚结构在加热时也会出现膨胀现象。

该体系根据其机能包括脱水催化剂、炭化剂和发泡剂三部分。三者缺一不可，它们在膨胀发泡和阻火隔热过程中起着“协和”效应。下面分别对其作一详细介绍。

① 脱水催化剂　凡是受热能分解产生具有脱水作用的酸的化合物，均可作为防火涂料的脱水成炭催化剂，如磷酸、硫酸、硼酸等的盐、酯和酰胺类化合物。磷酸的铵盐是最常用的脱水成炭催化剂，这类物质在高温下能脱氨生成磷酸，继而生成聚磷酸，聚磷酸能与多羟基化合物发生强烈的酯化反应并脱水，引发膨胀过程。作为膨胀型防火涂料的关键组分，脱水催化剂的主要功用是促进和改进涂层的热分解进程，促进形成不易燃的三维炭层结构，减少热分解产生的可燃性焦油、醛、酮的量；促进产生不燃性气体反应的发生。

表 3-11-1 列出了一些磷酸铵盐、酯、酰胺的物理化学性质。

但磷酸铵、磷酸氢二铵及磷酸二氢铵这些低分子的化合物，较易溶于水，在涂料成膜时会发生重结晶，结晶颗粒沉析在涂层表面上，不仅严重影响了涂层的外观，而且会使涂层在使用中由于外界条件的变化而发生性能变化，使其防火性能大大下降。为此，早期作为脱水催化剂的磷酸氢二铵和磷酸二氢铵，其使用逐渐减少。现在普遍采用聚磷酸铵（APP）、磷酸铵镁和磷酸三聚氰胺（MP）、磷酸脲、磷酸胍、磷酸三甲苯酯、烷基磷酸酯、硼酸盐等物质。

表 3-11-1　一些脱水催化剂的物理化学性质

名　　称	分子式	相对分子质量(单元)	磷含量/%	分解温度/℃	溶解度/(g/100g 水)
磷酸氢二铵	$(NH_4)_2HPO_4$	132	23.5	87	40.8
磷酸尿素	$CO(NH_2)_2 \cdot H_3PO_4$	156	19.6	130	52.0
磷酸二氢铵	$(NH_4)H_2PO_4$	115	26.9	150	27.2
磷酸胍尿素	$C_2H_6N_4O \cdot H_3PO_4$	200	15.5	191	—
聚磷酸铵	$(NH_4)_{n+2}P_nO_{3n+1}$	97	32	212	1.5
磷酸三聚氰胺	$C_3H_6N_6 \cdot H_3PO_4$	224	—	300	—
焦磷酸三聚氰胺	$2(C_3H_6N_6) \cdot H_4P_2O_7$	430	—	—	—

APP 是膨胀型涂料中最常用的脱水催化剂，聚磷酸铵的分子式为（$(NH_4)_{n+2}P_nO_{3n+1}$）（通式），当 n 足够大时可写作（$(NH_4PO_3)_n$），结构式如下

$$H_4N-O-\underset{\substack{|\\ O\\ |\\ NH_4}}{\overset{\substack{O\\ \|}}{P}}-O-\left[\underset{\substack{|\\ O\\ |\\ NH_4}}{\overset{\substack{O\\ \|}}{P}}-O\right]_{n-2}-\underset{\substack{|\\ O\\ |\\ NH_4}}{\overset{\substack{O\\ \|}}{P}}-O-NH_4$$

当 $n=10\sim20$，相对分子质量约为 1000～2000，当 $n>20$ 时，相对分子质量>2000。聚磷酸铵（简称 APP）是白色（结晶或无定形）粉末，系无分支的长链聚合物，随聚合度（n）的不同可分为水溶性（$n=10\sim20$）和水不溶性（$n>20$）两种。常用结晶态 APP 为水不溶性长链状聚磷酸铵盐，有Ⅰ～Ⅴ五种变体。APP 含磷、氮量高，P-N 系产生协同效应，阻燃效果好；产品热稳定性好，分解温度高于 250℃，约 750℃全部分解；水溶性低，吸潮性小，产品细度可达 300 目以上，相对密度小，约为 1.24，分散性好；产品接近中性，化学稳定性好，可与其他任何物质混合不起化学反应，用于涂料、橡胶、塑料等物料中不影响物料的理化性能；毒性低，LD≥10g/kg，使用安全，是一种最重要的高效磷系无机阻燃剂。APP 的水解速率与粒子的大小、pH 以及温度有关，当粒径从 1mm 增加到 3mm 时水解速率降低 2～3 倍。溶解度（磷钼蓝比色法，20℃，2h）为 0.9g/100g H_2O，pH（10%APP 悬浮液）为 5.8，P 含量（重量法）为 27.36%（$w_{P_2O_5}=62.70\%$），N 含量（Kjeldahl 法）为 12.3%。热分析为 34℃→80℃→134℃时吸热，271℃→349℃→377℃时放热，100℃时质量减轻 7.5%，400℃时质量减轻 41%，578℃时质量减轻 50%。

APP 的阻燃作用与其他磷酸铵盐相同，却不存在其他磷酸铵盐的缺点。由于其热稳定性好，含 P 和 N 量更高，水溶性低、不吸潮等优点，使其得到广泛的应用。APP 阻燃剂与炭化剂（季戊四醇等）、发泡剂（三聚氰胺等）并用于膨胀型防火涂料中，遇火受热分解，首先生成磷酸，在 300℃以上 H_3PO_4 极不稳定，进一步脱水生成聚磷酸或聚偏磷酸，使炭化剂脱水炭化，发泡剂鼓泡，放出不燃气体，涂膜炭化膨胀，形成蜂窝状隔热层，阻燃效果显著。

炭化层覆盖于基材表面，隔绝空气，使燃烧窒息，而且其导热性差，能阻止火焰蔓延；放出的水蒸气、氨、HCl 等不燃气体，能降低体系的温度，稀释空气中的氧浓度。APP 制成的防火涂料成膜性好，涂膜理化性能优良，不吸潮，经水浸渍后阻燃效果不变，能使用于潮湿环境中。

APP 常与其他阻燃剂并用，其阻燃作用优于单独使用，常用的并用体系如 APP＋甲

醛＋$Mg(OH)_2$；APP＋$Al(OH)_3$；APP＋$BaCl_2$；APP＋尿素；APP＋磷酸胍；APP＋甲醛＋双氰胺；APP＋Sb_2O_3 等。当 APP 的聚合度 $n<20$ 时，在水中溶解度（20℃）约为 10～30g/100g H_2O，是最佳的木材浸渍剂，常压下浸渍马尾松、红松等材料，吸收药剂量达25～35kg/m^3 时，处理过的材料氧指数达 30 以上。用合适的分散剂和乳化剂把氢氧化铝等阻燃剂和 APP 混合配成防火阻燃液可处理木材、木制品、纸张、纸板、织物等易燃纤维材料，其阻燃效果极佳。

聚合度在 20～400 范围内，其耐水性较差，分散的涂料组分经过一段时间后，容易发生相分离和沉淀，故成膜后耐水性较差；聚合度在 500～800 范围内，涂料组分的稳定性及成膜后的耐水性比较好，这在水性涂料中的表现尤为显著。此外，在防火涂料的研究和工业生产中，选择脱水催化剂应综合考虑脱水催化剂的水溶性、热稳定性、阻燃元素磷的含量和原材料价格等因素。

② 成炭剂　当涂层遇到火焰或高温作用时，在催化剂的作用下，炭化剂脱水炭化形成炭层。炭化剂主要有：a. 碳水化合物，如淀粉、葡萄糖；b. 多元醇化合物，如山梨醇、季戊四醇（PER)、二季戊四醇（DPE)、三季戊四醇；c. 树脂性物质，如尿素树脂、氨基树脂、聚氨酯树脂、环氧树脂等。炭化剂的有效性一方面决定于它的碳含量和羟基的数目，碳含量决定其炭化速度，羟基含量决定其脱水和成泡速率，表 3-11-2 列出了几种炭化剂及其物理性质，一方面采用高碳含量、低反应速率的物质作炭化剂较为适宜；另一方面则取决于它们的分解温度，如采用 APP 作为脱水催化剂时，就应该采用热稳定性较高的季戊四醇（PER）或二季戊四醇（DPE）与之配用，若此时选用淀粉作为炭化剂，则不能形成理想的膨胀炭层。王国建等研究了季戊四醇和淀粉为炭化剂时涂料的防火性能，结果见表 3-11-3。可见，虽然淀粉和季戊四醇的含碳量和羟基含量相差不大，但后者的防火效果明显好于前者，原因是淀粉的分解温度约为 150℃，远远低于聚磷酸铵的分解温度（212℃），在聚磷酸铵热分解之前，淀粉早已分解并产生大量的可燃性焦油，因此，淀粉与聚磷酸铵配合使用，不能形成理想的发泡层。而季戊四醇的分解温度高达 280℃左右，它能在由聚磷酸铵热分解产生的酸的作用下脱水成炭，最终形成良好的膨胀发泡层。所以，炭化剂与脱水成炭催化剂在分解温度上的匹配与否是形成理想膨胀发泡层的关键。二季戊四醇（DPE）成炭效果优于季戊四醇（PER），但由于季戊四醇（PER）价格较低，使其使用更广泛。

表 3-11-2　几种炭化剂及其物理性质

名　　称	分　子　式	相对分子质量(单元)	碳含量/%	羟基含量/%	反应指数/(g/100g)
蔗糖	$C_6H_6(OH)_6$	180	40	56	2.3
山梨醇	$C_6H_{10}(OH)_6$	184	40	55	3.08
淀粉	$(C_6H_{10}O_5)_n$	162	44	52.4	2.1
季戊四醇	$C(CH_2OH)_4$	136	44	50	—
二季戊四醇	$C_{10}H_{16}(OH)_6$	127	50	42.8	2.5

表 3-11-3　不同炭化剂对涂料防火性能的影响

炭化剂	碳含量/%	羟基含量/%	小室燃烧法		煤气灯燃烧法	
			质量损失/g	成炭体积/cm^3	试样背面出现焦斑时间/s	膨胀高度/mm
淀粉	44	52.4	8.5	30.6	325	5
PER	44	50.0	2.4	4.8	945	18

注：以氯乙烯-偏氯乙烯高聚物为胶黏剂，以 APP 为脱水成炭剂，以 MEL 为发泡剂。

③ 发泡剂　常用的发泡剂有三聚氰胺、尿素、脲醛树脂、双氰胺、聚酰胺、蜜胺、聚

脲、氯化石蜡等，它们在受热分解时释放出不燃性气体（如 HCl、NH_3、H_2O 等），使涂层膨胀形成海绵状炭层。有时，为了加强防火涂料的阻燃效果，采用两种或多种发泡剂并用，如防火涂料中同时使用含氯与含磷阻燃剂，不仅可以从固相到气相广泛抑制燃烧的进行，而且由于氯、磷燃烧时生成 PCl_3、$POCl_3$ 等化合物，产生阻燃协同效应。

在实际过程中，一般选取三聚氰胺（MEL）为主发泡剂，而作为增塑剂的氯化石蜡（CP）以及作为脱水催化剂的聚磷酸铵（APP），也可以起部分发泡作用。选择各组分时要注意发泡剂分解产生气体、脱水催化剂分解放出磷酸等物质、炭化剂脱水炭化这 3 个步骤在发生变化的温度方面基本上协调一致。如果发泡剂的分解温度比脱水成炭催化剂低得多，分解产生的气体就会在涂层成炭层之前逸出而不能起到膨胀发泡作用；而如果发泡剂的分解温度比脱水成炭催化剂高得多，则分解产生的气体会将已形成的炭化层顶起吹掉，也不能形成良好的发泡层。一些发泡剂分解温度见表 3-11-4。

表 3-11-4 一些发泡剂的分解温度

项　目	双氰胺	三聚氰胺	胍	甘氨酸	尿素	氯化石蜡
分解温度/℃	210	250	160	233	130	190
不燃性气体	NH_3、CO_2、H_2O					HCl、CO_2、H_2O

表 3-11-5 列出了不同发泡剂对涂料防火性能的影响。可见，采用分解温度较高的聚磷酸铵作脱水成炭催化剂时，选择分解温度较高的三聚氰胺或六亚甲基四胺作为发泡剂，涂料的防火性能较好，而用分解温度较低的尿素作发泡剂，防火性能就要差得多。虽然尿素可以释放 70%的气体，但它分解温度（130～240℃）与膨胀炭层形成的温度（APP-PER 体系）280～320℃相比太低，与膨胀体系不匹配，而三聚氰胺在 250～380℃分解产生气体，与膨胀体系相匹配，适宜作 APP-PER 体系合适的发泡源。但如果选择分解温度较低的磷酸二氢铵（分解温度 150℃）作为脱水成炭催化剂、尿素为发泡剂进行试验，涂料的防火性能明显提高（失重为 4.8g，炭化体积为 23.6cm^3，发泡高度为 10mm，背面出现焦斑时间为 495s）。因此，发泡剂的选择要注意与催化剂相适应。

表 3-11-5 不同发泡剂对涂料防火性能的影响

发泡剂	降解温度/℃	小室燃烧法			煤气灯燃烧法		
		质量损失/g	成炭体积/cm^3	阻火等级	试样背面出现焦斑的时间/s	炭层高度/mm	膨胀表面
三聚氰胺	250	2.4	4.8	1	945	18.0	好而均匀
尿素	160	8.2	35.6	2	270	4.0	大且不均匀
六亚甲基四胺	190	4.6	24.6	1	710	11.0	较大但均匀

事实上，膨胀型阻燃体系是比较复杂的，各组分的选择不同，形成的炭质结构也各不相同，对于常见的 APP-PER-MEL 体系，Vandersal 等人认为其炭层形成主要经历了以下几步反应。

$$
-O-\underset{ONH_4}{\overset{O}{\overset{\|}{\underset{|}{P}}}}-O-\underset{ONH_4}{\overset{O}{\overset{\|}{\underset{|}{P}}}}-O-\underset{ONH_4}{\overset{O}{\overset{\|}{\underset{|}{P}}}}- \;+\; C(CH_2-OH)_4 \longrightarrow -O-\underset{ONH_4}{\overset{O}{\overset{\|}{\underset{|}{P}}}}-OH \;+\; (HO-CH_2)_3C-CH_2-O-\underset{ONH_4}{\overset{O}{\overset{\|}{\underset{|}{P}}}}-O-\underset{ONH_4}{\overset{O}{\overset{\|}{\underset{|}{P}}}}-
$$

$$
(HO-CH_2)_3C-CH_2-O-\underset{O}{\underset{\|}{\overset{ONH_4}{\overset{|}{P}}}}-O-\underset{O}{\underset{\|}{\overset{ONH_4}{\overset{|}{P}}}}- \xrightarrow[-H_2O]{-NH_3} (HO-CH_2)_2C\begin{matrix}CH_2-O\\CH_2-O\end{matrix}\!\!>\overset{O}{\overset{\|}{P}}-O-\underset{ONH_4}{\overset{O}{\overset{\|}{\underset{|}{P}}}}-
$$

重复上述反应，可能生成下述结构。

```
                 O—CH2  CH2—O
                /            \  /            \
—P—O—P        C          P—O—P—
   ‖      ‖ \            /  \       ‖      ‖
   O      O  O—CH2  CH2—O   O      O
```

最终的产物结构取决于 PER/APP 的初始比。在实际反应中，PER 在 APP 的影响下可以发生分子内脱水成醚键，若继续升高温度，通过炭化反应，磷酸酯键几乎完全断裂，生成不饱和的富碳结构，由该结构的聚合和交联反应生成炭层，这一步反应中可能有 Diels-Alder 反应，使得环烯烃、芳烃及稠环结构进入焦炭结构。形成的富碳物质在发泡源（三聚氰胺及其聚合过程产生的氨气）以及自身产生的气体作用下形成膨胀炭层。膨胀炭层的最后体积以及封闭小室的形状将取决于成炭时放出气体数量以及成炭物的黏度。此外，反应中还会伴有以下可有效捕获氢自由基、有效抑制燃烧自由基的反应和胺组分受热分解产生不燃气体的反应。

$$H_3PO_4 \longrightarrow HPO_2 + PO\cdot + 其他$$

$$PO\cdot + H\cdot \longrightarrow HPO\cdot$$

$$HPO\cdot + H\cdot \longrightarrow H_2 + PO\cdot$$

$$PO\cdot + OH\cdot \longrightarrow HPO\cdot + O\cdot$$

$$2C_3H_6N_6 \longrightarrow C_6H_9N_{11} + NH_3$$

$$C_6H_9N_{11} \longrightarrow C_6H_6N_{10} + NH_3$$

$$C_6H_6N_{10} \longrightarrow C_6H_3N_9 + NH_3$$

$$C_6H_3N_9 \longrightarrow CO_2 + NO_2 + NH_3 + H_2O + 其他$$

(2) 无机膨胀型防火涂料的主要作用机理　有机型膨胀阻燃体系具有涂层美观、附着力好等特点，但其阻火时易产生烟雾和不同程度地放出毒性气体，成本也较高，于是，以硅酸盐为主体的无机膨胀型防火涂料便应运而生。它以水玻璃为基料和发泡基体，添加其他材料所组成，涂层遇到火焰及高温作用时，碱金属硅酸盐所含的结晶水及水玻璃中氧链上羟基的脱水作用而使涂层共熔变软、并且黏度较大，这时由于分解产生的气体不能自由地排出使涂壁产生气泡，形成了具有隔热功能的多孔质体——硅酸盐泡沫状隔热层。无机膨胀阻燃涂料阻火时具有如下特点：a. 阻火时不产生毒性气体和烟雾；b. 产生的硅酸盐泡沫状隔热层强度高，能有效地抵抗火焰热流的冲击作用，阻火性能比较突出；c. 以水玻璃、无机矿物等为原料，成本低，原料来源广，易于制备；d. 生产、使用过程无污染。但该类涂料防水性差，浸泡在水中或受雨水淋洗，涂层易脱落。

无机膨胀型防火涂料主要由成膜剂、发泡剂、成炭剂、脱水剂、防火填料及颜料等组成。成膜剂主要有水玻璃、硅溶液胶体和磷酸盐等，一般选用价格便宜、来源广泛的水玻璃；发泡剂常用的有磷酸铵盐、氯化石蜡、三聚氰胺等。但选择时应注意与成膜剂的匹配，如磷酸铵盐和水玻璃容易沉淀板结，氯化石蜡和成膜剂的混溶不好；成炭剂常采用季戊四醇、淀粉等，这些多羟基化合物和脱水催化剂反应生成多孔结构的炭化层；脱水剂常采用磷酸的铵盐、磷酸酯及三聚氰胺等来促进涂层分解；防火填料，其种类很多，主要有氢氧化铝、高岭土、硼砂、滑石粉、碳酸钙等。这些原料在受热分解时一方面要吸收大量热量；另一方面，如硼砂、氢氧化铝、碳酸钙等会不断产生大量的水汽或二氧化碳，在材料周围形成惰性屏障，减缓燃烧速度。从以硅酸盐为主体的无机膨胀型防火涂料的研究历史来看，该类涂料的研究发展形成了下列几种类型。

① 水合硅酸盐型　这类涂料由水玻璃、水合水玻璃、固体水玻璃、无水水玻璃及少量

填料组成。硬化涂层的主要成分为各种水合硅酸盐，水合硅酸盐中的结合水影响体系的熔程。该种涂料受热时，涂层在大于100℃时开始熔融，随着温度升高，涂层液化，结合水变成水蒸气。由于熔融的硅酸盐具有较高的黏度，水蒸气不能自由地排出而包含在黏稠的熔体中，便形成薄壁的气泡，涂层形成泡沫状结构，达到阻火、隔热的目的。随着温度进一步升高，硅酸盐泡沫层会熔缩，继而熔落。因此，水合硅酸盐型涂层后期阻火能力欠佳，这类涂料多用于木构件、织物、电缆等制品的防火保护。

表 3-11-6 为水合硅酸盐膨胀型防火涂料的配方及防火性能。

表 3-11-6 水合硅酸盐膨胀型防火涂料的配方及防火性能

配　方	用量/份	防火性能		
水玻璃	335	涂层厚度/mm	1	2
硼砂	3			
季戊四醇	5	着火时间/min	10	12
三聚氰胺	5			
钛白粉	5	着火温度/℃	610	630
ATH	30			
滑石粉	2	膨胀高度/cm	3.0	3.8
氧化锌	2			
水	30	阻燃时间/min	11	16

② 耐水硅酸盐型　以水玻璃为成膜物质的硅酸盐膨胀型防火涂料，未改性的水玻璃涂层存在如下缺点：a. 遇水时显示出强碱的性质，会使金属钝化，造成配套底漆破坏；b. 由于碱金属硅酸盐在成膜过程中随着水分蒸发，不断析出二氧化硅，并自行缩合成硅氧链网状结构的涂膜，碱金属离子存在于结构中，一旦涂膜遇水，碱金属离子很快地溶解于水，涂膜也随之溶解，造成涂料耐水性较差。为改进水合硅酸盐型防火涂料的防水性能，可对膨胀阻燃体系进行如下改性处理：a. 加热固化，将涂层在 250～300℃烘烤 1h，可提高防水性；b. 改性水玻璃，通过引入某种憎水基团取代水玻璃分子中的钠离子，提高耐水性；c. 涂刷罩面层，在涂层表面干燥后，再涂刷一道罩面层，如甲基硅醇钠；d. 固化剂固化，加入固化剂，一方面与碱金属离子发生反应生成水不溶化合物，另一方面促进 SiO_2 胶体缩合成疏水性涂膜。常用的无机固化剂有缩合磷酸盐、聚磷硅酸盐、氟硅酸钠等。

③ 无机高、低温发泡复合型　低温发泡涂层由 NS-I 与改性水玻璃配制而成，NS-I 为增稠剂，其主要成分为无定形二氧化硅，可以与水玻璃发生反应，起到增稠水玻璃的作用，同时生成水合硅酸盐。

硬化涂层的主要成分为含多羟基的硅烷醇大分子及各种水合硅酸盐，它的膨胀、阻火过程与水合硅酸盐型相似。黄永勤、范春山、陈坊智对低温发泡层进行热分析及模拟阻火试验观察显示了其膨胀、阻火历程。图 3-11-2～图 3-11-4 所示分别为低温发泡涂层的 DTA 曲线、TG-DTG 曲线、模拟阻火实验曲线。由图 3-11-2、图 3-11-3 曲线可以看出，涂层在 60～90℃吸热并失重，表明失去水分，从 160℃开始涂层强烈吸热并伴有失重现象，涂层产生低共熔，膨胀发泡。

图 3-11-4 低温发泡涂层的模拟阻火实验曲线表明，涂层发泡时，增厚至原涂层的 10～20 倍。因涂层起泡，发挥隔热作用，试件升温趋势减缓，阻火曲线斜率下降。温度继续上升，在 490～530℃有一吸热峰，但无失重现象，为 NS-I 引起的相变。温度升至 680℃以上时出现宽的吸热峰，但无质量减少，表明形成的泡沫状隔热层开始熔缩，泡层变薄，阻火性能下降。低温发泡涂料配制简单，无需先将水玻璃加工成水合水玻璃或粉碎成无水水玻璃，而是直接将几种粉料与水玻璃混合，进行涂刷。

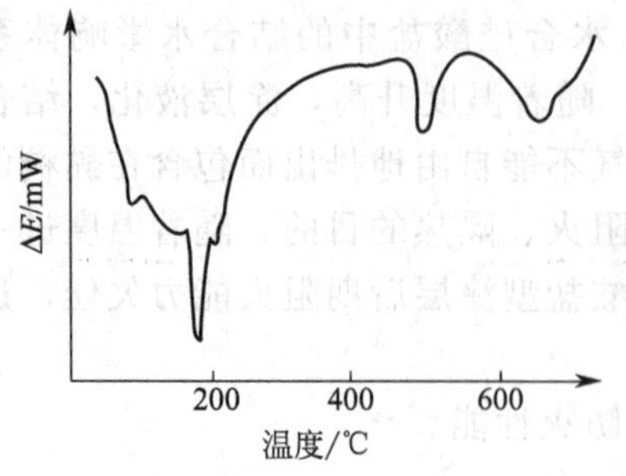

图 3-11-2 低温发泡涂层的 DTA 曲线

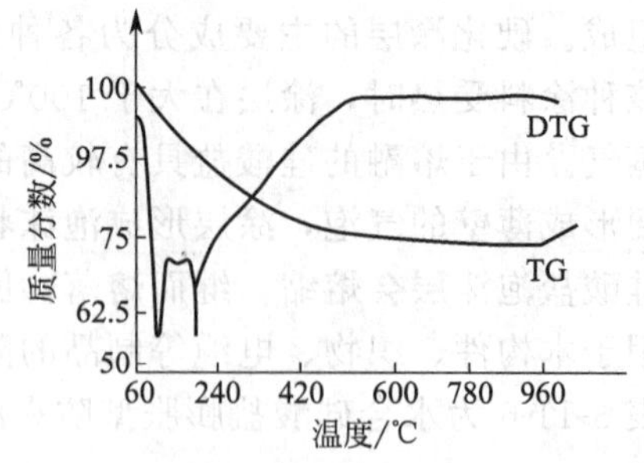

图 3-11-3 低温发泡涂层的 TG-DTG 曲线

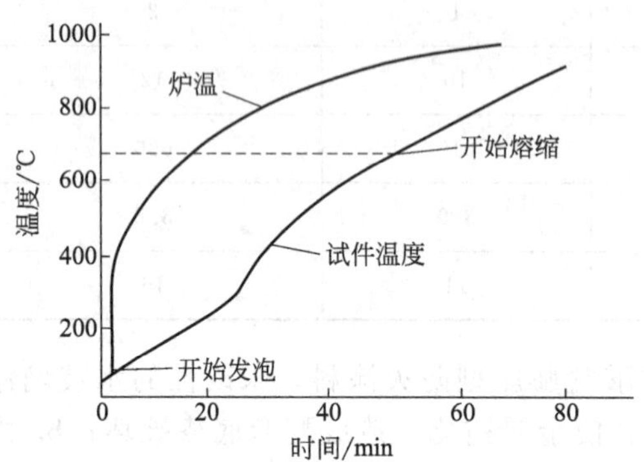

图 3-11-4 低温发泡涂层的模拟阻火实验曲线

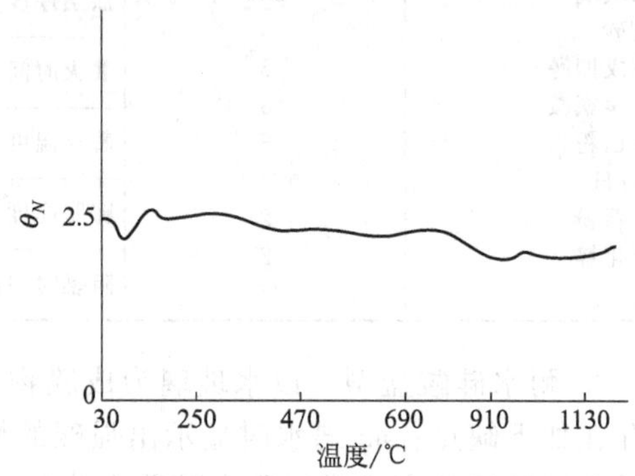

图 3-11-5 高温发泡涂层的 DTA 曲线

高温发泡体系由水玻璃、玻璃料、发泡剂（BC-30）和耐温填料组成。由其 DTA（见图 3-11-5）曲线、TG-DTG 曲线（见图 3-11-6）可见，在 60～90℃涂层失去水分，在 160～800℃时涂层吸热并伴随着失重，涂层失去因水玻璃凝结带来的结合水及各种填料含有的结晶水，800℃以后，涂层吸热、失重非常缓慢，涂层开始熔融并膨胀发泡。图 3-11-7 的模拟阻火试验显示了高温发泡涂层的膨胀及阻火过程。由图可见，涂层受热至 800～820℃时，膨胀发泡发挥隔热作用，试件的升温趋势减缓。

复合涂层由高、低温发泡层和隔离层组成，具有图 3-11-8 所示的结构。模拟实验曲线（见图 3-11-9）显示了它的发泡和阻火过程。当涂层遇火时，低温发泡涂层首先膨胀、阻火，随着火焰温度升高，低温发泡涂层开始熔缩时，高温发泡层开始膨胀、阻火，复合涂层集中了两种涂料的优点，有效地提高了阻火效果，比较好地解决了硅酸盐涂层高温易熔滴的技术难题。该种复合涂料经国家固定灭火系统和耐火构件质量监督监测中心测试，涂层厚度为 4.5mm 时，在不同荷载条件下，使钢结构的耐火极限分别达到 84min 和 135min。但由于涂层为多层结构，涂刷工艺较复杂。

除以硅酸盐为主体的无机膨胀型防火涂料以外尚有以磷酸和氢氧化铝等在一定条件下反应，并配以阻燃剂及其他助剂而制成的一种无机膨胀型防火涂料 E60-1 涂料。由于磷酸盐代替涂料中通用的硅酸盐，既能起到基料所要求的黏结性，又能在膨胀型防火体系中起发泡催化剂的作用。磷酸盐黏结剂的种类很多，根据所含金属不同其性能亦有差别，但是，含铝的磷酸盐强度和黏结性都较优良，而且作为生成磷酸铝盐的氢氧化铝无毒无味，价廉易得，适合作防火涂料的基料。该涂料在基料的研究和复合阻燃剂的应用上有创新，解决了无机防火涂料的耐水问题，其防火性能优异，理化性能、耐候性好，使用性能稳定，无环境污染，生产成本较低，适用于木材、纤维板、胶合板、塑料、玻璃钢等可燃基材的防火保护和装修。

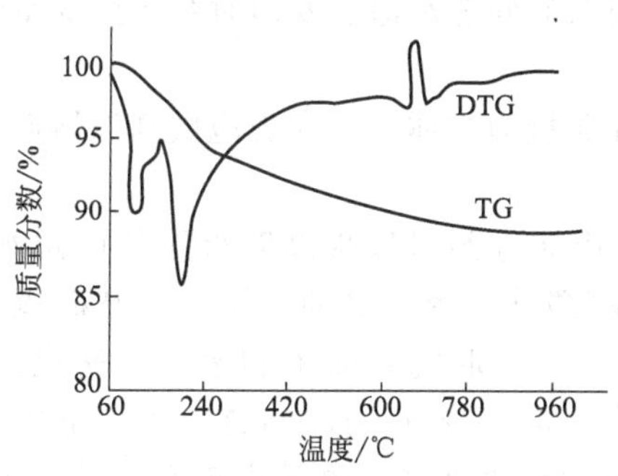

图 3-11-6　高温发泡涂层的 TG-DTG 曲线

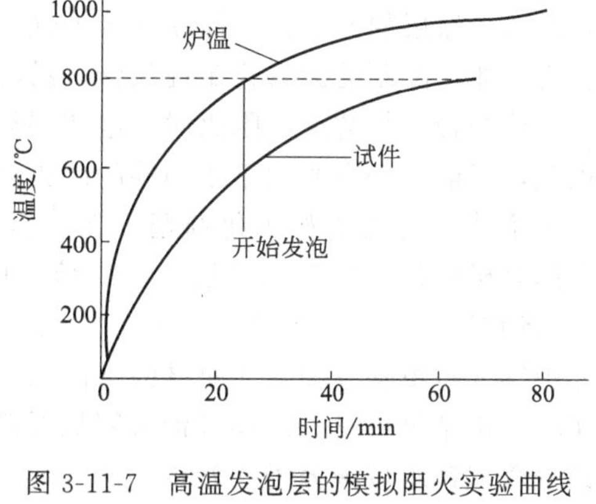

图 3-11-7　高温发泡层的模拟阻火实验曲线

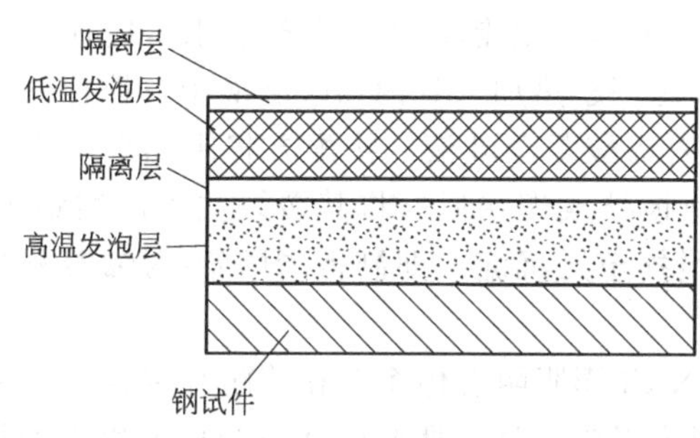

图 3-11-8　复合涂层结构

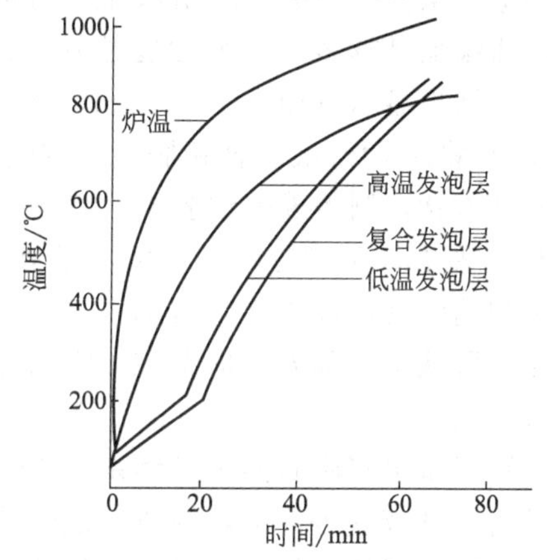

图 3-11-9　复合发泡层的模拟阻火实验曲线

下面为 E60-1 膨胀型无机防火涂料配方：

原材料	用量/%	原材料	用量/%
基料(系氢氧化铝、磷酸和水反应制得)	40	脲醛树脂(工业品)	5
复合阻燃剂①	25	尿素(工业品)	6
氧化铝(工业品，Al_2O_3>64%)	5	增塑剂(工业品)	5
钛白粉(R101)	4	水(自来水)	10

① 复合阻燃剂可从如下的品种及用量（100 份基料中加入阻燃剂的份数）的组合中选择：

a. 三氯乙基磷酸酯 5，三聚氰胺 8，滑石粉 10；

b. 三聚氰胺 8，滑石粉 10；

c. 四溴双酚 A 5，三聚氰胺 8，三氧化二锑 10。

(3) 有机、无机复合膨胀型防火涂料的防火作用机理　无机材料作为主要成膜物质的防火涂料，其阻燃性优于有机防火涂料，但其耐水性等物理性能较差，如果能将二者结合起来，就可得到性能优良的有机、无机复合型防火涂料。

① 水玻璃、有机物复合型　这类涂料由水玻璃、有机物及各种填料组成，可分如下两种。

a. 水玻璃、玉米淀粉、CMC 混合涂料　这种涂料在加入玉米淀粉、CMC 之后，在水玻璃强碱性介质作用下，淀粉、CMC 均发生熟化作用，形成了糊精等产物，改进了涂料的成膜性能，这两种碳水化合物遇热炭化、失水也会促进体系发泡。但这种涂料适用期在 2h 左右，且易结块，涂层不够平整，涂层发泡时，有少量烟雾冒出。

b. 水玻璃、有机水乳液复合涂料　这种涂料由水玻璃、水乳液和各种填料组成，乳液可选用聚醋酸乙烯、聚氯乙烯、聚甲基丙烯酸酯等聚合物乳液。水玻璃涂层经聚合物改进后，提高了涂层的耐水性和涂膜的装饰性，但随之而来的问题是涂层发泡时会产生少量烟雾和有害气体，配制的涂料稳定性欠佳，易凝胶。

上述两种涂料的涂层阻火时，泡沫层均以水合硅酸盐为主体，存在着泡层高温熔滴的技术难题，目前，仍主要用于木构件的防火保护。

② 涂料中添加有机固化剂型　在涂料中添加固化促进剂可以提高防火涂料的耐水性，常用的有机固化剂有三乙醇胺、乙二醛、甲基硅烷醇酸钠、甲基硅油（聚二甲基硅氧烷液体）。将它们预先制成乳化液，再与防火涂料混溶在一起，形成无机-有机复合型防火涂料。邹光中等人将甲基硅油与无机硅酸盐防火涂料混溶在一起，依据 GB 12441—2005 做的耐水性实验，由结果可见，添加硅油可明显提高防火涂料的耐水性能。这是由于有机硅的加入，可部分取代钠水玻璃分子两端的钠离子或填充在—Si—O—Si—网状结构的间隙中，屏蔽残存的羟基，从而提高涂料的耐水性。同时还可知，干燥时间越长，涂层遇水不脱落时间也越长，硅油添加量越多，耐水性能越好。但硅油添加过多，会降低涂料稳定性，并会增加成本，实验结果显示以加入 1.0%～1.5%硅油为宜。

③ 磷酸铝-丙烯酸复合膨胀型　按配比量取磷酸和氢氧化铝，加入去离子水，搅拌至呈完全的乳液状，制得磷酸铝乳液。将磷酸铝乳液按比例趁热加入到丙烯酸乳液中，搅拌并控温在 80℃左右，至没有回流产生，即制得磷酸铝-丙烯酸复合乳液。按配方将阻燃剂加入去离子水和消泡剂，搅拌均匀再加入其他助剂，快速搅拌成糊状后，将其缓缓注入磷酸铝-丙烯酸复合乳液中，降温并恒温在 40℃左右，继续搅拌至无沉淀，即制得磷酸铝-丙烯酸复合膨胀型防火涂料。

(4) 新型可膨胀石墨阻燃体系　P-C-N、P-C-N-Cl 膨胀阻燃体系存在着耐高温性、耐老化性及耐水性较差等问题，为改善这个缺陷，有研究者将上述膨胀阻燃体系与可发生物理膨胀的可膨胀石墨配合使用，形成的复合阻燃膨胀体系由基料、P-C-N、P-C-N-Cl 膨胀阻燃体系、颜填料、可膨胀石墨、水或溶剂及其他助剂组成。当涂层受热时，涂层中的脱水催化剂首先开始分解，形成大量无机酸，成炭剂在酸的作用下失水炭化，在发泡剂的作用下形成泡沫炭层。而后，在高温或火焰作用下，配方中的可膨胀石墨在涂层中受热膨胀，形成“蠕虫”炭体。每个可膨胀石墨单体的膨胀倍率可高达 100～300，形成的膨胀炭体耐氧化、耐高温，大量的膨胀炭体覆盖在基材上，可同样起到难燃性海绵状炭质层的保护作用。等于在已经形成的膨胀炭层上面又附加了一个炭体层，整个膨胀体系形成一个比原涂层厚几十倍至几百倍的难燃性海绵状炭质层，从而大大提高了涂料的耐火性能。

从膨胀炭层的内部结构来看，防火涂料的膨胀炭层中有两种结构的炭：石墨结构炭和类石墨结构炭。化学膨胀产生的膨胀炭层中是类石墨结构的炭，可膨胀石墨形成的炭体是石墨结构炭，有更好的热稳定性。但石墨结构炭分子间是层状的结构，彼此缺乏有效联系，而聚合物形成的类石墨炭有一定的交联作用。两者共同形成的交联炭结构可耐足够长时间的高温灼烧而不会损坏，保证了涂料的耐火性能。但耐火性能并不好，原因有待继续探讨。

2. 非膨胀型防火涂料的防火隔热原理

非膨胀型防火涂料遇火时涂层基本上不发生体积变化，形成釉状熔融保护层。它能起隔绝氧气的作用，使氧气不能与被保护的易燃基材接触，从而避免或降低燃烧反应。继续加热，黏稠涂层脱水并与其他填料的高温凝聚相产物一起形成隔氧的釉状涂层。釉状涂层中常常含有吸热载体，热容较高、升温速度较慢，但因涂层结构致密，有利于接触传热，但这类涂料所生成的釉状保护层热导率往往较大，隔热效果较膨胀型涂层差，其作用原理有以下几个方面。

(1) 吸热降低基材温度　防火涂料在受热时，由于涂料体系中的阻燃剂发生分解吸热反应，使基材温度延缓上升，起到延缓和阻止可燃基材燃烧或性能下降的作用。防火涂料的吸热作用主要表现在如下一些方面。

① 无机阻燃剂的分解吸热　防火涂料组成中为了提高涂料的防火性能，同时又能减少燃烧过程中有毒、有害气体的产生，常选用添加无机阻燃剂。无机阻燃剂主要有氢氧化铝、氢氧化镁以及高岭土、蒙脱土、黏土等无机填料。

a. 氢氧化铝　氢氧化铝受热分解出 Al_2O_3 和水，反应式如下

$$2Al(OH)_3 \xrightarrow{\text{加热}} Al_2O_3 + 3H_2O$$

在 240～500℃范围内测得的数据表明，该反应的吸热量为 1967.2kJ/kg，吸热是氢氧化铝阻燃剂的最主要作用。氢氧化铝的 TGA-DTA 图谱（见图 3-11-10）明显地显示出其失水吸热的 3 个阶段。

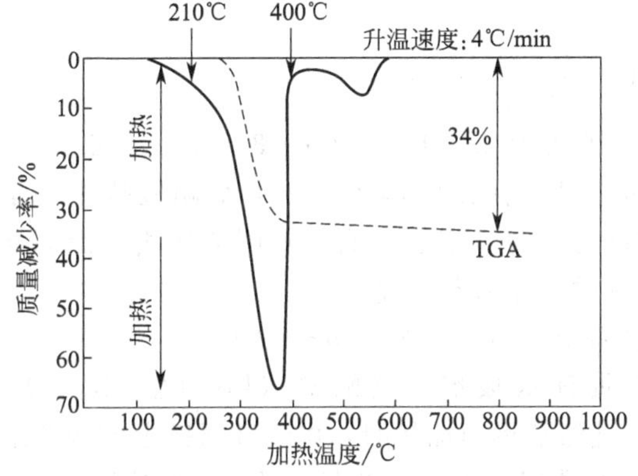

图 3-11-10　氢氧化铝的 TGA-DTA 图谱

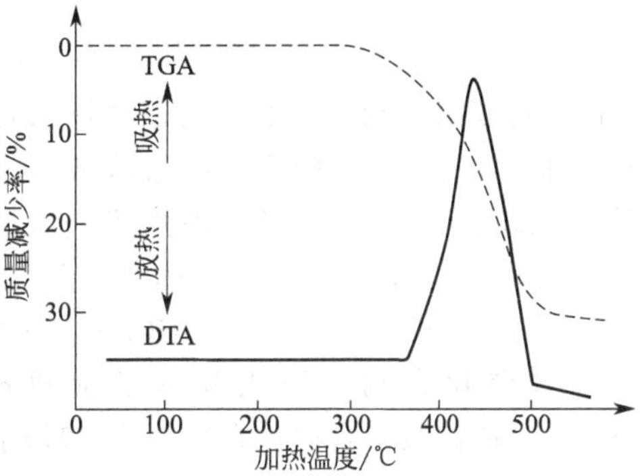

图 3-11-11　氢氧化镁的 TGA-DTA 图谱

b. 氢氧化镁　图 3-11-11 为氢氧化镁的 TGA-DTA 图谱。

氢氧化镁约在 340℃开始逐渐吸热并按如下反应进行分解

$$Mg(OH)_2 \xrightarrow{\text{加热}} MgO + H_2O$$

430℃时分解吸热达到顶峰，490℃时分解吸热完毕，留下氧化镁。在吸热分解反应中，氢氧化镁的吸热量为 44.8kJ/mol，吸热是氢氧化镁抑制燃烧的主要原因。

c. 高岭土、蒙脱土、黏土等无机填料　高岭土、蒙脱土、黏土等具有良好的耐热、耐酸碱性，且廉价易得，添加在涂料中，一方面能起到阻燃充填剂的作用，另一方面，它能改善涂层的物理机械性能。近年来由于纳米技术和表面处理技术的发展使其在防火涂料配制过程中的分散性得到改善，在涂料成膜阶段可均匀地分布在基材表面，因而能有效地发挥其防火作用。下面以改性高岭土为例分析其冷却阻燃作用。

高岭土是自然界存在的一种水合硅酸铝矿物，其分子式为 $Al_2O_3 \cdot 2SiO_2 \cdot 2H_2O$，结构式为 $Al_4(Si_4O_{10})(OH)_8$。高岭土在受热温度接近 500℃时，晶体结构中的水分逸出，650℃左右完成脱羟基，这时水合铝硅酸盐变成主要由三氧化二铝和二氧化硅形成的偏高岭石，温度继续升高，偏高岭石经过硅铝尖晶岩相，最终产物是莫来石和无定形二氧化硅。

整个受热过程如下

$$\underset{\text{高岭土}}{Al_2O_3 \cdot 2SiO_2 \cdot 2H_2O} \xrightarrow{500\sim700℃} \underset{\text{偏高岭石}}{Al_2O_3 \cdot 2SiO_2} + 2H_2O$$

$$2(Al_2O_3 \cdot 2SiO_2) \xrightarrow{925℃} 2Al_2O_3 \cdot 3SiO_2 + SiO_2$$

偏高岭石 硅尖晶石

$$2Al_2O_3 \cdot 3SiO_2 \xrightarrow{4100℃} 2(Al_2O_3 \cdot SiO_2) + SiO$$

硅尖晶石 似莫来石

$$3(Al_2O_3 \cdot SiO_2) \xrightarrow{1100℃} 3Al_2O_3 \cdot 2SiO_2 + SiO_2$$

似莫来石 莫来石

从受热过程中看出，涂料中的高岭土受热分解出水蒸气，并能吸收大量的热，而其中的Al_2O_3也是一种吸热的惰性载体。因此，通过降低了热量向基材的传递与水蒸气的冲稀作用以及熔融涂层隔氧作用一起提高了涂层的防火性能。

② 含硼阻燃剂 含硼阻燃剂的阻燃作用一是能形成玻璃态无机膨胀涂层，二是生成的硼酸盐能促进成炭，三是高温下吸热、发泡及冲稀可燃物的功效。如硼酸加热脱水吸热可用下式表示

$$2H_3BO_3 \xrightarrow[-2H_2O]{130\sim200℃} 2HBO_2 \xrightarrow[-H_2O]{260\sim270℃} B_2O_3$$

作为重要阻燃剂和抑烟剂的硼酸锌水合物，分子式为$2ZnO \cdot 3B_2O_3 \cdot 3.5H_2O$，在290～450℃之间放出13.5%的水，并吸收503kJ/kg的热量，在无卤体系中，含水硼酸盐主要是以脱水机理进行阻燃。当含硼阻燃剂与卤素阻燃剂合用时，尽管具有多重阻燃作用，但同样存在脱水吸热作用，反应方程式显示了含硼阻燃剂的脱水吸热功能。

$$2ZnO \cdot 3B_2O_3 + 12HCl \longrightarrow Zn(OH)Cl + ZnCl_2 + 3BCl_3 + 3HBO_2 + 4H_2O$$

③ 含硅化合物 防火涂料的无机成膜物质有水玻璃、硅酸盐（Li_2SiO_3、K_2SiO_3、Na_2SiO_3）、硅溶胶等含硅化合物。当水玻璃和水合硅酸盐迅速加热时，由于硅氧链上的羟基缩合而迅速脱水。图3-11-12为硅酸盐防火涂料的DTA曲线，由此可见存在吸热降温功效。

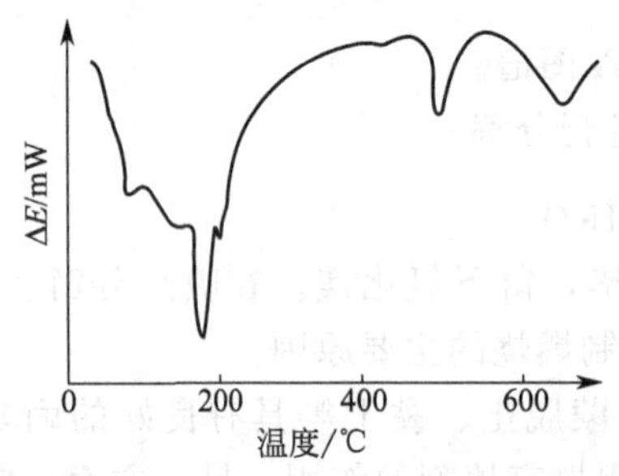

图3-11-12 硅酸盐防火涂料的DTA曲线

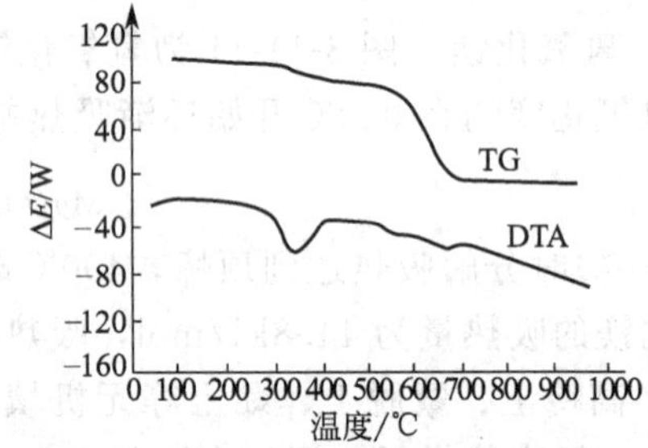

图3-11-13 聚磷酸铵的TG-DTA图谱

④ 含磷无机阻燃剂 磷酸二氢铵、磷酸氢二铵等含磷无机阻燃剂受热分解时均具有吸热、稀释可燃气体的作用。但由于小分子铵盐热稳定性差、易迁移、吸潮，因此目前在防火涂料中已被聚磷酸铵所取代。聚磷酸铵在防火涂料中主要作为膨胀型阻燃成分的脱水剂及发泡剂，它的阻燃作用主要是形成膨胀炭层，但在受热过程中，由于聚磷酸铵分解，同样存在有利于阻燃的吸热过程。图3-11-13为聚磷酸铵的TG-DTA图谱。由图可见，在296～415℃、653～715℃范围内均存在明显的分解吸热峰。

⑤ 含氮阻燃剂 目前已获得广泛应用的含氮阻燃剂有三聚氰胺及其衍生物（三聚氰胺氰尿酸盐、磷酸盐、硼酸盐、胍盐、双氰胺盐），它们既可以作为混合膨胀型阻燃剂的组分，也可单独使用。这类阻燃剂主要通过分解吸热及生成不燃性气体发挥作用。如三聚氰胺在250～450℃范围内发生分解，吸收大量的热；三聚氰胺的氰尿酸盐在440～450℃分解吸热，

而将其加入在醋酸乙烯酯乳液、丙烯酸酯乳液及橡胶乳液中制得的涂料，不但阻燃性能好，而且其涂膜密着性和平滑性均优。

此外，卤-锑协同过程中会产生吸热作用，生成的 SbX_3 在火焰的上空结成液滴或固体微粒，其壁效应吸收大量热能，有利于促使燃烧速度减缓或停止。

(2) 燃烧连锁反应的抑制、中止　防火涂料中添加的卤素阻燃剂、卤-锑协同阻燃剂主要是通过在气相中使燃烧中断或延缓链式燃烧反应而发挥阻燃作用，有机磷系阻燃剂除符合凝聚相阻燃机理外，也可在气相抑制燃烧的连锁反应。

① 卤素阻燃剂　卤素阻燃剂在受热分解时能产生 HX 气体，HX 会与燃烧链式反应中活泼的 H· 、O· 、HO·发生反应，生成活性较低的 X·自由基，致使燃烧减缓或中止，链中止反应的反应式如下

$$HX + H\cdot \longrightarrow H_2 + X\cdot$$

$$HX + O\cdot \longrightarrow HO\cdot + X\cdot$$

$$HX + HO\cdot \longrightarrow H_2O + X\cdot$$

氯系阻燃剂与溴系阻燃剂的链中止机理相同，但由于溴的阻燃元素质量高，H—Br 的键能小于 H—Cl 的键能，捕获自由基的能力更强，溴系阻燃剂比氯系阻燃剂的阻燃效果更好。

② 卤-锑协同阻燃体系　卤素阻燃剂与锑系阻燃剂共同使用可增加阻燃的附加作用，这个作用又称为协同效应。卤-锑协同在高温下的反应式如下

$$Sb_2O_3(s) + 6HCl(g) \longrightarrow 2SbCl_3(g) + 3H_2O$$

$$Sb_2O_3(g) + 2HCl(g) \xrightarrow{250℃} 2SbOCl(s) + H_2O$$

$$5SbOCl(s) \xrightarrow{245\sim280℃} Sb_4O_5Cl_2(s) + SbCl_3(g)$$

$$4Sb_4O_5Cl_2(s) \xrightarrow{410\sim475℃} 5Sb_3O_4Cl(s) + SbCl_3(g)$$

$$3Sb_3O_4Cl(s) \xrightarrow{475\sim565℃} 4Sb_2O_3(s) + SbCl_3(g)$$

反应中的 SbX_3 在燃烧区内可捕获燃烧链式反应中活泼的 H· 、O· 、HO·，抑制或中止燃烧反应。

$$SbX_3 + H\cdot \longrightarrow HX + SbX_2\cdot$$

$$SbX_3 \longrightarrow X\cdot + SbX_2\cdot$$

$$SbX_3 + CH_3\cdot \longrightarrow CH_3X + SbX_2\cdot$$

$$SbX_2\cdot + H\cdot \longrightarrow SbX\cdot + HX$$

$$SbX_2\cdot + CH_3\cdot \longrightarrow CH_2X\cdot + SbX\cdot + H\cdot$$

$$SbX\cdot + H\cdot \longrightarrow Sb + HX$$

$$SbX\cdot + CH_3\cdot \longrightarrow Sb + CH_3X$$

SbX_3 缓慢分解释放出的 X·能按如下反应式与燃烧反应气相中的自由基结合，抑制或中止燃烧。

$$X\cdot + CH_3\cdot \longrightarrow CH_3X$$

$$X\cdot + H\cdot \longrightarrow HX$$

$$X\cdot + HO_2\cdot \longrightarrow HX + O_2$$

$$HX + H\cdot \longrightarrow H_2 + X\cdot$$

$$X\cdot + X\cdot + M \longrightarrow X_2 + M$$

$$X_2 + CH_3\cdot \longrightarrow CH_3X + X\cdot$$

O·可与锑反应生成氧化锑，后者可捕获气相中的 H·及 HO·，使燃烧得到抑制或中止，反应式如下

$$Sb + O\cdot + M \longrightarrow SbO\cdot + M$$

$$SbO\cdot + 2H\cdot + M \longrightarrow SbO\cdot + H_2 + M$$

$$SbO\cdot + H\cdot \longrightarrow SbOH$$

$$SbOH + HO\cdot \longrightarrow SbO\cdot + H_2O$$

③ 有机磷系阻燃剂 有机磷系阻燃剂热解所形成的气态产物中含有 PO·，它可以抑制 H·及 HO·，因此可在气相区抑制燃烧的连锁反应。

$$H_3PO_4 \longrightarrow HPO_2 + PO\cdot + \text{其他}$$

$$PO\cdot + H\cdot \longrightarrow HPO$$

$$HPO + H\cdot \longrightarrow H_2 + PO\cdot$$

$$PO\cdot + HO\cdot \longrightarrow HPO + O\cdot$$

卤-磷协同体系与卤-锑体系相似，据认为卤化磷或卤氧化磷是燃烧自由基的捕获剂，但目前证据不足。

此外，膨胀型阻燃体系也可能在气相发挥阻燃作用，如磷-氮-碳体系遇热可能产生 NO 和 NH_3，而极少量的 NO 和 NH_3 也能使燃烧赖以进行的自由基化合而导致链反应中止。

(3) 惰性气体的覆盖、稀释作用 不同的阻燃剂其阻燃机理可能是不同的，同一种阻燃剂往往是通过一种或多种阻燃效应同时在起作用。阻燃剂在发挥上述阻燃作用的同时，还不同程度地存在惰性气体的覆盖、稀释作用。

① 卤素阻燃剂 卤素阻燃剂受热后释放出的 HX，不仅可以捕捉燃烧反应的自由基，它们也是难燃性气体，可以稀释空气中的氧，且由于 HX 的密度大于空气的密度，在可燃基材表面能形成覆盖保护层，减缓或中止燃烧。

② 卤-锑协同阻燃体系 卤-锑协同阻燃体系的覆盖、稀释作用与卤素阻燃剂相似，生成的 SbX_3 首先是燃烧气相中自由基的捕获剂，其次，SbX_3 的密度大，覆盖在基材表面可以隔绝基材与氧的接触。卤-锑协同阻燃体系正是由于多种阻燃作用并存，使其阻燃效果非常显著。

③ 含氮阻燃剂 含氮阻燃剂早期主要是以无机铵盐形式使用。无机铵盐热稳定性差，受热时释放出 NH_3、CO_2（碳酸铵）、HCl（氯化铵）和 H_2O 等不燃气体，它们可以稀释空气中的氧浓度、降低可燃基材分解出的可燃气体的浓度，发挥阻燃作用。

新型氮系阻燃剂三聚氰胺在 250～380℃可以发生下列反应，生成多种缩聚物并释放出 NH_3，挥发的三聚氰胺及氨气都可以起到稀释作用。

$$2C_3H_6N_6 \xrightarrow{-NH_3} C_6H_9N_{11} \xrightarrow{-NH_3} C_6H_6N_{10} \xrightarrow{-NH_3} C_6H_3N_9$$

三聚氰胺的磷酸盐受热分解，在 650℃热降解接近完成，生成焦磷酸盐和聚磷酸盐并释放出水蒸气，盐参与构成炭层，水蒸气起稀释氧和可燃气体的作用。反应式如下

$$C_3H_6N_6\cdot H_3PO_4 \xrightarrow{-H_2O} C_3H_6N_6H_4P_2O_7 \xrightarrow{-H_2O} (C_3H_6N_6HPO_3)_n$$

膨胀型阻燃剂受热升温分解产生的不燃气体如 NH_3、CO_2、H_2O 等可稀释空气中的氧及可燃气体的浓度。

④ 含磷无机阻燃剂 小分子的含磷无机阻燃剂如磷酸二氢铵、磷酸氢二铵等受热分解均会生成不燃性气体 NH_3，而目前广泛使用的聚磷酸铵遇热首先分解生成 NH_3，分解出的磷酸缩合生成偏磷酸及聚偏磷酸并释放出水蒸气。APP 受热的变化过程如下

$$(NH_4)_{n+2}P_nO_{n+3} \xrightarrow[-H_2O]{-NH_3} H_3PO_4 \xrightarrow{-H_2O} HPO_3 \longrightarrow (HPO_3)_n$$

⑤ 其他阻燃剂 无机阻燃剂、含硼阻燃剂等受热分解产生的水合水吸热汽化不仅产生冷却作用，产生的水蒸气还具有稀释作用。

第四节　防火涂料的组成

防火涂料的组成一般为基料、阻燃剂、增强填料、溶剂、颜料、助剂六大部分。下面重点介绍基料（基体树脂）和阻燃剂。

一、基体树脂

能用于制备防火涂料的树脂有很多，但在实际中往往不会单独使用一种树脂。单一树脂作基料的防火涂料其涂膜有许多缺陷，如涂料的光泽差，不挥发分含量低，耐候性、耐水性、柔韧性差等。因此经常采用几种树脂混合使用，相互之间取长补短，以获得性能理想的涂膜。

可用作防火涂料基料的树脂和粘接剂种类繁多、性能各异，下面重点介绍一些目前在防火涂料中常用的树脂基料。

（一）溶剂型涂料用树脂

1. 丙烯酸树脂

丙烯酸树脂是丙烯酸酯或甲基丙烯酸酯和其他不饱和单体进行加成聚合而制得的共聚树脂。相对分子质量一般在75000～120000。其结构示意如下：

$$-CH_2-\underset{\displaystyle COOR}{\underset{|}{CH}}-CH_2-\underset{\displaystyle COOR}{\underset{|}{CH}}-CH_2-\underset{\displaystyle COOR}{\underset{|}{CH}}-CH_2-\underset{\displaystyle COOR}{\underset{|}{CH}}-$$

优点：聚丙烯酸树脂不吸收紫外线，不容易水解，所以耐气候性能比较突出，化学稳定性、耐水性、耐腐蚀性亦堪称优秀，无色透明，保色保光，耐酸、耐碱，对颜料的黏结能力大，施工性能良好。此外它的配方比较灵活，可与许多官能性单体共聚获得具有广泛物性和用途的共聚物。缺点：拉丝性——丰满度差；对热敏感；耐溶剂差。极性过强。

近年来丙烯酸树脂广泛地应用在饰面型防火涂料、钢结构防火涂料、电缆防火涂料、塑料防火涂料等的研制中。

2. 环氧树脂

环氧树脂是大分子主链上含有醚键和仲醇基，同时两端含有环氧基团的一类聚合物的总称，是热固性树脂中用量最大、应用最广的品种。环氧树脂中含有独特的环氧基，以及羟基、醚键等活性基团和极性基团，因而具有许多优异的性能。与其他热固性树脂相比较，环氧树脂的种类和牌号最多、性能各异。环氧树脂固化剂的种类更多，再加上众多的促进剂、改性剂等，可以进行多种多样的组合。从而能获得各种各样性能优异的、各具特色的环氧固化体系和固化物。作为防火涂料粘接剂使用的一般为低分子量液状环氧树脂（相对分子质量为340～700），其分子结构式为

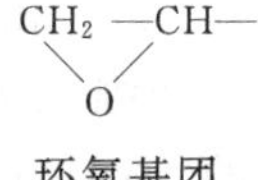

环氧基团

(1) 优点　①力学性能好。环氧树脂具有很强的内聚力，分子结构致密。②黏结性能优异。在环氧树脂结构中含有脂肪族羟基、醚基和极活泼的环氧基。羟基和醚基都有高度的极性，使环氧树脂分子能在邻界面产生电磁引力，而环氧基团能与介质表面的自由基起反应形

成化学键，所以环氧树脂的粘接力特别强。它对大部分材料如木材、金属、玻璃、塑料、橡胶、皮革、陶瓷、纤维等都有良好的粘接性能，故有“万能胶”之称，只对少数材料如聚苯乙烯、聚氯乙烯、赛璐珞等粘接性较差。③固化收缩率小。一般为1%～2%。所以其产品尺寸稳定，内应力小，不易开裂。④工艺性好。环氧树脂固化时基本上不产生低分子挥发物，所以可低压成型或接触压成型。配方设计的灵活性大，可设计出适合各种工艺性要求的配方。⑤电性能好。是热固性树脂中介电性能最好的品种之一。⑥稳定性好。不含碱、盐等杂质的环氧树脂不易变质。⑦固化后的环氧树脂，具有优良的耐化学腐蚀性、耐热性、耐酸碱及良好的电绝缘性，因而用它来配制的膨胀型防火涂料不仅具有优良的附着力、防腐蚀性、抗化学品性、硬度、柔韧性及坚牢度等性能，而且可以应用于户外，此外，耐烃类火灾的能力较普通膨胀型防火涂料好得多。树脂可在150～200℃温度下长期使用，耐寒性可达-55℃。树脂可贮存一年以上不变质。

(2) 缺点　热固性树脂，固化是通过加入固化剂来实现的。另外固化后涂层较脆。

3. 氯化聚烯烃树脂

(1) 氯化橡胶　氯化橡胶是由天然橡胶经过炼解或异戊二烯橡胶溶于四氯化碳中，通氯气而制得的白色多孔性固体物质。也可水相法制的，通常含氯量在62%～67%。

氯化橡胶呈白色粉末状，溶液黏度因橡胶降解程度而异。易溶于芳烃、卤烃、酯类和酮类，脂肪烃是其稀释剂。漆膜特性：由于分子结构规整、饱和、极性小，无活性化学基团，故漆膜化学稳定性高，耐酸、碱、盐、氯化氢、硫化氢、二氧化硫等化学品侵蚀，但不耐浓硝酸和氢氧化铵；长期与动物油、植物油和脂肪接触，漆膜软化和膨胀。其特点如下。

① 对光、热不稳定，130℃以上时开始分解，在潮湿条件下60℃就开始分解，所以使用温度低于60℃。

② 水、水蒸气通过率低，抗渗透性好。

③ 无毒、快干、单组分，不受施工温度限制。

④ 附着力好，无层间附着问题。

⑤ 含氯量高，因此阻燃性好，且在潮湿条件下可防霉。

⑥ 单独用于涂料时，漆膜较脆，制漆时需加入增塑剂或其他塑性好的树脂，低分子量的增塑剂，如氯化石蜡、氯化联苯或邻苯二甲酸酯类，常因其往表面迁移和亲水性而影响涂层性能。

⑦ 合成氯化橡胶时采用四氯化碳作溶剂，其成品也往往含有一定量的游离的四氯化碳，破坏大气中的臭氧层，目前从世界范围内正在禁止溶剂法的氯化橡胶的生产。正在大力发展水相法的氯化橡胶，但水相法氯化橡胶较溶剂法的氯化橡胶的性能尚有一定的差距。

(2) 聚偏氯乙烯树脂(PVDC)　聚偏氯乙烯树脂，又称聚偏二氯乙烯树脂、氯偏树脂，分子式为 $(C_2H_2Cl_2)_n$，相对分子质量为20000～1000000。

聚偏氯乙烯树脂很难燃烧，其燃烧火焰呈黄色，端部呈绿色。密度（30℃）为1.7～1.875g/cm^3，软化点为185～200℃，分解温度为210～215℃，含氯量为72%，表观密度为0.5～0.6g/cm^3，挥发物（105℃，1h）<0.4%。由于分子结构的对称性使它有高度的结晶性，密度为1.70g/cm^3（薄膜1.68g/cm^3，纤维1.75g/cm^3），吸水性<0.1%。PVDC对很多气体和液体具有很低的透过率是其最大的特点，这种特性是由其分子结构的高密度性和高结晶性决定的。PVDC热分解时分两步进行：先是生成共轭双键，然后炭化。聚偏氯乙烯树脂热收缩率大，在热、紫外线、离子辐射（α射线、γ射线）、碱性介质、催化金属或盐类作用下分解反应生成Cl或HCl。在室温下不溶于一般溶剂。聚偏氯乙烯树脂具有不受细菌、

昆虫侵蚀的优点，能耐多种溶剂，在含氧和氯代溶剂中易溶胀。产品结构分为原始状态水性乳液和干燥的树脂粉末两种形式。聚偏氯乙烯树脂难燃，无毒性，离火即灭，燃烧时软化，炭化时膨胀，裂解时放出有毒性单体和氯化氢。聚偏氯乙烯树脂在防火涂料中主要起基料（粘接剂）、阻燃剂的作用，成膜后透水透气率低，耐油。故其防火涂料还具有防潮、防水及防腐等性能。用于配制的防火阻燃液对木材、木制品、纸张、纸板、织物等易燃纤维材料的表面阻燃处理，处理后的纤维材料由易燃材料变为难燃材料。

（二）膨胀防火涂料成炭、发泡体系用原料

膨胀防火体系主要由酸源、碳源、发泡剂等组成。可用于膨胀型防火涂料的膨胀防火体系的阻燃原料种类繁多，性能各异，本节中所谈到膨胀防火体系的阻燃原料只限于当前用得比较多的品种。

(1) 尿素　选用工业品。尿素在水、稀酸、稀碱溶液中很不稳定，在稀碱中加热至50℃以上时分解出氨气，在稀酸中分解出二氧化碳。

$$NH_2CONH_2 + 2NaOH \longrightarrow 2NH_3 + Na_2CO_3$$

$$NH_2CONH_2 + H_2SO_4 + H_2O \longrightarrow (NH_4)_2SO_4 + CO_2$$

尿素易吸湿而结块影响使用，所以尿素应存放在干燥且有防潮设施的库房内。

尿素是一种重要的化工原料，主要在水性防火涂料的配方中起发泡剂的作用。

(2) 三聚氰胺　是由双氰胺或尿素合成的，为白色粉末状结晶，分子式为$C_3N_3(NH_2)_3$，相对分子质量为126.091，熔点345℃，在沸水中的溶解度为5%，冷水中仅为0.5%，易溶于甲醛、乙醇、苯酚、丙酮和烧碱水溶液中。与盐酸、硫酸、乙酸、草酸等作用生成盐。三聚氰胺在防火涂料中主要起发泡剂、阻燃剂的作用。

(3) 二氰二胺　选用工业品。

(4) 碳酸氢铵　选用工业品。

(5) 磷酸氢二铵　选用工业品。近年来已逐渐为聚磷酸铵所代替，目前磷酸氢二铵在防火涂料中只起辅助作用。

(6) 聚磷酸铵(APP)　是白色（结晶或无定形）粉末，当n足够大时分子式与结构式可写作（NH_4PO_3）$_n$，$n=10\sim20$相对分子质量约为1000～2000，$n>20$相对分子质量＞2000，系无分支的长链聚合物，随聚合度（n）的不同可分为水溶性（$n=10\sim20$）和水不溶性（$n>20$）两种。常用结晶态APP为水不溶性长链状聚磷酸铵盐，有Ⅰ～Ⅴ五种变体。

APP含磷、氮量高，P-N系产生协同效应，阻燃效果好；产品热稳定性好，分解温度高于250℃，约750℃全部分解；水溶性低，吸潮性小，10g APP在15℃时溶于100g水中，产品细度可达300目以上，相对密度小，约为1.24，分散性好；产品接近中性，化学稳定性好，可与其他任何物质混合而不起化学变化，用于膨胀型防火涂料中不影响其理化性能，是一种最重要的高效磷系无机阻燃剂。聚磷酸铵是目前在膨胀型防火涂料中应用最广泛、用量最大的一种无机阻燃添加剂，在防火涂料中主要起成炭发泡层形成的催化剂、发泡剂、阻燃剂的作用。

APP常与其他阻燃剂并用，其阻燃作用优于单独使用，常用的并用体系如APP＋甲醛＋$Mg(OH)_2$；APP＋$Al(OH)_3$；APP＋$BaCl_2$；APP＋尿素；APP＋磷酸胍；.APP＋甲醛＋双氰胺；APP＋Sb_2O_3等。当APP的聚合度$n<20$时，水溶解度（20℃）约为10～30g/100g H_2O，是最佳的木材浸渍剂，常压下浸渍马尾松、红松等材料，吸收药剂量达25～35kg/m^{3}时，处理过的材料氧指数达30以上。用合适的分散剂和乳化剂把氢氧化铝等阻燃剂和APP混合配成防火阻燃液可处理木材、木制品、纸张、纸板、织物等易燃纤维材

料，其阻燃效果极佳。

(7) 磷酸二氢铝 选用工业品。

(8) 季戊四醇 是一个含有4个伯羟基的四元醇，为白色结晶，分子式为$C_5H_{12}O_4$。易被一般有机酸酯化，与稀烧碱溶液同煮无反应。15℃时1g季戊四醇可溶于18mL水中。季戊四醇溶于乙醇、甘油、乙二醇、甲酰胺，不溶于丙酮、苯、四氯化碳、乙醚和石油醚等。

季戊四醇不同于甘油，它是固体而且熔点很高，醇解时要加入催化剂，所需温度也稍高，为230～250℃。季戊四醇用于防火涂料中主要起成炭剂（碳源）、阻燃剂的作用，是膨胀型防火涂料最重要的成炭剂之一，并可提高防火涂料的柔韧性。季戊四醇中羟基的含量为48%。

(9) 丙三醇 选用工业品。又称甘油，为无色、透明、无臭、味甜的黏稠液体。丙三醇用于防火涂料中主要起炭化剂（碳源）、阻燃剂的作用，也可在防火涂料中起分散剂和渗透剂及流平剂的作用。常用于膨胀型透明防火涂料中。

(10) 淀粉 为白色、无臭、无味粉末，分子式为$(C_6H_{10}O_5)_n$，密度为1.499～1.513g/cm^3。有吸湿性，不溶于冷水、乙醇和乙醚。热水中有10%～20%可溶（直链淀粉）。支链淀粉大部分不溶。

淀粉用于防火涂料中主要起成炭剂（碳源）、阻燃剂的作用，常用于膨胀型透明防火涂料中。

(11) 三乙醇胺 选用工业品。三乙醇胺用于防火涂料中主要起成炭剂（碳源）、发泡剂的作用，也可在防火涂料中起表面活性剂、稳定剂、乳化剂、润滑剂等的作用，有时为固化剂组分之一。常用于膨胀型透明防火涂料中。

二、阻燃剂

下面介绍在防火涂料和防火阻燃液中目前用得比较多的部分阻燃剂产品。

（一）无机阻燃剂

1. 三氧化二锑阻燃剂

三氧化二锑，简称氧化锑，分子式为Sb_2O_3，相对分子质量为291.5，在常温下为白色结晶粉末，受热时呈黄色。三氧化二锑典型的化学组成为Sb_2O_3 98%～99%、Sb_2O_4 1.5%、Fe_2O_3 0.01%、As 0.35%、Pb 0.1%、S 0.1%。平均粒径为1～3μm，密度为5.67g/cm^3，熔点为656℃，沸点为1425℃，熔化热为54.4～55.3kJ/mol，蒸发热为36.3～37.2kJ/mol。它是在防火涂料中应用较广的一种无机阻燃型添加剂，单独使用时阻燃效果较低，若与磷酸酯、卤化物配合使用，有良好的协同效应，阻燃效果显著提高。两者反应可生成卤化锑（$SbCl_3$）和卤氧化锑（SbOCl），它们挥发时能吸热，同时产生气体隔绝氧气和稀释可燃气体浓度。在燃烧区域里，卤化锑还能热分解成氧化锑。

$$3Sb_2O_3+6RCl \longrightarrow 6SbOCl$$

$$5SbOCl \longrightarrow Sb_4O_5Cl_2+SbCl_3$$

$$4Sb_4O_5Cl \longrightarrow 5Sb_3O_4Cl+SbCl_3$$

$$3Sb_3O_4Cl \longrightarrow 4Sb_2O_3+SbCl_3$$

反应产生的卤化锑（$SbCl_3$或$SbBr_3$）除具有隔氧和冲淡可燃气体作用外，还能捕获气相自由基（H·和OH·），促使炭化物的形成。

氧化锑用于木材、木制品、纸张、纸板、织物等易燃纤维材料的表面阻燃技术处理的防火阻燃液中主要起阻燃剂的作用；用于防火涂料中主要起阻燃剂和颜料的作用。氧化锑主要作为协效剂与含卤素化合物配合，在它们的热分解过程中起阻燃作用，并可取代部分卤素化合物。Sb_2O_3 与卤系化合物的协效作用与磷-卤等元素的阻燃协效作用相比，它具有配料少、防火涂料的防火耐燃性好、对防火涂料和纤维材料的物理性能无影响等特点。Sb_2O_3 与有机元素不同，不具自然挥发性，在受火甚至在持续的火焰作用下，不会分解成为气体化合物而烧失，以它的稳定性可以起到经久耐燃的作用，从而使防火涂料具有高效隔热的防火性能。另外氧化锑在涂料中的应用可使涂料具有许多良好性能，其折射率较高，近似于 ZnO，具有遮盖力，粒径较小，吸油量也不大，在大多数树脂中呈现惰性。因此以氧化锑和卤素化合物配合可以制造既有高效隔热防火性能又有良好装饰性能的防火涂料。

2. 氢氧化铝阻燃剂

氢氧化铝又称水合氧化铝，分子式为 $Al(OH)_3$，或 $Al_2O_3 \cdot 3H_2O$，相对分子质量为 78，外观为白色粉末，细度为 325 目或 625～1250 目，真密度为 2.42g/cm^3，堆密度（轻装）为 1.1～0.25g/cm^3，堆密度（重装）为 1.4～0.45g/cm^3，硬度（莫氏）为 5～3.5，比热容为 2.82 J/(g·℃)。氢氧化铝阻燃剂的使用量在无机阻燃剂中占有很大比重，氢氧化铝阻燃剂具有热稳定性好、无毒、不挥发、不析出、不产生腐蚀性气体、发烟量少等优点，而且资源丰富，价格便宜。阻燃剂用的氢氧化铝的化学成分（质量百分比）：含 $Al(OH)_3$ 99.5%，纯 $Al(OH)_3$ 中的 H_2O 含量应为 34.6%，工业品的灼热一般质量减少 34%。$Al_2O_3 \geqslant 64\%$，$Na_2O \leqslant 0.2\%$，$SiO_2 \leqslant 0.2\%$，$Fe_2O_3 \leqslant 0.035\%$，$Cu \leqslant 0.001\%$，$Mn \leqslant 0.001\%$。

氢氧化铝受热分解成 Al_2O_3 和水，反应式如下：

$$2Al(OH)_3 \xrightarrow{\text{加热}} Al_2O_3 + 3H_2O$$

氢氧化铝是一个极重要的阻燃剂，它不仅有受热分解吸热、放出结晶水汽化及冷却、稀释可燃性气体等阻燃作用，还有消烟、捕捉有害气体的作用。氢氧化铝用于木材、木制品、纸张、纸板、织物等易燃基材的表面阻燃技术处理的防火阻燃液中，主要起阻燃剂和消烟剂的作用；用于防火涂料中也主要起阻燃剂和消烟剂作用，在受火甚至在持续的火焰作用下不会分解成为气体化合物而烧失，以它的稳定性可以起到经久耐燃的作用，从而使防火涂料具有高效隔热防火性能。氢氧化铝虽然价廉、易得，并能起到减少毒气和烟雾的作用，但与有机类阻燃剂相比，要达到同样阻燃效果，需要添加的量较大，这样往往会影响涂料的其他物理力学性能。因此用它作阻燃剂时，一般不单独使用，多与其他类型阻燃剂配合使用。氢氧化铝其白度较高、粒径较细、折射率较低，经表面处理可由亲水性变成亲油性，增强与树脂的亲和力，亦可作为防火涂料的体质颜料使用，这样就能得到价格便宜、性能较好的防火涂料。

3. 氢氧化镁阻燃剂

氢氧化镁，分子式为 $Mg(OH)_2$，相对分子质量为 58.3。氢氧化镁约在 40℃开始逐渐吸热并按如下反应进行分解。

$$Mg(OH)_2 \longrightarrow MgO + H_2O$$

430℃时达到顶峰，490℃时分解完结，留下氧化镁。在吸热分解反应中，氢氧化镁的吸热量为 44.8kJ/mol，在 300℃以下是稳定的，这是它具有阻燃作用的原因。

氢氧化镁和氢氧化铝同样具有无烟、无毒、无腐蚀性、安全价廉等优点，而且氢氧化镁开始释放水的温度高于氢氧化铝开始释放水的温度。氢氧化镁用于防火涂料中主要起阻燃剂和发泡剂、消烟剂的作用，在火焰和高温作用下，不会分解成为气体化合物而烧失，以它的稳定性可以起到经久耐燃的作用，从而使防火涂料具有高效的隔热防火性能。

4. 水合硼酸锌（FB阻燃剂）

水合硼酸锌（FB阻燃剂），分子式为 $2ZnO \cdot 3B_2O_3 \cdot 3.5H_2O$，相对分子质量为 434.5，白色结晶形粉末，熔点为 980℃，相对密度为 2.8，折射率为 1.58，不溶于水和一般有机溶剂，可溶于氨水生成络盐，热稳定性好，在 300℃以上开始失去结晶水，粒度细，平均粒径为 2～10μm，含 ZnO 37%～40%，B_2O_3 45%～49%，H_2O 13.5%～15.5%，失结晶水温度≥300℃，粒度（325 目筛余物）≤1%，含水量≤1%，为无毒、无污染的无机阻燃剂。

硼酸锌与卤素阻燃剂 RX 混合使用，当接触火源时，生成气态卤化硼和卤化锌，并释放出结晶水。

$$2ZnO \cdot 3B_2O_3 \cdot 3.5H_2O + 22RX \longrightarrow 2ZnX_2 + 6BX_3 + 11R_2O + 3.5H_2O$$

同时燃烧时产生的 HX 继续与硼酸锌反应生成卤化硼和卤化锌。

$$2ZnO \cdot 3B_2O_3 \cdot 3.5H_2O + 22HX \longrightarrow 2ZnX_2 + 6BX_3 + 14.5H_2O$$

上述反应产生的卤化硼和卤化锌可以捕捉气相中反应活性物质 HO· 和 H·，干扰、中断燃烧的链反应，在固相中促进生成致密而又坚固的炭化层。同时在高温下硼化物在可燃物表面形成玻璃状固熔物包覆于纤维材料表面，既可隔热，又可隔绝空气。硼酸锌在 300℃以上时陆续释放出大量的结晶水，起到吸热、降温和消烟的作用。硼酸锌为无机添加型阻燃剂，由于它无毒性、低水溶性、高热稳定性、粒度细、分散性好，故在阻燃领域中的用途广泛。一般可和氧化锑［FB∶Sb_2O_3＝(1～3)∶1］复配加到氯丁橡胶、氯化树脂、氯化聚乙烯等含卤素树脂配制的防火涂料中，或与含卤素的其他阻燃剂如氯化石蜡、十溴二苯醚、四溴双酚 A、六溴环十二烷等一起使用。硼酸锌除了作为阻燃剂外，还可用作固相抑烟剂。日常火灾中人员死亡很大程度上是由于吸入大量的烟尘导致窒息死亡，硼酸锌具有良好的抑烟性能。当三氧化二锑和硼酸锌的质量比为 1∶(1～2) 时，其阻燃抑烟综合性能最好。

（二）有机阻燃剂

1. 四溴双酚 A

四溴双酚 A（TBA 或 TBBPA），又称 4,4′-(1-甲基亚乙基)双(2,6-二溴苯酚)，相对分子质量为 543.85，四溴双酚 A 为白色结晶型粉末。熔点为 175～181℃，不溶于水，溶于碱的水溶液及乙醇、丙酮、苯、冰醋酸等有机溶剂中。含溴量为 57%～58%，水分≤0.2%。开始分解温度 240℃，295℃时迅速分解，使用时加工温度在 220℃以内为宜。溴含量较高，属于反应型阻燃剂，亦可做添加型阻燃剂使用。可用于环氧树脂、酚醛树脂、聚苯乙烯树脂、不饱和聚酯树脂、聚氨酯树脂等配制的防火涂料中，主要起阻燃剂的作用，同时四溴双酚 A 还可以作为纸张、纤维的表面阻燃处理的防火阻燃液中的阻燃剂。

2. 氯化石蜡-42

氯化石蜡-42，又称氯蜡-42，分子式为 $C_{25}H_{45}Cl_7$，相对分子质量为 594，为金黄色、琥珀色黏稠液体，不易燃易爆，挥发性极微，能溶于大多数有机溶剂，不溶于水和乙醇。相对密度（d）为 1.16～1.17，受热分解，分解温度大于 110℃，含氯量为 40%～44%，酸值≤0.10mgKOH/g，折射率（25℃）为 1.492～1.496，凝固点为 －30～－33℃，黏度（25℃）为 200～300mPa·s，耐酸类、弱碱或盐水溶液。氯蜡-42 升温超过 150℃或加碱与醇类溶液共沸可脱去氯化氢，生成高级链烯烃类；氯化石蜡加水在温度超过 150℃下开始发生水解反应。氯化石蜡-42 属于难燃品，无爆炸危险，自燃点 357℃，是卤素阻燃剂系列之一。由于氯化石蜡具有与聚氯乙烯类似的结构，阻燃性和电绝缘性良好，挥发性低，因此普遍用于 PVC 电缆、软管、板材、人造革、薄膜的增塑阻燃剂。氯化石蜡可配制于丁苯橡胶、丁腈橡胶、氯丁橡胶、聚氨酯树脂等防火涂料中，起阻燃剂和增塑剂的作用。可以用于织物、木材、纸张和其他材料的表面阻燃处理，以降低其可燃性。

3. 氯化石蜡-50

氯化石蜡-50，又称氯蜡-50、氯化石油-50，分子式为 $C_{15}H_{26}Cl_6$，相对分子质量为 420，为浅黄色清澈黏稠液体，无味无毒，不溶于水，微溶于醇，易溶于苯、醚。密度（25℃）为 1.235～1.255g/cm^3，黏度（25℃）为 12～16Pa·s，折射率（20℃）为 1.505～1.515，凝固点在－30℃以下，比热容为 1.34J/(g·K)，含氯量为 50%～54%，酸值≤0.71mgKOH/g，热分解温度≥120℃。升温超过 150℃或加碱与醇类溶液共沸可脱去氯化氢，生成高级链烯烃类；氯化石蜡加水在温度超过 150℃时开始发生水解反应。

氯化石蜡等系列产品（除氯烃-13 以外）均耐酸、耐碱和耐盐水溶液。比较容易溶于矿物油类、润滑油类、有机氯溶剂类，醚类、酯类、环己醇、蓖麻油和其他植物油中。它们可与天然橡胶、氯化橡胶、合成橡胶、聚酯树脂和醇酸树脂类配伍使用。

氯化石蜡-50 起阻燃作用的同时还具有增塑作用，因此成为最重要的增塑剂，是邻苯二甲酸二丁酯、邻苯二甲酸二辛酯、磷酸三甲苯酚酯的代用品或辅助助剂，通常本品在增塑混合物中的含量可达增塑剂总量的 30%～50%。氯烃-50 还具有抗老化的作用。以本品为基础配制的防火阻燃液，对织物、纸张、帆布等易燃纤维材料的表面进行阻燃处理，可使其具有耐火、耐候性，增强了抗老化性，减少了主要增塑剂的逸度，降低了气味，提高了制品的机械强度和耐用性。氯烃-50 用于防火涂料和防火阻燃液中主要起阻燃剂、增塑剂及抗老化剂的作用。

4. 氯化石蜡-60

氯化石蜡-60，又称氯蜡-60、氯烃-60，分子式为 $C_{15}H_{23}Cl_9$，系高含氯量液体氯化石蜡，为透明浅黄液体。密度（25℃）为 1.36～1.37g/cm^3，黏度（25℃）为 40Pa·s。含氯量为 60%，热稳定性较好，化学稳定性较好，耐酸、耐弱碱和耐盐水溶液。温升超过 150℃或加碱与醇类溶剂共沸时可脱去氯化氢，生成高级链烯烃类，在 150℃时与水接触易产生水解作用。

氯化石蜡通常用作阻燃添加剂，除了提高塑料、橡胶的耐火性外，还可作为防火涂料的阻燃添加剂和增塑剂。同时在织物阻燃整理中可作为防火剂和增塑剂使用。用于木材、木制品、纸张、纸板、织物等易燃纤维材料的表面阻燃技术处理，起阻燃剂、增塑剂的作用。

5. 氯化石蜡-70

氯化石蜡-70，又称氯蜡-70、氯烃-70，分子式为 $C_{25}H_{30}Cl_{22}$，相对分子质量为 1060～1100，本品是一种外观白色或浅琥珀色粉末。结晶为树脂状透明脆性固体，手捏搓有松香般黏滞感。含氯量为 70%，软化点＞95℃，相对密度为 1.66～1.7，粒度 50 目，不溶于水和低级醇，有限度的溶于高级醇、丙酮和苯类溶剂，溶于四氯化碳等氯代溶剂，与许多高聚物材料有良好的相容性。引入各类树脂和其他高聚物中可提高难燃性，改善流动性。

本品和其他氯蜡产品的化学性质类似，当氯化石蜡-70 升温超过 150℃时，稳定性开始逐渐变差。随着温度升高，热稳定性表现为 175℃/4h 有 1%氯化氢开始逸出。对光和热比较敏感，是一种良好的有机氯卤阻燃剂。用于防火涂料中主要起阻燃剂的作用。可作为织物和包装材料的表面阻燃处理剂。

6. 磷酸三(2-氯乙)酯

磷酸三(2-氯乙)酯，又称三(2-氯乙基)磷酸酯，分子式为$C_6H_{12}O_4Cl_3P$，相对分子质量为285.50，

磷酸三(2-氯乙)酯为淡黄色油状液体。溶于醇、酮、酯、氯仿、四氯化碳等溶剂，不溶于脂肪族烃。水中溶解度（20℃）为4.64%，沸点（1.33kPa）为194℃，黏度（20℃）为34～47mPa·s，凝固点为－64℃，热分解温度为240～280℃，水解稳定性良好，在氢氧化钠水溶液中少量分解。

磷酸三(2-氯乙)酯属添加型阻燃剂，同时含有磷和氯，阻燃效果显著。广泛用于防火涂料中，主要起阻燃剂的作用，还可改善涂料的耐水性、耐酸性、耐寒性与抗静电性，特别是用于透明防火涂料中，使防火涂料固化后涂膜透明，能保持基材原有纹理和色泽，并有好的防火隔热性能。

7. 磷酸三(2,3-二氯丙)酯

磷酸三(2,3-二氯丙)酯，又称三(2,3-二氯丙基)磷酸酯，分子式为$C_9H_{15}O_4Cl_6P$，相对分子质量为430.90。

本品为浅黄色黏稠液体，相对密度（25℃）为1.5129，自燃温度为513.9℃，着火点为282.2℃，闪点为251.7℃，沸点（0.53kPa）＞200℃，凝固点为－6℃，230℃开始分解，水中溶解度（30℃）为0.01%，水在其中溶解度为0.98%。可溶于氯化溶剂（如全氯乙烯），黏度（23℃）为1850mPa·s。磷含量为7.2%，氯含量为49.1%。本品不易挥发及水解，对紫外线稳定性良好。

磷酸三(2,3-二氯丙)酯也属添加型阻燃增塑剂。可用于聚氯乙烯树脂、不饱和聚酯树脂、环氧树脂、酚醛树脂、聚氨酯树脂等配制的防火涂料，在防火涂料中起阻燃剂和增塑剂的作用，其防火涂料有较好的防火隔热性、防霉性、耐磨性、耐污染性、耐水性、耐候性、耐辐射性和电气性能，挥发性小。可用于木材、木制品、纸张、纸板、织物等易燃材料的表面防火阻燃技术处理。

8. 磷酸三丁酯

磷酸三丁酯，又称三丁基磷酸酯，分子式为$C_{12}H_{27}O_4P$，相对分子质量为266.38，磷酸三丁酯为无色无臭液体。色泽（APHA）为15，酸度（以磷酸计）为0.01%，相对密度（20℃）为0.973～0.978，动力黏度（25℃）为3.5～12.2mPa·s，凝固点为－80℃，沸点为289℃，着火点为204℃。微溶于水、甘油、乙二醇，可溶于大多数有机溶剂。本产品属添加型阻燃增塑剂，有一定阻燃和消泡效果。用于防火涂料中主要起阻燃剂、增塑剂、消泡剂的作用。用于透明防火涂料中，使防火涂料固化后涂膜透明，能保持基材原有纹理和色泽。可用于木材、木制品、纸张、纸板、织物等易燃材料的表面防火阻燃技术处理。

第五节 防火涂料的配方设计

在设计防火涂料配方时，除要满足防火涂料特性及质量指标要求外，还应适应防火涂料不同施工方式的要求。不仅要考虑主要成膜物、阻燃添加剂和增强填料，还要重视辅助成膜物——溶剂、助剂的选择，在设计有色防火涂料配方时还要重视颜料的选择。

防火涂料配方设计即配方组成的确定，主要包括原料选择（基料、阻燃添加剂、增强填料、颜料、溶剂、助剂等）及各种原料之间的合理配比选择。在防火涂料配方设计时，应在众多因素中抓住主要因素，即以主要成膜物（基料）的选择作为原料第一步选择的重点。首先要根据产品用途、技术要求、施工应用条件、被保护对象以及被保护物形状、干燥方式初步确定一种基料进行试验，或者固定一种阻燃体系及配比来优选各种基料。先逐步对阻燃添加剂、溶剂和增强填料（填充剂）的类型进行选择，依次再进行基料与其之间的配比选择等。

一般防火涂料配方设计主要有下列几个内容：①各种基料类型的选择；②各种阻燃添加剂及增强填料类型的选择；③各种溶剂类型的选择；④各种助剂类型的选择；⑤各种颜料类型的选择；⑥各种原料配比的选择；⑦防火涂料实验研究配方的确定；⑧防火涂料的生产配方的确定。

为了考察防火涂料在不同气候条件下的适应性，还应将试生产的防火涂料在不同气候条件地区的实际工程中应用，进行试用及观察，以取得良好应用效果。这也是防火涂料配方设计的特点。

在防火涂料配方设计的具体方法上，可以充分利用先进的检测仪器，借助正交设计等优选方法，达到提高配方设计的效率及可靠性的目的。在防火涂料配方设计中，还应注意下列问题：

① 了解各种原料（包括基料、阻燃剂、颜料、填料、溶剂、助剂等）的性能及来源、质量、检验方法和价格，能否相互配合这一点是相当重要的；

② 了解防火涂料的主要生产工艺及设备情况，使配方设计与生产工艺及设备更紧密结合，使生产效率提高，产品质量稳定；

③ 配方设计不仅要考虑质量指标，同时要考虑产品成本，要充分利用国内各种资源，尽量使用价格低、资源丰富的原料，达到以最低的成本制造出最好质量产品的目的。

防火涂料的用途不同，其防火机理基本上都是非膨胀型和膨胀型。

下面利用钢结构防火涂料的配方设计作一典型介绍。

一、钢结构防火涂料的配方设计

国内一般把钢结构防火涂料根据不同的防火机理分为厚型钢结构防火涂料、薄型钢结构防火涂料和超薄型钢结构防火涂料。笔者认为这种分法并不科学，还是应该分为非膨胀型钢结构防火涂料和膨胀型钢结构防火涂料。

（一）非膨胀型钢结构防火涂料的配方设计

非膨胀型钢结构防火涂料又叫钢结构防火隔热涂料。所谓非膨胀型钢结构防火涂料是指涂层使用厚度在 8～50mm 的涂料。这类钢结构防火涂料的耐火极限为 1.0～3h。这类钢结构防火涂料是用合适的粘接剂，再配以无机轻质材料、增强材料等组成，施工多采用喷涂，一般是应用在耐火极限要求在 2h 以上的钢结构建筑上。在火灾中涂层基本不膨胀，依靠材料的不燃性、低导热性和涂层中材料的吸热性来延缓钢材的温升，保护钢构件。非膨胀型（厚型）钢结构防火涂料按使用环境分为室内和室外两种类型。这种涂料其涂层外观装饰性不理想。非膨胀型钢结构防火涂料技术性能及指标见表 3-11-7。

表 3-11-7 非膨胀型（厚型）钢结构防火涂料技术性能及指标

室内		室外	
检验项目	技术指标	检验项目	技术指标
在容器中的状态	经搅拌后呈均匀稠厚流体状态,无结块		
干燥时间(表干)/h	≤24	干燥时间(表干)/h	≤24
外观与颜色	—	外观与颜色	—
初期干燥抗裂性	允许出现1～3条裂纹,其宽度应≤1mm	初期干燥抗裂性	允许出现1～3条裂纹,其宽度应≤1mm
黏结强度/MPa	≥0.04	黏结强度/MPa	≥0.04
抗压强度/MPa	≥0.3	抗压强度/MPa	≥0.5
干密度/(kg/m^3)	≤500	干密度/(kg/m^3)	≤650
耐水性/h	≥24 涂层应无起泡、脱落现象	耐曝热性/h	≥720 涂层应无起泡,脱落现象
耐冷热循环性/次	≥15 涂层应无开裂、起泡、剥落现象	耐湿热性/h	≥504 涂层应起泡、脱落现象
		耐冷热循环性/次	≥15 涂层应无开裂、起泡、剥落现象
		耐酸性/h	≥300 涂层应无开裂、起泡、剥落现象
		耐碱性/h	≥30 涂层应无起泡、明显的变质、软化现象
耐火性能：涂层厚度(不大于)/mm	25±2	耐火性能：涂层厚度(不大于)/mm	25±2
耐火性能：耐火极限(不低于)(以I36b或I40b标准工字钢梁做基材)/h	2.0	耐火性能：耐火极限(不低于)(以I36b或I40b标准工字钢梁做基材)/h	2.0

与其他类型的钢结构防火涂料相比，它除了具有水溶性防火涂料的一些优点之外，由于它从基料到大多数添加剂都是无机物，因此它还具有成本低廉、燃烧时发烟小等特点。

1. 室内非膨胀型钢结构防火涂料

室内厚涂型钢结构防火涂料价格较低，它主要由无机黏结剂，再配以无机轻质材料、增强材料组成。该类钢结构防火涂料施工采用喷涂，一般多应用在耐火极限要求 2h 以上的室内钢结构上，如高层民用建筑的柱、一般工业与民用建筑中的支承多层的柱。由于非膨胀型防火涂料受火时，涂层基本上不发生体积变化，而依靠构成涂层的材料自身的低导热性和隔热性对钢构件起屏障和防止热辐射的作用，避免火焰和高温直接进攻钢构件。要达到高等级耐火性能，因而涂层外观装饰性相对较差。

可用于该类钢结构防火涂料基料的无机粘接剂有碱金属硅酸盐类、磷酸盐类等。钠盐中由于存在游离的碱金属离子，空气中的酸性气体如 CO_2 等要与其发生反应，如果单用其作为涂料的基料会使涂膜不耐水不耐潮，并且耐候性差，涂层易出现开裂、脱粉等不良现象。因此如果采用硅酸钠作为钢结构防火涂料的基料，其关键技术之一是对其进行改性，即解决对游离的碱金属离子的抑制问题。目前解决这个问题的途径大多采用氟硅酸盐、硼酸盐、有机高分子聚合物等对其进行改性，将其面型结构转变，形成一种体型的网状结构将碱金属离子固定下来。当这一过程完成后，碱金属离子就不再与 CO_2 反应，从而改善涂膜的理化性能。

磷酸盐类粘接剂也是常用的无机粘接剂，用它作为防火涂料的基料，可以避免碱性氧化物与空气中的酸性气体反应，从而提高涂料的耐候性、耐水性等理化性能。其种类较多，根

据其所含的金属不同，其性能也不同，一般认为

强　度　Al＞Mg＞Ca、Zn＞Ba；

耐水性　Ca、Zn＞Mg＞Al＞Fe、Cu；

粘接性　Al＞Mg＞Ca＞Cu＞Zn。

但是其M/P的摩尔比（M指金属，P是磷）对涂料的贮存稳定性、与钢基材的附着力、耐水性都有直接影响。因此在以磷酸盐为基料的钢结构防火涂料的研制中，基料物质的摩尔比的控制是很重要的。另外厚涂型钢结构防火涂料由于涂层厚而用量多，在研究其配方中应注意加入一些轻质材料和高效隔热骨料。

在非膨胀型防火涂料中，碳酸钙可以使涂料增稠、加厚，起到填充和补平的作用，所以在厚涂型防火涂料中通常添加轻质碳酸钙，以降低防火涂料的干密度。一般轻质碳酸钙填加量可达20%左右。碳酸钙对增塑剂、稳定剂、润滑剂和其他添加剂没有大的吸收作用，其价廉、无毒、高白度、资源丰富、易于在配方中混合及性质较为稳定（800℃以上才分解），可部分取代昂贵的白颜料，因而大量用于防火涂料中作填料和增强材料，起骨架、阻燃剂和体质颜料的作用。碳酸钙用于防火涂料中，增加了涂膜的冲击强度，提高了防火涂料的韧性及弹性；降低收缩，具有优良的色牢度；可改进防火涂料表面质量；改进稳定性和抗老化性。

非膨胀型钢结构防火涂料根据生产厂家的不同而情况各异，有的是单组分包装，有的是双组分包装，双组分包装的在现场按比例调配后使用；有的是干粉料，在现场加水调配使用；也有的是三组分包装，即分底层、中间层和面层涂料。由于该涂料用量大，所以目前大多数是采用干粉料包装，在现场加水配制使用。该类涂料具有密度轻、热导率低、耐热性好、无味无毒、耐水等优点。

下面列出室内厚型钢结构防火涂料的两个典型配方，并分别加以介绍。

(1) 配方一

① 配方　分为甲、乙两组分。

甲组分

原料名称	含量/%	原料名称	含量/%
硅溶胶	15～25	氯偏乳液	8～15
硅酸铝纤维	5～10	助剂	0～5
轻质碳酸钙	15～25	水	30～40

乙组分

原料名称	含量/%	原料名称	含量/%
膨胀珍珠岩	35～50	硅藻土	15～20
粉煤灰空心微珠	30～40		

② 介绍　此配方以硅溶胶和氯偏乳液为黏结剂，配以高效隔热骨料（如膨胀蛭石）、轻质材料（如微珠、膨胀珍珠岩等）和化学助剂搅拌混合而成，具有防火隔热性好、冲击强度好和性能稳定、无气味、无毒以及对环境无污染等优点。在火灾中涂层不膨胀，依靠材料的不燃性、低导热性和吸热性来延缓钢材的温升，保护钢件。主要适用于影剧院、宾馆、体育馆、写字楼、礼堂、百货大楼、发电厂及大跨度厂房等建筑物中的隐蔽钢结构，喷涂于表面起防火保护作用，提高了钢结构的耐火极限。

(2) 配方二

① 配方

原料名称	含量/%	原料名称	含量/%
水泥	25～40	膨胀珍珠岩	10～20
玻璃纤维	5～10	空心微珠	15～20

云母粉	5～10	膨胀蛭石	10～15
助剂	0～3		

② 介绍 此配方为单组分，使用方便，加适量水调和均匀即可。

这类产品如我国国内的 SD-2 钢结构防火涂料、FN-LG 钢结构防火涂料，当涂层厚度分别为 27.6mm 和 39.5mm 时，耐火极限可达 2.28h 和 2.53h；国外的产品如英国 Grace Construction Products（格雷斯建材产品）的 Monokete Fire-proofing UK-6 钢结构防火涂料，涂层厚度为 47.7mm，耐火极限为 2.5h；美国美商华人企业股份有限公司的 AD 钢结构防火涂料，涂层厚度为 33.7mm，耐火极限为 3h。可护固欧洲有限公司的 CAFCOBLAZE SHIELDⅡ钢结构防火涂料，涂层厚度为 18mm 和 34mm 时，耐火极限为 1.88h 和 3.8h；该公司的 CAFCO 300 钢结构防火涂料，涂层厚度为 35mm，耐火极限为 4.5h，涂层厚度为 41mm，耐火极限可达 5h 以上。最早进入国内市场的国外钢结构防火隔热涂料是英国的 P20 涂料。

2. 室外非膨胀型(厚涂型)钢结构防火涂料

指适合于室外环境使用的非膨胀型（厚涂型）钢结构防火涂料，其价格比室内厚涂型钢结构防火涂料高一些，主要用于建筑物室外和石化企业露天钢结构等。这类钢结构防火涂料的基料是耐候性好的合成树脂或有机高分子聚合物乳液与无机基料复合而成，再配以阻燃剂、轻质材料、增强材料组成。室外钢结构防火涂料配方示例如下

原料	用量(质量分数)/%	原料	用量(质量分数)/%
高分子聚合物乳液	15～20	无机轻质材料	25～40
硅溶胶	5～10	颜料	3～8
添加剂	1～3	水	适量

室外非膨胀型钢结构防火涂料的成膜物质有无机成膜物质，如硅溶胶是一种理想的无机成膜物，它是由水玻璃经过酸处理、电渗析及离子交换等方法去掉钠离子后得到的超微粒子聚硅酸分散体，具有一旦成膜就不再溶解的特性。但由于它在成膜过程中体积收缩大，因而容易引起涂层开裂、硬脆。有机成膜物质有水性有机树脂或拼用的有机乳液，如丙苯乳液、丙烯酸系列乳液等，涂层的力学性能可以大大改善。室外钢结构防火涂料的阻燃添加剂的选择与其他钢结构防火涂料类似，但要适应室外的环境条件，对耐水、耐候、耐化学腐蚀性能等的要求更苛刻。

国内有 SWH 室外钢结构防火隔热涂料、STI-B 露天钢结构防火涂料。SWH 室外钢结构防火隔热涂料由无机基料、有机树脂、耐火绝热材料加水搅拌混合而成，可广泛用于化工厂、炼油厂、石油钻井平台和油（气）罐支承及电线电缆栈桥等露天钢结构的防火保护。涂料中不含苯类溶剂和有害物质，无刺激性气味，单组分包装，直接喷涂施工，操作简便，耐水、耐化学腐蚀、耐冻融循环等性能突出。STI-B 露天钢结构防火涂料由高效绝热骨料、无机基料等为主要原料，加入部分防火添加剂和化学助剂混合而成，可用于露天建筑物钢构件起防火保护作用。

英国的 JA60-4（H 类）非膨胀型钢结构防火涂料按工艺要求除锈并涂上防火涂料，在野外进行了实验。耐紫外线照射实验，经测试用 200W 紫外线灯光连续照射 240h，涂层表面未见任何粉化现象；耐火实验，用 800℃以上的高温火焰对涂上防火层的型钢进行阻燃实验，共进行 120min，涂层表面遇火不燃烧，仅出现局部炭化，冷却后剥开防火层，型钢和槽钢完好无损。工程完工后，经过数月恶劣气候条件的考验，涂层完好如初，未出现裂纹、脱落、鼓包等现象，外观良好。JA60-4 室外非膨胀型钢结构防火涂料的技术指标与国标对

比见表 3-11-8。

表 3-11-8 JA60-4（H类）室外非膨胀型钢结构防火涂料的技术指标与国标对比

检验项目	技术指标		
	JA60-4		WH(GB 14907—2002)
在容器中的状态	经搅拌后呈均匀稠厚流体状态，无结块		经搅拌后呈均匀稠厚流体状态，无结块
干燥时间(表干)/h	12		≤24
外观与颜色	—		—
初期干燥抗裂性	一般不出现裂纹，如有 1～3 条裂纹，其宽度应≤1mm		允许出现 1～3 条裂纹，其宽度应≤1mm
黏结强度/MPa	0.25		≥0.04
抗压强度/MPa	0.4		≥0.5
干密度/(kg/m^3)	≤450		≤650
耐曝热性/h	—		≥720，涂层应无起层、脱落、空鼓、开裂现象
耐湿热性/h	—		≥504，涂层应无起层、脱落现象
耐冻融循环性/次	≥15，涂层应无开裂、脱落、起泡现象		≥15，涂层应无开裂、脱落、起泡现象
耐酸性/h	—		≥360，涂层应无起层、脱落、开裂现象
耐碱性/h	—		≥360，涂层应无起层、脱落、开裂现象
耐盐雾腐蚀性/次	—		≥30，涂层应无起泡、明显的变质、软化现象
耐火性能 涂层厚度(不大于)/mm	20	30	25±2
耐火性能 耐火极限(不低于)以 I36 或 I40b 标准工字钢梁做基材/h	2.0	3.0	2.0

(二) 膨胀型钢结构防火涂料的配方设计

国内把涂层使用厚度在 3～7mm 的钢结构防火涂料称为薄涂型钢结构防火涂料，把使用厚度在 1～3mm 的钢结构防火涂料称为超薄涂型钢结构防火涂料。实际上这两类防火涂料严格意义上都应该称为膨胀型钢结构防火涂料。

膨胀型钢结构防火涂料作为特种涂料，不仅组成复杂，而且性能包括发生火灾前和火灾后两个层面，也较普通涂料更为复杂。在膨胀型钢结构防火涂料基料的研究中，对于基料的选用主要应考虑两个问题，一个是基料与防火助剂之间的协调性；另一个是涂料的室温自干性。

用于膨胀型钢结构防火涂料的热塑性树脂包括：氯乙烯树脂、丙烯酸树脂、高氯化聚乙烯树脂、氯化橡胶等。热塑性树脂存在一个熔融软化温度，当外界温度在熔融软化温度以上时，涂层容易软化熔融。熔融的树脂黏度逐渐减小，使涂层与基材或涂层与涂层之间的黏附力减小。当处于涂层发泡剂的分解温度时，树脂的黏度已经很小，严重影响了涂层与基材之间的附着力，涂层的流动程度太大而产生流淌，在涂层即将发泡、炭化之际，涂层出现脱落现象。超薄型钢结构防火涂料的涂层较薄、树脂含量较高，树脂的熔融软化温度与发泡剂分解温度相差太大时，对涂层的防火性能有不利影响。因此，如果采用热塑性树脂作为膨胀型钢结构防火涂料的基料时，一般要求树脂的熔融软化温度与脱水成炭催化剂和发泡剂的分解温度以及炭化剂的炭化温度之间不能相差太大，要有良好的匹配。

防火涂料中采用单一树脂作为基质树脂时其性能往往不好，采用两种甚至几种树脂混用的复合树脂作为防火涂料的基质树脂，可以制备性能全面的防火涂料。例如，高氯化聚乙烯树脂具有优异的难燃性，软化温度较高，用其制备的防火涂料的耐火极限温度很高，但是也存在着涂层较脆、附着力不高、遇火燃烧时炭化层易开裂等现象。例如，采用高氯化聚乙烯为主要基料，加入自干性聚丙烯酸树脂和少量丁醇醚化氨基树脂进行改性，结果发现涂层的柔韧性、附着力大大提高，遇火开裂的现象也基本消除。

目前，膨胀型防火涂料树脂中，应用最广泛的是丙烯酸树脂，因为丙烯酸树脂的熔融温度与脱水成炭催化剂聚磷酸铵最相匹配。

钢结构防火涂料的另一关键组分——阻燃添加剂，对涂料的防火性能影响也是巨大的。对于阻燃剂，要求它必须能与基料相互配合，在受火时组分之间协调一致，膨胀发泡形成均匀、坚固、致密的防火隔热层。可用于该类钢结构防火涂料的阻燃剂种类繁多，性能各异。在研究过程中，要根据形成膨胀发泡体系的原理，进行复合阻燃剂的筛选。最后与基料进行配伍，摸索和研究合理的配比，使防火涂料达到最佳防火效果。阻燃剂是防火涂料具备防火阻燃特性的关键成分，对防火涂料的性能有至关重要的影响。通过热重和差热分析，对防火涂料的隔热性、发泡性、最佳协调性和装饰性及涂层厚度、发泡层高度、密度、硬度与耐火极限的关系等进行实验研究。另外膨胀型防火涂料研究中关键技术之一是如何解决涂料隔热性好、经久耐烧的问题。

目前国内外防火涂料的发展趋势是涂层超薄、装饰性强、施工方便、防火性能高、应用范围广，因此，对涂料的粘接力和耐水性有较高的要求。涂料除应具有较好的防火隔热性能、粘接力好、强度高，能经受高低温循环的影响外，涂层还应具有良好的耐水性、耐介质腐蚀性和不易脱落、贮存稳定、装饰性好、施工方便等特点。

下面把膨胀型钢结构防火涂料的各组分的作用及配方作一介绍。

1. 基体树脂

基体树脂对膨胀型防火涂料的性能有重大的影响，它与其他组分配伍，既保证了涂层在正常条件下具有各种使用性能，又能在火焰灼烧或高温作用下帮助形成具有难燃性和优异的膨胀发泡效果的炭化层。

常见用于防火涂料的树脂有：丙烯酸树脂、氯化橡胶、高氯化聚乙烯树脂、醇酸树脂等。选择树脂的原则是涂料形成的膨胀层密实，涂料加工容易，涂料施工方便。

对不同的树脂作基体成膜物的防火涂料进行对比试验，结果如表 3-11-9 所示。

表 3-11-9 使用不同树脂的对比情况

树脂名称	溶 剂	发泡效果	炭化层质量	发烟量	理化性能
丙烯酸树脂	脂肪烃	较好	坚固、致密	很 少	合 格
氯化橡胶	二甲苯	好	较疏松	较 多	合 格
HCPE 树脂	二甲苯	好	较坚固	较 多	合 格
改性 HCPE	二甲苯	较好	坚固、致密	较 少	合 格
醇酸树脂	二甲苯	好	孔大不均	较 少	合 格

由上表可以看出，丙烯酸树脂防火涂料和改性 HCPE 树脂防火涂料的炭化层质量最高，防火性能最好，但 HCPE 树脂在发挥防火效能时发烟量较大，考虑到含氯树脂易产生氯化氢等二次毒性气体，不宜用于非敞开体系，因此，对于钢结构防火涂料而言，选择用丙烯酸树脂为本研究涂料的树脂成膜物，并对其进行改性，以提高涂料的整体效果。

2. 催化剂的选择和筛选

催化剂是一种能在一定温度下分解出强酸性物质的材料，这些强酸性物质在一定温度下能脱去涂层内成炭剂的水分，使形成不易燃烧的具有高保温效果的炭化层。不同催化剂的对比情况见表 3-11-10。

表 3-11-10　使用不同催化剂的对比情况

名　　称	耐水性	加工性能	发泡效果
磷酸二氢铵	较差	较差	好
聚磷酸铵	一般	较好	较好
改性聚磷酸铵	较好	较好	较好
磷酸三聚氰胺	较好	较好	最好

目前国内外所采用的催化剂主要有磷酸氢二铵、磷酸二氢铵、聚磷酸铵、磷酸三聚氰胺等，选择的原则是耐水性、加工性及发泡性的好坏。对钢结构防火涂料而言，涂层必须要有良好的耐水性，因此磷酸氢二铵、磷酸二氢铵不在考虑范围内，磷酸三聚氰胺的水溶性较聚磷酸铵要小，且其兼具催化和发泡的双重作用，但成本较高、原料的来源渠道少。因此选择聚磷酸铵为主催化剂。但是聚磷酸铵在涂料的使用上存在着一些自身难以克服的缺点：与聚合物相容性差，抗渗析性差，一旦渗出聚合物表面，聚磷酸铵在潮湿的环境中易吸湿而水解、水溶，影响涂料的耐候、发泡性能等。为了提高含聚磷酸铵防火涂料在湿、热环境下的耐久性，必须降低聚磷酸铵的水溶性。主要从如下两个方面进行改进。

a. 采用特殊的技术和工艺改性成炭催化剂，火灾发生过程中，膨胀涂料形成梯度发泡，大大提高防火涂料的防火性能。

b. 对原材料进行表面处理。采用微胶囊技术（MC）对 APP 进行包覆处理，使 APP 表面涂有包覆材料，从而改变 APP 的性能。根据所需的阻燃基料种类，选择合适的囊材，MC 化的阻燃剂加入后增加与聚合物的相容性，从而减少和消除阻燃剂对涂料性能的不利影响。可用于包覆材料的种类很多，一般选用耐热性较高的聚脲、三聚氰胺树脂等耐热性高的树脂。

经表面处理的聚磷酸铵与没进行处理的聚磷酸铵相比：水溶性明显降低，与树脂的相容性、分散性明显提高。

3. 成炭剂的选择

成炭剂是涂层在高温下形成不易燃三维空间结构的泡沫炭化层的物质基础，对泡沫炭化层起骨架作用。成炭剂在分解温度上要和催化剂相匹配。成炭剂的有效性取决于分子中羟基及碳原子的含量，羟基的数量大，成炭剂被脱水的速度相对较快。但成炭剂本身的亲水性高，所以并非羟基的数量越高越好。碳原子含量高、分子大，对最终形成的炭化层的强度及致密性有利。成炭剂的种类有很多，如季戊四醇、二季戊四醇、淀粉等，分别试验，结果对比如表 3-11-11 所示。

表 3-11-11　不同成炭剂的对比

名　　称	耐水性	分散性
淀粉	差	好
季戊四醇	较好	较好
二季戊四醇	好	较好

使用淀粉作成炭剂，涂层的耐水性问题不易解决，而二季戊四醇由于其价格原因，在国内也很少用，一般选用季戊四醇。

4. 发泡剂

膨胀型防火涂料的特点是涂层遇热时，能放出不燃性的气体，如氨、二氧化碳、水蒸气、卤化氢等，使涂层膨胀起来，并在涂层内形成蜂窝状泡沫结构。这些是靠发泡剂来实现的 。发泡剂的分解温度是决定它是否适用的关键，分解温度过低，气体在成炭前逸出起不到作用；分解温度过高，产生的气体会把炭层顶起或吹掉，不能形成良好的炭质泡沫层。因此不同的多元醇和脱水成炭催化剂，采用的发泡剂也应该有所区别。常用的发泡剂有三聚氰胺、双氰胺、聚磷酸铵、氯化石蜡、磷酸铵盐、氨基树脂等，为了提高涂料的综合性能，一般采用复合发泡体系。

5. 自身具有热膨胀特性的材料的选择

某些材料（如可膨胀珍珠岩、蛭石、改性石墨等）本身具有热膨胀特性，将其和涂料体系有机地结合在一起，可形成物理化学膨胀型防火涂料体系。

6. 无机颜料、填料

对膨胀型防火涂料来说，含无机填料的比例较少，因其含量过高，会影响涂层的发泡高度，从而达不到隔热的目的，但少量颜料、填料却不可少，因其可使泡沫层更致密、强度更好，从而提高其防火性能。防火涂层一般施工厚度大，较低的颜料组分已能满足遮盖力的要求，故不需采用较多的无机颜料、填料，常用的着色颜料有钛白粉、氧化锌、铁黄、铁红等。

7. 无机隔热材料的添加

经过长期对膨胀炭层防火隔热性能的研究表明，膨胀层厚度与耐火极限并不完全成正比关系。原因与膨胀层的强度有关，若膨胀层疏松强度低，则随着其厚度的增加，其自身稳定性就越来越差，膨胀层就很容易从基材上坠落，使基材暴露于火焰中，起不到防火保护作用。因此提高膨胀炭层的防火隔热能力必须提高膨胀层强度。经过大量的试验探索得出，某些无机隔热材料的添加对膨胀层的补强十分有效，可以提高膨胀炭层在高温环境下的强度，保持炭层的完整致密。

8. 无卤素阻燃剂的补偿

根据防火涂料的其他阻燃机理，添加其他无卤化学阻燃剂或填料型阻燃剂，如三氧化二锑、硼酸锌、氢氧化铝、氢氧化镁等阻燃剂，用于提高在涂层中膨胀组分发挥防火作用前涂层的阻燃能力，同时根据协效阻燃机理，这些阻燃剂的加入也显著提高了膨胀炭层的阻燃隔热能力。

9. 溶剂

选择毒性低的、对人体刺激小的，具有合适挥发速度的混合溶剂。

10. 配方设计

在设计膨胀型防火涂料配方时，要根据涂层正常使用条件和施工条件、涂层所受的高温火焰条件及其阻燃能力等性能要求进行设计。其基本原则如下。

(1) 质量分数　在膨胀型防火涂料组成中，起膨胀作用的组分（包括颜料、填料）的比例很大。一般要占总重量的50%～60%，黏合剂和添加剂约为20%～30%，溶剂占10%～20%。另外起膨胀作用的三种化学物质，不是以任意比例相配合的，一般情况下，大多数配方的催化剂比为40%～60%，炭化剂为20%～30%，发泡剂为20%～30%。

(2) 组分之间的配合　要得到高效的炭化层，涂层中有机树脂的熔融温度、发泡剂的分解温度及泡沫炭化的温度必须配合恰当。当涂层受热时，首先是成膜剂软化熔融，引起整个涂层的软化、塑化，这时发泡剂达到分解温度，释放出不燃性气体，并使涂层膨胀成泡沫层，同时脱水催化剂分解生成磷酸、聚磷酸呈熔融的黏稠体作用于泡沫层，使涂层中的含羟基有机物发生脱水成炭反应，当泡沫达到最大体积时，泡沫凝固炭化，使生成的多孔的海绵状炭化层定形，泡沫的发泡效率取决于组分之间反应速率的协调配合。

11. 研磨工艺对防火性能的影响

不同的研磨工艺制备的膨胀型防火涂料其膨胀层的细腻均匀性、致密结实性差别很大，因此需选择合适的研磨工艺。

12. 基本配方

膨胀型钢结构 防火涂料参考配方如下：

原料名称	含量(质量分数)/%	原料名称	含量(质量分数)/%
合成树脂	10～20	颜填料	5～30
聚磷酸铵及衍生物	10～30	助剂Ⅰ	1
季戊四醇	5～10	助剂Ⅱ	2
三聚氰胺	5～10	混合溶剂	10～30

(三) 环氧膨胀型型钢结构防火涂料的配方设计

大家都知道露天钢结构应选用适合室外用的黏结力强、强度高、耐水、耐腐蚀、耐冻融、耐湿热和抗老化性能好的钢结构防火涂料。国外在室外或潮湿环境下大多采用环氧类防火涂料，特别是在有烃类火灾危险的结构中广泛采用。

环氧膨胀型防火涂料较厚型防火涂料相比，第一，表面更光滑，表面不易产生灰尘，易清洁，这对于应用到食品厂及制药厂及医院非常重要；第二，膨胀涂料的涂膜较厚型的薄得多，占用空间小；第三，膨胀涂料使用更方便；第四，膨胀涂料的装饰性更好；第五，厚型防火涂料对机械撞击更敏感；第六，厚型防火涂料不适合应用于化学环境中。总之，厚型防火涂料虽然不存在有些活性成分在潮湿的环境条件下会慢慢析出影响防火效果的问题，但仍存在自重大、影响建筑外观的问题，更严重的是由于涂得太厚，黏结强度不够，历经风吹雨淋，容易开裂，水汽易进入，几乎没有能够达到三年以上而不出现脱落的（目前仍是石化、石油行业存在的一个老大难问题）。因此，虽然环氧类防火涂料比厚型防火涂料贵得多，发达国家仍然大量使用厚型防火涂料。目前国外厚型防火涂料几乎完全被环氧防火涂料取代，特别是在海军、海洋设施、军事及商用飞机、石化、石油及海上石油平台、弹药库及导弹发射架等领域。

美国的 Underwriters 实验室已经对环氧防火涂料进行了检验和评价认为其完全适合于户外。通过加速老化来判定此类防火涂料经过很长时间仍保持防火性能，试验方法是 UL1709。挪威的 Norwegian NORSOK M501 还进行了浸泡和冻融循环检验。

Nu-Chem 公司采用 Thermo-Lag 技术，研制生产了“升华涂料”系列，如 Thermo-Lag220、Thermo-Lag3000 等。Nullifire 公司推出了 System E 系列环氧膨胀型防火涂料，德国的 Permatex 公司、美国的 Textron 公司等，均有环氧膨胀型防火涂料。

选择环氧树脂作为成膜剂，还有一个重要的原因，那就是环氧树脂可以作为膨胀型防火涂料的成炭剂（碳源）。传统理论认为，成炭剂是形成三维空间结构不易燃的泡沫炭化层的物质基础，对泡沫炭化层起着骨架的作用，它们是一些含高碳的多羟基化合物，如淀粉、季戊四醇、二季戊四醇、三季戊四醇、含羟基的树脂等。通过大量的实验证实环氧树脂可以作为成炭剂，也可以与脱水催化剂反应生成多孔结构的炭化层。

二、环氧防火涂料的基本配方及检测方法

（一）基本配方

环氧膨胀型型钢结构防火涂料的基本配方如下：

原料名称	含量/%	原料名称	含量/%
环氧树脂	10～20	碳酸钙	5～10
聚磷酸铵及衍生物	5～10	钛白粉	5～10
季戊四醇	2～3	助剂Ⅰ	1
三聚氰胺	5～10	助剂Ⅱ	2
三苯基磷酸酯	5～10	活性稀释剂	5～10
硼酸锌	3～5	固化剂	适量

（二）检测方法

对室外用环氧膨胀型防火涂料防火性能方面，现阶段国内没有相应的检测标准，国外同类产品大多通过 UL1709 和 DNV NORSOK M501 的相关检测。

在英国，除了《建筑规范》有一些要求外，对结构钢组件（在没有气体、油类和化学危险品的场所），目前还没有其他进行更进一步试验的法定要求。特别是针对爆炸和（或）烃类火影响后果的实验或许可，也没有具体的规定要求。其他欧洲国家和美国，情况也与此相似，而且这些国家只有国家标准规定的纤维素火实验。

1. 气体爆炸实验

在“911”世贸中心事故中，先发生爆炸，然后起火，消防设施丧失了对下面结构的保护作用，这就要求膨胀型防火涂料必须在爆炸过程中和爆炸发生后都能保持完好并黏附在钢材上。所以，Leigh's Paints 就采用了一种 Advantica 技术（以前英国的一种气体技术）来进行气体爆炸实验，以评价薄薄一层膨胀型防火涂料抵御爆炸的能力。

气体爆炸实验是将一些涂有 Firetex 膨胀型防火涂料的预制构件组装成的钢柱放在一个 $182m^2$ 的爆炸室内。平均最大超压 1697 mbar（$1bar=10^5Pa$），平均持续时间 104ms。

2. 烃类火实验

在已经进行过气体爆炸实验和没有进行气体爆炸实验的对照试样上都装上热电偶，并在对照试样上也涂上相同的膨胀型涂料，干膜厚度为进行过爆炸实验试样的 5% 以内。

将这两种试样进行同样的火灾实验，加热条件按照 1987 年版 BS476 标准第 20 部分附录 D 的规定进行。这里规定了一个模拟烃类燃料燃烧过程温度变化的温度曲线。这个温度曲线介于精确测定的烃类温度曲线和实际燃烧室中的温度曲线之间。

烃类火一般比纤维素火更猛烈（见图 3-11-14），这一点从 BS476 标准第 20 部分的曲线中也可以看出。

国外许多国家如美国、英国、荷兰等国的研究单位，已分别制定了不同的烃类火升温曲线，上述几种升温曲线的数据比较见表 3-11-12。从该表看出，烃类火的温升要比标准火快得多，10min 时大约为标准火温升的 1.48～1.82 倍，90min 时大约为标准火温升的 1.17～1.32 倍。

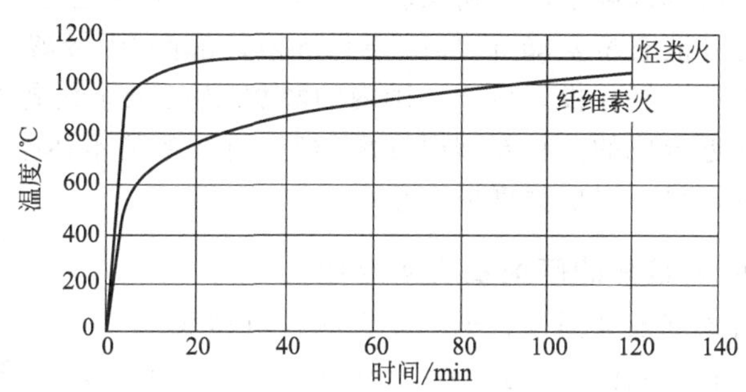

图 3-11-14　烃类火与纤维素火的升温曲线比较

表 3-11-12　几种升温曲线温升比较

火类型	升温曲线		不同时间对应炉内温升/℃				
			10min	30min	60min	90min	120min
标准火	国际标准 ISO 834		659	821	925	986	1029
烃类火	美孚石油公司 英国 Warrington 研究中心	大型火灾 中型火灾	1000 975	1100 1140	1150 1190	1150 1200	
	荷兰 Delfte 国家研究院	大型火灾 中型火灾	1200 1000	1300 1130	1350 1180	1300 1200	1200

由于国内设备条件等因素所限，目前还没有按烃类火升温曲线和 GB 14907—2002 标准规定的方法对钢梁进行耐火极限试验。

第六节　防火涂料的发展

1. 新型树脂的研究

我国防火涂料的发展较国外工业发达国家晚 10～20 年，水性膨胀型防火涂料的研究刚刚起步，目前问世的水性膨胀型防火涂料较溶剂型防火涂料在防火隔热效果、附着力、装饰性及耐水性方面有很大差距，在很多领域不能代替溶剂型的使用。与国外水性膨胀型防火涂料的发展有较大差距。国内目前生产的膨胀型防火涂料多是以传统乳液为成膜物，如苯丙乳液、纯丙乳液、硅丙乳液、弹性乳液等作为成膜物。这类成膜物制备的膨胀型防火涂料由于发泡较慢、发泡不均匀、发泡持续时间短、泡层不致密、炭化物较少、炭化层厚度较低、炭化不彻底等缺点，造成防火隔热效果不够理想。这也是影响水性膨胀型防火涂料性能的主要原因。因此几十年来研究人员一直致力于研制出一种高性能的水性成膜物用于膨胀型防火涂料。

丙烯酸乳液作为水性膨胀型防火涂料最重要的成膜物，国内外研究人员对水性丙烯酸乳液进行了很多的改性工作。其中几种比较典型的方法有：交联法（包括自交联和外交联），但由于该方法的使用有很大的局限性，且存在乳液使用麻烦、涂膜质量难以保证的弊端，难以实现大规模的应用；共混法，即将丙烯酸乳液与有机聚合物的共混，是当前改善乳液性能的方法之一，但共混法对乳液性能的提高并不明显。从 20 世纪 90 年代开始在聚合工艺中出现了杂化乳液聚合，其典型工艺为将目标树脂（杂化树脂）溶解在丙烯酸单体中，经过预乳化至微乳（平均粒径 500nm 左右），再采用乳液聚合工艺得到成膜性能优良、稳定的杂化乳液。这些杂化乳液的性能远远高于两种树脂乳液共混，达到或接近化学结构改性的效果。目前国外已经出现的杂化乳液有聚氨酯/丙烯酸杂化乳液，醇酸/丙烯酸杂化乳液，环氧/丙烯酸杂化乳液等，都已申请专利并投入生产，国内的醇酸/丙烯酸杂化乳液，环氧/丙烯酸杂化乳液也有相关专利。新近合成的一种新型丙烯酸树脂/丙烯酸酯本体杂化乳液用于膨胀型防火涂料，其耐水性、发烟量、炭层强度皆有很大提高。

2. P-C-N 体系中的新组分的研究及表面处理

现已研制出新型阻燃剂及补强剂，纳米复合材料阻燃剂。

加阻燃剂旨在增加涂层的阻燃能力，并在组分的配合下实现涂层的难燃化，最好还须具有一定的抑烟效果。纳米材料和纳米技术的发展，对高性能防火涂料的研制提供了有力支持。因为纳米粒子的特殊效应，赋予涂料许多优异的性能，如可以提高树脂本身的阻燃性、耐候性、耐水性等，提高阻燃剂的效率，从而减少涂料中防火助剂的用量，对提高防火涂料体系的耐候性、耐水性以及其他理化性能有极大的帮助。纳米氢氧化铝镁（LDH），是一类具有层状结构的双羟基复合金属氧化物，是无机镁铝系功能材料。LDH 片层上有羟基，层间有结晶水、碳酸根。由于这个特殊的组成和结构，LDH 受热分解时吸收大量的热，能降低阻燃体系燃烧时的温度；分解释放出的水蒸气和二氧化碳能稀释、阻隔可燃气体；LDH 经 500～600℃高温分解后形成多孔、比表面积极大的碱性复合金属氧化物（LDO），能吸附涂料燃烧生成的有害气体特别是酸性气体，同时还可吸附、凝集炭的极小微粒，起着抑烟作用。

通过 TGA 分析得知 LDH 与聚磷酸铵和季戊四醇、三聚氰胺膨胀阻燃体系在热降解反应时，LDH 脱去层间水蒸气和二氧化碳及层面上的羟基后产生带有富碱性位置点与断裂的聚磷酸铵分子间发生反应，取代断裂的聚磷酸铵分子间的 NH_4^+，释放出 NH_3 和 H_2O，在聚磷酸铵分子间形成交联，产生黏度更大的聚磷酸，因此在聚磷酸铵的裂解过程中可能减少氧化磷的释放，这样就能够生成和残留更多的黏稠状聚磷酸产生脱水、交联、成炭、隔热等作用，同时促进涂料脱水成炭，有利于阻燃性能的提高。

3. 有待发展和解决的问题

(1) 安全性问题 薄型和超薄型防火涂料的膨胀阻燃体系大多为 P-N 体系，即其膨胀阻燃体系包括三大部分：酸源、碳源和气源。酸源即各种磷酸盐类，目前用得最多的为多聚磷酸铵（简称 APP）、磷酸三聚氰胺等；碳源即各种含碳丰富的有机物如多元醇、氯化（或溴化）石蜡、淀粉等，目前用得最多的是季戊四醇或双季戊四醇，辅以少量氯化石蜡；气源是遇火后能放出不燃性气体，从而将碳源吹制成蜂窝状炭质层的物质，通常是各种胺类，如尿素、双氰胺、胍等，目前用量最多的是三聚氰胺，其成膜基料为各种有机树脂或乳液，如氯偏乳液等。从以上常见组分可以看出，防火涂料遇火产生膨胀从而对基材起到保护作用的同时，其阻燃成分有可能释放出诸如 NH_3、HCN、HX、NO_2、CO、Cl_2、Br_2 等有毒气体。如果这些气体的浓度超过了人体的耐受极限，便会对未逃离火场人员以及消防灭火人员产生危害，这是应引起重视的问题。而目前有关防火涂料的国家标准中并未考虑防火涂料遇火后产生有毒气体的种类、限量以及对人体的危害程度。

(2) 防火涂料的耐久性 包括两个方面的含义：一是涂层与基材的黏结力，即防火涂料是否容易随时间的延长而出现剥落、粉化等现象；二是涂层的防火性能是否持久，即经过若干年后其耐火极限是否明显降低，这一点的危害较之前者更具有隐蔽性，更应引起重视。由于室外环境条件较之室内更加恶劣和复杂，因此室外用钢结构防火涂料，特别是薄型钢结构防火涂料的耐久性问题尤为重要。虽然我国对某些室外用薄型钢结构防火涂料也做过有关耐久性方面的考察，但大多是将涂覆钢结构防火涂料的构件露天放置，经过 2～3 年观察其是否出现脱落、粉化、开裂等现象，而并未对其耐火极限重新考察。以有机组分为主的薄型和超薄型钢结构防火涂料无论是用于室外还是室内，其有机组分都可能产生分解、降解、老化等问题，从而使涂层剥落、粉化或失去防火性能。

(3) 测试方法存在的问题　钢结构防火涂料作为一类功能性涂料，其性能主要包括两大方面：一是理化、力学性能，它反映了涂料抵抗水及冷热变化、干湿变化、振动、荷载等各种环境因素的能力，以及其与基材的黏结牢固程度；二是其耐火性能，它表示涂料抵抗火灾侵袭的能力，以耐火极限表示，即将规定的构件，涂以规定厚度的防火涂料，按时间-温度标准曲线进行耐火试验，以构件从受火作用起至失去支持能力或完整性被破坏为止所用的时间，它是防火涂料的主要指标。耐火试验中，构件所加荷载和升温曲线是试验的两个重要条件。相同的构件，施加同样的荷载若采用不同的升温曲线所测得的耐火极限是不同的。我国防火涂料产品的耐火极限试验的升温曲线是按ISO 834时间-温度标准曲线进行升温的，试验中是以木质纤维为燃烧介质，通常称为标准火；而在石化工程中是以油、气等为燃烧介质，通常称为烃类火。英国、美国、荷兰等许多国家，已分别制定了不同的烃类火升温曲线（见图3-11-15）。

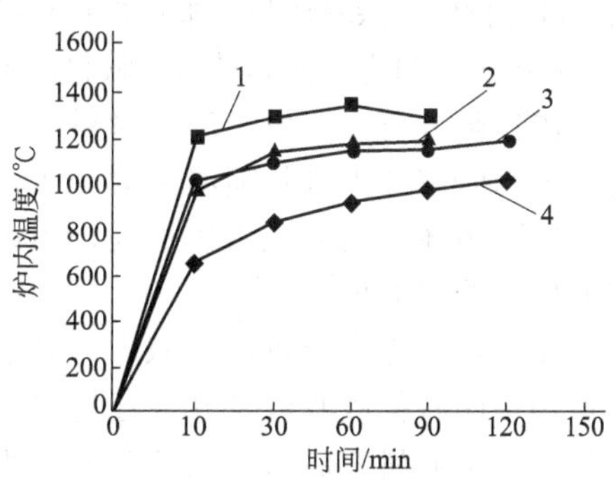

图3-11-15　几种升温曲线比较

1—荷兰Delfte国家研究院（烃类火）；2—英国Warrington研究中心（烃类火）；3—美孚石油公司（烃类火）；4—国际标准ISO 834（标准火）

由图3-11-15可以看出，烃类火的温升要比标准火快得多。因此，同样耐火极限的防火涂料因其应用环境不同、受火类型不同，对基材的保护作用也就不同。如石化企业的火灾往往是由于设备和管道内的可燃介质发生漏、滴等，在遇火时而引发，属烃类火，因而其支承设备、管道的框架、支架和管架等钢结构材料所用的防火涂料的耐火极限应以烃类火的升温曲线来测试，才更接近实际。

(4) 标准滞后的问题　钢结构防火涂料标准的制定与执行往往由于各种原因而滞后于产品的生产与使用，这就使得防火涂料的生产与销售容易出现无据可依的局面，部分劣质产品鱼目混珠，为钢结构材料的安全使用带来隐患。

4. 防火涂料的评估方法研究

产品的标准和评估方法给防火涂料的研究开发、推广应用和产品质量的监督管理提供了统一的技术依据，但由于材料在高温条件下的复杂性，单一的评价方法很难表征防火涂料的阻燃特性，特别是随着科学技术的发展，对阻燃材料的评价的目标是力求实验结果与实际情况之间具有较好的关联性。

为了全面地表征一项阻燃产品，从阻燃体系的各种原材料开始到阻燃制成品在不同环境条件下，在不同温度受热条件下，直至不同燃烧状态下的气相和凝聚相的分解产物都要进行分析，并进行与实际使用性能有关的评价，即要从阻燃产品的外观色泽开始，直至分解气体的毒性都要进行分析、鉴定和评价，因此，必须综合地运用各种分析测试方法。

先进的涂料检测技术目前对防火涂料的常规检测仅在于外观、颜色、光泽、黏度、表干时间、固体含量、硬度、冲击强度、黏结强度、耐水性等宏观检测来评价防火涂料性能。将各种仪器分析方法，例如X射线分析仪、X射线光电子光谱仪、自动电子光谱仪、离子微分析仪、傅里叶红外光谱、紫外光谱仪、红外光谱仪、核磁共振仪、色差计、锥形量热仪、热分析仪、扫描电镜等现代化仪器用于涂膜性能测试，可深入到内部测试其结构和界面状态，进行微观控制，这对研究产品的阻燃机理，产品配方的设计、研制、改性，产品烟和毒性气体的释放、火模型化研究以及高分子产品在阻燃领域的研究、开发和应用都具有很大的促进作用。

(1) 锥形量热仪（CONE） 与大型实验结果相关性好，是火灾科学中最具代表性的测试方法。可评价防火涂料产品和被保护材料的燃烧性和阻燃性，研究和评价烟及毒气的释放，优化防火涂料配方，研究产品和被保护材料的阻燃机理，确定被保护材料的轰燃时间及建立火灾模型。

(2) 热分析法 由于防火涂料的受热期间几乎处于不断变化的动态体系，因此可利用热分析技术研究防火涂料随温度的变化，其质量及热效应的变化情况，与其他测试技术联合可以分析阻燃体系的微观阻燃机理，为评价防火涂料的阻燃性能提供有效的手段并为选择合理配方提供重要的依据。

(3) 红外光谱分析法 依靠对光谱与化学结构关系的理解，通过与标准图谱的对照，灵活运用基团特征吸收峰及其变迁规律，逐步推导出所研究物质的正确结构。可用于确定涂料产品的结构和研究涂料涂层的阻燃历程，与热分析技术联用可用于研究防火涂料的微观阻燃机理。近年来红外光谱分析法在阻燃科学研究中占有越来越重要的地位。

(4) 光电子能谱分析法 通过分析物质的化学结合能以及材料在热燃烧时的热流量，对未知样品所含的元素进行鉴定，同时通过波形解析获得有关官能团种类和数量的信息。可结合红外光谱确定阻燃体系各物质的结构，确定不同组成的膨胀型阻燃剂形成炭层的成分及对阻燃效果的影响。

(5) 扫描电镜分析法 可进行微区成分分析，分辨率高、成像立体感强、视场大。可研究防火涂料及其燃烧后形成炭层的表观形貌、防火涂料各组分之间的相容性，研究防火涂料的炭层结构及其组成成分，研究不同组成的膨胀型阻燃体系对膨胀型防火涂料成炭过程的影响。

(6) X射线衍射分析法 利用衍射波的两个基本特征——衍射线在空间分布的方位（衍射方向）和强度，与晶体内原子分布规律（晶体结构）的密切关系，来实现材料成分、结构分析。可进行原材料物相分析，防火涂料形成炭层的物相分析，与其他分析测试技术联用，研究防火涂料的反应历程。

5. 防火涂料的检验评价方法

各类防火涂料产品的性能检测按下列国家标准进行。

① 国家标准饰面型防火涂料通用技术条件（GB 12441—2005）。

② 公共安全行业标准 电缆防火涂料通用技术条件（GA 181—1998）。

③ 国家标准钢结构防火涂料（GB 14907—2002）。

④ 钢结构防火涂料应用技术规范（CECS 24：90）。

⑤ 公共安全行业标准 建筑构件防火喷涂材料性能试验方法（GA 110—1995）。

⑥ 公共安全行业标准 预应力混凝土楼板防火涂料通用技术条件（GA 98—1995）。

参 考 文 献

[1] 徐晓楠，周政懋．防火涂料．北京：化学工业出版社，2004.

[2] 覃文清，李风．材料表面涂层防火阻燃技术．北京：化学工业出版社，2004.

[3] 刘新，时虎．钢结构防腐蚀和防火涂装．北京：化学工业出版社，2005.

[4] 王国建，许乾慰，邱军．防火涂料科学与技术．北京：中国石化出版社，2007.

[5] Handbook of Fire Retardant Coatings and Fire Testing Services. Pennsylvania：Technomic Publishing Company，Inc，1994.

[6] 王华进，王贤明，刘登良．一种丙烯酸树脂膨胀型防火涂料的研制及应用．中国涂料，1996，(6)：40-42.

[7] 徐峰，邹侯招．国内外无机防火涂料的应用与发展．化学建材，2002，(1)：15-17.

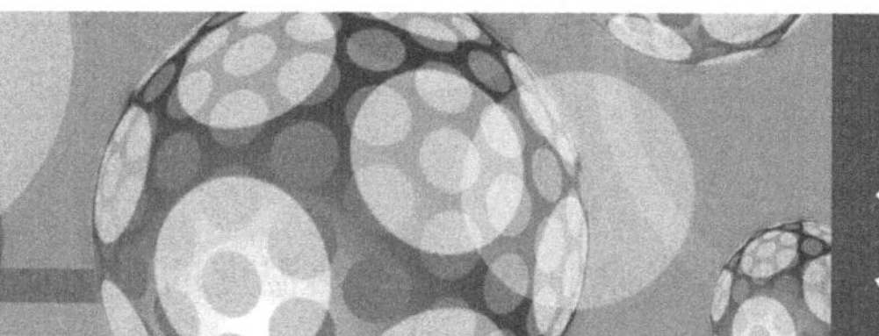

第十二章

道路交通标线涂料

道路交通标线涂料（以下简称标线涂料）是应用于交通领域里的专用涂料，用以划设引导汽车和行人流动的道路交通标线（以下简称标线），标线的颜色主要是白色和黄色。利用标线涂料划设的各种醒目的标线所起到的标识作用，可以规范引导繁忙的车流和人流，使之各行其道，道路交通得以有序进行，提高了交通运输的流量和行车及行人的安全性，所以标线是道路交通管理中最基本、最经济、最有效的交通安全设施之一，此外，形形色色的标线划设在高速公路和城乡道路上，还起到美化道路的效果。

第一节 标线涂料的特殊性能要求

1. 标线涂层应有鲜明的标识性

标线最主要的作用是规范和引导车辆和行人顺序前进，因此必须具有鲜明的标识性，依据国家标准 GB 2893—2008《安全色》对工业企业、交通运输、建筑、消防、仓库、医院及剧场等公共场所使用的信号和标志的明确规定，为使其具有鲜明的标识性，标线涂层的颜色应该满足 GB 2893—2008 的要求。

2. 标线涂层最好具有反光性

夜间行车，光靠车辆本身的照明所能看清的距离有限，如果标线涂层具有反光性能，司机就能看到前方更远距离的标线，按照标线所指示的方向顺利前进。国家标准 GB/T 16311—2005《道路交通标线质量要求和检测方法》规定：新划设的白色反光标线的逆反射系数应不小于 150mcd/(lx・m^2)，黄色反光标线的逆反射系数应不小于 100mcd/(lx・m^2)。

3. 标线涂层的不粘胎干燥时间要短

道路施工的特殊性决定了在新修的道路上进行标线施工时，工期短；在维修的道路上施工时，要边施工，边通车。为了尽快开放交通，减少交通堵塞，希望标线涂层的不粘胎干燥时间要短。交通行业标准 JT/T 280—2004《路面标线涂料》规定：热熔标线涂料涂层的不粘胎干燥时间不得超过 3min，溶剂普通型及水性普通型标线涂料涂层的不粘胎干燥时间不得超过 15min。溶剂反光型和水性反光型标线涂料涂层的不粘胎干燥时间不得超过 10min。双组分普通型、反光型、突起型标线涂料涂层的不粘胎干燥时间不得大于 35min。

4. 与路面的附着力好、经久耐磨、使用寿命长

标线涂层与路面应有较好的附着力与耐磨性，才能承受车轮的碾压及泥沙的冲刷和风沙的拍打、磨损。标线的划设需要封闭道路、中断交通，标线的使用寿命越长，也就减少了标线重涂中断交通的次数。

5. 良好耐候性

标线涂层是在露天环境下使用的，需经受得住各种恶劣气候的影响和冷热温度的变化及紫外线的辐射。

6. 标线涂层要有一定的抗滑能力

标线划设在路面上，是路面的组成部分，汽车的车轮要在上面碾压，行人在其上行走，因此要求标线涂层要具有抗滑能力。

7. 热熔标线涂层应有足够的抗压强度

热熔标线涂料的涂层厚达 2.5mm，如果抗压强度不够，在重达几吨、几十吨甚至更重载重车的碾压下就有可能碎裂，并引起标线涂层逐步脱落；也有可能在夏季高温的作用下，被车轮碾压变形。根据交通行业标准 JT/T 280—2004《路面标线涂料》的规定：热熔标线涂层的抗压强度应≥12MPa。

第二节 我国现有标线涂料的主要品种

我国现有标线涂料的主要品种见表 3-12-1。

表 3-12-1 我国现有标线涂料的主要品种

序号	种类	型号	玻璃珠的使用	状态	需量
1	热熔	普通型	不用玻璃珠	粉粒状	较少
2		反光型	涂料内含 18%～25%玻璃珠,施工时再面撒玻璃珠		最多
3		突起型	涂料内含 18%～25%玻璃珠,施工时再面撒玻璃珠		渐多
4	溶剂	普通型	不用玻璃珠	液态	较多
5		反光型	涂料内不含玻璃珠,施工时面撒玻璃珠		较少
6	水性	普通型	不用玻璃珠	液态	较少
7		反光型	涂料内不含(或含 18%～25%)玻璃珠,施工时再面撒玻璃珠		渐多
8	双组分	普通型	不用玻璃珠	液态	较少
9		反光型	涂料内不含(或含 18%～25%)玻璃珠,施工时再面撒玻璃珠		渐多
10		突起型	涂料内含 18%～25%玻璃珠,施工时再面撒玻璃珠		较少

第三节 标线涂料的组分、配方和生产

一、热熔标线涂料

热熔标线涂料是由以热塑性树脂（C_5 石油树脂、改性松香树脂等）为主要成膜物，配以颜料、填料、反光材料、助剂等经混合机充分混匀制成，呈粉粒状。施工时，需加热到180～220℃熔融流动后，采用热熔划线机将涂料施工于路面，在自然环境条件下，3min 内

固化成膜，属于物理干燥型。

目前，在日本、亚太地区、北美、欧洲等地区热熔标线涂料的用量占所需标线涂料的一半以上，我国用量高达70%以上。主要用在高速公路、国道、城市主干线等交通流量大的道路上。其特点是涂层的厚度可达2mm左右，使用寿命长，涂料中可预混玻璃珠，施工时再面撒玻璃珠，因而保证了标线的夜间反光性能良好，另外其标线涂层的不粘胎干燥时间短(3min以内)，涂料中不含有机溶剂，以上的这些优点使热熔标线涂料在标线涂料市场上有较高的市场占有率。但是该品种也有缺点，施工时需要加热至180～220℃，消耗能源，加热还存有安全隐患。此外，这类涂料的涂层较厚，被磨损的旧标线要重涂时，需要清除旧线，很费工时。

1. 热熔标线涂料的原材料及其功能

热熔标线涂料的原材料及其功能见表3-12-2。

表 3-12-2　热熔标线涂料的原材料及其功能

序　号	组　分	功　能	原材料名称
1	树脂	作为涂层的主要成膜物，起粘接作用。施工时，能将涂料的各组分粘接在一起，形成均匀的涂层，同时又渗透到路面，使涂层牢固地粘接在路面上	C_5石油树脂；改性松香树脂；乙烯-醋酸乙烯酯树脂(EVA)；聚乙烯蜡(PE)
2	颜料	给涂层着色，使涂层醒目，并具有遮盖力	钛白粉；氧化锌；锌钡白；包膜中铬黄；炭黑；氧化铁黑
3	填料	充填涂料，使涂层丰满。改善涂料的施工性能，提高涂层的强度和耐磨性等。降低涂料的成本	不同粒径级配的碳酸钙；石英砂；滑石粉
4	增塑剂	用量很少，却能改善涂料的黏度以及涂层的柔韧性和低温的抗裂性	邻苯二甲酸二辛酯(DOP)；邻苯二甲酸二丁酯(DBP)；矿物油；大豆色拉油；长油度醇酸树脂
5	反光材料	使涂层具有逆反射性能。施工时面撒在涂层的玻璃珠使施工后标线能即时反光，而预混在涂料内的玻璃珠则在面撒玻璃珠磨损脱落后，逐步被磨露出反光面，继续起到反光作用	玻璃珠
6	触变剂	改变热熔涂料熔融状态的流动性	有机膨润土；气相二氧化硅
7	其他助剂	提高涂层的耐候性	紫外线吸收剂
8	防滑骨料	赋予涂层抗滑性能	粒径为1.2～4.0mm的陶瓷粒；石英砂；煅烧铝矾土

从上表可以看出，树脂是标线涂料最关键的组分，其质量的好坏，直接影响到标线涂料的性能。热熔标线涂料大多选用的是C_5石油树脂，其耐候性好，颜色浅，涂层柔韧性较好。20世纪80年代初，我国刚开始生产热熔标线涂料时，主要是用从日本进口的C_5石油树脂以及国产的改性松香树脂。90年代初，中国和美国合资生产的C_5石油树脂质量稳定，得到较多的应用，近几年一些国产C_5石油树脂问世，并得到逐步应用。其价格较低，但还需在今后的应用中不断提高加热稳定性和贮存稳定性及色度等方面的性能，走好树脂国产化的道路。改性松香树脂价格较低、资源较丰富，所配制的涂料抗污性较好，但是耐候性差，涂层柔韧性较差，需在今后的应用中继续改进。

反光玻璃珠在我国有较多的厂家生产，不但能满足国内需要，而且还有部分出口。

其他原材料如钛白粉、填料、增塑剂等国内均有生产，能满足需要。

目前我国的热熔标线涂料基本采用刮涂的方法施工。

2. 热熔反光标线涂料的参考配方（质量分数）

树脂	14%～20%	颜料	2%～7%
聚乙烯蜡(PE)	1%～3%	石英砂	15%～20%
乙烯-醋酸乙烯酯树脂(EVA)	1%～3%	玻璃珠	18%～25%
增塑剂	0.8%～1.8%	碳酸钙	余量

3. 热熔喷涂型反光标线涂料的参考配方

热熔喷涂型反光标线涂料是在上述热熔反光标线涂料的基础上，通过调整配方中的填料的粒径级配、树脂和增塑剂的用量，使热熔标线涂料的施工黏度达到喷涂所需要的黏度要求，然后通过划线机的离心辊高速甩出法或用喷枪低压喷涂法将涂料划设在路面上 。喷涂的涂层厚度为1mm左右，涂层较刮涂法施工薄，因而适用于平整度较差的路面，如稀浆封层的路面，较薄的标线涂层划设在路面上，仍能基本保持道路表面的构造深度，从而使标线与路面的抗滑性能相近。

这种涂料的优点是它所划设的标线一旦被磨损，需要重涂的时候，磨薄的旧标线涂层不必清除，直接在旧线上施工即可，省去了清除旧标线涂层的繁重工序。

这种涂料的另一优点是用料省，约为刮涂施工的一半，施工的速度快一倍。实际使用中热熔喷涂型与热熔刮涂型的性能对比见表3-12-3。

表3-12-3　喷涂与刮涂的热熔涂料划设标线的性能价格比较

序　号	项　目	刮涂施工	喷涂施工
1	施工速度/(km/h)	1.5～2.0	3.0～4.0
2	抗滑性能	差	较好
3	二次涂覆难易程度	难(要清除旧标线)	易
4	涂膜厚度/mm	1.5～2.5	0.7～1.2
5	涂料用量/(kg/m^2)	4.5～5.0	2.0～2.5

注：系试验数据，在实际现场施工时会有些出入，仅供参考。

热熔喷涂型反光标线涂料的参考配方（质量分数）如下：

树脂	20%～25%	颜料	2%～7%
聚乙烯蜡(PE)	1%～3%	石英砂	15%～20%
乙烯-醋酸乙烯酯树脂(EVA)	1%～3%	玻璃珠	18%～25%
增塑剂	1%～2%	碳酸钙	余量

4. 热熔突起反光标线涂料的参考配方

热熔突起反光标线涂料是在热熔反光标线涂料的基础上增加助剂，调整配方中的树脂与增塑剂的用量而制成的。施工时，采用振动标线划线机划设的标线涂层具有突起的圆形或方块形或棱条形等突起结构（见图3-12-1），当汽车的轮胎碾压到这些突起部分时，就会使汽车产生轻微的振动和响声，引起司机的警觉。因此划设在弯道、坡道、长直道和隧道以及高架路的外侧边缘线和在公路的出入口、禁止超越路段等地段，能提示司机注意安全。一般的反光标线雨夜会被雨水淹没，标线就丧失了逆反射作用，而突起反光标线的突起部分却能露出水面，使标线在雨夜仍有逆反射作用，有利交通安全。据日本北海道警察局统计，划设了突起反光标线以后，交通安全事故的人员死亡率下降了77%。

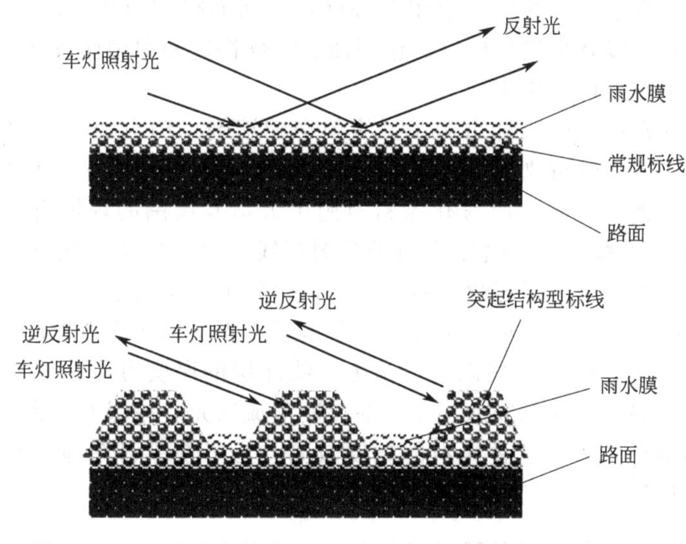

图 3-12-1　雨夜突起结构型反光标线与常规标线的反光示意图

热熔突起反光型标线涂料的参考配方（质量分数）如下：

树脂	14%～20%	石英砂	15%～20%
聚乙烯蜡(PE)	1%～3%	玻璃珠	18%～25%
乙烯-醋酸乙烯酯树脂(EVA)	1%～3%	助剂	适量
增塑剂	0.5%～1.0%	碳酸钙	余量
颜料	2%～7%		

5. 热熔标线涂料的生产工艺

热熔标线涂料是由树脂、颜料、填料、增塑剂、反光材料等原材料混合而成，生产的设备是混合机。生产的关键是将各种原材料混合均匀，不允许有偏析。其生产工艺流程见图 3-12-2。

因为热熔标线涂的原材料有 98%以上是固体物质，仅少量的液态物质，在上述生产工艺流程中，要依次投料，液态增塑剂的称量和混合要特别注意，要把它们混合均匀。为使增塑剂能够均匀地分布在大量的粉料中，一般采用喷洒的方法。

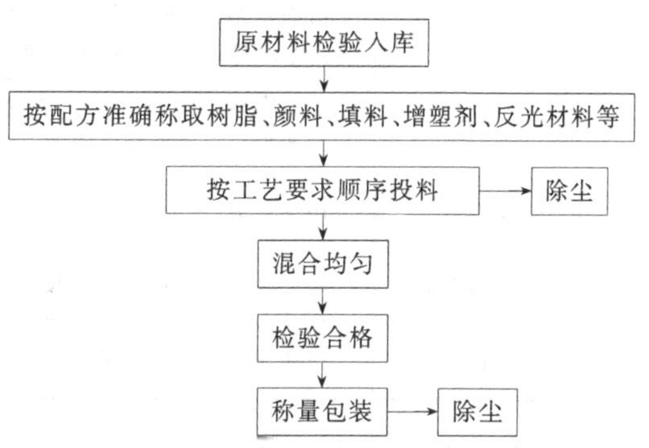

图 3-12-2　热熔标线涂料生产工艺流程图

减少粉尘污染是热熔标线涂料生产工艺流程中必须引起注意的重要环节，加强除尘，确保生产工人的健康。

二、溶剂标线涂料

溶剂标线涂料是由树脂（丙烯酸树脂、醇酸树脂、氯化橡胶等）配以颜料、填料、助剂和溶剂，经分散、研磨后制成，呈液态。施工时，划线机的喷枪将涂料高压无气喷涂到路面上，在自然环境条件下，15min 内，待溶剂挥发干燥形成涂膜，属于物理干燥型。

早在 20 世纪 70 年代和 80 年代的初期，我国所划设的标线采用的溶剂涂料是酯胶漆，这种漆的标线涂层不耐磨，在交通流量大的路段上，使用寿命仅一个月左右。此后用过少量的环氧标线涂料，尔后逐步采用性能较好的氯化橡胶标线涂料，它具有涂层不粘胎、干燥时间短、与路面的附着性较好、标线涂层耐磨等优点，从而得到应用。80 年代末，新开发出的热塑性丙烯酸树脂，以其耐候性较好、色泽浅、干燥快速和柔韧性较好等取得优势，在我国的溶剂标线涂料中获得广泛应用。

溶剂标线涂料在常温的晴天即可施工。涂料中的溶剂（约占 30%）经挥发干燥后，即形成标线涂层。施工方法既可刷涂也可辊涂。后来发展用有气的喷涂，但施工的涂层薄，施工速度比手工刷涂快速，但施工时雾化涂料对施工人员及周围的环境有较大的污染。直到 80 年代初期，才开始将高压无气喷涂应用于溶剂标线涂料的施工。该方法是将涂料预先加压，然后再喷涂，减少了施工时雾化涂料的污染，增加了涂层的厚度，并提高了施工效率。

溶剂普通型标线涂料划设的标线不反光，而溶剂反光型标线涂料划设的标线可具有反光功能，其特点是固体含量高达 70%以上，施工标线涂层的厚度可厚达 0.8 mm（湿膜），从而使面撒的玻璃珠能够黏附在标线涂层上，在夜间形成反光。涂层厚，也就耐磨；溶剂含量少，对环境的污染就小。但是这种涂料的黏度较高，为了使涂料在施工时有合适的喷涂黏度，需要将涂料预热到 60～80℃后再施工。

1. 溶剂标线涂料的原材料及其功能

溶剂标线涂料的原材料及其功能见表 3-12-4。

表 3-12-4 溶剂标线涂料的原材料及其功能

序号	组分	功　能	原材料名称
1	合成树脂	是涂料的主要成膜物，起粘接作用。施工时，形成均匀的涂层，并渗透到路面，牢固地粘接在路面上	丙烯酸树脂；氯化橡胶；醇酸树脂；环氧树脂
2	溶剂	调整涂料的黏度	甲苯；二甲苯；乙酸乙酯；乙酸丁酯；丙酮；乙醇
3	颜料	给涂层着色，使涂层醒目，并具有遮盖力。提高涂层的耐候性和机械强度	钛白粉；氧化锌；锌钡白；铬黄；氧化铁红；大红；酞菁蓝、氧化铁黑
4	填料	充填涂料，使涂膜丰满。改变涂层的强度和耐磨性等。降低涂料的成本	碳酸钙；滑石粉；沉淀硫酸钡
5	增塑剂	用量很少，改善涂层的柔韧性	邻苯二甲酸二辛酯（DOP）；邻苯二甲酸二丁酯（DBP）；大豆色拉油；氯化石蜡
6	防沉淀剂	防止涂料在贮存过程中颜料、填料沉淀结块	有机膨润土；气相二氧化硅
7	分散剂	提高颜料的分散效果	聚氧乙烯（PEO）/聚氧丙烯（PPO）/聚氧乙烯（PEO）三嵌段共聚物（F108）

2. 溶剂标线涂料的参考配方（质量分数）

树脂	20%～40%	分散剂	0.6%
溶剂	10%～15%	防沉淀剂	0.3%
增塑剂	2%～5%	滑石粉	12%
颜料	10%～15%	碳酸钙	余量

在设计配方时，只有颜基比合理，才能保证标线涂层的附着性和耐磨性。

3. 溶剂标线涂料的生产工艺流程

使用的生产设备是高速分散机和砂磨机。生产过程是，先用高速分散机把颜料、填料和树脂、溶剂等混合均匀，然后再用砂磨机进一步将其混合研磨。生产工艺流程见图 3-12-3。

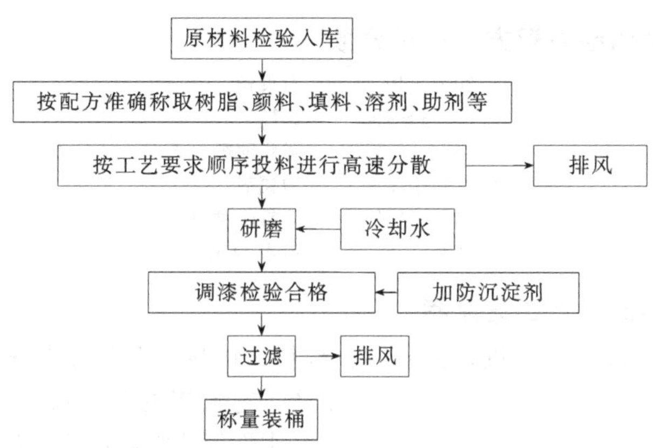

图 3-12-3　溶剂标线涂料的生产工艺流程图

由于溶剂标线涂料的生产过程中伴有大量的极易挥发的有机溶剂，易燃易爆，且污染环境，损害操作人员的身体健康，必须注意车间的通风，以利排除有机挥发溶剂。各种生产设备应尽量密封，各种电机、开关、照明设施等要备有防爆装置。

为了在调漆时便于添加防沉淀剂，可预先将其制成预凝胶。预凝胶的参考配方如下（质量分数）：

有机膨润土	10%	工业酒精	3%
甲苯	87%	分散剂	0.3%

三、水性标线涂料

现有的水性标线涂料是以水为分散介质，以丙烯酸聚合物乳液为成膜物，再配上颜料、填料、助剂等组成，经物理干燥成膜。它解决了常温溶剂标线涂料中因含有挥发性有机化合物（VOC）含量高的问题，从而保护了环境。它源于 20 世纪 80 年代的美国，当时颁布了新的环保法规，为达到环保要求而研制成功的，在美国和加拿大应用较多。近年来，我国也研制开发了水性标线涂料，并开始用在高速公路和城市道路上。

1. 水性标线涂料的原材料及其功能

水性标线涂料的原材料及其功能见表 3-12-5。

表 3-12-5　水性标线涂料的原材料及其功能

序　号	组　分	功　能	原材料名称
1	乳液	涂料的主要成膜物并起粘接作用。施工时，能将涂料的各组分粘接在一起，形成均匀的涂层，同时又渗透到路面，使涂层牢固地粘接在路面上	丙烯酸聚合物乳液
2	颜料	给涂层着色，使涂层醒目，并具有遮盖力	钛白粉；氧化锌；锌钡白；铬黄；氧化铁红；氧化铁黑；酞菁蓝
3	填料	充填涂料，使涂膜丰满。改变涂料的施工性能，涂层的强度和耐磨性等。降低涂料的成本	碳酸钙；石英粉；滑石粉
4	增稠剂	控制涂料黏度，调节流变性	羟乙基纤维素
5	分散剂	润湿和稳定颜料、填料的分散	阴离子分散剂
6	消泡剂	控制泡沫，改善涂料性能	矿物油类
7	表面活性剂	稳定涂料体系，润湿底材	非离子型 CF-10；X-405
8	成膜助剂	帮助聚合物成膜	Texanol®
9	反光材料	使标线涂层具有逆反射性能	玻璃珠
10	其他助剂	提高涂层的耐候性	紫外线吸收剂

2. 水性标线涂料的参考配方（质量分数）

组分	用量	组分	用量
乳液	30%～40%	石英粉	10%～15%
水	1%～3%	乙醇	1%～3%
表面活性剂	0.2%～0.3%	成膜助剂	1.5%～3.0%
消泡剂	0.3%～0.5%	增稠剂	0.1%～0.5%
颜料	5%～15%	防霉防腐剂	0.1%～0.3%
碳酸钙	40%～50%	氨水(工业氨水)	调节 pH 为 9.5～10

3. 水性标线涂料的生产工艺流程

生产过程主要是用高速分散机，把乳液、颜料、填料、助剂等充分搅拌分散均匀。具体生产工艺流程见图 3-12-4。

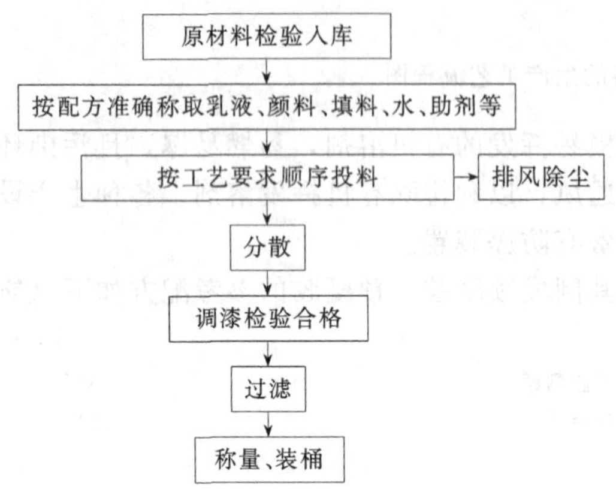

图 3-12-4 水性标线涂料的生产工艺流程

水性标线涂料的生产过程中，最关键的是控制好分散速度和合适的投料顺序，并要准确称量用量较少的助剂。投料的顺序是在搅拌的状态下，先加入乳液、水、表面活性剂及消泡剂，随后再加颜料、填料等，使之充分搅拌分散均匀。在调漆过程中，缓慢加入成膜助剂、增稠剂、防霉防腐剂、乙醇等，最后加氨水调整涂料的 pH。

四、双组分标线涂料

双组分标线涂料是由树脂、颜料、填料、助剂等制成涂料的主要部分，施工时，加入按一定比例的固化剂调和后，树脂与固化剂发生交联反应，化学交联成膜。这种标线涂层具有与路面较好的附着力，与玻璃珠有较强的粘接强度，耐磨性能好等优点。标线的不粘胎干燥时间（即涂料的固化时间）与涂层的厚度无关，而是取决于固化剂的用量以及施工环境的温度等因素。

双组分标线涂料常用的成膜物树脂类型有：活性丙烯酸树脂、环氧树脂、聚氨酯树脂等，固化剂有过氧化二苯甲酰（BPO）、低分子聚酰胺树脂、活性脂肪族多元胺等。

目前应用较多的以活性丙烯酸树脂为成膜物的喷涂型双组分标线涂料的参考配方（质量分数）如下：

A 组分		B 组分	
树脂 Degaroute® 661	40%	Degaroute® 663	40%
增塑剂 Degaroute® W3	2%	Degaroute® W3	2%
Disperbyk 163	0.3%	Disperbyk 163	0.3%
Byk 410	0.1%	Byk 410	0.1%
颜料	2%～10%	颜料	2%～10%
细填料	47.6%	细填料	47.6%

A 组分和 B 组分的比例是 1∶1。施工前，B 组分需添加 4%固化剂过氧化二苯甲酰（BPO）。喷涂的标线厚度约 0.6mm（干膜）。

使用活性丙烯酸树脂作为基料还可以配制双组分突起型反光标线涂料，所划设的标线能使汽车产生振动感，雨夜反光效果好。

喷涂型双组分标线涂料的生产工艺流程如图 3-12-5 所示，生产过程中要注意将 A 组分和 B 组分严格分开，固化剂过氧化二苯甲酰易燃易

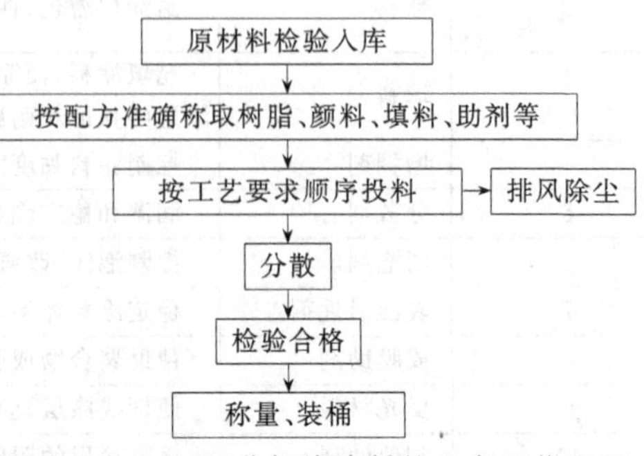

图 3-12-5 双组分标线涂料的生产工艺流程

爆，要妥善保管。

五、路面防滑涂料

路面本身就具有一定的抗滑能力，而在路面铺设防滑涂料可提高路面的抗滑能力，可铺设在一些事故多发地段和弯道、上下坡道及停车场、高速公路收费站等。其颜色可采用醒目的红色，还有蓝色和绿色等，以引起司机的警觉，注意减速行驶，明显提高交通安全性。图3-12-6为铺设在北京南三环路上的防滑路面。

图 3-12-6　铺设在北京南三环路上的防滑路面

路面防滑涂料由基料及防滑骨料组成。基料可以是石油树脂、改性松香树脂 、丙烯酸树脂、丙烯酸聚合物乳液等，其成膜机理为物理干燥型。如果基料是双组分环氧树脂或活性丙烯酸树脂及聚氨酯等，则需加固化剂才能成膜，成膜的机理是化学交联型。防滑骨料可以是陶瓷颗粒、金刚砂、煅烧铝矾土、石英砂等耐磨硬质材料。骨料的粒径一般不大于4mm，涂层的厚度一般为2～4mm。路面防滑涂料铺设的防滑涂层的抗滑能力用摆式摩擦系数测定仪测量，单位是BPN。涂层的抗滑能力分为普通防滑型（45～55 BPN）；中等防滑型（55～70 BPN）；高防滑型（≥70 BPN）三个等级。

第四节　标线涂料的标准和检测

要生产出优质的标线涂料，就要在严把原材料质量关的基础上，做好生产全过程的质量控制，做好每一项性能测试，控制好涂料的各项性能指标。还要通过路用试验来验证配方的合理性和实用性。鉴于我国的幅员辽阔，气候变化多端，使用条件各异，北方地区使用效果良好的标线涂料不一定适用于南方地区，同样的西部干旱地区的标线涂料不一定适用于东部湿热地区，为此就要对标线涂料的某些性能指标做出相应的调整，以满足不同地区、不同季节、不同使用条件的需要。

一、标线涂料的标准

目前，我国标线涂料的标准为交通行业标准JT/T 280—2004《路面标线涂料》及公共安全行业标准GA/T 298—2001《道路标线涂料》。

1. 热熔标线涂料的标准

热熔标线涂料的交通行业标准和公共安全行业标准如表3-12-6和表3-12-7所列。

表 3-12-6　热熔标线涂料的交通行业标准

检测项目		普通型	反光型	突起型
密度/(g/cm³)		1.8～2.3		
软化点/℃		90～125		≥100
涂膜外观		干燥后，应无皱纹、斑点、起泡、裂纹、脱落、粘胎现象，涂膜的颜色和外观应与标准板差别不大		
不粘胎干燥时间/min		≤3		
色度性能(45°/0°)	白色	涂料的色品坐标和亮度因数应符合表 3-12-13 和图 3-12-7 规定的范围		
	黄色			
抗压强度/MPa		≥12		23℃±1℃时，≥12；50℃±2℃时，≥2
耐磨性(200r/1000g 后减重)/mg		≤80 (JM-100 橡胶砂轮)		—
耐水性		在水中浸 24h 应无异常现象		
耐碱性		在氢氧化钙饱和溶液中浸 24h 无异常现象		
玻璃珠含量/%		—	18～25	
流动度/s		35±10		—
涂层低温抗裂性		－10℃保持 4h，室温放置 4h 为一个循环，连续做三个循环后应无裂纹		
加热稳定性		200～220℃在搅拌状态下保持 4h，应无明显泛黄、焦化、结块等现象		
人工加速耐候性		经人工加速耐候性试验后，试板涂层不产生龟裂、剥落；允许轻微粉化和变色，但色品坐标应符合表 3-12-13 和图 3-12-7 规定的范围，亮度因数变化范围应不大于原样板亮度因数的 20%		

表 3-12-7　热熔标线涂料的公共安全行业标准

项目＼种类		热熔型涂料	
		A	B
相对密度		1.8～2.3	
软化点/℃		90～140	
涂层颜色及外观		涂层冷却后应无皱纹、斑点、起泡、裂纹、脱落及表面无发黏等现象，颜色范围应符合 GB/T 8416 的规定	
不粘胎干燥时间/min		≤3	
抗压强度/Pa		≥1.2×10⁷	
耐磨性/mg		≤60(200r/1000g 磨耗减重)	
白色度		≥65	
耐碱性		在氢氧化钙饱和溶液中浸泡 18h 应无开裂、起泡、孔隙、剥离、起皱及严重变色等异常现象	
加热残留分/%		≥99	
逆反射系数/[mcd/(lx·m²)]	白色	—	≥200
	黄色	—	≥100

注：A—普通型热熔标线涂料；B—反光型热熔标线涂料。

2. 溶剂标线涂料的标准

溶剂标线涂料的交通行业标准和公共安全行业标准见表 3-12-8 和表 3-12-9。

表 3-12-8　溶剂标线涂料的交通行业标准

检测项目		普通型	反光型
容器中状态		应无结块、结皮现象，易于搅匀	
黏度		≥100s(涂-4 杯)	80～120(KU 值)
密度/(g/cm^3)		≥1.2	≥1.3
施工性能		空气或无空气喷涂(或刮涂)施工性能良好	
加热稳定性		—	应无结块、结皮现象，易于搅匀，KU 值不小于 140
涂膜外观		干燥后，应无发皱、泛花、起泡、开裂、粘胎等现象，涂膜颜色和外观应与标准板差异不大	
不粘胎干燥时间/min		≤15	≤10
遮盖率/%	白色	≥95	
	黄色	≥80	
色度性能(45°/0°)	白色	涂料的色品坐标和亮度因数应符合表 3-12-13 和图 3-12-7 规定的范围	
	黄色		
耐磨性(200r/1000g 后减重) /mg		≤40 (JM-100 橡胶砂轮)	
耐水性		在水中浸 24h 应无异常现象	
耐碱性		在氢氧化钙饱和溶液中浸 24h 应无异常	
附着性(划圈法)		≤4 级	
柔韧性/mm		5	
固体含量/%		≥60	≥65

表 3-12-9　溶剂标线涂料的公共安全行业标准

项目 \ 种类		常温型标线涂料		加热型标线涂料	
		A	B	A	B
容器中状态		应无结块、结皮现象，易于搅匀			
稠度(KU 值)		≥60	≥75	90～130	
施工性能		刷涂、空气或无空气喷涂施工性能良好		加热至 40～60℃时无空气喷涂施工性能良好	
漆膜颜色和外观		应无发皱、泛花、起泡、开裂、发粘等现象，颜色范围应符合 GB/T 8416 的规定			
不粘胎干燥时间/min		≤15		≤10	
遮盖力/(g/m^2)	白色	≤190			
	黄色	≤200			
固体含量/%		≥60		≥65	
附着力(划圈法)		≤5 级		≤4 级	
耐磨性/mg		≤40 (200r/1000g 磨耗减重)			
耐水性		漆膜经蒸馏水 24h 浸泡后应无开裂、起泡、孔隙、起皱等异常现象			
耐碱性		在氢氧化钙饱和溶液中浸泡 18h，应无开裂、起泡、孔隙、剥离、起皱及严重变色等异常现象			
漆膜柔韧性		经 5mm 直径圆棒屈曲试验，应无龟裂、剥离等异常现象			
玻璃珠撒布试验		—	玻璃珠应均匀附在漆膜上	—	玻璃珠应均匀附在漆膜上
玻璃珠牢固附着率		—	玻璃珠应有 90%以上牢固附着率	—	玻璃珠应有 90%以上牢固附着率
逆反射系数 /[mcd/(lx·m^2)]	白色	—	≥200	—	≥200
	黄色	—	≥100	—	≥100

注：A—普通型；B—反光型。

3. 双组分标线涂料的交通行业标准

双组分标线涂料的交通行业标准见表 3-12-10。

表 3-12-10 双组分标线涂料的交通行业标准

		普通型	反光型	突起型
容器中状态		应无结块、结皮现象，易于搅匀		
密度/(g/cm^3)		1.5～2.0		
施工性能		按生产厂的要求，将 A、B 组分按一定比例混合搅拌均匀后，喷涂、刮涂施工性能良好		
涂膜外观		涂膜固化后应无皱纹、斑点、起泡、裂纹、脱落、粘贴等现象，涂膜颜色与外观应与样板差别不大		
不粘胎干燥时间/min		≤35		
色度性能(45°/0°)	白色	涂膜的色品坐标和亮度因数应符合表 3-12-13 和图 3-12-7 规定的范围		
	黄色			
耐磨性 (200r/1000g 后减重)/ mg		≤40 (JM-100 橡胶砂轮)		
耐水性		在水中浸 24h 应无异常现象		
耐碱性		在氢氧化钙饱和溶液中浸 24h 应无异常		
附着性(划圈法)		≤4 级(不含玻璃珠)	—	—
柔韧性/mm		5(不含玻璃珠)	—	—
玻璃珠含量/%		—	18～25	18～25
人工加速耐候性		经人工加速耐候性试验后，试板涂层不允许产生龟裂、剥落；允许轻微粉化和变色，但色品坐标应符合表 3-12-13 和图 3-12-7 规定的范围，亮度因数变化范围应不大于原样板亮度因数的 20%		

4. 水性标线涂料的交通行业标准

水性标线涂料的交通行业标准见表 3-12-11。

表 3-12-11 水性标线涂料的交通行业标准

检 测 项 目		普通型	反光型
容器中状态		应无结块、结皮现象，易于搅匀	
黏度		≥70(KU 值)	80～120(KU 值)
密度/(g/cm^3)		≥1.4	≥1.6
施工性能		空气或无气喷涂(或刮涂)施工性能良好	
漆膜外观		应无发皱、泛花、起泡、开裂、粘贴等现象，涂膜颜色和外观应与样板差异不大	
不粘胎干燥时间/min		≤15	≤10
遮盖率/%	白色	≥95	
	黄色	≥80	
色度性能(45°/0°)	白色	涂料的色品坐标和亮度因数应符合表 3-12-13 和图 3-12-7 规定的范围	
	黄色		
耐磨性(200r/1000g 后减重)/mg		≤40(JM-100 橡胶砂轮)	
耐水性		在水中浸 24h 应无异常现象	
耐碱性		在氢氧化钙饱和溶液中浸 24h 应无异常	

续表

检测项目	普通型	反光型
冻融稳定性	在−5℃±2℃的条件下放置18h后。立即置于23℃±2℃条件下放置6h为一个周期，三个周期后应无结块、结皮现象，易于搅匀	
早期耐水性	在温度为23℃±2℃、湿度为90%±3%的条件下，实干时间≤120min	
附着性(划圈法)	≤5级	—
固体含量/%	≥70	≥75

二、标线涂料特定的检测项目

1. 不粘胎干燥时间

为了使标线施工后能尽快开放交通，要求涂层能快速干燥。JT/T 280—2004《路面标线涂料》规定的各种类型的标线涂层不粘胎时间如表3-12-12所示。

表3-12-12　各种类型的标线涂层不粘胎干燥时间　　单位：min

溶剂		热熔	双组分	水性	
普通型	反光型			普通型	反光型
≤15	≤10	≤3	≤35	≤15	≤10

标准规定的测试方法是：在水泥石棉板（200mm×150mm×5mm）上涂布厚300μm，宽80mm的带状涂层，用不粘胎时间测定仪测不粘胎干燥时间。

2. 抗压强度

2mm左右厚的热熔型标线涂层要承受各种车辆的频繁的碾压以及夏季高温的考验，必须有足够的抗压强度防止涂层被压碎、脱落及变形。标准规定的测试方法是：将熔融的热熔涂料浇制成20mm×20mm×20mm抗压试块三块，在标准试验温度下放置24h后做抗压实验，用精度不低于0.5级的电子万能材料试验机进行测定，以适当的速度预加负荷10N，然后以30mm/min速度加载，并开始记录试验机压头的位移，直到试块破坏为止，记录破坏时的荷载，计算抗压强度。标准规定：热熔普通型和热熔反光型的抗压强度应≥12MPa；热熔突起型在23℃±1℃时应≥12MPa，在50℃±2℃时应≥2MPa。

3. 玻璃珠含量

如表3-12-6所示，热熔反光标线涂料内应含有18%～25%的玻璃珠，以确保使用中的标线能够持续反光。标准规定测定热熔反光标线涂料中的玻璃珠含量的方法是：用醋酸乙酯与二甲苯混合溶剂溶解除去涂料中的有机部分——树脂等，然后用稀盐酸溶解除去涂料中的无机部分（如填料、颜料等），直到涂料中的玻璃珠和石英砂被完全分离出来，洗净、烘干、除去混入的石英砂，称量所含玻璃珠，计算玻璃珠含量。

4. 低温抗裂性

由于热熔标线涂料施工的标线涂层较厚，约2mm，在低温条件下容易开裂，需要做低温抗裂性试验，标准规定：试样在−10℃±2℃低温条件下保持4h，然后在室温下放置4h，以此为一个循环，连续做三个循环后应无裂纹。

5. 加热稳定性

热熔标线涂料在施工时需要加热至 180～220℃，若涂料中的树脂耐高温差，经长时间的高温加热就会分解变色，从而影响涂料的色度性能及其他性能。标准规定：热熔标线涂料在 200～220℃搅拌情况下保持 4h 后，应无明显泛黄、焦化和结块现象。

6. 冻融稳定性

冻融稳定性是检测水性标线涂料在低于 0℃的环境条件下的贮存稳定性，标准规定：试样在−5℃±2℃的加盖铁筒内保持 18h，然后立即在 23℃±2℃条件下放置 6h，以此为一个循环，连续做三个循环后应无结块、结皮现象，易于搅匀。

7. 早期耐水性

水性标线涂料的早期耐水性是指刚施工后，未完全干燥涂层的耐水性。标准规定的检测方法是：将试样放在温度为 23℃±2℃、相对湿度为 90%±3% 的高低温湿热试验箱内，每隔 5 min 用指触法测涂层的实干时间，不超过 120 min 为合格。

8. 色度性能

标线涂料的颜色主要是白色和黄色，其色度性能按 GB 2893《安全色》检测，所用的仪器是 D_{65} 标准光源照明，观察条件为 45°/0°的色彩色差计，检测的结果用色品坐标和亮度因数表示。标准规定：所测的色品坐标（x、y）值应落在图 3-12-7 中的框内。

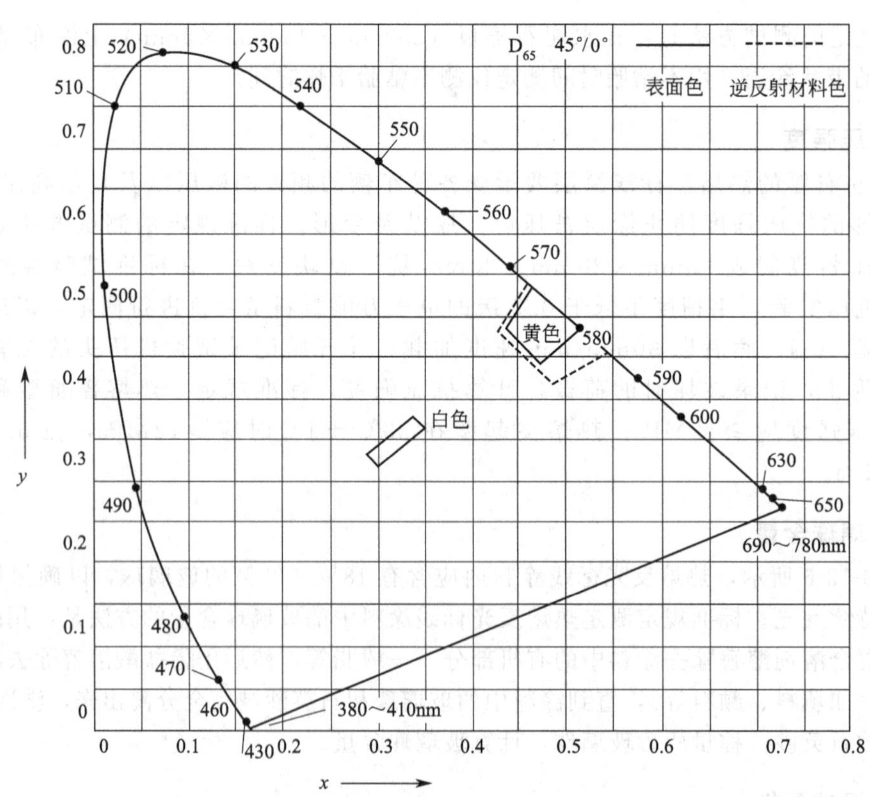

图 3-12-7 标线涂层的色度范围图

标准规定：白色标线涂料的亮度因数≥0.75；黄色标线涂料的亮度因数≥0.45（见表 3-12-13）。

表 3-12-13　标线涂料颜色范围（标准照明体 D_{65}，照明观测条件 45°/0°，视场角 2°）

颜色		色品坐标								亮度因数
		x	y	x	y	x	y	x	y	
普通材料色	白	0.350	0.360	0.300	0.310	0.290	0.320	0.340	0.370	≥0.75
	黄	0.519	0.480	0.468	0.442	0.427	0.483	0.465	0.534	≥0.45
逆反射材料色	白	0.350	0.360	0.300	0.310	0.290	0.320	0.340	0.370	≥0.35
	黄	0.545	0.454	0.487	0.423	0.427	0.483	0.465	0.534	≥0.27

三、按普通涂料常规检测的检测项目

按普通涂料常规检测的检测项目见表 3-12-14。

表 3-12-14　按普通涂料常规检测的检测项目

序号	检测项目	依据的标准	适用涂料种类
1	检测环境的温湿度	GB/T 9278《涂料试样状态调节和试验的温湿度》	所有类型
2	涂料在容器中的状态	GB/T 3186《涂料产品的取样》	溶剂、双组分、水性（热熔除外）
3	黏度	GB/T 1723《涂料黏度测定法(涂-4 黏度计法)》	溶剂普通型
		GB/T 9269《建筑涂料黏度的测定　斯托默黏度计法》	溶剂反光型及水性
4	固体含量	GB/T 1725《涂料固体含量测定法》	常温溶剂型、水性
5	密度	GB/T 6750《色漆和清漆　密度的测定》	常温溶剂、双组分、水性
6	软化点	GB/T 9284《色漆和清漆用漆基　软化点测定法　环球法》	热熔
7	附着力	GB/T 1720《漆膜附着力测定法》	溶剂、双组分普通型、水性普通型
8	柔韧性	GB/T1731《涂膜柔韧性测定法》	溶剂普通型和反光型、双组分普通型
9	耐水性	GB/T 1733《涂膜耐水性测定法》	所有类型
10	耐碱性	GB/T 9265《建筑涂料　涂层耐碱性的测定》	所有类型
11	耐磨性	GB/T 1768《漆膜耐磨性测定法》	所有类型
12	人工加速耐候性	GB/T 16422.1《塑料实验室光源曝露试验》	热熔和双组分

标线涂料在不断发展，检测标线涂料的方法和手段及仪器也不断更新，相应地显现检测标准的不完善和不足，需要予以修订和补充。

四、标线涂料的实用性能考核

通过上述的标线涂料的试验室检测，对其性能好坏有一个基本判断，但是由于实际路用的情况（温度、湿度、光照、施工工艺、路面状况、车流量等）千变万化，往往会影响标线的实际使用寿命，特别是在不同的路面上的附着性能、耐磨性、耐老化性能和标线的持续反光性等有较大的变化，最好通过试验室检测和路用试验的配合考察来考验标线涂料配方的合理性和实用性。

美国的罗门哈斯公司欧洲试验中心就在法国的地中海城市——尼斯设有专门考核标线涂层使用性能的试验路，将该公司研制的不同配方和不同性能的水性标线涂料施工在同一条试验路上，定期观察标线涂层的磨损、逆反射系数、粉化、开裂和变色等情况的变化。德国联邦公路局的BAST试验室把全德国的各种品牌的标线涂料划设在环道试验室的环道上进行对比，从而优选出好的涂料产品。

第五节 标线施工材料的合理选用

据粗略估计，现在我国每年新修和维修用的标线涂料用量在15万吨以上，如何使各种标线施工材料（包括标线涂料和反光标线用玻璃珠）得到合理的使用，不产生浪费现象，首先需要进行合理的选用。

一、各种标线涂料的性能和优缺点对比

为了使涂料生产厂家能生产出多种适用的标线涂料，用户能选用合理的标线涂料，现将国内外各种不同类型的标线涂料的性能和优缺点作一详细对比，列于表3-12-15。

表3-12-15 各种标线涂料的性能和优缺点对比

涂料类型	涂层厚度/mm	使用寿命	施工温度/℃	不粘胎干燥时间/min	优点	缺点
热熔喷涂型	0.7～1.2	较长	≥10	≤3	重涂易；施工快；可反光	需耗能，加热至170～220℃
热熔刮涂型	1.5～2.5	长	≥10	≤3	涂层厚，耐磨；可反光	重涂难；需耗能，加热至170～220℃
突起型	突起高度3～7；基底1～2，也可无基底	长	≥10	≤3	雨夜反光优良；有振动效果	重涂难；施工费料；造价高
溶剂普通型	0.3～0.8①	短	≥5	≤15	造价低，施工快	使用寿命短；有机挥发溶剂(VOC)含量高；不具反光
溶剂反光型	0.3～0.8①	较短	≥5	≤10	有机挥发溶剂(VOC)含量较低；可反光	涂料需加热至70℃左右；施工设备要求有加热系统；施工较溶剂普通型复杂；含有少量有机挥发溶剂
水性	0.3～0.8①	中等	≥10	普通≤15 反光≤10	环保好；不含有机挥发溶剂；反光好；与玻璃珠的粘接力较强	对施工环境的温度和湿度有一定要求
双组分	0.4～2.5	中等	≥10	≤35	与路面及玻璃珠的粘接力较强；反光好；环保好	施工规范要求严，特别是涂料和固化剂的用量准确及混合均匀
防滑型	3～5	长	≥10	依涂料的类型而定	防滑，减少交通事故；颜色醒目，起到提示作用，有红、黄、蓝、绿等多种颜色	造价高

① 湿膜厚度值。

二、标线使用性能室内模拟试验结果

德国联邦公路研究所（BAST）的R. Keppler教授提交的论文《德国的道路标线系统试验》，提供了该所自1989～2004年总共15年的1954组不同类型的白色道路标线使用性能室

内模拟试验数据，详见表 3-12-16。

表 3-12-16　不同类型的白色道路标线使用性能室内模拟试验数据

标线材料种类	溶剂含量/%	施工方法	试验总数	试验结果满意数	满意率/%	排序
冷塑型涂料(双组分反应树脂)	<1	喷涂、刮涂、挤压	304	188	61.8	1
预成型标线带(聚氯乙烯或聚氨酯等)	0	冷压、≤50℃热压	151	79	52.3	2
高固体分水性涂料	<1	刮涂、挤压	17	8	47.0	3
普通水性涂料	<1	喷涂	251	107	42.6	4
溶剂类涂料	<25	喷涂	775	259	33.4	5
热熔类涂料	0	喷涂、刮涂、挤压	456	116	25.5	6
总计			1954	757	38.7	

表 3-12-16 所列数据是在室内的环道磨损模拟试验装置上试验得到的，试验全面考核了不同类型的白色道路标线的使用性能，包括耐磨性、持续反光性、不粘污性、附着力和裂纹状况等。

从表 3-12-16 可以看出：当前我国生产量最大、使用最多的热熔和溶剂标线涂料的使用性能模拟试验结果并不理想，满意率低；而满意率最高、性能最好的是冷塑型标线涂料（双组分反应树脂）。冷塑型标线涂料在我国刚开始研制，试生产和试用，水性标线涂料已开始生产并应用。所以，我们应在学习国外先进技术的基础上，根据我国的具体情况，开发品质优良的新品种，使我国的标线品种多样化。

表 3-12-16 反映的数据与我国实际使用情况有相当大的差距，也有可能说明：

① 德国 R. Keppler 教授试验的模拟程度不高，所以与我国的使用数据差距大；

② 我国生产的标线涂料产品与德国的同类产品的质量和性能有很大的差别，因而不具可比性；

③ 表 3-12-16 的数据毕竟是室内模拟试验的数据，没有耐紫外线辐射和风吹雨打等气候考验的试验数据，所以与实际使用情况有一定的差别；

④ 紫外线辐射和气候变化因素可能是影响标线涂层使用寿命的最主要的原因之一，其影响程度的大小，有待实际考核。

为了取得更为可靠的数据，应积极开展我们自己的模拟试验，模拟符合我国的实际路况、车况、气候条件等情况，做出真正有参考价值的模拟试验数据，为合理选用标线涂料提供可靠的依据。

三、标线涂料的合理选用

选用的标线涂料应该是施工性能好，划制的标线视认性好，能持续反光，有较长的使用寿命，性能价格比高，且符合环保要求。

针对标线不同的使用条件，对于不同的地区、不同的道路、不同功能的标线，可选用不一样的标线涂料。在综合参考表 3-12-15 的各种道路交通标线涂料的性能和优缺点对比的基础上，还可参考以下建议。

(1) 高速公路的实线可采用热熔喷涂型或双组分和水性标线涂料　因为高速公路上的车辆行车规范，实线受车轮的碾压较少，而对标线的反光性能要求较高。热熔喷涂型涂料能够满足此要求，且性能价格比最高，可优先选用。双组分和水性涂料的涂膜与路面和玻璃珠的粘接力强，反光性能优良，较耐磨。该类涂料喷涂在路面上，基本保持路面原有的结构和抗滑性能。

(2) 各种道路的实线和人行横道线可采用热熔反光标线涂料　因为实线和人行横道线受碾压次数频繁，标线的磨损相对要大。热熔反光标线涂料施工的标线涂层厚，能够承受较大的交通流量，可以保证标线在较长时间内正常使用，因而减少了为重涂标线，而在通车条件下施工作业的危险。

(3) 弯道及上下坡道等事故多发地带可采用防滑涂料　采用防滑涂料铺筑的路面，涂层的抗滑摆值可高达70BPN以上，从而防止车轮在这些路面上打滑，同时防滑涂料采用了亮丽的色彩，可提高司机的警觉性，注意减速缓行，减少了交通事故。防滑涂料还可用在高速公路的收费站出入口和停车场等需要加强防滑的路面。热熔标线涂料划设的人行横道线虽然耐磨，但是涂层表面较滑，若在涂层表面植入防滑骨料，可以提高人行横道的抗滑性能，保证行人的安全。

(4) 在长直道、隧道、桥梁、高速公路的行车道的边缘线、高速公路进出口的禁止超越地段采用突起反光标线涂料　一旦车轮碾压在突起反光标线涂料划设的标线上，标线的突起结构就会使车身产生轻微振荡，同时发出振动响声，提醒司机注意车辆不要跑偏。此外，这种标线的突起部分能够使标线在雨夜仍有较好的逆反射性能。突起反光标线涂料的种类有热熔突起型和双组分突起型等。

(5) 无路灯照明的道路采用反光标线　我国高速公路的交通安全设施（反光标志、反光标线、护栏、护网等）齐全，标线采用反光标线涂料划设，使夜间行驶的汽车通过前大灯灯光的照射，可以看清前方的标线，从而保证高速公路上行车安全。而一些县、乡的普通道路上的标志和标线等安全设施少，没有路灯照明，而且机动车辆和其他车辆混合行驶，路况复杂，夜间行车存在安全隐患，为了防止事故的发生，标线最好是划设为反光的，并增设反光标志牌等交通安全设施。

(6) 地下停车场可采用不含有机挥发溶剂的水性及双组分标线涂料　地下停车场是在通风不良的地下室内，为了防止污染，可采用不含有机挥发溶剂的水性及双组分标线涂料划设标线。

(7) 旧路面要采用标线使用寿命与路面翻修时间相当的标线涂料　旧路面本身的表面状况不佳，使用不久就得翻修，如果采用耐久性长的标线涂料，易出现标线的使用寿命大于路面使用寿命的现象，在经济上是不合算的，可选用标线使用寿命与路面翻修时间相当的标线涂料。

作为标线涂料的生产厂家、道路安全设施的设计者、标线施工队，要了解标线涂料的发展趋势，开发各种性能的多品种涂料，要熟悉标线涂料的合理使用，以划设既经济合理又实用的标线。

需要特别强调的是，这里所提出的合理选用标线涂料的建议不是一成不变的，是具有时段性的，即随着时间的推移，标线涂料生产厂家将会不断推出新的更好的标线涂料，以满足道路对各种类型和不同功能标线的需求，老产品也不断更新换代，因而本文提出的使用标线涂料的合理化建议必须不断修订、补充和完善。

四、标线用玻璃珠的正确选择和使用

标线用玻璃珠（下简称玻璃珠）分为面撒型和预混型两种，面撒型玻璃珠用于反光标线涂料施工时面撒在标线涂层上，起到即时反光作用。预混型玻璃珠是在制备反光标线涂料时，作为涂料配方组成的一部分混合在涂料内，在标线的使用过程中起连续反光作用。

1. 玻璃珠的逆反射原理

玻璃珠是反光标线的主要反光元件，其逆反射原理见图 3-12-8。当汽车的前照灯光照射到镶嵌在标线涂层的外露玻璃珠表面时，光线折射进入玻璃珠内，到达玻璃珠的底部与标线涂层接触面后，被涂层反射折回，通过玻璃珠表面折射返回到司机的眼里。由于标线涂层上的若干玻璃珠同时产生折射，就形成了一束反射光，使司机能够在即使没有路灯照明的夜间也能看清前方的标线，循道而行。玻璃珠的这种能够使反射光线从靠近入射光线的反方向返回的反射称为逆反射，而且当入射光线的方向在较大范围内变化时，仍能保持这种性能。

影响反光标线的逆反射效果的主要因素是玻璃珠的性能、玻璃珠的植入状态和玻璃珠的撒布量。

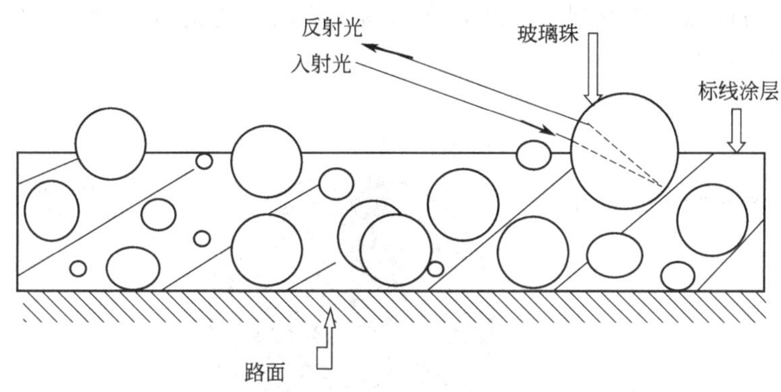

图 3-12-8　玻璃珠的逆反射原理

2. 玻璃珠的性能要求

根据交通行业标准 JT/T 446—2001《路面标线用玻璃珠》的规定：

① 玻璃珠外观应为无色透明的球体，表面光洁圆整，玻璃珠内应无明显气泡或杂质；

② 有缺陷的玻璃珠如椭圆形珠、不圆的颗粒、失透的珠、熔融粘连的珠、有气泡的或有杂质等的玻璃珠质量之和应小于玻璃珠总质量的 30%；

③ 玻璃珠的密度应在 2.4～2.6g/cm^3 范围内；

④ 玻璃珠的折射率不应小于 1.50；

⑤ 玻璃珠的耐水性测试时，玻璃珠表面不应呈现发雾现象；

⑥ 玻璃珠中磁性颗粒的含量不得大于 0.1%等。

需要提醒的是，目前国内生产的玻璃珠主要有三种，反光标线用的、研磨介质用的、喷丸抛光用的。反光标线用的强调玻璃珠的折射率、成圆率和粒径级配，研磨用的强调玻璃珠硬度，而抛光用的强调玻璃珠的强度，因此，不同用途的玻璃珠不能混用。

3. 玻璃珠的分类

(1) 面撒型玻璃珠　面撒型玻璃珠是施工反光标线时，立即在标线涂层上面撒布的玻璃珠。面撒型玻璃珠的粒径大小是级配的（见图 3-12-9）。不同大小的玻璃珠配合在一起，能够使它们牢固地固定在涂层里。在通车过程中，露在标线涂层表面的，起即时反光作用的大粒径玻璃珠逐步被磨损脱落，中小粒径的玻璃珠就会陆续被磨露出来，继续起到反光作用。如果施工时面撒型玻璃珠的撒布量太少，标线的反光强度不够；面撒型玻璃珠撒布量太多，标线的反光强度也不够。原因是：过多的玻璃珠堆积在涂层上会影响玻璃珠正常反光，易吸附灰尘，使标线变成灰黑色。玻璃珠合理的撒布量是 0.3～0.4kg/m^2，此时的玻璃珠呈一层均匀态分布在标线涂层上。

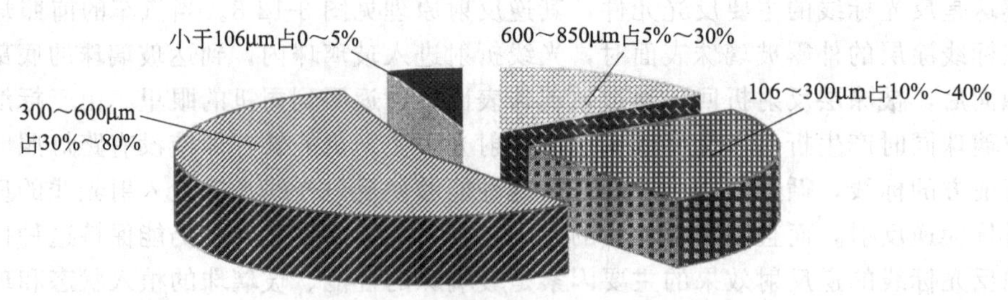

图 3-12-9　面撒玻璃珠粒径分布

(2) 预混型玻璃珠　预混型玻璃珠是在涂料生产时预先混合在涂料里的，其粒径也是大小级配的（见图 3-12-10）。

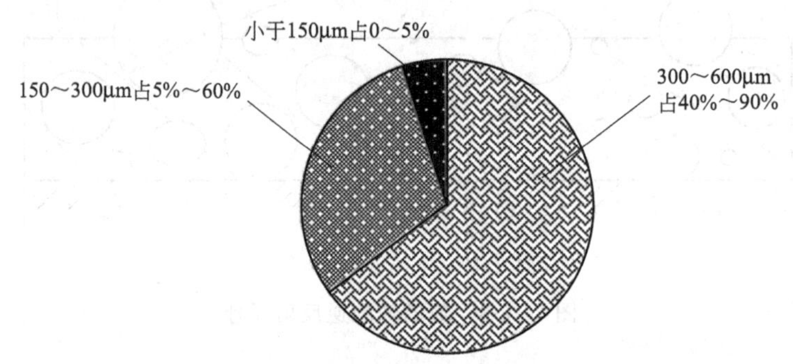

图 3-12-10　预混玻璃珠粒径分布

4. 玻璃珠的正确植入

理想的植入应该如图 3-12-8 所示，标线涂层的表面上撒布的玻璃珠颗粒有 1/2～2/3 的体积埋入标线涂层内，使玻璃珠能够露出足够的反射面，以获得良好的逆反射效果，且玻璃珠有一半以上的体积植入涂层里，确保其与涂层牢固结合。当标线涂层被磨耗时，表面的玻璃珠会逐步脱落，埋入涂层内部的不同粒径级配的玻璃珠依次逐渐被磨出并显露反光面，使标线能够继续保持反光性能。使用热熔反光标线涂料施工时，要使玻璃珠理想地植入热熔涂料的涂层里，就必须掌握好熔融涂料的温度。如果熔融涂料的温度过高、涂料的黏度过低，使面撒的玻璃珠大部分沉降在标线涂层的底部，则标线涂层的表面没有玻璃珠的反光面，因而标线就无法进行逆反射；如果熔融涂料的温度过低，涂料的黏度过高，面撒的玻璃珠会大部分浮在标线涂层的表面，不能很好地植入标线涂层内，经过车轮的碾压和风吹雨打，玻璃珠会很快脱落，标线在短时间内就失去逆反射作用。

5. 调整面撒玻璃珠的粒径大小

施工时，要根据不同的地区和季节调整面撒玻璃珠粒径的各个档次的比例，以获得最佳使用效果。通常在南方和夏季，选用较多的大粒径玻璃珠，在北方和冬季，选用较多的小粒径玻璃珠，但仍应保持标准规定的玻璃珠级配挡数，不能因缺挡及比例不合理而影响标线的连续反光性能和玻璃珠在涂层上的粘接力。

此外，新开发的水性标线涂料和双组分标线涂料与玻璃珠的粘接力强，可以粘牢较大粒径的玻璃珠。

6. 面撒玻璃珠的合适用量

并不是标线涂层上撒布的玻璃珠越多，标线的反光效果就越好，实际上堆积在标线涂层上过多的玻璃珠会因为没粘牢，而很快脱落掉，起不到反光效果，反而造成浪费。过多的玻璃珠堆积在标线涂层的表面，还会囤积灰尘，使标线的颜色在白天看上去是灰黑色的，影响视认效果，晚上的反光效果也差。如果标线涂层面撒的玻璃珠太少，反光点少，标线的反光效果自然就差。通常每平方米标线的面撒玻璃珠的合适用量为0.3～0.4kg，而对于热熔反光标线涂料，除了面撒玻璃珠以外，在其配方里还预混有质量分数为18%～25%的玻璃珠，使标线保持良好的持续反光性能。美国州际道路工作者协会的标准AASHTO M-249中规定，预混的玻璃珠含量高达30%～40%。划设好的反光标线可用5倍的放大镜观察玻璃珠撒布情况，应该是分布均匀、没有结团和成块的现象。国家标准GB/T 16311《道路交通标线质量要求和检测方法》规定：新划设的白色反光标线的逆反射系数应不小于150mcd/(lx・m^2)，黄色反光标线的逆反射系数应不小于100mcd/(lx・m^2)。

7. 表面处理面撒玻璃珠

由于面撒玻璃珠是无机化合物，而标线涂料是有机化合物，为了提高二者的亲和力，使撒布的玻璃珠牢固地黏附在标线涂层上，可对玻璃珠进行表面偶联处理。

8. 混入防滑骨料

为了提高标线的抗滑能力，可以在面撒玻璃珠内混入防滑骨料，随玻璃珠一起面撒在标线涂层上。

以上所述的玻璃珠的正确使用大部分是针对热熔反光标线而言的，随着标线涂料新品种的不断开发成功，双组分反光标线涂料、水性反光标线涂料已陆续得到应用，因为这些涂料对玻璃珠的粘接力强，可粘接粒径较大的玻璃珠，所以本节所述的玻璃珠的粒径级配要随涂料的种类而变。再如目前我国反光标线用的玻璃珠的折射率为1.5，建议今后在重要的路段可配用折射率$n \geqslant 1.7$或$n \geqslant 1.9$的玻璃珠，以提高标线的反光性能，减少行车安全事故。总之，本节所述的玻璃珠的正确使用方法要随涂料种类的变化、玻璃珠的发展及对标线性能要求而变，决不是一成不变的。

第六节 标线涂料的施工

标线涂料的施工，就是由专业的施工人员使用标线施工设备，把工程所用的标线涂料按设计施工图纸和施工规范施工在路面上，划设成标线。

一、标线施工的特点

1. 施工现场的流动范围大

标线施工的现场是流动的，不是固定在某一地点，是边施工边移动的，这就要求做好施工前的准备工作，涂料和燃气要备足，施工安全管理所需的安全锥和路栏以及指示路标、旗帜、警示灯等安全管理用具要备够，划线机要预先调试好，并预先熟悉施工图纸，制订好施工规范及质量保证措施，到现场就能施工，不要仓促上阵，避免因准备不足而耽误作业时间和影响施工质量。

2. 施工人员的危险性大

在道路上划设标线，要受来往车辆的影响。在新修好尚未通车的道路上施工，需要和其他施工单位协调好；在已通车的道路上施工，要防止交通堵塞和发生交通安全事故。通常是半幅路面通车，半幅路面施工。有时为了不阻断交通，不得不在晚上施工。为此，在施工作业区要设置“前方正在施工”的标志，提醒司机和行人注意绕行。设置安全锥、临时标线等划出施工范围，确保施工区的安全。施工车上应安装警示灯，引起来往车辆的注意。施工人员必须穿上反光安全服装，设置专职的安全员，建立安全保障体系，确保施工人员的安全。

3. 施工环境复杂多变

标线的施工是露天作业的，会受到日晒、风吹、雨淋、雪飘、沙尘的干扰，车辆的来回穿梭和多变的环境对标线的施工质量和施工人员的安全都有影响，施工队伍必须会随时应对各类突发事件。

4. 施工工期短促

标线的施工是新建道路工程的最后一道工序，所留的工期极短，或者根本不留工期，边通车边施工，赶工期几乎成了标线施工的通病。在旧路上复涂标线也一样，为减少阻断交通的时间，希望施工的时间越短越好。

二、市售标线涂料的选择依据

根据设计要求选择的涂料性能应该符合有关标准，所选用的涂料应附有该批次涂料的自检报告和质保单。对于不同地区和不同的施工季节要选用与之相适宜的涂料。就热熔标线涂料而言，为防止涂层早期开裂，用在温差大的西北地区青海省的涂料，就一定要选用柔韧性好的；如果用在四季分明的上海市，在秋冬季节也要用柔韧性好的涂料。总之，选用市售的标线涂料应该是质量可靠、性能价格比高的，符合当地使用条件。

三、标线的分类

1. 按标线的材料分类

按标线的材料分为：①溶剂型涂料标线；②热熔型涂料标线；③水性涂料标线；④双组分涂料标线；⑤预成型标线带标线。目前市场用得最多的是热熔型涂料标线和溶剂型涂料标线，水性涂料标线和双组分涂料标线因对环境污染小而日受欢迎。预成型标线带是用聚氯乙烯或聚氨酯等高分子材料在工厂用机器压制而成，以带状成卷供应。施工时，可配合标线涂料的施工，将标线带预制成各种图形和符号直接粘贴在路面上。

2. 按标线的功能分类

按功能分为普通标线，反光标线和突起结构型振动反光标线。普通标线即不具反光性能的标线，可用在有路灯照明的城市道路；高速公路及无照明条件的道路应该选用反光标线；突起结构型振动反光标线在车轮压线时，能够使车辆产生轻微振动且在雨夜也能够反光，通常用于道路边缘线及一些需要提示的地方。

3. 按标线的设置方式分类

按设置方式分为纵向标线，横向标线和其他标线。

四、标线质量的基本要求

标线的设计应符合 GB 5768 的规定。所使用的标线涂料应符合有关国家标准和行业标准的要求，具有与路面附着力强、干燥迅速以及良好的耐磨性、耐候性、不粘污性、抗滑性等特性。

五、标线划设的工序

1. 封闭交通

封闭交通为的是使施工区成为不受外界干扰的、安全的、独立的区域，为此必须用反光标志锥桶、隔离护栏、临时标线等划定施工范围，并树立“前方道路施工”的标志牌。

2. 清扫路面

路面的灰土、砂石和水分是影响标线涂层与路面附着性能和涂层质量的主要因素，必须打磨清扫干净。

3. 划标准线定位

按施工图纸要求，用钢卷尺准确测量，并划出划线机赖以定位的标准线。

4. 准备涂料和玻璃珠

按各种标线涂料的特殊要求，准备好待划的涂料和玻璃珠。

5. 划设标线

调整划线机各部件，待试划正常后，即可按定位好的标准线划设标线。

6. 检验

检查标线的质量，对有缺陷和不合格的标线及时修补。

7. 开放交通

待标线涂层不粘胎后，即可撤走施工设备和材料，撤除封闭交通的安全设施，开放交通。

在标线施工前，一定要进行试划。以热熔涂料为例，首先要调整好斗槽、撒珠设备到正常状态，调节好热熔釜内的熔料温度，使熔融涂料达到合适的黏度，以保证涂料有良好的施工性能，与路面和玻璃珠良好的粘接性能和反光性能。当涂料和施工设备调试好以后，才能正式划线施工。

六、各种标线涂料的施工设备、施工参数和注意事项

1. 热熔标线涂料的施工

(1) 热熔标线涂料的施工设备　热熔标线涂料的施工设备主要由热熔釜和划线车组成，划线车包括涂覆器、玻璃珠撒布器和行走机构等。热熔釜是涂料施工前的预热设备，将固态粉粒状的热熔标线涂料在不断的搅拌下，加热至 180～220℃熔融成流动态。热熔釜除有容量大小外，还分为单缸和双缸两种。加热的燃料大部分是用液化石油气也有用柴油的。搅拌的方式有液压式的也有机械式的。熔融的涂料在贮料罐内保温待用。

热熔标线涂料划线车的涂覆器有刮涂型和喷涂型两种。刮涂型的涂覆是依靠熔融涂料的重力，从料斗门成带状流出，由料斗门的底刀片和侧刀片控制流出涂层的厚度，在行走机构的配合下，划设出所需厚度和宽度的标线涂层。涂层的厚度一般为 1.5～2.5mm，宽度一般为 150mm、200mm 和 450mm 等。

喷涂型划线车的涂覆器有离心喷涂型、有气喷涂型和螺旋喷涂型三种。离心喷涂型的原

理是靠双轴齿轮高速旋转所产生的离心力将涂料甩出；有气喷涂型是靠压缩空气使涂料的出口产生负压，将涂料吸出，喷涂到需要划设标线的路面上；螺旋喷涂型是利用螺旋泵将熔融的涂料垂直往下推压，通过阀门下部的窄长的缝隙中挤出，形成帘状涂料喷涂层。

热熔突起划线车施工时，依靠特殊的模具将具有触变性的热熔涂料（有一定的流平性，又能使施工形成的突起结构具有良好的保型性）一次成型划设在路面上。

玻璃珠撒布器有重力式和喷撒式两种。

行走机构有用人力的手推划线车，自带动力的自行式划线车和施工设备放在汽车上的车载式划线车三种。

以上所述的热熔标线涂料的施工设备应根据施工设计要求、工程量的大小、工程的质量要求选用。

(2) 热熔标线涂料的施工参数　各种施工参数见表 3-12-17～表 3-12-19。

表 3-12-17　热熔刮涂型标线涂料的施工参数

涂层厚度/mm	涂料用量	面撒玻璃珠用量	工时费	设备折旧费	管理费	单位成本
	/(kg/m²)		/(元/m²)			
1.5～2.5	3～5	0.3～0.4	4～5	2.5	1.3	28～35

注：各厂产品质量各异，施工水平差别大，市场价格变化叵测，以上数据仅供参考。

表 3-12-18　热熔喷涂型标线涂料的施工参数

涂层厚度/mm	涂料用量	面撒玻璃珠用量	工时费	设备折旧费	管理费	单位成本
	/(kg/m²)		/(元/m²)			
0.7～1.5	2.4～3.0	0.3～0.4	4～5	3	1.5	25～28

注：各厂产品质量各异，施工水平差别大，市场价格变化叵测，以上数据仅供参考。

表 3-12-19　热熔突起型标线涂料的施工参数

涂层厚度/mm	涂料用量	面撒玻璃珠用量	工时费	设备折旧费	管理费	单位成本
	/(kg/m²)		/(元/m²)			
基线 1～2 突起部分 3～7	6～8	0.3～0.4	8～10	6	3.5	80～120

注：各厂产品质量各异，施工水平差别大，市场价格变化叵测，以上数据仅供参考。

(3) 热熔标线涂料施工的注意事项　热熔标线涂料应在晴天施工，施工的地表温度应在10℃以上。由于热熔标线涂料的施工是加热进行的，因此控制涂料加热的温度是关键，若施工环境的温度偏高，则熔料的温度可以适当降低；若施工环境的温度偏低，则熔料的温度可以适当提高。通过调整加热温度来调节涂料的黏度，使熔融的涂料按所需的厚度涂覆，确保涂层有良好的线形，撒布的玻璃珠牢固地黏附在涂层上，并有良好的反光性能。涂料在熔融过程中不能长期处在高温加热状态，否则将会使涂料的颜色变深，树脂裂解变质。高温加热作业要注意防火、防烫伤。因为涂覆的底漆含有机挥发溶剂，易燃，待底漆干透后才能施工热熔涂料，要防止燃气管路的泄漏。

2. 溶剂标线涂料的施工

(1) 溶剂标线涂料的施工设备

① 溶剂普通型标线涂料的施工设备　溶剂普通型标线涂料施工所用的设备主要是喷涂划线机，没有划线机时也可以人工刷涂或辊涂。涂料的喷涂分低压有气喷涂和高压无气喷涂

两种。

低压有气喷涂划线机由空气压缩机、油水分离器、喷枪、连接胶管和贮料罐、行走机构等组成。因为其施工时气雾污染严重，施工效率低，现在很少应用。

高压无气喷涂划线机由动力源、高压泵、稳压器、过滤器、输漆管、喷枪、贮料罐、行走机构等组成。其原理是利用高压泵将涂料加压至 10～25 MPa，通过喷枪高速喷涂到路面上，形成标线。高压无气喷涂的优点是施工效率高，涂料利用率高，对环境污染小，能喷较高黏度的涂料，施工的标线涂层较厚，边缘整齐美观。

② 溶剂反光型标线涂料的施工设备　溶剂反光型标线涂料的施工设备也是高压无气喷涂划线机，但是由于该涂料的固体含量高达 70%以上，黏度高，需增加一套加热系统，将涂料加热到 50～80℃，使涂料的黏度达到高压无气喷涂所要求的范围内，施工的标线涂层厚，能牢固黏附玻璃珠。

(2) 溶剂标线涂料的施工参数　普通型和反光型的施工参数分别见表 3-12-20 和表3-12-21。

表 3-12-20　溶剂普通型标线涂料的施工参数

涂层湿膜厚度/mm	涂料用量	工时费	设备折旧费	管理费	单位成本
	/(kg/m²)	/(元/m²)			
0.3～0.5	0.4～0.5	2～3	2	1.5	11～15

注：各厂产品质量各异，施工水平差别大，市场价格变化叵测，以上数据仅供参考。

表 3-12-21　溶剂反光型标线涂料的施工参数

涂层湿膜厚度/mm	涂料用量	面撒玻璃珠用量	工时费	设备折旧费	管理费	单位成本
	/(kg/m²)		/(元/m²)			
0.3～0.8	0.8～1.0	0.3～0.4	3～5	3	1.5	15～18

注：各厂产品质量各异，施工水平差别大，市场价格变化叵测，以上数据仅供参考。

(3) 溶剂标线涂料施工的注意事项　溶剂标线涂料的施工应在晴天，地表的温度在 0℃以上。溶剂标线涂料的挥发性有机化合物含量高达 30%左右，除了污染环境外，易燃，特别是稀释剂，要注意保管。施工的涂料要搅拌均匀后才能使用，不同厂牌和型号的涂料不能混用。

3. 水性标线涂料的施工

(1) 水性标线涂料的施工设备　水性标线涂料的施工设备与溶剂标线涂料的施工设备相同，采用高压无气喷涂。因为水性涂料是碱性的，故施工设备接触涂料的部位要采用不锈钢制作。

(2) 水性标线涂料的施工参数　见表 3-12-22。

表 3-12-22　水性反光型标线涂料的施工参数

涂层湿膜厚度/mm	涂料用量	面撒玻璃珠用量	工时费	设备折旧费	管理费	单位成本
	/(kg/m²)		/(元/m²)			
0.3～0.8	0.8～1.0	0.3～0.4	3～5	3.5	1.5	18～22

注：各厂产品质量各异，施工水平差别大，市场价格变化叵测，以上数据仅供参考。

(3) 水性标线涂料施工的注意事项　水性标线涂料的施工对施工环境条件有较严格的要求，地表的温度不能低于 10℃，对湿度也有限制，涂料不允许长时间搅拌和高速搅拌。一般不允许用水稀释涂料，以防涂料破乳。施工中途停顿，为防喷嘴堵塞，要将喷嘴浸入 5%的氨水中。

4. 双组分标线涂料的施工

(1) 双组分标线涂料的施工设备　双组分标线涂料施工使用的设备有以下两种。

① 喷涂型双组分标线涂料划线机　由于双组分标线涂料是仅在施工时才将两种不同的A、B组分混合而成的，因此其喷涂施工设备比通常的喷涂设备多一个A、B两组分混合问题。目前有喷枪内混合和喷枪外混合两种形式，喷枪内混合技术是将加压后的A、B两种组分从喷嘴喷出之前就按比例进行充分混合，然后从喷枪喷出，形成标线涂层。喷枪外混合技术是将加压后的A、B两种组分分别由各自的喷嘴中喷出，在接触到路面的瞬间高压雾化混合，形成标线涂层。

② 双组分突起型标线涂料划线机　双组分突起型标线涂料的划线机是一种离心式的涂料甩出设备。施工时，将两种组分的涂料装在容器里充分搅拌，打开料斗阀门，将已经充分搅匀的混合料流到低速旋转的转子上（俗称狼牙棒），依靠转子旋转的离心力，将涂料甩到路面上，形成了形状各异的、独立的不规则点状突起结构的标线涂层。

(2) 双组分标线涂料的施工参数　反光型和突起型施工参数分别见表3-12-23和表3-12-24。

表 3-12-23　双组分反光型标线涂料的施工参数

涂层厚度/mm	涂料用量	面撒玻璃珠用量	工时费	设备折旧费	管理费	单位成本
	/(kg/m²)		/(元/m²)			
0.5～0.7	0.8～1.0	0.3～0.4	3～5	3	2.5	45～50

注：各厂产品质量各异，施工水平差别大，市场价格变化叵测，以上数据仅供参考。

表 3-12-24　双组分突起型反光标线涂料的施工参数

突起部分高度/mm	涂料用量	面撒玻璃珠用量	工时费	设备折旧费	管理费	单位成本
	/(kg/m²)		/(元/m²)			
3～7	2～3	0.3～0.4	3～5	3	1.5	100～130

注：各厂产品质量各异，施工水平差别大，市场价格变化叵测，以上数据仅供参考。

(3) 双组分标线涂料施工的注意事项　双组分标线涂料施工要求地表的温度在0℃以上，涂层的不粘胎干燥时间仅与温度和固化剂的用量有关，而与涂层的厚度无关。固化剂加入到B组分后要充分搅拌，已加有固化剂的B组分要尽快使用，在23～25℃时可以保存1～2d。在高温的天气只能保存几小时。A、B两组分性能各异，要严格分开，不能混用，包括其管道。涂料忌明火，施工完毕要及时清洗设备。

第七节　标线施工质量的控制

在选择好达标的标线涂料和面撒玻璃珠后，将划线机调试好，按设计图纸及施工规范就可以进行标线施工。施工时要按GB/T 16311－2005《道路交通标线质量要求和检测方法》做好自检，严格控制整个工程的施工质量，就能做出优质标线工程。

一、标线施工质量的要求

1. 标线的外观

标线应具有良好的视认性，宽度一致、边缘整齐、线形规则、线条流畅。首先，放线要准确，涂料的黏度合适，防止意外振动，划出的标线外观就好。

2. 标线的形状位置

标线的位置与设计位置横向允许偏差为±30mm。复划标线时，新标线与旧标线应基本重合，位置偏差范围为±5mm。只要放样正确，划线车不发生颠簸，施工人员认真操作，标线的位置基本不会偏离。

3. 标线的几何尺寸及允许偏差

纵向标线和横向标线的长度、宽度和虚线的纵向间距偏差应符合表3-12-25的规定。

表 3-12-25　标线尺寸允许偏差　单位：mm

项　目	尺　寸	允许偏差	项　目	尺　寸	允许偏差
长度	6000	0～30	宽度	200	0～8
	5000	0～25		150	0～8
	4000	0～20		100	0～8
	3000	0～15	虚线的纵向间距	9000	±30
	2000	0～10		6000	±20
	1000	0～10		4000	±20
宽度	450	0～10		3000	±15
	400	0～10		2000	±15
	300	0～10		1000	±10

需要提醒注意的是：表中所列的标线宽度和实线的长度只有正误差，不允许有负误差，其目的在于确保标线有足够的视认面积和宽度，保证行车安全。

其他标线的尺寸允许偏差不大于5%。其他标线设置角度的允许偏差为±3°。标线的端线与边线应垂直，其允许偏差为±5°。

为了确保测量数据的准确性，应用钢卷尺丈量。只要划线时认真作业，严格控制标线的几何尺寸，就能施工出合格的标线。

4. 标线的厚度要求

一般标线的厚度范围见表3-12-26。

表 3-12-26　标线的厚度范围　单位：mm

序号	标线种类	标线厚度范围	备　注
1	溶剂型涂料标线	0.3～0.8	湿膜
2	热熔型涂料标线	0.7～2.5	干膜
3	水性涂料标线	0.3～0.8	湿膜
4	双组分涂料标线	0.4～2.5	干膜
5	预成型标线带标线	0.3～2.5	

从上表可以看出，热熔型涂料标线的标线厚度范围为0.7～2.5mm，其中包括热熔喷涂施工的标线厚度为0.7～1.2mm，热熔刮涂施工标线厚度为1.5～2.5mm。只要施工前调试好划线机及控制好施工速度，标线涂层的厚度是不难控制的。标线涂层的厚度不是越厚越好，实际情况是太厚的涂层会使压线的车辆产生颠簸，影响行车安全。

突起结构型振动反光标线涂层突起部分的高度为3～7mm，若有基线，基线的厚度为1～2mm。突起结构型振动反光标线涂层的突起部分易塌陷，选用优质涂料是关键。

5. 标线的色度性能要求

标线涂层的颜色基本为白色或黄色，其色品坐标和亮度因数应符合 GB 2893《安全色》的要求，在表 3-12-13 和图 3-12-7 规定的范围内。符合要求的颜色应该是亮丽的，白天看上去标识明显，视认性好，晚上反光强度高。

标线的色度性能不合格往往是涂料配方中的颜料没配好，或者是热熔涂料被过度加热以及底层沥青渗色等因素造成的，施工时，热熔涂料的加热温度要控制好，刚铺好的路面不要马上划线。

6. 标线的反光性能要求

白色反光标线的初始逆反射系数应不小于 150mcd/(lx·m^2)；黄色反光标线的初始逆反射系数应不小于 100mcd/(lx·m^2)。玻璃珠的折射率、成圆率、粒径级配和玻璃珠的用量对标线的逆反射系数有决定性影响，选用优质玻璃珠和合理的撒布量及正确的植入状态就显得非常重要。撒布时要防风，使玻璃珠均匀下落。

7. 标线的抗滑性能要求

要使标线具有抗滑能力，可在标线施工时，在标线涂层里配以抗滑骨料。

二、热熔标线涂层缺陷形态、产生原因和防止措施

标线涂层产生缺陷的原因很多，必须先仔细观察缺陷的形态，根据缺陷的特征，找到产生的原因，制定确实可行的防止措施，切忌主观武断。缺陷产生的原因不外乎与原材料质量（涂料、玻璃珠、底漆等）；施工工艺（熔融温度、搅拌情况、喷涂的压力和流量、原材料用量等）；施工机械故障；路面的材质（水泥或沥青）；路面状况（开裂、高低不平、太软等）；环境气候条件（气温、湿度、风、雨、雪等）；路面交通等因素有关。热熔标线涂层缺陷形态、产生原因和防止措施见表 3-12-27。

表 3-12-27 热熔标线涂层缺陷形态、产生原因和防止措施

缺陷形态	产生原因	防止措施
颜色不正	1.紫外线照射使颜料变色； 2.涂料长期贮存变质； 3.涂料熔融温度过高； 4.热熔釜的边角和底部的烧焦物混入； 5.玻璃珠撒布过多，积聚灰尘； 6.涂层未干，过早开放交通，涂层沾染污物； 7.沥青路面渗色	1.使用耐紫外线颜料； 2.注意保质期，涂料不能长期贮存； 3.涂料熔融温度不超过许可值，熔料时要充分搅拌； 4. 熔料前要清理干净热熔釜； 5. 玻璃珠撒布要适量； 6. 标线涂层不粘胎后，再开放交通； 7.刚完工的沥青路面不要马上划线
逆反射效果差	1. 玻璃珠质量差，折射率低，成圆率低，粒径的级配不合理； 2. 涂层面撒的玻璃珠太少，反光点减少；面撒的玻璃珠太多，堆积的玻璃珠影响光线的逆反射； 3. 施工时风力大，使面撒的玻璃珠被吹离标线区； 4. 涂料色度偏暗； 5. 施工时涂料黏度过高，玻璃珠粘不牢，过早脱落； 6. 施工时涂料黏度过低，玻璃珠沉底； 7. 涂料中预混的玻璃珠不够	1. 使用合格的玻璃珠； 2. 玻璃珠撒布量要合适、均匀； 3. 风力大不宜施工，若要施工则应采取防风措施，在玻璃珠撒布器上加防风罩； 4. 选用颜色符合标准的涂料； 5. 调低涂料的黏度； 6. 调高涂料的黏度； 7. 选用合格的涂料

续表

缺陷形态	产生原因	防止措施
起皮脱落	1. 涂料中的树脂含量不够； 2. 涂料受潮； 3. 涂料长期贮存变质； 4. 水泥路面未涂底漆或底漆用量不够； 5. 路面未清扫干净； 6. 新修水泥路面上有浮碱； 7. 施工环境温度低于5℃； 8. 除雪机和防滑链的机械损伤； 9. 融雪剂的侵蚀	1. 选用合格的涂料； 2. 涂料的保管要注意通风防潮； 3. 注意保质期，涂料不能长期贮存； 4. 涂够渗透性好的底漆； 5. 路面清扫干净； 6. 用机械方法彻底清除新修水泥路面上的浮碱； 7. 施工环境温度高于5℃施工； 8. 防止被除雪机和防滑链机械损伤； 9. 选用合适的融雪剂
横向裂纹	1. 春、秋季施工使用夏季用涂料，因而涂层不够柔软； 2. 沥青路面未压实	1. 采用合适季节用涂料； 2. 沥青路面压实后施工
不规则裂纹	1. 紫外线辐射； 2. 昼夜和四季的温差造成涂层周期性膨胀收缩	1. 选用耐候性好的涂料； 2. 选用韧性好的涂料
圆形裂纹	1. 路面潮湿，形成水蒸气气泡后被压成圆形裂纹； 2. 底漆的低沸点成分挥发形成微气泡，压裂而成	1. 路面干燥后再施工； 2. 选用合格的底漆，待底漆彻底干透后再划设标线
刮涂施工时表面纵向条纹	1. 涂料内混有过烧结块渣或异物、石子等； 2. 料斗槽口有缺损	1. 清除涂料中的杂物； 2. 修补料斗槽口中的缺损
刮涂施工时表面横向条纹	1. 涂料斗槽振动； 2. 路面不平整； 3. 涂料黏度太大； 4. 涂层太薄	1. 排除引起料斗槽振动的原因； 2. 施工时注意随时调整； 3. 调低涂料的黏度； 4. 适当加厚涂层
刮涂施工时表面不平	1. 涂料的流平性不好； 2. 路面微凹； 3. 涂料未拌匀； 4. 涂料未完全熔化； 5. 涂料过烧，有机成分裂解和挥发	1. 调整涂料的流平性； 2. 选用流平性好的涂料，并加大涂料用量； 3. 拌匀涂料； 4. 涂料熔化完全； 5. 控制好熔料的温度不过烧
标线形状扭曲变形	1. 沥青软化，路面变形； 2. 涂层未干或太软，被车轮碾压变形	1. 注意对沥青路面的施工； 2. 不过早开放交通，选用抗压强度合格的涂料
起泡	1. 路面潮湿，水蒸气挥发； 2. 底漆未干，溶剂挥发	1. 路面干燥后再施工； 2. 底漆干透后再施工
突起型的突起部分脱落	涂层柔韧性差，不耐冲击	选用合格的涂料
突起型的突起部分被压扁	1. 暴晒温度高，涂层抗压强度不够； 2. 暴晒温度高，沥青路面变软	1. 选用高温不变软的涂料； 2. 对高温变软的沥青路面不宜使用热熔突起型涂料

三、溶剂、水性和双组分标线涂层缺陷形态、产生原因和防止措施

溶剂、水性和双组分标线涂层缺陷形态、产生原因和防止措施见表3-12-28。

表 3-12-28 溶剂、水性和双组分标线涂层缺陷形态、产生原因和防止措施

缺陷形态	产生原因	防止措施
颜色不正	1. 沥青路面渗色； 2. 涂层未干，过早开放交通，涂层沾染污物； 3. 涂料长期贮存变质； 4. 紫外线照射使颜料变色； 5. 双组分标线涂料的固化剂添加比例过大； 6. 玻璃珠撒布过多，积聚灰尘	1. 刚完工的沥青路面不要马上划线； 2. 涂层不粘胎后，再开放交通； 3. 注意保质期，涂料不宜长期贮存； 4. 使用耐紫外线颜料； 5. 严格控制固化剂用量； 6. 玻璃珠撒布要适量
逆反射效果差	1. 玻璃珠质量不好，折射率低，成圆率低，粒径级配不合理； 2. 涂层玻璃珠太多或太少； 3. 玻璃珠埋在涂层太深，反光面没有露出或露出太少； 4. 玻璃珠浮在涂层表面，没有粘牢，很快被车轮磨掉	1. 使用合格的玻璃珠； 2. 玻璃珠撒布量要合适、均匀； 3. 玻璃珠植入的状态要合适，不能太深； 4. 玻璃珠植入的状态要合适，不能太浅
起皮脱落	1. 涂料中的树脂含量不够； 2. 涂料长期贮存变质； 3. 路面未清扫干净； 4. 路面潮湿； 5. 水性涂料施工环境温度低于 10℃； 6. 融雪剂的侵蚀	1. 选用合格的涂料； 2. 注意保质期，涂料不能长期贮存； 3. 路面彻底清扫干净，对水泥路面要打磨残碱； 4. 路面干燥后再施工； 5. 环境温度高于 10℃施工； 6. 选用合适的融雪剂
使用寿命短	1. 涂料配比不合理，树脂用量过少； 2. 涂层厚度不够； 3. 路面清扫不干净	1. 选用合格的涂料； 2. 严格按规范施工，保证涂层厚度； 3. 彻底打磨和清扫路面
标线边缘不整齐	1. 喷嘴大小不合适； 2. 喷嘴磨损； 3. 喷涂压力太低； 4. 稀释剂使用过量	1. 改用合适的喷嘴； 2. 换新喷嘴； 3. 调高喷涂压力； 4. 调整涂料黏度至适合喷涂
标线厚度不均匀	1. 喷嘴大小不合适； 2. 喷嘴磨损； 3. 喷涂压力太低； 4. 涂料的黏度太高； 5. 涂料输送管路不畅通	1. 改用合适的喷嘴； 2. 换新喷嘴； 3. 调高喷涂压力； 4. 调低涂料的黏度； 5. 疏通涂料输送管路，特别要注意双组分涂料的 A、B 两组分要严格分开
标线形状扭曲变形	1. 喷嘴大小不合适； 2. 喷嘴磨损； 3. 喷涂压力太低； 4. 涂料的黏度太高； 5. 涂料输送管路不畅通； 6. 沥青软化，路面变形； 7. 涂层未干或太软时就开放交通，被车轮碾压变形	1. 改用合适的喷嘴； 2. 换新喷嘴； 3. 调高压力； 4. 调低涂料的黏度； 5. 疏通涂料输送管路； 6. 注意对沥青路面的施工； 7. 不过早开放交通

在标线施工质量控制的人、机、料、施工工艺诸因素中，人是第一要素，完善质量管理体系，选用优质涂料，使用维修良好的、调试好的划线机，严格按照规定的施工工艺作业，就能够施工出质量合格的标线。一般认为，施工标线质量的好坏，“三分靠涂料，七分靠施工”。GB/T 16311—2005《道路交通标线质量要求和检测方法》是现场施工的质量控制标准，是标线施工方的自检及监理现场监督检查的依据。

第八节 标线涂料的技术进展

一、新开发的标线涂料

1. 环保的热熔标线涂料

热熔标线涂料生产过程中，铬黄颜料的扬尘污染是很严重的，我国已有采用在颜料外包一层硅或硅化物保护膜的包膜处理，可以减少铬黄粉尘的污染。还有将涂料的纸质包装袋或编织袋改用可熔化成涂料成分的包装袋，在施工现场，直接将成袋涂料连包装一起投入热熔釜里熔化，就有效地避免了由投料产生的粉尘污染。

用有机黄颜料和钛黄代替铬黄，也能解决热熔标线涂料的污染问题。

2. 蓄能发光标线涂料

我国研制的蓄能发光标线涂料里掺有可蓄能无机化合物，靠吸收太阳光或灯光的能量，贮存后再释放发光。使用在路面上，能在黑夜无路灯和车灯照明下自发光。

3. 不加固化剂的环氧标线涂料

国外研制的不加固化剂的热塑性环氧标线涂料在施工时，只需将涂料加热到220～250℃，用刮涂或喷涂的方法都能划设标线。其除了具有环氧涂料的与路面附着性好、与玻璃珠粘接好等优点外，不粘胎干燥时间短（5～10min），在地表温度为－5℃时也能施工。

4. 铝热剂标线涂料粉

国外研制的铝热剂标线涂料粉是一种方便的标线涂料，只需将标线涂料粉撒在需要划设的位置，用镁引燃标线粉，化学反应产生热量，将反应产物和标线粉的其他成分熔化混合，形成标线涂层，黏附在路面上。标线粉由 Fe_2O_3 粉、Al 粉、TiO_2 粉、石英粉、玻璃珠等组成，用镁引燃后的化学反应式如下：

$$Fe_2O_3 + 2Al \longrightarrow Al_2O_3 + 2Fe$$

这种标线涂料粉是黄色的，可作为特殊环境条件下应急的标线材料、划设临时标线，易清除。

5. 雨水覆盖下仍能逆反射的标线

国外研制的一种折射率特殊的逆反射材料，植入标线涂层后，雨夜里，司机能看清汽车大灯照射到的、被雨水覆盖的标线。

二、国外有关标线涂料的技术标准

1. 欧洲标准

欧洲标准是由各参与国国家标准局（奥地利、比利时、捷克共和国、丹麦、芬兰、法国、希腊、冰岛、爱尔兰、意大利、卢森堡、荷兰、挪威、葡萄牙、西班牙、瑞典、瑞士、英国等）共同组成的欧洲标准委员会（CEN）制订的标准，标准有三种正式文本（英文、法文、德文）。前面冠以 EN，执行时再在 EN 前冠上所在国家的代号，如英国加 BS，德国加 DIN 等。词头为 prEN 表示尚在拟订中，ENV 则表示标准的初稿。

① EN 1423 Roadmarking materials—Drop on materials—Glassbeads, antiskid aggregates and mixtures of the two《道路标线材料——面撒材料——玻璃珠、抗滑骨料及其混合》。

② EN 1424 Roadmarking materials—Premix glassbeads《道路标线材料——预混玻璃珠》。

③ EN 1436 Roadmarking materials—Performance for roadusers《道路标线材料——路用性能》。

④ EN 1824 Roadmarking materials—Road trials《道路标线材料——路试》。

⑤ EN 13197 Roadmarking materials—Wear simulators《道路标线材料——磨损模拟试验机》。

⑥ prEN 1871 Roadmarking materials—Physical properties《道路标线材料——物理性能》。

⑦ prEN 12802 Roadmarking materials—Laboratery methods and identification《道路标线材料——试验方法和压痕》。

⑧ prEN 13212 Roadmarking materials—Requirement for the factory production control《道路标线材料——工厂生产控制要求》。

⑨ prENV 13459-1 Roadmarking materials—Quality control Part 1 Sampling and testing from storage《道路标线材料——质量控制——第一节 库中取样和试验》。

⑩ prENV 13459-2 Roadmarking materials—Quality control Part 2 Guidelines for preparing quanlity plans for the application of roadmarking products《道路标线材料——质量控制——第二节 标线施工的质量计划制定指南》。

⑪ prENV 13459-3 Roadmarking materials—Quality control Part 3 Performance in use《道路标线材料——质量控制——第三节 使用性能》。

2. 美国标准

美国全国性的标线涂料标准主要由美国材料与试验协会（American Society For Testing and Material，ASTM）制定，还有美国州际道路与运输工作者协会（American Association of State Highway and Transportation Officials，AASHTO）等制定的，各州也单独制定自己的地方标准。

(1) ASTM 标准 ASTM 标准的编号顺序为 ASTM＋以字母为代码的分类＋标准的序号＋制定年份＋标准名称。

① ASTM D713—90（1998）《道路标线涂料施工时用的试验方法》。

② ASTM D868—85（1998）《道路标线涂料渗色程度的试验方法》。

③ ASTM D913—88（Reapproved 1993）Standard Test Method for Evaluating degree of Resistance to Wear of Traffic Paint《评定标线涂料耐磨性的试验方法》。

④ ASTM D1155—89（Reapproved 1994）Standard Test Method for Roundness of Glass Spheres《玻璃珠圆度的试验方法》。

⑤ ASTM D1214—89（Reapproved 1994）Standard Test Method for Sieve Analysis of Glass Spheres《玻璃珠筛分的试验方法》。

⑥ ASTM D2205—85（1994）《道路标线涂料试验方法的选用指南》。

⑦ ASTM D3451—92（1992）《聚合物粉末和粉末涂料的试验方法》。

⑧ ASTM D4061—94（1994）《平面涂层逆反射性能的试验方法》。

⑨ ASTM D4796—88（1994）《热塑型交通标线材料粘接强度的试验方法》。

⑩ ASTM D4960－89（1998）《评定热塑型交通标线材料颜色的试验方法》。

(2) AASHTO 标准　AASHTO 制定的有关标志和标线涂料及其试验方法的标准的编号为：M69；M220；M237；M247；M248；M249；M277；M290；M300；R31；T157；T237；T250。

① AASHTO M247—02 Glass Beads Used in Traffic Paints《交通标线涂料用玻璃珠》。

② AASHTO M248—91（2000）Ready-mixed white and yellow traffic paints《白色和黄色溶剂型交通标线涂料》。

③ AASHTO M249—98 white and yellow reflective thermoplastic striping material (solid form)《白色和黄色反光热塑型交通标线涂料（固态）》。

3. 澳大利亚标准

AS 2009—2001 Glass beads for roud-marking materials《道路标线用玻璃珠》。

4. 英国早期标准（以下早期标准应用面较广）

① BS 873 Part 1：1983 Road traffic signs and internally illuminated bollards. Part 1 Methods of test《道路交通标志和发光安全标柱 第一节 试验方法》。

② BS 873 Part 6：1983 Road traffic signs and internally illuminated bollards. Part 6 Specification for retroreflective and non-retroreflective signs《道路交通标志和发光安全标柱 第六节 逆反射和无逆反射标志的性能要求》。

③ BS 3236《热熔路面标线涂料》。

④ BS 6044：1987 Pavement marking paints《路面标线涂料》。

⑤ BS 6088：1981 Solid glass beads for use with road marking compounds and for other industrial uses《用于混合标线涂料和其他工业用途的实心玻璃珠》。

5. 日本标准

① JIS K 5665《道路标线涂料》。

② JIS R 3301《道路标线涂料用玻璃珠》。

三、中国、日本、英国、美国热熔反光标线涂料标准的对比

中国、日本、英国、美国热熔反光标线涂料标准的对比见表 3-12-29。

表 3-12-29　中国、日本、英国、美国热熔反光标线涂料标准的对比

<table>
<tr><th>项目</th><th colspan="2">性　能</th><th>中国
JT/T 280—2004</th><th>日　本
JIS K 5665—1992
3 种</th><th>英国
BS 3236</th><th>美国
AASHTO M249</th></tr>
<tr><td rowspan="9">物理特性</td><td colspan="2">密度/(g/cm³)</td><td>1.8～2.3</td><td>2.3 以下</td><td></td><td>≤2.15</td></tr>
<tr><td colspan="2">软化点/℃</td><td>90～125</td><td>80 以上</td><td>≥65</td><td>102.5±9.5</td></tr>
<tr><td colspan="2">流动度/s</td><td>35±10</td><td></td><td></td><td></td></tr>
<tr><td colspan="2">不粘胎干燥时间/min</td><td>≤3</td><td>≤3</td><td></td><td>10℃±2℃，≤2min
32℃±2℃，≤10min</td></tr>
<tr><td rowspan="4">亮度因数(45°/0°)</td><td rowspan="2">白色</td><td rowspan="2">≥0.75</td><td rowspan="2">≥0.75</td><td>工厂取样≥0.70</td><td rowspan="2">≥0.75</td></tr>
<tr><td>工地取样≥0.65</td></tr>
<tr><td rowspan="2">黄色</td><td rowspan="2">≥0.45</td><td rowspan="2"></td><td>工厂取样≥0.60</td><td rowspan="2">≥0.45</td></tr>
<tr><td>工地取样≥0.55</td></tr>
</table>

续表

项目	性能	中国 JT/T 280—2004	日本 JIS K 5665—1992 3种			英国 BS 3236		美国 AASHTO M249
物理特性	黄色度(限白色)		0～0.1					≤0.12
	抗压强度/MPa	≥12	≥12					
	粘接强度/psi							≥180
	低温抗裂性	－10℃×4h＋室温 4h，三循环后无裂纹						－9.4℃±1.7℃无裂纹
	加热稳定性	200～220℃×4h在搅拌状态下无明显泛黄、焦化、结块				白色	200℃×6h亮度因数≥65	
						黄色	200℃×6h亮度因数≥55	
	耐磨性失重/mg	≤80(荷载 1000g,200r)	200 以下(双臂荷载各 250g，200r)					
化学特性	耐水性	浸水 24h 无异常	浸水 24h 无异常					
	耐碱性	浸 $Ca(OH)_2$ 饱和溶液 24h 无异常	浸 $Ca(OH)_2$ 饱和溶液 18h 无异常					
	耐候性	人工加速耐候性试验不产生龟裂、剥落。亮度因数变化不大于原样的 20%	12 个月不产生龟裂、剥落。颜色和亮度因数变化不大					
涂料成分组成	合成树脂/%					18～22		≥18(限白色)
	颜料/%					≥6(限白色)		≥10(限白色)
	玻璃珠/%	18～25	1 号 15～18	2 号 20～23	3 号 25 以上	20		30～40
	非挥发物/%		≥99					

注：1psi＝6894.76Pa。

从上表我们可以看出各国标准的特点是：

① 中国标准与日本标准相近；

② 美国、英国为保证涂料的成膜质量，对涂料组成中的合成树脂及颜料的质量分数有限定；

③ 美国、日本为保证白色标线的色度，另外用黄色度来限定；

④ 美国涂料中的玻璃珠含量很高，达 30%～40%。

四、欧洲标准 ZTV M02 手册对反光标线材料的最低要求

① 反光标线的白天逆反射系数应不小于 150mcd/(lx·m^2)（R3 级）；

② 潮湿环境下反光标线的白天逆反射系数应不小于 35mcd/(lx·m^2)（RW2 级）；

③ 标线涂层耐车轮碾压的次数应不小于 200 万次（H4 级）；

④ 标线涂层的湿膜厚度应不小于 0.6mm；

⑤ 标线涂层的抗滑摆值应不小于 45 BPN（S1 级）；

⑥ 标线涂层的不粘胎干燥时间≤20min；

⑦ 标线的使用寿命≥保用期的 90%。

五、标线涂料的发展趋势

综上所述，可以预料，标线涂料的国内发展趋势将可能为以下方向。

1. 强调环保

环境污染问题已成为我国经济高速发展的绊脚石，危害人们健康的重要因素之一，因而备受重视，水性标线涂料是减少环境污染的首选。

防止涂料中重金属的中毒是涂料界不争的课题，无铅、无铬、无镉的标线涂料将成为主流，美国联邦标准 FED-STD 141C 已规定涂料中铅的含量（质量分数）应≤0.06%，六价铬的含量用美国联邦标准试验规范 TT-P-1952D 测试应为阴性。

2. 注重节能

能源的枯竭，迫使人们必须注意节约能源，不需加热的、性能优异的标线涂料将会有广阔的市场。国外的冷塑型标线涂料已应用得较多，我国还有待进一步研制配方和施工工艺及相应的配套施工设备，并使原材料国产化，开发出适合我国国情的冷塑型标线涂料。

3. 标线多功能化

一般标线的功能是给人们提供视觉效应，提醒注意交通安全，而突起结构振动反光标线除了白天和黑夜甚至在雨夜也能提供视觉效应外，还能提供动感、听觉（振动颤音）等功能，从而提高了标线的警示效果，目前已在一些需要警示的路段获得推广应用。估计不久的将来，具有磁性导航功能，自动引导车辆循序前进的智能标线将会问世。

4. 能低温施工

标线工程往往是道路工程的扫尾工程，档期多在秋冬岁末，气候较冷，而涂料的施工温度至少 10℃以上，为此我国已研制在低温条件下施工的标线涂料，如能在 0℃以上施工的水性标线涂料和双组分喷涂聚脲标线涂料等，聚脲标线涂料的涂层遇水会发涩，增加涂层的抗滑能力。

5. 标线能长效

标线的使用寿命长，就能减少标线重涂的次数，减少封闭交通的次数和施工的危险。纳米标线涂料如果能够克服成本的劣势，将会得到应用。

6. 讲究性价比

在大力核算经济效益的今天，标线涂料的性价比就显得非常重要了，就目前阶段对热熔标线涂料而言，改用喷涂施工，能够提高划设标线的性能价格比，估计在公路养护中将会得到较多的应用。

7. 要求防滑

标线的防滑要求已逐渐被人们重视，而路面防滑涂料在交通安全保障工程中显现了其重要的地位，一些危险路段已纷纷铺设防滑路面，路面防滑涂料的需求量将日趋旺盛。

8. 标准日臻完善

目前我国的标线涂料标准还有一些不够完善的地方，还有一些不便操作的试验，影响了标线涂料的质量控制。可以相信，随着标线涂料标准的日臻完善，我国标线涂料的质量将会得到大幅度的提高。

9. 注意路用试验

依靠实验室检测不能完全反映标线涂料的实际使用性能，只有路用试验才能真正考核标线涂料的综合使用性能。今后的标线涂料改进和新品种的开发，应注意更多地依靠路用试验。

10. 大工程新要求

2010年上海世界博览会等许多即将开工的大型工程项目和新型道路建设工程将会对标线涂料提出更多、更新、更高的要求，将会研制出更多、更好的标线涂料适应新形势发展的需要。

参考文献

[1] 全国道路標識標示業恊会. 路面標示ハンドブク. 东京：共立速记印刷株式会社，平10（1998）.

[2] Kappler R. Tests for Road Marking Systems. Cologne：Federal Highway Research Institute，2003.

[3] En 1436：2000 Road Marking Materials-Performance for Road Users.

[4] 杜利民，郑家军，何勇. 道路标线材料及应用. 北京：人民交通出版社，2007.

[5] 朱桂根，倪耀中，朱建新. ZRPH-1型双功能划线机的设计. 见：云南省科学技术交流中心. 现代道路与桥隧工程. 北京：原子能出版社，2007：183-186.

[6] 王毅明. 道路交通标线施工工艺. 见：云南省科学技术交流中心. 现代道路与桥隧工程. 北京：原子能出版社，2007：131-137.

[7] 杜玲玲，杨继宏. 道路交通标线涂料的性能要求和检测. 中国涂料，2007，22（7）：13-18.

[8] 杜玲玲. 我国公路建设用涂料的新动向. 中国涂料年鉴，2005：6-21.

[9] 杜玲玲，窦小燕，杜利民. 道路交通标线涂料的合理使用. 中国涂料，2004，(6)：36-39.

[10] 杜玲玲，杜利民，黄非. 德国、法国道路交通标线涂料的应用考察. 中国涂料，2004，(5)：38-45.

[11] 杜玲玲，窦小燕，陈敏. 道路交通标线玻璃珠的合理使用. 公路交通科技，2004，21（11）：118-121.

[12] 杜玲玲. 提高道路标线质量的关键问题. 公路交通科技，2003，20（6）：153-155.

[13] 杜玲玲. 水性道路标线涂料的发展与待解问题. 中国涂料，2002，2：12-13.

[14] 杜玲玲，李兴仁. 国外道路标线材料的发展趋势. 公路交通科技，2000，17（6）：64-66.

第四篇 涂料制造过程控制

第一章 涂料生产设备

第一节 树脂、漆料和清漆生产设备

一、概述

随着工业专业化的发展，越来越多的涂料工厂向树脂生产工厂采购各种树脂，自己生产的品种逐渐减少。

涂料工厂无论用自制树脂或外购树脂，都是先制成漆料，然后再配制成清漆或色漆。树脂和漆料依据品种的不同有不同的生产工艺。

1. 树脂生产工艺

树脂生产按其反应机理有缩聚型树脂和加成聚合型树脂，反应机理不同，生产过程也不同。在本书前面章节中对各种树脂的生产过程已分别作了叙述。综合起来，涂料工厂经常生产的树脂品种可归纳为下列 3 种有代表性的生产工艺。

(1) 以醇酸树脂为代表的树脂生产工艺　醇酸树脂是涂料工厂生产最多的，也是当前最主要的品种。它的生产过程包括醇解、酯化、兑稀和净化等阶段和工序。生产方式通常为间歇式，间歇式溶剂法的生产工艺流程如图 4-1-1 所示。

醇酸树脂的醇解和酯化反应的温度都在 200℃以上，一般达到 250℃左右。反应过程有 4%左右的水生成，需要脱出。采用溶剂法，回流物量约 8%。反应达到终点时需要快速停止反应。反应物一般稀释成一定浓度的树脂溶液。反应过程容易生成胶粒杂质，最后需要净化。

醇酸树脂间歇式工艺适用于各种规模的生产。大批量生产现在普遍采用仪表控制，正在推广集散控制系统（DCS）控制的生产方式。

醇酸树脂间歇式工艺在经过必要的调整以后，可以生产通过酯化反应生成的缩聚型树脂的其他品种，如聚酯树脂和环氧酯树脂。

(2) 以氨基树脂为代表的树脂生产工艺　涂料用氨基树脂也是涂料工厂经常自己生产的树脂品种。它的生成反应也是缩聚反应，但反应温度较低，约在100℃左右。也有大量水分蒸出，在醚化过程中还要大量蒸出丁醇。因此需要抽真空降压操作。典型的合成工艺流程如图 4-1-2 所示。

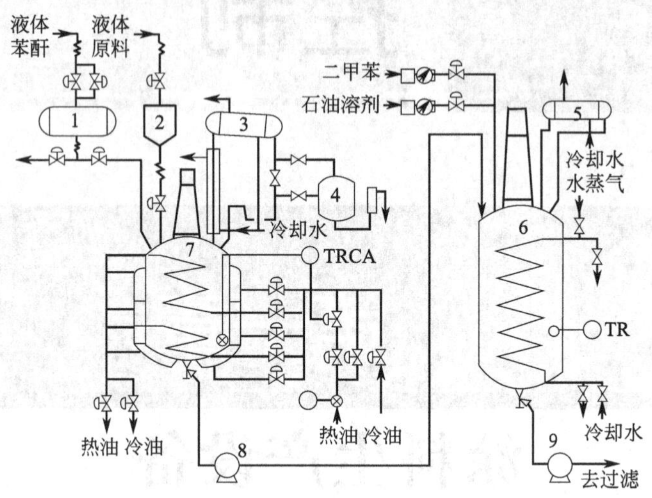

图 4-1-1　醇酸树脂工艺流程

1—液体苯酐计量罐；2—液体原料计量罐；3,5—冷凝器；4—分水器；6—兑稀（稀释）罐；7—反应釜；8—高温齿轮泵；9—内齿泵；TR—温度记录；TRCA—温度记录、调节、报警

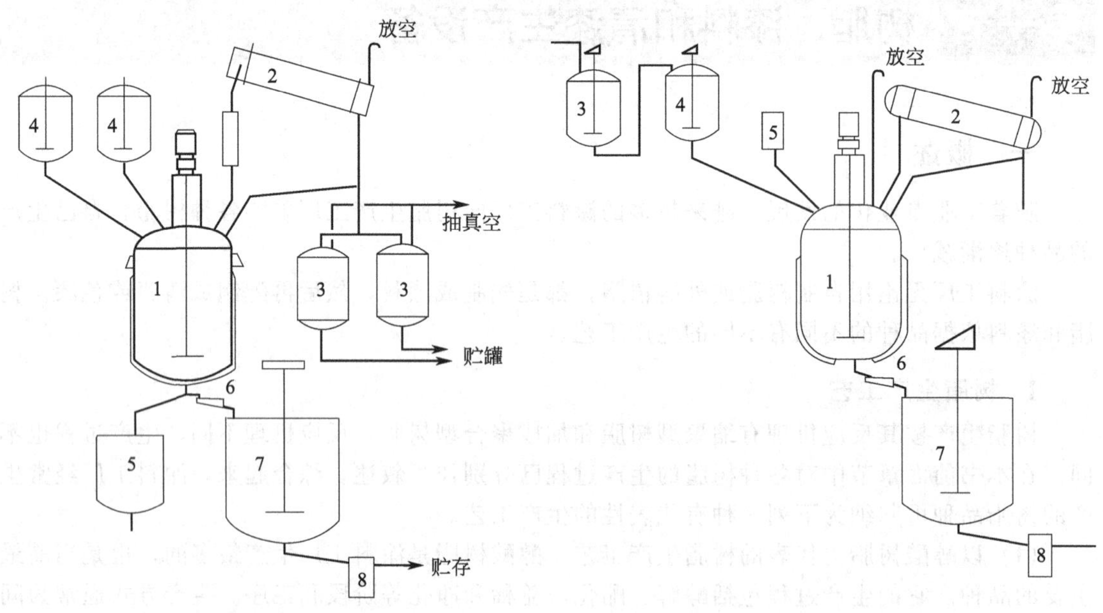

图 4-1-2　氨基树脂工艺流程

1—反应釜；2—冷凝器；3—蒸出物接收器；4—原料计量罐；5—废水贮罐；6—网筛；7—中间贮罐；8—过滤器

图 4-1-3　丙烯酸乳液工艺流程

1—反应釜；2—冷凝器；3—单体混合罐；4—单体滴加罐；5—助剂滴加罐；6—网筛；7—调节釜；8—过滤器

物料通过计量加入反应釜 1 中，升温进行甲基化反应，降温放置，分水，再进行醚化，蒸出水分，并在适当真空度下蒸出丁醇，调整到控制的固体分、黏度等指标，经过网筛 6，

送入中间贮罐 7，再经检测合格后，过滤贮存。蒸馏出的水分和丁醇数量约占总投料量的 30%左右。因蒸出速度较快，故需要冷凝面积较大的冷凝器 2 和蒸出物接收器 3，并附有计量装置。产品得率约为投料量的 45%左右。

因为反应温度低，通常可用蒸汽加热。因为蒸出物料的量大，所以比醇酸树脂生产时所用的冷凝器的面积要大。同时抽真空设备为生产过程所必需。

(3) 以丙烯酸树脂和乳液为代表的树脂生产工艺 丙烯酸树脂属于加成聚合型树脂，用溶剂聚合方法可以得到树脂溶液，用乳液聚合方法则得到树脂乳液。这种树脂的生产工艺过程（如图 4-1-3 所示，以丙烯酸乳液为例）是先将约占总量一半的水乳化液投入反应釜 1 中，丙烯酸单体在单体混合罐 3 中混合，压入单体滴加罐 4 中，引发剂配成溶液通过助剂滴加罐 5 分批加入反应釜中，通常用热水加热反应釜，至规定温度，在搅拌下滴加单体，加完保温，直至反应完成，放入调节釜 7，进行检验和调整，然后过滤贮存。

这类树脂或乳液生产工艺特点是：物料是分批陆续加入反应釜，回流量少，反应温度低，但温度控制严格，以防爆聚。

从以上 3 种代表性生产工艺，可以看出在加料方式上有分批加入、分批滴加和基本上全部物料一次投加等不同方式；反应温度有高（250℃左右）有低（100℃左右）；反应过程有一次升温的，也有升温降温反复进行的；反应过程中物料蒸馏分离量有多有少等差别。因此它们的生产装置也不尽相同，以适应生产的需要。

2. 漆料生产工艺

漆料作为液态清漆和色漆的半成品，它的生产工艺有两种形式。一种是将固体或液体树脂溶解于相应的溶剂中，例如环氧树脂漆、硝基漆、过氯乙烯漆等产品的漆料，这种称为树脂溶解制备漆料的工艺比较简单，即将树脂加入溶解釜内，在搅拌状况下使树脂溶解，可以是常温，也可以加热升温以加速溶解，然后经过净化，贮存于贮罐中备用。另外一种是热炼法，由几种不同品种的成膜物质在一定温度下炼制成漆料，如脂胶漆料、酚醛树脂漆料和热制法沥青漆料都采用这种工艺。它包括配料、热炼、稀释和净化 4 个工序。树脂、油经计量装入热炼釜中，迅速升温至规定温度（一般为 270～280℃），保持一定时间（根据漆料油度长短而定），达到规定黏度后迅速输送至稀释罐（用真空抽送或泵送）中，降温后用相应溶剂稀释，经净化后送至贮罐。这种工艺特别强调快速升温和快速降温，热炼装置要能满足这种要求。

3. 清漆生产工艺

清漆为涂料产品的一大类，依据所用成膜物质而分别命名。通常是由漆料加适当助剂配制而成，例如酚醛清漆是由酚醛漆料加入催干剂和适量溶剂配制而成，工艺较简单。有的是与漆料分开制备，有的则在漆料制备时，于净化之后，即送到清漆配制釜，按配方比例加入应加的物料，搅拌均匀，经过检验，即可包装成为成品。清漆配制通常在常温下进行。

综合以上所述，树脂、漆料和清漆的生产装置主要是树脂和漆料的反应设备、稀释设备、净化设备、漆料的树脂溶解设备和清漆的配制设备，此外还有与之配套的配料、计量、加热、输送、贮存设备等。本节重点介绍其中的反应、稀释、加热和净化设备。

二、反应装置

树脂和漆料生产的核心装置是反应装置。间歇式生产工艺的反应装置包括配有搅拌器的反应釜和相应的加料、冷凝回流装置等，根据生产品种不同，在装置形式和包含内容上略有差别。

1. 反应釜的种类

反应釜是反应装置的主体设备。对反应釜有不同的分类命名方法。如前所述，反应釜可按生产的产品命名为醇酸树脂反应釜、氨基树脂反应釜、乳液反应釜等。可按所进行的反应，称为醇解釜、酯化釜、聚合釜等。也可按反应温度的高低，称为高温树脂反应釜（150～300℃）和低温树脂反应釜（60～150℃）。有的按反应釜加热的方式，称为直接火加热反应釜、电阻远红外加热反应釜、工频电感加热反应釜等。习惯上多从制造材质上进行分类命名，主要有碳钢反应釜、复合钢板反应釜、不锈钢反应釜和搪玻璃反应釜 4 类。

碳钢反应釜由于易生锈和不耐化学介质腐蚀，又有使反应产物颜色加深的弊病，现在已基本不用。复合钢板反应釜所用复合钢板是由一层不锈钢板和一层碳钢板热轧而成，它主要用在采用工频电感应加热的场合，与物料接触的是不锈钢，碳钢层主要用于电感应加热。

使用最广的是不锈钢反应釜和搪玻璃反应釜。

(1) 不锈钢反应釜　制作反应釜的不锈钢大多是铬镍奥氏体型不锈钢，不能淬火强化，无磁性，塑性、韧性、工艺性能及耐腐蚀性能良好。碳含量不大于 0.03%的超低碳不锈钢还有很好的抗晶间腐蚀性能。含钼的奥氏体型不锈钢在有机酸和某些还原性酸中有更好的耐蚀性。

制作反应釜的不锈钢热轧钢板，其主要牌号为 0Cr19Ni9 和 $0Cr18Ni12Mo_2$，相当于进口钢材牌号 304 和 316。

不锈钢反应釜坚固耐用，既可用于制造高温树脂反应釜，也可以用于制造低温树脂反应釜。它具有下列特点。

① 不锈钢的力学性能好，只要设计合理，可承受较高的工作压力，也可承受加料时小块固体物料的冲击。

② 耐热性能好，工作温度范围广（－196～600℃）。在较高温度下不会氧化起皮，可用于直接火加热。

③ 具有很好的耐腐蚀性能，不生锈。

④ 传热效果比搪玻璃反应釜好，升温和降温的速度较快。

⑤ 有良好的加工性能，可按工艺要求，制成各种不同形状和结构的反应釜。还可以将釜壁打磨抛光，使放料时不挂料，也便于清洗。

不锈钢反应釜的缺点是价格高，比搪玻璃反应釜要贵很多。此外，在耐腐蚀性能方面也有局限性，如在接触卤族元素（氟、氯、溴等）时会产生晶间腐蚀，因此，不锈钢反应釜不能在有卤族元素介质存在的情况下工作。

(2) 搪玻璃反应釜　搪玻璃反应釜俗称搪瓷反应釜或搪瓷釜，是将含有二氧化硅的玻璃质釉涂于低碳钢制成的容器表面，经高温（约 800～900℃）烧结而成。形成的搪玻璃衬里耐腐蚀性能好，能耐一般无机酸、有机酸、弱碱液（≤60℃，pH≤12)、有机溶剂等介质的腐蚀，但不耐氢氟酸、高浓度强碱及温度高于 180℃的浓磷酸的腐蚀。此外，搪玻璃衬里硬度高，耐磨，像玻璃一样光滑，不易黏附物料，容易清洗。

但是，由于搪玻璃反应釜毕竟是用两种不同物理性能的材料复合而成，且玻璃釉质脆性大，因此它在耐压、耐温、抗机械冲击等方面还是有许多不足之处。

① 允许工作压力有限制　一般釜内为 0.2MPa（轴封为软填料密封）或 0.39～1MPa（轴封为单端面或双端面机械密封)，夹套为 0.59MPa。由于搪玻璃设备的法兰密封及轴封的严密程度要比非搪玻璃设备差（因烧结时变形所致)，所以它也不宜用于真空度大于 80kPa 的工作场合。

② 允许工作温度有限制　通常只能在 200℃以下使用。

③ 温度急剧变化时，瓷釉层可能出现破损　按中国国家标准，搪玻璃设备的耐温差急变性数值是：冷冲击不大于 110℃，热冲击不大于 120℃。

④ 瓷釉层很脆，抗机械冲击能力很低　要严防重物、工具掉落釜中，在安装搅拌器时

要防止由于转向不对而脱扣坠落。不许碰撞或锤击搪玻璃设备。

⑤ 传热较慢，而且导电性差 物料在釜内运动时容易造成静电荷的积聚。因此，必须采取有效的防静电措施。

基于上述缺点，搪玻璃反应釜主要适用于较低温度下反应的树脂生产，如氨基树脂、乳液，以及反应介质呈酸性的情况下。

2. 反应釜的结构

(1) 概述 反应釜从形式上有敞开式和密闭式之分。

表 4-1-1 反应釜组成

容器部分	机械部分
釜盖(上封头,包括人孔、视镜等开孔)	传动装置[包括电机、减(变)速机构或液压马达、联轴器及机架]
筒体	
釜底(下封头,包括放料口、放料阀)	搅拌装置(包括搅拌器、搅拌轴及附件)
传热结构(各种形式夹套或蛇管,可兼有)	轴封装置
支座	
保温层	

敞开式反应釜结构比较简单，由筒体和筒底（下封头）组成，一般装有活动釜盖，传动和搅拌装置为可移动式。在树脂、漆料生产中，除个别品种外，现在广泛使用密闭式反应釜。除特殊注明外，下面讨论的反应釜就指密闭式反应釜。

反应釜通常由容器部分和机械部分组成，如表 4-1-1 所示。这两部分可由多个不同专业生产厂分工制造，然后进行组装，以达到优质、高效、降低成本的目的。

图 4-1-4 为醇酸树脂反应釜的结构。该反应釜的主体由筒体和釜底（下封头）、釜盖（上封头）组成，其传热结构是外有夹套、内有蛇管。利用导热油进行加热和冷却。釜盖上安装传动装置和轴封装置，它们带动搅拌器运转并防止轴封处泄漏。釜盖上设置人孔、视镜、加料孔、出气孔、取样孔及温度计孔等。支座、放料阀及保温层，图中未标出。

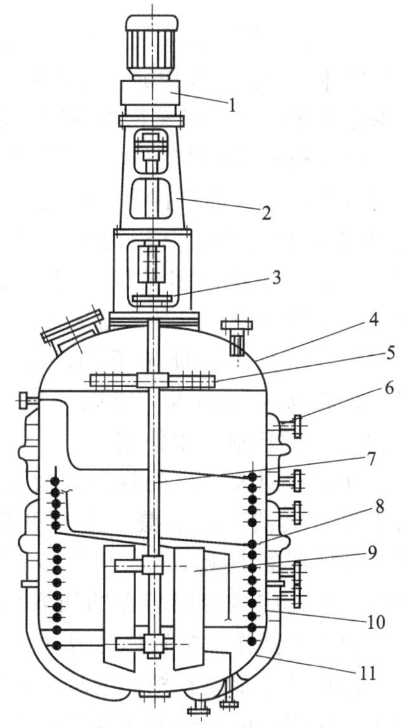

图 4-1-4 醇酸树脂反应釜（导热油加热）结构

1—减速机（带电机）；2—机架；3—填料箱；4—上封头；5—打沫翅；6—夹套；7—搅拌轴；8—蛇管；9—搅拌器；10—筒体；11—下封头

(2) 筒体与封头 除了直径很小时用无缝钢管做筒体的情况外，容器公称直径是指筒体的内径。其数值多为 100mm 的整数倍，可按有关标准选取。筒体大多用钢板卷成圆筒，再焊接而成。反应釜筒体的高度与内径的比值称为长径比（即 H/T，见图 4-1-7），通常推荐值约为 1～1.3。它与反应釜容积大小及产品品种等因素有关。不同的加热方式，也对反应釜的长径比提出了不同的要求。如用直接火加热釜底，要求釜底面积大些，则长径比要稍小。如果需要通过筒体部分加热的，长径比需要大些。

反应釜的封头主要有椭圆形封头和碟形封头两种（见图 4-1-5）。碟形封头是一种带圆弧折边的球形封头。碟形封头的深度较椭圆形封头浅，如目前国内标准的碟形封头 $R_1=T$，$r=0.15T$，其曲面高度 $h_1=0.226T$。它的受力情况比椭圆形封头略差。椭圆形封头为半个旋转椭球面再加上一段直边。由于椭圆曲线的曲率变化是连续的，所以受力情况较好。国内标准椭圆形封头取长轴与短轴之比为 2，也就是封头曲面高度等于封头内径的 1/4，目前国内这两种封头的直边高度 h_2 依据封头直径选取。封头直径 $T\leqslant 2$m，h_2 取 25mm；$T>2$m，h_2 取 40mm。

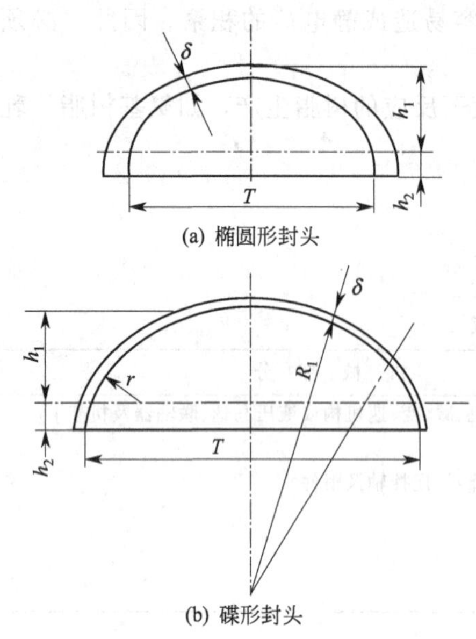

图 4-1-5 反应釜用封头

不同用途的反应釜，釜盖开孔数量不同。图 4-1-6 为醇酸树脂反应釜的釜盖开孔示意。反应釜盖的开孔配置，也随釜盖直径的大小及出料方式的不同而有差异。如釜盖直径较小，布孔位置不足，可一孔多用。如在人孔盖上设视镜；在进料孔上设置一个水平总管，供几种原料管路并联连接等。若布孔位置富余，为操作方便，除人孔外可再设置手孔。对直接火加热的反应釜，为安全计，都不在釜底开孔接管，出料采用一个插底管，利用真空或气压从釜盖上出料。取样大多用插入液面下的取样管借助真空取样，也有从釜体下部侧壁取样的。因为温度控制特别重要，一般留两个管孔，可装两支不同的温度计。

反应釜的筒体与釜底（下封头）都是焊接的，所有内部的焊缝都要打磨，以免挂料。筒体与釜盖（上封头）的连接，常用两种方式——法兰连接和焊接。法兰连接的釜盖可拆开，便于反应釜的检查、清洗和检修，但其制造成本高，增加了泄漏的可能性。而且若长期不拆卸，螺栓、螺母都锈住了，拆卸起来很困难。所以一般只推荐在小容积（$\leqslant 3m^3$）的反应釜中使用。

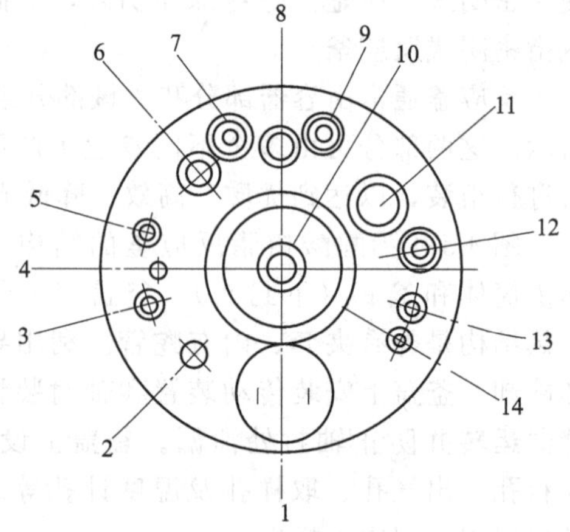

图 4-1-6 醇酸树脂反应釜的釜盖开孔示意

1—人孔；2—视镜；3,4—温度计口；5—加料口；6—灯孔；7—惰性气体入口；8—排空口；9—回流液入口；10—搅拌轴（轴封）口；11—蒸汽出口（接冷凝器）；12—真空压力表口；13,14—取样口（或有一个备用口）

现在不用大法兰的焊接式反应釜使用较普遍。由于没有大法兰，釜盖上必须开设人孔，以便检修。搅拌器如不能通过人孔装卸，应制成可拆卸式结构。人孔应是带回转盖的快开结构，开启轻便，以方便工人操作，减轻体力劳动强度。

(3) 反应釜的容积计算及装料系数 目前国内通用的反应釜由圆柱形筒体外加上、下两个标准椭圆形封头组成（见图 4-1-7）。

筒体的容积容易计算，封头的容积可以从有关手册查出，也可由下式计算：

$$V_1=\frac{\pi}{24}T^3=0.1309T^3$$

式中 V_1——不计入直边 h_2 的椭圆形封头容积，m^3；

T——封头内径，m。

在此基础上，就不难求出反应釜的全容积：

$$V=\frac{\pi}{4}T^2(H+2h_2)+\frac{\pi}{12}T^3$$

式中　V——反应釜的全容积，m^3；

H——筒体高度，m；

h_2——封头直边高度，m。

例如一个内径为 2.2m，筒体高度为 2.3m，封头直边高度为 40mm 的反应釜，按上式计算，求得全容积为 11.84m^3。

反应釜的容积，分为全容积、公称容积（额定容量）及有效容积（装料容积）3 种。全容积系反应釜筒体和上、下封头容积之和，公称容积或额定容量一般不包括釜盖（上封头）的容积。有效容积指装料容积，它与全容积之比称装料系数。如物料在反应过程中呈多泡沫或沸腾状况时，只能取 0.5～0.65；泡沫不多、搅拌形成的旋涡不大时，装料系数可达 0.7～0.75；反应平稳时，装料系数可取 0.8～0.85。通常装料系数大多取 0.6～0.8。

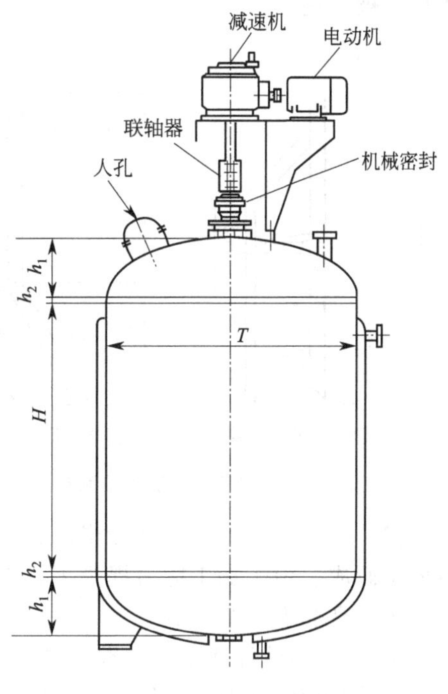

图 4-1-7　反应釜结构

3. 反应釜的传热结构

反应釜中物料在反应过程中要吸热或放热，有时还要反复进行。反应釜作为传热容器，使外来热源传入以加热物料，或使物料的热能用热载体吸收以冷却物料。依据热源不同，反应釜釜体可设计成不同形式。

反应釜加热有两种形式，即直接加热和间接加热。直接加热，如燃料燃烧的直接火加热、电阻远红外加热或工频电感加热，都是直接对釜底和筒体进行加热。间接加热，使用气相或液相热载体对反应釜进行加热，如蒸汽加热和导热油加热。间接加热的反应釜，就要设置各种形式的传热结构。釜体外部最常用的是普通夹套和半管夹套，釜体内部常用蛇管（盘管）。为了增加传热面积，有的釜内设置了传热挡板。这些传热结构，如通入冷却水等冷却介质，即可用于冷却。

(1) 普通夹套　简称夹套。夹套的高度应不超过釜内液面的高度，以免形成“干烧”，使釜内物料形成局部过热或结焦现象。为了适应反应釜内物料不同的液面高度，同时也为了更方便地调节加热面积的大小，也可将夹套设计成 2 段或 3 段。这种设计，特别适用于原料分批加入的反应釜。国内大型的醇酸树脂反应釜，有的夹套为 3 段（包括釜底在内），有的设计成 2 段。经验表明，适当降低夹套位置，将夹套设计成 2 段是恰当的。

夹套的宽度大多为 50mm、10m^3 以上的大型反应釜，夹套宽度可放大至 100mm 左右。为了提高传热效果，常在夹套内设置螺旋导流板（见图 4-1-8）。螺旋导流板与釜壁或夹套壁的间隙要尽量小些，以免热载体走“捷径”。螺旋导流板提高了热载体的流速，提高了夹套侧流体的对流传热系数，并使热载体在夹套内均匀分布，防止产生“死角”。

为了减小由于筒壁与夹套壁温度不同而产生的温差应力，常在高温树脂反应釜的上部夹套中设置膨胀节，底部夹套由于封头有一定的补偿能力，不再设置膨胀节。

在夹套内通入气态或液态热载体，筒体承受外来压力，带夹套的筒体要按外压容器考虑，厚度要经过计算。在操作中一定要注意控制夹套内的压力不得超过设计规定值，否则筒体将会被压瘪。

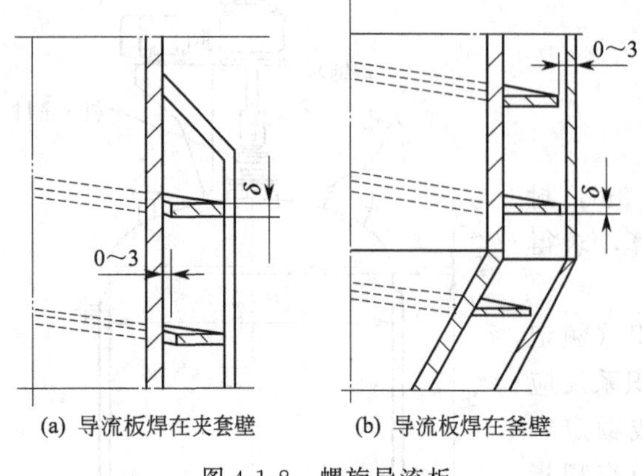

图 4-1-8　螺旋导流板

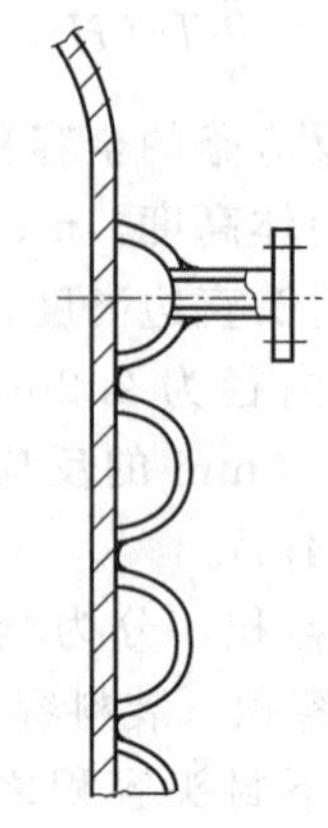

图 4-1-9　半管夹套结构

(2) 半管夹套　又称螺旋半圆管夹套，其结构如图 4-1-9 所示。半管可用整管切割或板材成型而成。由于加工能力提高了，近年来半管夹套获得了比较广泛的应用。

半管夹套有 3 个特点。

① 可减小设备壁厚，节省材料　由于带有夹套的反应釜的筒体和封头要按外压容器设计，其壁厚较大。而半管反应釜，由于半管尺寸小，加上焊上的半管大大增强了刚性和承压能力，无论筒体或封头均不必按外压容器设计，壁厚大为减小。如容积为 $12m^3$ 的醇酸树脂反应釜（导热油加热），夹套反应釜筒体的名义壁厚为 16mm，釜底为 20mm，而半管反应釜筒体和封头的名义壁厚都只需 10mm。

② 提高传热效率　由于半管的流道截面积小，热载体流速大，因而对流传热系数也大，提高了传热效率。这一特点适用于液相热载体。

③ 节约能量　半管的总容积比夹套的总容积小得多。仍以 $12m^3$ 醇酸树脂反应釜为例，夹套的总容积为 $1.8m^3$，而半管的总容积仅为 $0.2m^3$，二者相差 8 倍。有的反应釜在生产过程中，要反复进行升温和降温。夹套热载体容量大，在反复升温、降温过程中，就要多消耗一些能量。

半管反应釜的缺点：一是制造难度较大，费工，所以虽然省了一些材料，但总的造价仍与夹套反应釜相近；二是容易产生泄漏。其原因是因为焊缝太多，焊接质量要求高。特别是反复进行加热和冷却的反应釜，由于温差应力的影响，容易产生焊缝裂纹。

由于半管反应釜发生焊缝泄漏的可能性和概率要比夹套反应釜大，所以半管反应釜最宜用于液相热载体加热和冷却的低温树脂反应釜及只作加热用的高温树脂反应釜。有的树脂反应釜的半管夹套只用于导热油加热，冷却专门用釜内蛇管通水冷却。

(3) 蛇管　也称盘管，为浸入式传热装置。设置蛇管的目的，对已有夹套或半管夹套的反应釜来说，是为了加大传热面积，加快升、降温速度，或专作冷却用；对一些没有或无法设置各种形式夹套的反应釜（如电阻远红外加热或工频电感加热的反应釜）来说，它可以起到冷却和辅助加热的作用。一般反应釜容量大于 $6m^3$ 时，在已有夹套的基础上，可考虑增设蛇管。

蛇管大多盘成与釜壁呈同心圆的螺旋状，大多为单列。图 4-1-4 所示的醇酸树脂反应釜内的蛇管即为单列蛇管，分上、下两段，便于调节。由于蛇管在反应釜内，万一泄漏可能引发大事故，因此要做到绝对安全可靠。必须注意以下两点。

① 保证设计、制造质量　蛇管应设计成能承受较高的压力。质量应经严格的检验。

② 蛇管支撑要牢固　蛇管应紧固在牢靠的支架上，支架必须与釜壁焊接。因为当釜内物料剧烈搅拌时，任何松动会使蛇管发生振动，并与支架摩擦，天长日久，就能将蛇管磨漏。

4. 反应釜的搅拌

搅拌是涂料生产中重要的单元操作，搅拌装置是反应釜的重要组成部分。搅拌能起到液-液或液-固相间充分混合或分散的作用，从而达到强化传热、加速溶解和化学反应等目的。在树脂生产过程中，合理地利用搅拌，对提高产品的质量和缩短反应时间都有重要的意义。

(1) 搅拌的基本原理

① 总体流动与湍流脉动　搅拌槽内液体运动的方式，不外是周向（切向）流动、径向流动和轴向流动以及这3种流动的组合，这些流动统称为总体流动。从流体力学原理得知，流体做湍流运动时，除总体流动外，还存在着湍流脉动（或称湍动）。所以搅拌槽内处于湍流状态的液体，同时有总体流动和湍流脉动存在。这是物料得以均匀混合的两个因素。总体流动是液体以一定的方向并在较大范围内的宏观流动，它可以使混合液体破碎成较大的液团，从而使槽内各部分物料得到初步的混合。湍流脉动是液体质点在很小距离内做不规则的微观流动，它是由平均流动与大量不同尺寸、不同强度的旋涡运动叠加而成，高速旋转的旋涡与液团之间会产生很大的相对运动和剪切力，液团在这种剪切力作用下被破碎得更加细小，液团中的被分散物进一步细分，从而达到更小尺度上的均匀混合。

总体流动的大小可用容积循环速率来衡量，它是指单位时间内直接由桨叶排出的液体量及夹带液体一起运动的液体量，与搅拌器的类型、直径、转速及液体的黏度等因素有关。

湍流脉动的强弱程度（湍流强度）与液体离开桨叶时的速度头有关。速度头越大，液体的湍动越强，这股液体与搅拌槽内其他液体之间的速度梯度和剪切力也越大。速度头也称动压头，可表示为$w^2/2g$，w为流速（m/s），g为重力加速度（m/s^2）。湍流强度与液体的单位体积消耗的能量N/V有着密切的关系，N/V越大，液体的湍动越强。

总之，一个混合过程一方面是通过主体流动达到一定的调匀度，另一方面通过湍流脉动进一步降低分隔尺度，使之从微观上去看也更加均匀了。

② 打漩现象　当搅拌桨叶置于搅拌槽中心位置（大多如此），槽内液体黏度不高，且搅拌桨叶的转速足够高时，槽内液体都会产生切向流动，甚至使全部液体围绕着搅拌轴团团转。槽内液体在离心力作用下涌向槽壁，使周边部分的液面上升，中心部分的液面自然下降，于是形成一个大旋涡（见图4-1-10）。搅拌桨叶的转速越高，旋涡的深度越深。这种流动形态叫“打漩”。

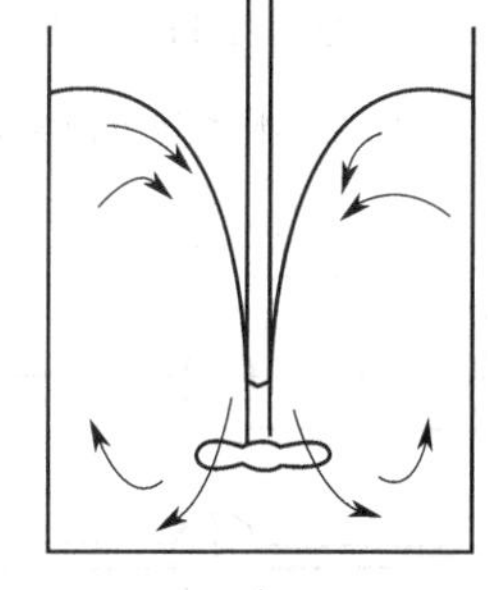

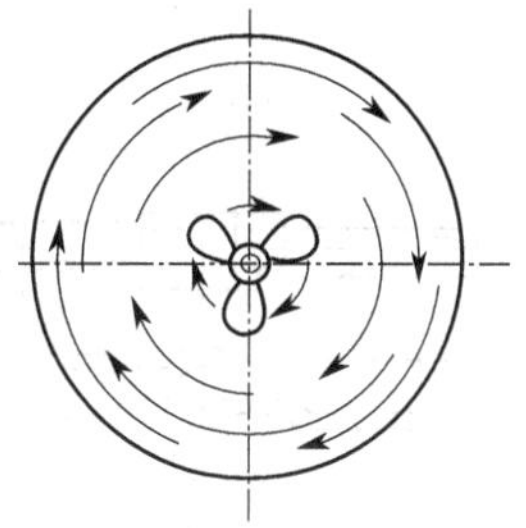

图4-1-10　打漩现象

打漩时混合效果不好，特别是靠近中心处，不同液体层之间，几乎无速度梯度，形成了所谓“固体回转部”的不良混合区。此外，旋涡的形成使容器的容积利用率降低，严重时还会吸入空气，使液体中混入气泡，并使搅拌轴受液流冲击，搅拌器振动加剧。因此，在一般情况下都要抑制打漩。

抑制打漩的方法主要有两种，一种是搅拌轴偏置，另一种最常用的方法是在搅拌槽内设置挡板。

③ 挡板　挡板的作用，一是改变了搅拌槽内液体运动的方向，使切向流动变为轴向流动和径向流动（见图4-1-11），抑制了打漩现象。二是液流在挡板后形成许多无规则的旋涡

(见图 4-1-12)，增大了被搅拌液体的湍流强度。总之，挡板的设置改善了搅拌效果。

设置挡板的缺点是功率消耗成倍地增加，也给清洗搅拌槽带来一些麻烦。

挡板的数量、大小及安装方式也会影响搅拌槽内液体的流动状态和搅拌功率消耗。

挡板宽度 W 通常为槽（内）径 T 的 1/10～1/12，当液体黏度较高时也可减小至槽径 T 的 1/20。挡板的长度可这样决定，其上端一般略高于液面，下端要伸到槽底。挡板的数量视槽径的大小而异，小直径槽可用 2～4 个，大直径槽可用 4～8 个，以用 4 个居多。宽度为槽径 1/10 的 4 块挡板，一般已够用，并称之为“标准挡板条件”。

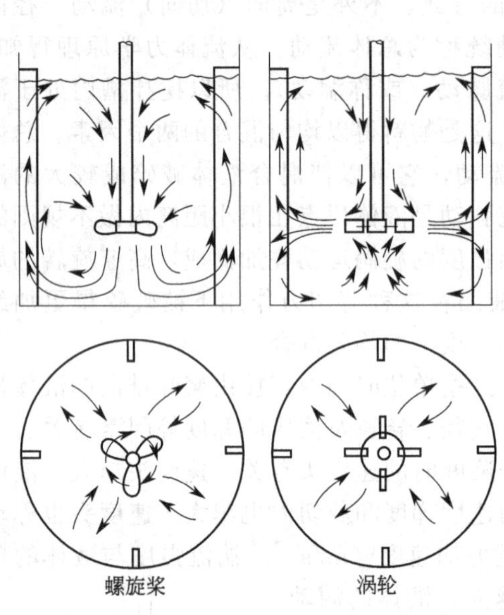

图 4-1-11 挡板对流型的影响

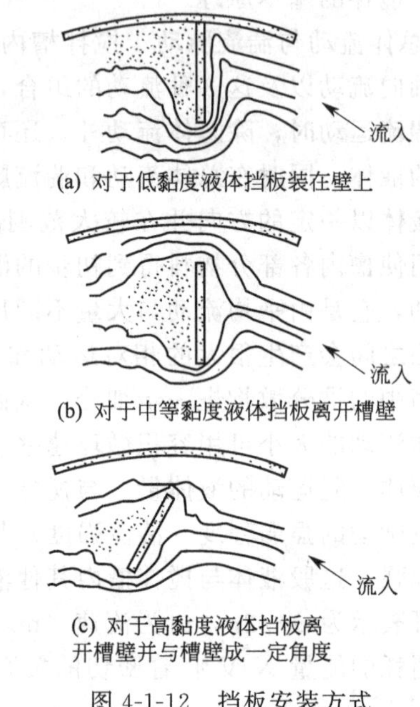

图 4-1-12 挡板安装方式

挡板沿槽壁均匀分布，垂直安装，挡板的安装方式如图 4-1-12 所示。挡板离壁距离一般为挡板宽度 W 的 0.2～1 倍。当槽内有传热蛇管时，其支架也起到挡板的一部分作用。

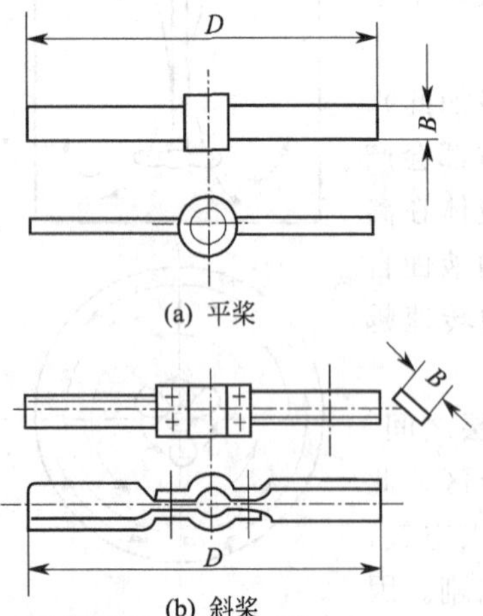

图 4-1-13 桨式搅拌器

随着液体黏度的增大，液体的黏性能抑制打漩。从液体黏度大于 5Pa·s 开始，可减小挡板宽度；当液体黏度超过 12Pa·s 后，已无需安装挡板。

(2) 反应釜常用的搅拌器　树脂反应釜常用的搅拌器有以下几种形式——桨式、推进式、涡轮式、三叶后掠式、锚式和框式、框板式。它们各有其自身的特点，只有在充分了解这些特点的基础上，才能更好地加以选用。

①桨式搅拌器　桨式搅拌器可以说是最简单的搅拌器。通常它只有 2 个叶片，根据叶片是垂直安装或倾斜安装分为平桨（直叶）和斜桨（斜叶），如图 4-1-13 所示。

平桨式搅拌器主要造成周向流动和径向流动，液体沿轴向的混合效果较差，而斜桨式搅拌器可产生一定的轴向流动。根据搅拌器所产生的流型，习惯上常把它们主要分为两类——径向流搅拌器（叶轮）和轴向流搅拌器（叶轮）。前者使液体主要在搅拌器（叶轮）半径和切线方向上流动；后者使液体主要在与搅拌轴平行的方向上流动。如上述平桨搅拌器属径向流叶轮，而斜桨式搅拌器一般纳入轴向流叶轮范畴。也有一些特例，如用于高黏度液体搅拌的锚式和框式搅拌器，主要使液体产生周向运动，可不归入上两类。

桨式搅拌器以及后面要介绍的其他形式搅拌器，其桨叶端部适宜的圆周速度与被搅拌的液体介质黏度有关，黏度高时速度要低，黏度低时速度可高些。它们之间的关系可参考表 4-1-2。

表 4-1-2 桨端圆周速度与介质黏度的最适宜关系

搅拌器形式	介质黏度 /Pa·s	适宜的桨端圆周速度 /(m/s)	搅拌器形式	介质黏度 /Pa·s	适宜的桨端圆周速度 /(m/s)
桨式	1～4 4～8 8～15	3.0～2.0 2.5～1.5 1.5～1.0	推进式	1～2	16.0～4.0
涡轮式	1～5 5～15 15～25	7～4.2 4.2～3.4 3.4～2.3	锚式和框式	1～4 4～8 8～15 15～100	3.0～2.0 2.0～1.5 1.5～1.0 约 1.0

桨式搅拌器的转速一般不高，约为 20～100r/min，可适应的最高介质黏度为 50Pa·s。其桨叶直径 D 与槽径 T 之比为 0.35～0.9，介质黏度低时取较小值，黏度高时取较大值。桨宽 B 与桨径 D 之比为 0.1～0.25。

桨式搅拌器主要用于固体溶解、防止固体沉降及对混合要求不是太高的场合。由于它通常桨径较大，转速较低，因此对液体的剪切作用比较弱，换言之，它不适用于以分散为主要目的的操作。

桨式搅拌器的优点是结构简单，制作和安装容易，造价低，所以至今仍不时被采用。它也可用于高黏度液体的搅拌，此时应选用较低的转速和较大的桨径，为了促使液体上下交换，可采用多层桨叶。为了平衡，相邻两层桨叶常取交叉布置。此外，也可采用一种变形的桨式搅拌器（见图 4-1-14）。

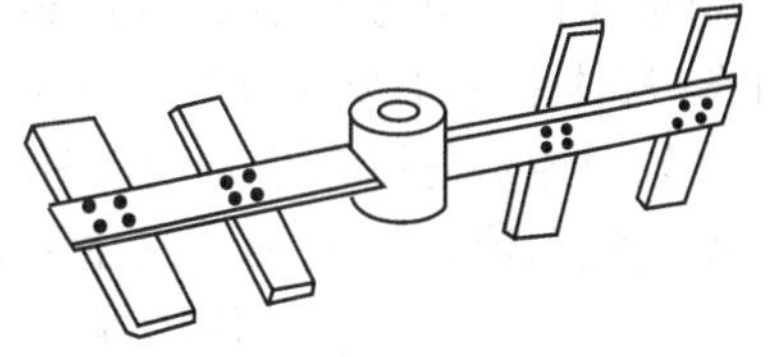

图 4-1-14 变形的桨式搅拌器

② 推进式搅拌器　又称旋桨式搅拌器。传统的推进式搅拌器有三瓣叶片，外形像船用螺旋桨。

推进式搅拌器一般转速较高（常为 200～1750r/min），叶轮尺寸较小，通常叶轮直径 D 仅为槽径 T 的 10%～33%。它不能用于过高的黏度，2～3Pa·s 已是上限。

推进式搅拌器的特点是排出液体的能力强，消耗功率相对较小，它不宜用于要求较高切应力的分散和反应等操作，在反应釜上应用很少。它主要用于液-液体系的混合，使温度均一化以及在低浓度固-液体系中防止淤浆沉降等。

③ 涡轮式搅拌器　涡轮式搅拌器也称透平式搅拌器。它的结构按中心部分有无圆盘而分为两类。一类是有一个圆盘安装在轮毂上，叶片再安装在圆盘上的，称为圆盘式涡轮搅拌器；另一类是没有圆盘，叶片直接安装在轮毂上的，称为开启式涡轮搅拌器。叶片的形状有直的和弯的，叶片的安装角度又有垂直和倾斜的区别。这样就一共形成了常用的 6 种式样的涡轮（见图 4-1-15）。

在上述涡轮中，叶片垂直安装的称径向流涡轮，如图 4-1-15 中的(a)～(c) 和 (e)；叶片倾斜安装的称轴向流涡轮，如图 4-1-15(d) 和(f)。径向流涡轮旋转时把液体从轴向吸入而向与轴垂直的方向（径向）排出。当槽内有挡板时，排出液流遇到槽壁后上、下分开，使槽内形成上、下循环的流型（见图 4-1-11)。这种叶轮功率消耗大，切应力强，又具有较大的排出能力。因此它适用于既要有强的剪切力，又要有一定循环流量的场合，如在液-液体

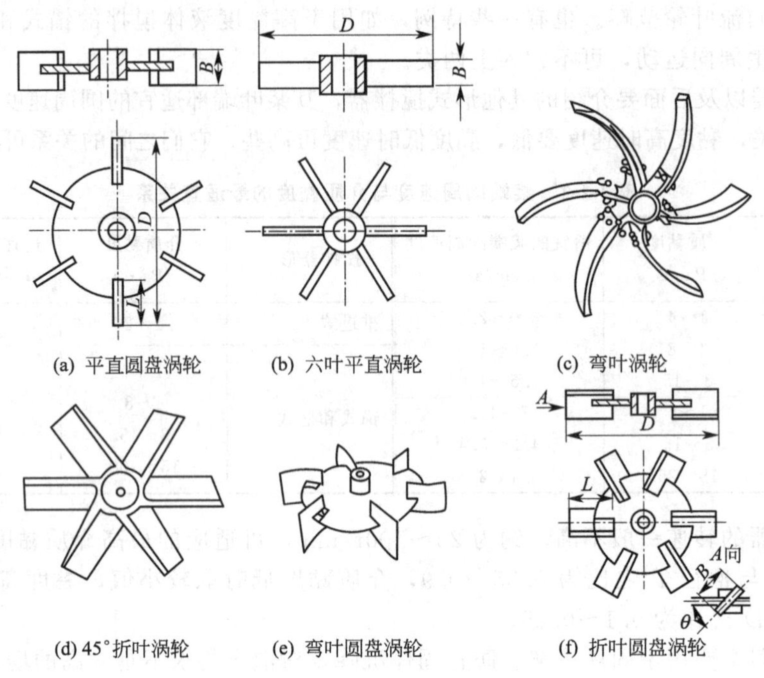

图 4-1-15 各种涡轮式搅拌器

系用于乳化、乳液聚合、悬浮聚合、萃取等；在固-液体系用于固体溶解、悬浮液制备等，在气-液体系用于吸收及气体分散等。

轴向流涡轮除产生轴向流外，也产生部分径向流。产生同样的排液量，这种叶轮所需的功率比径向流涡轮要小。它主要用于液-液体系中需要强循环的场合，如均一混合、反应、传热等。

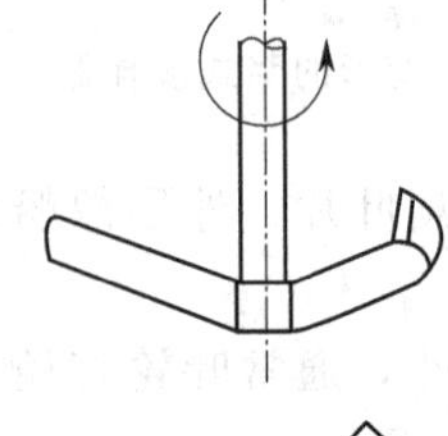

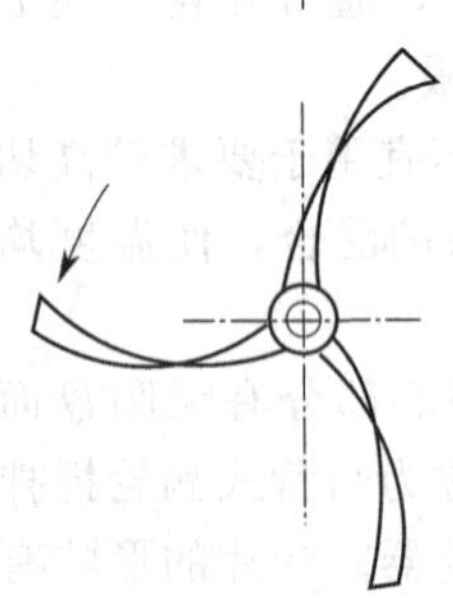

图 4-1-16 三叶后掠式搅拌器

涡轮式搅拌器的直径 D 与槽径 T 之比通常为 0.25～0.5，以取 0.33 居多，如果叶轮端部线速度低时可适当加大。这种搅拌器的叶片数常为 3、4、6、8，以 6 叶最常用。一种使用很广的六叶平直圆盘涡轮各部尺寸推荐比例为 $D:L:B=20:5:4$。

涡轮式搅拌器在搅拌槽中的安装位置，通常取叶轮与槽底的净空距离等于叶轮直径，如为防止槽底有沉淀，叶轮的位置还可适当降低。当槽内液面较高时，可在轴上安装 2 个或多个叶轮。叶轮间的距离与液体黏度有关。液体黏度大，其间距要小些，但不小于叶轮直径 D。涡轮搅拌器的转速常为 50～300r/min，适应的最高黏度为 30Pa·s 左右。由于它效能高，用途很广。在涂料行业中使用极普遍。

④ 三叶后掠式搅拌器 又叫三叶后弯（退）式或法武都拉式搅拌器（见图 4-1-16）。实际上，它也是涡轮式搅拌器的一个变种。3 个后弯叶片向上翘 10°～15°，后弯角为 30°或 50°，其外径 D 常取槽内径 T 的 1/2。

三叶后掠式搅拌器属径流型，转速较高，桨端圆周速度最大可到 15m/s。适用于中低黏度液体（<10Pa·s）。这种搅拌器所产生的液体循环量大，与挡板配合使用，液体的轴向混合显著，能以较小的动力达到很好的搅拌效果。在相同条件下，它的功率消耗比桨式或涡轮式搅拌器小。

现在，乳液反应釜多采用这种搅拌器。

⑤ 锚式和框式搅拌器　图 4-1-17 和图 4-1-18 所示为锚式搅拌器和框式搅拌器。它们外形相似，只不过框式搅拌器在中间横竖加了一些桨叶，以加强搅拌槽中心部位的搅动。若将中间横竖增加的桨叶，对称布置成一定的斜度，如斜桨那样，则效果更好。可以把它们看作是桨式搅拌器的变种。

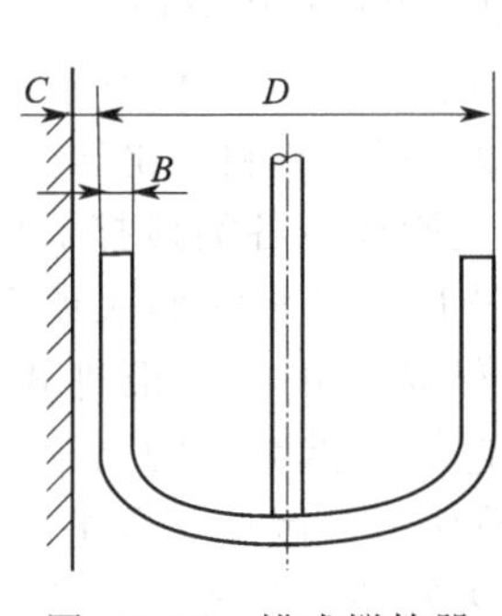

图 4-1-17　锚式搅拌器

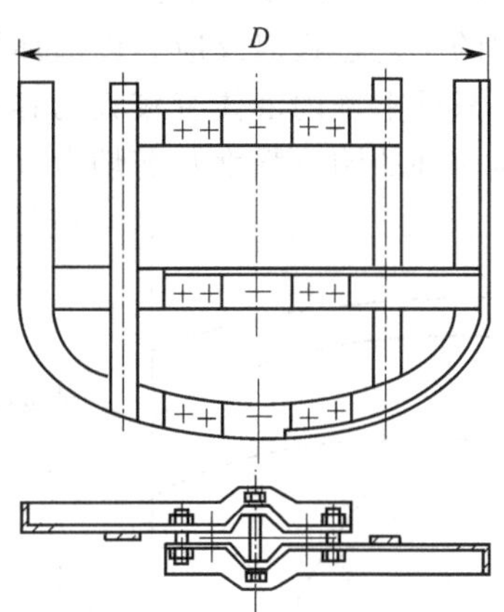

图 4-1-18　框式搅拌器

这两种搅拌器适用于高黏度液体，通常转速较低，常为每分钟几十转。它们当中，框式比锚式更适应高黏度。“锚”和“框”的外缘与搅拌槽的内壁间距甚小，有刮壁效应，可强化传热，有利于防止因物料附壁而造成局部过热或结焦现象。一般取 $C/D=0.05\sim0.08$，当工艺提出更高要求时，只要搅拌器运转时不碰壁，间距 C 还可以缩小。

⑥ 框板式搅拌器　框板式搅拌器结构简单，外形像两扇门（见图 4-1-4 中的 9）。它也是平桨搅拌器的一种变形。

框板式搅拌器的推荐尺寸为 $D/T=0.41\sim0.534$，$B/T=0.26\sim0.68$，$W/T=0.1\sim0.129$（D 为搅拌桨外径；T 为搅拌槽内径；B 为桨叶高度；W 为桨叶宽度）。这种搅拌桨由于桨叶面积大，一般转速较低，它要借助挡板的作用，来强化轴向的混合。这种桨叶端部边缘较长，桨叶附近的湍动旋涡区较大，有利于分散。

在我国涂料行业，框板式搅拌器最初应用于引进的醇酸树脂反应釜中（1981 年）。后来国产的醇酸树脂及氨基树脂反应釜中也时有选用（大多与换热盘管配合使用）。其混合效果较好，但分散效果不及组合的涡轮式搅拌器。

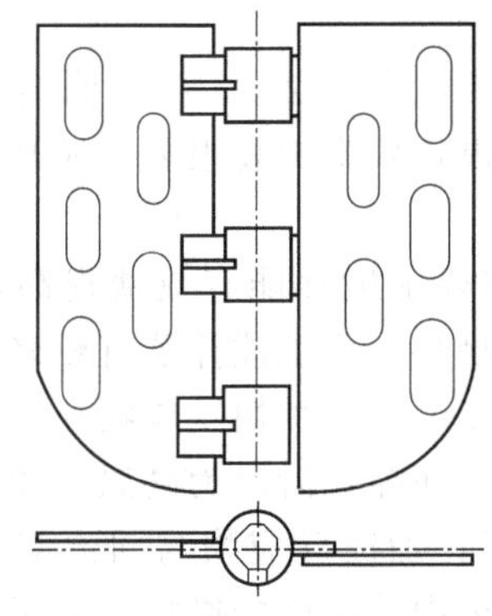

图 4-1-19　开孔的框板式搅拌器

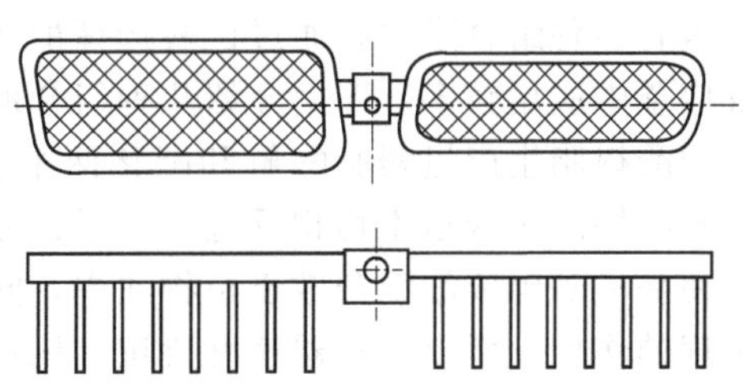

图 4-1-20　网状和梳状打沫器

为减小运转阻力，改善搅拌效果，也可在框板上开设不同形状、不同数量的孔，如图 4-1-19 所示。

⑦ 打沫翅　为了消除反应釜中液面上可能产生的泡沫，有的反应釜在靠近釜中液面处设置打沫翅（打沫器），打沫翅主要有网状结构和梳状结构两种，如图 4-1-20 所示。

(3) 搅拌器的选用和配置　要做好搅拌器的选用和配置，首先要了解物料的物理性质、工艺过程的特点及对搅拌的要求。

不同的工艺过程对反应釜内液体流动状况有不同的要求，如低黏度互溶液体的混合及强化传热，只要求釜内液体有较大的容积循环速率，以达到所需要的调匀度及提高传热系数，而对液体内部的湍流强度及剪切力并无要求。但是，像甘油在植物油中分散这一类非均相系统混合，就要求有较高的湍流强度，以使甘油液滴分散得尽可能小，以增大两相接触面积，有利于化学反应进行。

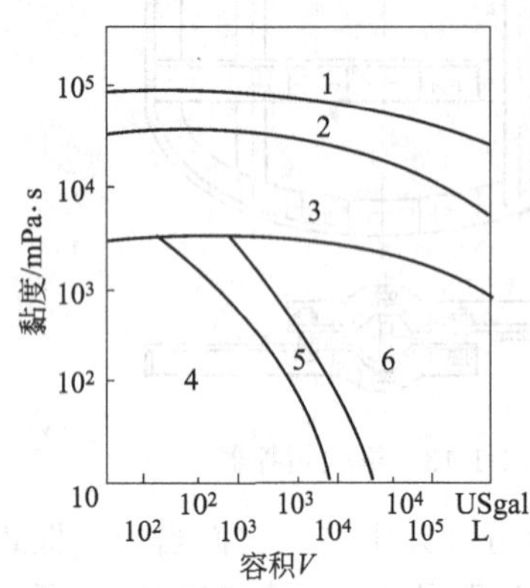

图 4-1-21　根据黏度初选搅拌器
1—桨式变种（锚式、框式等）；
2—桨式；3—涡轮式；4—推进式、
1750（r/min）或涡轮式；
5—推进式、1150（r/min）或涡轮式；
6—推进式、420（r/min）或涡轮式
（注：1USgal＝3.785L）

① 搅拌器的选用　如上所述，各类搅拌器所形成的液体运动状况不同，按操作特性，可将它们大体上分成两大类。一类是桨叶面积小而转速高的，如推进式、涡轮式、三叶后掠式等属于此类。它们凭借桨叶的高速旋转，获得较高的湍流强度和较大的剪切力，因此又称剪切型搅拌器。另一类是桨叶面积大而转速低的，桨式、锚式、框式等属于此类。它们可以造成一定的总体流动，但液体离开桨叶时的速度并不高，湍流强度和剪切力较小。这一类搅拌器称低剪切型的，较适用于黏度高的液体。

对于黏度高的液体，如果采用小直径、高转速的推进式或涡轮式搅拌器是不恰当的。因为搅拌器所提供的机械能会因巨大的黏性阻力而很快消耗，不仅湍动程度随着与桨叶距离的增加而急剧下降，而且总体流动的范围也大为缩小。

就涂料行业而言，液体黏度往往是初步选择搅拌器的依据。此时图 4-1-21 可供参考。从图中不难看出，涡轮式搅拌器的应用范围极广。

② 搅拌器的配置　反应釜可配置一种搅拌器，也可配置多种搅拌器，一般可分为 3 种不同形式。

a. 单层单型搅拌器　这是最常见的形式，即选择一种形式的搅拌器单层设置。

b. 多层单型搅拌器　现在反应釜多采用大容积的，因其高度增加，为了提高搅拌效果，可设置 2～3 层搅拌器。

c. 多层多型搅拌器　现在大型反应釜按照反应的需要，配置 2～3 层不同类型的搅拌器，这有多种组合形式，通过试验选择最佳方案，可以使搅拌效果提高很多。尤其在醇酸树脂反应釜中应用较多，下面介绍几种组合形式。

醇酸树脂生产过程有醇解和酯化两个阶段。除了共同要求搅拌能有效地提高传热效果外，在醇解阶段因是不均相反应，为了充分混合不相容的物料，要求搅拌器有较好的分散特性，使甘油破碎成细滴分散于植物油中，同时起到促进液流湍动、加快反应物扩散、提高反应速度的作用。所以搅拌器速度要快，搅拌强度要较激烈。而酯化阶段为高温均相反应，反应过程中，黏度逐渐增大，要求搅拌在均匀传热的情况下，加速反应物与回流溶剂均匀混合，生成水分及时排出。在此过程还易产生泡沫，一般要求中等强度的搅拌。由于两个阶段对搅拌的要求稍有区别，常采用两种方法予以解决。一是使搅拌器的转速能调节；二是在搅拌器定速的情况下，配置适当的搅拌器，使其基本上能满足工艺要求。

容积小于 $6m^3$ 的醇酸树脂反应釜可采用单层六叶 45°折叶涡轮式搅拌器，其直径一般等

于或略大于釜径的 1/3，桨端圆周速度约为 4m/s，转速通常为 130r/min。对于大型的反应釜则有不同的组合形式，例如，内径为 2400mm、筒体高度（不计封头）为 2500mm、全容积为 $15m^3$ 的醇酸树脂反应釜的搅拌，一种形式为 3 层涡轮式搅拌器，下层为直径 800mm 的六叶直叶开启式涡轮，中、上两层均为直径 900mm 的四叶折叶开启式涡轮，用 30kW 电机以变速传动，转速范围为 34～136r/min。另有一种形式为 2 层直径 800mm 的六叶折叶圆盘涡轮，用 22kW 电机定速传动，转速为 88r/min。实践证明，这两种组合形式效果都较好。单层框板式的搅拌器因其面积大，也有较好搅拌效果。随着搅拌技术的发展，搅拌器的组合将会有更新的创造和发展，以达到更高的效率和更低的能耗。

5. 反应釜的传动

按搅拌轴的转速是变速或定速，可将反应釜的传动分为变速传动和定速传动两类。

(1) 变速传动 变速传动主要有变频调速、油压马达调速、机械无级调速和带式调速 4 种，其中以变频调速应用较多，其他 3 种大多用于进口设备上。较详细的介绍见本章第二节。

(2) 定速传动 变速传动由于装置复杂，费用高，大多操作较繁琐，只在少数对搅拌转速有严格要求的反应釜上使用。目前普遍使用的还是定速传动。

定速传动由电机经减速后实现。电机视生产环境是否易燃易爆采用防爆电机或封闭式电机。减速机主要有摆线针轮减速机、两级齿轮减速机、V 带减速机和立式蜗轮减速机。蜗轮减速机又称蜗轮蜗杆减速机，由于有传动效率较低、易发热、结构不紧凑等缺点，现在应用不多。V 带减速机结构简单，维修方便，但速比范围小（约 3～4.5），只适用于搅拌轴转速较高（>300r/min）的场合。它和蜗轮减速机还有一个共同的缺点，由于使用 V 带（即三角胶带），过载时会产生打滑现象，可能形成静电，所以它们不能用于有严格防爆要求的场合。两级齿轮减速机传动效率较高，使用寿命长，电机与减速机直联或通过联轴器连接，可用于严格要求防爆的场合。

目前在反应釜上使用最广的是摆线针轮减速机。该机为利用少齿差内啮合行星传动的减速装置。它具有减速比大、传动效率高、运转平稳、体积小等优点。可用于严格要求防爆的场合。

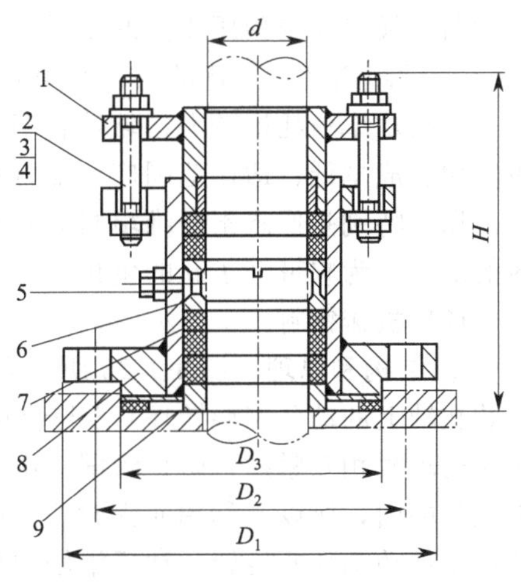

图 4-1-22 软填料密封的结构

1—压盖；2—双头螺柱；3—螺母；4—垫圈；5—油杯；6—油环；7—软填料；8—本体；9—底环

6. 反应釜的轴封

轴封为一种动密封装置。它的功用是当反应釜正压操作时，防止釜内的溶剂气体等逸出釜外；同时，也防止釜内负压操作时，空气被抽入釜内而降低了釜内的真空度。因涂料行业的物料大多是易燃易爆和有毒的物料，所以保证轴封严密，对反应釜来说是非常重要的。

轴封的形式很多，目前最常用的是软填料密封和机械密封两种形式。

(1) 软填料密封

① 结构和原理 图 4-1-22 所示为典型的软填料密封结构形式之一。压盖将软填料环（俗称盘根）沿轴向压紧，使其产生径向弹塑性变形，堵塞间隙而密封。

在软填料密封结构中，可能造成泄漏的渠道有：轴与软填料之间的间隙、软填料与填料箱体内壁之间的间隙及软填料自身的孔隙。为了达到密封的目的，就要压紧软填料，以堵住这 3 条渠道。这三者中，因为轴要不停地转动，所以要堵住轴与软填料之间的间隙更困难一些。

软填料在使用一段时间后，逐渐被轴磨损并变硬，软填料中的润滑剂也有损耗。这时就要发生泄漏，需要重新拧紧压盖上的螺母，压紧软填料。但是，软填料压紧的程度要适当。太松固然要泄漏，太紧了则软填料与轴的磨损加剧，不仅无谓地多消耗功率，而且由于软填料的磨损、发热，甚至烧坏，将导致密封更快的失效。

润滑在软填料密封中是必不可少的。一方面，当压紧软填料时，润滑剂在搅拌轴上形成一层极薄的液膜起到密封作用；另一方面，它又起到润滑作用，减少了软填料与轴摩擦造成的发热，减轻了软填料和轴的磨损及功率的消耗。一般的润滑方法有：选用有自润滑功能的软填料；安装软填料时浸油或涂润滑脂；利用油环注入油脂或其他密封液体。

② 密封材料　软填料必须有好的弹性和塑性；能经受釜内介质的浸泡和腐蚀；耐温性能好；耐磨，与轴的摩擦系数小，有自润滑性。常用的软填料是石棉橡胶填料和油浸石棉填料，比较新颖的填料有编织膨胀石墨填料和碳素纤维填料、膨体聚四氟乙烯纤维填料等。碳素纤维填料耐磨，有自润滑性，密封效果好，而且因它耐温 350℃，可不用冷却水套进行冷却，所以特别适用于高温树脂反应釜。

③ 选用注意事项　要使软填料密封做到基本不漏，应从下面几方面入手。

a. 填料箱结构合理，制造、安装精度高，搅拌轴应处于填料箱的轴线上，不偏斜。填料箱体不应焊死在釜盖上。

b. 轴要光、要圆，运转时摆动量要小，轴的表面最好经表面淬火或喷镀后磨光，也可镀硬铬。

c. 选用好的软密封填料。

d. 要经常维护。软填料装入时要一圈一圈的装，并压紧，而且压紧力的大小要适宜，要均匀。最好采用预压成型的填料环。

④ 软填料密封的优缺点　软填料密封虽然是比较古老的密封形式，而且一般有易磨损轴、摩擦功率消耗比较大、软填料寿命短、要经常维护及漏损比较大等缺点。但由于它有简单实用、成本低、适用范围广（如可用于腐蚀性介质，工作温度范围大）等优点，至今仍广泛使用。特别是像碳素纤维填料等新颖高档密封填料出现后，在很大程度上克服了软填料密封的缺点，为它带来了新的生机。

(2) 机械密封

① 结构和原理　图 4-1-23 所示为釜用机械密封的结构形式之一。它的密封作用是借助于装在轴上的动环（旋转环）6 与装在釜盖上的静环（静止环）13（或 10），两环的端面做相对运动时相互紧贴，防止渗漏。由于它的动密封面不像软填料密封是圆柱面，而是与转轴垂直的端面，所以又称端面密封。图中的弹簧座 3 用紧定螺钉 17 固定在轴上，它通过传动螺钉 1 带动动环 6 旋转。动环沿轴向可作适量的移动，以适应转轴许可的窜动和振动，并随时补偿端面的磨损。由弹簧的推力和釜内外压差作用在动环上的轴向力（如釜内为真空时，此力与弹簧推力一致；如釜内为正压时，此力与弹簧推力相反），造成端面适当的压紧力，使这两个与轴线垂直的平直、光洁的端面紧密贴合，同时端面间维持一层极薄的（约为 0.025～0.25μm）的液膜，这层液膜起到良好的润滑和密封作用，因而由动环和静环组成的摩擦副能长期工作而泄漏量极小。

除了端面外，机械密封中还有两个密封点，一个在动环与轴之间，另一个在静环与釜口法兰之间。这两点都是静密封，通常称辅助密封。辅助密封元件通常用 O 形圈、V 形圈或

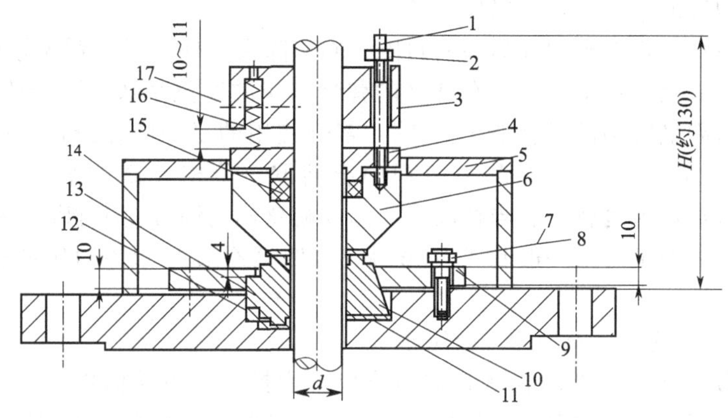

图 4-1-23　釜用机械密封

1—传动螺钉；2—螺母；3—弹簧座；4—推环；5—防尘盖；6—动环；7—垫圈；8—螺钉；9—静环压盖；10,13—静环；11—静环垫；12—静环密封圈；14—润滑盒；15—动环密封圈；16—弹簧；17—紧定螺钉

注：此图左侧为 202 型结构，右侧为 202F 型，它们的动、静环材质及静环结构均不同

波纹管。O 形圈常用各种橡胶制造，V 形圈常用聚四氟乙烯制造，波纹管有橡胶波纹管、聚四氟乙烯波纹管和金属波纹管 3 种。

釜用机械密封大部分密封介质是气体，故密封端面处于干摩擦状态，磨损较大。同时，气体的渗透性强，容易渗漏。所以必须对密封面进行润滑。一般是将密封端面浸泡在槽内的润滑液中。为了防止润滑液万一渗漏入釜内产生不良后果，此润滑液除了具备润滑性好、不腐蚀零件和沸点较高等条件外，还应能与釜内物料相容。如轴封处温度太高，则还要对槽内润滑液采取冷却措施，如在槽内设冷却蛇管或槽外加冷却水套等。

单端面密封结构比较简单，但有一些缺点。因密封的介质是气体，当釜内有压力时，润滑液并没有压力，因而端面上的润滑条件无法保证，有发生干摩擦的可能。所以对要求高的场合，以及高压、高真空、高温、强腐蚀、易燃易爆、有毒等情况下，应使用双端面机械密封。

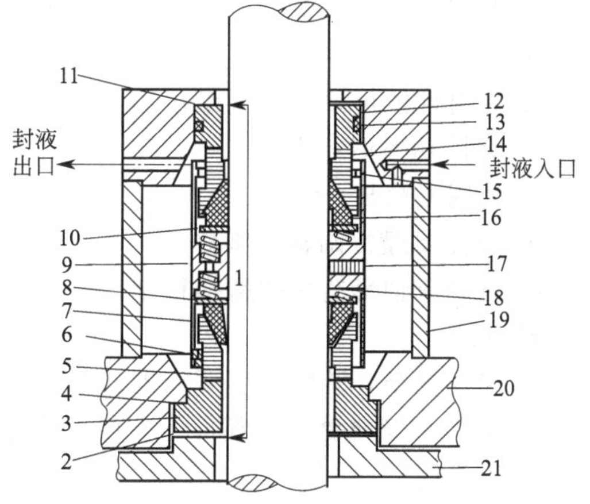

图 4-1-24　双端面密封

1—光轴；2,4—密封环；3,12—静环；5,14—动环；6—固定环；7,16—轴密封环；8,10—压板；9—密封套；11—垫圈；13—O 形环；15—固定环；17—定位螺钉；18—弹簧；19—密封夹套；20—密封板；21—端盖

图 4-1-24 所示是一种釜用双端面密封结构，密封在充满封液（隔离流体）的夹套中工作，封液的压力要比釜内压力高 0.05～0.1MPa，所以封液有可能漏入釜内，而釜内气体则保证不会外漏。封液在密封面形成液膜，润滑了端面，还可起到冷却和冲洗的作用。由于封液的作用，使双端面机械密封不但做到了釜内物料无泄漏，而且运转可靠，寿命长。封液的压力可由高位平衡罐或气瓶（氮气或二氧化碳）提供，也可采用泵循环加压装置。

② 机械密封材料　机械密封的动环和静环，一般用一个硬的材料与一个软的材料配对。如动环常用硬质合金（主要成分为碳化钨），静环常用浸树脂碳素石墨。浸渍不同的树脂，其性能也有差别。浸酚醛树脂耐酸性好；浸环氧树脂耐碱性好；浸呋喃树脂既耐酸又耐碱，

且其耐有机溶剂的性能也较强，所以使用较多。

辅助密封圈包括动环密封圈和静环密封圈。它们除密封外，还起到部分补偿密封面偏斜和缓冲振动的作用。因此要求密封圈有良好的弹性、小的摩擦系数、耐介质的腐蚀和溶胀、耐老化。辅助密封圈最常用的是橡胶O形圈。普遍使用的是丁腈橡胶，它耐油（汽油、机油），但耐温不高（约120℃），在苯类溶剂中会溶胀。价格较高的氟橡胶耐温较高（约200℃），耐有机溶剂性能也较好。当橡胶在耐温或耐化学腐蚀方面不能满足要求时，可考虑采用聚四氟乙烯。聚四氟乙烯一般制成V形圈。聚四氟乙烯V形圈对轴的精度要求高，装配时难度较大。

③ 釜用机械密封的特点及使用注意事项

a. 因密封介质为气体，要防止密封端面形成干摩擦。对单端面机械密封，要设置润滑液槽并注入合适的润滑液。对双端面机械密封，要保证封液正常循环或加压。

b. 因反应釜搅拌轴较长，故要严格控制搅拌轴摆动。为此采取包括优化传动机架结构，提高制造安装精度，精心使用维护，防止搅拌轴弯曲等措施。

c. 因更换釜用机械密封比较困难，故要考虑拆装方便。可采用夹壳式联轴器（系对开结构），使搅拌轴与传动轴中间留出足够的空当或在联轴器中间加一短节，这样在拆开夹壳式联轴器或取下联轴器中间的短节后，即可取出或放入机械密封。

④ 机械密封的优缺点

优点：

a. 密封性能可靠，泄漏量小；

b. 摩擦功率消耗小；

c. 使用寿命长；

d. 不需要经常调整和维修；

e. 对轴或轴套造成的磨损很小。

缺点：

a. 结构复杂，装配精度要求高；

b. 排除故障或更换零部件不方便，停车时间长；

c. 造价高。

7. 反应釜的配套设备

反应釜的配套设备主要有稀释罐和冷凝回流设备（蒸出管或分馏柱、冷凝器和分水器）。一种常见的溶剂法醇酸树脂反应釜与冷凝回流设备的连接如图4-1-25所示。

从反应釜蒸发出来的溶剂气体和水蒸气，经蒸出管进入冷凝器冷凝并冷却，冷凝液进入分水器，水与溶剂（如二甲苯）分层，溶剂回流到反应釜，水则不断从分水器底部排出。

为防止蒸出气体走短路，在回流管上设置了液封。显然，分水器要安装得比较高，分水器的液面至反应釜回流液入口处要有足够的位差，以克服反应釜顶部至分水器顶部的压差，并保证有一定的回流速率。

(1) 蒸出管或分馏柱

① 蒸出管　根据各品种树脂的不同要求，蒸出管有不同形式。一般使用带夹套的直立（也可倾斜）圆管，管径较大，夹套可按需要通入蒸汽或冷却水，以分别起到保温作用，使气体上升到冷凝器冷凝或使部分气体冷凝流回反应釜。

溶剂法醇酸树脂反应釜的蒸出管大多采用蒸汽保温的立管（或倾斜），但要注意蒸汽压力是否够大。如蒸汽压力太低（蒸汽压力为0.3MPa时，对应的饱和蒸汽温度为143.4℃），

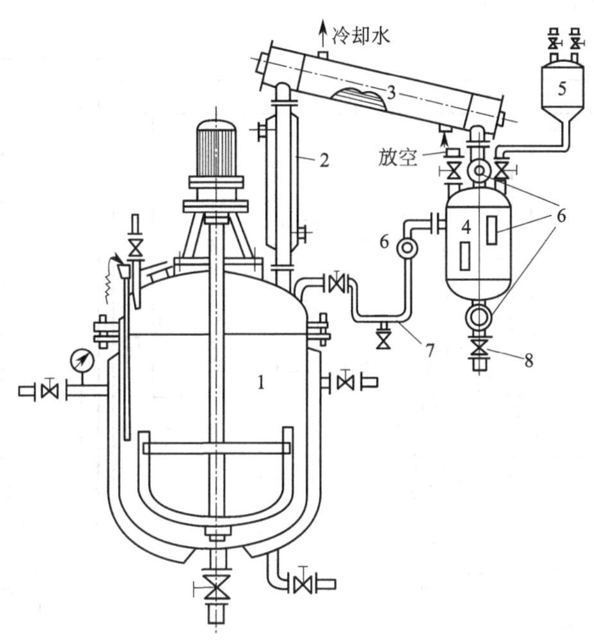

图 4-1-25 溶剂法醇酸树脂反应釜与冷凝回流设备的连接

1—反应釜；2—蒸出管；3—冷凝器；4—分水器；
5—高位槽；6—视镜；7—回流管；8—排水阀

蒸汽温度可能比蒸出管内的气体温度还低，就起不到保温作用。不如不通蒸汽，只依靠夹套外的保温层保温。

使用这种蒸出管，沸点低的物料损失较多，容易出现苯酐升华随同气体进入冷凝器导致堵塞列管的情况。同时，由分水器回流入反应釜的二甲苯温度较低，回到反应釜内要吸收较多的热量才能与水共沸蒸发，能量损失大。

② 分馏柱 一种改进的形式是把蒸出管改为填充式分馏柱。分馏柱内填充拉西环或鲍尔环，填充高度根据需要而定。分馏柱外有夹套通蒸汽保温。冷凝回流的二甲苯经泵（或计量泵）送入分馏柱顶部淋下，通过填料环与逆流而上的二甲苯-水蒸气接触，在分馏柱内进行传质与传热。减少了回到釜中二甲苯的含水量，提高其温度（约为110～120℃），而且可使升华的苯酐溶于二甲苯中再返回反应釜而不致进入冷凝器，避免了换热管表面结垢或堵塞。同时防止了反应釜内低沸点等原料的损失。

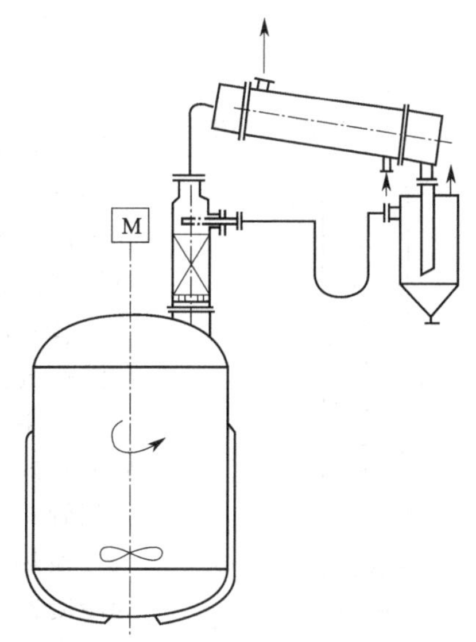

图 4-1-26 蒸出管改为分馏柱流程

图 4-1-26 所示为国内某厂将蒸出管改为分馏柱的流程。在这个流程里，回流二甲苯进入分馏柱是依靠位差的。如这个位差不足，仍需用回流泵。

图 4-1-27 所示为德国一工程公司设计的带分馏柱的醇酸树脂工艺流程。冷凝回流液用回流泵强制循环，并通过流量计计量。

将蒸出管改为分馏柱，使冷凝回流液从分馏柱顶部喷淋回反应釜，有利于共沸液的分离，加快酯化，节约热量，减少低沸物损失，更适宜于沸点较低的酸、醇类的醇酸树脂、聚酯以及缩聚型树脂的生产。

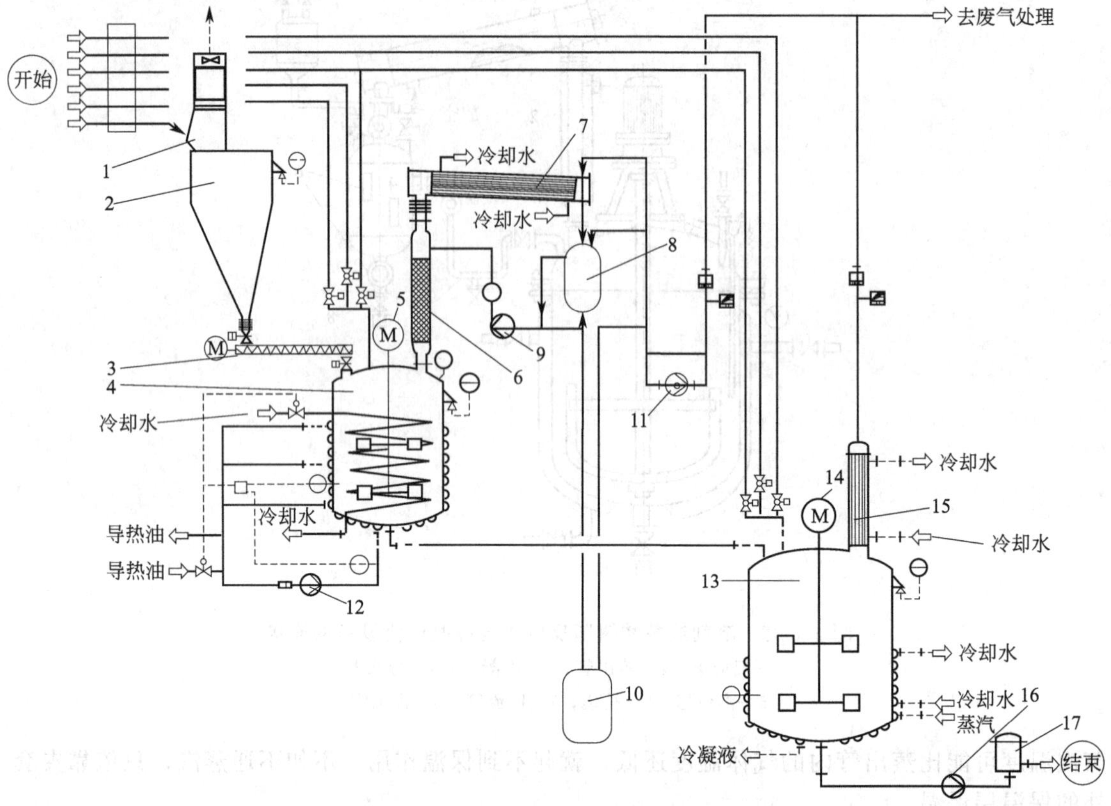

图 4-1-27 带分馏柱的醇酸树脂工艺流程

1—卸料单元设备；2—称量漏斗；3—送料螺旋；4—反应釜；5,14—搅拌器；6—分馏柱；7—冷凝器；8—分水器；9—回流泵；10—接收器；11—真空泵；12—导热油泵；13—稀释罐；15—回流冷凝器；16—产品泵；17—产品过滤器

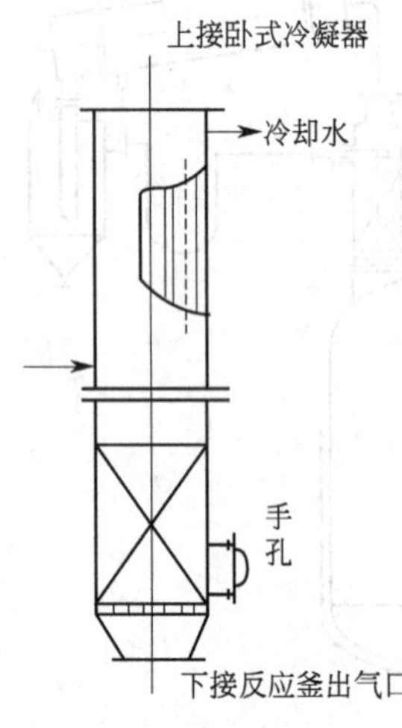

图 4-1-28 带立式冷凝器的分馏柱

③ 带冷凝器的分馏柱 还有一种形式是采用带立式冷凝器的分馏柱，如图 4-1-28 所示。上部为立式冷凝器，换热管较粗。下部为装填料环的分馏柱。此形式不用回流泵，只是利用自身上部立式冷凝器的冷凝液流到分馏柱内进行传质和传热，减少了低沸点原料的损失，避免了因苯酐升华而堵塞冷凝器。

(2) 冷凝器 冷凝器的作用是将从反应釜蒸发出来的水蒸气和溶剂气体等冷凝下来，同时也可使冷凝液适当冷却。

① 冷凝器的分类和结构 有多种形式换热器可用作冷凝器，如列管式（即管壳式）、螺旋板式、蛇管式、套管式等。最常用的是列管式。

换热时，通常回流溶剂与水蒸气走管内，冷却水走管间。作为冷凝器，冷却水从下面进入，然后从上面排出。

壳体上应多开设几个检查清理孔。如冷却水水质不好，冷凝器使用长久后，壳程可能结垢或沉积泥沙，应定期或不定期用水进行反冲洗和清垢。

树脂生产中所用冷凝器大多是不锈钢冷凝器，即管程与物料接触部分（管束、管板等）

用不锈钢制造，壳体一般仍用碳钢。

② 树脂反应釜配套用冷凝器　常用的列管式冷凝器，按其安装位置分立式和卧式，对于需要回流的工艺，大多使用倾斜安装的卧式冷凝器。卧式冷凝器的斜度（与水平面夹角）以 5°～8°居多。

冷凝器所需的传热面积可依据冷凝物料的数量、冷凝时间及冷却水温度等数据进行计算。本章所列的表 4-1-6 和表 4-1-7 也可作参考。作为粗略估算，生产醇酸树脂一般 $1m^3$ 的反应釜配备约 $5m^2$ 冷凝器；生产氨基树脂一般 $1m^3$ 反应釜配备约 $8m^2$ 冷凝器。

一般冷凝器以单程较常用，也可选用面积不等的两程冷凝器，如图 4-1-29 所示的 $30m^2$ 冷凝器，第一程换热面积为 $25m^2$，第二程为 $5m^2$，这样不平均分配，适应了冷凝的规律，大部分蒸汽已在第一程冷凝下来，余下的小部分蒸汽，再在第二程进行冷凝。由于延长了冷凝的路程，减少了排空损失，有利于环境保护。

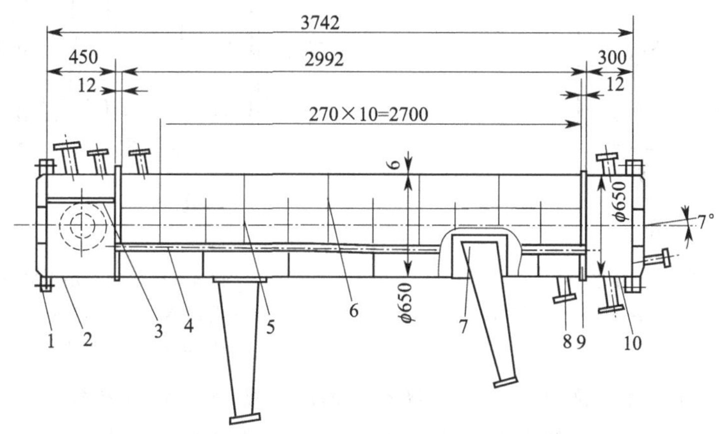

图 4-1-29　冷凝器

1—平盖；2—前管箱；3—隔板；4—换热管；5—折流板；6—拉杆；7—支座；8—接管；9—管板；10—后管箱

这个冷凝器使用薄管板结构，管板厚度为 12mm，比传统的厚管板节约材料 60%以上；同时，使用了带加强筋的平盖，接管在侧面，当需要检查、清理换热管时，只需打开平盖而不必拆除接管，比较方便。还有一个特点，这个冷凝器的壳体上未设置膨胀节，经在醇酸树脂反应釜上长期配套使用证明，它能承受操作中的温差，安全使用。

(3) 分水器　也称苯水分离器或油水分离器。它的作用是收集经冷凝器冷凝下来的液体混合物，依靠各自密度的不同进行分层，上部的溶剂（常为二甲苯或丁醇等）经 U 形回流管返回反应釜，水从分水器底部排放。

① 普通分水器　简称分水器（见图 4-1-30），为立式圆筒形容器，顶和底大多用椭圆形封头，也有用锥底的。分水器筒体中部，要有一个圆视镜供照明用，称灯孔。灯孔对面，一般上、下分设两个视镜，上视镜中心宜与回流口低点等高；下视镜能看到水与溶剂的分层面。通常灯孔和视镜孔做得较大，以便供分水器内清洗用。

分水器下部可增加一个进水口，开始操作时可加水至下视镜中心。

分水器的容量以略大于釜内反应所能产生的水量为原则。如 1000L 醇酸树脂反应釜配套的分水器容量宜在 60L 左右。表 4-1-6 和表 4-1-7 中所列分水器规格供参考。

② 自动排水分水器（图 4-1-31）　也称连续分水器，是基于连通器原理设计的。在分水器中，从冷凝器来的冷凝液逐渐分层，溶剂因其密度比水小，所以浮在水面上并从回流管溢

流，返回反应釜，下层的水从贮水筒的排水管连续排出。在贮水筒顶部有一根压力平衡管与分水器顶部空间相通，这样可以避免在排水时造成虹吸现象。由于溶剂和水在管道中流动都较慢，排水管的高度 H 可按流体静压力来计算。但由于密度因温度等因素也会发生变化，安装也会有误差，所以排水管高度应该是可以比较方便地加以调节的。同时要注意下视镜（分界面）不要离连通管太近。也可将连通管从分水器筒体底部管路上接出来，或者干脆不用贮水筒，连通Ⅱ形管（同时接上压力平衡管）直接排水。

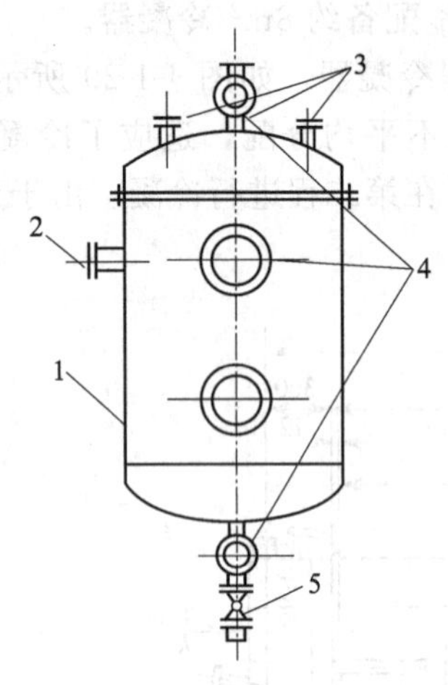

图 4-1-30 分水器

1—分水器筒体；2—回流管；3—接管；4—视镜；5—排水阀

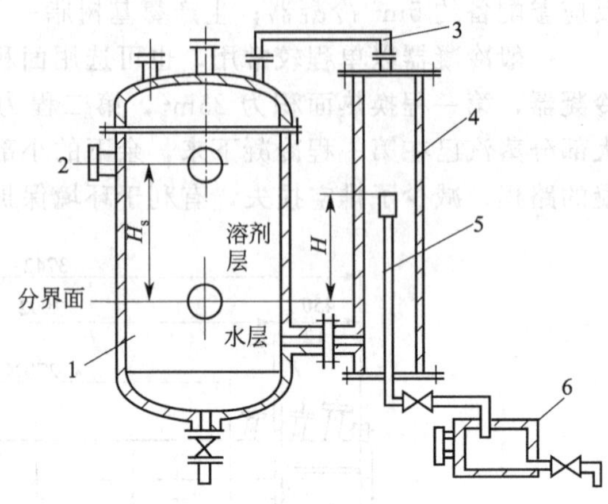

图 4-1-31 自动排水分水器

1—分水器筒体；2—回流管；3—压力平衡管；4—贮水筒；5—排水管；6—出水槽

(4) 稀释罐 稀释罐又称兑稀罐、稀释釜。树脂在稀释罐中用溶剂（一种或多种）予以稀释，使之达到工艺要求的固体分和黏度，然后用泵送到过滤工序进行净化，供制造清漆或色漆用。

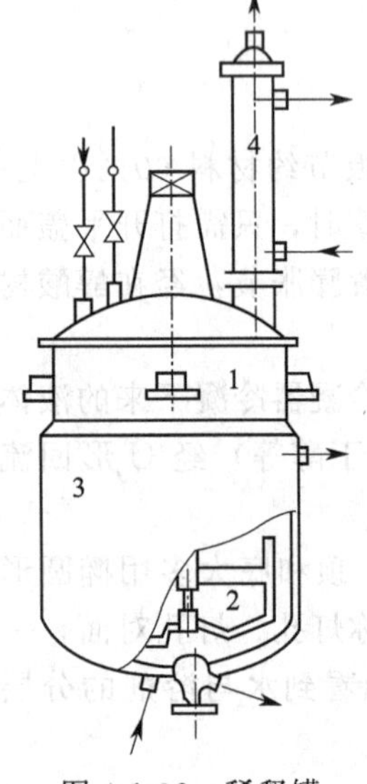

图 4-1-32 稀释罐

1—罐体；2—搅拌器；3—夹套；4—回流冷凝器

① 稀释罐的结构及配套冷凝器 稀释罐的结构与反应釜相似，大多是一个立式带搅拌器的容器，常配置一个立式列管式冷凝器，如图 4-1-32 所示。为生产色泽特别浅的树脂或有其他特殊要求时，稀释罐要用不锈钢制作。要求不高的也可用碳钢制造。

稀释罐的搅拌，并不需要很激烈。所以一般采用多层桨式搅拌器或折叶涡轮式搅拌器，也可用框式搅拌器。对前两种搅拌器，罐内可加挡板，以加强搅拌效果。

稀释罐的传热结构，对小容量的稀释罐大多用夹套，容量较大的稀释罐宜采用半管夹套或内部蛇管。在操作时，大多数情况都是通水冷却，以减少溶剂挥发。但有时也用蒸汽加热，目的是提高物料温度，降低其黏度，以满足过滤的要求。无论通水或蒸汽，都要控制好压力，以免发生事故（如带夹套的稀释罐内筒被压瘪）。

通常在稀释罐的顶部设置回流冷凝器，以回收溶剂，保护环境。回流冷凝器大多为列管式，以立式居多，直接接在稀释罐的出气口上。也有采用卧式倾斜安装的，溶剂冷凝后回流入稀释罐，不凝性气体排至大气中。

回流冷凝器可以用不锈钢制作，也可用碳钢制作。碳钢耐腐蚀性能差，当使用循环水冷却又未采取防腐措施时，碳钢换热管会因锈蚀而穿孔，冷却水可能漏入稀释罐内。所以要经常检查。

② 稀释罐的容量配置　由于树脂溶液的固体分一般为50%左右，所以通常推荐稀释罐的容量为反应釜容量的2倍。为给兑稀操作留出一点调整黏度或固体分的余地，稀释罐的容量以大于反应釜容量的2倍、小于反应釜容量的2.5倍为宜。

稀释罐的搅拌，由于物料黏度大多较低，且不需要很激烈，故所需电机功率比反应釜小，估算时可取0.4～0.8kW/m^3。

稀释罐配套冷凝器的传热面积可以计算或根据现有装置的经验选取。估算时可取0.65～1.1m^2/m^3，如采用“反兑稀”（高温树脂加入溶剂中）工艺，可取偏高值。

8. 反应釜及配套设备的规格

前已述及，在树脂生产中广泛使用不锈钢反应釜和搪玻璃反应釜。搪玻璃反应釜的夹套一般都是通蒸汽或热水进行加热，近年推出一种电加热搪玻璃反应釜，夹套内装导热油等热载体，用电热棒插入加热。搪玻璃反应釜标准化程度较高，早已定型生产。但不锈钢反应釜尚无统一的标准，有的厂有自己的产品系列，大多数还要按工艺要求设计图纸，专门加工。

生产不同树脂的反应釜，其配套设备情况不同。即使生产同一品种，基于不同的考虑，所选定的配套规格也不尽相同，所以要根据实际情况，多作分析比较。

(1) 搪玻璃反应釜　搪玻璃反应釜按结构有开式（K型）和闭式（F型）之分。开式的釜盖可打开，其公称容积范围一般为50～5000L，相对较小；闭式反应釜的公称容积范围一般为2500～12500L，容量较大。20m^3、30m^3等规格也可定制。

开式反应釜的结构见图4-1-33。开式反应釜的技术特性见表4-1-3（录自标准HG/T 2371—1992）。需要注意的是，有的厂按原化工部部标生产，有的按厂标生产，所以各厂产品仍有差异，包括总体尺寸、开孔数目及大小、开孔接盘是水平或倾斜等方面。

表4-1-3　搪玻璃开式反应釜技术特性

<table>
<tr><th colspan="2">项　目</th><th>1</th><th>2</th><th>3</th><th>4</th><th>5</th><th>6</th><th>7</th><th>8</th><th>9</th><th>10</th><th>11</th><th>12</th><th>13</th><th>14</th></tr>
<tr><td colspan="2">公称容积/L</td><td>50</td><td>100</td><td>200</td><td>300</td><td>400</td><td>500</td><td>800</td><td>1000</td><td>1500</td><td>2000</td><td>2500</td><td>3000</td><td>4000</td><td>5000</td></tr>
<tr><td colspan="2">夹套换热面积/m²</td><td>0.54</td><td>0.84</td><td>1.5</td><td>1.9</td><td>2.4</td><td>2.6</td><td>3.7</td><td>4.5</td><td>5.8</td><td>7.2</td><td>8.2</td><td>9.3</td><td>11.7</td><td>13.4</td></tr>
<tr><td colspan="2">公称压力/MPa</td><td colspan="14">容器内：0.25、0.6或1.0；夹套内：0.6</td></tr>
<tr><td colspan="2">介质温度及容器材质</td><td colspan="14">0～200℃时，材质为Q235-A、Q235-B；－20～200℃时，材质为20R</td></tr>
<tr><td colspan="2">搅拌轴公称直径/mm</td><td>40</td><td colspan="2">50</td><td colspan="4">65</td><td colspan="4">80</td><td colspan="3">95</td></tr>
<tr><td rowspan="2">电动机功率/kW</td><td>锚式、框式、桨式搅拌器</td><td rowspan="2">0.55</td><td rowspan="2">0.75</td><td rowspan="2">1.1</td><td rowspan="2">1.5</td><td rowspan="2">1.5</td><td>2.2</td><td>3.0</td><td colspan="2">3.0</td><td colspan="2" rowspan="2">4.0</td><td colspan="2" rowspan="2">5.5</td><td>5.5</td></tr>
<tr><td>叶轮式搅拌器</td><td>3.0</td><td>4.0</td><td colspan="2">4.0</td><td>7.5</td></tr>
<tr><td colspan="2">电动机类型</td><td colspan="14">Y或YB系列(同步转速1500r/min)</td></tr>
<tr><td colspan="2">搅拌轴公称转速/(r/min)</td><td colspan="14">锚式、框式搅拌器60、80；桨式搅拌器80、125；叶轮式搅拌器125</td></tr>
<tr><td colspan="2">轴封允许工作压力/MPa</td><td colspan="14">搪玻璃填料箱或带冷却水夹套搪玻璃填料箱 $P_N \leqslant 0.25$；单端面机械密封 $P_N \leqslant 0.6$；双端面机械密封 $P_N \leqslant 1.0$</td></tr>
<tr><td colspan="2">参考质量/kg</td><td>376</td><td>442</td><td>584</td><td>745</td><td>810</td><td>904</td><td>1115</td><td>1785</td><td>1910</td><td>2482</td><td>3396</td><td>3668</td><td>4210</td><td>5274</td></tr>
</table>

注：1. 参考质量不包括传动装置及搪玻璃层的质量。
2. 叶轮式搅拌器，即三叶后掠式搅拌器。

搪玻璃反应釜的搅拌器，目前只有4种形式，即锚式、框式、桨式和叶轮式（三叶后掠式）。近来，采用叶轮式搅拌器较多，同时让一种指状（或叫梳状）挡板与之配合（见图4-1-33中的温度计套管12），以利于形成上下循环流动。

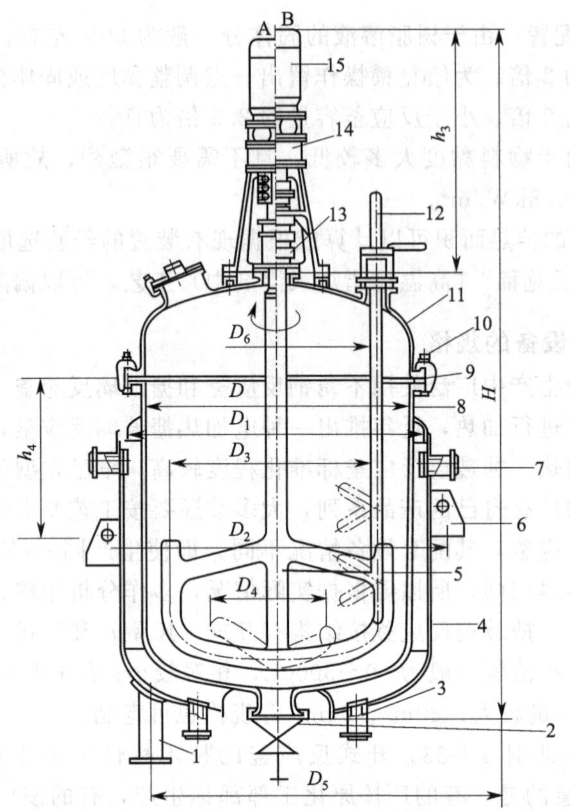

图 4-1-33 开式搪玻璃反应釜的结构

1—支脚；2—搪玻璃放料阀；3—排液口；4—夹套；5—搅拌器；6—挂脚；7—入气口；8—罐体；9—垫片；10—卡子；11—罐盖；12—温度计套管；13—填料箱；14—摆线减速机；15—电机：传动 A—用无支点机架，夹壳联轴器；传动 B—用单支点支架，刚性联轴器

由于搪玻璃搅拌器大多通过螺纹与传动轴连接，所以严禁倒转，以防脱落而砸坏设备。

(2) 电加热搪玻璃反应釜 由于夹套里要装导热油等热载体，并插入若干只电热棒，所以夹套直径要加大，其余与一般搪玻璃反应釜相同。

电加热搪玻璃反应釜的技术参数可参考表 4-1-4。这种釜宜用于小容量。

表 4-1-4 电加热搪玻璃反应釜技术参数

规格/L	夹套容积/L	罐内容积/L	电热功率/kW×支	工作温度/℃	密封形式	搅拌形式	搅拌转速/(r/min)
50	96	71	2×4	0～200	填料或机械密封	锚式	85,63
100	127	128	2×6	0～200	填料或机械密封	锚式	85,63
300	218	369	4×6	0～200	填料或机械密封	锚式	85,63
500	269	588	4×9	0～200	填料或机械密封	框式	85,63
1000	400	1250	4×12	0～200	填料或机械密封	框式	85,63
1500	600	1720	4×15	0～200	填料或机械密封	框式	85,63
2000	850	2160	4×15	0～200	填料或机械密封	框式	85,63
3000	1015	3380	5×15	0～200	填料或机械密封	框式	85,63
5000	1400	5650	5×18	0～200	填料或机械密封	框式	85,63

(3) 电加热不锈钢反应釜 此处专指在夹套内插入电热棒，通过导热油等热载体进行间接加热的不锈钢反应釜。其技术参数可参考表 4-1-5。搅拌器常为锚式或框式，用摆线针轮减速机或蜗轮减速机传动。这种釜宜用于小容量。

(4) 常用树脂反应釜的配套设备规格 参照原化工部第三设计院的涂料专用搅拌釜系列及其他资料，汇总编制了醇酸树脂反应装置配套设备规格（表 4-1-6）、氨基树脂反应装置配套设备规格（表 4-1-7）和丙烯酸树脂反应装置配套设备规格（表 4-1-8）等表，供参考。

表 4-1-5 电加热不锈钢反应釜技术参数

规格/L	实际容量/L	电热功率/kW×支	内筒直径/mm	夹套直径/mm	内筒高度/mm	支座螺孔中心距/mm	外形尺寸/mm	搅拌功率/kW	搅拌转速/(r/min)	质量/kg
50	78	2×4	400	600	350	754	ϕ824×2015	1.1	80	270
100	127	2×6	500	700	450	894	ϕ1004×2120	1.1	80	340
300	327	3×6	700	900	650	1098	ϕ1208×2495	2.2	80	700
500	509	4×9	900	1100	750	1328	ϕ1468×2695	2.2	80	930
1000	1017	4×12	1200	1400	900	1696	ϕ1896×3110	4.0	80	1610
2000	2154	4×15	1400	1600	1300	1854	ϕ2005×3500	5.5	80	2010
3000	3201	4×15	1600	1800	1500	2065	ϕ2165×3600	7.5	80	2590
4000	4020	5×15	1700	1900	1600	2165	ϕ2265×3800	7.5	80	3160
5000	5170	5×18	1800	2000	1700	2265	ϕ2370×4000	11.5	80	4100
6000	6280	6×18	1900	2100	1900	2365	ϕ2485×4500	11.5	80	5650

表 4-1-6 醇酸树脂反应装置配套设备规格

项目	反应釜				稀释釜			冷凝器	分水器	配套加热炉
设计压力/MPa	(釜内)0.05/0.25(夹套、盘管)				(釜内)0.05/0.3(盘管或夹套)					
设计温度/℃	300/300				180					
公称容积/L	尺寸/ϕmm×mm	装料容量/L	搅拌功率/kW	传热面积/m^2	公称容积/L	搅拌功率/kW	传热面积/m^2	传热面积/m^2	公称容积/L	供热能力/(MJ/h)
1000	1000×1150	750	2.2	3.2	2000	2.2	1.4	6	60	420
2000	1300×1400	1500	2.2～3.7	5.1	4000	3	2.9	12	120	1050
3000	1500×1600	2300	3～5.5	6.9	6000	5.5	4.3	18	200	1050
4000	1600×1800	3000	4～7.5	8.3	8000	7.5	5.7	20	200	1680
5000	1700×2000	3700	4～7.5	9.8	10000	7.5	7.4	25	250	1680
6000	1900×2000	4500	5.5～11	17	12000	7.5	8.5	30	300	2100
10000	2200×2400	7500	11～15	31	20000	11	14	45	450	3150
12000	2400×2500	9500	11～22	34	24000	18.5	18	55	550	4200
15000	2500×2700	11000	18.5～22	43	30000	18.5	22	70	700	4200
20000	2600×3000	13000	18.5～30	56	40000	22	27	80	800	5250

注：稀释釜的容积以略大于反应釜容积的 2 倍为宜。

表 4-1-7 氨基树脂反应装置配套设备规格

项目	反应釜			冷凝器	分水器
设计压力/MPa	(釜内)－0.1/0.3(夹套、盘管)				
设计温度/℃	150/150				
公称容积/L	装料量/L	搅拌功率/kW	传热面积/m^2	传热面积/m^2	公称容积/L
500	350	1.5	2.3	4	40
1000	750	2.2	3.8	8	60
2000	1500	2.2	5.0	16	120
3000	2300	3.0	6.8	24	200

续表

项目	反应釜				冷凝器	分水器
设计压力/MPa	(釜内)−0.1/0.3(夹套、盘管)					
设计温度/℃	150/150					
公称容积/L	装料量/L	搅拌功率/kW	传热面积/m²	传热面积/m²	传热面积/m²	公称容积/L
4000	3000	4.0	9.3		32	200
5000	3700	4.0	9.3		40	250
6000	4500	5.5	11.7		48	300
8000	6000	7.5	14.7		64	350
10000	7500	11	21		80	450
12000	9000	11	22		88	550

表 4-1-8 丙烯酸树脂反应装置配套设备规格

项目	丙烯酸溶剂型树脂反应釜		丙烯酸乳液型树脂			
			反应釜		调节釜	
设计压力/MPa	(釜内)−0.1/0.6(夹套、盘管)		(釜内)常压/0.3(夹套)		常压	
设计温度/℃	170/170		150/150		<100	
公称容积/L	搅拌功率/kW	传热面积/m²	搅拌功率/kW	传热面积/m²	公称容积/L	搅拌功率/kW
500	1.1	2.5	1.5	2.0	1000	1.5
1000	1.5	4.1	1.5	3.1	2000	2.2
2000	2.2	5.8	2.2	5.6	4000	5.5
3000	3	7.9	3	7.4	6000	7.5
4000	3	11	5.5	8.6	8000	7.5
5000	4	11.3	5.5	10	10000	11
6000	5.5	14	7.5	12	12000	11
8000	7.5	18	7.5	15	16000	15
10000	7.5	22	11	18	20000	18.5

三、加热设备

在树脂生产的过程中，温度的控制至关重要。按照工艺要求，使反应在规定的温度下进行，既能保证产品质量，又能缩短工时。同时也要求加热和冷却的速率较快，以减少所占用的时间，提高单机产量。冷却不及时，还会影响产品质量，甚至酿成事故。所以必须合理选用加热方式和设备，并采取相应的冷却措施。

1. 加热方式的分类及选择

(1) 加热方式的分类 加热方式可分为直接加热和间接加热，常用的加热方式见表 4-1-9。

表 4-1-9 加热方式分类

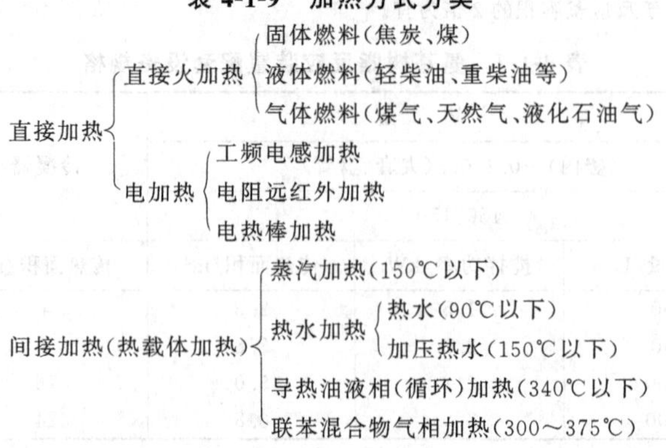

(2) 加热方式的选择 加热方式的选择，要因地制宜，综合考虑下列问题。

① 生产工艺提出的要求 如加热温度、加热速率、是否需要冷却及冷却的速率，要求达到的温度精度、对自控的要求等。

② 生产规模及设备容量的大小 近年来导热油（循环）加热很流行，但它也有系统庞大、复杂、附属设备多、耗电量大、占地面积大、占用人员多以及投资费用高等缺点。所以，若生产规模很小或设备容量很小，可能用电加热更经济。

③ 当地及现场环境的条件 有些地方电力资源充足，用电不紧张，可适当多考虑用一些电加热（要作经济技术对比）。有些工厂场地面积小，无堆煤存灰之处，就不宜选用燃煤热油炉。随着环境保护的要求越来越高，一些城市已开始限制燃煤。有些环境要求防爆，选用的加热方式是否符合要求，还要征得当地消防部门的同意。

总的来说，在低温树脂的生产中，对温度调节要求不高的可用蒸汽加热，如对反应温度比较敏感、调节范围比较窄、不允许造成局部过热的，则应采用热水或加压热水加热系统。高温树脂生产，可供选择的加热方式较多，要作多方面的分析对比，灵活选择。

2. 直接火加热

(1) 概述 直接火加热即明火加热，是最原始、最古老的加热方法。它利用固体、液体或气体燃料燃烧的火焰或烟道气直接加热釜底及釜壁。由于它简单易行，投资费用低，可达到很高的温度而且升温速率较快，所以至今还有使用。

(2) 3种燃料加热的特点及冷却方法 利用固体燃料，用煤的很少见，常用的是焦炭，并用吹风机助燃。一般是釜固定，灶在小车上，小车可在铁轨上移动，此谓“死锅活灶”。另一种是灶在地面上固定，釜在小车上，反应达到终点时立即把小车拉走，此谓“活锅死灶”。无论炉灶是固定的或移动的，劳动强度都很大，环境保护差，温度调节比较困难。

在直接火加热的几种燃料中，以燃柴油较普遍，燃烧设备有各种燃油喷嘴及燃烧机，燃油喷嘴利用压缩空气或蒸汽雾化、压力雾化、电动转杯式雾化等方法将油雾化，使其能完全燃烧。燃烧机是将燃油喷嘴、风机、油泵等合理地组合于一体，近年比较先进的燃烧机增设了自动点火和熄火保护装置等自控手段，性能更好。

煤气或天然气加热既清洁又简便，温度控制方便，便于实现自动化。可采用各种燃气烧嘴，也可用不锈钢管钻孔制成环状燃烧器，后者一般由同心圆布置的内外两圈构成，可分别用阀门控制，便于调节火力大小。

对反应釜降温冷却的方法，一般在炉膛内敷设环形水管，上钻小孔，当需要冷却时，撤离或灭掉火源后向釜壁及釜底喷水。

(3) 直接火加热的缺点及安全注意事项 直接火加热的缺点是安全性差，容易发生火灾事故；加热不均匀，易造成局部过热，使产品质量下降，而且容易烧坏釜底。

发生火灾最常见的原因是釜壁与灶台间有间隙，当出现物料胀锅溢出情况时，易燃物料顺着釜壁流下接触火源而引起燃烧，有时由于炉膛非常热，即使已撤掉火源，也有可能引燃。所以在炉灶上装上反应釜后，要把釜壁与灶台的间隙填死，使安装反应釜的灶台面上即使洒、漏一些物料，也不至于着火燃烧。

3. 电加热

(1) 工频电感加热 采用工频电感加热的反应釜如图4-1-34所示。在铁磁物质制造的反应釜外装有一组或几组感应线圈制成的工频电感加热器，当感应线圈中通过工频交流电(50Hz)时，则在其周围形成交变磁场。在交变磁场作用下，反应釜的铁壳中产生感应电流——涡流。工频电感加热就是利用涡流损耗在铁壳中所产生的热量对釜内物料进行加热。

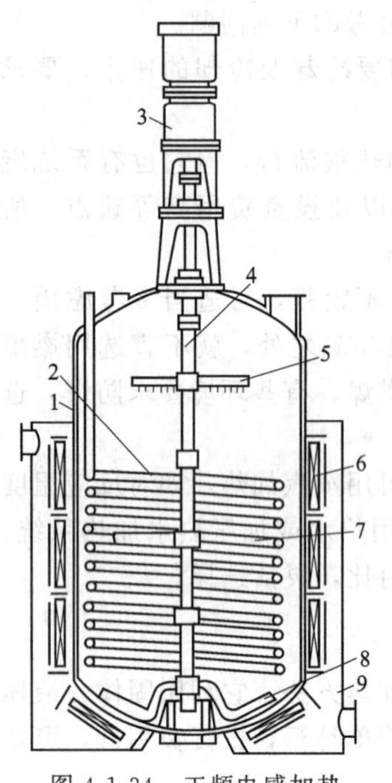

图 4-1-34 工频电感加热反应釜（32m³）

1—釜体；2—盘管；3—传动装置；4—搅拌轴；5—打沫器；6—电感线圈；7—搅拌桨；8—锚式搅拌桨；9—外壳

由于不锈钢受感应产生的涡流小，所以不锈钢反应釜不能直接用于工频电感加热。涂料生产中的工频电感加热反应釜一般用碳钢和不锈钢的复合钢板制作。

工频电感加热多用于高温反应型的树脂生产。它的优点是取材容易，施工简便，加热比较均匀，控制温度方便，作业环境比较清洁。缺点是功率因数低，约为 0.65～0.70，热效率低，耗电量大，运行费用高。近年来，随着其他更节能的加热方式出现，工频电感加热已很少应用。

(2) 电阻远红外加热

① 结构和原理 红外线是波长为 0.72～1000μm 之间的一种电磁波，人们按红外线的波长将其分为近红外线、中红外线和远红外线。通常把波长范围为 5.6～1000μm 之间的红外线，称为远红外线。

图 4-1-35 是电阻远红外线加热器的结构。其工作原理是用不锈钢（1Cr18Ni9Ti）电阻带或其他电热材料做电热元件，当电流通过电热元件时，将电能转换成热能，此热能传导给陶瓷碳化硅板（碳化硅板背面，即靠反应釜一侧涂有远红外涂料），激发远红外涂料中的金属氧化物原子，可提高远红外辐射能。此时，碳化硅板既以热传导又以远红外热辐射形式向反应釜传热。所以它也称碳化硅（远红外）辐射加热装置。不锈钢电阻带和碳化硅板外面有隔热性能很好的保温层及绝缘层。目前大多用硅酸铝纤维毡做保温材料，这种被称作耐火纤维的材料可在 1000℃高温下长期使用。

② 电阻远红外加热的优缺点 电阻远红外加热是 20 世纪 70 年代发展起来的一种加热新技术。它的主要优点是功率因数高（约 0.97）、热效率高、省电、节能。据介绍，它比工频电感加热可节电 25%左右。而且安全、卫生、运行时无噪声。电阻远红外加热反应釜受热均匀，若配用可控硅调功器，能方便地调控温度。

电阻远红外加热的缺点是一次投资费用高，使用寿命一般不及工频电感加热的长，发生故障的概率比工频电感高，冷却不方便。冷却方法是在釜内设置蛇管通水冷却。此外，对密封风冷式加热器还可往加热器外壳内强制通风，进行冷却。

③ 选用注意事项 为保证安全使用并发挥其应有效益，在选用碳化硅辐射加热装置时应主要注意以下事项。

a. 即使采用“密封式”结构，也不能满足严格的防爆要求。一个辅助措施是装设可燃气体检测报警器。彻底的办法是让供货厂商设计防爆措施。

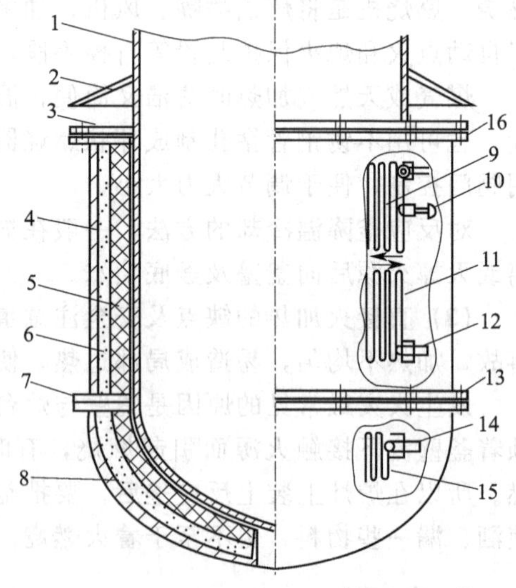

图 4-1-35 电阻远红外加热器

1—釜体；2—防水罩；3,7,13,16—法兰；4,8—加热器外壳；5—碳化硅辐射层；6—隔热绝缘层；9,11,15—电阻带；10—测温热电偶；12,14—电极

b. 应装“过电流”和“漏电”等安全保护装置。

c. 加热器严禁溅水和受潮，否则容易发生事故，可能烧坏电阻带，甚至因短路击穿反应釜釜壁。当用火碱水煮釜清洗时，严防碱水溢出渗入加热器。加热器停用时间较长易吸潮，使用时应先用低电压、后用正常电压烘干，检查电器绝缘性能合格后方可正常工作。

(3) 电热棒加热　电热棒是管状电热元件的俗称。它是用金属管做外壳，管中放入合金电阻丝做发热体，在空隙部分紧密填充具有良好绝缘性能和导热性能的结晶氧化镁而组成的一种电加热元件。

① 加热方式的分类及结构　电热棒的使用，主要有两种方式。一种方式是直接插入釜内物料中加热。这种方式，热效率当然很高，但由于树脂反应釜内的液体大多是易燃易爆的，故一般不推荐使用。另一种方式是将电热棒插入反应釜夹套中，加热夹套中的热载体，热载体在受热同时给反应釜加热。热载体处于自然对流状态。

放入夹套中的热载体按工作温度来选择，联苯混合物（道生）虽然热稳定性好，耐温高，使用寿命长，但太易渗漏，还有难闻的气味，所以尽量不用。还是选用适当牌号的导热油较好。一定要注意夹套中的热载体不可加满，要留出一定的空间供受热时膨胀用，也可以设置一个高位膨胀罐，罐上部通大气。

釜内可设置蛇管，供通水冷却用。

② 电热棒加热的优缺点　电热棒加热的优点是简单易行，一次投资费用低，使用温度范围广。

电热棒间接加热方法的缺点是热载体没有强制循环，电热棒表面的高温易使其局部过热、分解、变质，使用寿命大为缩短；同时电热棒表面也容易结焦，使传热效率降低。

4. 蒸汽加热

(1) 概述　蒸汽加热即饱和水蒸气加热，是低温树脂最常用的加热方法。将蒸汽从上部通入反应釜的夹套或釜内盘管中，然后将冷凝水从夹套或盘管下方通过疏水器排出，这样就可以方便地完成加热操作。由于饱和水蒸气的温度与压力有对应关系，通过压力的调节就能控制加热温度。表 4-1-10 摘录了部分饱和水蒸气的压力与温度的对应关系。

表 4-1-10　饱和水蒸气压力与温度对照表

表压/MPa	温度/℃	表压/MPa	温度/℃
0.1	120.2	0.6	164.7
0.2	133.3	0.7	170.4
0.3	143.4	0.8	175.1
0.4	151.7	0.9	179.9
0.5	158.7	1	183.5

从表 4-1-10 中可看出，要加热到 150℃左右，加上加热时必须的温差，大约要用 0.6～0.7MPa 压力的蒸汽才行。如加热温度再提高，由于压力太大，对一般夹套反应釜是不适宜的（如 220℃对应的蒸汽压力为 2.38MPa，260℃为 4.79MPa，300℃为 8.85MPa）。因此，蒸汽加热通常用于反应温度在 150℃以下的低温树脂的生产。

(2) 操作注意事项　利用蒸汽加热，要注意几个问题。

① 排气　在开始加热时，要把夹套的空气排尽。一般多在蒸汽入口对面的夹套顶端设置排气旋塞，以排除不凝性气体。

② 放水　冷凝水要及时排除。否则部分传热面积被浸泡，将使传热效果变坏。冷凝水

要通过疏水器排出，不要使蒸汽从旁路直接逸出，以免浪费能源。

③ 勿超压 夹套通入蒸汽加热，反应釜本体承受外压，所以蒸汽压力不能超过设备许可的工作压力，特别是当夹套上未装安全阀或来汽管路上未装切实可靠的减压阀时，更要小心谨慎，以免釜体被压瘪或发生其他事故。

(3) 冷却方法 只要关掉蒸汽，在冷凝水出口处（疏水器前）通入冷却水，在蒸汽入口处接出冷却水即可。

5. 热水加热

(1) 热水加热 热水加热的优点是加热均匀、缓和，不会产生局部过热现象。缺点是其对流传热系数没有蒸汽的大。加热温度较低，普通热水加热的温度，大约不超过 90℃。

(2) 加压热水加热 加压热水（过热水）加热，其温度视压力的大小可提高很多。如用表压 0.7MPa 的蒸汽通过一个高效换热器可将水加热到 150℃左右，加压热水（约 0.4MPa）经离心泵密闭循环，向反应釜供热。反应釜可采用半管夹套结构，对温度可进行自动调节，加热均匀，操作方便。加压热水加热可用于低温树脂生产，如丙烯酸树脂和乳液等。

6. 导热油（循环）加热

为了加热均匀，能精确调控温度并满足安全生产的要求，除去几种电加热方法外，还有普遍使用的间接加热法。间接加热，就是通过热载体来加热。以水为载体的蒸汽加热和热水加热，常用于 150℃以下。对 150～385℃的范围，常用有机热载体加热。

有机热载体加热主要有导热油液相加热和联苯混合物气相加热两种方法。联苯混合物由 26.5％的联苯与 73.5％的二苯醚组成，俗称道生。由于它极易渗漏，又有一种难以去掉的臭味，且有一定的毒性，加上气相炉危险性大，历史上曾发生过爆炸事故，近年已很少使用。目前广泛使用的是导热油液相加热。

(1) 导热油加热流程 导热油液相加热，依靠循环泵进行强制循环。循环泵将导热油注入热油炉，尔后再到用热设备（如反应釜），此系统称注入式循环系统。若循环泵将热油炉中的导热油抽出，再送入用热设备，则该系统称引出式循环系统。注入式系统可使循环泵在较低温度下运行，用热设备承受的导热油压力亦较低，所以目前国内外导热油加热系统大多采用它。

由于导热油在加热时体积要膨胀，在冷却时体积要缩小，所以在系统主循环的旁路上，都要安置（高位）膨胀槽，以补偿循环系统中导热油体积的变化。

图 4-1-36 为美国孟山都公司提供的液相导热油加热基本流程。该流程的一大特点是膨胀槽的双下降管设计。当系统刚开车需要脱水、脱气时，可将阀门 A 关闭，阀门 B、C 全部打开，这样使导热油全部通过膨胀槽，排气速率大大加快，脱水、脱气的时间缩短。日本综研化学株式会社的加热流程，也有与此类似的双下降管设计。

如除了加热外，还需要利用导热油进行冷却，可采用图 4-1-37 的流程。此系统中有两套系统：热油系统和冷油系统。当需要冷却时，启用冷油系统。但此时热油炉和热油循环泵都不能停，应先打开阀门 K_1，使热油通过 K_1 阀从旁路进行循环。然后倒换用热设备的进出口阀门，关闭 K_2、K_4，开启 K_3、K_5，启动冷油循环泵，将冷油贮槽中的冷油送入用热设备，置换热油。对用热设备进行冷却。换热后的油通过冷油冷却器冷却，再进入冷油贮槽，如此循环，直至达到冷却要求。

有的设计，只利用导热油进行加热，而另外专门用水进行冷却。如用反应釜的夹套或半管夹套加热，釜内蛇管通水冷却。也有用釜内蛇管进行加热，而用反应釜的夹套或半管夹套通水冷却的。这样做的优点是导热油系统流程简化，操作简单；反应釜的夹套或半管夹套因

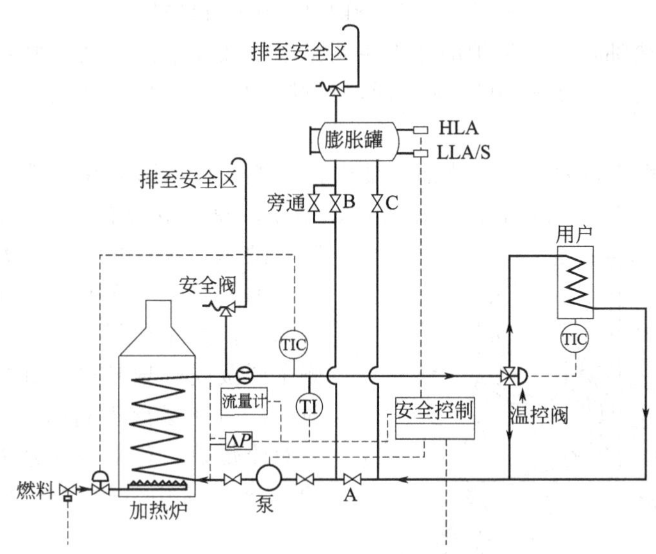

图 4-1-36 导热油加热基本流程（美国孟山都公司）

TIC—温度指示控制器；TI—温度指示；HLA—高液位报警；LLA/S—低液位报警/切断；ΔP—压力差

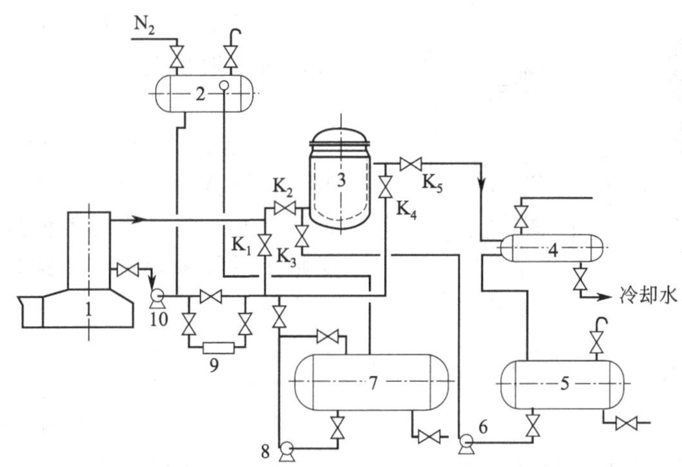

图 4-1-37 热油加热装置简要流程（加热和冷却）

1—热油炉；2—膨胀槽；3—用热设备；4—冷油冷却器；5—冷油贮槽；6—冷油循环泵；7—热油贮槽；8—注油泵；9—过滤器；10—热油循环泵

温差应力产生焊缝裂纹的概率下降，设备寿命延长。缺点是加热需要的时间加长。

近年的加热流程中增加了自动控制系统，如热油炉出口温度和反应釜内温度的自动调节系统，热油炉流量（或压差）自动调节系统等。

(2) 热油炉 热油炉是加热导热油的加热炉，是有机热载体加热炉中的液相炉，也称油锅炉。热油炉按所用的燃料不同，大致可分为 3 类：燃油、燃气热油炉、燃煤热油炉和电加热式热油炉。

热油炉的规格以供热能力或额定热功率表示。法定计量单位为 kJ/h（千焦耳/小时）、MJ/h（兆焦耳/小时）、GJ/h（10^9 焦耳/小时）或 kW（千瓦）、MW（兆瓦）。国外习惯上用 kcal/h（千卡/小时）表示。其间的换算关系为：

$$1\text{kW}=860\text{kcal/h}=3600\text{kJ/h}$$

$$1kcal/h=4.1868kJ/h=0.001163kW$$

① 燃油、煤气热油炉 燃油炉的燃料主要是轻柴油或重油，燃气炉的燃料主要是煤气、天然气或液化石油气。炉子所用燃料不同，反映在燃烧器上有区别，炉子本体结构基本相同。

图 4-1-38 为盘管式燃油（气）热油炉结构。该炉系日本综研化学株式会社设计（VCP-N 型），炉为立式圆筒形。盘管有内、外两层，串联。每层盘管有 3 头，相互并联。燃烧机装在炉顶，火焰向下喷。烟气经内、外层盘管间的间隙从上部排气口排入烟囱。炉子中央部位，是主要燃烧区，温度最高，炉管内侧主要接受辐射传热，此区域称辐射室或辐射段。内外层盘管间的间隙内，炉管主要接受对流传热，称对流室或对流段。在热油炉的总热负荷中，辐射段的热负荷约占七成左右。

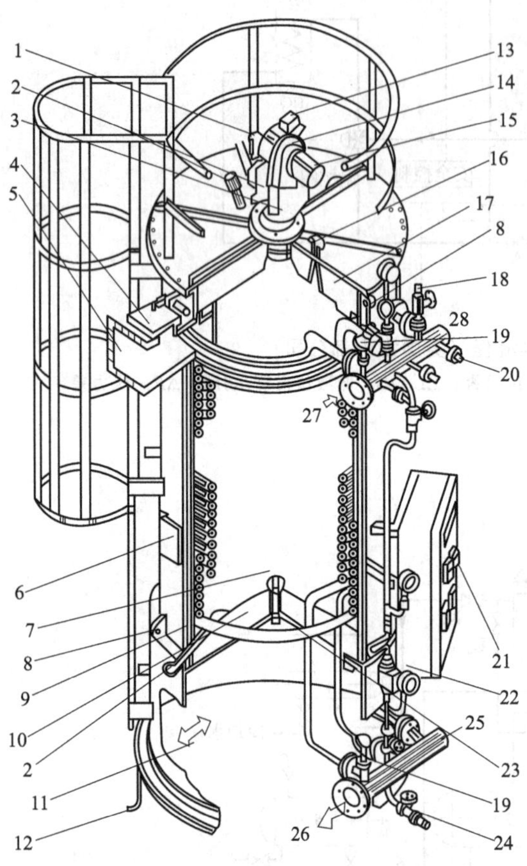

图 4-1-38 盘管式燃油（气）热油炉结构
1—喷燃泵；2—视镜；3—火焰检测器；4—防爆门；5—排气口；6—铭牌；7—人孔；8—提升把；9—炉壁保温板；10—炉底保温板；11—工作人员入口；12—地脚螺栓；13—空气阻尼调节器；14—鼓风机；15—燃烧器电机；16—灭火蒸汽入口；17—天棚保温板；18—安全阀（溢流阀）；19—温度检测口；20—温度计插入口；21—燃烧器操作箱；22—差压开关；23—排放口；24—热载体排放阀；25—出口总管；26—热载体出口；27—热载体入口；28—入口总管

该炉热效率较高（≥83%），安全性能较好。当炉内点不着火或运行中自行灭火时，当热油出口温度到达上限时，或当热油进出口压差下降过大（表示通过炉管的流量下降）时，均能发出警报，并自动停止燃烧器的工作。

② 燃煤热油炉 燃煤热油炉以煤为燃料。它与燃油、燃气炉的区别主要在燃烧系统。燃油、燃气使用各种烧嘴或燃烧机，燃煤则使用各种炉排。为达到环保要求，燃煤炉应配备有效的消烟、除尘设施。大型燃煤炉还配有上煤机和出渣机。

燃煤热油炉的优点是燃料成本低，但其缺点很多。一是本体及附属设备占地面积大，堆煤和出灰还要占地。二是工人劳动强度大，环境条件差，烟尘排放污染大气。三是自动化程度要比燃油、燃气炉差。四是炉管易被煤灰、烟尘覆盖，要经常清灰。五是当发生临时停电等紧急情况时，炉膛降温慢，易使炉管内导热油过热，影响到导热油及炉管的使用寿命。

随着对环保的要求日益提高，燃煤热油炉的应用逐渐减少。

③ 电加热式热油炉 商品名也称电加热器或油加热器。其结构一般为一细长圆筒，内用电热棒加热，导热油依靠循环泵作强制循环。加热器和循环泵通常装在可移动的铁架上，使用方便，有的产品可配带油冷却器。高位膨胀槽一般由用户自配。

由于电是二次能源，一般只在热负荷不太大时才选用电加热器。目前，国内生产的电加热器的功率范围约为 6～360kW（30～1290MJ/h），热效率较高，约为 0.9～0.95。

(3) 导热油系统的附属设备　导热油系统除热油炉外，附属设备还有热油泵、膨胀槽、过滤器、冷却器及贮槽等。

① 热油泵　导热油要循环，必须有泵提供动力。导热油循环泵简称为热油泵。

以前热油泵常选用Y型离心泵。该泵机械密封易泄漏，噪声大，水冷系统较复杂，耗水量大。近年来推广一种RY型风冷式热油泵。该泵结构简单，体积小，采用碳纤维软填料环密封，密封效果好。由于不用水冷却，不但节约了宝贵的水资源，而且避免了冷却水漏入泵内及严寒时冻裂泵体的可能性。该泵系列流量为1～500m^3/h，扬程为10～125m，电机功率为0.37～160kW，使用温度为－20～350℃。

屏蔽泵也是比较理想的泵型。其最大优点是无轴封，不存在轴封泄漏问题；其次，因使用石墨轴承，运转时几乎无噪声。它的缺点是价格昂贵，要求进泵的导热油杂质要少，否则易磨坏石墨轴承；适用于热油系统的高温屏蔽泵要用不易结垢的软水进行冷却。此外，屏蔽泵的维护技术要求比较高。

② 膨胀槽　膨胀槽或称（高位）膨胀罐，其作用切不可低估。它具有以下功能。

a. 膨胀　吸收整个系统中导热油因温度升高所产生的膨胀量（有的可达25%左右）。

b. 补油　补充系统中因泄漏等原因所造成的损失。

c. 高位　起补充压头的作用。

d. 脱水排气　在新油加入系统或系统意外进水时进行脱水、排气（低沸物）。

e. 注油　向系统补加油时，应从膨胀槽注入，这样有利于降低膨胀槽的油温。

膨胀槽安装、使用的注意要点如下。

a. 高位安装　膨胀槽底应高出系统中所有用热和供热设备导热油最高液面1.5m以上。

b. 膨胀管宜小　膨胀槽下部接膨胀管，其管径一般不大于主管径的一半。管径太小，脱水排气速度慢，耽误时间；管径太大，将导致膨胀槽内油温过高促其氧化，缩短使用寿命。一个可供调节的方法是在膨胀管上设一直径较小的旁路（见图4-1-39）。在不作脱水排气操作时，关掉阀C走旁路（阀D开着），旁路可不装阀。

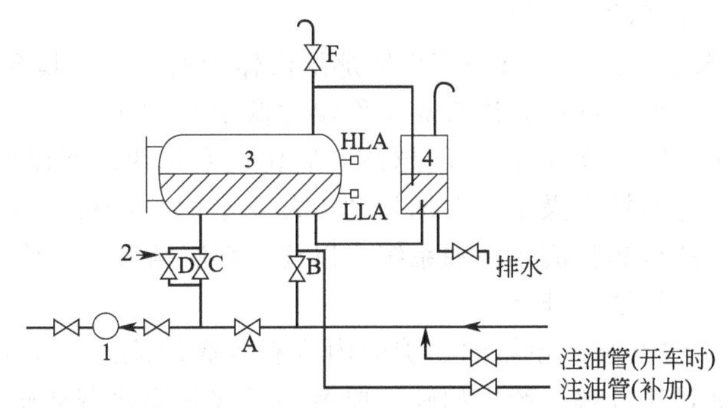

图4-1-39　膨胀槽流程（用冷却液封罐隔离）

1—热油循环泵；2—旁路管径约为主路的1/3；3—膨胀槽；4—冷却液封罐

HLA—高液位报警；LLA—低液位报警

c. 低位报警　膨胀槽应装液面计和最低液位报警器，并设溢流管，溢流管应接贮槽。

d. 油温要低　膨胀槽内导热油的温度不应超过70℃，如超过，应采取措施防止导热油氧化。一种方法是在膨胀槽液面上通入惰性气体（如氮气）保护；另一种方法是设置一个冷却液封罐（见图4-1-39）。这样，与空气接触的只是冷却液封罐内温度较低的很小的液面，几乎不会被氧化，从而起到了保护导热油的作用。

③ 过滤器 导热油系统使用的过滤器有两种。一种是粗过滤器，目的是滤掉铁锈、焊渣、导热油的结焦物等较大的杂质，一般用筒状不锈钢丝网过滤器，装在循环油泵前，主要为保护油泵。为减小阻力，节约能源，可在操作正常后把滤网取出。

另一种是细过滤器，目的是滤掉导热油中由于热裂解和氧化而生成的胶质和碳粒等微细杂质。这些杂质会形成结垢，影响传热，可致热油炉炉管局部过热，甚至造成裂解和结焦的恶性循环。这些杂质还会使轴承（屏蔽泵）、轴封、阀杆等机件磨损，产生泄漏，同时使全系统阻力增加。因此，安装并用好细过滤器很有必要。

细过滤可用粉末冶金微孔过滤器。由于阻力很大，这种过滤器只能装在旁路系统中。

也有推荐使用玻璃纤维缠绕在多孔金属管上作为滤芯的过滤器。

有的单位在系统停车检修时，利用过滤树脂备用的水平板式过滤机，用硅藻土为助滤剂，将全部导热油进行过滤，效果较好。

④ 冷却器 加热和冷却兼用的流程，需设置冷却器。目前大多使用管壳式换热器作冷却器，用经冷却塔冷却的工业循环水来冷却导热油。由于循环水中含盐浓度高，又有微生物的作用，碳钢冷却器腐蚀严重，一般使用2～3年，换热管就会发生穿孔而漏水。为此，对工业循环水进行化学处理就很有必要，而采用不锈钢材料来制作冷却器的换热管和管板，也是一种比较好的选择。

螺旋板式冷却器，由于其结构紧凑，占地面积小，传热效率高，也有人采用。为便于清洗，应采用可拆式结构。

寒冷季节停车时，要防止结冰冻坏冷却器。为此，可采用将水放净或强制流动等措施。

⑤ 贮槽 当系统检修或发生意外事故时，需将系统中的导热油放入贮槽中。

(4) 导热油 导热油作为热载体应满足下列条件：热稳定性好，抗氧化性能好；沸点或初馏点高，蒸气压低，能在高温下以液相运行，且压力较低；闪点较高，以利于安全生产；毒性低，渗透性小，无刺激性气味；凝固点低，可在寒冷地区使用；对钢材不腐蚀；货源充足，价格合理。

(5) 导热油使用应注意的几个问题

① 导热油的工作温度 因为接近炉管内壁那层流体的温度——膜温，比主流体温度高。所以大多推荐导热油的工作温度比允许最高工作温度低20℃以上。

② 导热油的氧化问题 导热油的温度越高，氧化速率越快。所以要采取各种方法尽量降低膨胀槽的油温。一定要精心操作，在加热和冷却交替时，严格遵守各阀门的开关顺序，原则是要防止热油系统的导热油流入冷油系统，以稳定膨胀槽液面，使之不剧烈波动，以免热油大量流入膨胀槽，导致油温升高。

③ 导热油在炉管内的流速 导热油在炉管内应有较高的流速，使之保持湍流状态，以强化传热，防止导热油过热分解，产生积碳。原劳动部《有机热载体炉安全技术监察规程》规定，炉管中导热油的流速，辐射受热面不低于2m/s，对流受热面不低于1.5m/s。

为达到要求的流速，就要有足够的流量通过热油炉。为此要做到以下几点。

热油系统的流程设计要合理，要安装可以自动调节控制的旁路，当通过热油炉的流量或热油炉进出口压差小于规定值时，能自动开大旁路阀门，加大热油循环量。

为保证热油循环泵长期连续运行，应配置备用泵。

要有防止临时停电的措施。最好备有双电源，或备用一台柴油机拖动的循环泵。当无上述条件时，在抓紧停炉降温的同时，将热油炉中的热油放入地下贮槽，让膨胀槽内的冷油自动流下，以保护导热油及炉管。

④ 导热油的定期检验 按原化工部规定，导热油应每半年取样分析一次，应对化验数

据进行分析，找出存在问题及对策。若黏度、残碳、闪点、酸值 4 项指标中有两项不合格，则导热油应更新或再生。

(6) 导热油系统运行注意事项

① 严格控制热油炉出口油温 严禁超温运行，切忌升温过急。一般要求升温速率不大于 50℃/h。热油炉进出口温差推荐为 20～30℃。

② 注意点火安全 对燃油、燃气热油炉，要防止点火时发生爆炸。点火前，应先对炉膛抽风或鼓风，排净可燃气体后方可点火。点火时，要做到“火”等“气”(或油)。

③ 勤观察、勤检查 操作中应经常观察燃烧火焰和排烟情况，以判断燃烧装置是否完好。对装有视孔的热油炉，要观察炉管有无变色、变形及积灰情况，未装视孔的热油炉，应定期检查炉管。

④ 严防导热油系统进水 系统如不慎进水，水在高温的油中汽化，将造成系统压力急剧波动(压力表指针乱摆)；循环泵可能产生汽蚀，不能正常工作；膨胀槽排气管冒汽，甚至连油一起冲出。这时只好紧急停炉、降温，找出系统进水原因，予以消除，然后才能重新开车，脱水后才能投入正常运行。

可能导致导热油系统进水的原因有冷油冷却器被腐蚀进水，用水冷却的循环油泵漏水等。

⑤ 紧急情况停车

a. 当突然停电或热油循环泵因故停止运转而不能立即启动备用泵时，应立即停车并降温。

b. 当发现炉管或其他受压元件破裂、泄漏或出现鼓包、变形等缺陷危及安全时，应立即停车。先熄火，并停循环泵，关闭热油炉进出口阀门，同时将炉内导热油放入地下槽。

c. 当系统发生严重泄漏，影响正常工作时，应立即停车。处理方法同 b。

⑥ 管路、阀门防止泄漏

a. 法兰和阀门都应选用公称压力 2.5MPa 等级。

b. 法兰垫片采用耐高温和耐油的材料，如金属缠绕石棉垫片或膨胀石墨复合垫片。

c. 阀门填料宜用编织膨胀石墨或碳纤维填料，也可二者组合使用。经常启闭的阀门最好采用金属波纹管阀门，由于导热油与阀杆之间有不锈钢波纹管分隔，可保证阀杆处不泄漏。

⑦ 日常发生故障的原因及处理方法 参见 HG 26173—1991《热油炉维护检修规程》。

四、净化设备

1. 概述

树脂、漆料和清漆中的杂质，除原料及制造过程中带入的机械杂质外，还可能有树脂合成过程中形成的不溶解的胶粒和在贮存过程中析出的不溶解物质。这些杂质如不除掉，将严重影响产品性能。

从液态涂料半成品或成品中清除固体或胶粒状杂质的液固分离过程，称为净化。

净化的方法有重力沉降、过滤和离心分离等几种。重力沉降的方法由于耗时长，分离效果差，往往只作为一种辅助方法来使用。离心分离是利用离心力分离流体中悬浮的固体颗粒或液滴的过程。按作用原理，离心分离有离心过滤和离心沉降之分，前者适用于固体含量较高且颗粒较大的悬浮液，在过滤式离心机中进行；后者适用于固体含量较低且颗粒较小的悬浮液，在沉降式离心机中进行。

最广泛使用的净化方法，还是过滤。树脂、漆料和清漆常用的过滤设备有板框压滤机和箱式压滤机、滤芯过滤器、袋式过滤器、水平板式过滤机和垂直网板式过滤机。

(1) 过滤原理 过滤是利用过滤介质从流体中分离固体颗粒的过程。常用滤纸、滤布、金属丝网等多孔物料作为过滤介质，使液体或气体通过，固体颗粒则被截留在过滤介质上。在过滤过程中，被过滤的悬浮液称为滤浆，滤浆中的固体颗粒称为滤渣，被截留在过滤介质上的滤渣称为滤饼，透过滤饼和过滤介质的澄清液称为滤液。

在过滤开始时，滤液要通过过滤介质，就必须克服过滤介质对流体流动的阻力。此后逐渐形成滤饼，还要加上滤饼的阻力。在大多数情况下，过滤介质并不能完全阻挡滤液中细小微粒的通过。所以在过滤初始，滤液往往略显浑浊。当过滤介质上积有一定厚度的滤饼后，滤液即显澄清。

单位时间内每单位过滤面积上通过的滤液体积，称为过滤速率。在过滤过程中，保持过滤速率为恒定值的过滤方式称恒速过滤；另一种方式是保持过滤时的压力差为恒定值的恒压过滤。比较合理的过滤方式，是先采用恒速过滤，随着滤饼的不断增厚，过滤速率降低，再逐渐加压，采用恒压过滤。

(2) 表面过滤和深层过滤 按过滤机理，可将过滤分为表面过滤和深层过滤，它们在涂料生产中的应用都很广。表面过滤以滤布、滤纸、滤网等为过滤介质，滤渣堆积在过滤介质表面，逐渐形成滤饼。所以也称为滤饼过滤。对于表面过滤，滤饼才是真正有效的过滤介质。

深层过滤的过滤介质由固体颗粒（助滤剂）堆积成的床层构成，或用短纤维多层绕制成管状滤芯。过滤介质的空隙形成许多曲折、细长的通道，被过滤的颗粒比介质内部的空隙小，过滤作用发生在介质的全部空隙体内而不是介质的外表面。悬浮液中细小的颗粒由于热运动和流体的动力作用走向通道的壁面，并借静电和表面力被截留。

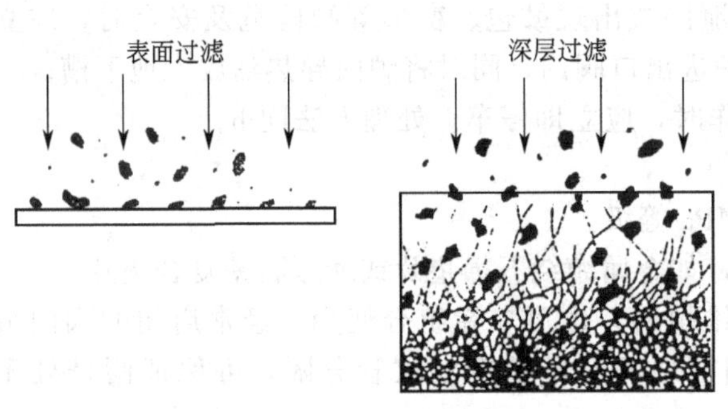

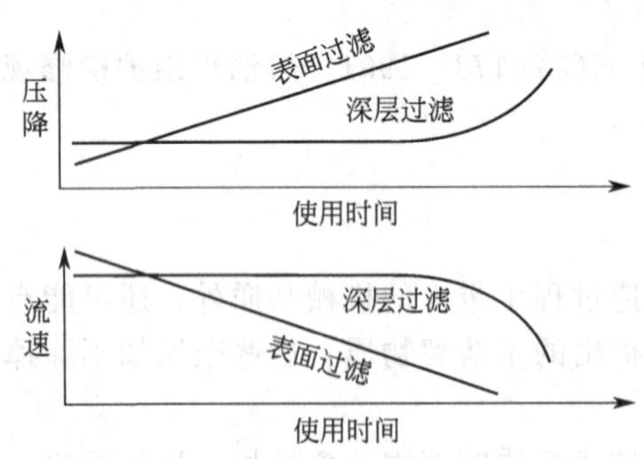

图 4-1-40 表面过滤和深层过滤

表面过滤和深层过滤的机理可从图 4-1-40 上形象地体现出来。显然，深层过滤比表面过滤能滤除更多的杂质。另外，表面过滤不适用于软质和纤维状杂质的过滤，而深层过滤几乎适用于各种杂质。

表面过滤初期压降一般较小，但很快上升，过滤速率也很快下降。而深层过滤则能在相当长的一段时间里维持一定的压降和过滤速率。

2. 板框压滤机和箱式压滤机

板框压滤机和箱式压滤机是使用历史悠久且至今仍在使用的液固分离设备。它们统称为压滤机。

(1) 板框压滤机 板框压滤机（见图 4-1-41）主要由止推板、滤框、滤板、主梁、压紧板和压紧装置等零部件组成。滤板和滤框按一定顺序交替排列。不同规格的机组可装滤框约 10～60 块。滤板和滤框的外廓大多为正方形（见图 4-1-42），滤板上遍布沟渠，其形式有棋盘式、辐射式等多种。

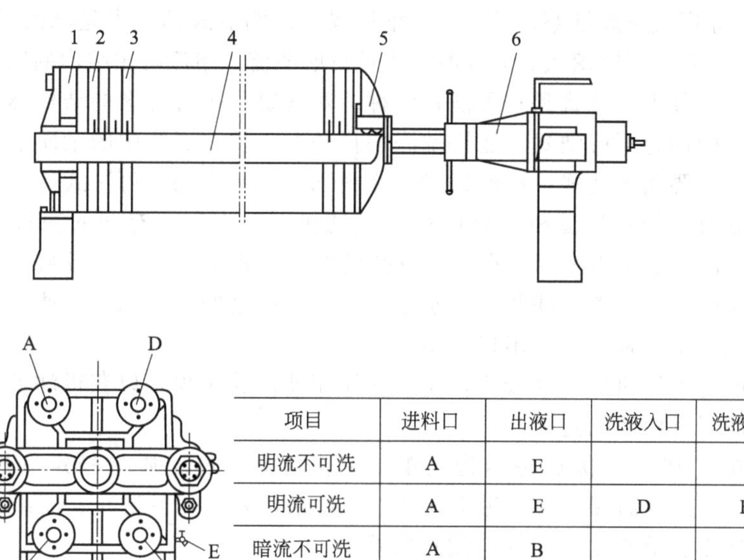

项目	进料口	出液口	洗液入口	洗液出口
明流不可洗	A	E		
明流可洗	A	E	D	E
暗流不可洗	A	B		
暗流可洗	A	B	D	C

图 4-1-41　板框压滤机

1—止推板；2—滤框；3—滤板；4—主梁；5—压紧板；6—压紧装置

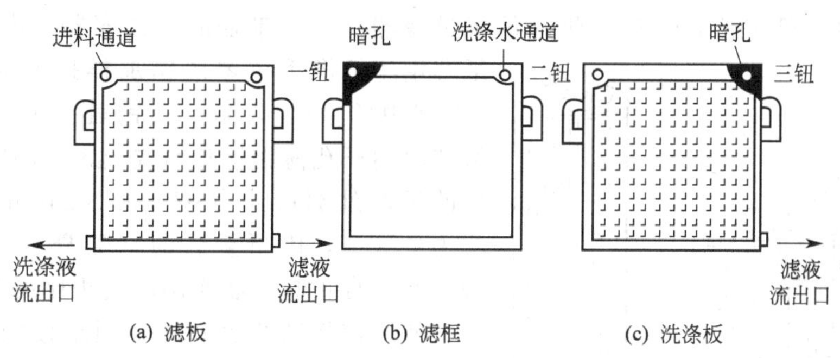

图 4-1-42　滤板和滤框的结构（明流式）

板框压滤机按滤液的排出方式分明流式和暗流式两种。图 4-1-43 是明流式板框压滤机。

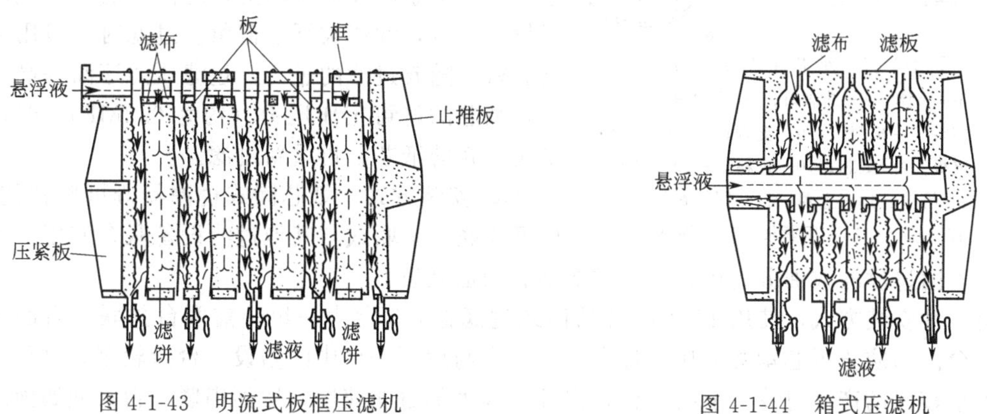

图 4-1-43　明流式板框压滤机　　图 4-1-44　箱式压滤机

暗流式是各滤板的滤液通过滤板与滤框下角的一个通道集中后，从止推板出液口流出。明流、暗流各有特点。明流式的优点是“明”，看得清，当某个旋塞流出的滤液浑浊了，说明里面滤布有破损，可立即关掉此旋塞，并不影响整机操作。明流式的缺点是滤液暴露于空气中，易挥发，污染环境，灰尘可能落入。必要时，也可订购明流、暗流两用结构的压滤机。

板框压滤机又可分为可洗式和不可洗式两种。对滤饼可进行洗涤的结构称为可洗式，对滤饼不能洗涤的结构称为不可洗式。滤饼洗涤的目的在于洗去滤饼中的杂质或洗下滤饼中的物料。过滤颜料，需要用可洗式；过滤树脂、漆料和清漆，常用不可洗式。

(2) 箱式压滤机　箱式压滤机又称凹板式压滤机，因为它只有凹的滤板而无滤框。图4-1-44为箱式压滤机。滤布用螺套卡在中心有孔的凹形滤板上。若干滤板组装后，滤板中心的孔就构成了滤浆的进料通道。滤浆再分别进入凹形滤板之间的空间内，滤液穿过滤布，沿滤板上的沟槽，汇集于滤板下方的出口流出。

箱式压滤机能容纳滤饼的空间较小，所以适用于滤渣含量少，以获得滤液为目的的过滤操作，如树脂、漆料和清漆的过滤。

(3) 压滤机的优缺点　优点是结构简单，工作可靠，过滤质量稳定（过滤细度可达15μm）。但由于它存在溶剂挥发大，污染环境，卫生条件差，而且滤布、滤纸损耗大、费用高等致命缺点，所以在涂料生产中的应用日趋减少。

3. 滤芯过滤器

滤芯有多种。在涂料行业，最先使用的是纸质滤芯——纸芯，纸芯原是用于汽车的空气滤清器上的。至今纸芯筒式过滤器仍在使用。

(1) 纸芯筒式过滤器

① 结构和原理（图4-1-45）　纸芯筒式过滤器是一个带盖的立式容器，内装若干纸芯。纸芯用滤纸像手风琴风箱那样折叠成圆筒状（图4-1-45中的9），两端粘在钢盖板上（一端有孔），纸芯内用开孔薄钢板圆筒或金属丝网圆筒支撑。常用的纸芯外廓尺寸为ϕ70mm×240mm，展开面积约为0.3m^2，因折叠后的空隙窄小，易被滤渣填满，所以真正起过滤作用的面积比展开面积小。

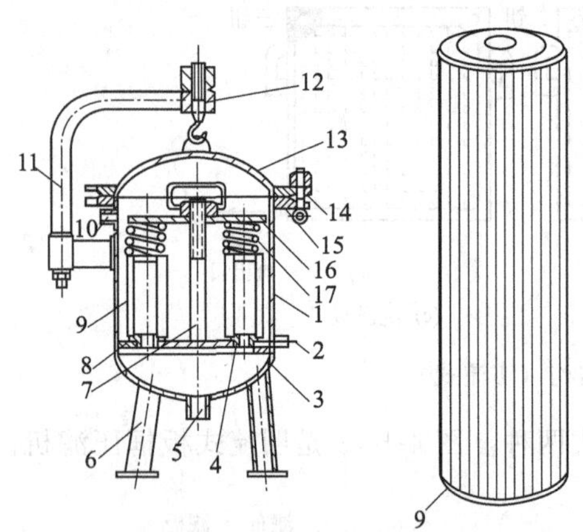

图4-1-45　纸芯筒式过滤器

1—筒体；2—排渣口；3—下封头；4—定位套；5—出料口；6—支脚；7—拉杆螺栓；8—固定板；9—纸芯；10—进料口；11—转臂；12—吊钩；13—上盖；14—回转螺栓；15—法兰；16—压紧板；17—弹簧

使用前将纸芯逐个放在固定板的相应位置上，然后在纸芯封口端的金属盖板上放好弹簧和压紧板，旋紧拉杆螺母。由于纸芯上端是封闭的，下端通过密封垫紧压在定位套上，滤液只能穿过纸芯到下封头出料，滤渣被纸芯截留。过滤时一般用齿轮泵送料。随着过滤的进行，过滤压力逐渐提高，待达到纸芯的许可工作压力（约为0.2MPa）时，停泵换上新的纸芯，再重新过滤。

② 安装方式　纸芯筒式过滤器既可单独使用，也可并联、串联或与其他过滤设备联合使用。也有用金属丝网过滤器或油分离机，作为它的前置粗滤装置。

有一种安装方式，使用17个纸芯的筒式过滤器，3台为一组。前两台并联，后面集中串联一台。为防止纸芯承受的压力过大，前两台与后面一台中间增设一台齿轮泵。这种方式适合产量较大的产品过滤。前有两台，保证了较大的过滤速度，后面串联一台，使滤液经过两次过滤，比较可靠地保证了过滤的质量。

③ 操作注意事项

a. 纸芯的质量至关重要。在使用前必须逐个仔细检查，查有无破损，查带折的纸与两端的金属盖板是否粘接牢靠。

b. 使用中要注意调节过滤压力。用齿轮泵送料时一般采用旁路阀调节。应尽量使过滤器在较低压力下工作，以延长纸芯的使用寿命。如过滤的物料黏度太高，可适当提高过滤温度。

c. 发现细度达不到标准，过滤压力过高或流量明显增大时，应检查、更换纸芯。

d. 过滤要一次完成，中间不宜中断，过滤结束后要立即将过滤器清洗干净。

(2) 滤芯筒式过滤器　当纸芯的强度或耐溶剂性能或过滤质量不能满足工艺要求时，就要寻找更好的滤芯来替换，显然其价格也比纸芯高。目前常见的滤芯有短纤维烧结滤芯、复合纤维滤芯和缠绕滤芯。

短纤维烧结滤芯外表面大多有十几道环形沟槽，可加大过滤面积。外观像用锯末压制的刚性圆管。国产短纤维烧结滤芯用特定短纤维，加入黏合剂、固化剂和稳定剂，烧结成形。这种滤芯机械强度高，受压后滤层内部空隙结构不变。由于滤芯厚度较大，空隙率较高，能实现深层过滤，过滤精度高（10μm 或更小）。耐腐蚀性能好。

这种滤芯外径为 65mm，内径约 27mm，基本长度为 250mm，加长型有 500mm、750mm 和 1000mm 3 种。工作温度为 0～120℃。

复合纤维滤芯和缠绕滤芯大多耐温不高（一般不大于 80℃），目前使用较少。

在选定滤芯后，有两种方案可供选择。

一种方案是对纸芯筒式过滤器进行适当改动（主要是封住滤芯上口），用新选定滤芯取代纸芯进行过滤。另一方案是根据工艺要求，选用合适的滤芯过滤器。图 4-1-46 为一种滤芯筒式过滤器，内装 10 支滤芯。

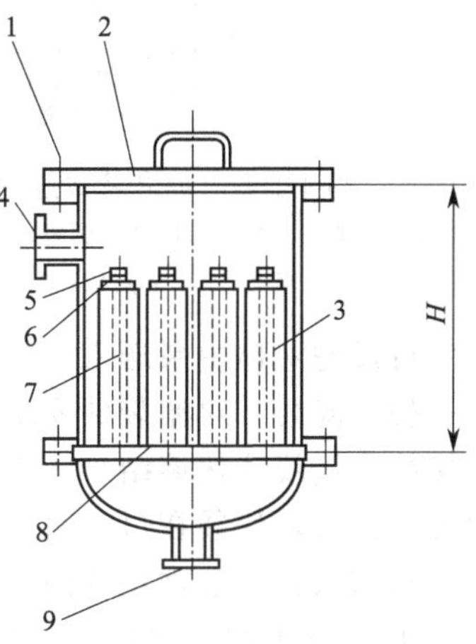

图 4-1-46　滤芯筒式过滤器
1—螺栓；2—上盖；3—滤芯；4—进料口；5—螺母；6—垫圈；7—滤芯中心管；8—可卸花板；9—出料口

为达到理想的过滤效果，除了要选用高质量的滤芯外，最重要的是要防止侧漏，一定要保证滤芯两端密封良好。

(3) 滤芯管式过滤器　将一根长滤芯（或由 2～3 根短的串接）装在管状筒体内，就是滤芯管式过滤器（见图 4-1-47）。上盖与筒体用圆螺母锁紧，上盖同时压住滤芯。这种过滤器简单、紧凑，占用空间小。松开圆螺母即可更换滤芯，十分方便。

使用非纸质滤芯，优点是滤芯强度大，可承受较高压力，不易破损；滤芯刚度好，两端能可靠地压紧；由于是深层过滤，每支滤芯生产能力较大，过滤质量好，可达到满意的细度（可小于 10μm）。其主要缺点是滤芯价格高，难以再生而重复使用。为延长滤芯使用寿命，节省开支，常在滤芯过滤器前设置粗过滤器。

4. 袋式过滤器

即滤袋式过滤器，国外也称 GAF 过滤器。

(1) 结构和原理　袋式过滤器主要由滤袋、支承滤袋的不锈钢丝加强网篮及过滤容器组成（见图 4-1-48）。滤袋借助卡环（不锈钢或塑料制）装在网篮上圈内口。带铰链的平盖为快开结构，开启及更换滤袋都很方便。平盖与进口管之间有 1 个 O 形圈，网篮上圈有 2 个 O 形圈（上下各一），压紧平盖时能同时压紧这些 O 形圈及滤袋，达到密封的目的。O 形圈一般采用耐溶剂的氟橡胶材料。也有用不锈钢板钻孔制成圆筒代替不锈钢丝网篮的，耐压力较高，只是钻孔较费工。

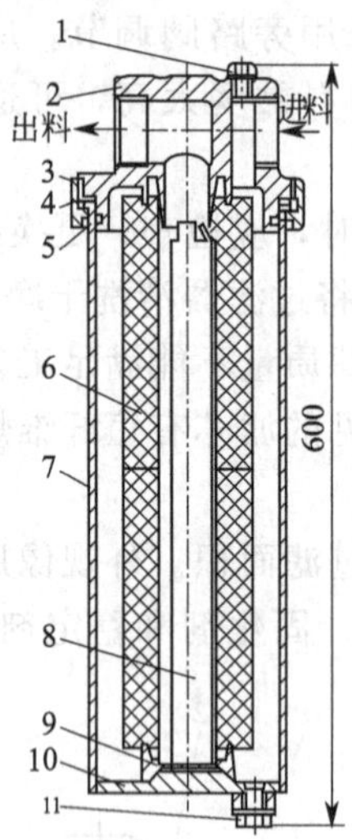

图 4-1-47 滤芯管式过滤器结构

1,11—螺塞；2—上盖；3—圆螺母；4,5—密封圈；6—滤芯；7—筒体；8—导向杆；9—支承盘；10—筒底

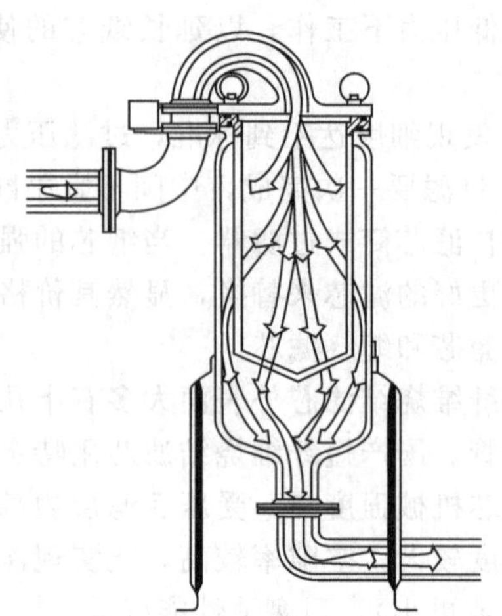

图 4-1-48 袋式过滤器

待过滤液体由泵送入滤袋，杂质被滤袋截留，透过滤袋的滤液从下部流出。

(2) 滤袋 对滤袋的要求，首先是过滤性能好，且阻力较小；滤袋要有足够的强度；无论接缝是缝线或热熔结合，都要严密可靠；滤袋袋口裹着卡环，尺寸形状要准确，并有一定弹力。其次，滤袋在过滤时不溶胀，不污染滤液，不允许脱落一丝纤维。最后，价格较低。

目前涂料行业常用的滤袋主要分两类。

① 丝网滤袋 质地薄，只起表面过滤作用。它主要有尼龙丝网和不锈钢丝网两种。尼龙丝网耐酸碱、耐溶剂，耐温达 150℃，过滤精度范围为 80～800μm。它主要用作粗过滤；如当两个袋式过滤器串联使用时，可用作初级过滤；它也可用于挂滤袋过滤。不锈钢丝网结实耐用，可清洗再用，因价高且清洗费工费溶剂，很少应用。

② 无纺布滤袋 质地厚，像毛毡。它由高度蓬松性纤维组成，能起表面过滤和深层过滤双重作用，过滤速率较快，能滤除较多杂质。无纺布滤袋的材料常用聚酯或聚丙烯。聚酯耐碱、耐溶剂，耐温达 160℃，目前应用较广；聚丙烯耐酸碱，不耐芳香烃类溶剂，耐温约为 90℃。

国产滤袋常用规格：过滤面积为 0.25m^2 和 0.5m^2，滤袋直径均为 180mm，长度分别为 450mm 和 850mm。无纺布滤袋的过滤精度范围约为 1～200μm，涂料过滤常用 5μm、10μm、15μm、25μm、40μm 和 50μm 等几种。

(3) 操作注意事项

① 根据需要，双联过滤器既可交替使用，也可并联或改为串联使用。并联为加大滤液流量。串联用于滤渣多、要求高的场合，选用滤袋宜前疏后密，如前用丝网滤袋，后用无纺布滤袋，以期达到既满足过滤细度要求，又延长滤袋更换周期的目的。

② 过滤前应检查滤袋和设备。滤袋规格要符合要求，质量完好，过滤器内部要干净，密封用的几个 O 形圈不得有缺陷。装滤袋时要注意毛毡状材料的绒面应朝里。装好滤袋，压紧器盖，即可过滤。

③ 要关注过滤压力的变化。刚开泵时，压力约为 0.05MPa，随后压力逐渐升高，一般

当压力达到 0.4MPa 时，即应停机。开盖检查滤袋积渣情况，更换滤袋，继续过滤（脏滤袋清洗后也可再用）。过滤器的压力可通过旁路阀调节。

④ 为下次过滤做好准备。过滤器使用后要及时清洗，保持整洁。

(4) 袋式过滤器的优缺点

① 优点　适用范围广，既可过滤树脂、漆料和清漆，也可过滤色漆。可过滤溶剂，也可过滤黏稠物料（黏度可达 50Pa·s）。选用不同规格滤袋，过滤精度范围也很大；结构简单紧凑、体积小，可装在小车上流动使用；密闭操作，不污染环境；操作方便；高效，滤袋过滤处理量大，容污量大。

② 缺点　滤袋价格较高。虽然清洗后尚可使用，但清洗较麻烦，清洗后易变硬，过滤能力下降，因而过滤费用较大；其次，滤袋的过滤精度随过滤压力的变化有波动，因滤袋是“软”的，当压力较大时，杂质有可能从滤袋的孔中挤过去。所以一般都选用比产品细度稍高档次的滤袋。

5. 水平板式过滤机

水平板式过滤机是使用助滤剂的过滤设备，过滤元件为圆盘形，水平安置。按其过滤面积划分型号，常用规格为 $10m^2$（还有 $5m^2$ 和 $3m^2$ 的，使用较少）。

(1) 结构和原理　图 4-1-49 为水平板式过滤机的结构。它主要由筒体和多层滤板组成。滤板结构如图 4-1-50 所示。支撑板（过滤盘）上压着多孔板，多孔板上铺滤纸。多层滤板用拉杆螺栓压紧后，再用中心螺栓紧固于筒体中。装好顶盖后，即可进行过滤。

滤浆用泵送入过滤机的筒体内，经支撑板外圆周面上的许多小孔，进入两层滤板之间，滤液穿过滤纸上的助滤层、滤纸和多孔板，沿支撑板上众多球状凸起间的通道，再通过中心罩上的孔洞，流入滤板中心孔道，从筒体底部出料口流出。

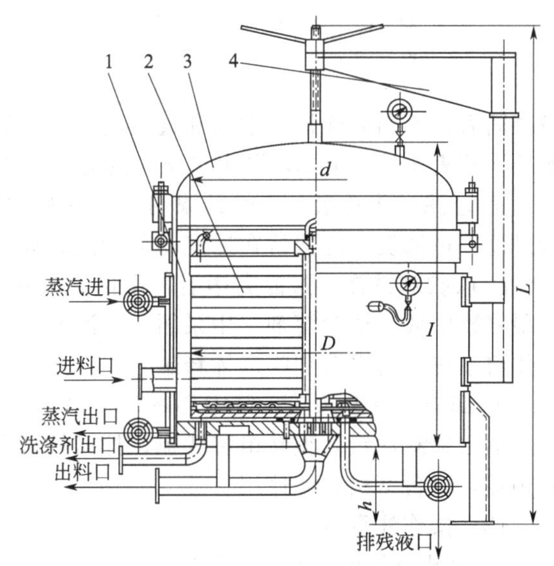

图 4-1-49　水平板式过滤机的结构

1—筒体；2—滤板；3—顶盖；4—旋转吊臂

(2) 设备配置、流程及操作步骤

① 设备配置　过滤机需配备混合罐和泵（常用齿轮泵）各一台。制造厂将主机、配套设备连同管路、阀门组装在底板上，便于运输及用户使用。除主机是不锈钢材质外，其余设备及管路、阀门系碳钢和铸铁材质。

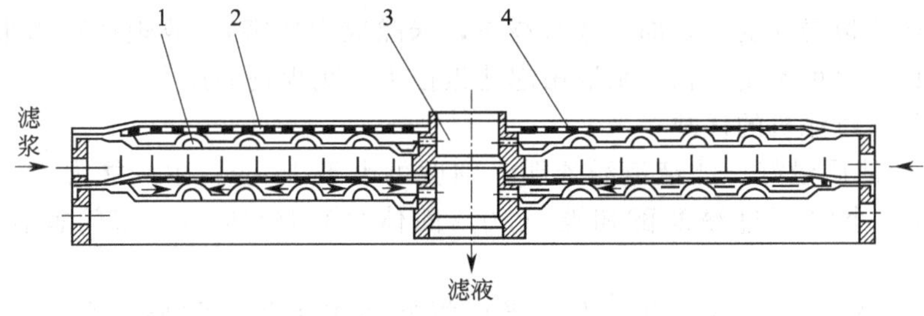

图 4-1-50　滤板结构

1—支撑板（过滤盘）；2—多孔板；3—中心罩；4—滤纸

如同时使用多台过滤机，可多备一套滤板作备用。因滤板用久要浸泡在碱水中煮洗，费时。滤纸推荐用270g油过滤纸（厚0.7mm）。硅藻土推荐使用吉林长白等地生产的，牌号为ZC-101。

② 流程　水平板式过滤机工艺流程见图4-1-51。过滤机从稀释罐来料，一般都是趁热过滤，所以过滤机的夹套大多不需通蒸汽。

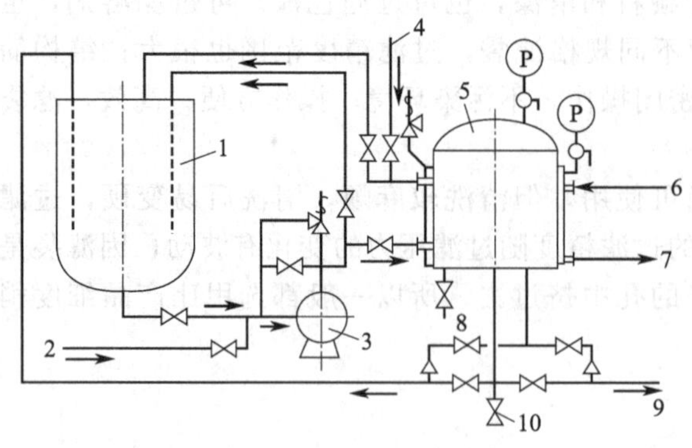

图4-1-51　水平板式过滤机工艺流程

1—混合罐；2—进料；3—滤浆泵；4—惰性压缩气；5—过滤器；6—蒸汽进口；7—冷凝水出口；8—排渣；9—出料；10—取样口

③ 操作步骤　水平板式过滤机利用硅藻土做助滤剂，改善了滤饼特性，达成深层过滤，提高了滤液的质量和过滤速率。所以它的操作也与不用助滤剂的过滤操作不同，其操作步骤如下。

a. 助滤剂与滤浆混合及预覆　将滤浆用泵送入混合罐，加助滤剂（硅藻土）总量的一半（总量约为滤浆量的1/1000）后搅拌，使滤浆与助滤剂均匀混合。混合后，用泵将混有助滤剂的滤浆送入过滤机并返回混合罐，使之在过滤机与混合罐之间进行循环操作（俗称小循环），其目的是使助滤剂逐渐预覆在滤纸上。在小循环进行一段时间后，不断取样检验细度和透明度，合格后即可开始过滤，滤液不再返回混合罐。“小循环”约需15～20min，泵出口压力约为0.1MPa。

b. 过滤　将总量一半的助滤剂加入稀释罐，使其与滤浆均匀混合后用泵送入过滤机进行过滤。过滤温度应保持在适宜的范围内，如过滤醇酸树脂一般为90～100℃。

c. 吹扫和洗涤　过滤完毕后，用惰性气体将过滤机和管路中的剩液压回稀释罐。然后在稀释罐中放入适量溶剂，用泵循环清洗全系统，以回收滤饼中夹带的物料。最后再用惰性气体将系统中清洗溶剂吹进稀释罐。

d. 卸渣　移开顶盖，卸中心螺母，吊出多层滤板，再拆拉杆螺栓，逐板撤掉滤纸和滤饼。然后铺新滤纸，重新组装滤板，拧紧拉杆螺栓，吊回过滤机筒体内，旋紧中心螺母，装好顶盖，以备下次过滤使用。

(3) 操作注意事项

① 组装滤板要严密、不漏料。

② 过滤压力一般不宜超过0.3MPa。

③ 气体吹扫要注意安全　气体吹扫的时间不可过长，滤浆的温度不可过高，过滤机和所有的管路都要可靠接地，以防产生静电。因国内以前用压缩空气吹扫时，曾发生过筒体内爆燃（只是内部滤板局部变形，部分滤饼烧焦，未酿成大伤害），故现推荐用带压惰性气体吹扫。如无条件，也可不用吹扫，采取吊起滤板控干，减少物料损失。

(4) 水平板式过滤机的优缺点

① 优点　过滤质量好，滤液清澈透明，细度可小于15μm；生产能力大。过滤面积为10m² 的过滤机每小时可过滤醇酸树脂（50%固体分）10t左右；密闭操作，对环境污染小。

② 缺点　操作比较麻烦，换一次滤纸要拆装很多螺栓，需要几个人同时操作，劳动强度较大；辅助设备多，要有混合罐（带搅拌）、电动葫芦。吹扫还要有惰性压缩气体。

6. 垂直网板式过滤机

垂直网板式过滤机，国外称阿玛（Ama）过滤机，是近年来继水平板式过滤机后在涂料行业普遍推广的过滤设备。

(1) 结构和原理　图 4-1-52 为垂直网板式过滤机。在过滤机筒体内，有数片网板，插装在集液管上。网板由数层不同规格的不锈钢丝网和夹紧它们的圆形（或矩形）管框架铆接而成，丝网的特点是“外密内疏”，内层起支撑作用。网板下端部焊一短管，短管中间的沟槽上嵌装一个橡胶制 O 形圈，网板下端部插在集液管孔中就靠它密封。

这种过滤机的一大特色是不用滤布和滤纸。过滤时依靠助滤剂（硅藻土等）在网板上形成的助滤层进行过滤。滤浆用泵送入过滤机筒体内，滤渣被助滤层截留，滤液穿过助滤层和丝网，经集液管流出。可安装气动振动落渣装置和气动排渣阀门，适用于不黏的滤渣。树脂过滤产生的滤渣大多很黏，振动落渣的效果不一定好。

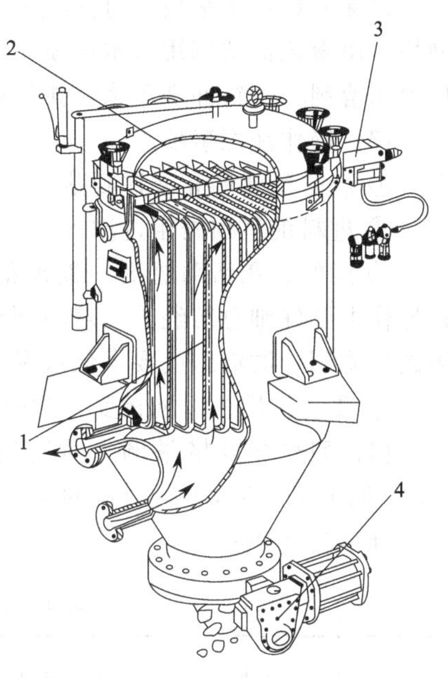

图 4-1-52　垂直网板式过滤机
1—网板；2—顶盖及筒体；3—振动落渣装置；4—排渣阀门

(2) 设备配置、流程及操作要点

① 设备配置　与水平板式过滤机类似，过滤机需配备混合罐和泵（常用齿轮泵、内齿泵）各一台。成套设备包括主机、配套设备、管道、阀门及电气系统，连操作平台及梯子全部组装成一体，便于用户使用。如车间空间较大，也可订购设备，自制较高大的操作台进行安装。

因网板使用时间长久后一般要用碱水煮洗，然后冲净晾干，很费工，所以最好有备用件。

② 流程　图 4-1-53 为垂直网板式过滤机流程。从图中可看出，过滤机的流量和压力可通过输液泵的旁路阀来调节。

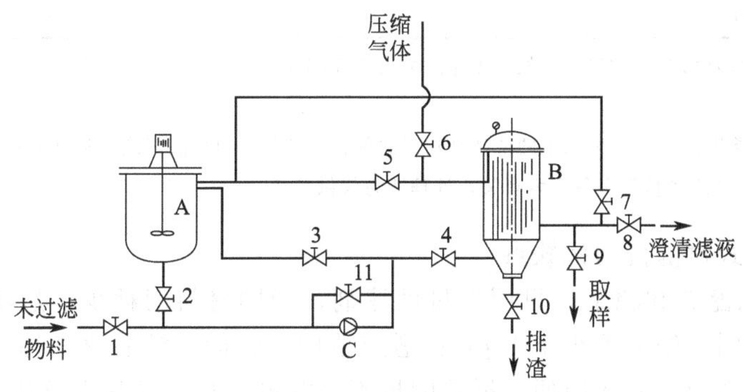

图 4-1-53　垂直网板式过滤机流程
A—混合罐；B—主过滤器；C—输液泵

③ 操作要点　垂直网板式过滤机的操作，与水平板式过滤机相似。如有条件，最好能用滤液作小循环，那样得到的助滤层过滤效果更好。预覆助滤剂的加入量约为每平方米过滤面积 0.6～1.2kg，助滤层厚度约为 1.5～3mm。

为了防止过滤压力很快升高，延长过滤周期，也可进行添加助滤剂过滤。一般压力升到0.3MPa，应停止过滤。利用输液泵反转，将过滤机内的残液送回稀释罐，或将残液放入桶中待再过滤。如果有条件也可用压缩气体通入过滤机内压料或吹干滤饼，以减少滤饼夹带的物料。

清除滤饼比水平板式过滤机方便，开盖即可抽出网板，用木（或牛角）铲刀铲除滤饼。网板可用溶剂清洗或用碱水煮洗。要注意不要损坏O形圈。为减少开盖清渣的次数，有的厂家用溶剂将滤饼冲洗下来，排渣后即可继续过滤。

(3) 操作注意事项

① 严防助滤层和滤饼脱落。

② 进料前宜预先粗过滤。

③ 用好、用活助滤剂　助滤剂的品种、规格、用量关系到过滤的质量、速率及费用，在操作中要仔细总结经验，对不同产品作适当调整。一般，滤液细度要求高，要用较细、较多的助滤剂；滤液细度要求低或黏度高，要用较粗、较少的助滤剂。

④ 要爱护网板　网板要轻拿轻放。不用钢铲刀刮网板，以免破损。

(4) 型号和规格举例　垂直网板式过滤机国内生产厂家较多，结构上大体相同。表4-1-11摘录了NYB型过滤机的部分规格。目前常用$4m^2$、$7m^2$、$10m^2$等几种，该系列目前最大规格已达$90m^2$。

表 4-1-11　垂直网板式过滤机的部分规格

型　　号	过滤面积/m^2	滤网片数	处理能力/(t/h)		过滤罐容积/L	主机质量/kg
			油脂	树脂		
NYB-2	2	5	0.4～0.6	1～2	120	300
NYB-4	4	7	0.8～1.2	2～3	250	400
NYB-7	7	9	1.4～2	4～6	420	600
NYB-10	10	10	2～3	7～9	800	900
NYB-15	15	12	3～5	12～14	1300	1300
NYB-20	20	12	4～6	17～19	1680	1700
NYB-25	25	13	5～7	22～24	1900	2100
NYB-30	30	15	6～8	27～29	2300	2500

注：1. 额定工作压力为0.1～0.4MPa，最大工作压力为0.5MPa。

2. 工作温度≤150℃。

3. 处理能力，油脂类指含2%～5%白土的油类平均过滤量，树脂类指对醇酸树脂过滤细度在5～10μm时的平均过滤量，因过滤能力与滤浆中杂质含量等多种因素有关，处理能力仅供参考。

(5) 垂直网板式过滤机的优缺点

① 优点　不用滤布和滤纸，只用少量助滤剂，辅助材料消耗少，过滤成本低；过滤质量好，滤液清澈透明，细度可小于15μm；适应范围广，能过滤各种树脂、漆料、清漆及油料等，而且过滤速率快；操作简便，拆装网板不需要电动葫芦等起重设备，大多一个人即可操作；设备密闭操作，对环境污染小。

② 缺点　网板外层席形网的金属丝很细，在操作、清渣过程中容易破损，修复比较困难，更换则成本高；因网板系垂直安装，过滤进行中不能停顿，要一次过滤完毕，否则助滤层和滤饼可能局部落下而造成“短路”，就要重新进行助滤层的预覆；过滤结束时总要剩下部分滤浆，要放入桶中或用泵送回稀释罐，留待下一次过滤。

第二节 色漆生产设备

一、概述

液态的色漆在涂料中品种最多，产量最大，它通常由漆料、溶剂、颜料（填料）及少量助剂（如催干剂、流平剂、防结皮剂等）组成。从本质上讲，它是固体的颜料和填料在成膜物质溶液（或分散液）中的均匀、稳定的分散体。

1. 颜料分散过程

色漆生产的过程就是把颜料固体粒子混入液体漆料中，使之形成一个均匀微细的悬浮分散体。颜料和填料的原始粒子都很细小，其粒径约在 0.01～2μm 之间，比色漆中允许的最大颗粒小许多倍。但是颜料原始粒子在加工和贮运过程中，经常相互黏结成聚集体（二次粒子），它们可能由几万个甚至几十万个原始粒子组成，其粒径可能增大到 100μm 以上。因此在色漆制造时要将聚集体解除聚集，并稳定而均匀地分散于漆料中。颜料分散过程可分为以下 3 个阶段。

① 湿润　用漆料置换颜料粒子表面上吸附的气体（如空气）或别的污染物（如水分）。

② 研磨　用外力（如撞击力、剪切力）打开和分离颜料的大的聚集体，使之成为符合色漆工艺要求的细小的粒子。虽然称为研磨，但并不是磨碎颜料的原始粒子，而是将聚集体破碎分散于漆料中。

③ 稳定　使已湿润和分离的颜料细粒分散到大量的液体漆料中去，使每个颜料粒子被漆料长久地分离，形成较长时间的相对稳定的平衡体系，避免这些粒子重新聚集（絮凝）。

以上这 3 个阶段是相互联系又难以截然分开的。而且也很难分清在某一设备内只进行某一阶段的作业。

色漆中颜料分散得越好，色漆的质量性能，如遮盖力、着色力、光泽度等能够明显提高，既能改善色漆和涂层的质量，又可降低昂贵的颜料用量，提高技术经济效果。所以色漆生产过程中如何提高分散效果，研制和采用高效分散设备，以及选用优质颜料和最佳配方成为色漆生产中的重要课题。

2. 色漆生产过程

① 预分散　或称拌合，将颜料在一定设备中先与部分漆料混合，以制得属于颜料色浆半成品的拌合色浆，简称拌合浆。所用设备主要是带有搅拌器的设备。

② 研磨分散　简称研磨，是将预分散后的拌合浆，通过各种研磨分散设备进行细分散，得到颜料色浆，达到分散的目的。

③ 调漆　将研磨得到的颜料色浆，加入余下的漆料及其他助剂、溶剂组分，必要时进行调色，达到色漆质量要求，一般在带有搅拌器的调漆罐中进行。

④ 过滤包装　通过不同过滤设备除去机械杂质及粗粒，然后包装为成品。

3. 色漆生产工艺

色漆的生产工艺一般按所用研磨分散设备来划分，最通行的为砂磨分散工艺、辊磨分散工艺和球磨分散工艺。图 4-1-54 所示为小批量活动罐式色漆生产工艺流程。

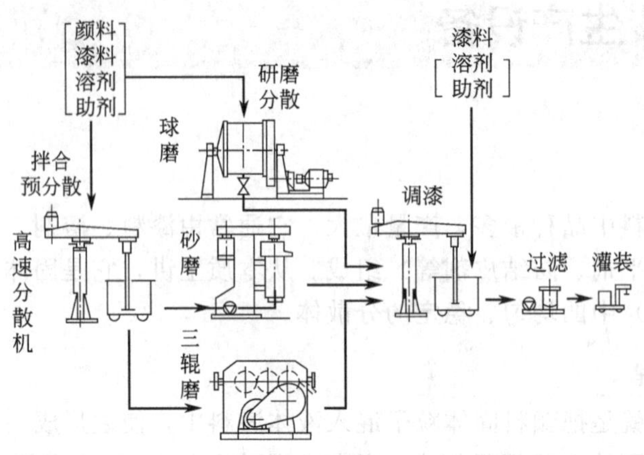

图 4-1-54 活动罐式色漆生产工艺流程

从树脂车间用管道送来的漆料从高位罐放入活动漆浆罐，加入颜料、填料（体质颜料）及溶剂，用高速分散机进行拌合和预分散，然后用砂磨机进行研磨分散作业，经多道循环作业至细度合格后进入调漆工序。此谓砂磨分散工艺。辊磨分散工艺与此相仿。原料经高速分散机或其他拌合设备（如搅浆机）拌合和预分散后，将活动漆浆罐推到三辊磨前用电动葫芦吊起或用自动上浆机向三辊磨供料，进行研磨分散作业。经多道循环作业至细度合格后进入调漆工序。至于球磨分散工艺，省掉预分散工序，将原料直接装入球磨机后即进行研磨分散作业，直至细度合格，进入调漆工序。调漆时色浆称重计量，在搅拌下加入经流量计计量的漆料、溶剂及各种助剂，调整颜色和黏度，制成色漆。产品经过滤、灌装（人工或机械）后入库。

生产规模较大时，则用固定罐生产，液体物料多采用泵送。预分散常在固定罐内进行，固定罐装锯齿圆盘式叶轮进行搅拌或直接用高速分散机进行搅拌。大多采用砂磨分散。同样，调漆在固定调漆罐进行。其容量比活动漆浆罐大。有的调漆罐采用比较先进的重力传感器进行计量。

二、预分散设备

预分散的目的是：①将各种颜料和体质颜料混合均匀；②用漆料取代部分颜料表面所吸附的空气等，使颜料得到部分湿润；③初步打碎大的颜料聚集体。因而这道工序以混合为主，并起部分分散作用。它是研磨分散的配套工序，但色浆预分散的好坏，也直接影响研磨分散的质量和效率。近年开发的各种新型预分散设备，都是以提高分散质量和效率为目的，起到粗分散的作用。过去色漆的研磨分散设备以辊磨机为主，与其配套的是各种类型的搅浆机。近年来，研磨分散设备以砂磨机为主，与其配套的也改用高速分散机，它是目前使用最广的预分散设备。

1. 高速分散机

(1) 高速分散机的工作原理

① 概述 高速分散机的主要工作部件是叶轮，图 4-1-55 所示为最常用的锯齿圆盘式叶轮。叶轮由高速旋转的分散轴带动。叶轮在搅拌槽中的工作情况如图 4-1-56 所示。

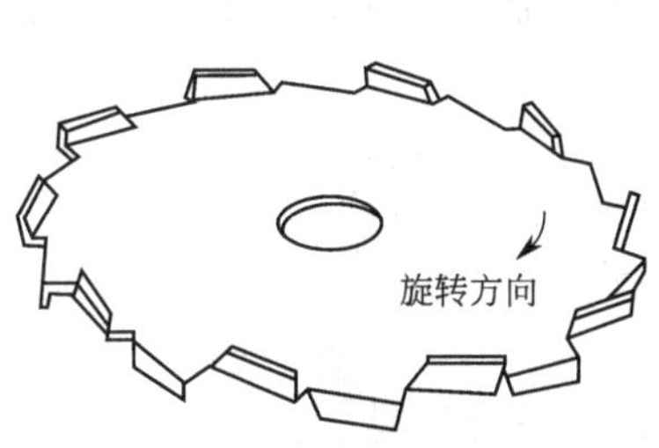

图 4-1-55　高速分散机的叶轮

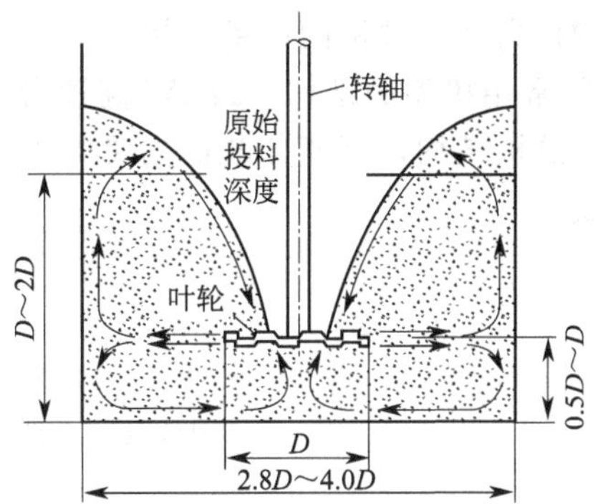

图 4-1-56　高速分散机中叶轮的正确位置和搅拌槽的适宜尺寸

叶轮的高速旋转使搅拌槽内的漆浆呈现滚动的环流，并产生一个很大的旋涡。位于漆浆顶部表面的颜料粒子，很快呈螺旋状下降到旋涡的底部。在叶轮边缘 2.5～5cm 一带，形成一个湍流区。在这个区域内，颜料粒子受到较强的剪切和冲击作用，使其很快分散到漆浆中。在此区域外，形成上、下两个流束，使漆浆得到充分的循环和翻动。若叶轮下方呈现层流状态，不同速度液层之间的相互作用被称为黏度剪切力的作用，能起到很好的分散效果。

综上所述，高速分散机兼起混合和分散作用。在高速分散机操作的初始阶段，颜料还堆在漆料上面，此时宜采用低速进行混合，防止粉料飞扬，然后再提高转速，增加分散能力。实践证明，叶轮端部的圆周速度必须达到 20m/s 以上时，才能获得比较满意的分散效果，只是在分散膨胀型漆料时，可降低至 15m/s。但是叶轮的圆周速度也不可过高，否则会造成漆浆飞溅，使圆盘叶轮过多暴露而导致混入空气，可能破坏叶轮下方已形成的层流状态，使分散效率下降且无谓地增加了功率消耗。一般叶轮的最高圆周速度约为 25～30m/s。

② 在叶轮下部产生层流的条件　为了使叶轮下部区域达到层流状态，一方面不能过度提高叶轮的圆周速度，另一方面要适当提高漆浆的黏度，并降低叶轮的位置。可利用下式求出层流条件：

$$Re=\frac{\rho vh}{\mu}\leqslant 2000$$

式中　Re——雷诺数（不大于 2000 处于层流状态）；

ρ——漆浆密度，kg/m^3；

v——叶轮圆周速度，m/s；

h——特征尺寸，此处取叶轮距搅拌槽底的距离，m；

μ——漆浆黏度，Pa·s。

在已知叶轮圆周速度和漆浆黏度的条件下，可求出叶轮的合理插入深度，或在已知叶轮圆周速度及叶轮插入深度的条件下，求出漆浆的合理黏度以确定应如何配制。

③ 叶轮的大小、位置及搅拌槽的适宜尺寸　图 4-1-56 中推荐的尺寸关系说明了搅拌槽直径与叶轮直径的关系及叶轮工作的合理位置。搅浆时可取下限，调漆时可取上限。在实际生产中，可根据漆浆黏度与分散轴转速，适当调整投料高度及叶轮的插入深度。在叶轮高速旋转时，漆浆会形成很深的旋涡，要防止物料从搅拌槽边沿外溢。

叶轮直径与搅拌槽直径有一个合理的比例，其目的是使物料循环得好。即使具有一样高的圆周速度，一般来说，小叶轮的效果要比大叶轮的效果差。但大叶轮消耗的功率要比小叶轮大很多，因搅拌功率与叶轮直径的五次方及转速的立方成正比。为使循环良好，搅拌槽一般不设挡板，也不应有死角，故以碟形底为好。

(2) 高速分散机的设备结构

① 常用机型的结构 22kW 高速分散机是目前广泛使用的机型，图 4-1-57 为 GFJ-22A 高速分散机结构，高速分散机主要由机身、传动装置、分散轴和叶轮、液压系统及电气控制箱组成。

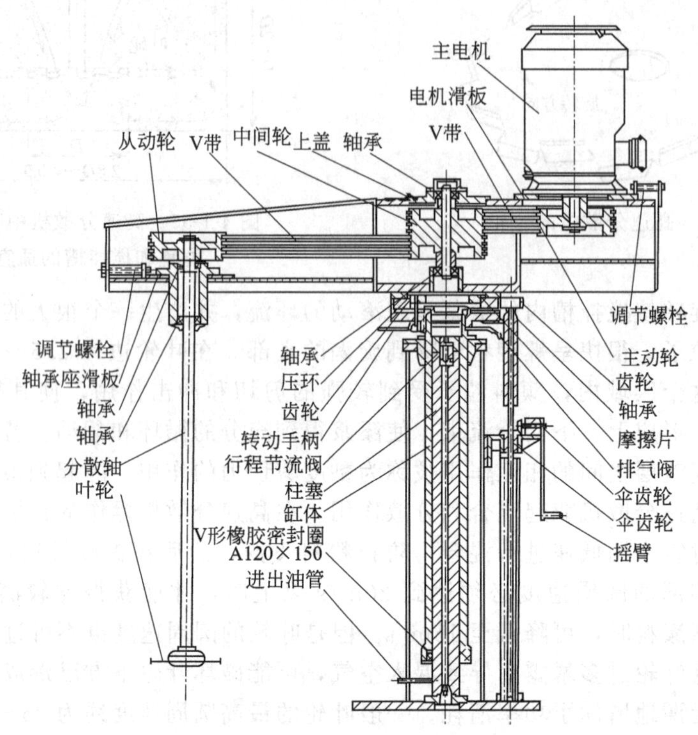

图 4-1-57 GFJ-22A 高速分散机结构

a. 机身 机身为高速分散机的躯干，它支承传动装置、分散轴和叶轮，它装有液压升降装置和回转装置，使高速分散机的叶轮既能升降，又能围绕机身中心作 360°回转。

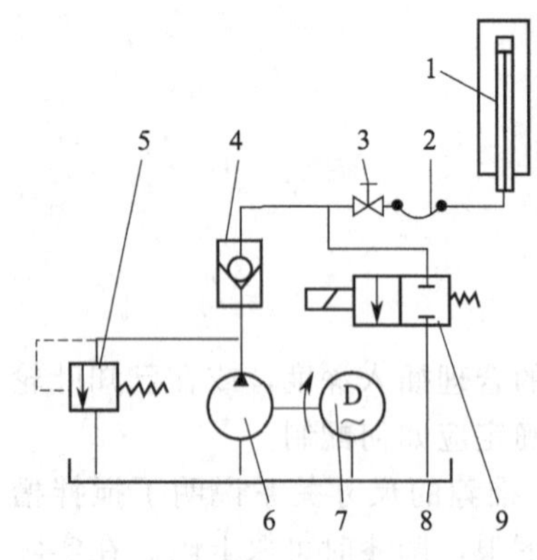

图 4-1-58 液压系统原理

1—油缸柱塞；2—软管；3—截止阀；4—单向阀（I-25）；5—溢流阀（P-B25B）；6—齿轮泵（CB-B16）；7—泵电机（Y90S-4）；8—油箱；9—电磁滑阀（22D-10B）

• 液压升降装置 主要由固定的柱塞和可移动的缸体组成。齿轮油泵供应压力油，经单向阀、行程节流阀注入缸体内，推动缸体上升。下降时是靠传动装置和分散轴部分的自重排油而自行下降，下降速率由行程节流阀控制。缸内空气由排气阀排出。

• 回转装置 缸体与传动箱的连接用滚珠隔开，并可由压环、摩擦片、螺栓和转动手柄锁紧。当转动手柄松开时，通过摇臂转动伞齿轮，带动齿轮副使传动箱回转。

b. 传动装置 在传动箱内，主电机上的主动轮，通过两级 V 带传动，经中间轮，带动从动轮。

c. 分散轴和叶轮 分散轴为挠性轴，由从动 V 带轮带动，由轴承座支承，分散轴下端装叶轮。叶轮大多采用锯齿圆盘式叶轮，常用不锈钢板制。

d. 液压系统 液压系统原理见图 4-1-58。

e. 电气控制箱 电气控制程序为：主电机运转时，泵电机不能运转；泵电机运转时，主电机不能运转。电器配置可按用户要求配套普通型或防爆型。

有防爆要求时，装在现场的电机和电器，按防爆等级采用防爆的型号，其余不防爆的器件均需隔离安装。

② 结构改进示例

a. 中、小机型 一种比较新颖的结构见图 4-1-59。与图 4-1-57 机型比较，有了明显的改进。如取消了中间轮，简化了结构；密封圈改在上面，便于维修，加上升降结构及材质改变，不易泄漏；手摇齿轮处改为导向杆，结构更加稳定。

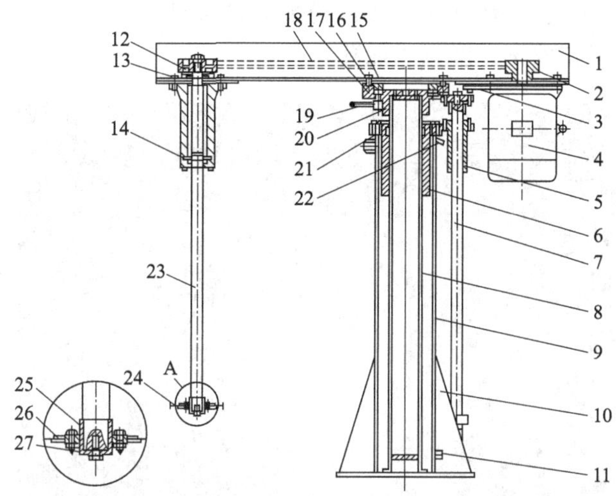

图 4-1-59 中、小机型高速分散机结构改进示意

1—传动箱；2—主动轮；3—拉紧装置；4—主电机；5—导向套；6—滑动套；7—导向杆；8—柱塞；9—机身；10—筋板；11—进油口；12—从动轮；13,14—轴承；15—压环；16—大法兰；17—滚珠护环；18—V 带；19—转动手柄；20—托座；21—V 形密封圈；22—排气组合；23—分散轴；24—叶轮；25—叶轮座；26—叶轮压盖；27—压板

b. 大型机（40kW 及以上） 在中、小机型的基础上，将升降的重任交给油缸去完成，如图 4-1-60 所示。油缸是按国家标准由专业厂制造的，材料上乘，加工精良，质量可靠，

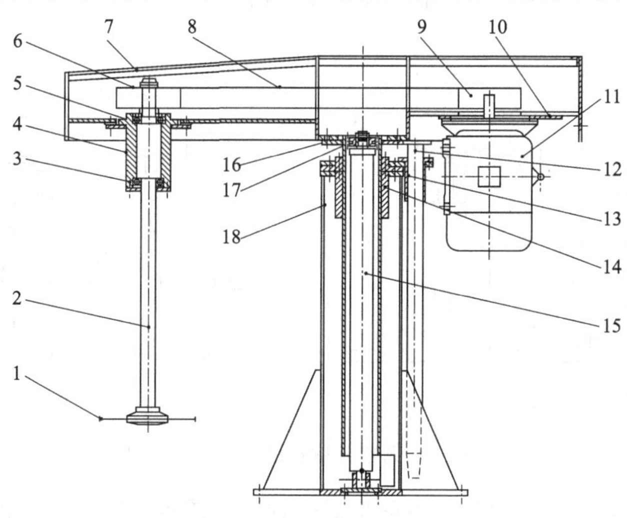

图 4-1-60 大型高速分散机结构改进示意

1—叶轮；2—分散轴；3,5—轴承；4—轴承座；6—从动轮；7—传动箱；8—V 带；9—主动轮；10—拉紧装置；11—主电机；12—导向杆；13—滑动套；14—滑柱；15—油缸；16—大、小齿轮；17—推力轴承；18—机身

因而基本上不会漏油，这样就从根本上解决了泄漏问题。

c. 大型分散机自动转向 安装在操作台或楼板上的大型分散机，经常采用一机配多罐的作业形式，而用人工手动转向，既笨重，又不安全。现在一种自动转向装置已经面世。在换罐时，转动箱上升脱离罐口后，通过电机带动齿轮旋转，使传动箱回转到限定位置，下降后进入另一罐操作。双插杆配置，能达到平稳运转的目的。

d. 一种双层叶轮 高速分散机除使用各种不同形状的单层叶轮外，近年张家港市通惠化工机械有限公司推出一种专利产品——双层叶轮（双层齿形强力分散轮，图 4-1-61）。据介绍，经用户使用，该叶轮分散用进口钛白粉配制的漆浆，只需 40～60min，细度能达到 17.5μm。大大提高了工作效率，降低了能耗。

图 4-1-61 双层叶轮

③ 高速分散机有关问题讨论

a. 安装形式 同一机型的高速分散机，有的有两种安装形式，安在地面上的落地式和安在楼板或操作平台上的平台式，如图 4-1-62 所示。

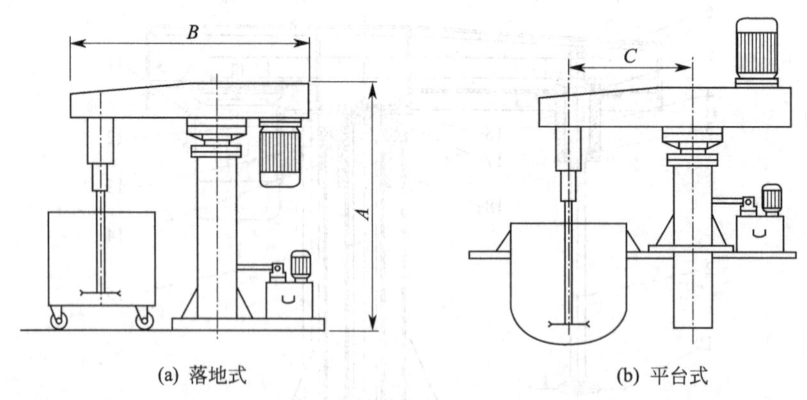

图 4-1-62 高速分散机的两种安装形式

落地式为基本形式，有的机型只有落地式一种。与落地式高速分散机配套的搅拌槽系移动式容器，统称活动漆浆罐，也有叫漆盆或拉缸的，一般备有很多个。一盆已制备好的漆浆推送到研磨分散工序，又一个空盆进行投料操作，如此循环往复，操作机动灵活，便于清洗、换色，特别适用于多品种、小批量的生产。

平台式高速分散机要与安在楼板或操作平台上的固定罐配套使用，适用于大批量生产。为更好地发挥设备效能，一台高速分散机可配 2～4 个固定罐，也可以用 2 台高速分散机配 6 个固定罐，依次进行操作。

b. 变速形式　高速分散机在工作时，一般在刚加入粉料时需要低速运行，以防粉尘飞扬，待基本混合均匀后，再进行高速分散。所以高速分散机的分散轴起码应具有两档转速，如能实现无级变速，那么操作就更加方便，运转就更平稳了。

目前，高速分散机常采用下列方法改变速度。

● 选用多速电机　主电机选用双速或三速电机，可使分散轴获得两档或三档转速，此方法简单可行，因三速电机价高，故以双速电机应用较多。

● 带式调速　采用无级变速胶带，实现带式无级变速传动，调速不轻便，一般胶带寿命不长，更换胶带比较麻烦。

● 油压马达变速　变速方便，变速范围较大，但油压马达要有高压油泵配合，占地面积大，而且油泵的噪声也较大，这种形式多用于进口设备上。

● 采用电磁调速电机　可实现无级调速，调速范围广。这种电机结构简单，价格低，但大多不防爆，不能用于需要防爆的场所。

● 变频调速　通过变频器改变电源频率，从而改变交流异步电机的转速。变频调速用于高速分散机，具有启动电流小、控制平滑、使用方便以及节能等优点，加上近年来装置费用不断降低，其应用日趋普遍。其使用注意事项主要有以下几点。第一，一般变频器不防爆，如工作场所有防爆要求，可将变频器及相关电器安装在配电室内，而将控制面板安装在主机旁。但变频器与主机之间的距离不宜太远。第二，采用变频调速，可选用专用的变频调速三相异步电机或普通电机，前者不防爆，所以涂料行业多使用后者。用普通电机时应注意使用频率范围不可过大，以免电机转速过低或过高，导致发生异常的温升或噪声以及绝缘破坏等情况，一般低频不宜小于 20～25Hz。因为在额定频率以下，由于转速下降，电机散热风扇的风量减小，温升必会增加。长期在低速运行，电机就可能烧毁。第三，变频器的使用环境温度应在－10～40℃之间，故应安装在通风环境较好的不潮湿、无粉尘飞扬的干净场所。虽然它自身带有风扇冷却，但如安装场地狭窄，应另用风扇冷却。

(3) 高速分散机的型号示例

① 型号表示方法　由于高速分散机应用广泛，所以制造厂家很多。将比较常见的型号举例加以说明。

a. GFJ-22A　表示高速分散机，主电机名义功率为 22kW，落地式（字母 B 代表平台式）。

b. FL22　表示高速分散机，落地式（字母 X 代表悬挂式，即平台式），主电机名义功率为 22kW。

c. GFJ-350　表示高速分散机，叶轮直径为 350mm。安装形式到底是落地式或平台式，型号中未表示，需另加文字说明。

② 部分型号及基本参数　标注电机名义功率的 GFJ 高速分散机的主要型号及基本参数见表 4-1-12，其中以 GFJ-22 型和 GFJ-40 型较常用。另外，小型高速分散机尚有 GFJ-4、GFJ-3、GFJ-2.2 和 GFJ-1.5 等型号，详见各厂样本。

(4) 高速分散机使用注意事项　先阅读设备说明书，再关注下列注意事项。

① 安全　高速旋转的分散轴及边缘尖利的叶轮，对人的安全构成威胁。不准戴手套擦拭运转部位，要严防衣袖、长发等被轴卷住而发生事故，同时要防止包装袋或其他异物掉入设备内。

表 4-1-12 GFJ 系列高速分散机主要型号及基本参数

基本参数			GFJ-7A	GFJ-11A GFJ-11B	GFJ-22A GFJ-22B	GFJ-40A GFJ-40B	GFJ-55B	GFJ-75B GFJ-90B	GFJ-110B GFJ-132B
主电机功率/kW			7.5 6.5/8	11 9/11	22 14/22	45 30/42	55 40/45	75 90	110 132
叶轮直径/mm			200	250	330	460	510	560	610
分散轴转速	变频	/(r/min)	0～2400	0～2000	0～1470	0～1480	0～1480	0～1480	0～1480
	电磁		125～1250	125～1250	132～1320	132～1320	440～1340	—	—
	双速		1200/2400	1000/2000	730/1470	740/1480	740/1480	—	—
最大升降行程/mm			1000	1000	1200	1500	1800	2000	2200
传动箱回转角度/(°)			360	360	360	360	360	360	360
油泵电机功率/kW			0.75	0.75	1.5	2.2	2.2	3	4
参考质量/kg			1000	1200	1800	3000	3300	3800	4500

② 注油　油箱内按要求注入润滑油达到油标合理位置，在使用过程中要关注油面高度。同时搞好轴承、齿轮等处的润滑工作。

③ 检查叶轮　旋转方向要与标示的方向一致。叶轮安装牢固、不松动，外缘齿形应无明显的变形及磨损。用手盘动叶轮应灵活。

④ 锁住回转　高速分散机在运转时，应锁紧转动手柄，防止传动箱回转，以免发生事故。

⑤ 试车　高速分散机安装或大修后，要先经试车，确认正常后再投入生产。试车主要内容如下。

a. 试液压升降系统　调整溢流阀至规定压力，排除油缸内空气，检查油箱油位，检查各连接部位和密封部位应无渗漏现象。

b. 试传动部分和分散轴　启动主电机，无论是三速电机还是双速电机，各档按钮都能正常顺利变换，若是无级变速传动（电磁调速电机、变频或带式无级变速等），能方便、灵敏地在变速范围内变速，传动部分各处无异常振动、噪声及发热等异常现象，分散轴下端无明显晃动。因分散轴系挠性轴，开车或停车通过第一极限转速（530～600r/min）时，分散轴略有振动属于正常现象。

c. 确认主电机和液压泵电机电器连锁可靠　为安全起见，这两个电机不能同时启动。

⑥ 严禁开空车　无论试车或生产，叶轮必须浸入盛液容器中，才能开车。否则容易甩弯分散轴或发生其他事故。当发现分散轴弯曲或机器的其他异常情况时，均应立即停车处理。对可变速的高速分散机，一般应低速启动和低速停车。

⑦ 对漆浆黏度的要求　漆浆的黏度要适中。太稀则分散效果差，太稠使流动性差，也不适合。合适的漆料黏度范围通常为 0.1～0.4Pa·s，加入颜料后的漆浆黏度可达 3～4Pa·s。当漆浆比较黏稠时，活动漆盆应固定，以防在操作中发生位移。

⑧ 注意操作过程的温升　由于分散机的能量大部分转换为热能，导致漆浆温度升高，黏度降低，这样对分散操作不利。同时，温度升高也加剧了溶剂的挥发。所以要控制温升，尽量合理地缩短开车时间，必要时停车降温，或使用带有夹套可通冷却水的搅拌槽。

⑨ 关注电流　操作过程中要经常注意电流的变化，如发现超载运行，应停车检查原因，采取措施后再继续运转。如电流很小，可设法合理地加大负荷，以提高工作效率。

⑩ 搞好卫生　停车后及时清洗叶轮、分散轴，搞好设备及环境卫生，最后将分散轴恢

复至最低位置。

⑪ 爱护设备，及时检查、维护　如检查、调整传动V带的松紧程度；主电机、液压泵及电机、轴承等处应无异常的温升、振动及噪声；液压系统应无泄漏。

(5) 高速分散机的优缺点

① 优点

a. 结构简单，操作及维护、保养容易。

b. 应用范围广，既可在配料工序用作预分散，也可在搅稀工序用作调漆，对某些易分散颜料和对细度要求不高的产品，也可直接起分散作用。

c. 生产效率高。

d. 换色、清洗方便。

② 缺点

a. 分散能力差，不能分散硬的或结实的颜料团粒。

b. 对黏度太大、流动性差及某些触变性漆浆不适用。

2. 其他预分散设备

其他预分散（混合）设备还有双轴高速分散机、同心轴高低速分散机、双轴高低速分散机、三轴高低速分散机、多功能搅拌分散釜、稠浆式搅拌机、转桶式搅浆机带锥底罐的双轴高低速分散机以及在线分散机等。

从适应物料的黏度范围来看，高速分散机和双轴高速分散机适合较低黏度，在线分散机适合低、中黏度，同心轴高低速分散机、多功能搅拌分散釜适合中等黏度，稠浆式搅拌机、双轴高低速分散机适合较高黏度，而三轴高低速分散机和转桶式搅浆机则可适合更高的黏度。总之，上述设备可以胜任涂料生产中各种物料的预分散（混合）作业。

(1) 双轴高速分散机　此处所指双轴为等速旋转的两个分散轴，一般以相同转向旋转。每根轴上可装一个叶轮，也可装2个叶轮。图4-1-63所示为GFS-30型双轴高速分散机。该机Ⅰ型为双轴单叶轮形式，Ⅱ型为双轴双叶轮形式，转速有双速、三速及无级变速3种形式，可选用。

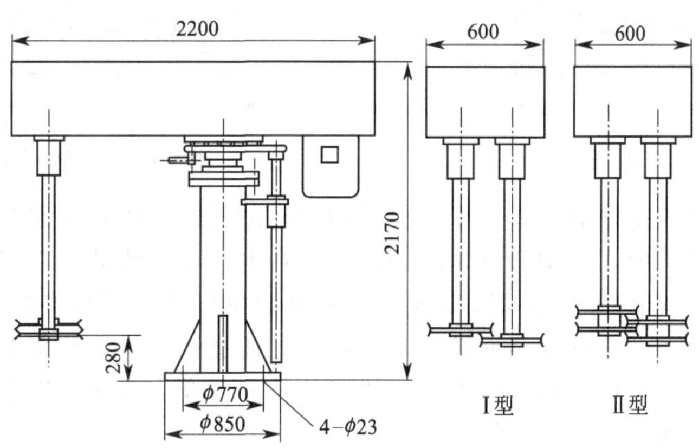

图4-1-63　GFS-30型双轴高速分散机

双轴高速分散机的优点是由于2个轴同时旋转，搅拌槽内液体打漩的现象减轻了，旋涡不太深了，避免了吸入气体，提高了装料系数和分散能力，适用的物料黏度范围较广。

图4-1-64显示了双轴4个叶轮的交叉布置。在两叶轮的交叉部位，叶轮的运动方向相反，相对的运动速度加大了1倍，产生了很强的剪切作用。4个叶轮彼此外搭，形成3个强

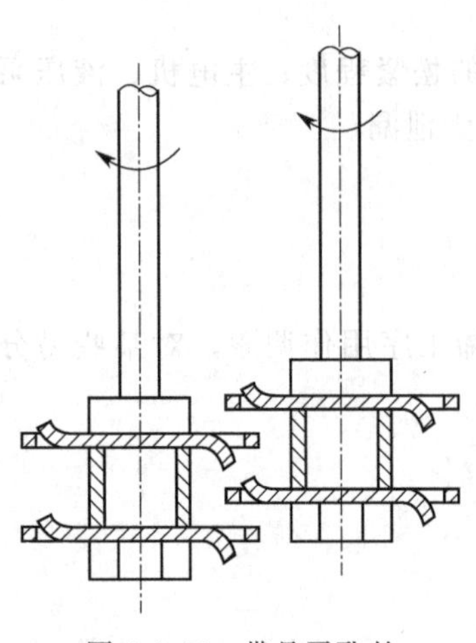
图 4-1-64 带月牙孔的叶轮交叉布置

剪切区。另外，叶轮圆盘上冲出的月牙孔，还能产生强烈的汽蚀作用。所以这种双轴高速分散机有较强的分散能力。

(2) 同心轴高低速分散机　所谓同心轴，即为同心双轴，中心轴为高速轴，安装叶轮，主要起分散作用。空心轴为低速轴，安装框式搅拌器，主要起混合作用。通过调节两轴的不同转速，这种分散机能适应各种中等黏度物料的预分散。

一种带固定搅拌罐的同心轴高低速分散机。因所配的搅拌罐容量较大，一般都要在楼板或操作平台上进行加料操作，故也称平台式。

还有一种与活动漆浆罐配套使用的同心轴高低速分散机（图 4-1-65），机头可通过油压升降。由于框式搅拌器与活动漆浆罐的壁和底的距离较小，可防止物料的粘壁现象。

(3) 双轴高低速分散机　双轴高低速分散机也称双轴双速搅拌机，其结构如图 4-1-66 所示。双轴转速不相同。高速轴位居偏心，其端部装锯齿圆盘式叶轮，叶轮圆周速度约 20m/s 左右，主要对物料起分散作用。低速轴居中，通常带动一个三叶框式搅拌器（也有称蝶形搅拌器的），将物料移送至高速轴叶轮区，进行分散。低速轴主要起混合作用，有时俗称搅拌轴，而将高速轴称为分散轴。

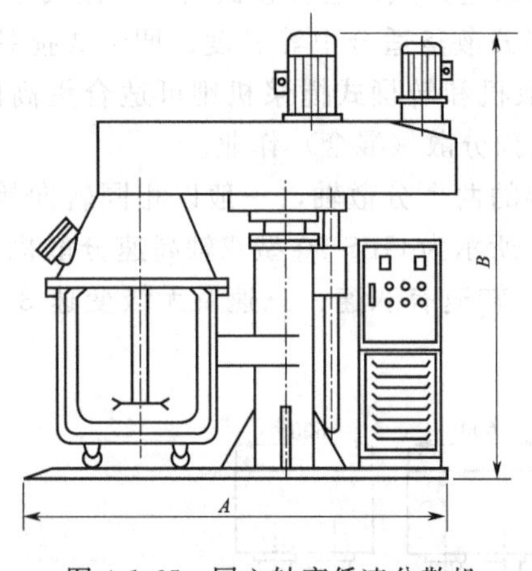

图 4-1-65 同心轴高低速分散机

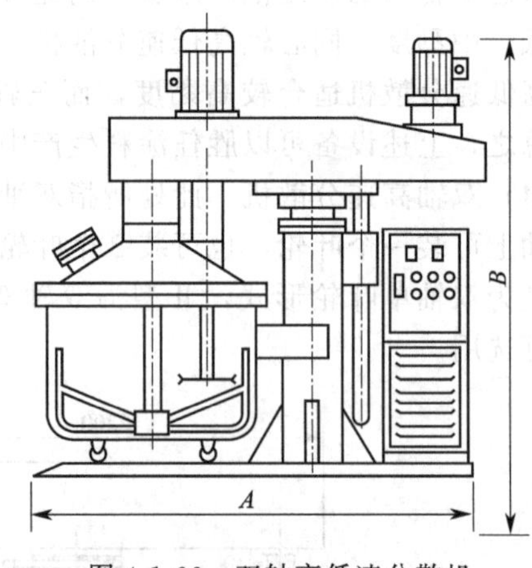

图 4-1-66 双轴高低速分散机

低速轴带动的框式搅拌器，其外缘与搅拌槽的间隙很小，能起到刮壁作用。

双轴高低速分散机的高速轴和低速轴通常用两台电机分别传动，它们的速度可以是一个定速，一个可变速，或者两个都可以变速。这种分散机可适用于较高黏度的物料，如铅笔漆、腻子等。有的机型，双轴在做回转运动的同时，通过液压传动兼做上下往复运动，此举扩大了叶轮的作用范围，更有利于搅拌槽内物料的轴向混合。这种机型也称双轴高低速复动式分散机或双轴高低速往复式分散机。

双轴高低速分散机的型号，如 SJ-900 型，其中 900 表示搅拌槽的直径为 900mm。SJ-900 型使用较早，用量较大。SJ 型双轴高低速分散机已形成系列，除 SJ-900 外，还有 SJ-600、SJ-1000、SJ-1100 和 SJ-1200 等机型。

(4) 三轴高低速分散机　三轴高低速分散机也称三轴搅拌机。图 4-1-67 是 SJ-1100 型三轴高低速分散机。本机由高低速传动及搅拌部件、升降部件、液压站、电控柜和拉缸等组成。高速部分由一电机通过 V 带带动两根高速轴上的 2 个或 4 个叶轮，主要起分散作用。低速部分由电机和减速机通过 V 带带动低速轴上的框式搅拌器，主要起混合作用。

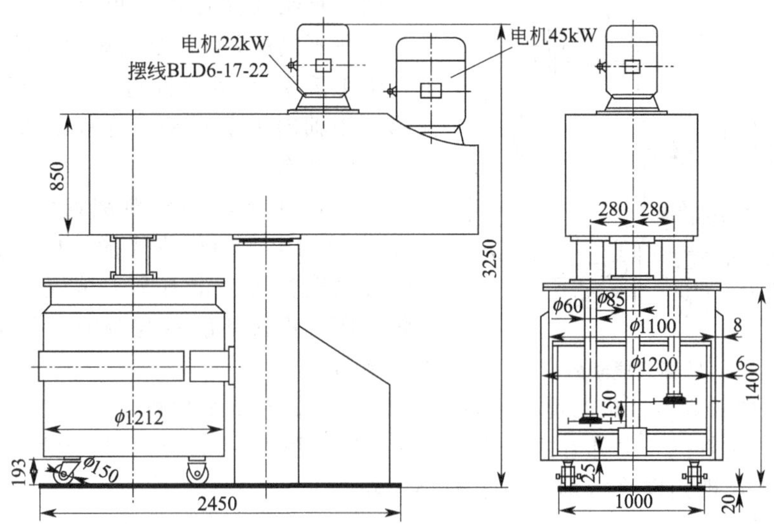

图 4-1-67　三轴高低速分散机（SJ-1100 型）

与双轴高低速分散机相比，此机增加了一根偏置的高速轴及相应的叶轮，这无疑使它能适用于黏度更高的物料。

(5) 多功能搅拌分散釜　图 4-1-68 为 FS 型多功能搅拌分散釜结构。从结构上来看，它也是一种三轴高低速分散机。居偏心位置的二轴为高速轴，轴上各置两个锯齿圆盘式叶轮，主要起分散作用。居中的低速轴转速较低，带动一个锚式搅拌器，主要起混合作用。为了冷却，该釜常设置水冷夹套（图中未画出）。

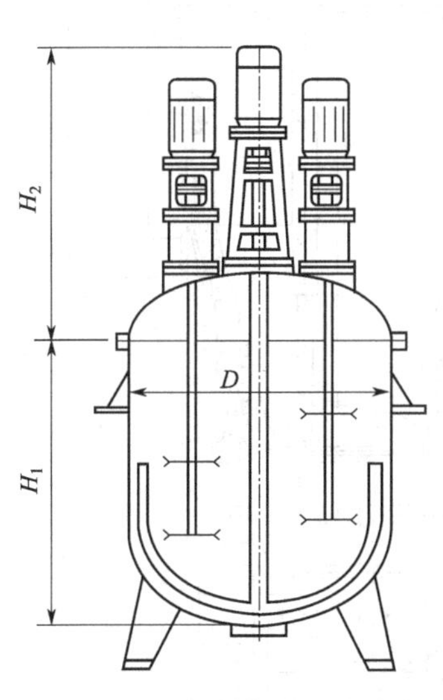

图 4-1-68　FS 型多功能搅拌分散釜结构

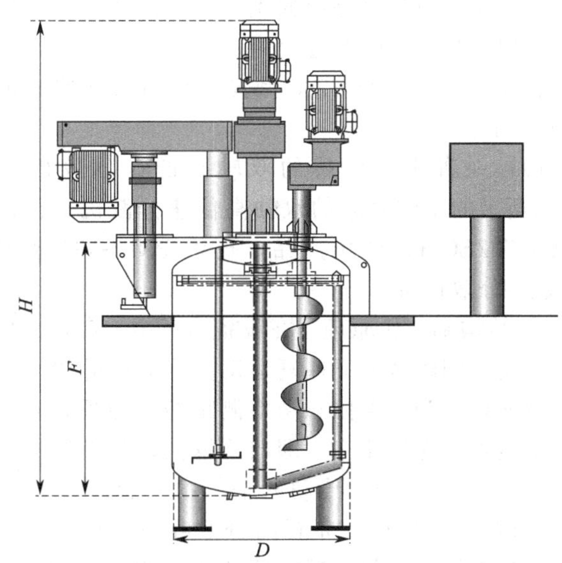

图 4-1-69　稠浆式搅拌机

该釜集低速强力搅拌和高速分散多种功能于一体，对中高黏度及触变性物料具有良好的适应性，可用于各种物料的溶解、分散及调和、配色，尤其适合批量乳胶漆的生产。

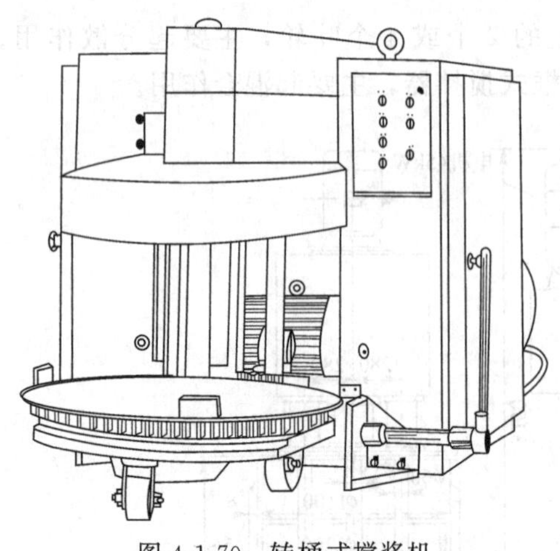
图 4-1-70 转桶式搅浆机

FS 型多功能搅拌分散釜的公称容积为 2～12m³，有 7 个规格。

(6) 稠浆式搅拌机 也是一种三轴高低速分散机。所不同的是，2 个高速轴中的 1 个改为中速轴，轴上安装了螺旋推进器，可正反双向运转，使物料作轴向上下运动。这种设备适用于黏度较高的稠浆型物料。

图 4-1-69 所示为瑞典威斯特灵（WESTERLINS）公司生产的稠浆式搅拌机。低速轴带动的三叶锚式搅拌器上带有刮刀装置，使容器内不留死角，所有物料都能参与分散。图示设备设有称重传感器。

国产 CJ 型稠浆式搅拌机的搅拌罐容积为 1～5m³，有 7 个规格。

(7) 转桶式搅浆机 也称卧式搅浆机，其外形见图 4-1-70。与它配合的漆浆罐放在带大齿轮的齿轮车上，推到搅浆机前与机上的小齿轮啮合后扳下扳把将其锁定。在工作中，漆浆罐是旋转的，由机头带动的一对立式螺旋桨叶与漆浆罐组成了行星式运动，桨叶在自转，漆浆罐在公转。罐边上还装有一把刮刀，起到刮壁的作用，因此这种搅浆机有很好的拌和作用。更换漆浆罐时，通过机械传动装置，可使机头回转抬起。

这种搅浆机操作方便，能直接往活动漆浆罐投料，漆浆罐和搅拌器清洗方便，特别适合多品种、小批量、产品颜色频繁更换的生产。它能适应高黏度物料，常用来与三辊磨配套使用。

目前国内生产的 B760 型搅浆机所用漆浆罐的容量为 140L。

(8) 一种带锥底罐的双轴高低速分散机 图 4-1-71所示的带锥底罐的双轴高低速分散机是德国耐驰（NETZSCH）公司产品，也称 PMD-VC 系列混合-搅拌-分散设备。

① 结构和工作原理 在设备运行中，高速旋转的分散叶轮还同时做上下往复运动。当分散叶轮上升至接近液面处，利用声控和功率测量控制原理，自动行程升降装置可保证让其立即向下返回，从而避免了将空气混入物料。慢速传动的框式搅拌器（也称混合臂），将物料送向偏心布置的分散叶轮，从而达到节能的循环效果。安装在框式搅拌器上的刮板及筒体下部的锥底，可使物料干净地排空。

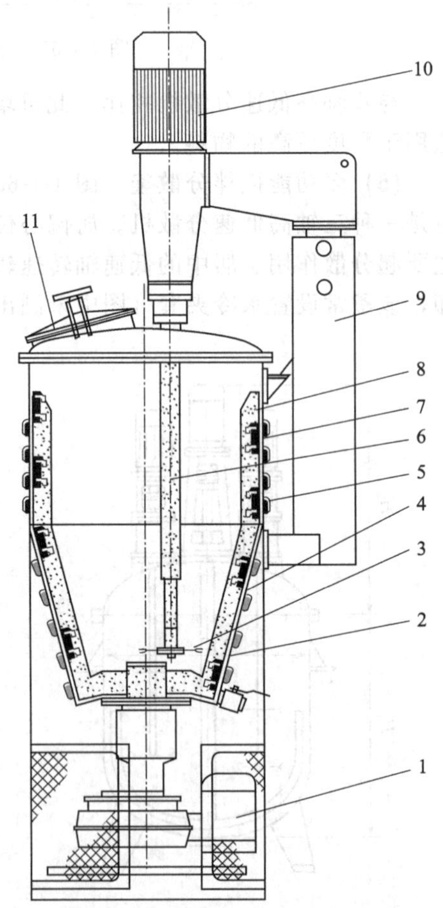

图 4-1-71 带锥底罐的双轴高低速分散机

1—慢速传动装置；2—锥底；3—分散叶轮；4—框式搅拌器；5—螺旋异型管夹套；6—分散轴；7—刮板；8—筒体；9—自动行程升降装置；10—电机；11—加料口

混合罐的筒体及锥底外侧焊有螺旋异型管夹套，可通水进行冷却（必要时也可做加热用）。加料可从加料口加入，也可在加料口上附加振动式漏斗加料器和螺旋输送器加料。

② 设备的特点和优点

a. 锥底结构操作弹性大 投料较少也可进行分散作业。

b. 慢速传动装置在底部，上部空间大，便于布置加料装置及操作和维修。

c. 设备内没有死角，分散效果好，可直接用来生产某些乳胶漆，更换产品时设备清洗方便。

③ 主要规格及基本参数 PMD-VC 系列分散设备有 8 个规格，其有效容积小到 50L，大到 10m³。

(9) 在线分散机 德国耐驰（NETZSCH）公司近年推出一种新颖的预分散设备——在线分散机（Ψ—MIX 系列）。

① 结构和工作原理 在线分散机的结构如图4-1-72所示。漆料用输液泵 7 通过进料管 3 和喷嘴从 4 个切线方向进入分散机。分散机的转子在高速旋转，带动漆料加速，并使之沿着分散机的转子与锥形定子间的间隙往外甩。这就相当于一台离心泵，在泵的中心区，即分散机的上方，形成了真空。

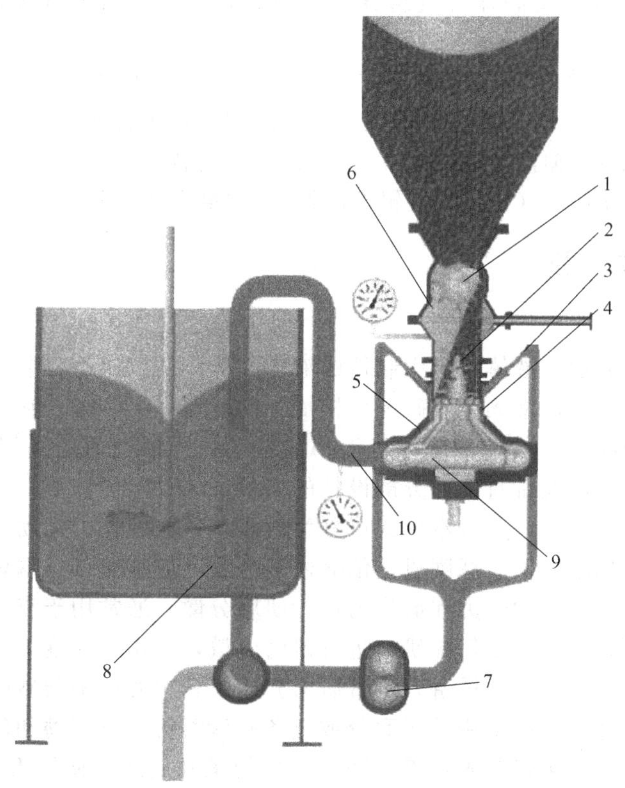

图 4-1-72 在线分散机

1—加料器；2—打散头；3—进料管；4—颜料从此处进入旋转的液流中被湿润；5—带冷却夹套的锥形定子；6—安全滑阀；7—输液泵；8—带搅拌器的物料罐；9—转子；10—出口

颜料从分散机顶部的加料斗经加料器加入，在分散机上方的真空环境下，颜料聚集体中的微气泡膨胀，聚集体破碎。高速旋转的打散头起到进一步打散颜料颗粒的作用。尔后，已散开的颜料细粒被带入已形成的大表面积液流（漆料）中。

在由锥形定子与转子的间隙形成的狭长的压缩区内，颜料细粒与漆料混合并被湿润。压缩区的压力逐渐升高，至出口处压力最高。这样的压力梯度有利于漆料通过毛细作用，继续深入颜料颗粒内部，使之进一步湿润。

② 操作简介

a. 启动 将漆料计量后加入物料罐，颜料称重后加入加料斗。启动输液泵和分散机，使液流在物料罐和分散机间不断循环。

b. 加料 在分散机上方形成真空后开始加料，根据真空度控制加料速度。出口压力取决于出口管线的阻力，约为 0.03～0.5MPa。

c. 分散和倒罐 颜料加料完成后，继续进行分散作业，直至产品质量达到要求。然后通过转换物料罐下方的阀门，将产品排放至产品罐，并对系统进行清洗，以备下一批料的分散。

③ 设备特点和适用范围

a. 效率高，颜料能在漆料中快速湿润。预分散后的漆料均匀性好。

b. 在真空状态加料，有利于环境保护。

c. 由于定子夹套通水冷却及液流通过原料罐循环，产品温升小。

d. 在线分散机适合于高固体含量组分的分散和难湿润颜料的分散，一般用于大批量、单颜料漆浆的生产。

④ 产品型号示例 如型号 Ψ—MIX45，其主要技术参数如下：粉体处理量为 $5m^3/h$；悬浮液处理量为 10～$15m^3/h$；转子功率为 22～55kW；转子转速为 500～2000r/min；转子圆周速度为 10～40m/s；输液泵功率为 7.5～11kW；进料压力为 0.03～0.35MPa；温升最大为 5℃；控制系统为 PLC（可编程逻辑控制器）；质量为 2700kg。

三、研磨分散设备

1. 概述

色漆是固体颜料分散在液体漆料中制得的液体物质，所以研磨分散设备无疑是色漆生产的主要设备。色漆研磨与通常固体破碎及机械加工的研磨意义不同，它主要起分散作用，把颜料聚集的大颗粒分离成原始粒子或尽可能小的粒子。可以说研磨是习惯上约定俗成的称呼，所以也有把研磨分散设备直接称分散设备的。

研磨分散设备类型很多，其基本形式可分为两类。一类带自由运动的研磨介质，另一类不带研磨介质。前者如砂磨机、球磨机，依靠研磨介质（如玻璃珠、钢球、卵石等）在冲击和相互滚动或滑动时产生的冲击力和剪切力进行研磨分散，通常用于流动性较好的中、低黏度漆浆的生产。后者如辊磨，依靠抹研力进行研磨分散，可用于黏度很高甚至成膏状物料的生产。高速分散机也是研磨分散设备，不带研磨介质。它主要用来与砂磨机配合，起预分散作用。除高速分散机外，目前常用的研磨分散设备有砂磨机、三辊磨和球磨机。

砂磨机于 20 世纪 50 年代首先在美国问世。最初是开启式，使用天然沙子作研磨介质，故名砂磨机。后来虽使用玻璃珠等人造研磨介质，有人称之为珠磨机，但习惯上以及一些标准还是称其为砂磨机。20 世纪 60 年代，上海、天津两地涂料企业开始从国外引进开启式砂磨机并自制，1968 年，重庆产 80L 立式开启式砂磨机开始批量生产。由于砂磨机具有生产效率高、能耗低、操作容易、能连续生产等优点，很快在全国涂料行业得到推广。以后又有引进的和国产的立式密闭砂磨机、卧式砂磨机、各式棒销式砂磨机和篮式砂磨机等多种砂磨机，在全国各地的涂料企业中投入生产。各种砂磨机早已取代三辊磨和球磨机，成为涂料生产中最主要的、占垄断地位的研磨分散设备。

三辊磨是使用历史久远的研磨分散设备，球磨机是最古老的研磨分散设备之一，它们曾经是色漆生产中主要的或重要的研磨分散设备。可是自从各种形式砂磨机推广和普及后，如今它们的应用日渐萎缩。只是由于它们自身仍有一些难以替代的优点，所以尚在少数品种和特殊情况下得以使用。如用三辊磨制造少量调色浆，用球磨机生产毒性大的船舶漆等。

2. 立式开启式砂磨机

立式开启式砂磨机是砂磨机中应用最早，而且至今仍在广泛使用的砂磨机。

(1) 砂磨机的工作原理　立式开启式砂磨机主要由带夹套的筒体、分散轴、分散盘及平衡轮等组成（见图 4-1-73）。分散轴上安装若干（如 8～10 个）分散盘，轴下端的平衡轮对分散轴起一定的稳定作用，但也有一些砂磨机不用平衡轮。筒体中投入适量的玻璃珠或其他研磨介质。经预分散的漆浆用送料泵从筒体底部输入，送料泵的流量可以调节。一旦漆浆送入，立即启动砂磨机，分散轴带动分散盘高速旋转，分散盘外缘的圆周速度达到 10m/s 左右（分散轴转速因分散盘大小不同，通常在 600～1500r/min 范围内）。靠近分散盘表面的漆浆和玻璃珠受黏度阻力作用随着分散盘运转，抛向砂磨机的筒壁，又返回到中心区。这时形成的湍流总体流型，如图 4-1-73 所示，可大体描述为双环滚动方式。这种双环滚动产生良好的研磨分散效果，特别是在靠近分散盘表面处，以及分散盘外缘与筒壁之间的区域。漆浆在上升过程中，多次回转于两个分散盘之间作高度湍流运动。颜料粒子在这里受到高速运动玻璃珠的剪切和冲击作用，使颜料分散在漆料中。分散后的漆浆通过筛网从出口溢出，玻璃珠则被筛网截留。

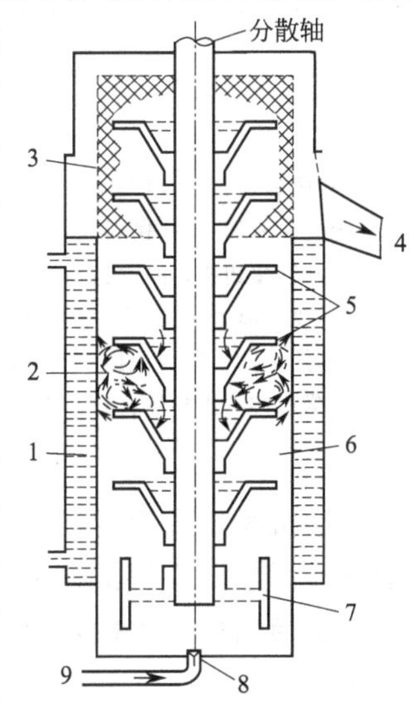

图 4-1-73　砂磨机工作原理
1—水夹套；2—两分散盘间漆浆的典型流型；3—筛网（顶筛）；4—分散后漆浆出口；5—分散盘；6—漆浆和研磨介质混合物；7—平衡轮；8—底阀；9—经预分散的漆浆入口

砂磨机的工作效率高，比球磨机要高出很多倍，究其原因，一是因为研磨介质在砂磨机中获得了高速度（约 10m/s），所以作用在研磨介质球体上的离心力要比重力大几十倍甚至一百多倍，使球体间相互碰撞、摩擦产生很强的冲击和剪切作用。二是虽然研磨介质球体直径很小（大多为 1～3mm），但数量却非常之多。所以在筒体单位容积中研磨介质互相碰撞的接触点很多。无数高速运动的小球，都在努力工作，整机的工效自然很高。

若漆浆经一次分散仍未达到要求的细度，可将流入漆浆罐的漆浆用泵送回砂磨机再作分散，直至合格为止。也可将几台砂磨机串联安装，使漆浆一次通过即可达到需要的细度。这样操作简单，可提高产量和产品质量，使生产更加连续化，适用于大批量生产。串联砂磨的数量，以 2 台、3 台居多，国内最多有达到 6 台的（此时如其中有 1 台临时损坏，通过阀门切换将其甩掉，并不影响生产）。漆浆在砂磨机中受到分散盘和玻璃珠等研磨介质的激烈搅拌，必然会引起温度升高，导致溶剂挥发，既浪费物料，又污染了环境，严重时还会影响产品质量，甚至使漆浆胶凝化。所以砂磨机的筒体装有夹套，可通水（或冷冻水）进行冷却，以保持砂磨机筒体内漆浆的温度在许可的范围内。

(2) 设备结构　立式开启式砂磨机整机主要由机身、主电机、传动部件、筒体、分散器、送料系统和电器操纵系统组成。图 4-1-74 为国内广为使用的 SK80-2 立式砂磨机的结构。

① 机身　是用来安装和固定传动部件和筒体等砂磨机所有的零部件的构件，国产砂

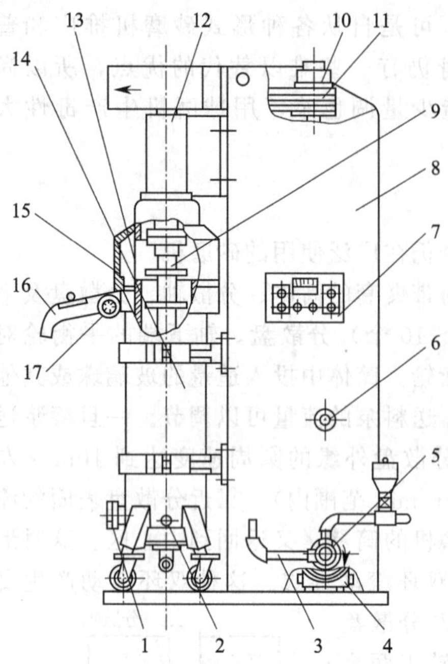

图 4-1-74 SK80-2 立式砂磨机的结构

1—放料放砂口；2—冷却水进口；3—进料管；4—无级变速器；5—送料泵；6—调速手轮；7—操纵按钮板；8—机身；9—分散器；10—离心离合器；11—主电机；12—传动部件；13—筛网；14—筒体；15—筛网罩；16—出料嘴；17—出料温度计

磨机早期曾用过整体铸造的铸铁机身，因制造周期长，过于笨重，现已被钢板焊接机身取代。机身一般用地脚螺栓固定。近年也有一些新型砂磨机，注明无需地脚螺栓，只要摆平即可。

② 主电机　主电机为驱动砂磨机分散轴的动力源。按使用场所有无防爆要求，常选用封闭型或隔爆型三相异步电动机。

③ 传动部件　传动部件主要包括 V 带和 V 带轮、传动轴、轴承座及联轴器等。在立式砂磨机中，由于玻璃珠沉底等原因，启动比较困难，启动电流很大，容易烧坏电机及电器，损坏机件（如断轴），也对车间电网造成冲击。为解决这个问题，有的砂磨机在主电机轴上装上离心离合器或液力耦合器。由于离心离合器在启动时因摩擦而产生的噪声大，摩擦片的磨损也较严重，所以近年逐渐被性能比较先进的液力耦合器所取代。

液力耦合器是一种动力式液力传动元件，其作用似乎像联轴器，但其功能要超出联轴器很多。如改善了启动性能和过载保护等耦合器特性，都是联轴器所没有的。此外，由于降低了电机的启动电流，缩短了启动时间，可适当降低砂磨机的装机功率，同时也起到了节电的效果。

④ 筒体

a. 筒体的结构　筒体通常由内筒和夹套焊接而成。砂磨机长期使用后，筒体内壁被磨损，对应各分散盘的位置，磨损成沟槽形状，严重时会磨穿而漏水。内筒损坏可卸下，换上新内筒，焊接后重新使用。近年有一种装配式筒体面世，夹套与内筒不焊接，内筒上下部位依靠 2 个橡胶 O 形密封圈与夹套密封，更换内筒比较方便。

b. 底阀　筒体底部设有底阀（单向阀）（图4-1-75）。由泵输送的物料打开此阀进入筒体，泵停止送料时，在弹簧和阀芯自重的作用下，阀门关闭，以防止物料和研磨介质倒流。

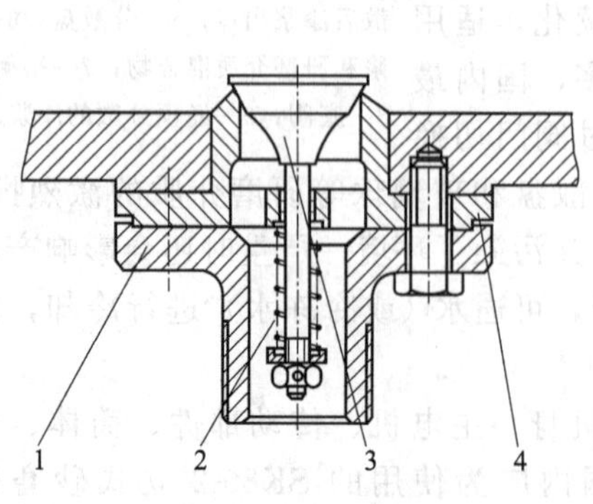

图 4-1-75 底阀

1—进料接管；2—弹簧；3—阀芯；4—阀座

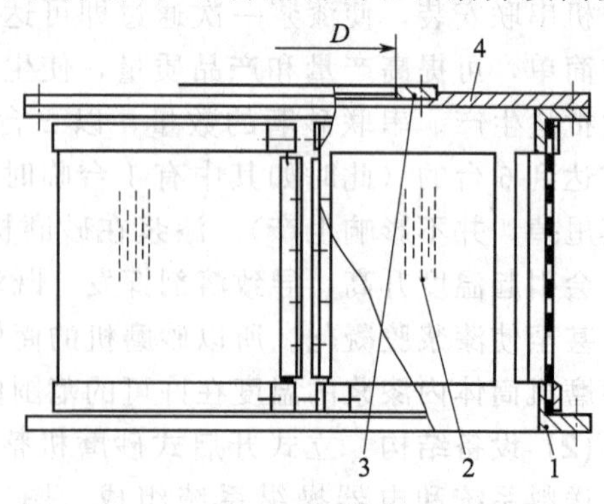

图 4-1-76 出料筛网

1—筛网架；2—筛网片；3—分离圈；4—筛网盖

此阀内狭窄处易挂住杂物，以致阻力增加，进料不畅。故要常予清理。

c. 出料筛网（顶筛）　筒体顶部有出料筛网，也称顶筛。其作用是挡住研磨介质，只让漆浆通过。筛网片常用 0.5mm 厚的不锈钢板制作，上面密布冲压出来的条状缝隙，缝宽大多为 0.5mm。为便于装拆，顶筛都制成两个半圆状，如图 4-1-76 所示。显然，组成顶筛的筛网架、筛网片、分离圈和筛网盖都是对开，而且是对称的。

d. 筒体的材料　筒体内筒的材料主要有碳钢、不锈钢及碳钢加聚氨酯塑料衬里 3 种，碳钢价廉，使用最普遍；不锈钢内筒适用于水性涂料；聚氨酯塑料有很好的耐磨性、耐腐蚀，可防金属离子沾染物料，在染料行业使用较多，在涂料行业使用时要考虑某些溶剂可能会使其产生溶胀。

⑤ 分散器

a. 分散器的组成和结构　分散器由分散轴、分散盘、平衡轮和联轴器等零件装配而成，是砂磨机的主要工作部件。图 4-1-77 是国产砂磨机的一种分散器。分散盘通过圆柱键与分散轴联结，各分散盘被撑套间隔开（图示为带三爪的 A 型撑套，也可用不带三爪的撑套）。

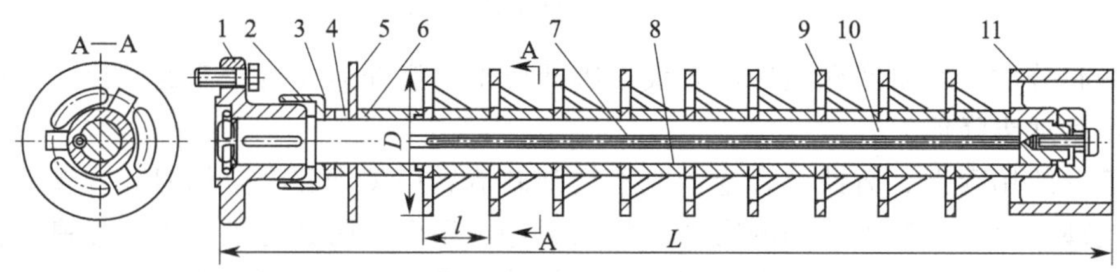

图 4-1-77　分散器

1—联轴器；2—分离器；3—调整垫圈；4—垫圈；5—稳流盘；6—撑套；7—圆柱键；8—A 型撑套；9—分散盘；10—分散轴；11—平衡轮

b. 分散盘　分散盘是带动研磨介质和物料在砂磨机筒体中运动从而完成研磨分散过程的构件，在立式砂磨机中常用的分散盘主要有 3 种，如图 4-1-78 所示。图 4-1-78 中 A 型是带三爪圆环盘，也称塔形分散盘，3 个爪有较强的搅拌作用，适用于黏度较低的物料，因形状复杂，一般需铸造成型。B 型是开圆孔平盘。C 型是开长槽平盘，它们适用于中、高黏度物料。一般认为开长槽平盘优于开圆孔平盘，目前应用最广。平盘结构简单，便于加工，无论采用硬质材料制作或将制成品经热处理提高硬度，表面均可磨光，增强了耐磨性。还有一种折中的方案，在开长槽平盘下面装带轴孔的三爪撑套，以加强搅拌效果，也较适用于低黏度的物料。

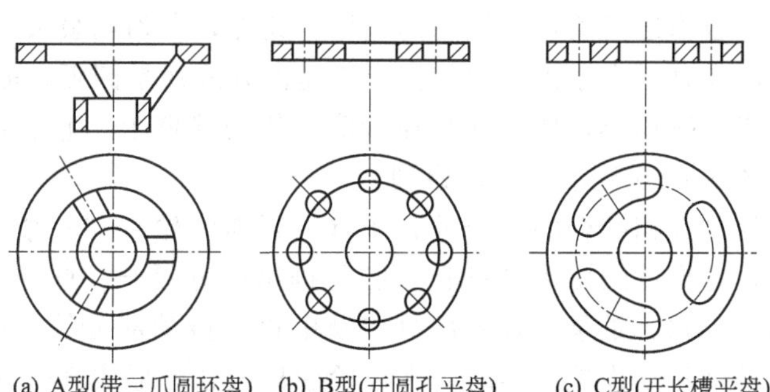

(a) A型(带三爪圆环盘)　(b) B型(开圆孔平盘)　(c) C型(开长槽平盘)

图 4-1-78　立式砂磨机常用分散盘

此外，还有一种宜用于高黏度物料的偏心分散盘（图 4-1-79）。也称偏心平盘或偏心环轮型分散盘。它们按顺序装在分散轴上，呈螺旋线排列。3 个为一组，一般装 9～15 个为一套。

与不偏心的分散盘比较，这种偏心平盘在运转时除剪切力外增加了撞击力，它迎面的一侧都在撞击研磨介质。而且运动和撞击的范围相当大。提高了研磨分散效率。另外，当物料黏度较高时，使用一般的分散盘易形成研磨介质在筒体出口处积聚的现象，而偏心分散盘组合成的螺旋形，能把研磨介质推向筒体入口侧。所以偏心分散盘适用于高黏度物料。

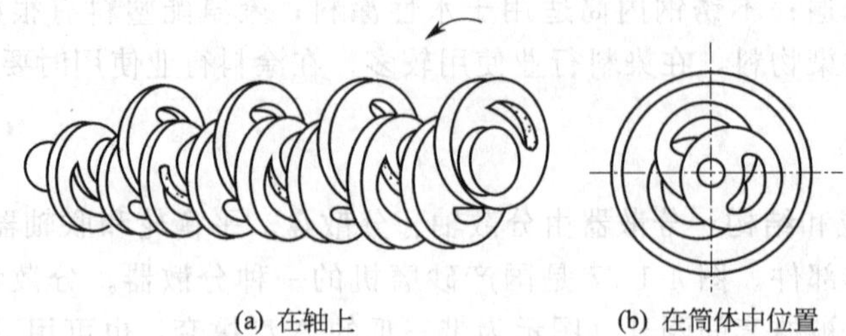

(a) 在轴上　(b) 在筒体中位置

图 4-1-79　偏心分散盘配置

由于偏心分散盘对研磨介质冲击较大，因此要求研磨介质应有较高的强度，同时，分散轴的转速也宜适当降低。

分散盘一般用碳钢、铸铁、合金钢或不锈钢制造。用碳钢和合金钢时，大多施以热处理或化学热处理，以提高其硬度和耐磨性。铸铁最好选用合金耐磨铸铁，硬度较高，而且从表面到内层都很耐磨。不锈钢分散盘大多用于水性漆。还有一种碳钢涂覆聚氨酯塑料分散盘，非常耐磨，而且耐腐蚀，它可以避免因磨损掉下金属粉末而沾污物料。需要注意的是，覆层材料在某些强溶剂中长期浸泡，有可能出现溶胀现象，必要时可先做试验。

20L 以上的立式砂磨机大多装 8～10 个分散盘。有的砂磨机，最上面的 1～3 个分散盘直径比其余的大；还有一些砂磨机，在分散盘上方安装了 1～2 个不开孔的圆盘（图 4-1-77 中称稳流盘），原意是为避免或减少研磨介质从砂磨机中迸出，因使用效果不佳，现大多不用。

⑥ 送料系统　送料系统由送料泵和变速装置组成。

a. 送料泵　用于砂磨机送料的泵主要有内齿泵、滚子变量泵、单螺杆泵和气动隔膜泵。内齿泵最常用；滚子变量泵通过调节转子偏心，自身可调节流量，不用配置变速装置；单螺杆泵适用于高黏度物料，目前主要用来为水性涂料送料，因其定子多为橡胶制，长期在溶剂中使用可能要溶胀；气动隔膜泵无泄漏，通过调节气压就可方便地调节流量，目前大多用于密闭式砂磨机，特别适合输送对剪切力敏感的液体。此外，电动隔膜泵和齿轮泵也可使用。

与砂磨机配套的内齿泵，由于内齿轮的齿形不是渐开线而是圆弧，故常称之为内圆弧齿轮泵。它结构简单紧凑，体积小，便于安装在砂磨机机身侧壁上。它适用范围广且造价低，因而应用十分普遍。图 4-1-80 显示其工作原理。

内齿泵的主要零件是互相啮合的一个外转子（内圆弧齿轮）和一个内转子（从动齿轮）及其间的一个月形件，月形件的作用是将吸入腔与排出腔分隔开。此外，组成一台送料泵，还有泵体、泵盖、轴、心轴、轴承、轴封部分以及电机、传动部分等。内齿泵的工作原理：当主动的内圆弧齿轮带动从动齿轮旋转时，在齿轮脱离啮合处形成部分真空而吸入液体，当主动齿轮和从动齿轮转到与月形件接触后，齿槽所形成的封闭容积不再变化，然后齿轮进入啮合，液体受挤压致压力升高而被排出。

从以上工作原理可知，若泵的旋转方向改变，泵的进口与出口将互换。所以泵的转向一

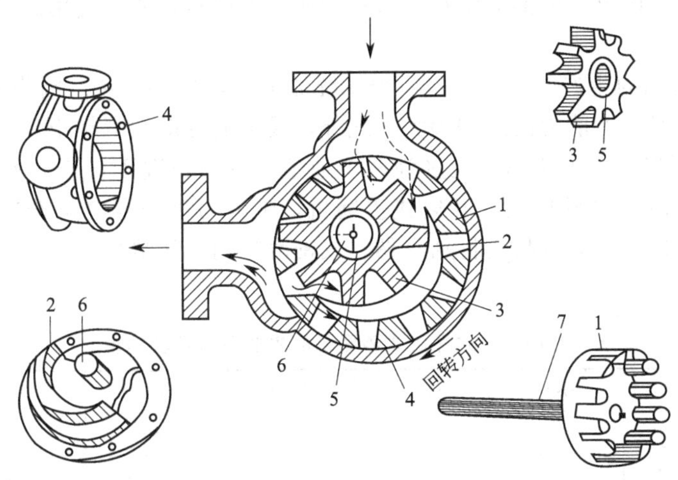

图 4-1-80 内齿泵的工作原理

1—内圆弧齿轮（主动）；2—月形件；3—从动齿轮；4—泵体；5—轴套；6—心轴；7—轴

定不能搞错。有的内齿泵，为安全起见，在泵轴的连接处设置了安全剪切销，此销的材质为尼龙-6或硬聚氯乙烯（亦可用毛竹或硬木代替），当泵内进入异物（如棉纱、钉子等）或其他原因将泵卡死（如长期不用漆浆干涸）时，安全剪切销即被剪断，从而保护了设备。内齿泵的轴封大多为软填料密封，应使用质量好的软填料（如碳纤维填料），精心维护，以防泄漏。

b. 送料泵的变速装置　为了满足生产工艺的需要，送料泵的流量需能随时调节。对于大多数泵来说，调节流量就是调节泵的转速。目前较普遍使用的是机械无级变速装置。其中较常用的有钢球式无级变速器、齿链式无级变速器和带式无级变速器。前两者结构复杂，制造精度高，拆装比较困难，现应用逐渐减少。而带式无级变速器因结构简单，调速方便，无日常维护工作等优点得以推广。此外，由于变频器价格下降，电机变频调速也逐渐被采用。

⑦ 电气控制系统　由电气箱、操作按钮板等组成。

a. 控制程序

- 若主电机或泵电机其中之一因过载而断路时，另一电机也自动停车。
- 若泵电机不启动，则主电机不能启动，但可点动。

b. 电器配置

- 主电机、泵电机、按钮、电流表、指示灯可按生产工艺要求选用普通型或防爆型。
- 电气箱内电器为普通型，可根据现场条件将电器箱安装于车间配电室或其他合适位置，并按电气原理图敷设配线。

(3) 产品的型号示例

① 型号表示方法　如目前大量使用的SK80-2A，S代表砂磨机代号，K代表立式开启式（B代表立式密闭式）；80代表筒体有效容积（L）；2代表设计序号；A代表改进设计。

② 主要型号及基本参数　国内立式开启式砂磨机的生产厂家很多，产品型号、规格繁杂。据已收集的样本统计，砂磨机筒体有效容积，从2L起，最大到500L，其间5L、10L、20L、30L、40L、50L、60L、80L、120L、160L、300L等规格都有厂家生产。5L以下属实验室设备，以2L较常用，SK2小型砂磨机的电机功率为0.55kW，主轴转速为2800r/min，分散盘直径为72mm，分散盘可升降的高度范围为100mm。

涂料生产用立式开启式砂磨机的主要型号及基本参数见表4-1-13。其中又以SK80和

SK40 最常用。120L 以上的砂磨大多在非涂料行业（如染料行业）使用。此表也适用于立式密闭式砂磨机。

表 4-1-13 中所列的生产能力，也是一个笼统的范围，只供参考。因为漆浆的品种不同、颜料性能的差异，对生产能力的影响很大。此外，要求的分散细度越小，生产能力就越低。

表 4-1-13 中所列主电机功率，大多为两个数值。一般情况下，当砂磨机带液力耦合器时，选用较小的一挡。如 80L 立式开启式砂磨机，带液力耦合器时可选用 22kW 电机，不带时选用 30kW 电机。但如遇物料特别黏稠、或密度特别大等情况时，电机功率应按生产工艺要求选用。

表 4-1-13 立式开启式砂磨机的主要型号及基本参数

基本参数	SK10	SK20	SK40	SK60	SK80	SK120
筒体有效容积/L	10	20	40	60	80	120
主电机功率/kW	5.5,7.5	11,15	18.5,22	22,30	22,30	30,37
泵电机功率/kW	0.75	0.75～1.1	0.75～1.1	1.1～1.5	1.1～1.5	1.5
泵流量调节范围/(L/min)	1.5～12	2～16	3～24			
生产能力/(kg/h)	20～200	40～400	70～700	100～1000	120～1200	150～1500
分散细度/μm	1<分散细度<20					
物料黏度/Pa·s	SK<2					
分散轴转速/(r/min)	1440	1320	1020	930	830	650

(4) 立式开启式砂磨机的操作要点

① 运转前的检查事项

a. 检查主电机和泵电机的旋转方向是否正确（按机体和泵体上的箭头方向校正），在调校主电机旋转方向时，必须在未装分散器时进行，因为分散器不允许空车运行。

b. 检查冷却水进出口是否通畅。

c. 主电机 V 带出厂时为松弛状态，需重新调紧至合适程度。

d. 检查地脚螺栓及各紧固螺栓是否紧固可靠，磨筒是否已固定。

e. 检查送料泵配带的无级变速器的润滑等情况，盘动送料泵看是否能转动。

f. 打开砂磨机底部进料阀门。

g. 检查筒体、管道、阀门是否已清洗干净。

② 运转准备

a. 将漆浆用送料泵输入筒体内，约占筒体容积 1/3 左右。

b. 从筒体顶部加入研磨介质总装填量的一半左右，轻轻点动分散轴（旋转十几转即可），使漆浆和研磨介质混匀。

c. 加入全部研磨介质，装上筛网盖、分离圈及筛网罩。然后再轻微点动分散轴。研磨介质装填量（按堆积容积计）约占筒体有效容积的 60%～80%。

③ 试运转

a. 试运转的目的

- 检查机器各部分运转是否正常。
- 清除筒体、管道、阀门、送料泵等处内壁的油污及铁锈等杂物。

b. 试运转的方法和操作程序　供试运转的漆浆量约比筒体容积多 1 倍，时间约半小时。试运转时须注意检查机器的振动、噪声、温升等情况，如有异常，应查出原因予以消除。

试运转的操作程序是先启动送料泵，并将无级变速器调到最低速，等顶筛可见漆浆液面后停泵。用点动法启动砂磨机，待运转声音正常转入正常开机，即先开泵，后开砂磨机，调整送料泵的转速，以调节进料速度，保持顶筛的正常液面高度（大约在顶筛高度一半左右）。打开冷却水阀门，给砂磨机降温。

④ 投料运转

a. 投料运转的程序与试运转的程序相同。

b. 如为串联式砂磨，按上述步骤把所有的单机都检查一遍，然后逐台开动，待第一台磨运转正常后即开启第二台磨，依此类推。

c. 砂磨机运转正常后，可以开始检验漆浆细度，根据检测结果，确定研磨分散的道数。

⑤ 换色　由于生产条件有限，不可能每种颜色漆浆都有专用的砂磨机，因而换色操作不可避免。一般采取顺序套色操作，其方法是由浅到深。如套色操作不能满足要求，则需进行彻底清洗，一般先用漆料循环冲洗，再用适量的溶剂冲洗。同时要把盛漆浆的容器（漆盆）刷洗干净，以不影响下一产品的色相及质量为准。在实际生产中，对白漆及一些专用品种还是以专磨专用为好。

⑥ 停车

a. 研磨分散结束，关送料泵停止加料并关闭进料阀门，停主电机。

b. 关冷却水。冬天停车后，如有可能结冰则应将夹套冷却水放空，以免冻坏设备。

c. 用溶剂把顶筛刷洗干净，以免漆浆结皮堵塞筛孔。如发现破损应立即更换。

d. 停车时间较长时，应在停车前往筒体内输入适量漆料，以免下次启动困难。长期停车可输入溶剂清洗研磨介质，或将筒体内研磨介质和残余漆浆全部倒出，以防筒体内物料干涸、结块。倒出的研磨介质要用溶剂清洗干净。

(5) 立式开启式砂磨机使用注意事项

① 在筒体内没有物料和研磨介质时严禁启动。

② 经较长时间停车后开车，应检查顶筛有无干涸结皮，如有此现象，应用溶剂清洗干净，以免开车后漆浆从顶筛上方溢出（冒顶）。砂磨运行时也应常刷洗顶筛，发现破损及时更换。

③ 长期停车后开车，应检查分散器是否被漆浆和研磨介质卡住。如盘不动车可用泵输入溶剂予以溶解，然后再启动，不可强行启动，以免损坏设备。

④ 用溶剂清洗砂磨机时，分散器只能点动，因为分散盘和研磨介质在溶剂中连续运转磨损很快。

⑤ 研磨介质在装机前，应先过筛和清洗，以清除杂质及小于规格的粒子。砂磨机在使用过程中应经常注意研磨介质的磨损情况，不时予以清洗、过筛、补加或更新。

⑥ 使用液力耦合器时，要选用合适的油并经常关注油量的变化。

⑦ 移动砂磨筒体时，一定要注意安全，防止筒体倒下伤人。

⑧ 无级变速器严禁停车调速。

⑨ 严禁设备超负荷运转及带病运转。如发现设备各处有异常的温升、振动及噪声，应立即停车检查并排除故障。

⑩ 爱护设备，及时检查、维护。如检查调整传动V带的松紧程度；做好设备润滑工作；送料泵如有泄漏应及时调整或更换轴封软填料；分散盘严重磨损（外缘厚度小于2mm）后应抓紧更换，否则破损分散盘的尖锐边缘会打碎玻璃珠。为缩短停车时间，可准备成套分散器备用。

(6) 立式开启式砂磨机的优缺点

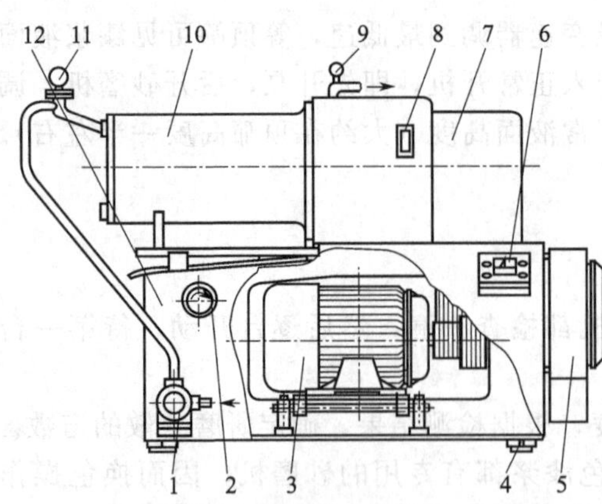

图 4-1-81 SW60-1 卧式砂磨机结构

1—送料泵（与无级变速器连接）；2—调速手轮；3—主电机；4—支脚；5—电器箱；6—操作按钮板；7—传动部件；8—油位窗；9—电接点温度表；10—主机；11—电接点压力表；12—机身

① 优点 立式开启式砂磨机结构简单，制作容易，造价较低。它产能大，运行可靠，且操作、维护、检修也很方便。

② 缺点

a. 不适应高黏度和高触变性物料 因是在常压下通过筛网出料，处理这两类物料将造成出料困难，会因“糊罗”而导致“冒顶”（即溢料）。开启式砂磨机一般只适用于处理黏度小于2Pa·s的物料。

b. 溶剂挥发比较严重 不仅损失物料，而且不利于环境保护和工人身体健康。

c. 要勤刷顶筛，比较麻烦 顶筛暴露在空气中，漆浆容易结皮，需时常用溶剂洗刷。

d. 研磨介质可能逸出 在操作不当时，研磨介质可能“冒顶”。平时也会有少许研磨介质从顶筛上部迸出来。

3. 卧式砂磨机

立式砂磨机还有一个难以解决的先天缺陷，就是研磨介质会沉底，以致停车易，启动难。因此也难以使用密度大的研磨介质。而卧式砂磨机，由于其筒体和分散轴系水平放置，就不存在上述缺陷。也因为是卧式，它在结构上只可能是密闭式。

20 世纪 70 年代国内开始引进卧式砂磨机，20 世纪 80 年代国产机型研制成功，然后逐渐形成系列产品，并得到广泛应用。

(1) 设备结构 卧式砂磨机由主机、主电机、传动部件、机身、送料系统和电气控制系统等组成。图 4-1-81 为 60L 卧式砂磨机结构。

① 主机 主机由筒体、分散轴、分散盘、出料机构、机械密封和轴承座等组成。图 4-1-82为 60L 卧式砂磨机主机结构。

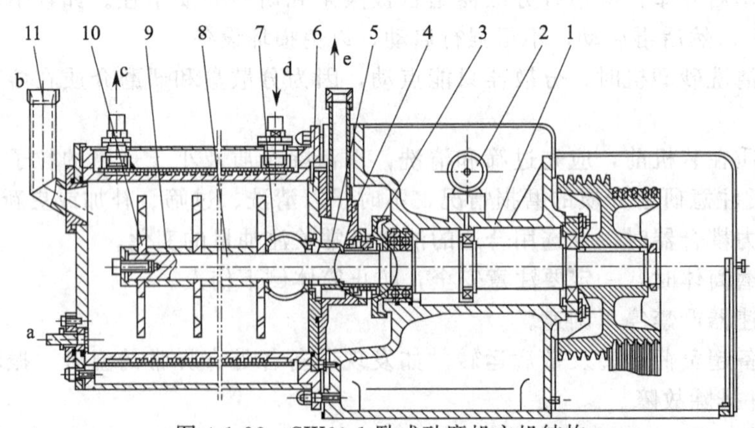

图 4-1-82 SW60-1 卧式砂磨机主机结构

1—轴承座；2—注油泵；3—机械密封；4—出料盘；5—出料罩；6—前端盖；7—出料筛圈；8—分散轴；9—撑套；10—分散盘；11—进料管；

a—放砂和放漆浆口；b—加料、加砂及压力表口；c—冷却水出口；d—冷却水入口；e—出料口

a. 筒体 筒体由不锈钢材料制成，分为内筒和外套。为提高冷却效果，采用了螺旋槽

冷却结构。内筒很容易从外套中取出，给维修和更换备件提供了方便。

b. 分散轴和分散盘　分散轴上装有数个分散盘。分散盘间用撑套支撑。60L卧式砂磨机采用的是多边形带长槽孔的分散盘，由于多边形和长槽孔同时传递动能以及黏度阻力的作用，使研磨介质球体产生剧烈的摩擦和碰撞，从而达到高效的研磨分散作用。分散盘安装时，制造厂家要求成对组装，如图4-1-83所示（因长槽孔一侧大、另一侧小）。

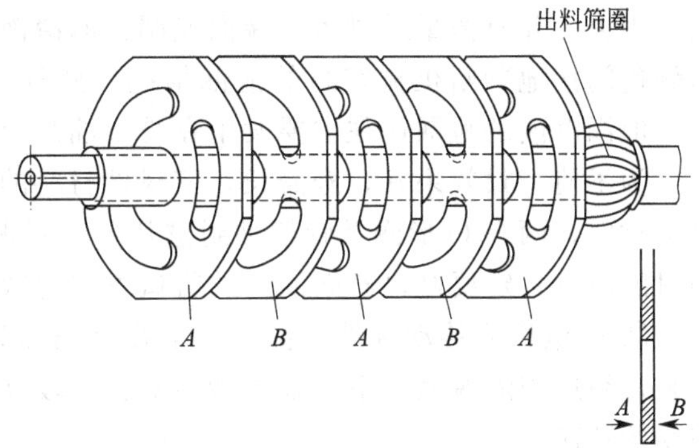

图4-1-83　SW60-1卧式砂磨机分散盘安装示意

c. 出料机构　60L卧式砂磨机的出料机构，包括出料筛圈和缝隙式动态分离器。

出料筛圈的外形像一个鼓，故也称鼓形筛圈。在弧形面上沿轴向有很多条很窄的缝，其宽度有0.4mm和0.6mm两种，用户可根据研磨介质直径选用（一般取缝隙宽度不大于研磨介质直径的1/3）。其外形如图4-1-83右端所示。也有用圆筒形筛圈的。

该筛圈有三大优点：一是出料面积较大；二是用耐磨材料（如硬质合金）制成，硬度很高，其窄缝用电火花法加工，经久耐用；三是不易被堵塞，因为筛圈快速旋转，且窄缝与旋转方向垂直，研磨介质粒子不易“塞”入此窄缝。

缝隙式动态分离器由内刮刀和外刮刀组成（见图4-1-84左端），也在出料。

d. 机械密封　卧式砂磨机的轴封，常用3种形式。对小容量砂磨机，可用结构比较简单的唇形密封圈密封（一般用2个密封圈），对大容量砂磨机或腐蚀性强的介质或要求特别高时，首选双端面机械密封。但双端面机械密封结构复杂，成本高；介于上述二者之间，采用经改善端面润滑条件的单端面机械密封，也是一种可行的选择。60L卧式砂磨机就是这样做的，图4-1-84为其机械密封部分结构图（左端是一个缝隙式动态分离器）。

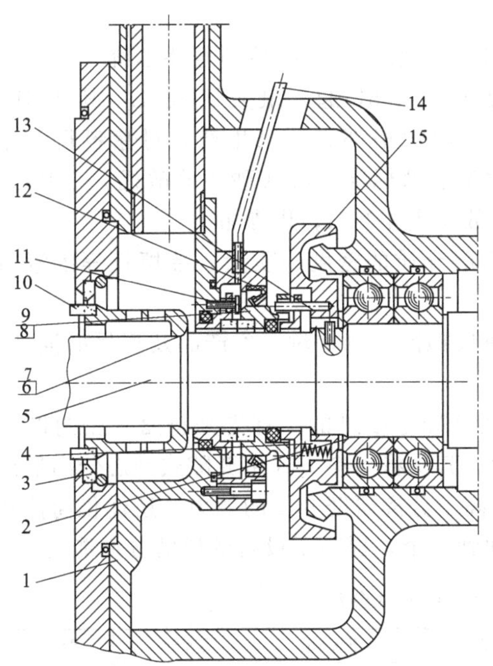

图4-1-84　SW60-1卧式砂磨机机械密封部分结构

1—出料盘；2—调整垫；3—外刮刀；4—小弹簧；5—压圈；6—静环；7—静环密封圈；8—动环密封圈；9—动环；10—内刮刀；11—防转销；12—骨架油封；13—传动销；14—油管；15—轴承保护圈（传动圈）

按照机械密封的分类方法，这套机械密封应称为外装、外流、旋转、平衡、多弹簧结构的单端面机械密封。与通常的单端面机械密封不同的是，它增加了一个骨架油封作为润滑液的动密封，从而改善了端面的润滑条件。可以用低黏度润滑油、煤油（必要时只好用溶剂）作润滑液。润滑液装在油箱内，借助由分散轴上偏心轮驱动的注油泵（隔膜泵）进行循环。油箱内设置了冷却盘管，可通水进行冷却。

由于介质压力和润滑液的压力都接近于零，在正常工作时，润滑液因黏度低并有渗透性，所以能克服离心力而渗入密封端面形成液膜。而介质（漆浆）中的溶剂也会渗入到密封端面中去，并有微量通过密封端面泄漏到润滑液中使润滑液改变颜色。因此，可以从润滑液的颜色间接地判断机械密封的泄漏情况。此外，如油箱油面窗液位下降，也表明润滑液泄漏。但润滑液的泄漏往往主要发生在骨架油封上，所以要经过检查分析，找出问题所在。

为了使密封效果好，寿命长，密封件材料的选用及质量至关重要。动环和静环采用硬质合金材料，两个O形圈及骨架油封选用氟橡胶材质，以防接触溶剂而溶胀。O形圈及骨架油封的质量一定要好，骨架油封的唇口不得有缺陷。

② 主电机和传动部件　主电机主要有隔爆型和封闭型两种，研磨分散含有有机溶剂的漆浆，须选用隔爆型。由于卧式砂磨机转速较高，只需用一级带传动就能把电机的转速降到需要的转速。

③ 机身　机身为钢焊接构件，用来固定和支撑主机、主电机、送料系统及电器箱等部件。

④ 送料系统　由送料泵和变速装置组成，与立式开启式砂磨机的送料系统基本相同。

⑤ 电气控制系统　由电器箱、操作按钮板、电接点压力表和电接点温度表等组成。电接点压力表和电接点温度表分别对进料压力和出料温度进行检测和监控，以保证主机安全运行。主电机和泵电机的控制程序及对电器配置的要求，基本上与立式开启式砂磨机相同。

(2) 产品的型号示例

① 型号表示方法　如SW60-1，S代表砂磨机代号，W代表卧式砂磨机，60代表筒体有效容积（L）；1代表设计序号。

② 部分型号及基本参数　国内卧式砂磨机的生产厂家很多，产品型号并不统一，规格繁杂。从已收集到的产品样本统计，砂磨机筒体容积从2.5L起，最大到250L，其间5L、15L、20L、25L、30L、40L、45L、50L、60L、70L等规格都有厂家生产。对涂料行业来说，以15～60L较常用，使用效果也较好。原化学工业部标准《卧式砂磨分散机》（HG 5-1618—1986）给出的SW系列砂磨分散机的基本参数见表4-1-14，供参考。

砂磨机的生产能力与物料性质、细度要求及研磨介质的密度、质量、装填量等因素有关，表中所列只是一个大致的范围。

③ 几点说明　以生产卧式砂磨机时间较长的重庆地区为例，对一些产品及型号的演变，作几点说明。

a. SW15-2砂磨机　SW15-2型是在SW15-1型基础上改进的。首先是将唇式密封圈密封改为机械密封，提高了密封的可靠性和使用寿命；其次将出料方式由缝隙式动态分离器出料改为鼓形筛圈和缝隙式动态分离器共同出料，提高了分离研磨介质的能力。还优化筒体几何尺寸，将筒体长度增加25%，分散盘由5个增加到6个，提高了设备的研磨分散能力。

表4-1-14　SW系列卧式砂磨机的基本参数

基本参数	SW5	SW15	SW30	SW45	SW60	SW90
筒体有效容积/L	5	15	30	45	60	90
主电机功率/kW	11	18.5	22	30	30	45
分散盘直径/mm	130	185	225	255	275	320
分散轴转速/(r/min)	1500～2300	800～1500	900～1200	800～1100	700～1000	600～800
泵电机功率/kW	1.1	1.1	1.1	1.1	1.5	1.5
泵流量调节范围/(L/min)	2～10	2～10	4～20	4～20	4～20	4～20
冷却水最大消耗量/(t/h)	1.5	1.5	1.5	2	2	2
生产能力/(kg/h)	12～120	30～300	50～500	70～700	100～1000	120～1200
物料黏度/Pa·s	≤10					
分散细度/μm	≤20					

b. SW60-1A砂磨机 SW60-1A型是SW60-1型基础上改进的。一方面优化了筒体的几何尺寸，筒体长度增加了25%，分散盘由7个增加到10个；另一方面将分散轴的转速由701r/min、908r/min增至740r/min、1100r/min，提高了分散盘的圆周速度。这两项改进，大幅度地提高了设备的研磨分散能力。

c. WM系列卧式砂磨机（表4-1-15） 在保留SW系列的同时，近年又推出WM系列，更适于处理黏度高、要求细度更小的产品。

表4-1-15 WM系列卧式砂磨机技术参数

技术参数	WM20A	WM30A	WM40A	WM50A
筒体有效容积/L	20	30	40	50
主电机功率/kW	22		30	
分散轴转速/(r/min)	1160,1530	1000,1300	890,1160	800,1100
分散盘个数	9	11	12	13
泵最大供气压力/MPa	0.7			
泵最大空气消耗量/(m^3/min)	0.3		0.6	
冷却水最大消耗量/(t/h)	1.5		2	
物料黏度/Pa·s	≤10			
进料能力/(L/min)	0～17		0～40	
生产能力/(kg/h)	40～400	50～600	70～700	100～1000

WM系列砂磨机采用气动隔膜泵送料；与SW系列相比，它的筒体较细长，同等容量下，用的分散盘较多，转速也略有提高。除表列规格外，近来有的厂家又推出WM5、WM15、WM60、WM90等品种。

(3) 卧式砂磨机使用注意事项

① 参照立式开启式砂磨机使用注意事项中的①、③、④、⑤、⑧和⑨项。

② 严禁开车时向筒体内添加研磨介质。

③ 由于安全装置（电接点压力表、电接点温度表）的作用而使设备停止运转时，必须查明原因，排除故障后才能重新开车，同时做好详细记录。

④ 要采取措施防止因物料结皮、干涸而使出料筛圈的狭缝堵塞，停车后要往筒体内注入溶剂清洗。如出料筛圈堵塞，要及时拆下清理。

⑤ 爱护设备，及时检查、维护。除参照立式开启式砂磨机部分的内容外，更换分散盘及撑套时要注意顺序位置和旋向，如不全部更换可将新件用在磨损严重处；机械密封润滑液（封液）按设备说明书选用，要特别关注机械密封在运行中有无泄漏。

(4) 卧式砂磨机的优缺点

① 优点

a. 与立式砂磨机相比较，容易启动，因而可以用密度大的研磨介质。

b. 研磨介质装量大（装填系数高达70%～90%），研磨分散效率高。

c. 清洗、换色、拆装方便。便于小批量、多品种生产。

d. 卧式砂磨机全是密闭式的，可用于处理高黏度物料和高触变性物料。溶剂挥发少，有利于环境保护。

e. 大多用鼓形筛圈和缝隙式动态分离器一起出料。出料面积较大且不易堵塞。

f. 运转平稳，噪声小。

g. 不用地脚螺栓，无需专门的基础，安装、移动都方便。

② 缺点

a. 研磨介质，特别是经磨损较小粒的，有向出料端集结的现象，尤其在研磨分散高黏度物料时，此现象更加严重。

b. 由于是卧式，一定要设置可靠的轴封装置（大多用机械密封），维修较困难且费用高。

4. 卧式锥形砂磨机

卧式锥形砂磨机近年来发展较快，故从卧式砂磨机中独立出来专门叙述。与卧式砂磨机比较，它主要是筒体从圆柱形变为圆锥台形，相应的分散盘的外圆直径也呈锥形排列，而它的其他部分结构，与卧式砂磨机相同。

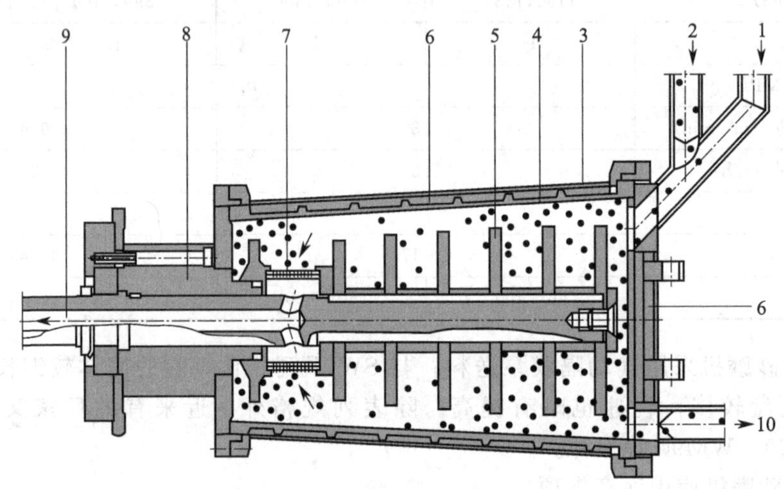

图 4-1-85 卧式锥形砂磨机结构

1—物料入口；2—研磨介质加入口；3—外壳；4—筒体；5—分散盘；6—冷却水通道；7—叠片式筛圈；8—机械密封；9—出料口；10—研磨介质放出口

(1) 设备结构及其优点 卧式锥形砂磨机的结构如图 4-1-85 所示。其筒体为圆锥台形，习惯上叫锥形，而且锥形的大头在进料口一侧，出料口在小头一侧。从进口到出口，分散盘的外径也逐渐缩小。

这种砂磨机在运转时，除了产生如图 4-1-73 所描绘的双环形滚动的流线外，研磨介质和密度大的粗大粒子因为离心力的作用以及甩向锥面后反弹的关系，有向锥体大头一端运动的倾向，消除了普通卧式砂磨机研磨介质向出料端集结的弊病，研磨介质沿砂磨机筒体轴向分布较均匀，加强了研磨分散的效果，同时也改善了出料装置和轴封的工作环境。

出料装置为叠片式筛圈［图 4-1-86(a)］，其缝隙宽度可以调整。筛圈挡住了研磨介质，分散好的物料从轴中心流出。该机使用四叶状分散盘，其外形如图 4-1-86(b) 所示。

砂磨机可通水进行冷却，筒体部分螺旋形通道提高了水的流速，强化了冷却效果。大头端盖上也能通水，增加了冷却面积。为防止端盖磨损，在其内侧覆盖了一层可更换的耐磨保护板。该机轴封采用双端面机械密封。

(2) 产品的型号示例 如 SWZ25-1 表示卧式锥形砂磨机，筒体有效容积为 25L，1 为设计序号。代表卧式锥形砂磨机的代号还有 WSZ、ZWS、FM 等。

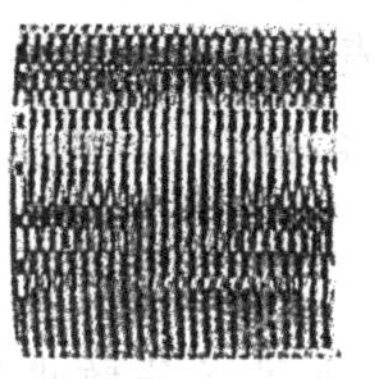

(a) 叠片式筛圈

(b) 四叶状分散盘

图 4-1-86 出料筛圈和分散盘

5. 研磨介质

砂磨机依靠研磨介质工作，所以只有合理地选用高质量的研磨介质，才能充分发挥砂磨机的研磨分散能力。

(1) 对研磨介质的一般要求　选用的研磨介质，应具有适当的密度，粒径大小在合适范围内，外观看上去既光又圆，没有杂质和气孔，化学稳定性好，而最重要的是不易碎裂（在正确使用条件下）和耐磨性好。研磨介质的碎裂和磨损危害很大：因为要经常进行筛选、补充及更换，增加费用，耽误生产；研磨介质碎末不但影响产品细度和质量，而且损坏分散盘、筒体等砂磨机零件及输送泵，使砂磨机的出料和轴封装置不能正常运行。研磨介质的价格要比较低，起码要性能价格比合理。

(2) 研磨介质的主要品种　研磨介质的品种很多，天然砂、铬钢珠（密度为 $8g/cm^3$）等都可以用作砂磨机的研磨介质，但目前常用的是玻璃珠和陶瓷珠。

① 玻璃珠　又分普通玻璃珠、增强玻璃珠（中性玻璃珠）和耐磨玻璃珠（氧化锆玻璃珠）等几种。普通玻璃珠系钠钙玻璃材质，比较便宜。目前应用较广的是增强玻璃珠，系硼硅酸盐玻璃材质，韧性好、耐磨、化学稳定性好，因 pH 值为 7.2，故又称中性玻璃珠，适合于中、低黏度物料的研磨分散。上述两种玻璃珠的密度为 $2.45\sim2.5g/cm^3$，堆积密度约为 $1.5g/cm^3$。

耐磨玻璃珠（氧化锆玻璃珠）属钠钙锆系玻璃材质，近年研制。它的密度较大，为 $2.7\sim2.8g/cm^3$（堆积密度约为 $1.65\sim1.7g/cm^3$），且硬度、抗压强度及耐磨性均优于上述两种玻璃珠，适合于中、高黏度物料的研磨分散。玻璃珠还有一个共同的优点是其磨损产物是看不见的。

玻璃珠的规格（直径）范围为 0.2～5mm。其间又分多挡，常用规格为 0.8～1.0mm、1.0～1.5mm、1.5～2.0mm、2.0～2.5mm 和 2.5～3.0mm 等几挡。

② 陶瓷珠　主要有氧化铝陶瓷珠和氧化锆陶瓷珠。

a. 氧化铝陶瓷珠　因 Al_2O_3 含量不同，密度也不同，约为 $3.5\sim3.9g/cm^3$，相应的堆积密度约为 $2.0\sim2.2g/cm^3$。

氧化铝陶瓷珠硬度大，对机件的磨损比较厉害，自身磨耗也较大。目前在砂磨机上应用不多。

b. 氧化锆陶瓷珠　氧化锆陶瓷珠内部结构均匀细致，表面光滑，密度高，韧性好，耐冲击，磨耗低。其耐磨性大大优于玻璃珠和氧化铝陶瓷珠。

常用氧化锆陶瓷珠的化学成分，ZrO_2 占 68.5%，SiO_2 占 31.5%。其密度约为 $3.76\sim4g/cm^3$，堆积密度约为 $2.3\sim2.4g/cm^3$。一种宜兴产品的规格（直径）有 0.6～1.0mm、0.8～1.25mm、1.0～1.6mm 和 1.6～2.5mm 共 4 档。

进口产品主要来自法国西普（SEPR）公司和以色列瑞米（RAMI）公司，产品资料称耐磨能力达到普通玻璃珠的5～10倍，产品规格档次较多，然而价格昂贵。

还有一种纯氧化锆珠，俗称锆珠，其特点是密度大，表面光滑，耐磨性好，不易破碎。

纯氧化锆珠的理论密度为6.09g/cm^3，实际密度为5.9g/cm^3，堆积密度约为3.5g/cm^3。由于密度过大，使用较少。

(3) 选择研磨介质的依据

① 研磨介质的密度　要根据物料的黏度、密度、固体含量及分散难易程度等因素综合考虑，选择密度合适的研磨介质。显然，对黏度高、密度大、固体含量高及难分散的漆浆，要用密度较大的研磨介质。如低黏度漆浆使用高密度研磨介质，无疑会导致过度磨损。

使用氧化锆陶瓷珠（密度为3.76g/cm^3），法国西普公司对浆料黏度提出要求：一般建议立式砂磨机的浆料黏度不低于0.8Pa·s，卧式砂磨机的浆料黏度不低于0.6 Pa·s。玻璃珠的密度一般不超过2.5g/cm^3，只适用于中、低黏度的漆浆。

② 研磨介质的粒径　根据实验和生产经验，对不易分散或要求分散细度小的漆浆，要选用粒径小的研磨介质；对容易分散或对分散细度要求不高的漆浆，可适当选用粒径较大的研磨介质。粒径较大的长处是机械强度大，不易碎，磨损后仍可继续使用，有利于降低生产成本，提高生产的连续性。

当然，珠子的直径也不能太小，否则它具有的动能太小，不足以分离颜料聚集体。此外珠子太小，还容易堵塞筛网等出料装置。一般建议最小粒径要大于出口缝隙宽度的2.5倍。

在串联砂磨机或多筒砂磨机上，研磨介质可采用前粗后细的方案，逐台减小粒径，以求得到既快又好的综合效果。

目前常用玻璃珠的粒径大多在1～3mm范围内。

③ 研磨介质的装填量　砂磨机要装多少研磨介质才合适呢？若装入太少，即装填系数（研磨介质堆积体积与砂磨机筒体有效容积之比）太低，分散效率自然很低。但装得太多，即装填系数超过一定限度时，物料占据的容积减少，研磨介质自身及对机件的磨损加剧，物料温度猛升，主电机负荷加大，连送料泵的压力也升高，这样非但不能提高分散效率，反而无法正常开车。

研磨介质的装填系数与物料的黏度、分散盘（或棒销）的圆周速度及机器结构等因素有关。一般的经验是物料黏度高，分散盘（或棒销）的圆周速度高，装填系数应稍低，反之则取较高值。

通常立式开启式砂磨机的装填系数可取65%～75%，特殊情况下可取60%～80%；立式密闭式砂磨机因没有“冒顶”问题，装填系数可取80%～85%；卧式砂磨机启动容易，装填系数可比立式砂磨机大些，一般可取80%～85%，特殊情况下可取90%。

确定装填系数后，就可算出研磨介质装填量（kg）。它等于砂磨机筒体有效容积（L）与装填系数及研磨介质堆积密度（g/cm^3 或 kg/L）的乘积。一般来说，只要砂磨机的温升、功率消耗等指标在合适的范围内，适度加大研磨介质装填量，有利于提高砂磨机的生产能力。通过多次生产实践，就能找到相应工艺条件下理想的研磨介质装填量。

6. 立式密闭式砂磨机

立式密闭式砂磨机和卧式砂磨机都是在密闭状态下带压操作，能在0.05～0.3MPa压力下强制出料，所以它能适应黏度高的物料和触变性物料。据化工行业标准HG/T2469—1993，立式密闭式砂磨机所处理的物料黏度小于10Pa·s。

根据出料方式不同，可将目前国产的立式密闭式砂磨机分为两种，一种是插入式窗式筛网出料方式，另一种是缝隙式动态分离器出料方式。

(1) 用插入式窗式筛网出料的立式密闭式砂磨机 这种砂磨机的代表机型是SB60-1（图4-1-87），它与开启式砂磨机的主要区别有两处，一是出料的顶筛变成筒体侧面的圆形筛网，称插入式窗式筛网；二是在筒体顶部增设了轴封装置，即密封箱，使筒体可带压操作。

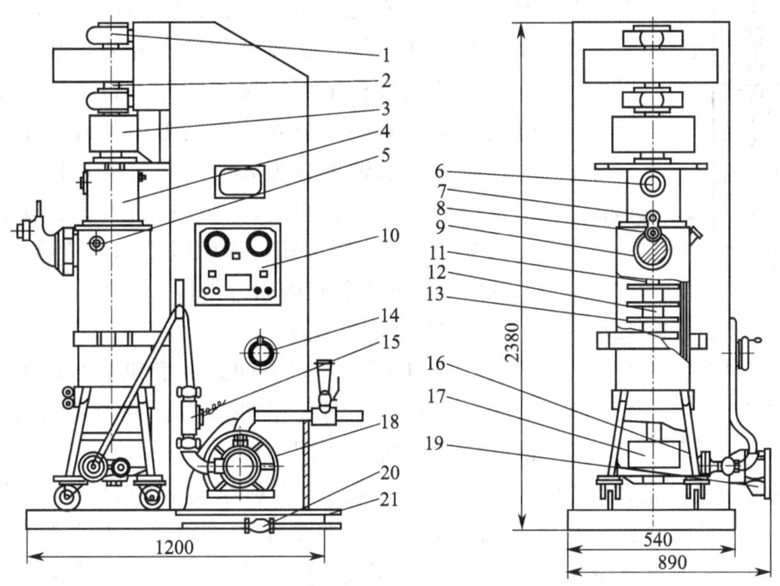

图4-1-87 立式密闭式砂磨机（用插入式窗式筛网出料）

1—轴承座；2—传动轴；3—弹性联轴器；4—密封箱；5—加砂口；6—视镜；7—温度计；8—出料口；9—筛网；10—操纵板；11—分散轴；12—隔套；13—分散盘；14—送料泵调速手轮；15—薄膜压力传感器；16—进料球阀；17—平衡轮；18—钢球无级变速器；19—送料（内齿）泵；20—水表；21—出水管

① 关于出料筛网 这种筛网一般面积较小出料阻力大，由于是静态出料，容易堵塞，特别是在分散黑浆和蓝浆时。再一个缺点是由于筛网在侧壁，受研磨介质磨损很厉害。

② 关于密封箱 密封箱上部为轴承座，内装2只轴承，以防分散轴摆动。密封箱下部安装一套双端面机械密封。机械密封浸在密封箱内的封液中，封液表面通入空气或惰性气体（由空压机或气体钢瓶提供），使其压力略大于砂磨筒内物料压力。密封箱内还有盘管，可通水冷却。这种砂磨机机械密封的工作条件很恶劣，因为它要密封的液体是带压的漆浆，漆浆内有大量的颜料粒子和破碎的研磨介质碎粒（碎砂），它们大多很硬，而且是“无孔不入”。它们能钻入运动零件与静止零件之间的各处间隙中，把各种零件磨坏，使机械密封失效。

由于出料筛网和机械密封都存在难以解决的问题，这种砂磨机已很少应用。

(2) 用缝隙式动态分离器出料的立式密闭式砂磨机

① 概况 图4-1-88为此类砂磨机的结构。缝隙式动态分离器设置在筒体中心部位的顶端，它由转子和定子组成，与机械密封的动环和静环不同的是转子与定子不接触，而是保持一定的较小的缝隙。图中为平面缝隙，也可以做成锥面缝隙，缝隙的大小可以调节，一般取值为研磨介质直径的1/3左右。由于转子随分散轴同步旋转，所以此缝隙不会堵塞，故称之为动态分离器，其缺点是出料面积较小。还有一种径向缝隙可用来出料，缝隙大小事先设定，不可调节。

经研磨分散的漆浆，在由送料泵提供的压力作用下，从这个动态的缝隙中“挤”出来，从出口排出。因缝隙较小，流动阻力大，漆浆的压降大，如漆浆出口尺寸较大，又通大气，则位于最上方的轴封装置，基本上不受压。因此，轴封装置除采用机械密封外，还可采取较

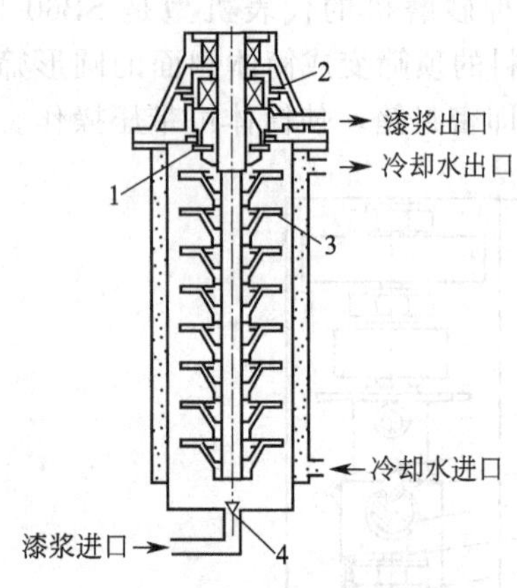

图 4-1-88　缝隙式动态分离器出料的立式密闭式砂磨机示意

1—缝隙式动态分离器；2—机械密封；3—分散盘；4—底阀

简单的软填料密封或皮碗密封（也叫唇形密封圈密封）等方式。

这种结构的砂磨机，虽然轴封装置的处境有些好转，但对缝隙式动态分离器的要求是很高的，因分离器的缝隙，既要能出料，又要挡住研磨介质，故要求这个缝隙在分散轴转动过程中，应保持间隙一致，否则如果这个间隙时大时小，就会把进入这个间隙内的碎研磨介质研碎。为此，要求分散轴要有很高的运转精度，以及各有关零件要用很硬的耐磨材料制造，并经精密加工、安装等。

为了加大出料面积，缝隙式动态分离器常与装在分散轴上的出料筛或出料筛圈联合出料。

② 选用注意事项

a. 鉴于国产立式密闭式砂磨机起步较晚，成功的经验较少，故在选用时要格外谨慎，除听取制造厂商介绍外，最好能了解现场使用情况。

b. 在选型时，要搞清砂磨机的主要结构，重点是出料结构和轴封结构。使用缝隙式动态分离器出料的砂磨机，其轴封承受的压力小，轴封的结构可简单一些；使用插入式窗式筛网出料的砂磨机，其轴封承受的压力大（一般不超过 0.3MPa），轴封结构要复杂些，大多采用双端面机械密封，外加一些阻挡研磨介质的措施。当砂磨机处理量较大时，只用缝隙式动态分离器，出料面积往往偏小，需附加一些其他的出料措施。

c. 材质的选择主要指砂磨机内筒和分散盘材质的选择。材质的选择要考虑耐磨及不掉色（即在研磨分散浅色漆浆时不影响色泽）。对立式密闭式砂磨机来说，结构的合理与否比材料的耐磨与否更重要。

d. 要选用质量高、耐磨、不易碎的研磨介质。碎的研磨介质会影响出料机构和轴封的正常工作，要经常予以清除或适时更换研磨介质。

e. 无论在选型或使用中，都要关注冷却问题。冷却水要有足够的压力和较低的温度，要采取各种措施（如降低进料黏度、减少研磨介质装填量），保证漆浆的出口温度不超过工艺许可的温度。对一些高黏度物料，只依靠降低冷却水温度往往不能满足工艺要求，此时需要加大冷却面积，如增加分散轴中心冷却。

f. 在操作中要经常检查轴封有无泄漏，工作是否正常。如为双端面机械密封，要选好合适的封液，保证封液的良好循环或封液液面上必需的压力。

g. 要关注出料结构的工作情况。筛网等的堵塞会导致砂磨机内压力升高，分散轴的异常摆动可能使缝隙式动态分离器研碎研磨介质。出现这些情况要停车，等排除故障后再启动。

7. 棒销式砂磨机

棒销式砂磨机因其搅拌部件不是分散盘而是短圆柱状的棒销而得名。因为棒销一般较短因而加大了分散轴直径，相应地缩小了定子（砂磨机筒体）与转子（分散轴或轴套）之间的距离，换言之，即棒销式砂磨机的磨室缝隙宽度要比使用分散盘的砂磨机小很多，因而磨室内的能量密度分布比较均匀，使研磨分散产品能获得较窄的粒度分布，这正好是高档漆产品所必需的性能。同时，磨室内的能量密度也显著提高，研磨分散的效果随之增强。

(1) 棒销式砂磨机的工作原理 在棒销式砂磨机的筒体内，高速旋转的转子连同旋转棒销带动物料和研磨介质运动，而筒体及固定棒销是静止的，物料一边伴随研磨介质旋转，一边被送料泵推动向出口流动，在这个过程中，物料受到强烈的撞击和剪切作用而被分散。

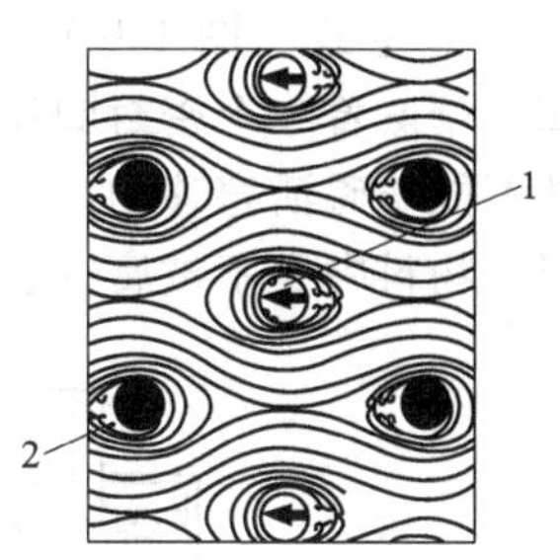

图 4-1-89 棒销与物料流动示意
1—旋转棒销；2—固定棒销

分散作用主要发生在旋转棒销与固定棒销间，在很小的距离内有很大的速度差（旋转棒销外端线速度一般为 5～8m/s），这个大的速度梯度产生很大的剪切力，促成了物料分散。从图 4-1-89 中可看出旋转棒销前进时物料流动流线的变化及产生的许多旋涡。

另外，在旋转棒销端部与筒体间，也存在速度梯度对物料起分散的作用。

(2) 棒销式砂磨机的结构 棒销式砂磨机有立式、卧式、卧式锥形等多种形式，现以立式为例说明其基本结构。图 4-1-90 是棒销式立式密闭砂磨机结构示意，旋转棒销装在圆环上，圆环装在分散轴上。在筒体上装有固定棒销（试验表明，如无固定棒销，分散效能大大降低）。另有一种结构是旋转棒销直接装在转子上，如图 4-1-91 所示。从图中可看出棒销在各个方位的布置情况。由于棒销在研磨介质中运转，所以要用很硬的耐磨的材料（如硬质合金）制造，并在其磨损后能方便地予以更换。

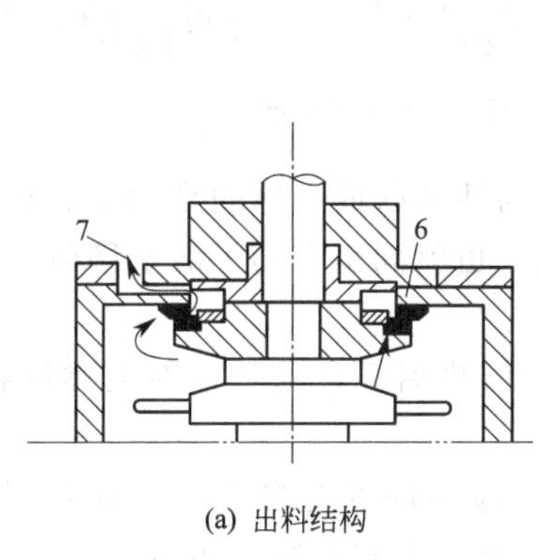

(a) 出料结构

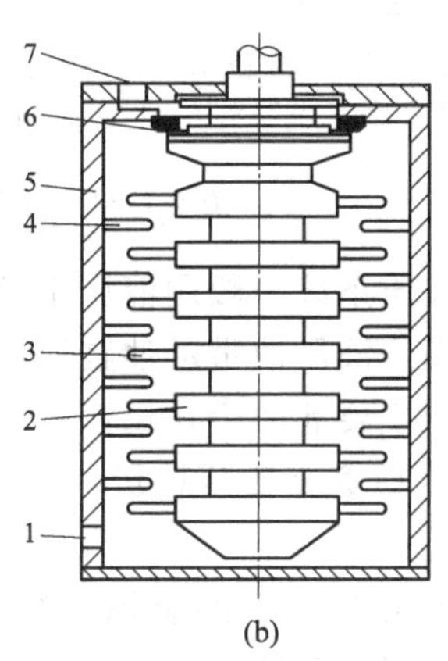

(b)

图 4-1-90 棒销式立式密闭砂磨机
1—漆浆入口；2—圆环；3—旋转棒销；4—固定棒销；5—筒体；6—缝隙式动态分离器；7—漆浆出口

这种砂磨机结构上的一个特点是除了筒体夹套可通水冷却外，其分散轴中心也可通水冷却，这一点对于散热较差的高黏度物料及热敏性物料尤为重要。此外，与普通砂磨机相比，它的有效容积减小，使用的研磨介质也少了，换色、清洗都比较方便。

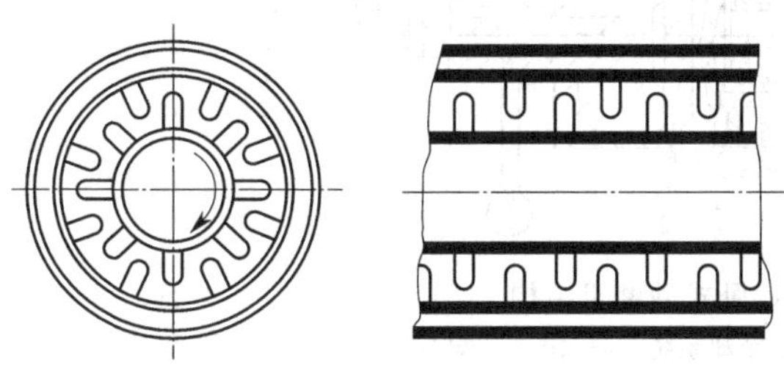
图 4-1-91 棒销布置

棒销式立式密闭砂磨机的其他结构，与一般立式密闭砂磨机大同小异。出料可用缝隙式动态分离器，或再加上筛圈等装置，以加大出料面积，也可用筛网出料。

(3) 可变容积的棒销式砂磨机 这种砂磨机是在原有立式、卧式或卧式锥形的棒销式砂磨机的基础上，增加了可调筒体容积的结构。

① 立式　图 4-1-92 所示为可变容积的棒销式立式砂磨机。在筒体底部有一个活塞，活塞上镶嵌着一个密封圈作活塞环用，活塞上下移动，随即改变了筒体的容积。活塞上密封圈既不能妨碍活塞移动，又要阻挡物料和研磨介质漏下来，所以对其材质有较高的要求，密封圈在物料中要不被腐蚀、不溶胀。

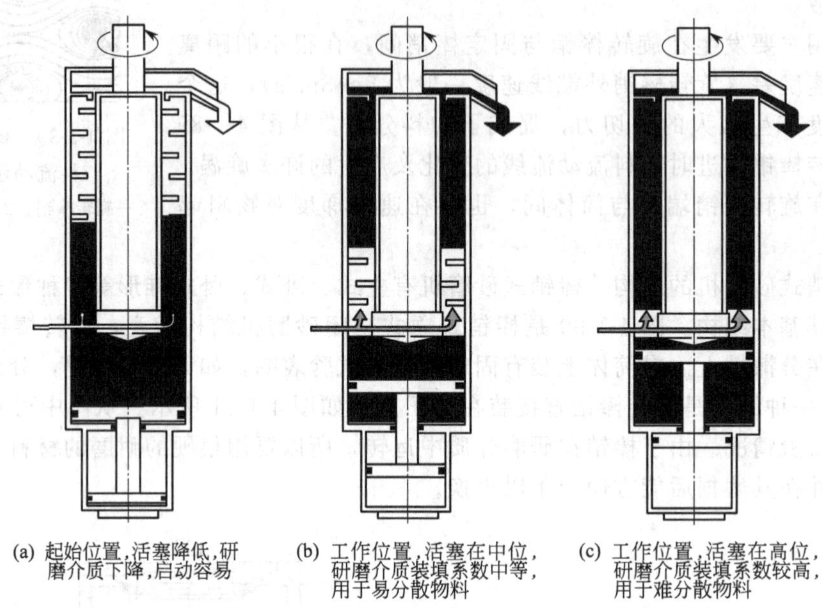

(a) 起始位置，活塞降低，研磨介质下降，启动容易
(b) 工作位置，活塞在中位，研磨介质装填系数中等，用于易分散物料
(c) 工作位置，活塞在高位，研磨介质装填系数较高，用于难分散物料

图 4-1-92　可变容积的棒销式立式砂磨机

驱动活塞的加压系统一般用液压来控制。与活塞联成一体的是油缸活塞，油缸活塞上镶嵌着耐油的密封圈，液压油带动油缸活塞移动，也就同步带动了活塞移动。

改变筒体容积主要起两个作用：

a. 减少磨室内研磨介质装填量，有利于砂磨机启动，这一点对高黏度物料及高密度物料尤为重要；

b. 改变磨室内研磨介质的装填系数，可适应不同的分散要求。如对于难分散的物料，一般需要较高的研磨介质装填系数。图 4-1-92 中，活塞不同位置的 3 个图形，比较形象地显示出可变容积所起的作用。

② 卧式　图 4-1-93 为 KWS-25C 棒销式卧式砂磨机。该机筒体容积可变，转动手轮可移动活塞，从而改变筒体容积（容积可调范围为 20～25L）。该机采用缝隙式动态分离器出

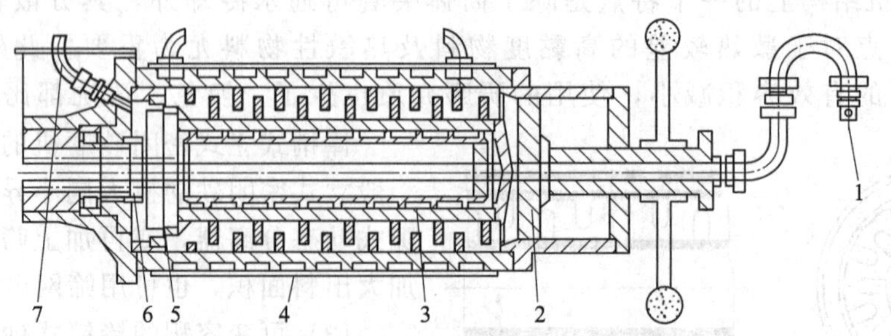

图 4-1-93　KWS-25C 卧式砂磨机结构

1—物料入口；2—活塞；3—转子冷却系统；4—定子冷却系统；5—动态分离器；6—机械密封；7—物料出口

料，轴封系双端面机械密封。该机结构上的又一特点是设置了双水内冷系统，除传统的定子（筒体）冷却外，肥大的中空转子也能通水冷却，也制成与定子相似的螺旋槽流道，因而即使在高生产率时，也能使筒体内温升不致太大。

（4）立式双层棒销式砂磨机（见图 4-1-94）

① 结构 该机的研磨室主要由可调速的内冷却转子、带夹套的定子及动态分离器组成。转子为圆柱罩形结构，其外侧排列着很多棒销，定子的外层内侧和内层外侧也排列着很多棒销，转子垂直放置在定子的内、外层之间，形成内、外两个研磨室。在转子上部，设有动态分离器。棒销用高硬度耐磨材料制成，采用螺纹连接予以固定。

工作时，漆浆由送料泵从中心送入，先后经过内、外两个研磨室的研磨分散，然后从上部通过动态分离器过滤，从出口流出。而研磨介质经转子上的螺旋回流槽，返回内研磨室，形成闭路循环。

这种砂磨机要用质量高、比较耐磨的研磨介质，粒径范围为 0.2～2mm。

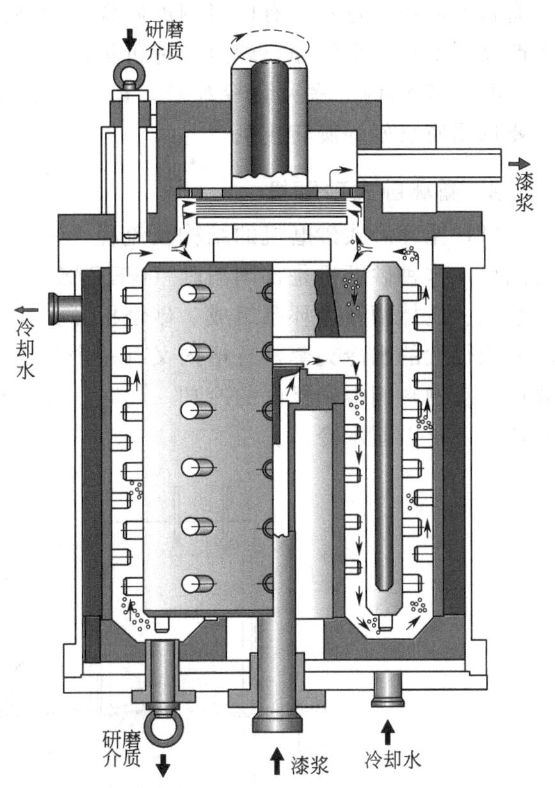

图 4-1-94 立式双层棒销式砂磨机

② 该机的一些特点

a. 磨室缝隙宽度较小，能量密度高，因而研磨分散效率高，能用来加工炭黑等难以分散的颜料和细度要求较高的漆浆。

b. 狭缝型磨室结构耗用的研磨介质少，筒体残留物也少，换色、清洗消耗溶剂少，使用成本低。

c. 定子和转子都能冷却，冷却效果好。

d. 主机采用变频调速，实现软启动，以达到高效、节能的效果。

e. 研磨筒体（定子）采用耐磨的高合金钢，不会污染产品，而且内胆可以更换，附设手动液压系统，便于拆装、清洗。

③ 其他机型 立式双层棒销式砂磨机除上述转子外侧、定子外层内侧和定子内层外侧共 3 个面上有棒销的结构外，还有 2 种结构：一种是转子外侧和内侧、定子外层内侧和定子内层外侧共 4 个面上都有棒销，这种机型结构复杂，能量密度高，如 12L 容积的砂磨机配用电机功率达 36～45kW；另一种只有转子外侧和定子外层内侧共 2 个面上有棒销，内研磨室只是 2 个光面组成的环状窄缝，称筒形剪切区。物料和研磨介质先经过外研磨室再到内研磨室，在向上流动（层流）过程中受到剪切力作用，有助于物料的磨光并均匀分散。

（5）关于型号及选用注意事项

① 型号 棒销式砂磨机种类很多，结构复杂，无论引进的或国产的，近年才逐渐多起来。国产机型目前品种不多，型号也不统一。有的制造厂将棒销式并入密闭式砂磨机内，不另给型号，只是在密闭式砂磨机中，注明分散盘式和棒销式两种。

② 棒销式砂磨机选用注意事项 棒销式砂磨机结构比较复杂而又独特，磨室内能量密度又高，所以它的磨损及发热都很厉害。除要恪守立式密闭式砂磨机的选用注意事项中的每一项外，更要着重注意下列事项。

a. 选用的必要性　只有因物料黏度高，要求细度小且有窄的粒度分布等条件，其他砂磨机难以胜任时，才选用棒销式砂磨机。

b. 研磨介质　棒销对研磨介质的冲击显然要比分散盘厉害得多，所以一定要选用好的、耐用的、密度较大的研磨介质。

c. 筒体及棒销材质　不只是棒销，连筒体的磨损都很严重，所以棒销和筒体都要用高耐磨材料制作。近年又有内衬耐磨陶瓷的筒体问世，不但耐磨，而且无金属离子污染，使研磨产品不变色，更纯净。缺点是造价很高。

d. 冷却结构　除夹套冷却外，最好还要有转子中心冷却装置，必要时通冷冻水冷却，还要选用质量好的旋转接头。

8. 循环卧式砂磨机

(1) 循环卧式砂磨机的结构及流程　图 4-1-95 为 LMZ 系列大流量循环卧式砂磨机结构及流程。这种砂磨机是德国耐驰（NETZSCH）公司开发的专利产品。该系统由棒销式卧式砂磨机、搅拌槽及循环泵组成。砂磨机在工作时，用泵进行大流量的循环。由于搅拌槽有冷却面积很大的水冷夹套，且槽内又有一个与槽壁间距很小的框式搅拌器在搅动，加上管路的散热，使物料能得到极好的冷却。同时，砂磨机筒体仍有水冷夹套可冷却，必要时，砂磨机的转子还可以通水冷却。

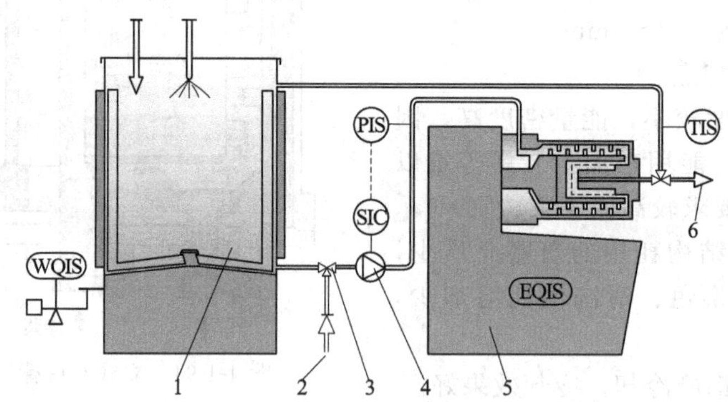

图 4-1-95　循环卧式砂磨机

1—搅拌槽；2—物料进口；3—三通阀；4—泵；5—卧式砂磨机；6—物料出口
PIS—压力指示开关；TIS—温度指示开关；SIC—转速指示、调节；
WQIS—质量积算、指示、联锁；EQIS—能量积算、指示、联锁

(2) 循环卧式砂磨机的特点

① 除砂磨机本身冷却外，采用了外循环冷却措施。所以特别适合研磨分散对温度敏感的产品。

② 它的出料结构采用了受专利保护的转子-缝隙筒分离装置，它位于高速旋转的转子内，过滤面积比一般砂磨机大得多，适用于大流量循环研磨分散工艺。带棒销的转子上，在棒销间开有若干条纵向长槽，研磨介质在离心力的作用下经这些长槽被抛向转子外边而不与缝隙筒接触，所以缝隙筒不易被研磨介质堵塞，也不易磨损，从而大大延长了缝隙筒以及砂磨机机械密封的寿命。

③ 可使用较小尺寸的研磨介质，研磨分散效率高，产品细度好。

④ 提高砂磨机的流量，缩短了物料颗粒在砂磨机内停留时间，从而使循环运行的工作方式得以实现，这样使产品的粒度分布范围变窄，提高了产品的质量档次，满足了像汽车高级面漆等高档产品的要求。

⑤ 产品能耗参数可以预先输入。操作时能量消耗达到设定值时，产品即已达到了要求的细度，自动停机，操作控制简单，产品质量重复性高。

⑥ 对于一些难分散的颜料，在传统的砂磨机中很难做到充分分散。而在循环卧式砂磨机中，经过多次循环可以将其彻底分散。从而提高了颜料的遮盖力，节约颜料用量。

(3) 循环卧式砂磨机的主要型号及技术参数（见表 4-1-16）。

表 4-1-16　LMZ 系列循环卧式砂磨机的主要型号及技术参数

型　　号	LMZ2	LMZ4	LMZ10	LMZ25	LMZ60	LMZ150
筒体容积/L	1.6	4	10	25	62	151
主电机功率/kW	4	13.5～15	17.5～22	36～45	70～90	160～256
加工批量/L	10	100	500	2000	>2000	>4000
转速/(r/min)	1200～2500	600～1800	700～1300	700～1000	500～640	
质量/kg	280	600	1300	2000	3500	6800

9. 篮式砂磨机

篮式砂磨机是一种新型的间歇操作的砂磨机，近年来在国内涂料生产中的应用逐渐增多。由于它的主要工作部件像个圆形篮子，故形象地称之为篮式砂磨机。按篮子在进行分散作业时的运动状态，可将篮式砂磨机分为篮子静止型和篮子旋转型两大类。因为目前国内生产和使用的大多是篮子静止型砂磨机，所以通常说的篮式砂磨机是指静止型的。

(1) 篮子静止型篮式砂磨机

① 结构和工作原理　篮式砂磨机的结构和工作原理如图 4-1-96 所示。该机主要由主电机、机身、操纵按钮板、传动部件、分散轴、篮子、分散棒、搅拌桨、液压升降系统、温度控制系统及与之配套的带水冷却夹套的活动漆浆罐组成。

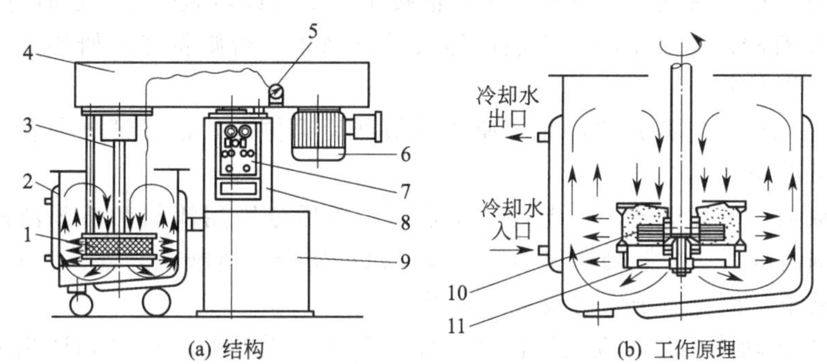

图 4-1-96　篮式砂磨机

1—篮子；2—带水冷却夹套的活动漆浆罐；3—分散轴；4—传动部件；5—温度控制系统；6—主电机；7—操纵按钮板；8—机身；9—液压升降系统；10—分散棒；11—搅拌桨

篮式砂磨机的外形像高速分散机。用油压升降的机头上固定着一个篮子，工作时篮子浸没在活动漆浆罐的漆浆中。篮子与活动漆浆罐斜底的最小间距必须大于 50mm，篮子外侧表面及底面系特制的筛网。筛网用断面为等腰梯形的耐磨金属窄条焊成。间隙呈内小外宽，小处间隙宽约 0.5mm。研磨介质装在篮子里，由旋转的分散棒带动运动。常见的分散棒分两层，共 8 个，相互交叉布置。分散棒要非常耐磨，常用硬质合金或聚四氟乙烯（内有钢芯）制成，后者不及前者耐用，主要用于浅色漆浆。

工作时，受到离心力的作用，研磨介质和漆浆一起被甩出，研磨介质被筛网截留，在篮内又绕回到中心部位，形成循环。漆浆的流动如图 4-1-96 中箭头所示。篮子底部有搅拌桨，被分散轴带动旋转，将漆浆向下压向罐底，尔后从外围返回到篮子上部。再次从篮子上部中心环形区吸入，并从底部及侧面排出。漆浆在篮子里受到研磨介质的冲击和摩擦，起到研磨分散作用，直至达到要求的分散细度后，停止作业。

篮式砂磨机大多采用无级调速，分散轴转速可在设计范围内随意调节。一般都是低速启动，逐渐加速到形成旋涡的良好流动状态。在调整转速的同时，还可以调整篮子位置的高低，以活动漆浆罐罐边漆浆液面基本上成一平面，而不是成波浪形面为好。

活动漆浆罐的罐体及斜底（以利放净）上有夹套，要确保冷却水通畅，以除去研磨分散作业中产生的热量。该机设置了温度控制系统。当漆浆温度达到事先设定的最高允许温度时，主电机将自动切断电源。

② 产品的型号示例　目前，无论是从国外引进或是国产的篮式砂磨机，其主要型号是 SS-20（引进）和 LS-20（国产），它们基本上是相同的。

LS-20 表示篮式砂磨机，篮子的有效容积为 20L。它的主要技术参数如下：主电机功率为 15kW 或 22kW；调速方式为变频调速或电磁调速电机调速；分散轴转速为 63～630r/min；活动漆浆罐最大容积为 500L（混浆容量约为 200～400L）；机头升降行程为 900mm；油泵电机功率为 0.75～1.1kW；整机质量约为 2500kg。

此外，LS-10 和 LS-40 两种型号也已有厂家生产，其主电机功率为 11kW 和 30kW。

③ 篮式砂磨机使用注意事项

a. 开车前应对设备、电器、仪表、冷却水及研磨介质等做充分检查和准备。

b. 配制漆浆时，对炭黑等难以分散的颜料，宜用溶剂提前一天预先浸泡，使颜料得以充分湿润，第二天再加漆料和分散剂，用高速分散机进行预分散。

c. 此砂磨机可进行自动定时操作，定时值按工艺要求或经验确定。定时范围为 1～5h。

d. 当篮子没有浸入漆浆里时，不能高速转动分散轴，否则将造成研磨介质破碎以及下部滑动轴承发热和磨损。

e. 每次操作完毕，应将分散轴的转速调到最低后再停车，以保证分散轴在下次操作时能在低速状态下启动。

f. 分散结束后，升高篮子，拉走活动漆浆罐，然后分别用漆料和溶剂清洗篮子和研磨介质。当用溶剂清洗时，分散轴转速不应过高，以免研磨介质磨损。篮子清洗完毕后，宜用干净溶剂浸没篮子，以免篮子内的残余漆浆干涸结皮。

g. 如因超温自动停机时，应先按消除按钮，并相应做好处理后（如适当调高温度计读数或解决冷却水源等），再重新慢速启动分散轴。

h. 适当提高漆浆的黏度，有利于提高产量。

i. 应经常检查研磨介质的磨损情况，检查的方法是取走篮子上面的两件活动盖，用手插入研磨介质中，如果手上沾了较多的碎珠，说明研磨介质的磨损已有相当程度，就要放出篮子里的研磨介质，重新装上经筛选过的其他研磨介质。放出的研磨介质用溶剂清洗干净，过筛，除去杂质、碎片和小于规格的粒子，留待下次使用。

j. 经检查发现篮子内的研磨介质已经减少，不要简单地往篮子内添加，而应把研磨介质放出，重新加入合乎要求的研磨介质。放出的研磨介质清洗、筛选后留待下次使用。LS-20 型篮式砂磨机约装 15～20kg 玻璃珠（粒径 1.5～2mm）或 30kg 氧化锆陶瓷珠（粒径 0.8～1.2mm）。

④ 篮式砂磨机的优缺点

a. 优点

● 利用活动漆浆罐进行配料拌和和研磨分散，无需送料泵和连接管路，特别适用于小批量、多品种的生产。

● 工作时转速大多不高，机器运转平稳，噪声小。

● 整机的附属设备少，因而检修工作量也小。

● 对研磨介质的清洗和更换十分方便。篮子提起后，里面残留的漆浆少，减少了物料损失。

b. 缺点

● 间歇生产。

● 由于分散棒和篮子磨损较大，要用耐磨的材料制造，篮子的制造难度较大。

(2) 篮子旋转型篮式砂磨机

① 结构和工作原理　篮子旋转型篮式砂磨机的结构和工作原理如图 4-1-97 所示。该机结构的特点是采用了特殊的空心轴结构。进行分散作业时，空心轴 4 带着篮子 1 旋转，位于篮子内的磨盘 2 不动。漆浆从上部和下部吸入装有研磨介质的篮子内，受到离心力的作用，漆浆和研磨介质一起被甩出。漆浆通过篮子的缝隙，分上、下两路进行循环。如图 4-1-97 中箭头所示。篮子由上、下网板及周边网圈组成。总之，篮子上所有的缝隙都不许研磨介质粒子通过。于是，被甩出的研磨介质在周边网圈处碰壁后又绕回到中心部位，形成循环。

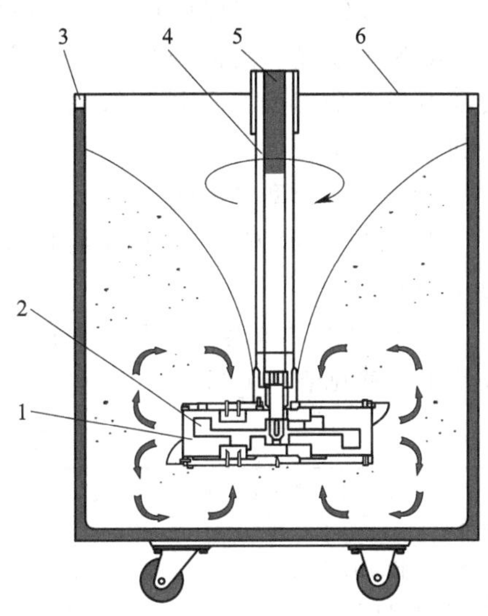

图 4-1-97　篮子旋转型篮式砂磨机

1—篮子；2—磨盘；3—带水冷却夹套的活动漆浆罐；4—空心轴；5—中心轴；6—密封盖

篮子外周边可加装螺带状叶片，加强活动漆浆罐内漆浆的流动，以适应黏度较高的产品。活动漆浆罐上可加密封盖，以减少溶剂挥发。

② 篮子旋转型篮式砂磨机的特点　除了也有上述篮子静止型篮式砂磨机的优缺点外，它还有以下特点。

a. 清洗更方便，便于换色或换产品　产品细度达到要求后，将篮子提升出液面，由于篮子可旋转，可甩净篮子内残留的漆浆。在用漆料或溶剂清洗时，篮子和磨盘以同方向不同的转速旋转，由于没有静止件，所以清洗彻底。篮子表面的杂物在离心力作用下容易被甩出或被洗刷下来。

b. 清洗时磨损小　由于篮子和磨盘同向旋转，清洗时对研磨介质和机件的磨损都较小。

③ 产品的型号示例　目前该机未见国产品种。德国耐驰（NETZSCH）公司 TM 系列的主要型号为 TM2、TM8、TM50 和 TM80，其主电机功率为 1.5kW、7.5kW、37kW 和 75kW。

10. 三辊磨

辊磨因辊筒数目不同而分为单辊磨、双辊磨（炼胶机）、三辊磨和五辊磨等几种。

三辊磨也称三辊机、三辊研磨机、三轴磨等，在辊磨家族中，它是应用最多的一种。

(1) 三辊磨的结构　三辊磨的主要部件为安装在机体上的 3 个辊筒。3 个辊筒的排列以水平布置居多。两个辊筒间的距离可根据工艺要求进行调节。一般是中辊在机体上固定，前辊（出料侧）和后辊（加料侧）都可以分别在机体的导轨上前后移动，进行调节。调节的方法可以手动（通过手轮和螺杆），也可以用液压调节。液压调节的三辊磨结构比较复杂，但调节方便，液压值能显示，减轻了操作的劳动强度。

除辊筒部件外，组成一台三辊磨还有机体、传动部件、调节部件、加料部件、出料部件、冷却部件、电器仪表及操纵系统等。

(2) 三辊磨的工作原理 在三辊磨中，颜料的研磨分散是从往慢辊与中辊之间的空间放入漆浆开始。由于辊筒向内转动，漆浆被拉向加料缝处。由于间隙越来越小，大部分漆浆都不能通过，被迫回到加料沟顶部，然后再一次被向内转动的辊筒带下去，形成在加料沟内不断翻滚，做循环流动，加料沟内这种循环流动，产生相当强的混合和剪切作用。而更强烈的剪切作用发生在通过加料缝的瞬间，因为加料缝的间隙很小（约 10～50μm），且相邻的两辊筒有一个速度差。此时，漆浆中的颜料团粒破裂，被分散到漆料中。通过加料缝的漆浆，小部分黏附在慢辊上，并回到加料沟。大部分黏附在中辊上，进入中辊与快辊之间的刮漆缝。

在刮漆缝，由于间隙更小，且快辊与中辊的速度差更大，故漆浆受到更为强烈的剪切作用，颜料团粒又一次被分散。通过刮漆缝的漆浆，小部分回到中辊，大部分转向快辊，最后被刮刀刮至刮刀架（出料斗），流入活动漆盆。若分散细度未达到要求，可再次循环操作，直到合格为止。

(3) 产品的型号示例

① 型号表示方法 如目前使用较多的 S405 型，S 代表系列三辊磨，其辊筒直径为 405mm。

② 部分型号及基本参数 目前国内三辊磨生产厂家并不多，部分上海产三辊磨的型号及基本参数见表 4-1-17。

表 4-1-17 三辊磨的基本参数

基 本 参 数	QH3E400	SM405	S405	S260	S150	S100
辊筒直径/mm	400	405	405	260	150	100
辊筒工作面长度/mm	1300	810	810	675	300	250
快辊转速/(r/min)	400	135.5	116	155.3	148	251
液压系统压力/MPa	6.17	—	—	—	—	—
主电机功率/kW	55	15	15	7.5	2.2	1.1
质量/kg	5120	5200	5000	2368	713	350

国内其他厂家的三辊磨产品系列，基本上与此表相似。只是有的厂家，多出一种实验室用小三辊磨，其型号为 S65，其技术参数为：辊筒直径 65mm；辊筒工作面长度 123mm；快辊转速约 250r/min；电机功率 0.75kW。另外，近来又有辊筒直径 260mm 和 150mm 的全液压三辊磨面世。

(4) 三辊磨的优缺点

① 优点

a. 能加工黏度很高的漆浆。

b. 适宜于对含有难分散颜料的漆浆进行分散。

c. 换色、清洗方便，特别适合小批量、多品种生产和研制。

d. 研磨分散质量高，能达到较高的细度，从而充分发挥颜料的着色力、遮盖力等特性，节省颜料用量。

② 缺点

a. 生产能力低。

b. 溶剂挥发大，不但浪费物料，而且污染环境，损害工人健康。

c. 机器庞大复杂，辊筒表面加工精度高而且需要中高，需要专门机床加工，维修、保养技术要求高。

d. 操作技术要求高，手工操作劳动量大，难以实现机械化。

e. 分散磨蚀性强的颜料时，辊筒表面被严重磨损。

f. 操作安全性差，容易造成人身或设备事故。所以要严防杂物、工具等落入运转的辊筒间或落入后用手取物，严防辊筒夹手，严禁戴手套操作。

11. 球磨机

目前涂料生产用的球磨机有卧式球磨机和立式球磨机两种，其中卧式球磨机应用较多。平常不指名说球磨机，就是指卧式球磨机。按操作方式，它们都属于间歇式。

(1) 卧式球磨机

① 设备结构和工作原理　球磨机由一个可旋转的水平状圆筒及内装的钢球等研磨介质组成。球磨机在运转时，圆筒中的球受到摩擦力及离心力的作用，提升到一定高度，然后滑落、滚落或泻落而下，球体与球体及球体与筒壁之间，频繁地发生相互撞击和相互摩擦，使颜料团粒受到撞击、挤压和强剪切作用，同时球间漆浆处于高度湍流状态，这样使颜料团粒逐渐分散到漆料中。球磨机运转中球的工作情况如图4-1-98所示。在正常转速下，球的泻落角约为45°，对于难分散颜料，可适当提高转速，使泻落角提高到60°左右。有的球磨机在圆筒内设置了几条防球回滑的挡板（也称提升板）。

球磨机在运转中，部分机械能变为热能，漆浆温度会有所上升。一般来说，由于温升使漆浆黏度下降有利于分散过程，但也要关注压力升高情况及漆浆对温度升高是否敏感。有的钢壁球磨机设置了冷却夹套，可通水进行冷却。

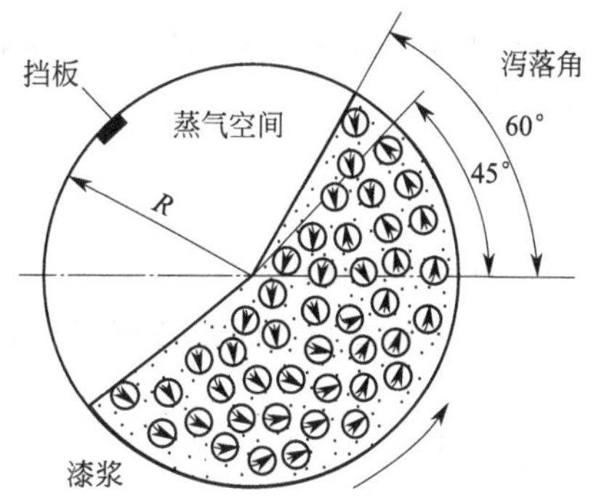

图 4-1-98　球磨机中球的工作情况

涂料生产用的球磨机，主要有两种类型——钢壁球磨机和钢壁石衬里球磨机，其结构如图 4-1-99 所示。图中（a）是钢壁球磨机，其圆筒部分用钢板焊制，两侧端盖为铸造的，与圆筒用铆钉或螺栓连接。也有圆筒和端盖全部采用钢板焊接结构。使用经验表明，全部采用焊接结构的球磨机，不仅要保证球磨机的两端轴头有较高的同轴度，而且要保证较高的焊接质量，以免焊缝产生裂纹以致出现漏漆的情况。钢壁球磨机可用钢球作研磨介质，但在运转中噪声极大。如用瓷球或鹅卵石，噪声减小。由于球磨机筒体和钢球在运转中都要磨损，显然普通钢壁球磨机不宜用来加工浅色漆浆。但不锈钢壁球磨机并用瓷球例外。图中（b）是钢壁石衬里球磨机，衬里大多用花岗石，一般先加工成弧形板块，再在现场用砌碹的方法镶拼在圆筒内，两端也砌花岗岩石板。这种球磨机使用瓷球或鹅卵石作研磨介质，运转中噪声较小。可用于生产白色、浅色漆浆以及工艺上不允许掺入金属粉末的产品。

② 影响球磨机分散效率的主要因素

a. 球磨机的转速　在球磨机中，一般装球至半满（以堆积体积计），装入漆浆后，漆浆超过球的表面部分，最多约占总容量的15%，球磨机静止时的状态见图 4-1-100(a)。球磨机运转后，其转速对圆筒内球的状态有很大的影响。在不同转速下，球的运动状态出现以下3 种情况。

● 泻落　转速适当时，球不断被提起，不断滑落或滚落，两者均发生在漆浆内。见图4-1-100(b)。

● 抛落　转速提高到一定程度时，一部分球从漆浆中飞出，在蒸气空间跌落。此时分散

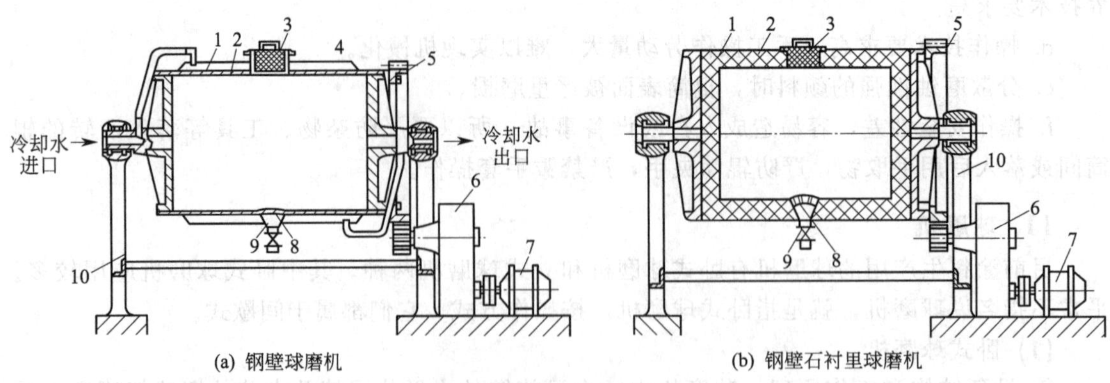

(a) 钢壁球磨机　　(b) 钢壁石衬里球磨机

图 4-1-99 两种球磨机结构

1—机体；2—衬里；3—加料孔；4—夹套；5—齿圈；6—减速机；7—电机；8—栅板；9—出料管及阀门；10—机架

效果很差，且易造成球和筒壁的破损。见图 4-1-100(c)。

• 离心　当转速进一步加快，达到某一限度，此时离心力起主导作用，球和漆浆均被甩起，贴附于筒壁上。此时处于相对静止状态，几乎完全没有分散作用。见图 4-1-100(d)。

导致球磨机达到离心状态的转速称临界转速，经理论推导的临界转速 $n_{临}$ (r/min) 可用下式计算：

$$n_{临}=\frac{42.3}{\sqrt{D}}$$

式中　D——筒体内径，m。

由于计算离心力时是按球极小且紧贴于筒壁上计算的，实际上球磨机内球很多，靠中部的球并不贴壁，同时可能存在滑动现象，使球难以与圆筒完全同步旋转，所以实际的临界转速比上式计算的要大些。

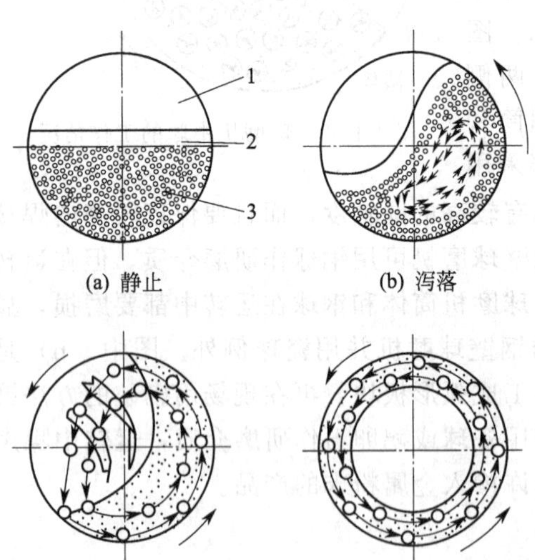

(a) 静止　(b) 泻落　(c) 抛落　(d) 离心

图 4-1-100 球磨机静止和不同转速下的几种状态

1—空间 35%；2—漆浆装量 35%（其中 20%在球的间隙中）；3—装球量 50%（以堆积体积计，其中 20%为空隙）

在上述 3 种球的运动状态中，形成泻落是颜料分散所希望的运动形式，而抛落和离心是不希望发生的。

球磨机是否处于最有效的运动状态，可以从运行中的噪声加以判断。噪声过大，说明球被甩出漆浆之外，球磨机转速过高；噪声偏小，说明球上提不够，球磨机转速过低或漆浆黏度太高；若转速太高，球和漆浆贴附于筒壁上，则几乎没有噪声。

球磨机形成泻落状态的转速，称之为最佳转速，经过长期生产实践，得到一条计算最佳转速的经验式：

$$n_{佳}=\frac{28.8}{\sqrt{D}}-4.2\sqrt{D}$$

式中　$n_{佳}$——球磨机最佳转速，r/min；

D——筒体内径，m。

通过计算，得出球磨机筒体内径从300～3000mm的一组临界转速和最佳转速值，列于表4-1-18，供参考。

表4-1-18 一组球磨机筒体内径与$n_{临}$及$n_{佳}$值

筒体内径/mm	临界转速/(r/min)	最佳转速/(r/min)
300	77.2	50.3
600	54.6	33.9
900	44.6	26.4
1200	38.6	21.7
1500	34.5	18.4
1800	31.5	15.8
2100	29.2	13.8
2400	27.3	12.1
2700	25.7	10.6
3000	24.4	9.4

b. 球的选择　漆浆黏度高时，应选用密度较大的球和尺寸较大的球。

根据国内的一些厂家的使用经验，一般选用钢球直径约为12.5～20mm，瓷球直径以20～30mm左右为宜，鹅卵石平均尺寸最好在35～45mm。

③ 球磨机型号示例

a. 型号表示方法　如WQM-500表示卧式球磨机，磨筒容量为500L。

磨筒结构是否有石壁衬里，一般在型号中未表示，需看厂家产品说明书。

b. 部分型号及技术参数

• 钢壁球磨机　钢壁球磨机可用钢球或瓷球，用户可自选。江阴市双叶机械公司生产的WQM小型卧式球磨机有3L、50L、200L和500L等几种规格，其电机功率分别为0.55kW、1.1kW、3kW和5.5kW。

• 钢壁石衬里球磨机　钢壁内衬花岗岩，石衬里厚度约为100mm。WQM型钢壁石衬里球磨机目前主要有1000L、1700L、2000L、2500L、3000L和5000L等几种，其电机功率分别为7.5kW、11kW、11kW、18.5kW、22kW和37kW。磨球推荐用直径为20～30mm的瓷球。

• 如有特殊要求，可用耐磨陶瓷衬里代替花岗岩衬里。

④ 球磨机的优缺点

a. 优点

• 无需预混作业　可把漆料、颜料等各种原料直接投入球磨机。

• 基本上没有挥发损失和污染　由于球磨机是完全密闭操作，挥发损失只局限于投料和出料时的损失，对环境的污染小。所以球磨机特别适用于毒性大的漆浆及高挥发分漆浆的分散，例如船舶漆的生产。

• 操作简易，运行安全　因而操作过程无需很多关照，节省人力。

• 设备结构简单，维修费用低。

• 适应性强　能分散软或硬、粗或细的各种颜料配制的漆浆以及有假稠现象的漆浆。

• 在分散过程中可避免金属细末污染产品　采用钢壁石衬里球磨机并使用瓷球或鹅卵石，产品不与金属接触，以免金属细末影响产品性能。这个特点使球磨机宜用于制造绝缘漆。

b. 缺点

• 工作中噪声太大。

• 设备笨重，占地面积大，消耗动力很大。

• 劳动生产率较低，操作时间长，一般为24h左右，有的长达60h。

- 变换颜色困难，漆浆不易放净。
- 不宜加工过于黏稠的漆浆。
- 研磨分散细度难以达到 15μm，不宜用于加工高精度漆浆。

(2) 立式球磨机

① 设备结构和工作原理　立式球磨机也叫搅拌式球磨机。它与卧式球磨机的区别不仅在“立”与“卧”的外观上，实际上它们在结构和工作原理上也迥然不同，只是在都要用“球”来完成研磨分散作业这一点上是其共同的特点。

图 4-1-101 为 200L 立式球磨机的结构。构成立式球磨机的主要部件是一个带有夹套的立式圆桶（研磨缸）和一个特殊设计的搅拌器。搅拌器一般为棒状，分成数层交叉安装在搅拌轴上。搅拌轴通过快开联轴器由摆线针轮减速机带动旋转，其转速为 132r/min，圆桶内装有钢球（直径为 4～10.5mm，以用 5～6mm 居多），装球容积不超过圆桶容积的 75%，漆浆装量以没过球体为宜。在实际工作中，可根据电机负荷大小、漆浆是否可能溢出及分散效率调整装球量。

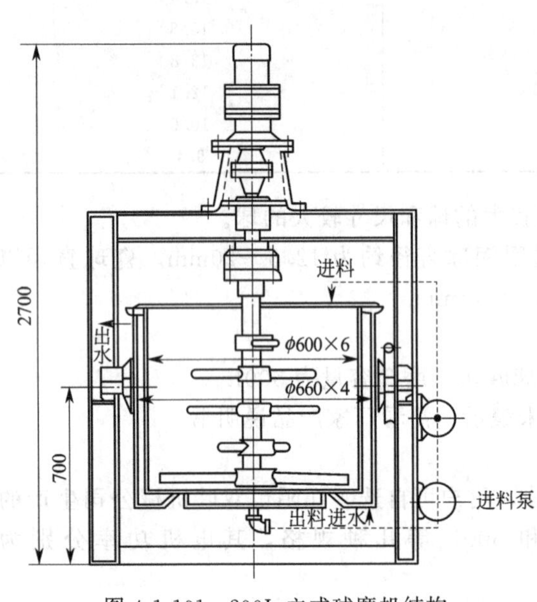

图 4-1-101　200L 立式球磨机结构

搅拌器转动后，带动研磨介质运动，研磨介质球体与漆浆产生强烈的剪切和冲击作用，使颜料得以分散。运转中利用进料泵使漆浆在圆桶中循环，可使颜料分散均匀。圆桶底部有筛板，它能让漆浆通过而挡住球体。立式球磨机在工作中发出很大的噪声，发热也较剧烈，所以筒体夹套中要通水进行冷却。分散细度合格后，可用进料泵并转换三通阀，将圆桶中的漆浆抽送到料桶。圆桶可通过手动蜗轮翻转机构倾倒，以卸出球体进行清洗或更换。

在立式球磨机中，球体的运动来源于机械搅拌，其能量远远超过卧式球磨机中同样的球体以泻落状态下落的能量。而且在立式球磨机中不是部分而是所有的球体都处于运动状态进行碰撞和摩擦，因此其分散效率大大超过卧式球磨机。

② 立式球磨机型号示例

a. 型号表示方法　如 LQM200 表示立式球磨机，桶体容积为 200L。

b. 部分型号及技术参数　立式球磨机制造和使用的单位不多，目前产品的主要型号有 LQM100、LQM200、LQM300、LQM500，其主电机功率为 5.5kW、11kW、18.5kW、22kW。

现在有的厂家可生产衬聚氨酯塑料或衬陶瓷的立式球磨机，研磨介质使用氧化铝瓷球（直径 10～11mm），这样可避免铁锈污染产品。但磨体加了衬里后，夹套的冷却效果下降。

③ 立式球磨机的优缺点

a. 优点

- 分散效率高于卧式球磨机，仅次于砂磨机。
- 适用范围广。可用来分散各种漆浆，包括那些用难分散颜料配制的漆浆及有假稠现象的漆浆。适应的漆浆黏度范围较宽，约为 0.4～2.5Pa·s。

b. 缺点

- 噪声太大。

- 如使用钢球，不能用于浅色漆浆。
- 换色、清洗不方便。

四、调漆设备

1. 概述

调漆也叫调和，是使颜料在漆料中分散以制成色漆的最后一步操作。即将漆浆、漆料、溶剂及各种助剂按配方通过搅拌而配成均匀色漆的操作过程，其目的是达到产品所规定的颜色和黏度，并实现分散体系的稳定化。这一操作在调漆设备中进行。调漆作业有时被俗称为搅稀。

应当特别指出的是，调漆操作并不是简单的搅拌混合过程，如果操作不当，就会产生颜料再聚集、颜料絮凝、树脂沉淀等所谓“返粗”的弊病。一旦发生这种情况，就会使分散作业前功尽弃，除返工重新分散外（实际上往往也很难），别无他法。因此调漆操作必须谨慎从事，不能轻视马虎。首先，必须重视研磨配方和调漆配方的合理设计。其次，必须注意调漆时操作方法和步骤，应该向处于搅拌状态下的漆浆中缓缓地、小心地加入调漆用漆料，而不应反向地将漆浆加到调漆用的漆料中去。

调漆设备主要有搅拌装置和容器两部分组成。这两部分成为一个整体就是固定调漆罐，如果两部分分开，一部分是各种形式的搅拌机，另一部分是活动调漆罐或搅拌槽。

2. 调漆设备的搅拌装置

目前国内涂料行业的调漆，按其搅拌器形式和转速可分为两大类：一类是利用像高速分散机的锯齿圆盘式叶轮以高速旋转；另一类是采用桨式、涡轮式、锚式或框式等各种搅拌器，按物料黏度和搅拌器结构尺寸，采用中、低转速。前者可直接利用定型的高速分散机，或者用电机直联传动，简单又方便，调漆速度快，但缺点是电机容量大，消耗功率也大；存在漆浆在搅拌中吸入气体产生气泡的弊病，影响产品质量，且对黏度高的物料不适宜；另外由于高速旋转，容易造成操作台振动。后者转速较低，传动平稳，操作平和，功率消耗少，吸入气体很少。为了使同一批次的色漆色泽均一，调漆容器正趋向大型化（大型调漆罐的容量已超过 $20m^3$），更以采用速度较低、桨叶直径较大的搅拌器为宜。

北京化工大学研制的 CBY 型轴流式搅拌桨，适用于低黏度液体的均相混合，在调漆设备中使用混合效果良好，且功率消耗只有锯齿圆盘式叶轮的 60%左右。还有设备运转平稳，搅拌时液面不产生中心旋涡，因而卷吸空气量很少等优点。图 4-1-102 所示为 CBY 型（螺旋）搅拌桨。桨叶由板材成型，叶片的截面形状与飞机机翼相似，叶片沿半径方向按近似等螺距规则变化，叶片的安放角度由叶端的 θ_1，连续地增大至叶根的 θ_2。叶片数目根据需要可在 2～6 个之间变化。该桨单位功率所产生的循环流量较大。而且桨叶下方液体的轴向速度分布较均匀。经多次试验得出，这种搅拌器的直径与调漆罐直径的比值，一般在 0.44 左右为佳。通过对 3～$15m^3$ 调漆罐实测，轴输入功率平均约为每立方米罐容积需用 0.5～0.9kW，罐容积增加，此数值下降。

在选用或设计调漆用搅拌器时，要注意不要为过分缩短混匀时间而盲目增强搅拌的强烈程度，因为对于大多黏度较低的涂料来说，那样很可能造成讨厌的涂料飞溅现象。

对高黏度漆浆的调漆，可用锚式、框式搅拌桨，也可以用如图 4-1-103 所示的 MIG 式搅拌桨。它属于折叶桨的改型，斜桨的前端改变了倾角，多用多层式。由于 θ_1 与 θ_2 方向不同，桨叶根部与端部推动液体的流动方向相反。图中所示的液流为中心部位向下，而四周向上，使槽内液体作连续的循环流动。这种桨的桨径 D 与槽径 T 的比值可以在比较大的范围内选取，其值 $D/T=0.5$～0.98。液体黏度大，则 D/T 取大值，同时取较小的层间距。

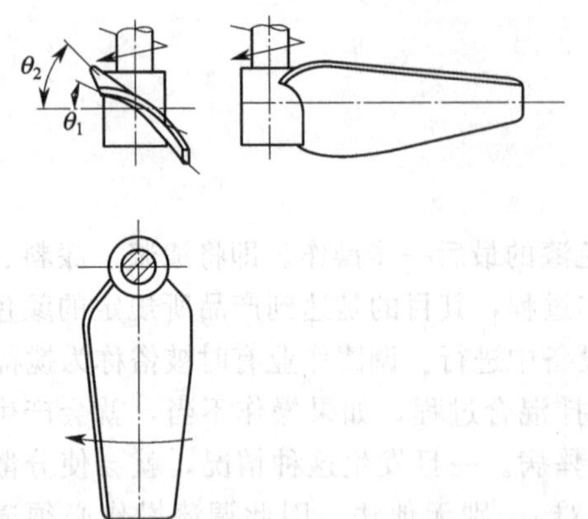

图 4-1-102 CBY 型螺旋桨

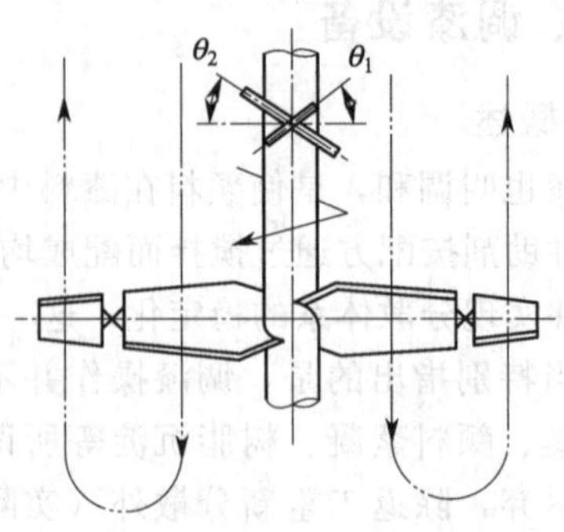

图 4-1-103 MIG 型搅拌桨

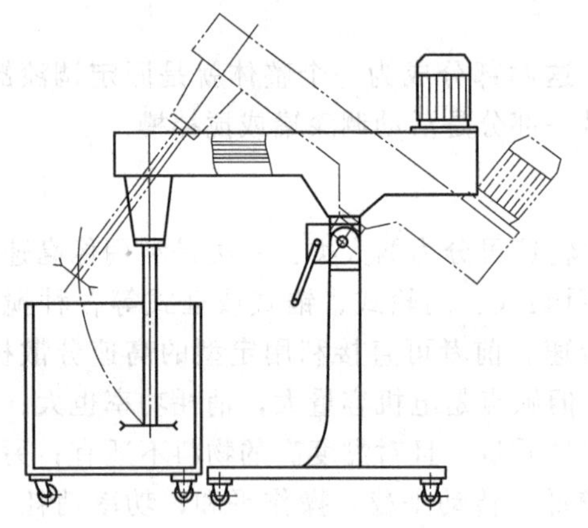

图 4-1-104 小型移动式搅拌机

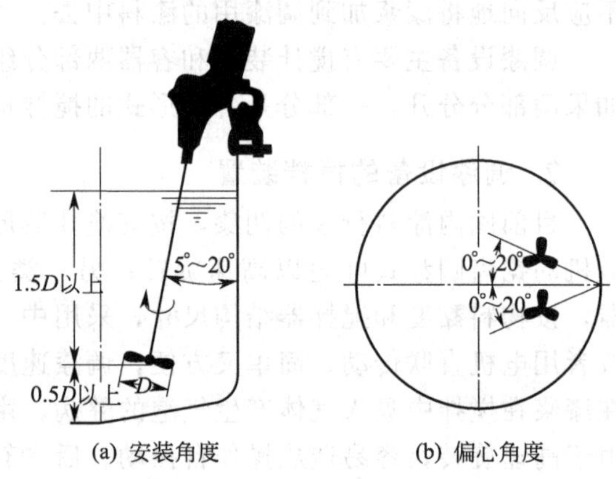

图 4-1-105 夹持在罐边的电动搅拌器

MIG 式搅拌桨结构简单，制造成本低，搅拌效果好，功率消耗较少。为了适应搅拌槽底部封头形状，也可将它与短的锚式搅拌桨结合使用。

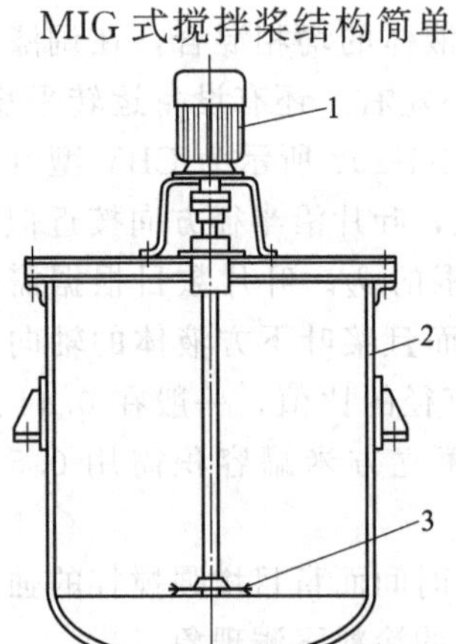

图 4-1-106 电动机直联的高速调漆罐

1—电机；2—搅拌槽；3—锯齿圆盘式叶轮；4—出料口

3. 调漆搅拌器的传动配置

① 调漆罐为活动的 传动结构有以下 3 种情况。

a. 利用高速分散机 机头可液压升降。

b. 小型漆罐采用机头可移动的搅拌机（见图 4-1-104） 产品如 YJB 型移动式分散机有 4kW 和 2.2kW 两种规格，可分别与 250L 和 200L 活动漆浆罐配套使用。

c. 用电动搅拌器夹持在漆罐边上进行搅拌 如图 4-1-105 所示。图中显示了合适的安装位置及安装角度。

电动搅拌器的产品如佐竹移动式搅拌机，其中 510 型为电机直联式，520 型为齿轮减速方式。它们的特点是使用方便灵活，特别适用于中、小容量的低黏度液体搅拌。此外，还可用风动搅拌器。

② 调漆罐是固定的 传动结构有以下 3 种情况。

a. 利用高速分散机 机头可升降和回转。一台高速分散机可配合 2～4 个搅拌槽。

b. 电机与传动装置固定安装在顶部　这是使用最多的一种传动配置方式。图 4-1-106所示为电动机直联的情况，因使用锯齿圆盘式叶轮需要高速，调漆时可采取电机直联。如为其他搅拌形式，需要减速，减速的方法常采用 V 带减速和摆线针轮减速机减速。如 TC 系列调漆槽，用摆线针轮减速机减速并通过联轴器带动桨式搅拌器运转，其余结构与图 4-1-106 相似。TC 系列调漆槽的容积为 0.3～10m^3，有 10 个规格。

c. 底部传动　有正底部（见图 4-1-107）和在底部侧面（见图 4-1-108）两种方式。

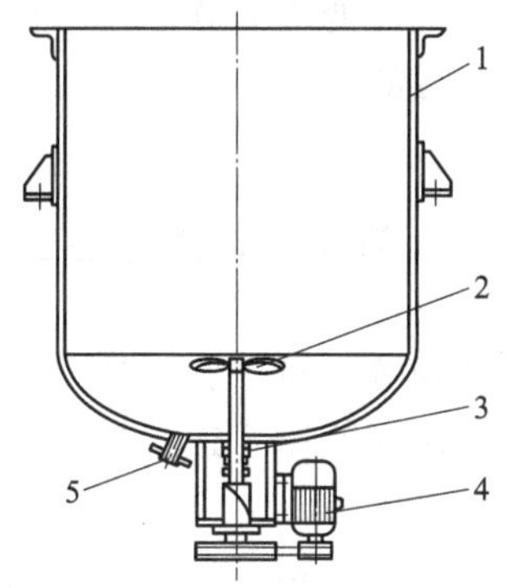

图 4-1-107　底部搅拌的调漆罐

1—搅拌槽；2—推进式桨叶；3—单端面机械密封；4—电机；5—出料口

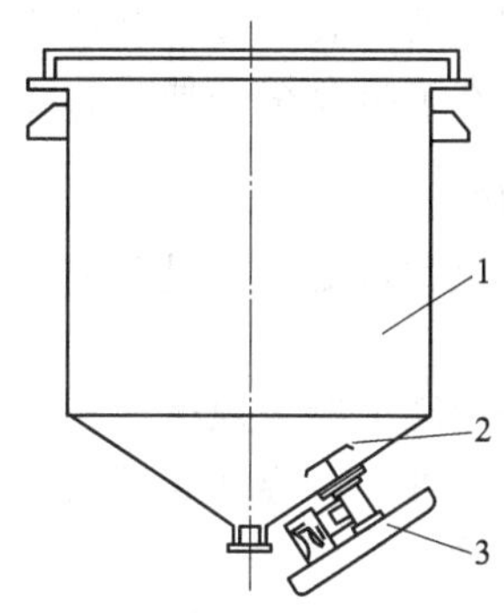

图 4-1-108　底部搅拌（侧面）的调漆罐

1—搅拌槽；2—搅拌桨；3—主机

底部传动的优点是：第一，调漆罐上部没有部件，比较宽敞，便于操作和清洗，这一点对于小容量固定式调漆罐更为重要。第二，不存在润滑油漏入油漆中的可能。第三，结构紧凑，轴短、摆动小。

底部传动的缺点是增加了轴封装置（大多为机械密封），多了一个可能泄漏的动密封点，增加了维修工作量。此外，如搅拌槽容量很大，或漆浆黏度很大，底部传动不如顶部传动便于装设多种形式的搅拌器。

一种底部传动（侧面）的产品称 DB 型底伸搅拌机，它还有两个优点。一是由于搅拌安在锥底侧面，罐内液体不会产生中心旋涡，搅拌效果好；二是因搅拌在罐底，重组分不会沉底，出料口也不易堵塞。

DB 型底伸搅拌机有 1m^3、2m^3、3m^3、5m^3 四种规格。

4. 搅拌槽

调漆罐的罐体，以圆形截面居多，制造比较方便，缺点是在搅拌时罐中液体会随轴一起做圆周运动，影响搅拌效果。通常可在罐体上加挡板，也可以使搅拌器偏心安装（用于中、低速搅拌），或如图 4-1-108 那样装在锥底侧壁上。

方形截面（带较大圆角）的调漆罐不存在液体做圆周运动的弊病，液体在四角产生涡流，加强了搅拌的效果。

罐底大多是椭圆形或锥形，以减少死角，利于出料。在出料口带一段接管时，也能形成一点死角，可将接管取消，将凸缘直接焊在罐底上，通过紧贴罐底的放料阀出料。

五、过滤设备

1. 概述

色漆中的杂质可能来自原料，也可能在制造过程中混入，即使漆料和溶剂都是合格的，但从管道中放出时，可能带有铁锈；在加入粉料拆袋时，可能会混入一些包装材料(如线绳、纸片)；用砂磨机作业时，一些碎的研磨介质（如玻璃珠）已混入漆浆中。再者整个制造过程不可能是全密闭的，带入尘土和形成漆皮也在所难免。所以色漆在灌装出厂前，一定要过滤，以把住最后的关口，除去各种杂质，保证产品质量。色漆过滤的特点是既要除去杂质，但不能去掉符合细度要求的颜料。这也是它与树脂、漆料和清漆过滤的不同之处。

色漆过滤的设备和方法主要有罗筛、振动筛、挂滤袋过滤、袋式过滤器和滤芯过滤器。尤以挂滤袋过滤和袋式过滤器的应用最普遍。过滤原理、袋式过滤器和滤芯过滤器已在上一节中叙述，本节再介绍一种兼有滤袋和滤芯二者功能的新型过滤元件。

2. 罗筛

罗筛，也称过滤罗，是最原始的过滤器。因它的结构太简单了，说它是工具也恰如其分。

在一个罗圈上绷上规格（目数）适当的铜丝网或尼龙丝网等，将它置于带支架的漏斗状容器或斜底容器中，容器底部或侧面装灌漆用的鸭嘴阀或专用铜旋塞，这就是一个简单的过滤灌装用罗筛。

罗面上的丝网，较常用的是黄铜丝编织的，俗称黄铜丝布。规格（目数）按工艺要求选取，大多选 80～150 目。

丝网规格常以目数来表示。所谓目数，就是指 1in（25.4mm）边长内有多少个孔，表 4-1-19 列出了部分筛目尺寸对照表，供参考。

表 4-1-19 部分筛目尺寸对照表

规格(目)	60	65	80	100	115	150	170	200	250	270	325	400
孔径/mm	0.246	0.208	0.175	0.147	0.124	0.104	0.088	0.074	0.061	0.053	0.043	0.038

罗筛的操作也很简单。进行过滤时，将待滤色漆以适当速度放入罗内，并维持一定的液位，同时用铲刀不时刮动，清理逐渐形成的滤渣，以加快过滤速度。

罗筛过滤只能用于产量小且对过滤精度要求不高的油漆，现逐渐被挂滤袋过滤所取代。

3. 振动筛

使用罗筛过滤时，为了避免滤渣堵住筛孔，要用铲刀经常刮动。振动筛利用筛网的高频振动，有效地克服了这个弊病。

(1) 结构和工作原理　图 4-1-109 振动筛主要由筛网机构 2、机芯振动机构及机座 9 等部件组成。筛网机构通过 3 套特制的橡胶弹簧和主支承螺栓与底座连接。机芯振动机构由机芯 4、上偏心重锤 3 和下偏心重锤 5 组成。上、下偏心重锤的偏心方位可调节。经电机驱动，在上、下偏心重锤产生的离心力作用下，最终使筛网形成高频的水平和垂直两个方向的复合振动（三维振动)，使待过滤物料在筛网上形成轨道旋涡，使过滤能顺利进行。

对于不同物料的过滤，可选用不同孔径的筛网。同时，可调节偏心重锤的偏心方位，以得到理想的振幅和振型，满足过滤的工艺要求。

(2) 振动筛的优缺点　振动筛的优点是：结构简单、紧凑，体积小；一般都不用固定基座，使用时移动方便；过滤效率高，过滤成本低；换色、清洗方便。

缺点：由于是筛网不带压过滤，筛孔过小时影响过滤速度，所以还不能满足高档色漆的细度要求；工作时有一定程度的噪声；大多系敞开式过滤，存在溶剂挥发污染环境问题。所以，振动筛宜用于过滤乳胶漆。

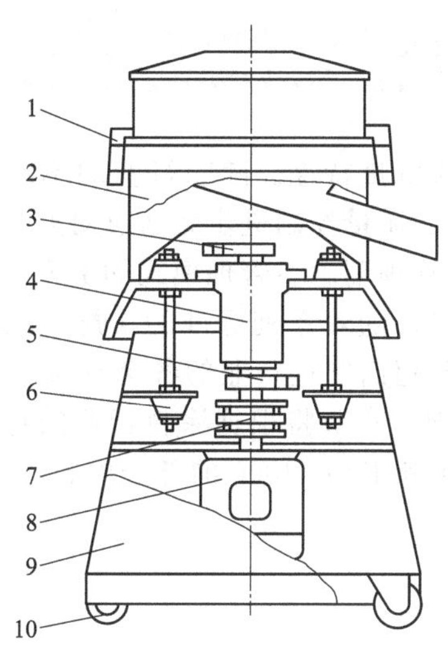

图 4-1-109 振动筛

1—夹紧机构；2—筛网机构；3—上偏心重锤；4—机芯；5—下偏心重锤；6—橡胶弹簧；7—橡胶联轴器；8—电机；9—机座；10—脚轮

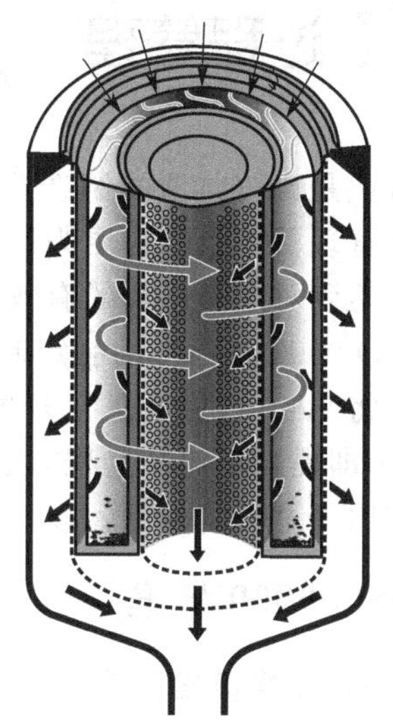

图 4-1-110 一种兼有滤袋和滤芯功能的新型过滤元件

4. 挂滤袋过滤

挂滤袋过滤，比罗筛过滤更简单、更方便、更实用，所以几乎到处都在应用。

把滤袋用铁丝绑或用卡箍卡的办法固定在垂直的放料管上，利用罐内液位的静压，打开放料阀门就可以过滤了。滤渣被截留在滤袋内，滤液用容器盛接。待滤袋内滤渣较多了，可暂停过滤，取下滤袋清除滤渣，将滤袋用溶剂洗净再用，直到不能重复使用时换新滤袋。

因为是挂滤袋，只利用不大的液体静压力，所以滤袋不能太密，阻力不可过大。目前常用的是尼龙单丝滤袋，标注的过滤细度范围为 80～800μm，可按工艺要求选用。两种常用滤袋的过滤面积为 0.25m^2 和 0.5m^2，滤袋直径均为 180mm，长度分别为 450mm 和 850mm。也可自制或定制更长的滤袋。

5. 一种兼有滤袋和滤芯功能的新型过滤元件

(1) 结构和工作原理 美国 HAYWARD 过滤系统推出一款新型的过滤元件，它兼有滤袋和滤芯的优点，图 4-1-110 为其示意。它的核心部分是由两个优质滤材组成的同心圆筒。外圆筒相当于滤袋，内圆筒相当于滤芯。滤浆从二圆筒之间的环形空间上部进入，通过内、外圆筒过滤后，滤液从下部出口流出。

(2) 优点

① 过滤面积大 新型过滤元件的过滤面积比同样大小的滤袋多出 70%。因它过滤时流量大，用较小的过滤器即可完成既定的产量，节省了设备投资。

② 容易安装 只要装一个配套的网篮，可在现有的袋式过滤器内安装使用。

③ 更换方便 因滤渣都在内部，清理时不会掉落。这一点优于滤芯。

④ 物料损失少 新型过滤元件内残留的液体比一般滤袋少，降低了过滤成本。

第三节 过程管理

涂料行业是比较典型的制造业，因此关注于产品的质量特性。随着行业的不断发展进步，其质量管理活动也变得更为科学，已经由单纯的产品质量控制进步为通过对产品生产过程的管理，达到对产品质量的有效控制。因此，科学的管理理念、管理模式的引入成为可行和必然。ISO 9000 族标准的制定起源于制造业，多年来，随着系列标准的实施，国际标准化组织也在将 9000 族标准进行多次的修订，使其适用于超出制造行业的各个领域。2000 版的 ISO 9001 即提出了包括过程方法在内的八项管理原则。本节将根据涂料行业的特点介绍有关生产和服务过程的控制，以及简要地介绍 ISO 9001 和 ISO 14000 的部分内容。

一、ISO 9000 标准

1. ISO 9000 族标准简介

随着生产技术的迅速发展，人们深深认识到产品质量的重要性。国际贸易的发展也迫切要求有一个全球认可的质量管理标准，为了适应国际贸易往来与经济合作的需要，国际标准化组织于 1979 年成立了质量管理和质量保证技术委员会（ISO/TC 176），在其努力下于 1987 年颁布了 ISO 9000 质量管理和质量保证系列标准，从而使世界质量管理和质量活动有了一个基础。ISO 9000 在世界范围内产生了十分广泛而深刻的影响。

质量管理的发展至今已经有近 100 年了，它是伴随着产业革命的兴起而逐渐发展起来的，其发展大体可以分为以下三个阶段。

(1) 质量检验控制（IQC）阶段　19 世纪末至 20 世纪 30 年代，这一阶段工业企业需要靠经验来进行生产和管理，产品质量的控制从生产者自检逐渐过渡到互检，后又发展到设专职检验人员进行产品的质量检查，以加强最终产品的质量检验。英国于 1903 年把风筝标志用到了符合质量的铁轨上，开启了产品质量认证的历史。

(2) 统计质量控制（SQC）阶段　20 世纪 40 年代至 60 年代初，把数理统计的概念和方法应用到管理中，创造了“控制图”去控制生产过程和预防产品缺陷的质量保证的做法。质量的统计控制法成为质量管理的主要内容。

(3) 全面质量管理（TQC）阶段　20 世纪 60 年代至 70 年代，引进可靠性概念，从产品质量形成的过程去控制产品的质量。这一概念包括：全员性、全过程、全面性、关注顾客、体系方法等。

1959 年由美国发布的 MIL-Q-9858A《质量大纲要求》是世界上最早的有关质量保证方面的标准，用于规范国防工业的质量管理和质量保证工作；1971 年美国标准化协会（ANSI）和美国机械工程师协会（ASME）分别发布了一系列有关原子能发电和压力容器生产方面的质量保证标准，其中 ANSI/ASQSZ1. 15—09《质量体系通用导则》内容全面、严谨，后来成为 ISO 9004 的工作草案；至 1979 年英国颁布了 BS 5750 的三个质量保证标准，后来的 ISO 9001、ISO 9002、ISO 9003 三个质量保证标准就是在这些标准的基础上制定出来的。

随着世界各国经济的迅速发展和日益国际化，对组织的质量管理体系的审核已逐渐形成为国际贸易和国际合作的一种需求，但是由于各国实施的标准不一致，在国际贸易中形成了技术壁垒，给经济的全球化带来了障碍，质量管理和质量保证的国际化成为当时世界各国的迫切需要。同时随着地区化、集团化、全球化经济的发展，市场竞争日趋激烈，顾客对质量的期望越来越高，并且顾客对产品的需求和期望又是不断变化的，如何识别并满足这些需求成为组织的新课题。

为了使 1987 版的 ISO 9000 系列标准更加协调和完善，具有更广泛的适用性，ISO/TC 176 于 1990 年决定对标准进行修订，2000 年 12 月 15 日，ISO/TC 176 正式发布了 2000 版的 ISO 9000 族标准。

2000 版 ISO 9000 族标准更加强调了顾客满意及监视和测量的重要性，增强了标准的通用性和广泛的适用性，促进质量管理原则在各类组织中的应用，满足了使用者对标准应更通俗易懂的要求，强调了质量管理体系要求标准和指南标准的一致性。2000 版 ISO 9000 族标准对提高组织的运作能力、增强国际贸易、保护顾客利益、提高质量认证的有效性等方面产生了积极而深远的影响。

2. ISO 9000 族标准的构成及基本内容

ISO 9000 族标准包括 4 个核心标准，以及相关的用于提高实施质量管理效率的支持性标准和文件，这些标准的标准号和名称见表 4-1-20。

表 4-1-20　9000 族标准的构成及其核心标准

核　心　标　准	
GB/T 19000—2000 idt ISO 9000:2000	质量管理体系　基础和术语
GB/T 19001—2000 idt ISO 9001:2000	质量管理体系　要求
GB/T 19004—2000 idt ISO 9004:2000	质量管理体系　业绩改进指南
GB/T 19011—2003 idt ISO 9011:2000	质量和(或)环境管理体系审核指南
支持性标准和文件	
ISO 10012	测量控制系统
ISO/TR 10006	质量管理　项目管理质量指南
ISO/TR 10007	质量管理　技术状态管理指南
ISO/TR 10013	质量管理体系文件指南
ISO/TR 10014	质量经济性管理指南
ISO/TR 10015	质量管理　培训指南
ISO/TR 10017	统计技术指南
	质量管理原则
	选择和使用指南
	小型企业的应用

ISO 9000：2000 是对标准所采用术语的定义和介绍。它从质量、管理、组织、过程和产品、特性、合格、文件、检查、审核、测量过程质量保证等 10 个方面共列出 80 个有关的术语。

ISO 9001：2000 是质量管理体系的具体要求。分质量管理体系、管理职责、资源管理、产品实现、测量、分析和改进几大部分，分别对组织、资源、过程、信息等方面的要求（包括文件要求）予以规定。

ISO 9004：2000 是为组织改进业绩而策划、建立和实施质量管理体系的指南性标准。它与 9001 是相互协调的一对标准。就质量管理体系、管理职责、资源管理、产品实现、测量、分析和改进、自我评定方法与持续改进的过程等几个部分，提出了组织业绩改进的指导性建议。它超越了 9001 有关符合性的要求，为追求卓越业绩而扩展了管理的范围。

ISO 9011：2000 是关于质量和环境管理体系审核的指导原则，它从第三方的视角评价组织实施体系的有效性、符合性。

2000 版 ISO 9000 标准以八项质量管理原则为理论基础，这八项质量管理原则包括：以顾客为关注焦点、领导作用、全员参与、过程方法、管理的系统方法、持续改进、基于事实的决策方法、互利的供方关系。八项质量管理原则是在总结质量管理实践经验的基础上，用高度概括、易于理解的语言所表述的质量管理最基本、最通用的一般规律，是质量管理的理论基础，也是组织的领导者有效地实施质量管理，并进行业绩改进的指导原则。

3. ISO 9001 与其他管理体系标准的相容性

质量管理体系是在质量方面指挥和控制组织的管理体系，是致力于实现组织的质量方针和质量目标的管理体系，以达到持续的顾客满意。而组织的质量方针和质量目标与其他管理体系的方针和目标是相辅相成、互为补充的。因此，将一个组织的管理体系的各个部分有机地结合或整合成一个整体，形成一体化管理体系，有利于策划、合理配置资源、确定互补的目标并评价组织整体业绩的有效性，这对提高组织的有效性和效率以及资源的综合利用等都是十分有利的。

ISO 9001 标准使组织能够将自身的质量管理体系与相关的管理体系要求结合或整合，其中规定的质量管理体系要求和其他管理体系要求的内容是相容的。其相容性主要体现在以下方面。

(1) 管理体系的运行模式都是以过程为基础，用“PDCA”循环的方法进行持续改进。

(2) 都是运用设定目标，系统地识别、评价、控制、监视和测量和管理一个由相互关联的过程组成的体系，并使之能够协调地运行。

(3) 管理体系标准中要求建立的形成文件的程序（如文件控制、记录控制、内部审核、不合格控制、纠正措施和预防措施等），在管理要求和方法上都是详细的，因此，依据 ISO 9001 标准的要求制定并保持的形成文件的程序，在其他管理体系中可以共享。

(4) ISO 9001 标准中强调了法律法规的重要性，在环境管理体系和职业健康安全管理体系等标准中同样强调了适用的法律法规的重要性。

二、过程管理的理解和应用

1. 过程的方法和管理的系统方法

过程是一组将输入转化为输出的相互关联或相互作用的活动。多种过程可以形成过程网络，过程的结果即是产品。通俗意义上可将过程管理视为产品管理的有效手段。过程方法是 ISO 9000 族标准中的八项质量管理原则之一。

所谓过程方法，就是组织系统地识别并管理所采用的过程及过程的相互作用。在实际工作中，过程方法包括以下内容。

(1) 识别质量管理体系所需要的过程及其在组织中的应用　要识别质量管理体系所需要的过程及其在组织中的应用，包括列出过程、对每一过程规定输入和输出、规定过程的顾客及其要求、规定过程的责任人。

例如，在涂料生产企业“生产”过程中，输入包括生产配方、计划、物料、产品要求等；输出则包括产品。“生产配方”是上一过程“设计”的输出，而“产品”则是下一过程“销售”的输入。

(2) 确定这些过程的顺序和相互作用　这包括列出全流程和过程网络的架构、规定过程的接口、将过程形成文件。

对于同样的涂料“生产”过程，列出这些过程的顺序和框架结构。例如，采购→计划→设计→生产→销售。对诸如设计和生产、生产和销售、甚至设计和销售之间的关联予以确定，可以以文件形式规定过程间的接口，包括职责、权限、信息沟通等。

(3) 确定为确保这些过程的有效运作和控制所需的准则和方法　包括规定期望和非期望结果的特性、规定测量、监视和分析的方法、考虑成本、时间、浪费等经济因素、规定数据收集的方法。

在“生产”过程中，即需要规定有关涂料产品各项性能的标准（参照国标、行标等制订的企标）和相应的检测方法以及记录。

(4) 确保可以获得必要的资源和信息，以支持这些过程的运作和监视　包括为每一过程配备资源、建立沟通渠道、提供内外信息、获取反馈、收集数据和保存记忆。

“生产”过程所需要的资源包括设备、操作工人以及各种生产用料。设备的类别、型号、运行参数、人员的资质以及原料要求都可以在此进行规定。

(5) 监视测量和分析这些过程　包括正确测量过程并监视其性能、使用统计技术分析所收集的信息并评价分析结果。

使用适宜的方法对过程能力、顾客满意等信息进行监视测量。例如设计过程能否满足输入要求，生产过程能否完成计划要求，其达成度、效率如何，需要采集一阶段数据，并运用统计技术做出评价。

(6) 实施必要的措施，以实现这些过程所策划的结果和对这些过程的持续改进　包括实施纠正和预防措施、验证纠正和预防措施的实施及有效性。

对于任何过程中出现的不合格，组织应制定并实施纠正和预防措施，以改进过程。同时在改进实施一定时间后要关注并验证纠正预防措施的有效性。

2. 管理的系统方法

针对设定的目标，识别、理解并管理一个由相互关联的过程所组成的体系，有助于提高组织的有效性和效率。

系统方法的特点：①它围绕某一个设定的方针和目标；②确定实施这一方针和目标的关键活动；③识别由这些活动所构成的过程；④分析这些过程间的相互作用和相互影响的关系；⑤按某种方式或规律，将这些过程组合成一个系统；⑥管理由这些过程构筑的系统，使之能协调地运行；⑦通过测量和评估并保持改进体系。

在质量管理体系中采用系统方法，即把整个管理体系作为一个大的系统，通过对各个过程的识别、管理达到实现组织的质量目标和质量方针。例如在涂料行业中，很多企业采用了物料计划信息系统管理，即将采购、计划、生产、仓储、销售等多个过程作为一个大的过程，实现系统的统筹管理，以期在这一组过程中达到及时生产、减少库存、降低管理成本的目的。

3. 二者的关系

“管理的系统方法”和“过程方法”是十分“亲和”的两个原则。两者研究的对象都与过程相关，他们都以过程为基础，都要求对各个过程之间的相互作用进行识别和管理，都可采用 PDCA 的循环运行方式，两者都着重于关注顾客的要求，通过识别和管理组织内的过程，以及随后对其开展的持续改进达到增强顾客满意的目标，从而达到促进过程和体系的改进以提高有效性和效率的目的。

两个原则之间也存在一定的区别：过程方法侧重于研究单个的过程，即过程的输入、输出、活动及所需的资源，以及该过程和其相关过程的关系；过程方法管理的是一组活动及其相关的资源，旨在高效率地达到每个过程的目标。管理的系统方法侧重于研究若干个过程乃至过程网络组成的体系，以及体系运作如何有效地实现组织的目标；通过系统地管理一组过程，旨在达到组织的目标；管理的系统方法是通过优化和协调运作过程，实现组织的整体优化。

显然，过程方法是管理的系统方法的基础。过程方法和管理的系统方法之间的主要区别见表 4-1-21。

表 4-1-21 过程方法和管理的系统方法之间的主要区别

项目	过程方法	管理的系统方法
研究对象	每个过程及该过程与其他相关过程的关系	若干过程及至过程网络
管理对象	一组活动和相关的资源	一组过程
目的	高效地达到过程的目标	提高实现组织目标的有效性和效率

三、涂料生产和服务提供的过程管理

1. 涂料行业生产过程控制的策划

生产和服务的提供过程直接影响组织向顾客提供产品或服务的质量，因此生产企业应对如何控制生产和服务提供过程进行策划，对人、机、料、法、环、测等影响生产和服务提供过程质量的所有因素加以控制，使其处于受控条件之下。

由于不同的产品或服务的类型及生产和服务提供过程的特点不尽相同，其生产和服务提供的受控条件也不尽相同。

对于涂料行业，按照 ISO 9001 7.5.1 的要求，受控条件应包括以下几项。

(1) 表述产品特性的信息 以作为实施生产和服务提供活动的依据。它可以体现为不同的形式，如涂料产品性能指标说明，包括产品规范、样品、样件、颜色标准、施工条件、设备、包装要求、服务规范等。

(2) 必要时，获得作业指导书 并非所有的生产和服务提供过程都需要有相应的作业指导书，但是如果没有作业指导书就可能导致生产或服务提供过程失效或失控的情况下，应向这些活动的操作者提供作业指导书，以便规范和指导生产和服务提供过程的实施。作业指导书的形式可以是多种多样的，如工艺过程卡、操作规范、服务规范、工艺规程以及相应的设备使用指导书等。

(3) 使用适宜的设备 在生产和服务提供过程中，使用满足过程能力要求的设备是保障产品质量的重要方面。因此，在生产和服务提供过程中，应使用能够持续稳定地生产合格产品或提供符合要求的服务的设施设备。

(4) 获得和使用监视和测量装置 有的生产和服务提供过程需要使用监视和测量设备，应为这些过程配置所需的检测设备，并在这些过程的实施之中使用合适的监视和测量设备。

(5) 实施监视和测量 在有些生产和服务提供过程的实施中，需要对这些过程的特性进行监视和测量，以确保这些过程的特性控制在规定或允许的范围内。

(6) 放行、交付和交付后活动的实施 按照策划的受控条件对产品放行、交付、交付后的活动实施控制。生产和服务提供过程的控制包括对产品放行（例如产品生产的各工序之间的流转放行）、交付（例如将产品交付给顾客的送货上门）、交付后活动（例如交付后的配套产品的供应、培训、施工指导、维护等售后服务）的控制，在这些活动中，组织应按规定的要求和程序开展活动并实施控制。

针对以上要求，涂料行业一般应相应地确定以下因素：

① 涂料产品性能指标说明，施工工艺参数，包括环境条件（温度、湿度等）；

② 提供给生产过程的作业指导书，以及施工过程指导；

③ 确定适宜的生产设备（混合、研磨、调色等设备）以及符合施工要求的涂装设备；

④ 确定符合相应规范要求的检验、试验设备和装置；

⑤ 安排有相应资质的人员、过程，对涂料产品的生产、涂装过程实施相应的检验、指导；

⑥ 对有交付和交付后活动要求的顾客，应安排适宜的过程，如施工指导、涂装监理。

2. 生产和服务提供过程的确认

(1) 当生产和服务提供过程的输出不能由后续的监视或测量加以验证时，应对其实施确认。这包括仅在产品使用或服务已交付之后问题才显现的过程。如涂料的调色过程。

(2) 对过程能力进行确认。对在涂料生产、涂装过程中形成的产品问题，进入下一环节或使用后才显露出来的特性，需进行确认。

(3) 充分识别哪些过程需进行确认（在涂料生产企业中，这种过程通常包括合成、研磨、调色等）。

(4) 安排确认活动

① 规定准则　根据过程特点和产品特性，明确规定对过程评审和批准的准则。

② 设备鉴定和人员资格认可　评价所用设备的能力（包括安全性、可用性）及维护保养要求和现状；鉴定该过程的操作人员是否具备相应的能力和资格。

③ 使用特定的程序和方法　确定该过程的操作人员是否具备相应的能力和资格。

④ 记录要求　对评审、批准、认可鉴定和工艺参数等要有记录。

⑤ 再确认　按规定的时间间隔或发生问题时，对过程进行再确认。

3. 标识和可追溯性

(1) 适当时，组织应在产品实现的全过程中使用适宜的方法识别产品　组织应针对监视和测量要求识别产品的状态。在有可追溯性要求的场合，组织应控制并记录产品的唯一性标识。用来区分容易混淆的产品的标识通常称为“产品标识”，这种标识是用来标明产品的不同规格型号、不同特点或不同特性的，以达到防止产品在使用中混淆的目的。

一般地，涂料生产过程中，可标识出原料、半成品、成品及涂装等过程。

涉及产品的标识又可包括标签、标记、标牌等，包含了产品生产的时间、批次、设备号等内容。

(2) 组织应针对监视和测量要求识别产品的状态　产品的监视和测量状态标识的作用是防止不同状态产品在使用中发生混淆，特别是防止误用不合格品。这种标识会根据产品的不同监视和测量状态而发生相应的变化。通常涉及检验状态的标识包括待检、已检、合格、不合格、返工等。

(3) 在有可追溯性要求的场合，组织应控制并记录产品的唯一标识　并非所有产品都有实现可追溯性的要求，但不同组织的不同产品由于其要求不同或特殊性，可能会有可追溯性的要求。

4. 顾客财产

组织应爱护在组织控制下或组织使用的顾客财产。组织应识别、验证、保护和维护供其使用或构成产品一部分的顾客财产。若顾客财产发生丢失、损坏或发现不适用的情况时，应报告顾客，并保持纪录。

这里顾客财产是指顾客所拥有的，为满足合同要求向组织提供的产品、设备、财物和信息资料等，包括顾客提供的原料、半成品、包装材料，来自顾客的设备、设施和工具，尤为重要的是顾客知识产权包括提供的规范、标准、样本、产品配方、施工工艺等。

5. 产品防护

在内部处理和交付到预定的地点期间，组织应针对产品的符合性提供防护，这种防护应包括标识、搬运、包装、贮存和防护。防护也适用于产品的组成部分。

从原材料的入库保管起，至生产制造中间产品、存放制造产品，乃至最终产品的包装、入库、出库，直到交付到顾客现场，应建立并保持适当的防护标识，包括产品标识、包装标识和运输标识；提供适当的搬运方式和设备，防止在生产、服务提供及交付的搬运时损坏产品；根据产品特点和顾客要求包装产品，重点在于有利于产品搬运、贮存时的防护；原材料、半成品和最终产品的贮存期间，必须提供必要的环境和设施条件，采取有效的管理措施，防止产品损坏变质；对危险材料，组织应采取特殊的保护措施。

四、ISO 14000 简介

1. ISO 14000 系列标准

ISO 14000 系列标准是国际标准化组织 ISO/TC 207 负责起草的一系列国际标准。它包括了环境管理体系、环境审核、环境标志、生命周期分析等国际环境管理领域内的许多焦点问题，旨在指导各类组织（企业、公司）取得和表现正确的环境行为。ISO 14000 系列标准的代号和名称见表 4-1-22。

表 4-1-22 ISO 14000 系列标准的代号和名称

名称	标准号	名称	标准号
环境管理体系(EMS)	14001～14009	生命周期评估(LCA)	14040～14049
环境审核(EA)	14010～14019	术语和定义(T&D)	14050～14059
环境标志(EL)	14020～14029	产品标准中的环境指标	14060
环境行为评价(EPE)	14030～14039	备用	14061～14100

2. ISO 14000 系列标准的分类

ISO 14000 是一个多标准组合系统，它所包含的标准按性质可分为基础标准、基本标准和支持技术类标准三类，按标准的功能划分可以分为评价组织的标准和评价产品的标准两类。详细的分类见表 4-1-23。

表 4-1-23 ISO 14000 系列标准的分类

分类方式	包括的标准大类	标准内容
按标准性质分类	基础标准	术语标准
	基本标准	环境管理体系
		规范、原理、应用指南
	支持技术类标准(工具)	环境审核
		环境标志
		环境行为评价
		生命周期评估
按功能分类	评价组织	环境管理体系
		环境行为评价
		环境审核
	评价产品	生命周期
		环境标志

3. ISO 14000 系列标准的起源

欧美一些大公司在20世纪80年代就已开始自发制定公司的环境政策，委托外部的环境咨询公司来调查他们的环境绩效，并对外公布调查结果（这可以认为是环境审核的前身）。以此证明他们优良的环境管理和引为自豪的环境绩效。它们的做法得到了公众对公司的理解，并赢得广泛认可，公司也相应地获得经济与环境效益。为了推行这种做法，到1990年末，欧洲制定了两个有关计划，为公司提供环境管理的方法，使其不必为证明信誉而各自采取单独行动。第一计划为BS 7750，由英国标准所制定；第二个计划是欧盟的环境管理系统，称为生态管理和审核法案（Eco-Management and Audit Scheme，EMAS），其大部分内容来源于BS7750。很多公司试用这些标准后，取得了较好的环境效益和经济效益。这两个标准在欧洲得到较好的推广和实施。

同时，世界上其他国家也开始按照BS 7750和EMAS的条款，并参照本国的法规和标准，建立环境管理体系。另外一项具有基础性意义的行动则是1987年ISO颁发的世界上第一套管理系列标准——ISO 9000质量管理与质量保证取得了成功。许多国家和地区对ISO 9000系列标准极为重视，积极建立企业质量管理体系并获得第三方认证，以此作为开展国际贸易进入国际市场的优势条件之一。ISO 9000的成功经验证明，国际标准中设立管理系列标准的可行性和巨大进步意义。因此，ISO在成功制定ISO 9000系列标准的基础上，开始着手制定标准序号为14000的系列环境管理标准。因此可以说欧洲发达国家积极推行的BS 7750、EMAS以及ISO 9000的成功经验是ISO 14000系列标准的基础。

4. 几项环境管理标准简介及其作用

(1) ISO 14001《环境管理体系　规范及使用指南》ISO 14001是ISO 14000系列标准中的主体标准。它规定了组织建立、实施并保持的环境管理体系的基本模式和17项基本要求。该体系适用于任何类型和规模的组织，并适用于各种地理、文化和社会条件。这样一个体系可供组织建立一套机制用来确定环境方针和目标等，通过环境管理体系的持续改进实现组织环境绩效的持续改进。本标准的总目的是支持环境保护和污染预防，协调它们与社会需求和经济需求的关系。

环境管理体系（EMS）是整个组织管理体系中的一部分，用来制定和实施其环境方针，并管理其环境因素，包括为制定、实施、实现、评审和保持环境方针所需的组织机构、计划活动、职责、惯例、程序、过程和资源。

ISO 14001：1996《环境管理体系　规范及使用指南》是国际标准化组织于1996年正式颁布的可用于认证目的的国际标准，是ISO 14000系列标准的核心，它要求组织通过建立环境管理体系来达到支持环境保护、预防污染和持续改进的目标，并可通过取得第三方认证机构认证的形式，向外界证明其环境管理体系的符合性和环境管理水平。

由于ISO 14001环境管理体系的实施可以为企业带来节能降耗、增强竞争力、赢得市场和政府、公众信任等诸多好处，所以自发布之日起即得到了广大企业的积极响应，被视为进入国际市场的“绿色通行证”。同时，由于ISO 14001的推广和普及在宏观上可以起到协调经济发展与环境保护的关系、提高全民环保意识、促进节约和推动技术进步等作用，因此也受到了各国政府和民众越来越多的关注。为了更加清晰和明确ISO 14001标准的要求，ISO对该标准进行了修订，并于2004年11月15日颁布了新版标准ISO 14001：2004《环境管理体系　要求及使用指南》。

ISO 14001标准是在当今人类社会面临严重的环境问题（如温室效应、臭氧层破坏、生物多样性的破坏、生态环境恶化、海洋污染等）的背景下产生的，是工业发达国家环境管理经验的结晶，其基本思想是引导组织按照 PDCA 的模式建立环境管理的自我约束机制，从最高领导到每个职工都以主动、自觉的精神处理好自身发展与环境保护的关系，不断改善环境绩效，进行有效的污染预防，最终实现组织的良性发展。该标准适用于任何类型与规模的组织，并适用于各种地理、文化和社会环境。

(2) ISO 14004《环境管理体系　原则、体系和支持技术通用指南》本标准简述了环境管理体系的五项原则，为建立和实施环境管理体系，加强环境管理体系与其管理体系的协调提供可操作的建议和指导。它同时也向组织提供了如何有效地改进或保持的建议，使组织通过资源配置、职责分配以及对操作惯例、程序和过程的不断评价（评审或审核）来有序而一致地处理环境事务，从而确保组织确定并实现其环境目标，达到持续满足国家或国际要求的能力。

(3) ISO 14010《环境审核指南　通用原则》 环境审核与质量体系审核一样，是验证和帮助改进环境绩效的一项重要手段。ISO 14010 标准给出了环境审核定义及有关术语，并阐述了环境审核通用原则，旨在向组织、审核员和委托方提供各种环境审核的一般原理。

(4) ISO 14011《环境审核指南　审核程序　环境管理体系审核》 本标准提供了进行环境管理体系审核的程序，包括审核目的、启动审核直至审核结束一系列步骤要求，以判定环境管理体系是否符合环境管理体系审核准则。本标准适用于实施环境管理体系的一切类型和规模的组织。

(5) ISO 14012《环境审核指南　环境审核员资格要求》 本标准提供了关于环境审核员的资格要求，它对内部审核员和外部审核员同样适用。

(6) ISO 14040《生命周期评价　原则和框架》 这一标准于 1997 年 6 月 1 日正式颁布，是 ISO 14000 系列标准中的工具性标准。

标准将一个产品完整的环境生命周期评价工作分为四个基本阶段：目的与范围的确定、清单分析（即分析产品从原材料获取到最终废置整个生命过程各个阶段中的环境投入与产出及其影响的清单）、影响评价（根据清单分析的结果，分析产品各生命阶段对环境的影响，或比较类似产品对环境的影响）、结果释义（将得到的结果与所确定的目的进行比较，确定潜在的改进方向）。

5. ISO 14001 标准的运行模式及主要内容

环境管理体系模式不是一个封闭的过程，而是一个周而复始、螺旋上升的循环过程，体系按照这一模式运行，在不断循环的过程中实现持续改进。体系的运行过程分五大部分，是体系的五个一级要素，各个部分又分若干条款，称为二级要素。见表 4-1-24。

表 4-1-24　ISO 14001 标准体系的运行过程

<table>
<tr><th>一级要素</th><th>二级要素</th><th>一级要素</th><th>二级要素</th></tr>
<tr><td>环境方针</td><td>环境方针</td><td rowspan="2">实施和运行</td><td rowspan="2">文件控制
运行控制
应急准备和反映</td></tr>
<tr><td>规划(策划)</td><td>环境因素
法律和其他要求
目标和指标
环境管理方案</td></tr>
<tr><td rowspan="2">实施和运行</td><td rowspan="2">组织结构和责任
培训、意识和能力
信息交流
环境管理体系文件</td><td>检查和纠正措施</td><td>检测和测量
不一致纠正和预防措施
记录
环境管理体系审核</td></tr>
<tr><td>管理评审</td><td>管理评审</td></tr>
</table>

(1) 第一部分　环境方针　表达了组织在环境管理上的总体原则和意向，是环境管理体系运行的主导，其他要素所进行的活动都是直接或间接地为实现环境方针服务的。它所解决的问题是：为什么要做，目的是什么。

(2) 第二部分　环境策划　环境策划是组织对其环境管理活动的规划工作。包括确定组织的活动、产品或服务中所包含的环境因素；确定组织所应遵守的法律、法规要求和其他要求；根据环境方针制定环境目标和指标规定有关职能和层次的职责，以及实现目标和指标的方法和时间表。它所解决的问题是：要做什么。

(3) 第三部分　实施运行　这是将上面策划工作付诸实行并进而予以实现的过程，包括规定环境管理所需的组织结构和职责，相应的权限和资源；对员工进行有关环境的教育与培训，环境意识和有关能力的培养；建立环境管理中所需的内、外部信息交流机制，有效地进行信息交流；制定环境管理体系运行中所需制定的各种文件；对文件的管理，包括文件的标识、保管、修订、审批、撤销、保密等方面的活动；对组织运行中涉及环境因素，尤其是重要环境因素的运行活动的控制；确定组织活动可能发生的事故，制定应急措施，并在紧急情况发生时及时作出响应。它所解决的问题是：怎么做。

(4) 第四部分　检查和纠正措施　在实施环境管理体系的过程中，要经常地对体系的运行情况和环境表现进行检查，以确定体系是否得到正确有效的实施。其环境方针、目标和指标的要求是否得到满足，如发现不符合，应考虑采取适当的纠正措施。它所解决的问题是：所做的是否正确。

(5) 第五部分　管理评审　是组织的最高管理者对环境管理体系的适宜性、充分性和有效性的评价，包括对体系的改进。它所解决的问题是：是否在做对的工作。

经过五个部分的运行，体系完成了一个循环过程，通过修正，又进入下一个更高层次的循环。整个体系并不是一系列功能模块的搭接，而是相互联系的一个整体，充分体现了全局观念、协作观念、动态适应观念。

6. 一个组织实施环境管理体系将要达到的效果

当组织建立了环境管理体系之后，通过管理活动程序、建立规范化文件和记录等措施可以协调不同的职能部门之间的关系，并可以达到下列目的：

① 建立良好的环境方针和环境管理基础；

② 有利于找出并控制重大的环境因素和影响；

③ 有利于识别有关的环境法规要求与现行状况的差距；

④ 减少由于污染事故或违反法律法规所造成的环境影响；

⑤ 建立组织内污染防止优先序列，并为实现污染预防目标而努力；

⑥ 可以提高监测环境的能力和评价该体系的效率，包括促进体系的改进和调整，以适应新的和不断变化的情况和要求；

⑦ 由于改善环境从而带来许多重要的商业、环境机会。

总之，环境管理体系将有助于组织系统化地处理环境问题，并将环境保护和企业经营结合起来，使之成为企业日常运行和经营策略的一个部分。

7. 企业申请 ISO 14000 认证需要的基本条件

企业要申请认证，应找已通过中国环境管理体系认证机构认可委员会认可的认证机构进行申请，可以要求该机构出示“认可证书”。

企业建立的环境管理体系要申请认证，必须满足以下两个基本条件：

① 遵守中国的环境法律、法规、标准和总量控制的要求；

② 体系试运行满 3 个月。

这里的环境法律、法规、标准和总量控制的要求包括国家和地方的要求。

对于涂料行业，还要根据其产品的特点，在运行体系实施认证工作中注意以下几个问题。

(1) 解析生产工艺，充分识别环境因素 涂料种类繁多，不同种类的涂料，因生产所用的原料、辅料不同，生产工艺不同，涉及的环境因素也不相同。组织应对环境因素进行充分的识别，应自查是否遗漏了重要环境因素，是否满足 ISO 14001 标准的要求。充分识别物料的迁移、变化的规律。例如，投料过程中的加料口可能导致有毒有害溶剂、粉尘等的挥发泄漏，应作为环境因素进行识别。

(2) 关注有害材料替代使用状况 在很多涂料生产企业中，可能大量使用苯、醛、酮、醚类溶剂；在固体原料中含有汞、铬、镉、砷、铅、锡等重金属和有毒物质。这些有毒有害化学品的使用，以及跑、冒、滴、漏、意外遗洒、在产品中的含量等，都是重要环境因素。

是否充分识别这些环境因素，是否对其采取了有效的控制措施，产品中的有害物质是否达到国家标准，特别是是否制订了替代这些材料的方案，其实施状况及效果如何，关系到能否从源头减少污染，是持续改进环境行为和绩效的关键问题。

(3) 重视安全隐患 目前，许多涂料企业规模小，技术装备落后，人员素质不高，安全隐患较多，这是申请环境管理体系认证所需关注的重要问题。企业是否针对所有可能发生的紧急情况制订了切实可行、有效的应急预案，关系到一些潜在的紧急情况下的环境因素是否得到识别。例如，某高空装卸料有没有防护栏，以防止操作时物料因为不小心掉落，造成环境污染；溶剂储存区有无消防设施和防火标识，这些都应该进行识别并制订应急预案。

(4) 详细评估节能降耗效果 在涂料生产中，要使用大量原料、辅料，电能、热能的消耗也相当多，并且生产过程手工操作多，跑、冒、滴、漏和计量不准确等问题多有发生。对此，企业应详细评估物料配方和能量消耗是否合理，有无节约潜力，现场管理有无漏洞，计量器具配备是否合理、齐全，环境目标、指标和运行控制程序是否覆盖受审核方的全部活动，以及产品和服务中所涉及的节能降耗的全部内容。这对企业而言，提高了环境绩效，同时，在认证审核中，节能降耗也是作为判断 EMS 有效性的重点之一，故应予以重视。

(5) 评价对法律法规符合性 遵守法律法规是组织在环境方针中明确做出的承诺，无违法超标行为是通过 EMS 审核的最低要求。对组织环境法律法规的符合性的评价，其范围不但包括通用的法律法规，还要涵盖有关涂料产品的国家标准、行业标准等其他要求。特别是民用涂料产品，是否达到相关标准规定的指标，既是事关人身健康的大问题，也是评价组织与法律法规符合性的核心内容。

参 考 文 献

[1] 涂料工艺编委会编. 涂料工艺（上、下册）. 第 3 版. 北京：化学工业出版社，1997.

[2] 段质美等. 涂料工业，1982，(1)：6-10.

[3] 倪玉德主编. 涂料制造技术. 北京：化学工业出版社，2003.

[4] 朱桂尧，孙建. 涂料设备，1992，(总 16)：13-17（内部刊物）.

[5] 潘元奇. 涂料与应用，1987，(4)：26-36（内部刊物）.

[6] 陈敏恒，丛德滋，方图南编. 化工原理. 北京：化学工业出版社，1985.

[7] 王仁辅，傅振英主编. 动量传变过程. 徐州：中国矿业大学出版社，1992.

[8] 丁绪淮，周理编著. 液体搅拌. 北京：化学工业出版社，1983.

[9] 王凯，冯连芳著. 混合设备设计. 北京：机械工业出版社，2000.

[10] 化工设备设计全书编辑委员会. 化工设备设计全书·搅拌设备. 北京：化学工业出版社，2003.

[11] 吕盘根．化工设备设计，1987，(6)：1-8.
[12] 林猛流等．化工设备设计，1986，(1)：54-59.
[13] 林猛流等．涂料设备，1990，(总 11)：57-72（内部刊物）.
[14] 陈志平，章序文，林云华等编著．搅拌与混合设备设计选用手册．北京：化学工业出版社，2004.
[15] 胡国桢，石流，阎家宾主编．化工密封技术．北京：化学工业出版社，1990.
[16] 李继和，蔡纪宁，林学海编．机械密封技术．北京：化学工业出版社，1988.
[17] 潘元奇．涂料设备，1992，(总 16)：43-51（内部刊物）.
[18] 李幼祥．化工设备设计，1988，(4)：42-44.
[19] 王泳厚主编．涂料工人必读．武汉：湖北科学技术出版社，1986.
[20] 李国起，景继厚等．涂料工业，1990，(5)：21-23.
[21] 陈育民，张强，高增祥．涂料设备，1993，(总 18)：33-34（内部刊物）.
[22] 裘桃梅．涂料设备，1993，(总 18)：36-40（内部刊物）.
[23] 沈锦周．涂料工业，1992，(5)：42-46.
[24] 马庆麟主编．涂料工业手册．北京：化学工业出版社，2001.
[25] 朱九龄，程大壮．涂料设备，1993，(总 18)：49-53（内部刊物）.
[26] [苏] 戈尔洛夫斯基，科祖林著．涂料工厂设备．第 3 版．周本励，冯明霞译．北京：化学工业出版社，1987.
[27] 劳动部．有机热载体炉安全技术及有关条款说明．北京：劳动部锅炉压力容器安全杂志社，1993.
[28] 化学工业部．有机载热体加热炉安全技术规程．1993（内部资料）.
[29] 黄森炎．涂料设备，1989，(总 8)：35-38（内部刊物）.
[30] 美国孟山都（MONSANTO）公司．液相导热油系统设计指南（内部资料）.
[31] 王起明，李宏斌．涂料设备，1993，(总 17)：21-22（内部刊物）.
[32] 潘元奇．涂料工业，1992，(6)：21-24.
[33] 潘元奇．化工之友，1991，(3)：21-22.
[34] 化学工业部设备维护检修规程编委会．化工部设备维护检修规程：第七分册·化工部分．北京：化学工业出版社，1992.
[35] 潘元奇．涂料工业，1994，(3)：16-21.
[36] 潘元奇．涂料与应用，1984，(1)：71-78（内部刊物）.
[37] 方图南，潘元奇．化工设备与防腐蚀，2001，(3)：2-7.
[38] 牟富君．涂料设备，1992，(总 15)：62-68（内部刊物）.
[39] 孔繁臣，吕厚连．涂料设备，1991，(总 13)：23-29（内部刊物）.
[40] 沈浩主编．制漆配色调制工．北京：化学工业出版社，2006.
[41] [美] 巴顿 T C 著．涂料流动和颜料分散．郭隽奎，王长卓译．北京：化学工业出版社，1988.
[42] 吴金胜，李淑娴编译．涂料设备，1987，(总 4)：1-14（内部刊物）.
[43] 潘元奇．涂料与应用，1988，(1)：4-14（内部刊物）.
[44] 沈锦周．涂料工业，1992，(6)：47-51.
[45] 潘元奇．涂料与应用，1992，(3)：1-6.
[46] 北京红狮涂料公司．涂料设备，1991，(总 14)：27-31（内部刊物）.
[47] 王永琪，廖红，王晶．涂料设备，1995，(总 20)：9-13（内部刊物）.
[48] 阎太涛译．涂料设备，1988，(总 6)：127-128（内部刊物）.
[49] 刘恩林．涂料工业，1979，(4)：34-41.
[50] 北京化工大学混合工程教研室（吴德均执笔）．涂料设备，1994，(总 19)：25-29（内部刊物）.
[51] 程文龙，周荫朴，吴德均．涂料设备，1995，(总 20)：14-16（内部刊物）.
[52] 牟富君．涂料设备，1993，(总 17)：11-13（内部刊物）.
[53] 质量管理体系　基础和术语．ISO 9000：2005．北京：中国标准出版社，2005.
[54] 质量管理体系　要求．ISO 9001：2008．北京：中国标准出版社，2008.
[55] 环境管理体系　要求及使用指南．ISO 14001：2004．北京：中国标准出版社，2004.
[56] 张德平，张跃平编著．ISO 14001：2004 环境管理体系审核要点与审核中常见不符合．北京：中国标准出版社，2006.

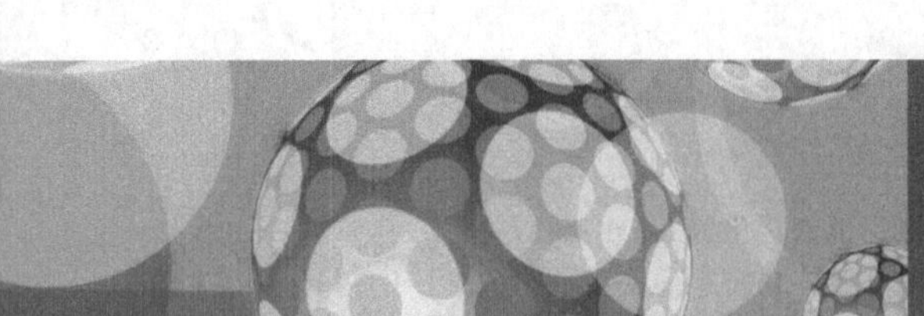

第二章 涂料工厂设计

第一节 绪论

工厂设计是一项技术与经济相结合的综合性设计工作。工厂设计通常包括设计前期工作、初步设计和详细施工设计 3 个阶段。

(1) 设计前期工作　包括商务计划，项目建议书，可行性研究，厂址选择和投资计划。投资计划由建设项目的项目组织编制，其目的是根据可行性研究报告和厂址选择报告，对建设项目的主要问题，即产品方案、建设规模、建设地区和地点、专业化协作范围、投资限额、资金来源、要求达到的技术水平和经济效益等作出决策。

(2) 初步设计　根据批准的投资计划进行编制。初步设计包括：确定主要原材料、燃料、水、动力的来源和用量；规定工艺过程、物料储运（见物料搬运）、环境保护等设计的主要原则；明确设备、建筑物和公用系统的构成和要求；进行工厂布置，设计全厂和车间的平面布置图；提出生产组织、管理信息系统和生活福利设施的方案；计算主要设备材料的数量、各项技术经济指标和工程概算。批准后的初步设计是建设投资的拨款、成套设备订购和施工图设计的依据。

(3) 施工图的设计　绘制各种建筑物的建筑结构详图、设备和管线的安装详图、各项室外工程的施工详图，编制全部设备材料明细表和施工预算。

工厂设计需要考虑多方面的问题，应运用系统工程并以发展的观点考虑以下的原则：从实际情况出发，按不同的要求选择合理的方案。采用科学技术研究的新成果，包括先进工艺、高效设备和机械化、自动化手段以及计算机辅助管理等方法。采用的技术和装备应与原料、技术、劳动力等资源条件相适应。讲究投资的经济效益和建设的社会效果。在各个设计阶段对不同的设计方案应进行技术经济分析和效果评价。技术经济分析选用多项相互联系的技术经济指标，一般是采用投资回收期和投资收益率等作为重要指标。资金支付与收益年份并不相同，因此应根据贴现利率将资金折算为同一年份的现值，使经济比较建立在可比的基础上。

本章节主要介绍工厂选址和工厂设施设计，其他相关的内容只做简单介绍。考虑到粉末涂料和液体涂料的完全不同，而液体涂料工厂设计的要求比粉末涂料的设计相对复杂，因此本章的工厂设施设计以液体涂料为例。

第二节 商务计划、项目建议和工厂选址

商务计划是任何一个新投资的基础。在任何投资决策之前，一份可靠完整的商务计划是

不可缺少的。

(1) 市场综述 主要对整个宏观经济的现状和将来进行描述，着重于经济的总需求和总供给（产出）、商业周期、整体价格（通货膨胀）水平和整体就业（失业）水平等。

(2) 行业、行业预测及市场分析 仔细研究相关领域的微观经济的发展，着重于客户、公司和行业之间的对于特定商品和服务的供需现状和发展。

(3) 市场细分及客户结构 着重于目标市场的产业结构，市场总量分析，市场前景分析，客户结构分析。

(4) 竞争对手 包括直接竞争对手和替代品供应商。

(5) 项目公司内部分析 对公司现状、发展历史、股东结构、管理团队、经营业绩、发展规划进行分析，一般定义为“SWOT”分析，即成功关键因素分析。

(6) 营销策略 目标份额、行业地位、市场定位、定价、分销、产品及产量预测、新产品研究等。

(7) 组织计划 所有权的形式，合作者或主要股权所有人的身份，负责人的权利，管理层成员的背景，组织成员的角色和责任。

在商务计划通过管理层讨论并认为可行后，项目进行下一阶段——向公司决策层提交项目建议书。

项目建议是在商务计划的基础上，进行初步的投资建议。除总结商务计划的主要内容外，主要介绍项目目标、建议和投资分析。

(1) 商务计划书中的主要内容。

(2) 生产现状分析 现有工厂位置、生产条件、生产技术、产品技术、客户需求、供应链现状。

(3) 项目可选方案建议 主要从优势、劣势、成本和时间出发，分析解决生产现状的不同方案，并确定最佳建议方案。

(4) 最佳方案设计 场地规模、生产规模、工厂布置、主要设备、技术基础、物流计划。

(5) 项目组织结构 基本的组织架构及人选，包括筹划指导委员会、项目所有者、项目经理、项目工程师等。

(6) 项目进度设计和投资预算 根据所选择的方案，对项目进度进行编制，并定制总投资报表。

(7) 财务计划 销售预测、收入预测、投入产出、投资回报预测、现金流预测、敏感性分析及投资预算。

将项目建议提交给公司决策层后，如认可该项目的可行性，则进行工厂选址和工厂设计。

工厂选址由项目组承担。项目组会形成一个选址委员会，它一般由项目组的商务负责人、技术负责人、其他有经验的专家、外部专家及律师组成。工厂选址是对不同城市、地区进行宏观和微观的评价，确定评价因素，对不同的地址，根据所要考虑的因素进行评价，从而确定理想的工厂位置。

厂址选择要认真贯彻国家的建设方针，服从城市建设规划，注意节约用地和环境保护，处理好生产与生活、近期与远期等各方面的关系。

涂料工厂厂址选择一般有以下几个基本要求：厂址应靠近原料、燃料供应地区及产品销售地区，使产品的生产和物流费用最低；应具备方便而经济的运输条件；应具备充分的水、电、汽供应条件；其附近应具有一定的公用事业基础，以便利用其生活福利设施；其地形应满足总图布置的要求；自然条件有利于“三废”的治理与综合利用。

对于影响工厂选址的因素，可根据它们与成本的关系进行分类。与成本有直接关系的因素，称为成本因素，可以用货币单位来表示各可行位置的实际成本值。与成本无直接关系，但能间接影响产品成本和未来企业发展的因素，称为非成本因素，常见的几种成本和非成本因素见表 4-2-1。

表 4-2-1 常见的几种成本和非成本因素

成本因素	非成本因素	成本因素	非成本因素
运输成本	社区情况	土地成本和建筑成本	文化习俗
原料供应	气候和地理环境	税率、保险和利率	当地政府政策
水力、动力和能源的供应量和成本	环境保护	财务供应：资本及贷款的机会	扩展机会
劳动力成本	政治稳定因素	各类服务和保养费用	当地竞争者

按照设施选址的程序，在确定了设施选址所要考虑的决定因素之后，还需要对各个位置进行初步筛选，排除不可行的方案，提出几个预选地址，接下来要确定采用何种评价方法。目前，方法有许多。基本可以分两类，一是同时考虑成本和非成本因素的综合方法；另一是只考虑成本因素的评价方法。具体评价方法可参考相关文献。

第三节 可行性研究

可行性研究是在项目建议书的基础上编制的。可行性研究的主要任务为如何有效地进行工程项目的建设提供依据。可行性研究是项目建议书的细化，主要包括以下 15 部分。

1. 总论

概述工程项目的依据、研究范围、目的和要求。简要说明工程项目的主要研究过程、论据和结论性意见，以及存在问题。

2. 建设规模和产品方案

根据商务计划书中的市场计划，对计划销售的产品进行销量预测，并根据销售量预测、计划原材料的用量。有了销售量和原材料的用量，则可以预计建设规模。

3. 工艺生产技术方案

涂料生产的工艺流程简短而繁多，具有较大的灵活性和通用性。涂料生产工艺是生产设施设计的基础。

4. 产品质量标准

企业可执行的质量标准有国家标准、国际标准和企业标准。但是，任何一个产品必须符合国家相关标准。

5. 主要生产设备选择及标准

涂料生产主要设备有分散机、砂磨机、调色机、贮罐、泵等。分散机和调色机一般为非标设备，通常是通过设备制造商根据主要产品性能、介质性质和产能进行设计和制造的。定型设备则由工艺设计人员提供参数来采购。

6. 物料贮存消耗及来源

(1) 物料消耗 根据商务计划书中产品销量预测、计划原辅材料的单耗和年消耗量。

(2) 物料贮存 涂料需要贮存的物料主要有原辅材料、包装材料和成品。原材料中有固体原料和液体原料（粉末涂料除外）。其中还有一些属于危险化学品，必须根据材料的危险性质分别进行贮存。为此，在厂区内应设立固体危险品仓库、固体非危险品仓库、液体危险品罐区和液体危险品堆场。固体物料仓库按贮存物料的危险性质进行分区；危险化学品贮存区与其他区域用实体墙隔开，液体危险品罐区用于贮存各种液体危险化学品，四周设置防火堤，不同品种间设置隔堤，防火防爆设计要符合有关安全规范的要求。液体原料用槽车运来，用原料泵将槽车内的物料打入贮罐。使用时用原料泵将贮存在罐中的物料送到生产装置。贮罐放空管道上均设阻火器，以消除火灾隐患。卸车时采用密闭系统；在罐顶设有气相平衡管，卸车时与槽车的气相平衡管相连。可以防止火灾隐患，减少挥发性物料的损失。

(3) 库存管理 涂料生产所需原料数量大，种类繁多，成品更是成千上万种。库存管理建议采用货架贮存，条形码读取模式，从而减少手工操作的失误。

(4) 工厂物流布置原则

① 规划原则 要在建厂之初做好物料搬运的规划和设计，与工厂布置设计结合进行，在内容上密切协调，适应组织结构的合理化和管理的方便，使有密切关系或性质相近的作业单位布置在一个区域并就近布置，甚至合并在同一个建筑物内。

② 系统原则 要在生产系统的整个物流系统分析的基础上进行物料搬运的规划和设计，达到全系统的协调与平衡。

③ 简化原则 尽可能简化搬运作业，减少运输环节，避免迂回、交叉的搬运路线，缩减搬运距离和次数，利用新技术消除搬运的必要性，符合工艺过程的要求。尽量使生产对象流动顺畅，避免工序间的往返交错，使设备投资最小，生产周期最短。

④ 节约原则 采取立体空间运输和贮存，节约场地；采用重力来移动物料以节约劳动力、能量和设备投资；改善物流路线状态以节约搬运费用。

⑤ 柔性原则 能机动地改换搬运物料、搬运途径和时间，使之适应产品需求的变化、工艺和设备的更新及扩大生产能力的需要。

⑥ 安全原则 要确保安全搬运和环境保护，为职工提供方便、安全、舒适的作业环境，使之合乎生理、心理的要求，为提高生产效率和保证员工身心健康创造条件。

7. 动力消耗及来源

为减少基础设施的投入和能源供应的保证，工厂的选址一般在工业园内。因此，生产用水、用汽和用电均可直接从园区供水管网、蒸汽管网和供电网接入。

8. 运输

根据工厂实际情况，原辅材料、包装材料和产品的运输主要依托社会运力，采用汽车运输和船舶运输。

9. 项目厂址与建设条件

(1) 项目厂址 项目选址要综合考察投资环境和投资政策，仔细研究地理位置和基础配套设施，以及相关的市场和资源，根据所选择的评估方法来决定项目的厂址。所选的厂址应该周围环境较好，交通便利，大型运输车辆进出方便，水、电和蒸汽供应充足，公用设施配套齐全。

化工企业厂址必须考虑当地风向因素，一般应位于城镇、工厂居住区全年最小频率风向的上风方向。厂区具体定位应与当地现有和规划的交通线路、车站、港口进行便捷合理的联结。厂前区尽量临靠公路干道，铁路、索道和码头应在厂后、侧部位，避免不同方式的交通线路平面交叉。集中建设的工厂居住区不宜分散在铁路或公路干道两侧，邻近居住区的线路应保持有关规范所规定的距离。

(2) 建设条件　主要介绍厂址所在地的自然条件、地理条件、地质条件和人文条件。应考虑所在地区的自然环境，危险有害因素主要包括雷击、雨雪、台风、洪水、高温、冰冻、地震等。

10. 工厂布置

工厂总平面布置原则为：以生产工艺流程合理，物流顺畅便捷，功能分区明确为基本原则，并满足地区总体规划、绿化、卫生、防火、防震等要求，尽量做到节约用地、降低能耗、节省投资。

11. 组织机构及人员培训

(1) 企业体制　根据投资方的意愿和有效管理原则来制定组织架构，责任分工。

(2) 劳动定员和人员培训　对从事本项目产品生产操作及质量检验的人员要进行专业技术培训，使其具有本项目产品生产的基础理论知识和实际操作技能。在培训的基础上进行基本理论和实际操作的考核，符合要求者持证上岗。主要培训方式为：组织安全教育、工艺流程、操作规程的业务学习。上岗前需要足够的培训，并要组织考核，择优上岗。

12. 项目进度及实施方案

(1) 项目进度　项目建设期一般分为两部分，其中可研报告、厂址选择、公司建立、购买土地、选择承包商等前期工作为一部分，工程设计、土建施工、设备招标采购、设备管道安装调试、试车投产等为另一部分。

(2) 实施方案

① 实施条件准备：施工场地、交通运输、施工用电、施工用水等。

② 实施阶段：包括前期工作，如公司建立、购买土地、建设方案、资金落实、技术落实、设备的供货商技术、信誉等各方面工作；设计阶段方案和施工阶段方案。

(3) 管理措施

① 建立一个强有力的指挥系统，对设计、采购、施工实行统一指挥和协调，调动各协作单位和部门的积极性。

② 设计、施工、建设单位都要建立保证体系、进度控制体系和投资控制体系，切实搞好本项工程的三大控制。

13. 总投资估算和投资计划

(1) 投资估算　项目总投资由固定资产投资总额和运作流动资金组成。

固定资产投资总额包括设备购置费、建筑工程费、安装工程费、土地使用权费、工程设计费、建设单位管理费、工程监理费等。

运作流动资金是为工厂建成后正常运作所需的资金，根据企业流动资金周转情况和产品的生产特点而计算。

(2) 投资计划　根据项目的实际情况，计算项目建设期，固定资产投资于建设期全部投入。流动资金根据各年生产负荷的安排，逐年进行投入。

14. 财务预测和评价

财务预测是根据产品销售计划、定价、成本而核算的。

15. 风险分析及主要对策

风险分析要根据经营市场的风险、市场竞争对手的风险、产品价格的风险、管理风险及其他风险进行综合考虑。针对以上风险和影响，项目单位应积极采取相应措施，将风险和影响因素降低到最低程度。

第四节　工厂基础设计和配套设施设计

工厂总体设计应参照并符合国家及当地建筑用地的要求，可参照相关规范与法规：

《企业总平面设计规范》GB 50187—1993

《厂矿道路设计规范》GBJ 22—1987

《石油化工企业设计防火规范》GB 50160—1992

《建筑设计防火规范》GBJ 16—1987（2001 年版）

《工业企业设计卫生标准》GBZ 1—2002

一、总图总平面布置

总平面布置是所有工艺及内部物流的基础，而它又是工艺设计和物流设计的结果。

涂料生产是一个物理混合过程，其物料的内部运输量是设计量的 4～5 倍。如原材料到厂后卸货贮存在原料区，生产前要备料到备料区，生产时要把备好的原料运到生产设备的位置，生产包装后转运到仓库贮存，发货时要把货物从仓库中取出，拆分，打托，装上卡车。因此，其工厂内部的物流高效是非常重要的。同时，涂料使用的原料一般在 300～500 种左右，而成品则在 800～1500 种甚至更多。所以，其中仓库的科学性设计是一个非常重要的课题。

按项目购置的建设用地面积，根据场地大小，生产装置区及原料贮存区集中布置于工程用地的中部和靠近出口的位置，主要分为：非危险品原料仓库、危险品原料库、生产车间、危险品罐区及非危险品罐区，非危险品成品仓库、危险品成品库。

消防水泵房、消防水池、变配电所、空压站及冷冻站布置在厂区公用工程区。行政办公区，包含办公楼及停车场等必要设施，布置紧靠主干道的进口和上风口位置，以减少生产废气对办公环境的影响，而且，方便对外联络，不干扰生产。

工厂布置的原则是满足工艺要求，保证场地排水短捷、顺畅。

图 4-2-1 为一典型的涂料工厂布置简图。

二、公用及辅助工程

1. 给、排水及蒸汽

给、排水及蒸汽的设计依据有：

《建筑给排水设计规范》(GB 50015—2003)

《室外给水设计规范》(GBJ 13—1997)

《室外排水设计规范》(GBJ 14—1997)

《生活饮用水卫生标准》(GB 5479—1989)

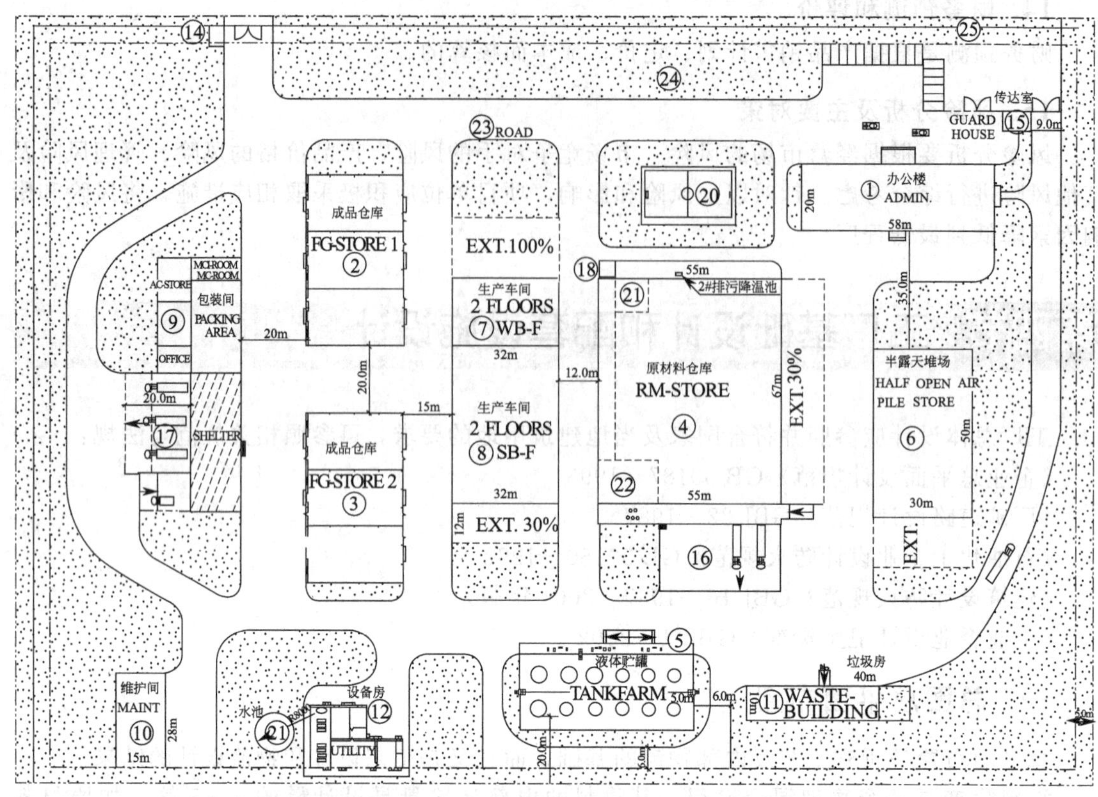

图 4-2-1 典型涂料工厂的布置简图

《工业循环水处理设计规范》(GB 50050—1995)

《洁净厂房设计规范》(GB 50073—2001)

《建筑设计防火规范》(GBJ 16—2001)

《自动喷水灭火系统设计规范》(GB 50084—2001)

《建筑灭火器配置设计规范》(GBJ 140—1997)

《蒸汽供热系统凝结水回收及蒸汽疏水阀技术管理要求》(GB/T 12712—1991)

工厂用水分为生产用水和生活用水两部分，根据生产所需的冷却水量、消防水量和产品用水量来计算。而生活用水量则与员工数量有关。一般来说，装置用水来自园区的自来水供水管网。自来水水质应符合生活饮用水标准。采用的管径由设计人员进行设计。

排水分为三个系统：雨水/净下水系统、生活污水系统和工业污水系统。净下水系统接入园区净下水排水管网。工业污水采用专用的污水收集系统收集起来，定期用专车送去合同单位委托处理（具有环保废物处置资质）；或设计污水处理装置，处理达标后归入雨水系统。生活污水系统则与市政的污水系统相连。

2. 供电

供电设计依据主要参考如下：

《供配电系统设计规范》(GB 50052—1995)

《低压配电设计规范》(GB 50054—1995)

《通用用电设备配电设计规范》(GB 50055—1993)

《电力装置的继电保护和自动装置设计规范》(GB 50062—1992)

《工业企业照明设计标准》(GBJ 50034—1993)

《医药工业洁净厂房设计规范》

《火灾自动报警系统设计规范》(GB 50116—1998)

《建筑设计防火规范》(GBJ 16—2001)

《爆炸和火灾危险环境电力装置设计规范》(GB 50058—1992)

《建筑物防雷设计规范》(GB 50057—2000)

《电力工程电缆设计规范》(GB 50217—1994)

《民用建筑电气设计规范》(JGJ/T 16—1992)

《评价企业合理用电技术导则》(GB/T 3485—1998)

(1) 动力电源　根据所有设备的负荷由专业设计人员计算出总安装容量、动力安装容量、照明安装容量、视在功率和电容补偿功率。一般来说，消防泵房用电、应急照明及火灾报警系统均为消防用电设备，属一级用电负荷。生产性用电设备均为三级负荷。一级负荷需要双电源供电。因此，设计全厂配备一台柴油发电机组，作为一级负荷的备用电源。而三级负荷的电源则从市政电网接线后经电缆引入变电所。

一级负荷供电的建筑，当采用自备发电设备作备用电源时，自备发电设备应设置自动和手动启动装置，且自动启动方式应能在30s内供电。

消防应急照明灯具和灯光疏散指示标志的备用电源的连续供电时间不应少于30min。消防用电设备应采用专用的供电回路，当生产、生活用电被切断时，应仍能保证消防用电。其配电设备应有明显标志。消防控制室、消防水泵房、防烟与排烟风机房的消防用电设备及消防电梯等的供电，应在其配电线路的最末一级配电箱处设置自动切换装置。沿疏散走道设置的灯光疏散指示标志，应设置在疏散走道及其转角处距地面高度1.0m以下的墙面上，且灯光疏散指示标志间距不应大于20.0m；对于袋形走道，不应大于10.0m；在走道转角区，不应大于1.0m，其指示标志应符合现行国家标准《消防安全标志》GB 13495的有关规定。

(2) 电力安全设计原则

① 电气线路应避开可能受到机械损伤、振动、腐蚀以及可能受热的地方。

② 正常不带电，而事故时可能带电的配电装置及电气设备外露可导电部分，均应按《工业与民用电力装置的接地设计设施》(GBJ 66—1984)要求设计可靠接地装置，车间接地要等电位接地。

③ 各装置防静电设计应符合《化工企业静电接地设计规程》(HG/T 20675—1990)的规定。各装置防静电设计应根据生产工艺要求、作业环境特点和物料的性质采取相应的防静电措施。

④ 低压配电室的配电设备布局应符合《10kV及以下变电所设计规范》(GB 50053)、《供配电系统设计规范》(GB 50052)、《低压配电设计规范》(GB 50054)的规定。

⑤ 各装置、设备、设施及建筑物，应根据国家标准和规定确定防雷等级，设计可靠的防雷保护装置，防止雷电对人身、设备以及建筑物的危害和破坏。

三、建筑结构形式

土建工程方案设计的主要依据有：

《建筑结构可靠度设计统一标准》(GB 50068—2001)

《建筑结构荷载规范》(GB 50009—2001)

《建筑地基基础设计规范》(GB 50007—2002)

《混凝土结构设计规范》(GB 50010—2002)

《砌体结构设计规范》(GB 50003—2001)
《洁净厂房设计规范》(GB 50073—2001)
《外墙外保温工程技术规程》(JGJ 144—2004)
《建筑照明设计标准》(GB 50034—2004)
《建筑采光设计标准》(GB/T 50033—2001)

生产车间及危险品仓库的生产类别为甲类，具有防爆、防腐要求。根据生产特点，生产车间采用钢筋混凝土柱，楼层全敞开式框架结构，部分封闭房间和楼梯间与生产区的隔墙为钢筋砖填充防爆墙。

危险品仓库采用钢筋混凝土柱，彩钢板轻型屋面，由于危险品仓库内贮存物品的火灾危险为甲类，因此屋盖系统采用轻质屋盖，作为泄压面积。围护墙体设置足够面积的侧窗，以满足防爆泄压要求。散发较空气重的可燃气体、可燃蒸气的甲类厂房以及有粉尘、纤维爆炸危险的乙类厂房，有防爆要求的混凝土地、楼面做成不发火花水泥砂浆地坪，采用绝缘材料作整体面层时，应采取防静电措施。

根据《建筑抗震设计规范》(GB 50011—2001) 要求，本建设项目抗震措施应符合本地区抗震设防烈度的要求，抗震设防烈度设为 7 度，框架部分抗震等级设为四级，并制定具体的防震救灾预案。

厂房内不宜设置地沟，必须设置时，其盖板应严密，地沟应采取防止可燃气体、可燃蒸气及粉尘、纤维在地沟积聚的有效措施，且与相邻厂房连通处应采用防火材料密封。

门窗优先选用塑钢门窗，内外装修应做到与周围环境协调统一，充分利用地方材料和不同的装饰材料以满足工艺要求。

主要土建构成包括需要建设涂料工艺生产厂房、制冷站、变配电所、空压站和污水收集系统、原材料及成品仓库、液体罐区、半露天堆放场以及配套的办公生活设施等。

1. 厂房（仓库）的耐火等级

可分为一、二、三、四级。其构件的燃烧性能和耐火极限除另有规定者外，不应低于表 4-2-2 和表 4-2-3 的规定。

表 4-2-2 厂房（仓库）建筑构件的燃烧性能和耐火极限 单位：h

名称		耐火等级①			
构件		一级	二级	三级	四级
墙	防火墙	不燃烧体 3.00	不燃烧体 3.00	不燃烧体 3.00	不燃烧体 3.00
	承重墙	不燃烧体 3.00	不燃烧体 2.50	不燃烧体 2.00	难燃烧体 0.50
	楼梯间和电梯井的墙	不燃烧体 2.00	不燃烧体 2.00	不燃烧体 1.50	难燃烧体 0.50
	疏散走道两侧的隔墙	不燃烧体 1.00	不燃烧体 1.00	不燃烧体 0.50	难燃烧体 0.25
	非承重外墙	不燃烧体 0.75	不燃烧体 0.50	难燃烧体 0.50	难燃烧体 0.25
	房间隔墙	不燃烧体 0.75	不燃烧体 0.50	难燃烧体 0.50	难燃烧体 0.25

续表

名　称	耐火等级[①]			
构件	一级	二级	三级	四级
柱	不燃烧体 3.00	不燃烧体 2.50	不燃烧体 2.00	难燃烧体 0.50
梁	不燃烧体 2.00	不燃烧体 1.50	不燃烧体 1.00	难燃烧体 0.50
楼板	不燃烧体 1.50	不燃烧体 1.00	不燃烧体 0.75	难燃烧体 0.50
屋顶承重构件	不燃烧体 1.50	不燃烧体 1.00	难燃烧体 0.50	燃烧体
疏散楼梯	不燃烧体 1.50	不燃烧体 1.00	不燃烧体 0.75	燃烧体
吊顶(包括吊顶格栅)	不燃烧体 0.25	难燃烧体 0.25	难燃烧体 0.15	燃烧体

① 二级耐火等级建筑的吊顶采用不燃烧体时，其耐火极限不限。

表 4-2-3　厂房的耐火等级、层数和防火分区的最大允许建筑面积

生产类别	厂房的耐火等级	最多允许层数	每个防火分区的最大允许建筑面积/m²[①]			
			单层厂房	多层厂房	高层厂房	地下、半地下厂房,厂房的地下室、半地下室
甲	一级 二级	除生产必须采用多层者外,宜采用单层	4000 3000	3000 2000	— —	— —
乙	一级 二级	不限 6	5000 4000	4000 3000	2000 1500	— —
丙	一级 二级 三级	不限 不限 2	不限 8000 3000	6000 4000 2000	3000 2000 —	500 500 —
丁	一、二级 三级 四级	不限 3 1	不限 4000 1000	不限 2000 —	4000 — —	1000 — —
戊	一、二级 三级 四级	不限 3 1	不限 5000 1500	不限 3000 —	6000 — —	1000 — —

① 防火分区之间应采用防火墙分隔。除甲类厂房外的一、二级耐火等级单层厂房，当其防火分区的建筑面积大于本表规定，且设置防火墙确有困难时，可采用防火卷帘或防火分隔水幕分隔。采用防火卷帘时应符合有关规范的规定；采用防火分隔水幕时，应符合现行国家标准《自动喷水灭火系统设计规范》GB 50084 的有关规定。

2. 建筑物间距

严格按照国家及地方的有关标准和规范进行设计，表 4-2-4 和表 4-2-5 为建筑防火规范中的基本间距。

表 4-2-4　甲类仓库之间及其与其他建筑、明火或散发火花地点、铁路等的防火间距　单位：m

名　称	甲类仓库及其储量/t			
	甲类贮存物品第 3、4 项		甲类贮存物品第 1、2、5、6 项	
	≤5	>5	≤10	>10
重要公共建筑	50.0			
甲类仓库	20.0			
民用建筑、明火或散发火花地点	30.0	40.0	25.0	30.0

续表

名称		甲类仓库及其储量/t			
		甲类贮存物品第3、4项		甲类贮存物品第1、2、5、6项	
		≤5	>5	≤10	>10
其他建筑	一、二级耐火等级	15.0	20.0	12.0	15.0
	三级耐火等级	20.0	25.0	15.0	20.0
	四级耐火等级	25.0	30.0	20.0	25.0
电力系统电压为35～500kV且每台变压器容量在10MW以上的室外变、配电站 工业企业的变压器总油量大于5t的室外降压变电站		30.0	40.0	25.0	30.0
厂外道路路边		20.0			
厂内道路路边	主要	10.0			
	次要	5.0			

表4-2-5 厂房之间及其与乙、丙、丁、戊类仓库、民用建筑等之间的防火间距 单位：m

名称			甲类厂房	单层、多层乙类厂房(仓库)	单层、多层丙、丁、戊类厂房(仓库)			高层厂房(仓库)	民用建筑		
					耐火等级				耐火等级		
					一、二级	三级	四级		一、二级	三级	四级
甲类厂房			12.0	12.0	12.0	14.0	16.0	13.0	25.0		
单层、多层乙类厂房			12.0	10.0	10.0	12.0	14.0	13.0	25.0		
单层、多层丙、丁类厂房	耐火等级	一、二级	12.0	10.0	10.0	12.0	14.0	13.0	10.0	12.0	14.0
		三级	14.0	12.0	12.0	14.0	16.0	15.0	12.0	14.0	16.0
		四级	16.0	14.0	14.0	16.0	18.0	17.0	14.0	16.0	18.0
单层、多层戊类厂房		一、二级	12.0	10.0	10.0	12.0	14.0	13.0	6.0	7.0	9.0
		三级	14.0	12.0	12.0	14.0	16.0	15.0	7.0	8.0	10.0
		四级	16.0	14.0	14.0	16.0	18.0	17.0	9.0	10.0	12.0
室外变、配电站变压器总油量/t	≥5,≤10		25.0	25.0	12.0	15.0	20.0	12.0	15.0	20.0	25.0
	>10,≤50				15.0	20.0	25.0	15.0	20.0	25.0	30.0
	>50				20.0	25.0	30.0	20.0	25.0	30.0	35.0

3. 厂房的安全疏散

厂房应设置两个以上的安全出口，厂房内最远工作地点离出口的距离、楼梯走道及门的宽度应符合相应的规定。

① 厂房的安全出口应分散布置。每个防火分区、一个防火分区的每个楼层，其相邻2个安全出口最近边缘之间的水平距离不应小于5.0m。

② 厂房的每个防火分区、一个防火分区内的每个楼层，其安全出口的数量应经计算确定，且不应少于2个。

③ 地下、半地下厂房或厂房的地下室、半地下室，当有多个防火分区相邻布置，并采用防火墙分隔时，每个防火分区可利用防火墙上通向相邻防火分区的甲级防火门作为第二安全出口，但每个防火分区必须至少有1个直通室外的安全出口。

④ 厂房内任一点到最近安全出口的距离不应大于表 4-2-6 的规定。

表 4-2-6　厂房内任一点到最近安全出口的距离　　单位：m

生产类别	耐火等级	单层厂房	多层厂房	高层厂房	地下、半地下厂房或厂房的地下室、半地下室
甲	一、二级	30.0	25.0	—	—
乙	一、二级	75.0	50.0	30.0	—
丙	一、二级	80.0	60.0	40.0	30.0
	三 级	60.0	40.0	—	—
丁	一、二级	不限	不限	50.0	45.0
	三 级	60.0	50.0	—	—
	四 级	50.0	—	—	—
戊	一、二级	不限	不限	75.0	60.0
	三 级	100.0	75.0	—	—
	四 级	60.0	—	—	—

⑤ 厂房内的疏散楼梯、走道、门的各自总净宽度应根据疏散人数，按规定经计算确定。但疏散楼梯的最小净宽度不宜小于 1.1m，疏散走道的最小净宽度不宜小于 1.4m，门的最小净宽度不宜小于 0.9m。当每层人数不相等时，疏散楼梯的总净宽度应分层计算，下层楼梯总净宽度应按该层或该层以上人数最多的一层计算。首层外门的总净宽度应按该层或该层以上人数最多的一层计算，且该门的最小净宽度不应小于 1.2m。

仓库的安全出口应分散布置。每个防火分区、一个防火分区的每个楼层，其相邻 2 个安全出口最近边缘之间的水平距离不应小于 5.0m。

⑥ 每座仓库的安全出口不应少于 2 个，当一座仓库的占地面积小于等于 300m^2 时，可设置 1 个安全出口。仓库内每个防火分区通向疏散走道、楼梯或室外的出口不宜少于 2 个，当防火分区的建筑面积小于等于 100m^2 时，可设置 1 个。通向疏散走道或楼梯的门应为乙级防火门。

4. 防雷

建筑物的防雷分类及防雷措施，应按现行国家标准《建筑物防雷设计规范》的有关规定执行。防雷接地装置的电阻要求，应按现行国家标准《石油库设计规范》、《建筑物防雷设计规范》的有关规定执行。

工艺装置内露天布置的塔、容器等，当顶板厚度等于或大于 4mm 时，可不设避雷针保护，但必须设防雷接地。可燃液体贮罐的温度、液位等测量装置，应采用铠装电缆或钢管配线，电缆外皮或配线钢管与罐体应作电气连接。

5. 静电接地

对爆炸、火灾危险场所内可能产生静电危险的设备和管道、装卸的管道、汽车罐车均应采取静电接地措施。每组专设的静电接地体的接地电阻值，宜小于 100Ω。

四、消防

消防设计的主要依据为：

《中华人民共和国消防法》

《建筑设计防火规范》(GBJ 16—2001)

《建筑灭火器配置设计规范》(GB J140—1997)

《建筑防雷设计规范》(GB 50057—1994)

《火灾自动报警系统设计规范》(GBJ 116—1988)

《爆炸和火灾危险环境电力装置设计规范》(GB 50058—1992)

1. 消防措施综述

根据中华人民共和国国家标准《建筑设计防火规范》(GBJ 16—2001) 和《石油化工企业设计防火规范》(GB 50160—1992) 的生产厂房火灾危险性分类（见表 4-2-7)，工艺生产装置生产厂房、液体罐区及泵房和危险品仓库的火灾危险性为甲类，有较大的火灾危险性；其墙、柱、梁、楼板屋顶承重构件、疏散楼梯等应分别达到相应的耐火极限；按照生产厂房的耐火等级标准，这些装置建构筑物的耐火等级为二级。其他建构筑物火灾危险等级为戊级，耐火等级二级。

表 4-2-7 贮存物品的火灾危险性分类

仓库类别	项别	贮存物品的火灾危险性特征
甲	1	闪点小于 28℃的液体
	2	爆炸下限小于 10%的气体，以及受到水或空气中水蒸气的作用，能产生爆炸下限小于 10%气体的固体物质
	3	常温下能自行分解或在空气中氧化能导致迅速自燃或爆炸的物质
	4	常温下受到水或空气中水蒸气的作用，能产生可燃气体并引起燃烧或爆炸的物质
	5	遇酸、受热、撞击、摩擦以及遇有机物或硫黄等易燃的无机物，极易引起燃烧或爆炸的强氧化剂
	6	受撞击、摩擦或与氧化剂、有机物接触时能引起燃烧或爆炸的物质
乙	1	闪点大于等于 28℃，但小于 60℃的液体
	2	爆炸下限大于等于 10%的气体
	3	不属于甲类的氧化剂
	4	不属于甲类的化学易燃危险固体
	5	助燃气体
	6	常温下与空气接触能缓慢氧化，积热不散引起自燃的物品
丙	1	闪点大于等于 60℃的液体
	2	可燃固体
丁		难燃烧物品
戊		不燃烧物品

根据项目的具体情况，应严格采取如下消防安全措施，保证装置生产安全：

① 严格按照国家及地方的有关标准和规范进行设计。

② 总图布置中充分考虑防火间距，消防通道畅通。

③ 工艺装置设计中充分考虑工艺过程及设备的设置和选型，消除火灾隐患。

④ 建筑设计遵循建筑防火规定，厂区道路、供水条件及建构筑物耐火等级等均要符合消防规范的要求。承重部分采用防火结构，有利于防火。建筑物均设有符合要求的出入口、楼梯和通道，有利于安全疏散。

对职工尤其是操作工人应继续进行系统的防火教育，加强其安全意识。

2. 消防设施

工厂应根据物品贮存量、建筑物大小、物品化学性质配置足够的消防设施。

(1) 水消防系统　在整个厂区范围内设置水消防系统。该系统由消防水池、消防水泵、消防给水管网、室外消火栓组成。消防给水管网布置在厂区道路旁，形成环网状。消防给水采用临时高压制，火灾时由设置在消防水泵房的消防水泵加压供水。水源来自工厂生活水供水管网和消防水池。工厂、仓库、堆场、贮罐（区）和民用建筑的室外消防用水量，按同一时间内的火灾次数和一次灭火用水量确定（见表 4-2-8)：室外消防水量 30L/s，供水压力为 0.6MPa。

表 4-2-8 工厂、仓库和民用建筑一次灭火的室外消火栓用水量 单位：L/s

耐火等级	建筑物类别		建筑物体积 V/m^3					
			$V\leq 1500$	$1500<V\leq 3000$	$3000<V\leq 5000$	$5000<V\leq 20000$	$20000<V\leq 50000$	$V>50000$
一、二级	厂房	甲、乙类	10	15	20	25	30	35
		丙类	10	15	20	25	30	40
		丁、戊类	10	10	10	15	15	20
	仓库	甲、乙类	15	15	25	25	—	—
		丙类	15	15	25	25	35	45
		丁、戊类	10	10	10	15	15	20
	民用建筑		10	15	15	20	25	30
三级	厂房(仓库)	乙、丙类	15	20	30	40	45	—
		丁、戊类	10	10	15	20	25	35
	民用建筑		10	15	20	25	30	—
四级	丁、戊类厂房(仓库)		10	15	20	25	—	—
	民用建筑		10	15	20	25	—	—

在生产车间、危险品仓库、半露天堆场、非危险品仓及办公楼等建筑物内设室内自动水喷淋系统及消防竖管（参见表 4-2-9）。

表 4-2-9 室内消火栓用水量

建筑物名称	高度 h/m、层数、体积 V/m^3 或座位数 n/个		消火栓用水量/(L/s)	同时使用水枪数量/支	每根竖管最小流量/(L/s)
厂房	$h\leq 24$	$V\leq 10000$	5	2	5
		$V>10000$	10	2	10
	$24<h\leq 50$		25	5	15
	$h>50$		30	6	15
仓库	$h\leq 24$	$V\leq 5000$	5	1	5
		$V>5000$	10	2	10
	$24<h\leq 50$		30	6	15
	$h>50$		40	8	15
科研楼、试验楼	$h\leq 24, V\leq 10000$		10	2	10
	$h\leq 24, V>10000$		15	3	10

(2) 泡沫消防系统　在甲乙级厂房仓库危险品罐区设固定自动泡沫消防系统。该系统由消防水池、泡沫消防泵、泡沫比例混合装置、泡沫消防管网、泡沫栓、泡沫产生器、报警阀、泡沫喷淋等组成。固定泡沫系统流量 8.8L/s。供水压力为 0.85MPa。同时，按规定在相应位置配备移动式灭火器，在建筑物四周布置室外消防栓

设置固定式泡沫灭火系统的贮罐区，在其防火堤外设置用于扑救液体流散火灾的辅助泡沫枪，其数量及其泡沫混合液连续供给时间，不应小于表 4-2-10 的规定。每支辅助泡沫枪的泡沫混合液流量不应小于 240L/min。

表 4-2-10 泡沫枪数和连续供给时间

贮罐直径/m	配备泡沫枪数/支	连续供给时间/min	贮罐直径/m	配备泡沫枪数/支	连续供给时间/min
≤ 10	1	10	>30 且 ≤ 40	2	30
>10 且 ≤ 20	1	20	>40	3	30
>20 且 ≤ 30	2	20			

(3) 其他灭火设备及消防设施 生产厂房、仓库、办公楼等内部根据面积和危险等级配备一定数量移动式灭火器。灭火器品种、规格和数量按照《建筑灭火器配置设计规范》的要求进行配置。可采用磷酸铵盐干粉灭火器和二氧化碳灭火器，以及推车式灭火器。

3. 消防安全措施

根据工厂的具体情况，应采取如下消防安全措施，保证装置生产安全。

① 总图布置中充分考虑防火间距，消防通道畅通。

② 工艺装置区、液化烃贮罐区应设环形消防车道。可燃液体的贮罐区、装卸区及化学危险品仓库区应设环形消防车道。

③ 工艺装置设计中充分考虑工艺过程及设备的设置和选型，消除火灾隐患。沿地面或低支架敷设的管道，不应环绕工艺装置或罐组四周布置。距散发比空气重的可燃气体设备30m以内的管沟、电缆沟、电缆隧道，应采取防止可燃气体窜入和积聚的措施。

④ 工艺设备（以下简称设备）、管道和构件的材料，应符合下列规定：设备本体（不含衬里）及其基础，管道（不含衬里）及其支、吊架和基础，应采用非燃烧材料，但油罐底板垫层可采用沥青砂。

设备和管道应根据其内部物料的火灾危险性和操作条件，设置相应的仪表、报警信号、自动联锁保护系统或紧急停车措施。

⑤ 设备、可燃液体罐，建筑物平面布置的防火间距、防火等级应符合《建筑设计防火规范》的要求。

⑥ 罐组内相邻可燃液体地上贮罐的防火间距，不应小于表4-2-11的规定。

表 4-2-11 甲、乙、丙类液体贮罐之间的防火间距 单位：m

类别			贮罐形式				
			固定顶罐			浮顶贮罐	卧式贮罐
			地上式	半地下式	地下式		
甲、乙类液体	单罐容量 V/m^3	$V \leqslant 1000$	$0.75D$	$0.5D$	$0.4D$	$0.4D$	不小于0.8m
		$V>1000$	$0.6D$				
丙类液体		不论容量大小	$0.4D$	不限	不限	—	

注：1. 表中 D 为相邻较大罐的直径，单罐容积大于1000m³的贮罐取直径或高度的较大值。

2. 贮存不同类别液体的或不同型式的相邻贮罐的防火间距，应采用本表规定的较大值。

3. 高架罐的防火间距，不应小于0.6m。

4. 现有浅盘式内浮顶罐的防火间距同固定顶罐。

⑦ 对职工尤其是操作工人应继续进行系统的防火教育，定期检修消防设备及器材；对消防人员进行培训，人员持证上岗，加强其安全意识。

4. 火灾报警系统

设计时应设置火灾探测器、手动火灾报警按钮、声光报警器、区域报警显示器、水流指示器、防火卷帘门设二总线制编码模块，消防信号接入消防控制室内的火灾报警控制器。火灾自动报警系统由专用消防供电回路供电，并配备直流备用电源，并与地方消防网络系统连接，实现自动模式；同时设广播系统以便疏散。

车间内设置消火栓信号系统，事故时启动消防水泵。

空调送回风风道应设有联动防火阀，一旦防火阀动作，必须切断送、回风风机电源。

五、环境保护

1. 概述

根据《中华人民共和国环境保护法》等有关法规，在项目实施过程中对生产过程中排出的污染物应采取必要的措施，使之达到国家规定的标准。项目设计时，应按照清除污染、保护环境、综合利用、化害为利的原则进行设计，三废治理工程与主体工程项目同时设计、施工，同时建成投产，使生产中产生的“三废”达到国家规定标准后排放。废气排放标准为《工业“三废”排放试行标准》（GBJ 4）；废水排放标准为《污水综合排放标准》（GB 8978）。

设计的主要标准依据如下：

《中华人民共和国环境保护法》

《建设项目环境保护管理条例》国务院（1998）253 号

《建设项目环境保护设计规定》（1987）国环字第 002 号

《污水综合排放标准》（GB 8978—1996）

《工业企业厂界噪声标准》（GB 12348—1990）

《环境空气质量标准》（GB 3095—1996）

《大气污染物综合排放标准》（GB 16297—1996）

2. 主要污染源及污染物

涂料生产过程中排放的污染物主要为有机挥发物、废水和噪声。工艺过程中产生的废水主要是设备清洗水。废水含有有机物质和无机悬浮物质，需要进行专门的处理。工艺过程中产生的有机挥发物主要是由于溶剂挥发所致。有机挥发物会污染大气，需要进行收集和活性炭处理。主要生产设备如风机、压缩机、输送泵、灌装机等生产过程中会产生一定的噪声，对环境造成一定的污染。

3. 废水治理

生产污水排放应采用暗管或覆土厚度不小于 200mm 的暗沟。设施内部若必须采用明沟排水时，应分段设置。生活污水在化粪池进行初步处理后用做绿化补充水，也可排入工业园区污水收集系统。生产中使用的清净的冷却水循环可做绿化补充水使用。

生产中的设备清洗水，及含可燃液体的污水及被可燃液体严重污染的雨水，应排入生产污水管道，送至污水处理场处理。污水处理场（站）的处理能力，应考虑开停工、检修、事故等工况。

4. 废渣（液）污染物控制措施

(1) 严格控制新鲜水用量。新建厂新鲜水的单耗，达到国内同行业先进水平。

(2) 优先选用不产生或少产生废水的工艺及设备。生产用水，多次利用、循环使用及回用，以减少废水的排放量。

(3) 原料、燃料、产品的露天堆场和装卸站台及码头，应有防止雨水冲刷物料而造成污染的措施。

(4) 自采样、溢流、事故及管道低点排出的物料（如油品、溶剂、化学药剂等），应进入收集系统或其他收集设施，不得就地排放和排入排水系统。

(5) 贮存化学药剂、废渣（液）的容器，应有排尽、收集措施，不得将上述物料排入排水系统。

(6) 凡易受污染场所（如塔区、泵区、换热器区、化工原料罐区及浮顶油罐顶、原油及化工原料装卸台等）的初期雨水和地面冲洗水，应排入相应的排水系统，经处理合格后排放。

(7) 不同的废渣（液）宜单独贮存。两种或两种以上废渣（液）混合贮存时，应符合下列要求：

① 不产生新的有害有毒物质；

② 不发生有害的化学反应；

③ 有利于堆放贮存、综合利用或处理。

(8) 设备检修及开停工时，排出的废渣（液），必须设置收集设施，以便进一步处理。

(9) 有毒害、易扬尘的废渣（液）装卸和输送时，应采取密闭或增湿等措施。

(10) 可燃废渣（液）在焚烧过程中产生的有害气体，必须经净化处理；焚烧后的残渣应妥善处置，其他有危害的废渣，送有资质的专业危废处理公司处理。

5. 噪声污染的防治

涂料生产噪声污染主要来源于各种机械设备。根据目前的技术条件，在多数情况下还难于采用从噪声源入手降低噪声，以达到环境标准的措施。只能在噪声传播途中采取控制措施，如消声、隔声、减振等。

工艺装置、加热护和锅炉等的蒸汽或压力气体的放空，应选用适用于该种气体特性的放空消声器，并考虑排气口噪声扩散的指向性。

当低噪声空冷器不能满足环境噪声标准时，应设置吸声或隔声屏等降低其噪声的影响。

对离厂界较近的高噪声源（如锅炉、加热炉、空压站等），除应采取必要的综合治理设施外，还可利用绿化带或卫生防护距离减弱噪声对环境的影响。

6. 废气、粉尘污染防治

(1) 凡连续散发有毒有害气体、粉尘、恶臭等物质的生产过程，应设计成密闭的生产系统。当需外排时，还应设置除尘、吸收等净化设施。

(2) 对含有易挥发物质的原料、成品、中间产品等贮存设施，应有防止挥发物逸出的措施，如采用浮顶罐、油气回收等。

(3) 污染大气的放空尾气，应回收利用或妥善处理。

(4) 易挥发的原料、产品，应密闭装卸或浸没装卸。

(5) 排气筒（管）的设计高度，应根据环境影响报告书（表）的要求确定。

(6) 排放有毒有害气体的排气筒（管），必须设置采样口，采样口的设计，应按《石油化工企业排气筒（管）采样口设计规范》（SH3056）执行。

7. 绿化

绿化可以清洁空气，补充氧气，改善工厂小气候，减少有害气体的危害。因此，可利用车间周围、道路两旁空地进行绿化。选择适应当地生长条件的乔木、灌木及草皮进行栽种。厂区绿化设计指标，应以厂区绿化用地系数表示：位于一般地区的企业，不应小于12%，有些工业区要求达到35%。

为在达标的基础上进一步减少噪声、废气等的影响，全厂应重视绿化工作，具体如下：

(1) 厂区建设应重视绿化工作，并从整体上与厂貌协调，注意绿化布局的层次、风格；

(2) 厂区内的绿化覆盖率达到设计要求，充分考虑植被的多样性，可采用“乔、灌、花、草”相结合的多层次复合绿化系统，合理分配高大与低矮植物的布设；

(3) 厂内应充分利用建设用地区域内空地、道路两旁进行绿化，同时在车间四周建设一定的绿化隔离带，达到降噪和吸尘作用。

六、职业安全卫生

职业安全卫生设计依据如下：

《中华人民共和国劳动法》(中华人民共和国主席令第 28 号，1995 年 1 月 1 日施行)

《中华人民共和国安全生产法》(2002 年 11 月 1 日实施)

《建设项目（工程）职业安全卫生监督规定》[中华人民共和国劳动部（1996）3 号令]

《建筑防雷设计规范》(GB 50057—2001)

《生产过程安全卫生总则》(GB J2801—1991)

《工业企业设计卫生标准》(GBZ 1—2002)

《工业企业噪声控制设计规范》(GBJ 87—1985)

《电器设备安全设计导则》(GB 4064—1983)

《中华人民共和国消防法》(中华人民共和国主席令第 4 号，1998 年 9 月 1 日施行)

《中华人民共和国职业病防治法》（中华人民共和国主席令第 60 号，2002 年 5 月 1 日施行）

《使用有毒物品作业场所劳动保护条例》(2002 年 5 月 19 日国务院发布)

《危险化学品安全管理条例》（中华人民共和国国务院令 344 号，2002 年 3 月 15 日施行）

《国务院关于加强防尘防毒工作的决定》(国发［1984］97 号)

《中华人民共和国监控化学品管理条例》(国务院令第 190 号)

《特种设备安全监察条例》国务院令第 373 号，2003 年 6 月 1 日施行)

《建设项目（工程）劳动安全卫生监察规定》（原劳动部令第 3 号，1997 年 1 月 1 日施行）

《爆炸危险场所安全规定》(原劳动部［1995］56 号)

《工作场所安全使用化学品规定》(原劳动部发［1996］423 号)

《中华人民共和国爆炸危险场所电气安全规程》(劳人护［1987］36 号)

《职业健康监护管理办法》(卫生部令第 23 号)

《职业病诊断与鉴定管理办法》(卫生部，2002 年 5 月 1 日施行)

《劳动防护用品监督管理规定》(国家安监总局令第 1 号，2005 年 9 月 1 日施行)

《危险化学品建设项目安全许可实施办法》(国家安监总局令第 8 号，2006 年 10 月 1 日施行)

《危险化学品事故应急救援预案（单位版）编制指南》(安监管危化字［2004］43 号)

《特种设备质量监督与安全监察规定》(国家质量技术监督局令第 13 号，2000.10.1)

《特种设备作业人员监督管理办法》(国家质检总局令第 70 号，2005.7.1)

《作业场所安全使用化学品公约》(第 170 号国际公约)

1. 危害因素分析

(1) 装置特点　涂料装置工艺过程属于物理过程，没有高温高压操作工况。但是生产原材料品种繁多，性质复杂，有易燃易爆危险化学品，还有对人体有一定毒害性的物品，产品中的溶剂也有一定的燃烧危险。因此，防火防爆和防毒是设计、施工和生产应该注意的重点。

另外，在工厂操作中也会产生机械伤害，电气伤害和噪声危害也有发生的可能。因此，这些一般性伤害的预防也需要予以重视。

(2) 生产过程主要不安全因素分析

① 燃烧和爆炸危险 由于工艺过程中使用易燃易爆物品，部分属于甲B类易燃易爆危险物质。在这些危险品比较集中的工艺生产装置、液体罐区和危险品仓库，燃烧、爆炸是始终存在的潜在危险。

② 转动设备伤害 装置大量使用一些转动设备，如各种搅拌机、离心机、输送泵、风机、压缩机等。这些转动机械在运行和检修的时候，有对人体造成伤害的可能。

③ 机械性伤害 地面暗井、坑、沟、设备平台、楼梯等有造成人体滑倒、坠落等事故的可能。

④ 噪声 各种机械在运转时都会发出一定的噪声，对人体产生声危害。主要危害表现为头晕、恶心、失眠、心悸、听力减退、神经衰弱等症状。

⑤ 热辐射和烫伤 某些操作岗位的操作温度比较高。这会对操作人员造成热辐射、烫伤的危险。

⑥ 电气伤害 电气设备的漏电、接地不良等可能造成人身伤害和设备破坏。

⑦ 毒害性 多种物料对人体均有一定的毒害性，某些物品燃烧时会产生有毒气体一氧化碳等。所以如果不加强防范，或者在某种事故状态下，有发生中毒的危险。

2. 生产工艺及生产设备安全对策措施

(1) 生产工艺安全对策措施

① 生产工艺安全设计必须符合人-机工程原则，以便最大限度地降低操作者的劳动强度以及精神紧张状态；

② 应防止工作人员直接接触具有危险有害因素的设备、设施、生产原材料及产品；

③ 工艺过程中一直存在着有毒物质，应在生产过程中采取有效措施避免有毒物质泄漏，厂房内设通风设备，使有毒蒸气浓度不超过国家卫生标准；

④ 对高温管道和设备均进行保温和人身防护，对一些高温设备及管道，进行保温、隔热，以防灼伤人体，采取保温措施后的表面温度不大于40℃；

⑤ 在使用二甲苯等危险物品时，应严格执行操作规程，确保安全生产。在车间内易接触有机物及其蒸气等有毒物质的位置，应设置安全喷淋洗眼器，当发生意外伤害事故时，通过快速喷淋、冲洗，把伤害程度减到最低；

⑥ 对生产线，主机采用计算机控制，配有电气连锁、电气保护、自动报警、自动停车并设有各种安全装置，意外事故状态时，对设备及人身进行保护；

⑦ 工厂采用的生产设备和机械化装置（包括自动化装置）必须互相匹配、协调，在生产过程中应有机地融为一体，不得构成危险或不安全因素；

⑧ 工厂必须在危险区内为操作者选择、提供并强制使用安全装置。安全装置包括安全保护装置（如各种防护罩、防护隔栏等）与安全控制装置（如双手控制装置、光控式保护装置等）两大类；

⑨ 事故停车开关必须安装在操作人员能够迅速触及的地方，以保证安全操作；

⑩ 机械设备应装配可靠的光电保护装置，定期检查、及时更换；

⑪ 车间各区域（空间）、部门和设备，凡可能危及人身安全时应按有关规定，于醒目处设标志牌；

⑫ 操作工人应经常注意设备的工作状态，发现异常声音和振动，必须及时停机检查；

⑬ 工厂必须设置安全检查机构，安全检查机构由专职安全检查人员和兼职安全检查人员组成；

⑭ 对建筑物应在设计中采取隔声、吸声措施，噪声高的设备旁悬挂吸声板，操作人员佩戴防声耳塞减少噪声影响；

⑮ 根据作业场所特点，正确选择Ⅰ、Ⅱ、Ⅲ类手持电动工具，确保安全可靠，并根据要求严格执行安全操作规程；

⑯ 安装在设备周围的配管、阀门、仪表等要留有充分的空间，以免互相碰撞，并且稳妥地固定；

⑰ 在生产过程中应加强对各类设备的日常检查和维修保养，生产装置所配备的各种压力表、温度计、安全阀、报警器等仪表必须齐全，并按规定定期进行检验、检测或校验；

⑱ 生产装置漆色应明确安全色制度，对有毒有害场所要有安全标志；

⑲ 定期对各种加工设备进行检查检修；

⑳ 设备检修过程中检修人员必须在人员监护下进行检修作业。

(2) 生产设备安全对策措施

① 转动设备的高速转动部分如电机部分应采用加罩防护或隐蔽防护，同时对裸露的转动部件需采取适当的保护措施。这些措施包括：在不同的危险部位设立防护栏杆，或对危险区域采用涂色、警示线等办法，以防止操作工接近危险部位，设备平台及楼梯均设置护栏。

② 对有振动及噪声产生的设备应采用减振垫、减振器及隔声操作室以减缓振动及噪声危害的程度。其中，有强烈振动的高噪声设备，不宜布置在楼板上或钢制平台上；对分散布置的高噪声设备，宜采用隔声罩；对集中布置的高噪声设备，宜采用隔声间，对难以采用隔声罩或隔声间的某些高噪声设备，宜在声源附近或受声处设置隔声屏障；对不需要人员始终在设备旁操作的高噪声车间和站房，如空压站等设计隔声值班室或控制室。

③ 定期检查设备的防护措施是否有效，对设备进行清洗。

④ 空压机等噪声高的设备、机组，要单独放在室内，基础要采取减振措施，气流出口配备消声器，管道采用软连接，控制室采用双层隔声玻璃窗和隔声门。

⑤ 制定叉车的安全对策措施。

3. 电气设备系统的安全对策措施

① 事故照明灯具布置在可能引起事故的设备、材料、物品的周围和主要通道、危险地段、出入口等处，事故照明的照度不应低于工作照明度的10%。

② 在爆炸及火灾危险场所维护检查电气设备时，严禁解除保护、联锁和信号装置；故障停电后未查清原因前禁止强行送电；严禁带电对接电线（明火对接）和使用能产生冲击火花的工、器具。

③ 采取“电缆进出口用网格围住，防止小动物进入；配电间应有防雨、雪进入的措施，并有通风排湿措施；土建设计必须符合配电所设计规范，电缆沟应有排水措施”等措施以防止“高、低压跳闸事故”。

④ 采取“严禁长时间超负荷运行；定期检查维护电气设备等，在事故前清除各类隐患；严格遵守变压器运行规程，定期检查，确保各项保护齐全有效”等措施以防止“变压器着火、爆炸”。

⑤ 采取“变压器设置围栏并挂警示牌；杜绝违章作业；立即检查，清除漏电点；检修或更换故障设备；加强职工教育，提高职工安全意识和自我保护意识，杜绝违章作业”等措施以防止“变压器、开关柜等触电事故”。

⑥ 采取“严格遵守操作规程；检修时加强自我保护意识，集中思想，消除马虎、不在乎的麻痹思想”等措施以防止“开关柜电弧灼伤事故”。

⑦ 采取“认真对设计进行审查工作；规范电气施工，严格把好采购质量关，杜绝假冒、伪劣产品；电气设备、电缆、导线附近不得堆放易燃物；防止易燃、易爆物质泄漏，并设置报警装置”等措施以防止“电缆、导线着火事故”。

⑧ 采取“规范电气施工，并加强验收工作；加强巡回检查，及时发现并检修、更换；保持环境干燥、清洁，加强通风；严禁违章，特别要严禁非专业人员进行电气作业；定期检查和更新设备；加强职工教育，建立健全规章制度，提高职工安全意识”等措施以防止“电缆、导线等裸露、漏电事故”。

⑨ 采取“加强对操作工人的教育，增强其工作责任心，增加其安全知识；加强对管理人员的安全教育，增强其法制观念，增加其安全知识”等措施以防止“人体误接触带电设备触电事故”。

⑩ 采取“各装置、设备、设施及建筑物，应根据国家标准和规定确定防雷等级，设计可靠的防雷保护装置，防止雷电对人身、设备以及建筑物的危害和破坏”等措施以防止“雷电引发的电气事故”。

⑪ 采取“降低液体物料在管道中的流速；采取静电跨接、直接接地、间接接地等手段，把设备、管道等与大地作可靠的电气连接”等措施以防止“静电引发的电气事故”。

⑫ 对操作人员应做岗前安全技术培训，提高安全技术防护水平，严格执行规章制度，落实安全生产责任制；加强职工技术培训、安全培训；努力提高职工技术素质、安全意识和自我保护意识。

4. 职业性危害方面的对策措施

(1) 防毒 本工程项目中涉及二甲苯等有毒物质，在生产中要针对这些物质提出如下安全对策措施：

① 防止物料外泄是生产、贮存、运输过程中十分重要的步骤，泄漏事故可能会引起连续的严重事故（如毒物作用及火灾爆炸）。设备失效及人为失误是泄漏事故的主要原因，因此，选择合适的设备，加强设计、管理及全体职工的职责是降低泄漏事故发生的关键因素。

② 加强操作工人防护措施，从事有毒有害介质作业的工人上岗时应穿戴工作服、安全帽、防护眼镜和合适材料的手套，车间常备救护用具及药品。

③ 接触有毒有害物质的作业人员必须进行就业前的体检和定期的健康检查，开展安全员“健康监护”。

(2) 防噪声 尽可能选用低噪声的压缩机、风机等机械设备，当实际运行中出现噪声危害时，应采取隔离噪声源、设置消声器、减振等措施减轻噪声危害。工人在作业中接触高于85dB（A）噪声源时，应使用耳塞或耳罩，安排适当工间休息；长期在高噪声设备周围工作的人员应定期进行听力检查。

5. 消防安全对策措施

① 在消防设计中要严格执行规范规定，充分尊重消防监督部门的意见，吸收国内外先进经验，把好设计关，消防系统必须通过当地消防部门的验收认可。

② 消防系统的布置、设计要合理，留有足够的消防通道，保证消防、急救车辆到达该区域畅通无阻。同时人流、物流不交叉，道路宽度应符合有关规范要求。

③ 生产装置区、贮罐区、仓库除应设置固定式、半固定式灭火设施外，还应按规定设置小型灭火器材。

第五节 工厂生产装置

一、设备设计应遵循的主要法规和标准、规范

《钢制管壳式换热器》(GB 151)
《钢制焊接常压容器》(JB/T 4735)
《机械搅拌设备》(HG/T 20569)
《塑料设备》(HG 20640)
《钢制压力容器》(GB 150)
《化工管道设计规范》(HGJ 8)
《设备及管道保温设计导则》(GB 8175)
《设备及管道保温设计通则》(GB 1790)
《化工设备，管道外防腐设计规定》(GBJ 34)
《原油长输管道工艺及输油站设计规范》(SJY 13)
《石油化工企业设备与管道涂料防腐设计与施工规范》(SHJ 22)
《钢制管道及储罐防腐蚀工程设计规范》(SYJ 7)
《石油化工企业蒸汽伴管及夹套设计规范》(SHJ 40)
《石油化工企业管道柔性设计规范》(SHJ 41)
《石油化工企业管道布置设计通则》(SHJ 12)
《化工厂管架设计规定》(HGJ 22)
《石油化工剧毒，易燃，可燃介质管道施工及验收规范》(SH J501)
《压力容器安全技术监督规则》[劳锅字 (1990) 8 号]
《锅炉压力容器安全监察暂行条例》[国发 (1982) 22 号]
《锅炉压力容器安全监察暂行条例实施细则》[劳人锅 (1982) 6 号]
《常用立式储罐抗震鉴定标准及条文说明》(SHJ 26)
《钢制化工容器材料选用规定》(HGJ 15)
《钢制化工容器设计基础规定》(HGJ 14)
《钢制化工容器强度计算规定》(HGJ 16)
《钢制化工容器结构设计规定》(HGJ 17)
《钢制低温压力容器技术规定》(HGJ 19)
《立式圆筒形钢制焊接储罐设计规范及条文说明》(CD130A2)
《生产设备安全卫生设施总则》(GB 5083)

二、树脂合成工艺

树脂合成基本组成部分有：反应釜，加热及冷却系统，加压及真空系统，蒸馏系统，包装系统，操作控制系统及辅助设备（如备料釜、贮料釜、氮封系统、压缩空气、计量系统、分离釜、稀释罐、过滤器及废气、废水收集处理系统等)。一般来说，树脂合成工艺流程及技术要求（合成参数）由树脂研发部门提供，设计人员（一般为专业的化工设计院）会根据具体要求来设计工艺流程图，根据投资预算和产量预估来设计设备布置、设备结构、设备材质、管线安装、介质选择、控制方案等。

在过去很长一段时间内，非常多的涂料工厂包括了树脂合成技术。随着专业化和企业并购的加速，大部分的涂料巨头放弃了树脂合成技术，从而专注于涂料的技术开发、生产、应用领域及客户开发。故而本节就不加以详尽描述。

三、涂料生产工艺

纯粹涂料生产的工艺流程简短而繁多，具有较大的灵活性。一般根据涂料的品种，规模，配方而设定具体的流程方案。流程方案和投资的大小也有关系，从手工工厂到全自动化的工厂，工艺流程差异很大。

涂料生产线主要包括：原料贮罐，输送系统，研磨分散设备，调漆罐，调色系统，包装系统，操作控制系统及辅助设备（加热，降温，通风，除尘等）。一般来说，生产工艺流程及技术要求（合成参数）由研发部门和工艺工程师提供，设计人员（一般为专业的化工设计院）会根据具体要求来设计工艺流程图，根据投资预算和产量预估来设计设备布置，设备结构设备材质，管线安装，介质选择，控制方案等。表 4-2-12 为主要设备表。

表 4-2-12　主要设备表

带刮边器的无极变速 PLC 控制高速分散机(防爆和非防爆)	半自动重量包装机
三轴无极变速 PLC 控制分散机（防爆和非防爆）	半自动体积包装机
一机多缸的无极变速 PLC 控制高速分散机(防爆和非防爆)	包装平台
移动式无极变速 PLC 控制高速分散机(防爆和非防爆)	全自动包装机
砂磨机	手动包装机
带无极变速 PLC 控制的搅拌机的不同大小的基料贮罐(防爆和非防爆)	稀释剂包装机（防爆）
不同大小的生产稀释剂，组分 B 等混合机及罐（防爆）	带气动泵的过滤装置
带无极变速搅拌机的不同大小的调漆罐(防爆和非防爆)	抽风和冷却系统
带无极变速搅拌机的不同大小的调色罐(防爆和非防爆)	除尘器（防爆和非防爆）
移动式无极变速 PLC 控制混合机（防爆和非防爆）	全自动泡沫喷淋系统、水喷淋系统
不同大小的不锈钢移动缸	温感、烟感紧急报警系统
无极变速的 PLC 控制的不同型号的齿轮泵	200kg 桶操作器
各种气动 PLC 控制阀门	用于大包装物品的起重气动葫芦(防爆和非防爆)
助剂添加系统	液压式提升机
氨水添加设备	电动叉车及充电器
电子托盘器	工具及移动贮罐清洗用的设备
不同型号的防爆电子秤	低压清洗器
带电子秤的称重器	高压清洗机
带电子秤的桶操作器（防爆）	液体泄漏清洗设备
PLC 控制电子地磅（防爆和非防爆）	移动缸清洗设备
PLC 控制的不同直径和流速的 LC 计	真空吸尘器
PLC 控制的不同直径和流速的质量流量计	紧急淋浴
PLC 控制的低液位控制及报警装置	洗眼器
PLC 控制的高液位控制及报警装置	垃圾压缩机
关桶器	手推车
细度计	移动灭火器

四、涂料生产主要设备

涂料的生产工艺过程中所用的主要设备为研磨分散设备，其对颜料在涂料中的分散状态、最佳颜料性能（着色力、遮盖力、耐候性等）的利用，以及由此而导致的漆液和涂膜的性能，起着非常重要的作用。因此，和精心设计色漆配方一样，选择先进、高效率的分散研磨设备，是保证生产高质量的涂料产品不可忽视的重要环节。

设备选择和生产工艺与品种相关。有些颜料是很容易被破坏的（如云母、珠光颜料、铝粉、氧化亚铜），而有些是一定要在非常强的剪切力下经研磨才可以达到最佳性能的（如有机色粉）。涂料的品种繁多，对生产设备的要求也有很大差异。

1. 捏和机

在涂料腻子生产时，如各种建筑用的腻子、浮雕漆、石头漆等不同用途的高固含量，高黏度，高触变，对细度要求不高的产品，捏合机是一种不错的选择。捏合机的种类繁多，锥形、卧式、V 形、旋转等，技术成熟，用途广泛。

2. 球磨机/三辊研磨机

球磨机有卧式球磨机和立式球磨机，属间歇式操作球磨机，可参见图 4-1-99 和图 4-1-101。

三辊研磨机适用于加工高黏度的料浆和难于分散的颜料。但敞开式的操作，使工作环境恶劣，操作安全性差及分散的物料损失大，结构复杂，调试困难，生产效率低，在现代的涂料行业中基本不再使用。

3. 砂磨机

砂磨机是目前涂料工业上应用最广的研磨设备之一，可连续生产，加工产品的质量重复性好、控制简单、操作容易，适应于高细度要求的面漆和大部分色浆制作。但对于特别的颜料，如对温度敏感的颜料、珠光颜料、片状颜料，则不是很合适，而且，料浆黏度高时加工困难，换色时清洗困难、残留多。砂磨机的设计和品种繁多，选择时要根据物料的黏度，颜料的性质，产量的需求来确定合适的型号和研磨介质。砂磨机可参阅图 4-1-74。

4. 篮式砂磨机

篮式砂磨机是开发较新的产品，集研磨和分散为一体的新型砂磨机。利用循环研磨技术，其原理类似高循环大流量卧式研磨机，适合研磨固含量较高、黏度大、难研磨的涂料和产品；带有强制的冷却装置，适合温度敏感型的颜料。高效分散研磨，具有启动平稳、连续生产效率高、换色方便、清洗容易、操作简单等优点。篮式砂磨机可参阅图 4-1-96。

5. 高速分散机

高速分散机是最常用的涂料生产设备，也是涂料用研磨分散设备中结构最简单的一种，其工作原理是：电动机的转动经过无级变速后，带动主轴以一定的速度转动，主轴下端装有分散叶轮，叶轮的高速旋转对物料产生混合和分散作用，适合超细颜料的研磨分散，结构简单，操作维护保养容易，使用灵活，预混合分散及调漆皆可使用，清洗方便，生产效率高，产能大，污染小。随着新型高速分散机设备（如双轴双叶轮高速分散机、三轴高速分散机、不同品种的分散盘、不同旋转方式等）的出现，其应用范围日趋扩大。但对于生产高细度要求的涂料和有机色浆，主要用于预分散。高速分散机可参阅图 4-1-57。

6. 涂料成套设备

涂料成套设备是设备生产商为客户提供的一体化的研磨涂料自动化成套设备，设备能独立完成真空进料、分散、研磨细化、冷却、调漆、过滤、自动灌装等全过程，一般为自动化控制真空进料，电子计量，在线检测，生产过程自动化控制 PLC 人机界面，配方由 CPU 自动存储。生产商可以根据客户的产品品种、产量需求来设计不同功能的成套设备。

在线混合分散设备是涂料设备领域的最新设计，基于的原理是：把干颜料粒子混合、分散，确保颜料粒子在真空下接触液体前充分碾碎。真空可以使颜料粒子和基料混合充分，而且，解决了粉尘和溶剂挥发的问题，同时，这种新技术可以大大降低生产时间，减少空间占有，容易清洗，产量可大可小，可以连续生产，也可以间断生产。该设备使润湿更充分，分散更彻底，可节省 90％的能源，减少温度升高，降低操作风险，应用广泛，容易清洗。

在线混合分散设备可参见图 4-1-72。

参　考　文　献

[1] 企业总平面设计规范. GB 50187—1993.
[2] 厂矿道路设计规范. GBJ 22—1987.
[3] 石油化工企业设计防火规范. GB 50160—1992.
[4] 建筑设计防火规范. GBJ 16—1987 (2001).
[5] 工业企业设计卫生标准. GBZ 1—2002.
[6] 建筑给排水设计规范. GB 50015—2003.
[7] 室外给水设计规范. GBJ 13—1986 (1997).
[8] 室外排水设计规范. GBJ 14—1987 (1997).
[9] 生活饮用水卫生标准. GB 5479—1989.
[10] 工业循环水处理设计规范. GB 50050—1995.
[11] 洁净厂房设计规范. GB 50073—2001.
[12] 自动喷水灭火系统设计规范. GB 50084—2001.
[13] 建筑灭火器配置设计规范. GBJ 140—1990 (1997).
[14] 蒸汽供热系统凝结水回收及蒸汽疏水阀技术管理要求. GB/T 12712—1991.
[15] 供配电系统设计规范. GB 50052—1995.
[16] 低压配电设计规范. GB 50054—1995.
[17] 通用用电设备配电设计规范. GB 50055—1993.
[18] 电力装置的继电保护和自动装置设计规范. GB 50062—1992.
[19] 工业企业照明设计标准. GBJ 50034—1993.
[20] 医药工业洁净厂房设计规范.
[21] 火灾自动报警系统设计规范. GB 50116—1998.
[22] 爆炸和火灾危险环境电力装置设计规范. GB 50058—1992.
[23] 建筑物防雷设计规范. GB 50057—1994 (2000).
[24] 电力工程电缆设计规范. GB 50217—1994.
[25] 民用建筑电气设计规范. JGJ/T 16—1992.
[26] 评价企业合理用电技术导则. GB/T 3485—1998.
[27] 采暖通风与空气调节设计规范. GBJ 19—1987.
[28] 石油化工采暖通风与空气调节设计规范. SH 3004—1999.
[29] 建筑专业提供的建筑平、立、剖面图.
[30] 空调通风系统运行管理规范. GB 50365—2005.
[31] 采暖通风与空气调节设计规范. GB 50019—2003.
[32] 通风与空调工程施工质量验收规范. GB 50243—2002.

［33］　民用建筑热工设计规范．GB 50176—1993．
［34］　评价企业合理用热技术导则．GB/T 3486—1993．
［35］　建筑结构可靠度设计统一标准．GB 50068—2001．
［36］　建筑结构荷载规范．GB 50009—2001．
［37］　建筑地基基础设计规范．GB 50007—2002．
［38］　混凝土结构设计规范．GB 50010—2002．
［39］　砌体结构设计规范．GB 50003—2001．

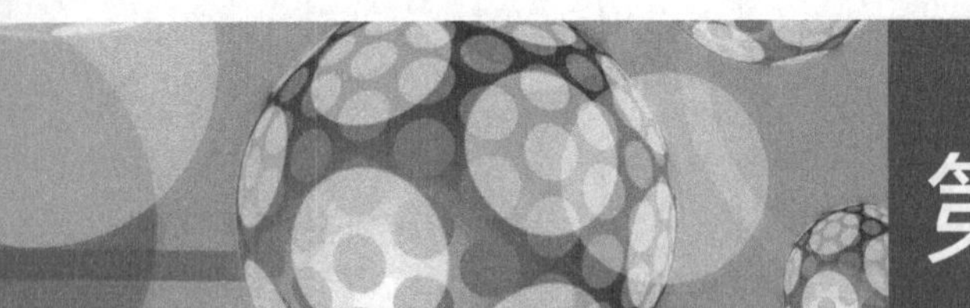

第三章

涂料性能测试

第一节 概论

一、涂料性能

涂料虽属于精细化工产品，但按组成，它是由不同的化工产品组成的混合物，而不是化合物，更不是纯化工产品。液态涂料中的清漆，大多数是不同化工产品的溶液，少数是分散体；色漆则都是固体化工产品（颜料、填料）在溶液或分散液中的分散体。粉末涂料是化工产品的固-固分散体。由涂料形成的涂膜则是以具有黏弹性的无定形高聚物为主体组成的固态混合物。

涂料作为装饰保护材料使用，它属于高聚物材料，但涂料本身是半成品，所形成的涂膜才是高聚物材料；而涂膜又与塑料、橡胶、纤维等高聚物材料不同，不能独立存在，必须黏附在其他被涂物件上才能成为材料。所以涂料和涂膜既具有一般聚合物材料的通性，又有与一般聚合物材料不同的特性。最主要的是涂膜必须适应被涂物件材质性能的要求，与底材结合成为一体。

涂料是为被涂物件服务的材料，应用于被涂物件表面。由于被涂物件是多种多样的，使用条件千变万化，因而涂料与涂膜必须具备被涂物件所要求的性能，也就是以被涂物件的要求作为确定涂料和涂膜性能的依据。

因此涂料的性能表示的是它的使用价值，而且是综合性的、广泛的和长时间的使用价值。

涂料的性能虽然是以涂料和涂膜的基本物理和化学性质为依据，但并不是全面的表示，通常提到的涂料的性能只表现了涂料和涂膜的基本性质中的某一部分。

涂料的性能包括涂料产品本身和涂膜的性能。

1. 涂料产品本身的性能

涂料产品本身的性能一般包括以下两个方面：

① 涂料在未使用前应具备的性能，或称涂料原始状态的性能，所表示的是涂料作为商品在贮存过程中的各方面性能和质量情况；

② 涂料使用时应具备的性能，或称涂料施工性能，所表示的是涂料的使用方式、使用条件，形成涂膜所要求的条件，以及在形成涂膜过程中涂料的表现等方面情况。

2. 涂膜的性能

涂膜的性能即涂膜应具备的性能，也是涂料最主要的性能。涂料产品本身的性能只是为了得到需要的涂膜，而涂膜性能才能表现涂料是否满足了被涂物件的使用要求，亦即涂膜性能表现涂料的装饰、保护和其他作用。涂膜性能包括范围很广，因被涂物件要求而异，主要有装饰方面、与被涂物件附着方面、机械强度方面、抵抗外来介质和大自然侵蚀以及自身老化破坏等各种性能。

经过多年的实践，对涂料的性能分别给以适当的名称，例如涂料物理状态方面的有密度、黏度等，涂膜光学性质方面的有光泽、颜色，机械性质方面的有硬度、柔韧性等，用来表示某一方面的涂料性能。随着涂料品种的发展，表示涂料性能的具体项目逐渐增加，现代的涂料性能的内容逐步接近涂料的实际性质。

二、涂料产品的技术指标与标准

涂料的性能是多方面的，为了评价涂料具有什么样的性能，以及性能的高低，多年来创造和制定了许多试验方法，从不同的角度和方面对涂料性能进行考查，并尽量用数值来表示。这些表示值就成为代表涂料某一方面性能的指示数值，通称涂料产品的技术指标，但它只是用某一检测方法所得的指标，若用另外的检测方法可能得到另外的数值。综合多方面性能检测的结果，可以对涂料的性能有比较完整的认识，既有利于使用，又有利于提高性能。原则上讲，对涂料性能的认识越全面，才越能发挥它的作用，因此在研制涂料新品种时要从更多的方面、用更多的考查方法和更长的时间来认识它的性能，才能得到完美的结果。但在涂料产品投入生产以后，为了保证产品质量的一致性，常常将涂料性能中主要部分的内容定为技术指标，作为考查的对象。因此应该注意到产品技术指标只是部分地表现了涂料的性能。这就使技术指标与涂料真正性能之间存在着差别。

用主要的涂料产品技术指标所规定的数值综合起来以表示涂料的性能，就构成涂料产品的标准。作为标准来说，它具有统一性、科学性、广泛性、约束性和可行性。产品标准以技术指标为主要内容，技术指标又以指定的检测方法的测定结果来表示。一个涂料产品研制和生产出来，就要制定产品标准，作为评定本产品的依据。

现在，国际上标准化管理工作日益深入，世界主要国家都制定了本国涂料产品标准。我国制定有涂料产品的国家标准、行业标准。生产涂料企业为了组织生产也制定相应的企业标准。

涂料产品标准中，除了说明产品的组成、特性、适用范围及用途以外，主要内容是列出产品的技术要求。列入标准中的技术要求是有选择的，遵循三项基本原则：

(1) 目的性原则　应根据产品用途和制定产品标准的目的，有针对性地选择必要的技术内容，以保证产品的质量和适用性，实现品种控制。

(2) 最大自由度原则　在规定产品标准的技术内容时，原则上只应规定性能要求，要使实现这些性能要求的手段有最大的选用范围。

(3) 可证实性原则　原则上，产品标准中规定的技术要求只应规定能用试验方法等加以验证的要求。

技术要求包括的项目应充分考虑其使用要求及其基本特性和安全因素等，尽可能定量表示，一般由下列4项指标构成。

(1) 通用指标　通用指标是指对表明各种涂料产品性能均属必要的指标项目，如表示涂料的原漆状态的指标，如颜色、外观、黏度、细度、密度、固体含量、干燥时间等。

(2) 专用指标　指为表现本涂料产品的特有性能必须定入的指标，以表示与其他品种的区分。也可根据用户使用要求模拟产品特性定出专用指标。

(3) 施工技术要求　为了确保本产品在施工过程中得到满意的工程质量，须对产品的施工性能规定的技术要求，如使用量、涂刷性、施工涂层的重涂性、防流挂性等。

(4) 安全、卫生、环保技术要求 由于目前涂料产品大多属易燃、易爆，并可能具有毒性及污染的物质，在产品标准中要对安全、卫生、环保方面的技术指标有明确规定，都应符合国家法规要求，特别是对国家有关规定的有毒物质如镉、铅、铬、汞、苯等的含量范围应该定有具体指标，同时应符合环保法规的规定。今后这项要求将越来越重要。我国在2001年制定了涂料有害物质限量强制性国家标准，即GB 18581—2001《室内装饰装修材料 溶剂型木器涂料中有害物质限量》和GB 18582—2001《室内装饰装修材料 内墙涂料中有害物质限量》。并且随着涂料制造水平的提高，有害物质进一步降低，因此在2006年修订了GB 18582。具体指标如表4-3-1、表4-3-2。

表4-3-1 GB 18581—2001对人体有害物质容许限值的要求

项目		限量值		
		硝基漆类	聚氨酯漆类	醇酸漆类
挥发性有机化合物(VOC)①/(g/L)	≤	750	光泽(60°)≥80,600 光泽(60°)<80,700	550
苯②/%			0.5	
甲苯和二甲苯总和②/%	≤	45	40	10
游离甲苯二异氰酸酯(TDI)③/%	≤	—	0.7	—
重金属(限色漆)/(mg/kg)	≤	可溶性铅	90	
		可溶性镉	75	
		可溶性铬	60	
		可溶性汞	60	

① 按产品规定的配比和稀释比例混合后测定。如稀释剂的使用量为某一范围时，应按照推荐的最大稀释量稀释后进行测定。

② 如产品规定了稀释比例或产品由双组分或多组分组成时，应分别测定稀释剂和各组分中的含量，再按产品规定的配比计算混合后涂料中的总量。如稀释剂的使用量为某一范围时，应按照推荐的最大稀释量进行计算。

③ 如聚氨酯漆类规定了稀释比例或由双组分组成时，应先测定固化剂（含甲苯二异氰酸酯预聚物）中的含量，再按产品规定的配比计算混合后涂料中的含量。如稀释剂的使用量为某一范围时，应按照推荐的最小稀释量进行计算。

表4-3-2 GB 18582—2007对人体有害物质容许限值的要求

项目			限量值	
			水性墙面涂料①	水性墙面腻子②
挥发性有机化合物(VOC)		≤	120(g/L)	15(g/kg)
游离甲醛/(mg/kg)		≤	100	
苯、甲苯、乙苯和二甲苯总和/(mg/kg)		≤	300	
重金属/(mg/kg)	可溶性铅	≤	90	
	可溶性镉	≤	75	
	可溶性铬	≤	60	
	可溶性汞	≤	60	

① 涂料产品所有项目不考虑稀释配比。

② 膏状腻子所有项目均不考虑稀释配比；粉状腻子除可溶性重金属项目直接测定粉体外，其余三项是指按产品规定的配比将粉体与水或胶黏剂等其他液体混合后测定的。如配比为某一范围时，水应按照最小稀释量混合后测定，胶黏剂等其他液体应按照最大稀释量混合后测定。

在标准中要根据这些技术要求选定和标明适当的试验方法。选定技术要求时除了遵照上述的原则外，还要注意以下 4 个方面。

① 技术要求列为标准的内容，作为生产和使用双方验收产品的依据，所定的项目必须能真实反映本产品特性，对于必要的项目必须列入，而不必要的项目就不宜列入，项目的选择必须符合实际。

② 技术指标的高低也应符合实际，技术指标的数值应是产品在正常情况下的最低保证数值。过分降低其数值等于降低产品性能水平，而盲目提高并不等于提高产品质量，反而会造成不必要的浪费。

③ 制定技术指标时必须对多批次产品进行准确的测定，积累相当数量的数据。用少量的数据来制定标准是不切实际的。

④ 标准有一定的严肃性，不宜轻率变动。但随着产品的改进和使用条件的变化，技术要求也要适当修订。通常可先由供需双方协议指标，在经过一定时间的验证后，再正式制定或修订。

在产品标准中，从产品实用要求考虑，施工参考条件也是重要的。它的主要内容应该包括以下几项。

(1) 适用涂装方式。

(2) 底面漆配套选择。

(3) 涂料的调配（制） 多组分涂料混配比例和程序、熟化时间、使用有效时间；稀释剂使用品种、稀释比率；其他助剂使用品种、比率；搅拌、过筛及保存方法等。

(4) 施工工艺要求 环境条件；基材表面处理方法及达到的要求；施工黏度；标准涂装量；标准涂膜厚度；涂装间隔时间（每遍干燥时间）；腻子使用品种及规定厚度；磨光方法；涂装遍（道或次）数要求；干燥条件；使用前需养护时间；注意事项以及其他特殊要求。

三、涂料检测的目的与特点

如前所述，表示涂料产品性能的技术要求指标是通过试验方法来确定的，因此用规定的试验方法来评价涂料产品性能的涂料检测工作就成为涂料生产和使用过程中的重要环节。

涂料检测的目的归纳起来有以下 3 个方面。

① 通过有限的试验，对所研制的涂料产品进行考查，为选定产品的配方设计、工艺条件提供数据，指导试验工作，从而编制产品技术规格和标准。

② 通过各个项目的检查，达到控制产品质量的目的。对涂料生产单位用以保证正常生产和出厂产品批次质量一致；使用单位通过检测验收产品，以保证施工的正常进行。

③ 通过检测试验得出的数据，开展基础理论的研究，找出组分与性能之间的关系，从而发现原有产品存在的问题及改进的方向。并且可以为新的科研课题和新产品的开发提供数据。

因此，涂料检测可以说是开展涂料科学研究、实现涂料产品开发、保证生产和使用的正常的必要步骤和手段。

涂料检测是标准化工作的一项重要内容，它与标准化工作相互依赖、相互促进。涂料检测又是推行全面质量管理的一个重要环节，不论是涂料生产还是涂料施工都需要推行全面质量管理，以适应社会发展的需要，在当前强调建立质量保证体系的前提下，涂料检测更具有重要的意义。

涂料检测的特点可以归纳为以下 6 个方面。

① 如前所述，涂料的性能是通过施工后的涂膜来体现的，因此涂料检测的重点是对涂

膜性能的检测，对于涂料产品本身状态的检测也是必要的，但主要是考察产品质量的一致性。因而在涂料的成膜过程和成膜后性能的检测是对涂料产品品种质量评判的基础，是考核涂料质量的主要内容。这方面的检测方法发展得最多最快。

② 涂膜性能的检测为了尽量模仿实际条件，大多是在相应的底材上进行检测，因此试验底材的选择对试验结果有一定的关系，更重要的是试验涂膜在底材上的制备工艺和质量对测试结果有显著的影响。

③ 涂料性能的检测，单纯依靠化学组成分析不能完全判定其质量状况，而是看它是否符合所要求的材料性能，故较多地是以物理检查为主。此外，在物理性能检查中，一个检测方法测得的结果往往是几个性能的综合，例如，测柔韧性常用的弯曲试验，所反映的不单纯是柔韧性，还涉及涂膜的硬度、附着力和延伸性。

④ 涂料产品繁多，要求不同，为了表达其性能，经过多年的实践，发展了多种检测方法，同一检测项目有各种方法，它们从不同角度进行检测，所得结果往往有差异，因此在涂料检测时应针对产品性能，在多种试验方法中选择最合适的方法。

⑤ 检测方法虽然经过多年发展，尽量用量值表示，但还有些检测项目是通过与标准状况比较，或者用变化程度如“无变化”、“轻微变化”等表示，在评定结果时干扰因素较多。还有，检测方法还没有全部仪器化，有些靠目测观察，易造成主观上的误差，增加了检测结果评定的难度。所以有些检验项目规定同时采用 3 块或更多块样板进行测试，以多数结果作为最后判定。

⑥ 涂料产品通过检测，最后结果的评定对于同类产品的可比性较大，对于不同组成的产品可比性较小。由于检测项目是多方面的，对涂料性能的最后判断必须用各项指标来综合平衡，单独某项指标的比较，不能说明该产品性能的优劣。

四、涂料检测的发展与标准化

广义的涂料检测包括为了涂料基础理论研究、生产过程控制、产品性能质量控制和施工过程质量管理等方面而进行的各项检测工作，通常则指对涂料产品性能检查和质量控制方面，即按产品规定的技术要求进行检测。

产品的技术要求包括涂料本身性能和涂膜性能两方面，因而检测的内容也就以这两方面来分类。按照每一项技术指标的要求而定出相应的检测方法，这些检测的方法有的以技术指标的名称命名，如密度、硬度等，有的则以所采用的试验方法来命名，如弯曲试验、压痕试验等。

涂料的检测项目随着涂料产品的发展而发展，传统涂料品种简单，检测项目较少、方法简单，基本是手摸眼看。涂料生产的发展，促使检测项目增多，检测方法科学化，由定性到定量，由手工测试到仪器分析。现在运用现代科学技术的方法得到快速发展。

① 应用仪器分析和测试成为检测方法的主流，更多的利用电子技术实现数字显示、微机控制等，测试精密度和准确度提高。

② 经过多年的发展，一个检测项目发展了多种检测方法，分别使用不同的检验仪器，虽然有些方法和仪器被淘汰，但仍有较多方法因其所具特色而保留下来，因而形成了检测方法和仪器的多样化。

③ 新的检验方法和仪器的不断出现，推动了检测技术的发展。从涂料生产到施工都加强了对检测技术的重视，但是一个新型方法或仪器的采用，需要经过较长时间的考验，才能确立和定型。

由于多年的发展，世界各国分别选用不同的涂料检测方法和仪器，制定了各国独自的检验方法标准，并颁布执行。如美国 ASTM 标准、德国 DIN 标准、日本 JIS 标准中都制定了多项涂料检测方法标准。国际标准化组织 ISO 也制定了许多检测方法，向各国推荐实施，以求国际的标准化。我国陆续制定和多次修订了涂料检测方法的国家标准、行业标准，并颁布实施。其中大多数标准等同、等效或参照 ISO 标准。现在随着产品的发展，如有关粉末涂料、电泳涂料以及特种涂料的检验方法也陆续制定。本章将重点介绍通用的涂料产品的检测方法，以我国国家标准规定的方法为主。

第二节　涂料产品检测

涂料产品检测的内容包括两方面，即涂料原始状态的检测和涂料使用性能的检测。涂料原始状态的检测目的是说明涂料在产成后装入容器和在容器贮存后的质量状态，考查其是否符合预定要求。可以说原始状态的质量情况对以后涂料使用产生影响，是涂膜质量好坏的基础。它包括 3 个方面，一方面是涂料的物理性状的检查，如密度、黏度、清漆的透明度和颜色以及色漆的细度等；一方面是涂料在容器中经受时间、温度等变化可能发生的状态改变情况的考查，如在容器中状态、贮存稳定性、水性漆冻融稳定性等；第三方面是涂料组成的分析，现在环保法规对涂料所含组分的管理越来越严格，对污染环境、危害健康的挥发性气体和有毒物质的含量都有严格规定，特别是对用于食品包装、儿童玩具等的涂料控制最严。因此工业管理和使用部门要对涂料中有关组分进行检测，此外为了验证涂料的品种，也要进行一些必要的组分分析。从涂料施工和经济效益角度考虑，控制涂料中成膜组分的含量最为重要。所以涂料组分的分析项目随着时代的进展逐步增加。除了最通用和必须控制的不挥发分含量以外，还有灰分、不皂化物、溶剂不溶物、酸值等一般通性的检测。此外，属于组分含量的检测项目有苯酐含量、脂肪酸含量、氯含量、氧含量，有毒物质如砷、铅、铬、铜、酚、硝基化合物的定量和定性分析，还有各种可挥发物质的分析检测。这些项目的检测方法通常多用化学分析和仪器分析。在本节中主要介绍前两方面和第三方面中通用的不挥发分含量的检测，对于其他组分的分析在另节中介绍。

涂料使用性能的检测主要是为了涂料施工的需要。从涂料的研制开始，就应该考虑涂料的施工条件、施工方法，从而确定所研制的涂料的最佳应用条件。为了使用者的方便，保证所生产的产品的质量，也要对其施工性能进行检测。研制过程中所试验的有关施工性能的项目一般要在较广泛的范围进行条件试验。如在不同施工方法时的最佳施工黏度，不同施工黏度能得到涂膜的厚度等，这是研究工作的需要。在为了产品控制时，则只对规定的主要施工性能项目进行检测。在本节中叙述的是控制产品质量的必要的施工性能检测项目。

一、涂料产品的取样

涂料产品的取样用于检测涂料产品本身以及所制成的涂膜。取样是为了得到适当数量的品质一致的测试样品，要求对所测试的产品具有足够的代表性。取样工作是检测工作的第一步，非常重要，取样的正确与否直接影响检测结果的准确性。对于涂料产品的取样，目前我国参照国际标准 ISO 155 制定了国家标准 GB/T 3186—2006《涂料产品的取样》，标准中规定了以下三项主要内容。

1. 产品类型

根据现有的涂料品种分为五个类型。

A 型：单一均匀液相的流体，如清漆和稀释剂。

B 型：2 个液相组成的流体，如乳液。

C 型：1 个或 2 个液相与 1 个或多个固相一起组成的流体，如色漆和乳胶漆。

D 型：黏稠状，由 1 个或多个固相带有少量液相所组成，如腻子、厚浆涂料和用油或清漆调制的颜料色浆，也包括黏稠的树脂状物质。

E 型：粉末状，如粉末涂料。

2. 取样数目

按随机取样法，对同一生产厂生产的相同包装的产品进行取样，取样数应不低于

$$s=\sqrt{\frac{n}{2}}$$

式中 s——取样数；

n——交货产品的桶数。

为方便起见，建议按表 4-3-3 所列数字进行取样。

表 4-3-3 产品取样规则

交货产品的桶数	取 样 数	交货产品的桶数	取 样 数
1～2	全部	26～100	5
3～8	2	101～500	8
9～25	3	501～1000	13

其后类推，$s=\sqrt{\frac{n}{2}}$。若交付批是由不同生产批的容器组成的，那么应对每个生产批的容器取样。

3. 取样器械

为了保证取样器械不受产品侵蚀，而且容易清洗，采用不锈钢、黄铜或玻璃制品，并应有光滑表面，无尖锐的内角或凹槽等。实用取样器如图 4-3-1～图 4-3-3 所示。

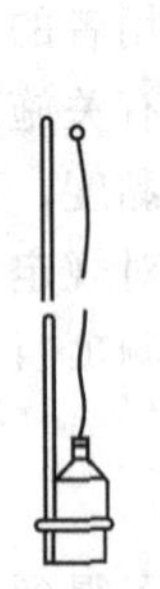

图 4-3-1 取样瓶

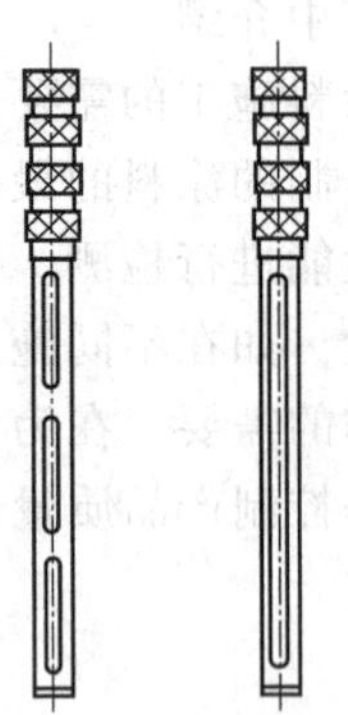

图 4-3-2 取样管

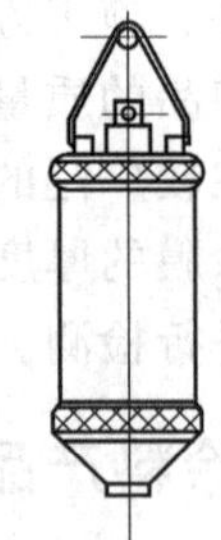

图 4-3-3 取样器

在涂料产品取样时还应注意以下几点：

① 取样时所用的工具、器皿等均应仔细清洗干净，金属容器内不允许有残留的酸、碱性物质；

② 所取的样品数量除足以提供规定的全部试验项目检验之用外，还应有足够的数量做贮存试验以及在日后需要时可对某些性能做重复试验之用；

③ 样品一般应放于清洁干燥、密闭性好的金属小罐或磨口玻璃瓶内贴上标签，注明生

产批次及取样日期等有关细节，并贮存在温度没有较大变动的场所。

二、涂料原始状态的检测

1. 清漆和清油的透明度

清漆和清油都是胶体溶液，其透明程度或浑浊程度都是由于光线照射在分散相微粒上产生散射光而引起的。在生产过程中，各种物料的纯净程度不够、机械杂质的混入、物料的局部过热、树脂的互溶性差、溶剂对树脂的溶解性低、催干剂的析出以及水分的渗入等都会影响产品的透明度。外观浑浊而不透明的产品将影响成膜后的光泽和颜色，以及使附着力和对化学介质的抵抗力下降。

测定方法一般是按 GB/T 1721—2008《清漆、清油及稀释剂外观和透明度测定法》进行的。将试样装于容量为 25mL 的比色管内，调整到温度 25℃±1℃，于暗箱的透射光下与一系列不同浑浊程度的标准液比较，选出与试样最接近的某级标准溶液，分别以透明、微浑、浑浊三个等级来表示，即标准 GB/T 1721—2008 中的 1、2、3 级。

目前逐步趋向于采用光电式浊度计来进行测定，以消除由于产品色相深浅不同而对目测结果的干扰，并提高测试的准确度。此类仪器的测量光路如图 4-3-4 所示。

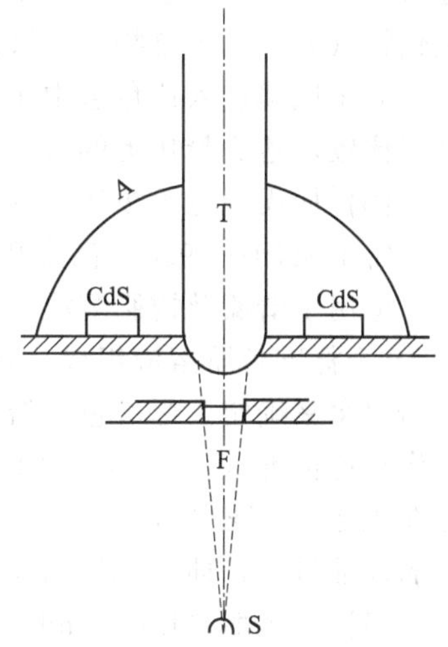

图 4-3-4　浊度测量光路示意图

图中 A 为反射罩，S 为灯源钨丝，它位于被测溶液试管 T 的底部中央处，钨丝发射的光直接以一定的立体角通过可转换的滤光片 F 投射到试管 T 的底部，由于光在试管中受溶液中杂质或悬浊物的影响，而产生散射光，再经反射罩 A 反射，投射在硫化镉光敏电阻上而被接收。

根据浊度定义，浊度是指扩散光系数与总的透光系数之比，可以下式表示。

$$D=\frac{\tau_k}{\tau}\times 100\%$$

式中　D——浊度值，%；

τ——总的透光系数；

τ_k——扩散光系数。

选用适当的磨砂有机玻璃棒校正标准浊度，定为 100，用蒸馏水校零。当仪器校正后，即可直接测得被测溶液的浊度值。

例如：F01-1 酚醛清漆的透明度，当采用红色滤光片测定，达 1 级透明时，测得数值即为零；若 2 级微浑时则数值在 10～11 之间，这样就可用数字来表示清漆的浑浊程度。

仪器设计有几片可替换的滤光片（白、红、绿、蓝），旨在减小由于被测溶液带色所产生对光的吸收作用而影响正常的浊度测量值。

2. 清漆和清油的颜色

清漆和清油等透明液体涂料由于对光的吸收而产生不同的颜色，通常要求其颜色越浅越好。检测颜色的方法是将这些涂料产品与一系列标准色阶的溶液或玻璃，在天然散射光或规定的人工光源的透射光下比较，确定其颜色的深浅程度。

依据所选用标准的不同，有以下几类检测方法。

(1) 铁钴比色法　我国国家标准 GB/T 1722—1992《清漆、清油及稀释剂颜色测定法》规定，以目视法将试样与一系列标有色阶标号的铁钴标准色阶溶液进行比较，选出与试样颜色深浅相同或最近似的标准色阶溶液，其色阶号即代表试样的颜色。铁钴比色计标准色阶溶液由不同比例的三氯化铁和氯化钴的盐酸溶液配成，共分 18 个色阶，最浅的为 1 号，最深的 18 号。测试时将试样装入试管中，在 23℃±2℃下于人造日光比色箱或暗箱的透射光下进行测定。

(2) 铂钴比色法　我国等效采用 ISO 6271—1981《透明液体——以铂-钴等级评定颜色》制定了 GB/T 9282—1988《透明液体　以铂-钴等级评定颜色》的国家标准，规定用铂-钴单位来评定颜色的方法。铂钴单位是 1L 溶液中含 1mg 铂（以氯铂酸盐离子形式存在）及 2mg 氯化钴（Ⅱ）六水合物的溶液颜色，配制的标准溶液按所含铂钴单位从 0～500 分为 25 级。测定时将试样倒入比色管中至刻度线处，盖上盖子放入比色计中，目视观察与标准比色溶液进行比较，达到最接近的某个铂钴标准比色溶液，颜色即以其铂钴单位值表示。

(3) 加氏颜色等级法（Gardner colour scale）中国等效采用 ISO 4630—1981 标准制定了 GB/T 9281—1988《色漆和清漆用漆基　加氏颜色等级评定透明液体的颜色》的国家标准，适用于清漆及树脂溶液，测定结果用加氏颜色号表示。标准色阶由 18 块标准颜色玻璃或 18 个标准色阶溶液组成。标准颜色玻璃的宽度不小于 14mm，每个色阶均以色度坐标与光透射率来确定。标准色阶溶液是将配置好的有色溶液装于无色玻璃试管内，氯铂酸钾溶液用作浅色标准（1～8 号），氯化铁与氯化钴的盐酸溶液用作深色标准（9～18 号）。测试方法是在规定的 CIE 光源 C 照明下，以 30～50cm 之间的视距进行观察、比较，与试样颜色最接近的标准号数，即为试样的颜色结果。一般常用的是标准色阶溶液。

(4) 罗维朋（Lovibond）比色法　在我国国家标准 GB/T 1722—1992 中还规定了用罗维朋比色计目视比色测定颜色的方法。将试样置于罗维朋比色计中的样品池中，用具有罗维朋色度标单位值的红、黄、蓝三原色滤色片与试样进行目视匹配，当匹配色与试样颜色一致时，以三滤色片的色度标单位值表示试样的颜色。

此外还有碘液比色法。

3. 密度

密度的定义为：在规定的温度下，物体的单位体积的质量，常用单位为 g/cm^3 或 g/mL。

测定涂料产品密度的目的，主要是控制产品包装容器中固定容积的质量；在检测产品遮盖力时也有意义，以便了解在施工时单位容积能涂覆的面积等。

目前密度测定按国家标准 GB/T 6750—2007《色漆和清漆　密度的测定　比重瓶法》进行。该标准中指定使用比重瓶（质量/体积杯）法，作为在规定的温度下测定液体色漆、清漆及有关产品密度的标准方法。比重瓶有两种，一种是容量为 20～100mL 的玻璃比重瓶；另一种是容量为 37mL 的金属比重杯，如图 4-3-5 所示。

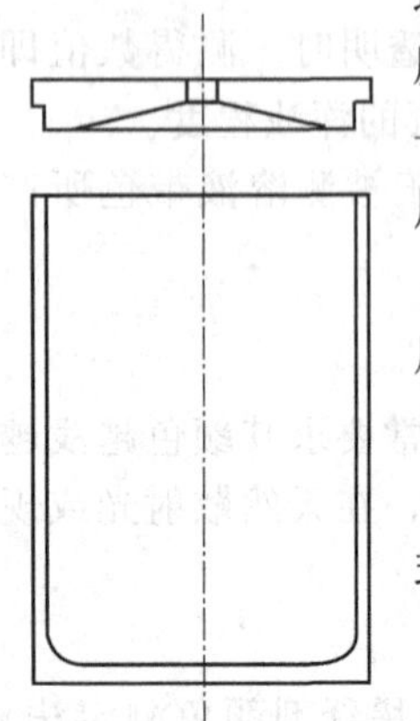

图 4-3-5　金属比重杯

测定时首先用蒸馏水校准比重瓶的体积，然后称量产品及比重瓶的质量，密度按下式计算：

$$\rho_t=\frac{m_2-m_0}{V}$$

式中　m_0——空比重瓶的质量，g；

m_2——比重瓶和产品的质量，g；

V——在试验温度下比重瓶的体积，mL；

t——试验温度（23℃或其他商定的温度），℃。

在工厂成品检验中，较多的是使用金属比重杯，因操作方便、易清洗，但测试时要防止试样在比重杯中产生气泡，同时要立即快速地称量，以减少质量损失。

对于需较精确测定密度的涂料及油料，则可采用威氏比重天平（Westphal balance），但操作较繁杂。

4. 细度

色漆中使用的颜料和体质颜料，应该是以微小的颗粒均匀地分散在漆料之中，当涂成十几到几十微米厚的薄膜时，涂膜表面应平整光滑，不能有颜料等颗粒状物体显现出来。为了表达涂料中颜料等的分散程度，制定了细度这个检测项目。除了用于检查色漆以外，现在对清漆有时也进行细度检测，以检查其中是否含有微小的机械杂质。细度也称研磨细度。

细度的检测是将涂料铺展为厚度不同的薄膜，观察在何种厚度下显现出颜料的粒子，即称之为该涂料的细度，所用的测试仪器通称为细度计，检测结果以微米表示。实际测得的数值是该涂料中最大的固体颗粒的大小尺寸，表示的是其粗粒子存在的程度。应该指出，这些粗粒子并不是单个的颜料或体质颜料粒子的大小，而是色漆在生产过程中颜料研磨分散后存在的凝聚团的大小。单个颜料或体质颜料的颗粒一般为零点几微米，一旦聚集起来就可以大到几十微米甚至上百微米，色漆在研磨过程中只能将大的颜料凝聚团分散成小的颜料凝聚团，目前最精密的研磨过程也不能将凝聚团分散成单个粒子，而只是将凝聚团分散到粒径小至 10μm 左右而已。

研磨细度是色漆重要的内在质量之一，对成膜质量，漆膜的光泽、耐久性，涂料的贮存稳定性等均有很大的影响。颗粒细、分散程度好的色漆，其颜料能较好地被润湿，颗粒间未被漆料充满的空间少，这样制得的漆膜颜色均匀、表面平整、光泽好，且漆在贮存过程中颜料不易发生沉淀、结块等现象，提高了贮存稳定性。

当然，细度也不是越细越好，要求过细不但延长了研磨工时，占用了研磨设备，同时也会影响漆膜的附着力，必须根据品种和用途来区别对待。一般来说，底漆和面漆要求的细度是不一样的，我国目前底漆细度要求不大于 50μm 或 60μm，醇酸、氨基等装饰性面漆细度不大于 20μm，有个别品种要求达到 15μm 以下。

研磨细度的测定目前世界各国基本都采用刮板细度计，测试原理完全相同，仅在刮板的大小、材质及读数的单位方面有所差别。刮板细度计是一块带有从 0 到若干微米深的楔形沟槽的磨光平板，槽边有刻度线标明该处槽沟的深度；另有一刮刀，两刃均磨光。使用时，将试样滴入沟槽的最深部位，然后用刮刀垂直接触平板，以适宜的速度把漆拉过槽的整个长度，立即用 30°的角度对光观察沟槽中颗粒均匀显露的位置，即为该试样的细度。此法操作简便，清洗容易，测试速度快，适于现场生产控制使用，但需注意试样的稀稠度应符合产品标准的规定，以免测试时产生误差。

刮板细度计目前趋向于采用双槽式，以便被测试样与标准样品可同时进行比较试验，或在一次试验中，可同时获得被测试样两个平行的测试数据。在读数判定方面，某些标准推荐用线条法来判定色漆的细度，与粒子密集程度法相比，线条法细度值大约为粒子密集法的一半，可适用于对细度要求不高的底漆、船底漆以及由于特殊需要加入粒子较粗的毒料、防滑成分的防污漆和防滑漆等。

通用的细度计的规格各国不同，我国国家标准 GB/T 1724—1979（1989）《涂料细度测定法》规定的细度计有 3 种规格：0～150μm、0～100μm 和 0～50μm。我国等效采用 ISO 标准的 GB 6753.1—2007《色漆、清漆和印刷油墨　研磨细度的测定》则分为 100μm、50μm、25μm 和 15μm 等 4 种规格。美国 ASTM D1210（1979）规定为沟槽长度 100μm，分

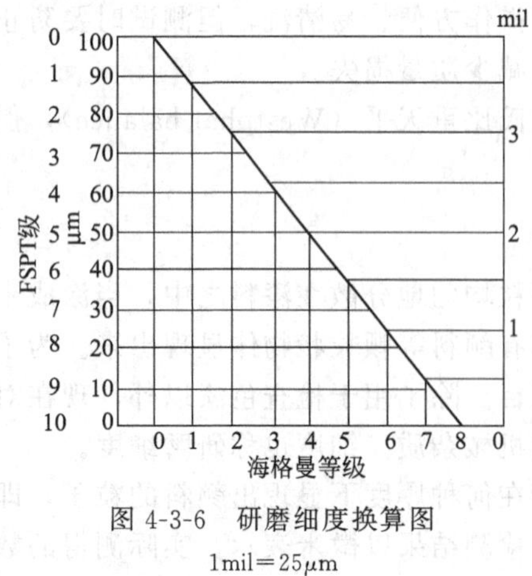

图 4-3-6 研磨细度换算图

1mil=25μm

级用海格曼级、mil 和涂料工艺联合会 FSPT 规格表示。日本 JIS 标准则为 100μm 。美国的海格曼级、mil、FSPT 级与 μm 的换算关系如图 4-3-6 所示。

5. 黏度

黏度是流体的主要物理特性。流体在外力作用下流动和变形，黏度是表示流体流变特性的一个项目，它是对流体具有的抗拒流动的内部阻力的量度，所以也称为内摩擦力系数。它以对流体施加的外力与产生流动速度梯度的比值表示。外力有剪切力和拉伸力，通常将剪切力与剪切速度梯度的比值称为剪切黏度，通称动力黏度，国际单位为帕·秒（Pa·s）[习用单位为 P（泊）、cP（厘泊），1Pa·s=10P，1mPa·s=1cP]。动力黏度与密度的比值称为运动黏度，其国际单位是平方米每秒（m^2/s）[习用单位是 st（斯）、cSt（厘斯），1cSt=1mm^2/s]。

流体有牛顿型和非牛顿型流体之分，牛顿型流体是流体在一定温度下，在很宽的剪切速率范围内，黏度值保持不变。非牛顿型流体则剪切应力不与速率成正比，它的黏度值随切变应力的变化而改变。随着切变应力的增加，黏度值降低的流体称为假塑性流动；切变应力增加，黏度值也随之增加的称为膨胀性流动；如果在流体流动发生以前必须施加一定的切变应力才能流动，低于这个屈服值，流体只能变形的称为塑性流动。对于非牛顿型流动的黏度通常称为表观黏度，以与牛顿型流体的黏度区别。表观黏度是这个黏度值仅与一个剪切速率相关，一种流体在不同的剪切速率下，可以表现出不同的表观黏度值。

液体涂料中除了溶剂型清漆和低黏度的色漆属于牛顿型流动以外，绝大多数的色漆属于非牛顿型中的假塑性流动或塑性流动，因此它们的黏度值实际是它们的表观黏度。

对于厚浆状的涂料如腻子等，习惯上称其黏度为稠度（consistency），表示的也是其流动性。

涂料某些品种具有的触变性，也是一种流变性质，即这些品种受到外力时黏度降低，而静止后很快恢复原来黏稠度的性质，这种性质有利于涂料的施工。

液体涂料，特别是含有密度大的颜料的色漆，为了在容器中能够长期贮存，通常保持较高的黏度值，通称涂料的原始黏度。在施工时，需要用稀释剂调整至较低的黏度，以适合不同施工方法的需要。这时的黏度通称施工黏度。涂料的原始黏度因品种而异。如一般清漆在 150～300mm^2/s，一般磁漆在 200～300mm^2/s，硝基漆比醇酸漆更稠，有个别厚浆型品种能高达数万厘斯。施工黏度刷涂较高，约在 250mm^2/s左右，空气喷涂时的施工黏度通常要求 50mm^2/s左右，无空气喷涂、淋涂或浸涂等要求施工黏度各异。如前所述，涂料的原始黏度和施工黏度随温度升降而变化其数值，因此只能在同一温度条件下测定。

(1) 液体涂料黏度的测定方法 液体涂料的黏度检测方法有多种，分别适用于不同的品种。这些检测方法主要采用间接比较测定的方法。对透明清漆和低黏度色漆的黏度检测以流出法为主，对透明清漆的检测还有气泡法和落球法。对高黏度色漆则通过测定不同剪切速率下应力的方法来测定黏度，采用这种方法还可测定其他的相应流变特性。

① 流出法 通过测定液体涂料在一定容积的容器内流出的时间来表示此涂料的黏度，

这是比较常用的方法，依据使用的仪器可分为毛细管法和流量杯法。

毛细管法测定涂料黏度是最古老的方法，也是一种经典的方法。

毛细管黏度计的基本结构如图 4-3-7 所示。它适用于测定清澈透明的液体。毛细管黏度计有多种型号，如奥斯特瓦尔德黏度计（Ostwald viscometer)、赛波特黏度计（Saybolt viscometer)、坎农-芬斯克黏度计（Cannon-Fenske viscometer)、乌氏（乌布洛德）黏度计（Ubbelohde viscometer）等。各种黏度计又按毛细管内径尺寸不同规格，分别适用于不同范围黏度的测量。由于毛细管黏度计易损坏，而且操作清洗均较麻烦，不适合用于工业生产，现主要用于其他黏度计的校正。

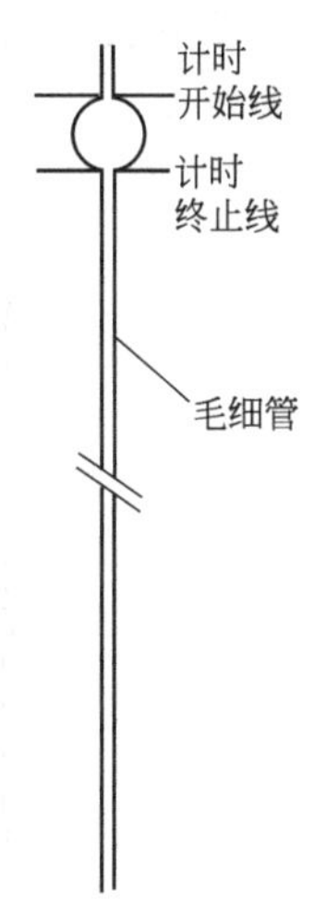

图 4-3-7 毛细管黏度计示意图

流量杯法实质上是毛细管黏度计的工业化应用。从结构上来说是将毛细管黏度计计时的起止线之间的容积放大，并把细长的毛细管部分改为粗短的小孔。由于容积大，流出孔粗短，因此操作、清洗均较方便，且可以适用于不透明的色漆，故现在应用比较广泛。流量杯黏度计所测定的黏度为运动黏度，通常以一定量的试样从黏度杯流出的时间来表示，以秒（s）作为单位。这种黏度计适用于低黏度的清漆和色漆，而不适用于测定非牛顿型流体的涂料如高稠度、高颜料分涂料。流量杯黏度计由于流出孔直径大、长度短，因而流动的稳定性较差；再加上流动过程中雷诺数较大，因此它不能代替毛细管黏度计用于科学研究方面。

世界各国使用的流量杯黏度计各有不同名称，都按流出孔径大小划分为不同型号。各种黏度杯的形状大致相同，但结构尺寸略有差别。我国通用涂-1 黏度计和涂-4 黏度计（GB/T 1723—1993)，同时等效采用 ISO 流量杯（GB/T 6753.4—1998)；美国规定采用的是福特(Ford) 杯［ASTM D 1200—1994（1999)］；德国采用的是 DIN 黏度杯（DIN 53211—1987)。它们都按孔径大小分为不同的型号，如 ISO 杯有 3#、4# 和 6# 三种，福特杯有 2#、3# 和 4# 三种，DIN 杯有 2#、3#、4#、6# 和 8# 五种。每种型号的黏度杯都有其最佳的测量范围，我国涂-1 黏度计适用于测定流出时间大于 20s 的涂料，涂-4 黏度计适宜测定流出时间在 20～100s 的涂料，ISO 及福特杯则规定为 30～90s，若低于或高于流出时间范围，则所测得的数据准确度就差。用流出时间可换算成运动黏度，但各种黏度杯换算的公式不同。同样孔径大小的黏度杯因其结构尺寸不同，同样流出时间换算得到的运动黏度值不同，也就是同一运动黏度值的样品在不同型号黏度杯的流出时间有很大差别。我国涂-4 黏度计接近福特 4# 杯，但与 ISO 4# 杯差别很大。如测得流出时间 65s，用涂-4 黏度计时的运动黏度换算值为 250mm²/s，福特 4# 杯则为 232mm²/s，两者比较接近，而 ISO 4# 杯则为 85mm²/s。运动黏度为 300mm²/s 的涂料样品，用涂-4 黏度计测得的流出时间为 80s，用福特 4# 杯为 82s，用 DIN 4# 杯为 67s，而用 ISO 4# 杯则超过 100s，结果不准，必须换用 ISO 6# 杯（孔径为 6mm)，测得的流出时间为 44s。因此在选用流量杯测定黏度时，需要根据样品黏度情况选择合适型号的黏度计，对测得的流出时间最好在规定范围的中间，并且注明使用何种型号的黏度计所测。这在制定涂料产品技术指标时就应予以注意，选择恰当的黏度测定方法。图 4-3-8 和图 4-3-9 分别列出涂-4 黏度计和 ISO 流量杯的尺寸。福特杯的规格参见 ASTM D 1200—1994

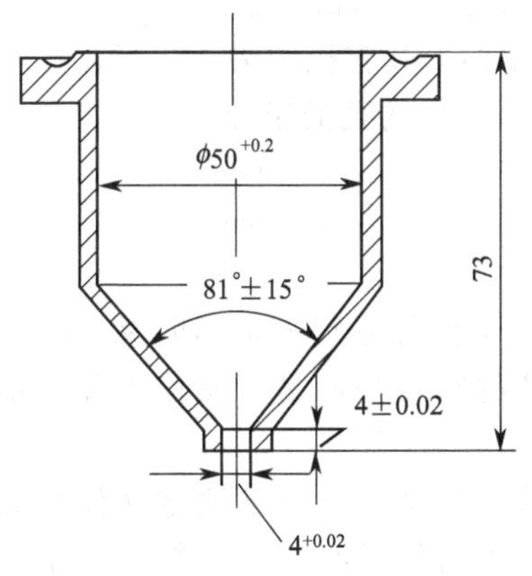

图 4-3-8 涂-4 杯黏度计

(1999)。涂-4黏度计的最佳测定范围为流出时间20～100s，适宜测定运动黏度60～360mm²/s的涂料。

下列公式可将用涂-4黏度计测得的试样的流出时间s换算成运动黏度值mm²/s。

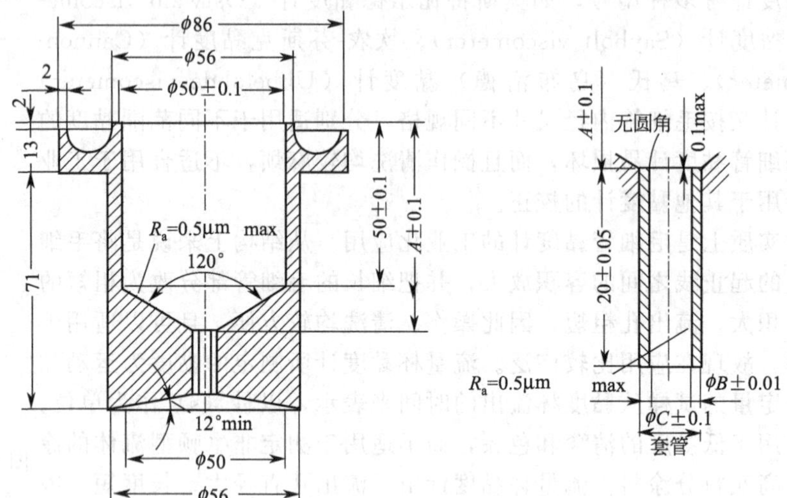

图 4-3-9　ISO 2431 流量杯

型号	3# 杯	4# 杯	6# 杯
A	63.0	62.7	62.1
B	3.00	4.00	6.00
C	5.0	6.0	8.0

$$t<23\text{s 时}\quad t=0.154\nu+11$$

$$23\text{s}\leqslant t<150\text{s 时}\quad t=0.223\nu+6.0$$

式中　t——流出时间，s；

　　　ν——运动黏度，mm²/s。

另外有一种适用于施工现场的流出型黏度计，称为察恩黏度计（Zahn cup），如图4-3-10所示。它是一种圆柱形、球形底，并配有较长提手的轻便黏度杯。其容积约为44cm³，按底部所开小孔的尺寸分为5个型号，合成一套。各个型号的孔的半径为：

1#	1.00mm	4#	2.13mm
2#	1.37mm	5#	2.64mm
3#	1.88mm		

最佳的测量范围都是在流出时间30～90s，各个型号分别测量不同黏度的产品，测定的范围为30～2000mm²/s。此种黏度计的特点是简易、操作方便、适合现场使用。

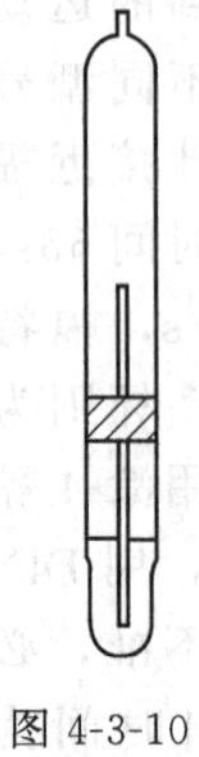

图 4-3-10　察恩黏度计

② 落球法　落球法利用固体物质在液体中流动的速度快慢来测定液体的黏度，所用仪器称为落球黏度计，适用于测定黏度较高的透明液体涂料，如硝酸纤维素清漆及漆料，多用于生产控制。

最简单的落球黏度计是由一根精确尺寸的玻璃管，内装满被测液体，用一钢质（或铝质、玻璃）小球沿管中心自由落下，取自由降落过程中的一段距离，测定其时间，以s表示。垂直式落球黏度计测得的秒数可以用斯托克斯（Stokes）公式近似换算成动力黏度 η（Pa·s）。

$$\eta=\frac{1}{18}\times\frac{d^2}{v}(\rho_s-\rho_f)g$$

式中　d——钢球直径，cm；

v——钢球下降速度，cm/s；

ρ_s——钢球的密度，g/cm^3；

ρ_f——试样的密度，g/cm^3；

g——重力加速度，$980cm/s^2$。

我国国家标准 GB/T 1723—1993《涂料黏度测定法》规定了落球黏度计的规格和测试方法。

偏心式落球黏度计是落球黏度计的改进产品，即赫伯勒（Hoppler）黏度计。其特点是管子倾斜成一定的角度，使小球沿管壁稳定下滑，可避免小球在垂直降落过程中因偏离垂线而引起的测量误差；另外小球沿管壁下滑时，在管壁上能映出银灰点，故也可以测定不透明液体的黏度。

③ 气泡法　利用空气气泡在液体中的流动速度来测定涂料产品的黏度，所测黏度也是运动黏度，它只适用于透明清漆。工业上常用的是加氏（Gardner Holdt）气泡黏度计，在一套同一规格的玻璃管内封入不同黏度的标准液，进行编号，将待测试样装入同样规格的管内，在相同温度下，和标准管一起翻转过来，比较管中气泡移动的速度，就可求出试样黏度，以与最近似的标准管的编号表示其黏度，通称加氏标准管号黏度，由 A5 起到 Z10，现有 41 个档次。也可不与标准管比较，而是测定气泡上升的时间，用秒数作为黏度的单位。编号、秒等这些条件黏度可以换算成标准的运动黏度或动力黏度，见表 4-3-4。加氏标准管内径为 10mm±0.5mm，总长 113mm±0.5mm，在距管底 100mm±1mm 及 108mm±1mm 处，各划一道线，即液体装至 100mm±1mm 刻度处，管塞盖至 108mm±1mm 刻度处，气泡长度为 8mm±1mm。

表 4-3-4　加氏气泡黏度计（25℃测定）

系列	管号	气泡上升时间/s	运动黏度/(mm^2/s)
低黏度系	A-5		0.5
	A-4		6.2
	A-3		14
	A-2		22
	A-1		32
清漆系	A		50
	B		65
	C		85
	D	1.46	100
	E	1.83	125
	F	2.05	140
	G	2.42	165
	H	2.93	200
	I	3.30	225
	J	3.67	250
	K	4.03	280
	L	4.40	300
	M	4.7	320
	N	5.0	340
	O	5.4	370
	P	5.8	400
	Q	6.4	440
	R	6.9	470
	S	7.3	500
	T	8.1	550
高黏度系	U	9.2	630
	V	13.0	880
	W	15.7	1070
	X	18.9	1300
	Y	25.8	1800
	Z	33.3	2300
	Z-1	38.6	2700
	Z-2	49.85	3620
	Z-3	67.90	4630
	Z-4	91.0	6200
	Z-5	144.50	9850
	Z-6	217.10	14800
橡胶系	Z-7		38800
	Z-8		59000
	Z-9		85500
	Z-10		106600

此外美国 ASTMD 1545—1998 规定的检测黏度方法，原理与加氏管法相同，只是管的规格与计算单位与加氏管法不同。ASTM 管的内径为 10.65mm±0.25mm，总长为 114mm±1mm，划 3 条线，刻划线距离（从管底外部量起），第一道在 27mm±0.5mm 处，第二道在 100mm±0.5mm 处，第三道在 108mm±0.5mm 处（必须保证第一道与第二道线间距离为 73mm±0.5mm）。该法测定气泡在第一道线与第二道线之间的移动时间。黏度标准管共分 36 个，低黏度从 0.22mm²/s 到 8.0mm²/s 分 15 个档次，中黏度由 10mm²/s 到 200mm²/s 分 14 个档次，高黏度从 250mm²/s 到 1000mm²/s 分 7 个档次。这两种气泡黏度计的比较见图 4-3-11。

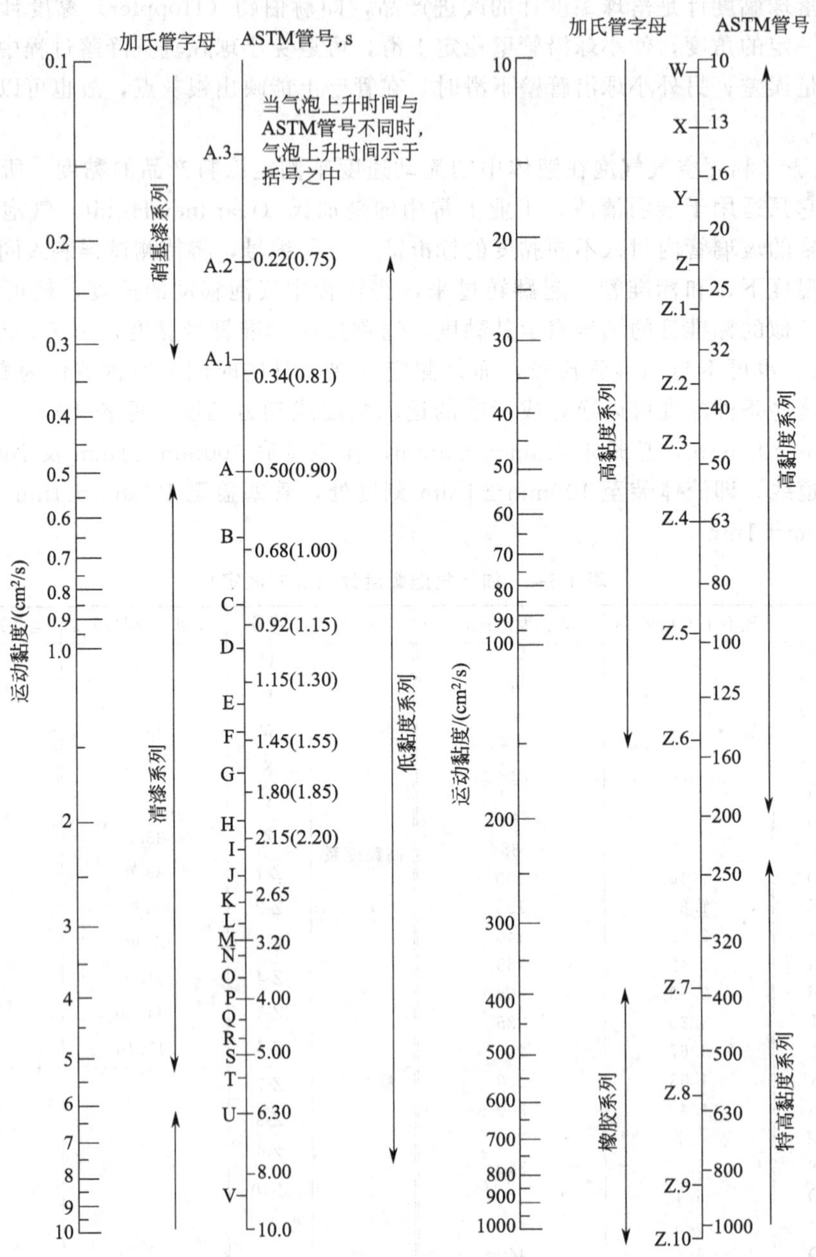

图 4-3-11 加氏管字母黏度与 ASTM 管号的比较换算图

（ASTM 管号也是气泡上升时间，限于在 2.65cm²/s 以上）

④ 设定剪切速率测定法 高黏度的色漆具有非牛顿型流动性质，它们在不同的剪切应力作用下产生不同的剪切速率，因而它们的黏度不是一个定值，用上面三种方法都不能测出它们的比较实际的黏度值。要测定它们的黏度，需要在设定的剪切应力和设定的剪切速率下测定，改变其剪切应力或其剪切速率，则得到另一个黏度数值，如果在固定的剪切应力下，改变剪切速率，则可以得到这个涂料的表观黏度曲线，可以说明它的流变性。这种测定黏度的方法就是使涂料试样产生流动（通常是回转流动）测定使其达到固定速率时需要的应力，而换算成黏度单位。这种测定仪器称为旋转黏度计。

最初的旋转黏度计的构造为两个同心圆筒，内筒可以转动（图 4-3-12）。用重锤的质量使内筒转动，测试的指标是在规定的时间内，转动一定的距离（1m）所需要的重锤质量；或固定重锤质量，测定转动一定的距离所需要的时间。以后进行了改进，用电机带动，调节转速，使内筒在给定的较低转速（如 6～120r/min 左右）下转动，以使液体的流动条件符合简单运动。测定内筒转动对外筒造成的力矩，就可换算成动力黏度的数值。

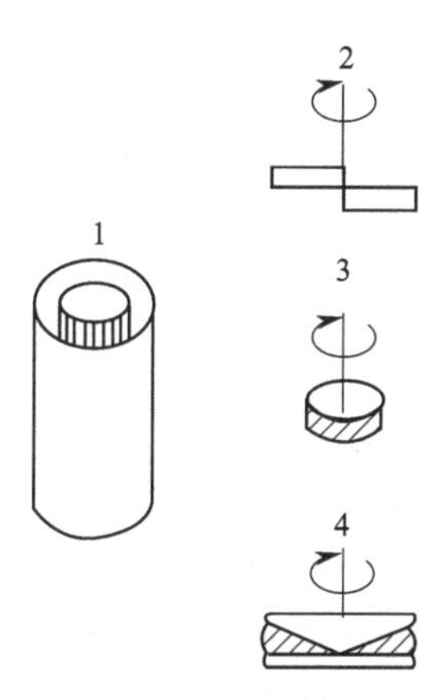

图 4-3-12 各种旋转黏度计的图形示意

1—同心圆筒式；2—桨式；3—转盘式；4—锥板式

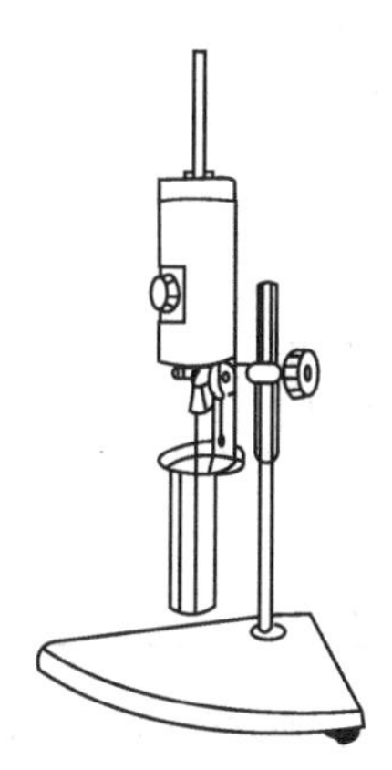

图 4-3-13 同心圆筒旋转黏度计

图 4-3-14 桨式旋转黏度计

现代的旋转黏度计有很多形式，如图 4-3-13～图 4-3-16 所示。各种类型的旋转黏度计都能自动显示数值和调节。

各种类型的旋转黏度计分别适用于测试不同的涂料产品。一般色漆的质量控制，通常选用转盘式的，它的精确度已能满足要求。可测得几个转速下的黏度，由此可得出流动曲线，可以测定触变性。对于乳胶漆类大多使用桨式，如斯托默黏度计（Stormer viscometer）。对于特别黏稠的涂料，通常采用锥板式旋转黏度计。

我国国家标准 GB/T 9269—2009《建筑涂料黏度的测定 斯托默黏度计法》规定了用斯托默黏度计测定涂料黏度的方法，适用于测定非牛顿型建筑涂料，测试结果以克雷布斯单位（Krebs unit，Ku）表示。这种单位的换算按仪器附有的换算表换算。

我国国家标准 GB/T 9751—2008《涂料在高剪切速率下黏度的测定》等效采用了 ISO 标准，所用仪器为锥板式或圆筒形黏度计和浸没式黏度计（即转子和定子均浸没于试料中的黏度计），检测涂料在 5000～20000s^{-1}的剪切速率下的动力黏度，以 Pa·s 表示。

转盘式旋转黏度计的测定方法在美国 ASTM D 2196—1999 中有详细的规定，测定结果以 mPa·s 表示。表 4-3-5 为旋转黏度计的类型及应用。

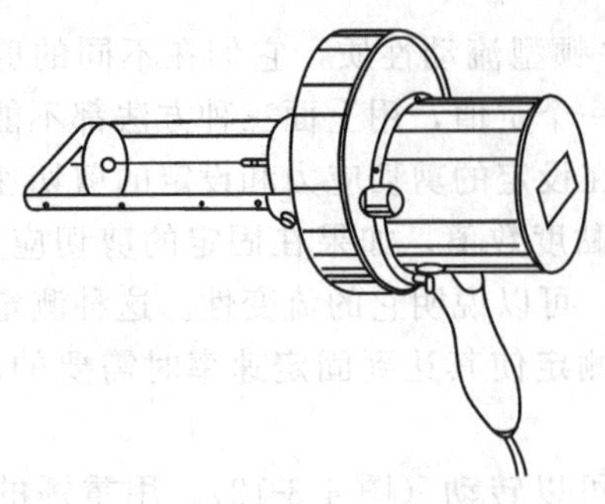

图 4-3-15 转盘式旋转黏度计

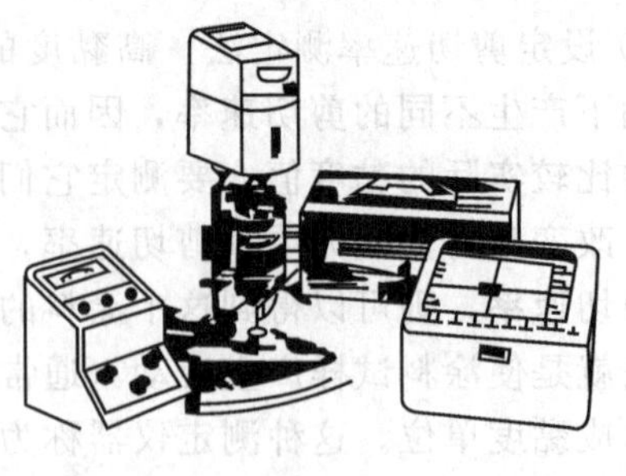

图 4-3-16 锥板式旋转黏度计

表 4-3-5 旋转黏度计的类型及应用

类	型	工业用黏度计举例	应 用
同心圆筒	内筒旋转	中国成都 NXS-11 型 瑞士 Epprecht Rheomat	适用于测定油类和涂料的动力黏度及流变性质，测定的黏度范围较大
	外筒旋转	中国上海 NDJ-2 型 美国 Stormer	
桨式		中国天津 QNZ 型 美国 Stormer	用于一般的黏度和稠度的测定
转盘式		中国上海 NDJ-1 型 日本 BL、BM、BH 美国 Borrkfield	可测定动力黏度及流动曲线，以中等黏度最为合适
锥板式		德国 Rotovisco 英国 ICI 中国兰州 NZB-1 型	用于测定较黏稠的涂料、油墨和其他物料的流变性质

(2) 厚漆、腻子稠度的测定 厚漆、腻子及其他厚浆型涂料通过测定其稠度来反映其流动性能。稠度的测定方法见我国国家标准 GB/T 1749—1979 (1989)《厚漆、腻子稠度测定法》中的规定，取定量体积的试样，在固定压力下经过一定时间后，以试样流展扩散的直径表示，单位为 cm。

(3) 涂料触变性的测定 如前所述，涂料受外力例如进行搅拌或摇动时，黏度降低，但在停止搅拌静置一段时间后，黏度又上升，这种性质即为触变性。不同品种涂料的触变性不同。使用旋转黏度计可以测定触变性的有无和大小。首先从低速开始，逐渐增大转速（即剪切速率），间隔固定的时间，改变一次转速，这样可以得到图 4-3-17 中的 *ABC* 线；再把转速按同样的间隔时间以逐步递减的方式再测定一次，得到图中的 *CA* 线，如果得到一个环状曲线，则说明涂料具有触变性，环的面积表示触变性的大小。

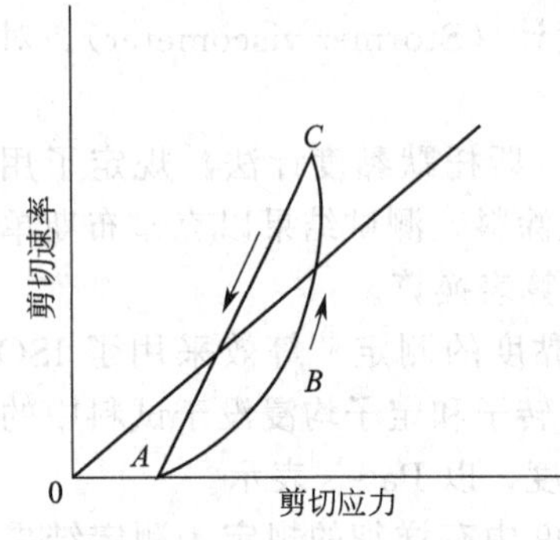

图 4-3-17 触变性曲线

6. 不挥发分含量

不挥发分或称固体分指的是涂料组分中经过施工后留下成为涂膜的部分，它的含量高低对形成的涂膜的质量和涂料使用价值有直接关系。现在为了保护环境，减少挥发有机物对大气的污染，国际上提倡生产高固体分涂料。测定不挥发分含量应该属于涂料组成的分析项目，通常把它列为对涂料状态的检测项目。测定不挥发分最常用的方法是加热烘焙以除去蒸发成分。各国标准略有不同，基本原理都是一样的。将涂料在一定温度下加热烘焙，干燥后剩余物质量与试样质量比较，以百分数表示。我国国家标准 GB/T 1725—2007《色漆、清漆和塑料　不挥发物含量的测定》规定的检测方法是用玻璃培养皿和玻璃表面皿，在鼓风恒温烘箱中测定。等效采用国际标准 ISO 1515—1973《色漆和清漆　挥发物和不挥发物的测定》的国家标准 GB/T 6751—1986 中，规定可用玻璃、马口铁或铝质的直径约 75mm 的平底圆盘，也可在鼓风恒温烘箱中进行。温度规定为 105℃±2℃，烘焙 3h。GB/T 1725—2007 标准中规定了对不同品种涂料的取样数量、烘焙温度，烘焙时间为 30min。如产品标准对烘焙温度与时间有规定时，则按产品标准规定进行。

目前还流行一种快速测定法，即将试样置于 10cm×15cm 的铝箔（或锡箔）上，立即折叠称量，然后打开放入恒温烘箱。此法中试验量大为减少（约取样 0.2～0.5g），涂层厚度减薄，因此焙烘时间也大大缩短。

在国家标准 GB/T 9272—2007《色漆和清漆　通过测量干涂层密度测定涂料的不挥发物体积分数》中测定液体涂料在规定的温度和时间固化或干燥后所留下的干膜的体积，以百分数表示，测得的结果可用来计算涂料按一定干涂膜厚度要求施涂时所能涂装的面积大小。

7. 容器中状态和贮存稳定性

涂料产品从制成至使用往往需要一段时间，有长有短。理想的涂料产品在容器中贮存应不发生质量变化，在打开容器进行施工时应与产品刚生产时相同。但由于涂料品种不同、生产控制水平不同或贮存保管不善等原因，往往在容器中产品的物理性状发生变化，严重的可能影响使用，特别是氧化干燥型涂料最易发生变化。所以一般涂料有保质期限的规定。在生产方面应该尽量延长产品保质期限，在使用时首先应该检查涂料产品在原装容器中贮存的时间是否过期，及其原装状态。在购进一批涂料产品时，为了保证使用时不发生问题，应该抽样检测产品在容器中的状态，并进行在特定条件下贮存的试验，以检查其质量的变化，即贮存稳定性的检查。贮存稳定性也应作为涂料设计生产过程中的一个必要的性能控制项目。

容器中状态的检查通常在涂料取样过程中进行。在取样时应先检查容器是否完整，标志的生产日期与取样检查日期的间隔时间应明确记录清楚，检查封口是否完整严密，做好记录以后再打开封盖。对液体涂料要检查的项目有：结皮情况、分层现象、色漆有无液体上浮或颜料上浮现象，用木条或金属棍或玻璃棒插入容器检查有无沉淀结块，沉淀是否容易搅起，经过搅拌是否均匀，颜色是否上下一致等。对检查情况要做好记录。在检查完容器中状态后，再搅匀取出代表性样品。日本 JIS 规格所列检测方法可供参考。

贮存稳定性是指涂料产品在正常的包装状态和贮存条件下，经过一定的贮存期限后，产品的物理或化学性能所能达到原规定的使用要求的程度，或者说是涂料产品抵抗在规定条件下进行存放后可能发生的性能变化的程度。对贮存稳定性的检测，我国制定了国家标准 GB/T 6753.3—1986《涂料贮存稳定性试验方法》。依据此标准，测定的条件分为自然环境贮存和在 50℃±2℃加速条件下贮存两种。将待试样品取 3 份分别装入容积为 0.4L 的标准的压盖式金属漆罐中，1 罐原始试样在贮存前检查，2 罐进行贮存性试验。检查的项目为：

① 结皮、腐蚀和腐败味的检查，分为 0、2、4、6、8 和 10 共 6 个等级评定；

② 沉降程度的检查，也按以上 6 级评定；

③ 涂膜颗粒、胶块及刷痕的检查，也按以上 6 级评定；

④ 黏度变化的检查，比较贮存后与原始黏度，依其比值百分数也按 6 级评定。

最后综合以“通过”或“不通过”为结论性评定，或按产品要求评定。

根据产品品种的要求，对不同品种也有不同的贮存稳定性的检测方法，如美国 ASTM D 1309—1993（2004）规定的马路画线漆贮存期间沉降性的检测方法。

8. 结皮性

氧化干燥型清漆和色漆在贮存中的结皮倾向是一个长期存在的问题。它也是贮存稳定性检测内容的一个项目，但有时把它单列出来，专门进行检测。涂料产品结皮不但会改变涂料组分比例，影响成膜性能，还会引起涂料的其他各种弊病，造成施工质量的下降，因此必须努力避免和防止，至少应控制结皮的形成速度和结皮的性质。目前对涂料中加入防结皮剂，或使产品具有一定的触变性，均是减少和防止结皮所采取的一些措施。

结皮性测定主要有两个方面：一个是测定涂料在密闭桶内结皮生成的可能性，一个是测定在开桶后的使用过程中结皮形成的速度。对于某些涂料来说，在敞开桶的情况下，结皮现象不可能完全避免，但如何使结皮生成的速度及其性质能控制在可容许的范围内，以尽量减少损失，则是涂料生产者应注意的问题。

(1) 密闭试验　推荐用带有螺旋顶盖的玻璃瓶，装入容积 2/3 的试样，旋紧顶盖，倒放暗处，可定期检查或直到结皮生成为止。

(2) 敞罐试验　试样装入漆罐深度的一半，敞盖并时常观察，直到结皮为止。以上两项试验时最好用一已知结皮性质的样品同时存放作对比，以便在不同阶段比较这两者的结皮情况。

日本 JIS 规格 K 5400 中列有结皮性试验方法，可供参考。

9. 冻融稳定性

主要适用于以合成乳胶或合成树脂乳液为漆基的水性漆，在经受冷冻继之融化后，其稠度、抗絮凝或结块、起斑等方面无有害性变化，而能保持其原有性能，称为具有冻融稳定性。

我国国家标准 GB/T 9268—1988《乳胶漆耐冻融性的测定》规定了检测冻融稳定性的方法。主要是将试验样品在温度－18℃±2℃条件下冷冻 17h，然后在 23℃±2℃放置，分别在 6h 和 48h 后进行检验，与在 23℃±2℃温度下存放的对比样品对比：①测定黏度（用斯托默黏度计）；②观察评定容器中试验样品的沉淀、胶结、聚结、结块等状况，以“无变化”、“轻微”和“严重”表示；③将对比样品和试验样品刷在同一块规定的试板上，在至少干燥 24h 后，目视观察并记录两者干漆膜的遮盖力、光泽、凝聚、斑点和颜色的变化情况。美国 ASTM D 2243—1995(2003) 规定为在－9.4℃±2.8℃冷冻 7 天后测定。

也有的乳胶漆产品规定检测方法采用多次冻融循环。如有些外墙涂料的检测采用－5℃±1℃、16h，然后在 23℃±2℃条件下 8h 为一循环。共进行 3 次循环，然后判断结果。从实践来看，抗冻融试验破坏的明显与否不仅仅取决于温度负得多低、时间多长，更取决于冷冻和融化反复次数的多少，即合理的循环周期。

10. 稀释剂的性状检测

稀释剂是涂料中一类重要的辅助材料。它的性能和质量直接影响到用来稀释的涂料产品和涂膜的性能。对稀释剂性能也必须在使用前检测，其主要检测项目有下面 7 个。

(1) 透明度。

(2) 颜色（这两个项目的检测方法已在前面叙述）。

(3) 挥发性　检测挥发性能，用与乙醚挥发时间进行比较，以其比值表示。检测方法按行业标准 HG/T 3860—2006《稀释剂、防潮剂挥发性测定法》执行。

(4) 胶凝数　胶凝数表示的是稀释剂稀释硝化棉（或过氯乙烯树脂）溶液的能力，逐渐滴入与稀释剂配制的溶液不相混溶的有机溶剂，直至树脂析出，溶液变浑浊，以耗用的滴入溶剂的体积（mL）表示，其数值越高，表示稀释剂的稀释力越强。

(5) 白化性　白化性表示稀释剂加入被稀释产品中造成漆膜发白及失光的现象的可能性，稀释剂要求无白化性为合格。

(6) 水分　测定稀释剂中是否含有水分，有定性和定量的检测方法。

(7) 闪点　稀释剂的闪点测定可依照 GB/T 5208—1985《涂料闪点测定法　快速平衡法》进行。

三、涂料施工性能的检测

涂料的施工性能至关重要，它直接影响到涂膜的质量。过去由于大多采用手工施工，对涂料施工性能要求不多，也不严格。随着现代化大生产流水线施工的发展，对涂料施工性能的要求项目逐渐增多，规定逐渐严格。例如现代电泳漆的施工性能就是一个典型例子。涂料施工性能从将涂料施工到被涂物件开始，至形成涂膜为止，其中包括施工性（刷涂性、喷涂性或刮涂性）、双组分涂料的混合性能、活化时间和使用有效时间、使用量和标准涂装量、湿膜和干膜厚度、流平性和流挂性、最低成膜温度、干燥时间、遮盖性能等。电泳漆、粉末涂料则各有其特定的旋工性能。对涂料施工性能的检测是对涂料能否符合被涂物件需要的一个重要方面。它的检测结果在一定程度上说明这种涂料产品最佳的施工条件。施工性能检测方法虽然尽量模仿实际施工情况，但由于方法的可行性和结果的重现性的要求，是在特定的条件下进行检测的，因而与实际施工时的情况还是有出入，这是需要注意的。另外有一些项目只能得到比较性结果，而不能数值化。

1. 使用量

使用量是指涂料在正常施工情况下，在单位面积上制成一定厚度的涂膜所需的漆量，以 g/m^2 表示。

使用量的测定，可作为设计施工单位估算涂料用料计划的参考。它与涂料中着色颜料的多少无关，但受产品的密度影响较大。涂料使用量与实际消耗量不同。测定的方法有刷涂法和喷涂法，喷涂法所测得的数值，不包括喷涂时飞溅和损失的漆，因此，它比实际消耗量为低。测定时涂漆厚度因产品而异，同时还由于测定者手法不同造成涂刷厚度产生差异，故所测使用量数值只是一个参考数值，与现场施工时单位面积的实际消耗量有差别。

2. 施工性

施工性用来检测涂料产品施工的难易程度。液体涂料施工性良好，即指涂料用刷、喷或刮涂等方法施工到被涂物件表面上时，不但容易施工，而且所得到的涂膜很快流平，没有流挂、起皱、缩边、渗色或咬底等现象。依据施工方法，施工性分别称为刷涂性、喷涂性或刮涂性（对腻子的施工）等。施工性的考查用实际施工结果给予定性的结论，在评定时存在着主观因素，所以最好用与标准样品比较得出结果。我国国家标准 GB/T 6753.6—1986《涂料产品的大面积刷涂试验》规定的方法主要用于评价在严格规定的底材上大面积施涂色漆、清漆及有关产品的刷涂性和流动性，除了考察平面外，还观察在有凸出部位和锐角部位致使涂料收缩的倾向，可以获得更完整的结果。所用试板面积较大，钢板的尺寸不小于 1m×1m×0.00123m，木板尺寸不小于 1m×0.9m×0.006m，水泥板尺寸不小于 1m×0.9m×0.005m。对刷子尺寸和刷涂工艺有具体规定。评价内容包括与标准样品比较的施工性能的差异和涂膜刷痕消失、流挂、收缩等规定的缺欠的现象。日本 JIS K 5400 中对施工性检测规定的试验板尺寸为500mm×200mm，根据产品规定分别检验刷涂、喷涂或刮涂性能，并且按涂一道和涂二道进行检查，用文字表示检查结果。

3. 流平性

流平性是涂料施工性能中一个重要项目，从涂料施工性中单独分出，专列为一个检测项目。流平性是指涂料在施工后，其涂膜由不规则、不平整的表面流展成平坦而光滑表面的能力。涂膜的流平是重力、表面张力和剪切力的综合效果，因此流平的前提是涂料是否能润湿工件表面，即是否具有较好的流动性，这就与涂料的组成、性能和施工方式等有关。另外涂料中若加入硅油、醋丁纤维素等助剂，也可直接改善涂膜的流平性。

在国家标准GB/T 1750—1979（1989）《涂料流平性测定法》中规定流平性的测定方法，分为刷涂法和喷涂法两种，以刷纹消失和形成平滑漆膜所需时间来评定，以分钟表示。刷涂法的测定方法是将试样按GB/T 1727—1992《漆膜一般制备法》中规定，将试样调至施工黏度，涂刷在马口铁板上，使之平滑均匀，然后在涂膜中部用刷子纵向抹一刷痕，观察多少时间刷痕消失，涂膜又恢复成平滑表面，合格与否由产品标准规定，一般流平性良好的涂膜在10min之内就可以流平。喷涂法则观察涂漆表面达到均匀、光滑、无皱（无橘皮或鹅皮）状态的时间，同样以产品标准规定评定是否合格。美国ASTM D 2801—1994检测涂料流平性方法规定，使用有几个不同深度间隙的流平性试验刮刀，将涂料刮成几对不同厚度的平行的条形涂层，观察完全和部分流到一起的条形涂层数，与标准图形对照，用0～10级表示，10级表示完全流平，0级则表示流平性最差。此方法适用于白及浅色漆。ASTM D 4062—1999（2003）规定了使用Leneta leveling test blade检测水性和非水性浅色建筑涂料的流平性的方法。

4. 流挂性

液体涂料涂刷在垂直表面上，受重力的影响，在湿膜未干燥以前，部分湿膜的表面容易有向下流坠，形成上部变薄、下部变厚，严重的形成球形、波纹形状的现象，这种现象说明这种涂料易流挂，或其抗流挂性不好，是涂料应该避免的性能。它的起因主要是涂料的流动特性不适宜，或者是涂层过厚超过涂料可能达到的限度，或是涂装环境和施工条件不合适。涂料的流挂速度与涂料黏度成反比，与涂层厚度的二次方成正比。涂膜的流挂性不合标准规定，干后就难得到平整、厚薄均匀的涂膜，影响装饰外观，还要影响各项保护性能。所以对涂料的流挂性也需要检测。一般的测定方法是在试板上涂上一定厚度的涂膜，将试板垂直立放，观察湿膜的流坠现象，进行记录，检查是否符合产品标准规定。我国国家标准GB/T 9264—1988《色漆流挂性的测定》检验方法，采用流挂试验仪对色漆的流挂性进行测定，以垂直放置、不流到下一个厚度条膜的涂膜厚度为不流挂的读数。厚度数值越大，说明涂料越不容易产生流挂现象。

5. 干燥时间

液体涂料涂于物件表面从流体层变为固体涂膜的物理或化学变化过程通称涂膜的干燥。干燥过程依据涂膜物理性状主要是黏度的变化过程可分为不同阶段，习惯上分为表面干燥、实际干燥和完全干燥三个阶段，美国ASTM D 1640—2003把干燥过程分成八个阶段。对于干燥的时间，施工部门的要求是越短越好，以免涂饰工件沾上雨露尘土，并可大大缩短施工周期；而对涂料制造来说，因受使用材料的限制，往往均要求一定的干燥时间，才能保证成膜后的质量。由于涂料的完全干燥所需时间较长，故一般只测定表面干燥（表干）和实际干燥（实干）两项。

(1) 表面干燥时间测定　常用的方法有吹棉球法、指触法［GB/T 1728—1979 (1989)］和小玻璃球法（GB/T 6753.2—1986）。吹棉球法是在漆膜表面上放一脱脂棉球，用嘴沿水平方向轻吹棉球，如能吹走而膜面不留有棉丝，即认为表面干燥。指触法是以手指轻触漆膜表面，如感到有些发黏，但无漆粘在手指上，即认为表面干燥或称指触干。小玻璃球法是将约 0.5g 的直径为 125～250μm 的小玻璃球于 50～150mm 的高度倒在漆膜表面，当漆膜上的小玻璃球能用刷子轻轻刷离，而不损伤漆膜表面时，即认为达到表面干燥，记录其时间。按产品规定判断是否合格。

(2) 实际干燥时间测定　常用的有压滤纸法、压棉球法、刀片法和厚层干燥法。我国国家标准 GB/T 1728—1979 (1989) 有详细规定。在 ISO 9117：1990 标准中有用对涂层施加负载以测定完全干燥程度的方法。压滤纸法是在漆膜上用干燥试验器（如图 4-3-18 所示）压上一片定性滤纸，经 30s 后移去试验器，将样板翻转而滤纸能自由落下，即认为实际干燥。同样，压棉球法采用 30s 后移去试验器和脱脂棉球，若漆膜上无棉球痕迹及失光现象，即认为实际干燥。刀片法使用保险刀片，适用于厚涂层和腻子膜。厚层干燥法主要用于绝缘漆。漆膜干燥时间受周围环境的温度、湿度、通风、光照等因素影响，故测定时必须具备一定的环境和设备，在恒温恒湿室中进行。

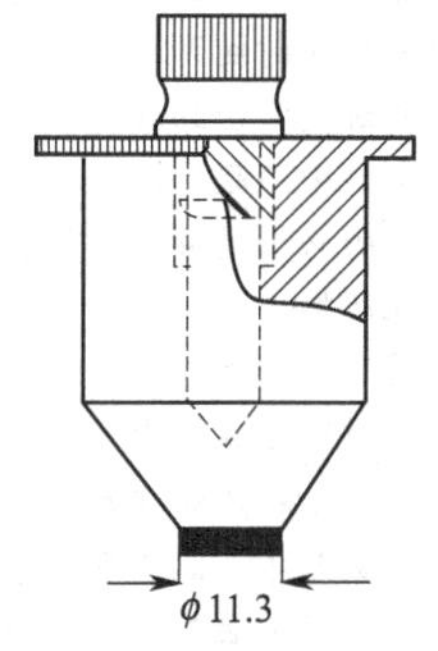

图 4-3-18　干燥试验器

图 4-3-19　齿轮型干燥测定仪

由于涂料的干燥和涂膜的形成是一个进行得很缓慢的和连续的过程，因此为了能观察到干燥过程中的整个变化，可以采用自动干燥时间测定器。一种是利用电机通过减速箱带动齿轮，以 30mm/h 的缓慢速度在漆膜上直线走动，全程共 24h，随着漆膜的逐渐干燥，齿轮痕迹也逐步由深至浅，直至全部消失（图 4-3-19）。另一种是利用电机带动盛有细砂的漏斗，在涂有漆膜的样板上缓慢移动，砂子就不断地掉落在漆膜上形成直线状的砂粒痕迹，以测定干燥的不同阶段所需要的时间（图 4-3-20）。较先进的有利用针尖缓慢地在漆膜上画出半径 5cm 的圆，画一圈需 24h，这样就可在较小的试板面积上观察漆膜随时间而变化的干燥程度（图 4-3-21）。

图 4-3-20　落砂型干燥测定仪

图 4-3-21　画圈型干燥测定仪

6. 涂膜厚度

在涂料检验过程中，漆膜厚度是一项很重要的控制指标。涂料某些物理性能的测定及耐久性等一些专用性能的试验，均需要把涂料制成试板，在一定的膜厚下进行比较；在施工应用中，由于涂装的漆膜厚薄不匀或厚度未达到规定要求，均将对涂层性能产生很大的影响。因此如何正确测定漆膜厚度是质量检验中重要的一环，必须给予应有的重视。

目前，测定漆膜厚度有各种方法和仪器，选用时应考虑测定漆膜的场合（实验室或现场）、底材（金属、木材、玻璃）、表面状况（平整、粗糙、平面、曲面）和漆膜状态（湿、干）等因素，这样才能合理使用检测仪器和提高测试的精确度。

我国等效采用 ISO 2808：2007 制定了 GB/T13452.2《色漆和清漆 漆膜厚度的测定》。其中干膜厚度的测定方法，列为方法 1～5，湿膜厚度的测定方法列为方法 6。见表 4-3-6。

表 4-3-6 干膜厚度的测定方法

编号及说明	应 用	注
方法 1： 以干膜质量对应于干膜厚度的干膜厚度测量方法	适用于漆膜过软，不能用仪器测量的漆膜。例如气干漆处于固化早期的试板	测量精确性差，但可用于核定规定限度之间的平均漆膜厚度 测试中漆膜无损
方法 2： 以千分尺法测量干膜厚度	试板或实质上平整的涂漆面	漆膜必须硬到足以经受住与千分尺卡头紧密接触时而无压痕 精确度为±2μm 测试中漆膜受损
方法 3： 以指示表法测量干膜厚度	同方法 2	漆膜必须足够硬，以耐受放下仪器压脚时无压痕 精确度为±2μm 测试中漆膜受损
方法 4： 以显微镜法测量干膜厚度	A 法：漆膜厚度测量精确度为±2μm 或更精确 B 法：漆膜厚度测量精确度为 1μm	切下试板或涂漆物体的一部分，并使之埋在树脂中。此法推荐作为仲裁方法及用于多变外形底材如喷丸金属上的漆膜测量 使用专用的显微镜观察测量从底材上取下的一小部分漆膜纵断面的厚度
方法 5： 非破坏性仪器测量法 β射线反向散射法	 适用于磁性金属底材 适用于非磁性金属底材 主要用于移动中漆膜，如卷涂涂料漆膜的连续测定	仪器运转根据： ①磁通量原理 ②涡流原理 ③磁引力脱离原理 仪器运转根据涡流原理 使用具有放射性源的高度专门化仪器。为使测量准确，漆膜必须均匀
方法 6： 湿膜厚度的测量	A. 轮规：适用于实验室试板或新涂漆表面的湿膜厚度测量 B. 梳规：适用于现场涂膜操作时的湿膜厚度测量	测量精确性差，但能估计膜干时的大致厚度 测量值可粗略指明湿膜厚度 注：两种情况都应以方法 5 校核干膜厚度

(1) 湿膜厚度的测定

湿膜的测量必须在漆膜制备后立即进行，以免由于挥发性溶剂的蒸发而使漆膜发生收缩现象。GB/T 13452.2—1992 的方法 6 中规定使用轮规和梳规测定的方法。在美国 ASTM D 1212—1991（2001）中规定用轮规和用 Pfund 湿膜计测定的方法。

① 轮规 基本上是由 3 个圆盘组成的一个整体，外侧两个圆盘同样大小，中间圆盘是偏心的，且半径较短，以使 3 个圆盘在某一半径处相切（即处在同一平面上），这样该处的

间隙为零。在相反的半径方向上，间隔即为最大。在圆盘外侧有刻度，以指示不同间隙的读数。测试时（见图 4-3-22）须注意仪器必须垂直于被测表面，不能左右晃动，否则将得不出正确的结果；另外仪器在表面上的滚动，若是由零开始，则由于湿膜的被挤压而把漆推向前，得出的厚度读数将大于实际湿膜厚度，使结果产生一定的误差。

② 梳规　一种可放在口袋里随身携带的金属板或塑料片，形状为正方形或矩形，如图 4-3-23 所示。在其 4 边都切有带不同读数的齿，每一边的两端都处在同一水平面上，而中间各齿则距水平面有依次递升的不同间隙。使用时将垂直接触于试验表面，这样将有一部分齿被漆膜所沾湿。湿膜厚度为在沾湿的最后一齿与下一个未被沾湿的齿之间的读数。梳规是一种价格低廉的简便测量仪器，特别适用于在施工现场使用。

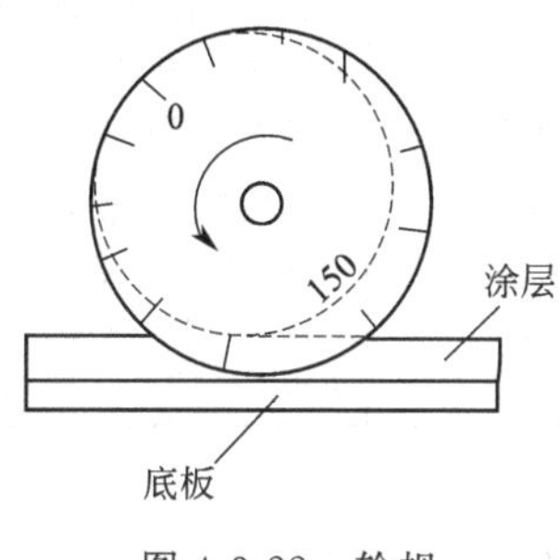

图 4-3-22　轮规

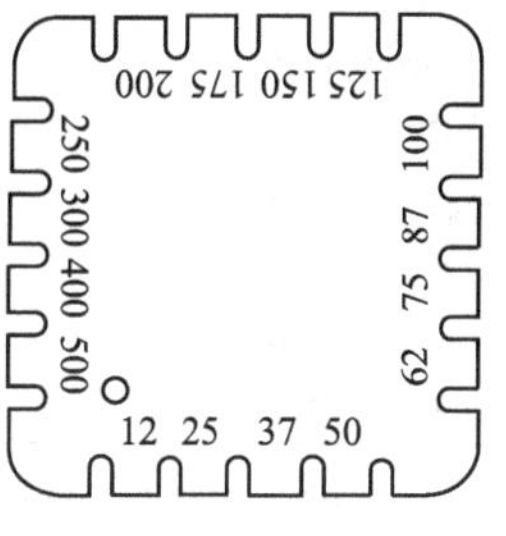

图 4-3-23　梳规

③ Pfund 湿膜计　仪器系一个凸面透镜 L（曲率半径为 250mm）和 2 个金属圆管 T_1 和 T_2 组成，见图 4-3-24。使用时用手缓慢地将管 T_1 往下压，以使装在底部的透镜 L 通过湿膜触及底板表面，量取涂料在透镜上沾附部分的直径，按下式计算，即可得出湿膜厚度 h，以 μm 表示。

$$h=\frac{D^2\times1000}{16r}=0.25D^2$$

式中　D——沾附部分直径，mm；

r——透镜的曲率半径，250mm。

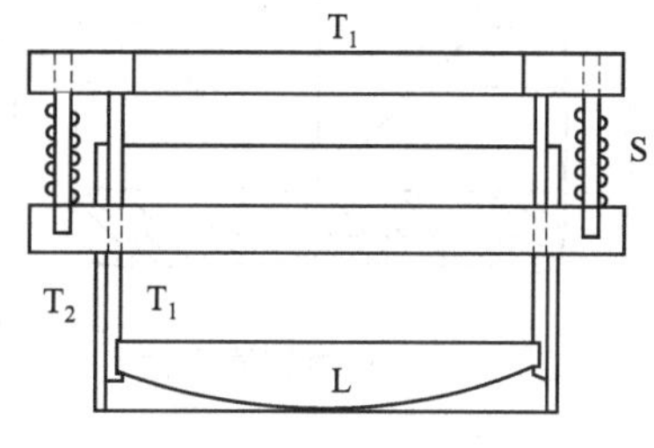

图 4-3-24　Pfund 湿膜计

需指出的是，涂膜在镜面上由于表面张力的缘故，因而所测得的湿膜厚度与实际的湿膜厚度稍有差别，公式是在假设这两者完全相等的情况下成立的。为使结果更可靠起见，尚需引入修正系数，详见美国 ASTM D 1212—1991（2001）。

以上 3 种湿膜厚度计从实际应用来看，以轮规较为理想，既能在实验室使用，也能在现场进行测定，使用简便，读数准确。Pfund 湿膜计虽然也较为精确，但操作和计算较烦琐。梳规成本低廉，携带方便，但误差较大，只能用于施工现场对湿膜厚度作粗略测定。

(2) 干膜厚度的测定　在实际工作中大量遇到的是干膜厚度的测量，目前已有不少种方法和仪器，但每一种方法都有一定的局限性，能适用于所有类型样品的环境的则仅仅是少数。依工作原理来分，基本上分为两大类：磁性法和机械法。

① 磁性法　根据被测底材不同，又可分为磁性测厚仪和非磁性测厚仪。磁性测厚仪主要是利用电磁场磁阻的原理来测量钢铁底板上涂层的厚度；非磁性测厚仪则用涡流测厚原理来测量诸如铝板、铜板等不导磁底板上涂层的厚度。需注意的是，某些涂料品种由于含有铁红、铝粉等，将对测试结果有一定的影响。磁性法目前已成为干膜厚度测定的主要方法。国际和国内都有磁性和非磁性测厚仪的生产，同时不断进行改进，创出多种形式和牌号，如对

施工现场干膜厚度的测量，已发展有永久磁体来代替电磁场，使结构简单，便于携带，但精确度稍差。又如将电源改为干电池或充电电池，同样能使结构紧凑，便于携带，且仍能保持较高的精确度。现在的测厚仪主要是数字显示式，直接读出数据，并发展成适合多种形状表面测厚的多用式仪器。

常用的磁性测厚仪和非磁性测厚仪的型号和规格可参见表 4-3-7。

表 4-3-7 常用测厚仪型号和规格

品种	型号	量程/m	测量精度/%	生产厂
磁性测厚仪	QUC-200	0～200	±3	中国天津市建筑仪器试验机公司
	MCH-1	0～2000	±3	中国山东济宁超声电子仪器厂
	SDHC	0～3000	≤±5	中国广东江门市化工仪表厂
	Mikrotest-F	0～1000	5	德国 E. P. K 公司
	Elcometer-F1	0～1250	±3	英国埃高(Elcometer)公司
非磁性测厚仪	MINISCOPE200	0～1000	±3	中国沈阳仪器仪表工艺研究所
	7503	0～300	±3	中国厦门第二电子仪器厂
	Positector6000N2	0～1500	±3	美国狄夫高(Defelsko)公司
	Coatest 1000N	0～1000	±3	英国 COATEST 公司

注：上列各厂家均同时有磁性和非磁性两种测厚仪生产。

② 机械法 使用杠杆千分尺或千分表测定涂膜厚度的方法使用较久，优点是使用时不受底材性质的限制和漆膜中导电或导磁颜料的影响，仪器本身精度可读到±2μm。但只能对较小面积的样板进行测试，为了消除误差，必须多次测量，手续烦琐，不如磁性法测厚仪简便。

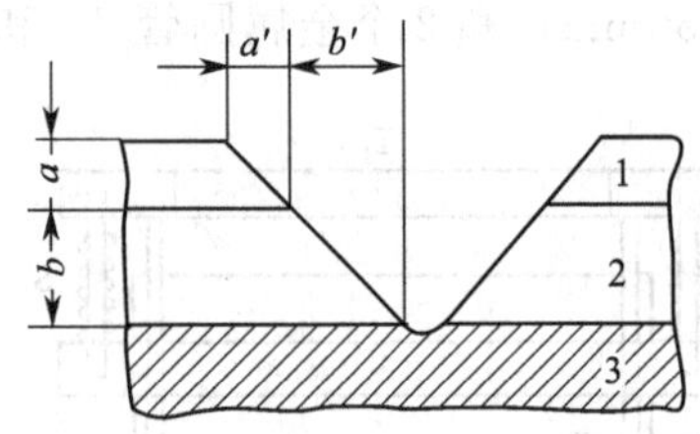

图 4-3-25 显微镜测厚法

1—面漆；2—底漆；3—底材

测定漆膜厚度的显微镜法，已被推荐为漆膜厚度测定的仲裁方法。其测试原理如图 4-3-25 所示。该法是用一定角度的切割刀具将涂层作一 V 形缺口直至底材，然后用带有标尺的显微镜测定 a' 和 b' 的宽度。标尺的分度已通过校准系数换算成相应的微米数，因此可从显微镜中直接读出漆膜的实际厚度（a、b）。此法的最大优点是除能测定总漆膜厚度外，尚能测定多层漆系统的每层漆的漆膜厚度，同时可以在任何底材上进行，其不足之处是将使漆膜遭受局部破坏。

7. 遮盖力

色漆均匀地涂刷在物体表面，由于涂膜对光的吸收、反射和散射而使底材颜色不再呈现出来的能力，称为色漆的遮盖力。遮盖力的高低由涂料的组成决定。同样质量的色漆产品，遮盖力高的在相同的施工条件下就可比遮盖力低的涂装更多的面积。

目前色漆遮盖力的测定方法有下面三种。

(1) 单位面积质量法 测定遮盖单位面积所需的最小用漆量，用 g/m^2 表示遮盖力。通常采用黑白格玻璃板，也可用标准的黑白格纸。我国国家标准 GB/T 1726—1989《涂料遮盖力测定法》规定了使用黑白格板，有刷涂法和喷涂法两种测定方法。

(2) 最小漆膜厚度法 利用遮盖住底面所需的最小湿膜厚度以测定色漆的遮盖力，所得结果以 μm 表示。测定仪系用一块黑白间半的光学玻璃平板，其边上标有毫米刻度，在其上盖有一块在一端有一定高度的透明玻璃顶板，从而形成一个楔形空间，测定时在底板上倒上少量样品，来回移动顶板，一直到通过顶板及漆层看不到底板 E 的黑白分界线为止，记下从分界线至顶板前端的读数，由于楔形空间的角度是已知的，就可求出最小湿膜厚度，或者通过仪器所附的换算表换算出单位面积用漆量。此法用漆量少，测试速度快，但仍为目测，存在测试结果准确性问题。

(3) 反射率对比法　为了克服目测终点的困难，ISO及各国标准均推荐采用反射率仪对遮盖力进行比较准确的评定。但这种方法主要适用于白色和浅色漆，系把试样以不同厚度涂布于透明聚酯膜上，干燥之后置于黑、白玻璃板上，用反射率仪测定其反射率，从而得出对比率 CR。

$$CR=\frac{R_{\mathrm{B}}}{R_{\mathrm{W}}}$$

式中　R_{B}——黑板上的反射率；

R_{W}——白板上的反射率。

当对比率等于0.98时，即认为全部遮盖，根据漆膜厚度就可得出遮盖力。此法终点判断比较准确，能克服上述两方法的不足，但操作较复杂些。我国已等效采用ISO标准，制定了GB/T 13452.3—1992《色漆和清漆遮盖力的测定　第一部分：适用白色和浅色漆的Kubelka-Munk法》，等效采用ISO 6504/1—1983（1989）标准，所测得的遮盖力系指对比率必须是0.98时的涂布率，适用于三刺激值中 Y 大于70的色漆漆膜，不适用于荧光和金属漆。还可测得不同涂布率（m^2/L）时的对比率，即其相应的遮盖率。

8. 多组分涂料的混合性与使用寿命

多组分涂料的混合性和使用寿命是它特有的重要施工性能。多组分涂料组分之间的混合性不好，得不到良好的涂膜。组分混合后最好很快混合均匀，不需要很长的熟化时间；混合好的涂料要有较长的使用寿命，即在较长的时间内涂料性能不发生变化，如变稠、胶化等，而保证所得涂膜质量一致。涂料的使用寿命长对施工有利，当然它的长短是由涂料组成决定的。多组分涂料的混合性和使用寿命列为它的技术指标，通常是它的必测项目。测试方法比较简单。

(1) 混合性　通常检测方法是按产品规定的比例在容器中混合，用玻璃棒进行搅拌，如果很容易地混成均匀液体，则认为混合性"合格"。

(2) 使用寿命　将组分在一定容量的容器中按比例混合后，按照产品规定的使用寿命条件放置，达到规定的最低时间后，检查其搅拌难易程度、黏度变化和凝胶情况，并且涂制样板放置一定时间（如24h或48h）后与标准样板对比检查漆膜外观有无变化或缺陷（如孔穴、流坠、颗粒等）产生。如果不发生异常现象，则认为"合格"。为了准确判断多组分涂料的可使用时间，可以对混合后的多组分涂料按一定时间间隔检测其黏度，观察其黏度变化情况。

第三节　涂膜性能检测

涂膜性能检测是涂料检测中最重要的部分。涂膜的检测结果基本反映了产品的质量水平和它的功能水平。涂膜性能检测的内容主要包括4个方面：①基本物理性能的检测，其中有表观及光学性质、机械性能和应用性能（如重涂性、打磨性等）；②耐物理变化性能的检测，如对光、热、声、电等的抵抗能力的检测；③耐化学性能的检测，主要是检查涂膜对各种化学品的抵抗性能和防腐蚀（锈蚀）性能；④耐久性能的检测。这些检测项目主要是对涂在底材上的涂膜进行的。有个别产品需要对其游离膜进行一些项目的检测。

经过多年的研究开发，涂膜性能检测的方法中每一项性能几乎都有不同的方法，各有优缺点，分别从不同角度说明其性能。也有时用不同方法会得出不同的结论。同时近年来对一种方法也开发出多种不同类型的仪器，其精确性也有不同。因而对涂膜性能检测的方法和仪器要根据产品的性能需要而加以选定，以便正确反映产品的真实状况。此外检测的目的不同，也需要选择合适的检测项目和方法：为了控制产品质量，一般是选用通用的标准的检测方法；为了开发品种，研究产品结构与性质的关系，就需要广泛地检测，以实现预期的要求。现在世界各国都制定了许多涂膜检测方法的标准，并且在不断地发展。

涂膜的检测，通常是在标准状态下进行的，虽然尽力模仿施工时的条件，结果还是有差异的，可能涂膜性能检测结果很好，而在实际施工时反而不好，这就要深入研究找出原因，采用更为准确或更接近实际条件的检测方法。

一、均匀涂膜的制备

要使涂膜检测的结果准确可靠，就需要制备符合要求的标准涂膜。按照产品标准的规定，在指定的底材上制备具有指定厚度的均匀的涂膜，是涂膜检测的基础。制得的涂膜要能真实地反映涂膜的本质，即使有缺陷也要反映出来，但又不能由于外部的原因，如制备的环境，而使涂膜本质有所改变。

要制得均匀的涂膜样板，要注意底板的选择与处理、制备方法与条件两个方面。底板的材质根据产品标准选定，表面处理要达到要求。制备涂膜时，涂料黏度、制备方法、环境温度和湿度、干燥条件和时间等，都要严格遵守规定的要求。

各国对涂膜制备均制定有标准方法，我国国家标准 GB/T 1727—1992《漆膜一般制备法》规定了制备一般涂膜的材料、底板的表面处理、制板方法、涂膜的干燥和状态调节、恒温恒湿条件以及涂膜厚度等。制板方法列出刷涂法、喷涂法、浸涂法、刮涂法、均匀漆膜制备法和浇注法。其中漆膜制备器（刮涂器和线棒涂布器）是常用的制备仪器。

图 4-3-26 刮涂器（漆膜涂布器）

刮涂器法所采用的仪器叫刮涂器（doctor blade）或叫漆膜涂布器，如图 4-3-26 所示。操作时，将试样倒在底板上，用刮涂器把样品展平。由于刮涂器刀片与平面具有一定的间隙，因此就可得到一定厚度的湿膜。根据试验需要，可以调节刀片与平面的间隙以便制得各种厚度的漆膜。一般来说，刮涂的湿膜厚度只是刮刀与底板之间缝隙间距的一半，而刮涂法的成功与否则取决于底板的平整度以及刮刀的质量，否则会产生波纹的涂膜或其他不规则的现象。

后又发展了线棒式刮涂器，这种仪器有两种形式。一种是金属棒，在它上面紧紧地缠着金属线，涂料通过金属线所形成的空间流涂在样板上，金属线越粗，则空间越大，其漆膜也越厚。这种刮涂器特别适用于有挠曲性的底材，如纸或薄的金属板。另一种形式是一根尼龙棒，直接在棒上车削成螺丝纹，对浅色漆可以用黑色棒，对深色漆可以用白色棒，这种相对照的颜色有助于对刮涂器的清洗。

为了使刮涂器的操作平稳、均匀，以消除人为的操作误差，现在发展成由电机带动方式的自动漆膜涂布器，以使刮涂的漆膜更为均匀一致。图 4-3-27 所示的即为其中的一种，参见 ASTM D 823—1995。

有时为了试验研究和检测某些涂膜性能的需要，应用不附在底材上的自由膜。自由膜的制备方法过去用锡汞齐法，在镀锡钢板表面用喷涂法或浸涂法涂装，固化以后，将涂漆钢板的一端放入盛有汞的广口瓶中，汞渗入钢板涂层下和锡发生锡汞齐反应，最后涂膜从钢板上可完全脱落下来。采用这种方法对操作人员身体有损害，在一些国家已禁止使用。现在多数可从涂有脱模剂的玻璃板上制得，也有用脱膜纸制备的。涂层可用线棒涂布器涂布，可以得到厚薄均匀的自由涂膜。

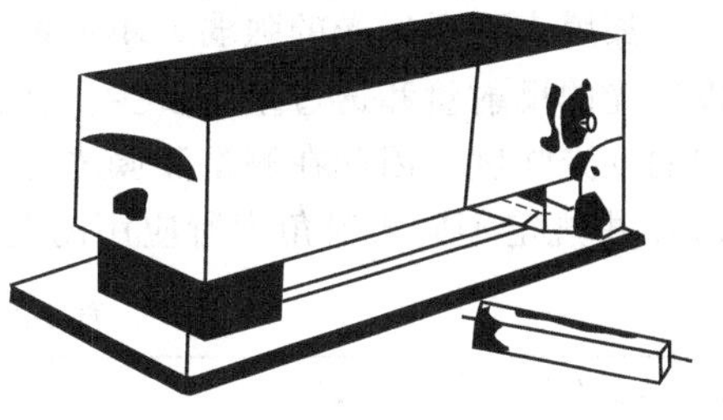

图 4-3-27 自动漆膜涂布器

二、涂膜的表观及光学性能的检测

1. 涂膜的外观

对用于检测涂料施工性制备的涂膜样板，使其干燥后，或用制得的均匀涂膜的样板，检测涂膜的表面状态，通常在日光下肉眼观察，可以检查出涂膜有无缺陷，如刷痕、颗粒、起泡、起皱、缩孔等。一般是与标准样板对比。由于制备样板通常在室内标准状况下进行，操作又比较仔细，所得结果比较标准，但与实际施工条件的涂膜的外观是有差距的。

2. 光泽

光线照射在平滑表面上，一部分反射，一部分透入物体内部产生折射。光反射的规律是入射角等于反射角。反射光的光强与入射光光强的比值称为反射率。光投射到平整表面上的反射称为镜面反射。涂膜的光泽就是涂膜表面将照射在其上的光线向一定方向反射出去的能力，也称镜面光泽度。反射的光量越大，则其光泽越高。光泽是漆膜性能检验中的一个重要项目，光泽的测定基本上采用两大类仪器，即光电光泽计和投影光泽计，目前以前者为主。

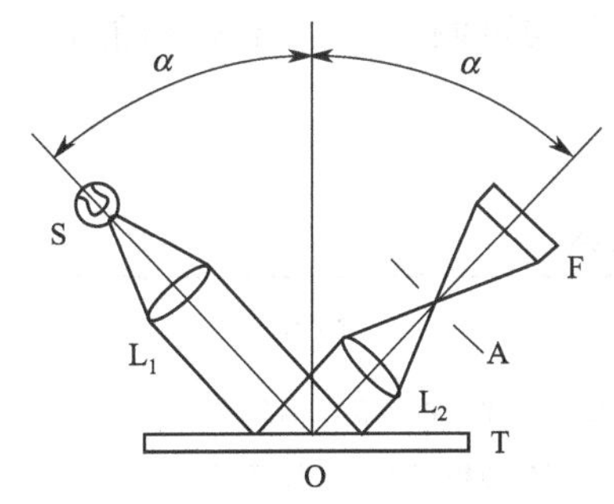

图 4-3-28 光泽测定原理简图

(1) 光电光泽计 光电光泽计是目前测定光泽的主要仪器，虽然有多种规格型号，但其测试原理基本相同，如图 4-3-28 所示。

光源 S 所发射的光线经透镜 L_1 变成平行光线以一定的角度 α，如 45°投射到被测表面 T 上，由 T 以同样的角度反射的光线经透镜 L_2 聚集到光电池 F 上，产生的光电流借助于检流计就可得出光泽的读数。

光电池 F 所接受的光通量大小取决于样板的反射能力。若入射角为 45°，涂膜的光泽值为由试验样板上反射出来的光通量和由折射率为 1.567 的黑色玻璃板上反射出来的光通量的比值，以百分数表示。

$$G_s\ (\%) = \frac{\phi_s}{\phi_0} \times 100\%$$

式中 G_s——以百分数表示的光泽值；

ϕ_s——样板反射出来的光通量，%；

ϕ_0——折射率为 1.567 的黑色抛光玻璃板反射出来的光通量，其值为 100%。

由此可见，只要使被测样板与标准板进行比较即可测得光泽值，仪器本身所带的黑色玻璃为二级标准板，其光泽值应由原始标准板来标定。

漆膜表面反射光的强弱，不但取决于漆膜表面的平整和粗糙程度，还取决于漆膜表面对投射光的反射量和透过量的多少。在同一个漆膜表面上，以不同入射角投射的光，会出现不同的反光强度。因此在测量漆膜光泽时，必须先固定光的入射角度。日本标准 JIS Z8741—1997 中规定不同入射角度所应用的范围如表 4-3-8 所示。

表 4-3-8 不同入射角的应用范围

入射角度	85°	75°	60°	45°	20°
适用品种	涂膜	纸面及其他	塑料、涂膜	塑料	塑料、涂膜
适用范围	60°测定小于10%的表面				60°测定大于 70%的表面

美国标准 ASTM D 523—1989（1999）中的规定：

入射角度	85°	60°	20°
适用范围	低光泽漆膜	一般光泽漆膜	高光泽漆膜

因此涂膜的光泽可分类如下（以 60°光泽计测量）：

高光泽	70%或 70%以上	蛋壳光至平光	6%～2%
半光或中等光泽	70%～30%	平光	2%和 2%以下
蛋壳光	30%～6%		

属于 70%以上的高光泽漆膜则应使用 20°的光电光泽计测定；相反，对于低于 30%的低光泽漆膜，则以采用 85°的光电光泽计更为理想。因此目前光电光泽计主要是多角光泽计（0°、20°、45°、60°、75°、85°）和变角光泽计（20°～85°之间均可测定），一台仪器能有多种用途，从而增大了测试的范围。

目前国内常用的光电光泽计的型号和规格可参见表 4-3-9。

表 4-3-9 常用光电光泽计型号和规格

型 号	特 征	角 度	精密度 光泽单位	生产厂
KGZ-1A	台式、普及型、数显	20°、60°、85°	1	中国天津科器高新技术公司
GZ-2	台式、普及型	45°	±1	中国广西梧州市化工仪器厂
WGG(B)-1	台式、普及型、数显	20°、45°、75°	±1	中国泉州市伟达计量仪器厂
HGG	袖珍型、数显	20°、60°、85°	±1	中国上海海港实业总公司技术开发中心
4520	袖珍型、数显	20°、60°、85°	±1	德国 BYK-Gardner 公司
NOVO-GLOSS	袖珍型、数显	各种角度	±0.5	英国 PHOPIONT 公司
UGV-5D	台式、数显	20°～85°(可变角度)	±1	日本 Suga 试验机株式会社

(2) 投影光泽计 光电光泽计虽有一定的科学性，但若漆膜有擦痕、波纹或橘皮等弊病，就会产生漫反射，使反射光不易集中在光电池接收器上，另外漆膜颜色的不同也会产生与人们视觉不一致的光泽度。为此长期以来仍保留并进一步发展了投影光泽计，一种是将漆膜光泽与一套已知光泽的标准板来比较，找出与被测样板反光量相等的标准板，用标准板的标号来表示被测样板的光泽度，如过去最早使用的底特律光泽计。另一种是在漆膜的表面上反射各种印刷图案或数字，用反射影像的清晰度与标准光泽板反射的同样影像的清晰度来比较，以评定光泽，如亨特尔（Hunter）光泽计，见图 4-3-29。这些仪器制作简单，光源固定，可不受漆膜颜色和自然光线等条件的影响，但由于都是目测评定，且都需要定期更换标准光泽板，因此使其在使用方面有一定的局限性。

3. 鲜映性

鲜映性是指涂膜表面反映影像（或投影）的清晰程度，以 *DOI* 值表示（distinctness of image）。它能表征与涂膜装饰性相关的一些性能（如光泽、平滑度、丰满度等）的综合指标，测定内容实际上也是涂膜的散射和漫反射的综合效应。它可用来对飞机、汽车、精密仪器、家用电器，特别是高级轿车车身等的涂膜的装饰性进行等级评定。

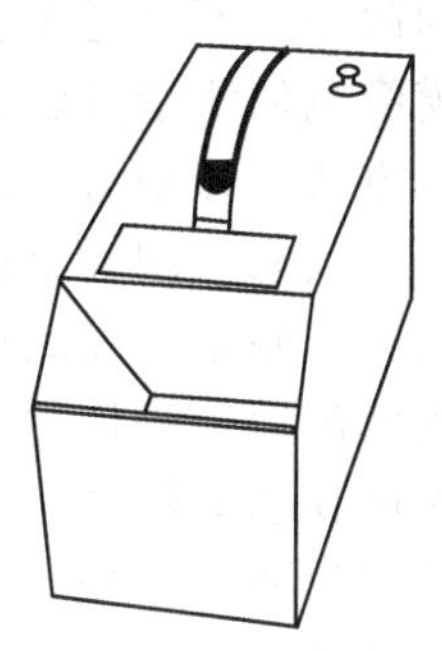

图 4-3-29　亨特尔光泽计

鲜映性测定仪的关键装置是一系列标准的鲜映性数码板，以数码表示等级，分为 0.1、0.2、0.3、0.4、0.5、0.6、0.7、0.8、0.9、1.0、1.2、1.5、2.0 共 13 个等级，称为 *DOI* 值。每个 *DOI* 值旁印有几个数字，随着 *DOI* 值升高，印的数字越来越小，用肉眼越不容易辨认。观察被测表面并读取可清晰地看到的 *DOI* 值旁的数字，即为相应的鲜映性。

该仪器国外产品有“PGD 4 鲜映仪”，见图 4-3-30，国内有天津市材料试验机厂与长春汽车材料研究所生产的“QYG 型涂膜鲜映性仪”。目前我国国家标准 GB/T 13492—1992《各色汽车面漆》中Ⅰ型面漆的技术要求中已规定有鲜映性指标，属于出厂检验项目，要求必须达到 0.6～0.8。

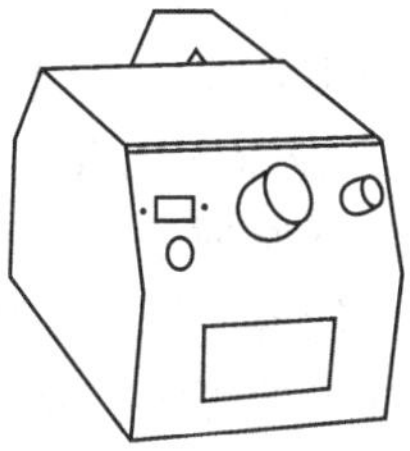

图 4-3-30　雾影光泽仪

4. 雾影

雾影系高光泽漆膜由于光线照射而产生的漫反射现象。雾影只有在高光泽条件下产生，且光泽必须在 90%以上（用 20°法测定）。

前面所述的鲜映性测定仪，是测量散射和漫反射的综合效应，且以散射为主，而目前人们倾向于把这两个因素分开，以解决雾影的测定问题。现在出现的雾影光泽仪实际上是一台双光束光泽仪，其中参比光束可以消除温度对光泽以及颜色对雾影值的影响。仪器的主接收器接受漆膜的光泽，而副接收器则接受反射光泽周围的雾影。

雾影值最高可达 1000，但评价涂料时，雾影值在 250 以下就足够了，故仪器测试范围为 0～250。涂料厂生产的产品，其雾影值应定在 20 以下，否则漆膜雾影很大，将严重影响高光泽漆膜的外观，尤其浅色漆影响更为显著。

目前国内汽车涂料生产厂及用户使用的雾影光泽仪主要是德国 BYK Gardner 公司生产的台式雾影光泽仪，编号为 4600，液晶显示，精度为≤1 光泽单位，见图 4-3-30。最新的发展是微型雾影光泽仪，编号为 4630，仪器精度相同，但体积大大缩小，系袖珍便携式，仪器仅重 600g。

5. 颜色

颜色是一种视觉，所谓视觉就是不同波长的光刺激人的眼睛之后，在大脑中所引起的反映。涂膜的颜色是当光照到涂膜上时，经过吸收、反射、折射等作用后，从其表面反射或透射出来，进入我们眼睛的颜色。决定涂膜颜色的是照射光源、涂膜本身性质和人眼。

测定漆膜颜色的一般方法是按 GB 9761—1988《色漆和清漆的目视比色》的规定，将试样与标准样同时制板，在相同的条件施工、干燥后，在天然散射光线下目测检查，如试样与标准样颜色无显著区别，即认为符合技术容差范围。也可以将试样制板后，与标准色卡进行比较，或在比色箱 CIE 标准光源 D65 的人造日光照射下比较，以适合用户的需要。

虽然一般用肉眼可以区分漆膜颜色的差别，但由于受到色彩记忆能力和自然条件等因素的限制，不可避免会有人为误差的产生，因此我国国家标准 GB 11186.1.2.3—1989《漆膜颜色的测量方法》规定用光谱光度计、滤光光谱光度计和三刺激值色度计测定涂膜颜色方法，即用通称的光电色差仪来对颜色进行定量测定，以把人们对颜色的感觉用数字表达出来。国际上最为通用的颜色测定系统是国际照度委员会所颁布的 C、I、E 坐标系统，即测定三元刺激值 x、y、z。由于所有的颜色都可以由红、绿和蓝光来合成，三元刺激值的原理是依据人的眼神经对红、绿、蓝 3 个颜色所引起的刺激量的不同来计算的。因此在色差仪中，在固定的光源下，以红滤色片测得的反射率为 x 值，以绿滤色片测得的反射率为 y 值，以蓝滤色片测得的反射率为 z 值，然后通过公式计算，即可得出色差。色差的单位为 NBS（national bureau of standards unit)，原由美国国家标准局制定，一个 NBS 单位表示一般目光能辨别的极微小颜色间的差别，该单位的数值与人的感觉的关系如下所示：

NBS 单位	相应于人的色差感觉	NBS 单位	相应于人的色差感觉
0～0.5	极轻微(trace)	3.0～6.0	严重(appreciable)
0.5～1.5	轻微(slight)	6.0～12.0	强烈(much)
1.5～3.0	明显(noticable)	12.0 以上	极强烈(very much)

在没有光电测色仪的场合，或为了快速评定漆膜颜色的变化，也可采用国际标准化组织机构研究并推荐的《染色牢度褪色样卡》即 5 级灰色标准样卡。我国纺织工业部早有发行，是 5 对灰色标样，分成 5 个等级，分别代表原样与试后样的相对变化程度。其原理是基于灰色在色光方面变化较少，故在光线的吸收和反射上较为稳定，这样肉眼就比较容易区分。涂料样板经试验后，与标准板一起与灰色样卡比较以观察变色程度所属灰色样卡的等级。具体评定如表 4-3-10 所示。

表 4-3-10 灰色样卡的色差等级

等级	变色程度	变色状况(试板与标准板的颜色比较)	色差(NBS 单位)
0	无变化	相同	0
1	轻微变色	稍有差异	1.5
2	明显变色	较大差异	3.0
3	严重变色	很大差异	6.0
4	完全变色	完全不同	12.0

此样卡可按国家标准 GB 250《染色牢度褪色样卡》技术规定复制，其色差采用分光光度计测定，按阿特姆斯（Adams）色值公式计算。

6. 白度

白度是指在某种程度上白色涂膜接近于理想白色的颜色属性。白色漆膜的白度不仅表现了颜色的特征，同时也反映了所使用的白色颜料的优劣。白度越高，则遮盖力也越强，其他性能也相应地得到提高。

在涂料检验中，漆膜的白度一般用目测即可进行评定，但往往因白色漆膜的色相不同而造成人们视觉的差异，不能对真正的白色作出客观的评价，故目前已普遍采用仪器测定。按颜色测定原理，要完全确定一个白色，需要 3 个参数，在这一点上，白色与其他颜色没有什么区别，但在实际应用中，只需测定绿光反射率 G 和蓝光反射率 B，即可得出白度和白度指数值。

蓝光白度（W） 直接测量试样对蓝光的反射能力，$W=B$。

白度指数（WI） 定义为蓝光与绿光的反射率差。

$$WI = 4B - 3G$$

7. 明度

明度是物体反射光的量度。从不同颜色比较，白色涂膜反射光的能力最强。明度高的白色或彩色涂膜表示它反射了大部分投射在涂膜上的光。有些国家规定对白色涂膜的明度进行测定，作为检验白色涂料光学性能优劣的判断。日本 JIS 规格 K-5400 采用 45°、0°扩散反射率以测定白色涂膜的明度。即用入射角为 45°、反射角为 0°的扩散反射仪测定，通过用标准白色样块校正的仪器，测出其反射率数值，数值越高，明度越大。

三、涂膜力学性能的检测

涂膜作为保护性材料，它必须具备一定的强度，所以它的力学性能是很重要的性能。前面已经提到，涂膜属于黏弹性固体，它的物理性质有一定的特殊性；涂膜的各项性能多是根据实际需要而定名的，所以涂膜的力学性能虽然也用与其他材料同样的名称，但其含义有所不同，并且表示其性能常常冠以“耐”或“抗”来命名。涂膜的力学性能间的关联性很强，每个性能的检测有多种方法，分别从不同的角度来表示其性能的情况，在选用时要根据产品情况和施工需要来确定。

1. 硬度

是表示漆膜机械强度的重要性能之一，其物理意义可理解为漆膜表面对作用其上的另一个硬度较大的物体所表现的阻力。这个阻力可以通过一定质量的负荷，作用在比较小的接触面积上，测定漆膜抵抗包括由于碰撞、压陷或者擦划等造成的变形的能力而表现出来。

涂膜的硬度测定方法很多，目前常用的有 3 类方法，即摆杆阻尼硬度法、划痕硬度法和压痕硬度法。3 种方法表达涂膜的不同类型的阻力，各代表不同的应力应变关系。

(1) 摆杆阻尼硬度法　通过摆杆横杆下面嵌入的两个钢球接触涂膜样板，在摆杆以一定周期摆动时，摆杆的固定质量对涂膜压迫，而使涂膜产生抗力，根据摆的摇摆规定振幅所需要的时间判定涂膜的硬度，摆动衰减时间长的涂膜硬度高。这种检测方法或称摆杆阻尼试验。所用仪器称为摆杆阻尼试验仪，通用的有科尼格（Konig）摆（简称 K 摆）和珀萨兹（Persoz）摆（简称 P 摆）两种形式。现在这两种形式的摆杆硬度试验仪已被我国国家标准 GB/T 1730—2007《漆膜硬度的测定　摆杆阻尼试验》采用。两种摆的结构、质量、尺寸、摆动周期及摆幅不同。摆杆与涂层间的相互作用还取决于涂层具有的复杂的弹性和黏弹性。这两种摆的测定结果之间不能建立起通用的换算关系。在产品检测时通常只规定使用其中一种摆杆仪器。摆杆阻尼试验的结果与测试时的环境有关，应在控制温、湿度条件，无气流影响的情况下进行。此外，涂膜厚度及底材材质也对阻尼时间有影响。摆杆试验仪的测定结果以秒计，K 摆在抛光平板玻璃板上的标准时间为 250s±10s，P 摆为 420s。现在的两种试验仪都附有光电控制的计数装置，自动记录阻尼时间。

我国国家标准 GB/T 1730—2007《漆膜硬度的测定　摆杆阻尼试验》中还规定可用双摆杆阻尼试验仪检测硬度的方法。

用摆杆阻尼试验仪测定涂层时，摆动衰减的主要原因是因为涂层对机械能的吸收，摆动衰减时间和损失模量成反比，模量损失用来表示吸收机械能的能力。因为从动力学性质测定的论述中，在玻璃态区域和橡胶态区域的损失模量都比较低，可以推测在这两个区域内摆动衰减时间长，实际上摆杆试验测定软的橡胶涂层其衰减时间变长证明这一情况。因而有人认为摆杆试验是涂层损失模量的检测而不是涂膜硬度的检测。

美国 ASTM D 2134—1993 所规定的斯韦德硬度计（Sward rocker）也是采用与摆杆阻

尼试验仪相同的原理，以两个相距 25mm 的扁平金属环相连与涂膜样板接触，沿环的边缘固定重物。测定时仪器在涂膜上以近似于圆的形式摆动。用在固定量的衰减期内所需的摆动次数的 2 倍值表示涂膜的硬度。用在抛光的平板玻璃上摆动 50 次作为校正标准，即玻璃的硬度值为 100，涂膜的硬度值小于 100，以数值的高低表示涂膜硬度的高低。斯韦德硬度计的摆动衰减是由于滚动摩擦和机械损失能引起的。从实际应用来看，这种硬度计观察比较方便，相对误差较小，测试速度较快，但灵敏度较差。它适于较软的涂膜的测定。

摆杆阻尼试验方法测试的优点是对涂膜不破坏。

(2) 划痕硬度法　采用在漆膜表面用硬物划出痕迹或划伤涂膜的方法以测定涂膜硬度。常用的有铅笔硬度法和划针测定法。

铅笔硬度法有手工操作和仪器试验两种方法，是采用已知硬度的铅笔测定涂膜硬度，以涂膜不被犁伤的铅笔硬度（手工操作），或犁伤涂膜的下一级硬度的铅笔硬度（仪器试验）作为涂膜的硬度。铅笔应采用规定的生产厂制造的符合标准的高级绘图铅笔，按规定削出笔芯。各国采用的铅笔硬度分级不同。我国国家标准 GB/T 6739—2006《涂膜硬度铅笔测定法》中规定使用的铅笔由 6H 到 6B 共 13 级，6H 最硬，6B 最软。作为仲裁试验要用仪器试验方法，通用仪器型号有 QHQ 型铅笔法划痕硬度仪。

划针测定法系用仪器的针尖划伤涂膜，用涂膜抗划针划透性来代表涂膜硬度。以在规定负荷下是否被划针划透，或划针划透涂层所需最小负荷来表示。现在使用的仪器有自动型和手动型两种，自动型可以依靠导电性从电工仪表中直接显示结果，我国国家标准 GB/T 9279—2007《色漆和清漆　划痕试验》规定用自动型仪器作为仲裁试验的仪器，所得结果比较准确。

划痕法测定硬度时，涂膜不仅受压力的作用，而且受剪力的作用，对涂膜的附着力也有所体现，因此它所测定的涂膜硬度特征是与摆杆阻尼试验法有所不同的。

(3) 压痕硬度法　采用一定质量的压头对涂膜压入，从压痕的长度或面积来测定涂膜的硬度。有不同型号的压痕硬度试验仪器。我国国家标准 GB/T 9275—1988《色漆和清漆　巴克霍尔兹压痕试验》规定使用巴克霍尔兹（Buchholz）压痕试验仪测试涂膜硬度的方法。测得的压痕长度表现了涂层对仪器的压痕器压入的抵抗能力，其结果以抗压痕性表示，计算公式为：

$$H=100/L$$

式中　H——抗压痕性；

L——压痕长度，mm。

美国 ASTM D 1474—1998 则规定可使用 Knoop 压头和 Pfund 压头两种压痕试验仪。前者如 Tukon 硬度计，后者如 Pfund 硬度计。Knoop 压头为金刚石角锥，Pfund 压头为透明无色石英半球状体。用 Knoop 压头的检验结果称为 Knoop 硬度值，简称 KHN，按以下公式计算得出：

$$KHN=\frac{L}{l^2 c_p}$$

式中　L——压头上负荷质量，kg；

l——压痕长度，mm；

c_p——压头常数，7.028×10^{-2}。

用 Pfund 压头的检验结果称为 Pfund 硬度值，简称 PHN，其计算公式为：

$$PHN=\frac{L}{A}=\frac{4L}{\pi d^2}=1.27\left(\frac{L}{d^2}\right)$$

式中　L——负荷质量，规定为1.0kg；

A——压痕面积，mm；

d——平均压痕直径，mm。

公式简化为$PHN=1.27/d^2$

压痕硬度在硬膜比较明显，一般结果与涂膜厚度有关，对同一涂料来说，薄膜的压痕硬度值要高于厚膜。从实际测量看，白色及彩色漆的压痕长度易于判断。压痕试验对有弹性的如橡胶涂层结果不准确。

2. 耐冲击性

或称冲击强度，系指涂于底材上的涂膜在经受高速率的重力作用下发生快速变形而不出现开裂或从金属底材上脱落的能力，它表现了被试验漆膜的柔韧性和对底材的附着力。需注意的是，所谓耐冲击性实际是一个冲击负荷造成的快速变形，应与漆膜经受静态负荷下冲击的性能区分开。静态负荷下的变形受到塑性和时间等因素的影响，而在冲击负荷的情况下就不存在这个问题。所以ISO 6272—2002改称落锤试验。

耐冲击性所用仪器为冲击试验仪，以一定质量的重锤落在涂膜样板上，使涂膜经受伸长变形而不引起破坏的最大高度，用重锤质量与高度的乘积表示涂膜的耐冲击性，通常用N·cm（kgf·cm）表示。美国习惯用in·lb表示。冲击检测可分为正冲和反冲，即涂膜面向上为正冲，涂膜面向下为反冲，对大多数涂料来说，反冲比正冲要严格。涂膜的厚度以及底材的厚度和表面处理情况都会影响冲击强度的结果，因而需要标准化。

现在各国通用的冲击试验仪形状基本相同，但重锤质量、冲头尺寸和滑筒高度有不同规格。我国国家标准GB 1732—1993《漆膜耐冲击测定法》规定重锤质量1000g±1g，冲头进入凹槽的深度为2mm±0.1mm，滑筒刻度等于50cm±0.1cm，分度为1cm。因为所用重锤质量是固定的，所以其检测结果以不引起涂膜破坏的最大高度（cm）表示。现在有可变式冲击试验器，滑筒刻度增至120cm，甚至更高，重锤及冲头有多种规格，可按不同标准更换测试，新的国家标准GB/T 20624.1—2006《色漆和清漆　快速变形（耐冲击性）试验　第1部分：落锤试验（大面积冲头）》和GB/T 20624.2—2006《色漆和清漆　快速变形（耐冲击性）试验　第2部分：落锤试验（小面积冲头）》就是如此。

此外对于管状涂漆样品可采用图4-3-31所示的摆锤式撞击器。仪器有可摆动的两臂，涂漆后的管状试件均固定在两臂上，使两臂以一定的力量彼此撞击，观察漆膜的破坏情况。美国ASTM G 14—1988（1996）规定采用的落锤试验仪，铁砧底座改为相应的夹紧装置，可以在重锤的作用下，使涂漆管子的表面上产生一个点冲击，然后用电测的方法检查涂层由于冲击而产生的裂痕。

3. 柔韧性

当涂于底材上的漆膜受到外力作用而弯曲时，所表现的弹性、塑性和附着力等的综合性能称为柔韧性。涂膜的柔韧性由涂料的组成所决定。它与检测时涂层变形的时间和速度有关。耐冲击性和后成型性也是柔韧性的一种反映。柔韧性的测定主要通过涂膜与底材共同受力弯曲，检查其破裂伸长情况，其中也包括了涂膜与底材的界面作用。

目前涂层柔韧性的测定主要有以下3种仪器。

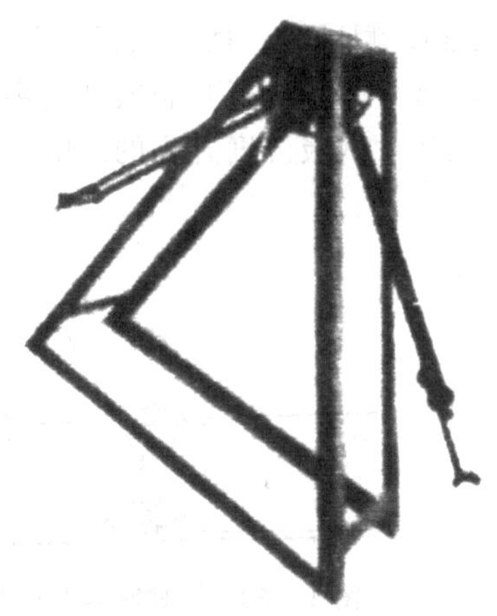

图4-3-31　摆锤式撞击器

(1) 轴棒测定器　国家标准GB/T 1731—1993《漆膜

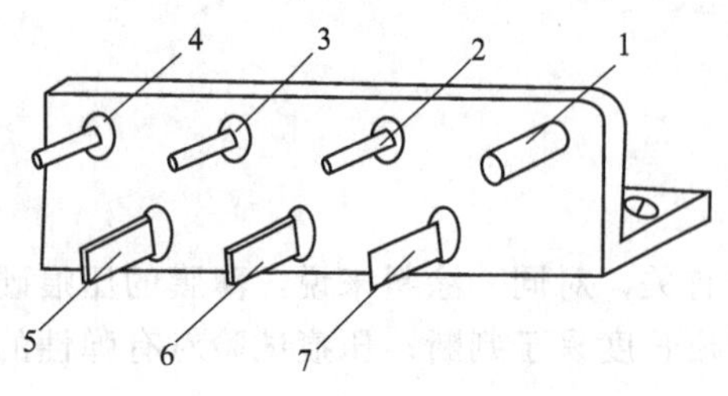

图 4-3-32 柔韧性测定器

柔韧性测定法》规定使用轴棒测定器（见图 4-3-32）。它是由粗细不同的 7 个钢制的轴棒所组成的，固定于底座上，底座可用螺丝钉固定在试验台边上。每个轴棒长度均为 35mm，曲率半径分别为 0.5mm、1mm、1.5mm、2mm、2.5mm、5mm 和 7.5mm。测试时将涂漆的马口铁板在不同直径的轴棒上弯曲，以其弯曲后不引起漆膜破坏的最小轴棒的直径（mm）来表示。

漆膜在不同直径的轴棒上弯曲时，轴棒直径与漆膜相对伸长率的关系如表 4-3-11 所示。

表 4-3-11 轴棒直径与漆膜相对伸长率的关系

轴棒直径/mm	1	2	3	4	5	10	15
漆膜内表面的伸长率/%	20.00	11.1	7.69	5.88	4.76	2.44	1.64
漆膜外表面的伸长率/%	23.20	12.9	8.92	6.82	5.52	2.83	1.90

以上伸长率是在马口铁板厚度为 0.25mm、漆膜厚度为 0.02mm 的条件下计算所得的。其计算公式如下：

$$\varepsilon_1=\frac{h_2/2}{r+h_2/2}\times 100\%$$

$$\varepsilon_2=\frac{h_1+h_2/2}{r+h_2/2}\times 100\%$$

式中 ε_1——漆膜内表面的伸长率，%；

ε_2——漆膜外表面的伸长率，%；

h_1——漆膜厚度，mm；

h_2——底板厚度，mm；

r——轴棒半径，mm。

从式中可看出：在其他条件相同时，若增加漆膜厚度（或底板厚度），则漆膜相对伸长率也将随之增大。

(2) 圆柱轴弯曲试验仪 国家标准 GB/T 6742—2007《漆膜弯曲试验（圆柱轴）》中规定使用圆柱轴弯曲试验仪（见图 4-3-33）。它适用于 0.3mm 厚度以下的试板，轴的直径分别为 2mm、3mm、4mm、5mm、6mm、8mm、10mm、12mm、16mm、20mm、25mm 和 32mm。测试时，插入试板，并使涂漆面朝外，平稳地合上仪器，使试板在轴上弯曲 180°，然后观察漆膜是否开裂或被剥离。此法优点是可以采用整板试验，且手掌不接触漆膜，消除了人体对试板温度升高的影响。

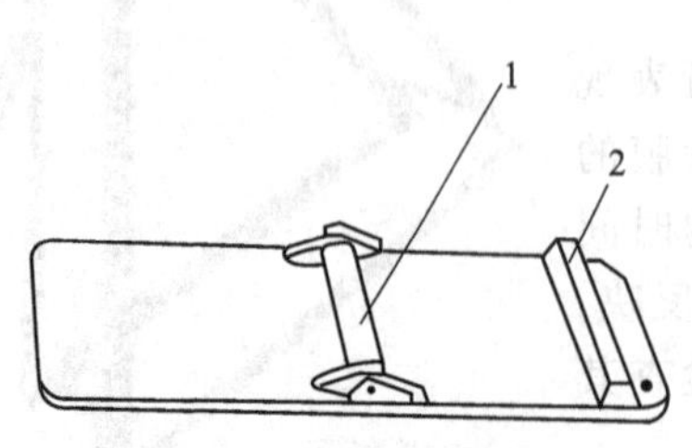

图 4-3-33 圆柱轴弯曲试验仪

1—轴；2—相当于轴高的挡条

图 4-3-34 锥形挠曲测试仪

(3) 锥形挠曲测验仪　国家标准 GB/T 11185—1989《漆膜弯曲试验（锥形轴）》中规定使用锥形挠曲测试仪（如图 4-3-34 所示），它的中心轴是个圆锥体，长 203mm，直径从最大 38mm 延伸至最小 3.2mm。把试验样板插入固定后，转动上部手柄，使试板紧贴圆锥体表面挠曲，观察引起漆膜破坏的最小直径（mm）即代表该漆膜的柔韧性。这种仪器的特点也是可以采用整板试验，且避免了用一套常规轴棒结果的不连续性。在漆膜厚度已知的情况下，同样可以求得漆膜百分伸长率。

此外，腻子的柔韧性的测定另有一项标准方法，使用柔韧性测定仪测定，具体方法参阅 GB/T 1748—1979（1989）《腻子膜柔韧性测定法》。

4. 杯突试验

杯突试验（也叫顶杯试验或压陷试验）所使用的仪器系头部有一球形冲头，恒速地推向涂漆试板背部，以观察正面漆膜是否开裂或从底材上剥离。漆膜破坏时冲头压入的最小深度即为杯突指数［也称为艾利克逊（Erichsen）数］，以 mm 表示，它与耐冲击性所表现的性能不同。杯突试验的主要结构见图4-3-35。

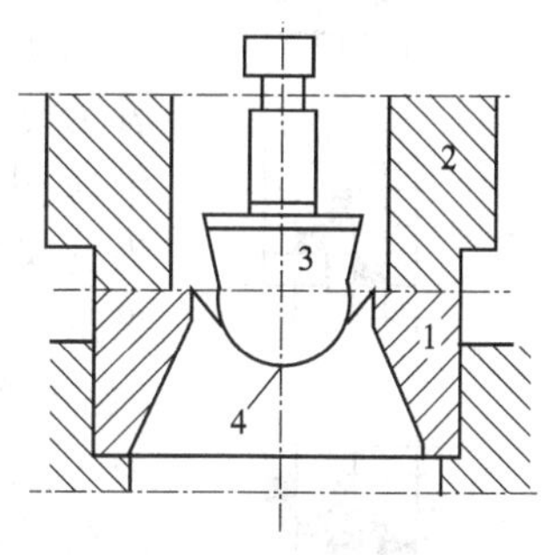

图 4-3-35　杯突试验机
1—冲模；2—试板夹紧器；3—冲头；4—试板

最初，杯突试验主要用来测定金属板材的强度和变形性能。若冲压出现裂纹，其压入深度即为该金属板材的强度。试验金属底材上的漆膜，实际上就是在底材伸长的情况下，测定它的强度、弹性及其对金属的附着力。这在卷涂工业和制罐工业中需进行后成型的那些涂料，如卷钢涂料、罐头漆等是必不可少的测试项目。

按 GB/T 9753—2007《色漆和清漆　杯突试验》的规定，测试涂漆样板时，仪器的球形冲头直径为 20mm，且试板应是平整、无变形、厚度不小于 0.3mm 及不大于 1.25mm 的磨光钢板。而在实际测定中，若采用厚度小于 0.3mm 的马口铁板，当冲压深度达 8mm 时，漆膜虽未破坏或脱落，但底材马口铁板已经裂开，从而导致试验失败。

由于漆膜的强度、弹性、附着力等性能均与大气温度、湿度、底材处理和漆膜厚度等因素有关，因此杯突试验也应在标准条件下进行。

5. T 型弯曲试验

和杯突试验相同，T 型弯曲试验也属于对涂膜的后成型性试验，用来衡量涂膜在成型加工中不开裂和没有损坏的能力，特别是卷板涂料和罐头漆的性能检测的重要项目。T 型弯曲是将涂膜面向外将样板对弯 180°，如果无破损，可计为零 T 或 0T。零 T 表示在弯曲内没有金属的厚度，如果发现开裂，再加入一个金属板板厚的弯曲，如果这次没有开裂，弯曲计做 1T，依次可得到 2T、3T 等。可用手工方法检测，美国 ASTM D 3281—1984 规定可用冲击楔形弯曲仪（impact-type wedge bend apparatus）检测，使用一个力加速弯曲并通过落体冲击试验和黏胶带试验，可以对涂膜附着变形的情况有比较完整和准确的认识，便于判断涂膜性能。

6. 附着力

系指漆膜与被涂物件表面通过物理和化学力的作用结合在一起的坚牢程度。根据吸着学说，这种附着强度的产生是由于涂膜中聚合物的极性基团（如羟基或羧基）与被涂物表面的极性基相互结合所致，因此凡是减少这种极性结合的各种因素均将导致漆膜附着力的降低。

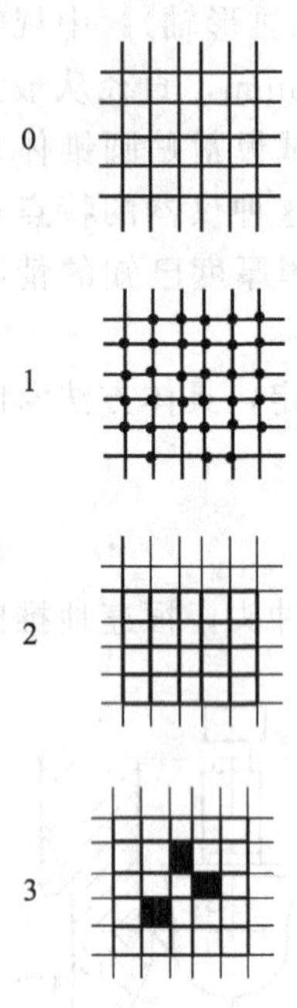

图 4-3-36 划格法测定附着力
0—最好；5—最差

如：被涂物表面有污染、水分；涂膜本身有较大的收缩应力；聚合物在固化过程中相互交联而消耗了极性基的数量等。

要真正测得漆膜与被涂漆物件的附着力是比较困难的，目前还没有一个十全十美的方法，只能以间接的手段来测定，往往测得的附着力数值还包括了一些其他方面的综合性能。前面介绍的划痕硬度、耐冲击性、柔韧性等试验方法也可以间接地表现出漆膜的附着力。目前测定漆膜附着力一般采用以下两类方法。

(1) 综合测定法

① 十字划格法　最早采用保险刀片在漆膜上切 6 道平行的切痕（长约 10～20mm，切痕间的距离为 1mm），应该切穿漆膜的整个深度；然后再切同样的切痕 6 道，与前者垂直，形成许多小方格，过后用手指轻轻触摸，漆膜不应从片格中脱落，而仍与底板牢固结合者为合格。此法比较简单，不需特殊的仪器设备，适合在施工现场中应用，但保险刀片较软，对于漆膜较厚或硬度较高的并不适用，为此又发展了单刀或多刀的手工切割刀具和机械切割仪器。划格结果形成的图形如图 4-3-36 所示。此为按国家标准 GB/T 9286—1998《色漆和清漆　漆膜的划格试验》的结果分级法。目前涂层的附着力一般均较好，单纯使用划格法不能区分出优劣，这时就必须使用胶带法相配合，以得到满意的结果。胶带一般是 25mm 宽的半透明胶带，背材为聚酯薄膜或醋酸纤维，将胶带贴在整个划格上，然后以最小角度撕下，结果可根据漆膜表面被脱落面积的比例来求得。美国 ASTM D 3359—2002 中的 B 法中规定的分级方法与我国国家标准相反，其 5 级最好，0 级最差；而德国 DIN 53151 标准则与我国国家标准一致。

② 交叉切痕法　原理基本相同，但用多样交叉的切痕以形成各种大小不同的面积来观察附着力，如图 4-3-37 所示。此法某些国家已把它列入了标准。

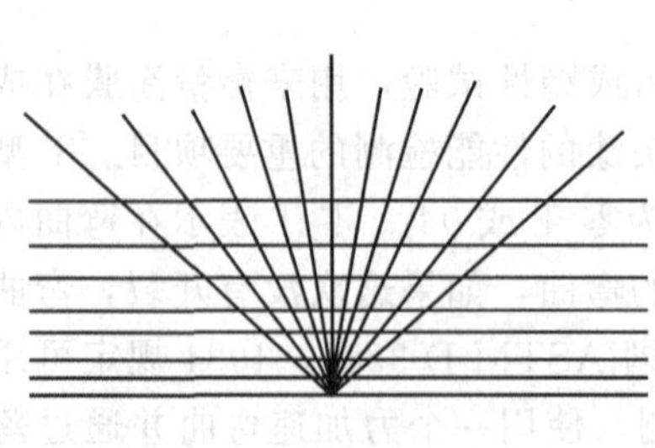
图 4-3-37　交叉切痕法

图 4-3-38　划圈法附着力测定仪

③ 划圈法　按国家标准 GB/T 1720—1989 中规定采用附着力测定仪，如图 4-3-38 所示。针尖在漆膜上划出一定长度、依次重叠的圆滚线图形，使漆膜分成面积大小不同的 7 个部位，见图 4-3-39。凡第一部位内漆膜完好者，则附着力最好，为 1 级；第二部位完好者，则为 2 级；依此类推，7 级的附着力最差。

目前划圈法附着力测定仪新的改进是采用一个硬度很大的可长期使用的耐磨针头来代替

唱针，以减少每次测试时需换针头的麻烦。另外在测定仪的底座下还安有几节电池及一个蜂鸣器，当针尖在刺透漆膜真正达到底板时，蜂鸣器就给予响声，然后就可进行测试，这样可避免因漆膜厚度不匀或针尖有时并未真正接触底板而造成的试验误差。

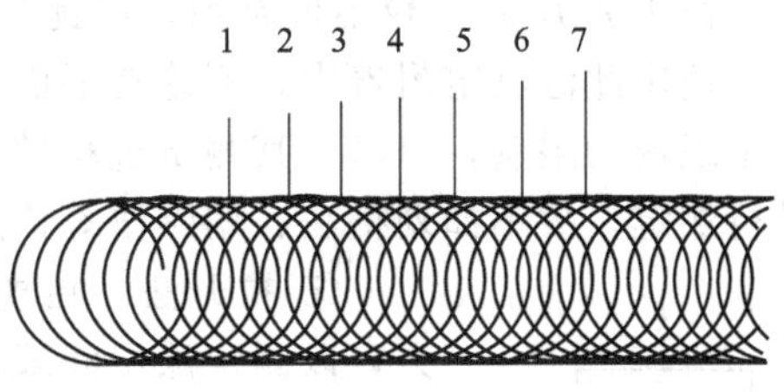

图 4-3-39 划圈法附着力的分级

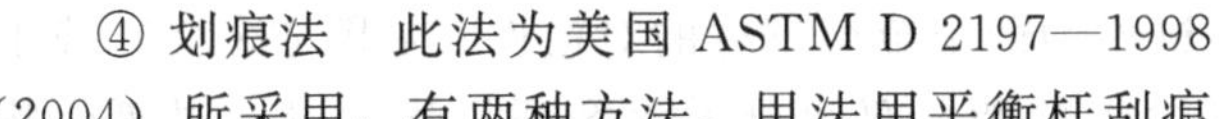

④ 划痕法 此法为美国 ASTM D 2197—1998 (2004) 所采用，有两种方法。甲法用平衡杆刮痕附着力测定仪（balanced-beam adhesion tester）测定，刮针用直径 1.6mm 的镀铬钢丝弯成外圈半径为 3.25mm（0.128in）的 U 形环圈。检测时，样板平行移动，环形圈接触涂膜，从仪器的平衡盘上加减负荷质量以测出能划开漆膜最小荷重，结果以负荷质量（kg）表示。乙法用微型刀附着力试验仪（microknife adhesion tester）测定，仪器上装有尖棱的直径为 0.1mm±0.005mm 的金刚石刀头，检测时在样板上刻划出平行的沟槽，同时改变负荷质量测量。附着力越好的涂膜，沟槽的间距越近。用使涂膜破坏时沟漕间的距离，与负荷质量的关系值作为微型刀附着力值，来表示测定结果。其计算公式如下所示：

$$A=\frac{\dfrac{10d_a}{L_a}}{\sqrt{L_a}}=\frac{d_a}{c}$$

式中 A——微型刀附着力值；

d_a——涂膜破坏时沟槽距离，μm；

L_a——负荷质量，g。

$$c=\frac{\sqrt{L_a}}{10}$$

需指出的是，用综合测定法测出的附着力不是单纯的附着力，它还含有漆膜的变形和破坏时的抵抗力等。

(2) 剥落试验法 这种方法比综合测定法前进了一步，它主要是测定把漆膜从底板上脱落所需之功，或在垂直方向把漆膜从底板上拉开一定的面积所需之力。目前应用较多的可举以下两种为例。

① 扭开法 系采用扭断附着力测定仪，如图 4-3-40 所示。用适当的胶黏剂将一个不锈钢的圆柱形测头与待测样板的漆面黏合，再把仪器本体套在测头上，徐徐用力将仪器扭转 90°，测定漆膜被扭开时所需的扭矩，可直接从表盘上得出读数，这样就可计算出不锈钢测头底面的扭断应力，该数值即相当于被试漆膜的扭断附着力。

$$f_s=\frac{Tr}{I_p}$$

式中 f_s——扭断应力，Pa；

T——扭矩，N·cm；

r——测头底面半径，cm；

I_p——扭断面有效惯量，cm^4。

$$I_p=\frac{\pi}{32}(D_o^4-D_i^4)$$

式中 D_o——筒的外径，cm；

D_i——筒的内径，cm。

由于 r/I_p 均为仪器的常数，因此只需将扭矩测出，乘上一定的常数即可。

使用此法测定附着力，不论在平面、垂直面或倾斜面上均能进行，且可以不受实验室或施工现场的限制，但由于其测试过程较繁杂，为了使胶黏剂固化完全，一般需等6h后才能进行测定，故不如划格法、划圈法等快速简便。

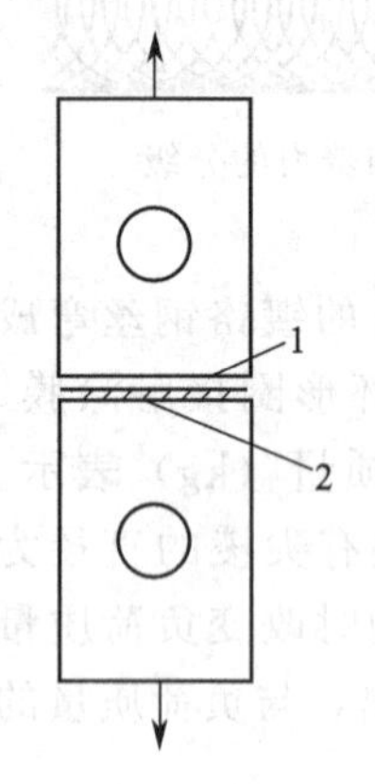

图 4-3-40 对接试件
1—胶黏剂；
2—涂层

② 拉开法 在规定的速度下，在试样的黏结面上施加垂直的均匀拉力，以测定涂层间或涂层与底材拉开时单位面积上所需的力。试验可采用一般的拉力试验机，试件为两个金属试柱的对接件（见图 4-3-40）或组合件。胶黏剂可用氰基丙烯酸酯、双组分无溶剂环氧化物以及过氧化物催化的聚酯胶黏剂。在湿度较高的试验条件下，胶黏剂的固化时间要尽可能短，最好使用双组分快干环氧胶黏剂。测定时拉力机夹具以不超过1MPa/s的速度进行拉伸，直至破坏，考核其附着力和破坏形式。涂层的附着力按下式计算：

$$\sigma=F/A$$

式中 σ——涂层的附着力，MPa；

F——破坏力，N；

A——试柱横截面积，m^2。

GB/T 5210—2006《色漆和清漆 拉开法附着力试验》规定破坏形式有9种：A——底材内聚破坏；A/B——第一道涂层与底材间的附着破坏；B——第一道涂层的内聚破坏；B/C——第一道涂层与第二道涂层间的附着破坏；n——复合涂层的第 n 道涂层的内聚破坏；n/m——复合涂层的第 n 道涂层与第 m 道涂层间的附着破坏；/Y——最后一道涂层与胶黏剂间的附着破坏；Y——胶黏剂的内聚破坏；Y/Z——胶黏剂与试柱间的胶结破坏。规定试验结果用附着力数值与破坏类型表示，对每种破坏类型，估计破坏面积的百分数，精确至10%。如果涂料体系在平均3MPa的拉力下破坏，检查表明第一道涂层的内聚破坏面积大约为20%，第一道涂层与第二道涂层间的附着面积大约为80%，这样拉开法试验的结果可表示为：3MPa（2.5～2.9MPa），20%B，80%B/C。

7. 耐磨性

其定义为涂层对摩擦机械作用的抵抗能力，它是那些在使用过程中经常受到机械磨损的漆膜的重要特性之一。耐磨性实际上是漆膜的硬度、附着力和内聚力综合效应的体现，与底材种类、表面处理、漆膜在干燥过程中的温度和湿度有关。在其他条件相同的情况下，涂层耐磨性优于金属材料，因为有黏弹性效应，能把能量缓冲、吸收和释放掉。目前一般是采用砂粒或砂轮等磨料来测定漆膜的耐磨程度，常用的有以下几种。

(1) 落砂法 落砂法是最简单的一种方法，仪器见图 4-3-41。即让一定大小的砂粒，从规定的高度落到试验样板上，称取将漆膜破坏所需要的砂量，其结果以磨耗系数 V/T 来表示。其中 V 为砂的体积（L）；T 为涂层厚度（μm）。

落砂法中漆膜除受砂粒的磨损外，还受砂粒的冲击作用，因此对砂粒的要求比较严格。此法虽较古老，但美国 ASTM 仍作为正式测试标准保留至今。

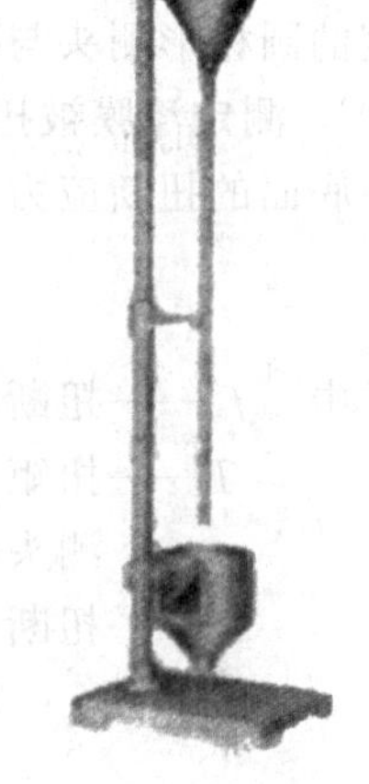
图 4-3-41 落砂试验器

(2) 喷射法 喷射法主要是以模拟实际情况为主，如汽车底盘的喷丸试验，以及航空发动机的高温砂蚀试验等。喷射的磨料可以是石英砂、铁丸、铝丸等，在一定的距离，以固定的喷嘴口径，通过压缩空气或二氧化碳气体将磨料喷打在涂层上，以开始露出金属底材为测试终点。有时采用150℃的热压缩空气将预热过的石英砂喷出，进行高温砂蚀试验。美国ASTM D 658—1991规定使用磨耗检测仪，磨料粒径为75～90μm之间，通过磨耗每单位厚度所需磨料的质量来表示其耐磨性。

(3) 橡胶砂轮法 橡胶砂轮法目前国际上通常采用Taber磨耗试验器来进行，见图4-3-42。仪器有两个橡胶砂轮，一个从中心向外磨损样板，另一个则从外向中心磨损样板，在轮上还可根据试验要求施加各种负荷，被试样板则固定在轮下旋转的圆盘上，试验可以干磨也可以湿磨，其结果以漆膜正好被磨透所需的磨转次数或经一定的磨转次数后漆膜的失重来表示。

图4-3-42 Taber磨耗试验器

国家标准GB/T 1768—2006《色漆和清漆 耐磨性的测定 旋转橡胶砂轮法》规定采用磨耗试验仪，经一定的磨转次数后，以漆膜的失重来表示其耐磨性。因失重法可不受漆膜厚度的影响，同样的负荷和转数，失重越小则耐磨性越好，此法对主要受重荷摩擦的路标漆、地板漆等最为适用，并发现与实际的现场磨耗结果有良好的关系。

8. 抗石击性

又称石凿试验，是因汽车工业的特殊需要而在近年开发的一项涂膜检测项目，专用于检测汽车涂膜。它模仿汽车行驶过程中砂石冲击汽车涂层的情况，说明涂膜抵抗砂石高速冲击的能力。这项检测实际上是冲击、摩擦和附着力的综合性检验项目。它与用喷射法检测涂膜的耐磨性的方法相似，但又不相同，主要差别是喷射的砂石粒径大，喷射时的压力高，结果判定方法不同。例如最常用的检测方法是把直径为4～5mm的钢砂用压缩空气吹动喷打在被测样板上，每次喷钢砂500g，在10s±1s内以2MPa的压力冲向样板，重复2次，然后贴上腔带纸拉掉松动的涂膜，随即将涂膜破坏情况与一系列标准图片比较，取其近似的标准编号，即为该涂膜的抗石击性的结果，0级最好，10级最差。有专用的试验仪器，如日本（Suga）试验机株式会社的KSS-1型、德国BYK-Gardner公司的ESP-10型。

9. 磨光性

系指漆膜或腻子层，经用砂纸或浮石等研磨材料干磨或湿磨后，产生平滑无光表面的难易程度。这是漆膜的一项实用性能，对施工质量和效率产生影响，特别是对底漆和腻子，它是一项重要的性能指标。

根据产品要求，研磨材料可以选用各种规格的浮石、砂纸或砂布，可以是干磨或蘸水湿磨，以打磨漆膜过程的难易程度和经打磨后涂膜的表面状态（如发热、变软等）来评定。过去通用手工打磨，简易方便，但操作不当易产生误差。GB/T 1770—1979（1989）《底漆、腻子膜打磨性测定法》中规定用DM-1型打磨性测定仪的机械打磨测定方法，试板装于仪器吸盘正中，磨头装上规定型号的水砂纸，仪器可自动进行规定次数的打磨，保证了相同的负荷和均匀的打磨速度，所得结果比较准确。

10. 重涂性

系指在涂膜表面用同一涂料进行再次涂覆的难易程度和效果，也是涂膜实用性能之一。因为在涂料施工时经常是多道涂饰，膜间的附着好坏影响到涂层质量。重涂性试验是在干燥后的涂膜上按规定进行打磨后，再按规定方法涂上同一种涂料，其厚度按产品规定要求，在涂饰过程中检查涂覆的难易程度，涂饰后的涂膜对光目测其涂膜状况，再按规定时间干燥后检查涂膜状况有无缺陷发生，必要时检测其附着力。

11. 面漆配套性

通常系底漆的测定项目，其意义与重涂性类似，只是为两种不同涂料之间的涂饰难易程度和两种不同涂膜的膜间附着情况的测定。测定方法也与重涂性相同。

12. 耐码垛性

系指单层涂膜或复合涂膜体系在规定条件下充分干燥后，在两个涂漆表面或一个涂漆表面与另一种物质表面在受压的条件下接触放置时涂膜的耐损坏能力，或称耐叠置性、堆积耐压性。因为涂漆后的被涂物件经常是多个码放在一起，涂膜承受相当大的压力，涂膜不能因而发生粘连或破损，这是实际使用过程中对涂膜性能的要求，因此对涂层耐码垛性的检查也成为当前对涂膜实用性能的重要检测项目。

耐码垛性的检测尽量模仿涂漆物件被互相堆起来的条件。GB/T 9280—1998《色漆和清漆 耐码垛性试验》规定使用的仪器由一个底座和一个能自由滑动的压柱组成。按照规定准备好涂漆样板，测试时将样板以 90°±2°角互相交叠，试板表面紧密接触，放于仪器底座上，将规定砝码放在压柱上，然后将所有质量慢慢地放置在两试板的接触面上，完全覆盖试板所接触的正方形，保持至规定时间。检查在接触面涂层有无损伤，例如可见的印痕、样板粘连或涂膜脱落等，以此评定其耐码垛性，如果需要，可计算出涂膜表面所受压力：

$$P=\frac{m_1+m_2}{l^2}g\times10^3$$

式中 P——压力（压强）；

m_1——压柱的质量；

m_2——砝码的质量；

l——试板宽度；

g——重力加速度。

13. 耐洗刷性

系测定涂层在使用期间经反复洗刷除去污染物时的相对抗磨蚀性。对于建筑涂料，特别是内用墙壁漆，在靠近门户、窗口等部位，常常易被弄脏，就需经常擦洗，因此耐洗刷性就成为这些漆类的一项很重要的考核指标。

图 4-3-43 耐洗刷性试验器

我国国家标准 GB/T 9266—1988《建筑涂料涂层耐洗刷性》规定测试时使用洗刷试验机，如图 4-3-43 所示。试板用夹子固定后，使用鬃刷以每分钟固定的往复频率在漆膜表面上来回摩擦，同时不断滴加洗涤剂，试验连续进行直到漆膜露底为止，或按产品标准规定的次数进行。对于外墙漆国内一般都采用 0.5% 皂液，1000 次为合格指标；内墙漆则根据不同品种从几十次到几百次不等。洗刷机可采用 1 个试验头，也可以采用 2 个试验头，以便同时对两种试板进行耐洗刷性能的比较。

四、涂膜耐物理变化性能的检测

涂膜在使用过程中除了受外力作用外，受光、热、电的作用也会使涂膜的强度、外观等发生变化。根据产品要求，检测涂膜对这些因素的抵抗能力。常见的检测项目和方法列举如下。

1. 耐光性

指涂膜受光线照射后保持其原来光学性能如颜色、光泽等的能力，其中又分为保光性、保色性和耐黄变性。涂膜在日光照射下起变化，但需时较长，通常对涂膜的耐光性检测采用人造光源，以加速涂膜的变化，缩短检测时间。

(1) 保光性 指涂膜在经受光线照射下能保持其原来光泽的能力。通行的检测方法是将被测涂膜样板遮盖住一部分，在日光或人造光源下照射一定时间后，用光电光泽计测定未照射和被照射部分的光泽，以其比值表示保光性的结果。

(2) 保色性 指涂膜经受光线照射下保持其原来颜色的能力。通常检测方法也是比较被照射涂膜与未照射涂膜在颜色上的差别，用肉眼或色差仪测定。在日本 JIS 标准中规定使用 400W 高压汞灯的旋转褪色试验仪检查，光线照射时温度上升，需采用通风和调温。

(3) 耐黄变性 含有油脂的涂料的涂膜在使用过程中经常会产生黄变，甚至有的白漆标准板在阴暗处存放过程中就会逐步地产生黄变现象。原因大都是涂料所含油类干燥过程和继续氧化时生成的分解物质带有黄色，在浅色漆上比较容易觉察。为了预先防止和判断黄变的产生，就必须对此项目进行检验。

首先是将试样涂于磨砂玻璃板上，经干燥静置后放入装有饱和硫酸钾溶液的干燥器内，经一定时间后取出，测出涂膜颜色的三刺激值 x、y、z，然后按下式计算泛黄程度值（D）：

$$D=(1.28x-1.06z)/y$$

也可在干燥器底部放入浓度为 2%～5%的氨水，使漆膜在氨水所产生的蒸气中经历一定时间，然后取出检查，目测或测定泛黄程度值。试验时最好同时有一个已知耐黄变性的涂层试板一起进行，以作参照。

2. 耐热性、耐寒性及耐温变性

这三项试验是检测涂膜抵抗环境温度的能力的项目，分别适用于不同涂料产品。

(1) 耐热性 指漆膜对高温的抵抗能力。由于许多涂漆产品被使用在温度较高的场合，因此耐热性的判定是这些产品上的涂膜的重要技术指标之一。若涂层不耐热，就会产生起泡、变色、开裂、脱落等现象，使漆膜起不到应有的保护作用。

涂膜的耐热性与涂料的组成，即所选用的树脂和颜料有关，也与被涂物底材及表面处理有关。

测定耐热性的方法国内外基本相同，都是采用鼓风恒温烘箱或高温炉，在达到产品标准规定的温度和时间后，对漆膜表面状况进行检查，或者在耐热试验后进行其他性能测试，如冲击、弯曲、浸水、盐雾试验等，以其测试数据表示。

(2) 耐寒性 指涂膜对低温的抵抗能力。特别是用于检测水性建筑涂料，在寒冷的气温环境下，涂膜能否保持其原有力学性能，不发生开裂等破坏现象。通常的检测方法是将涂膜样板按照产品标准规定放入低温箱中，例如在－40℃或－60℃保持一定时间，取出观察涂膜变化情况。

(3) 耐温变性 指涂膜经受高温和低温急速变化情况下，抵抗被破坏的能力。这个检测项目与单独的耐热、耐寒判断结果不同，是检测涂膜在骤冷骤热情况下涂膜机械强度的变化而引起的开裂、起泡、脱皮等破坏现象。通常检测方法是在高温如60℃保持一定时间后，再在低温如－20℃放置一定时间，如此经过若干次循环，最后观察涂膜变化情况。具体的温度、放置时间和循环次数应根据产品标准规定进行。

3. 电绝缘性

一般涂膜都具有一定的电绝缘性，但对绝缘漆其电绝缘性是重要的性能项目，需要进行专门的检测。电绝缘性的检测内容包括涂膜的体积电阻、电气强度、介电常数以及耐电弧性等，有专门的检测方法和检测仪器。我国现有的绝缘漆性能测试的方法有以下标准：

① HG/T 3355—2006《绝缘漆膜制备法》

② HG/T 3356—2006《绝缘漆膜吸水率测定法》

③ HG/T 3357—2006《绝缘漆膜耐油性测定法》

④ HG/T 3330—1980 (1985)《绝缘漆膜击穿强度测定法》

⑤ HG/T 3331—1978 (1985)《绝缘漆膜表面电阻及体积电阻系数测定法》

⑥ HG/T 3332—1980 (1985)《绝缘漆耐电弧性测定法》

五、涂膜耐化学及耐腐蚀性能的检测

涂膜在大气环境下要受到空气中水分及其他各种化学成分的侵蚀；被涂物件的使用条件也可能使涂膜接触各种化学物品。涂在物件上的涂膜具有保护被涂物件不受腐蚀的作用，如防止金属生锈、木材腐蚀等，因而涂膜的耐化学及耐腐蚀性成为涂膜发挥保护作用的一类重要性能。对涂膜的耐化学和耐腐蚀要求是多种多样的，涂膜要按照不同的需要来满足。涂膜的耐化学和耐腐蚀性主要由涂料的结构组成决定，但施工的配套、施工条件和质量也对涂膜的这方面性能产生影响。在设计和研制涂料时，要根据使用要求选用适当的方法对其耐化学和耐腐蚀性能进行检测，尽量模仿实用条件和可能遇到的情况。但由于实验条件与实际的差别，性能的检测结果通常是在规定条件下得到的数据，更多的是比较定性的结论，与千变万化的实际应用情况很难达到完全吻合。现在正在不断改进这方面的检测方法，以求适应要求。

涂膜的耐化学及耐腐蚀性能的检测通常包括3个方面：

① 对接触化学介质而引起的破坏的抵抗性能的检测，如耐水性、耐盐水性、耐石油制品性、耐化学品性等；

② 对大气环境中物质破坏的抵抗性能的检测，如耐潮湿性、耐污染性、耐化工气体性、耐霉菌性等；

③ 对防止介质引起底材发生腐蚀的能力的检测，总的是耐腐蚀性和耐锈蚀性的检测，通常以湿热试验、盐雾试验和水汽透过试验来表示其能力。

在进行耐化学及耐腐蚀性能检测时，所得数据多是比较值，有的按其破坏程度分级，有的按产品标准规定的时间判断是否合格。各国的标准不尽相同。

1. 耐水性

涂料在实际应用过程中往往与潮湿的空气或水分直接接触，随着漆膜的膨胀与透水，就会发生起泡、变色、脱落、附着力下降等各种破坏现象，直接影响到涂料的使用寿命，因此对某些涂料产品必须进行耐水性能检测。漆膜的耐水性好坏与树脂中所含的极性基团、颜料中的水溶盐、涂膜中的各种添加剂等因素有关，也受被涂物的表面处理及涂膜的干燥条件等因素影响。

目前常用的耐水性测定方法大致有以下几种：常温浸水法、浸沸水法、加速耐水法。

(1) 常温浸水法　常温浸水法是一种最普遍采用的方法，适用于醇酸、氨基漆等绝大多数品种。国家标准 GB/T 1733—1993 规定将涂漆样板的 2/3 面积放入温度为（23±2）℃的蒸馏水中，待达到产品标准规定的浸泡时间后取出，目测评定是否有起泡、失光、变色等现象，也可用仪器测定漆膜失光率、附着力的下降程度。该法简便易行，但所用的水质对漆膜耐水性有很大的影响。

(2) 浸沸水法　浸沸水法适用于经常与盛有热水、热汤等器皿接触的物件的涂膜。测定时，将涂漆样板的 2/3 面积浸挂在沸腾的蒸馏水中，待达到产品标准规定的时间后取出，以目测检查起泡、生锈、失光、变色等破坏现象。此法中沸水应始终保持沸腾状态，试验时为保持同一液面，也需用正在沸腾的水进行补充。

(3) 加速耐水法　常温浸水法虽然简便易行，但对某些涂料测试时需时较长，影响产品的周转。为了缩短周期，加快试验进程，GB/T 5209—1985《色漆和清漆耐水性测定　浸水法》中规定采用（40±1）℃的流动水法，对水质作了规定。试验槽如图 4-3-44 所示，用循环泵或通入干燥、无油的压缩空气，以保持水的流动，水的电导率规定不大于 2μS/m。

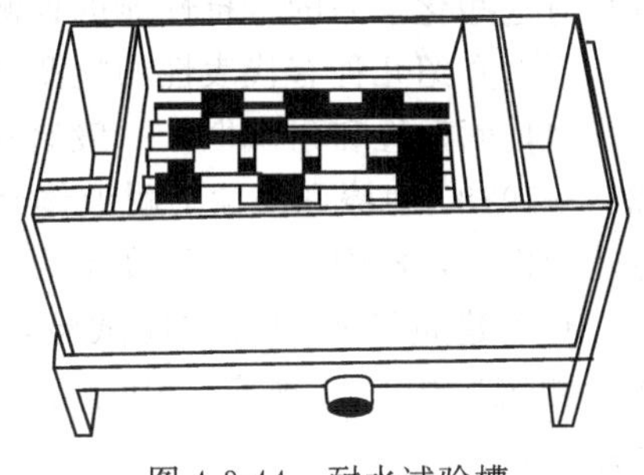

图 4-3-44　耐水试验槽

通过试验发现，按（40±1）℃的流动水所做的试验，与（25±1）℃常温浸水法作比较，白色氨基漆达到同样破坏的等级，其加速倍率约为 6～9 倍，这样原来需 3 天时间的试验，现在当天就能得出结果，大大提高了测试效率。

2. 耐盐水性

涂膜在盐水中不仅受到水的浸泡而发生溶胀，同时受到溶液中氯离子的渗透而引起强烈腐蚀，因此漆膜除了可能出现耐水性中的起泡、变色等现象外，还会产生许多锈点和锈蚀等破坏。所以可用耐盐水性试验判断涂膜防护性能。

目前盐水一般都采用 3%（质量分数）的氯化钠溶液，测试时，将试板 2/3 面积浸入，按产品标准规定的时间浸泡后取出并检查。这种常温浸盐水法国内外基本相同，仅试验温度有所差别。另外国家标准 GB/T 1763—1979（1989）中规定，也可采用加温耐盐水法，试验温度为（40±1）℃，采用一套恒温设备控制。

3. 耐石油制品性

现代工业产品，如交通工具、机床、工程机械和工业装备等，经常会接触到各种石油制品，如汽油、润滑油、变压器油等。这些物件的涂膜必须具有对这些石油制品侵蚀作用的抵抗能力。不同产品规定了对不同石油制品的耐性标准，其中最普遍的是耐汽油性。

耐汽油性的检测是测定涂膜对汽油的抵抗能力，即在规定的条件下进行试验，观察涂膜有无变色、失光、发白、起泡、软化、脱落等现象，以及恢复原状态的难易程度。其他耐润滑油性、耐变压器油性的测试方法基本相同。

对于用于贮存石油制品的容器的涂膜，除了检测涂膜的耐石油制品性以外，还要进行涂膜对石油制品的品质影响的检验，一般在涂料产品标准中规定其检验方法。

4. 耐化学品性

涂膜可能接触到的各种化学品有以下两类。

① 工业化学品 酸、碱、盐和有机溶剂等属于工业化学品。酸、碱、盐等化学品对金属

被涂物件能直接发生“干蚀”而使金属腐蚀，因此涂膜对这些工业化学品侵蚀的抵抗性能是非常重要的。我国习惯上把防止由于酸、碱、盐等工业介质的腐蚀称为防腐，把防止天然介质（水、海水、大气及土壤等）的腐蚀称为防锈，以示区别，但总称为防腐蚀。通过涂膜对这些工业介质的抵抗性能的测定，可以判断涂膜防腐蚀性能。有机溶剂对涂膜有一定的侵蚀作用，涂膜的耐溶剂性好坏能表示出涂膜所具有的机械强度，所以也是一个重要检测项目。

② 家用化学品 属于这类的品种很多，依据国际上的习惯，包括水、洗涤剂或肥皂液、酱油、醋、油脂、酒类、饮料（如咖啡、茶）、果汁、调味品（如芥末、番茄酱）、化妆品（如口红）、墨水和油墨、润滑油脂、药品（如碘酒）以及其他。涂膜接触到这些物品，如果被沾污留有痕迹，或受到侵蚀，都将影响装饰和保护作用。现在的家用电器、家具等都特别重视对这些化学品的抵抗性能的检测。

下面介绍几种有代表性的检测方法。

(1) 耐酸性和耐碱性 一般涂膜的耐酸性和耐碱性检测方法基本相同，国家标准 GB/T 9274—1988《色漆和清漆 耐液体介质的测定》中规定，除了使用钢棒和铝棒外，也可使用冷轧钢板等，浸泡法测试温度定为（23±2)℃。

对于建筑涂料的耐碱性试验，在国家标准 GB/T 9265—1988《建筑涂料 涂层耐碱性的测定》中另有规定。用涂于石棉水泥板上的涂膜浸入饱和氢氧化钙溶液中，检查其结果。

(2) 耐溶剂性 除了产品有规定以外，通常都按国家标准 GB/T 9274—1988《色漆和清漆 耐液体介质的测定》中的浸泡法进行，按产品标准规定的时间在（23±2)℃浸泡。

近年来国际上推荐一种甲乙酮来回擦拭法，既能测出涂膜耐有机溶剂能力的强弱，更能判断涂膜的机械强度，对交联型涂料可以考察其交联密度的大致情况。通用的方法是使用一个中空的管状容器，带有一个毡制的尖端，在涂膜上每秒擦拭一个来回，通过时间计算出来回擦拭的次数，计算擦掉一定厚度的涂层后露出底材所需来回擦拭的次数，例如进行 200 或 300 次来回擦拭，涂膜仍不露底，可表示其结果为 200＋或 300＋。

(3) 耐家用化学品性 又称污染试验（stain resistance test)。通常采用国家标准 GB/T 9274—1988《色漆和清漆 耐液体介质的测定》中的点滴法进行检验。又分覆盖法和敞开法。将测试液体滴在制好的试验样板涂膜表面，每滴约 0.1mL，覆盖法在液滴上覆以表面皿，敞开法则不加覆盖。在（23±2)℃下，在规定的时间内，样板应不受干扰。达到产品标准规定时间后，如果是水溶液则用水清洗，如果是非水溶液，则用对涂膜无损害的溶剂彻底冲洗，并立即检查涂膜变化情况。一般是根据变化情况划分等级标准，有的国家分为 11 级，10 级最好，0 级最差。

5. 耐湿性

指涂膜受潮湿环境作用的抵抗能力，通常是对涂膜样板在高湿度条件下进行检测。我国等效采用 ISO 6270—1980 标准制定了 GB/T 13893—1992《色漆和清漆 耐湿性的测定 连续冷凝法》，规定了检测涂膜在连续冷凝的高湿度环境中的耐湿性的方法，用于测定多孔性底材（如木材、水泥石棉板）和非多孔性底材（如金属）上的涂层的耐湿性能。标准规定采用耐湿性测定仪，样板放于仪器的顶盖位置，仪器的水浴温度控制在（40±2)℃，保持试验样板下方 25mm 空间的气温为（37±2)℃，涂层表面连续处于冷凝状态，按规定的时间进行试验。试验结束时取下样板，立即检查其表面破坏情况，按 GB/T 1740—2007《样板评级方法或协议》评价其耐湿性。

此外，也有在常温下的检测方法，如日本 JIS K 5661—1983《建筑用防火涂料标准》中规定有耐湿性检验项目，其方法为将涂漆样板在不受雨露侵蚀与日光直射、通风良好的环境下，垂直放置7天后，在温度（20±3)℃、湿度约90%的容器中垂直放置72h后，取出检查涂膜状况。

6. 耐污染性

涂膜在使用过程中，经常暴露和接触到各种环境的大气介质，当涂层本身固化不彻底或漆膜不够平整光滑时，涂膜表面就会不同程度地沾上煤灰、油斑、尘埃、动物的排泄物等各种外来污物，影响了漆膜的外观、颜色和光泽。特别是白色和浅色的外墙建筑涂料，涂膜沾污后影响整个建筑物甚至城市的美观。因此对抗污染（沾污）性的控制和检测是很重要的项目。

对于暴露在大气中的试板，可使用色差仪测定漆膜暴露前后的反射值，其差值就可以认为是由于沾染污物的结果，一般以污物堆集指数来衡量。

$$\text{污物堆集指数}=\frac{L_B}{L_A}\times 100\times 100\%$$

式中 L_A——漆膜未暴露前的反射值,%；

L_B——漆膜经暴露一定时间后的反射值,%。

对于建筑涂料，尤其是白色和浅色的外墙漆抗沾污的检测，目前一般采用有一定规格的粉煤灰与自来水，配成1∶1的粉煤灰水，均匀涂刷在漆膜表面，按一定的循环周期进行，然后测定漆膜反射系数的下降率，对于白色漆膜，则为白度值的下降率，可按下式计算：

$$C_n=\frac{A-B}{A}\times 100\%$$

式中 C_n——经n次污染后的白度值下降率，%；

A——漆膜原始白度值，%；

B——漆膜经n次污染后的白度值，%；

n——根据涂料品种不同，在5～15次之间选取。

7. 耐化工气体性

随着工业的发展，许多城镇都处于工业大气的环境中，空气中含有大量的工业废气和酸雾等化工气体，尤其在化工厂及其邻近地区所使用的设备、构件、管道、建筑物等，危害更为严重，为此在这些地区所使用的涂料不仅要具有一定的耐候性，更需要有较好的抵抗这些化工气体腐蚀性的能力。除了在现场挂片或实地涂装进行考核外，为了能快速得出试验结果，在实验室一般采用 SO_2 或 NH_3 对漆膜进行耐化工气体的腐蚀试验。这也是涂膜耐腐蚀试验的一个项目。

试验可在一气密箱中进行，SO_2 可由气体钢瓶或气体发生设备供给，并配有合适的调节及测量装置。当试验涂层不超过 40μm 时，一般推荐用 0.2L SO_2。由于干燥的 SO_2 腐蚀性不大，因此试验必须在一定的温度和湿度下进行。

另外，每次试验周期通入的 SO_2 是同一体积，所以在箱内试板的总面积是一个重要条件，因为不同类型的漆膜吸收 SO_2 的速率和程度是不同的，因此试验条件会受到箱内试板类型的影响。

为了使试验更接近实际情况，也可把 SO_2（或 NH_3）试验与人工加速老化试验结合起来，以模拟化工厂的室外环境条件，使测试结果与实际应用更为一致。

8. 抗霉菌性

一般适于霉菌生长的温度是15～35℃，最适宜的温度是25～30℃，当温度低于0℃或高于40℃时，霉菌实际上不生长。适于霉菌生长的相对湿度是80%以上，超过95%时生长最为旺盛，低于75%时霉菌不生长，但并不死亡，所以最适宜于霉菌生长的气候条件是温度30℃与相对湿度95%～100%。

霉菌对涂料的破坏作用首先是霉菌在漆膜上的生长引起漆膜表面的斑点、起泡；同时由于霉菌在新陈代谢过程中所产生的有机酸，能引起漆膜表面颜料的溶解及漆基的水解，从而透入底层，导致漆膜破坏并失去其保护作用。因此对使用在我国南方及出口湿热带地区的涂料品种必须进行防霉试验。

在试验中所需选择的菌种随不同地区、不同季节的气候条件变化而有所不同；各个国家和地区的霉菌试验方法标准中规定使用的菌种也不一样。根据我国具体情况及试验要求，认为以下几种菌种是具有代表性的，可供选择的有：黑曲霉、黄曲霉、土曲霉、焦曲霉、萨氏曲霉、杂色曲霉、土生曲霉、产黄青霉、球毛壳霉、木霉、宛氏拟青霉、蜡叶芽枝霉等。

各种霉菌在生长过程中除了必要的温度、湿度外，还需供给一定的碳源、氯源及其他微量元素。在实验室内可以配制各种培养基以满足霉菌培育所需要的养分。培养基分为两种：全部用一定纯度的化学药品配制而成的培养基称为合成培养基，如蔡氏培养基、无碳培养基等；含有天然物的培养基称为天然培养基，如马铃薯培养基、麦芽汁培养基等。

防霉试验方法一般有悬挂法和培养皿法，对于大件成品的漆膜表面还可采用局部法。悬挂法要求有专门的霉菌试验箱，箱内悬挂样品处的有效空间应恒定地保持温度28～30℃、相对湿度95%～100%的范围，样品表面不允许有大量凝露。培养皿法则可采用一般烘箱或低温烘箱，保持温度28～30℃，相对湿度则由培养皿内的培养基来保持，可不用控制。

从实际试验效果来看，悬挂法霉菌生长速度慢，需时较长，不太好观察，规定的28天时间还有延长的趋势，但其能适合零部件或整机的防霉试验。培养皿法霉菌生长速度快，好检查，规定为21天，实际上14天基本上就能定级，但其试验时需把样品制成15mm×40mm的小片试样才能进行，且试验条件较为严酷，长霉等级一般比悬挂法要快2～3级。

9. 耐腐蚀性

涂膜抵抗外来介质作用防止被涂底材发生腐蚀是涂膜一项重要的保护性能。腐蚀包括外来天然介质引起的锈蚀和工业介质引起的腐蚀，天然介质引起的锈蚀是普遍存在的，工业介质引起的腐蚀条件更为苛刻。而且这些引起腐蚀的条件千变万化，各种被涂物件所处环境不同，这就造成了对涂膜的耐腐蚀性评价的困难。在设计生产涂料产品时，耐腐蚀性是最复杂的课题之一。

评价涂膜的耐腐蚀性最实际的方法是实物试验，即将涂料涂在被涂物件上，在实际的条件下使用，长时期观察其发生腐蚀的情况，以判断这种涂料是否耐腐蚀，是否适合使用要求，这需要较长的时间，很难实现。退一步的做法是挂板模拟试验，即将涂料制成样板，在尽量与实际一致的环境条件下试验，用样板代替实物，例如船底涂料在海水中的实海测试、海港浮筏挂板试验等，这种方法试验周期还是太长。如日本JIS标准规定试验防锈性时间长达2年。现在更多地采用实验室模拟加速测试方法，这些方法包括盐雾试验、湿热试验、水汽透过性试验等，虽然可在实验室内进行，缩短实验周期，但只能得相对的有局限性的结果，有人指出目前常用的方法还不能算是完美、准确的方法，它们只对相同类型的涂料产品具有可比性，而不能用于不同体系涂料的评价，此外试验的结果往往和实际情况有差距。因此用这些试验方法作为控制质量虽是可行的，但同时还需几种试验同时进行，以综合结果评定耐腐蚀性的好坏。现在国际上正在不断研究更为准确的模拟试验方法。

(1) 盐雾试验 盐雾试验是目前普遍用来检验涂膜耐腐蚀性的方法。

大气中的盐雾是由悬浮的氯化物的微小液滴所组成的弥散系统，它是由于海水的浪花和海浪击岸时泼洒成的微小水滴经气流输送过程所形成的。一般在沿海或近海地区的大气中都充满着盐雾。由于盐雾中的氯化物，如氯化钠、氯化镁具有在很低相对湿度下吸潮的性能以及氯离子具有很大的腐蚀性，因此盐雾对于在沿海或近海地区的金属材料及其保护层具有强烈的腐蚀作用。

目前各国盐雾试验标准中所采用的盐水配方大体上可分为两类：一类是纯的氯化钠盐水；一类是所谓的人造海水。它们的 pH 值都控制在 6.5～7.2 的范围内，一般称为中性盐雾试验。纯的氯化钠盐水，有采用 3%、5%和 20%的。由于浓度过大有使试验箱内相对湿度下降，造成样板表面有盐结晶析出，降低腐蚀强度，以及喷嘴经常易堵的毛病，故一般现在均采用 3%～5%之间。

人造海水配方如下：

NaCl	27g/L	$CaCl_2$	1g/L
$MgCl_2$	6g/L	KCl	1g/L

其目的是使溶液的成分更接近于天然海水，以模拟真实海洋大气的腐蚀条件。从试验结果来看，其腐蚀速度不如纯氯化钠盐水的快。

为了提高盐雾试验的效果，目前发展了醋酸盐雾试验，即用醋酸将纯氯化钠盐水的 pH 调整至酸性（pH 在 3.1～3.3 之间）。更进一步的发展是氯化铜改性的醋酸盐雾试验，即除了用醋酸调节成酸性外，再加入适量的 $CuCl_2 \cdot 2H_2O$。这两种方法的目的就是试图克服以往盐雾试验存在的可靠性和重现性问题，并大大加速腐蚀的速度。参见 ASTM G 43—1975 (1980)。

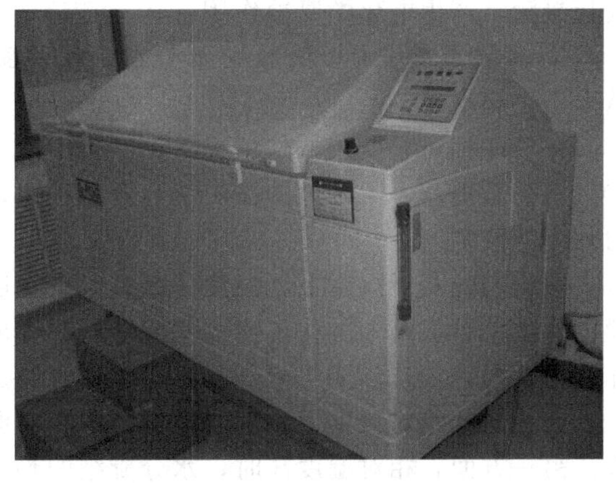

图 4-3-45 盐雾试验箱

温度与腐蚀速率有着密切的关系。温度高时腐蚀加快，但可靠性和重现性下降。目前大多数国家标准中规定的是 35℃和 40℃两种。

喷雾周期根据不同要求可采用连续喷雾或间歇喷雾（如每小时内，喷雾 15min，停喷 45min)，但以连续喷雾的破坏速度为快。

目前，我国国家标准 GB/T 1771—2007《色漆和清漆 耐中性盐雾性能的测定》系等效采用国际标准 ISO 7253—1984，试验中盐水浓度为 (50±10)g/L，pH 值为 6.5～7.2，温度 (35±2)℃，连续喷雾。此试验条件与美国 ASTM B 117—2003 标准完全相同。

盐雾试验设备（见图 4-3-45）目前采用较多的是喷嘴式的，即使一定压力的空气通过试验箱内的喷嘴，把盐水喷成雾状而沉降在试验样板上。喷嘴可以是玻璃制的，也可以是塑料或其他合金钢制的。采用喷嘴式盐雾箱试验时需注意以下事项。

① 试验过程中，必须经常检查喷嘴是否堵塞，以保证喷雾的正常进行。

② 所用的压缩空气必须经空气过滤器除油和空气饱和器加热饱和。

③ 喷雾压力应严格控制，使在规定值上下很窄的范围内波动，以免影响试验的重现性。

④ 需要进行相互比较的同一批样板应尽量在同一次试验里进行。样板涂漆表面与盐雾沉降方向成30°角放置。在每次检查后，应交换样板的放置位置，以消除设备内喷雾量及温度的不均匀所引起的误差。

标准中规定被测试涂膜样板必须在封边后测试，观察涂膜状况有无变色、起泡、生锈和脱落现象，按其轻重程度、起泡大小和面积、锈点大小来分级。有的标准中还规定在测试前对涂膜斜十字切割露底，放入盐雾箱中测试，其结果以在切痕周边锈蚀蔓延的距离和附着力损失的距离来评定。

美国ASTM D 2933—1986提出一个循环试验法，即样板在盐雾箱中放置4h后，不冲洗或干燥立即将样板放入温度37.8℃、相对湿度100%的湿热试验箱中18h，然后不干燥直接放入温度为（−23±2)℃的冷冻箱中2h，此为1次循环，重复试验至产品规定的要求，一般为5～35次循环。据称35次循环试验的结果比在美国佛罗里达内陆曝晒2年的条件还要苛刻，但不及在佛罗里达海滩曝晒18个月那样严重。

(2) 湿热试验　湿热试验也是检测涂膜耐腐蚀性的一种方法，一般与盐雾试验同时进行。

饱和水蒸气对漆膜的破坏作用主要基于以下两点。

① 水对漆膜有渗透作用，透过漆膜的一层或多层，在漆膜与漆膜之间积聚，产生了最初的起泡；随后深入一步发展，最后到达漆膜与底板之间产生最后的起泡，同时水分与金属底板接触，产生电化学腐蚀作用。

② 漆膜本身也可以吸收一部分水分，使漆膜发生膨胀，降低了漆膜和底板的附着力，从而产生起泡现象。

一般在相对湿度较低的情况下，漆膜附着力的变化是不明显的，但随着相对湿度增加到90%，甚至更高，附着力的丧失就会变得很快，除了个别漆膜外，大多数漆膜在干燥后附着力均不能恢复。

在相同的相对湿度下，温度越高，绝对湿度越大，周围空间水蒸气压力增加，水汽向漆膜内扩散就越显著，加快了受潮速度。同时温度越高，高分子链的热运动越厉害，分子间的作用力减弱，加速形成了分子间的空隙，有利于水分的进入。

在相同的绝对湿度下，温度越低，则相对湿度就越高，水分向漆膜内部渗透的趋向就越大。另一方面，相对湿度高时，水分凝结的趋势增加，在涂料表面凝结的水分增多，因而涂料受潮的速度也就加大了。

根据上述一些理由，目前推荐的湿热试验周期有许多种：高温高湿短周期、温湿度交变的试验周期和恒温恒湿的试验周期等。如表4-3-12所列。

表4-3-12　湿热试验周期举例

高温高湿短周期	温度(55±2)℃,相对湿度94%～98%,16h 温度35℃以下,相对湿度94%～100%,8h 24h为一周期,连续试验7d
温湿度交变试验周期	加热:温度25～40℃,相对湿度95%～98%,0.5h 受潮:温度(40±2)℃,相对湿度95%～98%,16h 降温:温度40～25℃,相对湿度不小于90%,2.5h

续表

温湿度交变试验周期	冷却：温度(25±2)℃，相对湿度95%～100%，不少于5h 24h为一周期，连续试验21d
恒温恒湿试验周期	温度(47±1)℃，相对湿度96%±2% 24h为一周期，连续试验到样板破坏为止

从实际试验情况来看，过高的温度，虽然周期短、破坏快，但在某些情况下会因变化太快而不能很好地区别样板的优、劣，甚至会歪曲试验的真相。温湿度交变的试验周期，由于有低温高湿阶段，使水汽在漆膜表面上凝露，有利于水分渗透到漆膜内部，从而加速了对漆膜的破坏，但从目前试验的趋向来看，在湿热试验中不要产生过多凝露的倾向。因为凝露太多，在漆膜上形成一层水膜，易造成漆膜中的可溶物质过多地被溶解出来，与实际湿热情况不符。

我国国家标准GB/T 1740—2007《漆膜耐湿热测定法》规定用恒温恒湿试验周期方法。

目前，耐湿热试验一般均在调温调湿箱内进行。由于湿热试验中最主要的影响因素是温度和湿度，因此在每次试验中需特别注意对这两个因素的控制，以免影响试验结果。另外在试验时垂直悬挂的样板之间应保持一定的距离，以不相互重叠碰撞为准（2～4cm）。样板在各周期检查时还应互换位置，以尽可能地减少因设备内温、湿度的不均匀所造成的试验误差。试验用水也应注意采用蒸馏水或离子交换树脂净化水。

对于样板的评定主要观察涂膜有无起泡、生锈和脱落，按其损坏程度进行评级。

(3) 水汽透过性试验　前面已经提到，水通过涂膜渗透达到底材，因而引起腐蚀。因此对涂膜进行水汽透过性检测，可以判断涂膜耐腐蚀程度。这项试验用游离涂膜来进行，所以检验手续比较繁杂。它是用渗透性试验杯测定，将游离涂膜夹在试验杯中，在膜两面施加不同的恒定的相对湿度，在一定的时间内，计算出透过规定的表面积试膜的水蒸气质量，以$g/(m^2 \cdot d)$表示水汽透过率，数值低表示透过水汽少，可以作为各种涂料耐腐蚀程度的一种表示方法。这个方法一般用于涂料产品的研究。

(4) 钢铁表面丝状腐蚀试验　钢铁表面发生细丝状腐蚀（丝状锈蚀）可使表面涂层呈现疏松线状隆起现象，通称丝状腐蚀（filiform sorrosion），它常是由一个或几个腐蚀生长点辐射而成的。试验和评价色漆或清漆涂层在有微量盐分和规定的相对湿度下，由于划痕引起钢铁表面上产生丝状腐蚀情况，也是对耐腐蚀性的一种检测方法。我国等效采用ISO 4623—1984，制定了GB/T 13452.4—1992《色漆和清漆　钢铁表面上的丝状腐蚀试验》。检测方法中规定，在被试样板上刻划两条相互垂直、间距（及离样板边缘）不小于20mm的各长50mm的划痕，在划痕上能清晰看到金属表面。将样板浸入1g/L的氯化钠溶液30～60s（浸泡法），或者放于符合GB/T 1771—2007规定的中性盐雾中达到协议规定时间（盐水喷雾法），然后放入温度（40±2)℃、相对湿度80%±5%的试验箱中，按规定时间进行检验，根据划痕扩展开的丝状腐蚀程度和数量来进行评价。

六、涂膜耐久性能的检测

涂料的质量除了取决于各项物理性能指标的检验外，更重要的是其使用寿命，即涂料本身对大气的耐久性。这种耐久性的表现代表了该涂料的真正实用价值，是该涂料各种技术性能指标的综合表现，因此，进行涂料的耐候性试验是很必要的。提高涂料的耐候性，是改进涂料质量的关键。

1. 大气老化试验

涂料在使用过程中受到各种不同因素的作用，使涂层的物理化学和力学性能引起不可逆的变化，并最终导致涂层的破坏，这种现象一般称为涂膜的老化。

涂料的大气老化试验是指在各种气候类型区域里研究大气各种因素如日光、风、雪、雨、露、温度、湿度、氧气、化工气体等对涂层所起的老化破坏作用，通过试板的外观检查以鉴定其耐久性。也可在曝晒过程中进行漆膜的物理力学性能及游离漆膜的性能测试，但做得并不多。

根据大气种类可分为乡村大气、工业大气和海洋性大气；根据地区又可分为温带、寒带、干热带、湿热带等类型；而根据曝露方法又可分为朝南45°、当地纬度、垂直角度及水平曝露等方式。

(1) 气候、季节、曝晒角度的影响　我国面积广大，气候类型复杂，从北到南、由东到西气候条件很不一样，往往同一个配方的品种，在不同地区使用性能差异很大，因此为了全面考核某一个品种的耐久性，就有必要在各个气候类型区域内同时进行曝晒试验。

通过一系列样品的曝晒可得出不同气候地区对试板破坏的严酷程度。以同样的醇酸品种，如白、红、绿、黑四种颜色，采用同样的施工工艺，同时在天津、上海、武汉、重庆、广州、海南等地进行曝晒，可发现气候条件以重庆、广州、海南等地最为严酷，样板破坏严重；武汉、上海居中，天津破坏最慢；而在重庆、广州、海南等地中，又以海南最快，样板破坏最为厉害。

样品的耐久性除与气候地区有关外，曝晒季节对其影响也很大。由于季节不同，样品所经历的气候条件不同，漆膜的破坏程度也不同。

对于自干类型的涂料，在春季曝晒时，由于漆膜尚未完全坚实，就受到温差的急剧变化而引起漆膜变形；接着在夏季又遭受到强烈的紫外线照射或大量的雨水侵袭而进一步造成破坏。在秋季曝晒时，由于气温较平稳，紫外线强度也日趋下降，致使新涂的漆膜能有一段继续坚硬的过程，从而经得起来年的大气破坏作用。

实际试验也证实了这点，即春季晒板破坏最快，秋季晒板破坏最慢。其顺序是：春→夏→冬→秋。因此，从涂料的角度来看，试验在春季，施工在秋季是有其一定道理的。

需指出的是，我国南方地处温热带或亚湿热带的一些地区，虽然炎热，但温差变化较小，气候随季节不同的变化不太显著，故曝晒季节对漆膜耐久性的影响不如我国其他地区大。

另外，曝晒角度对涂料的耐久性影响也是需要加以考虑的。因为在大气老化中，光是一个很重要的因素，因此应该尽量设法以最合适的角度来最大限度地利用太阳能。

经试验发现，在短期曝晒过程中及为了加速样品的破坏，每年的上半年可采用春、夏季最热角度（即$\phi-25°$，其中ϕ为当地纬度）；下半年则可调节成秋、冬季最热角度（$0.893\phi+24°$），这样易于快速地获得天然曝晒试验的结果。对于需要连续曝晒几年或因条件所限而不考虑来回调整角度的，则采取当地纬度最为适宜，以使样品比其他角度能受到更多的和更长时间的光照。

(2) 曝晒场的设立　曝晒场应建立在平坦、空旷的地方，周围无高大障碍物，使样板能充分受到各种大气因素的作用。若作为一般的大气曝晒试验，即乡村大气，则应尽量避免各种工业有害气体的影响。

曝晒场应有明亮的工作室、贮存室，并应具有必需的气象观测设备，各种漆膜检查的仪器及洗手池、上下水、照明电等各种设施。

气象资料的观测视曝晒场环境、规模和人力而定，若在邻近有气象台（站）者，可直接采用气象台（站）的数据。

曝晒架可用钢材或木材制成，并用耐候性较好的涂料涂装，其结构应力求简便、牢固，能调节曝晒角度者更好。

(3) 样板检查方法　我国国家标准 GB/T 9276—1996《涂层自然气候暴露试验方法》中规定了以年和月为样板检查的计时单位，规定在曝晒的第一至第三个月内，每隔 15 天检查一次；从第四个月起，每月检查一次；一年以后每 3 个月检查一次。由于涂料品种的不同以及曝晒地区破坏速度的不同，检查周期可根据情况适当变更。

规定的检查项目包括失光、变色、粉化、裂纹、起泡、斑点、生锈、泛金、沾污、长霉和脱落等。

检查主要是目测法，比较简便，能具体判断涂装的实用性能和耐老化程度的差别，但易产生个人的主观误差。其中漆膜的光泽和颜色，可用仪器测定，以数值来反映漆膜耐久性的变化。

对于色漆粉化程度可按 GB/T 14826—1993《色漆涂层粉化程度的测定方法及评定》的规定，或者采用粉化测定仪，或者采用手工测定，对照标准评定等级。具体评级方法在国家标准 GB/T 1766—1995《色漆和清漆　涂层老化的评级方法》中有规定。

此外，近年来利用仪器分析日渐增多，如对漆膜表面进行复型，在电子显微镜下就可观察到漆膜表面微细结构的改变，从而在较短的时间内就可预测天然曝晒的最终结果。也可在曝晒样板上切下游离漆膜进行红外分析，以判断曝晒的不同阶段漆膜老化所达到的程度。

2. 人工加速老化试验

人工加速老化试验是基于大量的天然曝露试验的结果，从中找出规律，找出气候因素与漆膜破坏之间的关系，以便在实验室内人为地创造出模拟这些气候因素的条件并给予一定的加速性，以克服天然曝露试验需时过长的不足。

(1) 试验中的有关因素

① 光源　从国内外已有的试验情况来看，光源是漆膜老化中的一个很重要的因素。太阳光谱一般可分为 3 个区域：紫外线区、可见光区和红外线区。经测定，晴天太阳当头时(指赤道的中午)，海平面的太阳能分布如下：

紫外线（290～400nm）　　占 4%

可见光（400～700nm）　　占 43%

红外线（700～2500nm）　　占 53%

虽然紫外线能量仅占太阳总能量的 4%，但许多材料却正是在紫外线区域内遭受破坏的。如硝基纤维素主要是在 310nm 波长光的辐射下分解；不饱和聚酯与苯乙烯的共聚物在波长为 325nm 时很快变黄；聚丙烯、聚氨基甲酸酯等在 330～370nm 时出现老化。

② 温度　由于光的作用总是伴随着温度的上升，因此温度升高也是促使漆膜老化的一个重要因素。漆膜的热老化，主要是由于交联过程及聚合物分子链的破坏：交联的结果，产生了立体结构，使漆膜变硬、变脆、失去弹性；而分子链破坏的结果使大分子链断裂，减少了分子长度及分子量，形成了游离基团，表现为发软、发黏。

在人工加速老化试验中，一定的温度配合周期性的降雨，造成频繁的交变温度，其影响比单纯的热老化更为重要，因为这样使涂层和底板发生不断的膨胀和收缩，就可导致涂层中形成很大的内应力。在大多数情况下，漆膜组成的体系中含有成分和结构不同的物质：底漆、腻子、色漆、磁漆或清漆，因此在受温度交变作用时，由于在各层中的应力有所不同，再加上具有一定波长的强烈光照，很容易造成漆膜的开裂。

③ 湿度　在大气中曝露，漆膜实际上是长时间保持在潮湿状态下，尤其在湿热带地区更是如此。低湿度的紫外线照射虽然也能使漆膜产生失光、粉化，但作用较慢，并且很少出现龟裂；而在高湿度下，紫外线照射就成为一个更有效的破坏因素，使上述破坏作用大大增强。其原因主要是水分的吸收引起了漆膜的溶胀，体积变化，或使漆膜中水溶性物质溶解出来，当受光线照射时，就易使漆膜结构破坏或加快了光化学变化的作用。当然湿度的影响应考虑到温度、水分以及光照等各因素互相促进的总体影响。

④ 氧气　漆膜中的聚合物仅仅由于日光而解离的情况非常少，由于日光和氧气的相互作用，即所谓的日光氧化而促进老化是值得注意的。被太阳能所活化的氧会引起漆膜表面的氧化作用，结果增加了漆膜的孔隙并形成了漆膜的失光。已证实在人工加速老化试验循环中，增加氧处理具有重要的意义，尤其是在较高压力的氧气处理中，显著地增加了由于裂缝和龟裂所引起的破坏现象。

(2) 人工加速老化设备　为了模仿自然界中各种气候因素，以便在实验室内创造出所谓人工气候，并且能达到加速试验的目的，可采用人工老化机（图 4-3-46）。其构造大致可分为上、中、下 3 个部分。上部主要是老化机的主配电盘，装有各种控制仪表及开关。中部为样品进行老化的实验室。下部为传动机构、鼓风机及发湿箱等。

图 4-3-46　人工老化机

人工老化机根据所采用的光源可分为荧光紫外线型、阳光炭弧型、氙灯型、高压水银灯以及组合光源等类型。荧光紫外线型试验箱由耐腐蚀金属材料制成，包含 8 支紫外灯，盛水盘，试验样品架和温度、时间控制系统及指示器。荧光紫外灯的波长分为：UV-A 波长范围为 315～400nm，UV-B 波长范围为 280～315nm，UV-C 波长范围为＜280nm。涂料人工加速老化使用最多是 UV-A 和 UV-B。

高压水银灯是一种水银蒸气的弧光放电灯，有直形和 U 形的。与紫外线炭弧灯相同，也主要产生紫外线能量。但高压水银灯发出的光谱是线状光谱，是不连续的，能量集中在几条特征谱线附近，除了具有 300～380nm 的波段外，其小于 290nm 的短波成分也较多，因此使它对漆膜的破坏有着与炭弧灯不同的影响。

阳光炭弧型则利用炭棒内含有的金属元素不同，使发出的光谱除了包括紫外线区域 278～400nm 的以外，可见光部分领域也很大，红外线部分则很少，这样就使灯源的光谱能量与太阳的光谱能量分布较为接近，比单纯的发射紫外波段的炭弧灯和高压水银灯提高了一步。

近期推广采用的氙灯，是一种内充高纯度氙气的弧光放电灯，它由一根透明石英玻璃管制成，两端各封接有一金属电极。氙灯比上述几种光源先进之处是：首先其光谱能量分布更为接近太阳光，这样试验的模拟性就可大为提高；另外氙灯的辐射强度也比较均匀，当灯电流在相当范围内变化时，其光谱分布的特性仍然不变。当然氙灯也含有少量天然光中所没有的 300nm 以下的短波成分及发热量较大的红外部分，因此为了避免影响试验结果，也必须对光进行过滤以及需用冷水对灯管进行冷却。

人工老化机的各种类型列于表 4-3-13。

表 4-3-13 人工老化机的各种类型

类型	特征	工业上用的型号举例
荧光紫外灯	紫外波段,连续光源,模拟性和加速性并重	美国 Q-PANEL UV-SPRAY 型
高压水银灯	紫外波段,线状光谱,加速性好	德国 ERICHSEN249 型 前苏联 AHHCT-2-4-2 型
阳光炭弧灯	连续光谱,既有紫外波段又有可见光部分,模拟性和加速性并重	中国 LH-2 型 美国 XW-R 型 日本 WEL-SUN-DC 型①
氙(气)灯	光谱能量分布比较接近太阳光,模拟性好,但加速性较慢	中国 6XW-2 型 美国 Q-SUN 型 美国 ATLAS CA-5000 型 日本 WEL-6XS-DC 型②

① 采用的炭棒可连续点燃 55h。

② 系氙灯与炭棒两用型老化机。

通过某些品种的加速老化试验，我们可以得出这些设备对试验效果的基本概念：采用荧光紫外型老化机，其 UVA-340 紫外灯光源能很好地模拟太阳光谱中短波紫外线（<365nm）部分，理论上这种方法的测试结果和户外自然老化的相关性较好，实际检测结果与天然曝晒试验的结果基本相同。其差异主要集中在无法模拟户外自然曝晒中样板产生的锈蚀。需要注意的是，如果测试循环仅采用紫外曝晒，人工加速老化试验和户外自然曝晒有较大差异，为了提高二者的相关性，必须在人工老化的测试循环中加入冷凝循环。此外需要指出的是，相比 UVB-313 灯管而言，UVA-340 灯管不会产生非正常的黄变。

阳光型老化机从实际试验情况来看，在加速倍率上并不比紫外线炭弧型的快多少，在破坏现象上也基本一致，但在某些破坏特征方面，尤以漆膜在老化过程中的颜色变化，与天然曝晒的色相变化颇为一致，显示了比紫外线炭弧型及高压水银灯型的老化机优越。

氙灯与高压水银灯一样，也是灯管型，使用操作较简便，并且氙灯与天然的模拟性很好，对于褪色试验特别合适，不足之处是加速倍率不够理想。为了既能解决模拟性，又能提高加速性，国内外有推荐采用组合光源的，即把上述各种灯源中的两种，以适当的配合同时装置在老化机中，以解决模拟与加速的矛盾。但直至目前，还未见到有广泛的推广和应用。

(3) 人工加速老化试验的发展　如前面所述，大气曝晒虽然符合天然气候条件，但试验周期太长；人工加速老化虽然提高了曝晒速率，但模拟性还存在着一定问题。克服上述问题的有效办法是近年来发展起来的大气加速老化试验，即利用天然太阳光来加速，使在与天然气候条件比较一致的情况下加速漆膜老化。

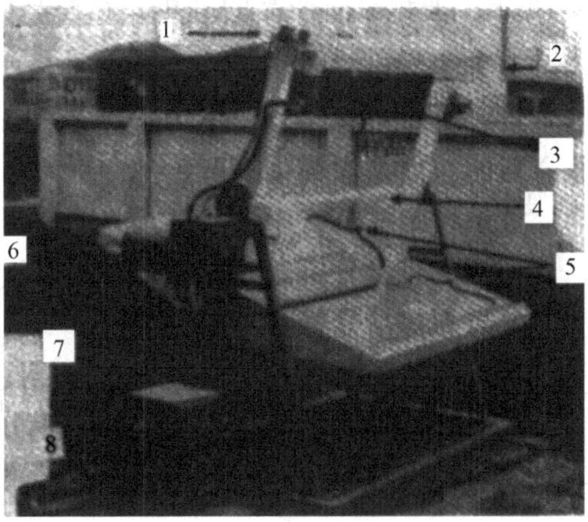

图 4-3-47 大气加速老化机

1—光电探头；2—鼓风机；3—喷水嘴；4—旋转轴；5—反射镜；6—减速箱；7—电磁阀；8—电子自动控制器

大气加速老化机的主要结构是利用一个整天跟着太阳旋转的框架，见图 4-3-47。架上有 10 块 150mm×1500mm 的铝板反射镜，每面镜子都将太阳光线反射集中到一条 150mm×1500mm 的样品架上。这些反射镜是经过电抛光的光亮铝片，能反射 85%左右的可见光和 70%～80%的紫外线。在样品架上面还装有鼓风管，以使样品表面温度与朝南45°角曝晒的情况相近。样品架下面设有喷水管，定时对样品喷射蒸馏水以进一步加快老化速度。经试验证明：在这样的试验机上曝晒的涂料样品，其破坏速度比朝南45°角曝晒的样品快6～12倍，故初步看来，这种利用天然曝晒条件采取一定的措施使其强化以达到使漆膜加速破坏的方法是合理的。因为首先它利用的是天然太阳光，可避免在老化机中人工光源与天然光的差别；另外它模拟性好，破坏现象真实，这样与朝南45°角曝晒的相互关系就较为确切，因此从技术角度来看这是一个很好的发展方向。目前存在的问题是由于大气加速老化装置在自然条件下进行试验，因此受气候条件的影响就比较大，尤其在南方湿热带地区，经常下雨、天阴，日照时间短，这样就影响了它的正常使用，故一般在气候比较干燥的区域或阳光照射较强烈的高原地带使用更为合适。

第四节　涂料和涂膜的组成分析

对涂料产品进行组成分析的作用有以下四点：

① 验证产品的组成是否与原设计配方保持数量的一致性；

② 通过组成分析以控制产品的某些物化指标；

③ 检查涂料产品中某些特定物质的存在及其含量；

④ 判断未知产品的类型及其结构。

涂料组成分析的内容通常有下面两方面，一是根据涂料产品的技术要求进行的专门项目的分析检测，如不挥发分含量、灰分、水分，某些产品所含代表性组分的存在和含量，如醇酸树脂漆中的苯酐含量和某些特定物质（如重金属）的存在和含量等。通过这些项目的检测，或作定性分析或作定量鉴定，可以确认这些物质的存在或含量是否符合产品标准中的规定，以评定产品是合格还是不合格。二是对涂料产品进行全部组成的分析，包括定性鉴定和定量测定，通称涂料产品的剖析。在产品检测中通常很少进行全面分析，主要用于对未知产品或对产品进行科学研究方面。

涂膜组成分析主要用于对涂料产品的科学研究。进行分析的作用有：

① 研究涂料产品中的组分在成膜过程中的变化情况，如通过化学交联的涂料在成膜前后的变化，以及其交联程度等的分析；

② 研究涂膜组分对产品性能的影响；

③ 研究未知涂膜的结构状况，判断其性能概况。

对涂膜分析可以是分析某项组成，也可以进行全面定性或定量分析，按需要而定。通常涂膜分析的重点是涂膜中高聚物的组成和结构特性方面。

除了涂料组成分析中的某些项目外，涂料和涂膜在分析时首先要进行组分的分离，然后再进行定性或定量分析。分离操作步骤有简有繁，根据检测内容而定。定性或定量分析方法有化学分析和仪器分析两种。过去主要靠化学分析方法，现在则广泛采用现代化的仪器分析技术，如电子显微镜、红外光谱、X射线衍射、气相色谱和凝胶色谱等。运用这些分析技术可以解决使用一般检测仪器和化学分析所不能分析或鉴定的问题。它们的共同特点是试验需用样品数量少，测试范围广，速度快，分析精度高。

一、涂料和涂膜的组分分离

涂料组分分析的第一个步骤是对样品进行分离操作。根据不同的检测目的，采取不同的分离步骤。液体涂料最常用的分离方法是用溶剂溶解后采用离心分离法，将液体涂料分为溶剂可溶物和溶剂不溶物，然后再分别提取。根据涂料产品的类型选用不同的溶剂。依据国家标准 GB/T 9760—1988 中的规定，适用于溶剂稀释型色漆的溶剂有甲苯-乙醇（4∶1）（适用于自干型色漆）、二甲苯-正丁醇（9∶1）（适用于烘干型色漆）、甲苯（适用于氯化橡胶型色漆）、丁酮（适用于硝基漆）；适用于水分散型色漆的溶剂有丙酮、1,1,1-三氯乙烷和四氯呋喃；适用于聚氯乙烯塑性溶胶和有机溶胶以及非水分散型涂料的有四氢呋喃、环己酮和环戊酮。

色漆的具体分离操作是将涂料样品放入离心管中，加入适当数量的溶剂，在离心机中进行分离，直到完全分离成一层清澈的液体和一个不溶解的颗粒（颜料）饼为止。反复进行 3 次，最后再用丙酮（聚氯乙烯塑性溶胶类型除外）稀释后，进行离心分离一次，则样品分为溶剂可溶物和溶剂不溶物两部分。溶剂不溶物在 105℃±2℃下烘至恒重。也可以先将样品进行离心分离，吸取上层清液以作漆基分析，再用溶剂萃取。

对于水性乳胶涂料也可采取制膜法，对漆基用溶剂萃取，然后与溶剂不溶物分离，将制得的涂膜放在马弗炉中，在一定温度（475℃±25℃）下灰化后分离出颜料。

涂膜的组分分离可按溶剂萃取法进行，溶剂要适当选择。

如果主要是分析液体涂料的溶剂组分的组成，则可采用直接蒸馏法蒸出溶剂。

二、涂料组分的单项分析

现在，涂料产品标准中规定的较普遍的组分分析检测项目是不挥发分含量的检测，其检测方法已在涂料性能检测中叙述。与之相对应的挥发分含量可通过计算得出。除此以外，在产品标准中常见的技术指标项目还有：水分、灰分、酸值和闪点；有些醇酸树脂漆标准中列有苯酐含量；有些涂料产品对所含重金属含量有规定。下面简述这些单项检测的方法。

1. 水分

对溶剂型涂料可按 GB/T 1746—1979（1989）《涂料水分测定法》中规定的蒸馏法，用水分测定器测定，蒸馏至接收器中水的体积不再增加为止，以试样中所含水量的百分数表示结果。

此外，还可用卡尔-费休法进行水分的测定，如 ASTM D 4017—1990 所规定的。

用气相色谱法可测定水性涂料的水分含量，如 ASTM D 3792—1991 所规定的。

2. 灰分

涂料中的灰分是涂料经灼烧灰化后的剩余物含量，可作为涂料中所含无机颜（填）料量的概略表示数值。试样放于坩埚中，在马弗炉中焙烧至恒重，结果以百分数表示。

3. 酸值

对有些涂料品种有时要测定其中游离酸含量，以中和 1g 试样所需氢氧化钾质量（mg）表示酸值。依据涂料品种不同分别采取稀释法、溶剂抽出法、水抽出法、水-溶液分层法和离心沉淀法提取试样，进行测定，以 mgKOH/g 表示。

4. 闪点

溶剂型涂料通常要测定闪点，作为安全使用的技术数据。实际检测的是所含可挥发的混合溶剂的闪点。检测涂料闪点的方法通常是用 GB/T 5208—1985《涂料闪点测定法　快速平衡法》。

5. 醇酸漆中苯酐含量

可用化学分析法测定。称取一定量的样品，如果是色漆要先进行溶剂提取，然后离心分离得到溶剂可溶物，与氢氧化钙进行化学反应，滴定所生成的苯二甲酸钙含量，计算出其苯酐含量。

6. 涂料中重金属含量

根据环保法规的规定，限制涂料产品中的重金属含量，甚至不允许重金属存在。这些重金属包括铅、锑、钡、镉、铬、汞、铜、铁、铝、钛等。对这些重金属含量的检测有两种方法，一种是在涂料中含量的检测，另一种是这些涂料中的重金属相当于胃酸所溶解的酸“可溶性”金属含量。

涂料中重金属含量的检测有化学分析法和仪器分析法两种。如日本 JIS 规格中有测定涂料溶剂不溶物中铅（包括二氧化铅、四氧化三铅）、铬、铁、铜、铝含量的化学分析方法。仪器分析法则通用原子吸收光谱法。

对涂料中酸“可溶性”金属的检测，依据国家标准 GB/T 9760—1988《色漆和清漆　液体或粉末状色漆中酸萃取物的制备》的规定，首先用溶剂稀释液体涂料，离心分离成溶剂可溶物和溶剂不溶物两部分，然后用相当于胃酸的 0.07mol/L 的稀盐酸对溶剂不溶物进行萃取，将离心得到的溶剂可溶物蒸发至干，残渣经干燥灰化后，用硝酸萃取，得到的以上两种萃取液，分别按照 GB/T 9758—1988《色漆和清漆“可溶性”金属含量测定》和 GB/T 13402.1—1992 的方法，用火焰原子吸收光谱法测定铅、锑、镉、铬（色漆的液体部分中）的含量；用火焰原子发射光谱法测定钡的含量；用分光光度法测定 6 价铬（色漆的颜料部分中）的含量；再用无焰原子吸收光谱法测定汞的含量。此外钡的含量也可用极谱法测定。

原子吸收光谱法系根据原子吸收固定波长的光谱，原子浓度不同，则吸光值不同的原理，通过光谱仪标定出某个金属的标准溶液浓度与相应吸光值曲线，用试样溶液在固定光谱下测出的吸光值计算出其含量。原子吸收光谱法有火焰（乙炔/空气燃烧的火焰）和无焰（冷蒸气）之分。

原子发射光谱法是测量某一金属原子在火焰中于固定的波长处所发出的辐射的强度，得出该金属的质量，采用火焰原子发射光谱仪测定。

分光光度法是用分光光度计测量在固定波长处的吸光值，然后计算出所含金属量。

极谱法是通过测定电解极谱池中溶液在极谱仪中显现的波峰高度，计算出金属的含量。

对涂膜中重金属含量的分析，则先将涂膜在 475℃±25℃干烧灰化，然后根据所测重金属种类采用相应的试剂萃取，可用化学分析或仪器分析方法测定。

三、涂料和涂膜的全面分析

涂料的全面分析即对涂料中所含的漆基（包括成膜物质、增韧剂等有机物质）、颜料和溶剂 3 类组分进行定性和定量鉴定。涂膜则不包括溶剂。现在一般以仪器分析为主。

1. 漆基的剖析

对漆基分析常用的方法是红外吸收光谱法和气相色谱法。用凝胶色谱法可测定漆基中高聚物的结构。此外还可用核磁共振法。

(1) 红外吸收光谱法　用红外吸收光谱法可根据红外谱图中所呈现的特征基团（如氨基、羧基、双键及取代位置等）来分析推断漆基所属的类型，同时也可以用于涂料生产工艺过程、成膜机理及老化过程等方面的研究。

红外波长范围为 1～300μm，一般红外波长为 2.5～25μm（波数为 4000～400cm^{-1}）。目前红外光谱已成为涂料分析研究中重要的测试方法之一，借助于它可以解决物质的定性和定量问题，以及判别有关分子的结构——基团的分析和各种化合物的鉴别。

红外光谱所用的仪器为红外分光光度计，如图 4-3-48 所示。其简单原理是从光源射出的红外线，分成基准光束和试样光束，由扇形旋转镜把它们先后引入单色器内。试样吸收了红外线时，这两种光束就产生了光的强度差，可由热电偶来测得，作为交流信号被放大后，再通过一系列调整装置，就能自动地记录下该试样的红外吸收谱图。

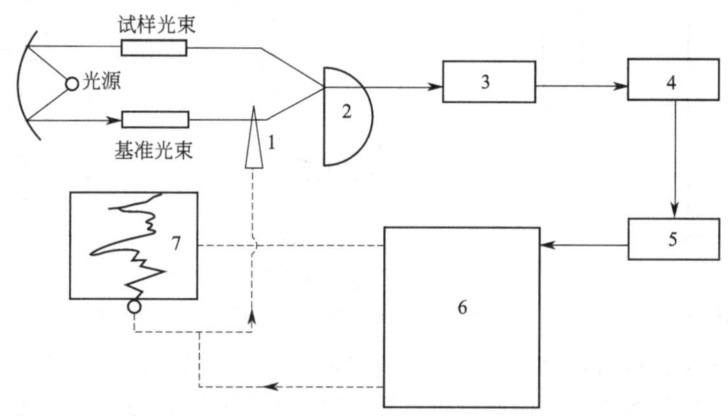

图 4-3-48 红外分光光度计工作原理简图

1—光楔；2—扇形旋转镜；3—单色器；4—热电偶；5—放大器；6—调整装置；7—记录器

测定红外光谱时，试样可以是气态、液态或固态。气体样品可用气体吸收池。液体样品可夹于两片氯化钠薄片中间作定性检查，也可放于特制的液体吸收池中。固体样品则采用压片法，即把样品与溴化钾粉末均匀混合压成薄片。

测试所得的红外谱图，横轴表示波数（cm^{-1}）或波长（μm），纵轴表示透射百分率或光密度。鉴定未知性质的样品时，一般是与已知样品的标准谱图作比较，根据在一定波数处的吸收峰就可以定性，根据透射百分率的多少就可作定量的估算。

但需指出的是：红外吸收光谱法的灵敏度一般较低，对于谱线吸收度相对较低的组分，以及其主要谱线由于与主要组分的谱线相重叠而受到干扰时，有时虽含量并不低，却未能从漆基的红外谱图中检出，此时就需辅以其他分析方法以对组分进行分离，然后再用红外吸收光谱法加以鉴定。

(2) 气相色谱法　气相色谱对高聚物的分析大多采用“热解法”。即将固态的高聚物在热解器中加热到数百摄氏度或更高的温度，高聚物的大分子则因受热而分解（即大分子链断裂），对断裂以后的小分子进行色谱测定，从而可推算出高聚物原来的结构。如芳族胺固化的环氧树脂的热解色谱分析。

气相色谱法是 1952 年出现的一种分离、定性和定量三步同时进行的一种新型的物理测试方法，近 20 年来发展迅速。由于它具有分离效能高、分析速度快、样品用量少等特点，因而已在有关的科学研究和工业生产中得到广泛的应用。

气相色谱法主要是依靠物质在两个不同相之间的不同分布而使不同组分得以分离的，这两个相之一称为流动相，另一相称为固定相，其间的分布作用主要为吸附和分溶两种形式。若流动相是气体（一般为 N_2、H_2、He、Ar 等，称为载气），固定相是固体吸附剂，叫气固吸附色谱。若固定相是附着于惰性担体（一般为硅藻土型）上的低蒸气压的有机“溶剂”，称为固定液，叫气液分配色谱。

气相色谱仪测试的简化流程如图 4-3-49 所示。

样品首先打入汽化室，瞬间被汽化成气体，被载气带入色谱柱进行分离，分离后各组分先后进入鉴定器，产生的信号经放大后，在记录器上自动记录下来。

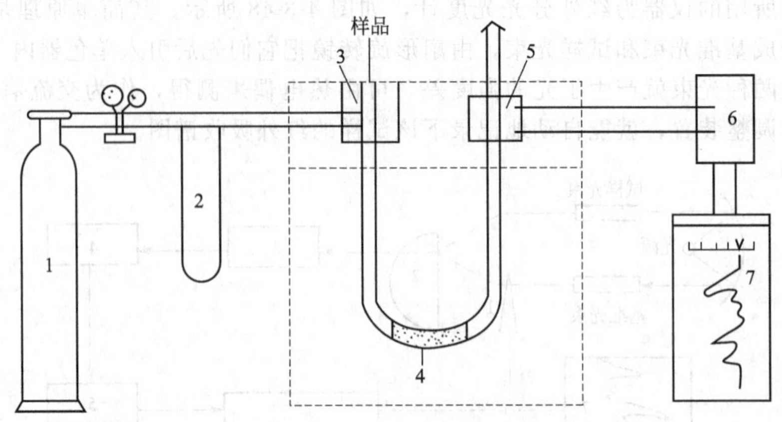

图 4-3-49 气相色谱仪流程简图

1—载气瓶；2—流速计；3—汽化室；4—色谱柱；5—鉴定器；6—放大器；7—记录器

由气相色谱法所获得的色谱图，并不能使我们直接了解被分离组分的成分，对未知成分的定性，需要用已知纯物质的色谱图进行对照，这就是气相色谱法的缺点之一。然而，近年来气相色谱-红外光谱、气相色谱-质谱联合技术的发展，在很大程度上已弥补了这一缺陷。目前气相色谱在涂料中可进行溶剂、油、树脂、增塑剂、聚合物（热解后）和乳化剂等的分离和鉴别。

通常可将气相色谱法与红外光谱法结合起来进行漆基分析。

(3) 凝胶色谱法　凝胶色谱法是1964年后出现的一种快速测定高聚物分子量分布的方法，20世纪70年代继仪器化后又采用高效凝胶填料达到了高速与高效化，因而被誉为在分子量测定技术上的重要突破。

凝胶色谱是一种用溶剂作流动相，多孔填料或凝胶作分离介质的柱色谱。当多分散的高分子溶液注入柱内后，溶液流经多孔凝胶或填料，此时高聚物按尺寸大小分开。由于样品中尺寸最大的分子比多孔凝胶中所有孔穴都大，不能进入孔内，只能在填料间隙中流动而最先被淋出柱外。试样中尺寸再小一些的分子，能扩散进入填料中那些比较大的孔穴中，随着淋洗过程又重新扩散出来，因而被推迟一些时间淋出柱外。试样中分子尺寸最小的，由于可以出入所有的孔，结果被滞缓于最后流出，由此实现了按分子量大小的分离。

凝胶色谱法可作为测定分子量及其分布的快速、有效的手段，它可以分离的分子量范围很广，从小分子到分子量10^6以上的高分子，并被广泛应用于高聚物体系的基础研究中，如聚合反应历程的研究、聚合条件的控制等。另外凝胶色谱法对含有分子量差别比较大的混合物和低聚物的分离是非常有效的，对于一般有机化合物的混合物也可以用它来作首选分离，以判明混合物的复合程度，以便进一步选用其他方法作更细致的分离。因此它无论在高分子化合物还是在小分子化合物中都有独特的用途。

2. 颜料的剖析

颜料，特别是无机颜料，主要的分析手段是X射线衍射法。它可以对液体涂料样品不经分离直接进行颜料的定性和定量分析。若与样品的固体分测定结合，漆基和溶剂的各自含量也可一并求得。

X射线衍射法在多组分混合颜料鉴定中也有一个灵敏度和谱线干扰问题，此时应辅以X荧光等元素分析法，或应用富集和分离手段分别检出。

有机颜料采用X射线衍射法时比无机颜料的灵敏度低，不易检出，应先利用重力差异将有机颜料分出，然后用红外光谱法鉴定。

X射线是电磁波的一种，是本质上与寻常光线完全相同的电磁辐射，只不过其波长极小(仅为10^{-8}cm)。在衍射方面应用的X射线，其波长约为（0.5～2.5）×10^{-8}cm。X射线衍射是研究物质结构的一种先进分析技术，这种技术是在1912年发现了晶体能衍射X射线，并由其衍射的方式能揭示出晶体内部的结构而开始的，现已发展成为化学研究中重要的物理测试工具之一。

晶体学的研究表明，晶体具有有规则的内部排列，相邻原子间的间距和X射线波长具有相同的数量级，均为10^{-8}cm左右，因此可以利用晶体作为产生X射线衍射的光栅，使入射的X射线经过某种晶体后发生衍射。其衍射角θ、晶体晶面间距d和入射X射线的波长遵循布喇格定律，即

$$2d\sin\theta=n\lambda$$

式中 n——衍射级数；

d——晶体晶面间距，nm；

θ——衍射角，(°)；

λ——入射的X射线的波长，nm。

根据这个公式，若已知X射线的波长及入射角时，就可计算出在结晶格子间的两面间距离，从而判断结晶的构造。

由于自然界中结晶物质都具有自己的特征衍射谱图（包括谱线位置和强度），因此可以通过晶体物质的X射线衍射谱图的记录和分析，反映出该物质的化学组成及其存在状态，即物相。

X射线衍射仪的构造可分为3个部分。

(1) X射线发生器 产生稳定的负高压给X射线管，使X射线管内的热电子在高压电场作用下，撞击阳极金属靶产生特征X射线。

(2) 测角器 主要是使X射线束以某一个入射角射到样品上，并用对X射线高度灵敏的计数管接收衍射的X射线，把其变成电脉冲信号。

(3) 记录器 把由计数管传送来的信号经过电子放大，记录在图纸上形成X射线衍射图。

依据X射线衍射图可以剖析涂料中的颜料和体质颜料的组成，也可对无机颜料或有机颜料的类型进行分析，在颜料工业中是研究工艺的一项重要分析方法。

3. 溶剂的剖析

对从涂料样品中蒸馏得到的溶剂，可用红外吸收光谱法直接进行定性。混合溶剂的各个组分的定量测定可用气相色谱法。用气相色谱与质谱联机测定方法可得到更精确的结果。

四、涂膜结构电子显微镜检查

对涂膜的内部和表面微观结构可以用电子显微镜进行检查。

电子显微镜从20世纪30年代开始至今，已在分析方面得到广泛应用。

一般所用的光学显微镜其放大能力最多1000～1500倍，继续放大，则分辨不清。主要是由于光学显微镜是用可见光作为光源的，分辨能力受到可见光波长的限制。分辨能力的大小主要取决于波长，波长越短，则分辨本领越高。电子显微镜是利用在真空中高速运动的电子流作为光源，其波长约为可见光的10^{-5}，并且电子的波长又可随加速电压的不同而改变，

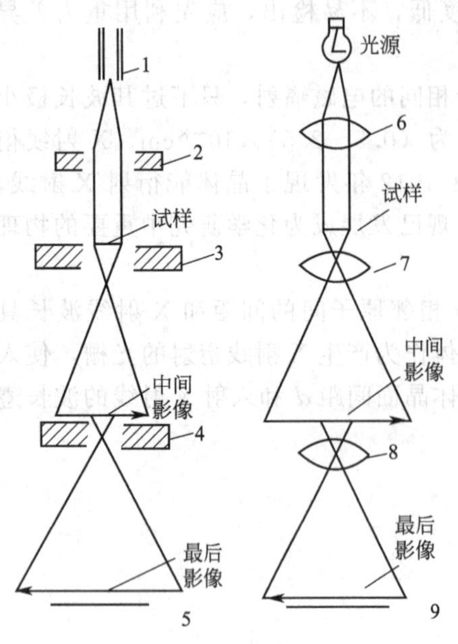

图 4-3-50 工作原理比较简图

1—电子枪；2—磁场聚光镜；3—磁场物镜；4—磁场投影镜；5—荧光屏或感光片；6—聚光镜；7—物镜；8—投影镜；9—观察屏

加速电压越高，波长越短，因此电子显微镜具有分辨能力高、放大倍数大的特点，已成为探讨微观世界的有力工具。

电子显微镜工作原理及与光学显微镜的比较如图4-3-50所示。

电子显微镜电子的来源是热离子阴极。射出的电子经过加速先由磁场聚光镜使之平行，然后打到试样上，由于试样各部分的厚度和密度不同，因此透过的电子密度也就不同。透过试样的电子流经过磁场物镜放大成中间影像在磁场投影镜的物面上，再由磁场投影镜将中间影像放大而投射于荧光屏或感光片上，我们就可借荧光屏见到试样被放大后的最后影像。

涂膜用电子显微镜检查包括以下两项。

1. 漆膜表面的检查

一般采用复型法。可对漆膜的表面结构进行分析，对天然和人工老化不同时期的漆膜变化状况及表面缺陷可进行观察。

2. 漆膜内部的检查

可采用超薄切片法、超薄涂膜法以及对某些漆样用腐蚀复型法以对漆膜内部结构进行分析。可以观察到颜料粒子在漆膜内部的分布和分散状态，底、面漆之间的相互结合情况等。

此外，电子显微镜还可用于颜料检测，可测定各种颜料粒子的大小和形状，对于较规则的颜料粒子可计算出其平均大小和比表面积；对一些不规则的颜料则可给出最小到最大的范围；对一些后处理颜料、包核颜料，可进行表面状况及包覆情况的分析。

另外，电子显微镜也可对一些高聚物溶液的结构和结晶性质以及聚合物体系中的相互扩散作用进行观察和分析。

以上介绍了几种在涂料中常用的仪器分析方法。除此以外还有：能快速提供关于热稳定性结果的“热天平”；能提供热分解时所发生的热函变化结果的“差热分析”；可测定基团上氢的位置的“核磁共振”以及可以求出某物质的分子量的“质谱”等分析方法。应该指出：每一种分析技术都有它的局限性和不完整性，在许多情况下，仅使用一种测试方法对于所要分析解决的问题往往得到的结果是不完全或不够充分的。因此有必要将两种或两种以上的方法结合起来，如将色谱与质谱、红外光谱结合起来，就能够完满地解决未知物的分析。对于涂料生产和科研工作者来说，如何正确理解、使用和组合这些先进测试技术是很重要的。对于有关的分析技术可参考相应的专业书籍，特别是高聚物科学技术书籍。

参考文献

[1] 涂料与颜料标准汇编：涂料产品 建筑涂料卷. 北京：中国标准出版社，2007.
[2] 涂料与颜料标准汇编：涂料产品 专用涂料卷. 北京：中国标准出版社，2007.
[3] 涂料与颜料标准汇编：涂料产品 通用涂料卷. 北京：中国标准出版社，2007.
[4] 涂料与颜料标准汇编：涂料试验方法 涂膜性能卷. 北京：中国标准出版社，2007.

[5]　涂料与颜料标准汇编：涂料试验方法　液体和施工性能卷．北京：中国标准出版社，2007.
[6]　涂料与颜料标准汇编：涂料试验方法　通用卷．北京：中国标准出版社，2007.
[7]　涂料与颜料标准汇编：颜料产品和试验方法　涂膜性能卷．北京：中国标准出版社，2007.
[8]　Annual Book of ASTM Standards：Part 27．2006.
[9]　日本规格协会．JISへこしょつ涂料．1987.
[10]　Zeno W．威克斯等著．有机涂料　科学与技术．经桴良等译．北京：化学工业出版社，2002.
[11]　虞莹莹主编．涂料工业用检验方法与仪器大全．北京：化学工业出版社，2007.

第五篇 涂装过程控制

第一章 涂料涂装一体化的概念

前边的章节对不同类型的涂料做了非常详细的描述。无论是哪一种涂料，在某种意义上说都还只是一种半成品，它们或者是含有大量溶剂的液状物，或者是尚未发生交联反应的分离组分。这些半成品只有通过适当的工艺过程涂布在被涂物表面后，经历溶剂挥发、漆基交联等过程，形成网状涂膜后才能真正发挥涂料的保护、装饰、特殊功能等作用。这个把涂料变成涂膜的过程就是涂装。涂层质量的好坏不仅与涂料本身的质量相关，而且很大程度上取决于涂装的质量水平。

长期以来我国的涂料领域存在着涂料和涂装分离、重涂料开发轻涂装研究的问题。新中国成立以来，我国的涂料行业由于有天津灯塔、上海开林等几大涂料集团的支撑，涂料研发人员具有相当的理论知识水平，但是涂装技术的研究一直不是很系统，往往是游离于涂料行业之外，一般在造船、汽车制造等行业的大厂有涂装公司，但也只是停留在使用技能的研究阶段，而涂料制造商一般也很少进行涂料施工方面的研究。改革开放以来，随着国际知名企业进入我国，在汽车、集装箱、船舶、卷钢等领域也将涂料涂装一体化的先进概念带入我国。所谓涂料涂装一体化的概念，就是涂料商不仅仅负责涂料的研发和生产销售，同时还负责为客户设计涂料涂装配套方案，设计涂装施工工艺，甚至派工程师在涂装现场指导施工。按照现代的管理理念，这些涂料实体产品以外的服务和活动是整体产品的一部分，因此在跨国涂料公司，为客户进行的涂装设计、现场管理和指导等工作都是免费的，或者说是包含在整体产品价格之内的。近年来在家装行业更出现了内墙乳胶漆免费涂装的产品销售方式，事实上实现了以涂膜代替涂料作为产品销售的革命。

本章为涂料行业的从业人员简要介绍一些涂料专业技术知识以外的涂料涂装一体化知识，主要侧重于涂装设计。具体的专业知识，如表面处理方法和涂装方法等，将在后续章节介绍。

第一节 涂装配套设计

在涂料涂装一体化体系中，涂装配套设计是涂料使用之前必须要做的首要工作，它往往是被涂物设计规范的一部分。由于专业分工的要求，涂料研究人员往往需要为客户提供涂装配套设计工作。这里所说的涂装配套（coating system），通常主要包括涂料品种、底材处理和涂装工艺三个部分。

对于汽车、集装箱、船舶等大量工业化生产的产品，其行业内一般都有现成的与涂装配套相关的标准。对涂料公司的涂装设计人员来说，需要面对的往往是一些具体的项目，如各类工业项目的涂装配套设计，钢结构防腐涂装配套的设计等。

涂装配套设计时往往要关注涂膜的使用环境、涂膜使用寿命、涂料的特性、涂装方法选择、底材处理方法等，另外还要考虑经济和安全条件的限制。涂装设计师要考虑的各种因素可以参考图 5-1-1。

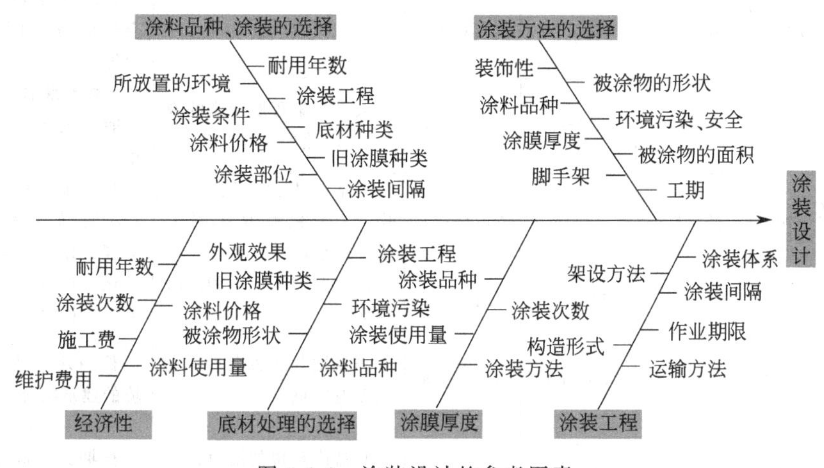

图 5-1-1 涂装设计的参考因素

一、涂膜使用环境分析

在设计涂装配套前，必须要详细了解被涂物本身的特性、所处的环境和接触的介质等。例如钢结构一般会暴露在不同的大气环境中，可能包括室内环境、一般的户外环境、严重腐蚀的环境等。汽车通常会在户外使用，既要考虑阳光曝晒、雨水侵蚀、砂石冲击等对漆膜的防护性能的破坏，又要考虑这些因素对漆膜的颜色、光泽等装饰性因素的影响。而飞机除了考虑耐候性、耐磨性、硬度、柔韧性等，温度的大幅度变化也是涂装配套设计的最主要环境因素。在充分了解了这些可能对被涂物造成腐蚀或破坏以及可能导致涂膜早期劣化的因素后，方可设计出符合被涂物使用要求的涂装配套。目前，很多行业都对其被涂物所处的环境作了分类总结并形成了标准。例如，ISO 12944 就对钢结构所处的腐蚀环境系统进行了详细的分类。一般情况下，导致钢结构产生腐蚀的环境因素主要有大气、水和土壤等。ISO 12944-2 定义了大气腐蚀环境的级别以及钢结构在水下和埋地时腐蚀环境的分类（表 5-1-1 和表 5-1-2）关于 ISO 12944 的详细介绍见第三篇第三章第三节。

二、经济性分析

和设计任何产品一样，涂装配套的设计也是各方面因素的平衡。通常，设计质量好的涂装配套和设计价格低廉的涂装配套都不是很难的事，但是设计一个既好又便宜的涂装配套就需要平衡各种因素。一般来说，满足最基本的保护功能是设计涂装配套时要考虑的首要因素，在这个前提的基础上，才可以考虑如何降低成本。涂装配套的成本包括很多方面，设计时既要考虑涂料自身的成本，同时也要考虑底材处理、涂装方法甚至工期等各方面的成本。

例如，对于在工厂内的大批量生产，采用喷射底材处理、标准的涂层组合以及无空气喷涂的施工方法可能是最经济的，但是如果是同样的被涂物在没有动力源的野外进行涂装，采用简单的打磨处理，用对底材处理要求较低的带锈涂料和刷涂方法可能反而是比较经济的。

表 5-1-1 ISO 12944 规定的大气环境腐蚀级别

腐蚀类型	单位面积上腐蚀产生的质量损失				温性气候下的典型环境	
	低碳钢		锌		外部	内部
	质量损失/(g/m²)	厚度损失/μm	质量损失/(g/m²)	厚度损失/μm		
C1 很低	≤10	≤1.3	≤0.7	≤0.1		有供热装置的建筑物内部，空气洁净，如商场、学校、宾馆等
C2 低	10～200	1.3～25	0.7～5	0.1～0.7	大气污染程度较低的农村、田园地区	无供热装置的建筑物内部，可能产生结露，如库房、体育馆等
C3 中	200～400	25～50	5～15	0.7～2.1	城市和工业大气环境，中等二氧化硫污染，低盐度沿海地区	高湿度和有污染空气的生产场所，如食品加工厂、洗衣场、酿酒厂、奶品厂等
C4 高	400～650	50～80	15～30	2.1～4.2	高盐度的工业区和沿海地区	化工厂、游泳池、造船厂和沿海航行的船舶等
C5-I 很高（工业）	650～1500	80～200	30～60	4.2～8.4	高盐度和恶劣大气环境的工业区域	长期处于高湿度高污染环境的建筑物等
C5-M 很高（海洋）	650～1500	80～200	30～60	4.2～8.4	高盐度环境的沿海设施和海上平台	长期处于高湿度高污染环境的建筑物等

表 5-1-2 ISO 12944 规定的水和埋地环境腐蚀级别

水和土壤的腐蚀分类		
分类	环 境	环境和结构实例
Im1	淡水	河流上安装的结构，如水力发电站
Im2	海水、盐水	港口、海边的结构，如闸门、防波堤；海上的平台结构
Im3	土壤	埋地贮罐、钢桩和管道

三、表面处理的类型和方法的选择

底材的表面处理对涂膜性能的发挥至关重要，因此在涂装设计时必须选定适当的表面处理方法。后续章节将详细介绍各种底材的表面处理方法。在用涂料被覆的材料中，使用最多的底材是钢材，如汽车、船舶等都会使用各种规格的钢材。钢材的表面处理方式有酸洗、磷化等化学处理法和喷射、打磨等物理方法，还有火焰处理、高压水处理等其他方法，各种处理方法都有各自的特点和使用对象，很难说哪一种表面处理方法是最好的。在设计涂装配套时要针对被涂物的种类、使用环境及使用的涂料品种等因素综合考虑，选择合适的处理方法。如船舶集装箱等采用比较厚的钢板，通常采用喷砂和抛丸处理，而对于汽车上的薄板部件，则要使用磷化等方法进行处理。

四、涂料的选择

涂料是涂装配套的主体，可以说是涂装配套中最主要的部分，根据不同的使用环境，涂料可以分为防腐涂料、装饰涂料和功能涂料等，但是这种分类不是绝对的，有些涂装配套系统往往兼具防腐和装饰的功能。

为了发挥防腐和装饰等功能，涂装配套系统往往由多道涂膜组合在一起，形成一个整体体系，这也就是所谓的“配套系统”的意义所在。各道涂层在整个体系中发挥着不同的作用，一般的涂层系统往往包括底漆、腻子、中间漆、面漆等。另外还有一些特殊涂料如粉末涂料等，在施工中只采用单层涂装。选择各涂层的涂料时应该参考以下原则。

1. 底漆

底漆是整个涂层的基础，它的主要作用是为整个涂层提供防腐性和对底材的附着力。底漆的涂装质量对涂装系统的防腐效果和使用寿命至关重要。选择底漆时应考虑以下因素。

① 底漆应对底材和下一道涂料都要有良好的附着力。通常采用基料中含有羟基、羧基等极性基团的醇酸、环氧类涂料作为底漆。

② 防腐底漆应具有良好的屏蔽性。对屏蔽性要求较高的涂层体系，在设计底漆时要选用含有片状颜料的涂料，这是因为片状颜料能切断涂层中的毛细孔，延长腐蚀介质的通过路径，从而屏蔽水、氧和离子等腐蚀因子透过。

③ 底漆中应含较多的颜料、填料，以增加表面粗糙度，增加与中间漆或面漆的层间密合；同时降低底漆的收缩率，减少因为溶剂挥发及树脂交联固化反应产生体积收缩而使涂膜附着力降低。

④ 底漆对底材表面应有良好的润湿性。在混凝土及木材等非金属底材上要选择能对底材表面透入较深、以利于涂层对底材锚固的底漆。

⑤ 对于特殊底材（如铝、锌等）应选用含有缓蚀颜料和附着力增强剂的功能性底漆。

⑥ 对于严酷的腐蚀环境往往要使用富含锌、铝等活泼金属粉末的牺牲阳极底漆，以加强防腐功能并阻止因外力破坏损伤涂膜后腐蚀的进一步扩散。

2. 腻子

有些被涂物即使涂过底漆以后，其表面也有可能因为加工的原因留有裂缝、孔隙和凹凸等造成的不平整，需要先用腻子找平。腻子可以看成是PVC值很高的涂料，具有很好的厚涂性，但是由于成膜物较少，有弹性差、易开裂、防护性能差等缺点，往往会降低整个涂层配套系统的性能，因此如果加工条件允许的话，应尽量通过提高被涂物的原始外观并配合选用合适的中间漆来提高涂层的装饰性，尽量避免使用腻子。选择腻子时要考虑以下因素。

① 腻子要与底漆相容，并对底漆和下一道涂层均有良好的附着力。

② 对于要一次涂装比较厚的腻子，应有较高的固体分，否则腻子干燥后会因为体积收缩过大造成塌陷。

③ 腻子的收缩率等指标要尽量和相关涂层接近，以避免产生收缩过度和开裂等弊病。

④ 腻子要便于施工和打磨，一般腻子的硬度不能高于底漆的硬度，否则打磨时会过度伤害底漆。

3. 中间漆

中间漆对底漆和面漆起着承上启下的作用，它的主要作用是提高涂膜的厚度和平整度，从而强化整个涂装配套体系的防腐和装饰性能。选择中间漆时要考虑如下原则。

① 中间漆应对底漆和面漆都有良好的附着力。有些底漆表面往往不能直接覆涂面漆，如锌粉漆表面直接涂装含有醇酸树脂的面漆会因酸性成膜物和锌粉反应生成皂类而造成早期剥落，此时一定要设计一层对底漆和面漆都有较好附着力的环氧类中间漆将底漆和面漆隔离开。

② 中间漆应采用厚涂型涂料，以增加涂层的总体厚度，提高整个涂层的防腐性能。涂层的防腐性能有时依赖于整个涂层系统的总体膜厚，有些功能性底漆无法涂得太厚，而面漆的成本又相对较高，所以合理使用中间漆，既可以保证整体膜厚又可以减少面漆的用量，降低配套成本。

③ 有些特殊功能可以通过中间漆来实现，如桥梁构件在工厂制造好以后有时候需要半年以上才能到现场安装完毕并涂装面漆，对于这类涂装间隔要求较长的涂装配套应采用没有涂装间隔要求的环氧云母氧化铁中间漆，来避免涂装面漆前大量的中间漆涂层的拉毛和清理工作。

4. 面漆

面漆的主要作用是装饰，有的还兼具一些防腐保护功能。由于面漆的成本较高，通常设计的膜厚较低。设计面漆时应考虑以下原则。

① 面漆应具有较好的耐候性，如抗失光、抗粉化、变色程度小等。不同品种的面漆的耐候性主要与所采用的树脂中的化学键的键能高低有关，在耐候性要求高的场合，应该选用氟碳、有机硅和聚氨酯等类型的面漆。另外有些面漆还可以通过添加铝粉、云母氧化铁等阻隔阳光的颜料，来延长涂膜的使用寿命。

② 面漆还需要具备一定的防护作用，如在化工污染较为严重的区域，要求面漆能抵抗一定程度的酸碱腐蚀。对在沿海地区使用的涂装系统，还需要面漆能抵御海洋环境特有的严酷腐蚀条件并有较好的抗离子渗透能力。

③ 面漆应具有较好的装饰性，并可通过其色彩、光泽、图纹等的变换来快速改进环境的装饰效果。

五、涂膜期待使用寿命分析

在选择涂料时，涂膜的使用年限是非常重要的参考因素，由于被涂物建造条件的限制，有的可以随时进行涂膜维护，有的则永远不可能进行维护，因此对涂膜系统的使用年限要求是不同的。ISO 12944 标准中将钢结构的涂膜使用寿命分为 L、M、H（低、中、高）三个级别，分别为 5 年、10 年和 15 年，但是要注意，这里所说的涂膜使用寿命只是一个技术参数，是设计涂装配套和对涂膜进行维修和换涂的依据，而往往并非涂膜的担保使用年限。对于不同的使用年限，在选定涂料时不仅要考虑涂料的品种，还要考虑其膜厚以及不同种涂料的搭配。因此，常常会出现同一个建筑物的不同部位采用不同的涂膜系统的情况，例如海上钻井平台，其甲板平台和生活区部位由于维修方便可以使用相对比较廉价而涂膜使用寿命不是很长的涂层组合，在飞溅区和水下部位，由于防腐要求苛刻且维修困难，就要使用涂膜寿命年限较长的重防腐涂层组合，而对于钢管桩等无法维护的埋地部位，则往往采用永久或半永久的涂层组合，很多时候还需要同时采用涂料以外的其他防腐措施，见表 5-1-3。

表 5-1-3 海上钻井平台不同部位的涂膜组合

部位	期待使用年限/年	涂膜组合/μm	
甲板和居住区	2～5	环氧漆	50
		丙烯酸面漆	40
飞溅区	10	耐磨环氧漆	300
		聚氨酯面漆	60
海底埋地区	15 以上	焦油环氧漆	450

六、涂装配套的选定

在充分分析了被涂物的使用环境、期待使用寿命以及被涂物的使用特点和成本因素后，方可以决定使用哪种涂装配套。针对不同的设计要求，可以有多种涂装配套可供选择，当然这些配套往往会各自在某些方面有些侧重，有的防腐效果相对好一些，有的装饰效果好一些，有的则成本低一些。设计配套时要满足使用方的要求，当然也常常体现设计者的风格。

现在对于大多数的被涂物和使用条件，相关的标准或设计手册中都有对应的涂装配套方案，进行设计时可以在参考这些方案的基础上，再结合项目的具体情况，制定出更加合理的配套方案。

表 5-1-4 是 ISO 12944 中推荐的可以用于 C4 腐蚀环境的、使用各种涂料品种的涂装配套。C4 腐蚀环境是指高盐度的工业区和沿海地区以及诸如化工厂、游泳池、造船厂和沿海航行的船舶等所处的腐蚀环境，这是一种比较苛刻的腐蚀环境。从表 5-1-4 中可以看出，对应这种配套的底材处理都要求达到 Sa2$\frac{1}{2}$级，不推荐 St 等底材处理方式。

表 5-1-4 ISO 12944 推荐用于 C4 腐蚀环境的各种涂装配套

配套编号	表面处理等级		底漆				面漆(包括中间漆)			涂装系统		期待寿命 ISO 12944-1		
	St 2	Sa2$\frac{1}{2}$	所用树脂	种类	道数/道	膜厚/μm	树脂	道数/道	膜厚/μm	道数/道	总膜厚/μm	L	M	H
S4,01		X	醇酸	Misc	1～2	80	醇酸	2～3	120	3～5	200	■		
S4,02		X			1～2	80	沥青	2	160	3～4	240	■	■	
S4,03		X			1～2	80		2～3	200	3～5	280	■	■	■
S4,04		X			1～2	80	丙烯酸，氯化橡胶，聚氯乙烯	2～3	120	3～5	200	■		
S4,05		X			1～2	80		2～3	160	3～5	240	■	■	
S4,06		X	丙烯酸，氯化橡胶，聚氯乙烯		1～2	80	沥青	2	160	3～4	240	■	■	
S4,07		X			1～2	80		2～3	200	3～5	280	■	■	■
S4,08		X			1～2	80	丙烯酸，氯化橡胶，聚氯乙烯	2～3	120	3～5	200	■		
S4,09		X			1～2	80		2～3	160	3～5	240	■	■	
S4,10		X	环氧		1	160		1	40	2	200	■		
S4,11		X			1	160		1	120	2	280	■	■	■
S4,12		X			1～2	80	环氧，聚氨酯	2～3	120	3～5	200	■		
S4,13		X			1～2	80		2～3	160	3～5	240	■	■	
S4,14		X			1～2	80		2～3	200	3～5	280	■	■	■
S4,15		X			1～2	80		3～4	240	4～6	320	■	■	■
S4,16		X	环氧，聚氨酯	Zn(R)	1	40	丙烯酸，氯化橡胶，聚氯乙烯	1～2	120	2～3	160	■		
S4,17		X			1	40		2～3	160	3～4	200	■	■	
S4,18		X			1	40		2～3	200	3～4	240	■	■	■
S4,19		X			1	40	环氧，聚氨酯	1～2	120	2～3	160	■		
S4,20		X			1	40		2～3	160	3～4	200	■	■	
S4,21		X			1	40		2～3	200	3～4	240	■	■	■
S4,22		X			1	40		2～3	240	3～4	280	■	■	■
S4,23		X			1	40		3～4	280	4～5	320	■	■	■
S4,24		X	ESI		1	80	丙烯酸，氯化橡胶，聚氯乙烯			1	80	■		
S4,25		X			1	80		1～2	80	2～3	160	■		
S4,26		X			1	80		2～3	120	3～4	200	■	■	
S4,27		X			1	80		2～3	160	3～4	240	■	■	■
S4,28		X			1	80	环氧，聚氨酯	1～2	80	2～3	160	■		
S4,29		X			1	80		2～3	120	3～4	200	■	■	
S4,30		X			1	80		2～3	160	3～4	240	■	■	■
S4,31		X			1	80		2～3	200	3～4	280	■	■	■
S4,32		X			1	80		3～4	200	4～5	320	■	■	■

注：阴影部分表示该配套推荐用于此防腐类型。

对于相同的 H 级（15 年）的涂膜使用寿命，可以在表 5-1-4 中查到 S4，03/S4，07/S4，11/S4，18/S4，21/S4，22 等多个配套，如 S4，22 便可以细化成表 5-1-5 的形式，这个配套适用于对防腐和装饰要求都比较高的场合。当然也可以细化成表 5-1-6 的形式，它适用于只要求防腐性而不要求装饰性的场合，如钢箱梁等的内表面。

表 5-1-5 细化的 S4，23 配套

项 目 名 称	C4 环境下钢结构防腐涂装配套		
使用条件	高盐度的工业区和沿海地区以及化工厂、游泳池、造船厂和沿海航行的船舶等腐蚀环境		
涂膜使用寿命/年	15		
底材处理方式	Sa2$\frac{1}{2}$		
涂料类型	涂膜厚度/μm	道数/道	每层膜厚/μm
环氧富锌底漆	40	1	40
厚涂环氧漆	90	2	180
聚氨酯面漆	60	1	60
总膜厚			280

表 5-1-6 细化的 S4，22 配套（用于没有装饰性要求的场合）

项 目 名 称	C4 环境下钢结构防腐涂装配套		
使用条件	高盐度的工业区和沿海地区以及化工厂、游泳池、造船厂和沿海航行的船舶等腐蚀环境		
涂膜使用寿命/年	15		
底材处理方式	Sa2$\frac{1}{2}$		
涂料类型	涂膜厚度/μm	道数/道	每层膜厚/μm
环氧富锌底漆	40	1	40
厚涂环氧漆	120	2	240
总膜厚			280

第二节 涂装工艺的制定

施工工艺是涂料供应商向涂料使用单位提供的或者是两者共同制定的施工指南，是在涂装配套基础之上对施工过程的要求和注意事项的详细描述，对充分发挥涂料和整个涂层系统的性能、保证涂料的正确使用具有重要的意义。涂装工艺通常包括以下部分。

一、表面处理要求及注意事项

表面处理的方式通常在涂装配套中已经有明确的要求和描述，在涂装工艺指导书中，除了要规定涂装配套中要求的底材处理的等级以外，通常还会根据需要规定一些更详细的技术指标，如底材处理的粗糙度、磨料的尺寸、洗液的 pH、磷化膜的重量等，以及底材处理作业时对环境条件的温湿度要求等。

很多情况下处理后的底材在涂装之前还要经过焊接等加工工序，往往会对已经处理过的底材造成破坏，因此施工工艺中还需对焊道等加工部位规定二次底材处理的方法和控制指标。

二、涂装方法的选择

选择什么样的涂装方法是首先要明确的。涂装工艺中一般要规定整体的涂装方法和局部

的涂装方法，例如船舶的大部分部位要求使用无空气喷涂，预涂和一些复杂的、难以涂装的部位则允许采用刷涂和辊涂等方法。

三、涂料的准备

在施工工艺中应明确涂料的配比、开罐容器中状态的确认、混合搅拌方法、稀释比例等。

四、涂装过程的要求

涂装过程中首先必须要明确对环境条件的要求，在对金属底材上喷涂通用涂料时，一般规定环境温度应该高于露点温度 3℃以上，环境湿度应低于 80％。对于在室内涂装的，应规定施工时的温度、湿度、照明、通风等控制参数；对于在室外涂装的，还应该规定风速、灰尘等的控制指标。同时要明确禁止进行涂装作业的天气条件，如下雨、风速过大、湿度过高，温度过高或过低等。

一般还要对涂装过程中的其他注意事项加以说明，如涂装间隔的管理、涂料混合使用期的控制、涂装流水线的速度、强制干燥的条件等。

五、涂膜检验

涂装完成后，涂膜的检查和验收是一项非常重要的工作，它是判断整个涂装工作是否符合要求以及可否进入下一道工序的依据。

1. 涂膜厚度检验

涂膜厚度是涂膜检验中最重要的工作，在涂装工艺中要规定涂膜厚度的检验方法和使用的仪器。通常要求在涂装施工过程中应经常检测湿膜厚度，虽然湿膜厚度不是判断漆膜合格的依据，但它是控制干膜厚度的重要方法。待涂层干燥后，应再次检测干膜厚度，以保证膜厚符合规定要求。目前金属底材的干膜厚度检测主要采用电磁式测厚仪，非金属底材可以采用千分尺等测厚仪。对于多道涂层的配套，由于通常都不会在涂层完全干燥后涂装下一道涂层，因此一般不单独检测各涂层的膜厚，而是在完工后检测全部涂层的总厚度。当有特殊要求时，可以用特殊的检测设备分别检测完工后各层涂膜的厚度。

2. 涂层厚度是否合格的判定标准

涂装工艺中必须规定涂膜厚度是否合格的判定标准。物件本身的构造、涂喷工作的管理情况、涂装操作人员的素质等都可能造成涂层厚薄不均，因此，如果要百分之百地保证全部涂层都超过规定厚度，不但会大大增加涂料的用量，实际上也难以实现，通常按干燥涂层厚度测定值的分布状态来判断整个涂层是否合乎标准。例如：某些行业接受双 90 原则，即所有测定点的膜厚值不得低于规定厚度的 90％。达到规定厚度的测量点数目应超过测量点总数的 90％。

3. 涂膜质量检验

涂膜质量的检验主要是判别漆膜是否有严重影响涂膜使用功能的漆病。涂装工艺中一般要规定哪些漆病是不允许的，并规定出现这些漆病的处理原则。例如，对于汽车漆膜来说，表面轻微的橘皮也是不允许的，必须要修补或返工，但是这种漆病对集装箱和船舶的涂膜来说则往往是无足轻重的。

六、安全注意事项

涂料的施工过程存在各种安全隐患，溶剂型涂料都是易燃易爆的，有的涂装工作是高空作业，涂料本身对人的身体也会产生伤害，因此要求在涂料施工工艺中必须根据所使用涂料和施工方法的特点明确安全注意事项。这些安全注意事项通常要包括对脚手架的要求、防火要求、安全卫生要求以及意外事故的应急处理措施等。

七、涂装工艺指导书举例

下面举一个一般钢结构的涂装施工工艺指导书的例子，可以作为涂装工艺设计的参考。

一般通用钢结构涂装工艺指导书

1. 结构处理

在进行表面处理前，应对钢材表面缺陷进行处理，包括：

① 钢材边沿的飞边毛刺和瓦斯切割面应打磨光顺；

② 去除飞溅、焊渣等；

③ 凹坑、夹层等钢材表面缺陷要用砂轮或电焊补平的方法进行修整；

④ 焊缝接头、咬边、凸出处要打磨光顺；

⑤ 彻底清除钢材表面的酸、碱、盐和油脂等污染物。

2. 脚手架

脚手架应搭设在坚固、满足安全要求的基础之上，并应便于进行表面处理、涂料施工、检查验收等工作。脚手架层间距离以1.8～2.0m为宜；脚手架与被涂物不应有触碰处，且边缘与被涂物间的距离最好大于10cm；脚手架应选择不受喷射处理影响、不易积聚磨料和灰尘等杂质，易于清洁、质轻易搬运的材料；脚手架端须安装胶套，以免拆除时碰坏涂膜；脚手架管两端应封堵，以免积留磨料和灰尘。

3. 表面处理

主要部件或主要设备表面除锈等级必须达到ISO Sa2$\frac{1}{2}$级。辅助部件或设备表面除锈等级必须达到ISO Sa2级或ISO St3级。

喷射除锈标准ISO Sa2级的要求如下：在不放大的情况下进行观察，表面应无可见油脂和油垢，并且几乎没有氧化皮、铁锈、涂料涂层和异物。任何残留物都应该是牢固附着的。

喷射除锈标准ISO Sa2$\frac{1}{2}$的要求如下：达到近乎白色金属的清洁度，在不放大的情况下进行观察，表面应无可见油脂和油垢，并无氧化皮、铁锈、涂料涂层和异物。任何残留的痕迹应仅为点状或条状的轻微色斑。

ISO St3级的要求如下：非常彻底的手工和动力工具清理，在不放大的情况下进行观察，表面应无可见的油脂和污垢，并且没有附着的氧化皮、铁锈、涂料涂层和异物。表面应具有金属底材的光泽。

表面处理时的要求如下。

① 使用的磨料应经过盐分、干燥和油污等测试，并且符合要求。

② 压缩空气应经过油水分离器去除水分和油污。

③ 喷射处理后钢板表面的粗糙度范围应在30～80μm。

④ 喷射及检验期间，环境空气相对湿度应低于50%。

⑤ 喷涂前应用真空吸尘器吸净被喷射物和灰尘，特别是被涂表面和脚手板上不应有残留的灰尘。

4. 预涂

涂装每一道涂料前都应对全部焊缝及不易喷涂的区域进行预涂。

5. 施工

① 涂装方式采用高压无气喷涂，并使用产品说明书中规定的喷嘴。

② 漆膜表面应平整、光洁，不应有流挂、针孔等涂膜缺陷。

③ 喷涂时，环境相对湿度应低于80%，钢板温度应高于露点3℃。

④ 在喷涂作业期间，底材温度应控制在50℃以下。

⑤ 涂装作业时应严格遵守产品说明书规定的涂装间隔。

6. 检验及验收

最终涂膜厚度检验应在涂料干燥后进行，干膜厚度的测定应保证至少每5m^{2}测一点，焊缝周围100mm范围内不测量。

所测量的干膜厚度值不得低于规定膜厚的90%，未达到规定膜厚的点数不能超过总测量点数的10%。对低于规定膜厚的测量点附近区域应进行修补，以达到规定膜厚。

7. 涂膜修补

被破坏但没有露出底材的涂膜可采用动力工具打磨处理，打磨边缘应有坡度，打磨后补涂相应的涂料。

被破坏且已经露出底材的涂膜，当其面积小于0.02m^{2}时可以采用动力工具打磨，打磨边缘应有坡度，打磨后补涂相应的涂料。当漆膜损坏面积大于0.02m^{2}时，应对缺陷部位进行喷射处理，破坏区域的边缘应用动力工具打磨出坡度，并按涂装配套补涂相应的涂料。

8. 安全措施

在涂料施工中的任何操作均应遵守以下安全措施。

① 施工现场应保证良好的通风。

② 涂料含有可燃物质，施工时要远离火源并禁止在邻近地区吸烟。

③ 应避免涂料接触皮肤和眼睛。

④ 如果涂料接触到皮肤，应用温水以及适当的清洗剂清洗。

⑤ 如果皮肤接触到眼睛，应用大量水冲洗并迅速就医。

⑥ 遵守施工现场的一切健康安全管理规定。

第三节　产品说明书的编制

产品说明书又称为“产品使用手册（operating manual）”，是厂商为销售其产品而编写的一种销售手册，主要是用来指导客户如何正确使用所购产品，以免因使用不当或保管不当而造成不良后果。产品说明书在英语中通常有三种不同的说法，即：instruction，direction，description，可以看出产品说明书在使用中所发挥的介绍、指导、描述作用。

一、产品说明书的基本要求

① 产品说明书应明确给出产品用途和适用范围，并根据产品的特点和需要给出主要组

成、性能、形式、规格、使用、操作、维修、保养和贮存等方法，以及保护涂装者和产品的安全措施。

② 产品说明书应规定必要的保护环境和节约能源方面的内容，必要时应配备相应的MSDS等安全操作说明。

③ 产品说明书应对涂料所具有的易燃、易爆、有毒、有腐蚀性等性质提出注意事项、防护措施和发生意外时的紧急处理办法等内容。

④ 当产品组成、性能等改动时，使用说明书的有关内容必须按规定程序及时作相应修改。

⑤ 涂料属于有安全限制要求和有有效期限的产品，说明书应提供产品的贮存期等数据。

⑥ 产品说明书的内容应与涂料制造商印发的有关同种产品的资料或宣传品如广告或产品包装上的内容一致。

⑦ 当需要时，应在产品包装或说明书封面显著位置注明："使用产品前，请阅读产品使用说明书"。

二、产品说明书的具体内容

一般来说，涂料的产品说明书要对产品进行描述，让使用者对涂料有初步的认识，同时还应该提供适当的施工使用指导。产品说明书一般分为五个部分：产品说明、物理参数、施工说明、安全措施和其他部分。

1. 说明部分

产品说明书的说明部分应包括产品类型、组成、基本特性和使用范围等。这一部分的目的是使使用者能基本了解产品的使用特点和范围，并能针对不同的施工条件、防腐要求来选择适当的产品。

2. 物理参数

产品说明书中通常应包含如下的物理参数

(1) 固体分　涂料产品的固体分有体积固体分和质量固体分两种表示方法，质量固体分一般是按照GB 1725定义并测定的，可以理解为产品中含有效成膜物的多少。体积固体分在GB 9272中被称为"不挥发分容量"，在ISO 3233或ASTM D2697等方法中被称为体积固体分（SVR）。该参数可以用来帮助使用者进行干、湿膜厚度的换算。

(2) 理论涂覆率　理论涂覆率可以根据相关的实验方法（如ASTM）在实验室中测得，它对现场施工具有重要的指导意义。参考理论涂覆率可以大概得出每个产品的使用量，使用户初步了解产品的使用成本。理论涂覆率不适用于多孔的材料，如木材、混凝土等。实际涂覆率受到施工条件、工人技术、施工表面的形状、施工物的质地、涂膜厚度和工作时的环境条件等很多因素的影响，这一点需要时应该在说明书中告知客户。

(3) 闪点　涂料挥发出的气体与空气混合后漂浮在涂料的表面，在适当的温度下一接触明火就会产生微弱的闪光，但并不燃烧。这个瞬间闪火时的最低温度就是闪点。闪点的测定有开口杯和闭口杯两种测定方法，一般涂料产品的闪点采用闭口杯法测定，国标的测定方法是GB 6753.5《涂料及相关产品闪点测定法　闭口杯平衡法》。双组分产品的闪点除非特别说明，均为混合后的闪点。闪点是涂料产品的基本安全信息，为了防止在贮存、运输和使用时发生火灾，这个数据必须要提供给涂料使用者。

(4) 贮存期限　贮存期限是指涂料在正常的贮存条件下，产品在密封良好的容器中保持良好质量状态的时间。涂料的贮存期限通常限于一年以内，对于易于沉淀的富锌漆及其树脂一直存在缓慢反应的涂料，贮存期一般定为六个月。说明书中的贮存期限通常是指存放在

20℃或以下的环境，温度升高有可能会缩短贮存期限。

3. 施工说明

产品说明书应给出一些对现场施工具有指导作用的数据，这些数据包括产品的干燥时间、涂装间隔、混合使用期等。

(1) 产品干燥时间 干燥时间对于控制现场后续的搬运、安装等工作具有指导意义。一般干燥时间包括指触干和完全固化等。指触干是指用手指轻轻压涂膜表面而不留下印痕或不觉得粘手时的干燥状态。完全固化时间是对双组分涂料而言，固化时间的测定通常以环境温度为 20℃时为基准。在固化过程中，温度升高会加速固化反应的进行，反之温度降低会减缓固化过程，对绝大多说的双组分涂料产品而言，往往都有施工温度的范围要求，如果低于最低施工温度，则固化反应基本停止，涂膜无法达到干燥，这一点也应该在说明书中有所反映。

(2) 混合使用期 混合使用期即双组分涂料产品混合后可以使用的期限。双组分涂料混合后，固化反应就开始进行，当达到一定阶段后涂料的物理性能会产生很大变化，影响施工及涂装效果，此时可判定为超过混合使用期。超过混合使用期的涂料不能再使用。

(3) 涂装间隔 涂装间隔是指从一道涂膜涂装完毕到开始进行下一道涂装时所需要间隔的时间。涂装间隔一般与温度、膜厚及涂膜暴露的环境等有关。有些涂料的层间附着力在很大程度上受到涂装间隔的影响，如果涂装间隔已经超过说明书规定的最大涂装间隔，则必须对漆膜表面进行适当的处理。某些特种涂料没有最大涂装间隔，但是涂装底漆后工件的存放条件必须达到一定标准，不能长期裸露放置。

4. 安全措施

产品说明书应为如何处理和使用涂料提供安全措施，以及在贮存、运输和施工时的预防措施和紧急事故处理方法等。这些措施应当遵守国家和当地的各项安全要求和条例。

5. 其他部分

说明书还应对推荐使用的施工方法，如喷涂、刷涂等；所要求的施工参数，如喷涂的压力、枪嘴尺寸、涂料的稀释比例等；以及对被涂物进行表面处理的方法等进行适当的描述。

(1) 混合比例 多组分产品应向客户提供主剂和固化剂的混合使用比例，现在多组分涂料一般按照混合比例成套销售，方便客户按照配比将两组分混合在一个容器中熟化后使用。当不能一次全部混合使用时，混合比例数据可保证配漆比例正确。

(2) 稀释剂和加量 施工中必须要保证涂料有适当的黏度，可加入少量稀释剂以便达到理想黏度。施工方法不同，对涂料的稀释比例要求也不同。说明书中应规定使用稀释剂的种类以及推荐的各种施工方法对应的稀释比例。

(3) 表面处理 表面处理指的是涂装前被涂物表面必须达到的清洁程度。一般产品说明书中提出的清洁标准参照国际通用的标准或国家标准，是指使用涂料产品必须要达到的底材处理等级。

(4) 施工条件 涂料施工质量对成膜效果以及长期防腐性能等至关重要。在室外施工时，恶劣的天气条件如雨、雪、大风等，以及温度过高或过低、湿度过大、被涂表面有结露等现象时都会对涂装效果产生非常大的影响，因此必要时在说明书中应该明确施工条件。

第四节 化学品安全技术说明书的编写

涂料作为一种化学产品，在生产、贮存运输和使用过程中应严格遵守特定的原则和规程。涂料按其形态分为水性涂料、溶剂型涂料、粉末涂料、无溶剂涂料等，其中以溶剂型涂料的危险性最大，根据其所含溶剂的种类、含量、采用颜料、填料的差异及树脂、助剂等的特点，对其生产和使用有不同的安全要求。本节讨论的化学品安全技术说明书是指涂料产品，尤其是溶剂型涂料应提供的、作为安全指导性的技术文件，主要从材料安全数据表的作用意义、生产销售企业及使用企业的责任出发说明化学品安全技术说明书（MSDS）的重要性，同时对其在编写过程中的相关国际国内的法规、必要包含的内容等做简单说明。

一、MSDS的意义

化学品安全技术说明书（MSDS）为化学物质及其制品提供了有关安全、健康和环境保护方面的各种信息，并能提供有关化学品的基本知识、防护措施和应急行动等方面的资料。它是化学品生产供应企业向用户提供包括运输、操作处置、贮存和应急行动等基本危害信息的工具。在一些国家，MSDS也称作物质安全技术说明书（SDS），在ISO 11014中即采用SDS术语。

MSDS的英文全程是Material Safety Data Sheet——国际上称作化学品安全说明书（亦叫“物质安全资料表”，化学品安全信息卡，或者材料安全数据表），它是传递化学品危害信息的重要文件，化学品生产商和贸易商用它来向用户阐明化学品的理化特性（如pH、闪点、易燃度、反应活性等）以及对使用者的健康可能产生的危害（如致癌、致畸等）。它是一份关于危险化学品的燃、爆性能，毒性和环境危害，以及安全使用、泄漏应急救护处置、主要理化参数、法律法规等方面信息的综合性文件。

二、对于MSDS的编制要求

各国对MSDS的所包含的内容要求大体相同，以下是一些国际标准组织要求在MSDS中必须包含的内容。

1. 符合美国OSHA要求的MSDS应具备的内容

第一项：制造商和联系方法。
第二项：危险化学品组分。
第三项：理化特性。
第四项：燃烧与爆炸数据。
第五项：反应活性数据。
第六项：健康危害数据。
第七项：安全操作和使用方法。
第八项：防护方法。

2. 符合加拿大WHMIS要求的MSDS应具备的内容

第一项：产品名称和制造商信息。
第二项：危险化学品组分。
第三项：物理特性。
第四项：消防或燃爆数据。
第五项：反应活性数据。
第六项：毒理学特性。
第七项：预防措施。
第八项：急救方法。

第九项：MSDS 的编制依据。

3. 我国对 MSDS 的编写规定

作为对生产企业的强制要求和使用单位的安全保障，MSDS 越来越多地被工业防腐等领域所重视。我国对于 MSDS 的编制也有严格的规定，我国使用的标准是 GB 16483—2000，为使我国化学品安全技术说明书编写格式和内容尽可能与国际标准一致，以尽快适应国际贸易、技术和经济交流的需要，该标准等效采用 ISO 11014-1：1994《化学品安全技术说明书》。

GB 16483—2000 规定，化学品安全技术说明书应包括以下 16 部分内容。

(1) 化学品及企业标识　主要应标明化学品名称、生产企业名称、地址、邮编、电话、应急电话、传真等信息。

(2) 成分/组成信息　标明该化学品是纯化学品还是混合物。对于纯化学品，应给出其化学品名称或商品名和通用名。对于混合物，应给出危害性组分的浓度或浓度范围。

无论是纯化学品还是混合物，如果其中包含有害性组分，则应给出化学文摘索引登记号（CAS 号）。

(3) 危险性概述　简要概述本化学品最重要的危害和效应，主要包括：危险类别、侵入途径、健康危害、环境危害、燃爆危险等信息。

(4) 急救措施　指作业人员受到意外伤害时所需采取的现场自救或互救的简要处理方法，包括眼睛接触、皮肤接触、吸入、食入的急救措施等。

(5) 消防措施　主要表示化学品的物理和化学特殊危险性、合适的灭火介质、不合适的灭火介质以及消防人员个体防护等方面的信息，包括：危险特性、灭火介质和方法以及灭火注意事项等。

(6) 泄漏应急处理　指化学品泄漏后现场可采用的简单有效的应急措施、注意事项和消除方法，包括应急行动、应急人员防护、环保措施、消除方法等内容。

(7) 操作处置与贮存　主要是指化学品操作处置和安全贮存方面的信息资料，包括操作处置作业中的安全注意事项、安全贮存条件和注意事项。

(8) 接触控制/个体防护　指在生产、操作、处置、搬运和使用化学品的作业过程中，为保护作业人员免受化学品危害而采取的防护方法和手段。包括最高容许浓度、工程控制、呼吸系统防护、眼眼防护、身体防护、手防护、其他防护要求。

(9) 理化特性　主要描述化学品的外观及理化性质等方面的信息，包括外观与性状、pH、沸点、熔点、相对密度、相对蒸气密度、饱和蒸气压、燃烧热、临界温度、临界压力、辛醇/水分配系数、闪点、引燃温度、爆炸极限、溶解性、主要用途和其他一些特殊理化性质。

(10) 稳定性和反应性　主要叙述化学品的稳定性和反应活性方面的信息，包括：稳定性、禁配物、应避免接触的条件、聚合危害、分解产物。

(11) 毒理学资料　提供化学品的毒理学信息，包括不同接触方式的急性毒性（LD_{50}、LC_{50}）、刺激性、致敏性、亚急性和慢性毒性，致突变性、致畸性、致癌性等。

(12) 生态学资料　主要陈述化学品的环境生态效应、行为和转归，包括生物效应（如 LD_{50}、LC_{50}）、生物降解性、生物富集、环境迁移及其他有害的环境影响等。

(13) 废弃处置　废弃处置是指对被化学品污染的包装和无使用价值的化学品的安全处理方法，包括废弃处置方法和注意事项。

(14) 运输信息　主要是指国内、国际化学品包装、运输的要求及运输规定的分类和编号，包括危险货物编号、包装类别、包装标志、包装方法、UN 编号及运输注意事项等。

(15) 法规信息 主要是化学品管理方面的法律条款和标准。

(16) 其他信息 主要提供其他对安全有重要意义的信息，包括参考文献、填表时间、填表部门、数据审核单位等。

该标准规定，安全技术说明书的16大项内容在编写时不能随意删除或合并，其顺序不可随意变更。该标准还附有详细的标准编写指南，对每一项所包含内容进行了详细规定。

安全技术说明书的正文应采用简捷、明了、通俗易懂的规范汉字表述。数字资料要准确可靠，系统全面。

从化学品的制作之日算起，安全技术说明书的内容每五年应更新一次，若发现新的危害性，在有关信息发布后的半年内，生产企业必须对安全技术说明书的内容进行修订。

安全技术说明书应采用“一品种一卡片”的方式编写，同类物、同系物的技术说明书不能互相替代；混合物要填写有害性组分及其含量范围，所填数据应是可靠和有依据的。一种化学品具有一种以上的危害性时，要综合表述其主、次危害性以及急救、防护措施。

安全技术说明书由化学品的生产供应企业编印，在交付商品时提供给用户，作为对用户的一种服务随商品在市场上流通。化学品的用户在接收使用化学品时，要认真阅读技术说明书，了解和掌握化学品的危险性，并根据使用的情形制订安全操作规程，选用合适的防护器具，培训作业人员。

安全技术说明书的数值和资料要准确可靠，选用的参考资料要有权威性，必要时应咨询省级以上职业安全卫生专门机构。

三、MSDS 的使用

MSDS 是对于化学品使用的重要补充材料。在化学品发展过程中，伴随它给人们生活带来的极大改善，其固有的危险性也给人类的生存带来极大的威胁，引起全世界的高度重视，建立和完善法律法规，提供详细的信息，就是对化学品从生产到使用的各个环节可能产生的危害预防和防护问题作出规定，为保护人的健康、安全、环境等提供依据和保障。对于涂料行业来说，由于涂料中化学成分复杂，在其生产和使用中存在各种危险因素，包括毒性、燃烧、爆炸等，涂料生产企业有责任将产品潜在的危害和相应急救措施告知使用者。

涂料的组成不同，对人体的危害性也不同。在涂料生产和施工过程中，经过呼吸道吸入引起中毒的有：树脂中可挥发有毒单体、溶剂蒸气、粉尘；经皮肤或黏膜接触引起中毒的有：涂料的原料、成品、涂料漆雾等。这些化学物质以较小的剂量即可引起机体的功能或器官损害，严重的能危及生命。涂料生产商通过 MSDS 提供了较为详细的信息，可以使处于生产和使用涂料状态的人员有针对性地采取措施，如佩戴护目镜、穿着安全的工作服和工作鞋、必要时佩戴面具等，在特殊状态如包装破损、泄漏时能够采取的紧急防范处理措施等。

另外由于涂料生产和施工中往往使用大量中闪点的有机溶剂，因此燃烧性是涂料的又一个危险性能，需要通过 MSDS 中给出的闪点等信息，使有关人员了解涂料的燃烧性，减少涂料生产和使用过程中火灾发生的概率。

涂料生产企业和使用者应该高度重视 MSDS 的使用，在生产和使用过程中，首先要主动取得 MSDS，并由安全环保专业人员组织相关作业人员学习如何正确选择和使用个人防护用品、怎样防止和处理贮存及运输中发生泄漏或燃爆事故、如何防止环境污染以及掌握急救的措施和消防方法等，以达到在第一时间将危害和损失减到最小。其次还要按 MSDS 的建议和信息，落实各项预防事故的相应措施和设置，例如发放相适应的个人劳动保护用品；置备净水洗眼器或冲淋器；危险化学品的贮存应按说明书规定分类隔放；仓库应配备相应的消防器材等。随着国家在加强各项安全条例及法规的贯彻实施和全民安全意识教育，必将加快

MSDS的认识推广和普及，从而提高使用涂料等化学品安全管理能力，有效预防和减少事故，改善健康、提高安全和环保水平。

参 考 文 献

[1] 鹤田清治，寺内淑晃，安原清．わかりやすい塗装のすべて．东京：技术书院，1999.

[2] 关西涂料株式会社．桥梁涂装．大阪：关西涂料株式会社，2005.

[3] ISO 12944：1998.

[4] 日本涂料工业协会．重防腐涂料与涂装．东京：日本涂料工业协会，1995．12.

[5] 庞启财．防腐蚀涂料涂装和质量控制．北京：化学工业出版社，2003.

[6] GB 9969-1.1998．工业产品使用说明书.

[7] 赵敏主编．涂料毒性与安全实用手册．北京：化学工业出版社，2004.

[8] GB 16483—2000．化学品安全技术说明书.

第二章

底材表面处理标准和检测方法

通常把为了涂装涂料而对被涂物件表面进行的一切准备工作称为被涂物的表面处理，或称底材处理。在表面处理之前，被涂物的表面状态往往达不到涂装涂料的标准，如钢铁在加工、贮运过程中会被氧化，或者粘有灰尘油脂等异物；混凝土的表面化学性质常会不够稳定，而木材的表面则过于粗糙或者过于平滑。总之底材的初始状态在大多数情况下不宜直接进行涂装，需要做适当的表面处理。在涂料行业中应用最多的底材是钢铁，如钢结构、船舶、集装箱、汽车等，其次是混凝土、轻金属，另外还有木材、塑料等其他非金属材料。本章将重点介绍钢材的表面处理方法和相关标准，对其他底材的处理也做一些简单说明。

第一节 钢材表面的物理处理方法

钢材的表面处理包括物理处理和化学处理两种方式，将在本节和第二节分别予以介绍。这两种方法的目的都是清洁底材表面，并使底材表面的状况发生改变，从而增强对涂膜的结合力，提高涂膜的防腐保护和装饰效果。

钢材表面的物理处理方法是指通过使用手工器具、动力工具或机械设备来清洁并整理钢材的表面，以达到清除表面杂质、产生一定的粗糙度并使钢材整体表面趋于平整的效果。有的物理处理方法如抛丸和喷砂等还可释放底材因加工产生的内部应力。

钢材在加工和贮存过程中，其表面会附着很多杂质和污染物，它们包括表面的油污、氧化物、旧漆膜和其他固体附着物，这些物质往往会影响涂膜的附着力、干燥速率、光泽和涂膜外观等，有时还会造成缩孔、起泡、点蚀甚至脱落等涂膜弊病。物理处理方法的主要目的就是清除这些物质。

钢铁表面的物理处理方法主要包括手工工具清理、动力工具清理和喷射处理等，前者主要靠人工操作，后者采用电和压缩空气等作为动力，并使用各种机械设备。手工工具清理适合污物附着不牢固、处理量相对较小、没有动力条件的作业场合，处理的效果往往差一些。动力工具处理的效率较高，适合较大批量的处理工作。而喷射处理往往适合工业化生产。在选择底材处理方式时，还要考虑总费用的限制和环保的要求等因素。

一、手工工具清理

手工工具清理是一种原始的除锈方式，其方法是用简单的工具敲松和铲除底材表面厚的和疏松的锈蚀物。用这种方法可以除去附着不牢的氧化皮、松散的旧涂膜和其他杂物。但是对于附着力牢固的氧化皮、铁锈等则往往无能为力。手工清理所用的工具有锤子、铲刀、钢丝刷、砂布砂纸等，手工工具清理的所有工作都要靠人工完成，劳动强度大，操作环境恶劣，效率低，除锈质量也较差。手动工具的优点是便于携带且不需动力源，缺点是表面粗糙度小且处理效果不好。现在手工除锈主要是作为辅助手段，如用于小面积的除锈或者机械设备难以完成的除锈作业。还可以用在喷射除锈前对厚锈和松散起泡的旧涂膜先进行手工铲除，以节省喷射的成本。

手工工具清理常用的清理工具有榔头、铲刀、刮刀、锉刀、钢丝刷、砂布、砂纸等（图5-2-1)。榔头一般用于敲松和除去局部较厚的锈层和旧漆膜；锉刀用于除去牢固附着在底材表面的硬质凸起物，如焊瘤等；刮刀用于除去缝隙中的铁锈和腻子等；铲刀用于铲除油污、附着不牢的异物和旧漆膜。钢丝刷可用于清除较薄的疏松锈层、旧涂膜等；砂布砂纸一般用于清除较轻的锈和旧涂膜。

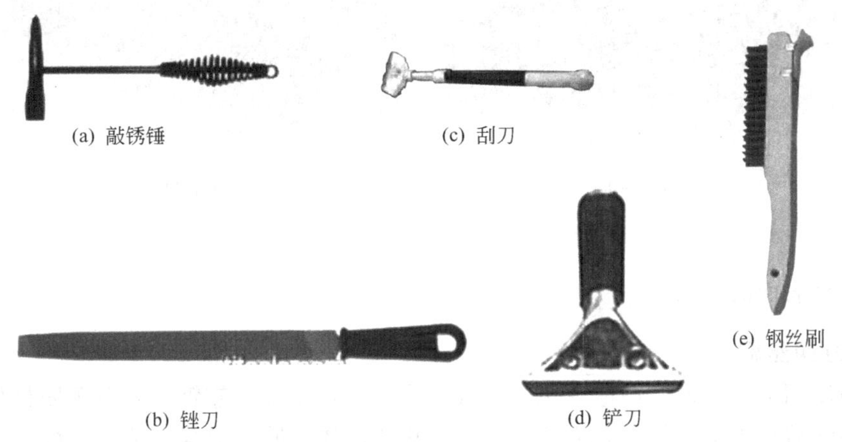
(a) 敲锈锤　(c) 刮刀　(e) 钢丝刷　(b) 锉刀　(d) 铲刀

图 5-2-1　手动工具

手动工具清理操作开始时，首先要检查表面的状况，如是否有厚锈层和油类、油脂或其他污物；然后用铲刀除去较厚的油污和附着不牢的异物、铁锈；再用溶剂清洗或擦拭去残留的油污；有锈层存在时要用榔头敲松厚锈层，并用刮刀或铲刀除去；用锉刀除去毛刺、焊渣和各种突出物；用砂纸打磨平面和突出部位的铁锈，用钢丝刷清理缝隙和麻坑内的铁锈；用铲刀除去翘起和附着不牢的旧漆膜，用砂纸磨去粉化的旧漆膜，尚未失效的韧性漆膜可以保留；最后要用压缩空气吹去浮尘，或用抹布清洁表面，并尽快涂装底漆。

二、动力工具清理

动力工具清理与手工清理的工具相似，但这些工具要使用诸如电或压缩空气等动力源，清理效率大大提高，可以达到手工工具的4～6倍。动力工具可以除去所有松散的附着异物，如氧化皮、铁锈、旧涂膜等，但是不能除去附着牢固的异物，也主要用于修理场合。这种方法设备噪声很大，粉尘多且与操作者直接接触，对人员的伤害和环境的污染较严重，现在已经很少大规模使用。

动力工具包括砂轮机、动力钢丝刷、气铲、风动打锈锤、针束除锈器等（图5-2-2)，可分别用于不同的部位。下面介绍一下常用动力工具的用途。

1. 砂轮机

砂轮机主要用于清除铸件的毛刺，清理焊缝，打磨厚锈层，它的除锈工件是砂轮盘，分为直柄和端型等。工作原理是依靠砂轮的高速旋转来磨削和敲击底材表面，达到清除杂

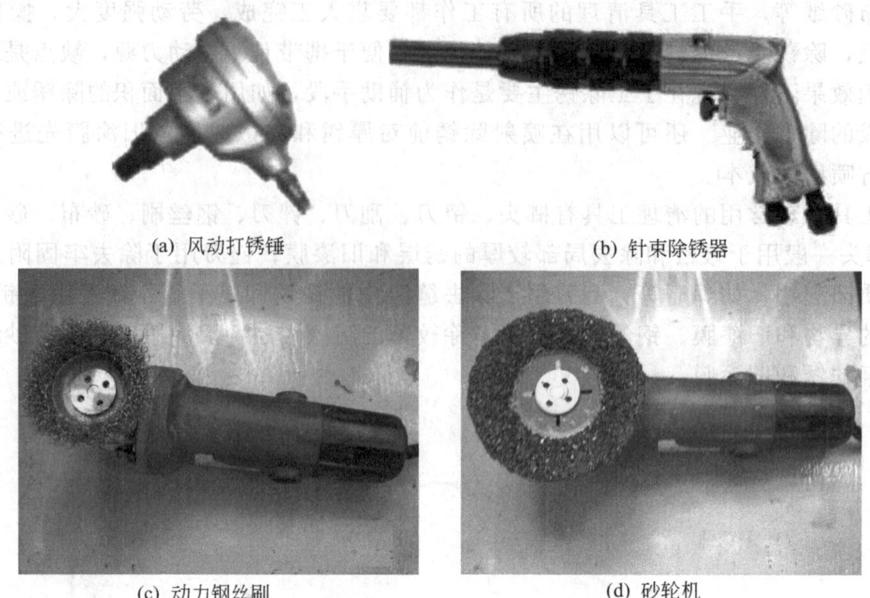
(a) 风动打锈锤 (b) 针束除锈器

(c) 动力钢丝刷 (d) 砂轮机

图 5-2-2 各种动力清理工具

质和平整底材表面的效果。

2. 动力钢丝刷

钢丝刷使用灵活方便，用电或压缩空气作为动力，主要依靠钢丝相对于底材相对运动时产生的摩擦和剪切力除去钢材表面的异物。适用于除锈、除旧涂膜，清理焊缝，去毛刺、飞边等，还可以去除凹陷处的污物。但用它不能除去氧化皮、焊接飞溅物等附着牢固的异物。根据不同的用途，刷面有轮形、杯形、伞形等形状。

3. 风动打锈锤

风动打锈锤又称敲铲枪，主要是依靠压缩空气驱动锤头作往复运动，撞击金属表面铁锈，从而使其脱落除去，是一种比较灵活的除锈工具，适用于比较狭小的区域。其主体由锤体、手柄、旋塞构成，垂头有多种形状，棱角形锤头适用于平面除锈，尖型锤头则适于边角、凹坑和浅缝处除锈。

4. 针束除锈器

针束除锈器也是由电或压缩空气驱动，依靠针束的旋转和往复运动冲击底材，达到清理效果，常被用于焊缝、螺母、孔洞等狭小区域。

三、喷射处理

喷射处理是依靠动力赋予喷射介质一定的能量，并使喷射介质冲击被处理底材的表面，通过冲击、磨削等作用清除掉其表面的杂质，并产生一定的粗糙度的方法。喷射的动力通常有离心力、高压气体、高压液体等，具体的清理方法有喷砂处理、抛丸处理和高压水处理等。需要提出的是，对于喷射处理方法的叫法有多种，例如抛丸处理也可以被称为抛砂处理，因为这种抛射处理方法使用的介质（即磨料）不只限于钢丸，有时也使用砂粒等，同样喷砂处理有时也会因为使用钢丸作为磨料而被称为喷丸处理，高压水处理也会因在水中夹带有磨料而称为湿喷砂处理。为了便于读者理解，在这里把各种方法简单地分为抛丸清理、喷砂清理和高压水喷射处理。

1. 抛丸清理

抛丸是指通过抛丸设备高速旋转的叶轮把钢丸、砂粒和钢丝断等磨料以很高的速度和一定的角度抛射到工作表面上，让丸料冲击工作表面，产生冲击和磨削作用达到清除钢材表面异物、消除应力和产生粗糙度的作用。

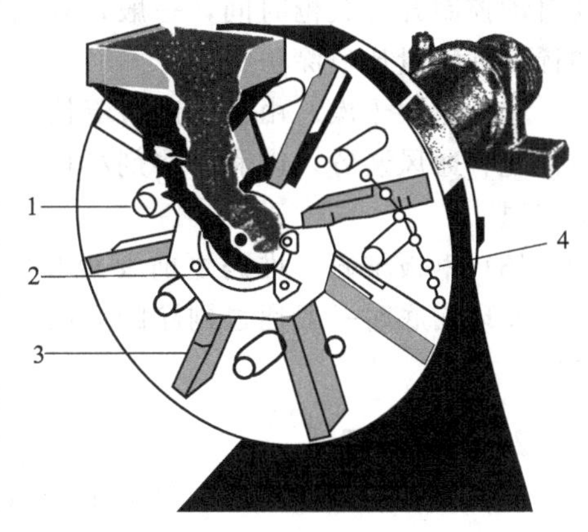

图 5-2-3　抛丸清理的原理

1—叶轮；2—分丸轮；3—叶片；4—钢丸运动轨迹

抛丸机通常由叶轮、定向套、分丸轮、叶片等组成（图 5-2-3）。工作时电动机带动叶轮以 2500r/min 左右的转速高速旋转，钢丸等磨料靠重力进入分丸轮，并同叶轮一起旋转产生离心力，在从定向套飞出的过程中被加速，最后以 60～80m/s 的速度飞出，抛射到被处理的底材表面。

抛丸机操作时通过控制和选择丸料的颗粒大小、形状以及调整和设定机器的行走速度，控制丸料的抛射流量，可以得到不同的抛射强度，从而获得不同的表面处理效果。

现代的抛丸清理一般都是流水线作业，包括抛丸机、输送装置、通风除尘装置、喷漆装置和加热装置等。集装箱钢板表面处理流水线的工艺如图 5-2-4 所示。

图 5-2-4　集装箱钢板表面处理流水线

(1) 钢板输送　整个流水线上钢板的输送是由辊道来完成的，辊道由电机通过调速系统带动，速度一般为 10 m/min 左右。

(2) 抛丸除锈　集装箱钢板厚度一般不超过 6mm，钢板表面状态较好，杂质以氧化皮和铁锈居多，通常采用 4～16 抛头抛丸机。一般要求粗糙度达到 25～50μm，因此单独使用钢丸作为磨料很难达到这种要求，需要加入棱角砂和钢丝切段等磨料。

(3) 气流清理　气流清理主要用来清除碎磨料和粉尘，通过通风除尘系统实现磨料的循环和钢材表面净化的目的，有的流水线采用 45°角倾斜放置钢板的方式，可以使废磨料和粉尘在重力和气流的双重作用下轻易离开底材表面。

(4) 车间底漆涂装　车间底漆的涂装膜厚为 10μm 左右，主要采用喷涂的方式，在边缘处自动控制开枪关枪时间，一般是双面同时涂装。近来也出现了辊涂车间底漆的方式，涂料和稀释剂耗量比喷涂法少。

(5) 涂层干燥　由于生产节奏快，要采用强制干燥的方式，一般为80℃烘干1～2min。通常配有通风装置，以利于溶剂尽快挥发。烘干之后要配备吹风装置，使涂膜温度尽快降低至室温。

(6) 钢板堆码　堆码之前要观察钢板有无漏底，尤其是要通过反光镜观察钢板背面状况，发现漏底时一般通过刷涂的方法及时修补。堆码时要求将钢板排列整齐，以利叉车运送方便。

2. 喷砂处理

喷砂处理是最常用的一种表面处理方法，被广泛用于钢结构、贮罐等涂装前的底材处理、现场组装后的二次底材处理以及小面积修补涂料时的底材处理等。它具有较好的处理效果和经济性，是各种物理处理方法中性价比最高的一种，喷砂处理的缺点是过程中容易产生粉尘，会对环境造成污染并对工人身体健康造成损害。

(1) 喷砂处理的工作原理　喷砂处理是一种以压缩空气为动力的清理方法，其原理是：磨料被高压空气推入或吸入管道，并在管道内被气流不断加速，形成磨料流从喷枪喷出，磨料流以极高的速度冲击底材表面，依靠冲击和磨削等作用除去金属底材表面的铁锈、氧化皮等污物，并在表面形成一定的粗糙度。

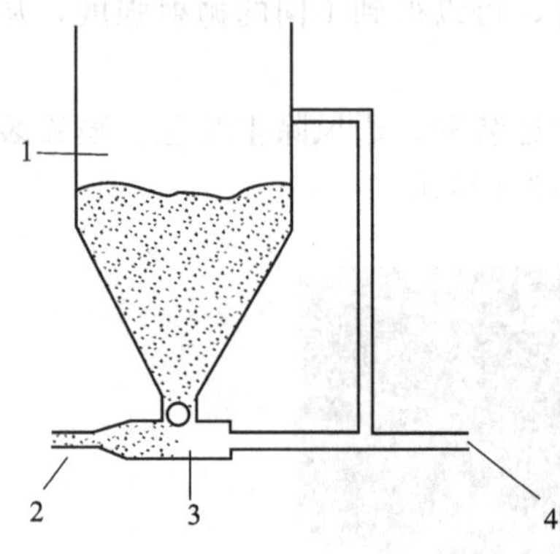

图 5-2-5　喷砂原理
1—贮砂罐；2—喷枪接口；3—混合室；4—压缩空气进口

喷砂处理按照磨料进入系统的方式分为吸入式和压出式两种，其原理如图 5-2-5 所示。

(2) 喷砂系统的组成　喷砂处理系统由压力装置、吸入装置、喷砂装置、回收装置、通风除尘装置等部分组成（图 5-2-6）。其工作原理如下：压力装置产生的压缩空气进入贮砂罐，推动罐内的磨料经导管进入喷枪，从喷嘴射向工作表面。喷出的磨料经筛网落入磨料坑，经回输砂装置送回贮砂罐再重复使用。磨料室内的含尘气体和磨料回收装置中的粉尘通过风机吸进除尘设备除尘，然后排向大气。

(3) 喷砂处理的分类　喷砂处理是一种比较方便的底材处理方法，其应用也有很多种类，包括开放式喷砂、密闭式喷砂和自动循环式喷砂等。

① 开放式喷砂　开放式喷砂处理方式被广泛应用于贮罐、桥梁等大型工件的现场底材处理，采用敞开式作业，对场地条件要求低，底材处理质量好，费用也比较低。但是由于噪声大、磨料回收率低，对环境的污染较大。

开放式喷砂系统主要包括空压机、高压罐、管路、喷枪和磨料回收装置。

② 密闭式喷砂　密闭式喷砂系统将喷砂操作部分密闭起来，有效地减少了污染。密闭的喷砂室设有除尘和磨料回收系统。小型的密闭喷砂室适于处理小的工件，效率不高；大型密闭喷砂室很多是自动的，可以用于连续化生产或处理如船舶分段等大型工件。进入喷砂室工作的人员需要配备独立呼吸系统和防护服装。

③ 自动循环式喷砂　自动循环式喷砂系统在开放式喷砂系统的基础上进行了改进，采用了特殊的喷嘴，这种喷嘴配有一个带有毛刷的密闭材料外套，外套和真空除尘系统相连。工作时外套紧贴工件表面，磨料流对工件喷射后产生的粉尘和废磨料能被真空系统及时抽到

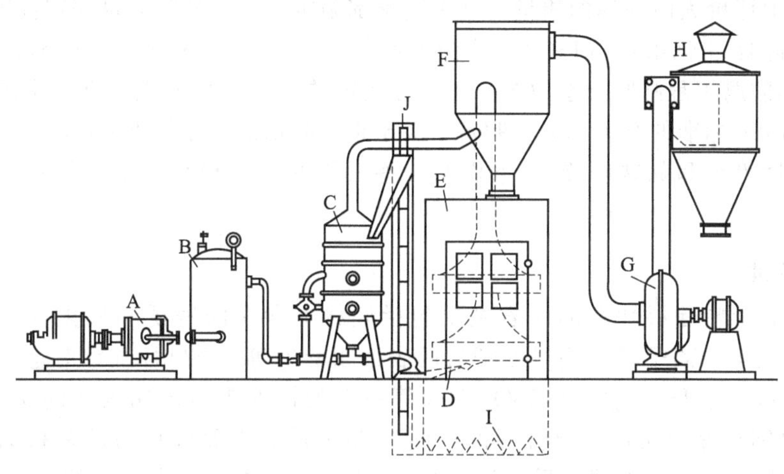

图 5-2-6　喷砂系统

A—空气压缩机；B—压缩空气贮罐；C—贮砂罐；D—喷枪；E—喷室；F—除尘分离器；G—排风机；H—集尘器；I—螺旋输砂装置；J—吊斗输砂装置

分离筛选装置，经分离和过滤后可以送回系统重复使用，从而避免了粉尘等有害物的扩散，减少了环境污染。

3. 水喷射处理

水喷射处理是一种相对较新的技术，它利用高压水的冲击力，对底材表面附着物产生冲击、水楔、疲劳和气蚀等作用，使其脱落而除去。水喷射处理有两个显著的优点，第一，它喷射的介质主要是水，能抑制粉尘的释放，有利于环保，因此使用范围比其他喷射方法要广；第二，它不仅可以除去氧化皮、铁锈和旧涂层等杂质，还可以溶解并冲掉可溶性盐类，这是干法喷射无法做到的。但这种方法不能在底材的表面产生粗糙度，而且有可能使邻近的完好涂膜产生开裂。由于水的存在，清理后的钢材在涂装之前往往会产生锈蚀，因此有时需要在水里加入缓蚀剂。

(1) 水喷射处理系统的组成　水喷射处理系统通常由高压水泵、高压管路、控制装置和喷枪等组成，先进的水喷射系统往往还配有水循环装置，利用真空原理将喷射后产生的废水和杂质回收起来，进行过滤分离后，水可以重复使用。

(2) 水喷射处理的分类　按照通行的标准，水喷射处理可分为低压水清理、高压水清理、高压水喷射和超高压水喷射四类。

① 低压水清理（LPWC）　压力小于 34MPa，通常用于除去疏松的氧化皮或沉积物的表面水清洗。

② 高压水清理（HPWC）　压力为 34～70MPa，用于除去旧的锈皮和疏松漆膜，使用“鼓风式喷射”枪嘴喷出水流，每分钟流量大约为 60L。

③ 高压水喷射（HPWJ）　压力为 70～170MPa。

④ 超高压水喷射（UHPJC）　压力大于 170MPa，用于完全除去所有锈蚀和氧化皮，并且可除去所有的残存旧涂膜。

四、钢铁表面处理的相关标准

对于涂料公司的涂装管理工程师而言，如何评价处理后的金属表面是否达到了可以涂装涂料的标准要求是保证漆膜发挥性能的关键，其意义往往要比了解表面处理过程本身重要得多。为了正确地评价表面处理的质量，许多国家都制定了表面处理质量评定标准。其中比较权威的是：国际标准化组织（ISO）、美国钢结构涂装协会（SSPC）、日本造船研究协会（JSRA）、美国防腐工程师联合会（NACE）等制定的相应底材处理标准。中国也等效采用 ISO 8501-1：1988 标准的有关部分，制定了关于钢铁除锈的国家标准 GB 8923—1988《涂装前钢材表面锈蚀等级和除锈等级》。下面对一些常用的标准和它们之间的相互关系作简单介绍。

1. ISO 标准

一般来讲，影响涂层性能的因素主要包括底材上存在的铁锈和氧化皮、表面的污染物、旧漆膜、灰尘、离子以及底材处理后的表面粗糙度等。ISO 标准针对这些情况，制定了相应的 ISO 8501、ISO 8502 及 ISO 8503 等一系列标准来对金属表面的状况做出评价，ISO 8501 是对钢板除锈质量的评价标准，ISO 8502 是对表面处理后的钢材的一些检测方法，ISO 8503 则是关于喷射清理后钢材表面粗糙度的评定标准。各标准的名称见表 5-2-1。

表 5-2-1 相关 ISO 标准的名称

ISO 标准号		标准名称
ISO 8501	ISO 8501-1	钢材在涂装涂料及相关产品前的预处理，表面清洁度的目视评定
	ISO 8501-2	用于评定原先涂过涂料的钢材进行局部除锈的标准
ISO 8502	ISO 8502-1	喷射处理过的钢材表面进行可溶性铁盐的检测方法
	ISO 8502-2	经除锈过的钢材表面氯化物的检测方法
	ISO 8502-3	涂装前表面灰尘沾污程度标准
	ISO 8502-4	涂装前钢材表面结露可能性的评定
	ISO 8502-5	涂装前钢材表面氯化物测定法，氯离子检测法
	ISO 8502-6	表面可溶性杂质取样及测定方法，BRESLE 方法
	ISO 8502-7	涂装前表面可溶性杂质分析，氯离子现场分析法
	ISO 8502-8	涂装前表面可溶性杂质分析，硫酸盐现场分析法
	ISO 8502-9	可溶性盐电导率的现场检测法
	ISO 8502-10	可溶性盐的滴定法现场检测法
ISO 8503	ISO 8503-1	表面粗糙度比较样块的技术要求和定义
	ISO 8503-2	喷射清理后钢材表面粗糙度分级——比较样块法
	ISO 8503-3	ISO 基准样块的校验和表面粗糙度的测定方法——显微镜调焦法
	ISO 8503-4	ISO 基准样块的校验和表面粗糙度的测定方法——触针法

(1) 锈蚀和预处理等级的评价 ISO 8501-1 是目视评定锈蚀等级和预处理等级的依据，这个标准主要包括锈蚀等级、预处理等级、目视评定步骤等几个部分和 28 张典型样板的照片。在实际工作中通常是结合标准的描述和对照样板的照片来判断底材的等级和是否达到了预处理的标准要求。需要说明的是，在本书中转载的这些照片只是为了用来向读者介绍和说明相关的标准，不能用做判断底材处理的等级依据。如果读者需要，可以向有关方购买相应的标准。

① 金属表面的锈蚀等级 ISO 8501-1 将未涂装过的金属表面按氧化皮覆盖情况和锈蚀程度分为 A、B、C、D 四个等级（图 5-2-7），对各等级的原始状态描述如下。

A：钢材表面大面积覆盖附着氧化皮，但几乎没有铁锈。

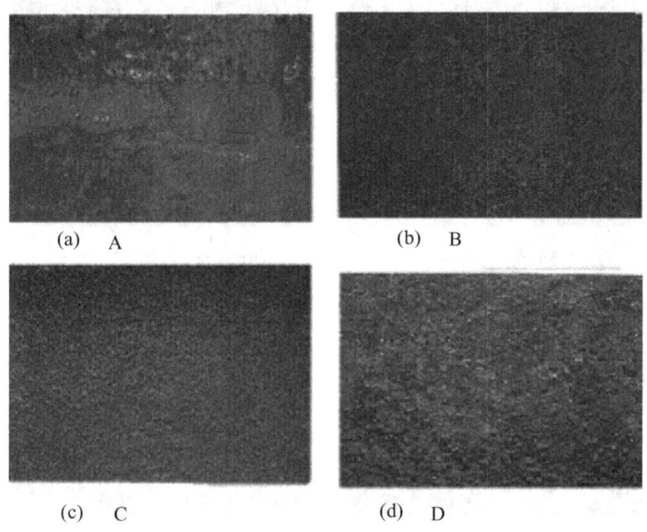

图 5-2-7　金属表面锈蚀等级评定照片

B：钢材表面已开始锈蚀，且氧化皮已开始剥落。

C：钢材表面的氧化皮已因锈蚀而产生剥落或者可以刮除，但在正常视力观察下仅可见少量点蚀。

D：氧化皮已因锈蚀而剥落，在正常视力观察下，已可见到普遍发生点蚀的钢材表面。

② 喷射清理预处理（Sa）　以喷射方式进行的表面预处理，以字母“Sa”表示。ISO 8501-1 将喷射处理分为 Sa1、Sa2、Sa2$\frac{1}{2}$和 Sa3 四个等级，并给出了各个等级金属底材表面的喷射处理的文字描述和照片。

Sa2$\frac{1}{2}$被称作“非常彻底的喷射处理”级别，是最常用的底材处理等级，绝大多数的钢材涂装配套都要求底材处理达到这个等级。这个级别在 ISO 8501-1 中是这样定义的：“在不放大的情况下进行观察时，表面应无可见的油脂和污垢，并且没有氧化皮、铁锈、涂料涂层和异物。任何残留的痕迹应仅是点状或条纹状的轻微色斑”，ISO 8501-1 中针对 A、B、C、D 四种表面状态的钢材处理后达到 Sa2$\frac{1}{2}$的照片如图 5-2-8 所示。

Sa3 是比 Sa2$\frac{1}{2}$更严格的处理级别，称作“使钢材表面更洁净的喷射处理”，通常应用在一些特殊场合的涂装配套的底材处理，如化学品舱和化学品贮罐等。它要求处理到金属表面没有杂质的状态。Sa3 级在 ISO 8501-1 中的描述为：“在不放大情况下进行观察时，表面应无可见的油脂和污垢，并且没有氧化皮、铁锈、涂料涂层和异物。该表面应具有均匀的金属光泽”（图 5-2-9）。

③ 手工和动力工具清理预处理（St）　ISO 8501-1 将动力工具处理分为 St2 和 St3 两个级别。St3 是涂装涂料时常用的处理级别；对于一些渗透性好的油性涂料和对底材处理要求不高的带锈型涂料，底材的处理等级要求可以定为 St2，以节约施工成本。St2 的文字描述为：在不放大情况下进行观察时，表面应无可见的油脂和污垢，并且几乎没有附着不牢的氧化皮、铁锈、涂料涂层和异物（图 5-2-10）。St3 的描述与 St2 基本相同，但“表面处理要彻底得多，表面应具有金属底材的光泽”（图 5-2-11）。

④ 火焰清理预处理（FI）　火焰处理主要用于清除底材表面的油污等，常用于不锈钢表面的处理。用火焰清理方式进行的表面处理以字母“FI”表示。其状态被描述为：“在不放

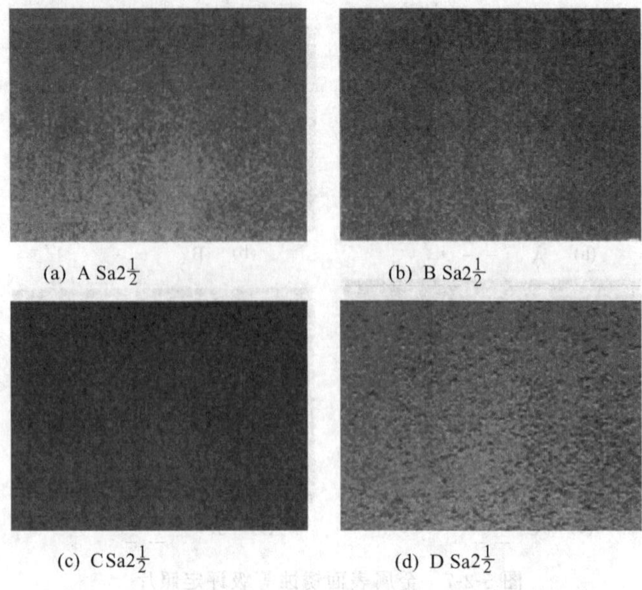

图 5-2-8 金属底材 Sa2$\frac{1}{2}$级表面处理参考图片

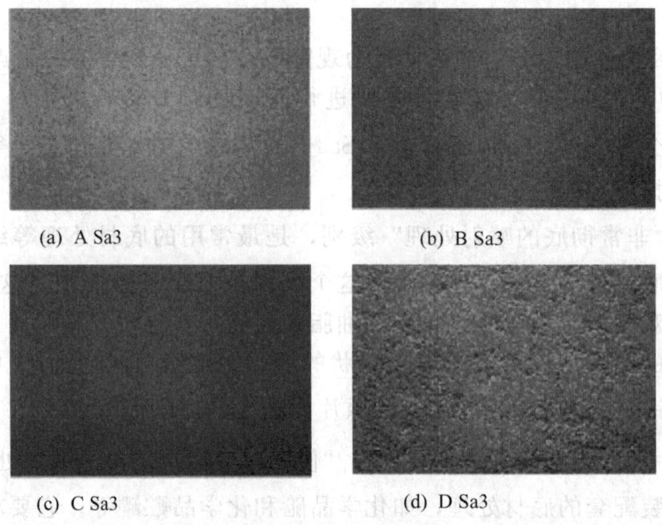

图 5-2-9 金属底材 Sa3 级表面处理参考图

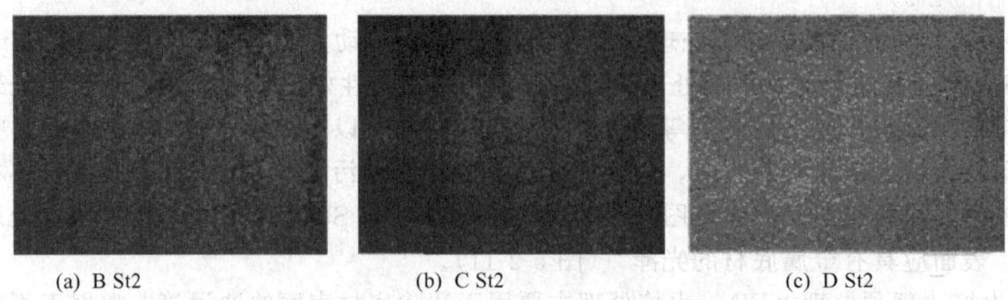

图 5-2-10 B、C、D 级金属底材 St2 级表面处理参考图片

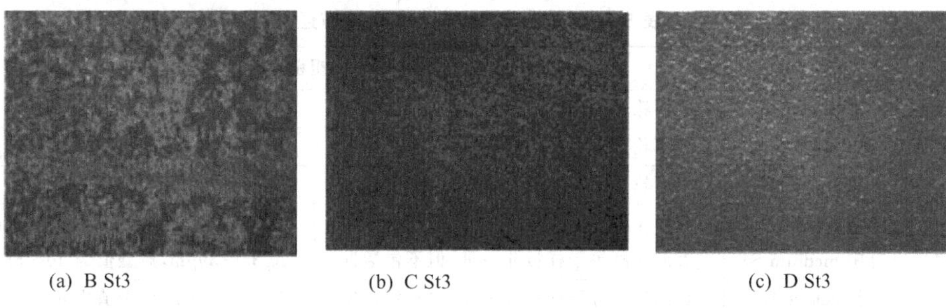

图 5-2-11 B、C、D 级金属底材 St3 级表面处理参考图片

大情况下进行观察时，表面应无氧化皮、铁锈、涂料涂层和异物，任何残留物仅应显示为表面褪色”。

(2) 钢材表面粗糙度 金属表面经过喷射清理后，就会获得一定的表面粗糙度或表面轮廓。表面粗糙度的存在会使金属表面的面积明显增加，有利于涂料和底材之间的附着。当然并不是粗糙度越大越好，因为在实际涂装时涂料必须要能够覆盖住这些粗糙度的波峰，如果粗糙度和涂膜的厚度差距过小，容易造成波峰处的膜厚变薄，影响保护效果，另外过大的粗糙度会由于涂料对底材的浸润不良造成涂膜防腐性和附着性的降低。

① 表面粗糙度的定义 表面粗糙度有三种常用的表示方法，即 R_a、R_y 和 R_z。R_a 表示波峰、波谷到虚构的中心线的平均距离；R_z 表示波峰到波谷的平均值，即在中心线上下各取 5 个点，将这些点至中心线的距离标记为 $y_1 \sim y_{10}$，$R_z=(y_1+y_2+y_3+y_4+\cdots+y_{10})/5$；$R_y$ 为波峰到波谷的最大值，也称作 R_{max}，应用触针法可以测定 R_y。对于喷射处理的表面粗糙度，通常用 R_z 来描述，一般叫做喷砂粗糙度，$R_z=(4\sim6)R_a$，通常取最大系数 6。各种表面粗糙度表示方法示意如图 5-2-12 所示。

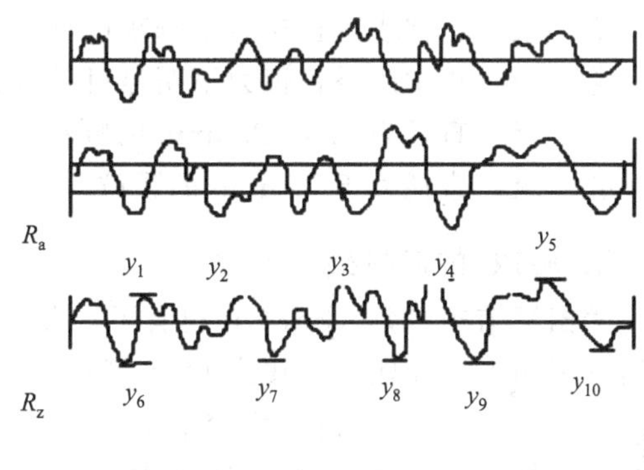

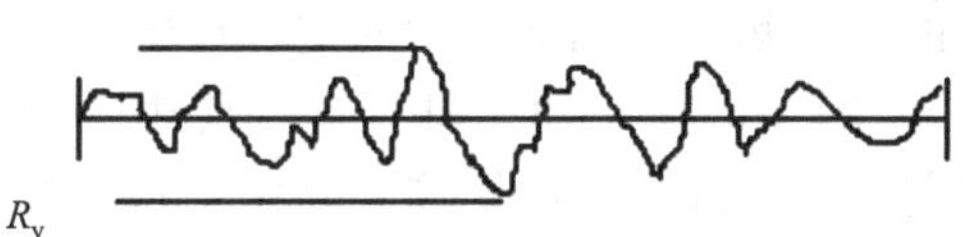

图 5-2-12 各种表面粗糙度表示方法示意

② 表面粗糙度的测定方法 ISO 8503 规定了三种粗糙度的评价方法，即比较样块法、显微调焦法和触针法。ISO 8503-1 把表面粗糙度样板分为钢砂（样板 G）和钢丸（样板 S）喷射处理两种。每一种表面粗糙度样板分为 4 块（Ⅰ～Ⅳ），这四块样板可以分为细、中、粗三级，标准板的分级描述见表 5-2-2。在实际工作中用这些样块作为对比标准，通过视觉和触觉来对比判断底材的处理程度。

ISO 8503-3 规定了显微调焦法测定给定区域的表面粗糙度 R_y 的方法。这种方法利用显微镜调焦的原理，将处理过的底材样块或复制物放在规定的显微镜下观察，记录能用显微镜刚刚能清楚观察到波峰时的调焦距离 r_1 和刚刚能清楚观察到波谷时的调焦距离 r_2，r_1 和 r_2 的差值即为波峰到波谷间的距离 h_y。该标准要求检测 20 个值，取其算数平均值 h_y 作为检测结果，这里的 h_y 值可以认为是 R_y 值。

现在一般采用触针式的电子粗糙度仪来检测粗糙度，它可以直接读出以微米表示的粗糙度值 R_y。ISO 8503-4 规定了用触针法测定给定区域的平均表面粗糙度 R_{y5} 的方法，这种方法通过用触计式粗糙度仪检测 12.5mm 评价长度上的连续五个点的 R_y 值（同时规定每个 R_y 值的取样长度为 5mm），再取这五个检测值的算术平均值即得到这个评价区域的 R_{y5}。

表 5-2-2 ISO 粗糙度标准板的描述

<table>
<tr><th>处理方法</th><th>等 级</th><th colspan="2">表面粗糙度</th></tr>
<tr><td rowspan="3">钢砂处理表面</td><td>细 fine G</td><td>表面轮廓等于样板Ⅰ～Ⅱ,但不包括Ⅱ</td><td>R_y23～49μm,典型值为 25～45μm</td></tr>
<tr><td>中 medium G</td><td>表面轮廓等于样板Ⅱ～Ⅲ,但不包括Ⅲ</td><td>R_y50～84μm,典型值为 55～80μm</td></tr>
<tr><td>粗 coarse G</td><td>表面轮廓等于样板Ⅲ～Ⅳ,但不包括Ⅳ</td><td>R_y85～130μm,典型值为 85～129μm</td></tr>
<tr><td rowspan="3">钢丸处理表面</td><td>细 fine S</td><td>表面轮廓等于样板Ⅰ～Ⅱ,但不包括Ⅱ</td><td>R_y23～34μm,典型值为 25～30μm</td></tr>
<tr><td>中 medium S</td><td>表面轮廓等于样板Ⅱ～Ⅲ,但不包括Ⅲ</td><td>R_y35～59μm,典型值为 40～55μm</td></tr>
<tr><td>粗 coarse S</td><td>表面轮廓等于样板Ⅲ～Ⅳ,但不包括Ⅳ</td><td>R_y60～84μm,典型值为 65～80μm</td></tr>
</table>

(3) 灰尘清洁度 钢材表面的灰尘对涂料与钢材表面的附着力有很大的影响。涂料对于灰尘的附着力是相当好的，但灰尘在钢材上却几乎没有任何的附着力。而且灰尘的存在很容易使涂层浸水后产生起泡。ISO 8502-3 规定了钢材表面灰尘清洁度的检查标准，检查方法是把胶带摩擦压在钢材表面，然后取起放在白色的背景上，灰尘的多少和粒度就会清晰地表现出来，再把它与标准对比判断就可以得出灰尘清洁度和灰尘粒径等级。灰尘清洁度分为 1～5 五个级别，灰尘粒径分为 0～5 级六个级别。标准中提供了灰尘清洁度级别的对比图片，灰尘粒径的各级别描述如下。

① 0 级 10 倍放大镜下不可见微粒。

② 1 级 10 倍放大镜下可见而肉眼不可见（颗粒直径小于 50μm）。

③ 2 级 正常或矫正视力下刚刚可见（颗粒直径为 50～100μm）。

④ 3 级 正常或矫正视力下明显可见（直径小于 0.5mm）的颗粒。

⑤ 4 级 直径为 0.5～2.5mm 的颗粒。

⑥ 5 级 直径大于 2.5mm 的颗粒。

2. SSPC 的底材处理标准

美国钢结构协会（SSPC）也有了一套底材处理标准，它包括溶剂清洗、动力工具处理、喷射处理和火焰处理等，共分 11 个等级。

(1) SP1 溶剂处理，用溶剂或其蒸汽、乳化液、碱或水蒸气完全除去油脂、蜡、灰尘及其他污物，适用低湿度的室外环境。

(2) SP2 手动工具处理，使用手动工具如钢丝刷、铲刀、锤、砂纸等，通过削、磨、刷等方法去除松散的锈迹、氧化皮和旧漆膜等，以达到指定等级。

(3) SP3 机械工具处理，使用机械工具如风铲、除鳞机、砂轮等，通过削、磨、刷等方法去除松散的锈迹、氧化皮和旧漆膜等，以达到指定等级。

(4) SP4 火焰除锈处理，用乙炔焰烧除油污，脱除锈蚀及松动的氧化皮，再接着用钢丝刷或喷射除锈，趁热涂装。

(5) SP5 喷砂出白级处理，通过干式或湿式喷砂、抛丸的方法除去所有可见的锈迹、氧化皮、漆皮等。

(6) SP6 商业级喷砂处理，喷砂处理至被处理面积的 2/3 的部分没有可见的残迹。

(7) SP7 扫砂除锈处理，喷砂除去所有附着不牢固的氧化皮、锈迹和漆皮，露出大多数有锈斑点的钢材表面。

(8) SP8 浸酸除锈法，通过酸液和电解质的浸洗除去所有锈迹和氧化皮。

(9) SP9 暴露后喷射，钢材先通过暴露的方法除去氧化皮后再进行喷射除锈。

(10) SP10 喷砂近白处理，喷砂处理至接近 SP5 标准表面，至少 95%的被处理表面没有可见的残渣。

(11) SP11 动力工具清理至裸露金属，SSPC-VIS1 将处理前的钢材分为 A、B、C、D、G 五个级别，其中的前四个级别和 ISO 标准类似，G 级用来描述表面覆盖有漆膜的钢材的状态，它又分为 G1、G2、G3 三个等级，G1 表面有大量小的点蚀，G2 表面有中等程度锈蚀凹坑，G3 表面有严重的锈蚀凹坑。SSPC-VIS 1 给出了这三个等级的底材不同处理方法和处理等级的典型照片（图 5-2-13）。

(a) G1 板未处理前状况

(b) G2 板未处理前状况

(c) G3 板未处理前状况

图 5-2-13 SSPC-VIS 1 处理前的钢材状态图片

3. NACE 标准

美国腐蚀工程师协会（NACE）制定的底材处理标准可以分为 NACE No. 1、NACE No. 2、NACE No. 3、NACE No. 4、NACE No. 5、NACE No. 6、NACE No. 8，共七个级别。1994 年 10 月，NACE 和 SSPC 联合制定了磨料喷砂清理标准，共有以下四个部分。

NACE No. 1/SSPC SP-5 金属喷砂出白处理

NACE No. 3/SSPC SP-6 商业级喷砂处理

NACE No. 2/SSPC SP-10 金属喷砂近似出白处理

NACE No. 4/SSPC SP-7 扫砂级喷砂处理

而后又共同制定了其他的底材处理标准，即

NACE No. 5/SSPC SP-12 水喷射处理标准

NACE No. 8/SSPC SP-14 工业级喷砂清理标准

NACE No. 6/SSPC SP-13 混凝土表面处理标准

4. 不同表面处理的标准级别对应

虽然各种底材处理标准的内容不同，但是它们之间有着一些对应关系，现将各国除锈标准的对应关系列于表 5-2-3 中，供参考。

表 5-2-3 各国除锈标准的对应关系

标准名称								表面处理方法	处理内容（SSPC 称法）	除锈率/%
美国	瑞典	中国	英国	德国	国际	美国	日本造船研究协会			
SSPC	SIS	GB	BS	DIN	ISO	NACE	SPSS			
SP-5	Sa3 A,B,C,D		1 级	Sa3	Sa3	No. 1	喷砂 Sd3 喷丸 Sh3	喷砂 喷丸	喷砂清除露出白色金属	99
SP-10	Sa2$\frac{1}{2}$ A,B,C,D		2 级	Sa2$\frac{1}{2}$	Sa2$\frac{1}{2}$	No. 2	Sd2,Sh2	喷砂 喷丸	喷砂清除接近白色金属	95
SP-6	Sa2 B,C,D		3 级	Sa2	Sa2	No. 3	Sd1,Sh1	喷砂 喷丸	喷砂清除	67
SP-7	Sa1 B,C,D		—	Sa1	Sa1	No. 4	Ss	喷砂 喷丸	喷砂清除	
SP-3	St3 B,C,D		—	St3	St3	—	Pt3	动力工具除锈		
SP-2	St2 B,C,D		—	St2	St2	—	Pt2	手工除锈		

ISO、SSPC和NACE三个标准之间也存在一定的对应关系，见表5-2-4。

表5-2-4 表面处理标准对应表

SSPC	ISO	NACE	SSPC	ISO	NACE
SP1			SP8		
SP2			SP9		
SP3			SP10	Sa2$\frac{1}{2}$	No. 2
SP4			SP11		
SP5	Sa3	No. 1	SP12		No. 5
SP6	Sa2	No. 3	SP13		No. 6
SP7	Sa1	No. 4	SP14		No. 8

5. 几种物理处理方法的对比

各种底材处理方法都有其特点，有的除锈质量较好，有的施工比较方便，有的则费用较低，所以在设计表面处理时应该综合考虑各种因素，确定比较适合的方法。表5-2-5列出了几种物理处理方法的优缺点，供参考。

表5-2-5 几种物理处理方法对比

除锈方法	除锈质量	表面粗糙度	对漆膜保护性能的影响	必要的施工场地	现场施工的适用	粉尘问题	钢板厚度限制	除锈费用
喷射处理	◎	◎	◎	×	○	×	×	×
动力工具处理	△	×	○	◎	◎	○	◎	○
手工工具处理	×	×	○	◎	◎	○	◎	◎
水喷射处理	◎	×	△	○	○	◎	×	×

注：◎代表最佳；○代表良好；△代表勉强适用；×代表不适合，差，费用大，缺点多。

第二节 钢材表面的化学处理

实验表明，钢铁表面不经涂前处理的试件两年后涂层有60%被锈蚀，而经过精细涂前处理的试件只发现个别锈点。因为钢铁表面的锈迹不但会影响涂料涂层与钢铁表面的粘接，还会对钢铁表面产生继续锈蚀，以致使涂层遭到严重破坏。

通常在金属零件表面往往附有氧化皮、油脂、灰尘等污垢物，如果在涂装前不把这些异物去除，将影响涂膜固化或造成涂膜龟裂、剥落，尤其是残留的氧化皮还会在涂膜下继续生长而失去涂装的意义。因此，涂装前处理的目的就是除去金属表面附着的各种污垢物，以提高金属与涂膜的附着力，从而保护金属不受腐蚀破坏。

人们通常把金属涂装前需要进行的脱脂、除锈、磷化这三道工序通称为“前处理”。前处理方法一般分为两大类，即机械的涂装前处理和化学的涂装前处理。

机械的涂装前处理方法在第一节中已有介绍，它包括采用键刀、刮刀、钢丝刷等工具以人工的操作方法或采用喷砂、喷丸、抛丸等的机械方法，除去金属表面的污垢物。前者不能把金属表面的氧化皮、污垢等异物彻底清除，但操作简便。而后者可以将其去除并可获得洁净且有一定粗糙度的表面，从而可增加涂料的附着力，并且效率高，但对于外形比较复杂或薄板成型的工件则不大适用。

化学的涂装前处理包括脱脂、酸洗和磷化等。

(1) 脱脂 由于防锈或加工的需要，在金属表面往往涂有防锈油、压延油、切削油等油性物质，灰尘极易附着其上。涂装前要把这些污垢物去掉，常用碱性脱脂剂、有机溶剂、乳化液脱脂剂或溶剂蒸气进行清洗，这是酸洗、磷化工序前所必须的。

(2) 酸洗　金属表面覆盖的氧化皮或锈蚀物会使涂膜的附着力、耐腐蚀性显著降低。为此要采用各种酸液将其去掉，这就是酸洗。为了防止过酸洗或氢脆，需要添加缓蚀剂。

(3) 磷化（氧化）　金属表面与磷化液反应，可使其表面生成一层稳定、难溶的无机化合物，这种化合物可提高涂膜的附着力和耐腐蚀性。

一、除油脂

除油脂的目的在于清除掉工件表面的油脂、油污，包括机械法、化学法两类。机械法主要有手工擦刷、喷砂抛丸、火焰灼烧等。化学法有溶剂清洗、酸性清洗剂清洗、强碱液清洗、低碱性清洗剂清洗等。以下主要介绍化学法除油脂工艺。

1. 溶剂清洗

溶剂法除油脂一般采用非易燃的卤代烃蒸气法或乳化法。最常见的是采用三氯乙烷、三氯乙烯、全氯乙烯蒸气来去除油脂。蒸气脱脂速度快，效率高，脱脂干净彻底，对各类油及脂的去除效果都非常好。在氯代烃中加入一定的乳化液，不管是浸泡还是喷淋效果都很好。由于氯代卤都有一定的毒性，汽化温度也较高，再者由于新型水基低碱性清洗剂的出现，溶剂蒸气和乳液除油脂方法现在已经很少使用了。

2. 酸性清洗剂清洗

酸性清洗剂除油脂是一种应用非常广泛的方法。它利用表面活性剂的乳化、润湿、渗透原理，并借助于酸腐蚀金属产生氢气的机械剥离作用，达到除油脂的目的。酸性清洗剂可在低温和中温下使用。低温一般只能除掉液态油，中温就可除掉油和脂，一般只适合于浸泡处理方式。酸性清洗剂主要由表面活性剂（如 OP 类非离子型活性剂、阴离子磺酸钠型）、普通无机酸、缓蚀剂三大部分组成。由于它兼备有除锈与除油脂双重功能，人们习惯称之为“二合一”处理液。常见的酸性清洗剂配方及工艺参数见表 5-2-6。

表 5-2-6　常见酸性清洗剂配方和工艺

工　艺	低温型	中温型	磷酸酸基型
工业盐酸(31%)/%	20～50	0	0
工业硫酸(98%)/%	0～15	15～30	0
工业磷酸(85%)/%	0	0	10～40
表面活性剂(OP 类，磺酸类)/%	0.4～1.0	0.4～1.0	0.4～1.0
缓蚀剂	适量	适量	适量
使用温度/℃	常量～45	50～80	常温～80
处理时间/min	适当	5～10	适当

盐酸、硫酸基的清洗剂应用最为广泛，其成本低，效率也较高。但酸洗残留的 Cl^-、SO_4^{2-} 对工件的后腐蚀危害很大。磷酸基本没有腐蚀物残留的隐患，但磷酸成本较高，清洗效率低些。

3. 强碱液清洗

强碱液除油脂是一种传统的有效方法。它是利用强碱对植物油的皂化反应，形成溶于水的皂化物来达到除油脂的目的。纯粹的强碱液只能皂化除掉植物油脂而不能除掉矿物油脂。因此人们通过在强碱液中加入表面活性剂，一般是磺酸类阴离子活性剂，利用表面活性剂的乳化作用达到除矿物油的目的。强碱液除油脂的使用温度都较高，通常>80℃。常用强碱液清洗配方与工艺如下。

氢氧化钠/%	5～10	处理温度/℃	≥80
硅酸钠/%	2～8	处理时间/min	5～20
磷酸钠(或碳酸钠)/%	1～10	处理方式	浸泡、喷淋均可
表面活性剂(磺酸类)/%	2～5		

强碱液除油脂需要较高温度，能耗大，对设备腐蚀性也大，并且材料成本并不算低，因此这种方法的应用正逐步减少。

4. 低碱性清洗液清洗

低碱性清洗液是当前应用最为广泛的一类除油脂剂。它的碱性低，一般 pH 为 9～12。对设备腐蚀较小，对工件表面状态破坏小，可在低温和中温下使用，除油脂效率较高。特别在喷淋方式使用时，除油脂效果特别好。低碱性清洗剂主要由无机低碱性助剂、表面活性剂、消泡剂等组成。无机型助剂主要是硅酸钠、三聚磷酸钠、磷酸钠、碳酸钠等。其作用是提供一定的碱度，有分散悬浮作用。可防止脱下来的油脂重新吸附在工件表面。表面活性剂主要采用非离子型与阴离子型，一般是聚氯乙烯 OP 类和磺酸盐型，它在除油脂过程中起主要的作用。在有特殊要求时还需要加入一些其他添加物，如喷淋时需要加入消泡剂，有时还加入表面调整剂，起到脱脂、表调双重功能。低碱性清洗剂已有很多商业化产品，如 PA30-IM、PA30-SM、FC-C4328、Pyroclean442 等。

一般常用的低碱性清洗液配方和工艺见表 5-2-7。

表 5-2-7 常用低碱性清洗液配方和工艺

类 型	浸泡型	喷淋型	类 型	浸泡型	喷淋型
三聚磷酸钠/(g/L)	4～10	4～10	表面调整剂/(g/L)	0～3	0～3
硅酸钠/(g/L)	0～10	0～10	游离碱度/点	5～20	5～15
碳酸钠/(g/L)	4～10	4～10	处理温度/℃	常温～80	40～70
消泡剂/(g/L)	0	0.5～3.0	处理时间/min	5～20	1.5～3.0

浸泡型清洗剂主要应注意的是表面活性剂的浊点问题，当处理温度高于浊点时，表面活性剂析出上浮，使之失去脱脂能力，一般加入阴离子型活性剂即可解决。喷淋型清洗剂应加入足够的消泡剂，在喷淋时不产生泡沫尤为重要。

铝件、锌件清洗时，必须考虑到它们在碱性条件下的腐蚀问题，一般宜用接近中性的清洗剂。

二、酸洗

用酸洗除锈、除氧化皮的方法是工业领域应用最为广泛的方法。利用酸对氧化物溶解以及腐蚀产生氢气的机械剥离作用达到除锈和除氧化皮的目的。酸洗中使用最为常见的是盐酸、硫酸、磷酸。硝酸由于在酸洗时产生有毒的二氧化氮气体，一般很少应用。盐酸酸洗适合在低温下使用，不宜超过 45℃，使用浓度 10%～45%，还应加入适量的酸雾抑制剂为宜。硫酸在低温下的酸洗速率很慢，宜在中温使用，温度 50～80℃，使用浓度 10%～25%。磷酸酸洗的优点是不会产生腐蚀性残留物（盐酸、硫酸酸洗后或多或少会有 Cl^-、SO_4^{2-} 残留），比较安全，但磷酸的缺点是成本较高，酸洗速率较慢，一般使用浓度 10%～40%，处理温度可常温至 80℃。在酸洗工艺中，采用混合酸也是非常有效的方法，如盐酸-硫酸混合酸、磷酸-柠檬酸混合酸。

在酸洗除锈除氧化皮槽液中，必须加入适量的缓蚀剂。缓蚀剂的种类很多，选用也比较容易，它的作用是抑制金属腐蚀和防止“氢脆”。但酸洗“氢脆”敏感的工件时，缓蚀剂的选择应特别小心，因为某些缓蚀剂抑制两个氢原子变为氢分子的反应，即 $2[H] \longrightarrow H_2\uparrow$，使金属表面氢原子的浓度提高，增强了“氢脆”倾向。因此必须查阅有关腐蚀数据手册，或做“氢脆”试验，避免选用危险的缓蚀剂。

三、磷化处理

磷化处理工艺应用于工业已有近百年的历史，磷化工艺过程是一种化学与电化学反应形成磷酸盐化学转化膜的过程，这层不溶的化学转化膜通常是由金属与稀磷酸或酸性磷酸盐溶液反应形成的。磷化处理过程所形成的磷酸盐转化膜称之为磷化膜。磷化的目的主要是给基体金属提供保护，在一定程度上防止金属被腐蚀；或用于涂漆前打底，提高漆膜层的附着力与防腐蚀能力。在金属冷加工工艺中也通常使用磷化膜起减摩润滑使用。

1. 磷化的分类

磷化的分类方法很多，但一般是按磷化成膜体系、磷化膜厚度、磷化使用温度、促进剂类型进行分类。

(1) 按磷化成膜体系主要分为：锌系、锌钙系、锌锰系、锰系、铁系、非晶相铁系六大类。

(2) 按磷化膜厚度（磷化膜重）分，可分为次轻量级、轻量级、次重量级、重量级四种。其中次轻量级膜重仅 0.1～1.0g/m^2，一般是非晶相铁系磷化膜，仅用于漆前打底，特别是变形大工件的涂漆前打底效果很好。轻量级膜重 1.1～4.5g/m^2，广泛应用于漆前打底，在防腐蚀和冷加工行业应用较少。次重量级磷化膜重 4.6～7.5g/m^2，由于膜重较大，膜较厚（一般＞3μm），较少作为漆前打底（仅作为基本不变形的钢铁件漆前打底），可用于防腐蚀及冷加工减摩润滑。重量级膜重大于 7.5g/m^2，不作为漆前打底用，广泛用于防腐蚀及冷加工。

(3) 按处理温度可分为常温、低温、中温、高温四类。常温磷化就是不加温磷化。低温磷化一般处理温度 30～45℃，中温磷化一般 60～70℃，高温磷化一般＞80℃，温度划分法本身并不严格。

(4) 按促进剂类型分类，由于磷化促进剂主要只有几种，按促进剂的类型分类有利于槽液的了解。根据促进剂类型大体可决定磷化处理温度，如 NO_3^- 促进剂主要就是中温磷化。促进剂主要分为：硝酸盐型、亚硝酸盐型、氯酸盐型、有机氮化物型、钼酸盐型等主要类型。每一个促进剂类型又可与其他促进剂配套使用，有不少的分支系列。硝酸盐型包括：NO_3^- 型，NO_3^-/NO_2^-（自生型）。氯酸盐型包括：ClO_3^-，ClO_3^-/NO_3^-，ClO_3^-/NO_2^-。亚硝酸盐包括：硝基胍 $R—NO_2^-/ClO_3^-$。钼酸盐型包括：MoO_4^-，MoO_4^-/ClO_3^-，MoO_4^-/NO_3^-。

2. 防锈磷化处理工艺

磷化工艺的早期应用是防锈，钢铁件经磷化处理形成一层磷化膜，起到防锈作用。经过磷化防锈处理的工件防锈期可达几个月甚至几年（对涂漆工件而言），广泛用于工序间、运输、包装贮存及使用过程中的防锈，防锈磷化主要有铁系磷化、锌系磷化、锰系磷化三大品种。

铁系磷化的主体槽液成分是磷酸亚铁溶液，不含氧化类促进剂，并且有高游离酸度。这种铁系磷化处理温度高于 95℃，处理时间长达 30min 以上，磷化膜重大于 10g/m^2，并且有除锈和磷化双重功能。这种高温铁系磷化由于磷化速率太慢，现在应用很少。锰系磷化用作防锈磷化具有最佳性能，磷化膜微观结构呈颗粒密堆集状，是应用最为广泛的防锈磷化。加与不加促进剂均可，如果加入硝酸盐或硝基胍促进剂可加快磷化成膜速率。通常处理温度

80～100℃，处理时间10～20min，膜重在7.5g/m^{2}以上。锌系磷化也是广泛应用的一种防锈磷化，通常采用硝酸盐作为促进剂，处理温度80～90℃，处理时间10～15min，磷化膜重大于7.5g/m^2，磷化膜微观结构一般是针片紧密堆集型。

防锈磷化一般工艺流程为：除油除锈→水清洗→表面调整活化→磷化→水清洗→铬酸盐处理→烘干→涂油脂或染色处理。

通过强碱强酸处理过的工件会导致磷化膜粗化现象，应采用表面调整。表面调整的目的是促使磷化形成晶粒细致、密实的磷化膜，以及提高磷化速率。表面调整剂主要有两种：一种是酸性表调剂，如草酸；另一种是胶体钛。两者的应用都非常普及，前者还兼备有除轻锈（工件运行过程中形成的“水锈”及“风锈”）的作用。在磷化前处理工艺中，是否选用表面调整工序和选用哪一种表调剂都是由工艺与磷化膜的要求来决定的。一般原则是：涂漆前打底磷化、快速低温磷化需要表面调整。如果工件在进入磷化槽时，已经二次生锈，最好采用酸性表调，但酸性表面调整只适合于≥50℃的中温磷化。一般中温锌钙系磷化不表面调整也行，锌系磷化可采用草酸、胶体钛表面调整。锰系磷化可采用不溶性磷酸锰悬浮液活化。铁系磷化一般不需要调整活化处理。磷化后的工件经铬酸盐封闭可大幅度提高防锈性，如再经过涂油或染色处理可将防锈性提高几位甚至几十倍。

3. 减摩磷化处理工艺

对于发动机活塞环、齿轮、制冷压缩机一类工件，它不仅承受一次载荷，而且还有运动摩擦，要求工件能减摩、耐磨。锰系磷化膜具有较高的硬度和热稳定性，能耐磨损，磷化膜具有较好的减摩润滑作用。因此，广泛应用于活塞环、轴承支座、压缩机等零部件。这类耐磨减摩磷化处理温度70～100℃，处理时间10～20min，磷化膜重大于7.5g/m^2。

在冷加工行业，如接管、拉丝、挤压、深拉延等工序，要求磷化膜提供减摩润滑性能，一般采用锌系磷化：一是锌系磷化膜皂化后形成润滑性很好的硬脂酸锌层；二是锌系磷化操作温度比较低，可在40℃、60℃或90℃条件下进行磷化处理，磷化时间4～10min，有时甚至几十秒钟即可，磷化膜重量要求≥3g/m^{2}便可。

4. 漆前磷化处理工艺

涂装底漆前的磷化处理，将提高漆膜与基体金属的附着力，提高整个涂层系统的耐腐蚀能力；提供工序间保护以免形成二次生锈。因此漆前磷化的首要问题是磷化膜必须与底漆有优良的配套性，而磷化膜本身的防锈性是次要的，磷化膜细致密实、膜薄。当磷化膜粗厚时，会对漆膜的综合性能产生负效应。磷化体系与工艺的选定主要由：工件材质、油锈程度、几何形状；磷化与涂漆的时间间隔；底漆品种和施工方式以及相关场地设备条件决定。一般来说，低碳钢较高碳钢容易进行磷化处理，磷化成膜性能好些。对于有锈（氧化皮）工件必须经过酸洗工序，而酸洗后的工件将给磷化带来很多麻烦，如工序间生锈泛黄、残留酸液的清除、磷化膜出现粗化等。酸洗后的工件在进行锌系、锌锰系磷化前一般要进行表面调整处理。在间歇式的生产场合，由于受条件限制，磷化工件必须存放一段时间后才能涂漆，因此要求磷化膜本身具有较好的防锈性。如果存放期在10天以上，一般应采用中温磷化，如中温锌系、中温锌锰系、中温锌钙系等，磷化膜的厚度最好应在2.0～4.5g/m^{2}之间。磷化后的工件应立即烘干，不宜自然晾干，以免在夹缝、焊接处形成锈蚀。如果存放期只有3～5天，可用低温锌系、轻铁系磷化，烘干效果会好于自然晾干。

四、铬酸盐处理

铬酸盐处理是使金属表面转化成以铬酸盐为主要组成的膜的一种工艺方法，实现这种转化所用的介质一般是以铬酸、碱金属的铬酸盐或重铬酸盐为基本成分的溶液。大多数工业上常用的金属或金属镀层，都可以使其表面转化成铬酸盐膜。

1. 铬酸盐处理的目的

钢铁材料表面经过铬酸盐化学转化处理后可显著提高其抗蚀能力，同时该转化膜对涂层有良好的附着力，加之成本低廉，因而在汽车、机械、家用电器、建筑材料等领域得到了广泛应用。铬酸盐处理除具有适用性广的特点外，还具有工艺方法简便、处理所需时间较短以及所得转化膜在防护性能上比磷酸盐膜还要好等多方面的优点。金属进行铬酸盐处理的目的是：

① 提高金属或金属镀层的耐腐蚀性能；

② 提高金属同漆层或其他有机涂料的黏附能力；

③ 避免金属表面污染；

④ 获得带色的装饰外观。

2. 铬化膜的形成

通常，金属在含有能起活化作用的添加物的铬酸盐溶液中，形成铬酸盐转化膜的过程大致分为如下向个步骤：

① 金属表面被氧化，并以离子形式进入溶液，同时有氢在表面上析出；

② 所析出的氢，促使一定数量的六价铬还原成三价铬；

③ 金属溶液界面区 pH 的升高，三价铬以氢氧化铬胶体形式沉淀；

④ 氢氧化铬胶体自溶液中吸附和结合一定数量的六价铬，构成具有某种组成的转化膜。

各种金属在铬酸盐溶液中，形成铬酸盐膜的转化过程虽然大致相同，但涉及过程的细节，特别是中间产物的形态，则因受转化的金属而异。即使是同一种金属也因不同的研究条件而有着不完全的反应机理。一般来说，铬酸盐膜层可分为两种类型，即黄色与绿色的铬酸盐膜层。由于两者色相的组成不同，在处理液中的反应机理也不同。虽然铬酸盐可在镉、铁、铜、镁、锡、银等金属表面上析出，但主要是用于铝材及锌材表面的成膜。

3. 铬化膜的性质

一般来说，铬酸盐转化膜的主要组分是六价铬与三价铬的化合物及基底金属铬酸盐，至于各组分的比例以及是否含有其他别的化合物，这将取决于成膜条件。对于钢铁表面所形成的铬酸盐膜而言，根据不同研究者的观察，其组成与结构也不完全一样。在含有氟化物及其他添加剂的铬酸溶液中，膜的组成除三价铬和铁的含水氧化物外，还含有六价铬的复合物。

各种金属上的铬酸盐膜，大都具有某种色泽特征，其深浅受处理金属的种类、成膜工艺条件和后处理的方法等多种因素而定。膜厚一般在 0.3～30mg/dm^2 之间。铬酸盐膜的最大优点是电阻率十分低，特别适合在电气和电子工业中应用。铬酸盐转化膜的孔隙率通常是比较低的。薄的铬酸盐膜对色料具有较好的吸收能力，容易进行着色。铬酸盐膜对靠空气干燥的漆料如硝基漆橡胶和其他黏结剂都有较好的黏附能力。此外，铬酸盐膜对金属有缓蚀作用，一旦腐蚀，介质透过漆膜，钝化膜进行自我修复，仍可延缓底层锈蚀出现，使漆膜保持完好。铬酸盐膜同基底金属结合力通常是十分良好的，当经受压缩或成型加工时，具有足够的韧性，但耐磨性非常差，其硬度在很大程度上取决于成膜条件。薄的铬酸盐膜对焊接无明显影响，而厚的铬酸盐膜层对焊接带来困难。

铬酸盐膜的防护特征：经过铬酸盐处理的金属，其耐蚀性与金属本身以及成膜工艺条件不同而不同，但总在一定程度上有所提高。其防护作用通常认为：一是膜的致密性保证与腐蚀介质隔开；二是六价铬起到缓蚀作用。在各种介质中的耐蚀性是不一样的，铬酸盐膜对基底金属在各种介质中的耐蚀性影响，要视基底金属的种类、成膜的工艺条件和环境条件等诸多因素而定。因此，在这方面的许多试验数据，只有在符合特定试验条件下才有参考价值。加热对铬酸盐膜防护性能有重要的影响，铬酸盐膜在超过某一特定温度下加热时，其防护作用将要下降，这是由于膜的组成和结构在加热时产生了变化。因此，在使用时要特别注意。

五、金属表面化学处理的检测标准

(1) 除油效果的检测　除油效果的好坏，可用多种方法判断，最常用且较简便的方法是水膜中断法，即工件经过彻底水洗后，观察水是否能在表面完全润湿。如果除油彻底，水洗后表面应能形成连续的水膜，否则除油不彻底。此外，还有荧光染料法、喷雾器法、放射性同位素法等。

(2) 磷化膜质量评定方法

① 外观目测法　目测法是用肉眼观察磷化膜的表面颜色、结晶粗细、膜层的连续性及缺陷。好的磷化膜，外观均匀、完整、细密，无金属亮点，无白灰。锌系磷化膜为灰色膜，铁系磷化膜为彩虹色膜。

② 厚度（或重量法）测定　磷化膜厚度测定可直接采用磁性测厚仪，使用方便、快速，但是薄膜磷化厚度在 3μm 以下，测厚仪精度有限，有时误差较大。采用重量法测定较为准确，对钢板上的磷化膜测定方法是将磷化板浸泡在 75℃、浓度为 5%的铬酸溶液中 10～15min 以除去磷化膜，然后根据除去膜层前后的重量差求得膜重，单位一般以“g/m^2”表示。

(3) 腐蚀性测定　最简便的方法称点滴法，点滴测试液的组成如下。

硫酸铜 $CuSO_4 \cdot 5H_2O$/(g/L)	41	0.1mol/L 盐酸 HCl/(mL/L)	13
氯化钠 NaCl/(g/L)	35		

用脱脂棉蘸冰醋酸或汽油去除磷化膜表面的油污，然后滴一滴测试溶液在其表面上，当试液的天蓝色变成土红色的为终点，记录所需时间（min）。

对于薄膜磷化，应将磷化与其后序的涂层复合起来进行盐雾试验、耐湿热试验。

(4) 脱脂剂总碱度及游离碱度的测定

① 试剂及仪器　酚酞指示剂，甲基橙指示剂，0.1mol/L 的 HCl；滴定管、移液管、250mL 的锥形瓶。

② 操作步骤　用移液管吸取 10mL 脱脂工作液于锥形瓶中，加入 10mL 的蒸馏水。滴入三滴酚酞指示剂，用 0.1mol/L 的 HCl 滴至颜色由粉红色至无色为终点，设所消耗的 HCl 的体积（mL）为游离酸度的点数；滴入三滴甲基橙指示剂、上述 HCl 继续滴定至溶液颜色由橙色变为红色为终点，所用 HCl 的体积（mL）即为总碱度点数。

(5) 表调剂含量的比色法测定

① 试剂及仪器　98% H_2SO_4，H_2O_2；比色管 50mL 规格，移液管。

② 操作步骤　准确配制质量分数为 0.1%的表调剂水溶液，取 25mL 置于 50mL 的比色管中，加入浓度为 98%的 H_2SO_4 5mL 摇匀，再加 H_2O_2 5mL，摇匀即显出黄色，则为质量分数 0.1%的表调剂标准溶液颜色。按上述方法分别配制质量分数为 0.15%，0.3%的标准溶液看其颜色。

取工作液 25mL，按上述方法加 H_2SO_4 和 H_2O_2 制出工作液的颜色。将工作液颜色与标准颜色进行目视比色，以确定工作液的浓度范围。

另外，在生产线上使用表调剂时，也有用 pH、碱度来控制槽液浓度的，具体采用哪一种方法，可与供应商来讨论确定。

(6) 总酸度（TA）的测定　取处理液10mL，用酚酞作指示剂，以0.1mol/L的标准氢氧化钠溶液滴定溶液变粉红时（pH8.5时）所耗用的NaOH标准溶液的体积（mL）称为总酸度，用“点”来表示。例如，有的磷化总酸控制范围为18～24点。

(7) 游离酸度的测定　取处理液10mL，用溴酚蓝作指示剂，以0.1mol/L的NaOH标准溶液滴定至溶液变蓝时为终点，所耗用NaOH的体积（mL）为游离酸度的“点”数。

以上滴定属中和滴法，通常根据指示剂颜色变化来判断滴定终点，因此难免因操作者不同而产生某些误差，如要求结果更为精确时可采用以下方法：

① 用pH为3.8的溴酚蓝标准液比色来确定终点；

② 用pH为3.8作终点的pH滴定法。

上述中和滴定法也可用甲基橙作指示剂。

(8) 促进剂的点数　用发酵管装满槽液，把空气排出，加2～3g固体氨基苯磺酸，放置数秒钟后，从发酵管刻上读出发气量的体积（mL），即是促进剂的点数。

第三节　其他金属的表面处理

一、锌及锌合金的表面预处理

锌及锌合金在正常的条件下不易被腐蚀，但若有酸、碱或电解盐的存在下则会很快被腐蚀，所以在锌及锌合金表面涂装保护是必要的。因为锌及锌合金表面平滑，涂膜不易附着，而经过表面处理可使工件表面粗糙，形成能防止与涂料反应的保护膜，可使涂膜与工件表面结合牢固。目前常用的表面处理方法有以下几种。

1. 表面脱脂

锌及锌合金的被涂物和其他金属制品一样，在加工和贮运过程中会沾上油污，在涂装前表面预处理（如磷化处理）必须先进行脱脂清洗，不然会影响涂膜的附着力，容易起泡脱落。其脱脂方法和操作基本上与黑色金属相同，只不过锌及锌合金不能像黑色金属那样能耐强碱的侵蚀，所以不能采用强碱配制的清洗剂清洗，一般宜采用有机溶剂脱脂法、表面活性剂脱脂法，或由碳酸钠、磷酸钠和硅酸钠等配制的弱碱性清洗剂脱脂。

2. 磷化处理

磷化处理是利用磷酸或含磷酸盐的溶液对工件进行处理，使其基底金属表面生成一层不溶性磷酸盐膜的过程。例如锌及锌合金与磷化溶液反应时，就在其表面生成一种不溶性的$Zn_3(PO_4)_2 \cdot 4H_2O$膜，从而起到了保护作用。

3. 铬酸盐处理

将锌及锌合金在含铬的酸性溶液中处理1min左右的无机铬酸盐膜。膜层的结构可表示为$XZnCrO_4 \cdot 3Zn(OH)_2 \cdot 3ZnX$（X是某种阴离子，如硫酸根离子）。

根据实际使用的不同处理液配方，膜层可呈无色、黄色或橄榄绿色，膜层厚度及耐腐蚀性能也依次增加。采用稀酸或稀碱对有色膜进行脱色处理，可获得无色膜层。

无色膜层的耐腐蚀性能有限，主要用于工件存放和处理过程中暂时性保护。这种处理通常是在电镀锌和热浸镀锌完成后立即进行。

黄色膜具有良好的耐腐蚀性能，也可作为一般涂装和粉末涂装的良好基底。橄榄绿色膜则专门用作耐腐蚀保护层。

二、铝及铝合金的表面预处理

铝是一种比较活泼的金属，但纯铝在常温下或干燥空气中则比较稳定。这是因为铝在空气中与氧发生作用，在铝表面生成一层薄而致密的氧化膜，其厚度为0.01～0.015μm，能起到保护作用。在铝中加入Mg、Cu、Zn等元素制成铝合金后，虽然机械强度提高了，但耐腐蚀性下降了。这就需要根据使用环境的要求，经过一定的表面处理，再涂装所需的涂料加以保护。

铝及铝合金表面光滑，涂膜附着不牢，经过化学转化膜处理后，可以提高基体与涂膜间的结合力。

铝及铝合金在进行化学转化膜处理之前，也要进行清洗，去掉油污和杂物，其清洗方法与锌及锌合金的表面脱脂方法相同。下面将铝及铝合金的涂装前表面预处理方法介绍如下。

1. 化学氧化膜法（碱性溶液氧化法）

将铝及铝合金置于含碳酸钠、铬酸盐等碱性溶液中，在高温下处理5～20min，使表面生成一层氧化膜。氧化后的工件要进行钝化处理，其目的是使氧化膜稳定，并中和残留在工件表面的碱性溶液，可进一步提高耐腐蚀能力。钝化溶液为含铬酐20g/L的水溶液，处理时间为5～15s，冲洗干净后，再放到50℃的烘箱中烘干，烘干后即可涂装。

2. 磷酸铬酸盐膜（绿膜铬酸盐法）

这种处理液的主要成分是磷酸、铬酸，内含有作为腐蚀剂的氟化物或其复合盐，溶液的pH为1.5～3.0。

与磷酸盐不同，被还原的氢氧化铬与磷酸反应，生成难溶性的磷酸铬（三价铬）析出。

化学反应如下。

① 氢氟酸引起铝腐蚀的化学反应。

$$2Al+6HF \longrightarrow 2AlF_3+3H_2\uparrow$$

阳极：
$$2Al \longrightarrow 2Al^{3+}+3H_2\uparrow$$

阴极：
$$6H^{+}+6e^{-} \longrightarrow 3H_2\uparrow$$

铝的表面附近的溶液因H^+减少而使pH上升。

② $HCr_2O_7^-$ 离解，在阴极上Cr^{6+}的化学反应。

$$HCr_2O_7^- + H_2O \longrightarrow 2CrO_4^{2-}+3H^+ \text{（离解）}$$

$$3H_2+HCr_2O_7^- \longrightarrow 2Cr(OH)_3+OH^- \text{（还原）}$$

③ 在某一pH下，由于三价铬和磷酸化学反应，析出磷酸铬。

$$2Cr(OH)_3+2H_3PO_4 \longrightarrow 2CrPO_4\downarrow+6H_2O$$

$$2Al^{3+}+2H_3PO_4 \longrightarrow 2AlPO_4\downarrow+6H^+$$

④ 铝氧化物析出的化学反应。

$$2Al^{3+}+6OH^- \longrightarrow 2Al(OH)_3 \longrightarrow Al_2O_3+2H_2O$$

所生成的膜为非晶质，其组成为$Al_2O_3 \cdot 2CrPO_4 \cdot 8H_2O$。

薄的处理膜（小于1g/m²）适用于涂膜底层。厚的处理膜则具有良好的耐蚀能力，并适于装饰性应用。虽然新鲜的处理液可以形成色泽鲜艳的绿膜，但随着槽液中Al^{3+}含量的增加，其色泽会逐渐变淡。为了防止色泽的变化，必须控制槽液中Al^{3+}含量。为此，可添加碱金属氟盐，使Al^{3+}作为配位氟化物沉淀析出。铝合金典型的铬酸、磷酸盐处理工艺规程见表5-2-8。

表 5-2-8　铝合金典型的铬酸、磷酸盐处理工艺规程

溶液组成及工艺	配方 1	配方 2
铬酐/(g/L)	12	7
磷酸(纯)/(g/L)	67	58
氟化钠/(g/L)	4～5	3～5
温度/℃	50	25
时间/min	2(浸渍法) 0.5(喷射法)	10(浸渍法) 3～5(喷射法)

3. 铬酸盐膜（黄膜铬酸盐法）

处理液的主要成分为铬酸，内含有作为浸湿剂的氟化物及其盐，溶液的 pH 为 1.8～3.0。

另外，也有在处理液中加入钨化物、硒、铁氰化钾等成膜促进剂的。这种膜生成的化学反应如下。

① 氢氟酸引起铝腐蚀的化学反应。

$$2Al+6HF \longrightarrow 2AlF_3+3H_2\uparrow$$

在阳极：$2Al \longrightarrow 2Al^{3+}+6e^-$

在阴极：$6H^++6e^- \longrightarrow 3H_2\uparrow$

在铝工件表面附近的溶液中，由于 H^+ 的减少，溶液的 pH 上升。

② $HCr_2O_7^-$ 离解，在阴极上 Cr^{6+} 还原为 Cr^{3+} 的化学反应。

$$HCr_2O_7^-+H_2O \longrightarrow 2CrO_4^{2-}+3H^+ \text{（离解）}$$

$$3H_2+HCr_2O_7^- \longrightarrow 2Cr(OH)_3+OH^- \text{（还原）}$$

③ 在某一 pH 下，析出 6 价铬和 3 价铬的氢氧化物化学反应。

$$2Cr(OH)_3+CrO_4^{2-}+2H^+ \longrightarrow Cr(OH)_3 \cdot Cr(OH) \cdot CrO_4+2H_2O \longrightarrow Cr(OH)_2 \cdot HCrO_4+2H_2O$$

④ 铝氧化物析出的化学反应。

$$2Al^{3+}+6OH^- \longrightarrow 2Al(OH)_3\downarrow \longrightarrow Al_2O_3\downarrow+3H_2O$$

所生成的膜是非晶质的，其组成如下。

非促进型液（Cr^{6+}、F^-、无机酸）时为 $Cr(OH)_2 \cdot HCrO_4 \cdot Al(OH)_3 \cdot 2H_2O$。

促进型液（Cr^{6+}、F^-、铁氰酸盐）时为 $CrFe(CN)_6 \cdot 6Cr(OH)_3 \cdot H_2CrO_4 \cdot 4Al(OH)_3 \cdot 8H_2O$。

铝合金涂装底层的铬酸盐处理工艺规程如下。

铬酸/(g/L)	3.5～4	pH	1.5
重铬酸钠/(g/L)	3.0～3.5	温度/℃	30
氟化钠/(g/L)	0.8	时间/min	3

4. 电化学氧化法

铝及铝合金的电化学氧化法，即阳极氧化法，一般简称为阳极化法，是将铝合金工件装挂在电解槽中的阳极上，阴极是不溶性的铅板，当接通电流后，由于电极的电化学反应，使铝工件表面生成氧化膜。

阳极化的特点在于氧化成膜的过程中同时发生两个过程：一是工件表面三氧化二铝氧化膜的生成过程；二是在氧化膜生成的同时，伴随着氧化膜溶解的过程。只有当膜的生成速率大于膜的溶解速率时，才可获得所需要的氧化膜，其成膜机理如下。

在阳极化时，槽液中的水首先被电解，化学反应：

$$H_2O \rightleftharpoons H^++OH^-$$

在阳极上生成化学活泼性很强的初生态氧：

$$2OH^- \xrightarrow{\text{在阳极放电}} H_2O + 2e^- + [O]$$

由于氧原子本身很活泼，便与铝工件表面发生化学反应，生成三氧化二铝膜层：

$$2Al + 3[O] \longrightarrow Al_2O_3\text{（膜的形成过程）}$$

在膜形成的同时，又伴随着膜的溶解过程。阳极氧化法所用的电解液主要有硫酸、铬酸和草酸溶液三种。当电解液为硫酸时，其化学反应为：

$$Al_2O_3 + 3H_2SO_4 \longrightarrow Al_2(SO_4)_3 + 3H_2O\text{（膜的溶解过程）}$$

实际上铝及铝合金经阳极化法处理后得到的膜分为两层：内层由 Al_2O_3 组成；外层由 $Al_2O_3 \cdot H_2O$ 由组成。

第四节 混凝土的表面处理

一、清除表面油污和其他脏物

可用洗涤剂擦洗基层，或用溶剂清洗第一遍，再用洗涤剂擦洗，或用质量分数为5%～10%的火碱水清洗，然后用清水洗净。

二、清除水泥浮浆、泛碱物及其他松散物质

可用钢丝刷刷除或用毛刷清除，对泛碱、析盐的基层可用3%的草酸溶液清洗，然后用清水洗净。对泛碱严重或水泥浮浆多的部位可用质量分数为5%～10%的盐酸溶液刷洗，但酸液等在表面存留的时间不宜超过5min，必须用清水彻底清净。泛碱和析盐清洗后应注意观察数日，如再出现析盐和泛碱，应重复进行清洗，并推迟刷涂涂料，直至泛碱物消失为止。

三、清除表面光滑的方法

混凝土表面过于光滑，不利于涂料的渗透和附着，须进行清除。清除的方法可用酸蚀、喷砂、钢丝刷刷毛或自然风化，或在表面涂一层3%的氯化锌和2%的磷酸的混合液，或涂一层4%的聚乙烯醇溶液，或20%的乳液均可增加基层和涂层的附着力。

四、混凝土表面气孔及缝隙的处理

混凝土表面的气孔宜挑破并填平，否则空气回拱破跑出，毁坏涂层。手工和机械打磨对清除气孔比较费工，且效果也不理想。一般需采用喷砂处理。混凝土表面的孔隙及挑破的气孔要填平。室外和潮湿环境要用水泥或有机黏结剂的腻子填充。室内干燥环境可使用普通的石膏或聚合物腻子。对粉化或多孔隙表面，为黏附住松散物质和封闭住表面，可先涂刷一层耐碱的渗透性底漆，如稀释的乳胶漆。为减少收缩沉陷，腻子中体质颜料的比例可稍大于黏结剂。

第五节 塑料及橡胶表面处理标准和检测方法

塑料及橡胶表面预处理的目的是提高涂层与塑料及橡胶表面结合力。处理的内容有以下几个方面：①去除表面污物；②使极性低的塑料及橡胶表面极性化；③表面粗化；④消除塑料及橡胶制品成型时的残余应力。

一、塑料及橡胶表面处理的方法

1. 去除表面污物

(1) 溶剂清洗　对与涂层附着良好的塑料，如 ABS、聚苯乙烯、有机玻璃等热塑性耐有机溶剂差的塑料，可简单用肥皂水、去污粉等擦洗；对耐溶剂性好的塑料，如聚烯烃和热固性塑料，可用三氯乙烷、三氯乙烯等含氯溶剂和甲苯等芳香族溶剂进行蒸气清洗 1～3min 即可。各种塑料的结晶性、耐热性和耐溶剂性见表 5-2-9。

表 5-2-9　各种塑料结晶性、耐热性、耐溶剂性

类别	品名	结晶性	若变形温度(4.6×10³Pa)/℃	连续耐热性/℃	耐溶剂性						
					脂肪族烃类	芳香族烃类	氯化烃	醇类	酮类	脂类	醚类
热塑性	聚乙烯	高	60～82	50	√	√	×	√	√	√	√
	聚丙烯	高	90～110	105	√	√	×	√	√	√	√
	聚苯乙烯	低	6997	50	√	×	×	√	×	×	×
	ABS	低	88～113	60	√	△	×	√	×	×	×
	聚氯乙烯	中	82	55	√	×	×	√	×	×	√
	聚碳酸酯	低	145～148	110	√	×	×	√	×	×	√
	聚甲醛	高	124		√	√	√	√	√	√	√
	尼龙-6	高	86	60～95	√	√	×	√	√	√	√
热固性	环氧树脂	低			√	√	√	√	√	√	√
	酚醛树脂	低			√	√	√	√	√	√	√
	三聚氰胺树脂	低	100		√	√	√	√	√	√	√

注：√代表耐溶剂性好；△代表一般；×代表耐溶剂性差。

(2) 等离子流处理　等离子流中有红外线、紫外线、离子、自由基等。由于其高能反应性可与塑料及橡胶表面起各种反应，使表面污物除去，并生成双键和其他官能团。

2. 极性化

对聚乙烯、聚丙烯等结晶性高的非极性塑料，可用强酸强氧化物组合的酸性液处理，令其表面氧化而导入羰基、羧基等官能团，以提高对漆膜的附着力。此法同时使塑料表面形成粗糙面，提高附着力。通常酸液配方是：重铬酸钾 4.5%；水 8.0%；浓硫酸 87.5%。先将前两者配成溶液，然后缓缓加入浓硫酸混合均匀即可，或按表 5-2-10 配置。

表 5-2-10　极性化酸液处理

铬酸钾/质量份	浓硫酸/质量份	水/质量份	温度/℃	时间/min
75	1500	120	70～75	5～10

3. 表面粗化

非极性塑料表面粗化可按表 5-2-10 酸液处理，对坚硬光滑的热固性塑料可用喷砂处理；质软的硬质聚氯乙烯的处理方法可根据增韧剂的品种、含量及用途而定。一般可在三氯乙烯溶液中浸渍几秒钟，去除表面游离的增韧剂，然后轻擦干燥。

4. 消除内应力

内应力不除，漆膜易生细纹。其原因是塑料表面因溶剂渗透、内聚力下降，导致应力释放。消除内应力方法是将塑料在热变形温度以下进行一定时间退火即可。

二、塑料及橡胶表面处理的检测方法

1. 甲酰胺溶液实验方法

用缠于棒上棉球，蘸取甲酰胺和乙二醇乙醚（乙基溶纤剂）的混合液，在被处理过的薄膜上涂布约 6.5cm^2（直径约 2.9cm），若此薄膜上的液膜保持 2s 以上不破时，再用表面张力高的混合液试验；若薄膜在 2s 内破裂成小液滴时，则再用张力低的混合液实验，从而获得适当的表面张力值。

张力值大，说明薄膜与油墨、涂料、黏合剂的亲和性良好。对塑料表面印刷来说，表面张力应为（38～40)mN/m，对涂饰来说，则应为（48～54)mN/m。

2. 乙醇溶液实验方法

将经过火焰处理的塑料表面，浸入清洁的冷水或 3 质量份乙醇和 1 质量份水组成的溶液中，若水膜能保持 30s，则认为处理合适。

3. 染料溶液实验方法

用染料（如纯色淀蓝）的硝基乙烷溶液（4g/L）涂刷，若润湿的表面不形成液滴，则为合格。

第六节 木材的表面处理

一、木材的种类及特征

木材种类繁多，主要有天然实木木材和复合型材料。

天然实木依生长的环境不同所产生的材质就不同，即使同一棵树木也无法得到完全相同材质，所以木材会有不同的变化、不同的特性，这就是木材的天然特性。

树种不同，木材结构差别就很大，按树种分类大致分为针叶树和阔叶树两大类。根据孔眼的不同，阔叶树可分为环孔材、散孔材、半环孔材等。

最常见的复合材料有三合板、五合板、密度板、刨花板等。因各种复合材料板的组合结构不同，可克服木材的胀缩、翘曲、开裂等缺点，具有一定的优越性。

木材剖面依据锯切方向不同，可分为横切面、径切面与弦切面。在木材横切面上，其中心部分为髓心，周围一圈圈同心圆状的轮环，即年轮。在每一圈靠里面（即树心）的部分为春材（早材），是春夏季长成的，材质松软，颜色浅淡；在年轮靠外边部分称为秋材（晚材），是夏秋季节长成的，材质硬而质密、颜色深。

这种由年轮形成的木材颜色深浅变化和材质疏密在径切面与弦切面上更为明显。由年轮、木射线、节子、导管、与不同锯切方向等因素构成了木材花纹，在径切面呈平行条纹状，在弦切面上呈山峰状，形成木材特有的美观质感。

由于木材结构复杂多变，在选材、组合上要十分巧妙才可制成美观的制品，否则给木制品的着色、涂装带来困难，出现着色不匀、下陷等弊病。

二、木材涂装前处理的意义

木材涂装前处理的主要意义在于为最终的木制品表面涂装涂料提供一个平整光滑、颜色均匀、木纹清晰的表面。天然木材由于其本身的生长特性、贮存条件和加工处理成型方式的不同往往会存在一些缺陷，如实木中的木节疤、开裂、腐朽、发霉、虫眼，胶合板中的离缝、渗胶、切削刀痕、进料机压痕等。如果在涂装前不能处理好这些缺陷，势必会成为整个涂装过程的隐患，会影响涂装的整体效果。

三、木材涂装前处理的方法

木材的性质和构造随树种而有所不同。当涂装木材表面时应注意木材的硬度、纹理、空隙度、水分、颜色以及是否含有树脂、单宁酸等物质。木材的表面处理常有以下几种工序及方法。

1. 木材的干燥

新木材通常都含有很多水分，并且在贮存过程中还会从潮湿的空气中继续吸收水分，所以在施工之前，要将木材存放在通风良好的地方自然晾干或进入烘房内用低温烘干。木材经干燥处理时，应控制含水量在8%～12%，这样才能防止涂层发生开裂、起泡、回黏等弊病。木材的干燥方法有人工干燥、自然干燥和简易人工干燥等方法。

(1) 人工干燥　将木材密封在蒸汽干燥室内，使木材干燥，干燥的程度最高可使木材含水量仅达3%，但经过高温蒸发后的木质发脆，失去韧性，容易受到损坏而不利于雕刻。

(2) 自然干燥　将木材（板材、方才或圆木）分类放置于通风处，搁置或码垛，垛底离地60cm左右，中间留有空隙，使空气流通，带走水分，木材逐渐干燥。自然干燥一般要经过数月或数年，才能达到一定的干燥要求。

(3) 简易人工干燥　一是将原木按类别堆放在烘房内，通过锅炉供热的方式强制烘干木材内的水分，控制水分含量在8%～12%；二是将原木用水煮或浸泡，在水中去除木材中的树脂成分，然后放在空气中晾干或烘干，该法干燥时间会缩短，但浸水的木材易变色，有损木质。

2. 清除木脂

针叶树材如各种松材和云杉等都有树脂，在节缝处树脂更多。松脂含松香和松节油，木材含松脂会降低涂层的附着力，影响涂层的干燥和颜色的均匀性。如树脂从木材内部向表面渗出，还会使涂层发黏、损坏。因此，涂装前应将树脂去除。清除树脂可用下列方法。

① 将松脂富集部位挖掉，再补上同样大小的木材，但应保持纤维方向一致。

② 用有机溶剂解除去松脂，同时刷1～2道虫胶漆作为阻挡层，以防松脂从木材内部渗出。常用有机溶剂有乙醇、松节油、汽油、甲苯及丙酮等。

③ 用碱液清洗。可用5%～6%的碳酸钠水溶液或4%～5%的苛性钠水溶液清洗，使松脂皂化，再用热水洗，待表面干燥后，刷1～2道虫胶漆。

④ 用碱液-丙酮混合溶液清洗。用碱液80g（浓度为5%～6%的碳酸钠）和丙酮水溶液200g（丙酮50g加水150g）混合均匀，涂抹在松脂处，然后用水洗干净，待干燥后刷1～2道虫胶漆。

3. 防霉

为了避免木材长时间受潮而出现霉菌，可在未涂装前先薄涂一层防霉剂。例如，用乙基磷酸汞或氯化酚、对甲苯氨基磺酰的溶液来处理，待干透以后再行涂装。

4. 漂白

木材含有天然色素，有时这种色素可作为装饰，需要保留，可以省去漂白工序。但是木材的固有颜色，特别是深色往往会影响着色色调的鲜明性，因此需要漂白。漂白的目的是：

使心材与边材颜色一致；使木材的本色变得更白或使被污染的木材颜色变淡；对于要求明亮着色加工的制品，漂白可以提高着色的效果；可获得与木材固有颜色无关的任意颜色的涂层。

木材用漂白剂的配方和使用方法可见表 5-2-11。

表 5-2-11 木材用漂白剂配方和使用方法

序号	组成	使用方法
1	双氧水(30%)100 份 水 50～100 份 氨水(25%)100 份	混合溶液充分搅拌均匀后，刷涂在欲漂白的部位，放置一天。溶液氧化作用可使木材中的色素分解，褪掉颜色
2	Ⅰ液：次氯酸钠 50g 水 1000mL Ⅱ液：亚硫酸钠 1%～5%	先将Ⅰ液中的次氯酸钠溶于 70℃左右的水中，再涂刷在需漂白的部位。再用Ⅱ液涂刷以中和木材中的残氯。再用水洗净
3	硫黄	此法适用于小型产品。将产品置于密封容器内，在容器内燃烧硫黄，利用所产生的二氧化硫气体进行漂白
4	Ⅰ液：碳酸钠 180g/L Ⅱ液：双氧水 20%	先用Ⅰ液涂刷在需漂白的部位，放置 5min，再用Ⅱ液涂刷，放置数小时，用水洗净
5	Ⅰ液：草酸 5%～10% Ⅱ液：硫酸钠 5%	先用Ⅰ液涂刷在需漂白的部位，放置 10～20min，再用Ⅱ液涂刷，进行中和，然后用水洗净
6	Ⅰ液：氢氧化钠 50g/L Ⅱ液：冰醋酸 20% Ⅲ液：盐酸 1%	先用Ⅰ液涂刷在需漂白的部位，放置 5min，再用Ⅱ液或Ⅲ液进行中和，然后用水洗净
7	Ⅰ液：碳酸钠 20g/L 水(50～60℃)1000mL Ⅱ液：双氧水(35%)80mL 水 20 mL	Ⅰ液、Ⅱ液可单独使用，或Ⅰ液与Ⅱ液混合使用(等量混合) 将溶液涂刷在需漂白的部位，使其浸透，放置数分钟到数十分钟，再用湿布抹净

漂白剂一般都有腐蚀性，盛漂白剂的容器应用玻璃、陶瓷、塑料等材料制造。毛刷应用合成纤维（如尼龙）制造。漂白剂对皮肤、衣服也有腐蚀作用，漂白剂的蒸气也能使眉毛和头发变色。人体应避免直接接触漂白剂，同时还要防止漂白剂分解失效。双氧水等受日光照射或温度升高时，容易分解，降低甚至丧失漂白能力。因此，应保存在阴凉处。

5. 木材的砂光

木材经过各种机械加工处理后，其表面往往高低不平，需要处理成适合涂装的平滑平面，要采用填充、砂光和其他手段来对木材调整。

砂光程序无论采用人工或机械作业，都要根据不同的产品结构、木质的软硬以及实木和薄片来选用适当的砂纸型号。目前在家具行业中大多数使用的是 240# ～400# 砂纸来处理木制品表面的平整度。

6. 虫孔、死结、斑痕、裂缝等的修补

对于木材表面一些细小的缺陷如裂缝、虫眼、钉眼等可用腻子嵌补，常用的腻子有水性腻子、硝基腻子、聚氨酯腻子、不饱和聚酯腻子等。木材表面的木节、腐朽等大的缺陷可采用挖补的处理工艺，用手工挖补或钻孔填补圆木块。

7. 素材调整

由于木材天然生成，本身颜色不一致，易造成产品涂装后色相的差异，故在涂装前一般要选择各种染料或高透明颜料对木材颜色进行调整，以保证木材颜色的均一性。着色材料的施工方法及优缺点见表 5-2-12。

表 5-2-12 着色材料的施工方法及优缺点

项目	染料	颜料
主要组分	金属络合物	经特殊处理的颜料
溶剂体系	各种有机溶剂/去离子水	有机溶剂/去离子水
耐候性	较差,容易褪色	优异,不褪色
着色后清晰度	透明性优	透明性较好
施工方法	喷涂/浸涂	喷涂或擦拭
性能特点	相溶性好,颜色鲜艳	颜色立体层次感优

8. 特殊处理

一般特殊工艺（如仿古涂装工艺）在涂装前白坯还会做一些特殊处理，常采用螺母、螺栓、螺丝、钉子、雕刻刀、锉刀等工具仿制出年代久远而形成的各种破坏效果。常用方法有以下几点。

① 碰撞伤　采用螺母、螺栓、螺丝等工具敲打而成。

② 裂痕　采用雕刻刀在木材顶端顺着木材纹理方向仿制出开裂效果。

③ 虫孔　取钉子在木材上不规则地、有深浅地敲打出钉眼。

④ 磨损　用雕刻刀在木制品边缘和边角处锉损，然后用 240# 圆盘砂磨损、倒边。

当木材处理完成以上工序后，才可进行涂装工序，以得到更佳的涂装效果。

9. 木材涂装前处理对涂装效果的影响

经表面处理后的半制品白坯进入到涂装工序时，即使工艺设计非常合理，木工技术和涂装技术再好，如果不注重底材处理，也会直接影响到整个制品的品质和商品价值。各处理工序对涂装效果的影响列于表 5-2-13。

表 5-2-13 各处理工序对涂装效果的影响

序号	工序	不合格项目	对涂装效果的影响
1	木材的干燥	木材含水率过高	①涂膜容易发生气泡,产生针孔和暗泡 ②涂膜干燥缓慢 ③涂装时易产生白化现象 ④时间长涂膜易产生龟裂、剥落、失光及附着不良等现象 ⑤容易滋生霉菌
2	清除木脂	木材脂清除不彻底	①上层喷涂硝基漆时造成不干现象 ②喷涂聚氨酯漆时易产生干燥不良及板面发花现象 ③木材制品在冷热交替的环境中长期放置易产生颜色变化,如产生黑斑等现象
3	漂白	由于漂白剂选用不当造成漂白效果差异	涂装清漆后造成颜色差异
		漂白剂水洗不干净	上层涂装含 TDI 类型的聚氨酯漆时,易造成漆膜在短时间内产生黄变、发脆现象
4	木材砂光	砂光不良	①影响涂膜平坦效果 ②可能增加涂料用量 ③影响着色效果 ④会产生严重的砂痕,破坏木纹的天然纹理
5	素材调整	木材表面颜色不一致	造成木材制品批次间颜色差异

参考文献

[1] 叶杨祥，潘肇基主编：涂装技术实用手册. 北京：机械工业出版社，2005.

[2] 涂料工艺编委会编. 涂料工艺：下册. 北京：化学工业出版社，1997.
[3] 曹京宜等. 涂装表面预处理技术与应用. 北京：化学工业出版社，2004.
[4] 周良. 喷丸（砂）、喷涂技术及装备. 北京：化学工业出版社，2008.
[5] NACE. 检察员培训教材课程：教师手册. NACE国际，2007.
[6] 孙兰新，宋文章，王善勤等. 涂装工艺与设备. 北京：中国轻工业出版社，2001.
[7] 杨世芳. 木器涂料涂装技术问答. 北京：化学工业出版社，2008.
[8] 李芳，苏立荣，沈春林等. 建筑涂装工程问答实录. 北京：机械工业出版社，2008.
[9] ISO 8501-1. 钢材在涂装油漆及相关产品前的预处理 表面清洁度的目视评定.
[10] ISO 8501-2. 用于评定原先涂过涂料的钢材进行局部除锈的标准.
[11] ISO 8502-1. 喷射处理过的钢材表面进行可溶性铁盐的检测方法.
[12] ISO 8502-2. 经除锈过的钢材表面氯化物的检测方法.
[13] ISO 8502-3. 涂装前表面灰尘沾污程度标准.
[14] ISO 8502-4. 涂装前钢材表面结露可能性的评定.
[15] ISO 8502-5. 涂装前钢材表面氯化物测定法，氯离子检测法.
[16] ISO 8502-6. 表面可溶性杂质取样及测定方法，BRESLE方法.
[17] ISO 8502-7. 涂装前表面可溶性杂质分析，氯离子现场分析法.
[18] ISO 8502-8. 涂装前表面可溶性杂质分析，硫酸盐现场分析法.
[19] ISO 8502-9. 可溶性盐导电率的现场检测法.
[20] ISO 8502-10. 可溶性盐的滴定法现场检测法.
[21] ISO 8503-1. 表面粗糙度比较样块的技术要求和定义.
[22] ISO 8503-2. 喷射清理后钢材表面粗糙度分级——比较样块法.
[23] ISO 8503-3. ISO基准样块的校验和表面粗糙度的测定方法——显微镜调焦法.
[24] ISO 8503-4. ISO基准样块的校验和表面粗糙度的测定方法——触针法.

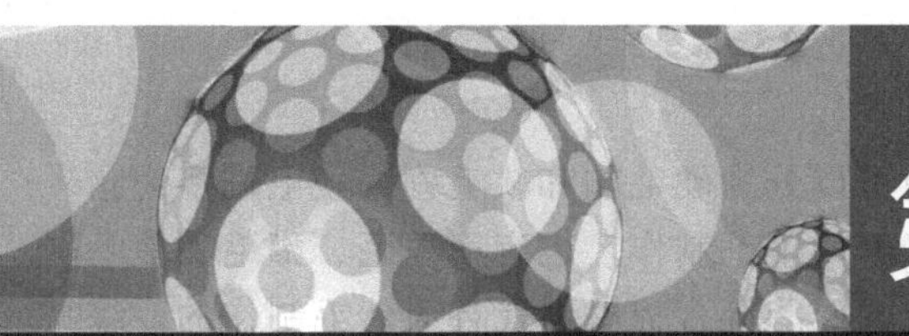

第三章 涂料施工方法

涂料施工是发挥涂料性能的关键，对涂膜性能有重要的影响。随着时代的发展，施工方法发生了日新月异的变化，涂料施工过程更加机械化、自动化和连续化。选用合适的涂布方法可以提高涂料利用率和施工效率，并且能够保证涂膜质量，发挥涂料的作用，同时可以改善施工的劳动条件和强度。

涂布方法分为手工工具涂装、机械设备涂装和电力涂装三类。手工工具涂装是古老传统的涂漆方法，目前还在应用，主要有刷涂、辊刷涂、刮涂、丝网涂等方法。机械设备涂装是目前应用最广的一种方法，最主要的是喷枪喷涂法，包括空气喷涂、无空气喷涂和热喷涂，除此之外还有浸涂、淋涂、辊涂、抽涂等。电力涂装是近几年发展最快的方法，现在已从机械化逐步发展到自动化、连续化和专业化，有的方法已与前处理和干燥前后工序连接起来，形成专业的涂装工程流水线。这类方法包括静电粉末涂装、电沉积涂装和自沉积涂装等。这三类涂布方法有其各自的特点，手工工具涂装效率低，但方便灵活，目前仍被用于大规模涂装前的预涂和小批量的涂装等，而机械设备和电力涂装的效率高，涂装效果也好，但是往往对复杂结构的被涂物无能为力，而且设备投资成本很高，适于大规模的涂装。在实际工作中一般依据被涂物的形状、涂布的目的、对涂层质量的要求和涂料的特性来选择适当的涂装方法。

第一节 刷涂法

刷涂法（brush coating）是借助漆刷与被涂物表面的直接接触，使涂料均匀地润湿涂布在被涂物表面而形成涂膜的涂布方法。刷涂是使用最古老、最简单的涂装方法，适用于涂装任何形状的被涂物，经过长期的应用，形成了一套传统的工艺操作技术。因此，即使涂装技术发展日新月异的今天，刷涂仍然是普遍采用的方法之一。

一、刷涂的特点

刷涂的优点是操作简便，节省涂料，所需的工具简单，适用的范围广，不受涂装场所和环境条件的限制，适用于刷涂各种材质、各种形状的被涂物。刷涂法的适应性很强，除了表干过快的涂料以外，几乎所有的涂料均可以采用刷涂进行施工。刷涂时涂料借助漆刷与被涂物直接接触的机械作用，能很好地润湿到被涂物的表面，并渗入被涂物表面的细孔，因而可以增加涂膜的附着力。刷涂的缺点是生产效率低，劳动强度大，不适用于流水线施工；装饰性能差，质量不稳定，容易产生刷痕，需要熟练的操作工人才能弥补装饰性差的缺点。而且，干燥速率过快的硝基漆和过氯乙烯漆等也不适于刷涂施工。

二、漆刷的类型

漆刷的种类很多，形状各异。按照刷毛的质地可以分为硬毛刷和软毛刷，硬毛刷多为猪鬃或马鬃制作，也有用人的头发制作的；软毛刷一般为羊毛制作，也有用狸毛、獾毛和狼毛制作的，但价格较高，很少使用；目前还有用尼龙或聚酯等合成材料代替天然毛制作的，综合品质好。天然鬃毛刷通常适用于溶剂型涂料的涂装，但不适于水性涂料的涂装；羊毛刷用于刷水性漆，既适用于涂刷墙面漆也适用于涂刷木器漆；合成材料刷多用于刷水性漆。按照漆刷的形状可以分为：扁形刷、圆形刷、板刷、歪柄刷、排笔刷等，如图 5-3-1 所示。

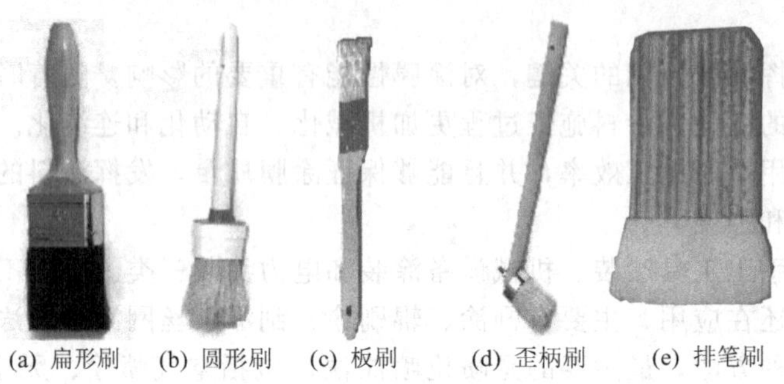

(a) 扁形刷 (b) 圆形刷 (c) 板刷 (d) 歪柄刷 (e) 排笔刷

图 5-3-1 漆刷的种类

三、刷涂基本操作方法

1. 准备

在刷涂前要做好认真的准备。首先要准备一个干净的容器，将涂料搅拌均匀，用稀释剂调整好涂料的黏度，去除涂料表面的颗粒；站在被涂物的前面，摆正姿势。

2. 执刷

刷涂时要紧握手柄的中心，拇指在前，食指和中指在后并抵住木柄，手握漆刷要牢固，不能使漆刷任意松动，如图 5-3-2 所示。在刷涂过程中，刷柄应始终与被涂物表面处于垂直状态，以使长度约一半的刷毛顺一个方向贴附在被涂物表面较好，漆刷运行时用力要适度，运行速度要均衡。

刷涂前先将漆刷放入涂料至刷毛的 1/3～2/3 处，使漆刷蘸上涂料，刷柄不要接触容器内壁，蘸漆后应以刷尖轻触罐壁数次，以使漆刷含漆饱满而又不会淌下。

图 5-3-2 执刷方法

3. 刷涂方法

刷涂的方法有两种，分别是三阶段法和棒涂法。三阶段法最常用，适用于大多数涂料的刷涂，棒涂法适用于刷涂快干涂料。现分别介绍如下。

(1) 三阶段法　所谓三阶段法，是指涂布、抹平、修整三个刷涂步骤，如图 5-3-3 所示。

涂布是将刷毛黏附的涂料涂布在漆刷所触及范围内的被涂物表面，漆刷的运行轨迹可根据所用涂料在被涂物表面的流平情况，保留一定的间隔；抹平是将已经涂布在被涂物表面的涂料展开抹平，

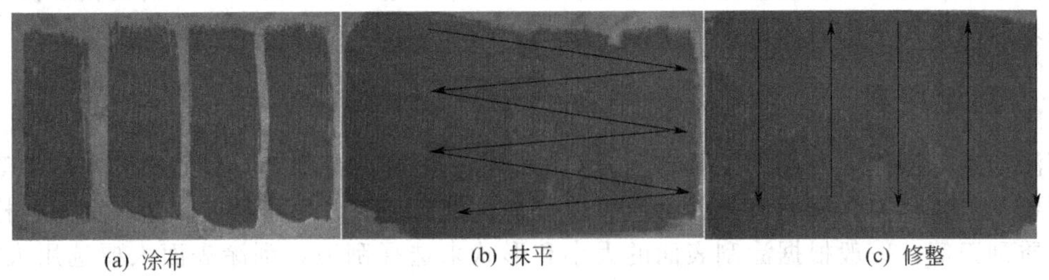

(a) 涂布　(b) 抹平　(c) 修整

图 5-3-3　刷涂步骤

将漆刷前后触及的、所有保留的间隔面均涂布上涂料，不能露底，一般垂直于涂布方向；修整是按照一定方向涂刷均匀，消除刷痕与膜厚不均匀的情况。

(2) 棒涂法　棒涂法适用于刷涂快干型涂料，它将涂布、抹平、修整三个步骤合为一个，如图 5-3-4 所示。棒涂法每次刷涂的宽度比较窄，不能反复刷涂，必须在将涂料涂布在被涂物表面的同时，尽可能快地将涂料抹平，修整好涂膜，漆刷宜采用平行轨迹，并重叠漆刷的1/3 的宽度。

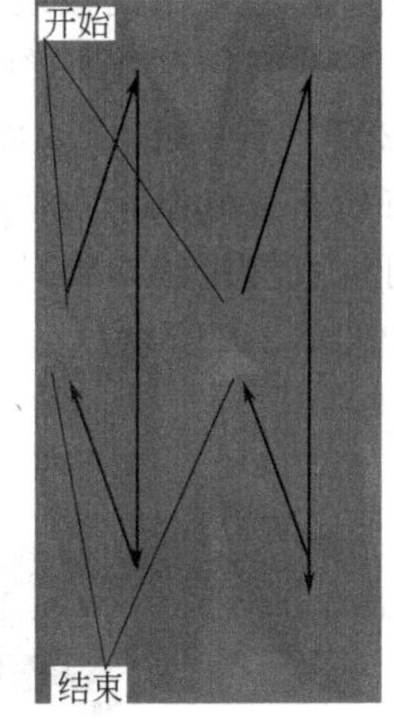

图 5-3-4　棒涂法

4. 刷涂的操作技巧

刷涂操作的基本原则是先里后外、先左后右、先上后下、先难后易、先线角后平面，要一面一面地顺序刷涂，以免遗漏。

刷涂时关键的控制指标是黏度。涂料黏度的高低影响漆刷的蘸漆量、刷涂涂膜的厚度、涂膜的流平和立面的流挂等，刷涂前要仔细反复试涂，以达到良好的刷涂效果。

刷涂时漆刷蘸涂料、涂布、抹平、修整等几个步骤应该是连贯的，不能有停顿，熟练的操作者可以将涂布、抹平、修整三个步骤连续地完成，形成良好的涂膜。

在进行涂布和抹平操作时，漆刷要始终垂直于被涂物表面，并用力使刷毛大部分贴附在被涂物表面；在修整时，用力要小，漆刷应向刷涂运行的方向倾斜，用刷毛的前端轻轻地刷涂修整，以便达到满意的修整效果；涂布、抹平、修整三个步骤应该纵横交替进行，但对于被涂物的垂直面，最后的修整方向应该是沿着垂直方向进行竖刷；木质的被涂物最后的修整步骤应该与木纹走向一致；刷涂每次黏附的涂料量最好保持一致，每次黏附的涂料刷涂面积也要保持一致。刷涂要均匀，厚度要适当，过薄易漏底，过厚则易起皱或流挂。

刷涂面积较大的被涂物时，通常先从左上角开始刷涂，每蘸一次涂料，按照涂布、抹平、修整三个步骤完成一定的刷涂面积后，再蘸涂料刷涂下一块面积。对于面积较大、形状复杂的被涂物，死角等不易刷涂部位最好应先进行预涂；仰面刷涂时，漆刷每次黏附的涂料要少一点，刷涂用力也不要太重，速度也不要太快，以免涂料掉落。

刷涂施工后，漆刷要及时清洗干净，晾干保存，以备下次使用。

第二节　刮涂法

刮涂（knife coating）是利用刮具，将腻子或黏稠涂料涂布在被涂物表面的涂布方法。刮涂是涂装施工中常用的方法，主要用于刮涂腻子，也可以用于刮涂厚浆型涂料。通常用于修饰凹凸不平的表面，修整被涂物的造型缺陷。刮涂的施工方法简单，不需要很多投资，适用于要求厚涂层和平的表面，不适于薄涂层。

一、刮涂用具

刮涂为手工操作，所用的工具有刮刀、腻子盘、配套的打磨工具、砂布和水砂纸等。刮涂的主要工具是刮刀，根据刮刀的材质可以分为：钢制刮刀、牛角刮刀、塑料刮刀、橡胶刮刀、木质刮刀等。一般根据涂刮表面的大小和形状来选择刮刀，刮涂表面大要选用大刮刀，反之要用小刮刀。刮涂平面时要用刚性较好的钢片、牛角或塑料刮刀，刮涂棱边和圆角要用柔性的橡胶刮刀。

腻子盘有调腻盘和托腻盘两种。调腻盘用于调整腻子的稠度，托腻盘用来盛装调整好的腻子，通常由钢板或木板制作，在专门的商店都可以买到。

一般用砂纸或纱布打磨腻子层。粗磨用 150# ～220# 砂纸，用于初步打磨；细磨用 220# ～600# 砂纸，将腻子打磨平整。垫板通常是粘有薄泡沫层的木质或钢制平板，打磨前将砂布或砂纸卡在垫板的一面，然后对腻子层进行打磨，达到磨高不磨低的目的。小的垫板可以直接用纱布将其裹紧，大的垫板设有固定纱布的机构，用于固定砂布或砂纸。打磨垫板如图 5-3-5 所示。

图 5-3-5 打磨垫板

图 5-3-6 气动打磨机

打磨机可以按照动力驱动方式分为气动打磨机和电动打磨机两种，气动打磨机的应用比较普遍。气动打磨机如图 5-3-6 所示。

二、刮涂的基本技法

刮涂可以分为局部刮涂和全面刮涂。局部刮涂又叫嵌刮，用于填补局部的凹陷，嵌刮施工要求腻子要松散、稠厚些，以使腻子层结实、平整。全面刮涂又称为满批，是指在被涂物表面上全面进行填补，满批施工要求腻子要略稀些，以利于刮批，满批腻子可以节省涂料，获得较好的涂饰效果。

1. 嵌刮技法

嵌刮腻子的刮刀刃口要平直，嵌填时要紧握刮刀，向手心方向倾斜一定的角度，均匀用力，将腻子刮填嵌入凹陷内，然后再用刮刀先压后刮，将四周的腻子刮涂干净。一次刮涂不能太厚，避免造成干燥不良。为了防止腻子干燥收缩形成凹陷，要多次复嵌，嵌补的腻子应比被涂物面略高，需多道刮涂时，应该在前道腻子层干燥后，稍经打磨再刮涂下一道。

2. 满批技法

满批多为修补凹凸不平的较大平面或装饰要求较高的产品。头道腻子刮涂时要多蘸腻子，先平面后棱角，以高处为准，就高不就低，刮刀要向前倾斜一定的角度，均匀用力，从上到下或从左到右一次刮下，来回刮 1～2 次即可，避免多次刮涂起卷。头道腻子稍厚，二道、三道腻子要稀一些，头道腻子主要考虑与底材的结合，要刮实；二道腻子要刮平，允许有少量的针孔，但不允许有气泡；三道腻子要刮光，为打磨创造有利的条件。

打磨是刮涂必需的后处理工序。一般先用粗砂纸打磨平整，再用细砂纸打磨光滑。为了提高效率，可以采用打磨机打磨，打磨机适宜打磨平面，形状复杂的表面效果不佳，容易产生过磨的现象。所以打磨机打磨到一定程度后，仍需要手工打磨。

第三节　辊刷涂法

辊刷涂法（roller coating）是指用辊刷黏附涂料，借助辊刷的滚动将涂料转移到被涂物的表面，形成涂膜的涂装方法。辊刷涂适用于宽和平的表面，涂装效率高，是刷涂效率的两倍，但对“切入型”的角落或边缘的涂装比较困难。通常用于船舶、桥梁、各种大型机械设备和建筑涂装等。

(a) 刷辊

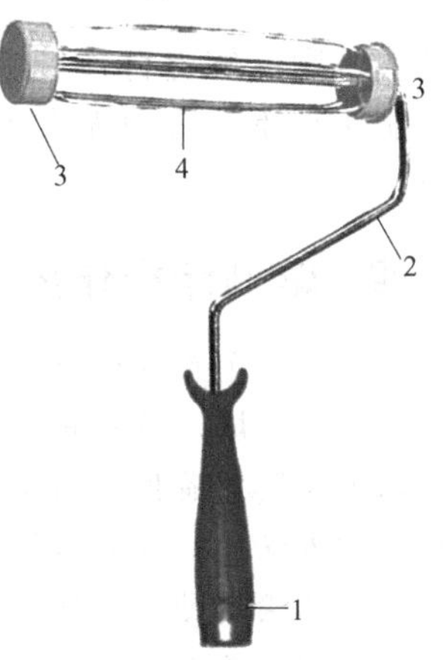

(b) 支承机构

图 5-3-7　辊刷的构造

1—手柄；2—支架；3—支承座；4—筒芯

一、辊刷涂法的特点

① 施工效率高于刷涂，是手工施工中最快的方法。

② 涂料的浪费少，对环境的污染小。

③ 适用于大面积平面的涂装，对结构复杂和凹凸不平的表面不适用。

④ 涂膜的装饰性一般，容易留下滚痕。

二、辊刷的构造

辊刷由两部分组成，即刷辊和支承机构，如图 5-3-7 所示。

刷辊由辊芯、连接层和含漆层组成，如图 5-3-8 所示。

辊芯连接支承机构，能够滚动；连接层连接辊芯和含漆层；含漆层黏附在刷辊的外表面，是辊刷的关键部件。

含漆层分为纤维含漆层和发泡含漆层。纤维含漆层用天然纤维或合成纤维制成，天然纤维主要采用羊毛，合成纤维有尼龙、聚酯、聚丙烯等。含漆层的种类、覆盖层的厚度和密度决定了辊刷涂膜的质量和外观，通常要根据施工的要求进行选择。按照纤维的长度又有长毛、中毛和短毛之分。长毛含漆层的毛长为 18～30mm，用于粗糙表面涂装；中毛含漆层毛长为 10～17mm，属于通用型；短毛含漆层的毛长为 2～9mm，用于装饰性要求高的表面涂装。

支承机构由支承刷辊的机构和手柄两部分组成，用以支持刷辊进行辊涂施工。

图 5-3-8　刷辊的构造

1—辊芯；2—连接层；3—含漆层

三、辊刷的种类

按照辊刷的形状可以分为标准型和特殊型。根据涂料的取得方式分为普通型辊刷和压送式辊刷。

1. 标准型辊刷

标准型辊刷的刷辊呈圆筒形，按照辊刷的内径可以

图 5-3-9 压送式辊刷
1—辊刷；2—压送装置

分为通用型、大型和小型，通用型辊刷内径为 38mm，辊幅为 100～220mm，适用于一般的平面或曲面；小型辊刷的内径为 16～25mm，一般用于被涂物的内角和拐角的涂装；大型辊刷的内径为 50～58mm，适用于大面积的辊涂。

2. 特殊型辊刷

特殊型辊刷的刷辊不呈标准的圆筒形，可以设计成引擎形、锥形、棱角形、半圆形等，以满足形状复杂的被涂物的涂装。

3. 压送式辊刷

压送式辊刷是用压送泵或蓄压器向刷辊供给涂料，涂料经压送泵增压后由输送管道输出，再经支承杆与辊芯的内腔输送到含漆层，利用辊刷进行辊涂施工。其构造如图 5-3-9 所示。

由于可以自动供给涂料，而且涂料的输出量可以调整，压送式辊刷能够进行连续涂装，涂膜的厚度均匀，适用于大面积被涂物的涂装；但压送式辊刷比较重，劳动强度大，而且在涂装过程中要经常转移输送管路，不适宜小面积的涂装。

四、辊刷涂操作要领

刷涂施工前首先应该根据被涂物的形状和涂料的特性选择合适的刷辊，可供选择的参数有刷辊形状、刷毛的长短、刷辊的大小、柄的长短等。

施工时要正确地手持辊刷，食指在前，拇指和中指在后握住刷柄，用力自然。在辊刷涂料盘内注入涂料，注入的涂料量以能够没入辊刷外径的一半为宜，辊刷在盘内滚动粘上涂料，并反复滚动使含漆层均匀地黏附涂料，并去除气泡或杂质。

辊涂包括辊布、辊平、修饰三个步骤，如图 3-5-10 所示。辊布是用刷辊将涂料涂布在被涂物表面上，通常按照 W 形轨迹运行，滚动轨迹纵横交错，相互重叠，使涂膜厚度均匀。在辊刷压附被涂物的表面初期，用力要轻，避免涂料的过度飞溅或涂膜偏厚；随后逐渐加大压附用力，使刷辊黏附的涂料均匀地黏附在被涂物的表面。辊平是用刷辊轻轻地将辊布的涂料辊刷均匀。修饰是用刷辊沿一定的方向辊饰，尽量消除辊痕，达到修饰美观的目的。对于装饰性要求较高的涂层，要严格按照三个步骤进行施工，同时要选择短毛的刷滚；对于涂膜外观要求不高的涂层，也可将辊平和修饰合为一步进行。

辊刷使用后，应刮除黏附的涂料，用相应的稀释剂清洗干净，晾干后妥善保存。

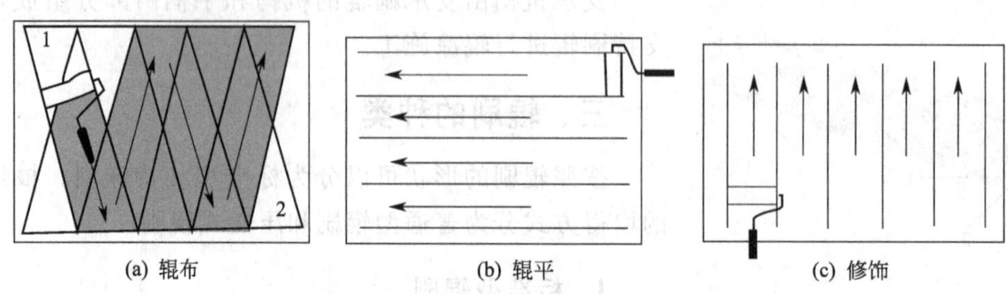

图 5-3-10 辊筒刷涂操作步骤

第四节　丝网法

丝网法涂装（silk screen printing）常用于文具、产品包装和路牌、标志等的涂装。其方法是在尼龙网上涂感光胶液，再用图案感光膜紧贴丝网曝光、冲洗，并除去未感光部分的胶膜。丝网干后再刷一层硬化剂以保护胶膜。将制好的丝网平放于被涂物表面，操作时将已刻印好的丝网平放在预涂刷的表面，用硬橡胶刮板来回刮涂一到二次，使涂料渗透到下面，就可在被涂物表面获得相应的图案和文字。

这种方法具有如下特点。

① 适应性广　丝网印刷幅面可大可小。

② 墨色厚实　在所有印刷工艺中，丝网印刷墨层最厚，饱和度高，专色印刷效果更佳。

③ 成本低　丝网印刷制版容易，印刷工艺简单。

④ 生产效率低　丝网印刷速度慢，不适合联机生产。

⑤ 图像精度低　丝网印刷分辨率不能做得很高，不能印制复杂的图案。

第五节　喷涂法

一、空气喷涂法

空气喷涂法（air spraying）是最简单、最基本的喷涂方法，也是目前广泛使用的一种涂装方法。

1. 原理

空气喷涂法的原理是利用气压在 0.2～0.5MPa 之间的压缩空气气流从喷枪的中心孔喷出，在喷嘴前端形成负压区，容器中的涂料被吸入负压区并从喷嘴喷出，迅速进入压缩空气流，使液-气相急骤扩散，涂料被微粒化，涂料呈漆雾状飞向并附着在被涂物表面，形成连续的涂膜，其原理如图 5-3-11 所示。

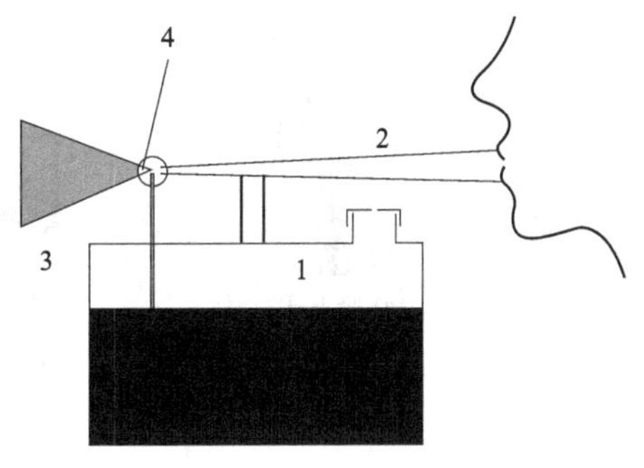

图 5-3-11　空气喷涂原理
1—涂料罐；2—空气流；3—涂料雾化区；4—负压区

2. 特点

空气喷涂具有如下的特点。

(1) 适应性强　空气喷涂可以几乎不受涂料品种和被涂物形状的限制，可用于各种涂装作业场所，只要有气源即可使用，是目前被广泛采用的涂装方法之一。

(2) 漆膜外观质量好　空气喷涂所获得的漆膜平整光滑，可达到较好的装饰性。

(3) 涂料雾化充分　不易产生针孔、气泡等弊病。

(4) 涂装效率高　空气喷涂效率比刷涂快 8～10 倍，每小时可涂装 150～200m^2。

(5) 涂料损失率大　空气喷涂漆雾易飞散，污染环境，涂料损失大，利用率一般只有50%左右。

3. 喷枪的种类

喷枪是空气喷涂的关键部件。喷枪依据其涂料的雾化方式可分为外混式和内混式两大类，两者都是借助压缩空气的急骤膨胀和扩散作用使涂料雾化，并形成喷雾图形，但由于雾化方式不同，其用途也不相同，目前使用最广的是外混式。外混式和内混式喷枪的结构与特点见表 5-3-1。

表 5-3-1　外混式和内混式喷枪的结构与特点

分　类	构　造	特　点
外混式	1—空气帽；2—涂料喷嘴；3—针阀	1. 涂料与空气在空气帽的外侧混合 2. 适宜低黏度的涂料，雾化效果好
内混式	1—空气帽；2—涂料喷嘴；3—针阀	1. 涂料与空气在空气帽内侧混合 2. 适宜高黏度、厚膜型涂料的涂装

按照涂料供给方式不同，喷枪可分为吸上式、重力式和压送式三种，如图 5-3-12 所示。

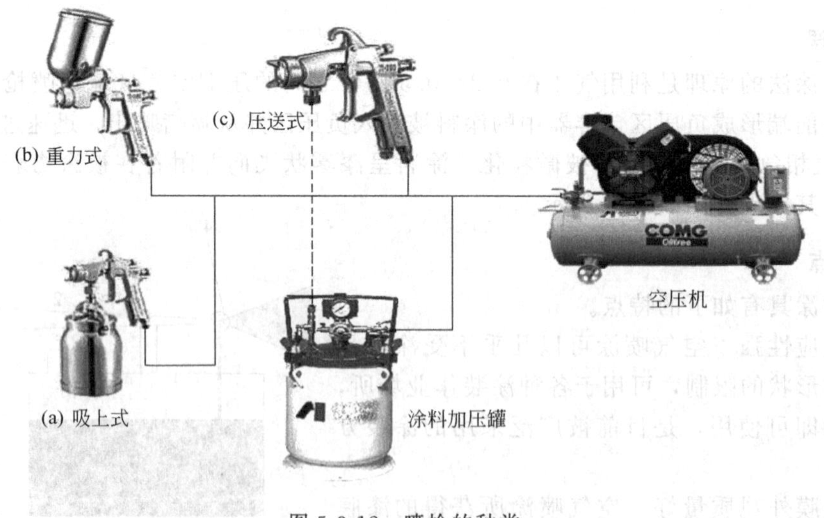

图 5-3-12　喷枪的种类

(1) 吸上式喷枪　涂料罐位于喷枪的下部，压缩空气从空气帽的中心孔喷出，在涂料喷嘴的前端形成负压，将涂料从涂料罐内吸出并雾化。吸上式喷枪的涂料喷出量受涂料黏度和密度的影响较大，不适用于密度大且易沉降的涂料。吸上式喷枪应用最普遍，适用于非连续性喷涂。

(2) 重力式喷枪　涂料罐位于喷枪的上部，涂料靠自身的重力与涂料喷嘴前端形成负压的共同作用从涂料喷嘴喷出，与空气混合并雾化。重力式喷枪适用于涂料用量少且换色频繁的喷涂作业。

(3) 压送式喷枪　压送式喷枪是从专门的涂料增压罐供给涂料，增压后的涂料从涂料喷嘴喷出，与空气混合并雾化。压送式喷枪适用于涂料用量多且需连续的喷涂作业。

(4) 新型空气喷枪（HVLP/LVLP/LVMP）

① HVLP（高流量低压力）喷枪是在普通空气喷枪的基础上配以特殊的文丘里喷嘴得到的新型喷枪，如图 5-3-13 所示。

图 5-3-13　HVLP 喷枪

HVLP 喷枪使用较大容积的空气，在较低的压力下雾化涂料，通过减少在喷嘴处的雾化空气压力，降低涂料喷速，减少被雾化涂料粒子的反弹和过喷，从而节省涂料消耗。这种喷枪的涂料利用率高，比普通的空气喷涂节省涂料 20%～70%，涂装质量好，使用方便、可靠。

② LVLP（低流量低压力）喷枪的雾化压力小，空气消耗量低，可以喷涂高黏度涂料，缺点是涂料喷出量少，喷涂效率低。

③ LVMP（低流量中压力）喷枪的喷涂速度和雾化效率均优于 HVLP 和 LVLP，涂料的利用率达到 70%左右，是目前较好的一种空气喷涂技术。

4. 喷枪的结构

空气喷枪分为枪头、调节机构和枪体三部分，具体构造如图 5-3-14 所示。

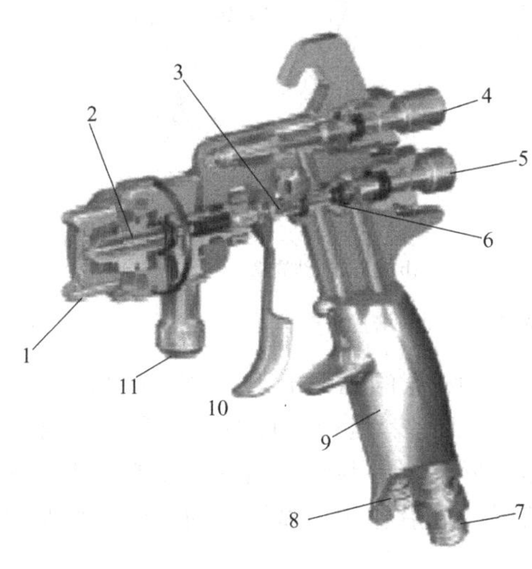

图 5-3-14　喷枪整体构造

1—空气帽；2—涂料喷嘴；3—针阀；4—喷雾图形调节旋钮；5—涂料喷出量调节旋钮；6—空气阀；7—压缩空气管接头；8—空气量调节旋钮；9—枪体；10—扳机；11—涂料管接头

(1) 枪头　枪头由空气帽、针阀和喷嘴三部分组成，它的作用是可以将涂料雾化，喷涂至被涂物表面，进一步形成连续的涂膜。

(2) 调节机构　调节机构是指调节涂料喷出量、压缩空气流量和喷雾图形的装置。

(3) 枪体　枪体上装有扳机和各种防止涂料和空气渗漏的密封件，并制成便于手握的形状。扳机用于控制涂料和压缩空气通道的开启和关闭。

5. 喷涂方法

(1) 喷枪的调节　喷涂作业之前，必须调整喷枪，以达到适宜的喷涂条件。要根据被涂物的形状、涂料特性、预期的质量要求等，对喷枪的空气压力、涂料喷出量和喷雾图形进行调节，达到最适宜的喷涂条件。

喷涂时应该根据喷涂涂料的特性和被涂物的表面状况，调节好喷枪的空气压力。空气压力高漆雾粒子细，但漆雾飞散多，涂料损失大。为了减少涂料损失，在满足喷涂效率的前提下，应尽量采用小的空气压力；但过低的空气压力会使漆雾粒子变大，漆膜表面变粗，还容易产生橘皮等缺陷。

喷雾图形一般呈椭圆形，长边的大小称为幅宽。幅宽应该根据被涂物的形状进行调整，幅宽过小影响喷涂效率，幅宽过大漆雾分散多，涂料损失大。喷涂前要根据喷枪的特性和被涂物形状调整好喷雾图形。椭圆形喷雾图形一般呈中间厚两边薄的状态，喷涂时要注意每一枪要和上一枪的图形有一定的搭接，确保涂膜的厚度均匀。涂料喷出量受到空气量的影响，增加空气量可以增加涂料喷出量。

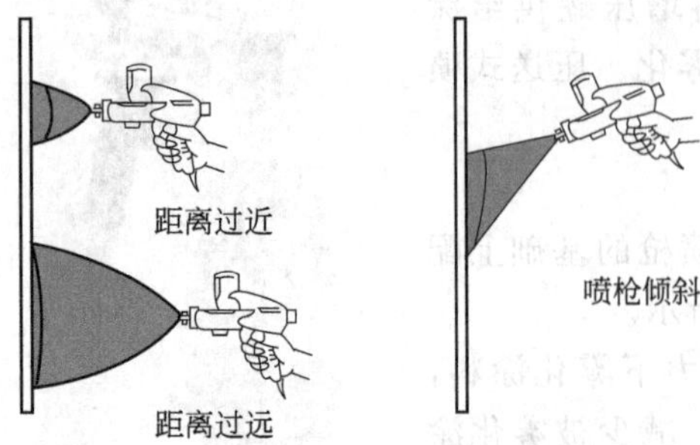

(a) 喷枪距离过远或过近　(b) 喷枪运行时倾斜

图 5-3-15　喷涂距离的影响

(2) 喷涂施工要点　要获得良好的喷涂效果，必须控制好喷涂距离、喷枪运行速度、喷雾图形的搭接等施工参数。

喷涂距离是指喷枪的前端与被涂物之间的距离，在整个喷涂过程中喷涂距离必须保持均匀一致。喷涂距离影响涂膜厚度和涂装效率，在同等条件下，距离近漆膜厚、涂装效率高；距离远涂膜薄、涂装效率低。喷涂距离过近，单位面积形成的漆膜过厚，易产生流挂；喷涂距离过远，漆雾粒子在大气中运行时间长，稀释剂挥发多，涂料飞散多，涂料损失大。喷涂过程中喷枪要保持水平，如果喷枪倾斜，则喷雾图形的上部和下部的漆膜厚度也会产生差异，造成上部过厚，下部过薄的弊病，如图 5-3-15 所示。

保持喷枪与被涂物表面的垂直也是确保涂膜厚度均匀一致的重要因素，喷涂时要始终保持喷枪与被涂物表面垂直，从而使喷涂距离恒定。如果喷枪呈圆弧形运行，则喷涂距离在不断地变化，所获得的漆膜中部与两端不同，造成中间厚、两端薄的弊病，如图 5-3-16 所示。

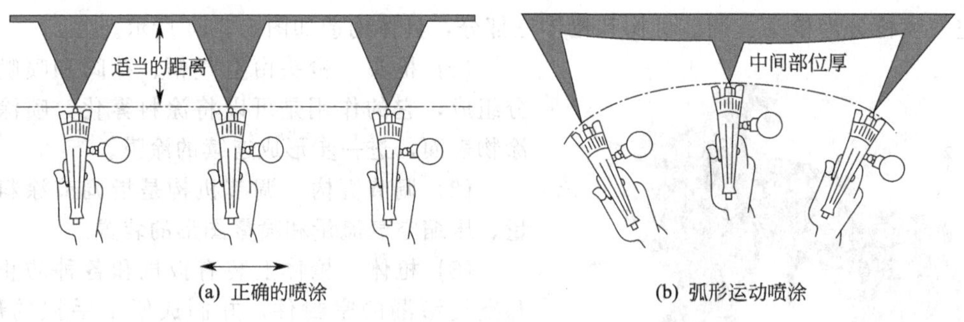

(a) 正确的喷涂　(b) 弧形运动喷涂

图 5-3-16　喷枪运行不当对喷涂距离的影响

喷涂作业时，喷枪运行速度要适当，并保持恒定。喷枪的运行速度一般控制在 30～60cm/s，运行速度过慢，形成的涂膜厚，易产生流挂；反之，运行速度过快，形成的漆膜薄，易产生漏底。喷枪运行速度受涂料喷出量和漆雾图形幅宽的制约，喷涂时喷雾图形之间的部分重叠图形称为搭接。由于喷雾图形中部漆膜较厚，边沿较薄，喷涂时前后喷雾图形必须相互搭接，才能使漆膜均匀一致。

(3) 涂料黏度的调节　涂料的黏度影响涂料喷出量，黏度高，涂料喷出量小；反之，黏度低，涂料喷出量大。涂料黏度对雾化效果有影响，进而影响涂膜的平整度。因此喷涂时应重视涂料黏度的调整，喷涂前应进行必要的稀释，将喷涂黏度调整到合适的范围。

(4) 压缩空气的要求　空气喷涂使用的压缩空气必须经过过滤，除去油和水分，以免混入涂料中影响涂膜质量。为了获得所需的空气压力，要配置调压阀，而且要安装在易于看见和调整的地方，便于检查和调节。

6. 喷枪的选择和维护

枪体的大小、重量、涂料供给方式、喷嘴口径和空气使用量是喷枪的主要参数，也是喷枪选用的主要依据，在实际操作时应该根据喷涂作业条件综合考虑这些要素，选择合适的喷枪。

(1) 喷枪的选择原则　一般情况下，大型被涂物和大批量连续喷涂作业，可选用大型喷枪；小型或凹凸不平的被涂物，可选用小型喷枪，但是小喷枪的涂料喷出量小，喷涂效率低。为减轻操作者的劳动强度，在可能的情况下应尽量选用小型喷枪。

涂料的颜色更换频繁，涂料用量少、小批量的涂装作业，适宜选用涂料罐容量为1L以下的重力式喷枪；有更换颜色的要求，涂料用量稍大，并须进行侧面喷涂的喷涂作业，宜选用涂料罐容量为1L的吸上式喷枪；颜色比较单一，涂料用量大的连续喷涂作业，可选用压送式喷枪。

通常依据涂料喷出量选择喷嘴的孔径。喷嘴孔径越大，涂料喷出量越大。黏度高的涂料喷出量小，应选用涂料喷嘴口径较大的喷枪。压送式喷枪的喷出量随压送涂料压力的提高而增加，因此，可选用喷嘴较小的喷枪。

(2) 喷枪的维护和保养 使用后的喷枪应该立即进行维护和保养，保持喷枪的良好状态，便于今后的使用。喷枪维护和保养时应注意以下几点。

① 喷枪使用后，应先将剩余的涂料倒出，用清洗溶剂将涂料罐清洗干净，然后再向涂料罐中加入清洗溶剂，像喷漆一样喷出清洗溶剂，以清洗涂料通道。要坚持“少量多次”的原则，彻底将喷枪清洗干净。

② 要将空气帽、涂料喷嘴和枪体彻底刷洗干净，是否干净的标准是不能看出上次喷涂的涂料是哪种颜色的涂料。当发现堵塞时，应用硬度不高的针状物疏通，避免损伤涂料喷嘴和空气帽。

③ 暂停喷涂时，为了防止干结的涂料堵塞涂料和空气通道，应立即将枪头浸入溶剂中；喷枪长期不用，应将喷枪彻底清洗干净后涂上防锈油，以防止锈蚀。

④ 要经常检查枪体的针阀、空气阀的密封垫，发现渗漏，及时更换。

⑤ 要定期拆卸和组装喷枪，组装后应检查各活动部件，保证各种接口处无空气和涂料的渗漏，扣动扳机开始应只有空气喷出，继续扣紧才应喷出涂料。

二、无空气喷涂法

高压无气喷涂（airless spraying）是通过给涂料施加高压，使涂料喷出时雾化成极细小微粒，雾化的涂料喷射到被涂物的表面，形成连续涂膜的涂装方法。无气喷涂的推广使用增加了涂料的利用率，减少了对大气的污染、提高了涂装作业效率。随着时代的进步，无气喷涂工艺与设备有了明显的改进和发展，满足了各种涂装作业的需要，已经在船舶、集装箱、桥梁、钢结构件、建筑及各种机械行业得到了广泛应用，是目前应用最广泛的涂装方法之一。

1. 原理

无气喷涂的原理如图5-3-17所示。加压设备对涂料施加高压，使其以“薄片”形式从喷嘴口喷出，当涂料离开涂料喷嘴的瞬间，便以高达100m/s的速度与空气发生激烈的高速冲撞，使涂料破碎成微粒，在涂料粒子的速度未衰减前，涂料粒子继续向前与空气不断地多次冲撞，涂料粒子不断地被粉碎，使涂料雾化，并黏附在被涂物表面，形成连续的漆膜。

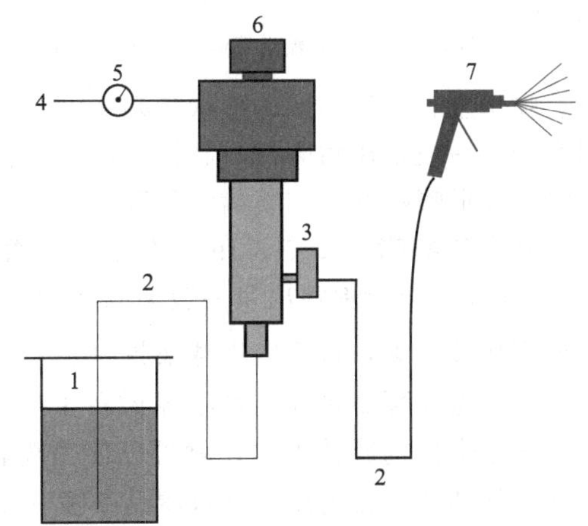

图5-3-17 无气喷涂的原理

1—涂料罐；2—涂料输送管路；3—高压过滤器；4—空气进口；5—油水分离器；6—高压泵；7—喷枪

2. 特点

(1) 漆雾的飞散少 由于不使用空气雾化，无空气喷涂漆雾飞散少，而且涂料的喷涂黏度较高，施工固体分高，稀释剂加量减少，减轻了对环境的污染；涂装效率高，节约涂料。

(2) 涂料的喷出量多　涂料的喷出量多，涂装效率高，无气喷涂的涂装效率是刷涂的10倍以上，是空气喷涂的3倍以上，可达到400～1000m²/h。可获得较厚的漆膜，减少喷涂道数。

(3) 可以喷涂高黏度涂料　既可以喷涂黏度较低的普通涂料，也可以喷涂高黏度涂料。

(4) 容易实现自动化　设备简单，容易实施喷漆工艺的自动化和无人涂装。

(5) 装饰性一般　涂料雾化粒子较粗，雾化液滴一般为70～150μm，比空气喷涂的雾化粒子20～50μm大三倍，因此涂膜的装饰性一般。

(6) 调节喷出量和喷雾图形复杂　无气喷枪没有涂料喷出量和漆雾图形幅宽的调节机构，只有通过更换喷嘴才能满足调节的要求，操作比较麻烦。与空气喷涂喷雾扇形的羽状边缘不同，无气喷涂的喷雾扇形的边缘尖锐，产生所谓的鱼尾喷涂，使用旧的枪嘴在扇形的边缘容易产生漆绺的弊病。

(7) 需要高压管路　涂料喷涂过程中需要高压，因此需要耐高压的涂料输送管道。高压涂料喷出速度高达100m/s，涂料射流可以穿透皮肤，需要注意安全。

3. 无气喷涂设备

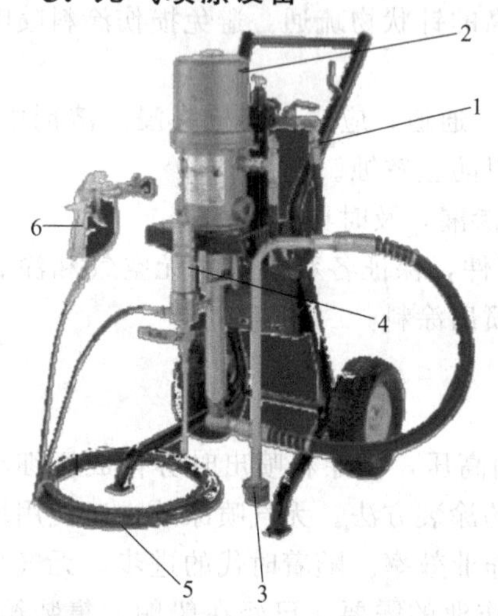

图 5-3-18　无气喷涂设备的构造

1—动力源；2—高压泵；3—涂料进口；4—蓄压过滤器；5—涂料输送管道；6—喷枪

无气喷涂设备由动力源、喷枪、高压泵和蓄压过滤器等组成，如图 5-3-18 所示。

(1) 动力源　根据涂料被加压的方式，无气喷涂的动力源有压缩空气、油压和电动三种类型。目前大部分采用压缩空气作为动力源，这种方法操作简便、安全，应用最广泛。

(2) 喷枪　无气喷枪由枪体、涂料喷嘴、过滤网、顶针、扳机、密封垫、连接部件等组成。枪体要轻巧，喷涂时操作方便，扳机启闭灵活，与高压管连接处转动灵活，密封良好。由于涂料通道要承受高压，要求具有优异的耐高压密封性，不泄漏高压涂料。常用的无空气喷枪有手持式喷枪、长杆式喷枪和自动喷枪等。

无气喷枪最关键的部件是涂料喷嘴，喷嘴的几何形状、孔径大小与加工精度等决定了涂料的雾化效果、喷出量、喷雾图形的形状和幅宽等施工参数。由于要经受高压涂料的强烈摩擦，喷嘴要耐磨损，一般采用耐磨材料制作，如硬制合金等。常用的无空气喷嘴有标准型枪嘴、自清洁枪嘴、圆形喷嘴和可调喷嘴等几种。

标准型喷嘴（图 5-3-19）的开口呈橄榄形，喷雾图形呈椭圆形。喷雾图形的幅宽为150～600mm，涂料喷出量一般为0.2～5L/min，可以满足各种喷涂需要。这种喷嘴被堵塞时处理比较麻烦，目前应用越来越少。

自清型喷嘴是将标准型喷嘴做在了换向机构之上，当喷嘴被堵塞时，将整个机构旋转180°，就可以使喷嘴转变方向，从而将堵塞物轻而易举地冲掉。目前以圆柱自清型喷嘴（图5-3-20）最为常用。

另外还有适用于如管道内壁等狭窄部位喷涂的圆形喷嘴和带有可以调节涂料喷出量及喷雾图形宽度的可调节型枪嘴，满足各种被涂物的涂装要求。

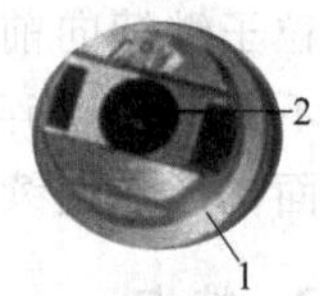

图 5-3-19　标准型喷嘴

1—喷嘴；2—橄榄形开口

(3) 高压泵 高压泵是无空气喷涂的心脏，它把动力源的能量转换给涂料，赋予涂料非常高的飞行速度，它的工作状态是决定涂装效果的关键。

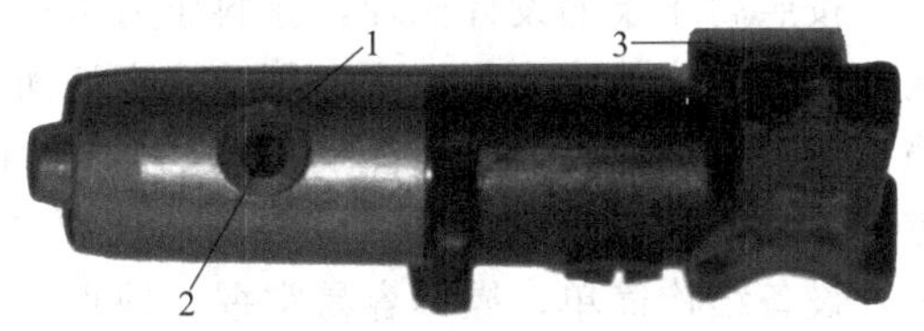

图 5-3-20 自清洁喷嘴
1—喷嘴；2—喷嘴开口；3—换向反冲阀

① 工作原理 高压泵按照工作原理分为复动式和单动式两种。复动式的柱塞向上或向下运动时都能输出涂料，涂料的压力波动小，零部件磨损小，使用寿命长，目前被广泛使用。其加压原理是，泵的上部气压 P 驱动加压活塞，使其推动泵下部的柱塞，给涂料施加压力，加压活塞的面积 A 与柱塞面积 a 之比越大，所产生的涂料压力 p 越高。复动式高压泵工作原理和加压原理如图 5-3-21 和图 5-3-22 所示。

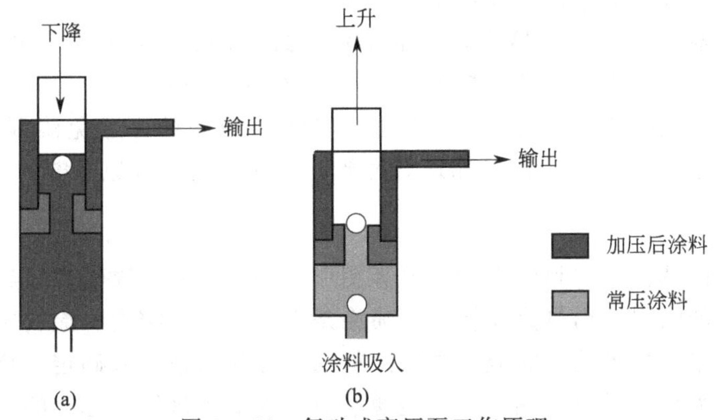

图 5-3-21 复动式高压泵工作原理

$$涂料压力(p)=\frac{活塞面积\ A}{柱塞面积\ a}\times 空气压力(P) \tag{5-3-1}$$

单动型高压泵结构简单，但零部件使用寿命短，应用不多。

② 分类 根据动力源的不同，无气喷涂用的高压泵分为气动、油压和电动三种。气动高压泵应用最为广泛，这种高压泵以压缩空气为动力，压力一般为 0.4～0.6MPa，可以通过减压阀调节进口压缩空气压力，从而控制涂料的压力。其构造示意如图 5-3-23 所示。

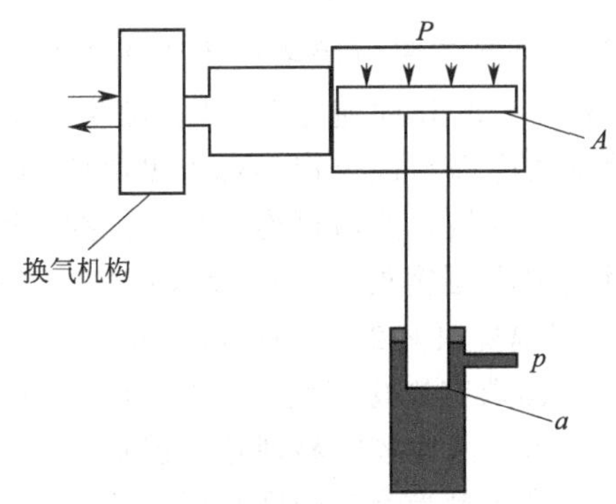

图 5-3-22 复动型高压泵加压原理

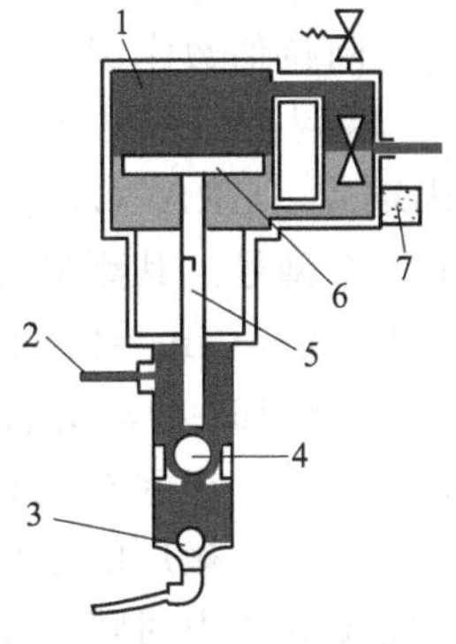

图 5-3-23 气动高压泵构造示意图
1—汽缸；2—高压涂料出口；3—吸漆阀；4—出漆阀；5—柱塞；6—活塞；7—压缩空气入口

按照高压泵的设计原理，涂料压力可达到压缩空气压力的几十倍。涂料压力与压缩空气输入压力的比值称为泵压比，等于柱塞的面积与加压活塞面积的比值。喷涂作业时，涂料的喷出压力不一定符合出厂注明的压力，准确的涂料喷出压力应该根据高压泵的特性曲线确定。另外，如果涂料输送管道较长，还要考虑管道压降的影响。气动高压泵优点是使用安全，设备结构简单，操作容易掌握；缺点是动力消耗大，噪声严重。

液压高压泵以油压作为动力，借助减压阀控制油压，从而调整涂料的喷出压力，准确地喷出压力也要根据高压泵的特性曲线确定。油压高压泵的优点是动力利用率高，噪声比气动高压泵低；使用也很安全，维护不困难，成本低；缺点是需要专用的油压源，油压源所用的油有可能混入涂料中，产生涂膜弊病。

电动高压泵以交流电源驱动，喷出压力可达 25MPa。涂料喷出量影响涂料喷出压力，准确的涂料喷出压力也需根据泵的特性曲线确定。电动高压泵的优点是移动方便，只要有电源即可，作业适应性强，成本低，噪声小。

(4) 蓄压过滤器　蓄压过滤器由蓄压器桶体、过滤网、过滤网架、放泄阀、出漆阀组成。其作用是稳定涂料压力，过滤涂料中的杂质，避免喷嘴堵塞。

(5) 输送管道　输送管道要求耐高压和涂料溶剂的侵蚀，避免渗漏，耐压强度达到 25MPa，甚至要求达到 35MPa，同时输送管道要能消除静电，避免静电的积聚而发生火灾。

4. 喷涂工艺

(1) 涂料喷嘴的选择　涂料喷出量和喷雾图形的幅宽是涂料喷嘴口径选择的依据。涂料喷嘴说明书中标注的涂料喷出量是在特定的喷涂条件（黏度、密度、涂料压力）下测试的数据，称为标准喷出量，枪嘴选择时应当根据涂料的实际喷涂情况来确定。喷雾图形幅宽和涂料喷出量不像空气喷涂那样容易调节，只能通过更换喷嘴来进行。标准的喷雾图形幅宽是喷涂距离在 300mm 喷涂时喷雾图形的幅宽。各厂商都有一系列规格的喷嘴，供施工者选择。

中国船舶工业总公司直属四川长江机械厂的标准系列喷嘴共有 C、B、W、Z 四种系列型号，共三百多种。

① C 型喷嘴　雾化较好，均匀细腻，喷涂后涂料较光滑、美观。适用于对涂膜要求较高的场合。

② B 型喷嘴　雾化较 C 型稍差些，适用于对涂膜外观要求不太严格的场合。

③ W 型喷嘴　适用于喷涂水性涂料。

④ Z 型喷嘴　适用于喷涂富锌涂料。

型号由五位阿拉伯数字组成，前三个数字表示每分钟的流量（喷嘴压力为 10MPa，介质为乳化液），后两个数字表示喷雾幅宽。如 02035 表示每分钟流量为 2L，喷雾幅宽为 35cm。美国固瑞克（GRACO）公司是著名的涂装设备供应商。该公司的标准型喷嘴为 163 系列，共有 123 个型号。其型号为 163 三位数字后为一短横线，然后再连一个三位数，第一位数表示距喷嘴 12in（1in＝2.54cm，下同）距离时的喷雾幅宽的 1/2in，后两位表示喷嘴孔径的 1000 倍。如 163-415 型表示：标准喷嘴，喷雾幅宽 4×2＝8in(203mm)，孔径为 0.015in（0.38mm)。286 系列为回转自清洁型喷嘴，后面数字概念不变，现被广泛采用。

相对来说，长江机械厂的枪嘴采用了国际单位，表示方法比较容易理解和识别。

(2) 涂料密度和压力对喷出量的影响　涂料的实际喷涂量受涂料密度和压力的影响，一般要根据涂料密度和压力进行修正。如果实际喷涂所用涂料的密度比标准密度大，则实际涂料喷出量小于标准喷出量；反之则实际喷出量大于标准喷出量。

涂料压力是重要的喷涂工艺参数。喷涂压力增大可以使涂料的喷出量增加，但是涂料压力要控制适当，不适当地依靠提高喷涂压力来增加涂料喷出量是不经济的。涂料输送管道内的压力损失以及喷枪与高压泵所处的高度差都会影响最终的喷涂压力，从而影响涂料的喷出量和喷涂效率。

(3) 喷涂要领 喷涂距离通常为30～50cm。距离太大会造成涂膜表面粗糙，涂料的损失也大，对于某些快干涂料，还会产生干喷雾现象，即涂料的雾化粒子未到达被涂物表面时，已成为干燥的粉末状态。距离太小既会造成操作困难又容易发生涂膜过厚并引起流挂和橘皮等弊病。

喷枪与被涂物表面应该始终保持垂直，喷枪左右上下移动时，应注意与被涂物表面等距，避免做弧形或曲线移动，以保持涂装膜厚均匀。

喷枪移动的速度要适当。根据膜厚的要求确定喷枪的移动速度，膜厚要求高，移动速度稍慢；反之，膜厚要求低，移动速度稍快。喷涂时要经常用湿膜计控制湿膜厚度，做到即符合要求又不超厚造成浪费。

另外，喷涂工作通常要遵循先上后下、先难后易的原则进行。

5. 无气喷涂设备的选用和维护

(1) 无气喷涂设备的选用 无气喷涂设备有很多型号，应根据所用涂料的特性、被涂物的形状与生产批量、施工场所具备的条件等选择适当的型号。涂料的黏度是首先考虑的选择因素。高黏度涂料，难于雾化的涂料必须选用泵压比高的型号。被涂物的形状和生产批量是设备型号选择的第二因素。被涂物形状小或批量小，一般选用涂料喷出量较小的型号；被涂物面积大或批量大，如船舶、桥梁、集装箱涂装连续生产线等，选用涂料喷涂量较大的型号。施工场所具备的条件也是选择的因素之一。如果有压缩空气，可选用气动无气喷涂设备，如果作业场所没有压缩空气，而有电源，可选用电动无气喷涂设备。设备型号选择时，以上三要素要综合衡量，既要满足涂装的实际需求，又能达到合理经济的目的。

(2) 无气喷涂设备的保养 为了保证无气喷涂设备的正常使用，延长设备的使用寿命，使用过程中要及时保养和维护。使用的压缩空气要定期排除水分和杂质；施工压力要低于设备的上限；使用后设备要清洗干净；应经常检查设备运转情况，发现故障，及时排除。

6. 新型无气喷涂设备

近十几年来，涂料新品种的研发突飞猛进，新的涂料品种不断出现，促进了涂装设备的发展。为适应新型涂料涂装的需要和改善无气喷涂设备的某些性能，不断有新型的专用无气喷涂设备推向市场。

(1) 双组分无气喷涂设备 双组分涂料如胺固化环氧树脂涂料、异氰酸酯固化聚氨酯涂料等由于具有优异的综合性能，得到越来越广泛的应用。但这类涂料的两组分混合后必须在规定的时间内用完，如一次调配过多，容易产生浪费，而且超过使用期限的涂料如果处理不当，很有可能会固化在喷漆泵和管道中，造成巨大的浪费。为解决这个问题，双组分无气喷涂设备将涂料两组分的混合和喷涂同步进行，巧妙地克服了上述缺点，特别适用于喷涂双组分涂料。其原理如图5-3-24所示。

按照涂料的混合方式，这类双组分喷涂机可分为内混式和外混式两大类，其中以内混式应用比较广泛，在此主要介绍这种方式。内混式双组分无气喷涂设备是将涂料按照两组分的质量比换算成体积比，经过双组分泵将主剂和固化剂压送至混合器内进行混合，然后由喷枪喷出。设备构造如图5-3-25所示。

涂料的混合是在混合器内进行的。混合器由导管组成，内部装有一定数量的液流分割器，具有分割、变向和转移涂料的作用。导管内的分割器呈螺旋状，即能将贴近管壁流动沿

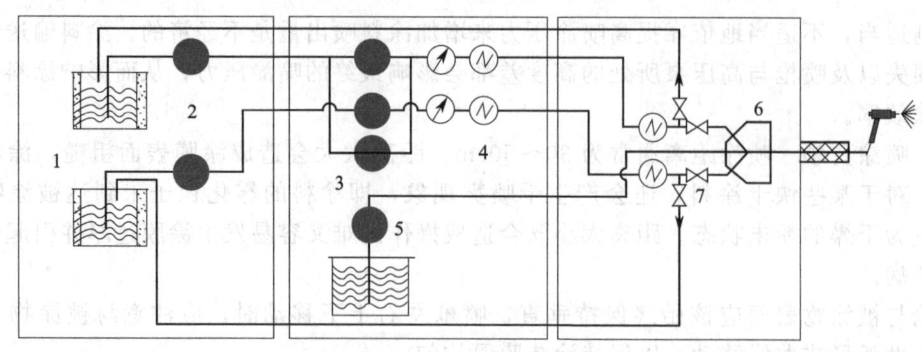

图 5-3-24 双组分无气喷涂原理

1—涂料罐（主剂、固化剂）；2—涂料泵；3—分配漆缸；4—加热器；5—清洗泵；6—混合器；7—回流循环系统

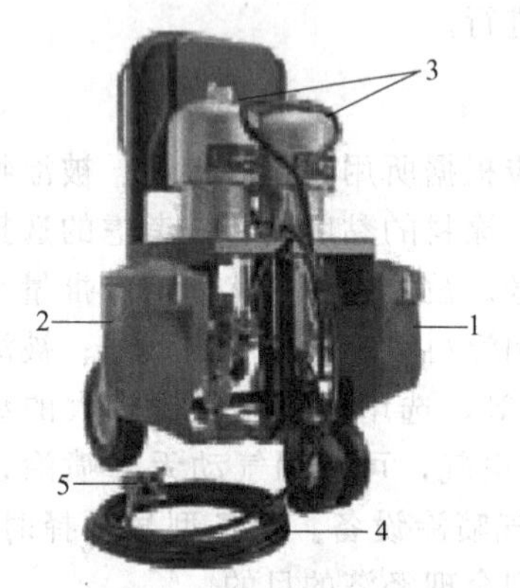

图 5-3-25 双组分喷涂设备构造图

1—主剂罐；2—固化剂罐；3—高压泵；4—涂料输送管道；5—喷枪

着扭曲面向导管的中心部位转移，又能将导管中心部位的液流向管壁转移，如此反复不停地转移导管内液流的位置，从而使主剂与固化剂充分的混合。为了确保喷涂质量，必须保证双组分涂料的正确配比。在涂装作业前，按照双组分涂料所要求的质量比和两组分的密度，计算出两组分的体积比并设定好，涂装过程中禁止随意调整；为了避免涂料固化在混合器内，堵塞导管，喷涂作业长时间停机时，应关闭涂料控制阀，启动清洗程序，将混合器清洗干净。喷涂作业结束后，应将设备内的涂料全部清除，并用清洗溶剂清洗干净。

(2) 富锌涂料无气喷涂设备 富锌涂料具有优异的防腐蚀性能，在海洋与工业环境等严酷腐蚀性的重防腐领域被广泛应用。但这种涂料密度大，沉降速度快，易结块，容易堵塞喷涂系统，且锌粉含量高，容易损坏高压泵的压送机构，普通设备无法喷涂，需要采用专门的喷涂设备。

富锌涂料专用无气喷涂设备是根据富锌涂料的特点进行设计的，如图 5-3-26 所示。

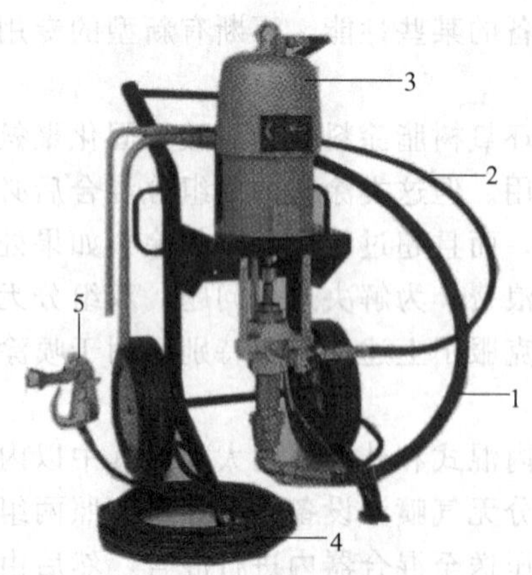

图 5-3-26 富锌涂料专用喷涂机

1—进漆口；2—循环管路；3—高压泵；4—涂料管路；5—喷枪

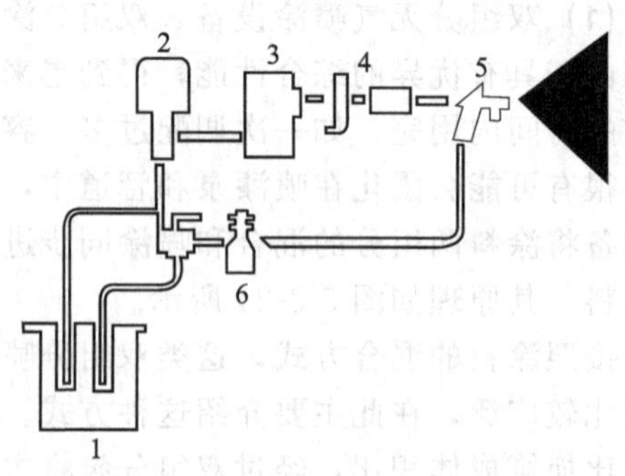

图 5-3-27 热喷涂的基本原理

1—涂料罐；2—高压泵；3—加热器；4—过滤器；5—热喷枪；6—旋转阀

为了满足富锌涂料喷涂的要求，高压泵的进口压力比较大，一般不小于 0.4MPa，加压活塞与连杆的运动速率也较缓慢；为了提高耐磨性，材质采用特殊的耐磨材料制造；为了解决喷涂过程中涂料的沉淀问题，配备有专门的搅拌装置，新型设备配备了涂料自循环系统；涂料喷出量大，压缩空气进气管与涂料输送管的口径也比通常的大；高压泵的加压活塞系统和高压柱塞系统为分体式，清洗、保养和更换易损件容易。

(3) 加热无气喷涂设备　当涂料的温度升高时，由于黏性液体内部摩擦减少，其黏度会随着下降。加热喷涂设备的功能是确保涂料雾化所需的适宜黏度，并使其保持恒定不变，发挥这种功能的是涂料加热器。热喷涂是在普通喷涂的基础上预先将涂料加热再喷涂的施工方法，基本原理如图 5-3-27 所示。加热喷涂有如下特点：

① 可以节省溶剂 30%左右，有机溶剂挥发量少，有利于减轻对环境的污染；

② 涂料的固体分增高，可以提高喷涂一道的漆膜厚度，可缩短涂装作业周期；

③ 喷涂黏度稳定，不会受季节气候的变化的影响，能确保漆膜厚度均匀一致；

④ 温度的下降发生在离开喷枪口和到达工件之间，导致涂料黏度显著增加，减少了高固体涂料发生流挂的可能性；

⑤ 改善了涂料的流平性，能提高漆膜的丰满度和光泽。

通常的加热喷涂设备是无空气喷涂喷枪配以涂料加热器，其中加热器是热喷涂技术的关键设备。涂料加热器的加热方式有热水加热、蒸汽加热、电加热等。由于电加热方式升温快，温度容易控制，所以被广泛采用。但使用加热喷涂方法时必须注意涂料对热喷涂的适应性：有些涂料如聚氨酯涂料、水分散热固型涂料，在加热条件下会影响其化学稳定性，不适宜采用热喷涂。

一般热喷涂采用的加热温度为 38～65℃，因为各种涂料的温度黏性特性不一样，预先应测定温度黏度特性曲线，有助于准确选择加热温度。

涂料加热器必须安装防爆装置。经常检查温度控制机构的可靠性，以防温度过高引起事故。

(4) 超临界液体喷涂设备　超临界液体喷涂是利用在超临界状态下，二氧化碳呈现类似于烃类的溶解作用，而二氧化碳不算 VOC，这样可以减少 VOC 的排放。二氧化碳的超临界条件是临界温度为 31.3℃，临界压力为 7.4MPa。要进行超临界喷涂必须控制温度和压力，同时必须使用双面进料喷涂，一面进料用低溶剂型涂料；另一面使用超临界二氧化碳。当涂料离开枪口时，二氧化碳迅速汽化而打碎了已经雾化的液滴，使之粒径减小，因而形成较窄粒径分布。此液滴的大小与空气喷枪所获得的液滴大小类似，而比无空气喷枪喷涂的液滴要小得多，所以装饰性较好。同时二氧化碳的挥发在液滴到达表面前已经完成，因此所涂装的涂膜黏度较高，不容易产生流挂，同时提高了涂覆效率，减少了过喷和废物处理问题。美国联碳公司已经使用超临界涂装技术进行木器家具的涂装，涂装质量优于传统的空气辅助无气喷涂，可以减少 VOC 排放 57%～67%，同时可以减少操作费用。

三、高压辅气喷涂法

空气喷涂涂料损耗大，而高压无气喷涂质量不理想。高压辅气喷涂（air assistant spraying）设备集中了无气喷涂和空气喷涂的特点，降低了高压无气喷涂的涂料压力（5MPa 以下），减少了喷涂射流的速度，借助少量压缩空气，帮助改善雾化效果。这种涂装方法雾化效果好，涂料利用率高，漆膜装饰性好，适用于金属制品、电器制品、车辆、高档家具和工艺品的涂装。

1. 原理

当涂料在低压条件下被压送并从涂料喷嘴喷出时，借助从空气帽喷出的雾化空气流，促进漆雾细化，使涂料呈漆雾状飞向并附着在被涂物表面，涂料雾粒迅速集聚成连续的漆膜。

其原理如图 5-3-28 所示。

2. 特点

(1) 喷涂的压力低 高压辅气喷涂涂料压力仅为 4～6MPa，远低于无气喷涂涂料压力（10MPa），从而延长了高压泵和喷枪的使用寿命，降低了涂料输送管道的耐压强度要求；同时因为压力低，减少了柱塞泵往复运动产生的噪声污染。

(2) 雾化效果好 高压辅气喷涂漆雾粒子细，粒子可达 70μm，提高了漆膜的装饰性。

(3) 漆雾图形可调节 解决了无气喷涂喷雾图形无法调节的问题，可以根据被涂物的形状任意调整喷雾图形的幅宽，操作方便。

(4) 涂装效率高 高压辅气喷涂的涂装效率可达 75%，漆雾飞散少，涂装效率高。

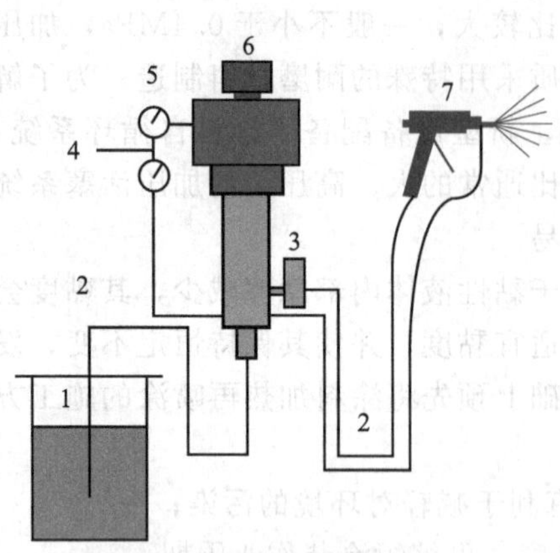

图 5-3-28 辅气喷涂原理图

1—涂料罐；2—涂料管道；3—高压过滤器；4—压缩空气；5—油水分离器；6—高压泵；7—辅气喷枪

3. 高压辅气喷涂设备

高压辅气喷涂设备是在高压无气喷涂设备的基础上增加了空气输送管，用以辅助雾化涂料，所以能够喷涂黏度较高的涂料，喷涂效率高，并能获得较厚的涂膜。设备构造如图 5-3-29 所示。

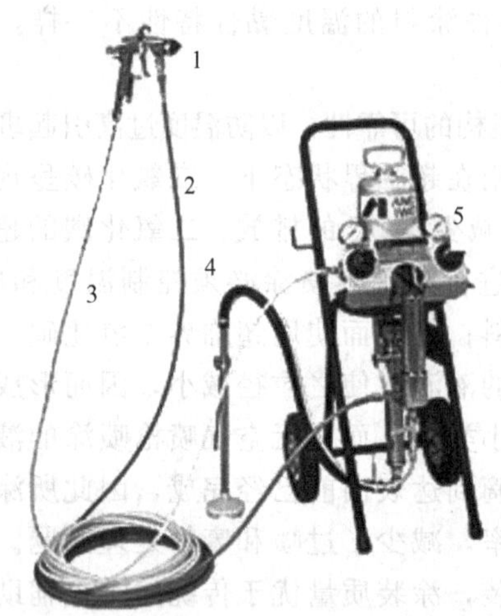

图 5-3-29 高压辅气喷涂机

1—高压辅气喷枪；2—涂料输送管；3—空气输送管；4—进漆口；5—高压泵

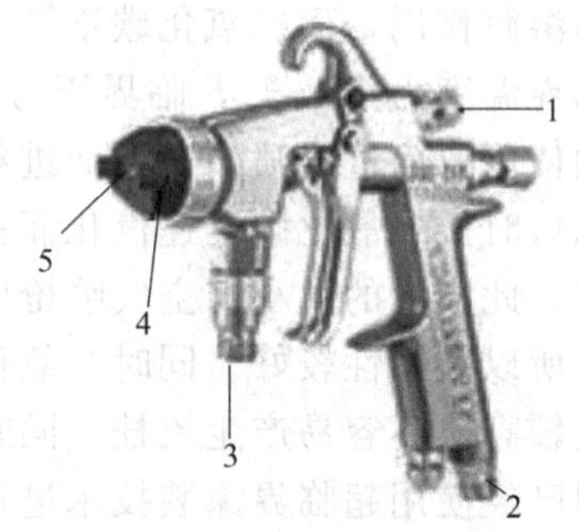

图 5-3-30 高压辅气喷枪

1—喷雾图形调节装置；2—空气管接头；3—涂料管接头；4—空气帽；5—涂料喷嘴

高压辅气喷涂设备所用的喷枪与无气喷涂喷枪的枪嘴类似，只是在原来的基础上增设了空气帽和漆雾图形调节装置，如图 5-3-30 所示。

四、静电喷涂法

静电涂装（electrostatic spraying）具有涂料利用率高、对大气的污染少、涂装作业效率高等优点。随着时代的发展，静电涂装设备有了明显的改进和发展，满足了各种涂装作业的需要，已经在汽车、农用机器、家用电器、日用五金、钢制家具、电动工具及玩具等工业领域得到了广泛应用，是目前应用广泛的涂装方法之一。

1. 原理

静电喷涂是利用高压静电场使带负电的涂料微粒沿着电场相反的方向定向运动，并使涂料微粒吸附在带正电工件表面的一种喷涂方法。工作时静电喷涂的喷枪接负极，工件接正极并接地，在高压电源的高电压作用下，喷枪的端部与工件之间就形成一个静电场，使空气产生强烈的电晕放电。涂料经喷嘴雾化后喷出，被雾化的涂料微粒通过枪口极针的边缘时因接触而带电，当经过电晕放电所产生的气体电离区时，将再一次增加其表面电荷密度。这些带负电荷的涂料微粒在静电场作用下，向异极性的工件表面运动，并被沉积在工件表面上形成均匀的涂膜，其原理如图 5-3-31 所示。

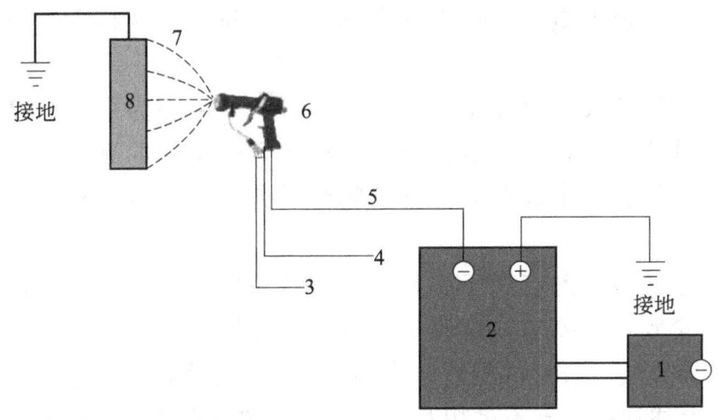

图 5-3-31 静电涂装原理示意图

1—交流电源；2—高压电源；3—涂料管；4—空气管；5—高压电缆；6—静电喷枪；7—电力线；8—被涂工件

2. 特点

(1) 涂料利用率高 采用静电涂装，涂料粒子受电场作用力被吸附在工件表面，显著减少了飞散和反弹，使涂料利用率大幅度提高，涂料利用率比空气喷涂提高 1～2 倍。

(2) 涂装效率高 静电喷涂易于自动化流水作业，生产效率比空气喷涂提高 1～2 倍，提高了劳动生产率。

(3) 涂膜质量好 带电涂料粒子受电场的作用产生环抱效应，获得的涂膜均匀、平整、光滑、丰满，光泽高，装饰性好。

(4) 改善涂装条件 静电涂装可以在静电喷涂室内进行，使涂装环境大为改善。

(5) 火灾的危险性大 静电喷涂设备复杂，喷具是特制的，工作状态有几万伏高压，具有较大的火灾风险，需要严格执行操作规程。

(6) 涂料的电阻要低 静电涂装对涂料的电性能有一定要求，一般要求涂料的电阻小于 100MΩ，同时易受环境温湿度的影响。

3. 影响静电涂装的因素

(1) 电压 电压是影响涂装效率的重要因素，喷涂效率一般随着电压的升高迅速增加。采用高电压，涂覆效率高，但容易发生高压击穿导致火灾的危险。一般电压范围控制在 90kV 左右。

(2) 涂料的黏度 涂料的黏度愈高，雾化性能愈差。但黏度高时，涂料的兑稀率低，施工固体分高，涂膜丰满、光泽高。静电喷涂用涂料施工黏度要比普通喷涂略低，以利于雾化的涂料微粒沿着电力线方向环抱沉积，一般控制在15～20s（涂4杯）。

(3) 涂料的电性能 介电常数是衡量涂料电性能最主要的参数。涂料的电性能直接影响静电雾化性能及静电效果，阻抗值过高带电困难，静电效果差；过小则易漏电，危害喷枪且不利于安全。普通涂料极性很低，电阻往往大于100MΩ，为了使涂料能适应静电涂装，必须用介电常数较高的溶剂或专用导静电助剂来调整涂料的阻抗，使之在0.05～50MΩ之间。

(4) 喷涂距离 根据计算，每1cm间隔空气能承载10kV电场作用，低于此极限就会极间击穿，产生火灾的危险。喷涂距离越近，喷涂效率越高；反之，距离越远，喷涂效率越低。通常喷涂距离为30～35cm。

(5) 旋杯的转速 旋杯的转速越快，涂料的雾化粒子愈细，涂装效率愈高；但涂料粒子的运动速度过快，不利于带上电荷，从而导致已雾化的粒子中颜料含量的差异，造成涂膜不均匀。

(6) 喷枪的布置 旋杯式静电喷枪，在工件上形成的涂膜为中空形厚度不均的涂膜。因此要根据被涂工件的具体情况，配置多支喷枪，从而获得均匀的涂膜。

(7) 旋杯的口径 旋杯的半径愈大，则涂料粒子愈细，一般要根据涂装的实际情况，选择合适的旋杯口径。

(8) 喷涂量 喷涂量愈小愈有利于涂料粒子的微粒化，但喷涂量小，涂装效率低。因此要根据涂装质量和喷涂效率的要求，来确定涂料的喷涂量。

另外，工件的悬挂方法、极针的配置、涂料的表面张力和涂料的输送方式等也对静电涂装的效果有一定影响。上述这些因素不是相互孤立的，必须综合考虑才能获得满意的涂装效果。

4. 静电喷涂装置

(1) 静电涂装设备的类型 静电喷涂装置分为手动涂装用和自动涂装用。手动涂装用一般均是手提式，分为空气雾化方式、无空气雾化方式、电气雾化方式三种；自动涂装用分为固定式和移动式，固定式分为空气雾化方式、电气雾化方式两种。移动式分为空气雾化方式、无空气雾化方式、电气雾化方式三种。下面主要介绍常用的静电喷涂装置。

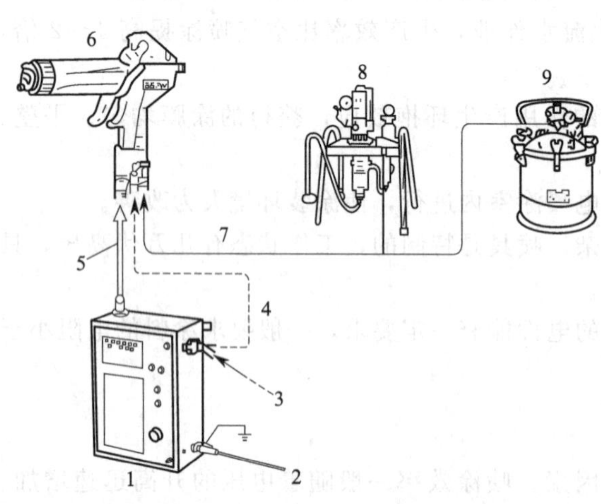

图5-3-32 手提式空气雾化静电喷涂设备

1—高电压发生器；2—AC电源；3—压缩空气输入口；4—空气管；5—高压电缆；6—静电喷枪；7—涂料输送管；8—涂料泵；9—涂料贮罐

① 手提式空气雾化静电喷涂设备 空气雾化静电喷涂的雾化方式为压缩空气，在喷枪口高压电极作用使雾化涂料带电，雾化微粒沿着电力线的方向吸附沉积在被涂工件表面，形成涂膜。空气雾化静电喷枪的结构轻巧，适应性灵活，特别适于作用场地狭小和外形复杂的被涂工件，被广泛用于机械、农机行业。手提式空气雾化静电涂装设备由高压电源、供漆系统和静电喷枪组成，如图5-3-32所示。

② 低压无气静电喷涂设备 低压静电喷涂结合了无气喷涂技术和静电喷涂技术的优点。涂料被高压柱塞泵压缩，通过喷枪口瞬时失压雾化，并在高电位电极放电而带上电荷，在电场的作用下，被吸附于工件表面。这种设备与空气静电喷涂设

备比，雾化涂料微粒的动力足，能够喷涂黏度较高的涂料，喷涂量较大，涂装效率高，如图 5-3-33 所示。

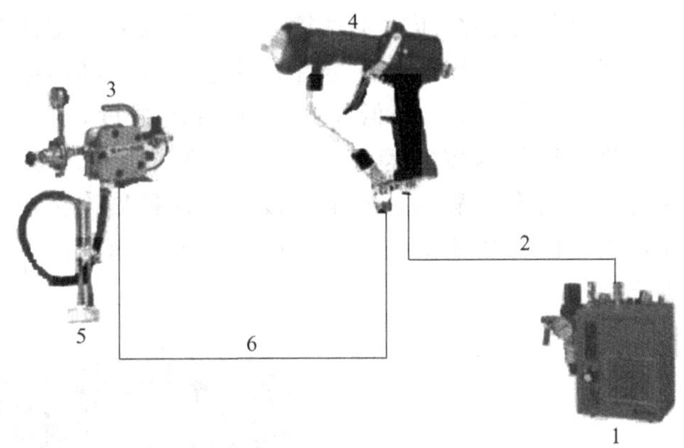

图 5-3-33　无气静电喷涂设备

1—高压电源；2—电缆；3—高压泵；4—静电喷枪；5—涂料罐；6—涂料输送管道

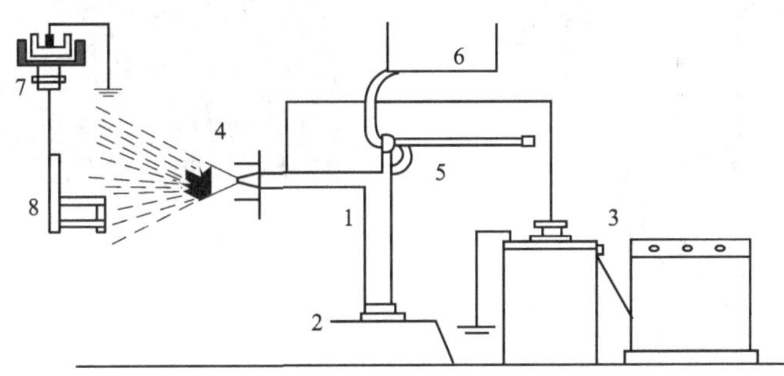

图 5-3-34　旋杯式静电喷涂设备示意图

1—支柱；2—电动机；3—高压整流装置；4—转杯；5—涂料量调节装置；6—涂料贮槽；7—运输带；8—被涂物

③ 旋杯式静电喷涂设备　旋杯式静电喷涂是目前国内外应用广泛的静电喷涂设备之一。由高压电源、静电喷枪、供漆系统和运输系统组成，如图 5-3-34 所示。高压施加于喷杯，涂料经过喷杯时被雾化带电，沿着电力线方向吸附并沉积在被涂工件上形成涂膜。

④ 旋盘式静电喷涂设备　旋盘式静电喷涂设备又称为Ω形静电喷涂设备，是目前被广泛采用的一种静电涂装设备，适用于机电行业、汽车行业、自行车、仪器仪表、家用电器以及各种零部件的表面装饰等。该设备由Ω形喷漆室、旋盘式静电喷枪、高压电源、供漆装置和电控装置组成，如图 5-3-35 所示。

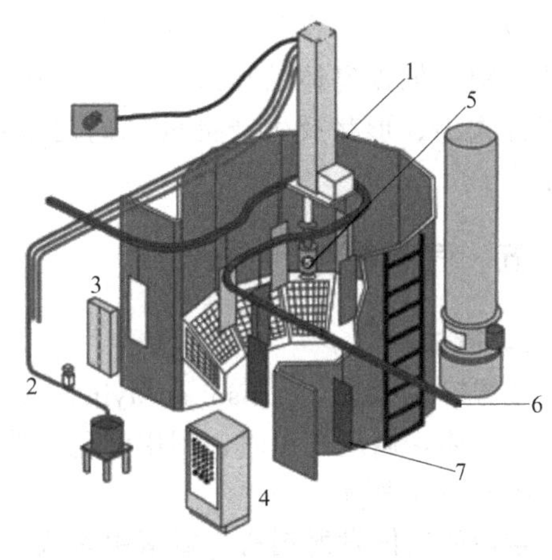

图 5-3-35　旋盘式静电涂装设备示意图

1—Ω形喷漆室；2—供漆系统；3—高压电源；4—电控系统；5—旋盘式静电喷枪；6—悬挂运输系统；7—被涂工件

(2) 高压电源　静电涂装的高压一般通过静电发生器提供，要求静电发生器安全、稳定可靠，使用寿命长，输出电压高而电流低，并带安全保护装置。高压静电发生器有晶体管和电子管两种。均有足够的输出功率，并装有击穿保护装置，当产生放电时能自动切断高压，保证人身安全。

随着科技的发展，目前已经能将高压发生器集成固化并安装于枪体本身之中。这种设计有两个优点：不用高压加载，提高了操作的安全性；普通导线比高压电缆轻便，减轻了手提式喷枪的重量，增加了操作的灵活性，降低了工人的劳动强度，提高了涂装质量。美国GRACO公司更推出了一种新型的内置式静电喷枪（PRO XS4 AA系列），无需外接电源，利用压缩空气带动枪内的涡轮机发生静电，安全性极高。这种喷枪在接地良好的情况下，即使喷枪带电极针与工件短路，因释放能量极少，仅产生电弧光而不产生电火花，不会有着火的危险，如图 5-3-36 所示。

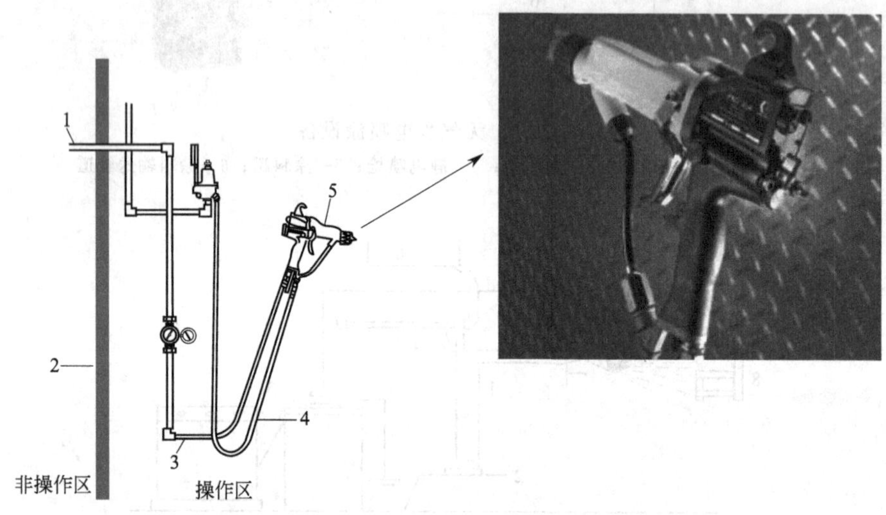

图 5-3-36 内置式静电喷枪
1—主空气管；2—墙；3—空气管；4—涂料管；5—静电喷枪

(3) 供漆装置 供漆装置是涂料的输送装置，要求连续、稳定。目前常用的有自流式供漆装置、压力罐式供漆装置、压力供漆站三种形式，用户可以根据具体的要求进行选择。

(4) 喷漆室 静电喷漆室一般由室体、通风装置、安全装置等组成。室体是静电喷漆室的关键，依据室体的形式可以分为敞开式、死端式、通过式和 Ω 形静电喷涂室等。根据工件大小、形状及生产批量来确定室体的形式，批量大的一般采用通过式和 Ω 形静电喷漆室。

五、气雾罐喷涂法

1. 概述

气雾罐喷涂法（aerosol spraying）是在气雾罐（既是涂料容器又是增压器）中灌入涂料和液化气体，揿压按钮时，利用液化气体的压力进行自压喷涂的涂装方法。气雾罐喷涂示意图如图 5-3-37 所示。

常用的气体发射剂有三氯氟甲烷或二氯二氟甲烷等。这种喷涂方法适用于家庭用小物品和交通车辆车体的修补等，不适应于大面积的、连续生产的被涂物。

2. 特点

① 操作灵活简便：施工场地要求通风、无尘即可，无需气源、电源等硬件设施。

② 喷涂的压力较低，要求涂料的黏度较低。

③ 适用范围广：广泛应用于各种金属、表面处理过的木材、玻璃、ABS塑料等多种底材的涂装。

④ 漆膜装饰性好，漆膜较平整。

⑤ 漆雾飞扬，污染空气，涂料利用率仅为30%～50%，浪费较大。

⑥ 涂装效率一般，只用于小规模施工。

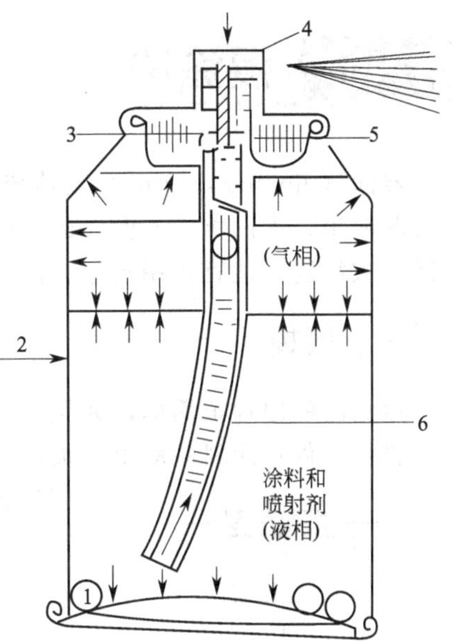

图 5-3-37 气雾罐喷涂示意图

1—搅拌球；2—气雾罐罐体；3—阀门；4—喷嘴按钮；5—阻塞孔；6—立管

3. 施工注意事项

① 涂装前要彻底去除需喷漆部位的油污、水渍和灰尘。

② 用原子灰填平凹陷的部位并磨平。

③ 喷漆前必须上下左右摇动罐子约 2min，使涂料充分混合均匀。

④ 在距被喷物表面 20～30cm 处，用食指压下喷头来回匀速喷涂。

⑤ 未用完的气雾罐在存放时，应先将漆罐倒置压下喷头 2～3s，以清理干净喷嘴内的余漆，以防堵塞。

⑥ 对不明材质表面最好先小面积试喷，10min 后无不良反应再使用。

⑦ 应在阴凉干燥、无灰尘、空气流通的环境下施工；不要在雨天或严寒环境下施工。

⑧ 气雾罐为易燃品，要存放在低于 40℃的地方，远离明火，严禁曝晒、刺破或焚烧气雾罐。

六、喷涂方法性能比较

不同的喷涂方法各有其优缺点，实际工作中要根据涂装场地的实际情况、涂装质量的要求、工件的形状和涂装是否为连续生产等因素综合考虑决定。各种喷涂方法性能比较见表 5-3-2。

表 5-3-2 各种喷涂方法的性能比较

项 目	空气喷涂	高压无气喷涂	高压辅气喷涂	静电喷涂	气雾罐喷涂
喷涂质量	○	△	△	◎	○
污染程度	×	△	○	◎	×
工作效率	△	◎	△	○	×
准备时间	○	△	△	△	◎
工件形状影响	×	△	×	×	×
安全性	◎	◎	◎	×	◎
一次膜厚/μm	30	40 以上	40	30	20
涂料利用率/%	30～60	40～80	50～80	70～90	30～60
对涂料电阻要求	无	无	无	有	无
压缩空气消耗量	大	小	小	大	无

注：◎代表优秀；○代表良好；△代表一般；×代表较差。

第六节 浸涂法

浸涂（dipping coating）是传统的涂装方法之一，这种方法设备简单，操作灵活，适用于形状简单、无凹坑、不兜漆的流线型工件，而带有深槽、盲孔等能积蓄涂料，且余漆不易去除的被涂物不适宜采用浸涂方法。

一、原理

浸涂法的原理很简单，如图 5-3-38 所示，将被涂物全部浸没在涂料中，经短时间浸泡后，再将工件从涂料中取出，被涂物表面就会黏附涂料形成涂膜，再将多余的漆液滴尽并流回漆槽。

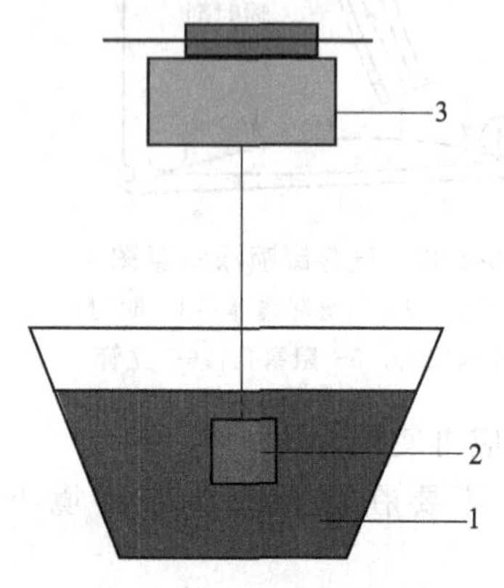

图 5-3-38 浸涂原理图

1—浸涂槽；2—被涂物；3—起吊设备

二、特点

① 设备简单，操作简便，小批量可用手工浸涂法，大批量可用机械浸涂，进行流水线生产，比较容易实现涂装自动化，生产效率高。

② 涂料损失少，利用率高，对环境的污染小。

③ 涂层的装饰性一般，比不上喷涂、刷涂，涂装表面容易上薄下厚，易产生流挂。

三、浸涂设备

浸涂的方法很多，过去用手工浸涂法，现在大多采用批量浸涂法，批量涂漆有传动浸涂法、回转浸涂法、离心浸涂法、真空浸涂法和浸涂-流涂法等。传动浸涂操作简单，生产效率高，应用比较广泛，在此主要对传动浸涂的方法和设备进行介绍。传动浸涂设备通常包括浸涂槽、去余漆装置、搅拌装置、加热冷却装置、通风、防火装置，此外还需要配置输送悬挂装置和贮漆槽。

1. 浸涂槽

浸涂槽是浸涂所需要的最主要设备，根据浸涂的作业方式可以分为：船形浸涂槽和矩形浸涂槽，分别适于通过式浸涂法和间隙式浸涂法。槽体的形状和尺寸根据被涂物的形状和尺寸决定。

2. 去余漆装置

去余漆的方式有自然滴落去余漆和静电去余漆两种。通常采用的是自然滴落去余漆法，设备简单。静电去余漆装置去余漆的效率高，但设备复杂，有一定的危险性。

3. 搅拌装置

为防止浸涂槽内的涂料沉淀结块，保证涂料的均一，浸涂施工必须配置搅拌装置。常用的搅拌装置有泵循环搅拌装置和机械搅拌装置。

4. 加热、冷却装置

浸涂施工必须配置加热和冷却装置，必要时对涂料进行加热或降温，以保证涂料的黏度在规定的范围内，从而保证施工正常进行。

5. 通风、防火装置

浸涂为敞开作业，施工过程中溶剂在不断挥发，为确保作业环境的安全，减少对操作工人的危害，浸涂设备必须配置通风和防火装置。

四、浸涂工艺

1. 浸涂对涂料的要求

浸涂涂料一次投入量大，同时要长期反复使用，所以要求涂料使用期长，沉降速度慢，涂装过程中能保持浸涂槽内的涂料组分均一，因此涂料的选择必须得当。烘烤型涂料和水性涂料适宜采用浸涂方法。快干型涂料、双组分固化涂料和颜填料密度大的涂料不适宜采用浸涂方法。

2. 主要工艺条件

浸涂最合适的涂装膜厚是 30μm，膜厚的控制可以通过黏度进行调节。涂料黏度越大，膜厚越厚；反之，黏度越小，膜厚越薄。浸涂时应该根据具体的涂装要求确定合适的涂料黏度，并进行严格的控制。

涂料的黏度和温度密切相关，黏度随温度的升高而降低，因此浸涂槽内的温度必须严格控制，使其保持稳定。

被涂物出槽的速率要适宜。出槽速率过快将造成浸涂槽内涂料剧烈运动，从而产生气泡，影响浸涂的质量。反之，如果出槽速率慢，而溶剂挥发速率快，则在垂直平面的漆膜厚度不均，一般出槽速率控制在 10cm/min 左右。

在施工过程中需进行适当的搅拌，保持浸涂槽内涂料的均匀，防止涂料沉淀。

施工过程中要加强通风，保持操作环境空气的流通，从而减少有机溶剂对操作工人的危害。

第七节 帘幕淋涂法

一、原理

淋涂是将涂料喷淋或流淌过工件的表面形成连续漆膜的涂装方法。对小批量物件采用手工操作，向被涂工件上浇漆，俗称浇漆法。发展为自动流水线生产后，则称幕涂法（curtain coating）。它是浸涂方法的改进，增加了一些装置，适用于大批量流水线生产方式，是一种比较经济和高效的涂装方法。自动帘幕淋涂法的原理是将涂料贮存于高位槽中，当工件通过传送带自帘幕中穿过时，涂料从槽下喷嘴细缝中呈幕帘状不断淋在被涂工件上，形成均匀的涂膜，多余的涂料流回容器，通过泵送到高位槽循环使用，如图 5-3-39 所示。该方法适于钢铁板材、胶合板和塑料板等平板状或带状材料的涂装，易于大批量自动流水线生产。

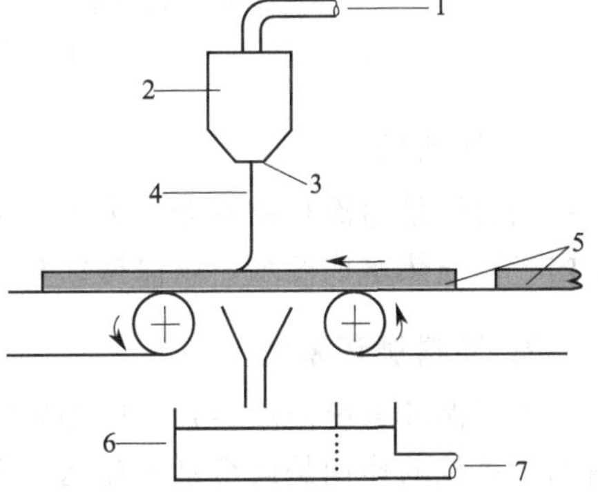

图 5-3-39 帘幕淋涂原理图

1—涂料入口；2—涂料贮槽；3—喷嘴；4—涂料流；5—被涂物；6—滴漆槽；7—循环泵

二、幕涂法的特点

① 幕涂法涂料用量少，利用率高。漆液不是分散为雾状喷出，而是以液流的形式滴落，同时仅在循

环过程中有部分溶剂的挥发，余漆可以通过收集系统进行回收，减少了涂料的损失。

② 由于幕涂法采用流水线生产，适用于自动化大批量生产，被涂工件通过快速输送机构输送，涂覆速率快，涂装效率高。

③ 可以通过控制帘幕的厚度、流量和被涂工件的输送速率等工艺参数控制涂装过程，连续生产过程中可以控制膜厚较厚而且均匀稳定。

④ 幕涂法的工艺参数容易控制，设备清洗方便，操作也比较方便。

⑤ 幕涂法的适用面较窄，仅适用于平面的涂装，不适于垂直面或立体工件的涂装。

三、幕涂设备组成

根据帘幕淋涂设备涂装宽度不同，有多种型号的设备可供选用，可以根据被涂物的情况选择具体的型号。帘幕淋涂机由涂料槽、涂料循环系统、帘幕头和输送机构组成，如图5-3-40所示。

图 5-3-40 通过式幕帘淋涂设备

1—涂料槽；2—涂料泵；3—压送管路；4—过滤器；5—输送量调节阀；6—高位压力调节槽；7—涂料帘幕流出狭缝；8—回流管；9—被涂物输送机；10—涂料收集器；11—输送回流管

1. 涂料槽

涂料槽是盛涂料的容器。为了保证涂料黏度的稳定，涂料槽可以做成带夹层的容器，夹层内可以通热水或冷水，以保持涂料的温度恒定。

2. 涂料循环系统

涂料循环系统由涂料泵、压缩管路、过滤器、输送量调节阀、收集器和回流管组成。涂料循环系统的作用是向帘幕头输送涂料和收集返回的涂料。

3. 帘幕头

帘幕头是涂料帘幕形成的关键设备，是涂料的流出部件，由高位压力涂料槽、帘幕流出狭缝、狭缝调节装置和防风板组成。涂料帘幕流出狭缝位于高位压力调节槽的底部，可以通过调节装置调节狭缝的宽度，从而达到控制涂覆膜厚的目的。

4. 输送机构

输送机构的作用是输送被涂物，保证涂装连续进行，输送机构由输送带、变速电动机和速度调节装置组成，速度调节应该能够无级调速，以满足连续涂装的要求，调速范围一般为50～150m/min。

为预防火灾事故，确保帘幕淋涂作业安全，淋涂应该在专门的淋涂室内进行，并配备可靠的通风装置和自动灭火装置。

四、幕涂工艺

狭缝宽度、涂料黏度、涂料压力和被涂物的输送速率是影响帘幕涂装质量的重要参数，要根据实际情况进行调节，才能获得理想的涂层。

1. 狭缝宽度

在涂料黏度和压力一定的情况下，狭缝越宽，涂料的涂布量越多；狭缝越窄，涂料的涂布量越少，如果狭缝过窄，涂料流出量过少，会使涂料帘幕断开，不能形成连续的涂膜。一般涂料选用的狭缝宽度为0.5～0.8mm。

2. 涂料黏度

要根据涂料品种、被涂物材质和需要的膜厚调整涂料的黏度，帘幕涂装涂料的黏度范围一般为15～120s（涂-4杯）。温度对黏度的影响很大，一般要求淋漆室的温度要保持20～30℃，必要时可通热水或冷水进行加热或冷却。

3. 涂料压力

增加涂料压力，涂料滴落的速率加快，涂布量增加，涂装膜厚也增加；反之，降低涂料压力，涂料滴落的速率减慢，涂布量也减少，涂装膜厚降低，通常选用的压力范围为0.01～0.02MPa。

4. 被涂物的输送速率

输送带的速率决定被涂物输送速率，输送速率越快，涂装效率越高，涂布量越小，涂装膜厚降低；相反，输送速率越慢，涂装效率越低，涂布量越大，涂装膜厚增加。一般被涂物输送速率为70～100m/min。

第八节 抽涂法

细长的待涂工件沿水平的方向一个个被抽走涂漆的涂装方法叫抽涂法。被涂物通过抽涂机进行涂装，适用于铅笔杆、伞把、钓鱼竿及金属导线等被涂物，容易实现连续化自动涂装。

一、原理

抽涂法（pull coating）的操作原理是工件通过内装涂料的漆槽下部的三通形抽涂孔，工件出口处有一个橡胶垫圈制成的捋具，其直径稍大于工件，通过此捋具可将多余的涂料清除掉，从而得到厚薄均匀的涂膜，如图5-3-41所示。

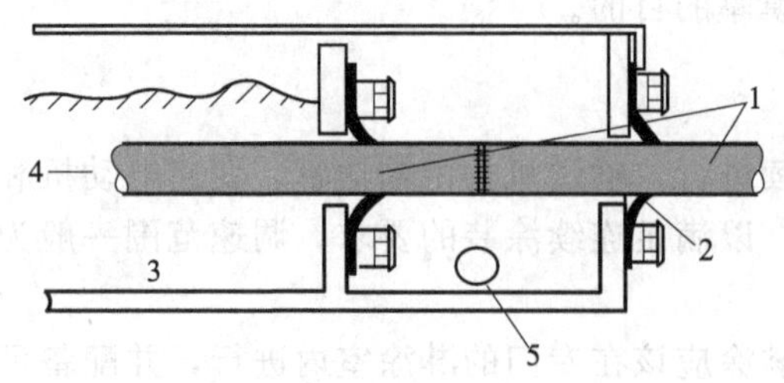

图 5-3-41 抽涂法示意图

1—被涂物；2—弹性捋具；3—贮漆槽；4—顶出机构；5—排漆口

抽涂装置可以分为多次捋挤型和一次捋挤型，捋挤用的橡胶板或橡胶套筒是抽涂装置的关键，简单工件要抽涂 2～3 次，铅笔、漆包线等要反复抽涂 10 次以上。漆膜厚度与孔洞的直径和被涂物的传输速率有关，通常传输速率为 0.5m/s。

二、特点

① 抽涂能使涂漆、干燥形成流水线，从而实现连续化涂装，效率高，适用于大批量生产。

② 抽涂要求涂料的黏度小，固体分要高。

③ 工件必须定型，需要为圆柱状，适用于线状和棒状的被涂物。

第九节 辊涂法

辊涂（rolling machine coating）是首先利用转辊蘸取涂料，然后借助转辊在转动过程中与被涂物接触，将涂料涂覆在被涂物的表面，形成连续涂膜的涂装方法。辊涂适用于平面状和带状被涂物的涂装，广泛应用于金属板、胶合板、布或纸的涂装，特别适用于金属卷材涂装。

一、原理

辊涂法的原理是转辊在涂料槽中转动，黏附一定的涂料，在转辊表面形成一定厚度的湿膜，然后借助转辊在转动过程中与被涂物接触，将涂料涂覆在被涂物的表面，形成连续的涂膜，如图5-3-42所示。辊涂特别适用于烘烤型涂料，要求涂料具有良好的流平性，润湿性和附着力，最好能够在短时间内烘烤固化成膜。辊涂容易实现连续化生产作业，涂装速率快，生产效率高。

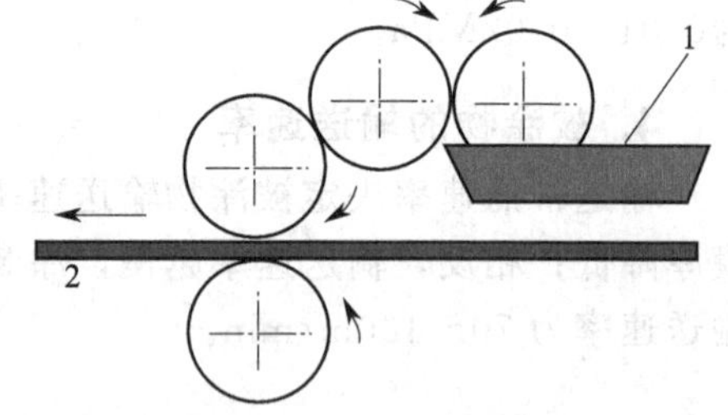

图 5-3-42 辊涂原理图

1—涂料贮槽；2—被涂物

二、辊涂机的构造

1. 构造

辊涂机由涂料盘、取料辊和涂覆辊组成，如图5-3-43所示。涂料盘用于存放调制好的涂料；取料辊的作用是从涂料盘中蘸取涂料，并将涂料转移给涂覆辊；涂覆辊将涂料涂覆在被涂物的表面，从而获得连续的涂膜。每个转辊均设有调节装置，可以调节转辊之间的间隙和压力，以便获得所需要的膜厚。

2. 驱动方式

转辊的驱动方式分为集体驱动和单辊驱动。集体驱动由一台电动机驱动，工艺参数不易改变，目前应用较少。单辊驱动是每个转辊均配置专用的电动机，转动方向和转速均可调整，工艺参数容易改变，目前应用广泛。

图 5-3-43 辊涂机的构造

1—取料辊；2—涂覆辊；3—调节辊；4—被涂钢板（可下降）；5—涂料盘

三、辊涂机的种类

根据涂覆辊和被涂物的转动方向的异同，辊涂机可以分为同向辊涂机和逆向辊涂机，如图 5-3-44 所示。同向辊涂机涂覆辊的转动方向和被涂物的移动方向相同，适用于低黏度涂料，通常用于薄膜型涂料，涂装膜厚一般在 10～20μm。逆向辊涂机涂覆辊的转动方向和被涂物的移动方向相反，适用于高黏度涂料，黏度可达 120s（涂-4 杯）一般用于厚膜型涂料，涂装膜厚一般在 50～500μm。

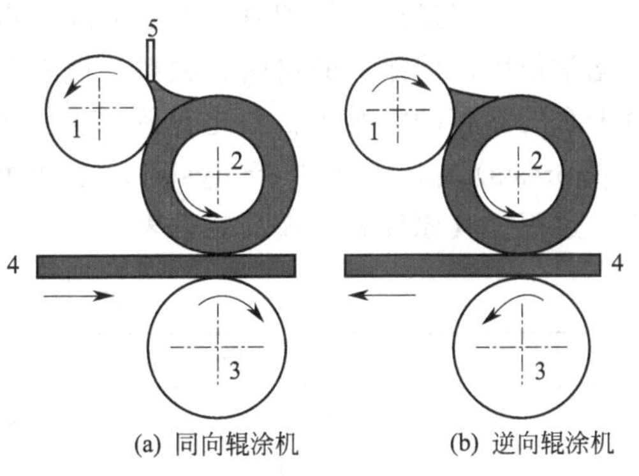

图 5-3-44 辊涂机的种类

1—供料辊；2—涂覆辊；3—支持辊；4—工件；5—刮板

四、辊涂工艺

辊涂机转辊的材质、组合、转动方向、转辊之间的间隙和周速比、涂料供给方式是影响辊涂质量的重要因素，要根据具体的辊涂要求选择合适的参数。

1. 膜厚的控制

一般取料辊和涂覆辊之间的间隙越大，辊涂的膜厚越厚，还可以通过调整周速比控制辊涂的涂装膜厚。

2. 供料方式的选择

辊涂机的供料方式有底部供料和顶部供料两种方式。底部供料是取料辊从下面蘸取涂料，黏度适用范围窄，使用受到一定的限制。顶部供料是取料辊从上部取料，涂料容易润湿和黏附，适用范围较宽，应用比较普遍。

3. 涂覆辊的选择

涂覆辊一般为橡胶辊，当被涂物为挠曲性的材质，如纸、布、塑料薄膜等采用钢制涂覆辊。在涂覆过程中要保持涂覆辊的清洁，防止灰尘和异物的黏附，避免损伤涂覆辊，从而影响涂膜外观。

4. 周速比的调节

涂覆辊与支持辊转速的比值叫周速比。为了使涂覆辊上的涂料涂覆到被涂物表面，并获得满意的涂覆效果，必须选择适当的周速比。逆向辊涂时，周速比要稍大于 1；同向辊涂时，周速比要稍小于 1，可以获得比较好的涂覆效果。

第十节 电泳涂装法

电泳涂装（electro-coating）是利用外加电场使悬浮于电泳液中的颜料和树脂等微粒定向迁移并沉积于工件表面的涂装方法。电泳涂装技术的出现是涂装技术上革命性的飞跃，具有无可比拟的高效、低污染等突出优点，目前在汽车、建材、五金、家电等行业得到了广泛的应用。电泳涂装法包括阳极电泳和阴极电泳，阴极电泳泳透力高，耐蚀性好，目前被广泛采用。

一、原理

电泳涂装是把工件和对应的电极放入水溶性涂料中，接上电源后，依靠电场所产生的物理化学作用，使涂料的树脂、颜料、填料在以被涂物为电极的表面均匀地析出沉积，形成不溶于水的涂膜的涂装方法。电泳涂装是一个极其复杂的电化学反应过程，包括电泳（electrophoresis）、电解（electrolysis）、电沉积（electrodeposition）和电渗（electroosmosis）四个过程。其原理和电极反应见表 5-3-3。

表 5-3-3 电泳涂装的原理

分类	阳极电泳	阴极电泳
基本原理	+ − H^+ OH^- O_2 Me^{n+} $R—COO^-$ H_2 中和剂：KOH 有机胺类	− + OH^- H^+ H_2 $R—NH^+$ O_2 中和剂：有机酸
pH 变化	pH 降低析出	pH 升高析出
电极反应	阳极： $2H_2O \longrightarrow 4H^+ + 4e^- + O_2\uparrow$ $R—COO^- + H^+ \longrightarrow COOH—R$ （水溶性） （不溶性） $Me \longrightarrow Me^{n+} + ne^-$ $R—COO^- + Me^{n+} \longrightarrow (R—COO)Me$ （析出） 阴极： $2H_2O + 2e^- \longrightarrow 2OH^- + H_2\uparrow$	阳极： $2H_2O + 2e^- \longrightarrow 2OH^- + H_2\uparrow$ $R—NH^+ + OH^- \longrightarrow R—N + H_2O$ （水溶性） （不溶性，析出） 阴极： $2H_2O \longrightarrow 4H^+ + 4e^- + O_2\uparrow$

二、特点

电泳涂装采用了电沉积工艺，具有以下特点：

① 采用水溶性涂料，以水为分散介质，节省了大量有机溶剂，大大降低了大气污染和对环境的危害，避免了产生火灾的危险；

② 电泳涂装效率高，涂料损失少，涂料的利用率可达95%以上；

③ 涂膜厚度均一，边缘覆盖性好，能满足形状复杂工件涂装的要求；

④ 涂膜的力学性能优异，同时具有良好的附着力和耐冲击性能；

⑤ 设备复杂，自动化流水线的投资费用高，耗电量大，涂装的管理复杂，施工控制严格，并需要进行废水的处理；

⑥ 电泳槽的容积大，更换颜色比较麻烦。

三、工艺过程

在涂装前要对工件进行表面预处理，目前常用的电泳涂装工艺流程如下：工件→预脱脂→脱脂→水洗→热水洗→表面调整→磷化→水洗→去离子水洗→热风烘干→电泳沉积→超滤循环水洗→烘烤成膜→冷却→涂装面漆。

四、主要工艺参数

为了保证涂装的质量，必须对电泳液进行严格的科学管理，要定期对电泳液固体分、颜基比、pH、电导率和电泳涂层厚度等进行测定，在测定数据的基础上调整电泳涂装的各项参数。

1. 电泳电压

电压对漆膜的影响很大，电压越高，漆膜越厚。提高电压，对于难涂装部位可提高涂装能力，缩短施工时间，但电泳电压超过涂层的击穿电压，涂层即会被击穿，造成涂膜弊病，因此要确定最佳的电泳电压。电泳涂装采用的是定电压法，电压的选择一般由涂料的种类和施工的要求确定。

2. 电泳时间

漆膜厚度随着电泳时间的延长而增加，但当漆膜达到一定的厚度时，继续延长时间，也不能增加厚度，反而增加副反应；反之，电泳时间过短，涂膜过薄。电泳时间应该根据所用的电压确定，在保证涂层质量的前提下，时间越短越好。一般电压下电泳时间为1～3min，大型工件3～4min，如果被涂物形状复杂，可以适当提高电压、延长电泳时间。

3. 电泳温度

随着电泳液温度的升高，电泳沉积的速率加快，成膜速率快。但温度过高会导致涂层粗糙、橘皮，还容易引起涂料变质，因此必须控制电泳温度，一般控制在15～30℃。

4. 涂料固体分

采用低固体分的电泳液，工件带出的电泳液损失少，电渗性好，水洗时用水量少，废水处理容易。固体分过低，涂层过薄，会使涂层外观劣化，易产生针孔，电泳液不易维护；固体分过高，涂层易产生粗糙、橘皮等弊病。一般阳极电泳液的固体分控制在10%～15%，阴极电泳液的固体分控制在18%～20%。

另外，影响电泳涂装的参数还有涂料的pH、涂料电阻、极间距离等参数，要根据具体涂装要求选择合适的工艺参数。

五、电泳涂装设备

电泳涂装设备是由电泳槽、搅拌装置、涂料过滤装置、温度调节装置、涂料补给装置、直流电源装置、水洗装置、超滤装置、烘烤装置和备用罐等组成。电泳涂装设备可以分为连续通过式和间歇垂直升降式两大类。连续式适用于大批量涂装生产，在工业上应用较广；间歇式适用于小批量涂装作业。连续通过式电泳涂装设备如图 5-3-45 所示。

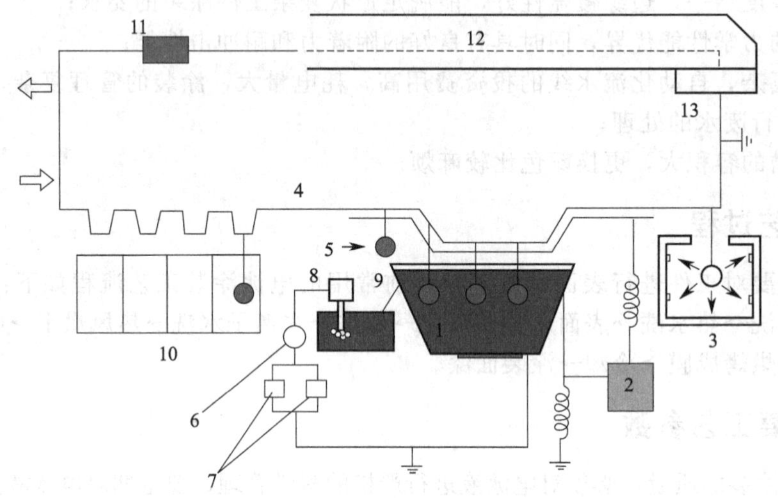

图 5-3-45 电泳涂装设备示意图

1—主槽；2—直流电源；3—水洗喷嘴；4—输送链；5—工件；6—温度调整器；7—过滤器；8—循环泵；9—涂料补给装置；10—前处理装置；11—检知装置；12—干燥炉；13—送风口

1. 电泳槽

电泳槽分为船形槽和矩形槽两种形式，前者适用于连续通过式电泳涂装生产线，后者适用于间歇垂直升降式涂装生产线。槽体的大小和形状要根据工件的大小、形状和施工工艺确定，在保证一定的极间距离条件下，应尽量设计的小些。

2. 搅拌系统

循环搅拌系统可以使施工过程中的漆液保持均匀一致，一般采用循环泵，当循环泵开动时，槽内漆液均匀翻动，漆液一般每小时循环 4～6 次。

3. 电极装置

电极装置由极板、隔膜罩及辅助电极组成。

4. 温度调节系统

温度调节系统是为了使漆液保持一定的温度，一般电泳涂装的温度在 20～30℃。

5. 超滤设备

电泳超滤（ultra filtration）系统的主要作用有：

① 维持槽液体系稳定，提高漆膜质量；

② 回收电泳涂料，提高涂料的利用率，降低电泳后清洗纯水的用量；

③ 减少涂装废水的产生，从而减少去离子水的用量。

(1) 超滤原理 超滤原理是一种膜分离过程，超滤是利用一种压力活性膜在外界推动力

(压力)作用下截留水中胶体、颗粒和分子量相对较高的物质，而让水和小的溶质颗粒透过膜的分离过程。也就是说，当水通过超滤膜后，可将水中含有的大部分高分子量物质除去，同时还可去除大量的有机物等。

(2) 超滤装置的结构 超滤装置由预滤器、超滤器、循环泵和超滤液贮存输送装置组成，其中超滤器是整个超滤系统的关键。

透过率和截留率是超滤器的重要参数。透过率是指单位面积超滤膜在一定时间内所能通过液体的量，单位为“$L/(m^2 \cdot h)$”。透过率主要受漆液压力的影响，压力愈高，透过率愈高，在相同的条件下，透过率愈高，表明超滤性能愈好。截留率是指超滤膜阻止漆液中高分子成膜物质通过的能力，截留率愈高、超滤透过液水质愈好。

另外，电泳涂装设备还包括涂料补给装置、通风系统、供电装置、水洗装置等。

第十一节 自沉积涂漆法

自沉积涂装(chemical-phoretic coating)利用化学能将成膜物覆盖在铁制品表面形成涂层。钢铁表面只需除锈后即可涂装，不必进行磷化处理。20世纪80年代，美国、加拿大、法国、日本等国已用于汽车零部件涂装，20世纪80年代中期，我国已将自泳涂料用于汽车车身及货箱涂装，与国际先进水平差距不大。

一、原理

自沉积涂装的成膜机理是通过工件的电化学反应，使乳液破乳而沉积在工件的表面，形成湿膜，再经高温烘烤固化成膜。化学反应机理如下。

溶解反应：$Fe(工件)+2HF \longrightarrow Fe^{2+}+H_2\uparrow+2F^-$　　$Fe(工件)+2FeF_3 \longrightarrow 3Fe^{2+}+6F^-$

成膜后的氧化反应：$2Fe^{2+}+H_2O_2+2HF \longrightarrow 2Fe^{3+}+2H_2O+\frac{1}{2}O_2\uparrow+2F^-$

随着Fe^{3+}浓度不断升高，逐渐破乳、自沉积形成湿膜，经过烘烤固化成自泳涂层。

二、特点

(1) 低污染、高安全性 由于自泳涂料以水为分散介质，不含任何有机溶剂，无有机溶剂的排放。

(2) 低成本、高性能 自泳涂装工艺简单，设备投资少；自泳涂层具有良好的耐蚀性，优良的力学性能。

(3) 低能耗、高泳透力 自泳涂装不需施加电场，靠乳胶溶液经一系列化学作用沉积于金属表面，烘烤温度低，同等规模的生产线可节能30%以上；自泳涂装对于形状复杂的工件，均能获得厚度均匀的涂层，不存在电泳涂装中泳透力的限制。

(4) 配套性能优异 用作底漆与常规的面漆有很好的配套性。

(5) 颜色单一、限用于底漆 限于其沉积机理，自泳涂装只能用于钢铁零件，颜色仅局限于黑色，色调较单一，故一般用于底漆涂装。

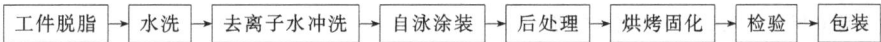

三、自泳涂装工艺

自泳涂装主要工艺流程如下：

工件脱脂 → 水洗 → 去离子水冲洗 → 自泳涂装 → 后处理 → 烘烤固化 → 检验 → 包装

四、影响因素

影响自泳涂装的工艺参数有固体分、pH、Fe^{3+}含量、氧化还原电位、沉积温度、时间和烘烤温度等，要根据实际情况进行调节，以获得预期的涂装效果。

第十二节 粉末涂装方法

粉末涂装是指粉末涂料涂布到经过表面处理的清洁的被涂物上、经过烘烤熔融并形成光滑涂膜的工艺过程。粉末涂料是一种低污染、省能源的环保型涂料，但涂装过程中存在粉末爆炸的危险。

粉末涂装的成膜机理不同于液体涂料，是一种干燥的涂装工艺，必须采用特殊的涂装方法，常用的粉末涂装方法有静电喷涂法、流化床涂装法（普通流化床和静电流化床）和火焰涂装法，另外还有粉末电泳涂装法、等离子喷涂法、无空气热喷涂法等，在此重点介绍前三种涂装方法。

一、静电涂装法

粉末静电喷涂法（electrostatic powder coating）是粉末涂料施工中应用最多的涂装方法。

1. 原理

静电喷涂是利用静电粉末喷枪喷出的粉末涂料在分散的同时被产生电晕放电，从而带上负电荷，在静电力和压缩空气的作用下，粉末被均匀地吸附在工件上，经加热粉末熔融固化成均匀、连续、平整、光滑的涂膜，原理如图 5-3-46 所示。带负电的涂料粉末在空气流的作用下，受静电场静电引力的作用定向地飞向接地带正电的工件上，由于电荷之间的作用而使涂料牢牢地吸附在工件上。一般只需几分钟便可使涂层达到 50～150μm，之后由于静电排斥，粉末就不再吸附到工件上，因此容易得到均匀的膜厚。喷涂后的工件在固化炉中加热，使涂层流平，形成均匀的涂层。

2. 工艺流程

粉末静电喷涂工艺流程包括工件预处理、静电喷涂、烘烤固化等主要过程，另外包括空气净化、粉末回收等辅助过程。

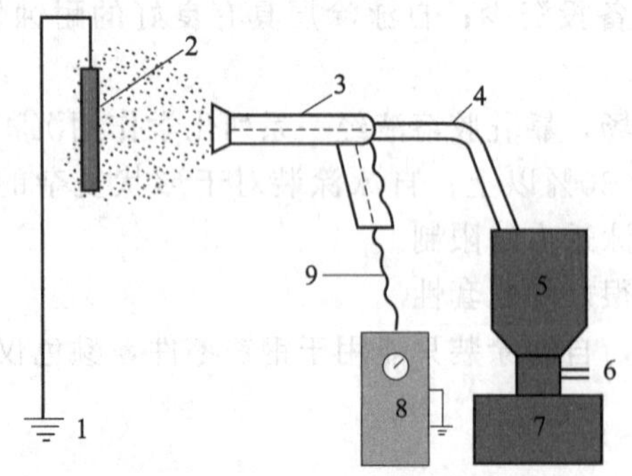

图 5-3-46 粉末静电喷涂的原理

1—接地装置；2—工件；3—粉末静电喷枪；4—输粉管；5—供粉器；6—压缩空气；7—振动器；8—高频高压静电发生器；9—高压电缆

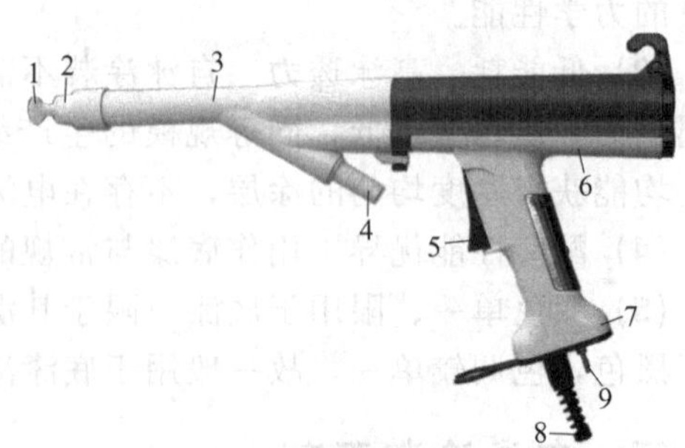

图 5-3-47 手提式静电喷粉枪

1—喷杯；2—喷头；3—套筒；4—送粉管；5—扳机；6—枪身；7—枪柄；8—高压电缆；9—低压导电线

3. 静电喷涂设备

静电喷涂的主要设备包括静电喷粉枪、高压静电发生器、供粉器、喷粉柜、粉末回收装置和烘烤炉等。

(1) 静电喷粉枪　静电喷粉枪是静电喷涂的关键设备，应具有理想的带电和扩散结构，以产生良好的电晕放电，使喷出粉末带上负电荷，喷出的粉末均匀。静电喷枪有手提式和固定式两种。固定式喷枪可以与自动升降的机械和机械手配套使用，一般用于生产线；手提式喷枪使用方便，灵活性大，结构如图5-3-47 所示。

(2) 高压静电发生器　高压静电发生器的作用是提供喷涂用的高压，要求安全、稳定可靠，使用寿命长，输出电压高而电流低，并带安全保护装置。一般采用 30～60kV，电流值低于 200mA。

(3) 供粉器　供粉器是静电喷枪取得高效率、高质量的关键，要求粉末涂料的供给连续、均匀。按结构供粉器有三类：压力式、抽吸式和机械式供粉器等，目前抽吸式应用最多。

(4) 喷粉柜　喷粉柜要求经济、耐久、实用，喷粉柜的大小取决于被涂物的大小、传送速率和喷枪的数量。

(5) 粉末回收设备　粉末静电涂装必须配备回收设备，直接关系到粉末涂料利用率和环境保护。回收设备的种类有旋风、布袋、旋风和布袋的组合等。

4. 影响粉末静电喷涂的因素

在粉末静电喷涂工艺中，影响涂膜性能的因素有粉末粒径、电导率、供粉压力和数量、喷涂压力、喷涂距离等，要根据具体的施工要求进行选择和调整。

二、流化床涂装法

流化床涂装法（fluidized-bed coating）是一种简单的浸涂工艺，既适用于热塑性粉末涂料，也适用于热固性粉末涂料，主要用于绝缘和防腐蚀涂层，在家用电器和生活用品的表面保护和装饰中应用广泛。

1. 原理

流化床涂装法原理与浸涂法类似，净化的压缩空气通入气室，经均压后通过微孔透气隔板进入流化槽中，槽中的粉末涂料在压缩空气的搅动下悬浮，形成平稳悬浮、沸腾状态的粉末-空气混合物，接触到预热后的工件立即黏附、熔融在工件表面，将工件取出加热烘烤形成一层连续均匀的涂层。硫化槽中粉末空气混合物像沸腾的液体一样，其悬浮的流动行为和流体相似，因此叫流化床涂装法。

2. 工艺流程

工艺流程如下：

工件预处理 → 工件预热 → 工件壁覆 → 流化床中涂覆 → 加热固化 → 冷却 → 检验 → 包装

3. 流化床的结构

流化床涂装法的关键设备是流化床。流化床由气室、微孔透气隔板和流化槽组成。结构如图 5-3-48 所示。

(1) 气室　气室的作用是将压缩空气进行分散，通过均压板降压后成为均匀上升的气流。

(2) 微孔透气隔板 微孔透气隔板是流化床的关键设备，主要作用是保证粉末涂料在流化床中达到均匀、良好的悬浮状态。要求孔径均匀一致、透气率高、机械强度好。

(3) 流化槽 流化槽是涂覆施工的场所，粉末涂料在流化槽中形成流动沸腾状态。流化槽可以根据工件的形状和大小，可以是圆形的，也可以是方形的。

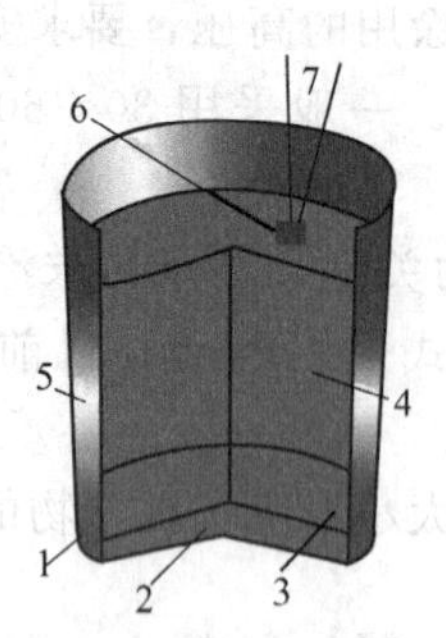

图 5-3-48 流化床工艺示意图

1—压缩空气入口；2—气室；3—透气隔板；4—流动化粉末涂料；5—流化槽；6—预热工件；7—工件不断融附涂料

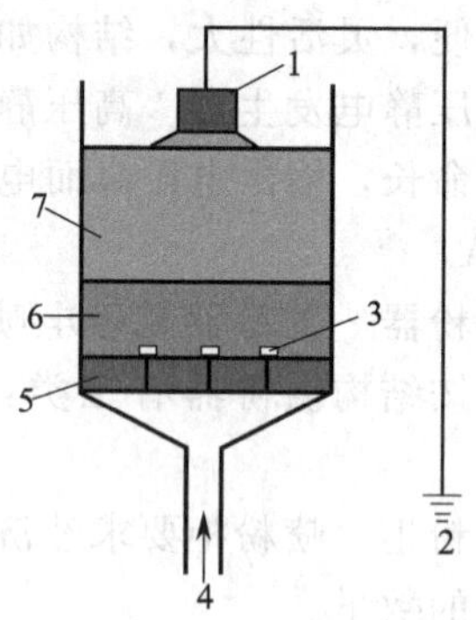

图 5-3-49 静电流化床涂装原理

1—被涂物；2—接地；3—高电压极；4—空气；5—透气隔板；6—粉体浮动层；7—粉体流动层

4. 影响因素

影响粉末涂装的主要因素有粉末涂料的特性、气压和供气量、预热温度、工件浸入方向等。

三、静电流化床涂装法

1. 原理

静电流化床涂装法（electrostatic fluidized-bed coating）是在普通流化床床身的粉末中放置一个负高压电极，该电极产生电晕放电，可使得粉末微粒带电，这些带电的粉末就会被设有接地电压的待涂工件所吸附而形成涂膜，原理如图 5-3-49 所示。

2. 工艺流程

工艺流程如下：

工件表面预处理 → 工件壁覆 → 静电涂覆 → 粉末清理 → 烘烤固化 → 拆卸壁覆 → 清理毛刺 → 成品

3. 静电流化床设备

静电流化床设备由涂覆室、高压静电发生器、电动和气动控制柜、回收系统和固化炉组成。静电流化床的设备与普通流化床类似，只是在普通流化床的基础上增加了一个电晕电极和高压静电发生器。

4. 影响要素

影响粉末涂装的主要因素有粉末状态、高压电极的位置、电场强度、粉末状态、流化床气压、回收气流等。

四、火焰喷涂法

粉末涂料火焰喷涂法（flame coating）亦称热熔射喷涂法或熔融喷涂法。主要用于金属表面涂装聚乙烯、尼龙、氯化聚醚、含氟树脂等热塑性粉末涂料，适宜于防腐蚀涂层、耐磨涂层和一般装饰性涂层。

1. 原理

用压缩空气将粉末涂料从火焰喷枪中心吹出，高速通过喷嘴外围喷出的火焰区域，使涂料成为熔融状态喷射黏附到已经预热的工件上，涂膜颗粒相互融合形成光滑的涂膜。火焰燃烧的燃料一般采用乙炔和氧的混合气体，输送粉末和冷却保护气体采用脱水除油的压缩空气或氮气，原理如图 5-3-50 所示。

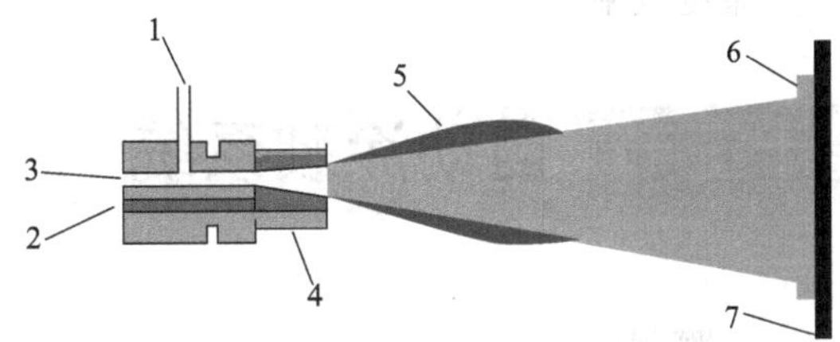

图 5-3-50　粉末涂料熔射法原理

1—粉末；2—可燃气体（乙炔-氧）；3—冷却气体；4—喷嘴；5—火焰；6—涂膜；7—工件

2. 工艺流程

火焰喷涂法的流程如下：

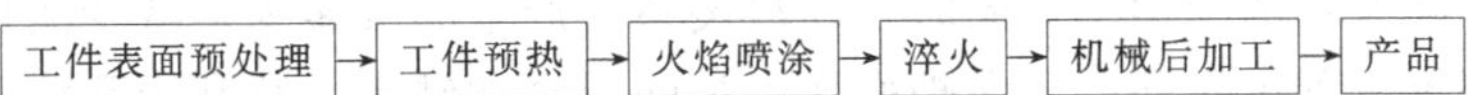

3. 火焰喷涂设备

火焰喷涂法主要设备由燃气瓶、氧气瓶、流量控制装置和喷枪组成，其中最主要的设备是喷枪，如图 5-3-51 所示。粉末从枪嘴中心的铜管喷出，氧气和乙炔混合气从枪嘴外围的气体喷出管喷出形成火焰，粉末通过火焰熔融而附着到工件上，进而固化成膜。

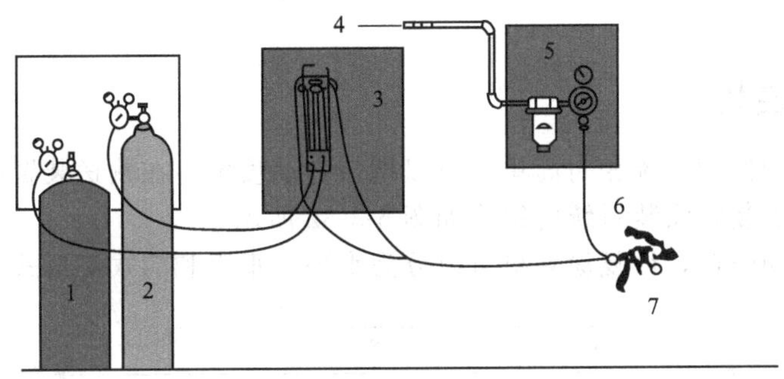

图 5-3-51　火焰喷涂设备

1—乙炔气体；2—氧气；3—气体流量计；4—压缩空气；5—空气控制器；6—粉末管；7—喷枪

4. 主要工艺参数

火焰喷涂法工件一般要预热，工件预热温度一般为 180～200℃。可燃气体管上必须装有回火防止器，喷粉时不能关闭冷却气体。冷却空气的量、火焰温度、粉末通过火焰的时间和距离等均会影响涂装效果。

一般火焰喷涂法施工中的主要技术参数如下：

① 粉末喷出量 30～60g/min；

② 氧气压力 0.2～0.5MPa；

③ 乙炔气体压力 0.05MPa；

④ 压缩空气压力 0.1～0.5MPa；

⑤ 喷射面积 10～15m^2/h；

⑥ 涂覆效率 70%。

第十三节 自动涂装系统

一、概述

随着我国经济的发展，通过技术引进和与国外的技术交流，我国的涂装技术有了突飞猛进的进步，自动化涂装与手工涂装相比具有明显的优势，它涂装效率高，可以满足多品种、小批量、多尺寸、多色彩涂装产品的要求，已经逐步取代手工涂装而成为涂装的重要方式，广泛应用于各种涂装领域。

自动涂装系统适于大批量生产，实现了流水化连续作业，提高了生产效率，提高了质量的稳定性，改善了涂膜外观，并且大大降低涂装人员的劳动强度。自动化涂装系统还减少了涂料的浪费，提高涂料的利用率，同时自动涂装系统产生的漆雾少，减少能量消耗，实现了室内涂装，有利于改善工作环境，保护操作人员的安全和健康，有利于环境质量的改善。

随着时代的发展，自动化涂装设备实现了立体自动跟踪和换色，可以生产出各种式样和色彩的产品。

自动化涂装系统由被涂物形状识别系统、控制系统、喷涂系统等组成。涂装过程中要控制喷具的运动轨迹，同时还必须控制涂料的雾化质量、雾幅大小、黏度和流量等技术参数。所有的参数控制可以通过计算机控制系统完成，根据控制系统的复杂程度可以分为往复涂装机和涂装机器人。

二、往复涂装机

往复式涂装机的控制系统相对简单，可以携带自动喷枪，在输送装置的配合下，完成对工件表面的涂装。往复式涂装系统的组成如图 5-3-52 所示。

根据喷涂的运动轨迹，往复涂装机可以分为水平、垂直和门式等形式。

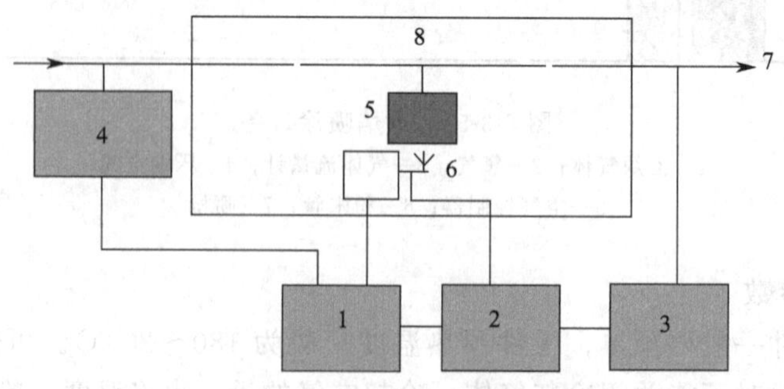

图 5-3-52 往复式涂装系统的组成

1—主控系统；2—辅助控制系统；3—传送带控制系统；4—脉冲发生器；5—被涂物；6—喷枪；7—传送带；8—喷涂室

1. 水平往复式涂装机

水平式往复涂装机最为常用，通过喷枪前后运动和被涂物的水平运动，实现对被涂物的快速涂装，特别适于平面被涂物的涂装，如钢板、木板等。水平式往复涂装机如图 5-3-53 所示。

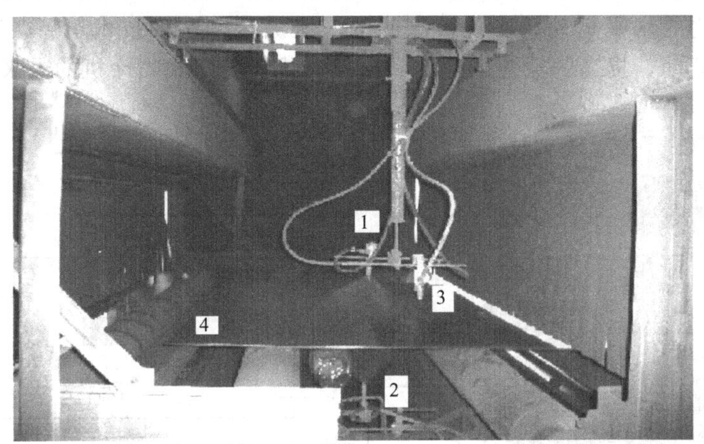

图 5-3-53 水平往复涂装机示意图

1—上喷枪；2—下喷枪；3—工件识别装置；4—被涂物

2. 侧喷机

侧喷机喷头一般有三个自由度，即上下往复、前后运动和垂直平面的运动。这三种参数的调节可以保证喷涂在行程内任意点与工件保持同等距离和喷涂轴线垂直工件表面，得到良好的喷涂距离和角度，保证最佳的喷涂方向和质量。侧喷机如图 5-3-54 所示。

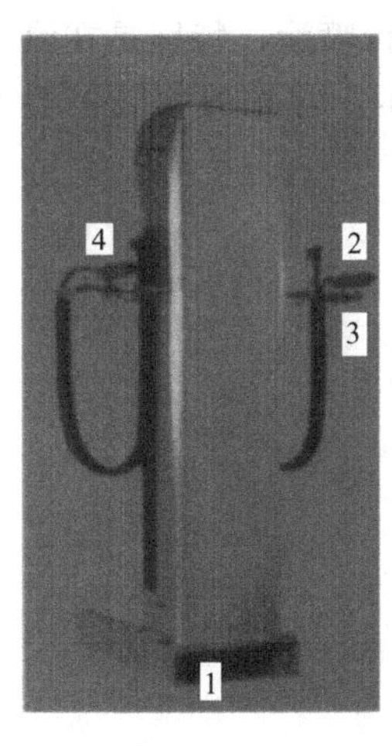

图 5-3-54 侧喷机

1—机座；2—喷枪；3—工件识别装置；4—往复升降装置

图 5-3-55 门式喷涂机示意图

1—侧喷枪（上下移动）；2—顶喷枪（左右移动）；3—门式喷涂机移动方向（前后运动）

3. 门式喷涂机

门式喷涂机结合了水平喷涂机和侧喷机特点，通过门式喷枪的上下往复和左右运动以及喷涂机的水平运动，可以实现被涂物的三维涂装，常见的门式喷涂机示意图如图 5-3-55 所示。

近期，出现了新型的固定门式喷涂机，即喷涂机是固定的，多把喷枪分布在固定门式结构上，通过被涂物的水平运动，实现被涂物的三维涂装，这种技术革新，减少了喷枪的运动，从而减少了振动，提高的涂装的速率和质量，代表着门式喷涂机的未来发展的方向，如图 5-3-56 所示。

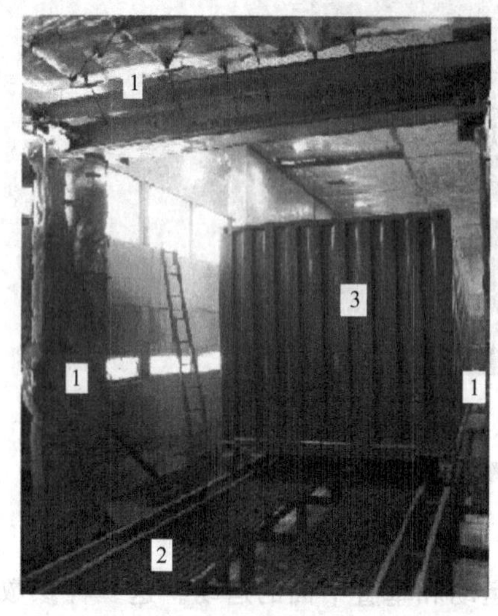

图 5-3-56 固定门式喷涂机

1—固定多个喷枪（顶部和两侧）；2—被涂物运动轨道；3—被涂物

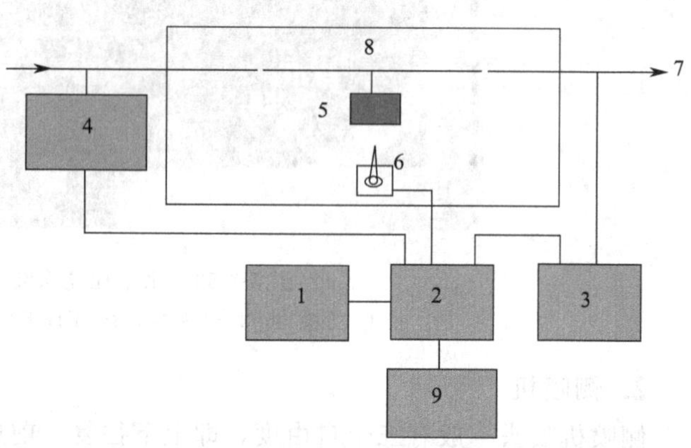

图 5-3-57 涂装机器人的组成

1—油压系统；2—机器人控制系统；3—传送带控制系统；4—脉冲发生器；5—被涂物；6—喷涂装置；7—传送带；8—涂装室；9—操作控制台

三、涂装机器人

涂装机器人结构较普通的往复涂装机复杂，能进行复杂轨迹的喷涂，可以对工件内、外表面根据预设的程序进行逐一涂装。涂装机器人能很好地替代工人进行喷涂，特别是在汽车内腔喷涂中得到较大范围地使用。涂装机器人的组成如图 5-3-57 所示。常见的涂装机器人示意如图 5-3-58 所示。

图 5-3-58 涂装机器人

1—涂装机器人；2—车身；3—喷枪；4—供漆系统

涂装机器人具有如下的特点。

① 涂装机器人动作灵活，能喷涂空间的任意位置和方向。目前，先进的机器人可以模仿人的动作，一般具有五六个自由度以上，可以满足多品种、小批量、多色彩和各种形状被涂物的涂装要求。表 5-3-4 为某型号涂装机器人的参数。

表 5-3-4　某型号涂装机器人的参数

	序号	项目	5 轴	6 轴
动作自由度	1	腕的左右旋转	130°,3820mm	130°,3820mm
	2	腕的上下移动	2250mm	2250mm
	3	腕的前后	100°,1300mm	100°,1300mm
	4	手的上下摆动	240°	—
	5	手的左右摆动	240°	—
	6	手的回转	—	240°
	7	手的摆动	—	240°
	8	回转	90° ON-OFF	240°
最大速率/(m/s)			2	
可搬重量/kg			5	
操作精度/mm			±2	
重量/kg			450	
防爆构造			2G4	

② 涂装机器人的作业环境一般均是易燃易爆的，需要配备可靠的防爆措施。常见的涂装机器人有油压式和电动式，防爆措施有一定差异，但防爆方式必须通过有关部门的认定。

③ 机器人涂装系统适用于全自动涂装生产线，劳动生产率高，同时节省涂料，涂料的利用率高。

④ 设备结构紧凑，节省占地面积，降低了运行费用。

⑤ 涂装机器人结构复杂，必须配备故障诊断系统，及时排除故障，保证涂装的顺利进行。

参　考　文　献

[1] 叶杨祥，潘肇基主编. 涂装技术实用手册. 北京：机械工业出版社，2005.
[2] 涂料工艺编委会编. 涂料工艺：下. 北京：化学工业出版社，1997.
[3] 汪国平编著. 船舶涂料与涂装技术. 北京：化学工业出版社，2006.
[4] 李敏风编著. 集装箱涂料与涂装技术. 北京：化学工业出版社，2002.
[5] 张学敏编著. 涂装工艺学. 北京：化学工业出版社，2002.
[6] 王健，刘会成，刘新主编. 防腐蚀涂料与涂装工. 北京：化学工业出版社，2006.
[7] 长谷川谦三著：塗料と塗装技術. 东京：日本理工出版会，2007.
[8] 鹤田清治，寺内淑晃，安原清著. わかりやすい塗装のすべて. 东京：技术书院，2000.
[9] 西村利明，柳田昭雄编. やさしい涂料读本（涂装编）. 东京：关西涂料株式会社，1998.
[10] W. 威克斯，N. 琼斯，S. 柏巴斯著. 有机涂料科学和技术. 经桴良等译. 北京：化学工业出版社，2002.
[11] 徐秉凯等主编. 国内外涂料使用手册. 南京：江苏科学技术出版社，2005.
[12] 曾敏生著. 影响涂料利用率因素及改进措施. 涂料工业，2005，(5).
[13] 冯立明，牛玉超，张殿平等主编. 涂装工艺与设备，北京：化学工业出版社，2004.

第四章

涂装现场管理和技术服务

绝大多数涂料在出厂的时候都是以液体混合物的形式存在的，只有经过良好的施工过程，到达被涂物表面并经过良好的干燥过程形成涂膜后，才能获得应有的涂膜性能。由此可知，良好的涂装管理和涂料生产厂家专业的施工指导能够在涂料转化成涂膜这一过程中起到非常重要的作用。本章将以油性防腐涂料的施工为例，重点介绍涂料施工过程中的现场管理和涂料厂家技术服务人员的工作要点。

第一节 涂料的贮存和现场物料管理

一、涂料的贮存

涂料一般都是由成膜物质、颜料、助剂和溶剂四部分组成的混合物，在贮存过程中各个组分会发生不同的物理、化学变化。特别是在温度、湿度等条件有较大改变的环境中，这些物理或化学变化的速率会加大，有时会导致涂料的提前失效。

1. 涂料的贮存

涂料的贮存场所应为保持凉爽、干燥且通风良好的室内环境，贮存温度应符合产品说明书的规定，在贮存过程中应避免以下几种情况。

(1) 温度过高　温度上升会导致涂料中各个组分的反应活性提高，涂料中的成膜物质与颜料、成膜物质与助剂、颜料与助剂之间会因为温度的升高而发生化学反应，这些化学反应会造成涂料的黏度升高，产生胶化、絮凝等涂料病态，最终可能会使涂料提前失效。在没有化学反应的前提下，当温度升高时涂料本身的黏度会下降，黏度降低会造成整个体系的防沉降性能下降，颜料与成膜物质之间的稳定体系被破坏，导致涂料在包装桶内发生沉淀、结块等问题。因此要维持涂料的正常性能，规定最高的贮存温度是必需的。另外，由于大多数涂料产品是易燃、易爆品，过高的温度也会加大燃烧和爆炸的危险。所以，一般规定涂料贮存时的最高温度不应超过 40℃。

(2) 温度过低　涂料的贮存温度过低时往往会使涂料体系的黏度上升，一些助剂在温度过低的情况下也有可能失效。对于以水为主要溶剂体系的涂料，当温度下降到冰点以下时，溶剂会冻结，影响涂料的稳定性，反复冻融以后可能会发生破乳等病态，所以一般要规定涂料可贮存的最低温度，为了保证涂料的正常使用，通常规定涂料贮存时的最低温度不应低于 5℃。

(3) 露天摆放　当涂料在露天摆放时，涂料的包装物直接暴露在室外，遭受雨、雪、日光等介质的侵袭，包装物有可能会提前失效，出现泄漏、破损、生锈等问题，影响涂料的品质甚至会使涂料提前失效。露天下的阳光曝晒还会使包装桶内产生高温，造成溶剂挥发和包装桶变形，成为火灾和爆炸的隐患，因此一般规定涂料禁止露天摆放，对于在施工现场需要临时露天摆放的涂料，在不同的季节要做好相应的保温和降温措施，如冬季要用保温材料苫盖，夏季要注意洒水降温。

(4) 空气相对湿度过高　涂料贮存环境的相对湿度过高时，会使金属制的包装物被腐蚀生锈，特别是当包装桶的密封部位边缘发生锈蚀时，由于锈蚀而发生的体积膨胀能使密封失效，从而发生泄漏。失去包装物屏蔽的涂料由于直接暴露在环境中会加速提前失效。过高的环境湿度还会使对水敏感的涂料由于包装密闭不严等原因而提前实效。

2. 涂料的保质期

涂料的保质期通常是指涂料产品在正常的贮存条件下能够正常施工，并且在施工后能够保证涂膜正常性能的贮存期限。一般来说，大部分涂料产品在其说明书中规定的保质期是12个月，易沉淀和在贮存过程中存在缓慢化学反应的涂料保质期一般规定为6个月。使用厂家对大多数涂料都可以参照这一标准执行。但是有些涂料产品在生产之后的一段时间内其内部发生这样或者那样的物理化学变化而导致贮存时间缩短，而使用厂家对此没有提前了解的话就容易造成损失。如大多数的无机硅酸锌涂料的液体组分生产出来以后，其内部仍然在发生着缓慢的水解反应，在常温下的贮存期一般为6个月，但是在高温高湿的条件下这一反应可能会加速，造成不到六个月后就有可能影响到涂料的品质。

当然并不是涂料到了保质期就不能使用了，有些涂料产品在包装完好的情况下能够在更长的时间内正常使用。但是超过使用期后能否正常使用需要专业人士来进行判定，在涂料的使用过程中应尽量遵守涂料生产企业保质期的规定，避免在使用过程中出现不必要的麻烦。

二、涂料的现场管理

涂料从贮存的场所运抵施工现场后，需要对涂料产品进行评估，以确定产品的数量能否满足要求和贮存后的涂料质量是否有变化。

1. 产品数量的确认

① 预先评估计算被涂物的面积，从而确定将要涂装的面积。

② 根据涂装面积和涂料产品说明书中给出的理论涂布率（单位涂料能够涂装的面积或单位面积所需的涂料量）计算出理论涂料用量。

③ 根据被涂物的形状、大小、涂膜厚度、环境情况、涂装方式、工人熟练程度等条件推断出每个使用单位上涂料的损耗率。

④ 根据涂料的理论用量和损耗率，计算出涂装所需的实际涂料量。

通常有如下的公式：

$$\text{涂料实际量}=\text{理论涂料用量}\times(1+\text{损耗率}) \tag{5-4-1}$$

⑤ 按照计算出的涂料实际需要量，结合现场情况计算出所需相关产品（如溶剂等）的数量。

⑥ 按照涂料实际需要量，领出所需涂料及相关产品，并运抵现场。

⑦ 现场清点涂料数量，要特别注意，多组分涂料的每个组分一定要按套相互对应，绝对不能出现有一个组分缺少或多出的情况。

2. 现场产品质量的确认

① 确认产品包装完好，没有因运输过程导致的洒、漏及包装桶严重变形等情况。

② 产品标签完好，没有因污染而无法辨认的标签，也没有因粘贴不牢而缺少的标签。

③ 确认产品包装名称与所需的产品相符，并且没有超过保质期。

④ 打开包装后，观察涂料的容器中状态，产品应无结块、成胶、起皮、严重沉淀等病态，且容易搅拌，搅拌后无颜色不均、返粗等病态。如是透明涂料产品，除了应避免上述问题以外，产品在搅拌前后应始终保持澄清、透明。

⑤ 将涂料各组分混合均匀后观察，有无返粗、增稠等现象，确认涂料能否正常施工。

第二节 涂装环境管理

涂料在施工过程中始终受到周围环境的影响，而且工人的操作也与周围环境密切相关，因此，除了涂料品质和设备因素外，涂装环境是影响涂装质量的最大客观因素之一。

一、照明的管理

涂料施工的现场既有各种不同的涂料桶、喷涂设备，又有各种输送管道，有时还有脚手架等，往往比较杂乱，因此必须要保证一定的照明条件。只有这样才能保证工人准确识别涂料产品，便于涂装作业，也有利于涂装后的检查工作，特别是对保证作业安全，减少工伤也是非常必要的。

我国在 GB 50034《2004 建筑照明设计标准》中规定了工厂中各种环境所需要照明的标准，该标准要求表面处理车间、涂装施工车间等的照度要达到 75～150lx。

此外，需要提出的是，用于涂料颜色检验的照明条件要依据 GB/T 3181—2008《漆膜颜色标准》中的规定，“采用具有与 CIE 标准照明体 D_{65} 光谱能量分布相近似的、人工光源照明的比色箱，其比色位置的照度应在 1000～4000lx”。

二、通风的管理

1. 室内施工时涂装环境的通风

正规的涂装工作一般都是在相对隔离的涂装车间内进行的，涂装车间由于周围环境相对独立。其内部空气流通一般都不畅通，因此要设置必要的通风设施。通风的作用有三个方面：保证操作者人身安全、避免发生火灾事故、确保涂料施工质量。

(1) 保证操作者人身安全 在涂料的施工过程中，周围环境空气中弥漫着大量的溶剂蒸气，在通风条件不良的情况下，这些蒸气会降低环境中氧的含量。溶剂蒸气会经过呼吸系统和皮肤接触进入人体，造成神经系统和内脏器官的损伤。因此要加强通风以保证施工环境中空气的相对新鲜和洁净，避免给操作者带来人身伤害。

(2) 避免发生火灾事故 在涂料施工过程中，整个施工环境中存在大量的可燃气体、可燃液体蒸气和可燃粉尘，这些物质与空气混合并达到一定浓度时，遇火源就会燃烧或爆炸。这个遇火源能够发生燃烧或爆炸的浓度范围，称为爆炸极限。加强通风的重要作用就是尽量稀释可燃气体、可燃液体蒸气或可燃粉尘在空气中的浓度，将其控制在爆炸极限以外，减小爆炸的可能。

(3) 确保涂料施工质量 在涂料的施工过程中，涂料中的溶剂会不断挥发到空气中，当空气中的溶剂蒸气浓度较高时，残存在涂料中的溶剂的挥发速率就会降低，在涂料表面形成溶剂膜，影响涂料的成膜过程。加强通风能够加速涂料中溶剂的挥发，促进涂料形成均匀稳定的涂膜。当空气的相对湿度较高时，涂料表面的温度会因溶剂的挥发而迅速降低，造成空气中的水分在涂料表面凝结，在涂料表面形成水膜与涂膜的界面，造成涂膜弊病，甚至影响涂料正常成膜。在通风不畅的环境里，漆雾悬浮在空气中缓慢降落，如果在降落的时候涂膜已经表干，落下的漆雾会在涂膜表面形成细小的粉尘颗粒，影响涂膜表面状态。

2. 室外施工时风速的管理

当整个涂装工作在室外进行时，通风条件基本可以得到保证，但是这时需要注意的是风力过大对涂装质量的影响。

(1) 风力过大对表面清洁度的影响　当环境风力较大时，周围空气中的悬浮灰尘量会大大增加，特别是在一些污染严重的地方，悬浮颗粒的数量会更多，这就会使底材上或者是每道漆涂装后的涂膜表面附着大量的灰尘颗粒。在下道漆涂装时，这些黏附在底材上和涂层间的不明成分颗粒不但会影响涂膜的表面状态，而且还会对涂料的层间附着力以及涂膜的长期防腐性能产生较大的影响。

(2) 风力过大对涂料损耗的影响　使用喷涂等涂装方式进行施工时，涂装工具不直接与被涂物表面接触，喷出的涂料雾化粒子要经过一段空间距离后才能到达被涂物表面。当风力较大时，一部分涂料的雾化粒子会被风吹散至空气中，这样到达被涂物表面的涂料量就会减少。随着环境风力加大，涂料的损耗量会不断加大，通常要求在涂装施工时风速要小于四级（5.5～7.9m/s）这样才能够尽可能地减少风对损耗的影响。

(3) 风力过大对涂装质量的影响　使用喷涂等方式进行涂装时，风力过大会导致雾化的涂料粒子在空气中飘散过程中其中的溶剂快速闪干（flash off）。闪干后的涂料粒子落到被涂物表面会造成涂膜附着力下降；落到周围涂膜上会影响周围涂膜的表面状态，并会影响下道漆的附着力。

三、温度的管理

不同品种涂料的干燥方式往往不同，有的涂料干燥过程是物理方式，有的则是化学方式。这两种干燥的过程都需要能量的参与。除了少数涂料（如紫外固化涂料等）的固化过程与环境温度关系不大以外，大多数涂料的固化速率都与环境温度密切相关。涂料施工过程中，温度的管理主要是指环境温度、底材温度、涂料温度、露点温度等的控制。

1. 环境温度

主要是指涂料施工时周围空气的温度，也是自干型涂料施工后干燥过程中周围空气的温度。要保证涂料在施工时的良好效果，其周围环境的温度就应当保持在较适宜的区间。室温环境（23℃±2℃）对于大多数涂料来说都是比较适宜的施工温度，除了需要强制干燥的涂料，室温环境也是比较适宜的干燥环境。大多数涂料都有较宽的干燥温度范围，但不同涂料品种的干燥的温度区间也是不同的。涂料厂商的说明书中都会列出干燥的温度区间，使用者可以依此选择施工和干燥时的环境温度。

2. 底材温度

底材温度是指在进行涂装时底材的表面温度。这一温度在室内条件下与环境温度是基本一致的，但是在室外施工时由于底材的热容不同以及阳光照射的原因，底材温度往往与环境温度不一致。阳光直射的部位一般会比环境温度要高，通常早上钢材的表面温度会低于环境温度，傍晚表面温度会高于环境温度。底材的表面温度管理通常有三方面的应用，一个是用于与露点温度比较，来判断施工时表面结露的可能性；另一个是控制底材的表面温度，避免因底材温度过高造成涂料中的溶剂挥发速率过快导致漆病；第三个是用于与涂料温度进行比较，避免因两者温差过大产生漆病。另外，当底材温度低于冰点时，在夜间环境下底材表面往往会结冰或结霜，而且很难用肉眼发现，如果这时施工往往会带来意想不到的问题，要特别注意。

3. 涂料温度

涂料温度是指施工时的涂料温度。涂料的临时贮存与调制往往在调漆间进行，与涂装车间不在一起，当调漆间的温度与涂装车间的温度差异较大时，会因为两个温度的差异导致漆病的发生。涂料的温度对施工有较大的影响，特别是对于一些不能通过调整稀释剂比例调整黏度的涂料产品，温度的调整就显得更为重要，如无溶剂环氧涂料、聚脲涂料等都需要靠调整涂料的温度来调整黏度以避免漆病和减少施工难度。

四、相对湿度的管理

湿度是湿空气中所含的水蒸气的质量与绝对干空气的质量之比。这个概念通常只用于理论的计算中，在实际的应用中通常使用的是相对湿度的概念，即在一定的总压下，湿空气中水蒸气分压与同温度下水的饱和蒸气压之比的百分数，称为相对湿度百分数，简称相对湿度（结露）。

1. 相对湿度的测量

在了解相对湿度的测量之前，先了解以下几个概念。

(1) 干球温度　用普通温度计测得的湿空气温度为其真实温度。为了避免与湿球温度相混淆，称这样测得的温度为干球温度，简称温度。

(2) 湿球温度　用水保持湿润的纱布包裹温度计的感温部分（水银球或酒精球），这种温度计为湿球温度计。若将湿球温度计置于一定温度和湿度的湿空气流中，达到平衡或稳定时的温度称为该空气的湿球温度。

(3) 露点　露点是指将不饱和的空气等湿度冷却至饱和状态，此时的温度称为该空气的露点。当空气的温度下降到露点时，底材表面就会开始结露。露点温度通常与空气的相对湿度和环境温度等相关。

(a) 干-湿温度计

(b) 露点盘

图 5-4-1　干-湿温度计和露点盘

了解了上述的几个概念后就可以比较容易地理解相对湿度的测量。首先，用一种简单的工具“干-湿温度计”［图 5-4-1(a)］测量出空气中的干球温度和湿球温度，然后，可以利用湿空气的温度-湿度图（t-H 图）查出相关的数据。在施工现场，为了方便起见，可以利用一种简便的工具——露点盘［图 5-4-1(b)］来查出相对湿度和露点温度。

2. 相对湿度的控制

讨论相对湿度对涂装的影响，实际上是考察结露对室外涂装的影响，室内条件下一般很少出现结露的情况。ISO 8502-4 中规定：除非有其他因素认可，当使用涂料时，底材表面温度应该至少高于露点 3℃。通常在涂装规格书中会同时给出相对湿度的限值（小于 85%）和表面温度与露点的差值（通常为 3℃）要求，因此施工过程中有必要对两个要求同时进行测量和控制。

3. 相对湿度的调整

空气的相对湿度和结露的可能性不是一成不变的，它是受多种条件影响的，如周围的热源、阳光对底材表面的照射、周围空气的流动、底材表面吸潮性污染介质的影响等。上面提到的“钢板表面温度至少高于露点 3℃”是在通常情况下的约束条件，也是一般执行规则。它能够保证在一般条件下尽量避免由于钢板结露对涂装带来的影响。当空气相对湿度达到或超过 85%，而涂装工作必须进行时，需要采取特殊的措施，才能减少结露对涂装的影响。

五、空气污染影响的控制

在涂装过程中，周围环境的洁净与否会始终影响着整个涂装过程。总体而言，在厂房内施工时周围环境相对洁净，涂装过程受到的影响较小。而在户外施工时就要充分考虑到环境空气污染对涂装质量的影响，尽量避免在不洁净的空气中进行施工，或采取必要的手段减少空气污染带来的影响。

1. 空气灰尘污染

空气中的固体粉尘颗粒的体积和密集程度会影响到涂料施工的效果。在遍布灰尘的空气中施工时，灰尘会附着在被涂物的表面，当灰尘的密集度达到一定值时，会影响到涂膜的性能。很多国际标准中都对底材表面的灰尘污染情况有具体描述，如 ISO 8502-3 中将钢材表面的灰尘分为 6 级（表 5-4-1），并描述了灰尘粒子的状态和可参考的颗粒直径范围。ISO 8502-3 还提供了用胶带测量表面灰尘的方法。

表 5-4-1 灰尘粒子大小分级

级别	颗粒的描述	颗粒参考直径/μm
0	灰尘粒子在 10 倍放大条件下不可见	—
1	灰尘粒子在 10 倍放大条件下刚刚可见，但是在正常视力条件下不可见	<50μm
2	灰尘粒子在正常视力条件下刚刚可见	50～100μm
3	灰尘粒子在正常视力条件下能清楚地看见	≤0.5mm
4	灰尘粒子直径在 0.5～2.5mm	0.5～2.5mm
5	灰尘粒子直径大于 2.5mm	>2.5mm

2. 盐分污染

盐分通常是指氯化钠、氯化镁等，这些物质易吸水，它们能够形成盐雾粒子随空气漂浮，特别是在沿海地区浓度比较高。这些盐雾粒子附着在底材表面时极易造成初期腐蚀，经过表面处理的钢铁表面迅速变黑等现象就是由于盐分造成腐蚀引起的。涂料涂覆在有盐分的底材后，经过一段时间盐分就会与水在底材与涂膜之间形成电解液，造成底材的提前腐蚀，并可能引起涂膜起泡等缺陷。这种因盐分污染使底材被腐蚀而造成的涂膜失效在金属、混凝土等材质上表现的尤为突出。ISO 8502-6 提供了测量表面盐分的方法，在一些标准中也提供了盐分的具体控制指标，如在《所有类型船舶专用海水压载水舱和散货船双舷侧处所保护涂层性能标准》中提供的要求是盐分≤50mg/m^2（以氯化钠计，电导率测定依据 ISO 8502-9）。

3. 化学介质污染

对于大多数工业结构材料来说，最能加速其腐蚀过程的化学物质有二氧化硫、硫化氢、氨等。其中特别严重的是二氧化硫的污染。二氧化硫在不同的大气环境中的含量差别很大，在城市和工业区可达 0.1～100mg/m^3。通常化学介质的污染又和空气的相对湿度密切相关的。当相对湿度低于临界湿度（约为 70%）时，金属表面没有水膜，受到的仅仅是由于化学作用引起的腐蚀，既使长期暴露，腐蚀也是比较小的。而当湿度高于临界湿度时，底材表面凝结的水膜会溶解空气中的化学物质而形成电解液，此时便发生了严重的电化学腐蚀，腐蚀速率会突然增加。如果在这种情况下涂装，往往会导致涂膜的提前失效。因此，进行表面处理后的金属材料应及时进行涂装，以免被空气中的腐蚀性化学介质污染。

综上所述，在整个涂装过程中涂装环境对涂料施工的质量有很大影响。在涂料施工时，要充分重视周围环境的变化，并做好必要的准备，尽量减小环境因素对涂装效果的影响。

第三节 涂装缺陷及现场处置

涂料在不同的阶段会有不同的缺陷产生，其产生原因、缺陷的形态和处理方法等也各不相同，在这里把它分为三类：涂料的缺陷、涂膜老化缺陷和涂装缺陷。

涂料缺陷是指涂料本身在生产和贮存过程中受涂料配方、生产工艺、包装工艺和贮存条件等因素的影响而形成的涂料本身的病态。这种缺陷有些是可以通过调整涂装施工条件解决的，如易流挂、黏度过高、沉淀等；有些缺陷如成胶、颜色不准、返粗等则是不能通过调整涂装施工条件来解决的。

涂膜老化缺陷是指涂膜在使用过程中，受到外界影响发生自然老化而产生的病态，这通常都是由涂料本身的性能决定的。

涂装缺陷是指在涂料施工和涂料成膜过程中受施工条件和环境因素的影响而形成的影响涂膜性能、涂膜外观等指标的病态。这些缺陷通常都可以通过调整施工参数和控制环境条件等方法来改善涂膜的形成过程并达到充分发挥涂膜作用的效果。本节重点介绍此类涂装缺陷的产生和解决方法。

涂装缺陷的种类很多，大致分为以下几种：露底、起泡、剥落、开裂、长霉、发白、失光、浮色、凹穴、针孔、皱纹、流挂、气泡、污染、褪色、污点、斑点、橘皮、杂物、渗色、凸斑、擦伤、打伤、撞伤、色斑、色光、泛金、起霜、晶纹、漏涂等。在实际涂装过程各种用途的涂料产生涂装缺陷的原因和改进措施可以参考相应章节中的内容。

第四节 涂装验收

涂料在施工后，要进行涂膜的整体检验，以确定涂膜的涂装效果是否符合设计的要求，以及是否满足今后涂膜使用环境的要求。涂膜验收的主要手段是对施工后的涂膜进行整体检测。由于现场的条件有限，往往只能通过有限的检测项目来确定涂装效果。随着技术水平的不断进步，越来越多的便携式检测仪器不断出现，使得能够在现场检测的项目越来越多，也使现场的涂膜检验更加科学和重要。

一、涂膜表面状态的验收

装饰作用是涂料重要的基本作用，涂料在施工后要达到一定的表面效果才能够体现出装饰效果。良好的表面状态除了能够起到装饰效果外，还能加强涂膜的整体保护作用。另外，涂膜的很多特殊效果，如不粘涂层、防污涂层、防结露涂层等，都需要通过良好的表面状态才能体现出来。

1. 颜色的检查

涂料的面漆都是按照标准色卡进行调制，涂料出厂时颜色与标准色卡是一致的。在贮存过程中涂料中的颜料颗粒往往会发生自聚现象，造成施工后的涂膜颜色与标准色卡有偏差。这种偏差可以用色差来定量表示，GB/T 3181—2008《漆膜颜色标准》将色差定义为以定量表示的色知觉差异，通常以 ΔE 表示。按照 GB/T 1766—2008《色漆和清漆　涂层老化的评级方法》的规定，色差值≤1.5 时目测可认为无变色。通常在现场可以使用便携式的色差计进行测量。

2. 表面光泽的检查

涂料的光泽度是在配方的设计阶段就已经确定了的。但施工工艺的变化，可能会导致涂膜表面光泽偏离规定值，如涂膜表面过于粗糙、没有配套底漆、涂层厚度不足等都会影响光泽值。在现场可以使用便携式的光泽计进行现场光泽检查，以确定涂膜的光泽是否能够满足要求。

3. 涂膜表面状态的检查

对涂膜表面状态的检查通常采用目视比较的方法，在判定标准上与每个检查员的自身水平和经验有关，这一项通常没有具体的标准，大多数的标准也是以“平整、无异常”作为基本评语。在进行表面状态的检查时要关注以下几个方面：在不考虑底材变形的情况下涂膜是否能自然地形成一个整体平面而没有可见的凹坑、凸起等机械变形；涂膜是否表面光滑、平整，肉眼观察没有漆雾、漆渣等异物，且手感较好；涂膜表面是否有皱纹、缩孔、针孔等各种施工缺陷，边角部位漆膜包覆是否良好；涂膜颜色是否均匀、光泽是否正常，在自然光线下是否有异常现象。对于橘纹漆、真石涂料、防滑涂料等具有特殊效果的涂料，其表面状态可不按照上述的标准评价，但应与其所具有的功能相一致。

二、涂膜厚度的验收

涂膜厚度是涂膜能否达到预定防腐性能和装饰效果的关键因素，因此涂膜厚度的检测是一项非常重要和必须要实施的检测工作。通过涂膜厚度的检测能够判断涂料施工的水平和质量，保证涂料施工顺利进行。由于涂料干燥后测得的涂膜厚度不能随意更改，必须通过增加道数或者打磨的方法进行涂膜厚度的增减，所以通常在施工过程中要经常对涂料湿膜厚度进行测量并作为涂料干燥膜厚的参考，以便在施工过程中随时调整涂膜厚度。由于各家涂料商供应的产品有差异，同一干膜厚度所对应的湿膜厚度并不完全一致，因此最终涂膜厚度的指标还是以实际测得的干燥涂膜的厚度为标准。

涂料的干膜厚度与湿膜厚度可按照下面的公式进行换算。

$$D_{干膜厚度}=D_{湿膜厚度}\mathrm{SVR} \tag{5-4-2}$$

式中　$D_{干膜厚度}$——干燥涂膜的厚度；

$D_{湿膜厚度}$——涂料的湿膜厚度；

SVR——涂料的体积固体含量。

通常该公式只能近似换算干燥涂膜的厚度，实际要以仪器测量值为准。

1. 测定涂膜厚度的方法

测定干燥涂膜厚度的方法有很多种，比较常用的有切开法、电磁法、涡流法、超声波法等。切开法是以固定角度的刀头将涂膜切开，然后通过带有刻度的显微镜观察表面，读出涂膜的厚度，此种方法的优点是可以测量多种底材、观察多道涂膜的厚度，缺点是需要切开涂膜，会造成涂膜损伤。电磁法是利用直流电感生的磁场，测量磁性底材上非磁性涂膜的厚度。直流电透过涂膜并在底材上发生电磁感应，涂膜越厚电磁感应力越弱，反之电磁感应力越强，两者呈线性关系。首先测量基体的感应强度，再将电信号测量数据转换为干膜厚度读数在仪表盘或屏幕上显示出来。该方法的优点是可数字显示、读数准确，测量方便且不破坏底材；缺点是仅适用于磁性底材，易受周围磁场和磁性金属的影响。涡流法是利用涡电流测量原理测量导电基体上的非导电涂层干膜厚度的仪器，借助于通入探测器的交流电在基体内感生涡流。再将涡流测量值转换为干膜厚度值，优点是可测量非磁性金属底材、读数准确；缺点是易受周围电场的影响。超声波法是利用超声波脉冲反射的原理进行测量，优点是适用金属和非金属底材、可测量多道涂膜厚度；缺点是对于薄膜涂层和粗糙底材精度稍差。国内外许多仪器生产商都能够提供相关的检测设备，如 Elcometer 等。

2. 涂膜厚度的验收

通常在涂料施工的技术标准中会专门写到对干燥涂膜的厚度要求，涂膜厚度的验收通常规定有两个指标：①最低膜厚指标；②达到膜厚的点占总测量点的比例。如 90-90 原则是指测试的干膜厚度的数值不能低于规定膜厚的 90%，且满足规定膜厚的测量点的数量不得少于总测量点数量的 90%。依此类推还有 85-85 原则，80-80 原则等，当然有些技术要求会将规定膜厚定义为平均膜厚或者定义为最低膜厚。因此所有的验收标准需要在施工前进行确认，以免在施工后产生歧义。

三、涂膜物理性能的验收

受条件和检测仪器的限制，在涂装现场可以进行物理性能测量的项目不是很多，在这里只选择几种常见的物理性能指标进行介绍。

1. 附着力

附着力是指涂膜与被涂物之间通过物理和化学作用结合在一起的强度。在现场检测附着力的目的主要是用来确定涂膜今后的耐久性的指标。使用的主要方法多为拉拔法，依据的标准为 GB/T 5210—2006《色漆和清漆　拉开法附着力试验》。具体的操作步骤是将试样粘接在涂膜表面，在规定的速度下，在试样的胶结面上施加垂直、均匀的拉力，以测定涂层与底材间附着破坏时所需的力，以“kgf/cm^2”表示（$1kgf/cm^2=0.098MPa$）。在现场有时也用划格法作为附着力的参考，GB/T 9286—1998《色漆和清漆　漆膜的划格试验》规定了在以直角网格图形切割涂层穿透至底材时来评定涂层从底材上脱离的抗性的一种试验方法。由于此方法测得的性能除了取决于该涂料对上道涂层或底材的附着力外，还取决于一些其他各种因素，因此一般不能将这个方法作为正式的附着力测定方法。

2. 硬度

可以理解为漆膜表面对作用其上的另一个硬度较大的物体所表现的阻力。在涂装现场可以依照 GB 6739—2006《色漆和清漆　铅笔法测定漆膜硬度》中的 B 法来测量涂膜的铅笔硬度，以检验涂膜的硬度是否达到要求。

3. 干燥状况

干燥状况是指涂料施工后涂膜从流动的液体状态向稳定的固体状态转变的过程中所呈现出来的不同的状况。在实际工作中经常需要对涂装后涂膜的干燥状况进行检察，以确定下一步需要进行的覆涂、浸水、堆码、机械加工等作业的工作进度。在现场可以按照 GB/T 1728—1979（1989）《漆膜、腻子膜干燥时间测定法》中的指触法测量涂膜表面干燥时间，按照 GB/T 1728—1979（1989）中的压棉球法、刀片法等测量实际干燥时间。

第五节 涂料施工的技术服务

涂料在出厂的时候不具有涂膜的性能，当液体涂料干燥并形成完整的涂膜后，才具有应有的性能。通常，涂料的成膜过程与液体涂料本身的性能息息相关，而涂料的施工人员对液体涂料的性能没有足够的了解，所以涂料的使用过程需要在生产厂家的专业人员指导下进行，这就是人们所说的对涂料的技术服务。几乎所有的国际涂料公司都有专业的技术服务人员，国内的涂料公司也在逐步向这一目标努力，可以说涂料的技术服务是一个公司必不可少的工作内容。

技术服务工作对于涂料公司来说，既是技术工作的延伸，也是销售工作的组成部分，对于保证产品质量、提升企业形象和拉近与客户的关系至关重要。以下主要从技术方面讲述涂料施工的技术服务工作。

一、涂料施工技术服务的目的

涂料公司现场施工技术服务是涂料产品的增值服务内容之一，它的主要目的是观察、监督施工的全过程并向客户提供专业指导，使涂料达到最好的使用效果。除此之外，还具有如下目的。

① 减少因表面处理、涂料施工不当造成的涂膜性能降低和客户投诉。

② 完成本公司对客户承担的技术指导义务。同时通过技术服务保持同客户的密切关系。

③ 通过现场观察更确切地了解本公司产品的实际使用情况，为产品的不断改进和新产品研发提供信息。

二、技术服务人员的主要工作内容

技术服务人员在施工现场主要从事以下工作。

① 指导施工人员现场操作，保证公司产品合理使用。

② 查验发到现场的货物，控制现场涂料消耗、统计现场涂料耗量和库存，记录各项数据，并完成施工报告。

③ 与公司保持联系，及时反馈客户对公司产品的意见和要求，保证供货的及时性及信息的畅通。

④ 向客户解释产品性能，保证客户能正确理解产品的施工要求，并具体解决因现场施工引起的投诉等问题。

当然，现场技术服务人员的工作不止这些，由于技术服务人员处在施工现场的第一线，往往能够了解最新的市场和产品使用信息，所以还要做好信息的收集整理等工作，为公司的营销策划和产品升级换代提供数据支持。

三、技术服务人员的工作方法

技术服务人员的主要工作方法首先是观察，并将观察到的情况整理成文字及图片报告，最后依据观察得出的结论指导自己的行动。

(1) 观察 技术服务人员要深入到施工现场各个方面进行观察，对于发现的一切可疑之处要进行初步分析并做好记录，记录可以采用多种形式，如文字、草图、照片或者录像等。

(2) 整理报告 将观察的情况和分析的结果用报告的形式记录下来并存档，注意报告的记录要领。

① 各类报告应当尽可能地使用正式报告书形式。

② 各类报告在某阶段工作完成之后立即着手完成，以防止因记忆不全而遗漏。

③ 报告书应尽快送交公司的主管部门并等待指示进行下一步工作。

④ 报告中如需图片帮助说明问题，应有相应的文字说明。

⑤ 报告应及时提供涂料施工中出现的问题。

⑥ 报告应如实填写，报告中的个人意见也应如实阐述。

(3) 行动 依据现场分析的结果或者公司主管部门的指示进行下一步工作。技术服务人员依据合同规定，有权利执行以下的行动。

① 指导施工人员改进不符合标准的施工。

② 如果采取上述措施仍然无法改观，应向客户（业主）如实报告并提出标准施工要求等具体意见。

③ 如按要求施工后仍达不到产品说明书和涂装规范规定的标准，技术服务人员有权利召开业主、施工单位、涂料公司、监理等各方的代表会议。在此会议上，技术服务人员应如实报告施工时的实际情况，并且应当策略地强调非标准施工对涂料性能的影响和后果，并应由各方讨论制定切实可行的补救措施以便有效地执行合约。会议记录应由参加集体会议的各方代表签字。

四、施工前的准备工作

和做所有工作一样，每名技术服务人员应当在奔赴现场开始技术服务工作之前，需要一些必要的准备工作，这些工作的大部分往往都是是重复性的，经验丰富的技术服务人员会把准备工作列入日常工作之中。但是涂料的施工从来也没有出现过完全相同的情况和条件，即使在同一工厂，使用同样的涂料产品，也会因为季节更替、涂料批次、工人调整、设备更换等原因使得施工的条件发生变化。因此，每个项目的准备工作往往又有其各自的特点，为了避免或减少工作中可能会出现的各种差错，技术服务人员必须在施工前把有关的情况尽可能多地了解清楚，施工前的准备工作主要包括以下几个方面。

(1) 首先确认必须要带到现场的物品，最好做成清单的形式，一方面便于每次出发前都能够快速了解这些物品是否已经准备到位；另一方面也有利于工作返回时清点这些物品，防止丢失。通常包括如下的确认工作。

① 检查施工工具、检验工具及检测仪器是否齐全且工作正常。

② 带好本公司的产品说明书。

③ 带好有关的书面报告单、笔记本电脑及相关电子文件。

④ 确认与施工有关的人员联系资料（姓名、职务、电话）。

⑤ 查阅并准备好曾经施工过的相似项目的施工报告。

⑥ 与此次施工有关的参考资料。

(2) 在施工前技术服务人员要将整个施工过程做一遍预想，并对可能出现的问题和现场的情况作出预案，以便能在发生问题时更好地处理紧急事件。因此技术服务人员还需要了解以下内容。

① 项目的时间进度安排。

② 项目所处现场的气候条件。

③ 表面处理情况。

④ 涂料的准备情况。

⑤ 施工检查区域和需要跟踪的测试点。

在大多数情况下，通过这样的自我检查就可以发现一些问题，技术服务人员应该尽量在到达现场前掌握这些问题并准备好相关资料，做好充分的准备。

五、现场技术服务工作的展开

涂料公司的技术服务人员应该始终把技术服务看做是完善本公司产品的重要环节，并让客户相信，技术服务工作是旨在帮助他们以最经济的方法达到施工的最佳效果。技术服务人员在现场必须要努力争取得到现场相关部门的支持，取得所需的相关资料，熟悉自己的工作环境，并制定好工作计划。技术服务人员应当清醒地认识到这样一个事实，即在自己有限的职责范围内，应努力在整个施工过程中对涂装工作进行必要的干预和指正，而不能等工作完成后再进行检查。其中道理不难明白，一项工作一旦完成，施工设备和人员都已经从现场撤出，再要求施工方返工是非常困难的。

在现场的工作应该按照以下步骤进行。

1. 组织召开施工前的工作准备会议

在和现场相关人员进行充分讨论的基础上确定相关事项，制订工作计划，并尽量按照计划展开工作。工作计划应该包括如下内容。

① 表面处理前的检查要点。

② 表面处理时的检查要点。

③ 涂料施工前的检查要点。

④ 涂料施工时的检查要点。

⑤ 涂料施工后的检查要点。

⑥ 技术服务人员在现场的工作权限。

⑦ 技术服务人员的报告程序。

⑧ 现场会议召开的频率和时间安排。

⑨ 施工与说明书要求有偏差时应采取的措施。

⑩ 检查方法和标准。

⑪ 检查地点和时间。

⑫ 验收步骤。

技术服务人员要及时以会议纪要的形式将讨论后的工作计划通知现场各方，指导实际工作，同时要将该计划上报给自己公司的主管部门备案，以利于后续工作的开展。

2. 现场工作的展开

到达现场后要对现场的生产设备、工艺状况、施工人员素质等进行调查，对整体生产能力进行评价，同时找出可能出现问题的关键环节。对于发现的问题要及时与施工单位进行交流沟通，以便在开工之前就能使施工条件得到改善。开工前应与业主、施工方、监理等相关单位召开产前会，确定生产工艺、质量控制标准、各方的接口环节等各方面的内容。

技术服务人员每天要提前到达施工现场，与施工单位协调当日工作安排。对现场的施工环境进行检查，确认能否满足涂料施工要求，并根据环境情况与施工单位交流施工建议。即使是在厂房内施工也要对涂装环境进行评价，避免因环境问题带来的涂膜缺陷，甚至影响长期质量。

技术服务人员的日常工作主要包括以下内容。

① 检查表面处理情况，对于表面处理的质量进行评价，确认能否进行后续施工，对于不符合质量要求的工件要求返工。

② 核对涂料品种和产品名称，检查施工设备，对整体生产状况进行评价，并记录发现的问题，向施工单位提出改进要求。

③ 检查涂料的施工过程，若发现施工过程的缺陷，要及时与施工单位协调，对施工过程进行调整，满足涂料产品质量要求。

④ 若发现有涂膜缺陷，应积极想出解决办法，并指导施工人员进行修补，同时要分析涂膜缺陷产生的原因，指导施工人员调整施工设备，改进施工方法，避免涂膜缺陷再次发生。

⑤ 完整记录整个施工过程并制作施工报告，提供给客户并发送给自己公司存档。

⑥ 对于施工过程中不能满足质量要求而因种种原因又不得不施工的项目要做好完整记录，向业主方、施工方、监理方和本公司进行反馈，并将报告存档，作为今后发生质量问题时的证据。

⑦ 在施工过程中为了保证质量稳定，技术服务人员需要不定期地组织业主、施工方、监理等相关单位进行施工情况的讨论，提出不符合质量要求的项目，以督促各方改进。

六、技术服务的记录与报告

报告是一种信息的传播形式，它往往出自某一事件的观察者，并能使关心这一事件的人在不到现场的情况下，即能对该事物做出详细的了解和正确的评判。

技术服务人员完成技术服务报告的目的是维护本公司的利益，为公司提供产品追溯的依据，同时也为了对客户负责，为客户提供技术档案。除此之外制作一份良好的施工报告还能够达到以下效果。

① 建立产品参考资料及施工档案，以备追溯。

② 了解不同表面处理、施工条件以及不同涂料系列的有机联系。

③ 增进与客户的良好关系。

④ 避免不公正的投诉以及为此而付出的代价。

⑤ 为将来分析涂膜的长期性能提供依据。

报告按其内容通常可分为原始记录、非正式报告和正式报告三种。原始记录又包括文字记录和图像记录等。凡与所作的涂装施工有关系的各种活动都应做好原始文字记录，如交谈、会议要点、现场检查结果以及所有以后需要写入报告的相关内容。图像资料在许多场合常常能比文字更形象、更直接地说明问题。所以，在有可能的情况下要多用图像资料来充实报告。但每一份图像资料都应该是为了说明某一个问题、解释某一件事或坚持某一论点服务的，要避免那些毫无价值或参考价值很少的图像资料。在现场拍摄每照一张图片后，都应立即记录其内容提要，以免时间长了出现混淆。

每个涂料公司通常会根据其涂料施工的特点制定一整套的报告格式供技术服务人员使用，称这些报告为正式报告。技术服务人员可以根据项目的具体情况挑选对应的报告。以下列举几种报告格式（表 5-4-2 和表 5-4-3），供大家参考。

与正式报告相对应，当使用预先设计的报告模式不能充分表达自己对现场情况的描述时，技术服务人员就必须创造一种格式的报告来满足实际需要。把这种报告形式称作不定式报告或非正式报告。这种报告通常因项目和情况的不同其内容也不尽相同。需要技术服务人员具有较强的随机应变的能力。

表 5-4-2 ×××××项目技术服务日报表（例）

项目名称		业主名称	
监理单位		承包商	
施工结构名称		施工单位	
环境状况			
天气状况		环境温度	
相对湿度		风力	
露点温度		底材温度	
现场表面处理			
钢材原始状态		表面处理方式	
喷砂级别		打磨级别	
其他处理级别		结构处理情况（飞溅锐边等）	
磨料种类		磨料状况	
表面粗糙度		表面清洁度	
表面处理综合判定			
涂装检查			
涂装方式		涂装部位	
喷漆泵型号		泵压缩比	
进口压力		喷嘴型号	
涂料名称		产品批号（主剂/固化剂）	
稀释比例		干燥状况	

涂装厚度测量简图

被涂装部位简图	膜厚/μm					
	1					
	2					
	3					
	4					

涂料用量			
涂装面积		涂料用量	

总结

涂装效果总体评价：

报告人：

表 5-4-3 ×××××项目附着力检查报告（例）

项目名称	
测试标准/方法	
测试仪器型号	
使用胶或胶带名称/型号	
测试部位	
施工日期	
测试日期	
测试地点	
天气状况(环境温度、相对湿度等)	
涂层配套系统名称	
1	
2	
3	
4	
5	
6	
测试部位简图	
测试部位	测试结果(胶带法要有胶带存档)
1	
2	
3	
4	
5	
6	
7	
8	
备注	
业主代表	
监理代表	
施工单位代表	
涂料公司代表	

参 考 文 献

［1］ 王健，刘会成，刘新主编．防腐蚀涂料与涂装工．北京：化学工业出版社，2006．

[2] 鹤田清治，寺内淑晃，安原清．ゎかりゃすぃ塗装のすべて．东京：技术书院，2000.
[3] 日本关西涂料株式会社．桥梁涂装．大阪：关西涂料株式会社，2005.
[4] ISO 12944 1998.
[5] 日本涂料工业协会．重防腐涂料与涂装．东京：日本工业协会．1995.
[6] 庞启财．防腐蚀涂料涂装和质量控制．北京：化学工业出版社，2003.
[7] GB 9969.1—1998．工业产品使用说明书．2008.
[8] 杨世芳主编．木器涂料涂装技术问答．北京：化学工业出版社，2008.
[9] 李芳，苏立荣，沈春林等编．建筑涂装工程问答实录．北京：机械工业出版社，2008.
[10] 叶杨祥，潘肇基主编．涂装技术实用手册．北京：机械工业出版社，2005.
[11] 长谷川 谦三著．塗料と塗装技術．东京：日本理工出版会，2007.
[12] 曹京宜等．涂装表面预处理技术与应用．北京：化学工业出版社，2004.
[13] 周良．喷丸（砂）、喷涂技术及装备．北京：化学工业出版社，2008.
[14] NACE．检察员培训教材课程：教师手册．NACE 国际，2007.
[15] 孙兰新，宋文章，王善勤等．涂装工艺与设备．北京：中国轻工业出版社，2001.
[16] 涂料工艺编委会编．涂料工艺：下册．北京：化学工业出版社，1997.
[17] 汪国平编著．船舶涂料与涂装技术．北京：化学工业出版社，2006.
[18] 李敏风编著．集装箱涂料与涂装技术．北京：化学工业出版社，2002.
[19] 张学敏编著．涂装工艺学．北京：化学工业出版社，2002.
[20] 西村利明，柳田昭雄编集．ゃさしぃ涂料读本．《涂装编》．东京：关西涂料株式会社，1998.
[21] W. 威克斯，N. 琼斯，S. 柏巴斯．有机涂料 科学和技术．经桴良等译．北京：化学工业出版社，2002.
[22] 徐秉凯等主编．国内外涂料使用手册．南京：江苏科学技术出版社，2005.
[23] 曾敏生．影响涂料利用率因素及改进措施．涂料工业，2005，(5).
[24] 冯立明，牛玉超，张殿平等编．涂装工艺与设备．北京：化学工业出版社，2007.
[25] GB 50034—2004．建筑照明设计标准.
[26] 天津大学化工原理教研室编．化工原理．天津：天津科学技术出版社，1987.
[27] 魏宝明主编．金属腐蚀理论及应用．北京：化学工业出版社，2004.
[28] ISO 8502-3 1992.
[29] ISO 8502-4 1993.
[30] ISO 8502-9 1998.
[31] GB/T 3181—2008．漆膜颜色标准.
[32] GB/T 1766—2008．色漆和清漆 涂层老化的评级方法.
[33] GB/T 5210—2006．色漆和清漆 拉开法附着力试验.
[34] GB/T 9286—1998．色漆和清漆 漆膜的划格试验.
[35] GB/T 6739—2006．色漆和清漆 铅笔法测定漆膜硬度.
[36] GB/T 1728—1979（1989）．漆膜、腻子膜干燥时间测定法.

第五章

涂装施工安全、卫生和污染治理

第一节 概述

涂料涂装，尤其是溶剂型涂料的涂装是一个危险的过程，其主要的危险在于施工者可能会接触到那些对人体健康造成危害的物质。喷涂作业时的危害可能来自于：火灾与爆炸、喷涂设备、搬运作业、噪声、有限空间作业等。因此，使用涂料及有关化学品的人员应查询产品安全标签、安全技术说明书和涂装作业可能导致危及安全与健康的相关资料，接受相关安全技术培训。在作业过程中应始终严格遵守安全生产、工业卫生的规章制度，及时报告可能造成危害和无法处理的情况。

本章旨在帮助建立安全的工作方法和环境，主要内容包括：危险因素及防护措施、一般安全措施——个人防护用品（PPE）、使用涂料时的安全工作指导和环境、环境保护和污染预防。

第二节 涂装施工的危险因素及防护措施

一、涂装施工的危险因素

涂料不论是在处理、使用还是在涂装过程中都伴随着各种危险有害因素。涂料中可能含有有害物质，因此被归类为危险品。在使用过程中，如不慎吸入、接触或误食，都可能会造成伤害和疾病。这些有害物质包括稀释剂、除油剂、脱漆剂及表面处理活动所产生的粉尘。

涂装作业过程主要的危险是火灾和爆炸，其次是所使用的设备、电气、带压力的涂料、沉重的涂料容器和噪声所带来的危险。

1. 有害物质

与涂料施工相关的有害物质包括涂料、稀释剂、设备清洁剂、除油剂、脱漆剂和用于表面处理的产品。接触这些有害物质可能会导致如下短期和/或长期的健康影响。

(1) 短期影响包括刺激性皮炎；皮肤和眼睛灼伤；呕吐；鼻子、喉咙和肺部刺激；头痛、头晕、疲劳。

(2) 长期影响包括过敏性皮炎；职业性哮喘；生殖系统损害；肾和肝损害；“涂料工综合征”，由于长期接触溶剂而导致的中枢神经系统损害；癌症。

2. 有害物质侵入人体的方式

(1) 吸入和食入　喷涂作业活动增加了接触有害物质的机会，使用者更容易接触到有害蒸气、粉尘（干喷）、喷雾（浮质）以及清洁过程中用到的溶剂（干净的和污染的）。

有害物质（粉尘和喷雾）通常通过呼吸道和消化道进入人体。接触有害物质后可能会造成急、慢性健康危害。急性危害可能表现为呼吸道感染、呼吸短促、头晕、胸闷、恶心、头痛；慢性危害可能表现为肺部功能减退、呼吸系统疾病、哮喘、肺气肿症状、中枢神经系统损害，有的还可以或可能导致癌症。

聚脲弹性体材料（SPUA）材料本身不含 VOC，不污染环境、不损害人体健康，但是，由于其快速的凝胶和高压操作的特性，会造成施工现场漆雾弥漫，凝胶的颗粒物四处飘散。如果人体吸入这些固体颗粒会有损身体健康；如果凝胶颗粒飘落到周边有用物体上（如仪器设备、办公家具、灯具标识等），会沾污器具，难以清除。因此要求：施工人员必须穿戴连体防护服装、佩戴面具和呼吸器；对有清洁性要求的物体表面进行遮盖防护。

(2) 直接接触　喷涂活动、触碰涂料或未干的喷漆表面也可能使皮肤或眼睛直接接触到有害物质。对眼睛的影响可表现为剧烈的烧灼感，皮肤接触涂料和溶剂可能导致急性的刺激性皮炎，慢性过敏性皮炎或皮肤出现脱脂（天然油脂的流失）。

3. 火灾与爆炸

大部分的喷涂作业时会释放出溶剂蒸气，因此喷涂中易燃物质（如溶剂）的使用增加了火灾与爆炸的危险，涂料喷雾在作业空间内迅速扩散时可能遇上许多潜在的着火源，火源有如下几种。

(1) 明火（火焰、火星、灼热）　涂装作业场所内部或外部带入的烟火，焊接火花，烘干设备过热表面，灯具破裂时的明火，加热的钢板，照明灯具的灼热表面，设备、工件、管道、散热器、电器等过高温度的表面。

(2) 静电放电　静电喷枪与工件间距离过近，使用、贮存、输送有机溶剂的设备、容器、管道静电积累或容器、管道破裂，倾倒有机溶剂等，接地不好的设备释放静电所产生的电火花和电弧。

(3) 摩擦冲击　工件、钢铁工具、容器相互碰撞，带钉鞋或鞋底夹有外露金属件与地坪撞击等，能产生火花的设备，如打磨砂轮（机）。

(4) 电器火花　电路开启与切断、断路、过载、线路电位差引起的熔融金属，保险丝熔断，外露灼热丝等，手提电池供电设备（如相机、手电、手机等）。

(5) 化学能　自燃（如亚麻籽油、漆垢、沾染涂料的纤维堆积蓄热），物质混合剧烈放热反应（如聚酯漆与引发剂），加热涂料时添加有机溶剂，铝粉受潮产生氢气放热自燃，在“罐”内待处理的双组分涂料；雷电、日光聚集等。

有限空间及通风不良的场所，易燃气体及粉尘积聚达到爆炸极限时，遇到着火源会在瞬间产生燃烧爆炸。

溶剂闪点是火险的一个指标。闪点定义是：挥发性可燃物质上方的蒸气，在空气中接触火焰时燃烧的最低温度。闪点越低，火险越大。表 5-5-1 列出了涂料中常用溶剂的闪点。配制的涂料的闪点一般与使用溶剂的闪点相当。然而许多涂料含有混合溶剂，溶剂的闪点不能作为涂料闪点的精确衡量标准。

表 5-5-1 溶剂闪点

溶剂	闪点(封闭杯法)/℃	溶剂	闪点(封闭杯法)/℃
乙酸戊酯	29	异丙醇	12
乙酸丁酯	29	甲基正丁酮	23
正丁醇	35	甲基溶纤剂(乙二醇单甲醚)	42
丁基卡必醇(二乙二醇单丁醚)	101	乙酸化甲基溶纤剂(乙酸化乙二醇单甲醚)	49
丁基溶纤剂(乙二醇单丁醚)	60	丁酮	−1
卡必醇(二乙二醇单乙醚)	96	甲基异丁酮	16
溶纤剂(乙二醇单乙醚)	42	溶剂油(稀释剂)	43
乙酸化溶纤剂(乙酸化乙二醇单乙醚)	51	SOLVATONE 溶剂 M	26
环乙酮	44	干式清洗溶剂(Ⅱ型)	59
双丙酮醇	47	苯乙烯	32
乙醇	13	甲苯	4
超高闪点石脑油	43	松节油	35
乙酸异丁酯	18	VM&P 石脑油	−7
异丁醇	28	二甲苯	17
异佛尔酮	82		

注：上述溶剂中有些已被定为有毒/危险品，其使用应符合各项防护措施。其中有些具有生殖危害——影响到人类繁衍过程。

4. 喷涂穿透伤害

涂料喷雾穿透伤害来源于无气喷涂过程中的巨大压力。涂料穿透进入身体的后果极为严重，涂料中溶剂会溶解脂肪组织和肌肉表皮神经，不适当的处理会导致坏疽和截肢。

【高压油穿透事故案例】

某工人在一次液压系统测试中食指指尖被穿透。初诊医生认为这是小伤，清洁包扎后就让病人走了。15h 后，该病人返回医院看了急诊，由于油已经渗透到腕骨周围通道，他不得不接受了一个大的清创手术。尽管接受了各种治疗，其伤口一直未愈合，最终导致食指坏死，最后只得截肢。

为了尽可能减少可能出现的组织功能退化、坏疽及最终的截肢，所有穿透伤害必须立即接受外科手术治疗。外科医生须了解高压涂料喷枪伤害事故及处置的信息。

由于高压喷漆作业，区域内存在危险量的易燃和可燃性蒸气、漆雾、粉尘或积聚可燃性残存物。为避免伤害，强烈建议使用无气喷涂设备喷涂涂料时应严格遵循以下规则：

① 喷漆区域内不应设置与喷漆无关的电气设备。在进行静电喷漆作业时，严禁在静电喷漆区中使用携带式灯具和其他移动式用电设备；

② 喷漆室应安装可燃气体浓度和火灾报警装置（防爆型），该装置应与自动停止供料、切断电源装置、自动灭火装置等相连锁；

③ 当设备处于加压状态时，不准将喷枪嘴对着别人及自身，不得用手指触摸喷嘴，或窥视枪口，也不要让枪嘴靠近身体的任何部位；

④ 所有喷涂作业人员都应采用定岗、定职、定责进行管理，接受安全作业、设备操作维修、个人防护、意外情况处理、防火灭火、涂料贮存与管理及使用等方面的技术培训，未经培训不得上岗；

⑤ 由于静电的潜在危险，喷涂区域内所有设备体外露导电部分及装置外可导电部分均应可靠接地；

⑥ 喷涂操作开始前，必须确保空气软管安全可靠，应检查其断裂、泄漏、划破、

膨胀和活接头的损坏情况，如存在上述任何一项情况，都要立即更换，严禁用胶带粘贴胶管；

⑦ 当把喷枪传递给他人或停止使用时必须把安全闩销住；

⑧ 多支喷枪同时作业时，必须拉开间距（5m 左右），并按同一方向进行喷涂；

⑨ 在喷涂作业中如果需要暂停作业或设备不用时，应关闭电源开关，喷枪应卸压；

⑩ 停止喷漆时，应先关闭输漆开关，然后关闭高压电流等其他开关。

5. 人工搬运

很多被喷涂的物件形状复杂。这使得喷涂工缩紧、扭曲、弯曲或者将喷枪高举过头部作业，将导致身体过度疲劳，从而引起潜在的人工搬运伤害。

6. 噪声

噪声对作业者的身体会造成很多不利影响，在工作中噪声造成的不利影响包括：使人们交流困难、难以集中精力、疲劳、不舒服、紧张、生产效率降低。涂料喷涂设备的工作噪声常常很大，这有可能导致耳聋。除喷涂设备产生的噪声外，周边其他操作产生的噪声，如喷砂、打磨、电焊、切割等均对身体有很大影响。

涂漆施工过程所用的风机、水泵、电机等各个噪声源部件及其风管、水管等应采取消声和隔振措施，使操作位置的噪声符合当地法规的规定。无气喷涂泵须装配消声器。

7. 电

涂料喷涂会涉及电气设备（如照明、静电喷涂设备），接地不好或保养不善都可能会导致触电。任何喷涂操作都可能产生静电电荷，包括稀释和清洁。静电电荷有点燃易燃物质的可能。

电气装置和设备在涂料喷涂区、涂料搅拌区和贮藏区都是危险的。在这些区域使用的电气设备应是特别设计的，应防火防爆并符合当地法规的要求。

二、防护措施

1. 防火

火源可定义为能点燃易燃易爆气体或空气浮质的某种能量来源。火源常存在于涂料喷涂活动附近，应配备适当的消防器具。

在任何喷涂操作开始之前，须做好现场控制以消除火源，确保正确的接地，鉴别潜在的电路短路等以防止火灾和爆炸。

喷涂作业应在喷涂作业场或在划定的区域内进行，该区域为禁火区，严禁各种火花溅入以及进行明火作业。

喷涂作业场所的出入口至少应有两个；入口处及其他禁止明火的场所都应有禁止烟火的安全标志。区域内所有的电气设备、照明设施应符合国家有关爆炸危险场所电气安全的规定，实现电气整体防爆。

区域应按涂漆范围和用漆量设置足够数量的消防器材，并定期检查，保持有效状态。

进入作业区的人员，不得携带打火机、火柴等火种或任何可能引起火花的电气设备，也不得从事有可能引起机械火花和电火花的各种作业。

2. 涂装作业安全管理

（1）搅拌、倾倒和稀释　涂料的搅拌、倾倒和稀释必须在通风良好的环境下进行，操作者应穿戴适当的防护设备，如有溢流和飞溅点，应立即清洁；将可燃或易燃涂料从一个金属容器倒入另一个金属容器前，应将两个金属容器有效地连接和接地。若工艺条件许可，可向喷漆的涂料中加入适量的抗静电添加剂。

正在处理的任何物料（涂料、稀释剂、清洁剂、除油剂等）若飞溅到身体的任何部位，须立即用肥皂和水清洗皮肤。不得使用涂料稀料和清洁剂，因其会被皮肤吸收。被污染的衣物须尽早更换。

“空”桶内残留有涂料和溶剂蒸气，也是危险的。在根据当地法规进行处理之前，须将空桶运送到安全的地方并让其“干燥”。任何双组分材料须分开处理，以避免发生放热反应。

(2) 涂料的贮存　涂料及相关辅料的存贮应按有关部门的规定执行，须遵循以下指导。

① 易燃材料须存贮于密封紧固、标签清晰的容器中。

② 产品在贮存时应保持通风、干燥，防止日光直接照射；必须严禁烟火，隔绝火源，远离热源，操作过程中严禁火花产生，并应设置完善的消防设备；贮存场所应设置防雷击装置。

③ 工作结束后，应将剩余的涂料及辅料倒入密闭容器中放回原处贮存。

④ 大型溶剂（稀释剂）容器在液体运输过程中须接地。

⑤ 涂料不应贮存于喷涂区域。涂漆作业场所允许存放一定量的涂料及辅料，但不应超过一个班次的用量。

(3) 设备的检查维护与检修　所有设备应经常检查维护以保持良好的工作状态。

① 喷漆设备只准喷漆人员操作，其他人不得擅自乱动。

a. 喷枪的喷嘴应保持畅通，其扣动扳机和安全阀性能应可靠，不准使用部件失效的喷枪；

b. 连接喷枪的液流软管必须要保证导电性能良好，要保证喷枪通过软管连接接地；

c. 喷漆操作时，不准使软管扭结，禁止用软管拖拉设备，软管的金属接头应采用包扎措施，以避免软管拖动时与钢板摩擦产生火花。

② 应根据作业环境、设备状态、生产负荷、机械磨损等实际情况，明确规定检查、检修周期及其项目。压缩空气驱动型无空气喷涂装置的进气端应设置限压安全装置，并配置超压安全报警装置和接地装置。

(4) 清洁和废物的处理　吸湿材料如纸张、锯屑等会增加火灾和爆炸的危险，因而不能用于吸附滴落或过度喷涂的涂料。沾有涂料或溶剂的棉纱、抹布等清洁用材料不应乱抛，应放入带盖的金属箱（桶）内并进行“标识”，当班清除和进行妥善处理，如可行在处理前应用水使其潮湿。所有废弃材料的处理应遵循当地的法规。

(5) 喷涂作业

① 喷涂作业人员必须经过安全技术培训，未经培训不准上岗。喷漆作业前必须对所有的喷漆设备及工具进行全面检查，确认无问题时方可工作。

② 作业中，企业安全技术部门应设专人定时测定密闭空间内空气中氧含量和可燃气体浓度，氧含量应在18%以上，可燃气体浓度应低于爆炸下限的10%。在有限空间，例如船舶的舱内进行喷漆作业时，至少配备两人以上共同操作，若作业场所过于狭小，仅能容纳单人操作时，另外一人应负责监护。

③ 为确保喷漆工能持续地呼吸到洁净空气，在室内喷涂时，通风装置应始终处于工作状态，被喷涂物应总是处于喷漆工与排风出口之间。无气喷漆的高压射流和渗漏会导致严重伤害事故，因此任何情况下，不应将承压的无空气喷涂装置的喷嘴对准人体、电源、热

源，亦不应以手掌试压，以确保其不暴露于危险物质中或免受穿透伤害。

④ 作业完毕后，必须及时将喷枪撤出舱外，并继续进行通风，直至漆膜完全固化；并对工作场所进行及时清理，将剩余的涂料和溶剂及时送回仓库，不准随便乱放。

(6) 个人卫生　应提供洗手设施和其他便利。休息室应避免与喷涂过程有关的危险及潜在污染物的侵害。食物和饮料不得带入喷涂区、存贮区或搅拌区。

(7) 应急程序　应急程序用于出现泄漏、溅洒、危险物质非受控排放等紧急情况的处置方法，该程序应包括现场清理、废弃处置、人员防护及当地法规的要求。所有相关人员都应充分了解本地应急程序的规定。

3. 有限空间涂装作业

(1) 作业前准备　作业人员必须持有有限空间作业许可证，检测（或验证）有限空间及有害物质浓度后才能进入有限空间。有限空间必须牢固，防止侧翻、滚动及坠落。在容器制造时，因工艺要求有限空间必须转动时，应限制最高转速。

必须将有限空间内液体、固体沉积物及时清除处理，或采用其他适当介质进行清洗、置换，且保持足够的通风量，将危险有害的气体排出有限空间，同时降温，直至达到安全作业环境。

(2) 可燃气体检测　为防止爆炸事故，对有限空间的喷漆作业及作业完后，必须对可燃气体进行检测，空间内的实测值应符合当地法规的要求。未经检测的舱（室），严禁从事任何喷涂工作。

测爆仪器必须是经国家级机构认可的仪器，国外进口的仪器，必须有产品合格证书及使用说明书，并按证书校验合格的才能使用。

测爆人员必须经过专门的测爆安全技术训练，掌握测爆理论，熟练使用测爆仪器。

舱（室）分段涂漆完毕，待涂料表面固化后，才能提出测爆申请。

应按规定选择测点。测试结束后，应在测爆申请单上签署意见，内容包括作业范围、时间、注意事项，若不符合下道工序作业条件，应予以禁止。

(3) 作业安全与卫生　有限空间作业人员必须经过专业安全技术教育培训。作业前应公布作业方案，对作业内容、危害等进行教育，培训还应包括有关职业安全法规、标准以及紧急情况下的个人避险常识、窒息、中毒及其他伤害的急救知识等内容。

在有限空间进行涂装作业时，场外必须有人监护，遇有紧急情况，应立即发出呼救信号；在仅有顶部出入口的有限空间内进行涂装作业的人员，除佩戴个人防护用品外，还必须腰系救生索，以便在必要时由外部监护人员拉出有限空间。

在有限空间进行涂装作业时，不论是否存在可燃性气体或粉尘，都应严禁携带能产生烟气、明火、电火花的器具或火种进入有限空间。涂装作业完毕后，必须将剩余的涂料、溶剂等物全部清理出有限空间，并存放到指定的安全地点。

三、安全技术教育培训

涂装作业人员应按当地法规的规定进行安全技术培训，必要时应获得其上岗证书后持证上岗。涂装作业操作人员安全技术培训应包括以下内容。

1. 涂装作业安全技术规程

旧的工作习惯很难在短时间内发生改变，养成良好的工作习惯需要深入、全面、长期的培训，并在日常工作中应明确正确的工作程序，接受监督和管理。

2. 过程中危险有害因素

这部分内容是指工艺过程危险有害因素，安全防护措施，故障情况下应急措施；接触的有害因素对人体健康影响，个人防护知识，中毒急救措施；使用的涂料及有关化学品危险特性，防止火灾措施，灭火器材使用方法。

3. 着装与装备

施工人员需要接受连体工作衣和装备的性能、使用及保养方面的培训。并掌握袖口和手套、长裤和靴子的搭接，头罩的使用和皮肤防护霜的使用方法。

在对涂装作业人员进行安全技术培训时，应向其提供所用化学品特性和有害成分说明；化学品标识和标签包含的资料；危险化学品的安全技术说明书。未经专业安全技术培训并取得安全资格的人员不得从事涂装工程、涂装作业管理、操作、维护和检修工作。出现以下情况时，应对其进行安全技术再培训：①新的或修订的涂装安全国家标准；②进行涂装技术改进；③改变涂装工艺；④增加新的涂装设备。

4. 个人安全

安全施工的相关指导和培训都是针对个人的，其效果也取决于个人的执行情况，其根本目的是确保施工人员得到良好的防护。

第三节 一般安全措施——个人劳动保护用品

一、个人劳动保护用品

个人劳动保护用品（PPE）是指作业人员在生产过程中为免遭或减轻事故伤害和职业危害而随身穿（佩）戴的用品。PPE的使用作为危险保护程序仅仅限于其他控制程序不能实行的工种和工作场所。同一作业要求护品具有多种防护功能时，该PPE应具有复合性防护功能。

在涂料喷涂时应始将终穿戴适当的PPE作为附加的控制程序。PPE必须是经过国家及地方有关部门认可的、符合国家标准的产品，务必安全卫生、质量可靠。个人劳保用品的基本要求：

① 选择恰当并适合于任务和人员；

② 容易获得；

③ 清洁；

④ 使用后能正确贮藏或处理。

企业应根据安全生产和防止职业危害的需要、作业人员接触的主要危险特性或特殊劳动条件的作业类别，发给涂装作业人员适宜的劳动保护用品，并应遵守下列规定：

① 有机溶剂作业场所应提供防静电服和防静电鞋；

② 酸碱作业场所应提供防酸（碱）服和耐酸（碱）鞋；

③ 有限空间涂装作业场所提供供应空气的呼吸保护器。

各种防护用具应该专人保管，使用前必须按照产品使用说明认真检查，不符合标准的防护用具一律不准使用。涂装作业使用的劳动保护用品禁止穿着离开工厂。

二、个人劳动保护用品须具备的特征

1. 基本着装

牢固的长袖棉质连体服适合大多数工种，不推荐使用易燃且可能产生静电的尼龙和聚丙

烯纤维类连体服。污染严重的连体服须立即更换。参与在短期内可能遭受严重污染的项目时，可考虑穿戴带头罩的一次性连体服。

2. 手套

手套是用来保护手或手的一部分使其免受伤害的个体防护用品，也可以扩展到覆盖前臂的部分。合适的手套能防止皮肤直接接触溶剂等有害物质。也能帮助减少割伤和擦伤等有形损伤。在涂料喷涂时，丁腈手套能提供最好的防溶剂性能。需要更多信息时可咨询手套制造商。

3. 工作鞋

所用的工作鞋和靴子须有钢头。任何情况下不允许穿露脚趾的便鞋。在涂料施工时，推荐使用能卸载静电、带有防滑鞋底和皮质鞋面的鞋。穿用防静电鞋、导电鞋不应同时穿绝缘的毛料厚袜及绝缘的鞋垫。使用防静电鞋的场所应是防静电地面，使用导电鞋的场所应是导电地面。

4. 呼吸防护

在没有防护的情况下，任何人都不应暴露在能够或可能危害健康的空气环境中。

(1) 呼吸防护用品的选择　任何可能接触喷雾和蒸气的人必须佩戴呼吸保护装置，除了应根据有害环境选择正确的呼吸防护用品外，不同的作业状况也会影响呼吸防护用品的选择。

空气污染物同时刺激眼睛或皮肤，或可经皮肤吸收，或对皮肤有腐蚀性，应选择全面罩，并采取防护措施保护其他裸露皮肤；选择的呼吸防护用品应与其他个人防护用品相兼容。

若选择供气式呼吸防护用品，应注意作业地点与气源之间的距离、空气导管对现场其他作业人员的妨碍、供气管路被损坏或被切断等问题，并采取可能的预防措施。

若现场存在高温、低温或高湿，或存在有机溶剂及其他腐蚀性物质，应选择耐高温、耐低温或耐腐蚀的呼吸防护用品，或选择能调节温度、湿度的供气式呼吸防护用品。

若作业强度较大，或作业时间较长，应选择呼吸负荷较低的呼吸防护用品，如供气式或送风过滤式呼吸防护用品。

应评价作业环境，确定作业人员是否将承受物理因素（如高温）的不良影响，选择能够减轻这种不良影响、佩戴舒适的呼吸防护用品，如选择有降温功能的供气式呼吸防护用品。

任何呼吸防护用品的防护功能都是有限的，应让使用者了解所使用的呼吸防护用品的局限性。使用任何一种呼吸防护用品都应仔细阅读产品使用说明，并严格按要求使用。所有使用者都应接受呼吸防护服务器使用方法的培训。

(2) 呼吸防护用品的使用　使用前应检查呼吸防护用品的完整性、过滤元件的适用性、电池电量、气瓶贮气量等，消除不符合有关规定的现象后才允许使用。

进入有害环境前及在有害环境内作业的整个过程都应佩戴呼吸防护用品。当使用中感到异味、咳嗽、刺激、恶心等不适症状时，应立即离开有害环境，并应检查呼吸防护用品，确定并排除故障后方可重新进入有害环境；若无故障存在，应更换有效的过滤元件。若呼吸防护用品同时使用数个过滤元件，如双过滤盒，应同时更换。

除通用部件外，在未得到呼吸防护用品生产者认可的前提下，不应将不同品牌的呼吸防护用品部件拼装或组合使用。

(3) 呼吸防护用品的维护　应按照呼吸防护用品使用说明书中有关内容和要求，由受过培训的人员实施检查和维护，对使用说明书未包括的内容，应向制造商或经销商咨询。应按国家有关规定，在具有相应压力容器检测资格的机构定期检测空气瓶或氧气瓶。

滤芯应根据制造商的推荐和/或当地法规相关要求进行更换。滤芯式呼吸器不能用于氧气缺乏环境（当空气中的氧气含量低于20%）。不允许使用者自行重新装填过滤式呼吸防护用品滤毒罐或滤毒盒内的吸附过滤材料，也不允许采取任何方法自行延长已经失效的过滤元件的使用寿命。

个人专用的呼吸防护用品应定期清洗和消毒，非个人专用的每次使用后都应清洗和消毒。不允许清洗过滤元件。对可更换过滤元件的过滤式呼吸防护用品，清洗前应将过滤元件取下。呼吸防护用品应保存在清洁、干燥、无油污、无阳光直射和无腐蚀性气体的地方。若呼吸防护用品不经常使用，建议将呼吸防护用品放入密封袋内贮存，贮存时应避免面罩变形。

所有紧急情况和救援使用的呼吸防护用品应保持待用状态，并置于适宜贮存、便于管理、取用方便的地方，不得随意变更存放地点。

5. 眼面防护用品

所有喷涂操作必须保护眼睛。应佩戴安全的护目装备，比如安全眼镜、护目镜、面罩等以免溅到液体。眼面防护用品应当符合相应的标准。镜片或面材须能抵抗所用的溶剂。当涂料混合或倾倒操作会造成飞溅的风险时，就应佩戴整个面部的防护。

6. 听力防护用品

因为听力的损失是不可恢复的，当暴露于噪声中时，应对听力进行保护。生产车间和作业场所的工作地点的噪声标准应符合当地的法规要求，未达到标准的必须发放听力防护用品。通常当作业环境噪声超过85dB时就应使用适当的听力防护用品，如耳塞或耳罩。所使用的护耳器须适合周边声音的频率。

7. 身体防护

应穿着覆盖身体、手臂和腿部的工作服，皮肤不应暴露。隔离性护肤霜可有助于保护难于遮盖的皮肤，例如面部和颈部，但是一旦已接触有害物质，则不应再使用。护肤用品在使用条件下应具有无毒、无菌、无刺激等安全性能，应正确选择隔离性护肤霜，凡士林因能使溶剂渗透，导致暴露，涂装作业不应选择凡士林等矿脂型护肤品。

三、个人劳动保护用品的维护和报废规定

(1) 个人劳动保护用品维护内容应包括：①定期清洁与消毒。②用品的干燥。③缺陷与损坏的检查。④老化和坏损部件的修理与更换。⑤不使用时的贮存。

(2) 报废规定

企业内的安全技术部门每年应定期或不定期检查涂装作业劳动保护用品，需要技术鉴定的送国家授权的劳动保护用品检验站检验。

不符合下列条件之一的，应立即予以报废，报废后的劳动保护用品禁止作为劳动保护用品使用。

① 不符合国家标准或专业标准。

② 未达到上级劳动保护监察机构根据有关标准和规程所规定的功能指标。

③ 在使用或保管贮存期内遭到损坏或超过有效使用期，经检验未达到原规定的有效防

护功能最低指标。

第四节 涂料的安全施工指导

涂料可能对皮肤和呼吸系统造成长期的及终生的疾病。涂料的使用都应明确并严格遵守当地健康、安全和环保的相关法规，在涂装施工前应要求涂料供应商提供涂料产品的安全健康说明书。

一、健康危害

喷涂过程中产生的雾状的湿涂料小颗粒称为漆雾，溶剂挥发干燥后的漆雾又被称为漆雾粉尘。含异氰酸酯的蒸气、漆雾和喷尘会刺激呼吸道及眼睛，可能会引起皮肤的过敏反应，并诱发或加重哮喘或皮炎。

职业性皮肤过敏是人体对某种物质的过敏性反应，这种反应常常难区别于一般的刺激反应。过敏反应可能在一次或多次接触某种物质之后的一段时间后才会出现症状。若某人对某种物质过敏，那么即使接触到的数量极少也会引起过敏性反应。

例如，异氰酸酯可能会引起呼吸道过敏，有时也被称作“职业性哮喘”。早期已有案例证明这也可能造成非常严重和致命的后果。过敏的早期症状可以表现为流泪、流涕，继续发展会导致气喘、胸闷、咳嗽或窒息。

目前，异氰酸酯固化涂料的喷涂施工的接触性是最高的，接触异氰酸酯的危险在喷涂施工中比在刷涂或辊涂施工中要多得多。根据英国健康与安全协会的统计，它是英国职业哮喘病的最主要的原因之一。如包装和控制不当，异氰酸酯的漆雾和蒸气可能扩散到作业区域外，给他人的健康带来危害。相对于湿涂料，干燥的漆雾粉尘的危险则要小得多。通过佩戴适当的个人劳保用品和保持良好的卫生习惯可以把潜在的危害减少到可接受的程度。

二、有工作危险的人员

显然越靠近涂料作业的人，接触到涂料和漆雾尘埃的可能性越大。但是每一个在漆雾尘埃可及范围内的人均会有危险，他们包括：

① 喷漆者和高空车驾驶员；

② 涂料混合和搅拌及喷漆泵的操作人员；

③ 其他在涂料飞溅区工作的人员，如装配工、搬运工、监工、操作工及涂料技术服务人员；

④ 其他可能接触干喷的人员，如脚手架拆卸工、拆除螺旋桨遮盖膜的操作员、船坞及清洁人员等。

三、防护措施

最佳的预防措施是尽可能远离涂料施工区域，尽可能减少人员接触涂料、喷雾和干喷的机会。

1. 在喷漆过程中

当喷涂施工开始时，在作业现场区域内只能有喷漆人员和高空行车驾驶员；看泵人、监工和技术服务代表应站在喷涂区外或者站在喷涂施工的上风向，其他人员应远离施工区域。应尽可能在喷漆区域前设置“禁入区”标志，任何进入“禁入区”的人员均必须穿戴适当的防护用品，特别要进行呼吸保护。

应避免在大风天气喷涂涂料。在密闭区域喷涂时，必须确保有完善的安全作业程序。如使用异氰酸酯固化涂料、防污漆等除应遵循常规喷涂的规定外，还应遵守其相关具体规定。

2. 在喷漆结束后

在喷涂结束后，应清除干喷漆雾，防止其随风扩散；落到脚手架、保护遮蔽等物件上的干喷应及时冲洗掉或扫掉，废弃物应根据当地法规进行合法处置。

3. 贮存和管理

涂料通常含有溶剂。溶剂蒸气重于空气，会沿着地面扩散，与空气形成爆炸混合物。因此贮存、生产和施工区域应通风，以避免空气中易燃或易爆蒸气浓度高于所允许的接触最高值。

产品应贮存于干燥，通风良好，远离热源和阳光直射的地方。贮存在混凝土地面或其他不可渗透的地面上，最好带有能容纳溢出物的层面。

产品堆码不能高于三层托板。包装容器要盖紧。开启过的容器必须再仔细密封，并保持竖放，以防泄漏。未经批准不得进入贮存区域。

四、工作服与装备

涂料喷涂施工只能在合适的、具备有效排气通风装置的室内使用，以避免喷雾逸出工作区域。当在有限的空间进行喷涂作业时，即使空气流通时也必须佩戴供气的呼吸保护装置。除非特别说明，关于PPE的信息适用于所有施工方式。

1. 工作服

所有施工人员（喷漆工、高架车操作工、看泵人、管理人员、技术服务人员）都应穿着以下工作服：

① 长袖长裤腿连体服或一次性的带兜帽的连体工作衣（穿在棉质连体工作衣外）；

② 长筒手套；

③ 长筒靴，能保护脚踝和小腿下部。

2. 呼吸防护

当喷涂过程中有接触涂料喷雾、蒸气的危险时，喷漆工和其助手必须佩戴适当的呼吸器，如有需要应提供通风设备进行排风。该设备应能保护穿着者避免吸入颗粒。应选用经过核准的呼吸器。在有限空间使用该产品时必须佩戴供气呼吸器，即使在开放的空间，喷漆的时候也应该佩戴供气呼吸器。当在开放且通风良好的区域用刷子和辊筒操作产品时可以用过滤面具代替供气呼吸器。如果供气呼吸器不适用，应佩戴合适的、带筒形滤芯的呼吸器。

呼吸防护设备不能存放于可能会遭受污染的环境。应经常检查呼吸防护设备和滤芯，以保证呼吸装置的状态。

喷漆手及其助手和操作工应佩戴防溶剂的呼吸保护器。这包括保护整个脸部皮肤。施工组的其他人员应佩戴防溶剂和微小颗粒的半遮面呼吸器。

3. 眼睛防护

施工者在喷涂和搅拌过程中，应佩戴全遮面式保护装备。

每个在现场工作的人员都必须使用眼面保护用具。如安全眼镜、护目镜、防护面罩等以免溅到液体。护目装备应当符合相应的标准。当混合或倾倒操作会造成飞溅的风险时，就应佩戴整个面部的防护。作为一个好的工作惯例，建议设立固定的冲洗眼睛的装置。

4. 皮肤防护

因涂料会造成过敏性和潜在危害，应使用 PPE 尽可能地保护皮肤。

在混合涂料和施工时，应当戴好由适当材料制成的手套。应穿着遮盖身体、手臂和腿部的工作服，皮肤不应暴露。隔离性护肤霜可有助于保护难于遮盖的皮肤，例如面部和颈部，但是一旦已接触，则不应再使用。不应使用诸如凡士林等矿脂型护肤品。接触产品后应清洗全身。

5. 高温天气

在炎热天气下，紧贴皮肤的连体服很快会被汗水浸湿。此时，工作服外涂料污渍中的化学物质会渗透连体服，接触并刺激皮肤。为避免此种情况，推荐穿着内外两件连体服；或是能提供足够防护且不会被涂料和汗水浸透的单层连体服。

6. 着装习惯

为避免涂料与人体直接接触，任何时候都应正常穿戴个人劳保用品。

连体服必须充分伸展，完全覆盖全身，不可卷起袖子裤腿，以避免皮肤接触涂料。头罩应紧贴脸部；里层棉质连体服的衣袖口、裤腿可分别塞入手套和长筒靴内；可弃式（一次性）连体工作衣应遮盖住手套和工作靴，袖口和手套之间不应有空隙使皮肤暴露。可使用胶带密封袖口和手套的连接处。手套应有长袖筒。

连体服应有自粘搭扣，或有松紧的袖口，以确保袖口盖住腕处，在连体服和手套之间无皮肤暴露。也可使用同样的方法确保靴子和裤脚之间连接紧密无间隙。应穿着带铁头并至少半遮小腿的靴子。不能穿低帮鞋和便鞋。

7. 换装和清洁习惯

一次性连体工作衣在每次使用后应及时更换，至少应每天更换。丢弃的连体服应正确处理。

在涂料施工后，应更换并清洗棉质连体服。如有涂料渗透到连体服内层，应立即更换。如手套内层有溶剂渗入或内层已被污染，应立即更换，亦可考虑在内部加戴一双棉/线手套。安全帽内的吸汗带应经常清洗，应用清洁剂和水清除帽子上的污染物和干喷污染物。

在每个班次之后，应使用清洁剂和水清洗全遮面和半遮面面具的内外侧，并存放于专用的地点。半遮面面具应每日更换，或如果有气味应更频繁地更换。在前一班结束后下一班开始前，应更换滤芯。施工含异氰酸酯涂料时，应确保使用正确的滤芯式呼吸器。

8. 注意个人卫生

在如厕前，抽烟、吃喝前应脱掉外层连体服，认真地洗手。

人体皮肤大多比手部皮肤细腻娇嫩，它们若接触到刺激性物质会令人感到不适，此种情况应尽量避免。

接触到涂料或漆雾的施工人员，在工作结束后应洗澡。不能直接换上生活装或穿着工作服回家。

五、急救措施

1. 一般处理

如有任何疑问或症状，应立即去医院治疗。不得给失去知觉的人通过口腔喂食任何东西。

2. 皮肤接触

目前对于皮肤刺激和过敏尚没有特效解毒药。一旦接触到有害物质，应立即脱去沾污的衣物，用肥皂水或认可的皮肤清洁剂轻柔并彻底地清洗所有充血的部位，然后涂抹上消炎药膏。勿用溶剂或稀释剂进行清洗。

受创部位会在几天内康复。如皮肤状况有恶化的迹象，应立即就医。

3. 眼睛接触

如涂料或漆雾进入眼睛，应拨开眼睑用清水或生理盐水冲洗至少 10min 以上，若仍感不适，应立即就医。

4. 吸入

将病人移至空气新鲜处，使其保持安静并保暖。如呼吸不正常或停止，应进行人工呼吸。如失去知觉，应使其保持安全姿势并立即找医生治疗。不可喂食任何东西。发现任何呼吸系统症状应立即就医。

5. 吞入

如不慎吞入涂料或稀释剂等，应立即找医生治疗，不要紧张，不要试图呕吐。

六、泄漏应急处理

发生涂料或稀释剂泄漏时，应移除火源，禁止开灯和开启或关闭不防爆的电器。如果在有限空间内发生大量溢漏，应疏散该区域的人群，再次进入之前应确保溶剂蒸气量低于它的爆炸下限。同时还要保持通风，避免吸入溶剂蒸气。

使用不易燃材料来容纳和吸收泄漏物，例如沙子，泥土或者蛭石。将其置入一个合适的盖子较松的容器中以避免气体膨胀（如异氰酸酯会与湿气反应释放出二氧化碳）。

受污染区域须立即用去污剂进行清理。在残余物中加入合适的去污剂，放置在非密封容器中若干天直至反应不再持续后方可将闭紧的容器按照当地的废物处理法规进行处置。

严禁让泄漏物料进入排水沟和任何其他水道。如果有任何土地和水受到污染请告知当地的环境保护部门。

第五节 健康和环保措施

进行表面处理并使用液体涂料施工时，大部分所使用的材料都含有对健康有害或有毒的物质，所使用的方法和设备也可能会对工人的健康和安全构成危险。大部分液体涂料都存在爆炸危险，而此类操作产生的污染可能对环境造成不利影响。

世界上的大部分国家都制定了相关法规标准、管理职业安全、工人安全和环境保护的相关事务。除了现有的法律之外，行业及公司一般也都制定了相应的标准和规定对这些方面进行管理。

涂料施工方和涂料供应商有责任采取防范措施来保护员工健康，避免事故发生，保护环境免受污染。

一、健康安全

在防腐涂装作业过程中的职业健康安全危害主要出现在以下几个方面。

1. 粉尘

涂装作业的各个工作步骤中都会产生粉尘，有时还会产生大量的粉尘。这些粉尘都是潜在的刺激物，在喷砂作业中（尤其涉及防污漆）产生的粉尘是有毒粉尘。

生产性粉尘会危害到操作者的眼睛、黏膜（呼吸道）和肺，轻的会引起流泪或者咳嗽，高浓度的刺激性粉尘可能会造成急、慢性中毒。

通过空气传播的有毒粉尘主要来自于对涂装表面的打磨、喷砂清洁及液体涂料的喷涂作业，这些粉尘可能含有重金属（如锡、铅、镉）、致癌物质（如焦油、沥青、铬）等有毒物质。有毒物质可能通过呼吸道、消化道及皮肤侵入人体，有的可能刺激上呼吸道黏膜，有的会引起过敏反应或皮炎，有的会造成急性中毒（如在过度接触锡和锌时）或慢性中毒（如在长期接触焦油、沥青、锡时），有的可以或可能致癌、致畸、致突变等。值得注意的是，空气传播有毒粉尘颗粒可以随风传播相当长的距离，此距离内的影响也应纳入防护的考虑。

一般防护措施通常是在工作场所安装带废气过滤的通风装置，施工者穿戴必要的个人防护用品，如隔离工作服、手套、过滤面罩、护目镜或防护霜等。

2. 烟尘和蒸气

钢材的焊接和热处理会产生烟尘，尤其是喷涂了预涂底漆或者完整的涂层系统的钢材。烟尘来自于焊接电极及涂料的燃烧。显然，这些烟尘同样会造成职业性健康伤害，必须加以防范。对于原来喷涂过涂层的钢材来说，可以通过打磨或喷砂去除全部涂层系统来使这一问题得到缓解。

焊接和燃烧工作区域内应采取良好的全面通风措施，排出工作现场的烟尘。必要时，焊接工人必须佩戴个人过滤面罩，甚至应为每个工人提供独立供气系统。

蒸气的产生主要由于含溶剂涂料的使用，喷涂以及干燥/固化过程中都有溶剂的蒸发。大部分溶剂都含有有毒物质，接触这些物质可能对工人造成急性和慢性影响。溶剂蒸气通过呼吸道及皮肤侵入人体，可能对下列器官具有毒性和破坏性：①大脑和神经；②眼睛；③呼吸系统；④皮肤；⑤循环系统（肝肾）；⑥生殖系统。

急性中毒症状主要和溶剂的毒性有关，开始可能是头晕乏力（或者耳鸣），严重的最终会失去知觉。慢性中毒症状可以表现为：注意力无法集中、丧失协调能力、丧失记忆，往往还会伴随着过度兴奋和具有攻击性。换句话说就是大脑和神经受到了损害。有报道证明，溶剂中毒还会造成肝肾的损伤。

世界卫生组织（WHO）、国际癌症研究机构（IARC）还指出了涂料工人所面临的职业风险。在“部分有机溶剂、树脂单体和相关化合物、颜料以及涂料生产和涂装的职业暴露对人体致癌风险评估专论”一文中，IARC做出了一系列阐述，其中就指出了“涂料工人的职业暴露可能引发癌症，具有致癌性”。值得注意的是IARC在这里并没有指明某种特定的化学物质或者某类化学物质是致癌的，而是得出“涂料工的工作是致癌性的”这个总体结论。

IARC的专论中的其他相关资料说明涂料工人可能患上职业性刺激性和职业过敏性接触性皮炎（皮肤问题）、慢性支气管炎和哮喘（肺部问题），并对神经系统产生不利影响（溶剂神经毒性）。IARC推断说有迹象表明此类工作可能还会对肝、肾、血液和造血器官产生不利影响。

3. 坠落和摔倒

在防腐涂装作业过程中，施工伤害除了接触有害因素外，相关部分与坠落和摔倒有关，如从梯子、脚手架或者起重机上坠落，踩在未干的涂料、尘土上滑倒，或者被管子和电线绊倒的现象。

一般来说，这类危险只要正确架设脚手架就可以有效减少。不少国家都针对脚手架的架设与安装制定了一些规定和法规，但在许多情况下尚未充分涉及防腐行业的特殊需求。随着该产业内高压水喷射应用的不断增加，脚手架的安装和架设过程中将必须考虑到这种技术的特殊要求。

消除滑倒和绊倒危险的最佳方式是对作业现场进行有效的管理，达到良好的整理和清洁。

4. 爆炸和火灾

在实际应用中，应该知道液体涂料中使用的所有溶剂都存在爆炸和火灾危险。为了达到快干涂料的要求，绝大部分所使用的溶剂都具有高挥发性。这意味着溶剂的浓度将迅速达到可能发生爆炸和火灾的水平。

对于爆炸来说，有限空间及通风不良的场所内易燃气体浓度及粉尘浓度达到爆炸极限时，遇到着火源就会瞬间燃烧爆炸。

火灾或爆炸的发生必须具备氧气、可燃物质和着火源三个条件。防火防爆的主要工作就是消除着火源。因此不得在可能含有稀释剂或涂料产生的溶剂烟气的区域进行像焊接或者燃烧这样的高温作业；涂料施工区域内的电气设备和装置必须是防爆型的；可能或者已知会产生静电的设备（比如无气喷涂设备等）必须正确接地；像热风机这样的加热器不得放在可能达到一定的溶剂蒸气浓度的区域，也不能用含有溶剂蒸气的空气作为此类设备的进气。

二、环境保护措施

由于防腐涂装作业中会使用到大量的有毒有害物质，同时涂装过程中还会对环境造成危害。目前预防性的环保工作主要集中在以下四个领域：①粉尘控制；②溶剂控制；③噪声控制；④废物处置。

1. 粉尘控制

如上所述，防腐涂装作业活动将产生大量粉尘，并且这些粉尘可能通过空气传播到离实际工作场地很远的地方。这些含有有害物质的喷涂涂料粉尘可能积聚在停放车辆上，落在地面上，渗透到土壤中污染水源。

喷漆前钢材或混凝土表面的喷砂处理可能从基材表面本身或者基材表面的现有涂层上产生大量的有害灰尘，因此也可能会对环境造成不利影响。

许多地方已经限制在室外进行维修喷涂和喷砂处理工作，如美国已经制定了法规强制要求将废物作为有毒材料进行收集和处理。虽然这些规定增加了维修的成本，但涂料行业已经开发出了无需喷砂处理的替代涂料品种。降低成本的另一种有效方法是喷砂材料的循环利用，这不仅可以更有效地利用喷砂介质，同时还可以减少废物的产生。

还有一些国家或地区采用替代性的喷砂方法，如高压水喷射等，用于应对维修工作中的粉尘危害，同时减少废弃材料的产生。

人们对喷砂清洁方法以及用过的喷砂材料相关危害的认识的不断提高，促使人们不断努力来寻找替代性的清洁方法和新型涂料。

实现尘埃控制的措施包括遮盖工作区域、过滤来自建筑物和工棚的排气、不要露天弃置尘埃致其随风飘散等。

2. 溶剂控制

在过去的几十年间，尤其是在美国和欧洲的涂料生产商和消费者们都受到了来自政府立法机构的越来越大的压力，被要求减少甚至是去除产品和各种生产工艺中的挥发性有机物（VOC）。

环境问题引起了人们对涂料中挥发性有机物的特别关注，这是因为挥发性有机物会与 NO_x（氮氧化物）结合形成对流层中的臭氧。而臭氧将不利于植物的生长，极端情况下还会损伤植物的叶子。

大部分有机溶剂都能形成臭氧，但它们的反应可能性和速率各不相同。烃的反应速率比醇快，从而导致了工厂区域所形成的烟雾数量的增加。氯化烃不会形成对流层中的臭氧，但它们可以破坏大气最上部保护地球的臭氧层。因此它们不能作为烃和醇等溶剂在环境上可以接受的代替品。

显然重新调整溶剂混合物的配方是无法解决臭氧问题的。减少对流层中臭氧的形成唯一有效的解决办法就是通过增加水性涂料和无溶剂涂料的使用，来减少溶剂散发。

人们最关心的还是空气污染问题。全世界的涂料年销售量约为 1500 万吨，而大部分涂料中有 50%是由有机溶剂构成的，涂料当然会引起人们对溶剂散发的关注。由于溶剂现在被认为是主要的空气污染源之一，因此涂料的生产商和用户们就不得不遵守各地的排放法规。

涂料中的 VOC 含量和由于溶剂的大量排放所导致的潜在风险无疑是全球的涂料产业最关心的问题。

3. 噪声控制

和有毒化学物质一样，噪声同样可能对进行防腐涂装作业的工人造成威胁。除了听力受损这样明显的健康风险之外，噪声音量过高还可能造成其他危险，如工人可能无法听到附近的同事发出的警告。因此必须对暴露于噪声的情况进行监测，当噪声超过安全水平时，必须采取措施对工人进行保护。

大多数场地的两个主要噪声源包括：

① 场地产生的或者与工艺相关的永久噪声源，如蒸汽通风口和空压机等；

② 承包商造成的暂时性或间歇性噪声源，如供气式喷砂面罩、喷砂以及电动工具清洁等。

企业必须了解所有场地产生的或者与工艺相关的永久噪声源，并在现场平面图上绘出这些“必须进行听力保护”的区域。即使此类管制区域不要求承包商对永久性噪声级进行监测，承包商也必须考虑这些区域产生的噪声对员工所经受的最终总噪声水平的影响。

承包商造成的暂时性噪声源可以通过对噪声水平的取样或区域监测知道。承包商有责任保护其雇员、其他职业人员以及该地区来自其他行业的人员免受噪声源的影响。综上所述，必须测量并了解总体的噪声环境——现有的工艺水平和维护操作。

进行维修涂料的工人要连续受到原本很安静的工厂场地内喷砂产生的高噪声水平的困扰，其作业在“必须进行听力保护”的区域内，他们应当受到和船东的雇工同等的关注。

承包商造成的噪声可以通过简单的书面程序加以管理，其内容包括工程控制、取样、教育以及个人防护等。

噪声控制必须首先考虑工程控制，这是因为源头控制是噪声问题的首选解决方案。最好只能允许噪声水平较低的（小于 85dB）空压机和其他设备进入现场。承包商带入现场的所有机器，如果运行时高于这一水平或者无法保持安静，则必须首先在全速运转的情况下进行噪声水平检测。随后噪声水平高于 85dB 的机器应当设置围栏，并按照下述步骤设置警示标志。当工人在未被工厂所有者宣布成为必须进行听力保护的区域内，开始使用喷砂设备、电动工具或者其他能够产生高噪声（不低于 85dB）的设备时，应对噪声水平进行检查。工作开始时，应在噪声源处测取声音水平读数。然后将分贝计从噪声源处逐渐移开，直至读数降至 85dB 以下为止。而围栏就应设在该点处，并用标识说明“越过此点为高噪声水平——必须进行听力保护”。应当通过工人用领口的计量仪对喷砂头盔内本班次的噪声读数进行计量，并对来自喷砂头盔、供气设备、空压机以及其他产生噪声的设备的供货商提供的噪声水平数据进行整理；还应该用声量计进行抽查，以确认早先的数据。美国国家职业安全与健康协会建议头盔内的噪声水平应小于 80dB。

此外，工厂厂主在向合同工介绍场地时，要强调指出场地内必须进行听力保护的区域的所在位置。其他可能产生高噪声的间歇性噪声源（如蒸汽释放阀等）也应当加以明确，并纳入承包商为员工进行的危险评估和介绍计划。

如果噪声被强调为一种危害的话，那么就必须配备听力防护措施，并对其使用进行监督。

综上所述，由于承包商所雇用的操作工人的非连续性特点，作为未来基准的对维修合同工人的听力检测、定期检测，往往不能达到真正目的。尽管如此，承包商可能还是希望在新工作开始前对所有的工人进行基本检测，用于确定听力受损水平。这些数据可以用于将处于危险状态的工人安排到噪声程度较低的区域，从而避免以后有关的纠纷。

在防腐工作中所使用的大部分机器都会产生噪声，这是不可避免的，但可以采取某些措施来降低噪声的水平。

通过采用听力保护措施，可以很好地保护工人免受噪声的危害，但身处工作场地环境中的人们实际情况却不是这样，这些必须予以考虑。

4. 废物处置

在最普遍的定义中，危险废弃物是指那些若处理不当，可能对人体健康或环境造成真正威胁或危害的所有废弃物。一般来说，如果一种材料表现出了在现有法律中列为危险废弃物特征的任何特性，那么就会被认为是危险废弃物。

在大部分国家，对于会产生如喷砂清洁残渣、废料、涂料残渣等废物的设备，其运营者必须遵守此类废物处置的法规措施。运营者，不论规模大小，都必须了解并遵守此类法律法规，并对废物进行合法处置。建议设备运营商与有关主管部门联系，获取该方面的最新资料，因为这是一个不断发展的领域。

设备运营商有责任确定适用于其操作的国家、地区和当地的法规，并确定如何让设备运行符合法规的要求。

大部分来自涂料操作的废弃物材料由于具有可燃性，都被证明属于危险废弃物。这一特征被定义为闪点低于 60℃的液体，或者可能由于摩擦引发火灾的废弃物，它们在被点燃时，会剧烈燃烧，造成危害。涂料、稀释剂以及清洁剂中使用的大部分溶剂的闪点都在 60℃以下。

导致某些残留物和涂料废弃物被归于危险废弃物的另一个特点是毒性。具有此特性的材料被定义为可能向地下水渗透含有特殊有害成分的有害浓缩液的废物。这些被人们所关注的成分主要有基于铅、铬和镉的颜料和添加剂，以及在处理、施工和涂层去除过程中所产生的各种有机物。

SPUA 材料属于难降解的高分子材料，其废弃物通常采用掩埋处理，不会对环境造成污染；或者对其进行粉碎造粒，用作其他产品的耐磨填充材料。就目前的技术状态而言，还没有对其进行分解、回收等无害化处理的工艺装置；建议用户不宜采用焚烧的方式进行处理，否则会产生大量有害物质污染环境、损害人体健康。

5. 与涂装安全、防护相关的国家标准和行业标准

GB 6514—1995《涂装作业安全规程　涂漆工艺安全及其通风净化》

GB 7691—2003《涂装作业安全规程　安全管理通则》

GB 7692—1999《涂装作业安全规程　涂漆前处理工艺安全及其通风净化》

GB/T 11651—1989《劳动防护用品选用规则》

GB 12367—2006《涂装作业安全规程　静电喷漆工艺安全》

GB/T 12624—2006《劳动防护手套通用技术条件》

GB/T 12903—1991《个人防护用品术语》

GB 12942—2006《涂装作业安全规程　有限空间作业安全技术要求》

GB/T 13641—2006《劳动护肤剂通用技术条件》

GB/T 14441—1993《涂装作业安全规程　术语》

GB 14444—2006《涂装作业安全规程　喷漆室安全技术规定》

GB/T 18664—2002《呼吸防护用品的选择、使用与维护》

CB 3381—1991《船舶涂装作业安全规程》

HG/T 2458—1993《涂料产品检验运输和贮存通则》

参　考　文　献

[1] GB 6514—1995. 涂装作业安全规程　涂漆工艺安全及其通风净化.

[2] GB 7691—2003. 涂装作业安全规程　安全管理通则.

[3] GB 7692—1999. 涂装作业安全规程　涂漆前处理工艺安全及其通风净化.

[4] GB/T 11651—1989. 劳动防护用品选用规则.

[5] GB 12367—2006. 涂装作业安全规程　静电喷漆工艺安全.

[6] GB/T 12624—2006. 劳动防护手套通用技术条件.

[7] GB/T 12903—1991. 个人防护用品术语.

[8] GB 12942—2006. 涂装作业安全规程　有限空间作业安全技术要求.

[9] GB/T 13641—2006. 劳动护肤剂通用技术条件.

[10] GB/T 14441—1993. 涂装作业安全规程　术语.

[11] GB 14444—2006. 涂装作业安全规程　喷漆室安全技术规定.

[12] GB/T 18664—2002. 呼吸防护用品的选择、使用与维护.

[13] CB 3381—1991. 船舶涂装作业安全规程.

[14] HG/T 2458—1993. 涂料产品检验运输和贮存通则.